国家质量技术基础应用系列丛书

特种设备
法规标准手册

承压类标准卷
压力容器（1）

国家市场监督管理总局特种设备安全监察局 编

中国标准出版社

北 京

图书在版编目（CIP）数据

特种设备法规标准手册．承压类标准卷．压力容器．1/
国家市场监督管理总局特种设备安全监察局编．—北京：
中国标准出版社，2024．3
ISBN 978-7-5066-6416-5

Ⅰ．①特…　Ⅱ．①国…　Ⅲ．①设备管理—法规—中国
Ⅳ．①D922．292

中国国家版本馆 CIP 数据核字（2023）第 084845 号

中国标准出版社出版发行
北京市朝阳区和平里西街甲 2 号（100029）
北京市西城区三里河北街 16 号（100045）
网址 www．spc．net．cn
总编室：（010）68533533　发行中心：（010）51780238
读者服务部：（010）68523946
北京联兴盛业印刷股份有限公司印刷
各地新华书店经销
*
开本 787×1092 1/16　印张 76．5　字数 1 896 千字
2024 年 3 月第一版　2024 年 3 月第一次印刷
*
定价（全三册）：920.00 元

《特种设备法规标准手册》

编委会

前　言

特种设备是经济社会发展的重要基础设施，关系国计民生，关系人民群众生命财产安全。守住特种设备安全底线，提高特种设备安全监管和节能环保水平，促进行业高质量发展，是切实增强人民群众安全感和幸福感的重要体现。

近年来，随着我国经济水平快速提高，人民群众对安全的需求越来越高，而在用特种设备数量快速增长，尤其是高参数、高危险性及高龄老旧设备日益增多，使特种设备安全风险和监管压力持续增大。要切实提高特种设备安全监管效能，不断释放特种设备促进节能环保潜能，充分发挥特种设备安全与节能对促进高质量发展的作用，其根本是要保证特种设备领域各项法规标准得到有效贯彻实施。为此，国家市场监督管理总局特种设备安全监察局组织编写了《特种设备法规标准手册》（以下简称《手册》），旨在对特种设备安全与节能法治体系进行全面、系统梳理，从而推动形成以科学监管、多元共治为特征的特种设备治理体系，推进特种设备治理标准化、现代化、国际化，为特种设备行业高质量发展提供重要保障。

《手册》收录了特种设备行业现行有效的法规标准，根据特种设备行业特点分为4卷13分册。其中，法律法规卷收录特种设备相关法律、行政法规、部门规章、地方性法规、规范性文件等；安全技术规范卷收录特种设备安全技术规范共43项；承压类标准卷收录现行有效的承压类特种设备标准，分为综合、锅炉与节能、压力容器、压力管道、气瓶、安全附件共6个分册；机电类标准卷收录现行有效的机电类特种设备标准，分为起重机械、电梯、游乐设施、客运索道、场（厂）内专用机动车辆共5个分册。限于成书篇幅、资料收集难度等原因，承压类标准和机电类标准两卷仅收录特种设备常用标准，其中国家标准及能源行业标准以全文形式收录，其余未收录的相关国家标准及行业标准以附件形式仅列出标准目录。

国家市场监督管理总局特种设备安全监察局高度重视《手册》的出版工作，对《手册》框架结构、分卷（册）等顶层设计给予了极大指导。同时，在《手册》编写过程中，中国特种设备检测研究院技术法规研究所、全国锅炉压力容器标准化技

术委员会（SAC/TC 262）、全国气瓶标准化技术委员会（SAC/TC 31）、全国电梯标准化技术委员会（SAC/TC 196）、全国起重机械标准化技术委员会（SAC/TC 227）、全国升降工作平台标准化技术委员会（SAC/TC 335）、全国索道与游乐设施标准化技术委员会（SAC/TC 250）、全国工业车辆标准化技术委员会（SAC/TC 332）等给予了大力支持，相关编写人员收集、查阅了大量资料，在此对他们的辛勤付出一并表示感谢！

期望通过《手册》的出版，为特种设备各类从业人员学习研究、依法监管提供详尽指导，从而进一步提升特种设备安全监管人员、作业人员、检验检测人员的素质能力，为特种设备行业高质量发展保驾护航。同时，希望在全社会的共同努力下，特种设备安全与节能状况能够不断改善，人民群众生命财产安全得到更多保障！

《特种设备法规标准手册》编委会

2023年6月

目 录

GB/T 150.1—2011 压力容器 第 1 部分:通用要求 …… 1

GB/T 150.2—2011 压力容器 第 2 部分:材料 …… 35

GB/T 150.3—2011 压力容器 第 3 部分:设计 …… 87

GB/T 150.4—2011 压力容器 第 4 部分:制造、检验和验收 …… 321

GB/T 151—2014 热交换器 …… 350

GB/T 3531—2014 低温压力容器用钢板 …… 602

GB/T 5458—2012 液氮生物容器 …… 610

GB/T 9019—2015 压力容器公称直径 …… 622

GB/T 10478—2017 液化气体铁路罐车 …… 626

GB/T 12130—2020 氧舱 …… 674

GB/T 12337—2014 钢制球形储罐 …… 705

GB/T 14174—2012 大口径液氮容器 …… 793

GB/T 16749—2018 压力容器波形膨胀节 …… 805

GB/T 16774—2012 自增压式液氮容器 …… 864

GB/T 17261—2011 钢制球形储罐型式与基本参数 …… 877

GB/T 18182—2012 金属压力容器声发射检测及结果评价方法 …… 884

GB/T 18442.1—2019 固定式真空绝热深冷压力容器 第 1 部分:总则 …… 897

GB/T 18442.2—2019 固定式真空绝热深冷压力容器 第 2 部分:材料 …… 905

GB/T 18442.3—2019 固定式真空绝热深冷压力容器 第 3 部分:设计 …… 912

GB/T 18442.4—2019 固定式真空绝热深冷压力容器 第 4 部分:制造 …… 941

GB/T 18442.5—2019 固定式真空绝热深冷压力容器 第 5 部分:检验与试验 …… 955

GB/T 18442.6—2019 固定式真空绝热深冷压力容器 第 6 部分:安全防护 …… 965

GB/T 18442.7—2017 固定式真空绝热深冷压力容器 第 7 部分:内容器应变强化技术规定 …… 983

GB/T 18443.1—2010 真空绝热深冷设备性能试验方法 第 1 部分:基本要求 …… 1005

GB/T 18443.2—2010 真空绝热深冷设备性能试验方法 第 2 部分:真空度测量 …… 1015

GB/T 18443.3—2010 真空绝热深冷设备性能试验方法 第 3 部分:漏率测量 …… 1023

GB/T 18443.4—2010 真空绝热深冷设备性能试验方法 第 4 部分:漏放气速率测量 …… 1033

GB/T 18443.5—2010 真空绝热深冷设备性能试验方法 第5部分:静态蒸发率测量 …… 1043
GB/T 18443.6—2010 真空绝热深冷设备性能试验方法 第6部分:漏热量测量 …… 1054
GB/T 18443.7—2010 真空绝热深冷设备性能试验方法 第7部分:维持时间测量 …… 1067
GB/T 18443.8—2010 真空绝热深冷设备性能试验方法 第8部分:容积测量 …… 1075
GB/T 19189—2011 压力容器用调质高强度钢板 …… 1084
GB/T 19624—2019 在用含缺陷压力容器安全评定 …… 1092

ICS 23.020.30
J 74

中华人民共和国国家标准

GB 150.1—2011
部分代替 GB 150—1998

压力容器
第1部分:通用要求

Pressure vessels—
Part 1:General requirements

自2017年3月23日起,本标准转为推荐性标准,编号改为GB/T 150.1—2011。

2011-11-21 发布　　　　2012-03-01 实施

中华人民共和国国家质量监督检验检疫总局
中国国家标准化管理委员会　发布

前　言

本标准的本部分全部技术内容为强制性。

本标准 GB 150《压力容器》分为以下四部分：

——第 1 部分：通用要求；

——第 2 部分：材料；

——第 3 部分：设计；

——第 4 部分：制造、检验和验收。

本部分为 GB 150 的第 1 部分：通用要求。本部分按照 GB/T 1.1—2009《标准化工作导则》给出的规则起草。

本部分代替 GB 150—1998《钢制压力容器》中的部分内容（第 1 章～第 3 章、附录 B、附录 C），与GB 150—1998 相比，主要技术变化如下：

a) 扩大了标准的适用范围。

——通过引用标准的方式，适用于金属材料制压力容器；

——规定了在满足本标准设计准则的前提下处理超标准范围的设计方法；

——规定了各种结构形式的容器所依据的标准。

b) 修改了容器建造参与方的资格和职责要求。

——规定了设计文件的保存时间；

——增加了用户或委托方在设计阶段提供书面设计条件的职责；

——规定了检验机构的检验人员对验证性爆破试验见证和报告认可的职责。

c) 修订了确定许用应力的安全系数。

——对抗拉强度的安全系数由 3.0 调整为 2.7；

——对碳钢和低合金钢屈服强度的安全系数由 1.6 调整为 1.5；

——对奥氏体不锈钢可以采用 $R_{p1.0}$ 确定许用应力。

d) 增加了满足特种设备安全技术规范所规定的基本安全要求的符合性声明。

e) 增加了采用标准规定之外的设计方法的实施细则。

f) 增加了进行容器设计阶段风险评估的要求和实施细则。

g) 增加了附录 A：标准的符合性声明及修订。

本部分由全国锅炉压力容器标准化技术委员会(SAC/TC 262)提出并归口。

本部分起草单位：中国特种设备检测研究院、国家质检总局特种设备安全监察局、浙江大学、合肥通用机械研究院、中国石化工程建设公司、华东理工大学、甘肃蓝科石化高新装备股份有限公司。

本部分主要起草人：寿比南、陈钢、郑津洋、陈学东、杨国义、谢铁军、李世玉、徐锋、王晓雷、李军、邱清宇、张延丰、吴全龙。

本部分所代替标准的历次版本发布情况为：

——GB 150—1989、GB 150—1998。

根据中华人民共和国国家标准公告(2017 年第 7 号)和强制性标准整合精简结论，本标准自 2017 年 3 月 23 日起，转为推荐性标准，不再强制执行。

引　言

本标准是全国锅炉压力容器标准化技术委员会(以下简称“委员会”)负责制定和归口的压力容器大型通用技术标准之一,用以规范在中国境内建造或使用的压力容器设计、制造、检验和验收的相关技术要求。

本标准的技术条款包括了压力容器建造过程(即指设计、制造、检验和验收工作)中应遵循的强制性要求、特殊禁用规定以及推荐性条款,其中推荐性条款不是必须执行的部分。由于本标准没有必要、也不可能囊括适用范围内压力容器建造中的所有技术细节,因此,在满足法规所规定的基本安全要求的前提下,不应禁止本标准中没有特别提及的技术内容。本标准不能作为具体压力容器建造的技术手册,亦不能替代培训、工程经验和工程评价。工程评价是指由知识渊博、娴于规范应用的技术人员所做出针对具体产品的技术评价。但工程评价应符合本标准的相关技术要求,不得违反本标准中的强制性要求和禁用规定。

本标准不限制实际工程设计和建造中采用先进的技术方法,但工程技术人员采用先进的技术方法时应能做出可靠的判断,确保其满足本标准规定,特别是关于强制性的设计规定(如强度或稳定性设计公式等)。

本标准规定的技术方法和技术要求不涉及任何专利。但注意本标准的工程应用可能会涉及特定专利,本标准的发布机构不承担识别这些专利的责任。

本标准既不要求也不禁止设计人员使用计算机程序实现压力容器的分析或设计,但采用计算机程序进行分析或设计时,除应满足本标准要求外,还应确认:

1)　所采用程序中技术假定的合理性;

2)　所采用程序对设计内容的适应性;

3)　所采用程序输入参数及输出结果用于工程设计的正确性。

对于标准技术条款的询问应以书面形式向委员会秘书处提交,并有义务提供可能需要的资料。与标准条款没有直接关系或不能被理解的询问将视为技术咨询的范畴,委员会有权拒绝回答。

对于未经委员会书面授权或认可的其他机构对标准的宣贯或解释所产生的理解歧义和由此产生的任何后果,本委员会将不承担任何责任。

压力容器
第1部分:通用要求

1 范围

1.1 本标准规定了金属制压力容器(以下简称容器)的建造要求。本部分规定了金属制压力容器(以下简称容器)材料、设计、制造、检验和验收的通用要求。

1.2 本标准适用的设计压力

1.2.1 钢制容器不大于 35 MPa。

1.2.2 其他金属材料制容器按相应引用标准确定。

1.3 本标准适用的设计温度范围

1.3.1 设计温度范围:−269 ℃~900 ℃。

1.3.2 钢制容器不得超过按 GB 150.2 中列入材料的允许使用温度范围。

1.3.3 其他金属材料制容器按本部分相应引用标准中列入的材料允许使用温度确定。

1.4 本标准适用的结构形式

1.4.1 本标准适用钢制容器的结构形式按本部分以及 GB 150.2~150.4 的相应规定。

1.4.2 本标准适用范围内的特定结构容器以及铝、钛、铜、镍及镍合金、锆制容器,其结构形式和适用范围还应满足下述标准的相应要求:

a) GB 151《管壳式换热器》;
b) GB 12337《钢制球形储罐》;
c) JB/T 4731《卧式容器》;
d) JB/T 4710《塔式容器》;
e) JB/T 4734《铝制焊接容器》;
f) JB/T 4745《钛制焊接容器》;
g) JB/T 4755《铜制焊接容器》;
h) JB/T 4756《镍及镍合金焊接容器》;
i) NB/T 47011《锆制压力容器》。

1.5 下列容器不在本标准的适用范围内:

a) 设计压力低于 0.1 MPa 且真空度低于 0.02 MPa 的容器;
b) 《移动式压力容器安全监察规程》管辖的容器;
c) 旋转或往复运动机械设备中自成整体或作为部件的受压器室(如泵壳、压缩机外壳、涡轮机外壳、液压缸等);
d) 核能装置中存在中子辐射损伤失效风险的容器;
e) 直接火焰加热的容器;
f) 内直径(对非圆形截面,指截面内边界的最大几何尺寸,如:矩形为对角线,椭圆为长轴)小于 150 mm 的容器;
g) 搪玻璃容器和制冷空调行业中另有国家标准或行业标准的容器。

1.6 容器界定范围

1.6.1 容器与外部管道连接：

a） 焊接连接的第一道环向接头坡口端面；

b） 螺纹连接的第一个螺纹接头端面；

c） 法兰连接的第一个法兰密封面；

d） 专用连接件或管件连接的第一个密封面。

1.6.2 接管、人孔、手孔等的承压封头、平盖及其紧固件。

1.6.3 非受压元件与受压元件的连接焊缝。

1.6.4 直接连接在容器上的非受压元件如支座、裙座等。

1.6.5 容器的超压泄放装置(见附录B)。

2 规范性引用文件

下列文件对于本文件的应用是必不可少的。凡是注日期的引用文件，仅注日期的版本适用于本文件。凡是不注日期的引用文件，其最新版本(包括所有的修改单)适用于本文件。

GB 150.2 压力容器 第2部分：材料

GB 150.3—2011 压力容器 第3部分：设计

GB 150.4 压力容器 第4部分：制造、检验和验收

GB 151 管壳式换热器

GB 567(所有部分) 爆破片安全装置

GB/T 12241 安全阀 一般要求

GB 12337 钢制球形储罐

GB/T 26929 压力容器术语

JB/T 4710 钢制塔式容器

JB/T 4731 钢制卧式容器

JB 4732—1995 钢制压力容器——分析设计标准(2005年确认)

JB/T 4734 铝制焊接容器

JB/T 4745 钛制焊接容器

JB/T 4755 铜制压力容器

JB/T 4756 镍及镍合金制压力容器

NB/T 47002(所有部分) 压力容器用爆炸焊接复合板

NB/T 47011 锆制压力容器

TSG R0004 固定式压力容器安全技术监察规程

3 术语与符号

3.1 术语和定义

GB/T 26929 中界定的以及下列术语和定义适用于本文件。

3.1.1

压力 pressure

垂直作用在容器单位表面积上的力。在本标准中，除注明者外，压力均指表压力。

3.1.2

工作压力　operating pressure

在正常工作情况下,容器顶部可能达到的最高压力。

3.1.3

设计压力　design pressure

设定的容器顶部的最高压力,与相应的设计温度一起作为容器的基本设计载荷条件,其值不低于工作压力。

3.1.4

计算压力　calculation pressure

在相应设计温度下,用以确定元件厚度的压力,包括液柱静压力等附加载荷。

3.1.5

试验压力　test pressure

进行耐压试验或泄漏试验时,容器顶部的压力。

3.1.6

最高允许工作压力　maximum allowable working pressure (MAWP)

在指定的相应温度下,容器顶部所允许承受的最大压力。该压力是根据容器各受压元件的有效厚度,考虑了该元件承受的所有载荷而计算得到的,且取最小值。

注:当压力容器的设计文件没有给出最高允许工作压力时,则可以认为该容器的设计压力即是最高允许工作压力。

3.1.7

设计温度　design temperature

容器在正常工作情况下,设定的元件的金属温度(沿元件金属截面的温度平均值)。设计温度与设计压力一起作为设计载荷条件。

3.1.8

试验温度　test temperature

进行耐压试验或泄漏试验时,容器壳体的金属温度。

3.1.9

最低设计金属温度　minimum design metal temperature

设计时,容器在运行过程中预期的各种可能条件下各元件金属温度的最低值。

3.1.10

计算厚度　required thickness

按本标准相应公式计算得到的厚度。需要时,尚应计入其他载荷(见 4.3.2)所需厚度。对于外压元件,系指满足稳定性要求的最小厚度。

3.1.11

设计厚度　design thickness

计算厚度与腐蚀裕量之和。

3.1.12

名义厚度　nominal thickness

设计厚度加上材料厚度负偏差后向上圆整至材料标准规格的厚度。

3.1.13

有效厚度 effective thickness

名义厚度减去腐蚀裕量和材料厚度负偏差。

3.1.14

最小成形厚度 minimum required fabrication thickness

受压元件成形后保证设计要求的最小厚度。

3.1.15

低温容器 low-temperature pressure vessel

设计温度低于−20 ℃的碳素钢、低合金钢、双相不锈钢和铁素体不锈钢制容器,以及设计温度低于−196 ℃的奥氏体不锈钢制容器。

3.2 符号

C——厚度附加量,mm;

C_1——材料厚度负偏差,按4.3.6.1,mm;

C_2——腐蚀裕量,按4.3.6.2,mm;

D_i——圆筒或球壳的内直径,mm;

E^t——材料在设计温度下的弹性模量,MPa;

p——设计压力,MPa;

p_T——试验压力最低值,MPa;

R_o——圆筒的外半径,mm;

R_m——材料标准抗拉强度下限值,MPa;

R_{eL}($R_{p0.2}$、$R_{p1.0}$)——材料标准室温屈服强度(或0.2%、1.0%非比例延伸强度),MPa;

R_{eL}^t($R_{p0.2}^t$、$R_{p1.0}^t$)——材料在设计温度下的屈服强度(或0.2%、1.0%非比例延伸强度),MPa;

R_D^t——材料在设计温度下经10万小时断裂的持久强度的平均值,MPa;

R_n^t——材料在设计温度下经10万小时蠕变率为1%的蠕变极限平均值,MPa;

σ_T——试验压力下受压元件的应力,MPa;

$[\sigma]$——容器元件材料在耐压试验温度下的许用应力,MPa;

$[\sigma]^t$——容器元件材料在设计温度下的许用应力,MPa;

$[\sigma]_1^t$——设计温度下基层材料的许用应力,MPa;

$[\sigma]_2^t$——设计温度下覆层材料的许用应力,MPa;

$[\sigma]_{cr}^t$——设计温度下圆筒许用轴向压缩应力,MPa;

δ_1——基层材料的名义厚度,mm;

δ_2——覆层材料的厚度,不计入腐蚀裕量,mm;

δ_e——圆筒或球壳的有效厚度,mm;

ϕ——焊接接头系数。

4 通用要求

4.1 通则

4.1.1 钢制容器的设计、制造、检验和验收除应符合本标准所有部分的规定外,还应遵守国家颁布的有关法律、法规和安全技术规范。

4.1.2 特定结构容器以及铝、钛、铜、镍及镍合金、锆制容器，其设计、制造、检验和验收除应符合 4.1.1 的规定外，还应满足下述标准的相应要求：

a) GB 151《管壳式换热器》；

b) GB 12337《钢制球形储罐》；

c) JB/T 4731《卧式容器》；

d) JB/T 4710《塔式容器》；

e) JB/T 4734《铝制焊接容器》；

f) JB/T 4745《钛制焊接容器》；

g) JB/T 4755《铜制焊接容器》；

h) JB/T 4756《镍及镍合金焊接容器》；

i) NB/T 47011《锆制压力容器》。

4.1.3 容器的设计、制造单位应建立健全的质量管理体系并有效运行。

4.1.4 《固定式压力容器安全技术监察规程》管辖范围内的压力容器设计和制造应接受特种设备安全监察机构的监察。

4.1.5 容器类别按《固定式压力容器安全技术监察规程》的规定确定。

4.1.6 对不能按 GB 150.3 确定结构尺寸的容器或受压元件，可以采用以下方法进行设计：

a) 验证性实验分析，如实验应力分析、验证性液压试验，具体要求按附录 C 的规定；

b) 利用可比的已投入使用的结构进行对比经验设计，具体要求按附录 D 的规定；

c) 采用包括有限元法在内的应力分析计算和评定，具体要求按附录 E 的规定。

4.2 资格与职责

4.2.1 资格

a) 《固定式压力容器安全技术监察规程》管辖范围内压力容器的设计单位应持有相应的特种设备设计许可证；

b) 《固定式压力容器安全技术监察规程》管辖范围内压力容器的制造单位应持有相应的特种设备制造许可证。

4.2.2 职责

4.2.2.1 用户或设计委托方的职责

容器的用户或设计委托方应当以正式书面形式向设计单位提出容器设计条件(UDS—User's Design Specification)，其中至少包含以下内容：

a) 容器设计所依据的主要标准和规范；

b) 操作参数(包括工作压力、工作温度范围、液位高度、接管载荷等)；

c) 压力容器使用地及其自然条件(包括环境温度、抗震设防烈度、风和雪载荷等)；

d) 介质组分与特性；

e) 预期使用年限；

f) 几何参数和管口方位；

g) 设计需要的其他必要条件。

4.2.2.2 设计单位的职责

a) 设计单位应对设计文件的正确性和完整性负责；

b) 容器的设计文件至少应包括强度计算书、设计图样、制造技术条件、风险评估报告(相关法规或设计委托方要求时),必要时还应当包括安装与使用维修说明;

c) 《固定式压力容器安全技术监察规程》管辖范围内压力容器的设计总图应盖有特种设备设计许可印章;

d) 设计单位向容器用户出具的风险评估报告应符合附录 F 的要求;

e) 设计单位应在容器设计使用年限内保存全部容器设计文件。

4.2.2.3 制造单位的职责

a) 制造单位应按照设计文件的要求进行制造,如需要对原设计进行修改,应当取得原设计单位同意修改的书面文件,并且对改动部位作出详细记载;

b) 制造单位在容器制造前应制定完善的质量计划,其内容至少应包括容器或元件的制造工艺控制点、检验项目和合格指标;

c) 制造单位的检查部门在容器制造过程中和完工后,应按本标准、图样规定和质量计划的规定对容器进行各项检验和试验,出具相应报告,并对报告的正确性和完整性负责;

d) 制造单位在检验合格后,出具产品质量合格证;

e) 制造单位对其制造的每台容器产品应在容器设计使用年限内至少保存下列技术文件备查:

1) 质量计划;

2) 制造工艺图或制造工艺卡;

3) 产品质量证明文件;

4) 容器的焊接工艺和热处理工艺文件;

5) 标准中允许制造厂选择的检验、试验项目记录;

6) 容器制造过程中及完工后的检查、检验、试验记录;

7) 容器的原设计图和竣工图。

4.3 设计一般规定

4.3.1 容器设计单位(设计人员)应严格依据用户或设计委托方所提供的容器设计条件进行容器设计,应考虑容器在使用中可能出现的所有失效模式,提出防止失效的措施。容器受压元件的强度、刚度和稳定性计算按 GB 150.3 或规范性引用文件的规定。

对于有成功使用经验的承受循环载荷的容器,经设计单位技术负责人批准,可按本标准进行设计,并按 JB 4732 附录 C 补充疲劳分析和评定,同时满足其相关制造要求。

4.3.2 载荷

设计时应考虑以下载荷:

a) 内压、外压或最大压差;

b) 液柱静压力,当液柱静压力小于设计压力的 5%时,可忽略不计;

需要时,还应考虑下列载荷:

c) 容器的自重(包括内件和填料等),以及正常工作条件下或耐压试验状态下内装介质的重力载荷;

d) 附属设备及隔热材料、衬里、管道、扶梯、平台等的重力载荷；

e) 风载荷、地震载荷、雪载荷；

f) 支座、底座圈、支耳及其他型式支承件的反作用力；

g) 连接管道和其他部件的作用力；

h) 温度梯度或热膨胀量不同引起的作用力；

i) 冲击载荷，包括压力急剧波动引起的冲击载荷、流体冲击引起的反力等；

j) 运输或吊装时的作用力。

4.3.3 确定设计压力或计算压力时，应考虑：

a) 容器上装有超压泄放装置时，应按附录B的规定确定设计压力；

b) 对于盛装液化气体的容器，如果具有可靠的保冷设施，在规定的装量系数范围内，设计压力应根据工作条件下容器内介质可能达到的最高温度确定；否则按相关法规确定；

c) 对于外压容器(例如真空容器、液下容器和埋地容器)，确定计算压力时应考虑在正常工作情况下可能出现的最大内外压力差；

d) 确定真空容器的壳体厚度时，设计压力按承受外压考虑；当装有安全控制装置(如真空泄放阀)时，设计压力取1.25倍最大内外压力差或0.1 MPa两者中的低值；当无安全控制装置时，取0.1 MPa；

e) 由2个或2个以上压力室组成的容器，如夹套容器，应分别确定各压力室的设计压力；确定公用元件的计算压力时，应考虑相邻室之间的最大压力差。

4.3.4 设计温度的确定

a) 设计温度不得低于元件金属在工作状态可能达到的最高温度。对于0 ℃以下的金属温度，设计温度不得高于元件金属可能达到的最低温度。

b) 容器各部分在工作状态下的金属温度不同时，可分别设定每部分的设计温度。

c) 元件的金属温度通过以下方法确定：

1) 传热计算求得；

2) 在已使用的同类容器上测定；

3) 根据容器内部介质温度并结合外部条件确定。

d) 在确定最低设计金属温度时，应当充分考虑在运行过程中，大气环境低温条件对容器壳体金属温度的影响。大气环境低温条件系指历年来月平均最低气温(指当月各天的最低气温值之和除以当月天数)的最低值。

4.3.5 对有不同工况的容器，应按最苛刻的工况设计，必要时还需考虑不同工况的组合，并在图样或相应技术文件中注明各工况操作条件和设计条件下的压力和温度值。

4.3.6 厚度附加量

厚度附加量按式(1)确定：

$$C = C_1 + C_2 \qquad (1)$$

4.3.6.1 材料厚度负偏差

板材或管材的厚度负偏差按材料标准的规定。

4.3.6.2 腐蚀裕量

为防止容器受压元件由于腐蚀、机械磨损而导致厚度削弱减薄，应考虑腐蚀裕量，具体规定如下：

a）对有均匀腐蚀或磨损的元件，应根据预期的容器设计使用年限和介质对金属材料的腐蚀速率（及磨蚀速率）确定腐蚀裕量；

b）容器各元件受到的腐蚀程度不同时，可采用不同的腐蚀裕量；

c）介质为压缩空气、水蒸气或水的碳素钢或低合金钢制容器，腐蚀裕量不小于 1 mm。

4.3.7 壳体加工成形后不包括腐蚀裕量的最小厚度：

a）碳素钢、低合金钢制容器，不小于 3 mm；

b）高合金钢制容器，一般应不小于 2 mm。

4.3.8 容器元件的名义厚度和最小成形厚度一般应标注在设计图样上。

4.4 许用应力

4.4.1 本标准中材料的许用应力按 GB 150.2 和相应引用标准选取。按表 1 的规定确定钢材（螺栓材料除外）许用应力，按表 2 的规定确定钢制螺栓材料许用应力。

表 1 钢材（螺栓材料除外）许用应力的取值

材料	许用应力/MPa 取下列各值中的最小值
碳素钢、低合金钢	$\frac{R_m}{2.7}$，$\frac{R_{eL}}{1.5}$，$\frac{R_{eL}^t}{1.5}$，$\frac{R_D^t}{1.5}$，$\frac{R_n^t}{1.0}$
高合金钢	$\frac{R_m}{2.7}$，$\frac{R_{eL}(R_{p0.2})}{1.5}$，$\frac{R_{eL}^t(R_{p0.2}^t)}{1.5}$，$\frac{R_D^t}{1.5}$，$\frac{R_n^t}{1.0}$
钛及钛合金	$\frac{R_m}{2.7}$，$\frac{R_{p0.2}}{1.5}$，$\frac{R_{p0.2}^t}{1.5}$，$\frac{R_D^t}{1.5}$，$\frac{R_n^t}{1.0}$
镍及镍合金	$\frac{R_m}{2.7}$，$\frac{R_{p0.2}}{1.5}$，$\frac{R_{p0.2}^t}{1.5}$，$\frac{R_D^t}{1.5}$，$\frac{R_n^t}{1.0}$
铝及铝合金	$\frac{R_m}{3.0}$，$\frac{R_{p0.2}}{1.5}$，$\frac{R_{p0.2}^t}{1.5}$
铜及铜合金	$\frac{R_m}{3.0}$，$\frac{R_{p0.2}}{1.5}$，$\frac{R_{p0.2}^t}{1.5}$

注 1：对奥氏体高合金钢制受压元件，当设计温度低于蠕变范围，且允许有微量的永久变形时，可适当提高许用应力至 $0.9R_{p0.2}^t$，但不超过 $R_{p0.2}/1.5$。此规定不适用于法兰或其他有微量永久变形就产生泄漏或故障的场合。

注 2：如果引用标准规定了 $R_{p1.0}$ 或 $R_{p1.0}^t$，则可以选用该值计算其许用应力。

注 3：根据设计使用年限选用 1.0×10^5 h、1.5×10^5 h、2.0×10^5 h 等持久强度极限值。

表 2 钢制螺栓材料许用应力的取值

材　　料	螺栓直径/mm	热处理状态	许用应力/MPa 取下列各值中的最小值	
碳素钢	≤M22	热轧、正火	$\frac{R_{eL}^t}{2.7}$	$\frac{R_D^t}{1.5}$
	M24～M48		$\frac{R_{eL}^t}{2.5}$	
低合金钢、马氏体高合金钢	≤M22	调质	$\frac{R_{eL}^t(R_{p0.2}^t)}{3.5}$	
	M24～M48		$\frac{R_{eL}^t(R_{p0.2}^t)}{3.0}$	
	≥M52		$\frac{R_{eL}^t(R_{p0.2}^t)}{2.7}$	
奥氏体高合金钢	≤M22	固溶	$\frac{R_{eL}^t(R_{p0.2}^t)}{1.6}$	
	M24～M48		$\frac{R_{eL}^t(R_{p0.2}^t)}{1.5}$	

4.4.2　设计温度低于 20 ℃时，取 20 ℃时的许用应力。

4.4.3　复合钢板的许用应力

对于覆层与基层结合率达到 NB/T 47002 标准中 B2 级板以上的复合钢板，在设计计算中，如需计入覆层材料的强度时，其设计温度下的许用应力按式(2)确定：

$$[\sigma]^t=\frac{[\sigma]_1^t\delta_1+[\sigma]_2^t\delta_2}{\delta_1+\delta_2} \qquad \cdots\cdots(2)$$

4.4.4　当地震载荷或风载荷与 4.3.2 中其他载荷相组合时，允许元件的设计应力不超过许用应力的 1.2 倍，其组合要求按相应标准规定。

4.4.5　圆筒许用轴向压缩应力：

a）根据圆筒外半径 R_o 和有效厚度 δ_e，按式(3)计算 A 值；

$$A=0.094\delta_e/R_o \qquad \cdots\cdots(3)$$

b）按圆筒材料选用相应的外压应力系数曲线图(GB 150.3 第 4 章)，根据其温度线得到 B 值，在弹性范围内(图中的直线段或其左侧)，可用式(4)计算 B 值；

$$B=2AE^t/3 \qquad \cdots\cdots(4)$$

c）许用轴向压缩应力$[\sigma]_{cr}^t$取 B 值，且不得大于$[\sigma]^t$。

4.5　焊接接头分类和焊接接头系数

4.5.1　焊接接头分类

4.5.1.1　容器受压元件之间的焊接接头分为 A、B、C、D 四类，如图 1 所示。

a）圆筒部分(包括接管)和锥壳部分的纵向接头(多层包扎容器层板层纵向接头除外)、球形封头与圆筒连接的环向接头、各类凸形封头和平封头中的所有拼焊接头以及嵌入式的接管或凸缘与壳体对接连接的接头，均属 A 类焊接接头；

b）壳体部分的环向接头、锥形封头小端与接管连接的接头、长颈法兰与壳体或接管连接的接头、平盖或管板与圆筒对接连接的接头以及接管间的对接环向接头，均属 B 类焊

接接头,但已规定为A类的焊接接头除外;

c) 球冠形封头、平盖、管板与圆筒非对接连接的接头,法兰与壳体或接管连接的接头,内封头与圆筒的搭接接头以及多层包扎容器层板层纵向接头,均属C类焊接接头,但已规定为A、B类的焊接接头除外;

d) 接管(包括人孔圆筒)、凸缘、补强圈等与壳体连接的接头,均属D类焊接接头,但已规定为A、B、C类的焊接接头除外。

4.5.1.2 非受压元件与受压元件的连接接头为E类焊接接头,如图1所示。

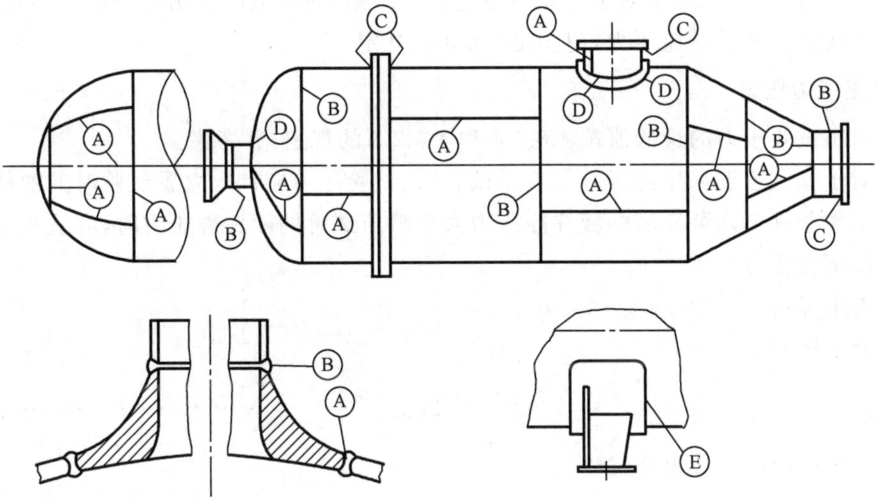

图1 焊接接头分类

4.5.2 焊接接头系数

4.5.2.1 焊接接头系数 ϕ 应根据对接接头的焊缝形式及无损检测的长度比例确定。

4.5.2.2 钢制压力容器的焊接接头系数规定如下:

a) 双面焊对接接头和相当于双面焊的全焊透对接接头

1) 全部无损检测,取 $\phi=1.0$;

2) 局部无损检测,取 $\phi=0.85$。

b) 单面焊对接接头(沿焊缝根部全长有紧贴基本金属的垫板)

1) 全部无损检测,取 $\phi=0.9$;

2) 局部无损检测,取 $\phi=0.8$。

4.5.2.3 其他金属材料的焊接接头系数按相应引用标准的规定。

4.6 耐压试验

4.6.1 通用要求

4.6.1.1 耐压试验包括:液压试验、气压试验和气液组合试验。

4.6.1.2 容器制成后应经耐压试验,试验的种类、要求和试验压力值应在图样上注明。

4.6.1.3 耐压试验一般采用液压试验,试验液体应符合GB 150.4或相关标准的要求。

4.6.1.4 对于不适宜进行液压试验的容器,可采用气压试验或气液组合试验。进行气压试验或气液组合试验的容器应满足GB 150.4或相关标准的要求。

4.6.1.5 采用气液组合试验时,试验用液体和气体应分别满足4.6.1.3和4.6.1.4的要求,试验压力按气压试验的规定。

4.6.1.6 外压容器以内压进行耐压试验,试验压力按 4.6.2.3 的规定。

4.6.1.7 对于由 2 个或 2 个以上压力室组成的多腔容器,每个压力室的试验压力按其设计压力确定,各压力室分别进行耐压试验。

a) 校核公用元件在试验压力下的稳定性。

b) 如不能满足稳定性要求,则应先进行泄漏检查,合格后进行耐压试验。在进行耐压试验时,相邻压力室内应保持一定压力,以使整个试验过程(包括升压、保压和卸压)中的任一时刻,各压力室的压力差不超过允许压差,图样上应注明这一要求和允许压差值。

c) 如需提高某腔试验压力,应满足 4.6.3 的规定。

4.6.2 耐压试验压力

4.6.2.1 耐压试验压力的最低值按 4.6.2.2 和 4.6.2.3 的规定,并考虑:

a) 对于立式容器采用卧置进行液压试验时,试验压力应计入立置试验时的液柱静压力;

b) 工作条件下内装介质的液柱静压力大于液压试验的液柱静压力时,应适当考虑相应增加试验压力。

4.6.2.2 内压容器

a) 液压试验:

$$p_T = 1.25p\frac{[\sigma]}{[\sigma]^t} \qquad (5)$$

b) 气压试验或气液组合试验:

$$p_T = 1.1p\frac{[\sigma]}{[\sigma]^t} \qquad (6)$$

注 1:容器铭牌上规定有最高允许工作压力时,公式中应以最高允许工作压力代替设计压力 p。

注 2:容器各主要受压元件,如圆筒、封头、接管、设备法兰(或人手孔法兰)及其紧固件等所用材料不同时,应取各元件材料的$[\sigma]/[\sigma]^t$ 比值中最小者。

注 3:$[\sigma]^t$ 不应低于材料受抗拉强度和屈服强度控制的许用应力最小值。

4.6.2.3 外压容器

a) 液压试验:

$$p_T = 1.25p \qquad (7)$$

b) 气压试验或气液组合试验:

$$p_T = 1.1p \qquad (8)$$

4.6.3 耐压试验应力校核

如果采用大于 4.6.2.2、4.6.2.3 所规定的试验压力,在耐压试验前,应校核各受压元件在试验条件下的应力水平,例如对壳体元件应校核最大总体薄膜应力 σ_T。

a) 液压试验时,$\sigma_T \leqslant 0.9 R_{eL}\phi$;

b) 气压试验或气液组合试验时,$\sigma_T \leqslant 0.8 R_{eL}\phi$。

式中:

R_{eL}——壳体材料在试验温度下的屈服强度(或 0.2%非比例延伸强度),MPa。

4.6.4 耐压试验的免除

不能按上述规定进行耐压试验的容器,设计单位应提出在确保容器安全运行的前提下免除耐压试验所应采取的安全措施,经设计单位技术负责人批准后在图样上注明。

4.7 泄漏试验

4.7.1 泄漏试验包括气密性试验以及氨检漏试验、卤素检漏试验和氦检漏试验等。

4.7.2 介质毒性程度为极度、高度危害或者不允许有微量泄漏的容器,应在耐压试验合格后进行泄漏试验。

注:介质毒性程度按《固定式压力容器安全技术监察规程》的相关规定确定。

4.7.3 设计单位应当提出容器泄漏试验的方法和技术要求。

4.7.4 需进行泄漏试验时,试验压力、试验介质和相应的检验要求应在图样上和设计文件中注明。

4.7.5 气密性试验压力等于设计压力。

4.8 焊接接头结构设计要求

4.8.1 对于钢制容器,焊接接头的结构设计参照 GB 150.3—2011 附录 D 的要求。

4.8.2 对于其他金属制容器,焊接接头的结构设计参照引用标准的要求。

4.9 超压泄放装置

本标准适用范围内的容器,在操作过程中有可能出现超压时,应按附录 B 的要求设置超压泄放装置。

附　录　A
(规范性附录)
标准的符合性声明及修订

A.1　本标准所有部分的制定遵循了国家颁布的压力容器安全法规所规定的基本安全要求，其设计准则、材料要求、制造检验技术要求和验收标准均符合《固定式压力容器安全技术监察规程》的相应规定。本标准所有部分均为协调标准，即按本标准所有部分要求建造的压力容器可以满足《固定式压力容器安全技术监察规程》的基本安全要求。

A.2　标准的修订采用提案审查制度。任何单位和个人均有权利对本标准的修订提出建议，修订建议应采用“表 A.1　标准提案/问询表”的方式提交全国锅炉压力容器标准化技术委员会(以下简称“委员会”)。委员会对收到的标准修订提案进行审查，根据审查结果，将采纳的技术内容纳入下一版标准。

表 A.1　标准提案/问询表　　　　总第　　号

□标准提案	□标准问询	标准名称	
单　位		姓　名	
联系地址		邮政编码	
电话/传真		电子信箱	
标准条款			
提案/问询内容(可另附页)			
技术依据与相关资料(可另附页)			
附加说明:			
单位图章或提案(问询)人签字:		提交日期: 年　月　日	

全国锅炉压力容器标准化技术委员会

地址:北京市朝阳区和平街西苑 2 号楼 D 座三层　邮政编码:100013

电子邮箱:GB150@cscbpv.org

附　录　B
(规范性附录)
超压泄放装置

B.1　范围

B.1.1　容器在操作过程中可能出现超压时,应按本附录的要求配备超压泄放装置(以下简称“泄放装置”)。

B.1.2　本附录适用于容器上的泄放装置,包括安全阀、爆破片安全装置、安全阀与爆破片安全装置的组合装置。安装在容器连接管线上的泄放装置可参照本附录。

B.1.3　本附录不适用于操作过程中可能产生压力剧增,反应速度达到爆轰状态的容器。

注:爆轰(detonation)系指物质的燃烧速度极快,达到 1 000m/s 以上时,产生与通常的爆燃根本不同的现象。

B.2　定义

B.2.1　动作压力

本附录中指安全阀的整定压力或爆破片的设计爆破压力。

B.2.2　整定压力

安全阀在运行条件下开始开启的设定压力,是在阀门进口处测量的表压力。在该压力下,在规定的运行条件下由介质压力产生的使阀门开启的力同使阀瓣保持在阀座上的力相互平衡。

B.2.3　设计爆破压力

根据容器的工作条件和相应的安全技术规范设定的,在设计爆破温度下爆破片的爆破压力值。

B.2.4　标定爆破压力

标注在爆破片铭牌上的,在规定的设计(或许可试验)爆破温度下,同一批次爆破片抽样爆破试验时,实测爆破压力的算术平均值。

B.2.5　制造范围

一个批次爆破片标定爆破压力相对于设计爆破压力差值的允许分布范围。当爆破片取零制造范围时,标定爆破压力为设计爆破压力。

B.2.6　最低标定爆破压力

设计爆破压力与制造范围下偏差的代数和。

B.3　一般规定

B.3.1　容器装有泄放装置时,一般以容器的设计压力作为超压限度的起始压力。

设计图样及铭牌上标注有最高允许工作压力时,可用容器最高允许工作压力代替设计压力,以下同。

B.3.2　当容器上装有泄放装置时,泄放装置的动作压力与容器的超压限度应满足如下规定。

B.3.2.1 当容器上仅安装一个泄放装置时,泄放装置的动作压力应不大于设计压力,容器的超压限度应不大于设计压力的10%或20 kPa中的较大值。

B.3.2.2 当容器上安装多个泄放装置时,其中一个泄放装置的动作压力应不大于设计压力,其他泄放装置的动作压力可提高至设计压力的1.05倍;容器的超压限度应不大于设计压力的16%或30 kPa中的较大值。

B.3.2.3 当考虑容器在遇到火灾或接近不能预料的外来热源而可能酿成危险时,容器的超压限度应不大于设计压力的21%;如B.3.2.1或B.3.2.2中泄放装置不能满足这一超压限度要求时,应安装辅助的泄放装置,辅助泄放装置动作压力不大于设计压力的1.1倍。

B.3.3 有以下情况之一者,可看成是一个容器,只需在危险的空间(容器或管道上)设置一个泄放装置,但在计算泄放装置的泄放量时,应把容器间的连接管道包括在内:

a) 与压力源相连接、本身不产生压力的容器,且该容器的设计压力达到压力源的压力;

b) 多个压力容器的设计压力相同或稍有差异,容器之间采用口径足够大的管道连接,且中间无阀门隔断或虽采用截断阀但有足够措施确保在容器正常工作期间截断阀处于全开的位置并铅封。

B.3.4 容器内的压力若有可能小于大气压力,而该容器不能承受此负压条件时,应装设防负压的泄放装置。

B.3.5 换热器等压力容器,若高温介质有可能泄漏到低温介质而产生蒸气时,应在低温空间设置泄放装置。

B.3.6 当容器需要安装泄放装置且没有特殊要求时,应优先选用安全阀。

B.3.7 符合下列条件之一者,应采用爆破片安全装置:

a) 压力快速增长(如增加分子量的化学反应、化学爆炸、爆燃等);

b) 对密封有较高要求;

c) 容器内物料会导致安全阀失效;

d) 安全阀不能适用的其他情况。

B.3.8 为了最大限度减少贵重介质、有毒介质或其他危害性介质通过安全阀向外泄漏,或为了防止来自泄放管线的腐蚀性气体进入安全阀内部,可以把安全阀与爆破片安全装置串联使用。

B.3.9 属于下列情况之一的容器,可设置一个或多个爆破片安全装置与安全阀并联使用:

a) 防止在异常工况下压力快速增长的;

b) 作为辅助泄放装置,考虑在有可能遇到火灾或接近不能预料的外来热源需要增加泄放面积的。

B.3.10 对盛装易爆介质或者毒性程度为极度、高度或者中度危害介质的容器,应在泄放装置的排出口装设导管,将泄放介质引至安全地点,并且进行妥善处理,不得直接排入大气。

B.4 安全阀

B.4.1 安全阀适用于清洁、不含固体颗粒、黏度低的介质。

B.4.2 安全阀不能单独用于压力快速增长的场合。

B.4.3 安全阀不宜单独用于阀座与阀瓣密封面可能被介质粘连或介质可能生成结晶体的场合,但可以将爆破片安全装置串联在安全阀入口侧组合使用。

B.4.4 安全阀的型式通常采用弹簧直接载荷式安全阀,阀型有全启式和微启式。全启式安全阀适用于泄放气体、蒸气及液化气介质,微启式安全阀一般适用于泄放液体介质。也可采用自激式非直接载荷安全阀,即先导式安全阀。

B.4.5 用于液体的安全阀公称通径至少为 15 mm。

B.4.6 安全阀整定压力偏差不应超过±3%整定压力或±0.015 MPa 的较大值。

B.4.7 装有安全阀时,容器的设计压力按以下步骤确定:

a) 根据容器的工作压力 p_w,确定安全阀的整定压力 p_z,一般取 $p_z=(1.05\sim1.1)p_w$;当 $p_z<0.18$ MPa 时,可适当提高 p_z 相对于 p_w 的比值;

b) 取容器的设计压力 p 等于或稍大于整定压力 p_z,即 $p\geqslant p_z$。

B.4.8 安全阀相关技术要求应符合 GB/T 12241。

B.5 爆破片安全装置

B.5.1 爆破片安全装置主要由爆破片和夹持器组成。常见的爆破片形式有正拱形、反拱形和平板形。

B.5.2 爆破片安全装置适用于压力快速增长的场合,也常用于保护安全阀的性能而与之串联使用。

B.5.3 爆破片安全装置不能单独用于排放介质毒性程度为极度、高度危害或易爆及液化石油气等场合,在这些场合可以和安全阀组合使用。

B.5.4 用于排放液体介质时,应选择适合于全液相的爆破片安全装置。

B.5.5 压力容器装有爆破片安全装置时,容器的设计压力按以下步骤确定。

a) 确定爆破片的最低标定爆破压力 p_{smin}:根据不同形式的拱形金属爆破片,推荐的 p_{smin} 值参见表 B.1;

表 B.1 最低标定爆破压力 p_{smin}

爆破片型式	载荷性质	p_{smin}/MPa
普通正拱型	静载荷	$\geqslant1.43p_w$
开缝正拱型	静载荷	$\geqslant1.25p_w$
正拱型	脉动载荷	$\geqslant1.7p_w$
反拱型	静载荷、脉动载荷	$\geqslant1.1p_w$

注:设计者若有成熟的经验或可靠数据,亦可不按表 B.1 的规定。

b) 选定爆破片的制造范围:爆破片的制造范围见表 B.2;

c) 计算爆破片的设计爆破压力 p_b:p_b 等于 p_{smin} 加上所选爆破片制造范围的下限(取绝对值);

d) 确定容器的设计压力 p:p 不小于 p_b 加上所选爆破片制造范围的上限。

表 B.2 爆破片的制造范围

单位为 MPa

爆破片类别	设计爆破压力	全范围		1/2 范围		1/4 范围		0 范围	
		上限(正)	下限(负)	上限(正)	下限(负)	上限(正)	下限(负)	上限	下限
正拱形	>0.30～0.40	0.045	0.025	0.025	0.015	0.010	0.010	0	0
	>0.40～0.70	0.065	0.035	0.030	0.020	0.020	0.010	0	0
	>0.70～1.00	0.085	0.045	0.040	0.020	0.020	0.010	0	0
	>1.00～1.40	0.110	0.065	0.060	0.040	0.040	0.020	0	0
	>1.40～2.50	0.160	0.085	0.080	0.040	0.040	0.020	0	0
	>2.50～3.50	0.210	0.105	0.100	0.050	0.040	0.025	0	0
	>3.50	6%	3%	3%	1.5%	1.5%	0.8%	0	0
反拱形	≥0.1	0	10%	0	5%	—	—	0	0

注：对于正拱形爆破片，当设计爆破压力小于 0.3 MPa 时，可由制造单位和使用单位(或设计单位)协商商定一个双方都能接受的较大的制造范围。

B.5.6 爆破片安全装置的材料

B.5.6.1 爆破片材料不受 GB 150.2 中关于材料牌号的限制，爆破片材料应与介质相容，应根据使用条件与供应商或用户协商确定。爆破片常用材料及其最高适用温度见表 B.3。

表 B.3 爆破片的最高适用温度

爆破片材料	最高适用温度/℃
纯铝	100
纯银	120
纯镍	400
奥氏体不锈钢	400
镍铜合金(蒙乃尔)	430
镍铬合金(因康镍)	480
镍钼铬合金(哈氏合金)	480
石墨	200

注：当爆破片表面覆盖密封膜或保护膜时，应考虑该覆盖材料对最高适用温度的影响。

B.5.6.2 用于腐蚀性介质或腐蚀性环境，且有可能导致提前失效的爆破片安全装置，可采用在爆破片表面进行电镀、喷涂或衬膜等防腐蚀措施。

B.5.6.3 夹持器常用材料有碳钢、奥氏体不锈钢、镍铜合金及镍铁铬合金等受压容器用材。材料性能应与介质相容。

B.5.7 爆破片安全装置的选用及相关技术要求应符合 GB 567 的规定。

B.6 安全阀与爆破片安全装置的组合装置

B.6.1 爆破片安全装置串联在安全阀入口侧时,爆破片爆破时不允许有碎片。爆破片安全装置与安全阀之间的腔体应设置压力表、排气口及报警指示器等。

B.6.2 爆破片安全装置串联在安全阀出口侧时,安全阀应采用特殊结构型式(如平衡式安全阀)以保证安全阀与爆破片安全装置之间出现累积背压时安全阀仍能在整定压力下开启。同时,爆破片安全装置与安全阀之间的腔体应设置排气口或排液口。

B.6.3 安全阀与爆破片安全装置串联组合时,单个泄放装置的动作压力及容器超压限度应符合 B. 3. 2. 1 的要求。

B.6.4 安全阀与爆破片安全装置并联组合时,泄放装置的动作压力及容器的超压限度应满足 B.3.2.2 的要求,其中安全阀的动作压力应不大于设计压力,爆破片的动作压力应不大于 1.05 倍设计压力。当考虑在有可能遇到火灾或接近不能预料的外来热源产生超压时,泄放装置的动作压力及容器的超压限度应满足 B.3.2.3 的要求。

B.7 容器安全泄放量的计算

B.7.1 符号

A_r ——容器受热面积,m^2;

半球形封头的卧式容器 $A_r=3.14D_oL$;

椭圆形封头的卧式容器 $A_r=3.14D_o(L+0.3D_o)$;

立式容器 $A_r=3.14D_oh_1$;

球形容器 $A_r=1.57D_o^2$或从地面起到 7.5m 高度以下所包括的外表面积,取两者中较大值;

D_o ——容器外直径,m;

d ——容器进料管内直径,mm;

F ——系数,

容器置于地面以下用砂土覆盖时,$F=0.3$;

容器置于地面上时,$F=1.0$;

容器置于大于 10 L/(m^2 · min)喷淋装置下时,$F=0.6$;

H ——输入热量,kJ/h;

h_1 ——容器最高液位,m;

L ——容器总长,m;

q ——在泄放压力下,液体的汽化潜热,kJ/kg;

v ——容器进料管内的流速,m/s;

t ——泄放压力下介质的饱和温度,℃;

W_s ——容器的安全泄放量,kg/h;

δ ——容器保温层厚度,m;

λ ——常温下绝热材料的导热系数,kJ/(m·h·℃);

ρ ——泄放条件(设定温度与设定压力)下的介质密度,kg/m^3。

B.7.2 盛装压缩气体或水蒸气的容器安全泄放量

a) 对压缩机贮气罐和蒸气罐等容器的安全泄放量,分别取该压缩机和蒸汽发生器在单位时间内的最大产气(汽)量;

b) 气体贮罐等的安全泄放量,按式(B.1)计算:

$$W_s = 2.83 \times 10^{-3} \rho v d^2 \quad \text{(B.1)}$$

B.7.3 换热设备等产生蒸汽时,安全泄放量按式(B.2)计算:

$$W_s = H/q \quad \text{(B.2)}$$

B.7.4 盛装液化气体的容器安全泄放量

B.7.4.1 介质为易爆液化气体或位于有可能发生火灾环境下工作的非易爆液化气体的容器,分有、无绝热保温层计算其安全泄放量:

a) 无绝热保温层时,安全泄放量按式(B.3)计算:

$$W_s = \frac{2.55 \times 10^5 F A_r^{0.82}}{q} \quad \text{(B.3)}$$

b) 有完整的绝热保温层时(例如在火灾条件下,保温层不被破坏),安全泄放量按式(B.4)计算:

$$W_s = \frac{2.61 \times (650 - t) \lambda A_r^{0.82}}{\delta q} \quad \text{(B.4)}$$

B.7.4.2 介质为非易爆液化气体的容器,置于无火灾危险的环境下工作时,安全泄放量可根据有、无绝热保温层,分别参照式(B.3)或式(B.4)计算,取不低于计算值的30%。

B.7.5 因化学反应使气体体积增大的容器,其安全泄放量应根据容器内化学反应可能生成的最大气量及反应时间来确定。

B.8 泄放装置泄放面积计算

B.8.1 适用范围

本节适用于单一相介质通过泄放装置时泄放面积的计算。当介质为液相,在排放时应不发生闪蒸。

B.8.2 符号

A ——安全阀或爆破片的最小泄放面积,mm^2;

C ——气体特性系数,可查表B.4或按下式求取:

$$C = 520\sqrt{k\left(\frac{2}{k+1}\right)^{\frac{k+1}{k-1}}}$$

K ——泄放装置的泄放系数;

对于安全阀,K 取额定泄放系数(额定泄放系数通常由安全阀制造厂提供);

对于爆破片,K 为与爆破片装置入口管道形状有关的系数,可查表B.5确定,但同时应满足a)~d)条件:

a) 直接向大气排放；

b) 爆破片安全装置离容器本体的距离不超过 8 倍管径；

c) 爆破片安全装置泄放管长度不超过 5 倍管径；

d) 爆破片安全装置上、下游接管的公称直径不小于爆破片安全装置的泄放口公称直径；

当入口管道形状不易确定或不满足 a)～d)时，可取 $K=0.62$；对于液体介质，取 0.62 或按有关安全技术规范的规定；

k——气体绝热指数，查表 B.6；

M——气体的摩尔质量，kg/kmol；

p_o——泄放装置出口侧压力(绝压)，MPa；

p_f——泄放装置的泄放压力(绝压)，包括设计压力和超压限度两部分，MPa；

Δp——泄放装置泄放时内、外侧的压力差，MPa；

R——通用气体常数，J/(kmol·K)，$R=8\ 314$；

Re——雷诺数，$Re=0.313\ 4\dfrac{W}{\mu\sqrt{A}}$；

T_f——泄放装置泄放温度，K；

W——泄放装置泄放量，kg/h；

W_s——容器的安全泄放量，kg/h；

Z——气体的压缩系数，见图 B.1，对于空气 $Z=1.0$；

ζ——液体动力黏度校正系数，见图 B.2，当液体的黏度不大于 20 ℃水的黏度时，取 $\zeta=1.0$；

μ——液体动力黏度，Pa·s；

ρ——泄放条件(设定温度与设定压力)下的介质密度，kg/m³。

B.8.3 单个泄放装置泄放面积的计算

B.8.3.1 气体

a) 临界条件，即 $p_o/p_f\leqslant\left(\dfrac{2}{k+1}\right)^{\frac{k}{k-1}}$ 时，

$$A=13.16\frac{W_s}{CKp_f}\sqrt{\frac{ZT_f}{M}} \qquad \text{(B.5)}$$

b) 亚临界条件，即 $p_o/p_f>\left(\dfrac{2}{k+1}\right)^{\frac{k}{k-1}}$ 时，

$$A=1.79\times10^{-2}\frac{W_s}{Kp_f\sqrt{\dfrac{k}{k-1}\left[\left(\dfrac{p_o}{p_f}\right)^{\frac{2}{k}}-\left(\dfrac{p_o}{p_f}\right)^{\frac{k+1}{k}}\right]}}\sqrt{\frac{ZT_f}{M}} \qquad \text{(B.6)}$$

B.8.3.2 饱和蒸汽

饱和蒸汽中蒸汽含量应不小于 98%，过热度不大于 11 ℃。

a) 当 $p_f\leqslant10$ MPa 时

$$A = 0.19\frac{W_s}{Kp_f} \quad \cdots\cdots(B.7)$$

b) 当 $10\ \text{MPa} < p_f \leqslant 22\ \text{MPa}$ 时

$$A = 0.19\frac{W_s}{Kp_f}\left(\frac{33.2p_f - 1\,061}{27.6p_f - 1\,000}\right) \quad \cdots\cdots(B.8)$$

B.8.3.3 液体

$$A = 0.196\frac{W_s}{\zeta K\sqrt{\rho\Delta p}} \quad \cdots\cdots(B.9)$$

对于黏滞性流体的泄放面积计算程序如下：

a) 假设为非黏滞性流体，取 $\zeta = 1.0$ 按式(B.9)计算出初始的泄放面积与相应的直径，并向上圆整到产品系列化规格最近的公称直径及相对应的泄放面积；

b) 根据 a)计算出的圆整后泄放面积按式(B.9)及 $\zeta = 1.0$ 计算泄放量 W；

c) 根据 b)计算出的泄放量 W 及 a)计算出的圆整后泄放面积按式 $Re = 0.313\,4\frac{W}{\mu\sqrt{A}}$ 计算雷诺数，由图 B.2 查得 ζ 值，并以查得的 ζ 值按式(B.9)重新计算泄放量 W；

d) 若 $W \geqslant W_s$，则该直径(面积)即为所求；若 $W < W_s$ 则采用大一挡的产品公称直径相对应的泄放面积代替 a)计算出的圆整后泄放面积重复 b)～d)的计算，直至 $W \geqslant W_s$。

B.8.4 选用的安全泄放装置实际泄放面积应不小于按 B.8.3 计算的最小泄放面积 A。

表 B.4 气体特性系数 C

k	C	k	C	k	C	k	C
1.00	315	1.20	337	1.40	356	1.60	372
1.02	318	1.22	339	1.42	358	1.62	374
1.04	320	1.24	341	1.44	359	1.64	376
1.06	322	1.26	343	1.46	361	1.66	377
1.08	324	1.28	345	1.48	363	1.68	379
1.10	327	1.30	347	1.50	365	1.70	380
1.12	329	1.32	349	1.52	366	2.00	400
1.14	331	1.34	351	1.54	368	2.20	412
1.16	333	1.36	352	1.56	369	—	—
1.18	335	1.38	354	1.58	371	—	—

表 B.5　爆破片安全装置泄放系数

编号	接管示意图	接管形状	泄放系数　K
1	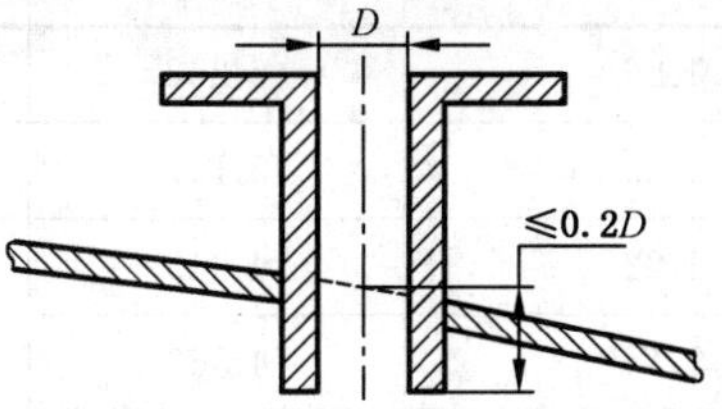	插入式接管	0.68
2	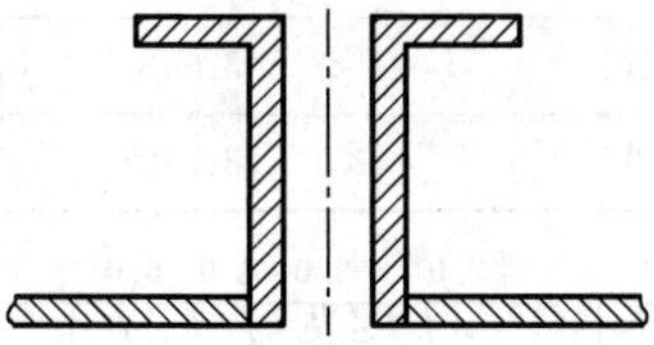	平齐式接管	0.73
3	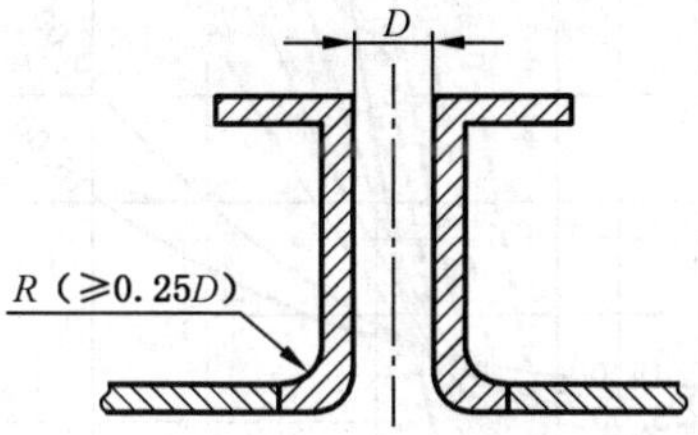	带过渡圆角接管	0.80

表 B.6　部分气体的性质

气体	分子式	摩尔质量 M kg/kmol	绝热指数 k (0.013 MPa,15 ℃时)	临界压力 P_c MPa(绝压)	临界温度 T_c K
空气	—	28.97	1.40	3.769	132.45
氮气	N_2	28.01	1.40	3.394	126.05
氧气	O_2	32.00	1.40	5.036	154.35
氢气	H_2	2.02	1.41	1.297	33.25
氯气	Cl_2	70.91	1.35	7.711	417.15
一氧化碳	CO	28.01	1.40	3.546	134.15
二氧化碳	CO_2	44.01	1.30	7.397	304.25
氨	NH_3	17.03	1.31	11.298	405.55
氯化氢	HCl	36.46	1.41	8.268	324.55
硫化氢	H_2S	34.08	1.32	9.008	373.55
一氧化二氮	N_2O	44.01	1.30	7.265	309.65
二氧化硫	SO_2	64.06	1.29	7.873	430.35
甲烷	CH_4	16.04	1.31	4.641	190.65

表 B.6(续)

气体	分子式	摩尔质量 M kg/kmol	绝热指数 k (0.013 MPa,15 ℃时)	临界压力 P_c MPa(绝压)	临界温度 T_c K
乙炔	C_2H_2	26.02	1.26	6.282	309.15
乙烯	C_2H_4	28.05	1.25	5.157	282.85
乙烷	C_2H_6	30.05	1.22	4.945	305.25
丙烯	C_3H_6	42.08	1.15	4.560	365.45
丙烷	C_3H_8	44.10	1.13	4.357	368.75
正丁烷	C_4H_{10}	58.12	1.11	3.648	426.15
异丁烷	$CH(CH_3)_3$	58.12	1.11	3.749	407.15

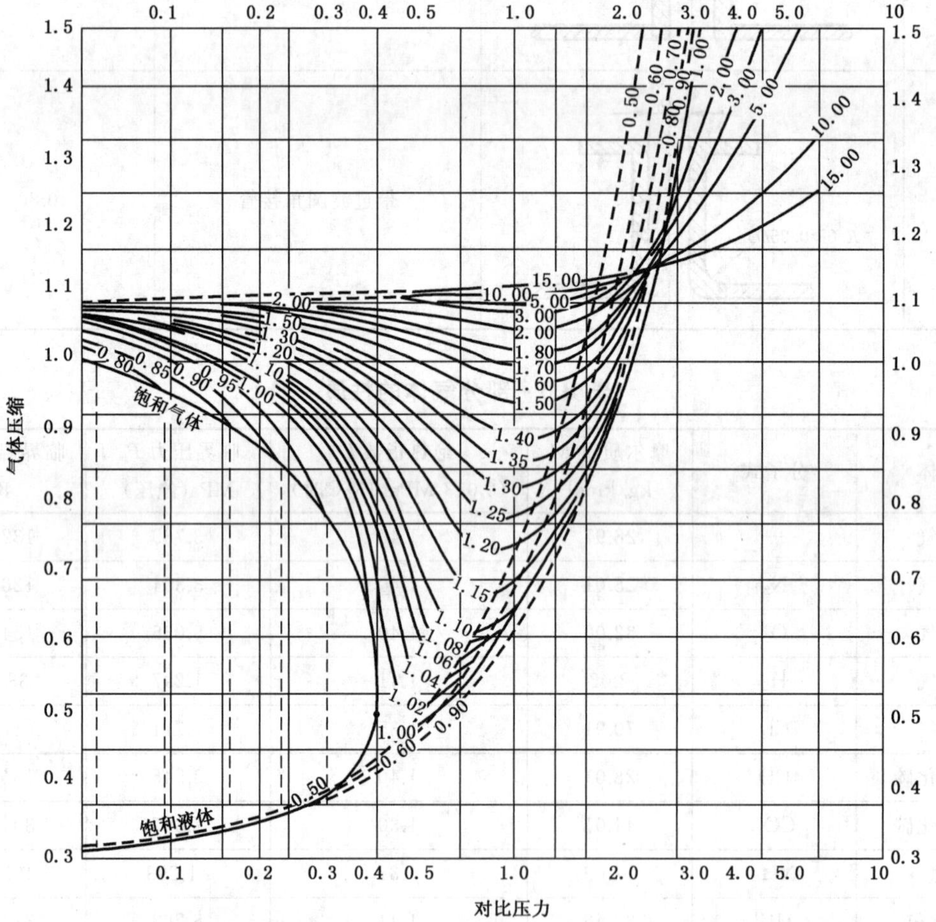

对比温度 $T_r=\dfrac{\text{介质的泄放温度(K)}}{\text{介质的临界温度(K)}}$;　对比压力 $p_r=\dfrac{\text{介质的泄放压力(MPa)}}{\text{介质的临界压力(MPa)}}$(绝压)

图 B.1　气体压缩系数

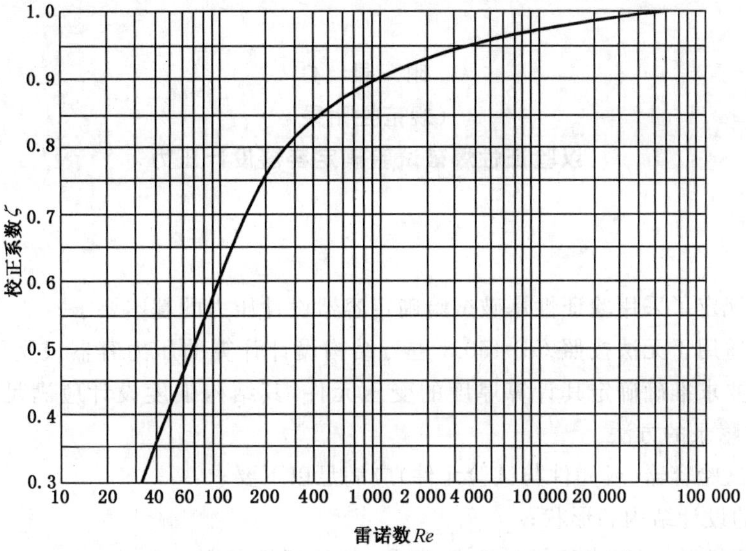

图 B.2　液体动力黏度校正系数ζ

B.9　泄放装置的设置

B.9.1　泄放装置应设置在容器本体或其连接管线上容易安装、检查、维护的部位。安全阀的阀体应在容器或管线顶部并垂直向上。

B.9.2　泄放装置应设置在靠近容器压力源的位置。若用于气体介质,应设置在气相空间(包括液体上方的气相空间)或与该空间相连通的管线上;若用于液体介质,应设置在正常液面以下。

B.9.3　容器和泄放装置之间的所有管道、管件的截面积应不小于泄放装置的泄放面积,其接管应尽可能短而直,以免产生过大的压力损失。若一个连接口上装设 2 个或者 2 个以上的泄放装置(不包括备用安全阀)时,则该连接口入口的截面积,应当至少等于这些泄放装置进口截面积的总和。

B.9.4　容器与泄放装置之间一般不宜设置中间截断阀。对于连续操作的容器,可在容器与泄放装置之间设置截断阀专供检修用。容器在正常工作期间,截断阀应处于全开的位置并铅封。

B.9.5　泄放装置的支撑结构应有足够的强度(或刚度),以保证能承受该泄放装置泄放时所产生的反力。

B.10　泄放管

B.10.1　泄放管应尽可能设计成垂直方向,其口径应不小于泄放装置的出口直径。若多个泄放装置采用泄放总管时,总管的截面积应不小于各泄放装置泄放口截面积总和。

B.10.2　当泄放管中可能有易爆介质排放时,应根据相应规范要求采取装设阻火器等措施,以防止回火的危险。

B.10.3　在泄放管的适当部位开设排泄孔,用以防止雨、雪及冷凝液等积聚在泄放管内。

B.10.4　在安装爆破片安全装置的泄放管线时,其中心线应与爆破片安全装置的中心线对齐,以避免爆破片受力不均。

附 录 C
(规范性附录)
以验证性爆破试验确定容器设计压力

C.1 总则

C.1.1 本附录规定了采用验证性爆破试验确定容器设计压力的基本要求。

C.1.2 本附录适用于无法按照 GB 150.3 进行结构设计计算的压力容器或受压元件。凡能够按GB 150.3 的要求准确确定其计算厚度的受压元件,其结构强度设计应满足 GB 150.3 的要求,不得采用本附录的方法。

C.1.3 容器与试验容器(或元件与试验元件)应满足以下要求:

a) 相同的设计结构和形状;

b) 相同的材料,即对应的材料标准、牌号、热处理状态应一致;

c) 相同的名义厚度和结构尺寸,对于截面尺寸相同的结构,其长度不能大于验证试验件;

d) 相同的热处理要求;

e) 制造偏差应符合 GB 150.4 的要求。

C.1.4 如果容器中仅部分受压元件的最高允许工作压力采用验证性爆破试验确定,则容器的设计压力应根据所有受压元件的要求确定。

C.1.5 本附录不得用于盛装介质毒性程度为极度或高度危害的容器的设计。

C.2 管理与职责

C.2.1 验证性爆破试验的试验件应由该容器或受压元件的制造单位完成,试验可由该容器或受压元件的制造单位或委托第三方实施。

C.2.2 验证性爆破试验的实施过程应充分考虑试验人员和场地的安全,试验程序和试验场地安全防护措施应经实施试验的单位技术负责人批准。

C.2.3 参照容器耐压试验的监督检验要求,整个试验过程应当接受检验机构人员见证,验证性爆破试验报告应经检验机构人员签字认可。

C.2.4 技术评审

C.2.4.1 以验证性爆破试验确定容器设计压力或受压元件最高允许工作压力的技术文件应按《固定式压力容器安全技术监察规程》1.9 条进行技术评审。

C.2.4.2 技术文件要求

C.2.4.2.1 试验件设计和制造文件,至少应包含以下内容:

a) 试验件的结构设计图样;

b) 材料质量证明文件;

c) 制造过程工艺文件;

d) 检验记录;

e) 其他相关文件。

C.2.4.2.2 验证性爆破试验报告,至少应包含以下内容:

a) 试验、测试设备;

b) 试验程序;

c) 试验过程记录;

d) 试验结论。

C.3 试验要求

C.3.1 验证性爆破试验一般以水作为试验介质,试验介质和温度应符合 GB 150.4 的规定。

C.3.2 试验容器在进行验证性爆破试验前,耐压试验压力不得超过预期设计压力的1.25倍。

C.3.3 验证性爆破试验的加压应缓慢进行,首先逐渐加压至预期设计压力的0.5倍,保压观察后以1/10预期设计压力的增量逐步加压至预期设计压力,进行不少于10 min的保压观察后继续以1/10预期设计压力的增量加压至爆破或设定的停止点。

C.3.4 验证性爆破试验可选择适当的压力作为停止点,只要采用该停止点压力计算得到的设计压力满足预期的设计压力要求即可。

C.4 设计压力的确定

C.4.1 试验温度下最高允许工作压力

a) 按C.4.4确定 R_{mave} 时,按式(C.1)计算试验温度下的最高允许工作压力 p'',否则按式(C.2)计算:

$$p''=\frac{p_b R_m \phi}{4R_{mave}} \qquad \text{(C.1)}$$

$$p''=\frac{p_b R_m \phi}{4R_{mh}} \qquad \text{(C.2)}$$

式中:

p'' ——试验温度下的最高允许工作压力,单位为兆帕(MPa);

p_b ——爆破试验压力或试验停止点压力,单位为兆帕(MPa);

ϕ ——焊接接头系数;

R_m ——材料标准抗拉强度下限值,单位为兆帕(MPa);

R_{mave} ——室温下试样的平均抗拉强度,单位为兆帕(MPa),按C.4.4确定;

R_{mh} ——材料标准抗拉强度上限值,单位为兆帕(MPa)。

b) 考虑腐蚀裕量后试验温度下的最高允许工作压力 p' 按式(C.3)确定:

$$p'=p''\frac{(t-C_2)^n}{t^n} \qquad \text{(C.3)}$$

式中:

p' ——考虑腐蚀裕量后试验温度下的最高允许工作压力,单位为兆帕(MPa);

t ——强度最薄弱处的材料厚度,单位为毫米(mm);

C_2 ——腐蚀裕量,单位为毫米(mm);

n ——结构形状系数。对于圆筒、球壳、半顶角 $\alpha\leqslant 60°$ 的锥壳等,以及弯曲应力不大于2/3总应力的受压元件时,$n=1$;对于平面或近似平面,如平盖板、法兰或半顶角 $\alpha>60°$ 的锥体等,以及弯曲应力大于2/3总应力的受压元件时,$n=2$。

C.4.2 设计温度下的最高允许工作压力

设计温度下的最高允许工作压力 p_{max} 按式(C.4)计算：

$$p_{max} = p' \frac{[\sigma]^t}{[\sigma]} \quad \cdots\cdots (C.4)$$

式中：

p_{max}——设计温度下的最高允许工作压力，单位为兆帕(MPa)；

$[\sigma]^t$——材料设计温度下的许用应力，单位为兆帕(MPa)；

$[\sigma]$——材料试验温度下的许用应力，单位为兆帕(MPa)。

C.4.3 采用 C.4.1～C.4.2 得到的最高允许工作压力作为确定容器设计压力 p 的依据。

C.4.4 试样的平均抗拉强度 R_{mave} 确定

C.4.4.1 试样应从与试验容器相同的材料上用机械方法截取。

C.4.4.2 取 3 个试样抗拉强度的平均值作为平均抗拉强度。

附　录　D
(规范性附录)
对比经验设计方法

D.1　总则

D.1.1　本附录规定了采用对比经验设计的基本要求。

D.1.2　本附录适用于容器的对比经验设计，对比经验设计容器与参照容器应具有相同或相近结构和设计条件。

D.1.3　同时满足以下要求的容器可采用本附录规定的对比经验设计方法：

a)　不能按 GB 150.3 进行设计的压力容器；

b)　材料标准抗拉强度下限值小于 540 MPa；

c)　盛装介质毒性程度为中度危害及以下的容器。

D.1.4　设计单位应取得用户提供的参照容器安全使用的证明文件和设计文件。

D.1.5　采用本方法设计应按《固定式压力容器安全技术监察规程》1.9 条通过技术评审。

D.2　使用经验要求

D.2.1　参照容器应为已投入实际生产运行的容器，其安全运行期限不得少于 5 年。

D.2.2　参照容器的实际运行条件不得低于其设计条件的 80%。

D.3　设计条件

D.3.1　与参照容器结构相同、介质相同。

D.3.2　设计温度不得高于参照容器的设计温度；对于设计温度低于 0 ℃的容器，容器设计温度不得低于参照容器的设计温度。

D.3.3　设计压力不得高于参照容器的设计压力。

D.4　结构

D.4.1　对比经验设计容器应与参照容器具有相同或相似的结构，主要结构尺寸的结构相似比应在 0.85～1.15 之间。

D.4.2　在保证对比经验设计容器使用功能前提下，应考虑结构优化，减小总体结构不连续和局部结构不连续所引起的二次应力和峰值应力的影响。

D.5　材料

D.5.1　对比经验设计容器的材料设计温度下的力学性能不得低于参照容器材料的相应要求。

D.5.2　对比经验设计容器的材料耐腐蚀性能不得低于参照容器材料的相应要求。

D.6 设计

D.6.1 容器的对比经验设计应满足以上要求,其结构尺寸可按结构相似原则确定。

D.6.2 设计单位应提供设计说明书。

D.6.3 对于按 JB 4732—1995 的 3.10.2 和 3.10.3 要求需进行疲劳分析的容器,根据本附录的要求进行对比经验设计时,设计说明书中还应补充容器的疲劳分析内容。

附　录　E
(规范性附录)
局部结构应力分析和评定

E.1　总则

E.1.1　本附录规定了容器局部结构采用应力分析方法(容器总体按 GB 150 设计)作为设计依据的基本要求。

E.1.2　本附录仅适用于按 GB 150.3 无法进行设计计算的容器局部结构。

E.2　设计管理

E.2.1　按本附录进行容器局部结构应力分析的设计单位和设计者一般不要求具备分析设计资格。

E.2.2　设计单位应对局部结构分析的正确性负责,分析报告应作为对应局部结构的强度计算书。

E.3　强度评定要求

E.3.1　应力分类及应力分析结果的评定方法应符合 JB 4732 的规定。

E.3.2　材料的设计应力强度按 GB 150.2 对应材料的许用应力确定。

E.4　局部结构的制造、检验和验收要求应满足 JB 4732 的相应规定。

附　录　F
（规范性附录）
风险评估报告

F.1　总则

F.1.1　本附录规定了风险评估报告的基本要求。

F.1.2　容器设计者应根据相关法规或设计委托方要求编制针对容器预期使用状况的风险评估报告。

F.1.3　设计者应充分考虑容器在各种工况条件下可能产生的失效模式，在材料选择、结构设计、制造检验要求等方面提出安全措施，防止可能发生的失效。

F.1.4　设计者应向容器用户提供制定容器事故应急预案所需要的信息。

F.2　制定原则和程序

F.2.1　设计阶段风险评估主要针对危害识别和风险控制。

F.2.2　设计阶段风险评估按以下程序进行：

a）根据用户设计条件和其他设计输入信息，确定容器的各种使用工况；

b）根据各使用工况的介质、操作条件、环境因素进行危害识别，确定可能发生的危害及其后果；

c）针对所有危害和相应的失效模式，说明应采取的安全防护措施和依据；

d）对于可能发生的失效模式，给出制定事故应急预案所需要的信息；

e）形成完整的风险评估报告。

F.3　风险评估报告内容

风险评估报告应至少包括：

a）压力容器的基本设计参数：压力、温度、材料、介质性质和外载荷等；

b）操作工况条件的描述；

c）所有操作、设计条件下可能发生的危害，如：爆炸、泄漏、破损、变形等；

d）对于标准已经有规定的失效模式，说明采用标准的条款；

e）对于标准没有规定的失效模式，说明设计中载荷、安全系数和相应计算方法的选取依据；

f）对介质少量泄漏、大量涌出和爆炸状况下如何处置的措施；

g）根据周围人员的可能伤及情况，规定合适的人员防护设备和措施；

h）风险评估报告应具有与设计图纸一致的签署。

ICS 23.020.30
J 74

中华人民共和国国家标准

GB 150.2—2011
部分代替 GB 150—1998

压力容器　第2部分：材料

Pressure vessels—Part 2：Materials

自2017年3月23日起，本标准转为推荐性标准，编号改为GB/T 150.2—2011。

2011-11-21发布　　2012-03-01实施

中华人民共和国国家质量监督检验检疫总局
中国国家标准化管理委员会　发布

前　言

本标准的本部分中附录B、附录C为推荐性的，其余为强制性。

本标准GB 150《压力容器》分为四个部分：

——第1部分：通用要求；

——第2部分：材料；

——第3部分：设计；

——第4部分：制造、检验和验收。

本部分为GB 150的第2部分：材料。本部分按照GB/T 1.1—2009《标准化工作导则》给出的规则起草。

本部分代替GB 150—1998的材料部分(第4章、附录A、附录F和附录H)。

本部分依据GB 150—1998实施以来我国压力容器用钢的技术进展成果，并按照TSG R0004—2009《固定式压力容器安全技术监察规程》的相关规定进行了修订，与GB 150—1998相比，主要变动内容如下：

——第2章引用文件中的钢材标准全部进行了更新。复合板增加了镍-钢、钛-钢和铜-钢3个标准(NB/T 47002.2、NB/T 47002.3和NB/T 47002.4)。不锈钢无缝钢管增加了奥氏体-铁素体型钢管标准(GB/T 21833)。不锈钢焊接钢管增加了锅炉和热交换器用奥氏体不锈钢管标准(GB/T 24593)和奥氏体-铁素体型钢管标准(GB/T 21832)。不锈钢棒增加了冷加工钢棒标准(GB/T 4226)。

——第3章总则中碳素钢和低合金钢钢材(钢板、钢管和钢锻件)的冲击功最低值按TSG R0004的规定提高了指标。

——按TSG R0004所规定的安全系数重新确定了钢板、钢管和钢锻件的许用应力。

——第4章钢板中增加了7个低合金钢钢板(12Cr1MoVR、12Cr2Mo1VR、12MnNiVR、15MnNiNbDR、07MnNiMoDR、08Ni3DR和06Ni9DR)，6个高合金钢钢板(S11972、S30409、S31008、S39042、S22253和S22053)。

——第4章钢板中提高了碳素钢和低合金钢钢板的超声检测要求，将钢板的使用温度下限作了详细规定。

——第5章钢管中增加了2个低合金钢钢管(09MnNiD和08Cr2AlMo)，2个奥氏体型高合金钢无缝钢管(1Cr19Ni9和0Cr25Ni20)，4个奥氏体-铁素体型高合金钢无缝钢管(S21953、S22253、S22053和S25073)，高合金钢焊接钢管列入5个奥氏体型钢号(S30408、S30403、S31608、S31603和S32168)和3个奥氏体-铁素体型钢号(S21953、S22253、S22053)。

——第5章钢管中列入了用钢棒加工的接管，并做出了相关规定。

——第6章钢锻件中增加了4个低合金钢钢锻件(20MnNiMo、12Cr2Mo1V、12Cr3Mo1V和08Ni3D)，4个奥氏体型高合金钢钢锻件(S30409、S31008、S31703和S39042)，2个奥氏体-铁素体型高合金钢钢锻件(S22253和S22053)。

——第7章螺柱(含螺栓)用钢棒中调整了35CrMoA和40CrNiMoA低温用螺柱的最低冲击试验温度，提高了30CrMoA、35CrMoA和40CrNiMoA螺柱的低温冲击功指标，增加了S31008高温用高合金钢螺柱和应变强化处理的S30408低温用高合金钢螺柱。

——附录A中增加了4个低合金钢钢板(12Cr2Mo1VR、15MnNiNbDR、08Ni3DR和06Ni9DR)的技术要求，以及2个低合金钢钢管(09MnNiD和08Cr2AlMo)的技术要求。

——附录B中列入了新增钢号的相关性能数据参考值。

——附录C中列出了高合金钢统一数字代号和牌号的对照表。

——附录D中列出了Q235系列钢板的使用规定。

本部分由全国锅炉压力容器标准化技术委员会(SAC/TC 262)提出并归口。

本部分起草单位：合肥通用机械研究院、中国通用机械工程总公司、中国特种设备检测研究院、合肥市质量技术监督局、中国石化工程建设公司、国家质检总局特种设备安全监察局、江苏省特种设备安全监督检验研究院。

本部分主要起草人：秦晓钟、章小浒、张勇、杨国义、顾先山、段瑞、常彦衍、缪春生、尹立军。

本部分所代替标准的历次版本发布情况为：

——GB 150—1989、GB 150—1998。

根据中华人民共和国国家标准公告(2017年第7号)和强制性标准整合精简结论，本标准自2017年3月23日起，转为推荐性标准，不再强制执行。

压力容器　第2部分:材料

1　范围

GB 150的本部分规定了压力容器受压元件用钢材允许使用的钢号及其标准,钢材的附加技术要求,钢材的使用范围(温度和压力)和许用应力。

本部分适用于设计温度-253 ℃～800 ℃、设计压力不大于35 MPa的压力容器。

本部分不适用的范围为:GB 150.1规定的不适用范围;制冷、造纸行业的容器,搪玻璃容器和简单压力容器;TSG R0004中1.4条所规定的范围。

2　规范性引用文件

下列文件对于本文件的应用是必不可少的。凡是注日期的引用文件,仅注日期的版本适用于本文件。凡是不注日期的引用文件,其最新版本(包括所有的修改单)适用于本文件。

GB 150.1—2011　压力容器　第1部分:通用要求

GB 150.3—2011　压力容器　第3部分:设计

GB/T 228　金属材料　室温拉伸试验方法

GB/T 229　金属材料　夏比摆锤冲击试验方法

GB/T 699　优质碳素结构钢

GB 713　锅炉和压力容器用钢板

GB/T 1220　不锈钢棒

GB/T 1221　耐热钢棒

GB/T 3077　合金结构钢

GB 3531　低温压力容器用低合金钢钢板

GB/T 4226　不锈钢冷加工钢棒

GB/T 4334　金属和合金的腐蚀　不锈钢晶间腐蚀试验方法

GB 5310　高压锅炉用无缝钢管

GB 6479—2000　高压化肥设备用无缝钢管

GB/T 6803　铁素体钢的无塑性转变温度落锤试验方法

GB/T 7735　钢管涡流探伤检验方法

GB/T 8163　输送流体用无缝钢管

GB 9948　石油裂化用无缝钢管

GB/T 12771　流体输送用不锈钢焊接钢管

GB 13296　锅炉、热交换器用不锈钢无缝钢管

GB/T 14976　流体输送用不锈钢无缝钢管

GB 19189　压力容器用调质高强度钢板

GB/T 20878　不锈钢和耐热钢　牌号及化学成分

GB/T 21832　奥氏体-铁素体型双相不锈钢焊接钢管

GB/T 21833　奥氏体-铁素体型双相不锈钢无缝钢管

GB 24511　承压设备用不锈钢钢板及钢带

GB/T 24593　锅炉和热交换器用奥氏体不锈钢焊接钢管

NB/T 47002.1　压力容器用爆炸焊接复合板　第1部分:不锈钢-钢复合板

NB/T 47002.2　压力容器用爆炸焊接复合板　第2部分:镍-钢复合板

NB/T 47002.3　压力容器用爆炸焊接复合板　第3部分:钛-钢复合板

NB/T 47002.4　压力容器用爆炸焊接复合板　第4部分:铜-钢复合板

NB/T 47008　承压设备用碳素钢和合金钢锻件

NB/T 47009　低温承压设备用低合金钢锻件

NB/T 47010　承压设备用不锈钢和耐热钢锻件

JB/T 4730.3　承压设备无损检测　第3部分:超声检测

JB/T 4756　镍及镍合金制压力容器

TSG R0004　固定式压力容器安全技术监察规程

ISO 9328-2:2004　承压设备用钢板及钢带　供货技术条件　第2部分:规定高温性能的非合金钢和合金钢(Steel flat products for pressure purposes—Technical delivery conditions—Part 2:Non-alloy and alloy steels with specified elevated temperature properties)

3　总则

3.1　本标准对压力容器受压元件所采用的钢板、钢管、钢锻件和螺柱(含螺栓)用钢材做出了相关规定。

与受压元件相焊接的非受压元件用钢应是焊接性良好的钢材。

3.2　采用本标准未列入钢号的钢材时,除奥氏体型钢材外均应符合附录A的有关规定。允许采用已列入国家标准中的奥氏体型钢材,但其技术要求(如磷、硫含量,强度指标)不应低于本标准所列入相应钢材标准中化学成分相近钢号的规定。

3.3　压力容器受压元件用钢应附有钢材生产单位的钢材质量证明书原件,容器制造单位应按质量证明书对钢材进行验收。如无钢材生产单位的钢材质量证明书原件时,则应按TSG R0004中2.1的规定。对符合TSG R0004中2.11所规定的情况,压力容器制造单位应对钢材进行复验。

3.4　选择压力容器受压元件用钢时应考虑容器的使用条件(如设计温度、设计压力、介质特性和操作特点等)、材料的性能(力学性能、工艺性能、化学性能和物理性能)、容器的制造工艺以及经济合理性。

3.5　压力容器受压元件用钢应当是氧气转炉或者电炉冶炼的镇静钢。对标准抗拉强度下限值大于或等于540 MPa的低合金钢钢板和奥氏体-铁素体型不锈钢钢板,以及用于使用温度低于−20 ℃的低温钢板和低温钢锻件,还应当采用炉外精炼工艺。

3.6　压力容器受压元件用钢材的使用温度上限

3.6.1　钢材的使用温度上限(相应受压元件的最高设计温度)为本标准各许用应力表中各钢号许用应力所对应的最高温度。如在工艺过程中,钢材需短时在高于使用温度上限操作时,由设计文件规定。许用应力表中粗线右侧的许用应力系由钢材10万小时的高温持久强度极限所确定。

3.6.2 碳素钢和碳锰钢钢材在高于 425 ℃温度下长期使用时,应考虑钢中碳化物相的石墨化倾向。

3.6.3 奥氏体型钢材的使用温度高于 525 ℃时,钢中含碳量应不小于 0.04%。

3.7 压力容器受压元件用钢材的使用温度下限

3.7.1 钢材(奥氏体型钢材除外)的使用温度下限(相应受压元件的最低设计温度)按第 4 章至第 7 章相关条文的规定。

3.7.2 奥氏体型钢材的使用温度高于或等于 −196 ℃时,可免做冲击试验。低于 −196 ℃～−253 ℃,由设计文件规定冲击试验要求。

3.7.3 对用于低温低应力工况的钢材,其使用温度下限按 GB 150.3—2011 附录 E 的规定。

3.8 碳素钢和低合金钢钢材的冲击试验要求

3.8.1 碳素钢和低合金钢钢材(钢板、钢管、钢锻件及其焊接接头)的冲击功最低值按表 1 的规定。

表 1 碳素钢和低合金钢钢材的冲击功最低值

钢材标准抗拉强度下限值 R_m/MPa	3 个标准试样冲击功平均值 KV_2/J
≤450	≥20
>450～510	≥24
>510～570	≥31
>570～630	≥34
>630～690	≥38

注:对 R_m 随厚度增大而降低的钢材,按该钢材最小厚度范围的 R_m 确定冲击功指标。

3.8.2 夏比 V 型缺口冲击试样的取样部位和试样方向应符合相应钢材标准的规定。冲击试验每组取 3 个标准试样,允许 1 个试样的冲击功数值低于表 1 的规定值,但不得低于表 1 规定值的 70%。当钢材尺寸无法制备标准试样时,则应依次制备宽度为 7.5 mm 或 5 mm 的小尺寸冲击试样,其冲击功指标分别为标准试样冲击功指标的 75%或 50%。

3.8.3 钢板的冲击试验要求分别按 GB 713、GB 3531 和 GB 19189 的规定。如需提高冲击功指标,应在设计文件中注明。对 Q245R、Q345R 和 13MnNiMoR 钢板,如需规定进行 −20 ℃冲击试验时,应在设计文件中注明。

3.8.4 钢管的冲击试验要求按第 5 章相关条文的规定。

3.8.5 钢锻件的冲击试验要求分别按 NB/T 47008 和 NB/T 47009 的规定。如需提高冲击功指标,应在设计文件中注明。对 20、16Mn 和 20MnMo 钢锻件,如需规定进行 −20 ℃冲击试验时,应在设计文件中注明。

3.8.6 低合金钢螺柱的冲击试验要求按 7.1.3 和 7.1.4 的规定。

3.9 根据设计文件要求,钢材可按 GB/T 4334 进行晶间腐蚀试验,也可按有关标准进行应力腐蚀试验、点腐蚀试验,具体试验方法和合格指标在设计文件中规定。

3.10 对钢材有特殊技术要求时(如特殊冶炼方法、严格的化学成分、较高的冲击功指标、附加保证高温屈服强度、提高无损检测合格等级、增加力学性能检验率等),应在设计文件中规定。

3.11 对已列入本标准的标准抗拉强度下限值大于或等于 540 MPa 的和用于压力容器设计温度低于−40 ℃的低合金钢钢板，如钢板制造单位无该钢板在压力容器中的应用业绩，则钢板制造单位仍应按 TSG R0004 的规定通过技术评审。

3.12 钢材的高温屈服强度、持久强度极限、弹性模量和平均线膨胀系数参考值参见附录 B。

3.13 高合金钢钢号近似对照参见附录 C。

3.14 压力容器制造或现场组焊单位对受压元件用钢材的代用，应事先取得原设计单位的书面批准，并在竣工图上做详细记录。

3.15 本标准中各钢材的许用应力按 GB 150.1 的原则确定，各钢材许用应力表中中间温度的许用应力可用内插法求得。

4 钢板

4.1 碳素钢和低合金钢钢板

4.1.1 钢板的标准、使用状态及许用应力按表 2 的规定。

4.1.2 表 2 中所有用连铸坯轧制的钢板，压缩比应不小于 3。

4.1.3 对容器制造过程中需进行正火、正火加回火或调质热处理的碳素钢和低合金钢钢板，钢板制造单位的交货状态可不同于表 2 中的使用状态。钢板制造单位出厂检验和容器制造单位复验钢板力学性能时，应从热处理的样坯上取样进行试验。样坯厚度为钢板厚度，样坯长度和宽度均不小于 3 倍钢板厚度。试样的轴线应位于离样坯表面 1/4 厚度处，试样所处的位置离样坯各个侧面的距离应不小于样坯厚度，但拉伸试样的头部(或夹持部位)不受此限制。

4.1.4 下列碳素钢和低合金钢钢板，应在正火状态下使用：

a) 用于多层容器内筒的 Q245R 和 Q345R；

b) 用于壳体的厚度大于 36 mm 的 Q245R 和 Q345R；

c) 用于其他受压元件(法兰、管板、平盖等)的厚度大于 50 mm 的 Q245R 和 Q345R。

4.1.5 下列碳素钢和低合金钢钢板，应每张热处理钢板(热处理后钢板被切割成数张时仍按 1 张考虑)进行拉伸和 V 型缺口冲击试验：

a) 调质热处理钢板；

b) 多层容器的内筒钢板；

c) 壳体厚度大于 60 mm 的钢板。

4.1.6 根据设计文件要求，对厚度大于 36 mm 的调质状态使用的钢板和厚度大于 80 mm 的正火或正火加回火状态使用的钢板，可增加一组在钢板厚度 1/2 处取样的冲击试验，其冲击功指标在设计文件中规定。

4.1.7 根据设计文件要求，对厚度大于 36 mm 的标准抗拉强度下限值大于或等于 540 MPa 的钢板和用于设计温度低于−40 ℃的钢板，可附加进行落锤试验。试验按 GB/T 6803 进行，采用 P-2 型试样，无塑性转变(NDT)温度的合格指标在设计文件中规定。

4.1.8 壳体用钢板(不包括多层容器的层板)应按表 3 的规定逐张进行超声检测，钢板超声检测方法和质量等级按 JB/T 4730.3 的规定。

4.1.9 公称容积大于或等于 50 m^3 的球形储罐，其球壳板厚度不宜大于 50 mm。

表 2　碳素钢和低合金钢钢板许用应力

钢号	钢板标准	使用状态	厚度 mm	室温强度指标 R_m MPa	室温强度指标 R_{eL} MPa	在下列温度(℃)下的许用应力/MPa ≤20	100	150	200	250	300	350	400	425	450	475	500	525	550	575	600	注
Q245R	GB 713	热轧，控轧，正火	3～16	400	245	148	147	140	131	117	108	98	91	85	61	41						
			>16～36	400	235	148	140	133	124	111	102	93	86	84	61	41						
			>36～60	400	225	148	133	127	119	107	98	89	82	80	61	41						
			>60～100	390	205	137	123	117	109	98	90	82	75	73	61	41						
			>100～150	380	185	123	112	107	100	90	80	73	70	67	61	41						
Q345R	GB 713	热轧，控轧，正火	3～16	510	345	189	189	189	183	167	153	143	125	93	66	43						
			>16～36	500	325	185	185	183	170	157	143	133	125	93	66	43						
			>36～60	490	315	181	181	173	160	147	133	123	117	93	66	43						
			>60～100	490	305	181	181	167	150	137	123	117	110	93	66	43						
			>100～150	480	285	178	173	160	147	133	120	113	107	93	66	43						
			>150～200	470	265	174	163	153	143	130	117	110	103	93	66	43						
Q370R	GB 713	正火	10～16	530	370	196	196	196	196	190	180	170										
			>16～36	530	360	196	196	196	193	183	173	163										
			>36～60	520	340	193	193	193	180	170	160	150										
18MnMoNbR	GB 713	正火加回火	30～60	570	400	211	211	211	211	211	211	211	207	195	177	117						
			>60～100	570	390	211	211	211	211	211	211	211	203	192	177	117						
13MnNiMoR	GB 713	正火加回火	30～100	570	390	211	211	211	211	211	211	211	203									
			>100～150	570	380	211	211	211	211	211	211	211	200									

表 2(续)

钢号	钢板标准	使用状态	厚度 mm	室温强度指标 R_m MPa	室温强度指标 R_{eL} MPa	在下列温度(℃)下的许用应力/MPa ≤20	100	150	200	250	300	350	400	425	450	475	500	525	550	575	600	注
15CrMoR	GB 713	正火加回火	6～60	450	295	167	167	167	160	150	140	133	126	122	119	117	88	58	37			
			>60～100	450	275	167	167	157	147	140	131	124	117	114	111	109	88	58	37			
			>100～150	440	255	163	157	147	140	133	123	117	110	107	104	102	88	58	37			
14Cr1MoR	GB 713	正火加回火	6～100	520	310	193	187	180	170	163	153	147	140	135	130	123	80	54	33			
			>100～150	510	300	189	180	173	163	157	147	140	133	130	127	121	80	54	33			
12Cr2Mo1R	GB 713	正火加回火	6～150	520	310	193	187	180	173	170	167	163	160	157	147	119	89	61	46	37		
12Cr1MoVR	GB 713	正火加回火	6～60	440	245	163	150	140	133	127	117	111	105	103	100	98	95	82	59	41		
			>60～100	430	235	157	147	140	133	127	117	111	105	103	100	98	95	82	59	41		
12Cr2MolVR	—	正火加回火	30～120	590	415	219	219	219	219	219	219	219	219	219	193	163	134	104	72			1
16MnDR	GB 3531	正火,正火加回火	6～16	490	315	181	181	180	167	153	140	130										
			>16～36	470	295	174	174	167	157	143	130	120										
			>36～60	460	285	170	170	160	150	137	123	117										
			>60～100	450	275	167	167	157	147	133	120	113										
			>100～120	440	265	163	163	153	143	130	117	110										
15MnNiDR	GB 3531	正火,正火加回火	6～16	490	325	181	181	181	173													
			>16～36	480	315	178	178	178	167													
			>36～60	470	305	174	174	173	160													

表 2（续）

钢号	钢板标准	使用状态	厚度 mm	室温强度指标 R_m MPa	室温强度指标 R_{eL} MPa	在下列温度(℃)下的许用应力/MPa ≤20	100	150	200	250	300	350	400	425	450	475	500	525	550	575	600	注
15MnNiNbDR	—	正火，正火加回火	10～16	530	370	196	196	196	196													1
			＞16～36	530	360	196	196	196	193													
			＞36～60	520	350	193	193	193	187													
09MnNiDR	GB 3531	正火，正火加回火	6～16	440	300	163	163	163	160	153	147	137										
			＞16～36	430	280	159	159	157	150	143	137	127										
			＞36～60	430	270	159	159	150	143	137	130	120										
			＞60～120	420	260	156	156	147	140	133	127	117										
08Ni3DR	—	正火，正火加回火，调质	6～60	490	320	181	181															1
			＞60～100	480	300	178	178															
06Ni9DR	—	调质	6～30	680	560	252	252															1
			＞30～40	680	550	252	252															
07MnMoVR	GB 19189	调质	10～60	610	490	226	226	226	226													
07MnNiVDR	GB 19189	调质	10～60	610	490	226	226	226	226													
07MnNiMoDR	GB 19189	调质	10～50	610	490	226	226	226	226													
12MnNiVR	GB 19189	调质	10～60	610	490	226	226	226	226													

注 1：该钢板的技术要求见附录 A。

4.1.10 用于设计温度高于 200 ℃的 Q370R 钢板，以及用于设计温度高于 300 ℃的 18MnMoNbR、13MnNiMoR 和 12Cr2Mo1VR 钢板，应在设计文件中要求钢板按批进行设计温度下的高温拉伸试验，其屈服强度值参见附录 B。

4.1.11 受压元件用钢板，其使用温度下限按表 4 的规定，表 4 中 Q245R 和 Q345R 钢板的使用状态还应符合 4.1.4 的规定。对厚度大于 100 mm 的壳体用钢板及其焊接接头，应规定较严格的冲击试验要求，设计单位可选用下列方法：

a） 冲击试验温度按最低设计温度，但冲击功指标高于表 1 的规定；

b） 冲击试验温度低于最低设计温度，冲击功指标按表 1 的规定。

表 3 壳体用钢板超声检测要求

钢号	钢板厚度 mm	容器使用条件	质量等级
Q245R Q345R	>30～36	—	不低于Ⅲ级
	>36	—	不低于Ⅱ级
Q370R Mn-Mo 系 Cr-Mo 系 Cr-Mo-V 系	>25	—	不低于Ⅱ级
16MnDR Ni 系低温钢 （调质状态除外）	>20	—	不低于Ⅱ级
调质状态 使用的钢号	>16	—	Ⅰ级
多层容器 内筒钢板	≥12	—	Ⅰ级
—	≥12	介质毒性程度为极度或高度危害； 在湿 H_2S 环境中使用； 设计压力大于或等于 10 MPa	不低于Ⅱ级

表 4 钢板的使用温度下限

钢 号	钢板厚度 mm	使用状态	冲击试验要求	使用温度下限 ℃
中常温用钢板				
Q245R	<6	热轧、控轧、正火	免做冲击	−20
	6～12		0 ℃冲击	−20
	>12～16			−10
	>16～150			0
	>12～20	热轧、控轧	−20 ℃冲击 （协议）	−20
	>12～150	正火		−20

表4(续)

钢号	钢板厚度 mm	使用状态	冲击试验要求	使用温度下限 ℃
中常温用钢板				
Q345R	<6	热轧、控轧、正火	免做冲击	−20
	6~20		0 ℃冲击	−20
	>20~25			−10
	>25~200			0
	>20~30	热轧、控轧	−20 ℃冲击 (协议)	−20
	>20~200	正火		−20
Q370R	10~60	正火	−20 ℃冲击	−20
18MnMoNbR	30~100	正火加回火	0 ℃冲击	0
			−10 ℃冲击 (协议)	−10
13MnNiMoR	30~150	正火加回火	0 ℃冲击	0
			−20 ℃冲击 (协议)	−20
07MnMoVR	10~60	调质	−20 ℃冲击	−20
12MnNiVR	10~60	调质	−20 ℃冲击	−20
低温用钢板				
16MnDR	6~60	正火, 正火加回火	−40 ℃冲击	−40
	>60~120		−30 ℃冲击	−30
15MnNiDR	6~60	正火,正火加回火	−45 ℃冲击	−45
15MnNiNbDR	10~60	正火,正火加回火	−50 ℃冲击	−50
09MnNiDR	6~120	正火,正火加回火	−70 ℃冲击	−70
08Ni3DR	6~100	正火,正火加回火, 调质	−100 ℃冲击	−100
06Ni9DR	6~40 (6~12)	调质(或两次 正火加回火)	−196 ℃冲击	−196
07MnNiVDR	10~60	调质	−40 ℃冲击	−40
07MnNiMoDR	10~50	调质	−50 ℃冲击	−50

4.1.12 允许使用ISO 9328-2中的P265GH和P355GH钢板,其使用状态、厚度和使用温度范围以及许用应力分别按Q245R和Q345R钢板的相应规定。当钢板按4.1.11的规定需进行−20 ℃冲击试验时,P265GH和P355GH钢板的冲击功指标(3个标准试样冲击功的平均值)应分别提高到31 J和34 J。

4.1.13 Q235系列钢板(Q235B和Q235C)的使用规定见附录D。

4.2 高合金钢钢板

4.2.1 钢板的标准、厚度范围及许用应力按表5的规定。

表 5　高合金钢钢板许用应力

钢号	钢板标准	厚度 mm	在下列温度(℃)下的许用应力/MPa																						注
			≤20	100	150	200	250	300	350	400	450	500	525	550	575	600	625	650	675	700	725	750	775	800	
S11306	GB 24511	1.5～25	137	126	123	120	119	117	112	109															
S11348	GB 24511	1.5～25	113	104	101	100	99	97	95	90															
S11972	GB 24511	1.5～8	154	154	149	142	136	131	125																
S21953	GB 24511	1.5～80	233	233	223	217	210	203																	
S22253	GB 24511	1.5～80	230	230	230	230	223	217																	
S22053	GB 24511	1.5～80	230	230	230	230	223	217																	
S30408	GB 24511	1.5～80	137	137	137	130	122	114	111	107	103	100	98	91	79	64	52	42	32	27					1
			137	114	103	96	90	85	82	79	76	74	73	71	67	62	52	42	32	27					
S30403	GB 24511	1.5～80	120	120	118	110	103	98	94	91	88														1
			120	98	87	81	76	73	69	67	65														
S30409	GB 24511	1.5～80	137	137	137	130	122	114	111	107	103	100	98	91	79	64	52	42	32	27					1
			137	114	103	96	90	85	82	79	76	74	73	71	67	62	52	42	32	27					
S31008	GB 24511	1.5～80	137	137	137	137	134	130	125	122	119	115	113	105	84	61	43	31	23	19	15	12	10	8	1
			137	121	111	105	99	96	93	90	88	85	84	83	81	61	43	31	23	19	15	12	10	8	
S31608	GB 24511	1.5～80	137	137	137	134	125	118	113	111	109	107	106	105	96	81	65	50	38	30					1
			137	117	107	99	93	87	84	82	81	79	78	78	76	73	65	50	38	30					

表 5（续）

钢号	钢板标准	厚度 mm	在下列温度(℃)下的许用应力/MPa																						注
			≤20	100	150	200	250	300	350	400	450	500	525	550	575	600	625	650	675	700	725	750	775	800	
S31603	GB 24511	1.5～80	120	120	117	108	100	95	90	86	84														1
			120	98	87	80	74	70	67	64	62														
S31668	GB 24511	1.5～80	137	137	137	134	125	118	113	111	109	107													1
			137	117	107	99	93	87	84	82	81	79													
S31708	GB 24511	1.5～80	137	137	137	134	125	118	113	111	109	107	106	105	96	81	65	50	38	30					1
			137	117	107	99	93	87	84	82	81	79	78	78	76	73	65	50	38	30					
S31703	GB 24511	1.5～80	137	137	137	134	125	118	113	111	109														1
			137	117	107	99	93	87	84	82	81														
S32168	GB 24511	1.5～80	137	137	137	130	122	114	111	108	105	103	101	83	58	44	33	25	18	13					1
			137	114	103	96	90	85	82	80	78	76	75	74	58	44	33	25	18	13					
S39042	GB 24511	1.5～80	147	147	147	147	144	131	122																1
			147	137	127	117	107	97	90																

注 1：该行许用应力仅适用于允许产生微量永久变形之元件，对于法兰或其他有微量永久变形就引起泄漏或故障的场合不能采用。

4.2.2 表5中的所有钢板均应由经炉外精炼的钢轧制而成。用连铸坯轧制的钢板其压缩比应不小于3。

4.2.3 钢板的交货状态应按GB 24511的相应规定。铁素体型(S1××××)钢板以退火状态交货,奥氏体-铁素体型(S2××××)钢板和奥氏体型(S3××××)钢板以固溶热处理状态交货。

4.2.4 GB 24511标准中热轧厚钢板、热轧钢板及钢带的厚度允许偏差分为普通精度和较高精度两个等级,压力容器一般采用普通精度,如需采用较高精度(代号PT)时,应在设计文件中规定。

4.2.5 GB 24511标准中钢板的表面加工类型,热轧产品分为1E级(热轧、热处理、机械除氧化皮)和1D级(热轧、热处理、酸洗),冷轧产品分为2D级(冷轧、热处理、酸洗或除鳞)和2B级(冷轧、热处理、酸洗或除鳞、光亮加工),设计文件中应规定表面加工类型。压力容器中热轧产品一般采用1D级,冷轧产品一般采用2B级。

4.2.6 受压元件用钢板,使用温度下限按下列规定:

a) 铁素体型钢板为0℃;

b) 奥氏体-铁素体型钢板为-20℃;

c) 奥氏体型钢板按3.7.2规定。

4.2.7 设计文件可按GB 24511标准提出对奥氏体型钢板附加检验$R_{p1.0}$的要求,并用标准规定值按GB 150.1—2011中4.4确定钢板的许用应力。

4.3 复合钢板

4.3.1 不锈钢-钢复合板

a) 不锈钢-钢复合板的技术要求应符合NB/T 47002.1的规定;对不计入强度计算的奥氏体型不锈钢覆材,可选用GB 24511以外的国家标准中的钢号,该覆材钢号的技术要求(如磷、硫含量,强度指标等)允许低于GB 24511相应钢号的规定;

b) 复合板的未结合率不应大于5%,设计文件中应规定复合板的级别;

c) 不锈钢-钢复合板的使用温度范围应同时符合本标准对基材和覆材使用温度范围的规定;

d) 设计文件也可选用其他复合钢板标准,但其技术要求和使用温度范围应符合a)~c)的规定,其中复合界面的结合剪切强度应不小于210 MPa。

4.3.2 镍-钢复合板

a) 镍-钢复合板的技术要求应符合NB/T 47002.2的规定;

b) 复合板的未结合率不应大于5%,设计文件中应规定复合板的级别;

c) 镍-钢复合板的使用温度范围应同时符合基材和覆材使用温度范围的规定,其中基材的使用温度范围应符合本标准的规定,覆材的使用温度范围应符合JB/T 4756的规定;

d) 设计文件也可选用其他复合钢板标准,但其技术要求和使用温度范围应符合a)~c)的规定,其中复合界面的结合剪切强度应不小于210 MPa。

4.3.3 钛-钢复合板

a) 钛-钢复合板的技术要求应符合 NB/T 47002.3 的规定；

b) 复合板的未结合率不应大于 5%，设计文件中应规定复合板的级别；

c) 钛-钢复合板的使用温度下限按本标准对基材的规定，使用温度上限为 350 ℃；

d) 设计文件也可选用其他复合钢板标准，但其技术要求和使用温度范围应符合 a)～c) 的规定，其中复合界面的结合剪切强度应不小于 140 MPa。

4.3.4 铜-钢复合板

a) 铜-钢复合板的技术要求应符合 NB/T 47002.4 的规定；

b) 复合板的未结合率不应大于 5%，设计文件中应规定复合板的级别；

c) 铜-钢复合板的使用温度下限按本标准对基材的规定，使用温度上限为 200 ℃；

d) 设计文件也可选用其他复合钢板标准，但其技术要求和使用温度范围应符合 a)～c) 的规定，其中复合界面的结合剪切强度应不小于 100 MPa。

5 钢管

5.1 碳素钢和低合金钢钢管

5.1.1 钢管的标准、使用状态及许用应力按表 6 的规定。对壁厚大于 30 mm 的钢管和使用温度低于－20 ℃的钢管，表中的正火不允许用终轧温度符合正火温度的热轧来代替。

5.1.2 表 6 中用于设计温度低于－40 ℃的钢管用钢均应经炉外精炼。

5.1.3 GB/T 8163 中 10、20 钢和 Q345D 钢管的使用规定如下：

a) 不得用于换热管；

b) 设计压力不大于 4.0 MPa；

c) 10、20 和 Q345D 钢管的使用温度下限相应为－10 ℃、0 ℃和－20 ℃；

d) 钢管壁厚不大于 10 mm；

e) 不得用于毒性程度为极度或高度危害的介质。

5.1.4 GB 9948 中各钢号钢管的使用规定如下：

a) 换热管应选用冷拔或冷轧钢管，钢管的尺寸精度应选用高级精度；

b) 外径不小于 70 mm，且壁厚不小于 6.5 mm 的 10 和 20 钢管，应分别进行－20 ℃和 0 ℃的冲击试验，3 个纵向标准试样的冲击功平均值应不小于 31 J。1 个试样的最低值以及小尺寸试样的冲击功指标按 3.8.2 的规定。10 和 20 钢管的使用温度下限分别为－20 ℃和 0 ℃。

5.1.5 GB 6479 中各钢号钢管的使用规定如下：

a) 钢中含硫量应不大于 0.020%；

b) 换热管应选用冷拔或冷轧钢管，钢管尺寸精度应选用高级精度；

c) 外径不小于 70 mm，且壁厚不小于 6.5 mm 的 20 和 16Mn 钢管，应分别进行 0 ℃和－20 ℃的冲击试验，3 个纵向标准试样的冲击功平均值应分别不小于 31 J 和 34 J。1 个试样的最低值以及小尺寸试样的冲击功指标按 3.8.2 的规定。20 和 16Mn 钢管的使用温度下限分别为 0 ℃和－20 ℃。

表 6　碳素钢和低合金钢钢管许用应力

钢号	钢管标准	使用状态	壁厚 mm	室温强度指标 R_m MPa	室温强度指标 R_{eL} MPa	在下列温度(℃)下的许用应力/MPa ≤20	100	150	200	250	300	350	400	425	450	475	500	525	550	575	600	注
10	GB/T 8163	热轧	≤10	335	205	124	121	115	108	98	89	82	75	70	61	41						
20	GB/T 8163	热轧	≤10	410	245	152	147	140	131	117	108	98	88	83	61	41						
Q345D	GB/T 8163	正火	≤10	470	345	174	174	174	174	167	153	143	125	93	66	43						
10	GB 9948	正火	≤16	335	205	124	121	115	108	98	89	82	75	70	61	41						
			>16～30	335	195	124	117	111	105	95	85	79	73	67	61	41						
20	GB 9948	正火	≤16	410	245	152	147	140	131	117	108	98	88	83	61	41						
			>16～30	410	235	152	140	133	124	111	102	93	83	78	61	41						
20	GB 6479	正火	≤16	410	245	152	147	140	131	117	108	98	88	83	61	41						
			>16～40	410	235	152	140	133	124	111	102	93	83	78	61	41						
16Mn	GB 6479	正火	≤16	490	320	181	181	180	167	153	140	130	123	93	66	43						
			>16～40	490	310	181	181	173	160	147	133	123	117	93	66	43						
12CrMo	GB 9948	正火加回火	≤16	410	205	137	121	115	108	101	95	88	82	80	79	77	74	50				
			>16～30	410	195	130	117	111	105	98	91	85	79	77	75	74	72	50				
15CrMo	GB 9948	正火加回火	≤16	440	235	157	140	131	124	117	108	101	95	93	91	90	88	58	37			
			>16～30	440	225	150	133	124	117	111	103	97	91	89	87	86	85	58	37			
			>30～50	440	215	143	127	117	111	105	97	92	87	85	84	83	81	58	37			
12Cr2Mo1	—	正火加回火	≤30	450	280	167	167	163	157	153	150	147	143	140	137	119	89	61	46	37		1
1Cr5Mo	GB 9948	退火	≤16	390	195	130	117	111	108	105	101	98	95	93	91	83	62	46	35	26	18	
			>16～30	390	185	123	111	105	101	98	95	91	88	86	85	82	62	46	35	26	18	
12Cr1MoVG	GB 5310	正火加回火	≤30	470	255	170	153	143	133	127	117	111	105	103	100	98	95	82	59	41		
09MnD	—	正火	≤8	420	270	156	156	150	143	130	120	110										1
09MnNiD	—	正火	≤8	440	280	163	163	157	150	143	137	127										1
08Cr2AlMo	—	正火加回火	≤8	400	250	148	148	140	130	123	117											1
09CrCuSb	—	正火	≤8	390	245	144	144	137	127													1

注 1：该钢管的技术要求见附录 A。

5.1.6 GB 5310 中的 12Cr1MoVG 钢管用作换热管时，应选用冷拔或冷轧钢管。

5.1.7 使用温度低于−20 ℃的钢管，其钢号、使用状态和冲击试验温度(即钢管的使用温度下限)按表 7的规定。表中 16Mn 钢的化学成分应符合 P≤0.025%、S≤0.012%的规定，外径不小于 70 mm，且壁厚不小于 6.5 mm 的钢管进行−40 ℃的冲击试验，3 个纵向标准试样的冲击功平均值应不小于 34 J。1 个试样的最低值以及小尺寸试样的冲击功指标按 3.8.2 的规定。09MnD 和 09MnNiD 钢管的相关规定见附录 A。

5.1.8 允许选用 GB/T 699 中直径不大于 50 mm 的 10 钢和 20 钢钢棒制造接管，其使用规定如下：

a) 接管壁厚不大于 8 mm，且应经正火热处理后使用；

b) 10 钢和 20 钢接管的许用应力可选用表 6 中 GB 9948 相应钢号和壁厚的许用应力；

c) 10 钢和 20 钢接管的使用温度下限相应为−10 ℃和 0 ℃；当 10 钢接管的 P≤0.030%、S≤0.020%时，其使用温度下限为−20 ℃；

d) 接管免做冲击试验。硬度(或拉伸)试验和无损检测要求在设计文件中规定。

表 7 低温用钢管的使用温度下限

钢号	钢管标准	使用状态	壁厚/mm	冲击试验温度/℃
16Mn	GB 6479	正火	≤40	−40
09MnD	附录 A	正火	≤8	−50
09MnNiD	附录 A	正火	≤8	−70

5.2 高合金钢钢管

5.2.1 钢管的标准、壁厚范围及许用应力按表 8 的规定。钢管的交货状态应按表 8 中相应钢管标准的规定。表 8 中 GB 13296 和 GB/T 14976 钢号中的统一数字代号系按 GB/T 20878 的规定。

5.2.2 GB/T 14976 中的钢管不得用于换热管。

5.2.3 GB/T 21833 中的钢管如用于换热管时，应选用冷拔或冷轧钢管，钢管的尺寸精度应选用高级精度。

5.2.4 GB/T 12771 中的Ⅰ类～Ⅳ类钢管允许使用，但不得用于换热管，图样上应注明所选用的钢管类别。Ⅰ类钢管的许用应力可选用 GB/T 14976 中相应钢号无缝钢管的许用应力。Ⅲ类和Ⅳ类钢管使用规定如下：

a) 设计压力小于 10.0 MPa；

b) 不得用于毒性程度为极度或高度危害的介质。

5.2.5 GB/T 24593 中的钢管使用规定如下：

a) 钢管应逐根进行涡流检测，对比样管人工缺陷应符合 GB/T 7735 中验收等级 B 的规定；

b) 设计压力小于10.0 MPa；

c) 不得用于毒性程度为极度或高度危害的介质。

5.2.6 GB/T 21832中的Ⅰ类和Ⅱ类钢管允许使用，但不得用于换热管。图样应上注明所选用的钢管类别。Ⅰ类钢管的许用应力可选用GB/T 21833中相应钢号无缝钢管的许用应力。

5.2.7 GB/T 21832中的Ⅵ类钢管仅用于换热管。图样上应注明钢管类别(Ⅵ类)。钢管的外径允许偏差应按高级精度交货。该类钢管的使用规定如下：

a) 钢管应逐根进行涡流检测，对比样管人工缺陷应符合GB/T 7735中验收等级B的规定；

b) 设计压力小于10.0 MPa；

c) 不得用于毒性程度为极度或高度危害介质。

5.2.8 钢管的使用温度下限应按下列规定：

a) GB/T 21832和GB/T 21833各钢号钢管为－20℃；

b) GB 13296、GB/T 14976、GB/T 12771和GB/T 24593各钢号钢管按3.7.2的规定。

5.2.9 允许选用GB/T 1220中直径不大于50 mm的S30408、S30403、S32168、S31608、S31603、S31703和S31008钢棒制造接管。

a) 接管壁厚不大于8 mm，且应在固溶(或稳定化)处理状态下使用；

b) 各钢号钢管的许用应力可选用表8中GB/T 14976相应钢号的许用应力；

c) 各钢号接管的使用温度下限按3.7.2的规定；

d) 接管的硬度(或拉伸)试验和无损检测要求在设计文件中规定。

表 8　高合金钢钢管许用应力

钢号	钢管标准	壁厚 mm	在下列温度(℃)下的许用应力/MPa																						注
			≤20	100	150	200	250	300	350	400	450	500	525	550	575	600	625	650	675	700	725	750	775	800	
0Cr18Ni9 (S30408)	GB 13296	≤14	137	137	137	130	122	114	111	107	103	100	98	91	79	64	52	42	32	27					1
			137	114	103	96	90	85	82	79	76	74	73	71	67	62	52	42	32	27					
0Cr18Ni9 (S30408)	GB/T 14976	≤28	137	137	137	130	122	114	111	107	103	100	98	91	79	64	52	42	32	27					1
			137	114	103	96	90	85	82	79	76	74	73	71	67	62	52	42	32	27					
00Cr19Ni10 (S30403)	GB 13296	≤14	117	117	117	110	103	98	94	91	88														1
			117	97	87	81	76	73	69	67	65														
00Cr19Ni10 (S30403)	GB/T 14976	≤28	117	117	117	110	103	98	94	91	88														1
			117	97	87	81	76	73	69	67	65														
0Cr18Ni10Ti (S32168)	GB 13296	≤14	137	137	137	130	122	114	111	108	105	103	101	83	58	44	33	25	18	13					1
			137	114	103	96	90	85	82	80	78	76	75	74	58	44	33	25	18	13					
0Cr18Ni10Ti (S32168)	GB/T 14976	≤28	137	137	137	130	122	114	111	108	105	103	101	83	58	44	33	25	18	13					1
			137	114	103	96	90	85	82	80	78	76	75	74	58	44	33	25	18	13					
0Cr17Ni12Mo2 (S31608)	GB 13296	≤14	137	137	137	134	125	118	113	111	109	107	106	105	96	81	65	50	38	30					1
			137	117	107	99	93	87	84	82	81	79	78	78	76	73	65	50	38	30					
0Cr17Ni12Mo2 (S31608)	GB/T 14976	≤28	137	137	137	134	125	118	113	111	109	107	106	105	96	81	65	50	38	30					1
			137	117	107	99	93	87	84	82	81	79	78	78	76	73	65	50	38	30					
00Cr17Ni14Mo2 (S31603)	GB/T 13296	≤14	117	117	117	108	100	95	90	86	84														
			117	97	87	80	74	70	67	64	62														
00Cr17Ni14Mo2 (S31603)	GB/T 14976	≤28	117	117	117	108	100	95	90	86	84														1
			117	97	87	80	74	70	67	64	62														
0Cr18Ni12Mo2Ti (S31668)	GB 13296	≤14	137	137	137	134	125	118	113	111	109	107													1
			137	117	107	99	93	87	84	82	81	79													

表 8（续）

钢号	钢管标准	壁厚 mm	在下列温度(℃)下的许用应力/MPa																					注
			≤20	100	150	200	250	300	350	400	450	500	525	550	575	600	625	650	675	700	725	750	775	800	
0Cr18Ni12Mo2Ti (S31668)	GB/T 14976	≤28	137	137	137	134	125	118	113	111	109	107													1
			137	117	107	99	93	87	84	82	81	79													
0Cr19Ni13Mo3 (S31708)	GB 13296	≤14	137	137	137	134	125	118	113	111	109	107	106	105	96	81	65	50	38	30					1
			137	117	107	99	93	87	84	82	81	79	78	78	76	73	65	50	38	30					
0Cr19Ni13Mo3 (S31708)	GB/T 14976	≤28	137	137	137	134	125	118	113	111	109	107	106	105	96	81	65	50	38	30					1
			137	117	107	99	93	87	84	82	81	79	78	78	76	73	65	50	38	30					
00Cr19Ni13Mo3 (S31703)	GB 13296	≤14	117	117	117	117	117	117	113	111	109														1
			117	117	107	99	93	87	84	82	81														
00Cr19Ni13Mo3 (S31703)	GB/T 14976	≤28	117	117	117	117	117	117	113	111	109														1
			117	117	107	99	93	87	84	82	81														
0Cr25Ni20 (S31008)	GB 13296	≤14	137	137	137	137	134	130	125	122	119	115	113	105	84	61	43	31	23	19	15	12	10	8	1
			137	121	111	105	99	96	93	90	88	85	84	83	81	61	43	31	23	19	15	12	10	8	
0Cr25Ni20 (S31008)	GB/T 14976	≤28	137	137	137	137	134	130	125	122	119	115	113	105	84	61	43	31	23	19	15	12	10	8	1
			137	121	111	105	99	96	93	90	88	85	84	83	81	61	43	31	23	19	15	12	10	8	
1Cr19Ni9 (S30409)	GB 13296	≤14	137	137	137	130	122	114	111	107	103	100	98	91	79	64	52	42	32	27					1
			137	114	103	96	90	85	82	79	76	74	73	71	67	62	52	42	32	27					
S21953	GB/T 21833	≤12	233	233	223	217	210	203																	
S22253	GB/T 21833	≤12	230	230	230	230	223	217																	
S22053	GB/T 21833	≤12	243	243	243	243	240	233																	
S25073	GB/T 21833	≤12	296	296	296	280	267	257																	
S30408	GB/T 12771	≤28	116	116	116	111	104	97	94	91	88	85	83	77	67	54	44	36	27	23					1,2
			116	97	88	82	77	72	70	67	65	63	62	60	57	53	44	36	27	23					2

表 8（续）

钢号	钢管标准	壁厚 mm	在下列温度(℃)下的许用应力/MPa																					注
			≤20	100	150	200	250	300	350	400	450	500	525	550	575	600	625	650	675	700	725	750	775	800	
S30403	GB/T 12771	≤28	99	99	99	94	88	83	80	77	75														1,2
			99	82	74	69	65	62	59	57	55														2
S31608	GB/T 12771	≤28	116	116	116	114	106	100	96	94	93	91	90	89	82	69	55	43	32	26					1,2
			116	99	91	84	79	74	71	70	69	67	66	66	65	62	55	43	32	26					2
S31603	GB/T 12771	≤28	99	99	99	92	85	81	77	73	71														1,2
			99	82	74	68	63	60	57	54	53														2
S32168	GB/T 12771	≤28	116	116	116	111	104	97	94	92	89	88	86	71	49	37	28	21	15	11					1,2
			116	97	88	82	77	72	70	68	66	65	64	63	49	37	28	21	15	11					2
S30408	GB/T 24593	≤4	116	116	116	111	104	97	94	91	88	85	83	77	67	54	44	36	27	23					1,2
			116	97	88	82	77	72	70	67	65	63	62	60	57	53	44	36	27	23					2
S30403	GB/T 24593	≤4	99	99	99	94	88	83	80	77	75														1,2
			99	82	74	69	65	62	59	57	55														2
S31608	GB/T 24593	≤4	116	116	116	114	106	100	96	94	93	91	90	89	82	69	55	43	32	26					1,2
			116	99	91	84	79	74	71	70	69	67	66	66	65	62	55	43	32	26					2
S31603	GB/T 24593	≤4	99	99	99	92	85	81	77	73	71														1,2
			99	82	74	68	63	60	57	54	53														2
S32168	GB/T 24593	≤4	116	116	116	111	104	97	94	92	89	88	86	71	49	37	28	21	15	11					1,2
			116	97	88	82	77	72	70	68	66	65	64	63	49	37	28	21	15	11					2
S21953	GB/T 21832	≤20	198	198	190	185	179	173																	2
S22253	GB/T 21832	≤20	196	196	196	196	190	185																	2
S22053	GB/T 21832	≤20	207	207	207	207	204	198																	2

注 1：该行许用应力仅适用于允许产生微量永久变形之元件，对于法兰或其他有微量永久变形就引起泄漏或故障的场合不能采用。

注 2：该行许用应力已乘焊接接头系数 0.85。

6 钢锻件

6.1 碳素钢和低合金钢钢锻件

6.1.1 钢锻件的标准、使用状态及许用应力按表9的规定。

6.1.2 20MnNiMo、12Cr2Mo1V和12Cr3Mo1V钢锻件以及NB/T 47009中所有低温用钢锻件，均应由经炉外精炼的钢锻制而成。

6.1.3 钢锻件的级别由设计文件规定，并应在图样上注明(在钢号后附上级别符号，如16MnⅡ、09MnNiDⅢ)。下列钢锻件应选用Ⅲ级或Ⅳ级：

a) 用作容器筒体和封头的筒形、环形、碗形锻件；

b) 公称厚度大于300 mm的低合金钢锻件；

c) 标准抗拉强度下限值等于或大于540 MPa且公称厚度大于200 mm的低合金钢锻件；

d) 使用温度低于-20 ℃且公称厚度大于200 mm的低温用钢锻件。

6.1.4 用于设计温度高于300 ℃的20MnMoNb、20MnNiMo、12Cr2Mo1V和12Cr3Mo1V Ⅲ级或Ⅳ级钢锻件，设计文件中应规定钢锻件按批(Ⅲ级)或逐件(Ⅳ级)进行设计温度下的高温拉伸试验，其屈服强度值参见附录B。

6.1.5 用于抗回火脆化要求的12Cr2Mo1、12Cr2Mo1V和12Cr3Mo1V钢锻件，技术文件中应注明其化学成分和力学性能的特殊要求。

6.1.6 钢锻件的使用温度下限按表10的规定。

表 9　碳素钢和低合金钢钢锻件许用应力

钢号	钢锻件标准	使用状态	公称厚度 mm	室温强度指标 R_m MPa	室温强度指标 R_{eL} MPa	≤20	100	150	200	250	300	350	400	425	450	475	500	525	550	575	600	注
						在下列温度(℃)下的许用应力/MPa																
20	NB/T 47008	正火、正火加回火	≤100	410	235	152	140	133	124	111	102	93	86	84	61	41						
			>100～200	400	225	148	133	127	119	107	98	89	82	80	61	41						
			>200～300	380	205	137	123	117	109	98	90	82	75	73	61	41						
35	NB/T 47008	正火、正火加回火	≤100	510	265	177	157	150	137	124	115	105	98	85	61	41						1
			>100～300	490	245	163	150	143	133	121	111	101	95	85	61	41						
16Mn	NB/T 47008	正火、正火加回火，调质	≤100	480	305	178	178	167	150	137	123	117	110	93	66	43						
			>100～200	470	295	174	174	163	147	133	120	113	107	93	66	43						
			>200～300	450	275	167	167	157	143	130	117	110	103	93	66	43						
20MnMo	NB/T 47008	调质	≤300	530	370	196	196	196	196	196	190	183	173	167	131	84	49					
			>300～500	510	350	189	189	189	189	187	180	173	163	157	131	84	49					
			>500～700	490	330	181	181	181	181	180	173	167	157	150	131	84	49					
20MnMoNb	NB/T 47008	调质	≤300	620	470	230	230	230	230	230	230	230	230	230	177	117						
			>300～500	610	460	226	226	226	226	226	226	226	226	226	177	117						
20MnNiMo	NB/T 47008	调质	≤500	620	450	230	230	230	230	230	230	230	230									
35CrMo	NB/T 47008	调质	≤300	620	440	230	230	230	230	230	230	223	213	197	150	111	79	50				1
			>300～500	610	430	226	226	226	226	226	226	223	213	197	150	111	79	50				
15CrMo	NB/T 47008	正火加回火，调质	≤300	480	280	178	170	160	150	143	133	127	120	117	113	110	88	58	37			
			>300～500	470	270	174	163	153	143	137	127	120	113	110	107	103	88	58	37			
14Cr1Mo	NB/T 47008	正火加回火，调质	≤300	490	290	181	180	170	160	153	147	140	133	130	127	122	80	54	33			
			>300～500	480	280	178	173	163	153	147	140	133	127	123	120	117	80	54	33			

表 9（续）

钢号	钢锻件标准	使用状态	公称厚度 mm	室温强度指标		在下列温度(℃)下的许用应力/MPa																注
				R_m MPa	R_{eL} MPa	≤20	100	150	200	250	300	350	400	425	450	475	500	525	550	575	600	
12Cr2Mo1	NB/T 47008	正火加回火，调质	≤300	510	310	189	187	180	173	170	167	163	160	157	147	119	89	61	46	37		
			>300～500	500	300	185	183	177	170	167	163	160	157	153	147	119	89	61	46	37		
12Cr1MoV	NB/T 47008	正火加回火，调质	≤300	470	280	174	170	160	153	147	140	133	127	123	120	117	113	82	59	41		
			>300～500	460	270	170	163	153	147	140	133	127	120	117	113	110	107	82	59	41		
12Cr2Mo1V	NB/T 47008	正火加回火，调质	≤300	590	420	219	219	219	219	219	219	219	219	219	193	163	134	104	72			
			>300～500	580	410	215	215	215	215	215	215	215	215	215	193	163	134	104	72			
12Cr3Mo1V	NB/T 47008	正火加回火，调质	≤300	590	420	219	219	219	219	219	219	219	219	219	193							
			>300～500	580	410	215	215	215	215	215	215	215	215	215	193							
1Cr5Mo	NB/T 47008	正火加回火，调质	≤500	590	390	219	219	219	219	217	213	210	190	136	107	83	62	46	35	26	18	
16MnD	NB/T 47009	调质	≤100	480	305	178	178	167	150	137	123	117										
			>100～200	470	295	174	174	163	147	133	120	113										
			>200～300	450	275	167	167	157	143	130	117	110										
20MnMoD	NB/T 47009	调质	≤300	530	370	196	196	196	196	196	190	183										
			>300～500	510	350	189	189	189	189	187	180	173										
			>500～700	490	330	181	181	181	181	180	173	167										
08MnNiMoVD	NB/T 47009	调质	≤300	600	480	222	222	222	222													
10Ni3MoVD	NB/T 47009	调质	≤300	600	480	222	222	222	222													
09MnNiD	NB/T 47009	调质	≤200	440	280	163	163	157	150	143	137	127										
			>200～300	430	270	159	159	150	143	137	130	120										
08Ni3D	NB/T 47009	调质	≤300	460	260	170																

注 1：该钢锻件不得用于焊接结构。

表 10 钢锻件的使用温度下限

钢号	公称厚度 mm	冲击试验要求	使用温度下限 ℃
中常温用钢锻件			
20	≤300	0 ℃冲击	0
		−20 ℃冲击	−20
35	≤100	20 ℃冲击	0
	>100～300		20
16Mn	≤300	0 ℃冲击	0
		−20 ℃冲击	−20
20MnMo	≤700	0 ℃冲击	0
		−20 ℃冲击	−20
20MnMoNb	≤500	0 ℃冲击	0
20MnNiMo	≤500	−20 ℃冲击	−20
35CrMo	≤500	0 ℃冲击	−20
低温用钢锻件			
16MnD	≤100	−45 ℃冲击	−45
	>100～300	−40 ℃冲击	−40
20MnMoD	≤300	−40 ℃冲击	−40
	>300～700	−30 ℃冲击	−30
08MnNiMoVD	≤300	−40 ℃冲击	−40
10Ni3MoVD	≤300	−50 ℃冲击	−50
09MnNiD	≤300	−70 ℃冲击	−70
08Ni3D	≤300	−100 ℃冲击	−100
注：20、16Mn 和 20MnMo 钢锻件如进行−20 ℃冲击试验，应在设计文件中注明。			

6.2 高合金钢钢锻件

6.2.1 钢锻件的标准、公称厚度范围及许用应力按表 11 的规定。钢锻件的交货状态应按 NB/T 47010 的规定。

6.2.2 高合金钢钢锻件均应由经炉外精炼的钢锻制而成。

6.2.3 钢锻件的级别由设计文件规定，并应在图样上注明（在钢号后附上级别符号，如 S30408 Ⅱ）。用作容器筒体和封头的筒形、环形、碗形锻件应选用Ⅲ级或Ⅳ级。

6.2.4 钢锻件的使用温度下限应按下列规定：

a) 铁素体型 S11306 钢锻件为 0 ℃；

b) 奥氏体-铁素体型 S21953、S22253 和 S22053 钢锻件为−20 ℃；

c) 奥氏体型钢锻件按 3.7.2 的规定。

表 11 高合金钢钢锻件许用应力

钢号	钢锻件标准	公称厚度 mm	在下列温度(℃)下的许用应力/MPa																						注
			≤20	100	150	200	250	300	350	400	450	500	525	550	575	600	625	650	675	700	725	750	775	800	
S11306	NB/T 47010	≤150	137	126	123	120	119	117	112	109															
S30408	NB/T 47010	≤300	137	137	137	130	122	114	111	107	103	100	98	91	79	64	52	42	32	27					1
			137	114	103	96	90	85	82	79	76	74	73	71	67	62	52	42	32	27					
S30403	NB/T 47010	≤300	117	117	117	110	103	98	94	91	88														1
			117	98	87	81	76	73	69	67	65														
S30409	NB/T 47010	≤300	137	137	137	130	122	114	111	107	103	100	98	91	79	64	52	42	32	27					1
			137	114	103	96	90	85	82	79	76	74	73	71	67	62	52	42	32	27					
S31008	NB/T 47010	≤300	137	137	137	137	134	130	125	122	119	115	113	105	84	61	43	31	23	19	15	12	10	8	1
			137	121	111	105	99	96	93	90	88	85	84	83	81	61	43	31	23	19	15	12	10	8	
S31608	NB/T 47010	≤300	137	137	137	134	125	118	113	111	109	107	106	105	96	81	65	50	38	30					1
			137	117	107	99	93	87	84	82	81	79	78	78	76	73	65	50	38	30					
S31603	NB/T 47010	≤300	117	117	117	108	100	95	90	86	84														1
			117	98	87	80	74	70	67	64	62														
S31668	NB/T 47010	≤300	137	137	137	134	125	118	113	111	109	107													1
			137	117	107	99	93	87	84	82	81	79													
S31703	NB/T 47010	≤300	130	130	130	130	125	118	113	111	109														1
			130	117	107	99	93	87	84	82	81														
S32168	NB/T 47010	≤300	137	137	137	130	122	114	111	108	105	103	101	83	58	44	33	25	18	13					1
			137	114	103	96	90	85	82	80	78	76	75	74	58	44	33	25	18	13					
S39042	NB/T 47010	≤300	147	147	147	147	144	131	122																1
			147	137	127	117	107	97	90																
S21953	NB/T 47010	≤150	219	210	200	193	187	180																	
S22253	NB/T 47010	≤150	230	230	230	230	223	217																	
S22053	NB/T 47010	≤150	230	230	230	230	223	217																	

注：该行许用应力仅适用于允许产生微量永久变形之元件，对于法兰或其他有微量永久变形就引起泄漏或故障的场合不能采用。

7 螺柱(含螺栓)和螺母用钢棒

7.1 碳素钢和低合金钢钢棒

7.1.1 钢棒的标准、螺柱的使用状态及许用应力按表12的规定。

7.1.2 碳素钢螺柱用毛坯应进行正火热处理,低合金钢螺柱用毛坯按表13的规定进行调质热处理。

7.1.3 碳素钢和低合金钢螺柱用毛坯经热处理后进行力学性能试验,具体要求如下:

a) 同一钢号、同一冶炼炉号、同一断面尺寸、同一热处理制度、同期制造的螺柱毛坯组成一批,每批抽取一件毛坯进行试验。

b) 试样取样方向为纵向。直径不大于40 mm的毛坯,试样的纵轴应位于毛坯中心;直径大于40 mm的毛坯,试样的纵轴应位于毛坯半径的1/2处。试样距毛坯端部的距离不应小于毛坯的半径,但拉伸试样的头部(或夹持部分)不受此限制。

c) 碳素钢螺柱毛坯每件取一个拉伸试样。低合金钢螺柱毛坯每件取1个拉伸试样、3个冲击试样。拉伸试验方法按GB/T 228的规定,拉伸试样采用R4号(d=10 mm,L_0=50 mm)试样。冲击试验方法按GB/T 229的规定,冲击试样采用标准尺寸V型缺口试样。

d) 碳素钢螺柱毛坯拉伸试验结果中,抗拉强度和屈服强度应符合表12的规定,断后伸长率指标为:20钢$A \geqslant 25\%$,35钢$A \geqslant 20\%$。低合金钢螺柱毛坯的拉伸和冲击试验结果应符合表13的规定,表中冲击功的规定值系3个试样试验结果的平均值,允许有1个试样的试验结果小于规定值,但不得小于规定值的70%。

e) 拉伸试验结果不合格时,应从同一毛坯上再取2个拉伸试样进行复验,测定全部3项性能。试验结果中只要有1个数据不合格,则该批毛坯判为不合格。

f) 冲击试验结果不合格时,应从同一毛坯上再取3个冲击试样进行复验。前后两组6个试样的冲击功平均值不得小于表13的规定,允许有2个试样的冲击功小于规定值,但其中小于规定值70%的只允许有1个。否则该批毛坯判为不合格。

g) 被判为不合格的整批毛坯可按7.1.2的规定重新热处理,然后按上述程序重新取样进行试验。

表 12 碳素钢和低合金钢螺柱许用应力

钢号	钢棒标准	使用状态	螺柱规格 mm	室温强度指标		在下列温度下(℃)下的许用应力/MPa															
				R_m MPa	R_{eL} MPa	≤20	100	150	200	250	300	350	400	425	450	475	500	525	550	575	600
20	GB/T 699	正火	≤M22	410	245	91	81	78	73	65	60	54									
			M24～M27	400	235	94	84	80	74	67	61	56									
35	GB/T 699	正火	≤M22	530	315	117	105	98	91	82	74	69									
			M24～M27	510	295	118	106	100	92	84	76	70									
40MnB	GB/T 3077	调质	≤M22	805	685	196	176	171	165	162	154	143	126								
			M24～M36	765	635	212	189	183	180	176	167	154	137								
40MnVB	GB/T 3077	调质	≤M22	835	735	210	190	185	179	176	168	157	140								
			M24～M36	805	685	228	206	199	196	193	183	170	154								
40Cr	GB/T 3077	调质	≤M22	805	685	196	176	171	165	162	157	148	134								
			M24～M36	765	635	212	189	183	180	176	170	160	147								
30CrMoA	GB/T 3077	调质	≤M22	700	550	157	141	137	134	131	129	124	116	111	107	103	79				
			M24～M48	660	500	167	150	145	142	140	137	132	123	118	113	108	79				
			M52～M56	660	500	185	167	161	157	156	152	146	137	131	126	111	79				
35CrMoA	GB/T 3077	调质	≤M22	835	735	210	190	185	179	176	174	165	154	147	140	111	79				
			M24～M48	805	685	228	206	199	196	193	189	180	170	162	150	111	79				
			M52～M80	805	685	254	229	221	218	214	210	200	189	180	150	111	79				
			M85～M105	735	590	219	196	189	185	181	178	171	160	153	145	111	79				
35CrMoVA	GB/T 3077	调质	M52～M105	835	735	272	247	240	232	229	225	218	207	201							
			M110～M140	785	665	246	221	214	210	207	203	196	189	183							

表 12（续）

钢号	钢棒标准	使用状态	螺柱规格 mm	室温强度指标 R_m MPa	室温强度指标 R_{eL} MPa	在下列温度下(℃)下的许用应力/MPa ≤20	100	150	200	250	300	350	400	425	450	475	500	525	550	575	600
25Cr2MoVA	GB/T 3077	调质	≤M22	835	735	210	190	185	179	176	174	168	160	156	151	141	131	72	39		
			M24～M48	835	735	245	222	216	209	206	203	196	186	181	176	168	131	72	39		
			M52～M105	805	685	254	229	221	218	214	210	203	196	191	185	176	131	72	39		
			M110～M140	735	590	219	196	189	185	181	178	174	167	164	160	153	131	72	39		
40CrNiMoA	GB/T 3077	调质	M52～M140	930	825	306	291	281	274	267	257	244									
S45110 (1Cr5Mo)	GB/T 1221	调质	≤M22	590	390	111	101	97	94	92	91	90	87	84	81	77	62	46	35	26	18
			M24～M48	590	390	130	118	113	109	108	106	105	101	98	95	83	62	46	35	26	18

注：括号中为旧钢号。

表 13　低合金钢螺柱的力学性能

钢号	调质回火温度 ℃	规格 mm	R_m MPa	R_{eL}($R_{p0.2}$) MPa	A %	0 ℃ KV_2 J
40MnB	≥550	≤M22	≥805	≥685	≥14	≥41
		M24～M36	≥765	≥635		
40MnVB	≥550	≤M22	≥835	≥735	≥13	≥41
		M24～M36	≥805	≥685		
40Cr	≥550	≤M22	≥805	≥685	≥14	≥41
		M24～M36	≥765	≥635		
30CrMoA	≥600	≤M22	≥700	≥550	≥16	≥60
		M24～M56	≥660	≥500		
35CrMoA	≥560	≤M22	≥835	≥735	≥14	≥54
		M24～M80	≥805	≥685		
		M85～M105	≥735	≥590		≥47
35CrMoVA	≥600	M52～M105	≥835	≥735	≥13	≥47
		M110～M140	≥785	≥665		
25Cr2MoVA	≥620	≤M48	≥835	≥735	≥14	≥47
		M52～M105	≥805	≥685		
		M110～M140	≥735	≥590		
40CrNiMoA	≥520	M52～140	≥930	≥825	≥13	≥60
S45110(1Cr5Mo)	≥650	≤M48	≥590	≥390	≥18	≥47
注：括号中为旧钢号。						

7.1.4　碳素钢和低合金钢螺柱的使用温度下限及相关技术要求应按下列规定：

a)　20 钢螺柱为－20 ℃；35、40MnB、40MnVB 和 40Cr 钢螺柱为 0 ℃；其他钢号螺柱为－20 ℃。

b)　30CrMoA、35CrMoA 和 40CrNiMoA 钢螺柱使用温度低于－20 ℃时，应进行使用温度下的低温冲击试验，此时表 13 中的冲击试验温度由 0 ℃改为使用温度，低温冲击功指标按表 14 的规定。

c)　使用温度低于－40 ℃～－70 ℃的 30CrMoA 和 35CrMoA 螺柱用钢，其化学成分(熔炼分析)中磷、硫含量应为 P≤0.020%、S≤0.010%；40CrNiMoA 螺柱用钢和使用温度低于－70 ℃～－100 ℃的 30CrMoA 螺柱用钢，其化学成分(熔炼分析)中磷、硫含量应为 P≤0.015%、S≤0.008%。

表 14 低温用螺柱的冲击功

钢 号	螺柱规格/mm	最低冲击试验温度/℃	KV_2/J
30CrMoA	≤M56	−100	≥41
35CrMoA	≤M56	−70	≥41
40CrNiMoA	M52～M64	−50	≥47

7.1.5 与螺柱用钢组合使用的螺母用钢可按表 15 选取,也可选用有使用经验的其他螺母用钢。调质状态使用的螺母用钢,其回火温度应高于组合使用的螺柱用钢的回火温度。

表 15 碳素钢和低合金钢螺母用钢

螺柱钢号	螺母用钢			
	钢号	钢材标准	使用状态	使用温度范围 ℃
20	10、15	GB/T 699	正火	−20～350
35	20、25	GB/T 699	正火	0～350
40MnB	40Mn、45	GB/T 699	正火	0～400
40MnVB	40Mn、45	GB/T 699	正火	0～400
40Cr	40Mn、45	GB/T 699	正火	0～400
30CrMoA	40Mn、45	GB/T 699	正火	−10～400
	30CrMoA	GB/T 3077	调质	−100～500
35CrMoA	40Mn、45	GB/T 699	正火	−10～400
	30CrMoA、35CrMoA	GB/T 3077	调质	−70～500
35CrMoVA	35CrMoA、35CrMoVA	GB/T 3077	调质	−20～425
25Cr2MoVA	30CrMoA、35CrMoA	GB/T 3077	调质	−20～500
	25Cr2MoVA	GB/T 3077	调质	−20～550
40CrNiMoA	35CrMoA、40CrNiMoA	GB/T 3077	调质	−50～350
S45110(1Cr5Mo)	S45110(1Cr5Mo)	GB/T 1221	调质	−20～600
注:括号中为旧钢号。				

7.2 高合金钢钢棒

7.2.1 钢棒的标准,螺柱的使用状态及许用应力按表 16 的规定。

7.2.2 各钢号螺柱用毛坯应进行拉伸试验,试验要求和结果应符合 GB/T 1220 的规定。

7.2.3 高合金钢螺柱的使用温度下限按下列规定:

a) S42020 钢螺柱为 0 ℃;

b) 奥氏体钢螺柱的使用温度按 3.7.2 的规定。

7.2.4 与螺柱用钢组合使用的螺母用钢可按表 17 选取,也可选用有使用经验的其他螺母用钢。调质状态使用的螺母用钢,其回火温度应高于组合使用的螺柱用钢的回火温度。

表 16　高合金钢螺柱许用应力

钢号	钢棒标准	使用状态	螺柱规格 mm	室温强度指标		在下列温度(℃)下的许用应力/MPa															
				R_m MPa	$R_{p0.2}$ MPa	≤20	100	150	200	250	300	350	400	450	500	550	600	650	700	750	800
S42020 (2Cr13)	GB/T 1220	调质	≤M22	640	440	126	117	111	106	103	100	97	91								
			M24～M27	640	440	147	137	130	123	120	117	113	107								
S30408	GB/T 1220	固溶	≤M22	520	205	128	107	97	90	84	79	77	74	71	69	66	58	42	27		
			M24～M48	520	205	137	114	103	96	90	85	82	79	76	74	71	62	42	27		
S31008	GB/T 1220	固溶	≤M22	520	205	128	113	104	98	93	90	87	84	83	80	78	61	31	19	12	8
			M24～M48	520	205	137	121	111	105	99	96	93	90	88	85	83	61	31	19	12	8
S31608	GB/T 1220	固溶	≤M22	520	205	128	109	101	93	87	82	79	77	76	75	73	68	50	30		
			M24～M48	520	205	137	117	107	99	93	87	84	82	81	79	78	73	50	30		
S32168	GB/T 1220	固溶	≤M22	520	205	128	107	97	90	84	79	77	75	73	71	69	44	25	13		
			M24～M48	520	205	137	114	103	96	90	85	82	80	78	76	74	44	25	13		

注：括号中为旧钢号。

表 17　高合金钢螺母用钢

螺柱钢号	螺母用钢			
	钢号	钢材标准	使用状态	使用温度范围/℃
S42020	S42020	GB/T 1220	调质	0～400
S30408	S30408	GB/T 1220	固溶	−253～700
S31008	S31008	GB/T 1220	固溶	−253～800
S31608	S31608	GB/T 1220	固溶	−253～700
S32168	S32168	GB/T 1220	固溶	−253～700

7.2.5　固溶处理后经应变强化处理的 S30408 螺柱用钢棒应按 GB/T 4226 选用。同一冶炼炉号、同一断面尺寸、同一固溶处理制度、同一应变强化工艺的螺柱毛坯组成一批，每批抽取一件毛坯进行试验。每件毛坯上取一个拉伸试样，3 个冲击试样(当需要时)。试样取样方向为纵向，试样的纵轴应尽量靠近螺柱毛坯半径的 1/2 处。螺柱毛坯的力学性能应符合下列规定：

a)　螺柱毛坯的拉伸性能和螺柱的许用应力按表 18 的规定；

表 18　应变强化处理的螺柱用钢

钢号	螺柱规格 mm	R_m MPa	$R_{p0.2}$ MPa	A %	≤50 ℃的许用应力 MPa
S30408	≤M22	≥800	≥600	≥13	171
	M24～M27	≥750	≥510	≥15	170

b)　使用温度低于−100 ℃时，螺柱毛坯应进行使用温度下的低温冲击试验，低温冲击功指标 $KV_2 \geqslant 41$ J；

c)　拉伸和冲击试验的其他要求参照 7.1.3 的规定。

附　录　A
（规范性附录）
材料的补充规定

A.1　总则

A.1.1　本附录作为标准正文的补充，对选用下列钢材提出了要求：

a)　已列入本标准但尚未列入材料标准（国家标准或行业标准）的钢材。

b)　未列入本标准的钢材。

A.1.2　选用钢材除应符合本附录的规定外，尚应符合本标准的有关规定。

A.1.3　选用未列入本标准的钢材，钢材制造单位在试用前应按 TSG R0004 的规定通过技术评审。

A.1.4　选用境外牌号的钢材，应按 TSG R0004 的规定。

A.2　低合金钢钢板

A.2.1　12Cr2Mo1VR 钢板的技术要求如下：

a)　钢的化学成分（熔炼分析）按表 A.1 的规定。

表 A.1

化学成分/%						
C	Si	Mn	P	S	Cr	Mo
0.11～0.15	≤0.10	0.30～0.60	≤0.010	≤0.005	2.00～2.50	0.90～1.10
化学成分/%						
V	Cu	Ni	Nb	Ti	B	Ca
0.25～0.35	≤0.20	≤0.25	≤0.07	≤0.030	≤0.002 0	≤0.015

b)　钢板的成品化学分析允许偏差：P＋0.003%，S＋0.002%，其他元素按 GB/T 222 中表 2 的规定或按供需双方协议。

c)　钢板以正火（允许水冷加速冷却）加回火热处理状态交货，回火温度不低于 675 ℃。

d)　钢板应逐热处理张进行力学性能试验，其结果按表 A.2 的规定。

表 A.2

公称厚度 mm	拉伸试验（横向）			冲击试验（横向）	
	R_m MPa	R_{eL} MPa	A %	试验温度 ℃	KV_2 J
30～120	590～760	≥415	≥17	－20	≥60

e) 根据需方要求,钢板可进行弯曲试验,弯心直径为3倍试样厚度,弯曲角度为180°。弯曲试验后,试样弯曲外表面无肉眼可见裂纹。

f) 钢板在化学成分和力学性能等方面的特殊要求由供需双方协议。

g) 本条未规定事项均按 GB 713 的相关规定。

A.2.2 15MnNiNbDR 钢板的技术要求如下:

a) 钢的化学成分(熔炼分析)按表 A.3 的规定。

表 A.3

化学成分/%						
C	Si	Mn	P	S	Ni	Nb
≤0.18	0.15～0.50	1.20～1.60	≤0.020	≤0.010	0.30～0.70	0.015～0.040

b) 钢板以正火或正火加回火热处理状态交货。

c) 钢板的力学性能试验结果按表 A.4 的规定。

表 A.4

公称厚度 mm	拉伸试验(横向)			冲击试验(横向)	
	R_m MPa	R_{eL} MPa	A %	试验温度 ℃	KV_2 J
10～16	530～630	≥370	≥20	−50	≥60
>16～36	530～630	≥360			
>36～60	520～620	≥350			

d) 根据需方要求,钢板可进行弯曲试验,弯心直径为3倍试样厚度,弯曲角度为180°。弯曲试验后,试样弯曲外表面无肉眼可见裂纹。

e) 本条未规定事项均按 GB 3531 的相关规定。

A.2.3 08Ni3DR 钢板的技术要求如下:

a) 钢的化学成分(熔炼分析)按表 A.5 的规定。

表 A.5

化学成分/%							
C	Si	Mn	P	S	Ni	Mo	V
≤0.10	0.15～0.35	0.30～0.80	≤0.015	≤0.010	3.25～3.70	≤0.12	≤0.05

b) 钢板以正火、正火(允许水冷加速冷却)加回火、离线淬火加回火热处理状态交货,回火温度不低于 600 ℃。

c) 钢板的力学性能试验结果按表 A.6 的规定。以正火(水冷加速冷却)加回火和离线淬火加回火状态交货的钢板,应逐热处理张进行力学性能试验。

表 A.6

公称厚度 mm	拉伸试验(横向)			冲击试验(横向)	
	R_m MPa	R_{eL} MPa	A %	试验温度 ℃	KV_2 J
6～60	490～620	≥320	≥21	−100	≥47
>60～100	480～610	≥300			

d) 根据需方要求,钢板可进行弯曲试验,弯心直径为 3 倍试样厚度,弯曲角度为 180°。弯曲试验后,试样弯曲外表面无肉眼可见裂纹。

e) 本条未规定事项均按 GB 3531 的相关规定。

A.2.4 06Ni9DR 钢板的技术要求如下:

a) 钢的化学成分(熔炼分析)按表 A.7 的规定。

表 A.7

化学成分/%							
C	Si	Mn	P	S	Ni	Mo	V
≤0.08	≤0.35	0.30～0.80	≤0.008	≤0.004	8.50～10.00	≤0.10	≤0.01
注:Cr+Cu+Mo≤0.50%							

b) 钢板的成品化学成分允许偏差:P+0.003%,S+0.002%,其他元素按 GB/T 222 中表 2 的规定。

c) 钢板以离线淬火加回火的调质热处理状态交货,对厚度不大于 12 mm 的钢板也可两次正火加回火状态交货。钢板的回火温度不低于 540 ℃。

d) 钢板应逐热处理张进行力学性能试验,其结果按表 A.8 的规定。

表 A.8

公称厚度 mm	拉伸试验(横向)			冲击试验(横向)	
	R_m MPa	R_{eL} MPa	A %	试验温度 ℃	KV_2 J
6～30	680～820	≥560	≥18	−196	≥100
>30～40		≥550			

e) 根据需方要求,钢板可进行弯曲试验,弯心直径为 3 倍试样厚度,弯曲角度为 180°。弯曲试验后,试样弯曲外表面无肉眼可见裂纹。

f) 本条未规定事项均按 GB 3531 的相关规定。

A.3 低合金钢钢管

A.3.1 12Cr2Mo1 钢管的技术要求如下:

a) 钢的化学成分(熔炼分析)按表 A.9 的规定。

表 A.9

化学成分/%						
C	Si	Mn	P	S	Cr	Mo
0.08～0.15	≤0.50	0.40～0.60	≤0.025	≤0.015	2.00～2.50	0.90～1.10

b） 钢管以正火加回火热处理状态交货，回火温度不低于 700 ℃。

c） 钢管的力学性能按表 A.10 的规定。

表 A.10

公称壁厚 mm	拉伸试验(纵向)			冲击试验(纵向)	
	R_m MPa	R_{eL} MPa	A %	试验温度 ℃	KV_2 J
≤30	450～600	≥280	≥22	20	≥40

d） 本条未规定事项均按 GB 9948 的相关规定。

A.3.2 09MnD 钢管的技术要求如下：

a） 钢的化学成分(熔炼分析)按表 A.11 的规定。

表 A.11

化学成分/%					
C	Si	Mn	P	S	Als
≤0.12	0.15～0.35	1.15～1.50	≤0.020	≤0.010	≥0.015

b） 钢管以正火热处理状态交货。

c） 钢管的力学性能按表 A.12 的规定。冲击试样取自管坯，纵向试样，正火热处理。

表 A.12

公称壁厚 mm	拉伸试验(纵向)			冲击试验(纵向)	
	R_m MPa	R_{eL} MPa	A %	试验温度 ℃	KV_2 J
≤8	420～560	≥270	≥25	−50	≥47

d） 本条未规定事项均按 GB 9948 的相关规定。

A.3.3 09MnNiD 钢管的技术要求如下：

a） 钢的化学成分(熔炼分析)按表 A.13 的规定。

表 A.13

化学成分/%							
C	Si	Mn	P	S	Ni	Nb	Als
≤0.12	0.15～0.50	1.20～1.60	≤0.020	≤0.010	0.30～0.80	≤0.04	≥0.015

b) 钢管以正火热处理状态交货。

c) 钢管的力学性能按表 A.14 的规定。冲击试样取自管坯,纵向试样,正火热处理。

表 A.14

公称壁厚 mm	拉伸试验(纵向)			冲击试验(纵向)	
	R_m MPa	R_{eL} MPa	A %	试验温度 ℃	KV_2 J
≤8	440～580	≥280	≥24	−70	≥47

d) 本条未规定事项均按 GB 9948 的相关规定。

A.3.4 08Cr2AlMo 钢管的技术要求如下:

a) 钢的化学成分(熔炼分析)按表 A.15 的规定。

表 A.15

化学成分/%							
C	Si	Mn	P	S	Cr	Al	Mo
0.05～0.10	0.15～0.40	0.20～0.50	≤0.025	≤0.015	2.00～2.50	0.30～0.70	0.30～0.40

b) 钢管以正火加回火热处理状态交货,回火温度不低于 680 ℃。

c) 钢管的力学性能按表 A.16 的规定。

表 A.16

公称壁厚 mm	拉伸试验(纵向)		
	R_m MPa	R_{eL} MPa	A %
≤8	400～540	≥250	≥25

d) 本条未规定的事项均按 GB 9948 的相关规定。

A.3.5 09CrCuSb 钢管的技术要求如下:

a) 钢的化学成分(熔炼分析)按表 A.17 的规定。

表 A.17

化学成分/%							
C	Si	Mn	P	S	Cr	Cu	Sb
≤0.12	0.20～0.40	0.35～0.65	≤0.030	≤0.020	0.70～1.10	0.25～0.45	0.04～0.10

b) 钢管以正火热处理状态交货。

c) 钢管的力学性能按表 A.18 的规定。

表 A.18

公称壁厚 mm	拉伸试验(纵向)		
	R_m MPa	R_{eL} MPa	A %
≤8	390～550	≥245	≥25

d) 钢管应进行耐腐蚀性能试验,每批在 2 根钢管上各取 1 个试样,每个试样为长 10 mm 的管段。在质量分数为 50%的 H_2SO_4 溶液中,70 ℃±2 ℃的恒温条件下浸泡 24 h。2 个试样腐蚀速率的平均值不大于 80 g/m² ×h 或 140 g/m² ×h,具体指标在订货合同中注明。

e) 本条未规定事项均按 GB 9948 的相关规定。

附　录　B
（资料性附录）
钢材高温性能参考值

表 B.1　碳素钢和低合金钢钢板高温屈服强度

钢　号	板厚 mm	在下列温度(℃)下的 $R_{p0.2}(R_{eL})$/MPa									
		20	100	150	200	250	300	350	400	450	500
Q245R	3～16	245	220	210	196	176	162	147	137	127	
	＞16～36	235	210	200	186	167	153	139	129	121	
	＞36～60	225	200	191	178	161	147	133	123	116	
	＞60～100	205	184	176	164	147	135	123	113	106	
	＞100～150	185	168	160	150	135	120	110	105	95	
Q345R	3～16	345	315	295	275	250	230	215	200	190	
	＞16～36	325	295	275	255	235	215	200	190	180	
	＞36～60	315	285	260	240	220	200	185	175	165	
	＞60～100	305	275	250	225	205	185	175	165	155	
	＞100～150	285	260	240	220	200	180	170	160	150	
	＞150～200	265	245	230	215	195	175	165	155	145	
Q370R	10～16	370	340	320	300	285	270	255	240		
	＞16～36	360	330	310	290	275	260	245	230		
	＞36～60	340	310	290	270	255	240	225	210		
18MnMoNbR	30～60	400	375	365	360	355	350	340	310	275	
	＞60～100	390	370	360	355	350	345	335	305	270	
13MnNiMoR	30～100	390	370	360	355	350	345	335	305		
	＞100～150	380	360	350	345	340	335	325	300		
15CrlMoR	6～60	295	270	255	240	225	210	200	189	179	174
	＞60～100	275	250	235	220	210	196	186	176	167	162
	＞100～150	255	235	220	210	199	185	175	165	156	150
14Cr1MoR	6～100	310	280	270	255	245	230	220	210	195	176
	＞100～150	300	270	260	245	235	220	210	200	190	172
12Cr2Mo1R	6～150	310	280	270	260	255	250	245	240	230	215
12Cr1MoVR	6～60	245	225	210	200	190	176	167	157	150	142
	＞60～100	235	220	210	200	190	176	167	157	150	142
12Cr2Mo1VR	30～120	415	395	380	370	365	360	355	350	340	325
16MnDR	6～16	315	290	270	250	230	210	195			
	＞16～36	295	270	250	235	215	195	180			

表 B.1(续)

钢号	板厚 mm	在下列温度(℃)下的 $R_{p0.2}$ (R_{eL})/MPa									
		20	100	150	200	250	300	350	400	450	500
16MnDR	>36~60	285	260	240	225	205	185	175			
	>60~100	275	250	235	220	200	180	170			
	>100~120	265	245	230	215	195	175	165			
15MnNiDR	6~16	325	300	280	260						
	>16~36	315	290	270	250						
	>36~60	305	280	260	240						
15MnNiNbDR	10~16	370	340	320	300						
	>16~36	360	330	310	290						
	>36~50	350	320	300	280						
09MnNiDR	6~16	300	275	255	240	230	220	205			
	>16~36	280	255	235	225	215	205	190			
	>36~60	270	245	225	215	205	195	180			
	>60~120	260	240	220	210	200	190	175			
07MnMoVR	12~60	490	465	450	435						
07MnNiVDR	12~60	490	465	450	435						
07MnNiMoDR	12~50	490	465	450	435						
12MnNiVR	12~60	490	465	450	435						

表 B.2 高合金钢钢板高温屈服强度

钢号	板厚 mm	在下列温度(℃)下的 $R_{p0.2}$/MPa										
		20	100	150	200	250	300	350	400	450	500	550
S11306	≤25	205	189	184	180	178	175	168	163			
S11348	≤25	170	156	152	150	149	146	142	135			
S11972	≤8	275	238	223	213	204	196	187	178			
S30408	≤80	205	171	155	144	135	127	123	119	114	111	106
S30403	≤80	180	147	131	122	114	109	104	101	98		
S30409	≤80	205	171	155	144	135	127	123	119	114	111	106
S31008	≤80	205	181	167	157	149	144	139	135	132	128	124
S31608	≤80	205	175	161	149	139	131	126	123	121	119	117
S31603	≤80	180	147	130	120	111	105	100	96	93		
S31668	≤80	205	175	161	149	139	131	126	123	121	119	117
S31708	≤80	205	175	161	149	139	131	126	123	121	119	117

表 B.2(续)

钢号	板厚 mm	在下列温度(℃)下的 $R_{p0.2}$/MPa										
		20	100	150	200	250	300	350	400	450	500	550
S31703	≤80	205	175	161	149	139	131	126	123	121		
S32168	≤80	205	171	155	144	135	127	123	120	117	114	111
S39042	≤80	220	205	190	175	160	145	135				
S21953	≤80	440	355	335	325	315	305					
S22253	≤80	450	395	370	350	335	325					
S22053	≤80	450	395	370	350	335	325					

表 B.3 碳素钢和低合金钢钢管高温屈服强度

钢号	壁厚 mm	在下列温度(℃)下的 $R_{p0.2}$(R_{eL})/MPa									
		20	100	150	200	250	300	350	400	450	500
10	≤16	205	181	172	162	147	133	123	113	98	
	>16~30	195	176	167	157	142	128	118	108	93	
20	≤16	245	220	210	196	176	162	147	132	117	
	>16~40	235	210	200	186	167	153	139	124	110	
16Mn	≤16	320	290	270	250	230	210	195	185	175	
	>16~40	310	280	260	240	220	200	185	175	165	
12CrMo	≤16	205	181	172	162	152	142	132	123	118	113
	>16~30	195	176	167	157	147	137	127	118	113	108
15CrMo	≤16	235	210	196	186	176	162	152	142	137	132
	>16~30	225	200	186	176	167	154	145	136	131	127
	>30~50	215	190	176	167	158	146	138	130	126	122
12Cr2Mo1	≤30	280	255	245	235	230	225	220	215	205	194
1Cr5Mo	≤16	195	176	167	162	157	152	147	142	137	127
	>16~30	185	167	157	152	147	142	137	132	127	118
12Cr1MoVG	≤30	255	230	215	200	190	176	167	157	150	142
08Cr2AlMo	≤8	250	225	210	195	185	175				
09CrCuSb	≤8	245	220	205	190						

表 B.4　高合金钢钢管高温屈服强度

序号	钢　号	在下列温度(℃)下的 $R_{p0.2}$/MPa										
		20	100	150	200	250	300	350	400	450	500	550
1	0Cr18Ni9	205	171	155	144	135	127	123	119	114	111	106
2	00Cr19Ni10	175	145	131	122	114	109	104	101	98		
3	0Cr18Ni10Ti	205	171	155	144	135	127	123	120	117	114	111
4	0Cr17Ni12Mo2	205	175	161	149	139	131	126	123	121	119	117
5	00Cr17Ni14Mo2	175	145	130	120	111	105	100	96	93		
6	0Cr18Ni12Mo2Ti	205	175	161	149	139	131	126	123	121	119	117
7	0Cr19Ni13Mo3	205	175	161	149	139	131	126	123	121	119	117
8	00Cr19Ni13Mo3	175	175	161	149	139	131	126	123	121		
9	0Cr25Ni20	205	181	167	157	149	144	139	135	132	128	124
10	1Cr19Ni9	205	171	155	144	135	127	123	119	114	111	106
11	S21953	440	355	335	325	315	305					
12	S22253	450	395	370	350	335	325					
13	S22053	485	425	400	375	360	350					
14	S25073	550	480	445	420	400	385					
15	S30408	210	174	156	144	135	127	123	119	114	111	106
16	S30403	180	147	131	122	114	109	104	101	98		
17	S31608	210	178	162	149	139	131	126	123	121	119	117
18	S31603	180	147	130	120	111	105	100	96	93		
19	S32168	210	174	156	144	135	127	123	120	117	114	111

注：序号 1～9 为 GB 13296 和 GB/T 14976 的参考值，序号 10 为 GB 9948 和 GB 13296 的参考值，序号 11～14 为 GB/T 21833 的参考值，序号 15～19 为 GB/T 12771 的参考值。

表 B.5　碳素钢和低合金钢锻件高温屈服强度

钢　号	公称厚度 mm	在下列温度(℃)下的 $R_{p0.2}$(R_{eL})/MPa									
		20	100	150	200	250	300	350	400	450	500
20	≤100	235	210	200	186	167	153	139	129	121	
	>100～200	225	200	191	178	161	147	133	123	116	
	>200～300	205	184	176	164	147	135	123	113	106	
35	≤100	265	235	225	205	186	172	157	147	137	
	>100～300	245	225	215	200	181	167	152	142	132	
16Mn	≤100	305	275	250	225	205	185	175	165	155	
	>100～200	295	265	245	220	200	180	170	160	150	
	>200～300	275	250	235	215	195	175	165	155	145	

表 B.5（续）

钢　号	公称厚度 mm	在下列温度(℃)下的 $R_{p0.2}(R_{eL})$/MPa									
		20	100	150	200	250	300	350	400	450	500
20MnMo	≤300	370	340	320	305	295	285	275	260	240	
	＞300～500	350	325	305	290	280	270	260	245	225	
	＞500～700	330	310	295	280	270	260	250	235	215	
20MnMoNb	≤300	470	435	420	405	395	385	370	355	335	
	＞300～500	460	430	415	405	395	385	370	355	335	
20MnNiMo	≤500	450	420	405	395	385	380	370	355	335	
35CrMo	≤300	440	400	380	370	360	350	335	320	295	
	＞300～500	430	395	380	370	360	350	335	320	295	
15CrMo	≤300	280	255	240	225	215	200	190	180	170	160
	＞300～500	270	245	230	215	205	190	180	170	160	150
14Cr1Mo	≤300	290	270	255	240	230	220	210	200	190	175
	＞300～500	280	260	245	230	220	210	200	190	180	170
12Cr2Mo1	≤300	310	280	270	260	255	250	245	240	230	215
	＞300～500	300	275	265	255	250	245	240	235	225	215
12Cr1MoV	≤300	280	255	240	230	220	210	200	190	180	170
	＞300～500	270	245	230	220	210	200	190	180	170	160
12Cr2Mo1V	≤300	420	395	380	370	365	360	355	350	340	325
	＞300～500	410	390	375	365	360	355	350	345	335	320
12Cr3Mo1V	≤300	420	395	380	370	365	360	355	350	340	325
	＞300～500	410	390	375	365	360	355	350	345	335	320
1Cr5Mo	≤500	390	355	340	330	325	320	315	305	285	255
16MnD	≤100	305	275	250	225	205	185	175			
	＞100～200	295	265	245	220	200	180	170			
	＞200～300	275	250	235	215	195	175	165			
20MnMoD	≤300	370	340	320	305	295	285	275			
	＞300～500	350	325	305	290	280	270	260			
	＞500～700	330	310	295	280	270	260	250			
08MnNiMoVD	≤300	480	455	440	425						
10Ni3MoVD	≤300	480	455	440	425						
09MnNiD	≤200	280	255	235	225	215	205	190			
	＞200～300	270	245	225	215	205	190	180			
08Ni3D	≤300	260									

表 B.6 高合金钢锻件高温度屈服强度

钢号	公称厚度 mm	在下列温度(℃)下的 $R_{p0.2}$/MPa										
		20	100	150	200	250	300	350	400	450	500	550
S11306	≤150	205	189	184	180	178	175	168	163			
S30408	≤300	205	171	155	144	135	127	123	119	114	111	106
S30403	≤300	175	147	131	122	114	109	104	101	98		
S30409	≤300	205	171	155	144	135	127	123	119	114	111	106
S31008	≤300	205	181	167	157	149	144	139	135	132	128	124
S31608	≤300	205	175	161	149	139	131	126	123	121	119	117
S31603	≤300	175	147	130	120	111	105	100	96	93		
S31668	≤300	205	175	161	149	139	131	126	123	121	119	117
S31703	≤300	195	175	161	149	139	131	126	123	121		
S32168	≤300	205	171	155	144	135	127	123	120	117	114	111
S39042	≤300	220	205	190	175	160	145	135				
S21953	≤150	390	315	300	290	280	270					
S22253	≤150	450	395	370	350	335	325					
S22053	≤150	450	395	370	350	335	325					

表 B.7 碳素钢和低合金钢螺柱高温屈服强度

钢号	螺栓规格 mm	在下列温度(℃)下的 $R_{p0.2}$(R_{eL})/MPa									
		20	100	150	200	250	300	350	400	450	500
20	≤M22	245	220	210	196	176	162	147			
	M24～M27	235	210	200	186	167	153	139			
35	≤M22	315	285	265	245	220	200	186			
	M24～M27	295	265	250	230	210	191	176			
40MnB	≤M22	685	620	600	580	570	540	500	440		
	M24～M36	635	570	550	540	530	500	460	410		
40MnVB	≤M22	735	665	645	625	615	590	550	490		
	M24～M36	685	615	600	585	575	550	510	460		
40Cr	≤M22	685	620	600	580	570	550	520	470		
	M24～M36	635	570	550	540	530	510	480	440		
30CrMoA	≤M22	550	495	480	470	460	450	435	405	375	
	M24～M56	500	450	435	425	420	410	395	370	340	
35CrMoA	≤M22	735	665	645	625	615	605	580	540	490	
	M24～M80	685	620	600	585	575	565	540	510	460	
	M85～M105	590	530	510	500	490	480	460	430	390	

表 B.7(续)

钢　　号	螺栓规格 mm	在下列温度(℃)下的 $R_{p0.2}(R_{eL})$/MPa									
		20	100	150	200	250	300	350	400	450	500
35CrMoVA	M52～M105	735	665	645	625	615	605	590	560	530	
	M110～M140	665	600	580	570	560	550	535	510	480	
25Cr2MoVA	≤M48	735	665	645	625	615	605	590	560	530	480
	M52～M105	685	620	600	590	580	570	555	530	500	450
	M110～M140	590	530	510	500	490	480	470	450	430	390
40CrNiMoA	M52～M140	825	785	760	740	720	695	660			
S45110(1Cr5Mo)	≤M48	390	355	340	330	325	320	315	305	285	255

表 B.8　高合金钢螺柱高温屈服强度

钢号	螺柱规格 mm	在下列温度(℃)下的 $R_{p0.2}$/MPa										
		20	100	150	200	250	300	350	400	450	500	550
S42020	≤M27	400	410	390	370	360	350	340	320			
S30408	≤M48	205	171	155	144	135	127	123	119	114	111	106
S31008	≤M48	205	181	167	157	149	144	139	135	132	128	124
S31608	≤M48	205	175	161	149	139	131	126	123	121	119	117
S32168	≤M48	205	171	155	144	135	127	123	120	117	114	111

表 B.9　碳素钢和低合金钢钢板高温持久强度极限平均值

钢　　号	在下列温度(℃)下的 10 万 h R_D/MPa								
	400	425	450	475	500	525	550	575	600
Q245R	170	127	91	61					
Q345R	187	140	99	64					
18MnMoNbR			265	176					
15CrMoR				201	132	87	56		
14Cr1MoR				185	120	81	49		
12Cr2Mo1R			221	179	133	91	69	56	
12Cr1MoVR					170	123	88	62	
12Cr2Mo1VR			290	244	201	156	108		

表 B.10　碳素钢和低合金钢钢管高温持久强度极限平均值

钢　号	在下列温度(℃)下的 10 万 h R_D/MPa								
	400	425	450	475	500	525	550	575	600
10	170	127	91	61					
20	170	127	91	61					
16Mn	187	140	99	64					
12CrMo					111	75			
15CrMo				201	132	87	56		
12Cr2Mo1			221	179	133	91	69	56	
1Cr5Mo			160	125	93	69	53	39	27
12Cr1MoVG					170	123	88	62	

表 B.11　碳素钢和低合金钢钢锻件高温持久强度极限平均值

钢　号	在下列温度(℃)下的 10 万 h R_D/MPa								
	400	425	450	475	500	525	550	575	600
20	170	127	91	61					
35	170	127	91	61					
16Mn	187	140	99	64					
20MnMo			196	126	74				
20MnMoNb			265	176					
35CrMo			225	167	118	75			
15CrMo				201	132	87	56		
14Cr1Mo				185	120	81	49		
12Cr2Mo1			221	179	133	91	69	56	
12Cr1MoV					170	123	88	62	
12Cr2Mo1V			290	244	201	156	108		
1Cr5Mo			160	125	93	69	53	39	27

表 B.12　低合金钢螺柱高温持久强度极限平均值

钢　号	在下列温度(℃)下的 10 万 h R_D/MPa								
	400	425	450	475	500	525	550	575	600
30CrMoA			225	167	118				
35CrMoA			225	167	118				
25Cr2MoVA					196	108	59		
S45110(1Cr5Mo)			160	125	93	69	53	39	27

表 B.13 钢材弹性模量

钢类	在下列温度下(℃)下的弹性模量 $E/10^3$ MPa																
	−196	−100	−40	20	100	150	200	250	300	350	400	450	500	550	600	650	700
碳素钢、碳锰钢			205	201	197	194	191	188	183	178	170	160	149				
锰钼钢、镍钢	214	209	205	200	196	193	190	187	183	178	170	160	149				
铬(0.5%~2%)钼(0.2%~0.5%)钢			208	204	200	197	193	190	186	183	179	174	169	164			
铬(2.25%~3%)钼(1.0%)钢			215	210	206	202	199	196	192	188	184	180	175	169	162		
铬(5%~9%)钼(0.5%~1.0%)钢			218	213	208	205	201	198	195	191	187	183	179	174	168	161	
铬钢(12%~17%)			206	201	195	192	189	186	182	178	173	166	157	145	131		
奥氏体钢(Cr18Ni8~Cr25Ni20)	209	203	199	195	189	186	183	179	176	172	169	165	160	156	151	146	140
奥氏体-铁素体钢(Cr18Ni5~Cr25Ni7)				200	194	190	186	183	180								

表 B.14 钢材平均线膨胀系数

钢类	在下列温度(℃)与20℃之间的平均线膨胀系数 $\alpha/(10^{-6}$ mm/mm·℃)																	
	−196	−100	−50	0	50	100	150	200	250	300	350	400	450	500	550	600	650	700
碳素钢、碳锰钢、锰钼钢、低铬钼钢		9.89	10.39	10.76	11.12	11.53	11.88	12.25	12.56	12.90	13.24	13.58	13.93	14.22	14.42	14.62		
中铬钼钢(Cr5Mo~Cr9Mo)			9.77	10.16	10.52	10.91	11.15	11.39	11.66	11.90	12.15	12.38	12.63	12.86	13.05	13.18		
高铬钢(Cr12~Cr17)			8.95	9.29	9.59	9.94	10.20	10.45	10.67	10.96	11.19	11.41	11.61	11.81	11.97	12.11		
奥氏体钢(Cr18Ni8~Cr19Ni14)	14.67	15.45	15.97	16.28	16.54	16.84	17.06	17.25	17.42	17.61	17.79	17.99	18.19	18.34	18.58	18.71	18.87	18.97
奥氏体钢(Cr25Ni20)						15.84	15.98	16.05	16.06	16.07	16.11	16.13	16.17	16.33	16.56	16.66	16.91	17.14
奥氏体-铁素体钢(Cr18Ni5~Cr25Ni7)						13.10	13.40	13.70	13.90	14.10								

附　录　C

（资料性附录）

高合金钢钢号近似对照

表 C.1　高合金钢钢板的钢号近似对照

序号	GB 24511—2009		GB/T 4237—1992	ASME(2007)SA240		EN 10028-7:2007	
	统一数字代号	新牌号	旧牌号	UNS代号	型号	数字代号	牌号
1	S11306	06Cr13	0Cr13	S41008	410S	—	—
2	S11348	06Cr13A1	0Cr13A1	S40500	405	—	—
3	S11972	019Cr19Mo2NbTi	00Cr18Mo2	S44400	444	1.452 1	X2CrMoTi18-2
4	S30408	06Cr19Ni10	0Cr18Ni9	S30400	304	1.430 1	X5CrNi18-10
5	S30403	022Cr19Ni10	00Cr19Ni10	S30403	304L	1.430 6	X2CrNi19-11
6	S30409	07Cr19Ni10	—	S30409	304H	1.494 8	X6CrNi18-10
7	S31008	06Cr25Ni20	0Cr25Ni20	S31008	310S	1.495 1	X6CrNi25-20
8	S31608	06Cr17Ni12Mo2	0Cr17Ni12Mo2	S31600	316	1.440 1	X5CrNiMo17-12-2
9	S31603	022Cr17Ni12Mo2	00Cr17Ni14Mo2	S31603	316L	1.440 4	X2CrNiMo17-12-2
10	S31668	06Cr17Ni12Mo2Ti	0Cr18Ni12Mo2Ti	S31635	316Ti	1.457 1	X6CrNiMoTi17-12-2
11	S31708	06Cr19Ni13Mo3	0Cr19Ni13Mo3	S31700	317	—	—
12	S31703	022Cr19Ni13Mo3	00Cr19Ni13Mo3	S31703	317L	1.443 8	X2CrNiMo18-15-4
13	S32168	06Cr18Ni11Ti	0Cr18Ni10Ti	S32100	321	1.454 1	X6CrNiTi18-10
14	S39042	015Cr21Ni26Mo5Cu2	—	N08904	904L	1.453 9	X1NiCrMoCu25-20-5
15	S21953	022Cr19Ni5Mo3Si2N	00Cr18Ni5Mo3Si2	—	—	—	—
16	S22253	022Cr22Ni5Mo3N	—	S31803	—	1.446 2	X2CrNiMoN22-5-3
17	S22053	022Cr23Ni5Mo3N	—	S32205	2205	—	—

表 C.2 高合金钢焊接管的钢号近似对照

序号	GB/T 12771—2008		GB/T 12771—2000	ASME(2007)SA312	
	统一数字代号	新牌号	旧牌号	UNS 代号	型号
1	S30408	06Cr19Ni10	0Cr18Ni9	S30400	TP304
2	S30403	022Cr19Ni10	00Cr19Ni10	S30403	TP304L
3	S31608	06Cr17Ni12Mo2	0Cr17Ni12Mo2	S31600	TP316
4	S31603	022Cr17Ni12Mo2	00Cr17Ni14Mo2	S31603	TP316L
5	S32168	06Cr18Ni11Ti	0Cr18Ni10Ti	S32100	TP321

表 C.3 双相钢无缝管的钢号近似对照

序号	GB/T 21833—2008		GB/T 14976—2002	ASME(2007)SA789 SA790	
	统一数字代号	新牌号	旧牌号	UNS 代号	型号
1	S21953	022Cr19Ni5Mo3Si2N	00Cr18Ni5Mo3Si2	S31500	—
2	S22253	022Cr22Ni5Mo3N	—	S31803	—
3	S22053	022Cr23Ni5Mo3N	—	S32205	—
4	S25073	022Cr25Ni7Mo4N	—	S32750	—

表 C.4 高合金钢钢锻件的钢号近似对照

序号	NB/T 47010—2010	NB/T 47010—2010	ASME(2007)SA182	ASME(2007)SA336
1	S11306	0Cr13	—	—
2	S30408	0Cr18Ni9	S30400(F304)	F304
3	S30403	00Cr19Ni10	S30403(F304L)	F304L
4	S30409	—	S30409(F304H)	F304H
5	S31008	—	S31009(F310H)	F310H
6	S31608	0Cr17Ni12Mo2	S31600(F316)	F316
7	S31603	00Cr17Ni14Mo2	S31603(F316L)	F316L
8	S31668	0Cr18Ni12Mo2Ti	—	—
9	S31703	—	S31703(F317L)	—
10	S32168	0Cr18Ni10Ti	S32100(F321)	F321
11	S39042	—	N08904(F904L)	—
12	S21953	00Cr18Ni5Mo3Si2	—	—
13	S22253	—	S31803(F51)	—
14	S22053	—	S32205(F60)	—

附 录 D
(规范性附录)
Q235 系列钢板的使用规定

D.1 GB/T 3274—2007《碳素结构钢和低合金结构钢热轧厚钢板和钢带》中的 Q235B 和 Q235C 钢板使用规定如下：

a) 钢的化学成分(熔炼分析)应符合 GB/T 700—2006《碳素结构钢》的规定，但钢板质量证明书中的磷、硫含量应符合 P≤0.035%、S≤0.035%的要求。

b) 厚度等于或大于 6 mm 的钢板应进行冲击试验，试验结果应符合 GB/T 700 的规定。对用于使用温度低于 20 ℃至 0 ℃、厚度等于或大于 6 mm 的 Q235C 钢板，容器制造单位应附加进行横向试样的 0 ℃冲击试验，3 个标准冲击试样的冲击功平均值 $KV_2 \geqslant 27$ J，1 个试样的冲击功最低值以及小尺寸冲击试样的冲击功数值按 GB/T 700 的相应规定。

c) 钢板应进行冷弯试验，冷弯合格标准按 GB/T 700 的规定。

d) 容器的设计压力小于 1.6 MPa。

e) 钢板的使用温度：Q235B 钢板为 20 ℃～300 ℃；Q235C 钢板为 0 ℃～300 ℃。

f) 用于容器壳体的钢板厚度：Q235B 和 Q235C 不大于 16 mm。用于其他受压元件的钢板厚度：Q235B 不大于 30 mm，Q235C 不大于 40 mm。

g) 不得用于毒性程度为极度或高度危害的介质。

D.2 钢板的许用应力按表 D.1 的规定。

表 D.1

钢 号	厚度 mm	在下列温度(℃)下的许用应力/MPa					
		≤20	100	150	200	250	300
Q235B	3～16	116	113	108	99	88	81
	>16～30	116	108	102	94	82	75
Q235C	3～16	123	120	114	105	94	86
	>16～40	123	114	108	100	87	79

注：Q235B 所列许用应力已乘质量系数 0.85，Q235C 所列许用应力已乘质量系数 0.90。

D.3 钢板的厚度负偏差按 GB/T 3274 的相应规定。

ICS 23.020.30
J 74

中华人民共和国国家标准

GB 150.3—2011
部分代替 GB 150—1998

压力容器　第3部分：设计

Pressure vessels—Part 3：Design

自2017年3月23日起，本标准转为推荐性标准，编号改为GB/T 150.3—2011。

2011-11-21 发布　　2012-03-01 实施

中华人民共和国国家质量监督检验检疫总局
中国国家标准化管理委员会　发布

前　言

本标准的本部分附录C、附录D为推荐性的,其余为强制性的。

本标准GB 150《压力容器》分为以下四个部分:

——第1部分:通用要求;

——第2部分:材料;

——第3部分:设计;

——第4部分:制造、检验和验收。

本部分为GB 150《压力容器》的第3部分:设计。本部分按照GB/T 1.1—2009《标准化工作导则》给出的规则起草。

本部分在GB 150—1998第5章至第9章、附录C、附录D、附录G和附录J的基础上,结合压力容器基本受压元件设计的实际需要及相关标准修订提案,同时为满足《固定式压力容器安全技术监察规程》的要求,进行修订编制,与GB 150—1998相比,主要变化如下:

——对应于原GB 150—1998第5章:内压圆筒和内压球壳,本部分第3章增加了按外径进行壁厚设计计算的相应公式。

——对应于原GB 150—1998第6章:外压圆筒与外压球壳,本部分第4章主要变化内容为:

a) 修订了外压曲线图,增加了对应于高强度材料的外压曲线;

b) 增加了相对应的应力系数B曲线图选用表;

c) 加强圈的结构设计作了部分修改。

——对应于原GB 150—1998第7章:封头,本部分第5章中主要变化内容为:

a) 增加了偏心锥壳、低压折边平封头、带筋平封头和拉撑结构的设计计算方法;

b) 调整了部分平盖的结构特征系数K;

c) 增加了适用于平封头与筒体全焊透连接结构的塑性分析设计方法;

d) 增加了$\delta/R<0.002$时,球冠形封头与锥壳的设计方法。

——对应于原GB 150—1998第8章:开孔和开孔补强,本部分第6章对开孔和开孔补强设计计算方法内容进行了扩充,引入了筒体径向接管的整体补强设计方法,开孔率适用范围可达0.9。

——对应于原GB 150—1998第9章:法兰,本部分第7章中主要内容变化为:

a) 增加了整体法兰和按整体法兰计算的任意法兰的刚度校核计算要求;

b) 增加了波齿垫片设计选用参数。

——将GB 150—1998附录C"低温压力容器"中与设计相关的内容调整为本部分的附录E。

——将GB 150—1998附录D、附录G和附录J内容纳入本部分的附录A、附录C和附录D。

主要调整或变化内容为:

a） 增加附录B“钢带错绕筒体设计”；

b） 附录C扩大了双锥密封的适用范围；

c） 附录D焊接结构根据实际情况进行了整理和补充。

本部分由全国锅炉压力容器标准化技术委员会(SAC/TC 262)提出并归口。

本部分起草单位：中国特种设备检测研究院、中国石化工程建设公司、清华大学、浙江大学、浙江工业大学、中国石化集团上海工程有限公司、中国石油寰球工程公司。

本部分主要起草人：寿比南、杨国义、李世玉、薛明德、徐锋、郑津洋、高增梁、桑如苞、秦叔经、叶日新、冯清晓、谢铁军、陈朝晖、陈志伟、陈冰冰、张迎恺、朱国栋。

本部分所代替标准的历次版本发布情况为：

——GB 150—1989、GB 150—1998。

根据中华人民共和国国家标准公告(2017年第7号)和强制性标准整合精简结论，本标准自2017年3月23日起，转为推荐性标准，不再强制执行。

压力容器　第3部分:设计

1　范围

GB 150.3 规定了压力容器基本受压元件的设计要求。

本部分适用于内压圆筒和内压球壳、外压圆筒和外压球壳、封头、开孔和开孔补强以及法兰的设计计算。

本部分给出了非圆形截面容器(规范性附录 A)、钢带错绕筒体(规范性附录 B)、常用密封结构(资料性附录 C)和焊接接头结构(资料性附录 D)的基本设计要求。

本部分还给出了关于低温压力容器的基本设计要求(规范性附录 E)。

2　规范性引用文件

下列文件对于本文件的应用是必不可少的。凡是注日期的引用文件,仅注日期的版本适用于本文件。凡是不注日期的引用文件,其最新版本(包括所有的修改单)适用于本文件。

GB 150.1—2011　压力容器　第1部分:通用要求

GB 150.2　压力容器　第2部分:材料

GB 150.4　压力容器　第4部分:制造、检验和验收

GB/T 985.1　气焊、焊条电弧焊、气体保护焊和高能束焊的推荐坡口

GB/T 985.2　埋弧焊的推荐坡口

JB/T 4700　压力容器法兰与技术条件

JB/T 4701　甲型平焊法兰

JB/T 4702　乙型平焊法兰

JB/T 4703　长颈对焊法兰

JB/T 4704　非金属软垫片

JB/T 4705　缠绕垫片

JB/T 4706　金属包垫片

JB/T 4707　等长双头螺柱

JB/T 4736　补强圈

3　内压圆筒和内压球壳

3.1　本章计算公式适用于单层、多层包扎、套合圆筒和球壳的计算。钢带错绕筒体设计计算按附录 B 进行。

3.2　术语、定义和符号

3.2.1　GB 150.1 中的术语和定义适用于本部分。

3.2.2　符号

C——厚度附加量(按 GB 150.1),mm;对多层包扎圆筒和套合圆筒只考虑内筒的 C 值;

D_i——圆筒或球壳的内直径,mm;

D_o——圆筒或球壳的外直径($D_o = D_i + 2\delta_n$),mm;

p_c——计算压力,MPa;

$[p_w]$——圆筒或球壳的最大允许工作压力,MPa;

δ——圆筒或球壳的计算厚度,mm;

δ_e——圆筒或球壳的有效厚度,mm;

δ_i——多层包扎圆筒内筒或套合圆筒内筒的名义厚度,mm;

δ_n——圆筒或球壳的名义厚度,mm;

δ_o——多层包扎圆筒层板层和套合圆筒套合层总厚度,mm;

σ^t——设计温度下圆筒或球壳的计算应力,MPa;

$[\sigma]^t$——设计温度下圆筒或球壳材料的许用应力(按 GB 150.2),MPa;

$[\sigma_i]^t$——设计温度下多层包扎圆筒内筒或套合圆筒内筒材料的许用应力(按 GB 150.2),MPa;

$[\sigma_o]^t$——设计温度下多层包扎圆筒层板层或套合圆筒套合层材料的许用应力,MPa;

ϕ——焊接接头系数;

ϕ_i——多层包扎圆筒和套合圆筒内筒的焊接接头系数;

ϕ_o——多层包扎圆筒层板层和套合圆筒套合层的焊接接头系数。

3.3 圆筒计算

本节公式的适用范围为 $p_c \leqslant 0.4[\sigma]^t\phi$。设计温度下圆筒的计算厚度按式(3-1)或式(3-2)计算:

$$\delta = \frac{p_c D_i}{2[\sigma]^t\phi - p_c} \qquad \text{(3-1)}$$

$$\delta = \frac{p_c D_o}{2[\sigma]^t\phi + p_c} \qquad \text{(3-2)}$$

圆筒的计算应力按式(3-3)或式(3-4)计算:

$$\sigma^t = \frac{p_c(D_i + \delta_e)}{2\delta_e} \qquad \text{(3-3)}$$

$$\sigma^t = \frac{p_c(D_o - \delta_e)}{2\delta_e} \qquad \text{(3-4)}$$

σ^t 值应小于或等于$[\sigma]^t\phi$。

多层包扎圆筒及套合圆筒的$[\sigma]^t\phi$ 值按式(3-5)计算:

$$[\sigma]^t\phi = \frac{\delta_i}{\delta_n}[\sigma_i]^t\phi_i + \frac{\delta_o}{\delta_n}[\sigma_o]^t\phi_o \qquad \text{(3-5)}$$

公式中 $\phi_i = 1.0$,$\phi_o = 0.95$。

设计温度下圆筒的最大允许工作压力按式(3-6)或式(3-7)计算:

$$[p_w] = \frac{2\delta_e[\sigma]^t\phi}{D_i + \delta_e} \qquad \text{(3-6)}$$

$$[p_w]=\frac{2\delta_e[\sigma]^t\phi}{D_o-\delta_e} \quad\cdots\cdots(3\text{-}7)$$

3.4 球壳计算

本节公式的适用范围为 $P_c \leqslant 0.6[\sigma]^t\phi$。设计温度下球壳的计算厚度按式(3-8)或式(3-9)计算：

$$\delta=\frac{p_c D_i}{4[\sigma]^t\phi-p_c} \quad\cdots\cdots(3\text{-}8)$$

$$\delta=\frac{p_c D_o}{4[\sigma]^t\phi+p_c} \quad\cdots\cdots(3\text{-}9)$$

球壳的计算应力按式(3-10)或(3-11)计算：

$$\sigma^t=\frac{p_c(D_i+\delta_e)}{4\delta_e} \quad\cdots\cdots(3\text{-}10)$$

$$\sigma^t=\frac{p_c(D_o-\delta_e)}{4\delta_e} \quad\cdots\cdots(3\text{-}11)$$

σ^t 值应小于或等于$[\sigma]^t\phi$。

设计温度下球壳的最大允许工作压力按式(3-12)或式(3-13)计算：

$$[p_w]=\frac{4\delta_e[\sigma]^t\phi}{D_i+\delta_e} \quad\cdots\cdots(3\text{-}12)$$

$$[p_w]=\frac{4\delta_e[\sigma]^t\phi}{D_o-\delta_e} \quad\cdots\cdots(3\text{-}13)$$

4 外压圆筒和外压球壳

4.1 本章规定适用于外压圆筒(包括管子)和外压球壳的设计。

4.2 术语、定义和符号

4.2.1 GB 150.1 中的术语和定义适用于本章。

4.2.2 符号

A——外压应变系数；

A_s——加强圈的横截面积，mm^2；

B——外压应力系数，MPa；

C——厚度附加量(按 GB 150.1)，mm；

D_i——圆筒内直径，mm；

D_o——圆筒外直径($D_o=D_i+2\delta_n$)，mm；

E^t——设计温度下材料的弹性模量，MPa；

h_i——封头曲面深度，mm；

I——加强圈与圆筒组合段所需惯性矩，mm^4；

I_s——加强圈与圆筒起加强作用的有效段的组合截面对通过与圆筒轴线平行的该截面形心轴的惯性矩，mm^4；

L——圆筒计算长度，应取圆筒两相邻支撑线之间的距离(见图 4-1)，mm；

p_c——计算外压力(按 GB 150.1 的通用要求),MPa;

$[p]$——许用外压力,MPa;

R_o——球壳外半径,mm;

δ_n——圆筒或球壳的名义厚度,mm;

δ_e——圆筒或球壳的有效厚度,mm;

$[\sigma]^t$——圆筒或管子材料在设计温度下的许用应力(按 GB 150.2 材料),MPa;

$R_{eL}(R_{p0.2})$——圆筒或管子材料标准在室温下的屈服强度(或 0.2% 非比例延伸强度),MPa;

$R_{eL}^t(R_{p0.2}^t)$——圆筒或管子材料在设计温度下的屈服强度(或 0.2% 非比例延伸强度),MPa。

4.3 外压圆筒的稳定性校核

4.3.1 计算长度的确定

圆筒计算长度,应取圆筒上两相邻支撑线之间的距离,见图 4-1。其中应满足:图 a-2)和图 c-2)中锥壳或折边段的有效厚度不得小于相连接圆筒的有效厚度;图 b)、e)和 f)中锥壳与圆筒的连接处的惯性矩,按 5.6.6 的规定;计算时应采用图示的 L、各段直径和相应的厚度。

a) 如图 4-1a)所示,当圆筒部分没有加强圈(或可作为加强的构件)时,取圆筒的总长度加上每个凸形封头曲面深度的 1/3;

b) 如图 4-1c)所示,当圆筒部分有加强圈(或可作为加强的构件)时,取相邻加强圈中心线间的最大距离;

c) 如图 4-1d)所示,取圆筒第一个加强圈中心线与凸形封头切线间的距离加凸形封头曲面深度的 1/3;

d) 如图 4-1b)、e)、f)所示,当圆筒与锥壳相连接,若连接处可作为支撑线时,取此连接处与相邻支撑线之间的最大距离;图 4-1f)中的 L_X 系指锥壳段的轴向长度,其外压计算长度取当量长度 L_e 见 5.6.6;

e) 如图 4-1g)所示,对带夹套的圆筒,则取承受外压的圆筒长度;若带有凸形封头,还应加上封头曲面深度的 1/3;若有加强圈(或可作为加强的构件)时,则按图 4-1c)、d)计算。

注:支撑线系指该处的截面有足够的惯性矩,以确保外压作用下该处不出现失稳现象。

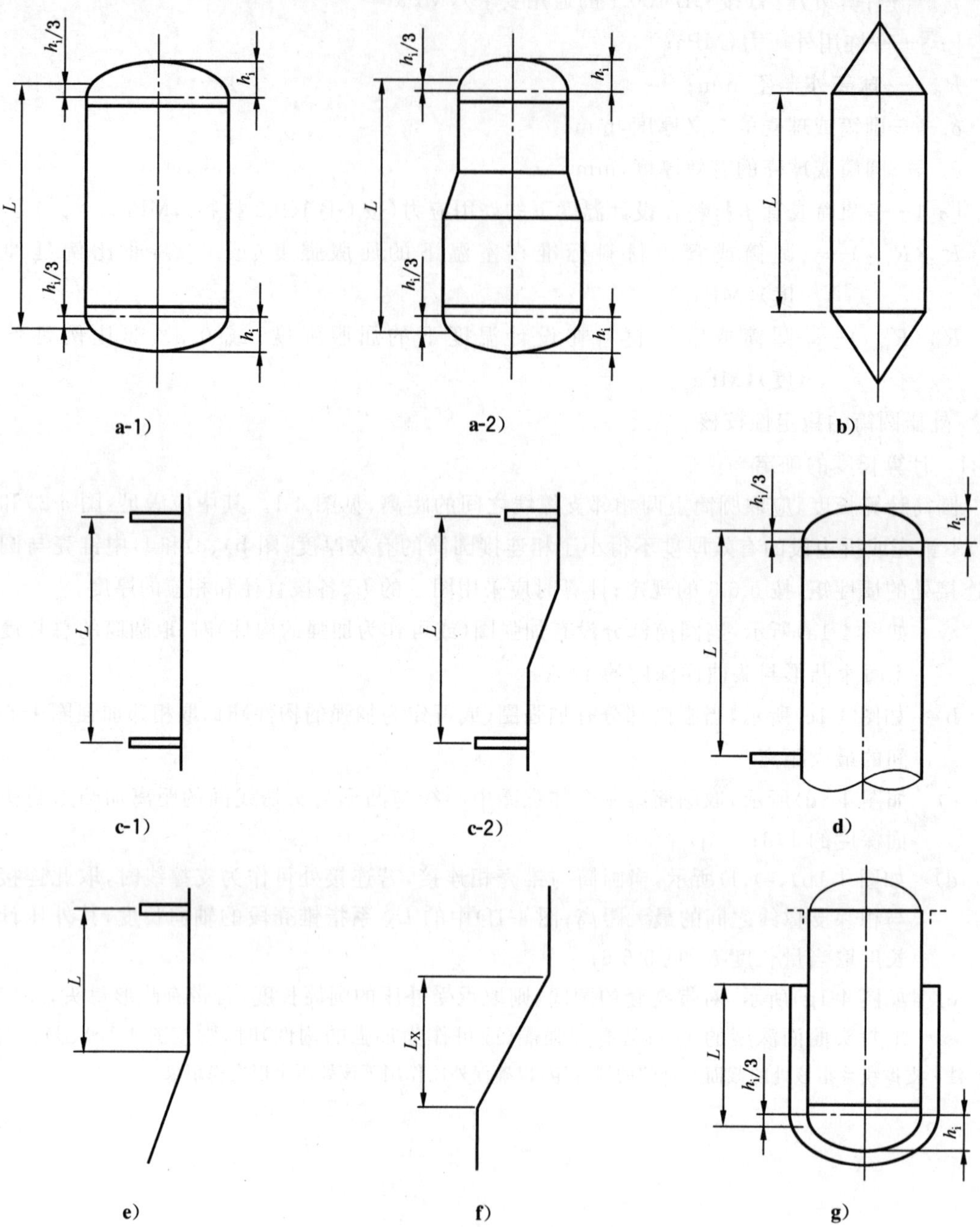

图 4-1 外压圆筒的计算长度

4.3.2 $D_o/\delta_e \geqslant 20$ 的圆筒

4.3.2.1 确定外压应变系数 A

a) 根据 L/D_o 和 D_o/δ_e 由图 4-2 或表 4-2 查取外压应变系数 A 值(遇中间值用内插法);

b) 若 L/D_o 值大于 50,则用 $L/D_o=50$ 查图;若 L/D_o 值小于 0.05,则用 $L/D_o=0.05$ 查图。

4.3.2.2 确定外压应力系数 B

a) 按所用材料,查表4-1确定对应的外压应力系数 B 曲线图(图4-3～图4-11),由 A 值查取 B 值(遇中间值用内插法);

b) 若 A 值超出设计温度曲线的最大值,则取对应温度曲线右端点的纵坐标值为 B 值;

c) 若 A 值小于设计温度曲线的最小值,则按式(4-1)计算 B 值:

$$B = \frac{2AE^t}{3} \quad \cdots\cdots (4\text{-}1)$$

表4-1 外压应力系数 *B* 曲线图选用表

序号	钢号	$R_{eL}(R_{p0.2})$/MPa	设计温度范围/℃	适用 B 曲线图
1	10	205	≤475	图4-3
2	20	245	≤475	图4-5
3	Q245R	245	≤475	图4-5
4	Q345R,Q345D	345	≤475	图4-4
5	Q370R	370	≤150 150～350	图4-6 图4-5
6	12CrMo	205	≤475	图4-3
7	12Cr1MoVG 12Cr1MoVR	225	≤475	图4-5
8	15CrMo	235	≤475	图4-5
9	15CrMoR	295	≤150 150～400	图4-6 图4-5
10	1Cr5Mo	195	≤475	图4-3
11	09MnD	270	≤150	图4-6
12	09MnNiD	280	≤150	图4-6
13	08Cr2AlMo	250	≤300	图4-5
14	09CrCuSb	245	≤200	图4-5
15	18MnMoNbR	390	≤150 150～475	图4-6 图4-5
16	13MnNiMoR	390	≤150 150～400	图4-6 图4-5
17	14Cr1MoR	300	≤150 150～475	图4-6 图4-5
18	12Cr2Mo1	280	≤150 150～475	图4-6 图4-5
19	12Cr2Mo1R	310	≤150 150～475	图4-6 图4-5

表 4-1(续)

序号	钢号	$R_{eL}(R_{p0.2})$/MPa	设计温度范围/℃	适用 B 曲线图
20	12Cr2Mo1VR	415	≤150 150~475	图 4-6 图 4-5
21	16Mn,16MnDR	315	≤150 150~350	图 4-6 图 4-5
22	15MnNiDR	325	≤150 150~200	图 4-6 图 4-5
23	15MnNiNbDR	370	≤150 150~200	图 4-6 图 4-5
24	09MnNiDR	300	≤150 150~350	图 4-6 图 4-5
25	08Ni3DR	320	≤100	图 4-6
26	06Ni9DR	575	≤100	图 4-7
27	07MnMoVR	490	≤200	图 4-7
28	07MnNiVDR	490	≤200	图 4-7
29	12MnNiVR	490	≤200	图 4-7
30	07MnNiMoDR	490	≤200	图 4-7
31	S11348	170	≤400	图 4-3
32	S11306	205	≤400	图 4-5
33	S11972	275	≤350	图 4-5
34	S30403 00Cr19Ni10	180	≤425	图 4-10
35	S30408 0Cr18Ni9	205	≤650	图 4-8
36	S30409	205	≤650	图 4-8
37	S31608 0Cr17Ni12Mo2	205	≤650	图 4-9
38	S31603 00Cr17Ni14Mo2	180	≤425	图 4-11
39	S31668 0Cr18Ni12Mo2Ti	205	≤450	图 4-9
40	S31008 0Cr25Ni20	205	≤650	图 4-9
41	S31708 0Cr19Ni13Mo3	205	≤650	图 4-9
42	S31703 00Cr19Ni13Mo3	205	≤425	图 4-11
43	S32168 0Cr18Ni10Ti	205	≤650	图 4-9
44	S39042	220	≤650	图 4-9

表 4-1(续)

序　号	钢　　号	$R_{eL}(R_{p0.2})$/MPa	设计温度范围/℃	适用 B 曲线图
45	S21953	440	≤300	图 4-12
46	S22253	450	≤300	图 4-12
47	S22053	450	≤300	图 4-12
48	S25073	550	≤300	图 4-12
49	1Cr19Ni9	205	≤650	图 4-8

4.3.2.3　确定许用外压力$[p]$

根据 B 值,按式(4-2)计算许用外压力$[p]$:

$$[p]=\frac{B}{D_o/\delta_e} \qquad \cdots\cdots(4\text{-}2)$$

计算得到的$[p]$应大于或等于 p_c,否则须调整设计参数,重复上述计算,直到满足设计要求。

4.3.3　$D_o/\delta_e<20$ 的圆筒

4.3.3.1　确定外压应变系数 A

a)　对 $D_o/\delta_e \geqslant 4.0$ 的圆筒,用与 4.3.2.1 相同的步骤得到系数 A 值;

b)　对 $D_o/\delta_e<4.0$ 的圆筒,按式(4-3)计算系数 A 值:

$$A=\frac{1.1}{(D_o/\delta_e)^2} \qquad \cdots\cdots(4\text{-}3)$$

系数 $A>0.1$ 时,取 $A=0.1$。

4.3.3.2　确定外压应力系数 B

用与 4.3.2.2 相同的步骤得到系数 B 值。

4.3.3.3　确定许用外压力$[p]$

按式(4-4)计算许用外压力$[p]$值:

$$[p]=\min\left\{\left(\frac{2.25}{D_o/\delta_e}-0.0625\right)B,\quad \frac{2\sigma_0}{D_o/\delta_e}\left(1-\frac{1}{D_o/\delta_e}\right)\right\} \qquad \cdots\cdots(4\text{-}4)$$

式中,σ_0 应力,取以下两值中的较小值:

$\sigma_0=2[\sigma]^t$

$\sigma_0=0.9R_{eL}^t$ 或 $0.9R_{p0.2}^t$

计算得到的$[p]$应大于或等于 p_c,否则须调整设计参数,重复上述计算,直到满足设计要求。

4.4　外压球壳的计算

4.4.1　确定外压应变系数 A

根据 R_o/δ_e,用式(4-5)计算系数 A 值:

$$A=\frac{0.125}{(R_o/\delta_e)} \qquad \cdots\cdots(4\text{-}5)$$

4.4.2　确定外压应力系数 B

a)　按所用材料,查表 4-1 确定对应的外压应力系数 B 曲线图,由 A 值查取 B 值(遇中间值用内插法);

b)　若 A 值超出设计温度曲线的最大值,则取对应温度曲线右端点的纵坐标值为 B 值;

c)　若 A 值小于设计温度曲线的最小值,则按式(4-1)计算 B 值。

4.4.3　确定许用外压力$[p]$

根据 B 值,按式(4-6)计算许用外压力$[p]$值:

$$[p]=\frac{B}{(R_o/\delta_e)} \qquad (4\text{-}6)$$

计算得到的[p]应大于或等于 p_c，否则须调整设计参数，重复上述计算，直到满足设计要求。

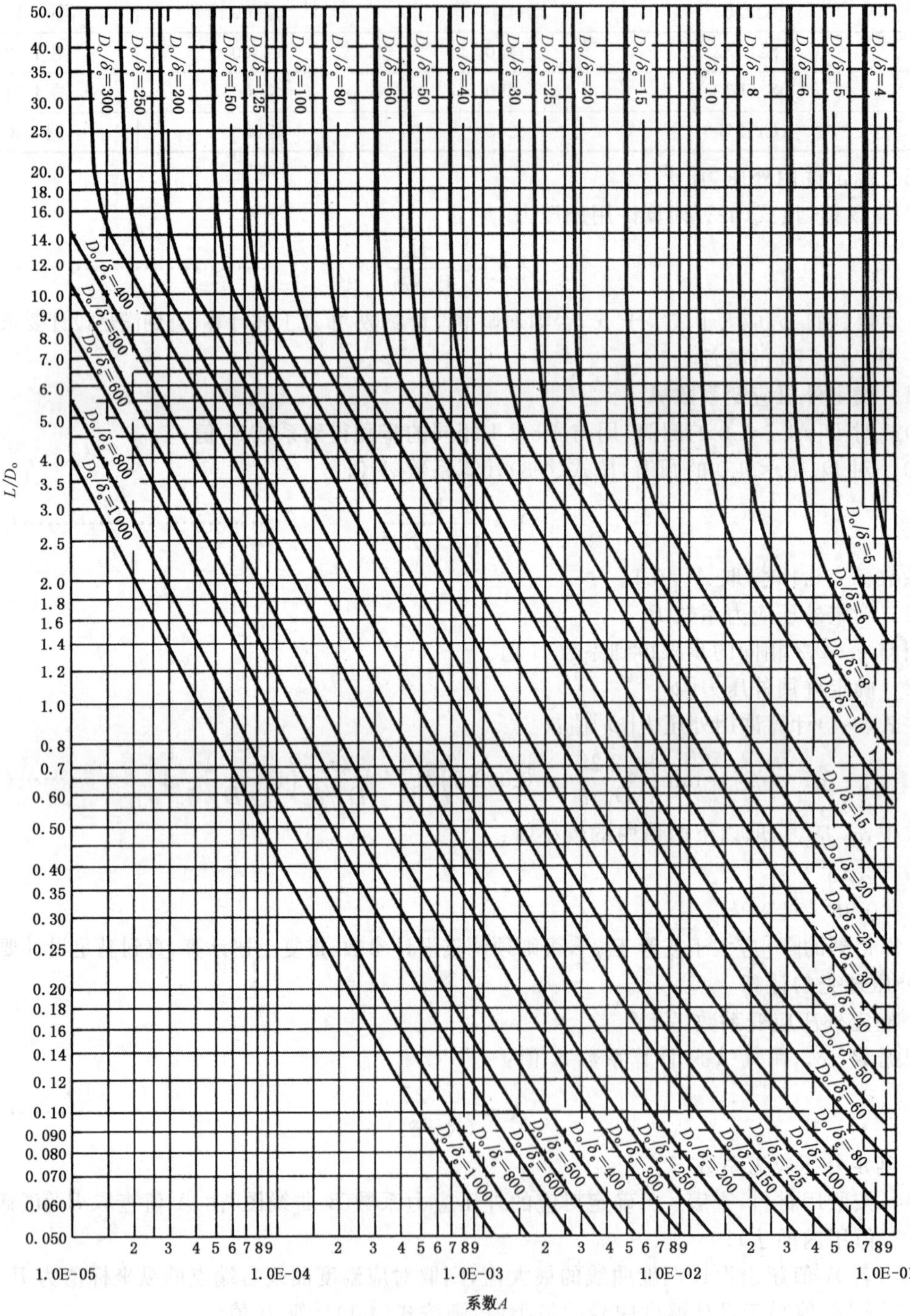

图 4-2 外压应变系数 **A** 曲线

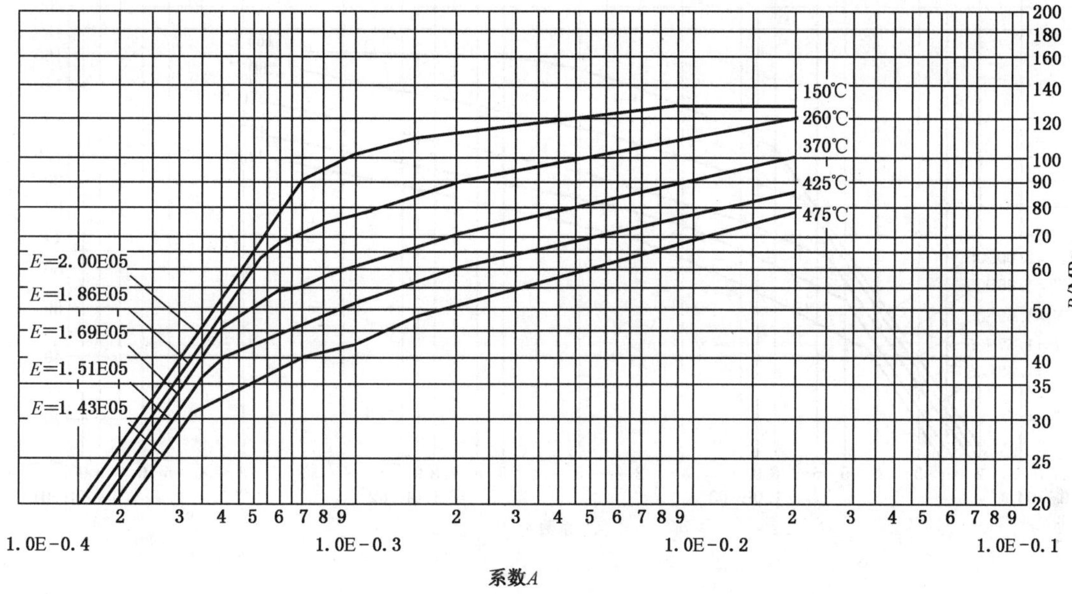

注：用于屈服强度 R_{eL}＜207 MPa 的碳素钢和 S11348 钢等。

图 4-3　外压应力系数 *B* 曲线

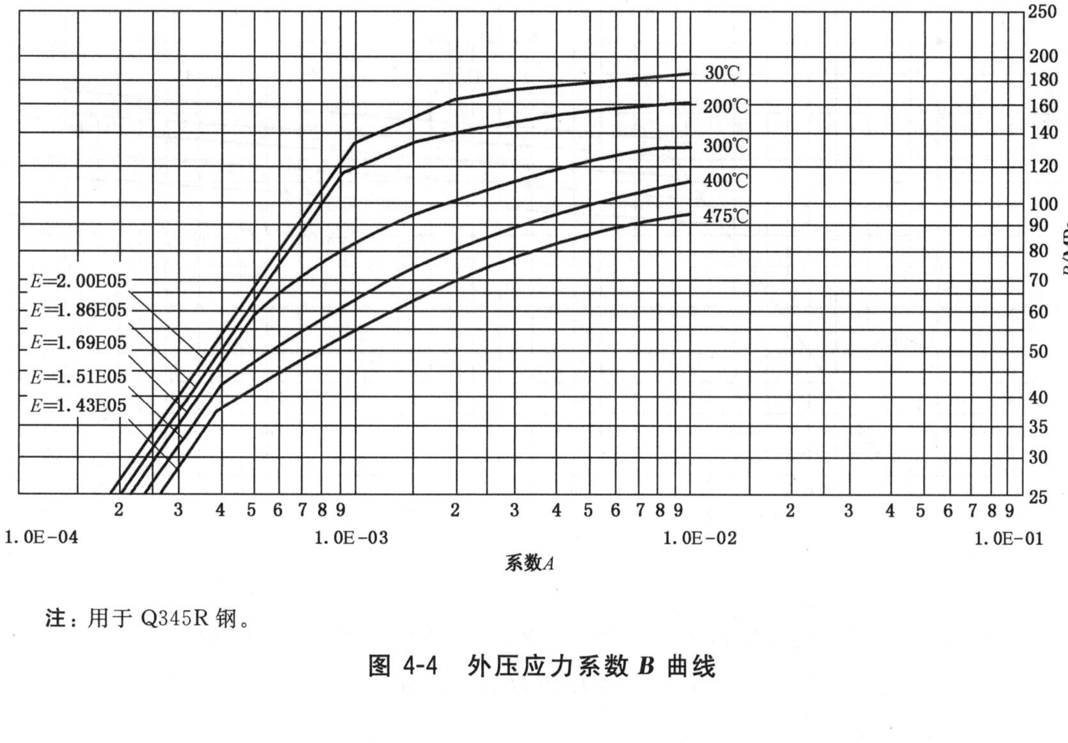

注：用于 Q345R 钢。

图 4-4　外压应力系数 *B* 曲线

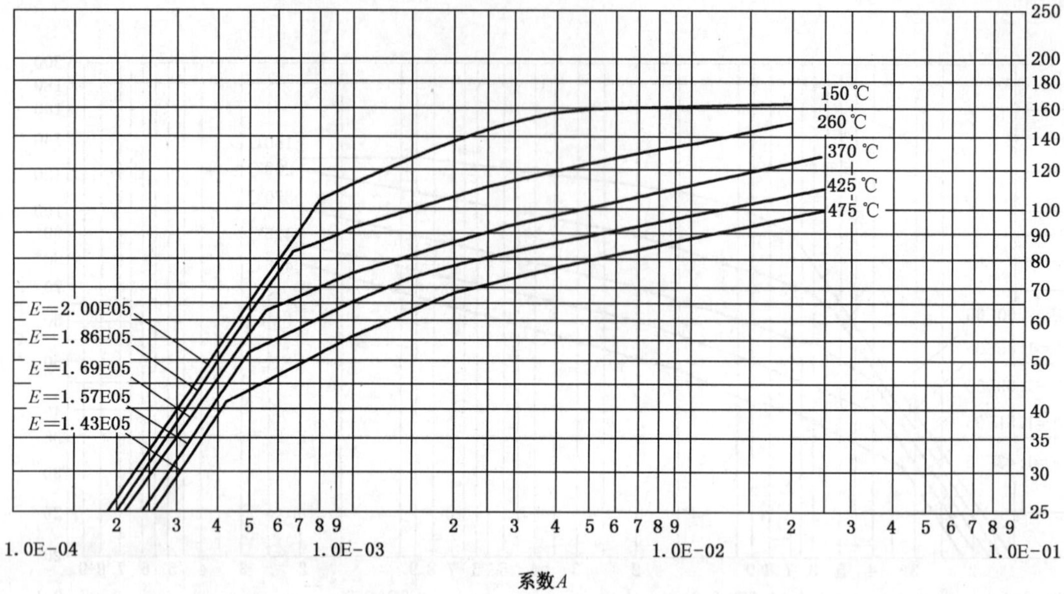

注：用于除图 4-4 注明的材料外，材料的屈服强度 R_{eL}>207 MPa 的碳钢、低合金钢和 S11306 钢等。

图 4-5　外压应力系数 ***B*** 曲线

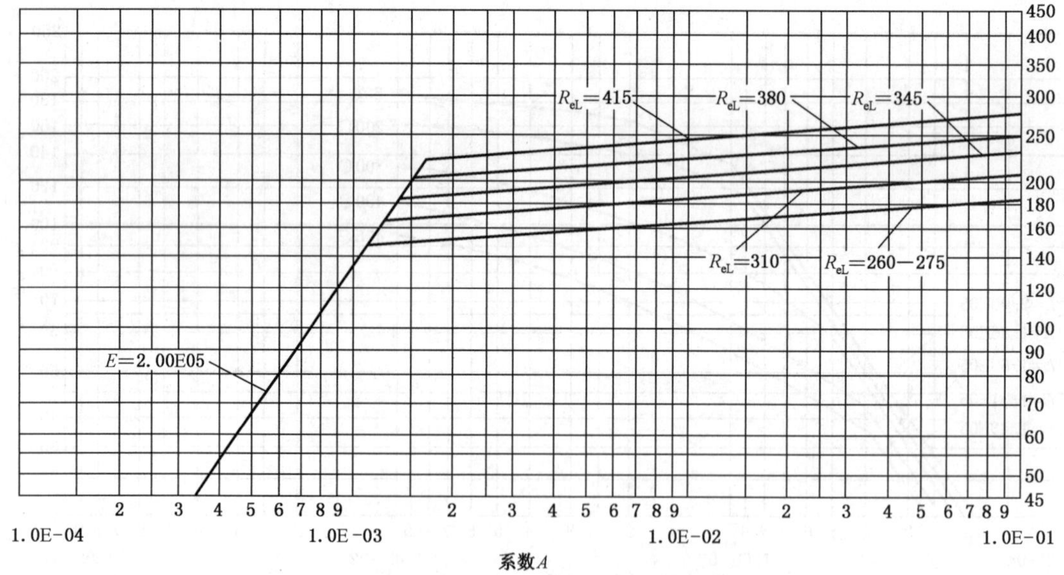

注：用于除图 4-4 注明的材料外，材料的屈服强度 R_{eL}>260 MPa 的碳钢、低合金钢等。

图 4-6　外压应力系数 ***B*** 曲线

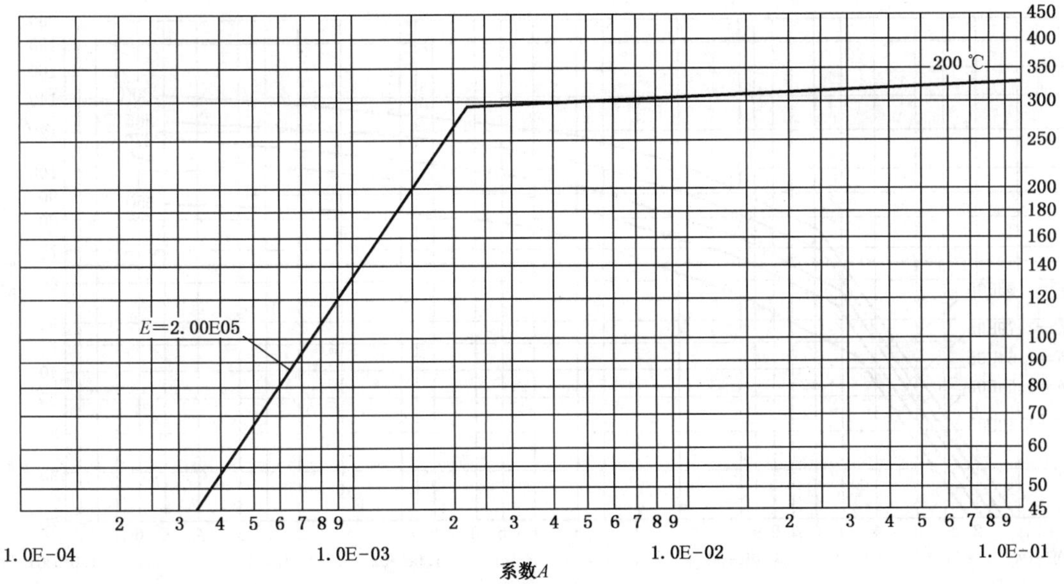

注：用于 07MnMoVR 钢等。

图 4-7 外压应力系数 *B* 曲线

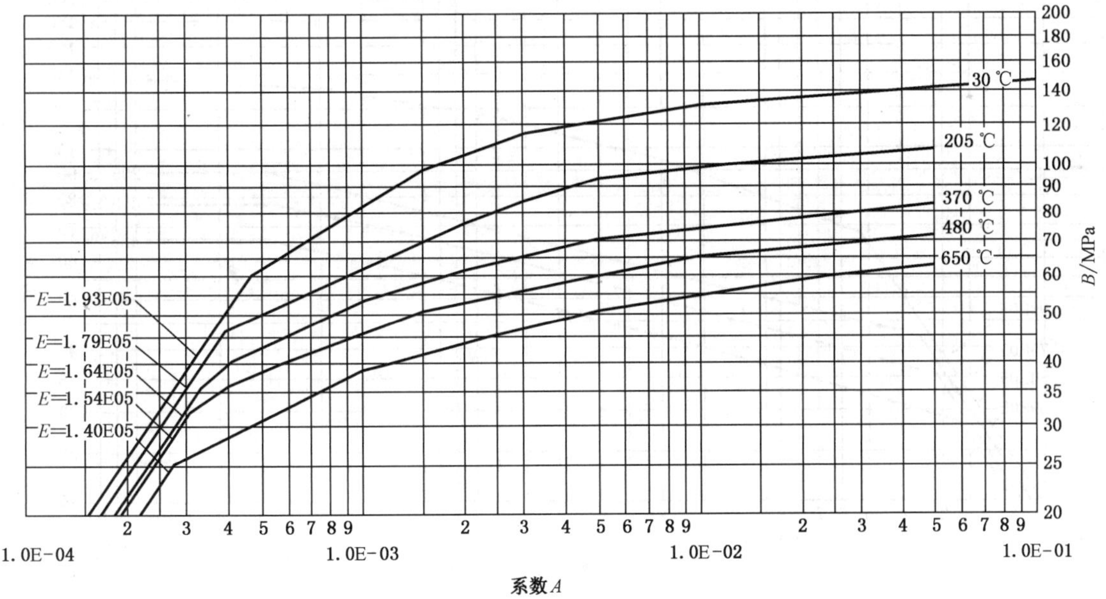

注：用于 S30408 钢等。

图 4-8 外压应力系数 *B* 曲线

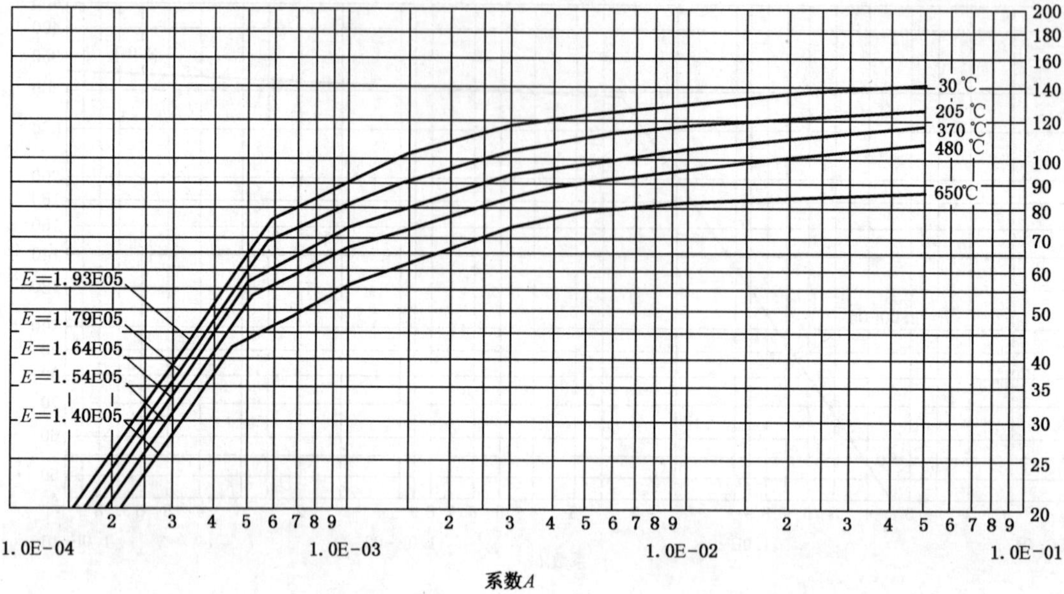

注：用于 S31608 钢等。

图 4-9 外压应力系数 *B* 曲线

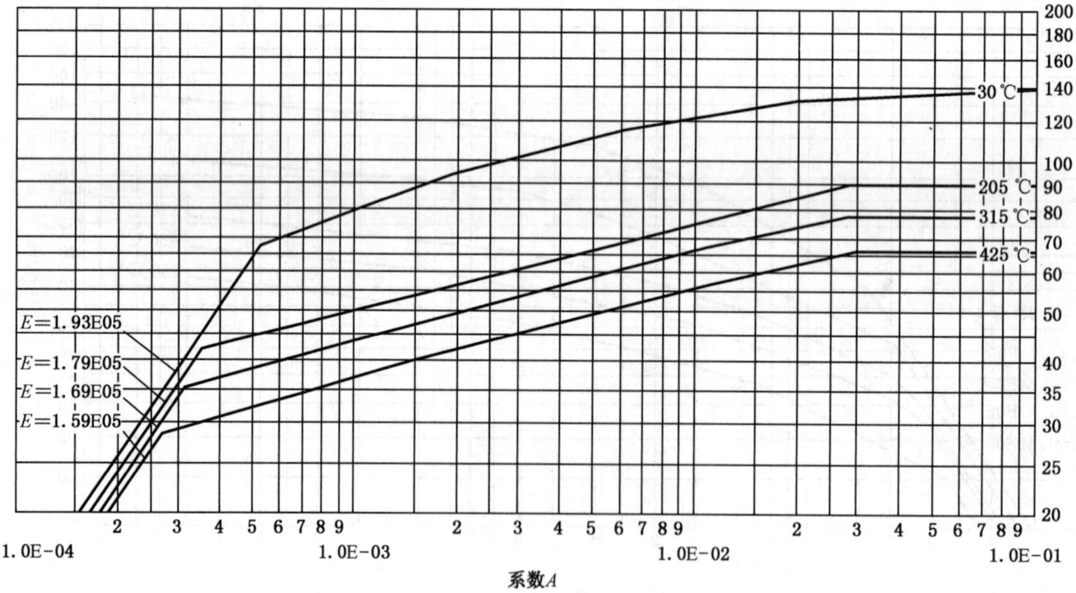

注：用于 S30403 钢等。

图 4-10 外压应力系数 *B* 曲线

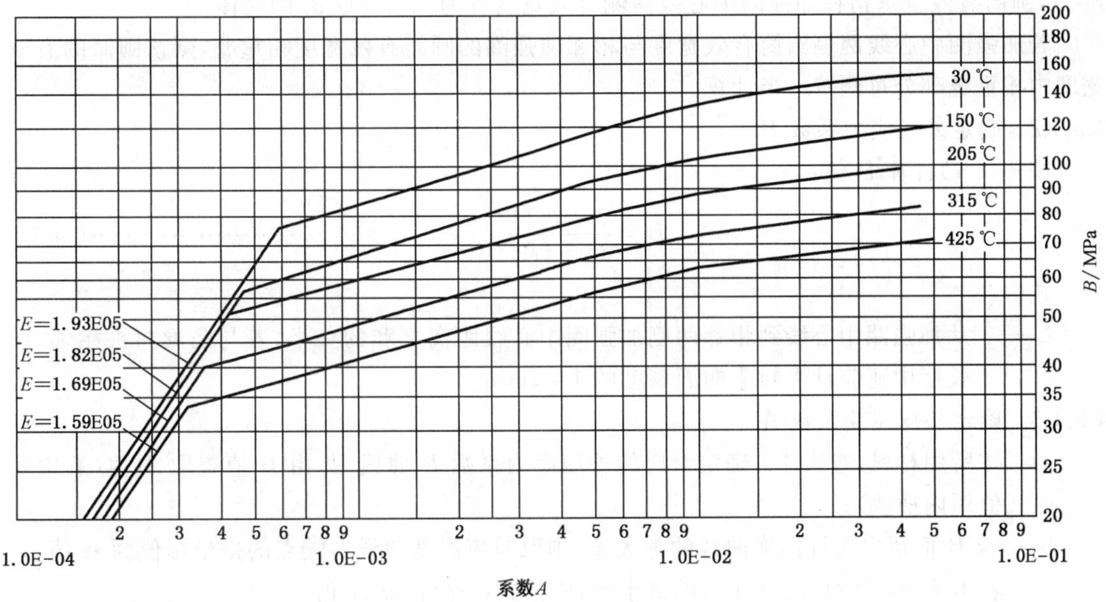

注：用于 S31603 钢等。

图 4-11 外压应力系数 *B* 曲线

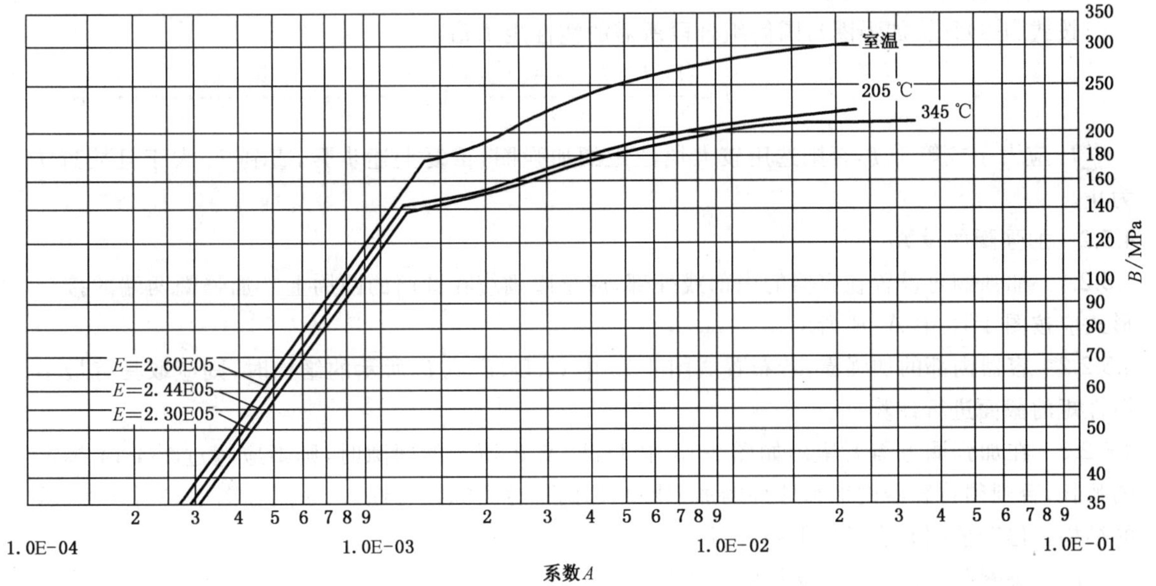

注：用于 S21953 钢等。

图 4-12 外压应力系数 *B* 曲线

4.5 外压圆筒加强圈的设计

4.5.1 加强圈的计算

4.5.1.1 惯性矩计算

选定加强圈材料与截面尺寸，计算其横截面积 A_s 和加强圈与圆筒有效段组合截面的惯性矩 I_s，圆筒有效段系指在加强圈中心线两侧有效宽度各为 $0.55\sqrt{D_o\delta_e}$ 的壳体。

若加强圈中心线两侧圆筒有效宽度与相邻加强圈的圆筒有效宽度相重叠，则该圆筒的有效宽度中相重叠部分每侧按一半计算。

4.5.1.2　确定外压应力系数 B

按式(4-7)计算 B 值：

$$B=\frac{p_c D_o}{\delta_e+(A_s/L_s)} \qquad \cdots\cdots(4\text{-}7)$$

式中：

L_s——从加强圈中心线到相邻两侧加强圈中心线距离之和的一半，若与凸形封头相邻，在长度中还应计入封头曲面深度的1/3，mm。

4.5.1.3　确定外压应变系数 A

a）按所用材料，查表4-1确定对应的外压应力系数 B 曲线图，由 B 值查取 A 值(遇中间值用内插法)；

b）若 B 值超出设计温度曲线的最大值，则取对应温度曲线右端点的横坐标值为 A 值；

c）若 B 值小于设计温度曲线的最小值，则按式(4-8)计算 A 值：

$$A=\frac{3B}{2E^t} \qquad \cdots\cdots(4\text{-}8)$$

4.5.1.4　确定所需的惯性矩 I

按式(4-9)计算加强圈与圆筒组合段所需的惯性矩 I 值：

$$I=\frac{D_o^2 L_s(\delta_e+A_s/L_s)}{10.9}A \qquad \cdots\cdots(4\text{-}9)$$

I_s 应大于或等于 I，否则选用较大惯性矩的加强圈，重复上述步骤，直到 I_s 大于且接近 I 为止。

4.5.2　加强圈的设置

4.5.2.1　加强圈可设置在容器的内部或外部，应整圈围绕在圆筒的圆周上。加强圈两端的接合形式应按图4-13中 A、B 所示。

4.5.2.2　容器内部的加强圈，若布置成图4-13中 C、D、E 或 F 所示的结构时，则应取具有最小惯性矩的截面进行计算。

4.5.2.3　在加强圈上需要留出如图4-13中 D、E 及 F 所示的间隙时，则不应超过图4-14规定的弧长，否则须将容器内部和外部的加强圈相邻两部分之间接合起来，采用如图4-13中 C 所示的结构。但若能同时满足以下条件者可以除外：

a）每圈只允许一处无支撑的壳体弧长；

b）无支撑的壳体弧长不超过90°圆周；

c）相邻两加强圈的不受支撑的圆筒弧长相互交错180°；

d）圆筒计算长度 L 应取下列数值中的较大者：

——相间隔加强圈之间的最大距离；

——从封头切线至第二个加强圈中心的距离再加上1/3封头曲面深度。

4.5.2.4　容器内部的构件如塔盘等，若设计成起加强作用时，也可作加强圈用。

4.5.2.5　加强圈与圆筒之间可采用连续或间断的焊接，当加强圈设置在容器外面时，加强圈每侧间断焊接的总长，应不少于圆筒外圆周长的 1/2，当设置在容器里面时，应不少于圆筒内圆周长的 1/3。焊脚尺寸不得小于相焊件中较薄件的厚度。

间断焊缝的布置与间距可参照图 4-15 所示的型式，间断焊缝可以相互错开或并排布置。最大间隙 t，对外加强圈为 $8\delta_n$，对内加强圈为 $12\delta_n$。

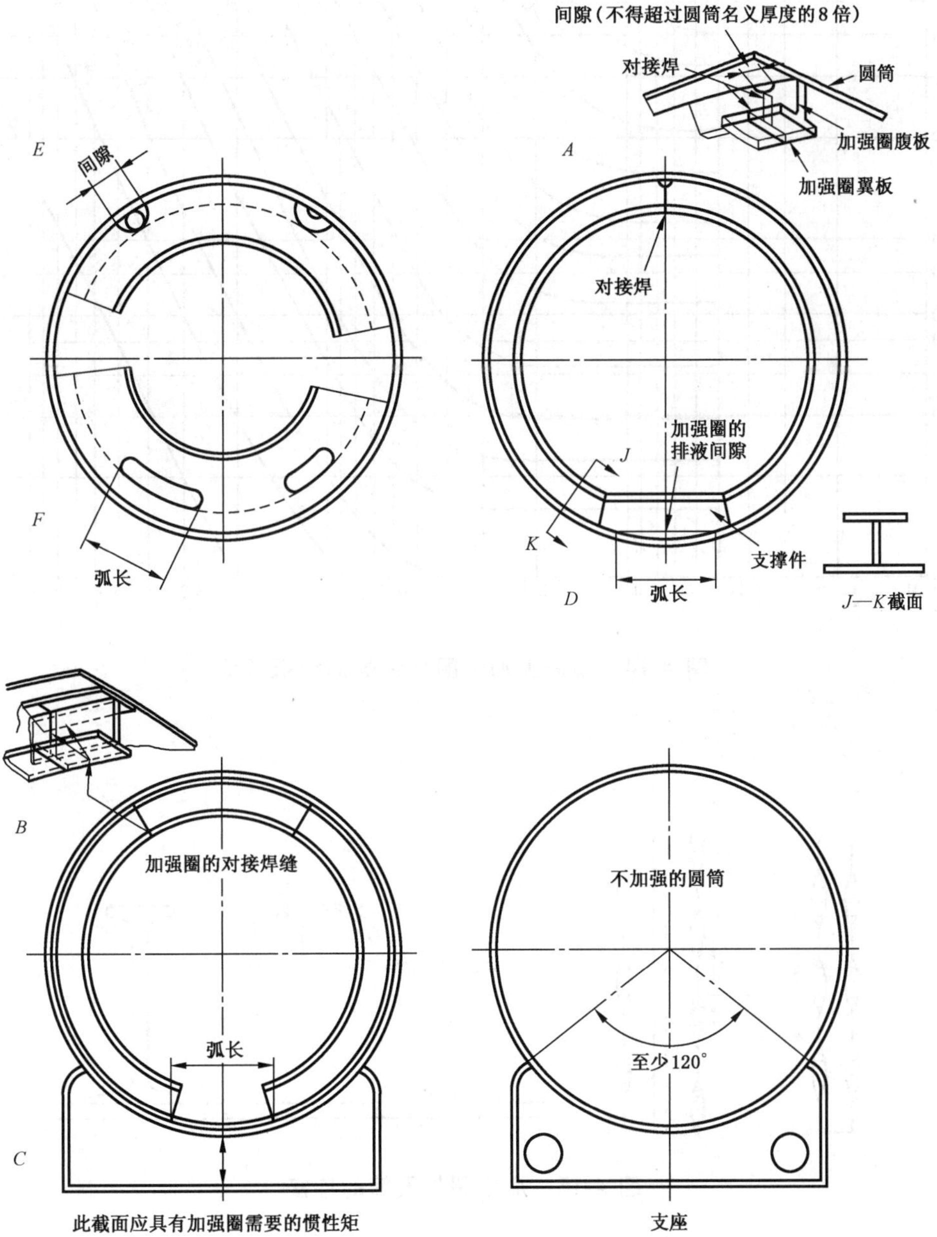

图 4-13　外压容器加强圈的各种布置图

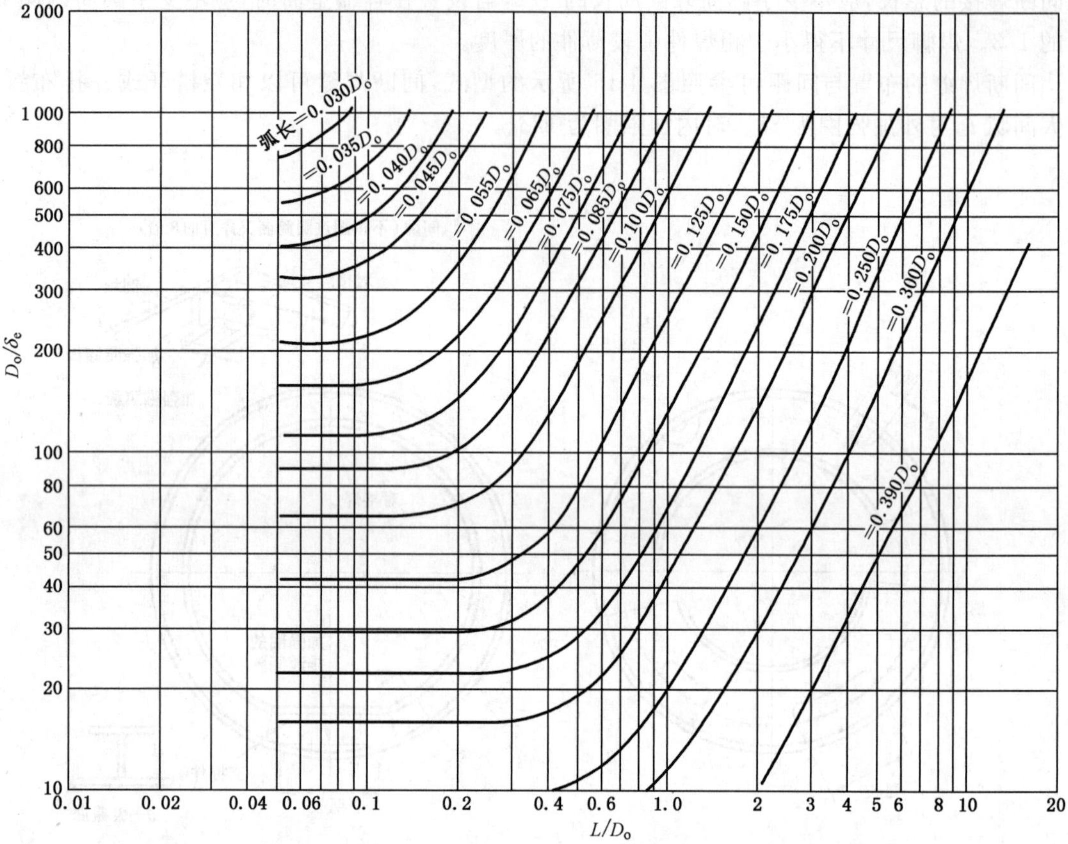

图 4-14 圆筒上加强圈允许的间断弧长值

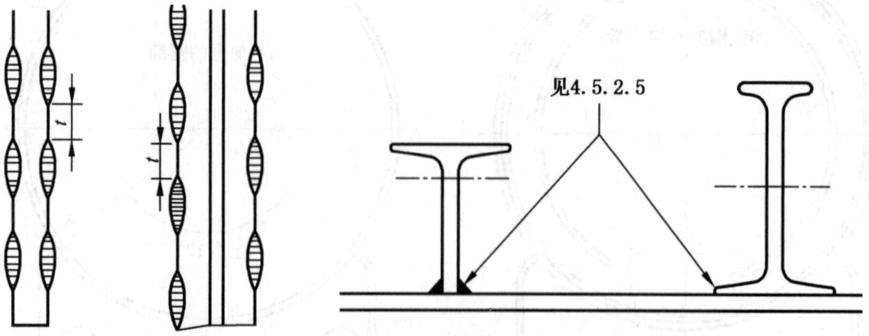

图 4-15 加强圈与圆筒的连接

表 4-2 图 4-2 的曲线数据表

D_o/δ_e	L/D_o	A 值
4	2.2	9.59E-02
	2.6	8.84
	3	8.39
	4	7.83
	5	7.59
	7	7.39
	10	7.29
	30	7.20
	50	7.20
5	1.4	9.29E-02
	1.6	8.02
	2	6.58
	2.4	5.86
	3	5.32
	4	4.94
	5	4.78
	7	4.65
	10	4.59
	30	4.54
	50	4.53
6	1.2	8.37E-02
	1.6	5.84
	2	4.69
	2.4	4.11
	3	3.69
	4	3.41
	5	3.29
	7	3.20
	10	3.16
	30	3.12
	50	3.12
8	0.74	9.68E-02
	0.8	8.75
8	1	6.60
	1.6	3.72
	2	2.85
	2.4	2.42
	3	2.12
	4	1.92
	5	1.84
	7	1.79
	10	1.76
	20	1.74
	50	1.74
10	0.56	9.64E-02
	0.7	7.20
	1	4.63
	1.2	3.71
	2	2.01
	2.4	1.65
	3	1.39
	4	1.24
	5	1.18
	7	1.14
	10	1.12
	16	1.11
	50	1.11
15	0.34	9.68E-02
	0.4	7.70
	0.6	4.53
	1	2.44
	1.2	1.97
	2	1.09
	2.4	8.90E-03
	3	6.91
	4	5.73
15	5	5.34
	6	5.16
	10	4.97
	40	4.90
	50	4.90
20	0.24	9.82E-02
	0.4	4.77
	0.6	2.86
	0.8	2.03
	1	1.56
	1.2	1.27
	2	7.13E-03
	3	4.46
	3.4	3.88
	4	3.42
	5	3.08
	7	2.87
	10	2.80
	40	2.75
	50	2.75
25	0.2	8.77E-02
	0.3	4.84
	0.5	2.50
	0.8	1.43
	1	1.11
	1.2	9.02E-03
	2	5.08
	3	3.23
	3.4	2.78
	4	2.35
	4.4	2.19
	5	2.04
	6	1.91

表 4-2(续)

D_o/δ_e	L/D_o	A 值
25	7	1.86
	10	1.80
	30	1.76
	50	1.76
30	0.16	9.04E-02
	2	6.35
	0.3	3.57
	0.4	2.46
	0.6	1.50
	0.8	1.08
	1	8.38E-03
	1.2	6.83
	2	3.88
	3	2.46
	4	1.77
	4.4	1.61
	5	1.47
	6	1.36
	7	1.30
	10	1.25
	30	1.22
	50	1.22
40	0.12	8.64E-02
	0.2	3.85
	0.3	2.22
	0.4	1.55
	0.6	9.58E-03
	0.8	6.91
	1	5.39
	1.2	4.41
	2	2.52
	4	1.17
	5	9.12E-04
	6	8.04
	7	7.56
	8	7.31
	10	7.08
	16	6.92
	40	6.88
	50	6.88
50	0.088	9.30E-02
	0.1	7.82
	0.2	2.63
	0.3	1.54
	0.4	1.08
	0.6	6.77E-03
	0.8	4.90
50	1	3.84
	2	1.71
	4	8.42E-04
	5	6.52
	6	5.48
	7	5.02
	8	4.78
	10	4.58
	12	4.49
	16	4.44
	40	4.40
	50	4.40
60	0.074	9.54E-02
	0.1	5.56
	0.14	3.23
	0.2	1.93
	0.4	8.12E-03
	0.6	5.10
	0.8	3.71
	1	2.91
	2	1.38
	3	8.86E-04
	4	6.45
	6	4.09
	7	3.64
	8	3.41
	10	3.22
	14	3.10
	40	3.06
	50	3.06
80	0.054	9.90E-02
	0.07	6.08
	0.09	3.91
	0.1	3.28
	0.14	1.96
	0.2	1.20
	0.24	9.50E-03
	0.4	5.16
	0.6	3.28
	0.8	2.39
	1	1.88
	2	8.95E-04
	4	4.24
	6.6	2.41
	8	2.05
	10	1.86
	14	1.76
80	30	1.72
	50	1.72
100	0.05	7.41E-02
	0.07	3.98
	0.1	2.20
	0.14	1.33
	0.2	8.31E-03
	0.4	3.64
	0.5	2.83
	0.8	1.70
	1	1.34
	2	6.41E-04
	4	3.05
	6	1.95
	8	1.42
	10	1.24
	14	1.14
	25	1.10
	50	1.10
125	0.05	4.80E-02
	0.06	3.44
	0.08	2.10
	0.1	1.48
	0.14	9.17E-03
	0.2	5.78
	0.4	2.57
	0.6	1.65
	0.8	1.21
	1	9.55E-04
	2	4.59
	4	2.20
	6	1.41
	9	9.04E-05
	10	8.37
	12	7.70
	14	7.40
	20	7.13
	40	7.04
	50	7.04
150	0.05	3.38E-02
	0.06	2.44
	0.08	1.51
	0.1	1.08
	0.12	8.33E-03
	0.16	5.69
	0.2	4.31
	0.4	1.94

表 4-2（续）

D_o/δ_e	L/D_o	A 值
150	0.6	1.25
	1	7.26E-05
	2	3.49
	4	1.68
	6	1.08
	8	7.87E-05
	10	6.19
	12	5.53
	16	5.10
	20	4.98
	40	4.89
	50	4.89
200	0.05	1.96E-02
	0.06	1.43
	0.08	9.09E-03
	0.1	6.59
	0.14	4.21
	0.2	2.72
	0.3	1.71
	0.5	9.76E-04
	0.8	5.92
	1	4.69
	2	2.27
	4	1.10
	6	7.11E-05
	8	5.20
	10	4.03
	12	3.38
	14	3.09
	16	2.95
	20	2.83
	40	2.75
	50	2.75
250	0.05	1.29E-02
	0.06	9.55E-03
	0.08	6.17
	0.1	4.52
	0.14	2.93
	0.2	1.91
	0.4	8.81E-04
	0.6	5.72
	0.8	4.22
	1	3.35
	2	1.63
	4	7.89E-05
	6	5.13
	8	3.77
	10	2.93
	12	2.38
	14	2.10
	16	1.96
	20	1.84
	40	1.76
	50	1.76
300	0.05	9.23E-03
	0.06	6.90
	0.08	4.52
	0.1	3.34
	0.12	2.64
	0.2	1.43
	0.4	6.66E-04
	0.6	4.33
	0.8	3.21
	1	2.54
	2	1.24
	4	6.02E-05
	6	3.93
	8	2.87
	10	2.25
	14	1.56
	16	1.42
	20	1.30
	40	1.23
	50	1.22
400	0.05	5.49E-03
	0.06	4.17
	0.08	2.78
	0.1	2.08
	0.12	1.66
	0.16	1.18
	0.2	9.14E-04
	0.4	4.29
	0.6	2.80
	0.8	2.07
	1	1.65
	2	8.08E-05
	4	3.93
	6	2.57
	8	1.89
	10	1.48
	14	1.02
	16	8.82E-06
500	0.05	3.70E-03
	0.06	2.84
	0.08	1.92
	0.1	1.45
	0.12	1.16
	0.16	8.30E-04
	0.2	6.45
	0.4	3.05
	0.6	1.99
	0.8	1.48
	1	1.18
	2	5.79E-05
	4	2.82
	6	1.85
	8	1.37
	10	1.07
	12	8.80E-06
600	0.05	2.70E-03
	0.06	2.08
	0.08	1.42
	0.1	1.08
	0.12	8.68E-04
	0.16	6.24
	0.2	4.86
	0.4	2.31
	0.6	1.51
	0.8	1.12
	1	8.94E-05
	2	4.39
	4	2.16
	6	1.41
	8	1.04
	8.4	9.88E-06
800	0.05	1.65E-03
	0.06	1.29
	0.08	8.92E-04
	0.1	6.82
	0.12	5.51
	0.16	3.98
	0.2	3.12
	0.4	1.49
	0.6	9.80E-05
	0.8	7.28
	1	5.80
	2	2.86
	4	1.40
	5	1.12
	5.6	9.92E-06
1 000	0.05	1.13E-03

表 4-2 (续)

D_o/δ_e	L/D_o	A 值	D_o/δ_e	L/D_o	A 值	D_o/δ_e	L/D_o	A 值
1 000	0.06	8.91E-04	1 000	0.16	2.82	1 000	1	4.14
	0.07	7.33		0.2	2.21		2	2.04
	0.09	5.41		0.4	1.06		4	1.01
	0.12	3.88		0.7	5.96E-05		4.2	9.57E-06

表 4-3 图 4-3 的曲线数据表

温度/℃	A 值	B 值/MPa	温度/℃	A 值	B 值/MPa	温度/℃	A 值	B 值/MPa
150	1.00E-05	1.33	260	2.00E-02	120	425	5.00	42.7
	6.20E-04	82.7		1.00E-01	120		6.00	45.3
	7.00	92.0	370	1.00E-05	1.14		7.00	47.0
	8.00	96.0		4.09E-04	46.7		1.00E-03	52.0
	9.00	100		5.00	50.7		1.50	56.0
	1.00E-03	103		6.00	54.7		2.00	60.0
	1.50	111		7.00	56.0		2.00E-02	86.0
	2.00	113		8.00	58.7		1.00E-01	86.0
	9.00	128		9.00	60.0	475	1.00E-05	0.956
	1.00E-01	128		1.00E-03	61.3		3.25E-04	31.0
260	1.00E-05	1.24		1.50	66.7		5.00	36.0
	5.08E-04	62.7		2.00	70.7		7.00	40.0
	6.00	68.0		2.00E-02	101		1.00E-03	42.7
	8.00	74.7		1.00E-01	105		1.50	48.0
	1.00E-03	77.3	425	1.00E-05	1.05		2.50	53.3
	1.50	85.3		3.54E-04	37.3		2.00E-02	78.0
	2.50	93.3		4.00	40.0		1.00E-01	78.0

表 4-4 图 4-4 的曲线数据表

温度/℃	A 值	B 值/MPa	温度/℃	A 值	B 值/MPa	温度/℃	A 值	B 值/MPa
30	1.00E-05	1.33	300	1.00E-03	82.4	400	5.00	99.2
	1.00E-03	133		1.50	94.4		7.00	106
	1.50	151		2.00	101		8.00	108
	2.00	163		3.00	111		1.00E-02	110
	3.00	171		4.00	117	475	1.00E-05	0.977
	1.00E-02	183		5.00	122		3.90E-04	37.2
200	1.00E-05	1.24		8.00	129		5.00	41.3
	9.30E-04	115		1.00E-02	130		6.00	44.3
	1.00E-03	118	400	1.00E-05	1.05		7.00	47.1
	1.50	132		4.00E-04	42.1		8.00	49.4
	2.00	138		5.00	46.8		9.00	51.8
	2.50	142		6.00	51.2		1.00E-03	54.1
	3.00	146		7.00	54.4		1.50	62.9
	4.00	151		8.00	57.2		2.00	68.6
	1.00E-02	161		9.00	60.0		3.00	77.0
300	1.00E-05	1.17		1.00E-03	62.8		4.00	82.6
	5.00E-04	58.7		1.50	73.2		5.00	86.3
	6.00	65.6		2.00	80.0		6.00	88.7
	7.00	71.2		3.00	88.8		8.00	92.6
	8.00	75.7		4.00	95.2		1.00E-02	94.7

表 4-5 图 4-5 的曲线数据表

温度/℃	A 值	B 值/MPa	温度/℃	A 值	B 值/MPa	温度/℃	A 值	B 值/MPa
150	1.00E-05	1.33	260	3.00	114	425	1.00E-03	65.3
	7.65E-04	101		8.00	132		1.50	73.3
	8.00	105		1.00E-02	135		2.00	77.3
	9.00	109		1.50	143		3.00	82.7
	1.00E-03	113		2.00	149		3.00E-02	113
	2.00	137		2.72	156		1.00E-01	113
	3.00	149		1.00E-01	156	475	1.00E-05	0.956
	4.00	156	370	1.00E-05	1.39		4.27E-04	41.3
	5.00	159		5.59E-04	62.7		1.00E-03	56.0
	2.50E-02	164		1.00E-03	74.7		1.50	62.7
	1.00E-01	164		3.00	93.3		2.00	68.0
260	1.00E-05	1.24		1.00E-02	112		3.00	73.3
	6.63E-04	82.2		2.50	128		8.00	85.3
	9.00	89.0		1.00E-01	128		3.00E-02	102
	1.00E-03	93.3	425	1.00E-05	1.05		1.00E-01	102
	2.50	111		5.00E-04	52.0			

表 4-6 图 4-6 的曲线数据表

屈服强度 MPa	A 值	B 值 MPa	屈服强度 MPa	A 值	B 值 MPa	屈服强度 MPa	A 值	B 值 MPa
415 MPa	4.00E-05	5.33	380 MPa	1.00E-01	248	310 MPa	1.24	165
	1.00E-03	133	345 MPa	4.00E-05	5.33		1.00E-01	207
	1.66	220		1.00E-03	133	260-275 MPa	4.00E-05	5.33
	1.00E-01	276		1.38	184		1.00E-03	133
380 MPa	4.00E-05	5.33		1.00E-01	229		1.10	147
	1.00E-03	133	310 MPa	4.00E-05	5.33		1.00E-01	184
	1.52	207		1.00E-03	133			

表 4-7 图 4-7 的曲线数据表

A 值	B 值/MPa	A 值	B 值/MPa	A 值	B 值/MPa
4.00E-04	53.3	1.00E-03	133	3.00E-02	303
6.00	80.0	2.00	266	6.00	313
8.00	106	2.20	293	1.00E-01	327

表 4-8 图 4-8 的曲线数据表

温度/℃	A 值	B 值/MPa	温度/℃	A 值	B 值/MPa	温度/℃	A 值	B 值/MPa
	1.00E-05	1.29		1.00E-05	1.07		1.50E-03	50.7
	4.63E-04	60.0		3.34E-04	36.0		3.00	56.0
	1.50E-03	97.3		4.00	40.0	480	1.00E-02	65.3
30	2.00	105		5.00	42.7		2.00	68.0
	3.00	115		6.00	45.3		7.00	73.3
	1.00E-02	131		1.00E-03	53.3		1.00E-01	73.3
	1.00E-01	147	370	2.00	61.3		1.00E-05	0.933
	1.00E-05	1.20		5.00	70.7		2.78E-04	25.3
	3.86E-04	46.4		6.00	72.0		1.00E-03	38.7
	2.00E-03	76.0		1.00E-02	74.7		2.00	44.0
	3.00	84.0		5.00	82.7		5.00	50.7
205	4.00	89.3		1.00E-01	82.7	650	1.00E-02	54.7
	5.00	93.3		1.00E-05	1.07		2.00	58.7
	1.00E-02	98.7	480	3.09E-04	32.0		5.00	62.7
	5.00	107		4.00	36.0		1.00E-01	62.7
	1.00E-01	107		5.00	38.7			

表 4-9 图 4-9 的曲线数据表

温度/℃	A 值	B 值/MPa	温度/℃	A 值	B 值/MPa	温度/℃	A 值	B 值/MPa
	1.00E-05	1.29		3.00	104		6.00	56.0
	5.88E-04	75.7		4.00	108		1.00E-03	66.7
	1.50E-03	103		5.00	111		3.00	84.0
	2.00	109	205	6.00	113	480	4.00	88.0
	2.50	113		1.00E-02	117		1.00E-02	96.0
	3.00	117		5.00	126		5.00	108
30	4.00	120		1.00E-01	126		1.00E-01	108
	5.00	123		1.00E-05	1.07		1.00E-05	0.933
	7.00	128		5.07E-04	57.3		4.50E-04	42.0
	1.00E-02	129		1.00E-03	73.3		1.00E-03	56.0
	2.00	136		3.00	93.3		2.00	66.7
	7.00	144		4.00	96.0		3.00	73.3
	1.00E-01	144	370	1.00E-02	105	650	4.00	76.0
	1.00E-05	1.20		5.00	117		5.00	78.7
	5.75E-04	68.6		6.00	120		1.00E-02	82.3
205	1.00E-03	81.3		1.00E-01	120		7.00	87.1
	1.50	90.7		1.00E-05	1.07			
	2.00	96.0	480	5.19E-04	53.3			

表 4-10　图 4-10 的曲线数据表

温度/℃	A 值	B 值/MPa	温度/℃	A 值	B 值/MPa	温度/℃	A 值	B 值/MPa
30	1.00E-05	1.29	205	1.00E-03	50.1	315	1.00E-01	77.7
	5.24E-04	67.4		1.00E-02	74.9	425	1.00E-05	1.06
	2.00E-03	94.7		2.83	89.6		2.70E-04	28.6
	6.00	115		1.00E-01	89.6		1.50E-03	40.0
	2.00E-02	132	315	1.00E-05	1.13		1.00E-02	56.0
	1.00E-01	140		3.13E-04	35.3		1.00E-01	66.2
205	1.00E-05	1.20		1.00E-03	44.0			
	3.52E-04	42.0		1.00E-02	66.7			

表 4-11　图 4-11 的曲线数据表

温度/℃	A 值	B 值/MPa	温度/℃	A 值	B 值/MPa	温度/℃	A 值	B 值/MPa
30	1.00E-05	1.29	150	1.00E-02	103	315	5.00E-03	66.2
	5.87E-04	75.5		5.00	119		1.00E-02	72.6
	7.00E-03	124		1.00E-01	119		4.56	82.7
	1.00E-02	132	205	1.00E-05	1.2		1.00E-01	86.7
	2.00	143		4.02E-04	50.7	425	1.00E-05	1.06
	5.00	152		7.00E-03	84.0		3.06E-04	33.5
	1.00E-01	152		1.00E-02	88.0		5.00E-03	56.0
150	1.00E-05	1.20		4.00	98.7		1.00E-02	62.7
	4.46E-04	56.5		1.00E-01	98.7		5.00	70.8
	5.00E-03	93.3	315	1.00E-05	1.13		1.00E-01	70.8
	6.00	96.0		3.55E-04	40.0			

表 4-12　图 4-12 的曲线数据表

温度/℃	A 值	B 值/MPa	温度/℃	A 值	B 值/MPa	温度/℃	A 值	B 值/MPa
室温	1.41E-04	18.4	205	1.51E-04	8.4	345	1.60E-04	18.4
	1.34E-03	175		1.17E-03	142		1.20E-03	138
	1.50	177		1.50	145		1.50	143
	2.00	189		2.00	152		2.00	149
	2.50	207		2.50	161		2.50	156
	3.00	219		3.00	168		3.00	164
	4.00	239		4.00	179		4.00	175
	6.00	260		6.00	193		6.00	187
	1.00E-02	280		1.00E-02	207		1.00E-02	201
	1.50	289		1.50	214		1.50	207
	2.10	300		2.30	221		3.40	210

5　封头

5.1　范围

本章规定了受内压或外压的凸形封头、平盖、锥形封头(含偏心锥壳)、变径段、紧缩口以及内压元件的拉撑结构设计方法。其中,凸形封头包括椭圆形封头、碟形封头、球冠形封头(见图5-1、图5-2、图5-3)和半球形封头。

半球形封头按第3章或第4章计算。

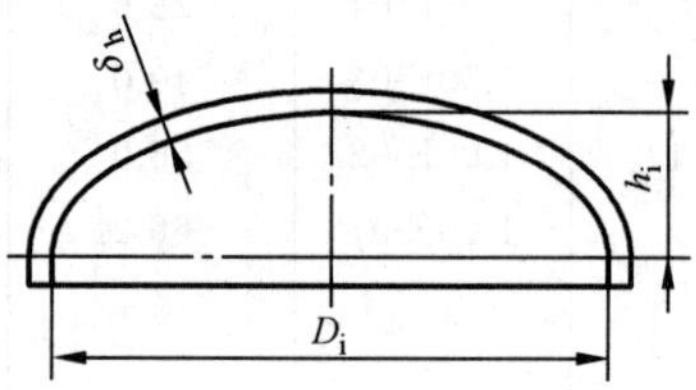

图5-1 椭圆形封头

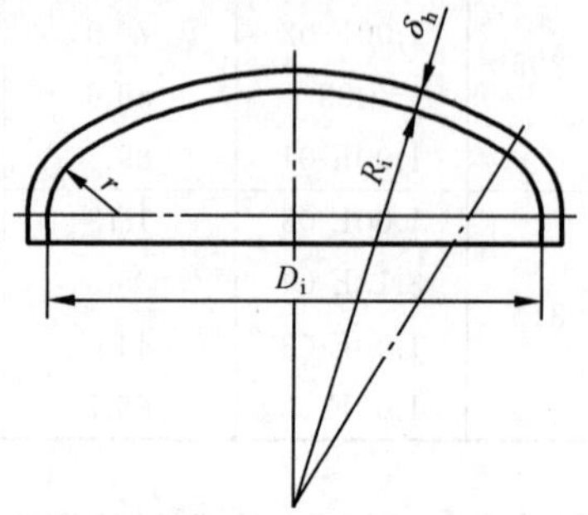

图5-2 碟形封头

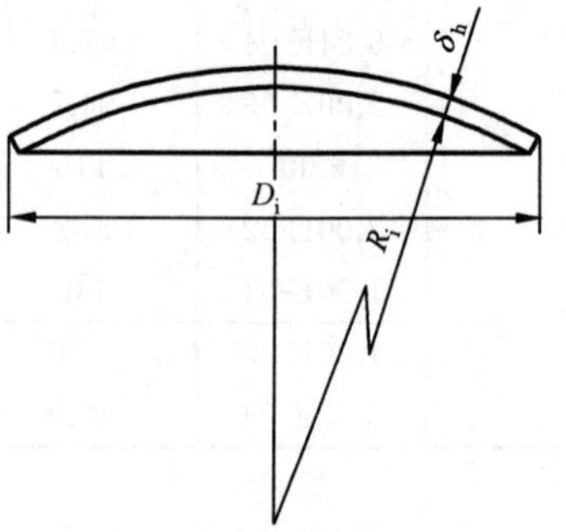

图5-3 球冠形封头

5.2 术语、定义和符号

5.2.1 GB 150.1中界定的术语和定义适用于本章。

5.2.2 符号

D_i——封头内径或与其连接的圆筒内直径,mm;

D_o——封头外径或与其连接的圆筒外直径,mm;

h_i——凸形封头内曲面深度,mm;

p_c——计算压力,MPa;

$[p_w]$——封头的最大允许工作压力,MPa;

δ——与封头连接的圆筒计算厚度,mm;

δ_e——与封头连接的圆筒有效厚度,mm;

δ_{eh}——凸形封头有效厚度,mm;

δ_h——凸形封头计算厚度,mm;

δ_n——与封头连接的圆筒名义厚度,mm;

δ_{nh}——凸形封头名义厚度,mm;

δ_r——与封头和圆筒连接的加强段或过渡段计算厚度,mm;

$[\sigma]^t$——设计温度下封头材料的许用应力(按GB 150.2),MPa;

ϕ——焊接接头系数(按GB 150.1)。

5.3 椭圆形封头

5.3.1 椭圆形封头一般采用长短轴比值为2的标准型。

5.3.2 受内压(凹面受压)椭圆形封头

封头计算厚度按式(5-1)或式(5-2)计算:

$$\delta_h=\frac{Kp_cD_i}{2[\sigma]^t\phi-0.5p_c} \quad\cdots\cdots(5\text{-}1)$$

$$\delta_h=\frac{Kp_cD_o}{2[\sigma]^t\phi+(2K-0.5)p_c} \quad\cdots\cdots(5\text{-}2)$$

式中:

K——椭圆形封头形状系数,$K=\frac{1}{6}\left[2+\left(\frac{D_i}{2h_i}\right)^2\right]$,其值见表5-1。

表 5-1 系数 **K** 值

$\frac{D_i}{2h_i}$	2.6	2.5	2.4	2.3	2.2	2.1	2.0	1.9	1.8
K	1.46	1.37	1.29	1.21	1.14	1.07	1.00	0.93	0.87
$\frac{D_i}{2h_i}$	1.7	1.6	1.5	1.4	1.3	1.2	1.1	1.0	
K	0.81	0.76	0.71	0.66	0.61	0.57	0.53	0.50	

$D_i/2h_i \leqslant 2$ 的椭圆形封头的有效厚度应不小于封头内直径的 0.15%，$D_i/2h_i > 2$ 的椭圆形封头的有效厚度应不小于封头内直径的 0.30%。但当确定封头厚度时已考虑了内压下的弹性失稳问题，可不受此限制。

椭圆形封头的最大允许工作压力按式(5-3)计算：

$$[p_w]=\frac{2[\sigma]^t\phi\,\delta_{eh}}{KD_i+0.5\delta_{eh}} \quad \cdots\cdots(5\text{-}3)$$

5.3.3 受外压(凸面受压)椭圆形封头

凸面受压椭圆形封头的厚度计算应采用本部分第 4 章外压球壳设计方法，其中 R_o 为椭圆形封头的当量球壳外半径，$R_o=K_1D_o$。

K_1——由椭圆形长短轴比值决定的系数，见表 5-2。

表 5-2 系数 **K_1** 值

$\frac{D_o}{2h_o}$	2.6	2.4	2.2	2.0	1.8	1.6	1.4	1.2	1.0
K_1	1.18	1.08	0.99	0.90	0.81	0.73	0.65	0.57	0.50
注 1：中间值用内插法求得； 注 2：$K_1=0.9$ 为标准椭圆形封头； 注 3：$h_o=h_i+\delta_{nh}$。									

5.4 碟形封头

5.4.1 碟形封头球面部分的内半径应不大于封头的内直径，通常取 0.9 倍的封头内直径。封头转角内半径应不小于封头内直径的 10%，且不得小于 3 倍的名义厚度 δ_{nh}。

5.4.2 受内压(凹面受压)碟形封头

封头计算厚度按式(5-4)或式(5-5)计算：

$$\delta_h=\frac{Mp_cR_i}{2[\sigma]^t\phi-0.5p_c} \quad \cdots\cdots(5\text{-}4)$$

$$\delta_h=\frac{Mp_cR_o}{2[\sigma]^t\phi+(M-0.5)p_c} \quad \cdots\cdots(5\text{-}5)$$

式中：

R_i——碟形封头球面部分内半径，mm；

R_o——碟形封头球面部分外半径，$R_o=R_i+\delta_{nh}$，mm；

M——碟形封头形状系数，$M=\frac{1}{4}\left(3+\sqrt{\frac{R_i}{r}}\right)$，其值见表 5-3；

r——碟形封头过渡段转角内半径，mm。

表 5-3 系数 M 值

$\frac{R_i}{r}$	1.0	1.25	1.50	1.75	2.0	2.25	2.50	2.75
M	1.00	1.03	1.06	1.08	1.10	1.13	1.15	1.17
$\frac{R_i}{r}$	3.0	3.25	3.50	4.0	4.5	5.0	5.5	6.0
M	1.18	1.20	1.22	1.25	1.28	1.31	1.34	1.36
$\frac{R_i}{r}$	6.5	7.0	7.5	8.0	8.5	9.0	9.5	10.0
M	1.39	1.41	1.44	1.46	1.48	1.50	1.52	1.54

对于 $R_i/r\leqslant5.5$ 的碟形封头，其有效厚度应不小于封头内直径的 0.15%，其他碟形封头的有效厚度应不小于封头内直径的 0.30%。但当确定封头厚度时已考虑了内压下的弹性失稳问题，可不受此限制。

碟形封头的最大允许工作压力按式(5-6)计算：

$$[p_w]=\frac{2[\sigma]^t\phi\,\delta_{eh}}{MR_i+0.5\delta_{eh}} \quad\cdots\cdots(5\text{-}6)$$

5.4.3 受外压(凸面受压)碟形封头

凸面受压碟形封头的厚度计算应采用本部分第 4 章外压球壳设计方法，其中 R_o 为碟形封头球面部分外半径。

5.5 球冠形封头

5.5.1 球冠形封头可用作端封头，也可用作容器中两独立受压室的中间封头，如采用加强段结构，其形式如图 5-4 所示。

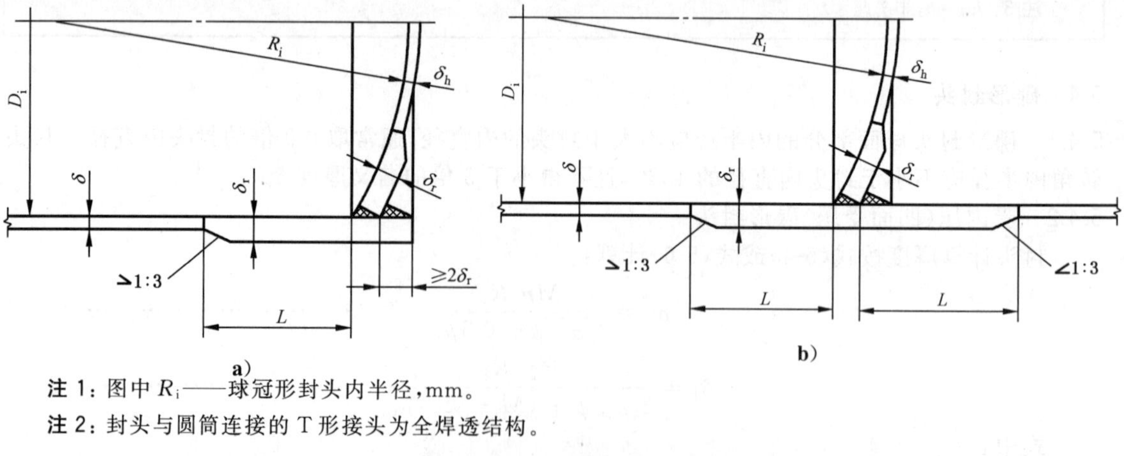

注 1：图中 R_i——球冠形封头内半径，mm。

注 2：封头与圆筒连接的 T 形接头为全焊透结构。

图 5-4 球冠形封头

5.5.2 球冠形封头的计算厚度

受内压(凹面受压)球冠形封头的计算厚度 δ_h 按第 3 章内压球壳计算；受外压(凸面受压)球冠形封头的计算厚度 δ_h 按第 4 章外压球壳计算。对于中间封头，应考虑封头两侧最苛刻的压力组合工况。如能保证在任何情况下封头两侧的压力同时作用，可以按封头两侧的压力差进行计算。

5.5.3 球冠形端封头加强段厚度

封头加强段的计算厚度按式(5-7)计算：

$$\delta_r = Q\delta \quad \cdots\cdots (5\text{-}7)$$

式中：

δ——圆筒的计算厚度，按式(3-1)计算；

Q——系数，由图5-5查取。

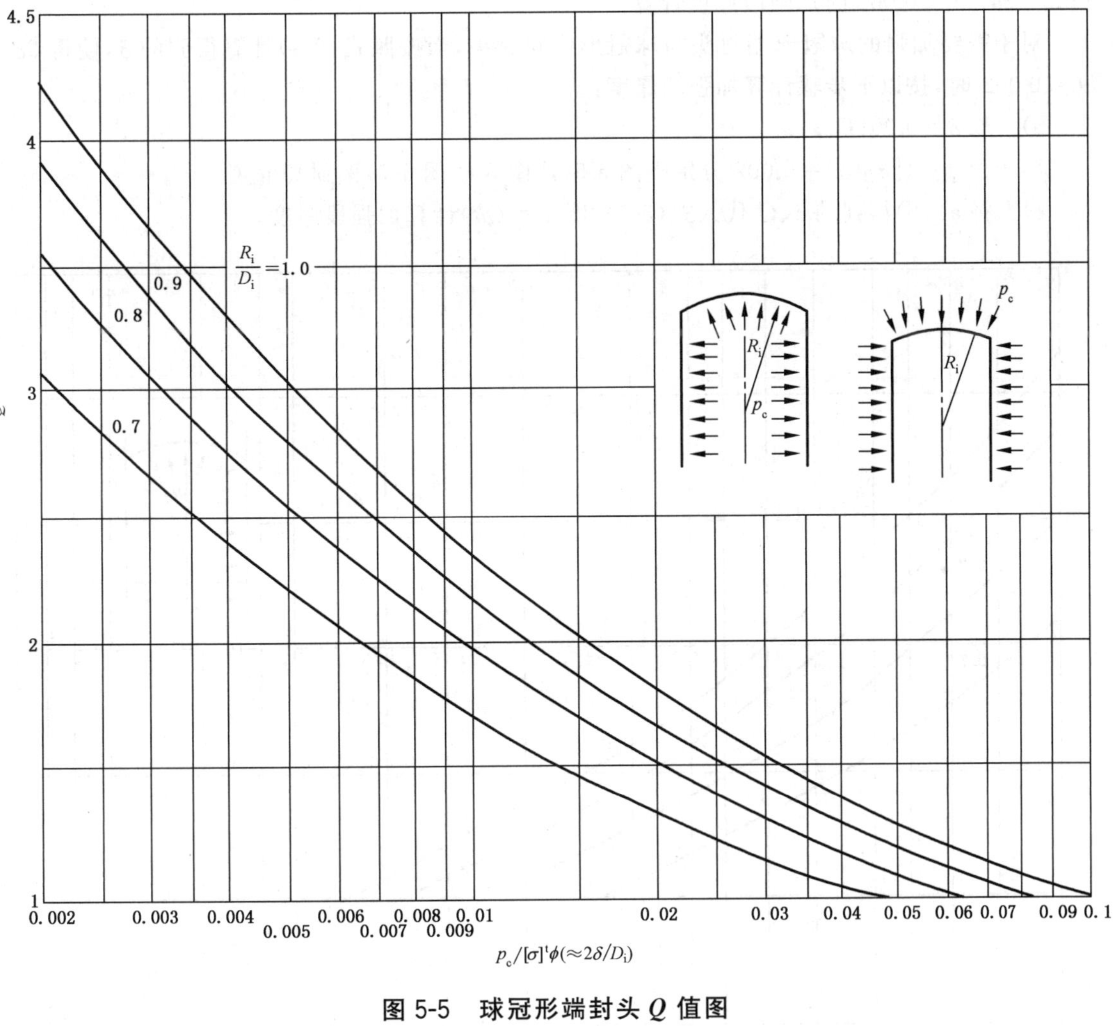

图5-5 球冠形端封头 Q 值图

凸面受压时，封头加强段的厚度应同时不小于按5.5.2(即按第4章外压球壳计算)确定的球壳厚度。

当 $2\delta/D_i < 0.002$ 时，加强段厚度按5.5.5计算。

要求与封头连接的圆筒端部厚度不得小于球冠形封头加强段厚度，否则应在圆筒端部设置加强段过渡连接。圆筒加强段计算厚度一般取封头加强段计算厚度，封头加强段长度和圆筒加强段长度均应不小于 $\sqrt{2D_i\delta_r}$。

5.5.4 球冠形中间封头加强段厚度

球冠形中间封头加强段厚度的计算应考虑封头两侧最苛刻的压力组合工况，按式(5-7)确定。如果凹面侧受压，Q 值由图 5-6 查取。如果凸面侧受压，Q 值由图 5-7 查取，此外还应不小于按 5.5.2(即按第 4 章外压球壳计算)确定的球壳厚度。

当 $2\delta/D_i<0.002$ 时，加强段厚度按 5.5.5 计算。

要求与封头连接处的圆筒厚度不得小于球冠形封头加强段厚度，否则应设置圆筒加强段过渡连接。如图 5-4 所示。圆筒加强段计算厚度一般取等于封头加强段计算厚度，封头加强段长度和两侧圆筒加强段长度均应不小于$\sqrt{2D_i\delta_r}$。

5.5.5　$2\delta/D_i<0.002$ 时加强段厚度计算

对于需要加强的球冠形端封头与球冠形中间封头，当按照式(3-1)计算得到的 δ，使得 $2\delta/D_i<0.002$ 时，按以下步骤计算加强段厚度：

a)　取 $\delta=0.001D_i$；

b)　由 $p_c/([\sigma]^t\phi)=0.002$ 分别查图 5-5(或图 5-6、图 5-7)得到 Q 值；

c)　将 a)、b)得到的 δ、Q 代入式(5-7)(即 $\delta_r=Q\delta$)计算加强段厚度。

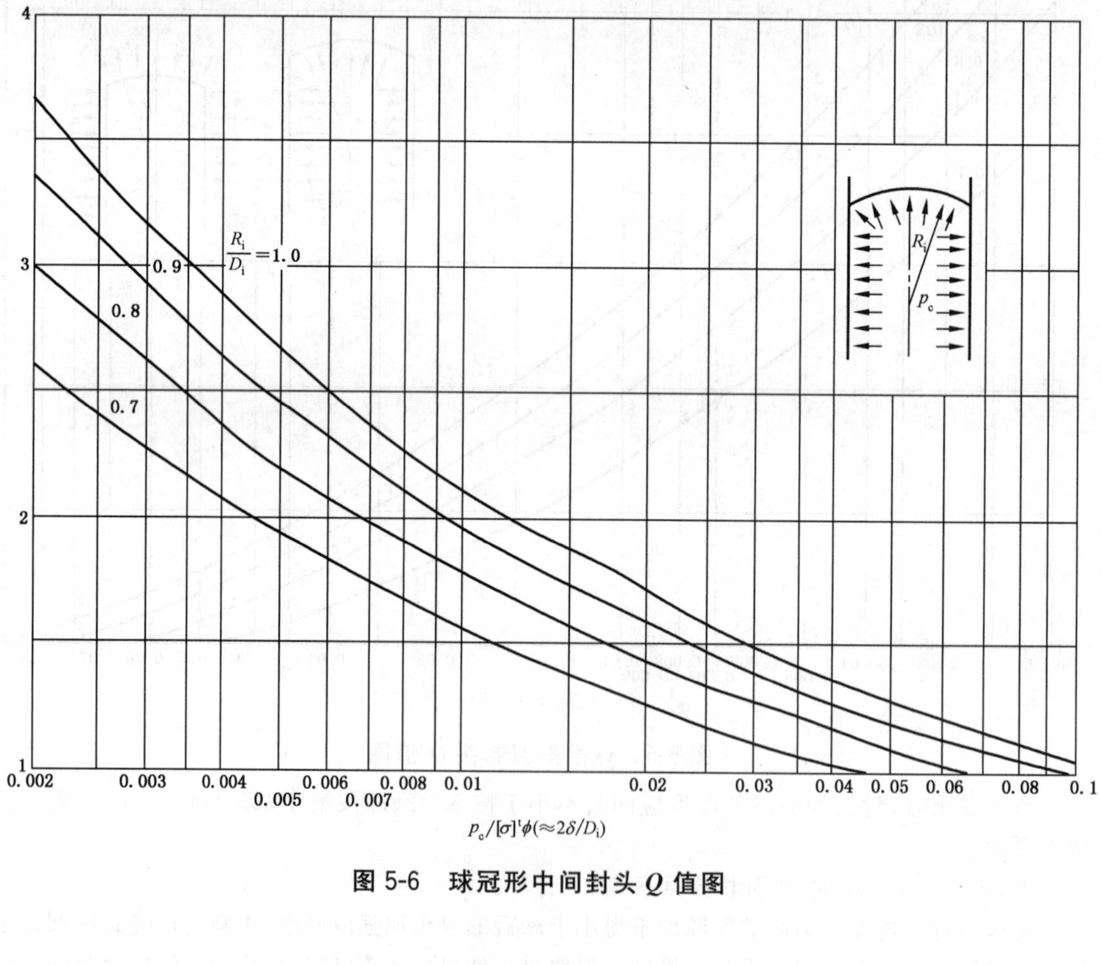

图 5-6　球冠形中间封头 Q 值图

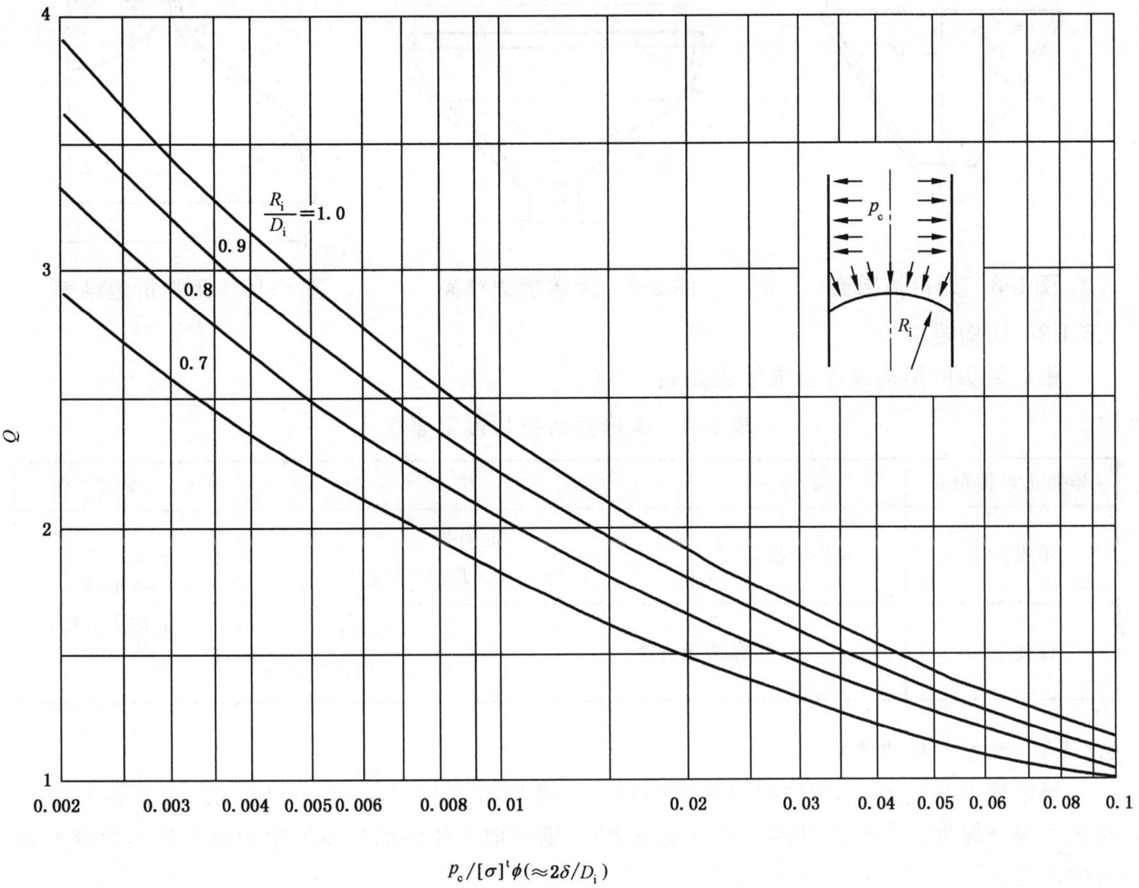

图 5-7 球冠形中间封头 Q 值图

5.6 锥形封头

5.6.1 一般要求

5.6.1.1 本节规定仅适用于锥壳半顶角 $\alpha\leqslant 60°$ 的轴对称无折边或折边锥形封头,锥形封头可以有以下几种形式:

a) 单一厚度的锥壳,见图 5-8;

b) 同一半顶角不同厚度的多段锥壳的组合;

c) 大端或小端带有折边(圆环壳)和直边段(圆筒壳)的锥壳,见图 5-9、图 5-10;

d) 大端或小端带有加强段的无折边锥壳,见图 5-12、图 5-14。

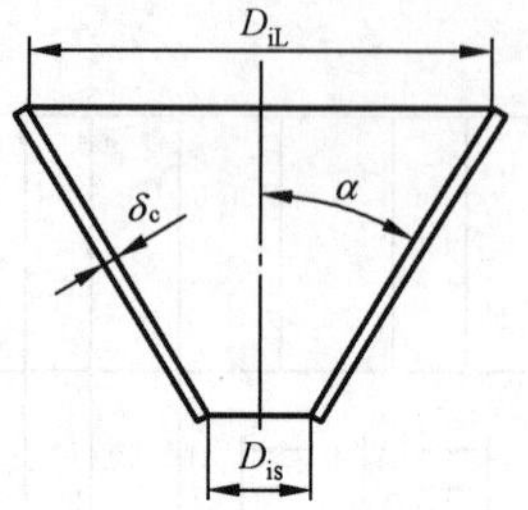

图 5-8 无折边锥壳

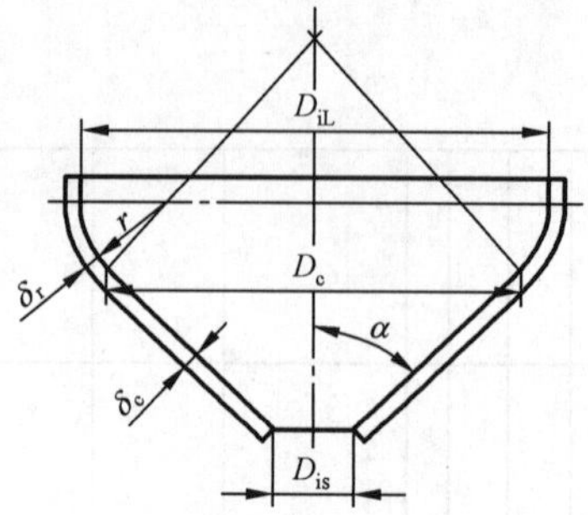

图 5-9 大端折边锥壳

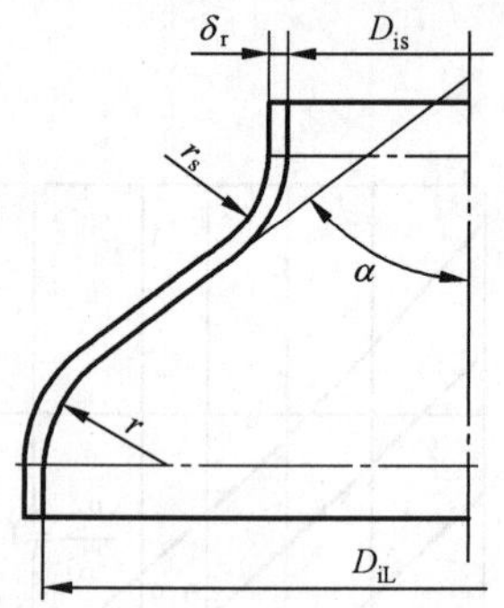

图 5-10 两端折边锥壳

5.6.1.2 结构要求

锥形封头的结构设计要求按表 5-4：

表 5-4 锥形封头折边设置要求

锥封头半顶角 α	≤30°	≤45°	≤60°	>60°
锥壳大端	允许无折边	应有折边（$r \geqslant 10\% D_{iL}$ 且 $\geqslant 3\delta_r$）		按平盖（或应力分析）
锥壳小端	允许无折边		应有折边（$r_s \geqslant 5\% D_{is}$ 且 $\geqslant 3\delta_r$）	

5.6.1.3 锥形封头的厚度

当锥壳大端或大、小端同时具有加强段或过渡段时，应按 5.6.3、5.6.4、5.6.5 分别确定锥形封头各部分厚度。若考虑只由一种厚度组成时，则应取上述各部分厚度中的最大值作为锥形封头的厚度。

在任何情况下，过渡段或加强段的厚度不得小于与其连接的锥壳厚度并不小于圆筒内直径的 0.3%。

对于承受外压的锥形封头应首先满足该设计条件下的强度要求。

5.6.1.4 锥壳与圆筒的连接应采用全焊透结构。

5.6.2 符号

A——外压计算应变系数；

A_{eL}——外压计算时，锥壳大端与圆筒连接处的有效加强截面积，mm^2；

A_{es}——外压计算时，锥壳小端与圆筒连接处的有效加强截面积，mm^2；

A_{rL}——锥壳大端需要加强的截面积，mm^2；

A_{rs}——锥壳小端需要加强的截面积，mm^2；

A_s——加强圈横截面积，mm^2；

A_T——圆筒、锥壳和加强圈的当量截面积，大端为 A_{TL} 见式(5-26)，小端为 A_{Ts} 见式(5-31)，mm^2；

B——外压计算应力系数，MPa；

C——厚度附加量(按 GB 150.1)，mm；

D_c——锥壳计算内直径,mm;

D_i——圆筒内直径,mm;

D_{iL}——锥壳大端直边段内直径,mm;

D_{is}——锥壳小端直边段内直径,mm;

D_L——外压计算时,所考虑锥壳段大端外直径(见图5-16),mm;

D_{oL}——锥壳大端直边段外直径,mm;

D_{os}——锥壳小端直边段外直径,mm;

D_s——外压计算时,所考虑锥壳段小端外直径(见图5-16),mm;

E_c、E_r、E_s——材料在设计温度下的弹性模量,下标c、r、s分别表示锥壳、加强圈及圆筒,MPa;

f_1——除压力载荷外,由外载荷在锥壳大端产生的单位圆周长度上轴向力,N/mm;

f_2——除压力载荷外,由外载荷在锥壳小端产生的单位圆周长度上轴向力,N/mm;

I——圆筒-锥壳或加强圈-圆筒-锥壳组合段所需的惯性矩,mm^4;

I_s——圆筒-锥壳或加强圈-圆筒-锥壳组合段有效横截面对平行于壳体轴线的形心轴的惯性矩,mm^4;

k——系数,见式(5-13);

L_c——沿锥壳表面度量的锥壳上两加强圈之间的长度,mm;

L_e——锥壳当量长度,mm;

L_L——与锥壳大端相连圆筒的计算长度,mm;

L_{sm}——与锥壳小端相连圆筒的计算长度,mm;

L_x——锥壳段轴向长度(见图5-16),mm;

Q_L——$\frac{1}{4}p_cD_L$ 和 f_1 的代数和,N/mm;

Q_s——$\frac{1}{4}p_cD_s$ 和 f_2 的代数和,N/mm;

R——圆筒中面半径,mm;

R_L——锥壳大端直边段中面半径,mm;

R_{oL}——锥壳大端直边段外半径,mm;

R_{os}——锥壳小端直边段外半径,mm;

R_s——锥壳小端直边段中面半径,mm;

r——折边锥壳大端过渡段转角半径(见图5-10),mm;

r_s——折边锥壳小端过渡段转角半径(见图5-10),mm;

α——锥壳半顶角,(°);

Δ——锥壳端部与圆筒连接处需要加强的指数值,当 $\Delta \geqslant \alpha$ 时,该连接处不需要加强(见表5-5,表5-8),(°);

δ_c——锥壳计算厚度,mm;

δ_{ec}——锥壳当量有效厚度,mm;

δ_{nc}——锥壳名义厚度,mm;

$[\sigma]_c^t$——设计温度下锥壳所用材料的许用应力(按GB 150.2),MPa;

$[\sigma]_r^t$——设计温度下加强圈所用材料的许用应力(按 GB 150.2),MPa;

$[\sigma]_s^t$——设计温度下圆筒所用材料的许用应力(按 GB 150.2),MPa;

ϕ——焊接接头系数(按 GB 150.1)。

5.6.3 受内压锥壳厚度

锥壳的计算厚度按式(5-8)计算:

$$\delta_c = \frac{p_c D_c}{2[\sigma]_c^t \phi - p_c} \cdot \frac{1}{\cos\alpha} \quad \cdots\cdots (5\text{-}8)$$

当锥壳由同一半顶角的几个不同厚度的锥壳段组成时,式中 D_c 分别为各锥壳段大端内直径。

5.6.4 受内压无折边锥壳

5.6.4.1 受内压无折边锥壳大端厚度

无折边锥壳大端与圆筒连接时,应按以下步骤确定连接处锥壳大端的厚度:

按图 5-11 确定是否需要在连接处进行加强;

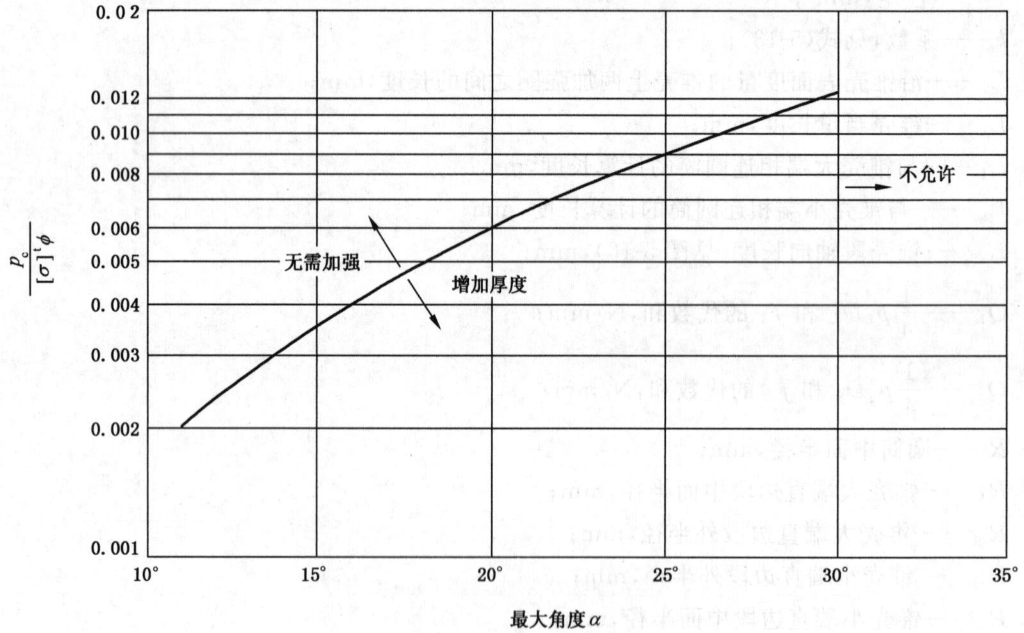

注:曲线系按最大等效应力(主要为轴向弯曲应力)绘制,控制值为 $3[\sigma]^t$。

图 5-11 确定锥壳大端连接处的加强图

无需加强时,锥壳大端厚度按式(5-8)计算;

需要增加厚度予以加强时,应在锥壳与圆筒之间设置加强段,锥壳加强段与圆筒加强段应具有相同的厚度 δ_r,步骤如下:

a) 按照式(3-1)计算与锥壳相连接的圆筒厚度 δ,该式中的 D_i 取锥壳大端内直径 D_{iL};

b) 按式(5-9)计算:

$$\delta_r = Q_1 \delta \quad \cdots\cdots (5\text{-}9)$$

式中：

Q_1——大端应力增值系数，由图 5-12 查取。

当 $\delta/R_L<0.002$ 时，按 5.6.4.3 确定加强段厚度。

在任何情况下，加强段的厚度不得小于相连接的锥壳厚度。锥壳加强段的长度 L_1 应不小于$\sqrt{\dfrac{2D_{iL}\delta_r}{\cos\alpha}}$；圆筒加强段的长度 L 应不小于$\sqrt{2D_{iL}\delta_r}$。

5.6.4.2 受内压无折边锥壳小端厚度

无折边锥壳小端与圆筒连接时，应按以下步骤确定连接处锥壳小端的厚度：

按图 5-13 确定是否需要在连接处进行加强；

无需加强时，锥壳小端厚度按式(5-8)计算；

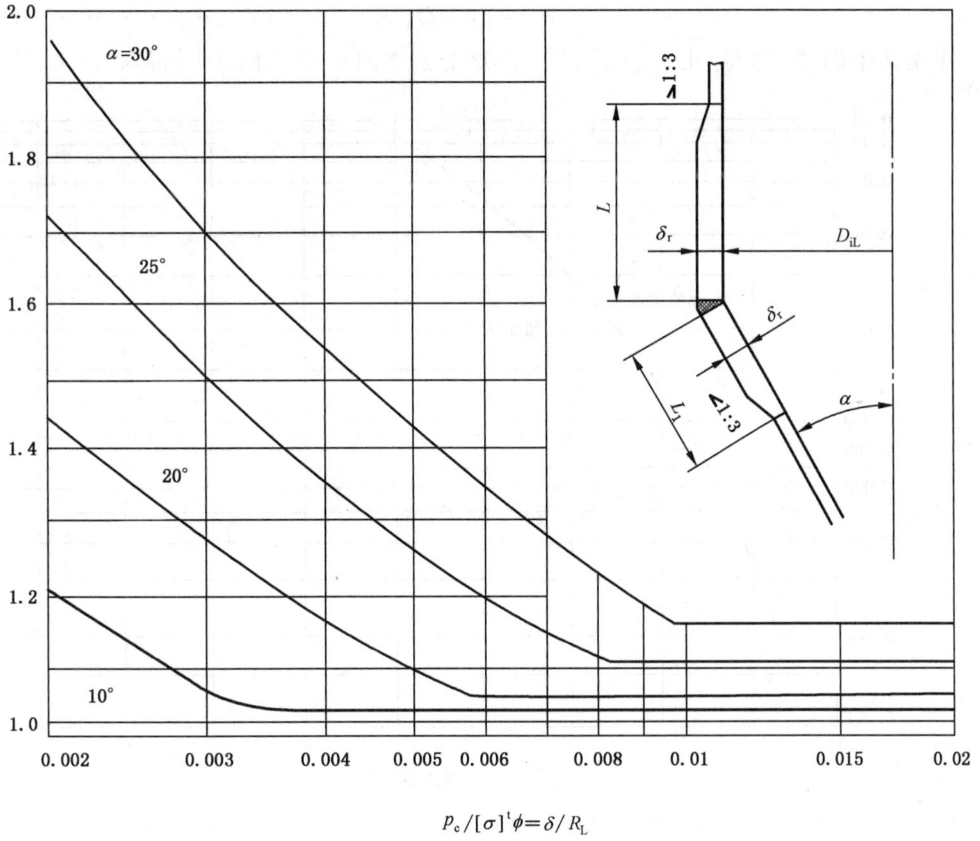

注：曲线系按最大等效应力绘制，控制值为 $3[\sigma]^t$。

图 5-12 锥壳大端连接处的 Q_1 值图

需要增加厚度予以加强时，则应在锥壳与圆筒之间设置加强段，锥壳加强段与圆筒加强段应具有相同的厚度 δ_r，步骤如下：

a) 按照式(3-1)计算与锥壳相连接的圆筒厚度 δ，该式中的 D_i 取锥壳小端内直径 D_{is}；

b) 按式(5-10)计算：

$$\delta_r = Q_2\delta \quad \cdots\cdots (5\text{-}10)$$

式中：

Q_2——小端应力增值系数，由图 5-14 查取。

当 $\delta/R_s<0.002$ 时，按 5.6.4.3 确定加强段厚度。

在任何情况下，加强段的厚度不得小于相连接的锥壳厚度。锥壳加强段的长度 L_1 应不小于 $\sqrt{\frac{2D_{is}\delta_r}{\cos\alpha}}$；圆筒加强段的长度 L 应不小于 $\sqrt{2D_{is}\delta_r}$。

5.6.4.3 当 $\delta/R<0.002$ 时，无折边锥壳加强段的计算。

对于需要加强的无折边锥壳，当 $\delta/R_L<0.002$ 或 $\delta/R_s<0.002$ 时，在计算无折边锥壳加强段时，应按式(5-11)或(5-12)分别计算大端或小端加强段厚度：

$$\delta_r = 0.001Q_1D_{iL} \quad \cdots\cdots (5\text{-}11)$$

$$\delta_r = 0.001Q_2D_{is} \quad \cdots\cdots (5\text{-}12)$$

上两式中的 Q_1 与 Q_2 由 $p_c/[\sigma]^t\phi=0.002$ 分别查图 5-12 与图 5-14 得到。

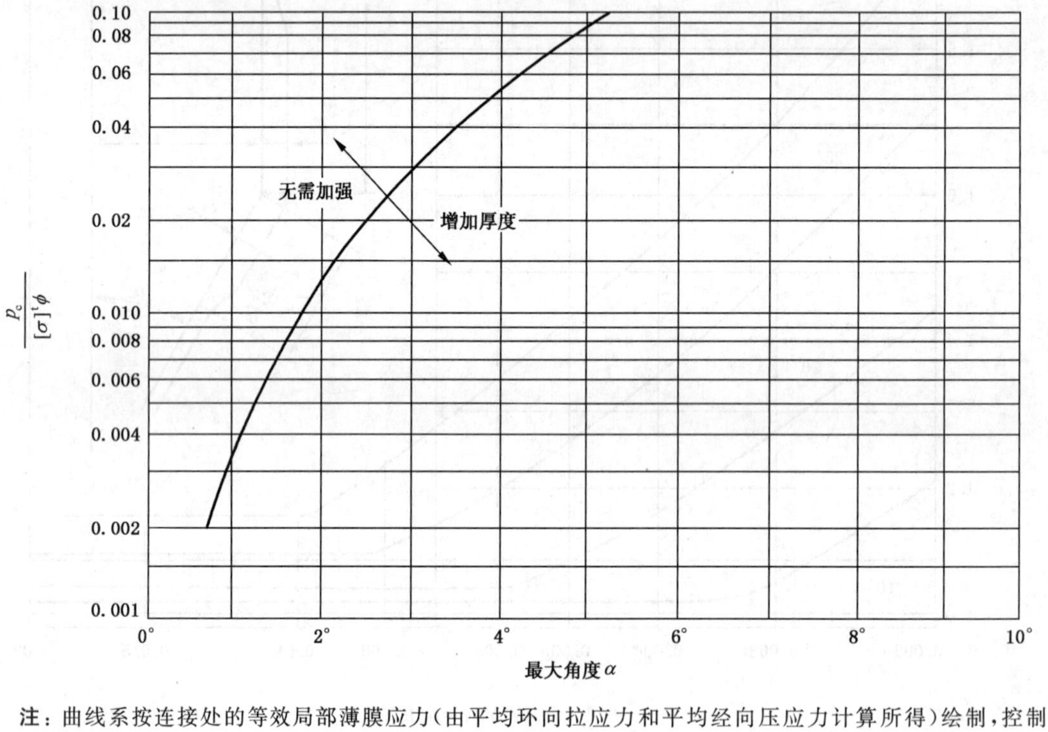

注：曲线系按连接处的等效局部薄膜应力(由平均环向拉应力和平均经向压应力计算所得)绘制，控制值为 $1.1[\sigma]^t$。

图 5-13 确定锥壳小端连接处的加强图

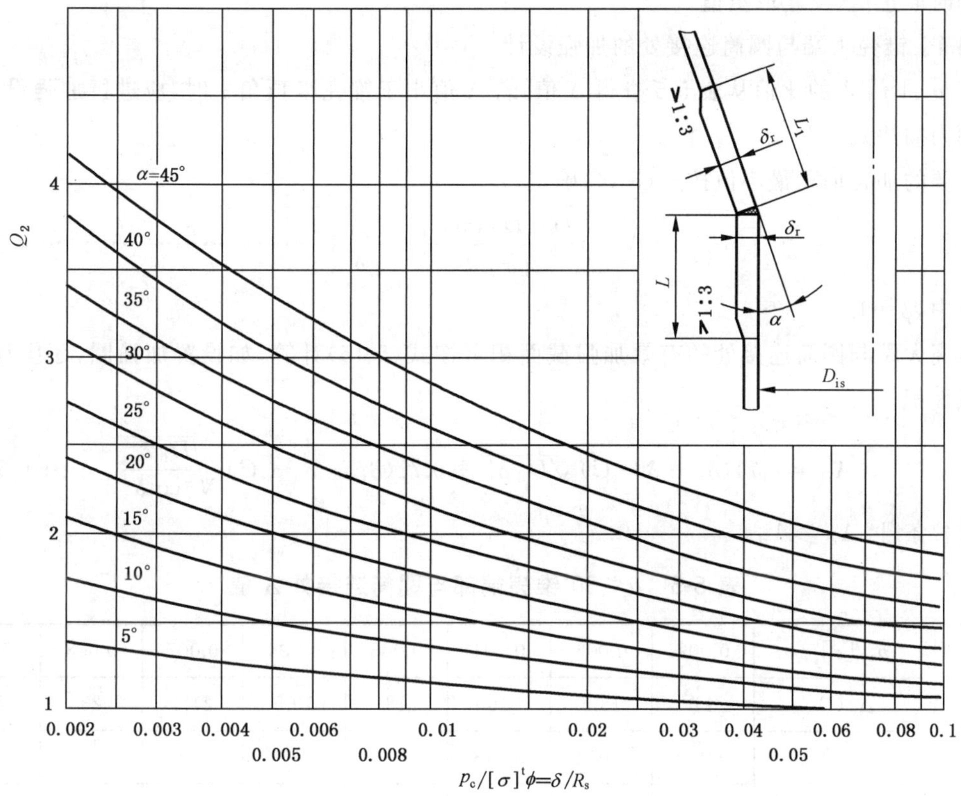

注：曲线系按连接处的等效局部薄膜压力(由平均环向拉应力和平均经向压应力计算所得)绘制，控制值为 $1.1[\sigma]^t$。

图 5-14　锥壳小端连接处的 Q_2 值图

5.6.4.4　在内压和轴向载荷共同作用下无折边锥壳与圆筒连接处的加强设计

本节计算方法适用于半顶角 $\alpha\leqslant30°$ 的无折边锥壳、在内压与其他轴向载荷(如偏心重量、风载荷、地震载荷等)共同作用时，与圆筒连接处的结构应力校核计算。

在进行锥壳与圆筒连接处的加强结构设计时，首先应分别满足按 5.6.3、5.6.4.1～5.6.4.3 计算的锥壳厚度。考虑加强圈、锥壳、圆筒间材料不同对加强计算的影响，引入系数 k，见式(5-13)。

$$k=\begin{cases}1 & \text{不需要增加加强面积时}\\ y/([\sigma]_r^t E_r)\ \text{且不小于}\ 1 & \text{需要增加加强面积时}\end{cases} \qquad\cdots\cdots\cdots\cdots(5\text{-}13)$$

式中：

y——锥壳与圆筒连接系数，

加强圈设置在圆筒上：$y=[\sigma]_s^t E_s$；

加强圈设置在锥壳上：$y=[\sigma]_c^t E_c$。

本节内压加强设计仅适用于 Q_L、Q_s 为拉伸载荷的情况(即二者为正值);同时,f_1、f_2 为轴向拉伸时取正值,反之取负值。

5.6.4.4.1 锥壳大端与圆筒连接处的加强设计

用 $p_c/[\sigma]_s^t\phi$ 的比值从表 5-5 查得 Δ 值,若 Δ 值小于锥壳半顶角 α 时,应进行加强设计(中间值用内插法)。

需要的加强面积最小值按式(5-14)确定。

$$A_{rL}=\frac{kQ_L D_{iL}\tan\alpha}{2[\sigma]_s^t\phi}\left(1-\frac{\Delta}{\alpha}\right) \quad \cdots\cdots (5-14)$$

式中,$\phi=1.0$。

锥壳大端与圆筒连接处的有效加强截面积可按式(5-15)计算,如设置加强圈,还应计入加强圈截面积。

$$A_{eL}=0.71(\delta_n-\delta-C)\sqrt{D_{iL}\delta_n}+0.71(\delta_{nc}-\delta_c-C)\sqrt{\frac{D_{iL}\delta_{nc}}{\cos\alpha}} \quad \cdots\cdots (5-15)$$

校核条件:$A_{eL}\geqslant A_{rL}$。

表 5-5 $\alpha\leqslant30°$锥壳端部与圆筒连接处 Δ 值

大端	$p_c/[\sigma]_s^t\phi$	0.002	0.003	0.004	0.005	0.006	0.007	0.008	0.009
	Δ/(°)	11	13.5	16	18	19.5	21.5	23	24.5
	$p_c/[\sigma]_s^t\phi$	0.010	0.012	0.013					
	Δ/(°)	26	29	30					
小端	$p_c/[\sigma]_s^t\phi$	0.002	0.005	0.010	0.02	0.04	0.08	0.1	0.125
	Δ/(°)	4	6	9	12.5	17.5	24	27	30
注:对于更大的 $p_c/[\sigma]_s^t\phi$ 值,取 $\Delta=30°$。									

锥壳与圆筒上所有能用于加强的截面都应在距锥壳与圆筒连接处为$\sqrt{D_{iL}\delta_n/2}$的范围之内,并且要求加强面积的形心应在距连接处 $0.25\sqrt{D_{iL}\delta_n/2}$的范围之内。

5.6.4.4.2 锥壳小端与圆筒连接处的加强设计

用 $p_c/[\sigma]_s^t\phi$ 的比值从表 5-5 查得 Δ 值,若 Δ 值小于锥壳半顶角 α 时,应进行加强设计(中间值用内插法)。

需要的加强面积最小值按式(5-16)计算:

$$A_{rs}=\frac{kQ_s D_{is}\tan\alpha}{2[\sigma]_s^t\phi}\left(1-\frac{\Delta}{\alpha}\right) \quad \cdots\cdots (5-16)$$

锥壳小端与圆筒连接处的有效加强截面积可按式(5-17)计算,如设置加强圈,还应计入加强圈截面积。

$$A_{es}=0.55(\delta_n-\delta-C)\sqrt{D_{is}\delta_n}+0.55(\delta_{nc}-\delta_c-C)\sqrt{\frac{D_{is}\delta_{nc}}{\cos\alpha}} \quad \cdots\cdots (5-17)$$

校核条件：$A_{es} \geqslant A_{rs}$。

锥壳及圆筒上所有能用于加强的面积都应在距锥壳与圆筒连接处为$\sqrt{D_{is}\delta_n/2}$的范围之内，并且要求加强截面积的形心在距连接处$0.25\sqrt{D_{is}\delta_n/2}$的范围内。

5.6.5 受内压折边锥壳

5.6.5.1 受内压折边锥壳大端厚度

折边锥壳大端厚度按式(5-18)、式(5-19)计算，取其较大值：

a) 过渡段厚度：

$$\delta_r = \frac{K p_c D_{iL}}{2[\sigma]_c^t \phi - 0.5 p_c} \quad \cdots\cdots (5\text{-}18)$$

式中：

K——系数，见表 5-6。

表 5-6 系数 K 值

α	r/D_{iL}					
	0.10	0.15	0.20	0.30	0.40	0.50
10°	0.664 4	0.611 1	0.578 9	0.540 3	0.516 8	0.500 0
20°	0.695 6	0.635 7	0.598 6	0.552 2	0.522 3	
30°	0.754 4	0.681 9	0.635 7	0.574 9	0.532 9	
35°	0.798 0	0.716 1	0.662 9	0.591 4	0.540 7	
40°	0.854 7	0.760 4	0.698 1	0.612 7	0.550 6	
45°	0.925 3	0.818 1	0.744 0	0.640 2	0.563 5	
50°	1.027 0	0.894 4	0.804 5	0.676 5	0.580 4	
55°	1.160 8	0.998 0	0.885 9	0.724 9	0.602 8	
60°	1.350 0	1.143 3	1.000 0	0.792 3	0.633 7	

注：中间值用内插法。

b) 与过渡段相接处的锥壳厚度：

$$\delta_r = \frac{f p_c D_{iL}}{[\sigma]_c^t \phi - 0.5 p_c} \quad \cdots\cdots (5\text{-}19)$$

式中：

f——系数，$f = \dfrac{1 - \dfrac{2r}{D_{iL}}(1-\cos\alpha)}{2\cos\alpha}$，其值见表 5-7。

表 5-7 系数 f 值

α	r/D_{iL}					
	0.10	0.15	0.20	0.30	0.40	0.50
10°	0.506 2	0.505 5	0.504 7	0.503 2	0.501 7	0.500 0
20°	0.525 7	0.522 5	0.519 3	0.512 8	0.506 4	
30°	0.561 9	0.554 2	0.546 5	0.531 0	0.515 5	
35°	0.588 3	0.577 3	0.566 3	0.544 2	0.522 1	
40°	0.622 2	0.606 9	0.591 6	0.561 1	0.530 5	
45°	0.665 7	0.645 0	0.624 3	0.582 8	0.541 4	
50°	0.722 3	0.694 5	0.666 8	0.611 2	0.555 6	
55°	0.797 3	0.760 2	0.723 0	0.648 6	0.574 3	
60°	0.900 0	0.850 0	0.800 0	0.700 0	0.600 0	
注：中间值用内插法。						

5.6.5.2 受内压折边锥壳小端厚度

当锥壳半顶角 $\alpha \leqslant 45°$时，如需采用折边，其小端过渡段厚度按式(5-10)计算，式中 Q_2 值由图 5-14 查取。

当锥壳半顶角 $\alpha > 45°$时，小端过渡段厚度仍按式(5-10)计算，但式中 Q_2 值由图 5-15 查取。

与过渡段相接的锥壳和圆筒的加强段厚度应与过渡段厚度相同。锥壳加强段的长度 L_1 应不小于$\sqrt{D_{is}\delta_r/\cos\alpha}$；圆筒加强段的长度 L 应不小于$\sqrt{D_{is}\delta_r}$。

5.6.6 受外压锥壳

5.6.6.1 锥壳承受外压作用时，锥壳的计算长度取当量长度 L_e，其计算如下：

a) 无折边锥壳或锥壳上相邻两加强圈之间锥壳段[见图 5-16a)和 b)]的当量长度按式(5-20)计算：

$$L_e = \frac{L_x}{2}\left(1+\frac{D_s}{D_L}\right) \qquad \cdots\cdots (5\text{-}20)$$

b) 大端折边锥壳[见图 5-16c)]的当量长度按式(5-21)计算：

$$L_e = (r+\delta_r)\sin\alpha + \frac{L_x}{2}\left(1+\frac{D_s}{D_L}\right) \qquad \cdots\cdots (5\text{-}21)$$

c) 小端折边锥壳[见图 5-16d)]的当量长度按式(5-22)计算：

$$L_e = r_s\frac{D_s}{D_L}\sin\alpha + \frac{L_x}{2}\left(1+\frac{D_s}{D_L}\right) \qquad \cdots\cdots (5\text{-}22)$$

d) 折边锥壳[见图 5-16e)]的当量长度按式(5-23)计算：

$$L_e = (r+\delta_r)\sin\alpha + r_s\frac{D_s}{D_L}\sin\alpha + \frac{L_x}{2}\left(1+\frac{D_s}{D_L}\right) \qquad \cdots\cdots (5\text{-}23)$$

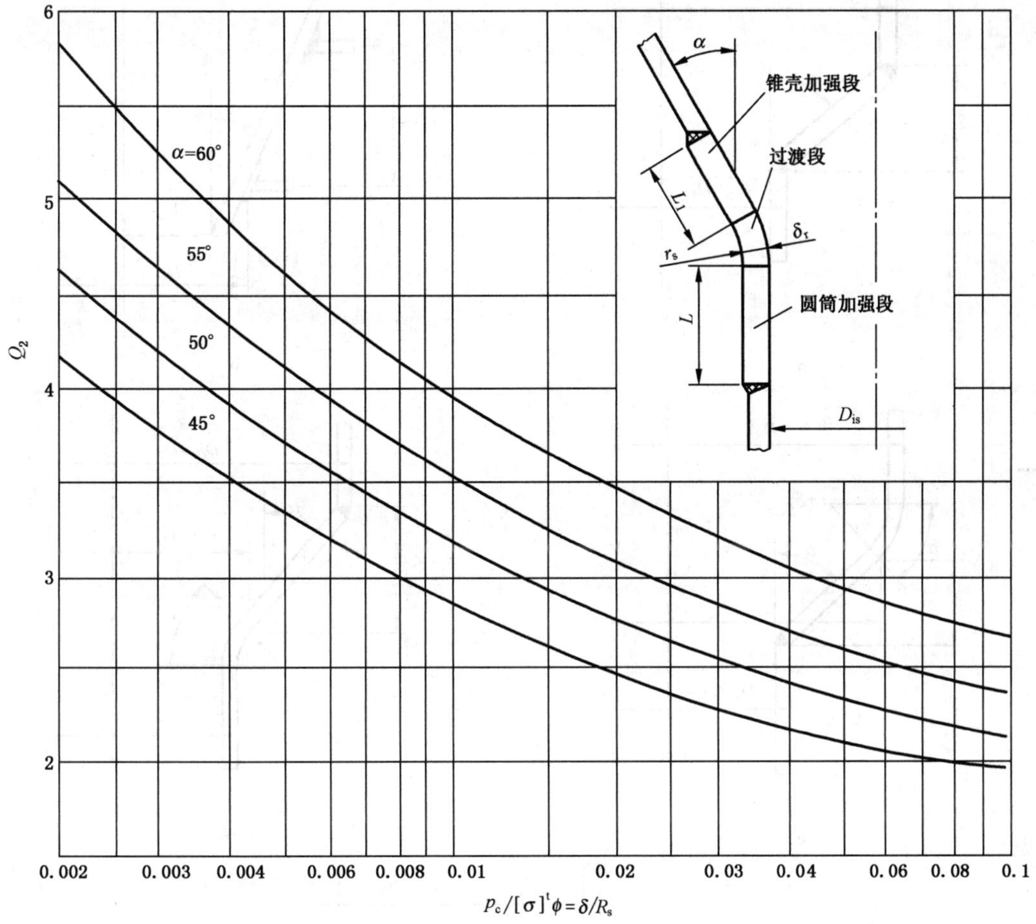

注：曲线系按连接处的等效局部薄膜应力(由平均环向拉应力和平均径向压应力计算所得)绘制，控制值为$1.1[\sigma]^t$。

图 5-15 锥壳小端带过渡段连接的 Q_2 值图

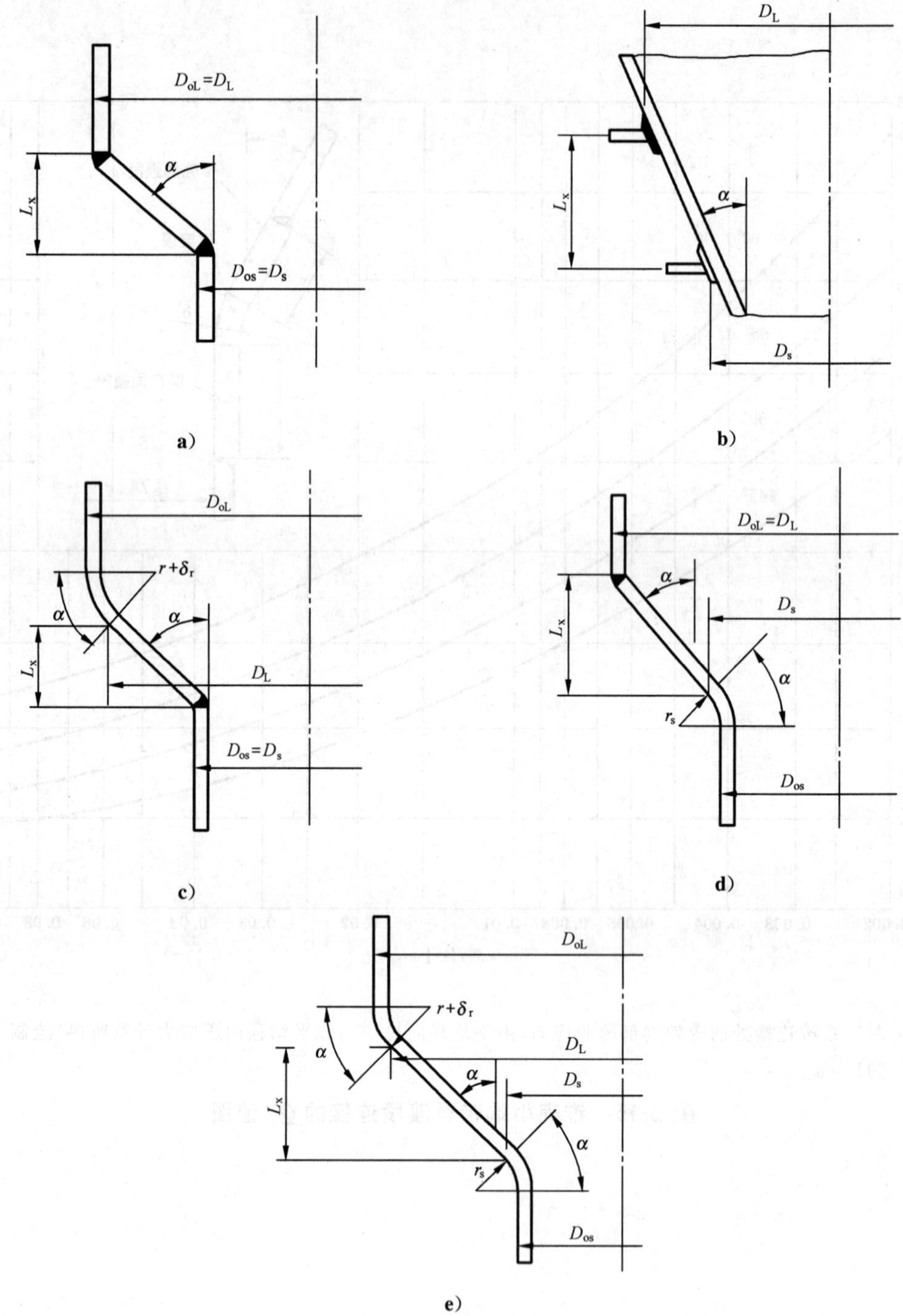

图 5-16 锥壳的当量长度

5.6.6.2 外压锥壳的计算

锥壳(见图 5-16)承受外压,所需的有效厚度按下述方法和步骤确定:

a) 假设锥壳的名义厚度 δ_{nc};

b) 计算 $\delta_{ec}=(\delta_{nc}-C)\cos\alpha$;

c) 按 4.3 的规定进行外压校核计算，并以 L_e/D_L 代替 L/D_o，D_L/δ_{ec} 代替 D_o/δ_e；

d) 在外压锥壳计算中，设计外压力 p_c 取正值；外压加强计算方法仅适用于 Q_L、Q_s 为压缩载荷的情况(即二者为正值)；f_1，f_2 为轴向压缩载荷时，取正值，反之取负值。

5.6.6.3 锥壳与圆筒连接处的外压加强设计一般要求

半顶角 $\alpha \leqslant 60°$ 的锥壳承受外压，其与圆筒连接处的结构应按 5.6.6.4 和 5.6.6.5 进行计算，以确定是否需要加强。

锥壳与圆筒连接处加强材料一般与壳体材料相同，若加强材料许用应力小于壳体材料许用应力，则加强面积应按壳体材料与加强材料许用应力之比增加。若加强材料许用应力大于壳体材料许用应力，则所需加强面积不得减少。

加强圈的设置应满足 4.5.2 的规定。

5.6.6.4 锥壳大端与圆筒连接处的加强设计

5.6.6.4.1 无折边锥壳大端与圆筒连接处加强面积校核

用 $p_c/[\sigma]_s^t\phi$ 的比值从表 5-8 查 Δ 值，若 Δ 值小于锥壳半顶角 α 时，应进行加强设计(中间值用内插法)。

需要的加强面积最小值按式(5-24)计算：

$$A_{rL}=\frac{kQ_L D_{oL}\tan\alpha}{2[\sigma]_s^t\phi}\left[1-\frac{1}{4}\left(\frac{p_c D_{oL}-2Q_L}{2Q_L}\right)\frac{\Delta}{\alpha}\right] \quad \cdots\cdots\cdots\cdots\cdots (5\text{-}24)$$

式中：

k——系数，同式(5-13)。

锥壳大端与圆筒连接处的有效加强截面积可按式(5-25)计算，如设置加强圈，还应计入加强圈截面积。

$$A_{eL}=0.55(\delta_n-C)\sqrt{D_{oL}\delta_n}+0.55(\delta_{nc}-C)\sqrt{\frac{D_{oL}\delta_{nc}}{\cos\alpha}} \quad \cdots\cdots\cdots\cdots (5\text{-}25)$$

校核条件：$A_{eL} \geqslant A_{rL}$。

表 5-8 $\alpha \leqslant 60°$ 锥壳大端与圆筒连接处 Δ 值

$p_c/[\sigma]_s^t\phi$	0	0.002	0.005	0.01	0.02	0.04	0.08
Δ/(°)	0	5	7	10	15	21	29
$p_c/[\sigma]_s^t\phi$	0.10	0.125	0.15	0.20	0.25	0.30	0.35
Δ/(°)	33	37	40	47	52	57	60
注：$p_c/[\sigma]_s^t\phi>0.35$ 时取 $\Delta=60°$。							

锥壳与圆筒上所有能用于加强的截面都应在距锥壳与圆筒连接处为 $\sqrt{D_L\delta_n/2}$ 的范围之内，并且要求加强面积的形心应在距连接处 $0.25\sqrt{D_L\delta_n/2}$ 的范围之内。

5.6.6.4.2 锥壳大端与圆筒连接处作为支撑线的判定

a) 当锥壳大端与圆筒连接处不作为支撑线时，应按图 4-1 c-2)所示确定外压计算长度；否则按图 4-1 b)、e)、f)确定；

b) 选取锥壳大端与圆筒连接处的加强结构，确定与锥壳连接的外压圆筒计算长度 L_L(见图 5-17)；

c) 按以下步骤计算锥壳大端与圆筒连接处惯性矩：

1) 确定外压应力系数 B

由锥壳大端与圆筒连接处的当量截面积 A_{TL}，按式(5-26)计算系数 B 值：

$$B=\frac{F_L D_L}{A_{TL}} \quad \cdots\cdots (5\text{-}26)$$

式中：

$$A_{TL}=\frac{1}{2}L_L(\delta_n-C)+\frac{1}{2}L_c(\delta_{nc}-C)+A_s$$

$$L_c=\sqrt{L_x^2-\frac{(D_L-D_s)^2}{4}}$$

$$F_L=p_c M+f_1\tan\alpha$$

$$M=-\frac{D_L\tan\alpha}{4}+\frac{L_L}{2}+\frac{D_L^2-D_s^2}{6D_L\tan\alpha}$$

2) 确定外压应变系数 A

按所用材料，查表 4-1 确定对应的外压应力系数 B 曲线图，由 B 值查取 A 值；若 B 值超出设计温度下曲线的最大值，则取对应温度曲线右端点的横坐标值为 A 值；若 B 值小于设计温度曲线的最小值，则按式(5-27)计算 A 值：

$$A=1.5B/E_r \quad \cdots\cdots (5\text{-}27)$$

3) 确定所需的惯性矩 I

按式(5-28)计算锥壳-圆筒或锥壳-加强圈-圆筒组合截面所需的惯性矩 I 值：

$$I=\frac{AD_L^2 A_{TL}}{10.9} \quad \cdots\cdots (5\text{-}28)$$

d) 计算锥壳大端与筒体连接处组合结构的有效惯性矩 I_s，应满足 $I_s \geqslant I$；否则应选取更大惯性矩的组合加强结构重新计算 I_s 直至满足要求。

有效惯性矩 I_s 的计算应计入圆筒与锥壳连接线两侧各为 $0.55\sqrt{D_{oL}\delta_n}$ 的壳体，若两侧壳体有效宽度与相邻加强圈的壳体有效宽度相重叠，则重叠部分每侧各按一半计算。

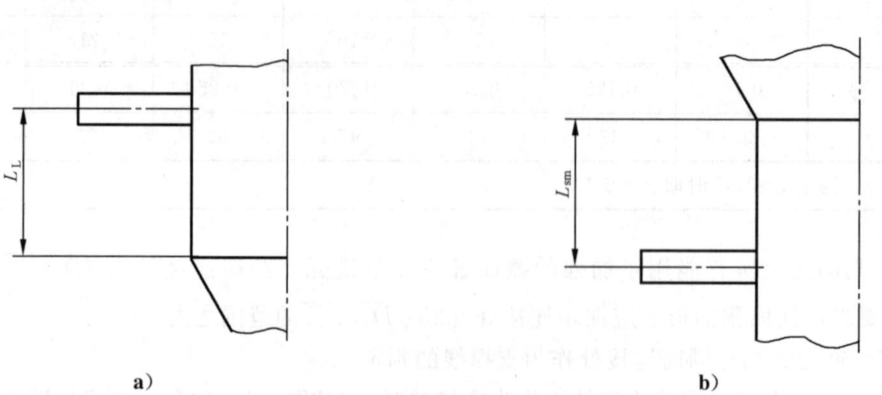

图 5-17 计算长度示意图

5.6.6.5 锥壳小端与圆筒连接处的加强设计

5.6.6.5.1 无折边锥壳小端与圆筒连接处加强面积校核

需要的加强面积最小值按式(5-29)计算：

$$A_{rs}=\frac{kQ_{s}D_{os}\tan\alpha}{2[\sigma]_{s}^{t}\phi} \qquad \cdots\cdots(5\text{-}29)$$

式中，$\phi=1.0$。

锥壳小端与圆筒连接处的有效加强截面积可按式(5-30)计算，如设置加强圈，还应入加强圈截面积。

$$A_{es}=0.55(\delta_{n}-\delta-C)\sqrt{D_{os}\delta_{n}}+0.55(\delta_{nc}-\delta_{c}-C)\sqrt{\frac{D_{os}\delta_{nc}}{\cos\alpha}} \qquad \cdots\cdots(5\text{-}30)$$

校核条件：$A_{es}\geqslant A_{rs}$。

锥壳及圆筒上所有能用于加强的面积都应在距锥壳与圆筒连接处为$\sqrt{D_{s}\delta_{n}/2}$的范围之内，并且要求加强截面积的形心在距连接处$0.25\sqrt{D_{s}\delta_{n}/2}$的范围内。

5.6.6.5.2 锥壳小端与圆筒连接处作为支撑线的判定

a） 当锥壳小端与圆筒连接处不作为支撑线时，应按图4-1 c-2)所示确定外压计算长度；否则按图4-1 b)、e)、f)确定。

b） 选取锥壳小端与圆筒连接处的加强结构，确定与锥壳连接的外压圆筒计算长度L_{sm}（见图5-17）。

c） 按以下步骤计算锥壳小端与圆筒连接处惯性矩：

1） 确定外压应力系数B

由锥壳小端与圆筒连接处的当量截面积A_{Ts}，按式(5-31)计算系数B值：

$$B=\frac{F_{s}D_{s}}{A_{Ts}} \qquad \cdots\cdots(5\text{-}31)$$

式中：

$$A_{Ts}=\frac{1}{2}L_{sm}(\delta_{n}-C)+\frac{1}{2}L_{c}(\delta_{nc}-C)+A_{s}$$

$$F_{s}=p_{c}N+f_{2}\tan\alpha$$

$$N=\frac{D_{s}\tan\alpha}{4}+\frac{L_{sm}}{2}+\frac{D_{L}^{2}-D_{s}^{2}}{12D_{s}\tan\alpha}$$

2） 确定外压应变系数A

按所用材料，查表4-1确定对应的外压应力系数B曲线图，由B值查取A值；若B值超出设计温度下曲线的最大值，则取对应温度曲线右端点的横坐标值为A值；若B值小于设计温度曲线的最小值，则按式(5-27)计算A值；

3） 确定所需的惯性矩I

按式(5-32)计算锥壳-圆筒或锥壳-加强圈-圆筒组合截面所需的惯性矩I值：

$$I=\frac{AD_{s}^{2}A_{Ts}}{10.9} \qquad \cdots\cdots(5\text{-}32)$$

d） 计算锥壳小端与筒体连接处组合结构的有效惯性矩I_{s}，应满足$I_{s}\geqslant I$；否则应选取更大惯性矩的组合加强结构重新计算I_{s}直至满足要求。

有效惯性矩 I_s 的计算可计入圆筒与锥壳连接线两侧各为 $0.55\sqrt{D_{os}\delta_n}$ 的壳体,若两侧壳体有效宽度与相邻加强圈的壳体有效宽度相重叠,则重叠部分每侧各按一半计算。

5.6.6.6 锥壳与圆筒相连的外压计算框图见图 5-18。

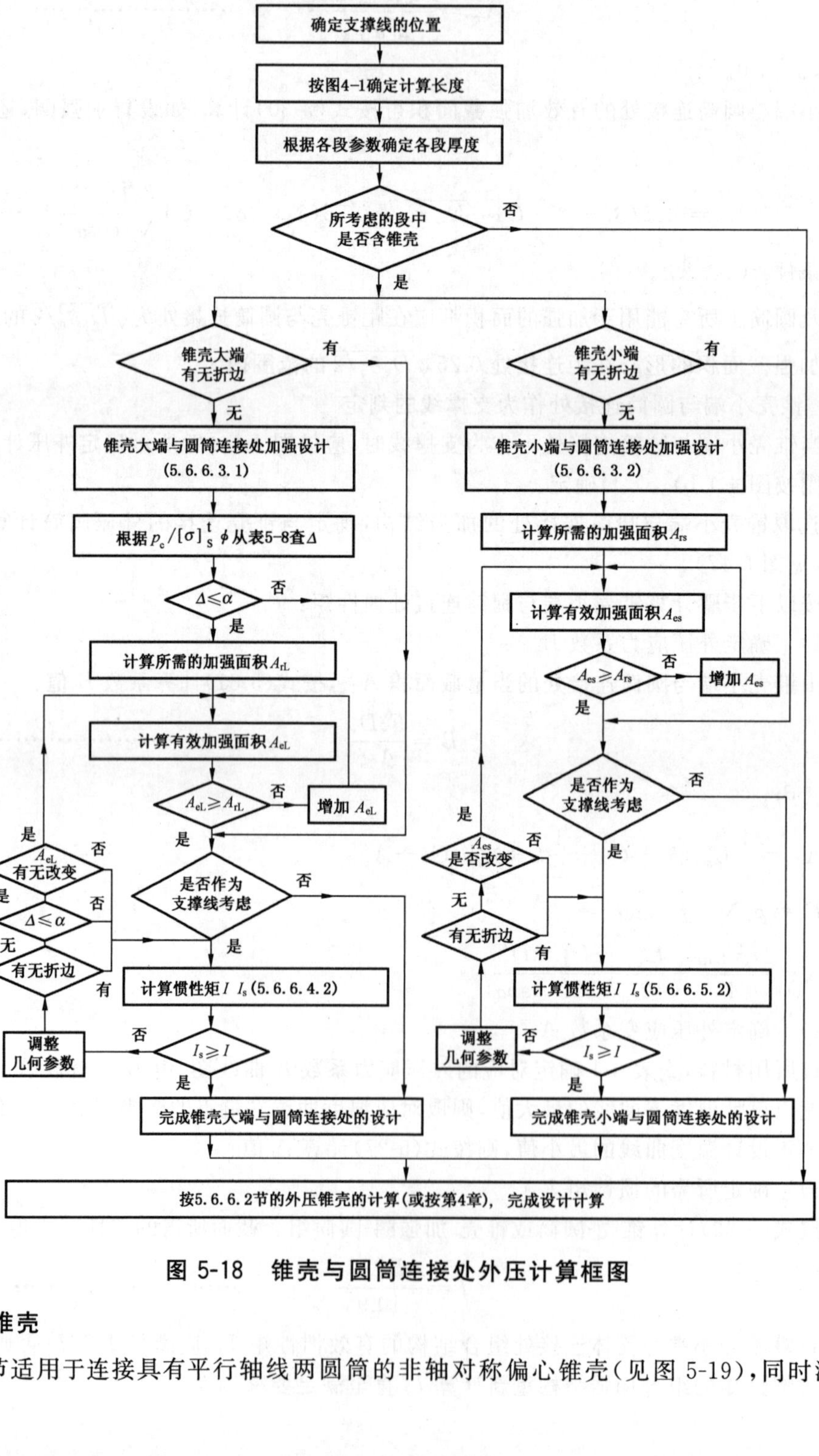

图 5-18 锥壳与圆筒连接处外压计算框图

5.7 偏心锥壳

5.7.1 本节适用于连接具有平行轴线两圆筒的非轴对称偏心锥壳(见图 5-19),同时满足以下要求：

a) 两筒体轴线间距 L 应不大于两筒体内直径差值的 1/2；

b) 对内压情况偏心锥壳与筒体间夹角大值 $\alpha_1 \leqslant 30°$，对于外压情况 $\alpha_1 \leqslant 60°$；

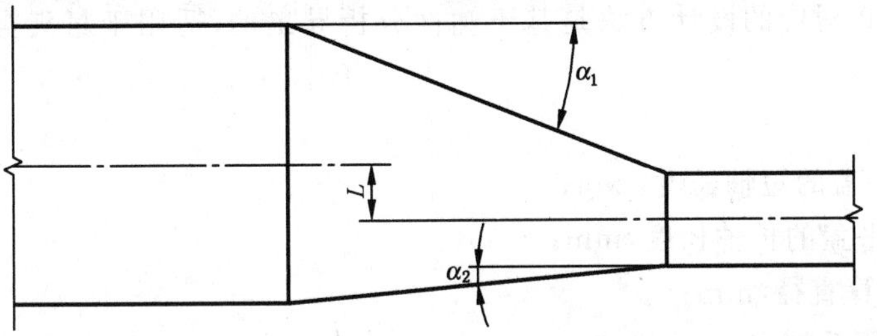

图 5-19 偏心锥壳

5.7.2 受内压偏心锥壳厚度计算

a) 锥壳半顶角 α 取偏心锥壳与筒体间夹角 α_1、α_2 的大值；

b) 按 5.6.3 要求确定偏心锥壳厚度；

c) 按 5.6.4.1 要求确定偏心锥壳大端厚度；

d) 按 5.6.4.2 要求确定偏心锥壳小端厚度；

e) 取上述 b)、c)、d)的大值作为偏心锥壳的厚度。

5.7.3 受外压偏心锥壳厚度计算

受外压偏心锥壳的厚度确定、与圆筒连接处的外压加强设计参照 5.6.6，锥壳半顶角 α 分别取 α_1、α_2 进行设计，分别满足二者的要求并取大值作为偏心锥壳的厚度。

5.8 变径段

5.8.1 以折边锥壳或无折边锥壳作为变径段时，应按 5.6 的相应规定进行变径段设计。

5.8.2 当变径段为反向曲线的形式时，见图 5-20，则应按 5.6 的相应规定分别确定各部分厚度，取较大值作为变径段厚度。

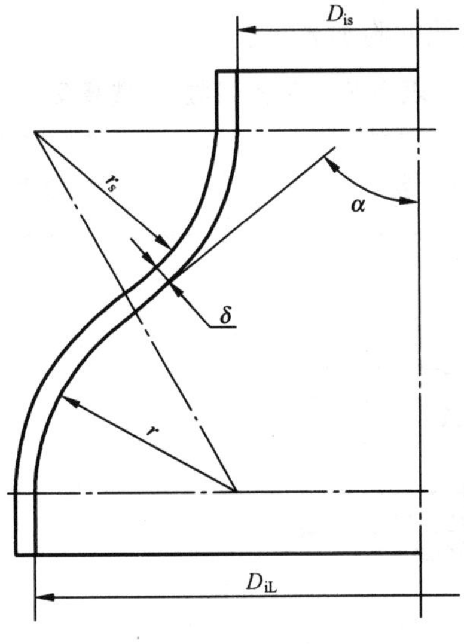

图 5-20 反向曲线变径段

5.9 平盖

5.9.1 本节计算公式适用于受内压或外压的无孔或有孔但已被加强的平盖设计。平盖的几何形状包括：圆形、椭圆形、长圆形、矩形及正方形。平盖与圆筒连接型式及其结构见表5-9、表5-10。其中表5-10对应的设计方法是基于塑性分析导出的，适用于封头与筒体全焊透连接结构。

5.9.2 符号

a——非圆形平盖的短轴长度，mm；

b——非圆形平盖的长轴长度，mm；

D_c——平盖计算直径，mm；

K——结构特征系数；

L——非圆形平盖螺栓中心连线周长，mm；

r——平盖过渡区圆弧半径，mm；

L_G——螺栓中心至垫片压紧力作用中心线的径向距离（见表5-9中简图），mm；

W——预紧状态时或操作状态时的螺栓设计载荷（按第7章），N；

Z——非圆形平盖的形状系数；

δ_p——平盖计算厚度，mm；

δ_{ep}——平盖有效厚度，mm；

$[\sigma]^t$——设计温度下平盖材料的许用应力（按GB 150.2的规定），MPa。

5.9.3 圆形平盖厚度

平盖的厚度，按式(5-33)计算：

$$\delta_p = D_c\sqrt{\frac{Kp_c}{[\sigma]^t\phi}} \quad\cdots\cdots(5\text{-}33)$$

对于表5-9中序号9、10所示平盖，应分别取其操作状态及预紧状态的K值代入式(5-33)进行计算，取较大值。对预紧状态，$[\sigma]^t$取常温的许用应力。

对于表5-10中序号11、12、13、14所示平盖宜采用锻件加工制造。如采用轧制板材直接加工制造，则应提出抗层状撕裂性能的附加要求。

表5-9 平盖系数K选择表

固定方法	序号	简图	结构特征系数K	备注
与圆筒一体或对焊	1	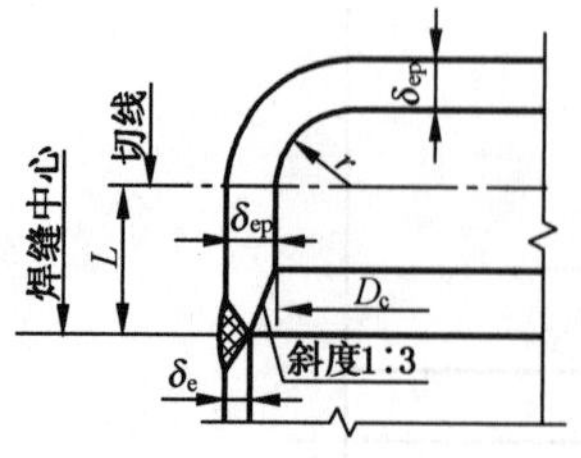	0.145	仅适用于圆形平盖 $p_c \leqslant 0.6$ MPa $L \geqslant 1.1\sqrt{D_i\delta_e}$ $r \geqslant 3\delta_{ep}$

表 5-9（续）

固定方法	序号	简　图	结构特征系数 K	备　注
角焊缝或组合焊缝连接	2	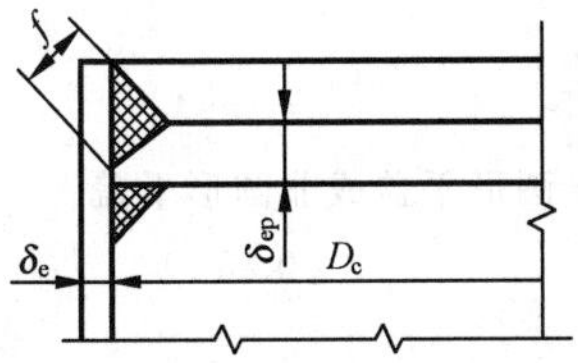	圆形平盖 $0.44m$（$m=\delta/\delta_e$），且不小于 0.3； 非圆形平盖 0.44	$f\geqslant 1.4\delta_e$
	3	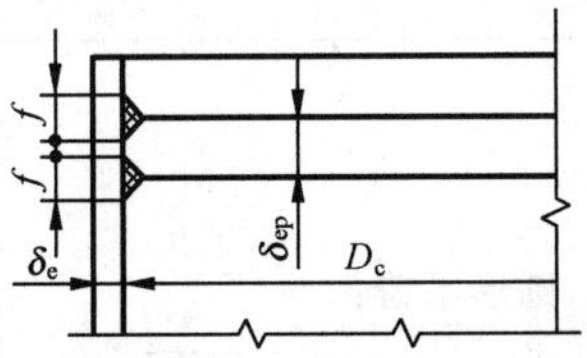	圆形平盖：$0.44m$（$m=\delta/\delta_e$），且不小于 0.3 非圆形平盖：0.44	$f\geqslant \delta_e$
	4	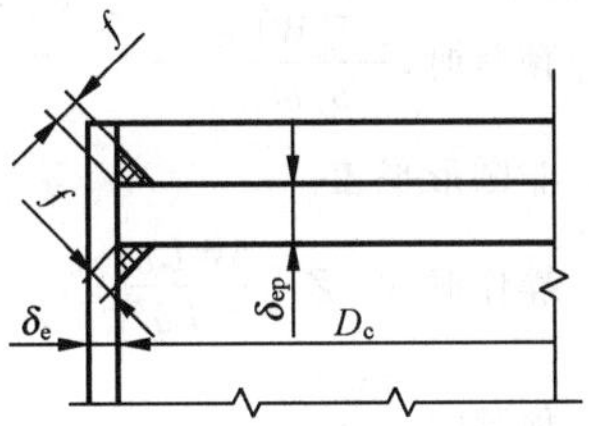	圆形平盖：$0.5m$（$m=\delta/\delta_e$），且不小于 0.3 非圆形平盖：0.5	$f\geqslant 0.7\delta_e$
	5	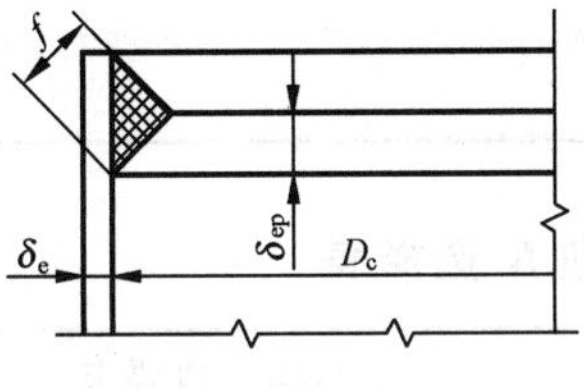		$f\geqslant 1.4\delta_e$
锁底对接焊缝	6	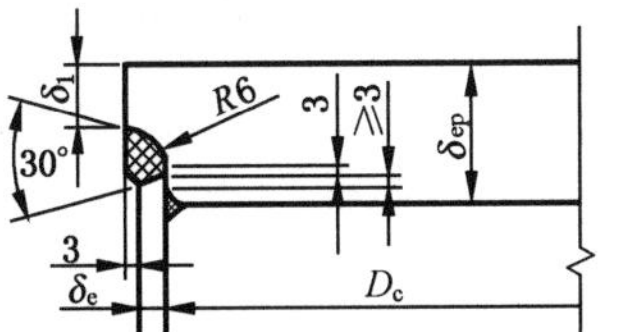	$0.44m$（$m=\delta/\delta_e$），且不小于 0.3	仅适用于圆形平盖，且 $\delta_1\geqslant\delta_e+3$ mm
	7	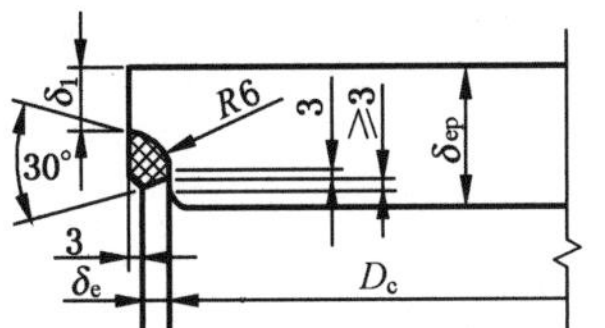	0.5	

表 5-9(续)

固定方法	序号	简图	结构特征系数 K	备注
螺栓连接	8	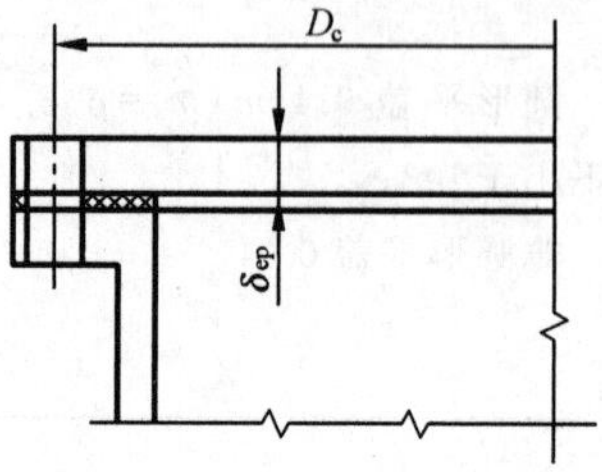	圆形平盖或非圆形平盖 0.25	
	9	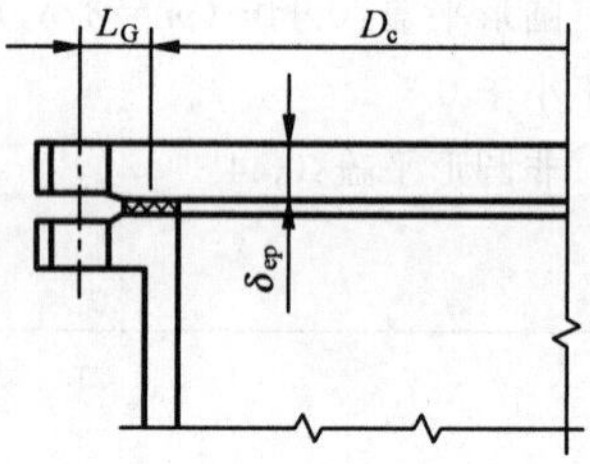	圆形平盖: 操作时,$0.3+\frac{1.78WL_G}{p_c D_c^3}$ 预紧时,$\frac{1.78WL_G}{p_c D_c^3}$ 非圆形平盖: 操作时,$0.3Z+\frac{6WL_G}{p_c L\alpha^2}$ 预紧时,$\frac{6WL_G}{p_c L\alpha^2}$	
	10	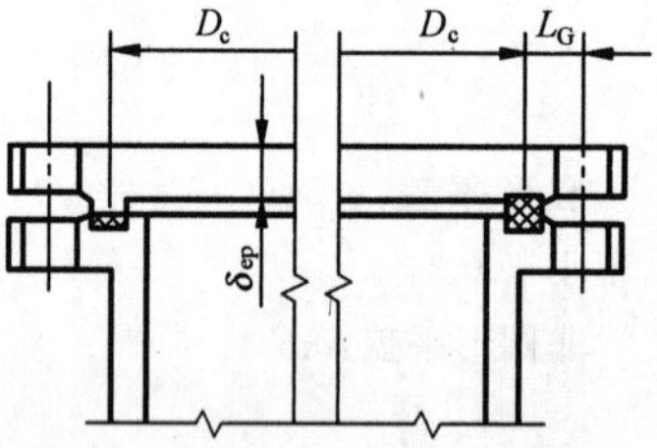		

表 5-10 平盖系数 K 选择表

序号	简图	结构参数要求	系数 K
11	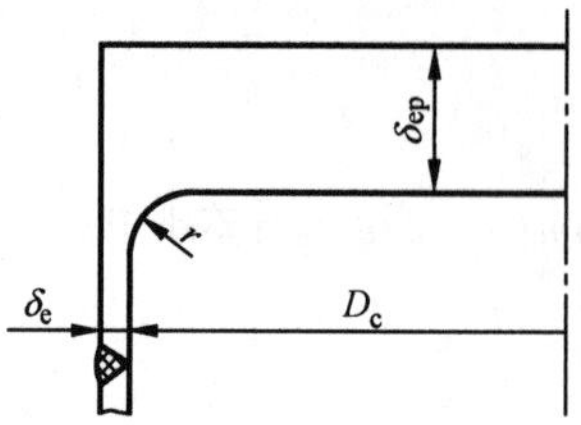	$\delta_e \leqslant 38$ mm 时,$r \geqslant 10$ mm; $\delta_e > 38$ mm 时,$r \geqslant 0.25\delta_e$,且不超过 20 mm	查图 5-21
12	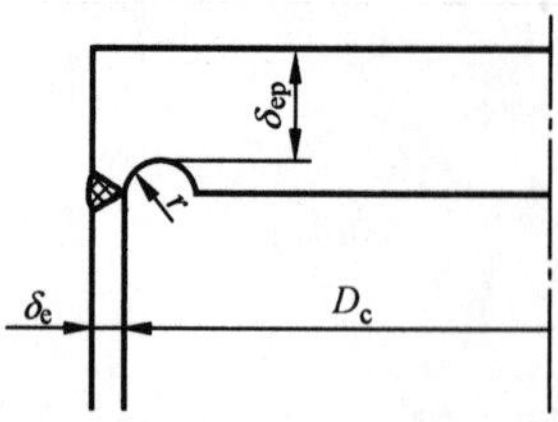		

表 5-10（续）

序号	简　　图	结构参数要求	系数 K
13	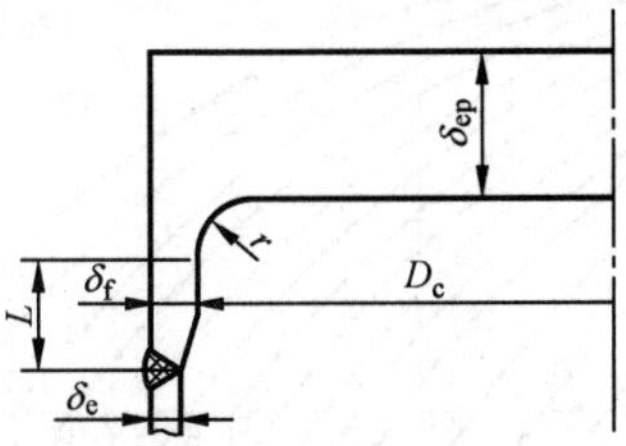	$r \geqslant 3\delta_f$ $L \geqslant 2\sqrt{D_c\delta_e}$ **注**：查图 5-21 时，以 δ_f 作为与平盖相连接的圆筒有效厚度 δ_e。	查图 5-21
14	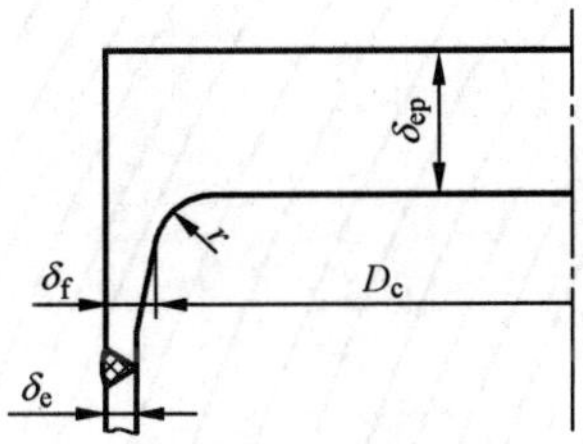	$\delta_f \geqslant 2\delta_e$ $r \geqslant 3\delta_f$	
15	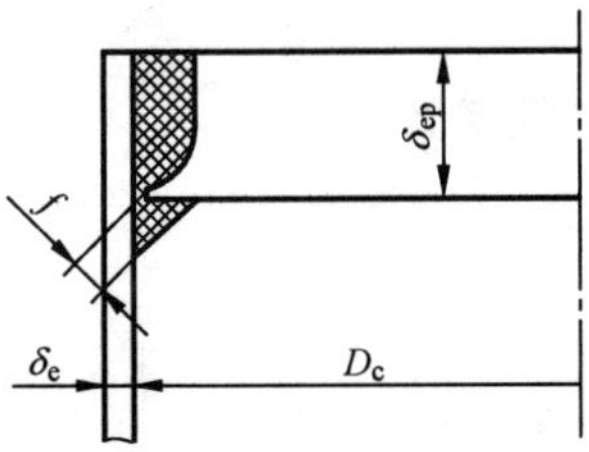	要求全截面熔透接头 $f \geqslant \delta_e$	查图 5-22
16	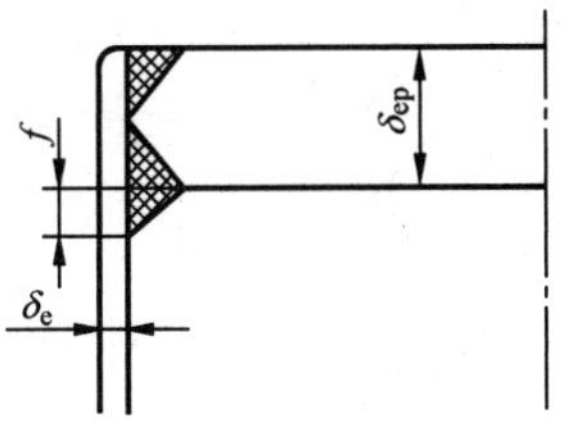		
17	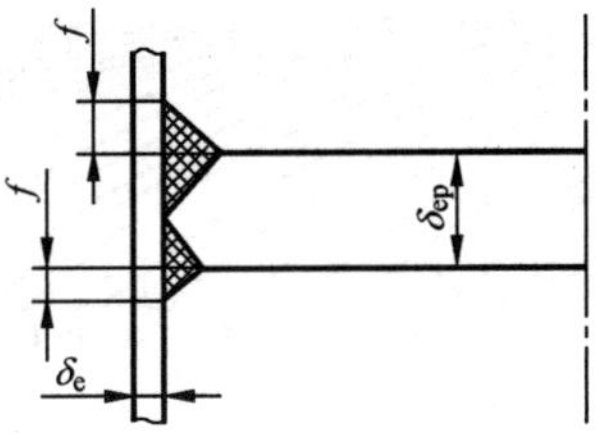		

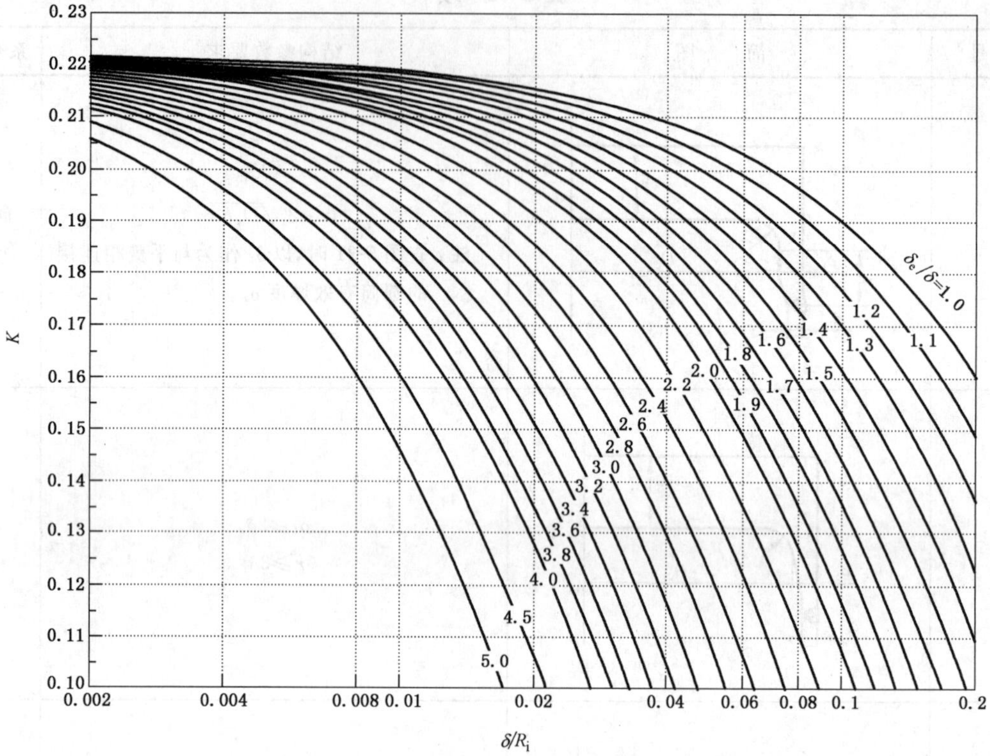

图 5-21　平封头结构特征系数

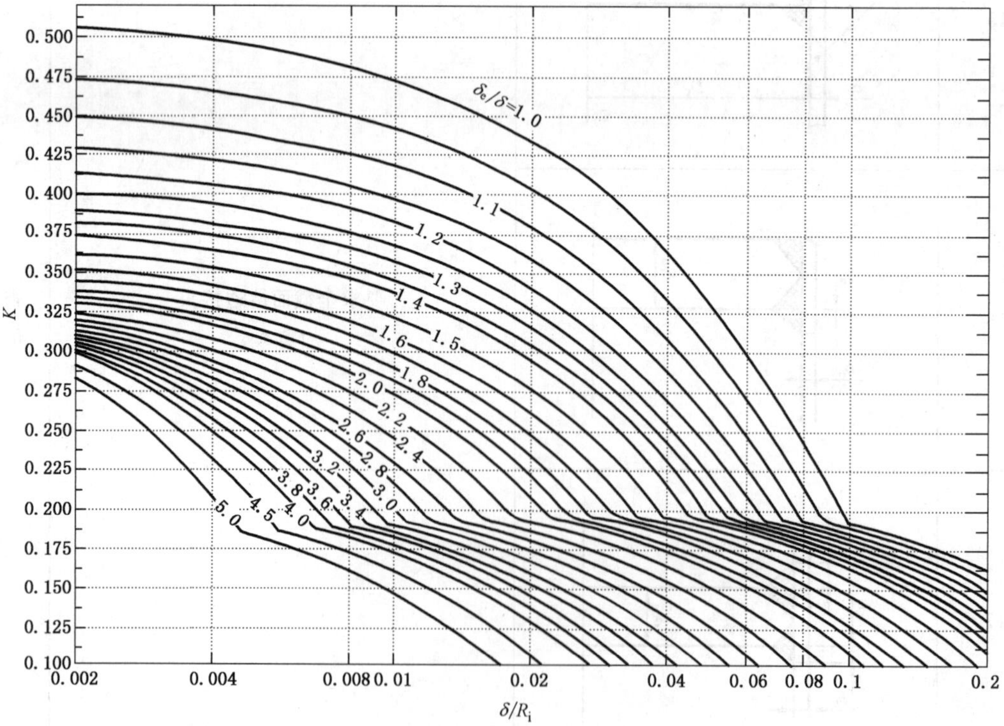

图 5-22　平封头结构特征系数

5.9.4 非圆形平盖厚度

a) 对于表 5-9 中序号 2、3、4、5、8 所示平盖,按式(5-34)计算:

$$\delta_p = a\sqrt{\frac{KZp_c}{[\sigma]^t\phi}} \quad \cdots\cdots (5\text{-}34)$$

式中,$Z=3.4-2.4a/b$,且 $Z\leqslant 2.5$。

b) 对于表 5-9 中序号 9、10 所示平盖,按式(5-35)计算:

$$\delta_p = a\sqrt{\frac{Kp_c}{[\sigma]^t\phi}} \quad \cdots\cdots (5\text{-}35)$$

注:当预紧时$[\sigma]^t$取常温的许用应力。

5.9.5 加筋圆形平盖厚度

对于如图 5-23 所示的加筋平盖厚度按式(5-36)计算,且平盖厚度值不小于 6 mm。

$$\delta_p = 0.55d\sqrt{\frac{p_c}{[\sigma]^t\phi}} \quad \cdots\cdots (5\text{-}36)$$

式中,当量直径 d 取图 5-23 所示 d_1 和 d_2 中较大者。

$$d_1 \approx \frac{\sin(180°/n)}{1+\sin(180°/n)}D_c \quad \cdots\cdots (5\text{-}37)$$

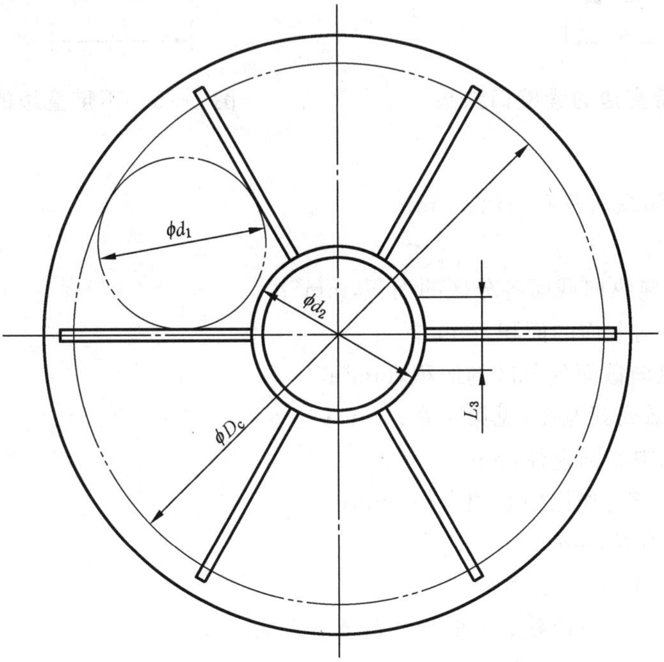

注:图中筋板数 $n\geqslant 6$;$d_1\approx d_2$;L_3 取相邻径向筋板间的最小间距。

图 5-23 加筋平盖结构示意图

筋板与平盖之间应采用双面焊;

如采用矩形截面筋板,其高厚比一般为 5~8,且筋板与平盖组合截面(平盖有效宽度见图 5-23 中 L_3)抗弯模量 W 应满足式(5-38):

$$W \geqslant 0.08 \frac{p_c D_c^3}{n[\sigma]_r^t} \quad \cdots\cdots\cdots\cdots (5\text{-}38)$$

式中,$[\sigma]_r^t$ 为筋板材料设计温度下的许用应力,MPa。

平盖中心加强圆环截面的抗弯模量不小于加强筋板的截面抗弯模量。

5.10 锻制紧缩口封头

5.10.1 范围及一般要求

紧缩口封头的结构形式见图 5-24,直边段的厚度按式(3-1)计算,但其有效厚度不得小于与之对接的圆筒有效厚度;直边段长度 l 一般应不小于 50 mm。其余尺寸可按结构要求确定。此形式封头可按图 5-25 所示范围及内容进行强度校核。

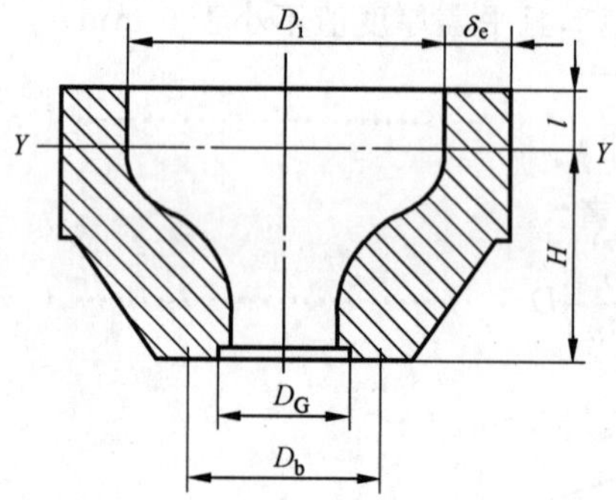

图 5-24 带直边的紧缩口封头

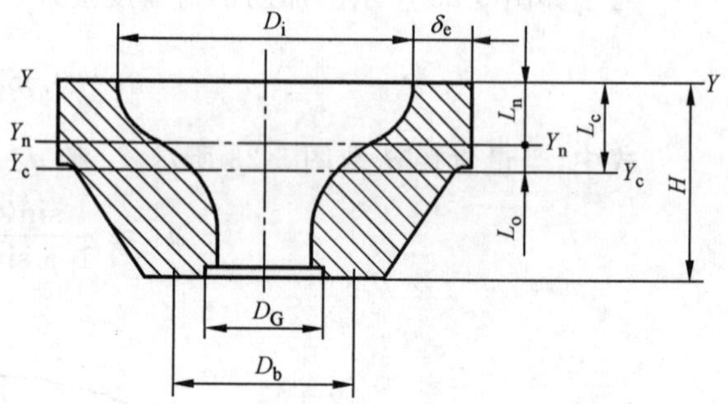

图 5-25 不带直边的紧缩口封头

5.10.2 符号

A——轴线一侧纵向截面的面积,mm^2;

$A=\sum A_i$

A_i——轴线一侧纵向截面各分区的面积,mm^2;

A_n——内腔纵向截面的面积,mm^2;

A_{ni}——内腔纵向截面各分区的面积,mm^2;

b ——垫片有效密封宽度(见第 7 章),mm;

D_b——螺栓孔中心圆直径,mm;

D_G——垫片压紧力作用中心圆直径,mm;

D_i——封头内直径,mm;

F——流体静压总轴向力,N;

F_D——作用于法兰内径截面上的流体静压轴向力,N;

F_p——需要的最小垫片压紧力,N;

H——不包括直边段的封头高度,mm;

I——纵向截面的惯性矩,mm^4;

I_i——轴线一侧纵向截面各分区的惯性矩,mm^4;

l ——封头直边高度,mm;

M ——作用于纵向截面的弯矩,N·mm;

m ——垫片系数(见表 7-2);

p_c——计算压力(见 GB 150.1),MPa;

r ——封头的内腔圆弧半径,mm;

L_c——纵向截面的形心离 Y-Y 轴的距离,mm;

L_{ci}——纵向截面各分区的形心离 Y-Y 轴的距离,mm;

L_i——轴线一侧纵向截面各分区形心离纵向截面中性轴 Yc-Yc 的距离,mm;

L_n——内腔纵向截面的形心离 Y-Y 轴的距离,mm;

L_o——纵向截面中性轴 Yc-Yc 与内腔纵向截面中性轴 Yn-Yn 之间的距离,mm;

W——轴线一侧纵向截面对 Y-Y 轴的静矩,mm^3;

$$W=\sum L_{ci}A_i$$

Z——纵向截面的截面系数,mm^3;

δ_e——封头与圆筒连接处的有效厚度,mm;

σ_m——纵向截面的弯曲应力,MPa;

$[\sigma]^t$——材料在设计温度下的许用应力(见 GB 150.2),MPa。

5.10.3 弯矩计算

作用于纵向截面的弯矩按式(5-39)计算:

$$M=\frac{1}{6.28}\left[\left(\delta_e+\frac{1}{3}D_i\right)F_D-\left(D_b-\frac{2}{3}D_G\right)F-(D_b-D_G)F_p\right]-p_cA_nL_o \quad \cdots\cdots (5\text{-}39)$$

式中:

$F_D=0.785D_1^2p_c$

$F=0.785D_G^2p_c$

$F_p=6.28D_Gbmp_c$

$L_o=L_c-L_n$

$A_n=\sum A_{ni}$

5.10.4 截面系数计算

a) 当 $L_c\geqslant\frac{H}{2}$时,纵向截面的截面系数按式(5-40)计算:

$$Z=\frac{I}{L_c} \quad \cdots\cdots (5\text{-}40)$$

b) 当 $L_c<\frac{H}{2}$时,纵向截面的截面系数按式(5-41)计算:

$$Z=\frac{I}{H-L_c} \quad \cdots\cdots (5\text{-}41)$$

式中:

$I=2[\sum I_i+\sum(L_i^2A_i)]$

$L_c=\frac{W}{A}$

几种常用截面的特性见表 5-11。

5.10.5 弯曲应力校核计算

弯曲应力的校核按式(5-42)进行:

$$\sigma_m = \frac{M}{Z} \leqslant 0.8[\sigma]^t \quad \cdots\cdots\cdots\cdots\cdots\cdots\cdots\cdots \quad (5\text{-}42)$$

表 5-11　几种截面的特性

截　　面	截面面积 A_i	由中性轴至截面最外端距离 S	惯性矩 I_i
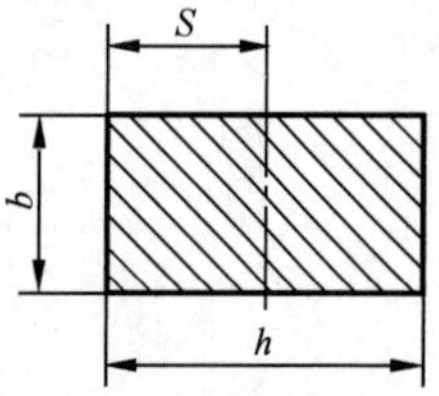	bh	$\frac{h}{2}$	$\frac{bh^3}{12}$
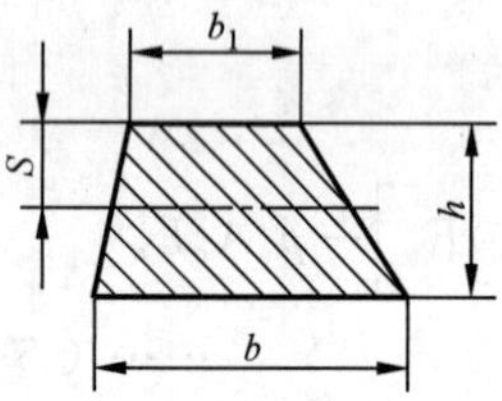	$\frac{(b_1+b)h}{2}$	$\frac{(b_1+2b)h}{3(b_1+b)}$	$\frac{(b_1^2+4b_1b+b^2)h^3}{36(b_1+b)}$
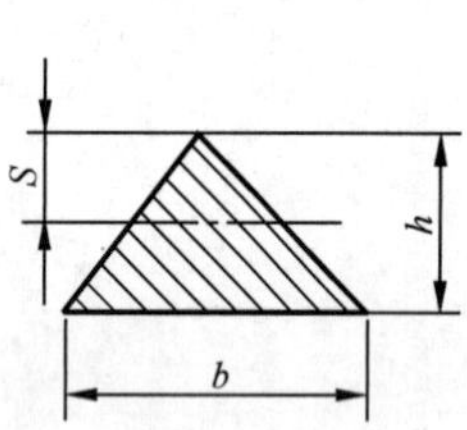	$\frac{bh}{2}$	$\frac{2h}{3}$	$\frac{bh^3}{36}$
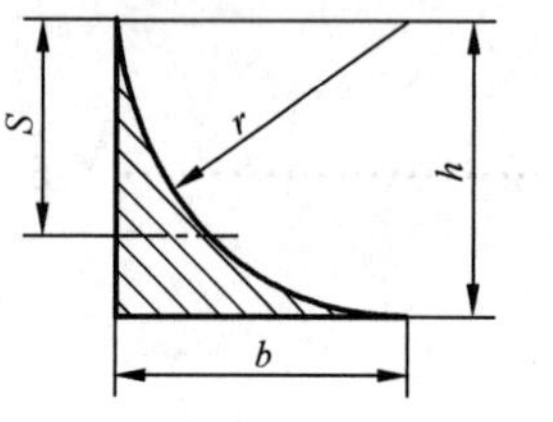	$(b=h=r)$ $0.214\,6r^2$	$(b=h=r)$ $0.776\,7r$	$(b=h=r)$ $0.007\,5r^4$
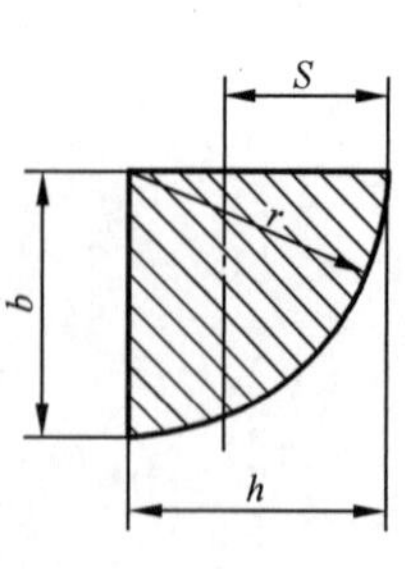	$(b=h=r)$ $\frac{\pi r^2}{4}$	$(b=h=r)$ $0.575\,4r$	$(b=h=r)$ $0.055\,2r^4$

5.11 带法兰的凸形封头

5.11.1 适用范围

本节适用于带法兰凸形封头的设计,封头形式如图 5-26 所示。

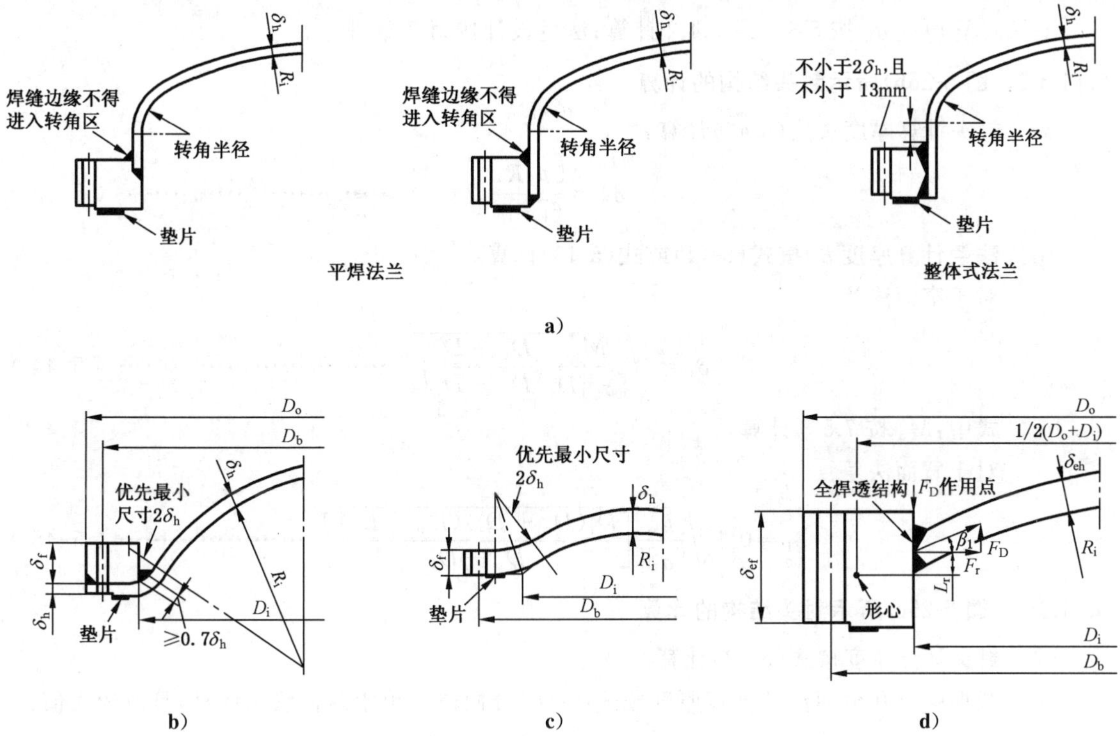

图 5-26 带法兰凸形封头

5.11.2 符号

D_o——法兰外直径,mm;

D_b——螺栓中心圆直径,mm;

D_G——垫片压紧力作用中心圆直径,mm;

D_i——法兰内直径,mm;

F_D——封头压力载荷引起的作用在法兰环内直径上的轴向分力($F_D=0.785D_i^2p_c$),N;

F_r——封头压力载荷引起的作用在法兰环内直径上的径向分力(见表 5-12),N;

M_o——总力矩,N·mm;

R_i——封头球面部分内半径,mm;

L_D——F_D 对螺栓中心的力臂,mm;

L_r——F_r 对法兰环截面形心的力臂,mm;

β_1——封头边缘处球壳中面切线与法兰环直径的夹角(见表 5-12),(°);

δ_{ef}——法兰有效厚度,mm;

δ_f——法兰计算厚度,mm;

δ_{eh}——封头有效厚度,mm;

δ_h——封头计算厚度,mm;

δ_{nh}——封头名义厚度,mm。

5.11.3 受内压带法兰凸形封头

除以下另有规定外,对凹面受压封头总力矩 M_o 见 7.5.3。

5.11.3.1 图 5-26a)所示封头结构的计算

封头计算厚度 δ_h 按 5.3.2 或 5.4.2 计算;法兰设计按第 7 章进行。

5.11.3.2 图 5-26b)所示封头结构的计算

a) 封头计算厚度按式(5-43)计算:

$$\delta_h = \frac{5p_c R_i}{6[\sigma]^t} \quad \cdots\cdots (5\text{-}43)$$

b) 法兰计算厚度 δ_f 按式(5-44)或式(5-45)计算:

对于窄面法兰

$$\delta_f = \sqrt{\frac{M_o}{[\sigma]_f^t D_i}\left(\frac{D_o + D_i}{D_o - D_i}\right)} \quad \cdots\cdots (5\text{-}44)$$

式中:M_o 按 7.5.3 计算。

对于宽面法兰

$$\delta_f = 0.6\sqrt{\frac{p_c}{[\sigma]_f^t}\left[\frac{D_i(D_o + D_i)(D_b - D_i)}{D_o - D_i}\right]} \quad \cdots\cdots (5\text{-}45)$$

5.11.3.3 图 5-26c)所示封头结构的计算

a) 封头计算厚度按式(5-43)计算;

b) 圆形螺栓孔窄面法兰计算厚度按式(5-46)分操作和预紧两种状态计算,且取较大值:

$$\delta_f = Q + \sqrt{\frac{1.875M_o(D_b + D_i)}{[\sigma]_f^t D_i(7D_b - 5D_i)}} \quad \cdots\cdots (5\text{-}46)$$

操作状态 Q 按式(5-47)计算,M_o 取 M_p 按式(7-14)计算;

$$Q = \frac{p_c R_i}{4[\sigma]_f^t}\left(\frac{D_b + D_i}{7D_b - 5D_i}\right) \quad \cdots\cdots (5\text{-}47)$$

预紧状态 $Q=0$,M_0 取 $M_a[\sigma]_f^t/[\sigma]_f$,其中 M_a 按式(7-11)计算;

c) 槽形螺栓孔窄面法兰计算厚度按式(5-48)分操作和预紧两种状态计算,且取较大值:

$$\delta_f = Q + \sqrt{\frac{1.875M_o(D_b + D_i)}{[\sigma]_f^t D_i(3D_b - D_i)}} \quad \cdots\cdots (5\text{-}48)$$

操作状态 Q 按式(5-49)计算,M_o 取 M_p 按式(7-14)计算;

$$Q = \frac{p_c R_i}{4[\sigma]_f^t}\left(\frac{D_b + D_i}{3D_b - D_i}\right) \quad \cdots\cdots (5\text{-}49)$$

预紧状态 $Q=0$,M_o 取 $M_a[\sigma]_f^t/[\sigma]_f$,其中 M_a 按式(7-11)计算;

d) 圆形螺栓孔宽面法兰计算厚度按式(5-50)计算:

$$\delta_f = Q + \sqrt{Q^2 + \frac{3D_i Q(D_b - D_i)}{R_i}} \quad \cdots\cdots (5\text{-}50)$$

式中:Q 值按式(5-47)计算;

e) 开槽螺栓孔宽面法兰计算厚度,按式(5-50)计算,其中 Q 值按式(5-49)计算;

f) 在任何情况下，要求法兰厚度不得小于封头厚度。

5.11.3.4 图 5-26d)所示的封头结构的计算

a) 封头厚度按式(5-43)计算；

b) 法兰应力按表 5-12 校核。

5.11.4 受外压(凸面受压)的带法兰凸形封头

a) 封头厚度按 4.4 计算；

b) 除另有规定外，总力矩 M_o 按 7.5.4 确定；对图 5-26 d)所示封头结构的法兰力矩计算中 $M_p=F_D(L_D-L_G)+F_T(L_T-L_G)-F_rL_r$；式中 L_r 的计算同表 5-12。

c) 图 5-26 所示各种形式，除图 5-26 a)的法兰按第 7 章计算外，其他的法兰厚度分别按式(5-44)、式(5-45)、式(5-46)、式(5-48)及式(5-50)计算。

表 5-12 受内压带法兰无折边球面封头的法兰计算表

<table>
<tr><td colspan="3">设计条件</td><td colspan="4">垫片及螺栓计算</td></tr>
<tr><td colspan="3">计算压力 $p_c=$　　MPa</td><td rowspan="2">垫片</td><td>材料</td><td>$N=$　　mm</td><td>$y=$　　MPa</td></tr>
<tr><td colspan="3">设计温度 $t=$　　℃</td><td>外径×内径×厚度</td><td>$b=$　　mm</td><td>$m=$</td></tr>
<tr><td rowspan="3">法兰</td><td colspan="2">材料</td><td colspan="2">假设法兰有效厚度 $\delta_{ef}=$　　mm</td><td colspan="2">封头有效厚度 $\delta_{eh}=$　　mm</td></tr>
<tr><td rowspan="2">许用应力</td><td>$[\sigma]_f=$　　MPa</td><td colspan="2">$F=0.785D_G^2p_c=$　　N</td><td colspan="2">$F_p=6.28D_Gbmp_c=$　　N</td></tr>
<tr><td>$[\sigma]_f^t=$　　MPa</td><td colspan="2">$W_a=3.14bD_Gy=$　　N</td><td colspan="2">$F+F_p=$　　N</td></tr>
<tr><td rowspan="3">螺栓</td><td colspan="2">材料</td><td colspan="2">螺栓直径 $d_B=$　　mm</td><td colspan="2">螺栓数量 $n=$　　个</td></tr>
<tr><td rowspan="2">许用应力</td><td>$[\sigma]_b=$　　MPa</td><td colspan="2">$A_{m1}=(F+F_p)/[\sigma]_b^t=$　　mm²</td><td colspan="2">$A_{m2}=W_a/[\sigma]_b=$　　mm²</td></tr>
<tr><td>$[\sigma]_b^t=$　　MPa</td><td colspan="2">$A_m=\max\{A_{m1},A_{m2}\}=$　　mm²</td><td colspan="2">$A_b=$　　mm²</td></tr>
<tr><td colspan="3">$\beta_1=\arcsin\dfrac{0.5D_i}{R_i+0.5\delta_{eh}}=$　　(°)</td><td colspan="2">$W=0.5(A_m+A_b)[\sigma]_b=$　　N</td><td colspan="2">假设 $l=$　　mm(l 见图)</td></tr>
<tr><td rowspan="2">预紧情况</td><td colspan="2">法兰受力</td><td colspan="2">力臂</td><td colspan="2">力矩</td></tr>
<tr><td colspan="2">$F_G=W=$　　N</td><td colspan="2">$L_G=0.5(D_b-D_G)=$　　mm</td><td colspan="2">$M_a=F_GL_G=$　　N·mm</td></tr>
<tr><td rowspan="5">操作情况</td><td colspan="2">$F_D=0.785D_i^2p_c=$　　N</td><td colspan="2">$L_D=0.5(D_b-D_i)=$　　mm</td><td colspan="2">$M_D=F_DL_D=$　　N·mm</td></tr>
<tr><td colspan="2">$F_G=F_p=$　　N</td><td colspan="2">$L_G=0.5(D_b-D_G)=$　　mm</td><td colspan="2">$M_G=F_GL_G=$　　N·mm</td></tr>
<tr><td colspan="2">$F_r=F-F_D=$　　N</td><td colspan="2">$L_T=0.5(L_D+L_G)=$　　mm</td><td colspan="2">$M_T=F_TL_T=$　　N·mm</td></tr>
<tr><td colspan="2">$F_r=F_D\cot\beta_1=$　　N</td><td colspan="2">$L_r=\dfrac{\delta_{ef}}{2}-\dfrac{\delta_{eh}}{2\cos\beta_1}-l=$　　mm</td><td colspan="2">$M_r=F_rL_r=$　　N·mm</td></tr>
<tr><td colspan="6">操作情况下法兰总力矩 $M_p=M_D+M_G+M_T-M_r=$　　N·mm</td></tr>
<tr><td colspan="3">$J_a=\dfrac{M_a}{[\sigma]_fD_i}\left[\dfrac{D_o+D_i}{D_o-D_i}\right]=$　　mm²</td><td colspan="2">$J_p=\dfrac{M_p}{[\sigma]_f^tD_i}\left[\dfrac{D_o+D_i}{D_o-D_i}\right]=$　　mm²</td><td colspan="2">$L=\dfrac{p_cD_i\sqrt{4R_i^2-D_i^2}}{8[\sigma]_f^t(D_o-D_i)}=$　　mm</td></tr>
</table>

表 5-12(续)

<table>
<tr><th>设计条件</th><th>垫片及螺栓计算</th></tr>
<tr><td rowspan="2">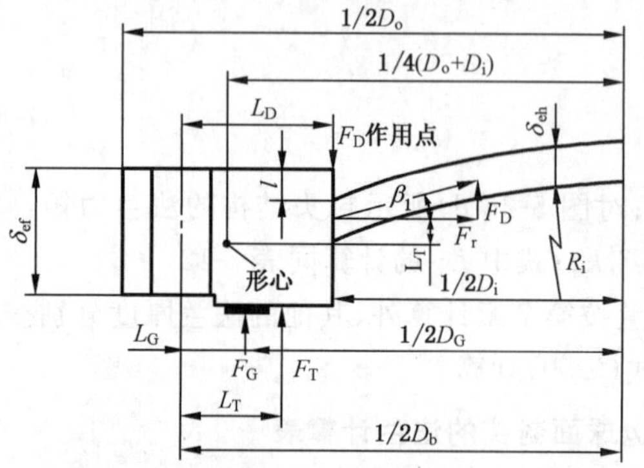
</td><td>法兰厚度</td></tr>
<tr><td>假设的法兰有效厚度 $\delta_{ef} \geqslant \max\{\delta_{fa}, \delta_{fp}\}$ 且 $\delta_{ef} \geqslant 2\delta_{eh}$,否则应重新假设 δ_{ef},直至满足要求。
$\delta_{fa} = \sqrt{J_a} =$ mm
$\delta_{fp} = L + \sqrt{J_p + L^2} =$ mm</td></tr>
<tr><td colspan="2">注:表中符号及其值的取法凡未列入本节的符号说明者均按第 7 章。</td></tr>
</table>

5.12 拉撑结构

5.12.1 范围

本节适用于以棒材、管材或板材支撑(以下简称“拉撑”)的凸型封头、平封头(平板)及筒体的设计。拉撑结构包括焊接与非焊接两种结构。常用结构型式如表 5-13。

5.12.2 符号

a ——单根拉撑所需截面面积,mm^2;

d ——拉杆直径,mm;

d_c——拉撑杆间当量圆直径,mm;

K——系数,按表 5-13 由拉撑的连接方法选取;

L——拉撑的间距,mm;

W——单根拉撑所受轴向载荷,N;

δ_p——平板计算厚度,mm;

δ_{ep}——平板名义厚度,mm;

$[\sigma]_g^t$——设计温度下拉撑材料的许用应力,MPa;

$[\sigma]_p^t$——设计温度下被支撑板材料的许用应力,MPa。

5.12.3 受拉撑的板厚计算

计算厚度按式(5-51)计算:

$$\delta_p = L\sqrt{\frac{p_c}{[\sigma]_p^t K}} \quad \cdots\cdots\cdots\cdots (5\text{-}51)$$

对于带夹套容器进行拉撑设计时,夹套及容器的壁厚还需考虑相应的内外压计算要求。

对非焊接拉撑连接的平封头,其厚度不得小于 8 mm。

5.12.3.1 规则拉撑布置的 *L*,*K* 取值

如图 5-27 所示,规则布置拉撑时,拉撑的间距 L,取水平方向、垂直方向、斜向间距 L_1、L_2、L_3 三者的最大值。拉撑常数 K 按表 5-13 取值。

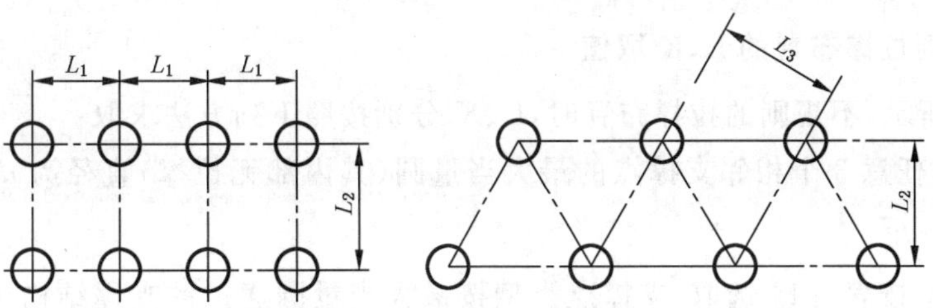

图 5-27 规则的拉撑布置

表 5-13 典型拉撑结构型式及参数

序号	结构型式	K	适用条件
1	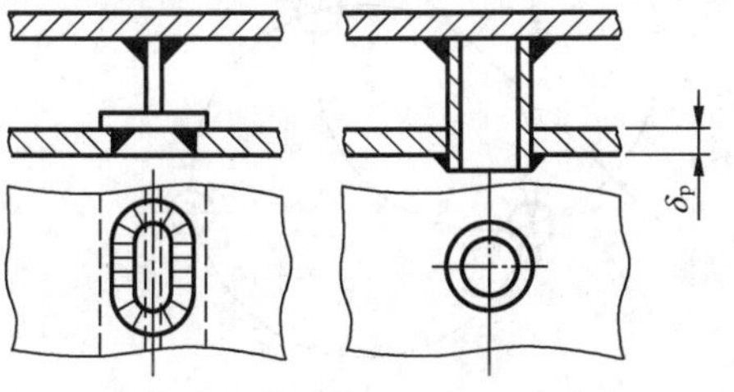	2.2	夹套设计压力 $p \leqslant 1.6$ MPa; 夹套板厚≤12 mm; 角焊缝根部完全熔合,焊脚尺寸不小于夹套壁厚
2	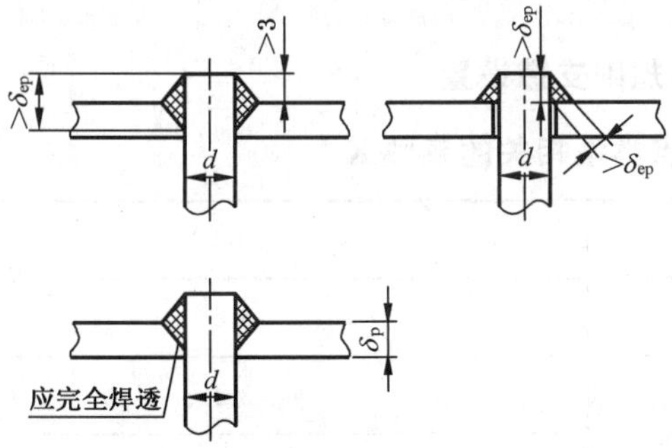	2.2	适用于焊接棒状或板状拉撑,且板厚 $\delta_p \leqslant 30$ mm;角焊缝的轴向受剪面积不小于拉杆横截面积的1.4倍
3	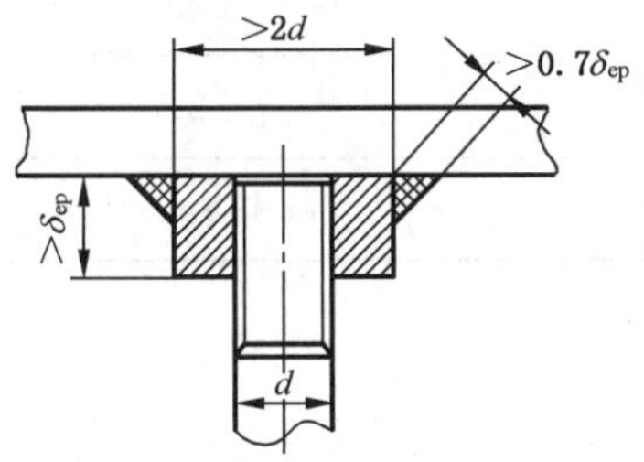	2.0	角焊缝的轴向受剪面积不小于拉杆横截面积的1.4倍
4	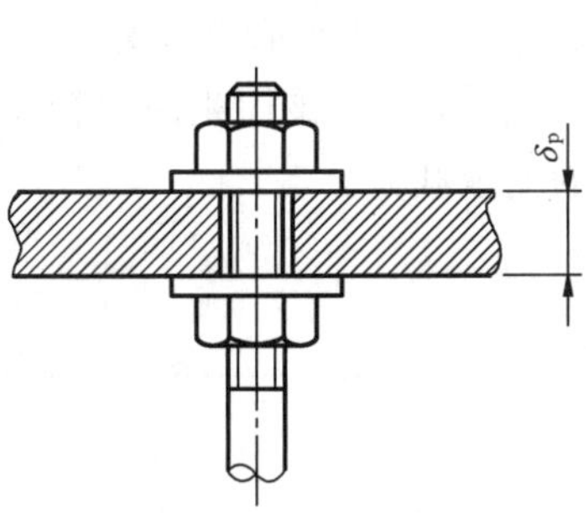	3.2	可在壁板、垫圈、螺母、拉杆的接触面之间加装密封材料或涂料。适用于可能出现渗漏的低压场合。 贯穿平封头的螺纹结构拉撑,平封头内外侧均有螺母和垫圈,垫圈厚度不小于6 mm。垫圈外径不小于螺栓直径的2.5倍
		2.8	内外均有螺母,但仅外侧有垫圈(其余条件同上)

5.12.3.2 不规则拉撑布置的 *L*,*K* 取值

如图 5-28 所示,不规则的拉撑布置时,L、K 分别按照下列方法求取:

a) 取通过任意 3 个相邻支撑点的最大当量圆(其内部无拉撑)直径为 d_c,则支撑的间距 $L=d_c/\sqrt{2}$;

b) 系数 K 按表 5-14 选取,支撑点类型按最大当量圆通过的支撑结构确定;一个当量圆具有不同支撑点类型时,K 取平均值。

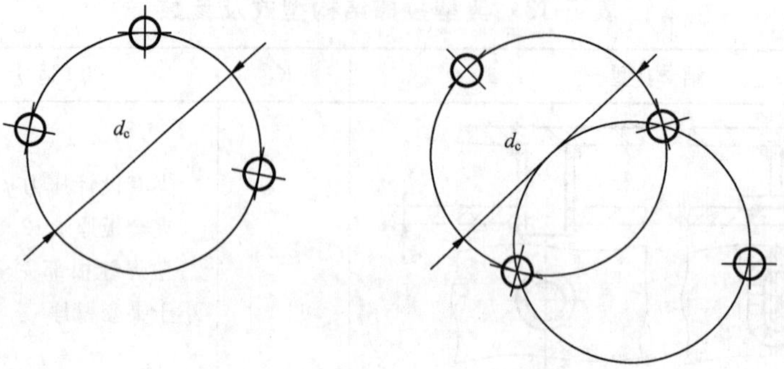

图 5-28 不规则支撑设置

表 5-14 与支撑点类型相关的系数 *K*

支撑点类型	K
支撑点在封头圆弧过渡的起点	3.2
管板外周的固定线	3.2
管排中心线	2.0
管状支撑	2.6
其他支点	按表 5-13

5.12.4 拉撑的支承载荷 *W*

a) 无孔板的支承载荷:拉杆与其相邻的所有支撑中心连线的垂直平分线所围成的面积为该拉杆的支撑面积,其上承受的计算压力载荷为该拉杆所承受的支承载荷;

b) 多孔板的支撑载荷:由一根支撑管(杆)的支撑面积减去该面积内的管孔总面积,其上承受的计算压力载荷为该管状拉撑所承受的支承载荷。

5.12.5 单根拉撑所需截面面积

$$a=\frac{1.1W}{[\sigma]_g^t} \qquad \cdots\cdots (5\text{-}52)$$

5.12.6 拉撑的设置

a) 采用角接接头设置斜拉撑时,焊接接头的焊缝截面面积,以及平行于筒体轴线方向测

得的角接接头焊缝截面面积不得小于拉撑所需最小截面面积的 1.4 倍。

选择斜拉撑结构，封头凹面内不得采用角接接头。

b) 拉撑间距一般不大于 30 倍拉杆直径。

5.13 焊接结构

封头与筒体的焊接结构除满足前述要求外，不允许采用如图 5-29 所示结构：

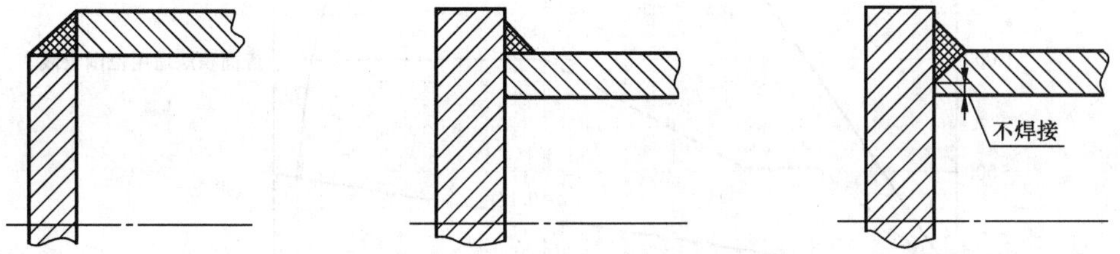

图 5-29 不允许采用的焊接结构

6 开孔与开孔补强

6.1 范围及一般要求

本章规定适用于容器本体的开孔及其补强计算，包括等面积法和分析法。

6.1.1 等面积法适用范围

等面积法适用于压力作用下壳体和平封头上的圆形、椭圆形或长圆形开孔。当在壳体上开椭圆形或长圆形孔时，孔的长径与短径之比应不大于 2.0。本方法的适用范围：

a) 当圆筒内径 $D_i \leqslant 1\,500$ mm 时，开孔最大直径 $d_{op} \leqslant D_i/2$，且 $d_{op} \leqslant 520$ mm；当圆筒内径 $D_i > 1\,500$ mm时，开孔最大直径 $d_{op} \leqslant D_i/3$，且 $d_{op} \leqslant 1\,000$ mm；

b) 凸形封头或球壳开孔的最大允许直径 $d_{op} \leqslant D_i/2$；

c) 锥形封头开孔的最大直径 $d_{op} \leqslant D_i/3$，D_i 为开孔中心处的锥壳内直径。

注：开孔最大直径 d_{op} 对椭圆形或长圆形开孔指长轴尺寸。

6.1.2 分析法适用范围

本方法是根据弹性薄壳理论得到的应力分析法，用于内压作用下具有径向接管圆筒的开孔补强设计，其适用范围如下：

$d \leqslant 0.9D$ 且 $\max[0.5, d/D] \leqslant \delta_{et}/\delta_e \leqslant 2$

本方法与等面积法适用的开孔率范围比较见图 6-1。

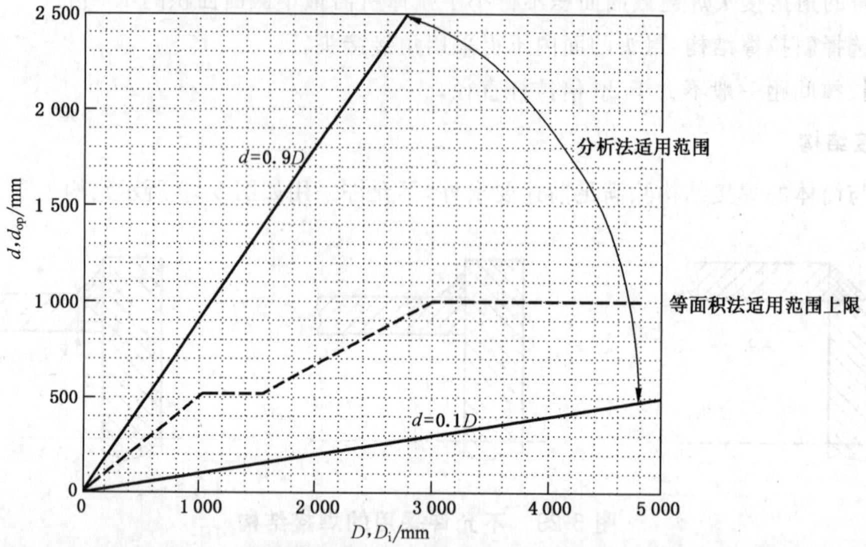

图 6-1 圆筒开孔补强分析法与等面积法适用范围

6.1.3 不另行补强的最大开孔直径

壳体开孔满足下述全部要求时,可不另行补强:

a) 设计压力 $p \leqslant 2.5$ MPa;

b) 两相邻开孔中心的间距(对曲面间距以弧长计算)应不小于两孔直径之和;对于 3 个或以上相邻开孔,任意两孔中心的间距(对曲面间距以弧长计算)应不小于该两孔直径之和的 2.5 倍;

c) 接管外径小于或等于 89 mm;

d) 接管壁厚满足表 6-1 要求,表中接管壁厚的腐蚀裕量为 1 mm,需要加大腐蚀裕量时,应相应增加壁厚;

e) 开孔不得位于 A、B 类焊接接头上;

f) 钢材的标准抗拉强度下限值 $R_m \geqslant 540$ MPa 时,接管与壳体的连接宜采用全焊透的结构型式。

表 6-1

单位为毫米

接管外径	25	32	38	45	48	57	65	76	89
接管壁厚	≥3.5			≥4.0		≥5.0		≥6.0	

6.1.4 开孔附近的焊接接头

容器上的开孔宜避开容器焊接接头。当开孔通过或邻近容器焊接接头时,则应保证在开孔中心的 $2d_{op}$ 范围内的接头不存在有任何超标缺陷。

6.2 术语、定义和符号

6.2.1 GB 150.1 通用要求中界定的术语和定义适用于本章。

6.2.2 符号

A——开孔削弱所需要的补强截面积，mm^2；
B——补强有效宽度，mm；
C——厚度附加量(按 GB 150.1 规定)，mm；
C_s——圆筒厚度附加量，mm；
C_t——接管厚度附加量，mm；
D——圆筒中面直径，mm；
D_i——圆筒内直径，mm；
D_o——平盖直径，mm；
d_{op}——开孔直径，mm；
d——接管中面直径，mm；
d_o——接管外直径，mm；
f_r——强度削弱系数；
g——接管补强系数；
h——圆筒补强系数；
h_1——外伸接管有效补强高度，mm；
h_2——内伸接管有效补强高度，mm；
K——等效总应力集中系数；
K_m——等效薄膜应力集中系数；
n_{II}——等效薄膜应力校核系数；
n_{IV}——等效总应力校核系数；
p——设计压力，MPa；
p_c——计算压力(按第 3 章)，MPa；
R——圆筒中面半径，mm；
R_i——球壳或半球形封头内半径，椭圆形封头当量球面或碟形封头球面内半径，mm；
R_m——钢材标准抗拉强度下限值，MPa；
R_{eL}——钢材标准屈服强度，MPa；
r——接管中面半径，mm；
S_1——管孔的轴向节距，mm；
S_2——孔带的单位长度(见图 6-6、图 6-7)，mm；
S_3——管孔的对角向节距，mm；
S_{II}——等效薄膜应力，MPa；
S_{IV}——等效总应力，MPa；
δ——壳体开孔处的计算厚度，mm；
δ_e——壳体开孔处的有效厚度，mm；
δ_{et}——接管有效厚度，mm；
δ_n——壳体开孔处的名义厚度，mm；
δ_{nt}——接管名义厚度，mm；
δ_p——平盖计算厚度，mm；
δ_t——接管计算厚度，mm；

ϕ——焊接接头系数(按 GB 150.1 规定);

ν_1——轴向排孔削弱系数;

ν_2——当量轴向排孔削弱系数;

ν_3——对角向排孔削弱系数;

θ——两相邻开孔中心线与壳体轴线之夹角,(°);

ρ——开孔率,$\rho=d/D$;

$[\sigma]^t$——设计温度下壳体材料的许用应力(按第 GB 150.2 规定),MPa;

$[\sigma]_t^t$——设计温度下接管材料的许用应力(按第 GB 150.2 规定),MPa。

6.3 单个开孔补强的等面积法

6.3.1 单个开孔的适用范围

在等面积法的适用范围(见 6.1.1)内,满足下列条件的多个开孔均按单个开孔分别设计:

a) 壳体上两个开孔中心间距(对曲面间距以弧长计算)不小于该两孔直径之和;

b) 平封头(平板)上有多个开孔,任意两开孔直径之和不超过封头直径的 0.5 倍,任意两相邻开孔中心的间距不小于两孔直径之和。

6.3.2 补强结构型式与补强件材料

6.3.2.1 补强圈补强

补强圈与接管、壳体的焊接结构参见附录 D 和 JB/T 4736。采用该结构补强时,应符合下列规定:

a) 低合金钢的标准抗拉强度下限值 $R_m<540$ MPa;

b) 补强圈厚度小于或等于 $1.5\delta_n$;

c) 壳体名义厚度 $\delta_n\leqslant38$ mm。

若条件许可,推荐以厚壁接管代替补强圈进行补强,其 δ_{nt}/δ_n 宜控制在 0.5~2。

6.3.2.2 整体补强

增加壳体的厚度,或用全截面焊透的结构型式将厚壁接管或整体补强锻件与壳体相焊。结构可参见附录 D。

6.3.2.3 补强件材料

补强材料宜与壳体材料相同。若补强材料许用应力小于壳体材料许用应力,则补强面积应按壳体材料与补强材料许用应力之比而增加。若补强材料许用应力大于壳体材料许用应力,则所需补强面积不得减少。

对于接管材料与壳体材料不同时,引入强度削弱系数 $f_r=[\sigma]_t^t/[\sigma]^t$,表示设计温度下接管材料与壳体材料许用应力的比值,当 $f_r>1.0$ 时,取 $f_r=1.0$。

6.3.3 壳体开孔补强

6.3.3.1 开孔补强的计算截面选取

所需的最小补强面积应在下列规定的截面上求取:对于圆筒或锥壳开孔,该截面通过开孔中心点与筒体轴线;对于凸形封头或球壳开孔,该截面通过封头开孔中心点,沿开孔最大尺寸方向,且垂直于壳体表面。

对于圆形开孔 d_{op} 取接管内直径加 2 倍厚度附加量,对于椭圆形或长圆形 d_{op} 取所考虑截面上的尺寸(弦长)加2倍厚度附加量。

6.3.3.2 内压容器

壳体开孔所需补强面积按式(6-1)计算：

$$A = d_{op}\delta + 2\delta\delta_{et}(1 - f_r) \quad \cdots\cdots (6\text{-}1)$$

式中：

对安放式接管取 $f_r = 1.0$。

δ——计算厚度，mm。按下述方法确定：

a) 对于圆筒或球壳开孔，为开孔处的壳体计算厚度。

b) 对于锥壳(或锥形封头)开孔，由式(5-8)计算，式中 D_c 取开孔中心处锥壳内直径。

c) 若开孔位于椭圆形封头中心80%直径范围内，δ 按式(6-2)计算，否则按式(5-1)计算。

$$\delta = \frac{p_c K_1 D_i}{2[\sigma]^t\phi - 0.5p_c} \quad \cdots\cdots (6\text{-}2)$$

式中：

K_1——椭圆形长短轴比值决定的系数，由表5-2查得。

d) 若开孔位于碟形封头球面部分内，δ 按式(6-3)计算，否则按式(5-4)计算。

$$\delta = \frac{p_c R_i}{2[\sigma]^t\phi - 0.5p_c} \quad \cdots\cdots (6\text{-}3)$$

6.3.3.3 外压容器

壳体开孔所需补强面积按式(6-4)计算：

$$A = 0.5[d_{op}\delta + 2\delta\delta_{et}(1 - f_r)] \quad \cdots\cdots (6\text{-}4)$$

式中：

对安放式接管取 $f_r = 1.0$；

δ——按外压计算确定的开孔处壳体的计算厚度，mm。

6.3.3.4 容器存在内压与外压两种设计工况时，开孔所需补强面积应同时满足6.3.3.2和6.3.3.3的要求。

6.3.4 平盖开孔补强

6.3.4.1 平盖开单个孔，且开孔直径 $d_{op} \leqslant 0.5D_o$(D_o 取平盖计算直径，对非圆形平盖取短轴长度)时，所需最小补强面积按式(6-5)计算：

$$A = 0.5d_{op}\delta_p \quad \cdots\cdots (6\text{-}5)$$

式中：

δ_p——平盖计算厚度，按第5章计算，mm。

6.3.4.2 平盖开单个孔，且开孔直径 $d_{op} > 0.5D_o$ 时，其设计计算按6.5的要求。

6.3.5 有效补强范围及补强面积

计算开孔补强时，有效补强范围及补强面积按图6-2中矩形 $WXYZ$ 范围确定。

6.3.5.1 有效补强范围

a) 有效宽度 B 按式(6-6)计算，取二者中较大值；

$$B = \begin{cases} 2d_{op} \\ d_{op} + 2\delta_n + 2\delta_{nt} \end{cases} \quad \cdots\cdots (6\text{-}6)$$

b) 有效高度按式(6-7)和式(6-8)计算，分别取式中较小值。

外伸接管有效补强高度：

$$h_1=\begin{cases}\sqrt{d_{op}\delta_{nt}}\\ \text{接管实际外伸高度}\end{cases} \quad\cdots\cdots\cdots\cdots(6\text{-}7)$$

内伸接管有效补强高度：

$$h_2=\begin{cases}\sqrt{d_{op}\delta_{nt}}\\ \text{接管实际内伸高度}\end{cases} \quad\cdots\cdots\cdots\cdots(6\text{-}8)$$

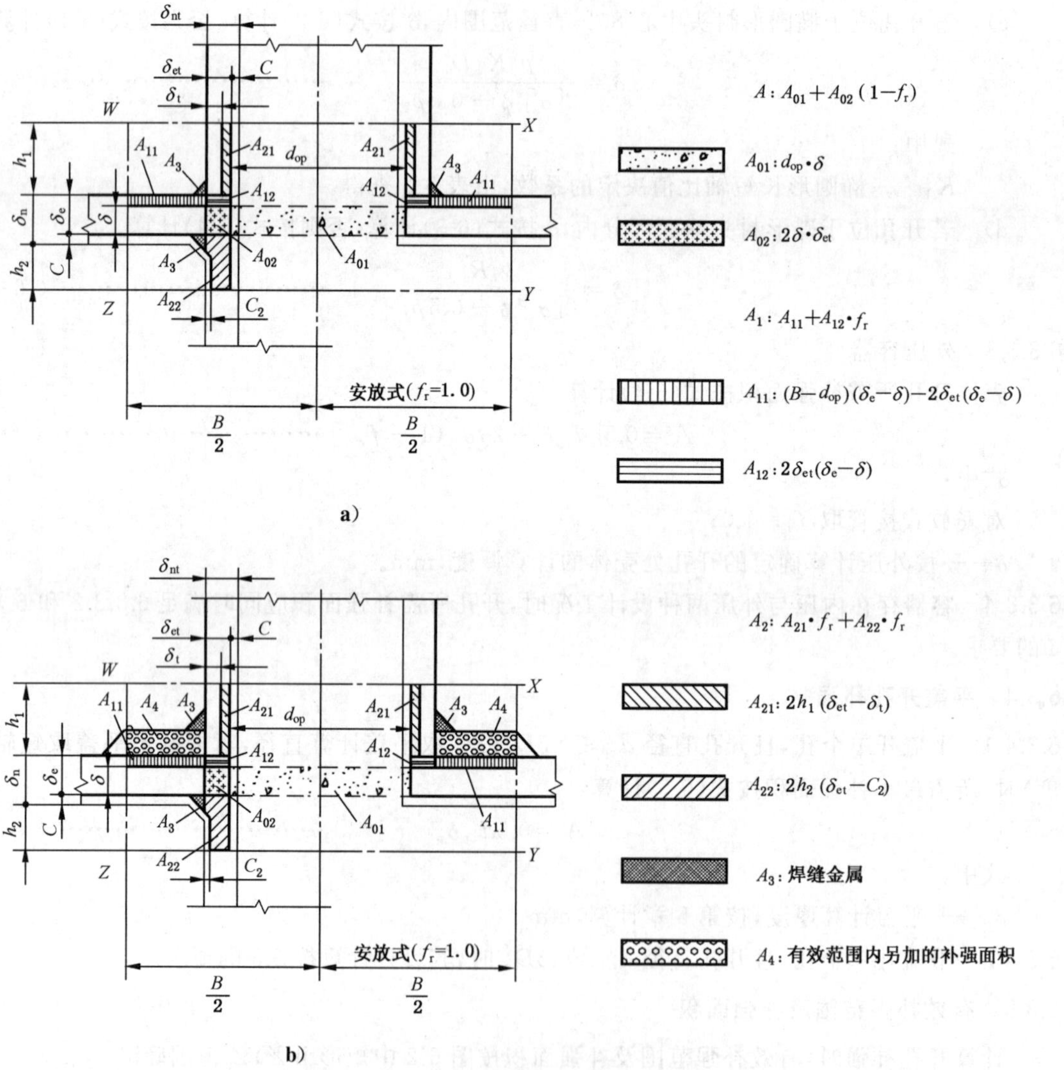

图 6-2 有效补强范围

6.3.5.2 补强面积

在有效补强范围内，可作为补强的截面积按式(6-9)计算：

$$A_e=A_1+A_2+A_3 \quad\cdots\cdots\cdots\cdots(6\text{-}9)$$

式中：

A_e ——补强面积，mm^2；

A_1 ——壳体有效厚度减去计算厚度之外的多余面积，按式(6-10)计算，mm^2；

$$A_1=(B-d_{op})(\delta_e-\delta)-2\delta_{et}(\delta_e-\delta)(1-f_r) \quad \cdots\cdots\cdots\cdots (6\text{-}10)$$

注：对安放式接管取 $f_r=1.0$。

A_2 ——接管有效厚度减去计算厚度之外的多余面积，按式(6-11)计算，mm^2；

$$A_2=2h_1(\delta_{et}-\delta_t)f_r+2h_2(\delta_{et}-C_2)f_r \quad \cdots\cdots\cdots\cdots (6\text{-}11)$$

A_3 ——焊缝金属截面积(见图 6-2)，mm^2。

若 $A_e \geqslant A$，则开孔不需另加补强；

若 $A_e < A$，则开孔需另加补强，其另加补强面积按式(6-12)计算：

$$A_4 \geqslant A-A_e \quad \cdots\cdots\cdots\cdots (6\text{-}12)$$

式中：

A_4——有效补强范围内另加的补强面积(见图 6-2)，mm^2。

6.4 多个开孔补强的等面积法

6.4.1 壳体多个开孔补强

a) 当任意两个相邻开孔的中心距小于两孔直径之和，而使其补强范围彼此重叠时(见图 6-3)，在通过两孔中心点连线的壳体法截面内采用联合补强。联合补强的总面积应不小于各孔单独补强所需面积(按 6.3.3 和 6.3.5 计算)之和，且两孔之间的补强面积不小于两孔所需总补强面积的 50%。

在计算联合补强面积时，任何截面不得重复计入。

多个开孔中心连线在同一直线上时，按逐次配对的开孔处理，重叠部分的面积应按该相邻两孔的直径比分摊。

b) 对 3 个及以上开孔，若两两相邻开孔的中心距小于该两孔直径之和，且采用联合补强时(见图 6-4)，则这些相邻开孔的中心距应至少等于其平均直径的 4/3 倍。任意相邻两孔之间的补强面积应至少等于该两孔所需总补强面积的 50%。

若任意两相邻开孔中心距小于其平均直径的 4/3 倍，则该两孔之间的任何金属均不得用作补强，这些开孔必须按 c)的方法进行补强。

c) 任何数量并以任意方式排列的相邻开孔，均可作为一个假想孔(其直径包括所有靠近的开孔)进行补强。假想孔的直径不得超过 6.1.1 规定，所有接管金属均不得用作补强。

d) 圆筒上一系列规则排列的开孔，其每个开孔又无法进行单独补强时，应采用 6.4.2 的方法补强。

e) 多个开孔的补强结构型式与补强件材料，参照 6.3.2 要求。

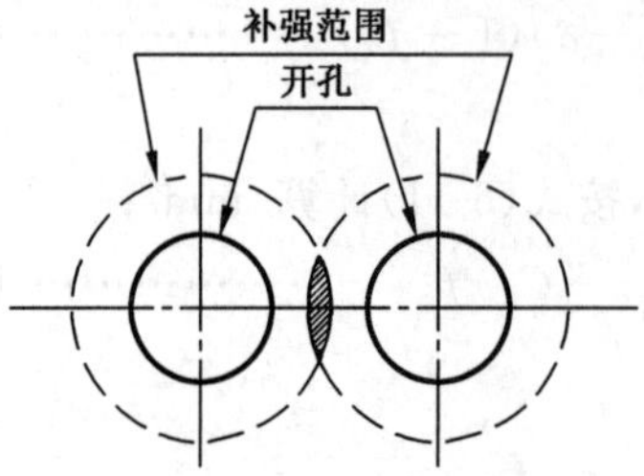

图 6-3 相邻开孔

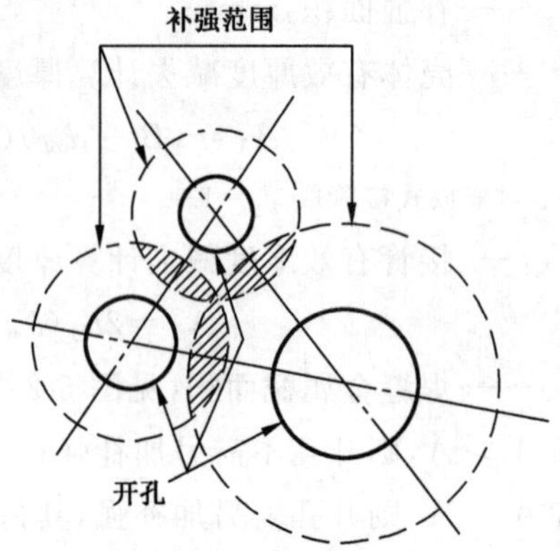

图 6-4 多个开孔

6.4.2 排孔的补强要求

圆筒全长(或部分)范围内开设排孔时,应用排孔削弱系数代替式(3-1)中的焊接接头系数 ϕ,对该圆筒(或该部分)厚度进行校核。

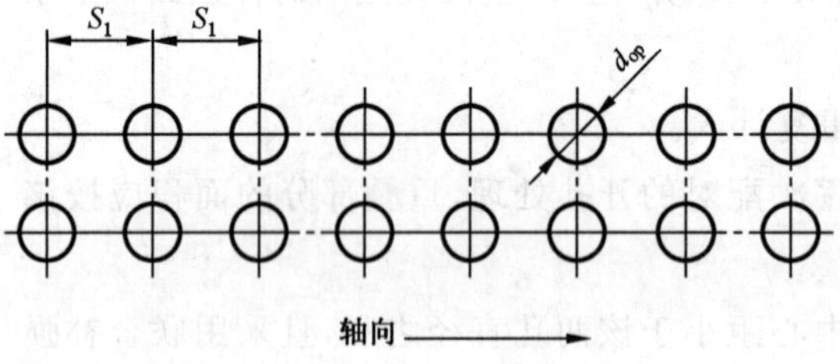

图 6-5 每排孔节距都相等示例

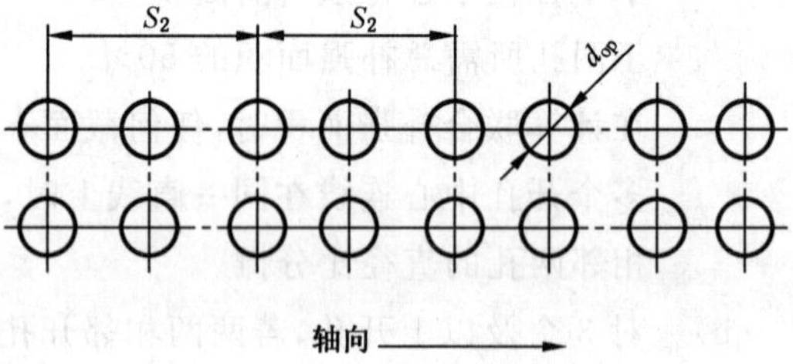

图 6-6 每第二排孔节距不等示例

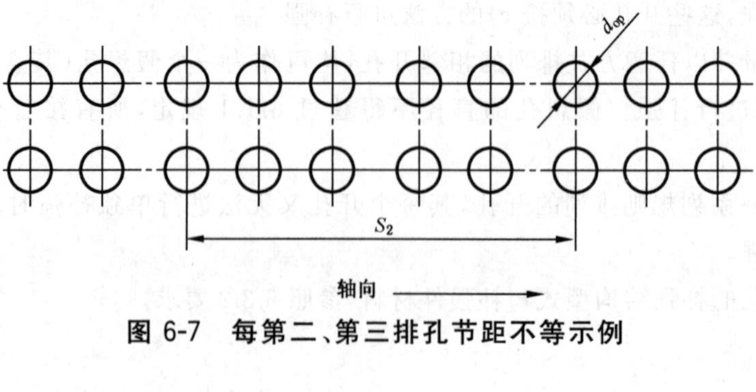

图 6-7 每第二、第三排孔节距不等示例

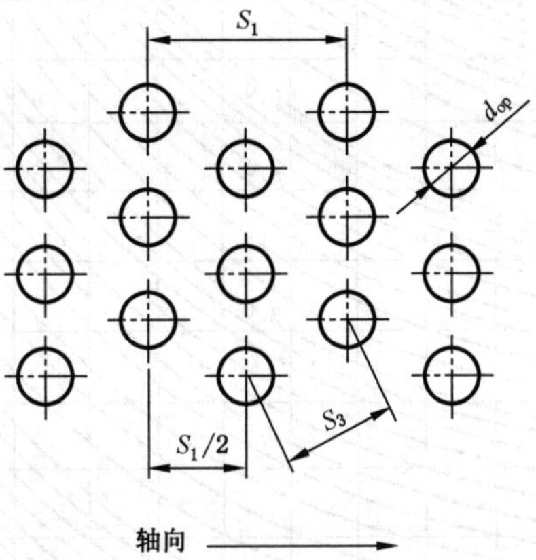

图 6-8 对角线排列示例

a) 排孔沿轴向规则分布,管孔节距每排相等时(见图 6-5),轴向排孔削弱系数 ν_1 按式(6-13)计算;任意一排管孔节距不均匀时(见图 6-6、图 6-7),平均排孔削弱系数 ν_1 按式(6-14)计算。

$$\nu_1 = \frac{S_1 - d_{op}}{S_1} \quad \cdots\cdots (6\text{-}13)$$

$$\nu_1 = \frac{S_2 - nd_{op}}{S_2} \quad \cdots\cdots (6\text{-}14)$$

式中:

n——S_2 长度内的管孔数。

b) 对规则的多排轴向开孔或对角线孔带(见图 6-8),还应校核当量轴向排孔削弱与对角向排孔削弱:

1) 当量轴向排孔削弱系数 ν_2 根据 θ 角与 S_3/d_{op} 由图 6-9 确定;

2) 按式(6-13)计算轴向排孔削弱系数 ν_1,对角向排孔削弱系数 ν_3 按图 6-10 由 S_3/S_2 和 ν_1 值查取;

3) 取 ν_1、ν_2、ν_3 中的最小值。

c) 排孔沿轴向不规则分布时,平均排孔削弱系数应取以下小值:

1) 在长度等于圆筒内直径(当圆筒内直径超过 1 500 mm,按 1 500 mm)的任意排孔段,计算各段孔排削弱系数,取最小者作为平均排孔削弱系数;

2) 在长度等于圆筒内半径(当圆筒内半径超过 750 mm,按 750 mm)的任意排孔段,计算各段孔排削弱系数,取最小者的 1.25 倍作为平均排孔削弱系数。

d) 在圆筒上非轴向单排开孔布置,当量轴向排孔削弱系数 ν_2 根据 θ 角与 S_3/d_{op} 由图 6-9 确定。

e) 必要时,还应校核:圆筒环向排孔间承受的轴向应力不得超过圆筒排孔间承受环向应力的一半。

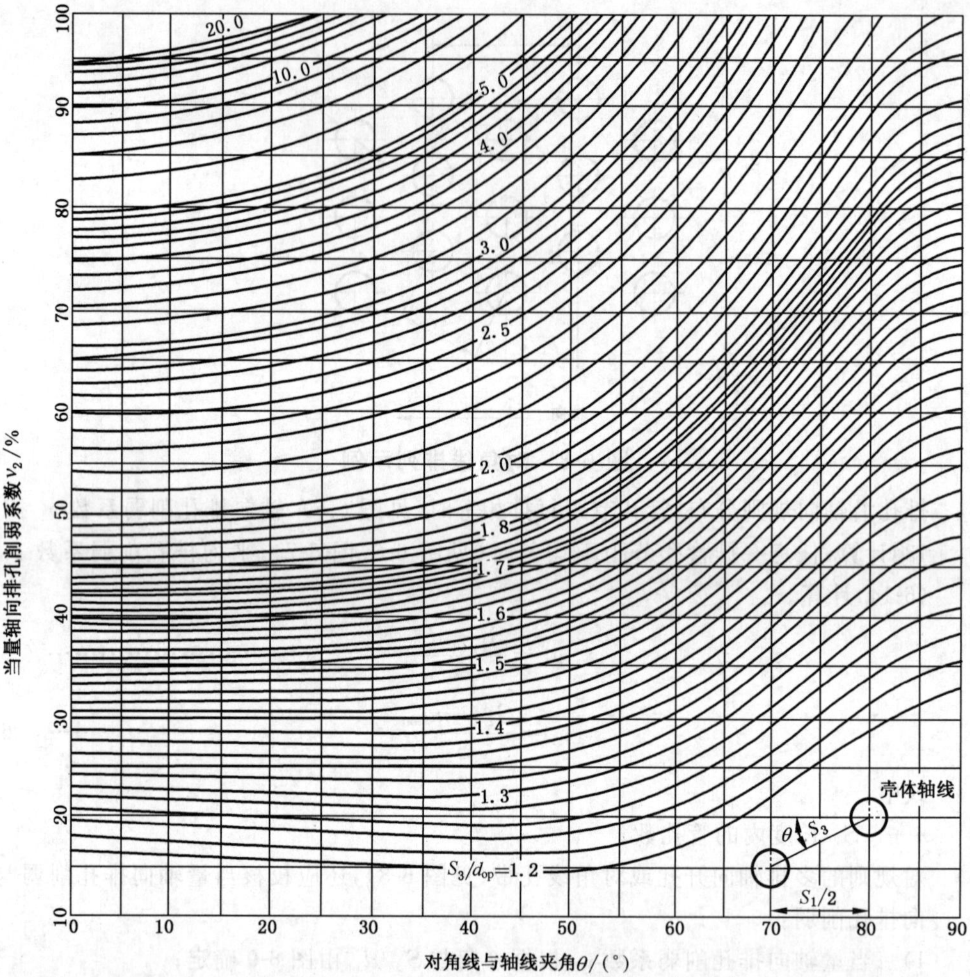

注 1：当量轴向排孔削弱系数也可用注 2 的公式计算，但不允许超出图中横坐标及纵坐标所示范围。

注 2：当量轴向排孔削弱系数 $\nu_2=\dfrac{\sec^2\theta+1-\left(\dfrac{\sec\theta}{S_3/d_{op}}\right)\sqrt{3+\sec^2\theta}}{1.5+0.5\sec^2\theta}$。

图 6-9 对角向排孔当量轴向排孔削弱系数计算图

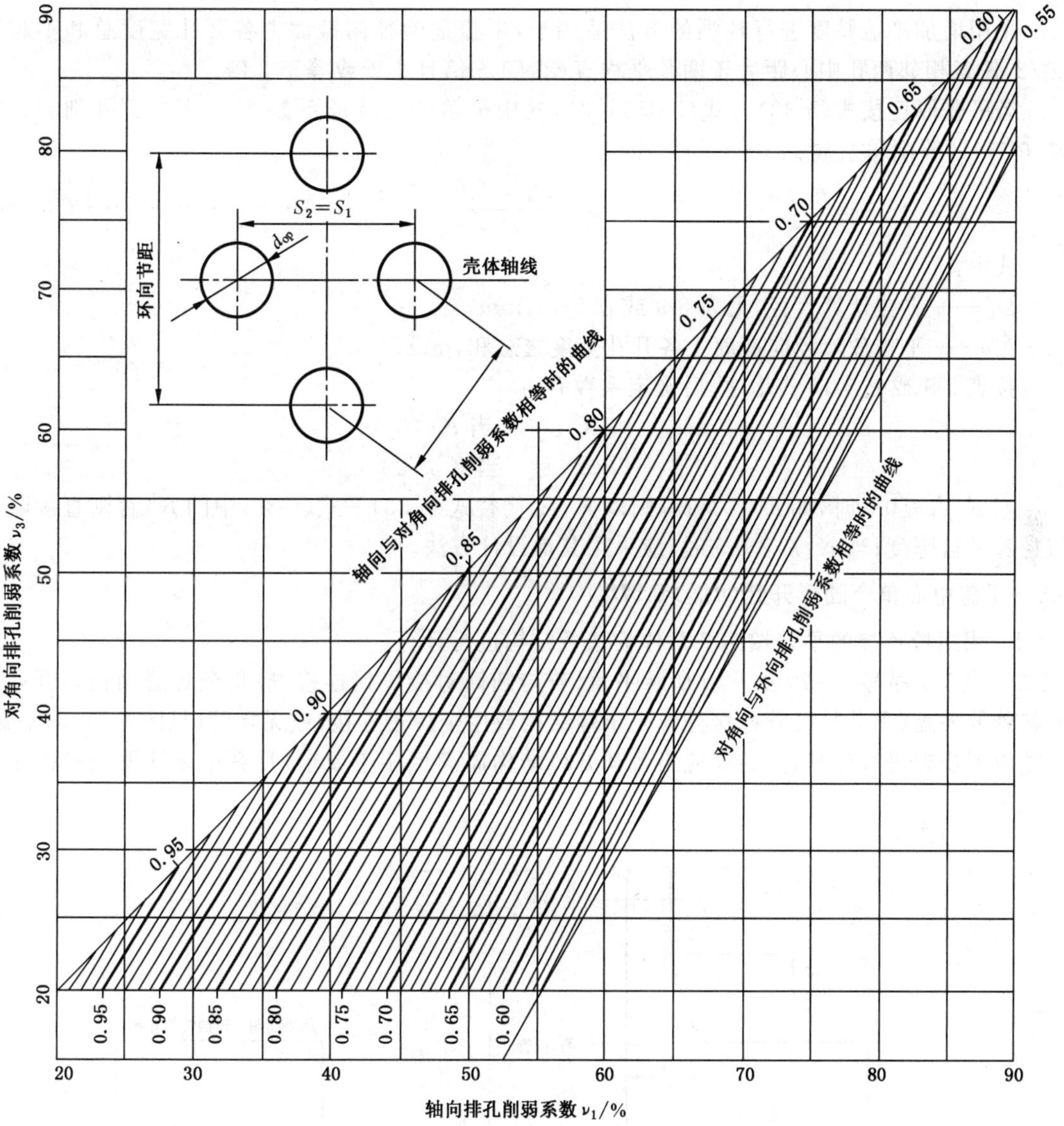

注 1：ν_3 也可用注 2 和注 3 中公式计算，并允许超出图中所规定的范围。

注 2：$\nu_3=\dfrac{J+0.25-(1-\nu_1)\sqrt{0.75+J}}{0.375+0.5J}$

其中 $J=\left(\dfrac{S_3}{S_2}\right)^2$。

注 3：对角向与环向排孔削弱系数相等时，对角向排孔削弱系数的计算式为：

$$\nu_3=\frac{2M+1-2(1-\nu_1)\sqrt{1+M}}{1+M}$$

其中 $M=\left[\dfrac{(1-\nu_1)}{(2-0.5\nu_1)}\right]^2$。

图 6-10 对角向排孔削弱系数计算图

6.4.3 平盖上开多个孔

采用增加平盖厚度进行补强的方法适用于:平盖危险径向截面上各开孔宽度总和不超过 $D_i/2$,任意相邻两孔中心距大于两孔平均直径的 1.5 倍且小于或等于 2 倍。

若平盖厚度按式(5-33)～式(5-35)计算,式中平盖结构特征系数 K 应考虑开孔削弱。按式(6-15)计算削弱系数 ν:

$$\nu=\frac{D_c-\sum b}{D_c} \qquad \cdots\cdots(6\text{-}15)$$

式中:

D_c——平盖计算直径,见表 5-9 或表 5-10,mm;

$\sum b$——平盖危险径向截面上各开孔宽度之总和,mm。

按表 5-9 或表 5-10 查取 K 后确定系数 K_1:

$$K_1=\begin{cases}K & 当\ K<0.3\\ 0.3 & 当\ K\geqslant 0.3\end{cases}$$

当 $K_1/\nu\leqslant 0.5$ 时,如 $K_1/\nu>K$,则以 K_1/ν 代替式(5-33)～式(5-35)中的 K,否则直接取 K 值计算平盖厚度;当 $K_1/\nu\geqslant 0.5$ 时,应采用其他设计方法。

6.5 平盖中心单个圆形开孔($d_{op}\geqslant 0.5D_o$)

6.5.1 用螺栓连接的平盖按第 7 章作为法兰结构进行计算。

6.5.2 表 5-9 序号 2～7,表 5-10 所示平盖(若与圆筒对接焊接连接,应是全焊透结构),开孔带有接管的平盖(平盖与接管连接处应是整体结构或用全焊透连接)或无接管(见图 6-11)的平盖,均按以下步骤进行计算,其各项应力及其开口结构需满足相应要求(计算中未注明符号的定义同 7.3)。

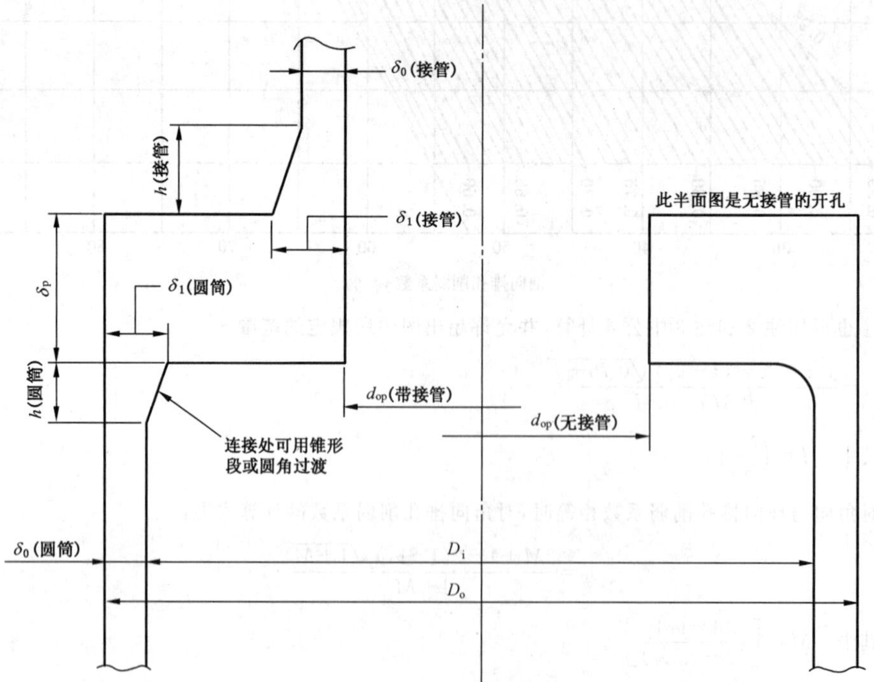

图 6-11 中心大开孔的整体平盖示意图

6.5.2.1 略去与平盖连接的圆筒，根据法兰计算的原理，确定平盖的计算力矩和计算应力。

a) 计算力矩按式(6-16)计算：

$$M_o = F_D S_D + F_T S_T \qquad (6\text{-}16)$$

式中：

M_o ——计算力矩，N·mm；

F_D ——作用力，按式(6-17)计算，N；

$$F_D = 0.785 d_{op}^2 p_c \qquad (6\text{-}17)$$

S_D ——力臂，按式(6-18)计算，mm；

$$S_D = \frac{D_i - (d_{op} + \delta_1)}{2} \qquad (6\text{-}18)$$

δ_1 ——厚度(取接管处，见图 6-11)，mm；

F_T ——作用力，按式(6-19)计算，N；

$$F_T = 0.785 p_c (D_i^2 - d_{op}^2) \qquad (6\text{-}19)$$

S_T ——力臂，按式(6-20)计算，mm。

$$S_T = \frac{D_i - d_{op}}{4} \qquad (6\text{-}20)$$

b) 取 $K = D_o/d$，计算应力按式(6-21)～式(6-23)计算：

$$\sigma_H = \frac{f M_o}{\lambda \delta_1^2 d_{op}} \qquad (6\text{-}21)$$

$$\sigma_R = \frac{(1.33\delta_p e + 1) M_o}{\lambda \delta_p^2 d_{op}} \qquad (6\text{-}22)$$

$$\sigma_T = \frac{Y M_o}{\delta_p^2 d_{op}} - Z\sigma_R \qquad (6\text{-}23)$$

式中：

σ_H、σ_R、σ_T ——计算应力，MPa；对不带接管的开孔平盖，其 $\sigma_H = \sigma_R = 0$；

f、λ、e、Y、Z——见 7.3，f、λ、e 按照平盖开孔处的接管参数确定，Y、Z 查相应图表得到；

δ_1——厚度(取接管处，见图 6-11)，mm。

6.5.2.2 按下列步骤计算圆筒与平盖连接处的应力。

a) 按式(6-24)或式(6-25)计算$(E\theta)$：

带接管：

$$(E\theta) = \frac{0.91\left(\frac{\delta_1}{\delta_0}\right) D_{i1} V_I}{f h_o} \sigma_H \qquad (6\text{-}24)$$

无接管：

$$(E\theta) = \frac{d_{op}}{\delta_p} \sigma_T \qquad (6\text{-}25)$$

式中：

$$D_{i1}=\begin{cases}D_i+\delta_1(f<1.0)\\D_i+\delta_0(f\geqslant 1.0)\end{cases};$$

$(E\theta)$ ——参数，MPa；

δ_1、δ_0 ——厚度(取接管处，见图 6-11)，mm；

V_I、f、h_o——由平盖开孔处的接管参数确定，(见 7.3)。

b) 按式(6-26)计算 M_H：

$$M_H=\frac{(E\theta)}{\frac{1.74h_oV_I}{\delta_0^3D_{i1}}+\frac{(E\theta)}{M_o}\left(1+\frac{F_I\delta_p}{h_o}\right)} \qquad (6\text{-}26)$$

式中：

M_H——作用在平封头外径与圆筒连接处的力矩，N·mm；

h_o、V_I、D_{i1}、F_I——由平盖外径处圆筒的参数确定(见 7.3)；

δ_0——厚度(取圆筒处，见图 6-11)，mm。

c) 按式(6-27)计算 x_1：

$$x_1=\frac{M_o-M_H\left(1+\frac{F_I\delta_p}{h_o}\right)}{M_o} \qquad (6\text{-}27)$$

式中：

x_1——参数；

F_I、h_o——由平盖外径处圆筒的参数确定，(见 7.3)。

d) 按式(6-28)～式(6-30)计算平盖和圆筒连接处的圆筒颈部轴向应力 σ_{Hs}、平盖外径处的径向应力 σ_{Rs} 和环向应力 σ_{Ts}：

$$\sigma_{Hs}=x_1(E\theta)\frac{1.1h_of}{\left(\frac{\delta_1}{\delta_0}\right)^2D_iV_I} \qquad (6\text{-}28)$$

$$\sigma_{Rs}=\frac{1.91M_H\left(1+\frac{F_I\delta_p}{h_o}\right)}{D_i\delta_p^2}+\frac{0.64F_IM_H}{D_ih_o\delta_p} \qquad (6\text{-}29)$$

$$\sigma_{Ts}=\frac{x_1(E\theta)\delta_p}{D_i}-\frac{0.57\left(1+\frac{F_I\delta_p}{h_o}\right)M_H}{D_i\delta_p^2}+\frac{0.64F_IZ_1M_H}{D_ih_o\delta_p} \qquad (6\text{-}30)$$

式中：

h_o、V_I、f、F_I——由平盖外径处圆筒的参数确定，(见 7.3)；

δ_1、δ_0——厚度(取圆筒处，见图 6-11)，mm；

Z_1——系数，按式(6-31)计算：

$$Z_1=\frac{K^2+1}{K^2-1} \qquad (6\text{-}31)$$

K——系数，按式(6-32)计算：

$$K=D_o/d_{op} \qquad (6\text{-}32)$$

6.5.2.3 计算平盖开孔处的应力

平盖开孔处接管的颈部轴向应力 σ_{Ho}、开孔处平盖的径向应力 σ_{Ro} 和环向应力 σ_{To}，按式(6-33)～式(6-35)计算：

$$\sigma_{Ho}=x_1\sigma_H \qquad (6\text{-}33)$$

$$\sigma_{Ro}=x_1\sigma_R \qquad (6\text{-}34)$$

$$\sigma_{To}=x_1\sigma_T+\frac{0.64F_IZ_2M_H}{D_ih_o\delta_p} \qquad (6\text{-}35)$$

式中：

F_I、h_o——由平盖外径处圆筒的参数确定，见 7.3；

Z_2 ——系数。

$$Z_2=\frac{2K^2}{K^2-1} \qquad (6\text{-}36)$$

6.5.2.4 应力校核

上述计算中平盖与圆筒连接处的应力 σ_{Hs}、σ_{Rs} 和 σ_{Ts} 以及平盖开孔处的应力 σ_{Ho}、σ_{Ro} 和 σ_{To} 均应满足 7.5.3.4 的要求。

6.6 圆筒径向接管开孔补强设计的分析法

本节给出了内压作用下圆筒具有径向平齐接管开孔补强设计的另一种方法，本计算方法是根据弹性薄壳理论得到的圆筒开孔补强的应力分析法，力学模型如图 6-12a)。在本方法涵盖的补强适用范围内，与前述等面积补强法具有同样的设计可靠性。

本计算方法可保守地用于带有径向内伸接管的补强计算。

本节给出两种等效的补强计算途径，根据需要可任择其一：

a） 等效应力校核；

b） 补强结构尺寸设计。

有特殊要求(如核能装置中可按本标准进行设计的容器)的压力容器圆筒开孔补强计算，仅可采用等效应力校核方法。

对于内压与接管外载荷共同作用下的圆筒接管开孔补强计算分析方法，将另行单独发布。

6.6.1 适用范围

a） 适用于内压作用下具有单个径向接管的圆筒；

b） 当圆筒具有两个或两个以上开孔时，相邻两开孔边缘的间距不得小于 $2\sqrt{D_i\delta_n}$；

c） 圆筒、接管或补强件的材料，其标准室温屈服强度与标准抗拉强度下限值之比 $R_{eL}/R_m \leqslant 0.8$；

d） 接管或补强件与壳体应采用截面全熔透焊缝，从而确保补强结构的整体性；

e） 对圆筒或接管进行整体补强，应满足补强范围尺寸(自接管、圆筒交线至补强区边缘的距离：对于圆筒 $l>\sqrt{D_i\delta_n}$，对于接管 $l_t>\sqrt{d_o\delta_{nt}}$)，或整体加厚圆筒体；补强范围内的A、B类焊接接头不得有任何超标缺陷，必要时应对此提出无损检测要求；

f) 圆筒与接管之间角焊缝的焊脚尺寸应分别不小于 $\delta_n/2$ 和 $\delta_{nt}/2$，接管内壁与圆筒内壁交线处圆角半径在 $\delta_n/8$ 和 $\delta_n/2$ 之间，见图 6-12b)；

g) 本设计方法适用下列参数范围：

$$\rho \leqslant 0.9$$

$$\max[0.5,\rho] \leqslant \delta_{et}/\delta_e \leqslant 2$$

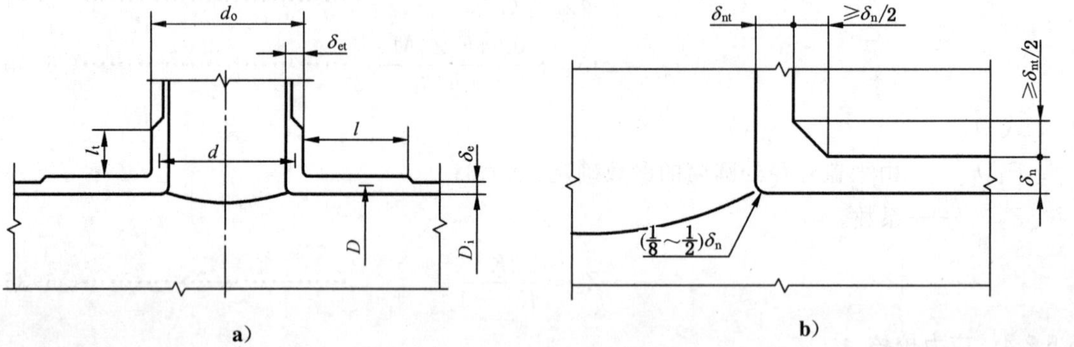

图 6-12 开孔补强设计分析法力学模型

6.6.2 等效应力校核

6.6.2.1 计算步骤

a) 按式(6-37)和式(6-38)计算圆筒与接管中面直径 D,d：

$$D = D_i + \delta_e + 2C_s \quad \cdots\cdots(6\text{-}37)$$

$$d = d_0 - \delta_{et} \quad \cdots\cdots(6\text{-}38)$$

b) 令开孔参数 $\lambda = \rho\sqrt{D/\delta_e} = d/\sqrt{D\delta_e}$，计算 ρ,λ,δ_{et}/δ_e；

c) 由 ρ,λ,δ_{et}/δ_e 查曲线图组 6-13，得 K_m 和 K；

d) 按式(6-39)和式(6-40)计算等效薄膜应力 S_{II} 和等效总应力 S_{IV}；

$$S_{\text{II}} = K_m \frac{pD}{2\delta_e} \quad \cdots\cdots(6\text{-}39)$$

$$S_{\text{IV}} = K \frac{pD}{2\delta_e} \quad \cdots\cdots(6\text{-}40)$$

e) 校核，按式(6-41)和式(6-42)计算：

$$S_{\text{II}} \leqslant n_{\text{II}}[\sigma]^t \quad \cdots\cdots(6\text{-}41)$$

$$S_{\text{IV}} \leqslant n_{\text{IV}}[\sigma]^t \quad \cdots\cdots(6\text{-}42)$$

式中：

n_{II} ——取 2.2(对于特殊要求的压力容器，可取 1.5～2.2)；

n_{IV} ——取 2.6；

$[\sigma]^t$——设计温度下材料许用应力，MPa，圆筒、接管和补强件的材料不同时，取其中较小者；

$[\sigma]^t_s$——设计温度下圆筒材料许用应力，MPa；

$[\sigma]^t_t$——设计温度下接管材料许用应力，MPa。

6.6.2.2 厚度调整

当不能满足 6.6.2.1 等效应力校核条件时，考虑结构设计的合理性，有以下两种可能方式调整接管或圆筒厚度；

a） 直接适当增加圆筒厚度，按 6.6.2.1 步骤重新计算，直到满足校核条件。

b） 首先增加接管厚度，必要时再增加圆筒厚度：

1） 确定圆筒计算厚度 δ：

$$\delta=\frac{pD}{2[\sigma]_s^t} \qquad \cdots\cdots(6\text{-}43)$$

2） 针对不满足校核条件的 S_{II}（或 S_{IV}）计算：

$$K'_m=n_{\mathrm{II}}\frac{\delta_e}{\delta}\cdot\frac{[\sigma]^t}{[\sigma]_s^t}\quad\left(\text{或 } K'=2.6\frac{\delta_e}{\delta}\cdot\frac{[\sigma]^t}{[\sigma]_s^t}\right) \qquad \cdots\cdots(6\text{-}44)$$

3） 在曲线图组 6-13 中，在开孔率 $\rho=d/D$ 的曲线纵坐标 K_m（或 K）上找到 K'_m（或 K'）值，过此点沿水平线向右移与对应的 λ 值竖直线相交，由交点得到该族曲线参数$[\delta_{et}/\delta_e]$值，遇中间值时采用内插法；

4） 以$[\delta_{et}/\delta_e]$比例增加接管厚度；

5） 在 3)中，如果交点超出了$[\delta_{et}/\delta_e]$曲线族的范围，不允许外延取值，应考虑增加圆筒厚度 δ_e，再按 6.6.2.1 重新计算，直到满足校核条件。

6.6.2.3 等效应力校核计算表(见表 6-2)

表 6-2 圆筒开孔补强等效应力校核计算表

一、已知条件					
设计压力	MPa	$p=$			
设计温度	℃				
		圆筒		接管	
材料许用应力	MPa	$[\sigma]_s^t=$		$[\sigma]_t^t=$	
内径(外径)	mm	$D_i=$		$d_0=$	
名义厚度	mm	$\delta_n=$		$\delta_{nt}=$	
厚度附加量	mm	$C_s=$		$C_t=$	
二、参数计算					
		圆筒		接管	
有效厚度	mm	$\delta_e=$	δ_n-C_s	$\delta_{et}=$	$\delta_{nt}-C_t$
中面直径	mm	$D=$	$D_i+\delta_e+2C_s$	$d=$	$d_0-\delta_{et}$

表 6-2(续)

一、已知条件					
环向薄膜应力	MPa	$\sigma_0=$	$pD/2\delta_e$		
材料许用应力	MPa	$[\sigma]^t=$	$\min([\sigma]^t_s,[\sigma]^t_t)$		
参数		$\delta_{et}/\delta_e=$			
参数		$D/\delta_e=$			
开孔率		ρ	d/D		
三、查图					
		路径一		路径二	
ρ 向下、上圆整至		$\rho_{(1)}$	$\rho_{(2)}$	$\rho_{(1)}$	$\rho_{(2)}$
$\lambda=\rho\sqrt{D/\delta_e}$		$\lambda_{(1)}=\rho_{(1)}\sqrt{D/\delta_e}$	$\lambda_{(2)}=\rho_{(2)}\sqrt{D/\delta_e}$	$\lambda=d/\sqrt{D\times\delta_e}$	
查图,$K_m=$		$K_{m(1)}$	$K_{m(2)}$	$K_{m(1)}$	$K_{m(2)}$
查图,$K=$		$K_{(1)}$	$K_{(2)}$	$K_{(1)}$	$K_{(2)}$
K_m(按 ρ 内插)					
K(按 ρ 内插)					
四、结果及校核					
等效薄膜应力	MPa	$S_{II}=$	$K_m\sigma_0$	$K_m\sigma_0$	
等效总应力	MPa	$S_{IV}=$	$K\sigma_0$	$K\sigma_0$	
许用值$[S_{II}]$	MPa	$[S_{II}]=$	$n_{II}[\sigma]^t$	$n_{II}[\sigma]^t$	
许用值$[S_{IV}]$	MPa	$[S_{IV}]=$	$2.6[\sigma]^t$	$2.6[\sigma]^t$	
校核		$S_{II}\leqslant[S_{II}]$			
		$S_{IV}\leqslant[S_{IV}]$			
注:表中并列路径一、路径二,可任择其一。					

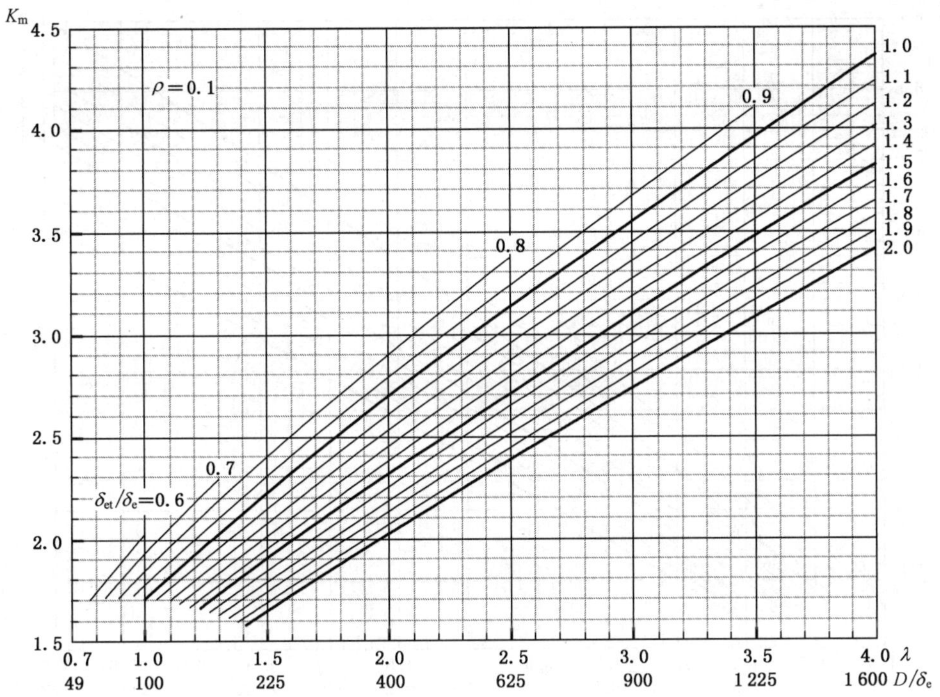

K_m
4.5
4.0
3.5
3.0
2.5
2.0
1.5
$\rho=0.1$
$\delta_{et}/\delta_e=0.6$
0.7
0.8
0.9
1.0
1.1
1.2
1.3
1.4
1.5
1.6
1.7
1.8
1.9
2.0
0.7 1.0 1.5 2.0 2.5 3.0 3.5 4.0 λ
49 100 225 400 625 900 1 225 1 600 D/δ_e

a)

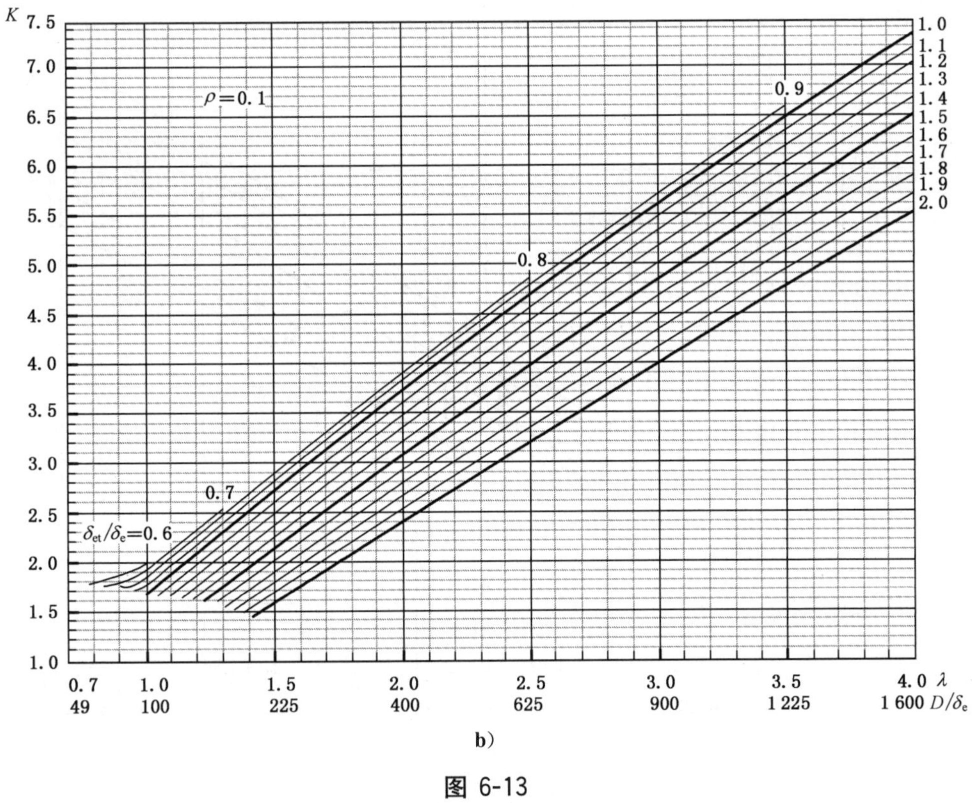

K
7.5
7.0
6.5
6.0
5.5
5.0
4.5
4.0
3.5
3.0
2.5
2.0
1.5
1.0
$\rho=0.1$
$\delta_{et}/\delta_e=0.6$
0.7
0.8
0.9
1.0
1.1
1.2
1.3
1.4
1.5
1.6
1.7
1.8
1.9
2.0
0.7 1.0 1.5 2.0 2.5 3.0 3.5 4.0 λ
49 100 225 400 625 900 1 225 1 600 D/δ_e

b)

图 6-13

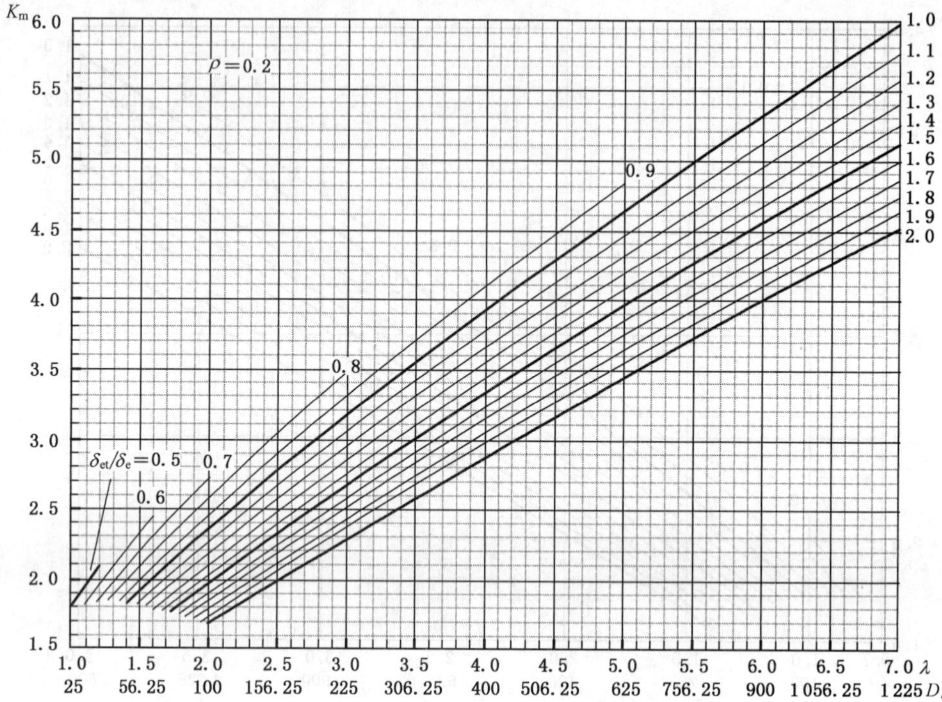

K_m
6.0
5.5
5.0
4.5
4.0
3.5
3.0
2.5
2.0
1.5
$\rho=0.2$
$\delta_{et}/\delta_e=0.5$
0.6
0.7
0.8
0.9
1.0
1.1
1.2
1.3
1.4
1.5
1.6
1.7
1.8
1.9
2.0
1.0 1.5 2.0 2.5 3.0 3.5 4.0 4.5 5.0 5.5 6.0 6.5 7.0 λ
25 56.25 100 156.25 225 306.25 400 506.25 625 756.25 900 1 056.25 1 225 D/δ_e

c)

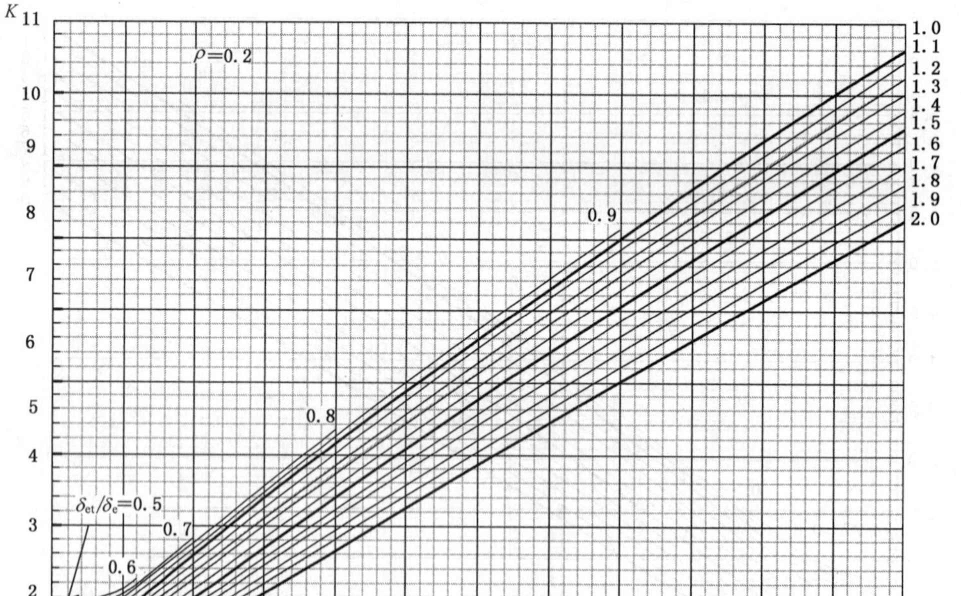

K
11
10
9
8
7
6
5
4
3
2
1
$\rho=0.2$
$\delta_{et}/\delta_e=0.5$
0.6
0.7
0.8
0.9
1.0
1.1
1.2
1.3
1.4
1.5
1.6
1.7
1.8
1.9
2.0
1.0 1.5 2.0 2.5 3.0 3.5 4.0 4.5 5.0 5.5 6.0 6.5 7.0 λ
25 56.25 100 156.25 225 306.25 400 506.25 625 756.25 900 1 056.25 1 225 D/δ_e

d)

图 6-13(续)

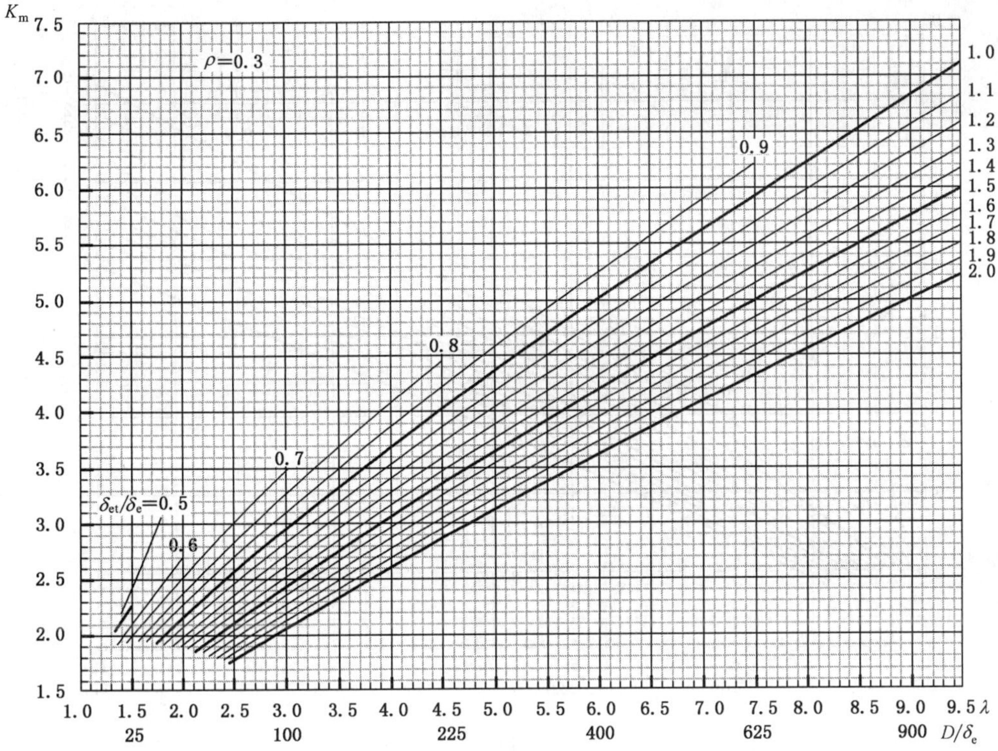
K_m
ρ=0.3
δ_{et}/δ_e=0.5
0.6
0.7
0.8
0.9
1.0
1.1
1.2
1.3
1.4
1.5
1.6
1.7
1.8
1.9
2.0
λ
D/δ_e

e)

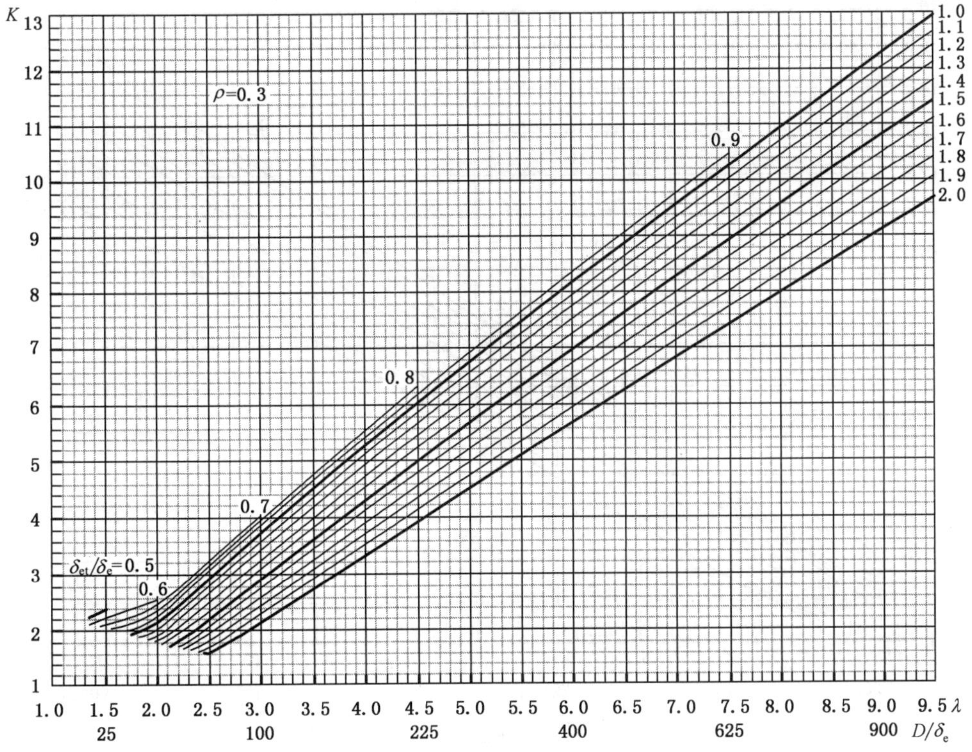
K
ρ=0.3
δ_{et}/δ_e=0.5
0.6
0.7
0.8
0.9
1.0
1.1
1.2
1.3
1.4
1.5
1.6
1.7
1.8
1.9
2.0
λ
D/δ_e

f)

图 6-13(续)

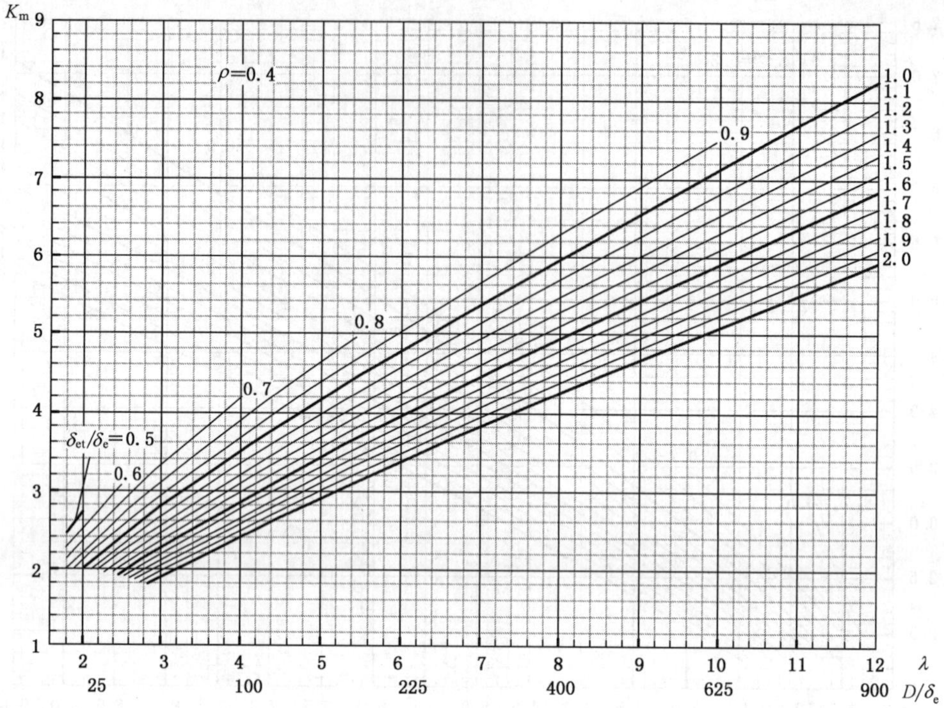

K_m
9
8
7
6
5
4
3
2
1
ρ=0.4
0.9
0.8
0.7
δ_{et}/δ_e=0.5
0.6
1.0
1.1
1.2
1.3
1.4
1.5
1.6
1.7
1.8
1.9
2.0
2 3 4 5 6 7 8 9 10 11 12 λ
25 100 225 400 625 900 D/δ_e

g)

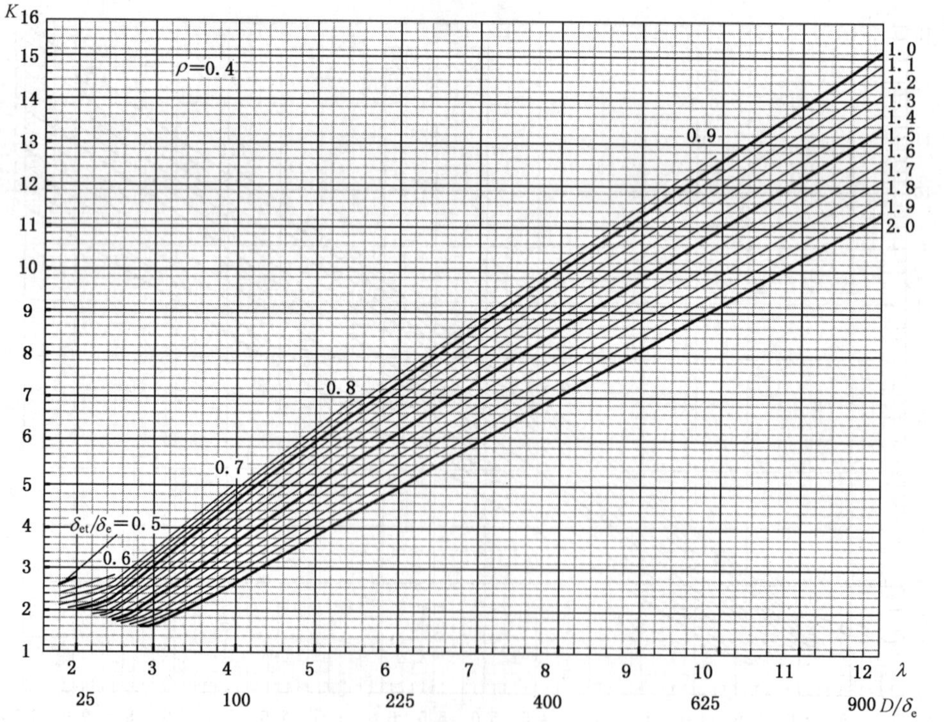

K
16
15
14
13
12
11
10
9
8
7
6
5
4
3
2
1
ρ=0.4
0.9
0.8
0.7
δ_{et}/δ_e=0.5
0.6
1.0
1.1
1.2
1.3
1.4
1.5
1.6
1.7
1.8
1.9
2.0
2 3 4 5 6 7 8 9 10 11 12 λ
25 100 225 400 625 900 D/δ_e

h)

图 6-13(续)

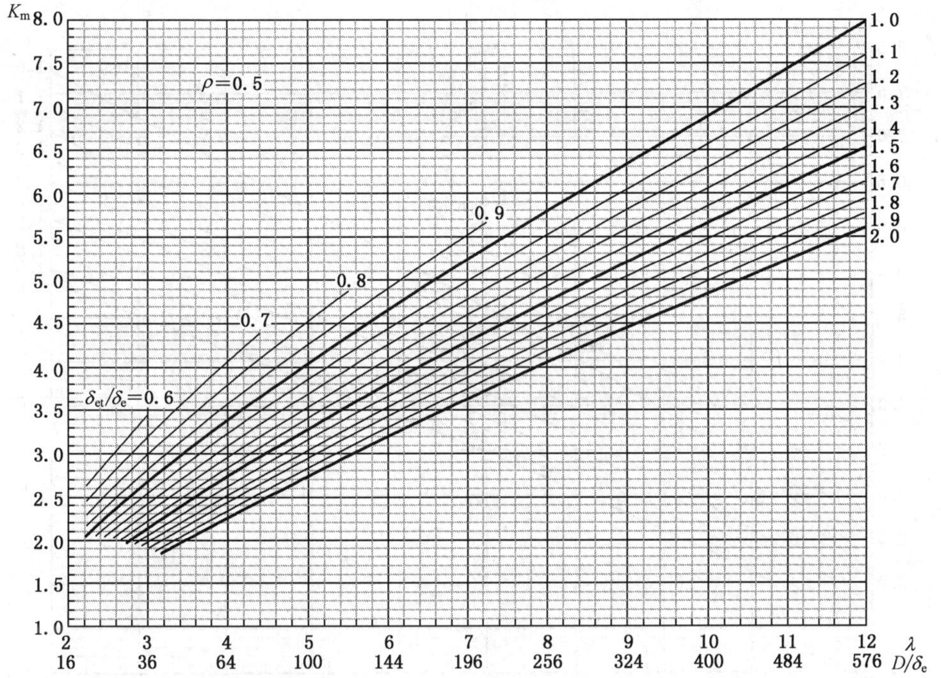
K_m
8.0
7.5
7.0
6.5
6.0
5.5
5.0
4.5
4.0
3.5
3.0
2.5
2.0
1.5
1.0
ρ=0.5
0.9
0.8
0.7
δ_{et}/δ_e=0.6
1.0
1.1
1.2
1.3
1.4
1.5
1.6
1.7
1.8
1.9
2.0
2 3 4 5 6 7 8 9 10 11 12 λ
16 36 64 100 144 196 256 324 400 484 576 D/δ_e

i)

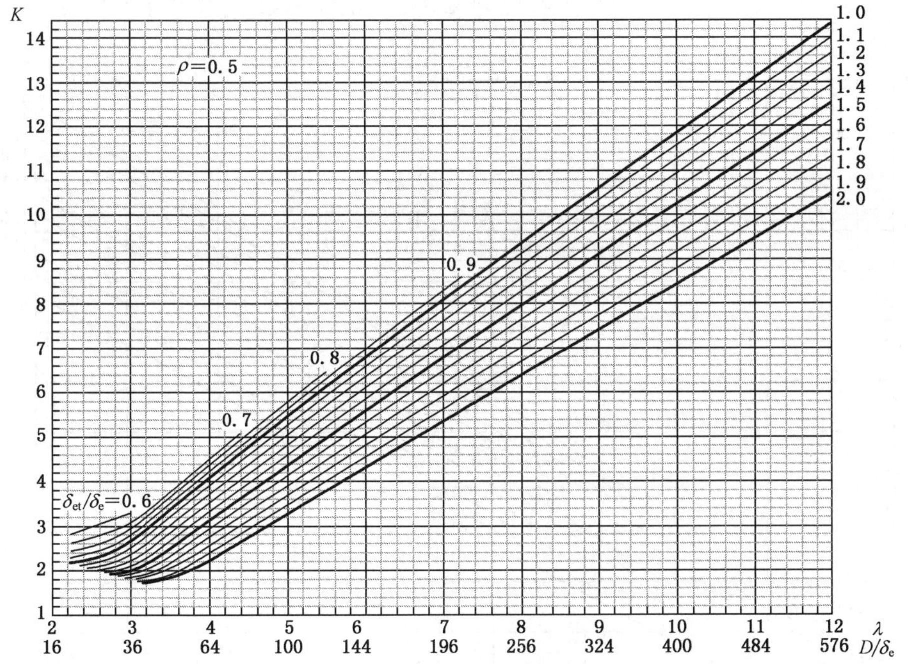
K
14
13
12
11
10
9
8
7
6
5
4
3
2
1
ρ=0.5
0.9
0.8
0.7
δ_{et}/δ_e=0.6
1.0
1.1
1.2
1.3
1.4
1.5
1.6
1.7
1.8
1.9
2.0
2 3 4 5 6 7 8 9 10 11 12 λ
16 36 64 100 144 196 256 324 400 484 576 D/δ_e

j)

图 6-13(续)

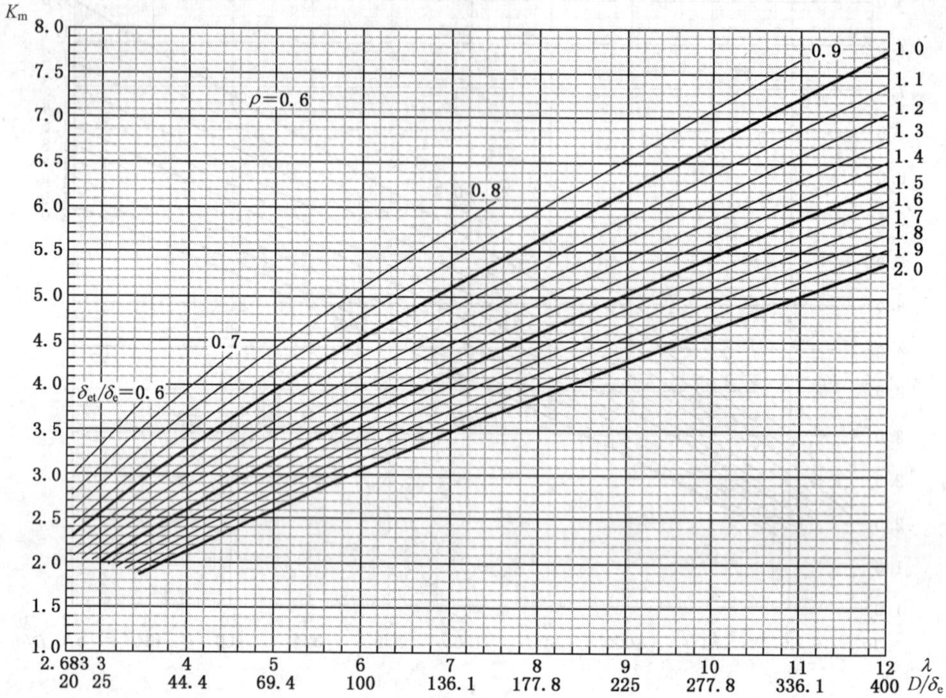
K_m
8.0
7.5
7.0
6.5
6.0
5.5
5.0
4.5
4.0
3.5
3.0
2.5
2.0
1.5
1.0
$\rho=0.6$
0.7
0.8
0.9
$\delta_{et}/\delta_e=0.6$
1.0
1.1
1.2
1.3
1.4
1.5
1.6
1.7
1.8
1.9
2.0
2.683 3 4 5 6 7 8 9 10 11 12 λ
20 25 44.4 69.4 100 136.1 177.8 225 277.8 336.1 400 D/δ_e

k)

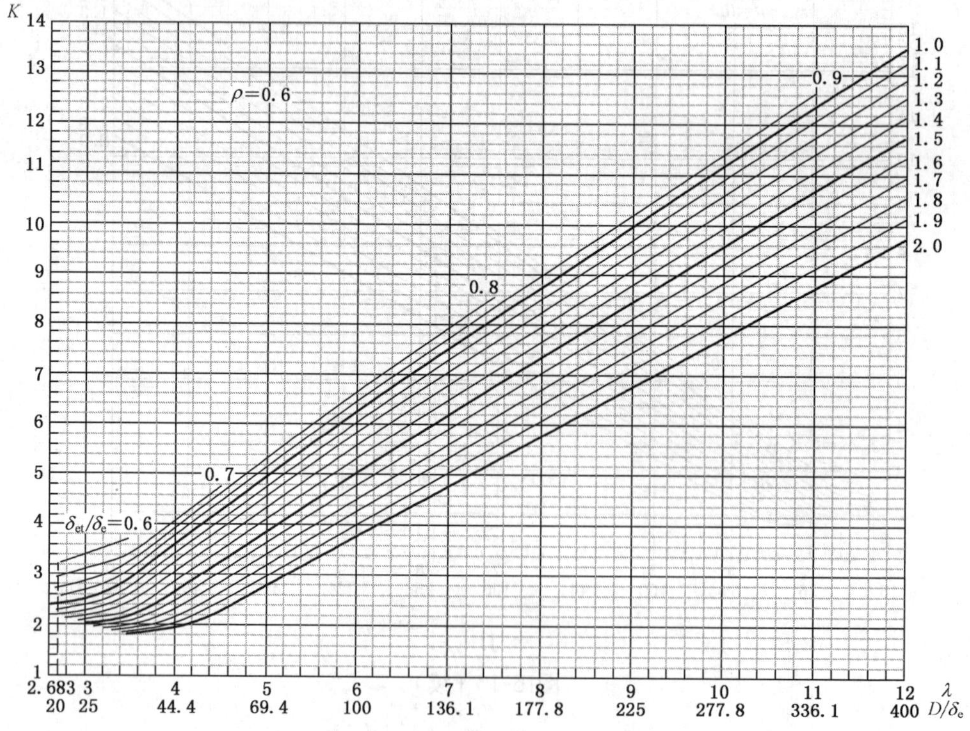
K
14
13
12
11
10
9
8
7
6
5
4
3
2
1
$\rho=0.6$
0.7
0.8
0.9
$\delta_{et}/\delta_e=0.6$
1.0
1.1
1.2
1.3
1.4
1.5
1.6
1.7
1.8
1.9
2.0
2.683 3 4 5 6 7 8 9 10 11 12 λ
20 25 44.4 69.4 100 136.1 177.8 225 277.8 336.1 400 D/δ_e

l)

图 6-13(续)

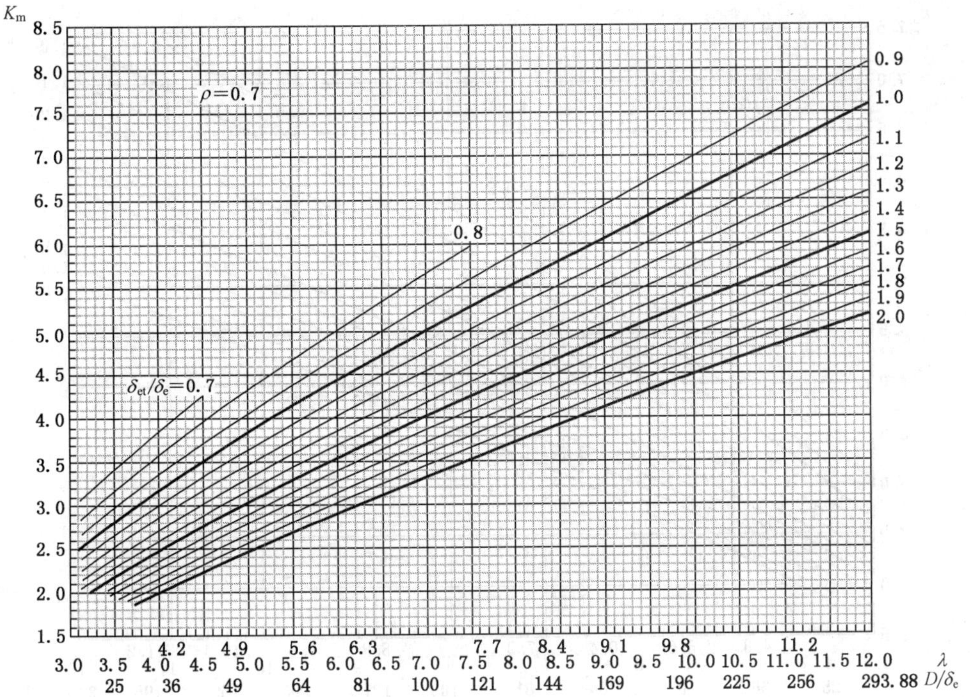
K_m
8.5
8.0
7.5
7.0
6.5
6.0
5.5
5.0
4.5
4.0
3.5
3.0
2.5
2.0
1.5
ρ=0.7
0.8
δ_{et}/δ_e=0.7
0.9
1.0
1.1
1.2
1.3
1.4
1.5
1.6
1.7
1.8
1.9
2.0
4.2 4.9 5.6 6.3 7.7 8.4 9.1 9.8 11.2
3.0 3.5 4.0 4.5 5.0 5.5 6.0 6.5 7.0 7.5 8.0 8.5 9.0 9.5 10.0 10.5 11.0 11.5 12.0 λ
25 36 49 64 81 100 121 144 169 196 225 256 293.88 D/δ_e

m)

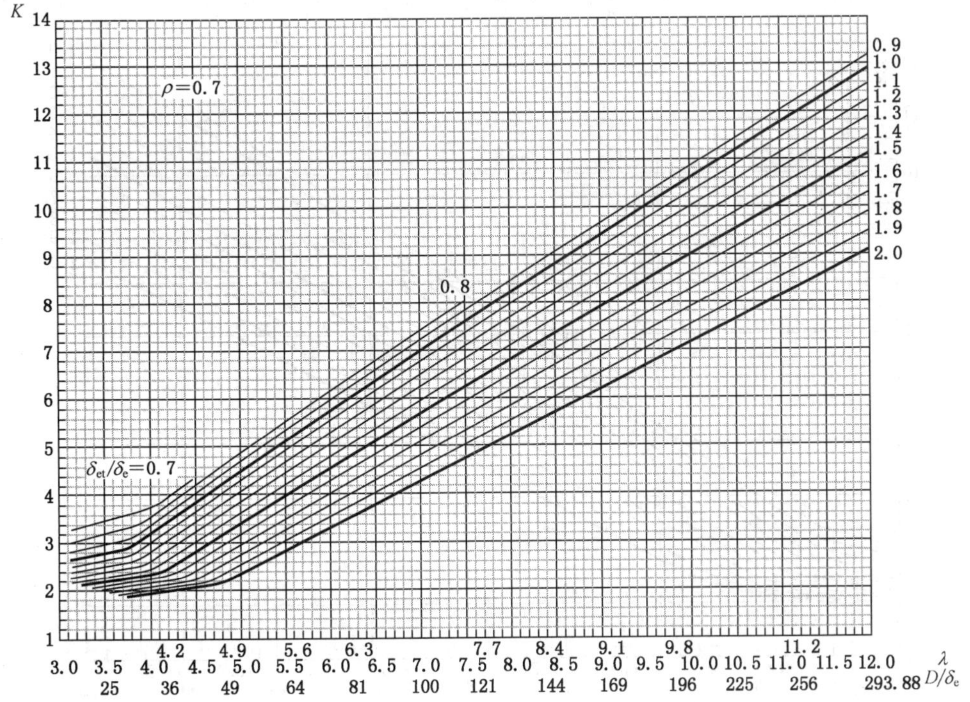
K
14
13
12
11
10
9
8
7
6
5
4
3
2
1
ρ=0.7
0.8
δ_{et}/δ_e=0.7
0.9
1.0
1.1
1.2
1.3
1.4
1.5
1.6
1.7
1.8
1.9
2.0
4.2 4.9 5.6 6.3 7.7 8.4 9.1 9.8 11.2
3.0 3.5 4.0 4.5 5.0 5.5 6.0 6.5 7.0 7.5 8.0 8.5 9.0 9.5 10.0 10.5 11.0 11.5 12.0 λ
25 36 49 64 81 100 121 144 169 196 225 256 293.88 D/δ_e

n)

图 6-13(续)

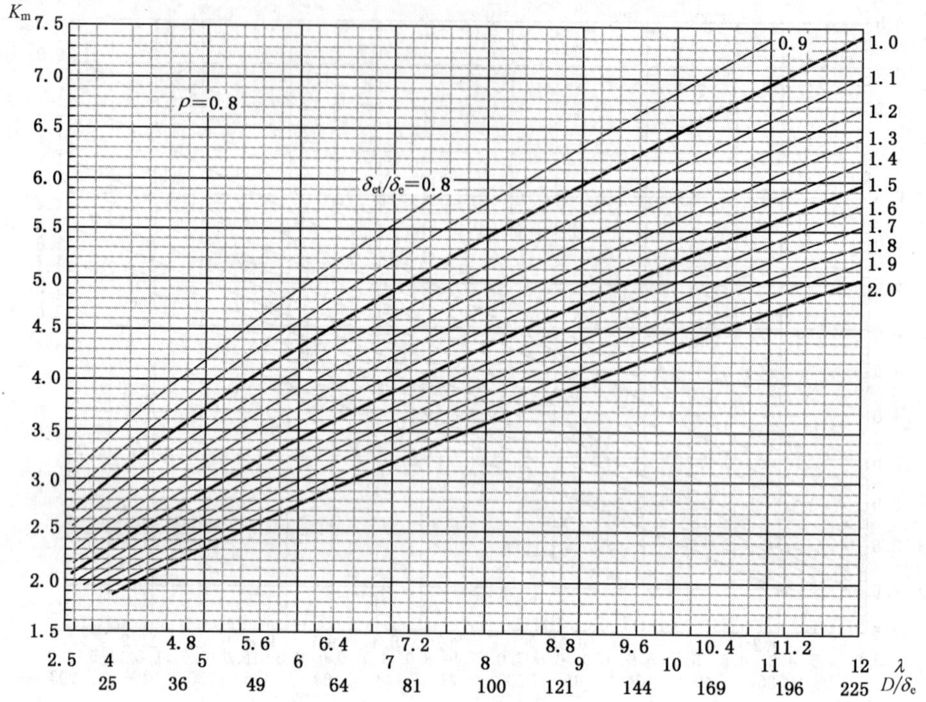
K_m
7.5
7.0
6.5
6.0
5.5
5.0
4.5
4.0
3.5
3.0
2.5
2.0
1.5
ρ=0.8
δ_{et}/δ_e=0.8
0.9
1.0
1.1
1.2
1.3
1.4
1.5
1.6
1.7
1.8
1.9
2.0
2.5 4 4.8 5 5.6 6 6.4 7 7.2 8 8.8 9 9.6 10 10.4 11 11.2 12 λ
25 36 49 64 81 100 121 144 169 196 225 D/δ_e

o)

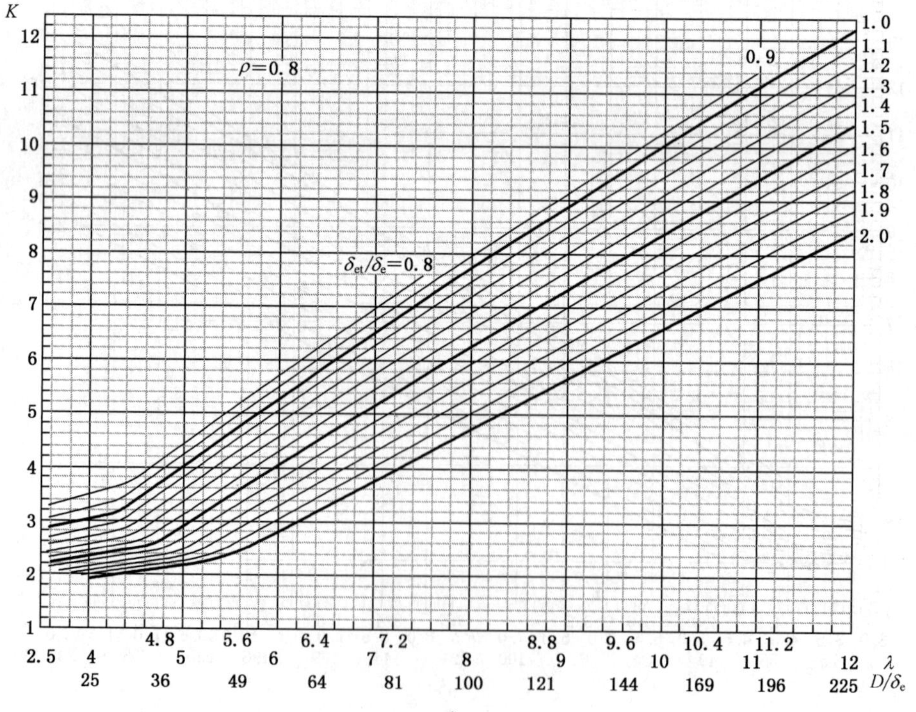
K
12
11
10
9
8
7
6
5
4
3
2
1
ρ=0.8
δ_{et}/δ_e=0.8
0.9
1.0
1.1
1.2
1.3
1.4
1.5
1.6
1.7
1.8
1.9
2.0
2.5 4 4.8 5 5.6 6 6.4 7 7.2 8 8.8 9 9.6 10 10.4 11 11.2 12 λ
25 36 49 64 81 100 121 144 169 196 225 D/δ_e

p)

图 6-13(续)

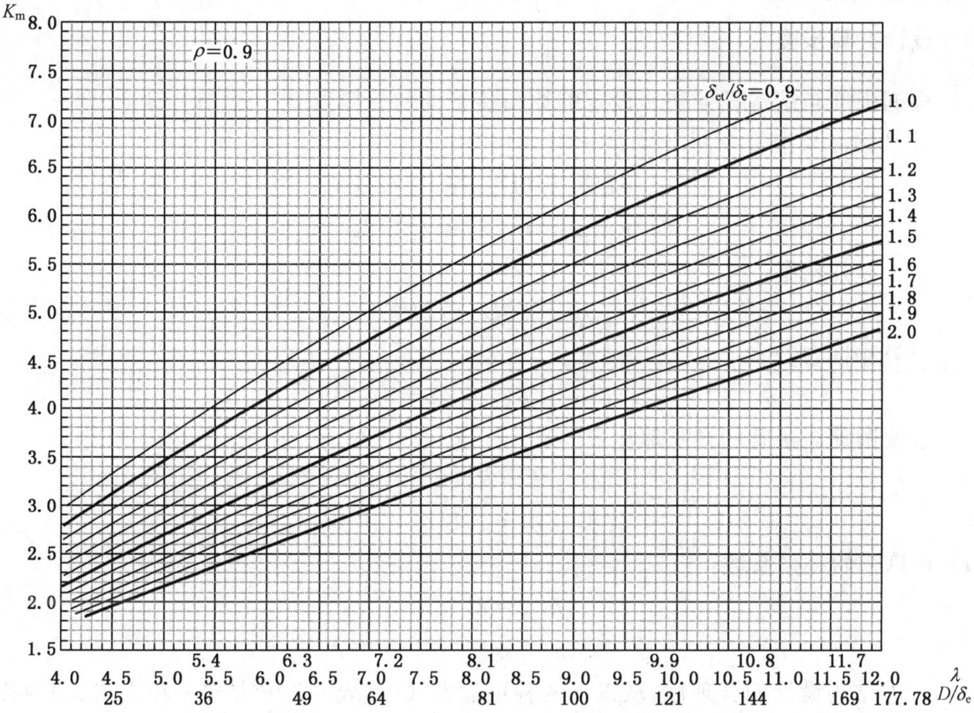
K_m
$\rho=0.9$
$\delta_{et}/\delta_e=0.9$
1.0
1.1
1.2
1.3
1.4
1.5
1.6
1.7
1.8
1.9
2.0
λ
D/δ_e

q)

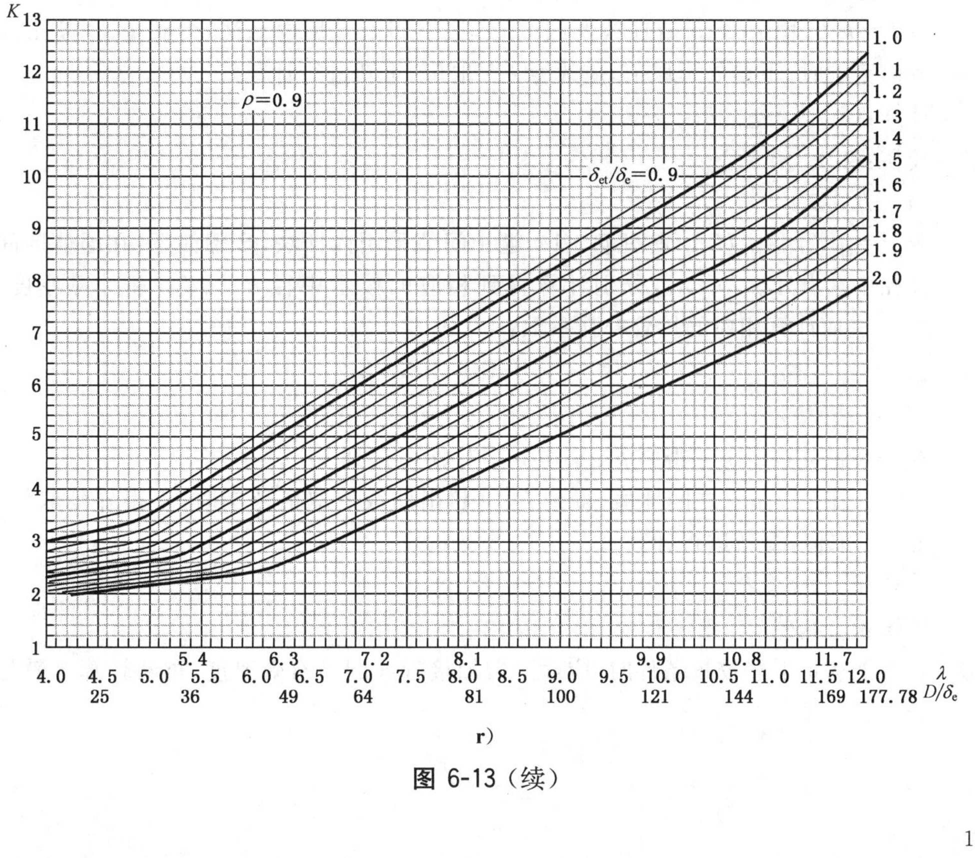
K
$\rho=0.9$
$\delta_{et}/\delta_e=0.9$
1.0
1.1
1.2
1.3
1.4
1.5
1.6
1.7
1.8
1.9
2.0
λ
D/δ_e

r)

图 6-13（续）

6.6.3 补强结构尺寸设计

6.6.3.1 设计计算步骤

a) 根据强度与结构设计初步设定圆筒与接管的初始厚度 $\delta_e^{(0)}$、$\delta_{et}^{(0)}$；

b) 计算圆筒与接管中面半径 R、r：

$$R=D/2=(D_i+\delta_e^{(0)})/2+C_s$$

$$r=d/2=(d_0-\delta_{et}^{(0)})/2$$

c) 计算开孔率：

$$\rho=d/D=r/R$$

d) 计算中间参数：

$$U=[\sigma]^t/p(=R/\delta=r/\delta_t)$$

e) 求取圆筒与接管的计算厚度：

$$\delta=R/U$$

$$\delta_t=r/U$$

f) 计算初始补强系数：

$$h^{(0)}=\delta_e^{(0)}/\delta$$

$$g^{(0)}=\delta_{et}^{(0)}/\delta_t$$

g) 考虑结构设计的合理性，从以下两种可能方式（见表 6-3 中方式一和方式二）中任选一种，求取接管或圆筒所需厚度：

1) 方式一

令 $h=h^{(0)}$，由 ρ、U、h 查曲线图组 6-14，遇中间值采用内插法，得到 g_{min}（超出曲线的取值范围时，不得外延取值，应改变 $h^{(0)}$ 取值，重新进行计算）。

计算：$(\delta_t)_{min}=g_{min}\delta_t$

校核：$(\delta_t)_{min}\leqslant\delta_{et}^{(0)}$

2) 方式二

令 $g=g^{(0)}$，由 ρ、U、g 查图组 6-14，遇中间值采用内插法，步骤如下：在插值区间的两开孔率端点处 $\rho_{(1)}$、$\rho_{(2)}$，分别计算得到相应的接管中径 $d_{(1)}$、$d_{(2)}$ 和计算厚度 $\delta_{t(1)}$、$\delta_{t(2)}$，进而计算相应的接管补强系数：

$g_{(1)}=\delta_{et}^{(0)}/\delta_{t(1)}$

$g_{(2)}=\delta_{et}^{(0)}/\delta_{t(2)}$

查图，由 $\rho_{(1)}$、U、$g_{(1)}$ 得到 $h_{(1)}$，由 $\rho_{(2)}$、U、$g_{(2)}$ 得到 $h_{(2)}$；

再以 ρ 在 $h_{(1)}$、$h_{(2)}$ 之间插值，得到 h_{min}（超出曲线的取值范围时，不得外延取值，应改变 $g^{(0)}$ 取值，重新进行计算）；

计算：$\delta_{min}=h_{min}\delta$

校核：$\delta_{min}\leqslant\delta_e^{(0)}$

h) 当不能满足上述校核条件时，应适当增加接管或圆筒有效厚度，重新计算至满足校核条件。

6.6.3.2 补强结构尺寸设计表(见表 6-3)

表 6-3 圆筒开孔补强结构尺寸设计计算表

一、已知条件					
设计压力	MPa	$p=$			
设计温度	℃				
		圆筒		接管	
材料许用应力	MPa	$[\sigma]_s^t=$		$[\sigma]_t^t=$	
内径(外径)	mm	$D_i=$		$d_o=$	
名义厚度	mm	$\delta_n=$		$\delta_{nt}=$	
壁厚附加量	mm	$C_s=$		$C_t=$	
二、参数计算					
		圆筒		接管	
有效厚度	mm	$\delta_e^{(0)}=$	δ_n-C_s	$\delta_{et}^{(0)}=$	$\delta_{nt}-C_t$
中面直径	mm	$D=$	$D_i+\delta_e^{(0)}+2C_s$	$d=$	$d_0-\delta_{et}^{(0)}$
材料许用应力	MPa	$[\sigma]^t=$	$\min([\sigma]_s^t,[\sigma]_t^t)$		
中间参数	MPa	$U=$	S_m/p		
计算厚度	mm	$\delta=$	R/U	$\delta_t=$	r/U
补强系数		$h^{(0)}=$	$\delta_e^{(0)}/\delta$	$g^{(0)}=$	$\delta_{et}^{(0)}/\delta_t$
开孔率		ρ	d/D		
三、查图及结果					
ρ 向下、上圆整至		$\rho_{(1)}=$		$\rho_{(2)}=$	
方式一　令 $h=h^{(0)}$	由 ρ,U,h 查曲线得 g				
查图,由 U、h 查得 g		$g_{(1)}=$	$g[U,h,\rho_{(1)}]$	$g_{(2)}=$	$g[U,h,\rho_{(2)}]$
按 ρ 内插得 g_{min}		$g_{min}=$			
需接管最小壁厚 $(\delta_t)_{min}$	mm	$(\delta_t)_{min}=$	$g_{min}\delta_t$		
校核		要求 $\delta_{et}^{(0)}\geqslant(\delta_t)_{min}$			
方式二　令 $g=g^{(0)}$	由 ρ,U,g 查曲线得 h				
接管中径 $d_{(n)}$	mm	$d_{(1)}=$	$D\rho_{(1)}$	$d_{(2)}=$	$D\rho_{(2)}$
接管计算厚度 $\delta_{t(n)}$	mm	$\delta_{t(1)}=$	$d_{(1)}/2U$	$\delta_{t(2)}=$	$d_{(2)}/2U$
计算 $g_{(n)}$		$g_{(1)}$	$\delta_{et}^{(0)}/\delta_{t(1)}$	$g_{(2)}=$	$\delta_{et}^{(0)}/\delta_{t(2)}$
查图,由 $U,g_{(n)}$ 查得 h		$h_{(1)}=$	$h[U,g_{(1)},\rho_{(1)}]$	$h_{(2)}=$	$h[U,g_{(2)},\rho_{(2)}]$
按 ρ 内插得 h_{min}	mm	$h_{min}=$			
需筒体最小厚度 δ_{min}		$\delta_{min}=$	$h_{min}\delta$		
校核		要求 $\delta_e^{(0)}\geqslant\delta_{min}$			

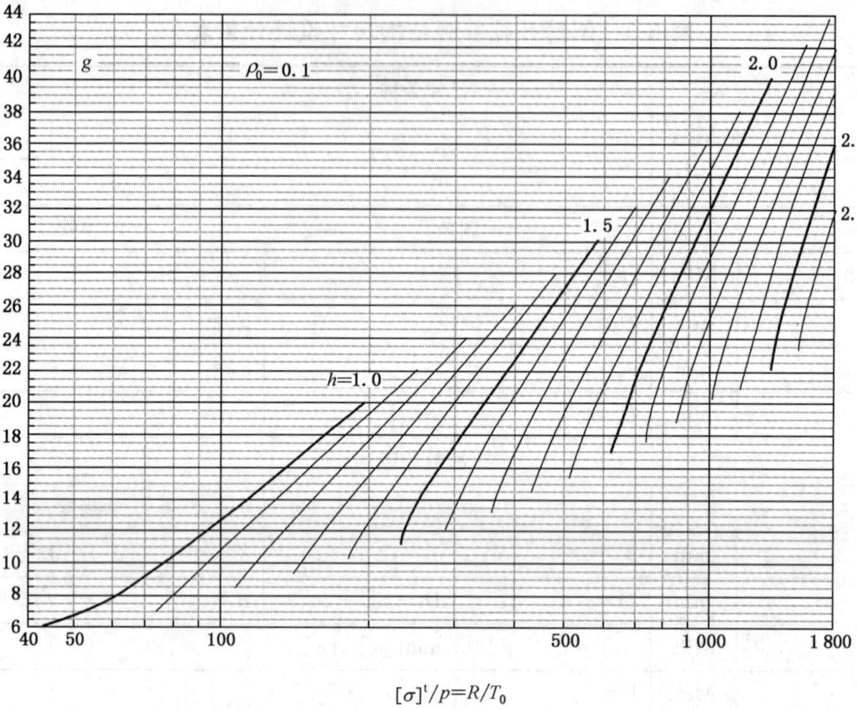
g
ρ_0=0.1
h=1.0
1.5
2.0
2.5
2.6
44
42
40
38
36
34
32
30
28
26
24
22
20
18
16
14
12
10
8
6
40
50
100
500
1 000
1 800
$[\sigma]^t/p=R/T_0$

a)

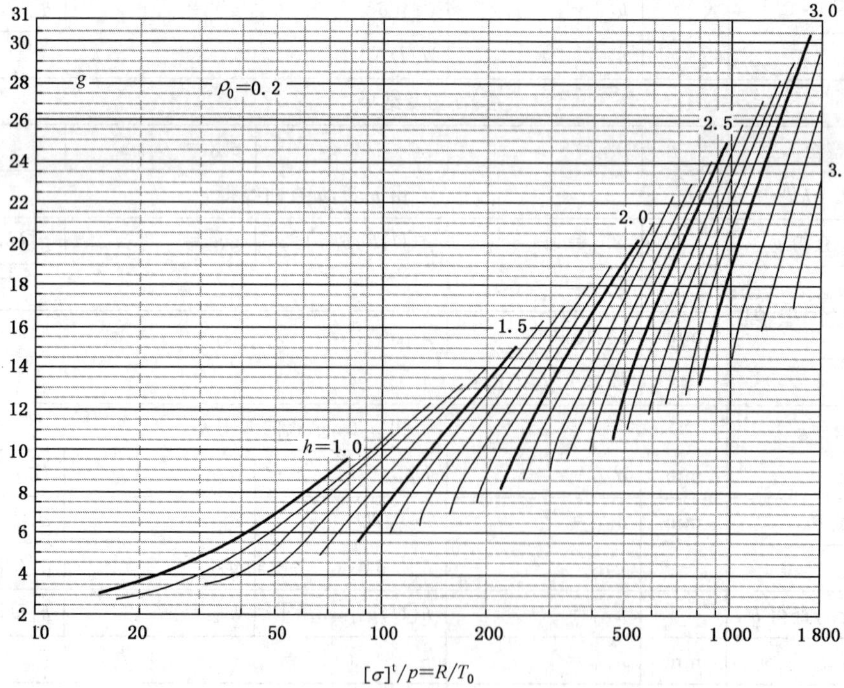
g
ρ_0=0.2
h=1.0
1.5
2.0
2.5
3.0
3.6
31
30
28
26
24
22
20
18
16
14
12
10
8
6
4
2
10
20
50
100
200
500
1 000
1 800
$[\sigma]^t/p=R/T_0$

b)

图 6-14

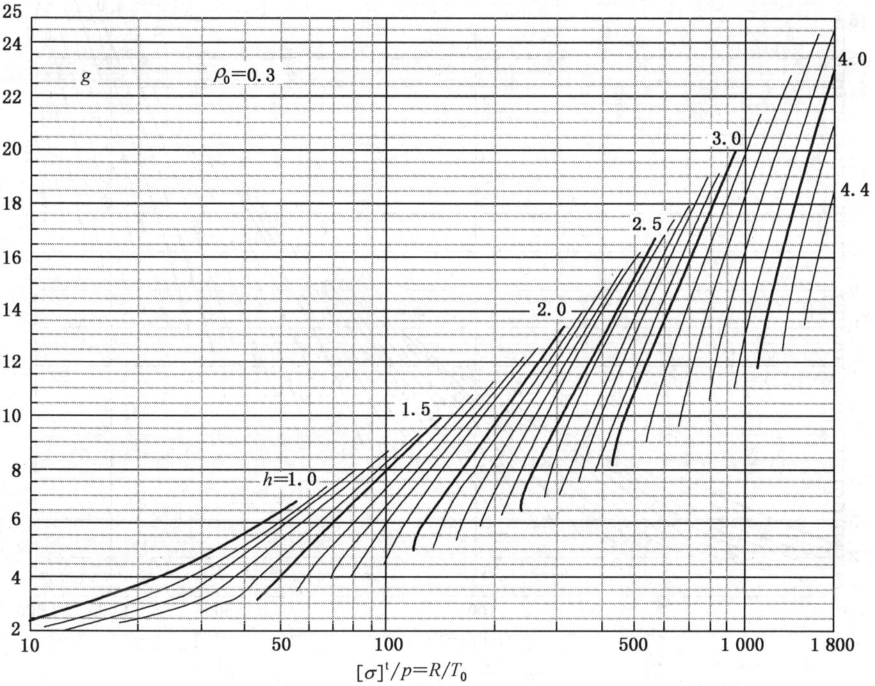
g
ρ_0=0.3
h=1.0
1.5
2.0
2.5
3.0
4.0
4.4
25
24
22
20
18
16
14
12
10
8
6
4
2
10
50
100
500
1 000
1 800
$[\sigma]^t/p=R/T_0$

c)

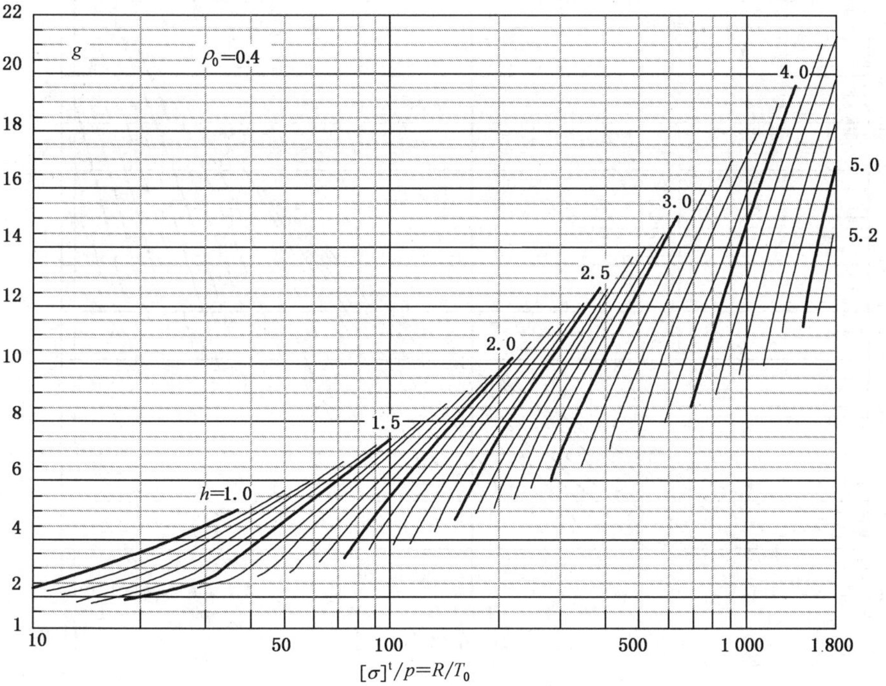
g
ρ_0=0.4
h=1.0
1.5
2.0
2.5
3.0
4.0
5.0
5.2
22
20
18
16
14
12
10
8
6
4
2
1
10
50
100
500
1 000
1 800
$[\sigma]^t/p=R/T_0$

d)

图 6-14(续)

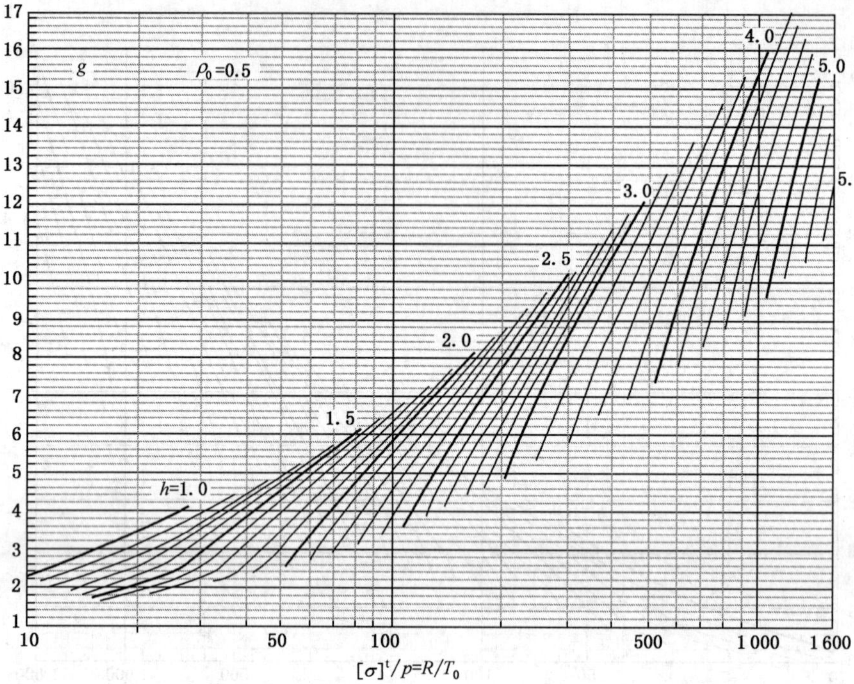
g
ρ_0=0.5
h=1.0
1.5
2.0
2.5
3.0
4.0
5.0
5.6
1
2
3
4
5
6
7
8
9
10
11
12
13
14
15
16
17
10
50
100
500
1 000
1 600
$[\sigma]^t/p=R/T_0$

e)

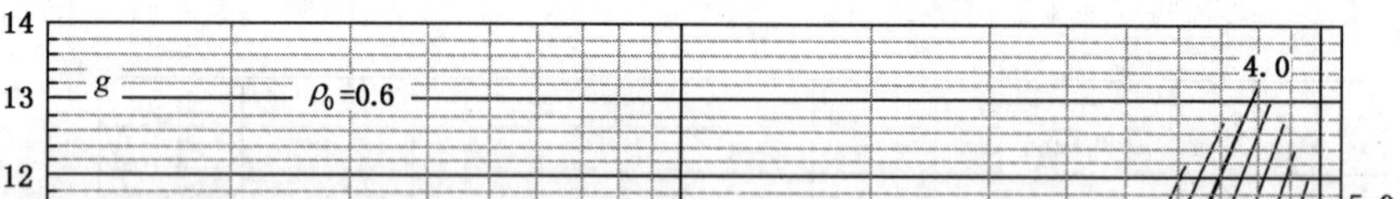
g
ρ_0=0.6
h=1.0
1.5
2.0
2.5
3.0
4.0
5.0
5.4
1
2
3
4
5
6
7
8
9
10
11
12
13
14
10
50
100
500
1 000
1080
$[\sigma]^t/p=R/T_0$

f)

图 6-14(续)

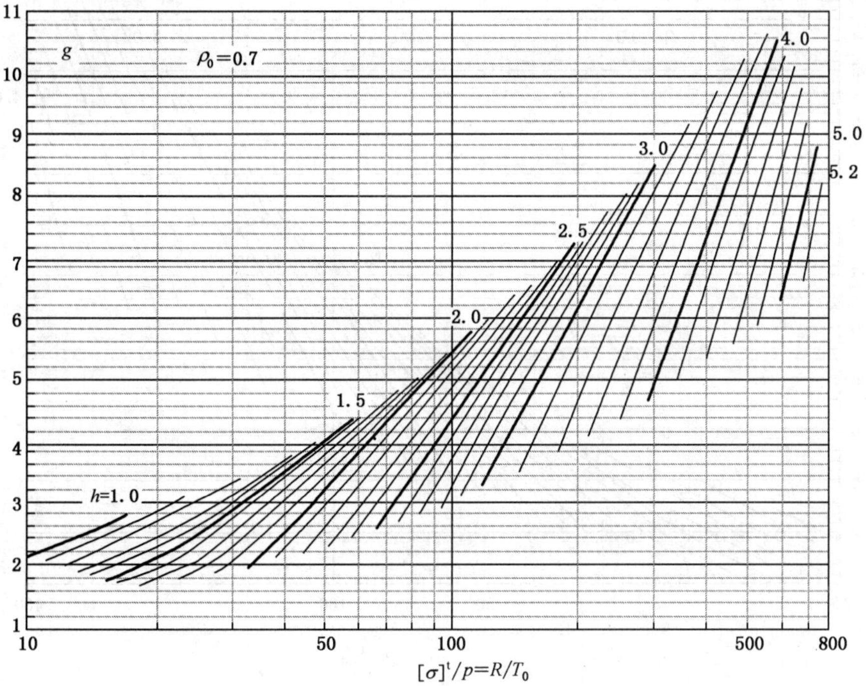
g
ρ_0=0.7
h=1.0
1.5
2.0
2.5
3.0
4.0
5.0
5.2
1
2
3
4
5
6
7
8
9
10
11
10
50
100
500
800
$[\sigma]^t/p=R/T_0$

g)

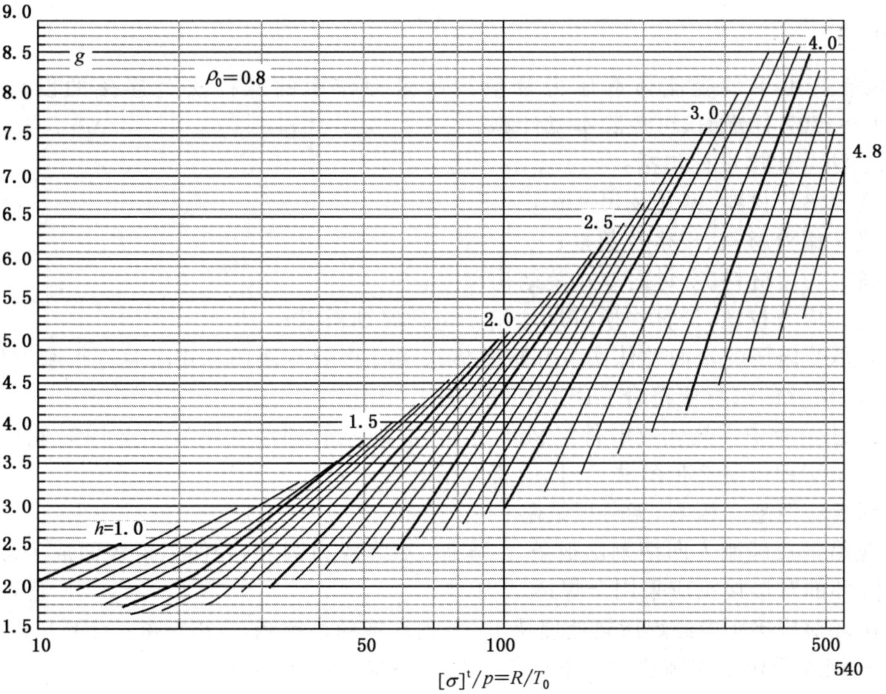
g
ρ_0=0.8
h=1.0
1.5
2.0
2.5
3.0
4.0
4.8
1.5
2.0
2.5
3.0
3.5
4.0
4.5
5.0
5.5
6.0
6.5
7.0
7.5
8.0
8.5
9.0
10
50
100
500
540
$[\sigma]^t/p=R/T_0$

h)

图 6-14(续)

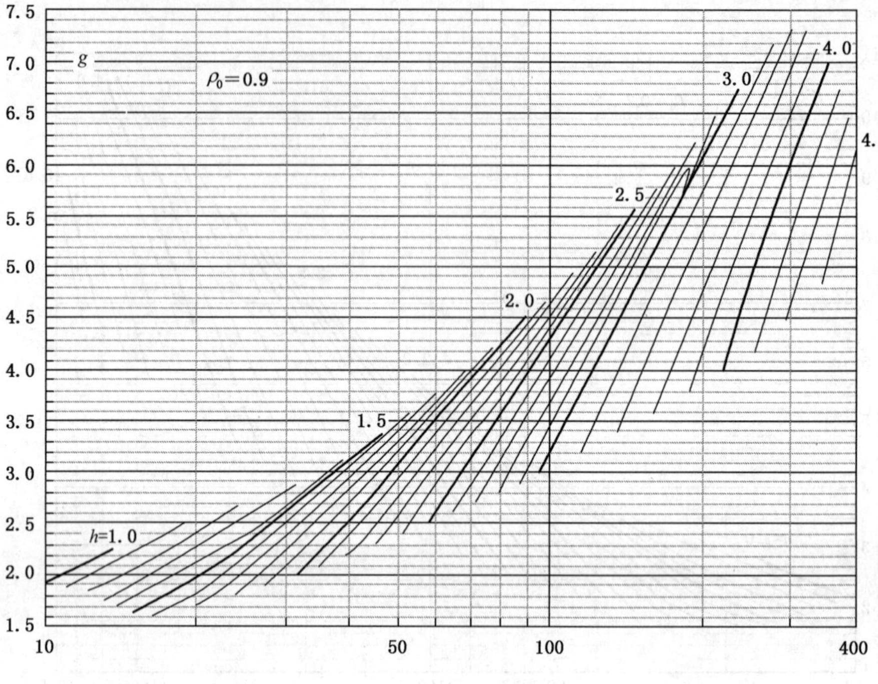

i)

图 6-14(续)

7 法兰

7.1 总则

7.1.1 本章适用于承受流体静压力及垫片压紧力作用的螺栓法兰连接的设计。当选用JB/T 4700～4707 标准时,可免除本章计算。

7.1.2 螺栓法兰连接设计包括:

a) 确定垫片材料、型式及尺寸;

b) 确定螺栓材料、规格及数量;

c) 确定法兰材料、密封面型式及结构尺寸;

d) 进行应力校核,计算中所有尺寸均不包括腐蚀裕量;

e) 对承受内压的窄面整体法兰和按整体法兰计算的窄面任意式法兰进行刚度校核。

7.1.3 螺栓、法兰的选材应符合 GB 150.2 的规定。

7.1.4 带颈法兰应采用热轧或锻件经机加工制成,加工后的法兰轴线须与原热轧件或锻件的轴线平行。采用钢板制造带颈法兰时,应符合下列要求:

a) 钢板应经超声检测,无分层缺陷;

b) 应沿钢板轧制方向切割出板条,经弯制,对焊成为圆环,并使钢板表面成为环的侧面;

c) 圆环的对接接头应采用全焊透结构;

d) 圆环对接接头应经焊后热处理及 100%射线或超声检测,合格标准按 JB/T 4700 的规定。

7.1.5 碳素钢或低合金钢制法兰在下列任一情况下应经正火热处理:

a) 法兰断面厚度大于 50 mm;

b) 锻制法兰。

7.1.6 用碳素钢或低合金钢板材或型材制造的法兰环对接接头、焊制整体法兰[见图 7-1g)],

应经焊后热处理。

7.1.7 螺栓的公称直径应不小于M12,当公称直径大于M48时,应采用细牙螺纹。

7.2 法兰分类

7.2.1 窄面法兰:垫片的接触面位于法兰螺栓孔包围的圆周范围内,常用的窄面法兰结构型式见图7-1、图7-2,计算方法按7.5;

对于特殊结构形式的窄面法兰,如反向法兰计算方法按7.6;筒体端部结构计算按7.7。

7.2.2 宽面法兰:垫片的接触面分布于法兰螺栓中心圆的内外两侧,计算方法按7.8。

7.3 术语、定义和符号

7.3.1 GB 150.1通用要求中的术语和定义适用于本章。

7.3.2 符号

A_a——预紧状态下,需要的螺栓总截面积,mm^2;

A_b——实际使用的螺栓总截面积,mm^2;

A_m——需要的螺栓总截面积,mm^2;

A_p——操作状态下,需要的螺栓总截面积,mm^2;

b——垫片有效密封宽度,mm;

b_o——垫片基本密封宽度(见表7-1),mm;

D_b——螺栓中心圆直径,mm;

D_G——垫片压紧力作用中心圆直径(见图7-1),mm;

D_i——法兰或筒体端部结构内直径(应扣除腐蚀裕量),mm;

D_{i1}——法兰计算直径,mm;

D_o——法兰外直径(对使用活节螺栓槽形螺栓孔的法兰,则为槽孔底部圆直径。对筒体端部结构,则为筒体端部外径),mm;

D_2——筒体端部密封面外直径,mm;

d_1——参数,见式7-16或表7-5,mm^3;

d_B——螺栓公称直径,mm;

d_b——螺栓孔直径,mm;

E——法兰材料的弹性模量(见GB 150.2),MPa;

e——参数,见式(7-16)或表7-5,mm^{-1};

F——内压引起的总轴向力,N;

f——整体法兰颈部应力校正系数(法兰颈部小端应力与大端应力的比值);

F_a——预紧状态下,需要的最小垫片压紧力,N;

F_D——内压引起的作用于法兰内径截面上的轴向力,N;

F_G——窄面法兰垫片压紧力,包括F_a、F_p、W(预紧)三种情况,N;

F_I——整体法兰系数,由图7-3、表7-8查得或按表7-7计算;

F_L——带颈松式法兰系数,由图7-5查得或按表7-7计算;

F_p——操作状态下,需要的最小垫片压紧力,N;

F_T——内压引起的总轴向力F与F_D之差,N;

h——法兰颈部高度,对筒体端部结构为端部圆柱段的高度,mm;

h_o——参数,见式(7-16)或表7-5,mm;

J——法兰刚度指数;

K——法兰外径与内径的比值;

$\widehat{L}$——相邻螺栓间距(见表 7-3),mm;

L_A——螺栓中心至法兰颈部(或焊缝)与法兰背面交点的径向距离(见表 7-3),mm;

L_D——螺栓中心至 F_D 作用位置处的径向距离(见图 7-1),mm;

L_e——螺栓中心至法兰外径处的径向距离(见表 7-3),mm;

L_G——螺栓中心至 F_G 作用位置处的径向距离(见图 7-1),mm;

L_T——螺栓中心至 F_T 作用位置处的径向距离(见图 7-1),mm;

M——作用于筒体端部纵向截面的弯矩,N·mm;

m——垫片系数,(见表 7-2);

M_a——法兰预紧力矩,N·mm;

M_o——法兰设计力矩,N·mm;

M_p——法兰操作力矩,N·mm;

N——垫片接触宽度,(见表 7-1),mm;

n——螺栓数量;

p_c——计算压力,MPa;

T——与 K 相关系数,由图 7-8 或表 7-9 查得;

U——与 K 相关系数,由图 7-8 或表 7-9 查得;

V_I——整体法兰系数,由图 7-4 查得或按表 7-7 和表 7-8 计算;

V_L——带颈松式法兰系数,由图 7-6 查得或按表 7-7 计算;

W——螺栓设计载荷,N;

W_a——预紧状态下,需要的最小螺栓载荷(即预紧状态下,需要的最小垫片压紧力 F_a),N;

W_p——操作状态下,需要的最小螺栓载荷,N;

Y——与 K 相关系数,由表 7-9 或图 7-8 查得;

y——垫片比压力,由表 7-2 查得,MPa;

Z——与 K 相关系数,由表 7-9 或图 7-8 查得;

Z_g——筒体端部纵向截面的抗弯截面模量,mm^3;

β——系数,按表 7-5 计算;

γ——系数,按表 7-5 计算;

δ_f——法兰有效厚度,mm;

δ_0——法兰颈部小端有效厚度,mm;

δ_1——法兰颈部大端有效厚度,mm;

η——系数,按表 7-5 计算;

λ——系数,见式(7-16)或表 7-5;

σ_H——法兰颈部轴向应力,MPa;

σ_R——法兰环的径向应力,MPa;

σ_T——法兰环的切向应力,MPa;

$[\sigma]_b$——室温下螺栓材料的许用应力(按 GB 150.2),MPa;

$[\sigma]_b^t$——设计温度下螺栓材料的许用应力(按 GB 150.2),MPa;

$[\sigma]_f$——室温下法兰材料的许用应力(按 GB 150.2),MPa;

$[\sigma]_f^t$——设计温度下法兰材料的许用应力(按 GB 150.2),MPa;

$[\sigma]_n$——室温下圆筒材料的许用应力(按 GB 150.2),MPa;

$[\sigma]_n^t$——设计温度下圆筒材料的许用应力(按 GB 150.2),MPa;

τ——切(剪)应力,MPa;

ψ——系数,按表 7-5 计算。

7.4 法兰型式

7.4.1 法兰按其整体性程度,分为三种型式(见图 7-1)。

7.4.2 松式法兰:法兰未能有效地与容器或接管连接成一整体,不具有整体式连接的同等结构强度。

松式法兰及其载荷作用位置见图 7-1 a-1)、b-1),典型的松式法兰——活套法兰结构如图 7-1 a-1)不带颈的型式(即实线部分),其计算按表 7-6 进行。对带颈的松式法兰可按整体法兰(表 7-5)计算,但其中系数 V_I、F_I 应以 V_L、F_L 代替,f 取 1.0。力臂 $L_D=L_A+\delta_1$。

7.4.3 整体法兰:法兰、法兰颈部及容器或接管三者能有效地连接成一整体结构。

各种型式的整体法兰及载荷作用位置见图 7-1 c)、d)、e)、f)、g),其计算按表 7-5 进行。

7.4.4 任意式法兰,如图 7-1h)、i)、j)、k)的焊接法兰,其计算按整体法兰(表 7-5),但为了简便,当满足下列条件时也可按活套法兰(表 7-6)计算:

a) $\delta_0\leqslant15$ mm,$D_i/\delta_0\leqslant300$;

b) $p\leqslant2$ MPa;

c) 设计温度小于或等于 370 ℃。

松式法兰

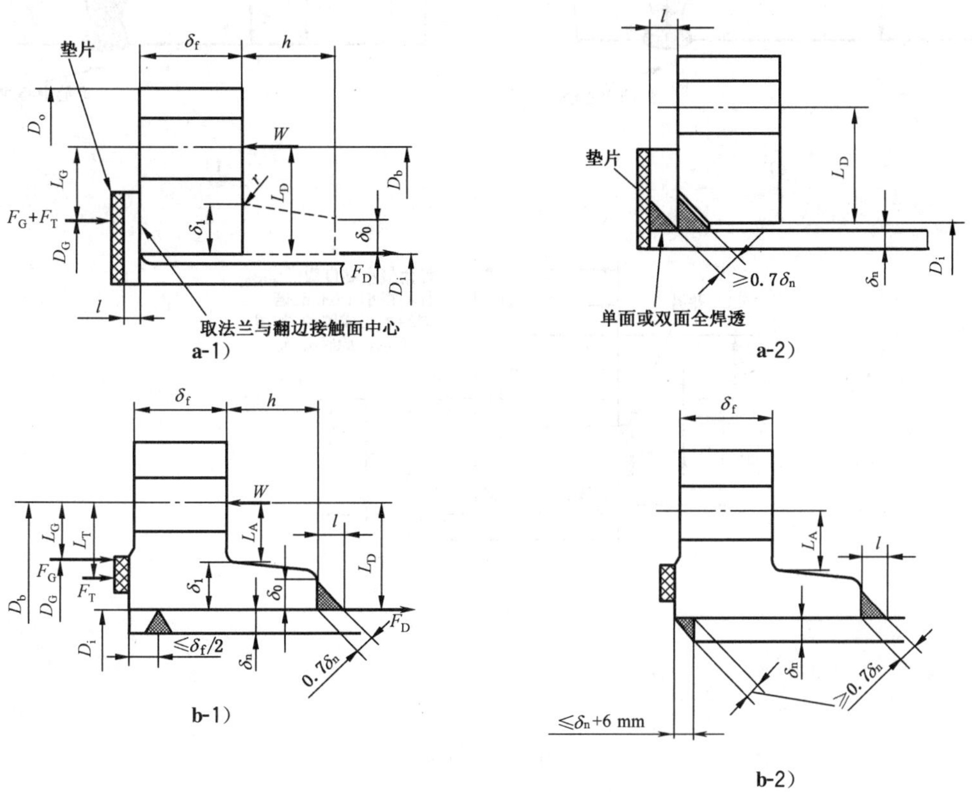

图 7-1 法兰型式

整体法兰

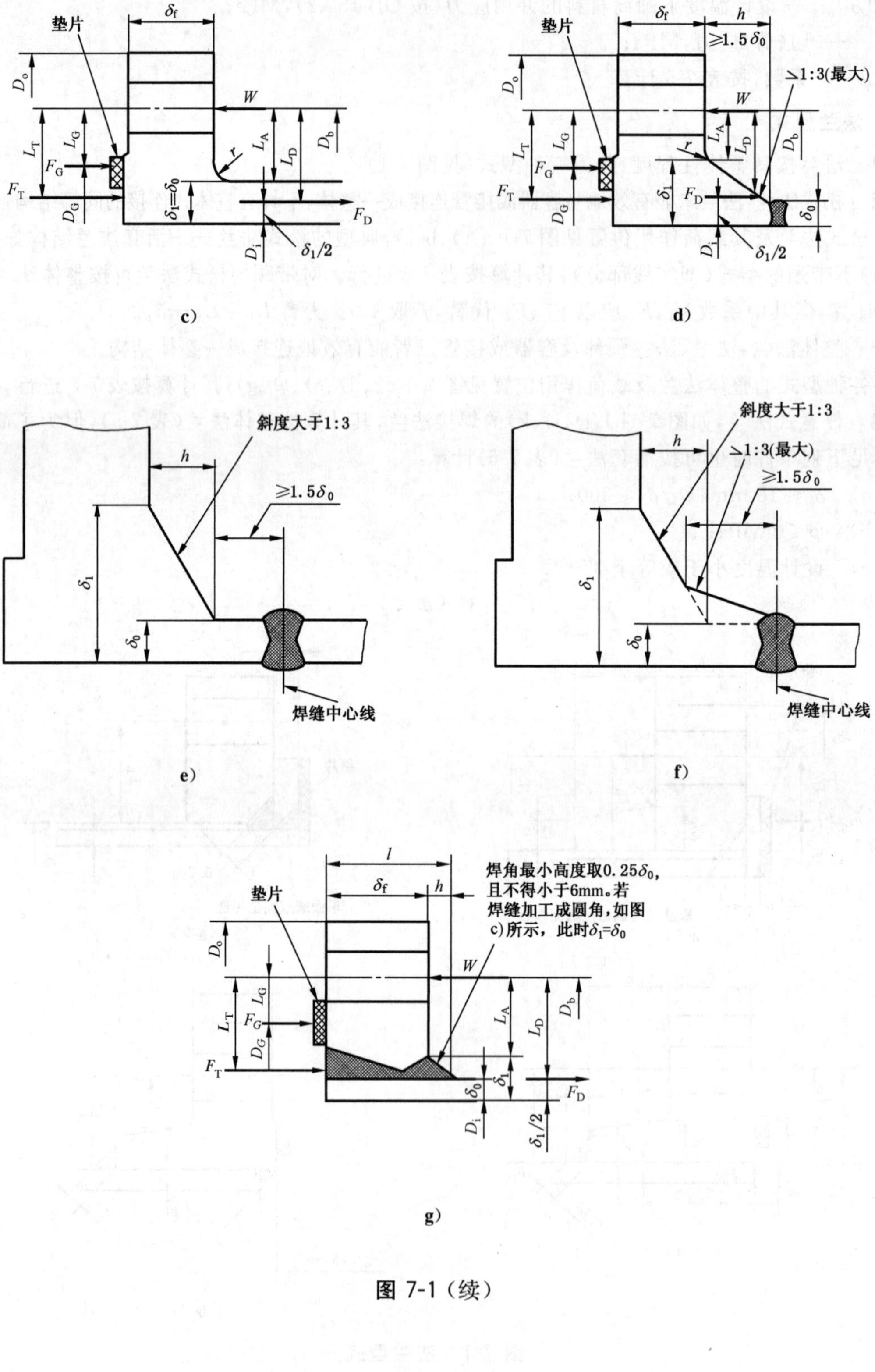

垫片
δ_f
D_o
W
L_T
L_G
L_A
L_D
D_b
r
F_G
F_T
D_G
$\delta_1=\delta_0$
F_D
D_i
$\delta_1/2$
c)
h
≥1.5δ_0
≥1:3(最大)
δ_1
δ_0
d)
斜度大于1:3
焊缝中心线
e)
f)
l
焊角最小高度取0.25δ_0，
且不得小于6mm。若
焊缝加工成圆角，如图
c)所示，此时$\delta_1=\delta_0$
g)

图 7-1（续）

任意式法兰

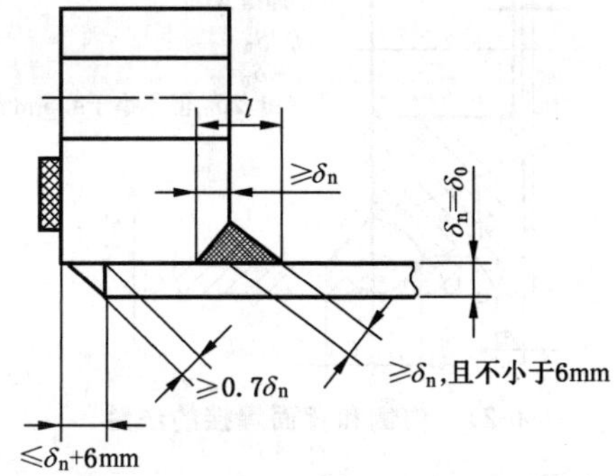

h)

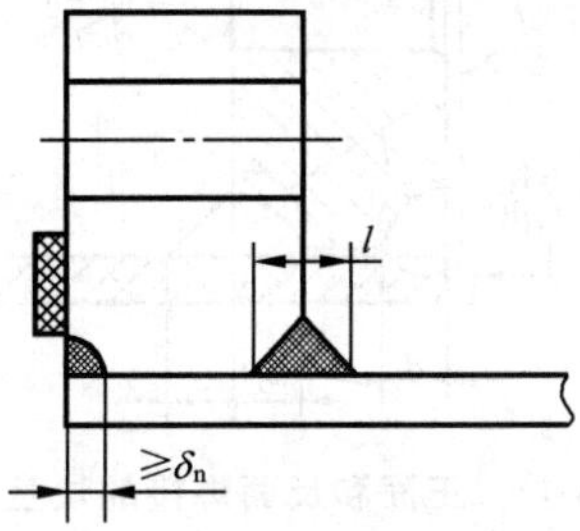

i)

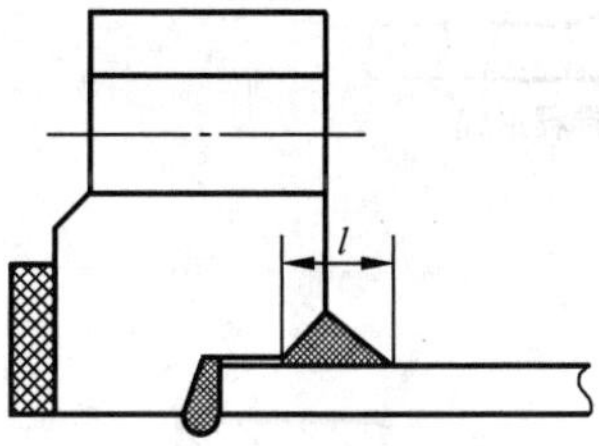

j)

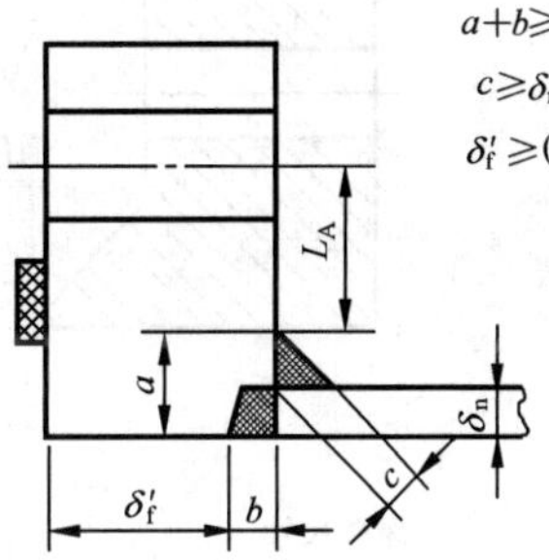

k)

注 1：带颈松式法兰，当颈部斜度不大于 6°时，计算中取 $\delta_1=\delta_0$。

注 2：带颈整体法兰，当颈部斜度大于 1∶3 时，应采用图中 e)、f)所示结构。

注 3：圆角半径 $r\geqslant0.25\delta_1$，且不小于 4.5 mm。

注 4：榫槽、凹凸面及平面密封面的台肩高度不包括在法兰有效厚度内。

图 7-1(续)

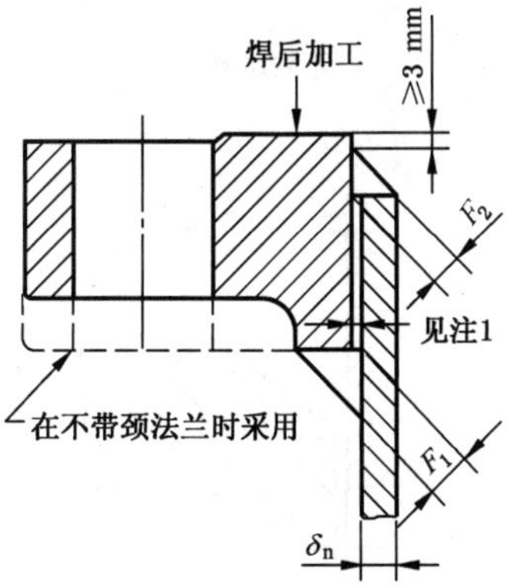

$F_2\geqslant0.75\delta_n$

$F_1=1.0\delta_n$，但不大于 16 mm

a-1) 带颈平焊法兰

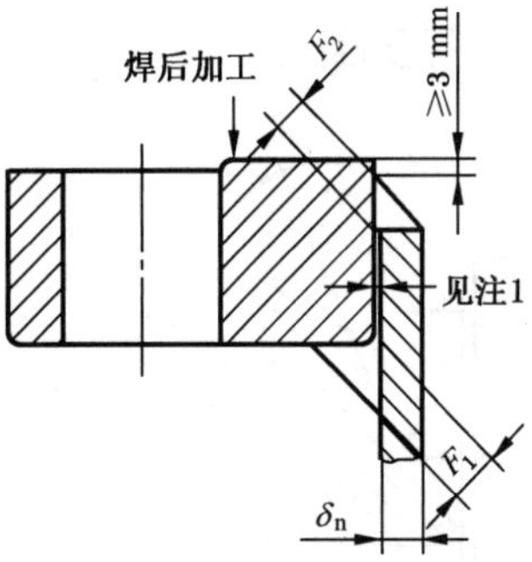

$F_2\geqslant0.7\delta_n$

$F_1=1.0\delta_n$，但不大于 10mm

a-2) 平焊法兰

图 7-2 法兰结构

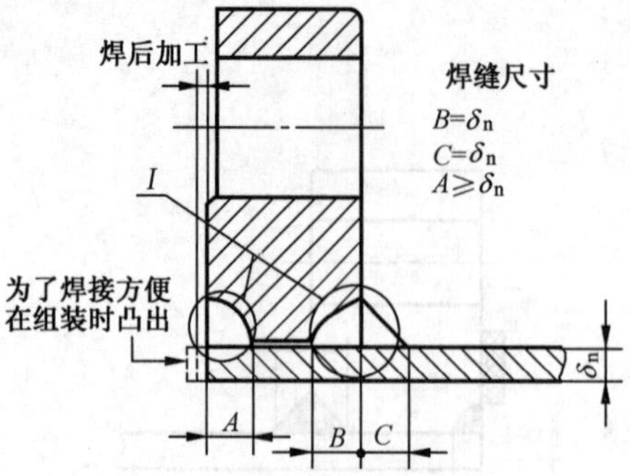

b-1） 正面和反面焊接的法兰

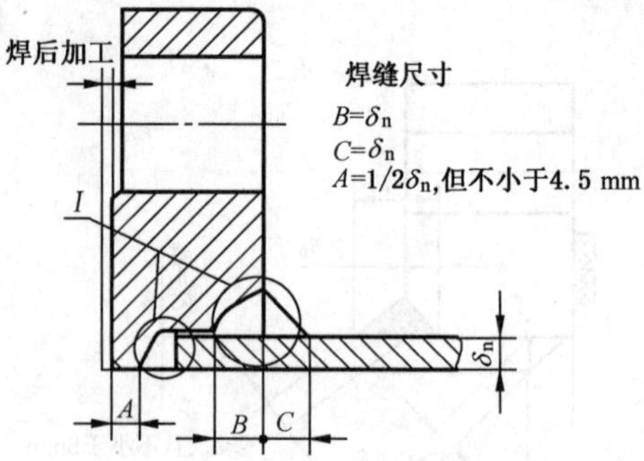

b-2） 内侧和背面焊接的法兰

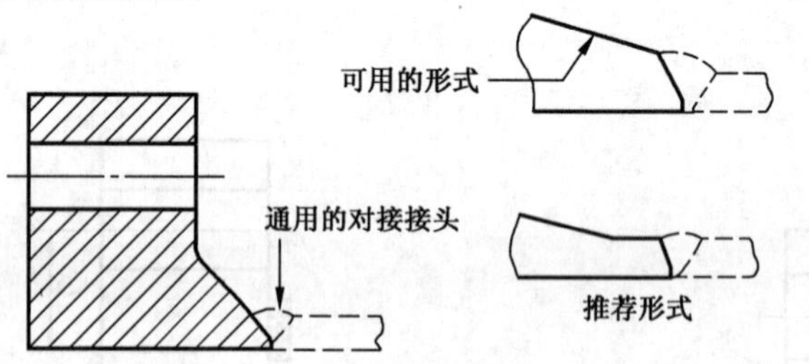

c-1） 对焊法兰

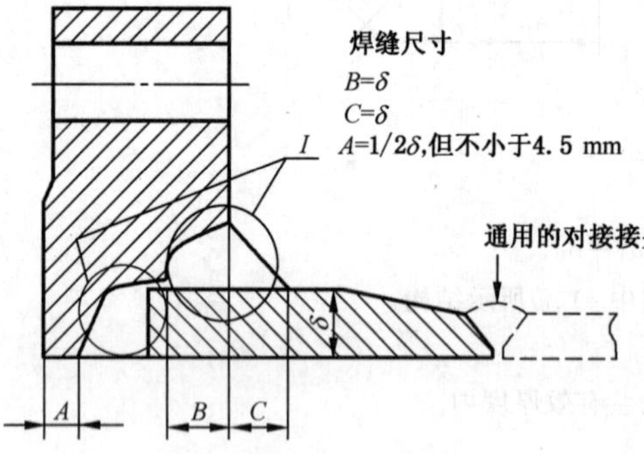

c-2） 对焊法兰(由板材制成)

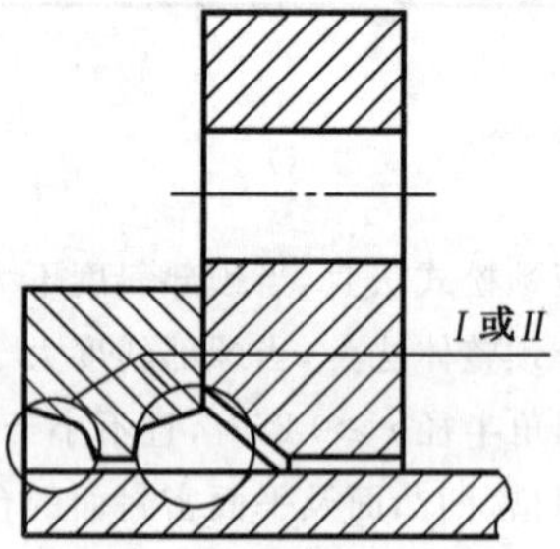

c-3） 焊环活套法兰

I / 不按比例

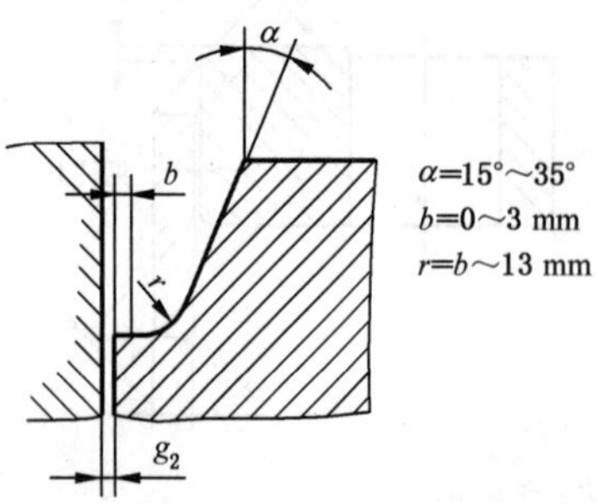

II / 不按比例

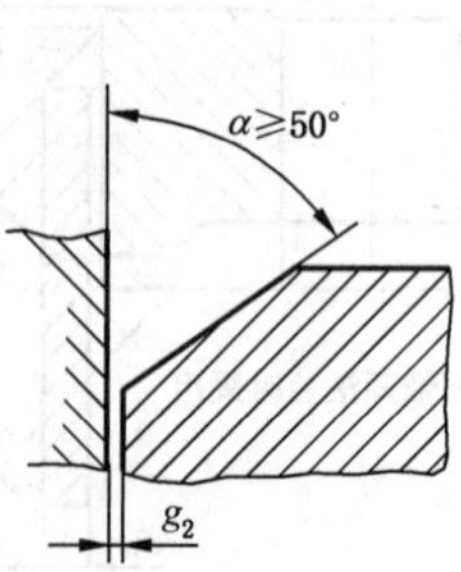

注 1： 图 a-1)、a-2)、b-1)、b-2)法兰内径与圆筒外径间的间隙不得大于 3 mm，且两侧径向间隙之和不得大于4.5 mm。

注 2： g_2 的最大和最小尺寸根据施焊焊接工艺(例如焊条种类和尺寸)及施焊位置确定。$g_2 \leqslant 3$ mm，且两侧径向间隙之和不得大于 4.5 mm。

图 7-2（续）

表 7-1　垫片基本密封宽度

序号	压紧面形状(简图)	垫片基本密封宽度 b_o Ⅰ	Ⅱ
1a	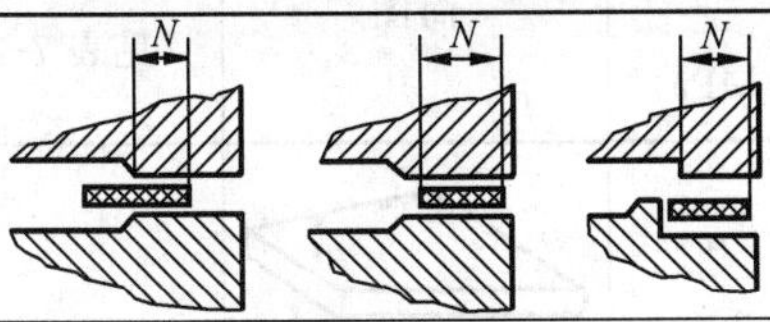	$\frac{N}{2}$	$\frac{N}{2}$
1b	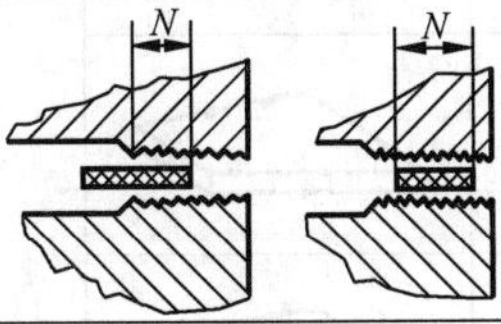		
1c	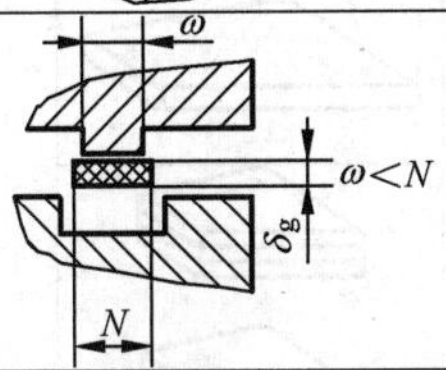	$\frac{\omega+\delta_g}{2}$ $\left(\frac{\omega+N}{4}最大\right)$	$\frac{\omega+\delta_g}{2}$ $\left(\frac{\omega+N}{4}最大\right)$
1d	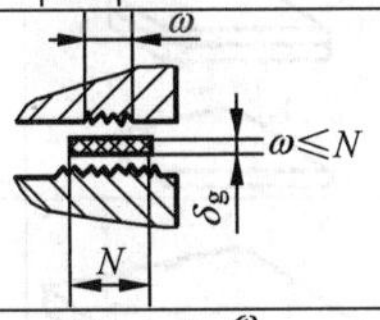		
2	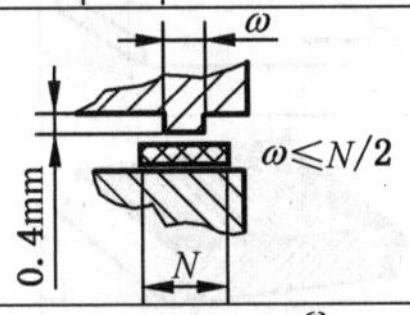	$\frac{\omega+N}{4}$	$\frac{\omega+3N}{8}$
3	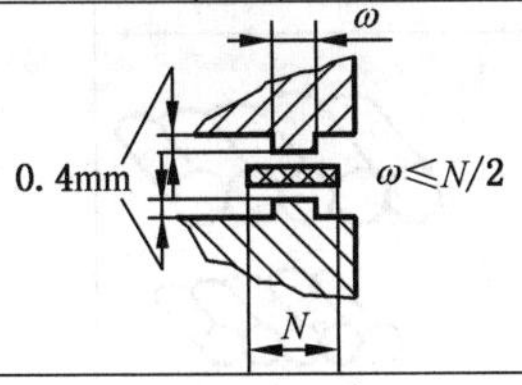	$\frac{N}{4}$	$\frac{3N}{8}$
4	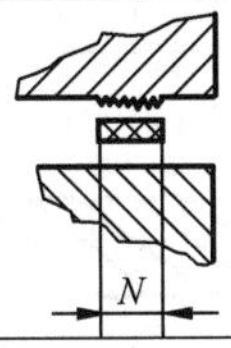	$\frac{3N}{8}$	$\frac{7N}{16}$
5	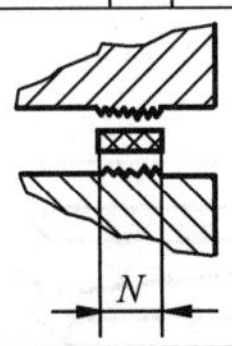	$\frac{N}{4}$	$\frac{3N}{8}$
6	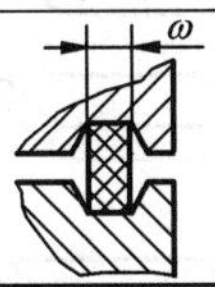	$\frac{\omega}{8}$	

注：对序号 4、5，当锯齿深度不超过 0.4 mm，齿距不超过 0.8 mm 时，应采用 1*b* 或 1*d* 的压紧面形状。

表 7-2 常用垫片特性参数

垫片材料		垫片系数 m	比压力 y MPa	简图	压紧面形状 (见表 7-1)	类别(见表 7-1)
无织物或含少量石棉纤维的合成橡胶； 肖氏硬度低于 75 肖氏硬度大于或等于 75		 0.50 1.00	 0 1.4	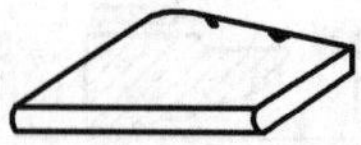	1(a、b、c、d) 4、5	Ⅱ
具有适当加固物的石棉(石棉橡胶板)	厚度 3 mm 厚度 1.5 mm 厚度 0.75 mm	2.00 2.75 3.50	11 25.5 44.8	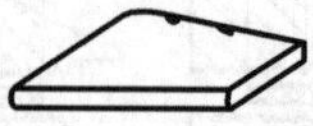		
内有棉纤维的橡胶		1.25	2.8	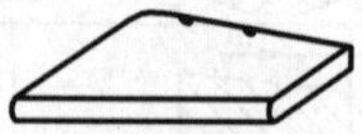		
内有石棉纤维的橡胶，具有金属加强丝或不具有金属加强丝	3 层 2 层 1 层	2.25 2.50 2.75	15.2 20 25.5	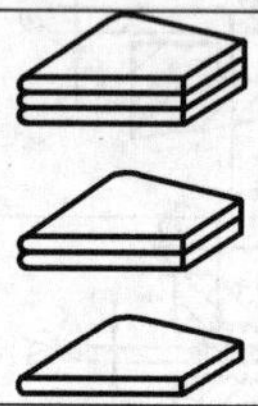		
植物纤维		1.75	7.6	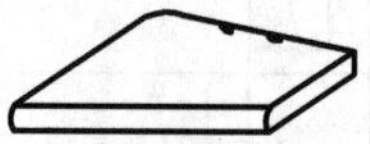	1(a、b、c、d) 4、5	
内填石棉缠绕式金属	碳钢 不锈钢或蒙乃尔	2.50 3.00	69 69		1(a、b)	
波纹金属板类壳内包石棉或波纹金属板内包石棉	软铝 软铜或黄铜 铁或软钢 蒙乃尔或 4%～6%铬钢 不锈钢	2.50 2.75 3.00 3.25 3.50	20 26 31 38 44.8	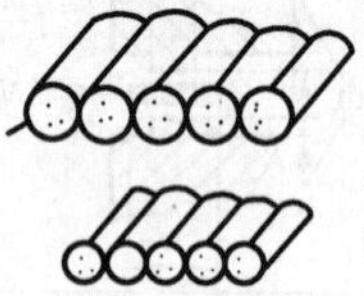		
波纹金属板	软铝 软铜或黄铜 铁或软钢 蒙乃尔或 4%～6%铬钢 不锈钢	2.75 3.00 3.25 3.50 3.75	25.5 31 38 44.8 52.4		1(a、b、c、d)	
平金属板内包石棉	软铝 软铜或黄铜 铁或软钢 蒙乃尔 4%～6%铬钢 不锈钢	3.25 3.50 3.75 3.50 3.75 3.75	38 44.8 52.4 55.2 62.1 62.1	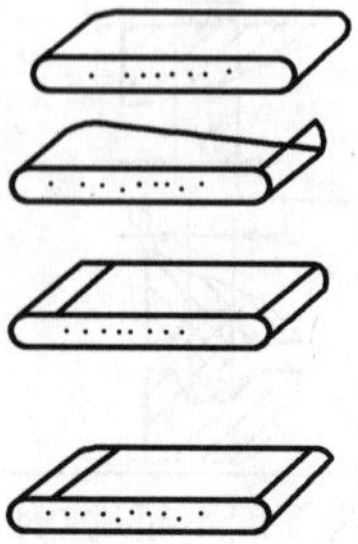	1a、1b、1c、1d、2	

表 7-2(续)

垫片材料		垫片系数 m	比压力 y MPa	简图	压紧面形状(见表 7-1)	类别(见表 7-1)
槽形金属	软铝	3.25	38		1(a、b、c、d)、2、3	Ⅱ
	软铜或黄铜	3.50	44.8			
	铁或软钢	3.75	52.4			
	蒙乃尔或 4%~6%铬钢	3.75	62.1			
	不锈钢	4.25	69.6			
复合柔性石墨波齿金属板	碳钢 不锈钢	3.0	50		1(a、b)	
金属平板	软铝	4.00	60.7	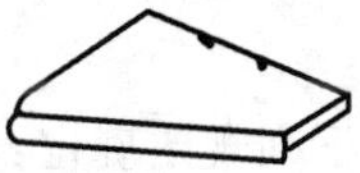	1(a、b、c、d) 2、3、4、5	Ⅰ
	软铜或黄铜	4.75	89.6			
	铁或软钢	5.50	124.1			
	蒙乃尔或 4%~6%铬钢	6.00	150.3			
	不锈钢	6.50	179.3			
金属环	铁或软钢	5.50	124.1	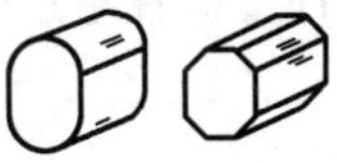	6	
	蒙乃尔或 4%~6%铬钢	6.00	150.3			
	不锈钢	6.50	179.3			

注 1:本表所列各种垫片的 m、y 值及适用的压紧面形状,均属推荐性资料。采用本表推荐的垫片参数(m、y)并按本章规定设计的法兰,在一般使用条件下,通常能得到比较满意的使用效果。但在使用条件特别苛刻的场合,如在氰化物介质中使用的垫片,其参数 m、y,应根据成熟的使用经验谨慎确定。

注 2:对于平金属板内包石棉,若压紧面形状为 1c、1d 或 2,垫片表面的搭接接头不应位于凸台侧。

7.5 窄面法兰

7.5.1 垫片

7.5.1.1 各种常用垫片的特性参数(m、y)按表 7-2 查取。

7.5.1.2 垫片有效密封宽度

选定垫片尺寸,按表 7-1 确定垫片接触宽度 N 和基本密封宽度 b_o,并按以下规定计算垫片有效密封宽度 b:

当 $b_o \leqslant 6.4$ mm 时,$b = b_o$;

当 $b_o > 6.4$ mm 时,$b = 2.53\sqrt{b_o}$。

7.5.1.3 垫片压紧力作用中心圆直径

垫片压紧力作用中心圆直径按下列规定确定:

a) 对于图 7-1 a-1)、a-2)所示活套法兰,垫片压紧力作用中心圆直径 D_G 即是法兰与翻边接触面的平均直径。

b) 对于其他型式法兰,则按下述规定计算 D_G:

当 $b_o \leqslant 6.4$ mm 时,D_G 等于垫片接触的平均直径;

当 $b_o > 6.4$ mm 时,D_G 等于垫片接触的外径减去 $2b$。

c) 对筒体端部结构,D_G 等于密封面平均直径。

7.5.1.4 垫片压紧力

垫片压紧力按下列规定计算:

a) 预紧状态下需要的最小垫片压紧力按式(7-1)计算:

$$F_a = 3.14 D_G b y \qquad \cdots\cdots(7\text{-}1)$$

b) 操作状态下需要的最小垫片压紧力按式(7-2)计算:

$$F_p = 6.28 D_G b m p_c \qquad \cdots\cdots(7\text{-}2)$$

7.5.1.5 垫片宽度

垫片在预紧状态下受到最大螺栓载荷的作用,当压紧过度将失去密封性能。垫片应有足够的宽度,其值可按经验确定。

7.5.2 螺栓

7.5.2.1 螺栓的布置

螺栓的布置一般按下列规定确定:

a) 法兰径向尺寸 L_A、L_e 及螺栓间距 $\widehat{L}$ 的最小值可按表 7-3 选取;

b) 螺栓最大间距 $\widehat{L}_{max}$ 不宜超过式(7-3)的计算值:

$$\widehat{L}_{max} = 2d_B + \frac{6\delta_f}{m + 0.5} \qquad \cdots\cdots(7\text{-}3)$$

表 7-3 L_A、L_e、$\widehat{L}$ 的最小值

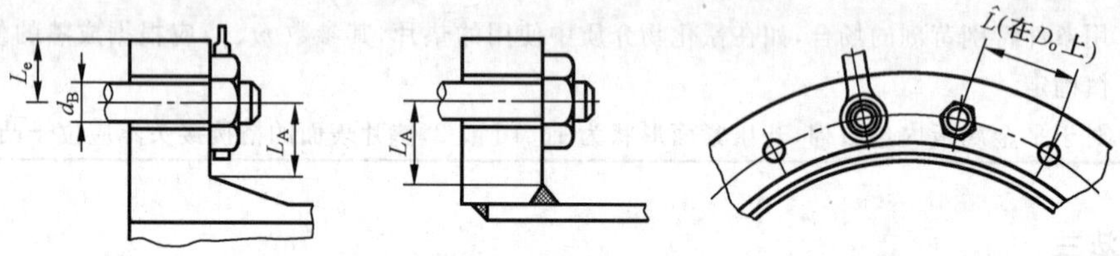

a)　　　b)

螺栓公称直径 d_B	L_A		L_e	$\widehat{L}$	螺栓公称直径 d_B	L_A		L_e	$\widehat{L}$
	A组	B组				A组	B组		
12	20	16	16	32	30	44	35	30	70
16	24	20	18	38	36	48	38	36	80
20	30	24	20	46	42	56		42	90
22	32	26	24	52	48	60		48	102
24	34	27	26	56	56	70		55	116
27	38	30	28	62					

注 1:表中 A 组数据适用于 a)图所示的带颈法兰结构。表中 B 组数据适用于 b)图所示的焊制法兰结构。

注 2:对图 7-1 中 a-1)、a-2)所示的活套法兰,其径向尺寸 L_D 也应满足 A 组 L_A 最小尺寸的要求。

7.5.2.2 螺栓载荷

螺栓载荷按下列规定计算：

a) 预紧状态下需要的最小螺栓载荷按式(7-4)计算：

$$W_a = F_a \qquad \cdots\cdots (7-4)$$

b) 操作状态下需要的最小螺栓载荷计算：

内压引起的总轴向力 F，按式(7-5)计算：

$$F = 0.785 D_G^2 p_c \qquad \cdots\cdots (7-5)$$

最小螺栓载荷按式(7-6)计算：

$$W_p = F + F_p \qquad \cdots\cdots (7-6)$$

注：对于类似U形管式换热器管板两侧成对法兰的设计中，由于两侧的压力和温度及所用垫片可能不同，因此在螺栓的设计中应兼顾两侧的条件，要求以较大的螺栓载荷和较高的设计温度进行设计，且对法兰设计力矩应以此为基础进行计算。

7.5.2.3 螺栓面积

螺栓面积按下列规定确定：

a) 预紧状态下需要的最小螺栓面积按式(7-7)计算：

$$A_a = \frac{W_a}{[\sigma]_b} \qquad \cdots\cdots (7-7)$$

b) 操作状态下需要的最小螺栓面积按式(7-8)计算：

$$A_p = \frac{W_p}{[\sigma]_b^t} \qquad \cdots\cdots (7-8)$$

c) 需要的螺栓面积 A_m 取 A_a 与 A_p 中的大值；

d) 实际螺栓面积 A_b 应不小于需要的螺栓面积 A_m；

e) 最小螺栓截面积以螺纹小径及无螺纹部分的最小直径分别计算，取小值。

7.5.2.4 螺栓设计载荷

螺栓设计载荷按下列规定确定：

a) 预紧状态螺栓设计载荷按式(7-9)计算：

$$W = \frac{A_m + A_b}{2}[\sigma]_b \qquad \cdots\cdots (7-9)$$

b) 操作状态螺栓设计载荷按式(7-10)计算：

$$W = W_p \qquad \cdots\cdots (7-10)$$

7.5.3 法兰

7.5.3.1 法兰力矩

法兰力矩按下列规定计算：

a) 预紧状态的法兰力矩按式(7-11)计算：

$$M_a = \frac{A_m + A_b}{2}[\sigma]_b L_G \qquad \cdots\cdots (7-11)$$

b) 操作状态的法兰力矩计算：

作用于法兰内径截面上的内压引起的轴向力 F_D，按式(7-12)计算：

$$F_D = 0.785 D_i^2 p_c \quad\cdots\cdots(7\text{-}12)$$

内压引起的总轴向力 F 与内径截面上的轴向力 F_D 之差 F_T，按式(7-13)计算：

$$F_T = F - F_D \quad\cdots\cdots(7\text{-}13)$$

法兰力矩按式(7-14)计算：

$$M_p = F_D L_D + F_T L_T + F_G L_G \quad\cdots\cdots(7\text{-}14)$$

式中：L_D、L_T、L_G 按表 7-4 计算；

表 7-4　法兰力矩的力臂　　单位为毫米

	L_D	L_T	L_G
整体法兰：图 7-1 中 c)、d)、e)、f)、g) 任意式法兰(按整体法兰计算时)： 图 7-1 中 h)、i)、j)、k)	$L_A + 0.5\delta_1$	$\frac{L_A+\delta_1+L_G}{2}$	$\frac{D_b-D_G}{2}$
松式法兰：图 7-1 中 b-1)、b-2) 任意式法兰(按活套法兰计算时)： 图 7-1 中 h)、i)、j)、k)	$\frac{D_b-D_i}{2}$	$\frac{L_D+L_G}{2}$	$\frac{D_b-D_G}{2}$
活套法兰：图 7-1 中 a-1)、a-2)	$\frac{D_b-D_i}{2}$	$\frac{D_b-D_G}{2}$	$\frac{D_b-D_G}{2}$

7.5.3.2　法兰设计力矩

法兰设计力矩取式(7-15)大值：

$$M_o = \begin{cases} M_a \dfrac{[\sigma]_f^t}{[\sigma]_f} \\ M_p \end{cases} \quad\cdots\cdots(7\text{-}15)$$

7.5.3.3　法兰应力

7.5.3.3.1　整体法兰、带颈松式法兰以及按整体法兰计算的任意式法兰应力按下列规定计算：

a)　轴向应力按式(7-16)计算：

$$\sigma_H = \frac{f M_o}{\lambda \delta_1^2 D_i} \quad\cdots\cdots(7\text{-}16)$$

式中：

$\lambda = \dfrac{\delta_f e + 1}{T} + \dfrac{\delta_f^3}{d_1}$

$e = \dfrac{F_I}{h_o}$

$h_o = \sqrt{D_i \delta_0}$

$d_1 = \dfrac{U}{V_I} h_o \delta_0^2$

当 $D_i < 20\delta_1$ 时，以 D_{i1} 代替 D_i；

对带颈松式法兰及 $f<1$ 的整体法兰，$D_{i1} = D_i + \delta_1$；对 $f \geqslant 1$ 的整体法兰，$D_{i1} = D_i + \delta_0$；

系数 T、U 根据参数 K 由图 7-8 或表 7-9 查得，或按图 7-8 所给公式计算；

整体法兰系数 F_I 由表 7-8 或图 7-3 查得,或按表 7-7 计算;

整体法兰系数 V_I 由表 7-8 或图 7-4 查得,或按表 7-7 计算;

整体法兰颈部应力校正系数 f 由表 7-7 查得,或按表 7-7 计算,当 $f<1$ 时,取 $f=1$;

b) 径向应力按式(7-17)计算:

$$\sigma_R=\frac{(1.33\delta_f e+1)M_o}{\lambda\delta_f^2 D_i} \quad \cdots\cdots(7\text{-}17)$$

c) 环向应力按式(7-18)计算:

$$\sigma_T=\frac{YM_o}{\delta_f^2 D_i}-Z\sigma_R \quad \cdots\cdots(7\text{-}18)$$

式中,系数 Y、Z 根据参数 K 由图 7-8 或表 7-9 查得,或按图 7-8 所给公式计算。

7.5.3.3.2 活套法兰以及按活套法兰计算的任意式法兰应力按下列规定计算:

轴向应力:$\sigma_H=0$;

径向应力:$\sigma_R=0$;

环向应力按式(7-19)计算:

$$\sigma_T=\frac{YM_o}{\delta_f^2 D_i} \quad \cdots\cdots(7\text{-}19)$$

式中:系数 Y 同 7.5.3.3.1。

7.5.3.3.3 切应力

对如图 7-1 中 a-1)、a-2)的活套法兰,其翻边部分的切应力及图 7-1 中的 b-1)、b-2)、g)、h)、i)、j)的焊接法兰焊缝的切应力应按下列规定进行计算。

a) 剪切载荷 W

1) 预紧状态的剪切载荷 W 按式(7-9)计算;

2) 操作状态的剪切载荷 W 按式(7-10)计算。

b) 剪切面积

1) 对图 7-1 中 a-1)、a-2)所示的法兰,按式(7-20)计算:

$$A_\tau=3.14D_i l \quad \cdots\cdots(7\text{-}20)$$

2) 对其他法兰,按式(7-21)计算:

$$A_\tau=3.14D_\tau l \quad \cdots\cdots(7\text{-}21)$$

式中:

A_τ——剪切面积,mm^2;

D_τ——剪切面计算直径,取圆筒外径,mm;

l ——剪切面计算高度,见图 7-1 所示尺寸,mm。

c) 切应力

以预紧和操作两种状态分别按式(7-22)计算切应力 τ:

$$\tau=\frac{W}{A_\tau} \quad \cdots\cdots(7\text{-}22)$$

7.5.3.4 应力校核

应力校核应符合下列规定:

a) 轴向应力

1) 对图 7-1 中 d)、e)、f)所示的整体法兰：

$$\sigma_H \leqslant \min(1.5[\sigma]_f^t, 2.5[\sigma]_n^t)$$

2) 对按整体法兰计算的任意法兰及图 7-1g)所示的整体法兰：

$$\sigma_H \leqslant \min(1.5[\sigma]_f^t, 1.5[\sigma]_n^t)$$

3) 对图 7-1c)所示的整体法兰及图 7-1 的 b-1)、b-2)所示的带颈松式法兰：

$$\sigma_H \leqslant 1.5[\sigma]_f^t$$

b) 径向应力

$$\sigma_R \leqslant [\sigma]_f^t$$

c) 环向应力

$$\sigma_T \leqslant [\sigma]_f^t$$

d) 组合应力

$$(\sigma_H + \sigma_R)/2 \leqslant [\sigma]_f^t$$

$$(\sigma_H + \sigma_T)/2 \leqslant [\sigma]_f^t$$

e) 切应力

预紧和操作两种状态下的切应力应分别小于或等于翻边(或圆锥)材料在常温和设计温度下的许用应力的 0.8 倍。

7.5.3.5 法兰刚度校核

当法兰在相同的操作条件下有成功的使用经验时，可以免除刚度校核。否则：

对整体法兰和按整体法兰计算的任意法兰，刚度指数按式(7-23)计算：

$$J = \frac{52.14 V_I M_o}{\lambda E \delta_o^2 K_I h_o} \qquad \cdots\cdots(7\text{-}23)$$

式中：

K_I ——刚度系数，取 0.3；

E ——法兰材料的弹性模量，MPa；当法兰设计力矩 M_o 为预紧控制时，E 取常温下的弹性模量，当法兰设计力矩 M_o 为操作控制时，取设计温度下的弹性模量；

其他系数同 7.5.3.3.1。

校核条件：刚度指数应满足 $J \leqslant 1$。

7.5.4 外压法兰

外压法兰可按内压法兰计算，但螺栓面积仅需按预紧状态考虑，按式(7-7)计算。此外，操作状态下的法兰力矩须按式(7-24)确定：

$$M_p = F_D(L_D - L_G) + F_T(L_T - L_G) \qquad \cdots\cdots(7\text{-}24)$$

计算中计算外压力取正值，MPa。

法兰在操作过程中，若分别承受内压和外压的作用，则法兰应按两种压力工况单独进行设计，且应同时满足要求。

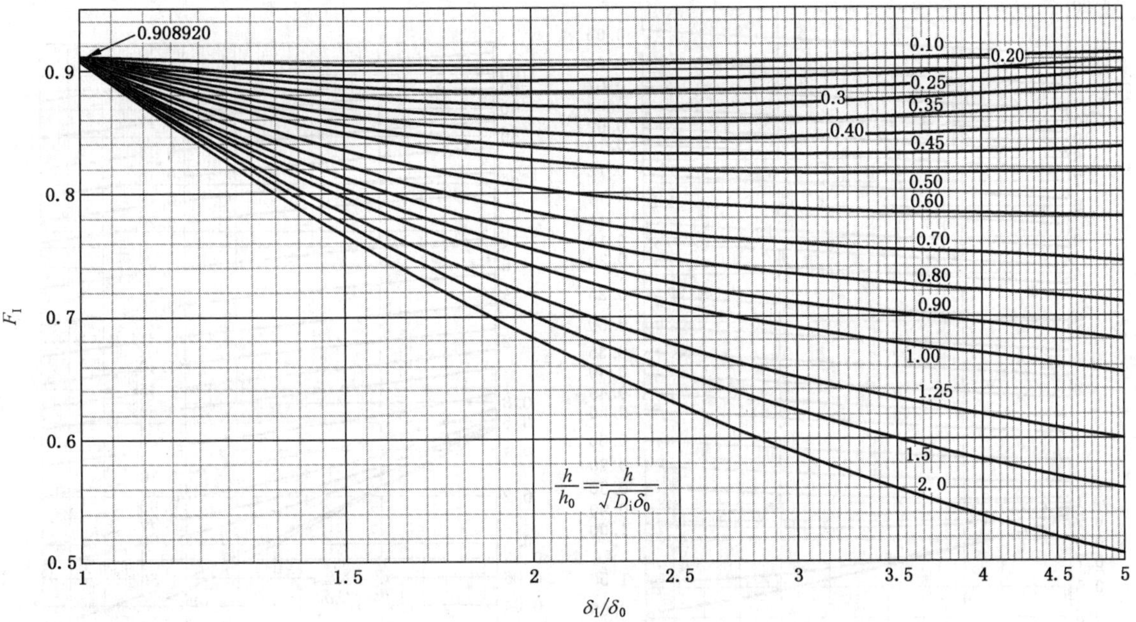

图 7-3 F_I 值图

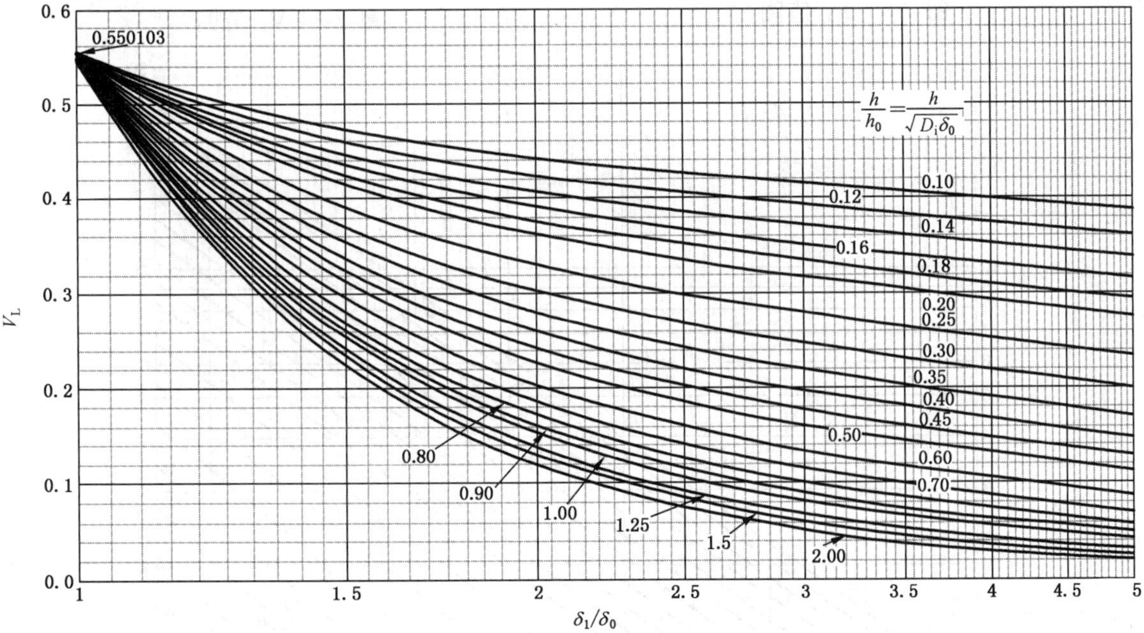

图 7-4 V_I 值图

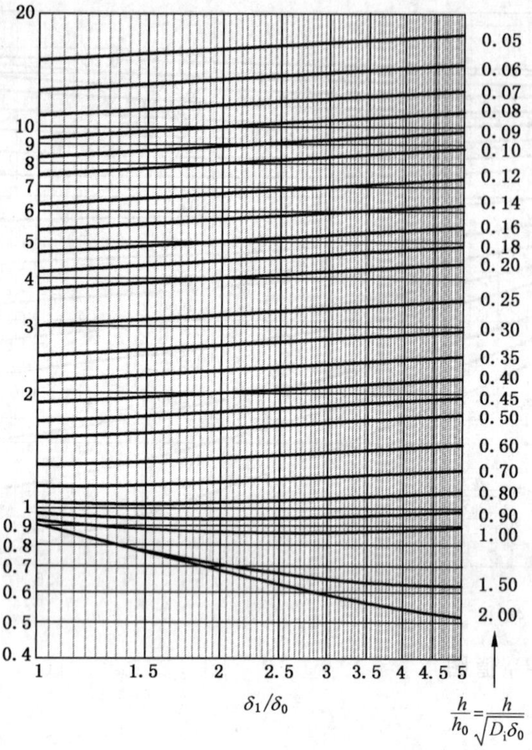

图 7-5 $\boldsymbol{F}_{\mathrm{L}}$ 值图

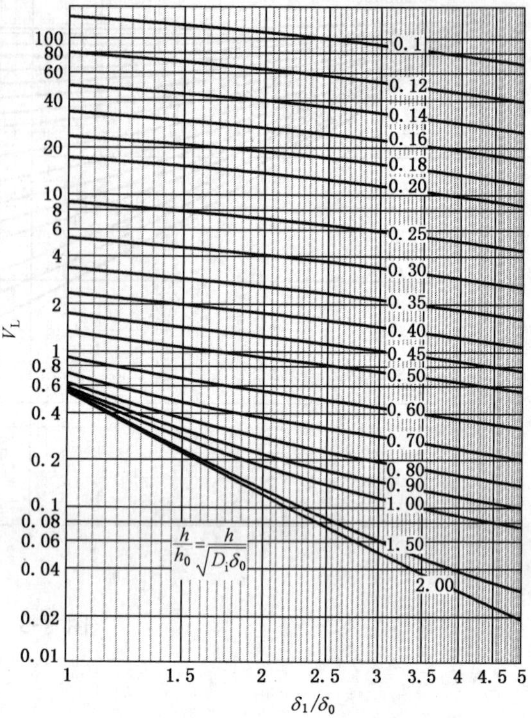

图 7-6 $\boldsymbol{V}_{\mathrm{L}}$ 值图

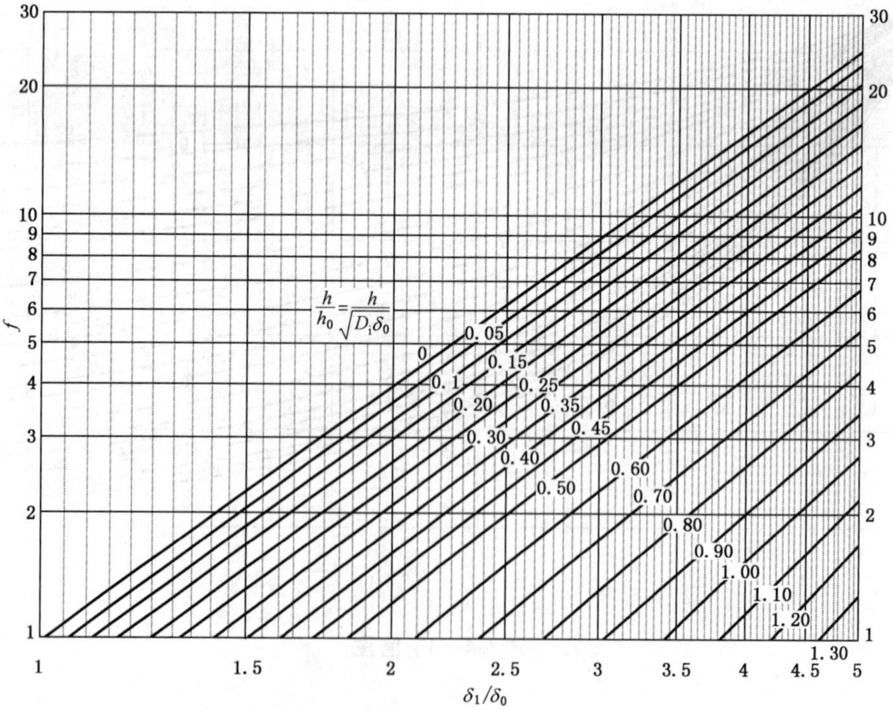

图 7-7 $\boldsymbol{f}$ 值图

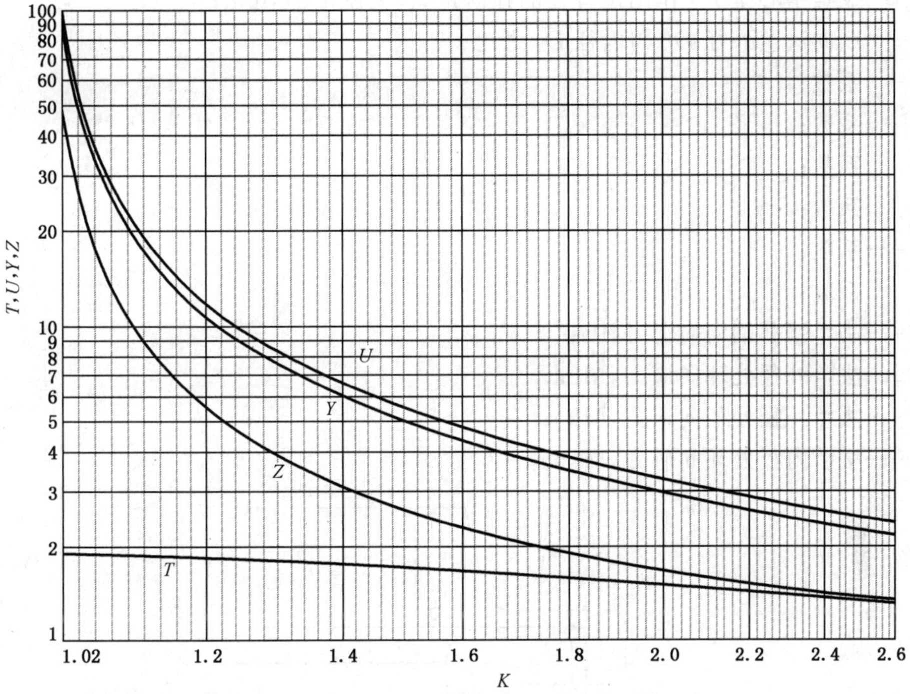

注：$T=\dfrac{K^2(1+8.552\ 46\log K)-1}{(1.047\ 20+1.944\ 8K^2)(K-1)}$　　$U=\dfrac{K^2(1+8.552\ 46\log K)-1}{1.361\ 36(K^2-1)(K-1)}$

$Y=\dfrac{1}{K-1}\left(0.668\ 45+5.716\ 90\dfrac{K^2\log K}{K^2-1}\right)$　$Z=\dfrac{K^2+1}{K^2-1}$　$K=D_o/D_1$

图 7-8　*T*、*U*、*Y*、*Z* 值图

7.6 反向法兰

7.6.1　本条计算方法适用于 $K_r\leqslant 2$ 的反向法兰。垫片设计按 7.5.1 规定，螺栓设计按 7.5.2 规定，法兰力矩、法兰应力计算按 7.6.3 和 7.6.4 进行。本条采用符号除 7.6.2 规定外，其余同 7.3。

7.6.2　符号

D_i——反向法兰颈部小端内直径，mm；

D_f——反向法兰环内直径，mm；

D_o——反向法兰环外直径，mm；

d_r——参数，mm^3；

e_r——参数，mm^{-1}；

F_D——内压引起的作用于法兰颈部小端内径截面上的轴向力，N；

F_G——窄面法兰垫片压紧力，N；

F_r——系数；

F_T——内压引起的总轴向力与 F_D 之差，N；

f_r——系数；

h_{or}——参数，mm；

L_D——螺栓中心至 F_D 作用位置处的径向距离(见图 7-9)，mm；

L_G——螺栓中心至 F_G 作用位置处的径向距离(见图 7-9)，mm；

L_T——螺栓中心至 F_T 作用位置处的径向距离(见图 7-9),mm;
K_r——反向法兰外径 D_o 与内径 D_f 之比;
T_r——系数;
U_r——系数;
V_r——系数;
Y_r——系数;
λ_r——系数;
ψ_r——系数;
σ_{Hr}——法兰颈部轴向应力,MPa;
σ_{Tr}——法兰外径处环向应力,MPa;
σ_{Rr}——法兰外径处径向应力,MPa;
$\sigma_{Tr'}$——法兰内径处环向应力,MPa。

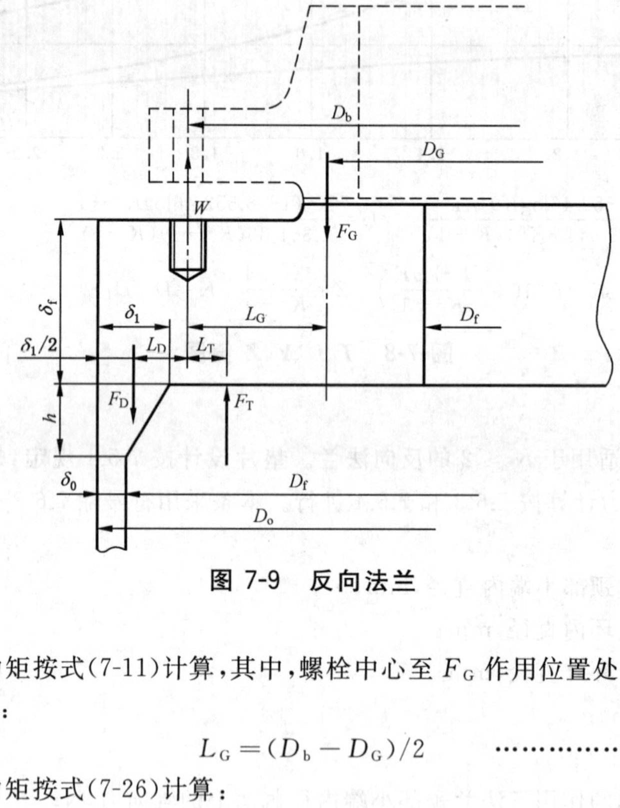

图 7-9 反向法兰

7.6.3 法兰力矩

7.6.3.1 法兰预紧力矩按式(7-11)计算,其中,螺栓中心至 F_G 作用位置处的径向距离 L_G(见图 7-9)按式(7-25)计算:

$$L_G=(D_b-D_G)/2 \quad \cdots\cdots(7\text{-}25)$$

7.6.3.2 法兰操作力矩按式(7-26)计算:

$$M_p=|F_DL_D+F_TL_T-F_GL_G| \quad \cdots\cdots(7\text{-}26)$$

式中:

$F_D=0.785D_i^2p_c$

$F_G=6.28D_Gbmp_c$

$F_T=0.785(D_i^2-D_G^2)p_c$

$L_D=(D_o-D_b-\delta_1)/2$

$L_T=\left(D_b-\dfrac{D_i+D_G}{2}\right)/2$

当 L_T 为负值时，表示 F_T 作用圆直径大于螺栓中心圆直径 D_b，此时力矩 $F_T L_T$ 为负值。

7.6.3.3 法兰设计力矩取式(7-27)大值：

$$M_o=\begin{cases}M_p\\ M_a\dfrac{[\sigma]_f^t}{[\sigma]_f}\end{cases}\qquad\cdots\cdots(7\text{-}27)$$

7.6.4 法兰应力

法兰应力按下列规定计算：

a) 法兰颈部轴向应力按式(7-28)计算：

$$\sigma_{Hr}=\frac{f_r M_o}{\lambda_r \delta_1^2 D_f}\qquad\cdots\cdots(7\text{-}28)$$

式中：

$$\lambda_r=\frac{\delta_f e_r+1}{T_r}+\frac{\delta_f^3}{d_r}$$

$$e_r=F_r/h_{or}$$

$$h_{or}=\sqrt{D_o\delta_0}$$

$$d_r=U_r h_{or}\delta_0^2/V_r$$

$$U_r=\psi_r U$$

$$\psi_r=\left[1+\frac{0.668(K_r+1)}{Y}\right]\frac{1}{K_r^2}$$

$$K_r=\frac{D_o}{D_f}$$

$$T_r=\left(\frac{Z+0.3}{Z-0.3}\right)\psi_r T$$

系数 F_r 是以 h_{or} 代替 h_o，由图 7-3 或表 7-8 查得、或按表 7-7 计算的 F_I 值；

系数 V_r 是以 h_{or} 代替 h_o，由图 7-4 或表 7-8 查得、或按表 7-7 计算的 V_I 值；

系数 f_r 是以 h_{or} 代替 h_o，由图 7-7 查得或按表 7-7 计算的 f 值，当 $f_r<1$ 时，取 $f_r=1$；

系数 T、U、Y、Z 以 K_r 代替 K，由图 7-8(或按图注公式计算)或表 7-9 查取。

b) 法兰外径处径向应力按式(7-29)计算：

$$\sigma_{Rr}=\frac{(1.33\delta_f e_r+1)M_o}{\lambda_r\delta_f^2 D_f}\qquad\cdots\cdots(7\text{-}29)$$

c) 法兰外径处环向应力按式(7-30)计算：

$$\sigma_{Tr}=\frac{Y_r M_o}{\delta_f^2 D_f}-Z\sigma_{Rr}\frac{0.67\delta_f e_r+1}{1.33\delta_f e_r+1}\qquad\cdots\cdots(7\text{-}30)$$

式中：$Y_r=\psi_r Y$

d) 法兰内径处环向应力按式(7-31)计算：

$$\sigma'_{Tr}=\frac{M_o}{\delta_f^2 D_f}\left[Y-\frac{2K_r^2\left(\dfrac{2\delta_f e_r}{3}+1\right)}{(K_r^2-1)\lambda_r}\right]\qquad\cdots\cdots(7\text{-}31)$$

7.6.5 应力校核

σ_{Hr}、σ_{Rr}、σ_{Tt} 按 7.5.3.4 σ_H、σ_R、σ_T 的相应规定，$\sigma'_{Tr}\leqslant[\sigma]_f^t$。

7.7 筒体端部

7.7.1 符号

a——主螺母高度,mm;

C_2——腐蚀裕量,mm;

D——主螺母外接圆直径,mm;

D_o——端部结构外直径,mm;

d_o——主螺栓无螺纹部分直径,mm;

H_g——筒体端部总高度,mm;

h——筒体端部外缘长度,mm;

h_s——螺孔深度,mm;

L——筒体端部直边长度,mm;

r——过渡圆角半径,mm;

α——倾角(见图 7-11),(°);

δ_n——筒体端部厚度,mm;

σ_m——筒体端部纵向截面弯曲应力,MPa;

其他符号见 7.3。

7.7.2 主螺栓

主螺栓无螺纹部分直径 d_o 按式(7-32)计算:

$$d_o \geqslant \sqrt{\frac{4A_m}{3.14n}} \qquad \cdots\cdots(7\text{-}32)$$

式中:

A_m——需要的螺栓面积,按 7.5.2.3 确定;

n——螺栓数量,取偶数。

螺栓的螺纹小径应大于等于 d_o,推荐采用细牙螺纹 M64×4,M80×4,M105×4,M125×4。

螺纹旋入端结构型式见图 7-10。

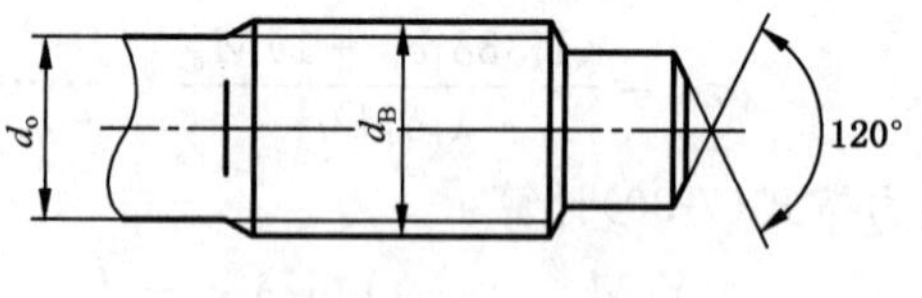

图 7-10 主螺栓旋入端

7.7.3 主螺母

主螺母的硬度应略低于主螺栓的硬度。

主螺母高度 a 按式(7-33)计算:

$$a = (1.0 \sim 1.1)d_B \qquad \cdots\cdots(7\text{-}33)$$

主螺母外接圆直径 D 按式(7-34)计算:

$$D = (1.70 \sim 1.75)d_B \qquad \cdots\cdots(7\text{-}34)$$

7.7.4 筒体端部

7.7.4.1 端部厚度

端部厚度 δ_n(见图 7-11),不得小于按内压确定的圆筒的名义厚度。

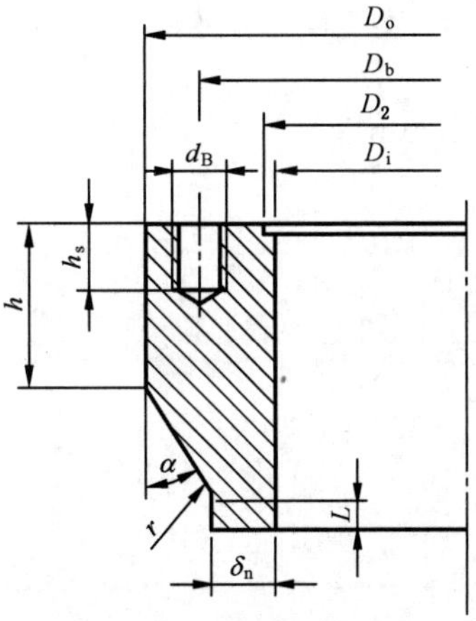

图 7-11 筒体端部结构

7.7.4.2 端部结构

筒体端部的结构可按下列要求确定(见图 7-11):

a) 主螺栓中心圆直径,按式(7-35)计算:

$$D_b \geqslant D_2 + 1.5d_B \qquad \cdots\cdots(7\text{-}35)$$

b) 筒体端部外径,按式(7-36)计算:

$$D_o \geqslant D_b + 1.8d_B \qquad \cdots\cdots(7\text{-}36)$$

c) 螺孔有效螺纹深度,按式(7-37)计算:

$$h_1 \geqslant (1.3 \sim 1.5)d_B \qquad \cdots\cdots(7\text{-}37)$$

d) 螺孔深度:

h_s 等于 h_1 加上螺孔加工工艺所需的无效螺纹长度,mm;

e) 过渡圆角 $r \geqslant 0.8\delta_n$,mm;

f) 直边长度 $L = 50$ mm;

g) 端部外缘长度 h,mm;

当 $\alpha = 30°$时,按式(7-38)计算:

$$h \geqslant h_s + 0.5d_B \qquad \cdots\cdots(7\text{-}38)$$

当 $\alpha = 45°$时,按式(7-39)计算:

$$h \geqslant h_s + d_B \qquad \cdots\cdots(7\text{-}39)$$

7.7.4.3 应力校核

7.7.4.3.1 作用于筒体端部纵向截面的弯矩,按式(7-40)计算:

$$M = \frac{1}{6.28}\left[\left(\delta_n - C_2 + \frac{1}{3}D_i\right)F_D - \left(D_b - \frac{2}{3}D_G\right)F - (D_b - D_G)F_p\right] - p_c D_i H_g J。 \qquad \cdots(7\text{-}40)$$

式中:

J_o——参数，$J_o = J_c - H_g/2$，mm；

J_c——尺寸，见图 7-12，mm。

7.7.4.3.2 筒体端部纵向截面的抗弯截面系数(见图 7-12)按式(7-41)计算：

$$Z_g = \frac{I_c}{J_c} \qquad \cdots\cdots (7\text{-}41)$$

式中：

$I_c = 2[I_1 + A_1 a_1^2 + I_s + A_s a_s^2]$，$mm^4$；

$J_c = \frac{A_1 J_1 + A_s J_s}{A_1 + A_s}$，mm；

$A_1 = hB$，mm^2；

$A_s = \frac{(H_g - h)(\delta_e + B)}{2}$，$mm^2$；

$a_1 = J_1 - J_c$，mm；

$a_s = J_c - J_s$，mm；

$B = \frac{(D_o - D_i)}{2} - C_2$，mm；

$I_1 = \frac{Bh^3}{12}$，mm^4；

$I_s = \frac{(H_g - h)^3(\delta_e^2 + 4\delta_e B + B^2)}{36(\delta_e + B)}$，$mm^4$；

$J_1 = H_g - \frac{h}{2}$，mm；

$J_s = \frac{(H_g - h)(\delta_e + 2B)}{3(\delta_e + B)}$，mm；

$\delta_e = \delta_n - C_2$，mm。

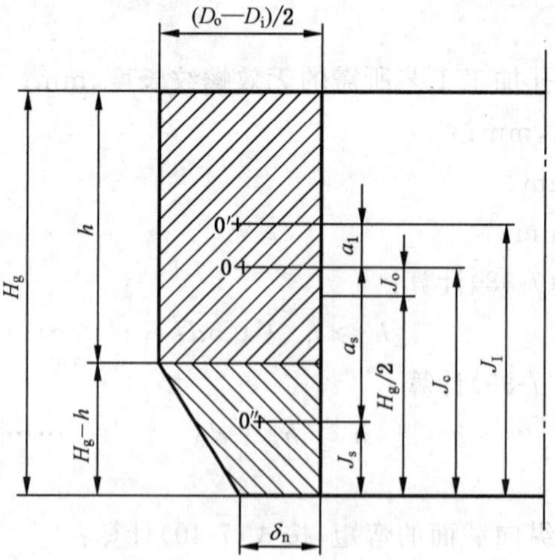

0——筒体端部计算截面形心；

0′——计算截面矩形部分形心；

0″——计算截面梯形部分形心。

图 7-12 筒体端部计算图

7.7.4.3.3 筒体端部纵向截面的弯曲应力按式(7-42)校核：

$$\sigma_m = \frac{M}{Z_g} \leqslant [\sigma]_f^t \qquad \cdots\cdots(7\text{-}42)$$

7.8 宽面法兰

7.8.1 本条适用于采用厚度不小于1.5 mm非金属软垫片的宽面法兰(见图7-13)。

7.8.2 符号

b'_o——预紧状态垫片基本密封宽度，mm；

b'——预紧状态垫片有效密封宽度，mm；

$2b''$——操作状态垫片有效密封宽度，mm；

D'_G——垫片压紧力作用中心圆直径，mm；

D——垫片外径或法兰外径，取两者之小值，mm；

F'——内压引起的总轴向力，N；

F'_a——预紧状态需要的最小垫片压紧力，N；

F'_T——内压引起的总轴向力 F' 与作用于法兰内径截面上的内压引起的轴向力 F_D 之差，N；

F'_p——操作状态需要的最小垫片压紧力，N；

F_R——作用在螺栓中心圆外侧，为平衡 F_D、F'_p、F'_T 产生的力矩所需的轴向力，N；

其他符号见7.3。

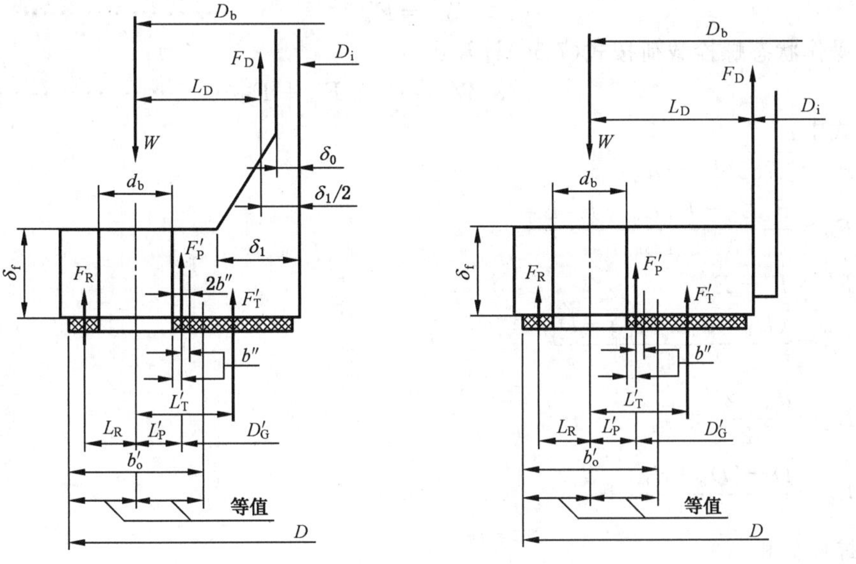

图7-13 宽面法兰

7.8.3 垫片

常用软垫片的特性参数(m，y)按表7-2查取。

7.8.3.1 垫片有效密封宽度

垫片有效密封宽度按下列规定计算：

a) 预紧状态有效密封宽度按式(7-44)计算：

$$b'_o = D - D_b \qquad \cdots\cdots(7\text{-}43)$$

$$b' = 4\sqrt{b'_o} \qquad \cdots\cdots(7\text{-}44)$$

b) 操作状态垫片有效密封宽度，$2b''=5$ mm。

7.8.3.2 垫片压紧力作用中心圆直径 D'_G(见图 7-13)按式(7-45)计算：

$$D'_G = D_b - (d_b + 2b'') \qquad (7-45)$$

7.8.3.3 垫片压紧力

垫片压紧力按下列规定计算：

a) 预紧状态需要的最小垫片压紧力按式(7-46)计算：

$$F'_a = 3.14 D_b b' y \qquad (7-46)$$

b) 操作状态需要的最小垫片压紧力按式(7-47)计算：

$$F'_p = 6.28 D'_G b'' m p_c \qquad (7-47)$$

7.8.4 螺栓

7.8.4.1 螺栓布置

螺栓的布置一般按下列规定确定：

a) 法兰径向尺寸 L_A、L_e 及螺栓间距 $\widehat{L}$ 的最小值可按表 7-3 选取；

b) 螺栓最大间距 $\widehat{L}_{max}$ 不宜超过式(7-48)的计算值：

$$\widehat{L}_{max} = 3d_B + 2\delta_f \qquad (7-48)$$

7.8.4.2 螺栓载荷

螺栓载荷按下列规定计算：

a) 预紧状态螺栓载荷按式(7-49)计算：

$$W_a = F'_a \qquad (7-49)$$

b) 操作状态螺栓载荷按式(7-50)计算：

$$W_p = F' + F'_p + F_R \qquad (7-50)$$

式中：

$$F' = 0.785(D_b - d_b)^2 p_c$$

$$F_R = \frac{F_D L_D + F'_p L'_p + F'_T L'_T}{L_R}$$

$$F'_T = F' - F_D$$

$$L'_T = \frac{(D_b + d_b + 2b'') - D_i}{4}$$

$$L'_p = \frac{d_b + 2b''}{2}$$

$$L_R = \frac{D - (D_b + d_b)}{4} + \frac{d_b}{2}$$

7.8.4.3 螺栓面积

需要的螺栓面积和实际的螺栓面积按 7.5.2.3 确定。

7.8.5 法兰

7.8.5.1 法兰设计力矩

法兰设计力矩按式(7-51)计算：

$$M_o = F_R L_R \qquad (7-51)$$

7.8.5.2 法兰厚度

法兰厚度按式(7-52)确定：

$$\delta_f = \sqrt{\frac{6M_o}{[\sigma]_f^t (3.14 D_b - n d_b)}} \qquad (7-52)$$

表 7-5 整体法兰计算表

计算压力 p_c		MPa	(垫片简图)	当 $b_o \leqslant 6.4$ mm 时 $b=b_o$ 当 $b_o > 6.4$ mm 时 $b=2.53\sqrt{b_o}$	N	mm
设计温度 t		℃			b_o	mm
法兰材料			法兰压紧面形状 垫片外径		b	mm
螺栓材料					y	MPa
腐蚀裕量 C_2		mm			m	

螺栓许用应力	设计温度 $[\sigma]_b^t$		MPa	$W_a=3.14bD_G y=$	N
	室温 $[\sigma]_b$		MPa	$F_p=6.28bD_G m p_c=$	N
法兰许用应力	设计温度 $[\sigma]_f^t$		MPa	$F=0.785D_G^2 p_c=$ N; $F_p+F=$	N
	室温 $[\sigma]_f$		MPa	$A_m=\max(W_a/[\sigma]_b,(F_p+F)/[\sigma]_b^t)=$	mm^2
法兰材料弹性模量 E			MPa	$A_b=$	mm^2
所有尺寸均不包括腐蚀裕量				$W=(A_m+A_b)[\sigma]_b/2=$	N

预紧螺栓情况

$F_G=W=$	N	$L_G=(D_b-D_G)/2=$	mm	$M_a=F_G L_G=$	N·mm

操作情况

$F_D=0.785D_i^2 p_c=$	N	$L_D=L_A+0.5\delta_1=$	mm	$F_D L_D=$	N·mm
$F_G=F_p=$	N	$L_G=(D_b-D_G)/2=$	mm	$F_G L_G=$	N·mm
$F_T=F-F_D=$	N	$L_T=(L_A+\delta_1+L_G)/2=$	mm	$F_T L_T=$	N·mm
$M_p=F_D L_D+F_G L_G+F_T L_T=$					N·mm
$M_o=\max\{M_p, M_a[\sigma]_f^t/[\sigma]_f\}=$					N·mm

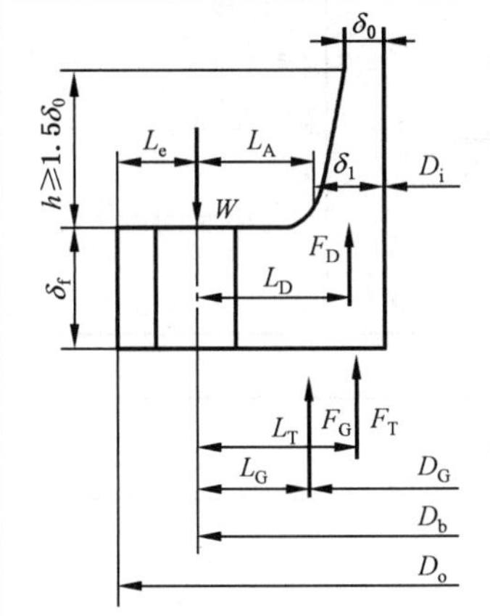

形状常数

$h_o=\sqrt{D_i\delta_0}=$		$h/h_o=$			
$K=D_o/D_i=$		$\delta_1/\delta_0=$			
查表 7-9	$T=$	查图 7-3	$F_I=$		
	$Z=$	查图 7-4	$V_I=$		
	$Y=$	查图 7-7	$f=$		
	$U=$	$e=F_I/h_o=$			
$d_1=(U/V_I)h_o\delta_0^2=$					
δ_f(假设)= mm					
$\psi=\delta_f e+1$					
$\beta=1.33\delta_f e+1$					
$r=\psi/T$					

许用值	应力计算				
	$\eta=\delta_f^3/d_1$				
	$\lambda=\gamma+\eta$				
$1.5[\sigma]_f^t$ 或 $2.5[\sigma]_n^t$	轴向应力 $\sigma_H=fM_o/(\lambda\delta_1^2 D_i)$ MPa				
$[\sigma]_f^t=$	径向应力 $\sigma_R=\beta M_o/(\lambda\delta_f^2 D_i)$ MPa				
$[\sigma]_f^t=$	切向应力 $\sigma_T=YM_o/(\delta_f^2 D_i)-Z\sigma_R$ MPa				
$[\sigma]_f^t=$	$\max\{(\sigma_H+\sigma_T)/2,(\sigma_H+\sigma_R)/2\}$ MPa				
刚度指数 $J\leqslant1$	$J=52.14V_I M_o/(\lambda E\delta_0^2 K_1 h_o)$				

注：对于带颈的松式法兰，表中系数 V_I、F_I 应以 V_L、F_L 代替，f 取 1.0。

表 7-6 活套法兰计算表

<table>
<tr><td colspan="2">计算压力 p_c</td><td></td><td>MPa</td><td rowspan="2">(垫片简图)</td><td colspan="2">当 $b_o \leqslant 6.4$ mm 时</td><td>N</td><td>mm</td></tr>
<tr><td colspan="2">设计温度 t</td><td></td><td>℃</td><td colspan="2">$b=b_o$</td><td>b_o</td><td>mm</td></tr>
<tr><td colspan="2">法兰材料</td><td></td><td></td><td rowspan="2">法兰压紧面形状
垫片外径</td><td colspan="2">当 $b_o>6.4$ mm 时</td><td>b</td><td>mm</td></tr>
<tr><td colspan="2">螺栓材料</td><td></td><td></td><td colspan="2">$b=2.53\sqrt{b_o}$</td><td>y</td><td>MPa</td></tr>
<tr><td colspan="2">腐蚀裕量 C_2</td><td></td><td>mm</td><td colspan="3">$W_a=3.14bD_G y=$ N</td><td>m</td><td></td></tr>
<tr><td rowspan="2">螺栓许用应力</td><td>设计温度$[\sigma]_b^t$</td><td></td><td>MPa</td><td colspan="5">$F_p=6.28bD_G m p_c=$ N</td></tr>
<tr><td>室　温$[\sigma]_b$</td><td></td><td>MPa</td><td colspan="3">$F=0.785D_G^2 p_c=$ N</td><td colspan="2">$F_p+F=$ N</td></tr>
<tr><td rowspan="2">法兰许用应力</td><td>设计温度$[\sigma]_f^t$</td><td></td><td>MPa</td><td colspan="5">$A_m=\max(W_a/[\sigma]_b,(F_p+F)/[\sigma]_b^t)=$ mm²</td></tr>
<tr><td>室　温$[\sigma]_f$</td><td></td><td>MPa</td><td colspan="5">$A_b=$ mm²</td></tr>
<tr><td colspan="4">所有尺寸均不包括腐蚀裕量</td><td colspan="5">$W=(A_m+A_b)[\sigma]_b/2=$ N</td></tr>
<tr><td colspan="9">预紧螺栓情况</td></tr>
<tr><td colspan="4">$F_G=W=$ N</td><td colspan="3">$L_G=(D_b-D_G)/2=$ mm</td><td colspan="2">$M_a=F_G L_G=$ N·mm</td></tr>
<tr><td colspan="9">操作情况</td></tr>
<tr><td colspan="4">$F_D=0.785D_i^2 p_c=$ N</td><td colspan="3">$L_D=(D_b-D_i)/2=$ mm</td><td colspan="2">$F_D L_D=$ N·mm</td></tr>
<tr><td colspan="4">$F_G=F_p=$ N</td><td colspan="3">$L_G=(D_b-D_G)/2=$ mm</td><td colspan="2">$F_G L_G=$ N·mm</td></tr>
<tr><td colspan="4">$F_T=F-F_D=$ N</td><td colspan="3">$L_T=(L_D+L_G)/2=$ mm</td><td colspan="2">$F_T L_T=$ N·mm</td></tr>
<tr><td colspan="9">$M_p=F_D L_D+F_G L_G+F_T L_T=$ N·mm</td></tr>
<tr><td colspan="9">$M_o=\max(M_p,M_a[\sigma]_f^t/[\sigma]_f)=$ N·mm</td></tr>
<tr><td colspan="7">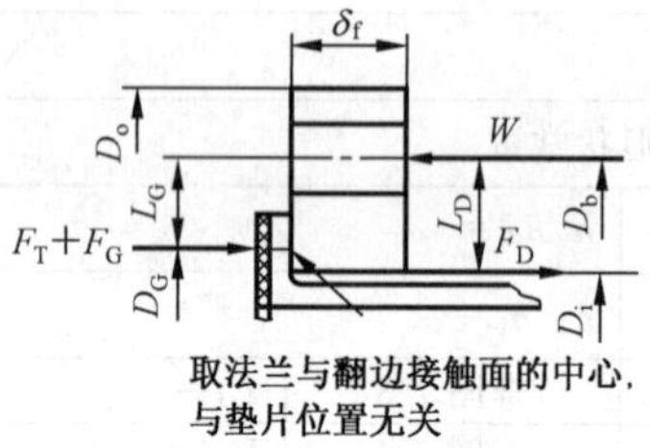

a)
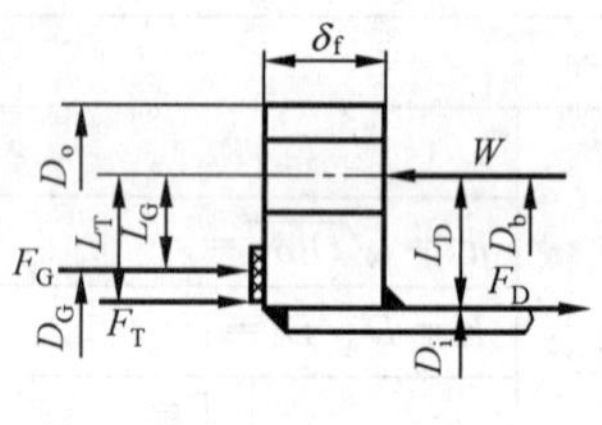

b)</td><td colspan="2">形状常数:
$K=D_o/D_i=$
$Y=$
法兰厚度:
δ_f
$=\sqrt{YM_o/([\sigma]_f^t D_i)}$
$=$ mm</td></tr>
<tr><td colspan="9">注:本表中 a)图所示法兰,$L_G=L_T=(D_b-D_G)/2$。</td></tr>
</table>

表 7-7 法兰系数 F_I、V_I、f、F_L、V_L 计算式

整体法兰	带颈松式法兰
$F_I=-\dfrac{E_6}{\left(\dfrac{C}{2.73}\right)^{1/4}\dfrac{(1+A)^3}{C}}$ $V_I=\dfrac{E_4}{\left(\dfrac{2.73}{C}\right)^{1/4}(1+A)^3}$ $f=C_{36}/(1+A).0$ 当 $\delta_1=\delta_0$ 时, $F_I=0.908\ 920$,$V_I=0.550\ 103$,$f=1$	$F_L=-\dfrac{C_{18}\left(\dfrac{1}{2}+\dfrac{A}{6}\right)+C_{21}\left(\dfrac{1}{4}+\dfrac{11A}{84}\right)+C_{24}\left(\dfrac{1}{70}+\dfrac{A}{105}\right)-\left(\dfrac{1}{40}+\dfrac{A}{72}\right)}{\left(\dfrac{C}{2.73}\right)^{1/4}\dfrac{(1+A)^3}{C}}$ $V_L=\dfrac{\dfrac{1}{4}-\dfrac{C_{24}}{5}-\dfrac{3C_{21}}{2}-C_{18}}{\left(\dfrac{2.73}{C}\right)^{1/4}(1+A)^3}$ $f=1$

表 7-7(续)

整体法兰	带颈松式法兰

以上公式中系数:

(1)$A=(\delta_1/\delta_0)-1$　　(2)$C=43.68(h/h_o)^4$　　(3)$C_1=1/3+A/12$

(4)$C_2=5/42+17A/336$　　(5)$C_3=1/210+A/360$　　(6)$C_4=11/360+59A/5\,040+(1+3A)/C$

(7)$C_5=1/90+5A/1\,008-(1+A)^3/C$　　(8)$C_6=1/120+17A/5\,040+1/C$

(9)$C_7=215/2\,772+51A/1\,232+(60/7+225A/14+75A^2/7+5A^3/2)/C$

(10)$C_8=31/6\,930+128A/45\,045+(6/7+15A/7+12A^2/7+5A^3/11)/C$

(11)$C_9=533/30\,240+653A/73\,920+(1/2+33A/14+39A^2/28+25A^3/84)/C$

(12)$C_{10}=29/3\,780+3A/704-(1/2+33A/14+81A^2/28+13A^3/12)/C$

(13)$C_{11}=31/6\,048+1\,763A/665\,280+(1/2+6A/7+15A^2/28+5A^3/42)/C$

(14)$C_{12}=1/2\,925+71A/300\,300+(8/35+18A/35+156A^2/385+6A^3/55)/C$

(15)$C_{13}=761/831\,600+937A/1\,663\,200+(1/35+6A/35+11A^2/70+3A^3/70)/C$

(16)$C_{14}=197/415\,800+103A/332\,640-(1/35+6A/35+17A^2/70+A^3/10)/C$

(17)$C_{15}=233/831\,600+97A/554\,400+(1/35+3A/35+A^2/14+2A^3/105)/C$

(18)$C_{16}=C_1C_7C_{12}+C_2C_8C_3+C_3C_8C_2-(C_3^2C_7+C_8^2C_1+C_2^2C_{12})$

(19)$C_{17}=[C_4C_7C_{12}+C_2C_8C_{13}+C_3C_8C_9-(C_{13}C_7C_3+C_8^2C_4+C_{12}C_2C_9)]/C_{16}$

(20)$C_{18}=[C_5C_7C_{12}+C_2C_8C_{14}+C_3C_8C_{10}-(C_{14}C_7C_3+C_8^2C_5+C_{12}C_2C_{10})]/C_{16}$

(21)$C_{19}=[C_6C_7C_{12}+C_2C_8C_{15}+C_3C_8C_{11}-(C_{15}C_7C_3+C_8^2C_6+C_{12}C_2C_{11})]/C_{16}$

(22)$C_{20}=[C_1C_9C_{12}+C_4C_8C_3+C_3C_{13}C_2-(C_3^2C_9+C_{13}C_8C_1+C_{12}C_4C_2)]/C_{16}$

(23)$C_{21}=[C_1C_{10}C_{12}+C_5C_8C_3+C_3C_{14}C_2-(C_3^2C_{10}+C_{14}C_8C_1+C_{12}C_5C_2)]/C_{16}$

(24)$C_{22}=[C_1C_{11}C_{12}+C_6C_8C_3+C_3C_{15}C_2-(C_3^2C_{11}+C_{15}C_8C_1+C_{12}C_6C_2)]/C_{16}$

(25)$C_{23}=[C_1C_7C_{13}+C_2C_9C_3+C_4C_8C_2-(C_3C_7C_4+C_8C_9C_1+C_2^2C_{13})]/C_{16}$

(26)$C_{24}=[C_1C_7C_{14}+C_2C_{10}C_3+C_5C_8C_2-(C_3C_7C_5+C_8C_{10}C_1+C_2^2C_{14})]/C_{16}$

(27)$C_{25}=[C_1C_7C_{15}+C_2C_{11}C_3+C_6C_8C_2-(C_3C_7C_6+C_8C_{11}C_1+C_2^2C_{15})]/C_{16}$

(28)$C_{26}=-(C/4)^{1/4}$　　(29)$C_{27}=C_{20}-C_{17}-5/12+C_{17}C_{26}$　　(30)$C_{28}=C_{22}-C_{19}-1/12+C_{19}C_{26}$

(31)$C_{29}=-(C/4)^{1/2}$　　(32)$C_{30}=-(C/4)^{3/4}$　　(33)$C_{31}=3A/2-C_{17}C_{30}$

(34)$C_{32}=1/2-C_{19}C_{30}$　　(35)$C_{33}=0.5C_{26}C_{32}+C_{28}C_{31}C_{29}-(0.5C_{30}C_{28}+C_{32}C_{27}C_{29})$

(36)$C_{34}=1/12+C_{18}-C_{21}-C_{18}C_{26}$　　(37)$C_{35}=C_{18}C_{30}$　　(38)$C_{36}=(C_{28}C_{35}C_{29}-C_{32}C_{34}C_{29})/C_{33}$

(39)$C_{37}=[0.5C_{26}C_{35}+C_{34}C_{31}C_{29}-(0.5C_{30}C_{34}+C_{35}C_{27}C_{29})]/C_{33}$　　(40)$E_1=C_{17}C_{36}+C_{18}+C_{19}C_{37}$

(41)$E_2=C_{20}C_{36}+C_{21}+C_{22}C_{37}$　　(42)$E_3=C_{23}C_{36}+C_{24}+C_{25}C_{37}$　　(43)$E_4=1/4+C_{37}/12+C_{36}/4-E_3/5-3E_2/2-E_1$

(44)$E_5=E_1(1/2+A/6)+E_2(1/4+11A/84)+E_3(1/70+A/105)$

(45)$E_6=E_5-C_{36}(7/120+A/36+3A/C)-1/40-A/72-C_{37}(1/60+A/120+1/C)$

表 7-8 F_I、V_I 系数

δ_1/δ_0	h/h_o	F_I	V_I	δ_1/δ_0	h/h_o	F_I	V_I
1.00	0.01	0.908 92	0.550 10	3.00	0.06	0.908 07	0.463 27
1.00	0.02	0.908 92	0.550 10	3.00	0.07	0.907 67	0.450 37
1.00	0.03	0.908 92	0.550 10	3.00	0.08	0.907 17	0.437 90
1.00	0.04	0.908 92	0.550 10	3.00	0.09	0.906 58	0.425 83
1.00	0.05	0.908 92	0.550 10	3.00	0.10	0.905 88	0.414 15
1.00	0.06	0.908 92	0.550 10				
1.00	0.07	0.908 92	0.550 10	3.50	0.01	0.908 94	0.533 41
1.00	0.08	0.908 92	0.550 10	3.50	0.02	0.908 97	0.517 27
1.00	0.09	0.908 92	0.550 10	3.50	0.03	0.908 99	0.501 66
1.00	0.10	0.908 92	0.550 10	3.50	0.04	0.908 98	0.486 56
				3.50	0.05	0.908 92	0.471 96
1.50	0.01	0.908 87	0.541 33	3.50	0.06	0.908 80	0.457 85
1.50	0.02	0.908 72	0.532 80	3.50	0.07	0.908 60	0.444 21
1.50	0.03	0.908 48	0.524 49	3.50	0.08	0.908 32	0.431 03
1.50	0.04	0.908 15	0.516 42	3.50	0.09	0.907 94	0.418 29
1.50	0.05	0.907 74	0.508 57	3.50	0.10	0.907 45	0.405 97
1.50	0.06	0.907 24	0.500 93				
1.50	0.07	0.906 66	0.493 51	4.00	0.01	0.908 97	0.532 55
1.50	0.08	0.906 00	0.486 29	4.00	0.02	0.909 08	0.515 58
1.50	0.09	0.905 27	0.479 27	4.00	0.03	0.909 22	0.499 20
1.50	0.10	0.904 47	0.472 45	4.00	0.04	0.909 37	0.483 37
				4.00	0.05	0.909 50	0.468 08
2.00	0.01	0.908 87	0.537 74	4.00	0.06	0.909 58	0.453 31
2.00	0.02	0.908 71	0.525 73	4.00	0.07	0.909 60	0.439 06
2.00	0.03	0.908 46	0.514 08	4.00	0.08	0.909 54	0.425 29
2.00	0.04	0.908 09	0.502 76	4.00	0.09	0.909 39	0.412 00
2.00	0.05	0.907 63	0.491 78	4.00	0.10	0.909 14	0.399 17
2.00	0.06	0.907 06	0.481 12				
2.00	0.07	0.906 40	0.470 78	4.50	0.01	0.909 00	0.531 77
2.00	0.08	0.905 63	0.460 74	4.50	0.02	0.909 19	0.514 07
2.00	0.09	0.904 77	0.451 01	4.50	0.03	0.909 47	0.496 99
2.00	0.10	0.903 82	0.441 56	4.50	0.04	0.909 78	0.480 50
				4.50	0.05	0.910 09	0.464 60
2.50	0.01	0.908 88	0.535 76	4.50	0.06	0.910 38	0.449 25
2.50	0.02	0.908 77	0.521 85	4.50	0.07	0.910 62	0.434 45
2.50	0.03	0.908 58	0.508 37	4.50	0.08	0.910 79	0.420 17
2.50	0.04	0.908 30	0.495 31	4.50	0.09	0.910 87	0.406 40
2.50	0.05	0.907 92	0.482 65	4.50	0.10	0.910 84	0.393 12
2.50	0.06	0.907 45	0.470 37				
2.50	0.07	0.906 88	0.458 48	5.00	0.01	0.909 03	0.531 03
2.50	0.08	0.906 20	0.446 96	5.00	0.02	0.909 31	0.512 65
2.50	0.09	0.905 43	0.435 80	5.00	0.03	0.909 71	0.494 92
2.50	0.10	0.904 55	0.424 99	5.00	0.04	0.910 19	0.477 83
				5.00	0.05	0.910 69	0.461 35
3.00	0.01	0.908 91	0.534 43	5.00	0.06	0.911 19	0.445 47
3.00	0.02	0.908 86	0.519 26	5.00	0.07	0.911 64	0.430 17
3.00	0.03	0.908 77	0.504 57	5.00	0.08	0.912 04	0.415 42
3.00	0.04	0.908 61	0.490 35	5.00	0.09	0.912 34	0.401 21
3.00	0.05	0.908 38	0.476 59	5.00	0.10	0.912 54	0.387 52

表 7-9 系数 *K*、*T*、*Z*、*Y*、*U*

K	*T*	*Z*	*Y*	*U*	*K*	*T*	*Z*	*Y*	*U*
1.001	1.91	1 000.50	1 899.43	2 078.85	1.061	1.89	16.91	32.55	35.78
1.002	1.91	500.50	951.81	1 052.80	1.062	1.89	16.64	32.04	35.21
1.003	1.91	333.83	637.56	700.80	1.063	1.89	16.40	31.55	34.68
1.004	1.91	250.50	478.04	525.45	1.064	1.89	16.15	31.08	34.17
1.005	1.91	200.50	383.67	421.72	1.065	1.89	15.90	30.61	33.65
1.006	1.91	167.17	319.71	351.42	1.066	1.89	15.67	30.17	33.17
1.007	1.91	143.36	274.11	301.30	1.067	1.89	15.45	29.74	32.69
1.008	1.91	125.50	239.95	263.75	1.068	1.89	15.22	29.32	32.22
1.009	1.91	111.61	213.40	234.42	1.069	1.89	15.02	28.91	31.79
1.010	1.91	100.50	192.19	211.19	1.070	1.89	14.80	28.51	31.34
1.011	1.91	91.41	174.83	192.13	1.071	1.89	14.61	28.13	30.92
1.012	1.91	83.84	160.38	176.25	1.072	1.89	14.41	27.76	30.51
1.013	1.91	77.43	148.06	162.81	1.073	1.89	14.22	27.39	30.11
1.014	1.91	71.93	137.69	151.30	1.074	1.88	14.04	27.04	29.72
1.015	1.91	67.17	128.61	141.33	1.075	1.88	13.85	26.69	29.34
1.016	1.90	63.00	120.56	132.49	1.076	1.88	13.68	26.36	28.96
1.017	1.90	59.33	111.98	124.81	1.077	1.88	13.56	26.03	28.69
1.018	1.90	56.06	107.36	118.00	1.078	1.88	13.35	25.72	28.27
1.019	1.90	53.14	101.72	111.78	1.079	1.88	13.18	25.40	27.92
1.020	1.90	50.51	96.73	106.30	1.080	1.88	13.02	25.10	27.59
1.021	1.90	48.12	92.21	101.33	1.081	1.88	12.87	24.81	27.27
1.022	1.90	45.96	88.04	96.75	1.082	1.88	12.72	24.52	26.95
1.023	1.90	43.98	84.30	92.64	1.083	1.88	12.57	24.24	26.65
1.024	1.90	42.17	80.81	88.81	1.084	1.88	12.43	24.00	26.34
1.025	1.90	40.51	77.61	85.29	1.085	1.88	12.29	23.69	26.05
1.026	1.90	38.97	74.70	82.09	1.086	1.88	12.15	23.44	25.57
1.027	1.90	37.54	77.97	79.08	1.087	1.88	12.02	23.18	25.48
1.028	1.90	36.22	69.43	76.30	1.088	1.88	11.89	22.93	25.02
1.029	1.90	34.99	67.11	73.75	1.089	1.88	11.76	22.68	24.93
1.030	1.90	33.84	64.91	71.33	1.090	1.88	11.63	22.44	24.66
1.031	1.90	32.76	62.85	69.06	1.091	1.88	11.52	22.22	24.41
1.032	1.90	31.76	60.92	66.94	1.092	1.88	11.40	21.99	24.16
1.033	1.90	30.81	59.11	63.95	1.093	1.88	11.28	21.76	23.91
1.034	1.90	29.92	57.41	63.08	1.094	1.88	11.16	21.54	23.67
1.035	1.90	29.08	55.80	61.32	1.095	1.88	11.05	21.32	23.44
1.036	1.90	28.29	54.29	59.66	1.096	1.88	10.94	21.11	23.20
1.037	1.90	27.54	52.85	58.08	1.097	1.88	10.83	20.91	22.97
1.038	1.90	26.83	51.50	56.59	1.098	1.88	10.73	20.71	22.75
1.039	1.90	26.15	50.21	55.17	1.099	1.88	10.62	20.51	22.39
1.040	1.90	25.51	48.97	53.82	1.100	1.88	10.52	20.31	22.18
1.041	1.90	24.90	47.81	53.10	1.101	1.88	10.43	20.15	22.12
1.042	1.90	24.32	46.71	51.33	1.102	1.88	10.33	19.94	21.92
1.043	1.90	23.77	45.64	50.15	1.103	1.88	10.23	19.76	21.72
1.044	1.90	23.23	44.64	49.05	1.104	1.88	10.14	19.58	21.52
1.045	1.90	22.74	43.69	48.02	1.105	1.88	10.05	19.38	21.30
1.046	1.90	22.05	42.75	46.99	1.106	1.88	9.96	19.33	21.14
1.047	1.90	21.79	41.87	46.03	1.107	1.87	9.87	19.07	20.96
1.048	1.90	21.35	41.02	45.09	1.108	1.87	9.78	18.90	20.77
1.049	1.90	20.92	40.21	44.21	1.109	1.87	9.70	18.74	20.59
1.050	1.89	20.51	39.43	43.34	1.110	1.87	9.62	18.55	20.38
1.051	1.89	20.12	38.68	42.51	1.111	1.87	9.54	18.42	20.25
1.052	1.89	19.74	37.96	41.73	1.112	1.87	9.46	18.27	20.08
1.053	1.89	19.38	37.27	40.69	1.113	1.87	9.38	18.13	19.91
1.054	1.89	19.03	36.60	40.23	1.114	1.87	9.30	17.97	19.75
1.055	1.89	18.69	35.96	39.64	1.115	1.87	9.22	17.81	19.55
1.056	1.89	18.38	35.34	38.84	1.116	1.87	9.15	17.68	19.43
1.057	1.89	18.06	34.74	38.19	1.117	1.87	9.07	17.54	19.27
1.058	1.89	17.76	34.17	37.56	1.118	1.87	9.00	17.40	19.12
1.059	1.89	17.47	33.92	36.95	1.119	1.87	8.94	17.27	18.98
1.060	1.89	17.18	33.64	36.34	1.120	1.87	8.86	17.13	18.80

表 7-9(续)

K	*T*	*Z*	*Y*	*U*	*K*	*T*	*Z*	*Y*	*U*
1.121	1.87	8.79	17.00	18.68	1.171	1.85	6.39	12.38	13.60
1.122	1.87	8.72	16.87	18.54	1.172	1.85	6.35	12.31	13.53
1.123	1.87	8.66	16.74	18.40	1.173	1.85	6.32	12.25	13.46
1.124	1.87	8.59	16.62	18.26	1.174	1.85	6.29	12.18	13.39
1.125	1.87	8.53	16.49	18.11	1.175	1.85	6.25	12.10	13.30
1.126	1.87	8.47	16.37	17.99	1.176	1.85	6.22	12.06	13.25
1.127	1.87	8.40	16.25	17.86	1.177	1.85	6.19	12.00	13.18
1.128	1.87	8.34	16.14	17.73	1.178	1.85	6.16	11.93	13.11
1.129	1.87	8.28	16.02	17.60	1.179	1.85	6.13	11.87	13.05
1.130	1.87	8.22	15.91	17.48	1.180	1.85	6.10	11.79	12.96
1.131	1.87	8.16	15.79	17.35	1.181	1.85	6.07	11.76	12.92
1.132	1.87	8.11	15.68	17.24	1.182	1.85	6.04	11.70	12.86
1.133	1.86	8.05	15.57	17.11	1.183	1.85	6.01	11.64	12.79
1.134	1.86	7.99	15.46	16.99	1.184	1.85	5.98	11.58	12.73
1.135	1.86	7.94	15.36	16.90	1.185	1.85	5.95	11.50	12.64
1.136	1.86	7.88	15.26	16.77	1.186	1.85	5.92	11.47	12.61
1.137	1.86	7.83	15.15	16.65	1.187	1.85	5.89	11.42	12.54
1.138	1.86	7.78	15.05	16.54	1.188	1.85	5.86	11.36	12.49
1.139	1.86	7.73	14.95	16.43	1.189	1.85	5.83	11.31	12.43
1.140	1.86	7.68	14.86	16.35	1.190	1.84	5.81	11.26	12.37
1.141	1.86	7.62	14.76	16.22	1.191	1.84	5.78	11.20	12.31
1.142	1.86	7.57	14.66	16.11	1.192	1.84	5.75	11.15	12.25
1.143	1.86	7.53	14.57	16.01	1.193	1.84	5.73	11.10	12.20
1.144	1.86	7.48	14.48	15.91	1.194	1.84	5.70	11.05	12.14
1.145	1.86	7.43	14.39	15.83	1.195	1.84	5.67	11.00	12.08
1.146	1.86	7.38	14.29	15.71	1.196	1.84	5.65	10.95	12.03
1.147	1.86	7.34	14.20	15.61	1.197	1.84	5.62	10.90	11.97
1.148	1.86	7.29	14.12	15.51	1.198	1.84	5.60	10.85	11.92
1.149	1.86	7.25	14.03	15.42	1.199	1.84	5.57	10.80	11.87
1.150	1.86	7.20	13.95	15.34	1.200	1.84	5.55	10.75	11.81
1.151	1.86	7.16	13.86	15.23	1.201	1.84	5.52	10.70	11.76
1.152	1.86	7.11	13.77	15.14	1.202	1.84	5.50	10.65	11.71
1.153	1.86	7.07	13.69	15.05	1.203	1.84	5.47	10.61	11.66
1.154	1.86	7.03	13.61	14.96	1.204	1.84	5.45	10.56	11.61
1.155	1.86	6.99	13.54	14.87	1.205	1.84	5.42	10.52	11.56
1.156	1.86	6.95	13.45	14.78	1.206	1.84	5.40	10.47	11.51
1.157	1.86	6.91	13.37	14.70	1.207	1.84	5.38	10.43	11.46
1.158	1.86	6.87	13.30	14.61	1.208	1.84	5.35	10.38	11.41
1.159	1.86	6.83	13.22	14.53	1.209	1.84	5.33	10.34	11.36
1.160	1.86	6.79	13.15	14.45	1.210	1.84	5.31	10.30	11.32
1.161	1.85	6.75	13.07	14.36	1.211	1.83	5.29	10.25	11.27
1.162	1.85	6.71	13.00	14.28	1.212	1.83	5.27	10.21	11.22
1.163	1.85	6.67	12.92	14.20	1.213	1.83	5.24	10.16	11.17
1.164	1.85	6.64	12.85	14.12	1.214	1.83	5.22	10.12	11.12
1.165	1.85	6.60	12.78	14.04	1.215	1.83	5.20	10.09	11.09
1.166	1.85	6.56	12.71	13.97	1.216	1.83	5.18	10.04	11.03
1.167	1.85	6.53	12.64	13.89	1.217	1.83	5.16	10.00	10.99
1.168	1.85	6.49	12.58	13.82	1.218	1.83	5.14	9.96	10.94
1.169	1.85	6.46	12.51	13.74	1.219	1.83	5.12	9.92	10.90
1.170	1.85	6.42	12.43	13.66	1.220	1.83	5.10	9.89	10.87

表 7-9(续)

K	T	Z	Y	U	K	T	Z	Y	U
1.221	1.83	5.07	9.84	10.81	1.271	1.81	4.25	8.23	9.05
1.222	1.83	5.05	9.80	10.77	1.272	1.81	4.24	8.21	9.02
1.223	1.83	5.03	9.76	10.73	1.273	1.81	4.22	8.18	8.99
1.224	1.83	5.01	9.72	10.68	1.274	1.81	4.21	8.15	8.96
1.225	1.83	5.00	9.69	10.65	1.275	1.81	4.20	8.13	8.93
1.226	1.83	4.98	9.65	10.60	1.276	1.81	4.18	8.11	8.91
1.227	1.83	4.96	9.61	10.56	1.277	1.81	4.17	8.08	8.88
1.228	1.83	4.94	9.57	10.52	1.278	1.81	4.16	8.05	8.85
1.229	1.83	4.92	9.53	10.48	1.279	1.81	4.15	8.03	8.82
1.230	1.83	4.90	9.50	10.44	1.280	1.81	4.13	8.01	8.79
1.231	1.83	4.88	9.46	10.40	1.281	1.81	4.12	7.98	8.77
1.232	1.83	4.86	9.43	10.36	1.282	1.81	4.11	7.96	8.74
1.233	1.83	4.84	9.39	10.32	1.283	1.80	4.10	7.93	8.71
1.234	1.83	4.83	9.36	10.28	1.284	1.80	4.08	7.91	8.69
1.235	1.83	4.81	9.32	10.24	1.285	1.80	4.07	7.89	8.66
1.236	1.82	4.79	9.29	10.20	1.286	1.80	4.06	7.86	8.64
1.237	1.82	4.77	9.25	10.17	1.287	1.80	4.05	7.84	8.61
1.238	1.82	4.76	9.22	10.13	1.288	1.80	4.04	7.81	8.59
1.239	1.82	4.74	9.18	10.09	1.289	1.80	4.02	7.79	8.56
1.240	1.82	4.72	9.15	10.05	1.290	1.80	4.01	7.77	8.53
1.241	1.82	4.70	9.12	10.02	1.291	1.80	4.00	7.75	8.51
1.242	1.82	4.69	9.08	9.98	1.292	1.80	3.99	7.72	8.48
1.243	1.82	4.67	9.05	9.95	1.293	1.80	3.98	7.70	8.46
1.244	1.82	4.65	9.02	9.91	1.294	1.80	3.97	7.68	8.43
1.245	1.82	4.64	8.99	9.87	1.295	1.80	3.95	7.66	8.41
1.246	1.82	4.62	8.95	9.84	1.296	1.80	3.94	7.63	8.39
1.247	1.82	4.60	8.92	9.81	1.297	1.80	3.93	7.61	8.36
1.248	1.82	4.59	8.89	9.77	1.298	1.80	3.92	7.59	8.33
1.249	1.82	4.57	8.86	9.74	1.299	1.80	3.91	7.57	8.31
1.250	1.82	4.56	8.83	9.70	1.300	1.80	3.90	7.55	8.29
1.251	1.82	4.54	8.80	9.67	1.301	1.80	3.89	7.53	8.27
1.252	1.82	4.52	8.77	9.64	1.302	1.80	3.88	7.50	8.24
1.253	1.82	4.51	8.74	9.60	1.303	1.80	3.87	7.48	8.22
1.254	1.82	4.49	8.71	9.57	1.304	1.80	3.86	7.46	8.20
1.255	1.82	4.48	8.68	9.54	1.305	1.80	3.84	7.44	8.18
1.256	1.82	4.46	8.65	9.51	1.306	1.80	3.83	7.42	8.16
1.257	1.82	4.45	8.62	9.47	1.307	1.80	3.82	7.40	8.13
1.258	1.81	4.43	8.59	9.44	1.308	1.79	3.81	7.38	8.11
1.259	1.81	4.42	8.56	9.41	1.309	1.79	3.80	7.36	8.09
1.260	1.81	4.40	8.53	9.38	1.310	1.79	3.79	7.34	8.07
1.261	1.81	4.39	8.51	9.35	1.311	1.79	3.78	7.32	8.05
1.262	1.81	4.37	8.49	9.32	1.312	1.79	3.77	7.30	8.02
1.263	1.81	4.36	8.45	9.28	1.313	1.79	3.76	7.28	8.00
1.264	1.81	4.35	8.42	9.25	1.314	1.79	3.75	7.26	7.98
1.265	1.81	4.33	8.39	9.23	1.315	1.79	3.74	7.24	7.96
1.266	1.81	4.32	8.37	9.19	1.316	1.79	3.73	7.22	7.94
1.267	1.81	4.30	8.34	9.16	1.317	1.79	3.72	7.20	7.92
1.268	1.81	4.29	8.31	9.14	1.318	1.79	3.71	7.18	7.89
1.269	1.81	4.28	8.29	9.11	1.319	1.79	3.70	7.16	7.87
1.270	1.81	4.26	8.26	9.08	1.320	1.79	3.69	7.14	7.85

表 7-9（续）

K	*T*	*Z*	*Y*	*U*	*K*	*T*	*Z*	*Y*	*U*
1.321	1.79	3.68	7.12	7.83	1.371	1.77	3.27	6.31	6.93
1.322	1.79	3.67	7.10	7.81	1.372	1.77	3.27	6.30	6.91
1.323	1.79	3.67	7.09	7.79	1.373	1.77	3.26	6.28	6.90
1.324	1.79	3.66	7.07	7.77	1.374	1.77	3.25	6.27	6.89
1.325	1.79	3.65	7.05	7.75	1.375	1.77	3.25	6.25	6.87
1.326	1.79	3.64	7.03	7.73	1.376	1.77	3.24	6.24	6.86
1.327	1.79	3.63	7.01	7.71	1.377	1.77	3.23	6.22	6.84
1.328	1.78	3.62	7.00	7.69	1.378	1.77	3.22	6.21	6.82
1.329	1.78	3.61	6.98	7.67	1.379	1.77	3.22	6.19	6.81
1.330	1.78	3.60	6.96	7.65	1.380	1.77	3.21	6.18	6.80
1.331	1.78	3.59	6.94	7.63	1.381	1.76	3.20	6.17	6.79
1.332	1.78	3.58	6.92	7.61	1.382	1.76	3.20	6.16	6.77
1.333	1.78	3.57	6.91	7.59	1.383	1.76	3.19	6.14	6.75
1.334	1.78	3.57	6.89	7.57	1.384	1.76	3.18	6.13	6.74
1.335	1.78	3.56	6.87	7.55	1.385	1.76	3.18	6.12	6.73
1.336	1.78	3.55	6.85	7.53	1.386	1.76	3.17	6.11	6.72
1.337	1.78	3.54	6.84	7.51	1.387	1.76	3.16	6.10	6.70
1.338	1.78	3.53	6.82	7.50	1.388	1.76	3.16	6.08	6.68
1.339	1.78	3.52	6.81	7.48	1.389	1.76	3.15	6.07	6.67
1.340	1.78	3.51	6.79	7.46	1.390	1.76	3.15	6.06	6.66
1.341	1.78	3.51	6.77	7.44	1.391	1.76	3.14	6.05	6.64
1.342	1.78	3.50	6.76	7.42	1.392	1.76	3.13	6.04	6.63
1.343	1.78	3.49	6.74	7.41	1.393	1.76	3.13	6.02	6.61
1.344	1.78	3.48	6.72	7.39	1.394	1.76	3.12	6.01	6.60
1.345	1.78	3.47	6.71	7.37	1.395	1.76	3.11	6.00	6.59
1.346	1.78	3.46	6.69	7.35	1.396	1.76	3.11	5.99	6.58
1.347	1.78	3.46	6.68	7.33	1.397	1.76	3.10	5.98	6.56
1.348	1.78	3.45	6.66	7.32	1.398	1.75	3.10	5.96	6.55
1.349	1.78	3.44	6.65	7.30	1.399	1.75	3.09	5.95	6.53
1.350	1.78	3.43	6.63	7.28	1.400	1.75	3.08	5.94	6.52
1.351	1.78	3.42	6.61	7.27	1.401	1.75	3.08	5.93	6.50
1.352	1.78	3.42	6.60	7.25	1.402	1.75	3.07	5.92	6.49
1.353	1.77	3.41	6.58	7.23	1.403	1.75	3.07	5.90	6.47
1.354	1.77	3.40	6.57	7.21	1.404	1.75	3.06	5.89	6.46
1.355	1.77	3.39	6.55	7.19	1.405	1.75	3.05	5.88	6.45
1.356	1.77	3.38	6.53	7.17	1.406	1.75	3.05	5.87	6.44
1.357	1.77	3.38	6.52	7.16	1.407	1.75	3.04	5.86	6.43
1.358	1.77	3.37	6.50	7.14	1.408	1.75	3.04	5.84	6.41
1.359	1.77	3.36	6.49	7.12	1.409	1.75	3.03	5.83	6.40
1.360	1.77	3.35	6.47	7.11	1.410	1.75	3.02	5.82	6.39
1.361	1.77	3.35	6.45	7.09	1.411	1.75	3.02	5.81	6.38
1.362	1.77	3.34	6.44	7.08	1.412	1.75	3.01	5.80	6.37
1.363	1.77	3.33	6.42	7.06	1.413	1.75	3.01	5.78	6.35
1.364	1.77	3.32	6.41	7.04	1.414	1.75	3.00	5.77	6.34
1.365	1.77	3.32	6.39	7.03	1.415	1.75	3.00	5.76	6.33
1.366	1.77	3.31	6.38	7.01	1.416	1.75	2.99	5.75	6.32
1.367	1.77	3.30	6.37	7.00	1.417	1.75	2.98	5.74	6.31
1.368	1.77	3.30	6.35	6.98	1.418	1.75	2.98	5.72	6.29
1.369	1.77	3.29	6.34	6.97	1.419	1.75	2.97	5.71	6.28
1.370	1.77	3.28	6.32	6.95	1.420	1.75	2.97	5.70	6.27

表 7-9(续)

K	T	Z	Y	U	K	T	Z	Y	U
1.421	1.75	2.96	5.69	6.26	1.471	1.72	2.72	5.19	5.70
1.422	1.75	2.96	5.68	6.25	1.472	1.72	2.71	5.18	5.69
1.423	1.75	2.95	5.67	6.23	1.473	1.72	2.71	5.18	5.68
1.424	1.74	2.95	5.66	6.22	1.474	1.72	2.71	5.17	5.67
1.425	1.74	2.94	5.65	6.21	1.475	1.72	2.70	5.16	5.66
1.426	1.74	2.94	5.64	6.20	1.476	1.72	2.70	5.15	5.65
1.427	1.74	2.93	5.63	6.19	1.477	1.72	2.69	5.14	5.64
1.428	1.74	2.92	5.62	6.17	1.478	1.72	2.69	5.14	5.63
1.429	1.74	2.92	5.61	6.16	1.479	1.72	2.68	5.13	5.62
1.430	1.74	2.91	5.60	6.15	1.480	1.72	2.68	5.12	5.61
1.431	1.74	2.91	5.59	6.14	1.481	1.72	2.68	5.11	5.60
1.432	1.74	2.90	5.58	6.13	1.482	1.72	2.67	5.10	5.59
1.433	1.74	2.90	5.57	6.11	1.483	1.72	2.67	5.10	5.59
1.434	1.74	2.89	5.56	6.10	1.484	1.72	2.66	5.09	5.58
1.435	1.74	2.89	5.55	6.09	1.485	1.72	2.66	5.08	5.57
1.436	1.74	2.88	5.54	6.08	1.486	1.72	2.66	5.07	5.56
1.437	1.74	2.88	5.53	6.07	1.487	1.72	2.65	5.06	5.55
1.438	1.74	2.87	5.52	6.05	1.488	1.72	2.65	5.06	5.55
1.439	1.74	2.87	5.51	6.04	1.489	1.72	2.64	5.05	5.54
1.440	1.74	2.86	5.50	6.03	1.490	1.72	2.64	5.04	5.53
1.441	1.74	2.86	5.49	6.02	1.491	1.72	2.64	5.03	5.52
1.442	1.74	2.85	5.48	6.01	1.492	1.72	2.63	5.02	5.51
1.443	1.74	2.85	5.47	6.00	1.493	1.71	2.63	5.02	5.51
1.444	1.74	2.84	5.46	5.99	1.494	1.71	2.62	5.01	5.50
1.445	1.74	2.84	5.45	5.98	1.495	1.71	2.62	5.00	5.49
1.446	1.74	2.83	5.44	5.97	1.496	1.71	2.62	4.99	5.48
1.447	1.73	2.83	5.43	5.96	1.497	1.71	2.61	4.98	5.47
1.448	1.73	2.82	5.42	5.95	1.498	1.71	2.61	4.98	5.47
1.449	1.73	2.82	5.41	5.94	1.499	1.71	2.60	4.97	5.46
1.450	1.73	2.81	5.40	5.93	1.500	1.71	2.60	4.96	5.45
1.451	1.73	2.81	5.39	5.92	1.501	1.71	2.60	4.95	5.44
1.452	1.73	2.80	5.38	5.91	1.502	1.71	2.59	4.94	5.43
1.453	1.73	2.80	5.37	5.90	1.503	1.71	2.59	4.94	5.43
1.454	1.73	2.80	5.36	5.89	1.504	1.71	2.58	4.93	5.42
1.455	1.73	2.79	5.35	5.88	1.505	1.71	2.58	4.92	5.41
1.456	1.73	2.79	5.34	5.87	1.506	1.71	2.58	4.91	5.40
1.457	1.73	2.78	5.33	5.86	1.507	1.71	2.57	4.90	5.39
1.458	1.73	2.78	5.32	5.85	1.508	1.71	2.57	4.90	5.39
1.459	1.73	2.77	5.31	5.84	1.509	1.71	2.57	4.89	5.38
1.460	1.73	2.77	5.30	5.83	1.510	1.71	2.56	4.88	5.37
1.461	1.73	2.76	5.29	5.82	1.511	1.71	2.56	4.87	5.36
1.462	1.73	2.76	5.28	5.80	1.512	1.71	2.56	4.86	5.35
1.463	1.73	2.75	5.27	5.79	1.513	1.71	2.55	4.86	5.35
1.464	1.73	2.75	5.26	5.78	1.514	1.71	2.55	4.85	5.34
1.465	1.73	2.74	5.25	5.77	1.515	1.71	2.54	4.84	5.33
1.466	1.73	2.74	5.24	5.76	1.516	1.71	2.54	4.83	5.22
1.467	1.73	2.74	5.23	5.74	1.517	1.71	2.54	4.82	5.31
1.468	1.72	2.73	5.22	5.73	1.518	1.71	2.53	4.82	5.31
1.469	1.72	2.73	5.21	5.72	1.519	1.70	2.53	4.81	5.30
1.470	1.72	2.72	5.20	5.71	1.520	1.70	2.53	4.80	5.29

表 7-9(续)

K	T	Z	Y	U	K	T	Z	Y	U
1.521	1.70	2.52	4.79	5.28	1.551	1.69	2.42	4.60	5.05
1.522	1.70	2.52	4.79	5.27	1.552	1.69	2.42	4.59	5.04
1.523	1.70	2.52	4.78	5.27	1.553	1.69	2.42	4.58	5.03
1.524	1.70	2.51	4.78	5.26	1.554	1.69	2.41	4.58	5.03
1.525	1.70	2.51	4.77	5.25	1.555	1.69	2.41	4.57	5.02
1.526	1.70	2.51	4.77	5.24	1.556	1.69	2.41	4.57	5.02
1.527	1.70	2.50	4.76	5.23	1.557	1.69	2.40	4.56	5.01
1.528	1.70	2.50	4.76	5.23	1.558	1.69	2.40	4.56	5.00
1.529	1.70	2.49	4.75	5.22	1.559	1.69	2.40	4.55	4.99
1.530	1.70	2.49	4.74	5.21	1.560	1.69	2.40	4.54	4.99
1.531	1.70	2.49	4.73	5.20	1.561	1.69	2.39	4.54	4.98
1.532	1.70	2.48	4.72	5.19	1.562	1.69	2.39	4.53	4.97
1.533	1.70	2.48	4.72	5.19	1.563	1.68	2.39	4.52	4.97
1.534	1.70	2.48	4.71	5.17	1.564	1.68	2.38	4.51	4.96
1.535	1.70	2.47	4.70	5.17	1.565	1.68	2.38	4.51	4.95
1.536	1.70	2.47	4.69	5.16	1.566	1.68	2.38	4.50	4.95
1.537	1.70	2.47	4.68	5.15	1.567	1.68	2.37	4.50	4.94
1.538	1.69	2.46	4.68	5.15	1.568	1.68	2.37	4.49	4.93
1.539	1.69	2.46	4.67	5.14	1.569	1.68	2.37	4.48	4.92
1.540	1.69	2.46	4.66	5.13	1.570	1.68	2.37	4.48	4.92
1.541	1.69	2.45	4.66	5.12	1.571	1.68	2.36	4.47	4.91
1.542	1.69	2.45	4.65	5.11	1.572	1.68	2.36	4.47	4.91
1.543	1.69	2.45	4.64	5.11	1.573	1.68	2.36	4.46	4.90
1.544	1.69	2.45	4.64	5.10	1.574	1.68	2.35	4.46	4.89
1.545	1.69	2.44	4.63	5.09	1.575	1.68	2.35	4.45	4.89
1.546	1.69	2.44	4.63	5.08	1.576	1.68	2.35	4.44	4.88
1.547	1.69	2.44	4.62	5.07	1.577	1.68	2.35	4.44	4.88
1.548	1.69	2.43	4.62	5.07	1.578	1.68	2.34	4.43	4.87
1.549	1.69	2.43	4.61	5.06	1.579	1.68	2.34	4.42	4.86
1.550	1.69	2.43	4.60	5.05	1.580	1.68	2.34	4.42	4.86

附 录 A
(规范性附录)
非圆形截面容器

A.1 总则

A.1.1 本附录适用于非圆形截面单层焊接容器的设计、制造和验收。除了本附录规定的条款之外,按本附录设计和制造的容器还应符合本部分其他部分的有关条款要求。

A.1.2 本附录给出的设计方法所适用的容器其截面形状为矩形、长圆形和椭圆形,如图 A.1～图 A.8、图 A.10～图 A.13 所示。其他形状截面的非圆形容器可采用其他方法计算薄膜应力和弯曲应力,然后按本附录的强度条件进行校核。

A.1.3 本附录的计算公式仅考虑内压载荷引起的薄膜应力和弯曲应力,对于由其他机械载荷(如支座、接管或其他构件产生的反作用力)引起的局部应力以及热应力应按其他合适的方法进行计算,强度条件可按 A.3 确定。

A.1.4 本附录的计算公式适用于容器纵横比(容器长度与横截面内侧长边长度或长轴之比)大于 4 的情况。对于纵横比小于 4 的容器,仍可用本附录的公式进行计算,但结果将偏于保守。若考虑端盖的加强作用,也可采用更精确的方法进行设计计算。

A.1.5 按本附录进行容器的设计计算时,应先确定结构尺寸(如厚度、加强件尺寸等),然后按要求进行应力计算和校核,直至满足强度要求为止。

A.2 符号

A——参数,见表 A.1,mm;

A_1——短边侧板上加强件的横截面积,mm^2;

A_2——长边侧板上加强件的横截面积,mm^2;

A_3——参数,见表 A.1,mm;

a——椭圆截面中面长轴半径(见图 A.5),mm;

B——参数,见表 A.1,mm^2;

b——椭圆截面中面短轴半径(见图 A.5),mm;

c——板截面或板与加强件组合截面中性轴至计算截面内表面的距离 c_i 或至计算截面外表面的距离 c_o。在对内、外表面的弯曲应力计算中,应分别以 c_i 或 c_o 代入,mm;

C_1——参数,见表 A.1,mm^2;

C_2——参数,见表 A.1,mm^2;

D_1——参数,见表 A.1,mm^3;

D_2——参数,见表 A.1,mm^3;

d_j——焊缝至中心线的距离(见图 A.1～A.4,A.6～A.8),mm;

E——常温时材料的弹性模量,MPa;

E^t——设计温度下材料的弹性模量,MPa;

F——参数,见表 A.1;

H——矩形容器短边内侧长度,mm;

H_1——矩形容器短边加强件中心线长度(见图 A.6),mm;

h——矩形容器长边内侧长度,mm;

h_1——矩形容器长边加强件中心线长度(见图 A.6),mm;

I_1、I_2——短边侧板和长边侧板截面的惯性矩,计算式见表 A.1,mm^4;

I_{11}——在有效宽度 W 范围内,厚度为 δ_1 的侧板与加强件组合截面惯性矩,mm^4;

I_{21}——在有效宽度 W 范围内,厚度为 δ_2 的侧板与加强件组合截面惯性矩,mm^4;

I_{22}——非对称矩形截面容器中厚度为 δ_{22} 的侧板的惯性矩,mm^4;

J——应力参数,见表 A.3;

J_2——应力参数,见表 A.2;

J_3——应力参数,见表 A.2;

K——参数,见表 A.1;

K_1——参数,见表 A.1;

K_2——参数,见表 A.1;

k——参数,见表 A.1;

k_1——参数,见表 A.1;

k_2——参数,见表 A.1;

L——无外加强或外加强的长圆形截面容器(见图 A.4 和图 A.8)以及无外加强带圆角矩形截面容器(见图 A.3)的长边侧板半长,mm;

L_0——外加强带圆角矩形截面容器长边上加强件的半长(见图 A.7),mm;

L_1——容器轴向长度,mm;

L_{11}——外加强带圆角矩形截面容器长边上加强件边缘到圆角边缘的距离(见图 A.7),mm;

L_h——孔中心矩,mm;

L_s——加强件起加强作用的有效宽度,对非加强容器取 1,mm;

l_0——外加强带圆角矩形截面容器短边上加强件的半长(见图 A.7),mm;

l_1——无外加强带圆角矩形截面容器(见图 A.3)的短边侧板半长,mm;

l_{11}——外加强带圆角矩形截面容器短边上加强件边缘到圆角边缘的距离(见图 A.7),mm;

M_A、M_r——弯矩,N·mm;

N——参数,见表 A.1;

p_c——计算压力,MPa;

R——椭圆形截面容器大圆弧区中面半径(见图 A.5 和图 A.10),计算式见表 A.1,mm;

r——长圆形截面容器内半径(见图 A.4)或椭圆形截面容器小圆弧区中面半径(见图 A.5 和图 A.10)。当为椭圆形截面容器小圆弧区中面半径时,计算式见表 A.1,mm;

W——有效板宽,mm;

α——参数,见表 A.1;

α_1——参数,见表 A.1;

α_2——参数,见表 A.1;

α_3——参数,见表 A.1;

β——系数,见表 A.1;

δ_1——容器短边侧板的有效厚度,mm;

δ_2——容器长边侧板的有效厚度,mm;

δ_3、δ_4——拉撑板的有效厚度,mm;

δ_{22}——非对称矩形截面容器长边侧板中较厚件的有效厚度,mm;

γ——参数,见表 A.1;

γ_1——参数,见表 A.1;

η_b——针对弯曲应力的开孔削弱系数;

η_m——针对薄膜应力的开孔削弱系数;

σ_b——弯曲应力,MPa;

σ_m——薄膜应力,MPa;

σ_T——总应力,MPa;

$[\sigma]^t$——设计温度下材料的许用应力,MPa;

R_{eL}、$R_{p0.2}$——常温下材料屈服点,MPa;

R_{eL}^t、$R_{p0.2}^t$——设计温度下材料屈服点,MPa;

ϕ——焊接接头系数;

φ——参数,见表 A.1。

表 A.1 计算参数表

序号	计算参数表达式	单位
1	$A=r(2\gamma+\pi\alpha_2)$	mm
2	$A_3=r_1(2\gamma_1+\pi)$	mm
3	$B=r^2(\gamma^2+\pi\gamma\alpha_2+2\alpha_2)$	mm^2
4	$C_1=r^2(2\gamma^2+3\pi\gamma\alpha_2+12\alpha_2)$	mm^2
5	$C_2=r_1^2(2\gamma_1^2+3\pi\gamma_1+12)$	mm^2
6	$D_1=r^3(\gamma^3+2\pi\gamma^2\alpha_2+12\gamma\alpha_2+2\pi\alpha_2)$	mm^3
7	$D_2=r^3(4\gamma^3+6\pi\gamma^2\alpha_2+24\gamma\alpha_2+3\pi\alpha_2)$	mm^3
8	$F=(3AD_1-2BC_1)/(AD_2-6B^2)$	
9	$I_1=L_s\cdot\delta_1^3/12$	mm^4
10	$I_2=L_s\cdot\delta_2^3/12$	mm^4
11	$K=(I_2/I_1)\alpha$	
12	$K_1=2k_2+3$	
13	$K_2=3k_1+2k_2$	
14	$k=(I_{21}/I_{11})\alpha$	
15	$k_1=(I_{22}/I_2)$	
16	$k_2=(I_{22}/I_1)\alpha$	
17	$N=K_1K_2-k_2^2$	

表 A.1(续)

序号	计算参数表达式	单位
18	$R=\dfrac{\sqrt{a^2+b^2}\left[\sqrt{a^2+b^2}+(a-b)\right]}{2b}$	mm
19	$r=\dfrac{\sqrt{a^2+b^2}\left[\sqrt{a^2+b^2}-(a-b)\right]}{2a}$	mm
20	$\alpha=H/h$	
21	$\alpha_1=H_1/h_1$	
22	$\alpha_2=I_2/I_1$	
23	$\alpha_3=L/l_1$	
24	$\beta=h/L_s$ 或 H/L_s	
25	$\gamma=L/r$	
26	$\gamma_1=L/r_1$	
27	$\varphi=r/l_1$	

A.3 非圆形截面容器设计的强度条件

A.3.1 本附录要求对非圆形截面容器中的薄膜应力和弯曲应力进行计算和校核。压力和机械载荷引起的薄膜应力应不大于$[\sigma]^t\phi$;压力和机械载荷引起的总应力(即薄膜应力与弯曲应力之和)应不超过以下数值:

a) 无加强容器(图 A.1~A.5)的侧板或外加强带圆角矩形截面容器上无加强圆角处,(图 A.7)取 $1.5[\sigma]^t\phi$;

b) 外加强容器的组合截面处:

1) 碳素钢、低合金钢、铁素体不锈钢取:$\dfrac{R_{eL}^t}{1.5}\phi$;

2) 奥氏体不锈钢取:$0.9R_{p0.2}^t\cdot\phi$ 和$\dfrac{R_{p0.2}}{1.5}\phi$ 两者中小值。

A.3.2 在对焊缝处的应力进行校核时,A、B类接头的焊接接头系数按 GB 150.1 的规定。C、D类焊缝的结构和焊脚尺寸应符合附录 D 中图 D.11 和图 D.13 规定的要求,其焊接接头系数可取为 1.0。

A.3.3 应力校核原则

a) 对无加强容器,只需计算侧板的薄膜应力和总应力,然后对该薄膜应力和两个总应力按 A.3.1 进行校核;

b) 有加强但加强件的许用应力和屈服点与容器壳体相同时,只需计算侧板、侧板与加强件组合截面的薄膜应力以及侧板与加强件组合截面内、外表面的总应力,然后对该薄膜应力和两个总应力按 A.3.1 进行校核;

c) 当有加强且加强件的许用应力和屈服点与容器壳体不同时,应对壳体和加强件分别计算和校核其薄膜应力以及内、外壁处的总应力。

A.3.4 计算得到的总应力应为薄膜应力与弯曲应力的代数和。薄膜应力与弯曲应力的正、负号规定如下:

a) 薄膜应力以拉应力为正,以压应力为负;

b) 计算内压作用下的弯曲应力,对于 A.3.3a)和 b)的情况,c_o 取负号,c_i 取正号;对于 A.3.3c) 的情况,如应力计算点在组合截面中性轴的内侧,则 c_o 或 c_i 取正号,否则,c_o 或 c_i 取负号。

A.4 无加强的非圆形截面容器

A.4.1 对称矩形截面容器

A.4.1.1 结构

本节计算公式适用的对称矩形截面容器如图 A.1 所示。容器的两对边侧板厚度应相等,但相邻侧板的厚度可以不相等。

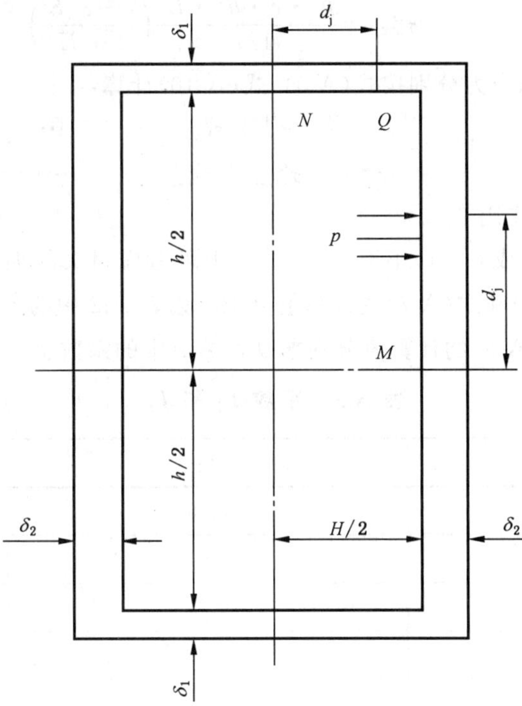

图 A.1 对称矩形截面容器

A.4.1.2 应力计算

a) 短边侧板

侧板上 N 点和 Q 点的薄膜应力按式(A-1)计算:

$$\sigma_{m}^{N}=\sigma_{m(1)}^{Q}=\frac{p_c \cdot h}{2\delta_1} \qquad \cdots\cdots(A\text{-}1)$$

侧板上 N 点和 Q 点的弯曲应力分别按式(A-2)、式(A-3)计算:

$$\sigma_b^N = \frac{p_c \cdot c \cdot h^2 \cdot L_s}{12I_1}\left(-1.5\alpha^2 + \frac{1+\alpha^2 K}{1+K}\right) \qquad \cdots\cdots\cdots\cdots(\text{A-2})$$

$$\sigma_{b(1)}^Q = \frac{p_c \cdot c \cdot h^2 \cdot L_s}{12I_1}\left(\frac{1+\alpha^2 K}{1+K}\right) \qquad \cdots\cdots\cdots\cdots(\text{A-3})$$

N 点和 Q 点的总应力分别按式(A-4)、式(A-5)计算：

$$\sigma_T^N = \sigma_m^N + \sigma_b^N \qquad \cdots\cdots\cdots\cdots(\text{A-4})$$

$$\sigma_{T(1)}^Q = \sigma_{m(1)}^Q + \sigma_{b(1)}^Q \qquad \cdots\cdots\cdots\cdots(\text{A-5})$$

b) 长边侧板

侧板上 M 点和 Q 点的薄膜应力按式(A-6)计算：

$$\sigma_m^M = \sigma_{m(2)}^Q = \frac{p_c \cdot H}{2\delta_2} \qquad \cdots\cdots\cdots\cdots(\text{A-6})$$

侧板上 M 点和 Q 点的弯曲应力分别按式(A-7)、式(A-8)计算：

$$\sigma_b^M = \frac{p_c \cdot c \cdot h^2 \cdot L_s}{12I_2}\left(-1.5 + \frac{1+\alpha^2 K}{1+K}\right) \qquad \cdots\cdots\cdots\cdots(\text{A-7})$$

$$\sigma_{b(2)}^Q = \frac{p_c \cdot c \cdot h^2 \cdot L_s}{12I_2}\left(\frac{1+\alpha^2 K}{1+K}\right) \qquad \cdots\cdots\cdots\cdots(\text{A-8})$$

M 点和 Q 点的总应力分别按式(A-9)、式(A-10)计算：

$$\sigma_T^M = \sigma_m^M + \sigma_b^M \qquad \cdots\cdots\cdots\cdots(\text{A-9})$$

$$\sigma_{T(2)}^Q = \sigma_{m(2)}^Q + \sigma_{b(2)}^Q \qquad \cdots\cdots\cdots\cdots(\text{A-10})$$

c) 考虑封头的加强作用

当容器纵横比(L_1/H 或 L_1/h)小于 2 时，设计中可考虑封头的加强作用，侧板中点 N 和 M 处的弯曲应力为式(A-2)和式(A-7)的计算值分别乘以表 A.2 中的系数 J_2；容器拐角 Q 点的弯曲应力为式(A-3)和式(A-8)的计算值分别乘以表 A.2 中的系数 J_3。

表 A.2 系数 J_2 和 J_3

L_1/H 或 L_1/h	J_2	J_3
1.0	0.56	0.62
1.1	0.64	0.70
1.2	0.73	0.77
1.3	0.79	0.83
1.4	0.85	0.88
1.5	0.89	0.91
1.6	0.92	0.94
1.7	0.95	0.96
1.8	0.97	0.98
1.9	0.99	0.99
2.0	1.0	1.0

A.4.2 非对称矩形截面容器

A.4.2.1 结构

本节计算公式适用的非对称矩形截面容器如图 A.2 所示。其中一对对边侧板厚度相同,而另一对侧板的厚度不同。

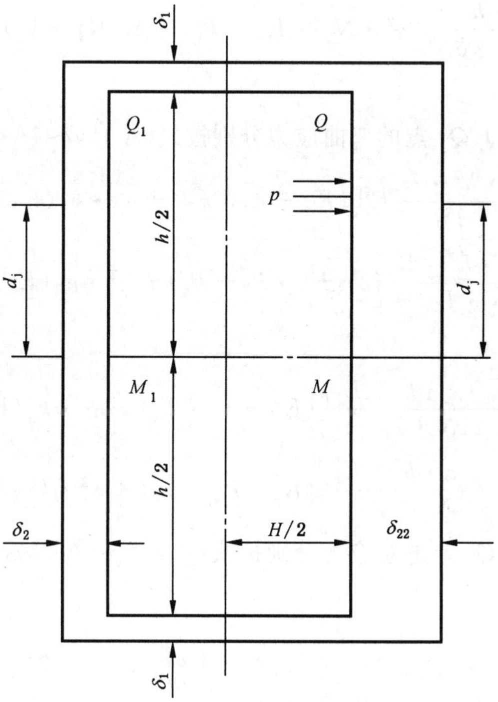

图 A.2 非对称矩形截面容器

A.4.2.2 应力计算

a) 短边侧板

侧板上 Q 点和 Q_1 点的薄膜应力按式(A-11)计算:

$$\sigma_{m(1)}^{Q} = \sigma_{m(1)}^{Q1} = \frac{p_c \cdot h}{2\delta_1} \quad \cdots\cdots (A\text{-}11)$$

侧板上 Q 点和 Q_1 点的弯曲应力分别按式(A-12)、式(A-13)计算:

$$\sigma_{b(1)}^{Q} = \frac{p_c \cdot c \cdot h^2 \cdot L_s}{4N \cdot I_1}[(K_2 - k_1 \cdot k_2) + \alpha^2 k_2(K_2 - k_2)] \quad \cdots\cdots (A\text{-}12)$$

$$\sigma_{b(1)}^{Q1} = \frac{p_c \cdot c \cdot h^2 \cdot L_s}{4N \cdot I_1}[(K_1 \cdot k_1 - k_2) + \alpha^2 k_2(K_1 - k_2)] \quad \cdots\cdots (A\text{-}13)$$

Q 点和 Q_1 点的总应力分别按式(A-14)、式(A-15)计算:

$$\sigma_{T(1)}^{Q} = \sigma_{m(1)}^{Q} + \sigma_{b(1)}^{Q} \quad \cdots\cdots (A\text{-}14)$$

$$\sigma_{T(1)}^{Q1} = \sigma_{m(1)}^{Q1} + \sigma_{b(1)}^{Q1} \quad \cdots\cdots (A\text{-}15)$$

b) 长边侧板

侧板上 M_1 和 Q_1 点的薄膜应力按式(A-16)计算：

$$\sigma_m^{M_1}=\sigma_{m(2)}^{Q_1}=\frac{p_c\cdot h}{4\alpha\cdot N\cdot\delta_2}[2\alpha^2\cdot N-(K_2+k_2)+k_1(K_1+k_2)-\alpha^2\cdot k_2(K_2-K_1)] \quad\cdots(A-16)$$

侧板上 M 和 Q 点的薄膜应力按式(A-17)计算：

$$\sigma_m^{M}=\sigma_{m(2)}^{Q}=\frac{p_c\cdot h}{4\alpha\cdot N\cdot\delta_{22}}[2\alpha^2\cdot N+(K_2+k_2)-k_1(K_1+k_2)+\alpha^2\cdot k_2(K_2-K_1)] \quad\cdots(A-17)$$

侧板上 M、M_1、Q、Q_1 点的弯曲应力分别按式(A-18)～(A-21)计算：

$$\sigma_b^{M}=\frac{p_c\cdot c\cdot h^2\cdot L_s}{8N\cdot I_{22}}\{2[(K_2-k_1\cdot k_2)+\alpha^2\cdot k_2(K_2-k_2)]-N\} \quad\cdots\cdots(A-18)$$

$$\sigma_b^{M_1}=\frac{p_c\cdot c\cdot h^2\cdot L_s}{8N\cdot I_2}\{2[(K_1\cdot k_1-k_2)+\alpha^2\cdot k_2(K_1-k_2)]-N\} \quad\cdots\cdots(A-19)$$

$$\sigma_{b(2)}^{Q}=\frac{p_c\cdot c\cdot h^2\cdot L_s}{4N\cdot I_{22}}[(K_2-k_1\cdot k_2)+\alpha^2\cdot k_2(K_2-k_2)] \quad\cdots\cdots(A-20)$$

$$\sigma_{b(2)}^{Q_1}=\frac{p_c\cdot c\cdot h^2\cdot L_s}{4N\cdot I_2}[(K_1\cdot k_1-k_2)+\alpha^2\cdot k_2(K_1-k_2)] \quad\cdots\cdots(A-21)$$

侧板 M、M_1、Q、Q_1 点的总应力分别按式(A-22)～(A-25)计算：

$$\sigma_T^{M}=\sigma_m^{M}+\sigma_b^{M} \quad\cdots\cdots(A-22)$$

$$\sigma_T^{M_1}=\sigma_m^{M_1}+\sigma_b^{M_1} \quad\cdots\cdots(A-23)$$

$$\sigma_{T(2)}^{Q}=\sigma_{m(2)}^{Q}+\sigma_{b(2)}^{Q} \quad\cdots\cdots(A-24)$$

$$\sigma_{T(2)}^{Q_1}=\sigma_{m(2)}^{Q_1}+\sigma_{b(2)}^{Q_1} \quad\cdots\cdots(A-25)$$

c) 考虑封头的加强作用

当容器纵横比(L_1/H 或 L_1/h)小于 2 时，设计中可考虑封头的加强作用，短边侧板 Q 和 Q_1 点的弯曲应力为式(A-12)和式(A-13)的计算值分别乘以表 A.2 中的系数 J_3；长边侧板 M 和 M_1 点的弯曲应力为式(A-18)和式(A-19)的计算值分别乘以表 A.2 中的系数 J_2；长边侧板 Q 和 Q_1 点的弯曲应力为式(A-20)和式(A-21)的计算值分别乘以表 A.2 中的系数 J_3。

A.4.3 带圆角的矩形截面容器

A.4.3.1 结构

本节计算公式适用的带圆角的矩形截面容器如图 A.3 所示。容器侧板与圆角的厚度相同；圆角半径 r 应不小于侧板厚度的 3 倍。

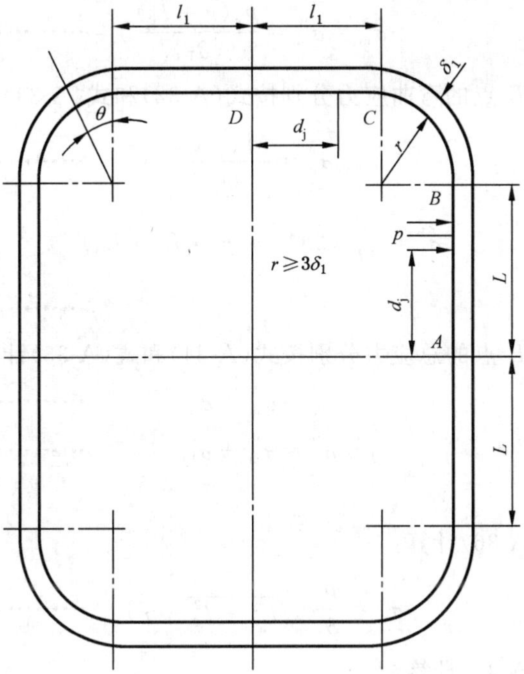

图 A.3 带圆角的矩形截面容器

A.4.3.2 应力计算

a) 短边侧板

侧板上 C 点和 D 点的薄膜应力按式(A-26)计算：

$$\sigma_{\mathrm{m}}^{\mathrm{C}}=\sigma_{\mathrm{m}}^{\mathrm{D}}=\frac{p_{\mathrm{c}}(r+L)}{\delta_1} \qquad \text{(A-26)}$$

侧板上 C 点和 D 点的弯曲应力分别按式(A-27)和式(A-28)计算：

$$\sigma_{\mathrm{b}}^{\mathrm{C}}=\frac{c}{2I_1}[2M_{\mathrm{A}}+p_{\mathrm{c}}L_{\mathrm{s}}(L^2+2r\cdot L-2r\cdot l_1)] \qquad \text{(A-27)}$$

$$\sigma_{\mathrm{b}}^{\mathrm{D}}=\frac{c}{2I_1}[2M_{\mathrm{A}}+p_{\mathrm{c}}L_{\mathrm{s}}(L^2+2r\cdot L-2r\cdot l_1-l_1^2)] \qquad \text{(A-28)}$$

式中：

$M_{\mathrm{A}}=p_{\mathrm{c}}\cdot K_3\cdot L_{\mathrm{s}}$，N·mm；

$K_3=\dfrac{-l_1^2[3\varphi^2(2\alpha_3-\pi+2)-6\varphi(1-\alpha_3)+\alpha_3^2(\alpha_3+3+1.5\pi\cdot\varphi)-2]}{3(2\alpha_3+\pi\cdot\varphi+2)}$，$\mathrm{mm}^2$

侧板上 C 点和 D 点的总应力分别按式(A-29)和式(A-30)计算：

$$\sigma_{\mathrm{T}}^{\mathrm{C}}=\sigma_{\mathrm{m}}^{\mathrm{C}}+\sigma_{\mathrm{b}}^{\mathrm{C}} \qquad \text{(A-29)}$$

$$\sigma_{\mathrm{T}}^{\mathrm{D}}=\sigma_{\mathrm{m}}^{\mathrm{D}}+\sigma_{\mathrm{b}}^{\mathrm{D}} \qquad \text{(A-30)}$$

b) 长边侧板

侧板上 A 点和 B 点的薄膜应力按式(A-31)计算：

$$\sigma_{m}^{A}=\sigma_{m}^{B}=\frac{p_{c}(r+l_{1})}{\delta_{1}} \qquad \text{(A-31)}$$

侧板上 A 点和 B 点的弯曲应力分别按式(A-32)和式(A-33)计算：

$$\sigma_{b}^{A}=\frac{M_{A}\cdot c}{I_{1}} \qquad \text{(A-32)}$$

$$\sigma_{b}^{B}=\frac{c}{2I_{1}}(2M_{A}+p_{c}\cdot L^{2}\cdot L_{s}) \qquad \text{(A-33)}$$

侧板上 A 点和 B 点的总应力分别按式(A-34)和式(A-35)计算：

$$\sigma_{T}^{A}=\sigma_{m}^{A}+\sigma_{b}^{A} \qquad \text{(A-34)}$$

$$\sigma_{T}^{B}=\sigma_{m}^{B}+\sigma_{b}^{B} \qquad \text{(A-35)}$$

c) 圆角区

薄膜应力按式(A-36)计算：

$$\sigma_{m}=\frac{p_{c}}{\delta_{1}}(\sqrt{L^{2}+l_{1}^{2}}+r) \qquad \text{(A-36)}$$

弯曲应力按式(A-37)计算：

$$\sigma_{b}=\frac{c}{2I_{1}}(2M_{A}+p_{c}\cdot L_{s}\{2r[L\cdot\cos\theta-l_{1}(1-\sin\theta)]+L^{2}\}) \qquad \text{(A-37)}$$

式中：

$\theta=\arctan(l_{1}/L)$(见图 A.3),(°)。

总应力按式(A-38)计算：

$$\sigma_{T}=\sigma_{m}+\sigma_{b} \qquad \text{(A-38)}$$

A.4.4 长圆形截面容器

A.4.4.1 结构

本节计算公式适用的长圆形截面容器如图 A.4 所示。容器侧板厚度需相等,两半圆部分厚度也需相等,但侧板与半圆部分的厚度可以不同。

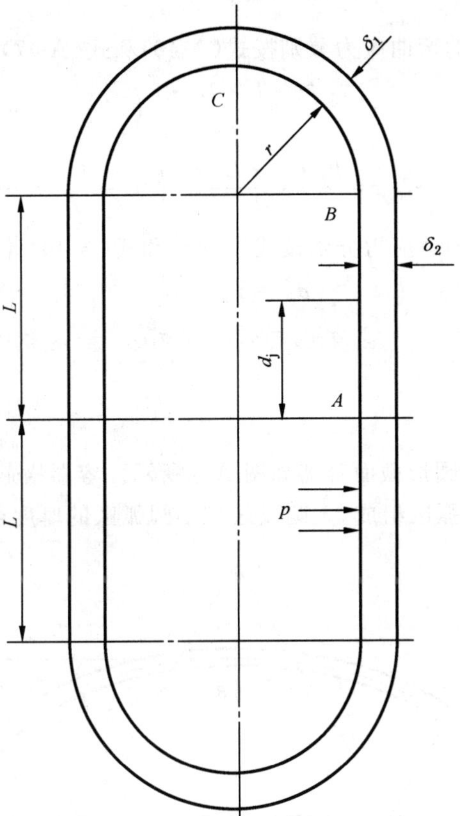

图 A.4　长圆形截面容器

A.4.4.2　应力计算

a)　半圆部分

B 点和 C 点的薄膜应力分别按式(A-39)和式(A-40)计算:

$$\sigma_{m(1)}^{B}=\frac{p_c \cdot r}{\delta_1} \qquad \cdots\cdots(A-39)$$

$$\sigma_{m}^{C}=\frac{p_c(r+L)}{\delta_1} \qquad \cdots\cdots(A-40)$$

B 点和 C 点的弯曲应力分别按式(A-41)和式(A-42)计算:

$$\sigma_{b(1)}^{B}=\frac{p_c \cdot L \cdot L_s \cdot c}{6I_1}\left(3L-\frac{C_1}{A}\right) \qquad \cdots\cdots(A-41)$$

$$\sigma_{b}^{C}=\frac{p_c \cdot L \cdot L_s \cdot c}{6I_1}\left[3(L+2r)-\frac{C_1}{A}\right] \qquad \cdots\cdots(A-42)$$

B 点和 C 点的总应力分别按式(A-43)和式(A-44)计算:

$$\sigma_{T(1)}^{B}=\sigma_{m(1)}^{B}+\sigma_{b(1)}^{B} \qquad \cdots\cdots(A-43)$$

$$\sigma_{T}^{C}=\sigma_{m}^{C}+\sigma_{b}^{C} \qquad \cdots\cdots(A-44)$$

b)　直侧板

侧板上 A 点和 B 点的薄膜应力分别按式(A-45)计算:

$$\sigma_{\mathrm{m}}^{\mathrm{A}}=\sigma_{\mathrm{m}(2)}^{\mathrm{B}}=\frac{p_{\mathrm{c}}\cdot r}{\delta_{2}} \qquad\cdots\cdots(\text{A-45})$$

侧板 A 点和 B 点的弯曲应力分别按式(A-46)和式(A-47)计算：

$$\sigma_{\mathrm{b}}^{\mathrm{A}}=\frac{p_{\mathrm{c}}\cdot L\cdot L_{\mathrm{s}}\cdot c}{6I_{2}}\left(\frac{C_{1}}{A}\right) \qquad\cdots\cdots(\text{A-46})$$

$$\sigma_{\mathrm{b}(2)}^{\mathrm{B}}=\frac{p_{\mathrm{c}}\cdot L\cdot L_{\mathrm{s}}\cdot c}{6I_{2}}\left(3L-\frac{C_{1}}{A}\right) \qquad\cdots\cdots(\text{A-47})$$

侧板 A 点和 B 点的总应力分别按式(A-48)和式(A-49)计算：

$$\sigma_{\mathrm{T}}^{\mathrm{A}}=\sigma_{\mathrm{m}}^{\mathrm{A}}+\sigma_{\mathrm{b}}^{\mathrm{A}} \qquad\cdots\cdots(\text{A-48})$$

$$\sigma_{\mathrm{T}(2)}^{\mathrm{B}}=\sigma_{\mathrm{m}(2)}^{\mathrm{B}}+\sigma_{\mathrm{b}(2)}^{\mathrm{B}} \qquad\cdots\cdots(\text{A-49})$$

A.4.5 椭圆形截面容器

A.4.5.1 结构

本节计算公式适用的椭圆形截面容器如图 A.5 所示。容器横截面由中面半径为 R 的大圆弧区和中面半径为 r 的小圆弧区组成，大圆弧区与小圆弧区的厚度可以相等，也可以不相等。

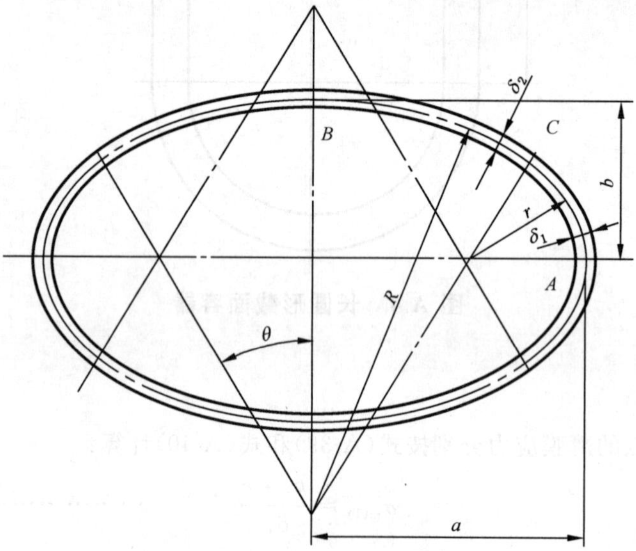

图 A.5 椭圆形截面容器

A.4.5.2 应力计算

a) 小圆弧区

A 点和 C 点的薄膜应力分别按式(A-50)和式(A-51)计算：

$$\sigma_{\mathrm{m}}^{\mathrm{A}}=\frac{p_{\mathrm{c}}\cdot a}{\delta_{1}} \qquad\cdots\cdots(\text{A-50})$$

$$\sigma_{\mathrm{m}(1)}^{\mathrm{C}}=\frac{p_{\mathrm{c}}}{\delta_{1}}(R\sin^{2}\theta+r\cos^{2}\theta) \qquad\cdots\cdots(\text{A-51})$$

式中：

$\theta=\operatorname{arc}\tan(b/a)$,(°)。

A 点和 C 点的弯曲应力分别按式(A-52)和式(A-53)计算：

$$\sigma_{b}^{A}=\frac{M_{A}\cdot c}{I_{1}} \quad \cdots\cdots(A-52)$$

$$\sigma_{b(1)}^{C}=\frac{c}{2I_{1}}[2M_{A}-L_{s}\cdot p_{c}(a^{2}-R^{2}\cdot\sin^{2}\theta-r^{2}\cdot\cos^{2}\theta)] \quad \cdots\cdots(A-53)$$

式中：

$M_{A}=\frac{p_{c}\cdot a^{2}\cdot L_{s}}{2}-\frac{p_{c}\cdot L_{s}}{2(\alpha_{2}\cdot r\cdot\psi+R\cdot\theta)}\{[r^{2}+(R-r)^{2}\sin^{2}\theta]\cdot\alpha_{2}\cdot r\cdot\psi$
$+[R^{2}+(R-r)^{2}\cos^{2}\theta]\cdot R\cdot\theta-(R-r)(R^{2}-\alpha_{2}\cdot r^{2})\sin2\theta\}$,N·mm；

$\psi=\frac{\pi}{2}(1-\frac{\theta}{90})$,rad。

A 点和 C 点的总应力分别按式(A-54)和式(A-55)计算：

$$\sigma_{T}^{A}=\sigma_{m}^{A}+\sigma_{b}^{A} \quad \cdots\cdots(A-54)$$

$$\sigma_{T(1)}^{C}=\sigma_{m(1)}^{C}+\sigma_{b(1)}^{C} \quad \cdots\cdots(A-55)$$

b) 大圆弧区

B 点和 C 点的薄膜应力分别按式(A-56)和式(A-57)计算：

$$\sigma_{m}^{B}=\frac{p_{c}\cdot b}{\delta_{2}} \quad \cdots\cdots(A-56)$$

$$\sigma_{m(2)}^{C}=\frac{p_{c}}{\delta_{2}}(R\sin^{2}\theta+r\cos^{2}\theta) \quad \cdots\cdots(A-57)$$

B 点和 C 点的弯曲应力分别按式(A-58)和式(A-59)计算：

$$\sigma_{b}^{B}=\frac{c}{2I_{2}}[2M_{A}-p_{c}\cdot L_{s}(a^{2}-b^{2})] \quad \cdots\cdots(A-58)$$

$$\sigma_{b(2)}^{C}=\frac{c}{2I_{2}}[2M_{A}-L_{s}\cdot p_{c}(a^{2}-R^{2}\cdot\sin^{2}\theta-r^{2}\cdot\cos^{2}\theta)] \quad \cdots\cdots(A-59)$$

B 点和 C 点的总应力分别按式(A-60)和式(A-61)计算：

$$\sigma_{T}^{B}=\sigma_{m}^{B}+\sigma_{b}^{B} \quad \cdots\cdots(A-60)$$

$$\sigma_{T(2)}^{C}=\sigma_{m(2)}^{C}+\sigma_{b(2)}^{C} \quad \cdots\cdots(A-61)$$

A.5 外加强的非圆形截面容器

A.5.1 外加强的对称矩形截面容器

A.5.1.1 结构

本节计算公式适用的外加强对称矩形截面容器如图 A.6 所示。加强件设置在容器的外表面，且垂直于容器轴线的平面内。加强件与容器侧板可采用连续焊或间断焊。当采用间断焊时，间断焊缝可以互相错开或并排布置，间断焊缝的焊缝间距不得大于所加强板厚的 8 倍。每对加强件每侧间断焊的焊缝长度不少于加强件外表面长度的 1/2，侧板上的加强件应对称布置且具有相同的惯性矩，加强件之间的间距可以不同。

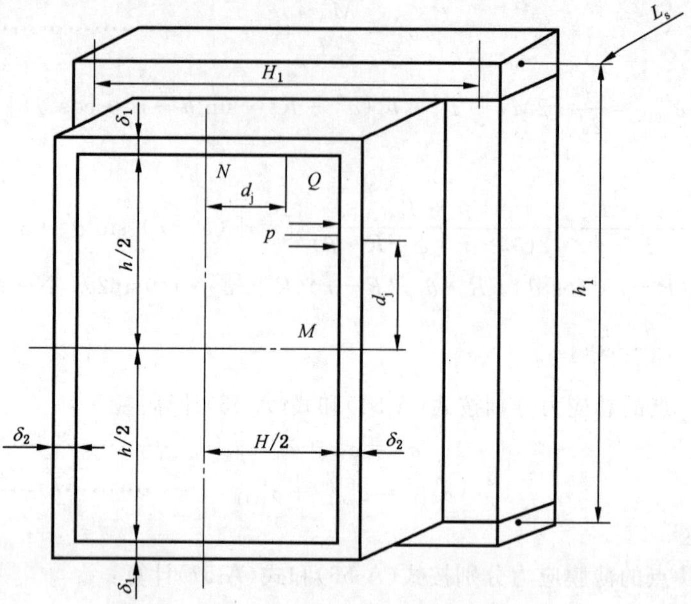

图 A.6 外加强的对称矩形截面容器

A.5.1.2 加强件的允许最大间距

任意两相邻加强件之间的间距[1]应不大于以下式(A-62)~式(A-66)确定的 L_s~L_{s2} 中的最小值。

$$L_s=\frac{\delta}{\sqrt{\dfrac{p_c}{[\sigma]^t\cdot Z}}} \quad \cdots\cdots(\text{A-62})$$

式中：

δ——侧板计算厚度，取 δ_1 和 δ_2 中的小值，mm；

Z——系数，$\delta\leqslant 11$ mm 时，$Z=2.1$；$\delta>11$ mm 时，$Z=2.2$。

用式(A-62)得到的 L_s 分别计算短边和长边的 β 值，然后按式(A-63)~式(A-66)计算 L_{s1} 和 L_{s2}：

$$H\geqslant L_s \text{ 时}, L_{s1}=\delta_1\cdot\sqrt{\frac{[\sigma]^t\cdot J}{p_c}} \quad \cdots\cdots(\text{A-63})$$

$$H< L_s \text{ 时}, L_{s1}=\left(\frac{\delta_1}{\beta}\right)\cdot\sqrt{\frac{[\sigma]^t\cdot J}{p_c}} \quad \cdots\cdots(\text{A-64})$$

$$h\geqslant L_s \text{ 时}, L_{s2}=\delta_2\cdot\sqrt{\frac{[\sigma]^t\cdot J}{p_c}} \quad \cdots\cdots(\text{A-65})$$

$$h< L_s \text{ 时}, L_{s2}=\left(\frac{\delta_2}{\beta}\right)\cdot\sqrt{\frac{[\sigma]^t\cdot J}{p_c}} \quad \cdots\cdots(\text{A-66})$$

注：包括平盖到第一个加强件的距离。

表 A.3

β 或 $1/\beta$(取其中较大值)	应力参数 J
1.0	4.9
1.1	4.3
1.2	3.9
1.3	3.6
1.4	3.3
1.5	3.1
1.6	2.9
1.7	2.8
1.8	2.6
1.9	2.5
2.0	2.4
3.0	2.1
≥4.0	2.0

表 A.4

材　　料	有效宽度系数 Δ[a] $\sqrt{\text{MPa}}$
碳素钢(C≤0.30%)	483
碳素钢(C>0.30%) 碳锰钢	500
碳钼钢、低铬钼钢 (Cr3Mo)	500
中铬钼钢 (Cr5Mo～Cr9Mo)	479
奥氏体钢(至 Cr25Ni20)	487
[a] 当设计温度非 20 ℃时,Δ 应按下式修正: $\Delta^t=\Delta\cdot\sqrt{E^t/E}$	

A.5.1.3 有效宽度

计算组合截面惯性距 I_{11}、I_{21} 以及应力值时,加强件起加强作用的有效宽度 L_s 按以下取值:

a) 按式(A-67)计算 W:

$$W=\frac{\delta \cdot \Delta}{\sqrt{R_{\mathrm{el}}^{\mathrm{t}}}} \quad \cdots\cdots(\text{A-67})$$

式中：

δ——侧板有效厚度，mm；

Δ——系数，查表 A.4。

b) 取加强件两侧间距之和的一半；

c) 取 a)和 b)得到的两个值中的小值。

A.5.1.4 应力计算

a) 短边组合件

N 点和 Q 点的薄膜应力按式(A-68)计算：

$$\sigma_{\mathrm{m}}^{\mathrm{N}}=\sigma_{\mathrm{m(1)}}^{\mathrm{Q}}=\frac{p_{\mathrm{c}} \cdot h \cdot L_{\mathrm{s}}}{2(A_1+\delta_1 \cdot L_{\mathrm{s}})} \quad \cdots\cdots(\text{A-68})$$

N 点和 Q 点的弯曲应力分别按式(A-69)和式(A-70)计算：

$$\sigma_{\mathrm{b}}^{\mathrm{N}}=\frac{p_{\mathrm{c}} \cdot h^2 \cdot L_{\mathrm{s}} \cdot c}{24 I_{11}}\left[-3\alpha^2+2\left(\frac{1+\alpha_1^2 \cdot k}{1+k}\right)\right] \quad \cdots\cdots(\text{A-69})$$

$$\sigma_{\mathrm{b(1)}}^{\mathrm{Q}}=\frac{p_{\mathrm{c}} \cdot h^2 \cdot L_{\mathrm{s}} \cdot c}{12 I_{11}}\left(\frac{1+\alpha_1^2 \cdot k}{1+k}\right) \quad \cdots\cdots(\text{A-70})$$

N 点和 Q 点的总应力分别按式(A-71)和式(A-72)计算：

$$\sigma_{\mathrm{T}}^{\mathrm{N}}=\sigma_{\mathrm{m}}^{\mathrm{N}}+\sigma_{\mathrm{b}}^{\mathrm{N}} \quad \cdots\cdots(\text{A-71})$$

$$\sigma_{\mathrm{T(1)}}^{\mathrm{Q}}=\sigma_{\mathrm{m(1)}}^{\mathrm{Q}}+\sigma_{\mathrm{b(1)}}^{\mathrm{Q}} \quad \cdots\cdots(\text{A-72})$$

b) 长边组合件

M 点和 Q 点的薄膜应力按式(A-73)计算：

$$\sigma_{\mathrm{m}}^{\mathrm{M}}=\sigma_{\mathrm{m(2)}}^{\mathrm{Q}}=\frac{p_{\mathrm{c}} \cdot H \cdot L_{\mathrm{s}}}{2(A_2+\delta_2 \cdot L_{\mathrm{s}})} \quad \cdots\cdots(\text{A-73})$$

M 点和 Q 点的弯曲应力分别按式(A-74)和式(A-75)计算：

$$\sigma_{\mathrm{b}}^{\mathrm{M}}=\frac{p_{\mathrm{c}} \cdot h^2 \cdot L_{\mathrm{s}} \cdot c}{24 I_{21}}\left[-3+2\left(\frac{1+\alpha_1^2 \cdot k}{1+k}\right)\right] \quad \cdots\cdots(\text{A-74})$$

$$\sigma_{\mathrm{b(2)}}^{\mathrm{Q}}=\frac{p_{\mathrm{c}} \cdot h^2 \cdot L_{\mathrm{s}} \cdot c}{12 I_{21}}\left(\frac{1+\alpha_1^2 \cdot k}{1+k}\right) \quad \cdots\cdots(\text{A-75})$$

M 点和 Q 点的总应力分别按式(A-76)和式(A-77)计算：

$$\sigma_{\mathrm{T}}^{\mathrm{M}}=\sigma_{\mathrm{m}}^{\mathrm{M}}+\sigma_{\mathrm{b}}^{\mathrm{M}} \quad \cdots\cdots(\text{A-76})$$

$$\sigma_{\mathrm{T(2)}}^{\mathrm{Q}}=\sigma_{\mathrm{m(2)}}^{\mathrm{Q}}+\sigma_{\mathrm{b(2)}}^{\mathrm{Q}} \quad \cdots\cdots(\text{A-77})$$

A.5.2 外加强带圆角的矩形截面容器

A.5.2.1 结构

本节计算公式适用的外加强带圆角矩形截面容器如图 A.7 所示。加强件设置在侧板外表面宽度方向上、且垂直于容器轴线的平面内，容器圆角区不设置加强件。每对侧板上的加强件应对称布置且具有相同的惯性矩，加强件与容器的连接焊缝应符合 A.5.1.1 的规定。

A.5.2.2　加强件最大允许间距

加强件最大允许间距按A.5.1.2确定,但式(A-63)～式(A-66)以及β的计算式中,应以$2l_s$代替H,以$2l_L$代替h(见图A.7)。

A.5.2.3　有效宽度

组合截面惯性矩与应力计算时,加强件起加强作用的有效宽度按A.5.1.3确定。

A.5.2.4　应力计算

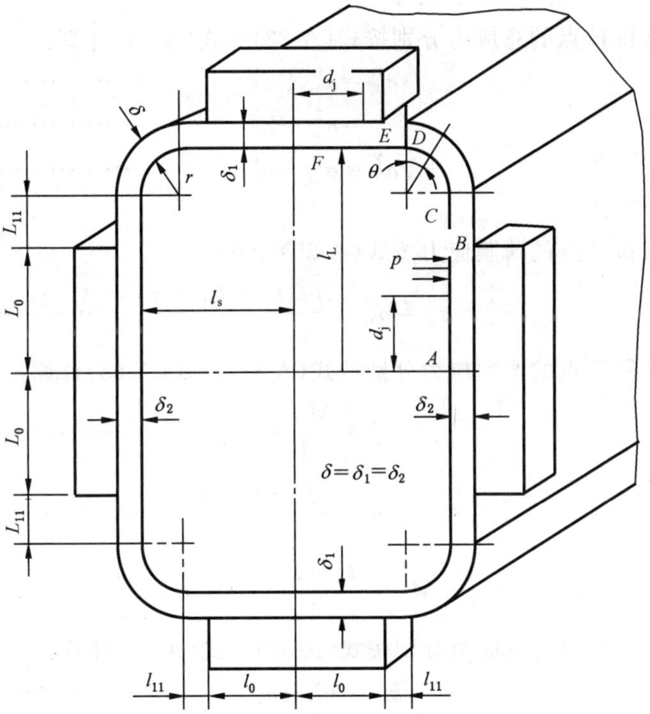

图A.7　外加强带圆角的矩形截面容器

a)　短边组合件

D点、E点和F点的薄膜应力按式(A-78)计算:

$$\sigma_m^D=\sigma_m^E=\sigma_m^F=\frac{p_c(L_0+L_{11}+r)}{\delta_1} \qquad \text{(A-78)}$$

D点、E点和F点的弯曲应力分别按式(A-79)～式(A-81)计算:

$$\sigma_b^D=\frac{c}{I_1}\left\{M_A+p_c\cdot L_s\left[\frac{(L_0+L_{11})^2}{2}+r\cdot(L_0+L_{11}-l_0-l_{11})\right]\right\} \qquad \text{(A-79)}$$

$$\sigma_b^E=\frac{c}{I_1}\left\{M_A+\frac{p_c\cdot L_s}{2}[L_0^2+2L_0\cdot L_{11}+L_{11}^2-2l_0\cdot l_{11}-l_{11}^2+2r(L_0+L_{11}-l_0-l_{11})]\right\} \qquad \text{(A-80)}$$

$$\sigma_b^F=\frac{c}{I_{11}}\left\{M_A+\frac{p_c\cdot L_s}{2}[(L_0+L_{11})^2+2r(L_0+L_{11}-l_0-l_{11})-(l_0+l_{11})^2]\right\} \qquad \text{(A-81)}$$

式中：

$M_A=p_c \cdot L_s \cdot K_4$，N·mm；

$K_4=[-3rL_0(4r+\pi \cdot L_0)-L_{11}(12r^2+3\pi \cdot r \cdot L_{11}+2L_{11}^2)+12r \cdot l_{11}^2 -6L_0 \cdot L_{11}(L_0+L_{11}+\pi \cdot r+2l_{11})-6L_0 l_{11}(2r+L_0)-6L_{11} \cdot l_{11}(2r+L_{11}) +6l_0 \cdot l_{11}(2r+l_{11})+6r^2(\pi-2)(l_0+l_{11})+4l_{11}^3-2L_0^3(I_1/I_{21}) -2(I_1/I_{11})(6L_0 \cdot L_{11} \cdot l_0+3L_0^2 \cdot l_0+3L_{11}^2 \cdot l_0-6l_0^2 \cdot l_{11}-3l_0 \cdot l_{11}^2-6r \cdot l_0^2-2l_0^3 +6r \cdot L_0 \cdot l_0+6r \cdot L_{11} \cdot l_0-6r \cdot l_0 \cdot l_{11})] \cdot \{6[2L_{11}+2l_{11}+\pi \cdot r+2l_0(I_1/I_{11}) +2L_0(I_1/I_{21})]\}^{-1}$，$mm^2$；

D 点、E 点和 F 点的总应力分别按式(A-82)～式(A-84)计算：

$$\sigma_T^D=\sigma_m^D+\sigma_b^D \qquad \cdots\cdots(A-82)$$

$$\sigma_T^E=\sigma_m^E+\sigma_b^E \qquad \cdots\cdots(A-83)$$

$$\sigma_T^F=\sigma_m^F+\sigma_b^F \qquad \cdots\cdots(A-84)$$

b) 长边组合件

A 点、B 点和 C 点的薄膜应力按式(A-85)计算：

$$\sigma_m^A=\sigma_m^B=\sigma_m^C=\frac{p_c(l_0+l_{11}+r)}{\delta_2} \qquad \cdots\cdots(A-85)$$

A 点、B 点和 C 点的弯曲应力分别按式(A-86)～式(A-88)计算：

$$\sigma_b^A=\frac{M_A \cdot c}{I_{21}} \qquad \cdots\cdots(A-86)$$

$$\sigma_b^B=\frac{c}{I_2}\left(M_A+\frac{p_c \cdot L_s \cdot L_0^2}{2}\right) \qquad \cdots\cdots(A-87)$$

$$\sigma_b^C=\frac{c}{I_2}\left[M_A+\frac{p_c \cdot L_s}{2}(L_0+L_{11})^2\right] \qquad \cdots\cdots(A-88)$$

A 点、B 点和 C 点的总应力分别按式(A-89)～式(A-91)计算：

$$\sigma_T^A=\sigma_m^A+\sigma_b^A \qquad \cdots\cdots(A-89)$$

$$\sigma_T^B=\sigma_m^B+\sigma_b^B \qquad \cdots\cdots(A-90)$$

$$\sigma_T^C=\sigma_m^C+\sigma_b^C \qquad \cdots\cdots(A-91)$$

c) 圆角区

薄膜应力按式(A-92)计算：

$$\sigma_m=\frac{p_c}{\delta_1}\left[\sqrt{(L_0+L_{11})^2+(l_0+l_{11})^2}+r\right] \qquad \cdots\cdots(A-92)$$

弯曲应力按式(A-93)计算：

$$\sigma_b=\frac{M_r \cdot c}{I_1} \qquad \cdots\cdots(A-93)$$

式中：

$M_r=M_A+p_c \cdot L_s\left\{(L_0+L_{11})\left(\frac{L_0+L_{11}}{2}+r \cdot \cos\theta\right)+(1-\sin\theta)[r^2-r(l_0+l_{11}+r)]\right\}$，N·mm；

$\theta=\text{arccot}\left(\frac{l_0+l_{11}}{L_0+L_{11}}\right)$，(°)。

A.5.3 外加强的长圆形截面容器

A.5.3.1 结构

本节计算公式适用的外加强长圆形截面容器如图 A.8 所示。侧板和半圆部分的厚度应相等,加强件应整圈围绕在容器的周边。加强件与容器的连接焊缝应符合 A.5.1.1 的规定。

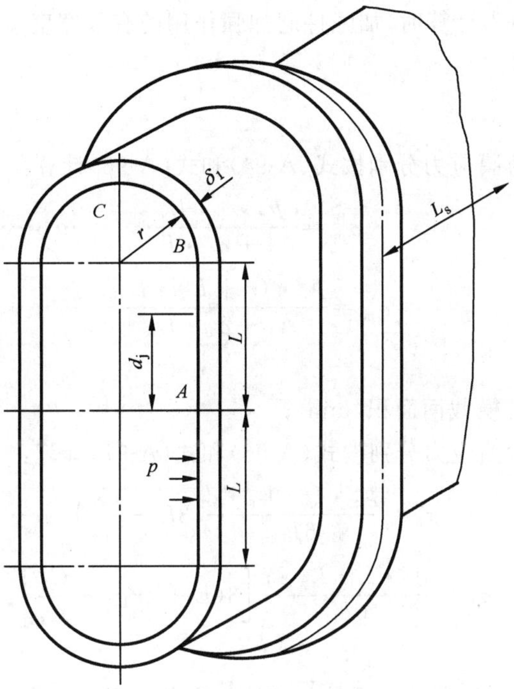

图 A.8 外加强的长圆形截面容器

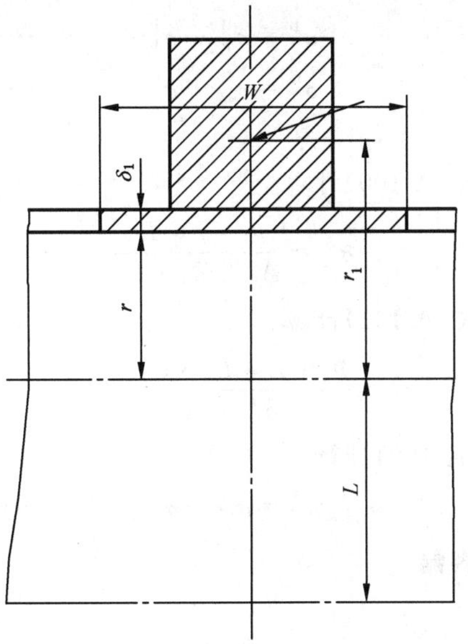

图 A.9 加强件与壳体组合截面形心

A.5.3.2 加强件最大允许间距

加强件最大允许间距按 A.5.1.2 确定，但式(A-63)～式(A-66)以及 β 的计算式中，应以 $2r$ 代替 H，以 $2(L+r)$ 代替 h(见图 A.8)。

A.5.3.3 有效宽度

组合截面惯性矩与应力计算时，加强件起加强作用的有效宽度按 A.5.1.3 确定。

A.5.3.4 应力计算

a) 半圆筒组合件

B 点和 C 点的薄膜应力分别按式(A-94)和式(A-95)计算：

$$\sigma_m^B=\frac{p_c\cdot r\cdot L_s}{A_1+\delta_1\cdot L_s}\qquad\cdots\cdots(\text{A-94})$$

$$\sigma_m^C=\frac{p_c\cdot(r+L)\cdot L_s}{A_1+\delta_1\cdot L_s}\qquad\cdots\cdots(\text{A-95})$$

式中：

A_1——加强件的横截面面积，mm^2；

B 点和 C 点的弯曲应力分别按式(A-96)和式(A-97)计算：

$$\sigma_b^B=\frac{p_c\cdot L\cdot L_s\cdot c}{6I_{11}}\left(3L-\frac{C_2}{A_3}\right)\qquad\cdots\cdots(\text{A-96})$$

$$\sigma_b^C=\frac{p_c\cdot L\cdot L_s\cdot c}{6I_{11}}\left[3(L+2r_1)-\frac{C_2}{A_3}\right]\qquad\cdots\cdots(\text{A-97})$$

式中：

r_1——长圆形截面容器的加强件与壳体组合截面形心轴半径(见图 A.9)，mm；

B 点和 C 点的总应力分别按式(A-98)和式(A-99)计算：

$$\sigma_T^B=\sigma_m^B+\sigma_b^B\qquad\cdots\cdots(\text{A-98})$$

$$\sigma_T^C=\sigma_m^C+\sigma_b^C\qquad\cdots\cdots(\text{A-99})$$

b) 侧板组合件

A 点的薄膜应力按式(A-100)计算：

$$\sigma_m^A=\frac{p_c\cdot r\cdot L_s}{A_1+\delta_1\cdot L_s}\qquad\cdots\cdots(\text{A-100})$$

A 点的弯曲应力按式(A-101)计算：

$$\sigma_b^A=\frac{p_c\cdot L\cdot L_s\cdot c}{6I_{11}}\left(-\frac{C_2}{A_3}\right)\qquad\cdots\cdots(\text{A-101})$$

A 点的总应力按式(A-102)计算：

$$\sigma_T^A=\sigma_m^A+\sigma_b^A\qquad\cdots\cdots(\text{A-102})$$

A.5.4 外加强的椭圆形截面容器

A.5.4.1 结构

本节计算公式适用的外加强椭圆形截面容器如图 A.10 所示。容器横截面由中面半径为 R 的大圆弧区和中面半径为 r 的小圆弧区组成，大圆弧区与小圆弧区的厚度相等，加强件整圈围绕在容器的周边。加强件与容器的连接焊缝应符合 A.5.1.1 的规定。

A.5.4.2 加强件最大允许间距

加强件最大允许间距按 A.5.1.2 确定,但式(A-63)~式(A-66)以及 β 的计算式中,应以 $2b$ 代替 H,以 $2a$ 代替 h(见图 A.10)。

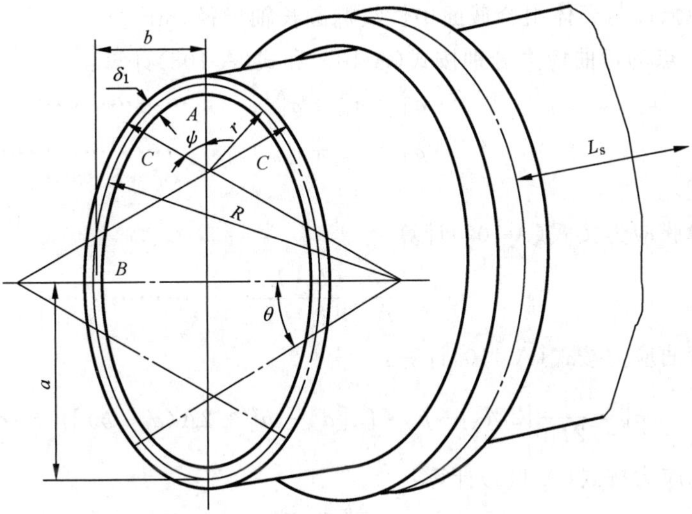

图 A.10 外加强的椭圆形截面容器

A.5.4.3 有效宽度

组合截面惯性矩与应力计算时,加强件起加强作用的有效宽度按 A.5.1.3 确定。

A.5.4.4 应力计算

a) 小圆弧区

A 点和 C 点的薄膜应力分别按式(A-103)和式(A-104)计算:

$$\sigma_{\mathrm{m}}^{\mathrm{A}}=\frac{p_{\mathrm{c}}\cdot a\cdot L_{\mathrm{s}}}{A_1+\delta_1\cdot L_{\mathrm{s}}} \quad\cdots\cdots(\text{A-103})$$

$$\sigma_{\mathrm{m}}^{\mathrm{C}}=\frac{p_{\mathrm{c}}\cdot L_{\mathrm{s}}}{A_1+\delta_1\cdot L_{\mathrm{s}}}(R\cdot\sin^2\theta+r\cdot\cos^2\theta) \quad\cdots\cdots(\text{A-104})$$

式中:

A_1——加强件的横截面面积,mm^2。

$\theta=\operatorname{arccot}\left(\dfrac{b}{a}\right)$,(°)。

A 点和 C 点的弯曲应力分别按式(A-105)和式(A-106)计算:

$$\sigma_{\mathrm{b}}^{\mathrm{A}}=\frac{M_{\mathrm{A}}\cdot c}{I_{11}} \quad\cdots\cdots(\text{A-105})$$

$$\sigma_{\mathrm{b}}^{\mathrm{C}}=\frac{c}{2I_{11}}(2M_{\mathrm{A}}-L_{\mathrm{s}}\cdot p_{\mathrm{c}}\{[a^2+2A_4(a-r)]-[R^2+2A_4(R-r)]\sin^2\theta-r^2\cos^2\theta\}) \quad\cdots\cdots(\text{A-106})$$

式中:

$$M_{\mathrm{A}}=\frac{p_{\mathrm{c}}\cdot a^2\cdot L_{\mathrm{s}}}{2}-\frac{p_{\mathrm{c}}\cdot L_{\mathrm{s}}}{2(r\cdot\psi+R\cdot\theta)}\{[r^2+(R-r)^2\sin^2\theta-2A_4(a-r)]\cdot r\cdot\psi$$

$$+[R^2+(R-r)^2\cos^2\theta+2A_4(R-a)]\cdot R\cdot\theta-(R+r+A_4)(R-r)^2\cdot\sin2\theta\}$$

$\psi=\frac{\pi}{2}(1-\frac{\theta}{90})$,rad;

$A_4=a_1-a$,mm;

a_1——加强件与壳体组合截面中性线椭圆长轴半径,mm。

A 点和 C 点的弯曲应力分别按式(A-107)和式(A-108)计算:

$$\sigma_T^A=\sigma_m^A+\sigma_b^A \qquad (A-107)$$

$$\sigma_T^C=\sigma_m^C+\sigma_b^C \qquad (A-108)$$

b) 大圆弧区

B 点的薄膜应力按式(A-109)计算:

$$\sigma_m^B=\frac{p_c\cdot b\cdot L_s}{A_1+\delta_1\cdot L_s} \qquad (A-109)$$

B 点的弯曲应力按式(A-110)计算:

$$\sigma_b^B=\frac{c}{2I_{11}}\{2M_A-p_c\cdot L_s[a^2-b^2+2A(a-b)]\} \qquad (A-110)$$

B 点的总应力按式(A-111)计算:

$$\sigma_T^B=\sigma_m^B+\sigma_b^B \qquad (A-111)$$

A.6 拉撑加强的非圆形截面容器

A.6.1 单拉撑加强的对称矩形截面容器

A.6.1.1 结构

本节计算公式适用的单拉撑加强的对称矩形截面容器见图 A.11 所示。拉撑板位于容器长边侧板的中点,拉撑板可以是沿容器侧板全长焊接的平板,但拉撑板不应承受压力的横向作用,否则应作为独立受压室的侧板进行计算。

A.6.1.2 应力计算

a) 短边侧板

N 点和 Q 点的薄膜应力按式(A-112)计算:

$$\sigma_m^N=\sigma_{m(1)}^Q=\frac{p_c\cdot h}{4\delta_1}\left[4-\frac{2+K(5-\alpha^2)}{1+2K}\right] \qquad (A-112)$$

N 点和 Q 点的弯曲应力分别按式(A-113)和式(A-114)计算:

$$\sigma_b^N=\frac{p_c\cdot h^2\cdot c\cdot L_s}{24I_1}\left[-3\alpha^2+2\left(\frac{1+2\alpha^2K}{1+2K}\right)\right] \qquad (A-113)$$

$$\sigma_{b(1)}^Q=\frac{p_c\cdot h^2\cdot c\cdot L_s}{12I_1}\left(\frac{1+2\alpha^2K}{1+2K}\right) \qquad (A-114)$$

N 点和 Q 点的总应力分别按式(A-115)和式(A-116)计算:

$$\sigma_T^N=\sigma_m^N+\sigma_b^N \qquad (A-115)$$

$$\sigma_{T(1)}^Q=\sigma_{m(1)}^Q+\sigma_{b(1)}^Q \qquad (A-116)$$

b) 长边侧板

M 点和 Q 点的薄膜应力按式(A-117)计算:

$$\sigma_{m}^{M}=\sigma_{m(2)}^{Q}=\frac{p_{c}\cdot H}{2\delta_{2}} \qquad \cdots\cdots(A-117)$$

M 点和 Q 点的弯曲应力分别按式(A-118)和式(A-119)计算：

$$\sigma_{b}^{M}=\frac{p_{c}\cdot h^{2}\cdot c\cdot L_{s}}{12I_{2}}\left[\frac{1+K(3-\alpha^{2})}{1+2K}\right] \qquad \cdots\cdots(A-118)$$

$$\sigma_{b(2)}^{Q}=\frac{p_{c}\cdot h^{2}\cdot c\cdot L_{s}}{12I_{2}}\left(\frac{1+2\alpha^{2}K}{1+2K}\right) \qquad \cdots\cdots(A-119)$$

M 点和 Q 点的总应力分别按式(A-120)和式(A-121)计算：

$$\sigma_{T}^{M}=\sigma_{m}^{M}+\sigma_{b}^{M} \qquad \cdots\cdots(A-120)$$

$$\sigma_{T(2)}^{Q}=\sigma_{m(2)}^{Q}+\sigma_{b(2)}^{Q} \qquad \cdots\cdots(A-121)$$

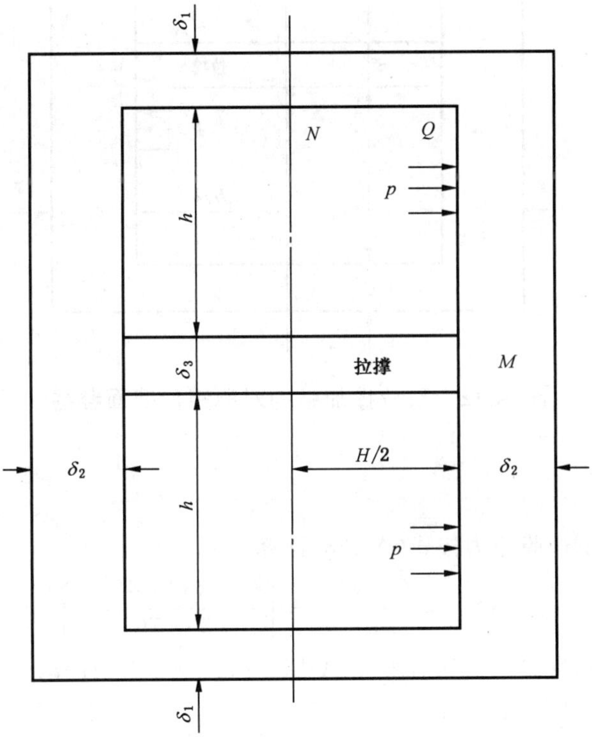

图 A.11 单拉撑加强的对称矩形截面容器

c) 拉撑板

拉撑板的薄膜应力按式(A-122)计算：

$$\sigma_{m}=\frac{p_{c}\cdot h}{2\delta_{3}}\left[\frac{2+K(5-\alpha^{2})}{1+2K}\right] \qquad \cdots\cdots(A-122)$$

A.6.2 双拉撑加强的对称矩形截面容器

A.6.2.1 结构

本节计算公式适用的双拉撑加强的对称矩形截面容器见图 A.12 所示。两拉撑板沿长边侧板均布，两拉撑板厚度可相同也可不同。拉撑板可以是沿容器侧板全长焊接的平板，但拉撑板不应承受压力的横向作用,否则应作为独立受压室的侧板进行计算。

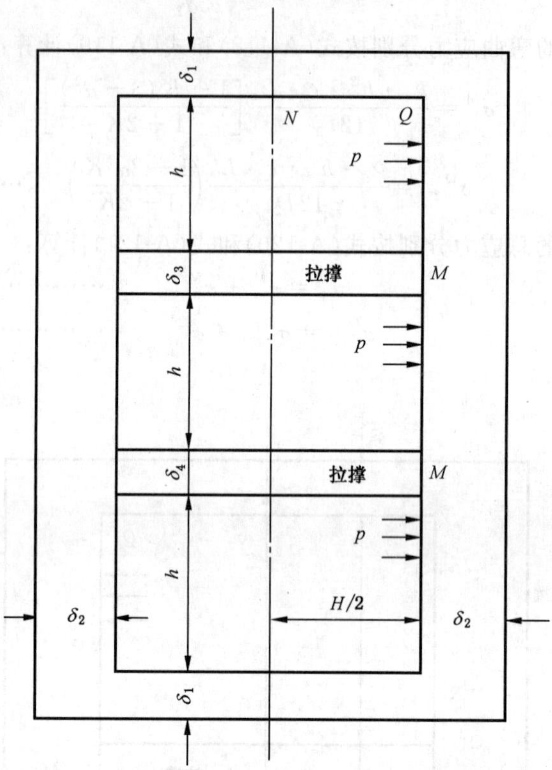

图 A.12 双拉撑加强的对称矩形截面容器

A.6.2.2 应力计算

a) 短边侧板

N 点和 Q 点的薄膜应力按式(A-123)计算:

$$\sigma_{m}^{N}=\sigma_{m(1)}^{Q}=\frac{p_{c}\cdot h}{2\delta_1}\left\{3-\left[\frac{6+K(11-\alpha^2)}{3+5K}\right]\right\} \quad\cdots\cdots\cdots\cdots\cdots\text{(A-123)}$$

N 点和 Q 点的弯曲应力分别按式(A-124)和式(A-125)计算:

$$\sigma_{b}^{N}=\frac{p_{c}\cdot h^2\cdot c\cdot L_{s}}{24I_1}\left[-3\alpha^2+2\left(\frac{3+5\alpha^2K}{3+5K}\right)\right] \quad\cdots\cdots\cdots\cdots\cdots\text{(A-124)}$$

$$\sigma_{b(1)}^{Q}=\frac{p_{c}\cdot h^2\cdot c\cdot L_{s}}{12I_1}\left(\frac{3+5\alpha^2K}{3+5K}\right) \quad\cdots\cdots\cdots\cdots\cdots\text{(A-125)}$$

N 点和 Q 点的总应力分别按式(A-126)和式(A-127)计算:

$$\sigma_{T}^{N}=\sigma_{m}^{N}+\sigma_{b}^{N} \quad\cdots\cdots\cdots\cdots\cdots\text{(A-126)}$$

$$\sigma_{T(1)}^{Q}=\sigma_{m(1)}^{Q}+\sigma_{b(1)}^{Q} \quad\cdots\cdots\cdots\cdots\cdots\text{(A-127)}$$

b) 长边侧板

M 点和 Q 点的薄膜应力按式(A-128)计算:

$$\sigma_{m}^{M}=\sigma_{m(2)}^{Q}=\frac{p_{c}\cdot H}{2\delta_2} \quad\cdots\cdots\cdots\cdots\cdots\text{(A-128)}$$

M 点和 Q 点的弯曲应力分别按式(A-129)和式(A-130)计算:

$$\sigma_{b}^{M}=\frac{p_{c}\cdot h^{2}\cdot c\cdot L_{s}}{12I_{2}}\left[\frac{3+K(6-\alpha^{2})}{3+5K}\right] \quad\cdots\cdots(A-129)$$

$$\sigma_{b(2)}^{Q}=\frac{p_{c}\cdot h^{2}\cdot c\cdot L_{s}}{12I_{2}}\left(\frac{3+5\alpha^{2}K}{3+5K}\right) \quad\cdots\cdots(A-130)$$

M 点和 Q 点的总应力分别按式(A-131)和式(A-132)计算：

$$\sigma_{T}^{M}=\sigma_{m}^{M}+\sigma_{b}^{M} \quad\cdots\cdots(A-131)$$

$$\sigma_{T(2)}^{Q}=\sigma_{m(2)}^{Q}+\sigma_{b(2)}^{Q} \quad\cdots\cdots(A-132)$$

c) 拉撑板

拉撑板的薄膜应力按式(A-133)计算：

$$\sigma_{m}=\frac{p_{c}\cdot h}{2\delta}\left[\frac{6+K(11-\alpha^{2})}{3+5K}\right] \quad\cdots\cdots(A-133)$$

式中，δ 取 δ_3 和 δ_4 中之小值。

A.6.3 单拉撑加强的长圆形截面容器

A.6.3.1 结构

本节计算公式适用的单拉撑加强长圆形截面容器见图 A.13 所示。拉撑板可以是沿容器侧板全长焊接的平板，但拉撑板不应承受压力的横向作用，否则应作为独立受压室的侧板进行计算。

A.6.3.2 应力计算

a) 半圆筒部分

B 点和 C 点的薄膜应力分别按式(A-134)和式(A-135)计算：

$$\sigma_{m(1)}^{B}=\frac{p_{c}\cdot r}{\delta_{1}} \quad\cdots\cdots(A-134)$$

$$\sigma_{m}^{C}=\frac{p_{c}}{2\delta_{1}}[2(r+L)-L\cdot F] \quad\cdots\cdots(A-135)$$

B 点和 C 点的弯曲应力分别按式(A-136)和式(A-137)计算：

$$\sigma_{b(1)}^{B}=\frac{p_{c}\cdot L\cdot c\cdot L_{s}}{2I_{1}\cdot A}\left[F(B-A\cdot L)-\frac{C_{1}}{3}+A\cdot L\right] \quad\cdots\cdots(A-136)$$

$$\sigma_{b}^{C}=\frac{p_{c}\cdot L\cdot c\cdot L_{s}}{2I_{1}\cdot A}\left[F(B-A\cdot L-A\cdot r)+A(L+2r)-\frac{C_{1}}{3}\right] \quad\cdots\cdots(A-137)$$

B 点和 C 点的总应力分别按式(A-138)和式(A-139)计算：

$$\sigma_{T(1)}^{B}=\sigma_{m(1)}^{B}+\sigma_{b(1)}^{B} \quad\cdots\cdots(A-138)$$

$$\sigma_{T}^{C}=\sigma_{m}^{C}+\sigma_{b}^{C} \quad\cdots\cdots(A-139)$$

b) 侧板

A 点和 B 点的薄膜应力按式(A-140)计算：

$$\sigma_{m}^{A}=\sigma_{m(2)}^{B}=\frac{p_{c}\cdot r}{\delta_{2}} \quad\cdots\cdots(A-140)$$

A 点和 B 点的弯曲应力分别按式(A-141)和式(A-142)计算：

$$\sigma_{b}^{A}=\frac{p_{c}\cdot L\cdot c\cdot L_{s}}{2I_{2}\cdot A}\left(B\cdot F-\frac{C_{1}}{3}\right) \quad\cdots\cdots(A-141)$$

$$\sigma_{b(2)}^{B}=\frac{p_c \cdot L \cdot c \cdot L_s}{2I_2 \cdot A}\left[F(B-A \cdot L)-\frac{C_1}{3}+A \cdot L\right] \quad \cdots\cdots\text{(A-142)}$$

A 点和 B 点的总应力分别按式(A-143)和式(A-144)计算:

$$\sigma_T^A=\sigma_m^A+\sigma_b^A \quad \cdots\cdots\text{(A-143)}$$

$$\sigma_{T(2)}^B=\sigma_{m(2)}^B+\sigma_{b(2)}^B \quad \cdots\cdots\text{(A-144)}$$

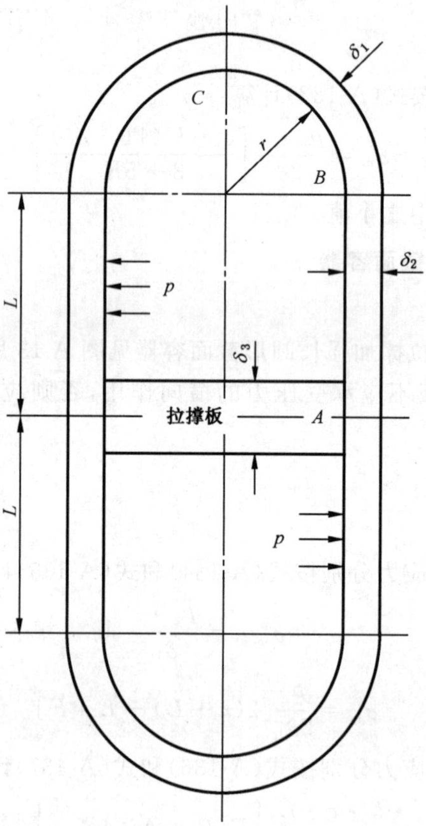

图 A.13 单拉撑加强的长圆形截面容器

c) 拉撑板

拉撑板的薄膜应力按式(A-145)计算:

$$\sigma_m=\frac{p_c \cdot L \cdot F}{\delta_3} \quad \cdots\cdots\text{(A-145)}$$

A.7 开孔补强

A.7.1 侧板上的单孔补强

A.7.1.1 本节单孔补强计算方法的适用范围为开孔直径不大于容器横截面开孔所在侧板长度的一半。

A.7.1.2 侧板上的单孔无需另行进行补强的条件同第 6 章的有关条款。

A.7.1.3 单孔的补强计算和校核方法按第 6 章的规定,但开孔削弱所需的最小补强面积按式(A-146)确定:

$$A=0.5d \cdot \delta+2\delta \cdot \delta_t(1-f_r) \quad \cdots\cdots\text{(A-146)}$$

式中：

A ——开孔削弱所需的最小补强面积，mm^2；

d ——腐蚀后的开孔直径，mm；

δ ——侧板开孔处的计算厚度，mm；

δ_t ——侧板开孔接管的计算厚度，mm；

f_r ——强度削弱系数，等于设计温度下接管材料与壳体材料许用应力之比值，当比值大于1.0时，取该值为1.0。

A.7.2 侧板上的排孔补强

A.7.2.1 排孔对侧板强度的削弱通过应力计算中引入开孔削弱系数 η_m 和 η_b 来考虑。当 η_m 和 η_b 的值小于焊接接头系数 ϕ 时，按无排孔计算得到的薄膜应力和弯曲应力应分别除以 η_m 和 η_b，然后，在按A.3.1的强度条件进行应力校核时，取 $\phi=1.0$；当 η_m 和 η_b 的值大于焊接接头系数 ϕ 时，薄膜应力和弯曲应力均应按无排孔的情况进行计算和校核，而不必考虑开孔削弱系数的影响。

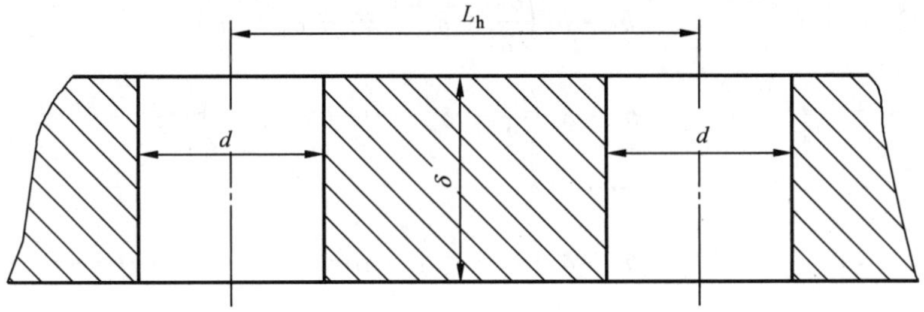

图 A.14 等间距等直径开孔

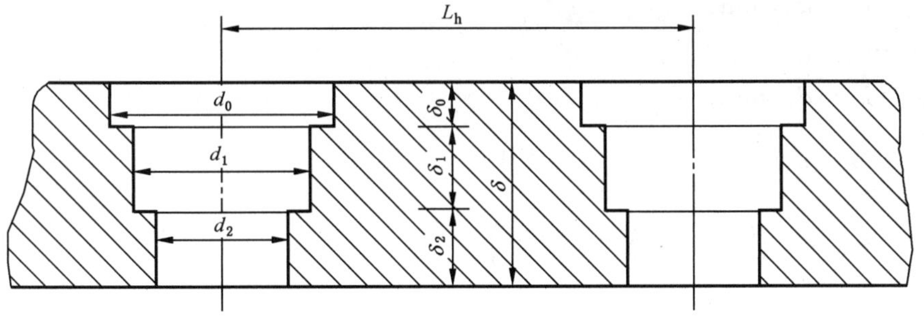

图 A.15 等间距变直径开孔

A.7.2.2 开孔削弱系数的计算

A.7.2.2.1 等间距等直径开孔(见图A.14)的削弱系数

计算薄膜应力和弯曲应力时的开孔削弱系数按式(A-147)计算：

$$\eta_m=\eta_b=\frac{L_h-d}{L_h} \quad\cdots\cdots(A\text{-}147)$$

A.7.2.2.2 等间距变直径开孔(见图A.15)的削弱系数

a) 薄膜应力的开孔削弱系数按式(A-148)计算：

$$\eta_m=\frac{L_h-D_e}{L_h} \qquad \text{(A-148)}$$

式中：

D_e——变径孔当量直径，mm；

$D_e=\frac{1}{\delta}(d_0\cdot\delta_0+d_1\cdot\delta_1+\cdots+d_n\cdot\delta_n)$；

d_0、d_1、…、d_n——孔直径(见图 A.15)，mm；

δ_0、δ_1、…、δ_n——孔直径为 d_0、d_1、…、d_n 处的厚度(见图 A.15)，mm。

b) 弯曲应力的开孔削弱系数按式(A-149)计算：

$$\eta_b=\frac{6I}{\delta^2\cdot c\cdot L_h} \qquad \text{(A-149)}$$

式中：

$$\begin{aligned}I=&\frac{1}{12}(b_0\cdot\delta_0^3+b_1\cdot\delta_1^3+\cdots+b_n\cdot\delta_n^3)+\\&b_0\cdot\delta_0\left(\frac{\delta_0}{2}+\delta_1+\cdots+\delta_n-x\right)^2+\\&b_1\cdot\delta_1\left(\frac{\delta_1}{2}+\delta_2+\cdots+\delta_n-x\right)^2+\\&\cdots\cdots+\\&b_n\cdot\delta_n\left(x-\frac{\delta_n}{2}\right)^2,\text{mm}^4\end{aligned} \qquad \text{(A-150)}$$

$b_0=L_h-d_0$，mm；

$b_1=L_h-d_1$，mm；

$b_2=L_h-d_2$，mm；

……

$b_n=L_h-d_n$，mm；

$$\begin{aligned}x=\Big[&b_0\cdot\delta_0\left(\frac{\delta_0}{2}+\delta_1+\delta_2+\cdots+\delta_n\right)\\&+b_1\cdot\delta_1\left(\frac{\delta_1}{2}+\delta_2+\delta_3+\cdots+\delta_n\right)\\&+b_2\cdot\delta_2\left(\frac{\delta_2}{2}+\delta_3+\delta_4+\cdots+\delta_n\right)\\&\cdots\cdots\\&+b_n\cdot\delta_n\cdot\frac{\delta_n}{2}\Big](b_0\cdot\delta_0+b_1\cdot\delta_1+b_2\cdot\delta_2+\cdots+b_n\cdot\delta_n)^{-1},\text{mm}\end{aligned}$$

$$c_i=x \qquad \text{(A-151)}$$

$$c_o=\delta-x \qquad \text{(A-152)}$$

$c=\begin{cases}c_i\\c_o\end{cases}$中的大值，mm。

c) 弯曲应力计算时，应按式(A-150)～(A-152)确定 I、c_i、c_o 等值。

A.8 焊接接头或排孔处的应力计算和校核

A.8.1 A.4～A.6 节给出的应力公式是用来计算容器横截面上最大弯矩处的应力的，当焊接接头或排孔不在最大弯矩处而在侧板的其他部位时，应对该焊缝处或排孔处的应力另行进行计算和校核。表 A.5 给出了各种非圆形截面容器(不包括椭圆形截面容器)直边上任意位置处的弯曲应力计算公式，可利用表 A.5 计算得到的应力，然后按 A.3.1 的强度条件进行校核。

A.8.2 薄膜应力的计算同 A.4～A.6 节中的方法，计算应力处有排孔时，应按 A.7.2.1 考虑开孔削弱系数 η_m 的影响。

A.8.3 弯曲应力的计算按表 A.5，表 A.5 中没有包括的非圆形截面容器上有关位置的弯曲应力可采用其他的应力分析方法进行计算。计算应力处有排孔时，应按 A.7.2.1 考虑开孔削弱系数 η_b 的影响。

A.8.4 总应力的计算同前述各条规定。薄膜应力和总应力的校核方法按 A.3.1 的规定。

A.9 端盖

端盖的设计可按第 5 章的有关规定。

A.10 制造与验收

A.10.1 非圆形截面容器的圆弧区(长圆形截面容器的半圆、椭圆形截面容器的大小圆弧区)，其横截面上最大和最小成品内半径之差应不大于设计内半径的 1%，且不大于 15 mm。

A.10.2 成形后矩形截面容器横截面上两对角线长度之差应不大于对角线设计长度的 1%，且不大于 30 mm。侧板宽度及其他尺寸的极限偏差按 GB 150.4 的规定。

A.10.3 容器的直线度不大于 2‰，且在容器总体长度上偏移量不大于 20 mm。

A.10.4 A、B 类焊缝的无损检测要求见 GB 150.4；不带圆角矩形截面容器相邻两侧板转角处的焊接接头表面应进行磁粉或渗透检测。

表 A.5 侧板上焊接接头处弯曲应力计算公式

图号	焊接接头位置	接头处的弯曲应力 (σ_b)/MPa
A.1	M 和 Q 之间	$\dfrac{p_c \cdot c \cdot h^2 \cdot L_s}{12I_2}\left[-1.5+\left(\dfrac{1+\alpha^2 \cdot K}{1+K}\right)+6\dfrac{d_j^2}{h^2}\right]$
	N 和 Q 之间	$\dfrac{p_c \cdot c \cdot h^2 \cdot L_s}{12I_2}\left[-1.5\alpha^2+\left(\dfrac{1+\alpha^2 \cdot K}{1+K}\right)+6\dfrac{d_j^2}{h^2}\right]$
A.2	M 和 Q 之间	$\dfrac{p_c \cdot c \cdot h^2 \cdot L_s}{12I_{22}}\left\{\dfrac{1}{2N}[(K_2-k_1 \cdot k_2)+\alpha^2 \cdot k_2(K_2-k_2)]-\dfrac{1}{4}+\dfrac{d_j^2}{h^2}\right\}$
	M_1 和 Q_1 之间	$\dfrac{p_c \cdot c \cdot h^2 \cdot L_s}{12I_2}\left\{\dfrac{1}{2N}[(K_1 \cdot k_1-k_2)+\alpha^2 \cdot k_2(K_1-k_2)]-\dfrac{1}{4}+\dfrac{d_j^2}{h^2}\right\}$
A.3	A 和 B 之间	$\dfrac{c}{I_1}\left(M_A+\dfrac{p_c \cdot d_j^2 \cdot L_s}{2}\right)$
	D 和 C 之间	$\dfrac{c}{I_1}\left[M_A+\dfrac{p_c \cdot L_s}{2}(L^2+2r \cdot L-2r \cdot l_1-l_1^2+d_j^2)\right]$

表 A.5（续）

图号	焊接接头位置	接头处的弯曲应力 (σ_b)/MPa
A.4	A 和 B 之间	$\frac{p_c \cdot c \cdot L_s}{I_2}\left(\frac{-LC_1}{6A}+\frac{d_j^2}{2}\right)$
A.6	M 和 Q 之间	$\frac{p_c \cdot c \cdot h^2 \cdot L_s}{24I_{21}}\left[-3+2\left(\frac{1+\alpha_1^2 \cdot k}{1+k}\right)+12\frac{d_j^2}{h^2}\right]$
	N 和 Q 之间	$\frac{p_c \cdot c \cdot h^2 \cdot L_s}{24I_{11}}\left[-3\alpha+2\left(\frac{1+\alpha_1^2 \cdot k}{1+k}\right)+12\frac{d_j^2}{h^2}\right]$
A.7	A 和 B 之间	$\frac{c}{I_{21}}\left(M_A+\frac{p_c \cdot d_j^2 \cdot L_s}{2}\right)$
	B 和 C 之间	$\frac{c}{I_2}\left(M_A+\frac{p_c \cdot d_j^2 \cdot L_s}{2}\right)$
	F 和 E 之间	$\frac{c}{I_{11}}\left\{M_A+p_c \cdot \frac{L_s}{2}[(L_0+L_{11})^2+2r(L_0+L_{11}-l_0-l_{11})-(l_0+l_{11})^2+d_j^2]\right\}$
	E 和 D 之间	$\frac{c}{I_1}\left\{M_A+p_c \cdot \frac{L_s}{2}[(L_0+L_{11})^2+2r(L_0+L_{11}-l_0-l_{11})-2l_0 \cdot l_{11}-l_{11}^2+d_j^2]\right\}$
A.8	A 和 B 之间	$\frac{p_c \cdot c \cdot L_s}{I_{11}}\left(\frac{-LC_2}{6A_2}+\frac{d_j^2}{2}\right)$

附　录　B
(规范性附录)
钢带错绕筒体

B.1　总则

本附录适用于内直径大于等于 500 mm 的钢带错绕筒体设计。

B.2　术语、定义和符号

B.2.1　GB 150.1 通用要求中界定的术语和定义适用于本标准的本部分。

B.2.2　符号

B——钢带宽度,mm;

C_2——内筒腐蚀裕量,mm;

D_i——筒体内直径,mm;

D_k——第 k 层钢带层平均直径,mm;

e_k——第 k 层钢带的带间间隙,mm;

j——内筒名义厚度与钢带错绕筒体名义厚度之比;

K_1——内筒外直径与内直径之比;

K_2——钢带层外直径与内直径之比;

m——钢带设计层数;

m_c——钢带计算层数;

m_k——第 k 层钢带根数;

p_c——计算压力,MPa;

R_i——内筒内半径,mm;

R_j——内筒外半径,mm;

R_{mi}——内筒材料标准常温抗拉强度下限值,MPa;

R_{mw}——钢带材料标准常温抗拉强度下限值,MPa;

R_o——钢带层外半径,mm;

y——系数;

α——相对于筒体环向的钢带平均缠绕倾角,(°);

α_k——第 k 层钢带的缠绕倾角,(°);

δ——钢带错绕筒体计算厚度,mm;

δ_i——内筒设计厚度,mm;

δ_n——钢带错绕筒体名义厚度,mm;

δ_{ni}——内筒名义厚度,mm;

δ_{nw}——钢带层名义厚度,mm;

δ_r——钢带厚度,mm;

ϕ——焊接接头系数;

λ——钢带缠绕平均导程,mm;

λ_c——钢带缠绕计算导程,mm;

$[\sigma]^t$——设计温度下钢带错绕筒体材料的许用应力,MPa;

$[\sigma]_i^t$——设计温度下内筒材料的许用应力,MPa;

$[\sigma]_w^t$——设计温度下钢带材料的许用应力,MPa。

B.3 结构

钢带错绕筒体由内筒、钢带层和保护壳组成,见图 B.1。保护壳的厚度为 3 mm~6 mm,不承受内压作用。

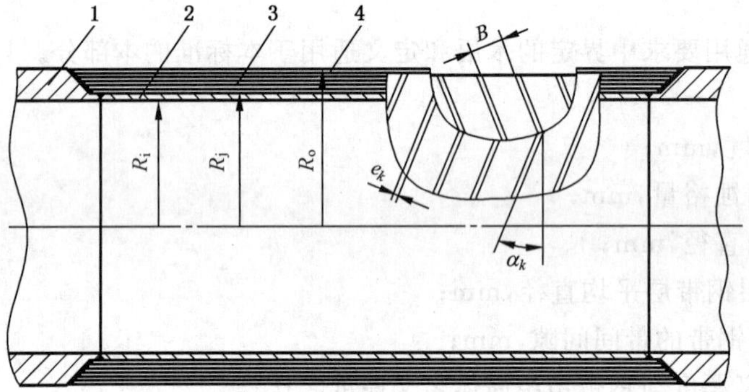

说明:

1——端部法兰;

2——内筒;

3——钢带层;

4——保护壳。

图 B.1 钢带错绕筒体结构

B.4 钢带错绕筒体厚度

B.4.1 钢带错绕筒体计算厚度按式(B-1)计算:

$$\delta=\frac{p_c D_i}{2[\sigma]^t\phi-p_c} \qquad \text{(B-1)}$$

设计温度下钢带错绕筒体材料的许用应力按式(B-2)计算:

$$[\sigma]^t\phi=j[\sigma]_i^t+y(1-j)[\sigma]_w^t \qquad \text{(B-2)}$$

式中:$y=0.98$;

$j=\frac{1}{8}\sim\frac{1}{4}$。

B.4.2 内筒设计厚度按式(B-3)计算:

$$\delta_i=j\delta+C_2 \qquad \text{(B-3)}$$

将 δ_i 向上圆整至钢材标准规格的厚度得到 δ_{ni}。

B.4.3 钢带计算层数按式(B-4)计算:

$$m_c=\frac{(1-j)\delta}{\delta_r} \qquad \text{(B-4)}$$

式中：$\delta_r = 4\ mm \sim 8\ mm$。将 m_c 向上圆整至最接近的偶数得到 m。

B.4.4 钢带层的名义厚度按式(B-5)计算：

$$\delta_{nw} = m\delta_r \qquad \cdots\cdots(B\text{-}5)$$

B.4.5 钢带错绕筒体名义厚度按式(B-6)计算：

$$\delta_n = \delta_{ni} + \delta_{nw} \qquad \cdots\cdots(B\text{-}6)$$

B.5 钢带缠绕参数

B.5.1 钢带平均缠绕倾角

钢带平均缠绕倾角按式(B-7)计算：

$$\alpha = \arccos\sqrt{\frac{0.95(K_2^2-1)R_{mw} + R_{mi}[0.95(K_1^2-1)/K_1^2 - 2\ln K_1/\sqrt{3}]}{R_{mw}[\ln K_2 + 0.83125(K_2^2-1)]}} \qquad \cdots\cdots(B\text{-}7)$$

B.5.2 钢带缠绕平均导程

钢带缠绕计算导程按式(B-8)计算：

$$\lambda_c = 2\pi\left(\frac{R_o + R_j}{2}\right)\tan\alpha \qquad \cdots\cdots(B\text{-}8)$$

在绕带机床的导程中，选择与 λ_c 最接近的值作为 λ。

B.5.3 钢带缠绕倾角

第 k 层钢带的缠绕倾角按式(B-9)计算：

$$\alpha_k = \arctan(\lambda/\pi D_k) \qquad \cdots\cdots(B\text{-}9)$$

B.5.4 同层钢带根数

第 k 层钢带的根数按式(B-10)计算：

$$m_k = (\pi D_k/B)\sin\alpha_k \qquad \cdots\cdots(B\text{-}10)$$

m_k 向上圆整至最接近的整数。

B.5.5 带间间隙

第 k 层钢带的带间间隙按式(B-11)计算：

$$e_k = (\pi D_k/m_k)\sin\alpha_k - B \qquad \cdots\cdots(B\text{-}11)$$

式中：取 $B = 80\ mm \sim 160\ mm$，e_k 应小于等于 3 mm。否则应调整 λ，重新计算。

附 录 C
(资料性附录)
密 封 结 构

C.1 总则

本附录规定了圆筒形压力容器用金属平垫密封、双锥密封、伍德密封、卡扎里密封、八角垫和椭圆垫密封、卡箍紧固结构的设计方法。各密封结构型式的适用范围见表 C.1。

表 C.1 适用范围

密封结构型式	设计温度/℃	设计压力/MPa	内直径 D_i/mm
金属平垫密封	0～200	≤16	≤1 000
		>16～22	≤800
		>22～35	≤600
双锥密封	0～400	6.4～35	400～3 200
伍德密封 卡扎里密封 八角垫和椭圆垫密封 卡箍紧固结构		≤35	

C.2 金属平垫密封

C.2.1 符号

b ——平垫片宽度,mm;

D_i ——内直径,mm;

δ ——平垫片厚度,mm;

δ_p ——平盖厚度,mm。

C.2.2 结构

金属平垫密封的结构见图 C.1。

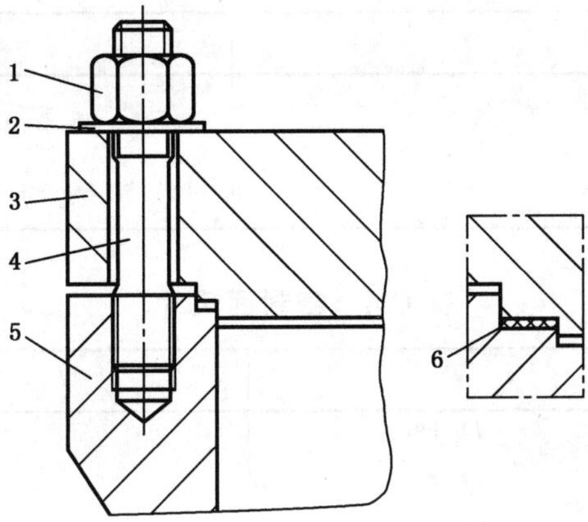

说明：

1——主螺母；

2——垫圈；

3——平盖；

4——主螺栓；

5——筒体端部；

6——平垫片。

图 C.1 金属平垫密封结构

C.2.3 平垫片材料和尺寸

C.2.3.1 平垫片材料

a) 退火铝(硬度为 15 HBW10/250～30 HBW10/250)；

b) 退火紫铜(硬度为 30 HBW10/500～50 HBW10/500)；

c) 10 钢。

C.2.3.2 平垫片的宽度 b 和厚度 δ 按表 C.2 和表 C.3 选取。

C.2.4 密封面

密封面尺寸按表 C.4 确定。平盖和筒体端部的密封面上应各有 2 条深 1 mm 的三角形沟槽。密封面配合公差见图 C.2。

表 C.2 平垫片宽度 b

设计压力 MPa	内直径 D_i/mm								
	≤100	＞100～200	＞200～300	＞300～400	＞400～500	＞500～600	＞600～700	＞700～800	＞800～1 000
	平垫片宽度/mm								
≤16	6	6	6	7	8	9	10	10	12
＞16～22	6	6	7	8	9	10	10	12	—
＞22～35	6	7	8	9	10	12	—	—	—

表 C.3 平垫片厚度 δ 单位为毫米

宽度 b	厚度 δ
6	3
7～9	5
10～12	6

表 C.4 密封面尺寸 单位为毫米

D_i	D_1	h_1	h_2
≤100	D_i+6	$2\delta+1$	2.5δ
>100～200	D_i+8		
>200～400	D_i+10		
>400～600	D_i+12		
>600～800	D_i+12		
>800～1 000	D_i+12		

C.2.5 筒体端部

筒体端部和主螺栓、主螺母的设计按第 7 章 7.7 的规定。

C.2.6 平盖

平盖的结构见图 C.3,其厚度 δ_p 按第 5 章式(5-33)计算。

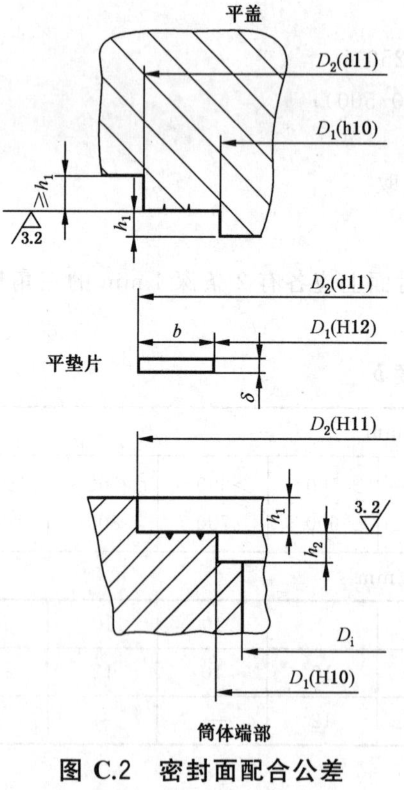

图 C.2 密封面配合公差

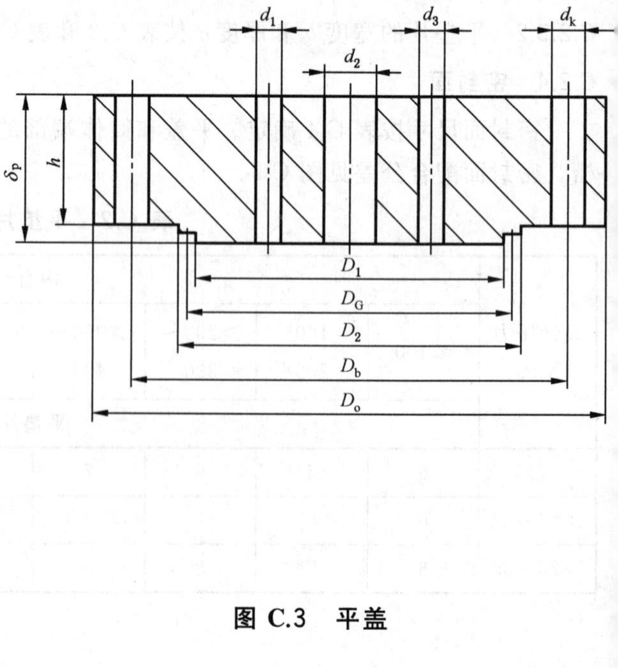

图 C.3 平盖

C.3 双锥密封

C.3.1 符号

A——双锥环高度,mm;
B——双锥环厚度,mm;
b——双锥环的有效高度,mm;
C——双锥环外侧面高度,mm;
D_b——螺栓孔中心圆直径,mm;
D_G——密封面平均直径,mm;
D_i——内直径,mm;
D_T——平盖支撑面直径,mm;
D_1——双锥环内圆柱面直径,mm;
E——设计温度下材料的弹性模量,MPa;
F——内压引起的轴向力,N;
F_c——双锥环回弹力的轴向分力,N;
F_p——双锥环自紧作用的轴向分力,N;
f——双锥环的截面积,mm^2;
g——单侧径向间隙(见图 C.4),mm;
h_1——厚度(见图 C.5),mm;
p_c——计算压力,MPa;
W——主螺栓总载荷,N;
W_a——预紧状态的螺栓载荷,N;
W_p——操作状态的螺栓载荷,N;
y——密封比压,MPa;
α——双锥环密封面锥角,(°);
ρ——摩擦角;
τ_a——a—a 环向截面的切应力,MPa;
σ_m——双锥环中点处的弯曲应力,MPa;
σ_{ma}——a—a 环向截面的弯曲应力,MPa;
σ_{oa}——a—a 环向截面的当量应力,MPa;
$[\sigma]^t$——设计温度下元件材料的许用应力,MPa。

C.3.2 结构

C.3.2.1 双锥密封结构见图 C.4。

C.3.2.2 双锥环用托环、螺栓固定在平盖上。双锥环的内圆柱面与平盖的圆柱支承面之间的单侧径向间隙$[g=(D_1-D_T)/2]$应控制在双锥环内圆柱面直径的 0.075%~0.125%。

C.3.2.3 平盖的圆柱支承面上应开几条纵向的半圆形沟槽。

C.3.2.4 密封面之间的软金属垫片厚度约 1 mm,密封特性参数按表 7-2。非金属垫片厚度为 0.5 mm~1 mm,软金属丝直径 d_s 为 2 mm~5 mm,其密封特性参数和摩擦角按经验确定。

C.3.2.5 图 C.4b)所示双锥环的两个密封面上应各开 2 条半径为 1 mm~1.5 mm,深 1 mm 的半圆形沟槽或深 1 mm 的三角形沟槽,沟槽槽口圆角半径约 0.5 mm;图 C.4c)所示双锥环的两个密封面上应各开 1 条或 2 条半圆形沟槽，沟槽直径为 $d_s^{+0.1}$ mm。

C.3.2.6　双锥环密封面锥角 $\alpha=30°{}_{-15'}^{\ 0}$，粗糙度 Ra 为 3.2 μm～1.6 μm。平盖及筒体端部密封面锥角$\alpha=30°{}_{\ 0}^{+15'}$，粗糙度 Ra 为 3.2 μm～1.6 μm。

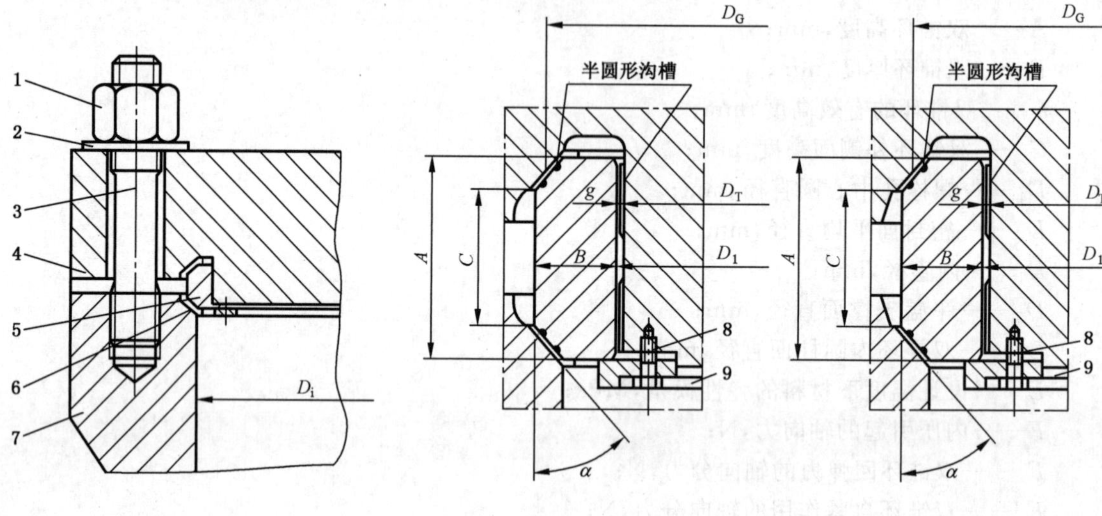

a)　　　　b) 软垫片　　　　c) 软金属丝

说明：

1——主螺母；
2——垫圈；
3——主螺栓；
4——平盖；
5——双锥环；
6——软垫片或金属丝；
7——筒体端部；
8——螺栓；
9——托环。

图 C.4　双锥密封结构

C.3.3　双锥环、软垫片和软金属丝材料

C.3.3.1　双锥环应选用 35、16Mn、20MnMo、15CrMo、S30408 和 S32168 等的Ⅲ级或Ⅳ级压力容器用锻件。

C.3.3.2　软垫片和软金属丝材料按表 C.5 选用。

表 C.5　软垫片和软金属丝材料

<table>
<tr><th>软垫片</th><th>软金属丝</th></tr>
<tr><td>柔性石墨</td><td>银</td></tr>
<tr><td colspan="2">退火铝(硬度为 15 HBW10/250～30 HBW10/250)
退火紫铜(硬度为 30 HBW10/500～50 HBW10/500)
纯铁
奥氏体不锈钢</td></tr>
</table>

C.3.4　双锥环结构尺寸

双锥环结构尺寸按式(C-1)～式(C-3)计算：

$$A = 2.7\sqrt{D_i} \quad \cdots\cdots\cdots\cdots (C\text{-}1)$$

$$C = (0.5 \sim 0.6)A \quad \cdots\cdots\cdots\cdots (C\text{-}2)$$

$$B = \frac{A + C}{2}\sqrt{\frac{0.75p_c}{\sigma_m}} \quad \cdots\cdots\cdots\cdots (C\text{-}3)$$

式中:双锥环中点处的弯曲应力 σ_m=50 MPa～100 MPa。

推荐的双锥环的系列结构尺寸见表 C-6。

表 C.6 双锥环的系列结构尺寸

封口内径 D_i/mm	设计压力/MPa	A/mm	B/mm	C/mm	D_1/mm
1 000	6.4	85	23	48	975
1 200		94	26	54	1 171
1 400		101	28	58	1 369
1 600		108	29	62	1 569
1 800		115	31	66	1 766
2 000		121	33	69	1 964
2 200		127	34	72	2 164
2 400		132	36	75	2 361
2 600		138	38	79	2 558
2 800		143	39	82	2 757
3 000		148	40	84	2 957
3 200		153	42	87	3 154
1 000	10	85	25	47	972
1 200		94	27	52	1 170
1 400		101	30	56	1 366
1 600		108	31	59	1 566
1 800		115	33	63	1 764
2 000		121	35	67	1 961
2 200		127	37	70	2 159
2 400		132	39	73	2 356
2 600		138	40	76	2 556
2 800		143	42	79	2 753
3 000		148	43	81	2 953
3 200		153	45	84	3 150
600	20	66	23	33	573
800		76	27	38	768
1 000		85	30	43	964
1 200		94	33	47	1 161
1 400		101	36	51	1 357
1 600		108	38	54	1 555
1 800		115	40	58	1 753
2 000		121	43	61	1 949
2 200		127	45	64	2 146
2 400		132	46	66	2 346
2 600		138	48	69	2 544
2 800		143	50	72	2 741
3 000		148	52	74	2 939
3 200		153	54	77	3 136

表 C.6(续)

封口内径 D_i/mm	设计压力/MPa	A/mm	B/mm	C/mm	D_1/mm
400	35	54	22	27	372
500		60	24	30	469
600		66	27	33	565
700		71	29	36	662
800		76	31	38	760
1 000		85	34	43	956
1 200		94	38	47	1 151
1 400		101	41	51	1 347
1 600		108	44	54	1 543
1 800		115	46	58	1 741
2 000		121	49	61	1 937
2 200		127	51	64	2 134
2 400		132	53	66	2 332
2 600		138	56	69	2 528
2 800		143	58	72	2 725
3 000		148	60	74	2 923
3 200		153	62	77	3 120

C.3.5 筒体端部

筒体端部、主螺栓和主螺母的设计按 7.7 的规定。但确定 A_m 时,式(7-4)和式(7-5)中螺栓载荷 W_a、W_p 分别按式(C-4)和式(C-6)计算。

C.3.5.1 预紧状态的主螺栓载荷按式(C-4)计算:

$$W_a = 1.57 D_G (A - C) y \frac{\sin(\alpha + \rho)}{\cos\alpha \cos\rho} \quad \cdots\cdots (C-4)$$

双锥环的密封面平均直径按式(C-5)计算:

$$D_G = D_1 + 2B - \frac{A - C}{2} \tan\alpha \quad \cdots\cdots (C-5)$$

C.3.5.2 操作状态的主螺栓载荷按式(C-6)计算:

$$W_p = F + F_p + F_c \quad \cdots\cdots (C-6)$$

内压引起的轴向力按式(C-7)计算:

$$F = 0.785 D_G^2 p_c \quad \cdots\cdots (C-7)$$

双锥环自紧作用的轴向分力按式(C-8)计算:

$$F_p = 1.57 D_G b p_c \tan(\alpha - \rho) \quad \cdots\cdots (C-8)$$

双锥环的有效高度按式(C-9)计算:

$$b = \frac{1}{2}(A + C) \quad \cdots\cdots (C-9)$$

双锥环回弹力的轴向分力按式(C-10)计算:

$$F_c = 3.14 f \frac{2g}{D_1} E \tan(\alpha - \rho) \quad \cdots\cdots (C-10)$$

式中单侧径向间隙 $g=(0.075\%\sim0.125\%)D_1$。钢与钢接触时 $\rho=8°30'$，钢与铜接触时 $\rho=10°31'$，钢与铝接触时 $\rho=15°$。

双锥环的截面积按式(C-11)计算：

$$f=AB-\left(\frac{A-C}{2}\right)^2\tan\alpha \qquad\cdots\cdots(\text{C-11})$$

C.3.6 平盖

平盖结构见图 C.5。其厚度 δ_p 按第 5 章式(5-33)计算，式中 D_c 以 D_G 代入。

作用于平盖 $a—a$ 环向截面的当量应力应按式(C-12)校核：

$$\sigma_{oa}=\sqrt{\sigma_{ma}^2+3\tau_a^2}\leqslant 0.7[\sigma]^t \qquad\cdots\cdots(\text{C-12})$$

$a—a$ 环向截面的弯曲应力按式(C-13)计算：

$$\sigma_{ma}=\frac{3W(D_b-D_G)}{3.14D_Gh_1^2} \qquad\cdots\cdots(\text{C-13})$$

$a—a$ 环向截面的切应力按式(C-14)计算：

$$\tau_a=\frac{W}{3.14D_Gh_1} \qquad\cdots\cdots(\text{C-14})$$

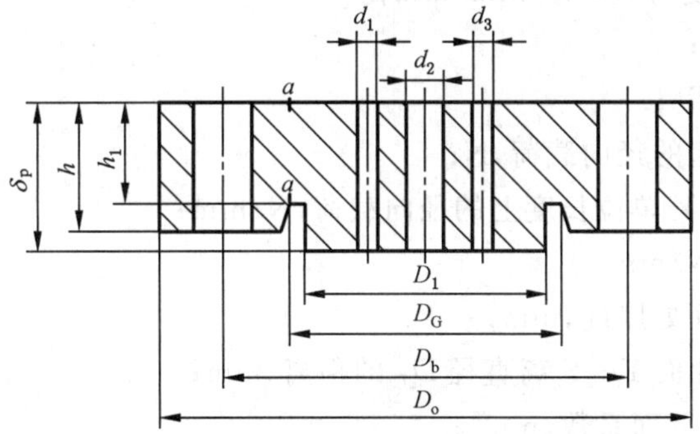

图 C.5 平盖

C.4 伍德密封

C.4.1 符号

C——计算系数(见式 C-44)；

D_a——$a—a$ 环向截面的直径，mm；

D_b——螺栓孔中心圆直径，mm；

D_c——密封接触圆直径，mm；

D_n——筒体端部中性面 $Y—Y$ 的直径，mm；

D_o——外直径，mm；

D_1——牵制环内径，mm；

D_3——牵制环外径，mm；

D_5——顶盖 $a—a$ 环向截面的平均直径，mm；

D_6——直径(见图 C.9)，mm；

D_7——直径(见图 C.10)，mm；

d_k——螺栓孔或螺孔直径，mm；

F——内压引起的轴向力,N;

F_a——密封垫密封力的轴向分力,N;

H——力臂(见图 C.10),mm;

h——厚度(见图 C.7),mm;

h_1——厚度(见图 C.8),mm;

h_2——厚度(见图 C.9),mm;

h_3——厚度(见图 C.10),mm;

I_c——纵向截面惯性矩,mm^4;

L——特征长度(见图 C.9),mm;

l——特征长度(见图 C.9),mm;

l_1、l_2——特征长度(见图 C.10),mm;

M——纵向截面的弯矩,N·mm;

M_{max}——作用于 a—a 环向截面单位长度上的最大弯矩,N·mm/mm;

M_r——单位长度弯矩,N·mm/mm;

M_1——中性面单位长度的弯矩,N·mm/mm;

M_3、M_4——单位长度弯矩,N·mm/mm;

n——拉紧螺栓数量;

p_c——计算压力,MPa;

Q_r——密封反力引起的径向载荷,N;

q_r——沿中性面 Y—Y 单位长度上的径向载荷,N/mm;

q_1——线密封比压,N/mm;

S——a—a 环向截面处厚度,mm;

S_o——筒体端部中性面 Y—Y 离直径 D_7 的距离,mm;

Z——纵向截面抗弯截面系数,mm^3;

Z_c——纵向截面形心离截面最外端距离,mm;

α——压垫的锥角,(°);

β——计算系数,mm^{-1};

δ——牵制环厚度,mm;

δ_1——顶盖厚度,mm;

ρ——摩擦角;

μ——平均壁温下材料的泊松比;

τ_a——a—a 环向截面的切应力,MPa;

τ_b——b—b 环向截面的切应力,MPa;

σ_a——a—a 环向截面拉应力,MPa;

σ_m——弯曲应力,MPa;

σ_{ma}——a—a 环向截面的弯曲应力,MPa;

σ_{mb}——b—b 环向截面的弯曲应力,MPa;

σ_{oa}——a—a 环向截面的当量应力,MPa;

σ_{ob}——b—b 环向截面的当量应力,MPa;

$[\sigma]^t$——设计温度下元件材料的许用应力,MPa。

C.4.2 结构

伍德密封的结构见图C.6。

顶盖和压垫之间按线接触密封设计。为防止密封力过大把密封面压溃,设计中应注意选配适当强度的材料。

压垫的外锥面上应开1～2条环形沟槽。压垫的锥角分别为:

$\alpha=30°\sim35°$;$\beta=5°$;$\nu=5°\sim10°$。

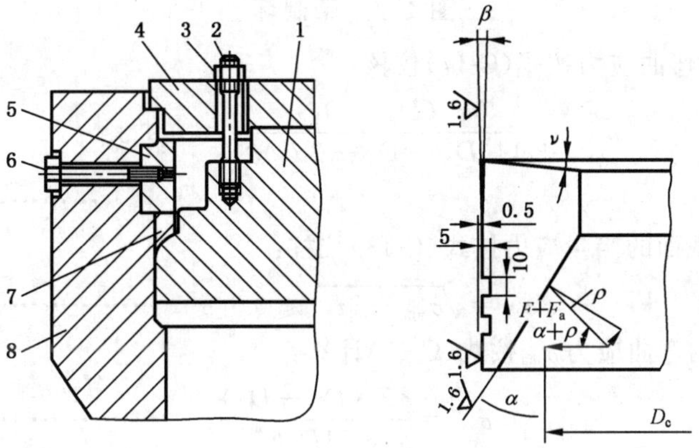

说明:

1——顶盖;
2——牵制螺栓;
3——螺母;
4——牵制环;
5——四合环;
6——拉紧螺栓;
7——压垫;
8——筒体端部。

图C.6 伍德密封结构

C.4.3 载荷

C.4.3.1 内压引起的轴向力按式(C-15)计算:

$$F=0.785D_c^2p_c \qquad \cdots\cdots\cdots\cdots(\text{C-15})$$

C.4.3.2 预紧状态时,压垫密封力的轴向分力,即牵制螺栓的载荷按式(C-16)计算:

$$F_a=3.14D_cq_1\frac{\sin(\alpha+\rho)}{\cos\rho} \qquad \cdots\cdots\cdots\cdots(\text{C-16})$$

式中对于碳素钢、低合金钢的线密封比压$q_1=200\ \text{N/mm}\sim300\ \text{N/mm}$。钢与钢接触时$\rho=8°30'$,钢与铜接触时$\rho=10°31'$,钢与铝接触时$\rho=15°$。

C.4.4 牵制环

确定牵制环的结构尺寸(见图C.7),并对作用于纵向截面的弯曲应力和a—a环向截面的当量应力进行强度校核。

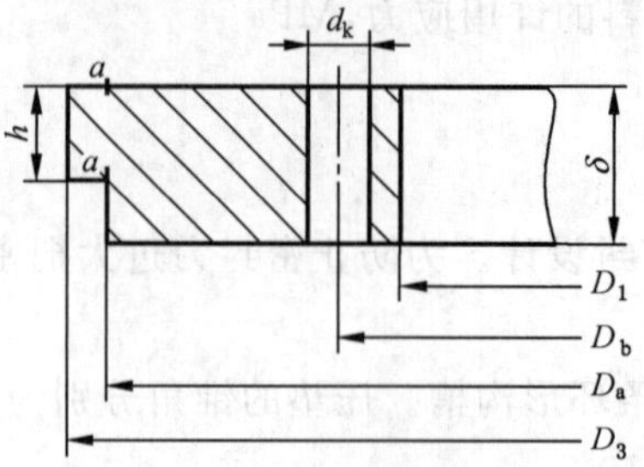

图 C.7 牵制环

C.4.4.1 纵向截面的弯曲应力按式(C-17)校核:

$$\sigma_m = \frac{3F_a(D_a - D_b)}{3.14(D_3 - D_1 - 2d_k)\delta^2} \leqslant 0.9[\sigma]^t \quad \cdots\cdots (C\text{-}17)$$

C.4.4.2 a—a 环向截面的当量应力按式(C-18)校核:

$$\sigma_{oa} = \sqrt{\sigma_{ma}^2 + 3\tau_a^2} \leqslant 0.9[\sigma]^t \quad \cdots\cdots (C\text{-}18)$$

a—a 环向截面的弯曲应力σ_{ma}按式(C-19)计算:

$$\sigma_{ma} = \frac{3F_a(D_a - D_b)}{3.14D_a h^2} \quad \cdots\cdots (C\text{-}19)$$

a—a 环向截面的切应力 τ_a 按式(C-20)计算:

$$\tau_a = \frac{F_a}{3.14D_a h} \quad \cdots\cdots (C\text{-}20)$$

式中:厚度 h 见图 C.7 标注部分。

C.4.5 四合环

四合环系由四块元件组成,每块元件均有一个径向螺孔(见图 C.8)。计算时视为一个圆环,对作用于 a—a 环向截面的切应力按式(C-21)校核:

$$\tau_a = \frac{F + F_a}{3.14D_a h_1 - 0.785nd_k^2} \leqslant 0.9[\sigma]^t \quad \cdots\cdots (C\text{-}21)$$

式中厚度 h_1 见图 C.8 标注部分。

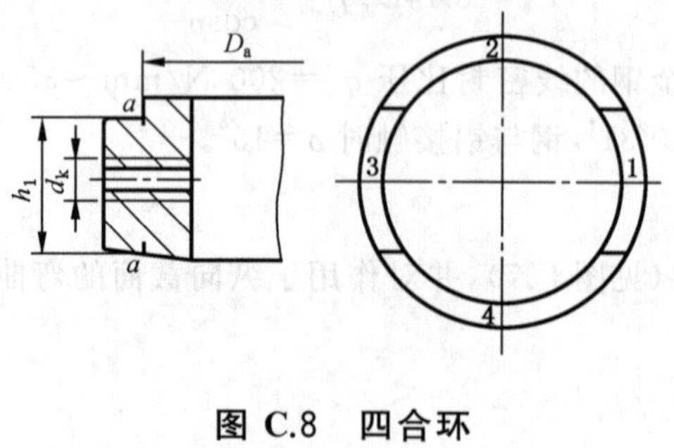

图 C.8 四合环

C.4.6 牵制螺栓

牵制螺栓设计按第 7 章 7.7 的规定,其中 A_m 取预紧状态需要的螺栓面积,即 $A_m = A_a$,式

(7-7)中螺栓载荷 W_a 等于 F_a,F_a 按式(C-16)计算。

C.4.7 顶盖

确定顶盖的结构尺寸(见图 C.9),并对作用于纵向截面的弯曲应力和 a—a 环向截面的当量应力进行强度校核。

C.4.7.1 纵向截面的弯曲应力按式(C-22)校核:

$$\sigma_m = \frac{M}{Z} \leqslant 0.7[\sigma]^t \qquad \text{(C-22)}$$

纵向截面的弯矩 M 按式(C-23)计算:

$$M = \frac{1}{6.28}\left[\left(D_c - \frac{2}{3}D_c\right)F + (D_c - D_b)F_a\right] \qquad \text{(C-23)}$$

纵向截面抗弯截面系数 Z 按式(C-24)选取:

$$\begin{cases} 当\ Z_c \geqslant \dfrac{\delta_1}{2}\ 时,Z = \dfrac{I_c}{Z_c} \\ 当\ Z_c < \dfrac{\delta_1}{2}\ 时,Z = \dfrac{I_c}{\delta_1 - Z_c} \end{cases} \qquad \text{(C-24)}$$

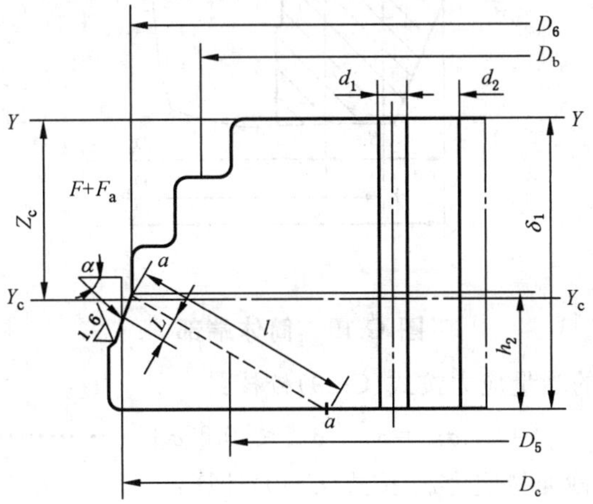

图 C.9 顶盖

C.4.7.2 a—a 环向截面的当量应力按式(C-25)校核:

$$\sigma_{oa} = \sqrt{\sigma_{ma}^2 + 3\tau_a^2} \leqslant 0.7[\sigma]^t \qquad \text{(C-25)}$$

弯曲应力 σ_{ma} 按式(C-26)计算:

$$\sigma_{ma} = \frac{6(F + F_a)L}{3.14D_5 l^2 \sin\alpha} \qquad \text{(C-26)}$$

切应力 τ_a 按式(C-27)计算:

$$\tau_a = \frac{F + F_a}{3.14D_5 l \sin\alpha} \qquad \text{(C-27)}$$

顶盖 a—a 环向截面的平均直径 D_5 按式(C-28)计算:

$$D_5 = D_6 - \frac{h_2}{\tan\alpha} \qquad \cdots\cdots (\text{C-28})$$

其他符号见图 C.9。

C.4.8 筒体端部

确定筒体端部的结构尺寸(见图 C.10),并对作用于 a—a 和 b—b 环向截面的当量应力进行强度校核。

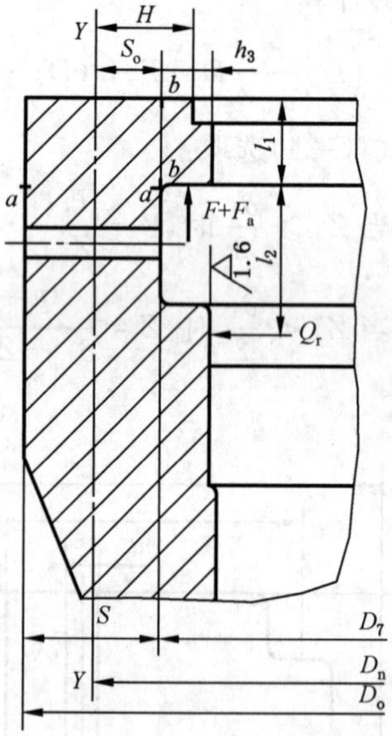

图 C.10 筒体端部

C.4.8.1 a—a 环向截面的当量应力按式(C-29)校核:

$$\sigma_{oa} = \sigma_a + \sigma_{ma} \leqslant 0.9[\sigma]^t \qquad \cdots\cdots (\text{C-29})$$

筒体端部 a—a 环向截面拉应力 σ_a 按式(C-30)计算:

$$\sigma_a = \frac{4(F + F_a)}{3.14(D_0^2 - D_7^2)} \qquad \cdots\cdots (\text{C-30})$$

D_7 见图 C.10 标注部分。

弯曲应力 σ_{ma}按式(C-31)计算:

$$\sigma_{ma} = \frac{6M_{max}}{S^2} \qquad \cdots\cdots (\text{C-31})$$

式中:

a—a 环向截面单位长度上的最大弯矩 M_{max}的计算见 C.4.8.3;

a—a 环向截面处厚度 S 按式(C-32)计算:

$$S = \frac{D_o - D_7}{2} \qquad \cdots\cdots (\text{C-32})$$

C.4.8.2 b—b 环向截面的当量应力按式(C-33)校核:

$$\sigma_{ob}=\sqrt{\sigma_{mb}^2+3\tau_b^2}\leqslant 0.9[\sigma]^t \quad \cdots\cdots (C\text{-}33)$$

$b—b$ 环向截面的弯曲应力 σ_{mb} 按式(C-34)计算：

$$\sigma_{mb}=\frac{3(F+F_a)h_3}{3.14D_7l_1^2} \quad \cdots\cdots (C\text{-}34)$$

$b—b$ 环向截面的切应力 τ_b 按式(C-35)计算：

$$\tau_b=\frac{F+F_a}{3.14D_7l_1} \quad \cdots\cdots (C\text{-}35)$$

其他符号见图 C.10。

C.4.8.3 最大弯矩 M_{max}

C.4.8.3.1 $F+F_a$ 引起的弯矩 M 按式(C-36)计算：

$$M=(F+F_a)H \quad \cdots\cdots (C\text{-}36)$$

式中力臂 H 按式(C-37)计算：

$$H=S_o+0.5h_3 \quad \cdots\cdots (C\text{-}37)$$

筒体端部中性面 $Y—Y$ 离直径 D_7 的距离 S_o 按式(C-38)选取：

$$\begin{cases}当\dfrac{D_o}{D_7}\leqslant 1.45 时, S_o=\dfrac{D_o-D_7}{4} \\ 当\dfrac{D_o}{D_7}> 1.45 时, S_o=\dfrac{D_o-D_7}{6}\,\dfrac{2D_o+D_7}{D_o+D_7}\end{cases} \quad \cdots\cdots (C\text{-}38)$$

C.4.8.3.2 中性面单位长度的弯矩 M_1 按式(C-39)计算：

$$M_1=\frac{M}{3.14D_n} \quad \cdots\cdots (C\text{-}39)$$

筒体端部中性面 $Y—Y$ 的直径 D_n 按式(C-40)计算：

$$D_n=D_7+2S_o \quad \cdots\cdots (C\text{-}40)$$

C.4.8.3.3 计算系数 β 按式(C-41)计算：

$$\beta=\sqrt[4]{\frac{12(1-\mu^2)}{D_n^2S^2}} \quad \cdots\cdots (C\text{-}41)$$

C.4.8.3.4 根据 βl_1 值查图 C-11，得 $\left(\dfrac{M_3}{M_1}\right)$ 值和 $\left(\dfrac{M_4}{M_1}\right)$ 值，则：

$$M_3=\left(\frac{M_3}{M_1}\right)M_1 \quad \cdots\cdots (C\text{-}42)$$

$$M_4=\left(\frac{M_4}{M_1}\right)M_1 \quad \cdots\cdots (C\text{-}43)$$

C.4.8.3.5 系数 C 按式(C-44)计算：

$$C=\frac{l_2}{l_1} \quad \cdots\cdots (C\text{-}44)$$

式中宽度 l_2 见图 C.10。

C.4.8.3.6 根据 βl_1 及 C 值查图 C.12 得 $\left(\dfrac{\beta M_r}{q_r}\times 10\right)$ 值。

C.4.8.3.7 单位长度弯矩 M_r 按式(C-45)计算：

$$M_r=\left(\frac{\beta M_r}{q_r}\times 10\right)\frac{q_r}{10\beta} \quad \cdots\cdots (C\text{-}45)$$

式中沿中性面 Y—Y 单位长度上的径向载荷 q_r 按式(C-46)计算：

$$q_r = \frac{Q_r}{3.14D_n} \quad \cdots\cdots \text{(C-46)}$$

密封反力引起的径向载荷 Q_r 按式(C-47)计算：

$$Q_r = \frac{F + F_a}{\tan(\alpha + \rho)} \quad \cdots\cdots \text{(C-47)}$$

C.4.8.3.8 最大弯矩 M_{max} 取式(C-48)中绝对值较大者。

$$M_{max} = \begin{cases} M_r + M_3 \\ M_r - M_4 \end{cases} \quad \cdots\cdots \text{(C-48)}$$

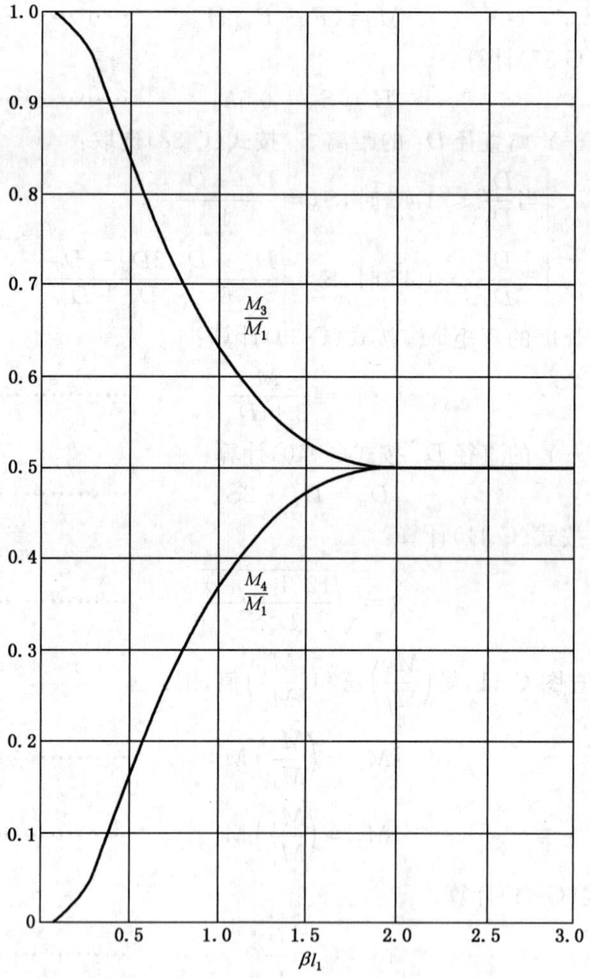

图 C.11

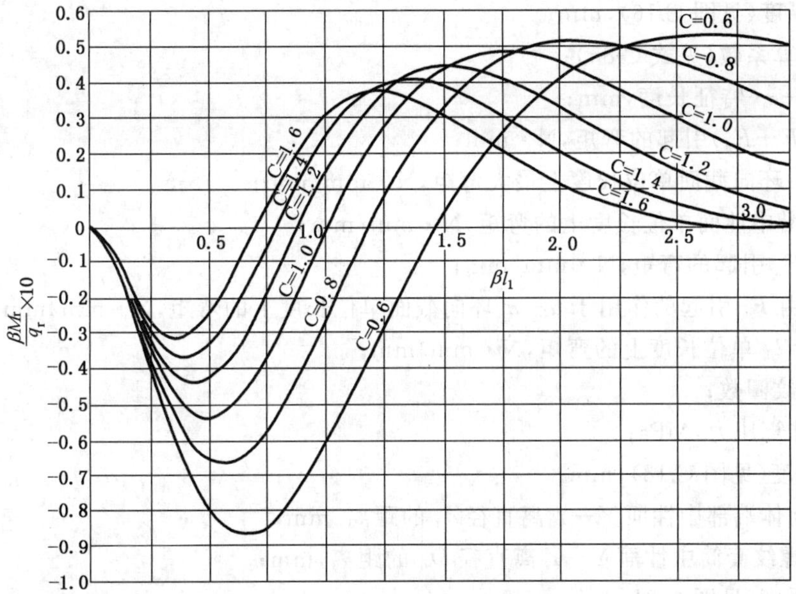

图 C.12

C.5 卡扎里密封

C.5.1 符号

b——密封垫宽度,mm;

C——计算系数(见式 C-86);

D_b——螺栓孔中心圆直径,mm;

D_G——密封面平均直径,mm;

D_i——密封垫内径,mm;

D_n——中性面的直径,mm;

D——螺纹套筒外径,mm;

D_o——平盖螺纹大径,mm;

D_1——压环内径,mm;

D_2——压环外径,mm;

d_i——平盖螺纹小径,mm;

d_k——螺栓孔或螺孔直径,mm;

F——内压引起的轴向力,N;

F_a——密封垫密封力的轴向分力,N;

H——压环厚度,mm;

H_1——力臂(见图 C.18),mm;

H_2——力臂(见图 C.18),mm;

H_3——力臂(见图 C.21),mm;

h——密封垫高度,mm;

h_1——螺纹齿高度(见图 C.17),mm;

h_2——厚度(见图 C.16),mm;
k——计算系数(见式 C-85);
l_1、l_2、l_3——特征长度,mm;
M——$(F+F_a)$引起的弯矩,N·mm;
M_{max}——环向截面单位长度上最大弯矩,N·mm/mm;
M_1——沿中性面单位长度上的弯矩,N·mm/mm;
M_2——F_a 引起的弯矩,N·mm/mm;
M_5——由 F_a 引起的作用于 $a—a$ 环向截面单位长度上的弯矩,N·mm/mm;
m——沿 l_1 单位长度上的弯矩,N·mm/mm;
n——螺纹圈数;
p_c——计算压力,MPa;
S——厚度(见图 C.18),mm;
S_o——筒体端部中性面 $Y—Y$ 离直径 d_i 的距离,mm;
S_{o1}——螺纹套筒中性面 $Y—Y$ 离直径 D_o 的距离,mm;
S_1——厚度(见图 C.21),mm;
t_1——厚度(见图 C.17),mm;
W_a——预紧状态的螺栓载荷,N;
y——密封比压,MPa;
α——楔形角,(°);
β——系数,mm^{-1};
δ_p——平盖厚度,mm;
μ——平均壁温下材料的泊松比;
ρ——摩擦角;
τ——切应力,MPa;
σ——拉伸应力,MPa;
σ_a——$a—a$ 环向截面拉应力,MPa;
σ_m——弯曲应力,MPa;
σ_{ma}——$a—a$ 环向截面弯曲应力,MPa;
σ_o——当量应力,MPa;
σ_{oa}——$a—a$ 环向截面当量应力,MPa;
$[\sigma]^t$——设计温度下元件材料的许用应力,MPa。

C.5.2 结构

卡扎里密封结构见图 C.13。

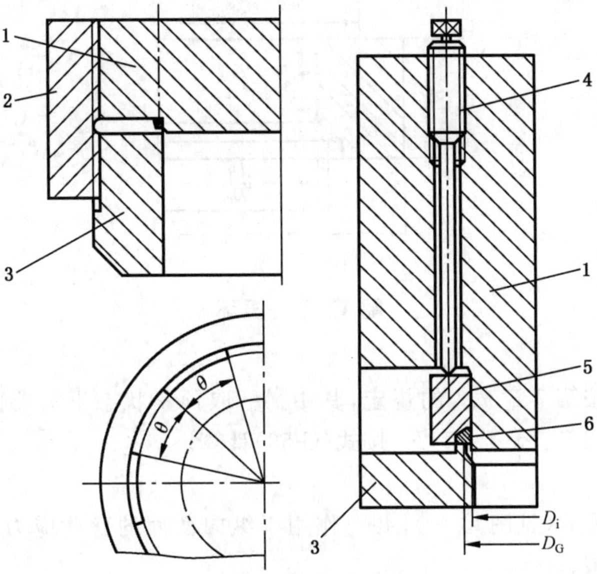

说明：

1——平盖；
2——螺纹套筒；
3——筒体端部；
4——顶紧螺栓；
5——压环；
6——密封垫。

图 C.13 卡扎里密封结构

螺纹套筒内壁的上下两段是锯齿形螺纹。为便于与平盖相互连接和快拆，上段用间断锯齿形螺纹，间断部分夹角 θ 应取 10°～30°。

C.5.3 载荷

C.5.3.1 内压引起的轴向力按式(C-49)计算：

$$F = 0.785 D_G^2 p_c \qquad \cdots\cdots (C\text{-}49)$$

C.5.3.2 密封垫结构见图 C.14。密封力的轴向分力取式(C-50)中计算值较大者。

$$F_a = \begin{cases} 3.14y(D_G b + D_i h \tan\rho) \\ 3.14y(D_i h + D_G b \tan\rho)\tan(\alpha+\rho) \end{cases} \qquad \cdots\cdots (C\text{-}50)$$

式中：楔形角 α 可取 30°、45°、60°。钢与钢接触时 $\rho = 8°30'$，钢与铜接触时 $\rho = 10°31'$，钢与铝接触时 $\rho = 15°$。

C.5.4 压环

确定压环的结构尺寸(见图 C.15)，并对作用于纵向截面的弯曲应力按式(C-51)进行校核：

$$\sigma_m = \frac{3F_a(D_b - D_G)}{3.14(D_2 - D_1)H^2} \leqslant 0.9[\sigma]^t \qquad \cdots\cdots (C\text{-}51)$$

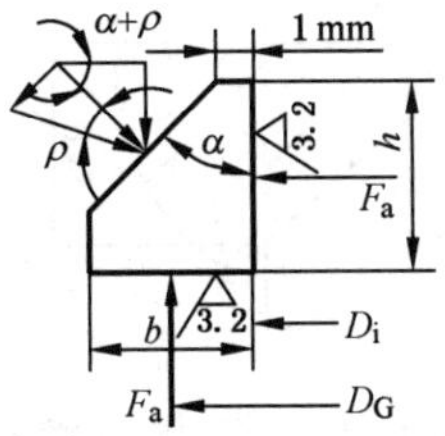

图 C.14 密封垫

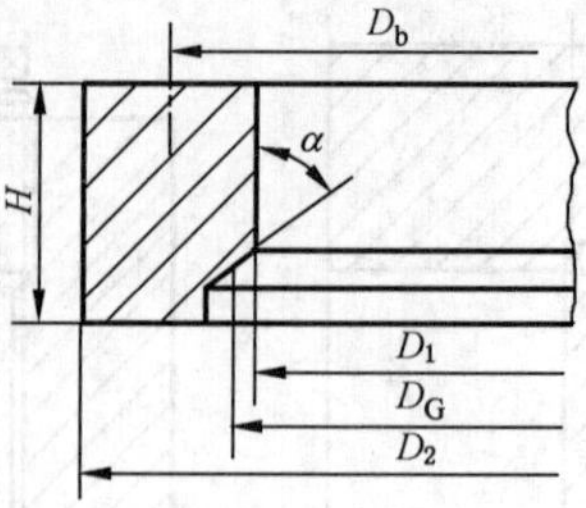

图 C.15 压环

C.5.5 顶紧螺栓

顶紧螺栓的设计按第 7 章 7.7 的规定,其中 A_m 取预紧状态下需要的螺栓面积,即 $A_m=A_a$,式(7-7)中螺栓载荷 W_a 等于 F_a,F_a 按式(C-50)计算。

C.5.6 平盖

确定平盖的结构尺寸(见图 C.16),并对作用于纵向截面的弯曲应力和间断锯齿形螺纹的当量应力进行强度校核。

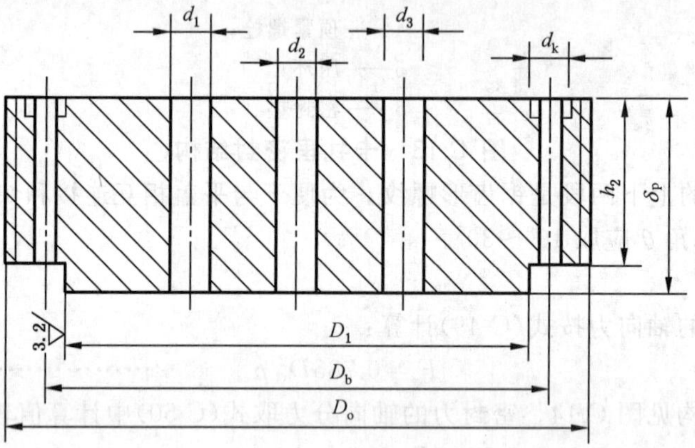

图 C.16 平盖

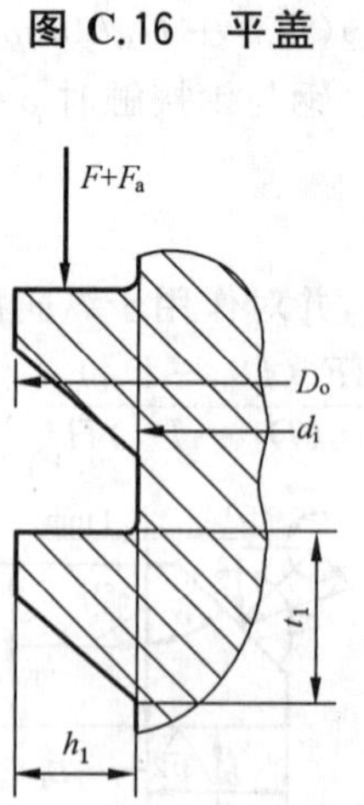

图 C.17 锯齿形螺纹

C.5.6.1 纵向截面弯曲应力按式(C-52)校核:

$$\sigma_m=\frac{3\left[\left(D_o-\frac{2}{3}D_1\right)F+(D_o-D_b)F_a\right]}{3.14[(D_1-\sum d_i)\delta_p^2+(D_o-D_1-2d_k)h_2^2]}\leqslant 0.7[\sigma]^t \quad\cdots\cdots\text{(C-52)}$$

式中：$\sum d_i=d_1+d_2+d_3+\cdots\cdots$，mm；

厚度 h_2 见图 C.16。

C.5.6.2 间断锯齿形螺纹的当量应力按式(C-53)校核：

$$\sigma_o=\sqrt{\sigma_m^2+3\tau^2}\leqslant 0.7[\sigma]^t \quad\cdots\cdots\text{(C-53)}$$

弯曲应力 σ_m 按式(C-54)计算：

$$\sigma_m=\frac{3(F+F_a)(D_o-d_i)}{3.14d_it_1^2n} \quad\cdots\cdots\text{(C-54)}$$

厚度 t_1 见图 C.17。

切应力 τ 按式(C-55)计算：

$$\tau=\frac{2(F+F_a)}{3.14d_it_1n} \quad\cdots\cdots\text{(C-55)}$$

C.5.7 筒体端部

确定筒体端部结构尺寸(见图 C.18)，并对作用于 a—a 环向截面的当量应力进行强度校核。

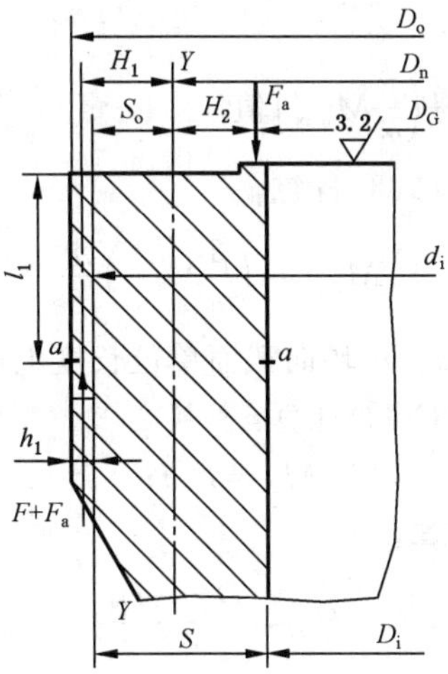

图 C.18 筒体端部

C.5.7.1 拉应力按式(C-56)计算：

$$\sigma_a=\frac{4(F+F_a)}{3.14(d_i^2-D_i^2)} \quad\cdots\cdots\text{(C-56)}$$

C.5.7.2 弯曲应力 σ_{ma}

C.5.7.2.1 由 $F+F_a$ 引起的，作用于 a—a 环向截面单位长度上最大弯矩 M_{max}。

C.5.7.2.1.1 $F+F_a$ 引起的弯矩按式(C-57)计算：

$$M=(F+F_a)H_1 \quad\cdots\cdots\text{(C-57)}$$

力臂 H_1 按式(C-58)计算：

$$H_1=S_o+0.5h_1 \quad\cdots\cdots\text{(C-58)}$$

筒体端部中性面 $Y—Y$ 离直径 d_i 的距离 S_o 按式(C-59)选取：

$$\begin{cases} 当\dfrac{d_i}{D_i}\leqslant 1.45 时, S_o=\dfrac{d_i-D_i}{4} \\ 当\dfrac{d_i}{D_i}>1.45 时, S_o=\dfrac{d_i-D_i}{6}\dfrac{d_i+2D_i}{d_i+D_i} \end{cases} \quad\cdots\cdots(C\text{-}59)$$

C.5.7.2.1.2　沿中性面单位长度上的弯矩按式(C-60)计算：

$$M_1=\frac{M}{\pi D_n} \quad\cdots\cdots(C\text{-}60)$$

筒体端部中性面 $Y—Y$ 的直径 D_n 按式(C-61)计算：

$$D_n=d_i-2S_o \quad\cdots\cdots(C\text{-}61)$$

C.5.7.2.1.3　沿 l_1 单位长度上的弯矩 m 按式(C-62)计算：

$$m=\frac{M_1}{l_1} \quad\cdots\cdots(C\text{-}62)$$

式中长度 l_1 见图 C.18。

C.5.7.2.1.4　计算系数 β 按式(C-63)计算：

$$\beta=\sqrt[4]{\frac{12(1-\mu^2)}{D_n^2S^2}} \quad\cdots\cdots(C\text{-}63)$$

式中厚度 S 见图 C.18。

C.5.7.2.1.5　根据 βl_1 查图 C.19 得 $\left(\frac{\beta}{m}M_{max}\right)$ 值。

C.5.7.2.1.6　最大弯矩 M_{max} 按式(C-64)计算：

$$M_{max}=\left(\frac{\beta}{m}M_{max}\right)\frac{m}{\beta} \quad\cdots\cdots(C\text{-}64)$$

C.5.7.2.2　由 F_a 引起的，作用于 $a—a$ 环向截面单位长度上弯矩 M_5。

C.5.7.2.2.1　F_a 引起的弯矩按式(C-65)计算：

$$M_2=F_aH_2 \quad\cdots\cdots(C\text{-}65)$$

式中：力臂 H_2 按式(C-66)计算：

$$H_2=\frac{D_n-D_G}{2} \quad\cdots\cdots(C\text{-}66)$$

C.5.7.2.2.2　沿中性面单位长度上的弯矩按式(C-67)计算：

$$M_1=\frac{M_2}{3.14D_n} \quad\cdots\cdots(C\text{-}67)$$

C.5.7.2.2.3　按式(C-63)计算系数 β 值。

C.5.7.2.2.4　根据 βl_1 值查图 C.20 得系数 φ 值。

C.5.7.2.2.5　由 F_a 引起的作用于环向截面单位长度上的弯矩 M_5 按式(C-68)计算：

$$M_5=M_1\varphi \quad\cdots\cdots(C\text{-}68)$$

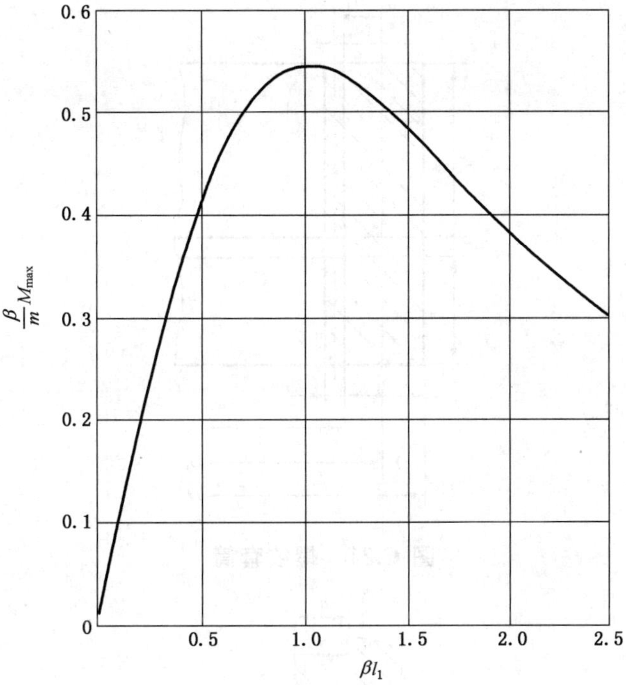

图 C.19

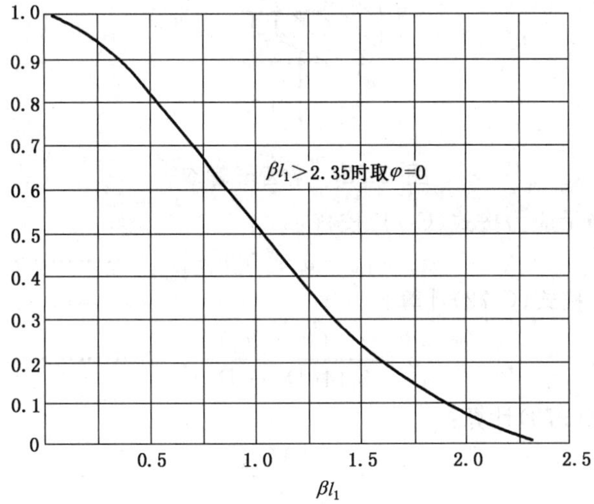

图 C.20

C.5.7.2.3　弯曲应力 σ_{ma} 按式(C-69)计算：

$$\sigma_{ma}=\frac{6(M_{max}+M_5)}{S^2} \qquad \text{(C-69)}$$

C.5.7.3　a—a 环向截面的当量应力按式(C-70)校核：

$$\sigma_{oa}=\sigma_{ma}+\sigma_a\leqslant 0.9[\sigma]^t \qquad \text{(C-70)}$$

C.5.8　螺纹套筒

确定螺纹套筒的结构尺寸(见图 C.21)，并对作用于环向截面的当量应力和下段锯齿形螺纹(见图 C.22)的当量应力进行强度校核。

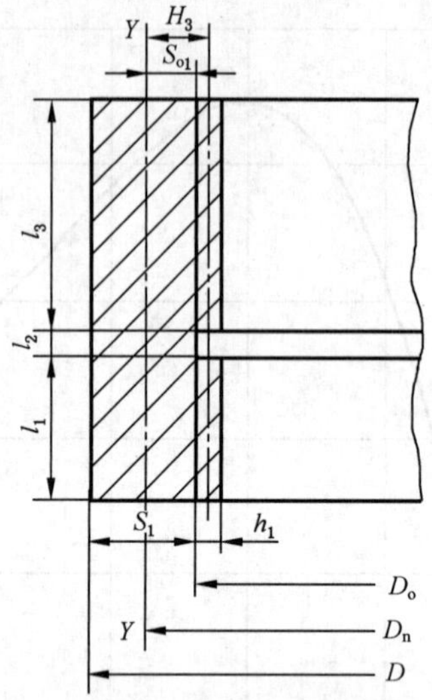

图 C.21 螺纹套筒

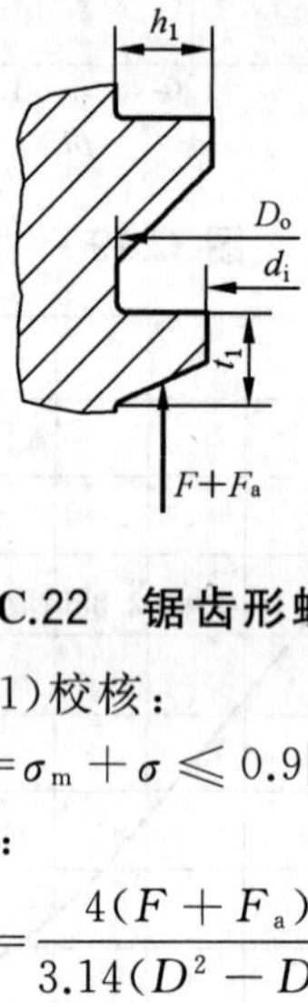

图 C.22 锯齿形螺纹

C.5.8.1 环向截面的当量应力按式(C-71)校核:

$$\sigma_o = \sigma_m + \sigma \leqslant 0.9[\sigma]^t \quad \cdots\cdots (C-71)$$

式(C-71)中拉应力按式(C-72)计算:

$$\sigma = \frac{4(F + F_a)}{3.14(D^2 - D_o^2)} \quad \cdots\cdots (C-72)$$

弯曲应力 σ_m 按式(C-73)计算:

$$\sigma_m = \frac{6M_{max}}{S_1^2} \quad \cdots\cdots (C-73)$$

厚度 S_1 按式(C-74)计算:

$$S_1 = \frac{D - D_o}{2} \quad \cdots\cdots (C-74)$$

环向截面单位长度上最大弯矩 M_{max},计算见 C.5.8.3。

C.5.8.2 螺纹套筒下段锯齿形螺纹的当量应力按式(C-75)校核:

$$\sigma_o = \sqrt{\sigma_m^2 + 3\tau^2} \leqslant 0.9[\sigma]^t \quad \cdots\cdots (C-75)$$

弯曲应力 σ_m 按式(C-76)计算:

$$\sigma_m = \frac{3(F + F_a)(D_o - d_i)}{6.28D_o t_1^2 n} \quad \cdots\cdots (C-76)$$

切应力 τ 按式(C-77)计算：

$$\tau=\frac{F+F_a}{3.14D_o t_1 n} \quad \text{(C-77)}$$

内径 d_i 和厚度 t_1 见图 C.22。

C.5.8.3 环向截面单位长度上最大弯矩 M_{max}。

C.5.8.3.1 $F+F_a$ 引起的弯矩按式(C-78)计算：

$$M=(F+F_a)H_3 \quad \text{(C-78)}$$

力臂 H_3 按式(C-79)计算：

$$H_3=S_{o1}+0.5h_1 \quad \text{(C-79)}$$

螺纹套筒中性面 Y—Y 离直径 D_o 的距离 S_{o1} 按式(C-80)选取：

$$\begin{cases}\text{当}\dfrac{D}{D_o}\leqslant 1.45\text{ 时},S_{o1}=\dfrac{D-D_o}{4}\\ \text{当}\dfrac{D}{D_o}>1.45\text{ 时},S_{o1}=\dfrac{D-D_o}{6}\dfrac{2D+D_o}{D+D_o}\end{cases} \quad \text{(C-80)}$$

C.5.8.3.2 沿中性面单位长度上的弯矩按式(C-81)计算：

$$M_1=\frac{M}{3.14D_n} \quad \text{(C-81)}$$

螺纹套筒中性面 Y—Y 的直径 D_n 按式(C-82)计算：

$$D_n=D_o+2S_{o1} \quad \text{(C-82)}$$

C.5.8.3.3 沿轴向 l_1 单位长度上弯矩 m 按式(C-83)计算：

$$m=\frac{M_1}{l_1} \quad \text{(C-83)}$$

式中 l_1 见图 C.21。

C.5.8.3.4 计算系数 β 按式(C-84)计算：

$$\beta=\sqrt[4]{\frac{12(1-\mu^2)}{D_n^2 S_1^2}} \quad \text{(C-84)}$$

C.5.8.3.5 根据 βl_1 和 k、C 值查图 C.23 a)～C.23 e)得 $\left(\dfrac{\beta}{m}M_{max}\right)$ 值。

式中：k、C 值分别按式(C-85)和(C-86)计算：

$$k=\frac{l_3}{l_1} \quad \text{(C-85)}$$

$$C=\frac{l_2}{l_1} \quad \text{(C-86)}$$

式中：l_2 和 l_3 见图 C.21。

C.5.8.3.6 最大弯矩 M_{max} 按式(C-87)计算：

$$M_{max}=\left(\frac{\beta}{m}M_{max}\right)\frac{m}{\beta} \quad \text{(C-87)}$$

C.5.9 卡扎里密封的另外两种结构形式见图 C.24 和图 C.25。

C.5.9.1 内螺纹卡扎里密封各元件的设计同卡扎里密封，但应考虑的载荷分别为：

a) 螺栓、压环的载荷只考虑轴向力 F_a，按 C.5.3.2 计算；

b) 平盖、筒体端部的载荷只考虑轴向力 F，按 C.5.3.1 计算。

C.5.9.2 改良卡扎里密封各元件的设计计算同卡扎里密封，但主螺栓设计按第 7 章 7.7 的规定，其中 A_m 取操作状态下需要的螺栓面积，即 $A_m=A_p$，螺栓载荷 W_a 按 $F+F_a$ 进行计算。

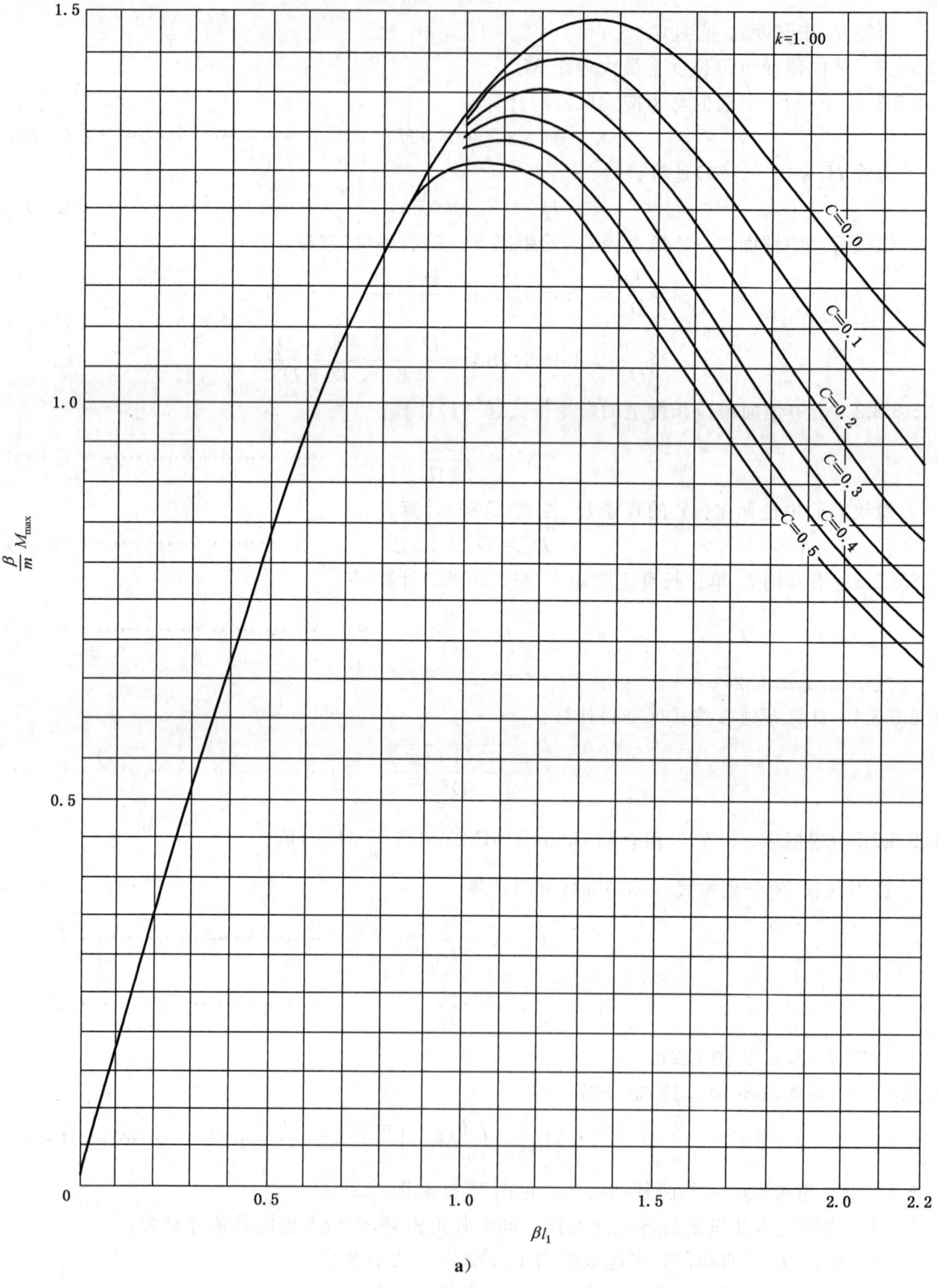

a)

图 C.23

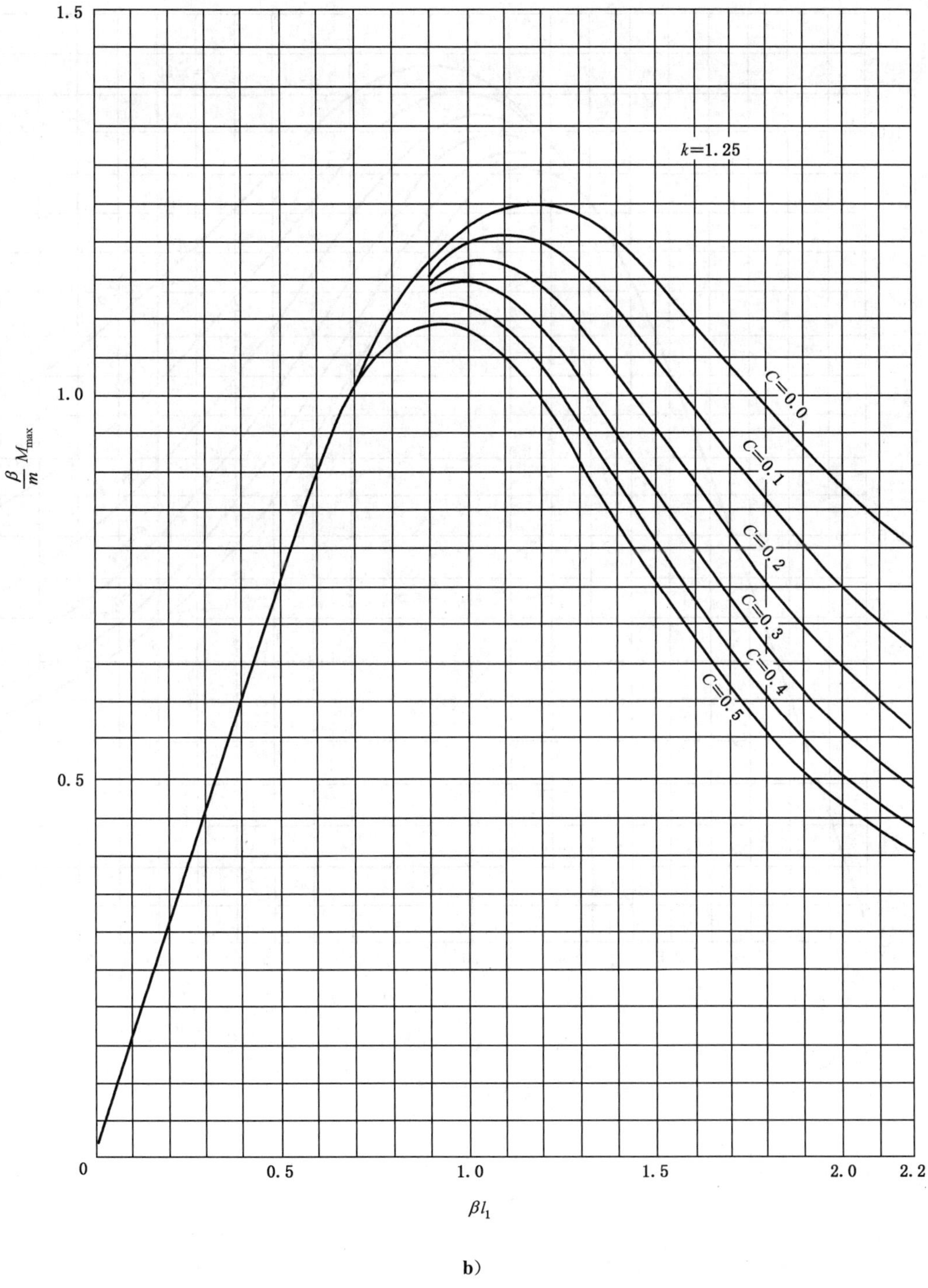
k=1.25
C=0.0
C=0.1
C=0.2
C=0.3
C=0.4
C=0.5
1.5
1.0
0.5
0
0.5
1.0
1.5
2.0
2.2
$\frac{\beta}{m}M_{max}$
βl_1

b)

图 C.23(续)

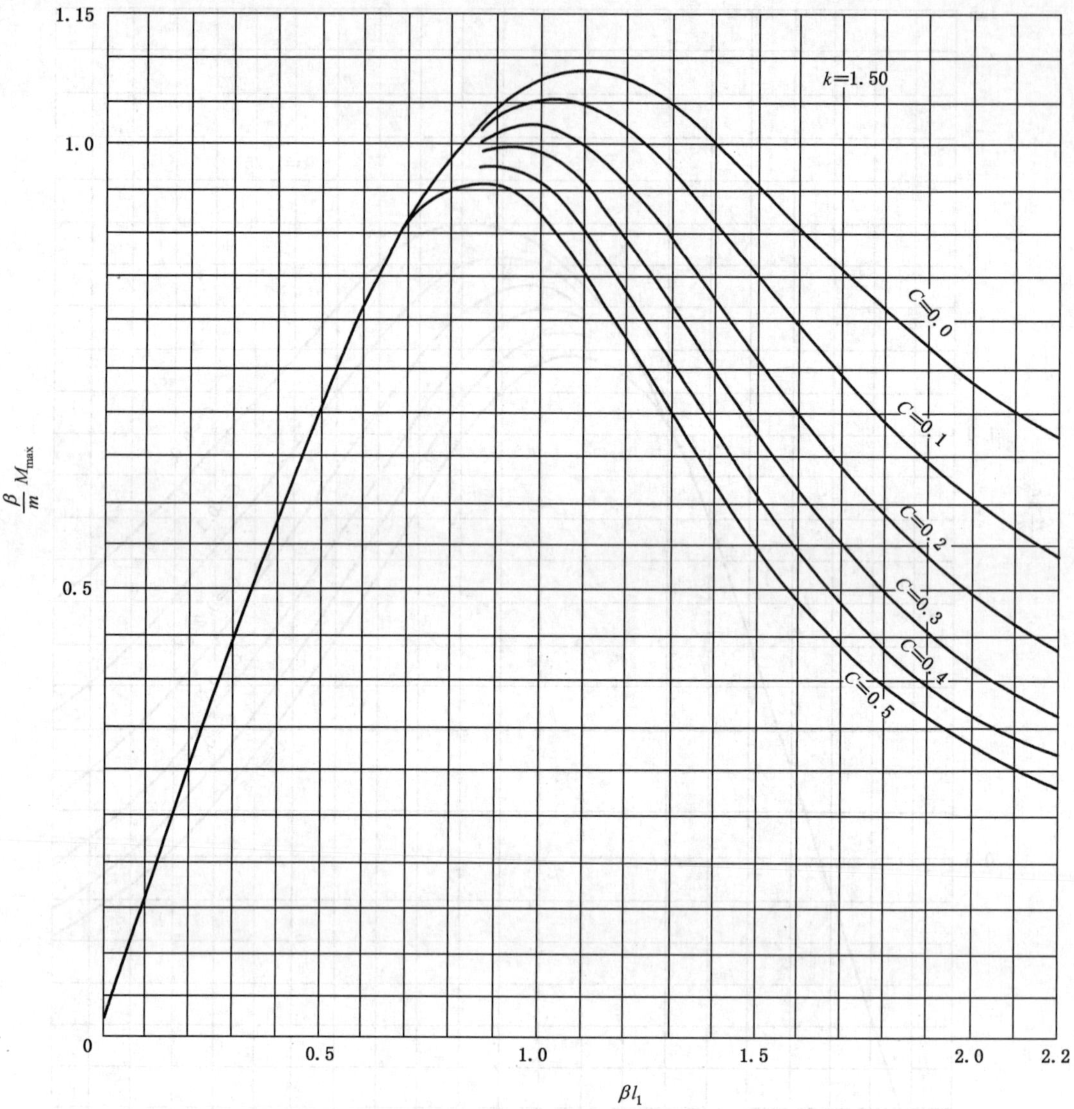
1.15
1.0
0.5
0
$\frac{\beta}{m}M_{max}$
k=1.50
C=0.0
C=0.1
C=0.2
C=0.3
C=0.4
C=0.5
0.5
1.0
1.5
2.0
2.2
βl_1

c)

图 C.23（续）

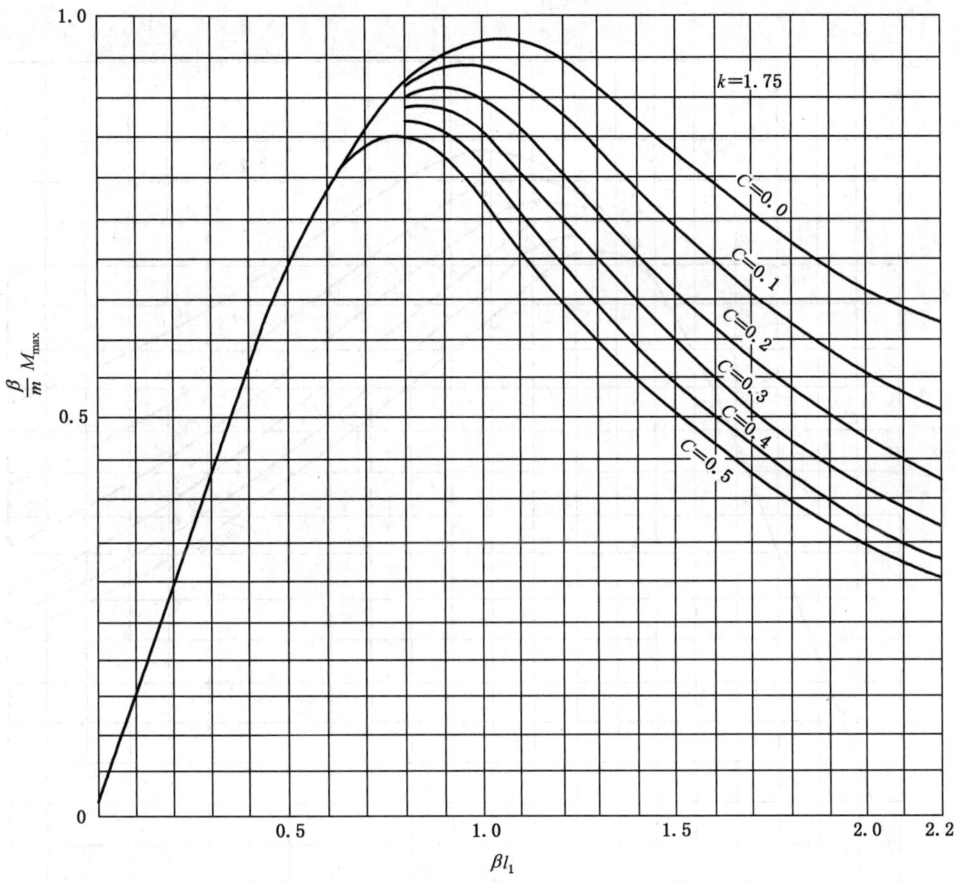
1.0
0.5
0
$\frac{\beta}{m}M_{max}$
k=1.75
C=0.0
C=0.1
C=0.2
C=0.3
C=0.4
C=0.5
0.5
1.0
1.5
2.0
2.2
βl_1

d)

图 C.23（续）

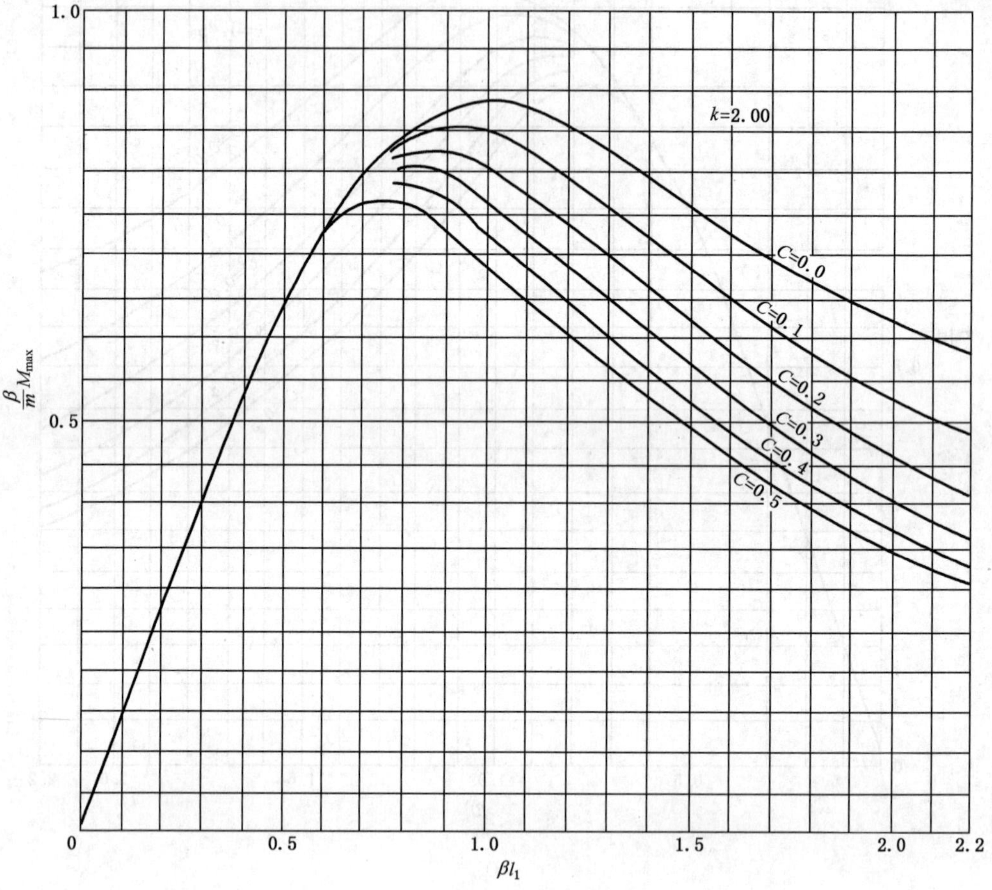

1.0
0.5
0
0.5
1.0
1.5
2.0
2.2
$\frac{\beta}{m}M_{max}$
βl_1
k=2.00
C=0.0
C=0.1
C=0.2
C=0.3
C=0.4
C=0.5

e)

图 C.23(续)

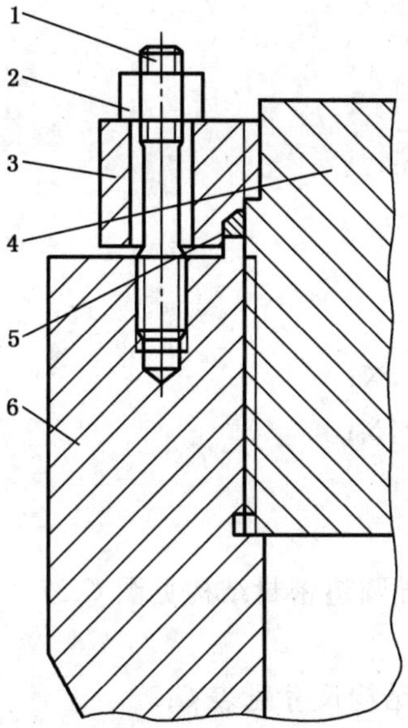

说明：

1——螺栓；	4——平盖；
2——螺母；	5——密封垫；
3——压环；	6——筒体端部。

图 C.24　内螺纹卡扎里密封

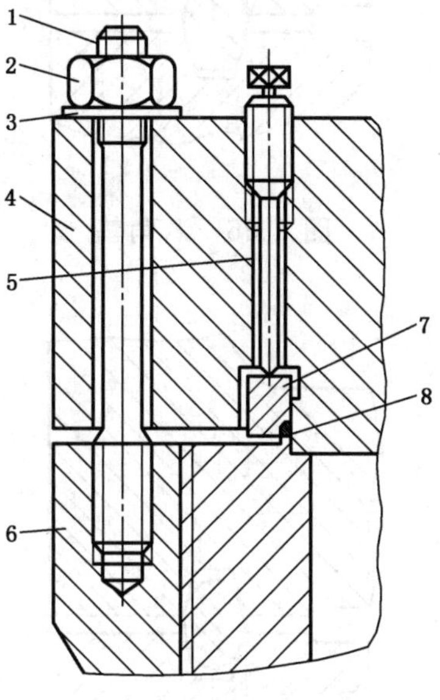

说明：

1——主螺栓；	5——预紧螺栓；
2——主螺母；	6——筒体端部法兰；
3——垫圈；	7——压环；
4——平盖；	8——密封垫。

图 C.25　改良卡扎里密封

C.6 八角垫和椭圆垫密封

C.6.1 符号

b——垫片有效密封宽度,mm;

D_G——密封面平均直径,mm;

m——垫片系数,mm;

p_c——计算压力,MPa;

W_a——预紧状态的螺栓载荷,N;

W_p——操作状态的螺栓载荷,N;

y——密封比压,MPa。

C.6.2 结构

八角垫密封结构见图 C.26,椭圆垫密封结构见图 C.27。八角垫环、椭圆垫环及环槽结构见图 C.28。

八角垫和椭圆垫密封的系列结构尺寸见表 C.7。

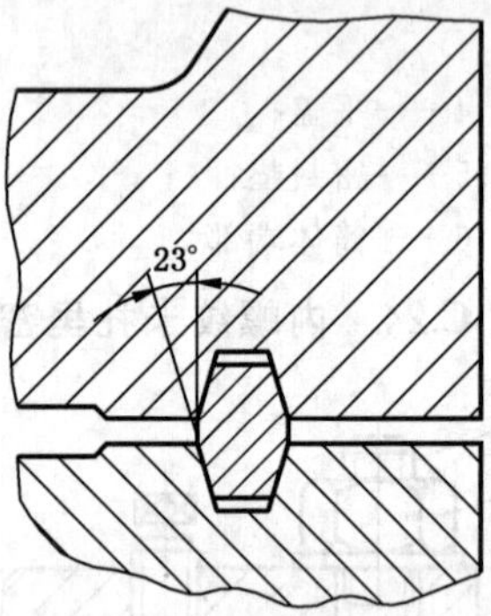

图 C.26 八角垫

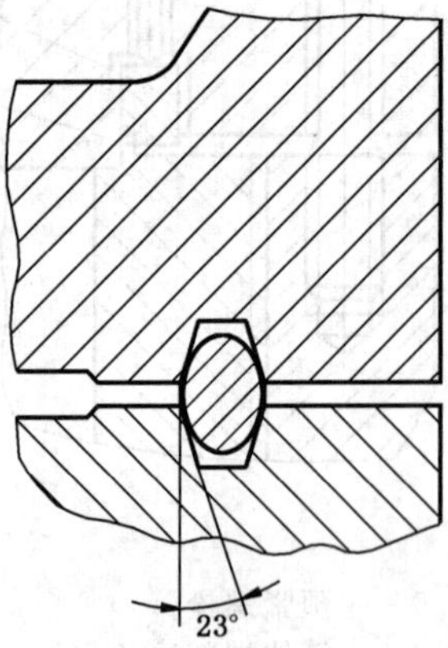

图 C.27 椭圆垫

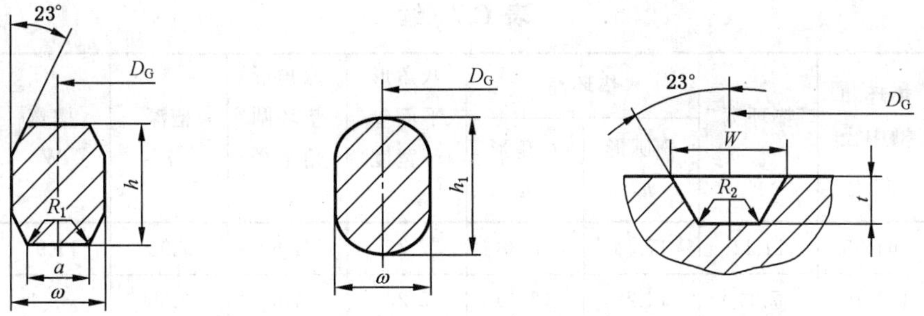

图 C.28 结构尺寸图

表 C.7 八角垫和椭圆垫系列结构尺寸

单位为毫米

垫环号	垫环和槽中径 D_G	垫环宽 ω	垫环高		八角形平面垫环宽度 a	八角形垫环圆角半径 R_1	槽深 t	槽宽 W	槽内圆角半径 R_2
			椭圆形 h_1	八角形 h					
R11	34.14	6.35	11.11	9.53	4.32	1.6	5.54	7.14	0.8
R12	39.67	7.94	14.29	12.70	5.23	1.6	6.35	8.74	0.8
R13	42.88	7.94	14.29	12.70	5.23	1.6	6.35	8.74	0.8
R14	44.45	7.94	14.29	12.70	5.23	1.6	6.35	8.74	0.8
R15	47.63	7.94	14.29	12.70	5.23	1.6	6.35	8.74	0.8
R16	50.80	7.94	14.29	12.70	5.23	1.6	6.35	8.74	0.8
R17	57.15	7.94	14.29	12.70	5.23	1.6	6.35	8.74	0.8
R18	60.33	7.94	14.29	12.70	5.23	1.6	6.35	8.74	0.8
R19	65.07	7.94	14.29	12.70	5.23	1.6	6.35	8.74	0.8
R20	68.27	7.94	14.29	12.70	5.23	1.6	6.35	8.74	0.8
R22	82.55	7.94	14.29	12.70	5.23	1.6	6.35	8.74	0.8
R23	82.55	11.11	17.46	15.88	7.75	1.6	7.92	11.91	0.8
R24	95.25	11.11	17.46	15.88	7.75	1.6	7.92	11.91	0.8
R25	101.60	7.94	14.29	12.70	5.23	1.6	6.35	8.74	0.8
R26	101.60	11.11	17.46	15.88	7.75	1.6	7.92	11.91	0.8
R27	107.95	11.11	17.46	15.88	7.75	1.6	7.92	11.91	0.8
R29	114.30	7.94	14.29	12.70	5.23	1.6	6.35	8.74	0.8
R31	123.83	11.11	17.46	15.88	7.75	1.6	7.92	11.91	0.8
R35	136.53	11.11	17.46	15.88	7.75	1.6	7.92	11.91	0.8
R36	149.23	7.94	14.29	12.70	5.23	1.6	6.35	8.74	0.8
R37	149.23	11.11	17.46	15.88	7.75	1.6	7.92	11.91	0.8

表 C.7(续)

单位为毫米

垫环号	垫环和槽中径 D_G	垫环宽 ω	垫环高		八角形平面垫环宽度 a	八角形垫环圆角半径 R_1	槽深 t	槽宽 W	槽内圆角半径 R_2
			椭圆形 h_1	八角形 h					
R39	161.93	11.11	17.46	15.88	7.75	1.6	7.92	11.91	0.8
R40	171.45	7.94	14.29	12.70	5.23	1.6	6.35	8.74	0.8
R41	180.98	11.11	17.46	15.88	7.75	1.6	7.92	11.91	0.8
R43	193.68	7.94	14.29	12.70	5.23	1.6	6.35	8.74	0.8
R44	193.68	11.11	17.46	15.88	7.75	1.6	7.92	11.91	0.8
R45	211.12	11.11	17.46	15.88	7.75	1.6	7.92	11.91	0.8
R46	211.14	12.70	19.05	17.46	8.66	1.6	9.53	13.49	1.5
R48	247.65	7.94	14.29	12.70	5.23	1.6	6.35	8.74	0.8
R49	269.88	11.11	17.46	15.88	7.75	1.6	7.92	11.91	0.8
R50	269.88	15.88	22.23	20.64	10.49	1.6	11.13	16.66	1.5
R52	304.80	7.94	14.29	12.70	5.23	1.6	6.35	8.74	0.8
R53	323.85	11.11	17.46	15.88	7.75	1.6	7.92	11.91	0.8
R54	323.85	15.88	22.23	20.64	10.49	1.6	11.13	16.66	1.5
R56	381.00	7.94	14.29	12.70	5.23	1.6	6.35	8.74	0.8
R57	381.00	11.11	17.46	15.88	7.75	1.6	7.92	11.91	0.8
R58	381.00	22.23	28.58	26.99	14.81	1.6	14.27	23.01	1.5
R59	396.88	7.94	14.29	12.70	5.23	1.6	6.35	8.74	0.8
R61	419.10	11.11	17.46	15.88	7.75	1.6	7.92	11.91	0.8
R62	419.10	15.88	22.23	20.64	10.49	1.6	11.13	16.66	1.5
R63	419.10	25.40	33.34	31.75	17.30	2.4	15.88	26.97	2.4
R64	454.03	7.94	14.29	12.70	5.23	1.6	6.35	8.74	0.8
R65	469.90	11.11	17.46	15.88	7.75	1.6	7.92	11.91	0.8
R66	469.90	15.88	22.33	20.64	10.49	1.6	11.13	16.66	1.5
R67	469.90	28.58	36.51	34.93	19.81	2.4	17.48	30.18	2.4
R68	517.53	7.94	14.29	12.70	5.23	1.6	6.35	8.74	0.8
R69	533.40	11.11	17.46	15.88	7.75	1.6	7.92	11.91	0.8
R70	533.40	19.05	25.40	23.81	12.32	1.6	12.70	19.84	1.5
R71	533.40	25.58	36.51	34.93	19.81	2.4	17.48	30.18	2.4
R72	558.80	7.94	14.29	12.70	5.23	1.6	6.35	8.74	0.8

表 C.7(续)

单位为毫米

垫环号	垫环和槽中径 D_G	垫环宽 ω	垫环高		八角形平面垫环宽度 a	八角形垫环圆角半径 R_1	槽深 t	槽宽 W	槽内圆角半径 R_2
			椭圆形 h_1	八角形 h					
R73	584.20	12.70	19.05	17.46	8.66	1.6	9.53	13.49	1.5
R74	584.20	19.05	25.40	23.81	12.32	1.6	12.70	19.84	1.5
R75	584.20	31.75	36.69	38.10	22.33	2.4	17.48	33.32	2.4
R76	673.10	7.94	14.29	12.70	5.23	1.6	6.35	8.74	0.8
R77	692.15	15.88	22.23	20.64	10.49	1.6	11.13	16.66	1.5
R78	692.15	25.40	33.34	31.75	17.30	2.4	15.88	26.97	2.4
R79	692.15	34.93	44.45	41.28	24.82	2.4	20.62	36.53	2.4
R82	57.15	11.11	—	15.88	7.75	1.6	7.92	11.91	0.8
R84	63.50	11.11	—	15.88	7.75	1.6	7.92	11.91	0.8
R85	79.38	12.70	—	17.46	8.66	1.6	9.53	13.49	1.5
R86	90.49	15.88	—	20.64	10.49	1.6	11.13	16.66	1.5
R87	100.01	15.88	—	20.64	10.49	1.6	11.13	16.66	1.5
R88	123.83	19.05	—	23.81	12.32	1.6	12.70	19.84	1.5
R89	114.30	19.05	—	23.81	12.32	1.6	12.70	19.84	1.5
R90	155.58	22.23	—	26.99	14.81	1.6	14.27	23.01	1.5
R91	260.35	31.75	—	38.10	22.33	2.4	17.48	33.32	2.4
R93	749.30	19.50	—	23.90	12.32	1.6	12.70	19.84	1.5
R94	800.10	19.50	—	23.90	12.32	1.6	12.70	19.84	1.5
R95	857.25	19.50	—	23.90	12.32	1.6	12.70	19.84	1.5
R96	914.40	22.22	—	26.90	14.81	1.6	14.27	23.01	1.5
R97	965.20	22.22	—	26.90	14.81	1.6	14.27	23.01	1.5
R98	1 022.35	28.58	—	26.90	14.81	2.4	14.27	23.01	1.5
R99	234.95	11.11	—	15.88	7.75	1.6	7.92	11.91	0.8
R100	749.30	31.75	—	35.10	19.81	2.4	17.48	30.18	2.3
R101	800.10	31.75	—	38.10	22.33	2.4	17.48	33.32	2.3
R102	857.25	31.75	—	38.10	22.33	2.4	17.48	33.32	2.3
R103	914.40	31.75	—	38.10	22.33	2.4	17.48	33.32	2.3
R104	965.20	34.92	—	41.10	24.82	2.4	20.62	36.53	2.3
R105	1 022.35	34.92	—	41.10	24.82	2.4	20.62	36.53	2.3

C.6.3 垫环材料的硬度应比环槽元件材料的硬度低 30 HBW～40 HBW。垫环材料推荐使用Ⅲ级或者Ⅳ级压力容器锻件，其硬度要求见表 C.8。

C.6.4 垫环、垫环槽的公差要求见表 C.9。

C.6.5 螺栓载荷

C.6.5.1 操作状态的螺栓载荷按式(C-88)计算：

$$W_p = 0.785D_G^2 p_c + 6.28bD_G m p_c \quad \cdots\cdots\cdots\cdots (C\text{-}88)$$

式中垫片有效密封宽度 b 见第 7 章 7.5.1.2；垫片系数 m 见第 7 章表 7-2。

C.6.5.2 预紧状态的螺栓载荷按式(C-89)计算：

$$W_a = 3.14D_G y \quad \cdots\cdots\cdots\cdots (C\text{-}89)$$

C.6.6 平盖设计见第 5 章 5.9。

C.6.7 法兰设计见第 7 章。

C.6.8 筒体端部、螺栓及螺母的设计见第 7 章 7.7。

表 C.8 垫环材料及硬度

材料	钢锻件标准	最高硬度	
		HBW	HRB
碳素钢	NB/T 47008	120	70
1Cr5Mo	NB/T 47008	130	74
S11306	NB/T 47010	170	87
S30408	NB/T 47010	160	84
S30403	NB/T 47010	150	81
S31608	NB/T 47010	160	84
S31603	NB/T 47010	150	81

表 C.9 公差范围 单位为毫米

尺寸名称		公差范围
垫环宽	ω	±0.20
垫环高	h 和 h_1	±0.50
八角形平面垫环宽度	a	±0.20
槽深	t	+0.40 0
槽宽	W	±0.20
垫环的平均中径	D_G	±0.18
槽的平均中径	D_G	±0.13
垫环圆角半径	R_1	±0.50
槽内圆角半径 R_2	$R_2 \leqslant 2$	+0.80 0
	$R_2 > 2$	±0.80
环槽角度	23°	±0.5°

注 1：槽和八角垫环接触斜面(23°表面)的表面粗糙度 Ra 不高于 3.2 μm。

注 2：允许环高有 1.9 mm 的正偏差，但在整个圆周上任何部位的垫环高度差应不大于 0.5 mm。

C.7 卡箍紧固结构

C.7.1 符号

C——计算系数(见式 C-108);

D_b——直径(见图 C.30 和图 C.34),mm;

D_c——密封接触圆直径,mm;

D_G——密封面平均直径,mm;

D_i——内直径,mm;

D_n——中性面直径,mm;

D_o——外直径,mm;

D_1——直径(见图 C.30),mm;

D_2——直径(见图 C.31),mm;

D_3——直径(见图 C.33),mm;

d_i——螺纹小径,mm;

F——内压引起的轴向力,N;

F_a——密封垫密封力的轴向分力,N;

H——力臂(见图 C.31),mm;

H_1——力臂(见图 C.33),mm;

H_2——力臂(见图 C.33),mm;

h——高度(见图 C.30),mm;

h_1——高度(见图 C.30),mm;

h_2——高度(见图 C.31),mm;

h_3——高度(见图 C.33),mm;

l_1、l_2——特征长度,mm;

M——$(F+F_a)$引起的弯矩,N·mm;

M_{max}——单位长度上最大弯矩,N·mm/mm;

M_1——沿中性面单位长度上的弯矩,N·mm/mm;

M_2——F_a 引起的弯矩,N·mm;

M_3——单位长度上的弯矩(见式 C-122),N·mm/mm;

M_5——单位长度上的弯矩(见式 C-127),N·mm/mm;

n——螺栓数量;

p_c——计算压力,MPa;

S——厚度(见图 C.31),mm;

S_o——卡箍中性面 Y—Y 离直径 D_2 的距离,mm;

S_{o1}——筒体端部中性面 Y—Y 离直径 D_3 的距离,mm;

S_1——厚度(见图 C.33),mm;

W——紧固螺栓载荷,N;

α——角度(见图 C.34),(°);

β——系数,mm^{-1};

δ_p——平盖厚度,mm;

μ——平均壁温下材料的泊松比;

τ_a——a—a 环向截面的切应力,MPa;

τ_b——b—b 环向截面的切应力,MPa;

σ_a——筒体端部 a—a 环向截面拉应力,MPa;

σ_m——弯曲应力,MPa;

σ_{ma}——a—a 环向截面的弯曲应力,MPa;

σ_{mb}——b—b 环向截面的弯曲应力,MPa;

σ_{oa}——a—a 环向截面的当量应力,MPa;

σ_{ob}——b—b 环向截面的当量应力,MPa;

$[\sigma]^t$——设计温度下元件材料的许用应力,MPa。

C.7.2 结构

卡箍紧固结构见图 C.29。密封环应具有自紧功能。

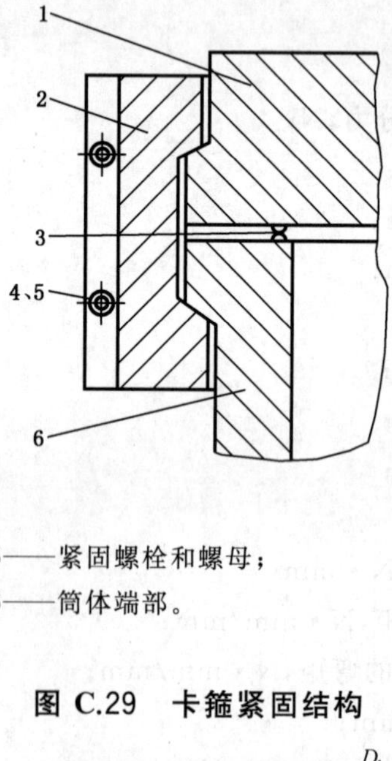

说明:

1——平盖;

2——卡箍;

3——密封环;

4,5——紧固螺栓和螺母;

6——筒体端部。

图 C.29 卡箍紧固结构

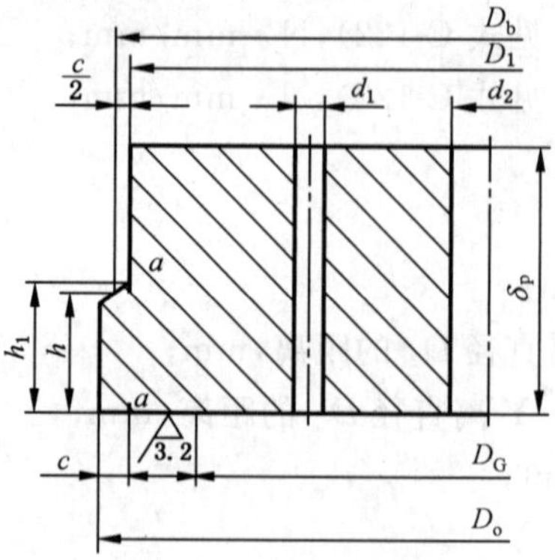

图 C.30 平盖

C.7.3 载荷

C.7.3.1 内压引起的轴向力按式(C-90)计算:

$$F=0.785D_G^2p_c \quad \cdots\cdots(C\text{-}90)$$

C.7.3.2 预紧状态密封环的密封轴向力 F_a,其值根据密封环的形式确定。

C.7.4 平盖

确定平盖的结构尺寸(见图 C.30),并对作用于纵向截面的弯曲应力和作用于 a—a 环向截面的当量应力进行强度校核。

C.7.4.1 纵向截面的弯曲应力按式(C-91)校核:

$$\sigma_m=\frac{3\left[\left(D_b-\frac{2}{3}D_G\right)F+(D_b-D_G)F_a\right]}{3.14[(D_1-\sum d_i)\delta_p^2+(D_o-D_1)h^2]}\leqslant 0.7[\sigma]^t \quad \cdots\cdots(C\text{-}91)$$

式中:$\sum d_i=d_1+d_2+d_3+\cdots\cdots$;

其他符号见图 C.30。

C.7.4.2 a—a 环向截面的当量应力按式(C-92)校核:

$$\sigma_{oa}=\sqrt{\sigma_{ma}^2+3\tau_a^2}\leqslant 0.7[\sigma]^t \quad \cdots\cdots(C\text{-}92)$$

弯曲应力 σ_{ma} 按式(C-93)计算:

$$\sigma_{ma}=\frac{3(F+F_a)(D_b-D_1)}{3.14D_1h_1^2} \quad \cdots\cdots(C\text{-}93)$$

切应力 τ_a 按式(C-94)计算:

$$\tau_a=\frac{F+F_a}{3.14D_1h_1} \quad \cdots\cdots(C\text{-}94)$$

C.7.5 卡箍

确定卡箍结构尺寸(见图 C.31),并对作用于 a—a 和 b—b 环向截面的当量应力进行强度校核。

C.7.5.1 a—a 环向截面的当量应力按式(C-95)校核:

$$\sigma_{oa}=\sigma_{ma}+\sigma_a\leqslant 0.9[\sigma]^t \quad \cdots\cdots(C\text{-}95)$$

弯曲应力 σ_{ma} 按式(C-96)计算:

$$\sigma_{ma}=\frac{6M_{max}}{S^2} \quad \cdots\cdots(C\text{-}96)$$

a—a 环向截面单位长度上最大弯矩 M_{max} 计算见 C.7.5.3;

拉应力 σ_a 按式(C-97)计算:

$$\sigma_a=\frac{4(F+F_a)}{3.14(D_o^2-D_2^2)} \quad \cdots\cdots(C\text{-}97)$$

其他符号见图 C.31。

C.7.5.2 b—b 环向截面的当量应力按式(C-98)校核:

$$\sigma_{ob}=\sqrt{\sigma_{mb}^2+3\tau_b^2}\leqslant 0.9[\sigma]^t \quad \cdots\cdots(C\text{-}98)$$

弯曲应力 σ_{mb} 按式(C-99)计算:

$$\sigma_{mb}=\frac{3(F+F_a)h_2}{3.14D_2l_1^2} \quad \cdots\cdots(C\text{-}99)$$

切应力 τ_b 按式(C-100)计算：

$$\tau_b=\frac{F+F_a}{3.14D_2l_1} \quad \cdots\cdots\cdots(C\text{-}100)$$

其他符号见图 C.31。

C.7.5.3 最大弯矩 M_{max}

C.7.5.3.1 $F+F_a$ 引起的弯矩按式(C-101)计算：

$$M=(F+F_a)H \quad \cdots\cdots\cdots(C\text{-}101)$$

力臂 H 按式(C-102)计算：

$$H=S_o+0.5h_2 \quad \cdots\cdots\cdots(C\text{-}102)$$

卡箍中性面 Y—Y 离直径 D_2 的距离 S_o 按式(C-103)选取：

$$\begin{cases}当\dfrac{D_o}{D_2}\leqslant 1.45 时, S_o=\dfrac{D-D_o}{4} \\ 当\dfrac{D}{D_o}>1.45 时, S_o=\dfrac{D_o-D_2}{6}\,\dfrac{2D_o+D_o}{D+D_o}\end{cases} \quad \cdots\cdots\cdots(C\text{-}103)$$

其他符号见图 C.31。

C.7.5.3.2 沿中性面单位长度上的弯矩按式(C-104)计算：

$$M_1=\frac{M}{3.14D_n} \quad \cdots\cdots\cdots(C\text{-}104)$$

中性面直径 D_n 按式(C-105)计算：

$$D_n=D_2+2S_o \quad \cdots\cdots\cdots(C\text{-}105)$$

C.7.5.3.3 计算系数 β 按式(C-106)计算：

$$\beta=\sqrt[4]{\frac{12(1-\mu^2)}{D_n^2S^2}} \quad \cdots\cdots\cdots(C\text{-}106)$$

厚度 S 按式(C-107)计算：

$$S=\frac{D_o-D_2}{2} \quad \cdots\cdots\cdots(C\text{-}107)$$

C.7.5.3.4 计算系数 C 按式(C-108)计算：

$$C=\frac{l_2}{l_1} \quad \cdots\cdots\cdots(C\text{-}108)$$

式中长度 l_1、l_2 见图 C.31。

C.7.5.3.5 根据 βl_1 和 C 值查图 C.32 得 $\left(\dfrac{M_{max}}{M_1}\right)$ 值。

C.7.5.3.6 最大弯矩 M_{max} 按式(C-109)计算：

$$M_{max}=\left(\frac{M_{max}}{M_1}\right)M_1 \quad \cdots\cdots\cdots(C\text{-}109)$$

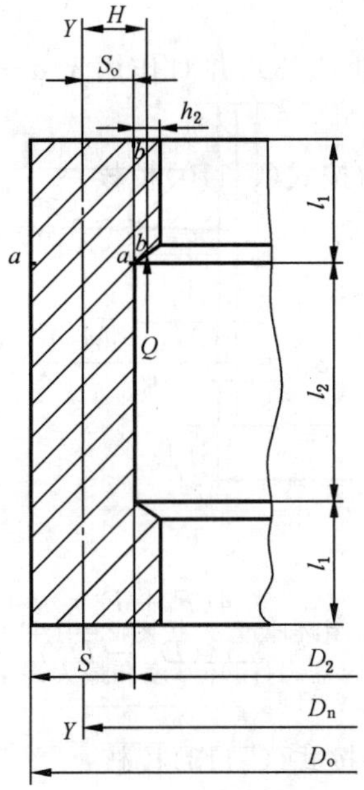
Y
H
S_o
h_2
b
l_1
a
a
b
Q
l_2
l_1
S
D_2
Y
D_n
D_o

图 C.31　卡箍

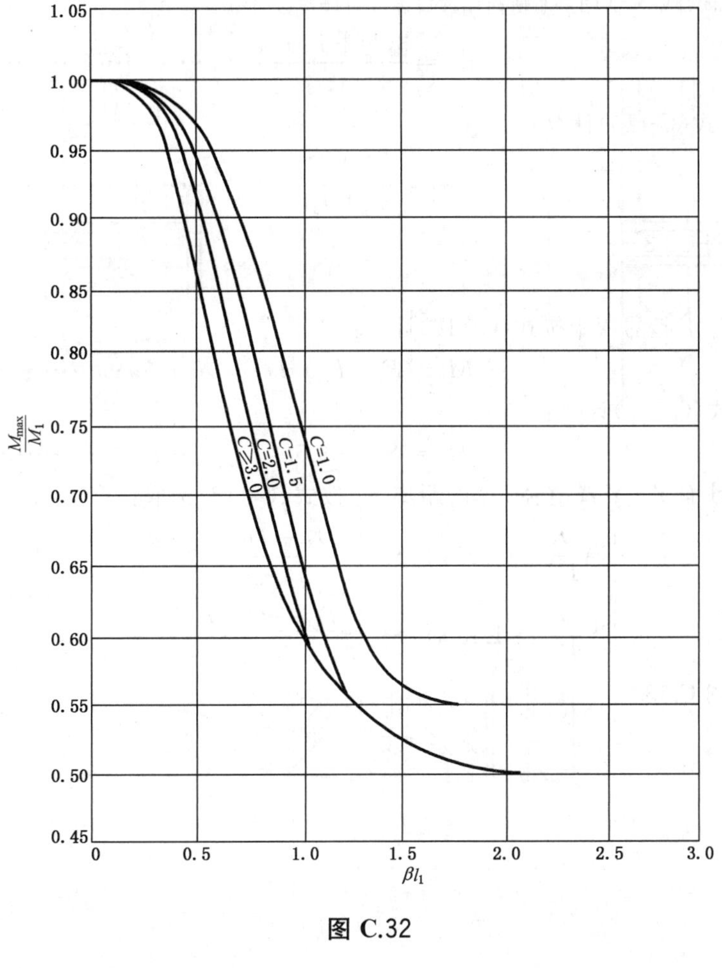
1.05
1.00
0.95
0.90
0.85
0.80
0.75
0.70
0.65
0.60
0.55
0.50
0.45
$\frac{M_{max}}{M_1}$
C=1.0
C=1.5
C=2.0
C≥3.0
0
0.5
1.0
1.5
2.0
2.5
3.0
βl_1

图 C.32

C.7.6 筒体端部

确定筒体端部的结构尺寸(见图 C.33),并对作用于 $a—a$ 和 $b—b$ 环向截面的当量应力进行强度校核。

C.7.6.1 $a—a$ 环向截面的当量应力按式(C-110)校核:

$$\sigma_{oa}=\sigma_{ma}+\sigma_{a}\leqslant 0.9[\sigma]^{t} \quad \cdots\cdots(C\text{-}110)$$

弯曲应力 σ_{ma} 按式(C-111)计算:

$$\sigma_{ma}=\frac{6(M_3+M_5)}{S_1^2} \quad \cdots\cdots(C\text{-}111)$$

弯矩 M_3 计算见 C.7.6.3;

弯矩 M_5 计算见 C.7.6.4。

拉应力 σ_a 按式(C-112)计算:

$$\sigma_{a}=\frac{4(F+F_a)}{3.14(D_3^2-D_i^2)} \quad \cdots\cdots(C\text{-}112)$$

其他符号见图 C.33。

C.7.6.2 $b—b$ 环向截面的当量应力按式(C-113)校核:

$$\sigma_{ob}=\sqrt{\sigma_{mb}^2+3\tau_b^2}\leqslant 0.9[\sigma]^{t} \quad \cdots\cdots(C\text{-}113)$$

弯曲应力 σ_{mb} 按式(C-114)计算:

$$\sigma_{mb}=\frac{3(F+F_a)h_3}{3.14D_3l_1^2} \quad \cdots\cdots(C\text{-}114)$$

切应力 τ_b 按式(C-115)计算:

$$\tau_{b}=\frac{F+F_a}{3.14D_3l_1} \quad \cdots\cdots(C\text{-}115)$$

其他符号见图 C.33。

C.7.6.3 弯矩 M_3

C.7.6.3.1 $F+F_a$ 引起的弯矩按式(C-116)计算:

$$M=(F+F_a)H_1 \quad \cdots\cdots(C\text{-}116)$$

力臂 H_1 按式(C-117)计算:

$$H_1=S_{o1}+0.5h_3 \quad \cdots\cdots(C\text{-}117)$$

筒体端部中性面 $Y—Y$ 离直径 D_3 的距离 S_{o1} 按式(C-118)选取:

$$\begin{cases} 当\dfrac{D_3}{D_i}\leqslant 1.45 时, S_{o1}=\dfrac{D_3-D_i}{4} \\ 当\dfrac{D_3}{D_i}>1.45 时, S_{o1}=\dfrac{D_3-D_i}{6}\,\dfrac{D_3+2D_i}{D_3+D_i} \end{cases} \quad \cdots\cdots(C\text{-}118)$$

其他符号见图 C.33。

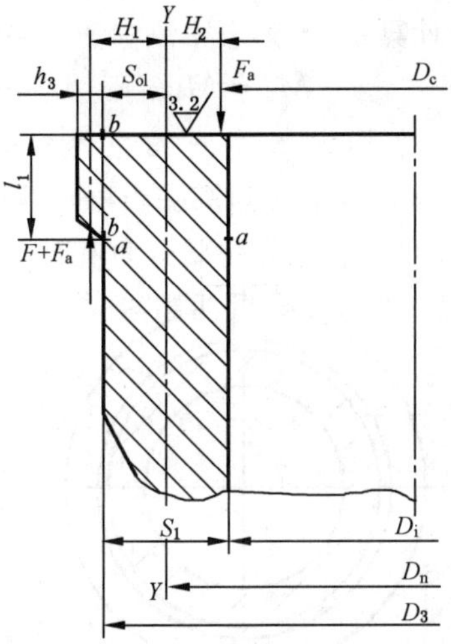

图 C.33 筒体端部

C.7.6.3.2 沿中性面单位长度上的弯矩按式(C-119)选取：

$$M_1 = \frac{M}{3.14D_n} \qquad \text{(C-119)}$$

中性面直径 D_n 按式(C-120)计算：

$$D_n = D_3 - 2S_{o1} \qquad \text{(C-120)}$$

C.7.6.3.3 计算系数 β 按式(C-121)计算：

$$\beta = \sqrt[4]{\frac{12(1-\mu^2)}{D_n^2 S_1^2}} \qquad \text{(C-121)}$$

C.7.6.3.4 根据 βl_1 查图 C.11 得 $\left(\frac{M_3}{M_1}\right)$ 值。

C.7.6.3.5 弯矩 M_3 按式(C-122)计算：

$$M_3 = \left(\frac{M_3}{M_1}\right) M_1 \qquad \text{(C-122)}$$

C.7.6.4 弯矩 M_5

C.7.6.4.1 F_a 引起的弯矩按式(C-123)计算：

$$M_2 = F_a H_2 \qquad \text{(C-123)}$$

力臂 H_2 按式(C-124)计算：

$$H_2 = \frac{D_n - D_c}{2} \qquad \text{(C-124)}$$

C.7.6.4.2 沿中性面单位长度上的弯矩按式(C-125)计算：

$$M_1 = \frac{M_2}{3.14D_n} \qquad \text{(C-125)}$$

C.7.6.4.3 计算系数 β 按式(C-126)计算：

$$\beta = \sqrt[4]{\frac{12(1-\mu^2)}{D_n^2 S_1^2}} \qquad \text{(C-126)}$$

C.7.6.4.4 根据 βl_1 查图 C.20 得系数 φ 值。

C.7.6.4.5 弯矩 M_5 按式(C-127)计算：

$$M_5 = M_1 \varphi \quad \text{(C-127)}$$

C.7.7 紧固螺栓

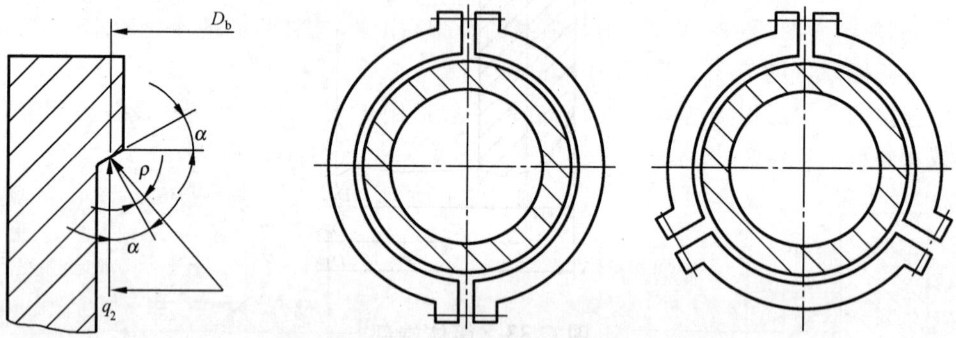

图 C.34 卡箍和紧固螺栓

卡箍上每个紧固端的螺栓数量按式(C-128)计算：

$$n = \frac{4W}{3.14[\sigma]_b^t d_i^2} \quad \text{(C-128)}$$

式中紧固螺栓载荷 W 取式(C-129)中计算值较大者；

$$W = \begin{cases} D_b q_2 \tan(\alpha + \rho) \\ M_1 \beta^2 D_2 l_2 \dfrac{\mathrm{sh}2\theta - \sin\theta}{\mathrm{sh}2\theta + \sin\theta} \end{cases} \quad \text{(C-129)}$$

$$q_2 = \frac{F_a}{3.14 D_G} \quad \text{(C-130)}$$

$$\theta = \frac{\beta l_2}{2} \quad \text{(C-131)}$$

$$\mathrm{sh}2\theta = \frac{e^{2\theta} - e^{-2\theta}}{2} \quad \text{(C-132)}$$

直径 D_b 见图(C.34)；

直径 D_2 见图(C.31)；

长度 l_2 见图(C.31)；

弯矩 M_1 见式(C-104)；

角度 α 见图(C.34)，一般取 $\alpha = 5° \sim 7°$；

系数 β 见式(C-106)。

设计温度下螺栓材料的许用应力$[\sigma]_b^t$ 按 GB 150.2 选取。

C.7.8 螺母设计按第 7 章 7.7 的规定。

附　录　D
(资料性附录)
焊接接头结构

D.1　附录中给出的焊接接头和坡口的形式及尺寸均基于等强度原则确定。

本附录仅给出一些常用焊接接头结构，供设计及制造时参考选用，焊缝坡口的基本形式及尺寸仅为推荐内容，本附录中各类焊接接头的施焊工艺必须按 NB/T 47014(JB/T 4708)评定合适后采用。

在保证焊接质量的前提下，焊接接头设计应遵循以下原则：

a)　焊缝填充金属尽量少；

b)　焊接工作量应尽量少，且操作方便；

c)　合理选择坡口角度、钝边高、根部间隙等结构尺寸，使之有利于坡口加工及焊透，以减少各种缺陷产生的可能；

d)　有利于焊接防护；

e)　合理选择焊材，至少应保证对接焊接接头的抗拉强度不低于母材标准规定的下限值；

f)　焊缝外形应尽量连续、圆滑，减少应力集中。

D.2　A、B类焊接接头结构

D.2.1　常见 A、B 类对接接头

A、B 类对接接头，当两侧钢材厚度相等时，可采用图 D.1 的连接型式。

B 类焊接接头，当两侧钢材厚度不等时，可单面或双面削薄厚板边缘，或采用堆焊方法将薄板边缘焊成斜面，具体见 GB/T 150.4 的相关规定。

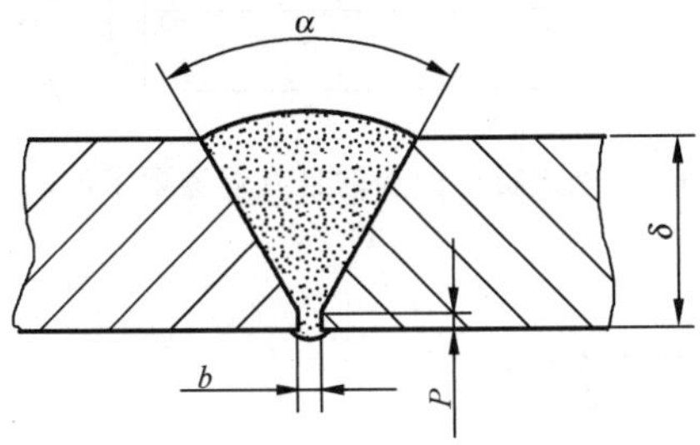

δ	5～10	12～20
α	60°±5°	50°±5°
b	1±1	2±1
P	1^{+1}	2^{+1}

适用范围：钢板拼接，筒体纵、环焊缝

a)

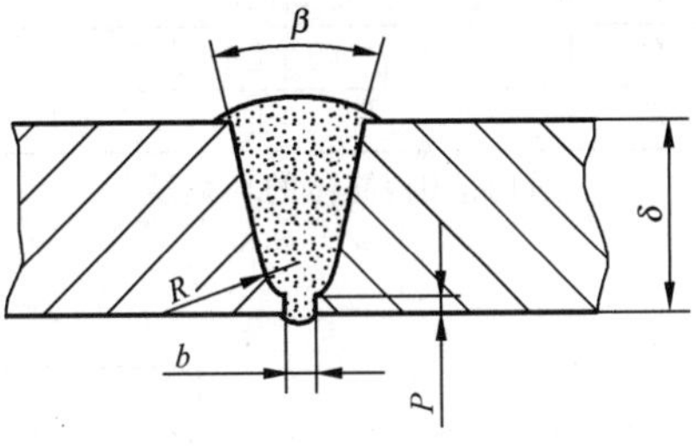

δ	20～60
β	12°±4°
b	2^{+1}_{-2}
P	2±1
R	6^{+2}_{-1}

适用范围：厚壁筒体的环焊缝

b)

图 D.1

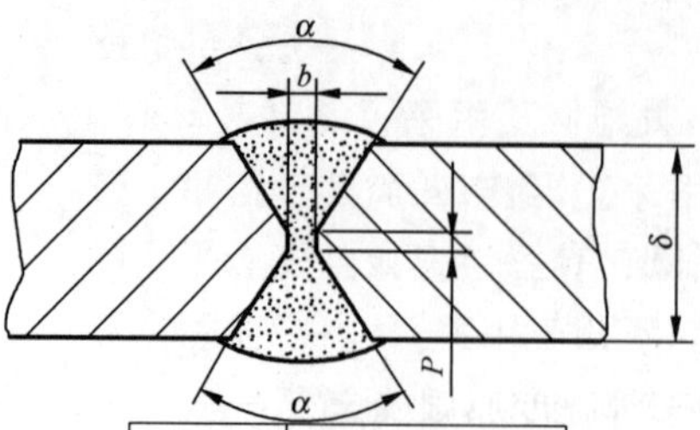

δ	16～60
α	55°±5°
b	2±1
P	2^{+1}

适用范围：钢板拼接，筒体的纵焊缝

c)

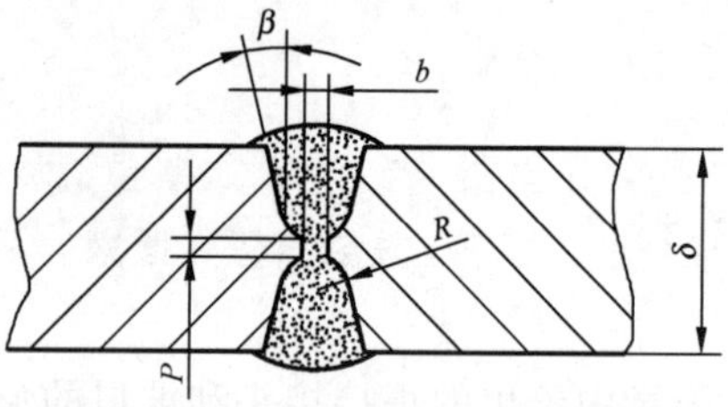

δ	30～90	92～150
β	6°±2°	4°±2°
b	1±1	
P	2±1	
R	6^{+1}	

适用范围：钢板拼接，筒体的纵焊缝

d)

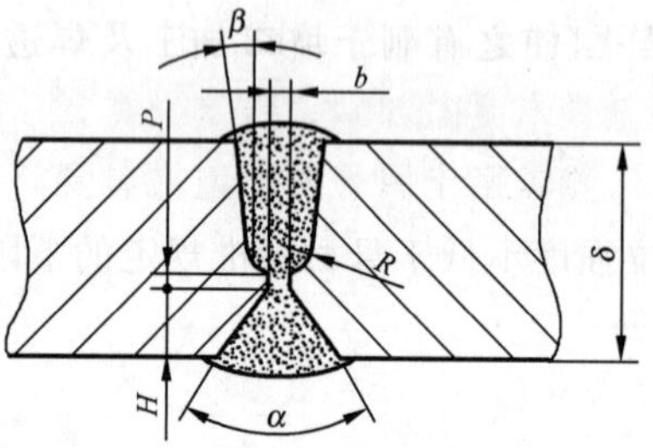

δ	30～60	65～90	95～130
β	10°±2°	8°±2°	6°±2°
α	70°±5°		
b	0^{+2}		
P	3±1		
H	10±1		
R	10±1		

适用范围：筒体的环焊缝

e)

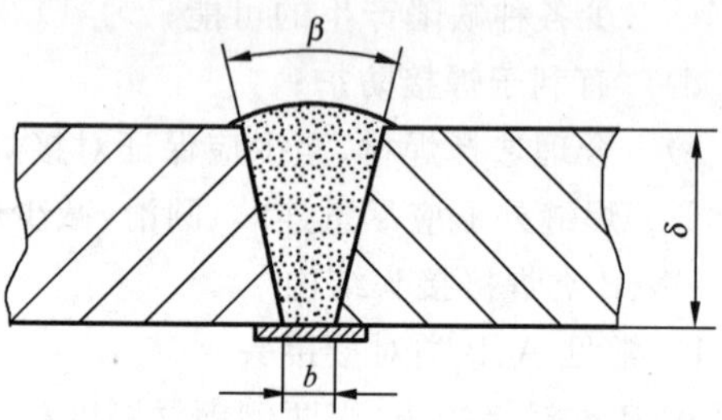

δ	5～30
β	40°±5°
b	7^{+1}

适用范围：不能进行双面焊的且有焊透要求的环向焊缝

f)

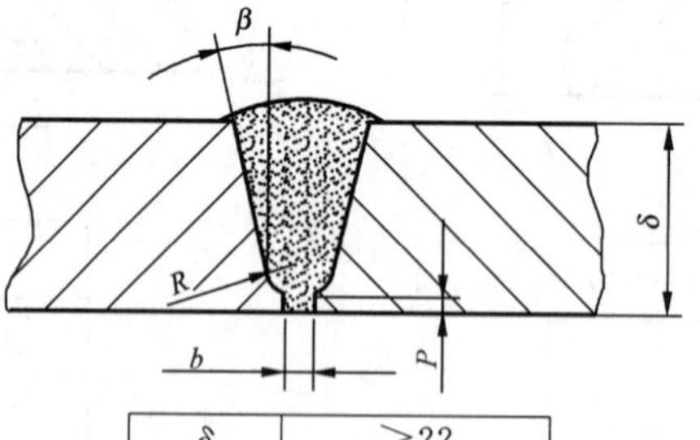

δ	≥22
β	10°±2°
b	$2^{+0.5}$
P	$1^{+0.5}$
R	5±1

适用范围：不能进行双面焊且要求全焊透的纵、环向焊缝

g)

注：图 g)适用于氩弧焊打底或类似焊接方法打底的单面手工电弧焊的焊接接头，一般能达到全焊透的要求。

图 D.1（续）

D.2.2 圆筒与封头的连接

圆筒与封头的对接接头,可采用图 D.2 的连接型式。

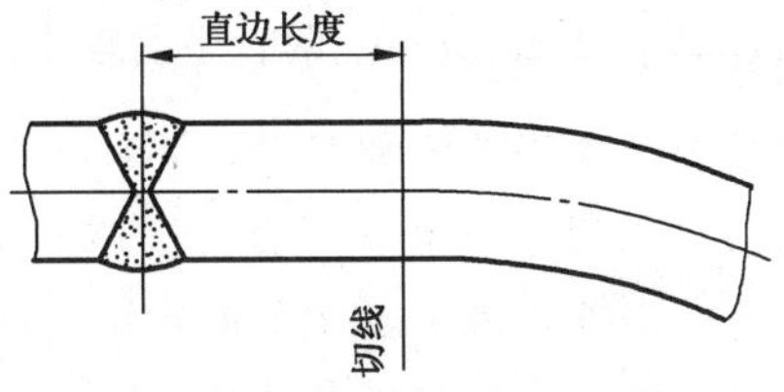

a) 封头与圆筒等厚

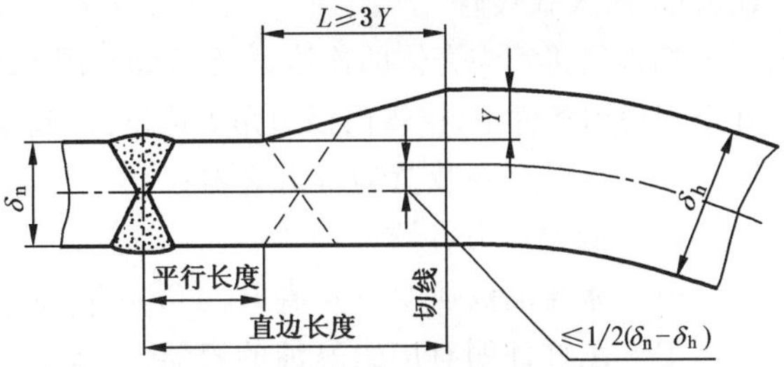

b) 封头厚度大于圆筒厚度,且中心线偏移

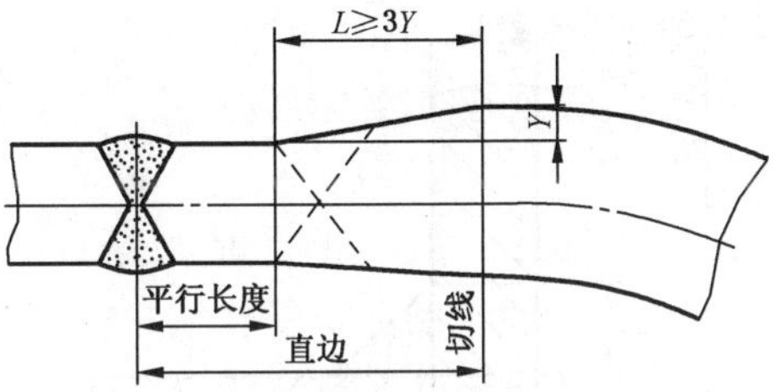

c) 封头厚度大于圆筒厚度

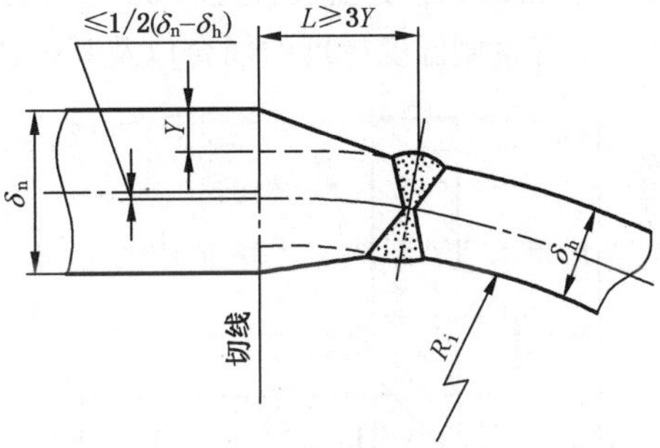

d) 封头厚度小于圆筒厚度,且中心线偏移

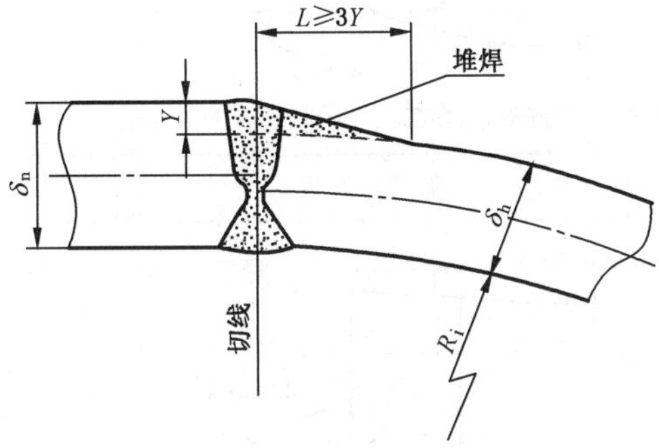

e) 封头厚度小于圆筒厚度

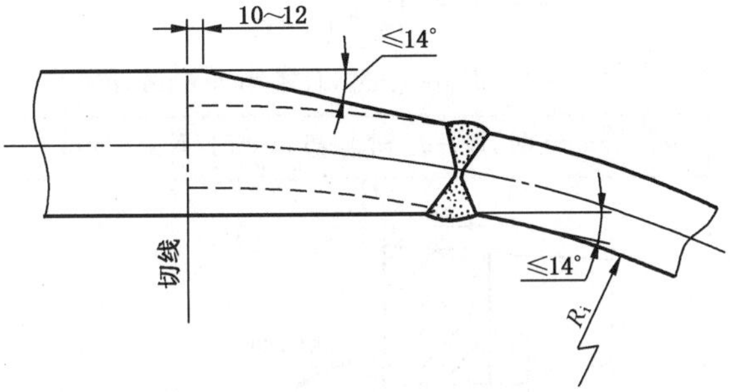

f) 封头厚度小于圆筒厚度

注 1:图 b)、c)、d)削薄可在内或在外,内侧或外侧的斜度可不对称,但两中心线偏差应小于或等于$\frac{1}{2}(\delta_h-\delta_n)$。

注 2:图 b)、c)对接接头可位于锥形截面内或锥形过渡区。所需锥形长度 L 不应超过封头切线。

注 3:图 e)可采用堆焊形成锥形过渡,后加工坡口。对堆焊金属熔敷的整个表面需按要求进行磁粉或渗透检测。

注 4:接头的坡口形式由设计确定,图中表示的坡口仅为说明用。

注 5:图 d)中的锥形过渡区起始点距切线的距离也可参照图 f)留 10 mm~12 mm 的直边段。

图 D.2

D.3 接管、凸缘与壳体的连接

本节图中所示为接管、凸缘与壳体的连接常用的接头尺寸,也可根据焊接方法、焊接参数、加工条件以及施焊位置等的具体情况另行确定。

坡口形式的选择应考虑到元件结构、厚度以及材料焊接性等因素的影响。

D.3.1 插入式接管

插入式接管与壳体的连接，如图 D.3～图 D.5 所示。接管与壳体之间的间隙应不大于 3 mm。在下列使用条件下，接管内径边角处应倒圆，圆角半径一般取 $\delta_{nt}/4$ 或 19 mm 两者中的较小值。

a) 承受交变载荷的压力容器；

b) 低温压力容器；

c) 标准抗拉强度下限值 $R_m \geqslant 540$ MPa 的低合金钢制容器；

d) 图样注明有应力腐蚀的容器。

D.3.1.1 无补强圈的接管

无补强圈接管与壳体的连接，如图 D.3、图 D.4 所示。其中截面非全焊透的焊接接头(见图 D.3)不适用于有急剧温度梯度的场合以及其他法规中规定的禁用场合。图 D.4 为全焊透 T 型接头。

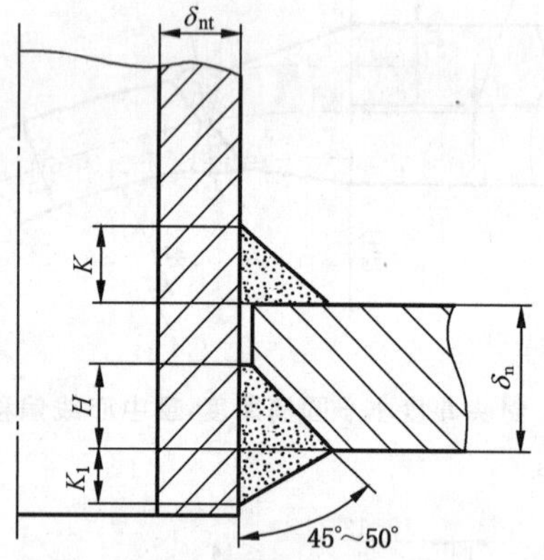

$H=\frac{2}{3}\delta_{nt}$；$K_1=\frac{1}{2}\delta_{nt}$，且不小于 6 mm；

$\delta_{nt}<6$ mm 时，$K=\delta_{nt}$；$\delta_{nt}\geqslant 6$ mm 时，$K\geqslant 6$ mm

a)

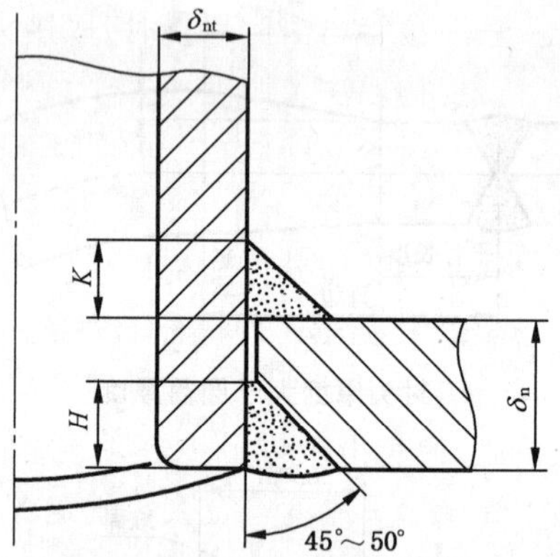

$H=\delta_m$；$K\geqslant\delta_{nt}$，且不小于 6 mm

b)

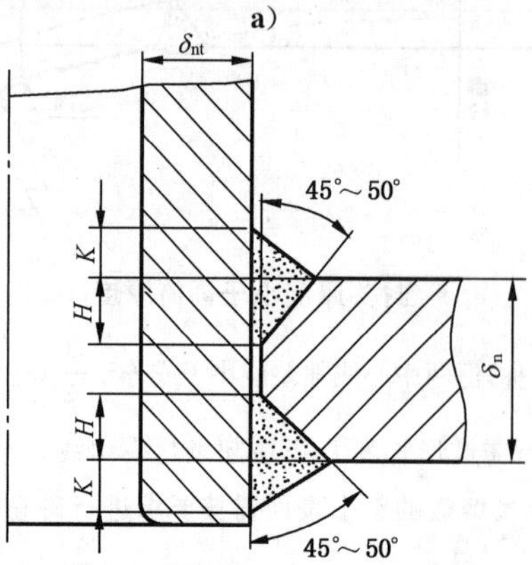

$K\geqslant\frac{1}{2}\delta_{nt}$；且不小于 6 mm；$H=\frac{2}{3}\delta_{nt}$

c)

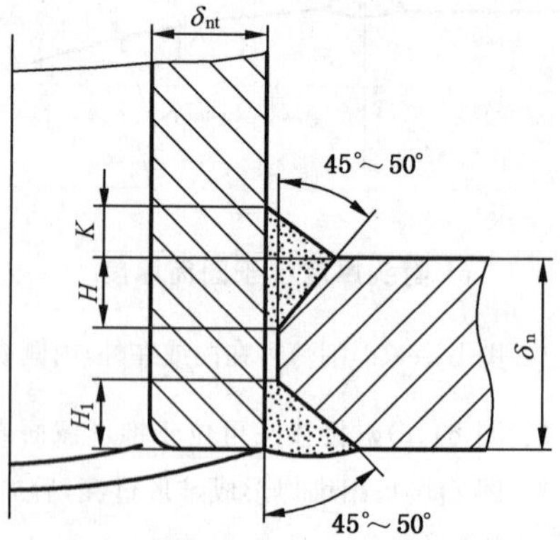

$K\geqslant\frac{1}{2}\delta_{nt}$；且不小于 6 mm；$H=\frac{2}{3}\delta_{nt}$；$H_1=\delta_{nt}$

d)

注 1：图 a)、b)适用于壳体厚度 $\delta_n\leqslant 16$ mm 的碳钢和碳锰钢，或 $\delta_n\leqslant 25$ mm 的奥氏体钢，且 $\delta_{nt}<\frac{\delta_n}{2}$。

注 2：图 c)、d)一般适用于 $\delta_{nt}\approx\frac{\delta_n}{2}$，且 $\delta_n\leqslant 50$ mm。

图 D.3

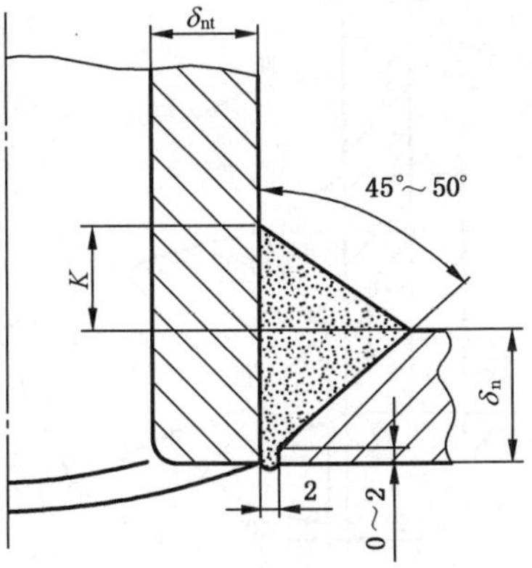

$K \geqslant \frac{\delta_n}{3}$,且不小于 6 mm;$\delta_n \leqslant 16$ mm

a)

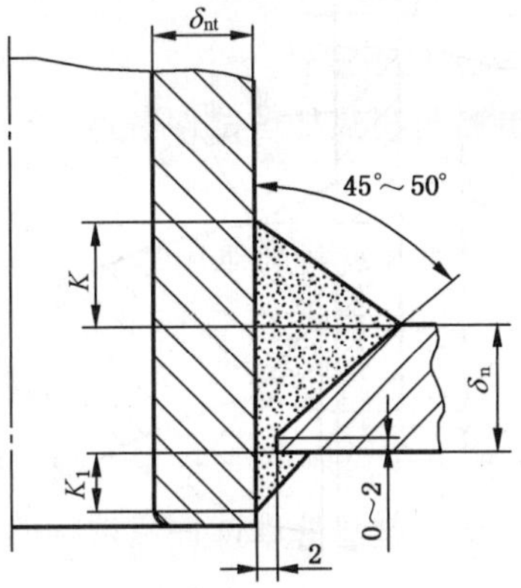

$K \geqslant \frac{\delta_n}{3}$,且不小于 6 mm;$K_1 \geqslant 6$ mm

b)

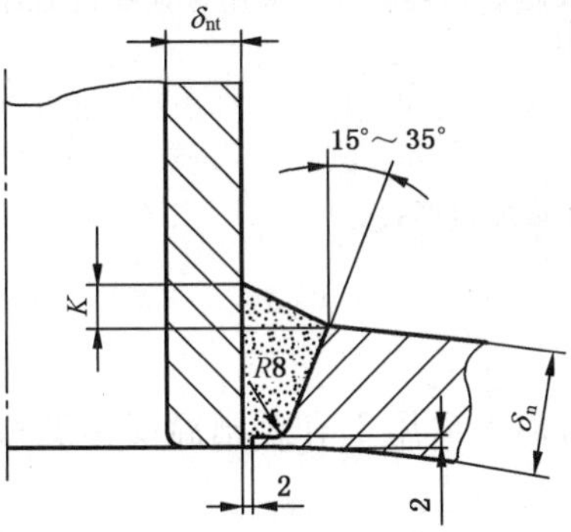

$K \geqslant \frac{\delta_n}{3}$,且不小于 6 mm;$\delta_n \leqslant 25$ mm

c)

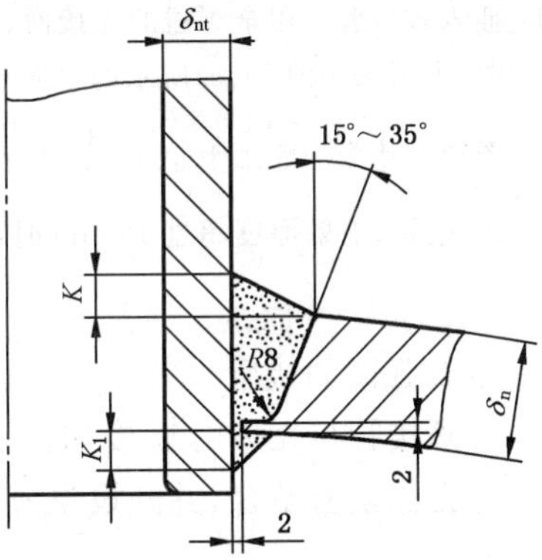

$K \geqslant \frac{\delta_n}{3}$,且不小于 6 mm;$K_1 \geqslant 6$ mm

d)

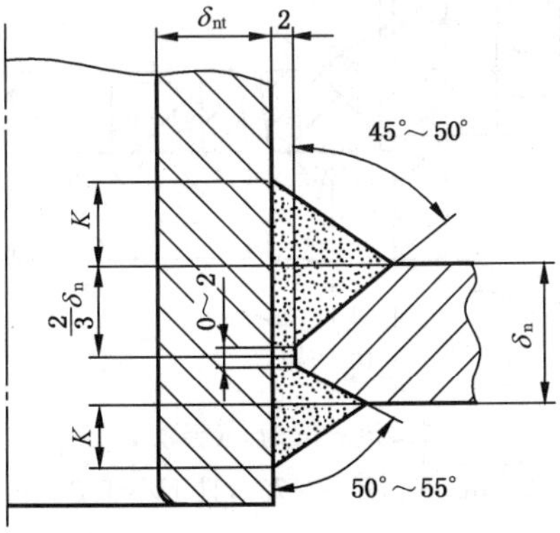

$K \geqslant 0.15\delta_{nt}$,且不小于 6 mm

e)

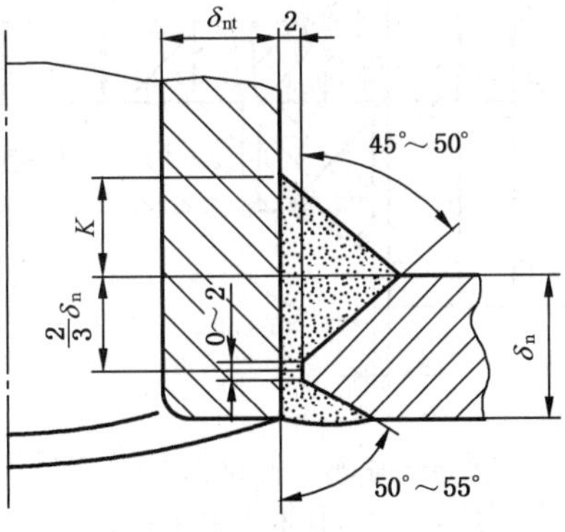

$K \geqslant 0.3\delta_{nt}$,且不小于 6 mm

f)

图 D.4

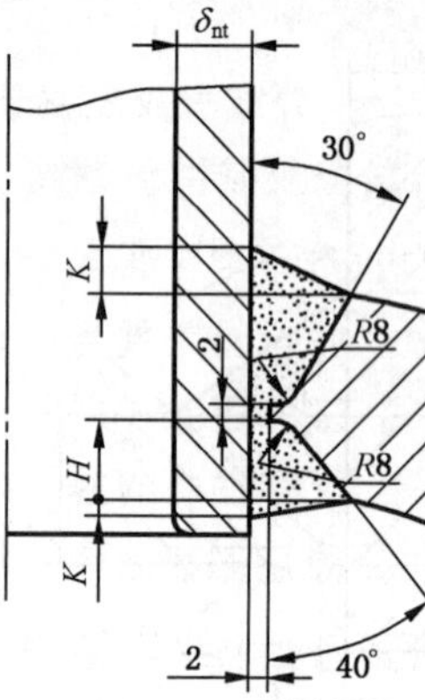

$K \geqslant 0.15\delta_{nt}$，且不小于 6 mm；

$\delta_n \leqslant 50$ mm 时，$H=10$ mm；

$\delta_n > 50$ mm 时，$H=15$ mm。

g）

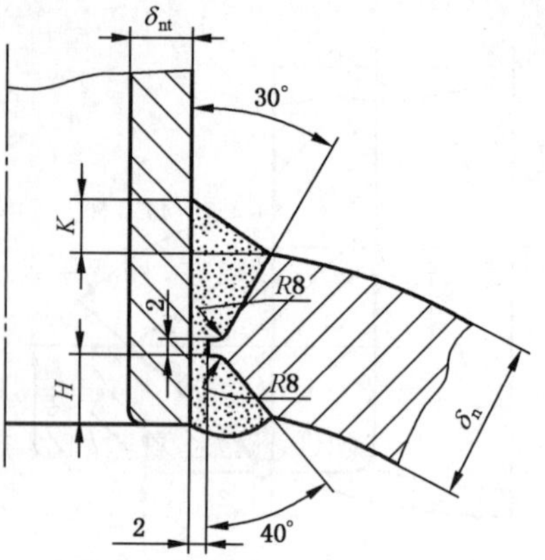

$K \geqslant 0.3\delta_{nt}$，且不小于 6 mm；

$\delta_n \leqslant 50$ mm 时，$H=10$ mm；

$\delta_n > 50$ mm 时，$H=15$ mm。

h）

注 1：插入式接管采用全焊透的连接时，应具备从内侧清根及施焊条件。只有采用保证焊透的焊接工艺时，方可采用图 a)、c)所示的单面焊焊缝。

注 2：图所示接头一般用于 $\delta_{nt} \geqslant \frac{1}{2}\delta_n$。

注 3：焊接接头有效厚度超过 16 mm 时，则应优先选择单边 J 形坡口形式。

图 D.4（续）

D.3.1.2 带补强圈的接管

带补强圈接管与壳体的连接如图 D.5 所示。这些结构不适用于有急剧温度梯度的场合。补强圈应与壳体紧密贴合，并开设讯号孔。

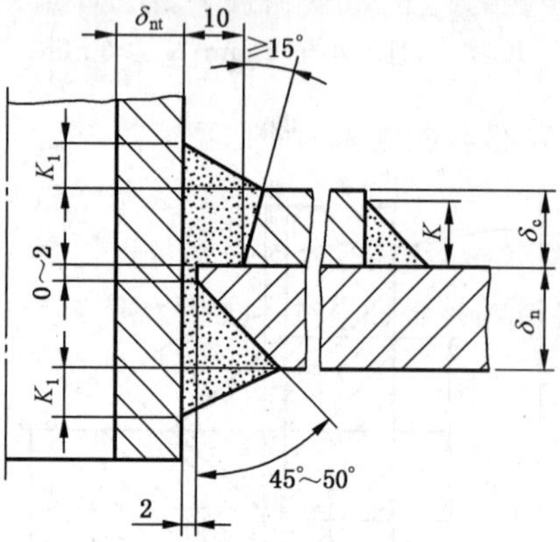

$\delta_c \leqslant 8$ mm 时，$K=\delta_c$；$\delta_c \geqslant 8$ mm 时，

$K=0.7\delta_c$，且不小于 8 mm；

$K_1 \geqslant \frac{1}{3}\delta_{nt}$，且不小于 6 mm

a）

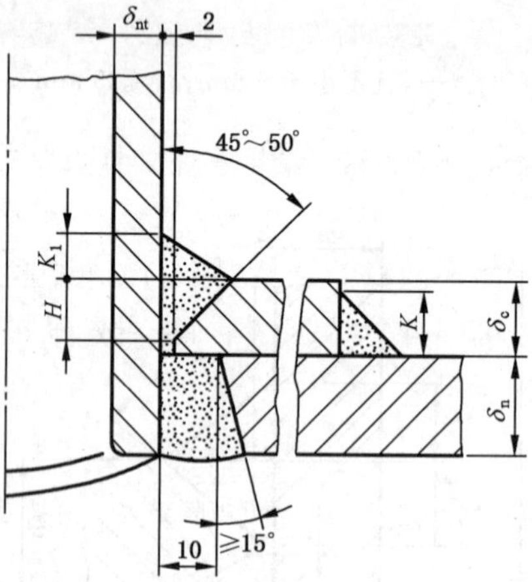

$\delta_c \leqslant 8$ mm 时，$K=\delta_c$；

$\delta_c \geqslant 8$ mm 时，$K=0.7\delta_c$，且不小于 8 mm；

$K_1 \geqslant 6$ mm；$H=\frac{2}{3}\delta_{nt}$

b）

图 D.5

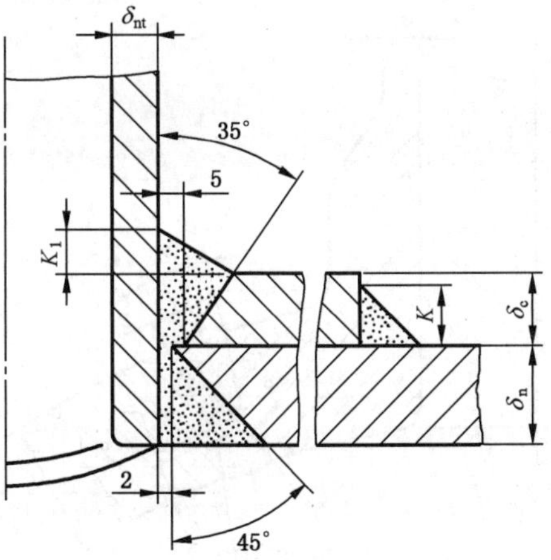

$\delta_c \leqslant 8$ mm 时,$K=\delta_c$;$\delta_c>8$ mm 时,
$K=0.7\delta_c$,且不小于 8 mm;$K_1 \geqslant 6$ mm

c)

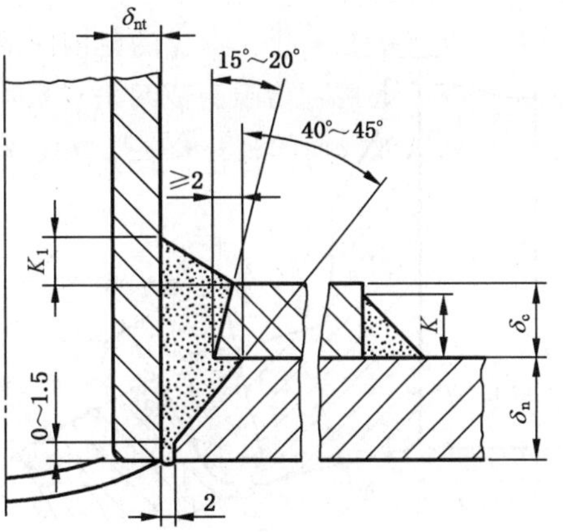

$\delta_c \leqslant 8$ mm 时,$K=\delta_c$;
$\delta_c>8$ mm 时,$K=0.7\delta_c$,且不小于 8 mm;
$K_1 \geqslant \dfrac{\delta_{nt}}{3}$;且不小于 6 mm
采用焊透的焊接工艺

d)

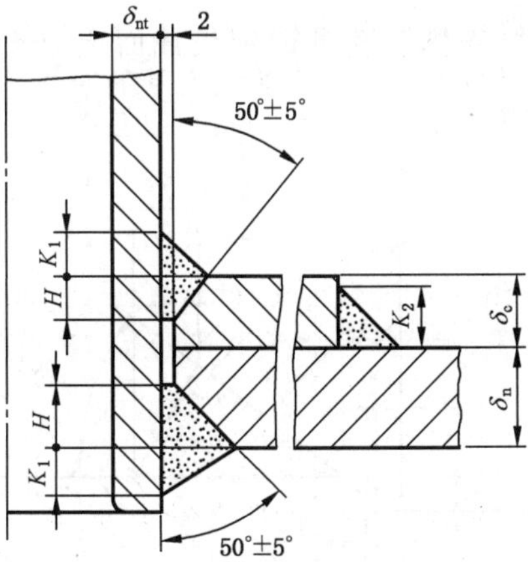

$K_1=\delta_{nt}$,且不小于 6 mm;
$\delta_c \leqslant 8$ mm 时,$K_2=\delta_c$;
$\delta_c>8$ mm 时,$K_2=\max(0.7\delta_c,8)$;
$H=0.7\delta_{nt}$

e)

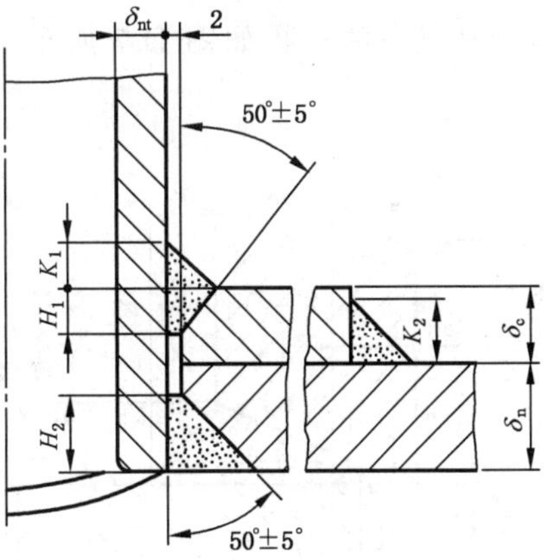

$K_1=\delta_{nt}$,且不小于 6 mm;
$\delta_c \leqslant 8$ mm 时,$K_2=\delta_c$;
$\delta_c>8$ mm 时,$K_2=\max(0.7\delta_c,8)$;
$H_1=0.7\delta_{nt}$,$H_2=\delta_{nt}$

f)

图 D.5(续)

D.3.2 嵌入式接管

嵌入式接管与壳体的连接如图 D.6 所示。图 D.5a)一般适用于球形封头、椭圆封头中心部位的接管与封头或其他特殊部位的连接。

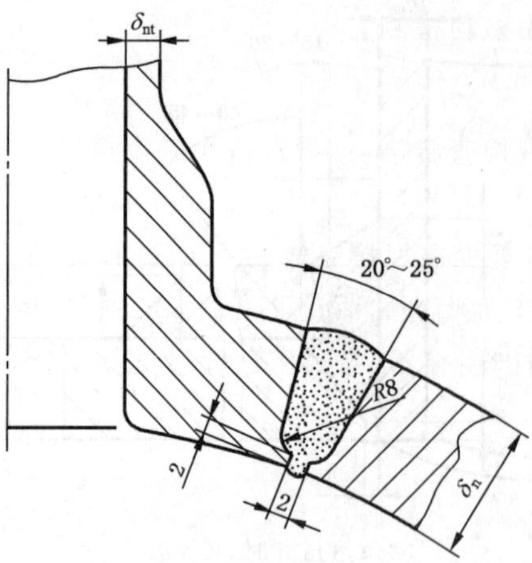

a)

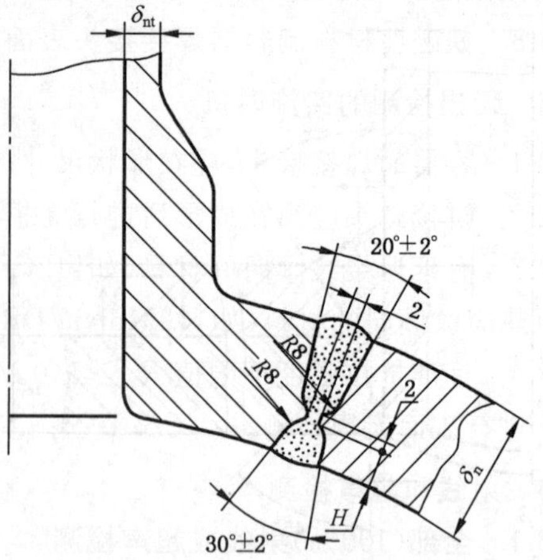

$\delta_n \leqslant 50$ mm 时，$H=10$ mm；

$\delta_n > 50$ mm 时，$H=15$ mm

b)

图 D.6

D.3.3 安放式接管

安放式接管的结构如图 D.7 所示。采用此结构时，壳体开孔处的钢板截面上应无分层现象。

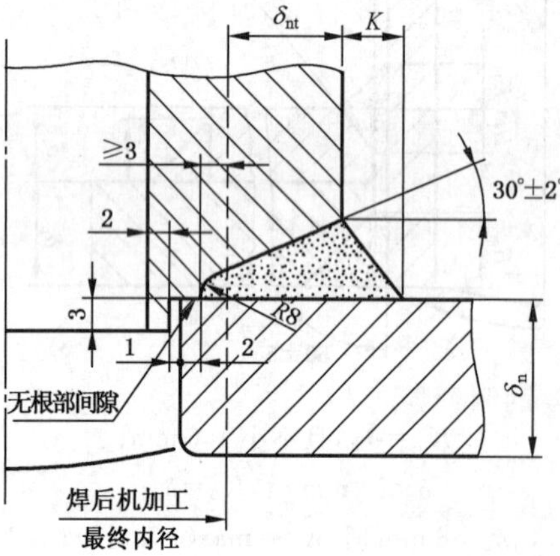

$K \geqslant \frac{\delta_{nt}}{3}$；且不小于 6 mm

a)

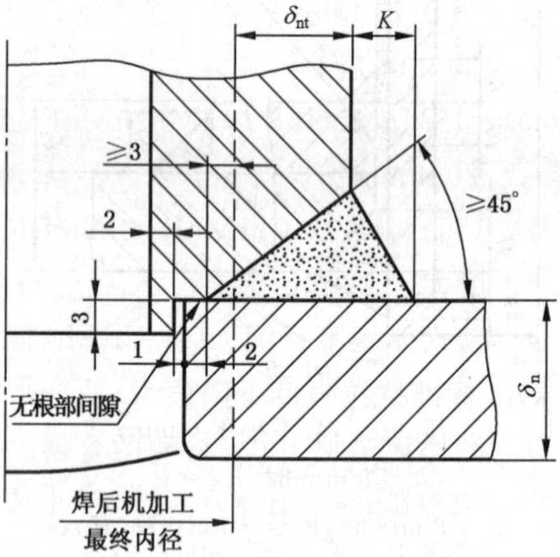

$K \geqslant \frac{\delta_{nt}}{3}$；且不小于 6 mm

b)

图 D.7

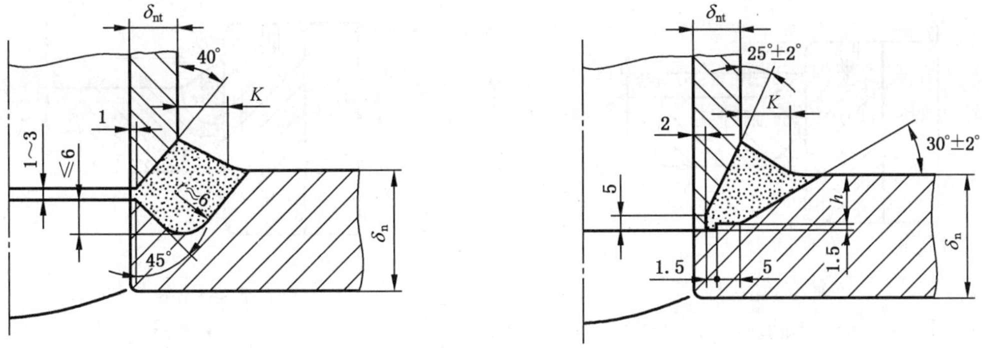

$K \geqslant \frac{\delta_{nt}}{3}$；且不小于 6 mm

c)

$K \geqslant \frac{\delta_{nt}}{3}$；且不小于 6 mm；

$h = \delta_{nt}$ 且不大于 13 mm

d)

注 1：当接管直径与壳体直径之比较小时，一般采用图 a)、b)的型式。

注 2：图 c)一般适用于接管内径小于或等于 100 mm。

注 3：图 d)适用于壳体厚度 $\delta_n \leqslant 16$ mm 的碳钢和碳锰钢，或 $\delta_n \leqslant 25$ mm 的奥氏体钢容器。对图 d)，接管内径应大于 50 mm，且小于或等于 150 mm，壁厚 $\delta_{nt} > 6$ mm。

注 4：图 c)、d)一般适用于平盖开孔，也可用于筒体上的开孔。

图 D.7 (续)

D.3.4 凸缘

D.3.4.1 角焊缝连接

角焊缝连接的凸缘如图 D.8 所示。此结构不适用于承受脉动载荷的容器。焊角尺寸取决于传递载荷的大小，并考虑制造和使用要求，一般情况下，角焊缝的腰高不小于两相焊件中较薄者厚度的 0.7 倍，在任何情况下均不得小于 6 mm。

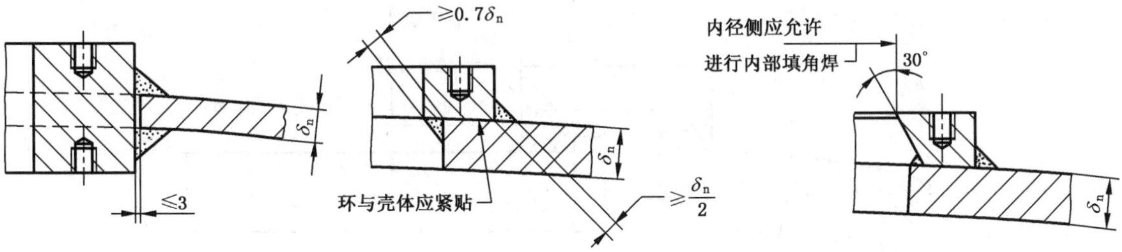

a)　　b)　　c)

图 D.8

D.3.4.2 对接接头连接

对接接头连接的凸缘如图 D.9 所示。适用于承受脉动载荷的容器。

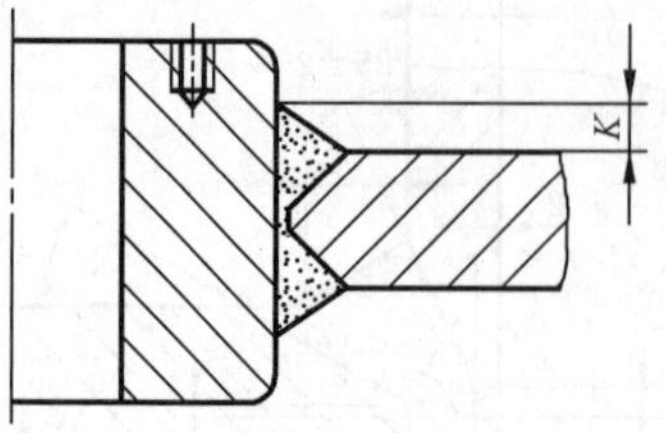

$K \geqslant 6$ mm

a)

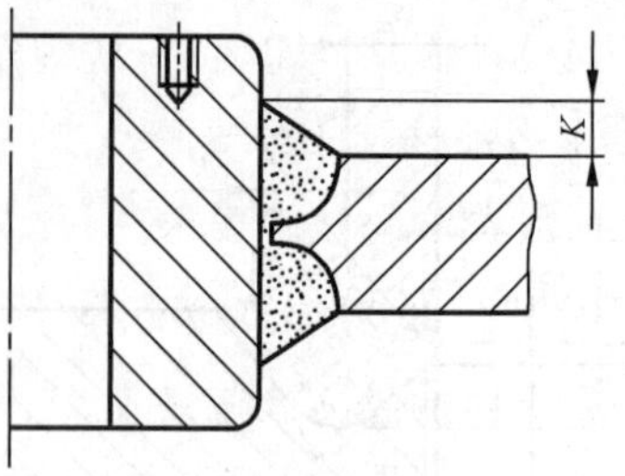

$K \geqslant 6$ mm

b)

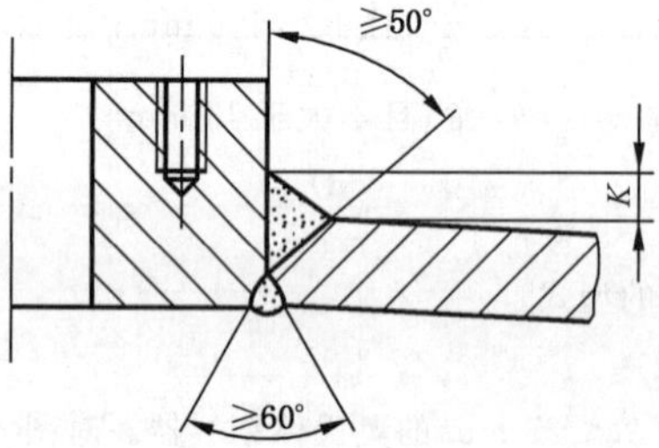

$K \geqslant 6$ mm

c)

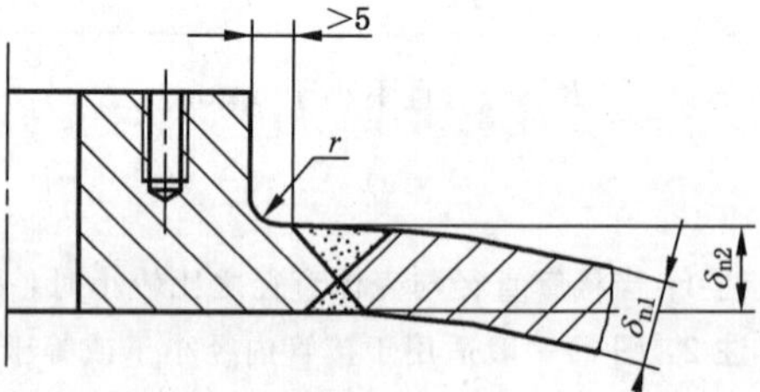

$r \geqslant \frac{\delta_{n2}}{4}$；且不小于 5 mm

d)

图 D.9

D.3.4.3　小直径凸缘和接管

小直径凸缘和接管的结构如图 D.10 所示。与壳体直接连接的凸缘和接管的公称直径应等于或小于 50 mm。其中图 b)、c)、d)一般适用于壳体厚度 $\delta_n \leqslant 16$ mm 的碳钢和碳锰钢，或 $\delta_n \leqslant 25$ mm 的奥氏体钢容器。图 a)中壳体与堆焊层的总厚度，应满足螺纹数的要求。

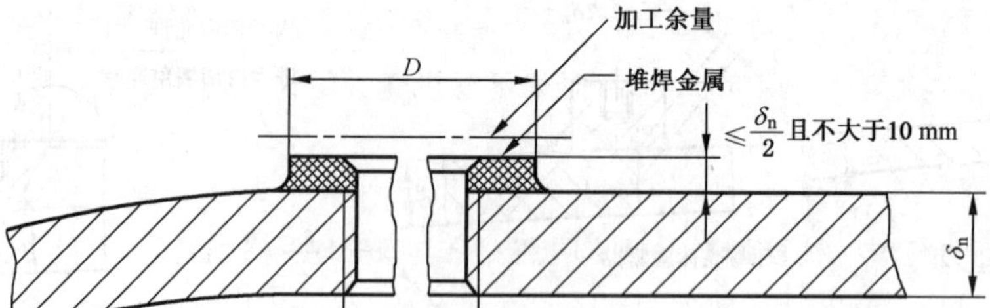

$d = \delta_n$(最大)；$D = 2d$

a)

图 D.10

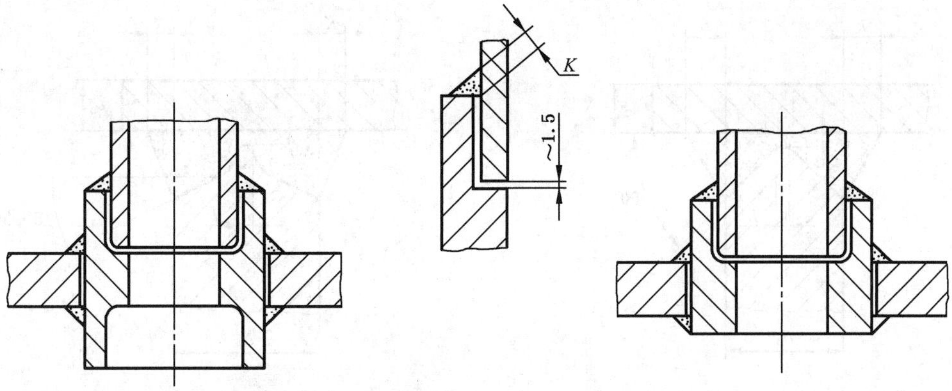

K 不小于相焊件较薄者厚度的 1.0 倍

b)

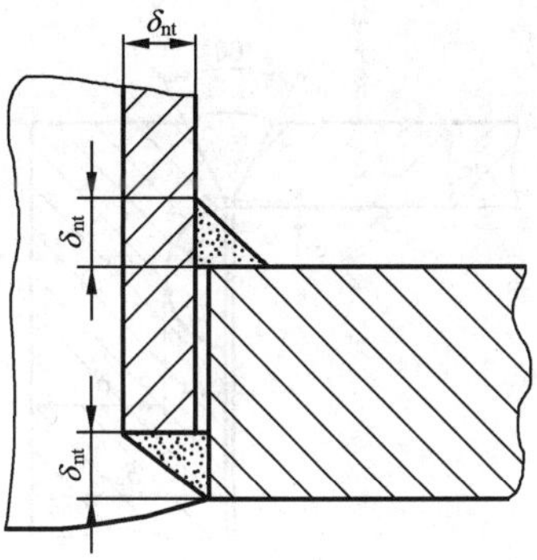

c)

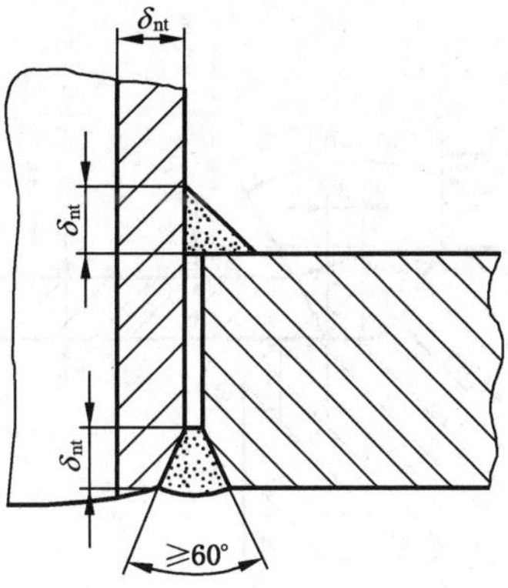

d)

图 D.10(续)

D.4 平封头与受压元件的连接

平封头与受压元件的连接如图 D.11 中 a)～l)所示。

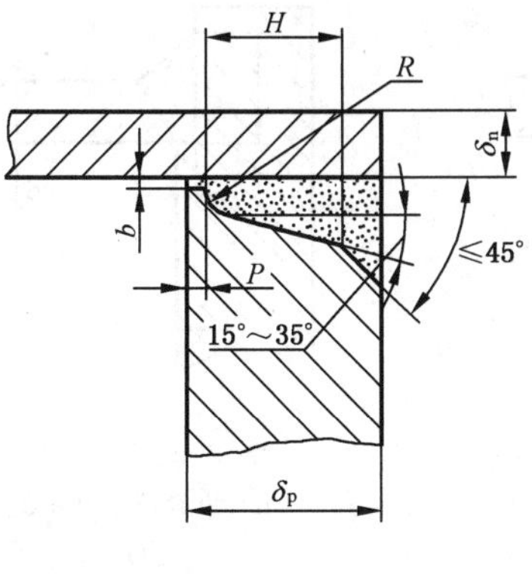

$H\geqslant1.25\delta_n$;$P=2$ mm～3 mm;
$R=6$ mm～13 mm;$b\leqslant3$ mm

a)

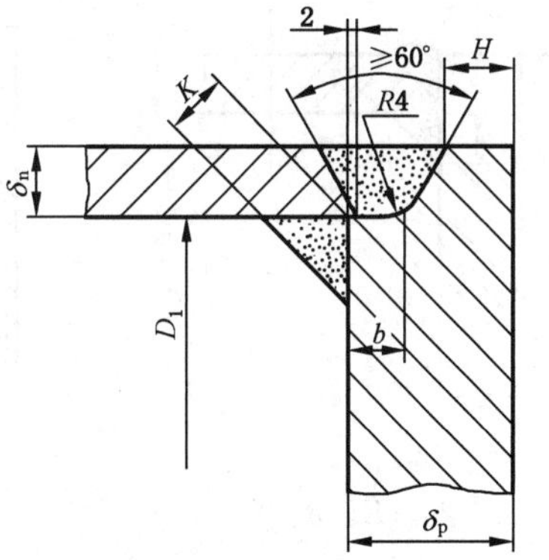

$K\geqslant0.25\delta_n$,且 $K\geqslant5$ mm;$b\geqslant6$ mm;
且 $H\geqslant\delta_n$ 或 6 mm 中较小者

b)

图 D.11

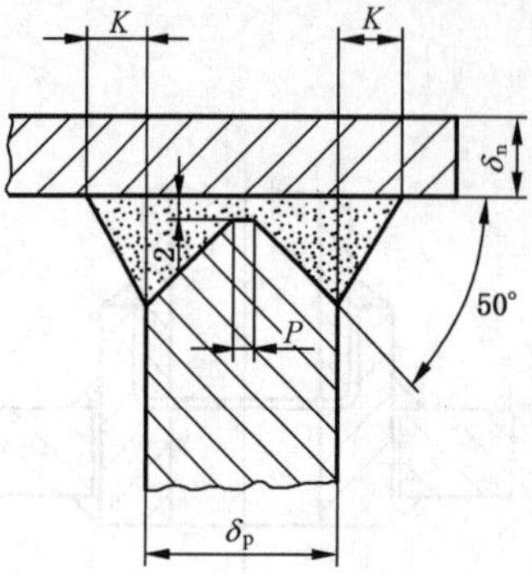

$K=\frac{\delta_n}{3}$，且不小于 6 mm；

$P=2$ mm～3 mm

c)

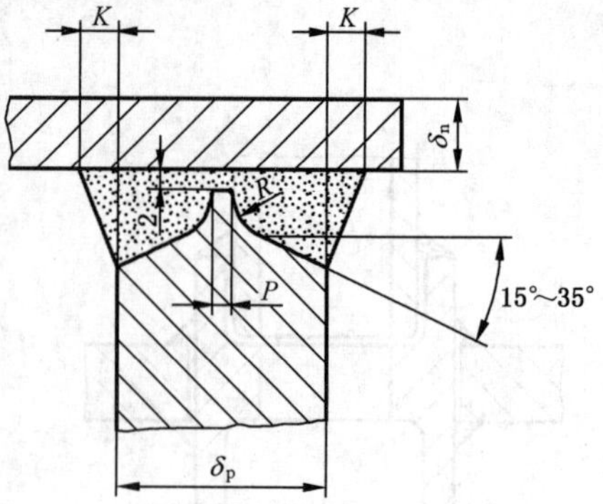

$K=\frac{\delta_n}{3}$，且不小于 6 mm；

$P=2$ mm～3 mm，$R=6$ mm～10 mm

d)

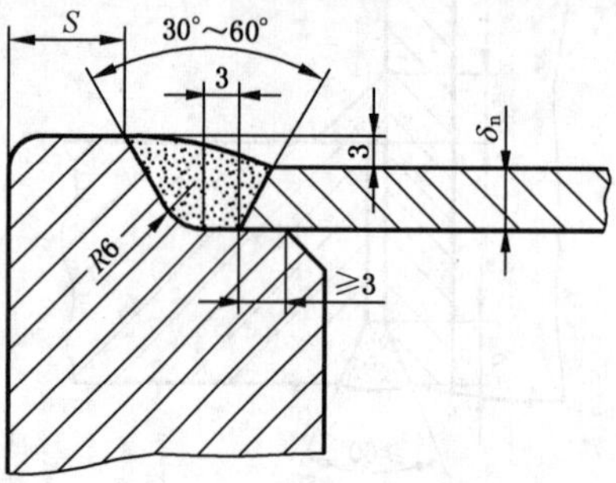

$S \geqslant \delta_n+3$，且不大于 6 mm

e)

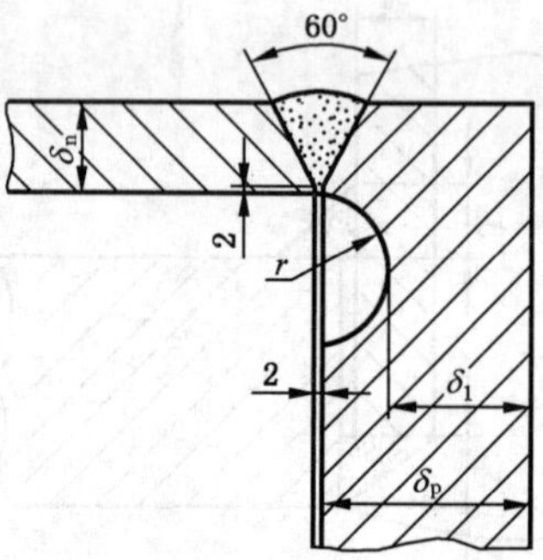

$\delta_1 \geqslant \frac{2}{3}\delta_p$，同时 $\delta_1 \geqslant \delta_n$，且不小于 5 mm；$r \geqslant 1.5\delta_n$

采用焊透的焊接工艺

f)

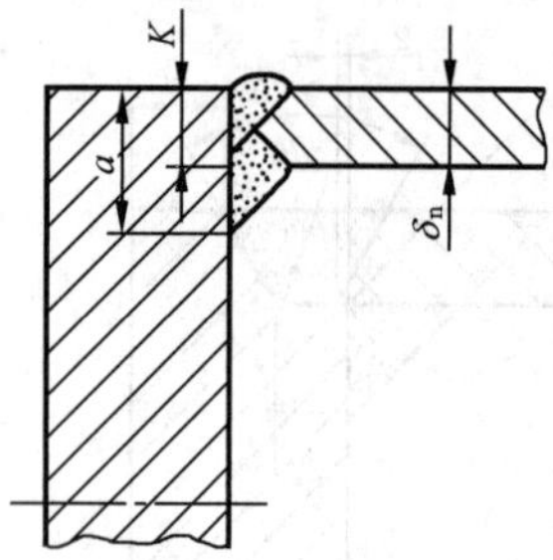

$a \geqslant 2\delta_n$；$K \geqslant \delta_n$

g)

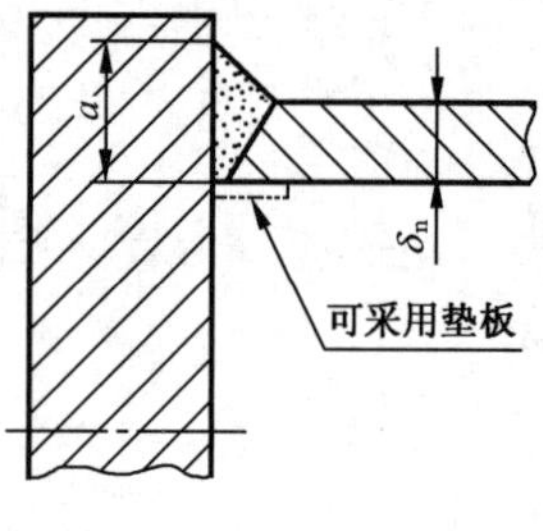

$a \geqslant 2\delta_n$

h)

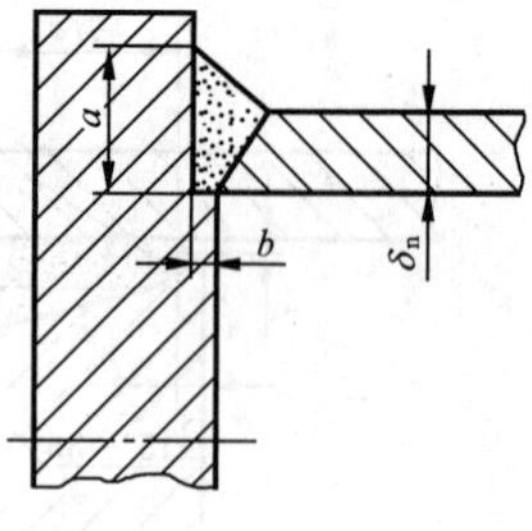

$a+b \geqslant 2\delta_n$；$a \geqslant \delta_n$

i)

图 D.11（续）

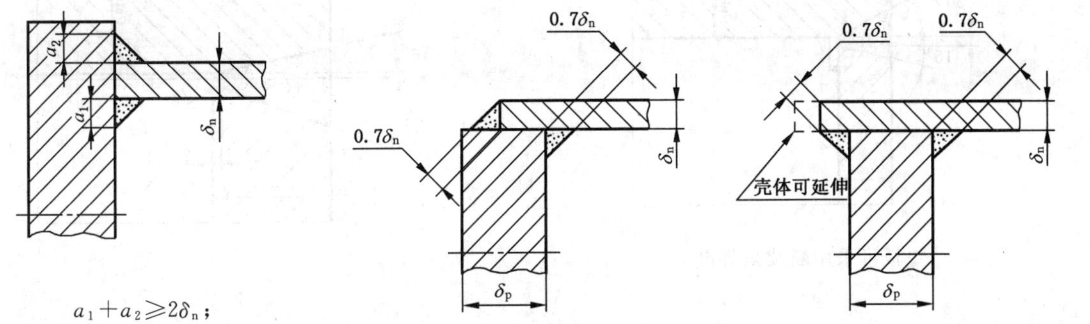

$a_1+a_2\geqslant2\delta_n$;
$0.5a_2\leqslant a_1\leqslant2a_2$

j)　　k)　　l)

注：图 e)适用于 $\delta_n\leqslant16$ 的抗拉强度不超过 432 MPa 的碳钢和碳锰钢，不推荐使用在有腐蚀和疲劳工况的容器上。

图 D.11（续）

D.5　凸形封头与圆筒的搭接连接

凸面或凹面受压的椭圆形、碟形封头，其直边长度应不小于图 D.12 中的要求。套装在圆筒内、外侧的封头，直边段应与圆筒紧密贴合。

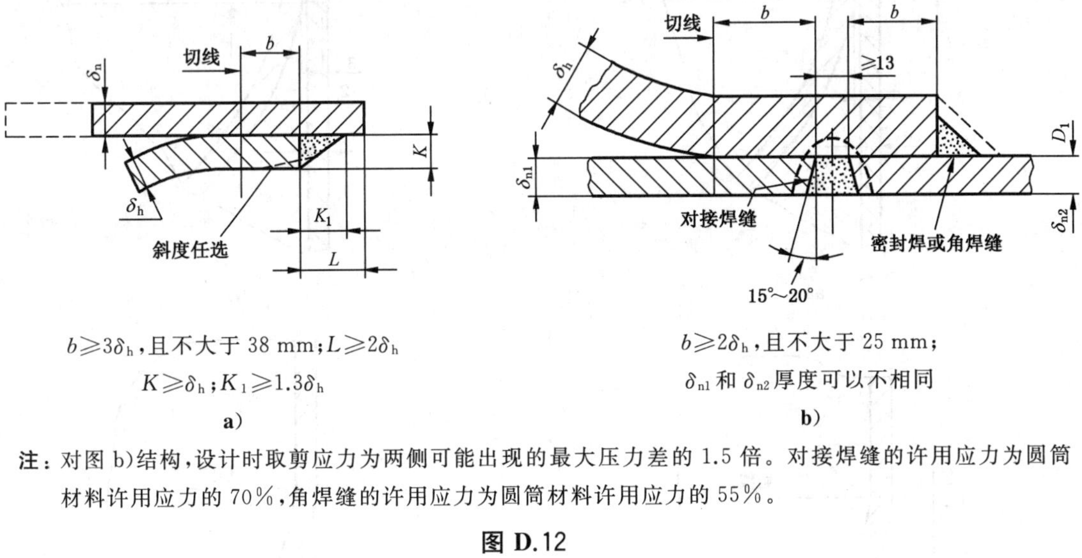

$b\geqslant3\delta_h$，且不大于 38 mm；$L\geqslant2\delta_h$
$K\geqslant\delta_h$；$K_1\geqslant1.3\delta_h$

a)

$b\geqslant2\delta_h$，且不大于 25 mm；
δ_{n1} 和 δ_{n2} 厚度可以不相同

b)

注：对图 b)结构，设计时取剪应力为两侧可能出现的最大压力差的 1.5 倍。对接焊缝的许用应力为圆筒材料许用应力的 70%，角焊缝的许用应力为圆筒材料许用应力的 55%。

图 D.12

D.6　矩形容器侧板间的连接

矩形容器侧板间的连接见图 D.13。

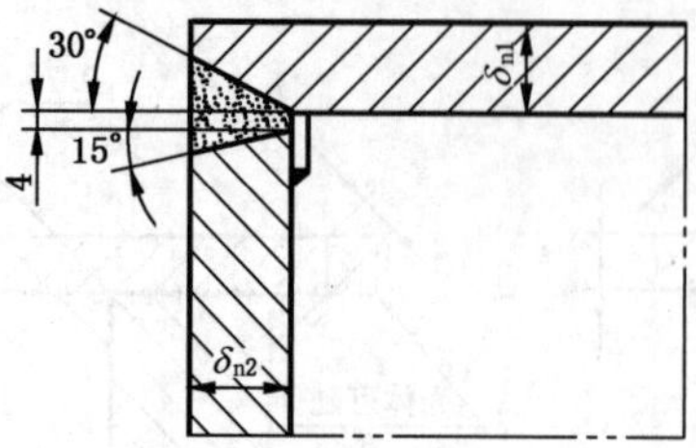

a)

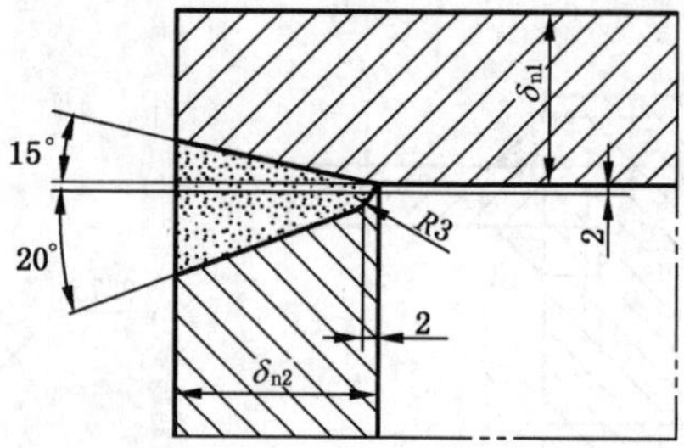

b)

图 D.13

D.7 裙座与封头的连接

立式容器的裙座与封头的连接如图 D.14 所示。

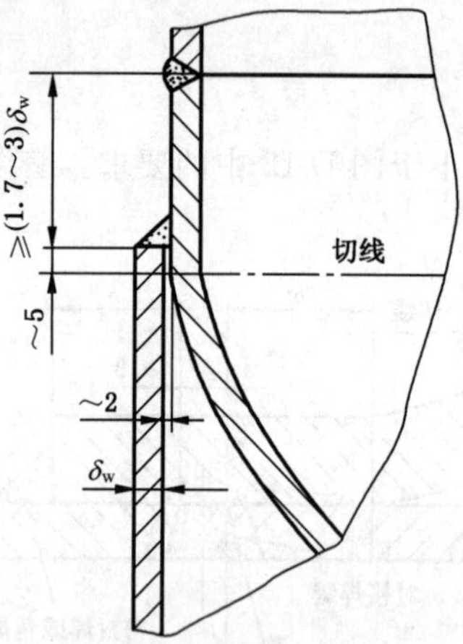

a)

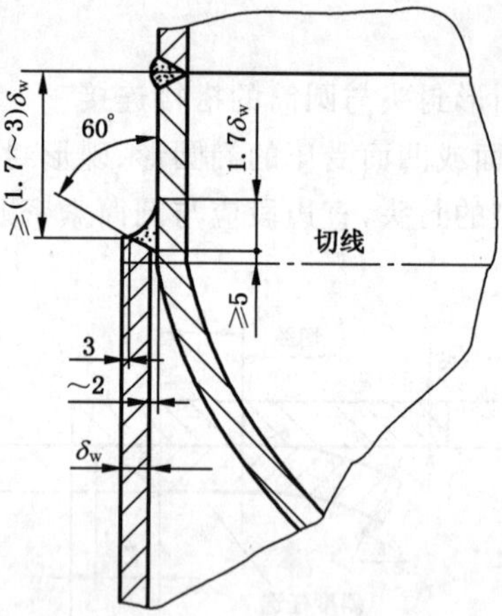

b)

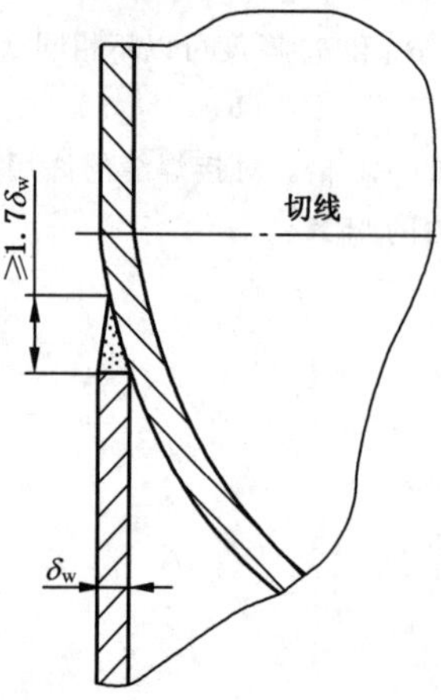

c)

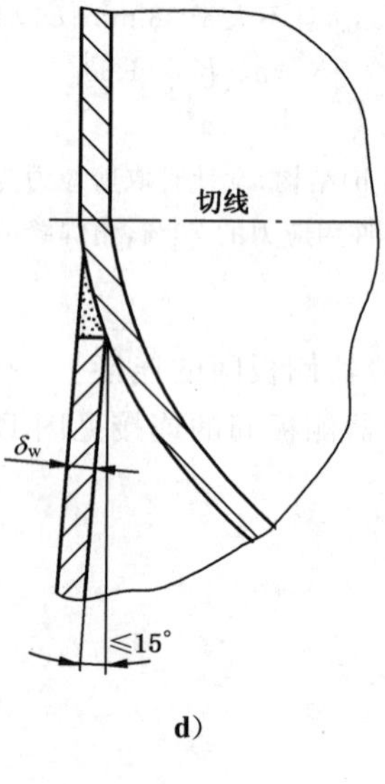

d)

图 D.14

D.8 多层容器

D.8.1 等厚度圆筒间的B类焊接接头见图D.15。

图D.15中a)、b)为多层圆筒与单层圆筒的连接,图c)、d)、e)为多层圆筒间的连接;图f)、g)为具有不锈钢内筒的多层圆筒间的连接。

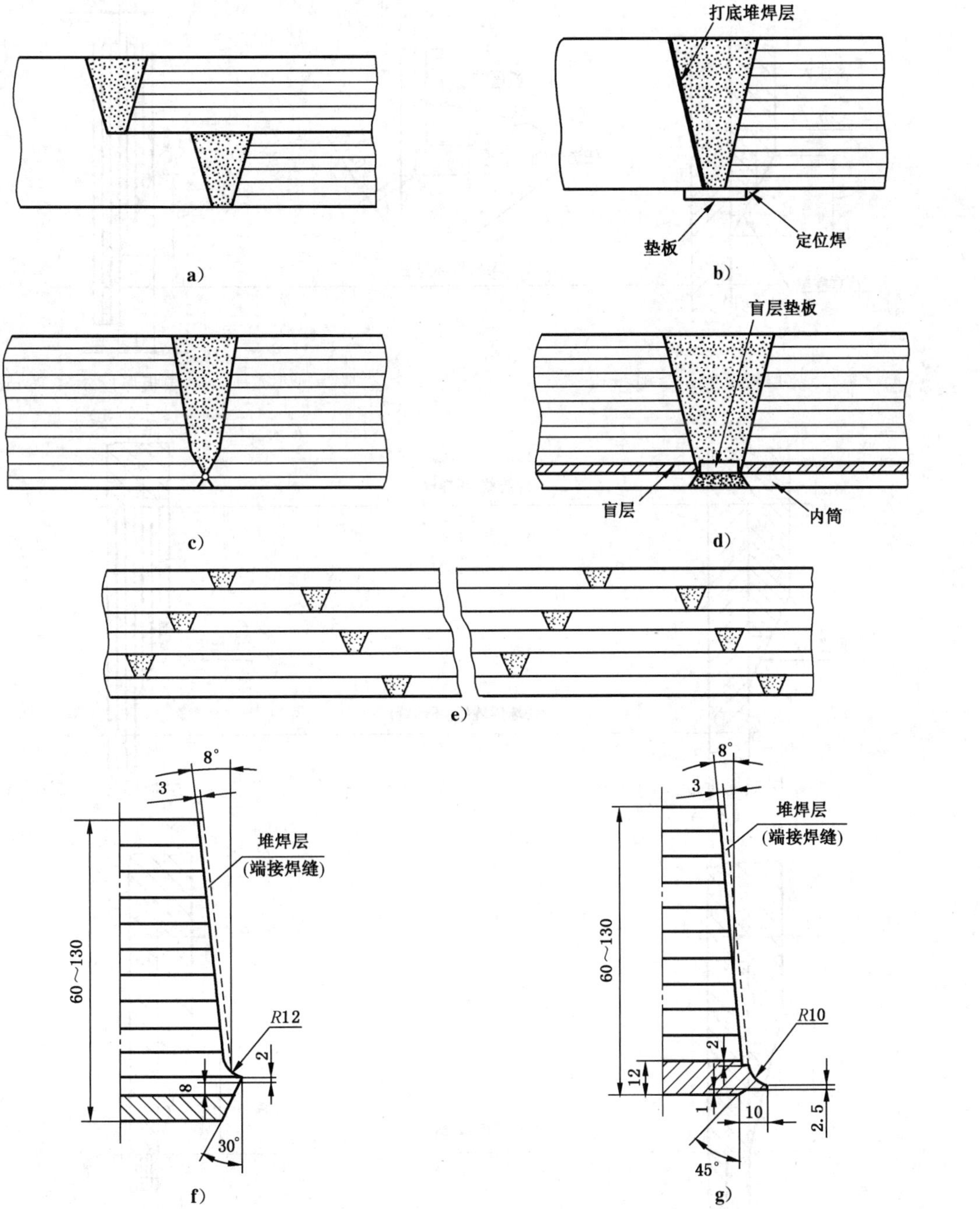

注:对图b)结构,当单层圆筒要求进行焊后热处理时,为避免对此环缝作焊后消除应力热处理,一般应在加工后的坡口面上堆焊一层厚度等于或大于3 mm的不需焊后热处理的焊接材料,先将堆焊后的单层圆筒进行热处理,其后再与多层圆筒相焊。但上述要求不包括多层圆筒需作焊后热处理的情况。

图 D.15

D.8.2 不等厚圆筒间的B类焊接接头见图D.16。

不等厚圆筒间的连接采用图D.16所示的过渡型式。其中图a)、b)为厚度不等的多层圆筒间的连接；图中c)、d)、e)、f)为多层圆筒与厚度不等的单层圆筒间的连接。过渡段的斜边长度$L \geqslant 3Y$。过渡部分可在筒壁的一侧或两侧。

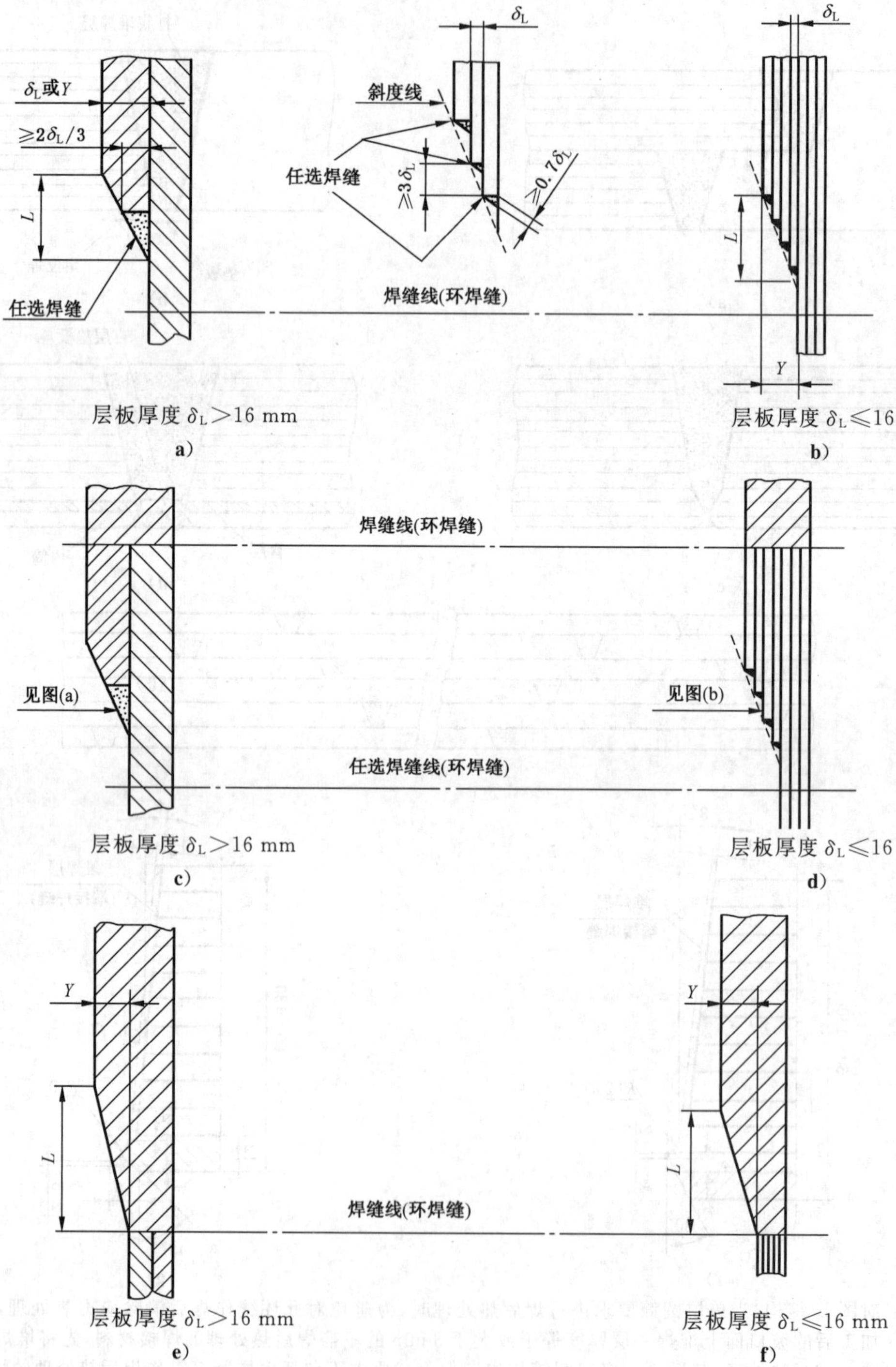

图 D.16

D.8.3 多层圆筒与封头的连接,见图 D.17。

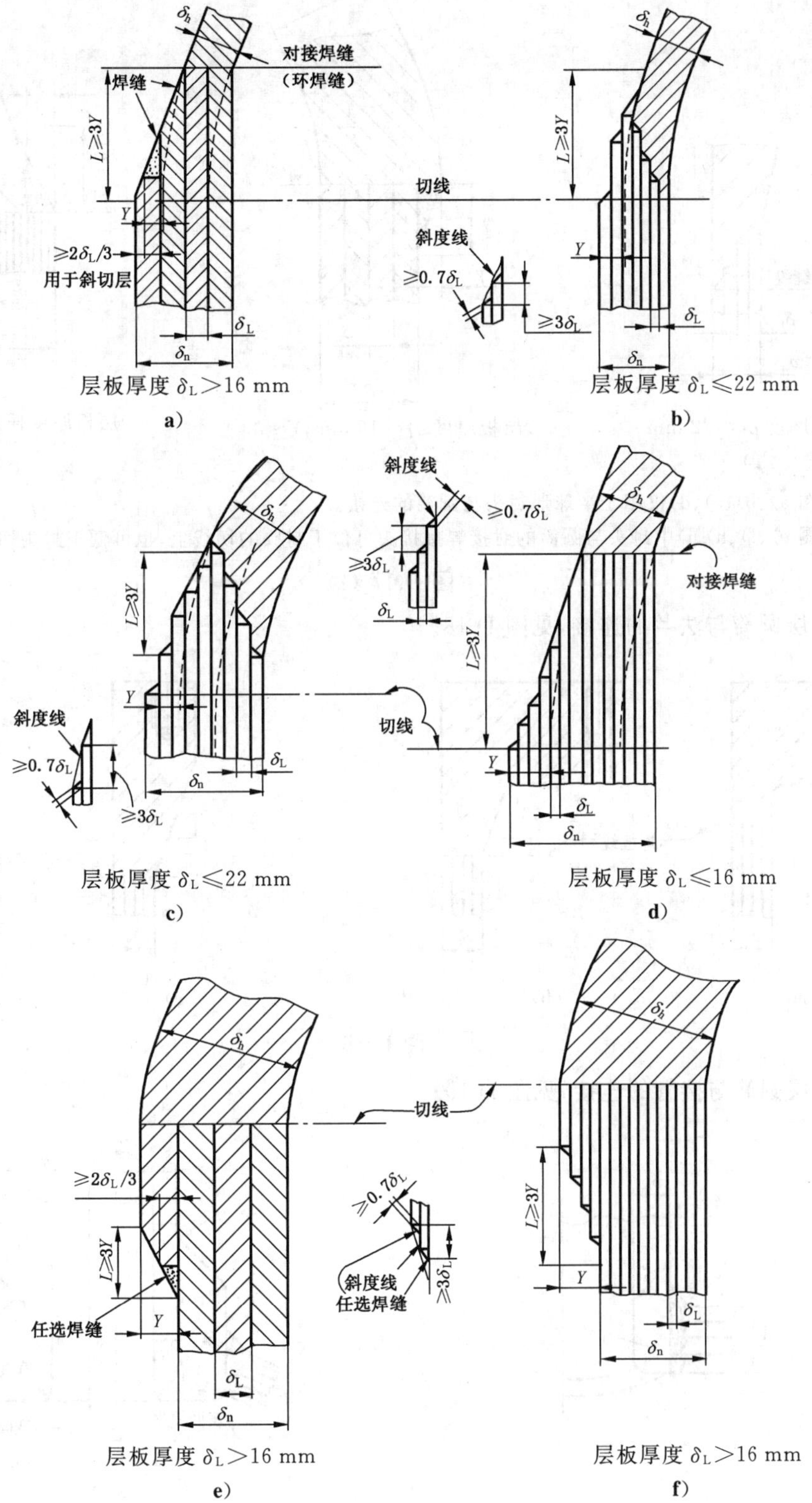

图 D.17

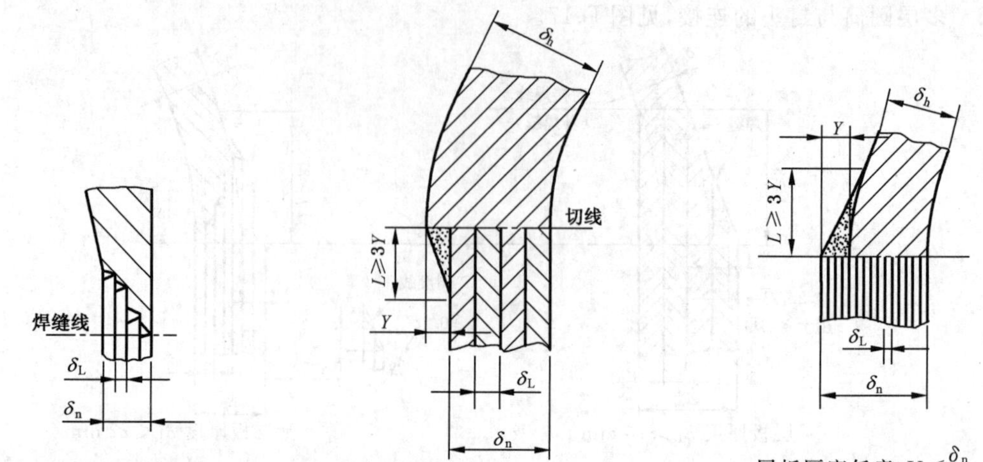

层板厚度 $\delta_L \leqslant 22$ mm

g)

层板厚度 $\delta_L \leqslant 16$ mm;$Y \leqslant \delta_L$

h)

层板厚度任意;$Y \leqslant \frac{\delta_n}{2}$

i)

注 1:图 a)、b)、c)、d)仅用于半球形封头与圆筒的连接。

注 2:图 e)、f)、h)、i)中封头与圆筒的对接焊接接头可位于封头的切线上,也可低于封头切线。

图 D.17(续)

D.8.4 多层圆筒与法兰的连接,见图 D.18。

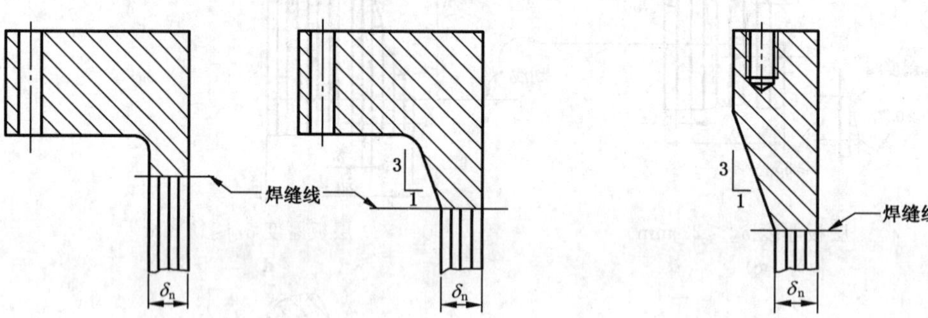

a)　　b)　　c)

图 D.18

D.8.5 多层圆筒与接管的连接,见图 D.19。

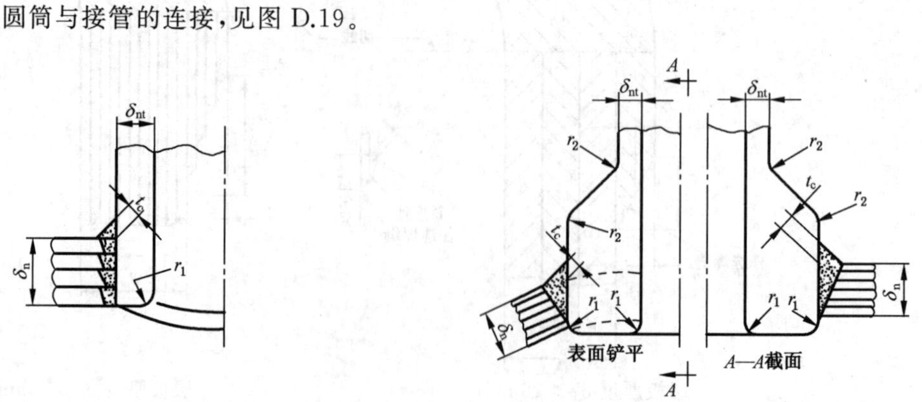

a)　　b)

图 D.19

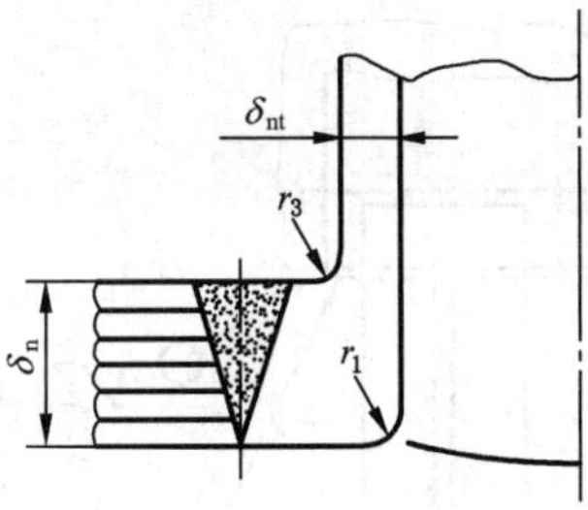

c)

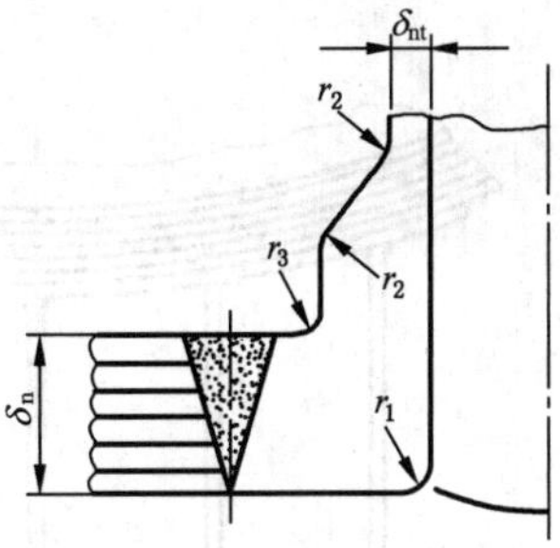

d)

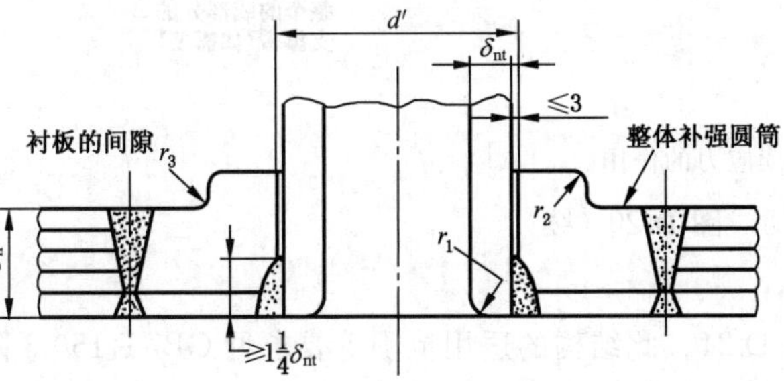

e)

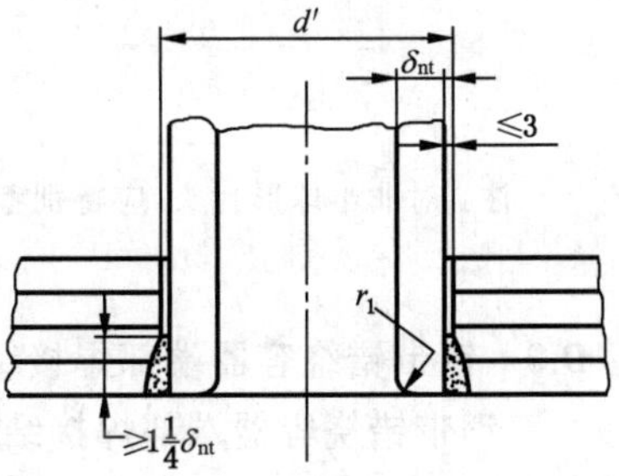

f)

注 1：圆角半径 $r_{1\min}$ 取 $\delta_{nt}/4$ 或 19 mm 两者中的较小值；$r_2 \geqslant 6$ mm；$r_{3\min} = r_{1\min}$；$t_c \geqslant 6$ mm，或不小于 δ_{nt} 和 19 mm 两者中较小值的 0.7 倍。

注 2：对图 e)、f)应设法防止外界杂物进入层板与接管外径间的间隙，但不准用密封焊。

注 3：对图 e)结构，一般适用于公称管径大于 DN50 mm 的开孔。

图 D.19（续）

D.8.6 支座，见图 D.20。

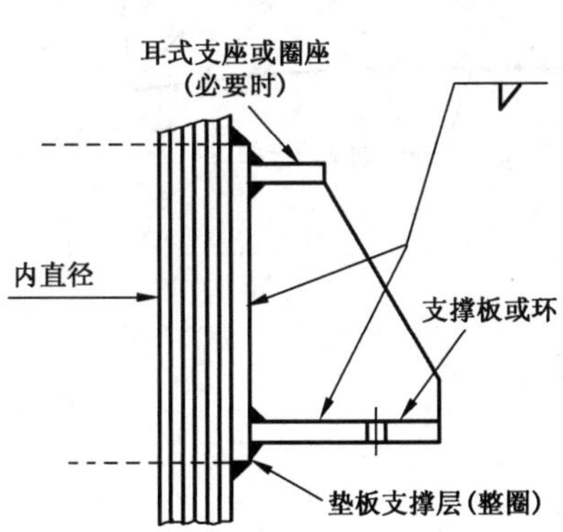

a)

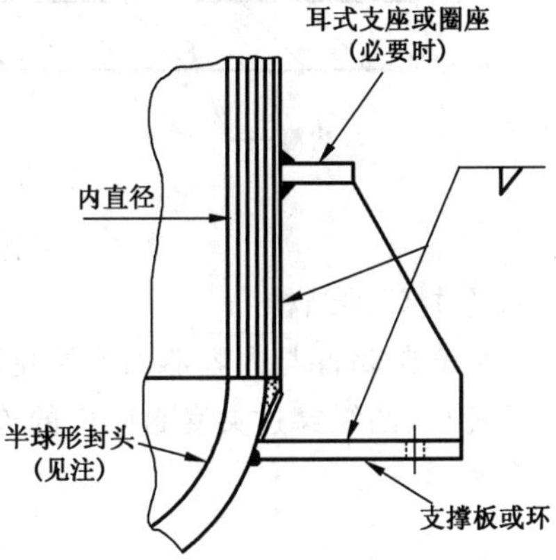

b)

图 D.20

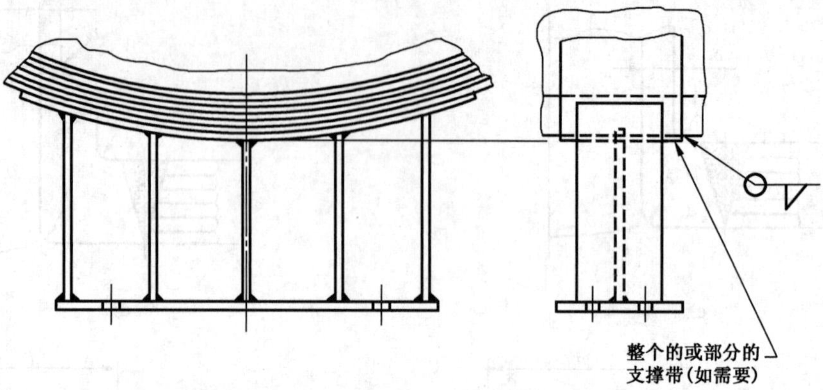

c)

注：对非半球形封头，应特别考虑不连续应力的作用。

图 D.20（续）

D.9 钢带错绕容器端部焊接结构

钢带错绕容器端部焊接结构见图 D.21。此结构的适用范围等要求见 GB/T 150.3 附录 B。

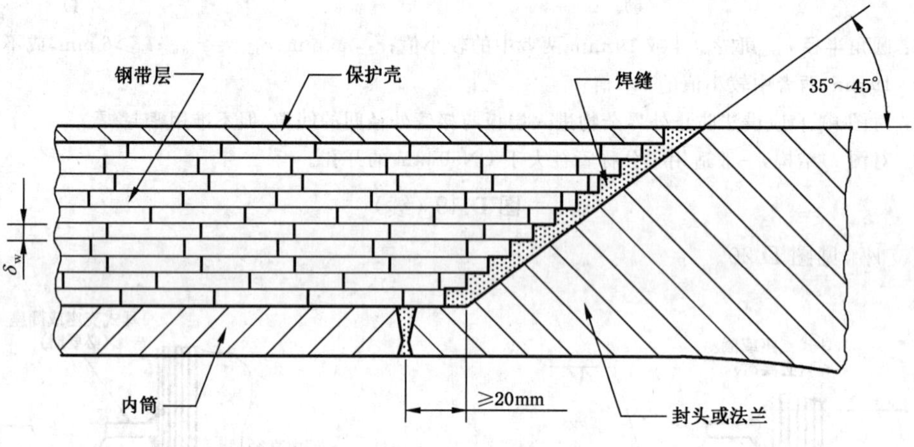

图 D.21

D.10 夹套封闭件结构

D.10.1 夹套封闭件与内容器的连接见图 D.22～图 D.24。

D.10.2 管口、凸缘穿过夹套封闭件的连接见图 D.25。

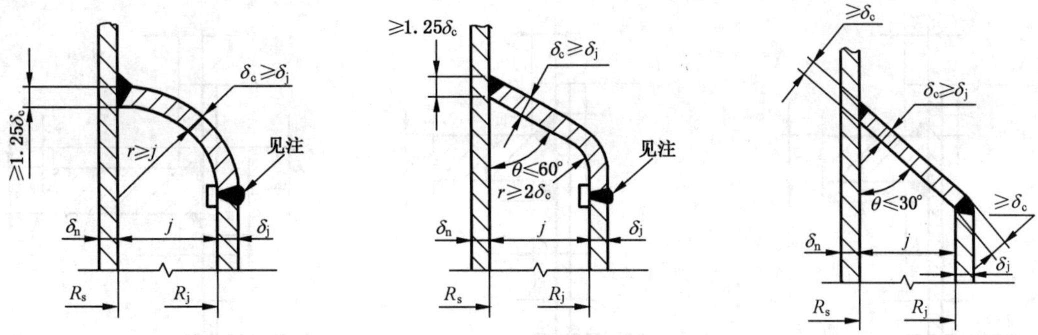

a)　　　　b)　　　　c)

注 1：封闭件可以与夹套壳体为整体结构或用全焊透的结构(可以使用垫板)。

注 2：图仅适用于圆筒形容器的夹套。

图 D.22

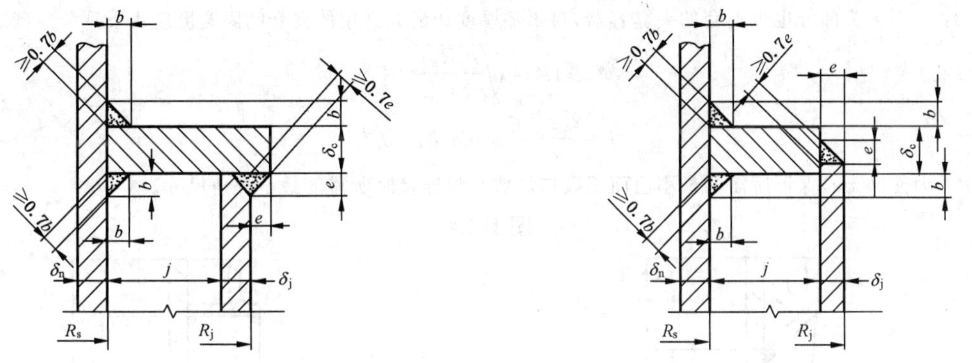

$e \geqslant \delta_j$　　　　$e \geqslant \delta_j$

a)　　　　b)

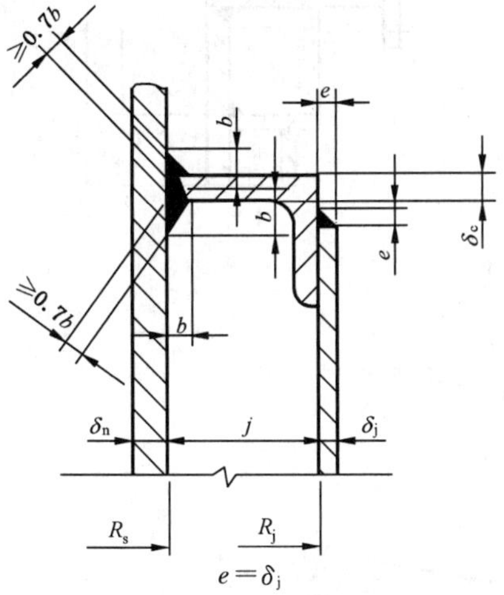

$e = \delta_j$

c)

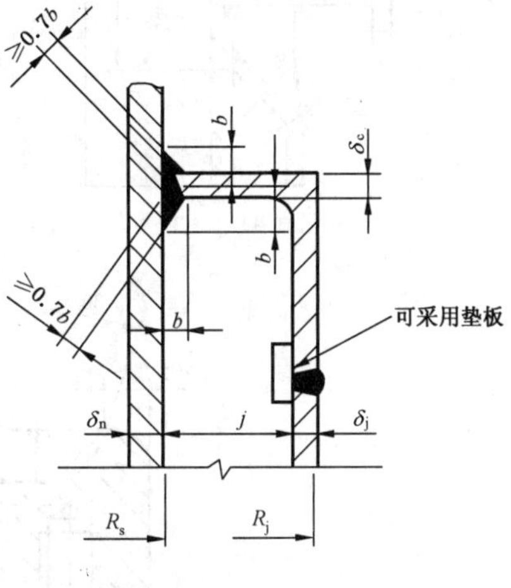

d)

注 1：$b \geqslant 0.75\delta_c$ 或 $0.75\delta_n$，取较小值。

注 2：图 a)、b)、c)、d)仅适用于焊在圆筒部分的夹套。

注 3：图中：$\delta_j - C \leqslant 16$ mm；δ_c 等于 $2\delta_j$ 或 $0.707j\sqrt{\frac{p_c}{[\sigma]^t}}+C$ 两者中的较大值。

图 D.23

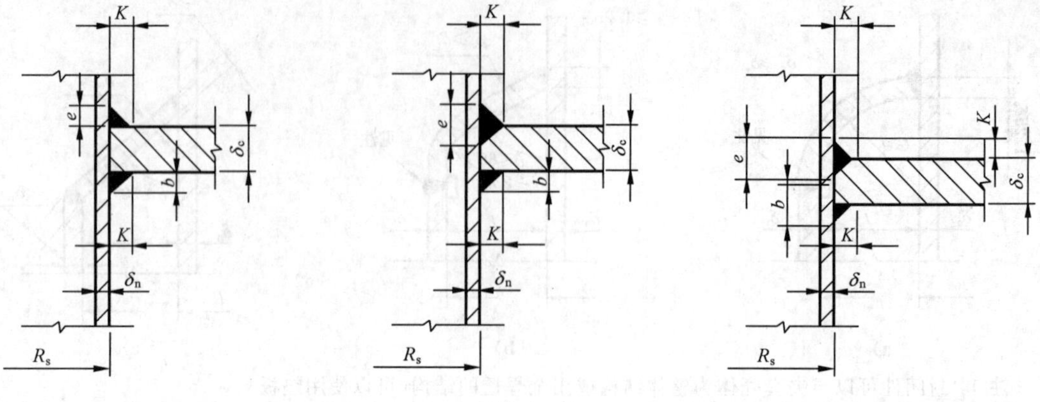

a)　　b)　　c)

注 1：$b+e \geqslant 1.5\delta_n$ 或 $1.5\delta_c$，取较小值。

注 2：对于仅用于圆筒部分的夹套，封闭环厚度 δ_c 按图 23 中注 3 计算。

注 3：对于封头部分也带夹套的夹套容器，封闭环厚度和最大许用的夹套间隙宽度应由下列公式确定：

$$\delta_c \geqslant 1.414\sqrt{\frac{p_c R_s j}{[\sigma]^t}}+C$$

$$j=\frac{2[\sigma]^t \delta_n^2}{p_c R_j}-0.5(\delta_n+\delta_j)$$

注 4：为使 $(b+e)$ 保证所需的最小值而用坡口焊或角焊连接时所需的最小焊角尺寸。

图 D.24

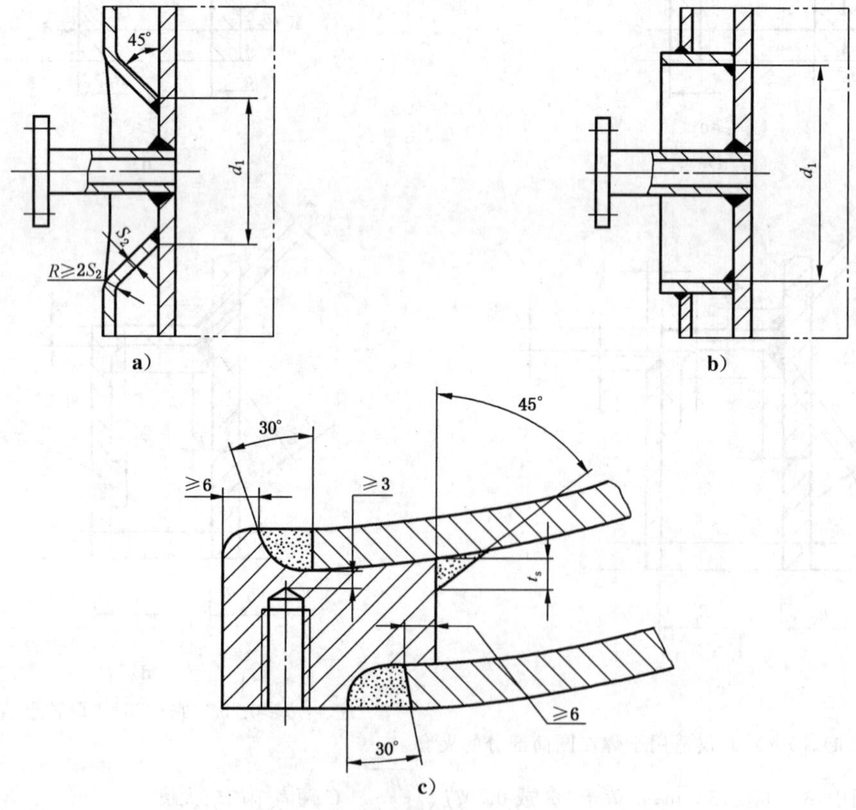

a)　　b)　　c)

图 D.25

D.11 非受压附件与受压元件的连接

非受压附件与受压元件的连接一般应采用连续焊,根据具体情况可采用角焊缝、部分焊透、全焊透等结构型式。

T 型连接的角焊缝高度及部分焊透的深度 a 应不小于附件连接件厚度 S 的 1/4,如图 D.26a)、b)所示。图 D.26a)中角焊缝焊脚高度 a 也可取相焊件中较薄者的厚度。

垫板与容器壁的搭接角焊缝焊脚高度及部分焊透的深度 b 应不小于垫板厚度 S 的 1/2,如图D.26c)、d)所示。图 D.26c)中,对于补强圈的焊脚高度 b,当补强圈的厚度不小于 8 mm 时,其值可取补强圈厚度的 70%,且不小于 8 mm。

T 型连接的全焊透焊接结构见图 D.26e),一般适用于承受较大载荷的设备吊耳等附件与容器壁或其垫板的连接。

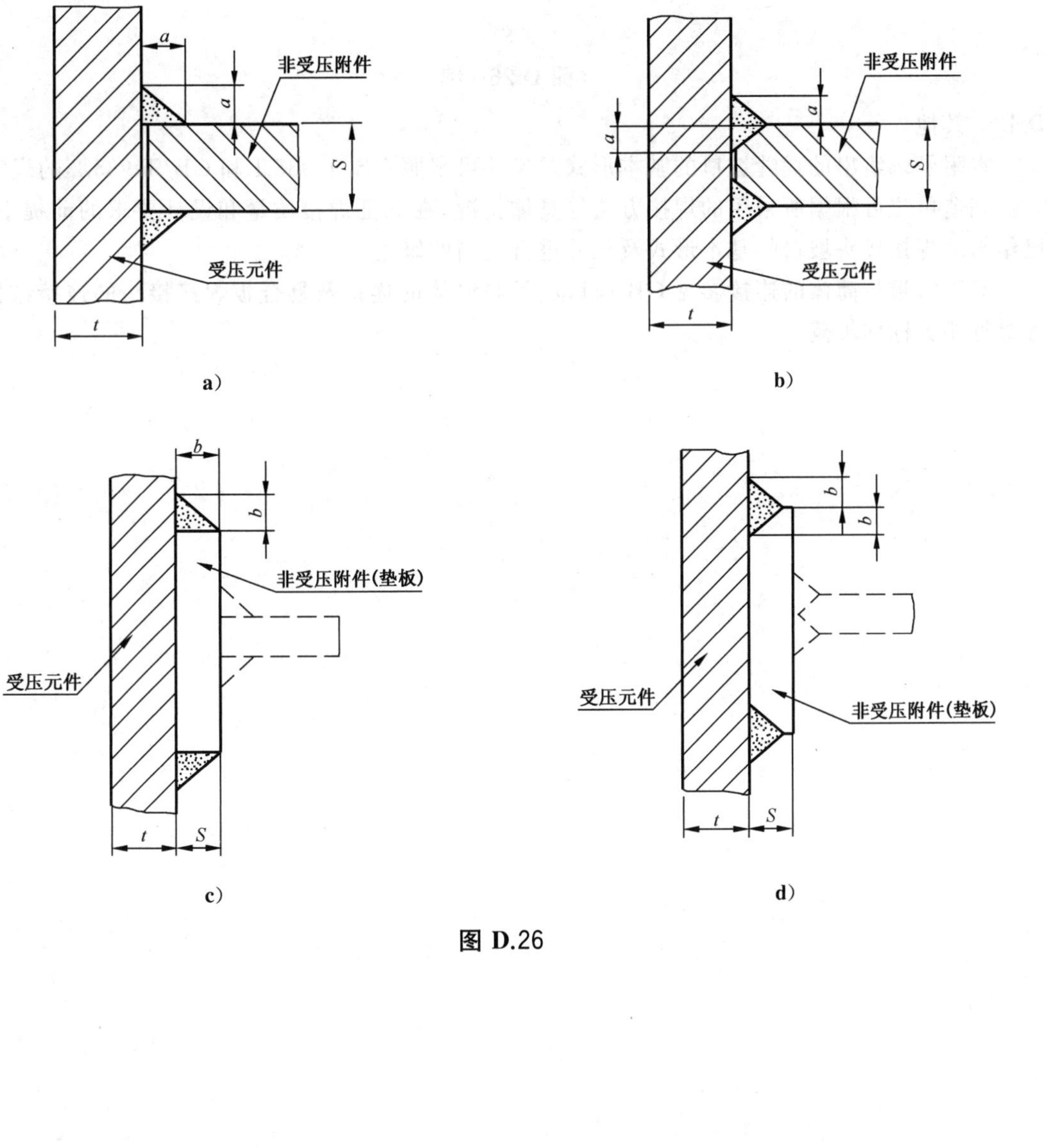

图 D.26

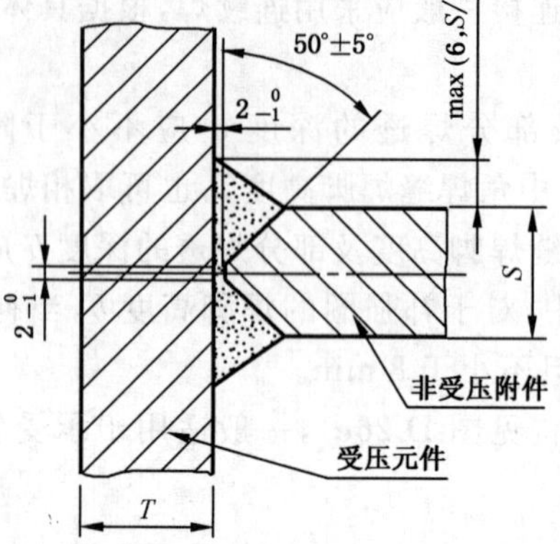

e)

图 D.26（续）

D.12　其他

本附录未给出的焊缝坡口的基本形式及尺寸可参照 GB/T 985.1 和 GB/T 985.2 的规定。

制造单位可根据所采用的焊接方法等具体情况，在保证焊接质量和设计要求的前提下，对已给出的焊接接头坡口的基本形式及尺寸进行适当的修正。

对于管板与筒体的连接参见 GB 151，法兰与筒体的连接及复合板焊接接头的连接结构尺寸参见相关标准规范。

附 录 E
(规范性附录)
关于低温压力容器的基本设计要求

E.1 总则

E.1.1 本附录适用于碳素钢和低合金钢制低温容器(设计温度低于-20 ℃)的设计。对于奥氏体型钢材制低温压力容器(设计温度低于-196 ℃)的设计,按相关规范标准处理。

E.1.2 对本附录未作规定者,应符合本标准各有关章节的要求。

E.1.3 对于碳素钢和低合金钢制容器,由于环境温度的影响导致操作条件下容器壳体的金属温度低于-20 ℃时,也应遵循本附录的规定。

注:环境温度系指容器使用地区历年来"月平均最低气温的最低值"。"月平均最低气温"系按当月各天的最低气温相加后除以当月的天数。

E.1.4 对于碳素钢和低合金钢制容器,当壳体或其受压元件使用在"低温低应力工况"下,若其设计温度加 50 ℃(对于不要求焊后热处理的容器,加 40 ℃)后不低于-20 ℃,除另有规定外不必遵循关于低温容器的规定。

"低温低应力工况"系指壳体或其受压元件的设计温度虽然低于-20 ℃,但设计应力(在该设计条件下,容器元件实际承受的最大一次总体薄膜和弯曲应力)小于或等于钢材标准常温屈服强度的 1/6,且不大于 50 MPa 时的工况。

注:一次应力是为平衡压力与其他机械载荷所必须的法向应力或切应力。

E.2 设计

E.2.1 低温容器用钢材要求应符合 GB 150.2 的相关规定,其许用应力按相应材料在 20 ℃时的许用应力选取,或按 GB 150.1—2011 中 4.4 确定。

E.2.2 当壳体或受压元件使用在"低温低应力工况"下,可以按设计温度加 50 ℃(对于不要求焊后热处理的容器,加 40 ℃)后的温度值选择材料,但不适用于 Q235 系列钢板。

"低温低应力工况"不适用于钢材标准抗拉强度下限值 $R_m \geqslant 540$ MPa 的材料。

"低温低应力工况"不适用于螺栓材料;螺栓材料的选用应计及螺栓和壳体设计温度间的差异。

E.2.3 容器的结构设计应充分考虑以下因素:

a) 结构应尽量简单,减少约束;

b) 避免产生过大的温度梯度;

c) 应尽量避免结构形状的突然变化,以减小局部应力;

d) 接管与壳体连接部位应圆滑过渡,接管端部内壁处倒圆;

e) 容器的支座或支腿不得直接焊在壳体上,需设置垫板。

E.2.4 容器焊接接头应按下列要求选用:

a) A 类、B 类焊接接头应采用双面焊或相当于双面焊的全焊透对接接头。

b) 对于 B 类焊接接头,因结构限制不能采用双面焊时,允许采用焊后不拆除垫板的单面对接接头。

c） C类焊接接头可采用下列形式：

1） 平盖与圆筒的连接，应采用全截面焊透的对接接头或T型接头结构形式；

2） 平焊法兰或法兰短节与圆筒的连接应采用全截面焊透的结构；若采用非全截面焊透的结构，仅适用于以下范围：

——设计温度 $t \geqslant -30$ ℃或者设计压力 $p \leqslant 1.0$ MPa；

——钢材的标准抗拉强度下限值 $R_m < 540$ MPa；

3） 球冠形封头、半顶角大于30°的锥壳、平盖、管板等部件与壳体的连接：均应采用全截面焊透结构。

d） D类焊接接头可采用下列形式：

1） 插入式接管、安放式接管、凸缘等与壳体的连接，带补强圈的接管与壳体连接焊缝均应采用全截面焊透结构；

2） 补强圈与壳体搭接的角焊缝不允许存在未焊透。

e） E类焊接接头除结构要求外应避免间断焊和点焊。

f） 壳体拼接不得采用十字焊缝。

ICS 23.020.30
J 74

中华人民共和国国家标准

GB 150.4—2011
部分代替 GB 150—1998

压力容器
第4部分：制造、检验和验收

Pressure vessels—
Part 4: Fabrication, inspection and testing, and acceptance

自2017年3月23日起，本标准转为推荐性标准，编号改为GB/T 150.4—2011。

2011-11-21 发布　　2012-03-01 实施

中华人民共和国国家质量监督检验检疫总局
中国国家标准化管理委员会　发布

前　言

本标准的本部分全部技术内容为强制性。

本标准 GB 150《压力容器》分为以下四个部分：

——第 1 部分：通用要求；

——第 2 部分：材料；

——第 3 部分：设计；

——第 4 部分：制造、检验和验收。

本部分为 GB 150 的第 4 部分：制造、检验和验收。本部分按照 GB/T 1.1—2009《标准化工作导则》给出的规则起草。

本部分代替 GB 150—1998《钢制压力容器》中的第 10 章和附录 C 的部分内容，与 GB 150—1998 相比，除编辑性修改外主要技术内容变化如下：

a) 增加了规范性引用文件和名词术语。

b) 第 4、5 章：

——将容器焊接接头分类的规定移至 GB 150.1 并增加 E 类接头；

——增加了容器制造过程中风险预防与控制的规定，对新技术、新工艺和新方法使用以及信息化管理规定；

——增加了容器制造过程中设计修改、材料代用和材料复验的规定。

c) 第 6 章：

——修改了关于受压元件成形后实际厚度的规定；

——修改了关于成形方法、封头形状偏差检查以及不允许封头直边出现纵向皱折的要求；

——修改了筒体直线度检查方法和允差、壳体焊接接头布置的要求。

d) 第 7 章：

——修改了需进行焊接工艺评定的范围和技术档案保存期，相应增加了取样、试验方法、合格指标和试样保存期的规定；

——修改了关于焊接返修后再次进行热处理的规定。

e) 第 8 章(GB 150—1998，10.4)：

——增加了成形受压元件进行恢复性能热处理、改善材料力学性能热处理及其他热处理的规定；

——增加了对热处理炉、热处理工艺和记录的要求；

——修改了容器及其受压元件需进行焊后热处理的范围及焊后热处理操作要求。

f) 第 9 章：

——调整了需制备产品焊接试件、母材热处理试件以及其他试件与试样的范围，相应增加了取样、检验与评定要求；

——增加了对合并制备产品焊接试件与母材热处理试件的规定。

g) 第10章：

——增加了无损检测方法选择、无损检测实施时机的规定；

——调整了全部(100%)射线或超声检测、局部射线或超声检测和表面检测的范围，增加了对射线和超声检测技术等级的要求；

——增加了衍射时差法超声检测方法(TOFD)，并规定了合格级别；

——增加了组合检测要求；

——增加了无损检测档案保存要求。

h) 第11章：

——增加了气液组合试验的耐压试验方法；

——修改了耐压试验温度的规定；

——明确了气密性试验方法作为泄漏试验方法的一种，增加了氨检漏试验、卤素检漏试验和氦检漏试验3种泄漏试验方法。

i) 第12章：

——增加了多层整体包扎和钢带错绕压力容器的制造、检验与验收要求。

j) 第13章：

——修改了容器出厂质量证明文件所包含的内容，增加了应提供的文件；

——修改了产品铭牌所包括的内容，增加了设备代码等项目。

本部分由全国锅炉压力容器标准化技术委员会(SAC/TC 262)提出并归口。

本部分起草单位：合肥通用机械研究院、中国特种设备检测研究院、中国石化工程建设公司、兰州石油化工机器厂、大连金州重型机器有限公司、中石化南京化学工业公司化工机械厂。

本部分主要起草人：崔军、陈学东、寿比南、杨国义、陈永东、李世玉、谢铁军、王冰、徐锋、陈建玉、刘静、韩冰、姚佐权。

本部分所代替标准的历次版本发布情况为：

——GB 150—1989、GB 150—1998。

根据中华人民共和国国家标准公告(2017年第7号)和强制性标准整合精简结论，本标准自2017年3月23日起，转为推荐性标准，不再强制执行。

压力容器
第4部分:制造、检验和验收

1 范围

1.1 本部分规定了GB 150适用范围内的钢制压力容器的制造、检验与验收要求;其他材料制压力容器的制造、检验与验收要求按相关标准。

1.2 本部分适用的压力容器结构形式为单层焊接压力容器、锻焊压力容器和多层压力容器(包括多层筒节包扎、多层整体包扎、钢带错绕和套合容器)。

1.3 对于奥氏体型钢材制低温压力容器(设计温度低于-196 ℃),由参与建造的各方协商规定附加的制造、检验与验收要求,由设计单位在设计文件中予以规定。

2 规范性引用文件

下列文件对于本文件的应用是必不可少的。凡是注日期的引用文件,仅注日期的版本适用于本文件。凡是不注日期的引用文件,其最新版本(包括所有的修改单)适用于本文件。

GB 150.1—2011 压力容器 第1部分 通用要求
GB 150.2—2011 压力容器 第2部分 材料
GB 150.3—2001 压力容器 第3部分 设计
GB/T 196 普通螺纹 基本尺寸
GB/T 197 普通螺纹 公差
GB/T 228 金属材料 室温拉伸试验方法
GB/T 229 金属材料 夏比摆锤冲击试验方法
GB/T 232 金属材料 弯曲试验方法
GB/T 1804 一般公差 未注公差的线性和角度尺寸的公差
GB/T 25198 压力容器封头
GB/T 21433 不锈钢压力容器晶间腐蚀敏感性检验
JB/T 4700 压力容器法兰分类与技术条件
JB/T 4701 甲型平焊法兰
JB/T 4702 乙型平焊法兰
JB/T 4703 长颈对焊法兰
JB/T 4704 非金属软垫片
JB/T 4705 缠绕垫片
JB/T 4706 金属包垫片
JB/T 4707 等长双头螺柱
NB/T 47014(JB/T 4708) 承压设备焊接工艺评定
NB/T 47015(JB/T 4709) 压力容器焊接规程
JB/T 4711 压力容器涂敷与运输包装

JB/T 4730.1　承压设备无损检测　第1部分:通用要求

JB/T 4730.2　承压设备无损检测　第2部分:射线检测

JB/T 4730.3　承压设备无损检测　第3部分:超声检测

JB/T 4730.4　承压设备无损检测　第4部分:磁粉检测

JB/T 4730.5　承压设备无损检测　第5部分:渗透检测

JB/T 4730.6　承压设备无损检测　第6部分:涡流检测

JB/T 4736　补强圈

NB/T 47016(JB/T 4744)　承压设备产品焊接试件的力学性能检验

NB/T 47018.1(JB/T 4747.1)　承压设备用焊接材料订货技术条件　第1部分:采购通则

NB/T 47018.2(JB/T 4747.2)　承压设备用焊接材料订货技术条件　第2部分:钢焊条

NB/T 47018.3(JB/T 4747.3)　承压设备用焊接材料订货技术条件　第3部分:气体保护电弧焊钢焊丝和填充丝

NB/T 47018.4(JB/T 4747.4)　承压设备用焊接材料订货技术条件　第4部分:埋弧焊钢焊丝和焊剂

NB/T 47018.5(JB/T 4747.5)　承压设备用焊接材料订货技术条件　第5部分:堆焊用不锈钢焊带和焊剂

TSG R0004　固定式压力容器安全技术监察规程

3　名词术语

GB 150.1 界定的以及下列术语和定义适用于本文件。

3.1

锻焊压力容器　forged-welded pressure vessel

由筒形或其他形状锻件经机械加工制成筒节或封头(或筒体端部),通过环向焊接接头连接而形成的压力容器。

3.2

多层压力容器　layered pressure vessel

圆筒由两层以上(含两层)板材或带材、层间以非焊接方法组合构成的压力容器,不包括衬里容器。

3.3

多层包扎压力容器　wrapped pressure vessel

在内筒上逐层包扎层板形成的多层压力容器。

多层包扎压力容器包括以下两种结构形式:

a)　多层筒节包扎压力容器,指在单节内筒上逐层包扎层板形成多层筒节,通过环向焊接接头组焊后形成的容器;

b)　多层整体包扎压力容器,指在整体内筒上逐层包扎层板形成的容器。

3.4

钢带错绕压力容器　flat steel ribbon wound pressure vessel

在整体内筒上沿一定缠绕倾角,逐层交错缠绕钢带形成的多层压力容器。

3.5

套合压力容器　shrink fit pressure vessel

由数层具有一定过盈量的筒节,经加热逐层套合,并经热处理消除其套合预应力形成套合筒节,再通过环向焊接接头组焊后形成的压力容器。

3.6

钢材厚度　thickness of steel material

直接构成容器的钢板、钢管或锻件等元件厚度,以 δ_s 表示。

3.7

冷成形　cold forming

在工件材料再结晶温度以下进行的塑性变形加工。

在工程实践中,通常将环境温度下进行的塑性变形加工称为冷成形;介于冷成形和热成形之间的塑性变形加工称为温成形(warm forming)。

3.8

热成形　hot forming

在工件材料再结晶温度以上进行的塑性变形加工。

4　总则

4.1　压力容器的制造、检验与验收依据

4.1.1　压力容器的制造、检验与验收应符合本部分规定和设计文件的要求。在下列标准的适用范围内,如无附加规定一般应满足如下要求:

a)　封头符合 GB/T 25198 的规定;

b)　补强圈符合 JB/T 4736 的规定;

c)　容器法兰及其连接件符合 JB/T 4700～4707 的规定;

d)　焊接材料符合 NB/T 47018 的规定。

4.1.2　管法兰的选用应符合 TSG R0004 的相关规定。

4.2　压力容器制造过程中的风险预防和控制

对于设计单位出具了风险评估报告的压力容器,制造单位应当根据风险评估报告提出的主要失效模式、容器制造检验要求和建议,完成下述工作:

a)　合理地确定制造和检验工艺;

b)　风险评估报告中给出的失效模式和防护措施应在产品质量证明文件中予以体现。

4.3　设计修改和材料代用

制造单位对原设计的修改以及对受压元件的材料代用,应当事先取得原设计单位的书面批准,并在竣工图上做详细记录。

4.4　新技术和新工艺的使用

对于采用未列入本标准的压力容器制造检验的新技术、新工艺和新方法时,应按 TSG R0004 的规定进行技术评审。例如:

a)　当采用未列入 JB/T 4730 或者超出其适用范围的无损检测方法对在制压力容器进行

无损检测时；

b） 当采用其他方法消除压力容器及其受压元件残余应力时。

4.5 信息化管理

压力容器制造单位应当按规定及时将压力容器制造相关数据输入特种设备信息化管理系统。

5 材料复验、分割与标志移植

5.1 材料复验

5.1.1 对于下列材料应进行复验：

a） 采购的第Ⅲ类压力容器用Ⅳ级锻件；

b） 不能确定质量证明书真实性或者对性能和化学成分有怀疑的主要受压元件材料；

c） 用于制造主要受压元件的境外材料；

d） 用于制造主要受压元件的奥氏体型不锈钢开平板；

e） 设计文件要求进行复验的材料。

5.1.2 奥氏体型不锈钢开平板应按批号复验力学性能(整卷使用者，应在开平操作后，分别在板卷的头部、中部和尾部所对应的开平板上各截取一组复验试样；非整卷使用者，应在开平板的端部截取一组复验试样)；对于 5.1.1 中 a)、b)、c)、e)要求复验的情况，应按炉号复验化学成分，按批号复验力学性能。

5.1.3 材料复验结果应符合相应材料标准的规定或设计文件的要求。

5.1.4 低温容器焊条应按批进行药皮含水量或熔敷金属扩散氢含量的复验，其检验方法按相应的焊条标准或设计文件。

5.2 材料分割

材料分割可采用冷切割或热切割方法。当采用热切割方法分割材料时，应清除表面熔渣和影响制造质量的表面层。

5.3 材料标志移植

5.3.1 制造受压元件的材料应有可追溯的标志。在制造过程中，如原标志被裁掉或材料分成几块时，制造单位应规定标志的表达方式，并在材料分割前完成标志的移植。

5.3.2 有耐腐蚀要求的不锈钢以及复合钢板，不得在耐腐蚀面采用硬印标记。

5.3.3 低温容器受压元件不得采用硬印标记。

6 冷、热加工成形与组装

6.1 成形

6.1.1 制造单位应根据制造工艺确定加工余量，以确保受压元件成形后的实际厚度不小于设计图样标注的最小成形厚度。

6.1.2 采用经过正火、正火加回火或调质处理的钢材制造的受压元件，宜采用冷成形或温成形；采用温成形时，须避开钢材的回火脆性温度区。

6.2 表面修磨

6.2.1 制造中应避免材料表面的机械损伤。对于尖锐伤痕以及不锈钢容器耐腐蚀表面的局部伤痕、刻槽等缺陷应予以修磨,修磨斜度最大为1∶3。修磨的深度应不大于该部位钢材厚度δ_s的5%,且不大于2 mm,否则应予焊补。

6.2.2 对于复合钢板的成形件、堆焊件以及金属衬里层,其修磨深度不得大于覆层(或堆焊层、衬里)厚度的30%,且不大于1 mm,否则应予焊补。

6.3 坡口

坡口应符合下列要求:

a) 坡口表面不得有裂纹、分层、夹杂等缺陷;

b) 标准抗拉强度下限值$R_m \geqslant 540$ MPa的低合金钢材及Cr-Mo低合金钢材经热切割的坡口表面,加工完成后应按JB/T 4730.4进行磁粉检测,Ⅰ级合格;

c) 施焊前,应清除坡口及两侧母材表面至少20 mm范围内(以离坡口边缘的距离计)的氧化皮、油污、熔渣及其他有害杂质。

6.4 封头

6.4.1 封头各种不相交的拼接焊缝中心线间距离至少应为封头钢材厚度δ_s的3倍,且不小于100 mm。凸形封头由成形的瓣片和顶圆板拼接制成时,瓣片间的焊缝方向宜是径向和环向的,见图1。

先拼板后成形的封头,其拼接焊缝的内表面以及影响成形质量的拼接焊缝的外表面,在成形前应打磨与母材齐平。

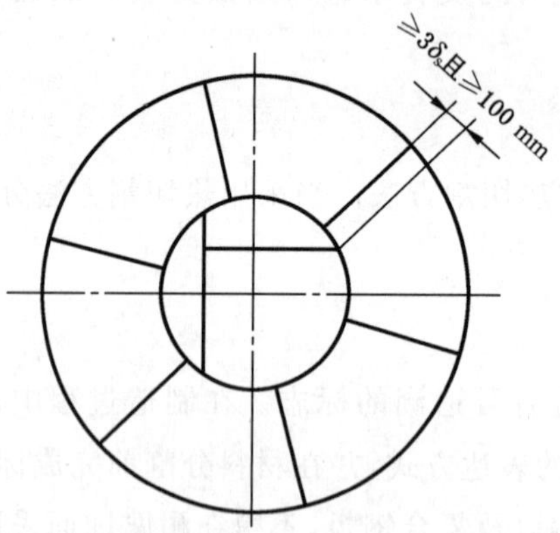

图1 分瓣成形凸形封头的焊缝布置

6.4.2 用带间隙的全尺寸的内样板检查椭圆形、碟形、球形封头内表面的形状偏差(见图2),缩进尺寸为3%D_i~5%D_i,其最大形状偏差外凸不得大于1.25%D_i,内凹不得大于0.625%D_i。检查时应使样板垂直于待测表面。对图1所示的先成形后拼接制成的封头,允许样板避开焊缝进行测量。

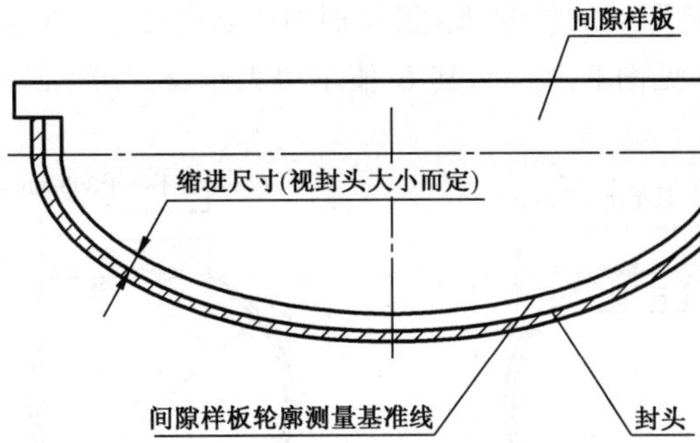

图2 凸形封头的形状偏差检查

6.4.3 碟形及折边锥形封头,其过渡区转角半径不得小于图样的规定值。

6.4.4 封头直边部分不得存在纵向皱折。

6.5 圆筒与壳体

6.5.1 A、B类焊接接头对口错边量 b(见图3)应符合表1的规定。锻焊容器B类焊接接头对口错边量 b 应不大于对口处钢材厚度 δ_s 的1/8,且不大于5 mm。

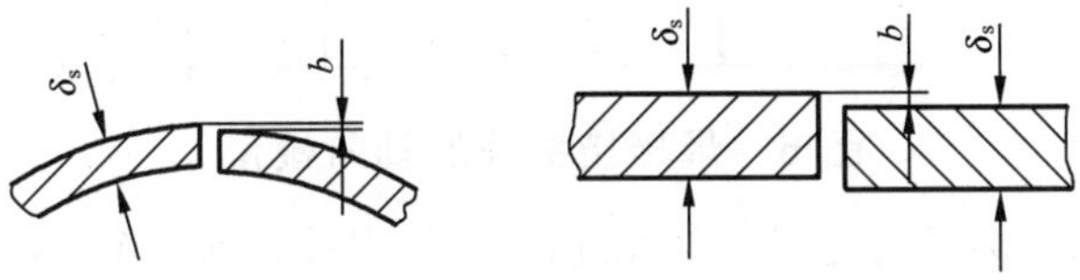

图3 A、B类焊接接头对口错边量

表1 A、B类焊接接头对口错边量

单位为毫米

对口处钢材厚度 δ_s	按焊接接头类别划分对口错边量 b	
	A类焊接接头	B类焊接接头
≤12	$\leqslant 1/4\delta_s$	$\leqslant 1/4\delta_s$
>12～20	≤3	$\leqslant 1/4\delta_s$
>20～40	≤3	≤5
>40～50	≤3	$\leqslant 1/8\delta_s$
>50	$\leqslant 1/16\delta_s$,且≤10	$\leqslant 1/8\delta_s$,且≤20
球形封头与圆筒连接的环向接头以及嵌入式接管与圆筒或封头对接连接的A类接头,按B类焊接接头的对口错边量要求。		

复合钢板的对口错边量 b(见图4)不大于钢板覆层厚度的50%,且不大于2 mm。

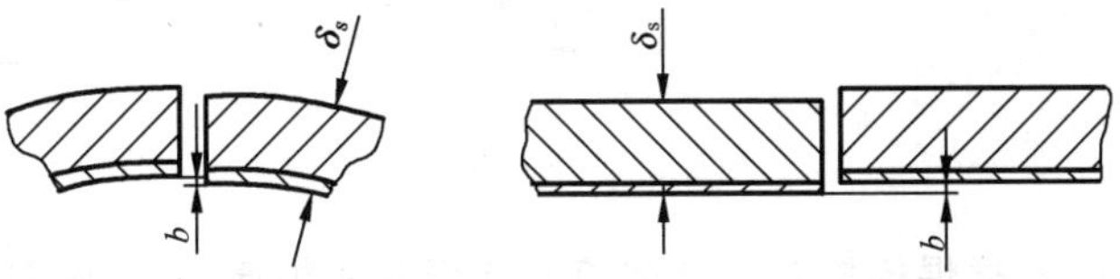

图4 复合钢板A、B类焊接接头对口错边量

6.5.2　在焊接接头环向、轴向形成的棱角 E，宜分别用弦长等于 $D_i/6$，且不小于 300 mm 的内样板(或外样板)和直尺检查(见图 5、图 6)，其 E 值不得大于 $(\delta_s/10+2)$ mm，且不大于 5 mm。

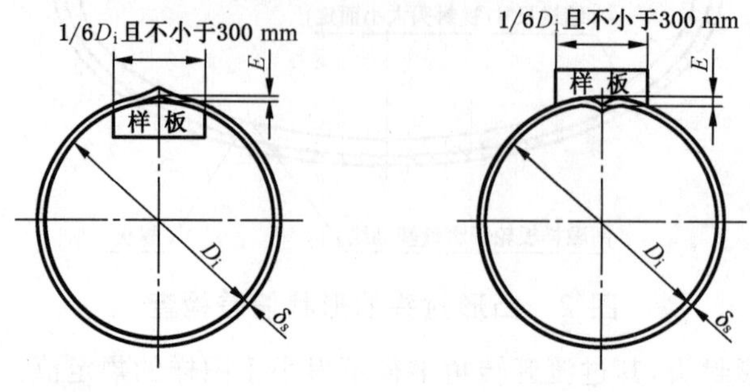

图 5　焊接接头处的环向棱角

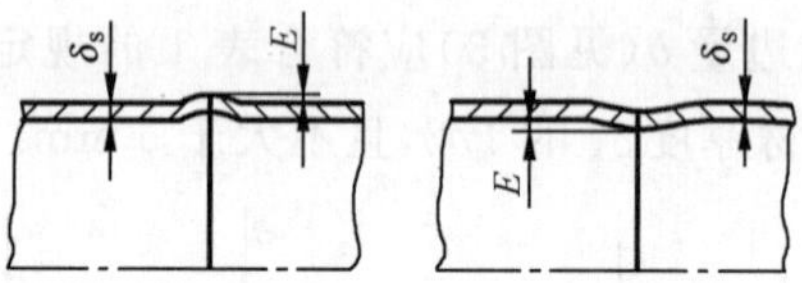

图 6　焊接接头处的轴向棱角

6.5.3　B 类焊接接头以及圆筒与球形封头相连的 A 类焊接接头，当两侧钢材厚度不等时，若薄板厚度 $\delta_{s1} \leqslant 10$ mm，两板厚度差超过 3 mm；若薄板厚度 $\delta_{s1} > 10$ mm，两板厚度差大于 $30\%\delta_{s1}$，或超过 5 mm 时，均应按图 7 的要求单面或双面削薄厚板边缘，或按同样要求采用堆焊方法将薄板边缘焊成斜面。

当两板厚度差小于上列数值时，则对口错边量 b 按 6.5.1 要求，且对口错边量 b 以较薄板厚度为基准确定。在测量对口错边量 b 时，不应计入两板厚度的差值。

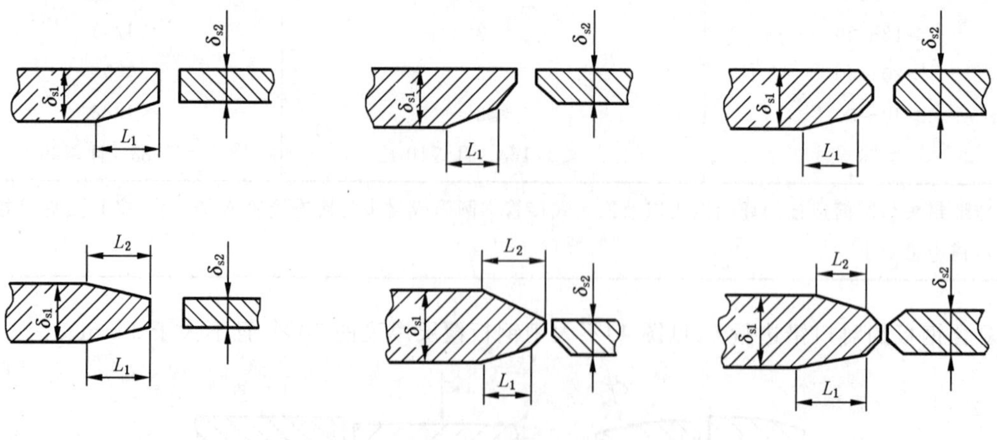

$L_1, L_2 \geqslant 3(\delta_{s1}-\delta_{s2})$

图 7　不等厚度的 B 类焊接接头以及圆筒与球形封头相连的 A 类焊接接头连接型式

6.5.4 除图样另有规定外，筒体直线度允差应不大于筒体长度(L)的1‰。当直立容器的壳体长度超过30 m时，其筒体直线度允差应不大于$(0.5L/1\,000)+15$。

注：筒体直线度检查是通过中心线的水平和垂直面，即沿圆周0°、90°、180°、270°四个部位进行测量。测量位置与筒体纵向接头焊缝中心线的距离不小于100 mm。当壳体厚度不同时，计算直线度时应减去厚度差。

6.5.5 组装时，壳体上焊接接头的布置应满足以下要求：

a) 相邻筒节A类接头间外圆弧长，应大于钢材厚度δ_s的3倍，且不小于100 mm；

b) 封头A类拼接接头、封头上嵌入式接管A类接头、与封头相邻筒节的A类接头相互间的外圆弧长，均应大于钢材厚度δ_s的3倍，且不小于100 mm；

c) 组装筒体中，任何单个筒节的长度不得小于300 mm；

d) 不宜采用十字焊缝。

注：外圆弧长是指接头焊缝中心线之间、沿壳体外表面的距离。

6.5.6 法兰面应垂直于接管或圆筒的主轴中心线。接管和法兰的组件与壳体组装应保证法兰面的水平或垂直(有特殊要求的，如斜接管应按图样规定)，其偏差均不得超过法兰外径的1%(法兰外径小于100 mm时，按100 mm计算)，且不大于3 mm。

法兰螺栓孔应与壳体主轴线或铅垂线跨中布置(见图8)。有特殊要求时，应在图样上注明。

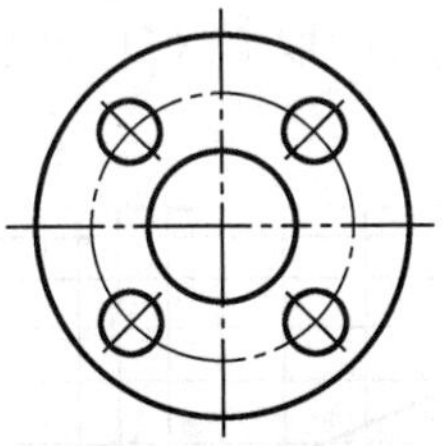

图8 法兰螺栓孔的跨中布置

6.5.7 直立容器的底座圈、底板上地脚螺栓孔应均布，中心圆直径允差、相邻两孔弦长允差和任意两孔弦长允差均不大于±3 mm。

6.5.8 容器内件和壳体间的焊接应尽量避开壳体上的A、B类焊接接头。

6.5.9 容器上凡被补强圈、支座、垫板等覆盖的焊缝，均应打磨至与母材齐平。

6.5.10 容器组焊完成后，应检查壳体的直径，要求如下：

a) 壳体同一断面上最大内径与最小内径之差，应不大于该断面内径D_i的1%(对锻焊容器为1‰)，且不大于25 mm(见图9)；

b) 当被检断面与开孔中心的距离小于开孔直径时，则该断面最大内径与最小内径之差，应不大于该断面内径D_i的1%(对锻焊容器为1‰)与开孔直径的2%之和，且不大于25 mm。

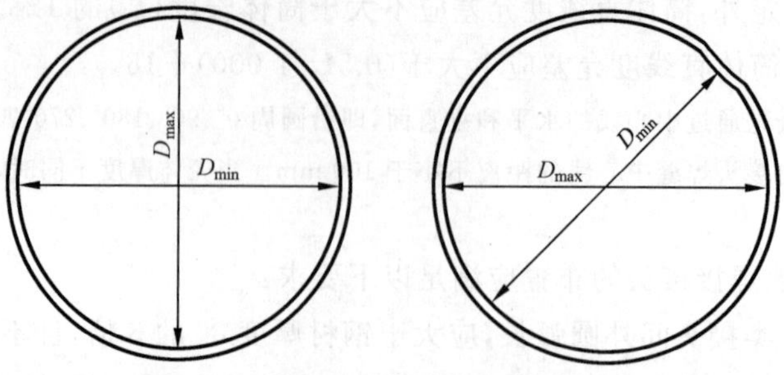

图 9　壳体同一断面上最大内径与最小内径之差

6.5.11　外压容器组焊完成后，还应按如下要求检查壳体的圆度：

a）采用内弓形或外弓形样板（依测量部位而定）测量。样板圆弧半径等于壳体内半径或外半径，其弦长等于 GB 150.3—2011 图 4-14 中查得的弧长的两倍。测量点应避开焊接接头或其他凸起部位。

b）用样板沿壳体径向测量的最大正负偏差 e 不得大于由图 10 中查得的最大允许偏差值。

当 D_o/δ_e 与 L/D_o 的交点位于图 10 中任意两条曲线之间时，其最大正负偏差 e 由内插法确定；

当 D_o/δ_e 与 L/D_o 的交点位于图中 $e=1.0\delta_e$ 曲线的上方或 $e=0.2\delta_e$ 曲线的下方时，其最大正负偏差 e 分别不得大于 δ_e 及 $0.2\delta_e$ 值。

c）圆筒、锥壳 L 与 D_o 分别按 GB 150.3 的规定选取，对于球壳 L 取为 $0.5D_o$；对于锥壳 D_o 取测量点所在锥壳外直径 D_{ox}，L 取 $L_e(D_{oL}/D_{ox})$，其中当量长度 L_e 按 GB 150.3—2011 式(5-20)计算。

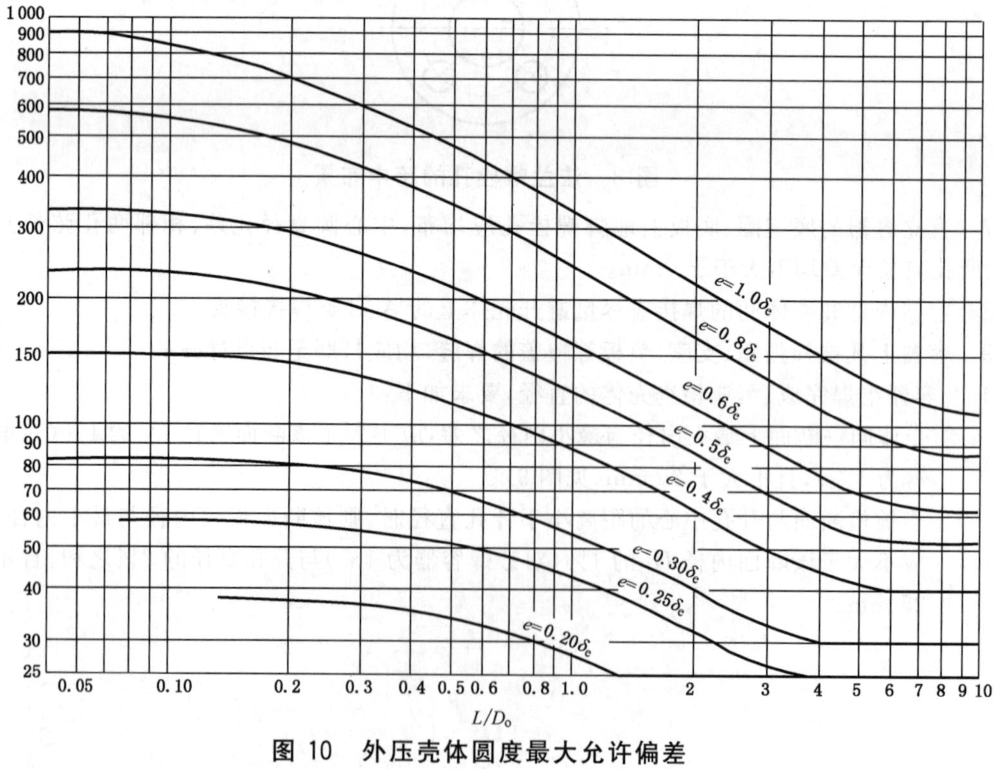

图 10　外压壳体圆度最大允许偏差

6.6 法兰与平盖

6.6.1 容器法兰按 JB/T 4700～4703 进行加工,管法兰按相应标准要求进行加工。

6.6.2 平盖和筒体端部的加工按以下规定:

a) 螺柱孔或螺栓孔的中心圆直径以及相邻两孔弦长允差为±0.6 mm;任意两孔弦长允差按表 2 规定:

表 2 法兰螺柱孔或螺栓孔任意两孔弦长允差

设计内径 D_i	<600	600～1 200	>1 200
允差	±1.0	±1.5	±2.0

b) 螺孔中心线与端面的垂直度允差不得大于 0.25%;

c) 螺纹基本尺寸与公差分别按 GB/T 196、GB/T 197 的规定;

d) 螺孔的螺纹精度一般为中等精度,或按相应标准选取。

6.7 螺栓、螺柱和螺母

6.7.1 公称直径不大于 M36 的螺栓、螺柱和螺母,按相应标准制造。

6.7.2 容器法兰螺柱按 JB/T 4707 的规定。

6.7.3 公称直径大于 M36 的螺柱和螺母除应符合 6.6.2,c)、d)和相应标准规定外,还应满足如下要求:

a) 有热处理要求的螺柱,其试样与试验按 GB 150.2—2011 的有关规定;

b) 螺母毛坯热处理后应做硬度试验;

c) 螺柱应按 JB/T 4730 进行表面检测,Ⅰ级合格。

6.8 组装及其他要求

6.8.1 机械加工表面和非机械加工表面的线性尺寸的极限偏差,分别按 GB/T 1804 中的 m 级和 c 级的规定。

6.8.2 容器受压元件的组装中不得强力进行对中、找平等。

6.8.3 应对容器的主要几何尺寸、管口方位进行检查,并应符合图样要求。

7 焊接

7.1 焊前准备及施焊环境

7.1.1 焊条、焊剂及其他焊接材料的贮存库应保持干燥,相对湿度不得大于 60%。

7.1.2 当施焊环境出现下列任一情况,且无有效防护措施时,禁止施焊:

a) 焊条电弧焊时风速大于 10 m/s;

b) 气体保护焊时风速大于 2 m/s;

c) 相对湿度大于 90%;

d) 雨、雪环境;

e) 焊件温度低于－20 ℃。

7.1.3 当焊件温度低于 0 ℃但不低于－20 ℃时,应在施焊处 100 mm 范围内预热到 15 ℃以上。

7.2 焊接工艺

7.2.1 容器施焊前,受压元件焊缝、与受压元件相焊的焊缝、熔入永久焊缝内的定位焊缝、受压元件母材表面堆焊与补焊,以及上述焊缝的返修焊缝都应按 NB/T 47014 进行焊接工艺评定或者具有经过评定合格的焊接工艺支持。

7.2.2 用于焊接结构受压元件的境外材料(含填充材料),压力容器制造单位在首次使用前,应按NB/T 47014 进行焊接工艺评定。

7.2.3 设计温度低于-100 ℃且不低于-196 ℃的铬镍奥氏体不锈钢制容器,应根据设计温度选择合适的焊接工艺,母材应为含碳量小于或等于 0.10%的铬镍奥氏体不锈钢;在相应的焊接工艺评定中,应进行焊缝金属的低温夏比(V 形缺口)冲击试验,在不高于设计温度下的冲击吸收功(KV_2)不得小于 31J(当设计温度低于-192 ℃时,其冲击试验温度取-192 ℃)。

7.2.4 低温容器的焊接工艺评定,包括焊缝和热影响区的低温夏比(V 形缺口)冲击试验。冲击试验的取样方法,按 NB/T 47014 要求确定。

冲击试验温度应不高于图样要求的试验温度。当焊缝两侧母材具有不同冲击试验要求时,低温冲击功按两侧母材抗拉强度的较低值符合 GB 150.2—2011 中表 1 或图样的要求。接头的拉伸和弯曲性能按两侧母材中的较低要求。

7.2.5 低温容器的焊接应严格控制线能量。在焊接工艺评定所确认的范围内,选用较小的焊接线能量,以多道施焊为宜。

7.2.6 应在受压元件焊接接头附近的指定部位打上焊工代号钢印,或者在含焊缝布置图的焊接记录中记录焊工代号。其中,低温容器和不锈钢容器的耐腐蚀表面不得采用钢印标记。

7.2.7 焊接工艺评定技术档案应保存至该工艺评定失效为止,焊接工艺评定试样保存期不少于 5 年。

7.3 焊缝表面的形状尺寸及外观要求

7.3.1 A、B 类焊接接头的焊缝余高 e_1、e_2 按表 3 和图 11 的规定。

表 3 A、B 类焊接接头的焊缝余高合格指标

单位为毫米

R_m≥540 MPa 的低合金钢材、Cr-Mo 低合金钢材				其他钢材			
单面坡口		双面坡口		单面坡口		双面坡口	
e_1	e_2	e_1	e_2	e_1	e_2	e_1	e_2
0%～10%δ_s 且≤3	0～1.5	0%～10%δ_1 且≤3	0%～10%δ_2 且≤3	0%～15%δ_s 且≤4	0～1.5	0%～15%δ_1 且≤4	0%～15%δ_2 且≤4

7.3.2 C、D 类接头的焊脚尺寸,在图样无规定时,取焊件中较薄者之厚度。补强圈的焊脚,当补强圈的厚度不小于 8 mm 时,其焊脚尺寸等于补强圈厚度的 70%,且不小于 8 mm。

7.3.3 焊接接头表面应按相关标准进行外观检查,不得有表面裂纹、未焊透、未熔合、表面气孔、弧坑、未填满、夹渣和飞溅物;焊缝与母材应圆滑过渡;角焊缝的外形应凹形圆滑过渡。

7.3.4 下列容器的焊缝表面不得有咬边:

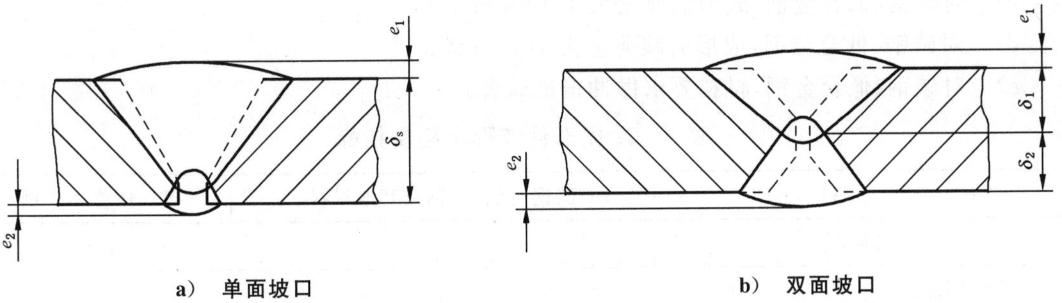

图 11 A、B 类焊接接头的焊缝余高

a) 标准抗拉强度下限值 $R_m \geqslant 540$ MPa 低合金钢材制造的容器;

b) Cr-Mo 低合金钢材制造的容器;

c) 不锈钢材料制造的容器;

d) 承受循环载荷的容器;

e) 有应力腐蚀的容器;

f) 低温容器;

g) 焊接接头系数 ϕ 为 1.0 的容器(用无缝钢管制造的容器除外)。

其他容器焊缝表面的咬边深度不得大于 0.5 mm,咬边连续长度不得大于 100 mm,焊缝两侧咬边的总长不得超过该焊缝长度的 10%。

7.4 焊接返修

7.4.1 当焊缝需要返修时,其返修工艺应符合 7.2 的有关规定。

7.4.2 焊缝同一部位的返修次数不宜超过 2 次。如超过 2 次,返修前应经制造单位技术负责人批准,返修次数、部位和返修情况应记入容器的质量证明文件。

7.4.3 下列容器在焊后热处理后如进行任何焊接返修,应对返修部位重新进行热处理:

a) 盛装毒性为极度或高度危害介质的容器;

b) Cr-Mo 钢制容器;

c) 低温容器;

d) 图样注明有应力腐蚀的容器。

7.4.4 热处理后的焊接返修应征得用户同意。除 7.4.3 外要求焊后热处理的容器,如在热处理后进行返修,当返修深度小于钢材厚度 δ_s 的 1/3,且不大于 13 mm 时,可不再进行焊后热处理。返修焊接时,应先预热并控制每一焊层厚度不得大于 3 mm,且应采用回火焊道。

在同一截面两面返修时,返修深度为两面返修的深度之和。

7.4.5 有特殊耐腐蚀要求的容器或受压元件,返修部位仍需保证不低于原有的耐腐蚀性能。

8 热处理

8.1 成形受压元件的恢复性能热处理

8.1.1 钢板冷成形受压元件,当符合下列 a)~e)中任意条件之一,且变形率超过表 4 的范围,应于成形后进行相应热处理恢复材料的性能。

a) 盛装毒性为极度或高度危害介质的容器;

b) 图样注明有应力腐蚀的容器;

c) 对碳钢、低合金钢,成形前厚度大于16 mm者;

d) 对碳钢、低合金钢,成形后减薄量大于10%者;

e) 对碳钢、低合金钢,材料要求做冲击试验者。

表4 冷成形件变形率控制指标

材　料	碳钢、低合金钢及其他材料	奥氏体型不锈钢
变形率/%	5	15[a]
变形率计算: 单向拉伸(如筒体成形,见图12):变形率(%)$=50\delta[1-(R_f/R_o)]/R_f$ 双向拉伸(如封头成形,见图12):变形率(%)$=75\delta[1-(R_f/R_o)]/R_f$ 式中: δ——板材厚度,mm; R_f——成形后中面半径,mm; R_o——成形前中面半径(对于平板为∞),mm。		
[a] 当设计温度低于−100 ℃,或高于675 ℃时,变形率控制值为10%。		

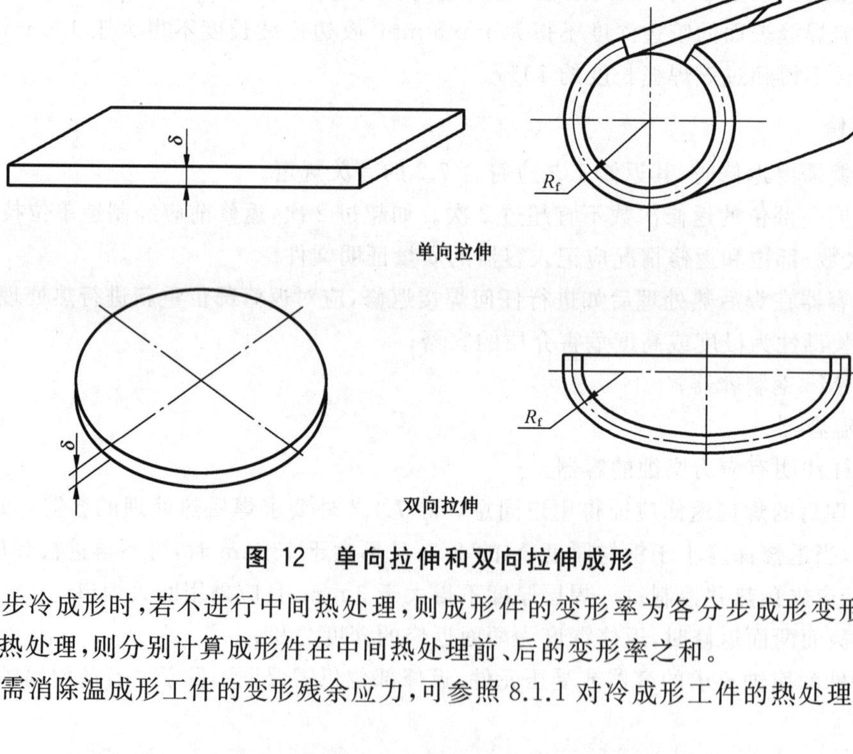

图12 单向拉伸和双向拉伸成形

8.1.2 分步冷成形时,若不进行中间热处理,则成形件的变形率为各分步成形变形率之和;若进行中间热处理,则分别计算成形件在中间热处理前、后的变形率之和。

8.1.3 若需消除温成形工件的变形残余应力,可参照8.1.1对冷成形工件的热处理条件和要求进行。

8.1.4 若热成形或温成形改变了材料供货热处理状态,应重新进行热处理,恢复材料供货热处理状态。

8.1.5 当对成形温度、恢复材料供货热处理状态的热处理有特殊要求时,应遵循相关标准、规范或设计文件的规定。

8.2 焊后热处理(PWHT)

容器及其受压元件按材料、焊接接头厚度(即焊后热处理厚度,δ_{PWHT})和设计要求确定是否进行焊后热处理。

8.2.1 焊接接头厚度应按下列规定确定:

a) 对等厚全焊透对接接头为钢材厚度;

b) 对于对接焊缝和角焊缝为焊缝厚度;

c) 对于组合焊缝为对接焊缝与角焊缝厚度中较大者;

d) 当不同厚度元件焊接时:

——不等厚对接接头取较薄元件的钢材厚度;

——壳体与管板、平封头、盖板及其他类似元件的B类焊接接头,取壳体厚度;

——接管与壳体焊接时,取接管颈厚度、壳体厚度、补强圈厚度和连接角焊缝厚度中较大者;

——接管与法兰焊接时,取接头处接管颈厚度;对于GB 150.3—2011图7-1g)所示结构取法兰厚度;

——对于GB 150.3—2011附录D图D.12 b)所示内封头连接结构取圆筒和封头厚度的大者;

——非受压元件与受压元件焊接时,取焊缝厚度。

8.2.2 容器及其受压元件符合下列条件之一者,应进行焊后热处理,焊后热处理应包括受压元件间及其与非受压元件的连接焊缝。当制订热处理技术要求时,除满足以下规定外,还应采取必要的措施,避免由于焊后热处理导致的再热裂纹。

8.2.2.1 焊接接头厚度符合表5规定者。

表5 需进行焊后热处理的焊接接头厚度

材料	焊接接头厚度
碳素钢、Q345R、Q370R、P265GH、P355GH、16Mn	>32 mm >38 mm(焊前预热100 ℃以上)
07MnMoVR、07MnNiVDR、07MnNiMoDR、12MnNiVR、08MnNiMoVD、10Ni3MoVD	>32 mm >38 mm(焊前预热100 ℃以上)
16MnDR、16MnD	>25 mm
20MnMoD	>20 mm(设计温度不低于−30 ℃的低温容器) 任意厚度(设计温度低于−30 ℃的低温容器)
15MnNiDR、15MnNiNbDR、09MnNiDR、09MnNiD	>20 mm(设计温度不低于−45 ℃的低温容器) 任意厚度(设计温度低于−45 ℃的低温容器)
18MnMoNbR、13MnNiMoR、20MnMo、20MnMoNb、20MnNiMo	任意厚度
15CrMoR、14Cr1MoR、12Cr2Mo1R、12Cr1MoVR、12Cr2Mo1VR、15CrMo、14Cr1Mo、12Cr2Mo1、12Cr1MoV、12Cr2Mo1V、12Cr3Mo1V、1Cr5Mo	任意厚度
S11306、S11348	>10 mm
08Ni3DR、08Ni3D	任意厚度

8.2.2.2 图样注明有应力腐蚀的容器。

8.2.2.3 用于盛装毒性为极度或高度危害介质的碳素钢、低合金钢制容器。

8.2.2.4 当相关标准或图样另有规定时。

8.2.3 对于异种钢材之间的焊接接头,按热处理要求高者确定是否进行焊后热处理。

8.2.4 当需对奥氏体型不锈钢、奥氏体-铁素体型不锈钢进行焊后热处理时,按设计文件规定。

8.2.5 除设计文件另有规定,奥氏体型不锈钢、奥氏体-铁素体型不锈钢的焊接接头可不进行热处理。8.2.6 焊后热处理要求

8.2.6.1 制造单位应按设计文件和标准的要求在热处理前编制热处理工艺。

8.2.6.2 不得使用燃煤炉进行焊后热处理。

8.2.6.3 热处理装置(炉)应配有自动记录温度曲线的测温仪表,并能自动绘制热处理的时间与工件壁温关系曲线。

8.2.6.4 整体焊后热处理可以是炉内整体加热方法或容器内部加热方法。在可能的情况下,应优先采用炉内整体加热方法;当无法整体加热时,允许分段加热进行。分段热处理时,其重复加热长度应不小于 1 500 mm,且相邻部分应采取保温措施,使温度梯度不致影响材料的组织和性能。热处理操作应符合 8.2.7 的规定。

8.2.6.5 B、C、D、E 类焊接接头,球形封头与圆筒连接接头以及缺陷焊补部位,允许采用局部热处理。局部热处理有效加热范围应符合下列规定:

a) 焊缝最大宽度两侧各加 δ_{PWHT} 或 50 mm,取两者较小值;

b) 返修焊缝端部方向上加 δ_{PWHT} 或 50 mm,取两者较小值;

c) 接管与壳体相焊时,应环绕包括接管在内的筒体全圆周加热,且在垂直于焊缝方向上自焊缝边缘加 δ_{PWHT} 或 50 mm,取两者较小值。

局部热处理的有效加热范围应确保不产生有害变形,当无法有效控制变形时,应扩大加热范围,例如对圆筒全周长范围进行加热;同时,靠近加热区的部位应采取保温措施,使温度梯度不致影响材料的组织和性能。

8.2.6.6 复合钢板容器及其受压元件热处理时,应采取措施保证容器(特别是覆层材料性能)满足使用要求。

8.2.7 焊后热处理操作

8.2.7.1 碳素钢、低合金钢的焊后热处理操作应符合如下规定:

a) 焊件进炉时炉内温度不得高于 400 ℃;

b) 焊件升温至 400 ℃后,加热区升温速度不得超过 5 500/δ_{PWHT} ℃/h,且不得超过 220 ℃/h,一般情况下不低于 55 ℃/h;

c) 升温时,加热区内任意 4 600 mm 长度内的温差不得大于 140 ℃;

d) 保温时,加热区内最高与最低温度之差不宜超过 80 ℃;

e) 升温及保温时应控制加热区气氛,防止焊件表面过度氧化;

f) 炉温高于 400 ℃时,加热区降温速度不得超过 7 000/δ_{PWHT} ℃/h,且不得超过 280 ℃/h,一般情况下不低于 55 ℃/h;

g) 焊件出炉时,炉温不得高于 400 ℃,出炉后应在静止空气中继续冷却。

8.2.7.2 对 S11306、S11348 铁素体型不锈钢的焊后热处理按 8.2.7.1 的规定。其中,对于 f)和 g),当温度高于 650 ℃时,降温速度不得大于 55 ℃/h,当温度低于 650 ℃时,应快速降温。

8.3 改善材料力学性能热处理

压力容器或受压元件的制造单位进行改善材料力学性能的热处理,应根据设计文件要求所制定的热处理工艺进行。母材的热处理试板应与容器(或受压元件)同炉热处理。

8.4 其他热处理

当要求材料的使用热处理状态与供货热处理状态一致时,在制造过程中不得改变其供货热处理状态,否则应重新进行热处理。

8.5 热处理前、后的表面处理

有耐腐蚀要求的不锈钢及复合钢板制容器的表面,应在热处理前清除不锈钢表面污物及有害介质。该类材料制零部件按设计文件要求进行热处理后,还需作酸洗、钝化处理。

9 试件与试样

9.1 产品焊接试件

9.1.1 制备产品焊接试件条件

9.1.1.1 凡符合以下条件之一的、有A类纵向焊接接头的容器,应逐台制备产品焊接试件:

a) 盛装毒性为极度或高度危害介质的容器;

b) 材料标准抗拉强度 $R_m \geqslant 540$ MPa 的低合金钢制容器;

c) 低温容器;

d) 制造过程中,通过热处理改善或者恢复材料性能的钢制容器;

e) 设计文件要求制备产品焊接试件的容器。

9.1.1.2 除图样规定制作鉴证环试件外,B类焊接接头、球形封头与圆筒相连的A类焊接接头免做产品焊接试件。

9.1.2 制备产品焊接试件与试样的要求

9.1.2.1 产品焊接试件应当在筒节纵向焊缝的延长部位与筒节同时施焊(球形容器除外)。

9.1.2.2 试件应取自合格的原材料,且与容器用材具有相同标准、相同牌号、相同厚度和相同热处理状态。

9.1.2.3 试件应由施焊该容器的焊工,采用与施焊容器相同的条件、过程与焊接工艺(包括施焊及其之后的热处理条件)施焊,有热处理要求的容器,试件一般应当随容器进行热处理,否则应当采取措施保证试件按照与容器相同的工艺进行热处理。

9.1.2.4 试件的尺寸和试样的截取按NB/T 47016的规定。若有冲击试验要求,应在试件上同时截取冲击试样,进行冲击试验。

9.1.3 试样检验与评定

9.1.3.1 试样的检验与评定按NB/T 47016和设计文件要求进行。

9.1.3.2 当需要进行耐腐蚀性能检验时,应按相关标准和设计文件规定制备试样进行试验,并满足要求。其中,不锈钢的晶间腐蚀敏感性检验应按GB/T 21433规定进行。

9.1.3.3 对于低温容器,除另有规定外,冲击试验应包括焊缝金属和热影响区,并按NB/T 47016和设计文件规定的试验温度和合格指标进行检验和评定。

9.1.3.4 除另有规定,奥氏体型钢材的焊缝金属冲击试验合格指标为冲击吸收功不小于31 J。

9.1.3.5 当试样评定结果不能满足要求时,允许按NB/T 47016的要求取样进行复验。如复验结果仍达不到要求时，则该试件所代表的产品应判为不合格。

9.2 母材热处理试件

9.2.1 制备母材热处理试件条件

9.2.1.1 凡符合以下条件之一者，应制备母材热处理试件：

a) 当要求材料的使用热处理状态与供货热处理状态一致时，在制造过程中若改变了供货的热处理状态，需要重新进行热处理的；

b) 在制造过程中，需要采用热处理改善材料力学性能的；

c) 冷成形或温成形的受压元件，成形后需要通过热处理恢复材料性能的。

9.2.2 制备母材热处理试件与试样的要求

9.2.2.1 母材热处理试件应与母材同炉进行热处理；当无法同炉时，应模拟与母材相同的热处理状态。

9.2.2.2 试件的尺寸可参照 NB/T 47016 的要求确定。母材热处理试件切取拉伸试样 1 个、冷弯试样1 个、冲击试样 3 个。

9.2.3 试样检验与评定

试样的拉伸、冷弯和冲击试验分别按 GB/T 228、GB/T 232 和 GB/T 229 的规定进行，并按 GB 150.2 和设计文件要求进行评定。当试样评定结果不能满足要求时，允许重新取样进行复验。如复验结果仍达不到要求，则该试件所代表的母材应判为不合格。

9.3 B 类焊接接头鉴证环

9.3.1 容器 B 类焊接接头是否需制备鉴证环按设计文件规定。

9.3.2 鉴证环应取自合格的材料，且与容器用材具有相同钢号、相同热处理状态，如系锻件则其锻件级别也应相同。有热处理要求的容器，鉴证环应进行同样的热处理。

9.3.3 鉴证环试样的种类、尺寸、数量、截取及试验方法与结果评定按设计文件要求。

9.4 其他试件与试样

9.4.1 要求做耐腐蚀性能检验的容器或者受压元件，应按设计文件规定制备耐腐蚀性能试验试件并进行检验与评定。

9.4.2 根据设计文件要求，螺柱经热处理后需做力学性能试验者，应按批制备热处理试样并进行检验与评定。每批系指同时投料的具有相同钢号、相同炉罐号、相同断面尺寸、相同制造工艺的同类螺柱。

9.5 合并制备试件

当容器同时要求制备产品焊接试件和母材热处理试件时，在保证两种试件代表性的情况下可合并制备。

10 无损检测

10.1 无损检测方法的选择

10.1.1 容器的对接接头应当采用射线或超声检测，超声检测包括衍射时差法超声检测(TOFD)、可记录的脉冲反射法超声检测和不可记录的脉冲反射法超声检测。

10.1.2 当采用不可记录的脉冲反射法超声检测时，还应当采用射线检测或者衍射时差法超声检测做为附加局部检测。

10.1.3 铁磁性材料制容器焊接接头表面应当优先采用磁粉检测。

10.2 无损检测的实施时机

10.2.1 容器的焊接接头,应在形状尺寸检查、外观目视检查合格后,再进行无损检测。

10.2.2 拼接封头应当在成形后进行无损检测。

10.2.3 有延迟裂纹倾向的材料(如:12Cr2Mo1R)应当至少在焊接完成 24 h 后进行无损检测,有再热裂纹倾向的材料(如:07MnNiVDR)应当在热处理后增加一次无损检测。

10.2.4 标准抗拉强度下限值 $R_m \geqslant 540$ MPa 的低合金钢制容器,在耐压试验后,还应当对焊接接头进行表面无损检测。

10.3 射线和超声检测

10.3.1 全部(100%)射线或超声检测

凡符合下列条件之一的容器及受压元件,需采用设计文件规定的方法,对其 A 类和 B 类焊接接头,进行全部射线或超声检测:

a) 设计压力大于或等于 1.6 MPa 的第Ⅲ类容器;

b) 采用气压或气液组合耐压试验的容器;

c) 焊接接头系数取 1.0 的容器;

d) 使用后需要但是无法进行内部检验的容器;

e) 盛装毒性为极度或高度危害介质的容器;

f) 设计温度低于−40 ℃的或者焊接接头厚度大于 25 mm 低温容器;

g) 奥氏体型不锈钢、碳素钢、Q345R、Q370R 及其配套锻件的焊接接头厚度大于 30 mm 者;

h) 18MnMoNbR、13MnNiMoR、12MnNiVR 及其配套锻件的焊接接头厚度大于 20 mm 者;

i) 15CrMoR、14Cr1MoR、08Ni3DR、奥氏体-铁素体型不锈钢及其配套锻件的焊接接头厚度大于 16 mm 者;

j) 铁素体型不锈钢、其他 Cr-Mo 低合金钢制容器;

k) 标准抗拉强度下限值 $R_m \geqslant 540$ MPa 的低合金钢制容器;

l) 图样规定须 100%检测的容器。

注:上述容器中公称直径 $DN \geqslant 250$ mm 的接管与接管对接接头、接管与高颈法兰对接接头的检测要求与 A 类和 B 类焊接接头相同。

10.3.2 局部射线或超声检测

除 10.3.1 规定以外的容器,应对其 A 类及 B 类焊接接头进行局部射线或超声检测。检测方法按设计文件规定。其中,对低温容器检测长度不得少于各焊接接头长度的 50%,对非低温容器检测长度不得少于各焊接接头长度的 20%,且均不得小于 250 mm。

下列 a)～e)部位、焊缝交叉部位应 100%检测,其中 a)、b)、c)部位及焊缝交叉部位的检测长度可计入局部检测长度之内。

a) 先拼板后成形凸形封头上的所有拼接接头;

b) 凡被补强圈、支座、垫板、内件等所覆盖的焊接接头;

c) 对于满足 GB 150.3—2011 中 6.1.3 不另行补强的接管,自开孔中心、沿容器表面的最短长度等于开孔直径的范围内的焊接接头;

d) 嵌入式接管与圆筒或封头对接连接的焊接接头;

e) 承受外载荷的公称直径 $DN \geqslant 250$ mm 的接管与接管对接接头和接管与高颈法兰的对接接头。

注:按本条规定检测后,制造单位对未检查部分的质量仍需负责。但是,若作进一步检测可能会发现少量气孔等不危及容器安全的超标缺陷,如果这也不允许时,就应选择 100%射线或超声检测。

10.3.3 公称直径 $DN < 250$ mm 的接管与接管对接接头、接管与高颈法兰对接接头的检测要求按设计文件规定。

10.3.4 对容器直径不超过 800 mm 的圆筒与封头的最后一道环向封闭焊缝,当采用不带垫板的单面焊对接接头,且无法进行射线或超声检测时,允许不进行检测,但需采用气体保护焊打底。

10.4 表面检测

凡符合下列条件之一的焊接接头,需按图样规定的方法,对其表面进行磁粉或渗透检测:

a) 10.3.1 中低温容器上的 A、B、C、D、E 类焊接接头,缺陷修磨或补焊处的表面,卡具和拉筋等拆除处的割痕表面;

b) 凡属 10.3.1 中 i)、j)、k)容器上的 C、D、E 类焊接接头;

c) 异种钢焊接接头、具有再热裂纹倾向或者延迟裂纹倾向的焊接接头;

d) 钢材厚度大于 20 mm 的奥氏体型不锈钢、奥氏体-铁素体型不锈钢容器的对接和角接接头;

e) 堆焊表面;

f) 复合钢板的覆层焊接接头;

g) 标准抗拉强度下限值 $R_m \geqslant 540$ MPa 的低合金钢及 Cr-Mo 低合金钢容器的缺陷修磨或补焊处的表面,卡具和拉筋等拆除处的割痕表面;

h) 要求全部射线或超声检测的容器上公称直径 $DN < 250$ mm 的接管与接管对接接头、接管与高颈法兰对接接头;

i) 要求局部射线或超声检测的容器中先拼板后成形凸形封头上的所有拼接接头;

j) 设计文件要求进行检测的接管角焊缝。

10.5 组合检测

10.5.1 标准抗拉强度下限值 $R_m \geqslant 540$ MPa 的低合金钢制容器的所有 A 类和 B 类焊接接头,若其焊接接头厚度大于 20 mm,还应采用 10.1 中所列的与原无损检测方法不同的检测方法另行进行局部检测,该检测应包括所有的焊缝交叉部位;同时,该类材料容器在耐压试验后,还应对焊接接头进行表面无损检测。

10.5.2 经射线或超声检测的焊接接头,如有不允许的缺陷,应在缺陷清除干净后进行补焊,并对该部分采用原检测方法重新检测,直至合格。

10.5.3 进行局部检测的焊接接头,发现有不允许的缺陷时,应在该缺陷两端的延伸部位增加检查长度,增加的长度为该焊接接头长度的 10%,且两侧均不小于 250 mm。若仍有不允许的缺陷,则对该焊接接头做全部检测。

10.5.4 磁粉与渗透检测发现的不允许缺陷,应在进行修磨及必要的补焊后,对该部位采用原检测方法重新检测,直至合格。

10.5.5 当设计文件规定时,应按规定进行组合检测。

10.6 无损检测的技术要求

10.6.1 射线检测的技术要求

按 JB/T 4730 对焊接接头进行射线检测,其合格指标见表 6。

10.6.2 超声检测的技术要求

按 JB/T 4730 对焊接接头进行超声检测,其合格指标见表 6。

表 6 射线、超声检测合格指标

检测方法		检测技术等级	检测范围		合格级别
射线检测		AB	A、B类接头	全部	Ⅱ
				局部	Ⅲ
			角接接头、T形接头		Ⅱ
超声检测	脉冲反射法	B	A、B类接头	全部	Ⅰ
				局部	Ⅱ
			角接接头、T形接头		Ⅰ
	衍射时差法	—	—		Ⅱ

10.6.3 表面检测的技术要求

按 JB/T 4730 对焊接接头进行磁粉、渗透检测,合格级别不低于Ⅰ级。

10.6.4 组合检测技术要求

当组合采用射线和超声检测时,质量要求和合格级别按照各自执行的标准确定,并且均应当合格。

10.7 无损检测档案

压力容器无损检测档案应完整,保存时间不得少于容器设计使用年限。

11 耐压试验和泄漏试验

11.1 制造完工的容器应按设计文件规定进行耐压试验和泄漏试验。

11.2 耐压试验和泄漏试验时,如采用压力表测量试验压力,则应使用两个量程相同的、并经检定合格的压力表。压力表的量程应为 1.5～3 倍的试验压力,宜为试验压力的 2 倍。压力表的精度不得低于 1.6 级,表盘直径不得小于 100 mm。

11.3 容器的开孔补强圈应在试验前以 0.4 MPa～0.5 MPa 的压缩空气检查焊接接头质量。

11.4 耐压试验

11.4.1 耐压试验分为液压试验、气压试验以及气液组合压力试验,应按设计文件规定的方法进行耐压试验。

11.4.2 耐压试验的试验压力和必要时的强度校核按 GB 150.1—2011 的规定。

11.4.3 耐压试验前,容器各连接部位的紧固件应装配齐全,并紧固妥当;为进行耐压试验而装配的临时受压元件,应采取适当的措施,保证其安全性。

11.4.4 试验用压力表应安装在被试验容器安放位置的顶部。

11.4.5 耐压试验保压期间不得采用连续加压以维持试验压力不变,试验过程中不得带压拧紧紧固件或对受压元件施加外力。

11.4.6 耐压试验后所进行的返修,如返修深度大于壁厚一半的容器,应重新进行耐压试验。

11.4.7 2个(或2个以上)压力室组成的多腔容器的耐压试验,应符合GB 150.1—2011中4.6.1.7和设计文件的要求。

11.4.8 带夹套容器应先进行内筒耐压试验,合格后再焊夹套,然后再进行夹套内的耐压试验。

11.4.9 液压试验

11.4.9.1 试验液体一般采用水,试验合格后应立即将水排净吹干;无法完全排净吹干时,对奥氏体不锈钢制容器,应控制水的氯离子含量不超过25 mg/L。

11.4.9.2 需要时,也可采用不会导致发生危险的其他试验液体,但试验时液体的温度应低于其闪点或沸点,并有可靠的安全措施。

11.4.9.3 试验温度

Q345R、Q370R、07MnMoVR制容器进行液压试验时,液体温度不得低于5 ℃;其他碳钢和低合金钢制容器进行液压试验时,液体温度不得低于15 ℃;低温容器液压试验的液体温度应不低于壳体材料和焊接接头的冲击试验温度(取其高者)加20 ℃。如果由于板厚等因素造成材料无塑性转变温度升高,则需相应提高试验温度。

当有试验数据支持时,可使用较低温度液体进行试验,但试验时应保证试验温度(容器器壁金属温度)比容器器壁金属无塑性转变温度至少高30 ℃。

11.4.9.4 试验程序和步骤

a) 试验容器内的气体应当排净并充满液体,试验过程中,应保持容器观察表面的干燥;
b) 当试验容器器壁金属温度与液体温度接近时,方可缓慢升压至设计压力,确认无泄漏后继续升压至规定的试验压力,保压时间一般不少于30 min;然后降至设计压力,保压足够时间进行检查,检查期间压力应保持不变。

11.4.9.5 液压试验的合格标准

试验过程中,容器无渗漏,无可见的变形和异常声响。

11.4.9.6 液压试验完毕后,应将液体排尽并用压缩空气将内部吹干。

11.4.10 气压试验和气液组合压力试验

11.4.10.1 试验所用气体应为干燥洁净的空气、氮气或其他惰性气体;试验液体与液压试验的规定相同。

11.4.10.2 气压试验和气液组合压力试验应有安全措施,试验单位的安全管理部门应当派人进行现场监督。

11.4.10.3 试验压力和必要时的强度校核按GB 150.1—2011的规定。

11.4.10.4 试验温度按11.4.9.3的规定。

11.4.10.5 试验时应先缓慢升压至规定试验压力的10%,保压5 min,并且对所有焊接接头和连接部位进行初次检查;确认无泄漏后,再继续升压至规定试验压力的50%;如无异常现象,其后按规定试验压力的10%逐级升压,直到试验压力,保压10 min;然后降至设计压力,保压足够时间进行检查,检查期间压力应保持不变。

11.4.10.6 气压试验和气液组合压力试验的合格标准

对于气压试验，容器无异常声响，经肥皂液或其他检漏液检查无漏气，无可见的变形；对于气液组合压力试验，应保持容器外壁干燥，经检查无液体泄漏后，再以肥皂液或其他检漏液检查无漏气，无异常声响，无可见的变形。

11.5 泄漏试验

11.5.1 容器需经耐压试验合格后方可进行泄漏试验。

11.5.2 泄漏试验包括气密性试验、氨检漏试验、卤素检漏试验和氦检漏试验，应按设计文件规定的方法和要求进行。

11.5.3 气密性试验

11.5.3.1 气密性试验所用气体应符合11.4.10.1的规定。

11.5.3.2 气密性试验压力为容器的设计压力。

11.5.3.3 试验时压力应缓慢上升，达到规定压力后保持足够长的时间，对所有焊接接头和连接部位进行泄漏检查。小型容器亦可浸入水中检查。

11.5.3.4 试验过程中，无泄漏合格；如有泄漏，应在修补后重新进行试验。

11.5.3.5 气密性试验的其他要求按相关标准规定。

11.5.4 其他泄漏试验方法和要求还应符合相关标准规定。

12 多层容器

多层容器的制造除满足本标准的其他有关规定外，还应符合以下规定。

12.1 成形与内筒

12.1.1 多层包扎(包括多层筒节包扎和多层整体包扎)容器、钢带错绕容器内筒的成形允差应符合表7的规定。

表7 多层包扎和钢带错绕容器内筒成形允差 单位为毫米

成形允差		
A类焊接接头的对口错边量 b (见图3)	A类焊接接头处形成的棱角 E (见图5)	同一断面上最大、最小直径之差 (见图9)
≤1.0	≤1.5	≤0.4%D_i，且≤5

12.1.2 套合容器单层圆筒的成形允差

12.1.2.1 单层圆筒成形后沿其轴向分上、中、下3个断面测量内径。同一断面最大内径与最小内径之差应不大于该圆筒内径的0.5%。

12.1.2.2 单层圆筒的直线度用不小于圆筒长度的直尺检查。将直尺沿轴向靠在筒壁上，直尺与筒壁之间的间隙不大于1.5 mm。

12.1.2.3 A类接头表面均需进行机加工或修磨，不允许保留余高、错边、咬边，并使接头区的圆度和筒身一致。用弦长等于该单层圆筒内径的1/3，且不小于300 mm的内样板或外样板进行检查(见图5)，形成的棱角 E 应符合表8的规定。

表8 套合容器单层圆筒棱角允差

棱角 E/mm	≥1.50	1.50>E≥1.25	1.25>E≥1.00	1.00>E≥0.75	0.75>E≥0.50	0.50>E≥0.20	<0.20
$\frac{\text{棱角 }E\text{ 的弧长}}{\text{套合面圆周长}}$/%	0	3	4	5	6	7	不计

12.1.3 多层整体包扎容器和钢带错绕容器内筒组装允差

12.1.3.1 内筒之间的B类焊接接头对口错边量 b(如图3)应不大于1.5 mm;内筒与端部法兰或封头的连接,其对口错边量应不大于1.0 mm。

12.1.3.2 内筒B类焊接接头在轴向形成的棱角 E(见图6),用长度不小于300 mm的直尺检查,其 E 值不得大于1.5 mm。

12.1.3.3 组装内筒的直线度允差不得大于筒体长度的0.1%,且不大于6 mm。

12.1.4 内筒焊接与热处理

12.1.4.1 内筒或组装内筒焊缝不得有咬边。

12.1.4.2 内筒或组装内筒A、B类焊接接头外表面应进行加工或修磨,使之与母材表面圆滑过渡。

12.1.4.3 多层包扎容器碳钢和低合金钢内筒的A类焊接接头、钢带错绕容器碳钢和低合金钢内筒A、B类焊接接头应进行焊后热处理。

12.2 组合

12.2.1 层板包扎

12.2.1.1 包扎前应清除内筒、已包扎和待包扎层板外表面的铁锈、油污和其他影响贴合的杂物。

12.2.1.2 内筒纵向焊接接头与各层层板C类焊接接头应均匀错开;多层整体包扎容器内筒环向焊接接头与各层层板环向焊接接头应相互错开,且相邻层环向焊接接头间的最小距离应大于图样要求。

12.2.1.3 包扎下一层层板前,应将前一层焊缝修磨平滑。

12.2.1.4 层板的焊接接头修磨后应进行外观目视检查,不得存在裂纹、咬边和密集气孔。

12.2.1.5 层板包扎后应进行松动面积检查。对内筒内径 D_i≤1 000 mm的容器,每一松动部位,沿环向长度不得超过30%D_i,沿轴向长度不得超过600 mm;对于内筒内径 D_i>1 000 mm的容器,每一松动部位,沿环向长度不得超过300 mm,沿轴向长度不得超过600 mm。

12.2.1.6 每个多层筒节的层板上应按图样要求加工检漏孔。

12.2.1.7 多层整体包扎容器的各层层板与端部法兰或封头的连接,其对口错边量均不得大于0.8 mm。

12.2.2 套合

12.2.2.1 套合操作前应对各单层圆筒进行喷砂或喷丸处理,清除铁锈、油污及影响层间贴合的杂物。

12.2.2.2 套合操作加热温度的选择,应以不影响钢材的性能为准。套合操作应靠筒身自重自由套入,不允许强力压入。

12.2.2.3 套合中应将各单层圆筒的A类接头相互错开,错开角度不小于30°。

12.2.2.4　除内筒外,每个套合圆筒上应按图样要求钻泄放孔。

12.2.2.5　套合圆筒两端坡口加工后,用塞尺检查套合面的间隙。间隙径向尺寸在 0.2 mm 以上的任何一块间隙面积,不得大于套合面面积的 0.4%;径向尺寸大于 1.5 mm 的间隙应进行焊补。

注:间隙径向尺寸即指间隙处能塞入的最大塞尺厚度;间隙面积即指间隙沿圆筒轴向的深度与间隙弧长的乘积。

12.2.3　**钢带缠绕**

12.2.3.1　钢带错绕容器内筒制作完毕后,应按 11.5 的规定进行泄漏试验,试验合格后方可缠绕钢带。泄漏试验压力不得大于式(1)计算值:

$$p_{\mathrm{Ti}}=[\sigma]_{\mathrm{i}}\frac{\delta_{\mathrm{i}}}{R_{\mathrm{i}}} \quad \cdots\cdots(1)$$

式中:

p_{Ti} ——内筒泄漏试验压力,MPa;

$[\sigma]_{\mathrm{i}}$——试验温度下内筒材料的许用应力,MPa;

δ_{i} ——内筒壁厚,mm;

R_{i} ——内筒内半径,mm。

12.2.3.2　缠绕钢带前应将内筒、钢带外表面的铁锈、油污及影响贴合的杂物清除干净。

12.2.3.3　各层钢带应按图样规定的缠绕倾角和预拉应力进行缠绕,并记录测力装置读数。缠绕钢带过程中,应实测并记录各层钢带的实际厚度,并确保各层钢带的实际厚度总和大于钢带层设计厚度,否则,应增加缠绕钢带层数。

12.2.3.4　同层钢带中,相邻钢带间距应均匀分布且小于 3 mm,不得因间距不均匀而切割钢带侧边。

12.2.3.5　每层钢带缠绕后应进行松动面积检查,每根钢带上的松动面积应不超过该钢带总面积的 15%。

12.2.3.6　每层钢带的始、末两端应尽量与前一层贴合,并通过焊接钢带端部长度大于等于 2 倍钢带宽度的带间间距使之得到加强与箍紧。每层钢带端部焊缝处均应修磨平整,并用不小于 5 倍的放大镜对焊缝进行外观检查,不应有咬边、密集气孔、夹渣、裂纹等缺陷。必要时可进行磁粉或渗透检测。

12.2.3.7　允许钢带作 45°切边对接拼接处理,拼接钢带长度不得小于 500 mm,每根钢带拼接至多1 处,每一缠绕钢带层拼接不得多于 3 处。拼接接头应采用全熔透结构,拼接前应按 NB/T 47014 进行焊接工艺评定,拼接后应修磨焊缝至与钢带平齐。

12.3　**热处理**

12.3.1　多层包扎容器上,与包扎筒节相焊的各类焊接接头,焊接后可不作焊后热处理。

12.3.2　套合后的圆筒应作消除应力热处理,这一工序允许和焊后热处理合并进行。

12.4　**试件与试样**

12.4.1　多层筒节包扎容器的产品焊接试件应包括内筒焊接试件和层板焊接试件。层板的焊接试件在某一层纵向接头(C 类)的延长部位焊制,在试件的焊缝根部需垫上与层板同材料、同厚度的垫板。

12.4.2 多层整体包扎容器、钢带错绕容器(钢管制内筒除外)的内筒应制备产品焊接试件。

12.5 无损检测

12.5.1 层板的拼接接头,多层筒节包扎容器内筒的A类焊接接头,套合容器各单层圆筒的A类焊接接头,多层整体包扎容器内筒的A、B类焊接接头,各层层板与端部法兰或球形封头的焊接接头及最外层层板的纵向和环向焊接接头,钢带错绕容器内筒的A、B类焊接接头应进行全部(100%)射线或超声检测,并应符合10.6规定。

12.5.2 对材料标准抗拉强度下限值$R_m \geqslant 540$ MPa的多层包扎容器层板C类焊接接头,应对其表面进行100%磁粉或渗透检测,并应符合10.6规定。

12.6 耐压试验和泄漏试验

12.6.1 多层容器的耐压试验和最终泄漏试验应符合11章和设计文件的要求。

12.6.2 钢带错绕容器的耐压试验除应符合11.4的要求外,还应在耐压试验时,在距最外层钢带两端焊缝800 mm部位和筒体中部测量圆筒的周长。

试验过程中取两组测量值,第一组取自耐压试验前零压力状态下3个部位的测量值;第二组取自耐压试验中,达到规定试验压力并至少保压5 min后3个部位的测量值。计算3个部位周长实测伸长量平均值e_m,并与按下式计算所得的相同尺寸单层圆筒周向理论伸长量e_{th}相比,e_m和e_{th}之比在0.6~1.0之间为合格。

相同尺寸单层圆筒周向理论伸长量e_{th}计算:

$$e_{th}=\frac{10.68R_o P_T R_i^2}{E_m(R_o^2-R_i^2)} \qquad \cdots\cdots(2)$$

式中:

e_{th} ——相同尺寸单层圆筒周向理论伸长量,mm;

R_o ——容器圆筒外半径,mm;

P_T ——钢带错绕容器耐压试验压力,MPa;

R_i ——容器圆筒内半径,mm;

E_m ——材料耐压试验温度下的弹性模量,MPa。

12.6.3 钢带错绕容器在耐压试验和泄漏试验合格后,应按图样要求加焊外保护壳。

13 容器出厂要求

13.1 出厂资料

13.1.1 制造单位应向容器采购方提供出厂资料;对容器使用有特殊要求时,还应提供使用说明书。

13.1.2 容器出厂资料至少应包括以下内容:

a) 容器竣工总图;

b) 容器产品合格证(含产品数据表);

c) 产品质量证明文件(含主要受压元件材质证明书、材料清单、封头和锻件等外购件的质量证明文件、质量计划或检验计划、结构尺寸检查报告、焊接记录、无损检测报告、热处理报告及自动记录曲线、耐压试验报告及泄漏试验报告、与风险预防和控制相关的制造文件、现场组焊容器的组焊和质量检验技术资料等);

d) 产品铭牌的拓印件或者复印件;

e) 特种设备制造监督检验证书(对需监督检验的压力容器);

f) 容器设计文件(含强度计算书或者应力分析报告、按相关规定要求的风险评估报告,以及其他必要的设计文件)。

13.2 产品铭牌

13.2.1 容器铭牌应固定于明显的位置,其中低温容器的铭牌不能直接铆固在壳体上。

13.2.2 铭牌至少应包括如下内容:

a) 产品名称;

b) 制造单位名称;

c) 制造单位许可证编号/级别;

d) 产品标准;

e) 主体材料;

f) 介质名称;

g) 设计温度;

h) 设计压力或最高允许工作压力(必要时);

i) 耐压试验压力;

j) 产品编号;

k) 设备代码;

l) 制造日期;

m) 压力容器类别;

n) 容积(换热面积)。

13.3 容器的涂敷与运输包装

容器的涂敷与运输包装除应符合 JB/T 4711 的规定外,还应符合设计文件要求。

ICS 71.120.30
J 75

中华人民共和国国家标准

GB/T 151—2014

代替 GB 151—1999

热 交 换 器

Heat exchangers

2014-12-05 发布　　2015-05-01 实施

中华人民共和国国家质量监督检验检疫总局
中国国家标准化管理委员会　发布

前　言

本标准按照 GB/T 1.1—2009 给出的规则起草。

本标准代替 GB 151—1999《管壳式换热器》。与 GB 151—1999 相比，主要技术变化如下：

a) 修改了标准名称，扩大了标准适用范围：
——提出了热交换器的通用要求；
——规定了其他结构型式的热交换器所依据的标准。

b) 修订了管壳式热交换器的适用参数范围。

c) 增加了热交换器传热计算的基本要求。

d) 提高了管壳式热交换器管束的尺寸精度要求。

e) 修订了换热管与管板的连接：
——增加了胀接连接的胀度计算公式及胀度控制值；
——修订了强度焊接的定义及结构形式；
——增加了内孔焊。

f) 修订了单管板设计计算，增加了双管板设计计算。

g) 增加了附录 A“标准的符合性声明及修订”。

h) 将 GB 151—1999 附录 F“壁温计算”修订为附录 B“管壳式热交换器传热计算”。

i) 修订了附录 C“流体诱发振动”。

j) 增加了附录 D“常见流体的物理性质数据”。

k) 增加了附录 E“污垢热阻”。

l) 增加了附录 F“金属导热系数”。

m) 修订了附录 G“换热管特性表”。

n) 增加了附录 H“换热管与管板焊接接头的焊缝形式”。

o) 修订了附录 I“管板与管箱、壳体的焊接连接”。

p) 修订了附录 J“壳体和管束的进口或出口面积计算”。

q) 增加了附录 K“波纹换热管热交换器的管板”。

r) 增加了附录 L“拉撑管板”。

s) 增加了附录 M“挠性管板”。

本标准由全国锅炉压力容器标准化技术委员会(SAC/TC 262)提出并归口。

本标准起草单位：甘肃蓝科石化高新装备股份有限公司、上海蓝滨石化设备有限责任公司、中国石化工程建设有限公司、中国特种设备检测研究院、国家质量监督检验检疫总局特种设备安全监察局、中石化洛阳工程有限公司、清华大学、西安交通大学、天津大学、中国成达工程有限公司、中国石化上海高桥石油化工公司、天华化工机械及自动化研究设计院有限公司、沈阳化工大学。

本标准主要起草人:张延丰、寿比南、邹建东、朱巨贤、李世玉、张迎恺、顾月章、薛明德、黄克智、杨国义、朱国栋、徐锋、程真喜、蔡隆展、赵维、李志安、王普勋、白博峰、谭蔚、邹红、马一鸣、陈韶范、刘鹏。

本标准所代替标准的历次版本发布情况为:

——GB 151—1989、GB 151—1999。

引　言

本标准是全国锅炉压力容器标准化技术委员会(以下简称“委员会”)负责制定和归口的热交换器标准,用以规范在中国境内建造或使用的热交换器设计、制造、检验和验收的相关技术要求。

本标准的技术条款包括了金属制热交换器的通用要求、管壳式热交换器建造过程(即指设计、制造、检验和验收工作)中应遵循的相关要求。由于本标准没有必要、也不可能囊括适用范围内管壳式热交换器建造中的所有技术细节,因此,在满足法规所规定的基本安全要求的前提下,不应禁止本标准中没有特别提及的技术内容。本标准不能作为具体管壳式热交换器建造的技术手册,亦不能代替培训、工程经验和工程评价。工程评价是指由知识渊博、娴于规范应用的技术人员所做出针对具体产品的技术评价。但工程评价应符合本标准的相关技术要求,不得违反本标准中的禁用规定。本标准还规定了管壳式热交换器安装和使用的基本要求。

本标准不限制实际工程设计和建造中采用先进的技术方法,但工程技术人员采用先进的技术方法时应能做出可靠的判断。

本标准既不要求也不禁止设计人员使用计算机程序实现热交换器的分析或设计,但采用计算机程序进行分析或设计时,除应满足本标准要求外,还应确认:

a) 所采用程序中技术假定的合理性;

b) 所采用程序对设计内容的适应性;

c) 所采用程序输入参数及输出结果用于工程设计的正确性。

热 交 换 器

1 范围

1.1 本标准规定了金属制热交换器的通用要求,并规定了管壳式热交换器材料、设计、制造、检验、验收及其安装、使用的要求。

1.2 本标准的通用要求适用于管壳式热交换器及其他结构型式热交换器,本标准的所有内容适用于管壳式热交换器。

1.3 本标准适用的设计压力:

a) 管壳式热交换器的设计压力不大于 35 MPa;

b) 其他结构型式热交换器的设计压力按相应引用标准确定。

1.4 本标准适用的设计温度:

a) 钢材不得超过 GB 150.2—2011 列入材料的允许使用温度范围;

b) 其他金属材料按相应引用标准中列入材料的允许使用温度确定。

1.5 本标准中管壳式热交换器适用的公称直径不大于 4 000 mm,设计压力(MPa)与公称直径(mm)的乘积不大于 2.7×10^4。

1.6 超出 1.5 条范围的管壳式热交换器,可参照本标准进行建造。

1.7 本标准不适用于下列热交换器:

a) 直接火焰加热的热交换器;

b) 烟道式余(废)热锅炉;

c) 核能装置中存在中子辐射损伤失效风险的热交换器;

d) 非金属制热交换器;

e) 制冷空调行业中另有国家标准或行业标准的热交换器。

1.8 热交换器界定范围:

a) 热交换器与外部管道连接:

1) 焊接连接的第一道环向接头坡口端面;

2) 螺纹连接的第一个螺纹接头端面;

3) 法兰连接的第一个法兰密封面;

4) 专用连接件或管件连接的第一个密封面。

b) 接管、人孔、手孔等的承压封头、平盖及其紧固件;

c) 非受压元件与受压元件的连接焊缝;

d) 直接连接在热交换器上的非受压元件如支座、垫板等;

e) 安装在热交换器上的超压泄放装置。

2 规范性引用文件

下列文件对于本文件的应用是必不可少的。凡是注日期的引用文件,仅注日期的版本适用于本文件。凡是不注日期的引用文件,其最新版本(包括所有的修改单)适用于本文件。

GB 150.1—2011 压力容器 第1部分:通用要求
GB 150.2—2011 压力容器 第2部分:材料
GB 150.3—2011 压力容器 第3部分:设计
GB 150.4—2011 压力容器 第4部分:制造、检验和验收
GB/T 1527—2006 铜及铜合金拉制管
GB/T 1804 一般公差 未注公差的线性和角度尺寸的公差
GB/T 2882—2013 镍及镍合金管
GB/T 3625—2007 换热器及冷凝器用钛及钛合金管
GB 5310 高压锅炉用无缝钢管
GB/T 5313—2010 厚度方向性能钢板
GB 6479 高压化肥设备用无缝钢管
GB/T 6893—2010 铝及铝合金拉(轧)制无缝管
GB/T 8890—2007 热交换器用铜合金无缝管
GB 9948 石油裂化用无缝钢管
GB 13296 锅炉、热交换器用不锈钢无缝钢管
GB 16749 压力容器波形膨胀节
GB/T 21832 奥氏体-铁素体型双相不锈钢焊接钢管
GB/T 21833 奥氏体-铁素体型双相不锈钢无缝钢管
GB/T 24590 高效换热器用特型管
GB/T 24593 锅炉和热交换器用奥氏体不锈钢焊接钢管
GB/T 26283—2010 锆及锆合金无缝管材
GB/T 26929 压力容器术语
GB/T 28713(所有部分) 管壳式热交换器用强化传热元件
GB/T 29463(所有部分) 管壳式热交换器用垫片
GB/T 29465 浮头式热交换器用外头盖侧法兰
NB/T 47002(所有部分) 压力容器用爆炸焊接复合板
NB/T 47003.1(JB/T 4735.1) 钢制焊接常压容器
NB/T 47004(JB/T 4752) 板式热交换器
NB/T 47006(JB/T 4757) 铝制板翅式热交换器
NB/T 47007(JB/T 4758) 空冷式热交换器
NB/T 47011 锆制压力容器
NB/T 47013.10(JB/T 4730.10) 承压设备无损检测 第10部分:衍射时差法超声检测
NB/T 47014(JB/T 4708) 承压设备焊接工艺评定
NB/T 47019(所有部分) 锅炉、热交换器用管订货技术条件
NB/T 47020(JB/T 4700) 压力容器法兰分类与技术条件
NB/T 47021(JB/T 4701) 甲型平焊法兰
NB/T 47022(JB/T 4702) 乙型平焊法兰
NB/T 47023(JB/T 4703) 长颈对焊法兰
NB/T 47024(JB/T 4704) 非金属软垫片

NB/T 47025(JB/T 4705)　缠绕垫片

NB/T 47026(JB/T 4706)　金属包垫片

NB/T 47027(JB/T 4707)　压力容器法兰用紧固件

NB/T 47041—2014(JB/T 4710)　塔式容器

JB/T 4711　压力容器涂敷与运输包装

JB/T 4712.1　容器支座　第1部分:鞍式支座

JB/T 4712.3　容器支座　第3部分:耳式支座

JB/T 4730(所有部分)　承压设备无损检测

JB 4732—1995　钢制压力容器——分析设计标准(2005年确认)

JB/T 4734　铝制焊接容器

JB/T 4745　钛制焊接容器

JB/T 4751　螺旋板式换热器

JB/T 4755　铜制压力容器

JB/T 4756　镍及镍合金制压力容器

HG/T 20592　钢制管法兰(PN系列)

HG/T 20615　钢制管法兰(Class系列)

TSG R0004—2009　固定式压力容器安全技术监察规程

3　术语和定义

GB 150.1—2011、GB/T 26929界定的以及下列术语和定义适用于本文件。

3.1

公称直径　nominal diameter

DN

a)　卷制、锻制圆筒,以内径(mm)作为管壳式热交换器的公称直径。

b)　管材制圆筒,以外径(mm)作为管壳式热交换器的公称直径。

c)　釜式重沸器,以管箱内(或外)径(mm)作为釜式重沸器的公称直径。

3.2

换热面积　heat transfer area

A

a)　计算换热面积,以换热管外径为基准,扣除不参与换热的换热管长度后,计算得到的外表面积,m^2。

b)　公称换热面积,圆整为整数后的计算换热面积,m^2。

3.3

公称长度　nominal length

LN

以换热管的长度(m)作为管壳式热交换器的公称长度。换热管为直管时,取直管长度;换热管为U形管时,取U形管直管段的长度。

3.4

管程和壳程　tubeside & shellside

a)　管程——介质流经换热管内的通道及与其相贯通部分。

b) 壳程——介质流经换热管外的通道及与其相贯通部分。

c) 管程数 N_t——介质沿换热管长度方向往、返的次数。

d) 壳程数 N_s——介质在壳程内沿换热管长度方向往、返的次数。

3.5

Ⅰ级管束　grade Ⅰ bundle

换热管外径的允许偏差符合表 6-6、管板管孔直径及允许偏差符合表 6-10、折流板和支持板管孔直径及允许偏差符合表 6-22 的钢制管束。

3.6

Ⅱ级管束　grade Ⅱ bundle

换热管外径的允许偏差符合表 6-7、管板管孔直径及允许偏差符合表 6-11、折流板和支持板管孔直径及允许偏差符合表 6-23 的钢制管束。

3.7

强度胀接　strength expansion

换热管与管板的胀接连接强度满足换热管轴向(拉或压)机械和温差载荷设计要求并保证密封性能的胀接。

3.8

贴胀　light expansion

为消除换热管与管板管孔之间缝隙的轻度胀接。

3.9

强度焊接　strength weld

换热管与管板的焊接连接强度满足换热管轴向(拉或压)机械和温差载荷设计要求并保证密封性能的焊接。

3.10

密封焊接　seal weld

仅保证换热管与管板连接不泄漏的焊接。

3.11

内孔焊　tubes welded to backside of tubesheet

换热管与管板之间在壳程侧以对接焊缝形成对接接头或锁底接头的焊接。

4 通用要求

4.1 通则

4.1.1 热交换器应符合本标准的通用要求,并应遵守国家颁布的有关法律、法规和安全技术规范。本标准的符合性声明见附录 A。

4.1.2 管壳式热交换器应符合本标准的要求,其他结构型式热交换器除应符合本标准通用要求外,还应符合下列相应标准的要求:

a) JB/T 4751《螺旋板式换热器》;

b) NB/T 47004(JB/T 4752)《板式热交换器》;

c) NB/T 47006(JB/T 4757)《铝制板翅式热交换器》;

d) NB/T 47007(JB/T 4758)《空冷式热交换器》。

4.1.3 采用铝、钛、铜、镍和锆等其他金属制管壳式热交换器或受压元件除应符合本标准要求外,还应符合下列相应标准的要求:

a) JB/T 4734《铝制焊接容器》;

b) JB/T 4745《钛制焊接容器》;

c) JB/T 4755《铜制压力容器》;

d) JB/T 4756《镍及镍合金制压力容器》;

e) NB/T 47011《锆制压力容器》。

4.1.4 热交换器的设计、制造单位应建立健全的质量管理体系并有效运行。

4.1.5 TSG R0004—2009 管辖范围内的热交换器,其设计、制造、安装和使用应接受特种设备安全监察机构的监察。

4.1.6 对不能按照 GB 150.3—2011、本标准及相应引用标准进行设计计算的热交换器或受压元件,可按 GB 150.1—2011 中 4.1.6 规定的方法进行设计。

4.1.7 设计压力低于 0.1 MPa 及真空度低于 0.02 MPa 的热交换器或受压元件,可按 NB/T 47003.1(JB/T 4735.1)及本标准的有关规定进行设计。

4.2 资格与职责

4.2.1 资格

TSG R0004—2009 管辖范围内的热交换器,其设计、制造单位应持有相应的特种设备许可证。

4.2.2 职责

4.2.2.1 用户或设计委托方的职责

热交换器的用户或设计委托方应以正式书面形式向设计单位提出设计条件(UDS—User's Design Specification),且至少应包含以下内容:

a) 设计所依据的主要标准和规范;

b) 操作参数(包括工作压力、工作温度范围、液位高度、接管载荷以及循环载荷等);

c) 使用地及其自然条件(包括环境温度、抗震设防烈度、风载荷和雪载荷等);

d) 介质组分与特性;

e) 预期使用年限;

f) 几何参数和管口方位;

g) 钢制管束等级;

h) 设计需要的其他必要条件。

4.2.2.2 设计单位的职责

热交换器的设计单位至少应包含以下职责:

a) 应对设计文件的正确性和完整性负责;

b) 热交换器的设计文件至少应包括强度计算书、设计图样、制造技术条件、风险评估报告(相关法规或设计委托方要求时),必要时还应包括安装与使用维修说明;

c) TSG R0004—2009 管辖范围内热交换器的设计总图应盖有特种设备设计许可印章;

d) 应在设计使用年限内保存管壳式热交换器的全部设计文件,其他结构型式的热交换器设计文件的保存要求按相应标准执行。

4.2.2.3 制造单位的职责

热交换器的制造单位至少应包含以下职责：

a) 制造单位应按照设计文件要求进行制造，如需要对原设计进行修改，应取得原设计单位同意修改的书面文件，并且对改动部位作出详细记载；

b) 制造单位在热交换器制造前应制定完善的质量计划，其内容至少应包括热交换器或元件的制造工艺控制点、检验项目和合格指标；

c) 制造单位的检查部门在热交换器制造过程中和完工后，应按标准、图样和质量计划的规定对热交换器进行各项检验和试验，出具相应报告，并对报告的正确性和完整性负责；

d) 制造单位在检验合格后，应出具产品质量合格证；

e) 制造单位对其制造的每台管壳式热交换器产品应在设计使用年限内至少保存下列技术文件：

1) 质量计划；

2) 制造工艺图或制造工艺卡；

3) 产品质量证明文件；

4) 焊接工艺和热处理工艺文件；

5) 标准中允许制造单位选择的检验、试验项目记录；

6) 制造过程中及完工后的检查、检验、试验记录；

7) 原设计图和竣工图；

f) 其他结构型式的热交换器制造技术文件的保存要求应按相应标准执行。

4.3 工艺计算

4.3.1 设计条件

4.3.1.1 热交换器的用户或设计委托方应以正式书面形式向设计单位提出工艺设计条件，且至少应包含以下内容：

a) 操作数据，包括流量、气相分率、温度、压力、热负荷等；

b) 物性数据，包括介质密度、比热、黏度、导热系数或介质组成等；

c) 允许阻力降；

d) 其他，包括操作弹性、工况、安装要求(几何参数、管口方位)等。

4.3.1.2 管壳式热交换器的数据表参见附录B表B.1。

4.3.2 选型与计算

4.3.2.1 热交换器的选型应考虑下列因素：

a) 合理选择热交换器型式及基本参数，满足传热、安全可靠性及能效要求；

b) 考虑经济性，合理选材；

c) 满足热交换器安装、操作、维修等要求。

4.3.2.2 热交换器工艺计算时应进行优化，提高换热效率，满足工艺设计条件要求。管壳式热交换器无相变传热计算参见附录B。需要时管壳式热交换器还应考虑流体诱发振动，计算参见附录C。常见流体的物理性质数据参见附录D，污垢热阻参见附录E，金属导热系数参见附录F。

4.4 设计一般规定

4.4.1 载荷

4.4.1.1 设计时应考虑以下载荷：

a) 内压、外压或最大压差；

b) 膨胀量不同引起的作用力；

c) 液柱静压力，当液柱静压力小于设计压力的5%时，可忽略不计。

4.4.1.2 需要时，还应考虑下列载荷：

a) 热交换器自重及正常工作条件下或耐压试验状态下内装介质的重力载荷；

b) 附属设备及隔热材料、衬里、管道、扶梯、平台等的重力载荷；

c) 风载荷、地震载荷、雪载荷；

d) 支座及其他型式支承件的反作用力；

e) 连接管道和其他部件的作用力；

f) 温度梯度引起的作用力；

g) 冲击载荷，包括压力急剧波动引起的冲击载荷、流体冲击引起的反力等；

h) 运输或吊装时的作用力。

4.4.2 设计压力或计算压力

设计压力或计算压力的确定应符合以下规定：

a) 热交换器上装有超压泄放装置时，应按 GB 150.1—2011 附录 B 的规定确定设计压力；

b) 热交换器各程(压力室)的设计压力应按各自最苛刻的工作工况分别确定；

c) 如热交换器存在负压操作，确定元件计算压力时应考虑在正常工作情况下可能出现的最大压力差；

d) 真空侧的设计压力按承受外压考虑；当装有安全控制装置(如真空泄放阀)时，设计压力取1.25 倍的最大内外压力差，或 0.1 MPa 两者中的较低值；当无安全控制装置时，取 0.1 MPa；

e) 对于同时受各程(压力室)压力作用的元件，且在全寿命期内均能保证不超过设定压差时，才可以按压差设计，否则应分别按各程(压力室)设计压力确定计算压力，并应考虑可能存在的最苛刻的压力组合；按压差设计时，压差的取值还应考虑在压力试验过程中可能出现的最大压差值，并应在设计文件中明确设计压差，同时应提出在压力试验过程中保证压差的要求。

4.4.3 设计温度

设计温度的确定应符合以下规定：

a) 热交换器的各程(压力室)设计温度应按各自最苛刻的工作工况分别确定；各部分在工作状态下的金属温度不同时，可分别设定设计温度；壳程设计温度、管程设计温度分别为壳程壳体、管箱壳体的设计温度；

b) 设计温度不得低于元件金属在工作状态可能达到的最高温度；对于 0 ℃以下的金属温度，设计温度不得高于元件金属可能达到的最低温度；在任何情况下，元件金属的表面温度不得超过材料的允许使用温度；

c) 对于同时受两侧介质温度作用的元件应按其金属温度确定设计温度；

d) 元件的金属温度通过以下方法确定：

1) 传热计算求得；

2) 在已使用的同类热交换器上测定；

3) 根据介质温度并结合外部条件确定。

4.4.4 工况组合

对有不同工作工况的热交换器,应按最苛刻的工况设计;必要时还应考虑不同工况的组合,并在图样或相应技术文件中注明各工况操作条件和设计条件下的压力和温度值。

4.4.5 厚度附加量

4.4.5.1 厚度附加量按式(4-1)确定：

$$C=C_1+C_2 \qquad \cdots\cdots (4\text{-}1)$$

式中：

C ——厚度附加量,mm；

C_1——材料厚度负偏差,按4.4.5.2的规定,mm；

C_2——腐蚀裕量,按4.4.5.3、4.4.5.4和4.4.5.5的规定,mm。

4.4.5.2 板材或管材的厚度负偏差应符合相应材料标准的规定。

4.4.5.3 为防止热交换器元件由于腐蚀、机械磨损而导致厚度削弱减薄,应考虑腐蚀裕量：

a) 对有均匀腐蚀或磨损的元件,应根据预期的设计使用年限和介质对金属材料的腐蚀速率(及磨蚀速率)确定腐蚀裕量；

b) 各元件受到的腐蚀程度不同时,可采用不同的腐蚀裕量；

c) 介质为压缩空气、水蒸气或水的碳素钢或低合金钢制热交换器,腐蚀裕量不小于1 mm。

4.4.5.4 管壳式热交换器元件腐蚀裕量的考虑原则：

a) 管板、浮头法兰和球冠形封头的两面均应考虑腐蚀裕量；

b) 管箱平盖、凸形封头、管箱和壳体内表面应考虑腐蚀裕量；

c) 管板和管箱平盖上开槽时,可将高出隔板槽底面的金属作为腐蚀裕量,但当腐蚀裕量大于槽深时,还应加上两者的差值；

d) 设备法兰和管法兰的内径面应考虑腐蚀裕量；

e) 换热管、钩圈、浮头螺栓和纵向隔板一般不考虑腐蚀裕量；

f) 分程隔板的两面均应考虑腐蚀裕量；

g) 拉杆、定距管、折流板和支持板等非受压元件,一般不考虑腐蚀裕量。

4.4.5.5 其他结构型式的热交换器以及铝、钛、铜、镍和锆等其他金属制热交换器的腐蚀裕量按相应引用标准的规定确定。

4.5 许用应力

4.5.1 材料应按GB 150.1—2011表1、表2的规定确定许用应力。

4.5.2 受压元件用钢材的许用应力值应按GB 150.2—2011选取,铝、钛、铜、镍和锆等其他金属的许用应力值应按相应引用标准选取。

4.5.3 复合钢板的许用应力应按GB 150.1—2011中4.4.3确定。

4.5.4 圆筒许用轴向压缩应力应按GB 150.1—2011中4.4.5和相关标准的规定确定。

4.5.5　需要考虑地震载荷或风载荷与 4.4.1 中其他载荷相组合时,元件的设计应力应符合 GB 150.1—2011 中 4.4.4 和相关标准的规定。

4.6　焊接接头分类与焊接接头系数

4.6.1　管壳式热交换器受压元件之间的焊接接头分为 A、B、C、D 四类,非受压元件与受压元件的焊接接头为 E 类,如图 4-1 所示。其他结构型式热交换器的焊接接头按相应标准规定。

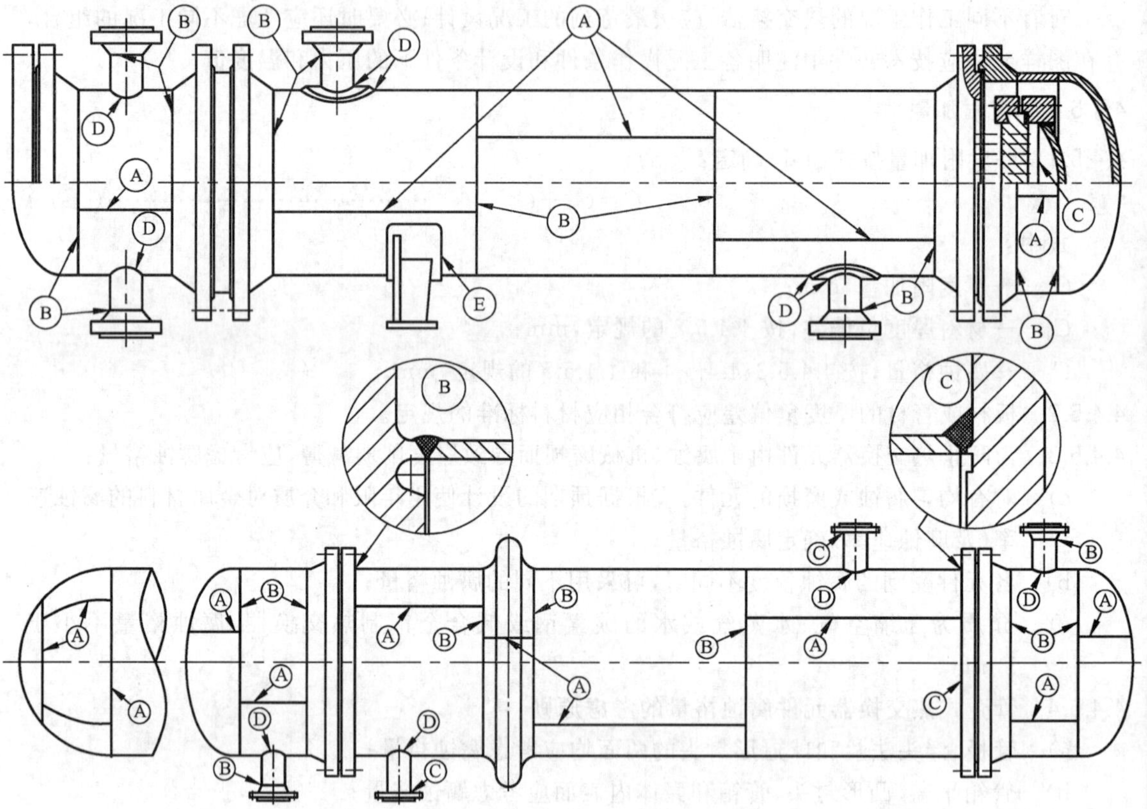

图 4-1　焊接接头分类

4.6.2　焊接接头系数 ϕ 应根据对接接头的焊缝形式及无损检测的长度比例确定。

4.6.3　钢制管壳式热交换器焊接接头系数按表 4-1 选取。

表 4-1　焊接接头系数 ϕ

焊接接头形式	全部无损检测	局部无损检测
双面焊对接接头和相当于双面焊的全焊透对接接头	1.0	0.85
单面焊对接接头(沿焊缝根部全长有紧贴基本金属的垫板)	0.90	0.80

4.6.4　对于无法进行无损检测的固定管板式热交换器壳程圆筒的环向焊接接头,应采用氩弧焊打底或沿焊缝根部全长有紧贴基本金属的垫板,其焊接接头系数 $\phi=0.6$。

4.6.5　对于换热管与管板连接的内孔焊,进行 100%射线检测时焊接接头系数 $\phi=1.0$,局部射线检测时焊接接头系数 $\phi=0.85$,不进行射线检测时焊接接头系数 $\phi=0.6$。

4.6.6　铝、钛、铜、镍和锆等其他金属的焊接接头系数按相应引用标准的规定。

4.7 耐压试验

4.7.1 管壳式热交换器耐压试验的要求和试验压力应符合 GB 150.1—2011 中 4.6 的要求，其他结构型式热交换器耐压试验的要求和试验压力应符合相关标准的要求。

4.7.2 耐压试验的种类和要求应在图样上注明。

4.7.3 按压差设计的热交换器，应在图样上提出压力试验时升、降压的具体要求。

4.7.4 对于管程设计压力高于壳程设计压力的管壳式热交换器，应在图样上提出管头的试验方法和压力。

4.8 泄漏试验

4.8.1 泄漏试验应符合 GB 150.1—2011 中 4.7 的要求。

4.8.2 泄漏试验的种类和要求应在图样上注明。

5 材料

5.1 总则

5.1.1 管壳式热交换器钢制受压元件的钢号及其标准、附加技术要求、限定范围(压力和温度等)及许用应力应符合 GB 150.2—2011 及其附录 A、附录 D 的规定，高温性能参考值参见 GB 150.2—2011 附录 B。

5.1.2 管壳式热交换器受压元件用铝、钛、铜、镍和锆等其他金属材料，其技术要求、限定范围(牌号、压力和温度等)及许用应力，应符合 TSG R0004—2009 及本标准引用标准的规定。

5.2 圆筒及封头

用于制造管壳式热交换器圆筒或封头的材料应符合 GB 150.1—2011 引用标准和 GB 150.2—2011 的有关规定。

5.3 管板、管箱平盖、法兰

5.3.1 锻件

用于制造管板、管箱平盖、法兰的钢锻件应符合 GB 150.2—2011 第 6 章的规定，锻件级别不得低于Ⅱ级。

5.3.2 板材

5.3.2.1 用于制造管板、管箱平盖、设备法兰的板材应符合 GB 150.1—2011 引用标准和 GB 150.2—2011 的有关规定。带凸肩的管板、内孔焊管板和管箱平盖(GB 150.3—2011 表 5-10 中序号 11～14 的平盖)采用轧制板材直接加工制造时，碳素钢、低合金钢厚度方向性能级别不应低于 GB/T 5313—2010 中的 Z35 级，并在设计文件上提出附加检验要求。

5.3.2.2 复合管板可采用堆焊或爆炸焊接复合板。当采用爆炸焊接复合板时，应符合 NB/T 47002.1～47002.4 中 B1 级的要求；当换热管受轴向压应力时，宜采用堆焊复合管板。

5.3.3 衬层

5.3.3.1 管箱平盖、法兰可采用(松式)衬层(衬板、衬环)复合结构。

5.3.3.2 衬层复合结构不得使用于下列场合：

a) 设计温度高于 300 ℃；

b) 工作过程中，存在真空工况；

c) 介质毒性程度为极度或高度危害。

5.4 换热管

5.4.1 钢制换热管应符合 GB 150.2—2011 和本标准第 4 章引用标准的规定。常用换热管特性参见附录 G,常用换热管牌号及要求见下列管材标准:

a) GB/T 1527《铜及铜合金拉制管》;

b) GB/T 2882《镍及镍合金管》;

c) GB/T 3625《换热器及冷凝器用钛及钛合金管》;

d) GB 5310《高压锅炉用无缝钢管》;

e) GB 6479《高压化肥设备用无缝钢管》;

f) GB/T 6893《铝及铝合金拉(轧)制无缝管》;

g) GB/T 8890《热交换器用铜合金无缝管》;

h) GB 9948《石油裂化用无缝钢管》;

i) GB 13296《锅炉、热交换器用不锈钢无缝钢管》;

j) GB/T 21832《奥氏体-铁素体型双相不锈钢焊接钢管》;

k) GB/T 21833《奥氏体-铁素体型双相不锈钢无缝钢管》;

l) GB/T 24593《锅炉和热交换器用奥氏体不锈钢焊接钢管》;

m) GB/T 26283《锆及锆合金无缝管材》;

n) NB/T 47019.1~47019.8《锅炉、热交换器用管订货技术条件》。

5.4.2 允许采用符合下列标准的强化传热管,其使用范围和基管材料还应符合 GB 150.2—2011 及相关标准的规定:

a) GB/T 24590《高效换热器用特型管》;

b) GB/T 28713.1《管壳式热交换器用强化传热元件　第 1 部分:螺纹管》;

c) GB/T 28713.2《管壳式热交换器用强化传热元件　第 2 部分:不锈钢波纹管》;

d) GB/T 28713.3《管壳式热交换器用强化传热元件　第 3 部分:波节管》。

5.4.3 GB/T 24593、GB/T 21832 中的焊接钢管用作换热管时,还应符合 GB 150.2—2011 中 5.2 的有关规定。

5.4.4 锆及锆合金无缝管用作换热管时,应符合 GB/T 26283—2010 中一般工业热交换器用管材的规定。

5.4.5 超出 5.4.1 引用标准中换热管的材料时,应符合 TSG R0004—2009 中 2.10 的规定,且应符合 NB/T 47019.1~47019.8 的要求。

5.5 螺柱(含螺栓)和螺母用钢棒

5.5.1 螺柱(含螺栓)和螺母用钢棒的标准、钢号、使用状态、许用应力及力学性能试验等,均应符合GB 150.2—2011 第 7 章的规定。

5.5.2 管壳式热交换器设备法兰的紧固件可按 NB/T 47027(JB/T 4707)选用。

6 结构设计

6.1 管壳式热交换器的主要零部件及名称

管壳式热交换器的主要零部件及名称见表 6-1 和图 6-1~图 6-6。

表 6-1 管壳式热交换器零部件及名称

序号	名称	序号	名称	序号	名称
1	管箱平盖	21	吊耳	41	封头管箱(部件)
2	平盖管箱(部件)	22	放气口	42	分程隔板
3	接管法兰	23	凸形封头	43	耳式支座(部件)
4	管箱法兰	24	浮头法兰	44	膨胀节(部件)
5	固定管板	25	浮头垫片	45	中间挡板
6	壳体法兰	26	球冠形封头	46	U 形换热管
7	防冲板	27	浮动管板	47	内导流筒
8	仪表接口	28	浮头盖(部件)	48	纵向隔板
9	补强圈	29	外头盖(部件)	49	填料
10	壳程圆筒	30	排液口	50	填料函
11	折流板	31	钩圈	51	填料压盖
12	旁路挡板	32	接管	52	浮动管板裙
13	拉杆	33	活动鞍座(部件)	53	剖分剪切环
14	定距管	34	换热管	54	活套法兰
15	支持板	35	挡管	55	偏心锥段
16	双头螺柱或螺栓	36	管束(部件)	56	堰板
17	螺母	37	固定鞍座(部件)	57	液位计接口
18	外头盖垫片	38	滑道	58	套环
19	外头盖侧法兰	39	管箱垫片	59	壳体(部件)
20	外头盖法兰	40	管箱圆筒	60	管箱侧垫片

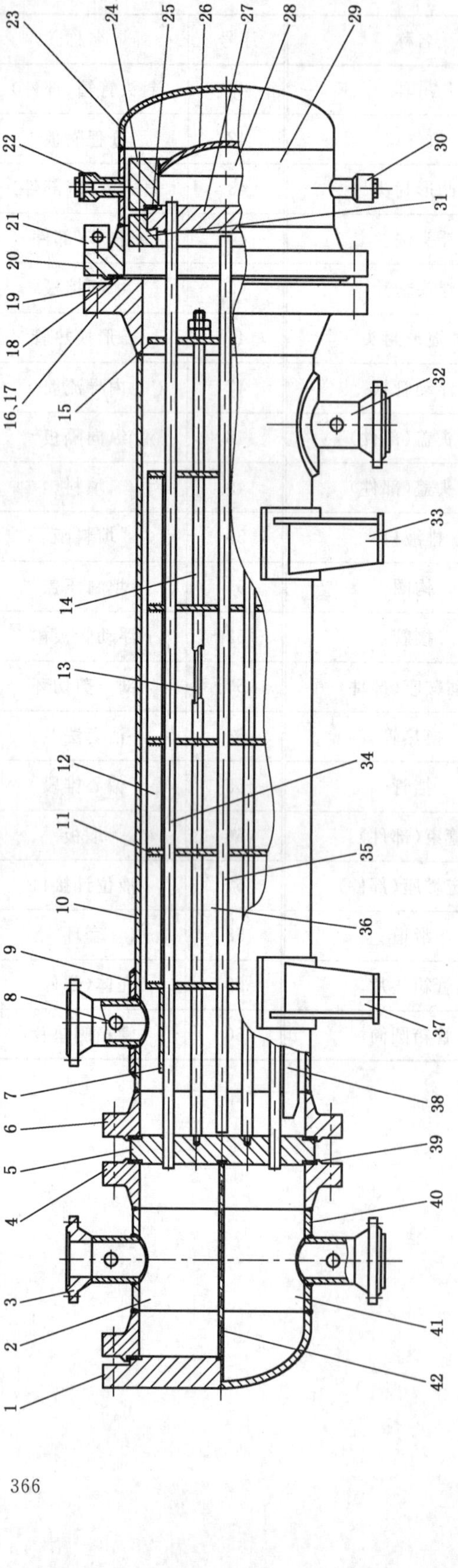

图 6-1 AES、BES 浮头式热交换器

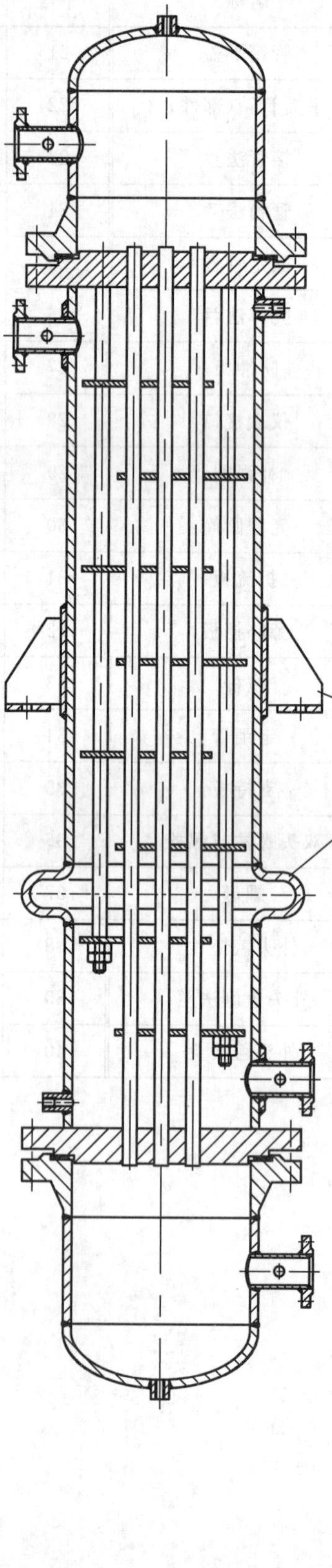

图 6-2 BEM 立式固定管板式热交换器

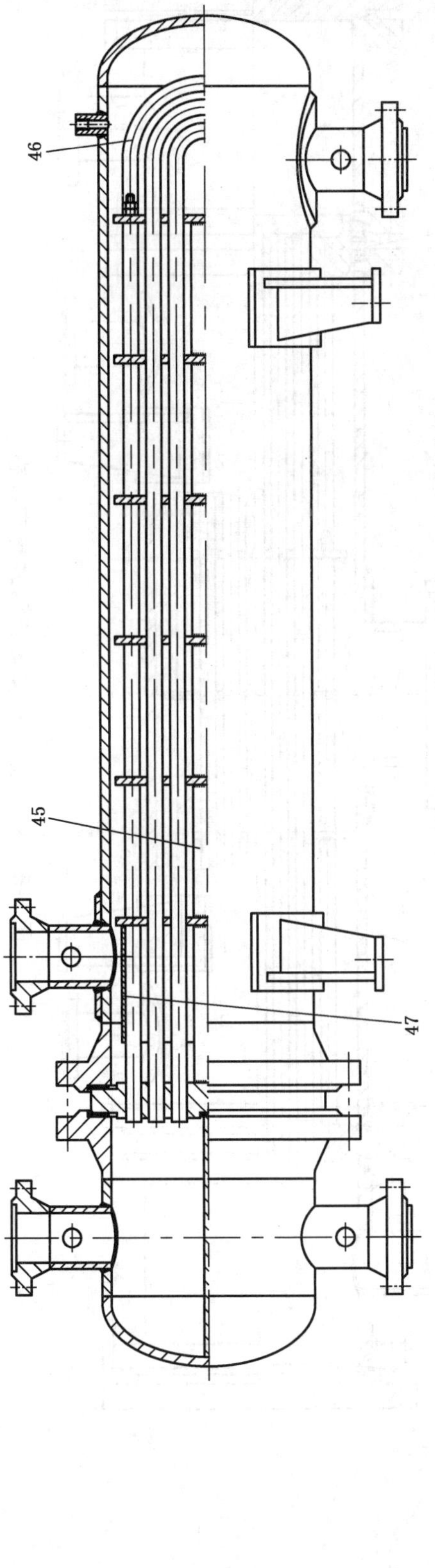

图 6-3　BEU U 形管式热交换器

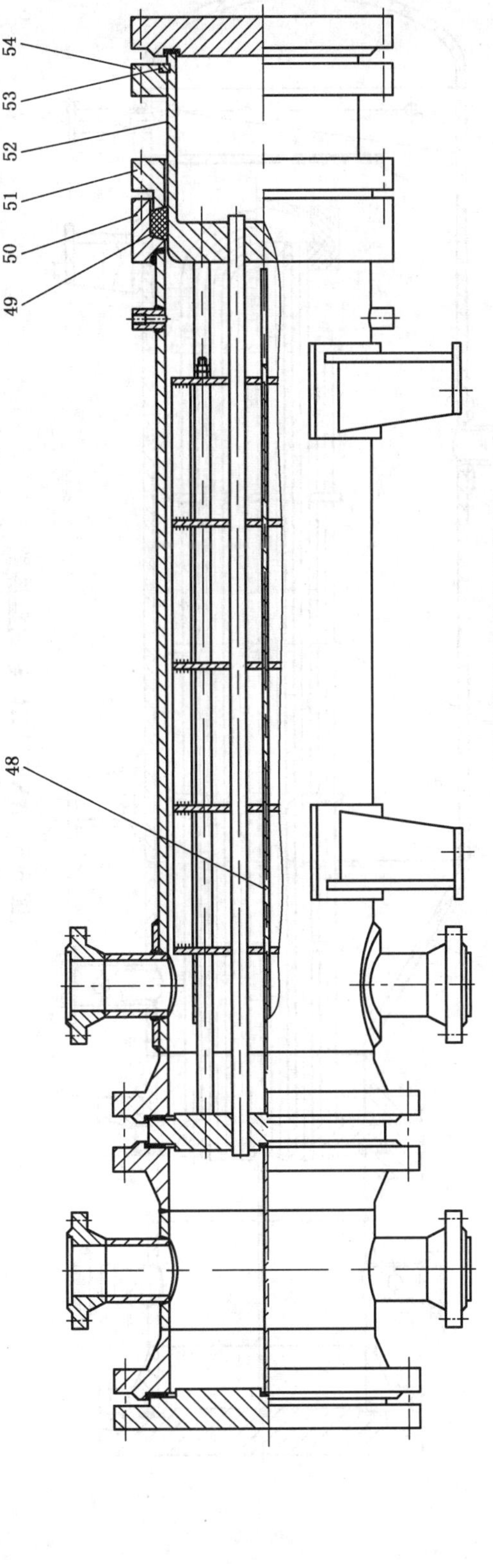

图 6-4　AFP 双壳程填料函式热交换器

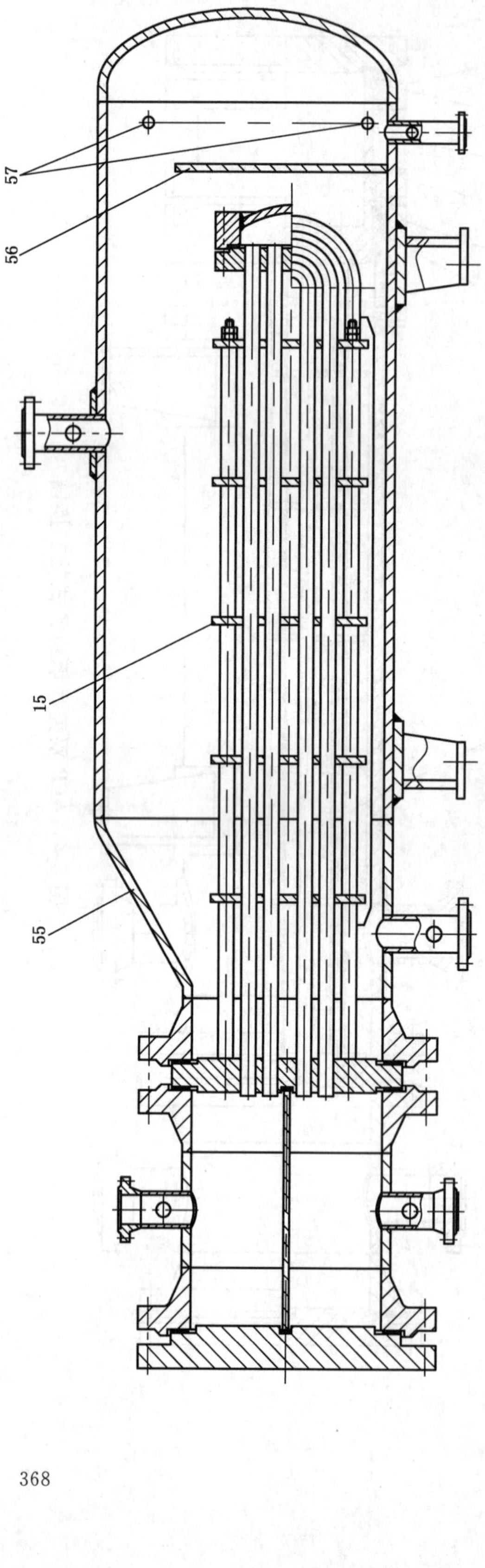

图 6-5　AKT/AKU 釜式重沸器

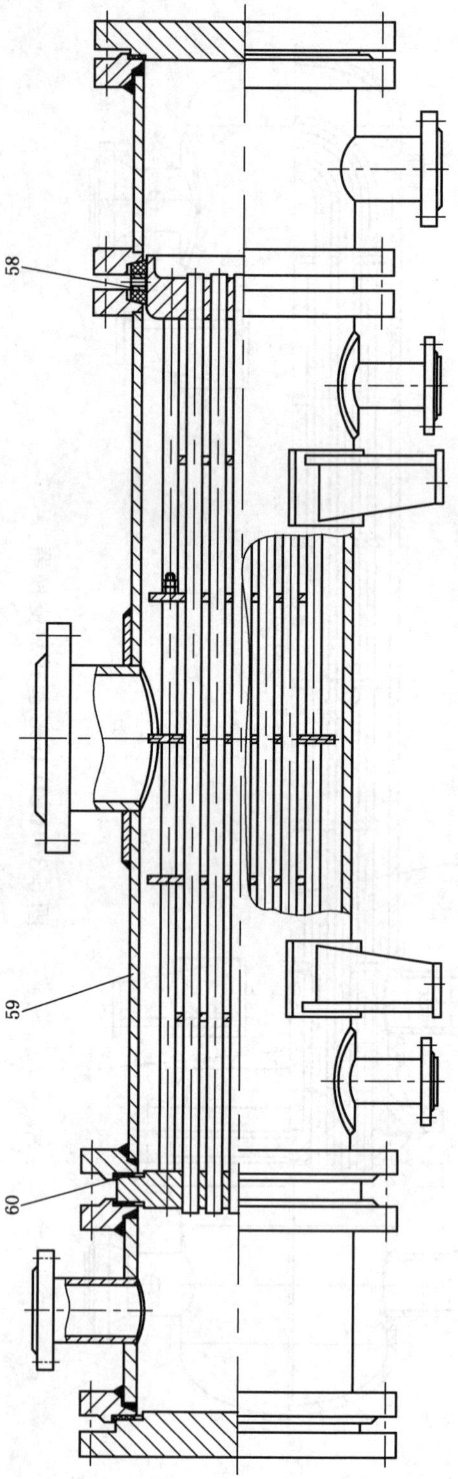

图 6-6　AJW 分流壳体填料函式热交换器

6.2 管壳式热交换器型号

6.2.1 结构型式用3个拉丁字母依次表示前端结构、壳体和后端结构(包括管束)3部分。详细分类型式及代号见图6-7。

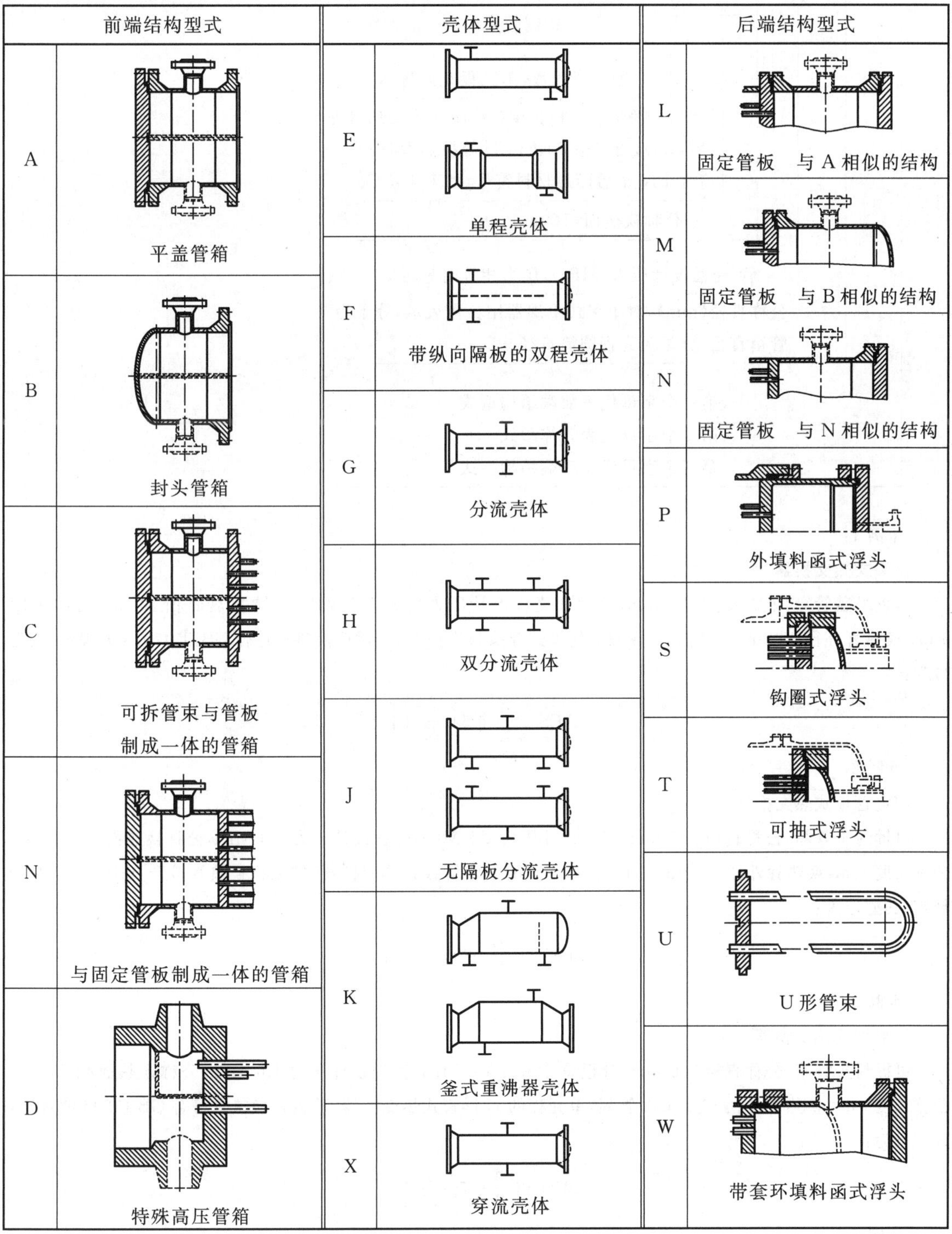

图6-7　结构型式及代号

6.2.2 型号由结构型式、公称直径、设计压力、公称换热面积、公称长度、换热管外径、管/壳程数、管束等级等字母代号组合表示。示例如下：

$$\times\times\times\ \text{DN}-\frac{p_t}{p_s}-A-\frac{\text{LN}}{d}-\frac{N_t}{N_s}\text{I}\ (\text{或 II})$$

钢制管束分 Ⅰ、Ⅱ 两级

管 / 壳程数，单壳程时只写 N_t

LN——换热管公称长度(m)；d——换热管外径(mm)；当采用 Al、Cu、Ti 等换热管时，应在 LN/d 后面加材料符号，如 LN/d Cu

公称换热面积(m^2)

管/壳程设计压力(MPa)，压力相等时只写 P_t

公称直径(mm)，对于釜式重沸器用分数表示，分子为管箱直径，分母为壳程圆筒直径

第一个字母代表前端结构型式
第二个字母代表壳体型式
第三个字母代表后端结构型式

示例 1：

浮头式热交换器

可拆平盖管箱，公称直径 500 mm，管程和壳程设计压力均为 1.6 MPa，公称换热面积 54 m^2，公称长度 6 m，换热管外径 25 mm，4 管程，单壳程的钩圈式浮头热交换器，碳素钢换热管符合 NB/T 47019 的规定，其型号为：

$$\text{AES500-1.6-54-}\frac{6}{25}\text{-4 I}$$

示例 2：

固定管板式热交换器

可拆封头管箱，公称直径 700 mm，管程设计压力 2.5 MPa，壳程设计压力 1.6 MPa，公称换热面积 200 m^2，公称长度 9 m，换热管外径 25 mm，4 管程，单壳程的固定管板式热交换器，碳素钢换热管符合 NB/T 47019 的规定，其型号为：

$$\text{BEM700-}\frac{2.5}{1.6}\text{-200-}\frac{9}{25}\text{-4 I}$$

示例 3：

U 形管式热交换器

可拆封头管箱，公称直径 500 mm，管程设计压力 4.0 MPa，壳程设计压力 1.6 MPa，公称换热面积 75 m^2，公称长度6 m，换热管外径 19 mm，2 管程，单壳程的 U 形管式热交换器，不锈钢换热管符合 GB 13296 的规定，其型号为：

$$\text{BEU500-}\frac{4.0}{1.6}\text{-75-}\frac{6}{19}\text{-2 I}$$

示例 4：

釜式重沸器

可拆平盖管箱，管箱内径 600 mm，壳程圆筒内径 1 200 mm，管程设计压力 2.5 MPa，壳程设计压力 1.0 MPa，公称换热面积 90 m^2，公称长度 6 m，换热管外径 25 mm，2 管程，单壳程的可抽式浮头釜式重沸器，碳素钢换热管符合 GB 9948 高级的规定，其型号为：

$$\mathrm{AKT}\,\frac{600}{1200}\text{-}\frac{2.5}{1.0}\text{-}90\text{-}\frac{6}{25}\text{-}2\,\mathrm{II}$$

示例 5：

浮头式冷凝器

可拆封头管箱，公称直径 1 200 mm，管程设计压力 2.5 MPa，壳程设计压力 1.0 MPa，公称换热面积 610 m^2，公称长度 9 m，换热管外径 25 mm，4 管程，无隔板分流壳体的钩圈式浮头冷凝器，碳素钢换热管符合 GB 9948 高级的规定，其型号为：

$$\mathrm{BJS1200}\text{-}\frac{2.5}{1.0}\text{-}610\text{-}\frac{9}{25}\text{-}4\,\mathrm{II}$$

示例 6：

填料函式热交换器

可拆平盖管箱，公称直径 600 mm，管程和壳程设计压力均为 1.0 MPa，公称换热面积 90 m^2，公称长度 6 m，换热管外径 25 mm，2 管程，2 壳程（带纵向隔板的双程壳体）的外填料函式浮头热交换器，低合金钢换热管符合 NB/T 47019 的规定，其型号为：

$$\mathrm{AFP600\text{-}1.0\text{-}90}\text{-}\frac{6}{25}\text{-}\frac{2}{2}\,\mathrm{I}$$

示例 7：

固定管板式铜管热交换器

可拆封头管箱，公称直径 800 mm，管程和壳程设计压力均为 0.6 MPa，公称换热面积 150 m^2，公称长度 6 m，换热管外径 22 mm，4 管程，单壳程固定管板式热交换器，高精级 H68A 铜合金换热管符合 GB/T 1527 的规定，其型号为：

$$\mathrm{BEM800\text{-}0.6\text{-}150}\text{-}\frac{6}{22}\mathrm{Cu\text{-}4}$$

6.3 管程

6.3.1 布管

6.3.1.1 换热管常用排列形式见图 6-8。

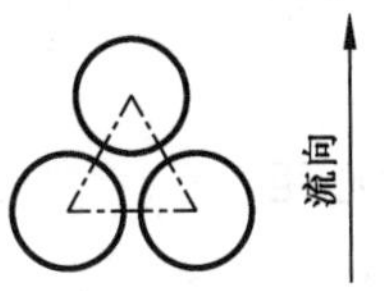

a) 正三角形排列(30°)

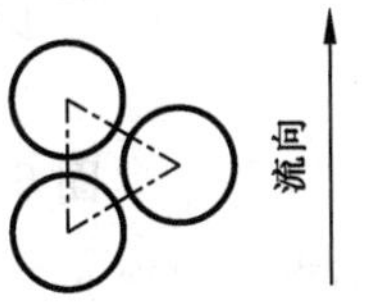

b) 转角正三角形排列(60°)

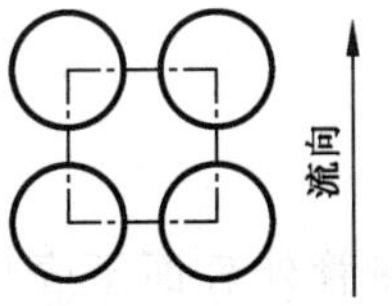

c) 正方形排列(90°)

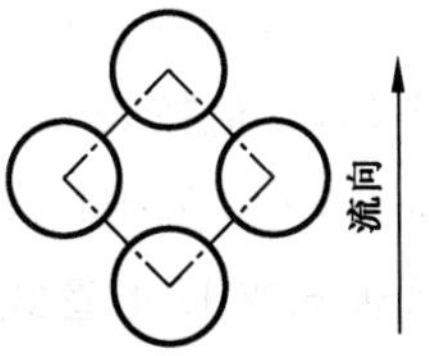

d) 转角正方形排列(45°)

注：流向垂直于折流板缺口。

图 6-8 换热管排列形式

6.3.1.2 换热管中心距按如下要求确定：

a) 换热管中心距不宜小于1.25倍的换热管外径，常用的换热管中心距见表6-2；

表6-2 换热管中心距

mm

换热管外径 d	10	12	14	16	19	20	22	25	30	32	35	38	45	50	55	57
换热管中心距 S	13～14	16	19	22	25	26	28	32	38	40	44	48	57	64	70	72
分程隔板槽两侧相邻管中心距 S_n（见图6-9）	28	30	32	35	38	40	42	44	50	52	56	60	68	76	78	80

b) 当管间需要机械清洗时，应采用正方形排列，且管间通道应连续直通，相邻两管间的净空距离($S-d$)不宜小于6 mm；对于外径为10 mm、12 mm和14 mm的换热管的中心距分别不得小于17 mm、19 mm和21 mm；

c) 外径为25 mm的换热管采用转角正方形排列时，其分程隔板槽两侧相邻管中心距 S_n 可取32 mm×32 mm正方形的对角线长，即 $S_n=45.25$ mm。

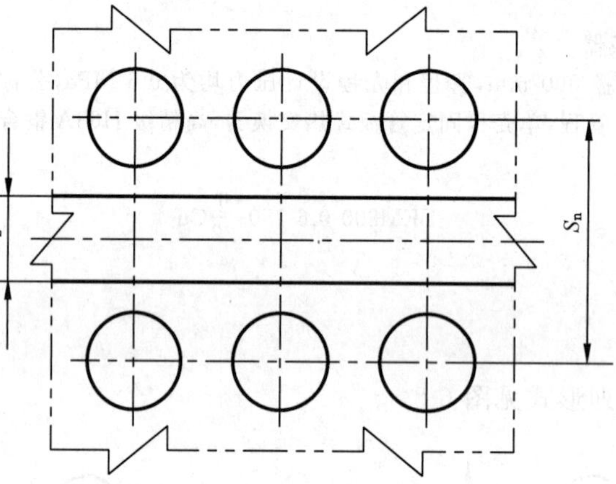

图6-9 隔板槽两侧相邻管中心距

6.3.1.3 布管限定圆直径按表6-3确定。

符号：

b ——见图6-10，其值按表6-4选取，mm；

b_1 ——见图6-10，其值按表6-5选取，mm；

b_2 ——见图6-10，$b_2=b_n+1.5$，mm；

b_3 ——固定管板式或U形管式热交换器管束周边换热管外表面至壳体内壁的最小距离（见图6-11），$b_3\geqslant0.25d$，且不宜小于8 mm；

b_n ——垫片宽度，其值按表6-5选取，mm；

D_L——布管限定圆直径，mm；

D_i——壳程圆筒内径，mm；

d ——换热管外径，mm。

表 6-3　布管限定圆直径

mm

管壳式热交换器型式	固定管板式、U 形管式	浮头式
布管限定圆直径 D_L	D_i-2b_3	$D_i-2(b_1+b_2+b)$

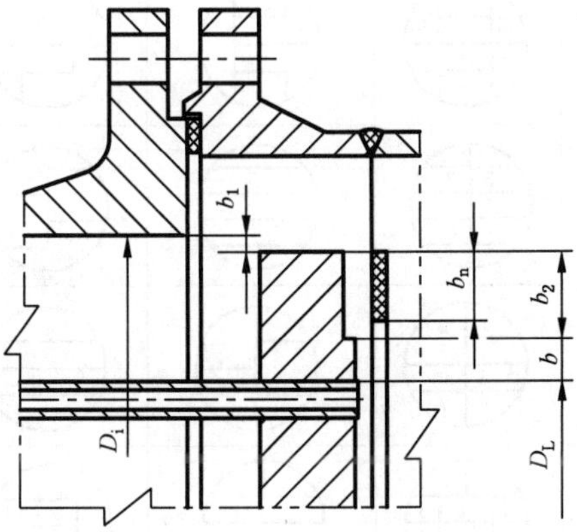

图 6-10　b、b_1、b_2 确定

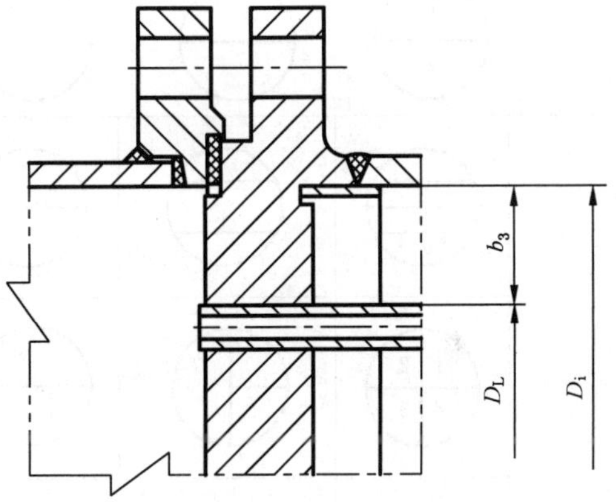

图 6-11　b_3 确定

表 6-4　b 的取值

mm

D_i	b
<1 000	>3
1 000～2 600	>4

表 6-5　b_n、b_1 的取值

mm

D_i	b_n	b_1
≤700	≥10	3
>700～1 200	≥13	5
>1 200～2 000	≥16	6
>2 000～2 600	≥20	7
注：需要时，可适当增大 b_1 值。		

6.3.2　管程分程

6.3.2.1　管程数一般有 1、2、4、6、8、10、12 等 7 种，常用的分程布置形式参见图 6-12。

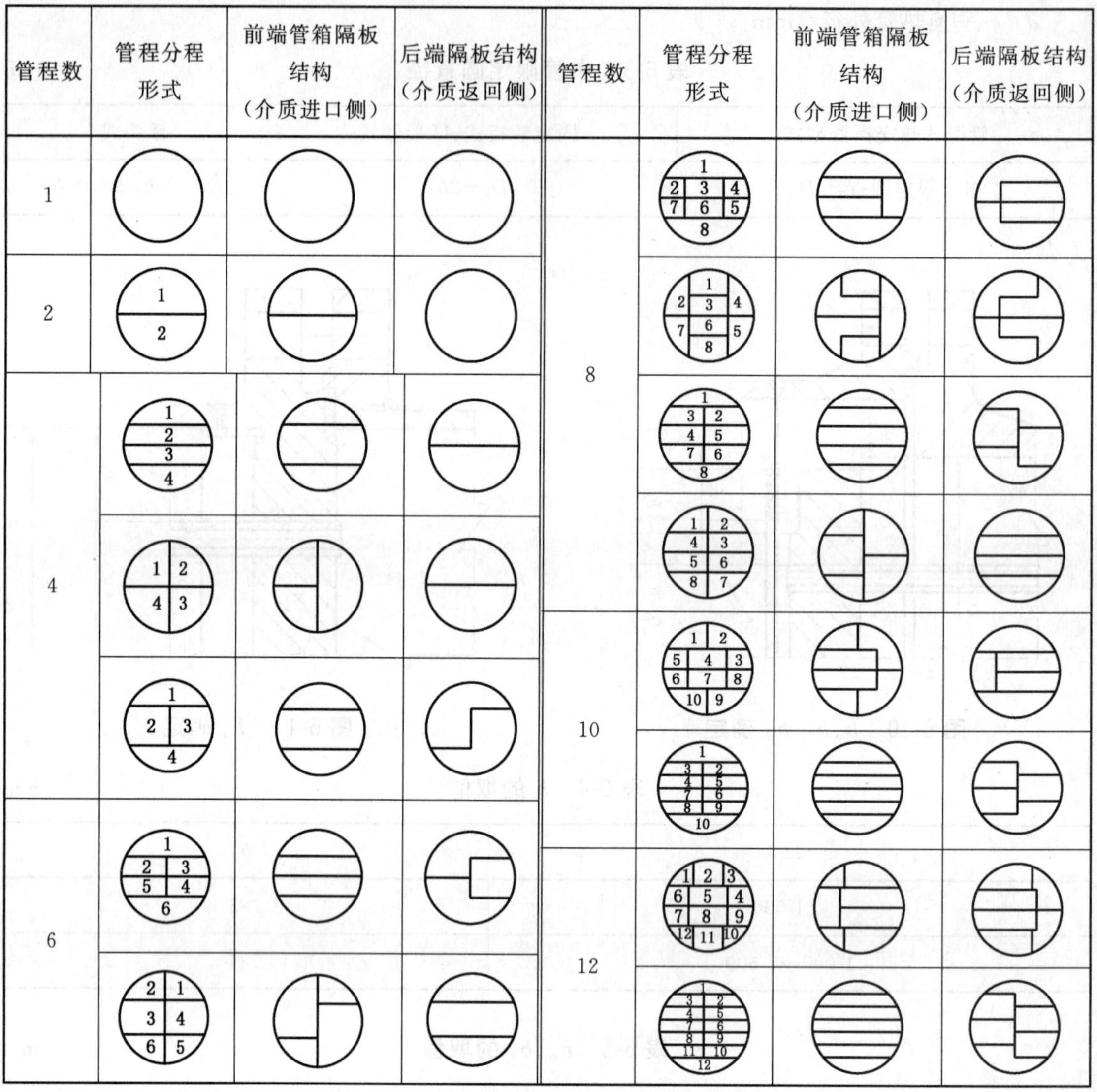

图 6-12　分程布置形式

6.3.2.2　对于多管程结构，尽可能使各管程的换热管数相近、分程隔板槽形状简单、密封面长度较短。

6.3.3　管箱平盖

6.3.3.1　多管程管箱平盖上的分程隔板槽结构尺寸应与管板的分程隔板槽一致，详见 6.5.3.2。

6.3.3.2　管箱平盖与管箱的连接紧固件宜采用双头螺柱。

6.3.4　管箱结构尺寸

6.3.4.1　采用轴向入口接管的管箱，接管中心线处的最小深度不应小于接管内径的 1/3。

6.3.4.2　对于多程管箱，其内侧深度应使相邻管程之间的最小流通面积不小于每程换热管流通面积的 1.3 倍；当阻力降允许时最小流通面积可适当减小，但不得小于每程换热管的流通面积。

6.3.5 管程防冲结构

当液体 $\rho v^2 > 9\,000$ kg/(m·s²)(ρ——密度,kg/m³;v——流速,m/s)时,采用轴向入口接管的管箱宜设置防冲结构。

6.3.6 分程隔板

6.3.6.1 分程隔板厚度应按式(7-7)进行计算,且应符合 7.1.4.2 的规定;流体脉动场合,隔板的厚度可适当增加,或改变隔板的结构。常见的分程隔板如图 6-13 所示。

图 6-13 分程隔板

6.3.6.2 分程隔板端部的厚度应比对应的隔板槽宽度小 2 mm,隔板端部可按图 6-14 削薄;必要时,分程隔板上可开设排净孔,排净孔的直径宜为 4 mm~8 mm。

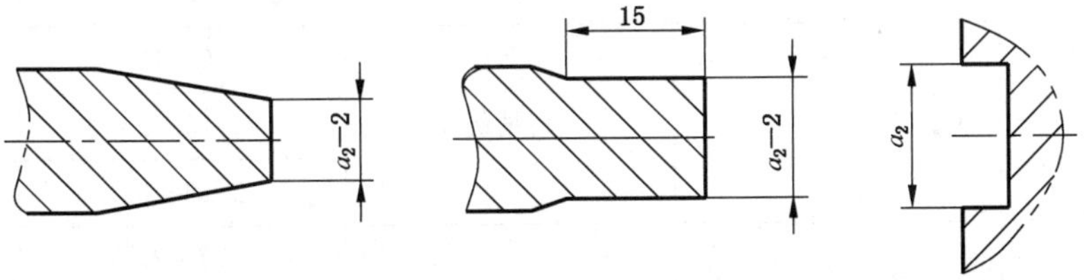

图 6-14 隔板端部

6.3.6.3 分程隔板与管箱内壁应采用双面连续焊,最小焊脚尺寸为 3/4 倍的隔板厚度;必要时,隔板边缘应开坡口;允许采用与焊接连接等强度的其他连接方式。

6.4 换热管

6.4.1 换热管长度

6.4.1.1 换热管直管段长度推荐采用:1.0 m、1.5 m、2.0 m、2.5 m、3.0 m、4.5 m、6.0 m、7.5 m、9.0 m、12.0 m。

6.4.1.2 换热管可采用定尺或倍尺交货,长度允许偏差应符合下述规定:

a) $L \leqslant 6.0$ m,偏差为 0 mm~4 mm;

b) 6.0 m $< L \leqslant 9.0$ m,偏差为 0 mm~6 mm;

c) 9.0 m $< L \leqslant 12.0$ m,偏差为 0 mm~9 mm;

d) 12.0 m $< L \leqslant 15.0$ m,偏差为 0 mm~12 mm;

e) $L > 15.0$ m,偏差为 0 mm~13 mm。

6.4.2 换热管外径的允许偏差

6.4.2.1 钢换热管外径的允许偏差见表 6-6 和表 6-7。

表 6-6　Ⅰ级管束换热管外径的允许偏差　mm

外径	≤25	>25～38	>38～50	>50～57
偏差	±0.10	±0.15	±0.20	±0.25

表 6-7　Ⅱ级管束换热管外径的允许偏差　mm

外径	≤25	>25～38	>38～50	>50～57
偏差	±0.15	±0.20	±0.25	±0.40

6.4.2.2　铝、铜、钛、镍、锆及其合金换热管外径的允许偏差见表 6-8。

表 6-8　铝、铜、钛、镍、锆及其合金换热管外径的允许偏差　mm

管材	标准	精度级别	外径	允许偏差
铝 铝合金	GB/T 6893—2010	高精级	>12～18	±0.05
			>18～30	±0.06
			>30	±0.07
铜	GB/T 1527—2006	高精级	10～15	±0.05
			>15～25	±0.06
铜合金	GB/T 8890—2007	高精级	10～15	−0.10
			>15～25	−0.16
			>25～32	−0.20
钛 钛合金	GB/T 3625—2007	—	10～25	±0.10
			>25～32	±0.13
镍 镍合金	GB/T 2882—2013	较高级	>9～12	±0.04
			>12～15	±0.05
			>15～18	±0.06
			>18～20	±0.08
			>20～30	±0.11
			32	±0.15
锆 锆合金	GB/T 26283—2010	—	10	±0.06
			>10～25	±0.10
			>25～32	±0.12

6.4.3　U 形换热管

6.4.3.1　弯管段的弯曲半径 R(见图 6-15)不宜小于两倍的换热管外径，常用 U 形换热管的最小弯曲半径 R_{min} 可按表 6-9 选取。

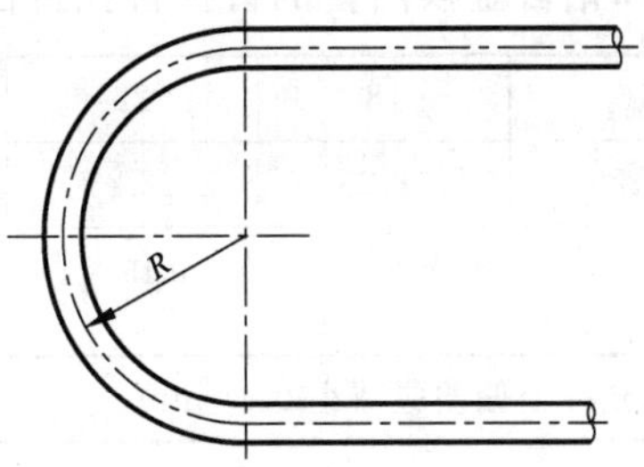

图 6-15 U 形换热管弯曲半径 *R*

表 6-9 常用 U 形换热管的最小弯曲半径 R_{min}

mm

换热管外径	10	12	14	16	19	20	22	25	30	32	35	38	45	50	55	57
R_{min}	20	24	30	32	40	40	45	50	60	65	70	76	90	100	110	115

6.4.3.2 弯管段弯制前的最小壁厚按式(7-11)计算。

6.4.4 **强化传热管**

6.4.4.1 与管板连接的强化传热管端部光管长度不应小于管板厚度加 30 mm;未作规定时光管长度为 120 mm。

6.4.4.2 强化传热管端部光管外径及允许偏差应符合 6.4.2 的规定。

6.5 管板

6.5.1 管板管孔

6.5.1.1 钢制Ⅰ级管束的管板管孔直径及允许偏差应符合表 6-10;钢制Ⅱ级管束的管板管孔直径及允许偏差应符合表 6-11。

表 6-10 Ⅰ级管束管板管孔直径及允许偏差

mm

换热管外径	14	16	19	25	30	32	35	38	45	50	55	57
管孔直径	14.25	16.25	19.25	25.25	30.35	32.40	35.40	38.45	45.50	50.55	55.65	57.65
允许偏差	+0.05 −0.10		+0.10 −0.10		+0.10 −0.15			+0.10 −0.20			+0.15 −0.25	

表 6-11 Ⅱ级管束管板管孔直径及允许偏差

mm

换热管外径	14	16	19	25	30	32	35	38	45	50	55	57
管孔直径	14.30	16.30	19.30	25.30	30.40	32.45	35.45	38.50	45.55	50.60	55.70	57.70
允许偏差	+0.05 −0.10		+0.10 −0.10		+0.10 −0.15			+0.10 −0.20			+0.15 −0.25	

6.5.1.2 铝和铝合金换热管的管板管孔直径及允许偏差应符合表 6-12。

表 6-12 铝和铝合金换热管的管板管孔直径及允许偏差 mm

换热管外径	14	16	18	22	25	30	32
管孔直径	14.20	16.20	18.25	22.25	25.25	30.30	32.35
铝合金管管孔允许偏差	+0.15 0						
注：当采用铝换热管时，表中的允许上偏差应减小 0.07 mm。							

6.5.1.3 铜和铜合金换热管的管板管孔直径及允许偏差应符合表 6-13、表 6-14。

表 6-13 铜换热管的管板管孔直径及允许偏差 mm

换热管外径	10	12	14	16	19	22	25
管孔直径	10.18	12.18	14.20	16.20	19.20	22.25	25.25
允许偏差	+0.10 −0.02		+0.10 −0.05		+0.12 −0.05		

表 6-14 铜合金换热管的管板管孔直径及允许偏差 mm

换热管外径	10	12	14	16	19	22	25	30	32
管孔直径	10.20	12.20	14.20	16.25	19.25	22.25	25.25	30.30	32.35
允许偏差	+0.10 0							+0.12 0	

6.5.1.4 钛和钛合金换热管的管板管孔直径及允许偏差应符合表 6-15。

表 6-15 钛和钛合金换热管的管板管孔直径及允许偏差 mm

换热管外径	10	12	14	16	19	25	30	32
管孔直径	10.18	12.18	14.25	16.25	19.25	25.25	30.35	32.40
允许偏差	+0.10 0						+0.15 0	

6.5.1.5 镍和镍合金管板管孔直径及允许偏差应符合表 6-16。

表 6-16 镍和镍合金换热管的管板管孔直径及允许偏差 mm

换热管外径	10	12	14	16	19	25	30	32
管孔直径	10.18	12.18	14.20	16.25	19.30	25.35	30.40	32.40
允许偏差	+0.05 −0.10				+0.10 −0.12		+0.10 −0.15	

6.5.1.6 锆和锆合金管板管孔直径及允许偏差应符合表 6-17。

表 6-17　锆和锆合金换热管的管板管孔直径及允许偏差　　mm

换热管外径	10	12	14	16	19	25	30	32
管孔直径	10.16	12.18	14.25	16.25	19.25	25.25	30.35	32.40
允许偏差	$^{+0.08}_{0}$	$^{+0.10}_{0}$					$^{+0.15}_{0}$	

6.5.1.7　当换热管与管板采用强度胀接或强度胀接加贴胀接头时，管板管孔直径偏差可适当放宽，但管板管孔与换热管外径的最大间隙不得大于钢制Ⅱ级管束的要求。

6.5.1.8　当奥氏体不锈钢、双相不锈钢、钛、铜、镍、锆及其合金换热管与管板采用强度胀接时，管板的管孔公称直径宜减小 0.05 mm～0.10 mm。

6.5.2　拉杆孔

6.5.2.1　焊接连接的拉杆孔结构见图 6-16 a)；拉杆孔深度 L_1 宜大于拉杆直径 d_0。拉杆孔直径按式(6-1)确定。

$$d_1 = d_0 + 1.0 \quad \cdots\cdots (6\text{-}1)$$

式中：

d_0——拉杆直径，mm；

d_1——拉杆孔直径，mm。

6.5.2.2　螺纹连接的拉杆螺纹孔结构见图 6-16 b)；螺纹深度 L_2 应大于拉杆螺纹长度 L_a。

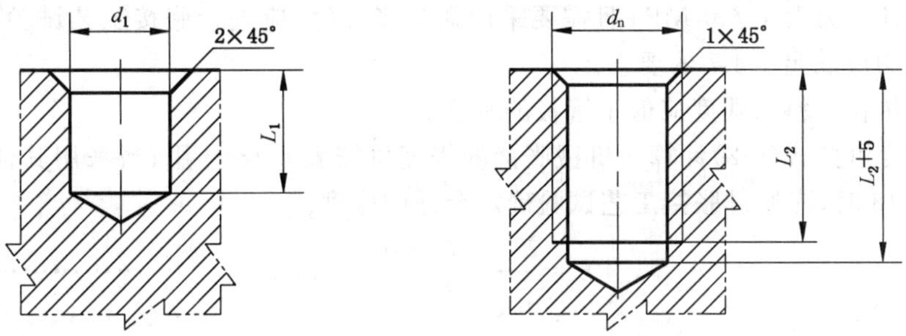

a)　焊接连接的拉杆孔　　　b)　螺纹连接的拉杆孔

图 6-16　拉杆孔

6.5.3　管板密封面

6.5.3.1　固定管板与标准容器法兰配合时，管板密封面结构尺寸应按 NB/T 47021～47023 (JB/T 4701～4703) 的规定确定。

6.5.3.2　分程隔板槽的尺寸按如下要求确定：

a)　槽深应大于垫片厚度，且不宜小于 4 mm，隔板槽密封面应与环形密封面平齐；

b)　槽宽 a_2 宜为 8 mm～14 mm；

c)　多管程的隔板槽倒角不应妨碍垫片的安装；隔板槽拐角处的倒角宜为 45°(见图 6-17)，倒角尺寸 b 宜大于分程垫片的圆角半径 R_g。

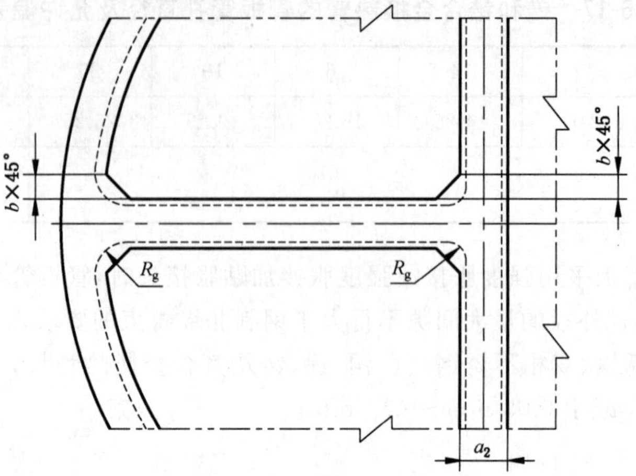

图 6-17 管板的分程隔板槽

6.6 换热管与管板的连接

6.6.1 强度胀接

6.6.1.1 强度胀接的适用范围如下：

a) 设计压力小于或等于 4.0 MPa；

b) 设计温度小于或等于 300 ℃；

c) 操作中无振动，无过大的温度波动及无明显的应力腐蚀倾向。

6.6.1.2 设计压力大于 4.0 MPa 且需要采用强度胀接时，应进行胀接工艺试验，换热管与管板连接的拉脱力应满足 7.4.7 的要求。

6.6.1.3 换热管材料的硬度应低于管板的硬度。

6.6.1.4 胀度可按式(6-2)计算。机械胀接的胀度可按表 6-18 选用；当采用其他胀接方法或材料超出表 6-18 时，应通过胀接工艺试验确定合适的胀度。

$$k=\frac{d_2-d_i-b}{2\delta}\times 100\% \qquad \cdots\cdots(6\text{-}2)$$

式中：

k ——以管壁减薄率计算的胀度，%；

d_2 ——换热管胀后内径，mm；

d_i ——换热管胀前内径，mm；

b ——换热管与管板管孔的径向间隙(管孔直径减换热管的外径)，mm；

δ ——换热管壁厚，mm。

表 6-18 机械胀接的胀度

换热管材料	胀度 k/%
碳素钢、低合金钢(铬含量不大于 9%)	6～8
高合金钢	5～6
钛和冷作硬化的其他金属	4～5
非冷作硬化的其他金属	6～8
注：需要时，胀度可另增加 2%。	

6.6.1.5 强度胀接的结构尺寸按如下要求确定：

a) 强度胀接的最小胀接长度 l 应取管板名义厚度减去 3 mm 的差值与 50 mm 二者的小值；超出最小胀接长度 l 的范围可采用贴胀；当有要求时，也可全长采用强度胀接；

b) 机械胀接的结构型式及尺寸可按图 6-18 a)～图 6-18 c)和表 6-19 确定；当采用复合管板时，宜在覆层上开槽，开槽要求可按图 6-18 d)和表 6-19 确定；有成熟经验时可适当修改结构尺寸；

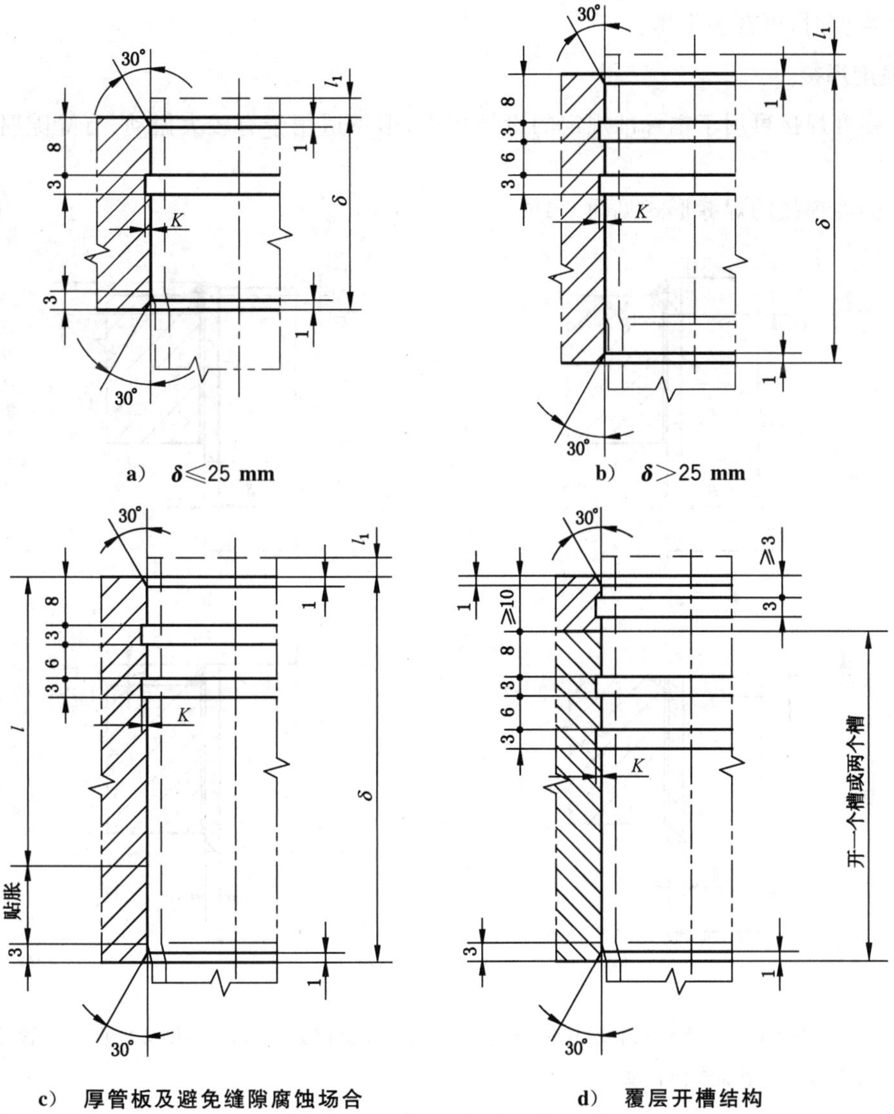

图 6-18 机械胀接管孔结构

表 6-19 机械胀接连接尺寸

mm

换热管外径 d	≤14	16～25	30～38	45～57
伸出长度 l_1	3^{+1}		4^{+1}	5^{+1}
槽深 K	可不开槽	0.5	0.6	0.8

c) 当采用柔性胀接工艺时,开槽宽度 H 可按式(6-3)进行计算,且不得大于 13 mm;

$$H=1.1\sqrt{d\delta_t} \qquad \cdots\cdots(6\text{-}3)$$

式中:

H ——开槽宽度,mm;

d ——换热管外径,mm;

δ_t ——换热管壁厚,mm。

d) 需要时,可开多个槽。

6.6.2 强度焊接

6.6.2.1 强度焊接可用于本标准规定的设计压力,但不适用于有较大振动、有缝隙腐蚀倾向的场合。

6.6.2.2 强度焊接的焊缝形式见图 6-19。

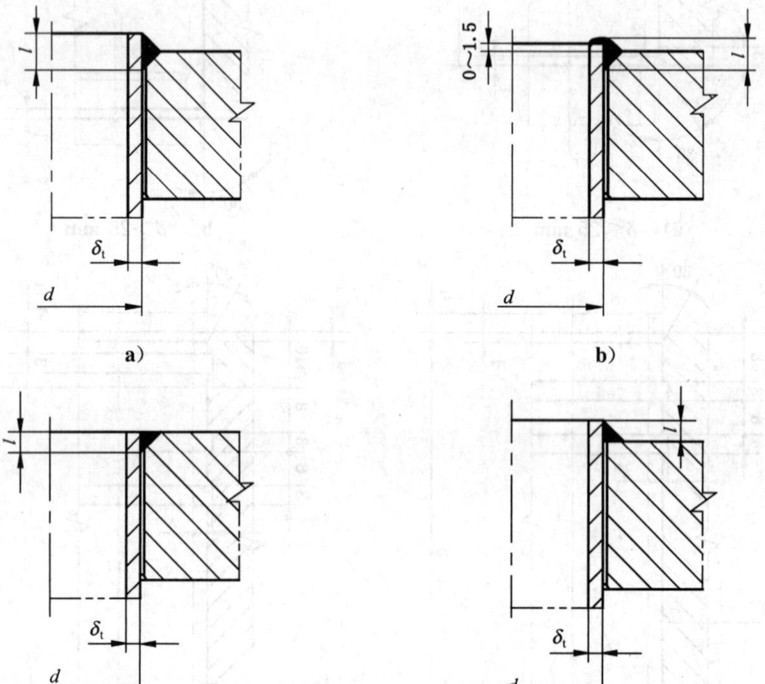

注:图 a)、d)中的 l 尺寸不包括管端伸出焊缝的尺寸;若要保留完整的管端,则应根据换热管外径、壁厚及焊接工艺适当增加外伸长度。

图 6-19 强度焊接的焊缝形式

6.6.2.3 强度焊接的焊脚高度 l 应满足 7.4.7 中换热管与管板连接拉脱力的要求,且 l 不应小于 δ_t。

6.6.2.4 其他可选用的换热管与管板焊接接头的焊缝形式参见附录 H。

6.6.3 胀焊并用

6.6.3.1 胀焊并用的适用范围如下:

a) 振动或循环载荷时;

b) 存在缝隙腐蚀倾向时;

c) 采用复合管板时。

6.6.3.2 机械强度胀接加密封焊的管孔结构型式及尺寸见图 6-20,强度胀接还应遵守 6.6.1 的规定。

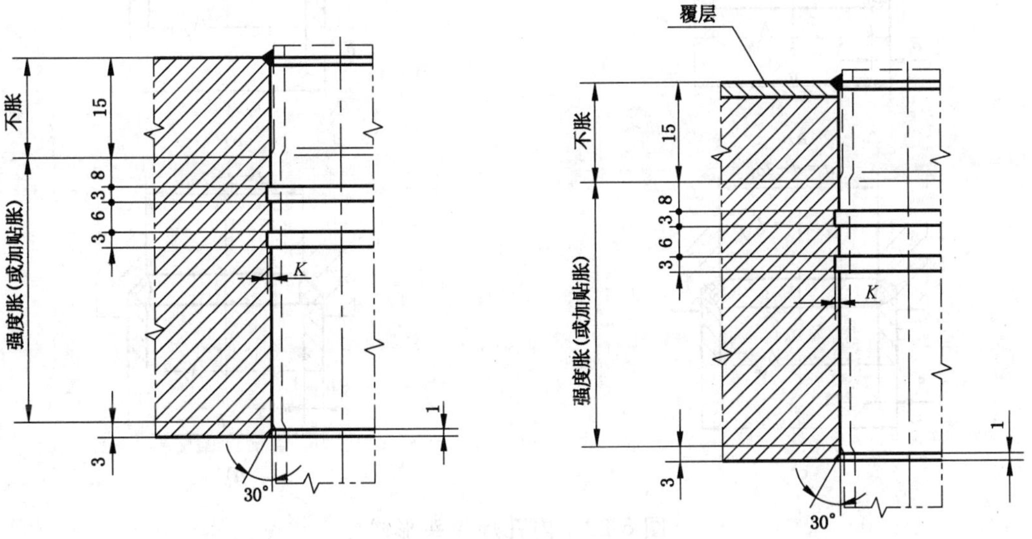

a) 整体管板　　b) 复合管板

图 6-20 机械强度胀接加密封焊管孔结构

6.6.3.3 强度焊接加贴胀的管孔结构形式及尺寸见图 6-21,强度焊接还应遵守 6.6.2 的规定。贴胀的管板孔可不开槽,胀度宜控制在 2%~3%。

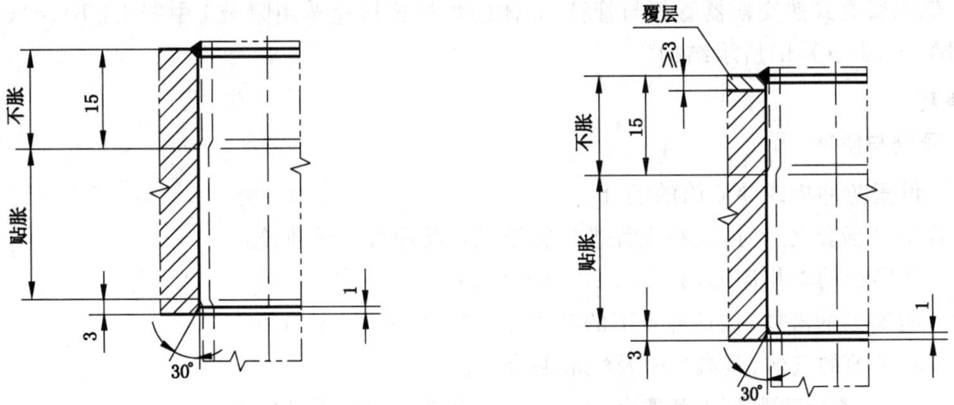

a) 整体管板　　b) 复合管板

图 6-21 强度焊接加贴胀管孔结构

6.6.3.4 采用先胀后焊的制造工艺时,图 6-20 和图 6-21 中不胀部分也应胀至坡口根部。

6.6.4 内孔焊

6.6.4.1 需要时,可以采用内孔焊。

6.6.4.2 内孔焊接头形式见图 6-22。

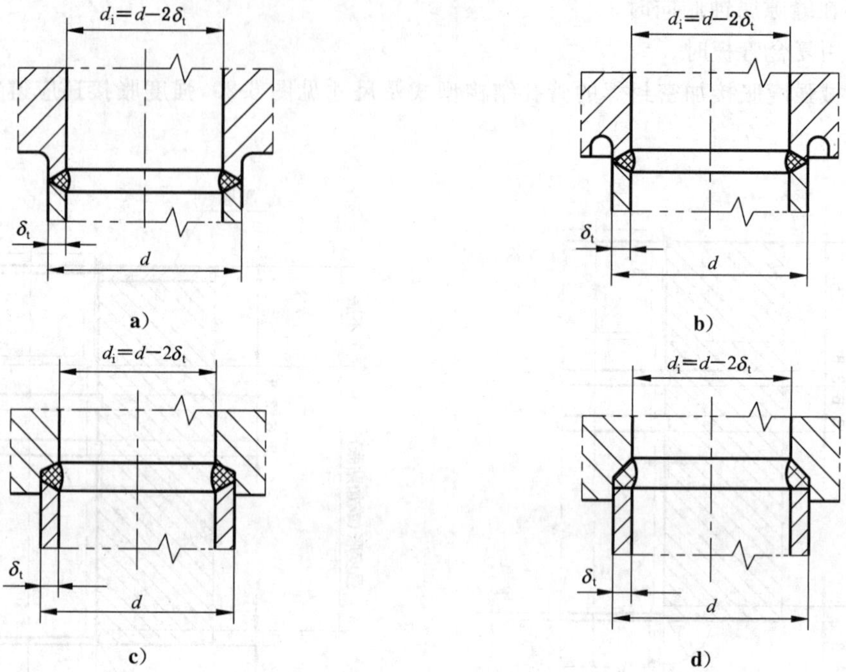

图 6-22 内孔焊接头形式

6.6.4.3 图 6-22 c)、d)的壳程侧管板管孔直径及允许偏差应符合表 6-11 的要求。

6.7 管板与管箱、壳体的焊接连接

6.7.1 管板与管箱、壳体的焊接连接可根据设计条件、设备结构等因素选用附录 I 所示结构;也可采用其他可靠的连接结构。

6.7.2 低温管壳式热交换器管板与管箱、壳体的焊接连接应选用附录 I 中图 I.1 b)、d)、f)、g),图 I.2 b)、c)、d)、e)、h)所示结构。

6.8 壳程

6.8.1 导流与防冲

6.8.1.1 设置防冲板或导流筒的场合

符合下列场合之一时,应在壳程进口管处设置防冲板或导流筒:

a) 非磨蚀的单相流体,$\rho v^2>2\ 230\ kg/(m\cdot s^2)$;

b) 有磨蚀的液体,包括沸点下的液体,$\rho v^2>740\ kg/(m\cdot s^2)$;

c) 有磨蚀的气体、蒸汽(气)及气液混合物。

注:ρ——壳程进口管的流体密度,kg/m^3;v——壳程进口管的流体速度,m/s。

6.8.1.2 流通面积

6.8.1.2.1 壳体进口或出口区域面积 A_s 和管束进口或出口区域面积 A_t 应使 ρv^2 值不超过 5 950 kg/(m·s²)。面积 A_s 和 A_t 计算参见附录 J。

注:ρ——进口或出口区域的流体密度,kg/m^3;v——按 A_s 或 A_t 计算的流体速度,m/s。

6.8.1.2.2 必要时,壳程进口可采用扩径管,扩径管中可加导流板。

6.8.1.3 防冲结构

6.8.1.3.1 防冲板的直径或边长,应大于接管内径 50 mm。

6.8.1.3.2 防冲板的最小厚度确定如下:

a) 碳素钢和低合金钢为 4.5 mm;

b) 不锈钢为 3 mm。

6.8.1.3.3 防冲板可采用下列方式固定:

a) 两侧焊在定距管或拉杆上,也可同时焊在相邻的折流板或支持板上;

b) 焊接在筒体上,但不应阻碍管束的拆装。

6.8.1.3.4 需要时,也可采用防冲杆结构。防冲杆的直径和中心距应与换热管相同,正方形排列时防冲杆最少布置 1 排,其他排列时防冲杆最少布置 2 排。

6.8.1.4 导流筒

6.8.1.4.1 必要时,靠近管板的进、出口接管距管板较远时,可设置导流筒。

6.8.1.4.2 导流筒设置应符合下列要求:

a) 内导流筒外表面到壳程圆筒内壁的距离不宜小于接管内径的 1/3。确定导流筒端部至管板的距离时,应使该处的流通面积不小于导流筒的外侧流通面积。

b) 外导流的内衬筒外壁面到外导流筒体的内壁面间距为:

1) 接管内径 $d_i \leqslant 200$ mm 时,间距不宜小于 50 mm;

2) 接管内径 $d_i > 200$ mm 时,间距不宜小于 75 mm。

c) 外导流热交换器的导流筒内,凡不能通过接管放气或排液者,应在最高或最低点设置放气或排液口(或孔)。

6.8.2 折流板与支持板

6.8.2.1 折流板的形式与缺口

6.8.2.1.1 折流板的常用形式见图 6-23,也可采用其他形式。

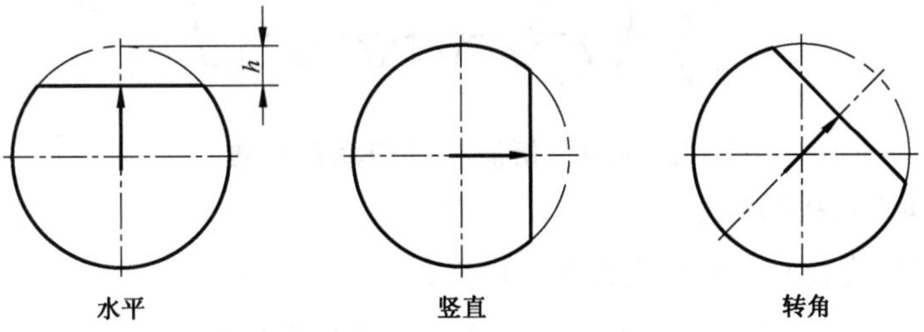

a) 单弓形

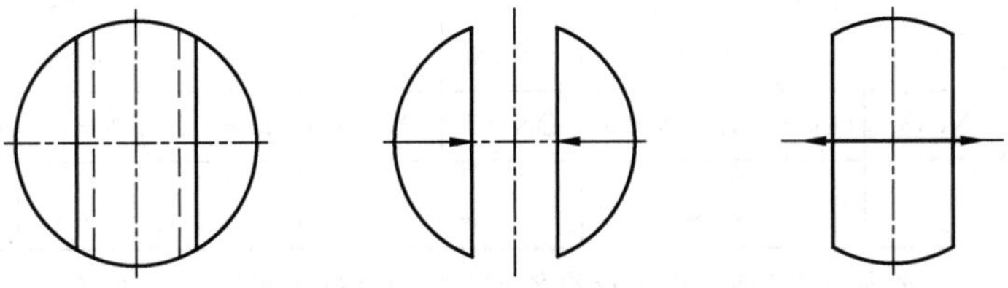

b) 双弓形

图 6-23 折流板形式

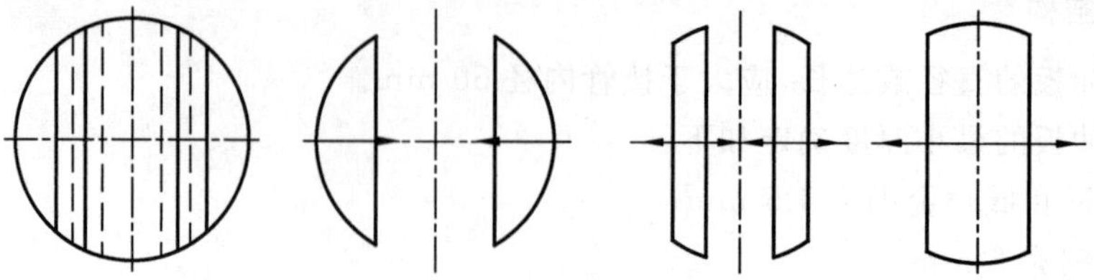

c） 三弓形

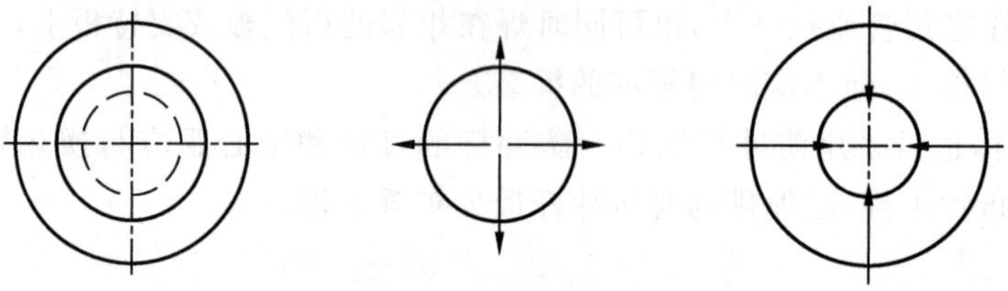

d） 圆盘-圆环形

图 6-23（续）

6.8.2.1.2 弓形折流板缺口大小应使流体通过缺口与横过管束的流速相近。缺口大小用其弦高占壳程圆筒内径的百分比来表示。单弓形折流板缺口见图 6-23 a)；缺口弦高 h 值宜取 0.20 倍～0.45 倍的壳程圆筒内径。

6.8.2.1.3 弓形折流板的缺口处宜使剩余管孔弓形高小于或等于 $d/2$，见图 6-24，或切于两排管孔的孔桥之间。

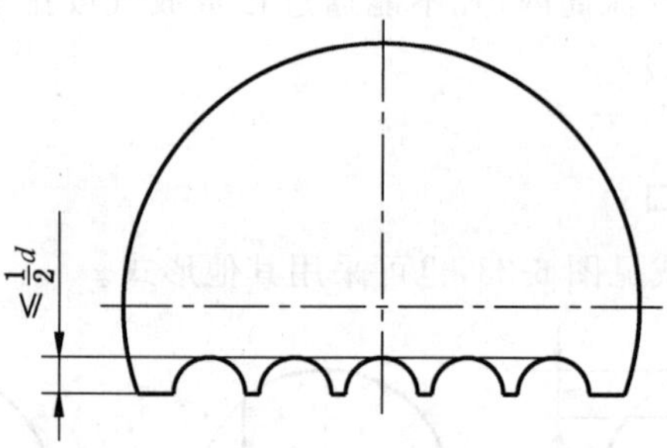

图 6-24 折流板缺口切割位置

6.8.2.2 折流板和支持板的尺寸

6.8.2.2.1 折流板和支持板外径及允许偏差应符合表 6-20 的规定。

表 6-20 折流板和支持板外径及允许偏差

mm

DN	<400	400～<500	500～<900	900～<1 300	1 300～<1 700	1 700～<2 100	2 100～<2 300	2 300～≤2 600	>2 600～3 200	>3 200～4 000
名义外径	DN－2.5	DN－3.5	DN－4.5	DN－6	DN－7	DN－8.5	DN－12	DN－14	DN－16	DN－18
允许偏差	0 －0.5		0 －0.8		0 －1.0		0 －1.4	0 －1.6	0 －1.8	0 －2.0

注 1：DN≤400 mm 管材作圆筒时，折流板的名义外径为管材实测最小内径减 2 mm。

注 2：对传热影响不大时，折流板的名义外径的允许偏差可比本表中值大 1 倍。

注 3：采用内导流结构时，折流板的名义外径可适当放大。

注 4：对于浮头式热交换器，折流板和支持板的名义外径不得小于浮动管板外径。

6.8.2.2.2 折流板或支持板的最小厚度应符合表6-21的规定。

表6-21 折流板或支持板的最小厚度 mm

公称直径 DN	折流板或支持板间的换热管无支撑跨距 L					
	≤300	>300~600	>600~900	>900~1 200	>1 200~1 500	>1 500
	折流板或支持板最小厚度					
<400	3	4	5	8	10	10
400~700	4	5	6	10	10	12
>700~900	5	6	8	10	12	16
>900~1 500	6	8	10	12	16	16
>1 500~2 000	—	10	12	16	20	20
>2 000~2 600	—	12	14	18	22	24
>2 600~3 200	—	14	18	22	24	26
>3 200~4 000	—	—	20	24	26	28

6.8.2.2.3 光管管束的折流板和支持板管孔直径及允许偏差按表6-22~表6-30选用，流体脉动场合，管孔直径宜小于标准值。强化传热管与折流板和支持板管孔的配合间隙可参照执行。

表6-22 Ⅰ级管束折流板和支持板管孔直径及允许偏差 mm

换热管外径 d、最大无支撑跨距 L_{max}	d≤32且 L_{max}>900	d>32或 L_{max}≤900
管孔直径	d+0.40	d+0.70
允许偏差	$^{+0.30}_{0}$	

表6-23 Ⅱ级管束折流板和支持板管孔直径及允许偏差 mm

换热管外径 d、最大无支撑跨距 L_{max}	d≤32且 L_{max}>900	d>32或 L_{max}≤900
管孔直径	d+0.50	d+0.70
允许偏差	$^{+0.40}_{0}$	

表6-24 铝合金换热管的折流板和支持板管板孔直径及允许偏差 mm

换热管外径	14	16	18	22	25	30	32
管孔直径	14.40	16.40	18.45	22.45	25.45	30.50	32.55
允许偏差	$^{+0.20}_{0}$						

表6-25 铝换热管的折流板和支持板管板孔直径及允许偏差 mm

换热管外径	14	16	18	22	25	30	32
管孔直径	14.40	16.40	18.45	22.45	25.45	30.50	32.55
允许偏差	$^{+0.10}_{0}$						

表 6-26 铜换热管的折流板和支持板管孔直径及允许偏差 mm

换热管外径	10	12	14	16	19	22	25
管孔直径	10.20	12.20	14.25	16.25	19.30	22.30	25.35
允许偏差	$^{+0.10}_{0}$						

表 6-27 铜合金换热管的折流板和支持板管孔直径及允许偏差 mm

换热管外径	10	12	14	16	19	22	25	30	32
管孔直径	10.25	12.25	14.30	16.30	19.35	22.35	25.40	30.40	32.40
允许偏差	$^{+0.10}_{0}$							$^{+0.15}_{0}$	

表 6-28 钛和钛合金换热管的折流板和支持板管孔直径及允许偏差 mm

换热管外径	10	12	14	16	19	25	30	32
管孔直径	10.30	12.30	14.40	16.45	19.50	25.55	30.55	32.60
允许偏差	$^{+0.20}_{0}$							

表 6-29 镍和镍合金换热管的折流板和支持板管孔直径及允许偏差 mm

换热管外径	10	12	14	16	19	25	30	32
管孔直径	10.30	12.30	14.40	16.45	19.50	25.55	30.55	32.60
允许偏差	$^{+0.20}_{0}$							

表 6-30 锆和锆合金换热管的折流板和支持板管孔直径及允许偏差 mm

换热管外径	10	12	14	16	19	25	30	32
管孔直径	10.25	12.30	14.40	16.45	19.50	25.55	30.55	32.60
允许偏差	$^{+0.20}_{0}$							

6.8.2.3 折流板间距

6.8.2.3.1 管束两端的折流板尽可能靠近壳程进、出口接管，其余折流板宜按等间距布置。

6.8.2.3.2 折流板最小间距不宜小于圆筒内径的 1/5 且不小于 50 mm，特殊情况下也可取较小的间距。

6.8.2.3.3 换热管直管的无支撑跨距不应大于表 6-31 的规定。流体脉动场合，无支撑跨距尽可能减小，或改变流动方式防止管束振动。

表 6-31 换热管直管最大无支撑跨距

换热管外径/mm	换热管材料及金属温度上限	
	碳素钢和高合金钢 400 ℃ 低合金钢 450 ℃ 镍-铜合金 300 ℃ 镍 450 ℃ 镍铬铁合金 540 ℃	在标准允许的温度范围内： 铝和铝合金 铜和铜合金 钛和钛合金 锆和锆合金
	换热管直管最大无支撑跨距/mm	
10	900	750
12	1 000	850
14	1 100	950
16	1 300	1 100
19	1 500	1 300
25	1 850	1 600
30	2 100	1 800
32	2 200	1 900
35	2 350	2 050
38	2 500	2 200
45	2 750	2 400
50	3 150	2 750
55		
57		

注 1：不同的换热管外径的最大无支撑跨距值，可用内插法求得。

注 2：超出上述金属温度上限时，最大无支撑跨距应按该温度下的弹性模量与本表中的上限温度下弹性模量之比的四次方根成正比例地缩小。

注 3：环向翅片管可用翅片根径作为换热管外径，在本表中查取最大无支撑跨距，然后再乘以假定去掉翅片的管子与有翅片的管子单位长度重量比的四次方根(即成正比的缩小)。

注 4：本表列出的最大无支撑跨距未考虑流体诱发振动，否则应参照附录 C 的准则。

6.8.2.3.4 U 形管的尾部靠近弯管段起支撑作用的折流板如图 6-25 所示，其结构尺寸 $A+B+C$ 之和不大于表 6-31 中最大无支撑跨距；否则应在弯管部分加支撑。

6.8.2.4 折流板缺口布置

6.8.2.4.1 卧式热交换器的壳程为单相清洁流体时，折流板缺口宜水平上下布置；气体中含有少量液体时，应在缺口朝上的折流板最低处开通液口，如图 6-26 a)所示；液体中含有少量气体时，应在缺口朝下的折流板最高处开通气口，如图 6-26 b)所示。

6.8.2.4.2 卧式热交换器、冷凝器和重沸器的壳程介质为气、液相共存或液体中含有固体颗粒时，折流板缺口应垂直左右布置；气、液相共存时，应在折流板最低处和最高处开通液口和通气口,如图 6-26 c)所示;液体中含有固体颗粒时,应在折流板最低处开通液口,如图 6-26 d)所示。

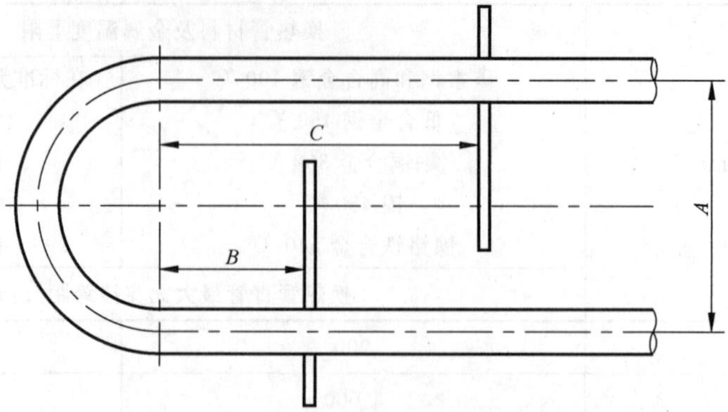

图 6-25 U 形管尾部支撑

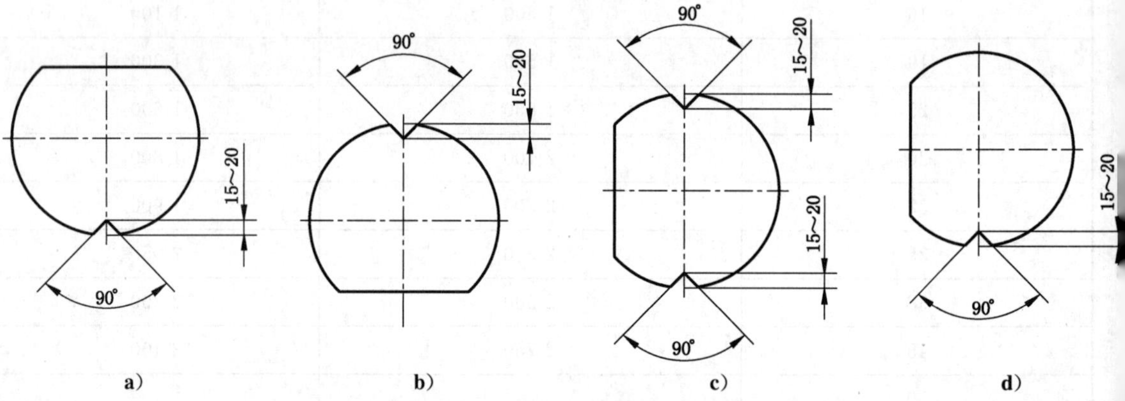

图 6-26 折流板缺口、通液(气)口布置

6.8.2.5 支持板

6.8.2.5.1 当热交换器不需设置折流板,但换热管无支撑跨距超过表 6-31 中的换热管直管最大无支撑跨距时,应设置支持板。

6.8.2.5.2 U 形管式热交换器弯管端、浮头式热交换器浮头端宜设置加厚环形或整圆的支持板。

6.8.2.6 其他折流支撑结构

允许采用折流杆等其他折流支撑结构形式。

6.8.3 防短路结构

6.8.3.1 总则

需要防短路的场合,当短路宽度超过 16 mm 时,应设置防短路结构。

6.8.3.2 旁路挡板

6.8.3.2.1 两折流板缺口间距小于 6 个管心距时,管束外围设置一对旁路挡板;超过 6 个管心距时,每增加 5~7 个管心距增设一对旁路挡板,如图 6-27 所示。

6.8.3.2.2 旁路挡板应与折流板焊接牢固。

6.8.3.2.3 旁路挡板的厚度可取与折流板相同的厚度。

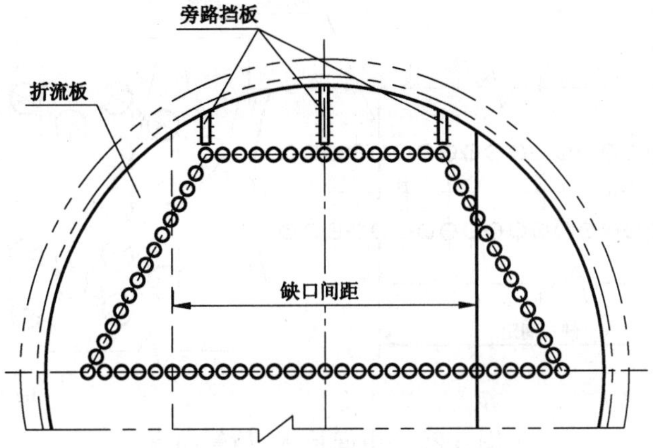

图 6-27　旁路挡板布置

6.8.3.3　挡管

6.8.3.3.1　分程隔板槽背面的管束中间可设置挡管，挡管为两端或一端堵死的盲管，也可用带定距管的拉杆兼作挡管。

6.8.3.3.2　两折流板缺口间每隔 4～6 个管心距设置 1 根挡管，如图 6-28 所示。

6.8.3.3.3　挡管伸出第一块及最后一块折流板或支持板的长度不宜大于 50 mm。

6.8.3.3.4　挡管应与任意一块折流板焊接固定。

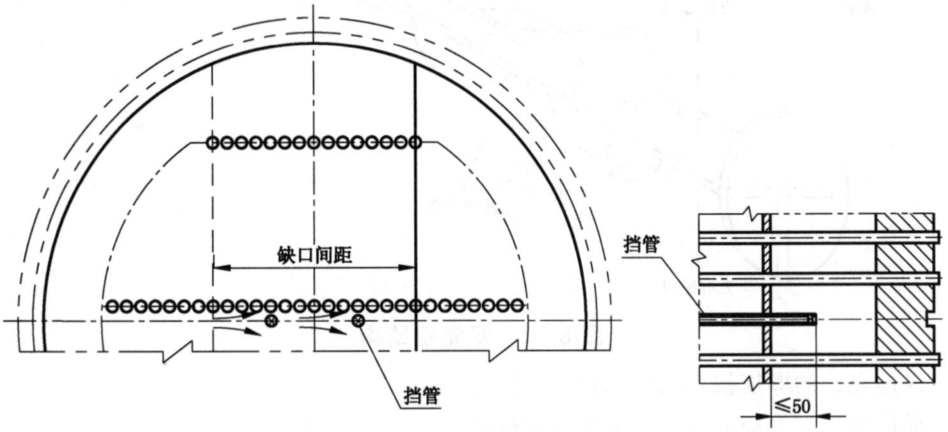

图 6-28　挡管布置

6.8.3.4　中间挡板

6.8.3.4.1　U 形管式热交换器分程隔板槽背面的管束中间短路宽度较大时应设置中间挡板，如图 6-29 a) 所示；也可按图 6-29 b)将最里面一排的 U 形弯管倾斜布置，必要时还应设置挡板(或挡管)。

6.8.3.4.2　中间挡板应每隔 4～6 个管心距设置一个，但不应设置在折流板缺口区。

6.8.3.4.3　中间挡板应与折流板焊接固定。

6.8.4　双壳程结构

6.8.4.1　双壳程结构如图 6-30 所示。纵向隔板尾部流体折返通道面积应大于折流板缺口的通流面积。

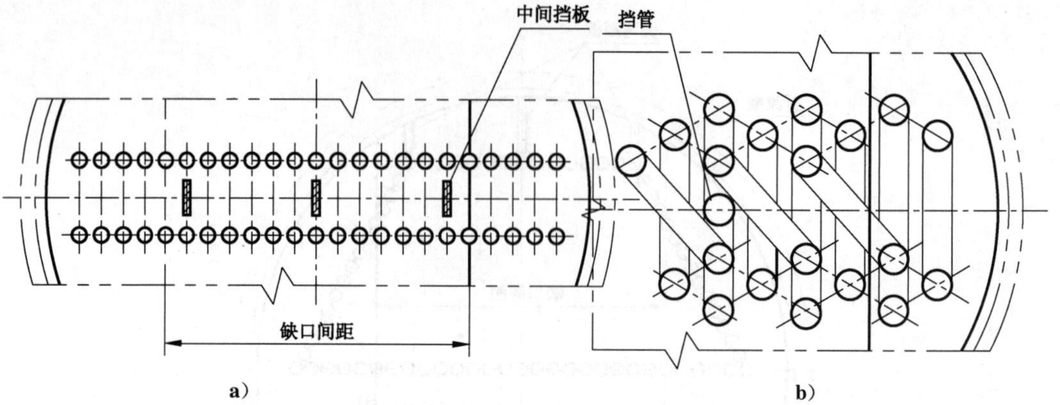

图 6-29 中间挡板、挡管布置

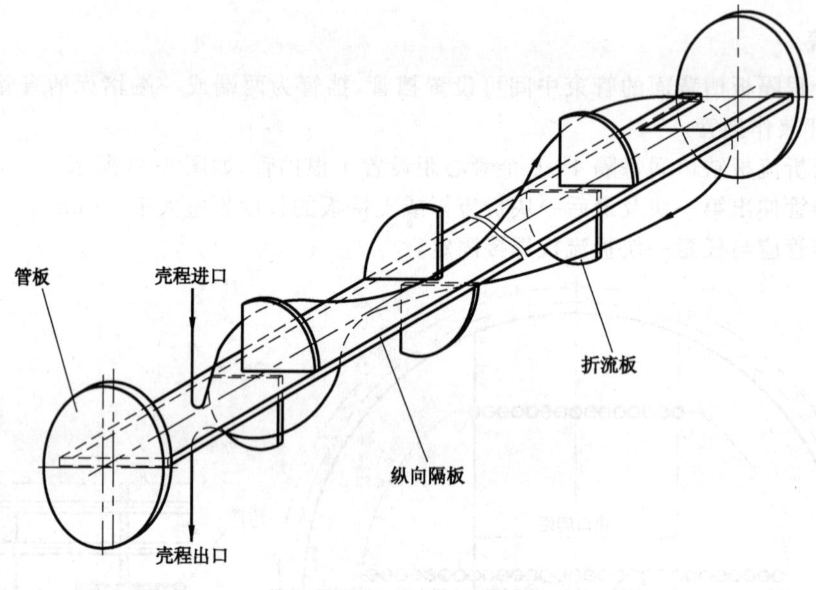

图 6-30 双壳程结构

6.8.4.2 纵向隔板的厚度按 7.1.4.3 的有关规定。

6.8.4.3 纵向隔板与管板的连接可采用可拆连接(见图 6-31)或焊接连接。

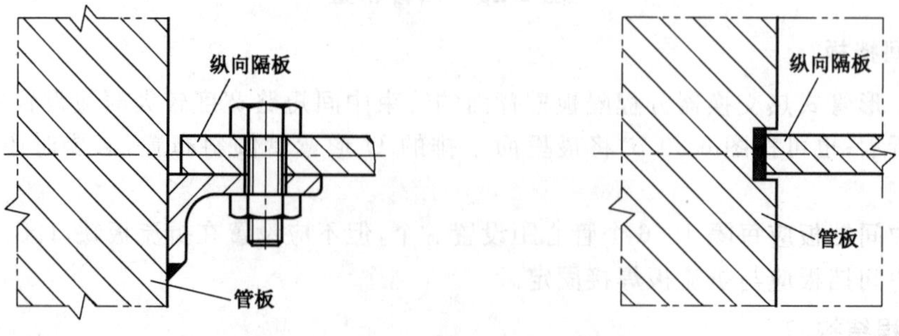

图 6-31 纵向隔板与管板的可拆连接

6.8.4.4　纵向隔板与壳体之间可按下列结构密封：

a）　对可拆卸管束，纵向隔板的两侧与壳体的间隙处应设置防短路的密封结构，如图 6-32 a)所示；

b）　对固定管板式热交换器，纵向隔板可直接与壳程圆筒焊接或插入密封槽中，如图 6-32 b)、图 6-32 c)、图 6-32 d)所示。

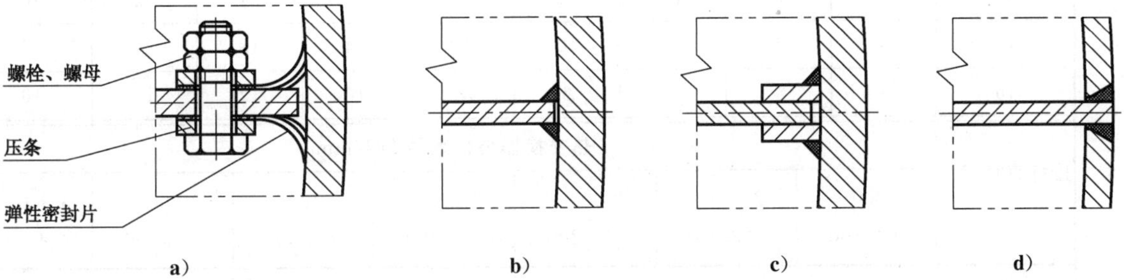

图 6-32　纵向隔板与壳体密封结构

6.8.5　拉杆、定距管

6.8.5.1　拉杆的结构形式

6.8.5.1.1　螺纹连接结构一般适用于换热管外径大于或等于 19 mm 的管束，如图 6-33 a)所示，与管板连接端的拉杆螺纹长度 L_a 按式(6-4)计算：

$$L_a = (1.3 \sim 1.5)d_n \quad \cdots\cdots (6\text{-}4)$$

6.8.5.1.2　焊接连接结构一般适用于换热管外径小于或等于 14 mm 的管束，如图 6-33 b)所示。焊接连接的拉杆直径可等于换热管外径。

6.8.5.1.3　当管板较薄时，也可采用其他的连接结构。

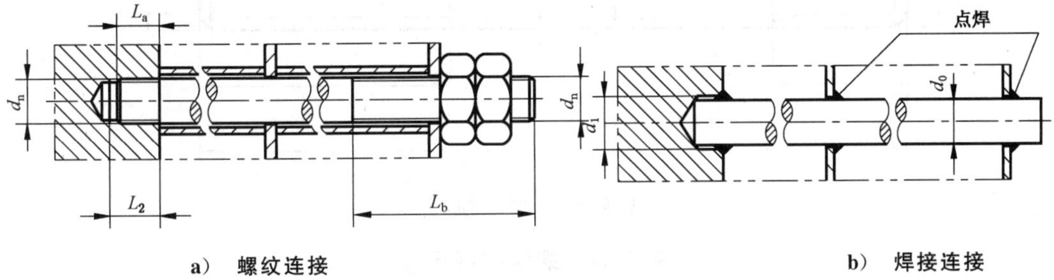

图 6-33　拉杆连接结构

6.8.5.2　拉杆的直径和数量

拉杆的直径和数量可按表 6-32 和表 6-33 选用。在保证大于或等于表 6-33 所给定的拉杆总截面积的前提下，拉杆的直径和数量可以变动，但其直径不宜小于 10 mm，数量不少于 4 根。需要时，对立式热交换器还应校核拉杆的强度。

表 6-32　拉杆直径　　mm

换热管外径 d	$10 \leqslant d \leqslant 14$	$14 < d < 25$	$25 \leqslant d \leqslant 57$
拉杆直径 d_0	10	12	16

表 6-33 拉杆数量

单位为个

拉杆直径 d_0/mm	热交换器公称直径 DN/mm								
	<400	400~<700	700~<900	900~<1 300	1 300~<1 500	1 500~<1 800	1 800~<2 000	2 000~<2 300	2 300~<2 600
10	4	6	10	12	16	18	24	32	40
12	4	4	8	10	12	14	18	24	28
16	4	4	6	6	8	10	12	14	16

拉杆直径 d_0/mm	热交换器公称直径 DN/mm						
	2 600~<2 800	2 800~<3 000	3 000~<3 200	3 200~<3 400	3 400~<3 600	3 600~<3 800	3 800~≤4 000
10	48	56	64	72	80	88	98
12	32	40	44	52	56	64	68
16	20	24	26	28	32	36	40

6.8.5.3 螺纹拉杆的尺寸

拉杆的长度 L_c 按需要确定。拉杆的结构尺寸可按图 6-34 和表 6-34 确定。

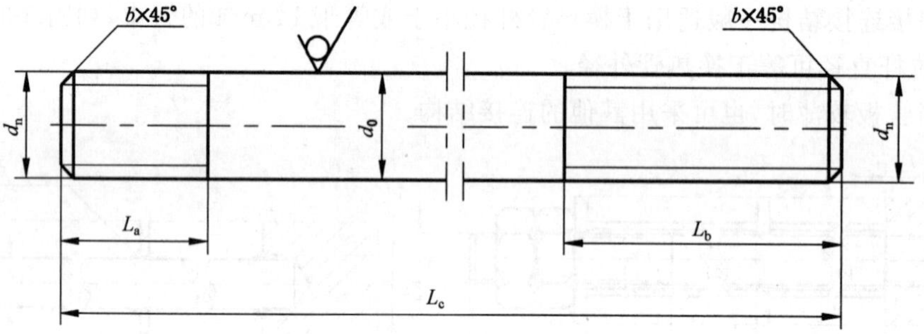

图 6-34 螺纹拉杆

表 6-34 螺纹拉杆尺寸

mm

拉杆直径 d_0	拉杆螺纹公称直径 d_n	L_a	L_b	b
10	10	13	≥40	1.5
12	12	16	≥50	2.0
16	16	22	≥60	2.0

6.8.5.4 拉杆的布置

拉杆应尽量均匀布置在管束的外边缘。对于大直径的热交换器,在布管区内或靠近折流板缺口处应布置适当数量的拉杆。任何折流板不应少于 3 个拉杆支承点。

6.8.5.5 定距管

定距管的外径宜与换热管外径相同,其长度的上偏差为0.0,下偏差为−1.0 mm。

6.8.6 滑道

6.8.6.1 可抽管束应设滑道,滑道可为板式、滚轮和圆钢条等形式。

6.8.6.2 板式滑道的连接与布置见图6-35,并符合下列要求:

a) 板式滑道应采用整体结构,并与折流板或支持板焊接牢靠;

b) 板式滑道底面应高出折流板或支持板外缘0.5 mm~1.0 mm;

c) 板式滑道底面边缘应倒角或倒圆;

d) 板式滑道的截面尺寸可根据热交换器直径、长度和管束质量确定。

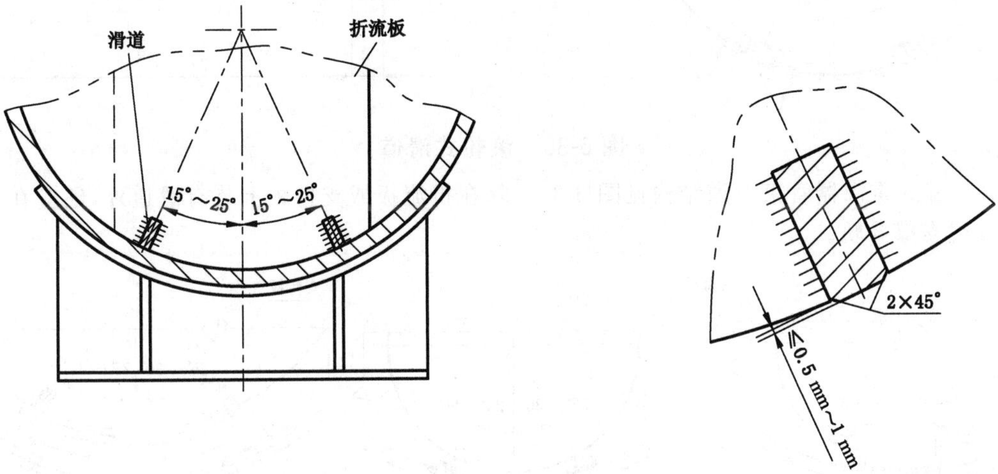

a)

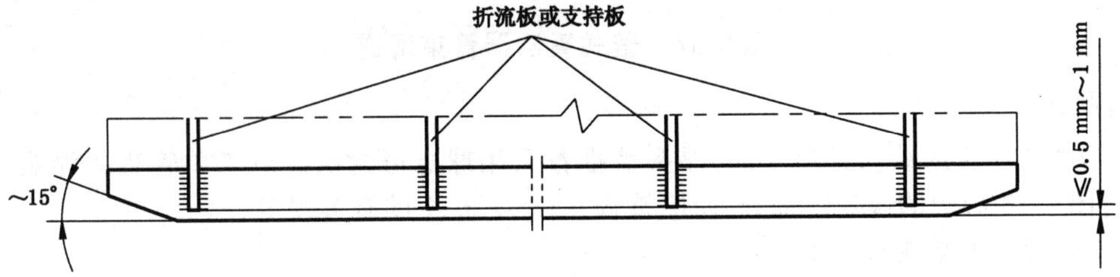

b)

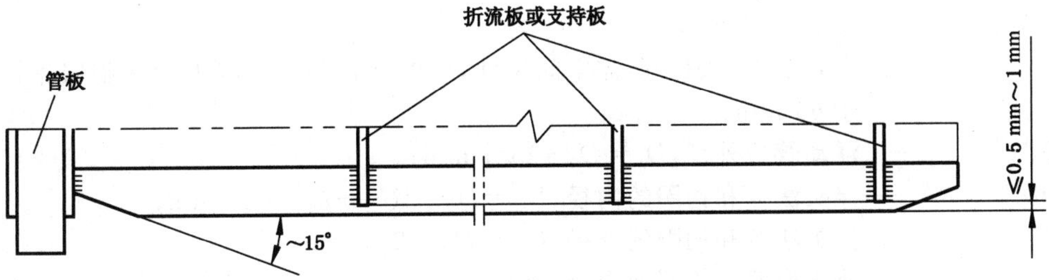

c)

图6-35 板式滑道

6.8.6.3 典型的滚轮式滑道结构与布置见图6-36。滚轮数量和尺寸应根据管束的质量和滚轮中心角的大小来确定,管束至少应有两对滚轮。

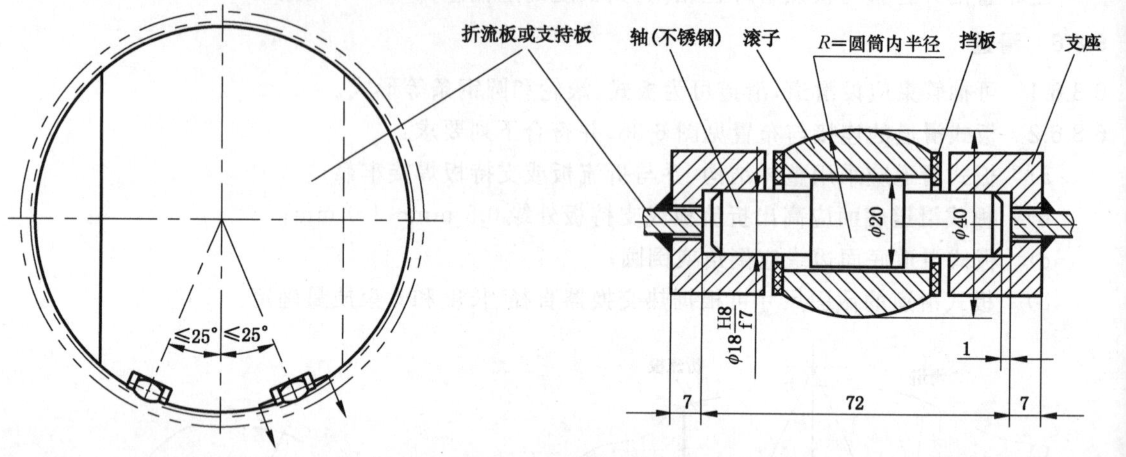

图 6-36 滚轮式滑道

6.8.6.4 釜式重沸器管束滑道结构见图6-37。除在折流板或支持板上装有滑道外,还应在壳体底部设置支撑导轨。

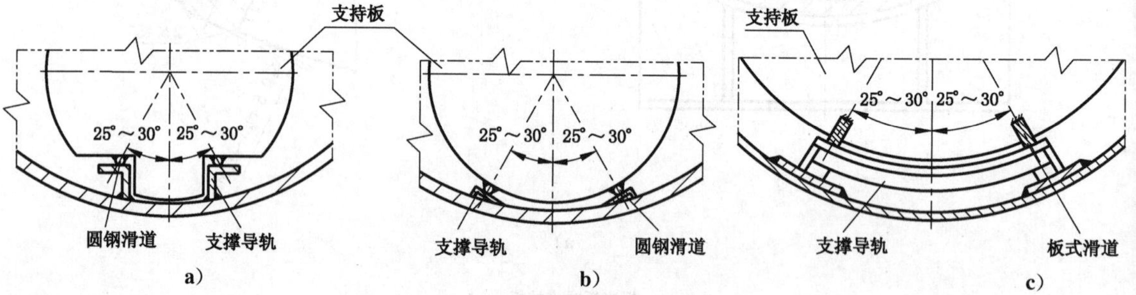

图 6-37 釜式重沸器管束滑道

6.9 钩圈式浮头

6.9.1 钩圈式浮头的结构见图6-38,浮头盖推荐采用球冠形封头。对于单管程的浮头接管和填料函[图6-38 a)中的假想线部分]尚应符合6.13及6.11的有关规定。

钩圈式浮头的结构尺寸如下:

a ——浮头法兰端面到外头盖圆筒端部的轴向尺寸,根据管束和壳体的伸缩量来确定;

b、b_1、b_2、b_n——按6.3.1.3的规定;

c ——安装及拧紧螺母所需空间尺寸,应考虑在各种情况下的热膨胀量,不宜小于60 mm;

D_e ——浮动管板外径,$D_e=D_i-2b_1$,mm;

D_{fi} ——浮头法兰和钩圈的内径,$D_{fi}=D_i-2(b_1+b_2)+3$,mm;

D_{fo} ——浮头法兰和钩圈的外径,$D_{fo}=D_w-20$,mm;

D_i ——热交换器壳体圆筒内径,mm;

D_L ——布管限定圆直径,按6.3.1.3确定,mm;

D_w ——外头盖内径,$D_w\geqslant D_i+100$,mm。

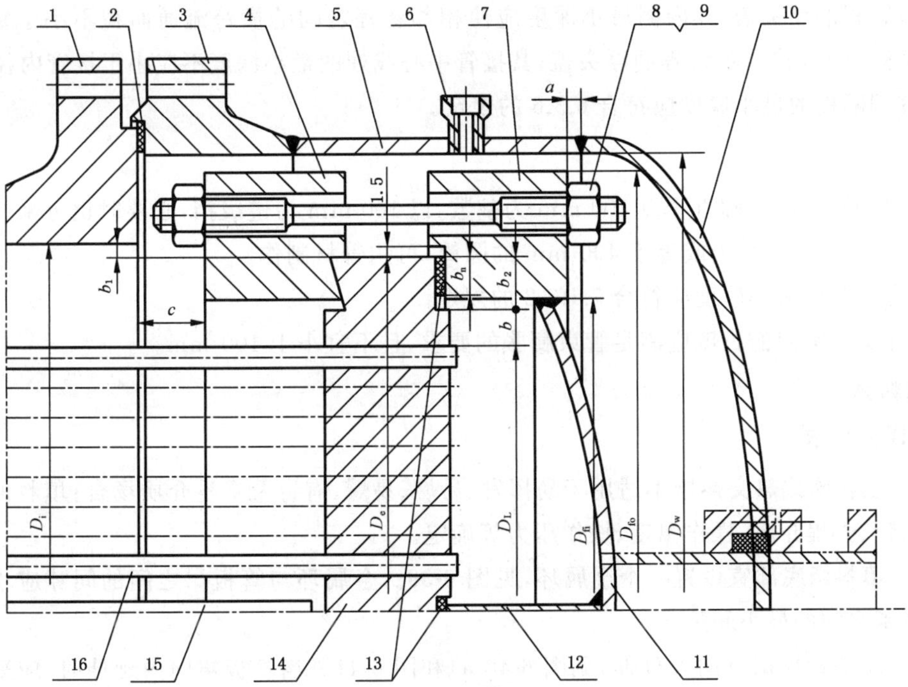

a） A型

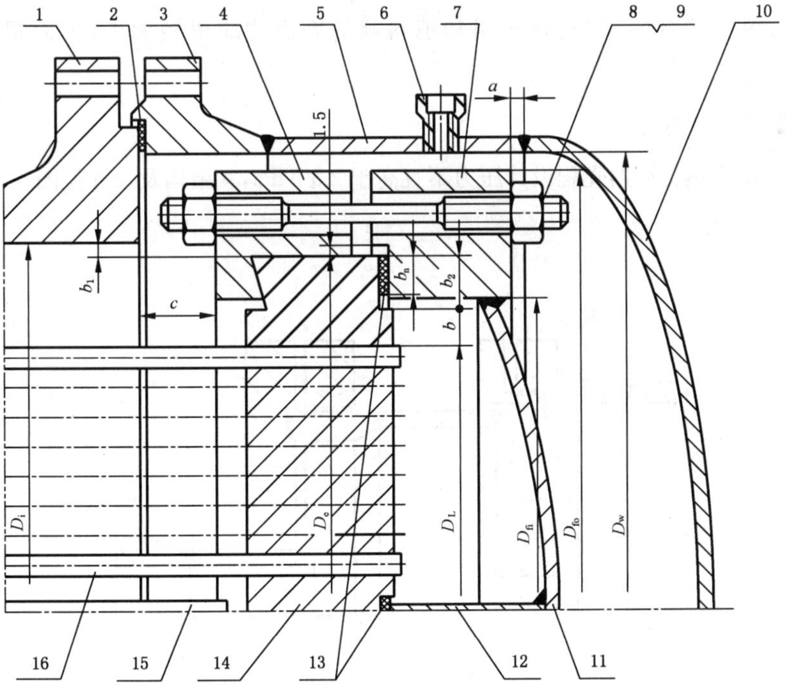

b） B型

说明：

1——外头盖侧法兰；
2——外头盖垫片；
3——外头盖法兰；
4——钩圈；
5——外头盖圆筒；
6——放气口或排液口；
7——浮头法兰；
8——双头螺柱；
9——螺母；
10——凸形封头；
11——球冠形封头；
12——分程隔板；
13——浮头垫片；
14——浮动管板；
15——挡管；
16——换热管。

图 6-38 钩圈式浮头

6.9.2　多管程的浮头盖,其内侧最小深度应使相邻管程之间的横跨流通面积不小于每程换热管流通面积的1.3倍。单管程的浮头盖,其接管中心线处的最小深度不应小于接管内径的1/3。

6.9.3　分程隔板的最小厚度应符合6.3.6的规定。

6.10　壳体

6.10.1　卷制圆筒的公称直径以400 mm为基数,以100 mm为进级挡,必要时也可采用50 mm为进级挡。公称直径小于或等于400 mm的圆筒,可用管材制作。

6.10.2　壳程圆筒最小厚度应符合7.1.3.2的规定。

6.10.3　外头盖圆筒的长度应满足管束膨胀的要求,且不宜小于100 mm。

6.11　填料函

6.11.1　通用要求

6.11.1.1　填料函式热交换器不适用于易挥发、易燃、易爆、有毒及贵重介质场合;填料的材料选择应根据管、壳程介质、操作温度、操作压力等确定。

6.11.1.2　填料函底部宜设置一个金属环,见图6-39。金属环与管板裙之间的间隙应小于管板裙和填料函之间的最小间隙。

6.11.1.3　浮动管板裙宜向外延伸,见图6-40 a)和图6-41。当管板裙向内延伸时,应采取适当的方法防止靠近管板的壳程内形成较大的流体滞流区。

6.11.1.4　凡与填料接触的管板、管板裙和填料函的表面均应机械加工,表面粗糙度 $R_a \leqslant 12.5\ \mu m$。

6.11.2　结构型式及具体要求

6.11.2.1　外填料函式热交换器壳程设计压力不宜高于2.5 MPa,其结构及尺寸见图6-39和表6-35。

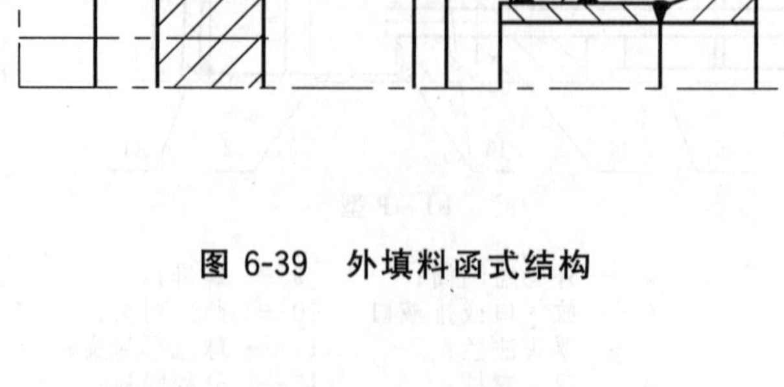

图6-39　外填料函式结构

表 6-35　填料函的连接尺寸

DN mm	*A* mm	*B* mm	*C* /mm ≤1.0 MPa	 ≤2.5 MPa	*E* mm	*F* mm	螺栓或螺柱 数量/个	 规格
≤200	10	11.5	33	43	25	25	4	M16
≤250～350							6	
≤350～450							8	
≤450～550							10	
≤550～600							12	
≤600～750	13	14.5	45	58	28	32	16	
≤750～850							20	
≤850～1 100							24	
≤1 100～1 300	16	17.5	54	70	32	40	28	
≤1 300～1 500							32	

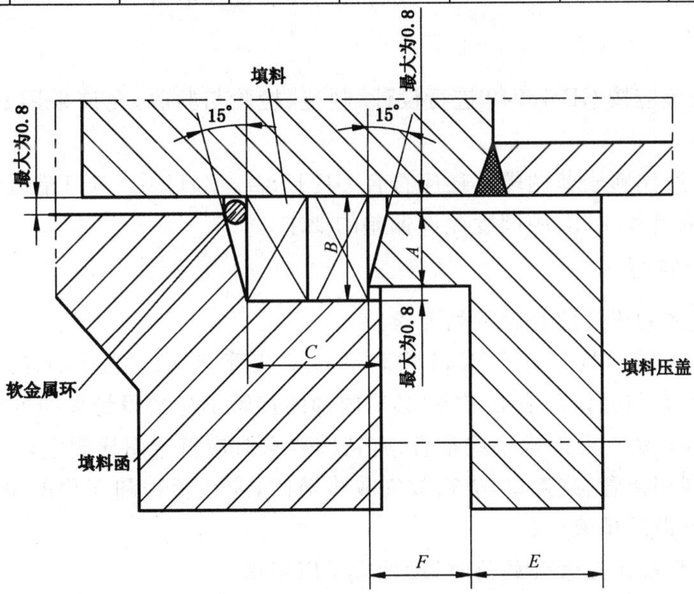

6.11.2.2　单填料函浮动管板结构及尺寸见图 6-40 和表 6-35。图 6-40 a)的结构不适用于管、壳程介质严禁混合的情况;图 6-40 b)的结构可以从套环中间孔检查介质泄漏的情况。

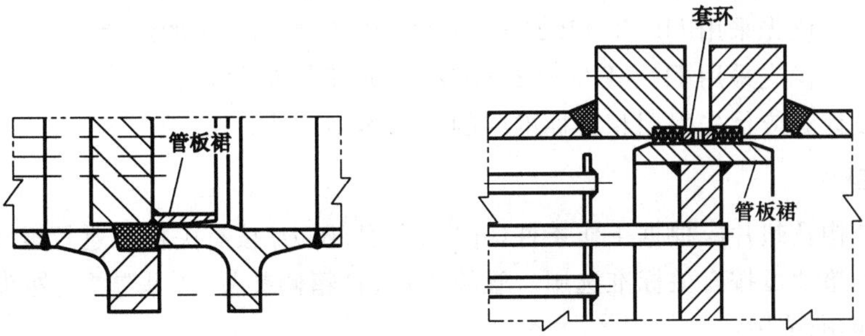

a)　　b)

图 6-40　单填料函浮动管板结构

6.11.2.3 双填料函浮动管板结构见图 6-41;此结构可用于密封要求较高的场合。

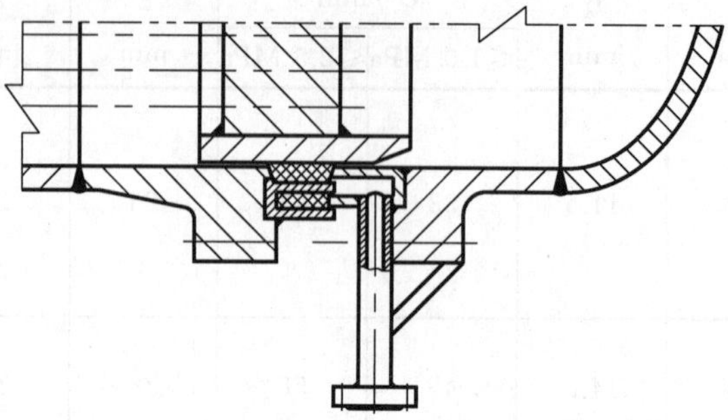

图 6-41 双填料函浮动管板结构

6.12 膨胀节

6.12.1 波形膨胀节应按 GB 16749 进行设计、制造、检验与验收;允许采用 Ω 型膨胀节等成熟的结构。

6.12.2 热交换器所用膨胀节两端部还应符合 GB 150.4—2011 中"对口错边量"和本标准 8.2.1 中圆筒内径允许偏差和 8.2.2 中圆度允许偏差的要求。

6.13 接管及其他开口

6.13.1 接管与壳体的连接应符合下列要求:

a) 结构设计参考 GB 150.3—2011 中附录 D.3"接管、凸缘与壳体的连接"的相关形式;

b) 壳程接管宜与壳体内表面平齐,必须内伸的接管不应妨碍管束的拆装;

c) 应保证接管法兰面的水平或垂直;有特殊要求时应符合图样规定;

d) 当不能利用接管(或接口)进行放气或排液时,应在管程和壳程的最高点设置放气口,在最低点设置排液口。

6.13.2 当设计条件提出接管外载荷时,设计应予以考虑。

6.13.3 必要时设置温度计、压力表及液位计等接口,仪表接口可设置在接管上。

6.14 设备及接管法兰

6.14.1 设备法兰的设计应符合 GB 150.3—2011 的规定。

6.14.2 设备法兰优先采用 NB/T 47021～47023、GB/T 29465 中的法兰。

6.14.3 接管法兰优先采用 HG/T 20592、HG/T 20615 中的法兰。

6.14.4 非标设计时应优先采用相关标准中的法兰连接尺寸。

6.15 密封及垫片

6.15.1 密封结构及垫片应根据工作条件(介质、温度、压力)按有关标准进行设计或选用。

6.15.2 管法兰垫片可按有关标准选用。管箱垫片、管箱侧垫片、浮头垫片、外头盖垫片和头盖垫片可按下列标准选用:

a) GB/T 29463.1《管壳式热交换器用垫片 第 1 部分:金属包垫片》;

b) GB/T 29463.2《管壳式热交换器用垫片 第 2 部分:缠绕式垫片》;

c) GB/T 29463.3《管壳式热交换器用垫片 第 3 部分:非金属软垫片》;

d) NB/T 47024(JB/T 4704)《非金属软垫片》;

e) NB/T 47025(JB/T 4705)《缠绕垫片》;

f) NB/T 47026(JB/T 4706)《金属包垫片》。

6.15.3 金属平垫片、金属波齿复合垫片、椭圆垫、八角垫、透镜垫等可按有关标准进行设计、选用。

6.15.4 当有成熟使用经验时,也可采用其他密封结构。

6.16 支座

6.16.1 卧式热交换器鞍式支座

6.16.1.1 卧式热交换器鞍式支座的布置(见图 6-42)应按下列原则确定:

a) 热交换器的公称长度不大于 3 m 时,鞍座间距 L_B 宜取 0.4 倍～0.6 倍热交换器的公称长度;

b) 热交换器的公称长度大于 3 m 时,鞍座间距 L_B 宜取 0.5 倍～0.7 倍热交换器的公称长度;

c) 宜使 L_c 和 L'_c 相近;

d) 必要时应对支座和壳体进行强度和稳定性校核;

e) 确定鞍座与相邻接管的距离时应考虑鞍座基础及保温的影响。

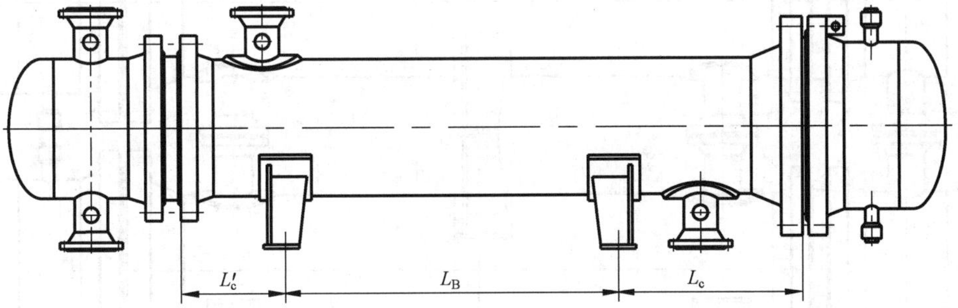

图 6-42 鞍式支座布置

6.16.1.2 鞍式支座可按 JB/T 4712.1 选用。

6.16.1.3 重叠热交换器支座(见图 6-43)的安装形式、要求如下:

a) 重叠热交换器之间的支座应设置调整高度用的垫板;

b) 支座底板到设备中心线的距离应比接管法兰密封面到设备中心线的距离至少小 5 mm;

c) 当重叠热交换器质量较大时,可增设一组重叠支座;

d) 在不移动热交换器的情况下,重叠热交换器的中心距应满足拆装接管法兰螺栓的要求。

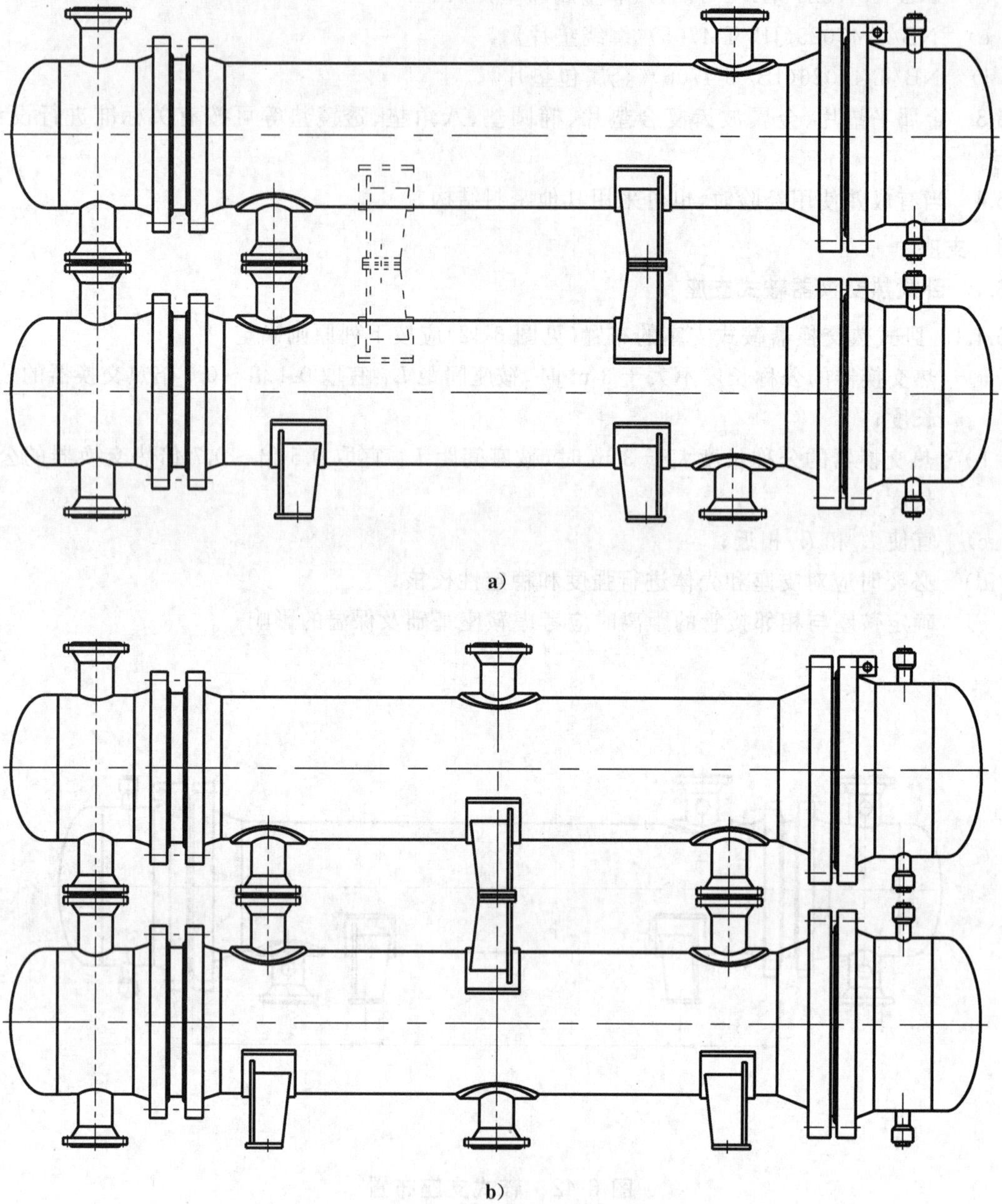

a)

b)

图 6-43 重叠热交换器支座布置

6.16.2 立式热交换器支座

6.16.2.1 立式热交换器耳式支座的布置(见图 6-44)应按下列原则确定：

a) 公称直径 DN≤800 mm 时，至少应设置 2 个支座，且应对称布置；

b) 公称直径 DN>800 mm 时，至少应设置 4 个支座，且应均匀布置。

6.16.2.2 耳式支座可按 JB/T 4712.3 选用。

6.16.2.3 裙式支座可按 NB/T 47041(JB/T 4710)进行设计。

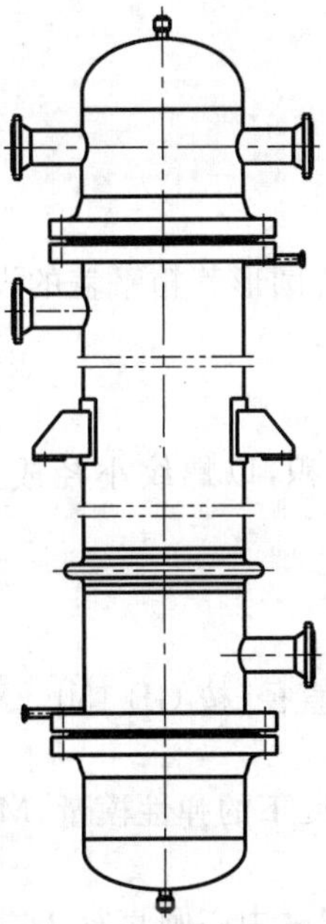

图 6-44　立式支座布置

6.17　附件

6.17.1　起吊附件

质量大于 30 kg 的管箱、管箱平盖、外头盖及浮头盖宜设置吊耳。

6.17.2　吊环螺钉

可抽管束的固定管板上宜设置吊环螺钉孔;在正常操作时,应采用丝堵和垫片保护螺孔;维修时换装吊环螺钉抽装管束。

6.17.3　防松支耳与带肩螺柱

可抽管束的固定管板外缘上宜设置防松支耳,防松支耳与带肩双头螺柱配套使用(如图 6-45 所示),防松支耳应对称均布,推荐数量如下:

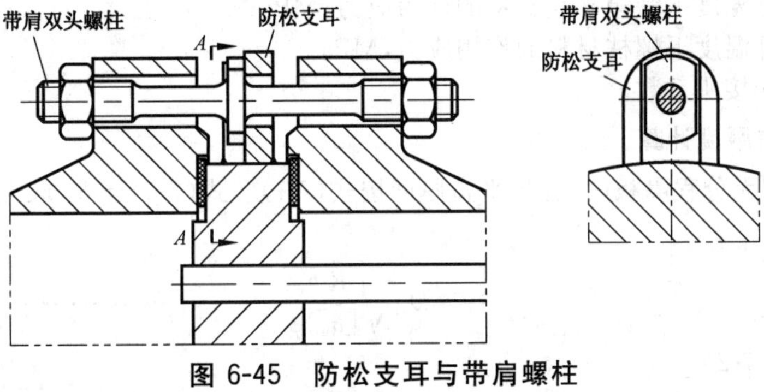

图 6-45　防松支耳与带肩螺柱

a)　公称直径小于或等于 800 mm 时,至少设置 2 个;

b)　公称直径为 900 mm～2 000 mm 时,至少设置 4 个;

c)　公称直径大于 2 000 mm 时,可适当增加数量。

7 设计计算

7.1 承压壳体与隔板

7.1.1 管箱平盖

7.1.1.1 适用范围

本条适用于螺柱连接、垫片密封的圆形管箱平盖的设计计算，焊接式平盖应按 GB 150.3—2011 设计计算。

7.1.1.2 符号

A_b ——实际使用的螺柱总截面积，以螺纹小径或以无螺纹部分的最小直径计算，取小者，mm^2；

D_b ——螺柱中心圆直径，mm；

DN ——热交换器公称直径，mm；

D_G ——垫片压紧力作用中心圆直径(按 GB 150.3—2011 选取)，mm；

d_n ——螺柱公称直径，mm；

E^t ——管箱平盖材料在设计温度下的弹性模量，MPa；

K ——结构特征系数；

L_G ——垫片压紧力的力臂，为螺柱中心圆直径 D_b 与垫片压紧力作用中心圆直径 D_G 之差的一半，mm；

p_c ——管箱平盖计算压力，MPa；

W ——预紧状态或操作状态时的螺柱设计载荷，按 GB 150.3—2011 计算，当管箱带有分程隔板时，还应计入分程隔板垫片产生的反力，N；

$[Y]$ ——许用挠度值，mm；

y ——管箱平盖中心处的挠度，mm；

δ_{ep} ——管箱平盖有效厚度，无分程隔板槽时为管箱平盖名义厚度减去管箱平盖的厚度附加量；有分程隔板槽时为管箱平盖名义厚度减去管箱平盖的厚度附加量或分程隔板槽深(取大者)，mm；

δ_p ——管箱平盖计算厚度，mm；

$[\sigma]$ ——常温下管箱平盖材料的许用应力，MPa；

$[\sigma]^t$ ——设计温度下管箱平盖材料的许用应力，MPa；

$[\sigma]_b^t$ ——设计温度下螺柱材料的许用应力，MPa；

ϕ ——焊接接头系数。

7.1.1.3 管箱平盖厚度计算

7.1.1.3.1 管箱内无分程隔板时，管箱平盖厚度按式(7-1)和式(7-3)计算，取大值。

操作时：

$$\delta_p = D_G\sqrt{\frac{Kp_c}{[\sigma]^t\phi}} \qquad \cdots\cdots(7\text{-}1)$$

式中 K 见式(7-2)：

$$K = 0.3 + \frac{1.78WL_G}{p_c D_G^3} \qquad \cdots\cdots(7\text{-}2)$$

预紧时：

$$\delta_p = D_G\sqrt{\frac{Kp_c}{[\sigma]\cdot\phi}} \qquad \cdots\cdots(7\text{-}3)$$

式中 K 见式(7-4)：

$$K=\frac{1.78WL_G}{p_c D_G^3} \quad \cdots\cdots(7\text{-}4)$$

7.1.1.3.2 管箱内有分程隔板时，管箱平盖厚度除满足 7.1.1.3.1 外，还应按式(7-5)计算，取大者：

$$\delta_p=D_G\left[\frac{D_G}{E^t[Y]}\left(0.043\,5p_c+\frac{0.5[\sigma]_b^t A_b L_G}{D_G^3}\right)\right]^{1/3} \quad \cdots\cdots(7\text{-}5)$$

7.1.1.3.3 管箱内有分程隔板时，许用挠度 $[Y]$ 一般选取如下：

a) DN≤600 mm，$[Y]=0.8$ mm；

b) DN>600 mm，$[Y]=\frac{DN}{800}$ mm，且不大于 2.0 mm。

7.1.1.4 挠度校核

7.1.1.4.1 管箱平盖中心处的挠度按式(7-6)计算：

$$y=\frac{D_G}{E^t\delta_{ep}^3}\{0.043\,5D_G^3 p_c+0.25[\sigma]_b^t A_b(D_b-D_G)\} \quad \cdots\cdots(7\text{-}6)$$

7.1.1.4.2 管箱内有分程隔板时，挠度校核要求 $y\leq[Y]$。

7.1.2 管箱

7.1.2.1 管箱圆筒和凸形封头的厚度计算应符合 GB 150.3—2011 的有关规定。

7.1.2.2 管箱上的开孔补强计算应符合 GB 150.3—2011 的有关规定。

7.1.2.3 重叠热交换器管箱圆筒的最小厚度应符合表 7-1 的规定。

7.1.3 壳程承压部件

7.1.3.1 壳程圆筒、外导流筒、凸形封头及接管等受压元件厚度计算及开孔补强计算应符合 GB 150.3—2011 的有关规定。

7.1.3.2 圆筒的最小厚度应满足表 7-1 的规定。

表 7-1 圆筒的最小厚度

mm

DN		碳素钢、低合金钢和复合板[注2]		高合金钢
		可抽管束	不可抽管束	
管制	<100	5.0	5.0	3.2
	≥100～200	6.0	6.0	3.2
	>200～400	7.5	6.0	4.8
板制	≥400～700	8	6	5
	>700～1 000	10	8	7
	>1 000～1 500	12	10	8
	>1 500～2 000	14	12	10
	>2 000～2 600	16	14	12
	>2 600～3 200	—	16	13
	>3 200～4 000	—	18	17

注 1：碳素钢、低合金钢制圆筒的最小厚度包含 1.0 mm 腐蚀裕量。

注 2：复合板的最小厚度指爆炸焊接复合板或内壁有堆焊层的总厚度。

注 3：对于可抽管束，当 DN>2 600 时，圆筒最小厚度由设计者自行确定。

7.1.4 分程隔板

7.1.4.1 管箱分程隔板的计算厚度应按式(7-7)计算。

$$\delta = b\sqrt{\frac{\Delta p B}{1.5[\sigma]^t}} \qquad \cdots\cdots(7-7)$$

式中：

b ——隔板结构尺寸，见表 7-2，mm；

B ——尺寸系数，按表 7-2 查取(中间值用内插法查)；

Δp ——隔板两侧压力差值，MPa；

δ ——分程隔板计算厚度，mm；

$[\sigma]^t$——隔板材料设计温度下的许用应力，MPa。

表 7-2 分程隔板尺寸系数 *B*

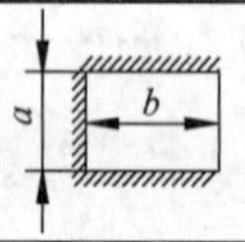		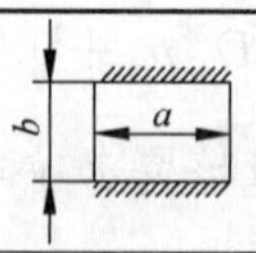		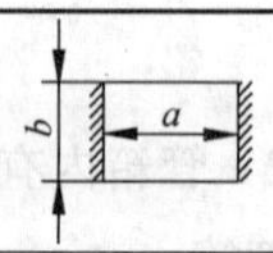	
三边固定，一边简支		长边固定，短边简支		短边固定，长边简支	
a/b	B	a/b	B	a/b	B
0.25	0.020	1.0	0.418 2	1.0	0.418 2
0.50	0.081	1.2	0.462 6	1.2	0.520 8
0.75	0.173	1.4	0.486 0	1.4	0.598 8
1.0	0.307	1.6	0.496 8	1.6	0.654 0
1.5	0.539	1.8	0.497 1	1.8	0.691 2
2.0	0.657	2.0	0.497 3	2.0	0.714 6
3.0	0.718	>2.0	0.500 0	>2.0	0.750 0

7.1.4.2 管箱分程隔板的名义厚度不应小于表 7-3 的规定。

表 7-3 管箱分程隔板的最小名义厚度 mm

DN	碳素钢和低合金钢	高合金钢
≤600	10	6
>600～1 200	12	10
>1 200～1 800	14	11
>1 800～2 600	16	12
>2 600～3 200	18	14
>3 200～4 000	20	16

7.1.4.3 纵向隔板的厚度应符合下列要求：

a) 与壳体之间采用密封板(垫)密封时，纵向隔板的厚度不应小于 6 mm；

b) 与壳体之间采用焊接密封时，纵向隔板的厚度不应小于 8 mm，必要时可按式(7-7)进行校核计算。

7.2 浮头盖与钩圈

7.2.1 符号

D_G ——垫片压紧力作用中心圆直径,mm;

D_b ——螺柱中心圆直径,mm;

D_{fi} ——浮头法兰和钩圈的内径,mm;

D_{fo} ——浮头法兰和钩圈的外径,mm;

D_e ——浮动管板外径,mm;

F_D ——作用在浮头法兰环内侧封头压力载荷引起的轴向分力,N;$F_D=0.785D_{fi}^2 \cdot p_c$;

F_r ——作用在浮头法兰环内侧封头压力载荷引起的径向分力,N;$F_r=F_D\tan^{-1}\beta_1$;

L_D ——螺柱中心至法兰环内侧的径向距离,mm;

L_r ——F_r对法兰环截面形心的力臂,mm;

p_c ——计算压力,MPa;分别考虑管程设计压力 p_t(内压)和壳程设计压力 p_s(外压);

R_i ——球冠形封头内半径,mm;

β_1 ——球冠形封头边缘处球壳中面切线与法兰环径向的夹角,见表 7-5 中的图,(°);

δ ——球冠形封头计算厚度,mm;

δ_f ——浮头法兰有效厚度,mm;

δ_g ——钩圈计算厚度,mm;

δ_e ——球冠形封头有效厚度,mm;

$[\sigma]^t$——设计温度下球冠形封头材料的许用应力,MPa;

ϕ ——球冠形封头拼板焊接接头系数。

7.2.2 球冠形封头

7.2.2.1 球冠形封头内半径 R_i 可按表 7-4 选取。

表 7-4 球冠形封头内半径

mm

DN	300	400	500	600	700	800	900	1 000	1 100	1 200	1 300	1 400
R_i	300		400	500	600		700	800	900	1 000		1 100
DN	1 500	1 600	1 700	1 800	1 900	2 000	2 100	2 200	2 300	2 400	2 500	2 600
R_i	1 200	1 300		1 400	1 500		1 600		1 800		2 000	

7.2.2.2 球冠形封头计算厚度应取下列计算的较大值:

a) 管程压力 p_t作用下(内压)球冠形封头,按式(7-8)计算:

$$\delta=\frac{5p_tR_i}{6[\sigma]^t\phi} \qquad (7-8)$$

b) 壳程压力 p_s作用下(外压)球冠形封头,按 GB 150.3—2011 进行外压计算;

c) 单侧有真空工况时,还应考虑最苛刻的压力组合。

7.2.3 浮头法兰

7.2.3.1 管程压力 p_t作用下(内压)浮头法兰的计算

浮头法兰按表 7-5 进行计算,计算压力 $p_c=p_t$。凡 7.2.1 未列入的符号均按 GB 150.3—2011 第7 章的规定。

7.2.3.2 壳程压力 p_s 作用下(外压)浮头法兰的计算

浮头法兰按表 7-5 进行计算,计算压力 $p_c=p_s$,$M_p=F_D(L_D-L_G)+F_T(L_T-L_G)-F_rL_r$(或 $+F_rL_r$,当 F_rL_r 与前两项力矩方向相同时,取"+")。

表 7-5 浮头法兰计算

设计条件			垫片及螺柱计算		
计算压力 $p_c=$ MPa			垫片 材料	$N=$ mm	$y=$ MPa
设计温度 $t=$ ℃			垫片 外径×内径×厚度	$b=$ mm	$m=$
法兰	材料		假设法兰有效厚度 $\delta_f=$ mm	球冠形封头有效厚度 $\delta_e=$ mm	
法兰	许用应力	$[\sigma]_f=$ MPa	$F=0.785D_G^2p_c=$ N	$F_p=6.28D_Gbmp_c=$ N	
法兰	许用应力	$[\sigma]_f^t=$ MPa	$W_a=3.14D_Gyb=$ N	$F+F_p=$ N	
螺柱	材料		螺柱直径 $d_B=$ mm	螺柱数量 $n=$ 个	
螺柱	许用应力	$[\sigma]_b=$ MPa	$A_{m1}=(F+F_p)/[\sigma]_b^t=$ mm²	$A_{m2}=\dfrac{W_a}{[\sigma]_b}=$ mm²	
螺柱	许用应力	$[\sigma]_b^t=$ MPa	$A_m=\max\{A_{m1},A_{m2}\}=$ mm²	$A_b=$ mm²	
$\beta_1=\arcsin\dfrac{0.5D_{fi}}{R_i+0.5\delta_e}=$ (°)			$W=0.5(A_m+A_b)\cdot[\sigma]_b=$ N	假设 $l=$ mm(l 见本表的图)	
操作情况下法兰的受力			力臂	力矩	
$F_D=0.785D_{fi}^2p_c=$ N			$L_D=\dfrac{1}{2}(D_b-D_{fi})=$ mm	$M_D=F_DL_D=$ N·mm	
$F_G=F_p=$ N			$L_G=\dfrac{1}{2}(D_b-D_G)=$ mm	$M_G=F_GL_G=$ N·mm	
$F_T=F-F_D=$ N			$L_T=\dfrac{1}{2}(L_D+L_G)=$ mm	$M_T=F_TL_T=$ N·mm	
$F_r=F_D\cdot\cot\beta_1=$ N			$L_r=\dfrac{\delta_f}{2}-\dfrac{\delta_e}{2\cos\beta_1}-l=$ mm	$M_r=F_rL_r=$ N·mm	
操作情况下法兰总力矩 $M_p=M_D+M_G+M_T-M_r=$ N·mm					
预紧螺柱时法兰的受力			力 臂	力 矩	
$F_G=W=$ N			$L_G=\dfrac{1}{2}(D_b-D_G)=$ mm	$M_a=F_GL_G=$ N·mm	

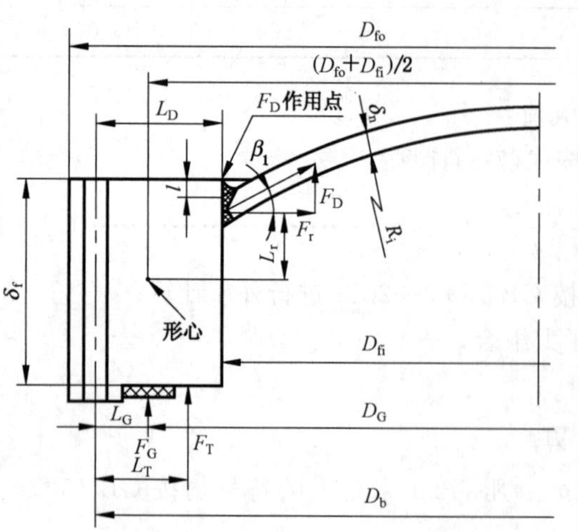

$$L=\frac{p_cD_{fi}\sqrt{4R_i^2-D_{fi}^2}}{8[\sigma]_f^t(D_{fo}-D_{fi})}= \quad \text{mm}$$

操作状态 $J_p=\dfrac{M_p}{[\sigma]_f^tD_{fi}}\left[\dfrac{D_{fo}+D_{fi}}{D_{fo}-D_{fi}}\right]=$ mm²

预紧状态 $J_a=\dfrac{M_a}{[\sigma]_fD_{fi}}\left[\dfrac{D_{fo}+D_{fi}}{D_{fo}-D_{fi}}\right]=$ mm²

法兰厚度:

操作状态 $\delta_{fp}=L+\sqrt{J_p+L^2}=$ mm

预紧状态 $\delta_{fa}=\sqrt{J_a}=$ mm

法兰厚度 δ_f 取 δ_{fp} 与 δ_{fa} 之大者,且不小于球冠形封头名义厚度 δ_n 的两倍

7.2.4 钩圈

7.2.4.1 A 型钩圈的结构尺寸按 6.9.1 确定，其计算厚度 δ_g 按表 7-6 计算。

表 7-6 A 型钩圈的厚度计算

材料	
设计温度下的许用应力 $[\sigma]_f^t=$	MPa
直径比 $K=D_{fo}/D_{fi}=$	
系数 Y——根据直径比 K 值，按 GB 150.3—2011 查得	
$L_G=0.5[D_b-0.5(D_e+D_{fi})]=$	mm
$M=WL_G=$	N·mm(W-取自表 7-5)
$\delta_g=\sqrt{\dfrac{2YM}{D_{fi}[\sigma]_f^t}}=$	mm
A 型钩圈尺寸：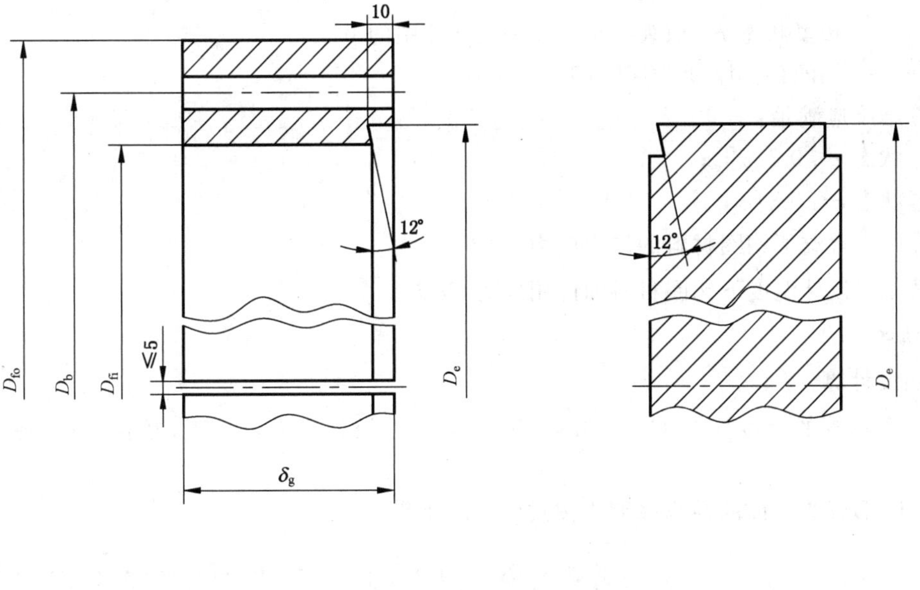	

7.2.4.2 B 型钩圈(见图 7-1)的结构尺寸按 6.9.1 确定，其计算厚度 δ_g 按式(7-9)计算。必要时还应按式(7-10)校核剪切强度。

$$\delta_g = \delta_1 + 16 \qquad \cdots\cdots(7\text{-}9)$$

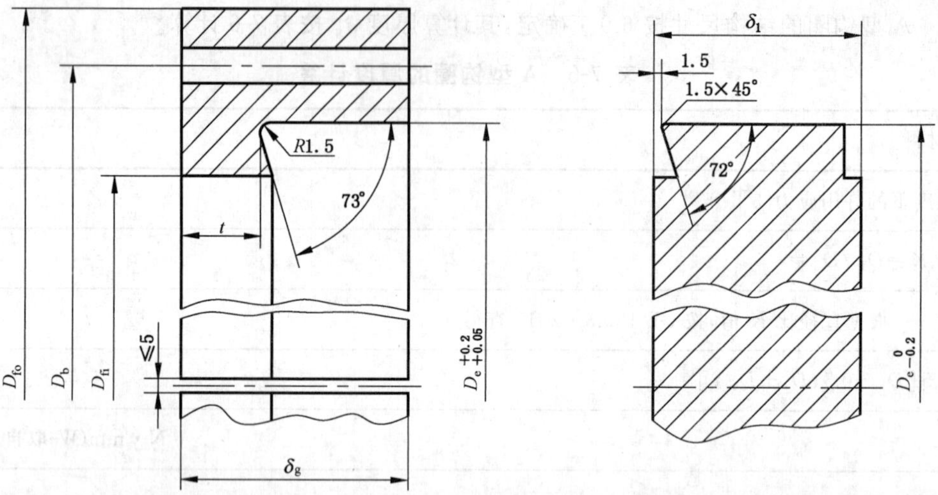

图 7-1 **B 型钩圈**

$$\tau = \frac{F_Z}{\pi t D_e} \qquad \cdots\cdots(7\text{-}10)$$

式中：

F_Z ——螺柱设计载荷，N；

操作状态 F_Z 取表 7-5 浮头法兰计算中的 $F + F_p$；

预紧状态 F_Z 取表 7-5 浮头法兰计算中的 W_a；

t ——钩圈颈部厚度，不得小于 30，mm。

计算结果应满足：

操作状态 $\tau \leqslant 0.8[\sigma]_g^t$；

预紧状态 $\tau \leqslant 0.8[\sigma]_g$。

$[\sigma]_g$——常温下钩圈材料的许用应力，MPa；

$[\sigma]_g^t$——设计温度下钩圈材料的许用应力，MPa。

7.3 换热管

7.3.1 强度计算

7.3.1.1 换热管的厚度应按 GB 150.3—2011 中的外径公式进行计算，必要时还应进行外压校核。

7.3.1.2 U 形管弯制前的最小厚度应按式(7-11)计算：

$$\delta_0 = \delta_1 \times \left(1 + \frac{d}{4R}\right) \qquad \cdots\cdots(7\text{-}11)$$

式中：

δ_0——弯曲前换热管的最小厚度，mm；

δ_1——直管段按 GB 150.3—2011 强度计算所需厚度，mm；

d ——换热管外径，mm；

R ——弯管段的弯曲半径(见图 6-15)，mm。

7.3.2 轴向应力

7.3.2.1 换热管的轴向应力应按7.4计算,轴向应力应满足校核条件。

7.3.2.2 光管换热管在设计温度下的稳定许用压应力$[\sigma]_{cr}^{t}$应按式(7-14)或式(7-15)计算,且$[\sigma]_{cr}^{t}$值不应大于换热管在设计温度下的许用应力$[\sigma]_{t}^{t}$。

系数计算见式(7-12)、式(7-13):

$$C_r=\pi\sqrt{\frac{2E_t}{R_{eL}^{t}}} \quad \cdots\cdots(7\text{-}12)$$

$$i=0.25\sqrt{d^2+(d-2\delta_t)^2} \quad \cdots\cdots(7\text{-}13)$$

当$C_r \leqslant l_{cr}/i$时,

$$[\sigma]_{cr}^{t}=\frac{R_{eL}^{t}C_r^2}{3(l_{cr}/i)^2}=\frac{E_t}{1.5}\cdot\frac{\pi^2}{(l_{cr}/i)^2} \quad \cdots\cdots(7\text{-}14)$$

当$C_r > l_{cr}/i$时,

$$[\sigma]_{cr}^{t}=\frac{R_{eL}^{t}}{1.5}\cdot\left[1-\frac{l_{cr}/i}{2C_r}\right] \quad \cdots\cdots(7\text{-}15)$$

式中:

d ——换热管外径,mm;

E_t ——设计温度下换热管材料的弹性模量,MPa;

i ——换热管的回转半径 mm;

l_{cr} ——换热管受压失稳当量长度,按图7-2确定,mm;

R_{eL}^{t} ——设计温度下换热管材料的屈服强度,MPa;

δ_t ——换热管壁厚,mm。

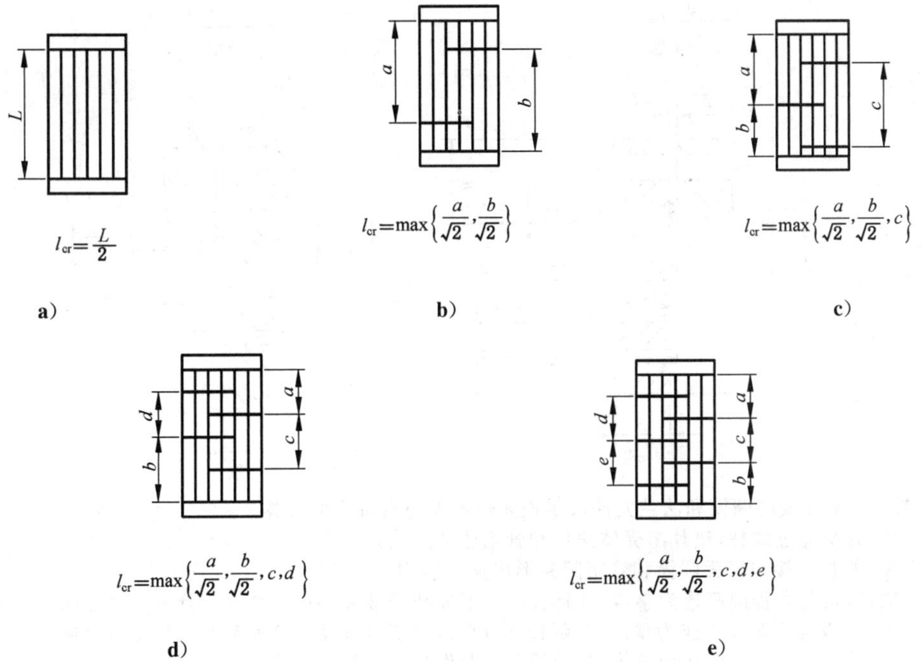

图7-2 换热管受压失稳当量长度l_{cr}

7.4 管板

7.4.1 适用范围

7.4.1.1 本计算方法适用于U形管式、浮头式、填料函式和固定管板式热交换器的管板及其相关元件(如换热管、壳体等)的强度校核和设计计算。管板与壳程圆筒、管箱圆筒之间可以有不同的连接方式,如图7-3所示。

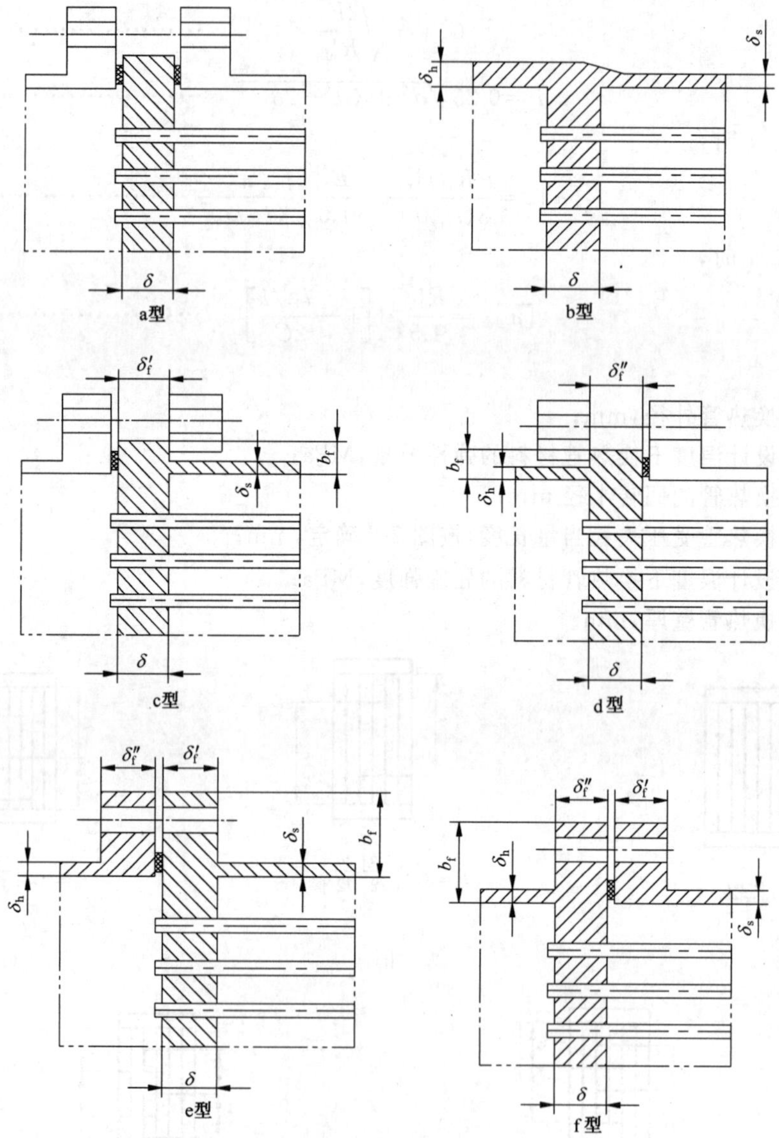

注:图中无剖面线的圆筒和法兰元件表示该元件不参与管板应力计算。
a型:管板通过螺柱、垫片与壳体法兰和管箱法兰连接。
b型:管板直接与壳程圆筒和管箱圆筒形成整体结构。
c型:管板与壳程圆筒连为整体,其延长部分形成凸缘被夹持在活套环与管箱法兰之间。
d型:管板与管箱圆筒连为整体,其延长部分形成凸缘被夹持在活套环与壳体法兰之间。
e型:管板与壳程圆筒连为整体,其延长部分兼作法兰,用螺柱、垫片与管箱连接。
f型:管板与管箱圆筒连为整体,其延长部分兼作法兰,用螺柱、垫片与壳体法兰连接。

图7-3 管板与壳体、管箱的连接

7.4.1.2 本节管板计算方法适用于:在管板计算直径 $2R$ 范围内应是具有均匀厚度的圆形平板(对于管板周边延伸作为法兰的部分可以具有不同于管板的厚度),在其布管区范围内,除分程处局部外,应具有均布的密集开孔。在计算中认为压力载荷是均匀的,没有考虑质量载荷、压降载荷及管板厚度方向和径向温差应力的影响。

7.4.1.3 本计算方法的力学模型是将管板近似地视为轴对称结构,并假设:热交换器两端的管板具有同样的材料和相同的厚度,对于固定管板式热交换器两块管板还应具有相同的边界支承条件。

7.4.1.4 本计算方法不适用于结构特殊(如与法兰搭焊连接的固定管板及圆环形管板等)以及布管或载荷条件特殊的管板(如具有不同管径的换热管、部分布管或其他不能视为轴对称结构的管板)。

7.4.1.5 采用波纹换热管的管板计算参见附录 K。

7.4.1.6 满足特定要求的管板计算参见附录 L 或附录 M。

7.4.2 管板最小厚度

7.4.2.1 管板与换热管采用胀接连接时,管板最小厚度 $\delta_{\min}$(不包括腐蚀裕量)应按如下规定确定:

a) 易爆及毒性程度为极度或高度危害的介质场合,管板最小厚度不应小于换热管的外径 d;

b) 其他场合的管板最小厚度,应符合如下要求:

1) $d \leqslant 25$ 时,$\delta_{\min} \geqslant 0.75d$;

2) $25 < d < 50$ 时,$\delta_{\min} \geqslant 0.70d$;

3) $d \geqslant 50$ 时,$\delta_{\min} \geqslant 0.65d$。

7.4.2.2 管板与换热管采用焊接连接时,管板最小厚度应满足结构设计和制造要求,且不小于 12 mm。

7.4.2.3 复合管板覆层最小厚度及相应要求如下:

a) 与换热管焊接连接的复合管板,其覆层的厚度不应小于 3 mm;对有耐腐蚀要求的覆层,还应保证距覆层表面深度不小于 2 mm 的覆层化学成分和金相组织符合覆层材料标准的要求;

b) 与换热管强度胀接连接的复合管板,其覆层最小厚度不宜小于 10 mm;对有耐腐蚀要求的覆层,还应保证距覆层表面深度不小于 8 mm 的覆层化学成分和金相组织符合覆层材料标准的要求。

7.4.3 管板名义厚度及有效厚度

7.4.3.1 管板名义厚度

管板名义厚度不应小于下列三者之和:

a) 管板的计算厚度或 7.4.2 规定的最小厚度,取大者;

b) 壳程腐蚀裕量或结构开槽深度,取大者;

c) 管程腐蚀裕量或分程隔板槽深度,取大者。

7.4.3.2 整体管板的有效厚度

管板有效厚度系指管程分程隔板槽底部的管板厚度减去下列二者厚度之和:

a) 管程腐蚀裕量超出管程隔板槽深度的部分；

b) 壳程腐蚀裕量与管板在壳程侧的结构开槽深度二者中的较大者。

7.4.3.3 **复合管板的有效厚度**

当覆层与基层的结合要求符合 5.3.2.2 的规定时，覆层厚度可计入复合管板的有效厚度中；当覆层材料的强度低于基层材料时，宜以覆层当量厚度计入复合管板的有效厚度中，覆层当量厚度按式(7-16)计算：

$$\delta_c=\frac{[\sigma]_2^t}{[\sigma]_1^t}\delta_2 \qquad \cdots\cdots(7\text{-}16)$$

式中：

δ_c ——覆层当量厚度，mm；

$[\sigma]_2^t$——设计温度下覆层材料的许用应力，MPa；

$[\sigma]_1^t$——设计温度下基层材料的许用应力，MPa；

δ_2 ——覆层最薄处的厚度，mm。

7.4.4 **U 形管式热交换器管板**

本计算适用于图 7-3 中所示各种连接方式的 U 形管式热交换器管板的计算。

在本节计算中，除另有指明外或设计另有要求外，各元件的弹性模量系指该元件材料在设计温度下的取值，各元件的厚度系指该元件的名义厚度。

7.4.4.1 **符号**

A_d ——在布管区范围内，因设置分程隔板和拉杆结构的需要，而未能被换热管支承的面积，按7.4.8.1 计算，mm^2；

A_t ——管板布管区面积，按 7.4.8.2 计算，mm^2；

a ——1 根换热管管壁金属的横截面积，mm^2；

b_f ——管板延长部分形成的凸缘(c 型、d 型)或法兰(e 型、f 型)的宽度，如图 7-3 所示，mm；

C_c ——系数，按 $\widetilde{K}_f$ 和 ρ_t 查图 7-6；

C_e ——系数，按 $\widetilde{K}_f$ 和 ρ_t 查图 7-7；

C_M ——系数，按 $\widetilde{K}_f$ 和 ρ_t 查图 7-8；

D ——管板开孔前的抗弯刚度，N·mm；

D_G ——垫片压紧力作用中心圆直径，按 GB 150.3—2011 第 7 章，mm；

D_i ——壳程圆筒和管箱圆筒内径，mm；

D_t ——管板布管区当量直径，按 7.4.8.3 计算，mm；

d ——换热管外径，mm；

E_f' ——下述元件材料的弹性模量，MPa；
对于 c 型、e 型连接方式，指管板材料；对于 f 型连接方式，指壳体法兰材料；

E_f'' ——下述元件材料的弹性模量，MPa；
对于 d 型、f 型连接方式，指管板材料；对于 e 型连接方式，指管箱法兰材料；

E_h ——下述元件材料的弹性模量，MPa；

对于b型、d型、f型连接方式，指管箱圆筒材料；对于e型连接方式，当管箱法兰采用长颈对焊法兰时，指该法兰材料；当采用乙型平焊法兰时，指法兰短节材料；否则，即指管箱圆筒材料；

E_p ——管板材料的弹性模量，MPa；

E_s ——下述元件材料的弹性模量，MPa；

对于b型、c型、e型连接方式，指壳程圆筒材料；对于f型连接方式，当壳体法兰采用长颈对焊法兰时，指该法兰材料；当采用乙型平焊法兰时，指法兰短节材料；否则，即指壳程圆筒材料；

K_f ——管板边缘旋转刚度参数，MPa；

K_f' ——壳程圆筒与法兰(或凸缘)的旋转刚度参数，MPa；

K_f'' ——管箱圆筒与法兰(或凸缘)的旋转刚度参数，MPa；

$\widetilde{K}_f$ ——旋转刚度无量纲参数；

$\widetilde{K}_f^o$ ——无量纲参数；

k_h ——管箱圆筒壳常数，1/mm；

k_s ——壳程圆筒壳常数，1/mm；

l ——换热管与管板胀接长度或焊脚高度，按6.6.1或6.6.2的规定，mm；

M_{fo} ——法兰预紧力矩，N·mm/mm；

M_m ——基本法兰力矩，N·mm；

M_p ——操作工况法兰力矩，N·mm；

M_{ws} ——法兰设计力矩，N·mm/mm；

n ——U形管根数，管板开孔数为$2n$；

p_d ——管板计算压力，MPa；

p_s ——壳程设计压力，MPa；

p_t ——管程设计压力，MPa；

q ——换热管与管板连接的拉脱力，MPa；

$[q]$ ——许用拉脱力，按7.4.7的规定，MPa；

R ——管板计算半径，见7.4.8.3，mm；

S ——换热管中心距，mm；

S_n ——隔板槽两侧相邻管中心距，mm；

Y ——法兰计算系数，意义同GB 150.3—2011第7章；

δ ——管板计算厚度，mm；

δ_f ——管板延长部分的法兰(或凸缘)厚度，mm；

δ_f' ——壳体法兰(或凸缘)厚度，mm；

δ_f'' ——管箱法兰(或凸缘)厚度，mm；

δ_h ——管箱圆筒厚度，mm；

对于e型连接方式，当管箱法兰采用长颈对焊法兰时，取颈部大小端厚度平均值；当管箱法兰采用乙型平焊法兰时，取法兰短节厚度；

δ_s ——壳程圆筒厚度,mm;

对于f型连接方式,当壳体法兰采用长颈对焊法兰时,取颈部大小端厚度平均值;当壳体法兰采用乙型平焊法兰时,取法兰短节厚度;

δ_t ——换热管壁厚,mm;

μ ——管板强度削弱系数,除非另有指定,一般可取 $\mu=0.4$;

ν ——管板材料泊松比,取 $\nu=0.3$;

ξ_R ——管板边缘法兰力矩折减系数,按 $\widetilde{K}_f^o$ 和 $\rho_t=1$ 查图 7-9;

ξ_T ——布管区法兰力矩折减系数,按 $\widetilde{K}_f^o$ 和 ρ_t 查图 7-9;

ρ_t ——布管区当量直径 D_t 与计算直径 $2R$ 之比;

σ_f ——管板延长部分(法兰或凸缘)应力,MPa;

$(\sigma_r)_{r=0,R_t,R}$ ——压力作用下,分别为管板中心处,布管区周边处,管板边缘处的径向应力,MPa;

$(\sigma_r^o)_{r=0,R_t,R}$ ——法兰力矩作用下,分别为管板中心处,布管区周边处,管板边缘处的径向应力,MPa;

σ_t ——换热管轴向应力,MPa;

$[\sigma]_f^t$ ——设计温度下管板的延伸法兰材料许用应力,MPa;

$[\sigma]_r^t$ ——设计温度下管板材料的许用应力,MPa;

$[\sigma]_t^t$ ——设计温度下换热管材料的许用应力,MPa;

ω' ——系数;

ω'' ——系数。

7.4.4.2 a 型连接方式管板的计算步骤

a) 根据布管尺寸按 7.4.8 计算 A_d、A_t、D_t、ρ_t。

b) 以 ρ_t 查表 7-7 得 C_c。

c) 确定管板计算压力。

若能保证 p_s 与 p_t 在任何情况下都同时作用或 p_s 与 p_t 之一为负压时,管板计算压力见式(7-17):

$$p_d=|p_s-p_t| \quad \cdots\cdots(7\text{-}17)$$

否则取式(7-18)两者中的较大者:

$$p_d=|p_s| \text{ 或 } p_d=|p_t| \quad \cdots\cdots(7\text{-}18)$$

d) 管板计算厚度见式(7-19)。

$$\delta=0.82D_G\sqrt{\frac{C_c p_d}{\mu[\sigma]_r^t}} \quad \cdots\cdots(7\text{-}19)$$

e) 换热管轴向应力见式(7-20)。

$$\sigma_t=-(p_s-p_t)\frac{\pi d^2}{4a}-p_t \quad \cdots\cdots(7\text{-}20)$$

式中 a 按式(7-21)计算:

$$a=\pi\delta_t(d-\delta_t) \quad \cdots\cdots(7\text{-}21)$$

一般情况下,应按下列三种计算工况分别计算换热管的轴向应力:

1） 只有壳程设计压力 p_s，管程设计压力 $p_t=0$；

2） 只有管程设计压力 p_t，壳程设计压力 $p_s=0$；

3） 壳程设计压力 p_s和管程设计压力 p_t同时作用。

计算结果应满足 $|\sigma_t|\leqslant[\sigma]_t^t$。

f） 换热管与管板连接的拉脱力见式(7-22)。

$$q=\frac{\sigma_t a}{\pi dl} \qquad (7\text{-}22)$$

计算结果应满足 $|q|\leqslant[q]$。

对于对接连接的内孔焊结构，换热管轴向应力应相应满足 $|\sigma_t|\leqslant\phi\min\{[\sigma]_t^t,[\sigma]_r^t\}$，同时不再校核拉脱力。

表 7-7 系数 C_c

ρ_t	0.50	0.55	0.6	0.65	0.7	0.75	0.80	0.85	0.9	0.95	1.00
C_c	0.230 6	0.236 3	0.242 6	0.249 4	0.256 6	0.264 4	0.272 6	0.281 2	0.290 3	0.299 7	0.309 4

7.4.4.3 b 型、c 型、d 型连接方式管板的计算步骤

a） 确定管板布管方式及壳程圆筒、管箱圆筒、换热管等元件结构尺寸 D_i、δ_s、δ_h、n、d、δ_t。

b） 根据管板结构尺寸按 7.4.8 计算 A_d、A_t、D_t、R 和 ρ_t。

c） 假设管板计算厚度 δ。对于 c 型、d 型连接方式按结构要求确定其延长部分被夹持的凸缘宽度 b_f 和厚度 δ_f'或 δ_f''。

d） 按式(7-23)～式(7-31)计算管板抗弯刚度 D 和各项旋转刚度参数 K_f'、K_f''、K_f、$\widetilde{K}_f$：

$$D=\frac{E_p\delta^3}{12(1-\nu^2)} \qquad (7\text{-}23)$$

$$k_s=\frac{1.82}{\sqrt{D_i\delta_s}} \qquad (7\text{-}24)$$

$$k_h=\frac{1.82}{\sqrt{D_i\delta_h}} \qquad (7\text{-}25)$$

$$\omega'=4.4k_sD_i[1+(1+k_s\delta_f')^2]\left(\frac{\delta_s}{D_i}\right)^3 \qquad (7\text{-}26)$$

$$\omega''=4.4k_hD_i[1+(1+k_h\delta_f'')^2]\left(\frac{\delta_h}{D_i}\right)^3 \qquad (7\text{-}27)$$

$$K_f'=\frac{1}{12}\left[\frac{2E_f'b_f}{D_i+b_f}\left(\frac{2\delta_f'}{D_i}\right)^3+\omega'E_s\right]=\frac{E_s}{12}\left[\frac{E_f'}{E_s}\ \frac{2b_f}{D_i+b_f}\left(\frac{2\delta_f'}{D_i}\right)^3+\omega'\right] \qquad (7\text{-}28)$$

$$K_f''=\frac{1}{12}\left[\frac{2E_f''b_f}{D_i+b_f}\left(\frac{2\delta_f''}{D_i}\right)^3+\omega''E_h\right]=\frac{E_h}{12}\left[\frac{E_f''}{E_h}\ \frac{2b_f}{D_i+b_f}\left(\frac{2\delta_f''}{D_i}\right)^3+\omega''\right] \qquad (7\text{-}29)$$

$$K_f=K_f'+K_f'' \qquad (7\text{-}30)$$

$$\widetilde{K}_f=\frac{D_i^2D_t}{8D}K_f \qquad (7\text{-}31)$$

对于 b 型连接方式：$\delta_f'=0$，$\delta_f''=0$，$b_f=0$；以 δ_s，δ_h 计算 K_f'和 K_f''；

对于 c 型连接方式：$K_f''=0$；以 δ_f'、b_f、δ_s计算 K_f'；

对于 d 型连接方式：$K_f'=0$；以 δ_f''、b_f、δ_h 计算 K_f''。

e) 由图 7-6、图 7-7 和图 7-8 按 $\widetilde{K}_f$ 和 ρ_t 分别查取 C_c,C_e,C_M。

f) 确定管板计算压力：

若能保证 p_s 与 p_t 在任何情况下都同时作用或 p_s 与 p_t 之一为负压时，则 $p_d=|p_s-p_t|$，否则取下列两值中较大者：$p_d=|p_s|$ 或 $p_d=|p_t|$。

g) 管板中心处($r=0$)、布管区周边处($r=R_t$)、管板边缘处($r=R$)的径向应力分别按式(7-32)、式(7-33)、式(7-34)计算：

$$(\sigma_r)_{r=0}=\pm\frac{C_c}{\mu}p_d\left(\frac{D_i}{\delta}\right)^2 \quad \cdots\cdots(7\text{-}32)$$

$$(\sigma_r)_{r=R_t}=\pm\frac{C_e}{\mu}p_d\left(\frac{D_i}{\delta}\right)^2 \quad \cdots\cdots(7\text{-}33)$$

$$(\sigma_r)_{r=R}=\mp C_M p_d\left(\frac{D_i}{\delta}\right)^2 \quad \cdots\cdots(7\text{-}34)$$

计算结果应满足$|\sigma_r|\leqslant 1.5[\sigma]_r^t$。

h) 换热管轴向应力见式(7-35)。

$$\sigma_t=-(p_s-p_t)\frac{\pi d^2}{4a}-p_t \quad \cdots\cdots(7\text{-}35)$$

一般情况下，应按下列三种计算工况分别计算换热管的轴向应力：

1) 只有壳程设计压力 p_s，管程设计压力 $p_t=0$；

2) 只有管程设计压力 p_t，壳程设计压力 $p_s=0$；

3) 壳程设计压力 p_s 和管程设计压力 p_t 同时作用。

计算结果应满足$|\sigma_t|\leqslant[\sigma]_t^t$。

i) 换热管与管板连接的拉脱力见式(7-36)。

$$q=\frac{\sigma_t a}{\pi d l} \quad \cdots\cdots(7\text{-}36)$$

计算结果应满足$|q|\leqslant[q]$。

对于对接连接的内孔焊结构，换热管轴向应力应满足$|\sigma_t|\leqslant\phi\min\{[\sigma]_t^t,[\sigma]_r^t\}$，同时不再校核拉脱力。

7.4.4.4 e 型、f 型连接方式管板的计算步骤

a) 确定布管方式及壳程圆筒、管箱圆筒、管箱法兰(对于 e 型连接方式)、壳体法兰(对于 f 型连接方式)、换热管等元件结构尺寸 D_i、δ_s、δ_h、n、d、δ_t 等。

b) 根据管板结构尺寸按 7.4.8 计算 A_d、A_t、D_t、R 和 ρ_t。

c) 假设管板计算厚度 δ，按结构要求确定其延长部分作为法兰的结构尺寸：宽度 b_f、厚度 δ_f'或 δ_f''。

d) 按式(7-23)～式(7-31)计算管板抗弯刚度 D 和各项旋转刚度参数：K_f'、K_f''、K_f、$\widetilde{K}_f$，按式(7-37)、式(7-38)计算 $\widetilde{K}_f^{\circ}$。

对于 e 型连接方式：

$$\widetilde{K}_f^{\circ}=\widetilde{K}_f\cdot K_f'/K_f \quad \cdots\cdots(7\text{-}37)$$

对于 f 型连接方式：

$$\widetilde{K}_f^{\circ}=\widetilde{K}_f\cdot K''_f/K_f \quad\cdots\cdots(7\text{-}38)$$

e) 由图 7-6、图 7-7 和图 7-8,按 $\widetilde{K}_f$ 和 ρ_t 分别查取 C_c、C_e、C_M。

f) 如果不能保证壳程压力 p_s和管程压力 p_t 在任何情况下都能同时作用时,则不允许以壳程压力和管程压力的压力差进行管板设计。

分别以①壳程设计压力 p_s(令 $p_t=0$)和以②管程设计压力 p_t(令 $p_s=0$)作用工况进行计算,管板中心处($r=0$)、布管区周边处($r=R_t$)和边缘处($r=R$)的径向应力分别按式(7-39)、式(7-40)、式(7-41)计算。如果 p_s和 p_t 之一为负压时,则应考虑压差的危险组合。

$$(\sigma_r)_{r=0}=\pm\frac{C_c}{\mu}(p_s-p_t)\left(\frac{D_i}{\delta}\right)^2 \quad\cdots\cdots(7\text{-}39)$$

$$(\sigma_r)_{r=R_t}=\pm\frac{C_e}{\mu}(p_s-p_t)\left(\frac{D_i}{\delta}\right)^2 \quad\cdots\cdots(7\text{-}40)$$

$$(\sigma_r)_{r=R}=\mp C_M(p_s-p_t)\left(\frac{D_i}{\delta}\right)^2 \quad\cdots\cdots(7\text{-}41)$$

式中±号(或∓号)分别代表管板管程表面和壳程表面的应力。

g) 由图 7-9 按 $\widetilde{K}_f^{\circ}$和 ρ_t分别查取 $\xi_R(\widetilde{K}_f^{\circ},\rho_t=1)$和 $\xi_T(\widetilde{K}_f^{\circ},\rho_t)$。

h) 按式(7-42)计算法兰计算系数 Y。

$$Y=\frac{1}{X-1}\left(0.668\,45+5.716\,90\frac{X^2\lg X}{X^2-1}\right)\quad\cdots\cdots(7\text{-}42)$$

其中式(7-42)中 $X=(D_i+2b_f)/D_i$。

i) 按式(7-43)计算基本法兰力矩 M_m,按 GB 150.3—2011 第 7 章确定操作工况下法兰力矩 M_p

$$M_m=A_m\cdot L_G[\sigma]_b \quad\cdots\cdots(7\text{-}43)$$

在计算 A_m、M_p时,法兰计算压力 p_c的确定:对于 e 型连接方式,取 $p_c=p_t$;对于 f 型连接方式,取 $p_c=p_s$。

式中 A_m、L_G、$[\sigma]_b$ 按 GB 150.3—2011 第 7 章的规定。

j) 按表 7-8 计算法兰预紧力矩 M_{fo}。

表 7-8 预紧力矩计算表

压力组合	预紧力矩 M_{fo}/(N·mm/mm)	
	e 型	f 型
p_s 作用	$\frac{M_m}{\pi D_i}$	$-\frac{M_p}{\pi D_i}-\frac{K'_f}{K_f}\left(\frac{C_M}{1.5}\right)R^2p_s$
p_t 作用	$\frac{M_p}{\pi D_i}+\frac{K''_f}{K_f}\left(\frac{C_M}{1.5}\right)R^2p_t$	$-\frac{M_m}{\pi D_i}$
(p_s-p_t)作用	$\frac{M_p}{\pi D_i}-\frac{K''_f}{K_f}\left(\frac{C_M}{1.5}\right)R^2(p_s-p_t)$	$-\frac{M_p}{\pi D_i}-\frac{K'_f}{K_f}\left(\frac{C_M}{1.5}\right)R^2(p_s-p_t)$

k) 分别以不同工况(同 f 条所述工况)计算由法兰预紧力矩 M_{fo}所引起的在管板中心处($r=0$)、布管区周边处($r=R_t$)和边缘处($r=R$)的径向应力,分别按式(7-44)、式(7-45)计算。

$$(\sigma_r^o)_{r=0}=(\sigma_r^o)_{r=R_t}=\mp\xi_T\frac{6M_{fo}}{\mu\delta^2} \quad\cdots\cdots(7\text{-}44)$$

$$(\sigma_r^o)_{r=R}=\mp\xi_R\frac{6M_{fo}}{\delta^2} \quad\cdots\cdots(7\text{-}45)$$

l) 分别以不同工况(同前)计算法兰设计力矩 M_{ws}和管板延长部分的法兰应力[见式(7-46)]:

$$\sigma_f=\frac{\pi YM_{ws}}{\delta_f^2} \quad\cdots\cdots(7\text{-}46)$$

δ_f 和 M_{ws}见表 7-9。

表 7-9 设计力矩计算表

	设计力矩 M_{ws}/(N·mm/mm)	δ_f/mm
e 型	$(1-\xi_R)M_{fo}-\frac{K_f'}{K_f}\left(\frac{C_M}{1.5}\right)R^2(p_s-p_t)$	δ_f'
f 型	$-(1-\xi_R)M_{fo}+\frac{K_f''}{K_f}\left(\frac{C_M}{1.5}\right)R^2(p_s-p_t)$	δ_f''

m) 应力校核,前述计算结果应满足表 7-10 中所列校核条件,否则应调整厚度,重新计算。

表 7-10 应力校核条件表

	应　　力 MPa	校核条件
管板应力	$\lvert(\sigma_r)_{r=0}-(\sigma_r^o)_{r=0}\rvert$	$\leqslant1.5[\sigma]_r^t$
	$\lvert(\sigma_r)_{r=R_t}-(\sigma_r^o)_{r=R_t}\rvert$	
	$\lvert(\sigma_r)_{r=R}+(\sigma_r^o)_{r=R}\rvert$	
法兰应力	$\lvert\sigma_f\rvert$	$\leqslant1.5[\sigma]_f^t$

n) 换热管轴向应力按式(7-47)计算。

$$\sigma_t=-(p_s-p_t)\frac{\pi d^2}{4a}-p_t \quad\cdots\cdots(7\text{-}47)$$

一般情况下,应按下列三种工况分别计算换热管的轴向应力:

1) 只有壳程设计压力 p_s,管程设计压力 $p_t=0$;

2) 只有管程设计压力 p_t,壳程设计压力 $p_s=0$;

3) 壳程设计压力 p_s和管程设计压力 p_t 同时作用。

计算结果应满足$|\sigma_t| \leqslant [\sigma]_t^t$。

o) 换热管与管板连接拉脱力按式(7-48)计算。

$$q=\frac{\sigma_t a}{\pi d l} \quad \cdots\cdots (7\text{-}48)$$

计算结果应满足$|q| \leqslant [q]$。

对于对接连接的内孔焊结构,换热管轴向应力应满足$|\sigma_t| \leqslant \phi \min\{[\sigma]_t^t, [\sigma]_r^t\}$,同时不再校核拉脱力。

7.4.4.5 应力计算公式

应力计算公式见表7-13。

7.4.5 浮头式与填料函式热交换器管板

本计算适用于不兼作法兰的管板,即图7-3中所示a型连接方式的管板。对于固定端为b型、c型、d型连接方式的管板设计可按JB 4732—1995(2005年确认)附录I。

对于本标准图6-7所示W型后端结构型式填料函式热交换器管板,仅要求满足7.4.2和相关结构设计和刚度的要求,不必进行管板元件的设计应力校核。

7.4.5.1 符号

A_d ——在布管区范围内,因设置分程隔板和拉杆结构的需要,而未能被换热管支承的面积,按7.4.8.1计算,mm^2;

A_l ——管板布管区内开孔后的面积,mm^2;

A_t ——管板布管区面积,按7.4.8.2计算,mm^2;

a ——1根换热管管壁金属的横截面积,mm^2;

C ——系数,按$\widetilde{K}_t^{1/3}/\widetilde{P}_a^{1/2}$和$1/\rho_t$查图7-10;

D_G ——固定端管板垫片压紧力作用中心圆直径,按GB 150.3—2011第7章,mm;

D_t ——管板布管区当量直径,按7.4.8.3计算,mm;

d ——换热管外径,mm;

E_p ——设计温度下管板材料的弹性模量,MPa;

E_t ——设计温度下换热管材料的弹性模量,MPa;

G_{we} ——系数,按$\widetilde{K}_t^{1/3}$和$\widetilde{P}_a^{1/2}$和$1/\rho_t$查图7-11;

K_t ——管束模数,MPa;

$\widetilde{K}_t$ ——管束无量纲刚度;

L ——换热管有效长度(两管板内侧间距),mm;

l ——换热管与管板胀接长度或焊脚高度,按6.6.1或6.6.2的规定,mm;

n ——换热管根数;

$\widetilde{P}_a$ ——无量纲压力;

P_c ——当量组合压力,MPa;

p_d ——管板计算压力,MPa;

p_s ——壳程设计压力,MPa;

p_t ——管程设计压力,MPa;

q ——换热管与管板连接拉脱力,MPa;

$[q]$ ——许用拉脱力,按7.4.7选取,MPa;

S ——换热管中心距,mm;

β ——系数;

δ ——管板计算厚度,mm;

δ_t ——换热管管壁厚度,mm;

η ——管板刚度削弱系数,除非另有指定,一般可取μ值;

μ ——管板强度削弱系数,除非另有指定,一般可取$\mu=0.4$;

ρ_t ——布管区当量直径D_t与固定端管板垫片D_G之比;

σ_t ——换热管轴向应力,MPa;

$[\sigma]_{cr}^t$ ——换热管稳定许用压应力,MPa;

$[\sigma]_r^t$ ——设计温度下管板材料的许用应力,MPa;

$[\sigma]_t^t$ ——设计温度下换热管材料的许用应力,MPa。

7.4.5.2 计算步骤

a) 计算D_G,根据布管区尺寸按7.4.8计算A_d、A_t、D_t和ρ_t。

b) 按式(7-21)求a,按式(7-49)~式(7-52)计算A_1、β、K_t、$\widetilde{K}_t$。

$$A_1=A_t-n\cdot\frac{\pi d^2}{4} \quad\cdots\cdots(7\text{-}49)$$

$$\beta=\frac{na}{A_1} \quad\cdots\cdots(7\text{-}50)$$

$$K_t=\frac{E_t na}{LD_t} \quad\cdots\cdots(7\text{-}51)$$

$$\widetilde{K}_t=\frac{K_t}{\eta E_p} \quad\cdots\cdots(7\text{-}52)$$

c) 按7.3.2确定$[\sigma]_{cr}^t$。

d) 确定管板计算压力。

对于浮头式热交换器(S型、T型后端结构):

若能保证p_s与p_t在任何情况下都同时作用,或p_s与p_t之一为负压时,则按式(7-53):

$$p_d=|p_s-p_t| \quad\cdots\cdots(7\text{-}53)$$

否则取下列两值中的较大者,见式(7-54):

$$p_d=|p_s| \text{ 或 } p_d=|p_t| \quad\cdots\cdots(7\text{-}54)$$

对于填料函式热交换器(P型后端结构),见式(7-55):

$$p_d=|p_t| \quad\cdots\cdots(7\text{-}55)$$

e) 按式(7-56)计算$\widetilde{P}_a$,并按$\widetilde{K}_t^{1/3}/\widetilde{P}_a^{1/2}$和$1/\rho_t$,查图7-10得到$C$,查图7-11得到$G_{we}$,当横坐标参数超过范围时,可外延近似取值。

$$\widetilde{P}_a=\frac{p_d}{1.5\mu[\sigma]_r^t} \quad\cdots\cdots(7\text{-}56)$$

f) 管板计算厚度见式(7-57):

$$\delta=CD_t\sqrt{\widetilde{P}_a} \quad\cdots\cdots(7\text{-}57)$$

g) 换热管的轴向应力。

浮头式热交换器(S型、T型后端结构)见式(7-58)：

$$\sigma_t=\frac{1}{\beta}\left[P_c-(p_s-p_t)\frac{A_t}{A_l}G_{we}\right] \qquad \cdots\cdots(7\text{-}58)$$

填料函式热交换器：

P型后端结构，按式(7-59)计算；

W型后端结构，令 $G_{we}=0$，代入式(7-59)计算：

$$\sigma_t=\frac{1}{\beta}\left[P_c+P_t\frac{A_t}{A_l}G_{we}\right] \qquad \cdots\cdots(7\text{-}59)$$

式中：

$P_c=p_s-p_t(1+\beta)$；

计算结果应满足：

当 $\sigma_t>0$ 时 $\sigma_t\leqslant[\sigma]_t^t$；

当 $\sigma_t<0$ 时 $|\sigma_t|\leqslant[\sigma]_{cr}^t$。

一般情况下，应按下列三种计算工况分别计算换热管轴向应力：

1) 只有壳程设计压力 p_s，管程设计压力 $p_t=0$；

2) 只有管程设计压力 p_t，壳程设计压力 $p_s=0$；

3) 壳程设计压力 p_s 和管程设计压力 p_t 同时作用。

h) 换热管与管板连接拉脱力的计算见式(7-60)。

$$q=\frac{\sigma_t a}{\pi dl} \qquad \cdots\cdots(7\text{-}60)$$

计算结果应满足 $|q|\leqslant[q]$。

对于对接连接的内孔焊结构，换热管轴向应力应满足 $|\sigma_t|\leqslant\phi\min\{[\sigma]_t^t,[\sigma]_r^t\}$，同时不再校核拉脱力。

7.4.5.3 浮头式、填料函式热交换器管板计算表

见表7-15。

7.4.6 固定管板式热交换器管板

a) 本节适用的管板：图7-3中所示b型、c型连接方式的不带法兰的管板或e型连接方式的延长部分兼作法兰的管板；

b) 本节计算适用于管板周边不布管区较窄的管板，参数范围如下：

$K<2.0$ 时，$k\leqslant1.0$ 且 $\rho_t\geqslant0.7$；

$K\geqslant2.0$ 时，$k\leqslant1.0$ 且 $\rho_t\geqslant0.8$；

c) 对壳程圆筒进行分段设计的固定管板式热交换器计算，按7.4.6.5的要求进行计算；

d) 对于结构特殊，如管板周边不布管区较宽[超出7.4.6 b)]范围的管板，或与法兰搭焊连接的固定式管板，可按JB 4732—1995(2005确认)附录I进行计算；

e) 在本节计算中，除另有指明或设计另有要求外，各元件的弹性模量系指该元件材料在设计温度下的取值，各元件的厚度系指该元件的名义厚度。

7.4.6.1 符号

A ——壳程圆筒内径横截面积，mm^2；

A_d ——在布管区范围内，因设置分程隔板和拉杆结构的需要，而未能被换热管支承的面积，按7.4.8.1 计算，mm^2；

A_l ——管板开孔后的面积，mm^2；

A_s ——圆筒壳壁金属横截面积，筒体分段时，取与管板相接段的圆筒壳壁金属横截面积，mm^2；

A_t ——管板布管区面积，按 7.4.8.2 计算，mm^2；

a ——1 根换热管管壁金属的横截面积，mm^2；

b_f ——壳体法兰或管箱法兰的宽度，对于 c 型连接方式则为管板延长部分形成的凸缘宽度，mm；

C' ——系数；

C'' ——系数；

D_{ex} ——膨胀节波峰处内径，mm；

D_f ——壳体法兰或管箱法兰外径，对于 c 型连接方式则为管板延长部分形成的凸缘外径，mm；

D_i ——壳程圆筒和管箱圆筒内径，mm；

D_t ——管板布管区的当量直径，按 7.4.8.3 计算，mm；

d ——换热管外径，mm；

E_f' ——壳体法兰材料弹性模量，MPa；

E_f'' ——管箱法兰材料弹性模量，MPa；

E_h ——管箱圆筒材料弹性模量，当管箱法兰采用长颈对焊法兰时，取管箱法兰的材料弹性模量；当管箱法兰采用乙型平焊法兰时，取法兰短节材料的弹性模量，MPa；

E_p ——管板材料的弹性模量，MPa；

E_s ——壳程圆筒材料的弹性模量，壳程圆筒分段时，取与管板相接圆筒材料的弹性模量(见图 7-4 所示)，MPa；

E_t ——换热管材料的弹性模量，MPa；

E_{tm} ——换热管材料在平均金属温度 t_t 下的弹性模量，MPa；

f_r ——管板径向弯矩系数；

f_{rb} ——管板布管区周边的径向弯矩系数；

f_{ri} ——管板布管区内部的最大径向弯矩系数，由参数 K 与参数 m 查图 7-16 确定；

G_1 ——管板最大径向应力系数；

G_2 ——系数，按 K 和 $\widetilde{K}_f$ 查图 7-13；

G_3 ——系数，按 K 和 Q_{ex} 查图 7-15；

K ——换热管加强系数；

K_{ex} ——膨胀节轴向刚度，N/mm；波形膨胀节按 GB 16749 计算，其他膨胀节轴向刚度可通过拉伸试验确定；

K_f' ——壳体法兰(或凸缘)与壳程圆筒的旋转刚度参数，MPa；

K_f'' ——管箱圆筒与管箱法兰的旋转刚度参数，MPa；

K_f ——旋转刚度参数，MPa；

$\widetilde{K}_f$ ——旋转刚度无量纲参数；

K_t ——管束模数,MPa;
k ——管板周边不布管区无量纲宽度;
k_h ——管箱圆筒壳常数,1/mm;
k_s ——壳程圆筒壳常数,1/mm;
L ——换热管有效长度(两管板内侧间距),mm;
l ——换热管与管板胀接长度或焊脚高度,按 6.6.1 或 6.6.2 的规定,mm;
$\widetilde{M}$ ——管板边缘力矩系数;
M_1 ——系数;
$\widetilde{M}_b$ ——边界效应压力组合系数;
M_m ——基本法兰力矩,N·mm;
$\widetilde{M}_m$ ——基本法兰力矩系数;
M_p ——管程压力操作工况下的法兰力矩,按 GB 150.3—2011 第 7 章确定,取计算压力等于 p_t,N·mm;
$\widetilde{M}_p$ ——管程压力操作工况下的法兰力矩系数;
$\Delta\widetilde{M}$ ——管板边缘力矩变化系数;
$\Delta\widetilde{M}_f$——法兰力矩变化系数;
$\widetilde{M}_{ws}$ ——壳体法兰力矩系数;
m ——管板周边总弯矩系数;
m_1 ——管板第一弯矩系数,按 K 和 $\widetilde{K}_f$ 查图 7-12;
m_2 ——管板第二弯矩系数,按 K 和 Q_{ex}查图 7-14 a)或图 7-14 b);
n ——换热管根数;
P_a ——有效组合压力,MPa;
P_b ——边界效应组合压力,MPa;
P_c ——当量组合压力,MPa;
p_s ——壳程设计压力,MPa;
p_t ——管程设计压力,MPa;
Q ——壳体不带膨胀节时,换热管束与圆筒刚度比;
Q_{ex} ——壳体带膨胀节时,换热管束与壳体刚度比;不带膨胀节时,$Q_{ex}=Q$;
q ——换热管与管板连接的拉脱力,MPa;
$[q]$ ——许用拉脱力,按 7.4.7 选取,MPa;
S ——换热管中心距,mm;
t_0 ——制造环境温度,℃;
t_s ——沿长度平均的壳程圆筒金属温度,℃;
t_t ——沿长度平均的换热管金属温度,℃;
υ ——管板边缘剪切系数;
Y ——法兰计算系数,意义同 GB 150.3—2011 第 7 章;
α_s ——在金属温度 $t_0 \sim t_s$ 范围内,壳程圆筒材料平均线膨胀系数,壳程圆筒分段时,按 7.4.6.5 的规定,mm/(mm·℃);

α_t ——在金属温度 $t_0 \sim t_t$ 范围内,换热管材料平均线膨胀系数,mm/(mm·℃);

β ——系数;

γ ——换热管与壳程圆筒的热膨胀变形差;

δ ——管板计算厚度,mm;

δ_f' ——壳体法兰厚度,对于 c 型连接方式,则为管板延长部分形成的凸缘厚度,mm;

δ_f'' ——管箱法兰厚度,mm;

δ_h ——管箱圆筒厚度,当管箱法兰采用长颈对焊法兰时,取颈部大小端厚度平均值;当管箱法兰采用乙型平焊法兰时,取法兰短节厚度 mm;

δ_s ——壳程圆筒厚度,mm;

δ_{s2} ——壳程筒体分段时,中间段圆筒厚度,mm;

δ_t ——换热管壁厚,mm;

η ——管板刚度削弱系数,除非另有指定,一般可取 μ 值;

λ ——系数;

λ_{ex} ——系数;

μ ——管板强度削弱系数,除非另有指定,一般可取 $\mu=0.4$;

ξ ——法兰力矩折减系数;

ξ_b ——管板边缘弯矩折减系数,见 7.4.6.4;

ρ_t ——管板布管区的当量直径与壳程圆筒内径之比;

Σ_s ——系数;

Σ_t ——系数;

σ_c ——壳程圆筒轴向应力,MPa;

σ_f' ——壳体法兰应力,MPa;

σ_r ——管板最大径向应力,MPa;

$\tilde{\sigma}_r$ ——管板径向应力系数;

σ_t ——换热管轴向应力(位于管束周边处换热管轴向应力),MPa;

$[\sigma]_c^t$——在设计温度下壳程圆筒材料的许用应力,MPa;

$[\sigma]_{cr}^t$——换热管稳定许用压应力,按 7.3.2 确定,MPa;

$[\sigma]_f^t$——壳体法兰许用应力,MPa;

$[\sigma]_r^t$——在设计温度下管板材料的许用应力,MPa;

$[\sigma]_t^t$——在设计温度下换热管材料的许用应力,MPa;

ψ ——系数;

τ_p ——管板布管区周边剪切应力,MPa;

$\tilde{\tau}_p$ ——管板布管区周边剪切应力系数;

ϕ ——壳程圆筒的装配环向焊接接头系数,对于压缩应力,取 $\phi=1$;

ω' ——系数;

ω'' ——系数。

7.4.6.2 设计条件的危险组合

管板设计应根据设计条件按表 7-11 中的 6 种计算工况进行各元件的应力校核。

表 7-11 计算工况组合

计算工况		①	②	③	④	⑤	⑥
壳程压力 p_s 作用		p_s	p_s	0	0	p_s	p_s
管程压力 p_t 作用		0	0	p_t	p_t	p_t	p_t
膨胀变形差 γ		0	γ	0	γ	0	γ
边缘力矩系数 $\widetilde{M}$	不带法兰	$\widetilde{M}_b$		$\widetilde{M}_b$		$\widetilde{M}_b$	
	延长部分兼作法兰	$\widetilde{M}_m+(\Delta\widetilde{M})M_1$		$\widetilde{M}_p$		$=\begin{cases}\widetilde{M}_m+(\Delta\widetilde{M})M_1\\ \widetilde{M}_p\end{cases}$ 计算取值见 7.4.6.3 计算步骤 h)	

7.4.6.3 计算步骤

a) 确定管板布管方式及各元件结构尺寸：

圆筒内径：D_i；

壳程圆筒：δ_s；

管箱圆筒：δ_h；

管箱法兰：D_f、δ_f''；

换热管：d、δ_t、n、S、L、l_{cr}。

当壳程圆筒带有膨胀节时，确定膨胀节的结构尺寸 D_{ex} 和刚度 K_{ex}。

b) 按式(7-21)计算 a，按式(7-61)～式(7-71)计算 A、A_1、A_s、K_t、λ、λ_{ex}、Q、Q_{ex}、β、$\sum_s$、$\sum_t$，按7.3.2 确定$[\sigma]_{cr}^t$，按 7.4.8 计算 A_t、D_t、ρ_t。

$$A=\frac{\pi D_i^2}{4} \qquad \cdots\cdots(7\text{-}61)$$

$$A_1=A-n\frac{\pi d^2}{4} \qquad \cdots\cdots(7\text{-}62)$$

$$A_s=\pi\delta_s(D_i+\delta_s) \qquad \cdots\cdots(7\text{-}63)$$

$$K_t=\frac{E_t na}{LD_i} \qquad \cdots\cdots(7\text{-}64)$$

$$\lambda=\frac{A_1}{A} \qquad \cdots\cdots(7\text{-}65)$$

$$\lambda_{ex}=\left(\frac{D_{ex}}{D_i}\right)^2-1 \qquad \cdots\cdots(7\text{-}66)$$

$$Q=\frac{E_t na}{E_s A_s} \qquad \cdots\cdots(7\text{-}67)$$

$$Q_{ex}=\begin{cases}Q+\dfrac{E_t na}{K_{ex}L}=E_t na\dfrac{E_s A_s+K_{ex}L}{E_s A_s K_{ex}L} & \text{壳体带膨胀节}\\ Q & \text{壳体不带膨胀节}\end{cases} \qquad \cdots\cdots(7\text{-}68)$$

$$\beta=\frac{na}{A_1} \qquad \cdots\cdots(7\text{-}69)$$

$$\sum_s = 0.4 + \frac{0.6}{\lambda}(1+Q) - \frac{\lambda_{ex}}{2\lambda}(Q_{ex}-Q) \quad \cdots\cdots(7\text{-}70)$$

$$\sum_t = 0.4(1+\beta) + \frac{1}{\lambda}(0.6+Q_{ex}) \quad \cdots\cdots(7\text{-}71)$$

c) 对于其延长部分兼作法兰的管板，按式(7-72)计算 M_m。按 GB 150.3—2011 第 7 章确定 M_p，取 p_t 为法兰计算压力。

$$M_m = A_m \cdot L_G[\sigma]_b \quad \cdots\cdots(7\text{-}72)$$

式中 A_m、L_G、$[\sigma]_b$ 按 GB 150.3—2011 第 7 章的规定。

d) 假定管板计算厚度 δ，当管板延长部分兼作法兰时，还需按结构要求确定壳体法兰(或凸缘)厚度 δ'_f，按式(7-73)～式(7-85)计算 b_f、K、k、k_s、k_h、C'、C''、ω'、ω''、K'_f、K''_f、K_f 和 $\widetilde{K}_f$。

$$b_f = \frac{1}{2}(D_f - D_i) \quad \cdots\cdots(7\text{-}73)$$

$$K = \left[1.32\frac{D_i}{\delta}\sqrt{\frac{E_t na}{E_p \eta L\delta}}\right]^{1/2} \quad \cdots\cdots(7\text{-}74)$$

$$k = K(1-\rho_t) \quad \cdots\cdots(7\text{-}75)$$

$$k_s = \frac{1.82}{\sqrt{D_i\delta_s}} \quad \cdots\cdots(7\text{-}76)$$

$$k_h = \frac{1.82}{\sqrt{D_i\delta_h}} \quad \cdots\cdots(7\text{-}77)$$

$$C' = \frac{2(1+k_s\delta'_f)}{(k_s D_i)^2} \quad \cdots\cdots(7\text{-}78)$$

$$C'' = \frac{2(1+k_h\delta''_f)}{(k_h D_i)^2} \quad \cdots\cdots(7\text{-}79)$$

$$\omega' = 4.4k_s D_i[1+(1+k_s\delta'_f)^2]\left(\frac{\delta_s}{D_i}\right)^3 \quad \cdots\cdots(7\text{-}80)$$

$$\omega'' = 4.4k_h D_i[1+(1+k_h\delta''_f)^2]\left(\frac{\delta_h}{D_i}\right)^3 \quad \cdots\cdots(7\text{-}81)$$

$$K'_f = \frac{1}{12}\left[\frac{2E'_f b_f}{D_i+b_f}\left(\frac{2\delta'_f}{D_i}\right)^3 + \omega' E_s\right] = \frac{E_s}{12}\left[\frac{E'_f}{E_s}\frac{2b_f}{D_i+b_f}\left(\frac{2\delta'_f}{D_i}\right)^3 + \omega'\right] \quad \cdots\cdots(7\text{-}82)$$

$$K''_f = \frac{1}{12}\left[\frac{2E''_f b_f}{D_i+b_f}\left(\frac{2\delta''_f}{D_i}\right)^3 + \omega'' E_h\right] = \frac{E_h}{12}\left[\frac{E''_f}{E_h}\frac{2b_f}{D_i+b_f}\left(\frac{2\delta''_f}{D_i}\right)^3 + \omega''\right] \quad \cdots\cdots(7\text{-}83)$$

对于 b 型连接方式的管板，式(7-82)、式(7-83)中 $b_f=0$，$\delta'_f=\delta''_f=0$。

$$K_f = \begin{cases} K'_f & (\text{c 型、e 型}) \\ K'_f + K''_f & (\text{b 型}) \end{cases} \quad \cdots\cdots(7\text{-}84)$$

$$\widetilde{K}_f = \frac{\pi K_f}{4K_t} \quad \cdots\cdots(7\text{-}85)$$

e) 由图 7-12，按 K 和 $\widetilde{K}_f$ 查 m_1，按式(7-86)计算 ψ 值；由图 7-13 按 K 和 $\widetilde{K}_f$ 查 G_2 值。

$$\psi = \frac{m_1}{K\widetilde{K}_f} \quad \cdots\cdots(7\text{-}86)$$

f) 由图 7-14 a)按 K 和 Q_{ex} 查 m_2;或由图 7-14 b)按 K 和 Q_{ex} 查 m_2/Q_{ex},按式(7-87)计算 m_2。

$$m_2=\left(\frac{m_2}{Q_{ex}}\right)\cdot Q_{ex} \qquad (7\text{-}87)$$

g) 对于其延长部分兼作法兰的管板,按式(7-88)计算 M_1,由图 7-15 按 K 和 Q_{ex}查 G_3,按式(7-89)~式(7-91) 计算 ξ、$\Delta\widetilde{M}$、$\Delta\widetilde{M}_f$。

$$M_1=\frac{m_1}{2K(Q_{ex}+G_2)} \qquad (7\text{-}88)$$

$$\xi=\frac{\widetilde{K}_f}{\widetilde{K}_f+G_3} \qquad (7\text{-}89)$$

$$\Delta\widetilde{M}=\frac{1}{\xi+\frac{K_f'}{K_f''}} \qquad (7\text{-}90)$$

$$\Delta\widetilde{M}_f=\frac{K_f'}{K_f''}\Delta\widetilde{M} \qquad (7\text{-}91)$$

h) 按表 7-11 所示的 6 种计算工况,分别对其进行 h)~l)各步骤的计算与校核。

按式(7-92)计算 γ,按式(7-93)、式(7-94)计算 P_c、P_a。

对于不带法兰的管板,按式(7-95)、式(7-96)计算 P_b、$\widetilde{M}_b$。对于 6 种计算工况组合情况,均取 $\widetilde{M}=\widetilde{M}_b$。

对于其延长部分兼作法兰的管板,按式(7-97)~式(7-100)计算 $\widetilde{M}_m$、$\widetilde{M}_p$、$\widetilde{M}$;对于计算工况⑤⑥则应按下列两条路径完成式(7-96)~式(7-106)的计算过程:

路径 1):按式(7-99)计算 $\widetilde{M}$;

路径 2):按式(7-100)计算 $\widetilde{M}$。

将上述两个计算路径的 f_r 结果进行比较[f_r 的计算方法见第 i)、j)条],取 f_r 绝对值大者作为该计算工况 f_r 的最终计算结果。

$$\gamma=\alpha_t(t_t-t_0)-\alpha_s(t_s-t_0) \qquad (7\text{-}92)$$

$$P_c=p_s-p_t(1+\beta) \qquad (7\text{-}93)$$

$$P_a=\sum\nolimits_s p_s-\sum\nolimits_t p_t+\beta\gamma E_{tm} \qquad (7\text{-}94)$$

$$P_b=C'(p_s-0.15p_t)-0.85C''p_t \qquad (7\text{-}95)$$

$$\widetilde{M}_b=\frac{P_b}{\lambda P_a} \qquad (7\text{-}96)$$

$$\widetilde{M}_m=\frac{4M_m}{\lambda\pi D_i^3 P_a} \qquad (7\text{-}97)$$

$$\widetilde{M}_p=\frac{4M_p}{\lambda\pi D_i^3 P_a} \qquad (7\text{-}98)$$

$$\widetilde{M}=\begin{cases}\widetilde{M}_m+(\Delta\widetilde{M})M_1 & \text{壳程压力作用} \qquad (7\text{-}99)\\ \widetilde{M}_p & \text{管程压力作用} \qquad (7\text{-}100)\end{cases}$$

i) 按式(7-101)、式(7-102)计算 υ、m。

$$\upsilon=\psi\cdot\widetilde{M} \qquad \cdots\cdots(7\text{-}101)$$

$$m=\frac{m_1+\upsilon m_2}{1+\upsilon} \qquad \cdots\cdots(7\text{-}102)$$

j) 确定 f_r 值[见式(7-103)～式(7-106)]:

1) $m\geqslant0.9$[指图 7-16 a)中曲线以上范围],按 7.4.6.4 计算 f_{rb}。

$$f_r=f_{rb} \qquad \cdots\cdots(7\text{-}103)$$

2) $0.3\leqslant m<0.9$[指图 7-16 a)中粗曲线范围以上,即 $K<1.5$ 时,$m>0.2$,$K\geqslant1.5$ 时 $m>0.3$],按 7.4.6.4 确定 f_{ri}、f_{rb}。

$$f_r=\begin{cases}f_{ri} & (|f_{ri}|\geqslant|f_{rb}|)\\ f_{rb} & (|f_{ri}|<|f_{rb}|)\end{cases} \qquad \cdots\cdots(7\text{-}104)$$

3) $-3\leqslant m<0.3$,按 7.4.6.4 确定 f_{ri}。

$$f_r=f_{ri} \qquad \cdots\cdots(7\text{-}105)$$

4) $m<-3$ 时,f_r 按式(7-106)计算。

$$f_r=m-\frac{0.7}{K} \qquad \cdots\cdots(7\text{-}106)$$

k) 按式(7-107)确定 G_1 值。

$$G_1=\frac{3f_r}{K} \qquad \cdots\cdots(7\text{-}107)$$

l) 按式(7-108)～式(7-114)计算应力 $\tilde{\sigma}_r$、σ_r、τ_p、σ_c、σ_t、q。

$$\tilde{\sigma}_r=\frac{(1+\upsilon)G_1}{4(Q_{ex}+G_2)} \qquad \cdots\cdots(7\text{-}108)$$

$$\sigma_r=\tilde{\sigma}_r P_a\frac{\lambda}{\mu}\left(\frac{D_i}{\delta}\right)^2 \qquad \cdots\cdots(7\text{-}109)$$

$$\tilde{\tau}_p=\frac{1}{4}\cdot\frac{1+\upsilon}{Q_{ex}+G_2} \qquad \cdots\cdots(7\text{-}110)$$

$$\tau_p=\tilde{\tau}_p\frac{\lambda P_a}{\mu}\left(\frac{D_t}{\delta}\right) \qquad \cdots\cdots(7\text{-}111)$$

$$\sigma_c=\frac{A}{A_s}\left[p_t+\frac{\lambda(1+\upsilon)}{Q_{ex}+G_2}P_a\right] \qquad \cdots\cdots(7\text{-}112)$$

$$\sigma_t=\frac{1}{\beta}\left[P_c-\frac{G_2-\upsilon Q_{ex}}{Q_{ex}+G_2}P_a\right] \qquad \cdots\cdots(7\text{-}113)$$

$$q=\frac{\sigma_t a}{\pi dl} \qquad \cdots\cdots(7\text{-}114)$$

上式计算应区别不计膨胀变形差($\gamma=0$)和计入膨胀变形差($\gamma\neq0$)两种情况,应同时满足:

不计膨胀变形差:	计入膨胀变形差:
$\lvert\sigma_r\rvert\leqslant1.5[\sigma]_r^t$	$\lvert\sigma_r\rvert\leqslant3[\sigma]_r^t$
$\lvert\tau_p\rvert\leqslant0.5[\sigma]_r^t$	$\lvert\tau_p\rvert\leqslant1.5[\sigma]_r^t$
$\lvert\sigma_c\rvert\leqslant\phi[\sigma]_c^t$	$\lvert\sigma_c\rvert\leqslant3\phi[\sigma]_c^t$
$\lvert\sigma_t\rvert\leqslant[\sigma]_t^t$	$\lvert\sigma_t\rvert\leqslant3[\sigma]_t^t$

$|\sigma_t| \leqslant [\sigma]_{cr}^t$,当 $\sigma_t < 0$ 时　　　　$|\sigma_t| \leqslant 1.2[\sigma]_{cr}^t$,当 $\sigma_t < 0$ 时,

$|q| \leqslant [q]$　　　　$|q| \leqslant [q]$,胀接时 或 $|q| \leqslant 3[q]$,焊接时

对于对接连接的内孔焊结构,换热管轴向应力应满足 $|\sigma_t| \leqslant \phi \min\{[\sigma]_t^t, [\sigma]_r^t\}$,同时不再校核拉脱力。

对于兼作法兰的管板延长部分,还应按式(7-115)、式(7-116)计算 $\widetilde{M}_{ws}$,再由 $\widetilde{M}_{ws}$ 按式(7-117)计算法兰应力 σ_f'。

$$\widetilde{M}_{ws} = \begin{cases} \xi \cdot \widetilde{M}_m - (\Delta\widetilde{M}_f)M_1 & \text{壳程压力作用} \\ \xi \cdot \widetilde{M}_p - M_1 & \text{管程压力作用} \end{cases}$$

$$\cdots\cdots(7\text{-}115)$$

$$\cdots\cdots(7\text{-}116)$$

$$\sigma_f' = \frac{\pi}{4} Y \widetilde{M}_{ws} \lambda P_a \left(\frac{D_i}{\delta_f'}\right)^2 \qquad \cdots\cdots(7\text{-}117)$$

并满足:

$|\sigma_f'| \leqslant 1.5[\sigma]_f^t$,不计膨胀变形差;

$|\sigma_f'| \leqslant 3[\sigma]_f^t$,计入膨胀变形差。

其中,Y 按式(7-42)计算。

对于计算工况⑤⑥应分别按式(7-115)、式(7-116)计算 $\widetilde{M}_{ws}$,取其中绝对值大者之 $\widetilde{M}_{ws}$ 校核法兰应力。管板与壳体法兰的厚度差应满足结构要求。

m) 若上述 l)中的条件不能满足时,应重新假设管板厚度或壳体法兰厚度,也可以调整其他元件结构尺寸,直至满足上述条件为止。

对于其延长部分兼作法兰的管板,法兰和管板应分别进行设计,且法兰厚度可以和管板厚度不同。

n) 由计算厚度按 7.4.1 确定管板厚度。

7.4.6.4 f_{ri}、f_{rb}的确定

a) 管板布管区内部的最大径向弯矩系数 f_{ri}的确定。

当 $1 \leqslant K \leqslant 6$ 时,查图 7-16 a)、图 7-16 b),得到 f_{ri}。

当 K 值超出图 7-16 a)、图 7-16 b)所给曲线范围时,f_{ri}取值见式(7-118)、式(7-119):

当 $K < 1$ 时,

$$f_{ri} = m - 0.412\,5K \qquad \cdots\cdots(7\text{-}118)$$

当 $K > 6$ 时,取

$$f_{ri}(m, K) = f_{ri}(m, 6) \qquad \cdots\cdots(7\text{-}119)$$

b) 边缘弯矩折减系数 ξ_b 及管板布管区周边的径向弯矩系数 f_{rb}的计算。

按式(7-120)计算边缘弯矩折减系数 ξ_b。7.4.6 适用范围内的管板,如 $\rho_t < 0.8$ 则以 $\rho_t = 0.8$ 计算 k,ξ_b:

$$\xi_b = 1 + c_1 k + c_2 k^2 + c_3 k^3 + \frac{1}{m}(c_4 k + c_5 k^2 + c_6 k^3) \cdots\cdots(7\text{-}120)$$

当式(7-120)计算得到的 $|\xi_b| < \mu$ 时,令 $\xi_b = \mu$。

管板布管区周边的径向弯矩系数:

$$f_{rb}=\xi_b m=m(1+c_1k+c_2k^2+c_3k^3)+(c_4k+c_5k^2+c_6k^3) \quad \cdots\cdots(7\text{-}121)$$

式中：

$$c_1=\begin{cases}\dfrac{0.7}{K}-\dfrac{0.7}{K^2}\left(1+\dfrac{2}{1.35+0.4\sqrt{K}}\right) & K>2.0\\ 0 & K\leqslant 2.0\end{cases}$$

$$c_2=\begin{cases}K^2\left(\dfrac{0.019+0.005\ 2(0.25K)^4}{0.275+0.081/(0.25K)^4+0.059(0.25K)^4}-0.088\ 5\right) & K\leqslant 4\\ -0.5 & K>4\end{cases}$$

$$c_3=\begin{cases}K\left(0.084\ 93-\dfrac{0.073\ 2+0.137\ 2(0.25K)^4}{1.65+0.487\ 5/(0.25K)^4+3.292\ 8(0.25K)^4}\right) & K\leqslant 4\\ 0.235\ 7-\dfrac{0.2}{K} & K>4\end{cases}$$

$$c_4=\begin{cases}0.91\left(0.194-\dfrac{0.182}{1+(3/K)^4}\right)-1 & K\leqslant 10\\ -1 & K>10\end{cases}$$

$$c_5=\begin{cases}\dfrac{1}{K}\left(0.412\ 5+\dfrac{1+0.430\ 5(0.25K)^4+0.023\ 6(0.25K)^8}{0.5+0.148/(0.25K)^4+0.107(0.25K)^4+0.011\ 66(0.25K)^8}\right) & K\leqslant 4\\ 0.707\ 1-\dfrac{0.5}{K} & K>4\end{cases}$$

$$c_6=\begin{cases}-\dfrac{1}{K^2}\left(\dfrac{1+0.74(0.25K)^4+0.125(0.25K)^8}{0.69+0.204/(0.25K)^4+0.147\ 48(0.25K)^4}\right) & K\leqslant 4\\ \dfrac{1}{12\sqrt{K-1.9}}-\dfrac{1}{6} & K>4\end{cases}$$

7.4.6.5 壳程圆筒分段时的管板计算

壳程圆筒分段设计时(见图 7-4),应满足本节结构要求并按照本节对相关参数进行调整后再进行固定管板相关计算。当中部壳程圆筒材料与端部壳程圆筒材料不同时,如果工程设计可忽略二者弹性模量引起的偏差,可用本法计算。图 7-4 给出各段的长度 L'_1、L''_1,厚度 δ_s、δ_{s2} 和材料热膨胀系数 α_{s1}、α_{s2}。

a) 结构要求

$$L'_1\geqslant 1.8\sqrt{D_i\delta_s}\ \text{且}\ L''_1\geqslant 1.8\sqrt{D_i\delta_s}$$

b) 计算

壳程筒体分段设计时,参数 Q、α_s 应按本节进行调整后,再按 7.4.6.3 进行固定管板式热交换器的计算。

Q 按式(7-122)计算:

$$Q=\frac{E_t na}{E_s A_s}\left[\frac{L'_1+L''_1}{L}+\frac{(L-L'_1-L''_1)\delta_s}{L\delta_{s2}}\right] \quad \cdots\cdots(7\text{-}122)$$

α_s 按式(7-123)计算:

$$\alpha_s=\alpha_{s1}\cdot\frac{L'_1+L''_1}{L}+\alpha_{s2}\cdot\frac{(L-L'_1-L''_1)}{L} \quad \cdots\cdots(7\text{-}123)$$

式中:

α_{s1}——在金属温度 $t_0 \sim t_s$ 范围内,与管板相接段壳程圆筒材料平均线膨胀系数,mm/(mm·℃);

α_{s2}——在金属温度 $t_0 \sim t_s$ 范围内,中间段壳程圆筒材料平均线膨胀系数,mm/(mm·℃)。

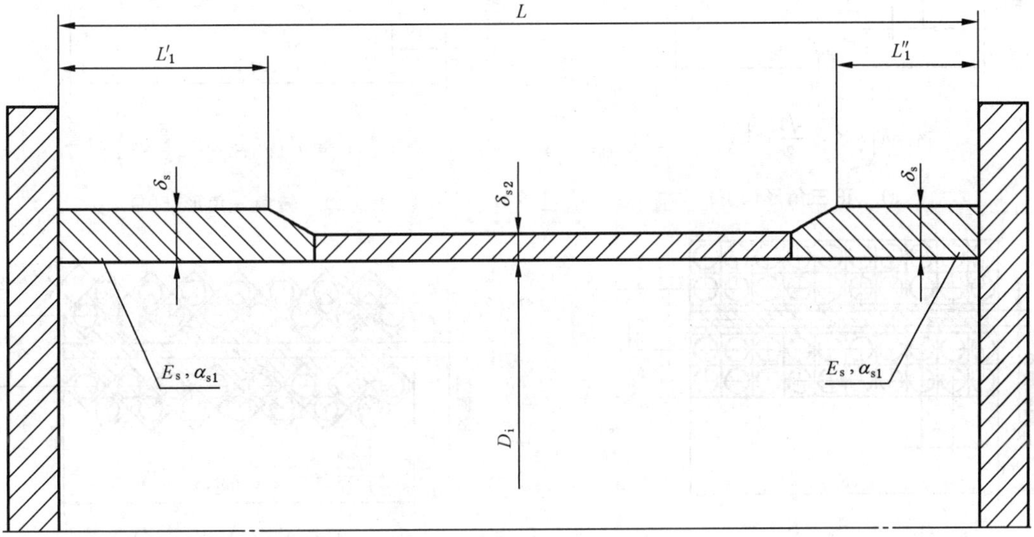

图 7-4 壳程圆筒分段

7.4.6.6 应力计算公式及管板计算表

见表 7-13、表 7-16 和表 7-17。

7.4.7 换热管与管板连接的许用拉脱力

换热管与管板连接的许用拉脱力按表 7-12 选取。

表 7-12 许用拉脱应力

MPa

换热管与管板连接结构型式			[q]
胀接	钢管	管端不卷边,管孔不开槽	2
		管端卷边或管孔开槽	4
	其他金属管	管孔开槽	3
焊接(钢管、其他金属管)			$0.5\ \min\{[\sigma]_t^t,[\sigma]_r^t\}$

7.4.8 管板布管区计算参数

7.4.8.1 管板分程处面积 A_d

管板分程处面积 A_d(即图 7-5 所示阴影面积),系指在布管区范围内,因设置分程隔板和拉杆结构的需要,而未能被换热管支承的面积。

换热管孔排列一般分为正三角形(30°)、转角三角形(60°)、正方形(90°)、转角正方形(45°)4 种。下面仅以一排隔板槽为例,分别给出 4 种排列的分程处面积计算方法。

其中,n'——沿隔板一侧管根数,见图 7-5。

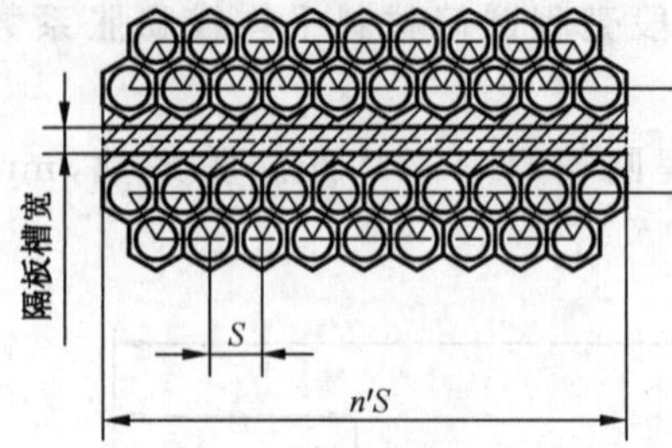

$A_d = n'\left(S_n \times S - \frac{\sqrt{3}}{2}S^2\right)$

a) 正三角形(30°)

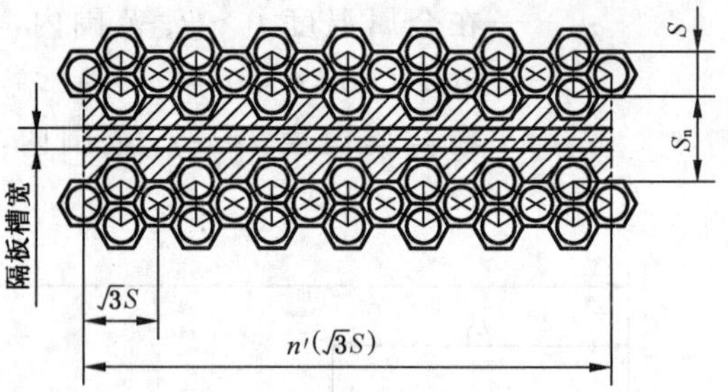

$A_d = n'\left(\sqrt{3}S_n S - \frac{\sqrt{3}}{2}S^2\right)$

b) 转角三角形(60°)

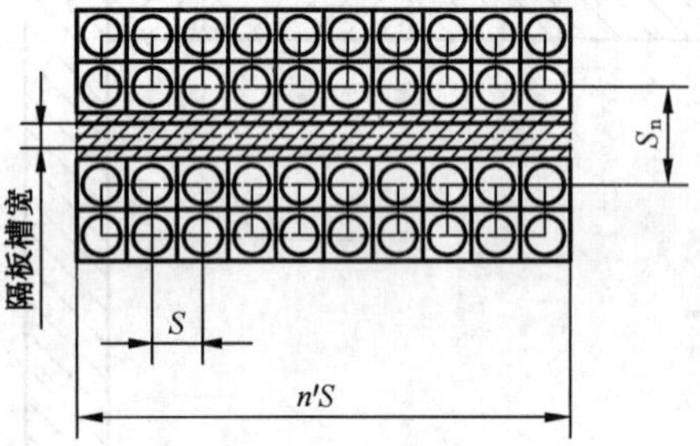

$A_d = n'(S_n \times S - S^2)$

c) 正方形(90°)

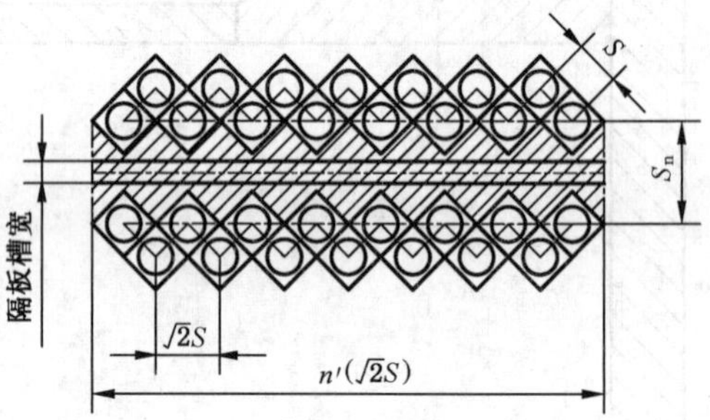

$A_d = n'(\sqrt{2}S_n S - S^2)$

d) 转角正方形(45°)

图 7-5 管板分程处面积

7.4.8.2 管板布管区面积 A_t

a) 对于U形管式热交换器管板,见式(7-124)、式(7-125):

三角形排列 $A_t = 1.732nS^2 + A_d$ ……………………(7-124)

正方形排列 $A_t = 2nS^2 + A_d$ ……………………(7-125)

b) 对于浮头式、填料函式与固定式热交换器管板,见式(7-126)、式(7-127):

三角形排列 $A_t = 0.866nS^2 + A_d$ ……………………(7-126)

正方形排列 $A_t = nS^2 + A_d$ ……………………(7-127)

7.4.8.3 管板布管区其他参数

a) 管板布管区当量直径 D_t 见式(7-128):

$$D_t = \sqrt{4A_t/\pi} \qquad \text{(7-128)}$$

b) 管板计算半径 R:

对于a型连接方式的管板,根据法兰连接密封面的型式和垫片尺寸按GB 150.3—2011第7章计算 D_G,见式(7-129):

$$R = D_G/2 \qquad \text{(7-129)}$$

对于其他连接方式的管板,见式(7-130):

$$R = D_i/2 \qquad \text{(7-130)}$$

c) 布管区当量直径 D_t 与计算直径 $2R$ 之比 ρ_t 见式(7-131):

$$\rho_t = \frac{D_t}{2R} \qquad \text{(7-131)}$$

7.4.9 计算表

计算表如下：

a) 表 7-13 应力计算公式汇总表；

b) 表 7-14 U形管式热交换器管板计算表(b型、c型、d型、e型、f型连接方式)；

c) 表 7-15 浮头式、填料函式热交换器管板计算表；

d) 表 7-16 延长部分兼作法兰的固定管板式热交换器管板计算表；

e) 表 7-17 不带法兰的固定管板式热交换器管板计算表。

表 7-13 应力计算公式汇总表

热交换器型式	应力类别	应力计算公式	说明
固定式	σ_r	$\sigma_r=\tilde{\sigma}_r P_a \dfrac{\lambda}{\mu}\left(\dfrac{D_i}{\delta}\right)^2$ 其中：$\tilde{\sigma}_r=\dfrac{(1+\upsilon)G_1}{4(Q_{ex}+G_2)}$	
	τ_p	$\tau_p=\tilde{\tau}_p\dfrac{\lambda P_a}{\mu}\left(\dfrac{D_t}{\delta}\right)$ 其中：$\tilde{\tau}_p=\dfrac{1}{4}\cdot\dfrac{1+\upsilon}{Q_{ex}+G_2}$	
	σ_t	$\sigma_t=\dfrac{1}{\beta}\left[P_c-\dfrac{G_2-\upsilon Q_{ex}}{Q_{ex}+G_2}P_a\right]$	
	σ_c	$\sigma_c=\dfrac{A}{A_s}\left[p_t+\dfrac{\lambda(1+\upsilon)}{Q_{ex}+G_2}P_a\right]$	
	σ_f'	$\sigma_f'=\dfrac{\pi}{4}Y\widetilde{M}_{ws}\lambda P_a\left(\dfrac{D_i}{\delta_f'}\right)^2$	仅对管板延长部分兼作法兰的热交换器计算
	q	$q=\dfrac{\sigma_t a}{\pi dl}$	
浮头式	σ_t	$\sigma_t=\dfrac{1}{\beta}\left[P_c-(p_s-p_t)\dfrac{A_t}{A_1}G_{we}\right]$	G_{we}值按$\dfrac{\widetilde{K}_t^{1/3}}{\widetilde{P}_a^{1/2}}$，$\dfrac{1}{\rho_t}$查图 7-11
	q	$q=\dfrac{\sigma_t a}{\pi dl}$	
填料函式	σ_t	$\sigma_t=\dfrac{1}{\beta}\left(P_c+\dfrac{A_t}{A_1}G_{we}p_t\right)$	
	q	$q=\dfrac{\sigma_t a}{\pi dl}$	
U形管式	σ_r	$\lvert\sigma_r\rvert_{r=0}=\left\lvert\dfrac{C_c}{\mu}(p_s-p_t)\left(\dfrac{D_i}{\delta}\right)^2-\xi_T\dfrac{6M_{fo}}{\mu\delta^2}\right\rvert$ $\lvert\sigma_r\rvert_{r=R_t}=\left\lvert\dfrac{C_e}{\mu}(p_s-p_t)\left(\dfrac{D_i}{\delta}\right)^2-\xi_T\dfrac{6M_{fo}}{\mu\delta^2}\right\rvert$ $\lvert\sigma_r\rvert_{r=R}=\left\lvert C_M(p_s-p_t)\left(\dfrac{D_i}{\delta}\right)^2+\xi_R\dfrac{6M_{fo}}{\delta^2}\right\rvert$	对于 a 型，b 型，c 型，d 型 $M_{fo}=0$
	σ_f	$\sigma_f=\dfrac{\pi Y M_{ws}}{\delta_f^2}$	仅对 e 型、f 型
	σ_t	$\sigma_t=-(p_s-p_t)\dfrac{\pi d^2}{4a}-p_t$	
	q	$q=\dfrac{\sigma_t a}{\pi dl}$	

表 7-14　U 形管式热交换器管板计算表(b 型、c 型、d 型、e 型、f 型连接方式)

<table>
<tr><td colspan="2">初 始 数 据</td><td rowspan="6">管板延长部分(凸缘或法兰)</td><td rowspan="6">宽度 b_f mm
确定管箱法兰(凸缘)厚度 δ_f'' mm
$\omega''=4.4k_hD_i[1+(1+k_h\delta_f'')^2]\left(\frac{\delta_h}{D_i}\right)^3$
旋转刚度参数 MPa
$K_f''=\frac{E_h}{12}\left[\frac{E_f''}{E_h}\frac{2b_f}{D_i+b_f}\left(\frac{2\delta_f''}{D_i}\right)^3+\omega''\right]$
确定壳体法兰(凸缘)厚度 δ_f' mm
$\omega'=4.4k_sD_i[1+(1+k_s\delta_f')^2]\left(\frac{\delta_s}{D_i}\right)^3$
其中：
$k_s=\frac{1.82}{\sqrt{D_i\delta_s}}$　$k_h=\frac{1.82}{\sqrt{D_i\delta_h}}$
旋转刚度参数 MPa
$K_f'=\frac{E_s}{12}\left[\frac{E_f'}{E_s}\frac{2b_f}{D_i+b_f}\left(\frac{2\delta_f'}{D_i}\right)^3+\omega'\right]$
$K_f=K_f'+K_f''$ MPa
旋转刚度无量纲参数　$\widetilde{K}_f=\frac{D_i^2D_t}{8D}K_f$
按 $\widetilde{K}_f,\rho_t$，查图 7-6，$C_c=$
查图 7-7，$C_e=$
查图 7-8，$C_M=$</td></tr>
<tr><td>壳程</td><td>内径 D_i mm
厚度 δ_s mm</td></tr>
<tr><td>管箱</td><td>圆筒厚度 δ_h mm</td></tr>
<tr><td>U 形管</td><td>外径 d mm
壁厚 δ_t mm
根数 n
管心距 S mm
一根管壁横截面积 a mm^2
A_d——见 7.4.8.1 mm^2</td></tr>
<tr><td>布管区</td><td>布管区面积 A_t mm^2
△排列：$A_t=1.732nS^2+A_d$
□排列：$A_t=2nS^2+A_d$
布管区当量直径 $D_t=1.128\sqrt{A_t}$ mm
$\rho_t=\frac{D_t}{D_i}$</td></tr>
<tr><td>管板</td><td>假设计算厚度 δ mm
开孔前抗弯刚度　$D=\frac{E_p\delta^3}{12(1-\nu^2)}$</td></tr>
<tr><td colspan="4">本框计算仅用于 e 型、f 型连接方式</td></tr>
<tr><td colspan="4">对于 e 型连接方式，以管程设计压力 p_t 进行 M_m、M_p 计算；无量纲参数 $\widetilde{K}_f^{\circ}=\widetilde{K}_fK_f'/K_f=$
对于 f 型连接方式，以壳程设计压力 p_s 进行 M_m、M_p 计算；无量纲参数 $\widetilde{K}_f^{\circ}=\widetilde{K}_fK_f''/K_f=$
基本法兰力矩 $M_m=$　N·mm　按 $\widetilde{K}_f^{\circ}$、ρ_t 查图 7-9，$\xi_T=$
操作法兰力矩 $M_p=$　N·mm　按 $\widetilde{K}_f^{\circ}$、$\rho_t=1$ 查图 7-9，$\xi_R=$
法兰应力参数　$Y=\frac{1}{X-1}\left(0.668\ 45+5.716\ 90\frac{X^2\lg X}{X^2-1}\right)$，其中 $X=(D_i+2b_f)/D_i$</td></tr>
</table>

表 7-14（续）

U形管式热交换器管板计算表(b、c、d、e、f型连接方式)						
以下应力计算中，表内虚线右侧的计算内容仅用于e型、f型连接方式，校核计算均应取应力的绝对值						
设计工况	壳程压力作用工况 $p_t=0$			管程压力作用工况 $p_s=0$		
	压力作用	法兰力矩作用	校 核	压力作用	法兰力矩作用	校 核
计算压力 p_d MPa	$p_d=p_s=$			$p_d=-p_t=$		
法兰预紧力矩 M_{fo} N·mm/mm	—	见表 7-8		—	见表 7-8	
法兰设计力矩 M_{ws} N·mm/mm	—	见表 7-9		—	见表 7-9	
中间计算参数 MPa	$A=p_d\left(\frac{D_i}{\delta}\right)^2=$	$B=\frac{6M_{fo}}{\delta^2}=$		$A=p_d\left(\frac{D_i}{\delta}\right)^2=$	$B=\frac{6M_{fo}}{\delta^2}=$	
管板应力 MPa $(\sigma_r)_{r=0}$ $(\sigma_r^o)_{r=0}$	$\pm\frac{C_c}{\mu}A=$ +	$\mp\frac{\xi_T}{\mu}B=$	$\leqslant 1.5[\sigma]_r^t$	$\pm\frac{C_c}{\mu}A=$ +	$\mp\frac{\xi_T}{\mu}B=$	$\leqslant 1.5[\sigma]_r^t$
管板应力 MPa $(\sigma_r)_{r=R_t}$ $(\sigma_r^o)_{r=R_t}$	$\pm\frac{C_e}{\mu}A=$ +	$\mp\frac{\xi_T}{\mu}B=$	$\leqslant 1.5[\sigma]_r^t$	$\pm\frac{C_e}{\mu}A=$ +	$\mp\frac{\xi_T}{\mu}B=$	$\leqslant 1.5[\sigma]_r^t$
管板应力 MPa $(\sigma_r)_{r=R}$ $(\sigma_r^o)_{r=R}$	$\mp C_M A=$ +	$\mp\xi_R B=$	$\leqslant 1.5[\sigma]_r^t$	$\mp C_M A=$ +	$\mp\xi_R B=$	$\leqslant 1.5[\sigma]_r^t$
管板法兰应力 $\sigma_f=\frac{\pi Y M_{ws}}{\delta_f^2}$ MPa			$\leqslant 1.5[\sigma]_f^t$			$\leqslant 1.5[\sigma]_f^t$
换热管轴向应力 $\sigma_t=-(p_s-p_t)\frac{\pi d^2}{4a}-p_t$ MPa			$\leqslant[\sigma]_t^t$			$\leqslant[\sigma]_t^t$
拉脱力(见注3) $q=\frac{\sigma_t a}{\pi d l}$ MPa			$\leqslant[q]$			$\leqslant[q]$

注 1：在计算换热管轴向应力和拉脱力时，一般还应校核 $p_d=p_s-p_t$ 的压力作用工况。

注 2：对于e型、f型连接方式，在计算管板法兰时，一般还应校核 $p_d=p_s-p_t$ 的压力作用工况。

注 3：对于对接连接的内孔焊结构，校核条件分别见7.4.4.2 f)，7.4.4.3 i)，7.4.4.4 o)。

表 7-15 浮头式、填料函式热交换器管板计算表[a]

<table>
<tr><td colspan="2">初 始 数 据</td><td rowspan="2">管
板</td><td rowspan="2">设计温度下管板材料的弹性模量 E_p MPa
管板刚度削弱系数 η
管板强度削弱系数 μ
换热管与管板胀接长度或焊脚高度 l mm
设计温度下管板材料的许用应力$[\sigma]_r^t$ MPa
许用拉脱力$[q]$ MPa</td></tr>
<tr><td colspan="2">壳程设计压力 p_s MPa
管程设计压力 p_t MPa
垫片压紧力作用中心圆直径 D_G mm
管板计算压力 p_d MPa</td></tr>
<tr><td rowspan="2">换热管</td><td rowspan="2">换热管外径 d mm
换热管壁厚 δ_t mm
换热管根数 n
管心距 S mm
面积 A_d——见 7.4.8.1 mm²
换热管金属总截面积 $na=n\pi\delta_t(d-\delta_t)$ mm²
开孔面积 $n\pi d^2/4$ mm²
换热管有效长度 L mm
设计温度下换热管材料的弹性模量 E_t MPa
设计温度下换热管材料的许用应力$[\sigma]_t^t$ MPa
设计温度下换热管材料的屈服强度 R_{eL}^t MPa
换热管回转半径
$i=0.25\sqrt{d^2+(d-2\delta_t)^2}$ mm
换热管受压失稳当量长度 l_{cr}(见图 7-2) mm
系数 $C_r=\pi\sqrt{2E_t/R_{eL}^t}$
换热管稳定许用压力 $[\sigma]_{cr}^t$
当 $C_r \leqslant l_{cr}/i$ 时，$[\sigma]_{cr}^t=\frac{E_t}{1.5}\cdot\frac{\pi^2}{(l_{cr}/i)^2}$ MPa
当 $C_r > l_{cr}/i$ 时，$[\sigma]_{cr}^t=\frac{R_{eL}^t}{1.5}\cdot\left[1-\frac{l_{cr}/i}{2C_r}\right]$ MPa</td><td colspan="2">系 数 计 算</td></tr>
<tr><td colspan="2">管板布管区面积 A_t(按 7.4.8) mm²
三角形排列 $A_t=0.866nS^2+A_d$
正方形排列 $A_t=nS^2+A_d$
布管区内开孔后面积 $A_1=A_t-n\pi d^2/4$ mm²
管板布管区当量直径 $D_t=\sqrt{4A_t/\pi}$ mm
管束模数 $K_t=\frac{E_t na}{LD_t}$
管束无量纲刚度 $\widetilde{K}_t=\frac{K_t}{\eta E_p}$
系数 $\beta=na/A_1$
$\rho_t=\frac{D_t}{D_G}$
无量纲压力 $\widetilde{P}_a=\frac{p_d}{1.5\mu[\sigma]_r^t}$
计算 $\widetilde{K}_t^{1/3}/\widetilde{P}_a^{1/2}=$
计算 $1/\rho_t=$
查图 7-10 $C=$
查图 7-11 $G_{we}=$</td></tr>
<tr><td colspan="4">管板计算厚度 $\delta=CD_t\sqrt{\widetilde{P}_a}$ mm</td></tr>
<tr><td colspan="4">当量组合压力 $P_c=p_s-p_t(1+\beta)$ MPa</td></tr>
<tr><td colspan="3">换热管应力[b]
浮头式 $\sigma_t=\frac{1}{\beta}\left[P_c-(p_s-p_t)\frac{A_t}{A_1}G_{we}\right]$ MPa
填料函式 $\sigma_t=\frac{1}{\beta}\left[P_c+p_t\frac{A_t}{A_1}G_{we}\right]$ MPa</td><td>当 $\sigma_t>0$ 时 $\sigma_t\leqslant[\sigma]_t^t$
当 $\sigma_t<0$ 时 $|\sigma_t|\leqslant[\sigma]_{cr}^t$</td></tr>
<tr><td colspan="3">拉脱力[c] $q=\frac{\sigma_t a}{\pi dl}$ MPa</td><td>$|q|\leqslant[q]$</td></tr>
<tr><td colspan="4">[a] 本表不适用于后端结构为 W 型式的填料函式热交换器。
[b] 一般情况下，应按三种不同组合工况分别进行计算与校核，见 7.4.5.2。
[c] 对于对接连接的内孔焊结构，校核条件见 7.4.5.2 h)。</td></tr>
</table>

表 7-16　延长部分兼作法兰的固定管板式热交换器管板计算表(e 型连接方式)

初始数据			
壳程圆筒	内径 D_i　mm 厚度 δ_s　mm 内径面积 $A=\pi D_i{}^2/4$　mm^2 金属横截面积 $A_s=\pi\delta_s(D_i+\delta_s)$　mm^2 膨胀节波峰处内径 D_{ex}　mm 膨胀节刚度 K_{ex}　N/mm	管板	假定管板厚度　mm 换热管加强系数 $K=\left[1.32\dfrac{D_i}{\delta}\sqrt{\dfrac{E_t na}{E_p \eta L\delta}}\right]^{1/2}=$ $k=K(1-\rho_t)=$
管箱	圆筒厚度 δ_h　mm	法兰	法兰外径 D_f　mm 法兰宽度 $b_f=(D_f-D_i)/2$　mm 壳体法兰厚度 δ_f'　mm 管箱法兰厚度 δ_f''　mm 计算系数： $k_s=\dfrac{1.82}{\sqrt{D_i\delta_s}}$　$k_h=\dfrac{1.82}{\sqrt{D_i\delta_h}}$ $\omega'=4.4k_sD_i[1+(1+k_s\delta_f')^2](\delta_s/D_i)^3$ $\omega''=4.4k_hD_i[1+(1+k_h\delta_f'')^2](\delta_h/D_i)^3$ 旋转刚度 $K_f''=\dfrac{E_h}{12}\left[\dfrac{E_f''}{E_h}\dfrac{2b_f}{D_i+b_f}\left(\dfrac{2\delta_f''}{D_i}\right)^3+\omega''\right]$ MPa 旋转刚度 $K_f'=\dfrac{E_s}{12}\left[\dfrac{E_f'}{E_s}\dfrac{2b_f}{D_i+b_f}\left(\dfrac{2\delta_f'}{D_i}\right)^3+\omega'\right]$　MPa 旋转刚度参数 $K_f=K_f'$ 旋转刚度无量纲参数 $\widetilde{K}_f=\pi K_f/(4K_t)$ 壳体法兰应力参数 $Y=\dfrac{1}{X-1}\left(0.668\ 45+5.716\ 90\dfrac{X^2\lg X}{X^2-1}\right)$ 其中，$X=(D_i+2b_f)/D_i$
换热管	换热管外径 d　mm 换热管壁厚 δ_t　mm 换热管根数 n 管心距 S　mm 面积 A_d　mm^2 换热管金属总截面积 $na=n\pi\delta_t(d-\delta_t)$　mm^2 开孔面积 $n\pi d^2/4$　mm^2 换热管有效长度 L　mm 管束模数 $K_t=\dfrac{E_t na}{LD_i}$　MPa 换热管回转半径 $i=0.25\sqrt{d^2+(d-2\delta_t)^2}$　mm 换热管受压失稳当量长度 l_{cr}(见图 7-2)　mm 系数 $C_r=\pi\sqrt{2E_t/R_{eL}^t}$ 换热管稳定许用压应力 $[\sigma]_{cr}^t$ 当 $C_r\leqslant l_{cr}/i$ 时，$[\sigma]_{cr}^t=\dfrac{E_t}{1.5}\cdot\dfrac{\pi^2}{(l_{cr}/i)^2}$　MPa 当 $C_r>l_{cr}/i$ 时，$[\sigma]_{cr}^t=\dfrac{R_{eL}^t}{1.5}\cdot\left[1-\dfrac{l_{cr}/i}{2C_r}\right]$　MPa		
系数计算	开孔后面积 $A_1=A-n\pi d^2/4$　mm^2 管板布管区面积 A_t(按 7.4.8)　mm^2 管板布管区当量直径 $D_t=\sqrt{4A_t/\pi}$　mm 系数 $\lambda=\dfrac{A_1}{A}$，$Q=\dfrac{E_t na}{E_sA_s}$，$\beta=\dfrac{na}{A_1}$ $Q_{ex}\begin{cases}Q+\dfrac{E_t na}{K_{ex}L} & \text{(壳体带膨胀节)}\\ Q & \text{(壳体不带膨胀节)}\end{cases}$ $\rho_t=\dfrac{D_t}{D_i}$，$\lambda_{ex}=\left(\dfrac{D_{ex}}{D_i}\right)^2-1$ $\Sigma_s=0.4+\dfrac{0.6}{\lambda}(1+Q)-\dfrac{\lambda_{ex}}{2\lambda}(Q_{ex}-Q)$ $\Sigma_t=0.4(1+\beta)+\dfrac{1}{\lambda}(0.6+Q_{ex})$	—	按 K，$\widetilde{K}_f$ 查图 7-12　$m_1=$ $\psi=\dfrac{m_1}{K\widetilde{K}_f}$ 按 K，$\widetilde{K}_f$ 查图 7-13　$G_2=$ $M_1=\dfrac{m_1}{2K(Q_{ex}+G_2)}$ 按 K，Q_{ex} 查图 7-14　$m_2=$ 按 K，Q_{ex} 查图 7-15　$G_3=$ $\xi=\dfrac{\widetilde{K}_f}{\widetilde{K}_f+G_3}=$　$K_f'/K_f''=$ $\Delta\widetilde{M}=\dfrac{1}{\xi+(K_f'/K_f'')}=$ $\Delta\widetilde{M}_f=\dfrac{K_f'}{K_f''}\Delta\widetilde{M}$

表 7-16（续）

<table>
<tr><td rowspan="2">法兰力矩</td><td>基本法兰力矩 M_m</td><td>N·mm</td><td colspan="8" rowspan="2"></td></tr>
<tr><td>管程压力作用时法兰力矩 M_p</td><td>N·m</td></tr>
<tr><td colspan="3">组合工况</td><td colspan="2">仅壳程压力作用</td><td colspan="2">仅管程压力作用</td><td colspan="4">壳程、管程压力共同作用</td></tr>
<tr><td colspan="2">壳程设计压力 p_s</td><td>MPa</td><td colspan="2"></td><td colspan="2">0</td><td colspan="4"></td></tr>
<tr><td colspan="2">管程设计压力 p_t</td><td>MPa</td><td colspan="2">0</td><td colspan="2"></td><td colspan="4"></td></tr>
<tr><td colspan="2">当量组合压力
$P_c=p_s-p_t(1+\beta)$</td><td>MPa</td><td colspan="2"></td><td colspan="2"></td><td colspan="4"></td></tr>
<tr><td colspan="3"></td><td>不计膨胀差</td><td>计入膨胀差</td><td>不计膨胀差</td><td>计入膨胀差</td><td colspan="2">不计膨胀差</td><td colspan="2">计入膨胀差</td></tr>
<tr><td colspan="3">$\gamma=\alpha_t(t_t-t_0)-\alpha_s(t_s-t_0)$</td><td>0</td><td></td><td>0</td><td></td><td colspan="2">0</td><td colspan="2"></td></tr>
<tr><td colspan="2">$\beta\gamma E_{tm}$</td><td>MPa</td><td>0</td><td></td><td>0</td><td></td><td colspan="2">0</td><td colspan="2"></td></tr>
<tr><td colspan="2">$P_a=\sum_s p_s-\sum_t p_t+\beta\gamma E_{tm}$</td><td>MPa</td><td></td><td></td><td></td><td></td><td colspan="2"></td><td colspan="2"></td></tr>
<tr><td colspan="3">$\widetilde{M}_m=\frac{4M_m}{\lambda\pi D_i^3 P_a}$</td><td></td><td></td><td>—</td><td>—</td><td colspan="2"></td><td colspan="2"></td></tr>
<tr><td colspan="3">$\widetilde{M}_p=\frac{4M_p}{\lambda\pi D_i^3 P_a}$</td><td>—</td><td>—</td><td></td><td></td><td colspan="2"></td><td colspan="2"></td></tr>
<tr><td rowspan="2">$\widetilde{M}=$</td><td colspan="2">$\widetilde{M}_m+(\Delta\widetilde{M})M_1$</td><td></td><td></td><td>—</td><td>—</td><td></td><td>—</td><td></td><td>—</td></tr>
<tr><td colspan="2">$\widetilde{M}_p$</td><td>—</td><td>—</td><td></td><td></td><td>—</td><td></td><td>—</td><td></td></tr>
<tr><td colspan="3">$\upsilon=\psi\widetilde{M}$</td><td></td><td></td><td></td><td></td><td></td><td></td><td></td><td></td></tr>
<tr><td colspan="3">$m=(m_1+\upsilon m_2)/(1+\upsilon)$</td><td></td><td></td><td></td><td></td><td></td><td></td><td></td><td></td></tr>
<tr><td colspan="3">f_{ri}</td><td></td><td></td><td></td><td></td><td></td><td></td><td></td><td></td></tr>
<tr><td colspan="3">f_{rb}</td><td></td><td></td><td></td><td></td><td></td><td></td><td></td><td></td></tr>
<tr><td colspan="3">f_r （见 7.4.6.3）</td><td></td><td></td><td></td><td></td><td colspan="2">见注 1</td><td colspan="2">见注 1</td></tr>
<tr><td colspan="3">$G_1=\frac{3f_r}{K}$</td><td></td><td></td><td></td><td></td><td colspan="2"></td><td colspan="2"></td></tr>
<tr><td rowspan="3">$\widetilde{M}_{ws}=$</td><td colspan="2">$\xi\widetilde{M}_m-(\Delta\widetilde{M}_f)M_1$</td><td></td><td></td><td>—</td><td>—</td><td></td><td>—</td><td></td><td>—</td></tr>
<tr><td colspan="2">$\xi\widetilde{M}_p-M_1$</td><td>—</td><td>—</td><td></td><td></td><td>—</td><td></td><td>—</td><td></td></tr>
<tr><td colspan="2">取值</td><td></td><td></td><td></td><td></td><td colspan="2">见注 2</td><td colspan="2">见注 2</td></tr>
<tr><td colspan="3">$\tilde{\sigma}_r=\frac{(1+\upsilon)G_1}{4(Q_{ex}+G_2)}$</td><td></td><td></td><td></td><td></td><td colspan="2"></td><td colspan="2"></td></tr>
<tr><td colspan="3">$\tilde{\tau}_p=\frac{1}{4}\cdot\frac{1+\upsilon}{Q_{ex}+G_2}$</td><td></td><td></td><td></td><td></td><td colspan="2"></td><td colspan="2"></td></tr>
</table>

表 7-16（续）

	以下校核计算除换热管压缩应力外，均取应力的绝对值					
	仅壳程压力作用		仅管程压力作用		壳程、管程压力共同作用	
管板应力 MPa	不计膨胀差	计入膨胀差	不计膨胀差	计入膨胀差	不计膨胀差	计入膨胀差
$\sigma_r=\tilde{\sigma}_r P_a \frac{\lambda}{\mu}\left[\frac{D_i}{\delta}\right]^2$	$\leqslant 1.5[\sigma]_r^t$	$\leqslant 3[\sigma]_r^t$	$\leqslant 1.5[\sigma]_r^t$	$\leqslant 3[\sigma]_r^t$	$\leqslant 1.5[\sigma]_r^t$	$\leqslant 3[\sigma]_r^t$
$\tau_p=\tilde{\tau}_p \frac{\lambda P_a}{\mu}\left(\frac{D_t}{\delta}\right)$	$\leqslant 0.5[\sigma]_r^t$	$\leqslant 1.5[\sigma]_r^t$	$\leqslant 0.5[\sigma]_r^t$	$\leqslant 1.5[\sigma]_r^t$	$\leqslant 0.5[\sigma]_r^t$	$\leqslant 1.5[\sigma]_r^t$
壳体法兰应力 MPa $\sigma_f'=\frac{\pi}{4} Y \widetilde{M}_{ws} \lambda P_a\left(\frac{D_i}{\delta_f'}\right)^2$	$\leqslant 1.5[\sigma]_f^t$	$\leqslant 3[\sigma]_f^t$	$\leqslant 1.5[\sigma]_f^t$	$\leqslant 3[\sigma]_f^t$	$\leqslant 1.5[\sigma]_f^t$	$\leqslant 3[\sigma]_f^t$
换热管应力 MPa $\sigma_t=\frac{1}{\beta}\left[P_c-\frac{G_2-\upsilon Q_{ex}}{Q_{ex}+G_2} P_a\right]$	$\leqslant 1.0[\sigma]_t^t$ 若 $\sigma_t<0$ $\vert\sigma_t\vert \leqslant [\sigma]_{cr}^t$	$\leqslant 3.0[\sigma]_t^t$ 若 $\sigma_t<0$ $\vert\sigma_t\vert \leqslant 1.2[\sigma]_{cr}^t$	$\leqslant 1.0[\sigma]_t^t$ 若 $\sigma_t<0$ $\vert\sigma_t\vert \leqslant [\sigma]_{cr}^t$	$\leqslant 3.0[\sigma]_t^t$ 若 $\sigma_t<0$ $\vert\sigma_t\vert \leqslant 1.2[\sigma]_{cr}^t$	$\leqslant 1.0[\sigma]_t^t$ 若 $\sigma_t<0$ $\vert\sigma_t\vert \leqslant [\sigma]_{cr}^t$	$\leqslant 3.0[\sigma]_t^t$ 若 $\sigma_t<0$ $\vert\sigma_t\vert \leqslant 1.2[\sigma]_{cr}^t$
壳程圆筒轴向应力 MPa $\sigma_c=\frac{A}{A_s}\left[p_t+\frac{\lambda(1+\upsilon)}{Q_{ex}+G_2} P_a\right]$	$\leqslant \phi[\sigma]_c^t$	$\leqslant 3\phi[\sigma]_c^t$	$\leqslant \phi[\sigma]_c^t$	$\leqslant 3\phi[\sigma]_c^t$	$\leqslant \phi[\sigma]_c^t$	$\leqslant 3\phi[\sigma]_c^t$
拉脱应力[a] MPa $q=\frac{\sigma_t a}{\pi d l}$	$\leqslant[q]$	胀接 $\leqslant[q]$ 焊接 $\leqslant 3[q]$	$\leqslant[q]$	胀接 $\leqslant[q]$ 焊接 $\leqslant 3[q]$	$\leqslant[q]$	胀接 $\leqslant[q]$ 焊接 $\leqslant 3[q]$

注 1：$\widetilde{M}$ 的计算过程 7.4.6.3 h)～7.4.6.3 k)的规定，最后取该工况内两条路径计算得到的 f_r 绝对值较大者作为最终 f_r。同时，以该路径中的 υ 值作为后续计算参数。

注 2：$\widetilde{M}_{ws}$ 的计算过程按 7.4.6.3 l)的规定，最后取该工况内两条路径计算得到的 $\widetilde{M}_{ws}$ 绝对值较大者作为最终 $\widetilde{M}_{ws}$。

[a] 对于对接连接的内孔焊结构，校核条件见 7.4.6.3 l)。

表 7-17 不带法兰的固定管板式热交换器管板计算表(b 型、c 型连接方式)

初始数据			
壳程圆筒	内径 D_i mm 厚度 δ_s mm 内径面积 $A=\pi D_i^2/4$ mm² 金属横截面积 $A_s=\pi\delta_s(D_i+\delta_s)$ mm² 膨胀节波峰处内径 D_{ex} mm 膨胀节刚度 K_{ex} N/mm	管板	假定管板厚度 δ mm 管子加强系数 $K=\left[1.32\dfrac{D_i}{\delta}\sqrt{\dfrac{E_t na}{E_p \eta L\delta}}\right]^{1/2}=$ $k=K(1-\rho_t)=$
管箱	厚度 δ_h mm	法兰或凸缘	管箱(对于 c 型连接方式,$\omega''=0$,$C''=0$) $\omega''=4.4k_h D_i[1+(1+k_h\delta_f'')^2](\delta_h/D_i)^3$ $C''=\dfrac{2(1+k_h\delta_f'')}{(k_h D_i)^2}$ 壳程圆筒(对于 b 型连接方式,$\delta_f'=0$) $\omega'=4.4k_s D_i[1+(1+k_s\delta_f')^2](\delta_s/D_i)^3$ $C'=\dfrac{2(1+k_s\delta_f')}{(k_s D_i)^2}$ 其中: $k_s=\dfrac{1.82}{\sqrt{D_i\delta_s}}$ $k_h=\dfrac{1.82}{\sqrt{D_i\delta_h}}$ 旋转刚度 MPa $K_f'=\dfrac{E_s}{12}\left[\dfrac{E_f'}{E_s}\dfrac{2b_f}{D_i+b_f}\left(\dfrac{2\delta_f'}{D_i}\right)^3+\omega'\right]$ MPa $K_f''=\dfrac{E_h}{12}\omega''$ MPa (对于 c 型连接方式,$K_f''=0$) 旋转刚度无量纲参数 $\widetilde{K}_f=\dfrac{\pi}{4}\dfrac{K_f'+K_f''}{K_t}$ 按 K,$\widetilde{K}_f$ 查图 7-12 $m_1=$ $\psi=\dfrac{m_1}{K\widetilde{K}_f}$ 按 K,$\widetilde{K}_f$ 查图 7-13 $G_2=$ 按 K,Q_{ex} 查图 7-14 $m_2=$
换热管	换热管外径 d mm 换热管壁厚 δ_t mm 换热管根数 n 管心距 S mm 面积 A_d,见 7.4.8.1 mm² 换热管金属总截面积 $na=n\pi\delta_t(d-\delta_t)$ mm² 开孔面积 $n\pi d^2/4$ mm² 换热管有效长度 L mm 管束模数 $K_t=\dfrac{E_t na}{LD_i}$ MPa 换热管回转半径 $i=0.25\sqrt{d^2+(d-2\delta_t)^2}$ mm 换热管受压失稳当量长度 l_{cr}(见图 7-2) mm 系数 $C_r=\pi\sqrt{2E_t/R_{eL}^t}$ 换热管稳定许用压应力$[\sigma]_{cr}^t$ 当 $C_r\leqslant l_{cr}/i$ 时,$[\sigma]_{cr}^t=\dfrac{E_t}{1.5}\cdot\dfrac{\pi^2}{(l_{cr}/i)^2}$ MPa 当 $C_r>l_{cr}/i$ 时,$[\sigma]_{cr}^t=\dfrac{R_{eL}^t}{1.5}\cdot\left[1-\dfrac{l_{cr}/i}{2C_r}\right]$ MPa		
系数计算	开孔后面积 $A_1=A-n\pi d^2/4$ mm² 管板布管区面积 A_t(按 7.4.8) mm² 管板布管区当量直径 $D_t=\sqrt{4A_t/\pi}$ mm 系数 $\lambda=\dfrac{A_1}{A}$,$Q=\dfrac{E_t na}{E_s A_s}$,$\beta=\dfrac{na}{A_1}$ $Q_{ex}=\begin{cases}Q+\dfrac{E_t na}{K_{ex}L} & \text{(壳体带膨胀节)}\\ Q & \text{(壳体不带膨胀节)}\end{cases}$ $\rho_t=\dfrac{D_t}{D_i}$,$\lambda_{ex}=\left(\dfrac{D_{ex}}{D_i}\right)^2-1$ $\Sigma_s=0.4+\dfrac{0.6}{\lambda}(1+Q)-\dfrac{\lambda_{ex}}{2\lambda}(Q_{ex}-Q)$ $\Sigma_t=0.4(1+\beta)+\dfrac{1}{\lambda}(0.6+Q_{ex})$		

表 7-17（续）

组合工况	仅壳程压力作用		仅管程压力作用		壳程、管程压力共同作用	
壳程设计压力 p_s MPa			0			
管程设计压力 p_t MPa	0					
当量组合压力 $P_c = p_s - p_t(1+\beta)$ MPa						
	不计膨胀差	计入膨胀差	不计膨胀差	计入膨胀差	不计膨胀差	计入膨胀差
$\gamma = \alpha_t(t_t - t_0) - \alpha_s(t_s - t_0)$	0		0		0	
$\beta\gamma E_{tm}$ MPa	0		0		0	
$P_a = \sum_s p_s - \sum_t p_t + \beta\gamma E_{tm}$ MPa						
$P_b = C'(p_s - 0.15p_t) - 0.85C''p_t$						
$\widetilde{M} = \widetilde{M}_b = P_b/(\lambda P_a)$						
$\upsilon = \psi \widetilde{M}$						
$m = (m_1 + \upsilon m_2)/(1+\upsilon)$						
f_{ri}						
f_{rb}						
f_r(见 7.4.6.3)						
$G_1 = 3f_r/K$						
$\tilde{\sigma}_r = 0.25(1+\upsilon)G_1/(Q_{ex}+G_2)$						
$\tilde{\tau}_p = 0.25(1+\upsilon)/(Q_{ex}+G_2)$						
管板应力 MPa	不计膨胀差	计入膨胀差	不计膨胀差	计入膨胀差	不计膨胀差	计入膨胀差
	以下校核计算除管子压缩应力外，均取应力的绝对值					
$\sigma_r = \tilde{\sigma}_r P_a \dfrac{\lambda}{\mu}\left[\dfrac{D_i}{\delta}\right]^2$	$\leqslant 1.5[\sigma]_r^t$	$\leqslant 3[\sigma]_r^t$	$\leqslant 1.5[\sigma]_r^t$	$\leqslant 3[\sigma]_r^t$	$\leqslant 1.5[\sigma]_r^t$	$\leqslant 3[\sigma]_r^t$
$\tau_p = \tilde{\tau}_p \dfrac{\lambda P_a}{\mu}\left(\dfrac{D_t}{\delta}\right)$	$\leqslant 0.5[\sigma]_r^t$	$\leqslant 1.5[\sigma]_r^t$	$\leqslant 0.5[\sigma]_r^t$	$\leqslant 1.5[\sigma]_r^t$	$\leqslant 0.5[\sigma]_r^t$	$\leqslant 1.5[\sigma]_r^t$
换热管应力 MPa $\sigma_t = \dfrac{1}{\beta}\left[P_c - \dfrac{G_2 - \upsilon Q_{ex}}{Q_{ex}+G_2}P_a\right]$	$\leqslant 1.0[\sigma]_t^t$ 若 $\sigma_t<0$ $\lvert\sigma_t\rvert \leqslant [\sigma]_{cr}^t$	$\leqslant 3.0[\sigma]_t^t$ 若 $\sigma_t<0$ $\lvert\sigma_t\rvert \leqslant$ $1.2[\sigma]_{cr}^t$	$\leqslant 1.0[\sigma]_t^t$ 若 $\sigma_t<0$ $\lvert\sigma_t\rvert \leqslant [\sigma]_{cr}^t$	$\leqslant 3.0[\sigma]_t^t$ 若 $\sigma_t<0$ $\lvert\sigma_t\rvert \leqslant$ $1.2[\sigma]_{cr}^t$	$\leqslant 1.0[\sigma]_t^t$ 若 $\sigma_t<0$ $\lvert\sigma_t\rvert \leqslant [\sigma]_{cr}^t$	$\leqslant 3.0[\sigma]_t^t$ 若 $\sigma_t<0$ $\lvert\sigma_t\rvert \leqslant$ $1.2[\sigma]_{cr}^t$
壳程圆筒轴向应力 MPa $\sigma_c = \dfrac{A}{A_s}\left[p_t + \dfrac{\lambda(1+\upsilon)}{Q_{ex}+G_2}P_a\right]$	$\leqslant \phi[\sigma]_c^t$	$\leqslant 3\phi[\sigma]_c^t$	$\leqslant \phi[\sigma]_c^t$	$\leqslant 3\phi[\sigma]_c^t$	$\leqslant \phi[\sigma]_c^t$	$\leqslant 3\phi[\sigma]_c^t$
拉脱应力 MPa $q = \dfrac{\sigma_t a}{\pi d l}$	$\leqslant [q]$	胀接 $\leqslant [q]$ 焊接 $\leqslant 3[q]$	$\leqslant [q]$	胀接 $\leqslant [q]$ 焊接 $\leqslant 3[q]$	$\leqslant [q]$	胀接 $\leqslant [q]$ 焊接 $\leqslant 3[q]$
注：对于对接连接的内孔焊结构，校核条件见 7.4.6.3 l)。						

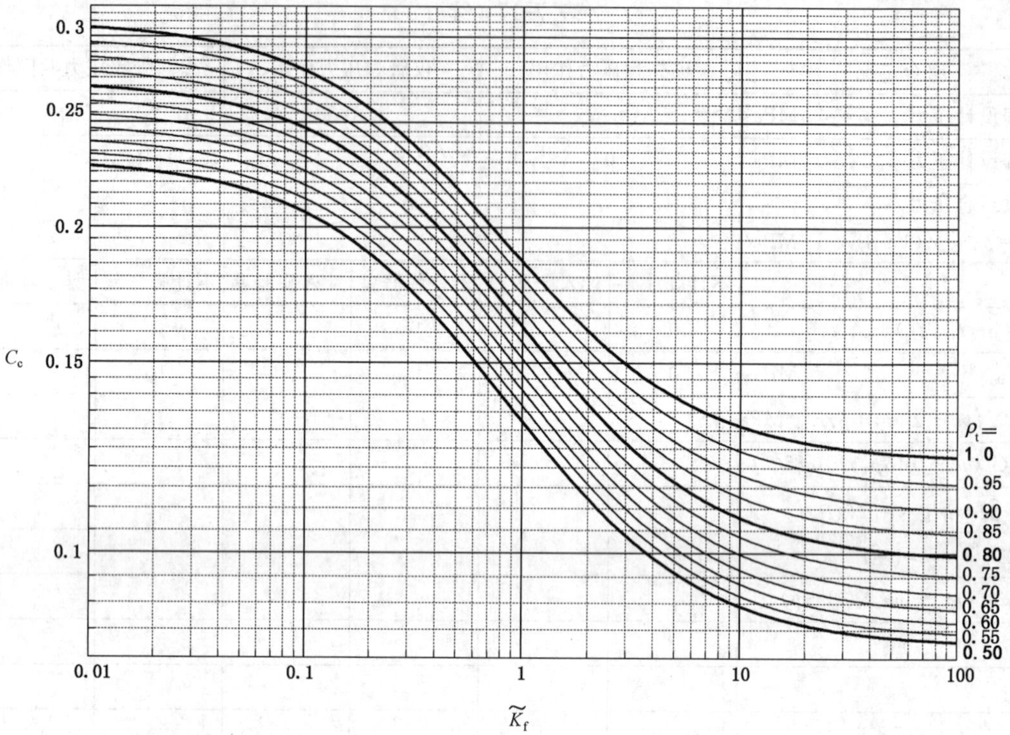

图 7-6 U形管式热交换器管板厚度计算系数 C_c

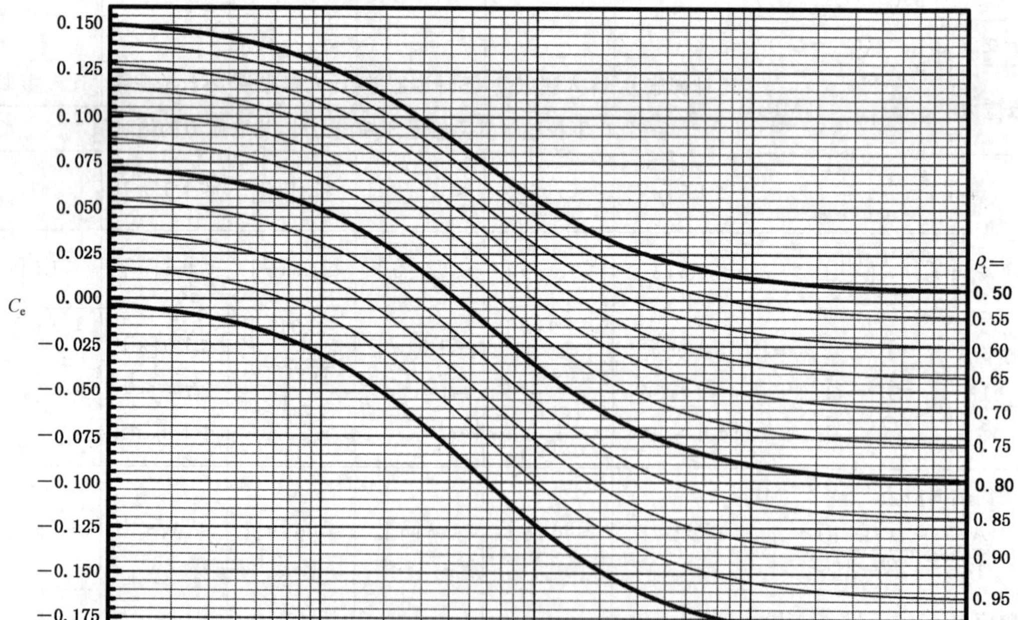

图 7-7 U形管式热交换器管板厚度计算系数 C_e

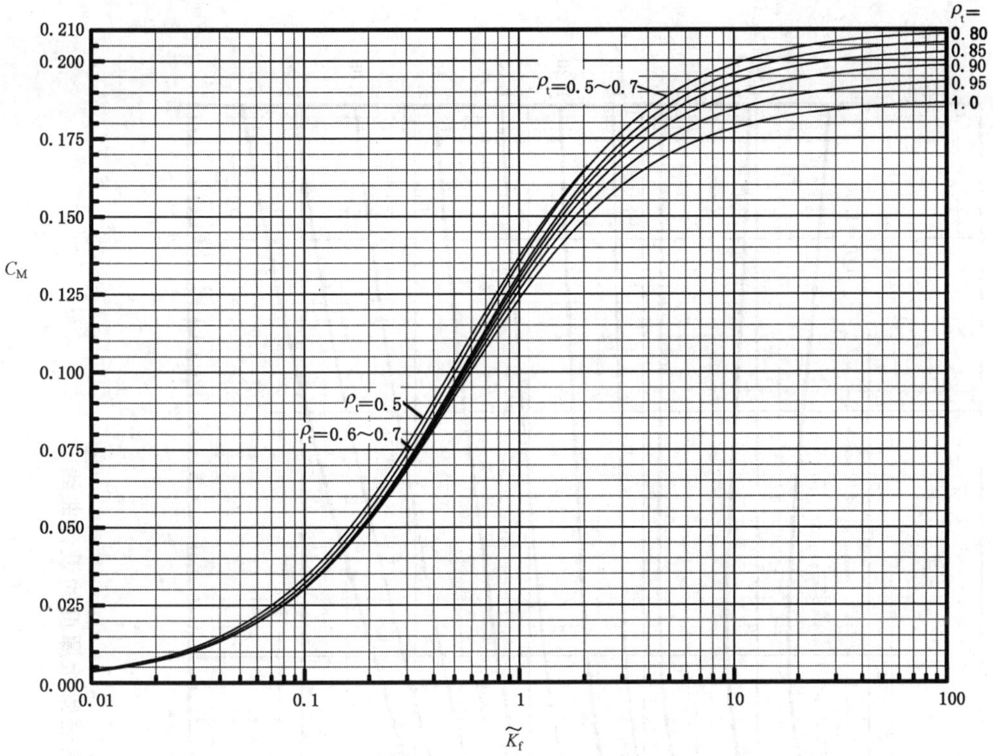

图 7-8 U 形管式热交换器管板厚度计算系数 C_M

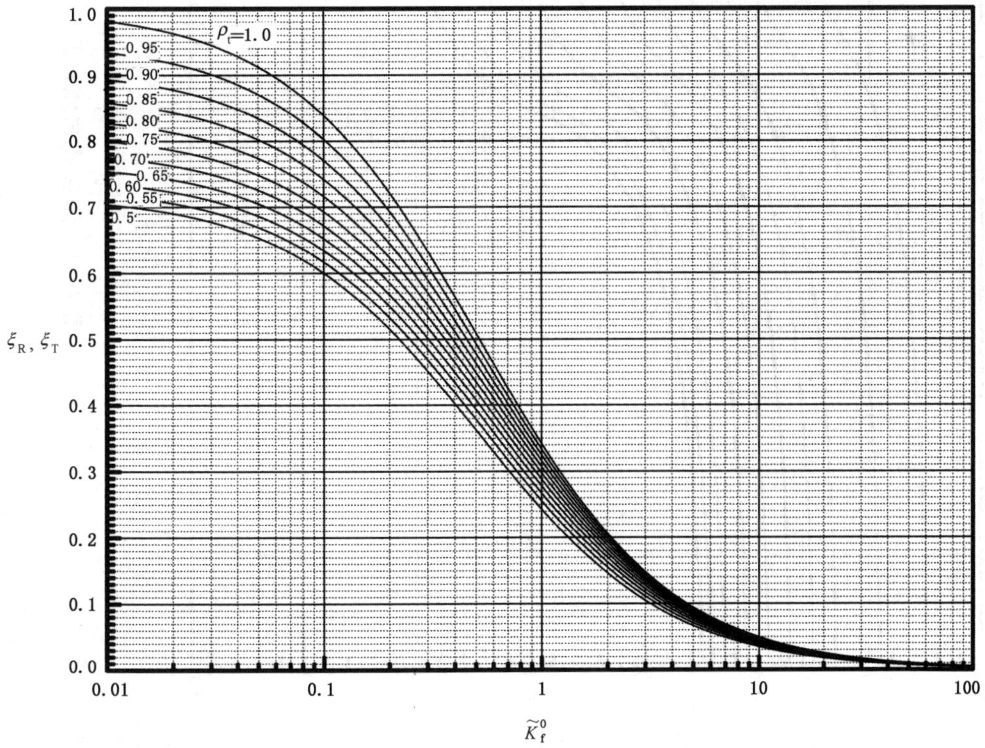

图 7-9 U 形管式热交换器设计曲线

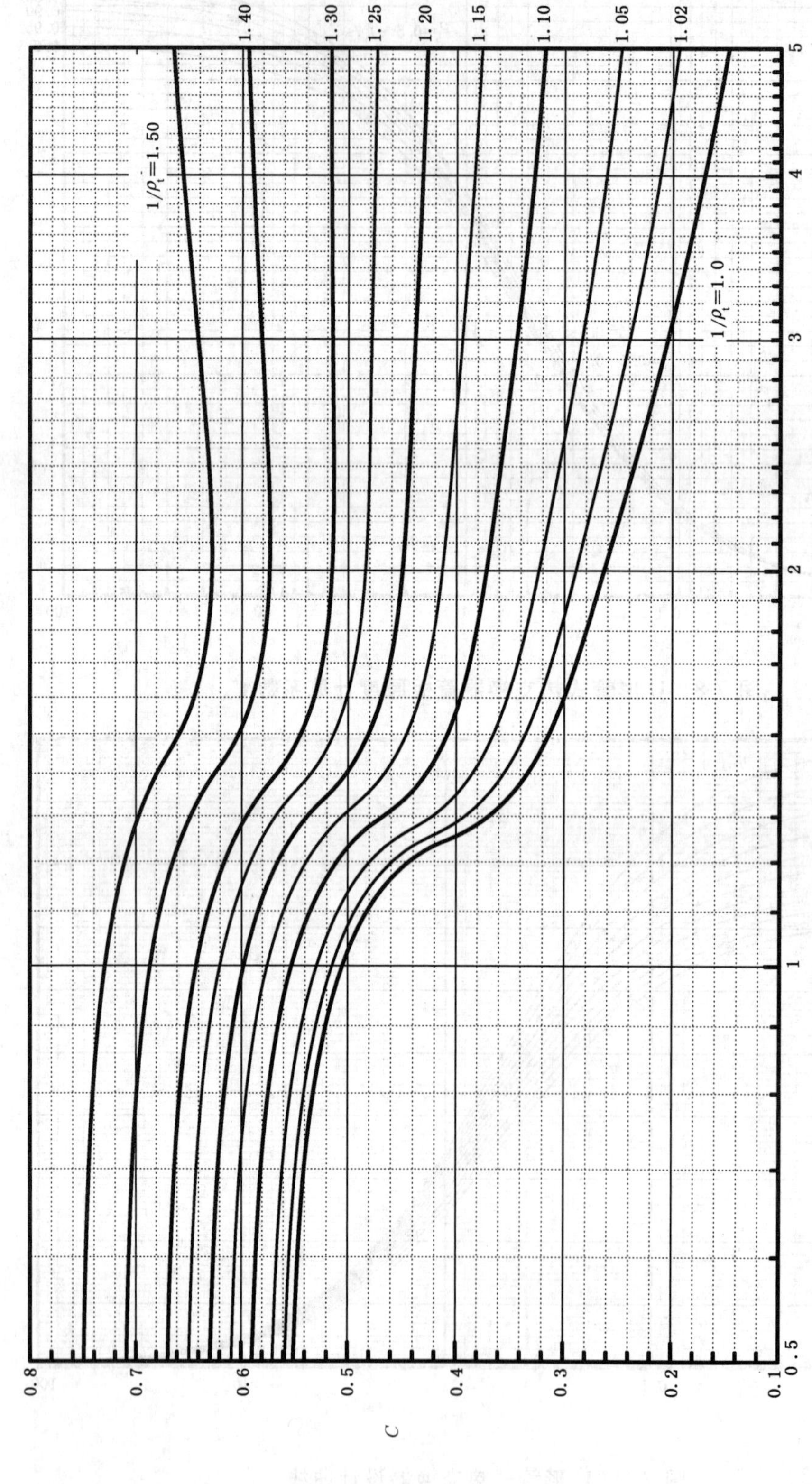

图 7-10 浮头式与填料函式热交换器管板厚度的设计曲线

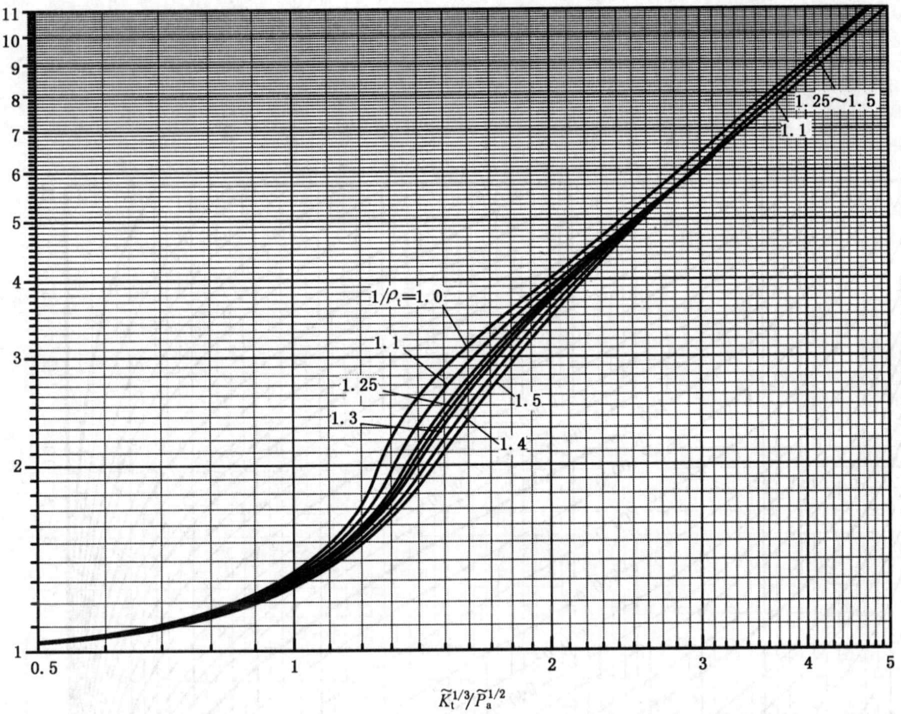

a） 浮头式与填料函式热交换器设计系数 G_{we} 曲线

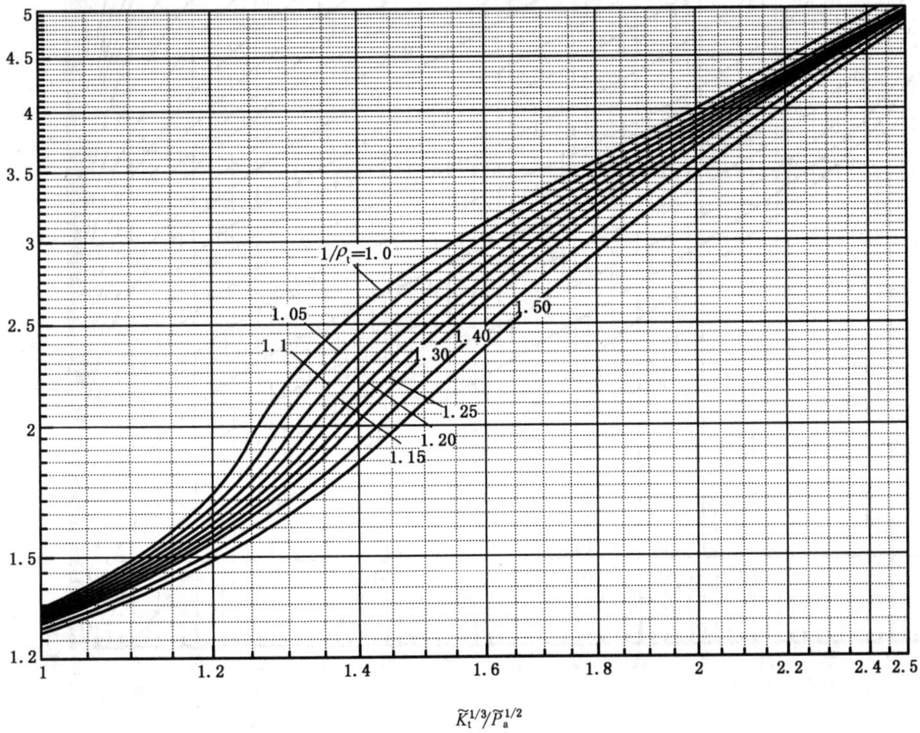

b） 浮头式与填料函式热交换器设计系数 G_{we} 曲线局部放大图

图 7-11

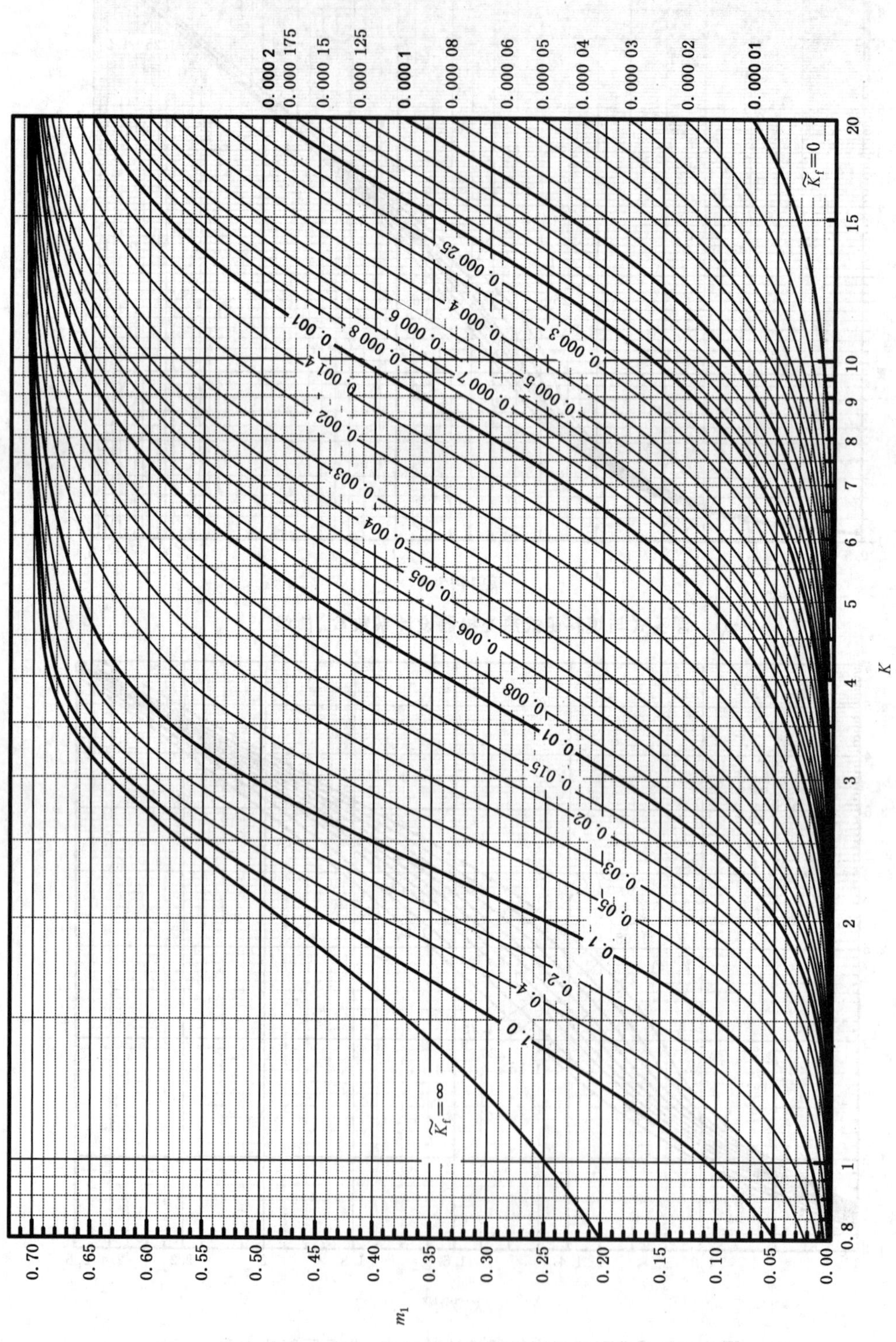

当$K<1$时，$m_1=\dfrac{K^5\widetilde{K}_f}{5.2+4K^4\widetilde{K}_f}$

图 7-12　固定管板式热交换器管板第一弯矩系数 m_1

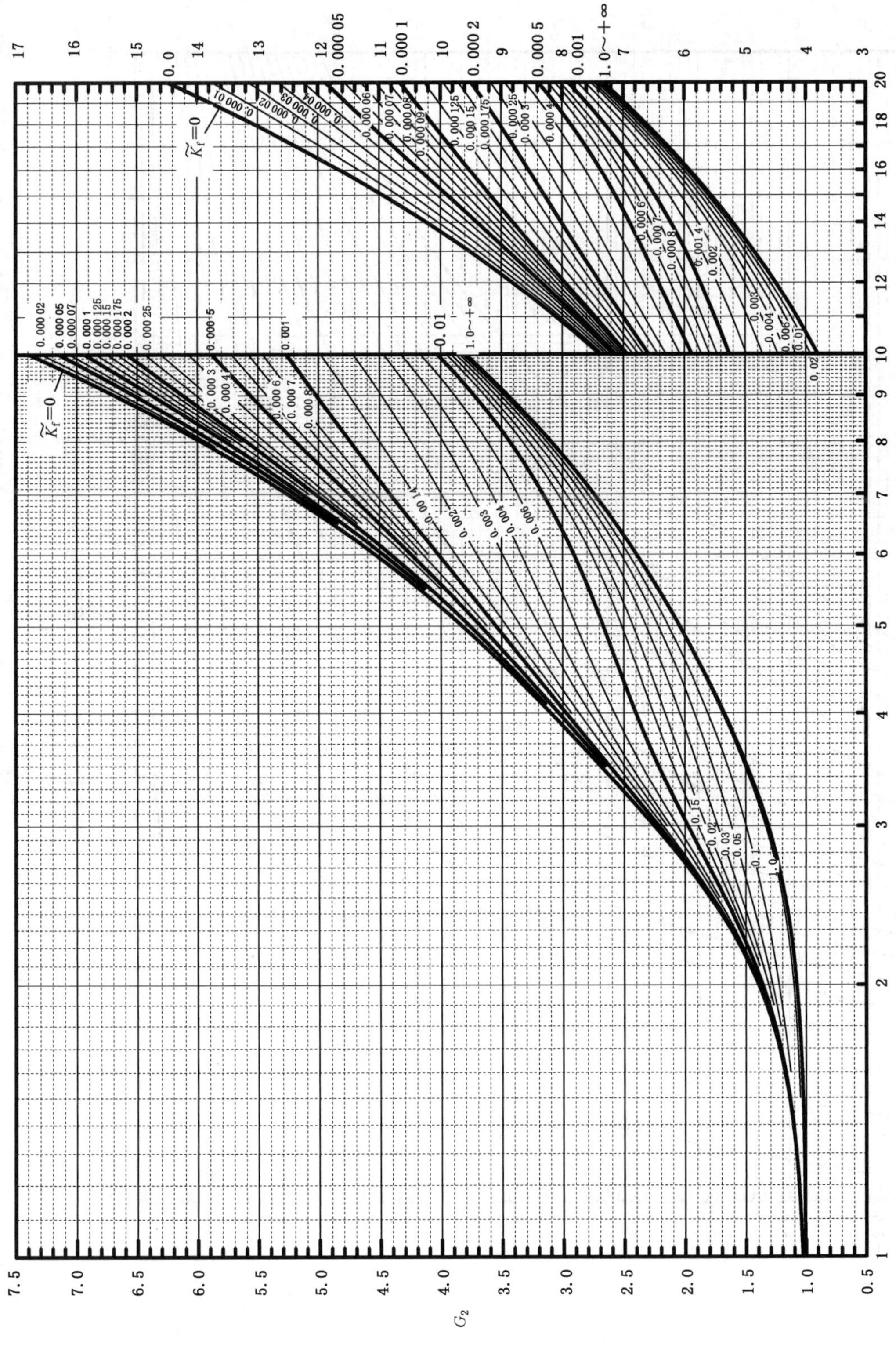

图 7-13　固定管板式热交换器管板计算系数 G_2

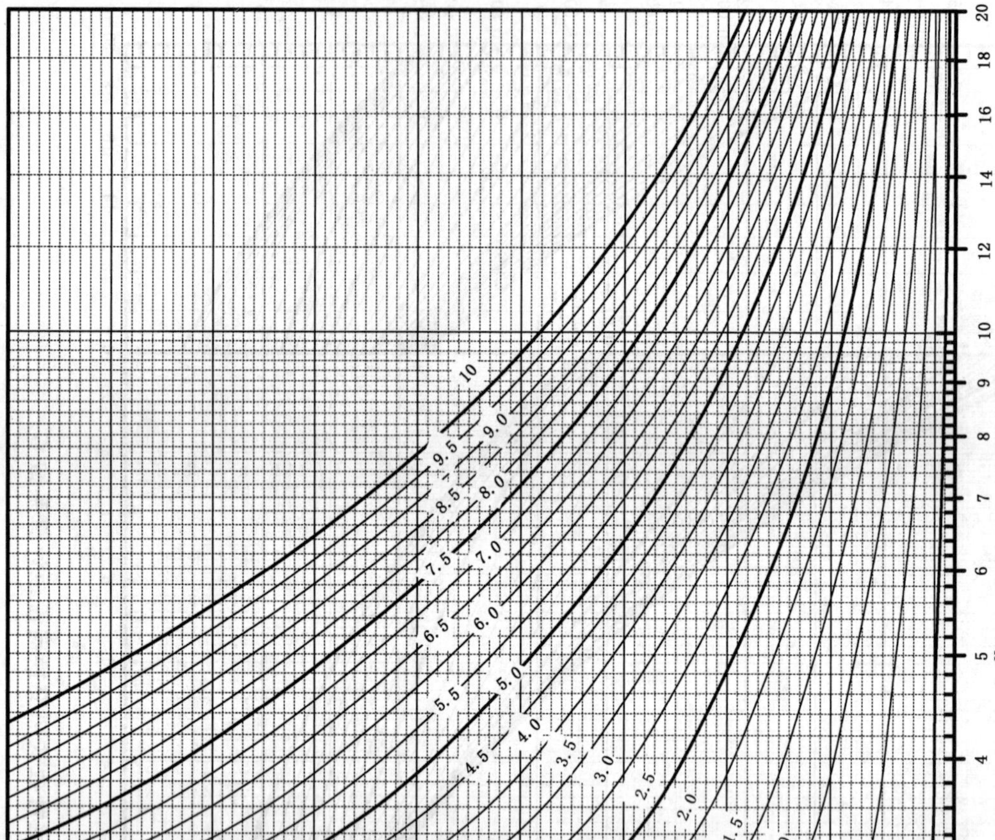

a) 固定管板式热交换器管板第二弯矩系数 m_2

图 7-14

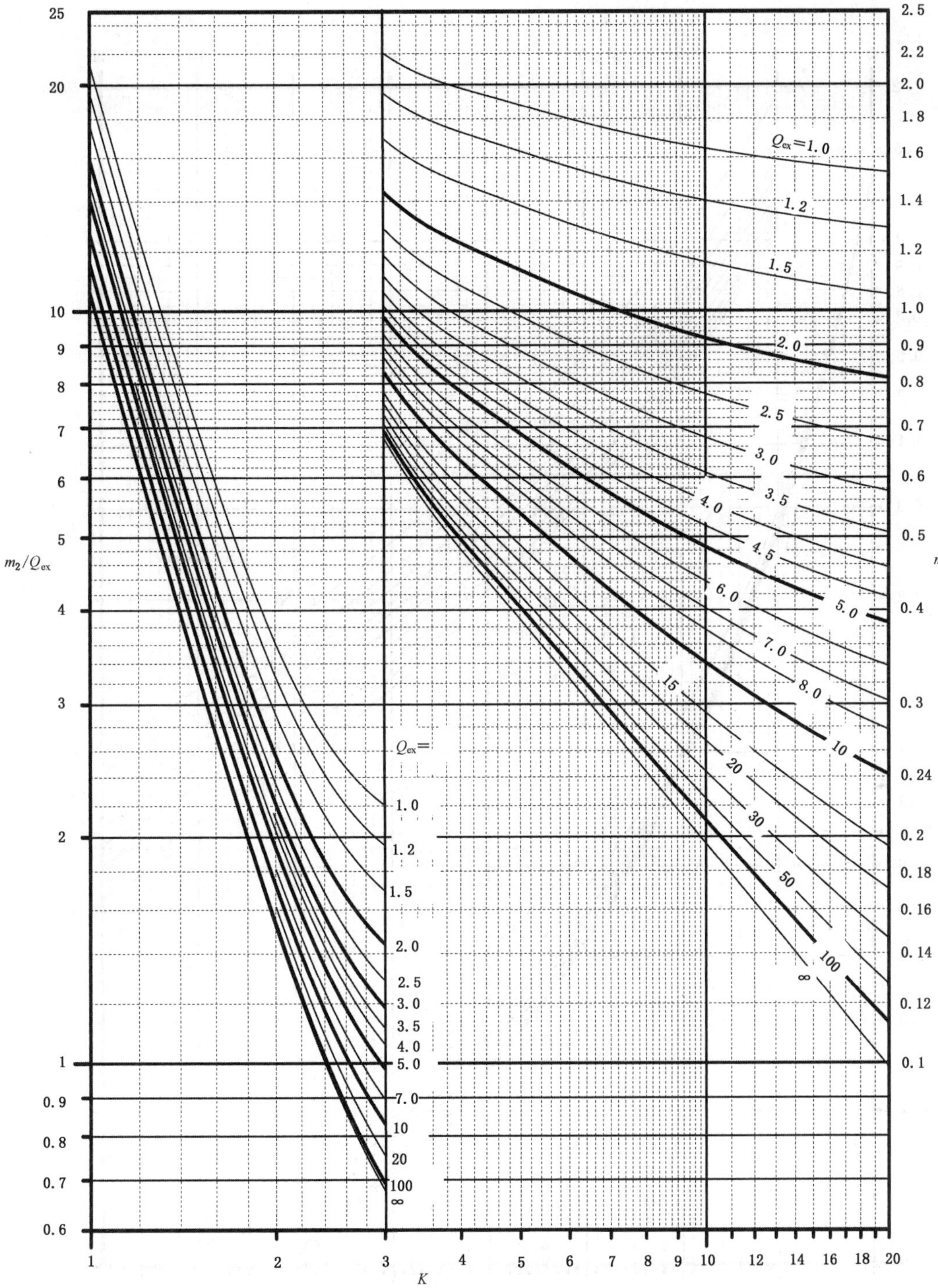

当$K<1$时，$\dfrac{m_2}{Q_{ex}}=\dfrac{10.4}{K^3}\left(1+\dfrac{1}{Q_{ex}}\right)$

b）固定管板式热交换器管板设计系数

图 7-14（续）

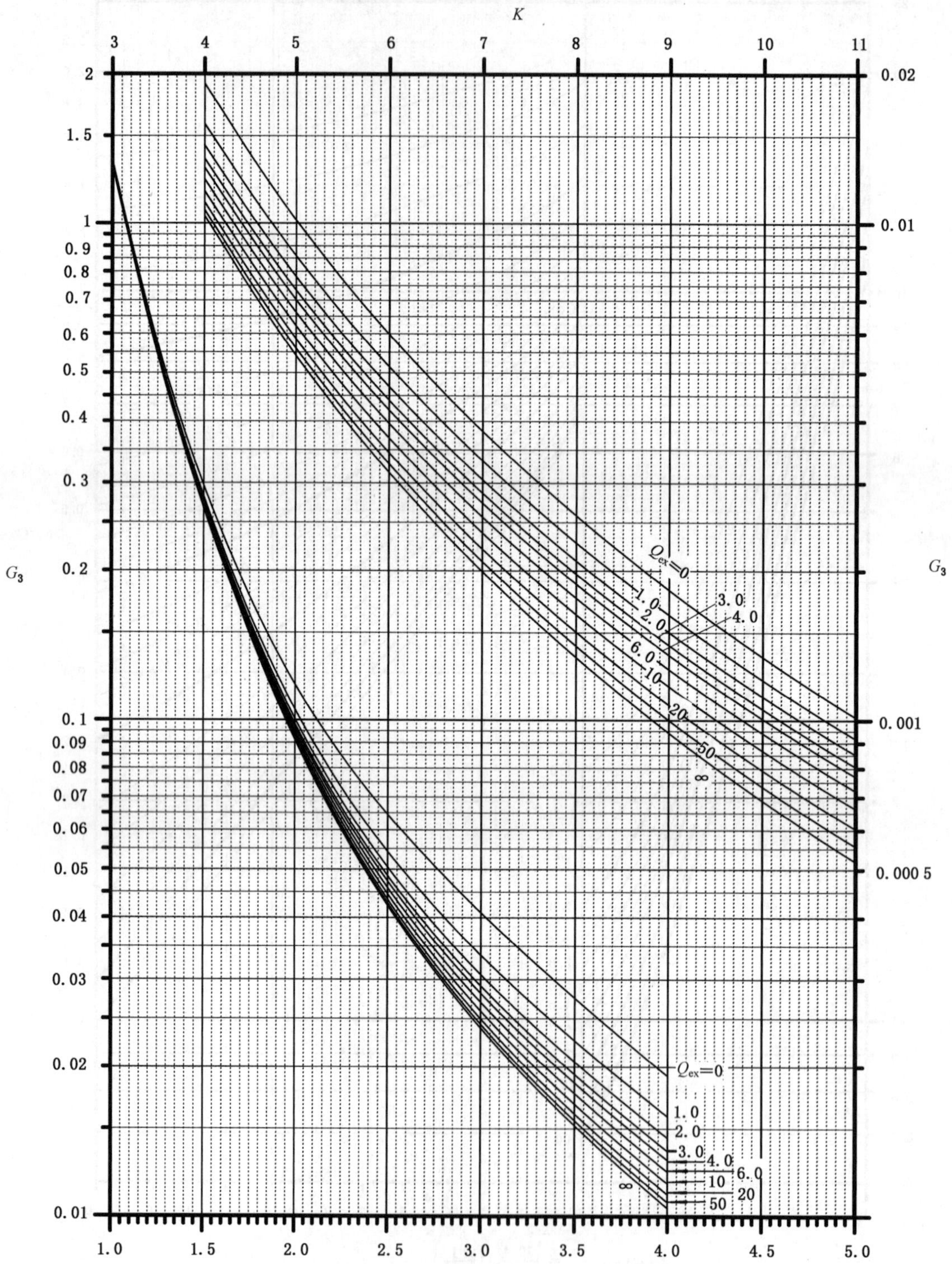

当$K<1$时,$G_3=1.3/K^4$

a） 固定管板式热交换器设计系数 G_3

图 7-15

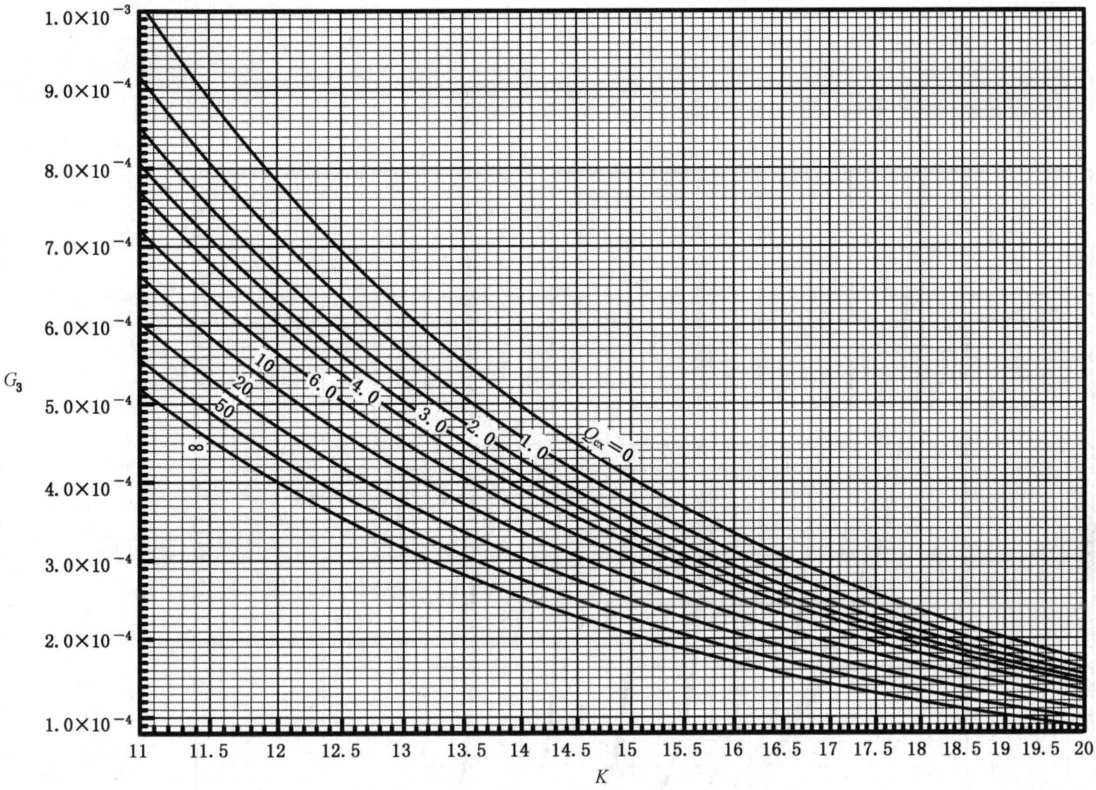

b) 固定管板式热交换器设计系数 G_3

图 7-15(续)

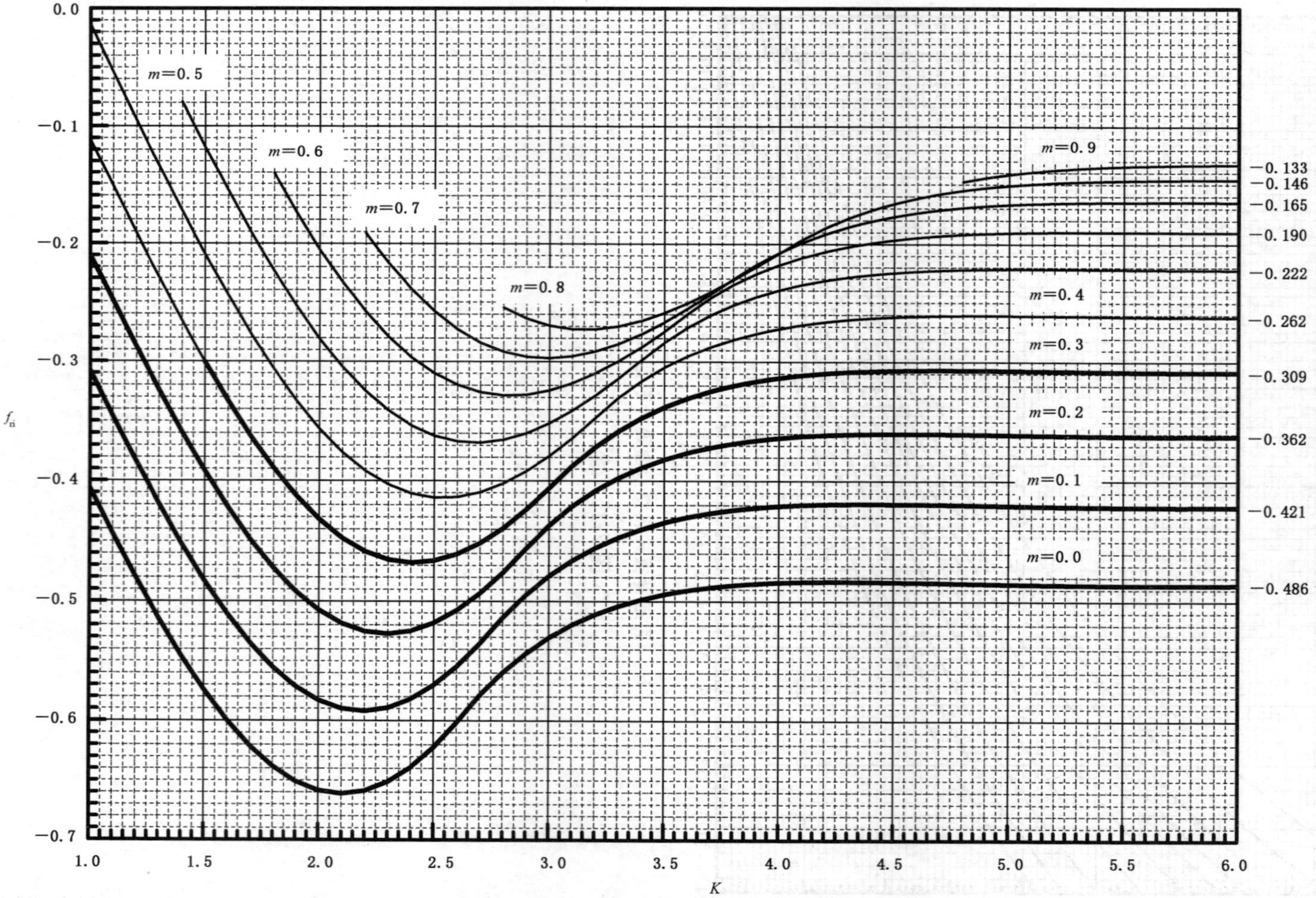

注：图中粗线部分对应的(K,m)值范围内之管板，其对应的 $f_r = f_{ri}$，不需再计算 f_{rb}。

a) $f_{ri}(m,K)$ 函数曲线($0 \leqslant m \leqslant 0.9$)

图 7-16

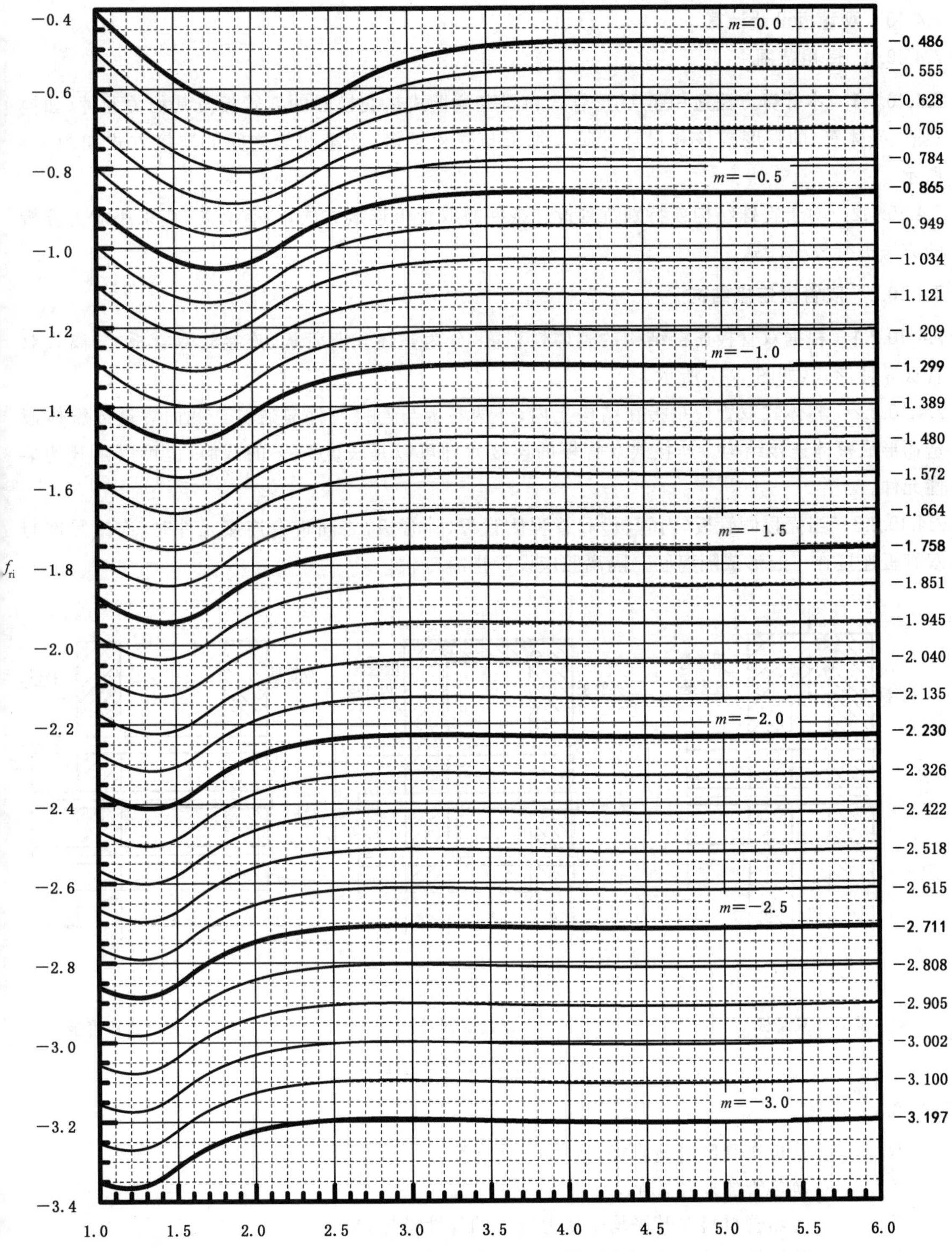

注：本图对应的(m，K)值范围内之管板，其对应的 $f_r = f_{ri}$，不需再计算 f_{rb}。

b) $f_{ri}(m, K)$ 函数曲线($-3.0 \leqslant m \leqslant 0.0$)

图 7-16(续)

7.4.10 双管板设计计算

7.4.10.1 适用范围

7.4.10.1.1 本计算方法适用于U形管式和固定管板式热交换器的双管板及其相关元件(如换热管、壳体等)的强度校核和设计计算。管板与壳程圆筒、管箱圆筒之间的连接方式如图7-3所示。

7.4.10.1.2 对于特殊结构或特别苛刻设计条件的双管板连接方式,如有必要,应采用应力分析的方法进行校核计算。

7.4.10.2 双管板连接结构

7.4.10.2.1 根据双管板连接结构的整体性程度,分为整体式双管板、连接式双管板、分离式双管板3种形式,如图7-17所示。

7.4.10.2.2 整体式双管板是指在结构上内、外两管板与连接元件应通过全截面焊透或整体锻造而形成整体连接结构。连接式双管板的连接元件可以是长度为 g 的圆筒,也可以是其他柔性元件。

7.4.10.2.3 当壳程侧管板(内管板)和管程侧管板(外管板)之间带有连接元件时,连接元件与双管板连接在一起形成隔离腔。隔离腔应设置排净口。

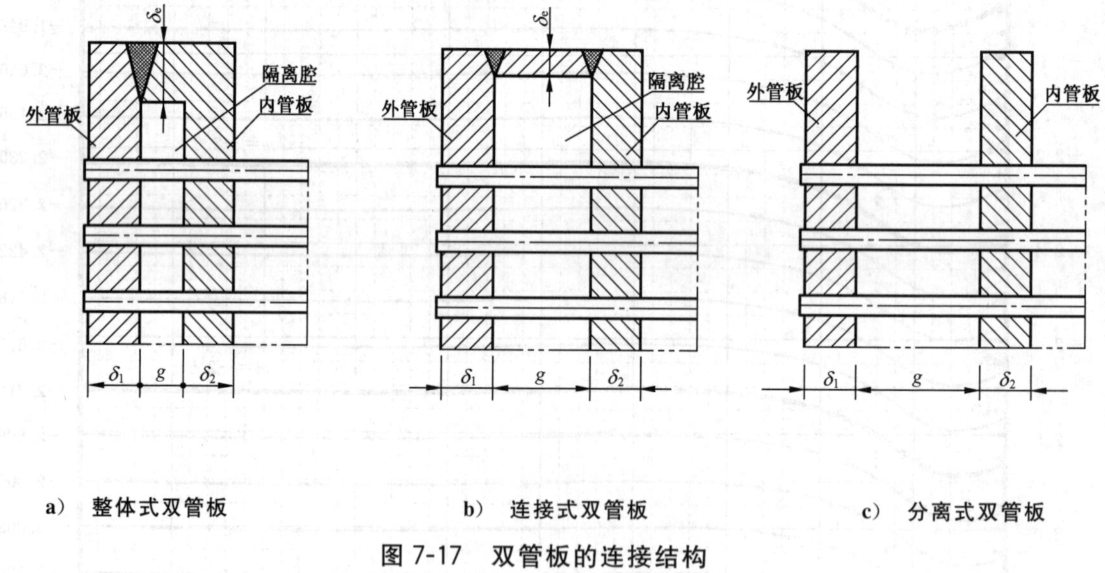

a) 整体式双管板　　b) 连接式双管板　　c) 分离式双管板

图7-17 双管板的连接结构

7.4.10.3 符号

D_t ——管板布管区当量直径,按7.4.8.3计算,mm;

d ——换热管的外径,mm;

E_t ——换热管材料在其平均金属温度下的弹性模量,MPa;

E_1 ——外管板在其平均金属温度下的弹性模量,MPa;

E_2 ——内管板在其平均金属温度下的弹性模量,MPa;

F_e ——内、外管板之间径向热膨胀差在连接元件中产生的剪力,N/mm;

g ——管板间距,mm;

R_{eL}^{t} ——换热管材料在平均金属温度下的屈服强度,MPa;

Δr ——内、外管板之间径向热膨胀差,mm;

ΔT_1 ——外管板平均金属温度与制造环境温度差,℃;

ΔT_2 ——内管板平均金属温度与制造环境温度差,℃;

α_1 ——外管板在其平均金属温度下的线膨胀系数,mm/(mm·℃);

α_2 ——内管板在其平均金属温度下的线膨胀系数,mm/(mm·℃);

δ_e ——连接元件计算厚度,mm;

δ_0 ——双管板总厚度,mm;

δ_1 ——外管板计算厚度,mm;

δ_2 ——内管板计算厚度,mm;

$[\sigma]_e^t$ ——连接元件在其设计温度下的许用应力,MPa;

τ ——连接元件的剪切应力,MPa。

7.4.10.4 管板

管板的设计计算按以下规定进行,对于分离式双管板,仅需满足 b)的要求:

a) 将内、外两块管板视作一块整体管板,根据整体管板与管程侧、壳程侧圆筒的连接方式(见图 7-3)和设计条件,按单管板计算得到要求的双管板总厚度 δ_0;计算还应包括换热管、壳体等相关元件的设计校核。

b) 对内、外管板分别进行计算确定各自的计算厚度,且不小于 7.4.2 规定的最小厚度。内、外管板可以具有不同的厚度:

1) 内管板:根据该管板与其两侧圆筒的连接方式(见图 7-3)和设计条件计算得到内管板厚度 δ_2,其管板隔离腔的设计压力即作为内管板的管程设计压力;

2) 外管板:根据该管板与其两侧圆筒的连接方式(见图 7-3)和设计条件计算得到外管板厚度 δ_1,其管板隔离腔的设计压力即作为外管板的壳程设计压力。

计算还应包括换热管、壳体等相关元件的设计校核。隔离腔的设计压力按隔离腔内的工作压力(常压或腔内介质压力)确定。

c) 两块管板的厚度之和应满足:$\delta_1+\delta_2\geqslant\delta_0$。

7.4.10.5 连接元件

7.4.10.5.1 总则

连接元件的计算应遵从如下原则:

a) 设计条件应该提供可靠、准确的操作条件下两块管板的平均金属温度,该平均金属温度应通过传热计算得到,也可根据可靠的测量数据,或根据实践经验得到的设计数据;

b) 工程实践中已有相似结构的成功使用经验,可免除计算。

7.4.10.5.2 整体式双管板

整体式双管板的连接元件应具有足够的刚度用于传递内、外管板之间由于金属温度不同而产生的径向载荷。整体式双管板的间距 g 宜取 10 mm～40 mm,连接元件的厚度还应满足式(7-134)剪切应力的校核条件:

a） 剪切应力 τ

由于两块管板具有不同的平均金属温度，导致在连接元件上产生的剪力按式(7-132)计算，剪切应力 τ 按式(7-133)计算：

$$F_e = \left| \frac{(\alpha_1 \Delta T_1 - \alpha_2 \Delta T_2)(\delta_1 E_1)(\delta_2 E_2)}{(\delta_1 E_1) + (\delta_2 E_2)} \right| \quad \cdots\cdots(7\text{-}132)$$

$$\tau = \frac{F_e}{\delta_e} \quad \cdots\cdots(7\text{-}133)$$

b） 应力评定

$$\tau \leqslant 0.8[\sigma]_e^t \quad \cdots\cdots(7\text{-}134)$$

7.4.10.5.3 连接式双管板

连接式双管板的圆筒连接元件应符合下列规定：

a） 连接式双管板的内、外管板间距 g 应满足式(7-135)的要求，且不小于 150 mm：

$$g \geqslant \sqrt{\frac{d \Delta r E_t}{0.27 R_{eL}^t}} \quad \cdots\cdots(7\text{-}135)$$

其中 Δr 按式(7-136)计算：

$$\Delta r = \left| \left(\frac{D_t}{2}\right)(a_2 \Delta T_2 - a_1 \Delta T_1) \right| \quad \cdots\cdots(7\text{-}136)$$

b） 连接式双管板的圆筒连接元件厚度可根据结构需要取不小于表 7-1 规定的圆筒最小厚度。

7.4.10.6 分离式双管板

分离式双管板的内、外管板间距 g 应满足式(7-135)的要求，且不小于 150 mm。

8 制造、检验与验收

8.1 通则

管壳式热交换器的制造、检验与验收，除遵守本章规定外，还应符合 GB 150.1—2011 和 GB 150.4—2011 的有关规定。

8.2 圆筒

8.2.1 用板材卷制的圆筒，外圆周长的允许上偏差为 10 mm；下偏差为零。用管材作圆筒时，其尺寸允许偏差应符合第 2 章有关标准的规定。

8.2.2 圆筒同一断面上的最大内径与最小内径之差，不应大于该断面公称直径 DN 的 0.5%，且应符合下列规定：

a） DN≤1 200 mm 时，不大于 5 mm；

b） DN＞1 200 mm～2 000 mm 时，不大于 7 mm；

c） DN＞2 000 mm～2 600 mm 时，不大于 12 mm；

d） DN＞2 600 mm～3 200 mm 时，不大于 14 mm；

e） DN＞3 200 mm～4 000 mm 时，不大于 16 mm。

8.2.3 圆筒直线度允许偏差不应大于圆筒长度 L 的 1‰，且当 $L \leqslant 6\ 000$ mm 时，不大于 4.5 mm；

$L>6\ 000$ mm 时，不大于 8 mm。

注：检查直线度时应通过中心线的水平和垂直面，即沿圆周 0°、90°、180°、270°四个部位测量。

8.2.4 凡有碍管束拆装的壳体内壁焊缝余高均应磨至与母材表面齐平。

8.3 换热管

8.3.1 换热管的尺寸偏差应符合本标准和设计文件的要求。

8.3.2 碳素钢、低合金钢换热管管端外表面应除锈至呈现金属光泽，高合金钢、铝、铜、钛、镍、锆及其合金换热管管端应清除表面附着物及氧化层。管端清理长度为：

a) 对焊接接头，管端清理长度应不小于换热管外径，且不小于 25 mm；

b) 对胀接接头，管端清理长度应不小于强度胀接长度，且不得影响胀接质量；

c) 双管板热交换器换热管的管端清理长度按设计文件规定。

8.3.3 U 形管弯制

8.3.3.1 U 形管弯管段的圆度偏差应符合下列要求：

a) 弯曲半径大于或等于 2.5 倍换热管名义外径时，圆度偏差不应大于换热管名义外径 10%；

b) 弯曲半径小于 2.5 倍换热管名义外径时，圆度偏差不应大于换热管名义外径 15%；

8.3.3.2 U 形管不宜热弯；

8.3.3.3 U 形管弯制后应逐根进行耐压试验，试验压力不得小于热交换器的耐压试验压力(管、壳程试验压力的高值)。

8.3.4 换热管直管或直管段长度大于 6 000 mm 时允许拼接；且应符合以下要求：

a) 对接焊缝应进行焊接工艺评定，评定时试件的数量、尺寸、试验方法应符合 NB/T 47014 (JB/T 4708) 的规定；

b) 直管换热管的对接焊缝不得超过一条；U 形管的对接焊缝不得超过两条，包括至少 50 mm 直管段的 U 形弯管段范围内不得有拼接接头；最短直管长不应小于 300 mm，且应大于管板厚度 50 mm 以上；

c) 对接接头的管端坡口应采用机械方法加工，焊前应清理干净；

d) 对口错边量不应超过换热管壁厚的 15%，且不大于 0.5 mm，并不得影响穿管；

e) 对接后应进行通球检查，以钢球通过为合格，钢球直径应按表 8-1 选取；

f) 对接接头应按 JB/T 4730.2 进行 100%射线检测，合格级别不低于Ⅲ级，检测技术等级不低于 AB 级；

g) 对接后应逐根进行耐压试验，试验压力不得小于热交换器的耐压试验压力(管、壳程试验压力的高值)。

表 8-1 钢球直径

mm

换热管外径 d	$d\leqslant 25$	$25<d\leqslant 40$	$d>40$
钢球直径	$0.75d_i$	$0.8d_i$	$0.85\ d_i$
注：d_i——换热管内径。			

8.4 管板、管箱平盖

8.4.1 DN≤2 600 mm 的热交换器管板不宜拼接。

8.4.2 管板、管箱平盖拼接时，除应满足下列要求外，还应符合 GB 150.4—2011 的相关要求：

a) 对接接头应采用全焊透结构，并按 JB/T 4730 进行 100%射线或超声检测；射线检测合格级别不低于Ⅱ级，技术等级不低于 AB 级；超声检测合格级别为Ⅰ级，技术等级不低于 B 级；采用衍射时差法超声检测时，合格级别应符合 NB/T 47013.10(JB/T 4730.10)规定的Ⅱ级；

b) 碳素钢和低合金钢管板、管箱平盖应进行焊后热处理；除设计文件另有规定，奥氏体型不锈钢和奥氏体-铁素体型不锈钢管板、管箱平盖可不进行焊后热处理。

8.4.3 管板、管箱平盖的堆焊应符合下列要求：

a) 堆焊前应按 NB/T 47014(JB/T 4708)进行堆焊工艺评定；

b) 基层材料的待堆焊面和覆层材料加工后(管板钻孔前)的表面，应按 JB/T 4730 进行表面检测，合格级别为Ⅰ级；

c) 不得采用换热管与管板焊接后对管间空隙进行补焊的方法代替管板堆焊。

8.4.4 管板管孔偏差应符合下列要求：

a) 允许有 4%的管孔上偏差超出表 6-10～表 6-17 中的相应值，但不超出相应上偏差的 50%；

b) 检查时，先抽查不小于 60°管板中心角区域内的管孔，未达到 8.4.4 a)要求时应 100%检查。

8.4.5 管板孔桥宽度

8.4.5.1 管板终钻面，其相邻两管孔之间的允许孔桥宽度 B 和最小孔桥宽度 B_{min} 应分别按式(8-1)和式(8-2)进行计算；常用的钢制管束管板孔桥宽度见表 8-2 和表 8-3；当管板厚度超过 160 mm 时，按160 mm 挡选取 B 值，不再按式(8-1)进行计算：

$$B=(S-d_h)-\Delta_1 \qquad \cdots\cdots(8\text{-}1)$$

$$B_{min}=0.6(S-d_h) \qquad \cdots\cdots(8\text{-}2)$$

式中：

B ——允许孔桥宽度，mm；

B_{min}——最小孔桥宽度，mm；

d ——换热管外径，mm；

d_h ——管孔直径，mm；

S ——换热管中心距，mm；

Δ_1 ——孔桥偏差，mm；

当 $d<16$ mm 时，$\Delta_1=2\Delta_2+0.51$；

当 $d\geqslant16$ mm 时，$\Delta_1=2\Delta_2+0.76$；

Δ_2 ——钻头偏移量，$\Delta_2=0.041\times\dfrac{\delta}{d}$，mm；

δ ——管板厚度，mm。

表 8-2　钢制Ⅰ级管束孔桥宽度

mm

换热管外径 d	换热管中心距 S	管孔直径 d_h	名义孔桥宽度 $S-d_h$	允许孔桥宽度 B								最小孔桥宽度 B_{min}
				管板厚度 δ								
				20	40	60	80	100	120	140	≥160	
14	19	14.25	4.75	4.12	4.01	3.89	3.77	3.65	3.54	3.42	3.30	2.85
16	22	16.25	5.75	4.89	4.79	4.68	4.58	4.48	4.38	4.27	4.17	3.45
19	25	19.25	5.75	4.90	4.82	4.73	4.64	4.56	4.47	4.39	4.30	3.45
25	32	25.25	6.75	5.92	5.86	5.79	5.73	5.66	5.60	5.53	5.47	4.05
30	38	30.35	7.65	6.84	6.78	6.73	6.67	6.62	6.56	6.51	6.45	4.59
32	40	32.40	7.60	6.79	6.74	6.69	6.64	6.58	6.53	6.48	6.43	4.56
35	44	35.40	8.60	7.79	7.75	7.70	7.65	7.61	7.56	7.51	7.47	5.16
38	48	38.45	9.55	8.75	8.70	8.66	8.62	8.57	8.53	8.49	8.44	5.73
45	57	45.50	11.50	10.70	10.67	10.63	10.59	10.56	10.52	10.48	10.45	6.90
50	64	50.55	13.45	12.66	12.62	12.59	12.56	12.53	12.49	12.46	12.43	8.07
55	70	55.65	14.35	13.56	13.53	13.50	13.47	13.44	13.41	13.38	13.35	8.61
57	72	57.65	14.35	13.56	13.53	13.50	13.47	13.45	13.42	13.39	13.36	8.61

表 8-3　钢制Ⅱ级管束孔桥宽度

mm

换热管外径 d	换热管中心距 S	管孔直径 d_h	名义孔桥宽度 $S-d_h$	允许孔桥宽度 B								最小孔桥宽度 B_{min}
				管板厚度 δ								
				20	40	60	80	100	120	140	≥160	
14	19	14.30	4.70	4.07	3.96	3.84	3.72	3.60	3.49	3.37	3.25	2.82
16	22	16.30	5.70	4.84	4.74	4.63	4.53	4.43	4.33	4.22	4.12	3.42
19	25	19.30	5.70	4.85	4.77	4.68	4.59	4.51	4.42	4.34	4.25	3.42
25	32	25.30	6.70	5.87	5.81	5.74	5.68	5.61	5.55	5.48	5.42	4.02
30	38	30.40	7.60	6.79	6.73	6.68	6.62	6.57	6.51	6.46	6.40	4.56
32	40	32.45	7.55	6.74	6.69	6.64	6.59	6.53	6.48	6.43	6.38	4.53
35	44	35.45	8.55	7.74	7.70	7.65	7.60	7.56	7.51	7.46	7.42	5.13
38	48	38.50	9.50	8.70	8.65	8.61	8.57	8.52	8.48	8.44	8.39	5.70
45	57	45.55	11.45	10.65	10.62	10.58	10.54	10.51	10.47	10.43	10.40	6.87
50	64	50.60	13.40	12.61	12.57	12.54	12.51	12.48	12.44	12.41	12.38	8.04
55	70	55.70	14.30	13.51	13.48	13.45	13.42	13.39	13.36	13.33	13.30	8.58
57	72	57.70	14.30	13.51	13.48	13.45	13.42	13.40	13.37	13.34	13.31	8.58

8.4.5.2 当换热管与管板采用强度焊接或强度焊接加贴胀接头形式时，钢制Ⅰ级管束的管板孔桥宽度可参照钢制Ⅱ级管束适当放宽，其他金属制管束的管板孔桥宽度可通过试验适当放宽。

8.4.5.3 终钻后应抽查不小于60°管板中心角区域内的孔桥宽度，允许孔桥宽度 B 值的合格率不应小于96%，最小孔桥宽度 B_{min} 值的数量应控制在4%之内；未达到上述合格率时，则应100%检查。

8.4.6 管板管孔表面粗糙度 Ra 应符合下列要求：

a) 焊接连接时，Ra 值不大于25 μm；

b) 胀接连接时，Ra 值不大于12.5 μm。

8.4.7 管板管孔表面应清理干净，不应有影响胀接或焊接连接质量的毛刺、铁屑、锈斑、油污等；胀接管孔表面不应有影响胀接质量的纵向或螺旋状刻痕等缺陷。

8.5 折流板、支持板

8.5.1 管孔直径尺寸及偏差应符合表6-22～表6-30的规定。对于钢制管束，允许有4%的管孔上偏差比表6-22～表6-23中的数值大，但超过值不大于0.1 mm。检查一块折流板或支持板不小于60°中心角区域内的管孔，未达到要求时，应100%检查。

8.5.2 折流板或支持板的外径尺寸及偏差应符合表6-20的规定。机械加工表面的粗糙度 Ra 值不应大于25 μm，外圆面的尖角应倒钝，应去除折流板或支持板上的毛刺。

8.5.3 换热管为铝、铜、钛、镍和锆等其他金属管时，折流板或支持板上的管孔应两端倒角。对于钢制换热管，当设计文件要求时折流板或支持板上的管孔两端也应倒角。

8.6 其他零部件

8.6.1 管箱隔板密封面应与管箱法兰的环形密封面平齐或略低于环形密封面(控制在0.5 mm以内)。

8.6.2 定距管两端应去除毛刺。

8.6.3 防冲板(杆)、导流筒及旁路挡板的尺寸应符合设计图样的要求。

8.6.4 滑道结构的尺寸及安装方位应符合设计图样的要求。

8.6.5 釜式重沸器的零部件应符合下列要求：

a) 支撑导轨上有碍滑道通过的焊接接头应修磨齐平；

b) 支撑导轨应与设备纵向中心线平行，其平行度偏差不应大于2‰，且不大于5 mm；

c) 堰板的上端面应水平，其倾斜不应大于3mm。

8.7 管束的组装

8.7.1 螺纹拉杆与管板连接端应连接牢靠，自由端螺母应旋紧；焊接拉杆应焊接牢靠且不得影响穿管。

8.7.2 折流板应固定牢靠，折流板间距及缺口方位应符合设计图样的要求。

8.7.3 穿管时不应强行组装，换热管表面不应出现凹瘪或划伤。

8.7.4 除管板外，其他任何零件均不得与换热管相焊。

8.7.5 防冲板(杆)、导流筒、旁路挡板及滑道应固定牢靠。

8.8 换热管与管板的连接

8.8.1 胀接连接

8.8.1.1 胀接不应超出管板背面(壳程侧),换热管的胀接与非胀接部位应圆滑过渡,不应有急剧的棱角。

8.8.1.2 对强度胀接接头,胀前应进行胀接工艺试验,确定合适的胀度。

8.8.1.3 采用先胀后焊工艺时,不得采用影响焊接质量的润滑剂。

8.8.1.4 对有冷作硬化倾向和有耐应力腐蚀要求的换热管,宜采取柔性胀接方法。

8.8.2 焊接连接

8.8.2.1 焊接接头的焊脚尺寸应符合设计文件的规定。焊缝表面的焊渣及凸出于换热管内壁的焊瘤均应清除。有缺陷的焊缝,应清除缺陷后焊补。

8.8.2.2 对强度焊接及内孔焊的焊缝,焊接前应按 NB/T 47014(JB/T 4708)进行焊接工艺评定。

8.9 焊接

8.9.1 焊接应采用经评定合格的焊接工艺。

8.9.2 产品焊接试件应按 TSG R0004—2009 和 GB 150.4—2011 的有关规定并符合设计文件的要求。

8.10 热处理

8.10.1 管箱、浮头盖

8.10.1.1 碳素钢、低合金钢制的浮头盖应进行焊后热处理。

8.10.1.2 碳素钢、低合金钢制的管箱符合下列情况之一时,应进行焊后热处理:

a) 焊有分程隔板;

b) 侧向开孔直径超过 1/3 圆筒内径。

8.10.1.3 除图样另有规定,奥氏体型不锈钢、奥氏体-铁素体型双相不锈钢制管箱、浮头盖可不进行热处理。

8.10.1.4 设备法兰、分程隔板的密封面应在热处理后加工。

8.10.2 换热管与管板焊接接头

8.10.2.1 根据材料类别必须进行焊后热处理时,可以采用局部热处理方法,但应保证整个管板面加热均匀,且测温点不少于 4 个,每个象限至少 1 个。

8.10.2.2 图样有要求时,按照图样要求进行热处理。

8.10.3 U 形管

有耐应力腐蚀要求或要求消除残余应力时,碳素钢和低合金钢 U 形换热管弯管段及至少 150 mm 的直管段应进行热处理。其他材料 U 形换热管弯管段的热处理由供需双方协商。

8.11 组装

8.11.1 热交换器零、部件在组装前应进行检查和清理,不应留有焊疤、焊接飞溅物、浮锈及其他杂物等。

8.11.2 吊装管束时,应防止管束变形和损伤换热管。

8.11.3 垫片应安装到位。

8.11.4 螺柱的紧固至少应分 3 遍进行,每遍的起点应相互错开 120°,紧固顺序可按图 8-1 进行。

8.11.5 重叠热交换器应在制造单位进行重叠预组装;重叠支座间的调整板应在试验合格后点焊于下台热交换器的重叠支座上,并在重叠支座和调整板的外侧标有永久性标记,以备现场组装对正。

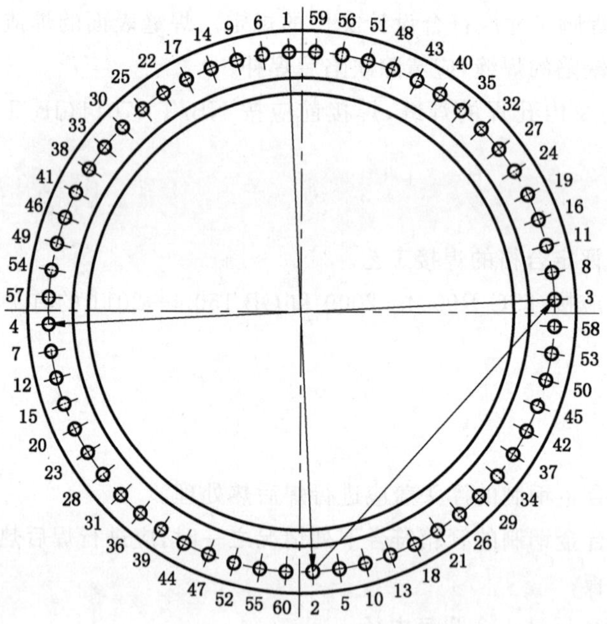

图 8-1 螺柱紧固顺序

8.12 尺寸偏差

8.12.1 热交换器安装尺寸的允许偏差见图 8-2。

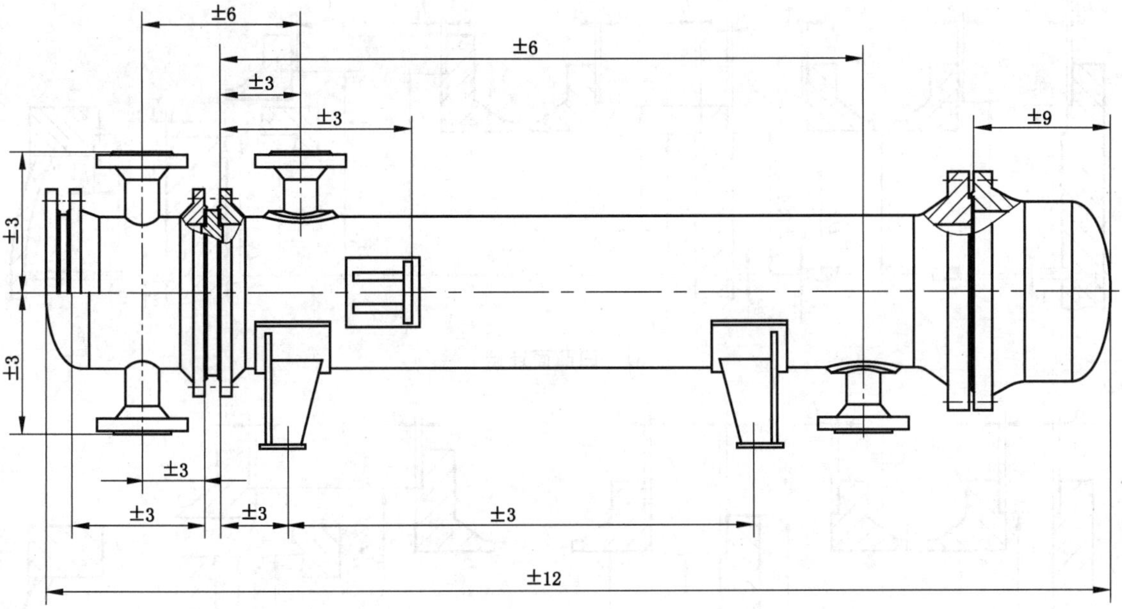

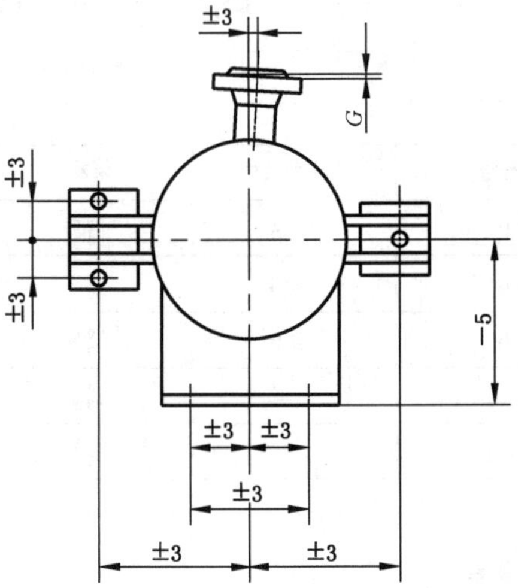

mm

接管公称直径	50～100	150～300	≥350
法兰面倾斜量G_{max}	1.5	2.5	4.5
注：本表仅适用于与外部管线连接的接管。			

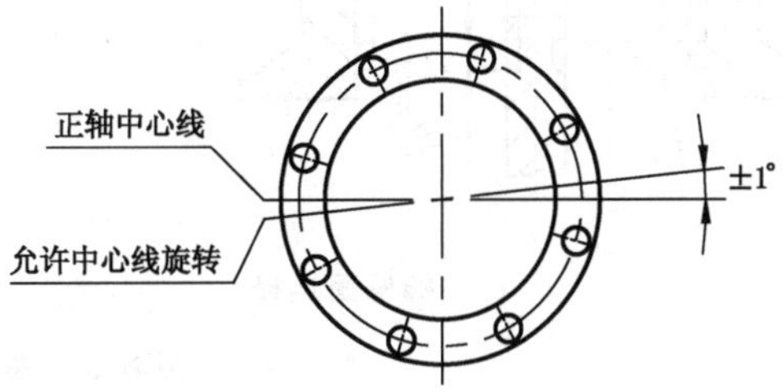

图 8-2　安装尺寸允许偏差

8.12.2　管箱平盖、法兰、分程隔板、管板等装配尺寸的允许偏差见图 8-3。图中 D_1～D_7 的允许偏差按 GB/T 1804 规定的 m 级，但极限偏差不得超过±1.2 mm；图中 D_5、D_7 的允许偏差只适用于 A 型钩圈，B 型钩圈 D_5、D_7 的允许偏差见图 7-1。

8.12.3　填料函装配尺寸的公差等级见图 8-4。

8.12.4　双壳程热交换器纵向隔板的宽度及允许偏差与折流板外径及允许偏差相同（见表 6-20），纵向隔板两对角线之差不应大于 2.5 mm。

8.12.5　除另有规定外，零件机械加工表面和非机械加工表面的线性尺寸的极限偏差，分别按 GB/T 1804 中的 m 级和 c 级的规定。

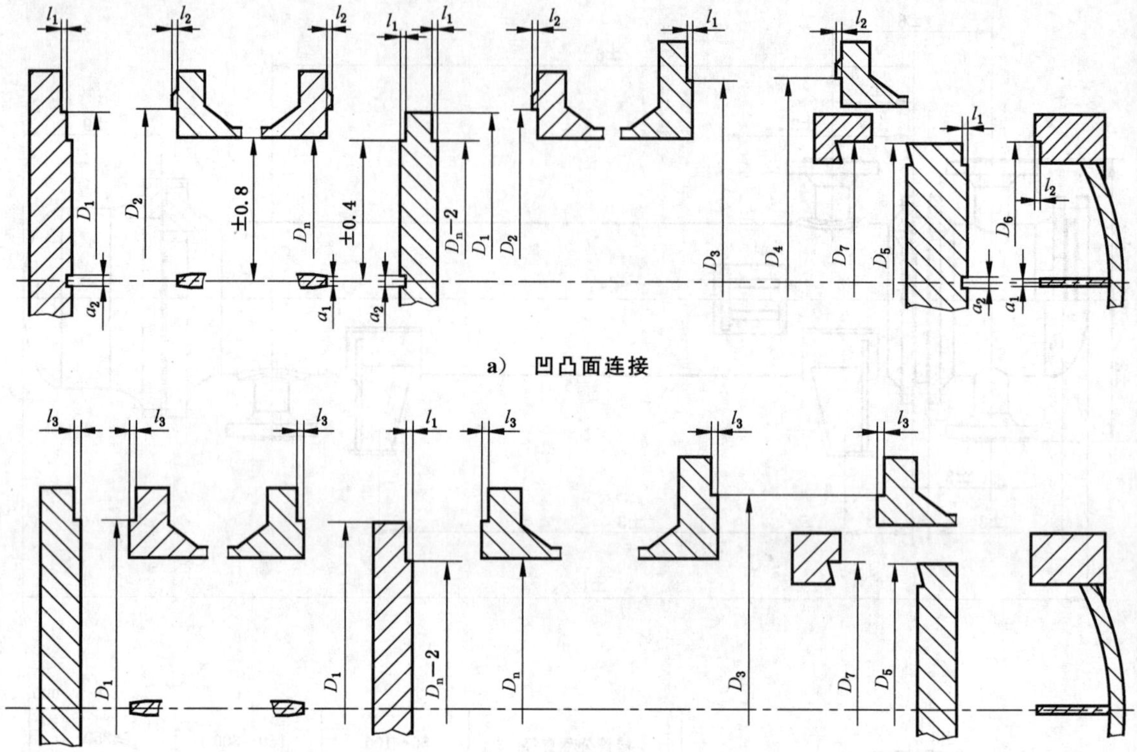

a) 凹凸面连接

b) 平面连接

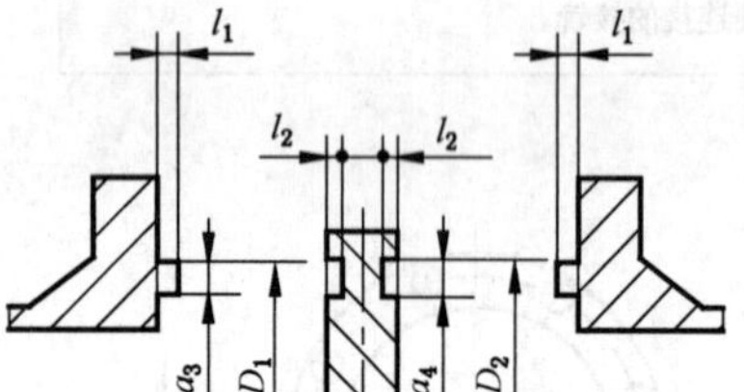

c) 榫槽面连接

mm

符号	基本尺寸	偏差
l_1	≥5	$^{+0.5}_{0}$
l_2	≥5	$^{0}_{-0.5}$
l_3	≥3	$^{+0.5}_{0}$
a_1,a_3	—	$^{0}_{-0.8}$
a_2,a_4	—	$^{+1.5}_{0}$

图 8-3 装配尺寸的允许偏差

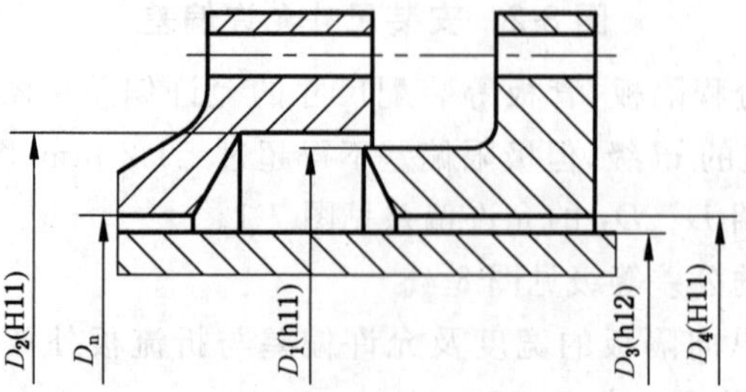

图 8-4 填料函装配尺寸的允许偏差

8.13 耐压试验和泄漏试验

8.13.1 热交换器耐压试验的顺序应符合本标准的规定,耐压试验的方法及要求应符合GB 150.4—2011的规定。

8.13.2 固定管板式热交换器耐压试验顺序:

a) 壳程试压,同时检查管头;

b) 管程试压。

8.13.3 U形管式热交换器、釜式重沸器(U形管束)及填料函式热交换器耐压试验顺序:

a) 用试验压环进行壳程试验,同时检查管头;

b) 管程试压。

8.13.4 浮头式热交换器、釜式重沸器(浮头式管束)耐压试验顺序:

a) 用试验压环和浮头专用试压工具进行管头试压,对釜式重沸器尚应配备管头试压专用壳体;

b) 管程试压;

c) 壳程试压。

8.13.5 按压差设计的热交换器耐压试验顺序:

a) 管头试压(按图样规定的最大试验压力差值);

b) 管程和壳程步进试压(按图样规定的试验压力和步进程序);

c) 要有相应控制压差的措施,保证整个试压期间(包括升压和降压)不超过压差。

8.13.6 当管程试验压力高于壳程试验压力时,管头试压应按图样规定,或按供需双方商定的方法进行。

8.13.7 泄漏试验

8.13.7.1 泄漏试验应符合GB 150.4—2011中11.5的规定。

8.13.7.2 对于投用后无法维护修理管头的管壳式热交换器应进行泄漏试验。

8.13.8 重叠热交换器的管头耐压试验和泄漏试验允许单台进行。当各台热交换器管壳程间分别连通时,管程及壳程试压还应在重叠组装后进行。

8.13.9 对无法更换有缺陷换热管的热交换器,允许堵管。堵管根数不宜超过1%且总数不超过2根;堵管应遵守下列规定:

a) 换热管堵管方法应得到采购方的认可;

b) 保证管束堵管后不影响设备的安全性;

c) 出厂资料应标记出堵管位置,并提供给采购方。

8.13.10 热交换器耐压试验合格后,内部积水应排净、吹干。

8.14 出厂资料

8.14.1 制造单位应向热交换器采购方提供出厂资料,有特殊要求时还应提供使用说明书。

8.14.2 热交换器出厂资料应满足GB 150.4—2011中的要求。

8.15 铭牌

8.15.1 热交换器应装有TSG R0004—2009规定内容的铭牌。

8.15.2 铭牌应固定于明显的位置,不宜安装在可拆部件上;铭牌托架的高度应大于绝热层厚度。

8.15.3 重叠热交换器的每台热交换器上，应各有一块铭牌。

8.15.4 铭牌的材料应耐大气腐蚀。

8.16 涂敷与运输包装

热交换器的涂敷与运输包装应符合 JB/T 4711 的规定。

9 安装、操作和维护

9.1 现场安装

9.1.1 拆装空间

9.1.1.1 对于浮头式、填料函式热交换器，前端应留有抽出管束的空间；后端应留有拆除外头盖和浮头盖的空间。

9.1.1.2 对于 U 形管式热交换器，前端应留有抽出管束的空间；或另一端应留有拆除壳体的空间。

9.1.1.3 对于固定管板式热交换器，一端应留有更换换热管的空间；另一端应留有拆装管箱或头盖的空间。

9.1.2 基础和地脚螺栓

9.1.2.1 基础不得限制热交换器的热膨胀。活动支座的基础面上应预埋滑板；地脚螺栓不应妨碍热交换器的热膨胀。

9.1.2.2 活动支座的地脚螺栓应装有两个锁紧的螺母，螺母与支座底板间应留有 1 mm～3 mm 的间隙。

9.1.3 安装

9.1.3.1 在不影响热交换器支座滑动的情况下，可采用平垫铁与斜垫铁组进行找平；不得采用改变地脚螺栓紧固程度的方法调整热交换器的水平度(或垂直度)。

9.1.3.2 热交换器重叠安装时，应按制造厂的竣工图样进行组装。

9.1.3.3 热交换器应按设计文件或规范要求调整、检查水平度和垂直度。

9.1.3.4 必要时，安装前应进行耐压试验。

9.1.3.5 现场进行管束抽芯检查后，还应进行耐压试验；图样有规定时还应进行泄漏试验。

9.1.4 管路配置

9.1.4.1 推荐设置旁路和旁路阀。

9.1.4.2 设计文件未作规定时，由用户就近在管道上安装温度计和压力表接口。

9.1.4.3 热交换器应配置排气阀和排液阀，对于易燃、有毒等有害介质不得直接排放。

9.1.4.4 管道配置应避免流体冲击或将机械振动传递到热交换器上。

9.1.4.5 与热交换器连接的外部管道应避免强力装配。

9.1.5 其他要求

9.1.5.1 安装前不得拆除工艺接口的堵头和盲板；安装过程中，应防止异物落入热交换器内。

9.1.5.2 紧固螺柱的顺序见图 8-1；必要时，螺纹表面应涂抹适当的防咬合剂。

9.1.5.3 设计文件中未规定涂敷防腐涂层的钢制热交换器管束，如需涂敷防腐涂层应经传热核算。钢制热交换器管束防腐涂层的施工与验收按相关标准规范执行。

9.1.5.4 有绝热或防烫伤要求的热交换器，应进行绝热或防烫伤防护。

9.2 试车和操作

9.2.1 试车前应查阅设计文件、竣工资料中有无特殊要求和说明，铭牌有无特殊标志，管板是否按压差设计，对试压、试车程序有无特殊要求等。根据设计文件、竣工资料等编制操作规程，不得违背规程操作。

9.2.2 热交换器不得在超过设计文件规定的条件下运行。

9.2.3 试车前应清洗整个系统，需要时在入口管线上设置过滤网或采取其他措施，防止各种杂物进入热交换器内。

9.2.4 热交换器如无旁路，试车时宜增设临时旁路。

9.2.5 液体介质进料前应开启排气阀或采取其他措施，使液体充满热交换器。

9.2.6 当介质为蒸汽时，开车前应排净积液并对热交换器进行预热。

9.2.7 开车、停车或切换操作过程中应缓慢升温或降温，严格控制升温速度，避免造成热冲击。禁止冷态时快速导入热介质、或热态时快速导入冷介质。

9.2.8 对涂敷防腐涂层的热交换器，在操作运行或吹扫时，应严格控制温度，防止防腐涂层损坏失效。

9.2.9 开停车时应注意：

a) 对固定管板式热交换器，开、停车及吹扫等过程中，应尽可能减小壳体与管束之间的温差应力；

b) 其他热交换器，开车时先开旁路，然后再缓慢将热交换器投入运行；先投冷流，后投热流；先开后路阀，后开前路阀。停车时按先开热流旁路，后关热流进出口阀；再开冷流旁路，关冷流进出口阀。

9.2.10 对介质工作温度高于 250 ℃的热交换器，升温时需及时做好法兰的热紧工作。

9.2.11 热交换器停车、停用时，需排净内部残存工艺介质；对于有腐蚀防护要求的热交换器，还应采取充氮等保护措施。

9.3 维护

9.3.1 热交换器宜在工艺设计文件规定的负荷下运行；运行期间应监测、记录热交换器的运行参数，评定热交换器的工艺性能和结垢程度。

9.3.2 当传热与阻力降偏离设计值过大，或不能满足工艺系统要求时，应根据介质特性和热交换器的结构，选择有效的方法进行清洗，恢复热交换器的工艺性能。

9.3.3 应监视热交换器的热膨胀，防止异常的热应力作用到热交换器上。

9.3.4 应监视热交换器的振动和噪声，防止流体诱发振动引起的失效。

附 录 A
(规范性附录)
标准的符合性声明及修订

A.1 本标准的制定遵循了国家颁布的压力容器安全法规所规定的基本安全要求，其设计准则、材料要求、制造检验技术要求和验收标准均符合 TSG R0004—2009 的相应规定。按本标准要求建造的管壳式热交换器可以满足 TSG R0004—2009 的基本安全要求。

A.2 本标准的修订采用提案审查制度。任何单位和个人均有权利对本标准的修订提出建议，修订建议应采用“表 A.1 标准提案/问询表”的方式提交全国锅炉压力容器标准化技术委员会(以下简称“委员会”)。委员会对收到的标准修订提案进行审查，将采纳的技术内容纳入下一版标准。

表 A.1 标准提案/问询表

总第　　号

<table>
<tr><td>□标 准 提 案</td><td colspan="2">□标 准 问 询</td><td>标准名称</td><td colspan="2"></td></tr>
<tr><td>单　　位</td><td colspan="3"></td><td>姓　　名</td><td></td></tr>
<tr><td>电话/地址</td><td colspan="3"></td><td>邮政编码</td><td></td></tr>
<tr><td>标准条款</td><td colspan="3"></td><td>电子邮箱</td><td></td></tr>
<tr><td colspan="6">提案/问询内容(可另附页)</td></tr>
<tr><td colspan="6"></td></tr>
<tr><td colspan="6">技术依据与相关资料(可另附页)</td></tr>
<tr><td colspan="6"></td></tr>
<tr><td colspan="6">附加说明：</td></tr>
<tr><td colspan="6">单位图章或提案(问询)人签字
提交日期：
年　月　日</td></tr>
</table>

全国锅炉压力容器标准化技术委员会

地址：北京市朝阳区和平街西苑 2 号楼 D 座三层　邮政编码：100029

电子邮箱：GB151@cscbpv.org

附 录 B
(资料性附录)
管壳式热交换器传热计算

B.1 适用范围

本附录适用于管壳式热交换器的无相变传热计算。

B.2 计算流程

a) 计算热负荷；
b) 计算对数平均温差；
c) 根据经验选取总传热系数,估算传热面积；
d) 初选热交换器型式参数；
e) 确定流体流径(管程、壳程),计算阻力降；
f) 计算阻力降与允许阻力降比较,若大于允许阻力降,应重复 B.2 d)～B.2 f)；
g) 计算管、壳程的对流传热系数,确定污垢热阻,计算总传热系数；
h) 计算所需传热面积,与初选传热面积比较,若不满足设计要求时,应重复 B.2 c)～B.2 h)。

计算流程见图 B.1。

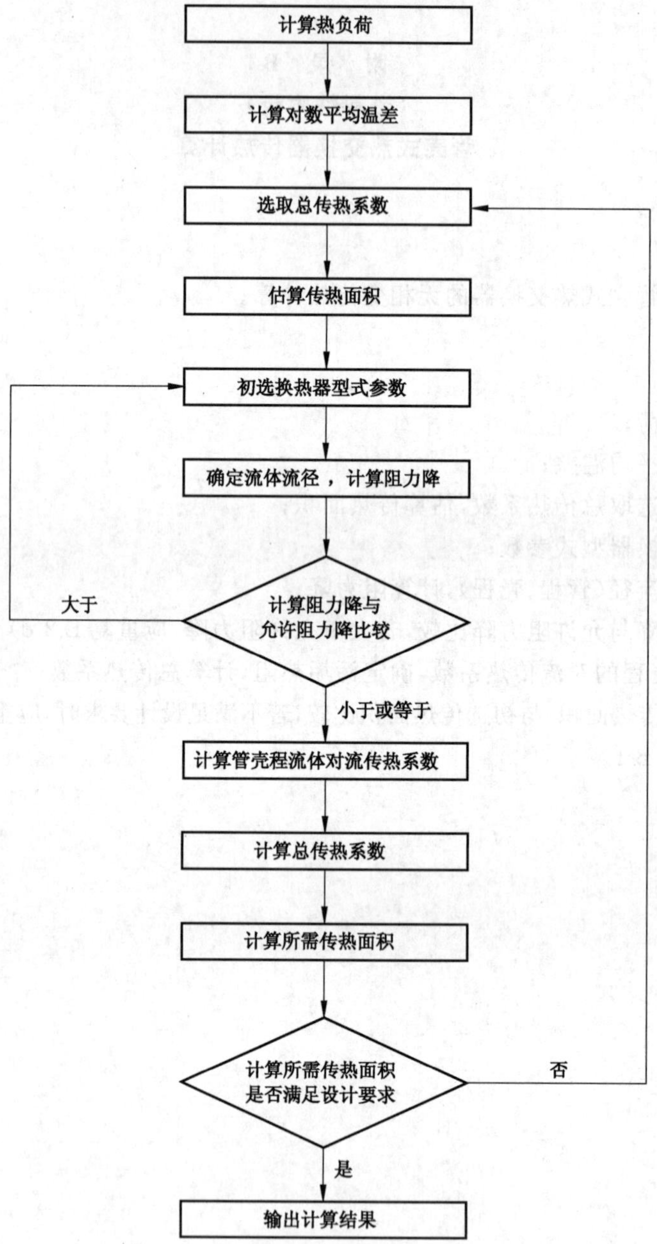

图 B.1 管壳式热交换器传热计算流程

B.3 设计条件

B.3.1 输入数据

B.3.1.1 操作参数

a) 冷、热流体质量流量，包括气相质量流量、液相质量流量和总的质量流量；

b) 冷、热流体进口压力；

c) 冷、热流体进、出口温度；

d) 冷、热流体流经热交换器的允许阻力降；

e) 热负荷。

B.3.1.2 流体物性参数

冷、热流体的物性参数包含以下内容：

a) 单相流体至少给出一个压力点下进、出口两个温度点下的密度、等压比热、黏度、导热系数和液相表面张力。

b) 两相流体，应分别给出气、液相流体的物性参数，至少包含出一个压力点下进、出口3个温度点下的密度、等压比热、黏度、导热系数和液相表面张力。此外，还应给出该流体各温度点下的气相质量分率和总焓值。

c) 无论是单相还是两相流体，均应给出冷、热流体的污垢热阻。

B.3.2 标准规范

热交换器结构设计所遵循的主要标准和规范。

B.3.3 主要承压元件材料

包括换热管、管板、浮头法兰、管箱圆筒、管箱封头(或平盖)、壳程圆筒、壳程封头、接管法兰与紧固件材料。

B.3.4 结构参数

a) 管、壳程设计温度；

b) 管、壳程设计压力；

c) 腐蚀裕量等；

d) 热交换器结构型式(U形管式、浮头式、固定管板式、填料函式或釜式重沸器)；

e) 布置方式(立置或卧置)；

f) 程数；

g) 换热管类型(光管、螺纹管、T形翅片管、表面烧结管、纵槽管、翅片管、螺旋槽管、锯齿形管、管内插入物强化管等)；

h) 换热管外径、壁厚、排列方式和换热管中心距；

i) 换热管与管板的连接；

j) 换热管采用的支撑或折流元件形式；

k) 折流板形式、切口方向和折流板缺口区是否布管；

l) 若选用多台热交换器操作，应给出多台热交换器的串、并联方式要求。

B.4 设计结果

B.4.1 结构参数

a) 壳体直径；

b) 管程数量；

c) 换热管数量；

d) 换热管长度；

e) 折流板间距、数量与切口大小；

f) 第一块折流板与管板间距离；

g) 旁路挡板数量；

h) 管程进、出口接管公称直径；

i) 壳程进、出口接管公称直径；

j) 串联热交换器的管程中间连接口公称直径；

k) 串联热交换器的壳程中间连接口公称直径；

l) 壳程进口是否需要防冲保护；

m) 是否需要膨胀节及所需膨胀节型式。

B.4.2 流体热力学参数

a) 热负荷；

b) 有效平均温差；

c) 污垢和清洁状态下总传热系数；

d) 换热管壁温；

e) 壳程圆筒壁温；

f) 管板温度。

B.4.3 流体动力学参数

a) 冷、热流体阻力降；

b) 冷、热流体在热交换器进、出口接管内的流速；

c) 壳程入口及管束进、出口处 ρv^2 值。

B.4.4 重量参数

a) 管束重；

b) 设备净重；

c) 充水后重。

B.4.5 外形简图，包含冷、热流体流向和管、壳程进出口规格和数量。

B.5 数据表

管壳式热交换器数据表见表 B.1。

表 B.1 管壳式热交换器数据表

1	制造商：				工号：	
2	用户：				文件号：	
3	地址：				请购单号：	
4	安装地：				日期： 版次：	
5	装置：	设备名称：			位号：	
6	型号：		卧式 □，立式 □；连接方式：		并联 □，串联 □	
7	单台有效换热面积 / 总面积：	/m²；			总台数：	
8	工艺数据					
9			壳程		管程	
10	流体名称					
11	总质量流量	kg/h				
12			进口	出口	进口	出口
13	气相质量流量	kg/h				
14	液相质量流量	kg/h				
15	蒸汽质量流量	kg/h				
16	液相水质量流量	kg/h				

表 B.1(续)

17	不凝气质量流量	kg/h				
18	温度	℃				
19	密度	kg/m³	/	/	/	/
20	黏度	mPa·s	/	/	/	/
21	比热	kJ/(kg·℃)	/	/	/	/
22	导热系数	W/(m·℃)	/	/	/	/
23	表面张力	N/m				
24	流速	m/s				
25	进口压力	MPa(表压)				
26	阻力降,允许/计算	kPa	/		/	
27	污垢热阻	m^2·℃/W				
28	热负荷: kW; 有效平均温差: ℃					
29	总传热系数, 污垢状态: 采用值: 清洁状态: W/(m^2·℃)					

30	结构数据						
31	单台热交换器						外形简图
32			壳程		管程		
33	设计/试验压力	MPa(表压)	/		/		
34	设计温度	℃					
35	程数						
36	腐蚀裕量	mm					
37	接管公称直径与压力 入口	mm/MPa					
38	接管公称直径与压力 出口	mm/MPa					
39	接管公称直径与压力 中间连接口	mm/MPa					

40	换热管 数量: ;外径: mm;壁厚: mm;长度: mm;中心距: mm;排列方式:	
41	换热管壁温: ℃; 壳程圆筒壁温: ℃; 管板温度: ℃	
42	换热管类型: 换热管材质:	
43	壳程筒体材质: 内径: mm	壳体封头材质:
44	管箱筒体材质:	管箱封头/盖板材质:
45	固定管板材质:	浮动管板材质:
46	浮头法兰材质:	是否需要防冲保护: 管程: 壳程:
47	折流板 数量: ;形式: ;切口(按直径):% ;间距: ;第一块与管板间距: mm	
48	纵向隔板数量:	
49	换热管支撑: U形弯管处: 形式:	
50	旁路挡板数量: 换热管与管板连接:	
51	是否需要膨胀节: 膨胀节型式:	
52	ρv^2——壳程入口: 管束进口: 管束出口: kg/(m·s^2)	
53	设备法兰垫片型式——壳程: 管程: 浮头盖:	
54	设计遵循的主要标准和法规:	
55	重量——管束重: 设备净重: 充水后重: kg	

B.6 基本传热方程

B.6.1 传热系数 K 值固定不变时，按式(B.1)计算：

$$Q=K\cdot A\cdot \Delta t_{m} \qquad \text{(B.1)}$$

式中：

Q ——热负荷，W；

K ——以换热管外表面积为基准计算的总传热系数，W/(m² · ℃)；

A ——所需传热的换热管有效外表面积，m²；

Δt_m ——整个传热面积上的有效平均温差，℃。

B.6.2 传热系数 K 随温度呈线性变化时，按式(B.2)或式(B.3)计算：

$$Q=A\frac{K_2\Delta t_1-K_1\Delta t_2}{\ln\dfrac{K_2\Delta t_1}{K_1\Delta t_2}}\text{(顺流或逆流)} \qquad \text{(B.2)}$$

$$Q=A\frac{K_2\Delta t_1-K_1\Delta t_2}{\ln\dfrac{K_2\Delta t_1}{K_1\Delta t_2}}F\text{(其他流动方式)} \qquad \text{(B.3)}$$

式中：

K_1 ——大温差端 Δt_1 端的传热系数，W/(m² · ℃)；

K_2 ——小温差端 Δt_2 端的传热系数，W/(m² · ℃)；

F ——温差校正系数；

Δt_1 ——热交换器大温差端的流体温差，℃，见图 B.2；

Δt_2 ——热交换器小温差端的流体温差，℃，见图 B.2。

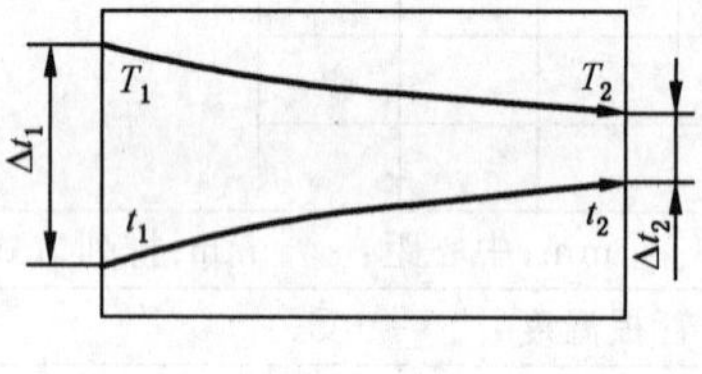

a） 冷、热流体均无相变的顺流方式

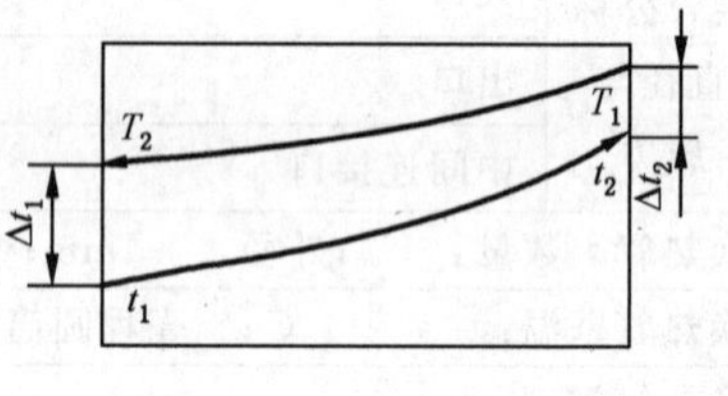

b） 冷、热流体均无相变的逆流方式

图 B.2 顺流和逆流的端温差

B.7 总传热系数

以换热管外表面积为基准的总传热系数 K 按式(B.4)计算：

$$K=\frac{1}{\left(\dfrac{1}{\alpha_o}+r_o\right)\dfrac{1}{\eta}+r_w+r_i\left(\dfrac{A_o}{A_i}\right)+\dfrac{1}{\alpha_i}\left(\dfrac{A_o}{A_i}\right)} \qquad \text{(B.4)}$$

式中：

α_o ——管外对流传热系数，W/(m² · ℃)；

α_i ——管内对流传热系数，W/(m² · ℃)；

r_o ——管外污垢热阻，m² · ℃/W；

r_i ——管内污垢热阻，m² · ℃/W；

η ——翅化比,光管为1.0;

$\frac{A_o}{A_i}$——换热管外表面积与内表面积之比;

r_w——用管外表面表示的管壁热阻,$m^2 \cdot ℃/W$。对于光管,管壁热阻按式(B.5)计算:

$$r_w = \frac{d}{2\lambda_w}\ln\left(\frac{d}{d-2\delta_w}\right) \qquad \text{(B.5)}$$

式中:

d ——光管外径,m;

δ_w ——光管壁厚,m;

λ_w ——换热管导热系数,W/(m·℃)。

B.8 有效平均温差

B.8.1 顺流和逆流方式

有效平均温差可用对数平均温差表示,按式(B.6)计算:

$$\Delta t_m = \frac{\Delta t_1 - \Delta t_2}{\ln\frac{\Delta t_1}{\Delta t_2}} \qquad \text{(B.6)}$$

B.8.2 其他流动方式

有效平均温差按式(B.7)进行修正:

$$\Delta t_m = F \cdot \Delta t_{m,ctf} \qquad \text{(B.7)}$$

式中:

$\Delta t_{m,ctf}$——冷、热流体逆流时的对数平均温差,℃;

F ——温差校正系数。

温差校正系数 F 用无量纲参数 P 和 R 由曲线图B.3～图B.15查得,无量纲参数 P 按式(B.8)计算;R 按式(B.9)计算:

$$P = \frac{t_2 - t_1}{T_1 - t_1} = \frac{\text{冷流体温升}}{\text{两流体的最初温差}} \qquad \text{(B.8)}$$

$$R = \frac{T_1 - T_2}{t_2 - t_1} = \frac{\text{热流体温降}}{\text{冷流体温升}} \qquad \text{(B.9)}$$

当 R 超过图中所示的范围或 F 的读数不易确定时,可用 $1/R$ 代替 R,$P \cdot R$ 代替 P,由图B.3～图B.15中相应图线查得 F 值。

B.9 流体定性温度

液体的平均温度(过渡流及湍流)按式(B.10)、式(B.11)计算:

$$T_m = 0.4T_1 + 0.6T_2 \qquad \text{(B.10)}$$

$$t_m = 0.4t_1 + 0.6t_2 \qquad \text{(B.11)}$$

液体(层流)和气体的平均温度按式(B.12)、式(B.13)计算:

$$T_m = \frac{1}{2}(T_1 + T_2) \qquad \text{(B.12)}$$

$$t_m = \frac{1}{2}(t_1 + t_2) \qquad \text{(B.13)}$$

注：Re 为雷诺准数，$Re \leqslant 2\ 000$ 为层流，$2\ 000 < Re < 4\ 000$ 为过渡流，$Re \geqslant 4\ 000$ 为湍流。

B.10 壁温计算

B.10.1 换热管壁温

a) 热流体侧的壁温按式(B.14)计算：

$$t_h = T_m - K\left(\frac{1}{\alpha_h} + r_h\right)\Delta t_m = T_m - \frac{Q}{A}\left(\frac{1}{\alpha_h} + r_h\right) \quad \cdots\cdots\cdots\cdots\cdots (\text{B.14})$$

式中：

t_h——热流体侧的壁温，℃；

α_h——热流体侧的对流传热系数，W/(m² · ℃)；

r_h——热流体侧的污垢热阻，m² · ℃/W。

b) 冷流体侧的壁温按式(B.15)计算：

$$t_c = t_m + K\left(\frac{1}{\alpha_c} + r_c\right)\Delta t_m = t_m + \frac{Q}{A}\left(\frac{1}{\alpha_c} + r_c\right) \quad \cdots\cdots\cdots\cdots\cdots (\text{B.15})$$

式中：

t_c——冷流体侧的壁温，℃；

α_c——冷流体侧的对流传热系数，W/(m² · ℃)；

r_c——冷流体侧的污垢热阻，m² · ℃/W。

c) 一般情况下，换热管壁平均温度按式(B.16)计算：

$$t_t = \frac{1}{2}(t_h + t_c) \quad \cdots\cdots\cdots\cdots\cdots\cdots\cdots\cdots\cdots\cdots (\text{B.16})$$

式中：

t_t——换热管壁平均温度，℃。

B.10.2 壳程圆筒壁温

壳程圆筒壁温计算方法与换热管壁温计算方法相同。

当不考虑外界条件影响时，壳程圆筒壁温取壳程流体的平均温度。

B.11 污垢热阻

在正常操作条件下和两次清洗之间的正常操作周期内，为了保证热交换器的传热性能，在设计中应考虑污垢热阻。

污垢热阻可参照附录 E。

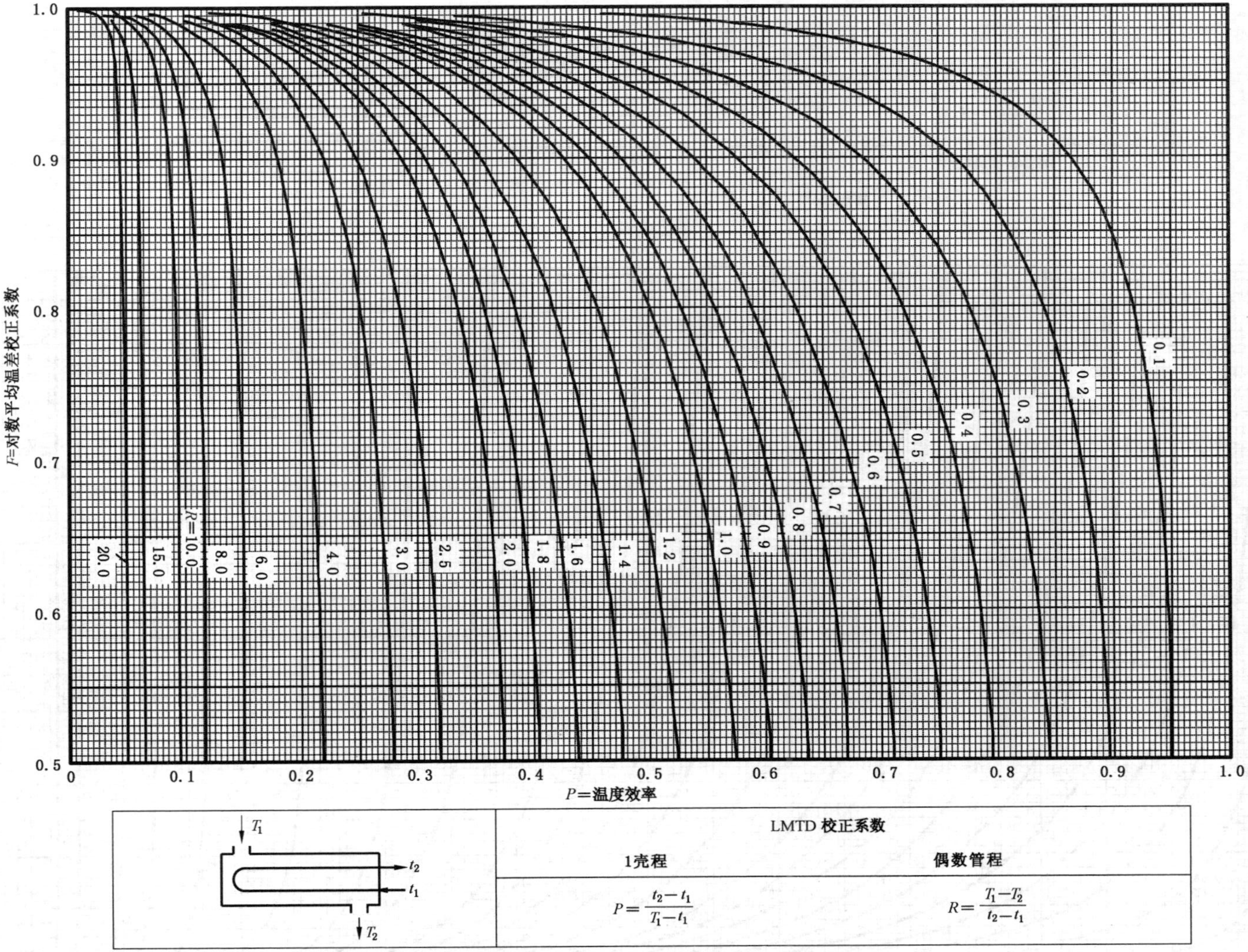

图 B.3 对数平均温差校正系数(一壳程)

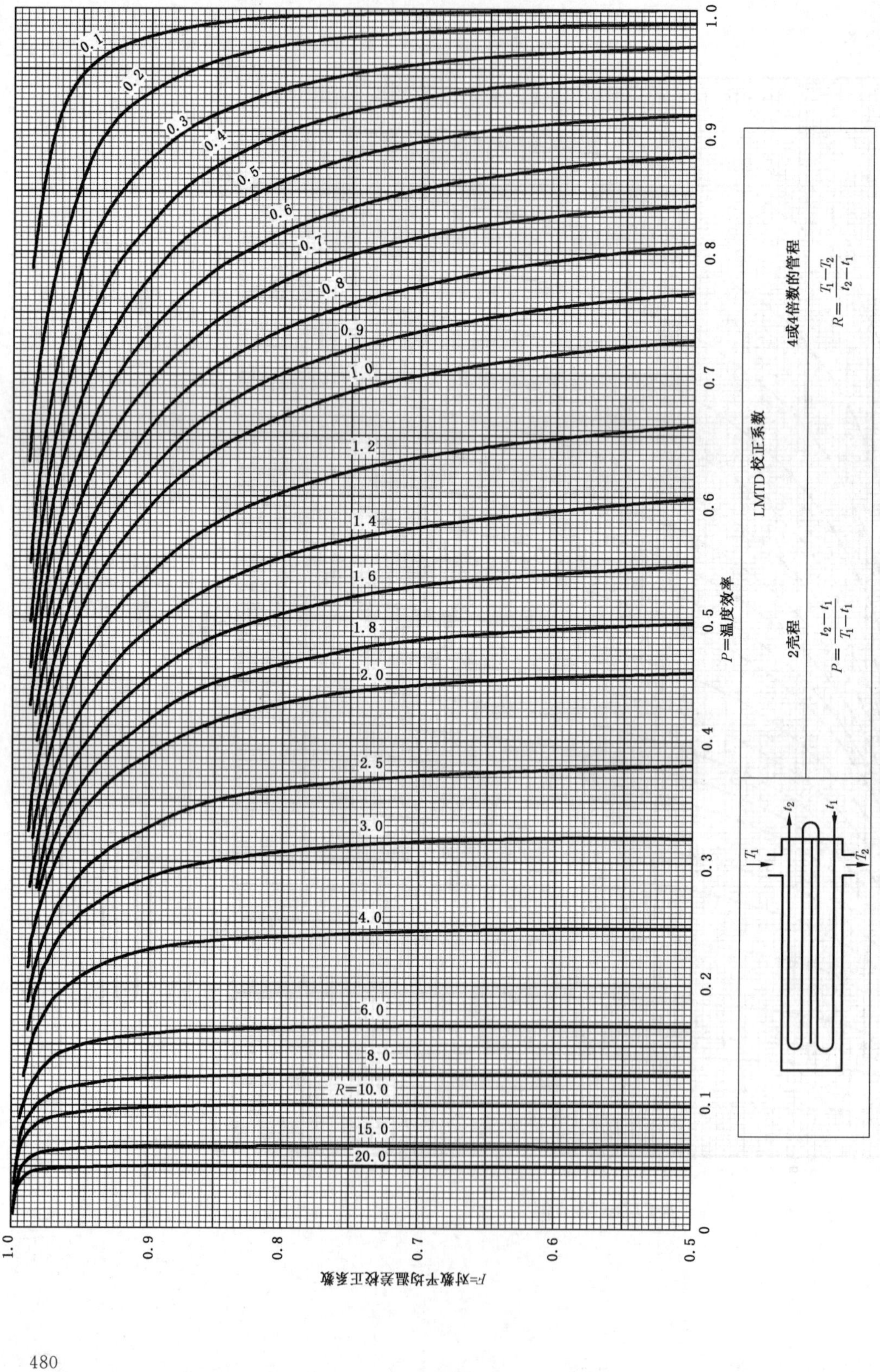

图 B.4 对数平均温差校正系数(二壳程)

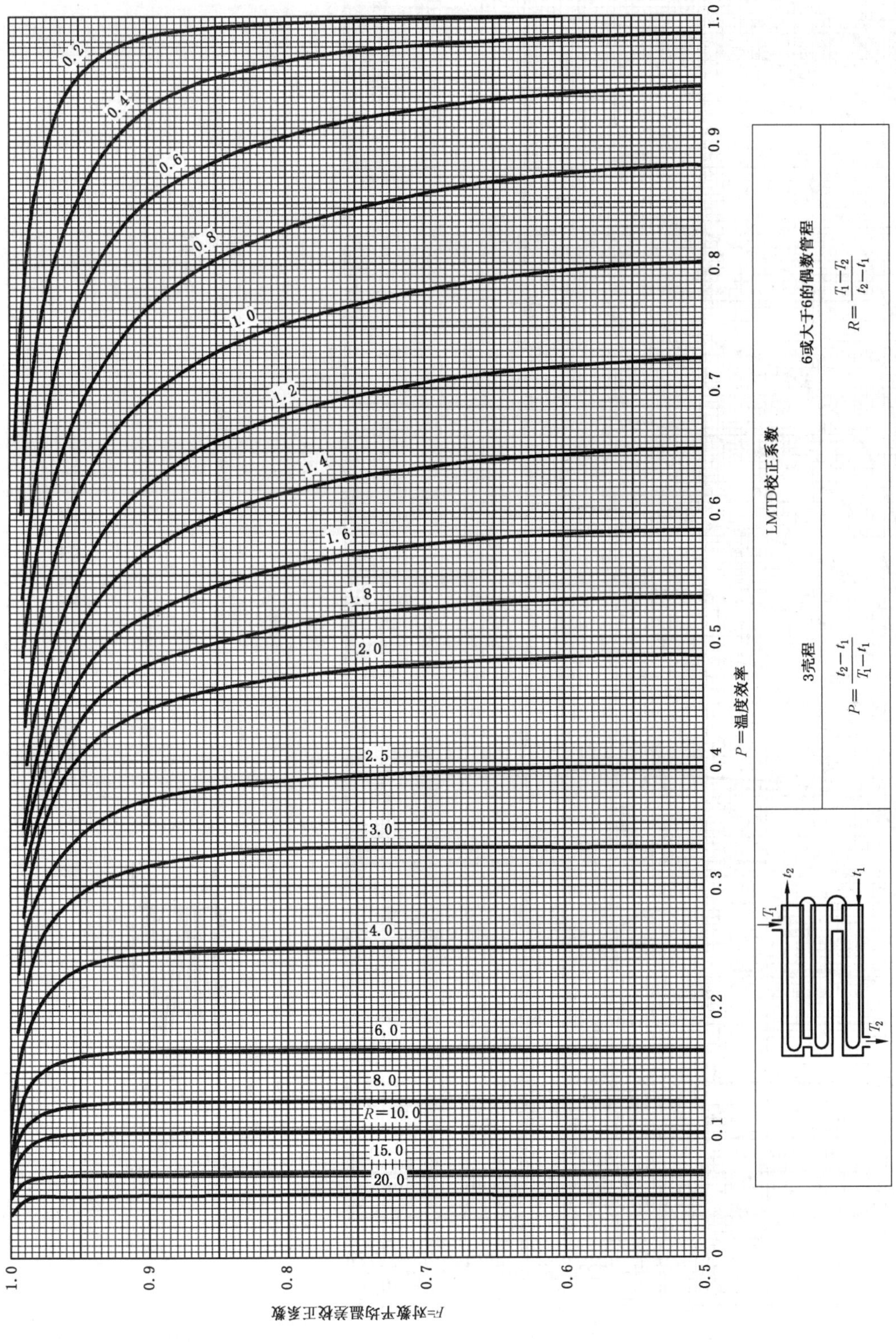

图 B.5 对数平均温差校正系数(三壳程)

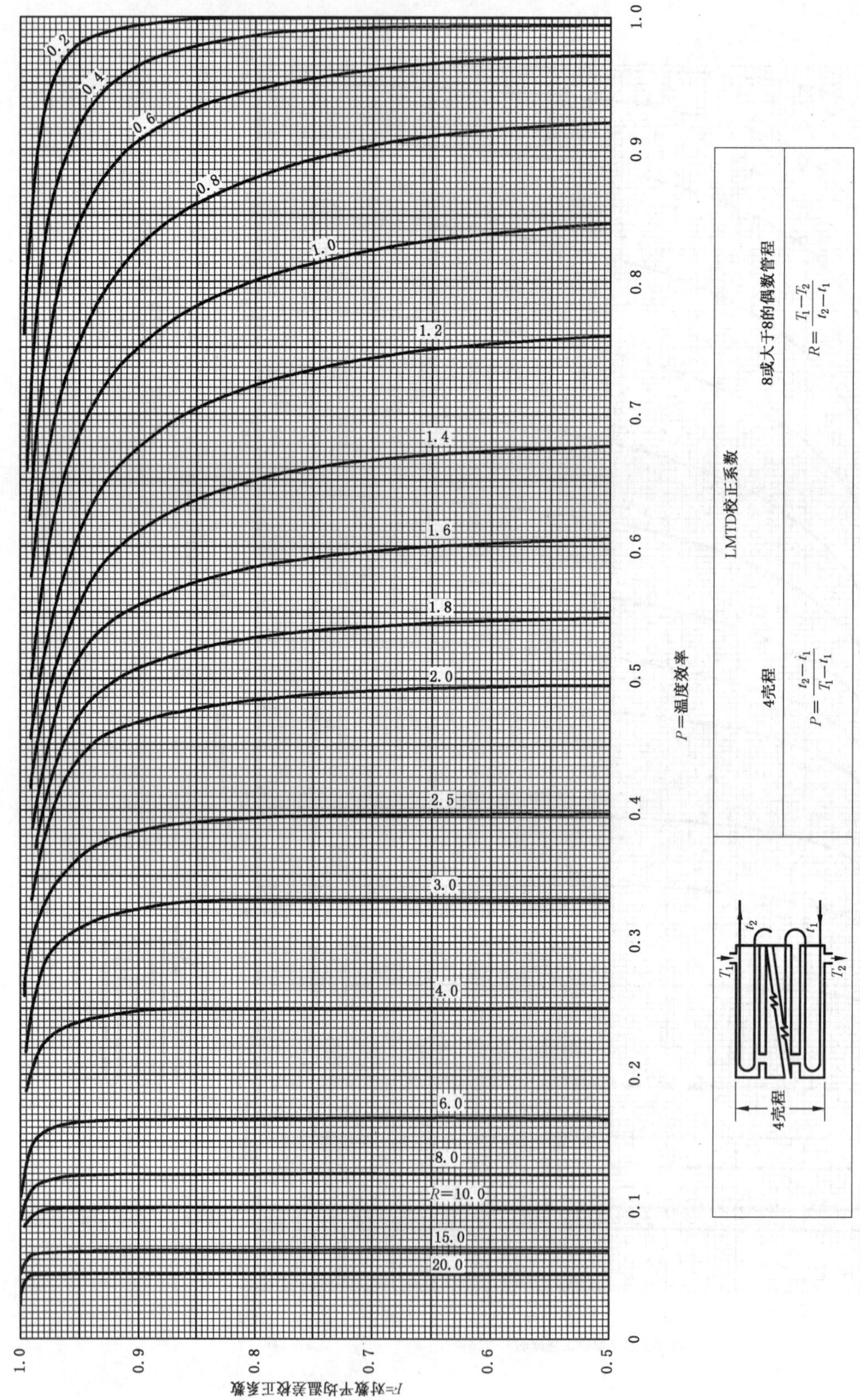

图 B.6 对数平均温差校正系数(四壳程)

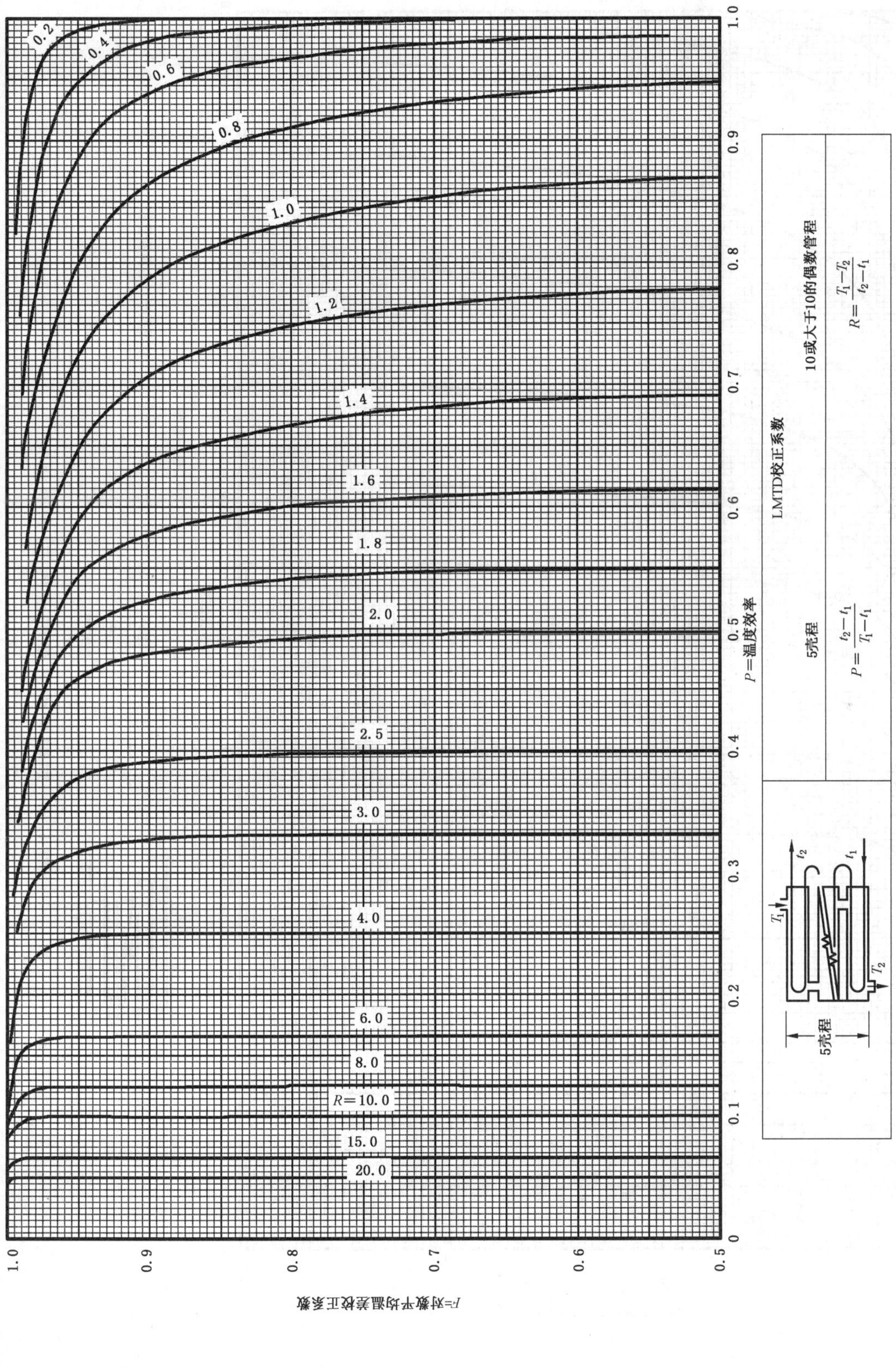

图 B.7 对数平均温差校正系数(五壳程)

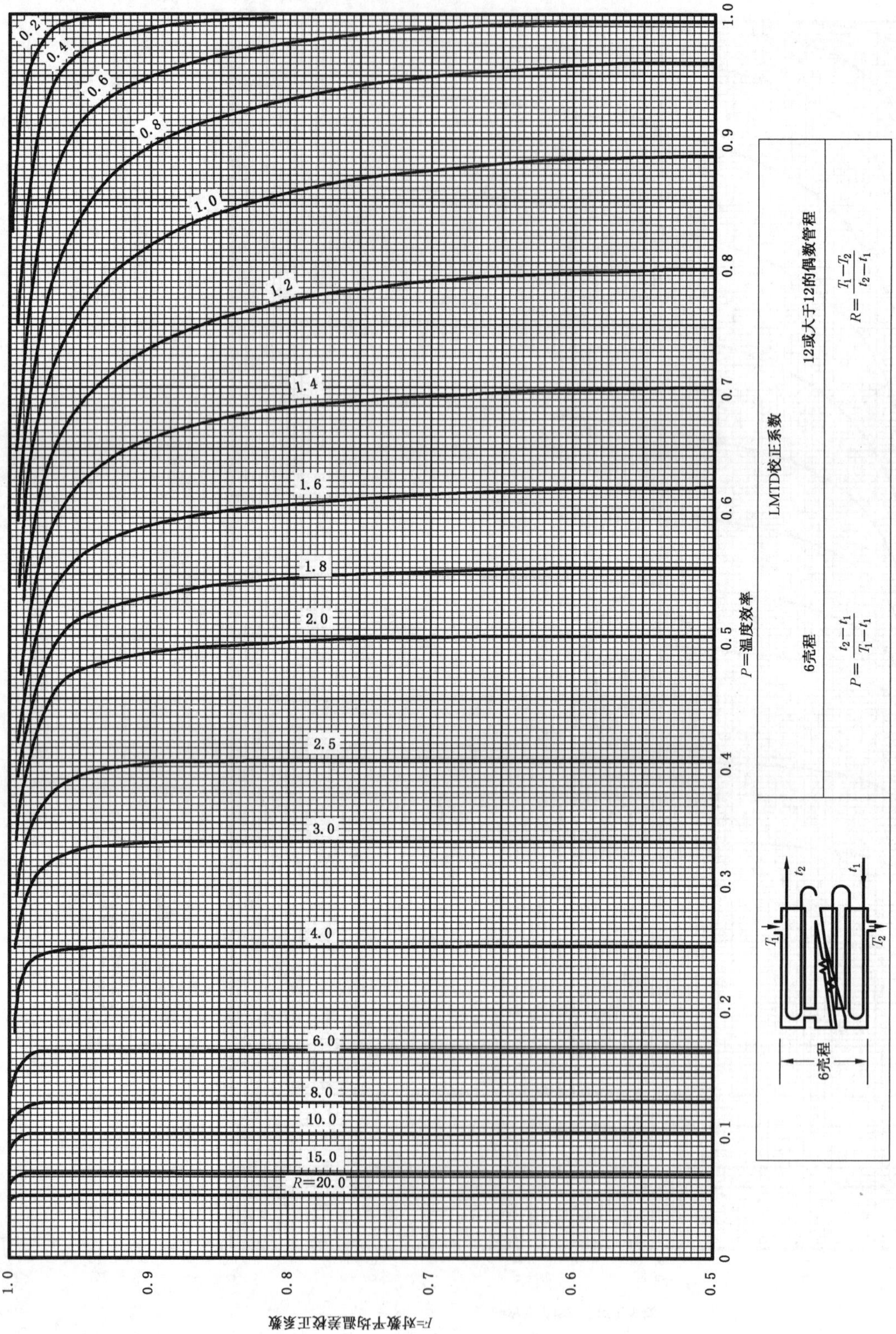

图 B.8 对数平均温差校正系数(六壳程)

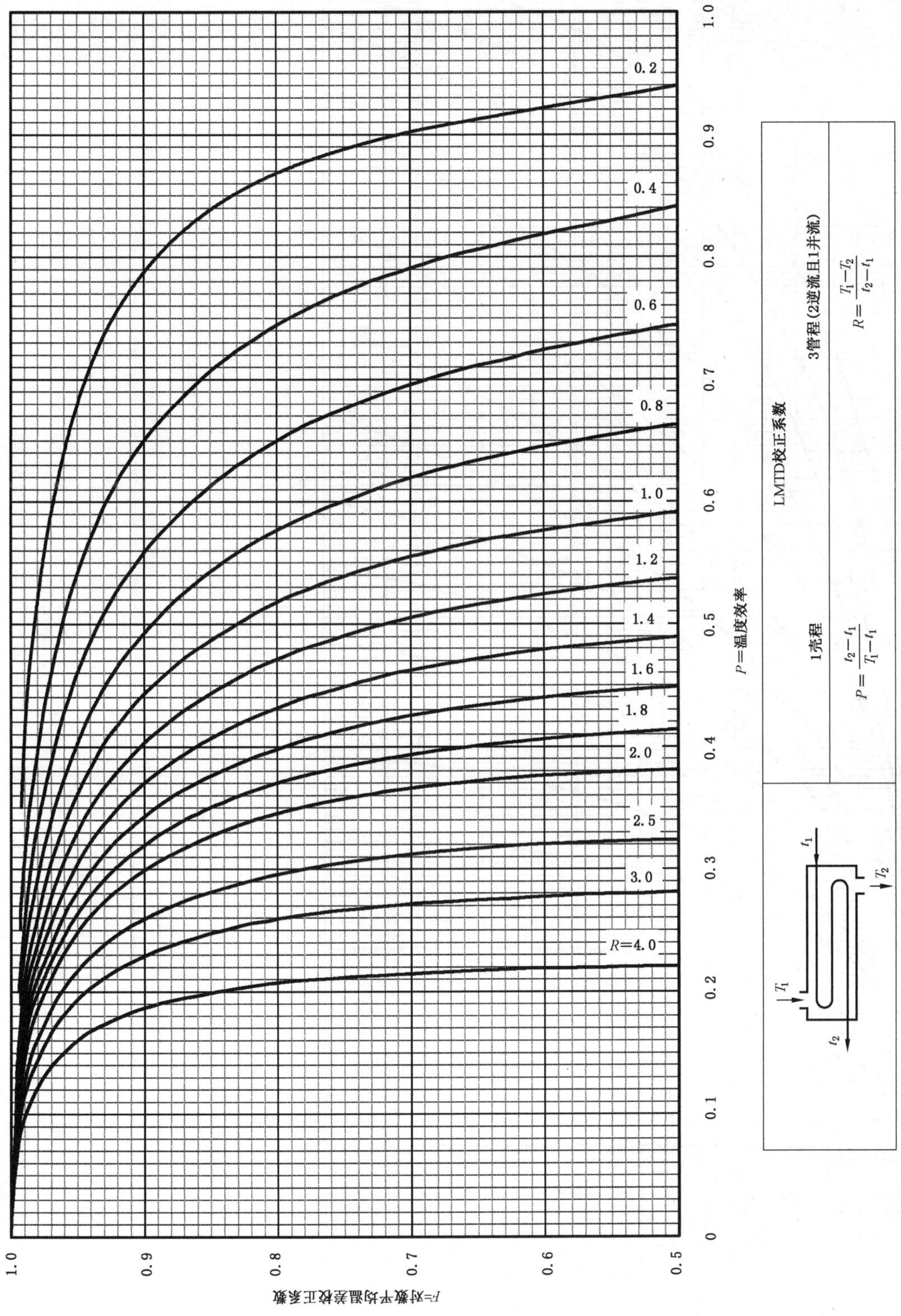

图 B.9 对数平均温差校正系数（一壳程，三管程）

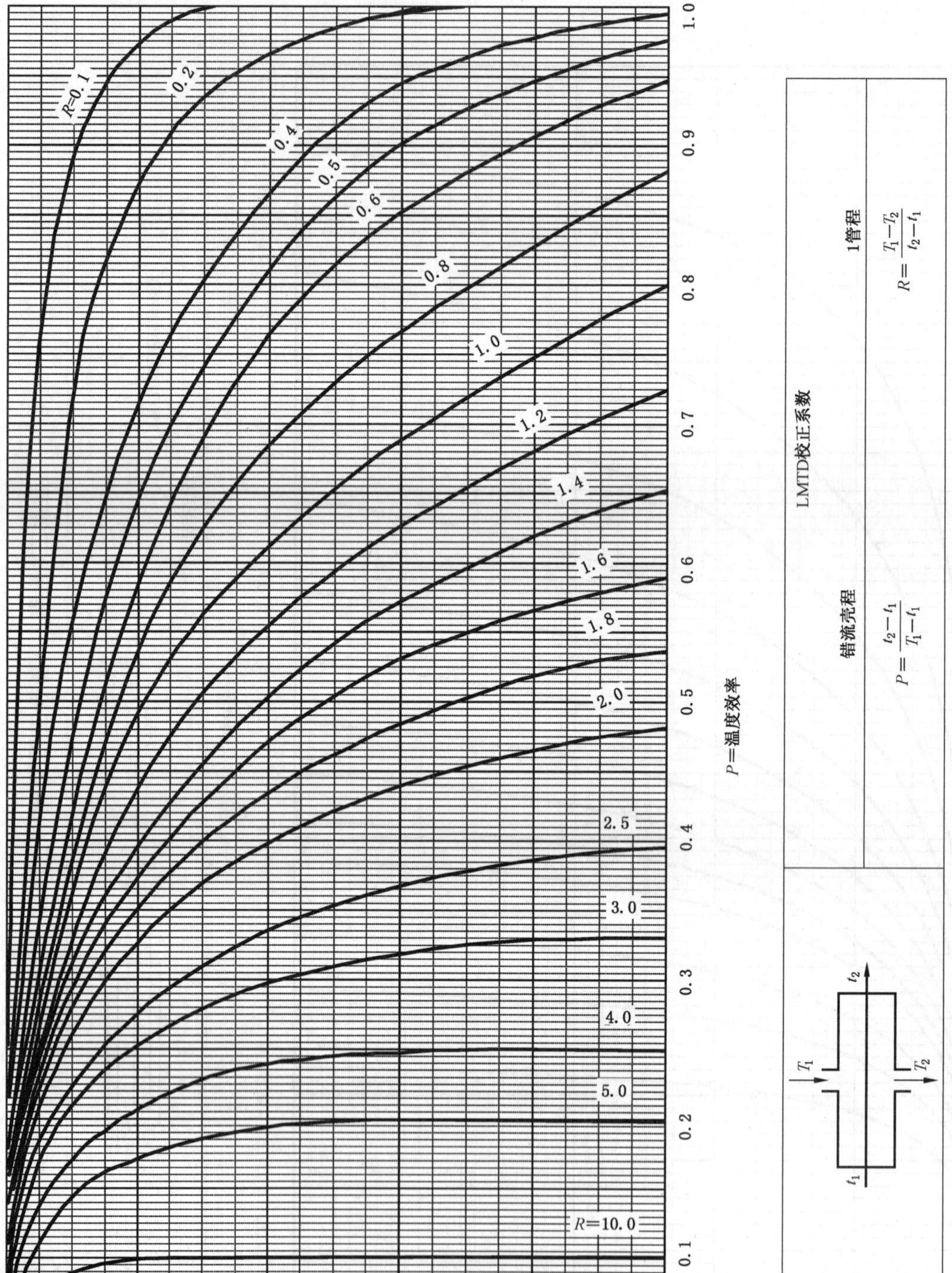

图 B.10 对数平均温差校正系数(错流壳程)

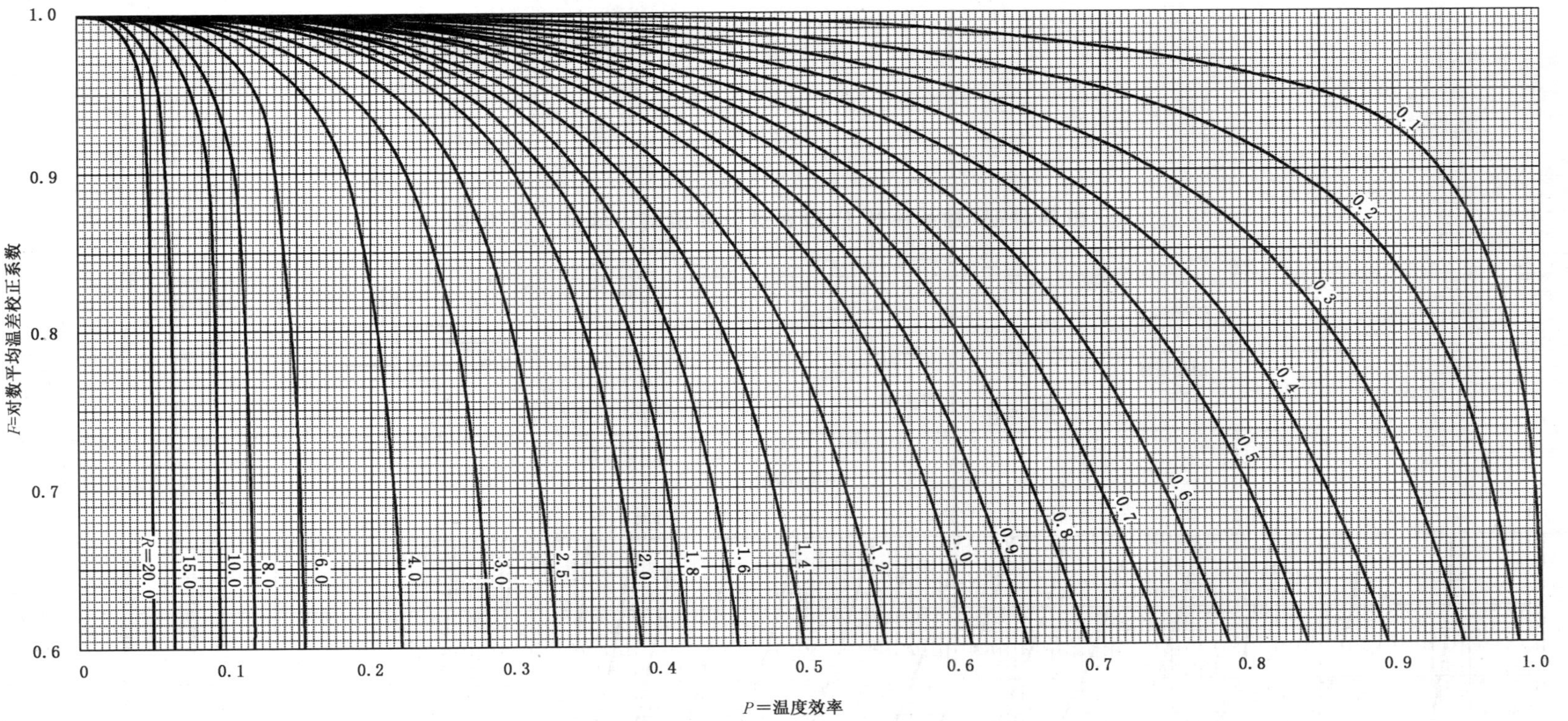

	LMTD校正系数	
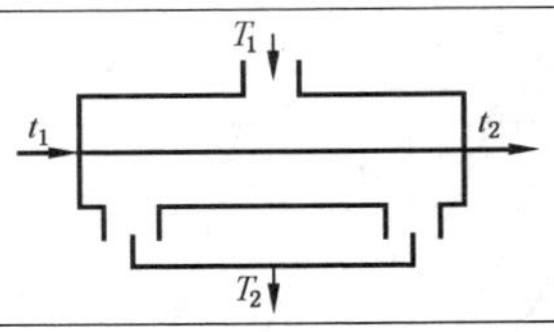	1分流壳程	1管程
	$P=\frac{t_2-t_1}{T_1-t_1}$	$R=\frac{T_1-T_2}{t_2-t_1}$

图 B.11 对数平均温差校正系数(1 分流壳程,1 管程)

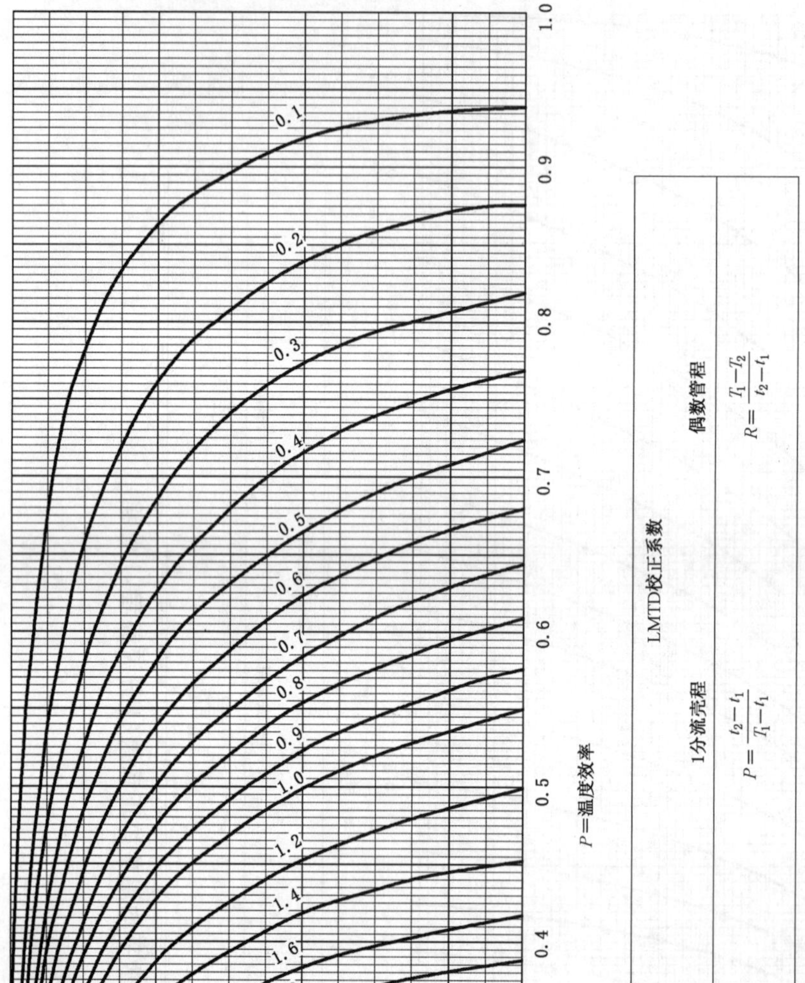

图 B.12 对数平均温差校正系数(1分流壳程,偶数管程)

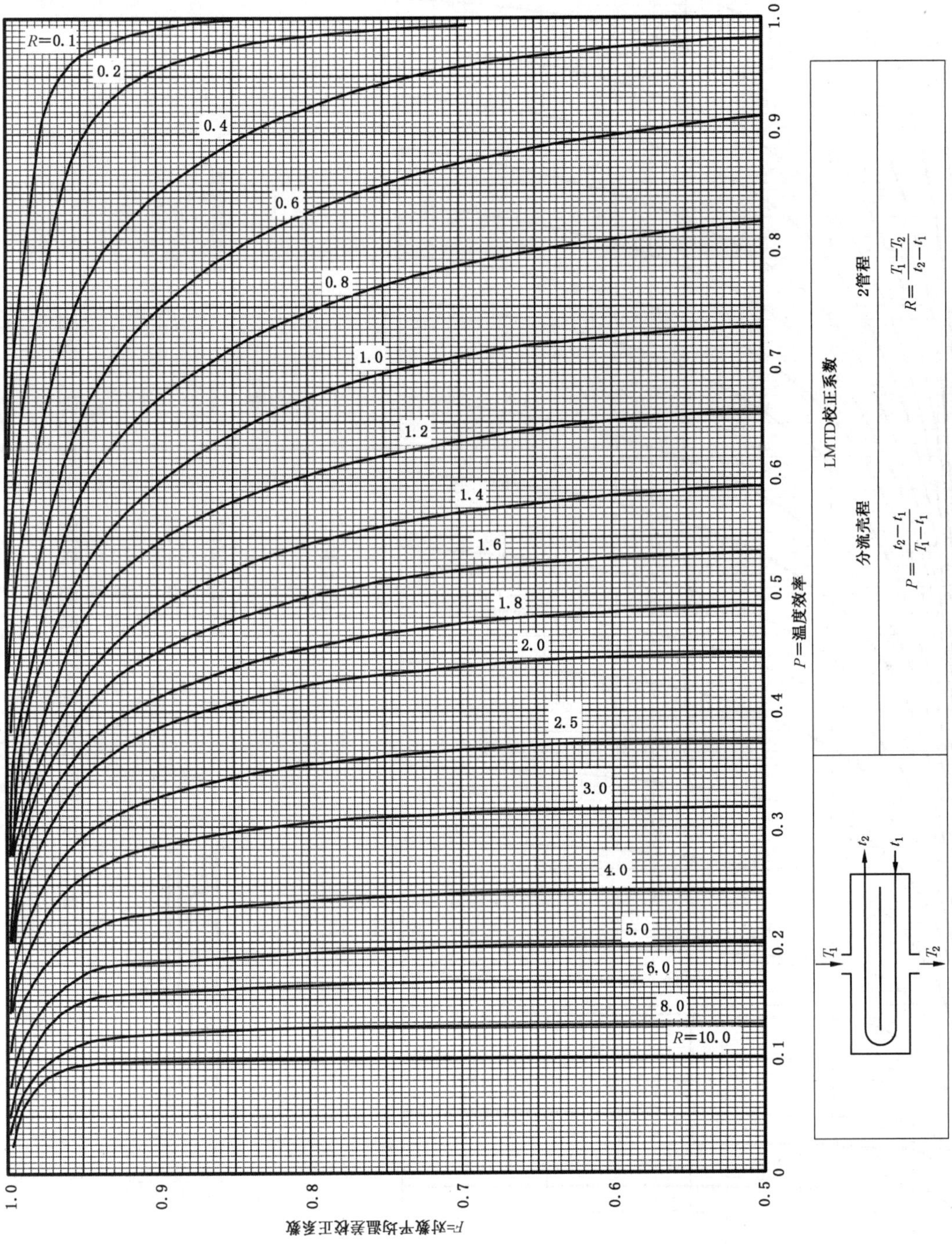

图 B.13 对数平均温差校正系数(有隔板分流壳程,2管程)

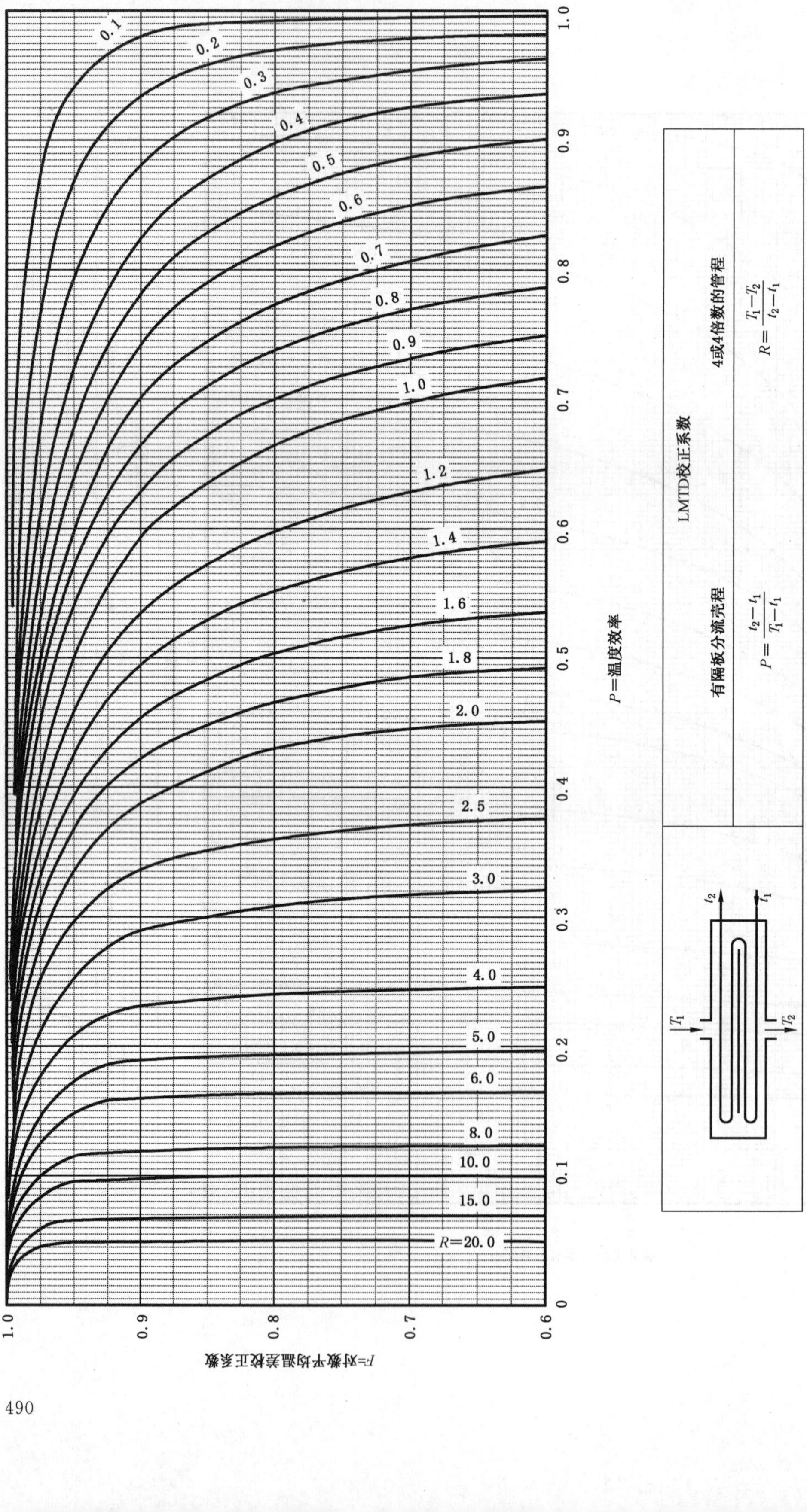

图 B.14 对数平均温差校正系数(有隔板分流壳程,4管程)

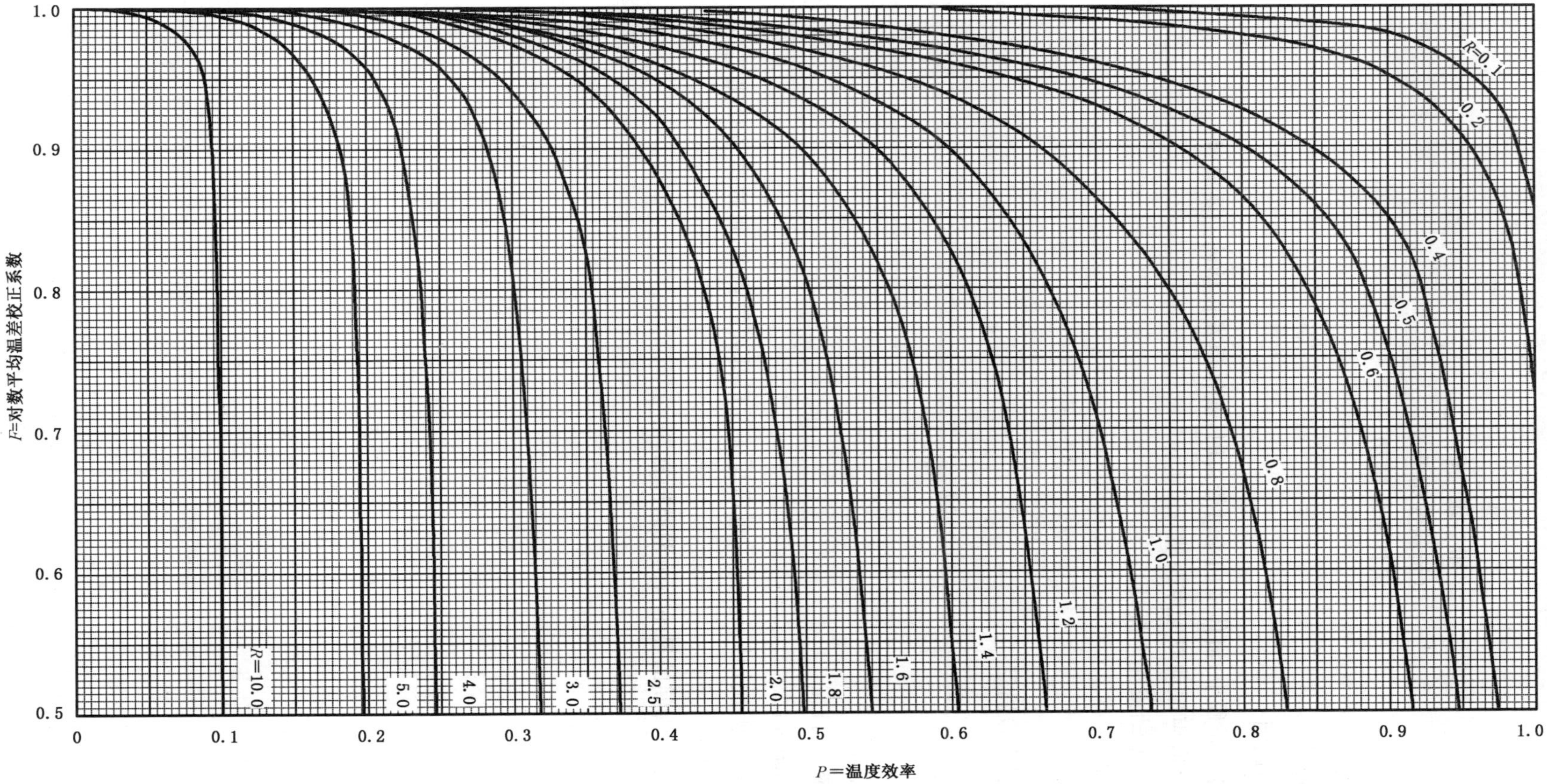

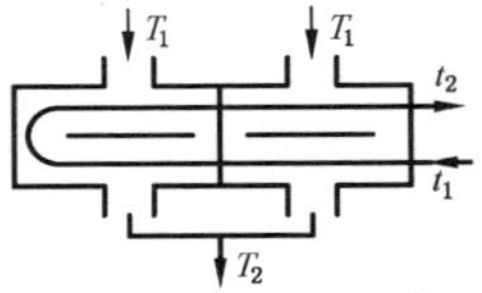

LMTD校正系数	
有隔板双分流壳程	2管程
$P=\frac{t_2-t_1}{T_1-t_1}$	$R=\frac{T_1-T_2}{t_2-t_1}$

图 B.15 对数平均温差校正系数(有隔板双分流壳程,2管程)

附　录　C
(资料性附录)
流体诱发振动

C.1　流体诱发振动的计算

C.1.1　流体诱发振动的成因

在管壳式热交换器的壳程中,流体横向流过管束时,流体诱发振动的主要成因:

a)　卡门旋涡激振(有声振动或无声振动);

b)　湍流抖振(有声振动或无声振动);

c)　流体弹性不稳定。

C.1.2　卡门旋涡频率

卡门旋涡频率按式(C.1)确定:

$$f_V = St\frac{V}{d_o} \quad \cdots\cdots(C.1)$$

式中:

d_o——换热管外径,m;

f_V——卡门旋涡频率,Hz;

S——换热管中心距,m;

St——斯特罗哈数,无因次,对于按正三角形与正方形排列的管束,可根据节径比 S/d_o,由图 C.1 查得;

V——横流速度,根据管间的最小自由截面计算,m/s。

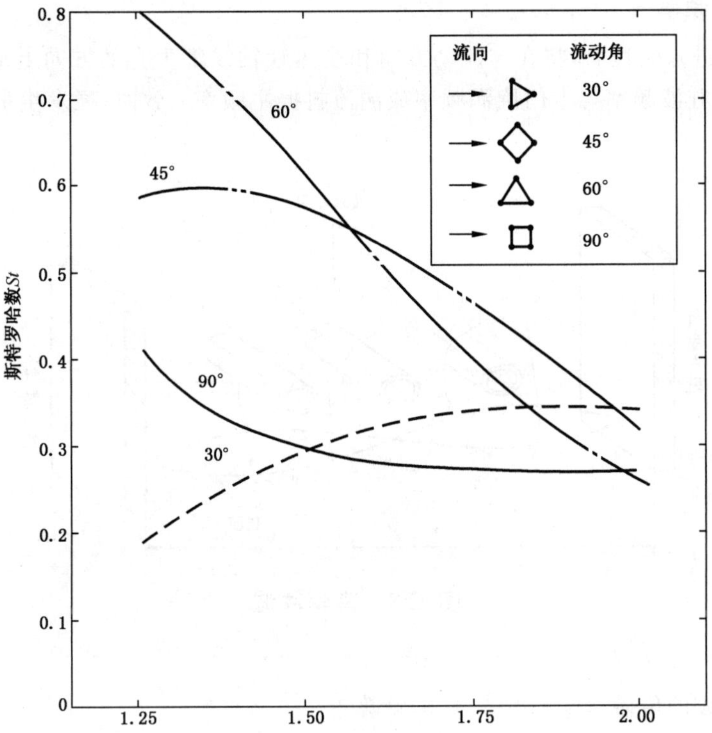

图 C.1 换热管节径比 S/d_o

C.1.3 湍流抖振主频率

湍流抖振主频率 f_t 按式(C.2)计算,且只在流体为气体时予以计算:

$$f_t = \frac{Vd_o}{lT}\left[3.05\left(1-\frac{d_o}{T}\right)^2 + 0.28\right] \quad \cdots\cdots\cdots\cdots\cdots\cdots (C.2)$$

式中:

l ——纵向的换热管中心距[如图 C.2 b)所示],m;对顺排管束,取 $l=L$;

T ——横向的换热管中心距(如图 C.2 所示),m。

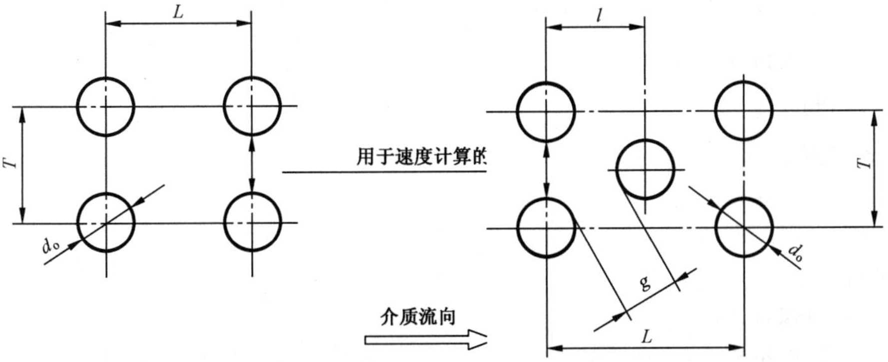

a) 顺排管束　　b) 错排管束

图 C.2 管束中的几何尺寸符号

C.1.4 声学驻波频率

气体或蒸汽进入壳程后，将在与流动方向和换热管轴线都垂直的方向上形成声学驻波(见图 C.3)。当声学驻波频率与卡门旋涡频率或湍流抖振主频率一致时，便发生声共振。

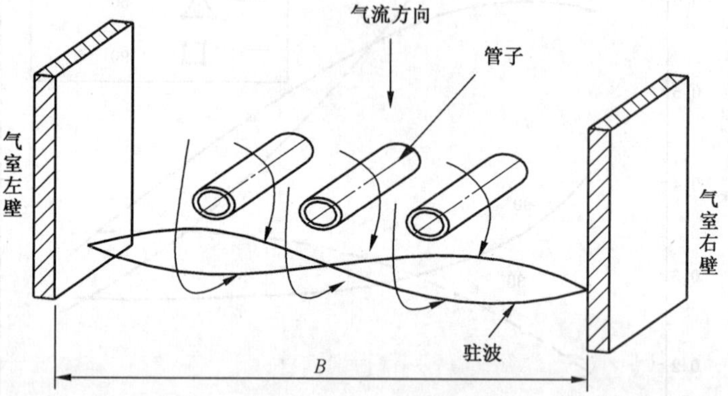

图 C.3 声学驻波

C.1.4.1 声速

在气体中声波的传播速度 c 按式(C.3)计算：

$$c=1\ 000\sqrt{\frac{p_{s}Z\gamma}{\rho_{o}\left(1+k\ \dfrac{d_{o}^{2}}{S^{2}}\right)}} \qquad \text{(C.3)}$$

式中：

c ——声速，m/s；

k ——系数，对正方形、转角正方形排列的管束(流动角为 90°与 45°)，取 0.785；对正三角形、转角正三角形排列的管束(流动角为 30°与 60°)，取 0.907；

p_{s}——壳程设计压力(绝对压力)，MPa；

Z ——压缩系数，对理想气体取 $Z=1$；

γ ——定压比热容与定容比热容的比值；

ρ_{o}——壳程流体密度，kg/m³。

C.1.4.2 声频

声频 f_{a}按式(C.4)计算：

$$f_{a}=\frac{nc}{2D} \qquad \text{(C.4)}$$

式中：

c ——声速，m/s。

D ——特性长度，m。对矩形气室(见图 C.3)，取气室的宽度 B；对圆柱形壳体则取内径；在正方形排列的管束中，有可能形成如图 C.4 a)所示的内接正方形的驻波，此时 D 值取壳体内径的 0.707 倍。

n ——振型数，指半波的整数倍，无因次，见图 C.4 b)。

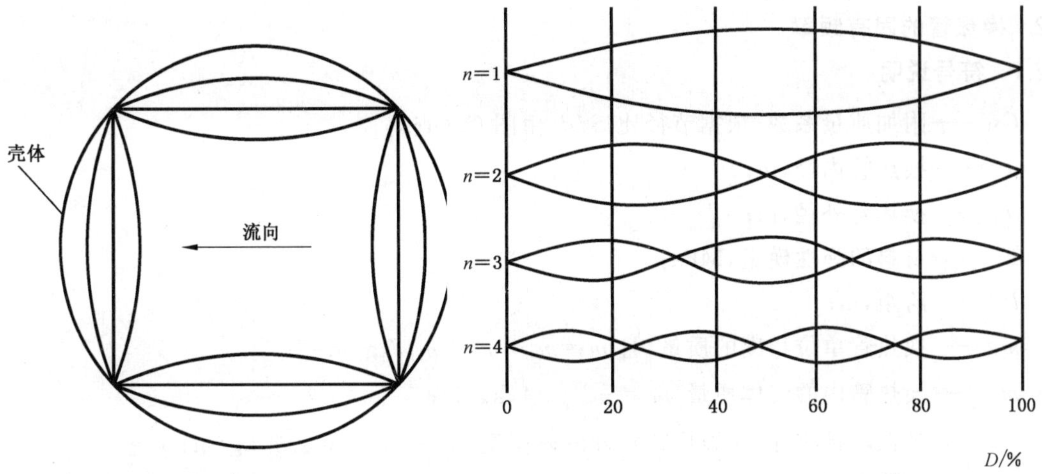

a)　　　　b)

图 C.4

C.1.5 临界横流速度

管束发生流体弹性不稳定时的临界横流速度 V_c 按式(C.5)计算：

$$V_c = K_c f_n d_o \delta_s^b \qquad \cdots\cdots (C.5)$$

式中：

δ_s——质量阻尼参数，无因次，按式(C.6)计算：

$$\delta_s = m\delta/(\rho_o d_o^2) \qquad \cdots\cdots (C.6)$$

b ——指数，其值由表 C.1 给出；

d_o——换热管的外径，m；

f_n——换热管的固有频率，Hz，计算方法见 C.2；

K_c——比例系数，根据换热管的排列形式、节径比、质量阻尼参数等用表 C.1 所列的关系式确定；关系式中的符号 S 为换热管中心距，m；

m ——单位管长的质量，kg/m，计算方法见 C.2；

δ ——换热管的对数衰减率，无因次，计算方法见 C.3；

ρ_o——壳程流体的密度，kg/m³。

表 C.1 不同情况下的 K_c 与 b 值

换热管排列形式(流动角)	δ_s的范围	K_c	b
正三角形(30°)	0.1～2	3.58(S/d_o−0.9)	0.1
	>2～300	6.53(S/d_o−0.9)	0.5
转角正方形(45°)	0.1～300	3.54(S/d_o−0.5)	0.5
转角三角形(60°)	0.01～1	2.8	0.17
	>1～300	2.8	0.5
正方形(90°)	0.03～0.7	2.1	0.15
	>0.7～300	2.35	0.5

C.2 换热管的固有频率

C.2.1 符号说明

C_M——附加质量系数,根据节径比 S/d_o 由图 C.5 查得;

d_i ——换热管内径,m;

d_o ——换热管外径,m;

E ——材料的弹性模量,MPa;

l ——跨距,m;

m ——换热管单位长度的质量,且 $m=m_i+m_o+m_t$,kg/m;

m_i ——换热管内的流体质量,$m_i=\pi d_i^2\rho_i/4$,kg/m;

m_o——被振动管排开的、虚拟的管外流体质量,$m_o=\pi d_o^2\rho_o C_M/4$,kg/m;

m_t ——空管质量,kg/m;

ρ_i ——管内的流体密度,kg/m^3;

ρ_o ——管外的流体密度,kg/m^3。

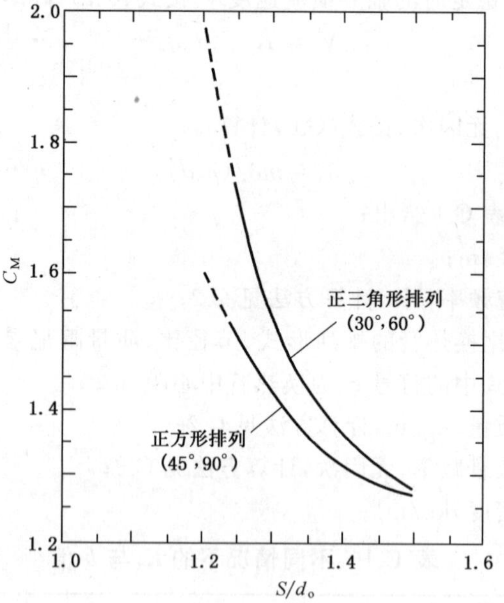

图 C.5 附加质量系数(静止流体)

C.2.2 支承条件

一般情况下换热管的支承条件是:在管板端为固定支承,在折流板处为简支。

C.2.3 等跨直管的固有频率

等跨直管(见图 C.6)的固有频率 f_n 按式(C.7)计算:

$$f_n=35.3\lambda_n\sqrt{\frac{E(d_o^4-d_i^4)}{ml^4}} \quad\cdots\cdots(C.7)$$

式中：

λ_n——频率常数，rad。下标 n 为振型的阶数。其值根据管端固定条件、跨数与振型确定，可利用表 C.2 或图 C.11～图 C.17 查得。查图时，取 $K=1$。

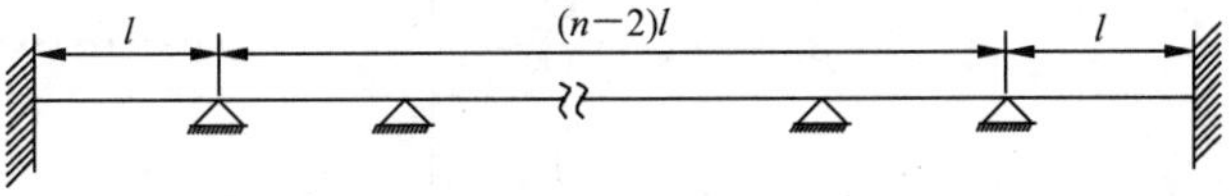

图 C.6

表 C.2　等跨直管的频率常数 λ_n

跨数	两端固定 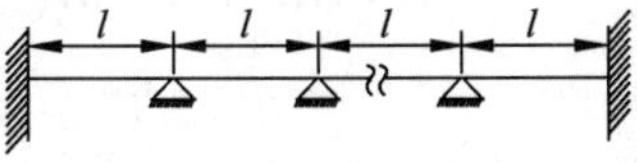		两端简支 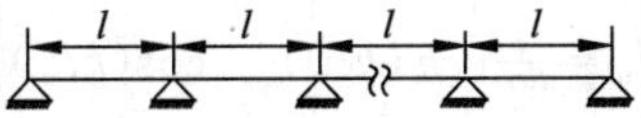		一端固定，一端简支 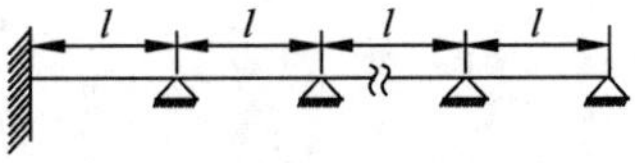	
	一阶	二阶	一阶	二阶	一阶	二阶
1	22.396	61.737	9.870	39.520	15.434	50.017
2	15.418	22.373	9.870	15.418	11.514	19.921
3	12.648	18.469	9.870	12.648	10.631	15.418
4	11.514	15.418	9.870	11.514	10.305	13.289
5	10.950	13.693	9.870	10.950	10.150	12.169
6	10.631	12.648	9.870	10.631	10.065	11.514
7	10.434	11.973	9.870	10.434	10.014	11.101
8	10.305	11.514	9.870	10.305	9.980	10.825
9	10.215	11.188	9.870	10.215	9.957	10.631
10	10.150	10.950	9.870	10.150	9.940	10.491
20	9.941	10.150	9.870	10.005	9.887	10.028

C.2.4　非等跨直管的固有频率

C.2.4.1　各跨间距不相等时，直管的固有频率 f_n按式(C.8)计算：

$$f_n = 35.3k^2\sqrt{\frac{E(d_o^4 - d_i^4)}{m}} \quad \cdots\cdots(C.8)$$

式中：

k——弯曲系数，$rad^{1/2}/m$。各跨管均为同一数值。对于两端固定条件各异，其他支承均为简支的直管可通过求解表 C.3 所列的频率方程得出。

表 C.3　两端固定条件不同时非等跨直管的频率方程

两端固定条件	两端固定	两端简支	一端固定，一端简支
频率方程	$\alpha_n\beta_0+\beta_n\delta_0=0$	$\alpha_n\gamma_0+\gamma_n\alpha_0=0$	$\alpha_n\delta_0+\gamma_n\beta_0=0$

α_n、β_n、γ_n、α_0、β_0、γ_0、δ_0 分别按式(C.9)~式(C.11)计算：

$$\left.\begin{aligned}\alpha_n &= S_n - \frac{T_n U_n}{V_n}\\ \beta_n &= T_n - \frac{U_n^2}{V_n}\\ \gamma_n &= V_n - \frac{T_n^2}{V_n}\end{aligned}\right\} \qquad \cdots\cdots(\text{C.9})$$

$$\left.\begin{aligned}S_n &= \frac{1}{2}[ch(kl_n)+\cos(kl_n)]\\ T_n &= \frac{1}{2}[sh(kl_n)+\sin(kl_n)]\\ U_n &= \frac{1}{2}[ch(kl_n)-\cos(kl_n)]\\ V_n &= \frac{1}{2}[sh(kl_n)-\sin(kl_n)]\end{aligned}\right\} \qquad \cdots\cdots(\text{C.10})$$

$$\begin{bmatrix}\alpha_0 & \beta_0\\ \gamma_0 & \delta_0\end{bmatrix} = \begin{bmatrix}\alpha_{n-1} & \beta_{n-1}\\ \gamma_{n-1} & \delta_{n-1}\end{bmatrix}\begin{bmatrix}\alpha_{n-2} & \beta_{n-2}\\ \gamma_{n-2} & \delta_{n-2}\end{bmatrix}\cdots\cdots\begin{bmatrix}\alpha_2 & \beta_2\\ \gamma_2 & \delta_2\end{bmatrix}\begin{bmatrix}\alpha_1 & \beta_1\\ \gamma_1 & \delta_1\end{bmatrix} \qquad \cdots\cdots(\text{C.11})$$

式中：

n ——总跨数；

l_n ——第 n 跨的间距，m。

C.2.4.2 端跨距为 l_1，其他跨距均为 l 时(见图 C.7)，直管的固有频率按式(C.12)计算：

$$f_n = 35.3\lambda_n\sqrt{\frac{E(d_o^4-d_i^4)}{ml^4}} \qquad \cdots\cdots(\text{C.12})$$

式中的频率常数 λ_n 可根据不同的端部固定条件由图 C.11～图 C.17 查得，图中的跨距比 $K=l_1/l$。

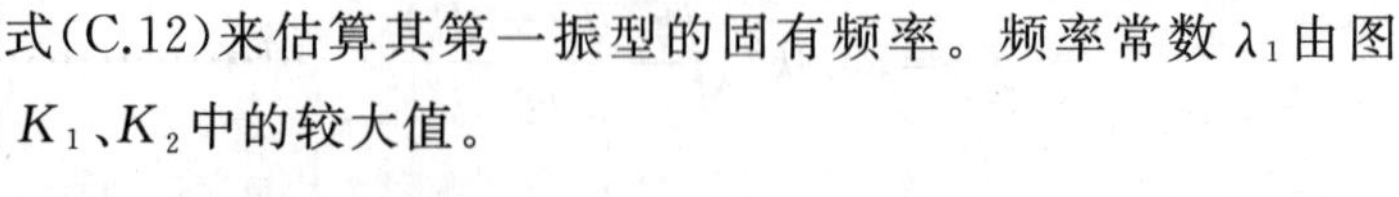

图 C.7

C.2.4.3 两端跨距分别为 l_1 与 l_2，其他跨距均为 l 时，直管的固有频率按式(C.8)计算。但当跨数 $n \geqslant 4$，跨距比 $K_1=l_1/l$ 和 $K_2=l_2/l$ 均小于 2.5 时，对于两端固定或两端简支，其他支承都是简支的直管，可利用式(C.12)来估算其第一振型的固有频率。频率常数 λ_1 由图 C.12、图 C.14 查得，但跨距比应按 K_1、K_2 中的较大值。

C.2.5 有轴向力作用时直管的固有频率

两端固定的直管在轴向力作用下固有频率按式(C.13)计算：

$$f_{na} = f_a\sqrt{1+\frac{64Fl^2}{\pi E(d_o^4-d_i^4)K_r^2}\times 10^{-6}} \qquad \cdots\cdots(\text{C.13})$$

式中：

F ——轴向力，拉伸时取正值，压缩时取负值，N；

K_r——与管端固定条件有关的系数；

两端固定时，$K_r=2\pi$；

两端简支时，$K_r=\pi$；

一端固定，一端简支时，$K_r=4.49$；

f_a——未受轴向力时换热管的固有频率，Hz；

f_{na}——轴向力作用下换热管的固有频率，Hz。

C.2.6 U形管的固有频率

C.2.6.1 直管段设置折流板时，U形管的最低固有频率 f_{nU} 按式(C.14)计算：

$$f_{nU}=35.3\lambda_U\sqrt{\frac{E(d_o^4-d_i^4)}{ml^4}} \quad\cdots\cdots(C.14)$$

式中：

E——U形管材料的弹性模量，MPa；

f_{nU}——U形管的最低固有频率，Hz；

l——折流板间距，m；

m——单位长度换热管质量，kg/m；

λ_U——U形管的频率常数，rad，其值与振型、折流板布置方式、跨数 n 以及参数 l_1/l、l_2/l、R/l 有关，由图C.18～图C.22确定；对非对称支撑跨数为4的U形管，只可利用图C.21中 $l_2=l$ 的曲线；

R——弯管中心线的半径，m；

l_1——半圆形弯管端部与相邻折流板间的距离，m；

l_2——管板与相邻折流板间的距离，m。

C.2.6.2 弯管段中部增设支承板或支承条时，U形管的最低固有频率仍按式(C.14)计算，频率常数由图C.22～图C.26确定。对非对称支撑跨数为4的U形管，只可利用图C.26中 $l_2=l$ 的曲线。

C.3 对数衰减率

换热管作衰减运动时，任意两相邻周期的振幅，其比值的自然对数即为对数衰减率，以 δ 表示。以下所列的均为在理论分析与实验基础上获得的公式，可用来估算第一振型时的对数衰减率。

C.3.1 壳程介质为气体时，$\delta=\delta_V$ 且按式(C.15)计算：

$$\delta_V=0.314\,\frac{n-1}{n}\left(\frac{t_b}{l_m}\right)^{0.5} \quad\cdots\cdots(C.15)$$

式中：

t_b——折流板厚度，m；

n——总跨数；

l_m——换热管的跨距，m；取3个最长跨距的平均值。

C.3.2 壳程介质为液体时，$\delta=\delta_{l_1}+\delta_{l_2}$，此处：

$$\delta_{l_1}=5.57\left(\frac{d_o}{m}\right)\left(\frac{\rho_1^2\nu_1}{f_1}\right)^{0.5}C_e \quad\cdots\cdots(C.16)$$

$$\delta_{l_2}=138.2\left(\frac{n-1}{n}\right)\left(\frac{\rho_1 d_o^2}{f_1 m}\right)\left(\frac{t_b}{l_m}\right)^{0.6} \quad \cdots\cdots(C.17)$$

式中：

f_1——换热管的基频，Hz；

C_e——界限函数，由表 C.4 确定；

m——换热管单位长度的质量，kg/m。由 C.2.1 确定；

ν_1——液体的运动黏度，m^2/s；

ρ_1——液体的密度，kg/m^3。

如果由式(C.16)、式(C.17)计算得出的 δ_{l_1}、δ_{l_2} 之和小于 0.037 7，建议取值为 0.037 7。

表 C.4 界限函数 C_e

S/d_o	C_e	
	三角形排列(30°,60°)	方形排列(45°,90°)
1.20	2.25	1.87
1.25	2.03	1.73
1.26	1.99	1.70
1.27	1.96	1.68
1.28	1.93	1.66
1.32	1.81	1.58
1.40	1.63	1.46
1.50	1.47	1.35

C.3.3 壳程介质为两相流体时，$\delta=\delta_{TP}$。先按式(C.18)、式(C.19)分别计算出 δ_{TP_1}、δ_{TP_2}：

$$\delta_{TP_1}=5.57\left(\frac{d_o}{m}\right)\left(\frac{\rho_{TP}^2\nu_{TP}}{f_1}\right)^{0.5}C_e \quad \cdots\cdots(C.18)$$

$$\delta_{TP_2}=0.314\left(\frac{\rho_1 d_o^2}{m}\right)[f(\varepsilon_g)]C_e\left(\frac{\sigma_t}{\sigma_{20}}\right) \quad \cdots\cdots(C.19)$$

总的对数衰减率见式(C.20)：

$$\delta_{TP}=\delta_{TP_1}+\delta_{TP_2}+\delta_V \quad \cdots\cdots(C.20)$$

式中：

$f(\varepsilon_g)$——体积含气率函数；

ε_g ——体积含气率，按式(C.21)计算：

$$\varepsilon_g=\frac{V_g}{V_g+V_l} \quad \cdots\cdots(C.21)$$

当 $\varepsilon_g<0.4$ 时，$f(\varepsilon_g)=\varepsilon_g/0.4$；

$0.4\leqslant\varepsilon_g\leqslant0.7$ 时，$f(\varepsilon_g)=1$；

$\varepsilon_g>0.7$ 时，$f(\varepsilon_g)=1-\left(\frac{\varepsilon_g-0.7}{0.3}\right)$；

V_g ——通过流道截面时气相流体的体积流量，m^3/s；

V_l ——通过流道截面时液相流体的体积流量，m^3/s；

ν_{TP} ——两相流体的运动黏度，m^2/s；

σ_t、σ_{20}——依次为液体在 t ℃和 20 ℃的表面张力，N/m；

ρ_{TP} ——两相流体的密度，kg/m^3。

ρ_{TP}按式(C.22)计算，ν_{TP}按式(C.23)计算：

$$\rho_{TP}=\rho_l(1-\varepsilon_g)+\rho_g\varepsilon_g \qquad \text{(C.22)}$$

$$\nu_{TP}=\frac{1}{\frac{(1-\varepsilon_g)}{\nu_l}+\frac{\varepsilon_g}{\nu_g}} \qquad \text{(C.23)}$$

式中：

ν_g、ν_l——依次为气相和液相流体的运动黏度，m^2/s；

ρ_g、ρ_l——依次为气相和液相流体的密度，kg/m^3。

C.4 振幅

当卡门旋涡频率或湍流抖振主频率与换热管的固有频率一致，且 f_n小于 $2f_V$或 $2f_t$时，应按式(C.24)或式(C.25)计算换热管的振幅。

C.4.1 卡门旋涡激振时换热管的振幅：

$$y_V=\frac{C_L\rho_o d_o V^2}{2\pi^2\delta f_1^2 m} \qquad \text{(C.24)}$$

式中：

C_L——升力系数，由表 C.5 确定；

y_V——壳程流体为单相且在换热管第一振型时，中部管跨的最大振幅，m；

f_1——换热管的基频，Hz；

m ——换热管单位长度的质量，kg/m(参见 C.2.1)；

δ ——对数衰减率(参见 C.3)；

ρ_o——壳程流体的密度，kg/m^3。

符号 d_o、V 与 C.1.2 的说明相同。

C.4.2 湍流抖振时换热管的振幅：

$$y_t=\frac{C_F\rho_o d_o V^2}{8\pi\delta^{1/2} f_1^{3/2} m} \qquad \text{(C.25)}$$

式中：

C_F——流体力系数，由表 C.6 确定；

y_t ——壳程流体为单相，换热管的最大振幅，m。

C.4.3 推荐的最大振幅见式(C.26)：

$$\begin{aligned} y_V &\leqslant 0.02d_o \\ y_t &\leqslant 0.02d_o \end{aligned} \qquad \text{(C.26)}$$

表 C.5 升力系数 C_L

S/d_o	流动角(参见表 C.1)			
	30°	45°	60°	90°
1.20	0.090	0.070	0.090	0.070
1.25	0.091	0.070	0.091	0.070
1.33	0.065	0.010	0.017	0.070
1.50	0.025	0.049	0.047	0.068

表 C.6 流体力系数 C_F

位　置	f_1	C_F
管束入口处换热管	≤40	0.022
	>40,<88	$-0.000\ 45f_1+0.04$
	≥88	0
离入口较远处换热管	≤40	0.012
	>40,<88	$-0.000\ 25f_1+0.022$
	≥88	0

C.5 振动的判据

C.5.1 壳程流体为气体或液体时,当符合下列条件中的任何一条,管束可能发生振动和破坏:

a) 卡门旋涡频率 f_V 与换热管最低固有频率 f_1 之比大于 0.5;

b) 湍流抖振主频率 f_t 与换热管最低固有频率 f_1 之比大于 0.5;

c) 换热管的最大振幅 $y_{max}>0.02d_o$;

d) 横流速度 V 大于临界横流速度 V_c。

C.5.2 壳程流体为气体或蒸汽时,当符合下列条件中的任何一条,有可能发生声振动:

a) 前几阶振型,尤其是一、二阶振型的声频在下列范围内,见式(C.27):

$$\left.\begin{array}{r} 0.8f_V < f_a < 1.2f_V \\ \text{或}\quad 0.8f_t < f_a < 1.2f_t \end{array}\right\} \quad \cdots\cdots\cdots\cdots (C.27)$$

b) 对顺排管束按式(C.28)计算的无因次声共振参数 ψ_1 在下列范围内:

$$8\ 200\left(\frac{d_o}{L}\right)-3\ 000<\psi_1<8\ 200\left(\frac{d_o}{L}\right)-700 \quad \cdots\cdots\cdots\cdots (C.28)$$

其中 ψ_1 按式(C.29)计算:

$$\psi_1=\frac{Re^{1/2}}{2MSt\left(\frac{L}{d_o}-1\right)\frac{T}{d_o}} \quad \cdots\cdots\cdots\cdots (C.29)$$

式中:

L ——纵向的换热管中心距[(参见图 C.2 a)],m;

M ——马赫数，无因次，为横流速度与声速之比；

Re ——雷诺数，无因次，其值等于 Vd_o/ν；

T ——横向的换热管中心距[(参见图 C.2 a)]，m；

V ——横流速度，m/s，根据管间最小的自由截面计算；

ν ——壳程气体的运动黏度，m^2/s。

c) 对错排管束，按式(C.30)计算的无因次声共振参数 ψ_2 值处于图 C.8 的共振区内：

$$\psi_2=\sqrt{\frac{Vd_o}{\nu}\left[\frac{\sqrt{L(T-d_o)}}{L-d_o}\right]}\frac{\nu}{cd_o} \quad \cdots\cdots\cdots\cdots\cdots\cdots(\text{C.30})$$

式(C.30)与图 C.8 中的符号：

L ——纵向的换热管中心距[(参见图 C.2 b)]，m；

T ——横向的换热管中心距[(参见图 C.2 b)]，m；

c ——声速，m/s；

g ——管间隙[(参见图 C.2 b)]，m；

h ——管束中气体喷射的最小宽度，m；

$g>(T-d_o)/2$ 时，$h=(T-d_o)/2$；

$g<(T-d_o)/2$ 时，$h=g$。

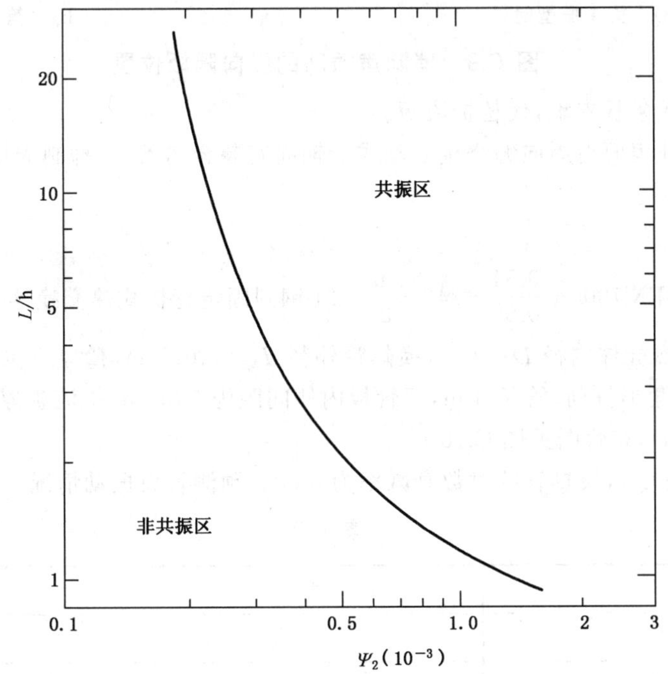

图 C.8 错列管束的声共振区

C.6 防振措施

C.6.1 改变流速

a) 用分流壳程代替单壳程(参见图 6-7)；

b) 用双弓形折流板、三弓形折流板代替单弓形折流板。

C.6.2 改变换热管的固有频率

a) 改变折流板的形式与布置，减小换热管的无支撑跨距；

b) 在换热管二阶振型的节点处增设支承件；

c) U形弯管段设置支承板或支承条。

C.6.3 在壳程沿平行于气流的方向插入纵向隔板，以减小式(C.4)中的特性长度 D，可提高声频，防止声振动。纵向隔板位置应错开驻波的节点而靠近波腹，如图C.9所示。

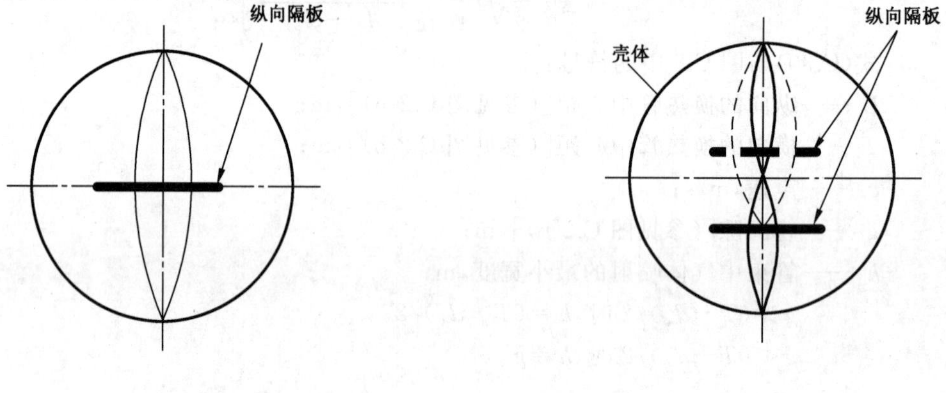

a) 第1振型时　　b) 第2振型时

图 C.9 消除声振动的纵向隔板位置

C.6.4 采用杆状或条状支承，代替折流板。

C.6.5 在换热管外表面沿周向缠绕金属丝或沿轴向安装金属条，可抑制周期性旋涡的形成。

C.7 例题

一台型号为BEM1000$-\dfrac{0.54}{0.88}-343-\dfrac{6}{25}-$2I钢制固定管板式热交换器。

已知：热交换器壳体内径 $D=1$ m，换热管外径 $d_o=0.025$ m，壁厚0.002 5 m，管孔中心距 $S=0.032$ m，正三角形排列，管长6 m，两管板内侧间距为5.89 m，折流板厚 $t_b=0.01$ m。折流板布置见图C.10 a)，布管图见图C.10 b)。

操作条件见表C.7，换热管的对数衰减率为0.03。预测管束振动情况。

表 C.7

	管　程	壳　程
介质	水	乙烯
工作压力(绝压)/MPa	0.539 6	0.882 9
工作温度/℃	37	46
密度/(kg/m³)	1 000	9.64
流量 Q/(kg/h)		30 000
运动黏度 ν/(m²/s)		1.1×10^{-6}

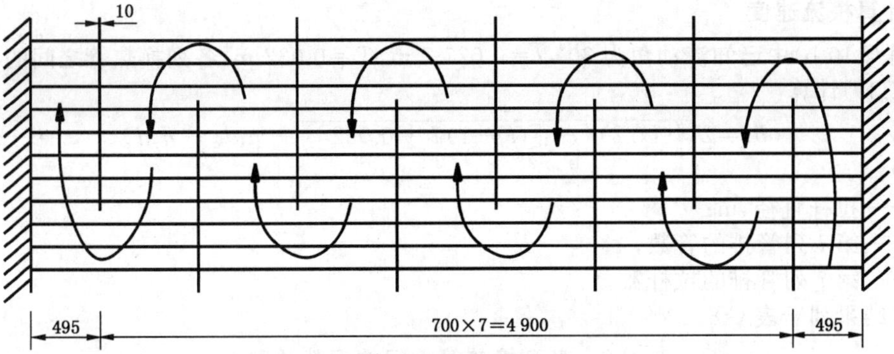

a) 折流板布置图

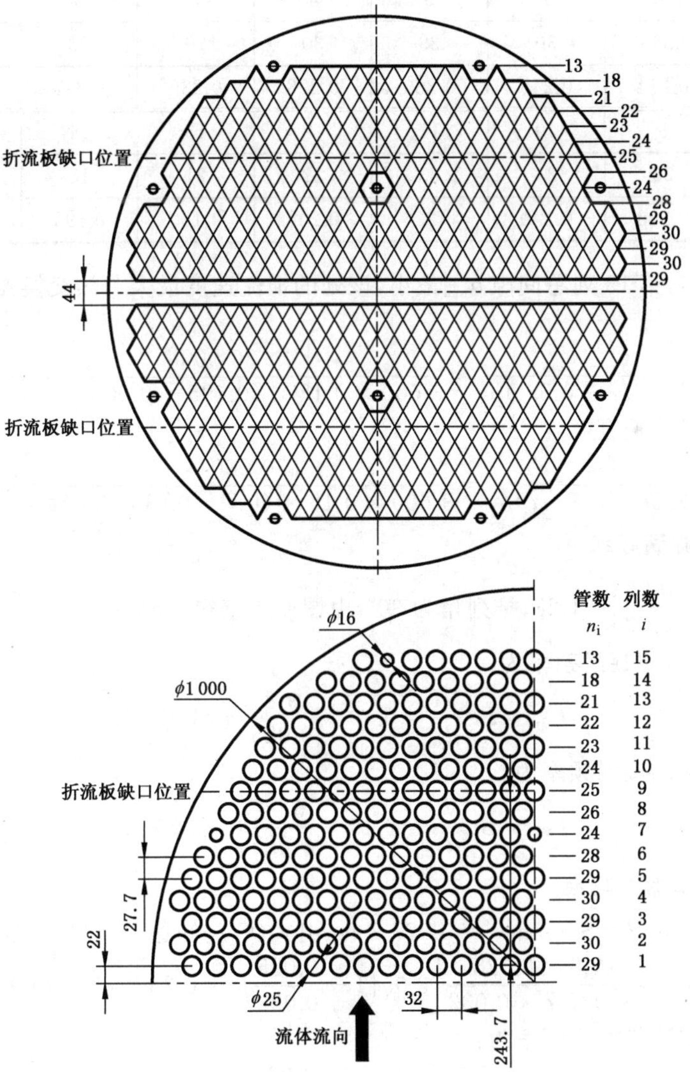

b) 布管图

图 C.10 管束结构参数

C.7.1 计算横流速度

在图 C.10 b)中已知流动角为 30°，$l=0.027\ 7$ m，$T=0.032$ m，各列换热管之间的间隙总和 b_i 按式(C.31)计算：

$$b_i=2\sqrt{(D/2)^2-[(i-1)l+0.022]^2}-n_i d_o-n_r d_r \qquad \cdots\cdots\cdots(C.31)$$

式中：

d_r——拉杆直径，m；

n_i——第 i 列管排的管数；

n_r——第 i 列管排的拉杆数。

计算结果列于表 C.8。

表 C.8 各列换热管之间的间隙总和 b_i

列数 i	1	2	3	4	5	6	7	8
管数 n_i	29	30	29	30	29	28	24	26
总间隙 b_i/m	0.274	0.245	0.263	0.228	0.239	0.247	0.278	0.252
列数 i	9	10	11	12	13	14	15	
管数 n_i	25	24	23	22	21	18	13	
总间隙 b_i/m	0.248	0.240	0.226	0.207	0.180	0.195	0.216	

由表 C.8 看出，第 13 列总间隙 b_{min} 最小，该处的横流速度最大。热交换器进、出口处的横流速度 V_1：

$$V_1=\frac{Q_o}{3\ 600 b_{min}(l_1-0.5t_b)\rho_o}=\frac{30\ 000}{3\ 600\times0.18\times(0.495-0.005)\times9.64}=9.8\ \text{m/s}$$

折流板间的横流速度 V_2：

$$V_2=\frac{Q_o}{3\ 600 b_{min}(l-t_b)\rho_o}=\frac{30\ 000}{3\ 600\times0.18\times(0.7-0.01)\times9.64}=6.96\ \text{m/s}$$

C.7.2 计算卡门旋涡频率

节径比 $\dfrac{S}{d_o}=\dfrac{0.032}{0.025}=1.28$；排列角为 30°，由图 C.1 查得 $St=0.19$。

进、出口处的卡门旋涡频率为：

$$f_{V_1}=St\frac{V_1}{d_o}=0.19\times\frac{9.8}{0.025}=74.48\ \text{Hz}$$

折流板间的卡门旋涡频率为：

$$f_{V_2}=St\frac{V_2}{d_o}=0.19\times\frac{6.96}{0.025}=52.90\ \text{Hz}$$

C.7.3 计算湍流抖振主频率

$T=S=0.032$ m，$l=S\cdot\sin60°=0.027\ 7$ m，由式(C.2)知进、出口处的湍流抖振主频率为：

$$f_{t_1}=\frac{9.8\times0.025}{0.027\ 7\times0.032}\left[3.05\left(1-\frac{0.025}{0.032}\right)^2+0.28\right]=117.73\ \text{Hz}$$

折流板间的湍流抖振主频率为：

$$f_{t_2}=\frac{6.96\times0.025}{0.027\ 7\times0.032}\left[3.05\left(1-\frac{0.025}{0.032}\right)^2+0.28\right]=83.61\ \text{Hz}$$

C.7.4 计算声频

乙烯的定压比热容与定容比热容的比值 $\gamma=1.25$。

取乙烯的压缩系数 $Z=1$。用式(C.3)得声速为：

$$c=1\,000\sqrt{\frac{0.882\,9\times 1.25\times 1}{9.64\times\left(1+0.907\dfrac{0.025^2}{0.032^2}\right)}}=271.46\ \text{m/s}$$

声频为：

$$f_a=\frac{nc}{2D}=\frac{1\times 271.46}{2\times 1}=135.73\ \text{Hz}$$

C.7.5 换热管的固有频率

由图 C.10 a)知换热管刚性较差的部位在折流板缺口区，故：

跨数：$n=5$；

折流板缺口区跨距：$l=1.4$ m；

管板与相邻折流板间距：$l_1=0.495$ m，$l_2=1.195$ m；

换热管材料的弹性模量：$E=2.03\times 10^5$ MPa；

由附录 G 查得单位长度换热管质量：$m_t=1.39$ kg/m；

单位长度换热管内流体质量：$m_i=\pi d_i^2\rho_i/4=3.14\times 0.02^2\times 1\,000/4=0.314$ kg/m；

由图 C.5 查得附加质量系数：$C_M=1.57$。

单位长度换热管外流体虚拟质量：

$$m_o=\pi d_o^2\rho_o C_M/4=3.14\times 0.025^2\times 9.64\times 1.57/4=0.007\,4\ \text{kg/m}$$

单位管长质量：$m=m_t+m_i+m_o=1.71$ kg/m

对于两端固定的换热管，用式(C.8)～式(C.11)给出的关系式编制计算机程序进行计算可以确定换热管一、二阶固有频率。其值为：

$$f_1=34.36\ \text{Hz}$$

$$f_2=46.09\ \text{Hz}$$

也可用 C.2.4.3 的方法估算换热管一阶固有频率。

因 $K_2=l_2/l=1.195/1.4=0.854>K_1$，$n=5$，查图 C.12，知 $\lambda_1=11.4$

根据 C.2.4.3 知：

$$f_1'=35.3\times 11.4\sqrt{\frac{2.03\times 10^5(0.025^4-0.02^4)}{1.71\times 1.4^4}}=34.0\ \text{Hz}$$

电算与估算法得出的结果相差仅为 1.05%。

C.7.6 临界横流速度

流动角为 30°，节径比为 1.28 的管束，其 K_c 值与 b 值可根据表 C.1 确定。已知换热管的对数衰减率 $\delta=0.03$，故：

$$\delta_s=m\delta/\rho_o d_o^2=1.71\times 0.03/(9.64\times 0.025^2)=8.51$$

则：

$$K_c=6.53\left(\frac{S}{d_o}-0.9\right)=6.53(1.28-0.9)=2.48$$

$$b=0.5$$

$$V_{c1}=K_c f_1 d_o\delta_s^b=2.48\times 34.36\times 0.025\times 8.51^{0.5}=6.21\ \text{m/s}$$

$$V_{c2}=K_c f_2 d_o\delta_s^b=2.48\times 46.09\times 0.025\times 8.51^{0.5}=8.34\ \text{m/s}$$

C.7.7 计算振幅

C.7.7.1 计算 y_V

由表 C.6 知 $S/d_o=1.28$ 时，$C_L=0.081$，由式(C.24)得：

$$y_{V_1}=\frac{0.081\times 9.64\times 0.025\times 9.8^2}{2\pi^2\times 0.03\times 34.36^2\times 1.71}=15.68\times 10^{-4}\ \text{m}$$

$$y_{V_2}=\frac{0.081\times 9.64\times 0.025\times 6.96^2}{2\pi^2\times 0.03\times 34.36^2\times 1.71}=7.91\times 10^{-4}\ \text{m}$$

C.7.7.2 计算 y_t

由表 C.5 知 $f_1=34.36$ Hz 时，壳程入口处，$C_F=0.022$，离入口较远处的管束 $C_F=0.012$，由式(C.25)得：

$$y_{t1}=\frac{0.022\times 9.64\times 0.025\times 9.8^2}{8\pi\times 0.03^{1/2}\times 34.36^{3/2}\times 1.71}=3.40\times 10^{-4}\ \text{m}$$

$$y_{t2}=\frac{0.012\times 9.64\times 0.025\times 6.96^2}{8\pi\times 0.03^{1/2}\times 34.36^{3/2}\times 1.71}=0.94\times 10^{-4}\ \text{m}$$

C.7.8 结论

1)由于

$$f_{V_1}/f_1=74.48/34.36=2.17>0.5$$

$$f_{V_2}/f_1=52.90/34.36=1.54>0.5$$

$$f_{t_1}/f_1=117.73/34.36=3.43>0.5$$

$$f_{t_2}/f_1=83.61/34.36=2.43>0.5$$

故在壳程流体进、出口处及折流板缺口区，可能因卡门旋涡或极度湍流激发换热管的振动，需进一步计算换热管振幅是否超过推荐值。

由于

$$0.02d_o=0.02\times 0.025=5.0\times 10^{-4}\ \text{m}$$

$$y_{V_1}=15.68\times 10^{-4}\ \text{m}>0.02d_o$$

$$y_{V_2}=7.91\times 10^{-4}\ \text{m}>0.02d_o$$

$$y_{t_1}=3.40\times 10^{-4}\ \text{m}<0.02d_o$$

$$y_{t_2}=0.94\times 10^{-4}\ \text{m}<0.02d_o$$

故只有卡门旋涡激振时振幅超过推荐值。

2)由于

$$V_1=9.8\ \text{m/s}>V_{c1}$$

$$V_2=6.96\ \text{m/s}>V_{c1}$$

故在壳程流体进、出口处及折流板缺口区将发生流体弹性振动。

3)由于

$$f_{V_1}/f_a=74.48/135.73=0.549<0.8$$

$$f_{V_2}/f_a=52.90/135.73=0.390<0.8$$

$$f_{t_1}/f_a=117.73/135.73=0.867>0.8$$

$$f_{t_2}/f_a=83.61/135.73=0.616<0.8$$

在进、出口处将因极度湍流诱发声振动。故需按式(C.30)计算声共振参数 ψ_2：

$$\psi_2=\sqrt{\frac{9.8\times 0.025}{1.1\times 10^{-6}}}\times\left[\frac{\sqrt{0.055\,4\times(0.032-0.025)}}{0.055\,4-0.025}\right]\times\frac{1.1\times 10^{-6}}{271.46\times 0.025}=0.05\times 10^{-3}$$

由图 C.8 可看出无论 L/h 值为何值，坐标点(ψ_2，L/h)均落在非共振区。故壳程不会发生声振动。

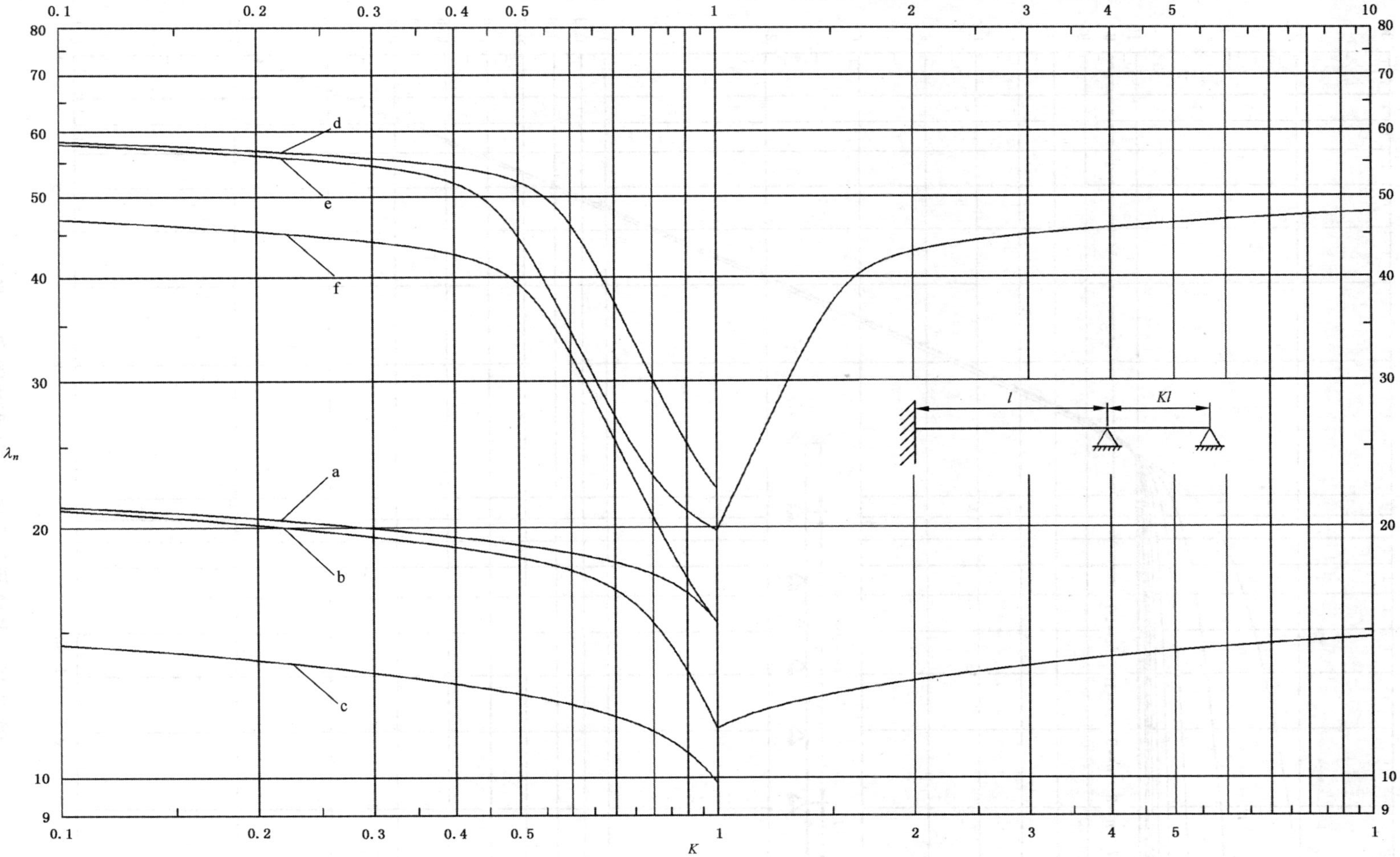

说明：
a、d ——两端固定时的一、二阶曲线；
b、e ——一端固定、一端简支时的一、二阶曲线；
c、f ——两端简支时的一、二阶曲线。

图 C.11　二跨管频率常数图

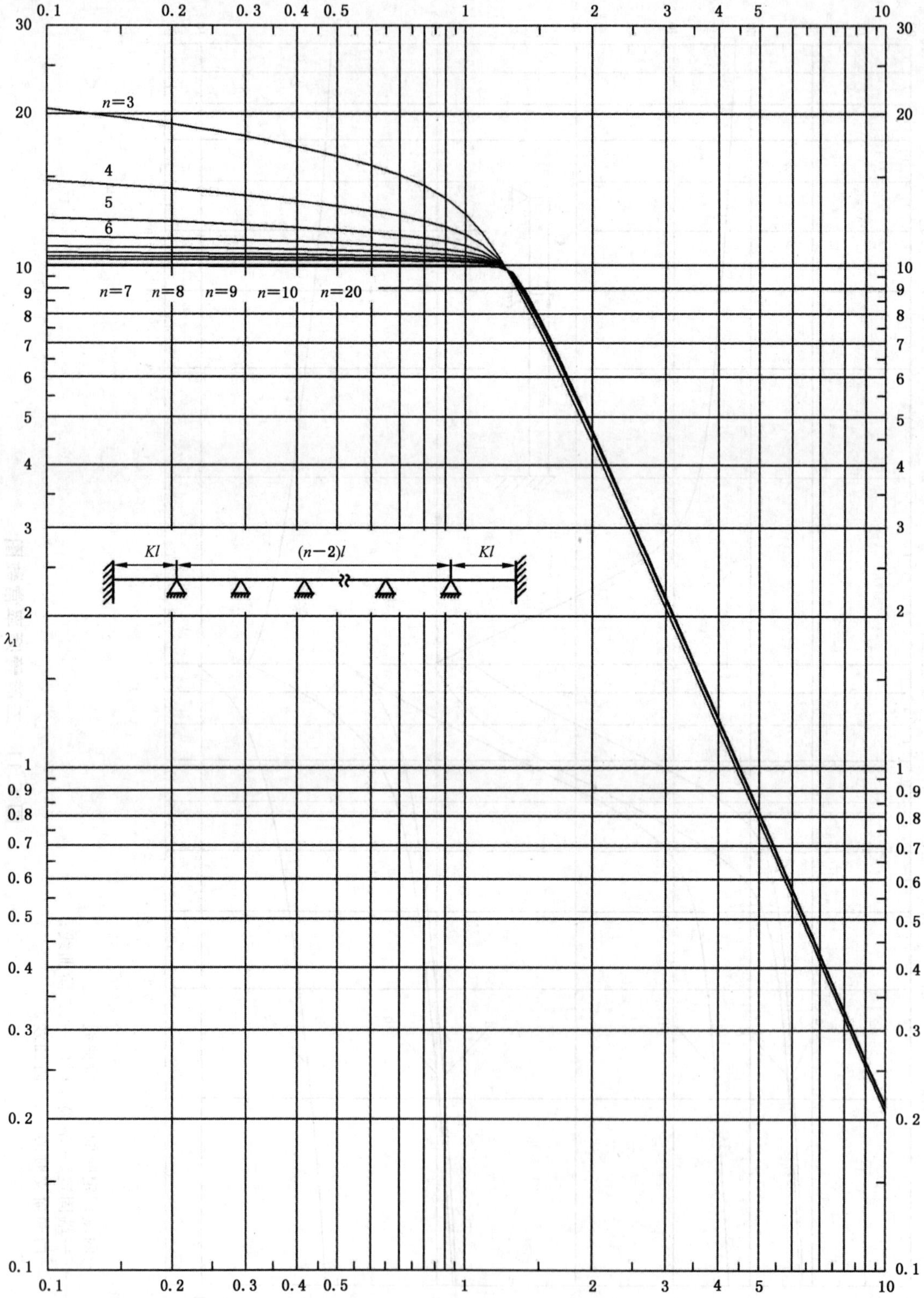

图 C.12 多跨管频率常数图(两端固定、一阶)

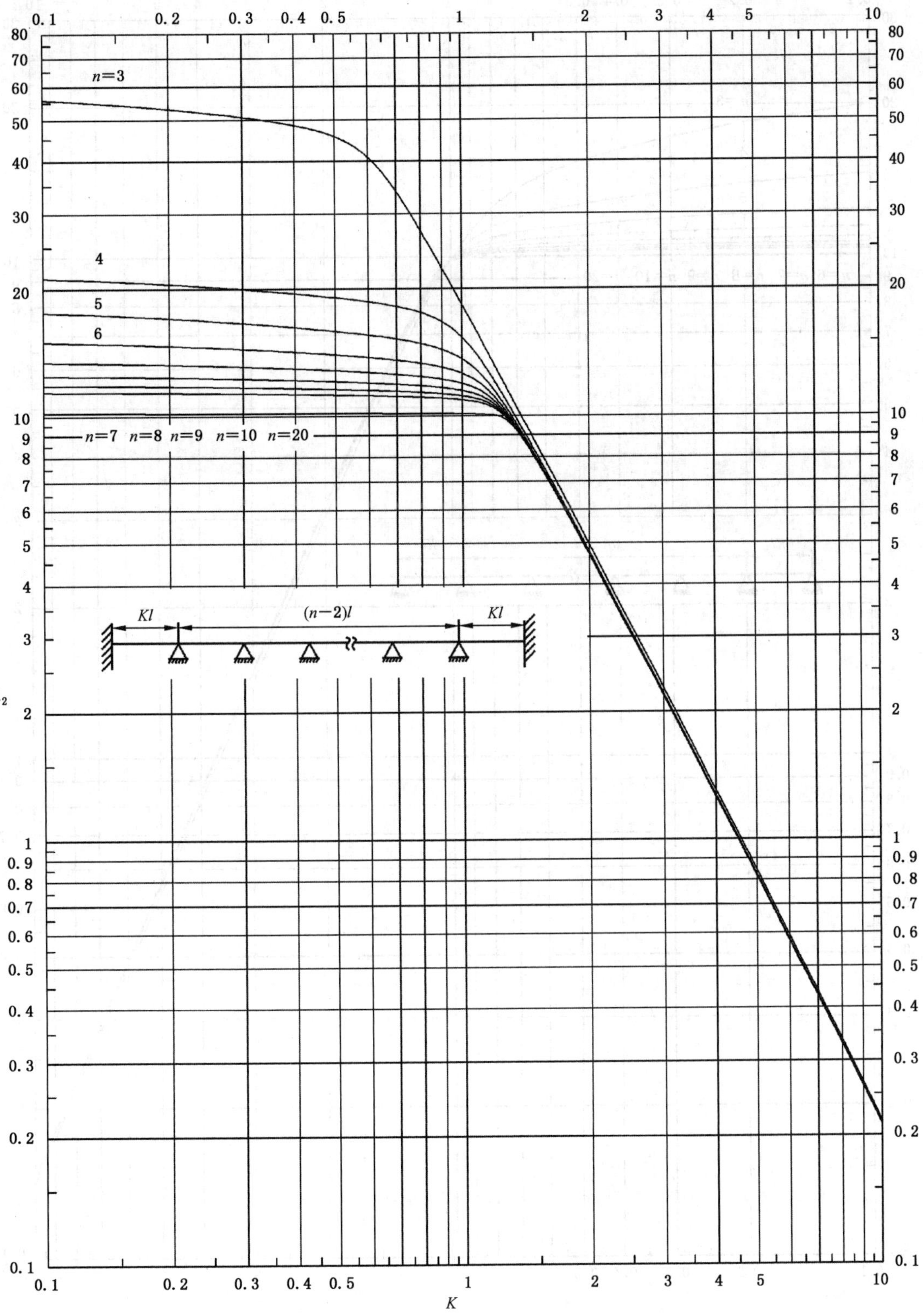

图 C.13 多跨管频率常数图(两端固定、二阶)

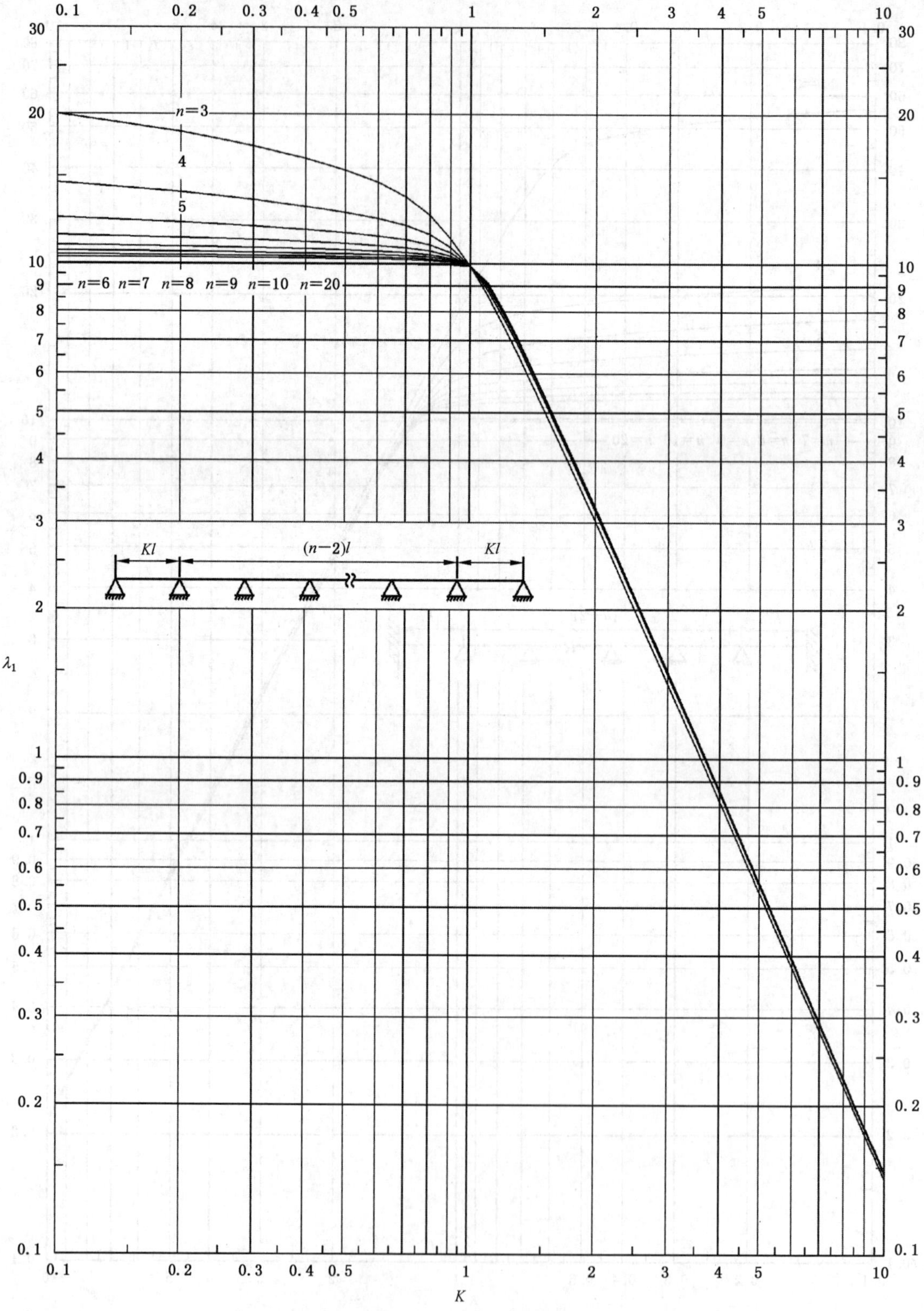

图 C.14 多跨管频率常数图(两端简支、一阶)

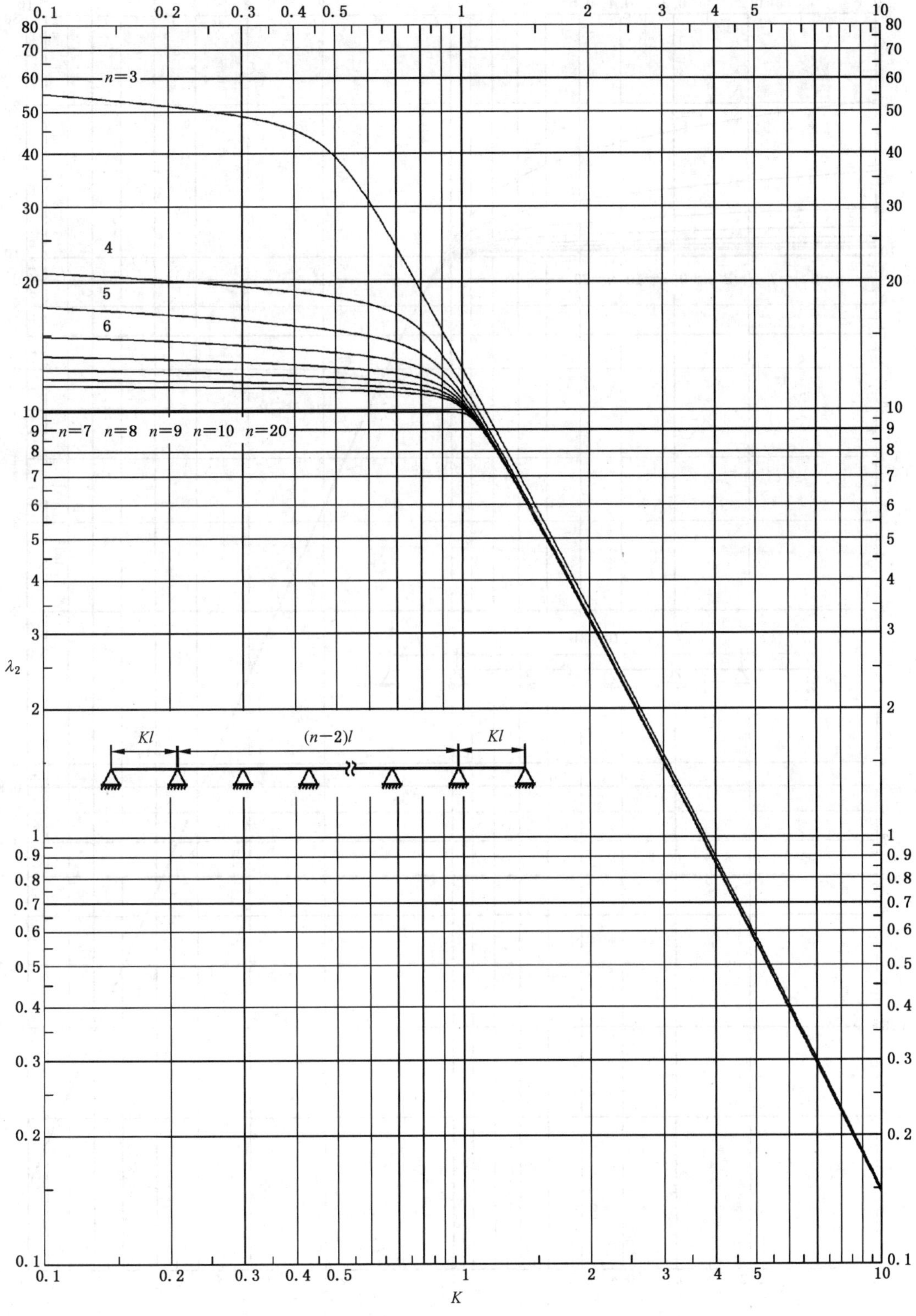

图 C.15 多跨管频率常数图(两端简支、二阶)

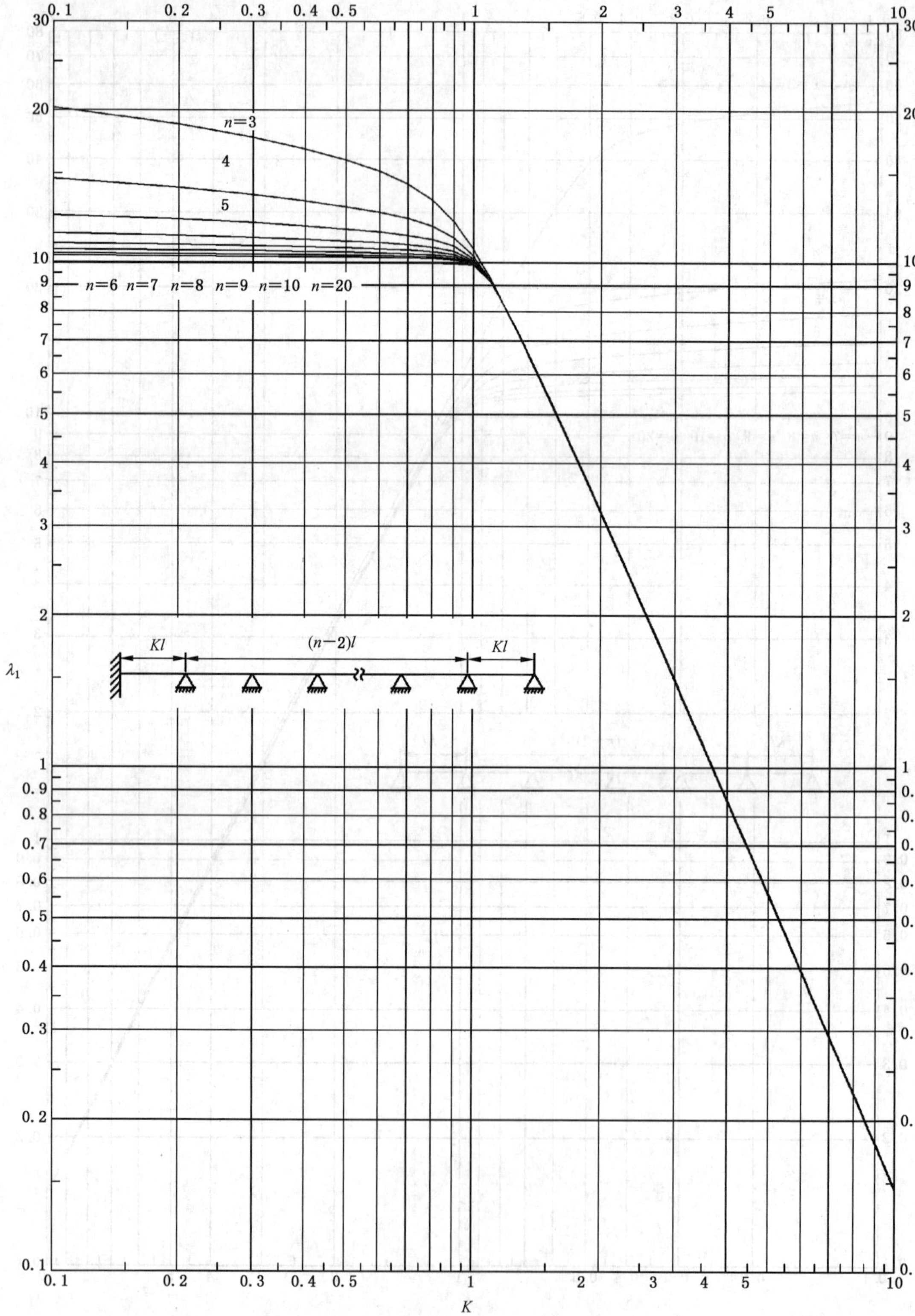

图 C.16　多跨管频率常数图(一端固定、一端简支、一阶)

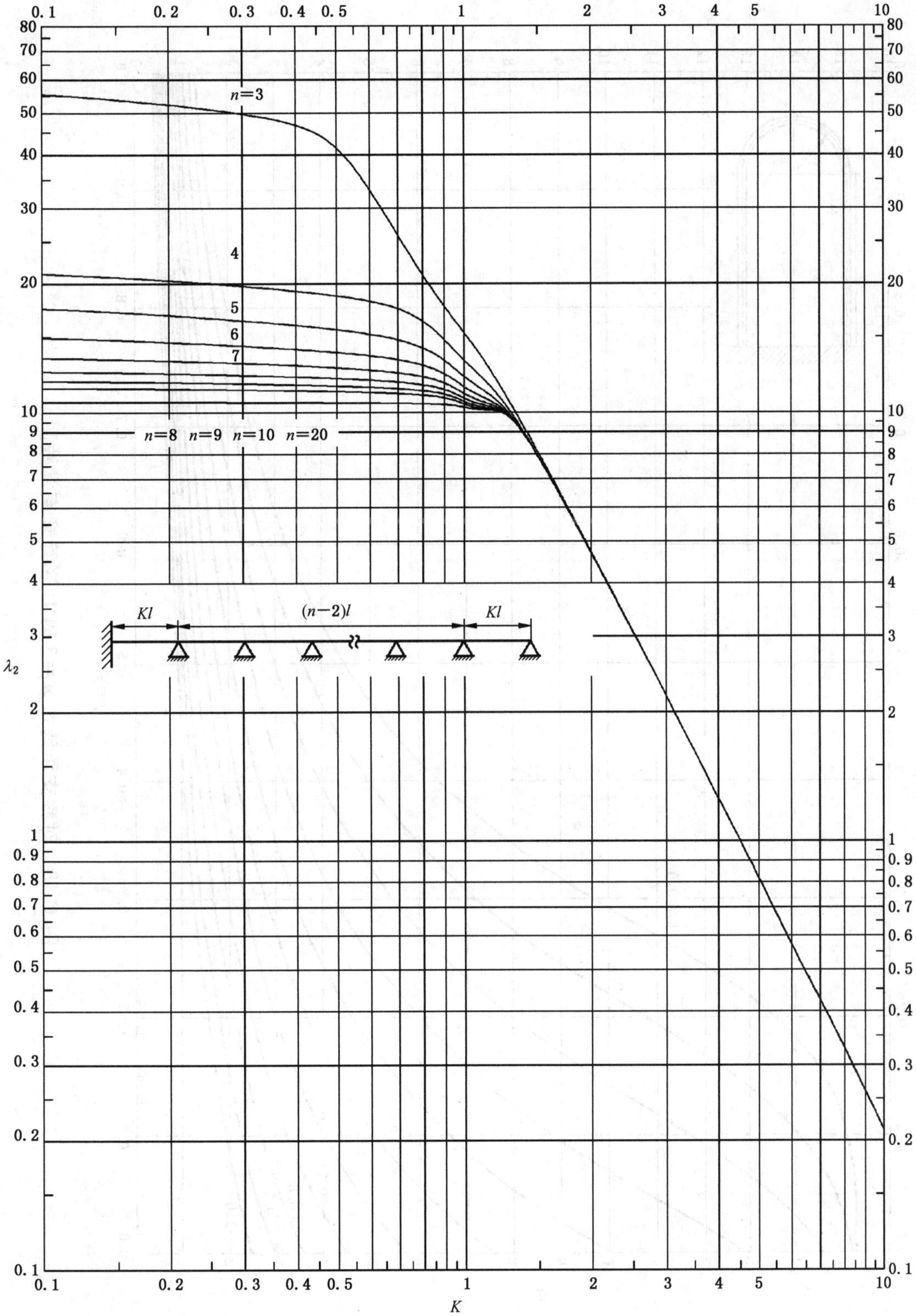

图 C.17　多跨管频率常数图(一端固定、一端简支、二阶)

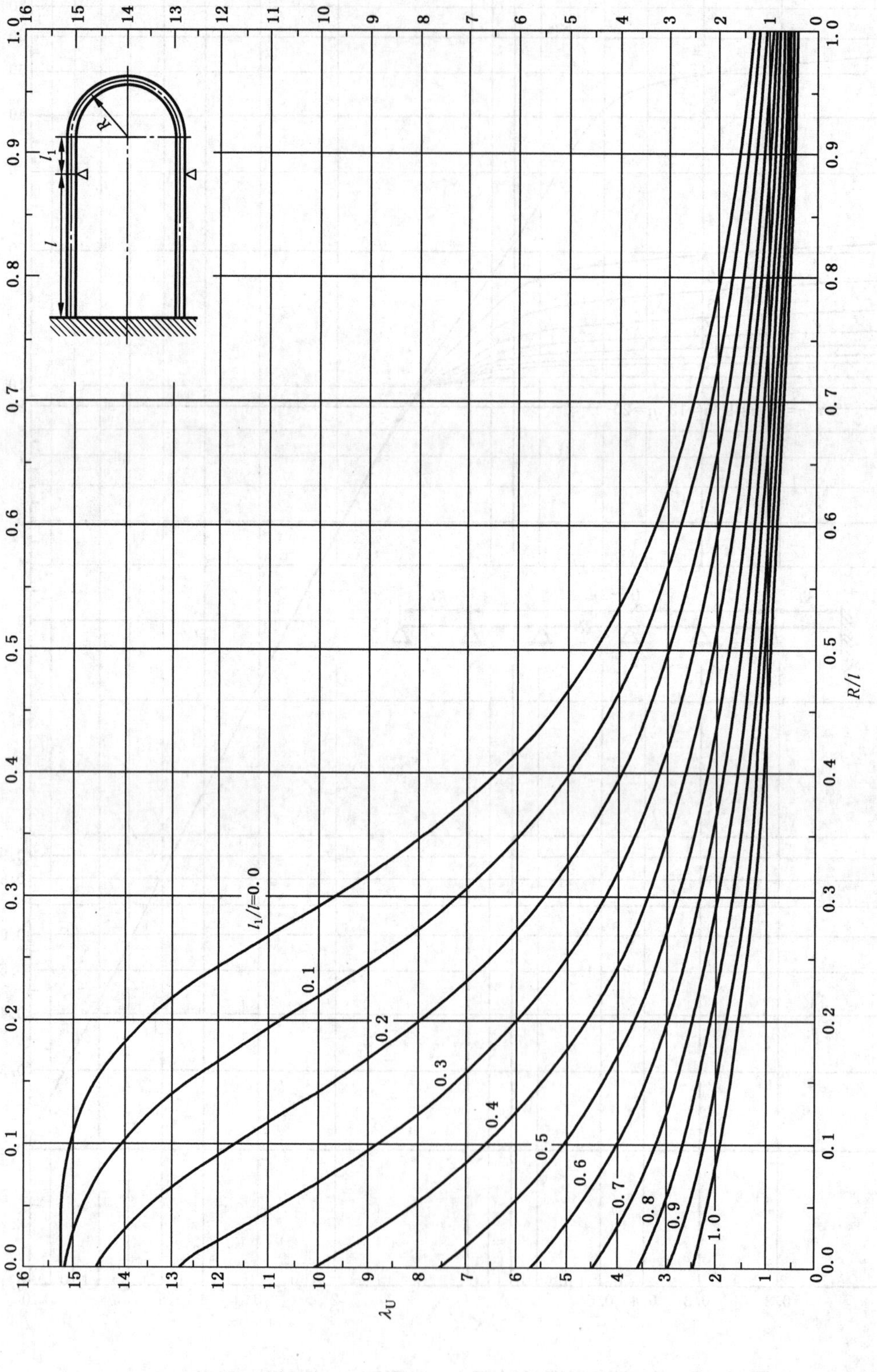

图 C.18 对称支承跨数 $n=3$ 时 U 形管频率常数图

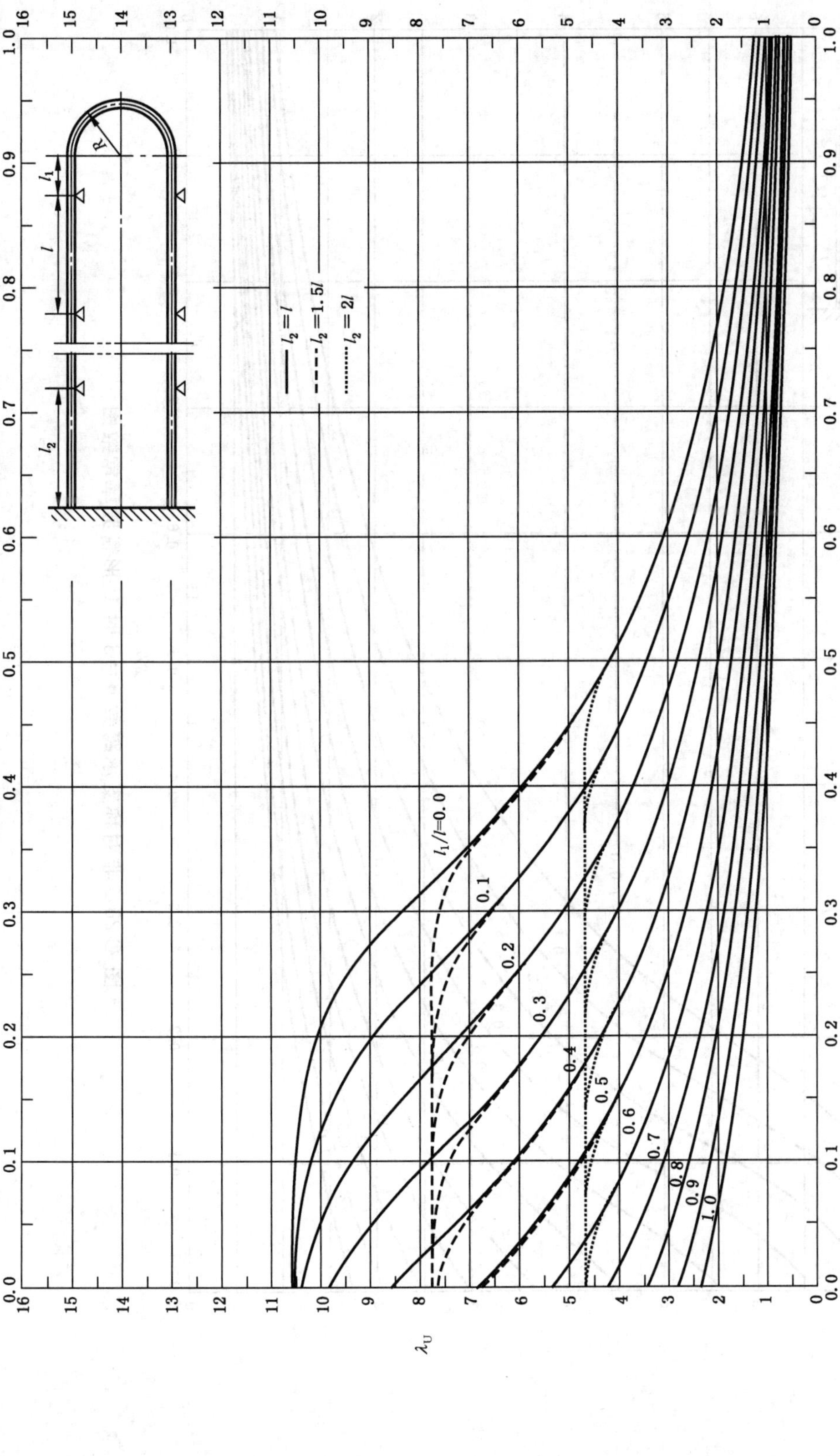

图 C.19 对称支承跨数 $n=5\sim21$ 时 U 形管频率常数图

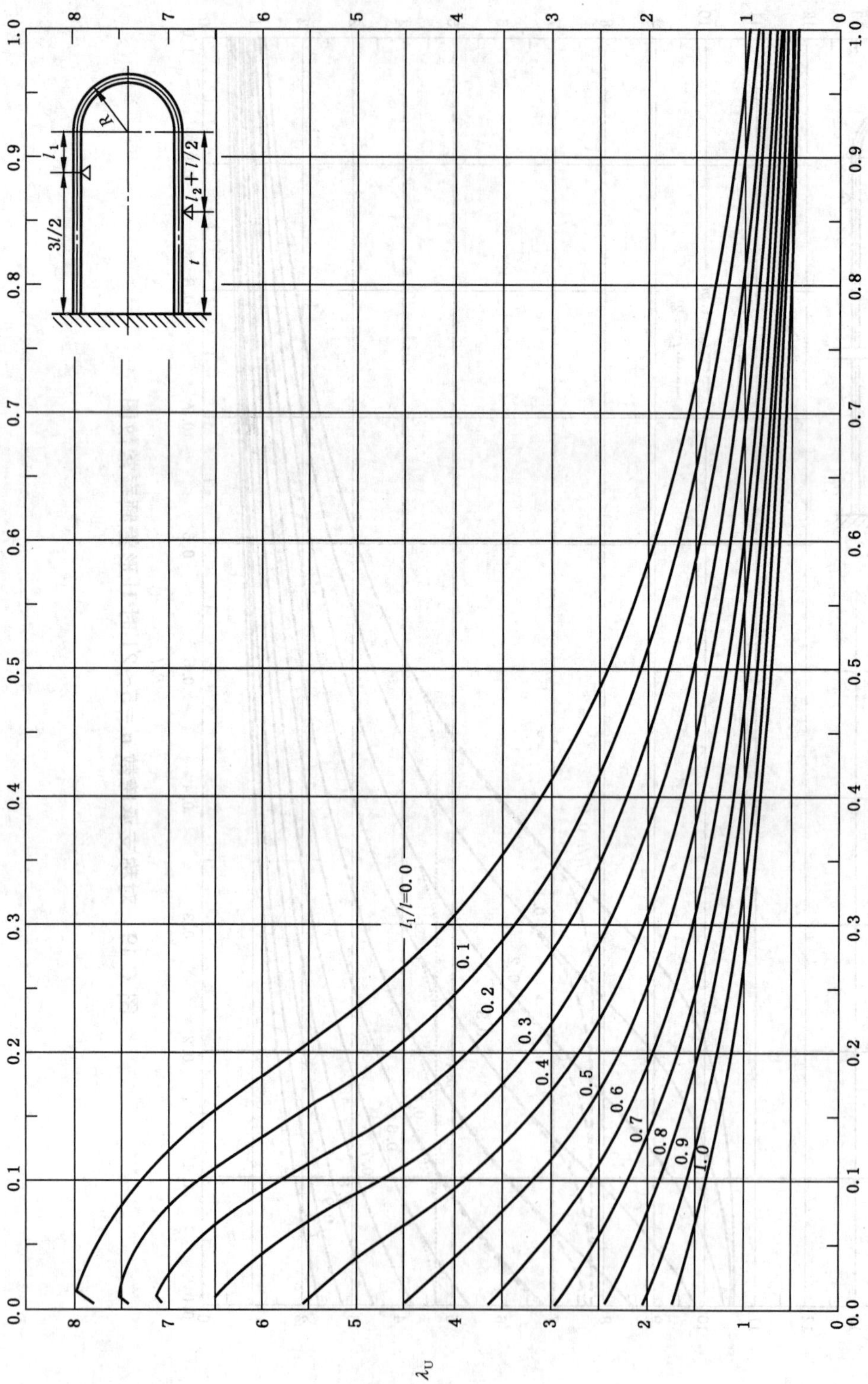

图 C.20 非对称支承跨数 $n=3$ 时 U 形管频率常数图

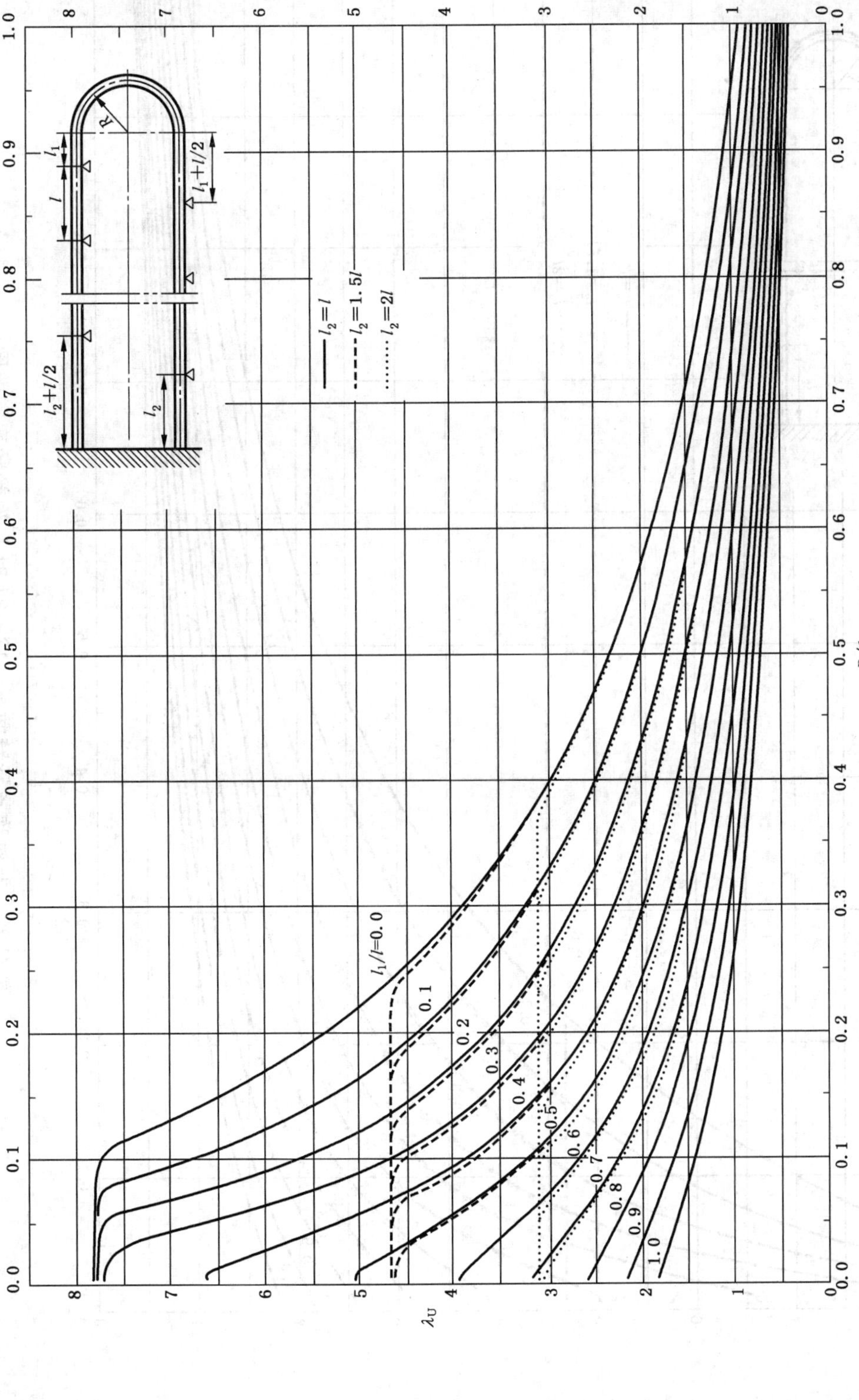

图 C.21 非对称支承跨数 $n=4\sim12$ 时 U 形管频率常数图

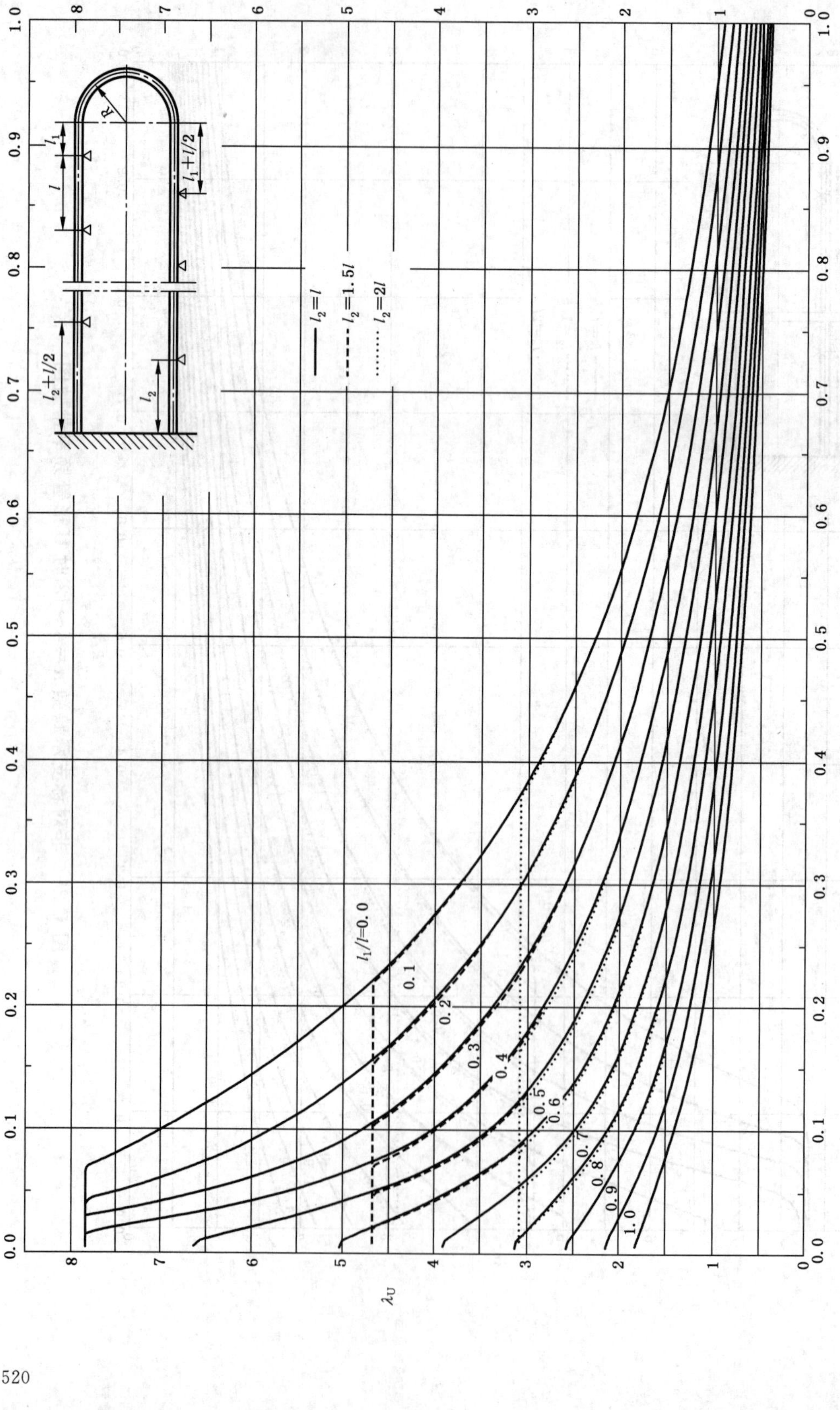

图 C.22 非对称支承跨数 $n=13\sim21$ 时 U 形管频率常数图

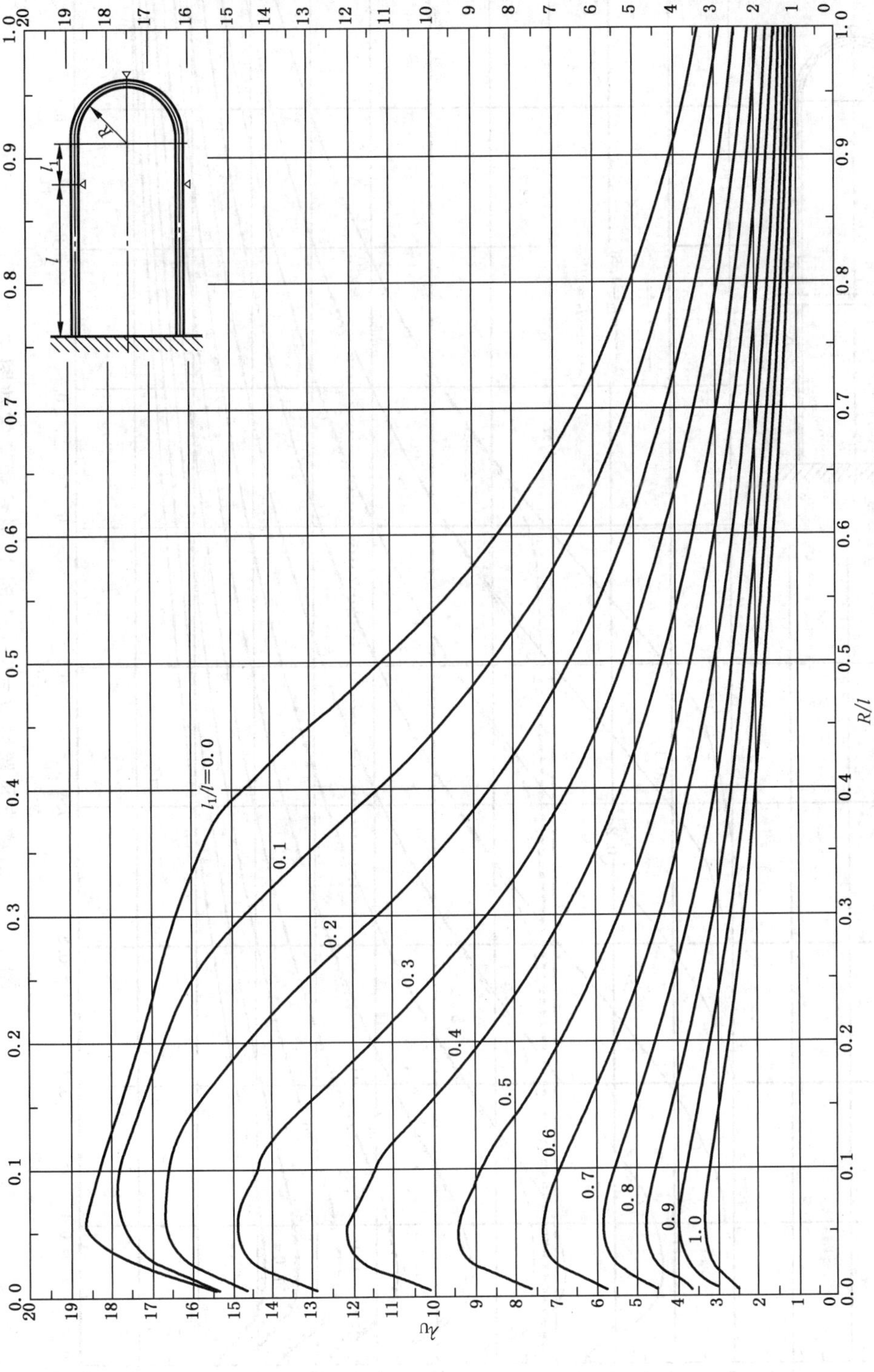

图 C.23 对称支承跨数 n=3 时 U 形管频率常数图

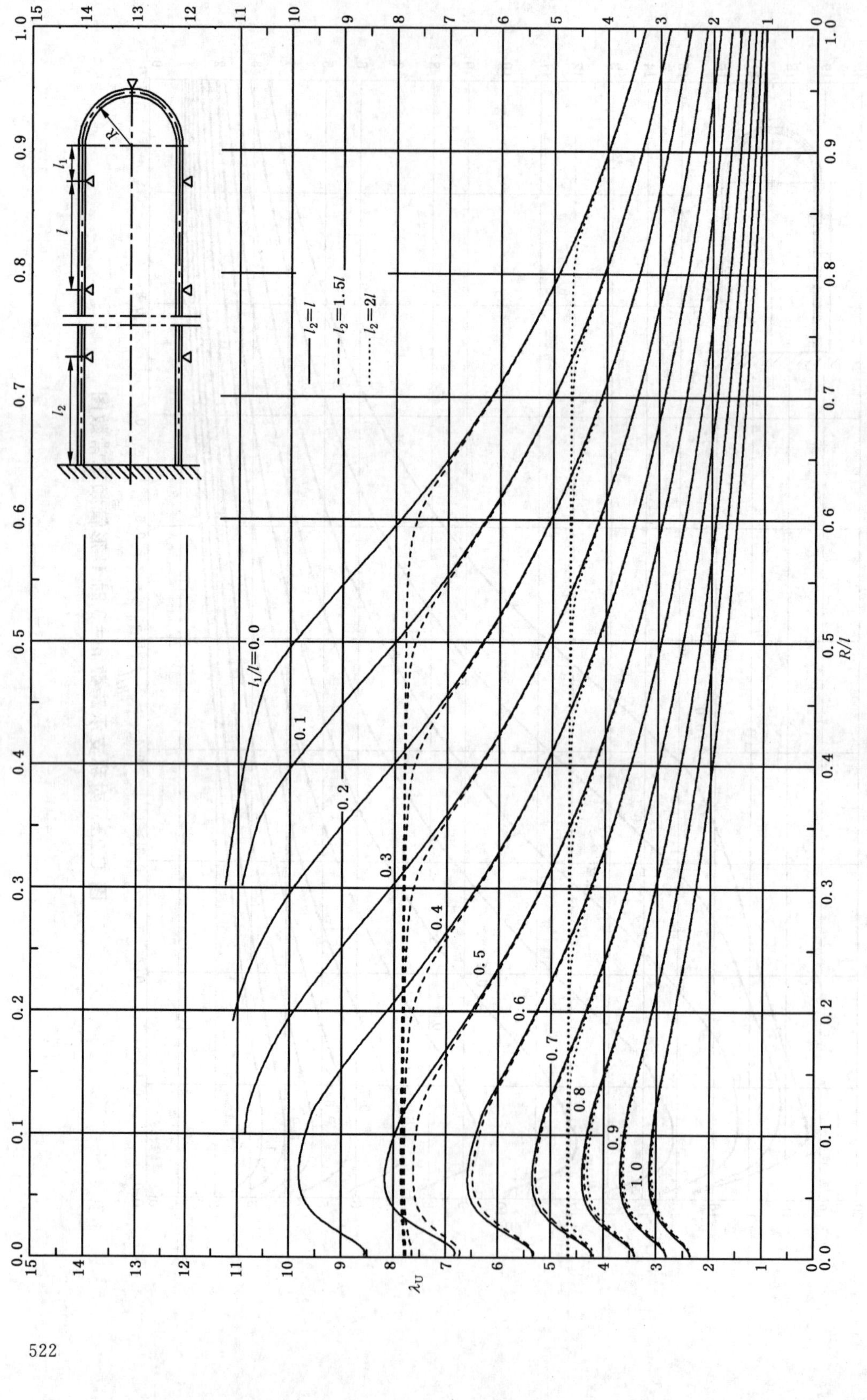

图 C.24　对称支承跨数 $n=5\sim21$ 时 U 形管频率常数图

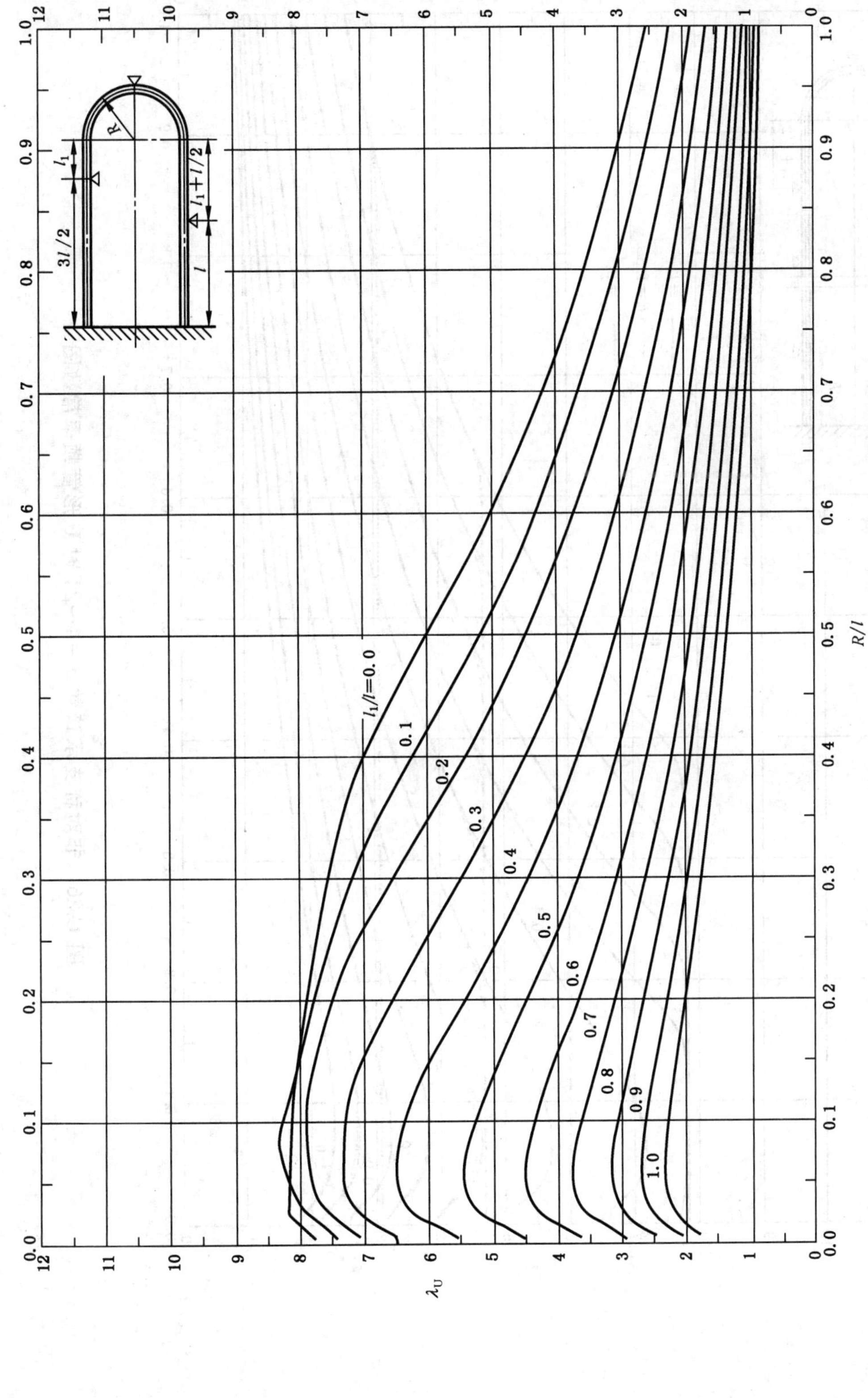

图 C.25　非对称支承跨数 $n=3$ 时 U 形管频率常数图

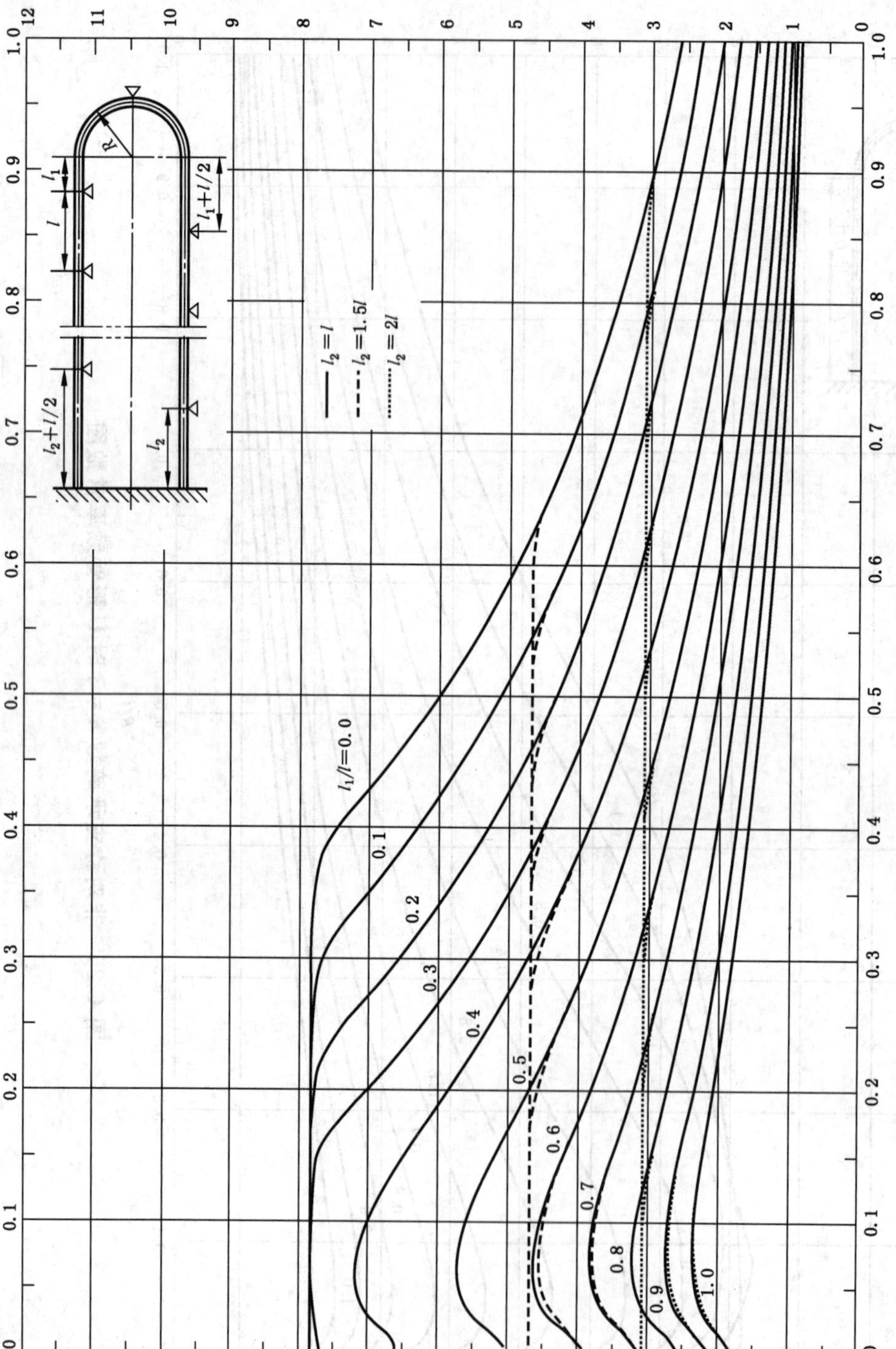

图 C.26　非对称支承跨数 $n=4\sim21$ 时 U 形管频率常数图

附 录 D
(资料性附录)
常见流体的物理性质数据

D.1 流体密度

D.1.1 液态石油馏分的相对密度

液态石油馏分和饱和轻烃的相对密度见图 D.1。

D.1.2 有机液体的密度

已知两个不同温度下的密度,可用图 D.2 的通用密度共线图近似地求取在－100 ℃～260 ℃之间各温度下有机液体的密度。表 D.1 列出了 65 种化合物在共线图网格上参考点的坐标值。已知某一物质在两个不同温度下的密度,可通过温度与相应密度连线的交点,确定参考点。

D.1.3 气体和蒸汽的压缩因子

气体和蒸汽的 p-v-T 关系,可用式(D.1)描述:

$$pv = ZR_g T \qquad \text{(D.1)}$$

式中:

p ——绝对压力,Pa;

R_g——气体常数,J/(kg·K);

T ——绝对温度,K;

v ——比容,m^3/kg;

Z ——压缩因子,对于理想气体,$Z=1$。

图 D.3～图 D.5,是以对比压力 p_r 和对比温度 T_r 为函数的通用压缩因子图。虚线代表虚拟对比比体积 $v_r = v/(R_g T_c/p_c)$ 的各常数值,T_c 指临界温度,p_c 指临界压力,临界性质数据见 D.6。当温度(或压力)和比容已知时,这些曲线可用于计算压力(或温度)。

D.2 比热

D.2.1 液态石油馏分

不同 API 比重的液态石油馏分的比热,作为温度的函数,见图 D.6。

D.2.2 石油蒸气

不同特性因数的石油蒸气的比热,作为温度的函数,见图 D.7。

D.2.3 纯烃气体

低压纯烃类的比热,作为温度的函数,见图 D.8～图 D.10。

D.2.4 其他液体和气体

其他液体和其他低压气体在不同温度下的比热,查图 D.11 与表 D.2 和图 D.12 与表 D.3。

D.2.5 压力对气体和蒸气比热的影响

任何气体高压下比热对低压下的近似校正值,查图 D.13。图 D.13 范围之外,可用式(D.2)和式(D.3)计算:

对于 $T_r>1.2$ 和 $\Delta c_p<2$：

$$\Delta c_p = 5.03 p_r / T_r^3 \qquad \cdots\cdots (D.2)$$

对于 $T_r<1.2$ 和 $\Delta c_p<2.5$：

$$\Delta c_p = 9 p_r / T_r^6 \qquad \cdots\cdots (D.3)$$

临界性质数据见 D.6.1 和 D.6.2。

D.3 焓

石油馏分焓值，见图 D.14。

不同液体的汽化潜热，查图 D.15 与表 D.4。

不同气体的定压比热与定容比热的比值(c_p/c_V)，见表 D.5。

D.4 导热系数

D.4.1 液态烃类

液态直链烷烃的导热系数见图 D.16。

D.4.2 其他液体和气体

大气压下其他液体和气体的导热系数，查表 D.6 和表 D.7。

D.4.3 压力对气体和液体导热系数的影响

气体导热系数由图 D.17 校正。

压力大于 3.4 MPa、对比温度(T/T_c)小于 0.95 的液体导热系数，由图 D.18 校正。

D.5 黏度

D.5.1 石油油品

不同黏度表示方法之间的换算见图 D.19。

特性因数为 10.0、11.0、11.8 和 12.5 的石油油品的黏度与温度关系曲线，见图 D.20～图 D.23。

D.5.2 液态石油馏分

典型石油馏分的黏度数据见图 D.24 和图 D.25。

D.5.3 其他液体和气体

其他液体的黏度见图 D.26 和表 D.8。

标准大气压下，其他气体和蒸气的黏度见图 D.27 和表 D.9。

D.5.4 压力对气体黏度的影响

已知临界温度、临界压力和低压下的黏度时，高压气体和蒸汽的黏度由图 D.28 确定。图中 μ_p/μ_{atm} 为高压下与常压下黏度比。

D.6 临界温度与临界压力

D.6.1 单一物质

单一物质的分子量、临界温度和临界压力见表 D.10。

计算压缩因子时，宜将氢、氦和氖的临界温度和临界压力分别增加 8 K 和 0.8 MPa。

D.6.2 气体和蒸气混合物

气体和蒸气混合物的临界温度和临界压力按式(D.4)、式(D.5)计算：

$$T_{\mathrm{p,c}}=Y_1T_{\mathrm{C1}}+Y_2T_{\mathrm{C2}}+\cdots+Y_nT_{\mathrm{C}n} \qquad \cdots\cdots\cdots\cdots(\mathrm{D.4})$$

$$P_{\mathrm{p,c}}=Y_1p_{\mathrm{C1}}+Y_2p_{\mathrm{C2}}+\cdots+Y_np_{\mathrm{C}n} \qquad \cdots\cdots\cdots\cdots(\mathrm{D.5})$$

式中：

$Y_1,Y_2,\cdots,Y_n$ ——单一物质的摩尔分数；

$T_{\mathrm{C1}},T_{\mathrm{C2}},\cdots,T_{\mathrm{C}n}$ ——单一物质的临界温度，K；

$p_{\mathrm{C1}},p_{\mathrm{C2}},\cdots,p_{\mathrm{C}n}$ ——单一物质的临界压力，Pa。

D.7 气体和蒸气混合物的性质

已知各单一物质的质量分数和摩尔分数及性质时，气体和蒸气混合物的性质按式(D.6)～式(D.8)计算。

D.7.1 比热

$$c_{\mathrm{pmix}}=X_1c_{\mathrm{p1}}+X_2c_{\mathrm{p2}}+\cdots+X_nc_{\mathrm{p}n} \qquad \cdots\cdots\cdots\cdots(\mathrm{D.6})$$

D.7.2 导热系数

$$k_{\mathrm{mix}}=\frac{k_1Y_1(M_1)^{\frac{1}{3}}+k_2Y_2(M_2)^{\frac{1}{3}}+\cdots+k_nY_n(M_n)^{\frac{1}{3}}}{Y_1(M_1)^{\frac{1}{3}}+Y_2(M_2)^{\frac{1}{3}}+\cdots+Y_n(M_n)^{\frac{1}{3}}} \qquad \cdots\cdots\cdots\cdots(\mathrm{D.7})$$

D.7.3 黏度

$$\mu_{\mathrm{mix}}=\frac{\mu_1Y_1(M_1)^{\frac{1}{2}}+\mu_2Y_2(M_2)^{\frac{1}{2}}+\cdots+\mu_nY_n(M_n)^{\frac{1}{2}}}{Y_1(M_1)^{\frac{1}{2}}+Y_2(M_2)^{\frac{1}{2}}+\cdots+Y_n(M_n)^{\frac{1}{2}}} \qquad \cdots\cdots\cdots\cdots(\mathrm{D.8})$$

式中，对于组分“n”：

X_n ——质量分数；

Y_n ——摩尔分数；

M_n ——相对分子质量；

$c_{\mathrm{p}n}$ ——定压比热，J/(kg·K)；

k_n ——导热系数，W/(m·℃)；

μ_n ——黏度，mPa·s。

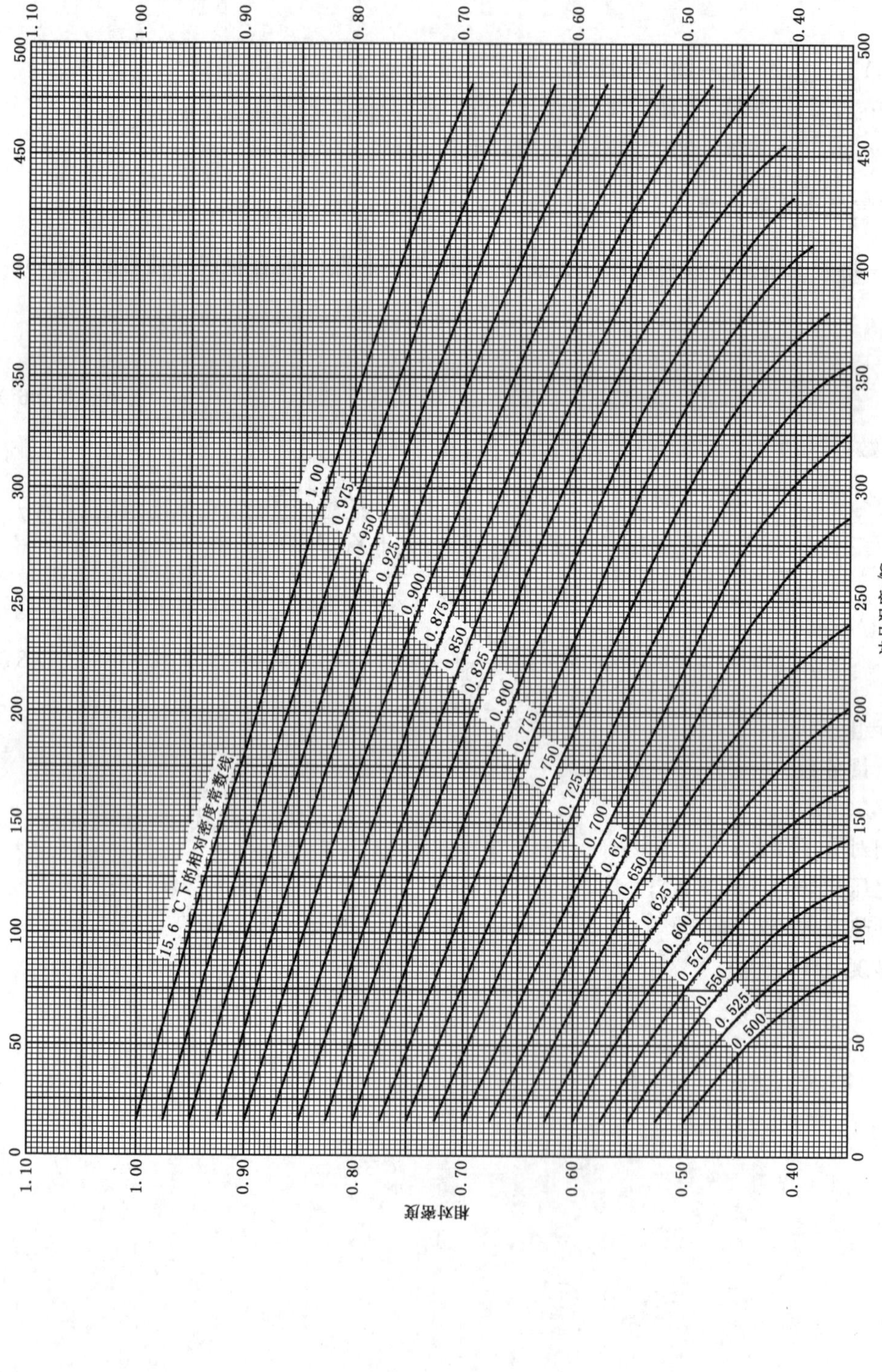

图 D.1 石油馏分在高温下的近似相对密度

注 1：精确度±10%。

注 2：特性因数 $K=11.8$。

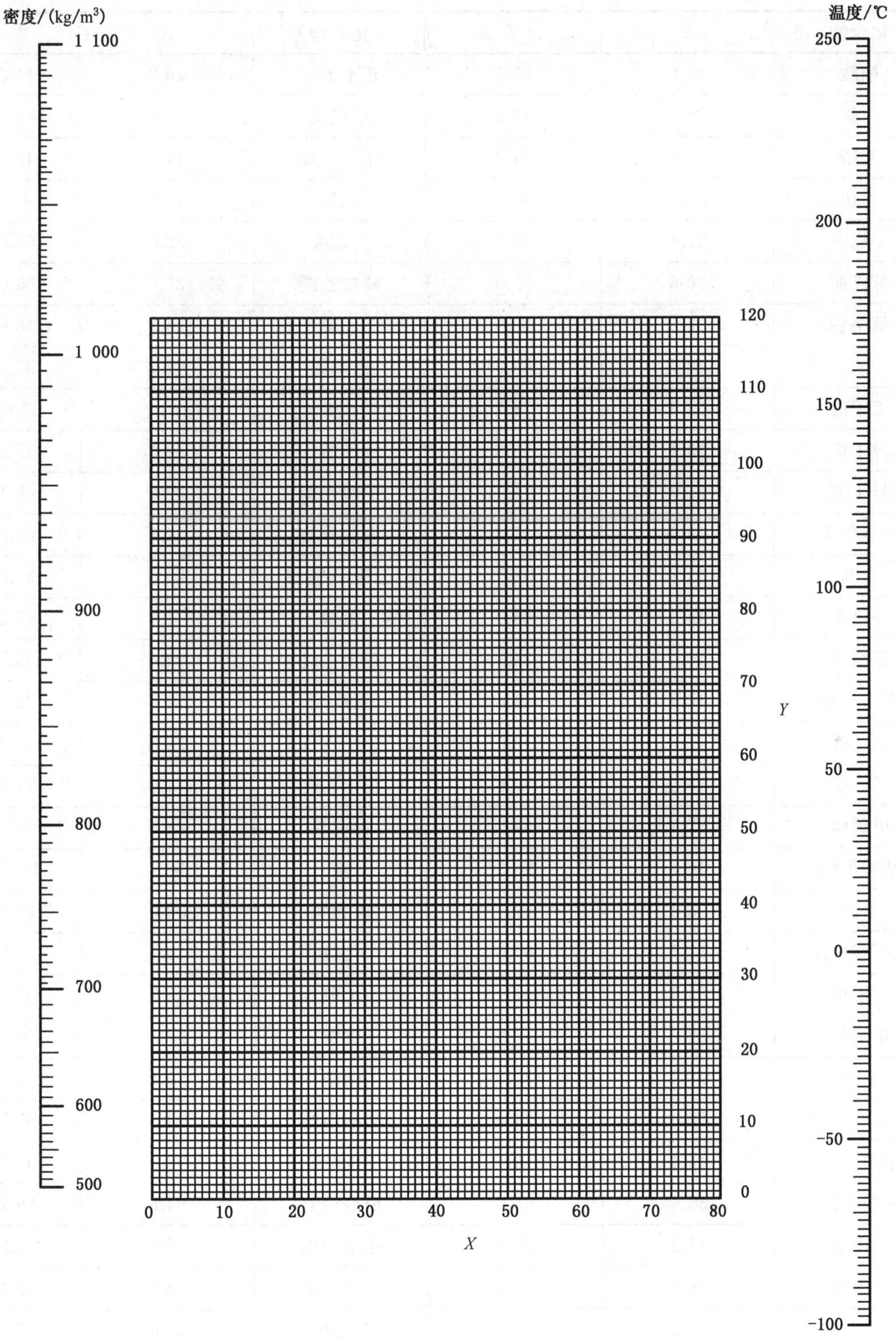
密度/(kg/m³)
1 100
1 000
900
800
700
600
500
温度/℃
250
200
150
100
50
0
-50
-100
X
Y
0
10
20
30
40
50
60
70
80
90
100
110
120

图 D.2　通用密度诺谟图

表 D.1 密度共线图的 X 和 Y 值

化合物	X	Y	化合物	X	Y
醋酸	40.6	93.5	正十五烷	15.8	44.2
丙酮	26.1	47.8	正戊烷	12.6	22.6
乙腈	21.8	44.9	正二十烷	14.8	47.5
乙炔	20.8	10.1	乙烷	10.8	4.4
氨	22.4	24.6	乙硫醇	32.0	55.5
异戊醇	20.5	52.0	醋酸乙酯	35.0	95.0
氨络物	33.5	92.5	乙醇	24.2	48.6
苯	32.7	63.0	乙基氯	42.7	62.4
正丁酸	31.3	78.7	乙烯	17.0	3.5
异丁烷	13.7	16.5	乙醚	22.6	35.8
异丁酸	31.5	75.9	甲酸乙酯	37.6	68.4
二氧化碳	78.6	45.4	丙酸异酯	32.1	63.9
氯苯	41.7	105.0	乙基-丙基醚	20.0	37.0
环己烷	19.6	44.0	氟苯	41.9	87.6
正癸烷	16.0	38.2	正十七烷	15.6	45.7
正十二烷	14.3	41.4	正庚烷	12.6	29.8
二乙胺	17.8	33.5	正十六烷	15.8	45.0
正己烷	13.5	27.0	正十九烷	14.9	47.0
甲硫醇	37.3	59.5	异戊烷	13.5	22.5
醋酸甲酯	40.1	70.3	酚	36.7	103.8
甲醇	25.8	49.1	磷化氢	28.0	22.1
正丁酸甲酯	31.5	65.5	丙烷	14.2	12.2
异丁酸甲酯	33.0	64.1	丙酸	35.0	83.5
甲基氯	52.3	62.9	哌啶	27.5	60.0
甲醚	27.2	30.1	丙腈	20.1	44.6
甲基-丁基醚	25.0	34.4	醋酸丙酯	33.0	65.5
甲酸甲酯	46.4	74.6	丙醇	23.8	50.8
丙酸甲酯	36.5	68.3	甲酸丙酯	33.8	66.7
二甲硫	31.9	57.4	正十四烷	15.8	43.3
正壬烷	16.2	36.5	正十三烷	15.3	42.4
正十八烷	16.2	46.5	三乙胺	17.9	37.0
正辛烷	12.7	32.5	正十一烷	14.4	39.2

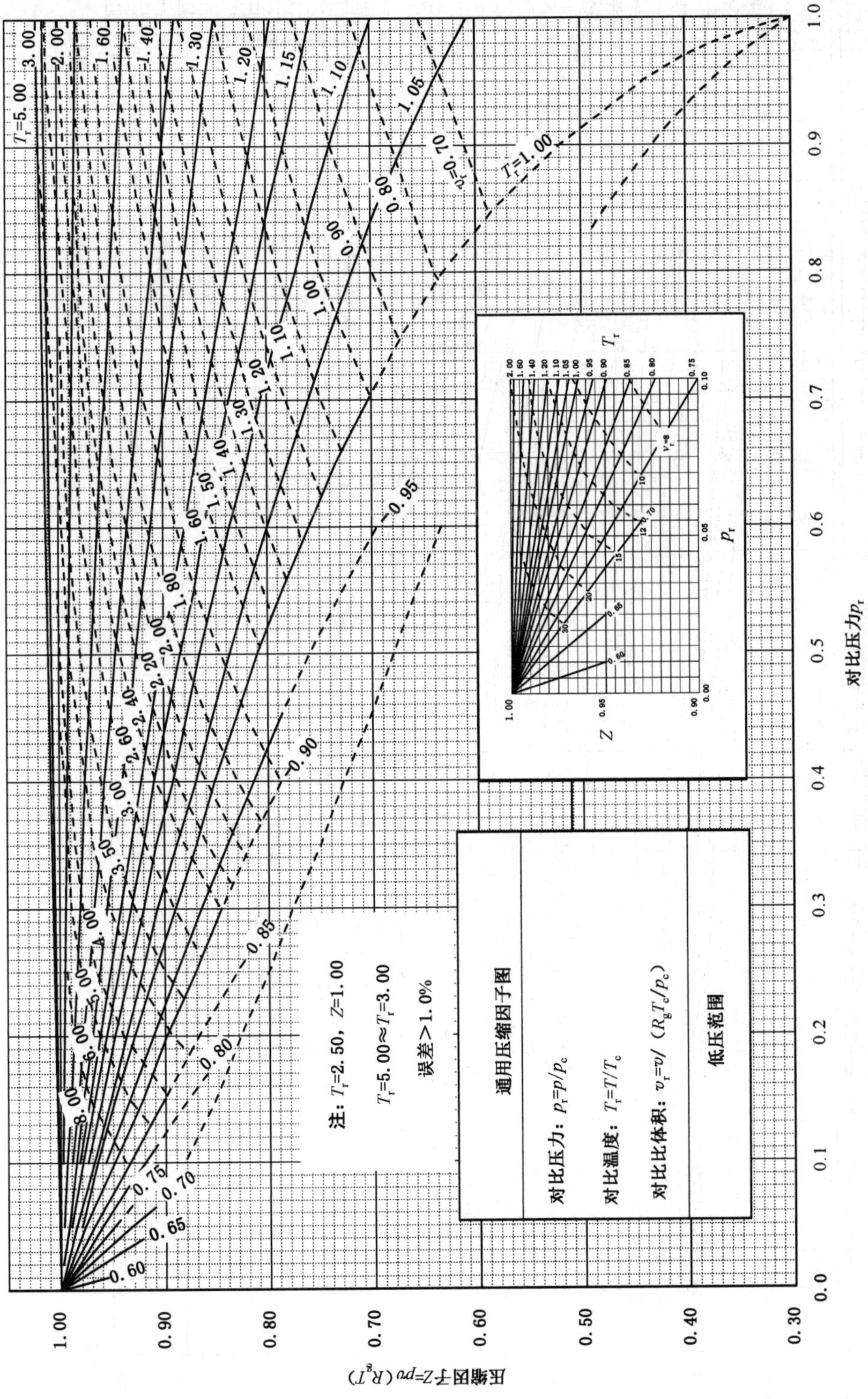
注：Tr=2.50，Z=1.00
Tr=5.00≈Tr=3.00
误差＞1.0%
通用压缩因子图
对比压力：pr=p/pc
对比温度：Tr=T/Tc
对比体积：vr=v/(RgTc/pc)
低压范围
对比压力pr
压缩因子Z=pv/(RgT)

图 D.3

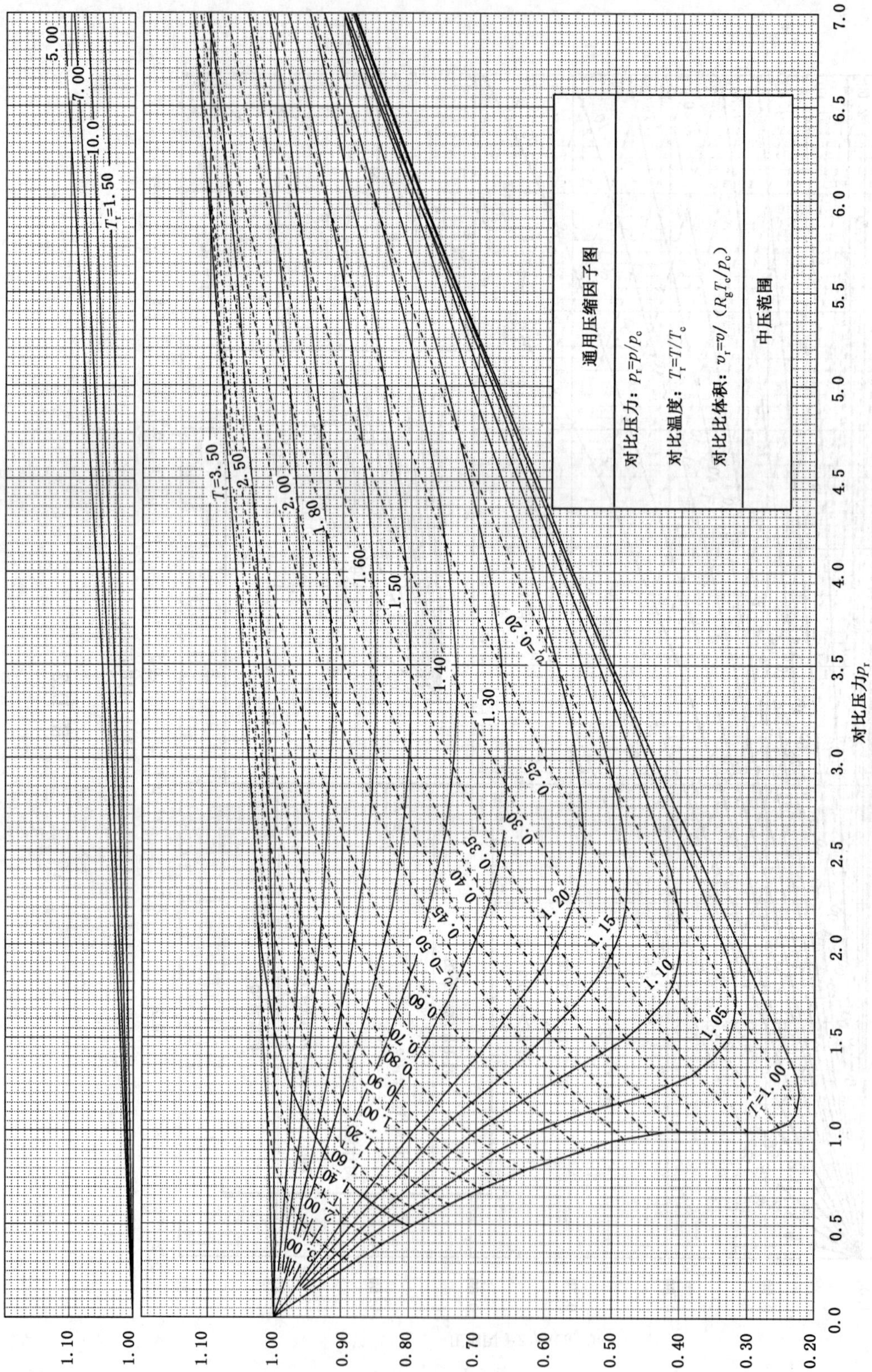
通用压缩因子图
对比压力：$p_r=p/p_c$
对比温度：$T_r=T/T_c$
对比比体积：$v_r=v/(R_gT_c/p_c)$
中压范围
压缩因子$Z=pv/(R_gT)$
对比压力p_r

图 D.4

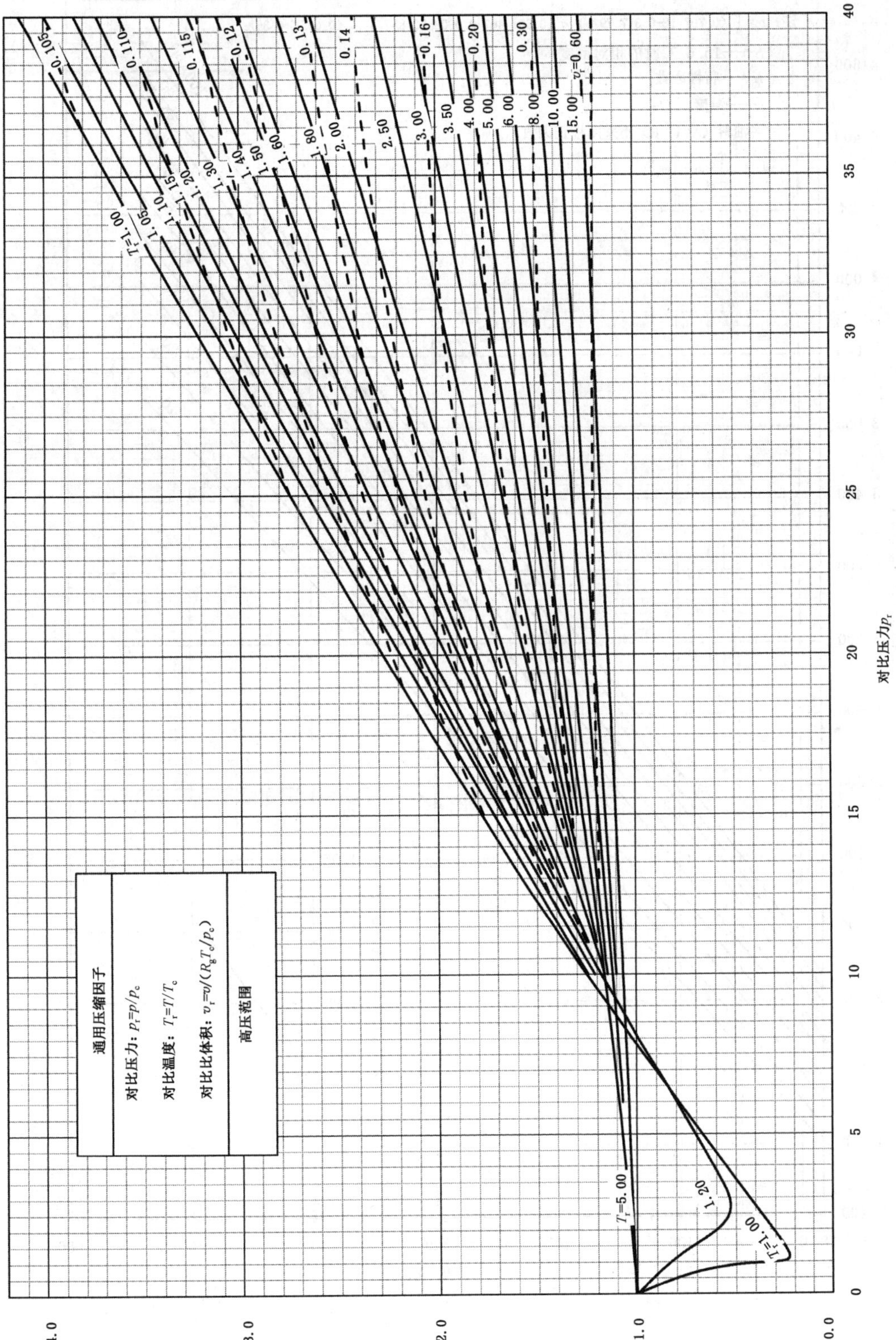
通用压缩因子
对比压力：$p_r=p/p_c$
对比温度：$T_r=T/T_c$
对比比体积：$v_r=v/(R_gT_c/p_c)$
高压范围
压缩因子 $Z=pv/(R_gT)$
对比压力 p_r

图 D.5

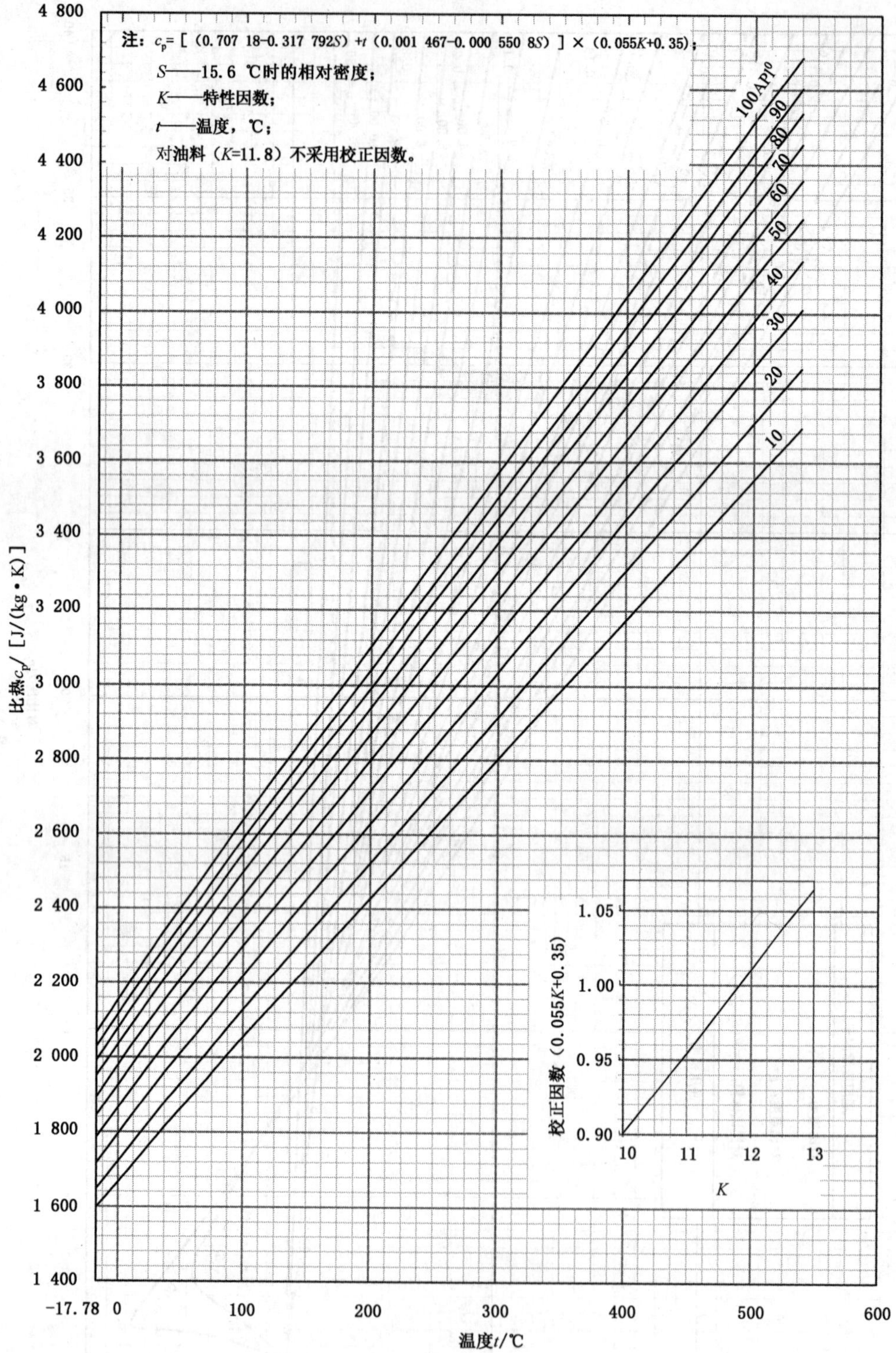

图 D.6　液态石油馏分的比热

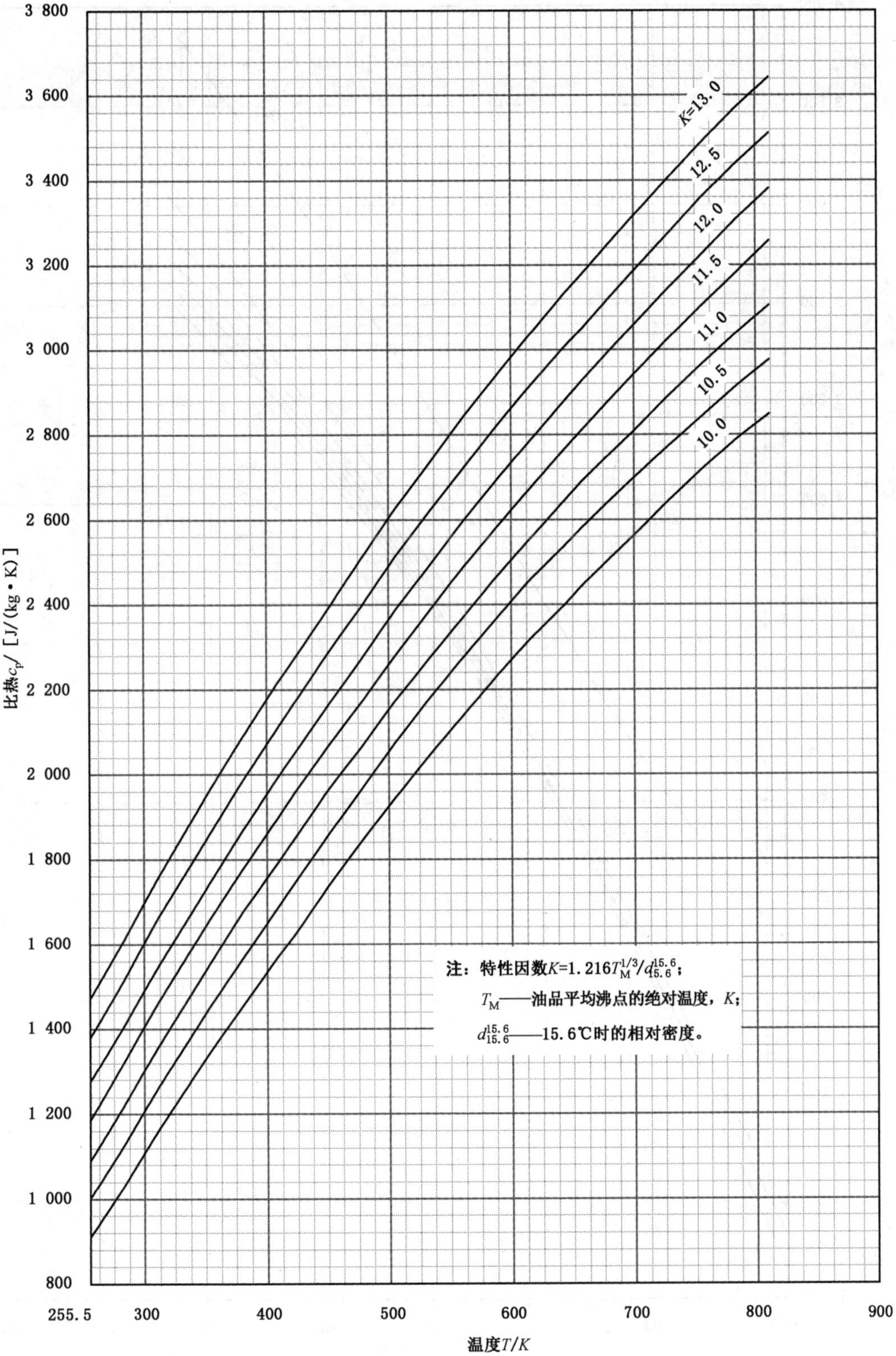

图 D.7 气相石油馏分的比热

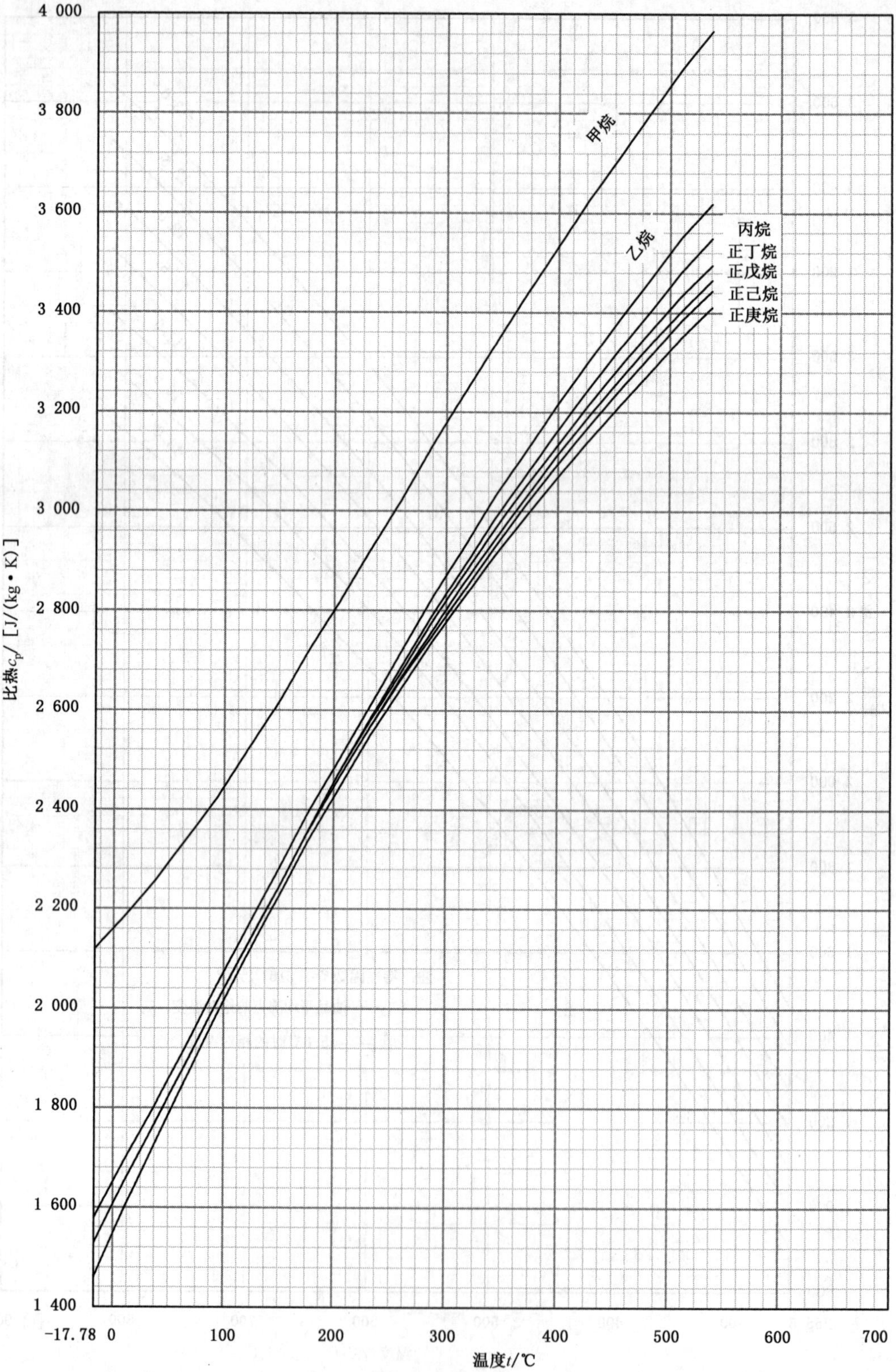

图 D.8　正构烷烃气体比热

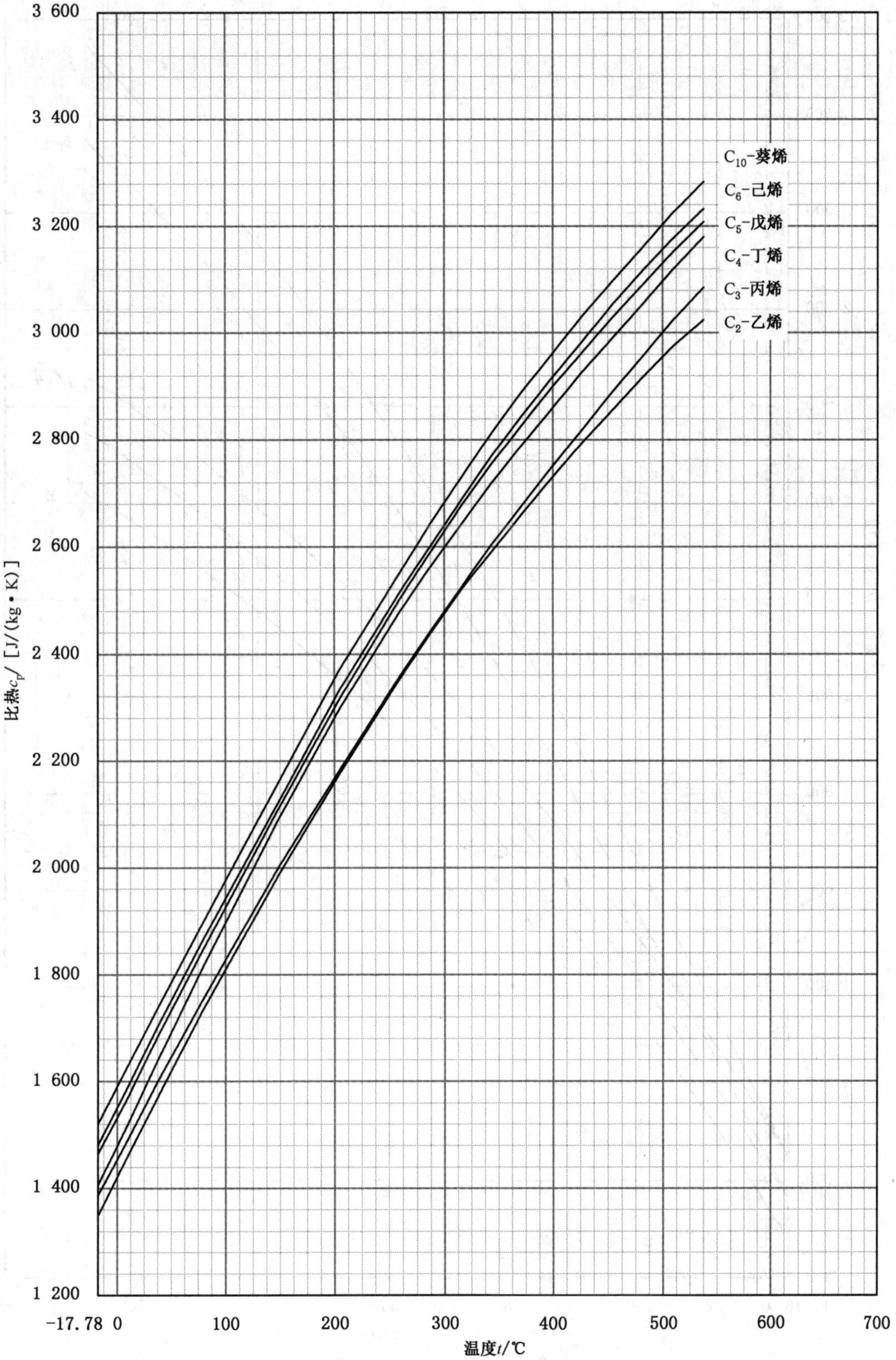

图 D.9 正单烯烃气体比热

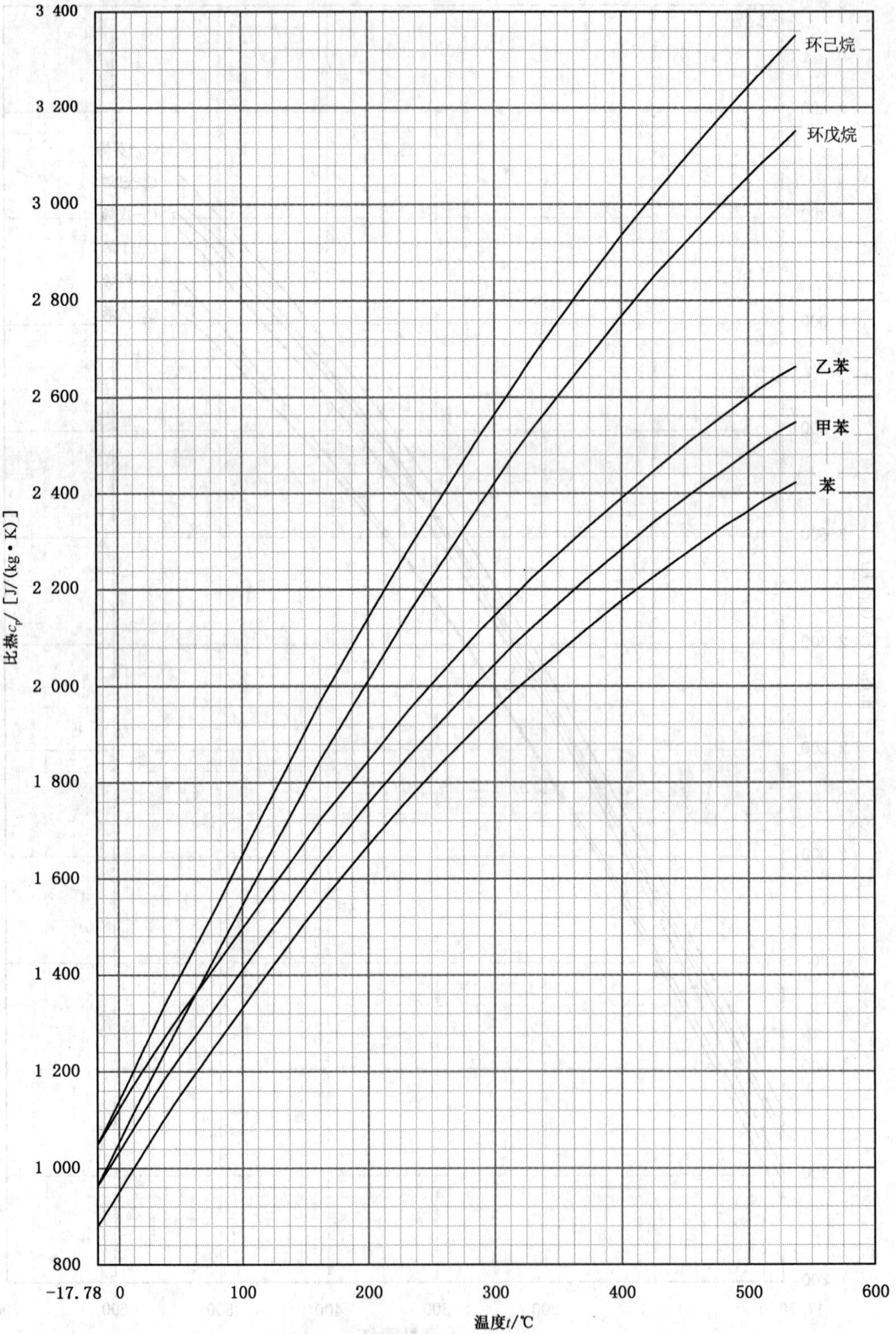

图 D.10　芳香烃和环烷烃气体比热

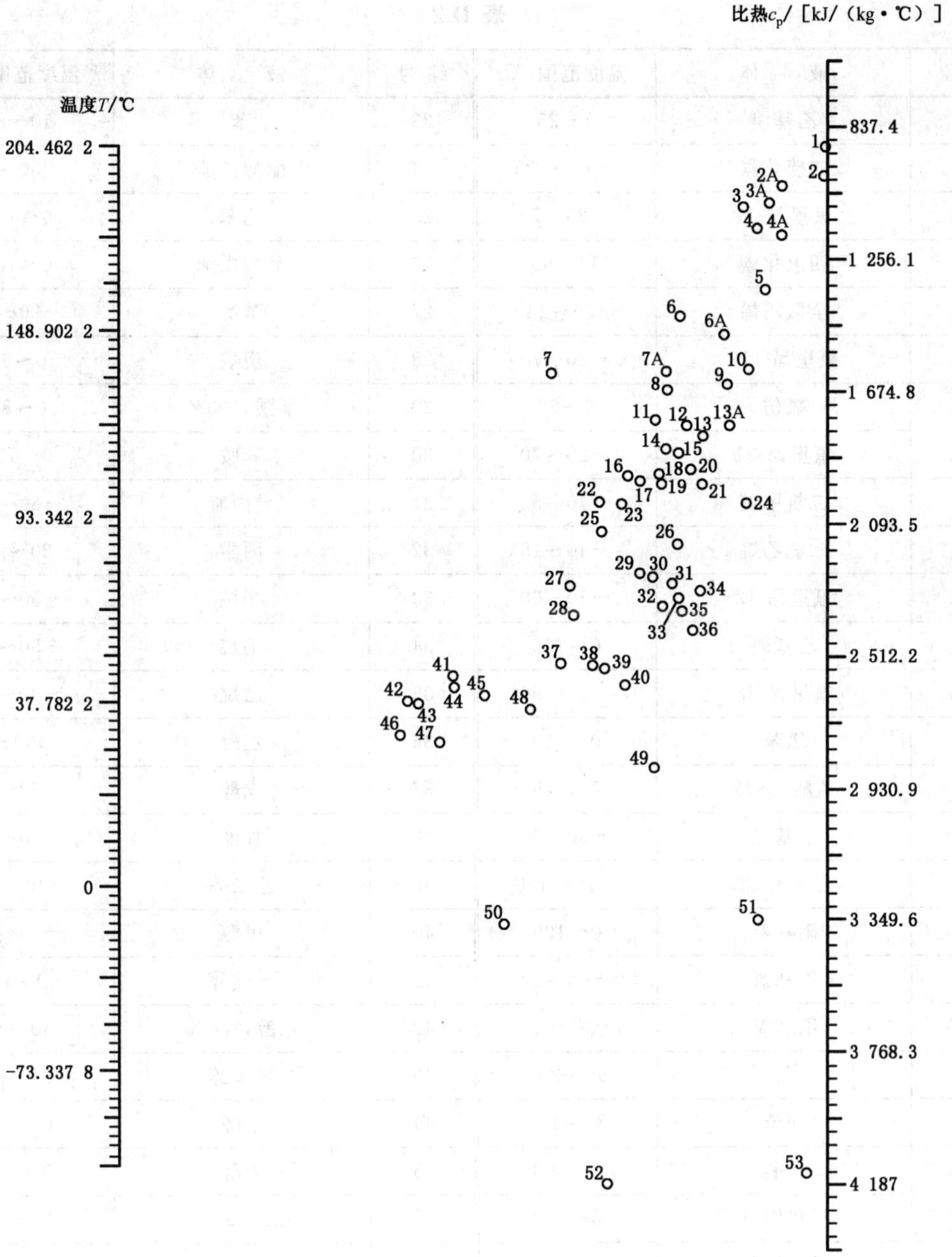

图 D.11　液体的比热共线图

表 D.2

编号	液　体	温度范围/℃	编 号	液　体	温度范围/℃
1	乙基溴	5～25	23	苯	10～80
2	二硫化碳	−100～25	24	醋酸乙酯	−50～25
2A	氟里昂-11	−20～70	25	乙苯	0～100
3	四氯化碳	10～60	26	醋酸戊酯	0～100
3	全氯乙烯	−30～140	27	苄醇	−20～30
3A	氟里昂-113	−20～70	28	庚烷	0～60
4	氯仿	0～50	29	醋酸,100%	0～80
4A	氟里昂-21	−20～70	30	苯胺	0～130
5	二氯甲烷	−40～50	31	异丙醚	−80～20
6	二氯乙烷	−40～15	32	丙酮	20～50
6A	氟里昂-12	−30～60	33	辛烷	−50～25
7	乙基碘	0～100	34	壬烷	−50～25
7A	氟里昂-22	−20～60	35	己烷	−80～20
8	氯苯	0～100	36	乙醚	−100～25
9	硫酸,98%	10～45	37	戊醇	−50～25
10	苄基氯	−30～30	38	甘油	−40～20
11	二氧化硫	−20～100	39	乙二醇	−40～200
12	硝基苯	0～100	40	甲醇	−40～20
13	乙基氯	−30～40	41	异戊醇	10～100
13A	甲基氯	−80～20	42	乙醇,100%	30～80
14	萘	90～200	43	异丁醇	0～100
15	联苯	80～120	44	丁醇	0～100
16	苯醚	0～200	45	丙醇	−20～100
16	导热姆 A	0～200	46	乙醇,95%	20～80
17	对二甲苯	0～100	47	异丙醇	−20～50
18	间二甲苯	0～100	48	盐酸,30%	20～100
19	邻二甲苯	0～100	49	盐水,25%$CaCl_2$	−40～20
20	吡啶	−50～25	50	乙醇,50%	20～80
21	癸烷	−80～25	51	盐水,25%NaCl	−40～20
22	二苯甲烷	30～100	52	氮	−70～50
23	甲苯	0～60	53	水	10～200

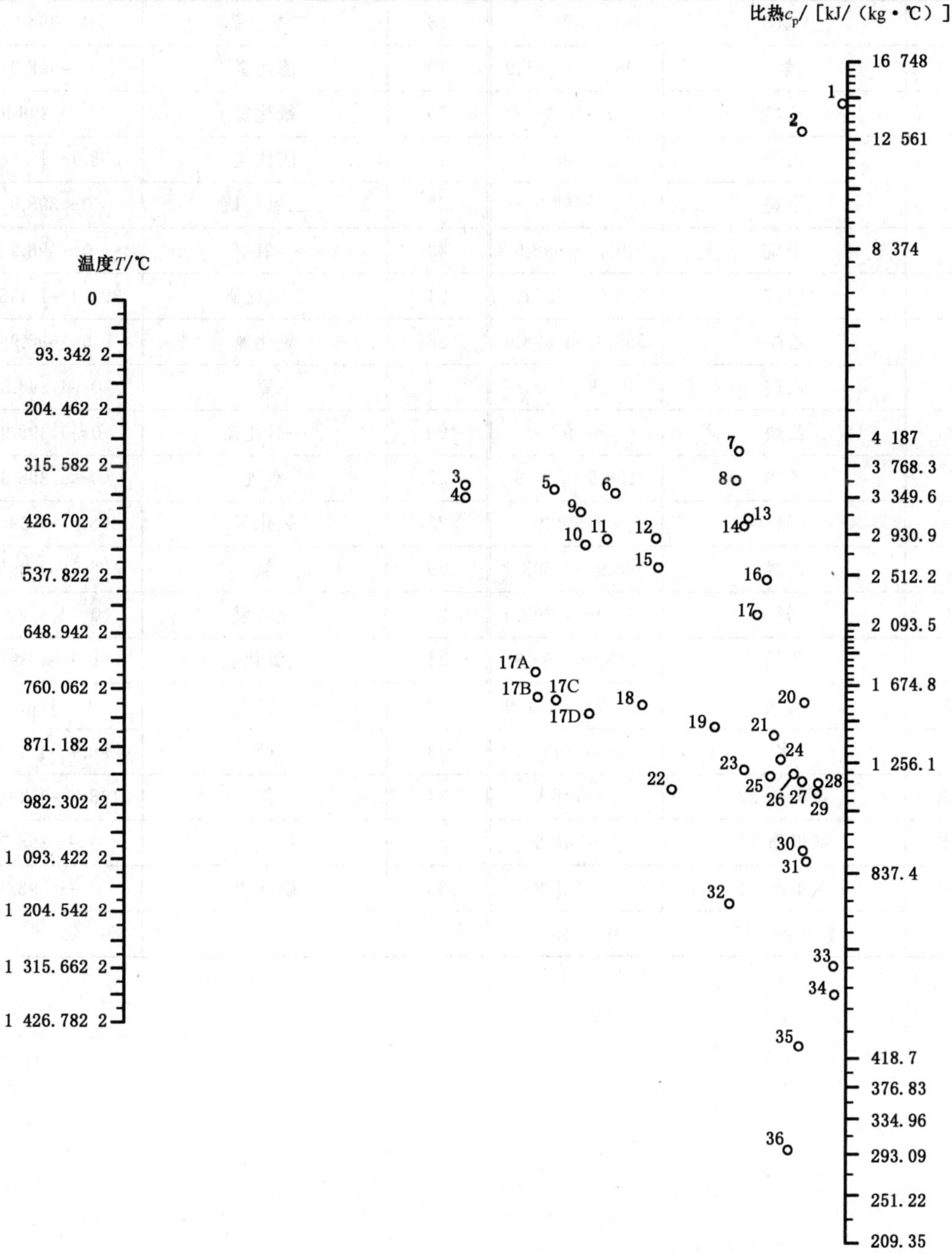

图 D.12 气体在一个大气压下的比热共线图

表 D.3

编号	气　　体	温度范围/℃	编号	气　　体	温度范围/℃
1	氢	0～598.9	18	二氧化碳	0～398.9
2	氢	598.9～1 398.9	19	硫化氢	0～698.9
3	乙烷	0～198.9	20	氟化氢	0～1 398.9
4	乙烯	0～198.9	21	硫化氢	698.9～1 398.9
5	甲烷	0～298.9	22	二氧化硫	0～398.9
6	甲烷	298.9～698.9	23	氧	0～498.9
7	甲烷	698.9～1 371.1	24	二氧化碳	398.9～1 398.9
8	乙烷	598.9～1 398.9	25	氧化氮	0～698.9
9	乙烷	198.9～598.9	26	氮	0～1 398.9
10	乙炔	0～198.9	26	一氧化碳	0～1 398.9
11	乙烯	198.9～598.9	27	空气	0～1 398.9
12	氨	0～598.9	28	氧化氮	698.9～1 398.9
13	乙烯	598.9～1 398.9	29	氧	498.9～1 398.9
14	氨	598.9～1 398.9	30	氯化氢	0～1 398.9
15	乙炔	198.9～398.9	31	二氧化硫	398.9～1 398.9
16	乙炔	398.9～1 398.9	32	氯	0～198.9
17	水	0～1 398.9	33	硫	298.9～1 398.9
17A	氟里昂-22	0～148.9	34	氯	198.9～1 398.9
17B	氟里昂-11	0～148.9	35	溴化氢	0～1 398.9
17C	氟里昂-21	0～148.9	36	碘化氢	0～1 398.9
17D	氟里昂-113	0～148.9			

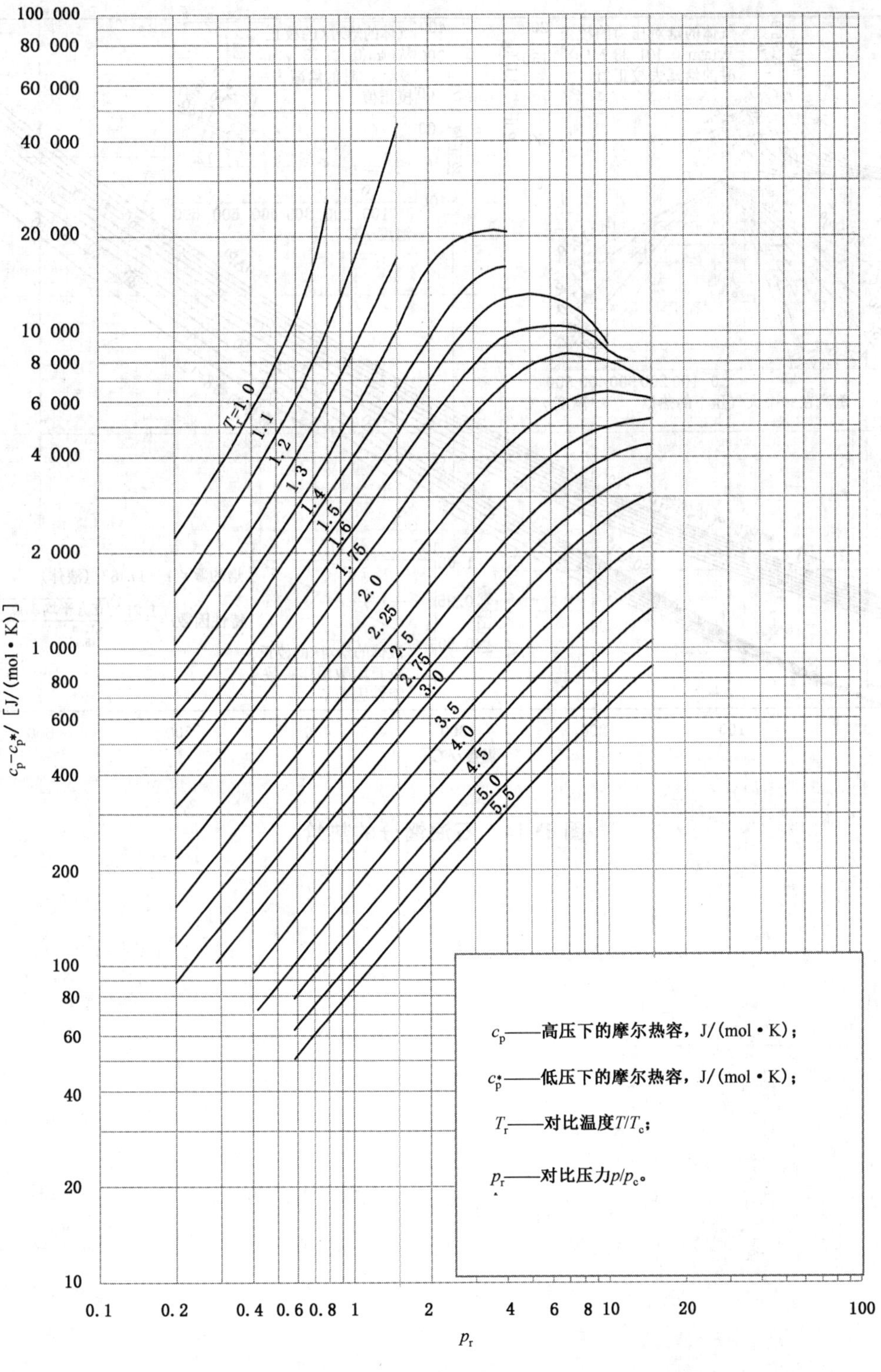

图 D.13 摩尔气体比热等温压力校正通用曲线图

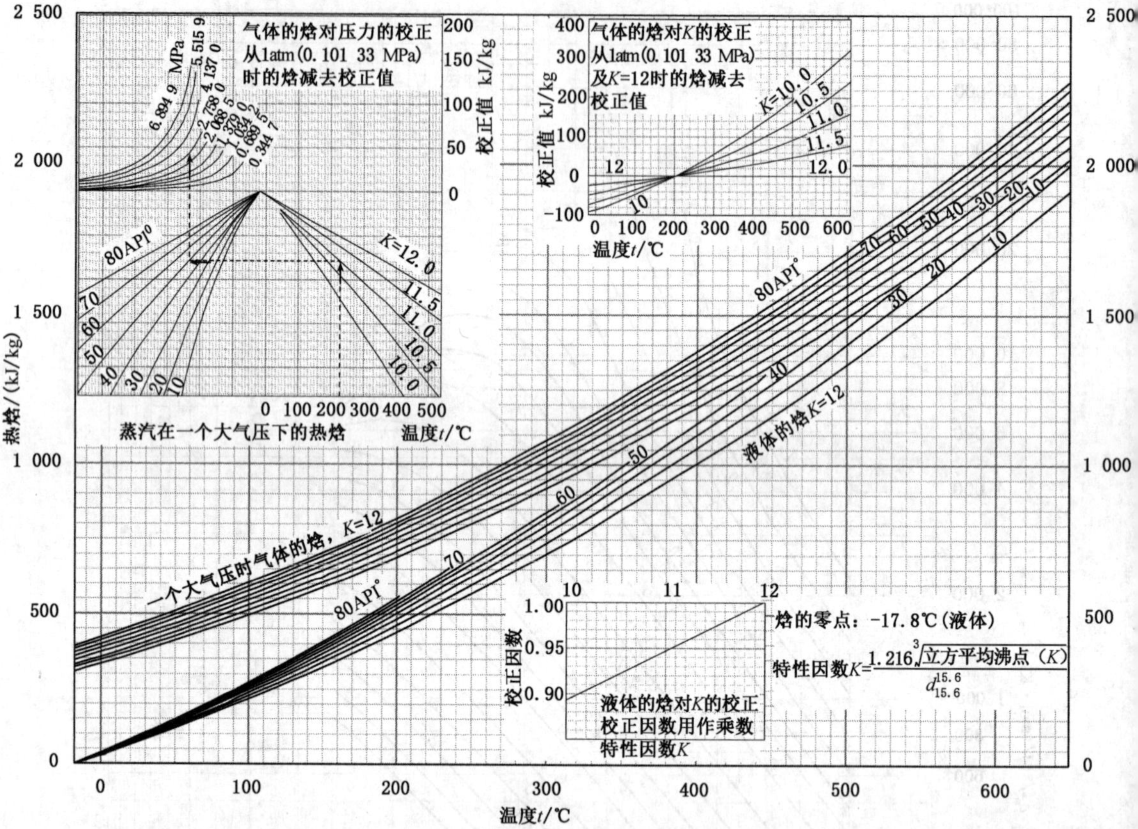

图 D.14 石油馏分的热焓

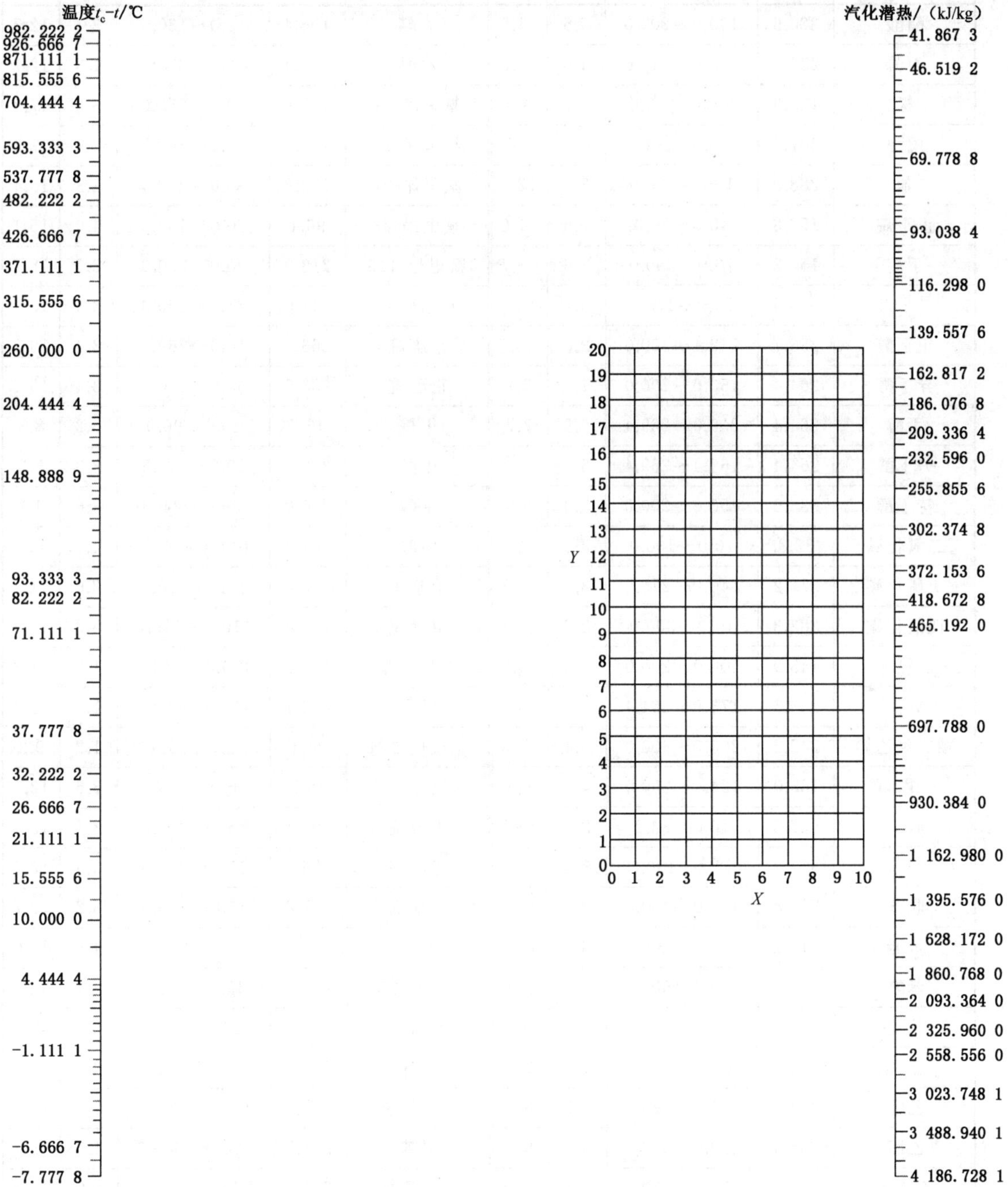

示例:如水在 100 ℃,$t_c-t=375-100=275$ ℃,从而得到水的潜热为 2 256 kJ/kg。

图 D.15 各种液体的气化潜热

表 D.4

液体	t_c/℃	t_c-t/℃	X	Y	液体	t_c/℃	t_c-t/℃	X	Y
醋酸	320.6	100.0~200.0	5.6	11.9	乙醚	194.4	15.0~130.0	3.1	12.7
丙酮	235.0	140.0~240.0	4.0	10.3	乙醚	194.4	130.0~240.0	1.8	12.7
氨	133.3	80.0~200.0	3.2	3.8	氟里昂-11	197.8	70.0~250.0	3.6	17.3
戊醇	307.2	200.0~300.0	6.0	9.4	氟里昂-12	111.1	60.0~150.0	3.9	17.2
苯	288.9	10.0~300.0	3.6	12.5	氟里昂-21	162.8	80.0~219.4	3.3	15.4
正丁烷	152.8	40.0~70.0	2.6	11.6	氟里昂-22	96.1	50.0~160.0	4.0	15.1
丁烷	152.8	70.0~200.0	3.6	11.7	氟里昂-113	213.9	90.0~250.0	3.5	18.7
异丁烷	133.9	75.0~173.9	3.4	12.1	氟里昂-114	145.0	45.0~200.0	3.5	18.7
正丁醇	286.7	169.4~300.0	2.0	9.8	正庚烷	266.7	10.0~269.4	3.4	13.5
异丁醇	264.4	150.0~200.0	1.7	9.7	正己烷	235.6	55.0~240.0	3.4	13.2
丁醇	264.4	200.0~269.4	6.9	7.7	甲烷	46.7	10.0~90.0	5.2	8.3
另丁醇	264.4	169.4~269.4	5.6	8.8	甲醇	240.0	20.0~140.6	3.3	5.3
特丁醇	235.0	150.0~200.0	3.9	9.5	甲醇	240.0	139.4~240.0	3.6	4.7
二氧化碳	32.8	10.0~100.0	3.3	11.1	甲胺	157.2	100.0~200.0	4.1	6.5
二硫化碳	272.2	140.0~275.0	3.5	13.7	甲基氯	142.8	16.1~110.0	2.6	11.1
四氯化碳	283.3	10.0~300.0	3.6	17.3	甲基氯	142.8	110.0~119.4	5.2	11.2
氯	143.9	100.0~200.0	1.5	14.5	甲酸甲酯	213.9	150.0~250.0	1.9	11.3
氯仿	263.3	173.9~264.4	3.7	15.7	二氯甲烷	216.1	150.0~250.0	1.0	13.7
顺二氯乙烯	242.2	200.0~300.0	9.4	13.3	一氧化二氮	36.1	6.1~25.0	1.2	9.2
二甲氨	165.0	124.4~200.0	4.8	8.8	一氧化二氮	36.1	25.0~124.4	5.6	12.3
联苯	527.8	10.0~32.2	2.2	15.2	正辛烷	296.1	16.1~300.0	3.6	13.8
联苯	527.8	32.2~150.0	3.8	15.2	正戊烷	196.7	15.0~250.0	3.3	12.7
联苯	527.8	150.0~400.0	0.8	12.8	异戊烷	187.8	10.0~200.0	3.2	12.7
苯醚	511.1	80.0~339.4	3.1	15.5	丙烷	96.1	15.0~250.0	4.3	11.0
苯醚	511.1	339.4~500.0	6.2	14.5	正丙醇	263.9	25.0~269.4	2.1	8.8
乙烷	479.4	10.0~130.0	4.0	9.8	异丙醇	235.6	150.0~250.0	3.5	8.3
乙醇	243.3	10.0~140.0	3.1	7.0	吡啶	344.4	230.0~349.4	2.3	12.5
乙醇	243.3	140.6~250.0	4.7	6.3	二氧化硫	156.7	100.0~200.0	2.0	12.3
乙胺	183.3	130.0~230.0	3.9	9.0	甲苯	321.7	100.0~300.0	1.5	13.7
乙基氯	187.2	150.0~230.0	4.1	12.2	三氯乙烯	271.1	179.4~305.6	6.0	15.9
乙烯	10.0	10.0~50.0	3.0	9.3	水	375.0	10.0~357.2	3.0	1.0
乙烯	10.0	50.0~124.4	4.0	0.6					

表 D.5 定压比热与定容比热比(c_p/c_v)

物质	c_p/c_v	物质	c_p/c_v
乙炔	1.26	乙烯	1.255
空气	1.403	氦	1.660(−180 ℃)
氨	1.310	正己烷	1.08(80 ℃)
氩	1.688	氢	1.410
苯	1.10(93.3 ℃)	甲烷	1.31
二氧化碳	1.304	甲醇	1.203(77.2 ℃)
氯	1.355	氮	1.404
二氯二氟甲烷	1.139(25 ℃)	氧	1.401
乙烷	1.22	正戊烷	1.086(87.2 ℃)
乙醇	1.13(93.3 ℃)	二氧化硫	1.29
乙醚	1.08(35 ℃)		
注:除上述注明外,其余均为 15.6 ℃一个大气压下的数值。			

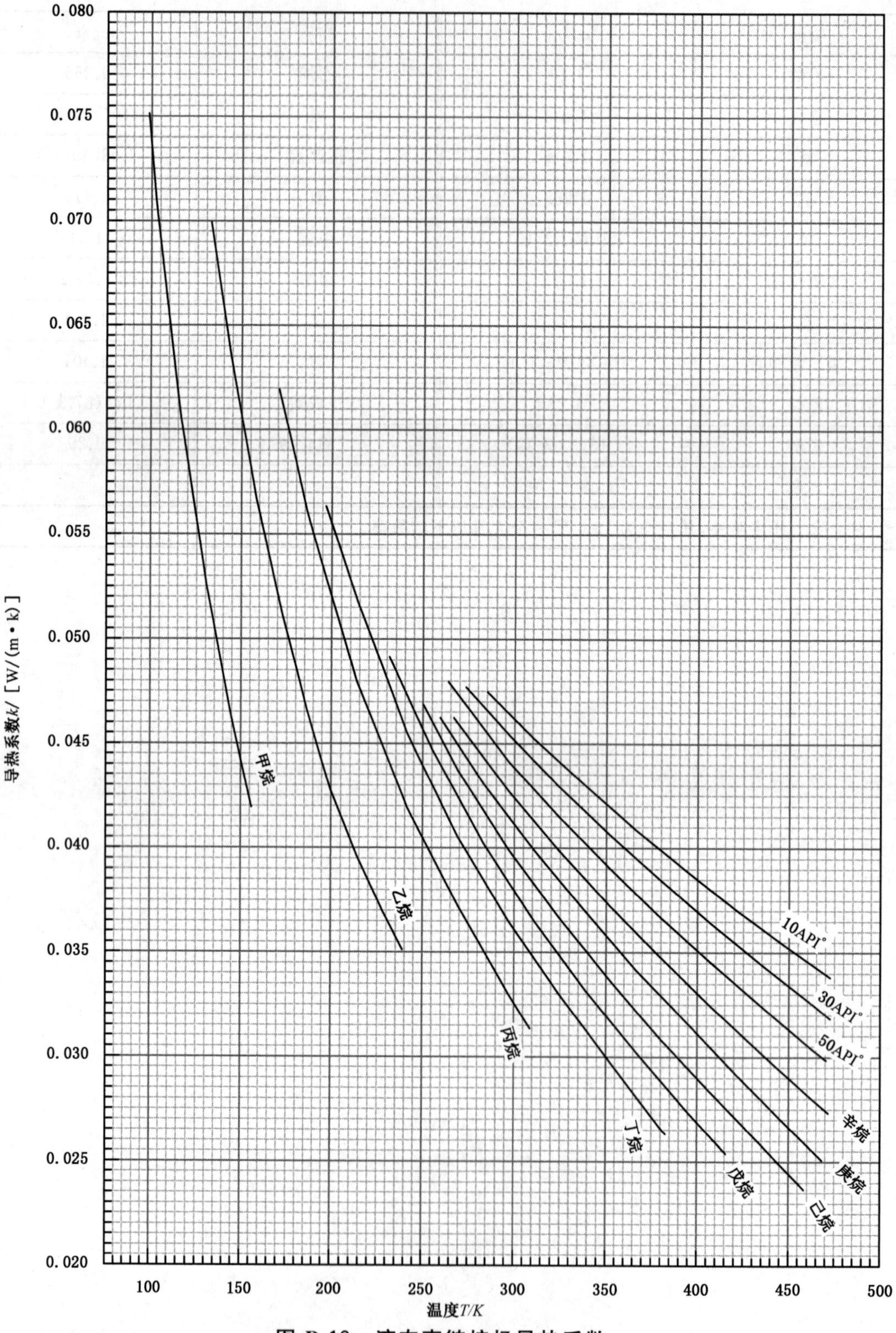

图 D.16 液态直链烷烃导热系数

表 D.6 液体的导热系数

液 体	T/K	k/[W/(m·K)]	液 体	T/K	k/[W/(m·K)]
醋酸	293.2	0.159 3	甲醛	194.3	0.320 2
	422.0	0.135 0		255.4	0.228 5
丙酮	255.4	0.161 0		293.2	0.200 8
	349.8	0.131 6	甘油	293.2	0.278 7
乙炔	133.2	0.237 1		472.0	0.313 3
	194.3	0.154 1	正庚烷	283.2	0.128 1
	273.2	0.098 7		422.0	0.086 6
丙烯酸	273.2	0.249 3	正己烷	283.2	0.124 6
	310.9	0.214 6		422.0	0.079 6
	433.2	0.148 9	庚醇	293.2	0.133 3
丙烯醇	293.2	0.164 4		410.9	0.122 9
	373.2	0.159 3	己醇	293.2	0.133 3
戊醇	293.2	0.154 1		394.3	0.128 1
	373.2	0.147 1	甲乙酮	255.4	0.154 1
苯胺	293.2	0.230 2		394.3	0.116 0
	422.0	0.154 1	甲醇	243.2	0.228 5
苯	293.2	0.147 1		422.0	0.166 2
	433.2	0.102 1	正壬烷	283.2	0.133 3
溴苯	273.2	0.112 5		422.0	0.096 9
	472.0	0.102 1	辛烷	283.2	0.131 6
正醋酸丙酯	273.2	0.141 9		422.0	0.093 5
	433.2	0.096 9	对二甲苯	293.2	0.131 6
异丁醇	233.2	0.173 1		353.2	0.112 5
	283.2	0.150 6		472.0	0.081 4
	344.3	0.133 3	戊烷	283.2	0.119 4
	422.0	0.129 8		394.3	0.083 1
正丁醇	233.2	0.180 0	正丙醇	233.2	0.183 5
	422.0	0.110 8		422.0	0.124 6
二硫化碳	193.2	0.145 4	异丙醇	233.2	0.159 3
	293.2	0.124 6		333.2	0.129 8
四氯化碳	193.2	0.122 9		422.0	0.124 6
	373.2	0.090 0	甲苯	273.2	0.143 7
氯苯	273.2	0.129 8		472.0	0.086 6
	472.0	0.117 7	三氯乙烯	233.2	0.145 4
氯仿	199.8	0.143 7		303.2	0.112 5
	373.2	0.096 9		422.0	0.079 6
异丙苯	273.2	0.129 8	醋酸乙烯	273.2	0.152 3
	472.0	0.086 6		383.2	0.112 5

表 D.6(续)

液体	T/K	k/[W/(m·K)]	液体	T/K	k/[W/(m·K)]
环已烷	277.6	0.154 1	水	273.2	0.593 7
	310.9	0.140 2		310.9	0.628 4
	394.3	0.103 9		366.5	0.663 0
二氯二氟甲烷	210.9	0.114 2		422.0	0.683 7
	283.2	0.109 1		488.7	0.650 9
	333.2	0.100 4		599.8	0.476 0
乙酸乙酯	273.2	0.152 3	邻二甲苯	273.2	0.150 6
	383.2	0.112 5		353.2	0.117 7
乙醇	233.2	0.190 4		472.0	0.083 1
	422.0	0.138 5	间二甲苯	273.2	0.138 5
乙苯	273.2	0.138 5		353.2	0.107 3
	472.0	0.077 9		472.0	0.076 2

注：假定导热系数随温度呈线性变化，在表中温度区间内，导热系数用插值法计算。

表 D.7 气体和蒸气的导热系数 *k*

W/(m·K)

气体(蒸气)	温度 T/K							
	73.2	173.2	273.2	323.2	373.2	473.2	573.2	673.2
丙酮			0.009 9	0.013 2	0.017 1	0.027 2		
乙炔		0.009 7	0.018 7	0.024 2	0.029 8			
空气	0.006 9	0.015 8	0.024 2		0.031 9	0.038 8	0.045 0	
氨		0.016 8*	0.021 8		0.033 2	0.048 5	0.066 6	0.088 1
氩		0.010 9	0.016 4		0.021 3	0.025 6	0.029 6	
苯			0.009 0	0.013 0	0.017 8	0.028 7		
正丁烷			0.013 5		0.023 4			
己丁烷			0.013 8		0.024 1			
二氧化碳		0.011 1*	0.014 5		0.022 2	0.030 6	0.039 6	
二硫化碳			0.006 9					
一氧化碳	0.006 4	0.015 2	0.023 2		0.030 5			
四氯化碳				0.007 3	0.009 0	0.011 8		
氯			0.007 4					
氯仿			0.006 6	0.008 1	0.010 0	0.014 0		
环已烷					0.016 3			
二氯二氟甲烷			0.008 3	0.011 1	0.013 8	0.019 9		
已烷		0.009 5	0.018 3		0.030 3			
醋酸乙酯				0.012 8	0.016 6	0.026 0		

表 D.7（续）

W/(m·K)

气体(蒸气)	温度 T/K							
	73.2	173.2	273.2	323.2	373.2	473.2	573.2	673.2
乙醇			0.014 0		0.021 5			
乙基氯			0.009 5		0.016 4	0.025 1		
乙醚			0.013 3	0.017 5	0.022 7	0.034 6		
乙烯		0.008 8	0.017 5	0.022 7	0.027 9			
氦	0.058 5	0.105 9	0.141 6		0.171 0			
正庚烷					0.017 8	0.019 4		
正已烷			0.012 5	0.0138 ＋				
乙烯			0.010 6		0.018 9			
氢	0.050 7	0.112 9	0.167 2		0.214 6	0.256 9	0.295 1	
硫化氢			0.013 2					
汞						0.034 1		
甲烷	0.007 8	0.018 9	0.030 5		0.044 1	0.062 0	0.084 8	
醋酸甲酯			0.010 2	0.0118 ＋				
甲醇			0.014 4		0.022 2			
甲基氯			0.009 2	0.012 8	0.016 3	0.024 2		
二氯甲烷			0.006 8	0.008 7	0.010 9	0.015 8		
氖			0.004 5					
一氧化氮		0.015 4	0.023 9	0.027 9				
氮	0.006 9	0.015 8	0.024 1		0.031 3	0.038 1	0.044 1	0.049 7
氧化亚氮		0.008 1	0.015 2		0.023 9			
氧	0.006 6	0.015 8	0.024 6	0.028 7	0.032 5			
正戊烷			0.012 8	0.014 4＋				
异戊烷			0.012 5		0.022 0			
丙烷			0.015 1		0.026 1			
二氧化硫			0.008 7		0.011 9			
水蒸气					0.023 5	0.031 5	0.039 8	0.048 3

注： * 287.6 K 时的数值，＋293.2 K 时的数值。

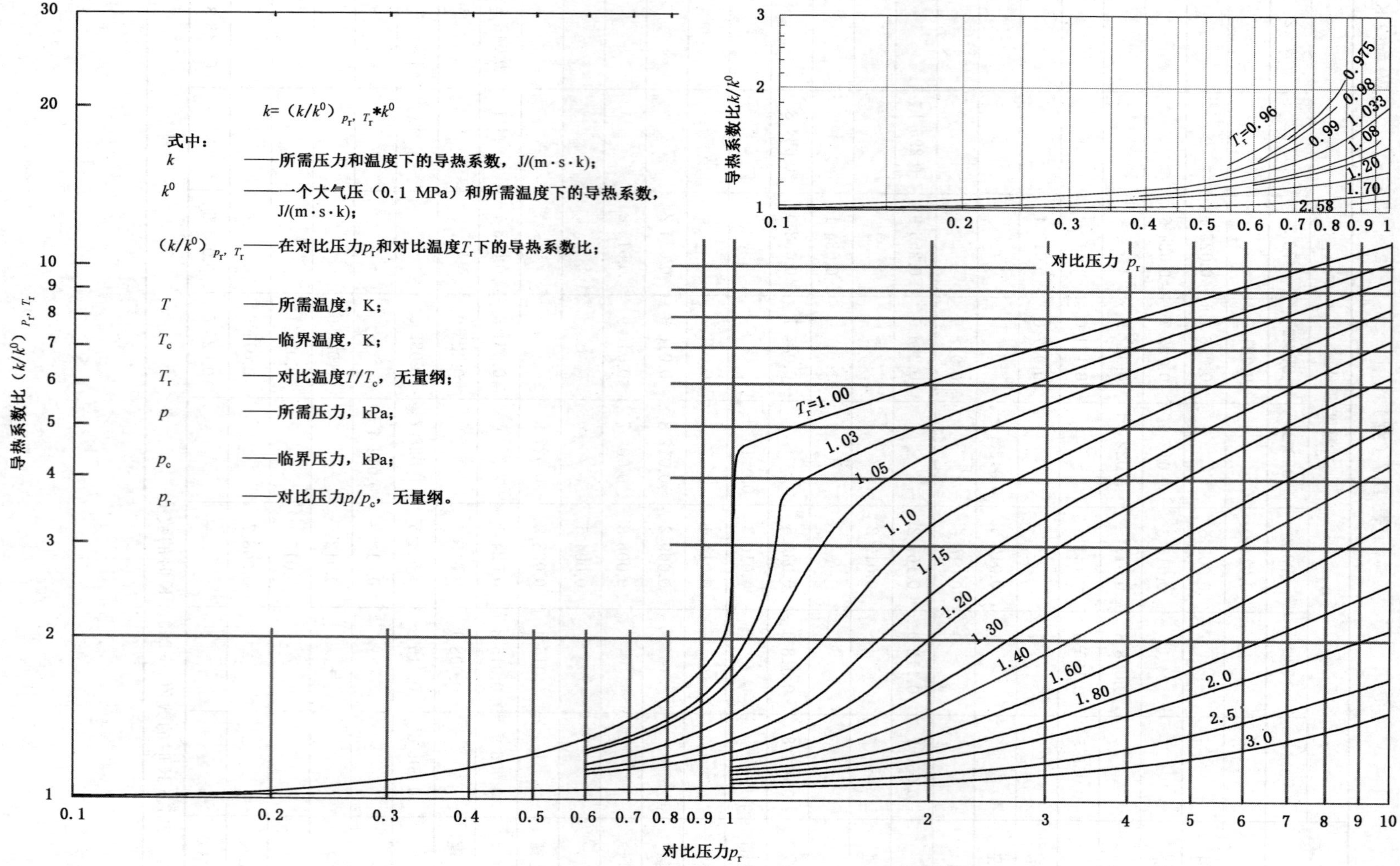

图 D.17 气体导热系数压力校正通用关联图

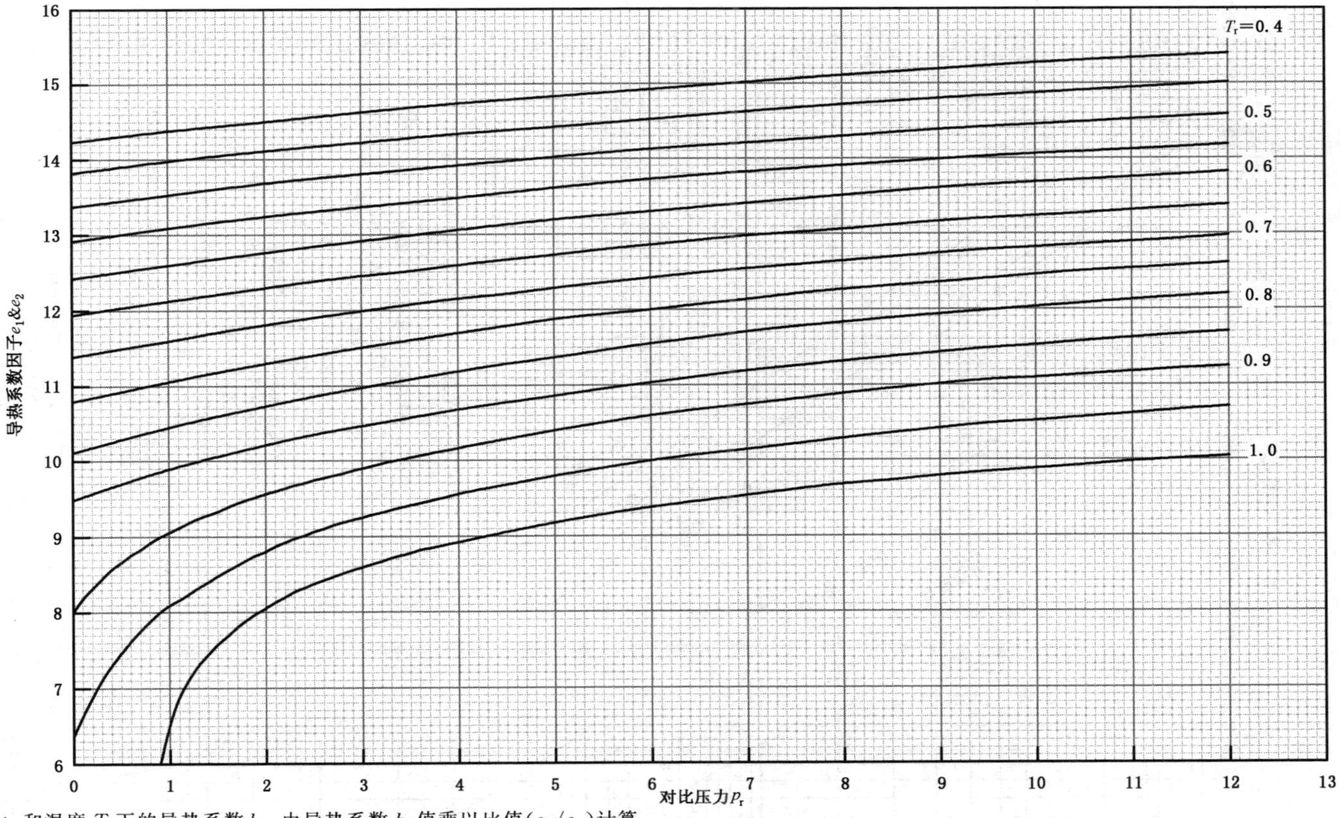

注：压力 p_2 和温度 T 下的导热系数 k_2，由导热系数 k_1 值乘以比值(e_2/e_1)计算。

$$k_2=k_1\left(\frac{e_2}{e_1}\right)$$

式中：

k_1——p_1 和 T 下的导热系数；

k_2——p_2 和 T 下的导热系数；

e_1——p_{r1} 和 T_r 下的导热系数因子；

e_2——p_{r2} 和 T_r 下的导热系数因子；

p_1，p_2——压力(绝压)，Pa；

p_c——临界压力(绝压)，Pa；

$p_{r1}=p_1/p_c$，无因次；

$p_{r2}=p_2/p_c$，无因次；

T——温度，K；

T_c——临界温度，K；

$T_r=T/T_c$，无量纲。

图 D.18　液体导热系数压力校正通用关联图

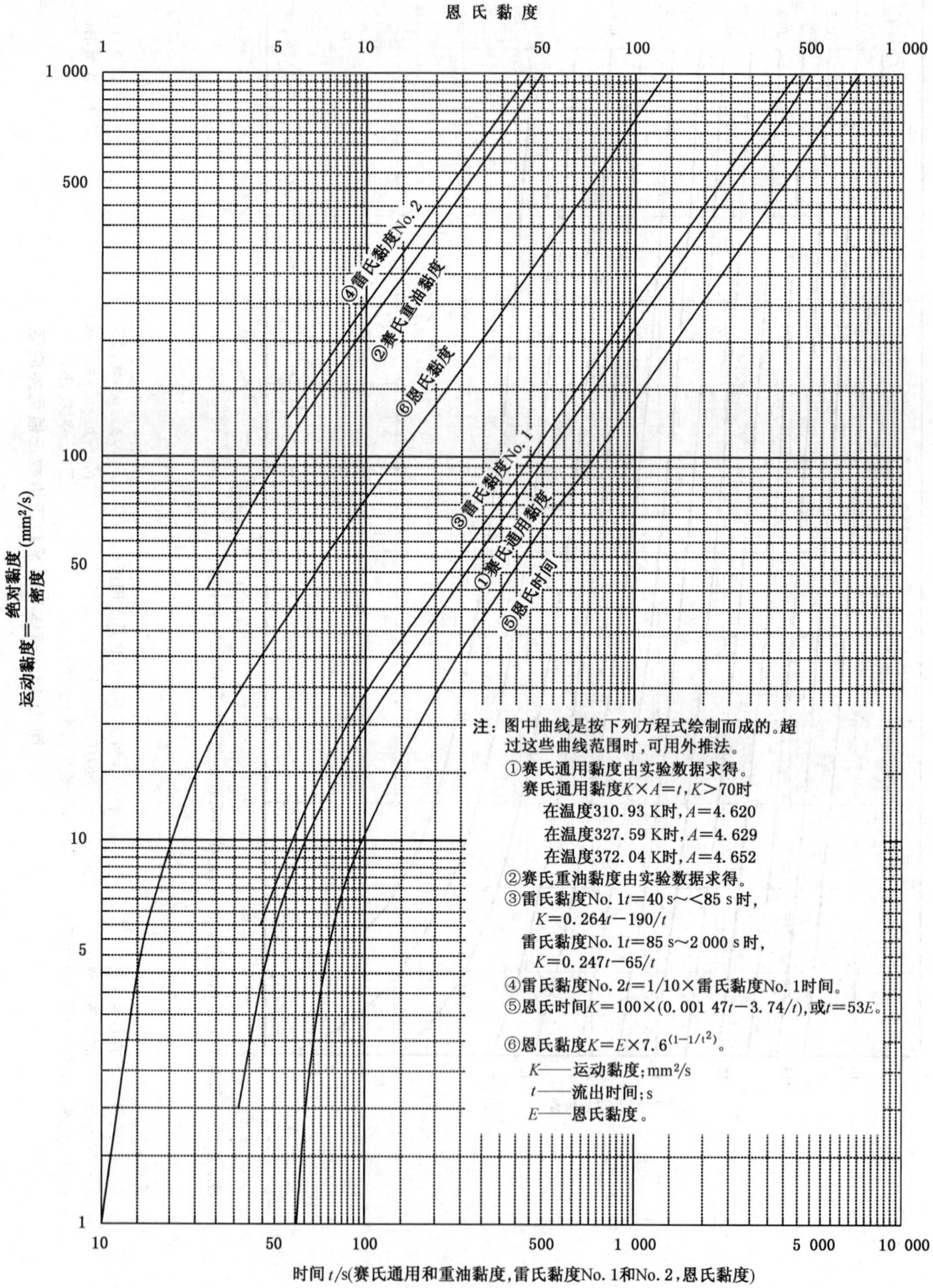

图 D.19 石油油品的黏度-温度关系

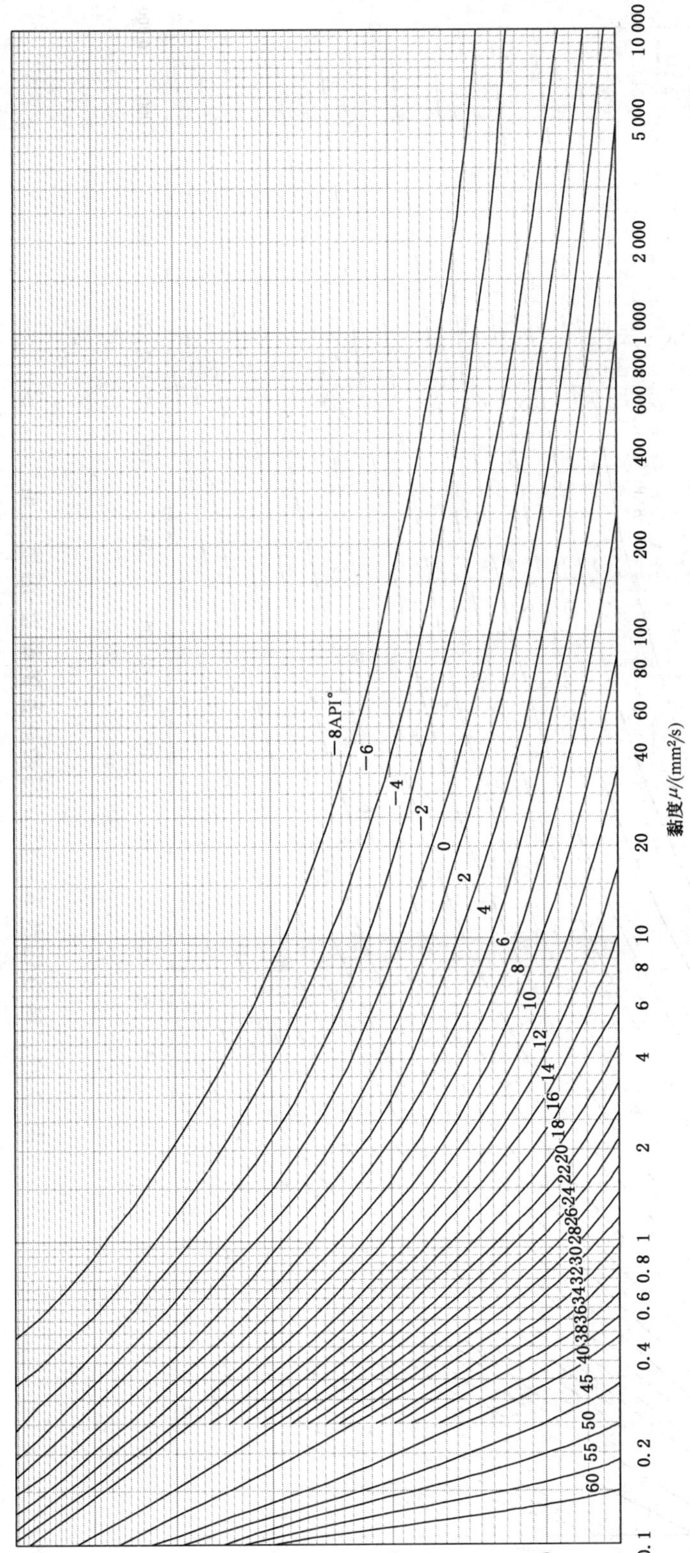

图 D.20　特性因数 $K=10.0$ 石油油品的黏度-温度关系

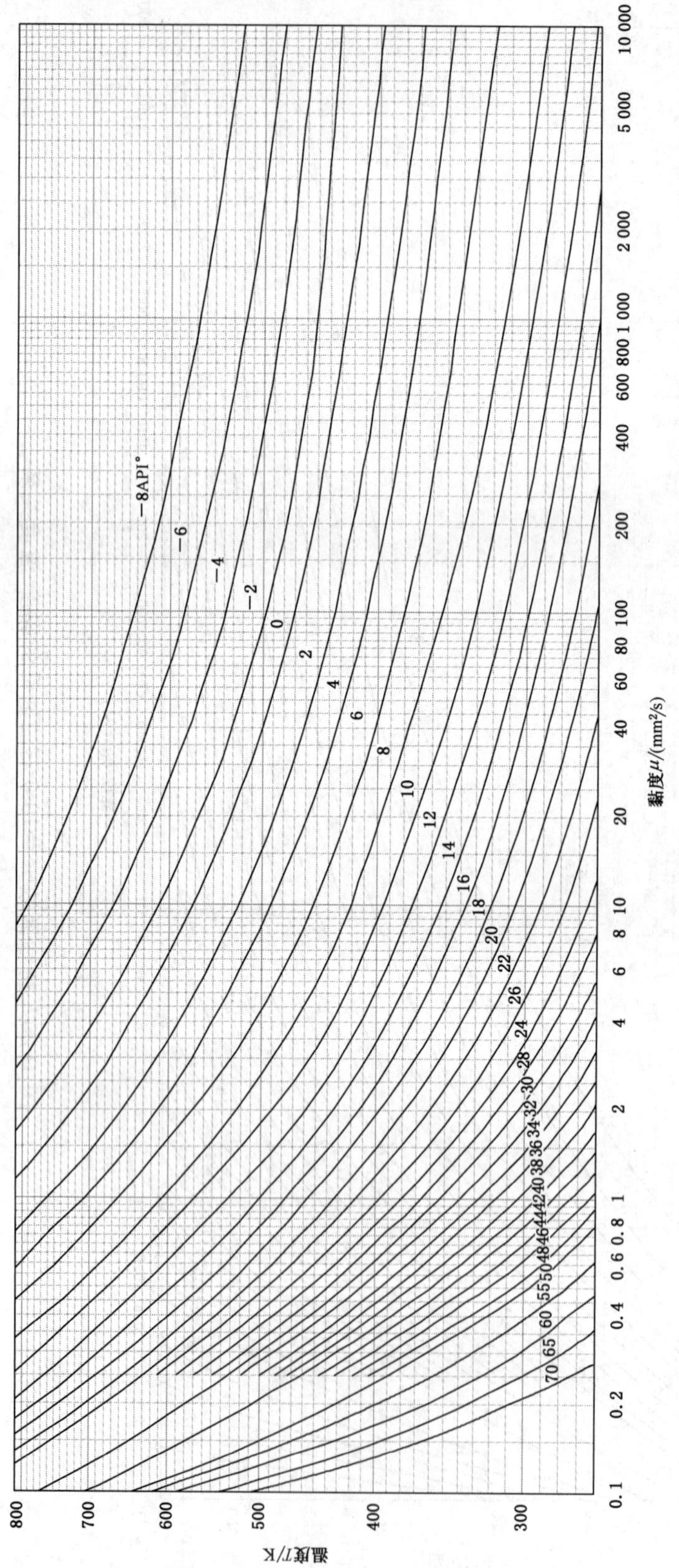

图 D.21 特性因数 K=11.0 石油油品的黏度-温度关系

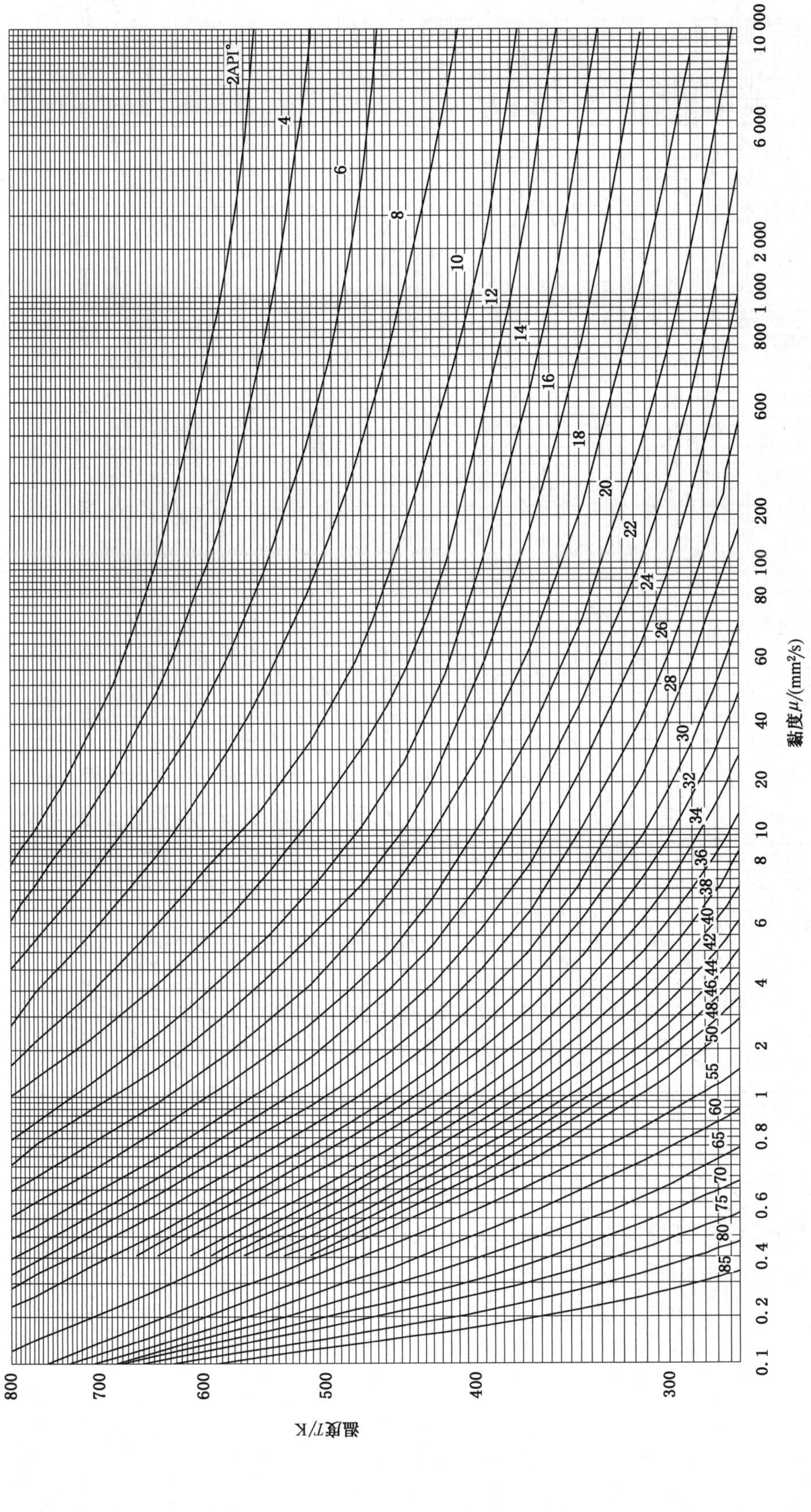

图 D.22 特性因数 $K=11.8$ 石油油品的黏度-温度关系

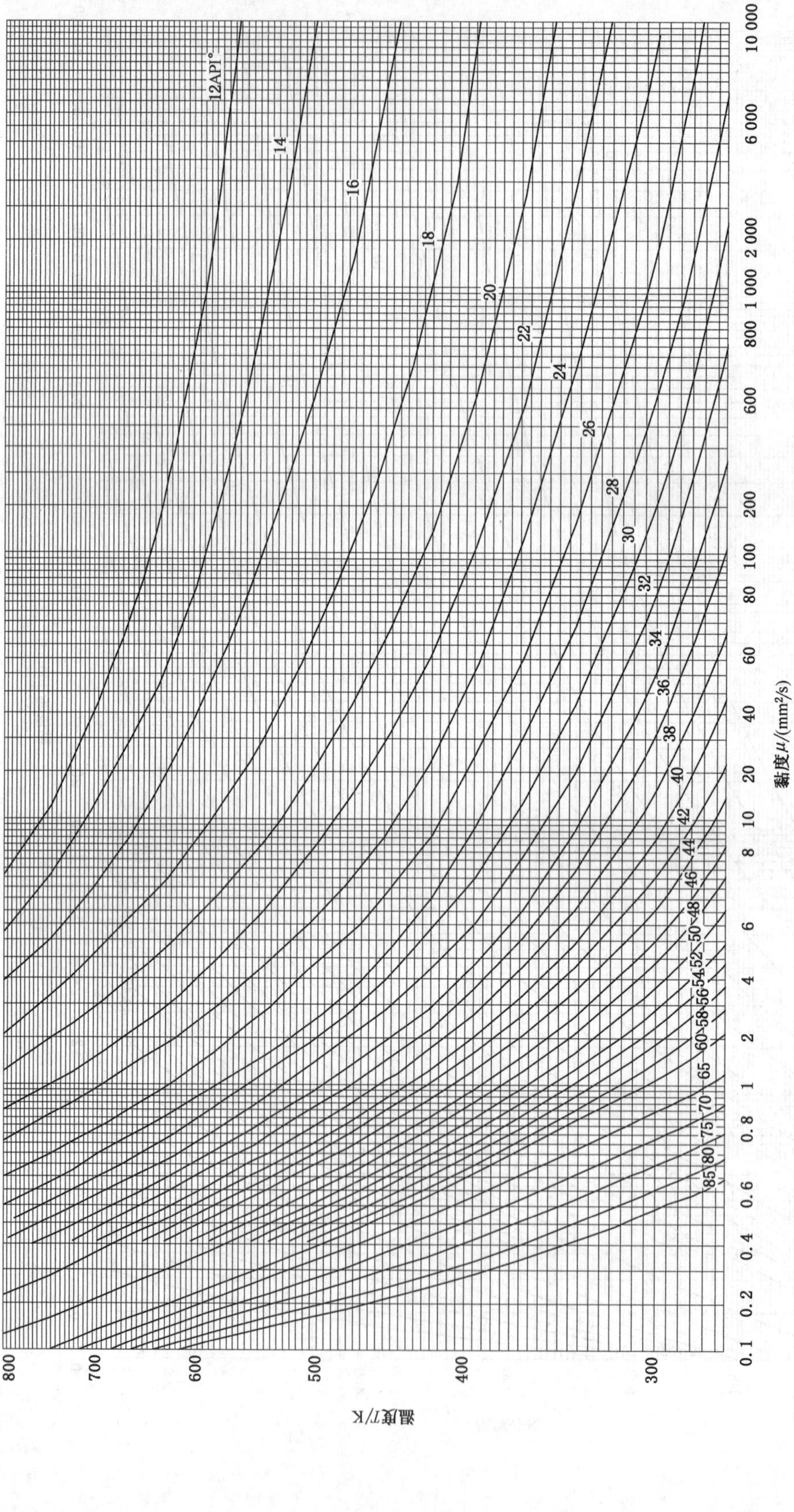

图 D.23　特性因数 $K=12.5$ 石油油品的黏度-温度关系

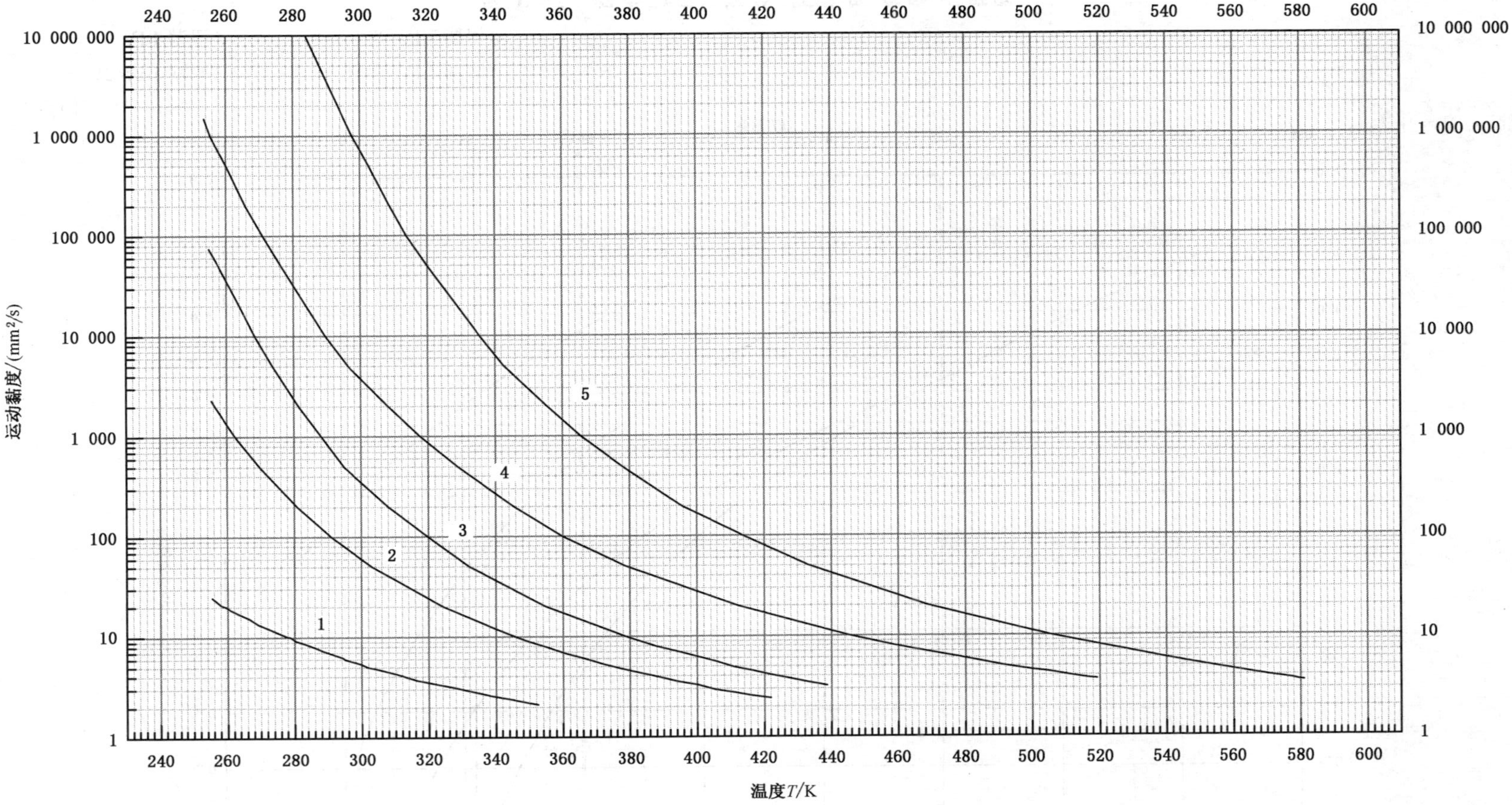

说明：

1——40 API°原油；

2——30 API°润滑油；

3——11 API°燃料油；

4——20 API°残渣油；

5——沥青。

图 D.24 烃类和石油馏分(高黏度)黏度-温度图

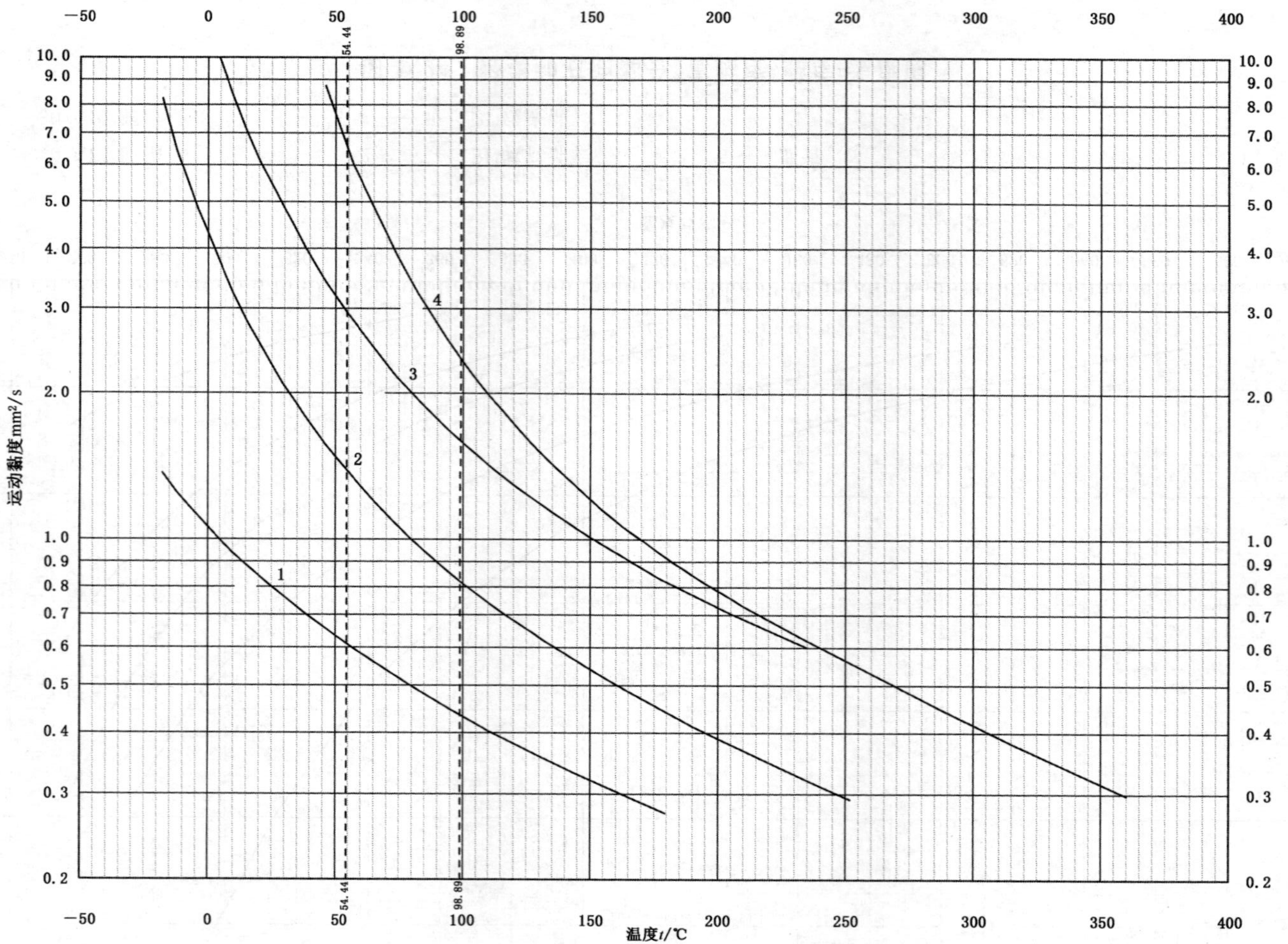

说明：

1——57 API°汽油；

2——40 API°煤油；

3——40 API°原油；

4——30 API°馏出物。

图 D.25 烃类和石油馏分(低黏度)黏度-温度图

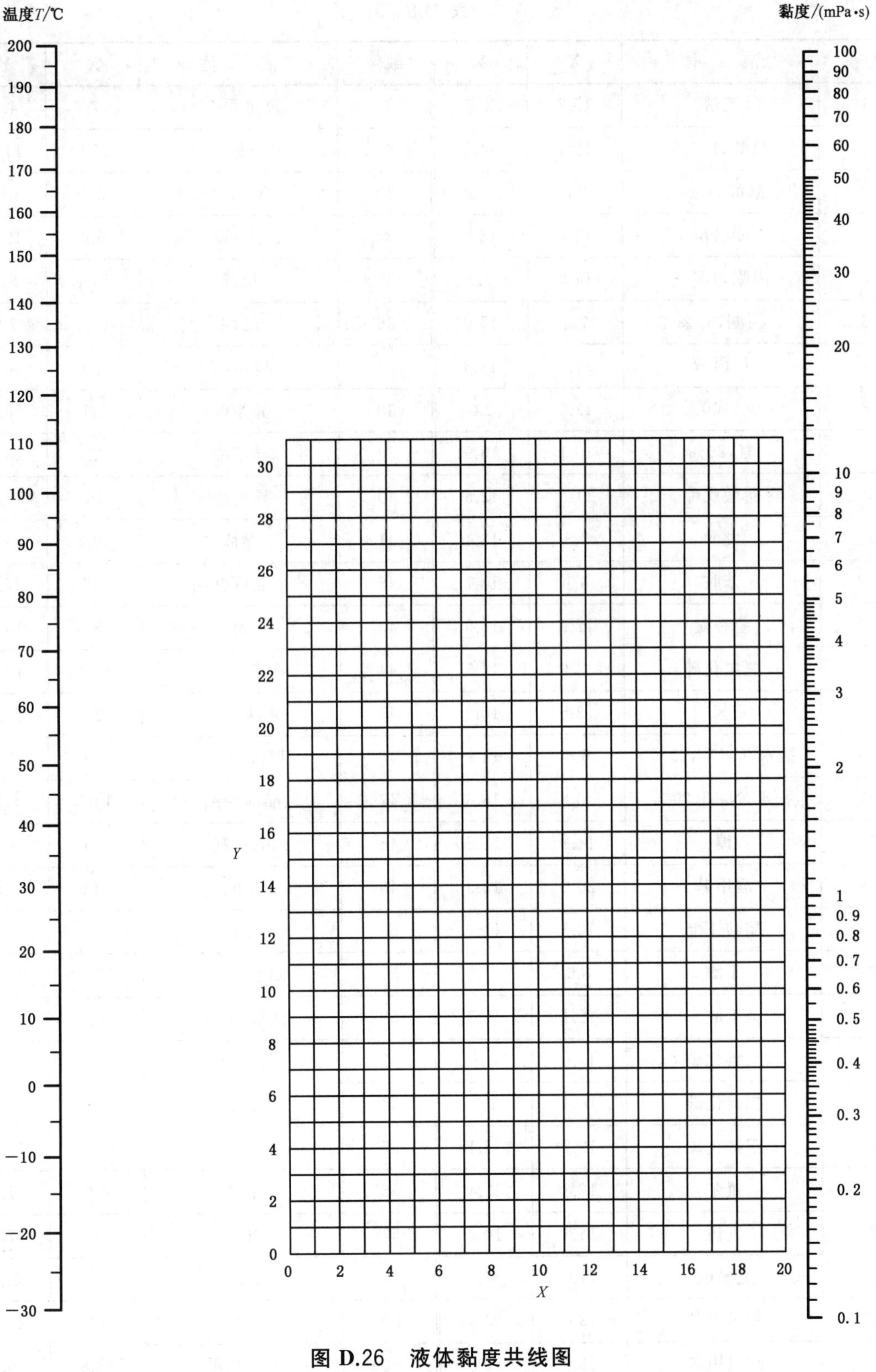

图 D.26 液体黏度共线图

表 D.8

编号	液　体	X	Y	编号	液　体	X	Y
1	乙醛	15.2	4.8	31	氟里昂-22	17.2	4.7
2	醋酸,100%	12.1	14.2	32	氟里昂-113	12.5	11.4
3	醋酸,70%	9.5	17.0	33	甘油,100%	2.0	30.0
4	醋酸酐	12.7	12.8	34	甘油,50%	6.9	19.6
5	丙酮,100%	14.5	7.2	35	庚烯	14.1	8.4
6	丙酮,35%	7.9	15.0	36	己烷	14.7	7.0
7	烯丙醇	10.2	14.3	37	盐酸,31.5%	13.0	16.6
8	氨,100%	12.6	2.0	38	异丁醇	7.1	18.0
9	氨,26%	10.1	13.9	39	异丁酸	12.2	14.4
10	醋酸戊酯	11.8	12.5	40	异丙醇	8.2	16.0
11	戊醇	7.5	18.4	41	煤油	10.2	16.9
12	苯胺	8.1	18.7	42	生亚麻籽油	7.5	27.2
13	茴香醚	12.3	13.5	43	汞	18.4	16.4
14	三氯化砷	13.9	14.5	44	甲醇,100%	12.4	10.5
15	苯	12.5	10.9	45	甲醇,90%	12.3	11.8
16	盐水,$CaCl_2$,25%	6.6	15.9	46	甲醇,40%	7.8	15.5
17	盐水,NaCl,25%	10.2	16.6	47	醋酸甲酯	14.2	8.2
18	溴	14.2	13.2	48	甲基氯	15.0	3.8
19	溴甲苯	20.0	15.9	49	丁酮	13.9	8.6
20	醋酸丁酯	12.3	11.0	50	萘	7.9	18.1
21	丁醇	8.6	17.2	51	硝酸,95%	12.8	13.8
22	丁酸	12.1	15.3	52	硝酸,60%	10.8	17.0
23	二氧化碳	11.6	0.3	53	硝酸苯	10.6	16.2
24	二硫化碳	16.1	7.5	54	硝基甲苯	11.0	17.0
25	四氯化碳	12.7	13.1	55	辛烷	13.7	10.0
26	氯苯	12.3	12.4	56	辛醇	6.6	21.1
27	氯仿	14.4	10.2	57	五氯乙烷	10.9	17.3
28	氯磺酸	11.2	18.1	58	戊酚	14.9	5.2
29	邻氯甲苯	13.0	13.3	59	酚	6.9	20.8
30	间氯甲苯	13.3	12.5	60	三溴化磷	13.8	16.7

表 D.8(续)

编号	液　　体	X	Y	编号	液　　体	X	Y
61	对氯甲苯	13.3	12.5	86	三氯化磷	16.2	10.9
62	间甲酚	2.5	20.8	87	丙酸	12.8	13.8
63	环己醇	2.9	24.3	88	丙醇	9.1	16.5
64	二溴乙烷	12.7	15.8	89	丙基溴	14.5	9.6
65	二氯乙烷	13.2	12.2	90	丙基氯	14.4	7.5
66	二氯甲烷	14.6	8.9	91	丙基碘	14.1	11.6
67	草酸二乙酯	11.0	16.4	92	钠	16.4	13.9
68	草酸二甲酯	12.3	15.8	93	氢氧化钠	3.2	25.8
69	联苯	12.0	18.3	94	氯化锡	13.5	12.8
70	草酸二丙酯	10.3	17.7	95	二氧化硫	15.2	7.1
71	醋酸乙酯	13.7	9.1	96	硫酸,110%	7.2	27.4
72	乙醇,100%	10.5	13.8	97	硫酸,98%	7.0	24.8
73	乙醇,95%	9.8	14.3	98	硫酸,60%	10.2	21.3
74	乙醇,40%	6.5	16.6	99	硫酰氯	15.2	12.4
75	乙苯	13.2	11.5	100	四氯乙烷	11.9	15.7
76	乙基溴	14.5	8.1	101	四氯乙烯	14.2	12.7
77	乙基氯	14.8	6.0	102	四氯化钛	14.4	12.3
78	乙醚	14.5	5.3	103	甲苯	13.7	10.4
79	甲酸乙酯	14.2	8.4	104	三氯乙烯	14.8	10.5
80	乙基碘	14.7	10.3	105	松节油	11.5	14.9
81	乙二醇	6.0	23.6	106	醋酸乙烯酯	14.0	8.8
82	甲酸	10.7	15.8	107	水	10.2	13.0
83	氟里昂-11	14.4	9.0	108	邻二甲苯	13.5	12.1
84	氟里昂-12	16.8	5.6	109	间二甲苯	13.9	10.6
85	氟里昂-21	15.7	7.5	110	对二甲苯	13.9	10.9

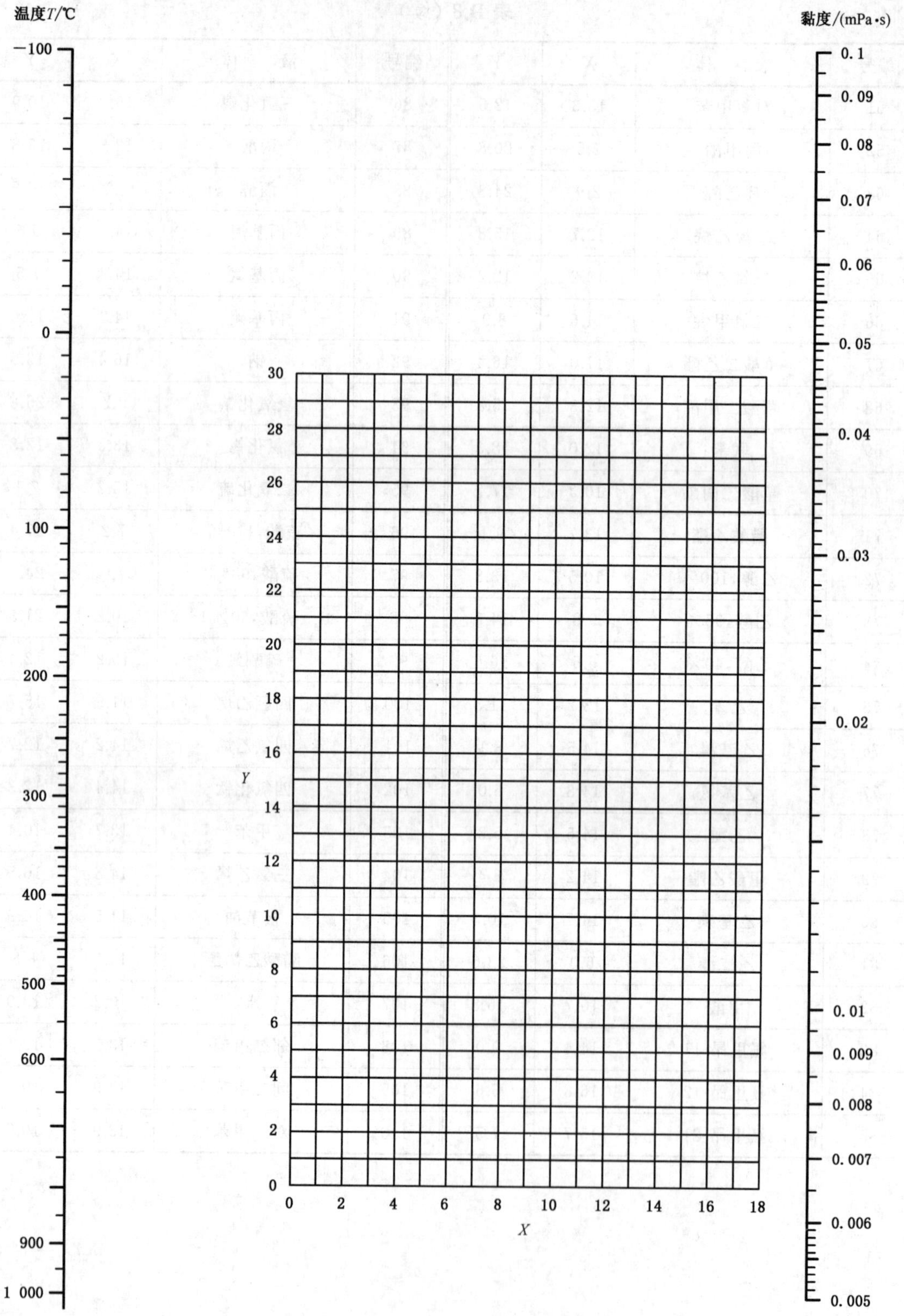

图 D.27 一个大气压下气体和蒸气的黏度

表 D.9

编号	气　体	X	Y	编号	气　体	X	Y
1	醋酸	7.7	14.3	29	氟里昂-113	11.3	14.0
2	丙酮	8.9	13.0	30	氦	10.9	20.5
3	乙炔	9.8	14.9	31	乙烷	8.6	11.8
4	空气	11.0	20.0	32	氢	11.2	12.4
5	氨	8.4	16.0	33	$3H_2+1N_2$	11.2	17.2
6	氩	10.5	22.4	34	溴化氢	8.8	20.9
7	苯	8.5	13.2	35	氯化氢	8.8	18.7
8	溴	8.9	19.2	36	氰化氢	9.8	14.9
9	丁烯(Butene)	9.2	13.7	37	碘化氢	9.0	21.3
10	丁烯(Butylene)	8.9	13.0	38	硫化氢	8.6	18.0
11	二氧化碳	9.5	18.7	39	碘	9.0	18.4
12	二硫化碳	8.0	16.0	40	汞	5.3	22.9
13	一氧化碳	11.0	20.0	41	甲烷	9.9	15.5
14	氯	9.0	18.4	42	甲醇	8.5	15.6
15	氯仿	8.9	15.7	43	氧化氮	10.9	20.5
16	氰	9.2	15.2	44	氮	10.6	20.0
17	环己烷	9.2	12.0	45	亚硝酸氯	8.0	17.6
18	乙烷	9.1	14.5	46	一氧化二氮	8.8	19.0
19	醋酸乙酯	8.5	13.2	47	氧	11.0	21.3
20	乙醇	9.2	14.2	48	戊烷	7.0	12.8
21	乙基氯	8.5	15.6	49	丙烷	9.7	12.9
22	乙醚	8.9	13.0	50	丙醇	8.4	13.4
23	乙烯	9.5	15.1	51	丙烯	9.0	13.8
24	氟	7.3	23.8	52	二氧化硫	9.6	17.0
25	氟里昂-11	10.6	15.1	53	甲苯	8.6	12.4
26	氟里昂-12	11.1	16.0	54	2,3,3-三甲基丁烷	9.5	10.5
27	氟里昂-21	10.8	15.3	55	水	8.0	16.0
28	氟里昂-22	10.1	17.0	56	疝	9.3	23.0

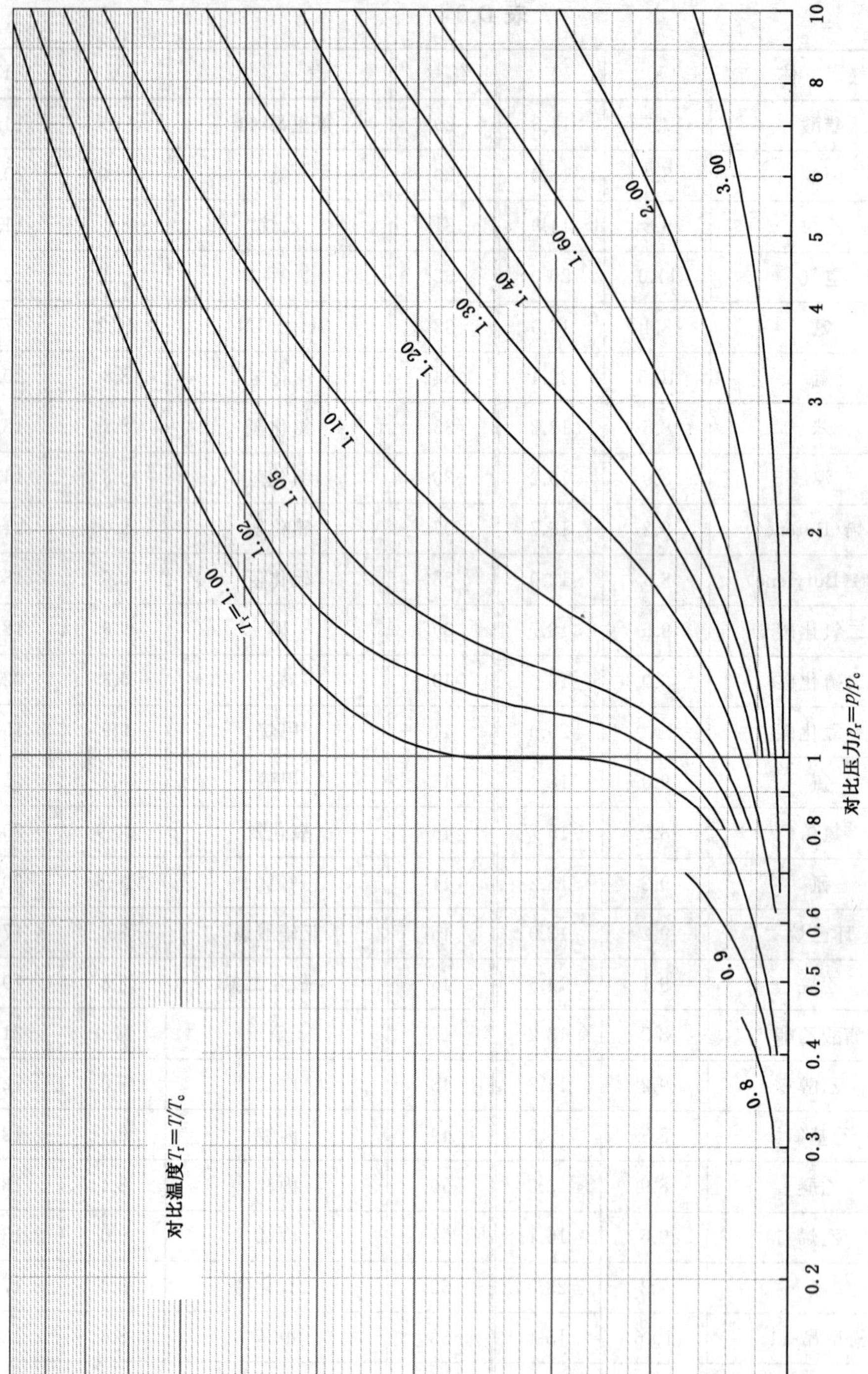
对比温度$T_r=T/T_c$
T_r=1.00
1.02
1.05
1.10
1.20
1.30
1.40
1.60
2.00
3.00
0.9
0.8
对比压力$p_r=p/p_c$
0.1
0.2
0.3
0.4
0.5
0.6
0.8
1
2
3
4
5
6
8
10
黏度比μ_p/μ_{atm}
1
1.5
2
3
4
5
6
7
8
9
10

图 D.28 高压气体黏度

表 D.10 临界性质数据

编号	物 质	分 子 量	临界温度/K	临界压力/Pa
1	醋酸	60.5	595.0	5 791 632.00
2	丙酮	58.1	510.0	4 784 991.20
3	乙炔	26.04	309.4	6 136 372.00
4	丙烯酸	72.03	653.3	5 060 783.20
5	丙烯醇	58.08	545.6	5 729 578.80
6	氨	17.03	405.6	11 300 577.20
7	苯胺	93.06	699.4	5 302 101.20
8	氩	40	151.1	4 867 728.80
9	苯	78.1	562.8	4 922 887.20
10	溴苯	157.02	670.6	4 516 094.00
11	1,3-丁二烯	54.1	425.0	4 329 934.40
12	正丁烷	58.1	425.0	3 799 034.80
13	丁烯	56.1	419.4	4 019 668.40
14	醋酸丁酯	116.16	579.4	3 047 501.60
15	正丁醇	74.1	563.3	4 412 672.00
16	异丁醇	74.1	536.1	4 192 038.40
17	二氧化碳	44.0	303.9	7 377 436.00
18	二硫化碳	76.14	546.1	7 618 754.00
19	一氧化碳	28.01	132.8	3 516 348.00
20	四氯化碳	153.8	556.1	4 550 568.00
21	氯气	70.9	417.2	7 715 281.20
22	氯苯	112.56	632.2	4 516 094.00
23	氯仿	119.4	533.3	5 550 314.00
24	异丙苯	120.19	631.1	3 219 871.60
25	环己烷	84.2	554.4	4 054 142.40
26	正癸烷	142.3	617.8	2 096 019.20
27	二氯二氟甲烷	120.9	385.6	4 116 195.60
28	乙烷	30.07	305.6	4 881 518.40
29	乙烯	28.05	283.3	5 033 204.00
30	乙醇	46.1	516.7	6 377 690.00
31	醋酸乙酯	88.1	523.3	3 840 403.60
32	乙苯	106.16	617.2	3 695 612.80
33	氟	38	144.4	5 570 998.40
34	甲醛	30.02	410.6	6 784 483.20
35	氦	4.003	5.6	228 907.36
36	正庚烷	100.2	540.0	2 737 235.60

表 D.10(续)

编号	物　质	分 子 量	临界温度/K	临界压力/Pa
37	庚醇	116.2	606.1	3 006 132.80
38	正己烷	86.2	507.8	3 033 712.00
39	己醇	102.2	586.1	3 378 452.00
40	氢	2.016	33.3	1 296 222.40
41	氯化氢	36.46	324.4	8 266 865.20
42	氟化氢	20.01	461.1	6 488 006.80
43	碘化氢	128	423.9	8 211 706.80
44	硫化氢	34.08	373.3	9 011 503.60
45	异丁烷	58.1	408.3	3 647 349.20
46	异丁烯	56.1	417.8	3 998 984.00
47	异戊烷	72.1	461.1	3 330 188.40
48	氪	83.8	208.9	5 495 155.60
49	甲烷	16.04	190.6	4 640 200.40
50	甲醇	32	514.4	8 094 495.20
51	甲乙酮	72.1	535.6	4 157 564.40
52	氖	20.18	44.4	2 723 446.00
53	氮	28.02	126.1	3 392 241.60
54	氧化氮	30.01	180.6	6 550 060.00
55	正壬烷	128.3	595.0	2 289 073.60
56	正辛烷	114.2	569.4	2 495 917.60
57	氧	32	154.4	5 081 467.60
58	正戊烷	72.1	470.0	3 378 452.00
59	苯酚	94.1	694.4	6 136 372.00
60	丙烷	44.1	370.0	4 254 091.60
61	丙烯	42.1	365.0	4 598 831.60
62	正丙醇	60.1	536.7	5 171 100.00
63	异丙醇	60.1	508.3	4 764 306.80
64	四亚甲砜	120.2	801.1	5 288 311.60
65	二氧化硫	64.1	430.6	7 873 861.60
66	甲苯	92.1	593.9	4 067 932.00
67	三氯乙烯	131.4	430.0	5 577 893.20
68	醋酸乙烯	86.1	525.6	4 198 933.20
69	氯乙烯	62.5	571.1	4 895 308.00
70	水	18.02	647.2	22 104 728.80

附　录　E
(资料性附录)
污垢热阻

用户或设计委托方未提供污垢热阻时,常见流体的污垢热阻可选用以下推荐数据。

E.1　水的污垢热阻

水的污垢热阻见表 E.1。

表 E.1　　10^{-5} $m^2 \cdot K/W$

加热介质温度		≤115 ℃		116 ℃～205 ℃	
水的温度		≤52 ℃		>52 ℃	
水的种类		水速/(m/s)		水速/(m/s)	
		≤1	>1	≤1	>1
海水		8.8	8.8	17.6	17.6
微咸水		35.2	17.6	52.8	35.2
冷却塔和人工喷淋池	处理过的补给水	17.6	17.6	35.2	35.2
	未处理的补给水	52.8	52.8	88.0	70.4
自来水、地下水、湖水		17.6	17.6	35.2	35.2
河水	最小值	35.2	17.6	52.8	35.2
	平均值	52.8	35.2	70.4	52.8
泥水		52.8	35.2	70.4	52.8
硬水(>257 mg/L)		52.8	52.8	88.0	88.0
发动机夹套水		17.6	17.6	17.6	17.6
蒸馏水		8.8	8.8	8.8	8.8
处理过的锅炉给水		17.6	8.8	17.6	17.6
锅炉排污水		35.2	35.2	35.2	35.2
注:加热介质温度超过 205 ℃,且冷介质会结垢时,表中数值应作相应修改。					

E.2　工业流体的污垢热阻(10^{-5} $m^2 \cdot K/W$)

a)　油类

燃料油:88.0;

淬火油:70.4;

变压器油:17.6;

发动机润滑油:17.6。

b)　气体和蒸气

工厂废气(高炉燃烧气):176.1;

发动机排气:176.1;
水蒸气(不带油):8.8;
废水蒸气(带油):17.6;
制冷剂蒸气(带油):35.2;
工业用有机载热体蒸气:17.6;
压缩空气:35.2;
干燥气体(如 H_2、N_2):8.8;
潮湿空气:26.4;
常压空气:8.8~17.6。

c) 液体
制冷剂液体:17.6;
液压流体:17.6;
工业用有机载热体液体:17.6;
传热用的熔融盐:8.8。

E.3 化工过程流体的污垢热阻(10^{-5} $m^2 \cdot K/W$)

a) 气体和蒸气
酸性气体:17.6;
溶剂蒸气:17.6;
稳定塔顶馏出物蒸气:17.6;
乙烯:35.2;
HCl 气:52.8;
含饱和水蒸气的氢:35.2;
氯化碳氢化合物蒸气:17.6;
乙醇蒸气:0;
带触媒的气体:52.8;
可聚合蒸气(含有缓蚀剂):52.8。

b) 液体
一乙醇胺和二乙醇胺溶液:35.2;
二甘醇和三甘醇溶液:35.2;
稳定塔侧线塔底物料:17.6;
苛性碱溶液:35.2;
植物油:52.8;
盐酸:0;
乙醇:17.6;
轻有机化合物:17.6;
氯化碳氢化合物:17.6~35.2;
一般稀无机物溶液:88.0。

E.4 天然气-汽油加工流体的污垢热阻(10^{-5} m^2·K/W)

a) 气体和蒸气

天然气:17.6;

塔顶蒸气:17.6。

b) 液体

贫油:35.2;

富油:17.6;

天然汽油和液化石油气:17.6。

E.5 石油炼制过程液体的污垢热阻(10^{-5} m^2·K/W)

a) 常减压装置中的气体和蒸气

常压精馏塔塔顶蒸气:17.6;

轻质石脑油蒸气:17.6;

减压精馏塔塔顶蒸气:35.2。

b) 常减压装置中的液体

汽油:17.6;

石脑油和轻馏分:17.6;

重质柴油:52.8;

重质燃料油:88.0;

煤油:17.6;

轻质柴油:35.2;

沥青和残渣油:176.1;

原油:见表 E.2。

表 E.2

10^{-5} m^2·K/W

介质	温度/℃	流速/(m/s)		
		<0.6	0.6~1.2	>1.2
脱水原油	0~92	52.8	35.2	35.2
含盐原油		52.8	35.2	35.2
脱水原油	93~148	52.8	35.2	35.2
含盐原油		88.0	70.4	70.4
脱水原油	149~259	70.4	52.8	35.2
含盐原油		105.7	88.0	70.4
脱水原油	>260	88.0	70.4	52.8
含盐原油		123.3	105.7	88.0

c) 裂化和焦化装置中的流体

塔顶蒸气:35.2;
轻质循环油:35.2;
重质循环油:52.8;
轻质焦化瓦斯油:52.8;
重质焦化瓦斯油:70.4;
塔底油浆(最小流速 1.4 m/s):52.8;
轻质液态产品:35.2。

d) 催化重整和加氢脱硫装置中的流体
重整炉进料:35.2;
重整炉出料:17.6;
加氢脱硫进料和出料:35.2;
塔顶蒸气:17.6;
50 ℃以上 API 的液态产品:17.6;
30 ℃~50 ℃API 的液态产品:35.2。

e) 轻馏分加工物料
塔顶蒸气及气体:17.6;
液态产品:17.6;
吸收油:35.2;
微酸烷基化物料:35.2;
再沸器物料:52.8。

f) 润滑油加工物料
进料:35.2;
混合溶剂进料:35.2;
溶剂:17.6;
提取物:52.8;
提余液:17.6;
沥青:88.0;
蜡膏:52.8;
精制滑油:17.6。

附 录 F
（资料性附录）
金属导热系数

F.1 铁基金属导热系数

铁基金属导热系数见表F.1。

表 F.1 W/(m·K)

材料	温度/℃													
	100	150	200	250	300	350	400	450	500	550	600	650	700	750
碳素钢	51.8	50.2	48.6	47.1	45.5	44.0	42.5	40.9	—	—	—	—	—	—
锰钼钢	50.0	48.5	46.8	45.3	43.8	43.4	42.4	40.9	—	—	—	—	—	—
15CrMo	46.8	46.8	45.1	44.3	42.1	41.6	40.7	38.4	36.4	—	—	—	—	—
12Cr2Mo1	43.2	41.6	40.0	39.9	38.6	38.1	37.2	36.4	35.9	34.7	—	—	—	—
06Cr13	24.5	26.1	26.1	27.2	27.2	27.2	27.7	27.7	28.2	29.4	29.4	31.2	—	—
06Cr19Ni10	16.3	17.0	17.3	18.8	19.1	20.2	20.8	21.6	22.6	23.0	24.3	24.3	25.8	26.1

F.2 其他金属导热系数

F.2.1 铝和铝合金导热系数见表F.2。

表 F.2 铝和铝合金导热系数 W/(m·K)

牌号	1070A、1060A、1050A、8A06	5A02	5A03、5A05	3A21
导热系数	281	166	151	232
注：表中为20 ℃～100 ℃的值。				

F.2.2 纯铜导热系数见表F.3。

表 F.3 纯铜导热系数 W/(m·K)

牌号	温度/℃						
	−256	−160	−79	0	20	100	150
T2、T3	～5 024	450	400	391	390	380	374

F.2.3 铜合金导热系数见表 F.4。

表 F.4　铜合金导热系数

W/(m·K)

牌号	HSn70-1	HAl77-2	H68A	BFe30-1-1	BFe10-1-1
导热系数	91.3	100.4	117.2	35	36
注：表中为 0 ℃～100 ℃的值。					

F.2.4 钛和钛合金导热系数见表 F.5。

表 F.5　钛和钛合金导热系数

W/(m·K)

<table>
<tr><th rowspan="2">牌号</th><th colspan="5">温度/℃</th></tr>
<tr><th>常温</th><th>100</th><th>200</th><th>300</th><th>350</th></tr>
<tr><td>工业纯钛</td><td colspan="3" rowspan="3">16.3</td><td rowspan="3">16.7</td><td rowspan="3">17.2</td></tr>
<tr><td>TA1</td></tr>
<tr><td>TA2</td></tr>
</table>

附 录 G
(资料性附录)
换热管特性表

G.1 换热管几何特性见表G.1。

表 G.1 换热管几何特性

换热管外径 d mm	换热管壁厚 δ mm	每毫米管长外表面积 mm^2/mm	每毫米管长内表面积 mm^2/mm	惯性矩 $I=\frac{\pi}{64}(d^4-d_i^4)mm^4$	截面模量 $W=\frac{\pi(d^4-d_i^4)}{32d}mm^3$	回转半径 $i=\frac{1}{4}\sqrt{d^2+d_i^2}$ mm	金属横截面积 $a=\frac{\pi}{4}(d^2-d_i^2)mm^2$	换热管内径横截面积 $f=\frac{\pi}{4}d_i^2 mm^2$
10	1.5	31.4	22.0	373	74.6	3.052	40.06	38.48
14	2	44.0	31.4	1 395	199.3	4.301	75.40	78.54
19	2	59.7	47.1	3 912	411.8	6.052	106.81	176.71
25	2	78.5	66.0	9 628	770.3	8.162	144.51	346.36
	2.5		62.8	11 321	905.7	8.004	176.71	314.16
32	2	100.5	88.0	21 300	1 331.2	10.630	188.50	615.75
	3		81.7	29 040	1 815.0	10.308	273.32	530.93
38	2.5	119.4	103.7	44 140	2 323.2	12.582	278.82	855.30
	3		100.5	50 882	2 678.0	12.420	329.87	804.25
45	2.5	141.4	125.7	75 625	3 361.1	15.052	333.78	1 256.64
	3		122.5	87 728	3 899.0	14.887	395.84	1 194.59
57	2.5	179.1	163.4	159 258	5 588.0	19.289	428.04	2 123.72
	3.5		157.1	211 370	7 416.5	18.956	588.26	1 963.50

注：d——换热管外径，mm；d_i——换热管内径，mm。

G.2 换热管单位长度的质量见表 G.2。

表 G.2 换热管单位长度的质量 kg/m

外径/mm		10	14	19	25		32		38		45		57	
壁厚/mm		1.5	2	2	2	2.5	2	3	2.5	3	2.5	3	2.5	3.5
碳素钢、低合金钢		0.314	0.592	0.838	1.134	1.387	1.480	2.146	2.189	2.589	2.620	3.107	3.360	4.618
高合金钢		0.317	0.597	0.846	1.145	1.400	1.493	2.165	2.208	2.613	2.644	3.135	3.390	4.659
其他金属	铝	0.108	0.204	0.288	0.390	0.477	0.509	0.738	0.753	0.891	0.901	1.069	1.156	1.588
	铜	0.356	0.671	0.951	1.286	1.573	1.678	2.433	2.481	2.936	2.971	3.523	3.810	5.236
	钛	0.181	0.340	0.482	0.652	0.797	0.850	1.233	1.257	1.488	1.505	1.785	1.930	2.653
	镍	0.356	0.671	0.951	1.286	1.573	1.678	2.433	2.481	2.936	2.971	3.523	3.810	5.236
	锆	0.260	0.489	0.692	0.936	1.145	1.221	1.771	1.807	2.138	2.163	2.565	2.774	3.812

注：本表分别按碳素钢、低合金钢 7.85×10^3、高合金钢 7.92×10^3、铝 2.70×10^3、铜 8.90×10^3、钛 4.51×10^3、镍8.90×10^3、锆 6.48×10^3 的密度(kg/m^3)计算质量。

附 录 H
(资料性附录)
换热管与管板焊接接头的焊缝形式

本附录给出了其他的换热管与管板焊接接头的焊缝形式,见图 H.1。

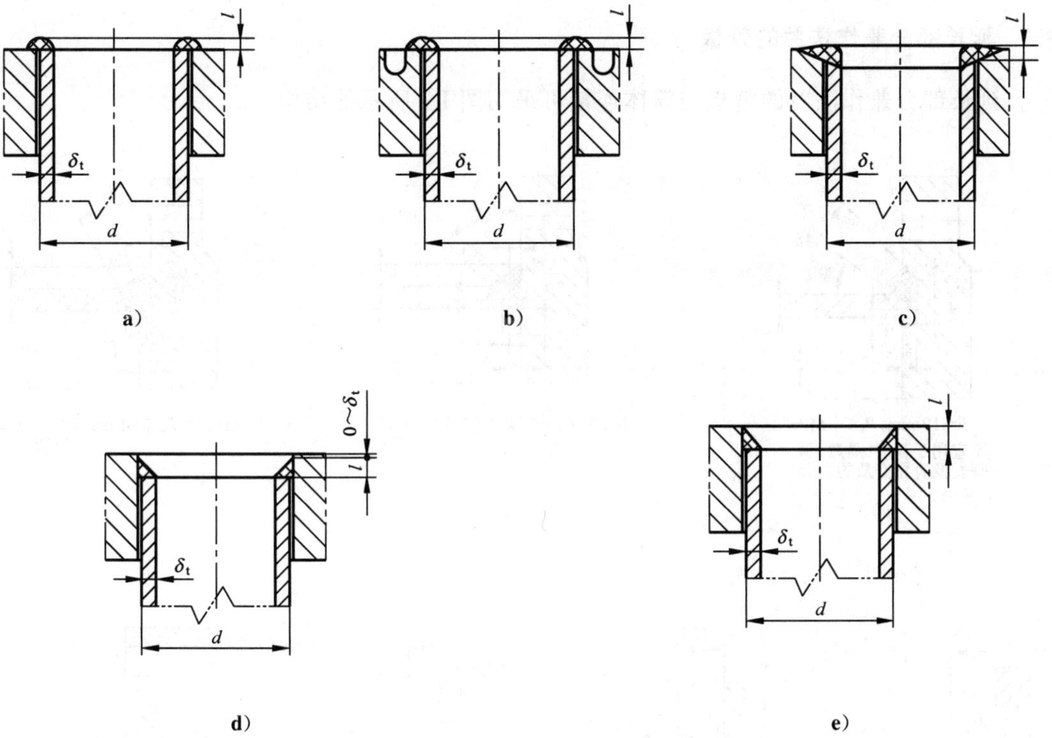

注:图 d)、e)可用于立式热交换器的上管板不允许有积液的场合。

图 H.1 换热管与管板焊接接头的焊缝形式

附 录 I
(资料性附录)
管板与管箱、壳体的焊接连接

管板与管箱、壳体的焊接连接可根据设计条件、设备结构等因素选用本附录所示结构;也可采用其他可靠的连接结构。

I.1 延长部分兼作法兰的管板

延长部分兼作法兰的管板与筒体连接可采用图 I.1 所示的结构。

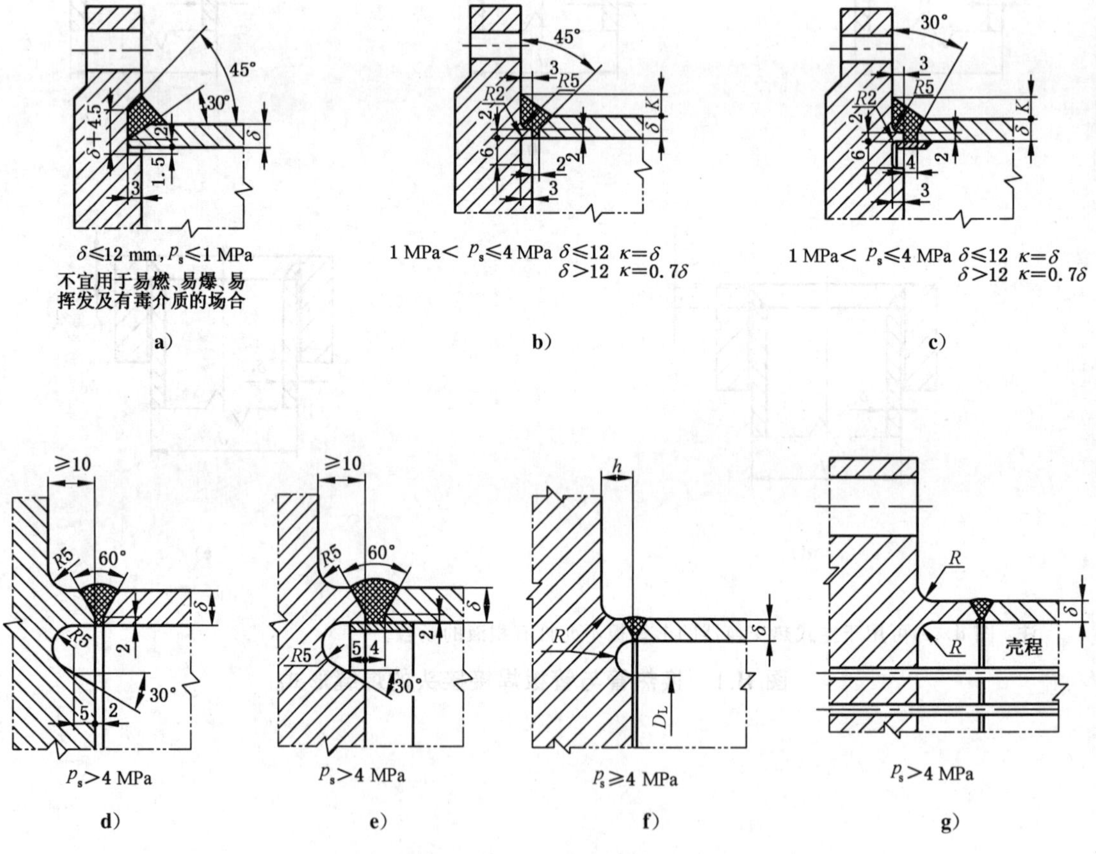

图 I.1 延长部分兼作法兰的管板与筒体连接

I.2 不兼作法兰的管板

不兼作法兰的管板与筒体连接可采用图 I.2 所示的结构。

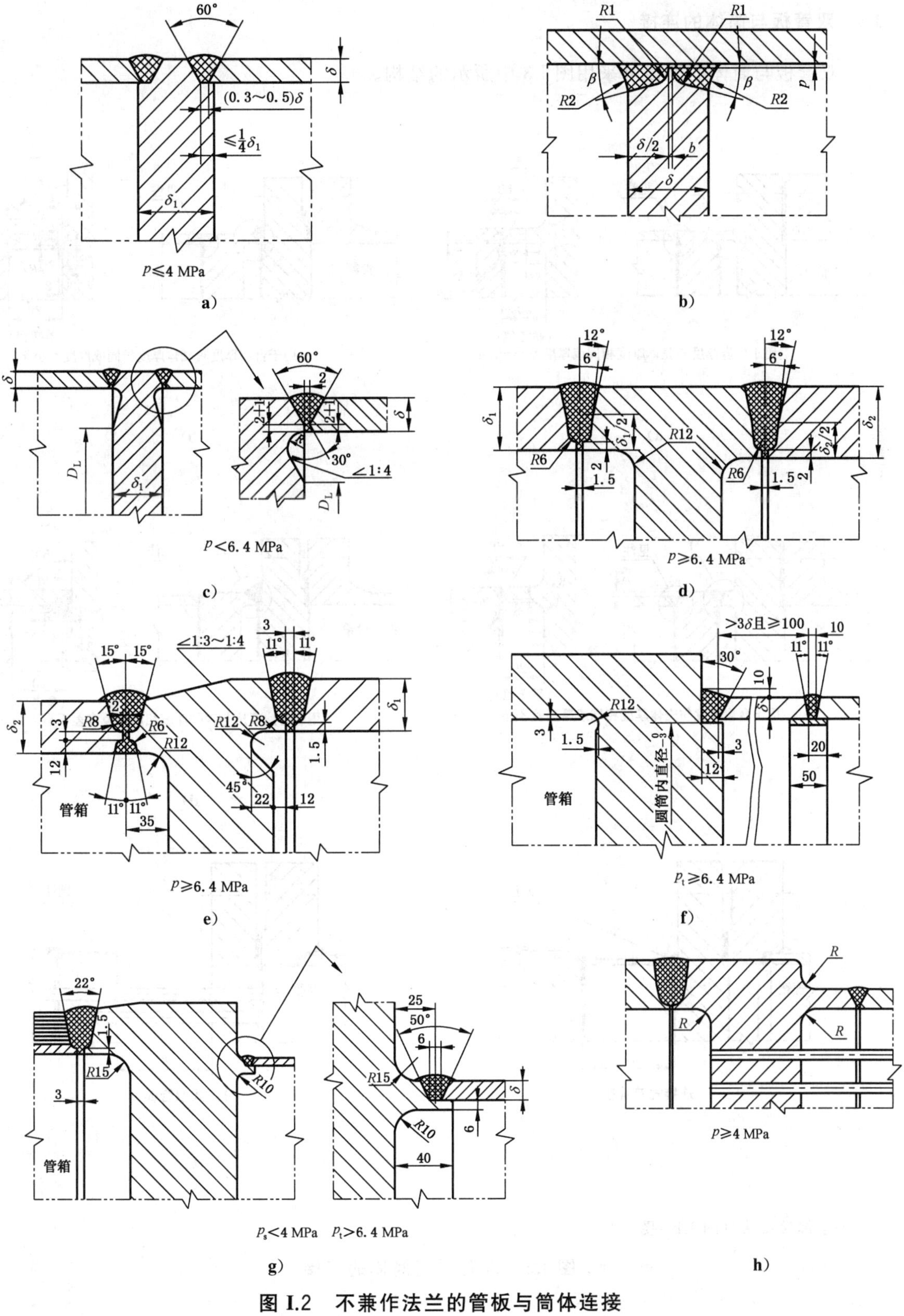

图 I.2　不兼作法兰的管板与筒体连接

I.3 双管板与筒体的连接

双管板与筒体的连接可采用图 I.3 中所示的结构。

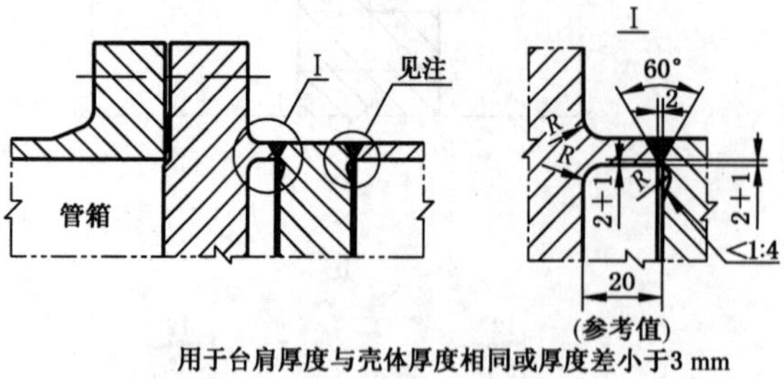

用于台肩厚度与壳体厚度相同或厚度差小于3 mm

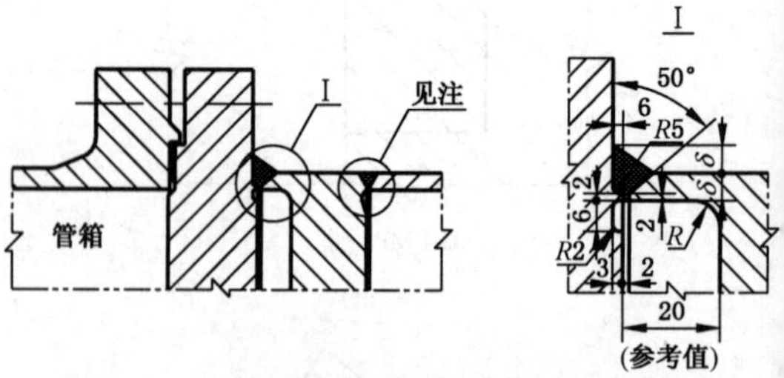

用于台肩厚度与壳体厚度相同或厚度差小于3 mm

a)

b)

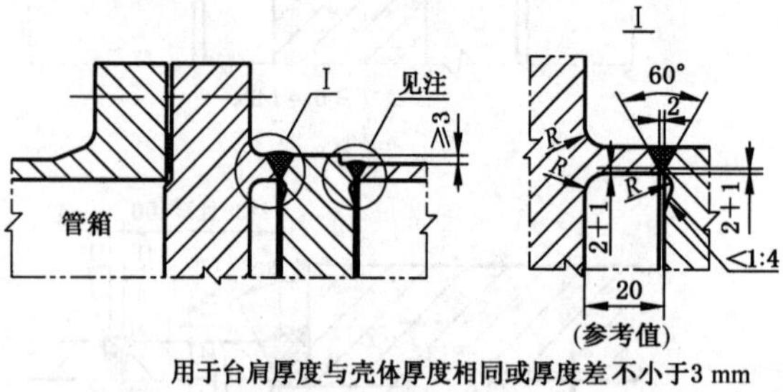

用于台肩厚度与壳体厚度相同或厚度差不小于3 mm

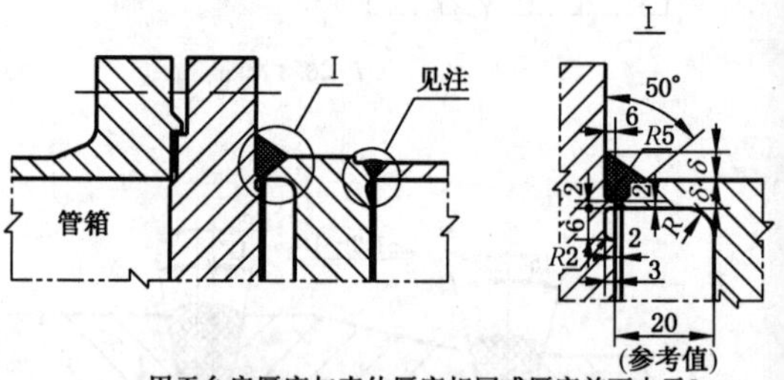

用于台肩厚度与壳体厚度相同或厚度差不小于3 mm

c)

d)

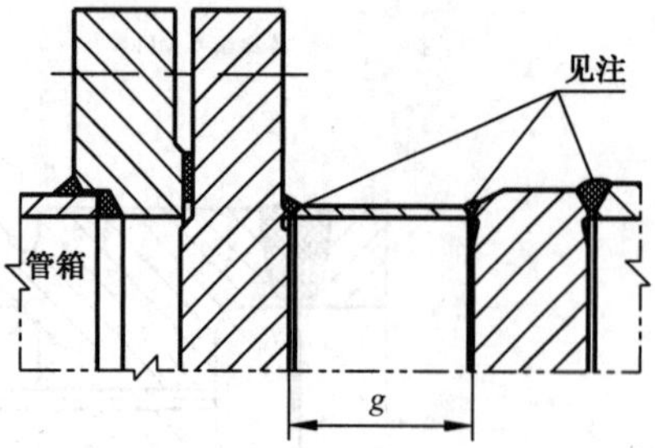

连接式双管板

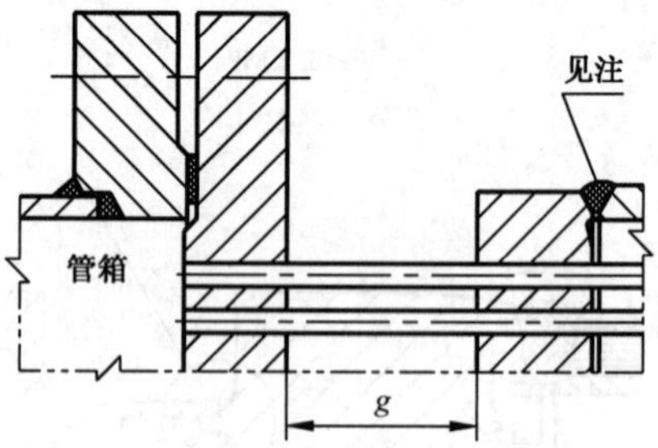

分离式双管板

e)

f)

注：焊接接头见图 I.1～图 I.2。

图 I.3 双管板与筒体的连接

附 录 J
(资料性附录)
壳体和管束的进口或出口面积计算

本附录给出了如图 J.1～图 J.6 的普通结构的壳体和管束的进口或出口面积的近似计算方法。

J.1 壳体进口或出口面积 A_S

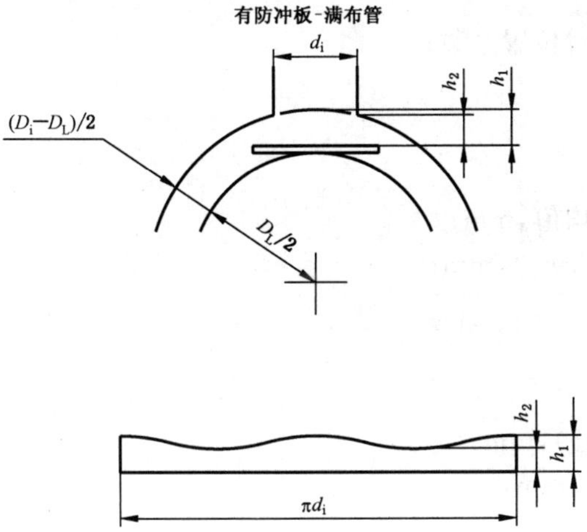

图 J.1

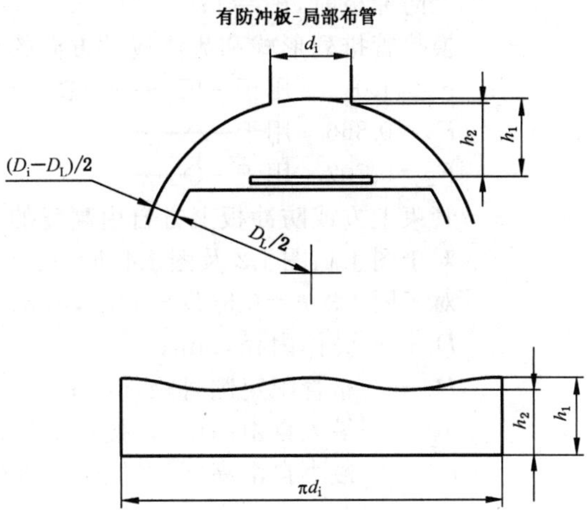

图 J.2

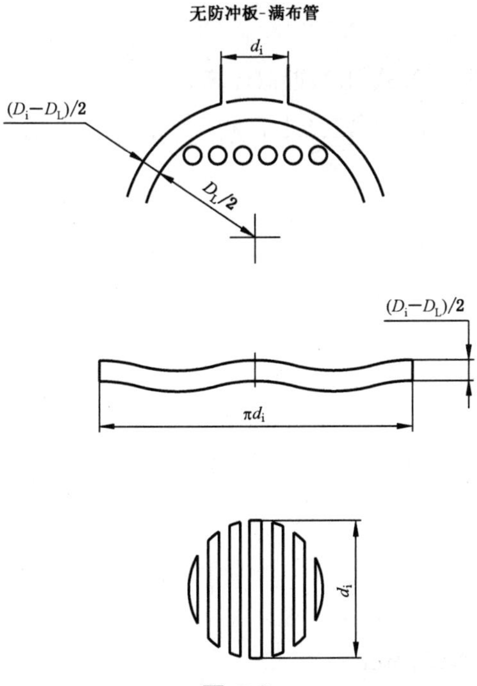

图 J.3

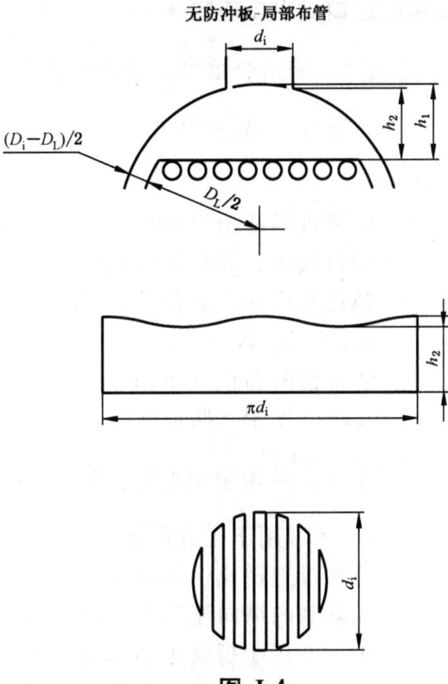

图 J.4

图 J.1～图 J.4 所示壳体进口或出口的最小面积可按式(J.1)进行近似计算：

$$A_S = \pi d_i h + F_1\left(\frac{\pi d_i^2}{4}\right)\frac{(S-d)}{F_2 S} \quad \text{(J.1)}$$

式中：

A_S——壳体进口或出口的最小面积，mm^2；

d_i——接管内径，mm；

d——换热管外径，mm；

F_1——系数；

有防冲板时，$F_1=0$；

无防冲板时，$F_1=1$；

F_2——换热管排列形式和流体流动方向的相对位置系数；

$F_2=1.0$　用于─□→和─▷→；

$F_2=0.866$　用于─△→；

$F_2=0.707$　用于─◇→；

h——管束上方或防冲板上方自由高度的平均值，mm；

对于图 J.1、图 J.2 及图 J.4，$h=0.5(h_1+h_2)$，mm；

对于图 J.3，$h=0.5(D_i-D_L)$，mm；

D_i——壳体内径，mm；

D_L——布管限定圆直径，mm；

h_1——最大自由高度(在接管中心线处)，mm；

h_2——最小自由高度(在接管边缘处)，mm，

$h_2=h_1-0.5\left[D_i-\sqrt{D_i^2-d_i^2}\right]$，mm；

S——换热管中心距，mm。

J.2　管束的进口或出口面积 A_t

图 J.5、图 J.6 所示管束进口或出口的最小面积，可按式(J.2)近似计算。

$$A_t = B_s(D_i - D_L) + (B_s K - A_P)\frac{(S-d)}{F_2 S} + A_L \quad \text{(J.2)}$$

式中：

A_t——管束进口或出口的最小面积，mm^2；

B_s——进口或出口处折流板间距，mm；

K——横过管束的有效弦长，见图 J.5，mm；

对图 J.6　$K=d_i$；

A_P——防冲板的面积，mm^2；

$A_P=0$ 用于无防冲板时，mm^2；

$A_P=\frac{\pi L_P^2}{4}$用于圆形防冲板，mm^2；

$A_P=L_P^2$用于正方形防冲板，mm^2；

L_P——防冲板直径或边长，mm；

A_L——无限制的纵向流动面积，mm^2；

$A_L=0$ 用于折流板切口垂直于接管中心线，mm^2；

$A_L=0.5ab$ 用于折流板切口平行于接管中心线(如图 J.5)，mm^2；

$A_L = 0.5(D_i - D_L)c$ 用于折流板切口平行于接管中心线(如图 J.6),mm^2;

a、b 见图 J.5,mm;

c 见图 J.6,mm。

局部布管—有或无防冲板

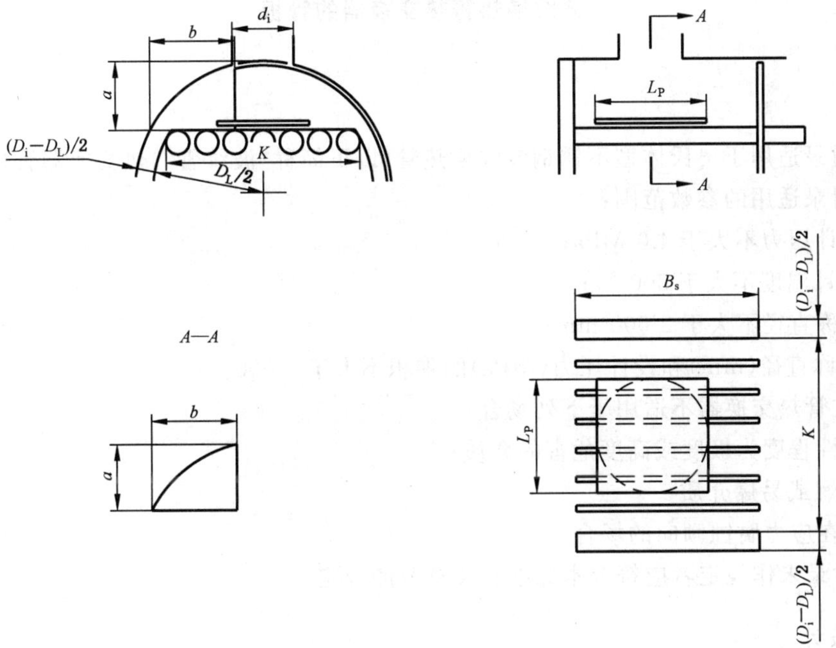

图 J.5

满布管—无防冲板

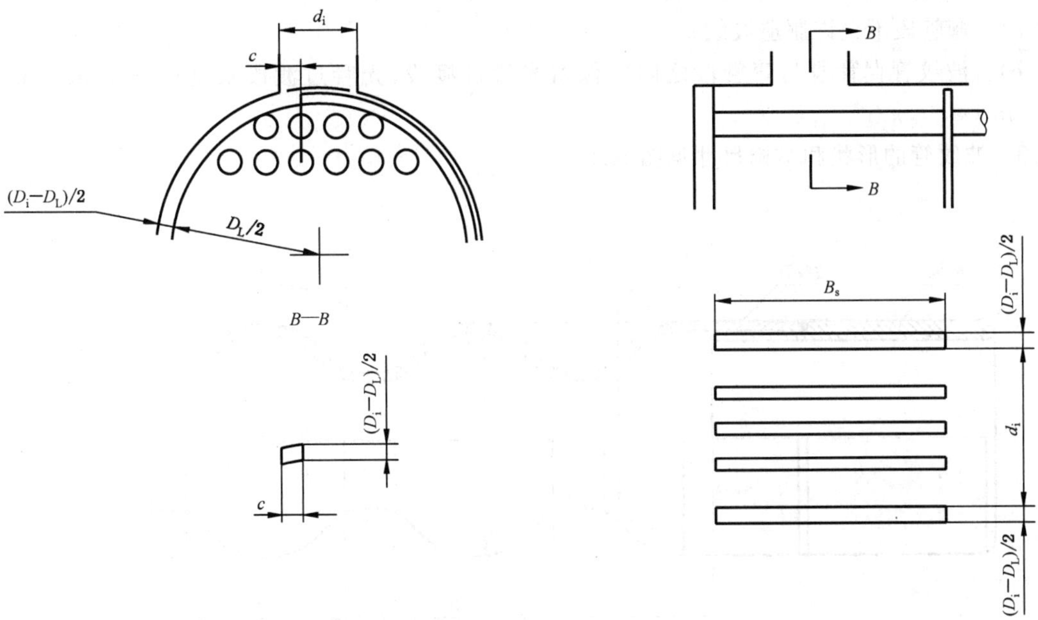

图 J.6

附 录 K
(资料性附录)
波纹换热管热交换器的管板

K.1 总则

K.1.1 本附录适用于奥氏体型不锈钢波纹换热管(以下简称“波纹管”)热交换器管板的设计。

K.1.2 本附录适用的参数范围:

a) 设计压力不大于 4.0 MPa;

b) 设计温度不大于 300 ℃;

c) 公称直径不大于 2 000 mm;

d) 公称直径(mm)和设计压力(MPa)的乘积不大于 4 000。

K.1.3 波纹管热交换器不适用于下列场合:

a) 毒性程度为极度或高度危害的介质;

b) 易燃或易爆介质;

c) 存在应力腐蚀倾向的场合。

K.1.4 本附录未作规定者应符合本标准有关章节的规定。

K.2 结构设计

K.2.1 折流板最大间距为波纹管波谷外径的 25 倍;

K.2.2 波纹管用作 U 形换热管时除满足 6.4.3 的规定外,尚应满足以下要求:

a) 弯管段不允许制造波纹;

b) 波纹管直管段与弯管段之间应保留光管过渡段,光管过渡段长度应满足 50 mm～100 mm。

K.2.3 波纹管的形状和结构尺寸见图 K.1。

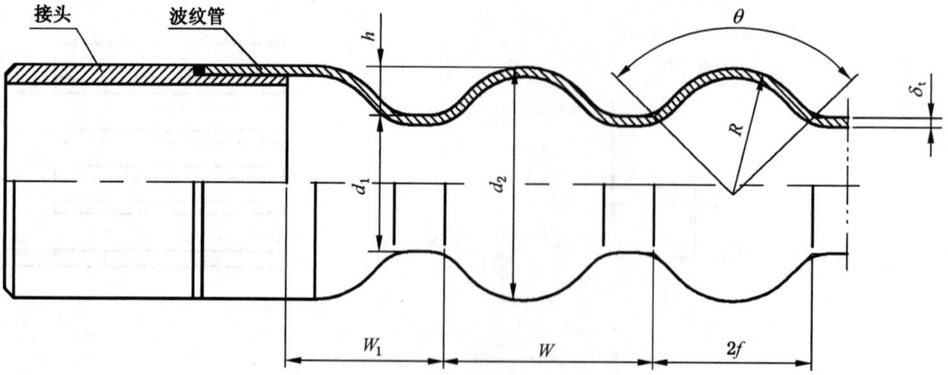

图 K.1 波纹管形状和结构尺寸

K.3 符号

A_s ——圆筒壳壁金属横截面积，mm^2；

A_1 ——管板开孔后的面积，mm^2；

a ——1 根波纹管波谷处金属横截面积，mm^2；

C_p ——许用内压系数，$C_p=0.675$；

D_i ——壳程圆筒和管箱圆筒内径，mm；

d_1 ——波谷外径(管坯外径)，mm；

d_2 ——波峰外径，mm；

E_s ——设计温度下壳程圆筒材料的弹性模量，MPa；

h ——波纹管的波高，mm；

f ——波纹圆弧弦长之半(半波宽)，$2f=(0.6\sim0.65)d_1$，mm；

i ——波纹管波谷处截面的回转半径，mm；

K ——换热管加强系数；

K_1 ——波纹管轴向单波刚度，N/mm；

K_{b1} ——长度为 l_{cr} 的波纹管刚度，N/mm；

K_{b2} ——长度为 L 的单根波纹管刚度，N/mm；

K_{ex} ——壳体波形膨胀节轴向刚度，按 GB 16749 进行计算，N/mm，其他膨胀节轴向刚度可通过拉伸试验确定；

K_t ——管束模数，MPa；

L ——换热管有效长度(两管板内侧间距)，mm；

l_{cr} ——换热管受压失稳当量长度，按图 7-2 确定，mm；

n ——换热管根数；

p_a ——有效组合压力，MPa；

$[p]_i$——波纹管的许用内压力，MPa；

$[p]_o$——波纹管的许用外压力，MPa；

Q ——壳体不带波形膨胀节时，换热管束与圆筒刚度比；

Q_{ex} ——壳体带波形膨胀节时，换热管束与壳体刚度比；

R ——波纹圆弧半径，$R=(f^2+h^2)/2h$，mm；

$R_{p0.2}^t$ ——设计温度下换热管材料的 0.2%非比例延伸强度，MPa；

W ——波距(波纹管波宽与波节直边之和)，$W=(0.8\sim0.9)d_1$，mm；

W_1 ——波纹管管端直边计算长度，mm；

δ ——管板计算厚度，mm；

δ_t ——波纹管厚度，mm；

γ ——波纹管与壳程圆筒的热膨胀变形差；

η ——管板刚度削弱系数，如无特别指定，一般可取 0.4；

θ ——波纹圆弧圆心角，$\theta=2\arcsin(f/R)$，弧度；

Σ_s ——系数；

Σ_t ——系数；

$[\sigma]^t_{cr}$——波纹管在设计温度下的稳定许用压应力，MPa；

$[\sigma]^t_t$——波纹管在设计温度下的许用应力，MPa。

其他符号同单管板计算。

K.4 波纹管轴向刚度

波纹管的轴向单波刚度 K_1 应通过拉伸试验来确定，常用波纹管的轴向单波刚度可按表 K.1 查取。

表 K.1 波纹管单波刚度 K_1

波纹管公称直径(波峰/波谷外径)	波纹管厚度 δ_t/mm		
	0.5	0.8	1.0
	轴向单波刚度 K_1/(kN/mm)		
ϕ32/25	14.4	56.3	84.4
ϕ42/33	6.1	40.0	54.5
注：本表适用范围为波宽与波距之比 $2f/W=0.65\sim0.85$。			

K.5 波纹管的许用压力

K.5.1 波纹管许用内压力按式(K.1)计算：

$$[p]_i=\frac{C_p[\sigma]^t_t\delta_t}{d_1-\delta_t} \quad\cdots\cdots(K.1)$$

K.5.2 波纹管许用外压力按式(K.2)计算：

$$[p]_o=\frac{B\delta_t}{d_1} \quad\cdots\cdots(K.2)$$

式中 B 值按 GB 150.3—2011 中第 4 章方法确定，其计算长度取单根波纹管中波距 W 和管端直边计算长度 W_1(见图 K.1)中的较大值。

K.5.3 波纹管的设计压力应满足下列条件：

a) 管程设计压力 p_t 不得大于波纹管的许用内压力，即：$p_t\leqslant[p]_i$；

b) 壳程设计压力 p_s 不得大于波纹管的许用外压力，即：$p_s\leqslant[p]_o$。

K.6 波纹管稳定许用压应力

K.6.1 波纹管的稳定许用压应力应按式(K.6)或式(K.7)进行计算，K_{b1}、C_r、i 分别按式(K.3)、式(K.4)、式(K.5)计算：

$$K_{b1}=\frac{W\cdot K_1}{l_{cr}} \quad\cdots\cdots(K.3)$$

$$C_r=\pi\sqrt{\frac{2l_{cr}K_{b1}}{aR^t_{p0.2}}} \quad\cdots\cdots(K.4)$$

$$i=0.25\sqrt{d_1^2+(d_1-2\delta_t)^2} \quad\cdots\cdots(K.5)$$

当 $C_r\leqslant l_{cr}/i$ 时：

$$[\sigma]_{cr}^{t}=\frac{R_{p0.2}^{t}C_{r}^{2}}{3(l_{cr}/i)^{2}}=\frac{1}{1.5}\cdot\frac{\pi^{2}\cdot i^{2}\cdot K_{b1}}{a\cdot l_{cr}} \quad\cdots\cdots(K.6)$$

当 $C_r>l_{cr}/i$ 时：

$$[\sigma]_{cr}^{t}=\frac{R_{p0.2}^{t}}{1.5}\cdot\left[1-\frac{l_{cr}/i}{2C_{r}}\right] \quad\cdots\cdots(K.7)$$

K.6.2 波纹管的稳定许用压应力 $[\sigma]_{cr}^{t}$ 值不应大于设计温度下的换热管材料许用应力 $[\sigma]_{t}^{t}$。

K.7 管板计算

当换热管采用本附录规定的波纹管时，U形管式热交换器管板计算方法与7.4.4相同，对于浮头式、填料函式和固定管板式热交换器，与换热管刚度有关的参数应按本附录予以调整。

a) 换热管加强系数 K 按式(K.8)计算：

$$K=\left[1.32\frac{D_{i}}{\delta}\sqrt{\frac{K_{b2}n}{E_{p}\eta\delta}}\right]^{1/2} \quad\cdots\cdots(K.8)$$

式中：

$$K_{b2}=\frac{W\cdot K_{1}}{L}$$

b) 管束模数 K_t 按式(K.9)计算：

$$K_{t}=\frac{n\cdot K_{b2}}{D_{i}} \quad\cdots\cdots(K.9)$$

c) 管束与壳体刚度比 Q_{ex} 按式(K.10)计算：

$$Q_{ex}=\begin{cases}Q+\dfrac{nK_{b2}}{K_{ex}} & \text{(壳体带膨胀节)}\\ Q & \text{(壳体不带膨胀节)}\end{cases} \quad\cdots\cdots(K.10)$$

式中：

$$Q=\frac{nK_{b2}L}{E_{s}A_{s}}$$

d) 有效组合压力 p_a 按式(K.11)计算：

$$p_{a}=\sum_{s}p_{s}-\sum_{t}p_{t}+\frac{\gamma nK_{b2}L}{A_{1}} \quad\cdots\cdots(K.11)$$

将上述各参数修正后，代入7.4各式进行波纹管热交换器的管板计算。

附 录 L
(资料性附录)
拉撑管板

L.1 总则

L.1.1 本附录适用于壳体不带膨胀节的管壳式热交换器的拉撑管板(以下简称“管板”)设计,两端管板结构应相同;其中一端结构见图 L.1。

L.1.2 本附录适用的参数范围:

a) 设计压力:管程和壳程分别不大于 1.0 MPa;

b) 温度范围:管程和壳程的设计温度范围 0 ℃～300 ℃;换热管与壳体平均壁温差不超过 30 ℃;

c) 直径范围:壳体内径不大于 1 200 mm;

d) 换热管长度:不超过 6 000 mm。

L.1.3 换热管应采用光管,且与壳体材料的线膨胀系数接近(两者的数值相差不大于 10%)。

L.1.4 本附录未作规定者,应符合本标准有关章节的规定。

L.2 结构设计

L.2.1 管板结构分为搭焊式和角焊式。搭焊式的结构及部件名称见图 L.1 a);角焊式的结构及部件名称见图 L.1 b),图中 $L_1 \geqslant \sqrt{D_i \delta_s / 2}$。

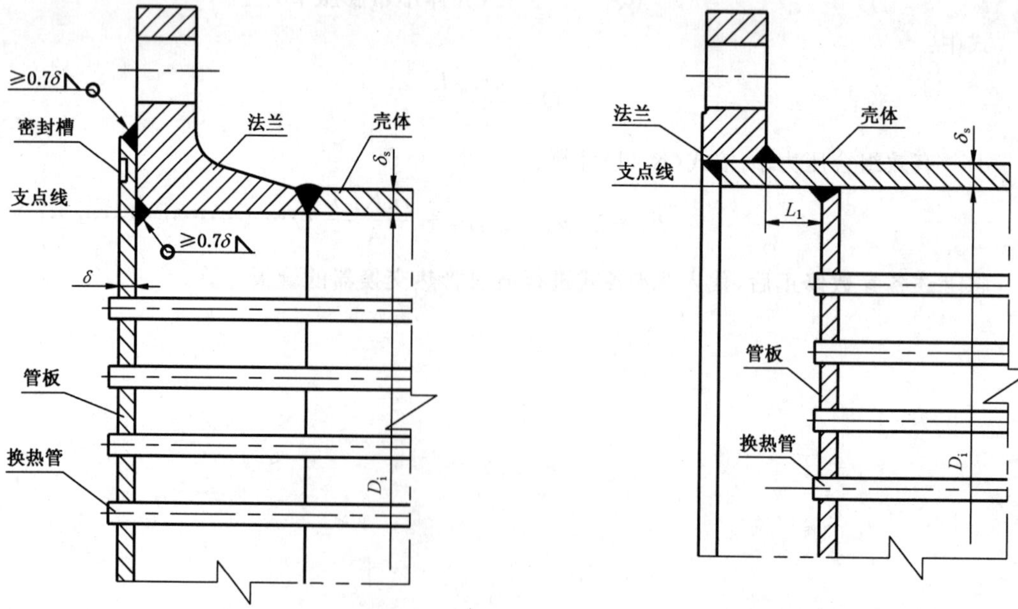

a) 搭焊式　　b) 角焊式

图 L.1 管板结构

L.2.2　管板最小厚度见表 L.1。

表 L.1　管板最小厚度　mm

换热管外径	换热管与管板的连接		
	强度焊接	强度焊接＋贴胀	全焊透
≤51	12		10
>51～57	14		

L.2.3　布管除应满足 6.3.1 的规定外，换热管中心距不应小于 1.3 倍的换热管外径，换热管与管板连接接头的焊缝边缘不得相互重叠。

L.2.4　换热管与管板的连接应符合下述要求：

a)　换热管与管板的连接接头形式可采用强度焊接、强度焊接加贴胀或全焊透，见图 L.2；其中图 L.2 a)不适用于壳程存在缝隙腐蚀倾向的场合。

b)　外伸焊脚高度 $a_f \leqslant 1$ mm，α 宜为 6°～10°。

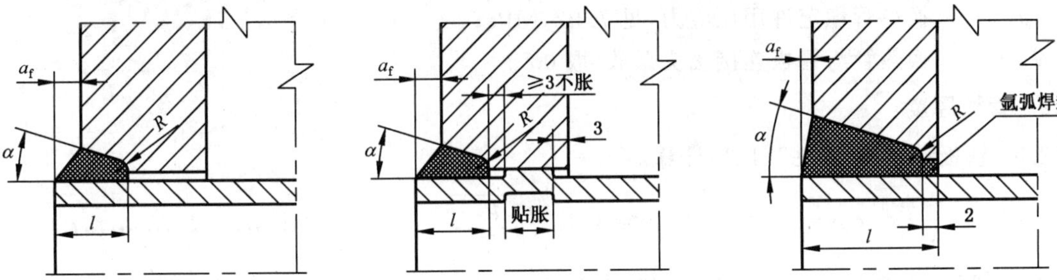

a)　强度焊接　　b)　强度焊接加贴胀　　c)　全焊透

图 L.2　换热管与管板连接

L.2.5　搭焊式管板与法兰的焊接应牢固可靠；角焊式管板与壳体的焊接应采用全焊透结构，当采用单面焊时，应氩弧焊打底。

L.2.6　管板组装及焊接时，应采取有效措施防止管板变形，焊接后其平面度不应大于 4 mm。

L.2.7　管束周边换热管外表面至壳体内壁的最小距离 b_3 不宜小于 40 mm。

L.3　设计计算

L.3.1　符号

A_{bmax}——在布管区周边围绕单根换热管画假想圆的中心点连线所包围面积的最大值，见图 L.4，mm^2；

A_Z——换热管与管板连接的拉脱力计算时，单根换热管支撑面积，mm^2；

A_ω——换热管轴向稳定性校核时，单根换热管支撑的面积，mm^2；

a——1 根换热管壁金属的横截面积，mm^2；

d_i——换热管内径，mm；

d_J——假想圆直径(见图 L.3)，mm；

d——换热管外径，mm；

F_k——由压力引起的换热管轴向力，N；

K ——结构特征系数；

l ——换热管与管板连接的焊脚高度，$l \geqslant 4$ mm；

p_c ——计算压力，取管程和壳程设计压力的较大值，MPa；

p_t ——管程设计压力，MPa；

S ——换热管中心距，mm；

δ ——管板计算厚度，mm；

δ_t ——换热管计算壁厚，mm；

η_g ——管板材料的许用应力修正系数，取 0.85；

η_h ——换热管许用应力修正系数，取 0.6；

q ——换热管与管板连接的拉脱力，MPa；

$[q]$ ——许用拉脱力，MPa；

σ_k ——换热管轴向压应力，MPa；

$[\sigma]_r^t$ ——设计温度下管板材料的许用应力，MPa；

$[\sigma]_t^t$ ——设计温度下换热管材料的许用应力，MPa；

$[\sigma]_{cr}$ ——换热管稳定许用压应力，见 7.3.2，MPa；

ϕ ——换热管与管板连接接头系数，取 0.8。

L.3.2 管板厚度

L.3.2.1 管板计算厚度按式(L.1)计算：

$$\delta = Kd_J\sqrt{\frac{p_c}{[\sigma]_r^t \eta_g}} \qquad \cdots\cdots(L.1)$$

按 L.3.2.3、L.3.2.4 和 L.3.2.6 分别确定 K 和 d_J，并按相应的假想圆分别计算 δ 值，取大者。

L.3.2.2 管板厚度不应小于表 L.1 的最小厚度，同时还应考虑制造、运输和安装等要求。

L.3.2.3 结构特征系数 K 按以下确定：

a) 通过 3 个支撑点(支点线)画假想圆 d_J 时，按表 L.2 确定；

b) 通过 3 个以上支撑点(支点线)画假想圆 d_J 时，按表 L.2 规定的 K 值降低 10%取值。

表 L.2 结构特征系数

支撑型式		K
支点线	管板与壳体连线	0.50
支撑点	换热管中心点	0.45

L.3.2.4 支点线位置按图 L.1 确定，即为壳体内壁。如一个假想圆的支撑形式不同时，则结构特征系数 K 取各支撑点(支点线)的算术平均值。

L.3.2.5 每根换热管的中心点均视为支撑点。

L.3.2.6 假想圆画法如图 L.3，假想圆内不应有支撑点，假想圆直径 d_J 应符合以下规定：

a) 如经过 3 个支撑点(支点线)画圆时，支撑点(支点线)不应同时位于半圆周上；

b) 特殊情况下，假想圆直径 d_J 如为经过 3 个以上支撑点(支点线)画圆时，支撑点(支点线)不应同时位于半圆周上。

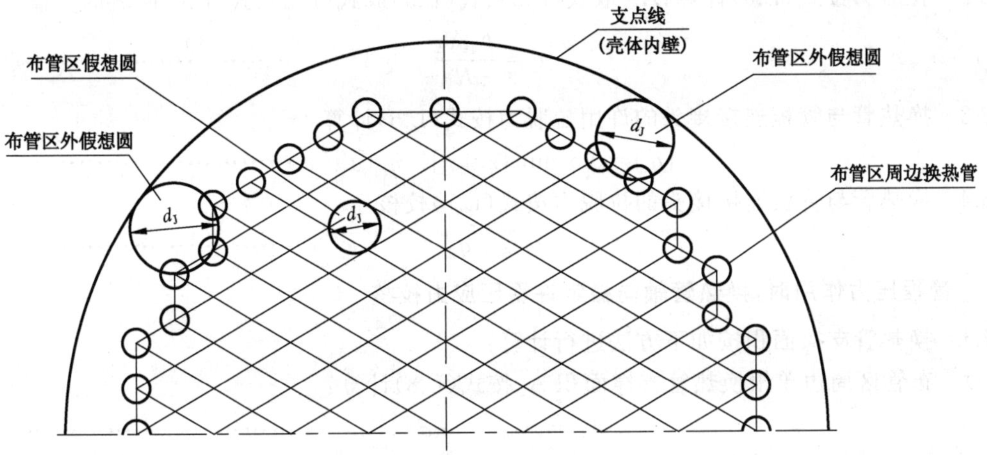

图 L.3　假想圆画法

L.3.3　换热管与管板连接接头的拉脱力校核

L.3.3.1　换热管支撑面积按如下方法确定：

a)　布管区周边单根换热管支撑面积 A_Z 按式(L.2)计算：

$$A_Z = A_{bmax} - \pi d^2/4 \qquad \text{(L.2)}$$

b)　布管区单根换热管支撑面积 A_Z：

三角形排列时，A_Z 按式(L.3)计算：

$$A_Z = 0.866S^2 - \pi d^2/4 \qquad \text{(L.3)}$$

正方形排列时，A_Z 按式(L.4)计算：

$$A_Z = S^2 - \pi d^2/4 \qquad \text{(L.4)}$$

c)　换热管支撑面积画法见图 L.4。

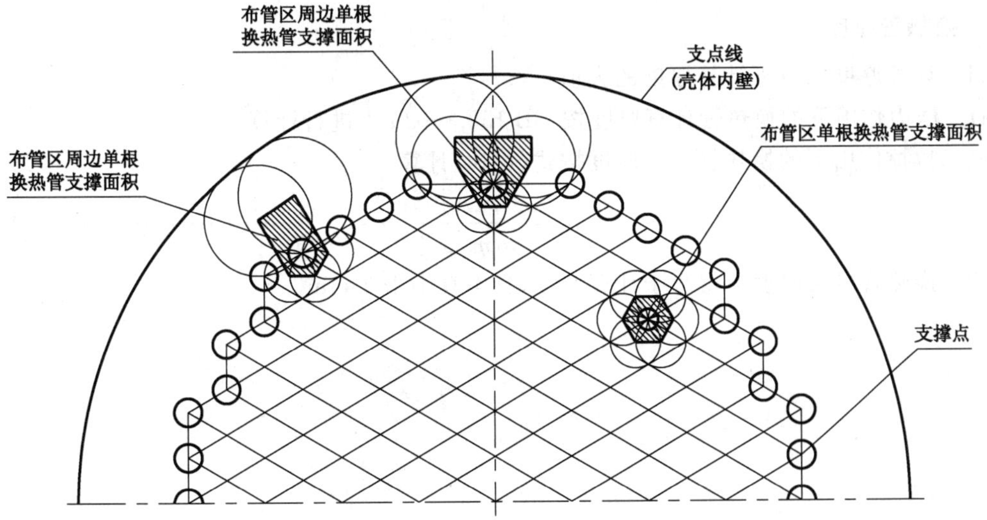

图 L.4　换热管支撑面积画法

L.3.3.2 拉脱力按式(L.5)计算，A_Z 取式(L.2)、式(L.3)或式(L.2)、式(L.4)两者的大值。

$$q=\frac{p_c A_Z}{\pi d l \phi} \qquad \text{(L.5)}$$

L.3.3.3 换热管与管板连接接头的许用拉脱力按式(L.6)计算：

$$[q]=0.5\ \min\{\eta_h[\sigma]_t^t, \eta_g[\sigma]_r^t\} \qquad \text{(L.6)}$$

L.3.3.4 换热管与管板连接接头的拉脱力按式(L.7)校核：

$$q \leqslant [q] \qquad \text{(L.7)}$$

L.3.4 管程压力作用时，换热管轴向稳定许用压应力校核

L.3.4.1 换热管支撑面积按如下方法进行计算：

a) 布管区周边单根换热管支撑面积 A_ω 按式(L.8)计算：

$$A_\omega=A_{bmax}-\pi d_i^2/4 \qquad \text{(L.8)}$$

b) 布管区单根换热管支撑面积 A_ω：

三角形排列时，A_ω 按式(L.9)计算：

$$A_\omega=0.866S^2-\pi d_i^2/4 \qquad \text{(L.9)}$$

正方形排列时，A_ω 按式(L.10)计算：

$$A_\omega=S^2-\pi d_i^2/4 \qquad \text{(L.10)}$$

L.3.4.2 轴向力 F_k 按式(L.11)计算，A_ω 取式(L.8)、式(L.9)或式(L.8)、式(L.10)两者的大值。

$$F_k=A_\omega p_t \qquad \text{(L.11)}$$

L.3.4.3 换热管轴向压应力按式(L.12)计算：

$$\sigma_k=F_k/a \qquad \text{(L.12)}$$

L.3.4.4 换热管轴向压应力按式(L.13)校核，且不应大于换热管在设计温度下的许用应力$[\sigma]_t^t$：

$$\sigma_k \leqslant [\sigma]_{cr}^t \qquad \text{(L.13)}$$

不满足上述要求时，可调整换热管结构参数后重新计算、校核。

L.3.5 换热管厚度

L.3.5.1 计算厚度取以下计算厚度的大值：

a) 压力作用下的换热管计算厚度按 GB 150.3—2011 进行计算；

b) 拉撑作用下的换热管计算厚度按式(L.14)计算：

$$\delta_t=\frac{p_c A_Z}{\pi d \eta_h [\sigma]_t^t} \qquad \text{(L.14)}$$

L.3.5.2 换热管名义厚度不得小于计算厚度，且不宜小于 2 mm。

附　录　M
(资料性附录)
挠性管板

M.1　总则

M.1.1　本附录适用于管程介质为气体、壳程产饱和水蒸气的卧式管壳式余热锅炉的挠性管板(以下简称“管板”)设计。

M.1.2　本附录适用的参数范围：

a)　设计压力：管程不大于1.0 MPa，壳程不大于5.0 MPa，且壳程压力应大于管程压力；

b)　壳体直径：内径不大于2 500 mm；

c)　换热管长度：不超过7 000 mm。

M.1.3　超出M.1.2范围时，应符合4.1.6的规定。

M.1.4　管程介质温度大于550 ℃时，应在换热管高温端设置保护套管，并应在管板端面设置耐高温隔热衬里。

M.1.5　本附录未作规定者，应符合本标准各有关章节的规定。

M.2　材料

M.2.1　换热管应采用光管，且与壳体材料的线膨胀系数接近(两者的数值相差不应大于10%)。

M.2.2　换热管和中心管应采用5.4规定的无缝钢管，且不允许拼接。

M.2.3　管板布管区不允许拼接。

M.2.4　保护套管材料的选取见表M.1。

表M.1　保护套管材料

管程介质温度/℃	材　　料
≤700	奥氏体不锈钢，如S30408、S32168等
＞700～1 050	高铬镍奥氏体钢，如S31008等，或刚玉陶瓷
＞1 050	刚玉陶瓷

M.2.5　管板端面的耐高温隔热衬里宜采用高强度耐火浇注料，衬里的厚度可通过计算确定。

M.2.6　设计时应考虑管程介质对保护套管和耐高温隔热衬里的腐蚀和冲蚀。

M.3　结构设计

M.3.1　管板及其相连接的主要零部件

管板及其相连接的主要零部件名称见图M.1。

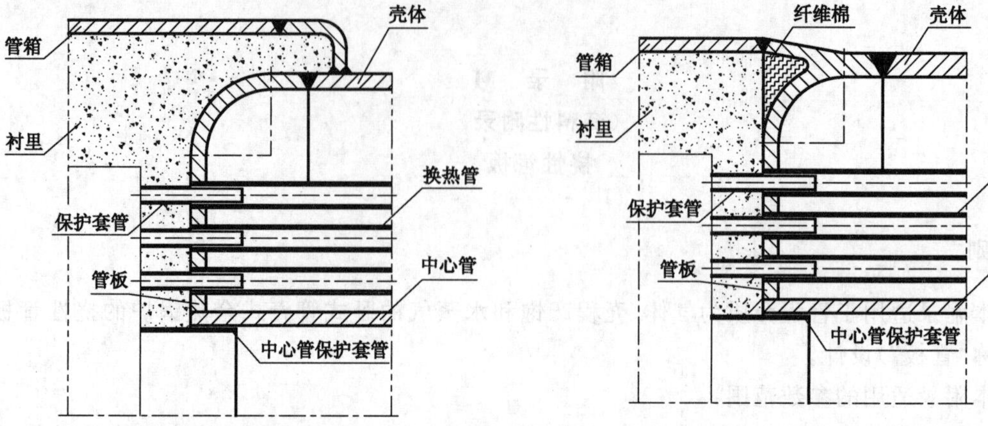

a)　　b)

图 M.1　挠性管板的主要零部件

M.3.2　管板结构

M.3.2.1　管板结构分为Ⅰ型(见图 M.2)和Ⅱ型(见图 M.3)：

a)　Ⅰ型:管程设计压力小于或等于 0.6 MPa；

b)　Ⅱ型:管程设计压力小于或等于 1.0 MPa。

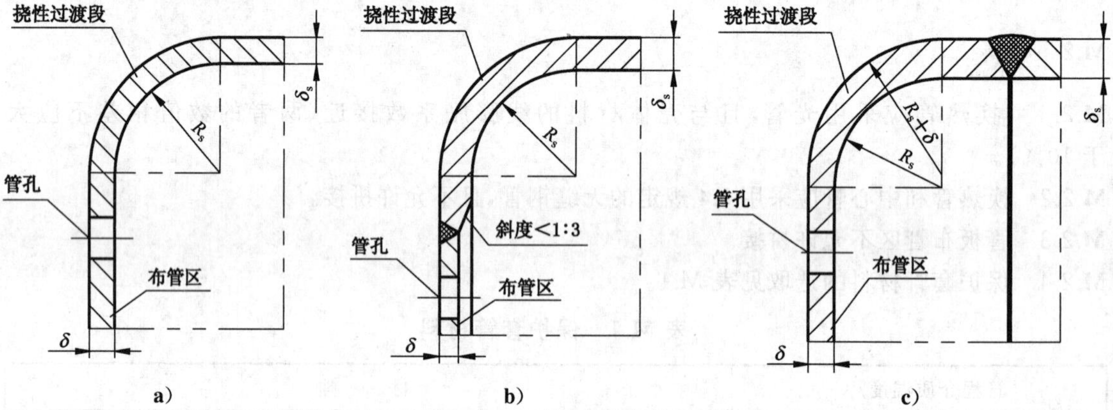

a)　　b)　　c)

图 M.2　Ⅰ型管板

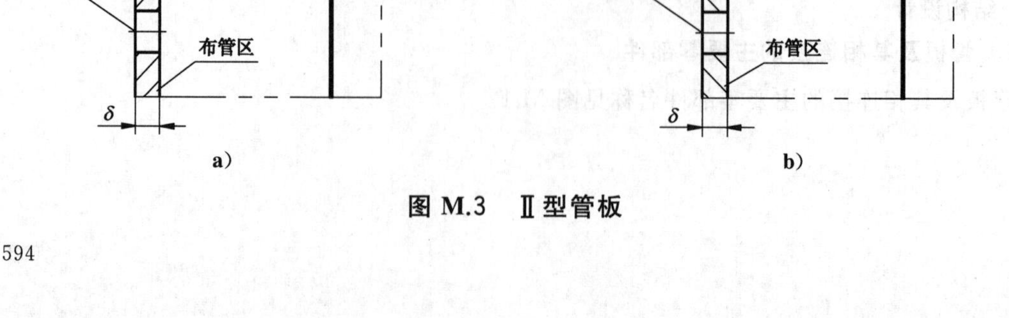

a)　　b)

图 M.3　Ⅱ型管板

M.3.2.2 挠性过渡段折边内半径 R_s 尺寸见表 M.2。

表 M.2 挠性过渡段折边内半径 mm

结构	R_s
Ⅰ型	$2\delta \leqslant R_s \leqslant 6\delta$ 且不小于 38 mm
Ⅱ型	$2\delta \leqslant R_s \leqslant 8\delta$ 且不小于 38 mm

M.3.2.3 管板最小厚度见表 M.3。

表 M.3 管板最小厚度 mm

换热管外径	换热管与管板的连接	
	强度焊接+贴胀	全焊透
≤51	12	10
>51	14	

M.3.2.4 布管除应满足 6.3.1 的规定外,还应同时符合以下要求:

a) 管孔中心距不应小于 1.3 倍的换热管外径,且相邻管头焊缝边缘的净距离不小于 6 mm;

b) 管孔焊缝边缘至过渡段折边起点的距离不小于 6 mm,与管板焊缝边缘的净距离不小于 6 mm;

c) 管孔焊缝边缘至中心管孔折边起点的距离不小于 12 mm,与无折边的中心管孔焊缝边缘净距离不小于 50 mm。

M.3.3 换热管与管板的连接

换热管与管板的连接有强度焊接加贴胀[见图 M.4 a)]和全焊透[见图 M.4 b)]两种结构,图中外伸焊脚高度 $a_f \leqslant 1$ mm,α 宜为 6°~10°。

图 M.4 换热管与管板的连接

M.3.4 中心管与管板的连接

M.3.4.1 当管程介质入口温度大于或等于 900 ℃时,中心管与管板的连接宜采用图 M.5 a)的对接全焊透结构,其中折边内半径 R_s 应符合 M.3.2.2 的规定。

M.3.4.2 当管程介质入口温度小于 900 ℃时,中心管与管板的连接可采用图 M.5 b)的全焊透结构,焊缝根部应氩弧焊打底。图中外伸焊脚高度 $a_f \leqslant 1$ mm,α 宜为 6°~10°。焊接时应采取有效措施防止管板变形。

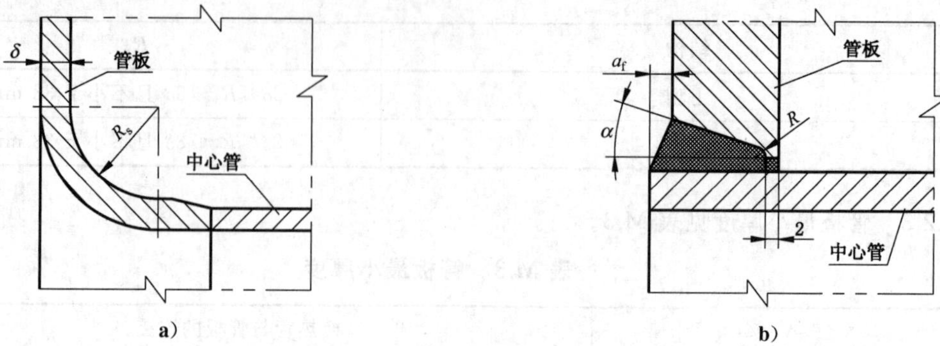

图 M.5　中心管与管板的连接

M.3.5　管板与管箱、壳体的连接

Ⅰ型管板与管箱、壳体的连接宜采用图 M.6 a)的结构,Ⅱ型管板与壳体(管箱)的连接采用图 M.6 b)的结构。管板与管箱、壳体的连接应采用全焊透结构,当采用单面焊时应氩弧焊打底。焊接时应采取有效措施防止管板变形。

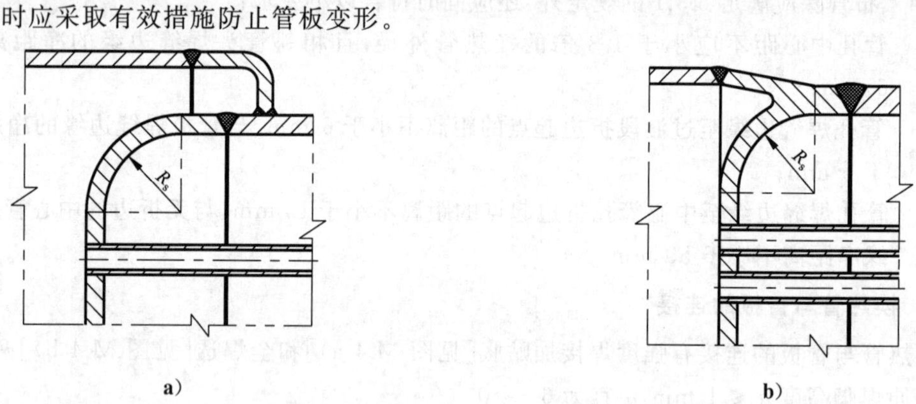

图 M.6　管板与壳体(管箱)的连接

M.3.6　管板平面度偏差

管板组装及焊接时,应采取有效措施防止管板变形,焊接后其平面度偏差应不大于 4 mm。

M.3.7　支持板

M.3.7.1　支持板间距除满足结构强度设计外,还应满足水循环计算的相关要求。

M.3.7.2　支持板与壳体的连接可采用螺栓连接或焊接连接,见图 M.7。

M.3.7.3　支持板管孔直径及允许偏差按表 M.4 确定。

表 M.4　支持板管孔直径及允许偏差

mm

换热管外径 d	管孔直径	允许偏差
$d \leqslant 51$	d +0.80	$^{+0.45}_{0}$
$d > 51$	d +1.0	$^{+0.5}_{0}$

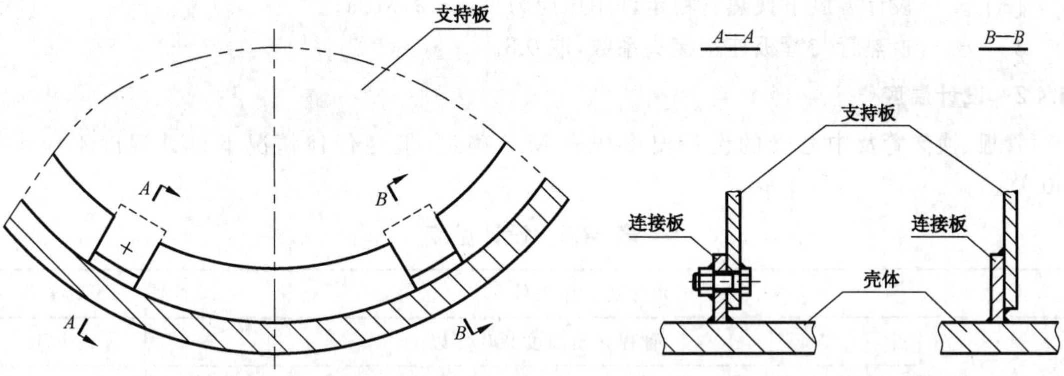

图 M.7　支持板与壳体连接结构

M.4　设计计算

M.4.1　符号

A_{bmax}——在布管区周边围绕单根换热管画假想圆的中心点连线所包围面积的最大值(见图M.10),mm^2;

A_Z——换热管与管板连接的拉脱力计算时,单根换热管支撑的面积,mm^2;

A_ω——换热管轴向稳定性校核计算时,单根换热管支撑的面积,mm^2;

a——1根换热管管壁金属的横截面积,mm^2;

d_i——换热管内径,mm;

d_J——假想圆直径(见图 M.9),mm;

d——换热管外径,mm;

F_k——由压力引起的换热管轴向力,N;

K——结构特征系数;

l——换热管与管板连接的焊脚高度,≥6 mm;

p_c——计算压力,MPa;

p_t——管程设计压力,MPa;

R_s——管板挠性过渡段折边内半径,mm;

S——换热管中心距,mm;

t_J——对应壳程设计压力下介质(水)的饱和温度,℃;

δ——管板计算厚度,mm;

δ_t——换热管计算厚度,mm;

η_g——管板许用应力修正系数,取 0.85;

η_h——换热管许用应力修正系数,取 0.6;

q——换热管与管板连接的拉脱力,MPa;

$[q]$——许用拉脱力,MPa;

σ_k——换热管轴向压应力,MPa;

$[\sigma]_r^t$——设计温度下管板材料的许用应力,MPa;

$[\sigma]_t^t$——设计温度下换热管材料的许用应力,MPa;

$[\sigma]_{cr}^{t}$——设计温度下换热管稳定许用压应力见7.3.2,MPa;

ϕ ——换热管与管板连接接头系数,取0.8。

M.4.2 设计温度

管板、换热管及中心管的设计温度按表M.5确定,但在任何情况下设计温度不应小于250 ℃。

表M.5 设计温度 ℃

受压元件及工作条件		设计温度
管板	管程介质温度900 ℃以上	t_J+70
	管程介质温度600 ℃~900 ℃	t_J+50
	管程介质温度600 ℃以下	t_J+25
换热管、中心管		t_J+50

M.4.3 管板厚度

M.4.3.1 管板计算厚度按式(M.1)计算:

$$\delta = K d_J \sqrt{\frac{p_c}{[\sigma]_r^t \eta_g}} \quad \cdots\cdots (M.1)$$

按M.4.3.3、M.4.3.4和M.4.3.6分别确定K和d_J,并按相应的假想圆分别计算δ值,取大者。

M.4.3.2 管板名义厚度不应小于表M.3的最小厚度,同时还应考虑制造、运输和安装等要求。

M.4.3.3 结构特征系数K按以下确定:

a) 通过3个支撑点(支点线)画假想圆d_J时,按表M.6确定;

b) 通过3个以上支撑点(支点线)画假想圆d_J时,按表M.6规定的K值降低10%取值。

表M.6 结构特征系数

支撑型式		K
支点线	管板与壳体、中心管挠性连接[图M.8 a)、图M.8 b)、图M.8 d)] 管板与中心管焊接连接[图M.8 c)]	0.35 0.5
支撑点	换热管中心点	0.45

M.4.3.4 支点线位置按图M.8确定。如一个假想圆的支撑型式不同时,则结构特征系数K取各支撑点(支点线)的算术平均值。

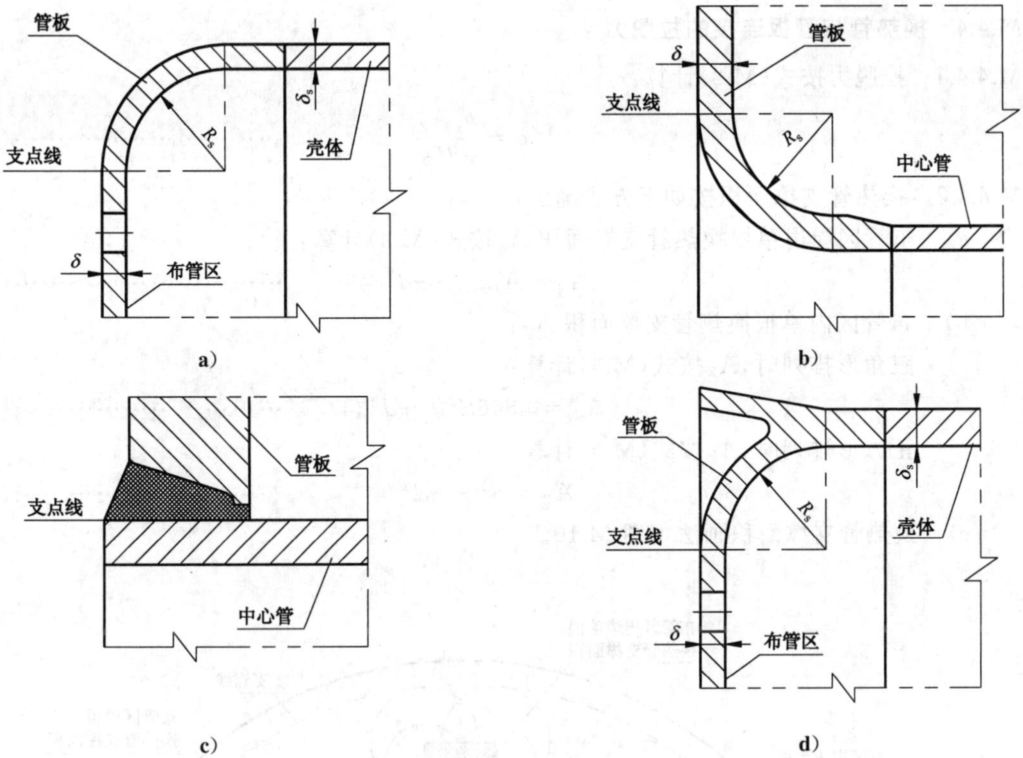

图 M.8　支点线位置

M.4.3.5　每根换热管的中心点均视为支撑点。

M.4.3.6　假想圆画法如图 M.9,假想圆内不应有支撑点,假想圆直径 d_J应符合以下规定:

a)　如为经过 3 个支撑点(支点线)画圆时,支撑点(支点线)不应同时位于半圆周上;

b)　特殊情况下,假想圆直径 d_J 如为经过 3 个以上支撑点(支点线)画圆时,支撑点(支点线)不应同时位于半圆周上。

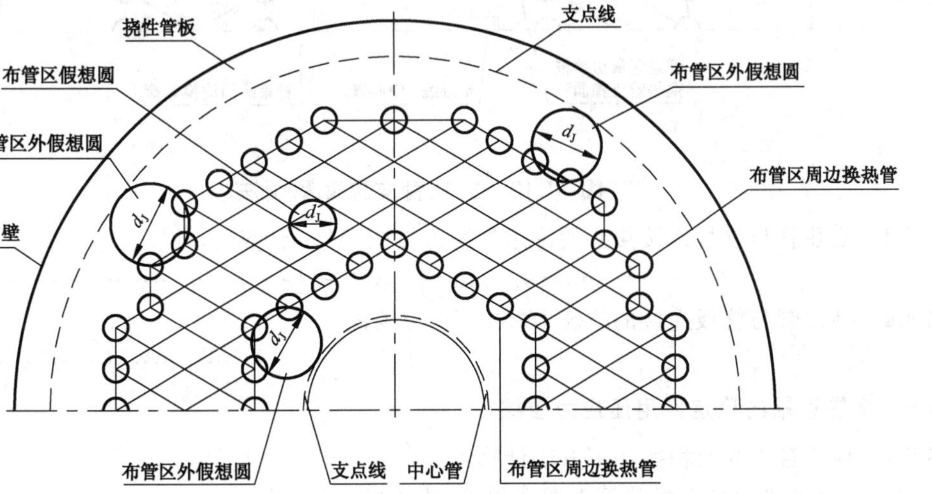

图 M.9　假想圆画法

M.4.4　换热管与管板连接的拉脱力

M.4.4.1　拉脱力按式(M.2)计算：

$$q=\frac{p_c A_Z}{\pi d l \phi} \qquad \text{(M.2)}$$

M.4.4.2　换热管支撑面积按如下方法确定：

a)　布管区周边单根换热管支撑面积 A_Z 按式(M.3)计算：

$$A_Z=A_{bmax}-\pi d^2/4 \qquad \text{(M.3)}$$

b)　布管区内单根换热管支撑面积 A_Z：

三角形排列时，A_Z 按式(M.4)计算：

$$A_Z=0.866S^2-\pi d^2/4 \qquad \text{(M.4)}$$

正方形排列时，A_Z 按式(M.5)计算：

$$A_Z=S^2-\pi d^2/4 \qquad \text{(M.5)}$$

c)　换热管支撑面积画法如图 M.10。

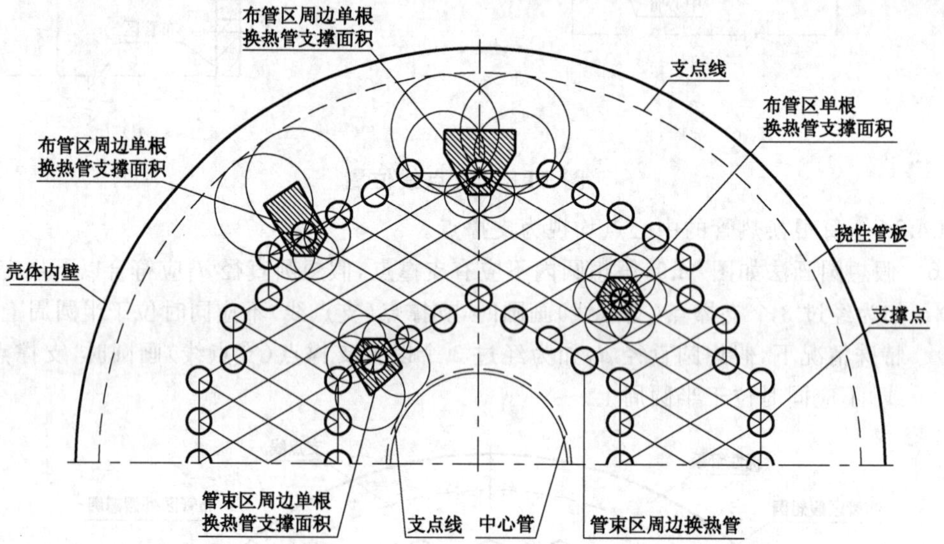

图 M.10　换热管支撑面积画法

M.4.4.3　换热管与管板连接接头的许用拉脱力按式(M.6)计算：

$$[q]=0.5\ \min\{\eta_h[\sigma]_t^t, \eta_g[\sigma]_r^t\} \qquad \text{(M.6)}$$

M.4.4.4　换热管与管板连接的拉脱力按式(M.7)校核：

$$q\leqslant[q] \qquad \text{(M.7)}$$

M.4.5　换热管轴向稳定许用压应力校核

M.4.5.1　换热管支撑面积按如下方法计算：

a)　布管区周边单根换热管支撑面积 A_ω 按式(M.8)计算：

$$A_\omega=A_{bmax}-\pi d_i^2/4 \qquad \text{(M.8)}$$

b)　布管区单根换热管支撑面积 A_ω：

三角形排列时,A_ω按式(M.9)计算:

$$A_\omega = 0.866S^2 - \pi d_i^2/4 \quad\quad \text{(M.9)}$$

正方形排列时,A_ω按式(M.10)计算:

$$A_\omega = S^2 - \pi d_i^2/4 \quad\quad \text{(M.10)}$$

M.4.5.2 轴向力 F_k按式(M.11)计算,A_ω取式(M.8)、式(M.9)或式(M.8)、式(M.10)两者的大值:

$$F_k = A_\omega p_t \quad\quad \text{(M.11)}$$

M.4.5.3 换热管轴向压应力按式(M.12)计算:

$$\sigma_k = F_k/a \quad\quad \text{(M.12)}$$

M.4.5.4 换热管轴向压应力按式(M.13)校核,且不应大于换热管在设计温度下的许用应力$[\sigma]^t_t$:

$$\sigma_k \leqslant [\sigma]^t_{cr} \quad\quad \text{(M.13)}$$

M.4.6 换热管壁厚

M.4.6.1 计算厚度取以下大值:

a) 压力作用下的换热管计算厚度按 GB 150.3—2011 进行计算;

b) 拉撑作用下的换热管计算厚度按式(M.14)计算:

$$\delta_t = \frac{p_c A_Z}{\pi d \eta_h [\sigma]^t_t} \quad\quad \text{(M.14)}$$

M.4.6.2 换热管名义厚度不得小于计算厚度,且不宜小于 3.5 mm。

ICS 77.140.50
H 46

中华人民共和国国家标准

GB 3531—2014
代替 GB 3531—2008

低温压力容器用钢板

Steel plates for low temperature pressure vessels

自2017年3月23日起，本标准转为推荐性标准，编号改为 GB/T 3531—2014。

2014-06-24 发布　　2015-04-01 实施

中华人民共和国国家质量监督检验检疫总局
中国国家标准化管理委员会　发布

前 言

本标准中 5.1.2、6.4.4、6.5.2、8.3 为推荐性的，其余为强制性的。

本标准按照 GB/T 1.1—2009 给出的规则起草。

本标准代替 GB 3531—2008《低温压力容器用低合金钢钢板》。

本标准与 GB 3531—2008 相比，主要技术变化如下：

——标准名称修改为“低温压力容器用钢板”；

——增加 15MnNiNbDR 、08Ni3DR 和 06Ni9DR 三个牌号；

——加严钢中有害元素磷、硫的控制；

——提高各牌号低温冲击吸收能量。

本标准由中国钢铁工业协会提出。

本标准由全国钢标准化技术委员会(SAC/TC 183)归口。

本标准主要起草单位：重庆钢铁股份有限公司、冶金工业信息标准研究院、中国通用机械工程总公司、湖南华菱湘潭钢铁有限公司、武汉钢铁(集团)公司、南京钢铁股份有限公司。

本标准主要起草人：杜大松、王绍斌、王晓虎、秦晓钟、任翠英、刘建兵、李书瑞、楚觉非、谢朝忠、李小莉、叶国华、丁庆丰、霍松波、王鑫、高燕。

本标准所代替标准历次版本发布情况为：

——GB 3531—1983、GB 3531—1996、GB 3531—2008。

根据中华人民共和国国家标准公告(2017 年第 7 号)和强制性标准整合精简结论，本标准自 2017 年 3 月 23 日起，转为推荐性标准，不再强制执行。

低温压力容器用钢板

1 范围

本标准规定了低温压力容器用钢板的订货内容、牌号表示方法、尺寸、外形、重量及允许偏差、技术要求、试验方法、检验规则、包装、标志及质量证明书等。

本标准适用于制造－196 ℃～＜－20 ℃低温压力容器用厚度为5 mm～120 mm的钢板。

2 规范性引用文件

下列文件对于本文件的应用是必不可少的。凡是注日期的引用文件,仅注日期的版本适用于本文件。凡是不注日期的引用文件,其最新版本(包括所有的修改单)适用于本文件。

GB/T 222 钢的成品化学成分允许偏差

GB/T 223.3 钢铁及合金化学分析方法 二安替比林甲烷磷钼酸重量法测定磷量

GB/T 223.9 钢铁及合金 铝含量的测定 铬天青S分光光度法

GB/T 223.11 钢铁及合金 铬含量的测定 可视滴定或电位滴定法

GB/T 223.12 钢铁及合金化学分析方法 碳酸钠分离-二苯碳酰二肼光度法测定铬量

GB/T 223.14 钢铁及合金化学分析方法 钽试剂萃取光度法测定钒含量

GB/T 223.17 钢铁及合金化学分析方法 二安替比林甲烷光度法测定钛量

GB/T 223.19 钢铁及合金化学分析方法 新亚铜灵-三氯甲烷萃取光度法测定铜量

GB/T 223.23 钢铁及合金 镍含量的测定 丁二酮肟分光光度法

GB/T 223.26 钢铁及合金 钼含量的测定 硫氰酸盐分光光度法

GB/T 223.40 钢铁及合金 铌含量的测定 氯磺酚S分光光度法

GB/T 223.49 钢铁及合金化学分析方法 萃取分离-偶氮氯膦mA分光光度法测定稀土总量

GB/T 223.53 钢铁及合金化学分析方法 火焰原子吸收分光光度法测定铜量

GB/T 223.54 钢铁及合金化学分析方法 火焰原子吸收分光光度法测定镍量

GB/T 223.60 钢铁及合金化学分析方法 高氯酸脱水重量法测定硅含量

GB/T 223.62 钢铁及合金化学分析方法 乙酸丁酯萃取光度法测定磷量

GB/T 223.63 钢铁及合金化学分析方法 高碘酸钠(钾)光度法测定锰量

GB/T 223.68 钢铁及合金化学分析方法 管式炉内燃烧后碘酸钾滴定法测定硫含量

GB/T 223.69 钢铁及合金 碳含量的测定 管式炉内燃烧后气体容量法

GB/T 223.76 钢铁及合金化学分析方法 火焰原子吸收光谱法测定钒量

GB/T 228.1 金属材料 拉伸试验 第1部分:室温试验方法

GB/T 229 金属材料 夏比摆锤冲击试验方法

GB/T 232 金属材料 弯曲试验方法

GB/T 247 钢板和钢带包装、标志及质量证明书的一般规定

GB/T 709—2006　热轧钢板和钢带的尺寸、外形、重量及允许偏差

GB/T 2970　厚钢板超声波检验方法

GB/T 2975　钢及钢产品　力学性能试验取样位置及试样制备

GB/T 4336　碳素钢和中低合金钢　火花源原子发射光谱分析方法(常规法)

GB/T 8170　数值修约规则与极限数值的表示和判定

GB/T 17505　钢及钢产品交货一般技术要求

GB/T 20066　钢和铁　化学成分测定用试样的取样和制样方法

GB/T 20123　钢铁　总碳硫含量的测定　高频感应炉燃烧后红外吸收法(常规方法)

GB/T 20125　低合金钢　多元素的测定　电感耦合等离子体发射光谱法

GB/T 28297　厚钢板超声自动检测方法

JB/T 4730.3　承压设备无损检测　第3部分:超声检测

3　订货内容

按本标准订货的合同或订单应包括下列内容：

a)　标准编号；

b)　产品名称；

c)　牌号；

d)　交货状态；

e)　尺寸；

f)　重量；

g)　附加技术要求(如超声检测等)。

4　牌号表示方法

钢的牌号用平均碳含量、合金元素字母和低温压力容器"低"和"容"的汉语拼音的首位字母表示。例如:16MnDR。

5　尺寸、外形、重量及允许偏差

5.1　钢板的尺寸、外形及允许偏差应符合 GB/T 709—2006 的规定。

5.1.1　钢板厚度允许偏差按 GB/T 709—2006 中的B类要求。根据需方要求,并在合同中注明,也可供应符合 GB/T 709—2006 的C类偏差的钢板。

5.1.2　根据需方要求,经供需双方协议,可供应偏差更严格的钢板。

5.2　钢板按理论重量交货,理论计重采用的厚度为钢板允许的最大厚度和最小厚度的算术平均值。06Ni9DR 密度为 7.89g/cm^3,其他钢的密度为 7.85g/cm^3。

6　技术要求

6.1　牌号和化学成分

6.1.1　钢的牌号和化学成分(熔炼成分)应符合表1的规定。

表1 化学成分

牌号	化学成分(质量分数)/%								
	C	Si	Mn	Ni	Mo	V	Nb	Alt[a]	P	S
									不大于	
16MnDR	≤0.20	0.15~0.50	1.20~1.60	≤0.40	—	—	—	≥0.020	0.020	0.010
15MnNiDR	≤0.18	0.15~0.50	1.20~1.60	0.20~0.60	—	≤0.05	—	≥0.020	0.020	0.008
15MnNiNbDR	≤0.18	0.15~0.50	1.20~1.60	0.30~0.70	—	—	0.015~0.040	—	0.020	0.008
09MnNiDR	≤0.12	0.15~0.50	1.20~1.60	0.30~0.80	—	—	≤0.040	≥0.020	0.020	0.008
08Ni3DR	≤0.10	0.15~0.35	0.30~0.80	3.25~3.70	≤0.12	≤0.05	—	—	0.015	0.005
06Ni9DR	≤0.08	0.15~0.35	0.30~0.80	8.50~10.00	≤0.10	≤0.01	—	—	0.008	0.004

[a] 可以用测定 Als 代替 Alt,此时 Als 含量应不小于 0.015%;当钢中 Nb+V+Ti≥0.015%时,Al 含量不作验收要求。

6.1.1.1 为改善钢板的性能,钢中可添加 Nb、V、Ti 等元素,Nb+V+Ti≤0.12%,元素质量分数应在质量证明书中注明。

6.1.1.2 作为残余元素,铬、铜质量分数应各不大于 0.25%,镍质量分数应不大于 0.40%,钼质量分数应不大于 0.08%。供方若能保证合格可不做分析。

6.1.2 成品钢板的化学成分允许偏差应符合 GB/T 222 的规定,其中 08Ni3DR、06Ni9DR 钢 P、S 成品化学分析允许偏差:P+0.003%,S+0.002%。

6.2 制造方法

6.2.1 钢由氧气转炉或电炉冶炼,并采用炉外精炼工艺。

6.2.2 连铸坯、钢锭压缩比不小于 3;电渣重熔坯压缩比不小于 2。

6.3 交货状态

6.3.1 钢板的交货状态应符合表 2 的规定。

6.3.2 08Ni3DR 回火温度应不低于 600 ℃,06Ni9DR 回火温度应不低于 540 ℃。

6.3.3 经需方同意,厚度大于 60 mm 的 09MnNiDR、08Ni3DR 钢板可以正火后加速冷却加回火交货。

6.4 力学性能和工艺性能

6.4.1 钢板的拉伸试验、夏比(V型缺口)低温冲击试验、弯曲试验应符合表2的规定。

表2 力学性能、工艺性能

牌号	交货状态	钢板公称厚度 mm	拉伸试验			冲击试验		弯曲试验[c]
			抗拉强度 R_m MPa	屈服强度[a] R_{eL} MPa	断后伸长率 A %	温度 ℃	冲击吸收能量, KV_2 J	180° $b=2a$
				不小于			不小于	
16MnDR	正火或正火+回火	6～16	490～620	315	21	−40	47	$D=2a$
		>16～36	470～600	295				$D=3a$
		>36～60	460～590	285				
		>60～100	450～580	275		−30	47	
		>100～120	440～570	265				
15MnNiDR		6～16	490～620	325	20	−45	60	$D=3a$
		>16～36	480～610	315				
		>36～60	470～600	305				
15MnNiNbDR		10～16	530～630	370	20	−50	60	$D=3a$
		>16～36	530～630	360				
		>36～60	520～620	350				
09MnNiDR		6～16	440～570	300	23	−70	60	$D=2a$
		>16～36	430～560	280				
		>36～60	430～560	270				
		>60～120	420～550	260				
08Ni3DR	正火或正火+回火或淬火+回火	6～60	490～620	320	21	−100	60	$D=3a$
		>60～100	480～610	300				
06Ni9DR	淬火加回火[b]	5～30	680～820	560	18	−196	100	$D=3a$
		>30～50		550				

[a] 当屈服现象不明显时,可测量 $R_{p0.2}$ 代替 R_{eL}。

[b] 对于厚度不大于12 mm的钢板可两次正火加回火状态交货。

[c] a 为试样厚度;D 为弯曲压头直径。

6.4.2 夏比(V型缺口)低温冲击吸收能量,按3个试样的算术平均值计算,允许其中1个试样的单个值比表2规定值低,但不得低于规定值的70%。

6.4.3 对厚度小于12 mm钢板的夏比(V型缺口)冲击试验应采用辅助试样,>8 mm～

<12 mm 钢板辅助试样尺寸为 10 mm×7.5 mm×55 mm,其试验结果应不小于表 2 规定值的 75%;6 mm～8 mm 钢板辅助试样尺寸为 10 mm×5 mm×55 mm,其试验结果应不小于表 2 规定值的 50%;厚度小于 6 mm 的钢板不做冲击试验。

6.4.4 经供需双方协议,并在合同中注明,钢板的低温冲击吸收能量可按高于表 2 的值交货,具体值在合同中注明。

6.4.5 当供方保证弯曲合格时,可不做弯曲试验。

6.5 超声检测

6.5.1 厚度大于 20 mm 的正火或正火加回火状态交货钢板以及厚度大于 16 mm 的淬火加回火状态交货的钢板供方应逐张进行超声检测。

6.5.2 其他厚度钢板经供需双方协商也可逐张进行超声检测。

6.5.3 超声检验标准按 JB/T 4730.3、GB/T 2970 或 GB/T 28297 执行,检验标准和合格级别在合同中注明。

6.6 表面质量

6.6.1 钢板表面不允许存在裂纹、气泡、结疤、折叠和夹杂等对使用有害的缺陷。钢板不得有分层。

如有上述表面缺陷允许清理,清理深度从钢板实际尺寸算起,应不大于钢板厚度公差之半,并应保证清理处钢板的最小厚度,缺陷清理处应平滑无棱角。

6.6.2 其他缺陷允许存在,其深度从钢板实际尺寸算起,不得超过钢板厚度允许公差之半,并应保证缺陷处钢板厚度不小于钢板允许最小厚度。

7 试验方法

钢板的检验项目、取样数量、取样方法及试验方法应符合表 3 的规定。

表 3 检验项目、取样数量及试验方法

序号	检验项目	取样数量	取样方法	取样方向	试验方法
1	化学成分	每炉 1 个	GB/T 20066	—	GB/T 223、GB/T 4336、GB/T 20123、GB/T 20125
2	拉伸试验	每批 1 个	GB/T 2975	横向	GB/T 228.1
3	弯曲试验	每批 1 个	GB/T 2975	横向	GB/T 232
4	低温冲击	每批 3 个	GB/T 2975	横向	GB/T 229
5	超声检测	逐张	—	—	GB/T 2970、GB/T 28297、JB/T 4730.3
6	尺寸、外形	逐张	—	—	符合精度要求的适宜量具
7	表面	逐张	—	—	目视

8 检验规则

8.1 钢板的质量由供方质量技术监督部门进行检查和验收。

8.2 钢板应成批验收,每批钢板由同一牌号、同一炉号、同一厚度、同一热处理制度的钢板组成,每批重量不大于 30 t,单张重量超过 30 t 的钢板按张组批。

06Ni9DR 钢板和以正火加回火、淬火加回火状态交货的 08Ni3DR 钢板应逐热处理张进行力学性能试验。

8.3 根据需方要求,经供需双方协商,厚度大于 16 mm 的钢板可逐热处理张进行力学性能检验。

8.4 力学性能试验取样位置按 GB/T 2975 的规定,对于厚度大于 40 mm 的钢板,冲击试样的轴线应位于厚度四分之一处。

8.5 夏比(V 型缺口)低温冲击试验结果,不符合 6.4 规定时,应从同一张钢板(或同一样坯)上再取3 个试样进行复验,前后两组 6 个试样的冲击吸收能量平均值不得低于规定值,允许有2 个试样小于规定值,但其中小于规定值 70%的试样只允许有 1 个。

8.6 其他检验项目的复验与判定规则按 GB/T 17505 的有关规定执行。

9 包装、标志及质量证明书

钢板的包装、标志及质量证明书应符合 GB/T 247 的规定。

10 数值修约

本标准按修约值比较法,修约规则按 GB/T 8170 的规定。

ICS 55.120
J 73

中华人民共和国国家标准

GB/T 5458—2012
代替 GB/T 5458—1997

液氮生物容器

Liquid nitrogen biological container

2012-12-31 发布　　2013-07-01 实施

中华人民共和国国家质量监督检验检疫总局
中国国家标准化管理委员会　发布

前言

本标准依据 GB/T 1.1—2009 给出的规则起草。

本标准代替 GB/T 5458—1997，与 GB/T 5458—1997 相比较，主要有下列变化：

——第 1 章“范围”中增加了不适用范围的规定；

——第 3 章“定义”改为“术语和定义”，部分术语进行了增减，部分术语的定义进行了修改；

——原第 3 章“产品型号、规格”改为第 4 章“分类”；

——原 5.2“性能要求”改为 5.3“设计”，取消了产品质量分等等规定，增加液氮容器设计的要求；

——原 5.3“材料要求”改为 5.2“材料”，且部分内容进行了增减；

——表 1 中取消外径、高度、空重、静态液氮保存期质量分等、提筒外径和数量等要求，增加了 26 个产品型号，取消了 5 个产品型号；

——原表 2“颈管、塞体和提筒绝热管有关尺寸”改为表 3“颈管内径和允许偏差”，且取消塞体、绝热管等要求；

——原表 3“产品总漏气速率”改为表 2“容器真空夹层漏气速率”；

——原 5.4“工艺要求”改为“制造”；

——明确规定了 6.3“真空夹层漏气速率”的试验方法；

——取消了原 6.5“运输试验”；

——取消了原 7.2“不合格的分类”；

——取消了原 7.3“不合格质量水平的规定”；

——原 7.4“周期检查”改为 7.3“型式试验”；

——取消了原 7.5“抽样”；

——8.2“包装”中增加了对出口产品的包装要求；

——取消了原 8.3.3 的要求。

本标准由全国锅炉压力容器标准化技术委员会(SAC/TC 262)提出并归口。

本标准起草单位：成都金凤液氮容器有限公司、上海市气体工业协会、上海交通大学、沈阳新光低温容器有限公司、乐山东亚机电工贸公司、中国特种设备检测研究院、上海华谊装备工程有限公司、国家低温容器质量监督检验中心。

本标准主要起草人：黎宗稷、安念、于彤、鲁雪生、周伟明、陈朝晖、魏勇彪、刘元明、滕俊华、王丽红。

本标准所代替标准的历次版本发布情况为：

——GB 5458—1985、GB/T 5458—1997。

液氮生物容器

1 范围

1.1 本标准规定了铝及铝合金制液氮生物容器(以下简称容器)的术语和定义、分类、技术要求、试验方法、检验规则、标志、包装、储运等要求。

1.2 本标准适用于常压贮存液氮,有效容积为1 L~175 L,口径为30 mm~216 mm的采用高真空多层绝热的容器。

1.3 本标准不适用于下列范围的容器:

——带压贮存液氮;

——贮存液氧及其他低温液体。

2 规范性引用文件

下列文件对于本文件的应用是必不可少的。凡是注日期的引用文件,仅注日期的版本适用于本文件。凡是不注日期的引用文件,其最新版本(包括所有的修改单)适用于本文件。

GB/T 191—2008 包装储运图示标志

GB/T 3190—2008 变形铝及铝合金化学成分

GB/T 3195—2008 铝及铝合金拉制圆线材

GB/T 3198—2010 铝及铝合金箔

GB/T 3880.1—2006 一般工业用铝及铝合金板材、带材 第1部分:一般要求

GB/T 3880.2—2006 一般工业用铝及铝合金板材、带材 第2部分:力学性能

GB/T 4842—2006 氩

GB/T 6388—1986 运输包装收发货标志

GB/T 6543—2008 运输包装用单瓦楞纸箱和双瓦楞纸箱

GB/T 10858—2008 铝及铝合金焊丝

GB/T 13550—1992 5A分子筛及其试验方法

GB/T 16958—2008 包装用双向拉伸聚酯薄膜

GB/T 18443.2 真空绝热深冷设备性能试验方法 第2部分:真空度测量

GB/T 18443.3 真空绝热深冷设备性能试验方法 第3部分:漏率测量

GB/T 18443.8 真空绝热深冷设备性能试验方法 第8部分:容积测量

JB/T 4734 铝制焊接容器

HG/T 2690—1995 13X分子筛

SN/T 0273—2002 进出口商品运输包装木箱检验检疫规程

3 术语和定义

下列术语和定义适用于本文件。

3.1

夹层　interspace

容器内胆和外壳之间形成的密闭空间。

3.2

高真空多层绝热　high vacuum multilayer insulation

绝热层空间内设置多层由绝热材料间隔的防热辐射屏,并抽高真空所形成的绝热方式。

3.3

公称容积　nominal volume

容器型号规定的容积。

3.4

有效容积　effective volume

在使用状态下,内胆允许盛液液体的最大体积。

3.5

口径　calibre

颈管的内直径。

3.6

静态液氮保存期　static liquid nitrogen holding time

在标准状态(大气压 101.325 kPa,环境温度 20 ℃)下,容器中充入液氮预冷并达到热平衡后,且液氮充满率达到 100%,静态放置至液氮全部蒸发完的天数。

3.7

真空夹层漏气速率　leakage of vacuum interspace

单位时间内漏入真空夹层的气体量。

3.8

真空设计寿命　vacuum designed life

设计时确定的容器夹层真空的正常使用年限,其值为从容器出厂使用至静态液氮保存期低于出厂指标下限值 40%的时间间隔。

3.9

夹层真空度　interspaced vacuum degree

容器夹层空间内气体的绝对压力。

3.10

空重　empty weight

容器在内胆为室温,带盖塞,不放提筒及其他物品时的质量。

3.11

充满率　filling rate

容器中盛装的液氮体积与内胆几何容积的百分比。

3.12

静态蒸发率　static liquid nitrogen evaporation rate

容器在规定的充满率下,静置达到热平衡后,24 h 内自然蒸发损失的液氮质量和与内胆有效容积下盛装液氮质量的百分比,换算为标准状态(大气压 101.325 kPa,环境温度 20 ℃)下的蒸发率值。

4 分类

4.1 容器分为贮存型、运输型两类。

4.2 容器型号编制应符合下列规定：

YDS-□ □-□

容器口径(50 mm 口径不标注)

容器类别(B 表示运输型,贮存型不标注)

容器公称容积,单位为升(L)

“液氮生物容器”汉语拼音缩写

示例 1：YDS-30 表示公称容积 30 L,口径 50 mm 的贮存型容器。

示例 2：YDS-50B-125 表示公称容积 50 L,口径 125 mm 的运输型容器。

4.3 容器结构示意图(见图 1)。

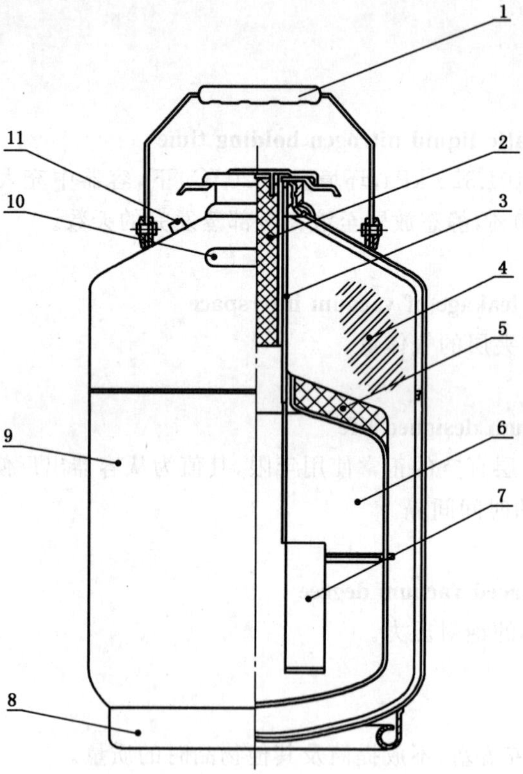

说明：

1 ——提把；
2 ——盖塞；
3 ——颈管；
4 ——绝热层；
5 ——吸附剂；
6 ——内胆；
7 ——提筒；
8 ——支座；
9 ——外壳；
10——标志；
11——真空封口塞。

图 1 容器结构示意图

5 技术要求

5.1 一般要求

5.1.1 与液氮相接触的材料应与液氮相容。

5.1.2 容器用材料、外购件应有质量证明书或合格证。

5.1.3 容器的适用环境温度为－20 ℃～50 ℃。

5.1.4 贮存型容器不应作为运输型容器使用。

5.2 材料

5.2.1 内胆和外壳

5.2.1.1 内胆和外壳采用的铝及铝合金板应符合 GB/T 3880.1—2006 的规定。

5.2.1.2 铝及铝合金板的力学性能应符合 GB/T 3880.2—2006 的规定,化学成分应符合 GB/T 3190—2008的规定。

5.2.2 绝热层

5.2.2.1 绝热层用反射材料应选用铝箔或双面镀铝聚酯薄膜,其铝箔应符合 GB/T 3198—2003 的规定,双面镀铝聚酯薄膜基材应符合 GB/T 16958—1997 的规定。

5.2.2.2 绝热层用玻璃纤维布、纤维纸应采用导热系数小、放气率低的材料,且玻璃纤维的可燃物含量应不大于 0.2%(质量比)。

5.2.3 吸附剂

5.2.3.1 吸附剂应采用在使用状态下吸附性能好的活性炭或分子筛。

5.2.3.2 分子筛应符合 GB/T 13550—1992 或 HG/T 2690—1995 的规定。

5.2.4 焊接材料

5.2.4.1 焊接用铝及铝合金焊丝应符合 GB/T 10858—2008 的规定。

5.2.4.2 当采用与母材牌号相当的铝线材作焊丝时,线材应符合 GB/T 3197—2001 的规定。

5.2.5 其他材料

5.2.5.1 颈管应选用满足使用要求的玻璃纤维增强塑料材料。

5.2.5.2 提筒的筒体、提杆的材料采用奥氏体不锈钢。手把材料可采用奥氏体不锈钢或铝合金。

5.2.5.3 盖塞的塞体材料应采用导热系数小,吸水率低的聚氯乙烯或聚氨酯等硬质泡沫塑料。

5.2.5.4 与液氮相接触的塑料件应采用能承受工作温度的材料。

5.3 设计

5.3.1 容器设计时应考虑内外压、液柱、自重、温差、运输及振动等载荷。

5.3.2 内胆、外壳的强度和稳定性应符合 JB/T 4734 的规定,其外压取 0.1 MPa。

5.3.3 运输型容器的外壳和内胆的连接应稳固,并能承受移动过程中的惯性载荷。

5.3.4 容器的颈管、支撑应进行强度计算,且满足材料的强度要求。

5.3.5 容器应进行绝热性能的计算,且满足设计要求。

5.3.6 真空封口塞应符合下列规定:

a) 采用可重复开启的结构;

b) 通径应满足真空夹层安全泄放量的要求；

c) 泄放压力应不大于 0.07 MPa,其排放能力足以使夹层的压力限制在不超过 0.1 MPa。

5.3.7 运输型容器应在底部或者侧面,设置耐倾倒和震动的支撑结构(见图 2)。

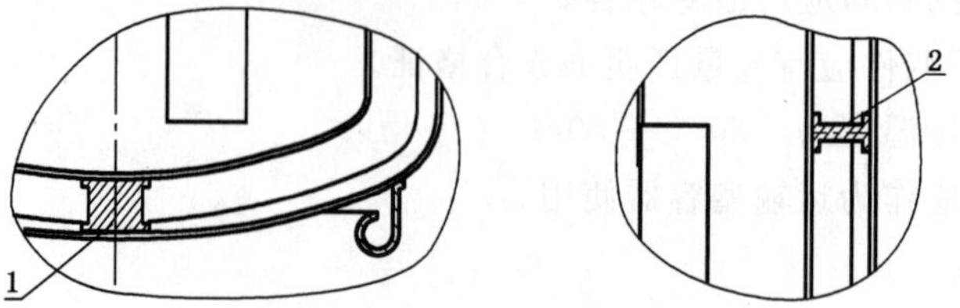

说明：

1——底部支撑；

2——侧面支撑。

图 2 支撑结构示意图

5.3.8 容器有效容积应符合表 1 的规定,其允许偏差应不超过±5%。

5.3.9 容器静态液氮保存期应符合表 1 的规定。

表 1 容器有效容积和静态液氮保存期

型 号	有效容积 L	静态液氮保存期/d ≥	型 号	有效容积 L	静态液氮保存期/d ≥
YDS-1-30	1.0	14	YDS-30B-80	31.5	106
YDS-2-30	2.0	28	YDS-35	35.5	286
YDS-3	3.15	26	YDS-35-80	35.5	159
YDS-5-200	5.0	2	YDS-35-125	35.5	97
YDS-6	6.0	52	YDS-35-200	35.5	52
YDS-10	10.0	86	YDS-35B	35.5	179
YDS-10-80	10.0	48	YDS-35B-80	35.5	119
YDS-10-125	10.0	23	YDS-35B-125	35.5	86
YDS-13	13.0	109	YDS-47-127	47.0	105
YDS-13-125	13.0	30	YDS-50B	50.0	209
YDS-13-200	13.0	18	YDS-50B-80	50.0	147
YDS-15	16.0	134	YDS-50B-125	50.0	110
YDS-15-125	16.0	42	YDS-50B-200	50.0	68
YDS-20	20.0	168	YDS-65-216	65.0	73
YDS-20B	20.0	101	YDS-100B-80	100.0	173
YDS-30	31.5	254	YDS-100B-125	100.0	220
YDS-30-80	31.5	147	YDS-100B-200	100.0	131
YDS-30-125	31.5	90	YDS-120-216	125.0	127
YDS-30-200	31.5	46	YDS-175-216	175.0	184
YDS-30B	31.5	159	—	—	—

5.3.10　容器真空夹层漏气速率应符合表2的规定。

表2　容器真空夹层漏气速率

公称容积 L	真空夹层漏气速率 $Pa \cdot m^3/s$
1～30	$\leqslant 1.6 \times 10^{-8}$
>30～50	$\leqslant 2.5 \times 10^{-8}$
>50～100	$\leqslant 4.0 \times 10^{-8}$
>100～175	$\leqslant 6.3 \times 10^{-8}$

5.3.11　颈管内径尺寸和允许偏差应符合表3规定。

表3　颈管内径和允许偏差　　单位为毫米

颈管内径	允许偏差
30	$^{+0.33}_{0}$
50	$^{+0.39}_{0}$
80	$^{+0.46}_{0}$
125	$^{+0.63}_{0}$
127	$^{+0.63}_{0}$
200	$^{+0.72}_{0}$
216	$^{+0.72}_{0}$

5.3.12　容器充入液氮并达到热平衡后，夹层真空度应不低于 2.0×10^{-2} Pa。

5.3.13　容器的真空设计寿命应不低于5年。

5.4　制造

5.4.1　一般要求

容器的制造应符合本标准规定外，还应符合设计图样的要求。

5.4.2　成形

5.4.2.1　成形后的内胆和外壳的壁厚应符合设计图样的规定。

5.4.2.2　内胆和外壳的表面应无划伤、机械损伤和磕碰撞伤。

5.4.3 焊接

5.4.3.1 焊接人员应经考核合格后方可施焊。

5.4.3.2 内胆、外壳的焊缝应采用气体保护焊。当保护气体采用氩气时，其氩气应符合GB/T 4842—2006的规定，纯度应不低于99.9%。

5.4.3.3 焊接区域内，包括对接接头和角接接头的表面，应无裂纹、咬边、气孔、弧坑和飞溅物，无急剧的形状变化，且应呈圆滑过渡。

5.4.3.4 焊缝的余高、同一焊缝宽度差应符合设计图样的规定。

5.4.4 绝热层缠绕

5.4.4.1 缠绕前，绝热材料和内胆应干燥和清洁。

5.4.4.2 吸附剂使用前应进行活化处理。

5.4.4.3 缠绕场地应保持干燥和清洁。

5.4.4.4 绝热层缠绕时，其反射材料和绝热材料应相间包覆在内胆外表面，并有防松散、脱落的措施。

5.4.5 组装

5.4.5.1 颈管与内胆、外壳的连接应牢固可靠。

5.4.5.2 组装前，绝热层应保持清洁，与真空夹层有关的零部件表面应进行清洗、烘干，且无油污、灰尘。

5.4.5.3 容器不应强力组装。

5.4.5.4 组装时，零部件应保持清洁，且无水、油的污染。

5.4.6 氦质谱检漏

5.4.6.1 内胆经氦质谱检漏合格后方可组装，其漏气速率应符合设计图样的规定。

5.4.6.2 容器组装后的真空夹层的漏气速率应符合表2的规定。

5.4.7 附件

5.4.7.1 提筒的筒体、提杆、绝热管和手把相互之间的连接应牢固可靠。

5.4.7.2 盖塞的盖和塞体的连接应牢固可靠。

5.4.7.3 公称容积50 L及以下的容器，应配装保护套。

5.4.7.4 当用户要求时，可设置有锁紧装置的防护盖、液位监测仪等附件。

5.4.8 清洁度和外观质量

5.4.8.1 容器表面应无损伤，且无油污、灰尘及无水的污染。

5.4.8.2 提筒、盖塞、保护套等附件应清洁。

5.4.8.3 容器内胆内部应清洁，且无异物、异味。

5.4.9 涂敷

容器外壳表面喷涂耐低温的漆，漆层应均匀、光亮，不应有气泡。

6 试验方法

6.1 有效容积

有效容积测量按GB/T 18443.8中的称重测量法进行。

6.2 颈管内径

颈管内径用分度值为不低于 0.01 mm 的内径量表进行测量。

6.3 真空夹层漏气速率

容器真空夹层漏气速率的测量应符合 GB/T 18443.3 的规定。

6.4 夹层真空度

夹层真空度的测量应符合 GB/T 18443.2 的规定。

6.5 静态液氮保存期

6.5.1 静态液氮保存期采用称重法测量。

6.5.2 称重时使用的衡器，最大称量不应大于容器在液氮充满率为 100%时的总质量的 5 倍，精度应优于或等于 1/3 000。

6.5.3 测量时，容器的液氮充满率为 100%，不放提筒，盖上盖塞，静置 48 h。

6.5.4 数据记录时间间隔为 24 h 和 48 h。

6.5.5 静态液氮保存期按式(1)计算。

$$t=\frac{\rho\cdot V}{q_{\mathrm{m}}\cdot\eta} \qquad \cdots\cdots(1)$$

式中：

t ——静态液氮保存期，单位为天(d)；

q_{m}——被测容器的平均日蒸发量，单位为千克每天(kg/d)；

ρ ——标准大气压(101.325 kPa)下饱和液氮的密度，单位为千克每升(kg/L)；

V ——被测容器的有效容积，单位为升(L)；

η ——修正系数，按式(2)计算：

$$\eta=\frac{h}{h_{\mathrm{fg}}}\left(0.7\times\frac{293.15-T_{\mathrm{s}}}{T_1-T_2}+0.3\times\frac{293.15^4-T_{\mathrm{s}}^4}{T_1^4-T_2^4}\right) \qquad \cdots\cdots(2)$$

式中：

h ——测试环境压力下饱和液氮的气化潜热，单位为千焦耳每千克(kJ/kg)；

h_{fg}——标准大气压(101.325 kPa)下饱和液氮的气化潜热，单位为千焦耳每千克(kJ/kg)；

T_{s}——标准大气压(101.325 kPa)下饱和液氮的温度，单位为开尔文(K)；

T_1——测试时日平均环境温度，单位为开尔文(K)；

T_2——测试时容器内日平均压力对应的液氮饱和温度，单位为开尔文(K)。

6.5.6 静态液氮保存期与静态蒸发率的对应关系按式(3)计算：

$$t=\frac{1}{\alpha} \qquad \cdots\cdots(3)$$

式中：

t ——静态液氮保存期，单位为天(d)；

α ——静态蒸发率，单位为百分比每天(%/d)

6.6 清洁度和外观质量

6.6.1 清洁度检验采用白色、清洁、干燥，且经脱脂处理的白纸擦拭容器及附件表面进行检验。

6.6.2 外观质量采用目视方法进行检验。

7 检验规则

7.1 检验分类

容器检验分为出厂检验和型式试验。

7.2 出厂检验

7.2.1 逐只检验

容器逐只检验应按表4规定项目进行。

7.2.2 批量检验

7.2.2.1 以不多于200只容器为一批,从每批中抽取不少于3只进行检验。

7.2.2.2 容器批量检验项目按表4的规定。

7.2.2.3 当批量检验有不合格项目,应对不合格项目进行加倍复验。复验应在同批容器中进行,抽取数量不少于6只。当复验项目仍不合格,则该批容器应进行逐只检验。

7.3 型式试验

7.3.1 属于下列情况之一时,应进行型式试验:

a) 容器设计定型时;

b) 改变容器设计参数、结构、主体材料和关键制造工艺,可能影响容器性能时;

c) 其他特殊情况,如相关方要求时。

7.3.2 型式试验的容器应采用随机抽样,其数量应不少于2只。

7.3.3 型式试验的项目应符合表4的规定。

7.3.4 当型式试验有不合格项目时,允许再抽取1只容器对不合格项目进行复验。当复验合格,则型式试验判为合格;当复验不合格,则型式试验判为不合格。

表4 出厂检验和型式试验的项目

检验项目		逐只检验	批量检验	型式试验
外观质量		√	—	√
外形尺寸		√	—	√
焊缝余高		√	—	√
焊缝外观		√	—	√
清洁度		√	—	√
壁厚	内胆	—	√	√
	外壳	—	√	√
有效容积		—	—	√
颈管内径		—	—	√
夹层真空度(使用状态下)		—	—	√
真空夹层漏气速率		—	—	√
静态液氮保存期		—	√	√

8 标志、包装、储运

8.1 标志

容器外表面明显位置应有标志，其内容包括：

a） 制造单位名称；

b） 产品名称和型号；

c） 产品编号；

d） 注册商标。

8.2 包装

8.2.1 容器出厂时，应附合格证、使用说明书和装箱单等文件；合格证上应注明容器的生产日期。

8.2.2 容器在包装箱内不应晃动，包装箱应牢固可靠，且有良好的防震、防潮措施。

8.2.3 包装箱外壁的标志和文字说明应明显清晰，并符合 GB/T 6388—1986 的规定，其内容如下：

a） 发货站及制造单位名称；

b） 收货站及收货单位名称；

c） 容器型号和生产编号；

d） 容器净重、毛重及数量；

e） 包装箱体积(长×宽×高)；

f） 应在包装箱外侧明显处标“易碎物品”、“向上”、“怕雨”等包装储运图示标志，且应符合 GB/T 191—2008的规定。

8.2.4 容器包装用纸箱应符合 GB/T 6543—2008 的规定。

8.2.5 出口容器包装用木箱应符合 SN/T 0273—2002 的规定。

8.3 储运

8.3.1 容器应在原包装情况下，储存在阴凉干燥处。

8.3.2 容器运输过程中，应轻装轻卸，不得侧放和倒置。

ICS 23.020.30
J 74

中华人民共和国国家标准

GB/T 9019—2015
代替 GB/T 9019—2001

压力容器公称直径

Nominal diameter for pressure vessels

2015-12-10 发布　　2016-07-01 实施

中华人民共和国国家质量监督检验检疫总局
中国国家标准化管理委员会　发布

前　言

本标准按照 GB/T 1.1—2009 给出的规则起草。

本标准代替 GB/T 9019—2001《压力容器公称直径》，与 GB/T 9019—2001 相比，主要技术变化如下：

——增加了 DN 6100～DN 13200 之间的直径系列；

——DN 6000～DN 13200 之间的压力容器公称直径，每增加 100 mm 为一个直径档次；

——调整了以外径为基准的 DN 150、DN 350、DN 400 管子外径尺寸。

本标准由全国锅炉压力容器标准化技术委员会(SAC/TC 262)提出并归口。

本标准起草单位：中国石化工程建设有限公司、中国特种设备检测研究院。

本标准主要起草人：段瑞、杨国义、谢智刚、冯清晓。

本标准历次版本发布情况为：

——GB/T 9019—1988、GB/T 9019—2001。

压力容器公称直径

1 范围

本标准规定了压力容器公称直径系列尺寸。

本标准适用于圆筒形压力容器。

本标准不适用于气瓶。

2 压力容器公称直径

2.1 系列

压力容器公称直径以容器圆筒直径表示,按内、外径分两个系列。

2.2 以内径为基准的压力容器公称直径

压力容器公称直径按表1的规定选取。此压力容器的公称直径系指容器圆筒的内径。

表1 压力容器公称直径(内径为基准)

单位为毫米

公称直径									
300	350	400	450	500	550	600	650	700	750
800	850	900	950	1 000	1 100	1 200	1 300	1 400	1 500
1 600	1 700	1 800	1 900	2 000	2 100	2 200	2 300	2 400	2 500
2 600	2 700	2 800	2 900	3 000	3 100	3 200	3 300	3 400	3 500
3 600	3 700	3 800	3 900	4 000	4 100	4 200	4 300	4 400	4 500
4 600	4 700	4 800	4 900	5 000	5 100	5 200	5 300	5 400	5 500
5 600	5 700	5 800	5 900	6 000	6 100	6 200	6 300	6 400	6 500
6 600	6 700	6 800	6 900	7 000	7 100	7 200	7 300	7 400	7 500
7 600	7 700	7 800	7 900	8 000	8 100	8 200	8 300	8 400	8 500
8 600	8 700	8 800	8 900	9 000	9 100	9 200	9 300	9 400	9 500
9 600	9 700	9 800	9 900	10 000	10 100	10 200	10 300	10 400	10 500
10 600	10 700	10 800	10 900	11 000	11 100	11 200	11 300	11 400	11 500
11 600	11 700	11 800	11 900	12 000	12 100	12 200	12 300	12 400	12 500
12 600	12 700	12 800	12 900	13 000	13 100	13 200			
注:本标准并不限制在本标准直径系列外其他直径圆筒的使用。									

标记示例:圆筒内径 2 800 mm 的压力容器公称直径:

公称直径 DN 2800　GB/T 9019—2015。

2.3 以外径为基准的压力容器公称直径

压力容器的公称直径按表2的规定选取。

表 2 压力容器公称直径(外径为基准)

单位为毫米

公称直径	150	200	250	300	350	400
外径	168	219	273	325	356	406

标记示例:公称直径为 250,外径为 273 mm 的管子做筒体的压力容器公称直径:

公称直径 DN 250 GB/T 9019—2015。

ICS 45.060.10
S 52

中华人民共和国国家标准

GB/T 10478—2017
代替 GB/T 10478—2006

液化气体铁路罐车

Railway tank car for liquefied gases

2017-10-14 发布　　2018-05-01 实施

中华人民共和国国家质量监督检验检疫总局
中国国家标准化管理委员会　发布

前　言

本标准按照 GB/T 1.1—2009 给出的规则起草。

本标准代替 GB/T 10478—2006《液化气体铁道罐车》,与 GB/T 10478—2006 相比,除编辑性修改外其主要技术变化如下:

——修改了标准范围(见第 1 章,见 2006 年版第 1 章);

——删除了压力、工作压力等 7 个术语,并且增加了液化气体等 5 个术语(见第 3 章,见 2006 年版的第 3 章);

——修改了章标题名称,并且增加了用户或设计委托方的职责,修改了设计单位和制造单位的资格与职责的要求(见第 4 章,见 2006 年版的第 4 章);

——修改了罐体用钢板、钢锻件、钢管与管件、堆积绝热材料、焊接材料等要求,取消了钢铸件的要求(见 5.2、5.3、5.4.4,见 2006 年版的 5.2、5.3);

——修改了设计温度、设计压力、最大允许充装量等要求,且增加了分析设计方法、最低设计金属温度、泄漏试验等要求(见第 6 章,见 2006 年版第 6 章);

——修改了安全附件、仪表及装卸附件的要求(见第 7 章,见 2006 年版第 7 章);

——修改了焊接接头分类、材料复验、冷热加工、组装、焊接、无损检测、热处理等要求,增加了 E 类焊接接头(见第 8 章,见 2006 年版第 8 章、9.1、9.2);

——增加了氨检漏、卤素检漏及氦检漏等试验方法(见 9.3.3);

——增加了"风险评估报告"的内容(见附录 A);

——删除了"产品铭牌的格式和内容"和"产品质量证明书的格式和内容"(见 2006 年版附录 B、附录 C、附录 D);

——原"安全泄放装置的设计计算"改为"罐体安全泄放量及安全泄放装置排放能力的计算",且修改罐体安全泄放量及安全泄放装置排放能力的要求(见附录 B,见 2006 年版附录 A)。

本标准由全国锅炉压力容器标准化技术委员会(SAC/TC 262)提出并归口。

本标准起草单位:中车西安车辆有限公司、上海市气体工业协会、中国特种设备检测研究院、上海华谊集团装备工程有限公司、上海市特种设备监督检验研究院、大连市锅炉压力容器检验研究院、中车青岛四方车辆研究所有限公司、中国石油集团东北炼化工程有限公司吉林机械制造分公司。

本标准主要起草人:李向东、周伟明、范婉玲、魏勇彪、陈朝晖、寿比南、谢铁军、许子平、丁建勋、王丽萍、罗运康、罗永欣、崔明辉。

本标准所代替的历次版本发布情况为:

——GB 10478—1989、GB/T 10478—2006。

引　言

本标准的制定遵循了国家颁布的压力容器安全法规所规定的基本安全技术要求，其设计准则、材料要求、制造检验技术要求和验收标准等符合 TSG R0005 的规定。本标准为协调标准，即按本标准建造的液化气体汽车罐车可满足 TSG R0005 的基本安全要求。

标准的修订采用提案审查制度。任何单位和个人有权对本标准的修订提出建议，修订建议采用“标准提案/问询表”的方式提交全国锅炉压力容器标准化技术委员会(以下简称委员会)。委员会对收到的标准修订提案审查，按审查结果将采纳的技术内容纳入下版标准。

标准提案/问询表

总第　　号

单位	□标准提案　　□标准问询	标准名称	
		姓名	
联系地址		邮政编码	
电话/传真		电子邮箱	
提案/问询内容(可另附页)			
技术依据与相关资料(可另附页)			
附加说明：			
单位公章或提案(问询)人签字：		提交日期： 年　月　日	

全国锅炉压力容器标准化技术委员会

地址：北京市朝阳区和平街西苑 2 号 D 座三层　邮政编码：100029

电子邮箱：GB-T10478@cscbpv.org

液化气体铁路罐车

1 范围

1.1 本标准规定了液化气体铁路罐车(以下简称罐车)的材料、设计、制造、试验方法、检验规则、涂装与标记标识、出厂文件等要求。

1.2 本标准适用于钢制罐体的设计压力不小于0.1 MPa,且与走行装置永久性连接的标准轨距罐车。

1.3 本标准不适用于下列罐车:

a) 罐体材料为有色金属或非金属的;

b) 罐体为真空绝热结构的;

c) 罐体为国防军事装备用有特殊要求的。

1.4 本标准适用的罐车范围包括罐体、管路、安全附件、仪表及装卸附件,以及走行装置、走行装置与罐体的连接件等。

1.5 罐体界定范围如下:

a) 罐体与管路焊接连接的第一道环向接头的坡口面;

b) 罐体与管路、安全附件螺纹连接的第一个螺纹接头端面、法兰连接的第一个法兰密封面;

c) 罐体开孔部分的端盖、端塞及其紧固件;

d) 罐体与非受压元件的连接焊缝。

1.6 罐体主要受压元件包括筒体、封头以及公称直径不小于50 mm的接管(承压)、凸缘、法兰、法兰盖板等。

1.7 管路包括所有与罐体相连接的管子与管件。

2 规范性引用文件

下列文件对于本文件的应用是必不可少的。凡是注日期的引用文件,仅注日期的版本适用于本文件。凡是不注日期的引用文件,其最新版本(包括所有的修改单)适用于本文件。

GB 146.1 标准轨距铁路机车车辆限界

GB/T 150.1 压力容器 第1部分:通用要求

GB/T 150.2 压力容器 第2部分:材料

GB/T 150.3 压力容器 第3部分:设计

GB/T 150.4—2011 压力容器 第4部分:制造、检验和验收

GB/T 196 普通螺纹 基本尺寸

GB/T 197 普通螺纹 公差

GB/T 567.1 爆破片安全装置 第1部分:基本要求

GB/T 567.2 爆破片安全装置 第2部分:应用、选择与安装

GB/T 567.3 爆破片安全装置 第3部分:分类及安装尺寸

GB/T 713 锅炉和压力容器用钢板

GB/T 1804—2000 一般公差 未注公差的线性和角度尺寸的公差

GB/T 3531 低温压力容器用钢板

GB/T 4549(所有部分) 铁道车辆词汇

GB/T 5599 铁道车辆动力学性能评定和试验鉴定规范

GB/T 5600 铁道货车通用技术条件

GB/T 5601 铁道货车检查与试验规则

GB/T 6479 高压化肥设备用无缝钢管

GB 6944 危险货物分类和品名编号

GB/T 8163 输送流体用无缝钢管

GB/T 8923.1 涂覆涂料前钢材表面处理 表面清洁度的目视评定 第1部分:未涂覆的钢材表面和全面清除原有涂层后的钢材表面的锈蚀等级和处理等级

GB/T 9948 石油裂化用无缝钢管

GB/T 9969 工业产品使用说明书 总则

GB/T 12241 安全阀 一般要求

GB/T 12243 弹簧直接载荷式安全阀

GB 12268 危险货物品名表

GB/T 14976 流体输送用不锈钢无缝钢管

GB/T 17393 覆盖奥氏体不锈钢用绝热材料规范

GB/T 17600(所有部分) 钢的伸长率换算

GB/T 21563 轨道交通 机车车辆设备 冲击和振动试验

GB/T 22653 液化气体设备用紧急切断阀

GB/T 24511 承压设备用不锈钢钢板及钢带

GB/T 25198 压力容器封头

GB/T 26929 压力容器术语

GB 50126 工业设备及管道绝热工程施工规范

GBZ 230 职业性接触毒物危害程度分级

GSB 05-1426 漆膜颜色标准样卡

NB/T 47008 承压设备用碳素钢和合金钢锻件

NB/T 47009 低温承压设备用低合金钢锻件

NB/T 47010 承压设备用不锈钢和耐热钢锻件

NB/T 47013.1 承压设备无损检测 第1部分:通用要求

NB/T 47013.2 承压设备无损检测 第2部分:射线检测

NB/T 47013.3 承压设备无损检测 第3部分:超声检测

NB/T 47013.4 承压设备无损检测 第4部分:磁粉检测

NB/T 47013.5 承压设备无损检测 第5部分:渗透检测

NB/T 47013.10 承压设备无损检测 第10部分:衍射时差法超声检测

NB/T 47013.11 承压设备无损检测 第11部分:X射线数字成像检测

NB/T 47013.14 承压设备无损检测 第14部分:X射线计算机辅助成像检测

NB/T 47014　承压设备焊接工艺评定
NB/T 47016　承压设备产品焊接试件的力学性能检验
NB/T 47018(所有部分)　承压设备用焊接材料订货技术条件
JB/T 4711　压力容器涂敷与运输包装
JB 4732—1995　钢制压力容器——分析设计标准(2005 年确认)
JJG 184　液化气体铁路罐车容积
HG/T 20592　钢制管法兰(PN 系列)
HG/T 20610　钢制管法兰用缠绕式垫片(PN 系列)
HG/T 20614　钢制管法兰、垫片、紧固件选配规定(PN 系列)
HG/T 20615　钢制管法兰(Class 系列)
HG/T 20631　钢制管法兰用缠绕式垫片(Class 系列)
HG/T 20635　钢制管法兰、垫片、紧固件选配规定(Class 系列)
HG 20660　压力容器中化学介质毒性危害和爆炸危险程度分类
TB/T 1335　铁道车辆强度设计及试验鉴定规范
TB/T 1492　铁道车辆制动机单车试验方法
TB 1560　货车安全技术的一般规定
TSG R0005　移动式压力容器安全技术监察规程
TSG Z6002　特种设备焊接操作人员考核细则
铁路危险货物运输管理暂行规定(铁总运[2014]57 号)

3　术语和定义

GB/T 150.1、GB/T 150.4—2011、GB/T 4549 及 GB/T 26929 界定的以及下列术语和定义适用于本文件。

3.1

液化气体　liquefied gas

在温度高于−50 ℃下加压时部分是液态的气体,包括临界温度在−50 ℃～65 ℃的高压液化气体和临界温度高于 65 ℃的低压液化气体。

3.2

等效压力　equivalent pressure

罐体所承受的在正常运输工况中,因介质惯性力载荷作用而引起的压力。

3.3

自重　dead weight of tank car

空车时,罐车自身具备的质量。

3.4

整备质量　addition mass

罐车的附加质量,主要指设有押运间罐车,在装满备足情况下所考虑的附加质量(包括押运员自身及所携带的生活用品和必备的检修工具等的质量)。

3.5

载重　loading capacity

罐车标记中所注明的允许最大充装介质的质量。

3.6

自重系数 dead weight factor

罐车自重与载重的比值。

3.7

轴重 weight per axle

罐车总重(自重+载重+整备质量)与全车轴数的比值。

3.8

每延米重 load per linear meter

罐车总重(自重+载重+整备质量)与罐车全长的比值。

3.9

无中梁罐车 girderless tank car

在罐体两端用牵引梁取代贯通中梁,将牵引梁与枕梁装置和罐体焊为一体,以罐体自身作为车辆承载结构一部分的罐车。

3.10

走行装置 walk device

走行装置指转向架、车钩、缓冲器、制动和底架等部件的总成。对有中梁罐车应包括罐体与底架连接的并组焊在底架上的零部件。

3.11

转向架 bogie;truck

能相对车体回转的一种走行装置。通常包括摇枕、侧架或构架、轮对轴箱装置、弹簧减振装置和转向架基础制动装置等。

3.12

制动装置 brake rigging

车辆上,起制动作用的零、部件所组成的一整套机构。通常包括车体基础制动装置、转向架基础制动装置等。

3.13

车钩缓冲装置 coupler and draft gear

具有使车辆与车辆(或机车)相互连接、牵引机缓和列车运行中的冲击力等作用性能的装置。包括车钩、缓冲器、钩尾框、从板和安装吊挂等。

3.14

车钩高 coupler height

空车时,车钩中心线至轨面的垂直距离。

3.15

车辆长度 length of car

车辆不受纵向外力影响时,车辆两端钩舌内侧面间的距离。

3.16

车辆定距 distance between supports of tank car

罐车底架两心盘中心间的水平距离。

3.17

换长 conversion length

车辆长度(m)除以 11 所得之值(保留一位小数,尾数四舍五入)。

4 资质与职责

4.1 资质

4.1.1 罐车设计、制造、检验和验收除应符合本标准的规定外,还应遵守国家颁布的有关法律、法规和安全技术规范的规定。

4.1.2 罐车的设计、制造的单位资质应符合 TSG R0005 的有关规定,且持有相应的特种设备设计、制造许可证。设计的罐车产品应按国务院铁路运输主管部门的规定取得机车车辆型号合格证。

4.1.3 罐车的制造单位除持有相应特种设备制造许可证书外,还应按国务院铁路运输主管部门的规定取得相应的机车车辆产品生产许可证。

4.2 职责

4.2.1 用户或设计委托方

用户或设计委托方应以正式书面形式向设计单位提出罐车设计条件,其设计条件至少包含下列内容:

a) 设计和制造应遵循的主要标准和安全技术规范;

b) 工作条件,包括使用环境温度范围、工作温度范围、工作压力范围、装卸条件及方式、装卸压力和附加载荷等;

c) 充装介质,包括介质的编号、名称、类别、组分、物理与化学性质、有害杂质含量以及介质对罐体材料的腐蚀速率及相容性等;

d) 罐体容积;

e) 预期的使用年限;

f) 对应波动压力的压力循环次数;

g) 整体结构形式及几何尺寸参数等要求;

h) 设计需要的其他必要条件(如罐体材料选择、防腐、表面处理及特殊试验等)。

4.2.2 设计单位

4.2.2.1 设计单位应基于风险评估报告的内容完成整车设计,并对整车设计文件的正确性和完整性负责。

4.2.2.2 设计许可印章的管理和使用应满足 TSG R0005 的要求。

4.2.2.3 设计单位应在罐车设计使用年限内保存全部设计文件。

4.2.3 制造单位

4.2.3.1 罐车为整车制造,制造单位对整车制造质量负责。

4.2.3.2 制造单位应按设计文件的要求进行制造,当原设计文件需修改时,应取得原设计单位同意修改的书面证明文件,且对改动部位作出详细记录。

4.2.3.3 制造单位在制造前应制定质量计划,其内容至少应包括罐车的制造工艺控制点、检验项目及合格要求。

4.2.3.4 制造单位的检查部门在整车制造过程中和完工后，应按本标准、设计图样和技术文件、质量计划的规定进行各项检验和试验，出具相应报告，并对报告的正确性和完整性负责。

4.2.3.5 每辆罐车经制造单位检验合格后，应出具产品合格证。

4.2.3.6 制造单位应接受特种设备检验检测机构对其制造过程的监督检验，并取得监检单位出具的“特种设备制造监督检验证书”。

4.2.3.7 罐车制造单位应按型号进行样车型式试验，由国务院铁路运输主管部门核准的试验机构进行试验，且取得该样车型式试验报告。

4.2.3.8 罐车制造单位对其制造的每辆罐车应在罐车设计使用年限内至少保存下列技术文件备查：

a) 制造工艺图或制造工艺卡；

b) 焊接工艺和热处理工艺文件；

c) 标准规定的检验、试验项目记录；

d) 制造过程中及完工后的检查、检验、试验记录；

e) 出厂文件(符合第12章的规定)；

f) 原设计图。

5 材料

5.1 一般要求

5.1.1 与充装介质接触的材料应与介质相容。

5.1.2 与受压元件相焊接的非受压元件用材料应具有良好的焊接性。

5.1.3 材料制造单位应在材料的明显部位作出清晰、牢固的钢印标志或采用其他可追溯的标志。

5.1.4 材料制造单位应向罐车制造单位提供材料质量证明书，材料质量证明书的内容应齐全、清晰，且印制可以追溯的信息化标志以及质量检验章。

5.1.5 制造单位从非材料制造单位取得罐体用材料时，应取得材料制造单位提供的材料质量证明书原件或者加盖材料经营单位公章和经办负责人章的复印件。

5.1.6 制造单位应对所取得的材料、外购件的质量证明书的真实性和一致性负责。

5.2 罐体材料

5.2.1 一般要求

罐体选用的材料应符合相应国家标准或行业标准的规定，且还应考虑罐体的使用条件(如设计温度、设计压力、介质特性和操作特点等)、材料的性能(力学性能、工艺性能、化学性能和物理性能)、罐体的制造工艺以及经济合理性。

5.2.2 境外材料与新材料

境外牌号材料或新材料的使用应符合 TSG R0005 的有关规定。

5.2.3 熔炼方法

5.2.3.1 罐体受压元件用钢应为镇静钢。

5.2.3.2 标准抗拉强度下限值不小于 540 MPa 的低合金钢钢板，用于设计温度低于 −20 ℃的低温钢板和低温钢锻件，还应采用炉外精炼工艺。

5.2.4　化学成分(熔炼分析)

5.2.4.1　焊接用碳素钢和低合金钢，其碳含量不大于0.250%、磷含量不大于0.035%、硫含量不大于0.035%。

5.2.4.2　压力容器专用钢中的碳素钢和低合金钢钢材(钢板、钢管和钢锻件)，其磷、硫含量应符合下列规定：

a)　标准抗拉强度下限值不大于540 MPa的钢材，磷含量不大于0.030%、硫含量不大于0.020%；

b)　标准抗拉强度下限值大于540 MPa的钢材，磷含量不大于0.025%、硫含量不大于0.015%；

c)　用于设计温度低于−20 ℃且标准抗拉强度下限值不大于540 MPa的钢材，磷含量不大于0.025%、硫含量不大于0.012%；

d)　用于设计温度低于−20 ℃且标准抗拉强度下限值大于540 MPa的钢材，磷含量不大于0.020%、硫含量不大于0.010%。

5.2.5　力学性能

5.2.5.1　罐体用碳素钢或低合金钢钢材，常温下的屈服强度标准值应不大于460 MPa，抗拉强度上限标准值应不大于725 MPa，且能适应罐车在运输、使用中所遇到的环境条件，并符合设计图样的要求。

5.2.5.2　罐体用碳素钢或低合金钢钢材，材料质量证明书中常温下的屈服强度与抗拉强度之比不大于0.85。

5.2.5.3　罐体用碳素钢或低合金钢钢板、钢管和钢锻件的冲击吸收能量试验应符合下列规定：

a)　冲击试验温度应按设计文件的要求；

b)　夏比冲击吸收能量(KV_2)最低值应符合表1的规定；

c)　当钢材标准中夏比冲击吸收能量指标高于表1规定的，还应符合相应钢材标准的规定；

d)　厚度小于6 mm的钢板可免除冲击吸收能量试验。

表1　碳素钢或低合金钢钢板、钢管和钢锻件的夏比冲击吸收能量

钢材标准抗拉强度下限值 R_m/MPa	3个标准试样夏比冲击吸收能量平均值 KV_2/J
≤510	≥27
>510～570	≥34
>570～630	≥38 (且侧向膨胀量 L_E≥0.53 mm)
对 R_m 随厚度增大而降低的钢材，按该钢材最小厚度范围的 R_m 确定夏比冲击吸收能量指标。	

5.2.5.4　夏比冲击吸收能量试样的取样部位和试样方向应符合相应钢材标准的规定。冲击吸收能量试验每组取3个标准试样(宽度为10 mm)，允许1个试样的冲击吸收能量数值低于表1的规定值，但不低于表1规定值的70%。当钢材尺寸无法制备标准试样时，则应依次制备宽度为7.5 mm和5 mm的小尺寸冲击试样，其冲击吸收能量指标分别为标准试样冲击吸收能量指

标的75%和50%。

5.2.5.5 断后伸长率(A)应符合以下要求:

a) 罐体用钢板,其断后伸长率(A)应不小于10 000/R_m(%),且应满足下列要求:

——当R_m不小于540 MPa时,断后伸长率(A)不小于17%;

——当R_m小于540 MPa时,断后伸长率(A)不小于20%。

b) 当相应钢板标准规定的断后伸长率(A)高于a)时,还应符合钢板标准的规定。

c) 其他受压元件用钢板、钢管和钢锻件的断后伸长率(A)应符合相应钢材标准的规定。

d) 采用不同尺寸试样的断后伸长率指标,应按GB/T 17600进行换算,换算后的指标应符合a)或b)、c)的规定。

5.2.6 钢板超声检测

罐体用碳素钢和低合金钢钢板应逐张进行超声检测,钢板超声检测应按NB/T 47013.3的规定进行,其合格等级不低于Ⅱ级。

5.2.7 钢板

5.2.7.1 罐体常用钢板材料的性能指标见表2。

5.2.7.2 当采用表2以外的钢板时,除应满足本标准要求外,还应符合相应材料标准的规定。

表2 罐体常用钢板性能指标

钢 号	钢板标准	交货状态	厚度 mm	室温强度指标 MPa		断后伸长率 A/%
				R_m	$R_{eL}(R_{p0.2})$	
Q245R	GB/T 713	热轧,控轧或正火	5～16	400～520	≥245	≥25
			>16～36		≥235	
Q345R			5～16	510～640	≥345	≥21
			>16～36	500～630	≥325	
Q370R		正火	10～16	530～630	≥370	≥20
			>16～36		≥360	
16MnDR	GB/T 3531	正火,正火加回火	6～16	490～620	≥315	≥21
			>16～36	470～600	≥295	
S30408	GB/T 24511	固溶处理	4～30	≥520	≥220	≥40
S30403				≥490	≥210	
S31608				≥520	≥220	
S31603				≥490	≥210	

5.2.8 钢锻件

5.2.8.1 罐体用碳素钢和低合金钢钢锻件应符合NB/T 47008的规定,低温罐体用低合金钢钢锻件应符合NB/T 47009的规定。

5.2.8.2 罐体用不锈钢钢锻件应符合NB/T 47010的规定。

5.2.8.3 与罐体内介质接触且公称直径不小于 50 mm 的钢锻件的级别应不低于Ⅲ级，其余钢锻件应不低于Ⅱ级。

5.2.9 钢管和管件

5.2.9.1 钢管应符合 GB/T 150.2 及设计图样的规定，且还满足下列要求：

a) 碳素钢、低合金钢钢管应符合 GB/T 6479、GB/T 9948 或 GB/T 8163 的规定。与毒性程度为极度、高度危害的介质接触的钢管，应符合 GB/T 6479 或 GB/T 9948 的规定，且应按相关标准逐根进行压力试验，试验压力不低于 1.6 MPa 或按设计图样的规定。

b) 不锈钢钢管应符合 GB/T 14976 的规定。

5.2.9.2 管件应符合相应标准的规定，当管件采用钢锻件时其要求应符合 5.2.8 的规定。

5.2.10 焊接材料

5.2.10.1 罐体受压元件用焊接材料应符合 NB/T 47018 的规定，且有清晰、牢固的标志。

5.2.10.2 焊接材料的选用应考虑焊接接头力学性能与罐体母材的匹配，且焊缝金属的抗拉强度不低于母材标准规定的下限值，冲击吸收能量应符合表 1 的规定，当需要时，其他性能也不应低于母材的相应要求。

5.2.10.3 焊接材料应按 NB/T 47014 的要求进行焊接工艺评定，评定合格后方可使用。

5.2.10.4 制造单位应建立且严格执行焊接材料验收、复验、保管、烘干、发放和回收制度。

5.3 堆积绝热材料

堆积绝热材料应符合下列规定：

a) 应具有良好的化学稳定性，对设备和管路无腐蚀作用，且在遭受火灾时不大量逸散有毒气体；

b) 具有良好的绝热性能和阻火功能；

c) 与奥氏体不锈钢表面接触的，其氯离子含量应符合 GB/T 17393 的规定。

5.4 其他

5.4.1 外购件应符合相应国家标准或行业标准的规定。

5.4.2 紧固件应符合相应国家标准或行业标准的规定。

5.4.3 密封垫片应符合相应标准的规定，且不应含有石棉。

5.4.4 罐车用其他材料应符合相应标准和铁路行业的规定。

6 设计

6.1 一般要求

6.1.1 罐车设计除应符合本标准的要求外，还应符合相关法规、国家标准和行业标准的规定，罐体及附件等的布置应合理可靠，且满足使用和安全性能要求。

6.1.2 罐车强度设计及试验鉴定应符合本标准及 TB/T 1335 和铁路行业的规定。

6.1.3 罐车动力学性能应符合 GB/T 5599 的规定。

6.1.4 罐车结构安全性应符合 TB 1560 的规定。

6.1.5 罐车轮廓应符合 GB 146.1 的规定。

6.1.6 罐车最高运行速度应不大于 120 km/h。

6.1.7 罐车通过最小曲线半径 145 m。

6.1.8 采用堆积绝热结构的罐体的设计应满足设计文件的规定。

6.1.9 罐车充装介质为易燃、易爆的,其罐体与走行装置连接处应采取导静电措施,保证其接地性能良好。

6.1.10 罐体的设计使用年限应不小于15年。

6.2 设计文件

6.2.1 罐车的设计文件至少包括下列内容:

a) 风险评估报告,包括设计、制造及使用等阶段的主要失效模式和风险控制等,其基本内容应符合附录A的规定;

b) 设计说明书,包括充装介质的主要物理与化学性质(编号、名称、类别及与工作温度相对应的饱和蒸气压和密度等)、危险特性、混合介质的限制组分以及有害杂质的限制含量要求、与罐体材料相容性等作出说明,还应对设计规范与标准的选择、主要设计结构的确定原则、主要设计参数的确定原则、材料的选择、安全附件、仪表及装卸附件的选择、走行装置等的选用说明;

c) 设计计算书,包括罐体强度计算、刚度、外压稳定性容积计算、安全泄放量和安全泄放装置排放能力等计算、心盘承载能力计算以及罐车静强度、动力学性能、曲线通过能力、制动性能等铁路车辆整车性能计算,需要时还应进行结构强度应力分析计算、罐体传热计算等;

d) 设计图样,包括设计总图、罐体图、管路系统及流程图等;

e) 制造技术条件,包括主要制造工艺要求、检验试验方法等;

f) 使用说明书,包括主要技术性能参数、适用的介质、装卸阀门、安全附件及仪表等的规格和连接方式、使用说明以及使用注意事项和必要的安全警示性要求等。

6.2.2 罐车设计总图上,至少应注明以下内容:

a) 产品名称、型号及设计制造应遵循的主要法规、标准;

b) 工作条件,包括使用环境温度、工作温度、工作压力、介质特性(毒性和爆炸危害程度等)等;

c) 设计条件,包括设计温度、最低设计金属温度、设计载荷(含压力载荷和其他必要的载荷)、介质(组分)、腐蚀裕量等,介质有应力腐蚀倾向的需注明介质的限定含量;

d) 主要技术性能参数,包括轨距、最高运行速度、使用温度、载重(最大允许充装量)、自重、自重系数、轴重、每延米重、车辆定距、换长、车辆限界、通过最小曲线半径等;

e) 设计使用年限;

f) 技术要求,包括制造要求、防腐蚀处理要求、耐压试验要求、气密性试验或其他泄漏试验要求;

g) 需绝热的罐体,提出绝热措施;

h) 特殊要求,包括有夹套的罐体应分别注明罐体和夹套的试验压力、允许的内外压差值,以及试验的步骤和试验要求等;

i) 特殊制造要求,如氮气或惰性气体置换要求等;

j) 当运输中需气体保护要求,如氮气或其他不溶性气体的封罐压力限制等要求;

k) 罐车铭牌的安装位置;

l) 安全附件、仪表和装卸附件的规格、性能参数及连接方式及性能试验要求;

m）装卸管口方位、规格、连接形式等。

6.2.3 罐体设计图上，至少应注明以下内容：

a）主要受压元件材料牌号、规格、标准及要求；
b）罐体设计参数，包括设计温度、设计压力、最低设计金属温度、充装介质及介质的危害性、工作温度、工作压力、容积、单位容积充装量、最大允许充装量、焊接接头系数、腐蚀裕量等，介质有应力腐蚀倾向的还需注明介质的限定含量；
c）筒体、封头的设计厚度和最小成形厚度；
d）无损检测要求；
e）热处理要求(必要时)；
f）耐压试验要求；
g）设计使用年限(当疲劳罐体时应标明循环次数)。

6.2.4 罐车其他设计文件按相应安全技术规范和铁路行业的相关规定。

6.2.5 设计总图、罐体图、风险评估报告、设计计算书应由设计、校核、审核3级签署以及经设计单位技术负责人或其授权人的批准。

6.3 罐车载荷

6.3.1 罐车设计时应考虑以下基本作用载荷，以及这些载荷的组合。当需考虑其他载荷由设计单位按设计条件或试验数据确定：

a）纵向力载荷：纵向力载荷是指罐车在各种运行状态时，车钩间所产生的拉伸力和压缩力。纵向力载荷按 TB/T 1335 及铁路行业的相关规定；
b）内压载荷：内压载荷不小于罐体设计压力与液柱静压力、等效压力等附加载荷的和；
c）垂向静载荷：垂向静载荷不小于罐车自重、载重和整备质量的和；
d）垂向动载荷：垂向动载荷按垂向静载荷乘以垂向动载荷系数确定，垂向动载荷系数按 TB/T 1335的规定；
e）顶车载荷：顶车载荷是指用千斤顶或其他工具在一端枕梁两侧或其他顶车位将重车顶起的载荷；
f）其他载荷。

6.3.2 罐体外压载荷按下列要求确定：

a）一般不小于 0.04 MPa 外压；
b）在制造、运输、装卸、检验试验、使用或其他工况中，可能承受大于 0.04 MPa 外压的，应按最大可能的外压进行稳定性校核，无法确定时，应按 0.1 MPa 外压进行稳定性校核；
c）设有外夹套结构的罐体，按所有可能出现工况中的最大内、外压差进行外压稳定性校核。

6.3.3 罐车基本作用载荷的组合应符合 TB/T 1335 的规定。

6.4 罐车设计方法

6.4.1 罐车(除罐体外)的强度设计应符合 TB/T 1335 的规定。

6.4.2 罐体强度计算和外压稳定性校核时，采用规则设计的应符合 GB/T 150.3 的规定，采用分析设计的应符合 JB 4732—1995 的规定。

6.4.3 罐体强度按 GB/T 150.3 计算时，局部应力分析可按 JB 4732—1995 的规定进行。

6.4.4 罐体应基于可能产生的失效模式进行设计。

6.4.5 当罐体满足下列条件之一的,可免除疲劳分析:

a) 设计的罐体与已有成功使用经验的罐体有可类比的形状和载荷条件,且根据其经验能证明不需要做疲劳分析者,但对下列情况所产生不利影响应特别注意:

——如罐体采用了非整体结构,如开孔采用补强圈补强或角焊缝连接件。

——罐体相邻部件之间有显著的厚度变化。

——鞍座、加强圈等与罐体连接处等应力集中处。

b) 采用常温抗拉强度 R_m 不大于 540 MPa 的钢材时,以下各项循环次数的总和不超过 1 000 次:

——包括充装与卸液在内的全范围压力循环的预计(设计)循环次数。

——奥氏体不锈钢制罐体,压力波动范围超过 50%设计压力的工作压力环循的预计(设计)循环次数。

——包括接管在内的任意相邻两点之间金属温差波动的有效次数。该有效次数的计算方法是金属温差波动的预计次数乘以表 3 所列的相应系数,再将所得次数相加得到总次数。

——由热膨胀系数不同的材料组成的部件(包括焊缝),当$(\alpha_1-\alpha_2)\Delta T>0.000\,34$时的温度波动循环次数,$\alpha_1$、$\alpha_2$ 是两种材料各自的平均热膨胀系数,ΔT 为工作温度波动范围。

c) JB 4732—1995 中 3.10.2.2 规定的全部条件。

表 3 金属温差波动系数

金属温差波动幅度/℃	系 数
≤25	0
26～50	1
51～100	2

6.4.6 罐体承受压力载荷时,采用规则设计的罐体,其材料许用应力按 GB/T 150.2 选取;采用分析设计的罐体,其材料设计应力强度按 JB 4732—1995 选取。

6.4.7 采用规则设计的罐体,当局部采用分析设计时,其材料许用应力按 GB/T 150.2 选取。

6.4.8 当罐体采用材料在 GB/T 24511 中规定了 $R_{p1.0}$ 的值,且在设计文件中提出了钢板附加检验 $R_{p1.0}$ 值时,可使用 $R_{p1.0}$ 来确定材料许用应力。

6.4.9 螺栓材料在不同温度下的许用应力按 GB/T 150.2 和相应标准的规定选取。

6.4.10 罐车其他零部件材料的许用应力按 TB/T 1335 的规定选取。

6.5 介质的分类及危害性

6.5.1 液化气体介质的分类、品名及编号应符合 GB 6944 和 GB 12268 的规定。

6.5.2 液化气体介质的毒性危害程度和爆炸危险程度应符合 HG 20660 的规定。

6.5.3 未列入 HG 20660 的介质由用户或设计单位按照 GBZ 230 确定其毒性危害程度。

6.6 罐体设计参数

6.6.1 设计温度

6.6.1.1 设计温度应考虑环境温度的影响，且不高于液化气体的临界温度。

6.6.1.2 设计温度应不低于元件金属在工作状态可能达到的最高工作温度，对临界温度高于65 ℃的低压液化气体罐体设计温度应不低于50 ℃，但介质特性不允许除外。

6.6.2 最低设计金属温度

6.6.2.1 根据正常运输、使用、检验及试验中介质最低工作温度以及大气环境低温条件对罐体壳体金属温度的影响，确定罐体最低设计金属温度，且最低设计金属温度不高于−40 ℃。

6.6.2.2 采用规则设计的罐体，其最低设计金属温度低于−20 ℃时，且应考虑低温低应力工况时，罐体设计应满足GB/T 150.3的要求。

6.6.3 设计压力

罐体的设计压力应不小于下列任一工况中工作压力的最大值，且无绝热结构的罐体设计压力不应小于0.7 MPa：

a) 充装、卸料工况的工作压力；

b) 设计温度下介质的饱和蒸气压(表压)；

c) 正常运输使用中，罐体内采用不溶性气体保护时，由介质在设计温度下的饱和蒸气压(表压)与罐体内顶部气相空间不溶性气体(如氮气或其他惰性气体等)分压力之和确定的工作压力。

6.6.4 等效压力

等效压力应符合下列规定：

a) 确定等效压力时的介质惯性力载荷应符合TB/T 1335及铁路行业的规定；

b) 等效压力按相应方向的惯性力载荷(静态力)除以与该力的作用方向垂直的罐体截面的投影面积所得的商确定；

c) 等效压力应不小于各方向上按b)计算所得值中的最大值，且不小于0.035 MPa。

6.6.5 计算压力

6.6.5.1 罐体受压元件的计算压力应不小于设计压力与液柱静压力、等效压力的之和。

6.6.5.2 当罐体的液柱静压力小于设计压力的5%时可忽略不计。

6.6.6 腐蚀裕量

6.6.6.1 罐体的腐蚀裕量应由用户提供或设计确定。

6.6.6.2 有均匀腐蚀或磨损的罐体元件，应按预期的罐体设计使用年限和介质对材料的腐蚀速率(及磨损速率)确定腐蚀裕量。

6.6.6.3 罐体各元件受到的腐蚀程度不同时，可采用不同的腐蚀裕量。

6.6.6.4 碳素钢或低合金钢制罐体，其腐蚀裕量一般不小于1 mm。

6.6.7 最大允许充装量

6.6.7.1 充装低压液化气体介质的罐车最大允许充装量应符合下列规定，且还应满足罐车满载总重不超过转向架(轴载荷)允许的承载能力。

a) 最大允许充装量按式(1)计算：

$$W = \Phi_m \times V \quad \cdots\cdots(1)$$

式中：

W ——罐车最大允许充装量，单位为吨(t)；

V ——罐体设计总容积，单位为立方米(m^3)；

Φ_m——单位容积充装量，单位为吨每立方米(t/m^3)。

b) 充装低压液化气体介质罐体的单位容积充装量，除按介质在 50 ℃时罐体内至少留有 5%气相空间及该温度下的介质密度、罐车允许承载能力进行确定外，还应保证罐体在 60 ℃时不应充满液体。

6.6.7.2 充装液态高压液化气体介质的罐车最大允许充装量应符合下列规定，且还应满足允许的承载能力。

a) 充装非易燃易爆介质，当介质温度升至其蒸气压达到安全阀的整定压力的温度时，在此温度下液体体积应不大于罐体几何容积的 98%；

b) 充装易燃易爆介质，当介质温度升至其蒸气压达到安全阀的整定压力的温度时，在此温度下液体体积应不大于罐体几何容积的 95%。

6.6.8 焊接接头系数

罐体焊接接头系数取 1.0。

6.6.9 罐体的主要设计参数

6.6.9.1 常见无绝热结构充装液化气体介质罐体的主要设计参数见表 4。

表 4 常见无绝热结构充装液化气体介质的罐体主要设计参数

GB 12268 编号	名 称		类别和项别/次要危险性	设计压力[a] MPa	腐蚀裕量 mm	单位容积充装量 t/m^3
1005	无水氨		2.3/8	≥1.91	≥2	≤0.53
1017	氯		2.3/8	≥1.34	≥4	≤1.25
1079	二氧化硫		2.3/8	≥0.73	≥4	≤1.23
1077	丙烯		2.1	≥1.95	≥1	≤0.43
1978	丙烷		2.1	≥1.61	≥1	≤0.42
1075	混合液化石油气	P_b[b]>1.6 MPa	2.1	≥1.95	≥1	≤0.43
		0.58 MPa<P_b≤1.6 MPa	2.1	≥1.61	≥1	≤0.42
		P_b≤0.58 MPa	2.1	≥0.70	≥1	≤0.49
1011	丁烷		2.1	≥0.70	≥1	≤0.51
1069	异丁烷		2.1	≥0.70	≥1	≤0.49
1055	异丁烯		2.1	≥0.70	≥1	≤0.52
1012	丁烯		2.1	≥0.70	≥1	≤0.53
1010	丁二烯，稳定的		2.1	≥0.70	≥1	≤0.55

[a] 设计压力的数值是按介质 50 ℃时的饱和蒸气压的 1.00 倍确定的。

[b] P_b 为混合液化石油气 50 ℃时的饱和蒸气压。

6.6.9.2 当充装介质超出表4时,其罐体主要设计参数应按 TSG R0005 的有关规定进行技术评审。

6.6.10 最小成形厚度

受压元件成形后保证设计要求的最小厚度。

6.6.11 绝热层

罐体当有绝热层时,应满足下列要求:

a) 绝热层应由保护完好、有足够厚度的绝热材料组成,并将罐体完全覆盖,绝热层应设置防潮层和防护层以防止在正常运输条件下进入水分或遭受损害,且保证导热率不大于 0.67 W/(m·K);

b) 当绝热层外壳密闭且不透气时应有保护装置,以防止因罐体或其各个装置的气密性不够,在绝热层内产生任何危险压力;

c) 绝热层应不妨碍罐体的附件和装卸装置的操作。

6.7 结构

6.7.1 罐体

6.7.1.1 罐体应采用钢制直圆筒或带斜锥圆筒的焊接结构。

6.7.1.2 封头应符合 GB/T 25198 规定。

6.7.1.3 罐体一般不设防波板。

6.7.1.4 罐体顶部应至少设置一个公称直径不小于 450 mm 的人孔。

6.7.1.5 补强圈和周边连续焊的起加强作用的垫板上应至少设置一个泄漏信号指示孔。

6.7.1.6 罐体焊接接头应符合下列规定:

a) 对接焊接接头应采用全截面焊透的形式;

b) 接管、凸缘等与罐体之间的接头应采用全焊透结构。

6.7.1.7 罐体用管法兰应满足下列要求:

a) 罐体用管法兰、垫片、紧固件的设计应符合相应标准的规定;

b) 充装液化石油气、毒性程度为极度和高度危害介质以及强渗透性中度危害介质的罐体,其管法兰和垫片应符合 HG/T 20592、HG/T 20610、HG/T 20614、HG/T 20615、HG/T 20631、HG/T 20635的规定,法兰应采用高颈对焊法兰,密封结构应采用带加强环的金属缠绕垫片和专用级高强度螺栓组合;无法采用以上管法兰密封组合的,应由设计人员根据介质、压力与温度特性确定法兰连接结构,且应考虑火灾情况下保证该结构不产生失效。

6.7.1.8 罐体液面以下不应开孔。

6.7.1.9 罐体外设有夹套装置时,夹套装置应满足下列要求:

a) 夹套装置的结构可为整体夹套、半管夹套等,夹套与罐体的连接应采用焊接结构;

b) 夹套腔的引出管路不应妨碍罐车制动装置的正常操作,引出管路应设置必要的支撑和紧固装置,引出管路与罐车制动装置可动部分之间的间隙不应小于 25 mm;

c) 充装易燃、易爆类介质的罐车不应设置夹套装置。

6.7.2 装卸装置

6.7.2.1 罐车应采用上装上卸的装卸方式,装卸阀件及仪表等宜集中设置,并设置保护罩。

6.7.2.2 罐体的装卸口(气相口、液相口)应由三道相互独立并且串联在一起的装置组成,第一道是紧急切断装置，第二道是装卸阀门，第三道是在装卸口处设置的盲法兰或等效的装置，且应有能防止意外打开的功能。

6.7.2.3 紧急切断阀应设置在罐体(或人孔盖板)根部，阀体应有妥善防护或在根部设置有局部强度削弱的剪切结构，其结构应能保证在受冲击时阀体不损坏或外部损坏而密封完好，罐体内介质不泄漏。

6.7.2.4 罐车上不应设置卸液泵。

6.7.3 底架

罐车底架可采用有中梁或无中梁的结构形式。

6.7.4 转向架、制动装置、车钩缓冲装置

转向架、制动装置、车钩缓冲装置应与罐车的结构及参数相匹配，应采用铁路行业的定型产品。

6.7.5 罐体与底架的连接

罐体与底架的连接应牢固、安全、可靠。

6.7.6 押运间

设有押运间的罐车，其押运间内的设施应满足押运人员工作、休息的需要，且满足以下要求：

a) 应具有安全、防火、防盗、保温和通风等基本功能；
b) 押运间与底架的连接应采用螺栓等可靠连接方式；
c) 押运间应具有牢固的钢结构；
d) 押运间内饰层和保温层应采用阻燃材料制成；
e) 押运间内应配备必要的灭火器具；
f) 押运间的顶部应设有与大气相通的通气孔；
g) 押运间应设置必要的吊装结构。

6.7.7 罐车附属设施

6.7.7.1 罐车应设有外扶梯，车顶操作平台及安全护栏，操作平台应有足够的操作空间。罐体内应设有方便检修操作人员进入的内梯。

6.7.7.2 罐车上可拆卸的阀盖、人孔罩盖等附件应设置防止丢失的安全链和防止意外开启或拆卸的防护装置。

6.7.7.3 罐车上人孔罩盖及需引出或穿过人孔保护罩的管路与人孔保护罩之间应设置橡胶垫。

6.7.8 其他

罐车其他结构要求应符合设计图样的规定。

6.8 特殊耐腐蚀要求

有特殊耐腐蚀要求的罐体或受压元件，如存在晶间腐蚀、应力腐蚀、点腐蚀、缝隙腐蚀等腐蚀介质环境时，应在设计图样上提出相应的耐腐蚀试验方法以及必要时的热处理等技术要求。

6.9 耐压试验

6.9.1 罐体制成后应进行液压试验。由于结构或支承原因，不能充满液体的，以及运行条件不允许残留试验液体的罐体，可按设计图样规定采用气压试验。

6.9.2 罐体耐压试验压力按式(2)或式(3)确定：

a) 液压试验：

$$P_T = 1.3P\frac{[\sigma]}{[\sigma]^t} \qquad \cdots\cdots(2)$$

b) 气压试验：

$$P_T = 1.15P\frac{[\sigma]}{[\sigma]^t} \qquad \cdots\cdots(3)$$

式中：

P ——设计压力，单位为兆帕(MPa)；

P_T ——试验压力最低值，单位为兆帕(MPa)；

$[\sigma]$ ——罐体元件材料在耐压试验温度下的许用应力(或设计应力强度)，单位为兆帕(MPa)；

$[\sigma]^t$——罐体元件材料在设计温度下材料的许用应力(或设计应力强度)，单位为兆帕(MPa)。

c) 罐体各主要受压元件所用材料不同时，应取各元件材料的$[\sigma]$/$[\sigma]^t$比值中的最小值。

d) $[\sigma]^t$应不低于材料受抗拉强度和屈服强度控制的许用应力(或设计应力强度)最小值。

6.9.3 当采用大于6.9.2规定的耐压试验压力时，应在耐压试验前校核各受压元件在试验条件下的应力水平，罐体元件应按式(4)校核最大总体薄膜应力σ_T：

$$\sigma_T = \frac{P_T(D_i+\delta_e)}{2\delta_e} \qquad \cdots\cdots(4)$$

式中：

σ_T ——试验压力下圆筒的周向薄膜应力，单位为兆帕(MPa)；

P_T——试验压力，单位为兆帕(MPa)；

D_i ——圆筒的内直径，单位为毫米(mm)；

δ_e ——圆筒的有效厚度，单位为毫米(mm)。

6.9.4 罐体元件最大总体薄膜应力σ_T应满足下列条件：

a) 液压试验按式(5)：

$$\sigma_T \leqslant 0.9\,R_{eL}(R_{p0.2}) \qquad \cdots\cdots(5)$$

b) 气压试验按式(6)：

$$\sigma_T \leqslant 0.8\,R_{eL}(R_{p0.2}) \qquad \cdots\cdots(6)$$

式中：

$R_{eL}(R_{p0.2})$——罐体材料在试验温度下的屈服强度(或0.2%规定塑性延伸强度)，单位为兆帕(MPa)。

6.10 泄漏试验

6.10.1 每辆罐车应进行泄漏试验，其试验方法包括气密性试验、氨检漏试验、卤素检漏试验及氦检漏试验等。

6.10.2 当采用气密性试验时，气密性试验压力为罐体设计压力，其试验压力和试验介质等试验相关要求应在设计文件中注明。

6.10.3 当采用氨检漏试验时，可采用氨-空气法、氨-氮气法或100%氨气法等氨检漏方法，其氨检漏方法、氨的浓度和试验压力等试验相关要求应在设计文件中注明。

6.10.4 当采用卤素检漏试验时，其真空度、卤素气体种类和试验压力等试验相关要求等内容应在设计文件中注明。

6.10.5　当采用氦检漏试验时,其漏气速率指标等试验相关要求应在设计文件中注明。

7　安全附件、仪表及装卸阀门

7.1　一般要求

7.1.1　罐体的安全附件、装卸附件及仪表,其配置要求除符合本标准规定外,还需满足设计文件的要求。

7.1.2　安全附件包括安全泄放装置、紧急切断装置等。

7.1.3　仪表包括压力表、液位计和温度计等。

7.1.4　装卸附件为装卸阀门。

7.1.5　选用的相关附件应与充装介质相适应。

7.1.6　安全附件、仪表及装卸阀门应随产品提供质量证明文件,且在产品的明显部位有永久性标识或装设金属铭牌。

7.1.7　安全阀、压力表与罐体组装前应进行调试和校验,合格后应重新铅封。

7.1.8　安全阀、紧急切断阀应分别按 GB/T 21563 和 GB/T 22653 进行耐振动试验,试验后其密封性能和动作性能应满足设计要求。

7.1.9　罐体在耐压试验合格后方可进行安全附件、仪表及装卸附件的安装,安全附件、装卸阀门与罐体不应采用螺纹连接形式,其他附件与罐体或管路的连接方式可采用法兰、螺纹或焊接结构。

7.1.10　紧急切断装置的操纵装置、压力表、温度计和装卸阀门等附件应集中布置,应设有防护装置,该装置具有防止相关附件被意外开启的功能。

7.1.11　当附件之间存在有相对运动,应设置必要的支撑或采取紧固措施。

7.2　安全泄放装置

7.2.1　罐车应设置一个或多个安全泄放装置,不应单独设置不可复位类安全泄放装置,或不可复位类安全泄放装置与安全阀的并联。

7.2.2　安全泄放装置中应选用全启式弹簧安全阀或全启式弹簧安全阀与爆破片的组合装置。

7.2.3　安全泄放装置在设计上应能防止任何异物的进入和防止液体的渗出,且能承受罐体内的压力、可能出现的危险超压及包括液体流动力在内的动态载荷。

7.2.4　安全阀应符合 GB/T 12241 和 GB/T 12243 的规定,爆破片装置应符合 GB/T 567.1、GB/T 567.2和 GB/T 567.3 的规定。

7.2.5　安全阀与罐体之间不应设置过渡连接阀门。当充装毒性程度为极度、高度危害类介质的罐体,为便于安全阀的清洗与更换,经使用单位主管压力容器安全技术负责人批准,且正常使用期间采取保证全开(加铅封或锁定)的可靠防范措施的,方可在安全泄放装置与罐体之间装设过渡连接阀门,过渡连接阀门的结构和通径不应妨碍安全阀的安全泄放。

7.2.6　充装腐蚀性介质或有硫化氢应力腐蚀倾向介质的罐体,选用的安全阀的弹性元件应与罐体内介质隔离。

7.2.7　充装下列介质的罐车应设置安全阀与爆破片串联组合安全泄放装置:

a)　毒性程度为极度或高度危害的;

b)　强腐蚀性的。

7.2.8　安全泄放装置的设置应符合下列规定:

a)　应安装在罐体的顶部,尽量铅直安装;

b)　安全泄放装置的入口应设置在罐体液面以上的气相空间;

c) 气体的排放应畅通无阻,排放口朝向与水平线夹角应大于0°,且不应指向罐体和操作位置。

7.2.9 罐体安全泄放装置单独采用安全阀时,安全阀的整定压力应为罐体设计压力的1.05倍~1.10倍,额定排放压力应不大于罐体设计压力的1.20倍,回座压力应不小于整定压力的0.90倍。

7.2.10 当采用安全阀与爆破片串联组合装置应符合下列要求:

a) 在非泄放状态下与介质接触的是爆破片;
b) 组合装置的排放能力应不小于罐体的安全泄放量;
c) 爆破片的设计爆破压力应高于安全阀的整定压力,且不超过安全阀整定压力的1.10倍;
d) 爆破片最小泄放面积应大于安全阀的流道面积;
e) 爆破片不应使用脆性材料制作,且爆破片在破裂时不应产生碎片、脱落物和火花;
f) 安全阀与爆破片之间的腔体应设置排气阀、压力表或其他合适的报警指示器,用以检查爆破片是否渗漏或破裂,并及时排放腔体内蓄积的压力,避免因背压而影响爆破片的爆破压力;
g) 安全阀的排放能力应按照安全阀单独作用时的排放能力乘以修正系数0.90。

7.2.11 安全泄放装置的排放能力应符合下列规定:

a) 当罐车完全处于火灾环境时或接近不能预料的外来热源而酿成危险时,以及压力出现异常情况时均能迅速排放;
b) 各个安全泄放装置的组合排放能力应能足以将罐体内的压力(包括积累的压力)限制在不超过设计压力的1.2倍;
c) 多个安全泄放装置的排放能力为各安全泄放装置排放能力之和。

7.2.12 安全泄放装置排放能力计算按附录B的规定。

7.2.13 通往安全泄放装置的开口处,不应有任何限制或阻碍气体从罐体内通往安全泄放装置的障碍。

7.2.14 当使用泄放管时,应保证安全泄放装置能在最小阻力的条件下将排出的气体排放到空气中。

7.3 紧急切断装置

7.3.1 紧急切断装置由紧急切断阀、远程控制系统、过流控制阀以及易熔合金塞等装置组成。紧急切断阀应符合GB/T 22653的规定,且应动作灵活、性能可靠、便于检修。紧急切断阀阀体不应采用铸铁或非金属材料制造。

7.3.2 罐体的装卸口处的紧急切断阀在非装卸时紧急切断阀应处于闭合状态,能防止任何因冲击或意外动作所致的打开。紧急切断阀操纵装置的设计应能防止任何由于冲击或其他疏忽而引起的意外开启,在操纵装置一旦损坏的情况下,紧急切断阀应能继续有效,紧急切断阀及其安装基座应得到保护,以防被外力损坏,或设计成可抵抗这些意外情况的结构(如阀体设计成剪式结构)。

7.3.3 紧急切断阀应内置,其安装凸缘应直接与罐体相焊,紧急切断阀不应兼作他用。

7.3.4 远程控制系统的关闭操作装置应装在人员易于到达的位置。

7.4 仪表

7.4.1 一般要求

7.4.1.1 直接与罐内介质连通的仪表不应采用易碎、易损材料制造。

7.4.1.2 仪表应灵敏、可靠,并有足够的精度和牢固的结构。

7.4.1.3 仪表露出罐体外的部分应设置能防止受到意外撞击的保护装置。

7.4.2 压力表

7.4.2.1 罐体应至少装设一只压力表。

7.4.2.2 应选用符合相应国家标准或行业标准要求的抗震压力表。

7.4.2.3 压力表精度不低于1.6级。

7.4.2.4 压力表表盘刻度的极限值应为工作压力的1.5倍～3.0倍,表盘直径应不小于100 mm。

7.4.2.5 压力表的装设位置应便于操作人员观察和清洗,且应避免受到辐射热、冻结或振动等不利因素的影响。

7.4.2.6 压力表和罐体之间应装设切断阀,且切断阀应有开启标记和锁紧装置。

7.4.2.7 充装腐蚀性介质用压力表,应采用隔膜式压力表或在压力表和罐体之间装设能隔离介质的缓冲装置。

7.4.2.8 压力表的校验应符合国家计量部门的有关规定,在刻度盘上划出指示工作压力的红线,注明下次校验日期。压力表校验后应加铅封。

7.4.3 液位计

7.4.3.1 罐车应至少设置一个液位计。

7.4.3.2 液位计应根据充装介质、设计压力和设计温度等设计参数正确选用,可采用磁力浮球式液位计。

7.4.3.3 液位计应灵敏准确、结构牢固、观察使用方便,液位计的精度等级不低于2.5级。

7.4.3.4 当毒性程度为中度危害或中度危害介质以上介质,且设有液位计时,液位计应设置防止泄漏的密封式保护装置。

7.4.3.5 液位计应设置在便于观察和操作的位置,其允许的最高安全液位应有明显的标记。

7.4.3.6 液位计应有液面指示刻度与容积的对应关系,且附有不同温度下,介质密度、压力和体积对照表。

7.4.4 温度计

7.4.4.1 罐体应至少设置一个温度计。

7.4.4.2 温度计的测量范围应与介质的工作温度相适应,并在设计温度处涂以红色警戒标记。

7.4.4.3 温度计测温元件应到达介质液相且与介质不直接接触。

7.5 装卸阀门

7.5.1 装卸阀门的公称压力应不小于罐体的设计压力,其阀体的耐压试验压力为阀体公称压力的1.5倍,阀门的气密性试验压力为阀体公称压力。

7.5.2 装卸阀门应在全开和全闭工作状态下进行气密性试验合格。

7.5.3 阀体不应选用铸铁或非金属材料制造。

7.5.4 手动阀门应在阀门承受气密性试验压力下全开、全闭操作自如,并且不得感到有异常阻力、空转等。

8 制造

8.1 一般要求

8.1.1 罐车应按经规定程序批准的设计图样、技术条件及本标准的要求进行制造与检验。

8.1.2 罐车转向架、车钩、缓冲器、制动装置等零部件的制造单位,应按铁路行业相关规定取得认可后,方能进行制造、检验及验收。

8.1.3 罐车走行装置中的关键部件、安全附件、仪表、装卸附件、罐体受压元件等为外购、外协件时,罐车制造单位应保证外购、外协件的质量满足设计图样及本标准的要求,且经检验合格后方可使用。

8.1.4 罐体施焊人员,应按 TSG Z6002 的规定考核合格,取得相应项目的《特种设备作业人员证》后,方可在有效期间内担任合格项目范围内的焊接工作。

8.1.5 罐体的无损检测应由持有相应项目的《特种设备检验检测人员证(无损检测人员)》,且在有效期内的人员担任。

8.2 罐体

8.2.1 焊接接头分类

8.2.1.1 罐体受压元件之间的焊接接头分为 A、B、C、D 四类(见图 1),且符合下列规定:

a) 圆筒部分(包括接管)和锥壳部分的纵向接头、球形封头与圆筒连接的环向接头、各类凸形封头中所有拼焊接头以及嵌入式接管或凸缘与壳体对接连接的接头,均属 A 类焊接接头;

b) 壳体部分的环向接头、长颈法兰与接管连接的接头,以及接管间的对接环向接头,均属 B 类焊接接头,但已规定为 A 类的焊接接头除外;

c) 法兰与接管非对接连接的接头均属 C 类焊接接头,但已规定为 A、B 类的焊接接头除外;

d) 接管、人孔、凸缘、补强圈等与筒体和封头连接的接头均属于 D 类焊接接头,但已规定为 A、B、C 类的焊接接头除外。

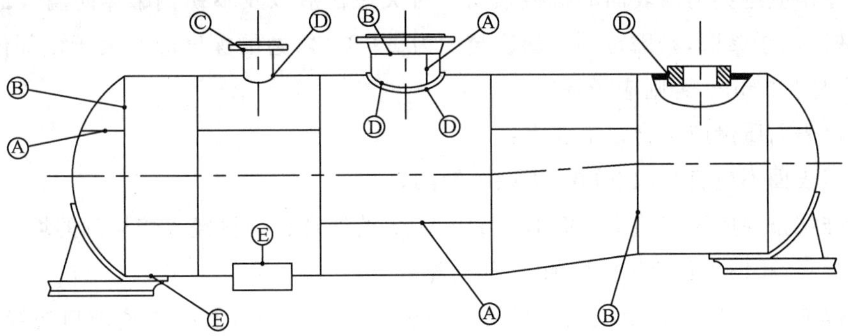

图 1 焊接接头分类

8.2.1.2 非受压元件与受压元件的连接接头为 E 类焊接接头(如图 1 所示)。

8.2.2 材料复验、分割与标志移植

8.2.2.1 符合下列条件之一的材料按炉号复验其化学成分,按批号复验力学性能,且符合相应材料标准或设计文件的要求:

a) 罐体用Ⅳ级锻件;

b) 不能确定质量证明书真实性或对性能和化学成分有怀疑的主要受压元件材料;

c) 主要受压元件用境外牌号材料；

d) 设计文件要求进行复验的材料。

8.2.2.2 主要受压元件用奥氏体型不锈钢开平板复验力学性能时应符合下列规定：

a) 整卷使用的，应在开平操作后，分别在板卷的头部、中部和尾部所对应的开平板上各截取一组复验试样；

b) 非整卷使用的，应在开平板的端部截取一组复验试样。

8.2.2.3 低温罐体焊条应按批进行药皮含水量或熔敷金属扩散氢含量的复验，其检验方法按相应的焊条标准或设计文件。

8.2.2.4 材料分割可采用冷切割或热切割方法。当采用热切割方法分割材料时，应清除表面熔渣和影响制造质量的表面层。

8.2.2.5 凡制造受压元件的材料应有可追溯的标记。在制造过程中，如原有的确认标记被裁掉或材料分割，应于材料切割前完成标记的移植。

8.2.2.6 符合下列条件的，不应采用硬印进行材料标记的移植：

a) 有耐腐蚀要求的不锈钢钢板的耐腐蚀面；

b) 低温罐体受压元件。

8.2.3 冷热加工成形

8.2.3.1 制造单位应根据制造工艺确定加工余量，受压元件成形后的厚度不小于设计图样标注的最小成形厚度。

8.2.3.2 采用经正火、正火加回火或调质处理的钢材制造的受压元件，宜采用冷成形或温成形。当采用温成形时，应避开钢材的回火脆性温度区。

8.2.3.3 制造中应避免钢板表面的机械损伤。对尖锐伤痕以及不锈钢罐体防腐表面的局部伤痕、刻槽等缺陷应予修磨，修磨范围的斜度至少为1∶3。修磨的深度应不大于该部位钢材厚度的5%，且不大于2 mm，否则应予焊补。

8.2.3.4 坡口表面质量应符合以下要求：

a) 坡口表面不应有裂纹、分层、夹杂等缺陷；

b) 标准抗拉强度下限值 R_m 不小于540 MPa的低合金钢材经火焰切割的坡口表面，应按NB/T 47013.4进行磁粉检测，Ⅰ级合格；

c) 施焊前，应清除坡口及其两侧母材表面至少20 mm范围内(以离坡口边缘的距离计)的氧化物、油污、熔渣及其他有害杂质。

8.2.3.5 封头应符合GB/T 25198和设计图样的规定。

8.2.3.6 封头应整体成形。先拼板后成形的封头应符合下列规定：

a) 拼接焊缝一般不应超过2条，拼接焊缝的内表面以及影响封头成形质量的拼接焊缝外表面，在成形前应打磨至与母材齐平；

b) 封头拼接焊缝应按图2布置，其焊缝距封头中心线应小于封头内径 D_i 的1/4，中间板的宽度应不小于300 mm，拼板的总块数应不多于3块。

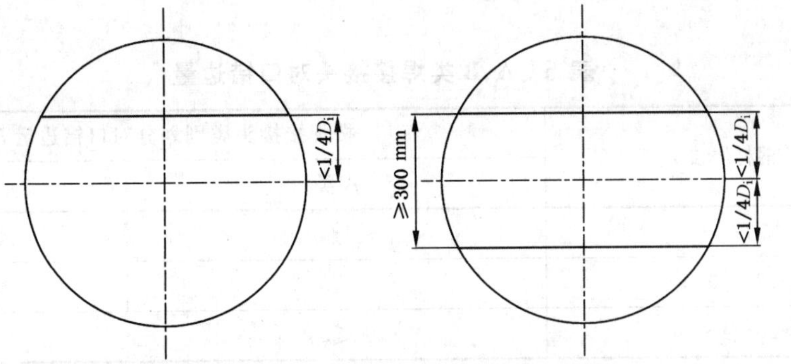

图 2 封头拼接焊缝布置图

8.2.3.7 用带间隙的全尺寸的内样板检查椭圆形、碟形、球形封头内表面的形状偏差(见图 3),缩进尺寸为 $3\%D_i$～$5\%D_i$,其最大形状偏差外凸不得大于 $1.25\%D_i$,内凹不得大于 $0.625\%D_i$。检查时应使样板垂直于待测表面。对图 2 所示的先成形后拼接制成的封头,允许样板避开焊缝进行测量。

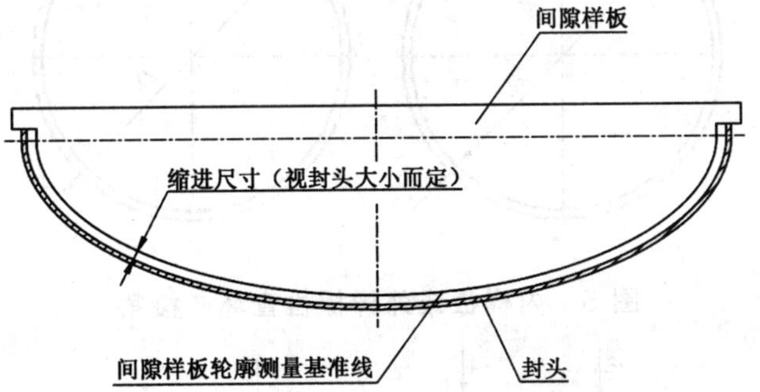

图 3 凸形封头的形状偏差检查

8.2.3.8 碟形及折边锥形封头,其过渡区转角半径不应小于图样的规定值。

8.2.3.9 封头直边部分不应存在纵向皱折。

8.2.4 圆筒与罐体

8.2.4.1 A、B 类焊接接头对口错边量 b(见图 4)应符合表 5 的规定。

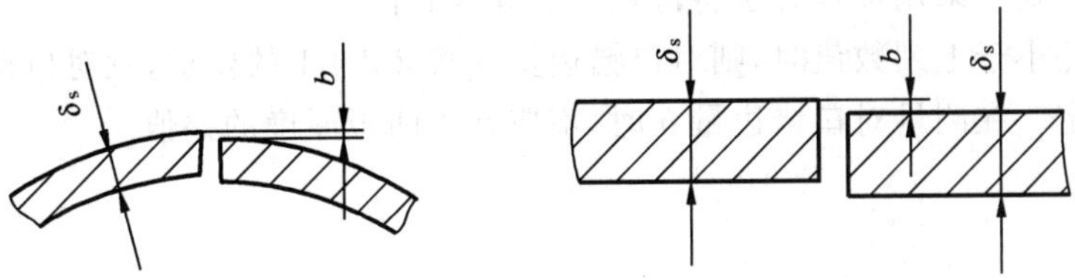

图 4 **A、B** 类焊接接头对口错边量 b

表 5　A、B 类焊接接头对口错边量　　单位为毫米

对口处钢材厚度 δ_s	按焊接接头类别划分对口错边量 b	
	A 类	B 类
≤12	≤$1/4\delta_s$	≤$1/4\delta_s$
>12～20	≤3	≤$1/4\delta_s$
>20～40	≤3	≤5

8.2.4.2　在焊接接头环向形成的棱角 E，用弦长等于 1/6 内径 D_i，且不小于 300 mm 的内样板（或外样板）检查（见图 5），轴向形成的棱角 E 用直尺检查（见图 6），其 E 值不应大于（$\delta_s/10+2$）mm，且不大于 5.0 mm。

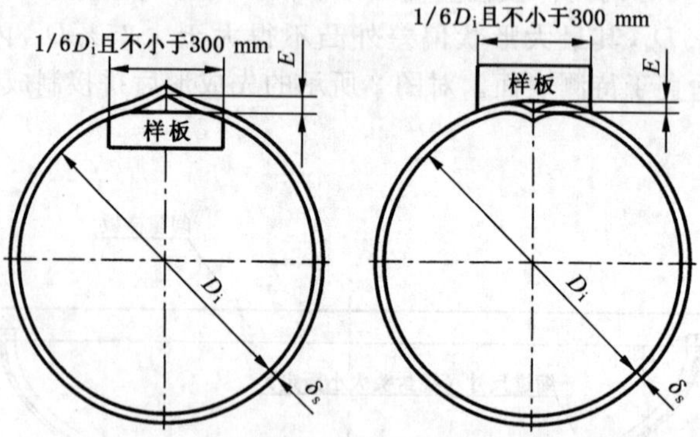

图 5　内样板或外样板检查环向棱角

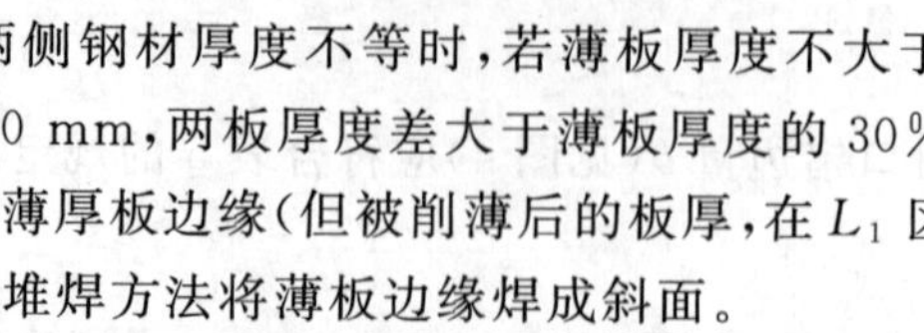

图 6　直尺检查轴向棱角

8.2.4.3　B 类焊接接头，当两侧钢材厚度不等时，若薄板厚度不大于 10 mm，两板厚度差超过 3.0 mm；若薄板厚度大于 10 mm，两板厚度差大于薄板厚度的 30%，或超过 5.0 mm 时，均应按图 7 的要求单面或双面削薄厚板边缘（但被削薄后的板厚，在 L_1 区域内任意处都不应小于设计厚度），或按同样要求采用堆焊方法将薄板边缘焊成斜面。

当两板厚度差小于上列数值时，则对口错边量 b 按 8.2.4.1 的要求，且对口错边量 b 以较薄板厚度为基准确定。在测量对口错边量 b 时，不应计入两板厚度的差值。

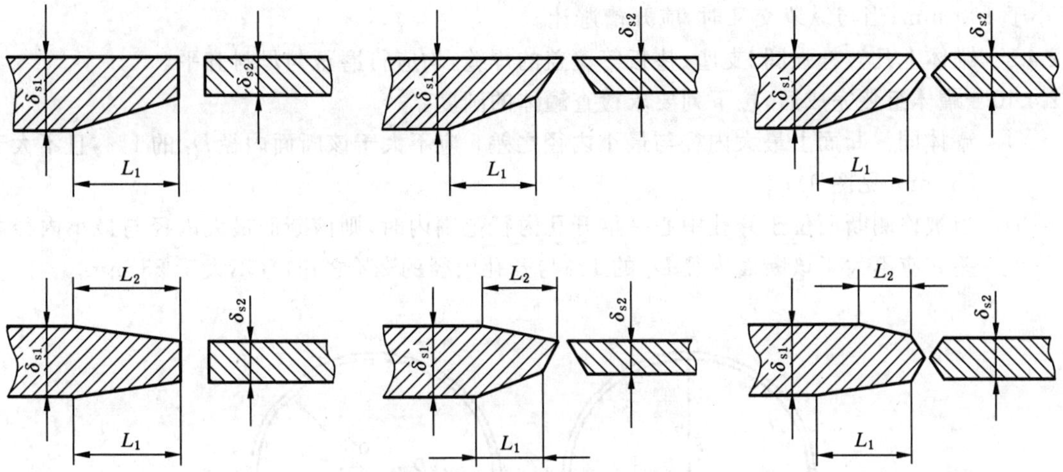

$$L_1, L_2 \geqslant 3(\delta_{s1} - \delta_{s2})$$

图 7　单面或双面削薄厚板边缘

8.2.4.4　除设计图样另有规定外，罐体直线度公差应为罐体长度的1‰。

注：罐体直线度检查是通过中心线的水平和垂直面，即沿圆周0°、90°、180°、270°四个部位拉ϕ0.5 mm的细钢丝测量。测量位置离A类接头焊缝中心线的距离不小于100 mm。当罐体厚度不同时，计算直线度时应减去厚度差。

8.2.4.5　任何单个筒节的长度应不小于300 mm。环向拼板长度应不小于500 mm。组装时不应采用十字焊缝，相邻筒节A类接头焊缝中心线间外圆弧长以及封头A类接头焊缝中心线、封头上嵌入式接管(或凸缘)焊缝中心线与相邻筒节A类接头焊缝中心线间外圆弧长应大于钢材厚度δ_s的3倍，且不小于200 mm。

8.2.4.6　法兰面应垂直于接管或罐体的主轴中心线。接管法兰应保证法兰面的水平或垂直(有特殊要求的应按设计图样规定)，其偏差均不应超过法兰外径的1%(法兰外径小于100 mm时，按100 mm计算)，且不大于3.0 mm。

法兰、凸缘的螺孔应与壳体主轴线或铅垂线跨中布置(见图8)。有特殊要求时，应在设计图样上注明。

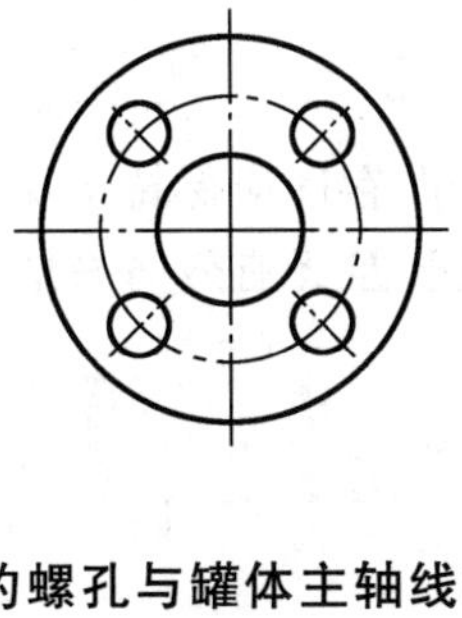

图 8　法兰、凸缘的螺孔与罐体主轴线或铅垂线跨中布置

8.2.4.7　筒体纵焊缝不应布置在筒体横截面中心与最低点连接半径的左右两侧各40°范围内。

8.2.4.8　罐体内件和罐体间的焊接应尽量避开罐体上的A、B类焊接接头，且距离环焊缝边缘不小于 100 mm;当与纵缝交叉时,应开槽避让。

8.2.4.9 罐体上凡被补强圈、支座、垫板等覆盖的焊缝,均应打磨至与母材齐平。

8.2.4.10 罐体组装完成后,按下列要求检查罐体的圆度:

a) 罐体同一断面上最大内径与最小内径之差 e 应不大于该断面内径 D_i 的 1%,且不大于 25 mm(见图 9);

b) 当被检测断面位于开孔中心一倍开孔内径范围内时,则该断面最大内径与最小内径之差 e 应不大于该断面内径 D_i 的 1%与开孔内径的 2%之和,且不大于 25 mm。

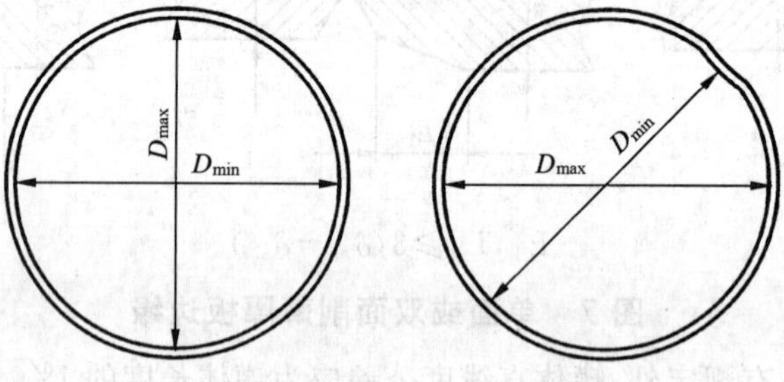

图 9 罐体同一断面最大内径与最小内径之差 e

8.2.4.11 法兰、平盖与凸缘按相应标准或设计图样要求进行制造、检验及验收,并应满足下列要求:

a) 螺柱孔或通孔的中心圆直径以及相邻两孔弦长极限偏差为±0.6 mm,任意两孔弦长极限偏差为±1.0 mm;

b) 螺孔中心线与端面的垂直度公差应为螺孔直径的 0.25%;

c) 螺纹基本尺寸与公差分别按 GB/T 196、GB/T 197 的规定;

d) 螺孔的螺纹精度按相应国家标准选取,一般为中等精度。

8.2.4.12 机械加工表面和非机械加工表面的未注线性尺寸的极限偏差,分别按 GB/T 1804—2000 中的 m 级和 c 级的规定。

8.2.4.13 紧固件应满足相应国家标准或行业标准的规定,承受拉伸或剪切力载荷的螺栓,其性能等级不得低于 8.8 级。

8.2.5 焊接

8.2.5.1 焊条、焊剂及其他焊接材料的贮存库应保持干燥,相对湿度应不大于 60%。

8.2.5.2 当施焊环境出现以下任一情况,且无有效防护措施时,禁止施焊:

a) 焊条电弧焊时风速大于 10 m/s;

b) 气体保护焊时风速大于 2 m/s;

c) 相对湿度大于 90%;

d) 雨、雪环境;

e) 焊件温度低于−20 ℃。

8.2.5.3 当焊件温度低于 0 ℃但不低于−20 ℃时,应在施焊处 100 mm 范围内预热到 15 ℃以上。

8.2.5.4 罐体施焊前,受压元件焊缝、与受压元件相焊的焊缝、熔入永久焊缝内的定位焊缝、受压元件母材表面堆焊与补焊,以及上述焊缝的返修焊缝都应按 NB/T 47014 进行焊接工艺评定或具有经过评定合格的焊接工艺规程支持。

8.2.5.5 当焊接结构受压元件用境外材料(含填充材料)时,制造单位在首次使用前应按 NB/T 47014 进行焊接工艺评定。

8.2.5.6 低温罐体的焊接工艺评定,包括焊缝和热影响区的低温夏比冲击吸收能量试验。冲击吸收能量试验的取样方法,按 NB/T 47014 要求确定。冲击吸收能量试验温度应不高于图样要求的试验温度。当焊缝两侧母材具有不同冲击试验要求时,低温冲击吸收能量按两侧母材抗拉强度的较低值符合GB/T 150.2或图样的要求。接头的拉伸和弯曲性能按两侧母材中的较低要求。

8.2.5.7 焊接工艺评定报告和预焊接工艺规程应经制造单位焊接责任人审核,技术总负责人批准,经监督检验人员签字确认后存入技术档案。焊接工艺评定技术档案应保存至该工艺评定失效为止,焊接工艺评定试样至少保存 5 年。

8.2.5.8 低温罐体的焊接应严格控制线能量。在焊接工艺评定所确认的范围内,选用较小的焊接线能量,以多道施焊为宜。

8.2.5.9 应在受压元件焊接接头附近的指定部位打上焊工代号钢印,或在含焊缝布置图的焊接记录中记录焊工代号,对低温罐体和不锈钢罐体的耐腐蚀表面应不采用硬印标记。

8.2.5.10 A、B 类焊接接头的焊缝余高 e_1、e_2 按表 6 和图 10 的规定。

表 6 A、B 类接头焊缝余高

单位为毫米

标准抗拉强度下限值 $R_m \geqslant 540$ MPa 的钢材				其他钢材			
单面坡口		双面坡口		单面坡口		双面坡口	
e_1	e_2	e_1	e_2	e_1	e_2	e_1	e_2
0%~10%δ_s 且≤3	0~1.5	0%~10%δ_1 且≤3	0%~10%δ_2 且≤3	0%~15%δ_s 且≤4	0~1.5	0%~15%δ_1 且≤4	0%~15%δ_2 且≤4
表中百分数计算值小于 1.5 时按 1.5 计。							

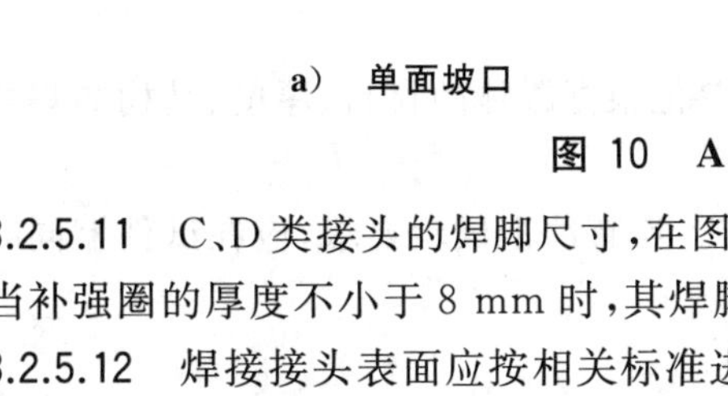

a) 单面坡口

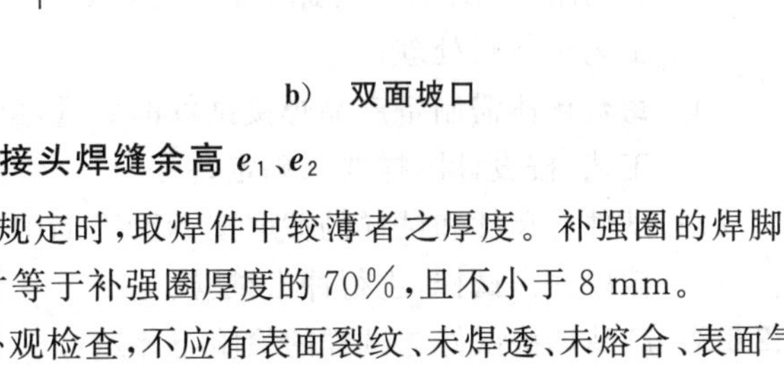

b) 双面坡口

图 10 A、B 类接头焊缝余高 e_1、e_2

8.2.5.11 C、D 类接头的焊脚尺寸,在图样无规定时,取焊件中较薄者之厚度。补强圈的焊脚,当补强圈的厚度不小于 8 mm 时,其焊脚尺寸等于补强圈厚度的 70%,且不小于 8 mm。

8.2.5.12 焊接接头表面应按相关标准进行外观检查,不应有表面裂纹、未焊透、未熔合、表面气孔、弧坑、未填满、夹渣和飞溅物。焊缝与母材应圆滑过渡,角焊缝的外观凹形圆滑过渡。

8.2.5.13　在罐体上焊接的临时吊耳和拉筋的垫板等，应采用力学性能和焊接性能与罐体相近的材料，并用相适应的焊材及焊接工艺进行焊接。临时吊耳和拉筋的垫板割除后，留下的焊疤应打磨光滑，并应按图样或技术条件规定进行渗透检测或磁粉检测，确保表面无裂纹等缺陷。打磨后的厚度应不小于该部位的设计厚度。

8.2.5.14　罐体不应强力组装。

8.2.5.15　罐体不应采用十字焊缝。

8.2.5.16　罐体上开孔位置宜避开焊接接头。

8.2.5.17　当焊缝需返修时，其焊接返修工艺符合 8.2.5.4～8.2.5.9 的规定。

8.2.5.18　焊缝同一部位的返修次数不宜超过 2 次。如超过 2 次，返修前均应经制造单位技术负责人批准，返修次数、部位和返修情况应记入产品质量证明书。

8.2.5.19　当下列罐体在焊后热处理后进行任何焊接返修的，应对返修部位重新进行热处理：

a）充装毒性程度为极度、高度危害介质的罐体；

b）低温罐体；

c）设计图样注明有应力腐蚀的罐体。

8.2.5.20　除 8.2.5.19 外要求焊后热处理的罐体，如在热处理后进行返修，当返修深度小于钢材厚度 δ_s 的 1/3，且不大于 13 mm 时，可不再进行焊后热处理。返修焊接时，应先预热并控制每一焊层厚度不得大于 3 mm，且应采用回火焊道。在同一截面两面返修时，返修深度为两面返修的深度之和。

8.2.5.21　特殊耐蚀要求的罐体或受压元件，返修部位仍需保证不低于原有耐腐蚀性能。

8.2.6　产品试件和试样

8.2.6.1　需制备产品焊接试件的条件：

a）碳钢、低合金钢制低温罐体；

b）材料标准抗拉强度下限值不小于 540 MPa 的低合金钢制罐体；

c）需要经过热处理改善或恢复材料力学性能的钢制罐体；

d）设计图样注明充装毒性程度为极度、高度危害介质的罐体；

e）设计图样要求制备产品焊接试件的罐体。

8.2.6.2　制备产品焊接试件与试样的要求应符合下列规定：

a）产品焊接试件应在罐体筒节 A 类纵向焊接接头的延长部位与筒节同时施焊；

b）试件应取合格的原材料，且与罐体用材具有相同标准、相同牌号、相同厚度和相同热处理状态；

c）试件由施焊罐体的焊工，且采用与施焊罐体相同的条件与焊接工艺施焊，有热处理要求的罐体，试件一般随罐体一起热处理，否则需采取措施保证试件按照与罐体相同的工艺进行热处理；

d）每台罐体需制备产品焊接试件的数量，由制造单位根据罐体的材料、厚度、结构与焊接工艺，按设计图样要求确定；

e）试件的尺寸和试样的截取按 NB/T 47016 规定。当有冲击试验要求，应在试件上同时截取冲击试样，进行冲击试验。

8.2.6.3　产品焊接试件与试样的检验与评定：

a）试样的检验与评定按 NB/T 47016 和设计文件要求进行；

b) 当需要进行耐腐蚀性能检验时,应按照相关标准和设计文件规定制备试样进行试验,并满足要求;

c) 低温罐体,除另有规定外,冲击试验应包括焊缝金属和热影响区,并按 NB/T 47016 和设计文件规定的试验温度和合格指标进行检验和评定;

d) 当试样评定结果不满足要求时,允许按 NB/T 47016 的要求取样进行复验。如复验结果仍达不到要求时,则该试件所代表的产品应判为不合格。

8.2.6.4 符合下列条件之一者,应制备母材热处理试件:

a) 当要求材料的使用热处理状态与供货热处理状态一致,在制造中若发生改变供货的热处理状态,需重新进行热处理的;

b) 制造中须采用热处理改善材料力学性能的;

c) 冷成形或温成形的受压元件,成形后需热处理恢复材料性能的。

8.2.6.5 制备母材热处理试件与试样的要求应符合下列规定:

a) 母材热处理试件应与母材同炉热处理。当无法同炉时应模拟与母材相同的热处理状态;

b) 母材热处理试件的尺寸参照 NB/T 47016 规定,其试件应切取拉伸试样 1 件,冷弯试样 1 件,冲击试样 3 个。

8.2.6.6 母材热处理试样的检验与评定应符合 GB/T 150.4—2011 的规定。

8.2.6.7 要求做耐腐蚀性能检验的罐体或受压元件,应按设计文件的要求制备耐腐蚀性能检验试件,且进行试验与评定。

8.2.7 无损检测

8.2.7.1 无损检测方法

8.2.7.1.1 罐体的无损检测方法包括射线检测、超声检测、磁粉检测、渗透检测等。

8.2.7.1.2 制造单位或无损检测机构应按设计图样要求和 NB/T 47013.1 的规定制定罐体的无损检测工艺。

8.2.7.2 无损检测方法的选择

8.2.7.2.1 罐体对接接头应采用射线检测或超声检测,超声检测包括衍射时差法超声检测(TOFD)、可记录的脉冲反射法超声检测和不可记录的脉冲反射法超声检测。当采用不可记录的脉冲反射法超声检测时,应采用射线检测或衍射时差法超声检测作为附加局部检测。

8.2.7.2.2 罐体焊接接头的表面无损检测应采用磁粉检测或渗透检测。

8.2.7.2.3 铁磁性材料制罐体焊接接头的表面无损检测应优先采用磁粉检测。

8.2.7.3 无损检测比例

8.2.7.3.1 罐体对接接头的无损检测比例为 100%。

8.2.7.3.2 符合下列情况之一的罐体对接接头,按 8.2.7.2.1 的规定的方法进行全部射线检测或超声检测:

a) 罐体的 A、B 类对接接头;

b) 与罐体连接的承压管路的对接接头;

c) 材料标准抗拉强度下限值不小于 540 MPa 的罐体,当厚度大于 20 mm 时,其对接接头还应采用 8.2.7.2.1 的规定的与原无损检测方法不同的检测方法进行局部检测(不少于 20%),该局部检测应当包括所有的焊缝交叉部位。

8.2.7.3.3 符合下列条件之一的罐体焊接接头,应对其表面进行磁粉或渗透检测。

a) 罐体的 C、D、E 类焊接接头;

b) 充装毒性程度为极度、高度危害介质的罐体;

c) 设计温度低于 −40 ℃低合金钢制罐体;

d) 先拼板后成形的凸形封头上所有拼接接头;

e) 标准抗拉强度下限值大于 540 MPa 的低合金钢制罐体的 A、B 类焊接接头;

f) 异种钢焊接接头、具有再热裂纹倾向或延迟裂纹倾向的焊接接头;

g) 罐体垫板与支座或鞍座的焊接接头;

h) 设计文件要求时。

8.2.7.4 无损检测的实施时机

8.2.7.4.1 罐体的焊接接头应经形状、尺寸及外观检查,合格后再进行无损检测。

8.2.7.4.2 拼接封头应在成形后进行无损检测,当成形前已无损检测的,则成形后还应对圆弧过渡区到直边段再进行无损检测。

8.2.7.4.3 标准抗拉强度下限值不小于 540 MPa 的低合金钢制罐体,在耐压试验后,还应对焊接接头进行表面无损检测。

8.2.7.5 无损检测技术要求

8.2.7.5.1 射线检测应按 NB/T 47013.2 或 NB/T 47013.11、NB/T 47013.14 的规定执行,检测技术等级不低于 AB 级,合格级别不低于Ⅱ级。

8.2.7.5.2 超声检测应按 NB/T 47013.3 或 NB/T 47013.10 的规定执行,检测技术等级和合格级别如下:

a) 脉冲反射法超声检测技术等级不低于 B 级,合格级别为Ⅰ级;

b) 采用衍射时差法超声检测的焊接接头,合格级别不低于Ⅱ级。

8.2.7.5.3 罐体所有焊接接头的表面无损检测均应按 NB/T 47013.4 或 NB/T 47013.5 的规定执行,磁粉或渗透检测合格级别均为Ⅰ级。

8.2.7.6 组合检测技术要求

当组合采用射线检测和超声检测时,检测技术等级和合格级别按照各自执行的标准确定,且均应为合格。

8.2.7.7 无损检测记录、资料和报告

制造单位应如实填写无损检测记录,正确签发无损检测报告,妥善保管射线底片和超声检测数据等检测资料(含缺陷返修前记录),建立无损检测档案,其保存期限不少于罐车的设计年限。

8.2.8 热处理

8.2.8.1 成形受压元件的恢复性能热处理

8.2.8.1.1 钢板冷成形受压元件,当符合下列任意条件之一,且变形率超过表 7 的范围,应成形后进行相应热处理恢复材料的性能:

a) 充装毒性程度为极度或高度危害介质的罐体;

b) 图样注明有应力腐蚀的罐体；

c) 碳钢、低合金钢，成形前厚度大于 16 mm 的；

d) 碳钢、低合金钢，成形后减薄量大于 10%的。

表 7 冷成形件变形率控制指标

材 料	碳钢、低合金钢及其他材料	奥氏体型不锈钢
变形率/%	5	15

变形率计算：

单向拉伸(如筒体成形，见图 11)：变形率(%)$=50\delta[1-(R_f/R_o)]/R_f$

双向拉伸(如封头成形，见图 11)：变形率(%)$=75\delta[1-(R_f/R_o)]/R_f$

式中：

δ ——板材厚度，单位为毫米(mm)；

R_f ——成形后中面半径，单位为毫米(mm)；

R_o ——成形前中面半径(对于平板为∞)，单位为毫米(mm)。

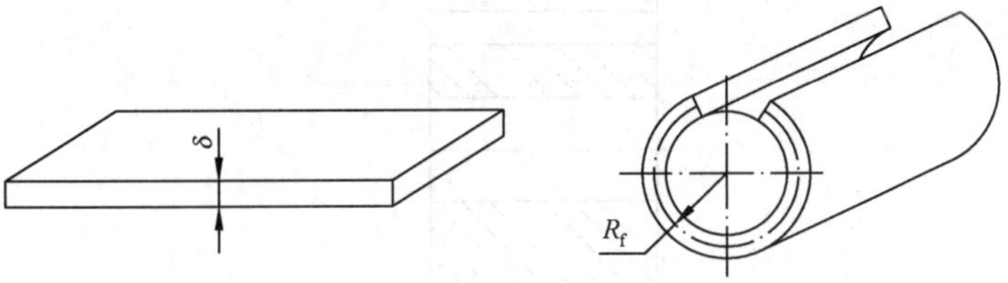

单向拉伸

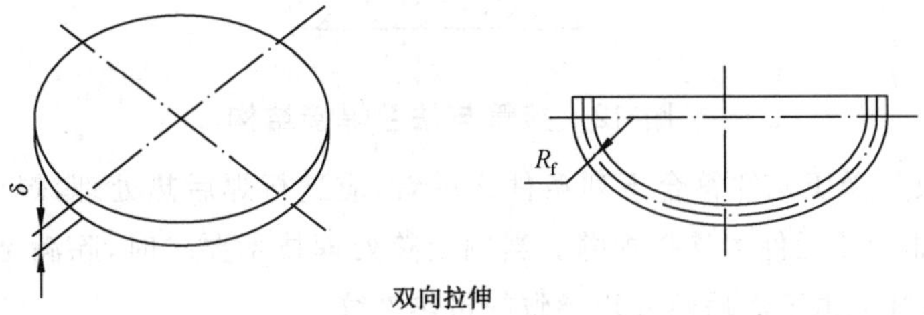

双向拉伸

图 11 单向拉伸和双向拉伸成形

8.2.8.1.2 分步冷成形时，若不进行中间热处理，则成形件的变形率为各分步成形变形率之和。当进行中间热处理，则分别计算成形件在中间热处理前、后的变形率之和。

8.2.8.1.3 需消除温成形工件的变形残余应力，可按照 8.2.8.1.1 对冷成形工件的热处理条件和要求进行。

8.2.8.1.4 当热成形或温成形改变了材料供货热处理状态，应重新进行热处理，恢复材料供货热处理状态。

8.2.8.1.5 当对成形温度、恢复材料供货热处理状态的热处理有特殊要求时，应符合相关标准、规范或设计文件的规定。

8.2.8.2 焊后热处理(PWHT)

8.2.8.2.1 罐体及其受压元件按材料、焊接接头厚度(即焊后热处理厚度，δ_{PWHT})和设计要求确定是否进行焊后热处理。

8.2.8.2.2　焊接接头厚度应按下列规定确定：

a)　等厚全焊透对接接头为钢材厚度；

b)　对接焊缝和角焊缝为焊缝厚度；

c)　组合焊缝为对接焊缝与角焊缝厚度中较大者；

d)　当不同厚度元件焊接时：

——不等厚对接接头取较薄元件的钢材厚度；

——壳体与平封头、盖板及其他类似元件的B类焊接接头，取壳体厚度；

——接管与壳体焊接时，取接管颈厚度、壳体厚度、补强圈厚度和连接角焊缝厚度中较大者；

——接管与法兰焊接时，取接头处接管颈厚度，对图12所示结构取法兰厚度δ_f；

——非受压元件与受压元件焊接时，取焊缝厚度；

——凸缘与筒壳的焊接结构取坡口深度与角焊缝厚度中较大者。

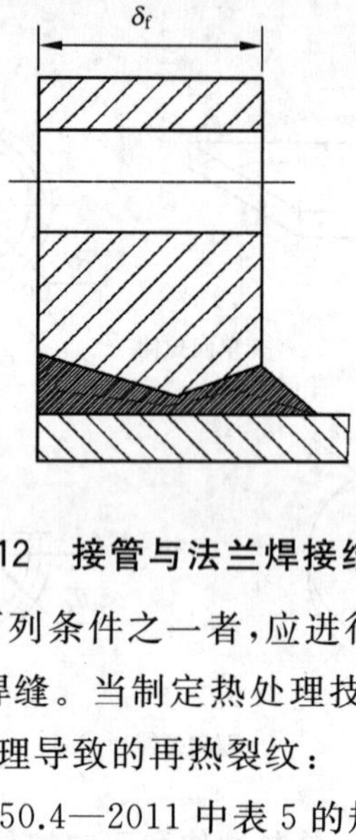

图12　接管与法兰焊接结构

8.2.8.2.3　罐体及其受压元件符合下列条件之一者，应进行焊后热处理，焊后热处理应包括受压元件间及其与非受压元件的连接焊缝。当制定热处理技术要求时，除满足以下规定外，还应采取必要的措施，避免由于焊后热处理导致的再热裂纹：

a)　焊接接头厚度符合GB/T 150.4—2011中表5的规定者；

b)　图样注明有应力腐蚀的罐体；

c)　充装易燃、易爆或毒性程度为极度、高度危害介质的碳素钢、低合金钢制罐体；

d)　当相关标准或图样另有规定时。

8.2.8.2.4　对于异种钢材之间的焊接接头，按热处理要求高者确定是否进行焊后热处理。

8.2.8.2.5　当需对奥氏体型不锈钢进行焊后热处理时，按设计文件规定。

8.2.8.2.6　除设计文件另有规定，奥氏体型不锈钢的焊接接头可不进行热处理。

8.2.8.3　焊后热处理要求

8.2.8.3.1　制造单位应按设计文件和标准的要求在热处理前编制热处理工艺。

8.2.8.3.2　不应使用燃煤炉进行焊后热处理。

8.2.8.3.3　热处理装置(炉)应配有自动记录温度曲线的测温仪表，并能自动绘制热处理的时间与工件壁温关系曲线。

8.2.8.3.4　应采用整体炉内消除应力热处理。

8.2.8.3.5　缺陷焊补部位,允许采用局部热处理。局部热处理有效加热范围应符合以下规定:

a)　焊缝最大宽度两侧各加 δ_{PWHT} 或 50 mm,取两者较小值;

b)　返修焊缝端部方向上加 δ_{PWHT} 或 50 mm,取两者较小值;

c)　接管与壳体相焊时,应环绕包括接管在内的筒体全圆周加热,且在垂直于焊缝方向上自焊缝边缘加 δ_{PWHT} 或 50 mm,取两者较小值。

局部热处理的有效加热范围应确保不产生有害变形,当无法有效控制变形时,应扩大加热范围,例如对圆筒全周长范围进行加热时;同时,靠近加热区的部位应采取保温措施,使温度梯度不致影响材料的组织和性能。

8.2.8.4　焊后热处理操作

碳素钢、低合金钢的焊后热处理操作应符合如下规定:

a)　焊件进炉时炉内温度不应高于 400 ℃;

b)　焊件升温至 400 ℃后,加热区升温速度不超过 5 500/δ_{PWHT}℃/h,且不应超过 220 ℃/h,一般情况下不低于 55 ℃/h;

c)　升温时,加热区内任意 4 600 mm 长度内的温差不大于 140 ℃;

d)　保温时,加热区内最高与最低温度之差不宜超过 80 ℃;

e)　升温及保温时应控制加热区气氛,防止焊件表面过度氧化;

f)　炉温高于 400 ℃时,加热区降温速度不超过 7 000/δ_{PWHT}℃/h,且不应超过 280 ℃/h,一般情况下不低于 55 ℃/h;

g)　焊件出炉时,炉温不高于 400 ℃,出炉后应在静止空气中继续冷却。

8.2.9　堆积绝热结构

8.2.9.1　堆积绝热材料及其制品经检验或验收合格后方可使用。

8.2.9.2　堆积绝热结构应按设计图样和工艺施工,且不存在接缝不严、充填不均、膨胀缝处理不当、防腐处理不善和捆扎不牢等缺陷。

8.2.9.3　堆积绝热结构应保证其严密和牢固性。

8.2.9.4　堆积绝热结构其他要求(材料、施工的准备和要求、绝热层的施工、防潮层的施工、保护层的施工等)应符合 GB 50126 的规定。

8.3　罐车其他零部件

罐车底架、转向架、制动装置及车钩缓冲装置等零部件的制造应符合 GB/T 5600、GB/T 5601、TB/T 1492等国家标准、行业标准和设计图样、技术文件的规定。

8.4　落成要求

8.4.1　结构检查应在空车状态下进行。

8.4.2　车体尺寸的测定应在平直轨道上、制动装置缓解状态下,按 GB/T 5600 的规定进行各项检查。

8.4.3　车钩中心线距轨面高度为 880 mm±10 mm,同一辆车两车钩高度差应不大于 10 mm。

8.4.4　车辆同一位端梁上平面距轨面高度差应不大于12 mm。

8.4.5　上旁承组成下平面与滚子顶面间隙应符合设计图样及相关技术文件的规定。

8.4.6　罐体纵向中心线与车辆定距中心线的偏移量应不大于15 mm(对设计需要偏置罐体的罐车,偏移量为减去设计偏移量后的值),罐体中心线与牵枕中心线的横向偏移不大于3 mm。

8.4.7　押运间端墙与罐体端部的间隙应不小于20 mm。

8.4.8　罐车落成后需施焊时,带电导体与底架以下部位不应连接。

8.5　安全附件、仪表及装卸阀门的安装

8.5.1　罐体耐压试验合格后,方可进行安全附件、仪表和装卸阀门的安装。

8.5.2　安全附件、仪表和装卸阀门安装前应进行必要的验收和调试,其要求如下:

a)　安全阀应进行整定压力和回座压力的调试,且合格后应重新铅封;

b)　压力表应校准并加铅封,且在刻度盘上划出指示工作压力的红线,注明下次校验日期;

c)　装卸阀门应进行密封压力的验收和调试。

8.6　置换处理

充装易燃、易爆介质的罐车出厂前,罐体应按下列要求进行置换,合格后方可出厂:

a)　采用氮气置换处理时,处理后的含氧量小于3%,并保留0.05 MPa～0.1 MPa的余压;

b)　采用抽真空处理时,处理后的真空度不低于0.086 MPa;

c)　设计文件有特殊规定时,按设计文件执行。

8.7　涂装

8.7.1　罐车涂装前所有零部件表面应清除油污、锈垢,电焊飞溅等杂物,其碳素钢和低合金钢结构表面应按GB/T 8923.1的规定进行除锈处理。

8.7.2　罐体的除锈处理应在罐车未落成前进行,罐车落成后不应进行罐体的喷射或抛射除锈处理,表面除锈处理合格后一般应在12 h内,且未返锈或被污染前涂装底漆。

8.7.3　罐体的涂装应符合JB/T 4711的规定,罐体及押运间的外表面涂防锈底漆及银灰色面漆。

8.7.4　涂料及检验应符合相应国家标准或行业标准的规定。除摩擦面外,铸钢件、轮对涂醇酸清漆,其余部件均涂防锈底漆及黑色(或按规定的其他颜色)的面漆。

9　试验方法

9.1　耐压试验

9.1.1　耐压试验前准备工作

9.1.1.1　罐体制成后,应进行耐压试验,耐压试验包括液压试验和气压试验。

9.1.1.2　进行热处理的罐体,在热处理合格后进行耐压试验。

9.1.1.3　堆积绝热结构的罐体,应在堆积绝热结构施工前进行罐体的耐压试验。

9.1.1.4　耐压试验前,罐体各连接部位的紧固螺栓,应当配置齐全,紧固妥当。

9.1.1.5　试验应用两个量程相同,精度不低于1.6级并经过校验合格的压力表。压力表的刻盘极限值为试验压力的1.5倍～3倍。压力表应安装在被试验罐体顶部便于观察的位置。

9.1.1.6 耐压试验场地应有可靠的安全防护措施，且经过单位技术负责人和安全管理部门检查认可。

9.1.2 耐压试验基本要求

9.1.2.1 保压期间不应采用连续加压来维持试验压力不变，耐压试验过程中不得带压紧固螺栓或者向受压元件施加外力。

9.1.2.2 耐压试验过程中，不应进行与试验无关的工作，无关人员不应在试验现场停留。

9.1.2.3 罐体开孔补强圈应在耐压试验前通入 0.4 MPa～0.5 MPa 的压缩空气检查焊接接头质量。

9.1.2.4 耐压试验后，由于焊接接头或者接管泄漏而进行返修的，或者返修深度大于 1/2 厚度的罐体，应重新进行耐压试验。

9.1.3 液压试验

9.1.3.1 试验液体一般采用水，需要时也可采用不会导致发生危险的其他介质，试验时液体的温度应低于其沸点或闪点，并有可靠的安全措施。

9.1.3.2 Q345R、Q370R 钢板制罐体液压试验时，液体温度不应低于 5 ℃，其他碳钢和低合金钢制罐体，液体温度不应低于 15 ℃。低温罐体液压试验的液体温度应不低于罐体材料和焊接接头的冲击试验温度(取其高者)加 20 ℃，如果由于板厚等因素造成材料无塑性转变温度升高，则需相应提高试验温度。当有试验数据支持时，可使用较低温度液体进行试验，但试验时应保证试验温度(罐体罐壁金属温度)比罐体罐壁金属无塑性转变温度至少高 30 ℃。

9.1.3.3 罐体中应充满液体，滞留在罐体内的气体应排除干净，罐体外表面应当保持干燥。

9.1.3.4 试验合格后应立即将水排净吹干。当无法完全排净吹干时，奥氏体不锈钢罐体用水，应控制水中的氯离子不超过 25 mg/L。

9.1.3.5 液压试验步骤如下：

a) 试验时罐体顶部应设排气口，充液时应将罐内的空气排净。试验过程中，应保持罐体表面干燥。

b) 当罐体壁温与液体温度接近时，才能缓慢升压至设计压力，确认无泄漏后继续升压到规定的试验压力，保压时间一般不少于 30 min。然后将压力降至设计压力，保压足够长的时间以对所有焊接接头和连接部位进行检查。

c) 液压试验完毕后，应及时进行罐体内部的干燥处理。

9.1.3.6 液压试验过程中，液压试验后的罐体无渗漏、无可见的变形和异常的响声为合格。

9.1.3.7 试验合格后，应排尽罐内液体，检查罐内有无积液、杂物，如有应及时清除。

9.1.4 气压试验

9.1.4.1 试验所用气体应为干燥洁净的空气、氮气或其他惰性气体。

9.1.4.2 碳素钢和低合金钢制罐体的试验用气体温度应不低于 15 ℃。其他材料制罐体，其试验用气体温度应符合设计图样规定。

9.1.4.3 气压试验应有安全防护措施，试验单位的安全部门应派人进行现场监督。

9.1.4.4 试验时应先缓慢升压至规定试验压力的 10%，保压 5 min～10 min，并对所有焊接接头和连接部位进行初次检查;确认无泄漏后,再继续升压到规定试验压力的50%;如无异常现象,然后按规定试验压力的10%逐级升压,直到试验压力,保压10 min;然后降到设计压力,保压足够时间进行检查,检查期间压力应保持不变。

9.1.4.5 气压试验过程中,罐体无异常响声,经肥皂液或其他可靠的检漏方法检查无漏气,无可见的变形为合格。

9.2 罐体容积检定

罐体耐压试验合格后应逐台按JJG 184的规定进行容积检定。

9.3 泄漏试验

9.3.1 罐体耐压试验合格,所有安全附件、管路安装齐全后进行罐体泄漏试验。

9.3.2 罐体气密性试验应符合以下规定:

a) 试验用气体应为干燥、洁净的空气、氮气或其他惰性气体;

b) 试验用气体温度按9.1.4.2的规定;

c) 试验时,压力应缓慢上升,达到规定的试验压力后保压足够长时间,同时检查罐体焊接接头和各阀件及连接面,无泄漏为合格;

d) 当有泄漏,应在修补后重新进行试验。

9.3.3 氨检漏、卤素检漏及氦检漏等试验方法应符合设计文件的规定。

9.4 紧急切断装置性能试验

9.4.1 紧急切断装置和装卸阀门与罐体组装完成后,紧急切断装置及管路应进行性能试验与气密性检验,试验可与罐体气密性试验同时进行。

9.4.2 罐体压力达到0.4 MPa~0.6 MPa时,进行紧急切断装置开启、远程控制、闭止及泄漏等性能试验。

9.4.3 罐体气密性试验压力下应再次进行紧急切断装置性能试验。气密性检验在关闭进气阀的情况下应同时按下列要求进行检查:

a) 与罐体的连接面无泄漏;

b) 拧紧气、液相阀门外部连接管的法兰盖,打开紧急切断阀,检查外部接管焊缝及连接面无泄漏。

9.4.4 油压管路系统的强度试验:关闭远程控制直通截止阀及手压泵回流手柄,用手压泵升压至1.5倍的手压泵公称压力,保压10 min,油压管路系统和元件不应泄漏、变形和脱落。

9.4.5 安全附件试验合格后,检查手压泵油杯油位高度,当油位不足油杯的75%时应补足。

9.4.6 油压管路系统中的油品应符合相应国家标准的液压油,且满足使用的要求。

9.5 型式试验

罐车的型式试验应按GB/T 5601的规定。

10 检验规则

10.1 罐车检验分为型式试验和出厂检验(例行试验)。

10.2 型式试验:对车辆的基本参数、结构、性能等是否符合设计要求所做的全面考核,试验项目一般在1辆到2辆罐车上进行,且符合GB/T 5601的规定。

10.3 出厂检验:对批量生产的每辆出厂罐车,对其外观、结构、性能而做的常规性检查与试验。

10.4 检验项目:车辆除应按GB/T 5601的规定进行外观检查、结构检查、装置的性能检查、整车综合性能检查及运用考核试验等检验外,还应按表8规定的项目进行检验。

表8 检验项目

序号	检验项目	检验类别		试验方法及要求
		出厂检验	型式试验	
1	罐体焊接检验	S	T	8.2.5
2	无损检测	S	T	8.2.7
3	热处理检验	S	T	8.2.8
4	安全附件及装卸附件检验	S	T	8.5
5	罐体容积检定	S	T	9.2
6	置换处理	S	T	8.6
7	耐压试验	S	T	9.1
8	泄漏试验	S	T	9.3
9	紧急切断装置性能试验	S	T	9.4
注:S为出厂检验项目,T为型式试验项目。				

11 标记、标识

11.1 罐体的介质色带和图形标识应符合《铁路危险货物运输管理暂行规定》等规定,与其他标记重叠处的色带可断开,带押运间的罐车,押运间外墙涂打与罐体相同规格的环形色带,窗户处断开。

11.2 在罐车性能标记的下方应有“罐体下次全面检验日期××年××月”的标记,字色为黑色,字高不小于100 mm。

11.3 罐体的漆膜颜色宜采用浅色。

11.4 罐车罐体中的液相、气相阀门及紧急切断系统中的泄压阀门附近应有能反映阀门用途的提示性标记,其尺寸、内容及方式按设计图样规定。

11.5 罐体上各阀门按以下要求涂色,且漆膜颜色按GSB 05-1426漆膜颜色标准样卡进行比对:

a) 液相阀——淡黄色(Y06);

b) 气相阀——大红色(R03);

c) 安全阀——大红色(R03);

d) 其他阀——不限。

11.6 罐车其他标记要求应符合铁路行业相关规定和设计图样的规定。标记的位置见图13。

11.7 应在罐体的明显部位装设罐车产品铭牌,铭牌尺寸不小于300 mm×200 mm。铭牌内容和格式应符合TSG R0005的规定。

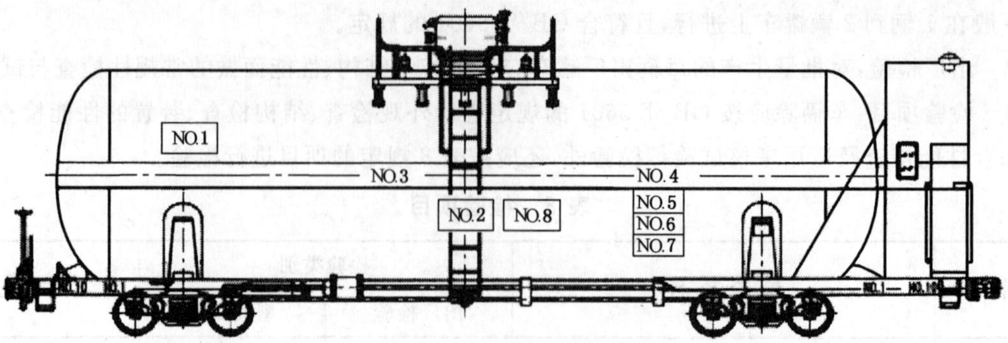

说明：

NO.1——罐车产权单位；

NO.2——制造厂名称；

NO.3——车辆警示性标记或介质特征标记；

NO.4——介质名称；

NO.5——罐车技术性能；

NO.6——禁止上驼峰标记；

NO.7——罐体下次全面检验日期；

NO.8——图形标志。

图 13 罐车标记位置图

12 出厂文件

12.1 罐车出厂时，罐车的制造单位至少应向用户提供下列技术文件和资料：

a) 竣工图样(总图、罐体图)，竣工图样上应有设计单位许可印章(复印章无效)，且加盖竣工图章(竣工图章上标注制造单位名称、制造许可证编号、审核人的签字和"竣工图"字样)，当制造中发生材料代用、无损检测方法改变、加工尺寸变更等，制造单位应按设计单位书面批准文件的要求在竣工图样上作出清晰标注，标注处有修改人的签字及修改日期；

b) 产品合格证(含产品数据表)；

c) 产品质量证明文件；

d) 产品铭牌的拓印件或复印件；

e) 特种设备制造监督检验证书；

f) 强度计算书；

g) 应力分析报告(需要时)；

h) 罐体安全泄放量、安全阀排量和爆破片泄放面积的计算书；

i) 产品使用说明书；

j) 风险评估报告；

k) 罐体容积检定证书；

l) 新造货车验收记录。

12.2 罐车产品使用说明书除应符合 GB/T 9969 的规定外，还应至少包含下列内容：

a) 罐车主要技术性能参数;

b) 罐车结构简介,其中装卸与安全附件应有平面布置示意图、紧急切断装置示意图、阀件和仪表的型号和简介;

c) 使用说明,其中应有操作规程、最大允许充装量的控制等;

d) 使用注意事项;

e) 罐车的维护和保养;

f) 常见故障的排除。

12.3 产品质量证明文件至少应包括:

a) 主要受压元件材料质量证明书和材料清单;

b) 质量计划;

c) 外购外协的受压元件(封头、锻件等)产品质量证明文件;

d) 罐体外观及结构尺寸检查报告;

e) 罐体焊接记录;

f) 罐体无损检测报告;

g) 罐体热处理报告及自动记录曲线;

h) 罐体耐压试验;

i) 气密性试验报告或其他泄漏试验;

j) 罐体气体置换检测报告;

k) 产品制造变更报告;

l) 钢板、锻件超声检测报告(需要时);

m) 安全附件、仪表及装卸附件的质量证明文件。

附 录 A
(规范性附录)
风险评估报告

A.1 总则

A.1.1 本附录规定了风险评估报告的基本要求。

A.1.2 设计单位应根据相关法规或设计委托方要求编制针对罐车建造阶段和使用阶段预期的风险编制风险评估报告。风险评估报告是编制其他设计文件的重要依据。

A.1.3 设计单位应按照罐车型号,充分考虑罐车在各种工况条件下可能产生的失效模式,在材料选择、结构设计、制造检验、运输使用、充装卸载等方面提出安全防护措施,防止可能发生的失效。

A.2 制定原则和程序

A.2.1 设计阶段风险评估主要针对设计者需考虑的对设计阶段、制造阶段和使用阶段预期的危害识别和风险控制,且说明应采取的安全防护措施和依据。

A.2.2 设计阶段风险评估按以下程序进行:

a) 根据用户设计条件和其他设计输入信息(如设计任务书等),确定罐车的运输方式及各种使用工况;

b) 根据罐车的充装介质、环境因素、运输方式及条件、装卸方式及条件等进行危害识别,确定可能发生的危害及其后果;

c) 形成完整的风险评估报告。

A.3 风险评估报告内容

风险评估报告至少应包括如下内容:

a) 罐车的基本设计参数:运输方式、工作条件(如工作压力、工作温度、腐蚀环境等)、装卸条件(如装卸方式、装卸压力等)、充装介质(如编号、名称、危害特性等)、基本结构(如裸罐、堆积绝热罐)、材料等;

b) 所有可能工况条件的描述;

c) 设计阶段时,应考虑所有工况条件下可能发生的失效模式,如爆炸、泄漏、破损、变形,以及倾覆等交通事故;

d) 对标准、安全技术规范或规范性文件已有规定的失效模式,说明采用的条款;

e) 对标准、安全技术规范或规范性文件没有规定的失效模式,说明设计中载荷、安全系数和相应设计计算方法的选取依据;

f) 规定针对介质少量泄漏、大量涌出、爆炸状况以及交通事故情况下如何处置的措施;

g) 根据可能发生事故情况,规定合适的随车人员、操作人员及其他相关人员的防护装备和措施;

h) 风险评估报告应具有与罐车设计图样总图一致的签署。

附　录　B
(规范性附录)
罐体安全泄放量及安全泄放装置排放能力的计算

B.1　总则

B.1.1　本附录规定了罐体充装介质为液化气体在通风条件良好、敞开空间着火的火灾工况(与外部油池火灾类似)罐体安全泄放量的计算方法。当超出本附录工况(如罐体遭受喷射火、部分密闭或全部密闭空间内火灾等严重火灾工况)的罐体安全泄放量计算由设计者另行考虑。

B.1.2　本附录公式仅适用于临界温度远高于额定排放压力下饱和气体温度的液化气体。临界温度接近或低于额定排放压力下饱和气的液化气体,罐体安全泄放量的计算还应考虑气体的热力学特性。

B.1.3　根据安全泄放装置铭牌上的标示值,罐体安全泄放量及安全阀排放能力的计算应按B.2或B.3的规定,爆破片排放面积的应按B.4的规定。

B.2　介质质量计算罐体安全泄放量及安全阀排放能力

B.2.1　一般要求

当安全阀铭牌上标示安全阀的最小流道直径(或流道面积)及安全阀的额定泄放系数时,按B.2.2～B.2.4的规定计算罐体安全泄放量及安全阀排放能力。

B.2.2　罐体安全泄放量的计算

B.2.2.1　无绝热层的罐体的安全泄放量按式(B.1)计算:

$$W_s = \frac{2.55 \times 10^5 A_r^{0.82}}{q} \qquad \cdots\cdots(B.1)$$

B.2.2.2　当完整的绝热层符合B.2.2.3的规定时,罐体的安全泄放量按式(B.2)计算:

$$W_s = \frac{2.61(650 - t)\lambda A_r^{0.82}}{\delta q} \qquad \cdots\cdots(B.2)$$

式中:

W_s ——罐体的安全泄放量,单位为千克每小时(kg/h);

q ——在泄放压力下液化气体的汽化潜热,单位为千焦耳每千克(kJ/kg);

λ ——常温下绝热材料的导热系数,单位为千焦耳每米小时摄氏度[kJ/(m·h·℃)];

δ ——绝热层厚度,单位为米(m);

t ——泄放压力下介质的饱和温度,单位为摄氏度(℃);

A_r ——罐体的受热面积,单位为平方米(m^2);

椭圆形封头的卧式罐体 $A_r = 3.14D_o(L + 0.3D_o)$;

半球形封头的卧式罐体 $A_r = 3.14D_oL$。

L ——罐体的总长,单位为米(m);

D_o——罐体的外直径,单位为米(m)。

B.2.2.3　在任何情况下,当用于减少罐体安全泄放量的绝热层应在不超过650 ℃下始终保持完好有效，其外保护层应采用熔点不低于 700 ℃的材料。

B.2.3 单个安全阀的排放能力(额定泄放量)的计算

单个安全阀的安全阀的排放能力(额定泄放量)的计算应符合下列规定：

a) 临界条件$\frac{p_o}{p_d} \leqslant \left(\frac{2}{k+1}\right)^{\frac{k}{k-1}}$时，按式(B.3)计算：

$$W = 7.6 \times 10^{-2} CK p_d A \sqrt{\frac{M}{ZT}} \quad \cdots\cdots (B.3)$$

b) 亚临界条件$\frac{p_o}{p_d} > \left(\frac{2}{k+1}\right)^{\frac{k}{k-1}}$时，按式(B.4)计算：

$$W = 55.84 K p_d A \sqrt{\frac{k}{k-1}\left[\left(\frac{p_o}{p_d}\right)^{\frac{2}{k}} - \left(\frac{p_o}{p_d}\right)^{\frac{k+1}{k}}\right]} \sqrt{\frac{M}{ZT}} \quad \cdots\cdots (B.4)$$

式中：

W ——安全阀的排放能力(额定泄放量)，单位为千克每小时(kg/h)；

K ——安全阀的额定泄放系数，与安全阀结构有关，应根据实验数据确定。无参考数据时，可按下述规定选取：

全启式安全阀 $K=0.60 \sim 0.70$；

当采用安全阀与爆破片串联组合装置时，安全阀的额定泄放系数 K 应乘以修正系数 0.9。

A ——安全阀最小排气截面积，单位为平方毫米(mm^2)；

对于全启式安全阀，即 $h \geqslant \frac{1}{4} d_1$ 时：$A = 0.785 d_1{}^2$；

h ——阀瓣开启高度，单位为毫米(mm)；

d_1 ——安全阀的最小流道直径(阀座喉部直径)，单位为毫米(mm)。

C——气体特性系数，可查表 B.1 或按式(B.5)、(B.6)求取；

当 $k>1$ 时：

$$C = 520 \sqrt{k\left(\frac{2}{k+1}\right)^{\frac{k+1}{k-1}}} \quad \cdots\cdots (B.5)$$

当 $k=1$ 或未知时：

$$C = \frac{520}{\sqrt{e}} = 315 \quad \cdots\cdots (B.6)$$

k ——气体绝热指数，$k = C_P / C_v$；

C_P ——标准状态下气体定压比热；

C_v ——标准状态下气体定容比热；

数学常数 $e = 2.718\ 3$。

M ——气体的摩尔质量，单位为千克每千摩尔(kg/kmol)；

T ——额定排放压力下饱和气体绝对温度，单位为开尔文(K)；

Z ——额定排放压力下饱和气体的压缩系数，见图 B.1 无法确定时取 1；

p_d ——安全阀的排放压力(绝压)，$p_d = 1.2 p_s + 0.1$，单位为兆帕(MPa)；

p_s——罐体设计压力，单位为兆帕(MPa)；

p_o ——安全阀出口侧压力(绝压)，单位为兆帕(MPa)。

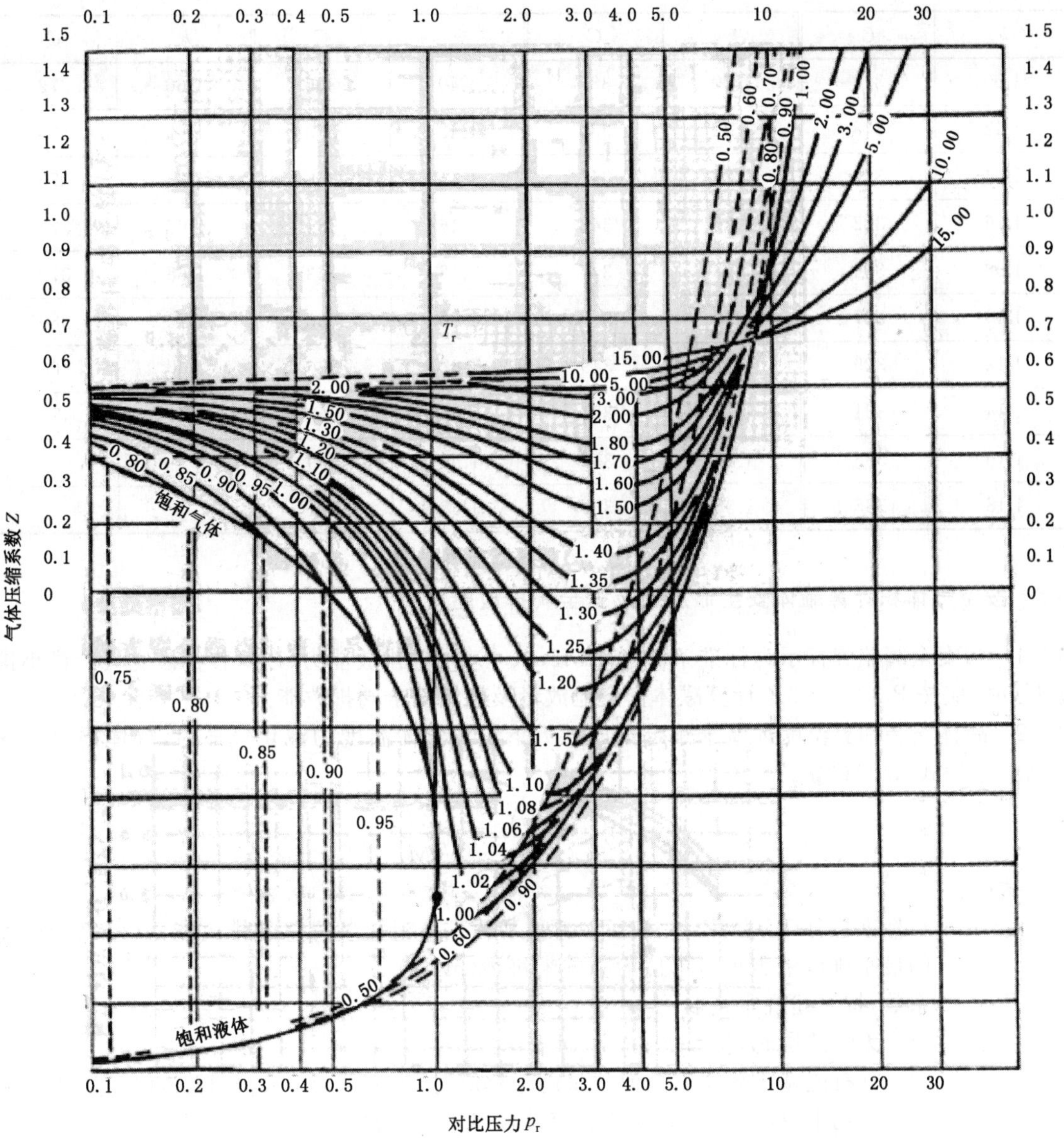

对比温度(T_r)为介质的泄放温度(K)与临界温度(K)的比值。

对比压力(P_r)为介质的泄放压力(MPa)与介质的临界压力(MPa)。

图 B.1　气体压缩系数

B.2.4　安全阀总排放能力

选用的安全阀排放能力(额定泄放量)W 应该大于罐体所需的安全泄放量 W_s,各个安全阀额定泄放量 W 按 B.2.2 及其铭牌标示值进行计算。

表 B.1 气体特性系数

k	C	k	C	k	C	k	C
1.00	315	1.20	337	1.40	356	1.60	372
1.02	318	1.22	339	1.42	358	1.62	374
1.04	320	1.24	341	1.44	359	1.64	376
1.06	322	1.26	343	1.46	361	1.66	377
1.08	324	1.28	345	1.48	363	1.68	379
1.10	327	1.30	347	1.50	365	1.70	380
1.12	329	1.32	349	1.52	366	2.00	400
1.14	331	1.34	351	1.54	368	2.20	412
1.16	333	1.36	352	1.56	369		
1.18	335	1.38	354	1.58	371		

B.3 按空气体积计算罐体安全泄放量及安全阀排放能力

B.3.1 当安全阀铭牌标示为标准条件(0.1 MPa,0 ℃)下的排放能力(以每秒标准空气的最小排放量)时,应按 B.3.2～B.3.4 计算罐体安全泄放量及确定安全阀排放能力。

B.3.2 罐体充装临界温度远高于额定排放压力下饱和气体温度的液化气体时,罐体需要的安全泄放量用式(B.7)确定:

$$Q_s = 6\ 448\frac{FA_r^{\ 0.82}}{qC}\sqrt{\frac{ZT}{M}} \quad \cdots\cdots(B.7)$$

式中:

Q_s ——在标准条件(0.1 MPa,0 ℃)下,罐体所需安全泄放装置总的排放能力(以每秒空气的最小排放量表示),单位为立方米每秒(m^3/s);

F ——系数,按下述规定选取:

a) 无绝热层时,$F=1.0$;

b) 具有能减小罐体安全泄放量的绝热层时,$F=U(650-t_1)/13.6$,但在任何情况下均不应小于 0.25,绝热层应符合 B.2.2.3 的规定。

U ——绝热层在 38 ℃时的导热率,单位为千瓦每平方米开尔文[$kW/(m^2 \cdot K)$];

t_1 ——液化气体在装料过程中的实际温度(℃),这一温度未知时,取 $t=15$ ℃。

B.3.3 各个安全阀排放能力 Q 应为其铭牌上标示的排放能力。

B.3.4 选用的各个安全阀排放能力 Q 的总和应大于罐体的安全泄放量 Q_s。

B.4 爆破片装置排放面积的计算

B.4.1 爆破片的排放面积的计算应符合下列规定:

a) 临界条件$\frac{p_o}{p_b} \leqslant \left(\frac{2}{k+1}\right)^{\frac{k}{k-1}}$时,按式(B.8)计算:

$$A \geqslant \frac{W_s}{7.6 \times 10^{-2} C K' p_b \sqrt{\frac{M}{ZT}}} \quad \cdots\cdots(B.8)$$

b） 亚临界条件$\frac{p_o}{p_b} > \left(\frac{2}{k+1}\right)^{\frac{k}{k-1}}$时，按式(B.9)计算：

$$A \geqslant \frac{W_s}{55.84 K' p_b \sqrt{\frac{k}{k-1}\left[\left(\frac{p_o}{p_b}\right)^{\frac{2}{k}} - \left(\frac{p_o}{p_b}\right)^{\frac{k+1}{k}}\right]} \sqrt{\frac{M}{ZT}}} \quad \cdots\cdots(B.9)$$

式中：

A ——爆破片的排放面积，单位为平方毫米(mm^2)；

K' ——爆破片的额定泄放系数，与爆破片装置入口管道形状有关；

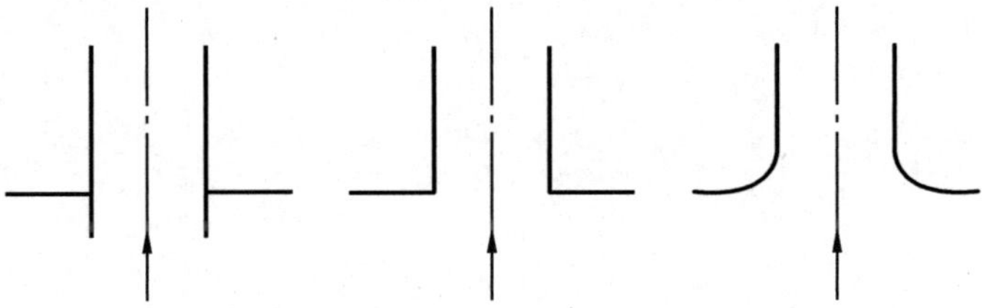

W_s ——罐车的安全泄放量，单位为千克每小时(kg/h)；

p_b ——爆破片的设计爆破压力(绝压)，单位为兆帕(MPa)；

P_o ——泄放侧压力(绝压)，单位为兆帕(MPa)。

B.4.2 选用的爆破片最小泄放面积的总和应大于罐体所需的爆破片排放面积A_s，各个爆破片最小泄放面积根据其铭牌标示值进行选取或计算。

ICS 11.040.60
C 42

GB

中华人民共和国国家标准

GB/T 12130—2020
代替 GB/T 12130—2005,GB/T 19284—2003

氧 舱

Hyperbaric oxygen chambers

2020-09-29 发布 2021-04-01 实施

国家市场监督管理总局
国家标准化管理委员会 发布

前　　言

本标准按照 GB/T 1.1—2009 给出的规则起草。

本标准代替 GB/T 12130—2005《医用空气加压氧舱》和 GB/T 19284—2003《医用氧气加压舱》。

本标准与 GB/T 12130—2005、GB/T 19284—2003 相比，除编辑性修改外主要技术变化如下：

——本标准适用范围既包括 GB/T 12130—2005 和 GB/T 19284—2003 所适用的氧舱类型，也包括高气压舱(见第 1 章)；

——修改了氧舱各组成部分名称，与 TSG 24—2015《氧舱安全技术监察规程》相一致(见第 5 章、第 6 章，GB/T 12130—2005 的第 5 章)；

——增加了特殊截面结构型式筒体设计方法、焊接型式、无损检测方法的要求(见 5.1.1、5.1.2.2、5.1.2.3 和 5.1.2.6)；

——增加了压力调节系统压力介质质量的要求(见 5.2.2)；

——增加了医用氧舱产品标志、铭牌、说明书应符合医疗器械管理规定的要求(见 8.1.2、8.2.3 和8.5.2)；

——增加了“氧舱用窗”规范性附录(见附录 A)。

本标准由全国锅炉压力容器标准化技术委员会(SAC/TC 262)提出并归口。

本标准起草单位：中国船舶重工集团公司第七〇一研究所、中国特种设备检测研究院、山西省锅炉压力容器监督检验研究院、湖北特种设备检验检测研究院、烟台市特种设备检验研究院、浙江省医疗器械检验院、青岛大学附属医院、深圳人民医院、北京市海淀医院、烟台宏远氧业股份有限公司、烟台冰轮高压氧舱有限公司、上海打捞局芜湖潜水装备厂、贵州风雷航空军械有限责任公司。

本标准主要起草人：常健、林彦群、周裕峰、袁素霞、李晓路、李培中、孙瑜、曲瑾、王培嵩、龙颖、丁建章、贾春遐、郦占香、柯文海、贺龙华。

本标准所代替标准的历次版本发布情况为：

——GB 12130—1985、GB 12130—1995、GB/T 12130—2005；

——GB/T 19284—2003。

氧　　舱

1　范围

本标准规定了氧舱产品的分类、要求、试验方法、检验规则、标记和使用说明及包装、运输、储存。

本标准适用于 TSG 24—2015 规定的医用氧舱和高气压舱。

2　规范性引用文件

下列文件对于本文件的应用是必不可少的。凡是注日期的引用文件,仅注日期的版本适用于本文件。凡是不注日期的引用文件,其最新版本(包括所有的修改单)适用于本文件。

GB/T 150.1　压力容器　第1部分:通用要求

GB/T 150.2　压力容器　第2部分:材料

GB/T 150.3　压力容器　第3部分:设计

GB/T 150.4　压力容器　第4部分:制造、检验和验收

GB/T 191　包装储运图示标志

GB/T 1040.1—2018　塑料　拉伸性能的测定　第1部分:总则

GB/T 1040.2—2006　塑料　拉伸性能的测定　第2部分:模塑和挤塑塑料的试验条件

GB/T 2410—2008　透明塑料透光率和雾度的测定

GB/T 7134—2008　浇铸型工业有机玻璃板材

GB 9706.1　医用电气设备　第1部分:基本安全和基本性能的通用要求

GB 50222—2017　建筑内部装修设计防火规范

GB 50751—2012　医用气体工程技术规范

JB/T 4732　钢制压力容器　分析设计标准

NB/T 47013(所有部分)　承压设备无损检测

TSG 21—2016　固定式压力容器安全技术监察规程

TSG 24—2015　氧舱安全技术监察规程

3　术语和定义

下列术语和定义适用于本文件。

3.1

氧舱　hyperbaric oxygen chambers

采用空气、氧气或者混合气体等可呼吸气体为压力介质,用于人员在舱内进行治疗、适应性训练的载人压力容器。

3.2

医用氧舱　medical hyperbaric chamber pressurized

采用空气或氧气为压力介质,用于人员在舱内进行治疗的载人压力容器。

3.3

医用空气加压氧舱　medical hyperbaric chamber pressurized with air

采用空气为压力介质,用于进行治疗的载人压力容器。

3.4

医用氧气加压氧舱　medical hyperbaric chamber pressurized with medical oxygen

采用氧气为压力介质,用于进行治疗的载人压力容器。

3.5

婴幼儿氧舱　infant oxygen chamber

采用氧气为压力介质,用于对婴幼儿(含新生儿)进行治疗的载人压力容器。

3.6

高气压舱　high pressure chamber

采用空气或者混合气体为压力介质,用于进行舱内活动的载人压力容器。

3.7

主舱　main chamber

配有必要的医疗设施或其他设施,供进舱人员进行治疗或其他舱内活动的舱室。

3.8

过渡舱　transfer chamber

在主舱处于高于大气压的状态下,能使人员在同等气压下出入主舱的舱室。

4　分类

4.1　按照品种,氧舱分为医用氧舱和高气压舱。医用氧舱分类见表1。

表1　医用氧舱分类

类型	工作介质	工作压力(表压)/MPa	额定进舱人数
医用空气加压氧舱	空气	≤0.3	≤18人/单个舱室
医用氧气加压氧舱	氧气	≤0.2	1人
婴幼儿氧舱	氧气	≤0.1	1人

4.2　按照进舱人数,氧舱分为多人氧舱和单人氧舱。

5　要求

5.1　舱体

5.1.1　通用要求

氧舱金属舱体及配套压力容器的设计、制造、检验应符合TSG 24—2015、GB/T 150.1、GB/T 150.3及GB/T 150.4的有关规定。对超标准局部大开孔、带T型加强结构等特殊部位,没有可依据的相关现行国家、行业标准以及GB/T 150.3不适用的截面结构形式的筒体,应采用分析方法进行设计。

5.1.2　壳体

5.1.2.1　壳体金属材料的选用应符合TSG 21—2016和GB/T 150.2的有关规定。壳体有机玻璃材料的选用应符合附录 A 的规定。

5.1.2.2 金属壳体符合 GB/T 150.1 规定的 A、B 类焊接接头应当采用全截面焊透形式;C 类、通舱件与金属壳体的焊接接头、非圆形截面金属筒体与加强结构的焊接接头、平盖封头与金属筒体的焊接接头、圆形金属筒体与平底板的焊接接头应采用全熔透焊透形式。

5.1.2.3 非圆形截面金属筒体与加强结构的焊接接头,应满足 JB/T 4732 强度校核结果要求,加强结构之间的间距应便于焊接作业及无损检测操作。平盖封头与金属筒体的焊接连接、焊接工艺应能有效控制焊接变形,必要时应进行去应力热处理。

5.1.2.4 凸形封头(隔舱封头)与圆形金属筒体应采用对接或搭接接头形式,搭接接头型式见图 1,且不准许在被封头覆盖的对接焊缝和封头与筒体搭接连接的角焊缝上开孔。

单位为毫米

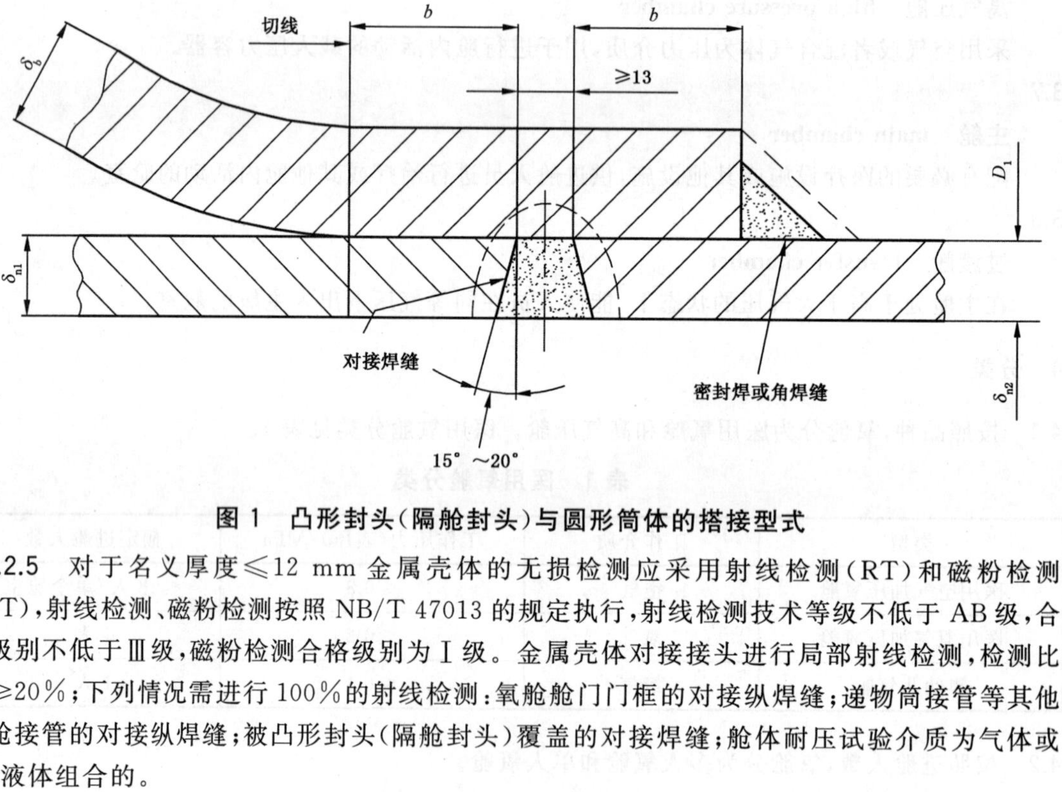

图 1 凸形封头(隔舱封头)与圆形筒体的搭接型式

5.1.2.5 对于名义厚度≤12 mm 金属壳体的无损检测应采用射线检测(RT)和磁粉检测(MT),射线检测、磁粉检测按照 NB/T 47013 的规定执行,射线检测技术等级不低于 AB 级,合格级别不低于Ⅲ级,磁粉检测合格级别为Ⅰ级。金属壳体对接接头进行局部射线检测,检测比例≥20%;下列情况需进行 100%的射线检测:氧舱舱门门框的对接纵焊缝;递物筒接管等其他穿舱接管的对接纵焊缝;被凸形封头(隔舱封头)覆盖的对接焊缝;舱体耐压试验介质为气体或气、液体组合的。

5.1.2.6 对于名义厚度>12 mm 金属壳体的无损检测方法由设计人员确定,可按照 5.1.2.5 的规定,也可按下列方法确定:氧舱金属壳体对接接头按 NB/T 47013 进行局部脉冲反射法超声检测,检测比例≥20%,检测技术等级不低于 B 级,合格级别不低于Ⅱ级;采用衍射时差法超声检测的焊接接头,合格级别不低于Ⅱ级;角接接头、T 形接头检测技术等级不低于 B 级,合格级别不低于Ⅰ级。

5.1.2.7 舱门门框、递物筒接管、观察(照明)窗法兰等与金属壳体的焊接接头需要进行 100%磁粉检测;不锈钢通舱件与金属壳体的焊接接头需要进行 100%渗透检测,合格级别为Ⅰ级;氧舱设置有 2 个以上(含 2 个)舱室的,隔舱封头与金属筒体焊接角焊缝需要进行 100%磁粉检测。

5.1.2.8 有机玻璃筒体的设计、制造、检验应符合附录 A 的有关规定,设计转换系数应不小于 15,筒体上不允许有开孔等导致应力集中、突变的结构形式,除承受压力介质以及轴向端面密封载荷以外,不允许施加其他外部载荷。

5.1.2.9 单人氧舱金属筒体的内径应不小于 800 mm,单人氧舱有机玻璃筒体的外径应不小于 650 mm(其中婴幼儿氧舱有机玻璃筒体外径应不小于 500 mm)。

5.1.2.10 多人氧舱应在舱外设舱底积水排放阀,舱内排水口应设在筒体最低位置。

5.1.3 舱室

5.1.3.1 氧舱舱室内装饰隔层、地板、柜具的构架以及隐蔽在装饰层内的物料应选用 GB 50222—2017 中规定的 A 级材料。舱室内床、椅等包覆面料应选用不低于 GB 50222—2017 中规定的 B1 级难燃、阻燃材料,医用氧气加压氧舱舱室内包覆材料应选用抗静电织物。舱室内壁的涂料应采用食品容器漆或饮水舱漆等无毒型涂料。

5.1.3.2 舱室内部件的表面应避免出现粗糙、尖角及锐边,并应当固定牢靠。

5.1.3.3 多人氧舱每个舱室入口处应当醒目且永久标注额定进舱人数。

5.1.3.4 多人氧舱应至少包括一个过渡舱和一个主舱,单独做治疗用的相邻舱室可互为过渡舱使用。多人医用空气加压氧舱舱室内应留有不小于 0.6 m 宽和 1.8 m 高的自由通道,主舱的人均舱容应不小于 3 m^3。

5.1.4 舱门

5.1.4.1 多人氧舱舱门的设计应满足舱内人员及设施进出的需要,矩形舱门的透光宽度应不小于650 mm,高度应不小于 1 500 mm,圆形舱门的透光直径应不小于 750 mm。

5.1.4.2 采用快开式外开舱门时,应设有安全联锁装置,其锁定压力应不大于 0.02 MPa,复位压力应不大于 0.01 MPa。采用电动[或气(液)动]机构操作的舱门,舱门两侧有压力差时安全联锁装置应保证自动切断动力源。

5.1.4.3 采用电动[或气(液)动]机构操作的舱门应配置手动操作机构和防夹安全保护装置。手动操作应能在无传动能源的情况下进行,开启时间不得超过 1 min。防夹安全保护装置应能在异物进入门间隙范围内时,立刻停止舱门移动。

5.1.4.4 现场组焊的舱门门框,应在检验合格后对现场组焊部件进行耐压试验和气密性试验。

5.1.5 观察窗

5.1.5.1 氧舱每个舱室应设置至少一个观察窗,观察窗的透光直径应不小于 150 mm,实际数量及布置方式应满足舱外人员可以观察到舱内每个人员的活动。

5.1.5.2 观察窗玻璃的设计、制造、检验应符合附录 A 中的规定,设计转换系数应按照其在设计压力下运行过程中所预计的最高持续环境温度确定,圆形平板窗玻璃的设计转换系数应不小于 8。

5.1.6 递物筒

5.1.6.1 多人氧舱主舱应设有内径不小于 300 mm 的递物筒。递物筒上应配置压力表,压力表的量程应与控制台上的舱内压力的压力表一致,精度不低于 1.6 级。

5.1.6.2 递物筒采用快开式外开门时,应设置连通阀和安全联锁装置,安全联锁装置的要求与 5.1.4.2 相同。

5.1.7 耐压试验

氧舱舱体组装完成后，应进行耐压试验，耐压试验压力和试验介质应符合表2的规定。

表2 耐压试验压力和试验介质

舱体材料	耐压试验压力/MPa		试验介质
	液压试验压力	气压试验压力	
金属	1.25p	1.10p	水/氮气或空气
有机玻璃	—	1.15p	氮气
注：表中 p 为设计压力。			

5.1.8 气密性试验

氧舱总装完成后，应进行整体气密性试验，泄漏率应符合表3的规定。

表3 整体气密性泄漏率

氧舱类型	试验压力/MPa	泄漏率	试验介质
医用空气加压氧舱	0.03	≤15%/h	空气或氮气
	工作压力	≤5.0%/h	
高气压舱	0.03	≤1.0%/4 h	
	工作压力	≤1.0%/4 h	
医用氧气加压氧舱	工作压力	≤5.0%/h	
注：氧舱舱门采用快开式外开门时，舱体气密性仅做工作压力的试验。			

5.2 压力调节系统

5.2.1 压力调节系统的空压机宜选用无油润滑空压机，空压机排气管出口应采用柔性连接。多人氧舱应配置不少于2组空压机，每组空压机的排量应满足对1组储气罐的充气时间不超过2 h。

5.2.2 空压机进气口应避开各种污染源，压力调节系统压力介质质量应符合 TSG 24—2015 的要求。

5.2.3 多人氧舱应配置2组储气罐，空压机出口处或空气冷却器出口处压力介质温度不超过37 ℃时，可设置1组。每组储气罐工作压力应不低于配套空压机的额定排放压力。每组储气罐容量均应满足多人氧舱所有舱室以工作压力加压1次和过渡舱再加压1次。单人医用空气加压氧舱可配置1组储气罐，储气罐容量应满足舱室以工作压力加压4次。储气罐内剩余压力介质压力应不低于氧舱工作压力的1.2倍。

5.2.4 氧舱配套压力容器内壁的涂料应采用食品容器漆或饮水舱漆等无毒型涂料。

5.2.5 多人氧舱舱内、外部均应当设置机械式快速开启的应急排放装置，单人氧舱可仅在舱外部设置应急排放装置，舱外应急排放装置应设置在控制台附近，应急排放装置排放口及压力调节系统排放口应引至室外安全处。应急排放装置不得以任何物品遮挡，并配以红色警示标志，应急排放装置手柄开、关方向的标志，操作说明及防止误操作措施的警示文字标志。应急排放时,氧舱各舱室从工作压力降至0.01 MPa 的时间应符合表4的规定。

表4 应急卸压时间

舱型	单人氧舱	多人氧舱
卸压时间	≤1.0 min	≤2.5 min

5.2.6 氧舱每个舱室应分别设置独立的压力调节装置,采用气、电动调节阀门时,还应配置1套手动机械阀门。

5.2.7 多人医用空气加压氧舱主舱的升、降压速率在0.004 MPa/min～0.02 MPa/min范围内可调,过渡舱升、降压速率在0.008 MPa/min～0.08 MPa/min范围内可调,单人医用空气加压氧舱的升、降压速率在0.004 MPa/min～0.03 MPa/min范围内可调。成人医用氧气加压氧舱的升、降压速率在0.004 MPa/min～0.03 MPa/min范围内可调,婴幼儿氧舱的升、降压速率在0.004 MPa/min～0.01 MPa/min范围内可调。高气压舱的升降压速率按设计要求。

5.2.8 氧舱舱内进气口与排气口应有效隔离,避免气体短路。舱内进气口应设有消声器,医用氧舱最大供气噪声应不大于65 dB(A);高气压舱最大供气噪声应不大于90 dB(A),平均供气噪声应不大于65 dB(A)。

5.2.9 压力调节系统气密性试验泄漏率应符合表5的规定。

表5 压力调节系统气密性泄漏率

试验部位	试验压力/MPa	泄漏率/(%/h)
与储气罐相连的供气管道	该管道系统工作压力	≤0.5
与储气罐不相连的供气管道	该管道系统工作压力	≤6.0

5.2.10 压力调节系统管道用垫片应采用非石棉类材料。除医用空气加压氧舱的排放管子可采用碳钢无缝钢管外,其余管子及阀件应采用铜或不锈钢材料。

5.2.11 压力调节系统管道的加工及安装要求应符合GB 50751—2012中10.2.1～10.2.13的规定,管道元件在安装前应进行脱脂、吹扫和清洗处理。对DN≥50 mm的供气管道焊接接头,射线检测比例不小于5%,射线检测技术等级不低于AB级,合格级别不低于Ⅲ级。

5.2.12 压力调节系统管道安装后,应当进行表面防腐处理,涂色和标注介质名称及流向。

5.3 呼吸气系统

5.3.1 呼吸气系统采用瓶装氧气的多人氧舱应当设置氧气汇流排。

5.3.2 呼吸气系统中工作压力高于0.8 MPa的阀门应当采用渐开式阀门。

5.3.3 医用空气加压氧舱的呼吸气源经减压后输入氧舱内的供气压力应高于舱压0.4 MPa～0.7 MPa。当舱内满员同时吸气时,呼吸气供气压降应不大于0.1 MPa。

5.3.4 设有普通呼吸装具的氧舱,在控制台上应配置呼吸动态显示装置或者对每个呼吸装具配备气体流量计,舱内呼吸装具前应设置截止阀;设有急救呼吸装具的氧舱,在控制台上应配置截止阀,舱内应配置气体流量计。

5.3.5 舱内人员呼出的废气应通过呼吸气系统排气管道接至室外且无消防隐患处,排废气放散口应当呈"∩"形,并且高出地面3 m,在排废气放散口附近的明显位置设置"严禁烟火"标志。当舱内呼吸气系统排气管不与舱内连通时,呼吸装具与排气管道之间应设置截止阀。

5.3.6 压力介质为空气的氧舱舱内氧浓度值应不大于23%。

5.3.7 呼吸气系统气密性试验泄漏率应符合表6的规定。

表6 呼吸气系统气密性泄漏率

试验部位	试验压力/MPa	泄漏率/(%/h)
呼吸气系统的高压供气管道	该管道系统工作压力	≤1.0
呼吸气系统的低压供气管道	该管道系统工作压力	≤4.0

5.3.8 呼吸气系统管道元件应采用紫铜或不锈钢材料，单人氧舱呼吸气系统管道也可采用软管，软管材料宜选用聚四氟乙烯、聚乙烯、聚氯乙烯、聚氨酯或橡胶，密封垫片应采用铜质或聚四氟乙烯材料。

5.3.9 呼吸气系统管道的加工及安装要求与5.2.11、5.2.12一致，并应按照一定方向倾斜(倾斜角3/1 000)安装。

5.4 舱内环境调节系统

5.4.1 氧舱每个舱室应当在控制台上配置舱内温湿度监视仪表，温度示值误差应不大于±2 ℃，湿度示值误差应不大于±5%。医用空气加压氧舱和高气压舱的温湿度传感器应设置于舱室中部两侧装饰板外，医用氧气加压氧舱的温湿度传感器应设置于舱内中下方空间部位。温湿度传感器应设置防护罩。

5.4.2 多人氧舱主舱应设置舱内环境调节系统，系统的驱动、控制及加热、制冷(蒸发器除外)等装置应设置在舱外，控制装置应设置在控制台上。

5.4.3 氧舱在工作压力下，舱内环境调节系统的电机应满足：在额定电压的90%时能启动；在额定电压的110%时不过载，电机应配备相应的短路及过载保护装置。

5.4.4 舱内环境调节系统应当控制舱内温度值在18 ℃～26 ℃范围内，稳压时舱内温度变化率应不大于3 ℃/min。

5.4.5 医用氧气加压氧舱应设置加湿装置，稳压时应能使舱内相对湿度达到70%以上。

5.4.6 舱内环境调节系统工作时噪声应不大于60 dB(A)。

5.5 消防系统

5.5.1 应在氧舱出入口的显著位置标注“严禁烟火”等醒目标记。

5.5.2 多人氧舱应设有独立的消防系统。每个舱室应当设置独立的消防控制装置，且能从舱内和舱外任意一侧通过手动操作阀门开启向舱内地板及座位均匀喷水，消防控制装置应具有防止误操作功能。

5.5.3 消防系统的喷水动作响应时间应不超过3 s，喷水强度应不小于50 L/(m^2·min)，供水时间应不少于1 min。

5.5.4 消防系统的管道和通舱件应采用不锈钢材料，压力水柜应配置带有防护装置并便于观察的液位指示器，水柜内部应作防腐涂层处理。

5.6 电气系统

5.6.1 氧舱进舱电压应不高于24 V。

5.6.2 医用氧气加压氧舱的进舱电气设备应只限于通信设备(婴幼儿氧舱可不设)、监测传感元件和生理监护传感元件。进舱电气设备总功率不超过0.5 W。

5.6.3 除采用自然光照明外,氧舱照明应采用冷光源外照明且工作时照明所用窗玻璃外表面温度应不大于其设计温度。舱内平均照度应不小于60 lx,多人氧舱照度不均匀度应不大于60%。

5.6.4 氧舱控制台与各舱室之间应配置双工对讲通信系统和应急呼叫装置(婴幼儿氧舱可不设)。应急呼叫装置的舱内按钮应采用无电气触点式按钮,在控制台上应设置声光信号发生装置,在按动舱内按钮时应持续发出声光报警信号,声光信号应只能由操作人员在控制台上切断。

5.6.5 氧舱应配置带有过放电保护的应急电源装置(婴幼儿氧舱可不设),当正常供电网路中断时,该电源能自动投入使用,保持应急呼叫、应急照明、对讲通信、消防系统和呼吸气体浓度测定装置正常工作时间不少于30 min。

5.6.6 氧舱设置的保护接地装置接地电阻值应不大于4 Ω,舱体与保护接地装置之间宜用镀锌扁(圆)钢可靠连接,在舱体及保护接地装置的连接处应附有接地符号标记。

5.6.7 医用氧气加压氧舱内应设静电接地通道,使患者人体或氧舱内抗静电织物可通过静电接地线经通道与舱外具有良好导电性能的接地装置导通。静电接地线应采用挠性铜芯线,截面积应不小于1 mm^2。

5.6.8 氧舱配置生物电插座时,生物电插座各插针(接线柱)之间、各插针(接线柱)与舱体间的绝缘电阻应不小于100 MΩ。

5.6.9 氧舱的对地漏电流应符合GB 9706.1中的规定。

5.6.10 氧舱的电源输入端与舱体及控制台之间的绝缘强度,应符合GB 9706.1中的规定。

5.6.11 不用电源软电线的氧舱,其保护接地端子与已保护接地的所有可触及金属部分之间的阻抗不应超过0.1 Ω。具有设备电源输入插口的氧舱,在该插口中的保护接地连接点与已保护接地的所有可触及金属部分之间的阻抗不应超过0.1 Ω。带有不可拆卸电源软电线的氧舱,其网电源插头中的保护接地脚和已保护接地的所有可触及金属部分之间的阻抗不应超过0.2 Ω。

5.6.12 氧舱进舱电线(缆)应采用铜芯线,中间不得有接头。舱内电线(缆)敷设应采用暗装方式,应带有保护套管,管口处应设有防磨塞。舱内电线(缆)与舱内电器的连接点应采用焊接形式并裹以绝缘材料。

5.6.13 医用氧舱用医疗设备的建议参见附录B。

5.7 安全附件及仪表

5.7.1 安全阀

5.7.1.1 氧舱每个舱室应设置不少于2只弹簧式安全阀。

5.7.1.2 安全阀的整定压力、排放能力计算和安装要求应符合TSG 21—2016第9章的规定。

5.7.2 呼吸气体浓度测定装置

5.7.2.1 在氧舱控制台上,氧舱每个舱室应配置带有记录功能的呼吸气体浓度测定装置用于监测舱内氧浓度,其示值误差不大于±3%。

5.7.2.2 压力介质为空气的氧舱舱内氧浓度超标时,呼吸气体浓度测定装置应当同时发出声、光两种信号报警,其报警误差不应超出±1%。

5.7.2.3 呼吸气体浓度测定装置的采样口应当分别与舱室和标定气体(或大气)连通。多人氧舱舱内应设置不少于2个采样口,一个应位于舱内压力调节系统排气口位置附近,另一个应位于舱内预计氧浓度最高位置附近;单人氧舱可设置1个采样口。采样口应当采取有效保护措施,防止污物堵塞。采样流量计的量程应不大于1 L/min。

5.7.3 压力表

5.7.3.1 选用的压力表应与所测量部位的介质相适应,量程应为所测量部位介质工作压力的1.5倍～2.0倍,压力表表盘工作压力值处应标有红线。

5.7.3.2 氧舱控制台上应设置呼吸气气源压力表、呼吸气供气压力表,医用空气加压氧舱和高气压舱控制台上还应设置压力介质气源压力表、压力介质供气压力表和压力水柜压力表,精度均应不低于1.6级。

5.7.3.3 氧舱控制台上对应于每个舱室应设置2只指示舱内压力的压力表,其中1只应为机械指针式压力表。2只压力表的量程应一致,精度应不低于1.6级,多人氧舱至少应有1只压力表精度为0.4级。

6 试验方法

6.1 舱体

6.1.1 壳体

检查压力容器的有关质量证明资料是否符合5.1.2的要求。

6.1.2 舱室

6.1.2.1 舱室材料安全性能

检查材料、涂料制造厂的产品合格证或认可的鉴定证书,安全性能是否符合5.1.3.1的规定。

6.1.2.2 舱室内部件

检查舱室内部件的表面质量及固定情况是否符合5.1.3.2的规定。

6.1.2.3 额定进舱人数标识

检查额定进舱人数标识的位置及标记方式是否符合5.1.3.3的规定。

6.1.2.4 舱室设置

检查多人氧舱的设置是否符合5.1.3.4的规定。

6.1.2.5 舱室内自由通道

用通用量具测量舱室内通道高度及宽度是否符合5.1.3.4的规定。

6.1.2.6 人均舱容

按式(1)计算,氧舱主舱的人均舱容是否符合5.1.3.4的规定。

$$K=\frac{V}{N} \qquad (1)$$

式中:

K ——人均舱容,单位为立方米每人(m^3/人);

V ——按舱室几何尺寸计算所得的容积,单位为立方米(m^3);

N ——额定进舱人数。

6.1.3 舱门

6.1.3.1 舱门尺寸

用通用量具测量舱门尺寸是否符合5.1.4.1的规定。

6.1.3.2 快开式外开门安全联锁装置

升压至联锁装置的锁定压力,然后降压至联锁装置的复位压力,分别记录锁定压力值和复位压力值,试验时的升、降压速率应不大于0.01 MPa/min,结果是否符合5.1.4.2的规定。

6.1.3.3 电动或气(液)动式舱门安全联锁装置

向舱内加压,使舱内带压,检查电动或气(液)动开门装置的状态是否符合5.1.4.2的规定。

6.1.3.4 电动或气(液)动式舱门手动开门时间

用秒表记录手动开门的时间是否符合5.1.4.3的规定。

6.1.3.5 电动或气(液)动式舱门防夹安全保护装置

驱动舱门关闭的同时,将异物放置在门间隙内,检查舱门动作状态是否符合5.1.4.3的规定。

6.1.3.6 现场组焊舱门门框部件

在现场对舱门门框组焊部件进行耐压试验和气密性试验,耐压试验和气密性试验方法应符合TSG 24—2015的规定。

6.1.4 观察窗

用通用量具测量观察窗的尺寸是否符合5.1.5.1的规定。

6.1.5 递物筒

6.1.5.1 递物筒内径及压力表

用通用量具测量递物筒内径,并检查递物筒上的压力表是否符合5.1.6.1的规定。

6.1.5.2 递物筒安全联锁装置

打开递物筒内门,关闭舱门及递物筒外门,升压至联锁机构的锁定压力,然后降压至联锁机构的复位压力,分别记录锁定压力值和复位压力值,试验时的升、降压速率应不大于0.01 MPa/min,结果是否符合5.1.6.2的规定。

6.1.6 耐压试验

6.1.6.1 对2个以上(含2个)舱室的氧舱,应分别对每个舱室进行耐压试验,当各个舱室耐压试验符合要求后,再进行氧舱整体耐压试验。

6.1.6.2 试验时,以不大于0.01 MPa的升压速率将舱室内压力升至表2要求的试验压力,保压10 min,试验用压力表精度应不低于1.6级,舱体是否无异常响声、无泄漏、无可见变形。

6.1.7 整体气密性试验

6.1.7.1 对2个以上(含2个)舱室的氧舱,应分别对每个舱室进行气密性试验,当各个舱室气密性试验符合要求后,再进行氧舱整体气密性试验。

6.1.7.2 试验时,以不大于0.01 MPa/min的升压速率将舱体内压力升至表3要求的试验压力,分别关闭进气阀1 h,泄漏率是否符合表3的规定。

6.2 压力调节系统

6.2.1 空压机配置

检查压力调节系统空压机的配置情况,启动1组空压机向1组储气罐充气至额定压力,记录充气时间是否符合5.2.1的规定。

6.2.2 压力介质质量

在储气罐后空气过滤器出口处和舱内供气管路终端组件处,使用专用气体分析仪器分别进行检测。被测压力介质在过滤器出口处测定的质量是否符合5.2.2的规定,终端组件处气体主要组分浓度与过滤器出口处的差值是否不超过1%。

6.2.3 储气罐容量

6.2.3.1 设置2组储气罐的多人氧舱,仅用1组进行试验。开启空压机对储气罐充气至工作压力后停机。分别打开进气阀,对主舱和过渡舱充气至工作压力,然后降压至过渡舱压力表指“0”后,再对过渡舱充气至工作压力,储气罐内剩余压力介质压力是否满足5.2.3的要求。

6.2.3.2 单人氧舱充气至工作压力,然后降压至压力表指“0”后,再充气至工作压力,重复试验2次,储气罐内剩余压力介质压力是否满足5.2.3的要求。

6.2.4 储气罐内壁涂层

检查涂料制造厂的材质证明或第三方检测机构的检测报告是否符合5.2.4的规定。

6.2.5 应急卸压时间

将氧舱舱内压力升至工作压力,打开舱外应急排气阀及其他排气阀,用秒表测量压力降至0.01 MPa的时间是否符合表4的要求。

6.2.6 手动操作机械阀门的检查

检查控制台上的手动操作机械阀门是否符合5.2.6的规定。

6.2.7 舱室升、降压速率

6.2.7.1 升压速率

将氧舱舱内压力由常压 p_a 升至压力 p,用秒表测量升压所需时间 t,按式(2)计算所得值是否符合5.2.7的要求:

$$v_s = \frac{p - p_a}{t} \qquad \cdots\cdots(2)$$

式中:

v_s ——舱室升压速率,单位为兆帕每分(MPa/min);

p ——升压后的舱内压力,单位为兆帕(MPa);

对于医用氧舱,$p \geqslant 0.02$ MPa;

p_a ——舱内原有压力(常压),单位为兆帕(MPa);

t ——升压时间,单位为分(min)。

6.2.7.2 降压速率

将氧舱舱内压力由常压 p_a 升至压力 p,关闭进气阀门,将舱内压力降至 p',用秒表测量降压所需时间 t,应急排气阀不准许加入检验,按式(3)计算所得值是否符合5.2.7的要求:

$$v_j = \frac{p - p'}{t} \quad \cdots\cdots (3)$$

式中：

v_j ——舱室降压速率，单位为兆帕每分(MPa/min)；

p ——氧舱原有压力，单位为兆帕(MPa)；

对于多人氧舱，p 为 0.2 MPa；

对于单人氧舱，p 为工作压力；

p'——降压后的舱内压力，单位为兆帕(MPa)；

对于多人氧舱，$p' \leqslant 0.18$ MPa；

对于单人氧舱，$p' \leqslant 0.5$ P；

t ——降压时间，单位为分(min)。

6.2.8 舱内供气噪声

6.2.8.1 声级计及测试点的要求

选用声级计的精度不低于Ⅱ级，声级计放置在单人氧舱的活动床头部位置，多人氧舱放置在离氧舱地坪 1 m 高且距噪声源 1 m 远的测点上。

6.2.8.2 测试方法

关闭医用空气加压氧舱舱门及递物筒门，调整进气阀，以 0.01 MPa/min 的升压速率向舱内供气，当舱压由 0.02 MPa 升至 0.03 MPa 过程中，按 6.2.8.1 规定的噪声测试点测出的噪声值是否符合 5.2.8 的规定。

关闭医用氧气加压氧舱舱门，以 0.01 MPa/min(婴幼儿氧舱以 0.005 MPa/min)的升压速率向舱内供气，按 6.2.8.1 规定的噪声测试点测出的噪声值是否符合 5.2.8 的规定。

关闭高气压舱舱门，打开递物筒门，使舱内为常压，调整进气阀，以 0.2 MPa/min 的升压速率向舱内供气，测得舱内最大供气噪声。连续供气 20 min，每 4 min 记一次读数，取算术平均值求得连续供气时的平均噪声，按 6.2.8.1 规定的噪声测试点测出的噪声值是否符合 5.2.8 的规定。

6.2.9 压力调节系统气密性

将压力调节系统管道压力升至工作压力，关闭进气阀 10 h，泄漏率是否符合表 5 的要求。

6.2.10 压力调节系统管道元件材质

检查压力调节系统管道元件的材料证明是否符合 5.2.10 的规定。

6.2.11 压力调节系统管道加工、安装

检查管道脱脂处理和清洗、吹扫记录，检查管道焊接无损检测报告是否符合 5.2.11 的规定。

6.3 呼吸气系统

6.3.1 呼吸气系统组成

检查呼吸气系统的各组成部分是否符合 5.3.1 的规定。

6.3.2 呼吸气系统阀门

检查工作压力高于 0.8 MPa 的呼吸气系统阀门是否符合 5.3.2 的规定。

6.3.3 供气压力稳定性

在氧舱舱内压力为工作压力和进舱人员为满员戴面罩呼吸的情况下,呼吸气供气压力按规定设定,在 10 min 内观察呼吸气源压力表,压降是否符合 5.3.3 的规定。

6.3.4 呼吸装具

检查吸氧动态显示仪或流量计的配置,在舱内检查每一路呼吸装具前的截止阀,检查急救供气管路中截止阀和流量计的配置是否符合 5.3.4 的规定。

6.3.5 排气管道

检查排气管道中的阀门和排气口的设置是否符合 5.3.5 的规定。

6.3.6 舱内氧浓度

在氧舱舱内压力为工作压力和进舱人员为满员的情况下,呼吸气供气压力按规定设定,在氧舱工作全过程中读取和记录呼吸气体浓度测定装置数值,舱内氧浓度值是否符合 5.3.6 的规定。

6.3.7 呼吸气系统气密性

呼吸气系统气密性试验介质为氮气或者氧气,将呼吸气系统管道压力升至工作压力,关闭进气阀 10 h,泄漏率是否符合表 6 的规定。

6.3.8 呼吸气系统管道元件材料

检查呼吸气系统管道元件的材料证明,应符合 5.3.8 的规定。

6.3.9 呼吸气系统管道加工、安装

检查管道脱脂处理和清洗、吹扫记录,检查管道焊接无损检测报告等是否符合 5.3.9 的规定。

6.4 舱内环境调节系统

6.4.1 温湿度监视仪表的配置

检查氧舱控制台上温湿度监视仪表的配置情况是否符合 5.4.1 的规定。

6.4.2 温湿度监视仪表示值误差

将温度量程 0 ℃~50 ℃、相对湿度量程 0%~100%、误差不超过±0.7 ℃的数字式标准温湿度仪探头放在被检测温湿度仪探头同一位置,常压下静置 2 min 后,计算两者测量数值的绝对误差,其最大差值是否符合 5.4.1 的规定。

6.4.3 温湿度传感器的设置

检查温湿度传感器的设置位置及防护情况是否符合 5.4.1 的规定。

6.4.4 舱内环境调节系统的设置

检查多人氧舱环境调节系统的设置情况是否符合 5.4.2 的规定。

6.4.5 电机及保护装置

6.4.5.1 舱压升至工作压力,在额定电压的 90%时,使空调断电并再启动,观察空调出风口是否出风以确定电机是否启动运转是否符合 5.4.3 的电机启动要求。

6.4.5.2 舱压升至工作压力,在额定电压的110%时,使空调启动。将热电偶或点温计的测温点紧贴电机外壳,当温度达到稳定值时,温度仪上的读数不应超过150 ℃。或将电流表串入馈电电路,电流表的读数不超过电机的额定电流值。后者为仲裁方法。

6.4.5.3 分别模拟电机短路和过载状态,保护装置是否符合5.4.3的规定。

6.4.6 舱内温度调节效果

氧舱加压前半小时启动环境调节系统。氧舱以0.01 MPa/min的速率升压至工作压力,稳压1 h,观察整个稳压过程中舱内温度数值,计算温度变化率是否符合5.4.4的规定。

6.4.7 加湿装置

检查氧舱加湿装置的设置情况。氧舱以0.01 MPa/min的速率升压至工作压力,稳压时开启加湿装置,观察整个稳压过程中舱内湿度数值是否符合5.4.5的规定。

6.4.8 环境调节系统工作噪声

关闭舱门,在常压下启动环境调节系统,用精度不低于Ⅱ级的声级计进行测量。测量多人氧舱时,声级计放置在离氧舱地坪1 m高且距噪声源1 m远处;测量单人氧舱时,声级计放置在活动床头部位置。测出的噪声值是否符合5.4.6的规定。

6.5 消防系统

6.5.1 标记

检查标记的内容及设置位置是否符合5.5.1的规定。

6.5.2 消防系统配置

检查氧舱消防系统的配置情况是否符合5.5.2的规定。

6.5.3 消防系统效果

6.5.3.1 关闭舱门,加压至氧舱工作压力,开启消防系统,用秒表记录启动手动开启控制机构至系统中最远点的喷头喷出水的时间,其结果是否符合5.5.3的规定。

6.5.3.2 喷水试验中,记录的喷水时间 t 是否符合5.5.3的规定。计算压力水柜的供水量是否符合5.5.3的规定。

6.5.3.3 消防系统启动前,记录压力水柜液位计的起始高度,消防系统启动后开始喷水时用秒表计时至喷水结束止,记录喷水结束后压力水柜液位计的终止高度,计算实际供水量,并按式(4)计算所得的平均喷水强度值是否符合5.5.3的规定:

$$B=\frac{G}{S\times t} \qquad \cdots\cdots(4)$$

式中:

B ——平均喷水强度,单位为升每平方米每分[L/(m² · min)];

G ——实际供水量,单位为升(L);

S ——作用面积按舱内地板实际面积加上座位实际面积计算,单位为平方米(m²);

t ——喷水时间,单位为分(min)。

6.5.4 消防系统管道元件材料

检查消防系统管道元件的材料证明是否符合5.5.4的规定。

6.6 电气系统

6.6.1 氧舱进舱电压

检查进舱的电压是否符合5.6.1的规定。

6.6.2 进舱电气设备

检查医用氧气加压氧舱的进舱电气设备种类是否符合5.6.2的规定。

6.6.3 舱内照度值和照度不均匀度

6.6.3.1 单人氧舱照度测试

测量单人氧舱时，舱内照明电源电压调整在额定值，照度计置于活动床头部位置上，在无自然光照的前提下测定1点，测得舱内照度是否符合5.6.3的规定。

6.6.3.2 多人氧舱照度测试

测量多人氧舱时，舱内照明电源电压调整在额定值，照度计置于离舱内地坪800 mm高处。在无自然光照的前提下，主舱照度测试点为图2中所示的A、B、C、D、E、F 6个点，需含氧舱两端头的座椅(A、D、C、F)，过渡舱照度测试点为图2中的A′、B′两点，测得舱内照度并计算照度不均匀度是否符合5.6.3的规定。

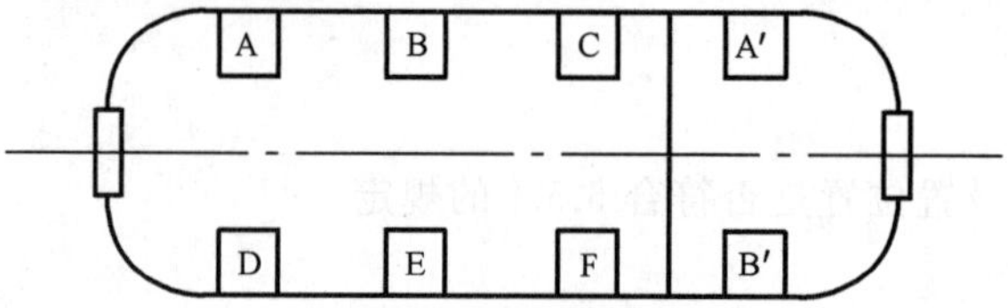

图2 多人氧舱照度测试点

6.6.3.3 照度计算

氧舱的舱内平均照度值按式(5)计算：

$$\overline{E}=\frac{\sum_{i=1}^{n}E_i}{n} \qquad \cdots\cdots(5)$$

式中：

$\overline{E}$——舱内平均照度值，单位为勒克斯(lx)；

E_i——各测点的照度值，单位为勒克斯(lx)；

n——测试点数。

6.6.3.4 照度不均匀度计算

氧舱的舱内照度不均匀度按式(6)计算：

$$\xi=\frac{E_{\max}-E_{\min}}{\overline{E}} \qquad \cdots\cdots(6)$$

式中：

ξ——照度不均匀度；

$E_{\max}$——该次测量中所得的最大照度值，单位为勒克斯(lx)；

$E_{\min}$——该次测量中所得的最小照度值，单位为勒克斯(lx)；

$\overline{E}$——该次测量中所得的舱内平均照度值，单位为勒克斯(lx)。

6.6.4 通信装置

检查氧舱的通信装置是否符合5.6.4的规定。

6.6.5 应急电源

氧舱工作中，切断正常网电源供电，检查应急电源对应急呼叫、应急照明、对讲通信、消防系统、呼吸气体浓度测定装置等的工作情况，并用计时表记录上述设备持续工作时间是否符合5.6.5的规定。

6.6.6 接地装置的接地电阻值

使用接地电阻测定仪，量程范围调整为0 Ω～10 Ω，两个测量用插针尽可能远离接地装置，断开接地导线与接地装置的连接点，测量接地装置对大地的电阻是否符合5.6.6的规定。

6.6.7 静电接地通道

检查静电接地线的质量证明文件是否符合5.6.7的规定。

6.6.8 生物电插座的绝缘电阻值

选用量程250 MΩ，试验电压250 V，精度不低于1.0级的兆欧表，分别测量生物电插座各插针(接线柱)之间和各插针(接线柱)分别对舱体的绝缘电阻是否符合5.6.8的规定。

6.6.9 对地漏电流

使用漏电流测试仪测量电气设备电源输入端流入保护接地导线或未保护接地外壳的漏电流是否符合5.6.9的规定。

6.6.10 电介质强度

使用交流耐压测试仪试验电气设备电源输入端与舱体及控制台之间的绝缘强度是否符合5.6.10的规定。

6.6.11 保护接地阻抗的检验

使用接地电阻测试仪测量网电源插头中的保护接地脚(或保护接地端子)与电气设备可触及金属外壳之间的阻抗是否符合5.6.11的规定。

6.6.12 进舱电线(缆)

检查进舱电线(缆)的设置情况是否符合5.6.12的规定。

6.7 安全附件

6.7.1 安全阀

6.7.1.1 检查各舱室安全阀的设置情况是否符合5.7.1.1的规定。

6.7.1.2 检查厂方提供的安全阀质量证明书和校验证书是否符合5.7.1.2的规定。

6.7.2 呼吸气体浓度测定装置

6.7.2.1 检查呼吸气体浓度测定装置的配置，检查制造厂提供的呼吸气体浓度测定装置产品合格证和性能检测报告中的示值误差是否符合5.7.2.1的规定。

6.7.2.2 在常压下，将被检呼吸气体浓度测定装置的预置报警值设置在22%～23%中的任一值，向采样口通入氧气，当被检呼吸气体浓度测定装置发出声、光报警一瞬间，记下被检呼吸气体浓度测定装置的实际报警值，计算预置值与实际值的绝对差值，重复3次，检查平均值是否符合5.7.2.2的规定。

6.7.2.3 检查呼吸气体浓度测定装置采样管路的连接、舱内采样口的位置、采样流量计的量程是否符合5.7.2.2的规定。

6.7.3 压力表

6.7.3.1 检查压力表的质量证明书和检定证书是否符合5.7.3.1的规定。

6.7.3.2 检验控制台上各系统压力表的设置情况是否符合5.7.3.2和5.7.3.3的规定。

7 检验规则

7.1 检验分类

7.1.1 氧舱产品的检验分出厂(交付)检验调试和安全性能监督检验两类。

7.1.2 氧舱制造厂应在产品出厂(交付)前进行检验调试,检验调试合格后应出具质量证明书(含产品合格证、氧舱产品及安装调试数据表)和检验调试报告。出厂(交付)检验调试应为逐台进行。

7.1.3 安全性能监督检验由具有特种设备监督检验资质的检验机构按照相关法规、规范的要求,对氧舱制造厂出厂(交付)前的氧舱进行逐台监督检验,合格后,按相关要求打监检钢印,并出具特种设备制造/安装监督检验证书(氧舱)。

7.2 检验项目和判定原则

7.2.1 检验项目

7.2.1.1 氧舱设计文件鉴定由国务院负责特种设备安全管理监督部门核准的检验机构承担。

7.2.1.2 对于5.6.10规定的电介质强度试验,经检验合格后,不应重复进行。

7.2.1.3 氧舱安全性能监督检验项目按照TSG 24—2015第7章的有关规定执行。

7.2.2 判定原则

氧舱产品出厂(交付)检验调试和安全性能监督检验项目全部合格,方可判定为合格产品。

8 标志和使用说明

8.1 产品标志

8.1.1 氧舱产品标志应包括以下内容:

a) 产品名称、型号、规格;

b) 额定进舱人数;

c) 生产企业的名称、住所、生产地址、联系方式及生产许可证编号;

d) 生产日期,使用期限或者失效日期;

e) 电源连接条件、输入功率;

f) 根据产品特性应当标注的图形、符号以及其他相关内容;

g) 必要的警示、注意事项;

h) 特殊储存、操作条件或者说明。

8.1.2 医用氧舱产品标志还应符合医疗器械说明书和标签管理规定中的要求。

8.2 铭牌

8.2.1 氧舱铭牌应包括下列内容:

a） 产品名称及型号；

b） 制造单位名称；

c） 制造许可证编号和许可级别；

d） 产品标准；

e） 压力介质；

f） 工作压力；

g） 设计温度；

h） 呼吸气体名称或者化学元素符号；

i） 产品编号；

j） 设备代码(按照 TSG 21—2016 的规定)；

k） 制造日期；

l） 额定进舱人数；

m） 人均舱容(设置多舱室的应当分别标识各舱室人均舱容)；

n） 舱体重量；

o） 设计使用年限。

8.2.2 产品铭牌的右上角应留出制造监检标识的位置。

8.2.3 医用氧舱产品铭牌还应符合医疗器械说明书和标签管理规定中的要求。

8.3 包装箱标志

氧舱包装箱上应有下列标志：

a） 产品名称及型号；

b） 产品标准；

c） 出厂编号；

d） 出厂日期；

e） 制造厂名称及地址；

f） 制造厂联系方式；

g） 毛重；

h） 体积(长×宽×高)；

i） 储运图示标志的方法及图形应符合 GB/T 191 的规定。

8.4 产品合格证

8.4.1 产品合格证上应包括下列内容：

a） 制造单位名称和地址；

b） 制造单位统一社会信用代码；

c） 制造许可证编号；

d） 氧舱类别；

e） 产品名称；

f） 产品编号和产品型号；

g） 产品图号；

h） 设备代码；

i) 执行标准;
j) 制造日期;
k) 检验责任人签章;
l) 单位质保工程师签章。

8.4.2 产品合格证应附产品数据表。

8.5 产品使用说明书

8.5.1 产品使用说明书应包括下列内容:
a) 产品名称、型号、标准号、商标;
b) 制造厂名称和地址;
c) 制造厂的联系方式;
d) 结构原理;
e) 规格及技术性能;
f) 操作使用方法;
g) 安全注意事项;
h) 定期检验内容。

8.5.2 医用氧舱使用说明书还应符合医疗器械说明书和标签管理规定中的要求。

9 包装、运输、储存

9.1 单人氧舱应使用木箱或栅状木箱包装,包装箱应符合以下要求:
a) 氧舱装箱前应予以清理,箱内不准许有污染物,氧舱管道接口应密封以防止污染物进入;
b) 包装箱内垫防水膜(层)防止雨水和尘埃与氧舱直接接触;
c) 氧舱在包装箱内应牢固定位,压木与产品接触面之间应垫有软性垫料,防止运输中松动和擦伤。

9.2 多人氧舱的包装应符合以下要求:
a) 氧舱窗玻璃应进行防护;
b) 所有管道接口应密封,以防止污染物进入;
c) 舱体上应设置吊耳及运输捆绑点;
d) 在绑带与舱体接触面之间应垫有软性垫料,防止运输过程中对产品的擦伤。

9.3 包装箱内应附有装箱清单。装箱清单应列出下列项目:
a) 装箱设备名称和型号;
b) 配件名称及其数量;
c) 完工资料及随机文件。

9.4 装入包装箱内的备件及文件应用塑料包装袋封装。

9.5 包装后的氧舱应储存在不受雨淋和阳光直接照射的室内,储存环境无污染,且通风良好。

9.6 氧舱的运输方式及要求应按订货合同执行,且应避免造成设备损害和污染。

附　录　A
(规范性附录)
氧 舱 用 窗

A.1　总则

A.1.1　适用范围

本附录适用于以聚甲基丙烯酸甲酯(简称有机玻璃)为窗玻璃材料的氧舱用窗。

A.1.2　使用条件

本附录适用的使用条件:

——工作温度应在−18 ℃～66 ℃范围;

——工作压力不超过 5 MPa;

——所接触的介质仅限于水、空气或者呼吸气系统用呼吸气体;

——使用中加减压速率应不大于 1 MPa/s;

——在使用寿命期内,设计使用次数应不超过 5 000 次,并且设计使用年限不超过 10 年,先到为准。

A.2　材料

A.2.1　氧舱用窗的材料应选用浇铸有机玻璃板材或浇铸有机玻璃管材。

A.2.2　不允许通过将几块有机玻璃板材层压的方式来获得期望的窗厚度。

A.2.3　有机玻璃板材的外观质量、物理和力学性能应符合 GB/T 7134—2008 第 5 章的规定。

A.2.4　有机玻璃管材的外观质量、物理和力学性能应符合表 A.1、表 A.2 的规定。

表 A.1　有机玻璃管材的外观质量

项　目	质量指标
银纹	不准许
气泡	不准许
外来杂质	直径 0.5 mm～3 mm 不超过 3 个
	杂质密度应≤1 个/16 cm^3 连续体积
	相邻杂质间隔≥6 mm
	表面不准许有杂质
收缩痕	不准许
划痕	≤0.25 mm
内壁波纹	准许轻微存在

表 A.2　有机玻璃管材物理和力学性能

项　目	性能指标
拉伸强度/MPa	≥62
透光率/%	≥90
抗溶剂银纹性	浸泡 1 h 无银纹出现

A.3　形状

A.3.1　氧舱用窗玻璃应采用图 A.1 中所示的标准形状。

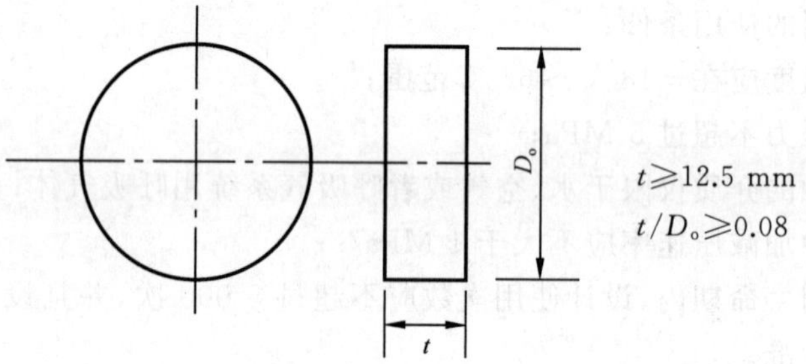

a)　圆平板形窗

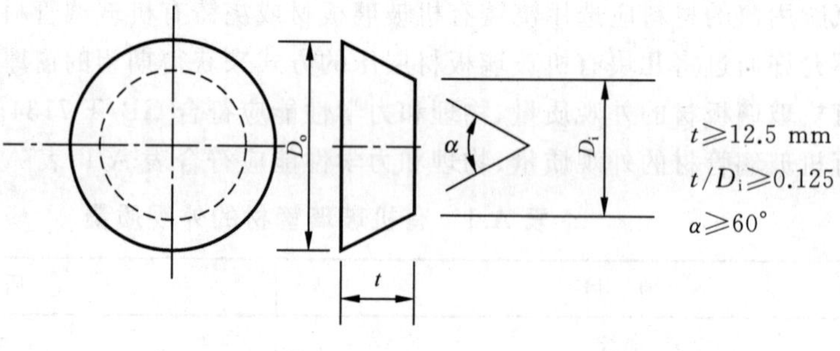

b)　圆锥形窗

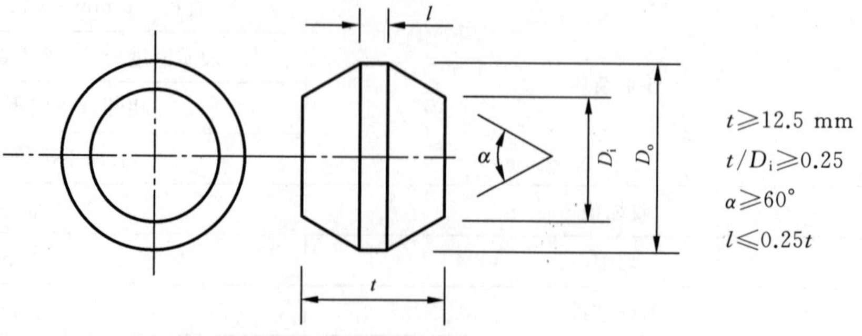

c)　双斜边圆形窗

图 A.1　标准形状窗玻璃

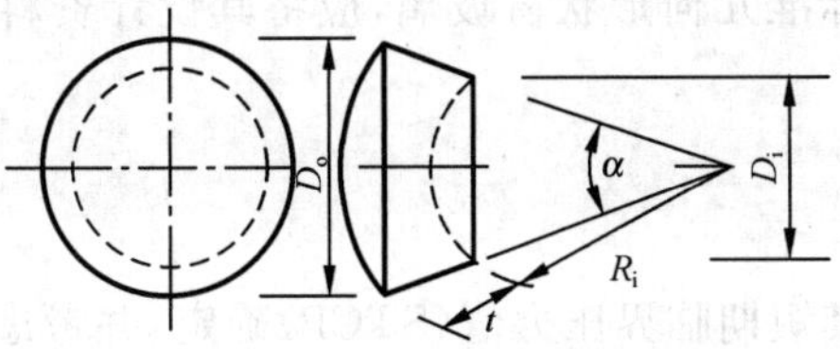

$t \geqslant 12.5$ mm

$\alpha \geqslant 30°$

$t/R_i \geqslant 0.09$，对 $\alpha \geqslant 60°$

$t/R_i \geqslant 0.06$，对 $\alpha \geqslant 90°$

$t/R_i \geqslant 0.03$，对 $\alpha = 180°$

d)　锥边部分球形窗

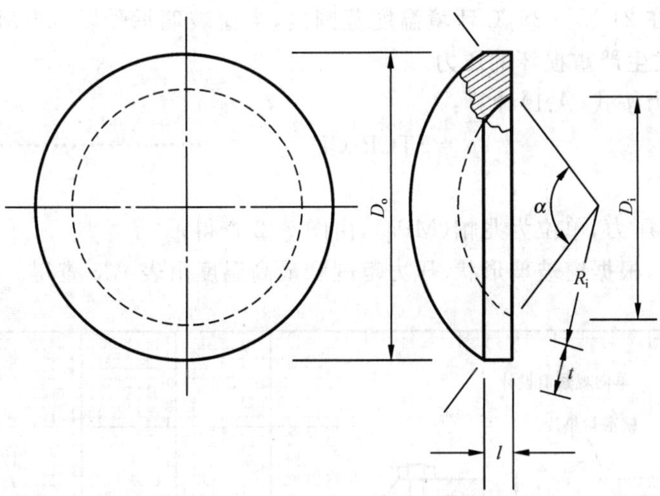

$t \geqslant 12.5$ mm

$30° \leqslant \alpha \leqslant 150°$

$t/R_i \geqslant 0.03$

$D_i = 2R_i \sin\frac{\alpha}{2}$

$D_o = 2R_o \sin\frac{\alpha}{2}$

$R_o = R_i + t$

$l = t\ \sin(90° - \alpha/2)$

e)　方边部分球形窗

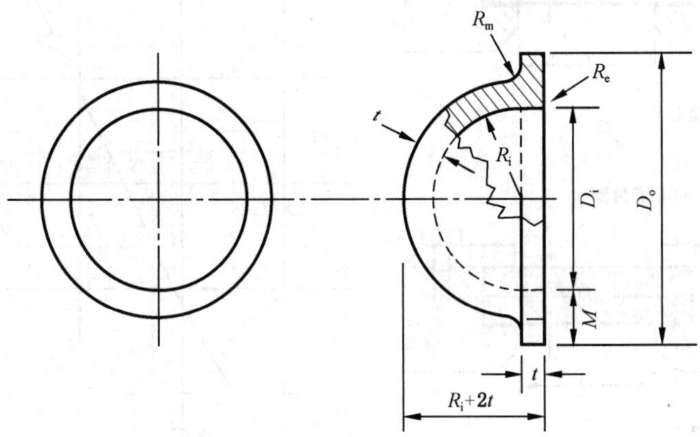

$t \geqslant 12.5$ mm

$t/R_i > 0.03$

$D_o = (D_i + 2M)$

$R_m \geqslant 3.0$ mm

$0.5\ \text{mm} \leqslant R_e \leqslant 0.125\ t$

$1.5t \leqslant M \leqslant 2.0t$

$R_o = R_i + t$

f)　整圆边半球形窗

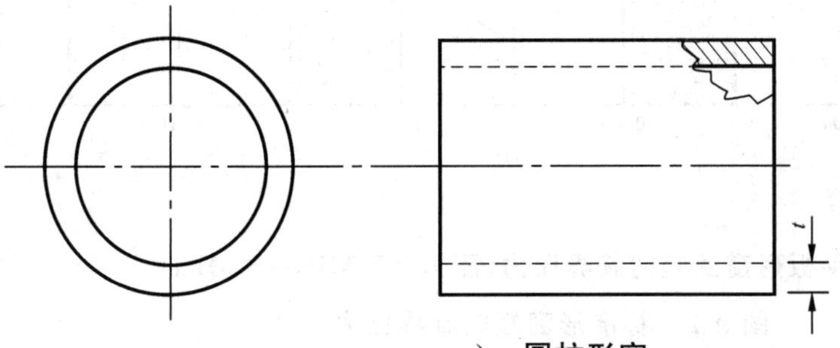

$t \geqslant 12$ mm

g)　圆柱形窗

图 A.1（续）

A.3.2 凡采用图 A.1 以外的非标准几何形状窗玻璃,应将其设计资料和可靠的短时临界压力试验数据提交审核。

A.4 设计

A.4.1 标准形状窗玻璃尺寸由其短期临界压力值(STCP)确定,并考虑最高环境温度下的转换系数(CF)的影响。

A.4.2 短期临界压力指在 21 ℃～25 ℃环境温度范围内,当窗玻璃承受以 4.5 MPa/min 等速加载的静水压力时最终发生严重损坏的压力。

A.4.3 窗玻璃的工作压力按式(A.1)计算:

$$p = \mathrm{STCP}/\mathrm{CF} \quad \cdots\cdots\cdots\cdots (A.1)$$

式中:

STCP ——短期临界压力,单位为兆帕(MPa),由图 A.2 查得;

CF ——转换系数,根据窗玻璃形状、压力范围和最高温度由表 A.3 查得。

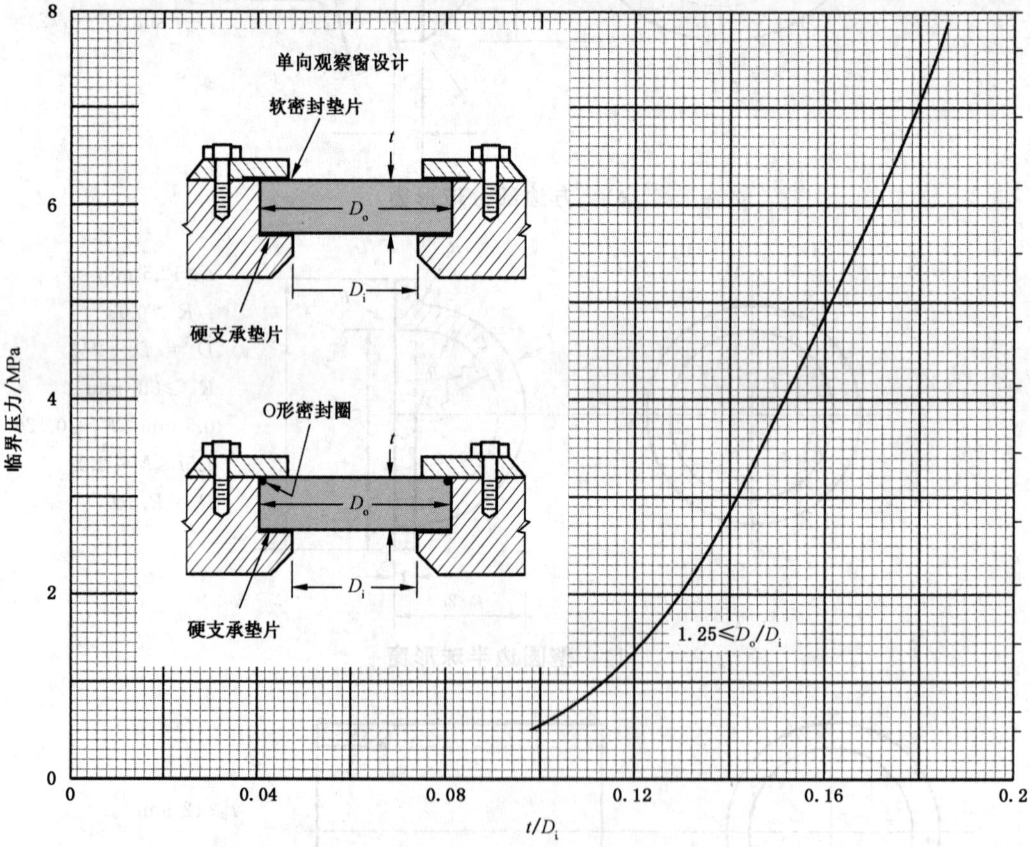

a) 圆平板形窗的短时临界压力(压力 0.5 MPa～8 MPa)

图 A.2 标准形窗短时临界压力

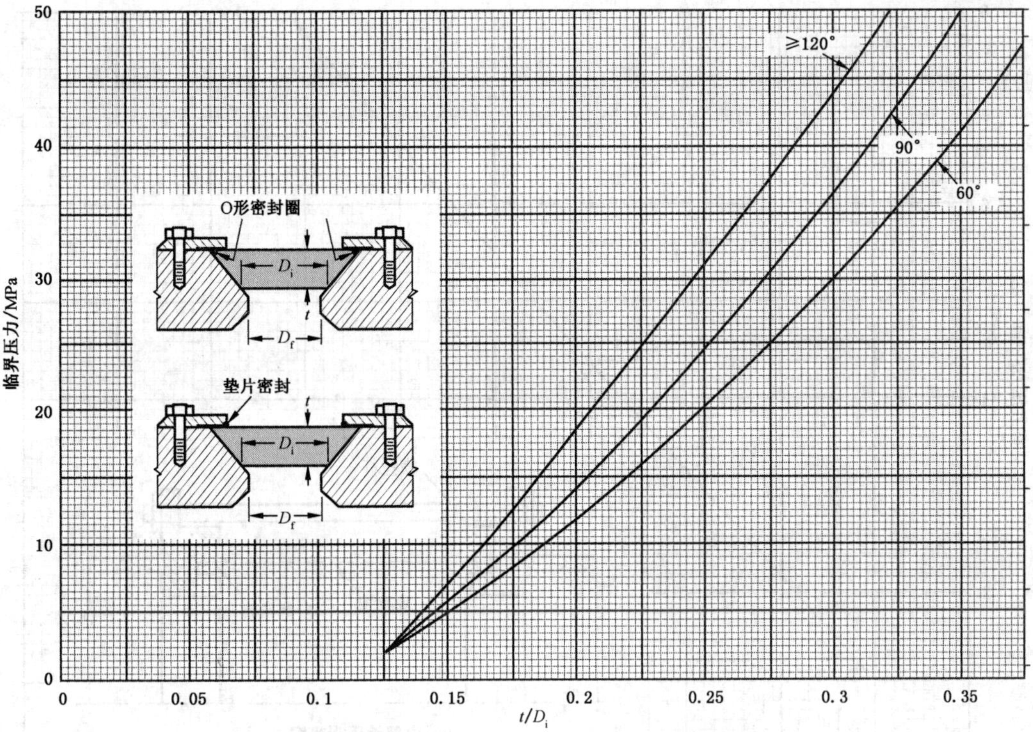

b) 圆锥形窗的短时临界压力(压力 2 MPa～50 MPa)

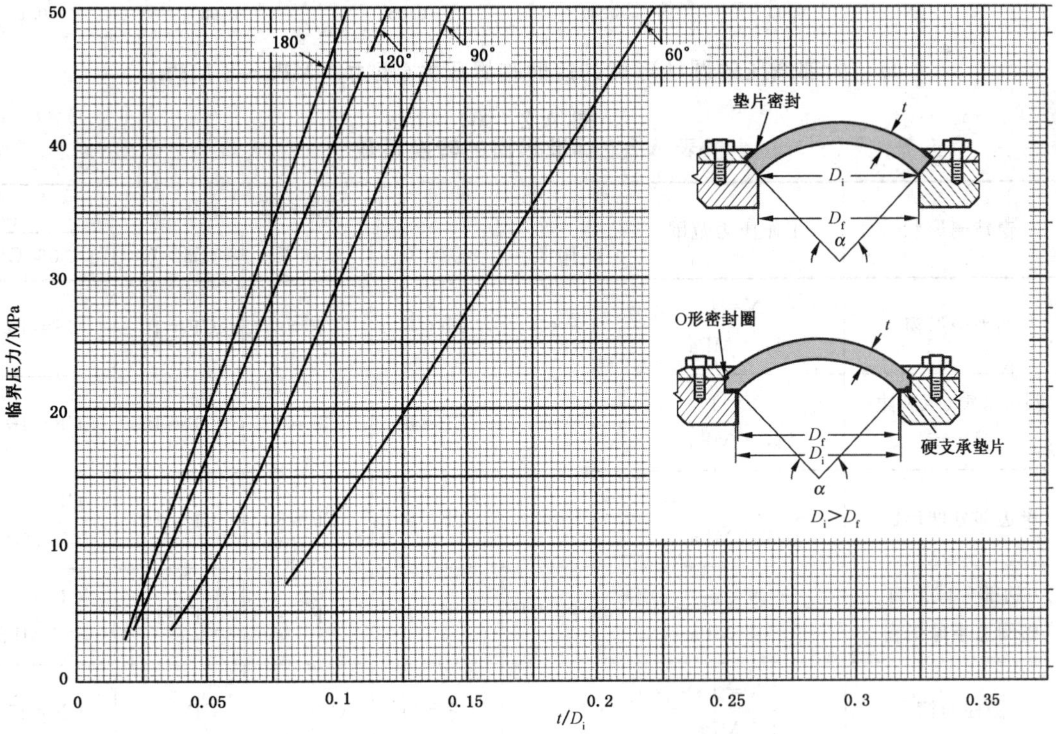

c) 球形窗的短时临界压力(压力 5 MPa～50 MPa)

图 A.2(续)

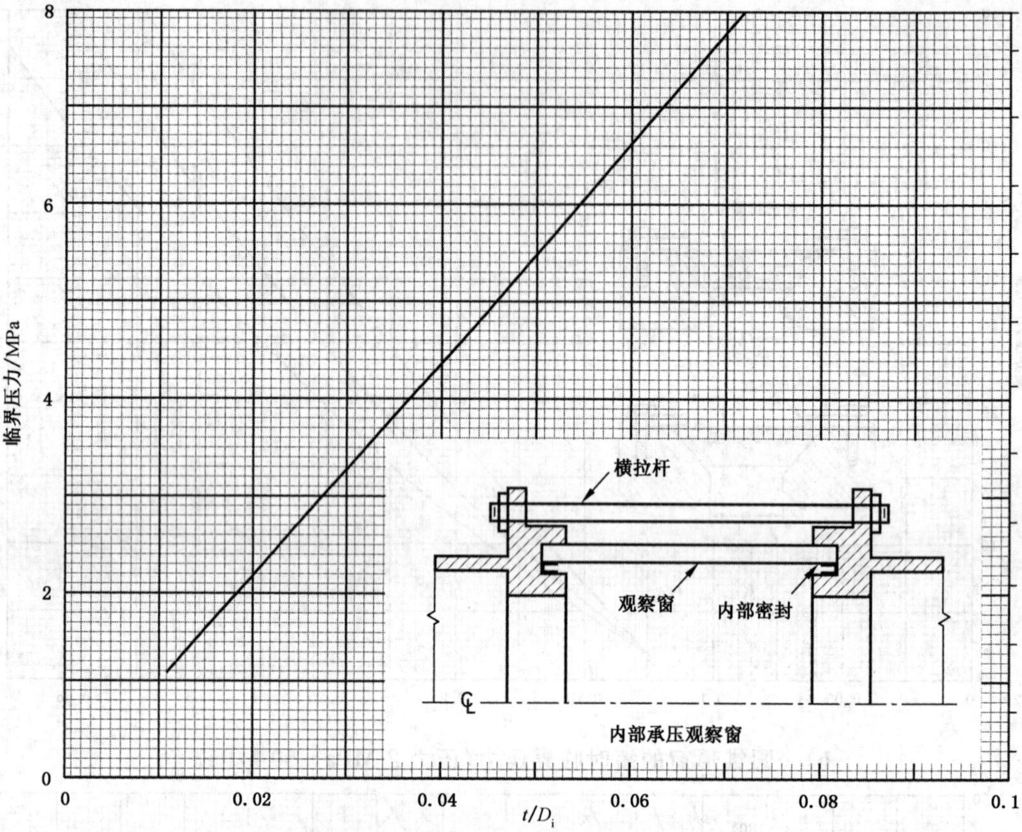

d) 内部增压的圆柱形窗的短时临界压力(压力 1 MPa～8 MPa)

图 A.2(续)

表 A.3 标准形窗的转换系数

窗玻璃形状	工作压力范围	转换系数				
		≤10 ℃	≤24 ℃	≤38 ℃	≤52 ℃	≤66 ℃
圆平板形窗	$N=1$ 17.2 MPa	CF=5	CF=6	CF=8	CF=10	CF=16
圆锥形窗、双斜边圆形窗	$N=1$ 17.2 MPa	CF=5	CF=6	CF=8	CF=10	CF=16
锥边部分球形窗	$N=1$ 17.2 MPa	CF=4	CF=6	CF=8	CF=10	CF=16 10.3 MPa
方边部分球形窗、整圆边半球形窗	$N=1$ 17.2 MPa	CF=5	CF=7	CF=9	CF=11	CF=17 10.3 MPa
圆柱形窗	$N=1$ 1.7 MPa	CF=13	CF=14	CF=15	CF=20	CF=25

A.5 尺寸公差及表面光洁度

A.5.1 窗玻璃的厚度应均匀,且应不小于按照 A.4 确定的名义厚度。

A.5.2 圆板形窗玻璃外直径的尺寸公差取决于密封布置形式,具体为:

a) 窗座上用径向压缩的 O 形密封圈时,允许误差范围为 0 mm～0.25 mm;

b) 在固定环、窗玻璃斜角与窗玻璃座柱面间的环形间隙内嵌入密封圈做密封时,允许误差范围为 $_{-1.5}^{\ 0}$ mm;

c) 用固定环轴向压紧的扁平橡胶垫圈做密封时,允许误差范围为 $_{-3.2}^{\ 0}$ mm。

A.5.3 圆柱形窗玻璃的最大不圆度不应超过名义外半径的+0.5%。

A.5.4 圆锥形或锥边部分球面窗玻璃圆锥夹角的允许误差范围为 $_{0^\circ}^{+0.25^\circ}$。

A.5.5 锥面大端直径的允许误差范围为 0～$-0.002D_o$(D_o 为大端名义直径)。

A.5.6 部分球形窗玻璃的球面与标准球面的局部偏差应不超过球面名义外半径的±0.5%。

A.5.7 方边球形窗外直径的允许误差范围为 0～$-0.000\,5D_o$。

A.5.8 窗玻璃的支承表面应平整光洁,平均表面粗糙度小于 Ra0.75 μm,且不得开有沟槽。

A.6 制造

A.6.1 在窗玻璃的制造过程中不得使用任何会使有机玻璃材料的原始物理属性退化的制造工艺、溶剂、清洁剂或者冷却剂。

A.6.2 每块窗玻璃在完成全部的成型、机加工和机械抛光之后都必须进行退火处理,所有退火处理必须在强制空气循环的烘箱中进行。退火处理工艺由窗玻璃制造企业制定。

A.6.3 在最终退火之后,可对窗玻璃进行手工研磨和手工抛光。

A.7 试验方法

A.7.1 有机玻璃板材试验方法

有机玻璃板材外观质量、物理和力学性能的试验方法按照 GB/T 7134—2008 第 6 章的规定执行。

A.7.2 有机玻璃管材试验方法

A.7.2.1 外观质量

外观质量的检查应在自然光充足的室内或额定功率不小于 40 W、色温为 6 500 K±650 K 的日光型荧光灯照射下,距产品 300 mm～400 mm 处用目视法进行。

A.7.2.2 尺寸

管材的直径和壁厚应采用精度不低于 0.05 mm 的量具进行测量。直径距两端 4 mm 以外测量6 点,壁厚测 6 个点(两端各测量 3 个点)。

A.7.2.3 拉伸性能

管材的拉伸强度及拉伸断裂应变按 GB/T 1040.1—2018 和 GB/T 1040.2—2006 的规定进行测定,使用 1B 试样,拉伸速度为 5 mm/min±1 mm/min。

A.7.2.4　抗溶剂银纹性

按 GB/T 7134—2008 中 6.9.4 的规定进行，浸泡不少于 1 h 后进行观察。

A.7.2.5　透光率

按 GB/T 2410—2008 的规定进行测定。

A.8　标记

窗玻璃上的所有标记不得采用可能引起裂纹传播的标记方式。

附　录　B
（资料性附录）
医用氧舱用医疗设备的建议

B.1　概述

本附录所述医疗设备是为治疗患者所需的任何设备，如呼吸机、负压吸引装置等。

本附录描述：

——某些医疗设备存在的潜在危险；

——拟用于高压氧治疗过程中可能在医用氧舱中使用的医疗设备引入的风险；

——对医疗设备和医用氧舱的用户及厂家的建议，以满足患者及相关人员最高安全等级。

B.2　压力

B.2.1　潜在危险

医用氧舱可以在大气压环境中形成舱内压力增加。

B.2.2　风险

设计和制造用于大气压力条件的医疗设备不能在高压条件下使用。引入医用氧舱中会导致几类问题：

a)　在压力变化的影响下出现粉碎、内爆或某些组件的爆炸，同时有次级影响如短路、故障的风险、形成火花、溢出、喷射碎片或液体；

b)　特定情形会改变设备的额定特性；

c)　通过探测器记录的测量出现退化；

d)　显示的度数与测量值出现不一致的退化；

e)　设备分配给患者医疗产品的流量、压力和频率的退化；

f)　减压时医疗设备可能形成或传导液体内所含气泡。

B.2.3　建议

在医用氧舱内安装医疗设备之前：

a)　确保该医疗设备未含有任何大气压力下的密闭部件并且该装置的所有部件在舱室中所受压力与舱室环境相同或是等效耐压。

b)　确保进行高压试验，特别是：

　1)　控制机构，如键盘垫，不会堵塞；

　2)　装置上的探测器性能没有退化或可以纠正；

　3)　该设备内置电子设备操作没有退化；

　4)　该装置的显示没有退化；

　5)　设备分配医疗产品给患者的流量，压力和频率没有退化或至少经评估准确；

　6)　如果不能确认，不得在高压舱室中安装医疗设备。

B.3 氧气

B.3.1 潜在危险

医用氧舱舱内环境氧气局部压力随着舱室内部压力增加而成比例增加。

患者在高压舱中通过佩戴吸氧装置或通过其他呼吸系统进行纯氧和/或富氧混合呼吸气治疗。此类呼吸系统不能完全保证密封性,纯氧以及富氧混合物可能泄漏到舱室空气中,这样会导致舱室中的氧气百分比上升,在舱室中氧气最大允许极限为23%。

B.3.2 风险

医用氧舱空气中高局部压力和高氧气比例相关危险:

——与易燃产品;

——与起火点,如火花,加重火灾风险因素。

此外,引入医用氧舱的医疗器械:

——在富氧环境中用易燃产品润滑从而引起火灾;

——在富氧环境中由易燃材料制成或传导易燃物质;

——在富氧环境中所制材料由于化学反应生成有毒物质。

B.3.3 建议

在医用氧舱内安装医疗设备之前:

——确保该医疗设备不包含任何与富氧环境不兼容的润滑油。如果存在,应将所有油脂去除并用与纯氧兼容产品润滑;

——确保设备材料不是由易燃材料或不传导任何易燃产品制成,如凝胶或酒精;

——确保没有包含与富氧环境发生反应的材料;

——如果不能确认,不得在医用氧舱中安装医疗设备。

B.4 电气

B.4.1 潜在危险

医疗和其他电气设备有潜在起火源,在压缩空气的压力室中的氧分压上升潜在起火问题更为突出。

B.4.2 风险

起火源,例如与下列相关产生火花或过热:

——与氧化剂,如氧气,舱室空气局部高压和百分比;

——舱室中的材料,该材料在氧存在条件下呈现出更多的可燃性,能引起火灾。

B.4.3 建议

单一故障不应导致危险。用于医用氧舱的医疗电气设备不应导致起火风险。

制造商应考虑:

——使用低能量(低电压、低电流)设备;

——在舱室外部放置装置电源;

——在舱室外部放置装置电源开关。

——任何不确定的医疗设备不应安装在医用氧舱中。

ICS 23.020.10
J 74

中华人民共和国国家标准

GB 12337—2014
代替 GB 12337—1998

钢制球形储罐

Steel spherical tanks

自 2017 年 3 月 23 日起，本标准转为推荐性标准，编号改为 GB/T 12337—2014。

2014-09-03 发布 2015-02-01 实施

中华人民共和国国家质量监督检验检疫总局
中国国家标准化管理委员会 发布

前　言

本标准的附录 F 为推荐性的,其余技术内容为强制性。

本标准按照 GB/T 1.1—2009 给出的规则起草。

本标准代替 GB 12337—1998《钢制球形储罐》,与 GB 12337—1998 标准相比,主要技术变化如下:

——根据 TSG R0004《固定式压力容器安全技术监察规程》、GB 150.1～150.4《压力容器》修改相关内容。

——设计压力的适用范围由 4.0 MPa 提高到 6.4 MPa。

——增加了球壳用钢板厚度不宜大于 50 mm 的规定,相应的修订了钢板的厚度适用范围。

——球壳材料增加到 14 种,新增材料:Q370R、15MnNiDR、15MnNiNbDR、09MnNiDR、07MnMoVR、07MnNiVDR、07MnNiMoDR、S30408、S30403、S31608、S31603。

——支柱与球壳连接型式取消了 U 型柱结构和翻边结构,增加了长圆形结构。

——增加了盛装毒性程度为极度或高度危害介质的球罐,进出口应在上极开孔的要求。

——取消了球罐人孔、接管法兰密封面应采用凹凸面的要求。

——根据 GB 50011《建筑抗震设计规范》修订地震载荷的计算。

——根据 GB 50009《建筑结构荷载规范》修订风载荷的计算。

——增加了外压球壳的计算内容。

——产品焊接试件由 3 块改为 2 块,分别是立焊、平焊加仰焊。

——增加了衍射时差法超声检测方法及对碳素钢和低合金钢优先采用衍射时差法超声检测的要求。

——增加了球罐内侧宜采用荧光磁粉检测的要求。

——增加了不宜采用 γ 射线全景曝光射线检测的要求。

——增加了附录 A 标准的符合性声明及修订。

——增加了附录 B 安全附件及附属设施。

——增加了附录 C 风险评估报告。

——增加了附录 D 应力分析设计球罐。

本标准由全国锅炉压力容器标准化技术委员会(SAC/TC 262)提出并归口。

本标准起草单位:甘肃蓝科石化高新装备股份有限公司、中国特种设备检验研究院、合肥通用机械研究院、中国石化工程建设有限公司、中国天辰工程有限公司、中石化宁波工程有限公司、上海市安装工程有限公司、鞍山钢制压力容器有限公司、沈阳工业安装工程股份有限公司、中国石油天然气第一建设公司、大连市锅炉压力容器检验研究院、中国石化集团福建石化公司。

本标准主要起草人:刘福录、杨国义、朱保国、芦玲、段瑞、李景诚、陆欢军、肖秀荣、章小浒、赵雷江、冯振友、张连友、武铜柱、张志刚。

本标准所代替标准的历次版本发布情况为:

——GB 12337—1990、GB 12337—1998。

根据中华人民共和国国家标准公告(2017 年第 7 号)和强制性标准整合精简结论,本标准自 2017 年 3 月 23 日起,转为推荐性标准,不再强制执行。

引 言

本标准是全国锅炉压力容器标准化技术委员会(以下简称“委员会”)负责制定和归口的球形储罐(以下简称球罐)标准,用以规范在中国境内建造或使用的球罐设计、制造、组焊、检验和验收。本标准是一部包括球壳、支柱、拉杆等的设计计算、材料的选用要求、结构要素的规定,以及球罐的制造、组焊、检验与验收的综合性国家标准。

本标准的技术条款包括了球罐建造过程(即指设计、制造、组焊、检验和验收)中应遵循的强制性要求、特殊禁用规定以及推荐性条款,其中推荐性条款不是必须执行的部分。近十年来,随着冶金、机械加工、焊接和无损检测等技术的不断进步,特别是以计算机技术为代表的信息技术的飞速发展,球形储罐技术领域也取得了相应的进展。经济全球化和激烈的竞争使得世界各国必须考虑球形储罐的安全性和经济性的协调统一。欧盟和美国为代表的发达国家先后推出了新的压力容器标准,极大增强了国际竞争力。相比较而言,我国现行的 GB 12337—1998《钢制球形储罐》在经历了十几年的技术进步,无论从设计理念上还是从技术指标上都有待于提高。为此,在对国际同类标准和我国钢制球形储罐标准综合对比的基础上,充分利用我国近年来的科技成果,经过调查分析和实验验证,结合成功的使用经验,对钢制球形储罐标准加以充实、完善和提高。球罐的设计、制造、组焊、检验与验收除符合本标准规定外,还应符合 GB 150.1～150.4、JB 4732 的有关规定。由于本标准没有必要、也不可能囊括适用范围内球罐建造中的所有技术细节,因此,在满足法规所规定的基本安全要求的前提下,不应禁止本标准中没有特别提及的技术内容。本标准不能作为具体球罐建造的技术手册,亦不能替代培训、工程经验和工程评价。工程评价是指由知识渊博、娴于规范应用的技术人员所做出针对具体产品的技术评价。但工程评价应符合本标准的相关技术要求,不得违反本标准中的强制性要求和禁用规定。

本标准不限制实际工程设计和建造中采用先进的技术方法,但工程技术人员采用先进的技术方法时应能做出可靠的判断,确保其满足本标准规定,特别是关于强制性的设计规定(如强度或稳定性设计公式等)。

本标准既包含了规则设计方法,又包含了分析设计方法。当采用计算机程序进行设计时,除应满足本标准要求外,还应确认:

1) 所采用程序中技术假定的合理性;

2) 所采用程序对设计内容的适应性;

3) 所采用程序输入参数及输出结果用于工程设计的正确性。

钢制球形储罐

1 范围

1.1 本标准规定了钢制球形储罐(以下简称"球罐")的设计(包括规则设计和分析设计,下同)、制造、组焊、检验与验收的要求。

1.2 本标准适用于设计压力不大于6.4 MPa、设计温度范围按钢材允许使用温度的桔瓣式或混合式以支柱支撑的球罐。

1.3 本标准不适用于下列球罐:

a) 核能装置中的球罐;

b) 经受相对运动(如车载或船载)的球罐;

c) 公称容积小于50 m^3 的球罐;

d) 双层结构的球罐。

2 规范性引用文件

下列文件对于本文件的应用是必不可少的。凡是注日期的引用文件,仅注日期的版本适用于本文件。凡是不注日期的引用文件,其最新版本(包括所有的修改单)适用于本文件。

GB 150.1~150.4—2011 压力容器

GB/T 228.1 金属材料 拉伸试验 第1部分:室温试验方法

GB/T 229 金属材料 夏比摆锤冲击试验方法

GB/T 232 金属材料 弯曲试验方法

GB/T 699 优质碳素结构钢

GB/T 700 碳素结构钢

GB 713 锅炉和压力容器用钢板

GB/T 985.1 气焊、焊条电弧焊、气体保护焊和高能束焊的推荐坡口

GB/T 985.2 埋弧焊的推荐坡口

GB/T 1220 不锈钢棒

GB/T 3077 合金结构钢

GB/T 3274 普通碳素结构钢和低合金结构钢 热轧厚钢板和钢带

GB 3531 低温压力容器用低合金钢钢板

GB/T 3965 熔敷金属中扩散氢测定方法

GB/T 4842 氩

GB/T 6052 工业液体二氧化碳

GB 6479—2000 高压化肥设备用无缝钢管

GB/T 6803 铁素体钢的无塑性转变温度落锤试验方法

GB/T 8162 结构用无缝钢管

GB/T 8163 输送流体用无缝钢管

GB 9948　石油裂化用无缝钢管

GB/T 12771　流体输送用不锈钢焊接钢管

GB 13296　锅炉、热交换器用不锈钢无缝钢管

GB/T 14976　流体输送用不锈钢无缝钢管

GB/T 17261　钢制球形储罐型式与基本参数

GB/T 18591　焊接预热温度、道间温度及预热维持温度的测量指南

GB 19189　压力容器用调质高强度钢板

GB/T 20878　不锈钢和耐热钢　牌号及化学成分

GB/T 21433　不锈钢压力容器晶间腐蚀敏感性检验

GB 24511　承压设备用不锈钢钢板及钢带

GB/T 26929—2011　压力容器术语

GB 50009　建筑结构荷载规范

GB 50011　建筑抗震设计规范

GB 50017　钢结构设计规范

JB /T 4711　压力容器涂敷与运输包装

JB/T 4730.1　承压设备无损检测　第1部分:通用要求

JB/T 4730.2　承压设备无损检测　第2部分:射线检测

JB/T 4730.3　承压设备无损检测　第3部分:超声检测

JB/T 4730.4　承压设备无损检测　第4部分:磁粉检测

JB/T 4730.5　承压设备无损检测　第5部分:渗透检测

JB/T 4730.6　承压设备无损检测　第6部分:涡流检测

JB 4732—1995　钢制压力容器　分析设计标准(2005年确认)

NB/T 47008　承压设备用碳素钢和合金钢锻件

NB/T 47009　低温承压设备用低合金钢锻件

NB/T 47010　承压设备用不锈钢和耐热钢锻件

NB/T 47013.10(JB/T 4730.10)　承压设备无损检测　第10部分:衍射时差法超声检测

NB/T 47014(JB/T 4708)　承压设备焊接工艺评定

NB/T 47015(JB/T 4709)　压力容器焊接规程

NB/T 47016(JB/T 4744)　承压设备产品焊接试件的力学性能检验

NB/T 47018.1(JB/T 4747.1)　承压设备用焊接材料订货技术条件　第1部分:采购通则

NB/T 47018.2(JB/T 4747.2)　承压设备用焊接材料订货技术条件　第2部分:钢焊条

NB/T 47018.3(JB/T 4747.3)　承压设备用焊接材料订货技术条件　第3部分:气体保护电弧焊钢焊丝和填充丝

NB/T 47018.4(JB/T 4747.4)　承压设备用焊接材料订货技术条件　第4部分:埋弧焊钢焊丝和焊剂

TSG R0004—2009　固定式压力容器安全技术监察规程

3　总则

3.1　一般要求

球罐的设计、制造、组焊、检验与验收除必须符合本标准的规定外,还应符合GB 150.1～

150.4 或JB 4732的有关规定。

3.2 管理体系

球罐的设计、制造、组焊单位应建立健全的质量管理体系并有效运行。

3.3 符合性声明

TSG R0004 管辖范围内的球罐设计、制造、组焊应接受特种设备安全监察机构的监察，本标准遵循了国家颁布的压力容器安全法规所规定的基本安全要求，标准的符合性声明按附录 A 要求。

3.4 球罐界定范围

3.4.1 球罐与外部管道连接：

a) 焊接连接的第一道环向接头坡口端面；

b) 法兰连接的第一个法兰密封面。

3.4.2 球罐接管、人孔等的承压封头、平盖及其紧固件。

3.4.3 非受压元件与球壳的连接焊缝。

3.4.4 直接连接在球罐上的非受压元件如支柱、拉杆和底板等。

3.4.5 安全附件：

a) 球罐的超压泄放装置应符合 GB 150.1—2011 附录 B 或 JB 4732—1995 附录 E 的规定。

b) 球罐的阀门、仪表等应符合附录 B 的规定。

3.5 资格与职责

3.5.1 资格

资格包括：

a) TSG R0004 管辖范围内的球罐设计单位应持有特种设备设计许可证(压力容器，球形储罐)，若进行球罐的分析设计，还应持有特种设备设计许可证(压力容器，压力容器分析设计)；

b) TSG R0004 管辖范围内的球罐制造单位应持有特种设备制造许可证(压力容器，球壳板制造)；

c) TSG R0004 管辖范围内的球罐组焊单位应持有特种设备制造许可证(压力容器，球形储罐现场组焊)。

3.5.2 职责

3.5.2.1 用户或设计委托方的职责

球罐的用户或设计委托方应当以正式书面形式向设计单位提出球罐设计条件(UDS, User's Design Specification)，其中至少包含以下内容：

a) 球罐设计所依据的主要标准和规范；

b) 操作参数(包括工作压力、工作温度范围、装量系数、接管载荷等)；

c) 球罐使用地及其自然条件(包括环境温度、抗震设防烈度、设计基本地震加速度、设计地震分组、风载荷、雪载荷、场地类别、地面粗糙类别等)；

d) 介质组分与特性；

e) 预期使用年限；

f) 几何参数和管口方位；

g) 设计需要的其他必要条件。

3.5.2.2 设计单位的职责

设计单位的职责包括：

a) 设计单位应对设计文件的正确性和完整性负责；

b) 球罐的设计文件至少应包括强度计算书或应力分析报告、设计图样、制造及组焊技术条件、风险评估报告(相关法规或设计委托方要求时)，必要时还应当包括安装与使用维修说明；

c) 设计图样的技术文件中，应写明所盛装介质的名称、成分组成、适用的国家标准(行业标准)、介质毒性和爆炸危害程度、腐蚀裕量、焊接接头系数、对储存液化气体的球罐应当注明装量系数、对有应力腐蚀倾向的球罐应当注明腐蚀介质的限定含量、主要工艺参数、特殊要求等；

d) TSG R0004 管辖范围内的球罐设计总图应盖有特种设备设计许可印章(压力容器，球形储罐，分析设计时还应有压力容器分析设计资质)；

e) 设计单位向球罐用户出具的风险评估报告应符合附录 C 的要求；

f) 设计单位应在球罐设计使用年限内保存全部球罐设计文件。

3.5.2.3 制造、组焊单位的职责

制造、组焊单位的职责包括：

a) 制造、组焊单位应按照设计文件要求进行制造、组焊，如需要对原设计进行修改，应当取得原设计单位同意修改的书面文件，并且对改动部位作出详细记载。

b) 制造、组焊单位在球罐制造、组焊前应制定完善的质量计划，其内容至少应包括球罐或元件的制造(组焊)工艺控制点、检验项目和合格指标。

c) 制造、组焊单位的检查部门在球罐制造、组焊过程中和完工后，应按本标准、图样规定和质量计划的规定对球罐进行各项检验和试验，出具相应报告，并对报告的正确性和完整性负责。

d) 制造、组焊单位在检验合格后，出具产品质量合格证。

e) 制造、组焊单位对其制造、组焊的每台球罐产品应在球罐设计使用年限内至少保存下列技术文件备查：

1) 质量计划；

2) 制造、组焊工艺图或制造、组焊工艺卡；

3) 产品质量证明文件；

4) 球罐的焊接工艺和热处理工艺文件；

5) 标准中允许制造、组焊单位选择的检验、试验项目记录；

6) 球罐制造、组焊过程中及完工后的检查、检验、试验记录；

7) 球罐的原设计图和竣工图。

f) 球罐出厂时，制造单位对每台球罐至少应向使用单位提供下列制造质量证明文件：

1) 竣工图样，TSG R0004 管辖范围内的球罐，竣工图样的总图上应当有特种设备设计许可印章(压力容器,球形储罐,分析设计时还应有压力容器分析设计资质)(复印章无效),并且加盖竣工图章。若制造中发生了材料代用、无损检测方法改变、加工尺寸变更等,制造单位应当按照设计单位书面批准文件的要求在竣工图样上清晰标注,标注处应当有制造单位修改人和审核人的签字及修改日期。

2) 压力容器产品合格证(含产品数据表)、产品质量证明文件和产品铭牌的拓印件或者复印件。产品质量证明文件至少包括:

——球壳板及其组焊件的出厂合格证;

——材料质量证明书;

——球壳板与人孔、接管的组焊记录;

——无损检测报告(至少包括:钢板、球壳板周边、焊缝的检测报告);

——球壳板测厚报告;

——质量计划或检验计划;

需要时,还应提供下列技术文件:

——材料代用审批文件;

——与球壳板焊接的组焊件热处理报告;

——球壳板材料的复验报告;

——极板产品焊接试件焊接接头的力学和弯曲性能试验报告;

——球壳板与支柱的组焊记录;

——球壳排版图;

——与风险预防和控制相关的制造文件。

3) 特种设备制造监督检验证书。

4) 设计文件(含强度计算书或应力分析报告、按相关规定要求的风险评估报告,以及其他必要的设计文件)。

g) 球罐交工时,组焊单位对每台球罐至少应向使用单位提供下列组焊质量证明文件:

1) 竣工图样,TSG R0004 管辖范围内的球罐,竣工图样总图上应当有特种设备设计许可印章(压力容器,球形储罐,分析设计时还应有压力容器分析设计资质)(复印章无效),并且加盖竣工图章。若组焊中发生了材料代用、无损检测方法改变、加工尺寸变更等,组焊单位应当按照设计单位书面批准文件的要求在竣工图样上清晰标注,标注处应当有组焊单位修改人和审核人的签字及修改日期。

2) 压力容器产品合格证(含产品数据表)、产品质量证明文件和产品铭牌的拓印件或者复印件。产品质量证明文件至少包括:

——球壳板及其组焊件的质量证明文件;

——球罐基础检验记录;

——球罐零部件复验记录;

——球罐施焊记录(附焊缝布置图);

——焊接材料质量证明书或复验报告;

——产品焊接试件试验报告;

——无损检测报告;

——球罐几何尺寸检查记录;

——球罐支柱检查记录;
——球罐耐压试验报告;
——基础沉降观测记录;
——质量计划或检验计划;
需要时,还应提供下列技术文件:
——球壳板与支柱的组焊记录;
——焊接接头修补记录;
——球罐焊后整体热处理报告;
——球罐泄漏试验报告;
——与风险预防和控制相关的组焊文件。

3) 特种设备制造监督检验证书。

4) 设计文件(含强度计算书或应力分析报告、按相关规定要求的风险评估报告,以及其他必要的设计文件)。

3.6 球罐各部分名称

球罐及支柱各部分的名称如图1、图2所示。

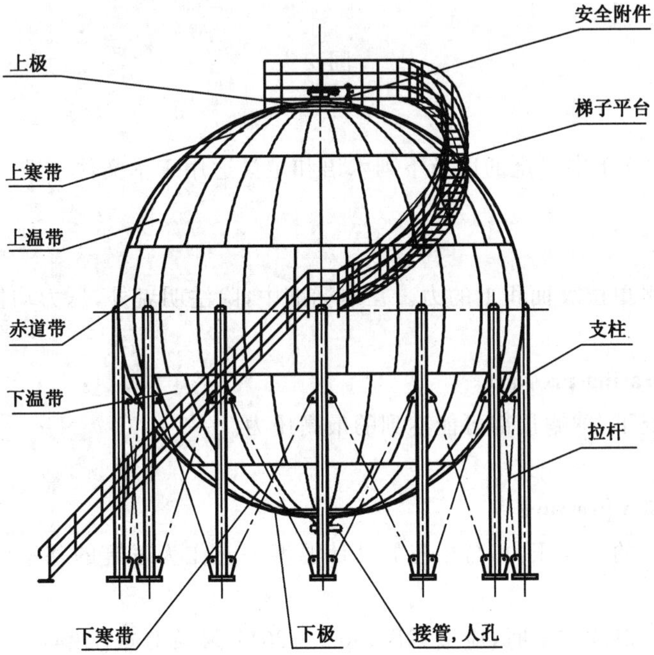

图 1

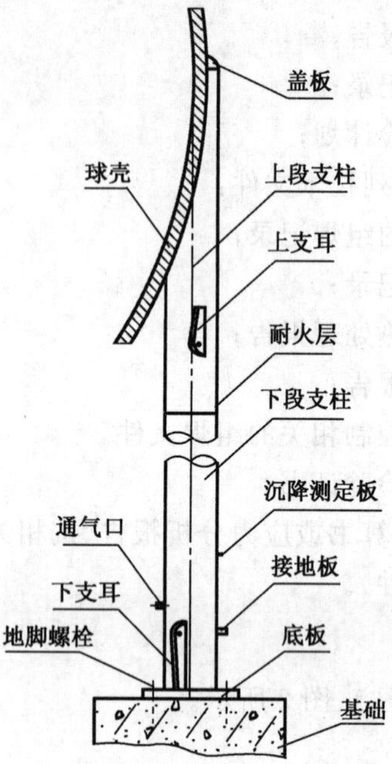

图 2

3.7 术语和定义

GB/T 26929—2011 中界定的以及下列术语和定义适用于本文件。

3.7.1

压力 pressure

垂直作用在球罐单位表面积上的力。在本标准中,除注明者外,压力均指表压力。

3.7.2

工作压力 operating pressure

在正常工作情况下,球罐顶部可能达到的最高压力。

3.7.3

设计压力 design pressure

设定的球罐顶部的最高压力,与相应的设计温度一起作为球罐的基本设计载荷条件,其值不低于工作压力。

球罐上装有超压泄放装置时,应按 GB 150.1—2011 附录 B 或 JB 4732—1995 附录 E 的规定确定设计压力。

对于盛装液化气体的球罐,如果具有可靠的保冷设施,在规定的装量系数范围内,设计压力应根据工作条件下球罐内介质可能达到的最高温度确定;否则按相关法规确定。

3.7.4

计算压力 calculation pressure

在相应设计温度下,用以确定球壳板厚度或受压元件厚度的压力,包括液柱静压力等附加载荷。

3.7.5

试验压力 test pressure

进行耐压试验或泄漏试验时,球罐顶部的压力。

3.7.6

最高允许工作压力 maximum allowable working pressure;MAWP

在指定的相应温度下,球罐顶部所允许承受的最大压力。该压力是根据球罐各受压元件的有效厚度,考虑了该元件承受的所有载荷而计算得到的,且取最小值。

注:当球罐的设计文件没有给出最高允许工作压力时,则可以认为该球罐的设计压力即是最高允许工作压力。

3.7.7

设计温度 design temperature

球罐在正常工作情况下,设定的元件的金属温度(沿元件金属截面的温度平均值)。设计温度与设计压力一起作为设计载荷条件。

设计温度不得低于元件金属在工作状态下可能达到的最高温度。对于0 ℃以下的金属温度,设计温度不得高于元件金属可能达到的最低温度。

标志在铭牌上的设计温度应是球壳设计温度的最高值或最低值。

元件的金属温度可用传热计算求得,或在已使用的同类球罐上测定,或按内部介质温度并结合外部条件确定。

3.7.8

试验温度 test temperature

进行耐压试验或泄漏试验时,球壳的金属温度。

3.7.9

最低设计金属温度 minimum design metal temperature

设计时,球罐在运行过程中预期的各种可能条件下各元件金属温度的最低值。

在确定最低设计金属温度时,应当充分考虑在运行过程中,大气环境低温条件对球壳金属温度的影响。大气环境低温条件系指历年来月平均最低气温(指当月各天的最低气温值之和除以当月天数)的最低值。

3.7.10

计算厚度 required thickness

按本标准相应公式计算得到的厚度。需要时,尚应计入其他载荷(见3.8.2)所需厚度。

3.7.11

设计厚度 design thickness

计算厚度与腐蚀裕量之和。

3.7.12

名义厚度 nominal thickness

设计厚度加上钢材厚度负偏差后向上圆整至钢材标准规格的厚度。即标注在图样上的厚度。

3.7.13

有效厚度 effective thickness

名义厚度减去腐蚀裕量和钢材厚度负偏差。

3.8 设计的一般规定

3.8.1 球罐设计单位(设计人员)应严格依据用户或设计委托方所提供的球罐设计条件进行球罐设计,应考虑球罐在使用中可能出现的所有失效模式,提出防止失效的措施。

3.8.2 设计时应考虑以下载荷:

a) 压力;

b) 液柱静压力;

c) 球罐自重(包括内件)以及正常工作条件下或耐压试验状态下内装介质的重力载荷;

d) 附属设备及隔热材料、管道、支柱、拉杆、梯子、平台等的重力载荷;

e) 风载荷、地震载荷、雪载荷;

f) 支柱的反作用力;

需要时,还应考虑下列载荷:

g) 连接管道和其他部件的作用力;

h) 温度梯度或热膨胀量不同引起的作用力;

i) 冲击载荷,包括压力急剧波动引起的冲击载荷、流体冲击引起的反力等。

3.8.3 厚度附加量按式(1)确定:

$$C = C_1 + C_2 \qquad \cdots\cdots(1)$$

式中:

C ——厚度附加量,mm;

C_1 ——钢材厚度负偏差,按 3.8.3.1,mm;

C_2 ——腐蚀裕量,按 3.8.3.2,mm。

3.8.3.1 钢材厚度负偏差

钢板或钢管的厚度负偏差按钢材标准的规定。当钢材的厚度负偏差不大于 0.3 mm,且不超过名义厚度的 6%时,负偏差可忽略不计。

3.8.3.2 腐蚀裕量

为防止球罐元件由于腐蚀、机械磨损而导致厚度削弱减薄,应考虑腐蚀裕量,具体规定如下:

a) 对有均匀腐蚀或磨损的元件,应根据预期的球罐设计使用年限和介质对钢材的腐蚀速率(及磨蚀速率)确定腐蚀裕量;

b) 球罐各元件受到的腐蚀程度不同时,可采用不同的腐蚀裕量;

c) 碳素钢或低合金钢制球罐,腐蚀裕量不小于 1 mm。

3.9 许用应力

3.9.1 本标准所用材料的许用应力按第 4 章选取。确定许用应力的依据为:钢材(除螺栓材料外)按表 1,螺栓材料按表 2。

表 1　钢材许用应力

材　料	许用应力取下列各值中的最小值/MPa
碳素钢、低合金钢	$R_m/2.7, R_{eL}/1.5, R_{eL}^t/1.5$
奥氏体型不锈钢[a,b]	$R_m/2.7, R_{eL}(R_{p0.2})/1.5, R_{eL}^t(R_{p0.2}^t)/1.5$

R_m ——材料标准抗拉强度下限值，MPa；

$R_{eL}(R_{p0.2}、R_{p1.0})$ ——材料标准室温屈服强度(或0.2%、1.0%非比例延伸强度)，MPa；

$R_{eL}^t(R_{p0.2}^t、R_{p1.0}^t)$ ——材料在设计温度下的屈服强度(或0.2%、1.0%非比例延伸强度)，MPa。

[a] 对奥氏体型不锈钢制受压元件，当设计温度低于蠕变范围，且允许有微量的永久变形时，可适当提高许用应力至 $0.9R_{p0.2}^t$，但不超过 $R_{p0.2}/1.5$。此规定不适用于法兰或其他有微量永久变形就产生泄漏或故障的场合。

[b] 如果引用标准规定了 $R_{p1.0}$ 或 $R_{p1.0}^t$，则可以选用该值计算其许用应力。

表 2　螺栓许用应力

材　料	螺栓直径/mm	热处理状态	许用应力/MPa
碳素钢	≤M22	热轧，正火	$R_{eL}^t/2.7$
	M24～M48		$R_{eL}^t/2.5$
低合金钢	≤M22	调质	$R_{eL}^t/3.5$
	M24～M48		$R_{eL}^t/3.0$
	≥M52		$R_{eL}^t/2.7$
奥氏体型钢	≤M22	固溶	$R_{eL}^t(R_{p0.2}^t)/1.6$
	M24～M48		$R_{eL}^t(R_{p0.2}^t)/1.5$

3.9.2　设计温度低于 20 ℃时，取 20 ℃时的许用应力。

3.10　焊接接头系数

双面焊全焊透对接接头的焊接接头系数 ϕ 按下列规定选取：

全部无损检测　　$\phi=1.0$

局部无损检测　　$\phi=0.85$

3.11　耐压试验

3.11.1　通用要求

球罐制成后应经耐压试验。耐压试验的种类、要求和试验压力值应在图样上注明。

耐压试验可采用液压试验、气压试验或气液组合压力试验，一般采用液压试验，试验液体按8.10.4.6.1 和 8.10.4.6.2 的要求，做气压试验的球罐必须满足 8.10.4.7 的要求，采用气液组合压力试验时，液体和气体应分别满足 8.10.4.6.1、8.10.4.6.2 和 8.10.4.7.1 的要求，试验压力按 3.11.2 的规定。

3.11.2 耐压试验压力

耐压试验压力的最低值按下述规定，工作条件下内装介质的液柱静压力大于液压试验时的液柱静压力时，应适当考虑相应增加试验压力。

液压试验

$$p_T = 1.25p\frac{[\sigma]}{[\sigma]^t} \quad \cdots\cdots(2)$$

气压试验和气液组合压力试验

$$p_T = 1.1p\frac{[\sigma]}{[\sigma]^t} \quad \cdots\cdots(3)$$

式中：

p_T——试验压力，MPa；

p——设计压力，MPa；

$[\sigma]$——球壳材料在试验温度下的许用应力，MPa；

$[\sigma]^t$——球壳材料在设计温度下的许用应力，MPa。

注：球罐铭牌上规定有最高允许工作压力时，公式中应以最高允许工作压力代替设计压力 p。

3.11.3 耐压试验应力校核

如果采用大于 3.11.2 所规定的试验压力，在耐压试验前，应校核各受压元件在试验条件下的应力水平，例如对球壳元件应校核最大总体薄膜应力 σ_T。σ_T按式(4)计算：

$$\sigma_T = \frac{(p_T + p_{Ti})(D_i + \delta_e)}{4\delta_e} \quad \cdots\cdots(4)$$

式中：

σ_T——试验压力下球壳的最大总体薄膜应力，MPa；

p_T——试验压力，MPa；

p_{Ti}——液柱静压力，MPa；

D_i——球壳内直径，mm；

δ_e——球壳的有效厚度，mm。

σ_T满足下列条件：

液压试验时，$\sigma_T \leqslant 0.9R_{eL}(R_{p0.2})\phi$

气压试验和气液组合压力试验时，$\sigma_T \leqslant 0.8R_{eL}(R_{p0.2})\phi$

式中：

$R_{eL}(R_{p0.2})$——球壳材料在试验温度下的屈服强度(或 0.2%非比例延伸强度)，MPa；

ϕ——球壳的焊接接头系数。

3.12 泄漏试验

3.12.1 泄漏试验包括气密性试验以及氨检漏试验、卤素检漏试验和氦检漏试验等。

3.12.2 介质毒性程度为极度或高度危害、易爆的压缩气体或易爆的液化气体、不允许有微量泄漏的球罐，应在耐压试验合格后进行泄漏试验。

注：毒性程度分级和易爆介质的划分按 TSG R0004 的规定(下同)。

3.12.3 设计单位应当提出球罐泄漏试验的方法和技术要求。

3.12.4 需进行泄漏试验时，试验压力、试验介质和相应的检验要求应在图样上和设计文件中注明。

3.12.5 气密性试验压力等于设计压力。

3.13 分析设计

分析设计的球罐应符合附录D的规定。

4 材料

4.1 基本要求

4.1.1 球罐受压元件所采用的钢板、钢管、锻件和螺柱(含螺母)用钢材应符合本章规定。与受压元件相焊接的非受压元件用钢应是焊接性良好的钢材。

4.1.2 采用本章未列入钢号的钢材时,除奥氏体型钢材外均应符合GB 150.2—2011附录A的有关规定。允许采用已列入国家标准中的奥氏体型钢材,其技术要求(如磷、硫含量、强度指标)不应低于本章所列入相应钢材标准中化学成分相近钢号的规定。

4.1.3 球罐受压元件用钢应当是氧气转炉或者电炉冶炼的镇静钢。对标准抗拉强度下限值大于或等于540 MPa的低合金钢钢板,还应当采用炉外精炼工艺。

4.1.4 球罐受压元件用钢应附有钢材制造单位的钢材质量证明书原件,球罐制造单位应按质量证明书对钢材进行验收。如无钢材制造单位的钢材质量证明书原件时,则应按TSG R0004—2009中2.1的规定。对符合TSG R0004—2009中2.11所规定的情况,球罐制造单位应对钢材进行复验。

4.1.5 选择球罐受压元件用钢时应考虑球罐的使用条件(如设计温度、设计压力、物料特性等)、材料的性能(力学性能、工艺性能、化学性能和物理性能)、球罐的制造工艺和组焊要求以及经济合理性。

4.1.6 设计对钢材有特殊要求(如特殊冶炼方法、严格的化学成分规定、较高的冲击功指标、提高无损检测合格等级、增加力学性能检验率、规定腐蚀试验要求等)时,应在设计文件中规定。

4.1.7 对已列入本章的标准抗拉强度下限值大于或等于540 MPa的钢板和用于球罐设计温度低于−40 ℃的低合金钢钢板,如钢板制造单位无该钢板在压力容器中使用业绩,则钢板制造单位仍应按TSG R0004的规定通过技术评审。

4.1.8 碳素钢和低合金钢钢材的使用温度下限按本章相应条款的规定。钢材及其焊接接头的冲击试验温度不得低于相应钢材的使用温度下限。

4.1.9 碳素钢和低合金钢钢材的冲击试验要求:

4.1.9.1 碳素钢和低合金钢钢材(钢板、钢管、钢锻件及其焊接接头)的冲击功最低值按表3的规定。

表3 碳素钢和低合金钢钢材的冲击功最低值

钢材标准抗拉强度下限值 R_m/MPa	3个标准试样冲击功平均值 KV_2/J
≤450	≥20
>450～510	≥24
>510～570	≥31
>570～630	≥34
>630～690	≥38

注:对 R_m 随厚度增大而降低的钢材,按该钢材最小厚度范围的 R_m 确定冲击功指标。

4.1.9.2 夏比 V 型缺口冲击试样的取样部位和试样方向应符合相应钢材标准的规定。冲击试验每组取 3 个标准试样,允许 1 个试样的冲击功数值低于表 3 的规定值,但不得低于表 3 规定值的 70%。当钢材尺寸无法制备标准试样时,则应依次制备宽度为 7.5 mm 或 5 mm 的小尺寸冲击试样,其冲击功指标分别为标准试样冲击功指标的 75%或 50%。

4.1.9.3 钢板的冲击试验要求分别按 GB 713、GB 3531 和 GB 19189 的规定。如需提高冲击功指标,应在设计文件中注明。对 Q245R、Q345R 钢板,如需规定进行－20 ℃冲击试验时,应在设计文件中注明。

4.1.9.4 钢管的冲击试验要求按 4.3 的规定。

4.1.9.5 钢锻件的冲击试验要求分别按 NB/T 47008 和 NB/T 47009 的规定。如需提高冲击功指标,应在设计文件中注明。对 20、16Mn 和 20MnMo 钢锻件,如需规定进行－20 ℃冲击试验时,应在设计文件中注明。

4.1.9.6 低合金钢螺柱的冲击试验要求按 4.5.3 和 4.5.4 的规定。

4.1.10 奥氏体型钢材的使用温度高于或等于－196 ℃时,可免做冲击试验。

4.1.11 球罐的设计温度低于－20 ℃时,受压元件用钢材还应符合附录 E 的规定。

4.1.12 当球罐的设计温度高于 200 ℃时,其受压元件用钢材的许用应力按 GB 150.2 的规定。

4.1.13 各钢材许用应力表和设计应力强度表中中间温度的许用应力和设计应力强度可用内插法求得。

4.2 钢板

4.2.1 钢板的标准、使用状态及许用应力按表 4 的规定。

表 4 钢板许用应力

碳素钢和低合金钢钢板										
钢号	钢板标准	使用状态	厚度/mm	室温强度指标		在下列温度(℃)下的许用应力/MPa				注
				R_m/MPa	R_{eL}/MPa	≤20	100	150	200	
Q245R	GB 713	热轧,控轧,正火	6～16	400	245	148	147	140	131	
			>16～36	400	235	148	140	133	124	
			>36～60	400	225	148	133	127	119	
Q345R	GB 713	热轧,控轧,正火	6～16	510	345	189	189	189	183	
			>16～36	500	325	185	185	183	170	
			>36～60	490	315	181	181	173	160	
Q370R	GB 713	正火	10～16	530	370	196	196	196	196	
			>16～36	530	360	196	196	196	193	
			>36～60	520	340	193	193	193	180	
16MnDR	GB 3531	正火,正火加回火	6～16	490	315	181	181	180	167	
			>16～36	470	295	174	174	167	157	
			>36～50	460	285	170	170	160	150	
15MnNiDR	GB 3531	正火,正火加回火	6～16	490	325	181	181	181	173	
			>16～36	480	315	178	178	178	167	
			>36～50	470	305	174	174	173	160	

表 4（续）

碳素钢和低合金钢钢板										
钢号	钢板标准	使用状态	厚度/mm	室温强度指标		在下列温度(℃)下的许用应力/MPa				注
				R_m/MPa	R_{eL}/MPa	≤20	100	150	200	
15MnNiNbDR	GB 3531	正火，正火加回火	10～16	530	370	196	196	196	196	
			＞16～36	530	360	196	196	196	193	
			＞36～50	520	350	193	193	193	187	
09MnNiDR	GB 3531	正火，正火加回火	6～16	440	300	163	163	163	160	
			＞16～36	430	280	159	159	157	150	
			＞36～50	430	270	159	159	150	143	
07MnMoVR	GB 19189	调质	10～50	610	490	226	226	226	226	
07MnNiVDR	GB 19189	调质	10～50	610	490	226	226	226	226	
07MnNiMoDR	GB 19189	调质	10～50	610	490	226	226	226	226	

高合金钢钢板								
钢号	钢板标准	使用状态	厚度/mm	在下列温度(℃)下的许用应力/MPa				注
				≤20	100	150	200	
S30408	GB 24511	固溶	6～50	137	137	137	130	1
				137	114	103	96	
S30403	GB 24511	固溶	6～50	120	120	118	110	1
				120	98	87	81	
S31608	GB 24511	固溶	6～50	137	137	137	134	1
				137	117	107	99	
S31603	GB 24511	固溶	6～50	120	120	117	108	1
				120	98	87	80	

注 1：该行许用应力仅适用于允许产生微量永久变形之元件，对于法兰或其他有微量永久变形就产生泄漏或故障的场合不能采用。

4.2.2 球壳用钢板厚度不宜大于 50 mm。

4.2.3 凡符合下列条件的碳素钢和低合金钢钢板，应在正火状态下使用：

a) 用于球壳的厚度大于 36 mm 的 Q245R 和 Q345R；

b) 用于其他受压元件(法兰、平盖等)的厚度大于 50 mm 的 Q245R 和 Q345R。

4.2.4 符合下列条件的球壳用碳素钢和低合金钢钢板，每张热处理钢板(热处理后钢板被切割成数张时仍按 1 张考虑)应进行拉伸和夏比 V 型缺口冲击试验：

a) 调质热处理钢板；

b) 厚度大于 60 mm 的钢板。

4.2.5 根据设计要求，对厚度大于 36 mm 的调质状态使用的钢板和厚度大于 50 mm 的正火或正火加回火状态使用的钢板，可增加一组在钢板厚度 1/2 处取样的冲击试验，其冲击功指标在设计文件中规定。

4.2.6 根据设计要求，对厚度大于 36 mm 的标准抗拉强度下限值大于或等于 540 MPa 的低合金钢钢板和用于球罐设计温度低于－40 ℃的低合金钢钢板，可附加进行落锤试验。试验按 GB/T 6803 进行，采用 P-2 型试样，无塑性转变(NDT)温度的合格指标应在设计文件中规定。

4.2.7 球罐受压元件用钢板，其使用温度下限分别按表 5 的规定。

表 5 碳素钢和低合金钢钢板的使用温度下限

钢号	钢板厚度/mm	使用状态	冲击试验要求	使用温度下限/℃
中常温用钢板				
Q245R	6～12	热轧，控轧，正火	0 ℃冲击	−20
	＞12～16			−10
	＞16～60			0
	＞12～20	热轧，控轧	−20 ℃冲击（协议）	−20
	＞12～60	正火		−20
Q345R	6～20	热轧，控轧，正火	0 ℃冲击	−20
	＞20～25			−10
	＞25～60			0
	＞20～30	热轧，控轧	−20 ℃冲击（协议）	−20
	＞20～60	正火		−20
Q370R	10～60	正火	−20 ℃冲击	−20
07MnMoVR	10～50	调质	−20 ℃冲击	−20
低温用钢板				
16MnDR	6～50	正火，正火加回火	−40 ℃冲击	−40
15MnNiDR	6～50	正火，正火加回火	−45 ℃冲击	−45
15MnNiNbDR	10～50	正火，正火加回火	−50 ℃冲击	−50
09MnNiDR	6～50	正火，正火加回火	−70 ℃冲击	−70
07MnNiVDR	10～50	调质	−40 ℃冲击	−40
07MnNiMoDR	10～50	调质	−50 ℃冲击	−50

4.2.8 球壳用碳素钢及低合金钢钢板应由钢板制造单位或球罐制造单位按表 6 的规定逐张进行超声检测，钢板超声检测方法和质量等级按 JB/T 4730.3 的规定。

表 6 球壳用碳素钢和低合金钢钢板的超声检测要求

钢号	钢板厚度/mm	球罐使用条件	质量等级
Q245R Q345R	>30～36	—	不低于Ⅲ级
	>36	—	不低于Ⅱ级
Q370R	>25	—	不低于Ⅱ级
16MnDR	>20	—	不低于Ⅱ级
Ni系低温钢(调质状态钢除外)			
调质状态使用的钢号	>16	—	Ⅰ级
—	≥12	介质毒性程度为极度或高度危害;在湿 H_2S 环境中使用	不低于Ⅱ级
注:与人孔、接管相焊接的球壳板和与支柱焊接的赤道板的碳素钢和低合金钢钢板应逐张进行超声检测,其质量等级应与本表规定的相应钢号等级相同。			

4.2.9 奥氏体型钢板应按 GB 24511 的规定,以固溶热处理状态交货;球壳用钢板的表面加工类型和热轧钢板的厚度允许偏差精度应按下列规定:

a) 设计文件中应明确规定钢板的表面加工类型,热轧产品一般采用 1E 级,冷轧产品一般采用 2D 级;

b) 热轧厚钢板、热轧钢板及钢带的厚度允许偏差分为普通精度和较高精度两个等级,球罐一般采用普通精度级。

4.3 钢管

4.3.1 钢管的标准、使用状态及许用应力按表 7 的规定。表中 GB 13296 和 GB/T 14976 钢号中的统一数字代号系按 GB/T 20878 的规定。对壁厚大于 30 mm 的钢管和使用温度低于 −20 ℃ 的钢管,表 7 中的正火不允许用终轧温度符合正火温度的热轧来代替。

表 7 钢管许用应力

碳素钢和低合金钢钢管										
钢号	钢管标准	使用状态	壁厚/mm	室温强度指标		在下列温度(℃)下的许用应力/MPa				注
				R_m/MPa	R_{eL}/MPa	≤20	100	150	200	
10	GB/T 8163	热轧	≤10	335	205	124	121	115	108	
20	GB/T 8163	热轧	≤10	410	245	152	147	140	131	
Q345D	GB/T 8163	正火	≤10	470	345	174	174	174	174	
10	GB 9948	正火	≤16	335	205	124	121	115	108	
			>16～30	335	195	124	117	111	105	
20	GB 9948	正火	≤16	410	245	152	147	140	131	
			>16～30	410	235	152	140	133	124	
20	GB 6479	正火	≤16	410	245	152	147	140	131	
			>16～40	410	235	152	140	133	124	
16Mn	GB 6479	正火	≤16	490	320	181	181	180	167	
			>16～40	490	310	181	181	173	160	

表7(续)

高合金钢钢管										
钢号	钢管标准		壁厚/mm	在下列温度(℃)下的许用应力/MPa						注
				≤20	100	150	200			
09MnD	—	正火	≤8	420	270	156	156	150	143	1
09MnNiD	—	正火	≤8	440	280	163	163	157	150	1
0Cr18Ni9 (S30408)	GB 13296		≤14	137	137	137	130			2
				137	114	103	96			
0Cr18Ni9 (S30408)	GB/T 14976		≤28	137	137	137	130			2
				137	114	103	96			
00Cr19Ni10 (S30403)	GB 13296		≤14	117	117	117	110			2
				117	97	87	81			
00Cr19Ni10 (S30403)	GB/T 14976		≤28	117	117	117	110			2
				117	97	87	81			
0Cr17Ni12Mo2 (S31608)	GB 13296		≤14	137	137	137	134			2
				137	117	107	99			
0Cr17Ni12Mo2 (S31608)	GB/T 14976		≤28	137	137	137	134			2
				137	117	107	99			
00Cr17Ni14Mo2 (S31603)	GB 13296		≤14	117	117	117	108			2
				117	97	87	80			
00Cr17Ni14Mo2 (S31603)	GB/T 14976		≤28	117	117	117	108			2
				117	97	87	80			
S30408	GB/T 12771		≤28	116	116	116	111			2,3
				116	97	88	82			3
S30403	GB/T 12771		≤28	99	99	99	94			2,3
				99	82	74	69			3
S31608	GB/T 12771		≤28	116	116	116	114			2,3
				116	99	91	84			3
S31603	GB/T 12771		≤28	99	99	99	92			2,3
				99	82	74	68			3

注1:该钢管的技术要求见GB 150.2—2011附录A。

注2:该行许用应力仅适用于允许产生微量永久变形之元件,对于法兰或其他有微量永久变形就引起泄漏或故障的场合不能采用。

注3:该行许用应力已乘焊接接头系数0.85。

4.3.2 表7中用于球罐设计温度低于-40 ℃的钢管用钢,均应经炉外精炼。

4.3.3 GB/T 8163中10、20钢和Q345D钢管的使用范围如下:

a) 设计压力不大于4.0 MPa;

b) 钢管壁厚不大于10 mm;

c) 不得用于毒性程度为极度或高度危害的介质。

4.3.4 碳素钢及低合金钢钢管的使用规定如下:

a) 碳素钢及低合金钢钢管的冲击试验,每组取3个标准试样,允许1个试样的冲击功数值低于规定的标准试样冲击功指标,但不得低于标准试样冲击功指标的70%。因尺寸限制无法制备标准试样的钢管,则应依次制备宽度为7.5 mm或5 mm的小尺寸试样,其冲击功指标分别为标准试样冲击功指标的75%或50%。

b) GB/T 8163中10、20和Q345D钢管的使用温度下限相应为-10 ℃、0 ℃和-20 ℃。

c) GB 9948中外径不小于70 mm,且壁厚不小于6.5 mm的10和20钢管,应分别进行-20 ℃和0 ℃的冲击试验,3个纵向标准试样的冲击功平均值应不小于31 J。10和20钢管的使用温度下限分别为-20 ℃和0 ℃。

d) GB 6479—2000中20和16Mn钢的化学成分应符合S≤0.020%的规定,外径不小于70 mm,且壁厚不小于6.5 mm的20和16Mn钢管,应分别进行0 ℃和-20 ℃的冲击试验,3个纵向标准试样的冲击功平均值应分别不小于31 J和34 J。20和16Mn钢管的使用温度下限分别为0 ℃和-20 ℃。

e) 使用温度低于-20 ℃的钢管,其钢号、使用状态和冲击试验温度(即钢管的使用温度下限)按表8的规定。表中16Mn钢的化学成分应符合P≤0.025%、S≤0.012%的规定,外径不小于70 mm,且壁厚不小于6.5 mm的钢管进行-40 ℃的冲击试验,3个纵向标准试样的冲击功平均值应不小于34 J。09MnD和09MnNiD钢管的技术要求应符合GB 150.2—2011附录A的相关规定。

表8 碳素钢及低合金钢钢管的使用温度下限

钢号	钢管标准	使用状态	壁厚/mm	冲击试验温度/℃
16Mn	GB 6479	正火	≤40	-40
09MnD	GB 150.2 附录A	正火	≤8	-50
09MnNiD	GB 150.2 附录A	正火	≤8	-70

4.3.5 奥氏体型钢管使用规定如下:

a) GB/T 12771中的Ⅰ类~Ⅳ类钢管允许使用,但应在设计图样上注明所选用的钢管类别;

b) GB/T 12771中Ⅰ类钢管的许用应力可选用GB/T 14976中相应钢号无缝钢管的许用应力,Ⅲ类和Ⅳ类钢管不得用于毒性程度为极度或高度危害的介质;

c) GB 13296、GB/T 14976和GB/T 12771各钢号钢管的使用温度下限应按4.1.10的规定。

4.3.6　允许选用钢棒制造接管，其使用规定如下：

a）允许选用 GB/T 699 中直径不大于 50 mm 的 10 钢和 20 钢钢棒制造接管，接管壁厚不大于8 mm 且应经正火热处理后使用，各钢号许用应力可选用表 7 中 GB 9948 相应钢号和壁厚的许用应力，10 钢和 20 钢接管的使用温度下限相应为－10 ℃和 0 ℃；当 10 钢接管的P≤0.030％、S≤0.020％时，其使用温度下限为－20 ℃。接管免做冲击试验。硬度(或拉伸)试验和无损检测要求在设计文件中规定。

b）允许选用 GB/T 1220 中直径不大于 50 mm 的 S30408、S30403、S31608 和 S31603 钢棒制造接管，接管壁厚不大于 8 mm，且应在固溶(或稳定化)处理状态下使用，各钢号钢管许用应力可选用表 7 中 GB/T 14976 相应钢号的许用应力。各钢号接管的使用温度下限按 4.1.10 的规定。接管的硬度(或拉伸)试验和无损检测要求应在设计文件中规定。

4.4　锻件

4.4.1　锻件的标准、使用状态及许用应力按表 9 的规定。

表 9　锻件许用应力

碳素钢和低合金钢锻件										
钢号	锻件标准	使用状态	公称厚度/mm	室温强度指标		在下列温度(℃)下的许用应力/MPa				注
				R_m/MPa	R_{eL}/MPa	≤20	100	150	200	
20	NB/T 47008	正火，正火加回火	≤100	410	235	152	140	133	124	
			＞100～200	400	225	148	133	127	119	
			＞200～300	380	205	137	123	117	109	
16Mn	NB/T 47008	正火，正火加回火，调质	≤100	480	305	178	178	167	150	
			＞100～200	470	295	174	174	163	147	
			＞200～300	450	275	167	167	157	143	
20MnMo	NB/T 47008	调质	≤300	530	370	196	196	196	196	
16MnD	NB/T 47009	调质	≤100	480	305	178	178	167	150	
			＞100～200	470	295	174	174	163	147	
			＞200～300	450	275	167	167	157	143	
20MnMoD	NB/T 47009	调质	≤300	530	370	196	196	196	196	
08MnNiMoVD	NB/T 47009	调质	≤300	600	480	222	222	222	222	
10Ni3MoVD	NB/T 47009	调质	≤300	600	480	222	222	222	222	
09MnNiD	NB/T 47009	调质	≤200	440	280	163	163	157	150	
			＞200～300	430	270	159	159	150	143	

表 9（续）

高合金钢锻件								
钢号	锻件标准	使用状态	公称厚度/mm	在下列温度(℃)下的许用应力/MPa				注
				≤20	100	150	200	
S30408	NB/T 47010	固溶	≤300	137	137	137	130	1
				137	114	103	96	
S30403	NB/T 47010	固溶	≤300	117	117	117	110	1
				117	98	87	81	
S31608	NB/T 47010	固溶	≤300	137	137	137	134	1
				137	117	107	99	
S31603	NB/T 47010	固溶	≤300	117	117	117	108	1
				117	98	87	80	
注 1：该行许用应力仅适用于允许产生微量永久变形之元件，对于法兰或其他有微量永久变形就引起泄漏或故障的场合不能采用。								

4.4.2 NB/T 47009 中所有低温用锻件及 NB/T 47010 中奥氏体型钢锻件均应由炉外精炼钢锻制而成。

4.4.3 锻件的级别由设计文件规定，并应在图样上注明（在钢号后附上级别符号，如 16MnⅡ、09MnNiDⅢ）。下列锻件级别应选用Ⅲ级或Ⅳ级：

a） 用于人孔的锻件；

b） 标准抗拉强度下限值等于或大于 540 MPa 且公称厚度大于 200 mm 的低合金钢锻件；

c） 设计温度低于－20 ℃且公称厚度大于 200 mm 的低温用低合金钢锻件。

4.4.4 碳素钢及低合金钢锻件的使用温度下限按表 10 的规定，奥氏体型钢锻件的使用温度下限按4.1.10的规定。

表 10 锻件的使用温度下限

钢号	公称厚度/mm	冲击试验要求	使用温度下限/℃
中常温用锻件			
20	≤300	0 ℃冲击	0
		－20 ℃冲击	－20
16Mn	≤300	0 ℃冲击	0
		－20 ℃冲击	－20
20MnMo	≤300	0 ℃冲击	0
		－20 ℃冲击	－20

表 10(续)

钢号	公称厚度/mm	冲击试验要求	使用温度下限/℃
低温用锻件			
16MnD	≤100	−45 ℃冲击	−45
	>100~300	−40 ℃冲击	−40
20MnMoD	≤300	−40 ℃冲击	−40
08MnNiMoVD	≤300	−40 ℃冲击	−40
10Ni3MoVD	≤300	−50 ℃冲击	−50
09MnNiD	≤300	−70 ℃冲击	−70
注:20、16Mn 和 20MnMo 锻件如进行−20 ℃冲击试验,应在设计文件中注明。			

4.5 螺柱和螺母

4.5.1 钢棒的标准、螺柱的使用状态及许用应力按表 11 的规定。

表 11 螺柱许用应力

钢号	钢棒标准	使用状态	螺柱规格/mm	室温强度指标		在下列温度(℃)下的许用应力/MPa			
碳素钢和低合金钢螺柱									
				R_m/MPa	R_{eL}/MPa	≤20	100	150	200
20	GB/T 699	正火	≤M22	410	245	91	81	78	73
			M24~M27	400	235	94	84	80	74
35	GB/T 699	正火	≤M22	530	315	117	105	98	91
			M24~M27	510	295	118	106	100	92
30CrMoA	GB/T 3077	调质	≤M22	700	550	157	141	137	134
			M24~M48	660	500	167	150	145	142
35CrMoA	GB/T 3077	调质	≤M22	835	735	210	190	185	179
			M24~M48	805	685	228	206	199	196
高合金钢螺柱									
钢号	钢棒标准	使用状态	螺柱规格/mm	室温强度指标		在下列温度(℃)下的许用应力/MPa			
				R_m/MPa	$R_{p0.2}$/MPa	≤20	100	150	200
S30408	GB/T 1220	固溶	≤M22	520	205	128	107	97	90
			M24~M48	520	205	137	114	103	96
S31608	GB/T 1220	固溶	≤M22	520	205	128	109	101	93
			M24~M48	520	205	137	117	107	99
S32168	GB/T 1220	固溶	≤M22	520	205	128	107	97	90
			M24~M48	520	205	137	114	103	96

4.5.2 碳素钢螺柱用毛坯应进行正火热处理，低合金钢螺柱用毛坯按表 12 的规定进行调质热处理。

表 12 低合金钢螺柱的力学性能

钢号	调质回火温度/℃	规格/mm	R_m/MPa	R_{eL}($R_{p0.2}$)/MPa	A/%	0 ℃KV_2/J
30CrMoA	≥600	≤M22	≥700	≥550	≥16	≥60
		M24～M48	≥660	≥500		
35CrMoA	≥560	≤M22	≥835	≥735	≥14	≥54
		M24～M48	≥805	≥685		

4.5.3 碳素钢和低合金钢螺柱用毛坯经热处理后进行力学性能试验，具体要求如下：

a) 同一钢号、同一冶炼炉号、同一断面尺寸、同一热处理制度、同期制造的螺柱毛坯组成一批，每批抽取一件毛坯进行试验。

b) 试样取样方向为纵向。直径不大于 40 mm 的毛坯，试样的纵轴应位于毛坯中心；直径大于40 mm 的毛坯，试样的纵轴应位于毛坯半径的 1/2 处。试样距毛坯端部的距离不应小于毛坯的半径，但拉伸试样的头部(或夹持部分)不受此限制。

c) 碳素钢螺柱毛坯每件取一个拉伸试样。低合金钢螺柱毛坯每件取 1 个拉伸试样、3 个冲击试样。拉伸试验方法按 GB/T 228.1 的规定，拉伸试样采用 R4 号(d=10 mm,L_0=50 mm)试样。冲击试验方法按 GB/T 229 的规定，冲击试样采用标准尺寸 V 型缺口试样。

d) 碳素钢螺柱毛坯拉伸试验结果中，抗拉强度和屈服强度应符合表 11 的规定，断后伸长率指标为:20 钢 A≥25%,35 钢 A≥20%。低合金钢螺柱毛坯的拉伸和冲击试验结果应符合表 12 的规定，表中冲击功的规定值系 3 个试样试验结果的平均值，允许有 1 个试样的试验结果小于规定值，但不得小于规定值的 70%。

e) 拉伸试验结果不合格时，应从同一毛坯上再取 2 个拉伸试样进行复验，测定全部 3 项性能。试验结果中只要有 1 个数据不合格，则该批毛坯判为不合格。

f) 冲击试验结果不合格时，应从同一毛坯上再取 3 个冲击试样进行复验。前后两组 6 个试样的冲击功平均值不得小于表 12 的规定，允许有 2 个试样的冲击功小于规定值，但其中小于规定值 70%的只允许有 1 个。否则，该批毛坯判为不合格。

g) 被判为不合格的整批毛坯可按 4.5.2 的规定重新热处理，然后按上述程序重新取样进行试验。

4.5.4 碳素钢和低合金钢螺柱的使用温度下限及相关技术要求应按下列规定：

a) 20 钢螺柱为－20 ℃,35 钢螺柱为 0 ℃,其他钢号螺柱为－20 ℃；

b) 30CrMoA 和 35CrMoA 钢螺柱，当使用温度低于－20 ℃时，应进行使用温度下的低温冲击试验，此时表 12 中的冲击试验温度由 0 ℃改为使用温度，低温冲击功指标按表 13 的规定；

c) 使用温度低于－40 ℃～－70 ℃的 30CrMoA 和 35CrMoA 螺柱用钢，其化学成分(熔炼分析)中磷、硫含量应为 P≤0.020%、S≤0.010%；使用温度低于－70 ℃～－100 ℃

的 30CrMoA 螺柱用钢，其化学成分（熔炼分析）中磷、硫含量应为 P≤0.015%、S≤0.008%。

表 13 低温用低合金钢螺柱的冲击功

钢 号	螺柱规格/mm	最低冲击试验温度/℃	KV_2/J
30CrMoA	≤M48	−100	≥41
35CrMoA	≤M48	−70	≥41

4.5.5 各奥氏体型钢号螺柱用毛坯应进行拉伸试验，试验要求和结果应符合 GB/T 1220 的规定。

4.5.6 奥氏体型钢螺柱的使用温度下限按 4.1.10 的规定。

4.5.7 与螺柱用钢组合使用的螺母用钢可按表 14 选用，也可选用有使用经验的其他螺母用钢。调质状态使用的螺母用钢，其回火温度应高于组合使用的螺柱用钢的回火温度。

表 14 螺母用钢

螺柱钢号	螺母用钢			
	钢 号	钢材标准	使用状态	使用温度范围/℃
20	10,15	GB/T 699	正 火	−20～200
35	20,25	GB/T 699	正 火	0～200
30CrMoA	40Mn,45	GB/T 699	正 火	−10～200
	30CrMoA	GB/T 3077	调 质	−100～200
35CrMoA	40Mn,45	GB/T 699	正 火	−10～200
	30CrMoA,35CrMoA	GB/T 3077	调 质	−70～200
S30408	S30408	GB/T 1220	固 溶	−253～200
S31608	S31608	GB/T 1220	固 溶	−253～200
S32168	S32168	GB/T 1220	固 溶	−253～200

4.6 焊接材料

4.6.1 用于制造球罐受压元件的焊接材料应符合 NB/T 47018.1 的规定，并且附有质量证明书和清晰、牢靠的标志。

4.6.2 球罐制造和现场组焊单位应当建立并且严格执行焊接材料验收、复验、保管、烘干、发放和回收制度。

4.6.3 焊条：

4.6.3.1 用于制造球罐受压元件的焊条应符合 NB/T 47018.2 的有关规定。

4.6.3.2 用于球壳主体焊缝的焊条熔敷金属的冲击功指标应不低于相应母材标准规定的下限值。

4.6.3.3 球壳的焊缝以及直接与球壳焊接的焊缝应选用低氢型药皮焊条，并按批号进行熔敷金属扩散氢含量复验。焊条熔敷金属扩散氢含量应符合表 15 的规定，试验方法按 GB/T 3965 的规定进行。

表 15 低氢型药皮焊条熔敷金属扩散氢含量的技术要求

焊条型号	熔敷金属扩散氢含量/(mL/100 g)	
	甘油法	水银法或气相色谱法
E43×× E50××	≤4.0	—
E50××-×	≤4.0	—
E55××-×	≤3.0	—
E60××-×	≤2.5	≤5.0

4.6.4 焊丝和焊剂：

4.6.4.1 气体保护电弧焊钢焊丝、埋弧焊钢焊丝和焊剂应与所施的钢种匹配，气体保护电弧焊钢焊丝和填充丝应符合 NB/T 47018.3，埋弧焊钢焊丝和焊剂应符合 NB/T 47018.4。

4.6.4.2 用于球壳受压焊缝的气体保护电弧焊钢焊丝和填充丝、埋弧焊焊材熔敷金属的冲击功指标应不低于相应母材标准规定的下限值。

4.6.4.3 保护用二氧化碳和氩气应分别符合 GB/T 6052 和 GB/T 4842 的有关规定。气瓶使用前，应按规定洁净后使用。

5 结构

5.1 总体要求

球罐的结构参照 GB/T 17261 确定。

5.2 球壳

5.2.1 球壳由各带及上、下极组成，其结构如图 3 所示。

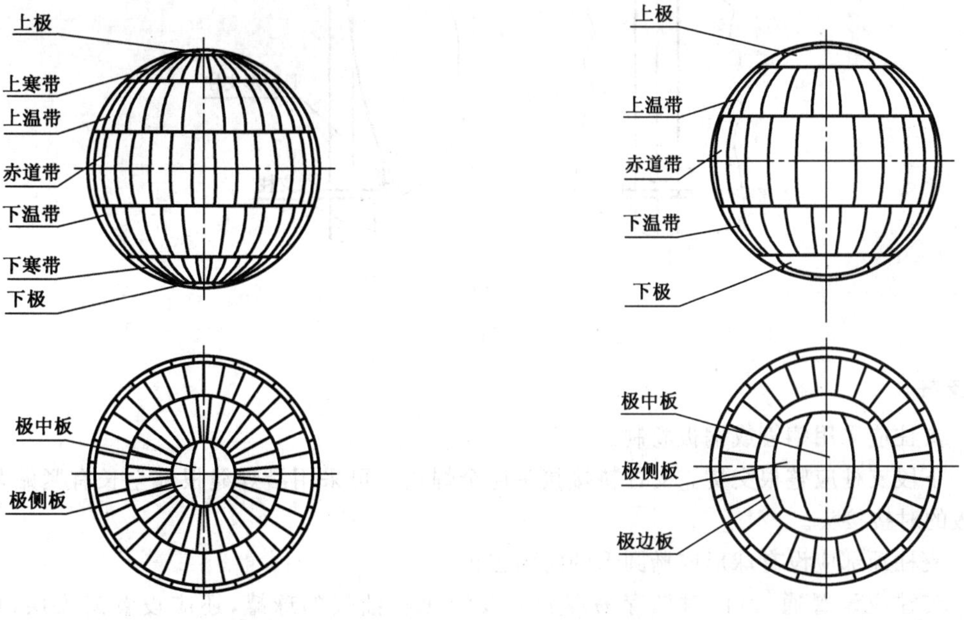

a) 桔瓣式　　b) 混合式

图 3

5.2.2 球壳板最小宽度应不小于 500 mm。

5.2.3 球壳板坡口形式可按 GB/T 985.1、GB/T 985.2 选用,或参照附录 F 确定。

5.3 支柱与球壳的连接

5.3.1 本标准采用的支柱与球壳的连接为赤道正切或相割型式。

5.3.2 支柱与球壳连接处可采用直接连接结构型式[见图 4a)]、加 U 形托板结构型式[(见图 4b)]、长圆形结构型式[见图 4c)]。

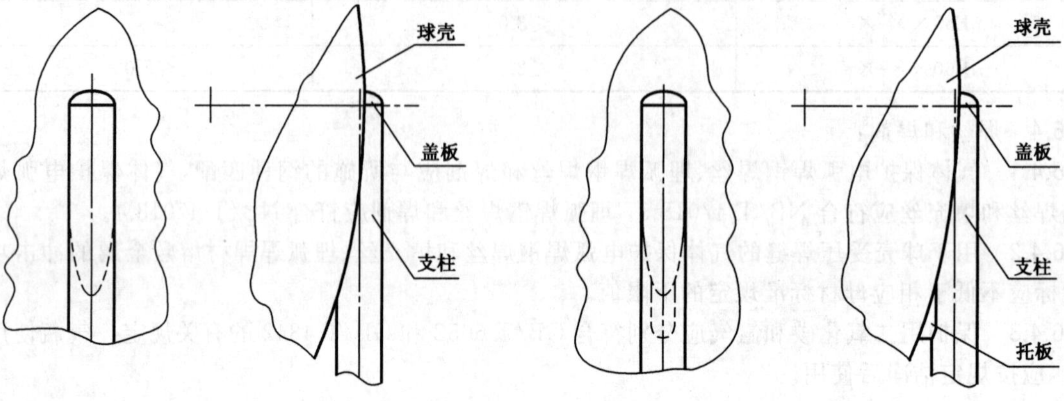

a)　　b)

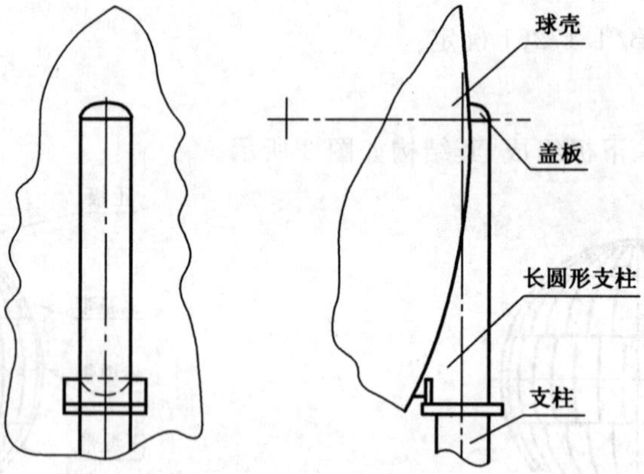

c)

图 4

5.4 支柱

5.4.1 支柱应采用钢管或钢板卷制。

5.4.2 下段支柱应整根交货。支柱拼接接头应全焊透。可采用沿焊缝根部全长有紧贴基本金属垫板的对接接头。

5.4.3 支柱顶部应设有球形或椭圆形的防雨盖板。

5.4.4 支柱应设置通气口,对储存易爆介质及液化石油气的球罐,还应设置耐火层,如图 5 所示。

5.4.5 支柱底板中心应设置通孔,如图 5 所示。

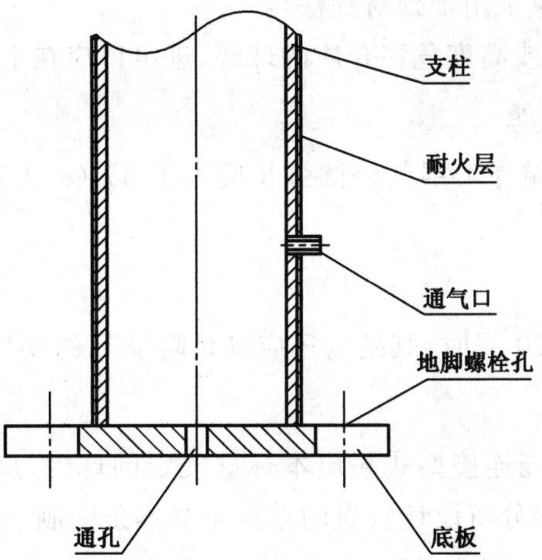

图 5

5.4.6 支柱底板的地脚螺栓孔应为径向长圆孔。

5.4.7 需进行焊后热处理的球罐，应在基础表面预埋基础垫板，基础垫板厚度应不小于 10 mm。

5.5 拉杆

5.5.1 拉杆结构有可调式和固定式两种。

可调式拉杆的立体交叉处不得相焊，见图 6a)。固定式拉杆的交叉处采用十字相焊或与固定板相焊，见图 6b)。

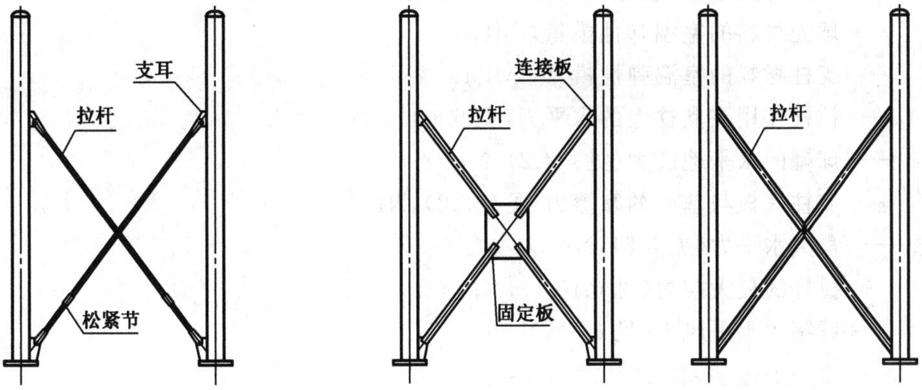

a) 可调式　　b) 固定式

图 6

本标准仅提供可调式拉杆的计算方法。

5.5.2 拉杆与支柱的上、下连接点应分别在同一标高上。

5.6 开孔及开孔补强

5.6.1 开孔及开孔补强应按 GB 150.3—2011 中第 6 章(分析设计时按 JB 4732—1995)的规定。

5.6.2 球壳与接管的焊缝应采用全焊透接头。

5.6.3 球壳上、下极中板应各设置一个公称直径不小于 500 mm 的人孔。

5.6.4 球罐人孔、接管法兰应采用带颈对焊法兰。

5.6.5 盛装毒性程度为极度或高度危害介质的球罐,进出口应在上极开孔。

5.7 相邻对接焊缝的最小间距

球壳上任何相邻对接焊缝中心线间外圆弧长应大于 $3\delta_s$(δ_s为球壳板钢材厚度),且不小于100 mm。

5.8 低温球罐的结构要求

球罐的设计温度低于-20 ℃时,其结构还应满足附录 E 的要求。

5.9 其他

对支撑结构及支柱与球壳连接型式超出本标准规定的球罐,应符合 TSG R0004—2009 中1.9 的规定。对具有压力容器分析设计资质的单位不受本条限制。

6 计算

6.1 符号

下列符号适用于本文件:

A ——单个支柱的横截面积,mm^2;

d_i ——支柱内直径,mm;

d_o ——支柱外直径,mm;

D_{cp} ——球壳平均直径,mm;

D_i ——球壳内直径,mm;

D_o ——球壳外直径(当有保温层时,为保温层外直径),mm;

E ——球壳材料的室温弹性模量,MPa;

E_s ——支柱材料的室温弹性模量,MPa;

F_c ——拉杆作用在支柱上的水平力(见 6.8.1),N;

F_e ——球罐的水平地震力(见 6.4.2),N;

F_s ——支柱底板与基础的摩擦力(见 6.8.2),N;

F_{max} ——最大水平力(见 6.6),N;

F_T ——拉杆的最大拉力(见 6.10.1),N;

F_W ——球罐的水平风力(见 6.5),N;

g ——重力加速度,取 $g=9.81\ m/s^2$;

G_o ——操作状态下的重力载荷(见 6.7.1.1),N;

G_T ——液压试验状态下的重力载荷(见 6.7.1.1),N;

H_o ——支柱底板底面至球壳赤道平面的距离(见图 7),mm;

I ——支柱横截面的惯性矩(见 6.4.1),mm^4;

l ——支柱底板底面至上支耳销子中心的距离(见图 7),mm;

L_W ——支柱与球壳连接焊缝单边的弧长(见图 15),mm;

m_{min} ——球罐最小质量(见 6.3),kg;

m_o ——操作状态下的球罐质量(见 6.3),kg;

m_T ——液压试验状态下的球罐质量(见 6.3),kg;

M_{max} ——水平地震力和水平风力引起的最大弯矩(见 6.6),N·mm;

M_o ——操作状态下支柱的总弯矩(见 6.7.2.3),N·mm;

M_{o1} ——操作状态下支柱的偏心弯矩(见 6.7.2.1),N·mm;

M_{o2} ——操作状态下支柱的附加弯矩(见 6.7.2.2),N·mm;

M_T ——液压试验状态下支柱的总弯矩(见 6.7.2.3),N·mm;

M_{T1} ——液压试验状态下支柱的偏心弯矩(见 6.7.2.1),N·mm;

M_{T2} ——液压试验状态下支柱的附加弯矩(见 6.7.2.2),N·mm;

n ——支柱数目;

p ——设计压力(见 3.7.3),MPa;

p_{ci} ——计算压力(见 3.7.4),MPa;

p_T ——试验压力(见 3.11.2),MPa;

R ——支柱中心圆半径,取 $R \leqslant R_i$,mm;

R_i ——球壳内半径,mm;

T ——基本自振周期,s;

W_o ——操作状态下支柱的最大垂直载荷(见 6.7.1.4),N;

W_T ——液压试验状态下支柱的最大垂直载荷(见 6.7.1.4),N;

W_{max} ——最大垂直载荷,取 W_o 和 W_T 的较大值,N;

β ——拉杆和支柱间的夹角(见图 7),(°);

δ ——球壳计算厚度,mm;

δ_e ——球壳有效厚度,mm;

δ_{ea} ——球壳 a 点处的有效厚度,mm;

δ_n ——球壳名义厚度,mm;

μ ——球壳材料的泊松比,取 $\mu=0.3$;

ρ_2 ——介质密度,kg/m^3;

ρ_3 ——液压试验时液体的密度,kg/m^3;

σ_{o1} ——操作状态下 a 点的纬向应力(见 6.11.2),MPa;

σ_{oa} ——操作状态下 a 点的组合应力(见 6.11.3.1),MPa;

R_{eL} ——钢材室温下的屈服强度(或 0.2%非比例延伸强度),MPa;

σ_{T1} ——液压试验状态下 a 点的纬向应力(见 6.11.2),MPa;

σ_{Ta} ——液压试验状态下 a 点的组合应力(见 6.11.3.1),MPa;

$[\sigma]^t$ ——设计温度下球壳材料的许用应力(见第 4 章),MPa;

τ_o ——操作状态下 a 点的剪切应力(见 6.11.1),MPa;

τ_T ——液压试验状态下 a 点的剪切应力(见 6.11.1),MPa;

ϕ ——焊接接头系数(见 3.10);

ϕ_a ——角焊缝系数,取 $\phi_a=0.6$。

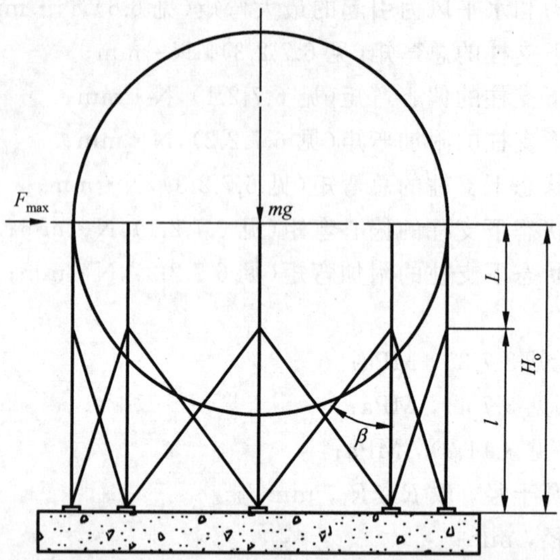

图 7

6.2 球壳计算

6.2.1 设计温度下球壳的计算厚度按式(5)计算：

$$\delta = \frac{p_{ci} D_i}{4[\sigma]^t \phi - p_{ci}} \quad \cdots\cdots (5)$$

6.2.2 设计温度下球壳的计算应力按式(6)校核：

$$\sigma^t = \frac{p_{ci}(D_i + \delta_e)}{4\delta_e} \leqslant [\sigma]^t \phi \quad \cdots\cdots (6)$$

式中：

σ^t——设计温度下球壳的计算应力，MPa。

6.2.3 设计温度下球壳的最大允许工作压力按式(7)计算：

$$p_W = \frac{4\delta_e [\sigma]^t \phi}{D_i + \delta_e} \quad \cdots\cdots (7)$$

式中：

p_W——设计温度下球壳的最大允许工作压力，MPa。

6.3 球罐质量计算

a) 操作状态下的球罐质量按式(8)计算：

$$m_o = m_1 + m_2 + m_4 + m_5 + m_6 + m_7 \quad \cdots\cdots (8)$$

b) 液压试验状态下的球罐质量按式(9)计算：

$$m_T = m_1 + m_3 + m_6 + m_7 \quad \cdots\cdots (9)$$

c) 球罐最小质量按式(10)计算：

$$m_{min} = m_1 + m_6 + m_7 \quad \cdots\cdots (10)$$

式中：

m_1——球壳质量，kg；按式(11)计算：

$$m_1 = \pi D_{cp}^2 \delta_n \rho_1 \times 10^{-9} \quad \cdots\cdots (11)$$

ρ_1——球壳材料密度，kg/m³；

m_2——介质质量,kg;按式(12)计算:

$$m_2=\frac{\pi}{6}D_i^3\rho_2k\times10^{-9} \quad\cdots\cdots(12)$$

k——装量系数;

m_3——液压试验时液体的质量,kg;按式(13)计算:

$$m_3=\frac{\pi}{6}D_i^3\rho_3\times10^{-9} \quad\cdots\cdots(13)$$

m_4——积雪质量,kg;按式(14)计算:

$$m_4=\frac{\pi}{4g}D_o^2qC_s\times10^{-6} \quad\cdots\cdots(14)$$

q——基本雪压值,N/m²;

C_s——球面的积雪系数,取 $C_s=0.4$;

m_5——保温层质量,kg;

m_6——支柱和拉杆的质量,kg;

m_7——附件质量,包括人孔、接管、液位计、内件、喷淋装置、安全阀、梯子平台等,kg。

6.4 地震载荷计算

6.4.1 自振周期

球罐可视为一个单质点体系,其基本自振周期按式(15)计算:

$$T=\pi\sqrt{\frac{m_oH_o^3\xi\times10^{-3}}{3nE_sI}} \quad\cdots\cdots(15)$$

式中:

ξ——拉杆影响系数,按式(16)计算:

$$\xi=1-\left(\frac{l}{H_o}\right)^2\left(3-\frac{2l}{H_o}\right) \quad\cdots\cdots(16)$$

ξ 也可由表16查取。

表16 拉杆影响系数 ξ

l/H_o	0.90	0.80	0.75	0.70	0.65	0.60	0.50
ξ	0.028	0.104	0.156	0.216	0.282	0.352	0.50
注:中间值用内插法计算。							

I——支柱横截面的惯性矩,mm⁴,按式(17)计算:

$$I=\frac{\pi}{64}(d_o^4-d_i^4) \quad\cdots\cdots(17)$$

6.4.2 地震载荷

抗震设防烈度和设计基本地震加速度的对应关系应符合表17的规定。

表17 抗震设防烈度和设计基本地震加速度的对应关系

抗震设防烈度	7	8	9
设计基本地震加速度	0.10g(0.15g)	0.20g(0.30g)	0.40g

球罐水平地震力按式(18)计算：

$$F_e = a m_o g \qquad \cdots\cdots(18)$$

式中：

a——对应于球罐自振周期 T 的地震影响系数，按图 8 选取。

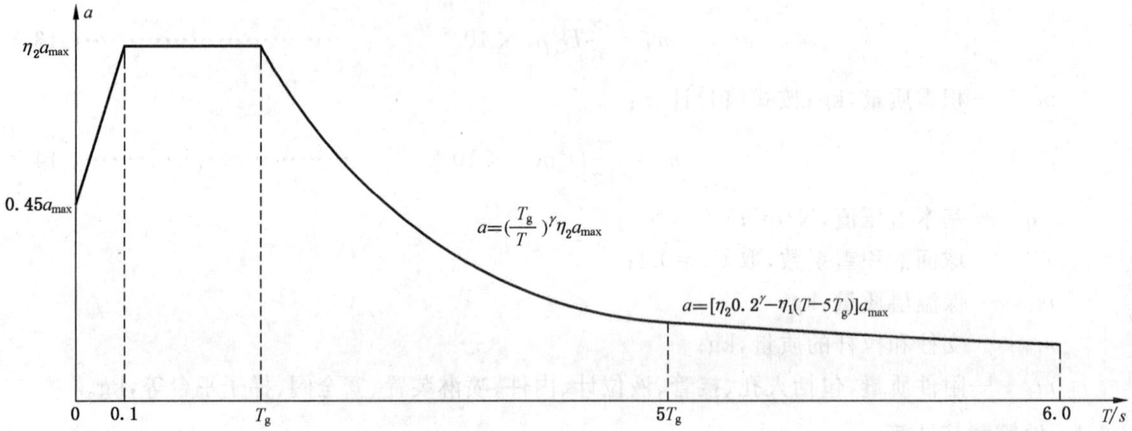

图 8

图中：a_{max}——水平地震影响系数最大值，按表 18 选取；

表 18 水平地震影响系数最大值 a_{max}

抗震设防烈度	7	8	9
地震影响系数最大值 a_{max}	0.08(0.12)	0.16(0.24)	0.32
注：括号中数值分别用于设计基本地震加速度为 0.15g 和 0.30g 的地区。			

T_g——各类场地的特征周期，按表 19 选取，s，场地类别的划分按附录 G 的规定；

表 19 场地的特征周期 T_g s

设计地震分组	场地类别				
	Ⅰ$_0$	Ⅰ$_1$	Ⅱ	Ⅲ	Ⅳ
第一组	0.20	0.25	0.35	0.45	0.65
第二组	0.25	0.30	0.40	0.55	0.75
第三组	0.30	0.35	0.45	0.65	0.90

γ——曲线下降段的衰减指数，按式(19)确定：

$$\gamma = 0.9 + \frac{0.05 - \zeta}{0.3 + 6\zeta} \qquad \cdots\cdots(19)$$

式中：

ζ——阻尼比，阻尼比应根据实测值确定，无实测数据时，可取 ζ＝0.035。

η_1——直线下降段下降斜率的调整系数，按式(20)计算，小于0时取0：

$$\eta_1 = 0.02 + \frac{0.05-\zeta}{4+32\zeta} \quad \cdots\cdots(20)$$

η_2——阻尼调整系数，按式(21)计算：

$$\eta_2 = 1 + \frac{0.05-\zeta}{0.08+1.6\zeta} \quad \cdots\cdots(21)$$

当阻尼调整系数 η_2 小于0.55时，应取0.55。

6.5 风载荷计算

球罐的水平风力按式(22)计算：

$$F_W = \frac{\pi}{4} D_o^2 k_1 k_2 q_0 f_1 f_2 \times 10^{-6} \quad \cdots\cdots(22)$$

式中：

k_1——风载荷体型系数，取 $k_1=0.4$；

k_2——球罐的风振系数，按式(23)计算；

$$k_2 = 1 + 0.35\xi_1 \quad \cdots\cdots(23)$$

式中：

ξ_1——系数，根据球罐的基本自振周期按表20选取。

表20 系数 ξ_1

T/s	<0.25	0.5	1.0	1.5	2.0	2.5	3.0	4.0	≥5.0
ξ_1	1.0	1.4	1.7	2.0	2.3	2.5	2.7	3.0	3.2
注：中间值用内插法计算。									

q_0——基本风压值，按GB 50009的规定或当地气象部门资料选取，但均不应小于300 N/m^2，N/m^2；

f_1——风压高度变化系数，按表21选取；

f_2——球罐附件增大系数，取 $f_2=1.1$。

表21 风压高度变化系数 f_1

距地面高度 H_o/m	地面粗糙类别			
	A	B	C	D
5	1.09	1.00	0.65	0.51
10	1.28	1.00	0.65	0.51
15	1.42	1.13	0.65	0.51
20	1.52	1.23	0.74	0.51

表 21(续)

距地面高度 H_o/m	地面粗糙类别			
	A	B	C	D
30	1.67	1.39	0.88	0.51
40	1.79	1.52	1.00	0.60

注 1：A 类指近海海面和海岛、海岸、湖岸及沙漠地区；
B 类指田野、乡村、丛林、丘陵以及房屋比较稀疏的乡镇；
C 类指有密集建筑群的城市市区；
D 类指有密集建筑群且房屋较高的城市市区。
注 2：中间值可采用线性内插法求取。

6.6 弯矩计算

视地震载荷和风载荷为一作用于球壳中心的集中水平载荷，则由水平地震力和水平风力引起的最大弯矩按式(24)计算：

$$M_{max} = F_{max} L \quad \cdots\cdots(24)$$

式中：

F_{max}——最大水平力，取($F_e + 0.25F_W$)与 F_W 的较大值，N；

L——力臂，mm，$L = H_o - l$(见图 7)。

6.7 支柱计算

下列计算适用于可调式拉杆的支柱计算。

6.7.1 单个支柱的垂直载荷

6.7.1.1 重力载荷：

操作状态下的重力载荷按式(25)计算：

$$G_o = \frac{m_o g}{n} \quad \cdots\cdots(25)$$

液压试验状态下的重力载荷按式(26)计算：

$$G_T = \frac{m_T g}{n} \quad \cdots\cdots(26)$$

6.7.1.2 最大弯矩对支柱产生的垂直载荷按式(27)计算：

$$F_i = -\frac{2M_{max}\cos\theta_i}{nR} \quad \cdots\cdots(27)$$

式中：

F_i——最大弯矩对 i 支柱产生的垂直载荷，N；

θ_i——支柱的方位角，(°)，见图 9、图 11，按式(28)、式(29)计算。

A 向受力时支柱方位角按式(28)计算：

$$\theta_i = i\,\frac{360^\circ}{n} \qquad \cdots\cdots (28)$$

B 向受力时支柱方位角按式(29)计算：

$$\theta_i = \left(i - \frac{1}{2}\right)\frac{360^\circ}{n} \qquad \cdots\cdots (29)$$

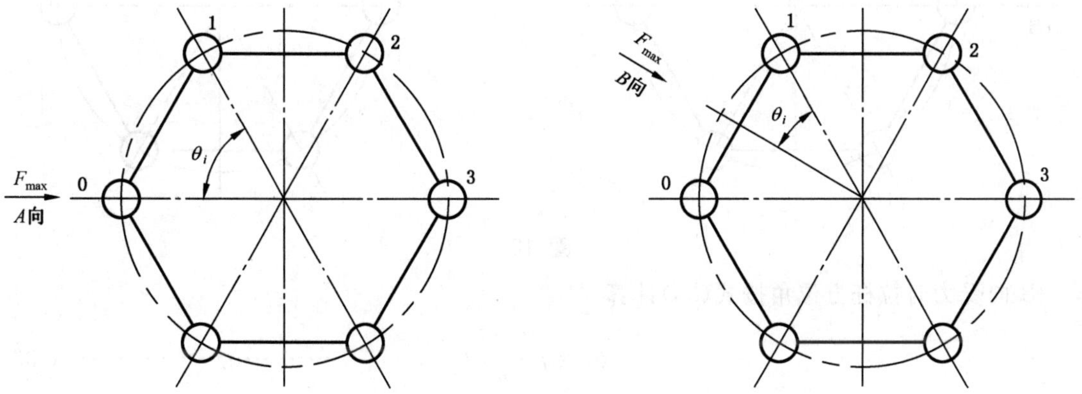

图 9

注：i 表示支柱在 0°～180°范围内的顺序号(见图 9、图 11)。

6.7.1.3 拉杆作用在支柱上的垂直载荷：

a) 所有相邻两支柱间用拉杆连接时，拉杆作用在支柱上的垂直载荷按式(30)计算：

$$P_{i-j} = \frac{lF_{max}\sin\theta_j}{nR\sin\dfrac{180^\circ}{n}} \qquad \cdots\cdots (30)$$

b) 每隔一支柱用拉杆连接时，拉杆作用在支柱上的垂直载荷按式(31)计算：

$$P_{i-j} = \frac{lF_{max}\sin\theta_j}{nR\sin\dfrac{360^\circ}{n}} \qquad \cdots\cdots (31)$$

式中：

P_{i-j}——j 拉杆作用在 i 支柱上的垂直载荷，N；$i=j+1$，$j=0$、1、2、3……；

θ_j——拉杆 j 的方位角，(°)，按式(32)～式(34)计算。

当所有相邻两支柱用拉杆连接时(见图 10)：

A 向受力时拉杆方位角按式(32)计算：

$$\theta_j = \left(j + \frac{1}{2}\right)\frac{360^\circ}{n} \qquad \cdots\cdots (32)$$

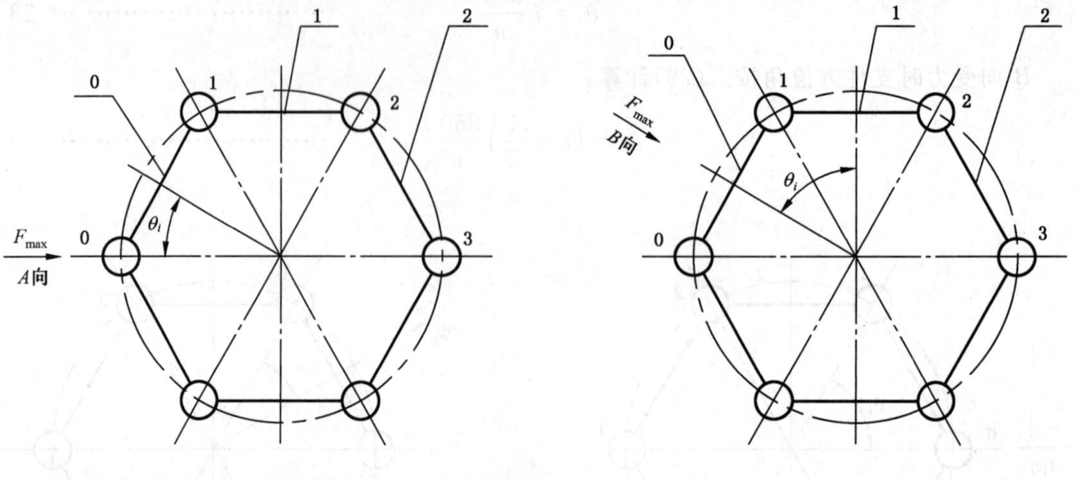

图 10

B 向受力时拉杆方位角按式(33)计算：

$$\theta_j = j\,\frac{360^\circ}{n} \qquad (33)$$

当每隔一支柱用拉杆连接时(见图 11)：

A 向受力时拉杆方位角按式(33)计算。

B 向受力时拉杆方位角按式(34)计算：

$$\theta_j = \left(j - \frac{1}{2}\right)\frac{360^\circ}{n} \qquad (34)$$

注： j 表示拉杆在 0°～180°范围内的顺序号(见图 10、图 11)。

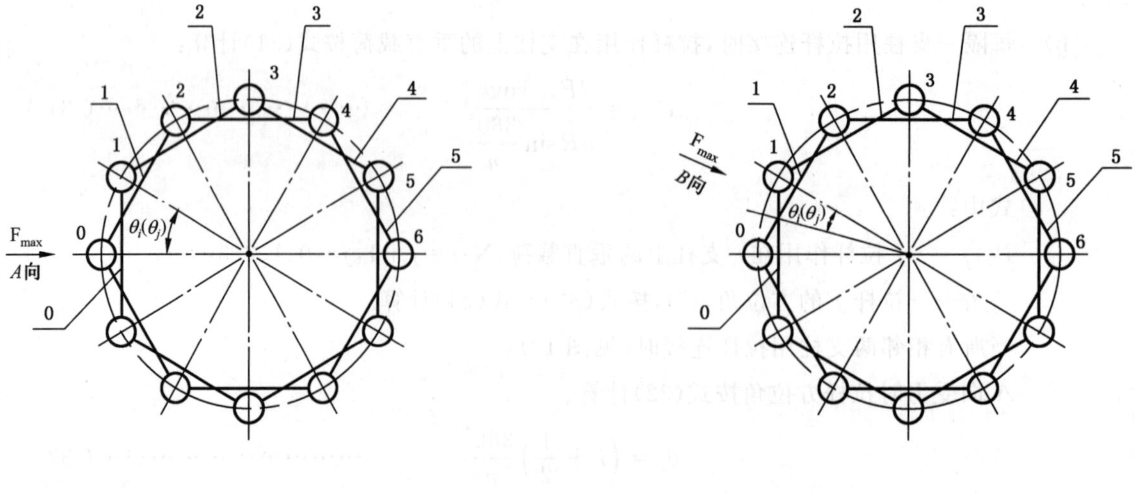

图 11

6.7.1.4 支柱的最大垂直载荷：

操作状态下支柱的最大垂直载荷按式(35)计算:

$$W_o = G_o + (F_i + P_{i-j})_{max} \qquad (35)$$

液压试验状态下支柱的最大垂直载荷按式(36)计算:

$$W_T = G_T + 0.3(F_i + P_{i-j})_{max}\frac{F_W}{F_{max}} \qquad (36)$$

式中:

$(F_i + P_{i-j})_{max}$——各支柱$(F_i + P_{i-j})$中的最大值,N。

在A向或B向受力状态下,最大弯矩对支柱产生的垂直载荷的最大值$(F_i)_{max}$、拉杆作用在支柱上的垂直载荷的最大值$(P_{i-j})_{max}$及两者之和的最大值$(F_i + P_{i-j})_{max}$按表22的公式计算,最大值$(F_i + P_{i-j})_{max}$的支柱位置见表22。

当设计未采用表22中所列的支柱数目时,则$(F_i)_{max}$、$(P_{i-j})_{max}$和$(F_i + P_{i-j})_{max}$应按6.7.1.2和6.7.1.3的公式计算F_i和P_{i-j},取F_i的最大值,P_{i-j}的最大值和$(F_i + P_{i-j})$的最大值。

表22 载荷$(F_i)_{max}$、$(P_{i-j})_{max}$、$(F_i + P_{i-j})_{max}$

拉杆连接方式	支柱数目	$(F_i)_{max}$/N	$(P_{i-j})_{max}$/N	$(F_i + P_{i-j})_{max}$/N
所有相邻两支柱间用拉杆连接	4	0.500 0a	0.500 0b	0.500 0a+0.500 0b A向2号柱
	5	0.323 6a	0.323 6b	0.323 6a+0.323 6b A向2号柱
	6	0.333 3a	0.333 3b	0.333 3a+0.333 3b A向3号柱
	8	0.250 0a	0.326 6b	0.176 8a+0.301 8b A向3号柱
	10	0.200 0a	0.323 6b	0.117 6a+0.307 8b B向4号柱
	12	0.166 7a	0.322 0b	0.083 3a+0.311 0b A向4号柱
	14	0.142 9a	0.321 0b	0.062 0a+0.312 9b B向5号柱
	16	0.125 0a	0.320 4b	0.047 8a+0.314 2b A向5号柱
	18	0.111 1a	0.319 9b	0.038 0a+0.315 1b B向6号柱
	20	0.100 0a	0.319 6b	0.030 9a+0.315 7b A向6号柱
每隔一支柱用拉杆连接	8	0.250 0a	0.250 0b	0.250 0a+0.250 0b A向4号柱
	10	0.200 0a	0.200 0b	0.200 0a+0.200 0b A向5号柱
	12	0.166 7a	0.166 7b	0.166 7a+0.166 7b A向6号柱
	14	0.142 9a	0.164 6b	0.142 9a+0.142 9b A向7号柱
	16	0.125 0a	0.163 3b	0.069 4a+0.160 2b B向6号柱
	18	0.111 1a	0.162 4b	0.109 4a+0.162 4b B向9号柱
	20	0.100 0a	0.161 8b	0.098 8a+0.146 9b B向10号柱
$a = M_{max}/R$;$b = lF_{max}/R$。				

6.7.2 单个支柱弯矩

支柱在操作或液压试验时，在内压力作用下，球壳直径增大，使支柱承受偏心弯矩和附加弯矩，见图12。

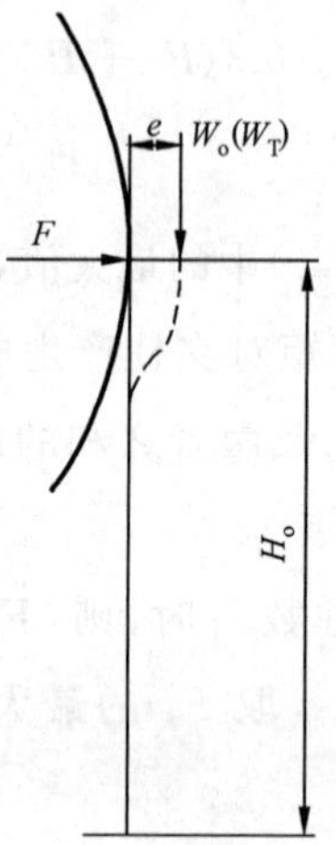

图 12

6.7.2.1 偏心弯矩

操作状态下支柱的偏心弯矩按式(37)计算：

$$M_{o1}=\frac{\sigma_{oe}R_iW_o}{E}(1-\mu) \quad \cdots\cdots(37)$$

式中：

σ_{oe}——操作状态下球壳赤道线的薄膜应力，MPa，按式(38)计算：

$$\sigma_{oe}=\frac{(p+p_{oe})(D_i+\delta_e)}{4\delta_e} \quad \cdots\cdots(38)$$

p_{oe}——操作状态下介质在赤道线的液柱静压力，MPa。

液压试验状态下支柱的偏心弯矩按式(39)计算：

$$M_{T1}=\frac{\sigma_{Te}R_iW_T}{E}(1-\mu) \quad \cdots\cdots(39)$$

式中：

σ_{Te}——液压试验状态下球壳赤道线的薄膜应力，MPa，按式(40)计算：

$$\sigma_{Te}=\frac{(p_T+p_{Te})(D_i+\delta_e)}{4\delta_e} \quad \cdots\cdots(40)$$

p_{Te}——液压试验状态下液体在赤道线的液柱静压力，MPa。

6.7.2.2 附加弯矩

操作状态下支柱的附加弯矩按式(41)计算：

$$M_{o2}=\frac{6E_sI\sigma_{oe}R_i}{H_o^2E}(1-\mu) \quad \cdots\cdots(41)$$

液压试验状态下支柱的附加弯矩按式(42)计算：

$$M_{T2}=\frac{6E_s I\sigma_{Te}R_i}{H_o^2 E}(1-\mu) \qquad \cdots\cdots(42)$$

式中：

σ_{oe}、σ_{Te}——见 6.7.2.1。

6.7.2.3 总弯矩

操作状态下支柱的总弯矩按式(43)计算：

$$M_o=M_{o1}+M_{o2} \qquad \cdots\cdots(43)$$

液压试验状态下支柱的总弯矩按式(44)计算：

$$M_T=M_{T1}+M_{T2} \qquad \cdots\cdots(44)$$

6.7.3 支柱稳定性校核

操作状态下支柱的稳定性按式(45)校核：

$$\frac{W_o}{\phi_p A}+\frac{\beta_m M_o}{\gamma Z\left(1-0.8\dfrac{W_o}{W_{EX}}\right)}\leqslant[\sigma]_c \qquad \cdots\cdots(45)$$

液压试验状态下支柱的稳定性按式(46)校核：

$$\frac{W_T}{\phi_p A}+\frac{\beta_m M_T}{\gamma Z\left(1-0.8\dfrac{W_T}{W_{EX}}\right)}\leqslant[\sigma]_c \qquad \cdots\cdots(46)$$

式中：

ϕ_p——弯矩作用平面内的轴心受压支柱稳定系数，根据支柱长细比、支柱类型和支柱材料，按表 23、表 24、表 25、表 26 选取；

λ——支柱长细比，按式(47)计算：

$$\lambda=\frac{k_3 H_o}{r_i} \qquad \cdots\cdots(47)$$

k_3——计算长度系数，取 $k_3=1$；

r_i——支柱的惯性半径，mm，按式(48)计算：

$$r_i=\sqrt{\frac{I}{A}} \qquad \cdots\cdots(48)$$

表 23、表 24、表 25、表 26 未列材料的 ϕ_p 按式(49)～式(51)计算。

当 $\bar{\lambda}\leqslant0.215$ 时，ϕ_p 按式(49)计算：

$$\phi_p=1-a_1\bar{\lambda}^2 \qquad \cdots\cdots(49)$$

当 $\bar{\lambda}>0.215$ 时，ϕ_p 按式(50)计算：

$$\phi_p=\frac{1}{2\bar{\lambda}^2}\left[(a_2+a_3\bar{\lambda}+\bar{\lambda}^2)-\sqrt{(a_2+a_3\bar{\lambda}+\bar{\lambda}^2)^2-4\bar{\lambda}^2}\right] \qquad \cdots\cdots(50)$$

$\bar{\lambda}$——换算长细比，按式(51)计算：

$$\bar{\lambda}=\frac{\lambda}{\pi}\sqrt{\frac{R_{eL}}{E_s}} \qquad \cdots\cdots(51)$$

R_{eL} ——支柱材料室温下的屈服强度(或 0.2%非比例延伸强度)，MPa；

α_1、α_2、α_3——系数，对轧制钢管截面：$\alpha_1=0.41$，$\alpha_2=0.986$，$\alpha_3=0.152$；对焊接钢管截面：$\alpha_1=0.65$，$\alpha_2=0.965$，$\alpha_3=0.300$；

β_m ——等效弯矩系数，取 $\beta_m=1$；

γ ——截面塑性发展系数，取 $\gamma=1.15$；

Z ——单个支柱的截面系数，mm^3，按式(52)计算：

$$Z=\frac{\pi(d_o^4-d_i^4)}{32d_o} \quad \cdots\cdots(52)$$

表 23 Q235A 轧制钢管截面轴心受压支柱的稳定系数 ϕ_p

λ	0	1	2	3	4	5	6	7	8	9
0	1.000	1.000	1.000	1.000	0.999	0.999	0.998	0.998	0.997	0.996
10	0.995	0.994	0.993	0.992	0.991	0.989	0.988	0.986	0.985	0.983
20	0.981	0.979	0.977	0.976	0.974	0.972	0.970	0.968	0.966	0.964
30	0.963	0.961	0.959	0.957	0.955	0.952	0.950	0.948	0.946	0.944
40	0.941	0.939	0.937	0.934	0.932	0.929	0.927	0.924	0.921	0.919
50	0.916	0.913	0.910	0.907	0.904	0.900	0.897	0.894	0.890	0.886
60	0.883	0.879	0.875	0.871	0.867	0.863	0.858	0.854	0.849	0.844
70	0.839	0.834	0.829	0.824	0.818	0.813	0.807	0.801	0.795	0.789
80	0.783	0.776	0.770	0.763	0.757	0.750	0.743	0.736	0.728	0.721
90	0.714	0.706	0.699	0.691	0.684	0.676	0.668	0.661	0.653	0.645
100	0.638	0.630	0.622	0.615	0.607	0.600	0.592	0.585	0.577	0.570
注：中间值用内插法计算。										

表 24 Q235A 焊接钢管截面轴心受压支柱的稳定系数 ϕ_p

λ	0	1	2	3	4	5	6	7	8	9
0	1.000	1.000	1.000	0.999	0.999	0.998	0.997	0.996	0.995	0.994
10	0.992	0.991	0.989	0.987	0.985	0.983	0.981	0.978	0.976	0.973
20	0.970	0.967	0.963	0.960	0.957	0.953	0.950	0.946	0.943	0.939
30	0.936	0.932	0.929	0.925	0.922	0.918	0.914	0.910	0.906	0.903
40	0.899	0.895	0.891	0.887	0.882	0.878	0.874	0.870	0.865	0.861
50	0.856	0.852	0.847	0.842	0.838	0.833	0.828	0.823	0.818	0.813
60	0.807	0.802	0.797	0.791	0.786	0.780	0.774	0.769	0.763	0.757
70	0.751	0.745	0.739	0.732	0.726	0.720	0.714	0.707	0.701	0.694
80	0.688	0.681	0.675	0.668	0.661	0.655	0.648	0.641	0.635	0.628
90	0.621	0.614	0.608	0.601	0.594	0.588	0.581	0.575	0.568	0.561
100	0.555	0.549	0.542	0.536	0.529	0.523	0.517	0.511	0.505	0.499
注：中间值用内插法计算。										

表 25　Q345 钢轧制钢管截面轴心受压支柱的稳定系数 ϕ_p

λ	0	1	2	3	4	5	6	7	8	9
0	1.000	1.000	1.000	0.999	0.999	0.998	0.997	0.997	0.996	0.994
10	0.993	0.992	0.990	0.988	0.986	0.984	0.982	0.980	0.978	0.975
20	0.973	0.971	0.969	0.967	0.964	0.962	0.960	0.957	0.955	0.952
30	0.950	0.947	0.944	0.941	0.939	0.936	0.933	0.930	0.927	0.923
40	0.920	0.917	0.913	0.909	0.906	0.902	0.898	0.894	0.889	0.885
50	0.881	0.876	0.871	0.866	0.861	0.855	0.850	0.844	0.838	0.832
60	0.825	0.819	0.812	0.805	0.798	0.791	0.783	0.775	0.767	0.759
70	0.751	0.742	0.734	0.725	0.716	0.707	0.698	0.689	0.680	0.671
80	0.661	0.652	0.643	0.633	0.624	0.615	0.606	0.596	0.587	0.578
90	0.570	0.561	0.552	0.543	0.535	0.527	0.518	0.510	0.502	0.494
100	0.487	0.479	0.471	0.464	0.457	0.450	0.443	0.436	0.429	0.423
注：中间值用内插法计算。										

表 26　Q345 钢焊接钢管截面轴心受压支柱的稳定系数 ϕ_p

λ	0	1	2	3	4	5	6	7	8	9
0	1.000	1.000	1.000	0.999	0.998	0.997	0.996	0.995	0.993	0.991
10	0.989	0.987	0.984	0.981	0.978	0.975	0.972	0.968	0.964	0.960
20	0.956	0.952	0.948	0.943	0.939	0.935	0.931	0.926	0.922	0.917
30	0.913	0.908	0.903	0.899	0.894	0.889	0.884	0.879	0.874	0.869
40	0.863	0.858	0.852	0.847	0.841	0.835	0.829	0.823	0.817	0.811
50	0.804	0.798	0.791	0.784	0.778	0.771	0.764	0.756	0.749	0.742
60	0.734	0.727	0.719	0.711	0.704	0.696	0.688	0.680	0.672	0.664
70	0.656	0.648	0.640	0.632	0.623	0.615	0.607	0.599	0.591	0.583
80	0.575	0.567	0.559	0.551	0.544	0.536	0.528	0.521	0.513	0.506
90	0.499	0.491	0.484	0.477	0.470	0.463	0.457	0.450	0.443	0.437
100	0.431	0.424	0.418	0.412	0.406	0.400	0.395	0.389	0.384	0.378
注：中间值用内插法计算。										

W_{EX}——欧拉临界力，N，按式(53)计算：

$$W_{EX}=\pi^2 E_s A/\lambda^2 \qquad (53)$$

$[\sigma]_c$——支柱材料的许用应力，$[\sigma]_c=R_{eL}/1.5$，MPa。

6.8 地脚螺栓计算

6.8.1 拉杆作用在支柱上的水平力按式(54)计算：

$$F_c=(P_{i-j})_{max}\tan\beta \quad \cdots\cdots(54)$$

式中：

$(P_{i-j})_{max}$——见6.7.1.4，N。

6.8.2 支柱底板与基础的摩擦力按式(55)计算：

$$F_s=f_s\frac{m_{min}g}{n} \quad \cdots\cdots(55)$$

式中：

f_s——支柱底板与基础的摩擦系数。钢-混凝土：$f_s=0.4$；钢-钢：$f_s=0.3$。

6.8.3 地脚螺栓：

当$F_s \geqslant F_c$时，则球罐不需设置地脚螺栓，但为了固定球罐位置，应设置一定数量的定位地脚螺栓。

当$F_s < F_c$时，球罐必须设置地脚螺栓，地脚螺栓的螺纹小径按式(56)计算：

$$d_B=1.13\sqrt{\frac{F_c-F_s}{n_d[\tau]_B}}+C_B \quad \cdots\cdots(56)$$

式中：

d_B ——地脚螺栓的螺纹小径，mm；

n_d ——每个支柱上的地脚螺栓个数；

$[\tau]_B$——地脚螺栓材料的许用剪应力，$[\tau]_B=0.4R_{eL}$，MPa；

C_B ——地脚螺栓的腐蚀裕量，一般取$C_B=3$ mm。

6.9 支柱底板

6.9.1 支柱底板直径D_b按式(57)和式(58)计算，取两式中的较大值：

$$D_{b1}=1.13\sqrt{\frac{W_{max}}{[\sigma]_{bc}}} \quad \cdots\cdots(57)$$

$$D_{b2}=(8\sim10)d+d_o \quad \cdots\cdots(58)$$

式中：

D_{b1}、D_{b2}——支柱底板直径，mm；

$[\sigma]_{bc}$ ——基础材料的许用应力，MPa；

d ——地脚螺栓直径，mm。

6.9.2 底板厚度按式(59)计算：

$$\delta_b=\sqrt{\frac{3\sigma_{bc}l_b^2}{[\sigma]_b}}+C_b \quad \cdots\cdots(59)$$

式中：

δ_b ——底板厚度，mm；

σ_{bc} ——底板的压应力，MPa，按式(60)计算：

$$\sigma_{bc}=\frac{4W_{max}}{\pi D_b^2} \quad \cdots\cdots(60)$$

D_b——见 6.9.1,mm;

l_b ——底板外边缘至支柱外表面的距离(见图 13),mm;

$[\sigma]_b$ ——底板材料的许用弯曲应力,$[\sigma]_b = R_{eL}/1.5$,MPa;

C_b ——底板的腐蚀裕量,一般取 $C_b = 3$ mm。

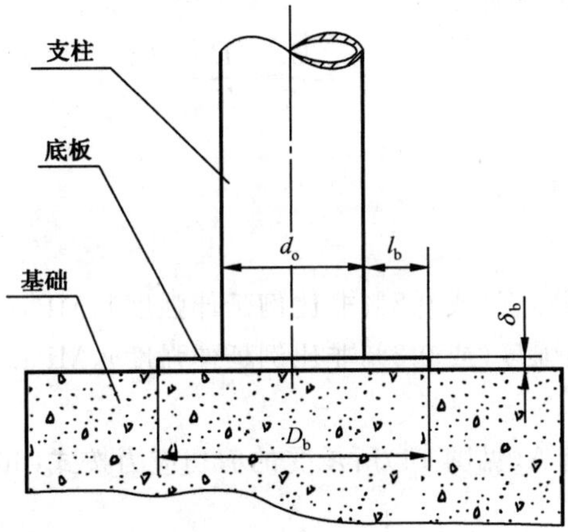

图 13

6.10 拉杆计算

6.10.1 拉杆螺纹小径按式(61)计算:

$$d_T = 1.13\sqrt{\frac{F_T}{[\sigma]_T}} + C_T \qquad \cdots\cdots(61)$$

式中:

d_T ——拉杆螺纹小径,mm;

F_T ——拉杆的最大拉力,N;按式(62)计算:

$$F_T = \frac{(P_{i-j})_{max}}{\cos\beta} \qquad \cdots\cdots(62)$$

$(P_{i-j})_{max}$——见 6.7.1.4,N;

$[\sigma]_T$ ——拉杆材料的许用应力,$[\sigma]_T = R_{eL}/1.5$,MPa;

C_T ——拉杆的腐蚀裕量,mm,一般取 $C_T = 2$ mm。

6.10.2 当拉杆采用图 14 所示结构时,拉杆连接部位按下述方法计算。

6.10.2.1 销子直径按式(63)计算:

$$d_p = 0.8\sqrt{\frac{F_T}{[\tau]_p}} \qquad \cdots\cdots(63)$$

式中:

d_p——销子直径,mm;

$[\tau]_p$——销子材料的许用剪切力,$[\tau]_p = 0.4R_{eL}$,MPa。

6.10.2.2 耳板厚度按式(64)计算:

$$\delta_c = \frac{F_T}{d_p[\sigma]_c} \qquad \cdots\cdots(64)$$

式中：

δ_c——耳板厚度，mm；

d_p——销子直径，mm；

$[\sigma]_c$——耳板材料的许用压应力，$[\sigma]_c = R_{eL}/1.1$，MPa。

6.10.2.3 翼板厚度按式(65)计算：

$$\delta_a = \frac{\delta_c}{2} \cdot \frac{R_{eL}}{R'_{eL}} \qquad \cdots\cdots(65)$$

式中：

δ_a——翼板厚度，mm；

δ_c——见式(64)，mm；

R_{eL}——耳板材料的屈服强度(或0.2%非比例延伸强度)，MPa；

R'_{eL}——翼板材料的屈服强度(或0.2%非比例延伸强度)，MPa。

6.10.2.4 焊缝强度验算

a) 耳板与支柱的焊缝A(见图14)所承受的剪切应力按式(66)校核：

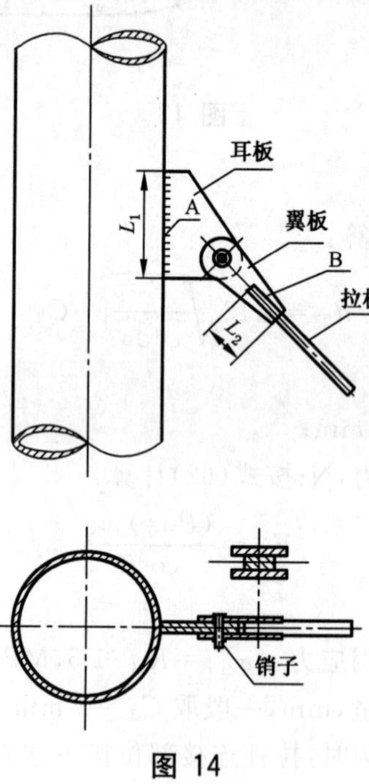

图 14

$$\frac{F_T}{1.41 L_1 S_1} \leqslant [\tau]_W \qquad \cdots\cdots(66)$$

式中：

L_1——A焊缝单边长度，mm；

S_1——A焊缝焊脚尺寸，mm；

$[\tau]_W$——焊缝的许用剪切应力，MPa，按式(67)计算：

$$[\tau]_W = 0.4 R_{eL} \phi_a \qquad \cdots\cdots(67)$$

R_{eL}——支柱或耳板材料的屈服强度(或0.2%非比例延伸强度)，取较小值，MPa。

b) 拉杆与翼板的焊缝B(见图14)所承受的剪切应力按式(68)校核：

$$\frac{F_T}{2.82L_2S_2} \leqslant [\tau]_W \quad \cdots\cdots(68)$$

式中：

L_2——B焊缝单边长度，mm；

S_2——B焊缝焊脚尺寸，mm；

$[\tau]_W$——焊缝的许用剪切应力，MPa，按式(69)计算：

$$[\tau]_W = 0.4R_{eL}\phi_a \quad \cdots\cdots(69)$$

R_{eL}——拉杆或翼板材料的屈服强度(或0.2%非比例延伸强度)，取较小值，MPa。

6.11 支柱与球壳连接最低点 *a* 的应力校核(见图15)

6.11.1 *a* 点的剪切应力

操作状态下 a 点的剪切应力按式(70)计算：

$$\tau_o = \frac{G_o + (F_i)_{max}}{2L_W\delta_{ea}} \quad \cdots\cdots(70)$$

液压试验状态下 a 点的剪切应力按式(71)计算：

$$\tau_T = \frac{G_T + 0.3(F_i)_{max}\dfrac{F_W}{F_{max}}}{2L_W\delta_{ea}} \quad \cdots\cdots(71)$$

式中：

$(F_i)_{max}$——见6.7.1.4，N。

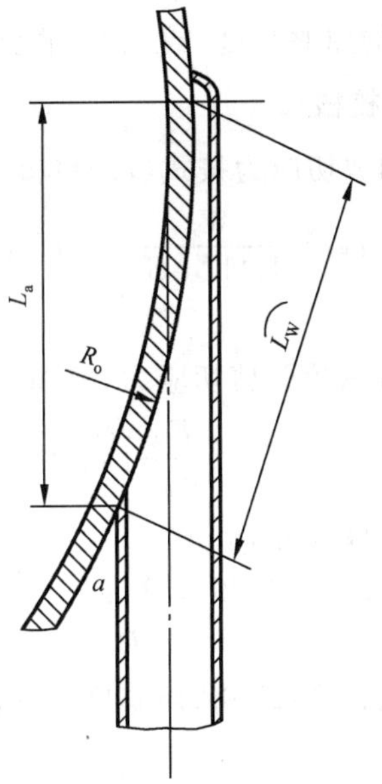

图15

6.11.2 *a* 点的纬向应力

操作状态下 a 点的纬向应力按式(72)计算：

$$\sigma_{o1}=\frac{(p+p_{oa})(D_i+\delta_{ea})}{4\delta_{ea}} \qquad \cdots\cdots(72)$$

液压试验状态下 a 点的纬向应力按式(73)计算：

$$\sigma_{T1}=\frac{(p_T+p_{Ta})(D_i+\delta_{ea})}{4\delta_{ea}} \qquad \cdots\cdots(73)$$

式中：

p_{oa}——操作状态下介质在 a 点的液柱静压力，MPa；

p_{Ta}——液压试验状态下液体在 a 点的液柱静压力，MPa。

6.11.3 a 点的应力校核

6.11.3.1 a 点的组合应力计算

操作状态下 a 点的组合应力按式(74)计算：

$$\sigma_{oa}=\sigma_{o1}+\tau_o \qquad \cdots\cdots(74)$$

液压试验状态下 a 点的组合应力按式(75)计算：

$$\sigma_{Ta}=\sigma_{T1}+\tau_T \qquad \cdots\cdots(75)$$

6.11.3.2 应力校核

a 点的组合应力应满足式(76)和式(77)的要求：

$$\sigma_{oa}\leqslant[\sigma]^t\phi \qquad \cdots\cdots(76)$$

$$\sigma_{Ta}\leqslant 0.9R_{eL}\phi\ (\text{液压试验})\ \text{或}\ 0.8R_{eL}\phi\ (\text{气压试验和气液组合压力试验}) \quad \cdots\cdots(77)$$

式中：

R_{eL}——试验温度下球壳材料的屈服强度(或 0.2%非比例延伸强度)，MPa。

6.12 支柱与球壳连接焊缝的强度校核

支柱与球壳连接焊缝所承受的剪切应力按式(78)校核。

$$\tau_W=\frac{W}{1.41L_WS}\leqslant[\tau]_W \qquad \cdots\cdots(78)$$

式中：

τ_W——支柱与球壳连接焊缝所承受的剪切应力，MPa；

W——取 $G_o+(F_i)_{max}$ 和 $G_T+0.3(F_i)_{max}\frac{F_W}{F_{max}}$ 两者中的较大值，N；

S——支柱与球壳连接焊缝焊脚尺寸，mm；

$[\tau]_W$——焊缝许用剪切应力，MPa，按式(79)计算：

$$[\tau]_W=0.4R_{eL}\phi_a \qquad \cdots\cdots(79)$$

R_{eL}——支柱或球壳材料的屈服强度(或 0.2%非比例延伸强度)，取较小值，MPa。

6.13 外压球壳

外压球壳按 GB 150.3 或 JB 4732 计算。

7 制造

7.1 球壳板

7.1.1 球壳板的型式与尺寸应符合图样要求。

7.1.2 球壳板不得拼接且表面不允许存在裂纹、气泡、结疤、折叠和夹杂等缺陷。球壳板不得有分层。

7.1.3 球壳板实际厚度不得小于设计厚度。

7.1.4 曲率允许偏差:

当球壳板弦长大于或等于 2 000 mm 时,样板的弦长不得小于 2 000 mm;当球壳板弦长小于 2 000 mm 时,样板的弦长不得小于球壳板的弦长。样板与球壳板的间隙 e 不得大于 3 mm。如图 16 所示。

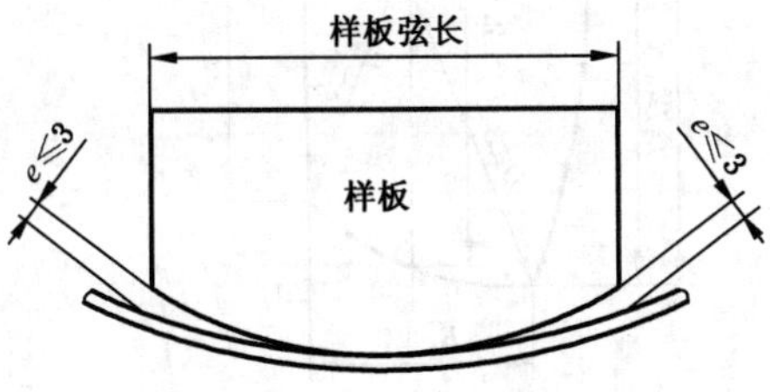

图 16

7.1.5 几何尺寸允许偏差(见图 17)如下,对刚性差的球壳板几何尺寸宜在托架上测量。

a) 长度方向弦长允差不大于±2.5 mm。

b) 宽度方向弦长允差不大于±2 mm。

c) 对角线弦长允差不大于±3 mm。

d) 两条对角线应在同一平面上。用两直线对角测量时,两直线的垂直距离偏差不得大于 5 mm。

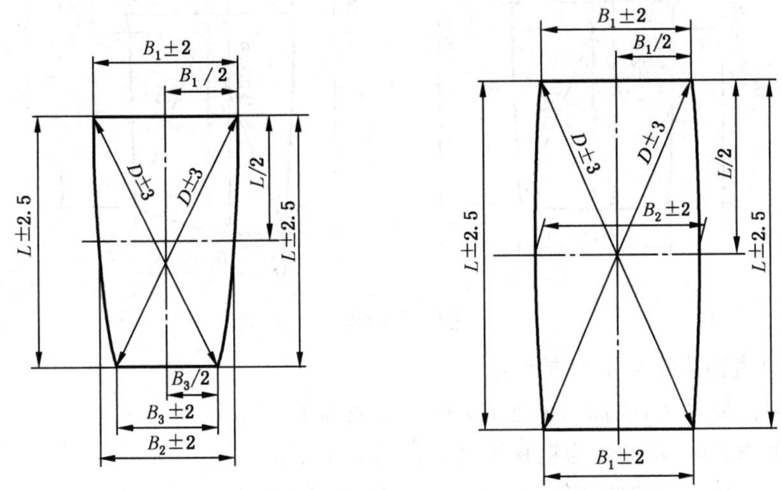

图 17

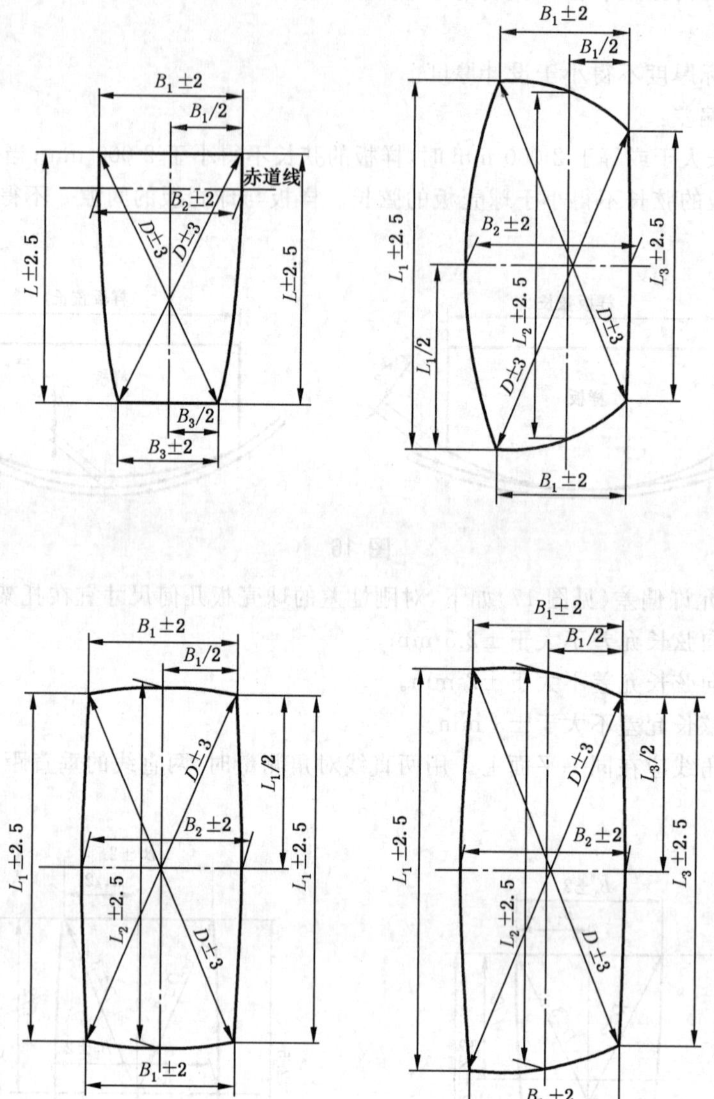

图 17（续）

7.1.6 气割坡口表面应符合下列要求：

a） 坡口表面应平滑，表面粗糙度 Ra 应小于或等于 50 μm。

b） 平面度 $B\leqslant0.04\delta_s$（δ_s 为钢材厚度），且不大于 1 mm。

c） 熔渣与氧化皮应清除干净，坡口表面不得有裂纹和分层等缺陷存在。若有缺陷时，应修磨或焊补。焊补时，应将缺陷彻底清除，并经磁粉或渗透检测确认没有缺陷后方可焊补。焊补应按8.7 的规定进行。焊补后应磨平，使其保持原坡口的形状及尺寸。

d） 标准抗拉强度下限值 $R_m\geqslant540$ MPa 钢材的气割坡口表面应进行磁粉或渗透检测，铁磁性材料优先选择磁粉检测。

7.1.7 球壳板周边 100 mm 的范围内应按 JB/T 4730.3 的规定进行超声检测，质量等级按4.2.8 的有关规定。

7.1.8 相邻两板的厚度差大于薄板厚度的25%,或大于等于3 mm时,厚板边缘应按图18削成斜边,削边后的端部厚度应等于薄板厚度。

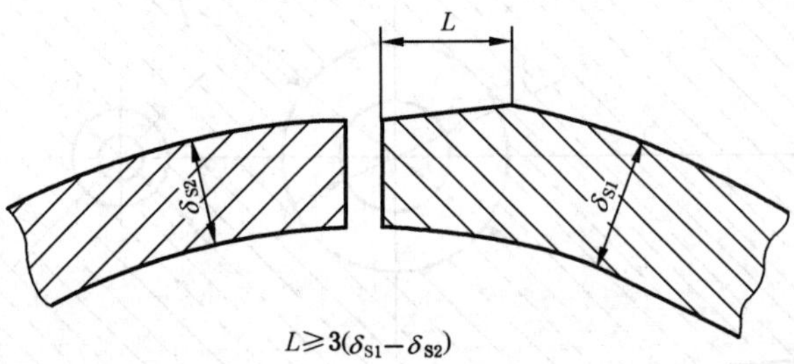

图 18

7.1.9 球壳板应采用冷压成形。

7.1.10 满足GB 150.4的9.1时,制造单位应按8.9制作人孔与球壳板的产品焊接试件1块。

7.1.11 相同规格的球壳板应具有互换性。

7.1.12 球壳板应避免表面的机械损伤,对严重的尖锐伤痕应按8.7的规定进行修补。

7.1.13 人孔及接管与球壳板的焊接、焊后尺寸检查、焊缝表面的形状尺寸及外观要求、无损检测、修磨和焊补等应符合第8章的有关规定。

7.2 零部件组焊

7.2.1 分段支柱上段与赤道板组焊应在制造单位进行。组焊后,用弦长不小于1 000 mm的样板检查焊缝部位向外300 mm以内(如图19所示)的赤道板的曲率,最大间隙不得大于3 mm,其余范围用弦长不小于2 000 mm的样板检查最大间隙不得大于3 mm。

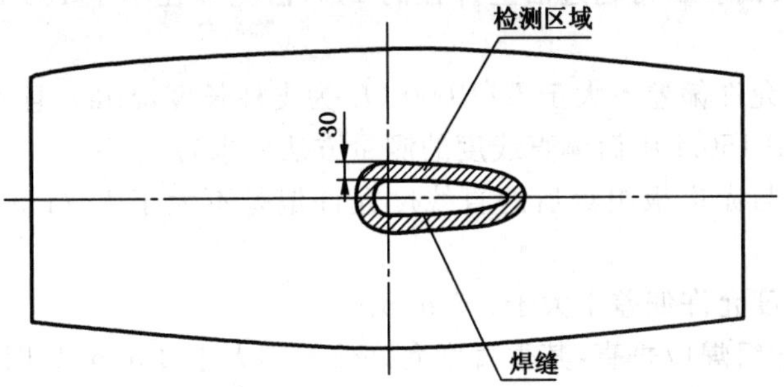

图 19

7.2.2 人孔、接管与极板的组焊应在制造单位进行,焊后应符合下列要求:

a) 人孔、接管开孔位置及外伸高度的允许偏差不大于5 mm;

b) 开孔球壳板周边100 mm向内至开孔中心一倍开孔直径向外之间的范围内(如图20所示)用弦长不小于1 000 mm的样板检查极板曲率,最大间隙不得大于3 mm。

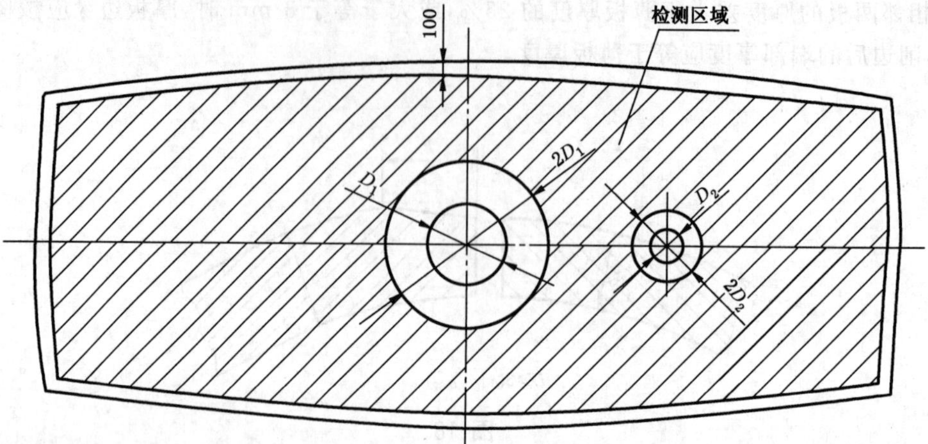

图 20

7.2.3 若球罐不进行焊后整体热处理，制造单位应对下列组焊件按 GB 150.4 的规定进行焊后热处理：

a) 与人孔、接管焊接的球壳板；

b) 当赤道板厚度大于 20 mm，且支柱与赤道板连接焊缝的焊脚尺寸大于 12 mm 时，与支柱焊接的赤道板。

7.2.4 若球罐进行焊后整体热处理，由设计者确定是否对组焊件进行焊后热处理，若制造单位对组焊件进行热处理，则产品焊接试件除了与组焊件一起热处理外，还应增加一次模拟热处理。焊接工艺评定也应模拟二次热处理。

7.2.5 焊缝的焊后消氢处理，按 8.3.4.7 的规定进行。

7.2.6 法兰面应垂直于接管中心线。安装接管法兰应保证法兰面的水平或垂直(有特殊要求时，应按图样要求)，其偏差不得超过法兰外径的 1%(法兰外径小于 100 mm 时，按 100 mm 计算)，且不大于3 mm。

7.2.7 支柱的直线度允许偏差不大于 $L/1\,000$ (L 为支柱长度，mm)，且不大于 10 mm(支柱直线度的测量方法按 GB 150.4 中筒体直线度的测量方法要求)。

7.2.8 分段支柱上段与赤道板组焊后的直线度允许偏差不大于 $L_1/1\,000$ (L_1 为支柱上段长度，mm)。

7.2.9 支柱全长的长度允许偏差不大于±3 mm。

7.2.10 支柱与底板的组焊应垂直，其垂直度允许偏差不大于 2 mm，如图 21 所示。

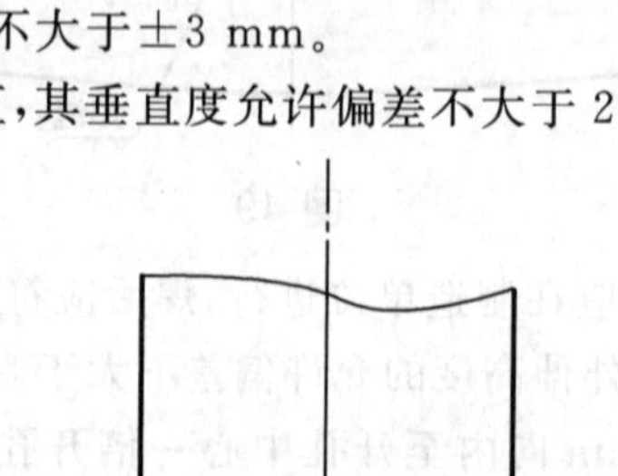

图 21

7.3 试板

制造单位应每台球罐提供6块产品焊接试板的母材(须开坡口),试板的材料应符合8.9的要求。每块试板的尺寸宜为600 mm×180 mm,试板的各项检测按NB/T 47016的规定进行。

7.4 产品零部件的油漆、包装、运输

7.4.1 球壳板外侧表面应除锈,并涂防锈漆两遍,坡口表面及其内、外侧边缘50 mm的范围内涂可焊性防锈涂料。每块球壳板上的钢号、炉批号、球罐号标记,应醒目地框出。

7.4.2 球壳板宜采用钢结构托架包装,球壳板的凸面朝上,各板间垫以柔性材料。每个包装架的总重不宜超过30 t。

7.4.3 试板、螺栓、螺母、垫片等宜装箱运输,拉杆等杆件宜集束包扎。

7.4.4 所有加工件表面应涂防锈油脂,拉杆螺纹应妥善保护。

7.4.5 球壳板、支柱、拉杆等零部件的油漆、包装和运输的其他要求按JB/T 4711的有关规定。

7.5 铭牌

制造单位应提供一块标明下列内容的铭牌:

a) 设计单位名称及设计许可证编号;
b) 制造单位名称及制造许可证编号;
c) 组焊单位名称及制造许可证编号;
d) 球罐名称;
e) 球罐产品编号;
f) 球罐图号或位号;
g) 储存介质名称;
h) 设计压力;
i) 试验压力;
j) 设计温度;
k) 容器类别;
l) 公称容积;
m) 装量系数;
n) 球壳材料;
o) 球壳厚度;
p) 最高允许工作压力(需要时);
q) 球罐净重;
r) 执行标准;
s) 监检标记;
t) 制造日期;
u) 设备编号;
v) 注册编号。

8 组焊、检验与验收

8.1 一般规定

8.1.1 球罐组焊前应对基础尺寸进行检查(见图22),其允许偏差应符合表27的规定。

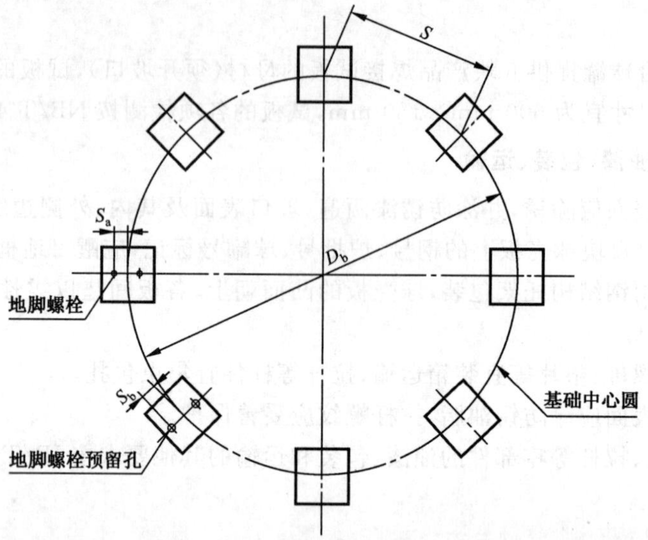

图 22

表 27 基础尺寸允许偏差

序号	项目		允许偏差
1	基础中心圆直径 D_b	球罐公称容积<1 000 m^3	±5 mm
		球罐公称容积≥1 000 m^3	$\pm D_i/2\ 000$ mm
2	基础方位		1°
3	相邻支柱基础中心距 S		±2 mm
4	地脚螺栓中心与基础中心圆的间距 S_a		±2 mm
5	地脚螺栓预留孔中心与基础中心圆的间距 S_b		±8 mm
6	基础标高	支柱基础上表面的标高	$-\frac{D_b}{1\ 000}$且不低于-15 mm
		相邻支柱基础的标高差	≤4 mm
7	单个支柱基础上表面的平面度	地脚螺栓固定的基础	5 mm
		预埋基础垫板固定的基础	2 mm
注：D_i 为球壳设计内直径，mm。			

8.1.2 球罐组焊前，应对球罐零部件进行下列复验：

a) 零部件的数量。

b) 球壳板的曲率、几何尺寸、球壳板和坡口表面质量应符合 7.1 的要求。

c) 对球壳板周边 100 mm 范围内应进行超声检测抽查，抽查数量不得少于球壳板总数的 20%，且每带不少于 2 块，上、下极各不少于 1 块。其结果应符合 4.2.8 的规定。若发现超标缺陷，应加倍抽查，若仍有超标缺陷，则应 100%检验。

d) 球壳板应进行超声测厚抽查，抽查数量不得少于球壳板总数的 20%，且每带不少于 2 块，上、下极各不少于 1 块。每张球壳板检测不少于 5 点，其中 4 个点分布在距离边缘 100 mm 左右的位置并包括各顶角附近，1 个点位于球壳板的中心附近。实测厚度应不小于设计厚度。若有不合格,应加倍抽查,若仍有不合格应对球壳板进行100%超声测厚检查。

e) 对球壳板材质有怀疑的应进行复验。

f) 标准抗拉强度下限值 $R_m \geqslant 540$ MPa 的低合金钢制造的球壳板,坡口表面应按 JB/T 4730.4 进行磁粉检测,Ⅰ级合格,抽查数量为不少于球壳板总数的20%。若发现有不允许缺陷应对球壳板坡口表面进行100%检测。

8.1.3 底板与基础、拉杆与支柱的固定连接应在耐压试验合格后进行。

8.2 组装

8.2.1 球壳组装要求:

8.2.1.1 球壳不得采用机械方法强力组装。

8.2.1.2 对口间隙应按图样要求,间隙宜为2 mm±2 mm,采用其他焊接方法时,对口间隙应由焊接工艺确定。

8.2.1.3 对口错边量 b 不大于 $1/4\delta_s$,且不得大于3 mm(当两板厚度不等时,不应计入两板厚度的差值),见图23、图24。

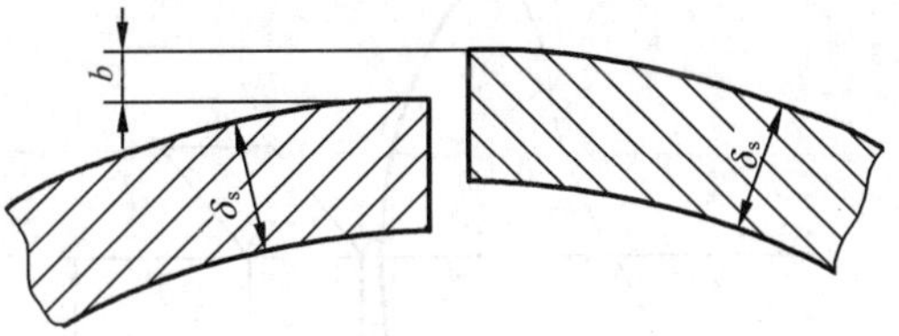

图 23

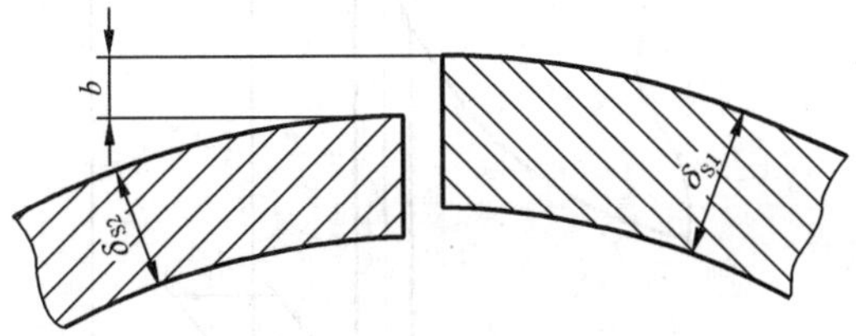

图 24

8.2.1.4 组装后,用弦长 L 不小于1 000 mm的样板,沿对接接头每500 mm测量一点,棱角 E(包括错边量)不应大于7 mm,见图25。

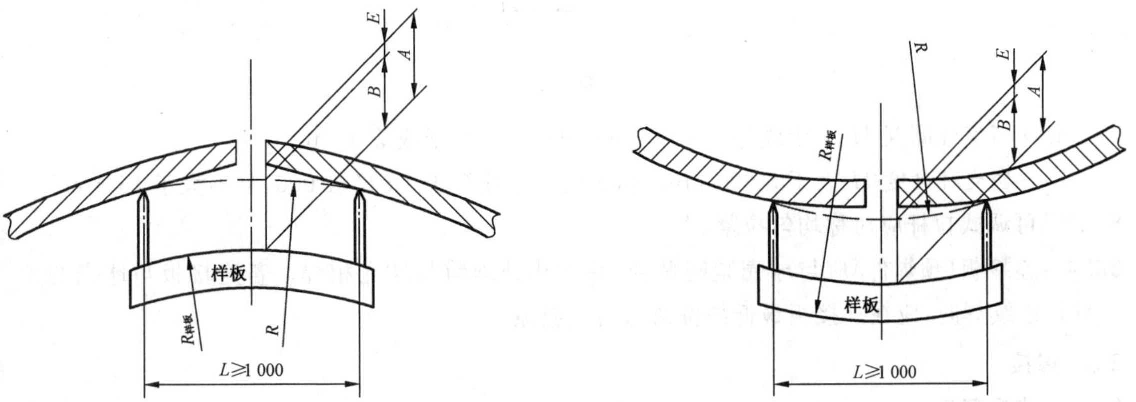

图 25

E 值按式(80)计算：

$$E = A - B \qquad \cdots\cdots (80)$$

式中：

E——棱角，mm；

A——球壳与样板的最大径向距离，mm；

B——球壳设计内半径或外半径与样板曲率半径的径向距离，mm。

$$B = |R - R_{样板}| \qquad \cdots\cdots (81)$$

式中：

R——球壳的设计内半径或外半径，mm；

$R_{样板}$——样板的曲率半径，mm。

8.2.2 支柱安装找正后，在球罐径向和周向两个方向的垂直度允许偏差 Δ（$\Delta = |a_1 - a_2|$）应符合下列规定，见图 26。

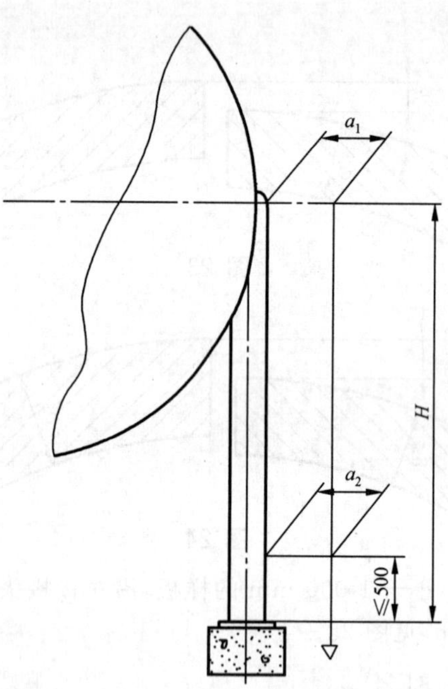

图 26

a） 当支柱高度 H 小于或等于 8 000 mm 时，Δ 应小于或等于 10 mm；

b） 当支柱高度 H 大于 8 000 mm 时，Δ 应小于或等于 $1.5H/1\ 000$，且不大于 15 mm。

8.2.3 可调式拉杆应对称均匀拉紧。

8.2.4 连接板(预焊件)应与球壳紧密贴合，并在热处理前与球壳相焊。若连接板与球壳的角焊缝是连续焊时，应在连接板最低部位留出通气缝隙。

8.3 焊接

8.3.1 施焊环境

8.3.1.1 当施焊环境出现下列任一情况，且无有效防护措施时，禁止施焊：

a) 焊条电弧焊时风速大于 10 m/s；

b) 气体保护焊时风速大于 2 m/s；

c) 相对湿度大于 90%；

d) 雨、雪环境；

e) 焊件温度低于－20 ℃。

注：相对湿度应在距球罐表面 500 mm～1 000 mm 处测得。

8.3.1.2 当焊件温度低于 0 ℃但不低于－20 ℃时，应在施焊处 100 mm 范围内预热到 15 ℃以上。

8.3.2 焊接工艺

8.3.2.1 球罐施焊前，受压元件焊缝、与受压元件相焊的焊缝、熔入永久焊缝内的定位焊缝、受压元件母材表面堆焊与补焊，以及上述焊缝的返修焊缝都应按 NB/T 47014 进行焊接工艺评定或者具有经过评定合格的焊接工艺支持。

8.3.2.2 焊接工艺评定技术档案应保存至该工艺评定失效为止，焊接工艺评定试样保存期不少于 5 年。

8.3.3 焊接要求

8.3.3.1 焊接材料的干燥：

a) 焊接材料应设专人负责保管、烘干和发放。

b) 焊接材料的贮存库应保持干燥，相对湿度不得大于 60%。焊接材料使用前，应按有关规定进行烘干。

c) 烘干后的焊条应保存在 100 ℃～150 ℃的恒温箱中，药皮应无脱落和明显裂纹。

d) 焊条在保温筒内不宜超过 4 h。超过后，应按原烘干制度重新干燥。重复烘干次数不宜超过 2 次。

8.3.3.2 焊丝在使用前应清除铁锈和油渍等污物。

8.3.3.3 定位焊及工卡具焊接：

a) 对焊工的要求应与球壳焊接相同。定位焊和工卡具焊接按评定合格的焊条电弧焊焊接工艺进行。

b) 要求预热后焊接的球壳，在定位焊及工卡具焊接处，至少应在 150 mm 范围内进行预热。

c) 定位焊缝的长度应不小于 50 mm，引弧点和熄弧点应在坡口内。

d) 工卡具的焊接，引弧点和熄弧点应在工卡具焊道上。严禁在非焊接位置任意引弧和熄弧。

e) 工卡具拆除时，不得损伤球壳板。切除后应打磨平滑。

8.3.4 施焊

8.3.4.1 施焊前应将坡口表面和两侧至少 20 mm 范围内的油污、水分及其他有害杂质清除干净。

8.3.4.2 焊件的预热应符合下列规定：

a） 预热温度可参照表 28,并经焊接工艺评定进行验证。

表 28 常用钢的预热温度

板厚/mm	钢号				
	Q245R	Q345R 16MnDR 15MnNiDR	Q370R 15MnNiNbDR	07MnMoVR 07MnNiVDR 07MnNiMoDR	09MnNiDR
	预热温度/℃				
20	—	—	—	—	—
25	—	—	75～125	50～75	50～75
32	—	75～125	100～150		
38	75～125	100～150	125～175	75～100	75～100
50	100～150	125～175	150～200	100～125	100～125

注 1：拘束度高的部位(如接管、人孔)或环境气温低于 5 ℃时,应采用较高的预热温度,扩大预热范围。
注 2：不同强度的钢相互焊接时,应采用强度较高的钢所适用的预热温度。
注 3："—"表示不需预热。

b） 预热必须均匀,预热宽度应为焊缝中心线两侧各取 3 倍板厚,且不少于 100 mm。预热温度应距焊缝中心线 50 mm 处对称测量,每条焊缝测点不少于 3 对。

c） 预热的焊道,层间温度不应低于预热温度的下限。

8.3.4.3 焊接线能量应不超过经焊接工艺评定合格的线能量上限。

8.3.4.4 焊道始端应采用后退起弧法,终端应将弧坑填满。多层焊的层间接头应错开。

8.3.4.5 双面焊对接焊缝,单侧焊接后应进行背面清根。焊缝清根时应将定位焊的焊缝金属清除掉,并用砂轮修整刨槽,修整后的坡口形状、宽窄应一致,标准抗拉强度下限值 R_m≥540 MPa 的低合金钢在清根后须按 JB/T 4730.4 进行 100%磁粉检测或按 JB/T 4730.5 进行 100%渗透检测,合格级别不低于Ⅰ级。

8.3.4.6 因故中断焊接时,应根据工艺要求采取措施,以防产生裂纹。再行施焊前,确认无裂纹后,方可按原工艺要求继续焊接。

8.3.4.7 符合下列条件之一的焊缝,焊后须立即进行后热消氢处理,后热温度宜为 200 ℃～250 ℃,后热时间应为 0.5 h～1 h。

a） 焊接接头厚度大于 32 mm,且材料标准抗拉强度下限值 R_m≥540 MPa 的球壳对接焊缝;

b） 焊接接头厚度大于 38 mm 的低合金钢球壳对接焊缝;

c） 嵌入式接管与球壳的对接焊缝;

d） 焊接工艺规程或焊接作业指导书确定需消氢处理的焊缝;

e） 对冷裂纹敏感性较大的低合金钢和拘束度较大的焊缝。

8.3.4.8 不锈钢球罐不得采用钢印标记。

8.4 焊后尺寸检查

8.4.1 对接焊缝形成的棱角 E 应按 8.2.1.4 的方法进行检查。E 值不得大于 10 mm。

8.4.2 焊后球壳两极间的净距与球壳设计内直径之差和赤道截面的最大内直径与最小内直径之差均应小于球壳设计内直径的0.7%,且不大于80 mm。

8.5 焊缝表面的形状尺寸及外观要求

8.5.1 焊缝表面不得有表面裂纹、未焊透、未熔合、表面气孔、弧坑、未填满、夹渣和飞溅物;焊缝与母材应圆滑过渡;角焊缝的外形应凹形圆滑过渡。

8.5.2 对接焊缝的余高 e_1、e_2 应符合表29和图27的规定。

表29 对接焊缝余高 e_1,e_2

mm

标准抗拉强度下限值 $R_m \geqslant 540$ MPa 的低合金钢钢材				其他钢材			
单面坡口		双面坡口		单面坡口		双面坡口	
e_1	e_2	e_1	e_2	e_1	e_2	e_1	e_2
0%~10%δ_s 且≤3	0~1.5	0%~10%δ_1 且≤3	0%~10%δ_2 且≤3	0%~15%δ_s 且≤3	0~1.5	0%~15%δ_1 且≤3	0%~15%δ_2 且≤3

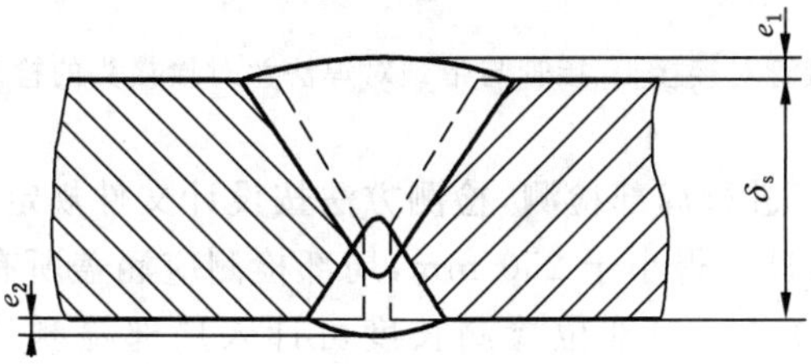

a) 单面坡口

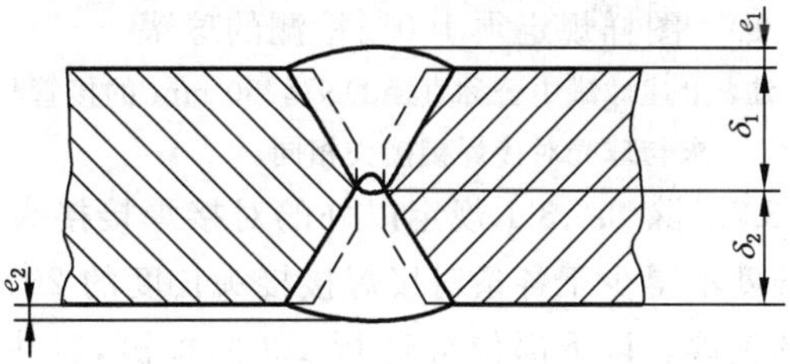

b) 双面坡口

图27

8.5.3 角焊缝的焊脚尺寸,在图样无规定时,取焊件中较薄者之厚度。补强圈的焊脚尺寸,当补强圈的厚度不小于8 mm时,其焊脚尺寸等于补强圈厚度的70%,且不小于8 mm。

8.6 无损检测

8.6.1 无损检测方法的选择

8.6.1.1 检测方法包括射线检测(X射线定向曝光、γ射线周向曝光、γ射线全景曝光)、超声检测[包括衍射时差法超声检测(TOFD)、可记录的脉冲反射法超声检测、不可记录的脉冲反射法超声检测]、磁粉检测、渗透检测。

8.6.1.2 当采用不可记录的脉冲反射法超声检测时,应采用射线检测或者衍射时差法超声检测作为附加局部检测。

8.6.1.3 对于奥氏体型钢制球罐的对接焊接接头应优先采用射线检测,其他材料制球罐应优先采用衍射时差法超声检测。

8.6.1.4 不宜采用γ射线全景曝光射线检测。

8.6.1.5 铁磁性材料进行表面检测时,应优先采用磁粉检测,球罐内侧宜采用荧光磁粉检测。

8.6.2 无损检测的实施时机

8.6.2.1 焊接接头应在形状尺寸检查和外观目视检查合格后,再进行无损检测。

8.6.2.2 有延迟裂纹倾向的材料制造的球罐,应在焊接结束至少36 h后,方可进行焊接接头的无损检测。

8.6.2.3 有再热裂纹倾向的材料制造的球罐的焊接接头，应在热处理后或耐压试验后增加一次100％表面检测。

8.6.2.4 标准抗拉强度下限值 R_m≥540 MPa 的球罐的焊接接头，应在耐压试验后增加一次100％表面检测。

8.6.3 射线和超声检测

8.6.3.1 符合下列条件之一的球壳对接焊接接头，应按图样规定的检测方法，进行全部(100％)的射线或超声：

a) 设计压力大于或等于 1.6 MPa 的第Ⅲ类球罐；

b) 进行气压或气液组合压力试验的球罐；

c) 焊接接头系数取 1.0 的球罐；

d) 盛装易爆和毒性为极度或高度危害介质的球罐；

e) 焊接接头厚度大于 30 mm 的奥氏体型钢、Q245R、Q345R、Q370R 钢制球罐；

f) 标准抗拉强度下限值 R_m≥540 MPa 的钢制球罐；

g) 图样规定须 100％检测的球罐。

注：上述球罐中公称直径 DN≥250 mm 的接管与接管对接接头、接管与带颈对焊法兰对接接头的检测要求与球壳对接焊接接头相同。

8.6.3.2 除 8.6.3.1 规定以外的对接焊接接头，应进行局部检测，检测方法按设计文件规定，检测长度不得少于各条对接焊接接头长度的 20％，且不得小于 250 mm，局部检测应涵盖所有焊工的施焊。以下部位应进行 100％检测，其中 a)、b)、c)部位检测长度可计入局部检测长度之内：

a) 焊接接头的交叉部位；

b) 对于满足 GB 150.3—2011 中 6.1.3 不另行补强的接管，自开孔中心沿球壳表面的最短长度等于开孔直径的范围内的焊接接头；

c) 凡被补强圈、支柱、垫板、内件等所覆盖的焊接接头；

d) 嵌入式接管与球壳对接连接的焊接接头；

e) 承受外载荷的公称直径 DN≥250 mm 的接管与接管对接接头和接管与带颈对焊法兰的对接接头。

注：按本条规定检测后，制造、组焊单位对未检查的焊接接头质量仍需负责。但是，若作进一步检测可能会发现少量气孔等不危及球罐安全的超标缺陷，如果这也不允许时，就应选择 100％检测。

8.6.3.3 公称直径 DN＜250 mm 的接管与接管对接接头、接管与带颈对焊法兰对接接头的检测要求按设计文件规定。

8.6.4 表面检测

8.6.4.1 球罐的下列部位在耐压试验前(如球罐需焊后整体热处理时应在热处理前)应进行全部(100％)的表面检测：

a) 凡符合 8.6.3.1 规定进行全部射线或超声检测的球罐的所有焊接接头表面，非受压件与球壳的连接焊缝；

b) 标准抗拉强度下限值 R_m≥540 MPa 低合金钢制球罐经火焰切割的坡口表面；

c) 用有延迟裂纹倾向或者再热裂纹倾向的钢材制造的球罐的所有焊接接头表面；

d) 钢材厚度大于 20 mm 的奥氏体型钢球罐的对接和角接接头；

e) 图样注明有应力腐蚀的球罐；

f) 嵌入式接管与球壳连接的对接接头表面；

g) 焊补处的表面；

h) 工卡具拆除处的焊迹表面和缺陷修磨处的表面；

i) 支柱与球壳连接处的角焊缝表面；

j) 要求全部射线或超声检测的球罐上公称直径 DN<250 mm 的接管与接管对接接头、接管与带颈对焊法兰对接接头；

k) 设计文件要求进行检测的接管角焊缝。

8.6.5 组合检测

8.6.5.1 标准抗拉强度下限值 R_m≥540 MPa 的低合金钢制球罐的焊接接头，若其焊接接头厚度大于 20 mm，还应采用 8.6.1 中所列的与原无损检测方法不同的检测方法另行进行局部检测，该检测应包括所有的焊缝交叉部位。

8.6.5.2 经射线或超声检测的焊接接头，如有不允许的缺陷，应在缺陷清除干净后进行补焊，并对该部分采用原检测方法重新检查，直至合格。

8.6.5.3 进行局部检测的焊接接头，发现有不允许的缺陷时，应在该缺陷两端的延伸部位增加检查长度，增加的长度为该焊接接头长度的 10%，且两侧均不小于 250 mm。若仍有不允许的缺陷，则对该焊接接头做全部(100%)检测。

8.6.5.4 磁粉与渗透检测发现的不允许缺陷，应按 8.7 的规定进行修磨及必要的补焊后，对该部位采用原检测方法重新检测，直至合格。

8.6.5.5 当设计文件规定时，还应按规定进行组合检测。

8.6.6 无损检测的技术要求

8.6.6.1 射线检测的技术要求

按 JB/T 4730.2 对焊接接头进行射线检测，其合格指标如下：

a) 若球罐及受压元件符合 8.6.3.1 的规定，检测技术等级不低于 AB 级，合格级别不低于Ⅱ级；

b) 若球罐及受压元件符合 8.6.3.2 的规定，检测技术等级不低于 AB 级，合格级别不低于Ⅲ级；

c) 角接接头、T 形接头，检测技术等级不低于 AB 级，合格级别不低于Ⅱ级。

8.6.6.2 超声检测的技术要求

按 JB/T 4730.3 及 NB/T 47013.10 (JB/T 4730.10)对焊接接头进行超声检测，其合格指标如下：

a) 若球罐及受压元件符合 8.6.3.1 的规定，脉冲反射法超声检测技术等级不低于 B 级，合格级别不低于Ⅰ级；

b) 若球罐符合 8.6.3.2 的规定，脉冲反射法超声检测技术等级不低于 B 级，合格级别不低于Ⅱ级；

c) 角接接头、T 形接头，脉冲反射法超声检测技术等级不低于 B 级，合格级别不低于Ⅰ级；

d) 采用衍射时差法超声检测(TOFD)的焊接接头,合格级别不低于Ⅱ级。

8.6.6.3 **表面检测的技术要求**

按 JB/T 4730.4～4730.5 对焊接接头进行磁粉、渗透检测,合格级别不低于Ⅰ级。

8.6.6.4 **组合检测技术要求**

当组合采用射线和超声检测时,质量要求和合格级别按照各自执行的标准确定,并且均应当合格。

8.6.7 **无损检测档案**

球罐无损检测档案应完整,保存时间不得少于球罐设计使用年限。

8.7 **修磨和焊补**

球罐在制造、运输和施工过程中产生的各种有害缺陷应进行修磨或焊补。

8.7.1 **修磨**

球壳板局部表面和焊缝表面的缺陷及工卡具焊迹必须用砂轮修磨。修磨范围内的斜度至少为1∶3。修磨后的球壳实际厚度不得小于设计厚度,同时磨除深度应小于球壳名义厚度的5%,且不大于2 mm。超过时,应进行焊补。

8.7.2 **焊补**

a) 对球壳表面缺陷进行焊补时,每处的焊补面积应在5 000 mm^2 以内。如有两处以上焊补时,任何两处的净距应大于50 mm。每块球壳板上焊补面积总和必须小于该块球壳板面积的5%。补焊后的表面应修磨平滑,修磨范围内的斜度至少为1∶3,且高度不大于1.5 mm。当球壳板表面焊补深度超过3 mm时,还应进行超声检测。坡口表面缺陷按7.1.6修磨和焊补。

b) 焊缝表面缺陷进行焊补时,焊补长度应大于50 mm。材料标准抗拉强度下限值 $R_m \geqslant$ 540 MPa的低合金钢材焊缝焊补后,应在焊补焊道上加焊一道凸起的回火焊道。回火焊道焊完后,应磨去回火焊道多余的焊缝金属,使其与主体焊缝平缓过渡。

c) 焊缝的内部缺陷焊补时,清除的缺陷深度不得超过球壳板厚度的2/3。若清除到球壳板厚度的2/3处还残留缺陷时,应在该状态下焊补,然后在其背面再次清除缺陷,进行焊补。焊补长度应大于50 mm。当采用碳弧气刨清除缺陷时,应符合8.3.4.5的规定。

d) 焊接接头同一部位的焊补次数不宜超过2次。如超过2次,焊补前应经制造(组焊)单位技术总负责人批准。焊补次数、部位和焊补情况应记入球罐质量证明书。

8.8 **焊后整体热处理(PWHT)**

8.8.1 球罐及其受压元件按材料、焊接接头厚度(即焊后热处理厚度 δ_{PWHT})或设计要求确定是否进行焊后热处理。

8.8.2 焊接接头厚度应按下列规定确定:

a) 对等厚全焊透对接接头为钢材厚度;

b) 对于对接焊缝和角焊缝为焊缝厚度;

c) 对于组合焊缝为对接焊缝与角焊缝厚度中较大者;

d) 当不同厚度元件焊接时:

——不等厚对接接头取较薄元件的钢材厚度;

——接管与壳体焊接时，取接管颈厚度、壳体厚度、补强圈厚度和连接角焊缝厚度中较大者；

——接管与法兰焊接时，取接头处接管颈厚度；对于 GB 150.3—2011 中图 7-1g)所示结构取法兰厚度；

——非受压元件与受压元件焊接时，取焊缝厚度。

8.8.3 符合下列情况之一的球罐，应在耐压试验前进行焊后热处理(当制定热处理技术要求时，除满足以下规定外，还应采取必要的措施，避免由于焊后热处理导致的再热裂纹)：

a) 设计图样要求进行焊后热处理的球罐；

b) 焊接接头厚度大于 32 mm(若焊前预热 100 ℃以上时，焊接接头厚度大于 38 mm)的 Q245R、Q345R、Q370R 和 07MnMoVR 钢制球罐；

c) 有应力腐蚀倾向的球罐，如盛装液化石油气、液氨等的球罐；

d) 盛装毒性为极度或高度危害介质的碳素钢、低合金钢球罐。

8.8.4 除设计图样另有规定，奥氏体型不锈钢球罐可不进行焊后热处理。

8.8.5 热处理工艺：

8.8.5.1 热处理温度应按图样要求，也可参照表 30，但均应经焊接工艺评定进行验证。

表 30 焊后热处理温度

钢号	焊后热处理温度/℃
Q245R	600±20
Q345R	600±20
Q370R	580±20
16MnDR	590±20
15MnNiDR	570±20
15MnNiNbDR	580±20
09MnNiDR	570±20
07MnMoVR,07MnNiVDR,07MnNiMoDR	570±20

8.8.5.2 热处理恒温时间，按焊接接头厚度每 25 mm 恒温 1 h 计算，且不少于 1 h。

8.8.5.3 升温至 400 ℃以上时，升温速度宜控制在 50 ℃/h～80 ℃/h。

8.8.5.4 400 ℃以上降温时，降温速度宜控制在 30 ℃/h～50 ℃/h，400 ℃以下自然冷却。

8.8.5.5 400 ℃以上升温和降温时，球壳表面上任意两测温点的温差不得大于 130 ℃。

8.8.5.6 施工单位应针对每台球罐制定热处理作业指导书。

8.8.6 保温要求：

8.8.6.1 球罐的人孔、接管、连接板及从支柱与球壳连接焊缝的下端算起向下至少 1 000 mm 长度的支柱应进行保温。

8.8.6.2 热处理时，保温层外表温度应不高于 60 ℃。

8.8.7 测温系统：

8.8.7.1 测温点应均匀布置在球壳表面，相邻测温点的间距宜为 4 500 mm。距人孔与球壳环焊缝边缘 200 mm 以内及每块产品焊接试件上，必须设测温点。

8.8.7.2 温度应进行连续自动记录。仪表精度应达到1%的要求。

8.8.8 柱脚移动：

8.8.8.1 热处理前应在支柱下部设置移动装置。

8.8.8.2 热处理过程中，应监测柱脚位移，并按计算位移值及时调整柱脚位移。一般温度每变化100 ℃应调整一次。

8.8.8.3 热处理后，应测量并调整支柱垂直度，其允许偏差应符合 8.2.2 的要求。

8.8.9 不锈钢球罐的表面应做酸洗、钝化处理。该类材料球罐表面及零部件按设计图样要求进行热处理时，在热处理前应清除不锈钢表面污物及有害介质，热处理后再做酸洗、钝化处理。

8.9 试件与试样

8.9.1 产品焊接试件

8.9.1.1 制备产品焊接试件与试样的要求

8.9.1.1.1 试件的原材料必须合格，并且与球罐用材具有相同标准、相同牌号、相同厚度和相同热处理状态。

8.9.1.1.2 试件应由施焊该球罐的焊工，采用与施焊球罐相同的条件、过程与焊接工艺(包括施焊及其之后的热处理条件)施焊，有热处理要求的球罐，应将产品焊接试件布置在球壳热处理高温区外侧，并与球壳紧贴，与球罐一起进行热处理。

8.9.1.1.3 每台球罐应做立焊和平焊加仰焊 2 块产品焊接试件。

8.9.1.1.4 试件的尺寸和试样的截取按 NB/T 47016 的规定。若有冲击试验要求，应在试件上同时截取冲击试样，进行冲击试验。

8.9.1.2 试样检验与评定

8.9.1.2.1 试样的检验与评定按 NB/T 47016 和设计文件要求进行。

8.9.1.2.2 当需要进行耐腐蚀性能检验时，应按相关标准和设计文件规定制备试样进行试验，并满足要求。其中，不锈钢的晶间腐蚀敏感性检验应按 GB/T 21433 规定进行。

8.9.1.2.3 除另有规定，奥氏体型钢材的焊缝金属冲击试验合格指标为冲击吸收功不小于31 J。

8.9.1.2.4 当试样评定结果不能满足要求时，允许按 NB/T 47016 的要求取样进行复验。如复验结果仍达不到要求时，则该试件所代表的球罐被判为不合格。当球罐被判为不合格时，允许将产品焊接试件及其所代表的球罐重新进行热处理，然后按上述要求重新进行试验。

8.9.2 其他试件和试样

8.9.2.1 要求做耐腐蚀性能检验的球罐或者受压元件，应按设计文件规定制备耐腐蚀性能试验试件并进行检验与评定。

8.9.2.2 根据设计文件要求，螺柱经热处理后需做力学性能试验者，应按批制备热处理试样并进行检验与评定。每批系指同时投料的具有相同钢号、相同炉罐号、相同断面尺寸、相同制造工艺的同类螺柱。

8.10 耐压试验和泄漏试验

8.10.1 球罐安装完工后，应按设计文件规定进行耐压试验和泄漏试验。

8.10.2 耐压试验和泄漏试验时，必须在球罐的顶部和底部各设置一个量程相同并经检定合格的压力表。压力表的量程为 1.5 倍～3 倍的试验压力，宜为试验压力的 2 倍。压力表的精度不得低于 1.6 级,压力表的表盘直径不得小于 100 mm。试验压力以球罐顶部压力表读数为准。

8.10.3 球罐的开孔补强圈应在耐压试验前通入 0.4 MPa～0.5 MPa 的压缩空气检查焊接接头质量。

8.10.4 耐压试验:

8.10.4.1 耐压试验分为液压试验、气压试验以及气液组合压力试验,组焊单位应按设计文件规定的方法进行耐压试验。

8.10.4.2 耐压试验的试验压力和必要时的强度校核按 3.11 的规定。

8.10.4.3 耐压试验前,球罐各连接部位的紧固件应装配齐全,并紧固妥当;为进行耐压试验而装配的临时受压元件,应采取适当的措施,保证其安全性。

8.10.4.4 耐压试验保压期间不得采用连续加压以维持试验压力不变,试验过程中不得带压拧紧紧固件或对受压元件施加外力。

8.10.4.5 耐压试验后所进行的返修,对返修深度大于壁厚一半的球罐,应重新进行耐压试验。

8.10.4.6 液压试验:

8.10.4.6.1 试验液体一般采用水,试验合格后应立即将水排净吹干。当无法完全排净吹干时,对奥氏体不锈钢制球罐,应控制水的氯离子含量不超过 25 mg/L。

8.10.4.6.2 需要时,也可采用不会导致发生危险的其他液体,但试验时液体的温度应低于其闪点或沸点,并有可靠的安全措施。

8.10.4.6.3 试验温度:

Q345R、Q370R、07MnMoVR 制球罐进行液压试验时,液体温度不得低于 5 ℃;Q245R 和其他低合金钢制球罐进行液压试验时,液体温度不得低于 15 ℃。如果由于板厚等因素造成材料无塑性转变温度升高,则需相应提高试验温度。

当有试验数据支持时,可使用较低温度液体进行试验,但试验时应保证试验温度(球罐罐壁金属温度)比球罐罐壁金属无塑性转变温度至少高 30 ℃。

8.10.4.6.4 试验程序和步骤:

a) 试验球罐内的气体应当排净并充满液体,试验过程中,应保持球罐外表面的干燥。

b) 当试验球罐罐壁金属温度与液体温度接近时,方可缓慢升压。

c) 试验时,压力应缓慢上升,升至试验压力的 50%时,保压 10 min,然后对球罐的所有焊接接头和连接部位进行渗漏检查,确认无渗漏后继续升压。

d) 压力升至设计压力时,保压 10 min,然后再次进行渗漏检查,确认无渗漏后再升压。

e) 压力升至试验压力时,保压时间不少于 30 min,然后将压力降至设计压力进行检查,检查期间压力应保持不变,以无渗漏为合格。

f) 液压试验完毕后,应将液体排尽,用压缩空气将球罐内部吹干。排液时,严禁就地排放。

8.10.4.6.5 液压试验的合格标准:试验过程中,球罐无渗漏,无可见的变形和异常声响。

8.10.4.6.6 基础沉降要求:

a) 球罐在充、放液过程中,应在下列过程对基础的沉降进行观察;

——充液前;

——充液高度到 1/3 球壳内直径时;

——充液高度到 2/3 球壳内直径时;

——充满液 24 h后;

——放液后。

b) 每个支柱基础都应测定沉降量,各支柱基础应均匀沉降。放液后,基础沉降差不得大于D_b/1 000(D_b 为基础中心圆直径,mm),相邻支柱基础沉降差不大于 2 mm。超过时,应采取措施处理。

8.10.4.7 气压试验和气液组合压力试验:

8.10.4.7.1 试验所用气体应为干燥洁净的空气、氮气或其他惰性气体;试验液体与液压试验的规定相同。

8.10.4.7.2 气压试验和气液组合压力试验应有安全措施,试验单位的安全管理部门应当派人进行现场监督。

8.10.4.7.3 试验温度按 8.10.4.6.3 的规定。

8.10.4.7.4 试验时应先缓慢升压至规定试验压力的 10%,保压 5 min,然后对所有焊接接头和连接部位进行初次检查;确认无泄漏后,再继续升压至规定试验压力的 50%;如无异常现象,其后按规定试验压力的 10%逐级升压,直到试验压力,保压 10 min;然后降至设计压力进行检查,检查期间压力应保持不变。试验后应缓慢卸压。

8.10.4.7.5 气压试验和气液组合压力试验的合格标准

气压试验过程中,球罐无异常声响,经肥皂液或其他检漏液检查无漏气,无可见的变形;气液组合压力试验过程中,应保持球罐外表面干燥,无液体渗漏,经肥皂液或其他检漏液检查无漏气,无异常声响,无可见的变形。

8.10.4.7.6 气液组合压力试验充、放液过程应对基础的沉降进行观测,具体参见 8.10.4.6.6 要求。

8.10.5 泄漏试验:

8.10.5.1 球罐需经耐压试验合格后方可进行泄漏试验。

8.10.5.2 泄漏试验包括气密性试验、氨检漏试验、卤素检漏试验和氦检漏试验,组焊单位应按设计文件规定的方法和要求进行泄漏试验。

8.10.5.3 气密性试验:

8.10.5.3.1 气密性试验所用气体应符合 8.10.4.7.1 的规定。

8.10.5.3.2 气密性试验压力为球罐的设计压力。

8.10.5.3.3 试验时,压力应缓慢上升,升至规定试验压力的 50%时,保压 5 min,然后对球罐的所有焊缝和连接部位进行泄漏检查,确认无泄漏后继续升压。压力升至试验压力时,保压 10 min,然后进行泄漏检查,以无泄漏为合格。试验后应缓慢卸压。

8.10.5.3.4 试验过程中,无泄漏合格;如有泄漏,应在修补后重新进行试验。

8.10.5.4 其他泄漏试验方法和要求还应符合相关标准规定。

8.11 球罐涂敷

应按 JB/T 4711 及设计文件的规定进行。

8.12 竣工验收

球罐竣工后,组焊单位应将 3.5.2.3 规定的技术文件交付使用单位。使用单位需会同特种设备安全监督管理部门或授权的检验机构按本标准及设计图样进行验收。

附 录 A
(规范性附录)
标准的符合性声明及修订

A.1 本标准的制定遵循了国家颁布的压力容器安全法规所规定的基本安全要求，其设计准则、材料要求、制造、组焊、检验技术要求和验收标准均符合 TSG R0004 和 GB 150.1～150.4 的相应规定。本标准为协调标准，即按本标准要求建造的球罐可以满足 TSG R0004 的基本安全要求。

A.2 标准的修订采用提案审查制度，任何单位和个人均有权利对本标准的修订提出建议，修订建议应采用表 A.1 的方式提交全国锅炉压力容器标准化技术委员会(以下简称“委员会”)。委员会对收到的标准修订提案进行审查，根据审查结果，将采纳的技术内容纳入下一版标准。

表 A.1 标准提案/问询表

□标准提案　　□标准问询		标准名称	
单　　位		姓　　名	
联系地址		邮政编码	
电话/传真		电子信箱	
标准条款			
提案/问询内容(可另附页)			
技术依据与相关资料(可另附页)			
附加说明：			
单位图章或提案(问询)人签字：		提交日期： 年　月　日	

全国锅炉压力容器标准化技术委员会

地址：北京市朝阳区和平街西苑 2 号楼 D 座三层　邮政编码：100029

电子信箱：GB12337@cscbpv.org

附　录　B
（规范性附录）
安全附件及附属设施

B.1　通则

B.1.1　本附录规定了球罐安全附件及其附属设施的选用及安装的基本要求。

B.1.2　球罐的安全附件，包括直接连接在球罐上的超压泄放装置（包括安全阀、爆破片安全装置、安全阀与爆破片安全装置的组合装置）、紧急切断装置、压力表、液位计、测温仪表及其他安全设施。

B.1.3　球罐的附属设施，包括梯子平台、耐火隔热设施（包括支柱耐火层、消防喷淋装置）、接地装置、沉降测量板等。

B.1.4　球罐的开口接管应尽量布置在上、下极中板。满足工艺要求的情况下，应尽可能地减少球罐底部的开口数量。

B.1.5　凡属本标准适用范围内的球罐，均应按本附录的要求配备超压泄放装置。

B.2　超压泄放装置

B.2.1　超压泄放装置的计算与安装应按 GB 150.1—2011 附录 B 的要求。

B.2.2　盛装易爆液化气体的球罐，至少应设置 2 个安全阀，任意一个安全阀的泄放量应满足事故状态下球罐最大泄放量的要求。

B.2.3　两个或两个以上的安全阀装设在球罐的一个连接口时，该连接口的截面积，应不小于安全阀的进口截面积之和。

B.2.4　对液态烃或者毒性程度为极度、高度或者中度危害介质的球罐，必须在泄放装置的排出口装设导管，导管将泄放介质引至安全地点，并且进行妥善处理。

B.3　紧急切断装置

B.3.1　紧急切断装置是指紧急切断阀及其操作机构。

B.3.2　盛装毒性为极度、高度危害或液态烃球罐的进出口应安装紧急切断装置。

B.3.3　紧急切断装置的安装位置宜尽量靠近球罐第一道密封面。

B.3.4　盛装液态烃的球罐，其液相进口管线上，应安装止回阀。

B.4　压力表

B.4.1　压力表的选用

B.4.1.1　选用的压力表，应与球罐储存的介质与压力相适应。

B.4.1.2　当球罐内有可能产生负压时，压力表应选用复合型压力表。

B.4.1.3　压力表的精度不得低于 1.6 级。

B.4.1.4　压力表盘刻度极限值应为设计压力的 1.5 倍～3.0 倍，表盘直径不得小于 100 mm。

B.4.2　压力表的安装

B.4.2.1　压力表的装设位置应便于操作人员观察和清洗，并且应避免受到辐射热、冻结或震动等不利影响。

B.4.2.2 压力表与球罐之间，应装设三通旋塞或者针形阀(三通旋塞或者针形阀应有开启标记和锁紧装置)，并且不得连接其他用途的任何配件或者接管。

B.4.2.3 用于具有腐蚀性或者高黏度介质的压力表，在压力表与球罐之间应装设隔离介质的缓冲装置。

B.5 液位计

B.5.1 液位计应根据球罐的储存介质、压力、温度和液位高度选用。

B.5.2 液位计应进行1.5倍液位计公称压力的液压试验。

B.5.3 储存0 ℃以下介质的球罐，宜选用防霜液位计。

B.5.4 寒冷地区使用的液位计，宜选用夹套型或保温型结构的液位计。

B.5.5 用于易爆、毒性程度为极度、高度危害介质的液化气体球罐上的液位计，应有防止泄漏的保护装置。

B.5.6 用于盛装易爆、毒性程度为极度、高度危害介质的液化气体球罐，应设就地和远传的液位计，并应设高液位报警和高高液位连锁。

B.5.7 液位计应安装在便于观察的位置，否则应增加其他辅助设施。液位计上最高和最低安全液位，应作出明显的标志。

B.6 温度计

B.6.1 温度计宜选用万向型温度计，并可以测量比最低使用温度低10 ℃的温度。

B.6.2 温度计应安装在便于观察的位置，盛装液化气体的球罐用温度计，应测量液相介质的温度。

B.6.3 温度计保护管的强度，应能承受设计压力1.5倍以上的外压，并能承受使用过程中的最大载荷(流体阻力或外部冲击)。

B.6.4 温度计保护管的外径不宜过大，其插入长度应满足温度计敏感元件的需要。

B.6.5 低温球罐或寒冷地区的球罐，应有防止雨水、湿气等流入测温保护管内结冰的措施。

B.7 梯子平台

B.7.1 球罐应设置梯子平台。梯子平台应设置在便于操作的部位。

B.7.2 梯子平台有联合梯子平台和独立梯子平台等型式。联合梯子平台宜为楼梯内置式联合梯子平台。独立梯子平台有盘梯、斜梯、直梯等型式。

B.7.3 梯子平台踏步的宽度不宜小于700 mm，斜梯的倾斜角度不宜大于45°，踏步的间距宜为200 mm。

B.7.4 公称容积大于5 000 m^3 的球罐可在球罐内部设置可旋转的内部梯子平台。

B.7.5 梯子平台护栏高度宜为1 200 mm。

B.8 耐火隔热设施

B.8.1 盛装液态烃的球罐，支柱应设置耐火层，其耐火极限应不低于2 h。

B.8.2 盛装液态烃的球罐，应设置消防喷淋装置。消防喷淋装置的供水强度应不小于0.15 L/

(s·m^2)。

B.8.3 着火球罐的保护面积,按其表面积计算。距着火球罐直径1.5倍范围内的邻近罐的保护面积,按其表面积的一半计算。

B.8.4 消防喷淋装置的连续供水时间应为6 h。

B.9 接地装置

B.9.1 接地装置数量宜不少于球罐支柱数量的一半,且不少于2个,并沿球罐周向均匀或对称布置。

B.9.2 接地装置的接地电阻应不大于30 Ω。

B.10 沉降测量板

球罐的每个支柱上均应焊接一个沉降测量板,且应在同一高度。

B.11 其他安全设施

B.11.1 盛装液态烃的球罐,应在超压泄放装置和放散口的泄放管上安装阻火器。

B.11.2 氢气球罐的泄放管,其阻火器后的管材,应选用不锈钢钢管。

B.11.3 氧气球罐用阀门、管件、仪表、垫片及其他附件应进行脱脂处理。

B.11.4 氧气球罐用阀门应选用不锈钢或铜基合金阀门。

B.11.5 盛装无毒、无危险性介质的球罐,其气相排放口应高于以排放口为中心的7.5 m半径范围内的操作平台、设备2.5 m以上。

B.11.6 盛装易爆气体的球罐,其对空排放的气相排放口应高于以排放口为中心的10 m半径范围内的操作平台、设备3 m以上。

附　录　C
（规范性附录）
风险评估报告

C.1　总则

C.1.1　本附录规定了风险评估报告的基本要求(风险评估报告也可参照本标准释义编写)。

C.1.2　球罐设计者应根据相关法规或设计委托方要求编制针对球罐预期使用状况的风险评估报告。

C.1.3　设计者应充分考虑球罐在各种工况条件下可能产生的失效模式,在材料选择、结构设计、制造、组焊、检验要求等方面提出安全措施,防止可能发生的失效。

C.1.4　设计者应向球罐用户提供制定球罐事故应急预案所需要的信息。

C.2　制定原则和程序

C.2.1　设计阶段风险评估主要针对危害识别和风险控制。

C.2.2　设计阶段风险评估按以下程序进行:

a)　根据用户设计条件和其他设计输入信息,确定球罐的各种使用工况;

b)　根据各使用工况的介质、操作条件、环境因素进行危害识别,确定可能发生的危害及其后果;

c)　针对所有危害和相应的失效模式,说明应采取的安全防护措施和依据;

d)　对于可能发生的失效模式,给出制定事故应急预案所需要的信息;

e)　形成完整的风险评估报告。

C.3　风险评估报告内容

风险评估报告应至少包括:

a)　球罐的基本设计参数:压力、温度、材料、介质性质和外载荷等;

b)　操作工况条件的描述;

c)　所有操作、设计条件下可能发生的危害,如:爆炸、泄漏、破损、变形等;

d)　对于标准已经有规定的失效模式,说明采用标准的条款;

e)　对于标准没有规定的失效模式,说明设计中载荷、安全系数和相应计算方法的选取依据;

f)　对介质少量泄漏、大量涌出和爆炸状况下如何处置的措施;

g)　根据周围人员的可能伤及情况,规定合适的人员防护设备和措施;

h)　风险评估报告应具有与设计图纸一致的签署。

附 录 D
(规范性附录)
应力分析设计球罐

D.1 总则

D.1.1 本附录在 JB 4732 的基础上提出了以分析设计为基础的钢制球形储罐(以下简称"球罐")的设计、制造、组焊、检验与验收的特殊要求。

D.1.2 本附录未作规定者,还应符合本标准各有关章节(用应力强度代替许用应力)及 JB 4732 的要求。

D.2 通用要求

D.2.1 设计应力强度

本附录所用材料的设计应力强度按 D.3 选取。确定设计应力强度的依据为:钢材(除螺栓材料外)按表 D.1,螺栓材料按表 2 的规定。

表 D.1

材 料	设计应力强度取下列各值中的最小值/MPa
碳素钢,低合金钢	$R_m/2.4$,$R_{eL}/1.5$,$R_{eL}^t/1.5$
奥氏体型不锈钢	$R_m/2.4$,$R_{eL}(R_{p0.2})/1.5$,$R_{eL}^t(R_{p0.2}^t)/1.5$

R_m ——材料标准抗拉强度下限值,MPa;

$R_{eL}(R_{p0.2}、R_{p1.0})$ ——材料标准室温屈服强度(或 0.2%、1.0%非比例延伸强度),MPa;

$R_{eL}^t(R_{p0.2}^t、R_{p1.0}^t)$ ——材料在设计温度下的屈服强度(或 0.2%、1.0%非比例延伸强度),MPa。

注 1:对奥氏体型不锈钢制受压元件,当设计温度低于蠕变范围,且允许有微量的永久变形时,可适当提高设计应力强度至 0.9 $R_{p0.2}^t$,但不超过 $R_{p0.2}/1.5$。此规定不适用于法兰或其他有微量永久变形就产生泄漏或故障的场合。

注 2:如果引用标准规定了 $R_{p1.0}$ 或 $R_{p1.0}^t$,则可以选用该值计算其设计应力强度。

D.2.2 耐压试验压力

D.2.2.1 耐压试验压力的最低值按下述规定,工作条件下内装介质的液柱静压力大于液压试验时的液柱静压力时,应适当考虑相应增加试验压力。

液压试验:

$$p_T = 1.25p\frac{S_m}{S_m^t} \qquad \cdots\cdots(D.1)$$

气压试验和气液组合压力试验:

$$p_T = 1.1p\frac{S_m}{S_m^t} \quad \cdots\cdots(D.2)$$

式中：

p_T——试验压力，MPa；

p——设计压力，MPa；

S_m——球壳材料在试验温度下的设计应力强度，MPa；

S_m^t——球壳材料在设计温度下的设计应力强度，MPa。

注：球罐铭牌上规定有最高允许工作压力时，公式中应以最高允许工作压力代替设计压力 p。

D.2.2.2 耐压试验应力校核。

试验时，球罐任何点上的压力(包括静压头)超过试验压力 p_T 的6%时，一次总体薄膜应力强度 $S_{\rm I}$，一次薄膜加一次弯曲应力强度 $S_{\rm II}$ 应满足下列条件：

$S_{\rm I} \leqslant 0.9R_{eL}(R_{p0.2})$(液压)，$S_{\rm I} \leqslant 0.8R_{eL}(R_{p0.2})$(气压、气液组合)

当 $S_{\rm I} \leqslant 0.67R_{eL}(R_{p0.2})$时，$S_{\rm II} \leqslant 1.35R_{eL}(R_{p0.2})$

当 $0.67R_{eL}(R_{p0.2}) < S_{\rm I} \leqslant 0.9R_{eL}(R_{p0.2})$(气压、气液组合时 $0.8R_{eL}(R_{p0.2})$)时，$S_{\rm II} \leqslant 2.15R_{eL}(R_{p0.2}) - 1.2\,S_{\rm I}$

式中：$R_{eL}(R_{p0.2})$——球壳材料在试验温度下的屈服强度(或0.2%的非比例延伸强度)，MPa。

D.3 材料

D.3.1 钢材的使用温度下限，除奥氏体型不锈钢外均为0 ℃。钢材使用温度低于0 ℃时，除JB 4732的6.1.8和6.3.3规定外，应对钢材进行夏比(V型缺口)低温冲击试验。冲击试验温度为钢材的使用温度(即相应受压元件的最低设计温度)或按图样的规定。除螺柱材料外，钢材的低温冲击功指标，按钢材标准的最低抗拉强度值确定，具体数值按表3的规定。

D.3.2 当球罐的设计温度高于200 ℃时，其受压元件用钢材的高温性能见GB 150.2—2011的附录B，应力强度值按表D.1确定。

D.3.3 钢板：

D.3.3.1 钢板的标准、使用状态及设计应力强度按表D.2的规定，且应符合下列附加技术要求(设计单位应在图样上注明)：

当球罐设计温度低于0 ℃时，任意厚度的球壳用Q245R、Q345R钢板应在正火状态下使用。

D.3.3.2 符合下列条件的球壳用碳素钢和低合金钢钢板，每张热处理后的钢板(热处理后钢板被切割成数张时仍按1张考虑)应进行拉伸和夏比V型缺口冲击试验：

a) 调质热处理钢板；

b) 厚度大于50 mm的钢板。

D.3.3.3 球壳用厚度＞20 mm的Q245R、Q345R和Q370R钢板，应逐张进行超声检测，质量等级不低于Ⅱ级。其他材料钢板的超声检测要求应符合表6的规定。

表 D.2 钢板的设计应力强度

碳素钢和低合金钢钢板										
钢号	钢板标准	使用状态	厚度/mm	室温强度指标		在下列温度(℃)下的应力强度/MPa				注
				R_m/MPa	R_{eL}/MPa	≤20	100	150	200	
Q245R	GB 713	热轧,控轧,正火	6～16	400	245	163	147	140	131	
			>16～36	400	235	157	140	133	124	
			>36～60	400	225	150	133	127	119	
Q345R	GB 713	热轧,控轧,正火	6～16	510	345	213	210	197	183	
			>16～36	500	325	208	197	183	170	
			>36～60	490	315	204	190	173	160	
Q370R	GB 713	正火	10～16	530	370	221	221	213	200	
			>16～36	530	360	221	220	207	193	
			>36～60	520	340	217	207	193	180	
16MnDR	GB 3531	正火,正火加回火	6～16	490	315	204	193	180	167	
			>16～36	470	295	196	180	167	157	
			>36～50	460	285	190	173	160	150	
15MnNiDR	GB 3531	正火,正火加回火	6～16	490	325	204	200	187	173	
			>16～36	480	315	200	193	180	167	
			>36～50	470	305	196	187	173	160	
15MnNiNbDR	GB 3531	正火,正火加回火	10～16	530	370	221	221	213	200	
			>16～36	530	360	221	220	207	193	
			>36～50	520	350	217	213	200	187	
09MnNiDR	GB 3531	正火,正火加回火	6～16	440	300	183	183	170	160	
			>16～36	430	280	179	170	157	150	
			>36～50	430	270	179	163	150	143	
07MnMoVR	GB 19189	调质	10～50	610	490	254	254	254	254	
07MnNiVDR	GB 19189	调质	10～50	610	490	254	254	254	254	
07MnNiMoDR	GB 19189	调质	10～50	610	490	254	254	254	254	

高合金钢钢板								
钢号	钢板标准	使用状态	厚度/mm	在下列温度(℃)下的应力强度/MPa				注
				≤20	100	150	200	
S30408	GB 24511	固溶	6～50	137	137	137	130	1
				137	114	103	96	
S30403	GB 24511	固溶	6～50	120	120	118	110	1
				120	98	87	81	

表 D.2（续）

高合金钢钢板								
钢号	钢板标准	使用状态	厚度/mm	在下列温度(℃)下的应力强度/MPa				注
				≤20	100	150	200	
S31608	GB 24511	固溶	6～50	137	137	137	134	1
				137	117	107	99	
S31603	GB 24511	固溶	6～50	120	120	117	108	1
				120	98	87	80	
注 1：该行应力强度仅适用于允许产生微量永久变形之元件，对于法兰或其他有微量永久变形就产生泄漏或故障的场合不能采用。								

D.3.4 钢管的标准及设计应力强度按表 D.3 的规定。

表 D.3 钢管的设计应力强度

碳素钢和低合金钢钢管										
钢号	钢管标准	使用状态	壁厚/mm	室温强度指标		在下列温度(℃)下的应力强度/MPa				注
				R_m/MPa	R_{eL}/MPa	≤20	100	150	200	
10	GB/T 8163	热轧	≤10	335	205	137	121	115	108	
20	GB/T 8163	热轧	≤10	410	245	163	147	140	131	
Q345D	GB/T 8163	正火	≤10	470	345	196	196	193	180	
10	GB 9948	正火	≤16	335	205	137	121	115	108	
			>16～30	335	195	130	117	111	105	
20	GB 9948	正火	≤16	410	245	163	147	140	131	
			>16～30	410	235	157	140	133	124	
20	GB 6479	正火	≤16	410	245	163	147	140	131	
			>16～40	410	235	157	140	133	124	
16Mn	GB 6479	正火	≤16	490	320	204	193	180	167	
			>16～40	490	310	204	187	173	160	
09MnD	—	正火	≤8	420	270	175	163	150	143	1
09MnNiD	—	正火	≤8	440	280	183	170	157	150	1

高合金钢钢管							
钢号	钢管标准	壁厚/mm	在下列温度(℃)下的应力强度/MPa				注
			≤20	100	150	200	
0Cr18Ni9 (S30408)	GB 13296	≤14	137	137	137	130	2
			137	114	103	96	
0Cr18Ni9 (S30408)	GB/T 14976	≤28	137	137	137	130	2
			137	114	103	96	

表 D.3(续)

高合金钢钢管							
钢号	钢管标准	壁厚/mm	在下列温度(℃)下的应力强度/MPa				注
			≤20	100	150	200	
00Cr19Ni10 (S30403)	GB 13296	≤14	117	117	117	110	2
			117	97	87	81	
00Cr19Ni10 (S30403)	GB/T 14976	≤28	117	117	117	110	2
			117	97	87	81	
0Cr17Ni12Mo2 (S31608)	GB 13296	≤14	137	137	137	134	2
			137	117	107	99	
0Cr17Ni12Mo2 (S31608)	GB/T 14976	≤28	137	137	137	134	2
			137	117	107	99	
00Cr17Ni14Mo2 (S31603)	GB 13296	≤14	117	117	117	108	2
			117	97	87	80	
00Cr17Ni14Mo2 (S31603)	GB/T 14976	≤28	117	117	117	108	2
			117	97	87	80	
S30408	GB/T 12771	≤28	116	116	116	111	2
			116	97	88	82	
S30403	GB/T 12771	≤28	99	99	99	94	2
			99	82	74	69	
S31608	GB/T 12771	≤28	116	116	116	114	2
			116	99	91	84	
S31603	GB/T 12771	≤28	99	99	99	92	2
			99	82	74	68	

注 1:该钢管的技术要求见 GB 150.2—2011 附录 A。

注 2:该行应力强度仅适用于允许产生微量永久变形之元件,对于法兰或其他有微量永久变形就引起泄漏或故障的场合不能采用。

D.3.5 锻件的标准及设计应力强度按表 D.4 的规定。

表 D.4 锻件的设计应力强度

碳素钢和低合金钢锻件										
钢号	锻件标准	使用状态	公称厚度/mm	室温强度指标		在下列温度(℃)下的应力强度/MPa				注
				R_m/MPa	R_{eL}/MPa	≤20	100	150	200	
20	NB/T 47008	正火,正火加回火	≤100	410	235	157	140	133	124	
			>100~200	400	225	150	133	127	119	
			>200~300	380	205	137	123	117	109	
16Mn	NB/T 47008	正火,正火加回火,调质	≤100	480	305	200	183	167	150	
			>100~200	470	295	196	177	163	147	
			>200~300	450	275	183	167	157	143	
20MnMo	NB/T 47008	调质	≤300	530	370	221	221	213	203	
16MnD	NB/T 47009	调质	≤100	480	305	200	183	167	150	
			>100~200	470	295	196	177	163	147	
			>200~300	450	275	183	167	157	143	
20MnMoD	NB/T 47009	调质	≤300	530	370	221	221	213	203	
08MnNiMoVD	NB/T 47009	调质	≤300	600	480	250	250	250	250	
10Ni3MoVD	NB/T 47009	调质	≤300	600	480	250	250	250	250	
09MnNiD	NB/T 47009	调质	≤200	440	280	183	170	157	150	
			>200~300	430	270	179	163	150	143	

高合金钢锻件								
钢号	锻件标准	使用状态	公称厚度/mm	在下列温度(℃)下的应力强度/MPa				注
				≤20	100	150	200	
S30408	NB/T 47010	固溶	≤300	137	137	137	130	1
				137	114	103	96	
S30403	NB/T 47010	固溶	≤300	117	117	117	110	1
				117	98	87	81	
S31608	NB/T 47010	固溶	≤300	137	137	137	134	1
				137	117	107	99	
S31603	NB/T 47010	固溶	≤300	117	117	117	108	1
				117	98	87	80	

注 1:该行应力强度仅适用于允许产生微量永久变形之元件,对于法兰或其他有微量永久变形就引起泄漏或故障的场合不能采用。

D.3.6 螺柱用钢的标准、使用状态及设计应力强度按表 D.5 的规定。

表 D.5 螺柱的设计应力强度

碳素钢和低合金钢螺柱									
钢号	钢棒标准	使用状态	螺柱规格/mm	室温强度指标		在下列温度(℃)下的应力强度/MPa			
				R_m/MPa	R_{eL}/MPa	≤20	100	150	200
20	GB/T 699	正火	≤M22	410	245	91	81	78	73
			M24～M27	400	235	94	84	80	74
35	GB/T 699	正火	≤M22	530	315	117	105	98	91
			M24～M27	510	295	118	106	100	92
30CrMoA	GB/T 3077	调质	≤M22	700	550	157	141	137	134
			M24～M48	660	500	167	150	145	142
35CrMoA	GB/T 3077	调质	≤M22	835	735	210	190	185	179
			M24～M48	805	685	228	206	199	196
高合金钢螺柱									
钢号	钢棒标准	使用状态	螺柱规格/mm	室温强度指标		在下列温度(℃)下的应力强度/MPa			
				R_m/MPa	$R_{p0.2}$/MPa	≤20	100	150	200
S30408	GB/T 1220	固溶	≤M22	520	205	128	107	97	90
			M24～M48	520	205	137	114	103	96
S31608	GB/T 1220	固溶	≤M22	520	205	128	109	101	93
			M24～M48	520	205	137	117	107	99
S32168	GB/T 1220	固溶	≤M22	520	205	128	107	97	90
			M24～M48	520	205	137	114	103	96

D.4 计算

D.4.1 符号说明

D_i ——球壳内直径,mm;

p_{ci} ——计算压力,MPa;

R_i ——球壳内半径,mm;

δ_e ——球壳有效厚度,mm;

S_m^t ——设计温度下球壳材料的设计应力强度,MPa;

K ——载荷组合系数,见 JB 4732—1995 中表 3-3;

δ ——开孔处球壳计算厚度,mm。

D.4.2 球壳计算

D.4.2.1 设计温度下球壳的计算厚度按式(D.3)计算：

$$\delta=\frac{0.5P_{ci}R_i}{KS_m^t-0.25P_{ci}} \quad \cdots\cdots(D.3)$$

D.4.2.2 设计温度下球壳的最大允许工作压力按式(D.4)计算：

$$p_W=\frac{K\delta_e S_m^t}{0.5R_i+0.25\delta_e} \quad \cdots\cdots(D.4)$$

式中：

p_W——设计温度下球壳的最大允许工作压力，MPa。

D.4.3 载荷组合工况

D.4.3.1 设计应考虑内压、自重、风载、地震载荷，分以下三种工况：

a) 内压＋自重；

b) 内压＋自重＋风载；

c) 内压＋自重＋25%风载＋地震载荷。

D.4.3.2 耐压状态应考虑内压、自重、风载。

D.4.4 支柱与拉杆计算

支柱与拉杆的计算按第6章进行。

D.4.5 开孔和开孔补强

开孔和开孔补强应按JB 4732第10章的规定。

D.5 制造

D.5.1 球壳板

D.5.1.1 曲率允许偏差：

当球壳板弦长大于或等于2 000 mm时，样板的弦长不得小于2 000 mm；当球壳板弦长小于2 000 mm时，样板的弦长不得小于球壳板的弦长。样板与球壳板的间隙 e 除球壳板周边150 mm范围内不得大于2.5 mm外，其余部位不得大于3 mm。如图D.1所示。

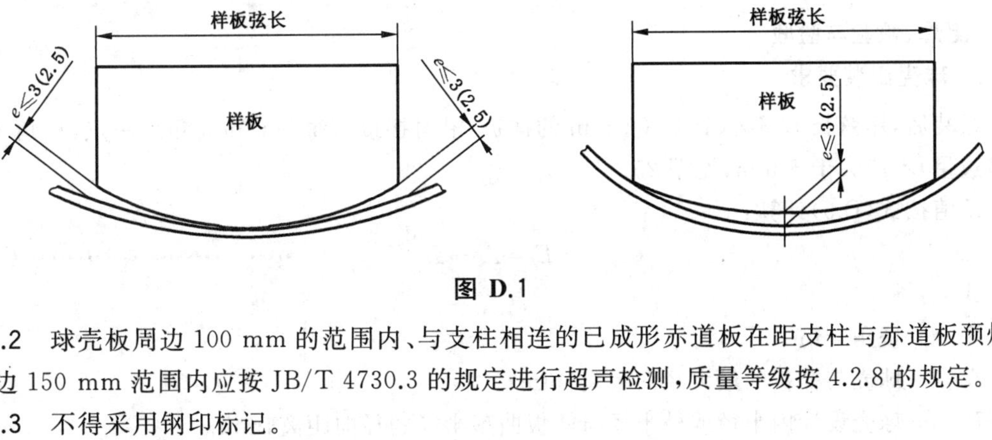

图 D.1

D.5.1.2 球壳板周边100 mm的范围内、与支柱相连的已成形赤道板在距支柱与赤道板预焊位置周边150 mm范围内应按JB/T 4730.3的规定进行超声检测，质量等级按4.2.8的规定。

D.5.1.3 不得采用钢印标记。

D.5.2 零部件组焊

D.5.2.1 分段支柱上段与赤道板的组焊应在制造单位进行。组焊后，按 7.2.1 检查赤道板的曲率，最大间隙不得大于 3 mm。支柱中心线的偏移量不得大于±1 mm，支柱中心线与球壳中心线的不平行度不得大于±1 mm。

D.5.2.2 人孔、接管与极板的组焊应在制造单位进行(嵌入式接管与球壳板的对口错边量不得大于2 mm)，焊后应符合下列要求：

安放式接管、与球壳板对接连接的嵌入式接管以及插入端与球壳板内壁平齐的插入式接管，其内表面转角半径 r 不小于球壳板名义厚度的 1/4，且不大于 20 mm，如图 D.2 中的 a)～c)所示；内伸的插入式接管，其内表面转角半径 r 不小于接管名义厚度的 1/4，且不大于 10 mm，如图 D.2 中的 d)所示。

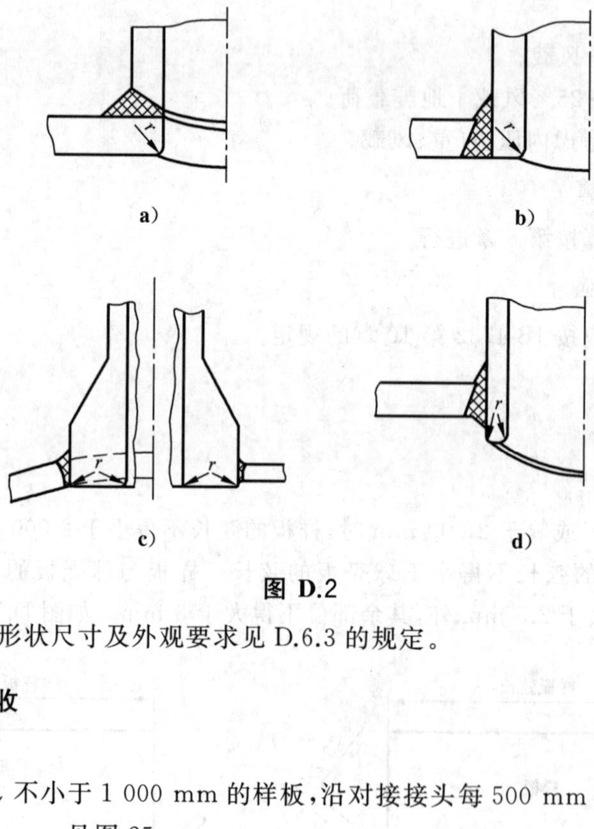

图 D.2

D.5.2.3 焊缝表面的形状尺寸及外观要求见 D.6.3 的规定。

D.6 组焊、检验与验收

D.6.1 球壳组装要求

组装后，用弦长 L 不小于 1 000 mm 的样板，沿对接接头每 500 mm 测量一点，棱角 E（包括错边量）不应大于 6 mm，见图 25。

E 值按式(D.5)计算：

$$E = A - B \tag{D.5}$$

式中：

E —棱角，mm；

A ——球壳与样板的最大径向距离，mm；

B ——球壳设计内半径或外半径与样板曲率半径的径向距离，mm。

$$B = |R - R_{样板}| \tag{D.6}$$

式中：

R ——球壳的设计内半径或外半径，mm；

$R_{样板}$——样板的曲率半径，mm。

D.6.2 焊后尺寸检查

D.6.2.1 对接焊缝形成的棱角 E 应按 D.6.1 的方法进行检查。E 值不得大于 8 mm。

D.6.2.2 焊后球壳两极间的净距与球壳设计内直径之差和赤道截面的最大内直径与最小内直径之差均应小于球壳设计内直径的 0.5%，且不大于 80 mm。

D.6.3 焊缝表面的形状尺寸及外观要求

D.6.3.1 对接焊缝的余高 e_1、e_2应符合表 D.6 和图 27 的规定。

表 D.6 对接焊缝余高 e_1、e_2

mm

标准抗拉强度下限值 R_m>540 MPa 的低合金钢钢材				其他钢材			
单面坡口		双面坡口		单面坡口		双面坡口	
e_1	e_2	e_1	e_2	e_1	e_2	e_1	e_2
0%～10%δ_s 且≤2.4	0～1.5	0%～10%δ_1 且≤2.4	0%～10%δ_2 且≤2.4	0%～15%δ_s 且≤3	0～1.5	0%～15%δ_1 且≤3	0%～15%δ_2 且≤3

D.6.3.2 角焊缝的焊脚尺寸，在图样无规定时，取焊件中较薄者之厚度。补强圈的焊脚尺寸，当补强圈的厚度大于或等于 8 mm 时，其焊脚尺寸等于补强圈厚度的 70%，且不小于 8 mm。

D.6.3.3 凡进行疲劳分析的球罐，球壳对接焊缝表面应与母材表面齐平，公差要求为$^{+1.5}_{0}$ mm。

D.6.4 球壳对接焊接接头

应按图样规定的检测方法，进行全部(100%)的无损检测。

附 录 E
(规范性附录)
低温球形储罐

E.1 总则

E.1.1 本附录适用于设计温度低于－20 ℃的碳素钢和低合金钢制低温球形储罐(以下简称“低温球罐”)的设计、制造、组焊、检验与验收。

E.1.2 本附录未作规定者,应符合本标准各相关章节的要求。

E.1.3 由于环境温度的影响,导致操作条件下球壳的金属温度低于－20 ℃时,也应遵循本附录的规定。

注:环境温度是指球罐使用地区历年来“月平均最低气温”的最低值。“月平均最低气温”是指当月各天的最低气温值相加后除以当月的天数。

E.1.4 当球壳或其受压元件使用在“低温低应力工况”下,若其设计温度加 50 ℃(对于不要求焊后热处理的球罐,加 40 ℃)后不低于－20 ℃,除另有规定外不必遵循本附录的规定。

低温低应力工况是指球壳或其受压元件的设计温度虽然低于－20 ℃,但其设计应力(在该设计条件下,球罐元件实际承受的最大一次总体薄膜应力)小于或等于钢材标准室温屈服强度的 1/6,且不大于 50 MPa 时的工况。

低温低应力工况不适用于钢材标准抗拉强度下限值 $R_m \geqslant 540$ MPa 的低温球罐。

低温低应力工况不适用于螺栓(螺柱)材料;螺栓(螺柱)材料的选用应计及螺栓(螺柱)和球壳设计温度间的差异。

E.2 材料

E.2.1 钢材

E.2.1.1 低温球罐受压元件用钢板和锻件必须是氧气转炉或者电炉冶炼的镇静钢,同时还应采用炉外精炼工艺。低温球罐用钢板应为正火或调质状态。钢材的使用温度下限应符合第 4 章的相关规定,当符合 E.1.4 所规定的低温低应力工况时,可以按设计温度加 50 ℃(对于不要求焊后热处理的球罐,加40 ℃)后的温度值选择材料。

E.2.1.2 直接与受压元件焊接的非受压元件用钢,应符合下列要求:

a) 其材料的化学成分、力学性能应与球壳相同或相当;

b) 钢材的焊接性能良好。

E.2.2 焊接材料

E.2.2.1 低温球罐用焊材应保证焊缝金属的力学性能高于或等于母材规定的限值。

当焊缝两侧母材具有不同冲击试验要求时,焊接材料的选用应符合 E.4.2.2 要求。

E.2.2.2 焊接材料的型号、牌号、技术要求、试验方法、检验规则以及质量管理等应符合相应标准的规定。

E.2.2.3 焊条应按批号进行熔敷金属扩散氢含量的复验。

E.3 设计

E.3.1 低温球罐用材的许用应力,按第4章中各相应材料在20 ℃下的许用应力选取,或按3.9确定。

E.3.2 低温球罐的结构设计应充分考虑以下因素:

a) 结构应尽量简单,减少约束;

b) 避免产生过大的温度梯度;

c) 应尽量避免结构形状的突然变化,以减小局部应力;

d) 接管与壳体连接部位应圆滑过渡,接管端部内壁处倒圆。

E.3.3 低温球罐的对接接头应采用全熔透焊接接头型式。

E.4 制造、组焊、检验与验收

E.4.1 加工与成形

低温球罐不得采用钢印标记。

E.4.2 焊接

E.4.2.1 低温球罐施焊前应按NB/T 47014进行焊接工艺评定试验。检验项目应包括焊缝和热影响区的低温夏比(V型缺口)冲击试验,冲击试验的取样方法,按NB/T 47014要求确定。

E.4.2.2 冲击试验温度应不高于图样要求的试验温度。当焊缝两侧母材具有不同冲击试验要求时,低温冲击功按两侧母材抗拉强度的较低值符合表3或图样的要求。焊接接头的拉伸和弯曲性能按两侧母材中的较低要求。

E.4.2.3 应严格控制焊接线能量。在焊接工艺评定所确认的范围内,选用较小的焊接线能量和多层多道施焊为宜,并应控制层间温度。

E.4.3 焊后整体热处理(PWHT)

符合下列情况之一的球罐应在耐压试验前进行焊后整体热处理:

a) 焊接接头厚度大于32 mm(若焊前预热100 ℃以上时,焊接接头厚度大于38 mm)的07MnNiVDR、07MnNiMoDR球罐;

b) 焊接接头厚度大于25 mm的16MnDR球罐;

c) 焊接接头厚度大于20 mm(设计温度不低于−45 ℃),任意厚度(设计温度低于−45 ℃)的15MnNiDR、15MnNiNbDR、09MnNiDR球罐。

E.4.4 产品焊接试件

每台低温球罐都应制备产品焊接试件。相关要求应符合8.9的规定。

E.4.5 焊接接头检验

E.4.5.1 低温球罐凡符合下列条件之一者,应按设计文件规定的检测方法,对所有对接接头进行全部(100%)射线或超声检测:

a) 设计温度低于−40 ℃;

b) 焊接接头厚度大于 25 mm。

E.4.5.2 除 E.4.5.1 规定者外，允许进行局部无损检测。检查长度不得少于各条焊接接头长度的 50%，且不得小于 250 mm。

E.4.5.3 应对球罐的所有焊接接头表面、工卡具焊迹及缺陷修磨、焊补处进行磁粉或渗透检测。非受压件与球壳的连接焊缝亦按本条要求检测。

E.4.6 液压试验

低温球罐液压试验时的液体温度应不低于 5 ℃。

附　录　F
(资料性附录)
球壳对接焊缝的坡口形式及尺寸

球壳对接焊缝的坡口形式及尺寸见表 F.1。

表 F.1　球壳对接焊缝的坡口形式及尺寸

坡　口　形　式	坡　口　尺　寸	
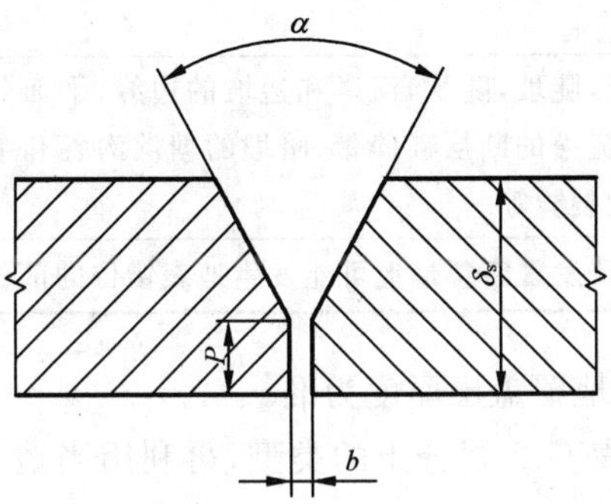	δ_s=10 mm～24 mm P=6 mm±2 mm b=2 mm±2 mm α=55°±5°	δ_s=6 mm～24 mm P=2 mm±1 mm b=2 mm±2 mm α=55°±5°
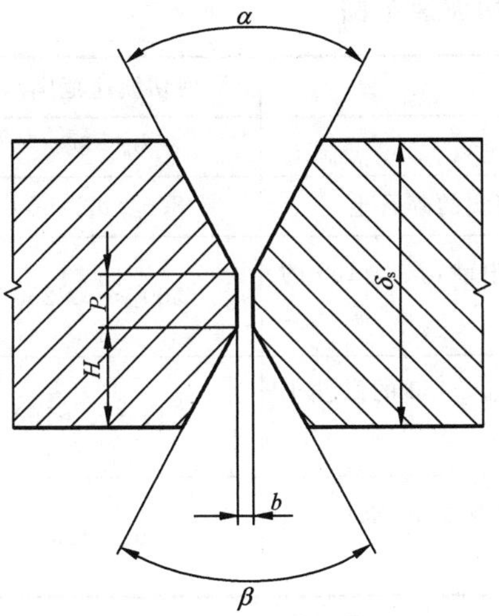	δ_s=20 mm～50 mm H=10 mm±1 mm P=6 mm±2 mm b=2 mm±2 mm α=50°±5° β=55°±5°	δ_s=20 mm～50 mm $H=\frac{1}{3}\delta_s\pm1.5$ mm P=2 mm±1 mm b=2 mm±2 mm α=50°±5° β=55°±5°

附录 G
(规范性附录)
场地类别划分

G.1 选择建筑场地时,应按表 G.1 划分对建筑抗震有利、一般、不利和危险的地段。

表 G.1 有利、一般、不利和危险地段的划分

地段类别	地质、地形、地貌
有利地段	稳定基岩,坚硬土,开阔、平坦、密实、均匀的中硬土等
一般地段	不属于有利、不利和危险的地段
不利地段	软弱土,液化土,条状突出的山嘴,高耸孤立的山丘,陡坡,陡坎,河岸和边坡的边缘,平面分布上成因、岩性、状态明显不均匀的土层(如故河道、疏松的断层破碎带、暗埋的塘浜沟谷和半填半挖地基),高含水量的可塑黄土,地表存在结构性裂缝等
危险地段	地震时可能发生滑坡、崩塌、地陷、地裂、泥石流等及发震断裂带上可能发生地表错位的部位

G.2 建筑场地的类别划分,应以土层等效剪切波速和场地覆盖层厚度为准。

G.3 当无实测剪切波速时,可根据岩土名称和性状,按表 G.2 划分土的类型,再利用当地经验在表 G.2 的剪切波速范围内估算各土层的剪切波速。

表 G.2 土的类型划分和剪切波速范围

土的类型	岩土名称和性状	土层剪切波速范围/(m/s)
岩石	坚硬、较硬且完整的岩石	$v_s>800$
坚硬土或软质岩石	破碎和较破碎的岩石或软和较软的岩石,密实的碎石土	$800\geqslant v_s>500$
中硬土	中密、稍密的碎石土,密实、中密的砾、粗、中砂,$f_{ak}>150$ 的黏性土和粉土,坚硬黄土	$500\geqslant v_s>250$
中软土	稍密的砾、粗、中砂,除松散外的细、粉砂,$f_{ak}\leqslant150$ 的黏性土和粉土,$f_{ak}>130$ 的填土,可塑新黄土	$250\geqslant v_s>150$
软弱土	淤泥和淤泥质土,松散的砂,新近沉积的黏性土和粉土,$f_{ak}\leqslant130$ 的填土,流塑黄土	$v_s\leqslant150$
注:f_{ak} 为由载荷试验等方法得到的地基承载力特征值,kPa;v_s 为岩土剪切波速。		

G.4 建筑场地覆盖层厚度的确定,应符合下列要求:

a) 一般情况下,应按地面至剪切波速大于 500 m/s 且其下卧各层岩土的剪切波速均不小于500 m/s 的土层顶面的距离确定;

b) 当地面 5 m 以下存在剪切波速大于其上部各土层剪切波速 2.5 倍的土层,且该层及其下卧各层岩土的剪切波速均不小于 400 m/s 时,可按地面至该土层顶面的距离确定;

c) 剪切波速大于 500 m/s 的孤石、透镜体应视同周围土层;

d）土层中的火山岩硬夹层，应视为刚体，其厚度应从覆盖土层中扣除。

G.5 土层的等效剪切波速，应按式(G.1)计算：

$$v_{se}=d_0/t \tag{G.1}$$

$$t=\sum_{i=1}^{n}(d_i/v_{si}) \tag{G.2}$$

式中：

v_{se}——土层等效剪切波速，m/s；

d_0——计算深度，m，取覆盖层厚度和 20 m 二者的较小值；

t——剪切波在地面至计算深度之间的传播时间，s；

d_i——计算深度范围内第 i 土层的厚度，m；

v_{si}——计算深度范围内第 i 土层的剪切波速，m/s；

n——计算深度范围内土层的分层数。

G.6 建筑的场地类别，应根据土层等效剪切波速和场地覆盖层厚度按表 G.3 划分为四类，其中Ⅰ类分为Ⅰ_0和Ⅰ_1两个亚类。当有可靠的剪切波速和覆盖层厚度且其值处于表 G.3 所列场地类别的分界线附近时，应允许按插值方法确定地震作用计算所用的特征周期。

表 G.3 场地覆盖层厚度 m

岩石的剪切波速或土层等效剪切波速/(m/s)	场地类别				
	Ⅰ_0	Ⅰ_1	Ⅱ	Ⅲ	Ⅳ
$v_s>800$	0				
$800\geqslant v_s>500$		0			
$500\geqslant v_{se}>250$		<5	≥5		
$250\geqslant v_{se}>150$		<3	3～50	>50	
$v_{se}\leqslant150$		<3	3～15	>15～80	>80

注：v_s为岩石的剪切波速。

GB/T 12337—2014《钢制球形储罐》
国家标准第1号修改单

本修改单经国家市场监督管理总局(国家标准化管理委员会)于2022年10月12日批准，自2023年5月1日起实施。

一、将“5.6.5　盛装毒性程度为极度或高度危害介质的球罐，进出口应在上极开孔。”修改为：“5.6.5　盛装毒性程度为极度或高度危害介质的球罐，进出料口一般在上极开孔，由于工艺等特殊要求可在下极开孔，但应采取增加管道柔性等措施。”

二、删除“B.11.1　盛装液态烃的球罐，应在超压泄放装置和放散口的泄放管上安装阻火器。”

ICS 55.120
A 82

GB

中华人民共和国国家标准

GB/T 14174—2012
代替 GB 14174—1993

大口径液氮容器

Large caliber liquid nitrogen container

2012-12-31 发布 2013-07-01 实施

中华人民共和国国家质量监督检验检疫总局
中国国家标准化管理委员会 发布

前　言

本标准依据 GB/T 1.1—2009 给出的规则起草。

本标准代替 GB 14174—1993，与 GB 14174—1993 相比较，主要有下列变化：

——第 1 章“范围”中增加了不适用范围的规定；

——增加了第 3 章“术语和定义”，并在原附录 A(补充件)“大口径液氮容器主要名词术语”的基础上进行了适当的增加、删减和修改；

——原第 3 章“产品型号、规格”改为第 4 章“分类”，并将大口径液氮容器分为直口型和偏口型两个类别；

——原图 1“产品结构示意图”进行修改，且改为“直口型容器结构示意图”；

——增加了图 2“偏口型容器结构示意图”；

——原第 4 章“技术要求”改为第 5 章，并增加了偏口型产品的技术要求；

——增加了 5.1“一般要求”；

——增加了 5.2“材料和外构件”，补充了绝热层材料和焊接材料的要求；

——增加了 5.3“设计”；

——取消了原表 1 中对产品外径、高度、空重的规定；

——对原表 1 中产品日蒸发率指标进行适当修改，并增加了偏口型产品的静态蒸发率指标；

——原表 2 改为表 4“颈管内径的允许偏差”，并取消了原表 2 中对塞体外径的规定；

——对 5.4“制造”的要求，进行了适当的补充；

——调整了 6.1“有效容积”的测量方法；

——增加了 6.3“夹层真空度”的测量方法；

——明确了 6.4“真空夹层漏率”的测量方法；

——取消了原 6.2“不合格的分类”；

——采用“型式试验”代替原“周期检查”；

——对 8.2“包装”作了必要的补充规定。

本标准由全国锅炉压力容器标准化技术委员会(SAC/TC 262)提出并归口。

本标准起草单位：成都金凤液氮容器有限公司、上海市气体工业协会、上海交通大学、沈阳新光低温容器有限公司、乐山东亚机电工贸公司、中国特种设备检测研究院、上海华谊装备工程有限公司、国家低温容器质量监督检验中心、上海市特种设备监督检验技术研究院。

本标准主要起草人：黎宗稷、安念、于彤、鲁雪生、刘元明、周伟明、陈朝晖、魏勇彪、张亚余、滕俊华、陈联。

本标准所代替标准的历次版本发布情况为：

——GB 14174—1993。

大口径液氮容器

1 范围

1.1 本标准规定了奥氏体不锈钢制大口径液氮容器(以下简称容器)的术语和定义、分类、技术要求、试验方法、检验规则和标志、包装、储运等要求。

1.2 本标准适用于常压贮存液氮,有效容积不大于1 830 L,口径不小于315 mm的采用高真空多层绝热的容器。

1.3 本标准不适用于下列使用范围的容器:

——带压贮存液氮;

——贮存液氧以及其他低温液体。

2 规范性引用文件

下列文件对于本文件的应用是必不可少的。凡是注日期的引用文件,仅注日期的版本适用于本文件。凡是不注日期的引用文件,其最新版本(包括所有的修改单)适用于本文件。

GB 150.3 压力容器 第3部分:设计

GB/T 191—2008 包装储运图示标志

GB/T 3198—2010 铝及铝合金箔

GB/T 3280—2007 不锈钢冷轧钢板和钢带

GB/T 4237—2007 不锈钢热轧钢板和钢带

GB/T 6388—1986 运输包装收发货标志

GB/T 13550—1992 5 A分子筛及其试验方法

GB/T 16958—2008 包装用双向拉伸聚酯薄膜

GB/T 18443.2 真空绝热深冷设备性能试验方法 第2部分:真空度测量

GB/T 18443.3 真空绝热深冷设备性能试验方法 第3部分:漏率测量

GB/T 18443.5 真空绝热深冷设备性能试验方法 第5部分:静态蒸发率测量

GB/T 18443.8 真空绝热深冷设备性能试验方法 第8部分:容积测量

GB 24511 承压设备用不锈钢钢板及钢带

HG/T 2690—1995 13X分子筛

SN/T 0273—2002 进出口商品运输包装木箱检验规程

3 术语和定义

下列术语和定义适用于本文件。

3.1

夹层 interspace

容器内胆和外壳之间形成的密闭空间。

3.2

高真空多层绝热 high vacuum multi-layer insulation

绝热层空间内设置多层由绝热材料间隔的防热辐射屏，并抽高真空所形成的绝热方式。

3.3

公称容积 nominal volume

容器型号规定的容积。

3.4

有效容积 effective volume

在使用状态下，内胆允许盛装液体的最大体积。

3.5

口径 calibre

颈管的内直径。

3.6

静态蒸发率 static evaporation rate

容器在规定充满率下，静置达到热平衡后，24 h 内自然蒸发损失的液氮质量与内胆有效容积下液氮质量的百分比，换算为标准状态(大气压 101.325 KPa，环境温度 20 ℃)下的蒸发率值。

3.7

真空夹层漏气速率 leakage of vacuum interspace

单位时间内漏入真空夹层的气体量。

3.8

真空设计寿命 vacuum designed life

设计时确定的容器夹层真空的正常使用年限，其值为从容器出厂使用至静态蒸发率高于标准指标上限值 60% 的时间间隔。

3.9

夹层真空度 interspaced vacuum degree

容器夹层空间气体的绝对压力。

3.10

充满率 filling rate

容器中盛装的液氮体积与内胆几何容积的百分比。

4 分类

4.1 容器分为直口型、偏口型两类。

4.2 容器型号编制应符合下列规定。

YDD-□-□ P

- P —— 偏口型容器代号(直口型容器不注)
- 第二个□ —— 容器口径，单位为毫米(mm)
- 第一个□ —— 容器公称容积，单位为升(L)
- YDD —— “大口径液氮容器”汉语拼音缩写

示例1:YDD-350-530表示公称容积为350 L,口径为530 mm的直口型容器。

示例2:YDD-630-400 P表示公称容积为630 L,口径为400 mm的偏口型容器。

4.3 容器结构示意图

4.3.1 直口型容器结构示意图见图1。

4.3.2 偏口型容器结构示意图见图2。

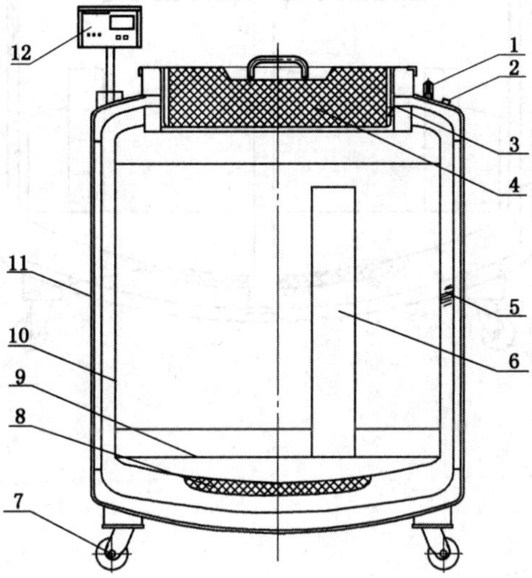

说明:

1——吊环;

2——真空封口塞;

3——颈管;

4——盖塞;

5——多层绝热体;

6——提筒;

7——脚轮;

8——吸附剂;

9——固定托盘;

10——内胆;

11——外壳;

12——液氮液位监测仪。

图1 直口型容器结构示意图

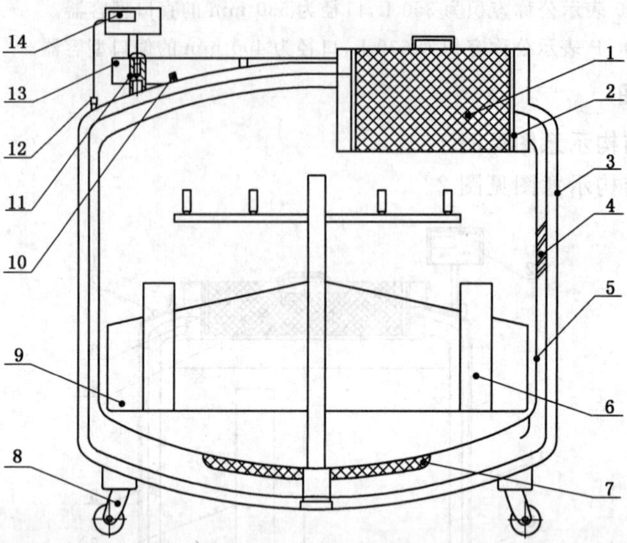

说明：

1——盖塞；

2——颈管；

3——外壳；

4——多层绝热体；

5——内胆；

6——提筒；

7——吸附剂；

8——脚轮；

9——回转托盘；

10——真空封口塞；

11——吊环；

12——液氮注入口；

13——操作平台；

14——液氮液位监测仪。

图2 偏口型容器结构示意图

5 技术要求

5.1 一般要求

5.1.1 容器的使用环境温度为－20 ℃～50 ℃。

5.1.2 与液氮相接触的材料应与液氮相容。

5.1.3 容器用材料、外购件应有质量证明书或合格证。

5.2 材料和外购件

5.2.1 内胆和外壳

内胆和外壳用奥氏体不锈钢板应符合 GB/T 3280—2007 或 GB/T 4237—2007、GB 24511 的规定。

5.2.2 绝热层

5.2.2.1 绝热层用反射材料应采用铝箔或双面镀铝聚酯薄膜。铝箔应符合 GB/T 3198—2003 的规定,双面镀铝聚酯薄膜基材应符合 GB/T 16958—1997 的规定。

5.2.2.2 绝热层用玻璃纤维布、纤维纸应采用导热系数小、放气率低的材料,且玻璃纤维的可燃物含量应不大于 0.20%(质量比)。

5.2.3 吸附剂

5.2.3.1 吸附剂应选用在使用状态下吸附性能好的活性炭或分子筛。

5.2.3.2 分子筛应符合 GB/T 13550—1992 或 HG/T 2690—1995 的规定。

5.2.4 焊接材料

焊丝应符合相应标准的规定,且有清晰、牢固的标志。

5.2.5 其他材料

5.2.5.1 颈管、提筒和托盘的材料应采用奥氏体不锈钢或其他能承受液氮沸点温度的材料。

5.2.5.2 塞体材料应采用导热系数小、吸水率低的聚氯乙烯或聚氨酯等硬质泡沫塑料。

5.2.6 外购件

5.2.6.1 液位计应显示准确、结构牢固。

5.2.6.2 脚轮采用耐磨、强度高的材料。

5.3 设计

5.3.1 容器设计时应考虑液柱、自重、温差、运输及振动等载荷。

5.3.2 内胆、外壳的强度和稳定性计算应符合 GB 150.3 的规定,其外压应取 0.1 MPa。

5.3.3 容器的内支撑应进行强度计算,且满足材料的强度要求。

5.3.4 容器应进行绝热性能的计算,且满足设计要求。

5.3.5 真空封口塞应满足下列要求:

a) 应采用可重复开启的结构;

b) 其通径应满足真空夹层安全泄放量的要求;

c) 泄放压力应不大于 0.07 MPa,其排放能力足以使夹层的压力限制在不超过 0.1 MPa。

5.3.6 容器有效容积应符合表 1 或表 2 的规定,允许偏差应不超过±5%。

5.3.7 容器静态蒸发率应符合表 1 或表 2 的规定。

表 1 直口型容器有效容积和静态蒸发率

容器型号	有效容积 L	静态蒸发率 %/d
YDD-250-400	250	≤1.5
YDD-350-530	355	≤1.5
YDD-450-630	450	≤1.5
YDD-350-730	355	≤2.0
YDD-500-730	500	≤1.9

表 2 偏口型容器有效容积和静态蒸发率

容器型号	有效容积 L	静态蒸发率 %/d
YDD-230-315P	236	≤1.6
YDD-300-315P	300	≤1.5
YDD-350-315P	355	≤1.4
YDD-400-400P	400	≤1.3
YDD-500-400P	530	≤1.2
YDD-550-400P	560	≤1.1
YDD-630-400P	630	≤1.0
YDD-700-400P	710	≤0.9
YDD-850-530P	850	≤0.9
YDD-1050-530P	1 060	≤0.8
YDD-1300-530P	1 320	≤0.7
YDD-1600-630P	1 600	≤0.8
YDD-1800-630P	1 830	≤0.8

5.3.8 容器真空夹层漏气速率应符合表 3 的规定。

5.3.9 颈管内径的允许偏差应符合表 4 的规定。

5.3.10 偏口型容器应设置操作平台,其操作平台应满足使用要求。

5.3.11 当容器的颈口距离地面高度达到或超过 1.3 m 时,应设置阶梯式脚踏板。

5.3.12 容器设置的脚轮应转动灵活,且有锁定装置。

5.3.13 由盖和塞体组成的盖塞,其连接应牢固可靠,且应设置锁紧装置。

5.3.14 液位监测仪的温度探头与液位高度之间允许偏差为±10 mm。

5.3.15 提筒可按需方要求进行设计和配置。

5.3.16 容器中充入液氮预冷并达到热平衡后,夹层真空度应不低于 5×10^{-2} Pa。

5.3.17 容器的真空设计寿命应不低于 5 年。

表 3 容器真空夹层漏气速率

公称容积 L	真空夹层漏气速率 $Pa\cdot m^3/s$
230～400	$\leqslant1.0\times10^{-7}$
＞400～600	$\leqslant2.0\times10^{-7}$
＞600～1 000	$\leqslant3.2\times10^{-7}$
＞1 000～1 800	$\leqslant5.0\times10^{-7}$

表 4 颈管内径的允许偏差

单位为毫米

颈管内径	允许偏差
315	$^{+2.1}_{0}$
400	$^{+2.3}_{0}$
530	$^{+2.8}_{0}$
630	$^{+2.8}_{0}$
730	$^{+3.2}_{0}$

5.4 制造

5.4.1 一般要求

容器制造应符合本标准规定外，还应符合设计图样的要求。

5.4.2 成形

5.4.2.1 成形后的内胆和外壳的壁厚应符合设计图样的要求。

5.4.2.2 内胆和外壳的表面应无划伤、机械损伤和撞伤。

5.4.3 焊接

5.4.3.1 焊接人员应经考核合格后方可施焊。

5.4.3.2 内胆、外壳的焊缝应采用气体保护焊施焊。

5.4.3.3 焊接区域内，包括对接接头和角接接头的表面，应无裂纹、咬边、气孔、弧坑和飞溅物，无急剧的形状变化，且应呈圆滑过渡。

5.4.3.4 焊缝的余高、同一焊缝的宽度应符合设计图样的规定。

5.4.3.5 内胆焊缝应经氦质谱检漏仪检漏合格，其漏气速率应符合设计图样的规定。

5.4.4 绝热层缠绕

5.4.4.1 缠绕前，绝热材料和内胆应清洁和干燥。

5.4.4.2 吸附剂使用前应进行活化处理。

5.4.4.3 缠绕场地应保持清洁和干燥。

5.4.4.4 绝热层缠绕时，其反射材料和绝热材料应相间包覆在内胆外表面上，并有防松散、脱落的措施。

5.4.5 组装

5.4.5.1 颈管与内胆、外壳的连接应牢固可靠。

5.4.5.2 组装前，绝热层应保持清洁，与真空夹层有关的零部件表面，应进行清洗、烘干，且无油污、灰尘。

5.4.5.3 装配时，零部件应保持清洁，且无水、油的污染。

5.4.5.4 容器不应强力组装。

5.4.5.5 回转托盘与内胆的连接应牢固可靠,且满载后应转动灵活。

5.4.6 氦质谱检漏

5.4.6.1 内胆经氦质谱检漏合格后方可组装,其漏气速率应符合设计图样的规定。

5.4.6.2 容器组装后的真空夹层的漏气速率应符合表 3 的规定。

5.4.7 容器外表面应进行抛光处理,其表面粗糙度应符合设计图样的要求。

5.4.8 清洁度和外观质量

5.4.8.1 容器表面应无损伤,且无油污、灰尘及无水的污染。

5.4.8.2 提筒、托盘和盖塞等附件应清洁。

5.4.8.3 容器内应清洁,且无异物、异味。

6 试验方法

6.1 有效容积

有效容积按 GB/T 18443.8 中的称重测量法进行测量。

6.2 颈管内径

颈管内径用精度不低于 0.1 mm 的内径量表进行测量。

6.3 夹层真空度

夹层真空度的测量应符合 GB/T 18443.2 的规定。

6.4 真空夹层漏率

容器真空夹层漏率的测量应符合 GB/T 18443.3 的规定。

6.5 静态蒸发率

6.5.1 静态蒸发率测量采用称重法。

6.5.2 测试用衡器应符合下列要求:

a) 最大称量应不大于容器在液氮充满率为 100%时的总质量的 5 倍;

b) 精度应优于或等于 1/3 000。

6.5.3 测试时,容器中的液氮充满率应不低于 50%,不放提筒,盖上盖塞,静置 48 h 后进行测量。

6.5.4 数据记录时间间隔为 24 h 和 48 h。

6.5.5 静态蒸发率的其他要求应符合 GB/T 18443.5 的规定。

6.6 清洁度和外观质量

6.6.1 清洁度采用白色、清洁、干燥,且经脱脂处理的白纸擦拭容器以及附件的表面进行检验。

6.6.2 外观质量采用目视方法进行检验。

7 检验规则

7.1 检验分类

容器检验分为出厂检验和型式试验。

7.2 出厂检验

7.2.1 容器应逐只检验,合格后方可出厂。

7.2.2 出厂检验项目应符合表5的规定。

7.3 型式试验

7.3.1 属于下列情况之一时，应进行型式试验：

a) 容器设计定型时；

b) 改变容器设计参数、结构、主体材料和关键制造工艺，可能影响容器性能时；

c) 其他特殊情况，如相关方要求时。

7.3.2 型式试验的容器应采取随机抽样，其数量应不少于2只。

7.3.3 型式试验的项目应符合表5的规定。

7.3.4 当型式试验有不合格项目时，允许在型式试验的容器中再抽取1只容器对不合格项目进行复验。当复验合格，则型式试验判为合格；当复验不合格，则型式试验判为不合格。

表5 检验项目

检验项目		出厂检验	型式试验
外观质量		√	√
外形尺寸		√	√
焊缝余高		√	√
焊缝外观		√	√
清洁度		√	√
壁厚	内胆	—	√
	外壳	—	√
有效容积		—	√
颈管内径		—	√
夹层真空度(使用状态下)		—	√
真空夹层漏气速率		—	√
静态蒸发率		√	√

8 标志、包装、储运

8.1 标志

容器外表面明显位置应有容器标志，其内容应包括：

a) 制造单位名称；

b) 产品名称和型号；

c) 产品编号和制造日期；

d) 容器注册商标。

8.2 包装

8.2.1 容器出厂时，应附合格证、使用说明书和装箱单等文件。

8.2.2 包装后容器不应晃动，且有防震措施。

8.2.3 包装箱外壁的标志和文字说明应明显清晰，并符合GB/T 6388—1986的规定，其内容如下：

a) 发货站及制造单位名称；

b) 收货站及收货单位名称；

c) 容器型号和生产编号；

d) 容器净重、毛重及数量；

e) 包装箱体积(长×宽×高)；

f) 应在包装箱外侧明显处标“易碎物品”“向上”“怕雨”等包装储运图示标志，该标志应符合GB/T 191—2008的规定。

8.2.4 出口容器包装用木箱应符合 SN/T 0273—2002 的规定。

8.3 储运

8.3.1 容器应储存在阴凉干燥处。

8.3.2 容器运输过程中，应轻装轻卸，不得侧放和倒置。

ICS 23.020.30
J 74

中华人民共和国国家标准

GB/T 16749—2018
代替 GB/T 16749—1997

压力容器波形膨胀节

Bellows expansion joints for pressure vessel

2018-09-17 发布　　　　2019-04-01 实施

国家市场监督管理总局
中国国家标准化管理委员会　发布

前　言

本标准按照 GB/T 1.1—2009 给出的规则起草。

本标准代替 GB/T 16749—1997《压力容器波形膨胀节》。与 GB/T 16749—1997 相比，除编辑性修改外主要技术变化如下：

a) 扩大了标准的适用范围：

——通过引用标准的方式，纳入有色金属材料波形膨胀节(见第 2 章、4.1.2、6.2.1 和 6.2.4)；

——增加了波形膨胀节波形与结构，提高了设计参数，扩大了标准的适用范围(见 1.2 和 5.1，1997 年版 1.2，1.3 和 4.1.1)。

b) 修订或增加了波形膨胀节设计计算和厚度限制的规定：

——修订了无加强 U 形单层或多层波纹管及带直边波形膨胀节的设计计算(见第 7 章，1997 年版第 6 章)；

——增加了加强 U 形、Ω 形单层或多层波纹管设计计算(见第 7 章)；

——增加了波形膨胀节焊接接头分类、焊接接头高温强度降低系数(见 4.3.1 和 4.3.3)；

——增加了由波纹管几何形状对轴向位移(轴向拉伸或轴向压缩)限制的规定(见 7.8.1)；

——增加了压力容器波形膨胀节的波形结构及厚度范围要求(见 5.1 和 7.2.1)。

c) 修订了波形膨胀节制造、检测与验收要求：

——提出波形膨胀节通用要求，明确选材、焊接、无损检测的基本要求(见第 6 章、8.2、8.5.1 和 8.5.2，1997 年版第 5 章、7.2、7.5.1.1 和 7.5.1.2)；

——修订了 U 形波的尺寸公差；增加了 Ω 波的尺寸公差；针对不同的焊接接头提出焊接、无损检测方法、无损检测比例、合格级别及波纹管热处理规定(见 8.7、8.5.3、8.5.4、8.5.5、8.5.6 和 8.3，1997 年版 7.5.2、7.5.3、7.5.4 和 7.3)；

——修订了波纹管厚度成形减薄量的规定(见 4.4 和 8.7.1.1，1997 年版 3.3)；

——在原标准无损检测胶片感光(RT)的基础上，增加了 X 射线计算机辅助成像检测(见 8.5.3 和 8.5.5.1)；

——增加了波纹管与端管(或设备壳体)连接方式(见 4.3.1.3)。

d) 增加了术语和定义、修订了用户、设计、制造等各方的资格与职责要求(见第 3 章、4.2.1 和 4.2.2，1997 年版 3.1)。

e) 修订了波纹管型式与膨胀节标记(见 5.2，1997 年版 4.2.2)。

f) 修订了附录内容：

——将附录 A 内容修改为：波纹管波形参数(见附录 A，1997 年版附录 A)；

——删除原标准附录 B(见 1997 年版附录 B)；

——增加了波纹管常用材料及近似对照内容(见附录B)。

本标准由全国锅炉压力容器标准化技术委员会(SAC/TC 262)提出并归口。

本标准起草单位:合肥通用机械研究院有限公司、中国特种设备检测研究院、中国石化工程建设有限公司、中国寰球工程公司、浙江工业大学、南京晨光东螺波纹管有限公司、南京三邦新材料科技有限公司、秦皇岛市泰德管业科技有限公司、石家庄巨力科技有限公司。

本标准主要起草人:蔡善祥、寿比南、朱国栋、崔军、郭鹏举、陈朝晖、徐小龙、邢宪宁、卢志明、朱金花、陈立苏、黄文凌、周景蓉、陈四平、朱惠红。

本标准所代替标准的历次版本发布情况为:

——GB 150—1989;

——GB/T 16749—1997。

压力容器波形膨胀节

1 范围

1.1 本标准规定了压力容器波形膨胀节(以下简称波形膨胀节)的术语和定义、通用要求、分类和标记、材料、设计、制造、检验与验收、检验规则、出厂要求、贮存与安装。

1.2 本标准规定的压力容器波形膨胀节适用于:

a) 压力容器用无加强 U 形、加强 U 形或 Ω 形,承受内压或外压的单层或多层波形膨胀节,其中波纹管符合 7.2.1 的规定。

b) 设计压力不大于 12 MPa。

c) 设计温度适用以下条件:

1) 钢材不超过 GB/T 150.2—2011 列入材料的允许使用温度范围;

2) 其他金属材料按相应引用标准中列入材料的允许使用温度确定。

d) 公称直径不大于 4 000 mm。

e) 设计压力(MPa)与公称直径(mm)的乘积不大于 2.7×10^4。

1.3 超出 1.2 所述范围的波形膨胀节,可参照本标准进行制造。

1.4 本标准不适用于下列波形膨胀节:

a) 直接火焰加热用波形膨胀节;

b) 非金属波形膨胀节;

c) 核能装置中存在中子辐射损伤失效风险的波形膨胀节。

2 规范性引用文件

下列文件对于本文件的应用是必不可少的。凡是注日期的引用文件,仅注日期的版本适用于本文件。凡是不注日期的引用文件,其最新版本(包括所有的修改单)适用于本文件。

GB/T 150—2011(所有部分) 压力容器

GB/T 713 锅炉和压力容器用钢板

GB/T 985.1 气焊、焊条电弧焊、气体保护焊和高能束焊的推荐坡口

GB/T 985.2 埋弧焊的推荐坡口

GB/T 1800.1—2009 产品几何技术规范(GPS) 极限与配合 第1部分:公差、偏差和配合的基础

GB/T 1800.2—2009 产品几何技术规范(GPS) 极限与配合 第2部分:标准公差等级和孔、轴极限偏差表

GB/T 3098.1 紧固件机械性能 螺栓、螺钉和螺柱

GB/T 3098.2 紧固件机械性能 螺母

GB/T 3098.6 紧固件机械性能 不锈钢螺栓、螺钉和螺柱

GB/T 3274　碳素结构钢和低合金结构钢热轧钢板和钢带

GB/T 3280　不锈钢冷轧钢板和钢带

GB/T 3621　钛及钛合金板材

GB/T 3880(所有部分)　一般工业用铝及铝合金板、带材

GB/T 5310　高压锅炉用无缝钢管

GB/T 6479　高压化肥设备用无缝钢管

GB/T 8163　输送流体用无缝钢管

GB/T 9948　石油裂化用无缝钢管

GB/T 14976　流体输送用不锈钢无缝钢管

GB/T 24511　承压设备用不锈钢和耐热钢钢板和钢带

NB/T 47011　锆制压力容器

NB/T 47013.2　承压设备无损检测　第 2 部分:射线检测

NB/T 47013.3　承压设备无损检测　第 3 部分:超声检测

NB/T 47013.4　承压设备无损检测　第 4 部分:磁粉检测

NB/T 47013.5　承压设备无损检测　第 5 部分:渗透检测

NB/T 47014　承压设备焊接工艺评定

JB/T 4711　压力容器涂敷与运输包装

JB/T 4734　铝制焊接容器

JB/T 4745　钛制焊接容器

JB/T 4756　镍及镍合金制压力容器

YB/T 5353　耐蚀合金热轧板

YB/T 5354　耐蚀合金冷轧板

TSG 21—2016　固定式压力容器安全技术监察规程

3　术语和定义

GB/T 150—2011 界定的以及下列术语和定义适用于本文件。

3.1

公称直径　nominal diameter

DN

以容器圆筒直径表示,分内、外径两个系列。由字母 DN 和无因次整数数字组成,代表波纹管的规格。

注 1:卷制、锻制端管(圆筒),以内径(mm)作为波纹管的公称直径。

注 2:管材制端管(圆筒),以外径(mm)作为波纹管的公称直径。

3.2

波纹管　bellows

波形膨胀节的柔性元件,由一个或数个相同的波纹和端部直边段构成。

3.3

波纹 convolution

波纹管的最小柔性单元。

3.4

端部直边段 endtangents

波纹管端部无波纹部分,即未起波的直筒。

3.5

膨胀节 expansionjoints

含有一个波纹管,用于吸收热胀冷缩等原因引起的设备(或管道)等尺寸变化的承压装置。

3.6

加强件 reinforcementpiece

用于加强U形和Ω形波纹管,增强波纹管耐压能力的部件。

注:加强件包括加强环(3.7)和均衡环(3.8)。

3.7

加强环 reinforcement rings

安装在波纹管波纹根部,与波谷型面吻合的部件,使用管材或棒材制造,增强波纹管耐压能力。

3.8

均衡环 equalizing rings

呈"T"形截面,位于波纹管波谷(峰)均匀各波纹轴向位移的部件。

3.9

套箍 collars

用于加强波纹管直边段的筒或环以及直边与波谷型面吻合的筒或环,增强直边段或波纹耐压能力。

3.10

辅助套箍 assisting collars

为便于焊接而设置在直边段上的环。

3.11

内衬筒 sleeves

用于保持介质流动平稳和减小波纹管内壁与介质摩擦的衬筒。

3.12

成形态 as-formed condition

波纹管成形后未经固溶或退火处理、有冷作硬化的状态。

3.13

热处理态 heat-treated condition

波纹管成形后经固溶或退火处理、无冷作硬化的状态。

3.14

中性位置 neutral position

波纹管自由状态,位移为零的位置。

4 通用要求

4.1 通则

4.1.1 压力容器波形膨胀节的设计、制造、检验和验收除符合本标准规定外，还应遵守国家颁布的有关法律、法规和安全技术规范。

4.1.2 采用铝、钛、镍及镍合金、锆等其他金属制压力容器波形膨胀节，其设计、制造、检验和验收除符合 4.1.1 的规定外，还应分别满足 JB/T 4734、JB/T 4745、JB/T 4756、NB/T 47011 的相应要求。

4.1.3 波形膨胀节设计、制造单位应建立健全质量管理体系并有效运行。

4.1.4 TSG 21—2016 管辖范围内的波形膨胀节，其制造应接受特种设备安全监察机构的监察。

4.1.5 对不能按照本标准及相应引用标准进行设计计算的波形膨胀节可按 GB/T 150.1－2011 中4.1.6规定的方法进行设计。

4.2 资格与职责

4.2.1 资格

属于 TSG 21—2016 管辖范围内的波形膨胀节，其制造单位和人员应具有下列资格：

a) 波形膨胀节制造单位应持有相应的特种设备制造许可证。依据 TSG 21—2016 要求建立膨胀节质量保证体系和管理制度并且有效运行，制造单位及其主要负责人应对压力容器波形膨胀节的制造质量负责。

b) 波形膨胀节的焊接作业人员(简称焊工)应根据 TSG 21—2016 规定，取得质量技术监督部门颁发的相应项目的《特种设备作业人员证》后，方能在有效期间内担任合格项目范围内的焊接工作。

c) 波形膨胀节的无损检测人员应根据 TSG 21—2016 规定，取得质量技术监督部门颁发的相应资格证书后，方能承担与资格证书的种类和技术等级相对应的无损检测工作。

4.2.2 职责

4.2.2.1 用户或设计委托方的职责

波形膨胀节的用户或设计委托方应以正式书面形式向设计单位提出波形膨胀节设计条件。设计条件至少包括以下内容：

a) 波形膨胀节设计依据的主要标准、规范及设计参数(包括设计压力、设计温度、公称直径、设计位移及材质要求)；

b) 波形膨胀节操作参数(包括工作压力、工作温度、介质组分及特性、工作位移及操作疲劳次数)；

c) 设计需要的其他条件。

4.2.2.2 设计单位(部门)职责

设计单位(部门)的职责应符合下列规定：

a) 设计单位(或部门)及主要负责人应对波形膨胀节的设计质量负责，对设计文件的完整性和正确性负责；

b) 波形膨胀节的设计文件至少应包括设计计算书、设计图样、制造技术条件(包括检验和

试验要求),必要时还应包括安装与使用维修说明;

c) 设计单位(或部门)应考虑波形膨胀节使用过程中可能出现的失效模式,提出采取防止失效的措施,必要时向用户出具风险评估报告(相关标准或设计委托方要求时);

d) 设计单位(或部门)应在波形膨胀节设计使用年限内保存全部设计文件。

4.2.2.3 制造单位职责

制造单位的职责应符合下列规定:

a) 应按设计文件的要求进行制造,如需要对原设计进行修改,应取得原设计单位同意修改的书面文件,并对改动部位作出详细记载;

b) 制造前应制定完善的质量计划,其内容至少包括制造工艺控制点、检验项目和合格指标;

c) 对于设计单位(或部门)出具的波形膨胀节风险评估报告中提出可能的失效模式与防止措施应在产品质量证明文件中予以体现;

d) 制造单位的质量检查部门在波形膨胀节制造过程中和完工后,应按本标准、图样要求和质量计划的规定对波形膨胀节进行各项检验和试验,出具相应报告,并对报告的正确性和完整性负责;

e) 每台波形膨胀节产品在设计使用年限内至少保存下列技术文件备查:

1) 质量计划;

2) 制造工艺图或制造工艺卡;

3) 产品质量证明文件;

4) 材料质量证明文件及材料表;

5) 焊接工艺和热处理工艺文件;

6) 制造过程中及完工后的检查、检验、试验记录;

7) 膨胀节原设计图和竣工图。

4.3 焊接接头分类与焊接接头系数

4.3.1 焊接接头分类

4.3.1.1 膨胀节受压元件之间的焊接接头分为A、B、C、D四类,如图1所示。焊接接头分类如下所示:

a) 波纹管纵向对接接头、端管(包括套箍及加强件)纵向对接接头、分瓣压制所有纵向拼接接头,均属A类焊接接头;

b) 波纹管与端管(或设备壳体)的环向对接接头(塞焊对接接头、端部熔焊对接接头、波纹管直边段内插/外套的坡口对接接头)(见表1中焊接类型3、类型4、类型5),波纹管与波纹管连接的环向对接接头、端管与设备壳体环向对接接头,均属B类焊接接头;

c) 波纹管直边段与端管(或设备壳体)内插/外套的角向接头,套箍、加强件与波纹管或端管(或设备壳体)连接的角向接头(见表1中焊接类型1、2),法兰与端管(或设备壳体)连接的接头,均属C类焊接接头;

d) 凸缘与波纹管、端管与封头连接的接头,均属D类焊接接头。

4.3.1.2 非受压元件与受压元件的焊接接头为E类焊接接头,如图1所示。

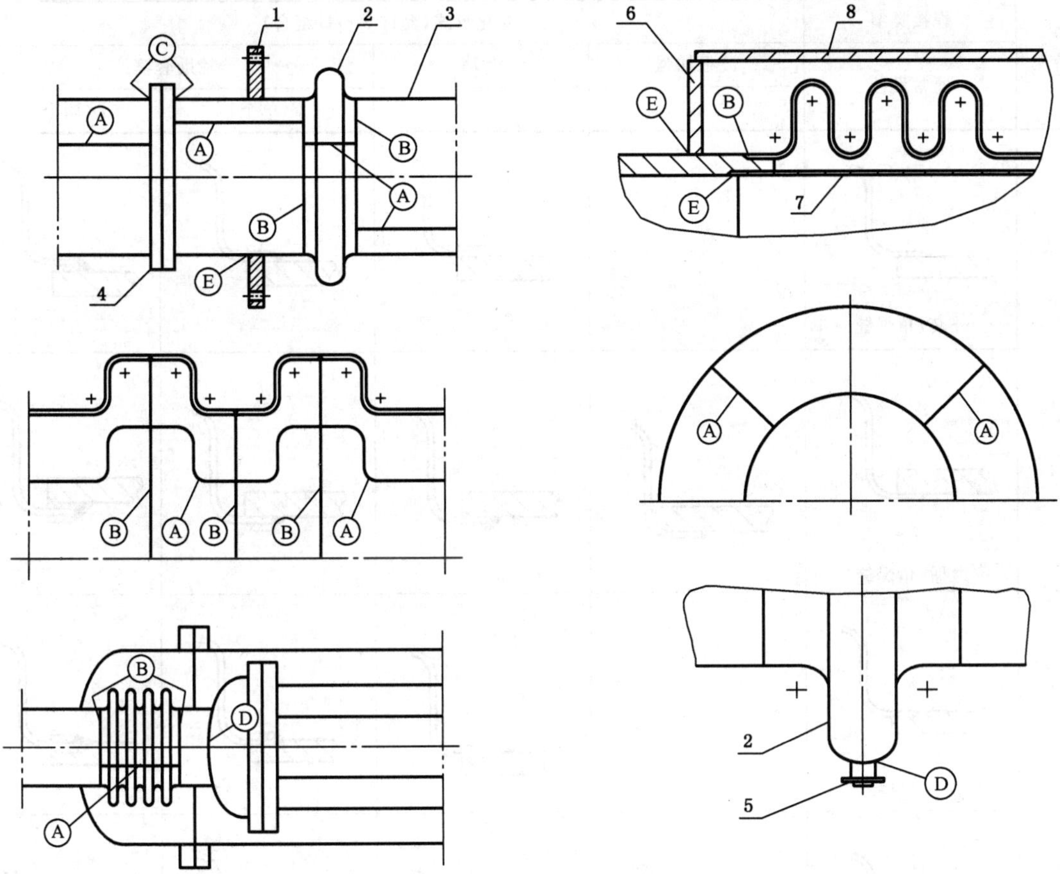

说明：

1——端板；

2——波纹管；

3——端管(或设备壳体)；

4——法兰；

5——丝堵(凸缘)；

6——支撑环；

7——内衬筒；

8——外护套。

图1 焊接接头分类

4.3.1.3 波纹管直边与端管(或设备壳体)连接方式与焊接接头，见表1。

表1　波纹管直边与端管(或设备壳体)连接焊缝

序号	焊接类型	变化形式(允许A～D组合)			
	通常设计	波根加强	套箍	辅助套箍	
		A	B	C(单个)	D(两个)
1	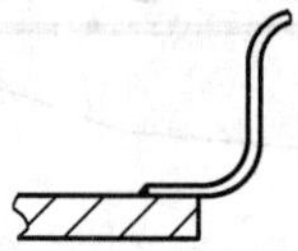 外套/角焊缝	—	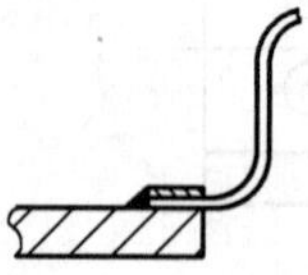	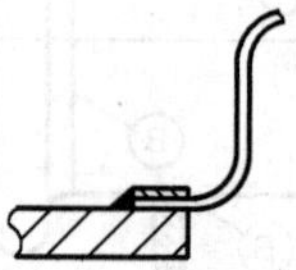	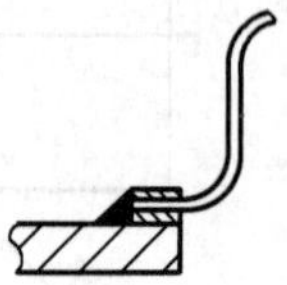
2	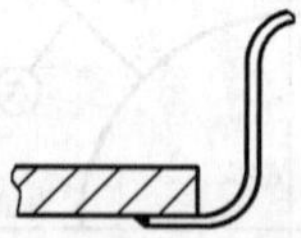 内插/角焊缝	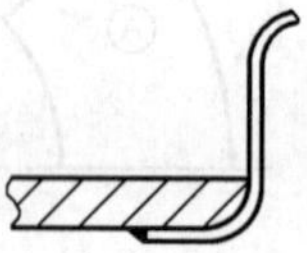	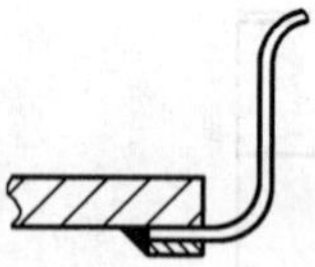	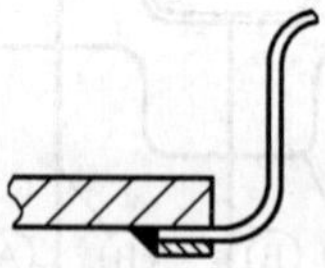	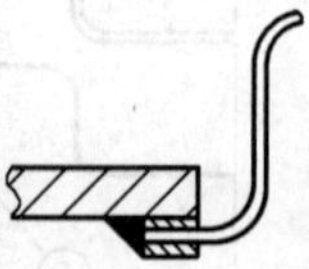
3	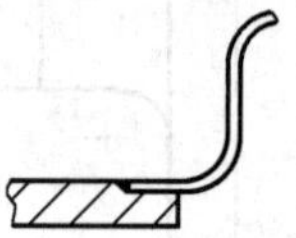 外套/坡口焊缝	—	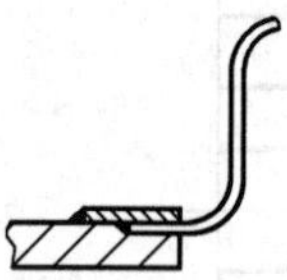	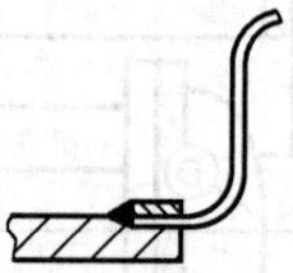	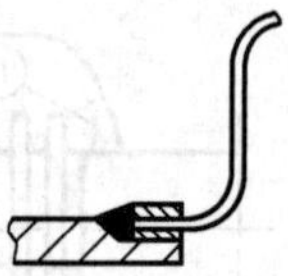
4	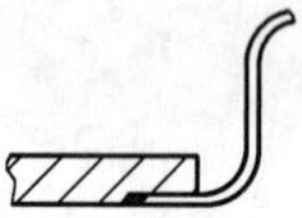 内插/坡口焊缝	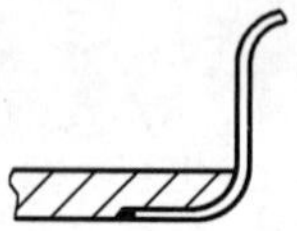	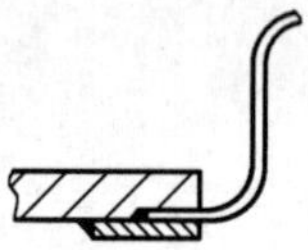	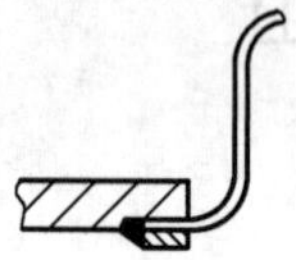	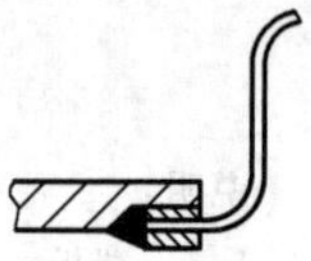
5	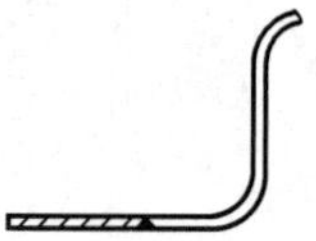 对接焊缝	—	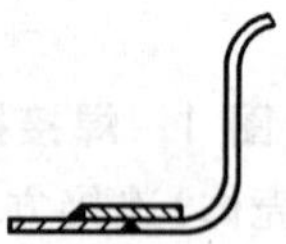	—	

在波纹管承压侧反面的连接件及套箍与波纹管和直边段接触的一侧应倒圆或倒角。

有套箍的波纹管连接焊缝应符合：

——若是角焊缝，焊缝高度“a”应当符合公式：$a \geqslant 0.7nt$；

——如果波纹管直边段长度 $L_t \geqslant 0.5\sqrt{ntD_b}$，建议设置套箍；

——套箍应通过焊接或机械装置沿轴向固定。

注：内插(或外套)坡口焊缝节点(焊接类型3、类型4)参见GB/T 3375锁底对接接头(V形坡口)。

4.3.2 焊接接头系数

4.3.2.1 焊接接头系数 ϕ 应根据对接接头的焊缝形式及无损检测的长度比例确定。下标 b、c、f、p 和 r 分别表示波纹管、套箍、紧固件、管子和加强件材料；

4.3.2.2 钢制压力容器膨胀节焊接接头系数按表 2 选取。

表 2 焊接接头系数 ϕ

焊接接头形式		全部无损检测	局部无损检测
双面焊对接接头和相当于双面焊的全焊透对接接头		1.0	0.85
单面焊对接接头	沿焊缝根部全长无垫板	—	0.70

4.3.2.3 铝、钛、镍、锆及其合金等有色金属的焊接接头系数按 JB/T 4734、JB/T 4745、JB/T 4756、NB/T 47011 的相关规定。

4.3.3 焊接接头高温强度降低系数

4.3.3.1 适用范围

焊接接头高温强度降低系数 w 适用于设计温度≥510 ℃，由于在内压等持续性载荷长期作用下，其焊接接头高温强度低于母材强度，因此在第 7 章设计计算中，对承受内压的波纹管、加强件等引起的周向薄膜应力应满足许用应力$[\sigma]^t$ 与纵向焊接接头系数 ϕ 乘积 $\phi[\sigma]^t$，还应乘以焊接接头高温强度降低系数 w，即 $\phi[\sigma]^t w$。

4.3.3.2 w 选用规定

w 选用按下列规定：

a） 焊接接头高温强度降低系数 w，见表 3；

b） 对表 3 以外的材料，设计温度不高于 510 ℃时，取 $w=1$；设计温度为 815 ℃时，取 $w=0.5$；中间温度数值采用差值法计算 w；设计温度高于 815 ℃时，由设计者确定 w；

c） 符合下列条件之一者，可不计焊接接头高温强度降低系数 w：

1） 蠕变温度以下，对于 CrMo 钢、强韧型铁素体耐热钢、300 系列奥氏体不锈钢、800 镍基合金和 600 镍基合金焊接接头长期工作强度不低于母材强度；

2） 各级温度下波纹管材料的许用应力、屈服强度、抗拉强度下限值符合 TSG 21—2016、GB/T 150—2011 及相应材料标准规定；材料设计温度范围不超过钢材允许使用温度；

3） 波纹管焊接接头属全焊透结构，焊接材料满足焊材标准和本标准的要求，且保证焊缝金属拉伸性能、冲击性能或其他性能不低于母材标准规定的下限值，且符合 TSG 21—2016、GB/T 150—2011 规定；

4） 设计压力和设计温度波动值不超过设计范围。

表 3 焊接接头高温强度降低系数 w

材料	温度/℃														
	427	454	482	510	538	566	593	621	649	677	704	732	760	788	816
CrMo 钢[a~c]	1	0.95	0.91	0.86	0.82	0.77	0.73	0.68	0.64	—	—	—	—	—	—
CSEF(N+T)[c~e]	—	—	—	1	0.95	0.91	0.86	0.82	0.77	—	—	—	—	—	—
CSEF[c,d](PWHT)	—	—	1	0.5	0.5	0.5	0.5	0.5	0.5	—	—	—	—	—	—
无填充金属的300系列奥氏体不锈钢及800镍基合金和600镍基合金自熔焊[f]	—	—	—	1	1	1	1	1	1	1	1	1	1	1	1
带填充金属的300系列奥氏体不锈钢及800镍基合金	—	—	—	1	0.95	0.91	0.86	0.82	0.77	0.73	0.68	0.64	0.59	0.55	0.5

本表所列温度仅用于相应材料焊接接头高温强度降低系数 w，材料的使用温度上限按 GB/T 150.2—2011 相应材料标准的规定。

[a] CrMo 钢包括：0.5Cr-0.5Mo，1Cr-0.5Mo，1.25Cr-0.5Mo，2.25Cr-1Mo，3Cr-1Mo，5Cr-0.5Mo，9Cr-1Mo。

[b] 电熔焊结构不准许用于 454 ℃以上的 C-0.5Mo 钢。

[c] 焊缝填充金属的碳含量≥0.05%。埋弧焊焊剂的碱度≥1.0。

[d] CSEF(强韧型铁素体耐热钢)：Creep Strength Enhanced Ferritic。通过析出强化和细晶化提高蠕变断裂强度的铬钼铁素体钢。

[e] N+T：焊后正火+回火。

[f] 无填充金属的自熔焊。焊后应进行固溶退火处理。

4.4 厚度附加量

厚度附加量按式(1)计算：

$$C = C_1 + C_2 + C_3 \qquad (1)$$

式中：

C ——厚度附加量，单位为毫米(mm)。

C_1——钢板或钢管的厚度负偏差，按相应钢板或钢管标准选取，单位为毫米(mm)；当采用限定钢板厚度负偏差值时，波纹管设计计算应将此限定值计入钢板的厚度负偏差 C_1 中。

C_2——腐蚀裕量，单位为毫米(mm)。

波纹管材料腐蚀裕量由设计单位根据设计条件、介质特性和相关标准确定。若设计文件无明确规定，按下列要求取值：

a) 介质为压缩空气、水蒸气、碳素钢或低合金钢材料，取 C_2 = 1 mm；当 C_2 > 1 mm 时应选用奥氏体不锈钢(当不宜采用不锈钢材质时，选用其他耐蚀材料)。

b) 对有均匀腐蚀的介质，根据预期使用年限和介质对金属材料的腐蚀速率(或磨蚀速率)确定腐蚀裕量。若无明确规定，介质腐蚀性极微时，对于奥氏体不锈钢、镍及镍合金等耐蚀材料,取 $C_2=0$ mm。

c) 对碳素钢或低合金钢材料波纹管,内压应力计算其厚度不包括腐蚀裕量 C_2,位移应力计算其厚度包括腐蚀裕量 C_2。

C_3——厚度成形减薄量,单位为毫米(mm)。

波纹管厚度成形减薄量应符合式(33)要求。波纹管成形后的一层材料名义厚度按式(33)计算。

5 结构、分类与标记

5.1 膨胀节波形与结构名称

波形与结构名称(见图 2、图 3、图 4)。波形参数参见附录 A。

a) 整体成形　　b) 带直边环向焊接接头

图 2 U 形厚壁波形与结构

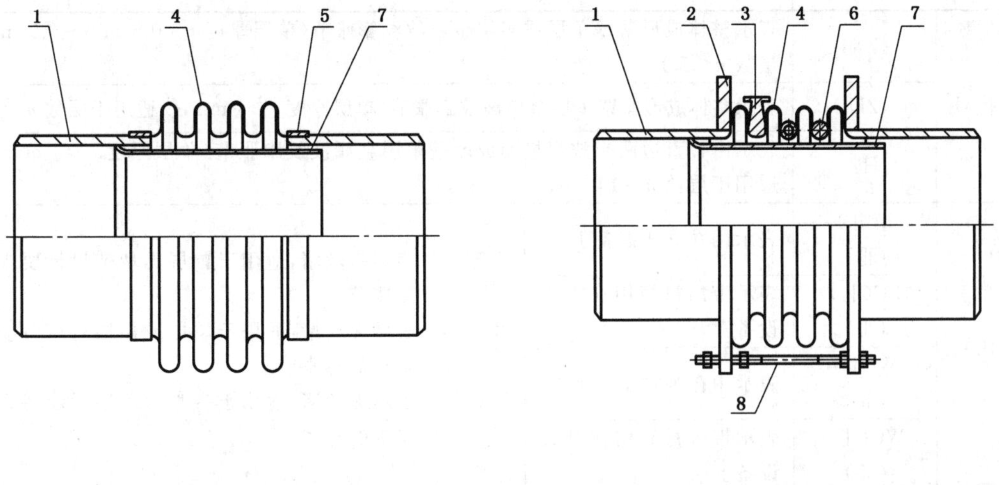

a) 无加强 U 形薄壁波形与结构　　b) 加强环或均衡环薄壁波形与结构

说明:

1——端板;
2——均衡环(端部);
3——均衡环;
4——波纹管;
5——套箍;
6——加强环;
7——内衬筒;
8——装运杆。

图 3 U 形薄壁波形与结构(整体成形)

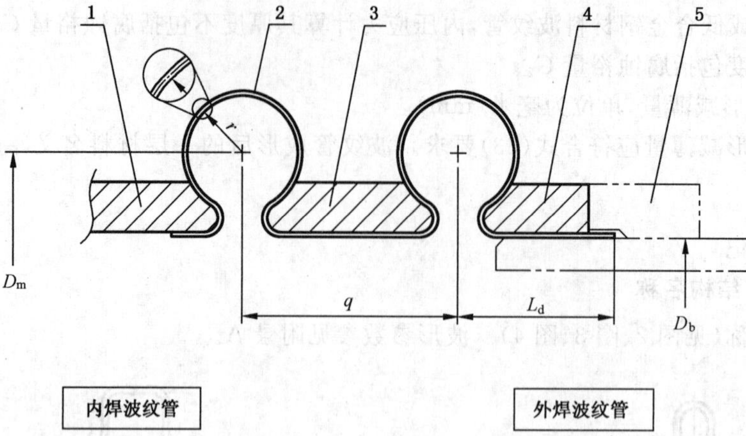

说明：

1——端管；

2——波纹管；

3——加强环；

4——套箍；

5——挡板；

6——端管。

图4 Ω波形与结构(整体成形)

5.2 膨胀节型式代号

膨胀节型式代号由结构代号、使用代号与波纹代号三部分组成，符号说明按表4的规定。

表4 膨胀节型式代号

<table>
<tr><th colspan="2">型式代号</th><th colspan="2">说　明</th></tr>
<tr><td rowspan="3">结构代号</td><td>ZX</td><td colspan="2">表示整体成形薄壁单层或多层金属波纹膨胀节(单层厚度 $t=0.5$ mm～3.0 mm，层数 $n\leqslant 5$)</td></tr>
<tr><td>ZD</td><td colspan="2">表示整体成形厚壁单层金属波纹膨胀节(单层厚度 $t\geqslant 3$ mm，仅适用于层数 $n=1$)</td></tr>
<tr><td>HZ</td><td colspan="2">表示由带直边两半波焊接而成厚壁单层金属波纹膨胀节(单层厚度 $t\geqslant 3$ mm，仅适用于层数 $n=1$)</td></tr>
<tr><td rowspan="4">使用代号</td><td>L(Ⅱ)
(Ⅲ)</td><td>表示用在立式设备上</td><td rowspan="4">Ⅰ型——表示带丝堵，适用于单层无疲劳设计要求的膨胀节。
Ⅱ型——表示无丝堵，适用于单层或多层有疲劳设计要求的膨胀节。
Ⅲ型——表示无丝堵，适用于带直边单层无疲劳设计要求的膨胀节</td></tr>
<tr><td>LC(Ⅱ)
(Ⅲ)</td><td>表示带内衬筒用在立式设备上</td></tr>
<tr><td>W(Ⅰ)
(Ⅱ)</td><td>表示用在卧式设备上</td></tr>
<tr><td>WC(Ⅰ)
(Ⅱ)</td><td>表示带内衬筒用在卧式设备上</td></tr>
<tr><td rowspan="4">波纹代号</td><td>波纹名称</td><td>波纹代号</td><td>结构代号</td></tr>
<tr><td>无加强U形</td><td>U</td><td>ZX、ZD、HZ</td></tr>
<tr><td>加强U形</td><td>J</td><td>ZX</td></tr>
<tr><td>Ω形</td><td>O</td><td>ZX</td></tr>
</table>

5.3　膨胀节标记

5.3.1　标记方法

膨胀节 □ DN—PN—$n\times t\times N\times$(△) GB/T 16749—2018

标准编号

波纹管材料牌号,见表 5

波纹管波数

波纹管名义厚度,mm

波纹管层数

公称压力,MPa

公称直径,mm

膨胀节型式代号,见表 4

名称

5.3.2　标记示例

示例 1:06Cr19Ni10 卧式单层(厚度 2.5 mm)无加强 U 形 4 波整体成型无丝堵膨胀节(采用薄壁单层),其公称压力 PN0.6 MPa、公称直径 DN1 000 mm,则其标记为:

膨胀节 ZXW(Ⅱ)U1 000－0.6－1×2.5×4(S30408)GB/T 16749—2018

示例 2:06Cr19Ni10 立式单层无加强 U 形(厚度 6 mm),2 波整体成型带内衬套膨胀节(采用厚壁单层),其公称压力 PN0.6 MPa、公称直径 DN1 000 mm,则其标记为:

膨胀节 ZDLC(Ⅱ)U1 000－0.6－1×6×2(S30408)　GB/T 16749—2018

示例 3:06Cr19Ni10 卧式加强 U 形(单层厚度 2 mm),2 层 4 波整体成型无丝堵膨胀节(采用薄壁),其公称压力 PN4.0 MPa、公称直径 DN500 mm,则其标记为:

膨胀节 ZXW(Ⅱ)J500－4.0－2×2×4(S30408)　GB/T 16749—2018

示例 4:Inconel 600 立式 2 层 2 波 Ω 形整体成型膨胀节(单层厚度 2 mm),带内衬套膨胀节,公称压力 PN8.0 MPa、公称直径 DN2 300 mm,则其标记为:

膨胀节 ZXLC(Ⅱ)O2 300－8.0－2×2×2(600) GB/T 16749—2018

示例 5:06Cr19Ni10 立式单层(厚度 3 mm),2 波带直边两半波焊接膨胀节(含内衬套),公称压力 PN1.6 MPa、公称直径 DN273 mm,则其标记为:

膨胀节 HZLC(Ⅲ)U273－1.6－1×3×2(S30408)　GB/T 16749—2018

示例 6:Q245R 立式单层无加强 U 形(厚度 12 mm),2 波整体成型带内衬套膨胀节(采用厚壁单层),其公称压力 PN2.5 MPa、公称直径 DN1 400 mm,则其标记为:

膨胀节 ZDLC(Ⅲ)U1 400－2.5－1×12×2(Q245R)　GB/T 16749—2018

6　材料

6.1　通用规定

6.1.1　波形膨胀节选材应考虑波形膨胀节的使用条件(设计压力、设计温度、介质特性和操作特点)、材料性能(力学性能、物理性能、工艺性能和与介质的相容性)、波形膨胀节制造工艺及经济合理性;金属材料延伸率应符合相应材料标准规定,并满足 TSG 21—2016 要求;铝、钛、镍和锆及其合金等有色金属材料延伸率应符合 JB/T 4734、JB/T 4745、JB/T 4756、NB/T 47011 的相关规定。

6.1.2 波形膨胀节受压元件的材料性能、质量、规格与标记应符合相应材料的国家标准或行业标准的规定;材料制造单位应保证质量,并符合下列要求:

a) 按相应标准规定提供材料质量证明书(原件),材料质量证明书的内容应当填写齐全、清晰,且印制可以追溯的信息化标识,并加盖材料制造单位质量检验章;

b) 材料制造单位应在材料的明显部位作出清晰、牢固的出厂钢印标记或采用其他可追溯的标记。

6.1.3 膨胀节制造单位从非材料制造单位取得的膨胀节材料时,应取得材料制造单位提供的质量证明书原件或者加盖材料经营单位检验公章和经办负责人签字(章)的复印件。

6.1.4 膨胀节制造单位应对所取得的膨胀节材料及材料质量证明书的真实性和一致性负责。

6.1.5 膨胀节制造单位应按材料质量证明书对材料进行验收。投产前,认真核对质量证明文件、炉批号、材料牌号和标记。并按相应标准规定和设计文件要求,认真检查材料表面质量。

6.2 波纹管

6.2.1 波纹管材料除应符合材料标准规定外,还应符合下列规定:

a) 碳素钢、低合金钢、高合金钢材料应符合 GB/T 150.2—2011 及其附录 B、附录 C、附录 D 的相关要求;奥氏体不锈钢材料要求按 GB/T 24511 选用,若材料厚度小于1.5 mm,可选用GB/T 3280,其钢板表面质量应为 2B 或 2D。

b) 铝、钛、镍、锆及其合金等有色金属材料,其技术要求、限定范围(牌号、压力和温度)及许用应力,应符合 TSG 21—2016 以及 JB/T 4734、JB/T 4745、JB/T 4756、NB/T 47011 的相关规定。

c) 采用国外材料制造波纹管时,应符合 TSG 21—2016 中 2.1.2 的规定。

6.2.2 波纹管制造过程中,应按以下规定作好标记移植:

——波纹管的材料禁止打硬印标记(包括材料标记、焊工、检验员和无损检测印记);

——波纹管应采用绘制标记分布图,明确材料标记和其他印记(该图存入质量档案),其标记分布图的表达方式由制造单位自行规定。

6.2.3 波纹管材料凡符合 GB/T 150.4—2011 中 5.1 规定者均应复验,合格后方可使用。

6.2.4 常用波纹管材料按表 5 规定(常用波纹管材料及近似对照参见附录 B)。其化学成分、力学性能应符合相应的标准规定。奥氏体型钢材的使用温度高于或等于－196 ℃时,可免做冲击试验。低于－196 ℃～－253 ℃,由设计文件规定冲击试验要求。若奥氏体型钢材的使用温度高于 525 ℃时,钢中含碳量应符合 GB/T 150.2—2011 中 3.6.3 的规定。

表 5　常用波纹管材料

序号	名称	统一数字代号	材料牌号	标准编号	材料标记	材料供货状态	推荐使用温度℃
1	波纹管	—	Q235B	GB/T 3274	Q235B	热轧	20～300
2			Q235C		Q235C		0～300
3			Q245R	GB/T 713	Q245R	热轧/正火	−20～400
4			Q345R		Q345R		−20～350
5			GB/SA 516-Gr70		GB/SA516-Gr70	热轧/正火	−20～350
6		S30408	06Cr19Ni10	GB/T 24511	S30408	固溶	−196～600
7		S30403	022Cr19Ni10		S30403		−253～450
8		S31608	06Cr17Ni12Mo2		S31608		−253～600
9		S31603	022Cr17Ni12Mo2		S31603		−253～450
10		S32168	06Cr18Ni11Ti	GB/T 24511	S32168		−253～550
11		S31008	06Cr25Ni20		S31008		−196～575
12		S31668	06Cr17Ni12Mo2T_i		S31668		−253～500
13		—	NS1101(NS111)	YB/T 5353 YB/T 5354	NS1101		−196～800
14			NS1102(NS112)		NS1102		−196～900
15			NS1402(NS142)		NS1402		−196～500
16			NS3102(NS312)		NS3102		−196～650
17			NS3304(NS334)		NS3304		−196～650
18			NS3305(NS335)		NS3305		−196～400
19			NS3306(NS336)		NS3306		−196～600
20			5052	GB/T 3880	5052	—	−269～200
21			TA1	GB/T 3621	TA1	退火	≤315
22			TA2		TA2		
23			TA9		TA9		
24			TA10		TA10		
25			Zr-3	—	Zr-3		≤375

注 1：序号 5 材料牌号栏中，GB/SA 516-Gr70 为 GB/T 150.2—2011 材料篇标注。

注 2：序号 13～序号 19 材料牌号栏中，中国牌号括号内为旧牌号，表示新旧牌号对照。

6.3 端管

6.3.1 当端管公称直径 DN≤400 mm 选用无缝钢管时，除应符合 GB/T 8163、GB/T 9948、GB/T 14976 和 GB/T 5310、GB/T 6479 相应钢管标准规定外，还应符合 GB/T 150.2—2011 中

第 5 章的要求，并按表 6 要求复验力学性能和压力试验。采用 GB/T 8163 标准 20 无缝钢管设计压力不大于 4.0 MPa。奥氏体不锈钢无缝管设计温度高于或等于－196 ℃时，可免冲击试验。

表 6　公称直径 DN≤400 mm 端管复验要求

设计压力 p/MPa		拉伸试验	冲击试验	金相检验	压力试验
低压	$0.1 \leqslant p < 1.6$	每批取 2 根	—	—	如钢厂已做水压试验者，可不再复验
中压	$1.6 \leqslant p < 4.0$	每批取 2 根	每批取 2 根，每根取一组	—	中压、高压端管（无缝钢管），膨胀节制造单位应逐根按膨胀节液压试验压力进行水压试验
	$4.0 \leqslant p < 10.0$	每批 10%，但不少于 2 根	每批取 10%，但不少于 2 根，每根取一组	—	
高压	$p \geqslant 10.0$	逐根	逐根，每根取一组	每批取 2 根	
注 1：当端管（无缝钢管）根数小于或等于 2 根时，改为每批 1 根或逐根。 注 2：冲击试验温度为设计温度下限值。					

6.3.2　当端管公称直径 DN＞400 mm 时，选用板材卷制，此时材料性能应符合 GB/T 150.2—2011 相关规定。选用锻件时应符合 6.4 规定。

6.4　加强件

加强件（包括加强环、均衡环和套箍）等材料选用锻件时，应符合 GB/T 150.2—2011 中第 6 章的规定，锻件级别不低于Ⅱ级。对于设计压力大于或等于 10 MPa 高压锻件，锻件级别不低于Ⅲ级。

6.5　装运杆、装运螺栓或螺母

6.5.1　自制的装运杆、装运螺栓或螺母，其材料选用及制造技术要求应按 GB/T 150.2—2011 中第 7 章的规定。

6.5.2　外购的装运螺栓或螺母等商品紧固件应符合下列要求：

a)　螺栓、双头螺柱的力学性能等级应符合 GB/T 3098.1 的 4.6 级或 8.8 级要求；螺母的力学性能等级应符合 GB/T 3098.2 的 5 级或 8 级要求；不锈钢紧固件牌号 06Cr19Ni10（S30408）应符合 GB/T 3098.6 的 A2 要求，牌号 06Cr17Ni12Mo2（S31608）应符合 GB/T 3098.6 的 A4 要求。

b)　装运杆和装运螺栓用螺母应使用 1 型或 2 型的螺母，不得使用薄型螺母；

6.5.3　装运杆和装运螺栓的硬度一般应比螺母稍高。

7　设计计算

7.1　符号说明

A_c——单个 U 型波纹的金属横截面积，单位为平方毫米（mm^2），见式(2)；

$$A_c = n t_p \left[2\pi r_m + 2\sqrt{\left[\frac{q}{2} - 2(r_m)\right]^2 + [h - 2(r_m)]^2} \right] \quad \cdots\cdots\cdots\cdots (2)$$

A_e——圆形波纹管有效面积，单位为平方毫米（mm^2），见式(3)；

$$A_e = \frac{\pi D_m^2}{4} \quad \cdots\cdots\cdots\cdots (3)$$

A_f ——一个紧固件的金属横截面积,单位为平方毫米(mm^2);

A_r ——一个加强环的金属横截面积,单位为平方毫米(mm^2);

A_{tc} ——一个直边段套箍的金属横截面积,单位为平方毫米(mm^2);

A_{tp} ——长度为 L_p 端管的金属横截面积,单位为平方毫米(mm^2);

A_{tr} ——长度为 L_r 加强环金属横截面积,单位为平方毫米(mm^2);

B_1 ——Ω 形波纹管 σ_5 的计算修正系数,见表 7;

B_2 ——Ω 形波纹管 σ_6 的计算修正系数,见表 7;

B_3 ——Ω 形波纹管 f_{it} 的计算修正系数,见表 7;

C_c ——端部加强件弯曲应力的计算系数,见式(4);

$$C_c = -0.2431 + 0.0168n_g + 0.3024n_g^2 \qquad \cdots\cdots(4)$$

C_d ——U 形波纹管 σ_6 的计算修正系数,见表 8;

C_f ——U 形波纹管 σ_5、f_{iu}、f_{ir} 的计算修正系数,见表 9;

C_h ——σ_t 计算的修正系数(见式 97),取 $C_h=2$;

C_m ——低于蠕变温度的材料强度系数;

$C_m=1.5$,用于退火态波纹管;

$C_m=1.5Y_{sm}$,用于成形态波纹管($1.5 \leqslant C_m \leqslant 3.0$)。

C_p——U 形波纹管 σ_4 的计算修正系数,见表 10;

C_r——波高系数,见式(5);

$$C_r = 0.36\ln\left(\frac{h}{e}\right) \qquad \cdots\cdots(5)$$

C_θ——初始角位移引起的柱失稳压力降低系数,取 $C_\theta=1$;

D_b——波纹管直边段内直径(或波纹内直径),单位为毫米(mm);

D_c——波纹管直边段套箍的平均直径单位为毫米(mm),见式(6);

$$D_c = D_b + 2nt + t_c \qquad \cdots\cdots(6)$$

D_i ——环形截面、端管或设备筒体内直径,单位为毫米(mm);

D_p——端管平均直径,单位为毫米(mm);

D_m——波纹管平均直径,单位为毫米(mm),见式(7);

$$D_m = D_b + h + nt\text{(对于 U 形波纹管)} \qquad \cdots\cdots(7)$$

D_o ——环形截面、端管或设备筒体外直径,单位为毫米(mm);

D_r ——加强环平均直径,单位为毫米(mm);

E ——室温下的弹性模量。下标 b、c、f、p、s 和 r 分别表示波纹管、套箍、紧固件、端管、内衬筒和加强环的材料,单位为兆帕(MPa);

E^t ——设计温度下的弹性模量。下标 b、c、f、p、s 和 r 分别表示波纹管、套箍、紧固件、端管、内衬筒和加强环的材料,单位为兆帕(MPa);

e ——单波轴向位移,单位为毫米(mm);

e_c ——单波轴向压缩位移,单位为毫米(mm);

e_e ——单波轴向拉伸位移,单位为毫米(mm);

e_N ——多波轴向位移,单位为毫米(mm);

$[e]$ ——由$[N_c]$得到的单波额定轴向位移,单位为毫米(mm);

$[e_c]$ ——由$[e]$得到的单波额定轴向压缩位移,单位为毫米(mm);

$[e_e]$ ——由$[e]$得到的单波额定轴向拉伸位移,单位为毫米(mm);

F_g ——作用于直边段加强环每个筋板的轴向力,单位为牛(N),见式(8);

$$F_g=\frac{1}{n_g}[0.25\pi(D_m^2-D_b^2)p+ef_i]\text{(低于蠕变温时)} \qquad (8)$$

ε_f ——彼纹管变形率,%[见式(9)];

$$\varepsilon_f=100\sqrt{\left[\ln\left(1+\frac{2h}{D_b}\right)\right]^2+\left[\ln+\left(1+\frac{nt_p}{2r_m}\right)\right]^2} \qquad (9)$$

F_p——波纹管的压力推力,单位为牛(N);

F_i——波纹管单波轴向弹性刚度力,下标 u、r、t 分别表示无加强 U 形、加强 U 形和 Ω 形波纹管,单位为牛(N);

f_c——σ_t修正系数,取 $f_c=1$。

f_i——波纹管单波轴向弹性刚度,下标 u、r、t 分别表示无加强 U 形、加强 U 形和 Ω 形波纹管,单位为牛每毫米(N/mm)。

f_{ih}——带直边环向对接接头波纹管单波轴向弹性刚度,单位为牛每毫米(N/mm)。

H——压力引起的作用在一个波纹和一个加强件上的环向合力,单位为牛(N)。见式(10)。

$$H=PD_mq \qquad (10)$$

h ——波高,单位为毫米(mm)。

K_2——平面失稳系数。见式(11)。

$$K_2=\frac{\sigma_2}{P} \qquad (11)$$

K_4——平面失稳系数。见式(12)。

$$K_4=\frac{C_P}{2n}\left(\frac{h}{t_p}\right)^2 \qquad (12)$$

K_f——成形方法系数,对于滚压成形或机械胀形 K_f为 1,对于液压成形 K_f为 0.6。

K_r——周向应力系数,取式(13)和式(14)中较大值,且不小于 1。

$$K_r=\frac{q+e}{q}\text{(在设计压力 }p\text{ 时,}e\text{ 处于拉伸状态)} \qquad (13)$$

$$K_r=\frac{q-e}{q}\text{(在设计压力 }p\text{ 时,}e\text{ 处于拉伸状态)} \qquad (14)$$

K_s——直边段套箍截面形状系数,对于实心圆形截面 K_s 为 1.7,对于圆环形截面 K_s 按式(15) 计算:

$$K_s=\frac{1.7(D_o^4-D_i^3D_o)}{D_o^4-D_i^4} \qquad (15)$$

K_b——膨胀节整体轴向弹性刚度,下标 u、r、t 分别表示无加强 U 形、加强 U 形和 Ω 形波纹管,单位为牛每毫米(N/mm)。见式(16)。

$$K_b = \frac{f_i}{N} \quad \cdots\cdots\cdots\cdots(16)$$

k ——σ_1、σ_1 的计算系数。见式(17)。

$$k = \frac{L_t}{1.5\sqrt{D_b t}} \text{ 且 } k \leqslant 1 \quad \cdots\cdots\cdots\cdots(17)$$

L_b——波纹管的波纹长度,单位为毫米(mm)。见式(18)。

$$L_b = Nq \quad \cdots\cdots\cdots\cdots(18)$$

L_c——波纹管直边段套箍的长度,单位为毫米(mm)。

L_d——外焊波纹管从波纹管连接环向焊接接头到第一个波中心的长度,单位为毫米(mm)。

L_f——一个紧固件的有效长度,单位为毫米(mm)。

L_0——Ω形波纹管波纹开口最大距离(见图6),单位为毫米(mm)。

L_p——端管有效长度,单位为毫米(mm)。见式(19)。

$$L_p = \frac{1}{3}\sqrt{D_p t_{pe}} \quad \cdots\cdots\cdots\cdots(19)$$

L_{pm}——t_{pe}厚度下所需的端管最小长度,单位为毫米(mm)。见式(20)。

$$L_{pm} = 1.5\sqrt{D_p t_{pe}} \quad \cdots\cdots\cdots\cdots(20)$$

L_r——加强环有效长度单位为毫米(mm)。见式(21)。

$$L_r = \frac{1}{3}\sqrt{D_r t_r} \quad \cdots\cdots\cdots\cdots(21)$$

L_{rt}——加强环总长度,单位为毫米(mm)。

L_l——内衬筒的长度,单位为毫米(mm)。

L_t——波纹管的直边段长度,单位为毫米(mm)。

L_w——U形波纹管单波展开的长度,单位为毫米(mm)。见式(22)。

$$L_w = 2\pi r_m + 2\sqrt{\left(\frac{q}{2} - 2r_m\right)^2 + (h - 2r_m)^2} \quad \cdots\cdots\cdots\cdots(22)$$

L_{tm}——波纹管直边段伸出套箍的最大长度,单位为毫米(mm)。见式(23)。

$$L_{tm} = 1.5\sqrt{\frac{nt^2[\sigma]_b^t}{p}} \quad \cdots\cdots\cdots\cdots(23)$$

N ——一个波纹管的波数。

N_c ——波纹管设计疲劳寿命,周次。

$[N_c]$——波纹管设计许用疲劳寿命,周次;取$[N_c]$不低于3 000次。见式(24)。

$$[N_c] = \frac{N_c}{n_f} \quad \cdots\cdots\cdots\cdots(24)$$

N_d ——波纹管操作疲劳寿命,周次。

n ——厚度为"t"波纹管材料的层数。

n_f ——疲劳寿命安全系数,$n_f \geqslant 15$。

n_g ——每个加强环所均布的筋板数量。

p ——设计压力,单位为兆帕(MPa)。

p_{sc} ——波纹管两端固支时柱失稳的极限设计内压,单位为兆帕(MPa)。

p'_{sc} ——波纹管端部支撑条件变化时柱失稳的极限设计内压,单位为兆帕(MPa)。

p_{si} ——波纹管两端固支时平面失稳的极限设计压力,单位为兆帕(MPa)。

q ——波距,单位为毫米(mm)。

R_1 ——在内压作用下,波纹管承受的力与整体加强件所承受的力之比见式(25)。

$$R_1=\frac{A_c E_b^t}{A_r E_r^t} \quad \cdots\cdots\cdots\cdots(25)$$

R_2——在内压作用下,波纹管承受的力与用紧固件连接的加强件所承受的力之比,见式(26)。

$$R_2=\frac{A_c E_b^t}{D_m}\left(\frac{L_f}{A_f E_f^t}+\frac{D_m}{A_r E_r^t}\right) \quad \cdots\cdots\cdots\cdots(26)$$

r ——Ω形波纹管的波纹平均半径,单位为毫米(mm)。

r_{ic} ——U形波纹管波峰内壁曲率半径,单位为毫米(mm)。

r_{ir} ——U形波纹管波谷外壁曲率半径,单位为毫米(mm)。

r_m ——U形波纹管波峰(波谷)平均曲率半径,单位为毫米(mm)。见式(27)。

$$r_m=\frac{r_{ic}+r_{ir}+nt}{2} \quad \cdots\cdots\cdots\cdots(27)$$

r_0 ——Ω形波纹管开口外壁曲率半径(见图6)单位为毫米(mm)。

Y_{sm} ——屈服强度系数,对于奥氏体不锈钢 Y_{sm} 按式(28)计算。

对于镍基合金 Y_{sm} 按式(29)计算。

对于其他材料 Y_{sm} 按式(30)。

$$Y_{sm}=1+9.94\times10^{-2}(K_f\varepsilon_f)-7.59\times10^{-4}(K_f\varepsilon_f)^2-2.4\times10^{-6}(K_f\varepsilon_f)^3+2.21\times10^{-8}(K_f\varepsilon_f)^4 \quad \cdots\cdots\cdots\cdots(28)$$

$$Y_{sm}=1+6.8\times10^{-2}(K_f\varepsilon_f)-9.11\times10^{-4}(K_f\varepsilon_f)^2+9.73\times10^{-6}(K_f\varepsilon_f)^3-6.43\times10^{-8}(K_f\varepsilon_f)^4 \quad \cdots\cdots\cdots\cdots(29)$$

$$Y_{sm}=1 \quad \cdots\cdots\cdots\cdots(30)$$

Φ ——纵向焊接接头系数,下标b、c、f、p和r分别表示波纹管、套箍、紧固件、端管和加强环材料。

w ——焊接接头高温强度降低系数(见4.3.3),下标b、c、f、p和r分别表示波纹管、套箍、紧固件、端管和加强环材料。

Z_c ——直边段套箍相对于中性轴在径向的抗弯截面模量,单位为三次方毫米(mm^3)。

α ——平面失稳应力相互作用系数,见式(31)。

$$\alpha=1+2\eta^2+\sqrt{1-2\eta^2+4\eta^2} \quad \cdots\cdots\cdots\cdots(31)$$

η ——平面失稳应力比。见式(32)。

$$\eta=\frac{K_4}{3K_2} \quad \cdots\cdots(32)$$

t ——波纹管一层材料的名义厚度,单位为毫米(mm)。

t_c ——直边段套箍材料的名义厚度,单位为毫米(mm)。

t_p ——波纹管成形后一层材料的名义厚度,单位为毫米(mm)。见式(33)。

$$t_p=t\sqrt{\frac{D_b}{D_m}} \quad \cdots\cdots(33)$$

t_o ——容器圆筒(或端管)有效厚度,单位为毫米(mm)。

t_1 ——内衬筒厚度,单位为毫米(mm)。

t_{min} ——内衬筒的最小厚度,单位为毫米(mm)。

t_{pe} ——端管的名义厚度,单位为毫米(mm)。

t_r ——加强环的名义厚度,单位为毫米(mm)。

ν ——材料的泊松比。对于不锈钢 $\nu=0.3$。

σ_1 ——压力引起的波纹管直边段周向薄膜应力,单位为兆帕(MPa)。

σ_1' ——压力引起的套箍周向薄膜应力,单位为兆帕(MPa)。

σ_1'' ——压力引起的套箍周向弯曲应力,单位为兆帕(MPa)。

σ_1''' ——对于内焊波纹管,内压引起端管周向薄膜应力,单位为兆帕(MPa)。

σ_2 ——压力引起的波纹管周向薄膜应力,单位为兆帕(MPa)。

σ_2' ——压力引起的波纹管加强环周向薄膜应力,单位为光帕(MPa)。

σ_2'' ——压力引起的波纹管紧固件薄膜应力,单位为兆帕(MPa)。

σ_3 ——压力引起的波纹管子午向薄膜应力,单位为兆帕(MPa)。

σ_4 ——压力引起的波纹管子午向弯曲应力,单位为兆帕(MPa)。

σ_5 ——位移引起的波纹管子午向薄膜应力,单位为兆帕(MPa)。

σ_6 ——位移引起的波纹管子午向弯曲应力,单位为兆帕(MPa)。

R_{eLy}^t ——成形态或热处理态的波纹管材料在设计温度下的屈服强度,单位为兆帕(MPa)。见式(34)。

$$R_{eLy}^t=\frac{0.67C_m R_{eLm} R_{eL}^t}{R_{eL}} \quad \cdots\cdots(34)$$

R_{eL} ——室温下的波纹管材料的屈服强度,单位为兆帕(MPa)。

R_{eL}^t ——设计温度下的波纹管材料的屈服强度,单位为兆帕(MPa)。

R_{eLm} ——质量证明书中波纹管材料室温下的屈服强度(注:当无法取得材料质量证明书时,其室温下的屈服强度采用材料标准规定的室温屈服强度,但应在设计文件中注明),单位为兆帕(MPa)。

$[\sigma]^t$ ——设计温度下材料的许用应力,下标 b、c、f、p、r 分别表示波纹管、套箍、紧固件、端管和加强件材料,单位为兆帕(MPa)。

σ_t ——子午向总应力范围,单位为兆帕(MPa)。

表 7 Ω 形波纹管 σ_5、σ_6、f_{it} 的计算修正系数

$\frac{6.61r^2}{D_m t_p}$	B_1	B_2	B_3
0	1.0	1.0	1.0
1	1.1	1.0	1.1
2	1.4	1.0	1.3
3	2.0	1.0	1.5
4	2.8	1.0	1.9
5	3.6	1.0	2.3
6	4.6	1.1	2.8
7	5.7	1.2	3.3
8	6.8	1.4	3.8
9	8.0	1.5	4.4
10	9.2	1.6	4.9
11	10.6	1.7	5.4
12	12.0	1.8	5.9
13	13.2	2.0	6.4
14	14.7	2.1	6.9
15	16.0	2.2	7.4
16	17.4	2.3	7.9
17	18.9	2.4	8.5
18	20.3	2.6	9.0
19	21.9	2.7	9.5
20	23.3	2.8	10.0
注:中间值采用差值法计算。			

表 8 U 形波纹管 σ_6 的计算修正系数 C_d

$\frac{2r_m}{h}$	$\frac{1.82r_m}{\sqrt{D_m t_p}}$												
	0.2	0.4	0.6	0.8	1.0	1.2	1.4	1.6	2.0	2.5	3.0	3.5	4.0
0.00	1.000	1.000	1.000	1.000	1.000	1.000	1.000	1.000	1.000	1.000	1.000	1.000	1.000
0.05	1.061	1.066	1.105	1.079	1.057	1.037	1.016	1.006	0.992	0.980	0.970	0.965	0.955
0.10	1.128	1.137	1.195	1.171	1.128	1.080	1.039	1.015	0.984	0.960	0.945	0.930	0.910
0.15	1.198	1.209	1.277	1.271	1.208	1.130	1.067	1.025	0.974	0.935	0.910	0.890	0.870
0.20	1.269	1.282	1.352	1.374	1.294	1.185	1.099	1.037	0.966	0.915	0.885	0.860	0.830
0.25	1.340	1.354	1.424	1.476	1.384	1.246	1.135	1.052	0.958	0.895	0.855	0.825	0.790
0.30	1.411	1.426	1.492	1.575	1.476	1.311	1.175	1.070	0.952	0.875	0.825	0.790	0.755

表8(续)

$\frac{2r_m}{h}$	$\frac{1.82r_m}{\sqrt{D_m t_p}}$												
	0.2	0.4	0.6	0.8	1.0	1.2	1.4	1.6	2.0	2.5	3.0	3.5	4.0
0.35	1.480	1.496	1.559	1.667	1.571	1.381	1.220	1.091	0.947	0.840	0.800	0.760	0.720
0.40	1.547	1.565	1.626	1.753	1.667	1.457	1.269	1.116	0.945	0.833	0.775	0.730	0.685
0.45	1.614	1.633	1.691	1.832	1.766	1.539	1.324	1.145	0.946	0.825	0.750	0.700	0.655
0.50	1.679	1.700	1.757	1.905	1.866	1.628	1.385	1.181	0.950	0.815	0.730	0.670	0.625
0.55	1.743	1.766	1.822	1.973	1.969	1.725	1.452	1.223	0.958	0.800	0.710	0.645	0.595
0.60	1.807	1.832	1.886	2.037	2.075	1.830	1.529	1.273	0.970	0.790	0.688	0.620	0.567
0.65	1.872	1.897	1.950	2.099	2.182	1.943	1.614	1.333	0.988	0.785	0.670	0.597	0.538
0.70	1.937	1.963	2.014	2.160	2.291	2.066	1.710	1.402	1.011	0.780	0.657	0.575	0.510
0.75	2.003	2.029	2.077	2.221	2.399	2.197	1.819	1.484	1.042	0.780	0.642	0.555	0.489
0.80	2.070	2.096	2.141	2.283	2.505	2.336	1.941	1.578	1.081	0.785	0.635	0.538	0.470
0.85	2.138	2.164	2.206	2.345	2.603	2.483	2.080	1.688	1.130	0.795	0.628	0.522	0.452
0.90	2.206	2.234	2.273	2.407	2.690	2.634	2.236	1.813	1.191	0.815	0.625	0.510	0.438
0.95	2.274	2.305	2.344	2.467	2.758	2.789	2.412	1.957	1.267	0.845	0.630	0.502	0.428
1.0	2.341	2.378	2.422	2.521	2.800	2.943	2.611	2.121	1.359	0.890	0.640	0.500	0.420
注:中间值采用差值法计算。													

表9 U形波纹管σ_5、f_{iu}、f_{ir}、f_{ih}的计算修正系数C_f

$\frac{2r_m}{h}$	$\frac{1.82r_m}{\sqrt{D_m t_p}}$												
	0.2	0.4	0.6	0.8	1.0	1.2	1.4	1.6	2.0	2.5	3.0	3.5	4.0
0.00	1.000	1.000	1.000	1.000	1.000	1.000	1.000	1.000	1.000	1.000	1.000	1.000	1.000
0.05	1.116	1.094	1.092	1.066	1.026	1.002	0.983	0.972	0.948	0.930	0.920	0.900	0.900
0.10	1.211	1.174	1.163	1.122	1.052	1.000	0.962	0.937	0.892	0.867	0.850	0.830	0.820
0.15	1.297	1.248	1.225	1.171	1.077	0.995	0.938	0.899	0.836	0.800	0.780	0.750	0.735
0.20	1.376	1.319	1.281	1.217	1.100	0.989	0.915	0.860	0.782	0.730	0.705	0.680	0.655
0.25	1.451	1.386	1.336	1.260	1.124	0.983	0.892	0.821	0.730	0.665	0.640	0.610	0.590
0.30	1.524	1.452	1.392	1.300	1.147	0.979	0.870	0.784	0.681	0.610	0.580	0.550	0.525
0.35	1.597	1.517	1.449	1.340	1.171	0.975	0.851	0.750	0.636	0.560	0.525	0.495	0.470
0.40	1.669	1.582	1.508	1.380	1.195	0.975	0.834	0.719	0.595	0.510	0.470	0.445	0.420
0.45	1.740	1.646	1.568	1.422	1.220	0.976	0.820	0.691	0.557	0.470	0.425	0.395	0.370
0.50	1.812	1.710	1.630	1.465	1.246	0.980	0.809	0.667	0.523	0.430	0.380	0.350	0.325
0.55	1.882	1.775	1.692	1.511	1.271	0.987	0.799	0.646	0.492	0.392	0.342	0.303	0.285
0.60	1.952	1.841	1.753	1.560	1.298	0.996	0.792	0.627	0.464	0.360	0.300	0.270	0.252

表 9(续)

$\frac{2r_m}{h}$	$\frac{1.82r_m}{\sqrt{D_m t_p}}$												
	0.2	0.4	0.6	0.8	1.0	1.2	1.4	1.6	2.0	2.5	3.0	3.5	4.0
0.65	2.020	1.908	1.813	1.611	1.325	1.008	0.787	0.611	0.439	0.330	0.271	0.233	0.213
0.70	2.087	1.975	1.871	1.665	1.353	1.022	0.783	0.598	0.416	0.300	0.242	0.200	0.182
0.75	2.153	2.045	1.929	1.721	1.382	1.038	0.780	0.586	0.394	0.275	0.212	0.174	0.152
0.80	2.217	2.116	1.987	1.779	1.415	1.056	0.779	0.576	0.373	0.253	0.188	0.150	0.130
0.85	2.282	2.189	2.048	1.838	1.451	1.076	0.780	0.569	0.354	0.230	0.167	0.130	0.109
0.90	2.349	2.265	2.119	1.896	1.492	1.099	0.781	0.563	0.336	0.206	0.146	0.112	0.090
0.95	2.421	2.345	2.201	1.951	1.541	1.125	0.785	0.560	0.319	0.188	0.130	0.092	0.074
1.0	2.501	2.430	2.305	2.002	1.600	1.154	0.792	0.561	0.303	0.170	0.115	0.081	0.061
注:中间值采用差值法计算。													

表 10 U 形波纹管 σ_4 的计算修正系数 C_p

$\frac{2r_m}{h}$	$\frac{1.82r_m}{\sqrt{D_m t_p}}$												
	0.2	0.4	0.6	0.8	1.0	1.2	1.4	1.6	2.0	2.5	3.0	3.5	4.0
0.00	1.000	1.000	0.980	0.950	0.950	0.950	0.950	0.950	0.950	0.950	0.950	0.950	0.950
0.05	0.976	0.962	0.910	0.842	0.841	0.841	0.840	0.841	0.841	0.840	0.840	0.840	0.840
0.10	0.946	0.926	0.870	0.770	0.744	0.744	0.744	0.731	0.731	0.732	0.732	0.732	0.732
0.15	0.912	0.890	0.840	0.722	0.657	0.657	0.651	0.632	0.632	0.630	0.630	0.630	0.630
0.20	0.876	0.856	0.816	0.700	0.592	0.579	0.564	0.549	0.549	0.550	0.550	0.550	0.550
0.25	0.840	0.823	0.784	0.680	0.559	0.518	0.495	0.481	0.481	0.480	0.480	0.480	0.480
0.30	0.803	0.790	0.753	0.662	0.536	0.501	0.462	0.432	0.421	0.421	0.421	0.421	0.421
0.35	0.767	0.755	0.722	0.640	0.541	0.502	0.460	0.426	0.388	0.367	0.367	0.367	0.367
0.40	0.733	0.720	0.696	0.627	0.548	0.503	0.458	0.420	0.369	0.332	0.328	0.322	0.312
0.45	0.702	0.691	0.670	0.610	0.551	0.503	0.455	0.414	0.354	0.315	0.299	0.287	0.275
0.50	0.674	0.665	0.646	0.593	0.551	0.503	0.453	0.408	0.342	0.300	0.275	0.262	0.248
0.55	0.649	0.642	0.624	0.585	0.550	0.502	0.450	0.403	0.332	0.285	0.258	0.241	0.225
0.60	0.627	0.622	0.605	0.579	0.547	0.500	0.447	0.398	0.323	0.272	0.242	0.222	0.205
0.65	0.610	0.606	0.590	0.574	0.544	0.497	0.444	0.394	0.316	0.260	0.228	0.208	0.190
0.70	0.596	0.593	0.585	0.569	0.540	0.494	0.442	0.391	0.309	0.251	0.215	0.194	0.176
0.75	0.585	0.583	0.577	0.563	0.536	0.491	0.439	0.388	0.304	0.242	0.203	0.182	0.163
0.80	0.577	0.576	0.569	0.557	0.531	0.488	0.437	0.385	0.299	0.235	0.195	0.171	0.152
0.85	0.571	0.571	0.566	0.553	0.526	0.485	0.435	0.384	0.296	0.230	0.188	0.161	0.142
0.90	0.566	0.566	0.558	0.546	0.521	0.482	0.433	0.382	0.294	0.224	0.180	0.152	0.134
0.95	0.560	0.560	0.550	0.540	0.515	0.479	0.432	0.381	0.293	0.219	0.175	0.146	0.126
1.0	0.550	0.550	0.543	0.533	0.510	0.476	0.431	0.380	0.292	0.215	0.171	0.140	0.119
注:中间值采用差值法计算。													

7.2 波纹管设计

7.2.1 波纹管设计要求

7.2.1.1 一个波纹管包含一个或数个相同的波纹，每个波纹是轴对称的。位移是轴向的。

7.2.1.2 波纹管的波纹长度 L_b 与波纹管直边段内直径(或波纹内直径) D_b 的比值应符合式(35)的要求：

$$L_b/D_b \leqslant 3 \qquad \cdots\cdots(35)$$

7.2.1.3 层数 n、总厚度 nt 应符合式(36)、式(37)的规定：

$$\text{ZX 型}: n \leqslant 5, nt \leqslant 10\ \text{mm} \qquad \cdots\cdots(36)$$

$$\text{ZD、HZ 型}: n = 1, nt \leqslant 30\ \text{mm} \qquad \cdots\cdots(37)$$

7.2.2 波纹尺寸

7.2.2.1 U 形波纹(见图 5)

U 形波纹尺寸应符合下列规定：

a) 波峰内半径 r_{ic} 和波谷外半径 r_{ir} (见图 5)按式(38)、式(39)设计。

$$r_{ic} \geqslant 3t \text{ 或 } r_{ir} \geqslant 3t \qquad \cdots\cdots(38)$$

$$|r_{ic} - r_{ir}| \leqslant 0.2r_m \qquad \cdots\cdots(39)$$

b) 侧壁相对于中性位置的偏斜角 β (见图 5)应符合式(40)规定，按式(41)计算。

$$-15° \leqslant \beta \leqslant +15° \qquad \cdots\cdots(40)$$

式中：

$$\beta = \arcsin\left\{\sqrt{\frac{q}{2r_m} - 2 + \left(\frac{h}{2r_m} - 1\right)^2} - \left(\frac{h}{2r_m} - 1\right)\right\} \cdot \left(\frac{180}{\pi}\right) \qquad \cdots\cdots(41)$$

c) 波高按式(42)设计。

$$D_b/3 \geqslant h \geqslant 2r_m \qquad \cdots\cdots(42)$$

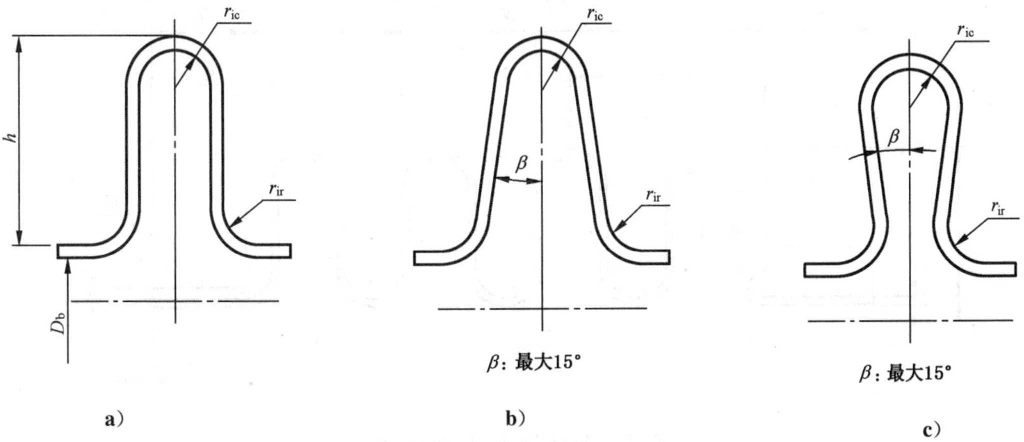

图 5 U 形波纹

7.2.2.2 Ω 形波纹(见图 6)

Ω 形波纹管尺寸应符合下列规定：

a) 在中性位置 Ω 形波纹(见图 6)应符合式(43)、式(44)规定：

$$0.8 \leqslant \frac{a_1}{2h_1} \leqslant 1.2 \qquad \cdots\cdots(43)$$

$$r_0 \geqslant 3t \qquad \cdots\cdots(44)$$

b) 最大开口距离 L_0(见图 6)应符合式(45)规定。

$$L_{0\max} < 0.75r \qquad \cdots\cdots(45)$$

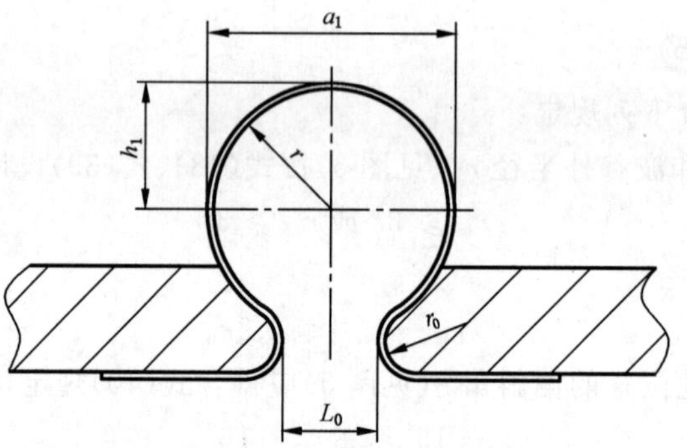

图 6 中性位置的 Ω 形波纹

7.3 无加强 U 形波纹管计算

7.3.1 范围

适用于结构代号 ZX 单、多层波纹管及 ZD 单层波纹管。材料为碳素钢、低合金钢、奥氏体不锈钢、镍、镍合金及耐蚀合金等。见图 7。

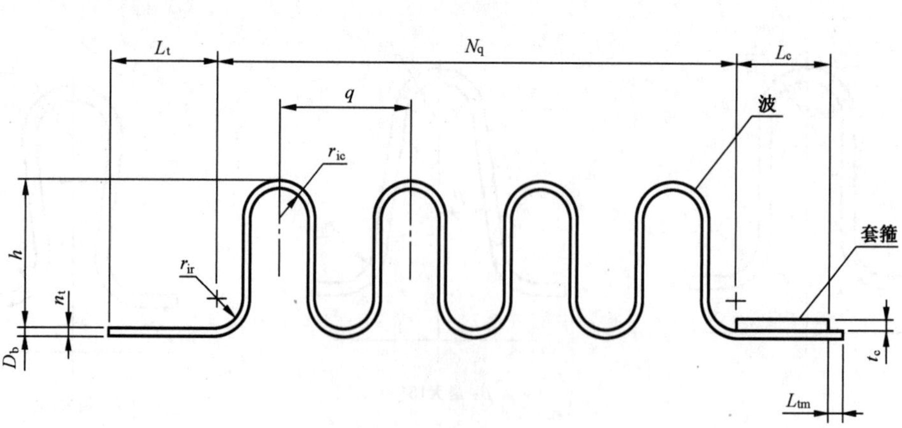

图 7 无加强 U 形波纹管

7.3.2 应力计算

7.3.2.1 压力引起波纹管直边段周向薄膜应力按式(46)计算：

$$\sigma_1=\frac{p(D_b+nt)^2L_tE_b^tk}{2[ntE_b^tL_t(D_b+nt)+t_ckE_c^tL_cD_c]} \qquad \cdots\cdots(46)$$

7.3.2.2 压力引起直边段套箍周向薄膜应力按式(47)计算：

$$\sigma_1'=\frac{pD_c^2L_tE_c^tk}{2[ntE_b^tL_t(D_b+nt)+t_ckE_c^tL_cD_c]} \qquad \cdots\cdots(47)$$

7.3.2.3 压力引起波纹管周向薄膜应力按式(48)计算：

$$\sigma_2=\frac{pD_mK_rq}{2A_c} \qquad \cdots\cdots(48)$$

7.3.2.4 压力引起波纹管子午向薄膜应力按式(49)计算：

$$\sigma_3=\frac{ph}{2nt_p} \qquad \cdots\cdots(49)$$

7.3.2.5 内压引起波纹管子午向弯曲应力按式(50)计算：

$$\sigma_4=\frac{p}{2n}\left(\frac{h}{t_p}\right)^2c_p \qquad \cdots\cdots(50)$$

7.3.2.6 位移引起波纹管子午向薄膜应力按式(51)计算：

$$\sigma_5=\frac{E_bt_p^2e}{2h^3C_f} \qquad \cdots\cdots(51)$$

7.3.2.7 位移引起波纹管子午向弯曲应力按式(52)计算：

$$\sigma_6=\frac{5E_bt_pe}{3h^2C_d} \qquad \cdots\cdots(52)$$

7.3.3 应力范围

波纹管的子午向总应力范围应满足式(53)规定：

$$\sigma_t=0.7(\sigma_3+\sigma_4)+\sigma_5+\sigma_6 \qquad \cdots\cdots(53)$$

7.3.4 应力校核

波纹管的各项应力应满足以下条件：

a) $\sigma_1\leqslant\phi_bw_b[\sigma]_b^t$；

b) $\sigma_2\leqslant\phi_bw_b[\sigma]_b^t$；

c) $\sigma_1'\leqslant\phi_cw_c[\sigma]_c^t$；

d) $\sigma_3+\sigma_4\leqslant C_m[\sigma]_b^t$(蠕变温度以下)；

e) 对于碳素钢、低合金钢材料波纹管：$\sigma_t\leqslant2R_{eL}^t$；

f) 对于奥氏体不锈钢、镍及镍合金等耐蚀合金材料波纹管，当 $\sigma_t\leqslant2R_{eL}^t$ 时，可不考虑低周疲劳问题，否则应按 7.7 的规定进行疲劳寿命校核。

7.3.5 轴向弹性刚度

7.3.5.1 单波轴向弹性刚度按式(54)计算：

$$f_{iu}=1.7\frac{D_m E_b^t t_p^3 n}{h^3 C_f} \quad\cdots\cdots\cdots\cdots\cdots\cdots(54)$$

7.3.5.2　整体轴向弹性刚度按式(55)计算：

$$K_{bu}=\frac{f_{iu}}{N} \quad\cdots\cdots\cdots\cdots\cdots\cdots(55)$$

7.3.6　稳定性计算

7.3.6.1　波纹管两端固支时，柱失稳的极限设计内压按式(56)计算：

$$p_{sc}=\frac{0.34\pi f_{iu} C_\theta}{N^2 q} \quad\cdots\cdots\cdots\cdots\cdots\cdots(56)$$

设计内压应不超过 p_{sc}，即 $p\leqslant p_{sc}$。

7.3.6.2　波纹管两端固支时，蠕变温度以下平面失稳的极限设计压力按式(57)计算：

$$p_{si}=\frac{1.3A_c R_{eLy}^t}{K_r D_m q\sqrt{\alpha}} \quad\cdots\cdots\cdots\cdots\cdots\cdots(57)$$

设计内压应不超过 p_{si}，即 $p\leqslant p_{si}$。

7.4　加强U形波纹管计算

7.4.1　范围

适用于结构代号ZX单、多层波纹管。材料为奥氏体不锈钢、镍、镍合金及耐蚀合金等。见图8。

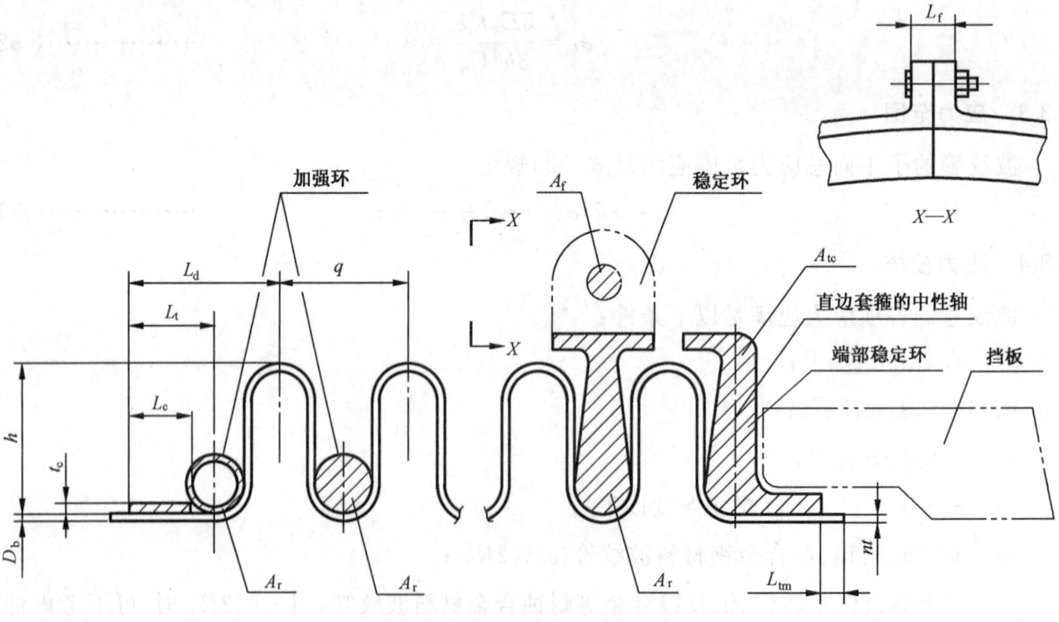

图8　加强U形波纹管

7.4.2 应力计算

7.4.2.1 压力引起波纹管直边段周向薄膜应力按式(58)计算：

$$\sigma_1=\frac{p(D_b+nt)^2L_dE_b^t}{2[(ntL_t+A_c/2)(D_b+nt)E_b^t+A_{tc}E_c^tD_c]} \quad \cdots\cdots(58)$$

7.4.2.2 压力引起套箍周向薄膜应力按式(59)计算：

$$\sigma_1'=\frac{pD_c^2L_dE_c^t}{2[(ntL_t+A_c/2)(D_b+nt)E_b^t+A_{tc}E_c^tD_c]} \quad \cdots\cdots(59)$$

7.4.2.3 压力引起套箍周向弯曲应力按式(60)计算：

$$\sigma_1''=\frac{F_gn_gD_C}{4\pi C_CZ_C} \quad \cdots\cdots(60)$$

7.4.2.4 压力引起波纹管周向薄膜应力按式(61)计算：

$$\sigma_2=\frac{H}{2A_C}\left(\frac{R}{R+1}\right)K_r \quad \cdots\cdots(61)$$

式中：

对于整体加强件，$R=R_1$；

对于与紧固件相连的加强件，$R=R_2$。

7.4.2.5 压力引起波纹管加强件周向薄膜应力按式(62)计算：

$$\sigma_2'=\frac{H}{2A_r}\left(\frac{1}{R_1+1}\right)K_r \quad \cdots\cdots(62)$$

7.4.2.6 压力引起波纹管紧固件薄膜应力按式(63)计算：

$$\sigma_2''=\frac{H}{2A_f}\left(\frac{1}{R_2+1}\right)K_r \quad \cdots\cdots(63)$$

7.4.2.7 压力引起波纹管子午向薄膜应力按式(64)计算：

$$\sigma_3=\frac{0.76p(h-r_m)}{2nt_p} \quad \cdots\cdots(64)$$

7.4.2.8 压力引起波纹管子午向弯曲应力按式(65)计算：

$$\sigma_4=\frac{0.76p}{2n}\left(\frac{h-r_m}{t_p}\right)^2C_p \quad \cdots\cdots(65)$$

7.4.2.9 位移引起波纹管子午向薄膜应力按式(66)计算：

$$\sigma_5=\frac{E_bt_p^2e}{2(h-r_m)^3C_f} \quad \cdots\cdots(66)$$

7.4.2.10 位移引起波纹管子午向弯曲应力按式(67)计算：

$$\sigma_6=\frac{5E_bt_pe}{3(h-C_rr_m)^2C_d} \quad \cdots\cdots(67)$$

7.4.3 应力范围

波纹管的子午向总应力范围应满足式(68)规定：

$$\sigma_t=0.9[0.7(\sigma_3+\sigma_4)+\sigma_5+\sigma_6] \quad \cdots\cdots(68)$$

7.4.4 应力校核

波纹管的各项应力应满足以下条件：

a) $\sigma_1 \leqslant \phi_b w_b [\sigma]_b^t$；

b) $\sigma_2 \leqslant \phi_b w_b [\sigma]_b^t$；

c) $\sigma_1' \leqslant \phi_c w_c [\sigma]_c^t$；

d) $\sigma_1' + \sigma_1'' \leqslant K_s \phi_c w_c [\sigma]_c^t$；

e) $\sigma_2' \leqslant \phi_r w_r [\sigma]_r^t$；

f) $\sigma_2'' \leqslant [\sigma]_f^t$；

g) $\sigma_3 + \sigma_4 \leqslant C_m [\sigma]_b^t$(蠕变温度以下)；

h) 对于奥氏体不锈钢、镍、镍合金等耐蚀合金材料波纹管，当 $\sigma_t \leqslant 2R_{eL}^t$ 时，可不考虑低周疲劳问题，否则应按 7.7 规定进行疲劳寿命校核。

7.4.5 轴向弹性刚度

7.4.5.1 单波轴向弹性刚度值

单波轴向弹性刚度值按式(69)和式(70)计算：

a) 单波理论轴向弹性刚度值(适用于操作条件下柱稳定性计算)。

$$f_{ir} = 1.7 \frac{D_m E_b^t t_p^3 n}{(h - C_r r_m)^3 C_f} \quad \cdots\cdots (69)$$

b) 单波轴向弹性刚度值(适用于受力计算及试验条件下中性位置计算)。

$$f_{ir} = 1.7 \frac{D_m E_b^t t_p^3 n}{(h - r_m)^3 C_f} \quad \cdots\cdots (70)$$

7.4.5.2 整体轴向弹性刚度按式(71)计算。

$$K_{br} = \frac{f_{ir}}{N} \quad \cdots\cdots (71)$$

按 7.4.5.1 规定的两种条件分别计算。

7.4.6 稳定性计算

7.4.6.1 波纹管两端固支时，柱失稳的极限设计内压按式(72)计算。

$$P_{sc} = \frac{0.3\pi f_{ir} C_0}{N^2 q} \quad \cdots\cdots (72)$$

设计内压应不超过 P_{sc}，即 $P \leqslant P_{sc}$。

7.4.6.2 加强型波纹管无平面失稳的倾向。

7.5 Ω 形波纹管计算

7.5.1 范围

适用于结构代号 ZX 单、多层波纹管。材料为奥氏体不锈钢、镍、镍合金及耐蚀合金等。见图 9。

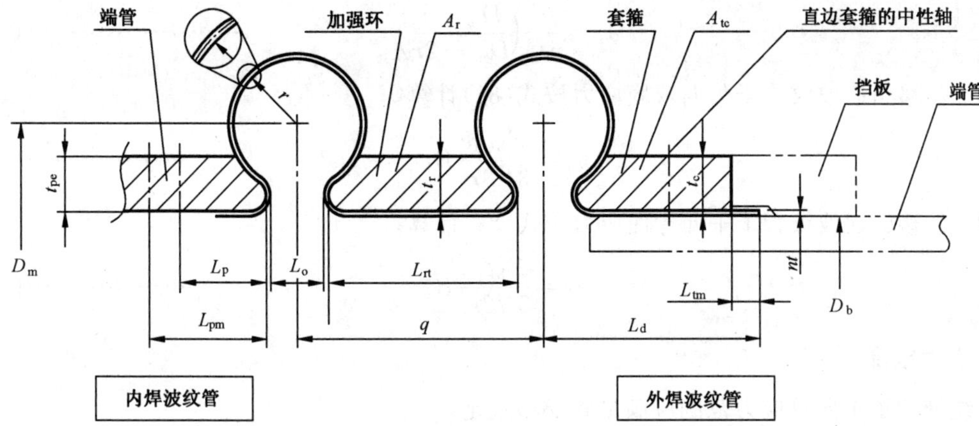

注：最大开口距离 $L_o<0.75r$。

图 9 Ω 形波纹管

7.5.2 应力计算

7.5.2.1 压力引起波纹管直边段周向薄膜应力按式(73)计算。

$$\sigma_1=\frac{pD_b^2L_dE_b^t}{2A_{tc}E_c^tD_c} \qquad \cdots\cdots(73)$$

7.5.2.2 对于外焊波纹管,压力引起套箍周向薄膜应力按式(74)计算。

$$\sigma'_1=\frac{pD_cL_d}{2A_{tc}} \qquad \cdots\cdots(74)$$

7.5.2.3 对于外焊波纹管,内压引起套箍周向弯曲应力按式(75)计算。

$$\sigma''_1=\frac{F_gn_gD_c}{4\pi C_cZ_c} \qquad \cdots\cdots(75)$$

7.5.2.4 对于内焊波纹管,压力引起端管周向薄膜应力按式(76)计算。

$$\sigma'''_1=\frac{pD_p(L_p+L_o/2+nt)}{2A_{tp}} \qquad \cdots\cdots(76)$$

7.5.2.5 压力引起波纹管周向薄膜应力按式(77)计算。

$$\sigma_2=\frac{pr}{2nt_p} \qquad \cdots\cdots(77)$$

7.5.2.6 压力引起加强环周向薄膜应力按式(78)和式(79)计算。

当 $L_{rt}\leqslant\frac{2}{3}\sqrt{D_rt_r}$ 时：

$$\sigma'_2=\frac{pD_r(L_{rt}+L_o+2nt)}{2A_r} \qquad \cdots\cdots(78)$$

当 $L_{rt}\leqslant\frac{2}{3}\sqrt{D_rt_r}$ 时：

$$\sigma'_2=\frac{pD_r(L_r+L_o/2+nt)}{2A_{tr}} \qquad \cdots\cdots(79)$$

7.5.2.7　压力引起波纹管子午向薄膜应力按式(80)计算。

$$\sigma_3=\frac{pr}{nt_p}\left(\frac{D_m-r}{D_m-2r}\right) \quad \cdots\cdots(80)$$

7.5.2.8　位移引起波纹管子午向薄膜应力按式(81)计算。

$$\sigma_5=\frac{E_b t_p^2 e}{34.3r^3}B_1 \quad \cdots\cdots(81)$$

7.5.2.9　位移引起波纹管子午向弯曲应力按式(82)计算。

$$\sigma_6=\frac{E_b t_p e}{5.72r^2}B_2 \quad \cdots\cdots(82)$$

7.5.3　应力范围

波纹管的子午向总应力范围应满足式(83)规定。

$$\sigma_t=3\sigma_3+\sigma_5+\sigma_6 \quad \cdots\cdots(83)$$

7.5.4　应力校核

波纹管的各项应力应满足以下条件：

a)　$\sigma_1\leqslant\phi_b w_b[\sigma]_b^t$；

b)　$\sigma_2\leqslant\phi_b w_b[\sigma]_b^t$；

c)　$\sigma_1'\leqslant\phi_c w_c[\sigma]_c^t$；

d)　$\sigma_1'+\sigma_1''\leqslant K_s\phi_c w_c[\sigma]_c^t$；

e)　$\sigma_1'''\leqslant\phi_p w_p[\sigma]_p^t$；

f)　$\sigma_2'\leqslant\phi_r w_r[\sigma]_r^t$；

g)　$\sigma_3\leqslant[\sigma]_b^t$；

h)　对于奥氏体不锈钢、镍、镍合金等耐蚀合金材料波纹管，当 $\sigma_t\leqslant 2R_{eL}^t$ 时，可不考虑低周疲劳问题，否则应按 7.7 的规定进行疲劳寿命校核。

7.5.5　轴向弹性刚度

7.5.5.1　单波轴向弹性刚度按式(84)计算。

$$f_{it}=\frac{D_m E_b^t t_p^3 n}{10.92r^3}B_3 \quad \cdots\cdots(84)$$

7.5.5.2　整体轴向弹性刚度按式(85)计算。

$$K_{bt}=\frac{f_{it}}{N} \quad \cdots\cdots(85)$$

7.5.6　稳定性计算

7.5.6.1　波纹管两端固支时，柱失稳的极限设计内压按式(86)计算。

$$p_{sc}=\frac{0.3\pi f_{it}C_\theta}{N^2 r} \quad \cdots\cdots(86)$$

设计内压应不超过 p_{sc}，即 $p\leqslant p_{sc}$。

7.5.6.2　Ω 形波纹管无平面失稳的倾向。

7.6 带直边环向对接接头单层膨胀节计算

7.6.1 范围

适用的结构与材料范围：

a) 适用于结构代号 HZ 单层波纹管。材料为碳素钢、低合金钢、奥氏体不锈钢、镍、镍合金及耐蚀合金等。(见图 10)。

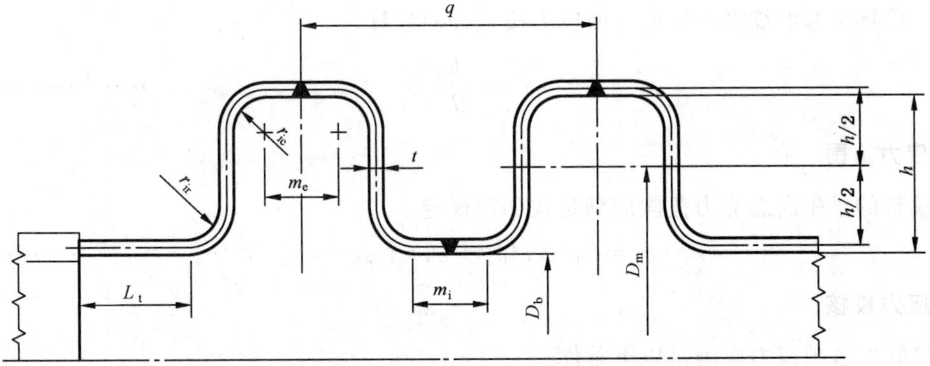

图 10 带直边环向对接接头单层膨胀节

b) 波峰(谷)环向对接接头直边长度：

波峰(谷)环向对接接头直边长度分别按式(87)、式(88)计算：

$$m_i \leqslant 0.2\sqrt{D_m t_p} \tag{87}$$

$$m_e \leqslant 0.2\sqrt{D_m t_p} \tag{88}$$

7.6.2 应力计算

7.6.2.1 压力引起波纹管直边段周向薄膜应力按式(89)计算。

$$\sigma_1 = \frac{pD_b + nt)^2 L_t E_b^t k}{2[ntE_b^t L_t(D_b + nt) + t_c k E_c^t L_c D_c]} \tag{89}$$

7.6.2.2 压力引起直边段套箍周向薄膜应力按式(90)计算。

$$\sigma_1' = \frac{pD_c^2 L_t E_c^t k}{2[ntE_b^t L_t(D_b + nt) + t_c k E_c^t L_c D_c]} \tag{90}$$

7.6.2.3 压力引起波纹管的周向薄膜应力按式(91)和式(92)计算。

——对于端波

$$\sigma_{2.E} = \frac{p}{2} \cdot \frac{(q - m_i)D_m + m_e h + (L_t + m_i/2)(D_b + t_p)}{A_c + t_p(m_e + L_t + m_i/2)} \tag{91}$$

——对于中间波

$$\sigma_{2.i} = \frac{p}{2} \cdot \frac{(q - m_i)D_m + m_e h + m_i(D_b + t_p)}{A_c + t_p(m_e + m_i)} \tag{92}$$

7.6.2.4 压力引起波纹管子午向薄膜应力按式(93)计算。

$$\sigma_3 = \frac{ph}{2nt_p} \tag{93}$$

7.6.2.5 压力引起波纹管子午向弯曲应力按式(94)计算。

$$\sigma_4=\frac{p}{2n}\left(\frac{h}{t_p}\right)^2 C_p \qquad \cdots\cdots(94)$$

7.6.2.6 位移引起波纹管子午向薄膜应力按式(95)计算。

$$\sigma_5=\frac{E_b t_p^2 e}{2h^3 C_f} \qquad \cdots\cdots(95)$$

7.6.2.7 位移引起波纹管子午向弯曲应力按式(96)计算。

$$\sigma_6=\frac{5E_b t_p e}{2h^2 C_d} \qquad \cdots\cdots(96)$$

7.6.3 应力范围

波纹管的子午向总应力范围应满足式(97)规定。

$$\sigma_t=C_h[0.7(\sigma_3+\sigma_4)+\sigma_5+\sigma_6] \qquad \cdots\cdots(97)$$

7.6.4 应力校核

波纹管的各项应力应满足以下条件:

a) $\sigma_1 \leqslant \phi_b w_b [\sigma]_b^t$;

b) $\sigma_{2,E} \leqslant \phi_b w_b [\sigma]_b^t$;

$\sigma_{2,i} \leqslant \phi_b w_b [\sigma]_b^t$;

c) $\sigma_1' \leqslant \phi_c w_c [\sigma]_c^t$;

d) $\sigma_3+\sigma_4 \leqslant C_m [\sigma]_b^t$(蠕变温度以下);

e) 对于碳素钢、低合金钢、奥氏体不锈钢、镍、镍合金及耐蚀合金等材料波纹管:$\sigma_t \leqslant 2R_{eL}^t$;

f) HZ 单层波纹管不考虑低周疲劳问题。

7.6.5 轴向弹性刚度

7.6.5.1 单波轴向弹性刚度按式(98)计算。

$$f_{ih}=1.7\frac{D_m E_b^t t_p^3 n}{h^3 C_f} \qquad \cdots\cdots(98)$$

7.6.5.2 整体轴向弹性刚度按式(99)计算。

$$K_{bh}=\frac{f_{ih}}{N} \qquad \cdots\cdots(99)$$

7.6.6 稳定性计算

7.6.6.1 波纹管两端固支时,柱失稳的极限设计内压按式(100)计算。

$$p_{sc}=\frac{0.34\pi f_{ih} C_\theta}{N^2 q} \qquad \cdots\cdots(100)$$

设计内压应不超过 p_{sc},即 $p \leqslant p_{sc}$。

7.6.6.2 波纹管两端固支时,蠕变温度以下平面失稳的极限设计压力按式(101)计算。

$$p_{si}=\frac{1.3 A_c R_{eLy}^t}{K_r D_m q\sqrt{\alpha}} \qquad \cdots\cdots(101)$$

设计内压应不超过 p_{si}，即 $p \leqslant p_{si}$。

7.7 疲劳寿命计算

7.7.1 适用于奥氏体不锈钢、耐蚀镍合金及镍-铬合金(NS1101、NS1102、NS3102 等)材料波纹管，当 $\sigma_t > 2R_{eL}^t$ 时，按式(102)进行疲劳寿命计算。

$$[N_c] = \left(\frac{12\,827}{\dfrac{\sigma_t}{f_c} - 372}\right)^{3.4} \Big/ n_f \qquad \cdots\cdots (102)$$

7.7.2 适用于耐蚀镍-钼-铬合金(NS1402、NS3304、NS3305 材料波纹管，当 $\sigma_t > 2R_{eL}^t$ 时，按式(103)进行疲劳寿命计算。

$$[N_c] = \left(\frac{16\,069}{\dfrac{\sigma_t}{f_c} - 465}\right)^{3.4} \Big/ n_f \qquad \cdots\cdots (103)$$

7.7.3 适用于耐蚀镍-铬合金(NS3306)材料波纹管，当 $\sigma_t > 2R_{eL}^t$ 时，按式(104)进行疲劳寿命计算。

$$[N_c] = \left(\frac{18\,620}{\dfrac{\sigma_t}{f_c} - 540}\right)^{3.4} \Big/ n_f \qquad \cdots\cdots (104)$$

7.7.4 波纹管操作疲劳寿命 N_d 应符合式(105)规定：

$$N_d \leqslant [N_c] \qquad \cdots\cdots (105)$$

N_d 由设计单位根据系统工况提出。

式(102)、式(103)、式(104)用于预测成形态或退火态波纹管的疲劳寿命，仅适用于设计疲劳寿命 N_c 在 $10^2 \sim 10^6$ 之间，且设计温度低于波纹管材料蠕变温度。

7.8 波纹管轴向位移及其作用力

7.8.1 波纹管轴向位移

7.8.1.1 波纹管单波轴向位移

单波轴向位移按式(106)计算：

$$e = \frac{e_N}{N} \qquad \cdots\cdots (106)$$

7.8.1.2 单波轴向位移计算与校核

由许用疲劳寿命$[N_C]$计算得到的波纹管单波轴向位移 e 亦称为单波额定轴向位移$[e]$，要求波纹管设计单波轴向位移 $e \leqslant [e]$。从几何尺寸要求对单波额定轴向压缩位移$[e_c]$和单波额定轴向拉伸位移$[e_e]$限制见式(107)、式(108)。

$$e_c \leqslant [e_c] \leqslant e_{cmax} \qquad \cdots\cdots (107)$$

$$e_e \leqslant [e_e] \leqslant e_{emax} \qquad \cdots\cdots (108)$$

式中：

a) 由波纹管几何尺寸确定单波最大轴向压缩位移 e_{cmax} 应符合式(109)规定：

$$e_{cmax} = q - 2r_m - nt \qquad \cdots\cdots (109)$$

对于带均衡环的膨胀节，e_{cmax} 应为均衡环之间的距离与按式(109)计算结果，取两者的较小值。

b) 由波纹管几何尺寸确定单波最大轴向拉伸位移 e_{emax} 应符合式(110)规定：

$$e_{cmax} = 6r_m - q \quad \cdots\cdots(110)$$

c) 对于仅有轴向压缩位移工况 $e_c \leqslant [e_c] = [e]$，对于仅有轴向拉伸位移工况 $e_e \leqslant [e_e] = [e]$，对于波纹管轴向拉、压循环位移范围，其波纹管设计单波轴向位移：$e = (e_c + e_e) \leqslant [e] = [e]$。

对于$[e_c]$或$[e_e]$中的较大值应$\leqslant [e]$。

7.8.2 波纹管压力推力与弹性刚度力

7.8.2.1 波纹管压力推力按式(111)计算。

$$F_p = pA_e \quad \cdots\cdots(111)$$

7.8.2.2 波纹管单波弹性刚度力按式(112)计算。

$$F_i = ef_i \quad \cdots\cdots(112)$$

7.9 外压计算

7.9.1 多层波纹管有效层数的确定

承受外压的多层无加强和加强U形波纹管，公式中层数和波高的数值仅取决于有效承受外压的层。在双层波纹管设计中，有效层数及有效层外压设计压力的确定按式(113)和式(114)计算。

当 $P_m \leqslant \overline{P}$ 时，两层都有效，且 $P_e = P_0 - P_i$(负压时取零) ……(113)

当 $P_m > \overline{P}$ 时，仅内层有效，且 $P_e = P_m - P_i$ ……(114)

式中：

$\overline{P}$——平均绝对压力，单位为兆帕(MPa)；

$$\overline{P} = (P_0 + P_i)/2$$

P_m——多层波纹管层与层之间的绝对压力，单位为兆帕(MPa)；

$$P_m = P_e + P_i$$

P_0——波纹管外部的绝对压力，单位为兆帕(MPa)；

P_i——波纹管外部的绝对压力，单位为兆帕(MPa)；

P_e——外压设计压力，单位为兆帕(MPa)。

7.9.2 外压波纹管承压能力计算

在外压工况下，U形波纹管承压能力按式(46)、式(48)、式(49)、式(50)进行计算和7.3.4a)、7.3.4b)、7.3.4d)应力评定，外部套箍和外部加强件均不包含在外压能力的计算范围内。

注：本标准未涉及Ω形波纹管承受外压时的设计。

7.9.3 外压周向稳定性校核

7.9.3.1 校核要求

膨胀节用于真空条件或承受外压时，除应进行应力和疲劳寿命校核外，还应对U形波纹管及其相连接的设备壳体或端管进行外压周向稳定性校核。

7.9.3.2　惯性矩计算

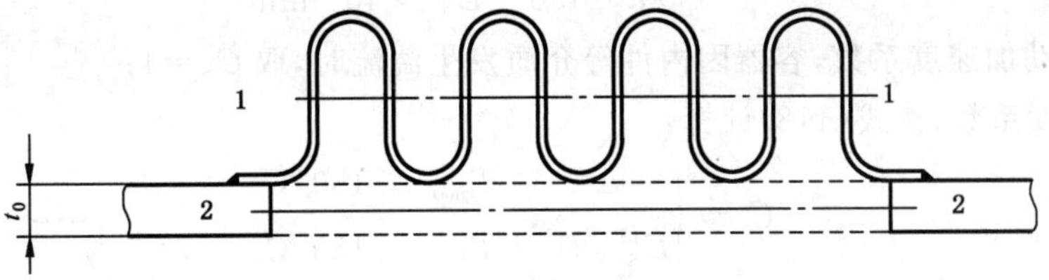

图 11　惯性矩计算

惯性矩按式计算(见图 11)：

a)　波纹管截面对 1-1 的惯性矩 $I_{1\text{-}1}$ 按式(115)计算：

$$I_{1\text{-}1}=Nnt_{\mathrm{p}}\left[\frac{(2h-q)^3}{48}+0.4q(h-0.2q)^2\right] \quad\cdots\cdots\cdots\cdots\cdots\cdots(115)$$

b)　被波纹管取代圆筒部分(设备壳体或端管)截面对 2-2 的惯性矩 $I_{2\text{-}2}$ 按式(116)计算：

$$I_{2\text{-}2}=\frac{L_{\mathrm{b}}t_0^3}{12(1-\nu^2)} \quad\cdots\cdots\cdots\cdots\cdots\cdots(116)$$

7.9.3.3　惯性矩校核

惯性矩校核应符合下列规定：

a)　当 $\frac{E_{\mathrm{b}}^{\mathrm{t}}}{E_{\mathrm{P}}^{\mathrm{t}}}I_{1\text{-}1}<I_{2\text{-}2}$ 时，将波纹管视为当量圆筒按 7.9.3.4 进行外压周向稳定性校核。其中当量圆筒直径取 D_{m}，长度为波纹管波的长度 $L_{\mathrm{b}}(=Nq)$，厚度为 $\sqrt[3]{(12I_{1\text{-}1})/L_{\mathrm{b}}}$。同时波纹管未加支撑的直边段及每一侧圆筒均按 7.9.3.4 进行外压周向稳定性校核。

b)　当 $\frac{E_{\mathrm{b}}^{\mathrm{t}}}{E_{\mathrm{P}}^{\mathrm{t}}}I_{1\text{-}1}\geqslant I_{2\text{-}2}$ 时，将波纹管视为容器圆筒的一部分，与容器圆筒作为一整体按 7.9.3.4 进行外压周向稳定性校核。

7.9.3.4　外压周向稳定性校核方法

外压周向稳定性校核方法按 GB/T 150.3—2011 中第 4 章的规定。

7.10　内衬筒的设计

7.10.1　膨胀节内衬筒设置

符合下列要求之一者，应设置内衬筒：

a)　要求保持摩擦损失最小及介质流动平稳的场合；

b)　介质流速较高，可能引起波纹管共振；

c)　存在磨蚀的可能，应设置厚壁内衬筒；

d)　介质温度高，需降低波纹管金属温度；

e)　存在反向流动，应设置厚壁内衬筒或伸缩(对插)内衬筒。

7.10.2　内衬筒厚度计算

7.10.2.1　除 7.1 符号说明外，增加下列符号：

C_{L}——长度系数，按式(117)计算：

$$C_L=\begin{cases}1 & L_S \leqslant 450\ \text{mm}\\ \sqrt{L_S/450} & L_S>450\ \text{mm}\end{cases} \qquad \cdots\cdots(117)$$

C_S——流动加速度系数,容器因内件等介质发生湍流时,取 $C_S=4$;

C_t——温度系数,按式(118)计算:

$$C_t=\begin{cases}1 & T_{max} \leqslant 150\ ℃\\ E_S^{150}/E_S^t & T_{max}>150\ ℃\end{cases} \qquad \cdots\cdots(118)$$

C_v——流速系数,按式(119)计算:

$$C_v=\begin{cases}1 & V_{max} \leqslant 30\ \text{m/s}\\ \sqrt{V_{max}/30} & V_{max}>30\ \text{m/s}\end{cases} \qquad \cdots\cdots(119)$$

E_S^{150}——内衬筒在150℃下的弹性模量,单位为兆帕(MPa)。

E_S^t——内衬筒在设计温度下的弹性模量,单位为兆帕(MPa)。

K_i——介质流动影响系数,对于液体,$K_i=1$;对于气体,$K_i=2$;

L_S——内衬筒的长度,单位为毫米(mm)。

m_{eff}——波纹管重量,包括加强件和波纹间液体的重量,单位为千克(kg);

V_{max}——通过波纹管或内衬筒介质的最大流速按式(120)计算(当无内衬筒时,要求 $V_{max}<V_{alw}$,单位为米每秒(m/s);

$$V_{max}=V_f C_s \qquad \cdots\cdots(120)$$

V_{alw}——允许流速,按式(121)计算,单位为米每秒(m/s);

V_f——介质流速,单位为米每秒(m/s);

T_{max}——介质最高温度,单位为摄氏度(℃);

t_{min}——内衬筒最小厚度,见表11,单位为毫米(mm)。

t_1'——内衬筒有效厚度,按式(122)计算,单位为毫米(mm)。

t_1——内衬筒名义厚度,按式(123)计算,单位为毫米(mm)。

表11 内衬筒最小厚度

膨胀节公称直径 DN/mm	内衬筒最小壁厚 t_{min}/mm
100～250	0.91
300～600	1.22
650～1 200	1.52
1 250～1 800	1.91
>1 800	2.29

7.10.2.2 流速的限制应符合下列要求:

a) 允许流速

膨胀节(公称直径 DN≥150 mm)内介质最大流速小于表12允许流速,可不设置内衬筒。

表 12 允许流速

介质	液体					气体				
波纹管层数 n	1	2	3	4	5	1	2	3	4	5
允许流速 V_{alw}/(m/s)	3.05	4.27	5.18	6.10	6.71	7.32	10.36	12.80	14.63	16.46

b) 膨胀节(公称直径 DN≥150 mm)内介质允许流速按式(121)计算,其计算值大于表 12,但不大于表 13 规定的允许流速时,可不设置内衬筒。

$$V_{alw}=0.026qK_i\sqrt{\frac{nK_b}{m_{eff}}} \quad\cdots\cdots(121)$$

表 13 允许流速

介质	液体	气体
允许流速 V_{alw}/(m/s)	7.6	19.8

7.10.2.3 内衬筒推荐设计应符合下列要求:

a) 内衬筒的设计不得限制膨胀节的位移;

b) 当介质为蒸气或液体,且流动方向垂直向上时,应在内衬筒下端设置排液孔;

c) 内衬筒在迎着介质流动方向一端与端管(或设备壳体)焊接,组焊后在端管(或设备壳体)上用红色标记介质流动方向;

d) 内衬筒的材料通常情况下与波纹管材料相同。其他适合使用场合的材料也可使用。

7.10.2.4 内衬筒厚度计算:

a) 内衬筒有效厚度按式(122)计算,单位为毫米(mm)。

$$t'_1=C_LC_vC_tt_{min} \quad\cdots\cdots(122)$$

b) 内衬筒名义厚度按式(123)计算,单位为毫米(mm)。

$$t_1=t'_1+C \quad\cdots\cdots(123)$$

7.11 外护套

7.11.1 外护套设置原则

7.11.1.1 膨胀节在运输、安装过程中,波纹管可能受到损伤及破坏时应设置外护套。

7.11.1.2 设计图样有要求时,应设置外护套。

7.11.2 外护套厚度确定

按照 GB/T 150.1—2011 及内衬筒名义厚度式(123)确定。

8 制造

8.1 成形方法

8.1.1 ZX、ZD 波纹管应采用整体方法成形,此时波纹管毛坯用钢板卷制只允许有纵向焊接接头,不准许有环向焊接接头。见图 2a),图 3a)、图 3b),图 4。

8.1.2 HZ 单层膨胀节允许钢板分瓣拼焊(拼焊的钢板不准许存在环向焊接接头),半波整体冲压,然后采用两个半波零件焊接而成。见图2 b)。

8.2 焊接

8.2.1 一般规定

8.2.1.1 波纹管管坯A类焊接接头宜采用自动焊。奥氏体不锈钢、镍及镍合金等有色金属材料波纹管A类、B类焊接接头以及波纹管与端管连接的B类焊接接头宜采用氩弧焊接或等离子焊接的方法施焊。

8.2.1.2 波形膨胀节对焊接头和角焊接头应全焊透,其焊接接头坡口型式和尺寸应符合GB/T 985.1、GB/T 985.2规定。

8.2.1.3 凡多层焊接要求层间无损检测的焊接接头,无损检测应在每层焊完,且清理、目视检查合格后进行,表面无损检测应在射线照相检测及超声波检测前进行,经检测的焊缝评定合格后方可继续焊接。

8.2.1.4 多层波纹管套合时各层管坯间A类焊接接头位置应沿圆周方向均匀错开。各层管坯间不应有水、油、泥纱等污物。多层波纹管直边端口应采用氩弧焊或滚焊封边,使端口各层熔为整体。

8.2.1.5 波形膨胀节使用的焊接材料应符合TSG 21—2016中2.2.6的规定。焊条、焊剂及其他焊接材料的贮存库应保持干燥,相对湿度不大于60%。

8.2.1.6 焊接(包括返修焊接)应在0 ℃以上的室内进行,相对湿度不大于90%,否则应采取有效的保护措施。当焊件温度低于0 ℃时,应在施焊处100 mm范围内采取预热措施。

8.2.1.7 施焊时,不得在非焊接处引弧,A类焊接接头焊接应有引弧板和熄弧板,板长不小于100 mm。去除引弧板和熄弧板,应采用切除的方法,严禁使用敲击的方法,切除处应磨平。

8.2.2 A类焊接接头条数

8.2.2.1 波纹管管坯根据板宽下料,下料前应进行材料标记移植,并保证转移标记的正确、清晰耐久。

8.2.2.2 波纹管无论采用何种方法成形(整体成形或半波整体冲压成形),其管坯A类焊接接头条数都应以最少为原则(按板材宽度为基础计算),并且相邻两条纵向焊接接头间距不小于300 mm。

8.2.3 焊接工艺

8.2.3.1 膨胀节施焊前,受压元件焊缝、与受压元件相焊的焊缝、熔入永久焊缝内的定位焊缝、受压元件母材表面堆焊与补焊,以及上述焊缝的返修焊缝都应按NB/T 47014规定进行焊接工艺评定或者具有经过评定合格的焊接工艺支持。根据评定合格的焊接工艺,制定膨胀节的焊接工艺规程。焊工应严格遵守该规程,并有施焊记录。

8.2.3.2 应在受压元件(波纹管除外)焊接接头附近的指定部位打上焊工硬印标记,或在含焊缝布置图的焊接记录中记录焊工代号。其中低温钢、不锈钢及有色金属不得采用硬印标记。

8.2.3.3 焊接工艺评定技术档案应保存至该工艺评定失效为止,焊接工艺评定试样保存期不少于5年。

8.2.4 焊缝表面形状尺寸及外观要求

8.2.4.1 管坯A类对焊接头表面应与母材表面齐平或允许保留不大于波纹管名义壁厚10%均匀的焊缝余高,保留均匀余高的焊缝表面应与母材表面圆滑过渡。焊接接头表面应呈银白色或金黄色。

8.2.4.2 焊缝表面的溶渣和飞溅物应清除干净，并不得有表面裂纹、未焊透、未熔合、表面气孔、咬边、弧坑、未填满和夹渣等缺陷。A类焊接接头不应有错边。内衬套的对接焊缝外表面应修平。

8.2.4.3 对焊接头修磨处的厚度不应小于母材厚度，修磨后的焊缝表面应符合8.2.4.1、8.2.4.2的规定。

8.2.4.4 角焊缝的外形应凹形圆滑过渡至母材。

8.2.4.5 多层波纹管直边端口焊接表面应平整，平面度不大于1 mm，端口焊最小厚度不小于波纹管各层名义壁厚之和，且不小于3 mm。

8.2.4.6 膨胀节采用内插或外套坡口连接时(见表1序号3、序号4)，其波纹管直边与端管或设备壳体连接的坡口焊接接头应全焊透，并符合下列要求：

a) 坡口焊接接头表面应符合8.2.4.1、8.2.4.2的规定，余高不大于波纹管壁厚，且不大于1.5 mm；有套箍复盖的坡口焊接接头表面应修平。

b) 波纹管直边与端管或设备壳体连接应紧密贴合，公差见表18规定。

8.2.4.7 当采用滚焊工艺对多层波纹管直边段端口进行封边时，切边后端口截面应保持全焊透，不得有分层现象，滚焊焊缝有效宽度应不小于4 mm。焊缝表面不得有过烧、击穿、裂纹、飞溅等缺陷。

8.2.5 焊缝返修

8.2.5.1 焊缝返修应分析缺陷产生的原因，提出相应的返修方案，其返修工艺应符合8.2.3的有关规定，并得到焊接技术负责人的同意。焊接接头同一部位原则上只许返修一次。整体成形后波纹管的A类焊接接头不准许进行返修。

8.2.5.2 对经过一次返修仍不合格的焊缝，在第二次返修时，应有保证焊接质量的具体措施，并经过制造单位技术负责人批准，返修结果也应经制造单位技术负责人认可。

8.2.5.3 返修后的焊缝应按8.5的规定重新进行检查，其返修次数、部位、返修情况和无损检查结果应记入膨胀节的质量证明文件。

8.3 热处理

8.3.1 恢复性能热处理

8.3.1.1 冷作成形的波纹管，凡符合下列条件之一者，成形后进行恢复性能热处理：

a) 图样注明有应力腐蚀的介质；

b) 用于毒性为极度、高度危害介质；

c) 冷作成形碳素钢、低合金钢材料波纹管；

d) 奥氏体不锈钢、镍和镍合金、钛和钛合金等有色金属波纹管冷作成形后可不进行热处理，但符合下列条件之一者，成形后应进行热处理：

1) 波纹管成形前厚度大于10 mm。

2) 波纹管成形变形率≥15%(当设计温度低于－100 ℃，或高于510 ℃时，变形率控制值10%)。波纹管成形变形率ε_f(%)计算见式(9)。

8.3.1.2 当对成形温度、恢复材料供货热处理状态的热处理有特殊要求时，应遵循相关标准、规范或设计文件的规定。

8.3.2 焊后热处理

波纹管(包括DN＞400 mm板卷端管)焊后热处理根据材料、焊接接头厚度、介质危害程度等设计要求按TSG 21—2016、GB/T 150—2011或设计图样规定。

8.3.3 热处理要求

8.3.3.1 波纹管制造单位根据设计文件和标准规范的要求，热处理前编制热处理工艺。避免由于焊后热处理导致的再热裂纹。

8.3.3.2 不得使用燃煤炉进行成形及焊后热处理。

8.3.3.3 热处理装置(炉)应配有自动记录曲线的测温仪表，并能自动绘制热处理时间与温度的关系曲线。

8.3.3.4 对需要热处理的波纹管和端管(其热处理试样应随炉热处理)，热处理后应复验材料性能及焊接接头力学性能，其检测结果应符合相应标准规定或设计图样要求。

8.3.3.5 热处理试板的制备、检测与评定等应符合 TSG 21—2016、GB/T 150.4—2011 的规定。

8.4 波纹形状与表面质量

8.4.1 波纹形状应均一，波峰、波谷与波侧壁间圆滑过渡，其表面不得有明显的凹凸不平和大于钢板厚度负偏差值的划伤及焊接飞溅等其他缺陷。液压成形波纹管表面允许有轻微成型模分型面的痕迹。

8.4.2 制造中禁止在非焊部位引弧和避免钢板表面的机械损伤。对严重的伤痕 ZD、HZ 单层波纹管成形后应进行修磨，使其圆滑过渡，修磨范围内的斜度至少为 1∶3。修磨后的一层壁厚应大于波纹管的一层名义厚度减去钢板厚度负偏差，且修磨处的深度不超过波纹管一层名义厚度的 5%，且不大于0.3 mm。膨胀节波形表面不许补焊。

8.4.3 加强环、均衡环或套箍表面应光滑。当波纹管在中性位置，加强环、均衡环或套箍表面与波纹管直边端或波谷外壁紧密贴合，其贴合径向间隙应符合 8.6.7 的规定。

8.5 无损检测

8.5.1 无损检测方法及其选择

波形膨胀节无损检测方法及无损检测方法的选择应符合 TSG 21—2016 中 3.2.10.1 和 3.2.10.2 的规定。

8.5.2 无损检测的实施时机

8.5.2.1 波形膨胀节的焊接接头应按 8.2.2 和 8.2.4 规定的形状尺寸和外观检查合格后，再进行无损检测。

8.5.2.2 对有延迟裂纹倾向的材料，至少在施焊 24 h 后进行无损检测；对有再热裂纹倾向的材料，应在热处理后增加一次无损检测。

8.5.2.3 波纹管 A 类焊接接头在波成形前无损检测，B 类焊接接头在波成形后无损检测。对于 HZ 板料分瓣拼焊半波整体冲压的径向拼接焊缝(A 类焊接接头)，在波纹管成形后进行无损检测。如果成形前已经进行无损检测，则成形后按 TSG 21—2016 中 4.2.5.1(2)的规定对波峰(谷)圆弧区域到直边段再进行无损检测。

8.5.3 射线检测(包括胶片感光或数字成像)或超声检测

8.5.3.1 波纹管 A 类、B 类焊接接头应符合下列规定：

a) 波纹管 A 类、B 类焊接接头应进行 100%的射线检测。

b) ZX 型波纹管直边与端管(或设备壳体)采用内插或外套连接的 B 类焊接接头(坡口对接接头)或被端管、加强环、套箍等所覆盖的 B 类焊接接头(坡口对接接头)均应进行 100%渗透或超声检测。

c) ZD 型、HZ 型波纹管与端管(或设备壳体)的 B 类焊接接头按设备壳体环缝的要求进行射线检测或超声检测。

8.5.3.2 端管、加强件(包括加强环、均衡环和套箍等)A类、B类焊接接头按GB/T 150.4—2011中10.3的规定进行射线检测或超声检测。

8.5.4 渗透检测或磁粉检测

8.5.4.1 凡符合下列条件之一的焊接接头表面应进行100%的渗透或磁粉检测:

a) 波纹管管坯厚度不大于2 mm的A类焊接接头的内外表面;

b) 多层波纹管两直边端部的端口焊接表面或滚焊封边表面;

c) ZX型、ZD型、HZ型波纹管A类、B类、C类、D类、E类对接接头和角接接头表面;

d) ZX型波纹管直边与端管(或设备壳体)采用内插或外套连接的B类焊接接头(坡口对接接头),或被端管、加强环、套箍等所覆盖的B类焊接接头(坡口对接接头);

e) ZX型、ZD型、HZ型波纹管成形后A类焊接接头的内外可触及表面;

f) 多层焊要求层间表面无损检查的焊缝(见8.2.1.3);

g) 缺陷的修磨表面。

8.5.4.2 碳素钢、低合金钢膨胀节焊接接头表面优先采用磁粉检测。

8.5.5 评定标准

8.5.5.1 射线检测(包括胶片感光或数字成像)应符合下列要求:

a) 波纹管一层名义厚度大于或等于2 mm的A类、B类焊接接头按NB/T 47013.2规定进行100%射线检测,其技术等级不低于AB级,检测结果Ⅱ级合格;

b) 奥氏体不锈钢、镍及镍合金材料波纹管,当一层名义厚度小于2 mm的A类、B类焊接接头按NB/T 47013.2规定进行100%射线检测,其技术等级不低于AB级,检测结果Ⅰ级合格。

8.5.5.2 超声检测按NB/T 47013.3规定进行,其检测技术等级和合格级别见表14。

表14 超声检测合格级别

检查方法		检测技术等级	检查范围		合格级别
超声检测	脉冲反射法	B	A类、B类接头	全部	Ⅰ
				局部	Ⅱ
			角接接头、T形接头		Ⅰ
	衍射时差法	—	—		Ⅱ

8.5.5.3 渗透检测或磁粉检测应符合下列要求:

a) 渗透检测按NB/T 47013.5规定进行,检测结果应满足下列要求:

1) 不准许存在裂纹等线性显示;

2) 不准许在同一直线上存在4个或4个以上、间距小于1.5 mm的圆形显示;

3) 不规则分布的圆点状缺陷,在任意150 mm焊接接头长度内不超过5个,单个缺陷直径小于1/2波纹管有效壁厚。

b) 磁粉检测按NB/T 47013.4规定进行,检查结果Ⅰ级合格。

8.5.6 重复检查

8.5.6.1 经射线检测或超声检测的A类、B类焊接接头,如有不准许的缺陷,应在缺陷清除干净后按8.2.5 的规定进行返修,并对该部位采用原探伤方法重新检查和评定。

8.5.6.2 磁粉检测或渗透检测发现的不准许缺陷,应按 8.2.5 和 8.4.2 的规定进行返修,并对该部位采用原探伤方法重新检查和评定。

8.6 组装与套合

8.6.1 波形膨胀节组焊时,应防止焊接飞溅和电弧烧穿波纹管,严禁在波纹管上引弧。

8.6.2 HZ 型波纹管 B 类接头对口错边量 b 按表 15 规定。

表 15 HZ 型波纹管 B 类接头对口错边量 单位为毫米

对口处的名义厚度 t	B 类接头对口错边量 b
$2 \leqslant t \leqslant 12$	$\leqslant 15\% t$,且不大于 1.0
$12 < t \leqslant 20$	$\leqslant 10\% t$,且不大于 1.5
$20 < t \leqslant 40$	$\leqslant 5\% t$,且不大于 2.0

8.6.3 ZD 型、HZ 型波纹管与设备壳体(或端管)的连接,一般采用对接,其 B 类接头的对口错边量 b 应符合下列规定:

a) 波纹管的壁厚与设备壳体(或端管)厚度相等,B 类接头对口错边量 b 按表 16 规定。

表 16 波纹管的壁厚与设备壳体(或端管)厚度相等 B 类接头对口错边量 单位为毫米

对口处的名义厚度 t	B 类接头对口错边量 b
$\leqslant 6$	$\leqslant 25\% t$
$6 < t \leqslant 12$	$\leqslant 20\% t$
$12 < t \leqslant 20$	$\leqslant 15\% t$
$20 < t \leqslant 40$	$\leqslant 5\% t + 1$

b) 波纹管的壁厚与设备壳体(或端管)厚度不相等时,按 GB/T 150.4—2011 中 6.5.3 的规定,在设备壳体(或端管)一侧进行单面或双面削薄厚板边缘,或按表 1 序号 5 采用辅助套箍 D 结构。

若波纹管名义厚度与设备壳体(或端管)厚度差小于 GB/T 150.4—2011 规定的数值时,则对口错边量 b 按 a)要求,且 b 值以波纹管厚度为基准确定。在测量对口错边量时,不计入两者厚度的差值。

8.6.4 ZX 型波纹管与端管(或设备壳体)的连接,一般采用内插或外套连接坡口对接接头(B 类焊缝)。

8.6.5 多层波纹管各层 A 类焊接接头应相互错开,错开角度不小于 30°。

8.6.6 多层波纹管层间应保持清洁、干净,各管坯层间不应有水、油、泥土等污物。多层波纹管管坯各层套合面应紧贴,不准许松动或皱折。

8.6.7 当波纹管在中性位置,加强环、均衡环或套箍表面与波纹管直边端或波谷外壁紧密贴合,其贴合径向间隙为直边端外直径或波谷外直径的 0.5%,且不大于 3 mm。

8.7 尺寸与公差

8.7.1 波纹管尺寸公差

8.7.1.1 成形后波纹管一层材料的实际厚度不得小于成形后一层材料的名义厚度 t_p,见式(33)。

8.7.1.2 波纹管两端面应平行,并与中心线垂直,其垂直度公差不大于波纹管公称直径 DN 的

1%，且不大于 3 mm。

8.7.1.3　波纹管两端面应同心，其同轴度公差应符合表 17 的规定。

表 17　波纹管同轴度公差　　单位为毫米

公称直径 DN	波纹管同轴度公差
DN≤200	不大于波纹管公称直径 DN 的±0.5%，且不大于 $\phi 2$
DN>200	不大于波纹管公称直径 DN 的±1%，且不大于 $\phi 5$

8.7.1.4　U 形波纹管波峰、波谷曲率半径的允许偏差为 10% 的波峰、波谷名义曲率半径。波峰、波谷与波侧壁间应圆滑过渡，夹角 β 偏差符合 $-15° \leqslant \beta \leqslant +15°$ 规定(见图 5)。

8.7.1.5　U 形波纹管尺寸公差(波距、波高、波纹长度)按表 18 规定。

8.7.1.6　Ω 形波纹管直边段直径公差与 U 形波纹管直边段直径公差相同(见表 18)。Ω 形波纹管波纹平均半径的允许偏差为±15 %的波纹名义曲率半径。

8.7.1.7　Ω 形波纹管波形尺寸公差应满足式(124)计算值(见图 6)。

$$0.8 \leqslant \frac{a_1}{2h_1} \leqslant 1.2 \qquad \cdots\cdots(124)$$

表 18　U 形波纹管尺寸公差　　单位为毫米

<table>
<tr><th rowspan="2">公称直径 DN</th><th colspan="3">U 形波纹管直边段直径公差</th><th rowspan="2">波距公差 q</th><th rowspan="2">波高公差 h</th><th rowspan="2">波纹长度公差 N_q</th><th rowspan="2">长度公差 L</th></tr>
<tr><th>对接式
(外圆周长公差)</th><th>外套式
(波根外径公差)</th><th>内插式
(波根外径公差)</th></tr>
<tr><td>150≤DN≤250</td><td rowspan="2">±3</td><td rowspan="2">GB/T 1800.2—2009
表 6 中 H12</td><td rowspan="2">—</td><td colspan="3" rowspan="10">GB/T 1800.1—2009
表 1 中 IT18 级，
其偏差为±IT18/2</td><td rowspan="4">±3</td></tr>
<tr><td>250<DN≤400</td></tr>
<tr><td>400<DN≤750</td><td rowspan="8">+10
0</td><td rowspan="8">—</td><td rowspan="8">GB/T 1800.2—2009
表 22 中 h12</td></tr>
<tr><td>750<DN≤900</td></tr>
<tr><td>900<DN≤1 200</td><td rowspan="6">+5
−3</td></tr>
<tr><td>1 200<DN≤1 600</td></tr>
<tr><td>1 600<DN≤2 000</td></tr>
<tr><td>2 000<DN≤2 600</td></tr>
<tr><td>2 600<DN≤3 200</td></tr>
<tr><td>3 200<DN≤4 000</td></tr>
</table>

注 1：波纹管直边端与设备筒体(或端管)对接，内直径公差通过外圆周长控制。

注 2：内插或外套指波纹管直边端与端管(或设备壳体)的连接形式：

①内插(或外套)角焊缝(见表 1 序号 1、序号 2)；

②内插(或外套)坡口焊缝(见表 1 序号 3、序号 4)。

注 3：波纹管波的长度 $l_b = N_q$，单位为毫米(mm)。

注 4：波纹管长度 $L = N_q + 2L_t$，单位为毫米(mm)。

8.7.2 端管(筒节)尺寸公差

8.7.2.1 选用板材卷制时,内直径允许偏差通过外圆周长控制,其外圆周长允许上偏差为10 mm,下偏差为零。选用无缝钢管时,其内直径允许偏差按相应钢管标准规定。

8.7.2.2 端管卷制时焊接接头对口错边量及棱角的要求按GB/T 150.4—2011中6.5.1和6.5.2的规定;内壁焊缝余高均应磨至与母材表面齐平。

8.7.2.3 同一端面最大直径与最小直径之差应不大于公称直径DN的0.5%,且不大于表19规定。

表19 圆度允许偏差

单位为毫米

公称直径DN	最大最小直径差
150≤DN≤250	不大于1
250<DN≤350	不大于1.5
350<DN≤750	不大于2
750<DN≤900	不大于4
900<DN≤1 200	不大于5
1 200<DN≤1 600	不大于6
1 600<DN≤2000	不大于7
2 000<DN≤2 600	不大于12
2 600<DN≤3 200	不大于14
3 200<DN≤4 000	不大于16

8.7.3 膨胀节外连接端面间尺寸和偏差

膨胀节外连接端面间尺寸和极限偏差见表20。

表20 膨胀节外连接端面间尺寸

单位为毫米

膨胀节外连接端面间尺寸 L_H	极限偏差
≤900	±3
>900～3 600	±6
>3 600	±9

9 检验与验收

9.1 耐压试验与泄漏试验

9.1.1 制造完工的膨胀节经检验合格后进行耐压试验(液压试验或气压试验)或增加泄漏试验(气密性试验),其耐压试验和泄漏试验的试验压力、试验要求及试验方法应符合GB/T 150.4—2011中第11章的有关规定。

9.1.2 波形膨胀节的耐压试验应单独进行,并保证两端固定和有效密封,并处于中性位置,防止波形膨胀节轴向长度变形、横向偏移或周向偏转。对于与设备同厂制造的波形膨胀节若与制造完工的设备一起进行压力试验，还应满足12.2.7的规定。

9.1.3 波形膨胀节在试验压力下不得有破坏、泄漏、失稳和局部坍塌。对于无加强U形膨胀节，在试验压力下的波距与加压前波距之比大于1.15(即波距变化率大于15%)，对于加强U形膨胀节和Ω形膨胀节，在试验压力下的波距与加压前波距之比大于1.20(即波距变化率大于20%)，即认为膨胀节平面失稳。

9.1.4 对于介质毒性危害程度为极度、高度危害或设计上不准许有微量泄漏的波形膨胀节应进行泄漏性试验(气密性试验)，且应符合TSG 21—2016中3.1.18的规定。膨胀节泄漏性试验(气密性试验)压力等于设计压力。泄漏性试验(气密性试验)应在液压试验合格后进行。

9.2 性能试验

9.2.1 一般规定

9.2.1.1 性能试验的试验件应是合格的原型波纹管，其他结构(如两端部分)可根据试验装置进行设计。凡是进行性能试验的产品均不得出厂。

9.2.1.2 性能试验每次抽取样品应在同批的产品中随机抽取两台，对于试验结果不合格，允许加倍重复试验，若重复试验结果仍有一项指标不合格，则认为性能试验不合格。

注：同批的产品是指相同的设计、相同批原材料、相同的成形工艺和热处理、相同的规格尺寸。

9.2.2 刚度试验

9.2.2.1 刚度测量装置

刚度测量在专用的试验装置上进行。刚度测量装置应满足下列要求：

a) 有可靠的位移限制装置和位移测量装置；

b) 实测的波纹管位移范围允许偏差不大于±0.5%；

c) 力指示精度不低于1.0%。

9.2.2.2 刚度测量方法

波纹管试件按设计图样规定的设计长度(中性位置)安装在刚度测量装置上，并检查确认安装合格后，沿波纹管试件的变形方向缓慢施加所需的位移量(mm)，记录相应的轴向力(N)。

9.2.2.3 刚度测量结果

一般情况，制造厂仅提供膨胀节理论刚度计算值。若用户要求，则应提供膨胀节的工作刚度或设计位移量的刚度曲线。

9.2.3 疲劳寿命试验

9.2.3.1 疲劳试验装置

膨胀节的疲劳试验在专用的试验装置上进行。疲劳试验装置应满足下列要求：

a) 有可靠的疲劳试验位移限制装置和位移测量装置，循环位移与循环速率可调节。

b) 提供可靠的循环计数器，能够记录被测试波纹管失效前的总循环次数。

c) 保证施加的轴向位移与波纹管轴线同轴。实测的波纹管位移范围允许偏差不大于±0.5%。

d) 疲劳试验内压介质为水或不会导致发生危险的其他试验液体；干燥洁净的空气、氮气或其他惰性气体。试验介质的安全要求应符合GB/T 150.4—2011中第11章的相关规定。

9.2.3.2 疲劳试验温度与试件波数

设计温度低于材料蠕变温度的膨胀节，疲劳试验允许在室温下进行。对于设计温度超过材料蠕变温度的膨胀节，应在设计温度下进行疲劳试验。疲劳试验波纹管的波数不得少于3个。

9.2.3.3 试验压力

试验压力与波动值应符合下列要求：

a） 室温下疲劳试验压力为设计压力，即：

$$P_t = P \qquad \cdots\cdots\cdots\cdots(125)$$

P_t——室温下疲劳试验压力，单位为兆帕(MPa)。

P——设计压力，单位为兆帕(MPa)。

b） 疲劳试验在试验压力 P_t 下进行，其压力波动值不大于试验压力的±10%。

9.2.3.4 循环位移与循环速率

循环位移与循环速率应符合下列要求：

a） 波纹管在中性位置，其轴向位移量应以试验波纹管实际波形参数计算单波轴向位移量 e，单波位移量与多波位移量的关系见式(126)和式(127)。

$$\text{薄壁多波位移量 } e_N = e(N - 0.7) \qquad \cdots\cdots\cdots\cdots(126)$$

$$\text{厚壁多波位移量 } e_N = e \cdot N \qquad \cdots\cdots\cdots\cdots(127)$$

b） 试验波纹管的循环位移应为轴向位移，试验循环位移范围等于设计轴向位移量；试验循环速率应以位移在各波均匀分配所需时间确定，且不应大于25 mm/s。

9.2.3.5 试验结果评定

在9.2.3.1～9.2.3.4规定的疲劳试验工况和规定的位移循环疲劳试验中，波纹管壁厚应无穿透裂纹。膨胀节试验循环疲劳次数 N_S 应符合式(128)规定：

$$N_S \geqslant 2[N_c] \qquad \cdots\cdots\cdots\cdots(128)$$

式中：

N_S——试验循环疲劳次数，周次；

$[N_c]$——波纹管设计许用疲劳次数，周次。

9.2.4 稳定性试验

9.2.4.1 试验设备

有可靠的试验位移限制装置和位移测量装置。耐压试验采用的压力表量程、试验介质与试验要求符合GB/T 150.4—2011中第11章的有关规定。

9.2.4.2 试验方法

试验方法应符合下列要求：

a） 稳定性试验的波纹管应是合格的原型波纹管(处于中性位置)，试验前保证试件两端固定和有效密封，并防止波纹管轴向长度变形、横向偏移或周向偏转。试验过程中两端部不得发生移动。

b） 试验前应测量并记录波纹管各波的波距(沿波峰圆周均布，测点数量根据波峰直径确定，一般不少于四点)。试验时压力逐级缓慢上升，每个级间压力差不超过预计失稳压力10%，在每次逐级升压后分别测量、记录波纹管各波的波距变化值。

9.2.4.3 试验结果评定

在试验压力下测量的最大波距与试验前无内压时波距之比，按 9.1.3 的规定确定平面失稳压力。

10 检验规则

10.1 检验分类

产品检验分出厂检验和型式检验。

10.2 出厂检验

10.2.1 波形膨胀节出厂前，应由制造单位质量检验部门逐台进行检验。检验合格后并出具合格证、质量证明书方可出厂或与设备组装。

10.2.2 检验项目和检验要求见表 21。

表 21 检验项目和检验要求

序号	检验项目名称	出厂检验	型式检验	检验要求的章条
		检验项目		
1	材料	●	●	6.1、6.2、6.3、6.4、6.5
2	成形方法与焊接工艺	●	●	8.1、8.2.3
3	焊缝外观和表面质量	●	●	8.2.1、8.2.2、8.2.4、8.2.5、8.6.5
4	波纹形状与表面质量	●	●	8.4、8.6.1、8.6.6
5	尺寸及公差	●	●	4.4、7.10.2.4、8.6.2、8.6.3、8.6.7、8.7
6	无损检测	●	●	8.5
7	热处理	●	●	8.3
8	耐压试验与泄漏试验	●	●	9.1
9	标志检查	●	●	11.2
10	出厂资料与油漆、包装	●	●	11.1、11.3
11	检验规则与要求	—	●	9.2.1
12	刚度试验	—	●	9.2.2
13	疲劳试验	—	●	9.2.3
14	稳定性试验	—	●	9.2.4
注：●：表示检验项目； —：表示不检项目。				

10.3 型式检验

10.3.1 波形膨胀节在下列条件之一时，应进行型式检验：

a) 新产品鉴定或老产品转厂生产；

b) 产品停产超过一年恢复生产；

c) 正常生产后，因材料、结构、工艺有较大改变，足以影响产品性能；

d) 合同中有规定;

e) 国家质量监督检验机构提出要求。

10.3.2 检验项目和检验要求见表21和9.2.1的规定。

11 出厂要求

11.1 出厂资料

11.1.1 产品出厂时,制造单位应提供出厂资料;对需要监督检验的波形膨胀节还应提供特种设备制造监督检验证书。

11.1.2 出厂资料包括产品合格证(含产品数据表)、产品竣工总图、产品质量证明文件和安装使用说明书(使用有特殊要求时),其内容和格式按GB/T 150.4—2011和TSG 21—2016的规定。

11.2 标志和铭牌

11.2.1 波形膨胀节铭牌应耐大气腐蚀、固定在明显的适当位置,铭牌托架的高度应大于绝热层厚度。禁止使用聚氯乙烯自粘贴铭牌。

11.2.2 波形膨胀节铭牌至少应包括下列内容:

a) 产品名称、型号及产品编号;

b) 设计压力(MPa)、设计温度(℃);

c) 耐压试验压力;

d) 波纹管材料;

e) 介质名称;

f) 设计许用疲劳寿命;

g) 外形尺寸、总质量;

h) 制造单位名称和许可证编号(适用时);

i) 制造日期。

对于设备同厂制造的膨胀节或经质量检查部门检查确认无适当位置固定铭牌的波形膨胀节,可不单独提供波形膨胀节铭牌,但应在出厂质量证明文件中注明上述内容。

11.2.3 设置内衬筒的膨胀节应按7.10.2.3c)的规定,外表面醒目标出永久性介质流向箭头。

11.3 油漆、包装和运输

波形膨胀节的油漆、包装和运输除按JB/T 4711规定外,还应符合下列要求:

a) 制造厂应提供保护罩和有正确保持膨胀节尺寸的措施,并防止与包装箱互相碰撞。

b) 含有铝、铅、锌等低熔点金属或它们的化合物组成的油漆,禁止接触不锈钢、镍与镍合金等有色金属材料波纹管。运输杆涂黄色;介质流向涂红色;不锈钢、镍与镍合金等有色金属表面和焊缝坡口附近不涂漆;法兰密封面涂防锈油脂;其余部件外表面涂防锈底漆。

c) 包装箱外面应写上“制造厂名称”“小心轻放”、“防雨防潮”等字样,并清晰可见。

12 贮存与安装

12.1 贮存环境和要求

波形膨胀节应贮存在室内,其贮存环境和要求应符合下列条件:

a) 室内环境应清洁、干燥、无腐蚀气氛;

b) 注意防止堆放、碰撞和跌落等原因造成波纹管机械损伤;

c) 贮存期间应保证膨胀节标志清晰可见;

d) 装有内衬筒的膨胀节竖直放置时,内衬筒开口端向下。

12.2 安装要求

12.2.1 安装之前,应检查波形膨胀节规格型号、内衬筒方向等是否符合设计图样的要求。对不是与设备同厂制造的波形膨胀节,还应复查出厂资料和质量证明文件。

12.2.2 管壳式换热器筒体与内衬筒膨胀节组装前,应考虑内衬筒对管束组装的影响。并制定合适的安装方法。

12.2.3 波纹管两端面轴向安装长度应符合设计图样要求。安装过程中严禁用拉伸、压缩、偏转波形膨胀节的办法来调整设备组装(或安装)误差或不对中。禁止用扳手、手锤等敲击波纹管。

12.2.4 波形膨胀节吊耳或载荷起吊位置应在端管上。运输杆不能作为起吊装置。钢丝绳或其他工具不准许直接装卸波纹管和波纹管覆盖物。

12.2.5 组焊时应采用不含氯化物的石棉布或其他覆盖物保护波纹管,防止电弧烧穿、焊接飞溅等损伤波纹管。

12.2.6 膨胀节的外保温应采用松软材料保证膨胀节正常动作。对于奥氏体不锈钢膨胀节不得采用含氯保温材料。

12.2.7 当膨胀节与设备(或系统)一起进行耐压试验时除应符合 9.1 规定外,还应采取拉杆、拉板或连接附件等措施约束(或承受)膨胀节上的压力推力和重量载荷。

12.2.8 膨胀节与设备现场安装就位完毕,应进行如下检查:

a) 拆除膨胀节装运螺栓等安全运输辅助装置,并将限位螺母调到设计位置上背紧。

b) 清除膨胀节波纹之间可能引起堵塞的异物。

附　录　A
（资料性附录）
膨胀节波形参数

A.1　ZX 型膨胀节波形参数($n \leqslant 5$)，见表 A.1。

表 A.1　ZX 型膨胀节波形参数

公称直径 DN	波根外径 D_0	波高 h	圆弧半径 r_{ic}（或 r_{ir}）	层数	直边长度 L_t	波纹管长度 L
mm	mm	mm	mm	n	mm	mm
150	159	25	5.50	≤5	20	$4r_m N+2L_t$ 或 $Nq+2L_t$
200	219	40	9.50		20	
250	273	40	9.50		25	
300	325	40	9.50		25	
350	377	50	11.50		25	
400	426	50	11.50		30	
450	DN+2nt	50	11.50	≤5	30	$4r_m N+2L_t$ 或 $Nq+2L_t$
500		50	11.50		30	
550		50	11.50		30	
600		60	14.25		30	
650		60	14.25		30	
700		60	14.25		30	
750		60	14.25		30	
800		60	14.25		30	
900		60	14.25		30	
1 000		60	14.25		30	
1 100		60	14.25		30	
1 200		60	14.25		30	
1 300		60	14.25		30	
1 400		60	14.25		30	
1 500		60	14.25		30	
1 600		60	14.25		30	
1 700		80	17.50		40	
1 800		80	17.50		40	
1 900		80	17.50		40	
2 000		80	17.50		40	
2 100		80	17.75		40	
2 200		80	17.75		40	

表 A.1(续)

公称直径 DN mm	波根外径 D_0 mm	波高 h mm	圆弧半径 r_{ic}(或 r_{ir}) mm	层数 n	直边长度 L_t mm	波纹管长度 L mm
2 300	DN+2nt	80	17.75	≤5	40	$4r_mN+2L_t$ 或 $Nq+2L_t$
2 400		80	17.75		40	
2 500		80	17.75		40	
2 600		80	17.75		40	
2 700		80	17.75		40	
2 800		80	17.75		40	
2 900		80	17.75		40	
3 000		80	17.75		40	
3 100		80	17.75		40	
3 200		80	17.75		40	
3 300		80	17.75		40	
3 400		80	17.75		40	
3 500		80	17.75		40	
3 600		80	17.75		40	
3 700		80	17.75		40	
3 800		80	17.75		40	
3 900		80	17.75		40	
4 000		90	18.00		50	

注 1:t ——波纹管名义壁厚,单位为毫米(mm)。

注 2:L_b——波纹管波纹长度,$L_b=Nq$,单位为毫米(mm);其中:N—波数;波距 $q=4r_m$ 单位为毫米(mm)。

注 3:D_b——波纹管内直径,$D_b=D_N$,单位为毫米(mm)。

注 4:D_0——波根外径等于直边段外径,单位为毫米(mm)。

注 5:$r_m=\dfrac{r_{ic}+r_{ir}+nt}{2}$

注 6:根据设计条件,允许对上述波形参数(h、r_{ic}或 r_{ir}、L_t)进行调整。

A.2 ZD 型、HZ 型膨胀节波形参数($n=1$),见表 A.2。

表 A.2 ZD 型、HZ 型膨胀节波形参数(单层 $n=1$)

公称直径 DN mm	波根外径 D_0 mm	波高 h mm	圆弧半径 r_{ic}(或 r_{ir}) mm	直边长度 L_t mm	波纹管长度 L mm
150	159	30	12	$0.25\sqrt{D_b\cdot t_p}$	表注(1): $4r_mN+2L_t$ 或 $Nq+2L_t$ 表注(2): $N(4r_m+m_e+m_i)+2L_t$ 或 $Nq+2L_t$
(150)	159	45	20		
200	219	40	15		
(200)	219	55	20		
250	273	50	20		

表 A.2（续）

公称直径 DN mm	波根外径 D_0 mm	波高 h mm	圆弧半径 r_{ic}（或 r_{ir}） mm	直边长度 L_t mm	波纹管长度 L mm
(250)	273	65	25	$0.25\sqrt{D_b \cdot t_p}$	表注(1)： $4r_m N+2L_t$ 或 $Nq+2L_t$ 表注(2)： $N(4r_m+m_e+m_i)+2L_t$ 或 $Nq+2L_t$
300	325	60	20		
(300)	325	80	30		
350	377	70	25		
(350)	377	80	30		
400	426	70	30		
(400)	426	95	30		
450	DN+2nt	80	30	$0.25\sqrt{D_b \cdot t_p}$	表注(1)： $4r_m N+2L_t$ 或 $Nq+2L_t$ 表注(2)： $N(4r_m+m_e+m_i)+2L_t$ 或 $Nq+2L_t$
(450)		105	30		
500		85	30		
(500)		105	30		
550		95	35		
(550)		105	35		
600		105	35		
(600)		125	35		
650		115	35		
(650)		125	35		
700		125	35		
750		125	35		
800		125	35		
900		125	35		
1 000		150	45		
1 100		150	45		
1 200		150	45		
1 300		150	45		
1 400		150	45		
1 500		150	45		
1 600		150	45		
1 700		150	45		
1 800		150	45		
1 900		180	45		
2 000		180	45		
2 100		180	45		

表 A.2(续)

公称直径 DN mm	波根外径 D_0 mm	波高 h mm	圆弧半径 r_{ic}(或 r_{ir}) mm	直边长度 L_t mm	波纹管长度 L mm
2 200		180	45		
2 300		180	45		
2 400		180	45		
2 500		180	45		
2 600		180	45		
2 700		180	45		
2 800		180	45		
2 900		180	45		
3 000		200	50		
3 100	DN+2nt	200	50	$0.25\sqrt{D_b \cdot t_p}$	表注(1): $4r_m N+2L_t$ 或 $Nq+2L_t$ 表注(2): $N(4r_m+m_e+m_i)+2L_t$ 或 $Nq+2L_t$
3 200		200	50		
3 300		200	50		
3 400		200	50		
3 500		200	50		
3 600		200	50		
3 700		200	50		
3 800		200	50		
3 900		200	50		
4 000		220	55		

注 1: ZD 型波纹管

t ——波纹管名义壁厚,单位为毫米(mm)。

L_b ——波纹管波纹长度,$L_b=Nq$,单位为毫米(mm);其中:N—波数;波距 $q=4r_m$,r_m—平均半径,单位为毫米(mm)。

D_b ——波纹管内直径,$D_b=D_N$ 单位为毫米(mm)。

$$r_m=\frac{r_{ic}+r_{ir}+nt}{2}\ \text{mm。}$$

ZD 型波纹管长度 $L=4r_mN+2L_t$ 或 $Nq+2L_t$,单位为毫米(mm)。

注 2: HZ 型波纹管

t ——波纹管名义壁厚单,位为毫米(mm)。

L_b ——波纹管波纹长度,$L_b=N(4r_m+m_e+m_i)$,单位为毫米(mm);其中:N—波数;波距 $q=4r_m+m_e+m_i$。

m_e——波峰直边长度(见图 10),单位为毫米(mm);m_i——波谷直边长度(见图 10),单位为毫米(mm)。

D_b ——波纹管内直径,$D_b=D_N$,单位为毫米(mm)。

r_m ——平均半径,$r_m=\dfrac{r_{ic}+r_{ir}+nt}{2}$ mm。

HZ 型波纹管长度 $L=N(4r_m+m_e+m_i)+2L_t$ 或 $Nq+2L_t$,单位为毫米(mm)。

注 3: DN≤650 mm 括号内波形参数为 HZ 型,其他波形参数为 ZD 型;
DN≥700 mm 波形参数为 ZD 型,也可为 HZ 型。

注 4: 根据设计条件,允许对上述波形参数(h、r_{ic} 或 r_{ir}、L_t)进行调整。

附　录　B
（资料性附录）
常用波纹管材料及近似对照

常用波纹管材料及近似对照表见表 B.1。

表 B.1　常用波纹管材料及近似对照

序号	名称	中国				美国			材料供货状态	推荐使用温度 ℃
		统一数字代号	材料牌号	标准编号	材料标记	材料牌号	标准编号	材料标记		
1	波纹管	—	Q235B	GB/T 3274	Q235B	—	—	—	热轧	20～300
2			Q235C		Q235C					0～300
3			Q245R	GB/T 713	Q245R	—	—	—	热轧、正火	−20～400
4			Q345R		Q345R					−20～350
5			GB/SA 516-Gr70	—	GB/SA516-Gr70	SA-516Cr70	ASMEⅡSA-516M	—	热轧、正火	−20～350
6		S30408	06Cr19Ni10	GB/T 24511	S30408	S30400	ASMEⅡSA-240	304	固溶	−196～600
7		S30403	022Cr19Ni10		S30403	S30403		304L		−253～450
8		S31608	06Cr17Ni12Mo2		S31608	S31600		316		−253～600
9		S31603	022Cr17Ni12Mo2		S31603	S31603		316L		−253～450
10		S32168	06Cr18Ni11Ti		S32168	S32100		321		−253～550
11		S31008	06Cr25Ni20		S31008	S31008		310S		−196～575
12		S31668	06Cr17Ni12Mo2Ti		S31668	S31635		316Ti		−253～500
13		—	NS1101(NS111)	YB/T 5353 YB/T 5354	NS1101	N08800	ASMEⅡSB-409	800		−196～800
14			NS1102(NS112)		NS1102	N08810		800H		−196～900
15			NS1402(NS142)		NS1402	N08825	ASMEⅡSB424	825		−196～500
16			NS3102(NS312)		NS3102	N06600	ASMEⅡSB168	600		−196～650
17			NS3304(NS334)		NS3304	N10276	ASMEⅡSB575	C-276		−196～650
18			NS3305(NS335)		NS3305	N06455		C-4		−196～400

表 B.1(续)

序号	名称	中国				美国			材料供货状态	推荐使用温度 ℃
		统一数字代号	材料牌号	标准编号	材料标记	材料牌号	标准编号	材料标记		
19	波纹管	—	NS3306(NS336)	YB/T 5353 YB/T 5354	NS3306	N06625 Gr1	ASMEⅡ SB443	625Gr1	退火	−196~600
						N06625 Gr2		625 Gr2	固溶	−196~850
20			5052	GB/T 3880	5052	5052	ASMEⅡ SB209	5052	—	−269~200
21			TA1	GB/T 3621	TA1	GR1	ASMEⅡ SB-265	GR1	退火	≤315
22			TA2		TA2	GR2		GR2		
23			TA9		TA9	GR11		GR11		
24			TA10		TA10	GR12		GR12		
25			Zr-3		Zr-3	R60702	ASMEⅡ SB-551	R60702		≤375

注 1:序号 5 材料牌号栏中,GB/SA 516-Gr70 为 GB/T 150.2—2011 材料篇标注。

注 2:序号 13~序号 19 材料牌号栏中,中国牌号括号内为旧牌号,表示新旧牌号对照。

ICS 23.020
B 90

中华人民共和国国家标准

GB/T 16774—2012
代替 GB 16774—1997

自增压式液氮容器

Autoboosting caliber liquid nitrogen container

2012-12-31 发布　　2013-07-01 实施

中华人民共和国国家质量监督检验检疫总局
中国国家标准化管理委员会　发布

前　言

本标准依据 GB/T 1.1—2009 给出的规则起草。

本标准代替 GB 16774—1997,与 GB 16774—1997 相比较,主要有下列变化:

——适用范围增加了工作压力和容积范围的要求;

——增加了不适用范围;

——增加了第 3 章“术语和定义”;

——原“图 1 立式自增压式液氮容器外形示意图”和“图 2 卧式自增压式液氮容器外形示意图”改为“图 1 立式自增压容器结构示意图”和“图 2 卧式自增压容器结构示意图”;

——原第 3 章“型号和规格”改为第 4 章“分类”,且将原表 1 调整为附录 A(资料性)“自增压容器的主要型号和规格”;

——增加了 5.3“设计”要求;

——取消了原 4.4“工艺要求”和 4.5“外观要求”的要求;

——增加了 5.4“制造”要求;

——取消了原 5.4“运输试验”的要求。

本标准由全国锅炉压力容器标准化技术委员会(SAC/TC 262)提出并归口。

本标准主要起草单位:乐山市东亚机电工贸有限公司、上海市气体工业协会、上海交通大学、沈阳新光低温容器有限公司、成都金凤液氮容器有限公司、中国特种设备检测研究院、上海华谊装备工程有限公司、国家低温容器质量监督检验中心、上海市特种设备监督检验技术研究院。

本标准主要起草人:刘元明、于彤、鲁雪生、周伟明、陈朝晖、魏勇彪、范焱、黎宗稷、滕俊华、曹志明、温永刚。

本标准所代替标准的历次版本发布情况为:

——GB 16774—1997。

自增压式液氮容器

1 范围

1.1 本标准规定了奥氏体不锈钢制自增压式液氮容器(以下简称自增压容器)的产品分类、技术要求、试验方法、检验规则、标志、包装及储运等要求。
1.2 本标准适用于储运介质为液氮,工作压力小于 0.1 MPa,有效容积为 50 L～800 L,且采用高真空多层绝热的自增压容器的设计、制造。
1.3 本标准不适用于下列范围的自增压容器:
——带压贮存液氮;
——贮存液氧等其他低温液体。

2 规范性引用文件

下列文件对于本文件的应用是必不可少的。凡是注日期的引用文件,仅注日期的版本适用于本文件。凡是不注日期的引用文件,其最新版本(包括所有的修改单)适用于本文件。

GB 150.1 压力容器 第1部分:通用要求
GB 150.2 压力容器 第2部分:材料
GB 150.3 压力容器 第3部分:设计
GB/T 191—2008 包装储运图示标志
GB 567.1 爆破片安全装置 第1部分:基本要求
GB 567.2 爆破片安全装置 第2部分:应用、选择与安装
GB 567.3 爆破片安全装置 第3部分:分类及安装尺寸
GB/T 1226—2010 一般压力表
GB/T 3198—2010 铝及铝合金箔
GB/T 3280—2007 不锈钢冷轧钢板和钢带
GB/T 12241—2005 安全阀 一般要求
GB/T 13550—1992 5A分子筛及其试验方法
GB/T 14976—2012 流体输送用不锈钢无缝钢管
GB/T 16958—2008 包装用双向拉伸聚酯薄膜
GB/T 18442.3 固定式真空绝热深冷压力容器 第3部分:设计
GB/T 18443.2 真空绝热深冷设备性能试验方法 第2部分:真空度测量
GB/T 18443.3 真空绝热深冷设备性能试验方法 第3部分:漏率测量
GB/T 18443.5 真空绝热深冷设备性能试验方法 第5部分:静态蒸发率测量
GB/T 18443.8 真空绝热深冷设备性能试验方法 第8部分:容积测量
GB 24511—2009 承压设备用不锈钢钢板及钢带
HG/T 2690—1995 13X分子筛

NB/T 47014　承压设备焊接工艺评定

3　术语和定义

GB 150.1～150.3 和 GB/T 18442.3 中界定的以及下列术语和定义适用于本文件。

3.1

几何容积　geometric volume

按设计的几何尺寸确定的内胆内部体积(扣除内件的体积)。

3.2

有效容积　effective volume

在使用状态下,内胆允许盛装液体的最大体积。

3.3

真空设计寿命　vacuum designed life

设计时确定的容器夹层真空的正常使用年限,其值为从容器出厂使用至静态蒸发率高于标准指标上限值 60%的时间间隔。

4　分类

4.1　容器分为立式和卧式。

4.2　容器的型号应符合下列规定:

YDZ - × W

W——“卧式”汉语拼音第一个字母,立式不注

×——容器有效容积,单位为升(L)

YDZ——“液氮自增压容器”字汉语拼音缩写

示例 1:YDZ-50 表示有效容积 50 L 的立式自增压容器。

示例 2:YDZ-200W 表示有效容积 200 L 的卧式自增压容器。

4.3　容器的型号、规格可参见附录 A。

4.4　容器的结构示意见图 1 和图 2。

5　技术要求

5.1　一般要求

5.1.1　容器的环境使用温度为－20 ℃～50 ℃。

5.1.2　可能与液氮相接触的材料应与液氮相容。

5.1.3　容器用材料、外购件应有质量证明书或合格证。

5.2　材料

5.2.1　钢板

外壳和内胆用奥氏体不锈钢板应符合 GB/T 3280 或 GB 24511 的规定。

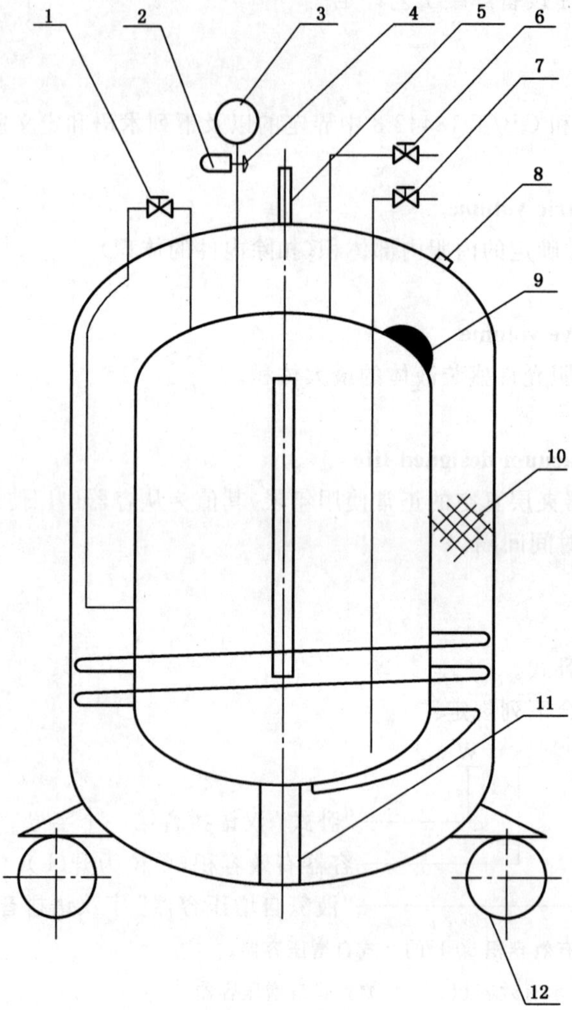

说明：
1 ——增压阀；
2 ——安全阀；
3 ——压力表；
4 ——爆破片；
5 ——液位计；
6 ——排气阀；
7 ——进排液阀；
8 ——抽气口；
9 ——吸附剂；
10——绝热层；
11——内支撑；
12——脚轮。

图 1 立式自增压容器结构示意图

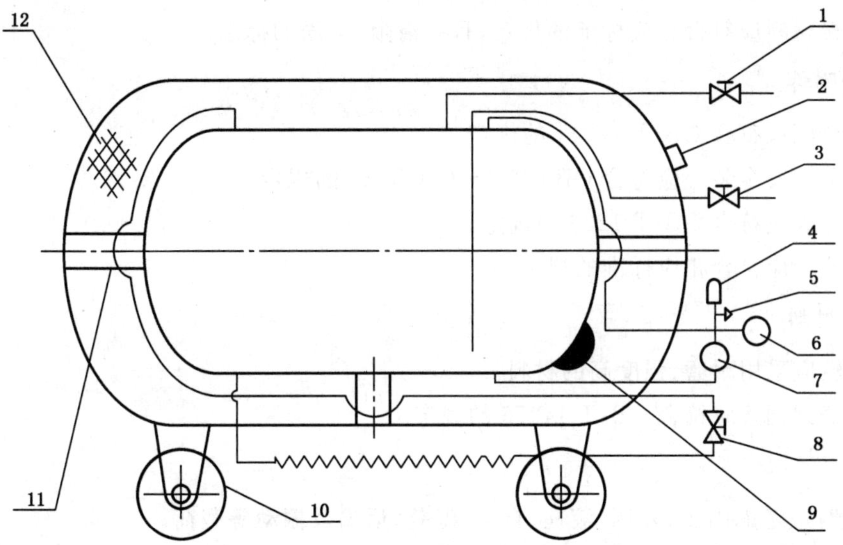

说明：

1 ——放气阀；

2 ——抽气口；

3 ——进排液阀；

4 ——安全阀；

5 ——爆破片；

6 ——压力表；

7 ——液位计；

8 ——增压阀；

9 ——吸附剂；

10——脚轮；

11——内支撑；

12——绝热层。

图2　卧式自增压容器结构示意图

5.2.2　绝热层

5.2.2.1　绝热层用反射材料应选用铝箔或双面镀铝聚酯薄膜。铝箔应符合 GB/T 3198 的规定，双面镀铝聚酯薄膜基材应符合 GB/T 16958 的规定。

5.2.2.2　绝热层用玻璃纤维布、纤维纸应采用导热系数小、放气率低的材料，且玻璃纤维的可燃物含量应不大于 0.20%(质量比)。

5.2.3　吸附剂

5.2.3.1　吸附剂应采用在使用状态下吸附性能好的活性炭或分子筛等材料。

5.2.3.2　分子筛应符合 GB/T 13350 或 HG/T 2690 的规定。

5.2.4　焊接材料

5.2.4.1　采用的不锈钢焊接材料焊成的焊缝，其熔敷金属的化学成分应与母材相同或相近，且规定非比例延伸强度不应低于母材规定的下限值。

5.2.4.2 焊接材料应符合相应标准的规定,且有清晰、牢固的标志。

5.2.5 **安全附件**

5.2.5.1 安全阀应符合 GB/T 12241 的规定。

5.2.5.2 爆破片安全装置应符合 GB 567.1～GB 567.3 的规定。

5.2.5.3 压力表应符合 GB/T 1226 的规定。

5.2.5.4 液位计应符合相应标准的规定。

5.2.6 **其他材料**

5.2.6.1 脚轮应采用耐磨、强度高的材料。

5.2.6.2 不锈钢钢管应符合 GB/T 14976 的规定。

5.3 **设计**

5.3.1 设计时应考虑内压、外压、液柱、自重、温差、运输及振动等载荷。

5.3.2 内胆的设计压力应不低于工作压力,其外压取 0.1 MPa。

5.3.3 内胆的计算压力至少应是下列压力之和:

a) 设计压力;

b) 0.1 MPa;

c) 液柱静压力,当其值低于设计压力的 5%时,可以忽略不计。

5.3.4 内胆及与液氮接触的组件的设计温度取－196 ℃,外壳及外部元件的设计温度取常温。

5.3.5 内胆、外壳一般不考虑腐蚀裕量。

5.3.6 内胆和外壳材料的许用应力按 GB 150.2 的规定选取。当设计温度低于 20 ℃时,取 20 ℃ 时的许用应力。

5.3.7 内胆、外壳的焊接接头系数应取 1。

5.3.8 内胆、外壳的强度和稳定性计算应符合 GB 150.3 的规定。

5.3.9 卧式容器内胆支撑部位和外壳支座部位应考虑局部应力。

5.3.10 板材或管材的厚度负偏差按材料标准的规定。

5.3.11 内胆加工成形后的最小厚度应不小于 2 mm。

5.3.12 容器的内支撑应进行强度计算,且满足材料强度要求。

5.3.13 容器应进行绝热性能的计算,且满足设计要求。

5.3.14 容器的额定充满率应不大于 95%。

5.3.15 静态蒸发率应符合表 1 的规定。

5.3.16 真空夹层漏气速率应符合表 2 的规定。

5.3.17 容器充入液氮预冷并达到热平衡后,夹层真空度应不大于 2×10^{-2} Pa。

5.3.18 容器真空设计寿命应不小于 5 年。

5.3.19 真空封口塞应符合下列规定:

a) 采用可重复开启的结构;

b) 通径应满足真空夹层的安全泄放要求;

c) 泄放压力应不大于0.07 MPa,其排放能力足以使夹层的压力限制在不超过0.1 MPa。

5.3.20 自增压装置能力应能满足设计要求。

5.3.21 容器应设置安全阀、爆破片、压力表、液位计等安全附件,且其应与内胆直接连通。

5.3.22 设置的安全阀、爆破片应符合下列要求:

a) 安全阀、爆破片应并联安装(见图3);

b) 安全阀的整定压力应不大于内胆的设计压力,其泄压能力应能限制内胆的压力不超过其设计压力的1.1倍;

c) 爆破片装置的泄压能力应能限制内胆的压力不超过其设计压力的1.16倍。

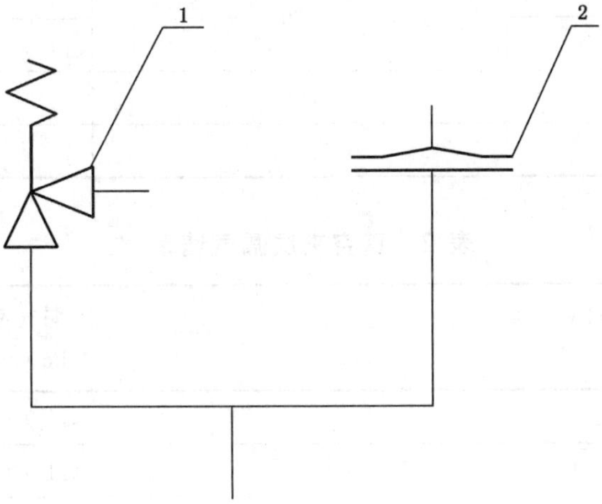

说明:

1——安全阀;

2——爆破片安全装置。

图3 安全阀、爆破片安全装置设置示意图

5.3.23 内胆的安全泄放量的设计计算应符合GB 150.1中附录B的规定。

5.3.24 压力表的量程为工作压力的1.5倍~3倍,精度不低于2.5级。

5.3.25 液位计可按用户的要求进行安装,用称重法充装液氮的容器可不设液位计。液位计应根据工作介质、工作温度正确选用,且应灵活准确、结构牢固。

5.3.26 容器的阀门、管路和安全附件等的结构设计和布置应便于操作及焊缝的检查。

5.4 制造

5.4.1 一般要求

容器的制造除应符合本标准外,还应符合设计图样的规定。

5.4.2 成形

5.4.2.1 成形后的内胆和外壳的壁厚、形状及尺寸应符合设计图样的规定。

5.4.2.2 容器的几何容积允许偏差应不超过±5%。

表 1 静态蒸发率

产品型号	有效容积 L	静态蒸发率 %/d
YDZ-50	50	≤2.2
YDZ-100	100	≤1.4
YDZ -200	200	≤1.2
YDZ-200W		≤1.8
YDZ-320	320	≤1.0
YDZ-320W		≤1.5
YDZ-500W	500	≤1.4
YDZ-800W	800	≤1.3

表 2 真空夹层漏气速率

几何容积 V L	漏气速率 $Pa \cdot m^3/s$
$30 \leqslant V \leqslant 50$	$\leqslant 5.0 \times 10^{-9}$
$50 < V \leqslant 100$	$\leqslant 1.0 \times 10^{-8}$
$100 < V \leqslant 160$	$\leqslant 2.0 \times 10^{-8}$
$160 < V \leqslant 200$	$\leqslant 2.5 \times 10^{-8}$
$200 < V \leqslant 320$	$\leqslant 4.0 \times 10^{-8}$
$320 < V \leqslant 500$	$\leqslant 6.0 \times 10^{-8}$
$500 < V \leqslant 800$	$\leqslant 1.0 \times 10^{-7}$

5.4.2.3 内胆、外壳表面应无划痕、机械损伤和磕碰撞伤等缺陷。

5.4.3 焊接

5.4.3.1 容器的焊接工艺应按 NB/T 47014 的规定进行焊接工艺评定。

5.4.3.2 施焊人员应经考核合格后方可施焊。

5.4.3.3 焊接接头应为全焊透结构，且应圆滑过渡，不应有咬边、裂纹、未焊透、弧坑、气孔等缺陷。

5.4.3.4 内胆的对接焊接接头的余高为 0～1.5 mm，同一焊缝的宽度应符合设计图样的规定。

5.4.3.5 内胆焊缝同一部位的返修次数不宜超过两次。

5.4.4 绝热层缠绕

5.4.4.1 缠绕前，绝热体材料和内胆应清洁和干燥。

5.4.4.2 吸附剂使用前应进行活化处理。

5.4.4.3 缠绕场地应干燥和清洁。

5.4.4.4 绝热层数、层密度应符合设计图样的规定,且应有防松散、脱落的措施。

5.4.5 组装

5.4.5.1 组装前,多层绝热体应保持清洁,与真空获得有关的零部件表面,应严格清洗、烘干,且无油污。

5.4.5.2 装配时,零部件应保持清洁,且无水、油的污染。

5.4.5.3 装配时不应强力组装。

5.4.6 氦质谱检漏

5.4.6.1 内胆经氦质谱检漏合格后方可组装,其漏气速率应符合设计图样的规定。

5.4.6.2 容器组装后的真空夹层的漏气速率应符合表 2 的规定。

5.4.7 清洁度和外观质量

5.4.7.1 容器的表面应无损伤,且无油污、灰尘及水的污染。

5.4.7.2 容器内胆应清洁,且无异物、异味。

6 试验方法

6.1 容积

容积的测量应符合 GB/T 18443.8 的规定。

6.2 夹层真空度

夹层真空度的测量应符合 GB/T 18443.2 的规定。

6.3 真空夹层漏气速率

真空夹层漏气速率测量应符合 GB/T 18443.3 的规定。

6.4 静态蒸发率

静态蒸发率的测量应符合 GB/T 18443.5 的规定。

6.5 清洁度和外观质量

6.5.1 清洁度采用白色、清洁、干燥的,且经脱脂处理的白纸擦抹产品和附件的表面进行检验。

6.6.2 用目视方法检查容器的外观质量。

7 检验规则

7.1 检验分类

容器检验分为出厂检验和型式试验。

7.2 出厂检验

7.2.1 逐只检验

容器应逐只按表 3 规定的项目进行。

7.2.2 批量检验

7.2.2.1 以不多于 200 只容器为一批,从每批中抽取不少于 3 只进行检验。

7.2.2.2 容器批量检验项目按表 3 的规定。

7.2.2.3 当批量检验有不合格项目,应对不合格项目进行加倍复验。复验应在同批容器中进行,抽取数量不少于 6 只。当复验项目仍不合格,则该批容器应进行逐只检验。

7.3 型式试验

7.3.1 有下列情况之一时,应进行型式试验:

a) 容器设计定型时;

b) 改变容器设计参数、结构、主体材料和关键制造工艺,可能影响容器性能时;

c) 停产 2 年或 2 年以上,恢复生产时;

d) 国家质量监督部门提出型式试验要求时;

e) 当用户提出型式试验要求时。

7.3.2 型式试验的产品应在出厂检验合格产品中随机抽样,型式试验的产品应不少于 2 只。

7.3.3 型式试验项目应符合表 3 的规定。

7.3.4 当型式试验项目有不合格项时,允许在型式试验的产品中再抽取 1 只产品对不合格项目进行复验。当复验合格,则型式试验判为合格;当复验不合格,则型式试验判为不合格。

表 3 检验项目

检验项目		出厂检验	批量检验	型式试验
外观质量		√	—	√
外形尺寸		—	√	√
几何容积		—	—	√
焊缝余高		√	—	√
焊缝外观		√	—	√
清洁度		√	—	√
壁厚	内胆	—	—	√
	外壳	—	—	√
真空度(使用状态下)		—	—	√
真空夹层漏气速率		—	—	√
静态蒸发率		—	√	√

8 标志、包装与储运

8.1 标志

每台自增压容器应进行标志,且至少应包括下列内容:

a) 制造单位名称;

b) 名称和型号;

c) 制造日期和产品编号;

d) 工作压力和工作温度;

e) 有效容积;

f) 额定充满率;

g) 静态蒸发率;

h) 容器注册商标。

8.2 包装

8.2.1 产品包装前,其内胆和管路应用 0.03 MPa~0.05 MPa 的干燥氮气密封,且关闭阀门和密封管口。

8.2.2 包装箱外表面的明显部位应有"向上""防湿""小心轻放"等标识。

8.2.3 包装储运标志应符合 GB/T 191 的规定。

8.2.4 产品包装箱应至少有产品合格证、使用说明书及装箱清单等出厂文件。

8.3 储运

8.3.1 容器应储存在阴凉干燥的库房内。

8.3.2 容器在运输过程中应轻装轻卸,不应侧放和倒置。

附　录　A
(资料性附录)
自增压容器的主要型号和规格

自增压容器的主要型号和规格如表 A.1 所示。

表 A.1　主要型号和规格

<table>
<tr><th rowspan="2">型　号</th><th rowspan="2">几何容积
L</th><th rowspan="2">有效容积
L</th><th colspan="3">外形尺寸
mm</th></tr>
<tr><th>长</th><th>宽</th><th>高</th></tr>
<tr><td>YDZ-50</td><td>53</td><td>50</td><td colspan="2">≤630</td><td>≤1 000</td></tr>
<tr><td>YDZ-100</td><td>106</td><td>100</td><td colspan="2">≤750</td><td>≤1 250</td></tr>
<tr><td>YDZ-200</td><td rowspan="2">211</td><td rowspan="2">200</td><td colspan="2">≤850</td><td>≤1 500</td></tr>
<tr><td>YDZ-200W</td><td>≤1 600</td><td>≤810</td><td>≤1 000</td></tr>
<tr><td>YDZ-320</td><td rowspan="2">337</td><td rowspan="2">320</td><td colspan="2">≤950</td><td>≤1 600</td></tr>
<tr><td>YDZ-320W</td><td>≤1 800</td><td>≤910</td><td>≤1 120</td></tr>
<tr><td>YDZ-500W</td><td>527</td><td>500</td><td>≤2 000</td><td>≤1 010</td><td>≤1 250</td></tr>
<tr><td>YDZ-800W</td><td>843</td><td>800</td><td>≤2 200</td><td>≤1 110</td><td>≤1 400</td></tr>
</table>

ICS 23.020.10
J 74

中华人民共和国国家标准

GB/T 17261—2011

代替 GB/T 17261—1998

钢制球形储罐型式与基本参数

Steel spherical tanks type and dimension data base

2011-12-30 发布　　　　2012-07-01 实施

中华人民共和国国家质量监督检验检疫总局
中国国家标准化管理委员会　发布

前　言

本标准代替 GB/T 17261—1998，与 GB/T 17261—1998 相比，主要变化如下：

—— 将最大公称容积由 10 000 m^3 扩大到 25 000 m^3；

—— 将球罐型式由 8 种增加到 10 种，球罐体积规格由 14 种增加到 20 种；

—— 将支柱底板底面至球壳赤道平面的距离加高 200 mm 或 400 mm；

—— 根据钢板规格，调整了球壳分带数、各带分块数和各带球心角。

本标准由全国锅炉压力容器标准化技术委员会(SAC/TC 262)提出并归口。

本标准起草单位：甘肃蓝科石化高新装备股份有限公司、中国天辰化学工程公司、上海市安装工程有限公司。

本标准主要起草人：刘福录、党战伟、李峰、芦玲。

本标准所代替标准的历次版本发布情况为：

—— GB/T 17261—1998。

钢制球形储罐型式与基本参数

1 范围

本标准规定了钢制球形储罐(以下简称“球罐”)的型式与公称容积、球壳内直径、球罐基础中心圆直径、支柱底板底面至球壳赤道平面的距离、支柱根数、球壳分带数、各带球心角及各带分块数等基本参数。

本标准适用于石油、化工、冶金、城镇燃气等工业用储存气体和液体物料的以赤道正切柱式支撑的球罐。

2 规范性引用文件

下列文件中的条款通过本标准的引用而成为本标准的条款。凡是注日期的引用文件,其随后所有的修改单(不包括勘误的内容)或修订版均不适用于本标准,然而,鼓励根据本标准达成协议的各方研究是否可使用这些文件的最新版本。凡是不注日期的引用文件,其最新版本适用于本标准。

GB 12337 钢制球形储罐

3 球罐型式

球罐的结构除必须符合本标准的规定外,还应符合 GB 12337 的规定。

3.1 桔瓣式球罐型式及球壳各带名称及编号见图 1~图 5。

3.2 混合式球罐型式及球壳各带名称及编号见图 6~图 10。

3.3 桔瓣式球罐极带板见图 11。

3.4 混合式球罐极带板见图 12。

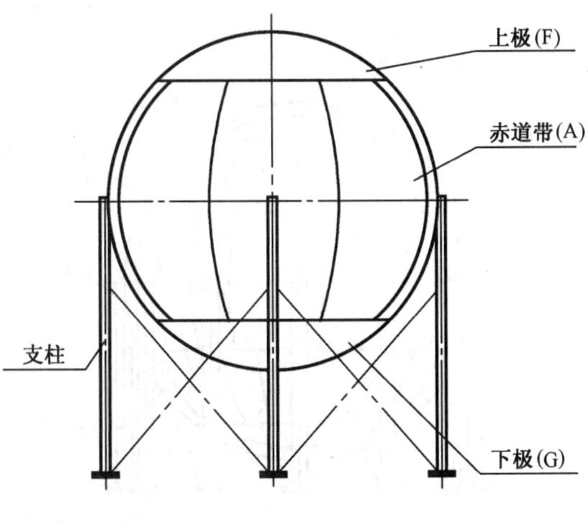

图 1 桔瓣式三带球罐

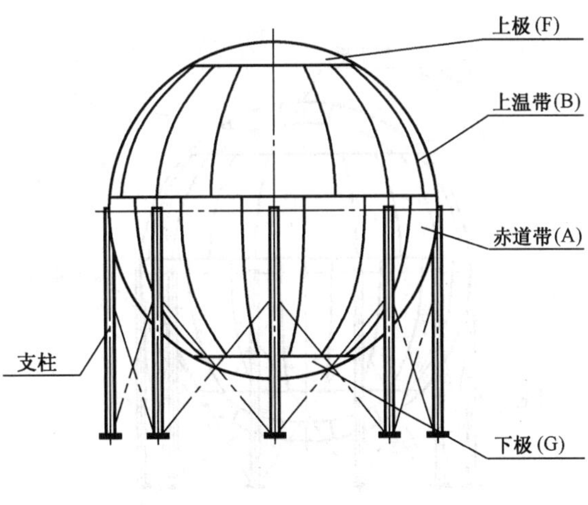

图 2 桔瓣式四带球罐

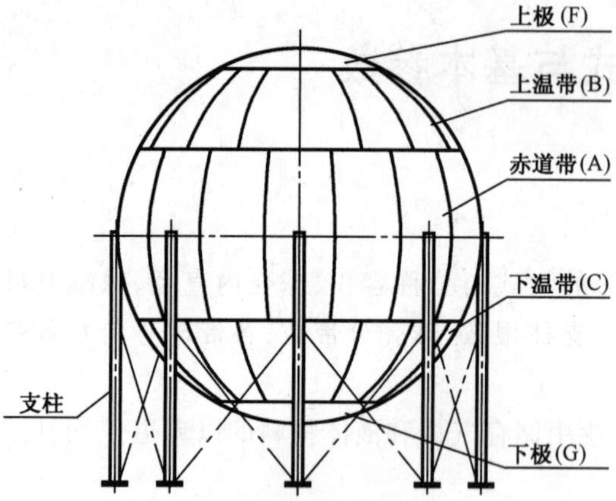

图 3 桔瓣式五带球罐

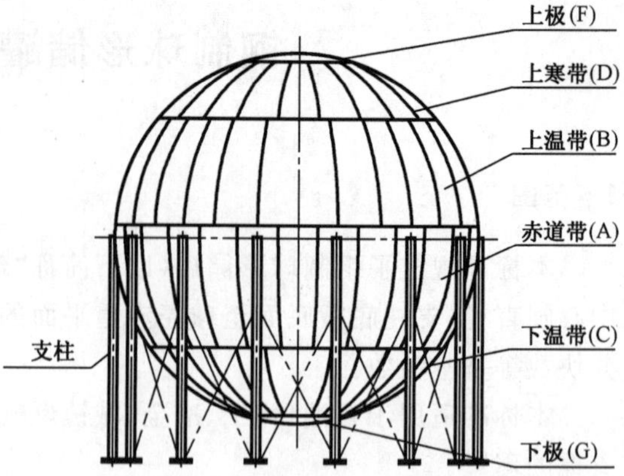

图 4 桔瓣式六带球罐

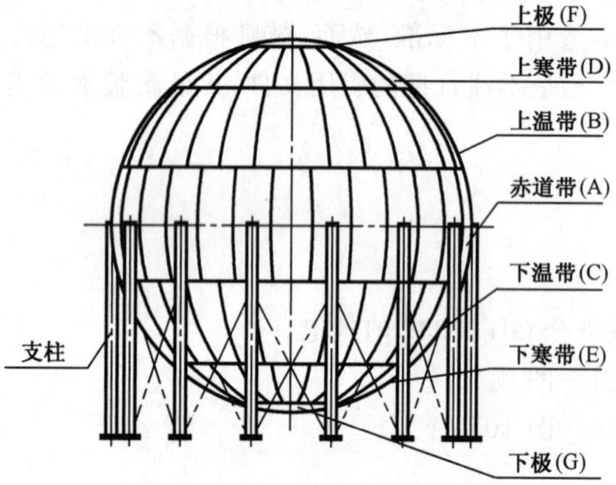

图 5 桔瓣式七带球罐

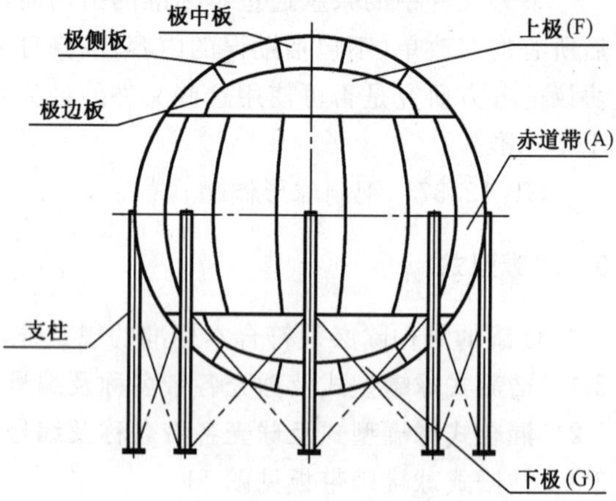

图 6 混合式三带球罐

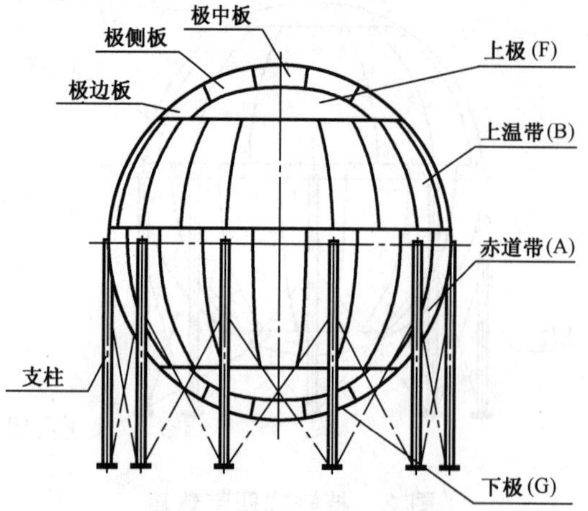

图 7 混合式四带球罐

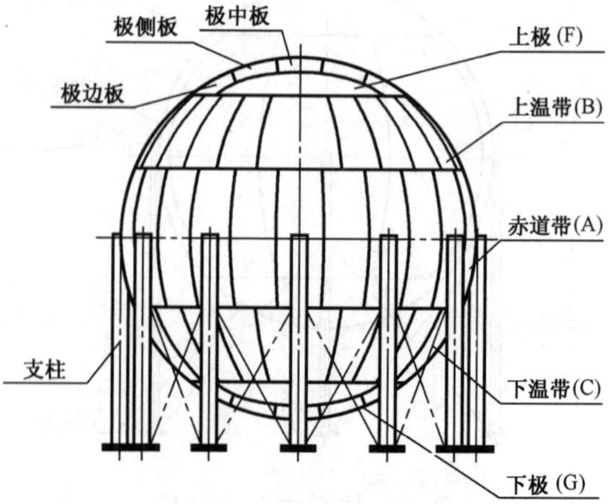

图 8 混合式五带球罐

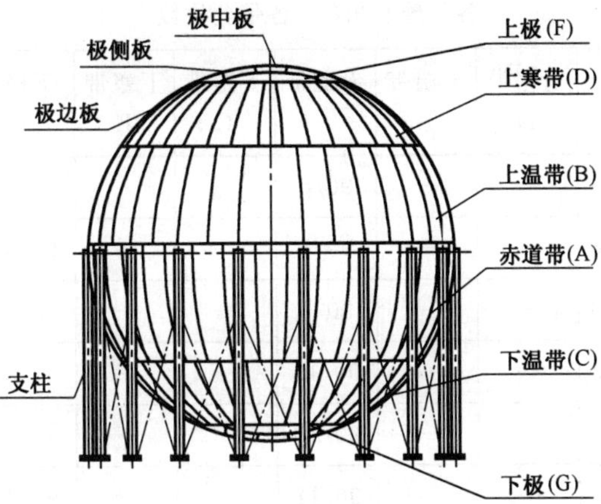

图 9 混合式六带球罐

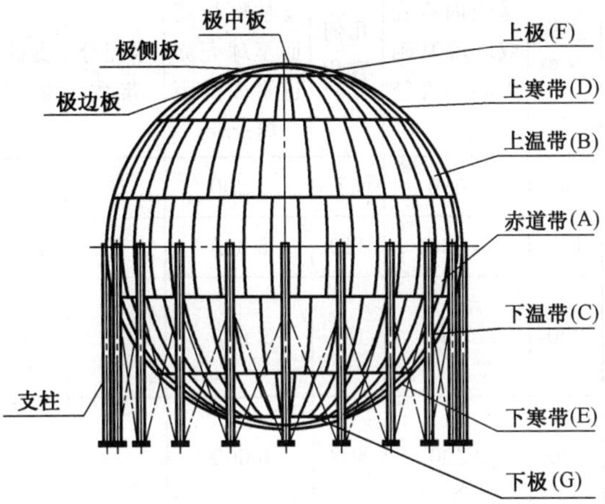

图 10 混合式七带球罐

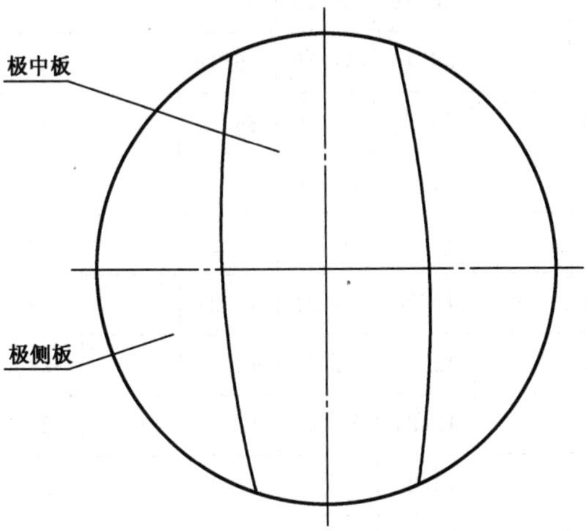

图 11 桔瓣式球罐极带板

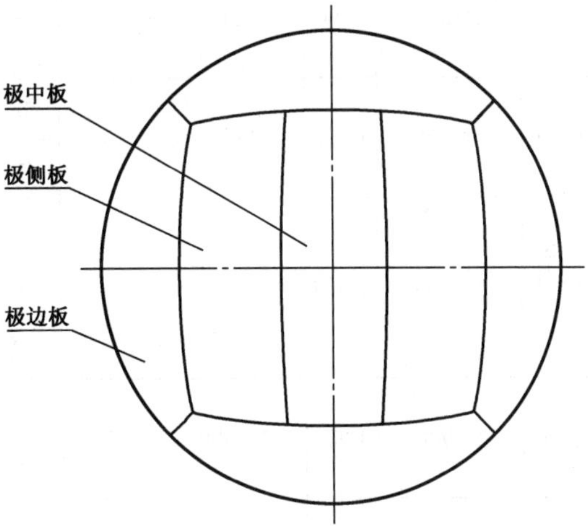

图 12 混合式球罐极带板

4 基本参数

4.1 桔瓣式球罐的基本参数应符合表 1 的规定。

表 1

公称容积 m³	球壳内直径或球罐基础中心圆直径 mm	几何容积 m³	支柱底板底面至球壳赤道平面的距离/mm	球壳分带数	支柱根数	各带球心角(°)/各带分块数						
						上极 F	上寒带 D	上温带 B	赤道带 A	下温带 C	下寒带 E	下极 G
50	4 600	51	4 200	3	4	90/3	—	—	90/8	—	—	90/3
120	6 100	119	5 000	3	4	90/3	—	—	90/8	—	—	90/3
200	7 100	187	5 600	3	4	90/3	—	—	90/8	—	—	90/3
					5	90/3	—	—	90/10	—	—	90/3
400	9 200	408	6 600	3	5	90/3	—	—	90/10	—	—	90/3
					6	90/3	—	—	90/12	—	—	90/3
650	10 700	641	7 400	3	6	90/3	—	—	90/12	—	—	90/3
				4	8	60/3	—	55/16	65/16	—	—	60/3
1 000	12 300	974	8 200	4	8	60/3	—	55/16	65/16	—	—	60/3
				5	8	54/3	—	36/16	54/16	36/16	—	54/3
1 500	14 200	1 499	9 000	5	8	54/3	—	36/16	54/16	36/16	—	54/3
					10	54/3	—	36/20	54/20	36/20	—	54/3
2 000	15 700	2 026	9 800	5	8	54/3	—	36/16	54/16	36/16	—	54/3
					10	42/3	—	42/20	54/20	42/20	—	42/3
					12	42/3	—	42/24	54/24	42/24	—	42/3
3 000	18 000	3 054	11 000	5	10	42/3	—	42/20	54/20	42/20	—	42/3
					12	42/3	—	42/24	54/24	42/24	—	42/3
4 000	19 700	4 003	11 800	5	10	42/3	—	42/20	54/20	42/20	—	42/3
				6	12	36/3	32/18	36/24	40/24	36/24	—	36/3
5 000	21 200	4 989	12 600	6	12	36/3	32/18	36/24	40/24	36/24	—	36/3
					14	36/3	32/21	36/28	40/28	36/28	—	36/3
6 000	22 600	6 044	13 200	6	12	36/3	32/18	36/24	40/24	36/24	—	36/3
					14	36/3	32/21	36/28	40/28	36/28	—	36/3
8 000	24 800	7 986	14 400	6	14	36/3	32/21	36/28	40/28	36/28	—	36/3
				7	14	32/3	26/21	30/28	36/28	30/28	26/21	32/3
10 000	26 800	10 079	15 400	7	14	32/3	26/21	30/28	36/28	30/28	26/21	32/3
注：上、下极板分块数，根据需要可以是 2 块。												

4.2 混合式球罐的基本参数应符合表 2 的规定。

表 2

公称容积 m³	球壳内直径或球罐基础中心圆直径 mm	几何容积 m³	支柱底板底面至球壳赤道平面的距离 mm	球壳分带数	支柱根数	各带球心角(°)/各带分块数						
						上极 F	上寒带 D	上温带 B	赤道带 A	下温带 C	下寒带 E	下极 G
1 000	12 300	974	8 200	3	8	112.5/7	—	—	67.5/16	—	—	112.5/7
1 500	14 200	1 499	9 000	3	8	112.5/7	—	—	67.5/16	—	—	112.5/7
				4	10	90/7	—	40/20	50/20	—	—	90/7
2 000	15 700	2 026	9 800	3	8	112.5/7	—	—	67.5/16	—	—	112.5/7
				3	10	107.5/7	—	—	72.5/20	—	—	107.5/7
				4	10	90/7	—	40/20	50/20	—	—	90/7
3 000	18 000	3 054	11 000	3	10	105/7	—		75/20	—	—	105/7
				4	10	90/7	—	40/20	50/20	—	—	90/7
				4	12	90/7	—	40/24	50/24	—	—	90/7
4 000	19 700	4 003	11 800	4	10	90/7	—	40/20	50/20	—	—	90/7
				4	12	90/7	—	40/24	50/24	—	—	90/7
				5	14	65/7	—	38/28	39/28	38/28	—	65/7
5 000	21 200	4 989	12 600	4	12	75/7	—	45/24	60/24	—	—	75/7
				5	12	75/7	—	30/24	45/24	30/24	—	75/7
					14	65/7	—	38/28	39/28	38/28	—	65/7
6 000	22 600	6 044	13 200	5	12	75/7	—	30/24	45/24	30/24	—	75/7
					14	65/7	—	38/28	39/28	38/28	—	65/7
8 000	24 800	7 986	14 400	5	14	65/7	—	38/28	39/28	38/28	—	65/7
10 000	26 800	10 079	15 400	5	14	65/7	—	38/28	39/28	38/28	—	65/7
12 000	28 400	11 994	16 200	5	14	65/7	—	38/28	39/28	38/28	—	65/7
15 000	30 600	15 002	17 200	5	16	60/7	—	40/32	40/32	40/32	—	60/7
18 000	32 500	17 974	18 200	5	16	56/7	—	41/32	42/32	41/32	—	56/7
				6	18	50/7	30/36	32/36	36/36	32/36	—	50/7
20 000	33 700	20 040	18 800	6	18	50/7	30/36	32/36	36/36	32/36	—	50/7
23 000	35 300	23 032	19 600	6	18	50/7	30/36	32/36	36/36	30/36	—	50/7
25 000	36 300	25 045	20 200	6	18	50/7	30/36	32/36	36/36	32/36	—	50/7
				7	20	45/7	27/30	27/40	27/40	27/40	27/30	40/7

ICS 23.020.30
J 74

中华人民共和国国家标准

GB/T 18182—2012

代替 GB/T 18182—2000

金属压力容器声发射检测及结果评价方法

Acoustic emission examination and evaluation of metallic pressure vessels

2012-12-31 发布　　2013-07-01 实施

中华人民共和国国家质量监督检验检疫总局
中国国家标准化管理委员会　发布

前　言

本标准按 GB/T 1.1—2009 给出的规则起草。

本标准代替 GB/T 18182—2000《金属压力容器声发射检测及结果评价方法》，与 GB/T 18182—2000 相比，主要变化如下：

——增加了声发射源、声发射定位源和活性缺陷的定义(见 3.1、3.2 和 3.5)；

——修改了第 6 章的名称(见第 6 章“设备与器材”，2000 年版的检测系统)；

——增加了安全要求(见 7.3)；

——修改了加压程序的具体要求(见 7.5.5，2000 年版的 7.4.3)；

——增加了检测数据分析(见 7.6)；

——修改了检测结果分级及评价(见第 8 章、第 9 章，2000 年版的第 8 章)；

——删除了附录 B(见 2000 版的附录 B)。

本标准由全国锅炉压力容器标准化技术委员会(SAC/TC 262)提出并归口。

本标准起草单位：中国特种设备检测研究院、大庆石油学院、南京市锅炉压力容器检验研究院、合肥通用机械研究院、北京声华兴业科技有限公司、北京科海恒生科技有限公司、天津石化装备研究院、航天材料工艺性能检测和失效分析中心、武汉市锅炉压力容器检验研究所。

本标准起草人：李光海、沈功田、李邦宪、戴光、梁华、关卫和、刘时风、段庆儒、蒋仕良、刘哲军、霍臻、蒋俊、王笑梅。

本标准所代替标准的历次版本发布情况为：

——GB/T 18182—2000。

金属压力容器声发射检测及结果评价方法

1 范围

本标准规定了金属压力容器受载荷作用时的声发射检测及结果评价方法。

本标准适用于金属压力容器的声发射检测。锅炉、压力管道及其他金属构件的声发射检测也可参照执行。

2 规范性引用文件

下列文件对于本文件的应用是必不可少的。凡是注日期的引用文件,仅注日期的版本适用于本文件。凡是不注日期的引用文件,其最新版本(包括所有的修改单)适用于本文件。

GB/T 9445 无损检测 人员资格鉴定与认证
GB/T 12604.4 无损检测 术语 声发射检测
GB/T 19624 在用含缺陷压力容器安全评定
GB/T 19800 无损检测 声发射检测 换能器的一级校准
GB/T 19801 无损检测 声发射检测 声发射传感器的二级校准
GB/T 20737 无损检测 通用术语和定义
JB/T 4730.2 承压设备无损检测 第2部分:射线检测
JB/T 4730.3 承压设备无损检测 第3部分:超声检测
JB/T 4730.4 承压设备无损检测 第4部分:磁粉检测
JB/T 4730.5 承压设备无损检测 第5部分:渗透检测

3 术语和定义

GB/T 12604.4 和 GB/T 20737 界定的以及下列术语和定义适用于本文件。

3.1

声发射源 acoustic emission source

材料中能量快速释放而产生瞬态弹性波的物理源点或部位。

3.2

声发射定位源 acoustic emission location source

通过分析声发射数据确定的被检件上声发射源的位置。

注:常用的几种源定位方法包括区域定位、计算定位和连续信号定位。

3.3

活性 activity

声发射源的事件数随加载过程或时间变化的程度。

3.4

强度　intensity

声发射源的事件所释放的平均弹性能。

3.5

活性缺陷　active defect

因载荷作用而产生瞬态弹性波释放的缺陷。

4　方法提要

4.1　声发射检测的主要目的是检测由金属压力容器壳体母材、焊缝、连接的零部件等表面和内部因不连续产生的声发射源，并确定声发射源的部位及划分综合等级。

4.2　金属压力容器的声发射检测通常采用加压的方式在加载过程中进行检测。加压过程一般包括升压、保压过程。在被检件表面布置声发射传感器，接收来自活性缺陷的声波并转换成电信号，经过检测系统鉴别、处理、显示、记录和分析声源的位置及声发射特性参数。

4.3　检测出的声发射定位源应根据源的综合等级划分结果决定是否采用其他无损检测方法进行复验。

5　人员资格

5.1　采用本标准进行检测的人员应按照 GB/T 9445 的要求或压力容器安全主管部门的规定，取得由相应无损检测人员资格鉴定机构颁发或认可的声发射检测等级资格证书，方可从事相应资格等级规定的检测工作。

5.2　从事声发射检测的检验人员要求掌握一定的声发射检测知识，具有现场检验经验，并掌握一定的压力容器知识。

6　设备与器材

6.1　声发射检测系统

声发射检测系统应包括传感器、前置放大器、系统主机、显示和存储等单元。检测系统的性能应符合附录 A 的要求。

声发射传感器、前置放大器和系统主机每年至少进行一次校准。声发射传感器的校准按 GB/T 19800 和 GB/T 19801 的要求进行，其他部件的校准按仪器制造商规定的方法进行，其结果不得低于附录 A 的要求。校准结果应有相应记录和报告。

6.2　压力指示装置

检测时被检件上应有压力指示装置，并在有效校准期内，其最大量程应当为最高试验压力的1.5 倍～3 倍。

7　检测程序

7.1　资料审查

资料审查应包括下列内容：

a)　设计文件、产品合格证、质量证明书、竣工图等；

b)　运行记录、开停车记录、有关运行参数、介质成分、载荷变化情况以及运行中出现的异常情况等资料；

c) 检验资料、历次检验报告；

d) 有关修理和改造的文件。

7.2 技术准备

检测开始前，应做好以下准备工作：

a) 现场勘察，找出所有可能出现的噪声源，如电磁干扰、振动、摩擦和流体流动等。对这些噪声源应设法予以排除；

b) 确定加压程序；

c) 建立声发射检测人员和加载人员的联络方式；

d) 确定传感器阵列，如无特殊要求，相邻传感器之间的间距应尽量接近；

e) 传感器应直接耦合在容器或管道的表面或与容器或管道构成整体的波导杆上，并保证声耦合良好；

f) 设定检测条件，制定检测方案。

7.3 安全要求

本标准没有完全列出进行检测时所有的安全要求，使用本标准的用户有义务在检测前建立适当的安全和健康准则。检测过程中的安全要求如下：

a) 检测时被检件的壁温应当比其材料的无延性转变温度高 30 ℃，或按照其设计标准的规定执行；

b) 检测人员应根据检测地点的要求穿戴防护工作服和佩戴有关防护设备；

c) 如有要求，使用的电子仪器应具有防爆功能；

d) 在进行加载试验时，应满足有关安全规范和标准的要求，若进行气压试验，应制定特别的安全措施；

e) 在线检测时，应避免安全阀过早或突然开启引起的危险后果，尤其是被检件内储存有毒或易爆等危害性介质时。

7.4 检测校准

7.4.1 仪器调试

将已安装的传感器与前置放大器和系统主机用电缆线连接，开机预热至系统稳定工作状态，根据被检件对声发射检测系统进行初步工作参数设置，保证声发射系统有足够的检测灵敏度。

7.4.2 模拟源

用模拟源进行灵敏度测试和校准定位。模拟源应能重复发出弹性波，可以采用声发射信号发生器作为模拟源，也可以采用直径为 0.3 mm，硬度为 2H 的铅笔芯折断信号作为模拟源。铅芯伸出长度约为 2.5 mm，与被检件表面的夹角为 30°左右，距传感器中心 100 mm±5 mm 处折断。其响应幅度值应取 3 次以上响应的平均值。

7.4.3 通道灵敏度测试

在检测开始之前和结束之后应进行通道灵敏度的测试。要求对每一个通道进行模拟源声发射幅度值响应测试，每个通道响应的幅度值与所有通道的平均幅度值之差应不大于±4 dB。

如系统主机有自动传感器测试功能，检测结束后可采用该功能进行通道灵敏度测试。

7.4.4　衰减测量

应进行与声发射检测条件相同的衰减特性测量。衰减测量应选择远离人孔和接管等结构不连续的部位，使用模拟源进行测量。如果已有检测条件相同的衰减特性数据，可不再进行衰减特性测量，但应把该衰减特性数据在本次检验记录和报告中注明。

7.4.5　定位校准

采用计算定位时，在被检件上传感器阵列的任何部位，声发射模拟源产生的弹性波至少能被该定位阵列中的传感器收到，并得到唯一定位结果，定位误差不超过该传感器阵列中最大传感器间距±5%。

采用区域定位时，声发射模拟源产生的弹性波应至少能被该区域内的一个传感器接收到。

7.5　检测

7.5.1　背景噪声

7.5.1.1　加压检测前，应进行背景噪声的测量。通过降低门槛电压来测量每个通道的背景噪声，设定每个通道的门槛电压至少大于背景噪声 6 dB，然后对整个检测系统进行背景噪声测量，在制压力容器和停产进行声发射检测的压力容器背景噪声测量应不少于 5 min，进行在线检测的压力容器背景噪声测量应不少于 15 min。如果背景噪声接近或大于所被检件材料活性缺陷产生的声发射信号强度，应设法消除背景噪声的干扰，否则不宜进行声发射检测。

7.5.1.2　加压过程中，应注意下列因素对检测结果的影响：

a）介质的注入；

b）加压速率过高；

c）外部机械振动；

d）内部构件、工装、脚手架等的移动或受压爆裂；

e）电磁干扰；

f）天气情况，如风、雨等的干扰；

g）泄漏。

7.5.2　检测时应观察声发射撞击数随压力或时间的变化趋势，声发射撞击数随压力或时间的增加呈快速增加时，应及时停止加压，在未查出声发射撞击数增加的原因时，禁止继续加压。

7.5.3　检测时对于声发射定位源集中出现的部位，应查看是否有外部干扰因素，如存在应停止加压并尽量排除干扰因素。

7.5.4　检测过程中如遇到强噪声干扰时，应暂停检测，排除强噪声干扰后再进行检测。

7.5.5　加压程序

7.5.5.1　概述

应根据被检件有关安全技术规范、标准和合同的要求来确定声发射检测最高试验压力和加压程序。升压速度一般应不大于 0.5 MPa/min。保压时间一般应不小于 10 min，如果在保压期间出现持续的声发射信号且数量较多时，可适当延长保压时间直到声发射信号收敛为止；如果保压开始的 5 min 内无声发射信号出现，也可提前终止保压。

7.5.5.2　在制压力容器的加压程序

对于在制压力容器的检测，最高试验压力为耐压试验压力。

在制压力容器的加压程序见图1。声发射检测应在试验压力达到设计压力的50%前开始进行，并至少在压力分别达到设计压力 P_D 和最高试验压力 P_{T1} 时进行保压。如果声发射数据指示可能有活性缺陷存在或不确定，应从设计压力开始进行第二次加压检测，第二次加压检测的最高试验压力 P_{T2} 应不超过第一次加压的最高试验压力 P_{T1}，建议 P_{T2} 为 97%P_{T1}。

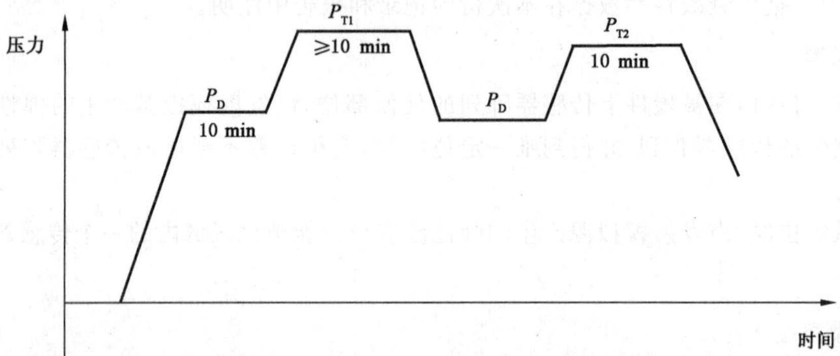

图 1 在制压力容器的加压程序

7.5.5.3 在用压力容器的加压程序

对于在用压力容器的检测，试验压力一般不小于最高工作压力的1.1倍。对于压力容器的在线检测和监测，当工艺条件限制声发射检测所要求的试验压力时，其试验压力不应低于最高工作压力，并在检测前一个月将操作压力至少降低15%，以满足检测时的加压循环需要。

在用压力容器的加压程序见图2。声发射检测在达到压力容器最高工作压力 P_W 的50%前开始进行，并至少在压力分别达到最高工作压力 P_W 和最高试验压力 P_{T1} 时进行保压。如果声发射数据指示可能有活性缺陷存在或不确定，应从最高工作压力 P_W 开始进行第二次加压检测，第二次加压检测的最高试验压力 P_{T2} 应不超过第一次加压的最高试验压力 P_{T1}，建议 P_{T2} 为97%P_{T1}。

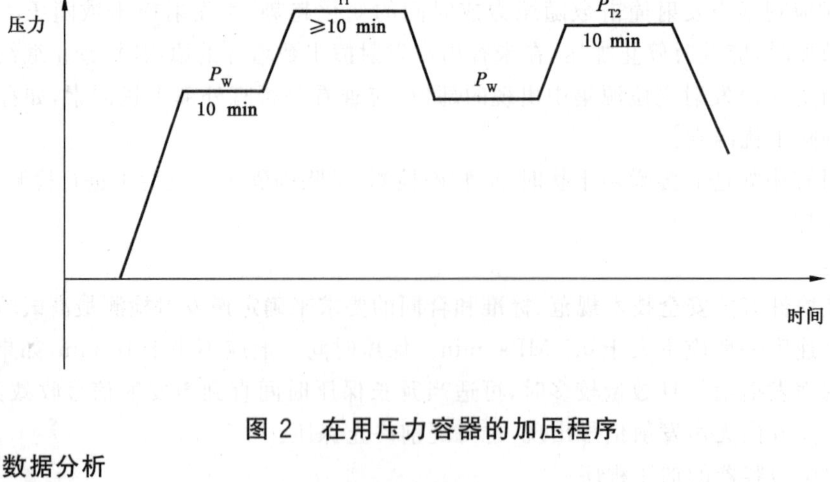

图 2 在用压力容器的加压程序

7.6 检测数据分析

7.6.1 从检测数据中标示检测过程出现的噪声数据，并在检测记录中注明。

7.6.2 利用软件滤波或数据图形显示分析的方法,从检测数据中分离出非相关声发射信号,并在检测记录中注明。

7.6.3 根据检测数据确定相关声发射定位源的位置。对结构不连续区域的声发射定位源还应通过定位校准的方法确定其位置。定位校准采用模拟源方法,若得到的定位显示与检测数据中的声发射定位源部位显示一致,则该模拟源的位置为检测到的声发射定位源部位。

7.6.4 声发射源的位置处于非结构不连续部位,如容器的母材,是否仍要按第 9 章要求进行检测结果评价由检测人员根据检测要求确定。

8 检测结果分级

8.1 概述

声发射定位源的等级根据声发射定位源的活性和强度来综合评价,评价方法是先确定声发射定位源的活性等级和强度等级,然后再确定声发射定位源的综合等级。

综合评价的声发射定位源包括区域定位和时差法计算定位分析得到的定位结果。

8.2 声发射定位源的活性分级

区域定位以通道覆盖区域划定出评定区域。时差法计算定位以传感器阵列中最大传感器间距的 10% 为边长或直径划定出正方形或圆形评定区域。落在同一评定区域内的声发射定位源事件,认为是同一源区产生的声发射定位源事件。

如果声发射定位源区的事件数随着升压或保压呈快速增加时,则认为该部位的声发射定位源具有超强活性。

如果声发射定位源区的事件数随着升压或保压呈连续增加时,则认为该部位的声发射定位源具有强活性。

如果声发射定位源区的事件数随着升压或保压呈间断出现时,则按表 1、表 2 进行分级。如果进行两次加压循环,声发射定位源的活性等级划分方法见表 1;对于进行一次加压循环,声发射定位源的活性等级划分方法见表 2。

表 1 两次加压循环声发射定位源的活性分级

活性等级	第一次加压循环		第二次加压循环	
	升压	保压	升压	保压
弱活性	×			
弱活性		×		
弱活性			×	
弱活性				×
中活性	×	×		
中活性			×	×
中活性	×		×	
中活性		×	×	

表 1(续)

活性等级	第一次加压循环		第二次加压循环	
	升压	保压	升压	保压
中活性	×			×
强活性		×		×
强活性	×	×	×	
强活性	×	×		×
强活性	×		×	×
强活性		×	×	×
超强活性	×	×	×	×

注 1:×表示加压或保压阶段有声发射定位源;空白表示加压或保压阶段无声发射定位源。

注 2:停止加压后 1 min 内的信号记入升压信号,1 min 后的信号为保压信号。

注 3:如果同一升压或保压阶段源区内声发射事件数较多时,可根据实际情况将该源的活性等级适当提高。

表 2 一次加压循环声发射定位源的活性分级

活性等级	升压	保压
中活性	×	
强活性		×
超强活性	×	×

注 1:×表示加压或保压阶段有声发射定位源;空白表示加压或保压阶段无声发射定位源。

注 2:停止加压后 1 min 内的信号记入升压信号,1 min 后的信号为保压信号。

注 3:如果同一升压或保压阶段源区内声发射事件数较多时,可根据实际情况将该源的活性等级适当提高。

8.3 声发射定位源的强度分级

声发射定位源的强度 Q 可用能量、幅度或计数参数来表示。声发射定位源的强度计算取声发射定位源区中前 5 个最大的能量、幅度或计数参数的平均值。幅度参数应根据衰减测量结果加以修正,区域定位按该通道覆盖的最远距离修正,时差计算定位按定位源的计算距离修正。声发射定位源的强度分级参考表 3 进行。表 3 中的 a、b 值应由试验来确定,Q345R 钢采用幅度参数进行声发射定位源的强度分级推荐值见表 4。

表 3 声发射定位源的强度分级

声发射定位源的强度等级	声发射定位源的强度 Q
低强度	$Q<a$
中强度	$a \leqslant Q \leqslant b$
高强度	$Q>b$

表 4　Q345R 钢采用幅度参数进行声发射定位源的强度分级

声发射定位源的强度等级	幅度 Q/dB
低强度	Q<60 dB
中强度	60 dB≤Q≤80 dB
高强度	Q>80 dB
注：表中的数据是经衰减修正后的数据。传感器输出 1 μV 为 0 dB。	

8.4　声发射定位源的综合分级

声发射定位源的综合分级按表 5 进行。

表 5　声发射定位源的综合分级

声发射定位源的强度等级	活性等级			
	超强活性	强活性	中活性	弱活性
高强度	Ⅳ	Ⅳ	Ⅲ	Ⅱ
中强度	Ⅳ	Ⅲ	Ⅱ	Ⅰ
低强度	Ⅲ	Ⅲ	Ⅱ	Ⅰ

9　检测结果评价

9.1　Ⅰ级声发射定位源不需要采用其他无损检测方法复检，Ⅱ级声发射定位源由检测人员根据被检件的使用情况和定位源部位的实际结构来确定是否需要采用其他无损检测方法复检，其他级别的声发射定位源应采用其他无损检测方法进行复检，检测标准可按 JB/T 4730.2～4730.5 执行。

9.2　经过其他无损检测方法复检确定的缺陷可按压力容器检验的相关规则进行评价，也可进行合于使用评价，评价标准参照 GB/T 19624 的要求进行。

10　记录和报告

10.1　记录

10.1.1　应按检测方案的要求记录检测数据或信息，并按相关法规、标准和(或)合同要求保存所有记录。

10.1.2　检测时如遇不可排除因素的噪声干扰，如人为干扰、风、雨和泄漏等，应如实记录，并在检测结果中注明。

10.2　报告

声发射检测报告至少应包括以下内容：

a)　设备名称、编号、制造单位、设计压力、温度、介质、最高工作压力、材料牌号、公称壁厚和几何尺寸；

b) 加载史和缺陷情况；

c) 执行与参考标准；

d) 检测方式、仪器型号、耦合剂、传感器型号及固定方式；

e) 各通道灵敏度测试结果；

f) 各通道门槛和系统增益的设置值；

g) 背景噪声的测定值；

h) 衰减特性；

i) 传感器布置示意图；

j) 源部位校准记录；

k) 检测软件名称及数据文件名称；

l) 加压程序图；

m) 声发射定位源定位图及必要的关联图；

n) 检测结果分析、源的综合等级划分结果；

o) 结论；

p) 检测人员、报告编写人和审核人签字及资格证书编号；

q) 检测日期。

附　录　A
(规范性附录)
声发射系统性能要求

A.1　传感器

传感器的响应频率推荐在 100 kHz～400 kHz 范围内,其灵敏度不小于 60 dB[表面波声场校准,相对于 1 V/(m·s^{-1})]或－77 dB(纵波声场校准,相对于 1 V/μbar)。当选用其他频带范围内的传感器时,应考虑灵敏度的变化,以确保所选频带范围内有足够的接收灵敏度。应能屏蔽无线电波或电磁噪声干扰。传感器在响应频率和工作温度范围内灵敏度变化应不大于 3 dB。传感器与被检件表面之间应保持电绝缘。

A.2　信号线

传感器到前置放大器之间的信号电缆长度不应超过 2 m,且能够屏蔽电磁干扰。

A.3　信号电缆

前置放大器到系统主机之间的信号电缆应能屏蔽电磁噪声干扰。信号电缆衰减损失应小于1 dB/30 m。信号电缆长度不宜超过 150 m。

A.4　耦合剂

耦合剂应能在试验期间内保持良好的声耦合效果。应根据容器壁温选用无气泡、黏度适宜的耦合剂。可选用真空脂、凡士林及黄油。

检测奥氏体不锈钢、钛和镍合金时,耦合剂中氯化物、氟化物离子含量应满足相关规范的要求,采用粘接方法固定时,粘接剂中的氯、氟离子含量和硫含量应满足相关规范的要求。

A.5　前置放大器

前置放大器短路噪声有效值电压不大于 7 μV。在工作频率和工作温度范围内,前置放大器的频率响应变化不超过 3 dB。前置放大器的频率响应应与传感器的频率响应相匹配,其增益应与系统主机的增益设置相匹配,通常为 40 dB 或 34 dB。如果前置放大器采用差分电路,其共模噪声抑制不低于 40 dB。

A.6　滤波器

放置在前置放大器和系统主机处理器内的滤波器的频率响应应与传感器的频率响应相匹配。

A.7　系统主机

A.7.1　声发射系统主机应有覆盖检验区域的足够通道数,应至少能实时显示和存储声发射信号的参数(包括到达时间、门槛、幅度、振铃计数、能量、上升时间、持续时间、撞击数,宜具有接收和记录压力、温度等外部电信号)的功能。

A.7.2 各个通道的独立采样频率应不低于传感器响应频率中心点频率的10倍。

A.7.3 门槛精度应控制在±1 dB的范围内。

A.7.4 声发射信号计数测量值的精度应在±5%范围内。

A.7.5 从信号撞击开始算起10 s之内,声发射系统应对每个通道具有采集、处理、记录和显示不少于20个/s声发射撞击信号的短时处理能力;当连续监测时,声发射系统对每个通道在采集、处理、记录和显示过程中应具有处理不少于10个/s声发射撞击信号的能力。当出现大量数据以致发生堵塞情况,系统应能发出报警信号。

A.7.6 峰值幅度测量值的精度应在±2 dB范围内,同时要满足信号不失真的动态范围不低于65 dB。

A.7.7 能量测量值的精度应在±5%范围内,同时要满足信号能量的动态范围不低于40 dB。

A.7.8 时差定位声发射检测系统,每个通道的上升时间、持续时间和到达时间的分辨率应优于0.25 μs,精度应在±1 μs范围内,各通道之间的误差应不大于平均值的±3 μs。

A.7.9 系统测量外接参数电压值的精度应不低于满量程的2%。

A.7.10 声发射采集软件应能实时显示声发射信号的参数、声发射信号参数之间和参数随压力或时间的关联图,以及声发射定位源的线定位和平面定位图,实时显示的滞后时间应不超过2 s。

A.7.11 声发射分析软件应能回放原始声发射检测数据,并能根据重新设定的条件对声发射检测数据进行滤波、定位、关联和识别等分析处理。

ICS 23.020.40
J 76

中华人民共和国国家标准

GB/T 18442.1—2019
代替 GB/T 18442.1—2011

固定式真空绝热深冷压力容器
第1部分：总则

**Static vacuum insulated cryogenic pressure vessels—
Part 1：General requirements**

2019-12-10 发布　　2019-12-10 实施

国家市场监督管理总局
国家标准化管理委员会　发布

前　言

GB/T 18442《固定式真空绝热深冷压力容器》分为以下 7 个部分：

——第 1 部分：总则；

——第 2 部分：材料；

——第 3 部分：设计；

——第 4 部分：制造；

——第 5 部分：检验与试验；

——第 6 部分：安全防护；

——第 7 部分：内容器应变强化技术规定。

本部分为 GB/T 18442 的第 1 部分。

本部分按照 GB/T 1.1—2009 给出的规则起草。

本部分代替 GB/T 18442.1—2011《固定式真空绝热深冷压力容器　第 1 部分：总则》，与 GB/T 18442.1—2011 相比，主要技术变化如下：

——修改了适用范围和不适用范围；

——删除了真空纤维绝热、真空绝热等 8 个术语和定义，增加了夹层、罐体、内容器等 6 个术语和定义，修订了真空绝热深冷压力容器、高真空多层绝热等 4 个术语和定义；

——增加了设计委托方的职责，修改了设计单位和制造单位的资质与职责；

——删除了设计文件及设计总图的要求，将其调整至 GB/T 18442.3 设计部分；

——将 GB/T 18442.4—2011 中的罐体受压元件的焊接接头分类内容移至本部分，并增加了外壳和管路焊接接头分类图。

请注意本文件的某些内容可能涉及专利。本文件的发布机构不承担识别这些专利的责任。

本部分由全国锅炉压力容器标准化技术委员会(SAC/TC 262)提出并归口。

本部分起草单位：上海市气体工业协会、张家港中集圣达因低温装备有限公司、中国特种设备检测研究院、江苏省特种设备安全监督检验研究院张家港分院、华东理工大学、机械工业上海蓝亚石化设备检测所有限公司、液化空气(中国)投资有限公司、上海华谊集团装备工程有限公司。

本部分主要起草人：周伟明、罗晓钟、陈朝晖、王飞、滕俊华、高洁、惠虎、张玉福、陈勤俭、魏勇彪。

本部分所代替标准的历次版本发布情况为：

——GB/T 18442.1—2011；

——GB 18442—2001。

固定式真空绝热深冷压力容器
第1部分:总则

1 范围

GB/T 18442的本部分规定了固定式真空绝热深冷压力容器(以下简称“深冷容器”)的基本要求。GB/T 18442规定的深冷容器包括罐体、管路、安全附件、仪表、装卸附件、支座、自增压器以及汽化器等。

注1:罐体的界定范围如下:

a) 罐体与外部管路焊接连接的第一道环向接头的坡口端面,螺纹连接的第一个螺纹接头端面,法兰连接的第一个法兰密封面;

b) 罐体开孔部分的端盖及其紧固件;

c) 罐体与非受压元件的连接焊缝。

注2:管路包括所有深冷容器自带的可能与介质接触的管子与管件。

注3:主要受压元件包括内容器筒体、内容器封头以及与介质接触的管座、凸缘、工艺人孔筒体、工艺人孔封头等。

本部分适用于同时满足以下条件的深冷容器:

a) 内容器工作压力不小于0.1 MPa;

b) 几何容积不小于1 m^3;

c) 绝热方式为真空粉末绝热、真空复合绝热或高真空多层绝热;

d) 储存介质为标准沸点不低于−196 ℃的冷冻液化气体。

本部分不适用于下列范围的深冷容器:

a) 内容器和外壳材料为有色金属或非金属的;

b) 球形结构的;

c) 堆积绝热方式的;

d) 移动式的;

e) 储存标准沸点低于−196 ℃冷冻液化气体介质的;

f) 储存介质按GB 12268规定为毒性气体的;

g) 国防军事装备等有特殊要求的。

2 规范性引用文件

下列文件对于本文件的应用是必不可少的。凡是注日期的引用文件,仅注日期的版本适用于本文件。凡是不注日期的引用文件,其最新版本(包括所有的修改单)适用于本文件。

GB/T 150(所有部分) 压力容器

GB/T 18442.2 固定式真空绝热深冷压力容器 第2部分:材料

GB/T 18442.3 固定式真空绝热深冷压力容器 第3部分:设计

GB/T 18442.4 固定式真空绝热深冷压力容器 第4部分:制造

GB/T 18442.5　固定式真空绝热深冷压力容器　第5部分:检验与试验

GB/T 18442.6　固定式真空绝热深冷压力容器　第6部分:安全防护

GB/T 18442.7　固定式真空绝热深冷压力容器　第7部分:内容器应变强化技术规定

GB/T 26929　压力容器术语

TSG 21　固定式压力容器安全技术监察规程

TSG 07　特种设备生产和充装单位许可规则

3　术语和定义

GB/T 150 和 GB/T 26929 界定的以及下列术语和定义适用于本文件。

3.1

夹层　annular space

内容器与外壳之间形成的密闭空间。

3.2

罐体　tank

由内容器、外壳和绝热层等组成的压力容器。

3.3

内容器　inner vessel

储存冷冻液化气体,并能承受工作压力的内胆。

3.4

外壳　outer jacket

形成和保护真空绝热空间的密封容器。

3.5

冷冻液化气体　refrigerated liquefied gas

在储存过程中由于温度低而部分呈液态的气体,临界温度一般不高于－50 ℃。

3.6

真空绝热深冷压力容器　vacuum insulated cryogenic pressure vessel

由储液内容器和维持真空绝热空间的外壳组成,且有一套完整的安全附件、仪表装置及满足操作要求的系统,用于储存冷冻液化气体的压力容器。

3.7

高真空多层绝热　high vacuum multilayer insulation

罐体的夹层空间内设置多层交替组合的间隔材料和反射屏,并抽至高真空所形成的绝热方式。

3.8

真空粉末绝热　vacuum powder insulation

罐体的夹层空间内充填多孔微粒绝热材料并抽真空所形成的绝热方式。

3.9

真空复合绝热　vacuum composite insulation

夹层空间内除设置高真空多层绝热材料外,还局部充填超细玻璃纤维绝热材料,并抽至高真空所形成的绝热方式。

3.10

几何容积　geometric volume

按设计的几何尺寸确定的内容器内部体积,扣除内件所占的体积。

3.11

自增压器　pressure build coil

将内容器中引出的冷冻液化气体汽化后返回内容器中,以提高内容器自身压力的装置。

4　一般要求

4.1　通则

深冷容器的材料、设计、制造、检验与试验、安全防护、内容器应变强化除应符合本部分及GB/T 18442.2～GB/T 18442.7 的规定外,还需遵守国家颁布的有关法律、规章和安全技术规范的要求。

4.2　资质与职责

4.2.1　资质

设计、制造单位应按 TSG 07 和 TSG 21 的规定,取得国家有关主管机构颁发的相应资质证书。

4.2.2　职责

4.2.2.1　设计委托方的职责

深冷容器的设计委托方应以书面形式向设计单位提出深冷容器的设计条件。设计条件至少包含以下内容:

a)　设计和制造应遵循的安全技术规范和产品标准;

b)　操作参数(包括工作压力、工作温度范围、充装量、接管载荷等);

c)　使用地及其自然条件(包括环境温度、抗震设防烈度、基本风压或风速、基本雪压等);

d)　充装介质,包括介质的编号、名称、类别、组分、物理与化学性质、危险特性、有害杂质含量及介质对罐体材料的腐蚀速率等;

e)　预期的深冷容器使用年限和夹层真空使用年限;

f)　几何参数和管口方位;

g)　设计需要的其他必要条件(如罐体材料选择、结构型式、绝热方式、防腐、表面处理、运输及特殊要求等)。

4.2.2.2　设计单位的职责

4.2.2.2.1　设计单位应基于风险评估报告的内容来完成产品设计,且对设计文件的正确性和完整性负责。

4.2.2.2.2　设计文件的审批、设计专用印章的管理和使用应满足 TSG 21 的要求。

4.2.2.2.3　设计单位应在深冷容器设计使用年限内保存全部设计文件。

4.2.2.3　制造单位的职责

4.2.2.3.1　制造单位应建立健全的压力容器质量保证体系,并有效运行,其要求应满足 TSG 21的规定。

4.2.2.3.2　制造单位应严格执行有关法规、安全技术规范及技术标准,按设计文件的技术要求制造深冷容器。

4.2.2.3.3 制造单位在深冷容器制造前应制定完善的质量计划(检验计划),其要求应满足 TSG 21 和 GB/T 150.1 的规定。

4.2.2.3.4 制造单位的检验部门在制造过程中和完工后,应按本部分、设计图样和设计文件、质量计划的规定进行各项检验和试验,出具相应报告,且对报告的正确性和完整性负责。

4.2.2.3.5 制造单位应按照 TSG 21 的要求向使用单位提供产品出厂资料或竣工资料。

4.2.2.3.6 制造单位应在深冷容器的明显部位装设产品铭牌,其要求应满足 TSG 21 的规定。

4.2.2.3.7 制造单位应约请特种设备监督检验机构对深冷容器制造过程进行监督检验,并取得“特种设备制造监督检验证书”。

4.2.2.3.8 制造单位应按 GB/T 18442.5 的要求进行型式试验。低温性能型式试验应由国家有关主管机构认可的型式试验机构进行,型式试验机构负责出具低温性能型式试验报告和证书。

4.2.2.3.9 制造单位对其制造的每台深冷容器产品应在容器设计使用年限内,至少保存下列技术文件备查:

a) 设计文件;
b) 制造工艺图或制造工艺卡;
c) 焊接工艺和热处理工艺文件;
d) 标准规定的检验、试验项目记录;
e) 制造过程中及完工后的检查、检验、试验记录;
f) 出厂资料。

4.2.2.3.10 产品出厂资料应满足 TSG 21 的要求,并符合 GB/T 18442.4 的规定。

4.3 焊接接头分类

4.3.1 罐体及管路受压元件之间的焊接接头分为 A、B、C、D 四类,如图 1~图 3 所示。分类规定如下:

a) 圆筒部分的纵向接头、球形封头与圆筒连接的环向接头、各类凸形封头中所有拼接接头,均属 A 类焊接接头;
b) 壳体部分的环向接头,工艺人孔筒体与其封头的对接环向接头,管子、管件、管座等受压元件之间的对接环向接头,均属 B 类焊接接头,但已规定为 A 类的焊接接头除外;
c) 平盖与圆筒非对接连接的接头、法兰与管子非对接连接的接头,均属 C 类焊接接头,但已规定为 A、B 类的焊接接头除外;
d) 管子、工艺人孔筒体、管座、凸缘、补强圈、管帽、加强圈等与壳体连接的接头,管子之间及管子与管座非对接连接的接头,管帽、管件、凸缘与管子非对接连接的接头,均属 D 类焊接接头,但已规定为 A、B、C 类的焊接接头除外。

4.3.2 非受压元件与受压元件的连接接头为 E 类焊接接头,如图 1、图 2 所示。

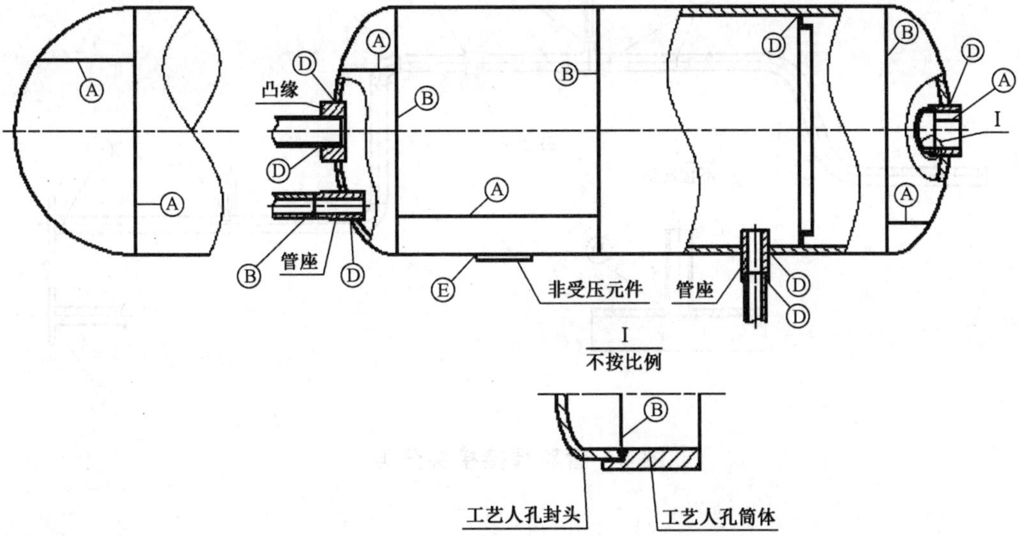

图 1　内容器焊接接头分类

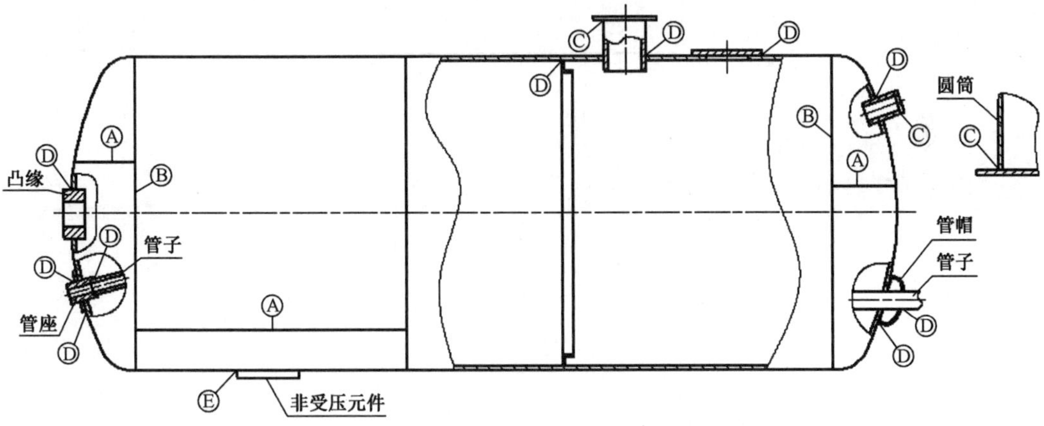

图 2　外壳焊接接头分类

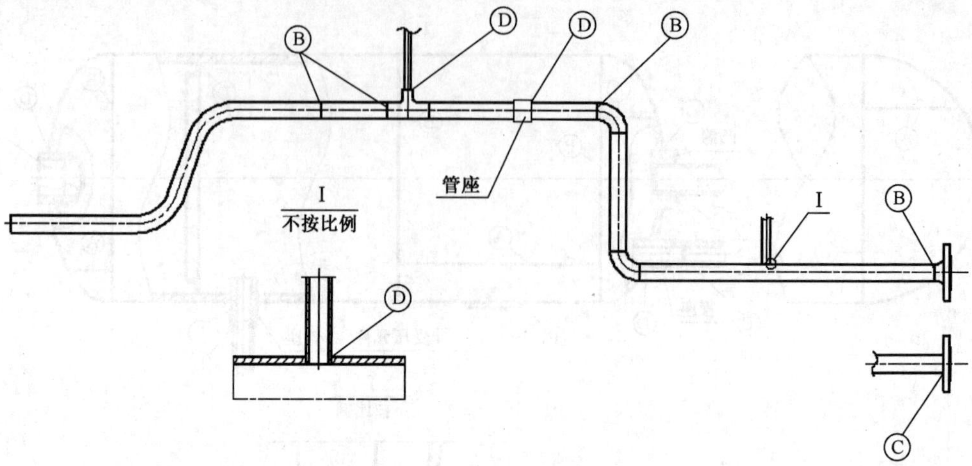

图3 管路焊接接头分类

参 考 文 献

[1] GB 12268 危险货物品名表

ICS 23.020.40
J 76

中华人民共和国国家标准

GB/T 18442.2—2019
代替 GB/T 18442.2—2011

固定式真空绝热深冷压力容器 第2部分:材料

Static vacuum insulated cryogenic pressure vessels—Part 2:Materials

2019-12-10 发布 2019-12-10 实施

国家市场监督管理总局
国家标准化管理委员会 发布

前　言

GB/T 18442《固定式真空绝热深冷压力容器》分为以下 7 个部分：

——第 1 部分：总则；

——第 2 部分：材料；

——第 3 部分：设计；

——第 4 部分：制造；

——第 5 部分：检验与试验；

——第 6 部分：安全防护；

——第 7 部分：内容器应变强化技术规定。

本部分为 GB/T 18442 的第 2 部分。

本部分按照 GB/T 1.1—2009 给出的规则起草。

本部分代替 GB/T 18442.2—2011《固定式真空绝热深冷压力容器　第 2 部分：材料》，与 GB/T 18442.2—2011 相比，主要技术变化如下：

——删除了夹层、罐体等 5 个术语和定义；

——修改了材料的一般要求；

——修改了罐体用钢板、钢锻件、管子和管件、绝热材料、吸附剂材料、焊接材料、夹层支撑材料、外购件和其他材料的要求；

——修改了罐体材料的性能指标和质量控制要求。

本部分由全国锅炉压力容器标准化技术委员会(SAC/TC 262)提出并归口。

本部分起草单位：张家港中集圣达因低温装备有限公司、上海市气体工业协会、中车长江车辆有限公司、中国特种设备检测研究院、石家庄安瑞科气体机械有限公司、苏州圣汇装备有限公司、杭州富士达特种材料股份有限公司、上海华谊集团装备工程有限公司。

本部分主要起草人：罗晓钟、周伟明、钱红华、滕俊华、胡海滨、陈朝晖、王红霞、张连伟、应建明、魏勇彪。

本部分所代替标准的历次版本发布情况为：

——GB/T 18442.2—2011；

——GB 18442—2001。

固定式真空绝热深冷压力容器
第2部分:材料

1 范围

GB/T 18442的本部分规定了固定式真空绝热深冷压力容器(以下简称"深冷容器")使用的钢板、锻件、管子和管件、绝热材料、吸附剂材料、焊接材料、夹层支撑材料及外购件材料的基本要求。

本部分适用于同时满足以下条件的深冷容器:

a) 内容器工作压力不小于0.1 MPa;

b) 几何容积不小于1 m^3;

c) 绝热方式为真空粉末绝热、真空复合绝热或高真空多层绝热;

d) 储存介质为标准沸点不低于-196 ℃的冷冻液化气体。

本部分不适用于下列范围的深冷容器:

a) 内容器和外壳材料为有色金属或非金属的;

b) 球形结构的;

c) 堆积绝热方式的;

d) 移动式的;

e) 储存标准沸点低于-196 ℃冷冻液化气体介质的;

f) 储存介质按GB 12268规定为毒性气体的;

g) 国防军事装备等有特殊要求的。

2 规范性引用文件

下列文件对于本文件的应用是必不可少的。凡是注日期的引用文件,仅注日期的版本适用于本文件。凡是不注日期的引用文件,其最新版本(包括所有的修改单)适用于本文件。

GB/T 150(所有部分) 压力容器

GB/T 713 锅炉和压力容器用钢板

GB/T 3531 低温压力容器用钢板

GB/T 13296 锅炉、热交换器用不锈钢无缝钢管

GB/T 13350 绝热用玻璃棉及其制品

GB/T 13550 5A分子筛及其测定方法

GB/T 14976 流体输送用不锈钢无缝钢管

GB/T 17600(所有部分) 钢的伸长率换算

GB/T 18442.1 固定式真空绝热深冷压力容器 第1部分:总则

GB/T 24511 承压设备用不锈钢和耐热钢钢板和钢带

GB/T 31480 深冷容器用高真空多层绝热材料

GB/T 31481 深冷容器用材料与气体的相容性判定导则

HG/T 2690　13X分子筛

JC/T 1020　低温装置绝热用膨胀珍珠岩

NB/T 47009　低温承压设备用合金钢锻件

NB/T 47010　承压设备用不锈钢和耐热钢锻件

NB/T 47014　承压设备焊接工艺评定

NB/T 47018.1　承压设备用焊接材料订货技术条件　第1部分:采购通则

NB/T 47018.2　承压设备用焊接材料订货技术条件　第2部分:钢焊条

NB/T 47018.3　承压设备用焊接材料订货技术条件　第3部分:气体保护电弧焊丝和填充丝

NB/T 47018.4　承压设备用焊接材料订货技术条件　第4部分:埋弧焊钢焊丝和焊剂

YS/T 599　超细氧化钯粉

TSG 21　固定式压力容器安全技术监察规程

3　术语和定义

GB/T 150和GB/T 18442.1界定的术语和定义适用于本文件。

4　一般要求

4.1　材料的选择应考虑材料的力学性能、物理性能、工艺性能和与介质的相容性。

4.2　罐体选用材料应符合TSG 21、GB/T 150.2以及相应国家标准或行业标准的规定。

4.3　可能与氧气或富氧环境接触的材料,其与氧的相容性应符合GB/T 31481的规定。

4.4　与受压元件相焊的非受压元件用材料应具有良好的韧性及焊接性。

4.5　受压元件材料制造单位应在材料的明显部位做出清晰、牢固的出厂钢印标志或采用其他可追溯的标志。

4.6　受压元件材料制造单位应向深冷容器制造单位提供材料质量证明书,材料质量证明书的内容应齐全、清晰并且印制可以追溯的信息化标识,加盖材料制造单位质量检验章。

4.7　深冷容器制造单位从非材料制造单位取得罐体和管路用材料时,应取得材料制造单位提供的材料质量证明书原件或加盖了材料经营单位公章和经办负责人签字(章)的复印件。

4.8　深冷容器制造单位应对取得的材料、外购件的质量证明书的真实性和一致性负责。

4.9　境外牌号材料和新材料的使用应符合TSG 21的有关规定。

5　罐体材料

5.1　一般要求

5.1.1　罐体受压元件的材料应符合相应材料标准和设计图样的规定。

5.1.2　罐体受压元件用钢应为氧气转炉或电炉冶炼的镇静钢,并应采用炉外精炼工艺。

5.1.3　罐体受压元件用钢板的断后伸长率应符合相应钢板标准的规定,且奥氏体型不锈钢的断后伸长率应不小于40%,碳素钢和低合金钢的断后伸长率应不小于20%。采用不同尺寸试样的断后伸长率指标,应按照GB/T 17600进行换算,换算后的指标应符合本条规定。

5.2　钢板

5.2.1　内容器用钢板

5.2.1.1　内容器用钢板一般采用奥氏体型不锈钢钢板,并符合GB/T 24511的规定。热轧钢板表面加工类型不低于1D级,冷轧钢板表面加工类型不低于2B级。

5.2.1.2 内容器受压元件用钢板应具有良好的塑性,其标准室温屈服强度(或0.2%规定塑性延伸强度)应不大于460 MPa,标准抗拉强度上限值应不大于725 MPa,材料质量证明书中室温屈服强度(或0.2%规定塑性延伸强度)与室温抗拉强度之比应不大于0.85。

5.2.1.3 内容器常用钢板材料的力学性能指标按表1的规定。

5.2.1.4 当采用表1以外的钢板时,应符合本部分和相应材料标准的规定。

表1 内容器常用钢板力学性能指标

钢号	钢板标准	交货状态	厚度/mm	室温强度指标/MPa			断后伸长率 A/%
				$R_{p0.2}$	$R_{p1.0}$	R_m	
S30408	GB/T 24511	固溶处理	3～40	≥220	≥250	≥520	≥40
S30403				≥210	≥230	≥490	
S31608				≥220	≥260	≥520	
S31603				≥210	≥260	≥490	

5.2.2 外壳用钢板

5.2.2.1 钢板应有良好的可焊性、足够的强度和冲击韧性,同时应考虑外界环境的腐蚀作用。当选用低合金钢钢板时,应符合GB/T 713或GB/T 3531的规定;当选用奥氏体型不锈钢钢板时,应符合GB/T 24511的规定。

5.2.2.2 外壳常用钢板材料的力学性能指标按表2的规定。

5.2.2.3 当采用表2以外的钢板时,应符合本部分和相应材料标准的规定。

表2 外壳常用钢板力学性能指标

钢号	钢板标准	交货状态	厚度/mm	室温强度指标/MPa		断后伸长率 A/%
				R_{eL}($R_{p0.2}$)	R_m	
Q245R	GB/T 713	热轧,控轧或正火	3～16	≥245	400～520	≥25
Q345R				≥345	510～640	≥21
16MnDR	GB/T 3531	正火,正火加回火	6～16	≥315	490～620	≥21
S30408	GB/T 24511	固溶处理	3～25	≥220	≥520	≥40
S30403				≥210	≥490	

5.3 钢锻件

5.3.1 内容器用不锈钢锻件应符合NB/T 47010的规定,锻件级别应不低于Ⅲ级。

5.3.2 外壳用低合金钢锻件和不锈钢锻件应分别符合NB/T 47009、NB/T 47010的规定,锻件级别应不低于Ⅱ级。

5.4 管子和管件

5.4.1 管子用材料应符合GB/T 150.2和设计图样的规定,且应符合GB/T 13296或GB/T 14976的规定。

5.4.2　管件应符合相应标准的规定。当管件采用钢锻件时,应符合5.3的规定。

5.4.3　奥氏体不锈钢管件采用冷成型加工成型时,其成型后的铁素体测量值应不大于15%。

5.5　绝热材料

5.5.1　膨胀珍珠岩(珠光砂)应符合JC/T 1020的规定,且含水率不大于0.3%(质量分数)。

5.5.2　阻光剂应具有良好的化学稳定性。

5.5.3　高真空多层绝热材料应符合GB/T 31480的规定。

5.5.4　复合绝热使用的超细玻璃纤维制品应符合GB/T 13350的规定,且符合下列要求:

a)　含水率≤0.3%(质量分数);

b)　密度≤16 kg/m³;

c)　热导率:在标准大气压力和常温下,热导率≤0.033 W/(m·K);在真空度为0.133 Pa(0.001 mmHg)和温度−196 ℃(77 K)～232 ℃(505 K)下,热导率≤0.003 6 W/(m·K)。

5.6　吸附剂材料

5.6.1　5A分子筛应符合GB/T 13550的规定,13X分子筛应符合HG/T 2690的规定。

5.6.2　氧化钯应符合YS/T 599的规定。

5.6.3　采用其他吸附剂材料时,应能满足深冷容器的使用要求,且符合相应产品标准的规定。

6　焊接材料

6.1　焊接材料应符合NB/T 47018.1～NB/T 47018.4的规定,且有清晰、牢固的标志,并附有质量证明书。

6.2　焊接材料的选用应考虑焊接接头力学性能与罐体母材的匹配,且应符合TSG 21的规定。

6.3　焊接材料应按NB/T 47014的要求进行焊接工艺评定,评定合格后方可使用。

7　夹层支撑材料

7.1　当采用非金属材料作支撑元件时,应满足下列要求:

a)　非金属支撑材料应尽可能采用热导率小、使用温度在材料允许使用温度范围内、真空下表面放气率低和具有良好的低温冲击韧性的材料;

b)　材料性能应符合相应的产品标准的规定;

c)　材料制造单位应委托具有相应资质的试验机构进行材料性能测试,并取得试验机构出具的材料性能试验报告;

d)　采用玻璃钢作为支撑材料时,材料出厂文件应包含压缩强度、弯曲强度、拉伸强度、剪切强度、冲击韧性和弹性模量等力学性能指标和热导率、线膨胀系数、允许使用温度范围等物理性能指标,以确保使用的玻璃钢满足深冷容器的绝热性能、结构强度、制造工艺和使用的要求。

7.2　当采用金属材料作为支撑元件时,应满足产品的低温性能要求,同时使用温度应在材料允许使用温度范围内,且材料应具有良好的低温冲击韧性。

8　外购件

8.1　外购件应符合相应的国家标准或行业标准的规定,且有质量证明文件或产品合格证。

8.2　进口阀门等压力管道元件还应符合国家主管部门的相关规定。

8.3　紧固件应符合相应国家标准或行业标准的规定。

8.4　密封垫片应根据充装介质、工作压力和温度正确选用，且符合相应标准的规定。当采用四氟乙烯垫片时，应选用膨胀或填充改性型聚四氟乙烯垫片。

9　其他材料

9.1　支座材料应有足够的强度和冲击韧性，且符合相应支座标准的规定。

9.2　深冷容器用其他材料应符合设计图样的要求。

ICS 23.020.40
J 76

中华人民共和国国家标准

GB/T 18442.3—2019
代替 GB/T 18442.3—2011

固定式真空绝热深冷压力容器 第3部分:设计

Static vacuum insulated cryogenic pressure vessels—Part 3:Design

2019-12-10 发布 2019-12-10 实施

国家市场监督管理总局
国家标准化管理委员会 发布

前　言

GB/T 18442《固定式真空绝热深冷压力容器》分为以下7个部分：

——第1部分：总则；

——第2部分：材料；

——第3部分：设计；

——第4部分：制造；

——第5部分：检验与试验；

——第6部分：安全防护；

——第7部分：内容器应变强化技术规定。

本部分为GB/T 18442的第3部分。

本部分按照GB/T 1.1—2009给出的规则起草。

本部分代替GB/T 18442.3—2011《固定式真空绝热深冷压力容器　第3部分：设计》，与GB/T 18442.3—2011相比，主要技术变化如下：

——修改了规范性引用文件；

——删除了计算压力、封口真空度等2个术语和定义，增加了有效容积、充满率、额定充满率、维持时间、静态蒸发率、封结真空度等6个术语和定义；

——按照TSG 21的规定，修改了设计的一般要求；

——增加了对设计文件的规定，对设计文件的内容、设计总图和管路系统图应注明的内容等提出明确的要求；

——修改了对设计载荷的规定，并按载荷的性质进行分类；

——修改了疲劳分析免除准则的规定；

——修改了材料许用应力的规定，按整体规则设计、整体分析设计和局部结构采用应力分析方法，分别规定相对应的材料许用应力或设计应力强度；对于非金属材料，规定了确定材料许用应力的安全系数；

——修改了内容器和外壳设计温度的规定；

——增加了最低设计金属温度的规定；

——修改了内容器承受外压的设计压力的规定；

——修改了外壳承受内压的规定；

——修改了腐蚀裕量的规定；

——增加了罐体厚度的规定，取消了2011年版标准中对钢材负偏差的规定；

——修改了充满率的规定，提出确定最大充满率、额定充满率和初始充满率的原则；

——修改了高真空多层绝热深冷容器的静态蒸发率、真空夹层漏气速率、真空夹层漏放气速率和封结真空度指标，增加了液化天然气(甲烷)的静态蒸发率指标，取消了2011年版表5中封口真空度作为推荐值的规定；

——增加了罐体泄漏试验的要求；

——修改了真空夹层中吸附剂的设置要求；
——修改了罐体设计的要求；
——增加了焊接结构设计的要求；
——修改了夹层支撑及罐体支座设计的要求；
——增加了结构件与罐体连接的设计要求；
——修改了绝热设计的要求；
——修改了自增压器的设计要求；
——增加了汽化器的设计要求；
——修改了管路系统设计的要求，增加外部管路设计压力、耐压试验压力等的规定；
——增加了附录A“风险评估报告”。

本部分由全国锅炉压力容器标准化技术委员会(SAC/TC 262)提出并归口。

本部分起草单位：查特深冷工程系统(常州)有限公司、上海市气体工业协会、张家港中集圣达因低温装备有限公司、中国特种设备检测研究院、南通中集能源装备有限公司、液化空气(中国)投资有限公司、杭州杭氧低温容器有限公司、荆门宏图特种飞行器制造有限公司、中车长江车辆有限公司、华东理工大学、江苏国富氢能技术装备有限公司、上海华谊集团装备工程有限公司。

本部分主要起草人：陈文锋、周伟明、罗晓钟、杨坤、陈朝晖、罗永欣、滕俊华、陈勤俭、毛荣大、肖学文、何远新、惠虎、魏蔚、魏勇彪。

本部分所代替标准的历次版本发布情况为：
——GB/T 18442.3—2011；
——GB 18442—2001。

固定式真空绝热深冷压力容器
第3部分:设计

1 范围

GB/T 18442的本部分规定了固定式真空绝热深冷压力容器(以下简称“深冷容器”)设计的设计文件、设计参数、性能参数及结构设计等基本要求。

本部分适用于同时满足以下条件的深冷容器:

a) 内容器工作压力不小于0.1 MPa;

b) 几何容积不小于1 m^3;

c) 绝热方式为真空粉末绝热、真空复合绝热或高真空多层绝热;

d) 储存介质为标准沸点不低于-196 ℃的冷冻液化气体。

本部分不适用于下列范围的深冷容器:

a) 内容器和外壳材料为有色金属或非金属的;

b) 球形结构的;

c) 堆积绝热方式的;

d) 移动式的;

e) 储存标准沸点低于-196 ℃冷冻液化气体介质的;

f) 储存介质按GB 12268规定为毒性气体的;

g) 国防军事装备等有特殊要求的。

2 规范性引用文件

下列文件对于本文件的应用是必不可少的。凡是注日期的引用文件,仅注日期的版本适用于本文件。凡是不注日期的引用文件,其最新版本(包括所有的修改单)适用于本文件。

GB/T 150—2011(所有部分) 压力容器

GB/T 1448 纤维增强塑料压缩性能试验方法

GB/T 1450.1 纤维增强塑料层间剪切强度试验方法

GB/T 9341 塑料 弯曲性能的测定

GB/T 18442.1 固定式真空绝热深冷压力容器 第1部分:总则

GB/T 20801.3—2006 压力管道规范 工业管道 第3部分:设计和计算

GB/T 20801.5 压力管道规范 工业管道 第5部分:检验与试验

GB/T 24511 承压设备用不锈钢和耐热钢钢板和钢带

GB/T 26929 压力容器术语

GB/T 31481 深冷容器用材料与气体的相容性判定导则

HG/T 21574 化工设备吊耳设计选用规范

JB 4732 钢制压力容器 分析设计标准

NB/T 47041 塔式容器

NB/T 47065.1　容器支座　第1部分:鞍式支座

NB/T 47065.2　容器支座　第2部分:腿式支座

NB/T 47065.4　容器支座　第4部分:支承式支座

TSG 21　固定式压力容器安全技术监察规程

3　术语和定义

GB/T 150、GB/T 18442.1 和 GB/T 26929 界定的以及下列术语和定义适用于本文件。

3.1

有效容积　effective volume

在使用状态下,深冷容器允许充装冷冻液化气体的液体最大液体体积。

3.2

充满率　filling rate

深冷容器充装冷冻液化气体的液体体积与内容器的几何容积之比。

3.3

额定充满率　specified filling rate

深冷容器充装时,充装液体量达到设计规定最高液面时的液体体积与内容器几何容积之比。

3.4

维持时间　holding time

按额定充满率充装冷冻液化气体,内部静置的冷冻液化气体在大气压力下与外部环境温度达到热平衡后,补液至额定充满率,且关闭气相阀门后,内容器从环境大气压力开始上升到安全泄放装置整定压力所经历的时间,且换算为标准大气压($1.013\ 25\times10^5$ Pa)和设定环境温度(20 ℃)下的时间。

注:单位为小时(h)。

3.5

静态蒸发率　static evaporation rate

深冷容器在额定充满率下,静置达到热平衡后,24 h 内自然蒸发损失的冷冻液化气体质量与内容器有效容积下冷冻液化气体质量的百分比,换算为标准大气压($1.013\ 25\times10^5$ Pa)和设定环境温度(20 ℃)状态下的蒸发率值。

3.6

夹层真空度　annular space vacuum degree

深冷容器中夹层空间的气体绝对压力。

3.7

封结真空度　sealing-off vacuum degree

罐体夹层抽真空结束并且封闭抽真空接口后,在常温下真空夹层压力相对稳定时的真空度。

3.8

真空夹层漏气速率　leakage rate of vacuum annular space

单位时间内漏入真空夹层的气体量。

3.9

真空夹层放气速率　outgassing rate of vacuum annular space

真空夹层内材料、器壁表面等在单位时间内放出的气体量。

3.10

真空夹层漏放气速率　outgassing and leakage rate of vacuum annular space

真空夹层漏气速率与真空夹层放气速率之和。

4　一般要求

4.1　深冷容器的设计除应符合本部分的要求外,还应符合 TSG 21 和 GB/T 150.3 的规定。

4.2　设计单位应严格依据设计委托方所提供的深冷容器设计条件,综合考虑所有相关因素、失效模式和足够的安全裕量,以保证深冷容器具有足够的强度、刚度、稳定性和耐腐蚀性。同时应考虑深冷容器的夹层支撑、支座、吊耳等主要受力构件与罐体的焊接接头的强度要求,确保深冷容器在设计使用年限内的安全。

4.3　罐体、管路、安全附件、仪表及装卸附件的布置应满足使用和安全的要求。

4.4　风险评估报告的基本内容应符合附录 A 的规定。常见冷冻液化气体热力学数据参见附录 B。

5　设计文件

5.1　深冷容器的设计文件应至少包括下列各项:

a)　风险评估报告,包括设计、制造及使用等阶段的主要失效模式和风险控制等;

b)　设计说明书,包括对充装介质的主要物理、化学性质(编号、名称、类别及与工作温度相对应的饱和蒸气压力与密度等),危险特性,混合介质的限制组分以及有害杂质的限制含量要求,与罐体材料相容性等作出说明,还应对设计规范与标准的选择、主要设计结构的确定原则、主要设计参数的确定原则、材料的选择、安全附件的选择、仪表及装卸附件的选择、自增压器等的选用作出说明;

c)　设计计算书,包括罐体强度、刚度、外压稳定性、结构强度应力分析报告(需要时)、容积、传热、安全泄放量、超压泄放装置的排放能力的计算、夹层支撑及罐体支座的强度计算等;

d)　设计图样,至少包括总图、内容器图、管路系统图及流程图等,必要时还应提供深冷容器基础条件图等;

e)　制造技术条件,包括主要制造工艺要求、检验与试验方法等;

f)　安装与使用维护说明书,包括主要技术性能参数、充装的介质特性、安全附件、仪表及装卸附件的规格和连接方式、操作说明、维护说明、使用应注意的事项、必要的警示性告知以及应急措施等。

5.2　设计总图上应至少注明下列内容:

a)　产品名称、型号、容器类别,设计、制造所依据的安全技术规范和产品标准;

b)　工作条件,包括工作压力、工作温度、介质特性(毒性、爆炸危害程度、氧化性等);

c） 设计条件，包括设计温度、最低设计金属温度、设计载荷（包含压力载荷和其他应考虑的载荷）、介质（组分）、焊接接头系数、腐蚀裕量、自然条件（环境温度、地震设防烈度、基本风压或风速、基本雪压等），对有应力腐蚀倾向的还应注明腐蚀介质的限定含量；

d） 内容器主要受压元件、外壳壳体和管路的材料牌号与材料标准；

e） 主要特性参数，包括深冷容器内容器的几何容积、额定充满率、夹层的几何容积、深冷容器自重和盛装介质重量等；

f） 内容器封头与筒体的计算厚度、名义厚度和最小成型厚度，外壳封头与筒体的名义厚度和最小成型厚度；

g） 外形尺寸；

h） 深冷容器设计使用年限；

i） 耐压试验和泄漏试验要求；

j） 制造要求，包括无损检测要求、热处理要求（必要时）、对表面清洁处理的要求、氮气或惰性气体置换要求、外壳表面处理与涂敷的要求等；

k） 罐体绝热方式、真空绝热性能指标和夹层真空性能指标等；

l） 罐体安全附件、仪表和装卸附件的规格、性能参数和连接方式；

m） 管口的方位、规格、连接法兰标准等；

n） 产品铭牌位置；

o） 包装、运输和安装要求。

5.3 管路系统图应至少注明以下内容：

a） 管路系统设计、制造所依据的标准；

b） 设计参数，包括设计温度、设计压力、焊接接头系数等；

c） 管路受压元件材料牌号以及材料标准号、规格等；

d） 安全附件（包括管路超压泄放装置）、仪表及装卸附件的型号、规格、性能参数、连接方式、管口方位等；

e） 无损检测要求；

f） 耐压试验要求；

g） 泄漏试验要求。

6 载荷

6.1 总体要求

深冷容器应能承受在正常操作和空罐运输等可能出现的各种工况条件下的机械载荷（含压力载荷、重力载荷、惯性力载荷和动力载荷）及热应力载荷，并考虑这些载荷可能发生的最苛刻的组合。同时，应考虑在设计使用年限内由于内容器压力波动等造成的结构疲劳失效。

6.2 内容器设计载荷

6.2.1 压力载荷应考虑下列载荷：

a） 内压、外压或最大压差；

b） 储液量达到额定充满率时，介质产生的液柱静压力。液柱静压力按介质在标准大气压下沸点的密度进行计算。

6.2.2 重力载荷应考虑下列载荷：

a) 内容器的自重以及附在内容器上的绝热材料、夹层管路等附件的重力载荷；

b) 正常工作条件下或耐压试验状态下，内容器盛装介质的重力载荷。

6.2.3 动力载荷应考虑下列各项引起的载荷：

a) 内容器充液时，液体流动对内容器的冲击力；

b) 介质压力急剧波动引起的冲击载荷；

c) 地震载荷。

6.2.4 热应力载荷至少应考虑下列工况下，由温度递变引起的不均匀应变载荷以及内容器与夹层管路的热膨胀或冷收缩所引起的管路反作用力：

a) 内容器从环境温度冷却到工作温度过程中，内容器在支撑点处承受的载荷。

b) 由于内容器、夹层管路的热膨胀或冷收缩引起的管路施加于内容器的反作用力，并至少考虑下列3种工况：

1) 预冷工况：内容器热状态，夹层管路冷状态，外壳热状态；

2) 充装及出液工况：内容器、夹层管路均是冷状态，外壳热状态；

3) 储存液体工况：内容器冷状态，夹层管路热状态，外壳热状态。

c) 罐体制造过程中夹层加热抽真空时，由于内容器与外壳处于不同的温度，应考虑下列连接处的载荷：

1) 内容器在支撑点处的热应力载荷；

2) 夹层管路施加于内容器连接处的热应力载荷。

6.2.5 空罐运输过程中，夹层支撑结构承受的惯性力载荷按下列要求转换成等效的静态力，最大质量取内容器及其附件质量之和：

a) 运动方向：最大质量乘以2倍重力加速度；

b) 与运动方向垂直的水平方向：最大质量乘以重力加速度；

c) 垂直向上：最大质量乘以重力加速度；

d) 垂直向下：最大质量乘以2倍重力加速度。

6.3 外壳设计载荷

6.3.1 压力载荷应考虑由于内压或外压引起的载荷。

6.3.2 重力载荷应考虑在正常工作条件下罐体支座承受的重力载荷(罐体和外部管路、扶梯、平台等附件的自重)以及在正常工作条件下或试验状态下内容器盛装的介质的重力载荷。在支座连接处外壳承受的支反力等于支座承受的重力载荷。

6.3.3 热应力载荷应考虑6.2.4 b)、c)工况下，夹层管路施加于外壳的载荷。

6.3.4 惯性力载荷至少应考虑下列a)和b)工况下运输支座或吊耳施加于外壳的载荷：

a) 空罐运输过程中，深冷容器运输支座承受的惯性力载荷等于其空罐时的质量乘以6.2.5规定的不同方向的惯性力载荷系数；

b) 计算空罐吊装时，罐体吊耳承受的惯性力载荷，载荷系数按照HG/T 21574的规定；

c) 罐体与运输支座或吊耳连接处所承受的惯性力等于运输支座或吊耳的支反力。

6.3.5 动力载荷应考虑风载荷、地震载荷和雪载荷等载荷的作用。

6.3.6 对于立式深冷容器应考虑在制造、运输、吊装工况中,罐体处于卧置状态时,夹层支撑件承受的载荷以及外壳在支撑处的支反力。

6.4 疲劳分析的免除准则

6.4.1 满足6.4.2、6.4.3或6.4.4任一条的所有要求时,可免除疲劳分析。否则,内容器应按照JB 4732进行疲劳分析设计。

6.4.2 对于循环次数$\leqslant 10^6$的内容器,如所设计的深冷容器与已有成功使用经验的深冷容器具有可类比的形状与载荷条件,且经过了足够长时间的操作,并有使用经验证明的,可免除疲劳分析。但对下列情况所产生的不利影响应予特别注意:

a) 内容器采用了非整体结构,如开孔采用补强圈补强或角焊缝连接件;

b) 内容器相邻部件之间有显著的厚度变化;

c) 位于成型封头过渡区的连接件和接管。

6.4.3 内容器采用奥氏体型不锈钢材料时,下列各项循环次数的总和不超过4 000次:

a) 包括充装与出液在内的全范围压力循环的预计(设计)循环次数;

b) 内容器的压力波动范围超过50%设计压力的工作压力循环的预计(设计)循环次数;

c) 包括管路在内的任意相邻两点之间金属温差波动的有效次数,该有效次数的计算方法按JB 4732的相关规定;

d) 由热膨胀系数不同的材料组成的部件(包括焊缝),当$(\alpha_1-\alpha_2)\Delta T>0.000\ 34$时的温度波动循环次数,其中$\alpha_1$、$\alpha_2$是两种材料各自的平均热膨胀系数,$\Delta T$为工作时温度波动范围。

6.4.4 满足JB 4732规定的相应的疲劳分析免除条件。

7 温度

7.1 设计温度

7.1.1 内容器的设计温度应不低于元件金属在正常工况下可能达到的最高工作温度。

7.1.2 外壳的设计温度应考虑环境温度和使用条件的影响,且不低于50 ℃。

7.1.3 对各元件进行稳定性校核时,其设计温度考虑正常工作条件下及罐体加热抽真空时可能出现的最高温度。

7.2 最低设计金属温度

7.2.1 内容器的最低设计金属温度应考虑正常工作条件下及检验、试验条件下介质最低工作温度对内容器金属温度的影响,且应不高于介质的沸点。

7.2.2 外壳的最低设计金属温度,应考虑使用地点大气环境低温以及使用条件(如外壳悬挂汽化器)对罐体外壳金属温度的影响,且不高于−20 ℃。

8 压力

8.1 设计压力

8.1.1 内容器的设计压力应按下列要求确定:

a) 内压不小于充装、出液工况的工作压力,且不小于设计温度下介质的饱和蒸气压力(表压);

b) 外压应不小于深冷容器在制造、运输、充装、出液、检验与试验或其他工况中可能出现的最大内外压力差。

8.1.2 外壳的设计压力按下列要求确定:

a) 内压应不低于外壳防爆装置设定的排放压力,当采用真空粉末绝热时,还应考虑粉末充填时夹层可能出现的最大内压;

b) 外压不小于 0.1 MPa。

8.2 计算压力

8.2.1 内容器受压元件的计算压力应不小于设计压力、液柱静压力与 0.1 MPa 之和。

8.2.2 当液柱静压力小于设计压力的 5%时,可忽略不计。

9 焊接接头系数

9.1 内容器的焊接接头系数取 1.0。

9.2 外壳的焊接接头系数取 0.85。

10 许用应力

10.1 当罐体承受压力载荷时,采用规则设计的罐体材料的许用应力按 GB/T 150.2 的规定选取,采用分析设计的罐体材料的设计应力强度按 JB 4732 的规定选取。

10.2 采用规则设计的罐体,局部结构采用应力分析设计时,材料的设计应力强度按 GB/T 150.2 中对应材料的许用应力确定。

10.3 当罐体采用的材料在 GB/T 24511 中规定了 $R_{p1.0}$ 值,且在设计文件中提出了钢板附加检验 $R_{p1.0}$ 值时,可使用 $R_{p1.0}$ 来确定材料的许用应力值。

10.4 罐体夹层内支撑件、罐体支座(或裙座)、吊耳等受力构件,其许用应力不大于以下要求确定的值,且满足相应受力构件标准的要求,其最大应力强度或最大当量应力不超过 0.75 倍的材料常温屈服强度:

a) 具有明确屈服点的材料,其许用应力不大于材料标准常温下的屈服强度除以 1.5;

b) 不具有明确屈服点的材料,其许用应力不大于材料标准常温下的 0.2%规定塑性延伸强度除以 1.5;

c) 低温用环氧玻璃钢等非金属材料(管、棒或板),其弯曲、压缩和剪切的许用应力值应为相应产品标准规定的常温下对应方向弯曲、压缩和剪切强度值除以安全系数,安全系数不小于 4。试样弯曲、压缩和剪切的试验方法应分别符合 GB/T 9341、GB/T 1448 和 GB/T 1450.1 的规定。

10.5 当地震载荷或风载荷与 6.2 中其他载荷相组合时,允许罐体承压元件和承力构件的设计应力不超过许用应力的 1.2 倍,其组合要求按相应标准的规定。

10.6 螺栓材料在不同温度下的许用应力按 GB/T 150.2 和相应标准的规定选取。

11 腐蚀裕量

11.1 深冷容器的腐蚀裕量应由设计者根据设计委托方提供的条件确定。

11.2 对于有均匀腐蚀或磨损的元件，应根据深冷容器预期的设计使用年限和介质对材料的腐蚀速率(及磨损速率)确定腐蚀裕量。内容器为奥氏体型不锈钢材料时，一般不考虑均匀腐蚀。

11.3 罐体各元件受到的腐蚀程度不同时，可采用不同的腐蚀裕量。

11.4 碳素钢或低合金钢制外壳内表面一般不考虑腐蚀。当外壳外表面有可靠的防腐蚀措施时，可不考虑腐蚀裕量；当外壳外表面无可靠的防腐蚀措施时，其腐蚀裕量应不小于 1 mm。

12 罐体厚度

12.1 罐体最小厚度的确定应考虑制造、运输、安装等因素的影响，内容器和外壳的壳体加工成型后不包括腐蚀裕量的最小厚度应符合下列要求：

a) 碳素钢、低合金钢制外壳，应不小于 3 mm；

b) 奥氏体不锈钢制内容器和外壳，应不小于 2 mm。

12.2 罐体的设计厚度应不小于下列值的较大值：

a) 计算厚度与腐蚀裕量之和；

b) 按 12.1 确定的罐体最小厚度与腐蚀裕量之和。

13 充满率

13.1 最大充满率应符合下列规定：

a) 充装非易燃、易爆介质的深冷容器，在任何情况下可能达到的最大充满率应不大于 98%；

b) 充装易燃、易爆介质的深冷容器，在任何情况下可能达到的最大充满率应不大于 95%。

13.2 额定充满率应符合下列规定：

a) 充装非易燃、易爆介质的深冷容器，额定充满率应不大于 95%；

b) 充装易燃、易爆介质的深冷容器，额定充满率应不大于 90%。

13.3 在确定初始充满率时，应考虑深冷容器储存冷冻液化气体预期所需要的维持时间(包括可能遇到的长时间没有使用液体的情况)、最大充满率等因素，初始充满率应不超过额定充满率。

13.4 深冷容器应设置溢流口。溢流口应根据设计使用工况设置一个或多个，并符合 13.3 的规定。

14 真空绝热性能指标

14.1 常见冷冻液化气体介质的深冷容器的静态蒸发率应符合表 1 的规定。当设计委托方对维持时间有规定时，还应满足维持时间的要求。

14.2 采用真空复合绝热方式的深冷容器，其静态蒸发率应满足表 1 中高真空多层绝热方式的指标要求。

表 1 静态蒸发率

几何容积 V/m³	静态蒸发率(上限值)/(%/d)							
	液氮		液氧		液氩		液化天然气(甲烷)	
	高真空多层绝热	真空粉末绝热	高真空多层绝热	真空粉末绝热	高真空多层绝热	真空粉末绝热	高真空多层绝热	真空粉末绝热
1	1.000	1.200	0.625	0.800	0.680	0.800	0.620	0.780
2	0.700	1.000	0.450	0.670	0.490	0.700	0.440	0.65
3	0.660	0.900	0.400	0.600	0.440	0.630	0.400	0.58
5	0.450	0.650	0.300	0.435	0.315	0.460	0.300	0.430
10	0.350	0.550	0.220	0.360	0.245	0.380	0.220	0.360
15	0.280	0.530	0.175	0.350	0.190	0.370	0.175	0.340
20	0.230	0.500	0.153	0.330	0.160	0.350	0.150	0.320
25	0.215	0.450	0.140	0.300	0.147	0.320	0.140	0.300
30	0.200	0.440	0.133	0.290	0.140	0.310	0.130	0.290
35	0.185	0.405	0.120	0.270	0.130	0.285	0.120	0.270
40	0.170	0.370	0.115	0.250	0.120	0.260	0.115	0.250
50	0.150	0.350	0.100	0.230	0.110	0.240	0.100	0.230
65	0.135	0.300	0.090	0.200	0.095	0.210	0.090	0.200
85	0.120	0.280	0.085	0.180	0.088	0.190	0.085	0.180
100	0.105	0.250	0.070	0.160	0.078	0.170	0.070	0.160
150	0.085	0.225	0.055	0.145	0.060	0.155	0.055	0.145
200	0.075	0.200	0.050	0.130	0.053	0.140	0.050	0.130
250	0.070	0.180	0.048	0.120	0.050	0.130	0.048	0.120
300	0.065	0.160	0.045	0.110	0.046	0.120	0.045	0.110
500	0.060	0.150	0.038	0.100	0.040	0.110	0.038	0.100
注:中间值采用内插法确定。								

15 夹层的真空性能

15.1 真空夹层的漏气速率应符合表 2 的规定。

15.2 真空夹层的漏放气速率应符合表 3 的规定。

15.3 常温下真空夹层的封结真空度应符合表 4 的规定。装有冷冻液化气体介质时,真空夹层的冷态真空度应不大于封结真空度的 0.1 倍。

15.4 夹层真空性能一般满足 5 年真空使用年限的要求。

15.5 采用真空复合绝热方式的深冷容器,夹层的真空性能要求应满足高真空多层绝热深冷容器的要求。

表 2 真空夹层漏气速率

几何容积 V/m^3	漏气速率/(Pa·m^3/s)	
	高真空多层绝热	真空粉末绝热
$1 \leqslant V \leqslant 10$	$\leqslant 1 \times 10^{-8}$	$\leqslant 5 \times 10^{-8}$
$10 < V \leqslant 100$	$\leqslant 5 \times 10^{-8}$	$\leqslant 1 \times 10^{-7}$
$100 < V \leqslant 500$	$\leqslant 1 \times 10^{-7}$	$\leqslant 5 \times 10^{-7}$

表 3 真空夹层的漏放气速率

几何容积 V/m^3	漏放气速率/(Pa·m^3/s)	
	高真空多层绝热	真空粉末绝热
$1 \leqslant V \leqslant 10$	$\leqslant 1 \times 10^{-6}$	$\leqslant 1 \times 10^{-5}$
$10 < V \leqslant 100$	$\leqslant 5 \times 10^{-6}$	$\leqslant 5 \times 10^{-5}$
$100 < V \leqslant 500$	$\leqslant 1 \times 10^{-5}$	$\leqslant 1 \times 10^{-4}$

表 4 封结真空度

几何容积 V/m^3	真空度/Pa	
	高真空多层绝热	真空粉末绝热
$1 \leqslant V \leqslant 10$	$\leqslant 0.01$	$\leqslant 2$
$10 < V \leqslant 50$	$\leqslant 0.02$	$\leqslant 3$
$50 < V \leqslant 100$	$\leqslant 0.03$	$\leqslant 5$
$100 < V \leqslant 500$	$\leqslant 0.05$	$\leqslant 8$

16 耐压试验

16.1 耐压试验一般采用气压试验。

16.2 内容器与外壳组装前,内容器的耐压试验压力最低值的确定:

a) 液压试验按式(1)计算:

$$p_T = 1.25(p + 0.1) \qquad \cdots\cdots(1)$$

b) 气压试验按式(2)计算:

$$p_T = 1.10(p + 0.1) \qquad \cdots\cdots(2)$$

式中:

p_T ——试验压力,单位为兆帕(MPa);当立式容器卧置液压试验时,试验压力应计入立式时的液柱静压力;

p ——设计压力,单位为兆帕(MPa)。

16.3 内容器与外壳组装完毕,且夹层形成真空后,内容器的耐压试验压力最低值的确定:

a) 液压试验按式(3)计算：

$$p_T = 1.25(p+0.1) - 0.1 \quad \cdots\cdots (3)$$

b) 气压试验按式(4)计算：

$$p_T = 1.10(p+0.1) - 0.1 \quad \cdots\cdots (4)$$

16.4 当采用大于16.2或16.3规定的耐压试验压力时，在内容器耐压试验前，应校核各受压元件在试验条件下的应力水平。内容器壳体元件应校核最大总体薄膜应力，并满足下列条件：

a) 液压试验

$$\sigma_T \leqslant 0.9R_{eL}(R_{p0.2}) \quad \cdots\cdots (5)$$

b) 气压试验

$$\sigma_T \leqslant 0.8R_{eL}(R_{p0.2}) \quad \cdots\cdots (6)$$

式中：

σ_T ——试验压力下圆筒的最大总体薄膜应力，单位为兆帕(MPa)；

$R_{eL}(R_{p0.2})$——内容器材料在试验温度下的屈服强度(或0.2%规定塑性延伸强度。当壳体采用的材料在GB/T 24511中规定了$R_{p1.0}$值，且在设计文件中提出了钢板附加检验$R_{p1.0}$值时，则可以选用该值作为屈服强度)，单位为兆帕(MPa)。

16.5 管路的耐压试验应符合GB/T 20801.5的规定。夹层内部管路以及无法与罐体隔离(无根部阀)的外部管路可与内容器一同进行耐压试验，试验压力与内容器相同。设置了根部隔离阀的外部管路应将根部阀关闭后，单独进行耐压试验，试验压力不低于下列要求：

a) 液压试验

$$p_T = 1.5p \quad \cdots\cdots (7)$$

b) 气压试验

$$p_T = 1.15p \quad \cdots\cdots (8)$$

式中：

p_T ——试验压力，单位为兆帕(MPa)；

p ——管路设计压力，单位为兆帕(MPa)。

17 泄漏试验

17.1 泄漏试验方法包括气密性试验和氦质谱检漏试验等。

17.2 内容器的泄漏试验宜采用气密性试验，试验压力取内容器的设计压力，试验介质应为干燥洁净的空气、氮气或其他惰性气体。

17.3 真空夹层的泄漏试验宜采用氦质谱检漏试验，其漏气速率指标应符合表2的规定。

17.4 管路的泄漏试验宜采用气密性试验。夹层管路以及无法与罐体隔离(无根部阀)的外部管路的气密性试验压力取内容器的设计压力，外部管路的气密性试验压力取管路的设计压力。

18 结构设计

18.1 罐体设计

18.1.1 深冷容器应采用双层金属壳的结构，内容器和外壳的截面应为圆形。

18.1.2 设计时，应考虑深冷容器在制造、试验和正常工作过程中，因内容器、夹层管路、外壳之间的温度梯度而引起的载荷。夹层管路满足GB/T 20801.3—2006中7.1.2的条件之一时，可免除管路的应力分析,否则应按照 GB/T 20801.3—2006 中第 7 章的规定对管路进行应力分析。

18.1.3 罐体进行强度计算和外压稳定性校核时,采用规则设计的应符合 GB/T 150.3 的规定,采用分析设计的应符合 JB 4732 的规定。

18.1.4 罐体总体按 GB/T 150.3 设计时,局部应力分析可按 JB 4732 的规定进行。

18.1.5 内容器的结构应尽量简单、避免结构形状的突然变化,以减少约束和局部应力集中。

18.1.6 深冷容器的罐体一般不设人孔或检查孔。当设置工艺人孔时,开孔位置宜布置在封头中心区域,开孔边缘应在封头中心 $0.8D_i$ 范围内,开孔中心线沿封头法线方向。工艺人孔封盖宜采用成型封头,封头与工艺人孔筒体的连接应采用焊接结构。

18.1.7 内容器的开孔补强宜采用整体补强结构。

18.1.8 夹层管路宜布置在内容器的固定端。

18.1.9 当内容器采用液压试验方法时,应设置排水口以便试验后排尽积水。

18.1.10 储存液氧的罐体结构设计应考虑避免碳氢化合物的积聚。

18.1.11 罐体外壳悬挂自增压器或汽化器时,应考虑自增压器或汽化器外部低温气流环境对外壳材料的影响。

18.2 焊接结构

18.2.1 焊接接头的结构应尽可能采用具有承受较高的静载荷能力和疲劳强度的接头型式。

18.2.2 内容器除最后一道封闭环焊缝外,A、B 类焊接接头应采用全截面焊透的对接接头,封闭环焊缝允许采用带永久性垫板的对接接头。对于立式深冷容器,带永久性垫板的封闭环焊缝宜布置在上封头与筒体连接处。

18.2.3 外壳除最终组装形成封闭外壳的封闭环焊缝外,A、B 类焊接接头也应采用全焊透的对接接头。封闭环焊缝允许采用带永久性垫板的单面焊对接接头。

18.2.4 夹层内的管子应通过管座与内容器壳体连接,管子对接接头、管子与管座的对接接头宜采用等壁厚对接焊接接头。

18.2.5 管座与内容器壳体连接的 D 类接头,应采用 GB/T 150.3—2011 中图 D.4 所示的全截面焊透焊接接头。

18.2.6 壳体上 B 类焊接接头两侧钢板厚度不等时,按 GB/T 150.4 的要求进行削边处理。应避免壳体上焊缝的布置过于集中,以减少焊接接头处壳体的变形和应力集中。

18.2.7 两种不同材料焊接时,其焊接接头型式应考虑材料的热膨胀特性、熔化温度、导热系数和低温条件下的收缩等因素。

18.2.8 焊接结构的设计应尽可能减少焊后修磨和加工的工作量。

18.3 夹层支撑

18.3.1 夹层支撑结构应能承受正常操作工况和空罐运输工况下的载荷。

18.3.2 夹层支撑结构除满足强度与刚度的要求外,还应尽量减少漏热量。

18.3.3 支撑结构在压、弯组合载荷作用下,应有足够的稳定性。

18.4 罐体支座

18.4.1 罐体支座应至少能够承受 6.3 规定的重力载荷、动力载荷和惯性力载荷。

18.4.2 罐体支座应按深冷容器的型式、直径、高度和所承受的载荷选择合适的支座型式。支座的设计按照 NB/T 47065.1、NB/T 47065.2、NB/T 47065.4 或 NB/T 47041 的规定。

18.5 吊耳

为了满足深冷容器运输及安装的要求，罐体应设置用于起吊的吊耳，并满足如下要求：

a) 适合于空罐状态下起吊；

b) 吊耳应具有足够的强度及刚度，设置位置合理，方便起吊；

c) 吊耳的型式、承载能力和技术要求应符合 HG/T 21574 的规定。

18.6 结构件与罐体的连接

18.6.1 重量较轻的结构件与罐体直接相连接应满足下列要求：

a) 结构件材料强度应不大于与其相连接的罐体材料的强度；

b) 结构件材料厚度一般不大于与其相连接的罐体材料厚度的 0.7 倍。

18.6.2 主要受力构件宜通过垫板与罐体连接，垫板材料应与罐体材料牌号相同或垫板材料屈服强度标准值应为罐体材料屈服强度标准值的 0.8 倍～1.2 倍，且应符合下列规定：

a) 垫板厚度不大于圆筒或封头厚度的 1.5 倍，且不小于 4 mm；

b) 垫板与罐体的焊接接头高度应不大于所在位置的罐体材料的厚度；

c) 结构件在垫板上的焊脚距离垫板边缘的尺寸应不小于 4 倍的垫板厚度；

d) 垫板的边缘应为圆角形状，圆角半径应不小于 4 倍的垫板厚度；

e) 垫板上应设置一个透气孔；

f) 垫板与罐体应连续焊接；

g) 垫板宜避开 A、B 类焊缝。

18.7 绝热设计

18.7.1 绝热方式和绝热结构应根据深冷容器所充装的介质特性以及对真空绝热性能的要求进行选择和设计。

18.7.2 充装标准大气压下沸点不高于－182 ℃介质的罐体，不应采用可能与氧或富氧气氛发生危险性反应的绝热材料。

18.7.3 采用真空粉末绝热时，可向粉末中添加阻光剂。充装沸点不高于－182 ℃介质的罐体不得选用铝粉等易燃阻光剂。

18.7.4 当夹层支撑的漏热量不能按经验公式计算时，宜采用有限元热分析计算。当夹层支撑材料的表观导热系数未知时，应采用试验方法确定。

18.7.5 采用高真空多层绝热的深冷容器，绝热材料的漏热量可按介质工作温度和高真空条件下的绝热材料表观比热流 q(W/m^2)乘以绝热层的表面积进行计算，且应考虑绝热层包扎松紧度、夹层间隙和夹层真空度等对绝热材料表观比热流的影响。

18.8 真空夹层中吸附剂的设置

18.8.1 真空夹层中冷侧应放置在深冷、真空状态下对极性分子气体具有较强吸附性能的低温吸附剂，如 5A 分子筛、13X 分子筛等。低温吸附剂应经活化处理后，尽可能紧贴内容器壳体底部放置。

18.8.2 采用高真空多层绝热的深冷容器，真空夹层的热侧应放置具备吸氢能力的常温吸附剂。

18.8.3 深冷容器中使用的吸附剂，应按 GB/T 31481 判断其相容性。氧化钯不宜用于储存液氧的深冷容器。

18.8.4　真空夹层内放置的吸附剂应避免集中布置，其用量一般按5年真空设计使用年限的要求确定。

18.9　专用结构设计

18.9.1　防超装设计

内容器应设置溢流口。几何容积不大于10 m^3 的小型深冷容器，还应配备防过充装置。

18.9.2　排尽设计

排尽口应能使容器内的液体及可能存在于深冷液体中的固体颗粒杂物完全排尽。

18.9.3　真空封结装置

真空夹层应设置真空隔离阀或自吸式堵头等真空封结装置。真空隔离阀的漏气速率应比夹层漏气速率指标至少小一个数量级。

18.9.4　自增压器的设计

18.9.4.1　自增压器的压力等级应不低于内容器的设计压力，所选用的材料应与充装介质相容，且考虑使用工况中材料的热胀冷缩的影响。

18.9.4.2　自增压器的汽化能力应能满足用户在正常工作状态和应急调峰状态对深冷容器供液(供气)流量和内容器升压速率的要求，且考虑冷冻液化气体过冷度和环境条件对自增压器性能的影响。

18.9.4.3　自增压器的结构设计应避免液体或气体的偏流。

18.9.5　汽化器的设计

18.9.5.1　与深冷容器出液管路相连的汽化器，其压力等级应不低于内容器的设计压力，所选用的材料应与充装介质相容，且考虑使用工况中材料热胀冷缩的影响。

18.9.5.2　汽化器的设计应能满足用户在正常工作状态和应急调峰状态对供气压力、流量和气体温度的要求，且考虑冷冻液化气体过冷度和环境条件对汽化能力的影响。

18.10　管路系统的设计

18.10.1　管路系统

深冷容器一般应设置超压泄放管路、放空管路、顶部喷淋充液管路、底部充液与出液管路、增压管路、溢流管路、液位与压力测量等管路和附件，以满足泄压、放空、充液、出液、增压、溢流、压力测量、液位测量等使用要求。

18.10.2　设计方法

管路系统设计条件的确定原则、设计准则和设计计算方法按照GB/T 20801.3的规定。

18.10.3　夹层管路

18.10.3.1　夹层管路的设计压力应不小于内容器的设计压力。

18.10.3.2　夹层管路应具有足够的柔性以承受内容器和外壳之间的温差及管端位移引起的管路载荷，避免出现下列情况：

a)　由于管路应力超过许用应力，导致夹层管路损坏；

b)　管路与管座连接部位发生泄漏；

c)　因存在过大的管路推力或弯矩导致管路元件、管座以及与管座相连接的内容器的应力超过许用应力。

18.10.3.3 夹层内管路的管子与管子、管子与管件之间的连接尽可能采用等壁厚、全截面焊透的对接接头。管子与内容器管座的连接优先采用等壁厚、全截面焊透的对接接头,必要时也可采用承插焊结构。

18.10.3.4 顶部充液管路在内容器的出口端应设置喷淋装置,充液时尽可能使内容器被均匀冷却。如采用喷淋孔的装置,喷淋孔的截面积总和应不小于喷淋管的内截面积。

18.10.3.5 底部充液、出液管路的管径应满足充液、出液流量的要求。底部充液管口宜设置挡液板,向离心泵供液的出液管入口应设置防旋涡装置。

18.10.3.6 在夹层内的液相管应设置液封结构,液封的高度一般不小于3倍管子内径,液封管尽可能靠近内容器。

18.10.3.7 超压泄放管路应与内容器顶部气相空间直接相通,其入口应设置在内容器顶部气相空间不大于2%的位置。管路的流通面积应不小于超压泄放装置入口的流通面积,且满足内容器超压泄放的流量要求。

18.10.3.8 立式深冷容器的压力测量管路的取压口应设置在内容器上封头的顶部。卧式深冷容器的压力测量管路的取压口应设置在内容器的顶部,尽可能靠近筒体横向的中心,且应避免其他管口流体对其造成的冲击和扰动。

18.10.3.9 压差式液位测量管路应分别设置气相取压管和液相取压管。气相取压口的设置应按压力测量管路的取压口要求,也可与压力测量管路的取压口共用。液相取压口应尽可能设置在内容器最低处,且应避免底部充液、出液时流体对其造成的冲击和扰动。液相取压管路的设计应能将管路内的液体充分气化,确保测量的压差值的准确性,且不损坏液位测量装置。

18.10.4 外部管路

18.10.4.1 外部管路的阀门和充液、出液的管路接口、安全泄放装置、紧急切断装置(如有)、仪表等装置应布局合理、相对集中,便于操作、检查和维护。

18.10.4.2 外部管路系统设计压力的确定原则按照GB/T 20801.3的规定,并应满足下列要求:

a) 管路(或管段)的设计压力应不小于内容器的设计压力;
b) 两端均可关闭且有可能存留冷冻液化气体的管路,应设置管路超压泄放装置,其整定压力不超过管路设计压力的1.5倍;
c) 未设置管路超压泄放装置或可能发生与超压泄放装置隔离、堵塞的管路,其设计压力应不小于管路两端阀门切断时或介质不流动时介质可能达到的最大饱和蒸气压;
d) 与离心泵出口相连的管路的设计压力应不小于泵出口被关闭时的压力;
e) 与工艺管道相连的管路的设计压力应不低于工艺管道的设计压力。

18.10.4.3 管子与管件的公称压力等级应不小于管路设计压力,且所有的管路应在承受4倍管路系统工作压力时不会破裂。

18.10.4.4 管路焊接接头应优先采用全焊透的对接接头型式,管路与仪表之间的连接可采用卡套接头或活套接头等连接方式。

18.10.4.5 管路的结构应避免因热胀冷缩、机械颤动或振动等所引起的损坏,必要时应考虑设置补偿结构和管路支撑与紧固装置。

18.10.4.6 管路中法兰组件的压力等级应与管路的压力等级相匹配。

18.10.4.7 管路的阀门应标志介质的流向,截止阀应标明开启和关闭方向。每只阀门和仪表应带一个标牌,在标牌上标明其在流程图中的代号和用途。

18.10.4.8　储存易燃、易爆介质的深冷容器,排放气体的管路出口应汇总集中排放,气体排放口应装设导管。

18.10.4.9　充装管路的充装口还应配置合适的阀门和装卸接头,装卸接头应带有防尘盖。装卸接头可按用户的要求配置防错装的快速连接接头。

18.10.4.10　自增压的进液管路和气体回流管路应与自增压器的汽化能力及其压力相匹配,尽量减少其流体阻力,且避免自增压的气体回路形成气阻。

附　录　A
（规范性附录）
风险评估报告

A.1　总则

A.1.1　本附录规定了风险评估报告的基本要求。

A.1.2　设计单位应根据 TSG 21、GB/T 150.1—2011 附录 F 的规定或设计委托方的要求，针对深冷容器建造阶段和使用阶段预期的工况编制风险评估报告。风险评估报告是设计的重要依据。

A.1.3　设计单位应充分考虑深冷容器的结构特点、绝热方式、制造工艺和各种工况条件下可能产生的失效模式，在材料选择、结构设计、制造检验和使用要求等方面提出安全防护措施，防止可能发生的失效。

A.2　制定原则和程序

A.2.1　设计阶段的风险评估是设计者针对产品设计阶段、制造阶段和使用阶段预期的失效模式进行的危害识别和风险控制，说明应采取的技术措施和依据。

A.2.2　设计阶段风险评估按以下程序进行：

a)　根据设计委托方的设计条件和其他设计输入信息(如设计任务书等)，确定深冷容器的各种使用工况；

b)　根据深冷容器的充装介质、环境因素、操作条件等进行危害识别，确定可能发生的危害及其后果；

c)　针对可能发生的危害和相应的失效模式，说明应采取的安全防护措施和依据；

d)　形成完整的风险评估报告。

A.3　风险评估报告内容

风险评估报告至少应包括如下内容：

a)　深冷容器的基本设计参数：工作条件(如工作压力、工作温度、腐蚀环境等)、充装介质(如编号、名称、危害特性等)、结构特征和制造工艺(如内容器是否采用应变强化、绝热方式、夹层支撑和罐体支座型式)、材料等；

b)　所有可能工况条件的描述，至少应考虑：内容器应变强化处理(如采用)、内容器冷冲击试验(如设计委托方要求时)、夹层充填绝热材料、夹层加热抽真空、空罐运输、吊装、热罐首次充液、正常充液与储存冷冻液化气体、增压、对外供液或供气、低温性能型式试验等工况；

c)　设计阶段时，应考虑所有工况条件下可能发生的失效模式，如内容器或外壳的韧性断裂或脆性断裂、局部过度变形、循环载荷引起的疲劳、超量变形引起的管接头泄漏、介质对壳体的腐蚀、夹层真空失效、吸附剂失效等；

d) 对标准、安全技术规范或规范性文件已经有规定的失效模式，说明采用的条款；

e) 对标准、安全技术规范或规范性文件没有规定的失效模式，说明设计中载荷、安全系数和相应设计计算方法的选取依据；

f) 提出针对介质少量泄漏、大量涌出和爆炸状况下如何处置的措施；

g) 根据可能发生的事故情况，规定合适的操作人员的防护装备和防护措施；

h) 风险评估报告应具有与深冷容器设计总图一致的签署。

附 录 B
(资料性附录)
常见冷冻液化气体热力学数据

B.1 R728(氮)在饱和状态下热力学数据见表 B.1。

表 B.1 R728(氮)在饱和状态下热力学数据

温度 K	压力 MPa	蒸气比体积 m^3/kg	液体密度 kg/m^3	液体比焓 kJ/kg	蒸气比焓 kJ/kg	液体比熵 kJ/(kg·K)	蒸气比熵 kJ/(kg·K)
63.15[a]	0.012 53	1.481 7	867.78	−150.45	64.739	2.427 1	5.838 1
64	0.014 612	1.286 2	864.59	−148.78	65.552	2.453 4	5.805 7
65	0.017 418	1.094 2	860.78	−146.79	66.498	2.484 1	5.768 8
66	0.020 641	0.936 08	856.9	−144.79	67.433	2.514 6	5.733 4
67	0.024 323	0.804 98	852.96	−142.77	68.357	2.544 9	5.699 2
68	0.028 509	0.695 69	848.96	−140.75	69.27	2.574 8	5.666 4
69	0.033 246	0.604 06	844.9	−138.71	70.17	2.604 5	5.634 8
70	0.038 584	0.526 85	840.77	−136.67	71.058	2.633 8	5.604 2
71	0.044 572	0.461 46	836.58	−134.62	71.931	2.662 7	5.574 8
72	0.051 265	0.405 81	832.33	−132.57	72.791	2.691 3	5.546 3
73	0.058 715	0.358 24	828.02	−130.51	73.635	2.719 6	5.518 8
74	0.066 979	0.317 39	823.65	−128.45	74.463	2.747 5	5.492 2
75	0.076 116	0.282 17	819.22	−126.39	75.275	2.775	5.466 4
76	0.086 183	0.251 68	814.74	−124.32	76.07	2.802 2	5.441 4
77	0.097 241	0.225 19	810.2	−122.25	76.847	2.829 1	5.417 2
77.35[b]	0.101 325	0.216 8	808.61	−121.53	77.113	2.838 4	5.409
78	0.109 35	0.202 08	805.6	−120.18	77.606	2.855 7	5.393 7
79	0.122 58	0.181 85	800.95	−118.1	78.345	2.881 9	5.370 8
80	0.136 99	0.164 09	796.24	−116.02	79.065	2.907 8	5.348 6
81	0.152 64	0.148 44	791.48	−113.94	79.763	2.933 4	5.326 9
82	0.169 6	0.134 61	786.66	−111.85	80.44	2.958 8	5.305 8
83	0.187 94	0.122 35	781.79	−109.76	81.095	2.983 9	5.285 2
84	0.207 73	0.111 46	776.86	−107.66	81.726	3.008 7	5.265 1
85	0.229 03	0.101 74	771.87	−105.56	82.334	3.033 3	5.245 5
86	0.251 92	0.093 06	766.82	−103.45	82.917	3.057 6	5.226 3
87	0.276 46	0.085 27	761.71	−101.33	83.474	3.081 8	5.207 4
88	0.302 72	0.078 28	756.54	−99.2	84.005	3.105 7	5.189
89	0.330 78	0.071 99	751.3	−97.062	84.508	3.129 4	5.170 9

表 B.1(续)

温度 K	压力 MPa	蒸气比体积 m^3/kg	液体密度 kg/m^3	液体比焓 kJ/kg	蒸气比焓 kJ/kg	液体比熵 kJ/(kg·K)	蒸气比熵 kJ/(kg·K)
90	0.360 71	0.066 31	745.99	−94.914	84.982	3.153	5.153 1
91	0.392 58	0.061 17	740.62	−92.756	85.428	3.176 3	5.135 6
92	0.426 46	0.056 51	735.18	−90.585	85.842	3.199 6	5.118 3
93	0.462 42	0.052 28	729.66	−88.401	86.225	3.222 6	5.101 4
94	0.500 55	0.048 43	724.06	−86.203	86.575	3.245 6	5.084 6
95	0.540 9	0.044 91	718.38	−83.991	86.89	3.268 4	5.068
96	0.583 57	0.041 7	712.62	−81.765	87.17	3.291 1	5.051 6
97	0.628 62	0.038 76	706.77	−79.517	87.413	3.313 7	5.035 4
98	0.676 14	0.036 07	700.83	−77.253	87.616	3.336 3	5.019 2
99	0.726 19	0.033 59	694.79	−74.97	87.78	3.358 7	5.003 2
100	0.778 86	0.031 32	688.79	−72.666	87.901	3.381 1	4.987 3
101	0.834 22	0.029 21	682.4	−70.34	87.977	3.403 4	4.971 4
102	0.892 35	0.027 28	676.04	−67.99	88.007	3.425 7	4.955 5
103	0.953 34	0.025 48	669.55	−65.616	87.988	3.448	4.939 6
104	1.017 3	0.023 82	662.94	−63.215	87.917	3.470 3	4.923 7
105	1.084 2	0.022 28	656.2	−60.785	87.791	3.492 6	4.907 8
106	1.154 2	0.020 85	649.31	−58.324	87.607	3.514 9	4.891 7
107	1.227 5	0.019 51	642.26	−55.83	87.361	3.537 2	4.875 5
108	1.304	0.018 27	635.04	−53.30	87.048	3.559 7	4.859 2
109	1.383 8	0.017 11	627.64	−50.731	86.664	3.582 2	4.842 6
110	1.467 1	0.016 02	620.04	−48.119	86.203	3.608 4	4.825 8
111	1.554	0.015	612.21	−45.461	85.659	3.627 6	4.808 7
112	1.644 5	0.014 05	604.14	−42.751	85.023	3.650 6	4.791 2
113	1.738 8	0.013 15	595.8	−39.984	84.288	3.673 8	4.773 3
114	1.836 9	0.012 3	587.15	−37.152	83.441	3.697 2	4.754 9
115	1.939	0.011 5	578.14	−34.247	82.471	3.721 1	4.735 8
116	2.045 2	0.010 74	568.72	−31.258	81.36	3.745 4	4.715 9
117	2.155 5	0.010 02	558.82	−28.17	80.088	3.770 2	4.695 2
118	2.270 3	0.009 331	548.35	−24.967	78.629	3.795 7	4.673 3
119	2.389 5	0.008 671	537.17	−21.624	76.948	3.822	4.650 1
120	2.513 3	0.008 035	525.12	−18.105	74.996	3.849 5	4.625 1
121	2.642	0.007 417	511.92	−14.362	72.702	3.878 5	4.597 8
122	2.775 7	0.006 808	497.15	−10.316	69.957	3.909 7	4.567 4

表 B.1(续)

温度 K	压力 MPa	蒸气比体积 m^3/kg	液体密度 kg/m^3	液体比焓 kJ/kg	蒸气比焓 kJ/kg	液体比熵 kJ/(kg·K)	蒸气比熵 kJ/(kg·K)
123	2.914 7	0.006 198	480.11	−5.829	66.576	3.944	4.532 4
124	3.059 2	0.005 566	459.33	−0.627	62.194	3.983 6	4.490 1
125	3.209 9	0.004 863	431.03	6.015	55.882	4.034 2	4.433 1
126.20[c]	3.4	0.003 184	314	30.7	30.7	4.227	4.227

注:以上数据摘自 American Society of Heating,Refrigeration and Air-Conditioning Engineers,Inc. ＜1997 ASHRAE Handbook,Fundamentals＞ Atlanta,GA,U.S.A. ASHRAE 1997。

[a] 三相点。

[b] 沸点。

[c] 临界点。

B.2 R732(氧)在饱和状态下热力学数据见表 B.2。

表 B.2 R732(氧)在饱和状态下热力学数据

温度 K	压力 MPa	蒸气比体积 m^3/kg	液体密度 kg/m^3	液体比焓 kJ/kg	蒸气比焓 kJ/kg	液体比熵 kJ/(kg·K)	蒸气比熵 kJ/(kg·K)
54.36[a]	0.000 15	96.543	1 306.1	−193.61	49.11	2.088 7	6.553 7
55	0.000 18	79.987	1 303.5	−192.55	49.68	2.108 3	6.512 4
60	0.000 73	21.462	1 282	−184.19	54.19	2.253 7	6.226 6
65	0.002 33	7.219	1 259.7	−175.81	58.66	2.387 8	5.995
70	0.006 26	2.892 5	1 237	−167.42	63.09	2.512 1	5.805 1
75	0.014 55	1.329 3	1 213.9	−159.02	67.45	2.627 9	5.647 6
80	0.030 12	0.680 9	1 190.5	−150.61	71.69	2.736 3	5.515 1
85	0.056 83	0.380 47	1 166.6	−142.18	75.75	2.838 3	5.402 1
90	0.099 35	0.227 94	1 142.1	−133.69	79.55	2.934 9	5.304 2
90.19[b]	0.101 32	0.223 86	1 141.2	−133.37	79.69	2.938 4	5.300 8
91	0.110 22	0.207 22	1 137.1	−131.98	80.276	2.957 1	5.289 6
92	0.121 97	0.188 79	1 132.1	−130.27	80.987	2.975 6	5.271 9
93	0.134 67	0.172 35	1 127.1	−128.56	81.685	2.994 0	5.254 7
94	0.148 36	0.157 66	1 122.0	−126.84	82.369	3.012 3	5.237 9
95	0.163 08	0.144 50	1 116.9	−125.12	83.039	3.030 3	5.221 5
96	0.178 89	0.132 68	1 111.8	−123.40	83.694	3.048 2	5.205 4
97	0.195 84	0.122 05	1 106.6	−121.84	84.333	3.066 0	5.189 7
98	0.213 97	0.112 45	1 101.4	−120.13	84.957	3.083 6	5.174 3
99	0.233 34	0.103 78	1 096.2	−118.41	85.564	3.101 1	5.159 3
100	0.254 00	0.095 925	1 090.9	−116.68	86.155	3.118 4	5.144 5

表 B.2(续)

温度 K	压力 MPa	蒸气比体积 m^3/kg	液体密度 kg/m^3	液体比焓 kJ/kg	蒸气比焓 kJ/kg	液体比熵 kJ/(kg·K)	蒸气比熵 kJ/(kg·K)
101	0.276 01	0.088 798	1 085.6	−114.95	86.729	3.135 7	5.130 0
102	0.299 41	0.082 320	1 080.2	−113.22	87.286	3.152 7	5.115 8
103	0.324 26	0.076 420	1 074.8	−111.48	87.824	3.169 7	5.101 8
104	0.350 62	0.071 036	1 069.3	−109.74	88.344	3.186 6	5.088 1
105	0.378 53	0.066 116	1 063.8	−107.99	88.846	3.203 3	5.074 6
106	0.408 06	0.061 613	1 058.2	−106.24	89.328	3.220 0	5.061 3
107	0.439 25	0.057 483	1 052.6	−104.48	89.790	3.236 5	5.048 2
108	0.472 17	0.053 691	1 047.0	−102.71	90.233	3.252 9	5.035 3
109	0.506 87	0.050 203	1 041.3	−100.94	90.654	3.269 3	5.022 6
110	0.543 40	0.046 990	1 035.5	−99.165	91.054	3.285 5	5.010 0
111	0.581 83	0.044 026	1 029.6	−97.381	91.433	3.301 7	4.997 7
112	0.622 20	0.041 288	1 023.7	−95.589	91.789	3.317 8	4.985 4
113	0.664 58	0.038 756	1 017.8	−93.790	92.122	3.333 8	4.973 3
114	0.709 02	0.036 411	1 011.7	−91.983	92.432	3.349 8	4.961 3
115	0.755 59	0.034 236	1 005.6	−90.168	92.717	3.365 7	4.949 5
116	0.804 33	0.032 216	999.42	−88.345	92.978	3.381 5	4.937 7
117	0.855 32	0.030 338	993.16	−86.512	93.212	3.397 3	4.926 0
118	0.908 59	0.028 589	986.81	−84.669	93.421	3.413 0	4.914 5
119	0.964 23	0.026 960	980.38	−82.817	93.601	3.428 7	4.902 9
120	1.022 3	0.025 440	973.85	−80.954	93.754	3.444 4	4.891 5
121	1.082 8	0.024 020	967.24	−79.080	93.877	3.460 0	4.880 1
122	1.145 9	0.022 692	960.52	−77.195	93.970	3.475 6	4.868 8
123	1.211 5	0.021 449	953.70	−75.297	94.032	3.491 1	4.857 4
124	1.279 8	0.020 284	946.77	−73.386	94.061	3.506 7	4.846 1
125	1.350 9	0.019 190	939.72	−71.461	94.056	3.522 2	4.834 8
126	1.424 7	0.018 164	932.55	−69.522	94.015	3.537 8	4.823 5
127	1.501 4	0.017 198	925.25	−67.567	93.938	3.553 3	4.812 2
128	1.580 9	0.016 290	917.81	−65.596	93.822	3.568 9	4.800 9
129	1.663 5	0.015 434	910.22	−63.608	93.665	3.584 5	4.789 5
130	1.749 1	0.014 626	902.48	−61.600	93.466	3.600 1	4.778 0
132	1.929 6	0.013 144	886.48	−55.348	92.931	3.631 5	4.754 8
134	2.123 2	0.011 816	869.70	−50.916	92.195	3.663 1	4.731 1
136	2.330 3	0.010 623	852.02	−46.347	91.232	3.695 2	4.706 8

表 B.2（续）

温度 K	压力 MPa	蒸气比体积 m³/kg	液体密度 kg/m³	液体比焓 kJ/kg	蒸气比焓 kJ/kg	液体比熵 kJ/(kg·K)	蒸气比熵 kJ/(kg·K)
138	2.551 6	0.009 544 5	833.28	−41.617	90.006	3.727 8	4.681 6
140	2.787 8	0.008 56	813.2	−36.70	88.47	3.757 7	4.651 8
145	3.447 8	0.006 46	755.1	−23.22	82.83	3.846 4	4.577 7
150	4.218 6	0.004 65	675.5	−6.67	72.56	3.951 2	4.479 4
154.58[c]	5.043	0.002 29	436.1	32.42	32.42	4.197 4	4.197 4

注：以上数据摘自 American Society of Heating, Refrigeration and Air-Conditioning Engineers, Inc. <1997 ASHRAE Handbook, Fundamentals> Atlanta, GA, U.S.A. ASHRAE 1997。

[a] 三相点。

[b] 沸点。

[c] 临界点。

B.3 R740(氩)在饱和状态下热力学数据见表 B.3。

表 B.3 R740(氩)在饱和状态下热力学数据

温度 K	压力 MPa	蒸气比体积 m³/kg	液体密度 kg/m³	液体比焓 kJ/kg	蒸气比焓 kJ/kg	液体比熵 kJ/(kg·K)	蒸气比熵 kJ/(kg·K)
83.80[a]	0.069	0.246 5	1 417.2	−121.1	42.59	1.331 4	3.284 1
84	0.070 5	0.241 5	1 416	−120.8	42.65	1.333 9	3.280 3
86	0.088 2	0.196 7	1 404.1	−118.7	43.29	1.359 1	3.242 6
87.29[b]	0.101 3	0.173 1	1 396.3	−117.3	43.69	1.375 1	3.219 3
88	0.109 1	0.161 7	1 392	−116.5	43.91	1.383 8	3.206 9
90	0.133 6	0.134 2	1 379.7	−114.4	44.5	1.408 1	3.173
92	0.162 1	0.112 3	1 367.2	−112.2	45.06	1.432	3.140 8
94	0.195	0.094 7	1 354.5	−109.9	45.59	1.455 5	3.11
96	0.232 7	0.080 5	1 341.6	−107.7	46.08	1.478 8	3.080 7
98	0.275 5	0.068 8	1 328.4	−105.4	46.55	1.501 8	3.052 6
100	0.324	0.059 1	1 315	−103.2	46.97	1.524 5	3.025 7
102	0.378 5	0.051 1	1 301.3	−100.9	47.35	1.546 9	2.999 8
104	0.439 5	0.044 5	1 287.4	−98.51	47.68	1.569 1	2.974 8
106	0.507 4	0.038 8	1 273.1	−96.15	47.96	1.591 2	2.950 7
108	0.582 7	0.034	1 258.6	−93.75	48.19	1.613	2.927 2
110	0.665 7	0.03	1 243.7	−91.32	48.35	1.634 7	2.904 4
112	0.757	0.026 5	1 228.5	−88.85	48.44	1.656 2	2.882 1
114	0.857 1	0.023 5	1 212.9	−86.35	48.46	1.677 7	2.860 2

表 B.3(续)

温度 K	压力 MPa	蒸气比体积 m^3/kg	液体密度 kg/m^3	液体比焓 kJ/kg	蒸气比焓 kJ/kg	液体比熵 kJ/(kg·K)	蒸气比熵 kJ/(kg·K)
116	0.966 2	0.020 9	1 196.9	−83.80	48.4	1.699	2.838 7
118	1.085	0.018 6	1 180.4	−81.21	48.25	1.720 4	2.817 4
120	1.213 9	0.016 6	1 163.4	−78.56	48.01	1.741 7	2.796 4
125	1.583 5	0.012 6	1 118.4	−71.69	46.92	1.795 1	2.744
130	2.027	0.009 6	1 068.5	−64.33	45.01	1.849 6	2.690 7
135	2.553	0.007 4	1 011.5	−56.29	41.97	1.906 5	2.634 4
140	3.171	0.005 6	942.4	−47.15	37.26	1.968 4	2.571 3
145	3.892 9	0.004 1	849.1	−35.87	29.57	2.041 8	2.493 1
150.66[c]	4.86	0.001 9	530.9	−3.56	−3.56	2.25	2.25

注:以上数据摘自 American Society of Heating,Refrigeration and Air-Conditioning Engineers,Inc. <1997 ASHRAE Handbook,Fundamentals> Atlanta,GA,U.S.A. ASHRAE 1997。

[a] 三相点。
[b] 沸点。
[c] 临界点。

B.4 R50(甲烷)在饱和状态下热力学数据见表 B.4。

表 B.4 R50(甲烷)在饱和状态下热力学数据

温度 K	压力 MPa	蒸气比体积 m^3/kg	液体密度 kg/m^3	液体比焓 kJ/kg	蒸气比焓 kJ/kg	液体比熵 kJ/(kg·K)	蒸气比熵 kJ/(kg·K)
90.68[a]	0.011 719	3.978 1	451.23	−357.68	185.75	4.289 4	10.282 3
92	0.013 853	3.411 2	449.52	−353.36	188.31	4.336 7	10.224 4
94	0.017 679	2.726 8	446.90	−346.76	192.16	4.407 5	10.140 8
96	0.022 314	2.202 2	444.26	−340.10	195.97	4.477 5	10.061 6
98	0.027 877	1.795 4	441.59	−333.39	199.73	4.546 6	9.986 6
100	0.034 495	1.476 9	438.89	−326.63	203.44	4.614 7	9.915 4
102	0.042 302	1.225 0	436.15	−319.84	207.10	4.681 8	9.847 8
104	0.051 441	1.024 0	433.39	−313.00	210.70	4.748 0	9.783 5
106	0.062 063	0.862 2	430.59	−306.13	214.23	4.813 2	9.722 3
108	0.074 324	0.730 8	427.76	−299.22	217.70	4.877 5	9.663 8
110	0.088 389	0.623 5	424.89	−292.28	221.11	4.940 8	9.608 0
111.63[b]	0.101 325	0.550 0	422.53	−286.59	223.83	4.991 9	9.564 3
112	0.104 43	0.535 0	422.00	−285.31	224.44	5.003 3	9.554 6
113	0.113 24	0.496 7	420.53	−281.81	226.08	5.034 2	9.528 8
114	0.122 61	0.326 5	419.06	−278.30	227.69	5.064 9	9.503 5

表 B.4(续)

温度 K	压力 MPa	蒸气比体积 m^3/kg	液体密度 kg/m^3	液体比焓 kJ/kg	蒸气比焓 kJ/kg	液体比熵 kJ/(kg·K)	蒸气比熵 kJ/(kg·K)
115	0.132 57	0.429 7	417.58	−274.79	229.29	5.095 4	9.478 7
116	0.143 13	0.400 5	416.10	−271.26	230.87	5.125 7	9.454 5
117	0.154 32	0.373 7	414.60	−267.73	232.43	5.155 8	9.430 7
118	0.166 16	0.349 1	413.09	−264.33	233.96	5.185 8	9.407 3
119	0.178 67	0.326 5	411.57	−242.73	235.47	5.215 5	9.384 4
120	0.191 89	0.305 7	410.05	−257.07	236.97	5.245 0	9.362 0
121	0.205 83	0.286 5	408.51	−253.50	238.43	5.274 4	9.339 9
122	0.220 52	0.268 8	406.97	−249.92	239.88	5.303 5	9.318 3
123	0.235 99	0.252 4	405.41	−246.33	241.30	5.332 5	9.297 0
124	0.252 25	0.237 3	403.85	−242.73	242.69	5.361 4	9.276 0
125	0.269 33	0.223 3	402.27	−239.12	244.06	5.390 0	9.255 5
126	0.287 27	0.210 3	400.69	−235.49	245.41	5.418 5	9.235 2
127	0.306 07	0.198 2	399.09	−231.86	246.73	5.446 9	9.215 3
128	0.325 78	0.187 0	397.48	−228.21	248.02	5.475 1	9.195 7
129	0.346 41	0.176 6	395.86	−224.56	249.28	5.503 2	9.176 3
130	0.368 00	0.166 9	394.23	−220.89	250.51	5.531 1	9.157 2
131	0.390 56	0.157 8	392.58	−217.20	251.72	5.558 9	9.138 4
132	0.414 13	0.149 4	390.93	−213.51	252.90	5.586 5	9.119 9
133	0.438 72	0.141 5	389.26	−209.80	254.04	5.614 0	9.101 6
134	0.464 37	0.134 1	387.57	−206.08	255.16	5.641 4	9.083 5
135	0.491 11	0.127 3	385.87	−202.34	256.24	5.668 7	9.065 6
136	0.518 95	0.120 8	384.16	−198.58	257.29	5.695 9	9.047 6
137	0.547 93	0.114 7	382.43	−194.81	258.31	5.722 9	9.030 4
138	0.578 07	0.109 0	380.69	−191.03	259.29	5.749 9	9.013 1
139	0.609 41	0.103 6	378.93	−187.22	260.24	5.776 8	8.995 9
140	0.641 96	0.098 51	377.15	−183.40	261.15	5.803 6	8.978 9
142	0.710 82	0.089 25	373.54	−175.70	262.85	5.856 9	8.945 3
144	0.784 88	0.081 02	369.85	−167.92	264.41	5.909 9	8.912 1
146	0.864 36	0.073 69	366.08	−160.05	265.79	5.962 7	8.879 4
148	0.949 48	0.067 13	362.22	−152.09	267.00	6.015 2	8.846 9
150	1.040 50	0.061 25	358.26	−144.02	268.02	6.067 7	8.814 6
152	1.137 60	0.055 96	354.19	−135.84	268.84	6.120 0	8.782 4
154	1.241 00	0.051 19	350.01	−127.54	269.45	6.172 4	8.750 2

表 B.4（续）

温度 K	压力 MPa	蒸气比体积 m^3/kg	液体密度 kg/m^3	液体比焓 kJ/kg	蒸气比焓 kJ/kg	液体比熵 kJ/(kg·K)	蒸气比熵 kJ/(kg·K)
156	1.351 00	0.046 87	345.69	−119.11	269.83	6.224 7	8.717 9
158	1.467 90	0.042 96	341.23	−110.53	269.96	6.277 2	8.685 4
160	1.591 80	0.039 40	336.61	−101.79	269.82	6.329 9	8.652 5
162	1.723 00	0.036 15	331.82	−92.88	269.40	6.382 8	8.619 1
164	1.861 80	0.033 19	326.83	−83.77	268.66	6.436 1	8.585 1
166	2.008 50	0.030 47	321.63	−74.45	267.58	6.489 8	8.550 2
168	2.163 30	0.027 97	316.19	−64.89	266.11	6.542 2	8.514 4
170	2.326 60	0.025 66	310.47	−55.07	264.21	6.599 2	8.477 3
172	2.498 70	0.023 52	304.45	−44.94	261.83	6.655 2	8.438 7
174	2.679 90	0.021 54	298.06	−34.46	258.91	6.712 2	8.398 3
176	2.870 50	0.019 68	291.26	−23.58	255.35	6.770 7	8.355 5
178	3.071 10	0.017 94	283.95	−12.22	251.03	6.831 0	8.309 9
180	3.282 00	0.016 29	276.00	−0.24	245.79	6.893 7	8.260 5
182	3.503 80	0.014 72	267.22	12.52	239.37	6.959 7	8.206 1
184	3.737 00	0.013 19	257.26	26.41	231.33	7.030 7	8.144 4
186	3.982 50	0.011 67	245.42	42.04	220.81	7.109 9	8.071 0
188	4.241 40	0.010 06	229.93	61.08	205.67	7.205 9	7.975 0
190	4.515 50	0.007 989	201.54	92.20	175.09	7.363 8	7.800 0
190.555[c]	4.595 00	0.006 148	162.20	132.30	132.30	7.572 0	7.572 0

注：以上数据摘自 American Society of Heating, Refrigeration and Air-Conditioning Engineers, Inc. <1997 ASHRAE Handbook, Fundamentals> Atlanta, GA, U.S.A. ASHRAE 1997。

[a] 三相点。

[b] 沸点。

[c] 临界点。

ICS 23.020.40
J 76

中华人民共和国国家标准

GB/T 18442.4—2019
代替 GB/T 18442.4—2011

固定式真空绝热深冷压力容器 第4部分:制造

Static vacuum insulated cryogenic pressure vessels—Part 4:Fabrication

2019-12-10 发布　　2019-12-10 实施

国家市场监督管理总局
国家标准化管理委员会　发布

前 言

GB/T 18442《固定式真空绝热深冷压力容器》分为以下 7 个部分：

——第 1 部分：总则；

——第 2 部分：材料；

——第 3 部分：设计；

——第 4 部分：制造；

——第 5 部分：检验与试验；

——第 6 部分：安全防护；

——第 7 部分：内容器应变强化技术规定。

本部分为 GB/T 18442 的第 4 部分。

本部分按照 GB/T 1.1—2009 给出的规则起草。

本部分代替 GB/T 18442.4—2011《固定式真空绝热深冷压力容器　第 4 部分：制造》，与 GB/T 18442.4—2011 相比，除编辑性修改外主要技术变化如下：

——修改了一般要求；

——删除了焊接接头分类内容，将其移至 GB/T 18442 的第 1 部分；

——增加了材料复验的内容；

——删除了冷成型的钢板加工变形率计算公式，改为直接引用 GB/T 150.4；

——增加了冷弯成型的奥氏体不锈钢管子的铁素体测量值指标；

——修改了缺陷修磨、补焊以及封头等制造技术要求；

——增加了内容器奥氏体不锈钢封头成型后的铁素体测量值的规定；

——简化了 A、B 类焊接接头对口错边量、棱角以及壳体圆度的要求，改为直接引用 GB/T 150.4；

——增加了罐体和支座的组装要求；

——修改了圆筒与罐体的焊接接头制造要求；

——修改了焊接要求，对 A、B 类焊接接头的焊缝余高要求直接引用 GB/T 150.4；

——修改了产品焊接试件的制备要求；

——增加了无损检测方法的选择和 CR、DR、TOFD 等检测方法，完善了内容器和外壳的无损检测技术要求，且增加了无损检测记录、资料和报告要求；

——增加了热处理要求；

——细化了清洁要求和组装要求；

——增加了吸附剂的安装要求；

——删除了管路制造中的管路焊接结构等设计要求，将其移至 GB/T 18442 的第 3 部分；

——增加了外部管路的无损检测规定、耐压试验要求；

——删除了安全附件安装要求，将其移至 GB/T 18442 的第 6 部分；

——修改了标志与标识、出厂文件、封存和装运的要求。

本部分由全国锅炉压力容器标准化技术委员会(SAC/TC 262)提出并归口。

本部分起草单位:张家港中集圣达因低温装备有限公司、上海市气体工业协会、南通中集能源装备有限公司、查特深冷工程系统(常州)有限公司、中国特种设备检测研究院、江苏省特种设备安全监督检验研究院张家港分院、苏州圣汇装备有限公司、荆门宏图特种飞行器制造有限公司、上海华谊集团装备工程有限公司。

本部分主要起草人:罗晓钟、周伟明、钱红华、滕俊华、陈来生、杨坤、陈朝晖、徐萌、张连伟、肖学文、魏勇彪。

本部分所代替标准的历次版本发布情况为:

——GB/T 18442.4—2011;

——GB 18442—2001。

固定式真空绝热深冷压力容器 第4部分：制造

1 范围

GB/T 18442 的本部分规定了固定式真空绝热深冷压力容器(以下简称深冷容器)制造中的材料复验、加工成型、焊接、无损检测、清洁、组装、标志标识、出厂资料等基本要求。

本部分适用于同时满足以下条件的深冷容器：

a) 内容器工作压力不小于 0.1 MPa；

b) 几何容积不小于 1 m^3；

c) 绝热方式为真空粉末绝热、真空复合绝热或高真空多层绝热；

d) 储存介质为标准沸点不低于－196 ℃的冷冻液化气体。

本部分不适用于下列范围的深冷容器：

a) 内容器和外壳材料为有色金属或非金属的；

b) 球形结构的；

c) 堆积绝热方式的；

d) 移动式的；

e) 储存标准沸点低于－196 ℃冷冻液化气体介质的；

f) 储存介质按 GB 12268 规定为毒性气体的；

g) 国防军事装备等有特殊要求的。

2 规范性引用文件

下列文件对于本文件的应用是必不可少的。凡是注日期的引用文件，仅注日期的版本适用于本文件。凡是不注日期的引用文件，其最新版本(包括所有的修改单)适用于本文件。

GB/T 150—2011(所有部分) 压力容器

GB/T 1804—2000 一般公差 未注公差的线性和角度尺寸的公差

GB/T 9969 工业产品使用说明书 总则

GB/T 18442.1 固定式真空绝热深冷压力容器 第1部分：总则

GB/T 18442.3 固定式真空绝热深冷压力容器 第3部分：设计

GB/T 25198 压力容器封头

JB/T 4711 压力容器涂敷与运输包装

JB/T 6896 空气分离设备表面清洁度

NB/T 47013.1 承压设备无损检测 第1部分：通用要求

NB/T 47013.2 承压设备无损检测 第2部分：射线检测

NB/T 47013.3 承压设备无损检测 第3部分：超声检测

NB/T 47013.4 承压设备无损检测 第4部分：磁粉检测

NB/T 47013.5 承压设备无损检测 第5部分：渗透检测

NB/T 47013.10　承压设备无损检测　第10部分:衍射时差法超声检测

NB/T 47013.11　承压设备无损检测　第11部分:X射线数字成像检测

NB/T 47013.14　承压设备无损检测　第14部分:X射线计算机辅助成像检测

NB/T 47014　承压设备焊接工艺评定

NB/T 47016　承压设备产品焊接试件的力学性能检验

NB/T 47041　塔式容器

NB/T 47065.1　容器支座　第1部分:鞍式支座

NB/T 47065.2　容器支座　第2部分:腿式支座

NB/T 47065.4　容器支座　第4部分:支承式支座

TSG 21　固定式压力容器安全技术监察规程

3　术语和定义

GB/T 150、GB/T 18442.1、GB/T 18442.3界定的术语和定义适用于本文件。

4　一般要求

4.1　深冷容器的制造应符合TSG 21、GB/T 150.4、本部分以及经规定程序批准的设计文件的要求。

4.2　受压元件(封头、锻件等)以及安全附件、仪表、装卸附件等为外购、外协件时,深冷容器制造单位应保证外购、外协件的质量满足设计文件及本部分的要求,且经检验合格后方可使用。

4.3　机械加工表面和非机械加工表面的线性尺寸的极限偏差,分别按GB/T 1804—2000中的m级和c级的要求。

4.4　深冷容器上的各连接管路、零部件和附件安装应牢固可靠,外表面应平整美观,无压伤、裂纹、焊渣或漆层脱落等缺陷。阀门和仪表等应安装在便于操作或观察的位置。

5　材料复验、分割与标志移植

5.1　材料的复验应符合TSG 21、GB/T 150.4和设计文件的规定。

5.2　制造受压元件的材料应有可追溯的标志。在制造过程中,如原有标志被裁掉或材料分割时,制造单位应在材料分割前完成标志移植。

5.3　材料分割可采用冷切割、热切割或其他适当的方法。当采用热切割方法分割材料时,应清除表面熔渣和影响制造质量的表面层。

5.4　内容器受压元件不应采用硬印作为材料移植标记、焊工标记及其他标记。

6　冷、热加工成型与组装

6.1　成型

6.1.1　筒体和封头可采用冷、热成型方法加工成所需形状。

6.1.2　奥氏体不锈钢筒体和封头,采用冷加工成型后变形率超过GB/T 150.4规定的控制指标时,应按照相应的材料标准进行固溶处理。

6.1.3　与深冷介质接触的冷弯成型的奥氏体不锈钢管子,其成型后的铁素体测量值应不大于15%。

6.1.4 制造单位应根据制造工艺确定加工余量，受压元件成型后的厚度应不小于设计图样标注的最小成型厚度。

6.2 表面修磨

制造过程中应避免钢板表面的机械损伤。对于尖锐伤痕以及不锈钢表面的局部伤痕、刻槽等缺陷应予以修磨，修磨的斜度最大为1∶3。修磨的深度应不大于该部位钢材厚度的5%，且不大于2 mm，否则应予补焊。

6.3 坡口

坡口表面质量应符合GB/T 150.4的规定。

6.4 封头

6.4.1 封头应符合GB/T 25198和设计图样的规定。

6.4.2 封头成型宜采用整体成型，并符合下列规定：

a) 先拼板后成型封头的拼接焊缝一般不超过3条，拼板的宽度应不小于300 mm。拼接焊缝的内表面以及影响成型质量的拼接焊缝的外表面，应在成型前打磨至与母材齐平。

b) 用带间隙的全尺寸的内样板检查封头内表面的形状偏差时(见图1)，缩进尺寸为3% D_i～5% D_i，其最大形状偏差外凸应不大于1.25% D_i，内凹应不大于0.625% D_i。检查时应使样板垂直于待测表面。

c) 内容器封头应采用适当的成型工艺，避免封头过渡段和直边段出现裂纹。当采用温成型工艺时，应避开奥氏体型不锈钢的敏化温度区。

d) 内容器奥氏体不锈钢封头成型后其过渡段和直边段的铁素体测量值应不大于15%。

e) 封头直边部分应不存在纵向皱折。

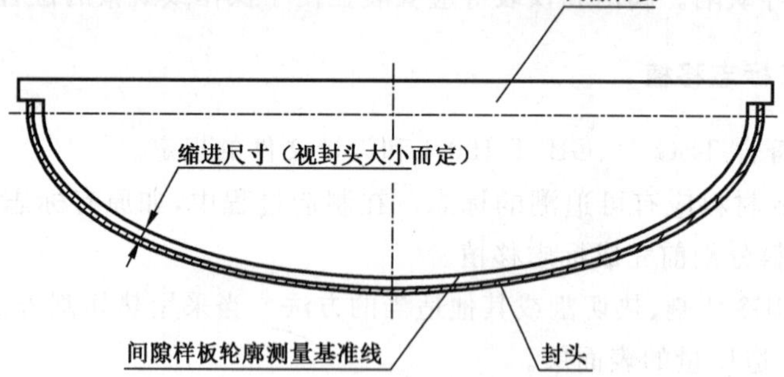

图1 凸形封头的形状偏差检查

6.5 圆筒与罐体

6.5.1 A、B类焊接接头对口错边量以及在焊接接头环向、轴向形成的棱角应符合GB/T 150.4的规定。

6.5.2 不等厚钢材的B类焊接接头以及圆筒与球形封头相连的A类焊接接头的对接要求应符合GB/T 150.4的规定。

6.5.3 圆筒直线度允差应符合GB/T 150.4的规定。

6.5.4 组装时，罐体上焊接接头的布置应满足下列要求：

a) 组装圆筒中,任何单个筒节的长度应不小于 300 mm,环向拼板长度应不小于 500 mm;

b) 相邻筒节 A 类接头间外圆弧长应大于钢材厚度的 3 倍,且不小于 200 mm;

c) 封头 A 类拼接接头、与封头相邻筒节的 A 类接头相互间的外圆弧长均应大于钢材厚度的 3 倍,且不小于 200 mm;

d) 不应采用十字焊缝,焊接接头宜避开开孔位置;

e) 罐体上凡被补强圈、垫板等覆盖的焊缝,均应在覆盖前打磨至与母材齐平;

f) 内容器附件和内容器间的焊接应尽量避开内容器上的 A、B 类焊接接头,且距离环焊缝边缘不小于 100 mm;当与纵焊缝交叉时,应开槽避让。

6.5.5 内容器、外壳组焊完成后,应分别按 GB/T 150.4—2011 中 6.5.10 和 6.5.11 的要求检查壳体的直径和圆度。

6.6 其他组装要求

6.6.1 罐体的主要几何尺寸、管口方位应符合设计图样的要求。

6.6.2 腿式支座的制造和装配要求按照 NB/T 47065.2 的规定。

6.6.3 支承式支座的制造和装配要求按照 NB/T 47065.4 的规定。

6.6.4 鞍式支座的制造和装配要求按照 NB/T 47065.1 的规定。

6.6.5 裙座的制造和装配要求按照 NB/T 47041 的规定。

7 焊接

7.1 焊前准备和施焊环境

焊前准备和施焊环境应符合 GB/T 150.4—2011 中 7.1 的规定。

7.2 焊接工艺

7.2.1 深冷容器应按 NB/T 47014 进行焊接工艺评定,且符合 TSG 21 和 GB/T 150.4 的规定。

7.2.2 当焊接结构受压元件用境外牌号材料(含填充材料)时,制造单位在首次使用前应按 NB/T 47014进行焊接工艺评定。

7.2.3 焊接工艺评定应包括焊缝和热影响区的低温夏比(V 形缺口)冲击试验。冲击试验的取样方法,按 NB/T 47014 的要求确定。冲击试验温度应不高于设计图样要求的试验温度。当焊缝两侧母材具有不同冲击试验要求时,低温冲击吸收能量按两侧母材抗拉强度的较低者符合 GB/T 150.2 或设计图样的要求。接头的拉伸和弯曲性能按两侧母材中要求的较低者。

7.2.4 受压元件之间或受压元件与非受压元件组装时的定位焊,若保留成焊缝金属的一部分,应按受压元件的焊缝要求施焊。

7.2.5 罐体的焊接应严格控制线能量。在焊接工艺评定所确认的范围内,宜选用较小的焊接线能量,以多道施焊为宜。

7.2.6 内容器主要受压元件焊缝应在含焊缝布置图的焊接记录中记录焊工代号。

7.2.7 焊接工艺评定技术档案应保存至该工艺评定失效为止,焊接工艺评定试样保存期不少于 5 年。

7.3 罐体焊缝表面的形状尺寸及外观要求

7.3.1 焊缝表面的形状尺寸应符合下列规定:

a） A、B类焊接接头的焊缝余高应符合 GB/T 150.4 的规定。

b） C、D、E类接头的焊脚尺寸，在图样无规定时，取焊件中较薄者的厚度。当补强圈的厚度不小于 8 mm 时，其焊脚尺寸等于补强圈厚度的 70%，且不小于 8 mm。

7.3.2 焊接接头表面质量应符合下列规定：

a） 不应有表面裂纹、未焊透、未熔合、咬边、表面气孔、弧坑、未填满、夹渣和飞溅物等缺陷；

b） 焊缝与母材应圆滑过渡，角焊缝的外形应凹形圆滑过渡；

c） 按照疲劳分析设计的罐体，应去除 A、B类焊缝的余高，使焊缝表面与母材表面平齐；

d） 其他表面质量应符合设计图样的规定。

7.3.3 临时附件的焊接应符合下列规定：

a） 罐体上焊接的临时吊耳和拉筋的垫板等，应采用力学性能和焊接性能与罐体相同或相近的材料，并用相适应的焊材及焊接工艺进行焊接。

b） 临时吊耳和拉筋的垫板割除后，留下的焊疤应打磨光滑，并按图样规定进行渗透检测或磁粉检测，表面应无裂纹等缺陷。打磨后的厚度应不小于该部位的设计厚度或图样规定的最小成型厚度。

7.4 焊接接头返修及母材缺陷补焊

7.4.1 应分析缺陷产生的原因，提出相应的返修或补焊方案。

7.4.2 焊接接头的返修和补焊都应进行焊接工艺评定或具有经评定合格的焊接工艺支持，施焊时应有详尽的返修或补焊记录。

7.4.3 焊缝同一部位的返修次数不宜超过 2 次。如超过 2 次，返修前应经制造单位技术负责人批准，且应将返修的次数、部位和返修情况记入产品质量证明文件。

7.4.4 返修部位应按原要求经检测合格。

7.4.5 耐压试验后进行的返修，如返修深度大于 1/2 壁厚，应重新进行耐压试验。

7.4.6 氦质谱检漏后需返修的，返修部位应采用合适的检验方法检测合格，且重新进行氦质谱检漏。

7.5 产品焊接试件与试样

7.5.1 凡符合以下条件之一的、有 A 类纵向焊接接头的内容器，应逐台制备产品焊接试件：

a） 需经过热处理改善或恢复材料力学性能的内容器；

b） 设计图样要求制备产品焊接试件的内容器。

7.5.2 制备产品焊接试件与试样应符合下列规定：

a） 产品焊接试件应在内容器筒节 A 类纵向焊缝的延长部位与筒节同时施焊。

b） 试件应取合格的原材料，且与内容器用材料具有相同标准、相同牌号、相同厚度和相同热处理状态。

c） 试件应由施焊内容器的焊工，采用与施焊内容器相同的条件、过程与焊接工艺施焊。有热处理要求的内容器或部件，试件一般应随内容器或部件一起热处理。

d） 试件的尺寸和试样的截取应符合 NB/T 47016 的规定。

7.5.3 试样的力学性能检验与评定应符合下列规定：

a） 力学性能检验的试验方法、合格指标及复验要求，应符合 NB/T 47016 的规定；

b) 夏比(V形缺口)冲击试验应包括焊缝金属和热影响区,试验温度为受压元件的设计温度或设计图样规定的温度;

c) 当产品焊接试样评定结果被判为不合格时,应分析原因,采取相应措施,允许按NB/T 47016的要求重新取样进行复验。当复验结果仍达不到要求时,则该试件所代表的产品应判为不合格。

8 无损检测

8.1 无损检测方法

8.1.1 无损检测方法包括射线检测、超声检测、磁粉检测和渗透检测。射线检测应符合NB/T 47013.2、NB/T 47013.11或NB/T 47013.14的规定;超声检测应符合NB/T 47013.3或NB/T 47013.10的规定;磁粉检测应符合NB/T 47013.4的规定;渗透检测应按NB/T 47013.5的规定。

8.1.2 制造单位或无损检测机构应按设计图样要求和NB/T 47013.1的规定制定无损检测工艺。

8.1.3 无损检测方法的选择应满足相应的无损检测标准的规定。

8.2 无损检测方法的选择

8.2.1 内容器及外壳的A、B类焊接接头(内容器工艺人孔筒体与凸面受压的工艺人孔封头的合拢B类焊接接头和外壳的合拢B类焊接接头除外)、管路对接接头,应进行射线检测或超声检测。超声检测包括衍射时差法超声检测(TOFD)、可记录的脉冲反射法超声检测和不可记录的脉冲反射法超声检测。

8.2.2 当采用不可记录的脉冲反射法超声检测时,应采用射线检测或衍射时差法超声检测作为附加局部检测。

8.2.3 罐体的不锈钢焊接接头表面无损检测应采用渗透检测,碳钢或低合金钢焊接接头的表面无损检测应采用磁粉检测或渗透检测。

8.2.4 铁磁性材料制罐体焊接接头的表面无损检测应优先采用磁粉检测。

8.3 内容器无损检测比例及技术要求

8.3.1 A、B类焊接接头应进行100%射线检测或超声检测。

8.3.2 工艺人孔筒体与凸面受压的工艺人孔封头的合拢B类焊接接头无损检测的检测方法和要求应符合设计图样的规定。

8.3.3 先拼板后成型的凸形封头上所有拼接接头还应进行100%表面检测。

8.3.4 内容器上D、E类焊接接头应进行100%表面检测。

8.3.5 内容器上临时吊耳和拉筋垫板割除并修磨后留下的焊疤,应进行表面检测。

8.3.6 内容器无损检测的技术要求应符合下列规定:

a) 射线检测技术等级应不低于相应检测方法的AB级,其合格级别应不低于Ⅱ级;

b) 脉冲反射法超声检测技术等级应不低于B级,合格级别应不低于Ⅰ级;

c) 渗透检测合格级别应不低于Ⅰ级。

8.4 外壳无损检测比例及技术要求

8.4.1 A、B类焊接接头(外壳的合拢B类焊接接头除外)应进行局部射线检测,检测长度不小于各条焊接接头长度的20%,且均不得小于250 mm,其射线检测技术等级应不低于相应检测方法的AB级,合格级别不低于Ⅲ级。

8.4.2 外壳的合拢B类焊接接头以及下列项目的焊缝应经无损检测,检测方法和要求应符合设计图样的规定,其检测长度可计入外壳的局部检测长度:

a) 先拼板后成型凸形封头上的所有拼接接头;

b) 凡被补强圈、垫板、支座、内件等覆盖的焊接接头;

c) 对于满足GB/T 150.3—2011中6.1.3不另行补强的管座,自开孔中心、沿外壳表面的长度等于1.5倍开孔直径的范围内的焊接接头。

8.4.3 先拼板后成型的凸形封头上所有拼接接头应进行100%射线检测及100%表面检测,其射线检测技术等级应不低于AB级,合格级别应不低于Ⅲ级,表面检测的合格级别应不低于Ⅰ级。

8.4.4 外壳上临时吊耳和拉筋垫板割除并修磨后留下的焊疤,应进行表面检测,表面检测的合格级别应不低于Ⅰ级。

8.5 管路无损检测比例及技术要求

8.5.1 真空夹层内及外部的管路,其B类焊接接头应按NB/T 47013.2进行100%射线检测,射线检测技术等级应不低于AB级,其合格级别应不低于Ⅱ级。

8.5.2 真空夹层内及外部的管路,其C、D类焊接接头应按NB/T 47013.5进行100%渗透检测,合格级别应为Ⅰ级。

8.6 重复检测

8.6.1 经无损检测的焊接接头,发现不准许的缺陷时,应在缺陷清除干净后进行补焊,并对该部位采用原无损检测方法和合格级别进行重新检测和评定。

8.6.2 进行局部无损检测的焊接接头,发现不准许的缺陷时,应在该缺陷两端的延伸部位增加检测长度,增加的长度为该焊接接头长度的10%,且两侧均不小于250 mm。若仍有不准许的缺陷,则对该条焊接接头进行100%无损检测。

8.6.3 渗透与磁粉检测发现不准许的缺陷时,应进行修磨及必要的补焊,并对该部位采用原无损检测方法重新检测。

8.7 无损检测的实施时机

8.7.1 焊接接头的无损检测,应在形状尺寸和外观质量检查合格后进行。

8.7.2 拼接封头应在成型后进行无损检测。若成型前已进行无损检测,则成型后还应对圆弧过渡区至直边段进行无损检测。

8.8 无损检测记录、资料和报告

制造单位应如实填写无损检测记录,正确签发无损检测报告,妥善保管射线底片和超声检测数据等检测资料(含缺陷返修前记录),并建立无损检测档案,其保存期限应不少于深冷容器的设计使用年限。

9 热处理

9.1 罐体热处理要求应符合GB/T 150.4和设计文件的规定。

9.2 除图样另有规定外,外壳冷成型后无需热处理。

10 清洁要求

10.1 与介质接触的所有零部件表面,应进行脱脂与清洁处理,合格指标应符合 JB/T 6896 或设计图样的规定。

10.2 真空夹层内表面以及夹层内的零部件,应进行脱脂、除锈、干燥等处理,合格指标应符合设计图样的规定。

10.3 对不设置工艺人孔的内容器,在最后一道环焊缝对焊前,应清除容器内杂物,其清洁度满足设计图样的要求。

10.4 清洁合格后,所有的零部件、管路和内容器的开口处都应立即用洁净的密封件密封好,防止污染物、灰尘、水进入。

11 组装要求

11.1 内容器在耐压试验合格后方可与外壳进行组装,且应符合下列要求:

a) 高真空多层绝热的内容器应在绝热材料包扎完成后尽可能及时与外壳进行套装,以防止绝热材料受潮及污染;

b) 套合时,应保证夹层的清洁,并防止损伤多层绝热材料、夹层管线和内容器的外表面;

c) 套合时,应尽可能减小内容器与外壳的同轴度偏差。

11.2 高真空多层绝热的绝热层应在内容器与外壳组装前完成安装,且应符合下列要求:

a) 多层绝热材料应经干燥处理;

b) 层数、层密度应符合设计图样的规定;

c) 反射屏与间隔材料之间应相互封闭;

d) 尽量避免出现反射屏之间直接接触(短路)及局部无反射屏的现象;

e) 最外层应有防止绝热层松散和脱落的相应措施。

11.3 真空粉末绝热材料的填充应在内容器与外壳组装完工后进行,且应符合下列要求:

a) 粉末绝热材料应经干燥处理;

b) 装填时,应控制粉末绝热材料的装填密度;

c) 尽可能采取措施,防止粉末绝热材料沉降;

d) 加压充填粉末绝热材料时,应有防止内容器失稳的相应措施;

e) 如需添加阻光剂,应保证其在粉末材料中分布均匀。

12 吸附剂的安装

12.1 低温吸附剂应安装在内容器外壁,其包装和填充应符合设计图样的规定。

12.2 常温吸附剂应安装在外壳内壁,其包装和安置应符合设计图样的规定。

13 管路制造

13.1 管路安装前,管子、管件、阀门等管路组成件内外表面应清理干净,无杂物、油污且干燥。

13.2 真空夹层内的管路应进行耐压试验。

13.3 管路的法兰密封面及密封垫片,应无影响密封性能的划痕、斑点等缺陷。

13.4 法兰面应垂直于管路的主轴中心线,且保证法兰面的水平或垂直,其偏差均应不超过法兰外径的1%(法兰外径小于100 mm时按100 mm计算)且不大于3.0 mm。法兰的螺栓孔应与管路主轴线或铅垂线跨中布置(见图2)。有特殊要求时,应在图样上注明。

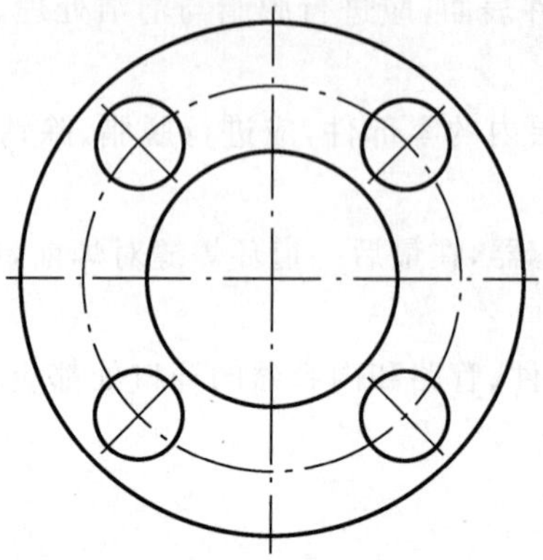

图2 法兰的螺栓孔与管路主轴线或铅垂线跨中布置

13.5 当管路装配间断施工时,应及时封闭敞开的管口。

13.6 阀门应按设计流程图确定其安装方向。螺杆式截止阀应在顺时针方向转动时被关闭。

13.7 管路上应清楚标明各个接口和附件的用途。管路阀门应标明介质流向,截止阀应标明开启和关闭方向。

13.8 安全阀、压力表应校验合格后才能安装使用。

13.9 管路宜采用管夹固定,管夹的固定不应限制管路的热胀冷缩。

13.10 有导静电接地要求的设备,各段管子间应导电。当每对法兰或螺纹接头间电阻值超过0.03 Ω时,应设导线跨接。

13.11 外部管路应进行耐压试验和气密性试验。

14 氦质谱检漏

14.1 内容器与外壳组装后,应对真空夹层进行氦质谱检漏。漏率指标应符合GB/T 18442.3和设计图样的规定。

14.2 泄漏处应按焊接返修工艺进行修补,按原无损检测要求检测合格后,重新进行氦质谱检漏。

15 罐体涂敷

罐体的涂敷应符合JB/T 4711和设计文件的规定。

16 标志标识

16.1 制造单位应在深冷容器的明显部位装设产品铭牌。铭牌应采用中文(必要时可以中英文对照)和国际单位,铭牌的格式与内容应符合TSG 21的规定。

16.2 铭牌内容可采用压印、雕刻、浮雕等永久方法进行标记,铭牌上的各种标志应清晰、易读。

16.3 铭牌可采用合适金属结构的防撬紧固件或焊接方法通过与垫板、支座或类似结构与容器永久固定。

16.4 铭牌、支架及紧固件应采用与使用环境相适应的金属材料。

16.5 外壳上应设置管路流程示意图、液位对照表等标识，标识应字迹工整、清晰可见、牢固耐用。标识不应出现折痕、皱纹、自卷撕裂等现象。

16.6 管路上应有标明阀门及管口用途的标识。

17 出厂资料

17.1 深冷容器的制造单位应向使用单位至少提供以下技术文件和资料：

a) 竣工图样，图样上应有设计单位设计专用章(复印章无效)，并且加盖竣工图章(竣工图章上标注制造单位名称、制造许可证编号、审核人的签字和“竣工图”字样)，如果制造中发生了材料代用、无损检测方法改变、加工尺寸变更等，制造单位应按照设计单位书面批准文件的要求在竣工图样上作出清晰标注，标注处应有修改人的签字及修改日期；

b) 产品合格证(含产品数据表)和产品质量证明文件，包括电子文档的光盘或其他电子存储介质；

c) 特种设备制造监督检验证书；

d) 风险评估报告；

e) 强度计算书；

f) 应力分析报告(需要时)；

g) 罐体安全泄放量、安全阀排量、爆破片泄放面积、外壳防爆装置泄放面积的计算书；

h) 安装及使用维护保养说明；

i) 备件、附件清单和相应的质量合格证明；

j) 电气、仪表防爆合格证书(需要时)。

17.2 产品质量证明文件至少应有下列内容：

a) 材料清单；

b) 主要受压元件材料质量证明书；

c) 质量计划；

d) 受压元件(封头、锻件等)为外购或外协件的产品质量证明文件；

e) 罐体外观及几何尺寸检验报告；

f) 焊接记录；

g) 无损检测报告；

h) 热处理报告及自动记录曲线(需要时)；

i) 耐压试验报告；

j) 气密性试验或其他泄漏试验报告；

k) 产品铭牌的拓印件或复印件；

l) 真空性能检测报告(含封结真空度检测、真空夹层漏气速率检测、真空夹层漏放气速率检测)；

m) 静态蒸发率检测报告(需要时)；

n) 气体置换检验报告；

o) 产品制造变更报告；

p) 安全附件、仪表及装卸附件的质量证明文件；

q）其他必要的产品质量证明文件。

17.3　安装及使用维护保养说明除符合 GB/T 9969 的规定外，还应有下列内容：

a）产品型号以及主要技术性能参数；

b）安全告知和产品使用说明；

c）管路及阀门用途(应包括安全附件、仪表和装卸附件的型号和连接方式)、流程示意图；

d）操作使用说明，至少应有操作规程、最大允许充装量的控制要求；

e）使用注意事项，至少应包括预冷过程和装卸过程中的注意事项；

f）维护和保养要求；

g）常见故障的排除方法；

h）起吊、装运和安装说明。

18　封存、装运

18.1　封存

18.1.1　深冷容器完工后，内容器及管路应使用干燥的氮气加压密封，密封压力一般为 0.03 MPa～0.05 MPa，露点应不高于－25 ℃。

18.1.2　充装易燃、易爆介质的深冷容器，内容器和管路的含氧量应不高于 2%。

18.1.3　充装非易燃介质的深冷容器，内容器和管路的含氧量应不高于 3%。

18.1.4　充装液氧介质的深冷容器，与氧接触的零部件应不存在与氧发生反应的物质。

18.1.5　所有管路、阀门和仪表的开口端，应进行防尘保护。

18.1.6　深冷容器在投入使用前如需长期封存，应放在防潮、通风的专用场地。

18.1.7　深冷容器封存期间，应按产品安装与使用维护说明书进行正常的维护与保养。

18.2　装运

18.2.1　深冷容器应在空罐情况下交付用户。

18.2.2　深冷容器可采用公路运输、铁路运输和水路运输等装运方式，吊装时应使用专用吊具。

18.2.3　装运过程中罐体应捆扎牢固可靠，外部管路及阀门、仪表等应包扎牢固，确保深冷容器各部位得到有效保护。

ICS 23.020.40
J 76

中华人民共和国国家标准

GB/T 18442.5—2019
代替 GB/T 18442.5—2011

固定式真空绝热深冷压力容器 第5部分：检验与试验

Static vacuum insulated cryogenic pressure vessels— Part 5: Inspection and testing

2019-12-31 发布 2019-12-31 实施

国家市场监督管理总局
国家标准化管理委员会 发布

前　言

GB/T 18442《固定式真空绝热深冷压力容器》分为以下7个部分：

——第1部分：总则；

——第2部分：材料；

——第3部分：设计；

——第4部分：制造；

——第5部分：检验与试验；

——第6部分：安全防护；

——第7部分：内容器应变强化技术规定。

本部分为GB/T 18442的第5部分。

本部分按照GB/T 1.1—2009给出的规则起草。

本部分代替GB/T 18442.5—2011《固定式真空绝热深冷压力容器　第5部分：检验与试验》，与GB/T 18442.5—2011相比，除编辑性修改外主要技术变化如下：

——修改了试验顺序的内容，增加了冷冲击试验、耐压试验、泄漏试验、真空性能检测等实施时机；

——修改了耐压试验要求，增加了液压试验的安全措施及基本要求；

——修改了冷冲击试验的要求；

——增加了清洁度检测要求；

——增加了低温性能型式试验的试验罐选取规则；

——修改了其他检验项目的内容及要求。

本部分由全国锅炉压力容器标准化技术委员会(SAC/TC 262)提出并归口。

本部分起草单位：张家港中集圣达因低温装备有限公司、上海市气体工业协会、中国特种设备检测研究院、石家庄安瑞科气体机械有限公司、江苏省特种设备安全监督检验研究院张家港分院、杭州富士达特种材料股份有限公司、张家港富瑞深冷科技有限公司、苏州华福低温容器有限公司、沈阳特种设备检测研究院、浙江大学、机械工业上海蓝亚石化设备检测所有限公司、上海华谊集团装备工程有限公司。

本部分主要起草人：罗晓钟、周伟明、钱红华、滕俊华、陈朝晖、王红霞、王飞、彭平、赵杰峰、暴志强、徐勇、甘智华、张玉福、魏勇彪。

本部分所代替标准的历次版本发布情况为：

——GB/T 18442.5—2011；

——GB 18442—2001。

固定式真空绝热深冷压力容器
第5部分:检验与试验

1 范围

GB/T 18442 的本部分规定了固定式真空绝热深冷压力容器(以下简称“深冷容器”)制造过程中和完工后的试验方法和检验规则。

本部分适用于同时满足以下条件的深冷容器:

a) 内容器工作压力不小于 0.1 MPa;

b) 几何容积不小于 1 m^3;

c) 绝热方式为真空粉末绝热、真空复合绝热或高真空多层绝热;

d) 储存介质为标准沸点不低于−196 ℃的冷冻液化气体。

本部分不适用于下列范围的深冷容器:

a) 内容器和外壳材料为有色金属或非金属的;

b) 球形结构的;

c) 堆积绝热方式的;

d) 移动式的;

e) 储存标准沸点低于−196 ℃冷冻液化气体介质的;

f) 储存介质按 GB 12268 规定为毒性气体的;

g) 国防军事装备等有特殊要求的。

2 规范性引用文件

下列文件对于本文件的应用是必不可少的。凡是注日期的引用文件,仅注日期的版本适用于本文件。凡是不注日期的引用文件,其最新版本(包括所有的修改单)适用于本文件。

GB/T 150(所有部分) 压力容器

GB/T 18442.1 固定式真空绝热深冷压力容器 第1部分:总则

GB/T 18442.2—2019 固定式真空绝热深冷压力容器 第2部分:材料

GB/T 18442.3—2019 固定式真空绝热深冷压力容器 第3部分:设计

GB/T 18442.4—2019 固定式真空绝热深冷压力容器 第4部分:制造

GB/T 18442.6—2019 固定式真空绝热深冷压力容器 第6部分:安全防护

GB/T 18443.2 真空绝热深冷设备性能试验方法 第2部分:真空度测量

GB/T 18443.3 真空绝热深冷设备性能试验方法 第3部分:漏率测量

GB/T 18443.4 真空绝热深冷设备性能试验方法 第4部分:漏放气速率测量

GB/T 18443.5 真空绝热深冷设备性能试验方法 第5部分:静态蒸发率测量

GB/T 18443.7 真空绝热深冷设备性能试验方法 第7部分:维持时间测量

GB/T 18443.8　真空绝热深冷设备性能试验方法　第 8 部分:容积测量

GB/T 20801.5　压力管道规范　工业管道　第 5 部分:检验与试验

JB/T 6896　空气分离设备表面清洁度

TSG 21　固定式压力容器安全技术监察规程

3　术语和定义

GB/T 150、GB/T 18442.1、GB/T 18442.3 和 GB/T 18442.4 界定的以及下列术语和定义适用于本文件。

3.1

冷冲击试验　cold shock test

以设定的速度向内容器充注冷冻液化气体,使内容器在规定的时间内冷却到预定温度,以考察整个内容器耐受温差应力变化速度和幅度的能力。

4　试验方法

4.1　试验顺序

4.1.1　当需要进行冷冲击试验时,应在内容器制造完工且无损检测合格后进行。

4.1.2　内容器的耐压试验应在内容器制造完工且无损检测合格后进行。

4.1.3　罐体夹层的氦质谱检漏试验应在内容器与外壳组装完毕后进行。

4.1.4　外部管路的耐压试验应在罐体和外部管路制造完工且无损检测合格后进行。

4.1.5　泄漏试验应在罐体和管路系统组装完毕,且将所有安全附件、仪表、装卸附件安装齐全后进行。

4.1.6　深冷容器在耐压试验和泄漏试验合格,且在夹层抽真空完成后,方可进行低温性能检测。静态蒸发率检测应在真空性能检测合格后进行,维持时间检测(需要时)应在静态蒸发率检测结束后进行。

4.2　耐压试验

4.2.1　内容器耐压试验

4.2.1.1　耐压试验基本要求

4.2.1.1.1　制造完工的内容器应按图样的规定进行耐压试验,耐压试验包括液压试验和气压试验。

4.2.1.1.2　耐压试验应用两个量程相同的并经过检定合格的压力表。压力表的量程应为 1.5 倍～3.0 倍的试验压力,且以试验压力的 2 倍为宜。压力表的精度应不低于 1.6 级,表盘直径应不小于 100 mm。压力表应安装在试验内容器顶部引出的管线上便于观察的位置。

4.2.1.1.3　耐压试验前,内容器各连接部位的紧固螺栓(如有)应配置齐全,紧固妥当,并尽可能将内容器与夹层管路一同进行耐压试验。耐压试验时,内容器上焊接的临时受压元件应采用适当的措施,保证其强度和安全性。

4.2.1.1.4　耐压试验场地应有可靠的安全防护设施,并且经过制造单位技术负责人和安全管理部门检查认可。

4.2.1.1.5 保压期间不应采用连续加压来维持试验压力不变,耐压试验过程中不应带压紧固螺栓或向受压元件施加外力。

4.2.1.1.6 耐压试验过程中,不应进行与试验无关的工作,无关人员不应在试验现场停留。

4.2.1.2 液压试验

4.2.1.2.1 液压试验的介质一般采用水,必要时也可采用不会导致发生危险的其他试验液体。试验时,液体的温度应低于其闪点或沸点,且有可靠的安全措施。

4.2.1.2.2 液压试验温度应符合 GB/T 150.4 和设计图样的规定。

4.2.1.2.3 液压试验应符合下列规定:

a) 内容器顶部应设排气口,充液时应将内容器内的空气排净。试验过程中,内容器外表面应保持干燥。

b) 当内容器器壁金属温度与液体温度接近时,方可缓慢升压至设计压力,确认无泄漏后继续升压到规定的试验压力。保压时间一般不少于 30 min,然后将压力降至设计压力,保压足够长的时间对所有焊接接头和连接部位进行检查。

c) 液压试验完毕后,应将液体排尽并用压缩空气将内容器内部吹干,并清除杂物。当无法完全排净吹干时,应控制试验用水中的氯离子含量不超过 25 mg/L。

4.2.1.2.4 液压试验过程中,内容器无渗漏、无可见的变形和异常的响声为合格。

4.2.1.3 气压试验

4.2.1.3.1 由于结构或支撑、介质等原因,不准许残留试验液体的内容器,一般采用气压试验。

4.2.1.3.2 试验所用的气体应为干燥洁净的空气、氮气或其他惰性气体。

4.2.1.3.3 气压试验应有安全防护措施。试验时,试验单位的安全管理部门应派人进行现场监督。

4.2.1.3.4 气压试验温度应符合 GB/T 150.4 和设计图样的规定。

4.2.1.3.5 气压试验时压力应缓慢上升,至规定试验压力的 10%,保压 5 min,并对所有焊接接头和连接部位进行泄漏检查;确认无泄漏后,再继续升压到规定试验压力的 50%,如无异常现象,其后按每级为规定试验压力的 10%,逐级升压至规定试验压力,并保压 10 min;然后将压力降至设计压力,保压足够时间进行检查。检查期间压力应保持不变,不应采用连续加压的方式维持试验压力不变。气压试验过程中不应带压紧固螺栓或向受压元件施加外力。

4.2.1.3.6 气压试验过程中,内容器无异常响声,经肥皂液或其他可靠的检漏方法检查无漏气、无可见的变形为合格。

4.2.2 管路耐压试验

4.2.2.1 夹层内部管路与内容器一起作耐压试验。外部管路应经无损检测合格后,按图样的规定进行耐压试验。

4.2.2.2 管路耐压试验要求和试验程序按 GB/T 20801.5 的规定,并符合图样的要求。

4.3 气密性试验

4.3.1 耐压试验合格后,将所有安全附件、仪表、装卸附件安装齐全后进行气密性试验。

4.3.2 进行气密性试验时,应符合下列规定:

a) 试验用气体应为干燥、洁净的空气、氮气或其他惰性气体；

b) 试验时，压力应缓慢上升，达到规定的试验压力后保压足够长时间，同时检查罐体所有的焊接接头和各阀件、仪表及其连接面，无泄漏为合格；

c) 如有泄漏，应在修补后重新进行试验。

4.4 氦检漏试验

氦检漏试验应符合 GB/T 18443.3 或设计文件的规定。

4.5 冷冲击试验

4.5.1 是否做冷冲击试验应根据图样的要求。

4.5.2 冷冲击试验应采用液氮作为试验介质。

4.5.3 试验时，应将除进液口和排气口以外的其余管路管口封闭。

4.5.4 试验时，内容器和管座应被液氮充分浸渍。

4.5.5 冷冲击试验后，应对内容器和夹层管路进行耐压试验和氦质谱检漏试验。其他检验内容和要求应符合图样的规定。

4.6 清洁度检测

4.6.1 与介质接触的零部件表面的清洁度检测方法按照 JB/T 6896 的规定。

4.6.2 真空夹层表面以及其内部的零部件表面的脱脂、除锈、干燥等检测方法按照设计文件的规定。

4.7 容积测量

4.7.1 内容器应进行几何容积、有效容积和真空夹层容积的测定，测定方法按 GB/T 18443.8 的规定。

4.7.2 由于结构或介质的原因不准许残留试验液体的内容器，可用测量几何尺寸计算的容积代替实测容积。

4.8 真空度检测

夹层真空度的检测方法按 GB/T 18443.2 的规定。

4.9 真空夹层漏气速率检测

真空夹层漏气速率的检测方法按 GB/T 18443.3 的规定。

4.10 真空夹层漏放气速率检测

真空夹层漏放气速率的检测方法按 GB/T 18443.4 的规定。

4.11 静态蒸发率检测

静态蒸发率的检测方法按 GB/T 18443.5 的规定。

4.12 维持时间检测

维持时间的检测方法按 GB/T 18443.7 的规定。

4.13 安全附件试验

安全附件性能试验应符合相应产品标准和设计文件的规定。

4.14 其他检验

4.14.1 深冷容器总装完成后的检验项目至少包括下列内容，其合格要求应满足本部分和设计文件的规定：

a) 罐体的外形尺寸；

b) 管口位置尺寸；

c) 腿式支座、支承式支座、鞍式支座或裙座的几何尺寸和装配尺寸；

d) 管路系统的完整性及可靠性；

e) 表面涂装、标志标识、铭牌以及必要的警示性标志等。

4.14.2 深冷容器应对导静电装置进行电阻测量，可采用万用表测量。

4.14.3 深冷容器的外观质量检查采用目视方法。

5 检验规则

5.1 检验分类

检验分为逐台检验、批量检验、型式试验。

5.2 逐台检验

深冷容器完成后应经逐台检验合格后方可出厂。逐台检验项目和要求按表1、表2的规定。

5.3 批量检验

5.3.1 同一定型设计的几何容积不大于5 m^3 的深冷容器，应按生产顺序，以不多于50台为1批，每批中随机抽取1台进行批量检验。

5.3.2 批量检验的项目和要求按表1和表2的规定。

5.3.3 若抽取的批量检验容器检验不合格，则在该批中再抽取2台进行检验，仍有不合格时应进行逐台检验。

5.4 型式试验

5.4.1 深冷容器应进行低温性能型式试验。低温性能型式试验应由有关国家主管机构核准的型式试验机构进行，并出具低温性能型式试验报告和证书。

5.4.2 属下列情况之一的，应进行低温性能型式试验：

a) 产品设计定型时(生产样品型号)；

b) 工厂停产6个月以上再次生产时；

c) 当罐体设计结构和制造工艺发生变化，影响罐体绝热性能时；

d) 国家特种设备安全监督管理部门提出低温性能型式试验要求时。

5.4.3 低温性能型式试验的试验项目、要求以及试验容器选取规则分别按表1、表2和表3的规定。

表 1　逐台检验、批量检验和低温性能型式试验的项目

序号	检验项目		逐台检验	批量检验	低温性能型式试验
1	相关技术文件		★	★	—
2	外观质量		★	★	—
3	几何尺寸		★	★	—
4	焊接质量		★	★	—
5	耐压试验		★	★	—
6	气密性试验		★	★	—
7	冷冲击试验		▲	▲	—
8	内容器几何容积		★	★	—
9	真空性能	真空夹层封结真空度	★	★	★
10		真空夹层漏气速率	★	★	★
11		真空夹层漏放气速率	★	★	★
12		真空夹层冷态真空度	—	▲	☆
13	绝热性能	静态蒸发率	—	▲	☆
14		维持时间	—	—	▲
15	附件检验		★	★	—
16	出厂资料		★	★	—

注 1：有"★"标记的项目，为需进行检验和试验的项目。

注 2：有"▲"标记的项目，由供需双方协商确定。

注 3：有"☆"标记的项目，当内容器几何容积大于 50 m^3，低温性能型式试验可在制造单位或用户处进行。

注 4：有"—"标记的项目，为无需进行检验和试验的项目。

表 2　检验项目内容及技术要求

序号	检验项目	检验内容	技术要求
1	相关技术文件检查	产品名称、型号、容器分类、标准	GB/T 18442.3—2019 中 5.2
		设计压力、设计温度、介质	GB/T 18442.3—2019 中 5.2、7.1、8.1
		内容器的几何容积、真空夹层的几何容积、额定充满率、深冷容器重量	GB/T 18442.3—2019 中 5.2、13.2
		罐体材料	GB/T 18442.2—2019 中第 5 章； GB/T 18442.3—2019 中 5.2
		管子材料	GB/T 18442.2—2019 中 5.4； GB/T 18442.3—2019 中 5.3
		罐体真空绝热方式	GB/T 18442.3—2019 中 5.2
		设计使用年限	GB/T 18442.3—2019 中 5.2

表 2（续）

序号	检验项目	检验内容	技术要求
2	外观检查	铭牌	GB/T 18442.3—2019 中 5.2； GB/T 18442.4—2019 中第 16 章
		标志、标识	GB/T 18442.4—2019 中第 16 章
		涂敷	GB/T 18442.4—2019 中第 15 章
		焊接接头及母材外表面缺陷	GB/T 18442.3—2019 中第 9 章； GB/T 18442.4—2019 中 6.5.1、7.3.1、7.3.2
		结构件的连接	GB/T 18442.3—2019 中 18.6
		罐体焊缝布置	GB/T 18442.4—2019 中 6.5.4
		壳体的圆度	GB/T 18442.4—2019 中 6.5.5
		装卸系统的设置及要求	GB/T 18442.3—2019 中 18.10.4.7、18.10.4.9； GB/T 18442.4—2019 中 13.7、18.1.5
		外部管路及阀门、仪表等包装	GB/T 18442.4—2019 中 18.2.3
3	几何尺寸检验	罐体外形尺寸	GB/T 18442.3—2019 中 5.2； GB/T 18442.4—2019 中 6.6.1
		罐体直线度	GB/T 18442.4—2019 中 6.5.3
		单个筒节的最小长度	GB/T 18442.4—2019 中 6.5.4
		法兰	GB/T 18442.4—2019 中 13.4、13.5
		腿式支座的几何尺寸和装配尺寸	GB/T 18442.4—2019 中 6.6.2；4.14.1
		支承式支座的几何尺寸和装配尺寸	GB/T 18442.4—2019 中 6.6.3；4.14.1
		鞍式支座的几何尺寸和装配尺寸	GB/T 18442.4—2019 中 6.6.4；4.14.1
		裙座的几何尺寸和装配尺寸	GB/T 18442.4—2019 中 6.6.5；4.14.1
4	耐压试验及气密性试验	内容器耐压试验	GB/T 18442.3—2019 中第 16 章；4.2.1
		罐体气密性试验	GB/T 18442.3—2019 中第 17 章；4.3
		罐体氦检漏试验	GB/T 18442.3—2019 中第 17 章；4.4
		管路耐压试验	GB/T 18442.3—2019 中第 16 章；4.2.2
		管路气密性试验	GB/T 18442.3—2019 中第 17 章；4.3
5	冷冲击试验（适用时）	冷冲击试验	4.5
6	清洁度	清洁度检测	GB/T 18442.4—2019 中第 10 章；4.6
7	真空性能	真空夹层封结真空度	GB/T 18442.3—2019 中 15.3；4.8
		真空夹层冷态真空度	GB/T 18442.3—2019 中 15.3；4.8
		真空夹层漏气速率	GB/T 18442.3—2019 中 15.1；4.9
		真空夹层漏放气速率	GB/T 18442.3—2019 中 15.2；4.10

表 2(续)

序号	检验项目	检验内容	技术要求
8	绝热性能	静态蒸发率	GB/T 18442.3—2019 中第 14 章;4.11
		维持时间	GB/T 18442.3—2019 中第 14 章;4.12
9	附件检验	内容器超压泄放装置	GB/T 18442.6—2019 中 4.2
		外壳防爆装置	GB/T 18442.6—2019 中 4.3
		紧急切断装置	GB/T 18442.6—2019 中 4.4
		导静电接地装置	GB/T 18442.6—2019 中 4.5
		仪表	GB/T 18442.6—2019 中 4.6、4.7、4.8、4.9、4.10
		装卸附件	GB/T 18442.6—2019 中 4.11
10	出厂资料	出厂资料应齐全	GB/T 18442.4—2019 中第 17 章

表 3 试验容器抽取规则

几何容积 V/m^3	抽取数量
$1 \leqslant V \leqslant 10$	不同容积各 1 台
$10 < V \leqslant 50$	1 台
$50 < V \leqslant 100$	1 台
$100 < V \leqslant 500$	1 台

注 1:当绝热方式(真空粉末绝热、高真空多层绝热等)、支撑方式(八点、吊拉带、裙座等)以及结构型式(立式、卧式等)等型式发生变化时,需分别进行低温性能型式试验。

注 2:当高真空多层绝热系统用绝热材料层数、层密度等发生变化,影响罐体绝热性能时,需考虑重新进行低温性能型式试验。

ICS 23.020.40
J 76

中华人民共和国国家标准

GB/T 18442.6—2019
代替 GB/T 18442.6—2011

固定式真空绝热深冷压力容器
第6部分:安全防护

Static vacuum insulated cryogenic pressure vessels—
Part 6:Safety protection

2019-12-31 发布　　2019-12-31 实施

国家市场监督管理总局
国家标准化管理委员会　发布

前 言

GB/T 18442《固定式真空绝热深冷压力容器》分为以下 7 个部分：

——第 1 部分：总则；

——第 2 部分：材料；

——第 3 部分：设计；

——第 4 部分：制造；

——第 5 部分：检验与试验；

——第 6 部分：安全防护；

——第 7 部分：内容器应变强化技术规定。

本部分为 GB/T 18442 的第 6 部分。

本部分按照 GB/T 1.1—2009 给出的规则起草。

本部分代替 GB/T 18442.6—2011《固定式真空绝热深冷压力容器　第 6 部分：安全防护》，与GB/T 18442.6—2011 相比，除编辑性修改外主要技术变化如下：

——修改了一般要求，增加了带电气控制元件的防爆要求、安全阀、仪表和装卸附件与管路的连接要求；

——修改了内容器超压泄放装置的设置要求，修改了超压泄放装置典型设置示意图；

——修改了超压泄放装置的设计要求；

——增加了内容器超压泄放装置的安装要求、外壳防爆装置的型式及其设置位置要求；

——修改了紧急切断阀的设置要求、导静电接地装置的接地电阻值、液位测量装置和压力测量装置要求、装卸附件要求；

——增加了温度测量装置、真空度测量装置和带传感器或电气控制元件的测量装置的相关要求；

——删除了装卸软管及其相关要求；

——附录 A 中增加了对于储存非易燃、易爆介质的罐体安全泄放量计算方法的规定，修改了式(A.5)。

本部分中罐体安全泄放量和超压泄放装置排放能力的计算参考了 ISO 21013-3:2016《深冷容器　深冷工况用超压泄放装置　第 3 部分：尺寸与排放能力的确定》。

本部分由全国锅炉压力容器标准化技术委员会(SAC/TC 262)提出并归口。

本部分起草单位：上海华理安全装备有限公司、上海市气体工业协会、张家港中集圣达因低温装备有限公司、液化空气(中国)投资有限公司、查特深冷工程系统(常州)有限公司、中国特种设备检测研究院、华东理工大学、沈阳特种设备检测研究院、上海华谊集团装备工程有限公司。

本部分主要起草人：史斐菲、周伟明、吴全龙、高洁、陈勤俭、滕俊华、陈文锋、陈朝晖、惠虎、刘铎、魏勇彪。

本部分所代替标准的历次版本发布情况为：

——GB/T 18442.6—2011；

——GB 18442—2001。

固定式真空绝热深冷压力容器
第6部分:安全防护

1 范围

GB/T 18442 的本部分规定了固定式真空绝热深冷压力容器(以下简称“深冷容器”)使用的安全附件、仪表、装卸附件的选用原则、设置要求以及罐体安全泄放量和超压泄放装置排放能力的计算。

本部分适用于同时满足以下条件的深冷容器:

a) 内容器工作压力不小于 0.1 MPa;

b) 几何容积不小于 1 m^3;

c) 绝热方式为真空粉末绝热、真空复合绝热或高真空多层绝热;

d) 储存介质为标准沸点不低于−196 ℃的冷冻液化气体。

本部分不适用于下列范围的深冷容器:

a) 内容器和外壳材料为有色金属或非金属的;

b) 球形结构的;

c) 堆积绝热方式的;

d) 移动式的;

e) 储存标准沸点低于−196 ℃冷冻液化气体介质的;

f) 储存介质按 GB 12268 规定为毒性气体的;

g) 国防军事装备等有特殊要求的。

2 规范性引用文件

下列文件对于本文件的应用是必不可少的。凡是注日期的引用文件,仅注日期的版本适用于本文件。凡是不注日期的引用文件,其最新版本(包括所有的修改单)适用于本文件。

GB/T 150(所有部分) 压力容器

GB/T 567.1 爆破片安全装置 第1部分:基本要求

GB/T 567.2 爆破片安全装置 第2部分:应用、选择与安装

GB/T 567.3 爆破片安全装置 第3部分:分类及安装尺寸

GB/T 567.4 爆破片安全装置 第4部分:型式试验

GB/T 18442.1 固定式真空绝热深冷压力容器 第1部分:总则

GB/T 18442.3 固定式真空绝热深冷压力容器 第3部分:设计

GB/T 18442.5 固定式真空绝热深冷压力容器 第5部分:检验与试验

GB/T 24918 低温介质用紧急切断阀

GB/T 29026 低温介质用弹簧直接载荷式安全阀

JB/T 6804 抗震压力表

TSG 21 固定式压力容器安全技术监察规程

3 术语和定义

GB/T 150、GB/T 18442.1、GB/T 18442.3、GB/T 18442.5 界定的术语和定义适用于本文件。

4 安全附件、仪表和装卸附件

4.1 一般要求

4.1.1 安全附件、仪表和装卸附件的设置，除应符合 TSG 21 和本部分的规定外，还应满足设计文件的要求。

4.1.2 安全附件包括超压泄放装置(安全阀、爆破片装置)、外壳防爆装置、紧急切断装置以及导静电装置等。

4.1.3 仪表包括压力测量装置、液位测量装置、真空度测量装置等。

4.1.4 装卸附件包括装卸阀门、装卸接头等。

4.1.5 选用的安全附件、仪表和装卸附件应与储存介质相适应。

4.1.6 安全附件和装卸附件的制造许可和型式试验应符合相应安全技术规范的要求。

4.1.7 安全附件、仪表和装卸附件应符合相应安全技术规范和产品标准的规定，且有产品质量证明书或产品质量合格证。

4.1.8 储存易燃、易爆介质的深冷容器，采用带电气控制元件的安全附件、仪表和装卸附件时，应符合电气元件防爆设计的相关标准的要求。

4.1.9 安全阀、压力表安装前，应进行校验和检定，合格后应重新铅封。

4.1.10 安全附件、仪表与管路之间的连接可采用焊接连接、法兰连接或螺纹连接等方式。

4.1.11 装卸附件与管路之间的连接应尽量采用焊接连接或法兰连接。

4.2 内容器超压泄放装置

4.2.1 内容器超压泄放装置的设置要求

4.2.1.1 内容器应至少设置两组相互独立的超压泄放装置，任何情况下应保证至少有一组超压泄放装置与内容器保持连通。为满足安全泄放的要求，每一组超压泄放装置应设置一个全启式弹簧安全阀作为主泄放装置，且并联一个全启式弹簧安全阀或爆破片作为辅助泄放装置。充装易燃、易爆介质的内容器，辅助泄放装置应选用安全阀。

4.2.1.2 内容器按图 1 或图 2 设置超压泄放装置时，应满足下列要求：

a) 主安全阀的整定压力应不大于内容器设计压力，回座压力应不低于整定压力的 0.90 倍；

b) 辅助泄放装置的动作压力应不小于主安全阀的整定压力，且不大于内容器设计压力的 1.1 倍；

c) 主安全阀的排放能力应保证内容器在非火灾条件下的压力不超过其设计压力的 1.1 倍，每组超压泄放装置的总排放能力应保证内容器在火灾条件下的压力不超过其设计压力的 1.21 倍；

d) 每一个安全阀或爆破片装置的排放能力均应满足按非火灾条件考虑时内容器的安全泄放要求，每一组超压泄放装置的排放能力均应满足按火灾条件考虑时内容器的安全泄放要求。

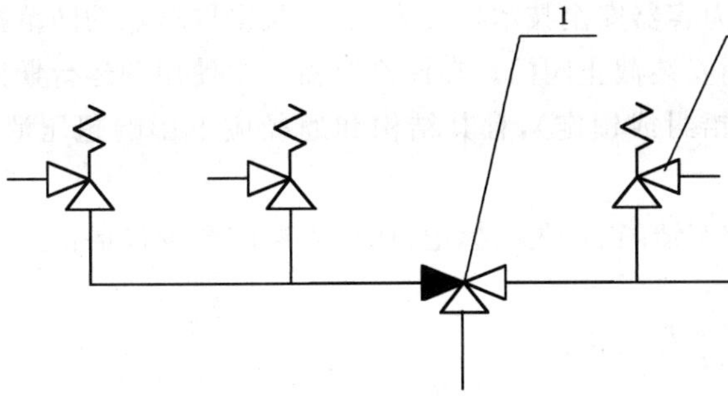

说明：

1——切换阀；

2——安全阀；

3——安全阀。

图1 安全阀与安全阀组合设置示意

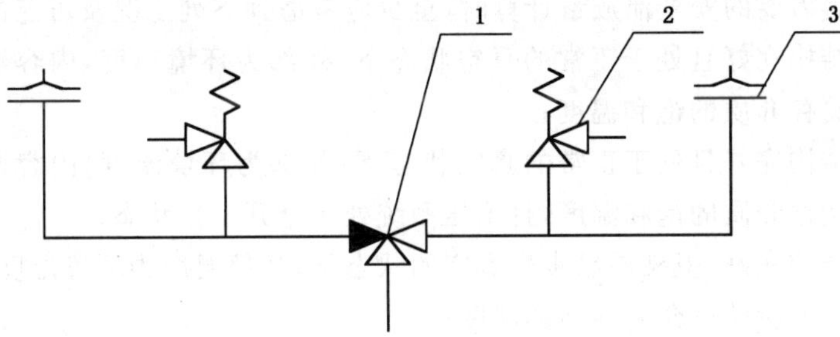

说明：

1——切换阀；

2——安全阀；

3——爆破片装置。

图2 安全阀与爆破片组合设置示意

4.2.1.3 内容器超压泄放装置的设计应符合下列要求：

a) 安全阀应符合 GB/T 29026 的规定；

b) 爆破片装置应符合 GB/T 567.1、GB/T 567.2、GB/T 567.3、GB/T 567.4 的规定；

c) 超压泄放装置的入口管设计应符合 GB/T 18442.3 的规定；

d) 储存易燃、易爆介质时，超压泄放装置的出口应装设泄放管，将排放介质引至安全地点；

e) 选用的爆破片在爆破时不应产生碎片、脱落和火花，宜采用反拱刻槽型爆破片；

f) 气体的排放应畅通无阻，泄压排出的气体不应直接冲击容器和主要受力结构件；

g) 能承受容器内部的压力、可能出现的超压及包括液体冲击力在内的动载荷；

h) 出口处应防止雨水和杂物的积聚，并防止任何异物的进入；

i) 应考虑超压泄放装置的入口压降和出口背压的影响。

4.2.1.4 内容器超压泄放装置的安装应符合下列要求：

a) 安全阀安装时应铅直安装；

b) 超压泄放装置与罐体之间不宜安装截止阀门。为便于超压泄放装置的校验、维修与更换,经使用单位主管压力容器安全技术负责人批准,且采取可靠的防范措施,方可在超压泄放装置与罐体之间安装截止阀门。在深冷容器正常使用和运行期间,截止阀门应保证处于全开状态(加铅封或锁定),且其结构和通径应不影响超压泄放装置的安全泄放。

4.2.1.5 内容器超压泄放装置应有清晰、永久的标记,标记内容应至少包括:

a) 超压泄放装置动作压力;

b) 额定的排气能力或最小泄放面积;

c) 制造许可证编号及标志;

d) 制造单位名称或标识商标。

4.2.2 内容器安全泄放量

4.2.2.1 内容器超压泄放装置的排放能力应不小于内容器需要的安全泄放量。内容器需要的安全泄放量及超压泄放装置的排放能力计算方法按附录A的规定。

4.2.2.2 进行内容器需要的安全泄放量计算时,至少应考虑到下列工况及可能的组合:

a) 绝热系统结构完好且处于正常的真空状态下,外部为环境温度,内容器的温度为泄放压力下所储存介质的饱和温度;

b) 绝热系统结构完好且处于正常的真空状态下,外部为环境温度,内容器的温度为泄放压力下所储存介质的饱和温度,且增压系统处于全开工作状态;

c) 绝热系统结构完好,但夹层已丧失真空的状态下,外部温度为环境温度,内容器的温度为泄放压力下所储存介质的饱和温度;

d) 深冷容器的绝热系统结构完好或部分完好,但夹层真空已丧失,且外部遭遇火灾或遭遇 922 K 及以上高温;

e) 深冷容器的绝热系统结构完全损坏,且夹套外部遭遇火灾或遭遇 922 K 及以上高温;

f) 连接高压源与内容器的管路中的其他阀的流通能力;

g) 泵的可能组合的循环使用的影响;

h) 以可能的最大流量对工作温度下的储罐加注带液闪蒸气体。

4.2.2.3 设计人员应根据实际条件判明可能发生的各种工况,包括 4.2.2.2 列出的 a)~h)的工况及可能的组合工况。

4.2.2.4 附录A未规定针对 4.2.2.2 中的工况 f)、g)和 h)的计算方法,设计人员应根据实际条件判明是否存在这些工况。存在这些工况时应按热力学基本理论的方法,充分估计这些工况可能产生的最大影响。

4.2.2.5 内容器超压泄放装置的排放能力应满足 4.2.2.2 中的 a)~d)、f)、g)、h)中可能有几种工况同时发生时的安全泄放要求,但也应充分研究发生 4.2.2.2 中极端工况 e)的可能。

4.3 外壳防爆装置

4.3.1 外壳防爆装置的设置要求

4.3.1.1 外壳应设置防爆装置,其泄放压力应不大于 0.05 MPa,其排放能力足以使夹层的压力限制在不超过 0.1 MPa。

4.3.1.2 防爆装置应能耐大气腐蚀,材料应与环境温度相适应。

4.3.1.3 防爆装置应能防止绝热材料的堵塞。防爆装置应尽可能设置在外壳顶部位置。

4.3.1.4 外壳防爆装置可采用自紧式防爆装置或焊接式爆破片装置。自紧式防爆装置的盖板应有相应的保护措施。采用焊接式爆破片装置时,与外壳本体连接也应采用焊接型式,并应有防雨、防尘等保护措施。

4.3.2 **外壳防爆装置的排放面积**

外壳防爆装置的排放面积一般不小于内容器几何容积(m^3)与 340 mm^2/m^3 的乘积,但不必超过5 000 mm^2。

4.4 紧急切断装置

4.4.1 **紧急切断装置的设置要求**

4.4.1.1 储存易燃、易爆介质的深冷容器,应按如下要求设置紧急切断装置,但确认在工程系统中已设置紧急切断装置或类似的能防大量泄漏的其他紧急闭止装置时除外:

a) 应在液相进出管线上尽量靠近罐体的位置设置紧急切断装置。

b) 紧急切断装置一般由紧急切断阀、远程控制系统以及易熔合金塞组成。紧急切断装置应动作灵活、性能可靠、便于检修,且不应兼作他用。

c) 紧急切断阀应符合 GB/T 24918 的规定,且阀体不应采用铸铁或非金属材料制造,紧急切断阀的上阀杆不应安装手轮。

4.4.1.2 在遭遇火灾或充装、排液过程中发生意外泄漏时,紧急切断装置应能自动关闭,且该装置应能进行远程控制。

4.4.1.3 当远程控制系统采用气动控制系统时,所用气体宜采用外置式压缩空气源,且满足下列要求:

a) 压缩空气应无油且洁净、干燥;

b) 压缩空气的压力应与紧急切断阀的操作压力相匹配,且保持稳定;

c) 气动控制系统的管路一般采用不锈钢材料。

4.4.1.4 设有远程控制接口,便于远程控制系统关闭操作的装置,应设置在工程系统中人员易于到达的位置。

4.4.1.5 紧急切断阀与罐体液相口、气相口、增压器口的连接可以采用法兰或焊接的连接方式。

4.4.2 **紧急切断装置的性能要求**

4.4.2.1 易熔塞应选用易熔合金材料,并应能在 70℃±5℃时熔融。

4.4.2.2 紧急切断装置应经耐压试验和气密性试验检验合格。

4.5 导静电接地装置

4.5.1 储存易爆介质的深冷容器,其罐体、管道、阀门和支座等连接处的导电性应良好,并设置可靠的导静电连接端子。

4.5.2 罐体金属与接地导线末端之间的电阻值应不大于 5 Ω。

4.6 液位测量装置

4.6.1 深冷容器应设置一个或多个液位测量装置,如机械指针式液位计(以下简称“液位计”)、数字式液位显示仪器等,用于罐体液位测量和充装量的辅助测量。

4.6.2 液位测量装置的选用和设置应符合以下要求:

a) 应根据充装介质、设计压力和设计温度等设计参数正确选用;

b) 指示应灵敏准确，安装结构牢固；

c) 精度等级不低于2.5级；

d) 对易燃、易爆介质，应采用防爆型液位测量装置，且有防止泄漏的保护装置；

e) 应设置在便于观察和操作的位置，其允许的最高安全液位应做出明显的标志；

f) 液位计应附有罐内介质密度的上限和下限、液位指示刻度与容积的对照表。

4.7 压力测量装置

4.7.1 深冷容器应设置一个或多个压力测量装置，如机械指针式压力表(以下简称"压力表")或数字式压力显示仪器，用以显示罐体内的工作压力。

4.7.2 压力测量装置的选用和设置应符合以下要求：

a) 应与罐体内的介质相适应，且满足使用工况要求；

b) 应符合相应国家标准或行业标准规定的规定；

c) 压力表应符合JB/T 6804的规定，且表盘直径不小于100 mm、精度等级不低于1.6级、表盘刻度极限值应为工作压力的1.5倍～3.0倍；

d) 安装位置应便于操作人员观察和清洗，且应避免受到辐射热、冻结或震动等不利因素的影响；

e) 安装结构应牢固可靠，防止其脱落；

f) 压力测量装置与罐体之间应装设针形阀或其他切断阀门。针形阀或切断阀门上应有开启标记和锁紧装置，并且不得连接其他用途的配件或接管。

4.7.3 压力测量装置检定应符合以下要求：

a) 压力测量装置应按照国家计量部门的有关规定进行定期检定；

b) 压力测量装置安装前应进行检定，检定合格后应加铅封锁定；

c) 压力表应在刻度盘上画出指示工作压力的红线，并注明下次检定日期。

4.8 温度测量装置

4.8.1 深冷容器应按照设计文件的要求设置温度测量装置，如机械指针式温度计或数字式温度显示仪器等。

4.8.2 温度测量装置的测量范围应与充装介质的工作温度相适应。

4.8.3 温度测量装置应按照国家计量部门的有关规定进行定期检定。

4.9 真空度测量装置

4.9.1 真空度测量装置一般由真空隔离阀和真空规管组成，并与配套的真空计组合使用。罐体真空夹层应至少设置一套真空度测量装置。

4.9.2 真空度测量装置的选用和设置应满足以下要求：

a) 真空度测量装置的整体漏气速率和漏放气速率，应优于真空夹层的漏气速率和漏放气速率；

b) 真空规管以及配套的真空计的测量范围应满足产品制造、使用和定期检验的测量要求；

c) 用于充装液氧或易燃、易爆介质的深冷容器，真空规管应满足防爆要求；

d) 真空度测量装置的安装结构应牢固可靠、便于测量，并且设置安全保护装置。

4.10 带传感器或电气控制元件的测量装置

4.10.1 带传感器或电气控制元件的测量装置,是为满足罐体内温度、压力、液位等参数的实时测量,用相应的传感器采集信号并转化为数据显示,必要时能实现远程传输功能的测量装置。

4.10.2 测量装置的测量范围以及精度等级应满足设计文件的要求。

4.10.3 测量装置的安装结构应牢固、可靠,其连接导线、导管等不应与相邻零部件干涉。

4.10.4 选用带有电气控制元件的机械指针或数字式仪表,应选用符合电气元件防护设计标准规定的产品,其中充装易燃、易爆介质的深冷容器,还应选用符合电气元件防爆设计标准规定的产品。

4.11 装卸附件

4.11.1 阀门材料应与介质相容,阀体不得选用铸铁或非金属材料制造。

4.11.2 装卸阀门的公称压力应不低于管路的设计压力,其耐压试验和气密性试验压力应满足以下要求:

a) 耐压试验压力为阀门公称压力的1.5倍;

b) 气密性试验压力为阀门公称压力,阀门应在全开和全闭工作状态下进行气密性试验合格。

4.11.3 手动阀门应在阀门承受气密性试验压力下能够全开、全闭操作自如,且不应有异常阻力、空转等。

4.11.4 装卸接头应符合下列要求:

a) 应符合相应的产品标准或设计图样的规定,且应有产品质量证明文件;

b) 表面应无油污、杂物等;

c) 应能够防止介质错装;

d) 应在产品的明显部位进行标识。

附 录 A

(规范性附录)

罐体安全泄放量和超压泄放装置排放能力计算

A.1 从热壁(外壳)传入冷壁(内容器)的总热流量的计算

A.1.1 非火灾情况

A.1.1.1 绝热系统(夹层和绝热材料)完好且处于正常的真空状态下,外部为环境温度,内容器的温度为所储存的介质在泄放压力下的饱和温度,需考虑的从热壁传入冷壁的热流量的计算方法如下:

a) 在正常的真空状态下,通过绝热材料传入的热流量按式(A.1)计算:

$$H_{i,v}=U_{i,v}\times A_{i,m}\times(T_a-T_d) \quad \cdots\cdots\cdots\cdots(A.1)$$

$$U_{i,v}=\frac{\lambda_{i,v}}{t_i}$$

式中:

$H_{i,v}$——在正常真空状态下,通过绝热材料传入的热流量,单位为瓦(W);

$U_{i,v}$——在正常真空状态下,夹层绝热材料总的传热系数,单位为瓦每平方米开尔文[W/(m²·K)];

$\lambda_{i,v}$——在正常真空状态下,绝热材料在温度范围 T_a 与 T_d 之间的平均热导率,单位为瓦每米开尔文[W/(m·K)];

t_i——绝热材料的名义厚度,单位为米(m);

$A_{i,m}$——绝热层内外表面积的算术平均值,单位为平方米(m²);

T_a——非火灾情况下绝热容器外部最高环境温度,单位为开尔文(K);

T_d——对应于储存深冷介质的内容器或传热构件冷端表面温度,单位为开尔文(K);对于亚临界流体,T_d 是介质在泄放压力下的饱和温度,单位为开尔文(K)。

注:对于临界或超临界流体,临界或超临界状态下介质的温度、比容积、焓及 q' 值的确定和计算可参考ISO 21013-3,临界或超临界流体物性参数可参考参考文献[3]。

b) 通过内容器的吊带或其他金属支撑构件传入的热流量按式(A.2)计算:

$$H_{s,t}=N_{s,t}\frac{\lambda_{s,t}\times A_{s,t}(T_a-T_d)}{L_{s,t}} \quad \cdots\cdots\cdots\cdots(A.2)$$

式中:

$H_{s,t}$——通过内容器的吊带或其他金属支撑构件传入的热流量,单位为瓦(W);

$N_{s,t}$——内容器吊带或其他金属支撑构件的数量;

$\lambda_{s,t}$——内容器吊带或其他金属支撑构件材料在温度 T_a 与 T_d 之间平均热导率,单位为瓦每米开尔文[W/(m·K)];

$A_{s,t}$——内容器金属吊带或其他金属支撑构件的截面积,单位为平方米(m²);

$L_{s,t}$——内容器吊带或其他金属支撑构件材料的长度,单位为米(m)。

c) 通过为约束内容器发生纵(轴)向位移而设置的限位构件传入的热流量按式(A.3)计算:

$$H_{b,l}=N_{b,l}\frac{T_a-T_d}{R_{t,l}} \quad \cdots\cdots(A.3)$$

$$R_{t,l}=\frac{L_{b,l}}{\lambda_b\cdot A_{b,l}}+\frac{L_{t,l}}{\lambda_{tu}\cdot A_{t,l}}$$

式中：

$H_{b,l}$——通过为约束内容器发生纵向位移而设置的限位构件传入的热流量，单位为瓦(W)；

$N_{b,l}$——内容器纵向限位构件数量；

$R_{t,l}$——纵向限位构件的总热阻，单位为开尔文每瓦(K/W)；

$L_{b,l}$——内容器纵向非金属限位构件的长度，单位为米(m)；

$L_{t,l}$——内容器纵向金属限位构件的长度，单位为米(m)；

λ_b——用于制作内容器纵向非金属限位构件的热导率，单位为瓦每米开尔文[W/(m·K)]；

λ_{tu}——用于制作内容器纵向金属限位构件的热导率，单位为瓦每米开尔文[W/(m·K)]；

$A_{b,l}$——内容器纵向非金属限位构件的截面积，单位为平方米(m^2)；

$A_{t,l}$——内容器纵向金属限位构件的截面积，单位为平方米(m^2)。

d) 通过为约束内容器发生径向位移而设置的径向限位构件传入的热流量按式(A.4)计算：

$$H_{b,t}=N_{b,t}\frac{T_a-T_d}{R_{t,t}} \quad \cdots\cdots(A.4)$$

$$R_{t,t}=\frac{L_{b,t}}{\lambda_b\cdot A_{b,t}}+\frac{L_{t,t}}{\lambda_{tu}\cdot A_{t,t}}$$

式中：

$H_{b,t}$——通过为约束内容器发生径向位移而设置的径向限位构件传入的热流量，单位为瓦(W)；

$N_{b,t}$——内容器径向限位构件数量；

$R_{t,t}$——径向限位构件的总热阻，单位为开尔文每瓦(K/W)；

$L_{b,t}$——内容器径向非金属限位构件的长度，单位为米(m)；

$L_{t,t}$——内容器径向金属限位构件的长度，单位为米(m)；

$A_{b,t}$——内容器径向非金属限位构件的截面积，单位为平方米(m^2)；

$A_{t,t}$——内容器径向金属限位构件的截面积，单位为平方米(m^2)。

e) 通过真空夹层的管道传入的热流量按式(A.5)计算：

$$H_{tube}=\sum_{i=1}^{n}\left[\frac{\lambda_t\cdot A_{tube,i}(T_a-T_d)}{L_i}+\frac{\lambda_{gas}\cdot A_{gas,i}(T_a-T_d)}{L_i}\right] \quad \cdots\cdots(A.5)$$

$$\lambda_t=\frac{\lambda_a-\lambda_c}{T_a-T_d}$$

式中：

H_{tube}——通过真空夹层的管道传入的热流量，单位为瓦(W)；

λ_t ——通过真空夹层的管道的材料在温度 T_a 与 T_d 之间平均热导率,单位为瓦每米开尔文[W/(m·K)];

λ_c ——真空夹层的管道材料在冷端(深冷介质在泄放压力下的饱和温度)的热导率,单位为瓦每米开尔文[W/(m·K)];

λ_a ——真空夹层的管道材料在热端的热导率,单位为瓦每米开尔文[W/(m·K)];

$A_{tube,i}$ ——穿过真空夹层的内容器第 i 管的横截面积,$i=1,2,\cdots,n$,单位为平方米(m^2);

$A_{gas,i}$ ——穿过真空夹层的内容器第 i 管的流通截面积,$i=1,2,\cdots,n$,单位为平方米(m^2);

L_i ——第 i 管在真空夹层内的长度,单位为米(m);

λ_{gas} ——所储存介质的气体热导率,单位为瓦每米开尔文[W/(m·K)]。

A.1.1.2 绝热系统完好且处于正常的真空状态下,外部为环境温度,内容器的温度为泄放压力下所储存的介质的饱和温度,由热壁传入冷壁的总热流量按式(A.6)计算:

$$H_1 = H_{i,v} + H_{s,t} + H_{tube} + H_{b,l} + H_{b,t} \qquad \text{(A.6)}$$

式中:

H_1——在非火灾和绝热层完好且处于正常的真空状态下,由热壁传入冷壁的总热流量,单位为瓦(W)。

A.1.1.3 绝热系统完好且处于正常的真空状态下,外部为环境温度,内容器的温度为泄放压力下所储存的介质的饱和温度,且增压系统处于全开工作状态下,热壁通过绝热系统、构件和增压器输入内容器的总热流量按式(A.7)计算:

$$H_2 = H_1 + H_{P,B,C} \qquad \text{(A.7)}$$

$$H_{P,B,C} = U_{P,B,C} \times A_{P,B,C} \times (T_a - T_d)$$

式中:

H_2 ——热壁通过绝热系统、构件和增压器输入内容器的总热流量,单位为瓦(W);

$H_{P,B,C}$——增压器产生的热流量,单位为瓦(W);

$U_{P,B,C}$——增压器总的对流传热系数,单位为瓦每平方米开尔文[W/(m^2·K)];

$A_{P,B,C}$——增压器总的外部传热面积,单位为平方米(m^2)。

A.1.1.4 绝热系统完好,但夹层已丧失真空的状态下,外部温度为环境温度,内容器的温度为泄放压力下所储存介质的饱和温度,从热壁传入内容器的总热流量按式(A.8)计算:

$$H_3 = H_{i,l} + H_{s,t} + H_{tube} + H_{b,l} + H_{b,t} \qquad \text{(A.8)}$$

$$H_{i,l} = U_{i,l} \times A_{i,m} \times (T_a - T_d)$$

$$U_{i,l} = \frac{\lambda_{i,l}}{t_i}$$

式中:

H_3 ——绝热系统完好,但夹层已丧失真空,外部温度为环境温度,内容器的温度为泄放压力下所储存介质的饱和温度,从热壁传入内容器的总热流量,单位为瓦(W);

$H_{i,l}$——夹层丧失真空的状态下,通过绝热材料输入的漏热量,单位为瓦(W);

$U_{i,l}$ ——在大气压力下和环境温度下,绝热材料总的传热系数,单位为瓦每平方米开尔文[W/(m² · K)];

$\lambda_{i,l}$ ——夹层已丧失真空,在大气压力下绝热材料充满或吸附空气或介质气体,在温度 T_a 与 T_d 之间的平均热导率,单位为瓦每米开尔文[W/(m · K)];

t_i ——绝热材料的名义厚度,单位为米(m);

$A_{i,m}$ ——绝热层内外表面积的算术平均值,单位为平方米(m²)。

A.1.2 火灾情况

A.1.2.1 本条规定了深冷容器在通风条件良好、敞开空间着火的火灾工况(与外部油池火灾类似)安全泄放量的计算方法。对于储存非易燃、易爆介质的深冷容器遭受非池火工况时,设计者可根据火源距离、火焰强度、罐体辐射表面积、大气和外壳的热量吸收系数等因素确定安全泄放量计算方法。对于深冷容器遭受喷射火、部分密闭或全部密闭空间内火灾等严重火灾工况时安全泄放量的计算,设计者应另行考虑。

A.1.2.2 真空绝热容器的绝热系统完好或部分完好,但夹层真空已丧失,且外部遭遇火灾或遭遇 922 K 高温的情况下,由热壁传入内容器的总热流量按式(A.9)计算:

$$H_4 = 2.6 \times (922 - T_d) U_{i,f} \times A_r^{0.82} \qquad \text{(A.9)}$$

$$U_{i,f} = \frac{\lambda_{i,f}}{t_i}$$

式中:

H_4 ——真空绝热容器的绝热系统完整,但夹层真空已丧失,且外部遭遇火灾或遭遇 922 K 高温的情况下,由热壁传入内容器的总热流量,单位为瓦(W);

$U_{i,f}$ ——在火灾条件下(外部温度为 922 K 和大气压下)绝热层总的传热系数,单位为瓦每平方米开尔文[W/(m² · K)];

$\lambda_{i,f}$ ——真空绝热深冷容器外部遭遇火灾或遭遇 922 K 的高温,夹层真空已丧失,在大气压力下,绝热材料充满介质气体或空气,但仍能有效地阻止热传导、热对流和热辐射;绝热材料在 T_d 与 922 K 之间的平均热导率,取两者(气体或空气)之中的较大值,单位为瓦每米开尔文[W/(m · K)];

t_i ——绝热材料的名义厚度,单位为米(m);

A_r ——内容器与外壳面积的平均值,单位为平方米(m²);

半球形封头的卧式容器:$A_r = \pi D_o L$;

椭圆形封头的卧式容器:$A_r = \pi D_o (L + 0.3 D_o)$;

立式容器:$A_r = \pi D_o h_1$;

L ——外壳总长减去罐体中轴线处两端夹层厚度的平均值,单位为米(m);

D_o ——内容器与外壳直径的平均值,单位为米(m);

h_1 ——设计最大液位高度,单位为米(m)。

A.1.2.3 真空绝热深冷容器夹套外部遭遇火灾或遭遇 922 K 高温,且绝热系统已完全损坏的情况下,由热壁传入内容器的总热流量按式(A.10)计算:

$$H_5 = 7.1 \times 10^4 \times A_r^{0.82} \qquad \text{(A.10)}$$

式中：

H_5——真空绝热深冷容器夹套外部遭遇火灾或遭遇 922 K 高温，且绝热系统已完全损坏的情况下，由热壁传入内容器的总热流量，单位为瓦(W)；

A_r——内容器外表面积，单位为平方米(m^2)。

A.2 内容器的安全泄放量(质量流量)的计算

A.2.1 当内容器的超压泄放装置的泄放压力 p_d 小于介质临界压力的40%时，上述各种状态下的内容器的安全泄放量按式(A.11)计算：

$$W_{s,i}=\frac{3.6H_i}{q} \qquad \cdots\cdots(A.11)$$

式中：

$W_{s,i}$——当内容器的超压泄放装置的泄放压力 p_d 小于介质临界压力的 40%时，内容器的安全泄放量，单位为千克每小时(kg/h)；

H_i——由热壁传入冷壁的总热流量，对应于 $i=1,2,3,4,5$，分别由式(A.6)、式(A.7)、式(A.8)、式(A.9)、式(A.10)计算，单位为瓦(W)；

q——在泄放压力下液体介质的汽化潜热，单位为千焦每千克(kJ/kg)。

A.2.2 当超压泄放装置的气体泄放压力 p_d 小于介质的临界压力，但大于或等于临界压力的40%，即 $0.4p_{crit}\leqslant p_d<p_{crit}$ 时，需对式(A.11)中的内容器安全泄放量计算式进行修正，即应按式(A.12)计算：

$$W'_{s,i}=3.6\times\left(\frac{v_g-v_e}{v_g}\right)\times\frac{H_i}{q} \qquad \cdots\cdots(A.12)$$

式中：

$W'_{s,i}$——当超压泄放装置的气体泄放压力 p_d 小于介质的临界压力，但大于或等于临界压力的 40%，即 $0.4p_{crit}\leqslant p_d<p_{crit}$ 时，内容器的安全泄放量，单位为千克每小时(kg/h)；

v_g——泄放压力下，饱和气体介质的比容积，单位为立方米每千克(m^3/kg)；

v_e——泄放压力下，饱和液体介质的比容积，单位为立方米每千克(m^3/kg)；

H_i——由热壁(夹套)传入冷壁(内容器)的总热流量，对应于 $i=1,2,3,4,5$，分别由式(A.6)、式(A.7)、式(A.8)、式(A.9)、式(A.10)计算，单位为瓦(W)；

q——在泄放压力下液体介质的汽化潜热，单位为千焦每千克(kJ/kg)。

A.2.3 当超压泄放装置的气体泄放压力高于介质的临界压力时，亦需对式(A.11)中的内容器安全泄放量计算公式进行修正，即应按式(A.13)计算：

$$W''_{s,i}=\frac{3.6H_i}{q'} \qquad \cdots\cdots(A.13)$$

式中：

$W''_{s,i}$——当超压泄放装置的气体泄放压力高于介质的临界压力时，内容器的安全泄放量，单位为千克每小时(kg/h)；

H_i——由热壁(夹套)传入冷壁(内容器)的总热流量，对应于 $i=1,2,3,4,5$，分别由式(A.6)、式(A.7)、式(A.8)、式(A.9)、式(A.10)计算，单位为瓦(W)；

q' ——泄放压力 p_d 和温度 T_d(K)下，当 $\frac{\sqrt{v}}{v\left[\frac{\partial h}{\partial v}\right]_p}$ 取得最大值时的值 $v\left[\frac{\partial h}{\partial v}\right]_p$，单位为千焦每千克(kJ/kg)；

v ——临界或超临界介质在泄放压力 p_d 和操作温度范围内任一温度下的比容积，单位为立方米每千克(m^3/kg)；

h ——临界或超临界液体在泄放压力 p_d 下和操作温度范围内任一温度下的焓值，单位为千焦每开尔文(kJ/K)。

A.3 质量流量与标准状态体积流量的换算

将泄放气体的质量流量 $W_{s,i}$ 换算成标准状态空气体积流量，按式(A.14)计算：

$$Q_i = \frac{92.34W_{s,i}}{C}\sqrt{\frac{ZT}{M}} \qquad \cdots\cdots(A.14)$$

式中：

Q_i ——按泄放气体的质量流量 $W_{s,i}$ 换算成的标准状态空气体积流量，单位为立方米每小时(m^3/h)；

$W_{s,i}$ ——当内容器的超压泄放装置的泄放压力 p_d 小于40%的介质临界压力时，上述各种状态下的真空绝热压力容器的安全泄放量，单位为千克每小时(kg/h)；

C ——气体特性系数，查表A.1或按下式计算：

$$C = 520\sqrt{k\left(\frac{2}{k+1}\right)^{\frac{k+1}{k-1}}}$$

k ——气体绝热指数，$k = c_p/c_V$；

c_p ——标准状态下气体比定压热容，单位为千焦每千克摄氏度[kJ/(kg·℃)]；

c_V ——标准状态下气体比定容热容，单位为千焦每千克摄氏度[kJ/(kg·℃)]；

Z ——泄放压力下饱和气体的压缩系数；

T ——泄放装置进口侧的气体温度，单位为开尔文(K)；

M ——气体的摩尔质量，单位为千克每千摩尔(kg/kmol)。

A.4 气体排放管长度对超压泄放装置入口的气体压力和温度的影响

当从内容器到泄放装置入口的气体排放管的长度超过600 mm时，应考虑气体流过这段管子的压力降和热量损失，采取措施补偿由此减少的泄放系统的有效泄放能力，或对泄放装置入口的气体压力和温度进行修正，相关修正方法可参照CGA S-1.3。

A.5 安全阀排放能力计算

当 $\frac{p_o}{p_d} \leqslant \left(\frac{2}{k+1}\right)^{\frac{k}{k-1}}$ 时，属于临界流动状态，安全阀排放能力按式(A.15)计算：

$$W_s = 7.6\times10^{-2}CKp_dA\sqrt{\frac{M}{ZT}} \qquad \cdots\cdots(A.15)$$

当$\frac{p_o}{p_d}>\left(\frac{2}{k+1}\right)^{\frac{k}{k-1}}$时，属于亚临界流动状态，安全阀排放能力按式(A.16)计算：

$$W_s=55.84\times AKp_d\sqrt{\frac{M}{ZT}}\sqrt{\frac{k}{k-1}\left[\left(\frac{p_o}{p_d}\right)^{\frac{2}{k}}-\left(\frac{p_o}{p_d}\right)^{\frac{k+1}{k}}\right]} \quad\cdots\cdots\cdots(A.16)$$

式中：

k ——气体绝热指数，$k=c_p/c_V$；

c_p ——标准状态下气体比定压热容，单位为千焦每千克摄氏度[kJ/(kg·℃)]；

c_V ——标准状态下气体比定容热容，单位为千焦每千克摄氏度[kJ/(kg·℃)]

p_o ——安全阀出口压力(绝压)，单位为兆帕(MPa)；

W_s ——安全阀的排放能力，单位为千克每小时(kg/h)；

C ——气体特性系数，查表A.1或按下式计算：

$$C=520\sqrt{k\left(\frac{2}{k+1}\right)^{\frac{k+1}{k-1}}}$$

K ——安全阀的额定泄放系数，与安全阀结构有关，根据试验数据确定。无参考数据时，可按下列规定选取：

全启式安全阀：$K=0.60\sim0.70$

p_d ——安全阀的泄放压力(绝压)，$p_d=1.1p+0.1$，单位为兆帕(MPa)；

p ——安全阀的整定压力，单位为兆帕(MPa)；

A ——安全阀最小排气截面积，单位为平方毫米(mm^2)；

全启式安全阀，即$h\geqslant\frac{1}{4}d_t$时：$A=\pi\frac{d_t^2}{4}$；

h ——阀瓣的开启高度，单位为毫米(mm)；

d_t ——安全阀的最小流道直径(阀座喉部直径)，单位为毫米(mm)。

A.6 爆破片装置排放能力计算

当$\frac{p_o}{p_b}\leqslant\left(\frac{2}{k+1}\right)^{\frac{k}{k-1}}$时，属于临界流动状态，爆破片装置排放能力按式(A.17)计算：

$$W_s=7.6\times10^{-2}CK'p_bA\sqrt{\frac{M}{ZT}} \quad\cdots\cdots\cdots(A.17)$$

当$\frac{p_o}{p_b}>\left(\frac{2}{k+1}\right)^{\frac{k}{k-1}}$时，属于亚临界流动状态，爆破片装置排放能力按式(A.18)计算：

$$W_s=55.84\times AK'p_b\sqrt{\frac{M}{ZT}}\sqrt{\frac{k}{k-1}\left[\left(\frac{p_o}{p_b}\right)^{\frac{2}{k}}-\left(\frac{p_o}{p_b}\right)^{\frac{k+1}{k}}\right]} \quad\cdots\cdots\cdots(A.18)$$

式中：

k ——气体绝热指数，$k=c_p/c_V$；

c_p ——标准状态下气体比定压热容，单位为千焦每千克摄氏度[kJ/(kg·℃)]；

c_V ——标准状态下气体比定容热容，单位为千焦每千克摄氏度[kJ/(kg·℃)]；

p_o ——爆破片装置出口压力(绝压)，单位为兆帕(MPa)；

W_s——爆破片装置的排放能力,单位为千克每小时(kg/h);

C——气体特性系数,查表 A.1 或按下式计算:

$$C=520\sqrt{k\left(\frac{2}{k+1}\right)^{\frac{k+1}{k-1}}}$$

A——爆破片装置的最小净泄放面积,单位为平方毫米(mm^2);

p_b——爆破片装置的设计爆破压力(绝压),单位为兆帕(MPa);

K'——爆破片装置的额定泄放系数,与爆破片装置入口管道形状有关,见图 A.1。

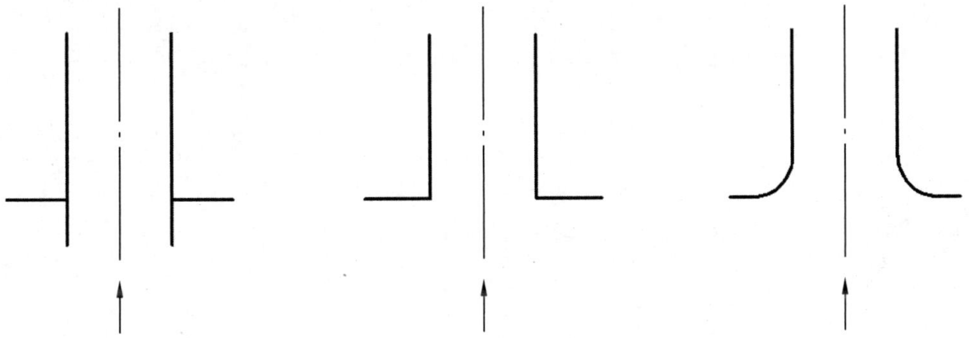

图 A.1 爆破片装置入口管道形状和额定泄放系数的关系

表 A.1 气体特性系数

k	C	k	C	k	C	k	C
1.00	315	1.20	337	1.40	356	1.60	372
1.02	318	1.22	339	1.42	358	1.62	374
1.04	320	1.24	341	1.44	359	1.64	376
1.06	322	1.26	343	1.46	361	1.66	377
1.08	324	1.28	345	1.48	363	1.68	379
1.10	327	1.30	347	1.50	365	1.70	380
1.12	329	1.32	349	1.52	366	2.00	400
1.14	331	1.34	351	1.54	368	2.20	412
1.16	333	1.36	352	1.56	369	—	—
1.18	335	1.38	354	1.58	371	—	—

参 考 文 献

[1] ISO 21013-3 Cryogenic vessels—Pressure-relief accessories for cryogenic service—Part 3:Sizing and capacity determination

[2] CGA S-1.3 Pressure relief device standards—Part 3:Stationery storage containers

for compressed gases

[3] Lemmon EW, Huber ML, McLinden MO. Reference fluid thermodynamic and transport properties. NIST standard reference database 23 Version 9.0. Physical and Chemical Properties Division 2010.

ICS 23.020.40
A 82

中华人民共和国国家标准

GB/T 18442.7—2017

固定式真空绝热深冷压力容器 第7部分:内容器应变强化技术规定

Static vacuum insulated cryogenic pressure vessels—
Part 7:Rules of pressure strengthening for inner vessels

2017-11-01 发布 2018-05-01 实施

中华人民共和国国家质量监督检验检疫总局
中国国家标准化管理委员会 发布

前　言

GB/T 18442《固定式真空绝热深冷压力容器》分为以下 7 个部分：

——第 1 部分：总则；

——第 2 部分：材料；

——第 3 部分：设计；

——第 4 部分：制造；

——第 5 部分：检验与试验；

——第 6 部分：安全防护；

——第 7 部分：内容器应变强化技术规定。

本部分为 GB/T 18442 的第 7 部分。

本部分按照 GB/T 1.1—2009 给出的规则起草。

本部分由全国锅炉压力容器标准化技术委员会(SAC/TC 262)提出并归口。

本部分起草单位：中国特种设备检测研究院、上海市气体工业协会、浙江大学、华东理工大学、国家质检总局特种设备安全监察局、查特深冷工程系统(常州)有限公司、张家港中集圣达因低温装备有限公司、南通中集罐式储运设备制造有限公司、江西制氧机有限公司、荆门宏图特种飞行器制造有限公司、合肥通用机械研究院。

本部分主要起草人：陈朝晖、周伟明、郑津洋、寿比南、尹立军、滕俊华、惠虎、徐锋、谢铁军、徐惠新、王淑华、罗永欣、陈燕山、魏蔚、肖学文、缪存坚、范志超。

固定式真空绝热深冷压力容器 第7部分：内容器应变强化技术规定

1 范围

GB/T 18442 的本部分规定了采用应变强化技术建造固定式真空绝热深冷压力容器的内容器(以下简称内容器)的材料、设计、制造与检验等方面的技术要求。

本部分适用于同时满足下列条件的内容器：

a) 符合 GB/T 18442.1 中 1.2 的规定，盛装介质为冷冻液化气体；

b) 材料为奥氏体不锈钢；

c) 名义厚度不小于 4 mm 且不大于 24 mm，由单一直径的圆筒和标准椭圆形封头构成；

d) 在室温下完成应变强化处理。

本部分不适用于盛装毒性危害程度为中度及以上介质的内容器。

2 规范性引用文件

下列文件对于本文件的应用是必不可少的。凡是注日期的引用文件，仅注日期的版本适用于本文件。凡是不注日期的引用文件，其最新版本(包括所有的修改单)适用于本文件。

GB/T 150(所有部分) 压力容器

GB/T 228.1 金属材料 拉伸试验 第1部分：室温试验方法

GB/T 229 金属材料 夏比摆锤冲击试验方法

GB/T 232 金属材料 弯曲试验方法

GB/T 2653 焊接接头弯曲试验方法

GB/T 3808 摆锤式冲击试验机的检验

GB/T 12160 单轴试验用引伸计的标定

GB/T 14976 流体输送用不锈钢无缝钢管

GB/T 16825.1 静力单轴试验机的检验 第1部分：拉力和(或)压力试验机 测力系统的检验与校准

GB/T 18442.1～18442.6 固定式真空绝热深冷压力容器

GB/T 24511 承压设备用不锈钢钢板及钢带

NB/T 47010 承压设备用不锈钢和耐热钢锻件

NB/T 47013.2 承压设备无损检测 第2部分：射线检测

NB/T 47013.5 承压设备无损检测 第5部分：渗透检测

NB/T 47013.11 承压设备无损检测 第11部分：X射线数字成像检测

NB/T 47014 承压设备焊接工艺评定

NB/T 47016 承压设备产品焊接试件的力学性能检验

NB/T 47018.1 承压设备用焊接材料订货技术条件 第1部分：采购通则

NB/T 47018.2　承压设备用焊接材料订货技术条件　第2部分:钢焊条

NB/T 47018.3　承压设备用焊接材料订货技术条件　第3部分:气体保护电弧焊钢焊丝和填充丝

NB/T 47018.4　承压设备用焊接材料订货技术条件　第4部分:埋弧焊钢焊丝和焊剂

JB 4732—1995　钢制压力容器分析设计标准(2005确认)

TSG 21—2016　固定式压力容器安全技术监察规程

3　术语和定义及符号

3.1　术语和定义

GB/T 18442.1界定的以及下列术语和定义适用于本文件。

3.1.1

强化压力　strengthening pressure

奥氏体不锈钢制内容器在室温下进行应变强化处理时,容器顶部所达到的最高压力。

3.1.2

应变强化容器　pressure strengthened vessel

奥氏体不锈钢制内容器在室温下施加强化压力进行应变强化处理,卸载后使壳体发生总体塑性变形并达到结构稳定的容器。

3.2　符号

下列符号运用于本文件。

A ——断后伸长率,%;

D_i ——筒体或封头内直径,mm;

KV_2 ——夏比冲击吸收能量,J;

LE ——侧膨胀值,mm;

p_c ——计算压力,MPa;

p_k ——强化压力,MPa;

R_m ——抗拉强度,MPa;

$R_{p0.2}$ ——钢材规定残余延伸率为0.2%时的应力,MPa;

δ_s ——钢材厚度,mm;

$[\sigma_p]^t$ ——内容器应变强化后,筒体或封头材料在设计温度下的许用应力,MPa。

4　一般要求

4.1　内容器的材料、设计、制造与检验及标识除应符合本标准所有部分的规定外,还需遵守国家颁布的有关法律、法规、安全技术规范及相关标准的规定。

4.2　超出本部分范围采用应变强化技术制造内容器时,应按TSG 21中的相关规定执行。

4.3　制造单位应在本单位进行内容器的制造,对其采用的焊接工艺和应变强化工艺进行验证,并对工艺文件的正确性和完整性负责。

4.4　制造单位应将产品焊接试件力学性能数据和应变强化试验过程数据及时上传至全国应变强化深冷容器制造信息公共服务平台。

4.5　特种设备监督检验机构应对内容器采用的应变强化工艺及参照附录A提出的重要质量控

制点进行监督检验，并满足本部分的要求。

5 材料

5.1 钢板

5.1.1 钢板的牌号及力学性能应符合表1的规定，供货状态为固溶热处理状态，且满足GB/T 150.2和GB/T 24511的要求。

5.1.2 钢板应进行复验，至少包括下列内容：

a) 逐张检查钢板的表面质量和材料标记；

b) 按批复验钢板的室温拉伸性能；

c) 若采用开平板，其复验要求还应符合GB/T 150.4的相关规定。

5.1.3 拉伸试验的取样数量和位置符合GB/T 24511和GB/T 150.2的规定。

5.1.4 拉伸试样尺寸和试验方法应符合GB/T 228.1的规定。

表1 钢板力学性能

钢号	室温拉伸		
	规定残余延伸率为0.2%时的应力 $R_{p0.2}$/MPa	抗拉强度 R_m/MPa	断后伸长率 A/%
S30408	≥220	520～720	≥45
S30403	≥210	490～720	
S31608	≥220	520～720	
S31603	≥210	490～720	

5.1.5 当钢板抗拉强度高于720 MPa时，应按7.4.1重新进行焊接工艺评定，评定合格后方可采用。

5.2 钢管与管件

5.2.1 钢管与管件用材料应符合GB/T 18442.2的规定。

5.2.2 管件采用冷成形加工时，其成形后的铁素体测量值应不大于15%。

5.3 锻件

与介质接触的不锈钢锻件应符合GB/T 18442.2和NB/T 47010的规定，级别不低于Ⅲ级。

5.4 焊接材料

5.4.1 焊接材料应符合GB/T 18442.2和NB/T 47018.1～47018.4的相应规定。

5.4.2 内容器壳体采用的焊接材料其熔敷金属化学成分应与母材相同或相近，焊接接头强度和韧性与壳体母材相匹配。

5.5 境外牌号材料

内容器材料采用境外牌号时，宜参照附录B的规定执行。

5.6 其他材料

当采用表1和表B.1以外的材料建造应变强化技术制造内容器时，还应符合TSG 21的相关规定。

6 设计

6.1 一般要求

6.1.1 内容器设计除应符合本部分的规定外，还应符合 TSG 21、GB/T 150 和 GB/T 18442.3 的规定。

6.1.2 设计单位应针对应变强化制真空绝热深冷容器出具风险评估报告，其内容除符合 GB/T 150.1 的规定外，还应包括采用应变强化技术可能产生的失效模式及其风险控制。

6.1.3 内容器的设计图样中应注明"采用应变强化技术"，以及强化压力、强化前直径等内容。

6.1.4 本章涉及的内容器直径、厚度等均为应变强化处理前的参数，不考虑应变强化处理后的变化。

6.1.5 产品铭牌中应标明"应变强化容器"，符号为"PS"。

6.2 载荷

6.2.1 内容器设计时，应按照 GB/T 18442.3 的规定考虑相应的载荷及其组合。

6.2.2 应变强化处理过程中，还应考虑内容器支撑处产生的支反力和强化压力载荷。

6.3 许用应力

6.3.1 筒体和封头用钢板的许用应力按表 2 确定。

6.3.2 接管和锻件等受压元件的许用应力按 GB/T 150.2 确定。

6.3.3 接管、内容器支承以及开孔部位等局部应力按 JB 4732 校核时，筒体和封头总体薄膜应力的设计应力强度取值按表 2 确定，其他受压元件的设计应力强度按 GB/T 150.2 规定的相应材料许用应力确定。

表 2 应变强化后钢板的许用应力

钢　　号	应变强化许用应力 $[\sigma_p]^t$
S30408	273
S31608	
S30403	266
S31603	

6.4 内压计算

内容器的强度计算应符合 GB/T 150.3 的规定，其他相关计算符合 GB/T 18442.3 的规定。

6.5 外压计算

6.5.1 各元件的外压稳定性计算，应符合 GB/T 150.3 的规定，其外压曲线按相应材料 20 ℃时选取。

6.5.2 外压计算压力按下列要求确定，且取大值：

a) 不小于制造、运输、装卸、检验与试验或者其他工况中，可能出现的最大内外压力差；

b) 不小于 0.04 MPa。

6.6 开孔补强

内容器的开孔应采用整体补强结构，开孔补强的计算应符合 GB/T 150.3 或 JB 4732 的规定。

6.7 强化压力

强化压力 p_k 按式(1)进行计算：

$$p_k = 1.5p_c \quad \cdots\cdots(1)$$

6.8 耐压试验压力

耐压试验压力应符合 GB/T 18442.3 的规定。

6.9 泄漏试验压力

按照 GB/T 18442.3 的规定进行。

6.10 结构设计

6.10.1 内容器除最后一道封闭环焊缝外，A、B 类焊接接头应采用全焊透对接接头，封闭环焊缝允许采用带永久性垫板的对接接头。

6.10.2 内容器开孔直径一般不大于 150 mm。当设置工艺人孔时，开孔边缘应在封头中心 $0.8D_i$ 内，开孔中心线沿壳体法线方向。

6.10.3 加强圈的拼接焊缝应采用全截面焊透焊接接头。加强圈与筒体之间的焊缝应采用双面连续焊接，焊脚高度应不小于筒体厚度和加强圈厚度的较小值。

6.10.4 应按额定充满率在内容器上设置溢流口。确定额定充满率时，一般采用应变强化前的内容器几何容积。

6.10.5 结构设计时，还应考虑由于内容器塑性变形对容器低温绝热性能、外壳安装及管路系统产生的影响。

7 制造与检验

7.1 一般要求

7.1.1 内容器的制造、检验与验收除应符合本部分规定外，还应满足 GB/T 18442 其他部分和设计文件的要求。

7.1.2 制造单位应具备与应变强化工艺相适应的厂房设施、强化装备以及相应的检测设备等。

7.1.3 制造单位首次采用应变强化技术进行内容器制造前，应试制样品容器，并按 TSG 21 的要求进行试验验证。强化工艺验证性试验参照附录 C 的规定。

7.2 材料制备

7.2.1 内容器筒体相邻筒节应优先采用同一炉批号、同一厚度的钢板。采用不同炉批号材料时，相邻筒节材料的 $R_{p0.2}$ 相差不宜超过 30 MPa。

7.2.2 内容器封头用钢板宜选择 S30403 或 S31603 材料。

7.2.3 拼接封头应选用同一炉批号的钢板。

7.3 加工成形

7.3.1 内容器的加工应符合 GB/T 18442.4 的相关规定。

7.3.2 封头如采用 S30408 奥氏体型不锈钢材料，成形时应采用温成形等适当的工艺对其过渡段和直边段的马氏体含量进行控制，成形后各部位的铁素体测量值应不大于 15%。

7.4 焊接

7.4.1 焊接工艺评定

7.4.1.1 内容器施焊前应按照 NB/T 47014 和本部分的要求进行焊接工艺评定。

7.4.1.2 焊接工艺评定试件的焊接接头外观应无咬边、裂纹、表面气孔、焊渣、凹坑、焊瘤等缺陷，且表面无焊接飞溅物，试件应按 NB/T 47013.2 进行 100%射线检测，技术等级不低于 AB 级，合格级别不低于 7.5 中规定的合格级别。

7.4.1.3 试件按 7.4.1.2 的规定经检验合格后，应避开缺陷区域位置制取预拉伸试件，保留焊缝余高，且参见附录 D 的规定进行预拉伸处理。

7.4.1.4 预拉伸后的试件制成试样时，采用机械方法去除焊缝余高，使之与母材齐平。试样取样方法、规格及加工应分别符合 GB/T 228.1、GB/T 229、GB/T 2653 和 NB/T 47014 的相应规定。

7.4.1.5 试验要求：

a) 试样数量

取室温拉伸试样 2 件，弯曲试样 4 件(2 件面弯和 2 件背弯或 4 件侧弯)，焊缝金属区及热影响区冲击试样各 3 件。

b) 试验温度

拉伸试验和弯曲试验取室温，冲击试验温度不高于内容器最低设计金属温度。

c) 试验结果评定

焊接工艺评定试验结果应符合表 3 的规定，其中焊接接头每组标准试样的冲击吸收能量平均值应不低于规定值，允许有一个试样的冲击吸收能量低于规定值，且不低于规定值的 70%。当试样厚度小于 5 mm 时，其冲击试验仅考核侧膨胀值。

表 3 预拉伸后焊接接头力学性能和弯曲性能合格指标

<table>
<tr><td colspan="4">室温拉伸</td></tr>
<tr><td>材料牌号</td><td colspan="2">抗拉强度
R_m/MPa</td><td>断后伸长率
A/%</td></tr>
<tr><td>S30408
S31608</td><td colspan="2">≥520</td><td rowspan="2">25</td></tr>
<tr><td>S30403
S31603</td><td colspan="2">≥490</td></tr>
<tr><td colspan="4">冲击试验</td></tr>
<tr><td>材料牌号</td><td>试样规格
mm</td><td>夏比冲击吸收能量
KV_2/J</td><td>侧膨胀值
LE/mm</td></tr>
<tr><td rowspan="3">S30408
S30403
S31608
S31603</td><td>10×10×55</td><td>≥31</td><td rowspan="3">≥0.53</td></tr>
<tr><td>7.5×10×55</td><td>≥24</td></tr>
<tr><td>5×10×55</td><td>≥16</td></tr>
<tr><td colspan="4">室温弯曲</td></tr>
<tr><td colspan="4">弯曲试验的弯头直径为 4 倍试样厚度，弯曲角度 180°时拉伸面无裂纹为合格。</td></tr>
<tr><td colspan="4">注：侧膨胀值合格指标均为规定的最小值。</td></tr>
</table>

7.4.2 焊缝形状尺寸

7.4.2.1 焊缝形状尺寸及表面质量除应符合 GB/T 18442.4 的规定外,A 类焊接接头焊缝余高还应满足下列要求:

a) $\delta_n \leqslant 10$ mm 时,焊缝余高不宜大于 1 mm;

b) 10 mm$<\delta_n \leqslant 24$ mm 时,焊缝余高不宜大于 $0.1\delta_s$。

7.4.2.2 相同厚度的焊接接头,其对口错边量(见图 1)应符合下列要求:

a) A 类焊缝不大于对口处钢材厚度的 15%,且不大于 2 mm;

b) B 类焊缝不大于对口处钢材厚度的 15%,且不大于 3 mm。

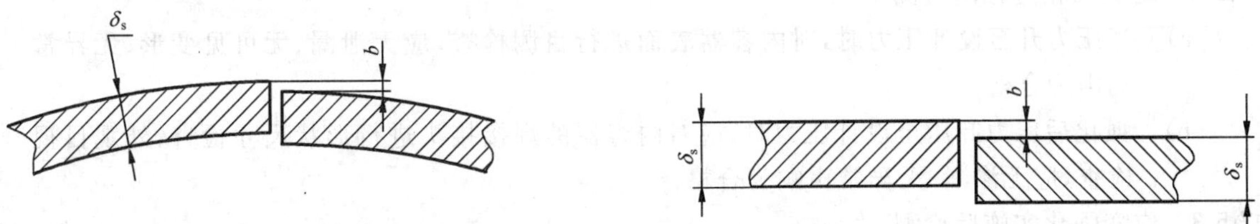

图 1 A、B 类焊接接头对口错边量

7.4.3 强化前焊缝返修

强化前焊缝返修应符合 GB/T 18442.4 的规定。

7.4.4 强化后焊缝焊接返修和施焊

7.4.4.1 当筒体 A、B 类焊接接头和公称直径大于 50 mm 的接管与筒体的 D 类焊接接头焊接返修后,应重新进行应变强化处理,并经制造单位技术负责人批准。

7.4.4.2 当符合下列情况施焊时,可免除再次应变强化处理,但应进行耐压试验,试验压力按 6.8 确定:

a) 仅承受较小载荷附件的点焊;

b) 接管的焊缝长度不超过内容器内直径的 10%,且不超过 100 mm;

c) 对主体结构不产生显著影响的轻微的焊缝返修。

7.4.5 产品焊接试件

7.4.5.1 应逐台制备产品焊接试件,试件应在筒节纵向焊缝的延长部位与筒节同时施焊。强化前几何容积小于或等于 5 m^3 的内容器纵向焊缝,采用相同的焊接工艺时,允许以批代台制备产品焊接试件。同型号、同批次、同材料牌号、同焊接工艺和同强化工艺的内容器可以组批,每批不超过 20 台。

7.4.5.2 产品焊接试件宜按附录 D 的规定进行预拉伸。产品焊接试件和试样数量应符合 NB/T 47016 的规定。预拉伸后的室温拉伸、室温弯曲与低温冲击(不高于最低设计金属温度)试验及其合格指标应符合表 3 的规定。

7.5 无损检测

7.5.1 应变强化实施前检测:

a) 内容器所有 A、B 类焊接接头应按 NB/T 47013.2 或 NB/T 47013.11 进行 100%射线

检测,检测技术等级不低于AB级,除带垫板的封闭焊接接头合格级别不低于Ⅱ级外,其余焊接接头的合格级别不低于Ⅰ级;

b) 内容器A、B、D、E类焊接接头及加强圈与内容器的角接焊接接头等应力集中的部位应按NB/T 47013.5进行100%渗透检测,合格级别不低于Ⅰ级;

c) 起弧点和临时附件切除后的焊接处应修磨至圆滑过渡并按NB/T 47013.5进行渗透检测,合格级别不低于Ⅰ级;

d) 经检测发现不允许的缺陷时,应对超标缺陷进行返修,并对该部位按原检测要求和合格级别进行重新检测和评定。

7.5.2 应变强化过程的检测:

a) 当压力升至设计压力时,对内容器表面进行目测检查,应无泄漏、无可见变形、无异常响声为合格;

b) 强化后压力卸压至设计压力时,应对内容器的焊接接头进行形状尺寸检查、外观目视检查,应无渗漏、无异常声响为合格。

7.5.3 应变强化实施后检测:

a) 带垫板的封闭焊接接头应按NB/T 47013.2或NB/T 47013.11进行5%射线检测,检测技术等级不低于AB级,合格级别不低于Ⅱ级,检测部位优先选择丁字焊缝和原有条形缺陷部位;

b) 对T形焊缝和7.5.1中b)、c)要求的焊缝,应按NB/T 47013.5进行100%渗透检测,合格级别不低于Ⅰ级;

c) 经检测发现不允许的缺陷时,应在缺陷两端的延伸部位均增加不少于250 mm的补充检测,如仍有不允许的缺陷,则对该条焊缝进行100%检测。对超标缺陷应进行返修,并对该部位按原检测要求和合格级别进行重新检测和评定;

d) 符合7.4.4.2规定的施焊部位,应按NB/T 47013.5进行100%渗透检测,合格级别不低于Ⅰ级。

7.6 应变强化处理

内容器应变强化处理应符合经验证合格的强化工艺文件和附录E的规定。

7.7 耐压试验

当内容器强化后焊缝的焊接返修和施焊符合7.4.4.2的规定时,应按本部分和其他部分的要求进行耐压试验。

附　录　A
（资料性附录）
应变强化内容器制造过程中重要质量控制点

A.1　设计文件

A.1.1　风险评估报告。

A.1.2　文件的完整性和标准符合性。

A.1.3　设计文件中的“PS”标识。

A.2　材料复验

A.2.1　内容器材料应满足第5章的要求。

A.2.2　筒体和封头的材料还应符合7.2的规定。

A.3　成形控制

A.3.1　筒体和封头的成形应符合7.3的规定。

A.3.2　焊缝形状尺寸应符合7.4.2的规定。

A.4　焊接工艺评定

焊接工艺评定应符合7.4.1的规定，预拉伸后焊接接头的力学性能和弯曲性能合格指标应符合表3的规定。

A.5　焊接

A.5.1　应按评定合格的焊接工艺进行施焊。

A.5.2　焊材的选择应符合5.4的规定。

A.6　产品焊接试件

产品焊接试件应符合7.4.5的规定，其力学性能和弯曲性能合格指标应符合表3的规定。

A.7　无损检测

A.7.1　内容器应在强化实施前、强化实施过程中及强化实施后进行无损检测。

A.7.2　检测方法、检测比例及合格指标等应符合7.5的规定。

A.7.3　应注意强化前有缺陷的部位和应力集中部位在强化后的检测结果。

A.8　强化过程

A.8.1　强化过程应严格按照经验证合格的强化工艺要求进行。强化工艺要求应满足附录E的规定。

A.8.2 升压速率以及最后 15 min～30 min 内最大周长变化速率的控制要求，应符合附录 E 的规定。

A.9 出厂文件和标识

出厂文件应注明“应变强化容器”，铭牌中应有“PS”标识。

附 录 B
(资料性附录)
奥氏体不锈钢钢号近似对照及要求

B.1 本附录给出了相应境外牌号材料与本标准所采用材料的对应关系,见表 B.1。

B.2 当表 B.1 中的境外牌号的材料用于采用应变强化技术制造内容器时,其化学成分和力学性能等应符合第 5 章的相关要求。

表 B.1 奥氏体型不锈钢钢号近似对照表

GB/T 24511—2009		EN 10028-7:2007		ASME(2013) SA240	
统一数字代号	牌 号	数字代号	牌 号	UNS 代号	型号
S30408	06Cr19Ni10	1.4301	X5CrNi18-10	S30400	304
S30403	022Cr19Ni10	1.4306	X2CrNi19-11	S30403	304L
S31608	06Cr17Ni12Mo2	1.4401	X5CrNiMo17-12-2	S31600	316
S31603	022Cr17Ni12Mo2	1.4404	X2CrNiMo17-12-2	S31603	316L

附　录　C
（资料性附录）
应变强化工艺验证性试验要求

C.1　一般要求

C.1.1　内容器制造前其工艺文件应经工艺验证性试验进行验证。验证试验采用试制样品容器,并参见附录D的要求进行相关试验。

C.1.2　样品容器的设计、制造和检验应符合本部分的要求,并在试制前根据本部分及相关标准的要求进行焊接工艺评定,制定焊接工艺指导书、应变强化工艺指导书和试验大纲等工艺文件。

C.1.3　验证试验的相关要求应按照试验大纲的内容和要求进行。

C.2　样品容器的结构要求

C.2.1　样品容器的结构要求如下：

a)　罐体至少为2个筒节,每筒节宽度不小于1 500 mm,对接环向焊缝设置在预估内容器变形最大处；

b)　内直径不小于1 800 mm,名义壁厚不小于8 mm；

c)　罐体不设加强圈、人孔、支座垫板等约束性部件；

d)　筒体与封头的对接环向焊缝应能模拟内容器封闭焊缝的焊接接头形式。

C.2.2　按样品容器的结构和设计参数进行强度计算。

C.2.3　样品容器应变强化工艺可进行数值仿真,通过与试验结果对比,掌握采用应变强化工艺造成筒体的塑性变形的部位及变形量的规律。

C.3　验证性试验大纲

C.3.1　一般要求

验证性试验大纲应明确在应变强化实施前、强化过程中和强化实施后的检验和试验项目、目的、方法和要求。

C.3.2　验证性试验项目、实施时机和试验目的

见表C.1。

表C.1　试验项目、实施时机和试验目的

序号	试验项目	试验阶段	试验目的
1	焊接接头无损检测	强化前	本试验是检测样品容器的焊接接头内外部相关缺陷和母材表面缺陷,以发现超标缺陷和线状表面缺陷
		强化后	本试验是检测样品容器的焊接接头内部缺陷和母材表面缺陷,以发现新的超标缺陷和线状表面缺陷的扩展情况

表 C.1(续)

序号	试验项目	试验阶段	试 验 目 的
2	金相组织分析（选择项）	强化前	本试验是检测样品容器母材和焊接接头的金相组织、晶粒度和夹渣等,并对比分析其奥氏体和马氏体组织变化情况
		强化后	
3	马氏体含量测试（选择项）	强化前	用铁素体含量测试仪对强化实施前的封头过渡段、直边段部位的马氏体含量进行测试
4	筒体周长测量	强化前	筒体周长测量的目的是按应变强化工艺要求测量样品容器筒体周长变化情况,并计算周长变化率,为强化结束提供判据。 样品容器再次加压到计算压力时周长的测量是为了了解样品容器筒体的弹性变形情况
		设计压力时	
		强化压力时	
		保压过程	
		卸压后	
		计算压力时	
		再次卸压后	
5	A、B类焊接接头力学性能检验	强化后	本试验是检测样品容器强化后A、B焊接接头的力学性能,以验证其性能是否符合本部分要求
6	母材力学性能检验	强化前	本试验是检测取样品容器强化前母材的力学性能,以验证其性能是否符合本部分要求
7	产品焊接试件力学性能检验	预拉伸后	本试验是检测取样品容器产品焊接试件强化后的力学性能,以验证其性能是否符合本部分要求

C.3.3 试验内容

C.3.3.1 焊接接头无损检测

焊接接头的无损检测应符合7.5的相关规定。

C.3.3.2 马氏体含量测试

用铁素体含量测试仪对强化前的封头过渡段、直边段的马氏体含量进行测试。

C.3.3.3 筒体周长长度测量

C.3.3.3.1 强化实施前测量

在内容器开始强化前对筒体进行周长测量,周长测量位置选在各拘束段预估可能产生最大变形的截面部位。

C.3.3.3.2 强化实施过程中及强化实施后测量

在强化过程中及强化实施后测量,应对预估可能产生最大变形的截面进行周长测量。

C.3.3.4 强化后力学性能检验

C.3.3.4.1 取样原则

应避开超标缺陷处取样。

C.3.3.4.2　取样位置、测试项目及合格指标

取样位置、测试项目及合格指标如下：

a)　取样位置见图 C.1,要求如下：

1)　筒体周向最大变形截面处的纵向焊缝试件；

2)　筒体周向最大变形截面处的临近环向焊缝试件；

3)　封头拼接焊缝试件；

4)　筒体与封头连接处带垫板环向焊缝试件；

5)　筒体与封头连接处不带垫板环向焊缝试件；

6)　产品焊接试件,应满足 7.4.5 的要求,并按附录 D 的规定进行预拉伸。

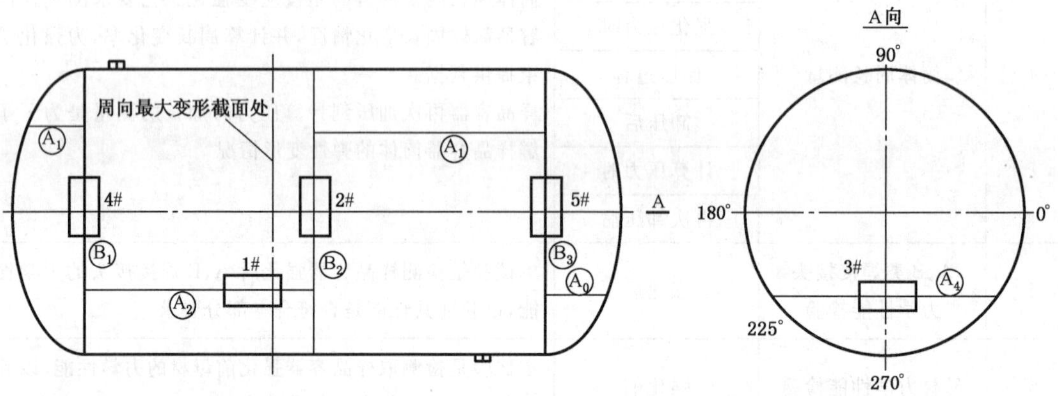

说明：

1#——筒体周向最大变形截面处纵向焊缝试件；

2#——筒体周向最大变形截面处的临近环向焊缝试件；

3#——封头拼接焊缝试件；

4#——筒体与封头连接处带垫板环向焊缝试件；

5#——筒体与封头连接处不带垫板环向焊缝试件。

图 C.1　样品容器取样示意图

b)　测试项目及合格指标见表 C.2。

表 C.2　测试项目及合格指标

样品容器取样位置	测试项目	要　求	合格指标
样品容器焊接接头试件	拉伸(常温 1 个) 冲击(−196 ℃低温 6 个,焊缝和热影响区各 3 个) 弯曲(常温 2 个,面弯＋背弯各 1 个)	1)　取样后需要把弧面展平； 2)　拉伸试样轴向垂直于焊缝； 3)　冲击试样长度方向垂直于焊缝,V 形缺口的轴线平行于板厚方向(垂直于表面)； 4)　弯曲试样轴向垂直于焊缝,焊缝中心应对准弯心轴线	表 3

表 C.2（续）

样品容器取样位置	测试项目	要求	合格指标
产品焊接试件（预拉伸后）	拉伸(常温 1 个) 冲击(−196 ℃低温 6 个,焊缝和热影响区各 3 个) 弯曲(常温 2 个,面弯＋背弯各 1 个)	1) 拉伸试样轴向垂直于焊缝; 2) 冲击试样长度方向垂直于焊缝,V 形缺口的轴线平行于板厚方向; 3) 弯曲试样轴向垂直于焊缝,焊缝中心应对准弯心轴线	表 3
原始母材(筒体)的力学性能试件	拉伸(常温 1 个)	拉伸试样垂直于板材轧制方向	表 1

附 录 D
（资料性附录）
试件预拉伸及试验规则

D.1 试验设备

D.1.1 拉伸试验机采用计算机控制，测力系统按 GB/T 16825.1 校准，精确度不低于 1 级，数据采集和处理按 GB/T 228.1 中附录 A 的规定。

D.1.2 引伸计应符合 GB/T 12160 的规定，精确度不低于 1 级。

D.1.3 夏比摆锤冲击试验机应符合 GB/T 3808 的规定。

D.2 焊接试件预拉伸

D.2.1 焊接试件预拉伸试样

预拉伸试样尺寸为原始钢板全厚度(T)×宽度(W)×长度(L)。带焊缝的试样应保留焊缝余高，焊缝应位于试样中间部位。预拉伸试样的有效区域应为远离上下夹头 20 mm 的范围内。预拉伸试样见图 D.1。

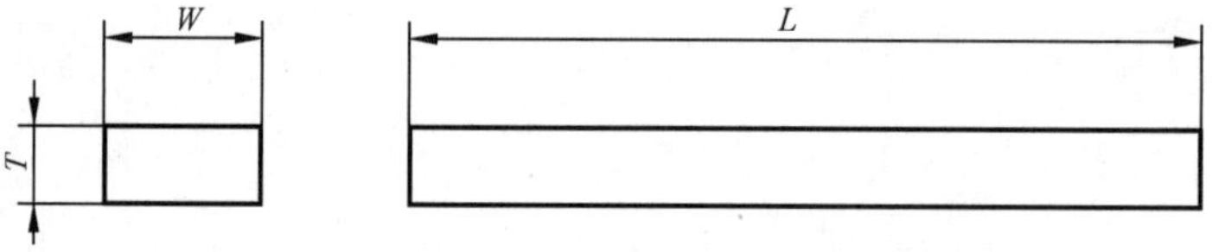

图 D.1 预拉伸试样

D.2.2 焊接试件预拉伸方法

D.2.2.1 焊接试件预拉伸方法可采用应力控制法或应变控制法。

D.2.2.2 采用应力控制法时，应满足如下要求：

a) 预拉伸时，应保证预拉伸试样与试验机的同轴度；

b) 平均应力加载速率不大于 1 MPa/s；

c) 达到预拉伸终止应力值后，保持载荷不变进行保载，保载时间不少于 15 min 后卸载，应变率不大于 0.1% h。预拉伸终止应力值见表 D.1；

d) 焊接试件性能试验报告中，应有预拉伸加载的应力-时间以及位移-时间的关系曲线图。

表 D.1 焊接试件预拉伸终止应力值

钢　　号	预拉伸终止应力值/MPa
S30408	410
S31608	
S30403	400
S31603	

D.2.2.3 采用应变控制法时,应满足如下要求:

a) 预拉伸前,根据试验条件确定标距尺寸,以试件中心为基准向两侧进行标距划线,标距尺寸应在 200 mm～300 mm 之间;

b) 预拉伸时,应保证预拉伸试样与试验机的同轴度;

c) 平均应力加载速率不大于 1 MPa/s;

d) 以标定的标距,进行 9%的总应变控制,达到 9%应变后卸载。

D.3 室温拉伸试样和试验方法

D.3.1 室温拉伸试样

D.3.1.1 拉伸试样尺寸

室温拉伸试样为比例试样,并符合 GB/T 228.1 的规定。

D.3.1.2 试样制备

室温拉伸试样的制备应符合 GB/T 228.1 的规定。带焊缝的室温拉伸试样,应去除焊缝余高,焊缝应位于试样平行段的中间部位,试样的厚度应等于或接近试样母材的厚度。焊缝两侧母材厚度不一致时,试样厚度应与较薄侧一致。

D.3.2 室温拉伸方法

室温拉伸试验按 GB/T 228.1 的要求进行。

D.4 冲击试样和试验方法

D.4.1 冲击试样

D.4.1.1 制取尺寸为 10 mm×10 mm×55 mm 的夏比 V 型缺口冲击试样,也可按试件的厚度制取尺寸为 7.5 mm×10 mm×55 mm 或 5 mm×10 mm×55 mm 的夏比 V 型缺口冲击试样,冲击试样应符合 GB/T 229 的规定。

D.4.1.2 每个冲击试样的 V 型缺口均需在专用的缺口投影仪进行测量,合格后方可进行试验。

D.4.2 冲击试验方法

冲击试验方法应符合 GB/T 229 的规定。

D.4.3 试样的制冷

试样进行冲击试验时,应制冷至规定温度,保温时间不少于 5 min。

D.5 弯曲试样和试验方法

D.5.1 弯曲试样

弯曲试样厚度为试件原始厚度,焊缝应位于试样中心部位,且去除焊缝余高。当试样表面需平整加工时,试样厚度应尽量接近于试件厚度。试样的长度 L 为 200 mm,宽度 W 为 38 mm,见图 D.2。

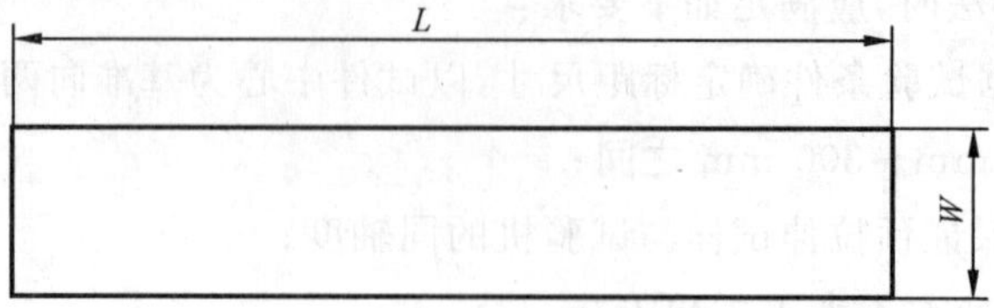

图 D.2 弯曲试样

D.5.2 弯曲试验方法

弯曲试验方法应符合 GB/T 232 和 GB/T 2653 的规定。弯曲角度 180°,焊接接头弯曲试验的弯头直径为 4 倍试件厚度,且焊缝应位于变形最大处。

D.6 试验记录

试验记录至少包括下列内容:

a) 试验过程中采集的原始数据;

b) 材料拉伸试验的完整应力-应变曲线;

c) 材料力学性能试验报告。

D.7 资料保存

试件预拉伸及试验应至少保存下列资料备查:

a) 试验完成后的试样;

b) 试件材料的原始质量证明书;

c) D.6 中规定的试验记录和报告文件。

附　录 E
(规范性附录)
应变强化处理

E.1　应变强化处理

E.1.1　基本要求

E.1.1.1　应变强化场地应有可靠的安全防护设施,并经单位技术负责人和安全部门认可。应变强化过程中,试验现场不得进行与试验无关的工作,无关人员不得在试验现场停留。

E.1.1.2　内容器应满足本部分和设计文件的要求。

E.1.1.3　与内容器焊接的零部件应在强化之前焊接。

E.1.1.4　应变强化实施前,焊缝应按 7.5 的要求经无损检测合格。

E.1.1.5　应变强化用水中氯离子含量不超过 25 mg/L。

E.1.1.6　内容器顶部(最高处)应设置排气接管,充液口位于内容器的底部。应变强化时,支座的设置应不影响内容器的变形。将水加满容器后,至少等待 15 min 以让溶解在水中的气体充分排尽。

E.1.1.7　应变强化过程中应保持内容器外表面的干燥,强化完成后应将水排净吹干。

E.1.1.8　特种设备监督检验机构应对应变强化过程进行见证和检验,并在应变强化报告中签字确认。

E.1.2　检测器具及控制系统

E.1.2.1　压力表精度应不低于 1.6 级,压力表数量应不少于 2 个,压力表的量程应为强化压力的1.5 倍～3.0 倍。压力表应经校验合格并在检定有效期内。

E.1.2.2　内容器各拘束段可能产生最大变形的截面,均应采用经过标定的位移传感器测量周长。采用的附加测量的钢尺,其最小刻度至少达到 1 mm,且应校验合格。

E.1.2.3　应变强化自动控制系统除应满足强化工艺要求外,还应满足如下要求:

a)　能自动测量截面的周长变化,精度应不低于 0.2 mm;

b)　能按设定的时间间隔记录压力和位移的数据,并形成压力-时间与位移-时间的关系曲线;

c)　能自动控制应变强化时压力的变化,并维持所设定的压力;

d)　能按设定的压力停止点进行保压;

e)　应变强化处理结束时,能计算最大变形截面的变形量。

E.1.3　应变强化压力

应变强化压力应符合 6.7 的规定。

E.1.4　强化处理过程

E.1.4.1　应变强化时应缓慢升压,最大升压速度不应超过 0.5 MPa/min。当压力升至设计压力时,经表面检查合格后方可继续升压,升压速度不应超过 0.1 MPa/min。

E.1.4.2　当压力升到强化压力后应进行保压,保压过程中每隔不超过 5 min 重复测量每个可能

产生最大变形的截面的周长,并计算该截面的周长变化率。周向变化率按下式进行计算:

周向变化率=(实测周长-初始周长)/初始周长。

E.1.4.3 同时满足下列两个条件时,可以终止保压,开始降压:

a) 保压时间不小于1 h;

b) 最后30 min内的最大周长变化率不超过0.1%/ h。

注1:对于直径不超过2 000 mm的内容器,如果最后15 min内满足最大周长应变率不超过0.1%/h的要求,则内容器的强化时间可缩短至不小于30 min。

注2:为了减少保压时间,压力达到强化压力后开始保压的最初0.5 h内,可将强化压力提高5%,且不得超过$1.6p_c$。

E.1.4.4 当压力下降到耐压试验压力时,保压时间应不少于30 min,并按7.5.2的要求进行检查。

E.1.4.5 卸压结束后应计算强化处理后筒体最大变形截面的周长变化率。

E.2 应变强化处理记录

E.2.1 应变强化过程至少应记录以下内容:

a) 升压过程的压力和时间;

b) 强化实施前、强化实施过程中和强化实施后的周长(或变化量)测量值;

c) 筒体变形最大截面的周长变化率;

d) 任何影响内容器使用功能的形状、尺寸的显著变化;

e) 设计文件规定的其他要求。

E.2.2 当需进行二次强化时,还应记录二次强化的原因和相关数据。

ICS 23.020
J 74

中华人民共和国国家标准

GB/T 18443.1—2010

真空绝热深冷设备性能试验方法
第1部分:基本要求

Testing method of performance for vacuum insulation cryogenic equipment—Part 1: Basic requirements

2010-09-26 发布　　2011-02-01 实施

中华人民共和国国家质量监督检验检疫总局
中国国家标准化管理委员会　发布

前　言

GB/T 18443《真空绝热深冷设备性能试验方法》分为8个部分：

——第1部分：基本要求；

——第2部分：真空度测量；

——第3部分：漏率测量；

——第4部分：漏放气速率测量；

——第5部分：静态蒸发率测量；

——第6部分：漏热量测量；

——第7部分：维持时间测量；

——第8部分：容积测量。

本部分为GB/T 18443的第1部分。

本部分的附录A为规范性附录，附录B和附录C为资料性附录。

本部分由全国锅炉压力容器标准化技术委员会(SAC/TC 262)提出并归口。

本部分起草单位：上海市特种设备监督检验技术研究院、上海市气体工业协会、上海交通大学、国家低温容器质量监督检验中心、中国特种设备检测研究院、上海华谊集团装备工程有限公司。

本部分主要起草人：舒文华、周伟明、罗晓明、寿比南、薛季爱、薛小龙、汪荣顺、施宝毅、顾福明、施锋萍、魏勇彪、王为国、尹立军。

本部分为首次发布。

真空绝热深冷设备性能试验方法 第1部分:基本要求

1 范围

GB/T 18443 的本部分规定了真空绝热深冷设备性能试验对试验环境、试验设备、被检件与试验介质、试验项目和顺序、数据处理、试验记录和试验报告等的基本要求。

本部分适用于除储运液氢介质以外的真空绝热深冷设备的性能试验,其他设备可参照执行。

2 规范性引用文件

下列文件中的条款通过 GB/T 18443 的本部分的引用而成为本部分的条款。凡是注日期的引用文件,其随后所有的修改单(不包括勘误的内容)或修订版均不适用于本部分,然而,鼓励根据本部分达成协议的各方研究是否可使用这些文件的最新版本。凡是不注日期的引用文件,其最新版本适用于本部分。

GB/T 18443.2 真空绝热深冷设备性能试验方法 第2部分:真空度测量
GB/T 18443.3 真空绝热深冷设备性能试验方法 第3部分:漏率测量
GB/T 18443.4 真空绝热深冷设备性能试验方法 第4部分:漏放气速率测量
GB/T 18443.5 真空绝热深冷设备性能试验方法 第5部分:静态蒸发率测量
GB/T 18443.6 真空绝热深冷设备性能试验方法 第6部分:漏热量测量
GB/T 18443.7 真空绝热深冷设备性能试验方法 第7部分:维持时间测量
GB/T 18443.8 真空绝热深冷设备性能试验方法 第8部分:容积测量
JB/T 8105.1 橡胶密封真空规管接头
JB/T 8105.2 金属密封真空规管接头

3 术语和定义

下列术语和定义适用于本部分。

3.1

夹层 interspace

内容器与外壳之间形成的密闭空间。

3.2

真空绝热 vacuum insulation

夹层内填充或不填充绝热材料,并抽成真空的绝热方式的统称。绝热材料指粉末、纤维、多层及多层内放置多屏等材料。

3.3

真空绝热深冷设备 vacuum insulated cryogenic equipment

采用真空绝热结构的深冷压力容器、深冷常压容器、真空绝热深冷焊接气瓶、真空绝热管及其管件等设备的统称。

3.4

标准环境状态 standard ambient condition

温度为 20 ℃,相对湿度为 65%,大气压力为 101.325 kPa 下的环境状态。

3.5

被检件 measured piece

指被检测的真空绝热深冷设备,可以是产品或圆筒、封头和组件等。

3.6

静态蒸发率 static evaporation rate

测试蒸发率换算为标准环境状态下的蒸发率值,单位为百分比每天(%/d)。

4 一般要求

4.1 环境条件

4.1.1 试验环境要求应为清洁、通风良好,且有防静电、防明火等措施。

4.1.2 试验现场应设置警戒区域和红色信号标志。

4.1.3 试验现场不应有强电磁干扰和强烈振动、冲击。

4.1.4 环境压力为当地大气压,温度范围为 0 ℃~40 ℃,相对湿度小于 85%。

4.1.5 易燃易爆深冷液体作为试验介质时,应设置安全区域,且不应有可能发生危险的危险源存在。

4.2 试验设备

4.2.1 基本要求

4.2.1.1 当试验介质为易燃易爆深冷液体时,被检件和测量管路采取必要的防静电措施,且不应产生明火。

4.2.1.2 仪器设备的性能、量程及精度应满足试验要求。计量器具及仪器应经国家法定计量机构校准或检定合格,并在校验有效期内使用。

4.2.1.3 真空绝热深冷设备充装深冷液体后,在静置准备阶段,应采用导气管将汽化的气体从深冷容器放空口导向指定的安全区域。导气管及各连接件应密封良好,不应泄漏。

4.2.1.4 当试验介质为易燃介质时,相关连接管道先用氮气或惰性气体进行置换。真空绝热深冷设备的放空口及安全阀泄放口排气管道应采用管道连接至准备好的密封气囊、或回收利用装置、或安全排放出口。

4.2.1.5 温度计允许测量误差为±1 ℃。

4.2.1.6 大气压力计允许测量误差为±50 Pa。

4.2.2 真空机组

4.2.2.1 真空机组的极限真空度至少应高于被检件封口真空度一个数量级。

4.2.2.2 真空机组的有效抽速应满足被检件的气体负荷。

4.2.3 真空规管与真空计

4.2.3.1 橡胶密封真空规管接头应符合 JB/T 8105.1 的规定,金属密封真空规管接头应符合 JB/T 8105.2 的规定。

4.2.3.2 真空规管及配套的真空计的类型和测量范围应满足被测真空绝热深冷设备中夹层真空度的要求,真空度测量不确定度应小于50%。

4.2.3.3 热阴极和冷阴极电离真空规管不允许用于装载液氧或易燃介质的高真空多层绝热深冷设备上。

4.2.3.4 装载液氧或易燃介质的高真空多层绝热深冷设备的真空夹层上可安装电阻规管与电离型真空规管组合的复合规管,或并联安装电阻规管和电离型真空规管。当真空度优于 10^{-1} Pa 时方可启动电离型真空规管进行测量。

4.2.4 真空阀门

4.2.4.1 与抽空机组和被检件上真空阀门相连的抽气管路的通径应大于被检件上真空阀门的通径。

4.2.4.2 真空阀门的漏率应不大于 1×10^{-9} Pa·m^3/s。

4.2.5 连接管路

连接管路材质宜采用不锈钢、铜或铝合金。

4.3 被检件与试验介质

4.3.1 被检件的清洁度应满足试验安全和测量精度的要求。

4.3.2 性能试验宜采用液氮作为试验介质,且按附录A进行修正。

4.3.3 当条件受限时,可采用实际储存的介质为试验介质,但不应使用液氢作为试验介质。

4.3.4 当试验介质为液氧的被检件不应与充装易燃易爆介质的被检件在邻近区域内同时进行试验。

4.4 试验项目和顺序

4.4.1 真空绝热深冷设备应在结构强度试验合格后方可进行性能试验。

4.4.2 试验项目及其试验顺序参照附录B。

4.5 数据处理

应由试验介质的标态下的漏热量或静态蒸发率,按附录A计算出实际储存介质的标态漏热量或静态蒸发率。

4.6 试验记录和试验报告

4.6.1 试验记录填写应及时、准确、完整,并经责任人员签字,试验数据按照GB/T 18443.2~18443.8各附录中的表格填写。

4.6.2 试验报告的内容至少应包括:试验结论、产品概况、主要试验仪器和设备等。试验结论报告格式参照附录C。

附　录　A
（规范性附录）
实际储存介质的标态漏热量和静态蒸发率的确定

A.1　确定实际储存介质的标态漏热量

$$Q_s = Q_{20}\frac{(293.15 - T_{cos})}{(293.15 - T_{cot})} \quad \cdots\cdots(A.1)$$

式中：

Q_s——实际储存介质的标态漏热量，单位为瓦(W)；

Q_{20}——试验介质的标态漏热量，单位为瓦(W)；

T_{cos}——标准大气压(101.325 kPa)下实际储存介质的饱和温度，单位为开尔文(K)；

T_{cot}——标准大气压(101.325kPa)下试验介质的饱和温度，单位为开尔文(K)。

A.2　确定实际储存介质的静态蒸发率

$$\alpha_s = \frac{\alpha_t(293.15 - T_{cos})(h_{Got} - h_{Lot})F_t}{(293.15 - T_{cot})(h_{Gost} - h_{Los})F_s} \quad \cdots\cdots(A.2)$$

式中：

α_s——实际储存介质的静态蒸发率，单位为百分比每天(%/d)；

α_t——试验介质的静态蒸发率，单位为百分比每天(%/d)；

T_{cos}——标准大气压(101.325 kPa)下实际储存介质的饱和温度，单位为开尔文(K)；

h_{Got}——标准大气压(101.325 kPa)下试验介质的蒸气比焓，单位为焦耳每千克(J/kg)；

h_{Lot}——标准大气压(101.325 kPa)下试验介质的液体比焓，单位为焦耳每千克(J/kg)；

F_t——试验介质的最大允许充装质量，单位为千克(kg)；

T_{cot}——标准大气压(101.325 kPa)下试验介质的饱和温度，单位为开尔文(K)；

h_{Gos}——标准大气压(101.325 kPa)下实际储存介质的蒸气比焓，单位为焦耳每千克(J/kg)；

h_{Los}——标准大气压(101.325 kPa)下实际储存介质的液体比焓，单位为焦耳每千克(J/kg)；

F_s——实际储存介质的最大允许充装质量，单位为千克(kg)。

A.3　式 A.1 和式 A.2 适用于 $|T_{cot} - T_{cos}|$ 小于 20 K 时，超出该范围则不再适用。

附　录　B
（资料性附录）
试验项目和顺序

试验项目及其试验顺序可参照表 B.1。

表 B.1　试验项目和顺序

试验顺序	试验项目	标准	真空绝热深冷容器和气瓶	真空绝热管及其管件
1	容积测量	GB/T 18443.8	▲	▲
2	漏率测量	GB/T 18443.3	▲	▲
3	真空度测量	GB/T 18443.2	▲	▲
4	漏放气速率测量	GB/T 18443.4	▲	▲
5	低温真空度测量	GB/T 18443.2	▲	▲
6	静态蒸发率测量	GB/T 18443.5	▲	
7	漏热量测量	GB/T 18443.6		▲
8	维持时间测量	GB/T 18443.7	▲	
注：▲—表示该类产品应进行的试验项目。				

附 录 C
(资料性附录)
真空绝热深冷设备性能试验报告

真空绝热深冷设备性能试验报告可参照表C.1。

表 C.1 真空绝热深冷设备性能试验报告

报告编号：

产品名称		产品型号	
产品规格		样品编号	
制造单位			
设计单位			
试验地点			
试验日期		判定依据[a]	
试验项目			
试验结论			
试验人员			
备注			
[a] 判定依据应为安全技术规范、标准、合同、协议等。			

编制：__________ 核对：__________ 审核：__________

真空绝热深冷设备产品概况可参照表C.2。

表C.2 真空绝热深冷设备产品概况

<table>
<tr><td colspan="2">几何容积
m^3</td><td></td><td>有效容积
m^3</td><td></td></tr>
<tr><td colspan="2">真空夹层几何容积
m^3</td><td></td><td>真空夹层厚度
mm</td><td></td></tr>
<tr><td colspan="2">绝热方式</td><td colspan="3"></td></tr>
<tr><td rowspan="4">内容器</td><td>材料</td><td></td><td>内直径×壁厚
mm</td><td></td></tr>
<tr><td>设计压力
MPa</td><td></td><td>最高工作压力
MPa</td><td></td></tr>
<tr><td>设计温度
℃</td><td></td><td>工作温度
℃</td><td></td></tr>
<tr><td>外直径×长度
mm</td><td colspan="3"></td></tr>
<tr><td rowspan="4">外壳</td><td>材料</td><td></td><td>内直径×壁厚
mm</td><td></td></tr>
<tr><td>设计压力
MPa</td><td></td><td>最高工作压力
MPa</td><td></td></tr>
<tr><td>设计温度
℃</td><td></td><td>工作温度
℃</td><td></td></tr>
<tr><td>外直径×长度
mm</td><td colspan="3"></td></tr>
<tr><td colspan="2">空载质量
kg</td><td></td><td>试验介质</td><td></td></tr>
<tr><td colspan="2">按额定充满率充装试验
介质后总质量
kg</td><td></td><td>外形尺寸
mm</td><td></td></tr>
</table>

主要试验仪器和设备清单可参照表 C.3。

表 C.3 主要试验仪器和设备

序号	名称	型号	量程	编号	校准或检定有效期	校准或检定证书号
1	真空规管					
2	真空计					
3	检漏仪					
4	气压计					
5	温湿度计					
6	流量计					
7	温度计					
8	标准漏孔					
9	压力表					
10	液位计					
11	称重器具					

ICS 23.020
J 74

中华人民共和国国家标准

GB/T 18443.2—2010
代替 GB/T 18443.2—2001,GB/T 16876—1997

真空绝热深冷设备性能试验方法
第2部分:真空度测量

Testing method of performance for vacuum insulation cryogenic equipment—Part 2:Vacuum degree measurement

2010-09-26 发布　　2011-02-01 实施

中华人民共和国国家质量监督检验检疫总局
中国国家标准化管理委员会　发布

前　言

GB/T 18443《真空绝热深冷设备性能试验方法》分为8个部分：

——第1部分：基本要求；

——第2部分：真空度测量；

——第3部分：漏率测量；

——第4部分：漏放气速率测量；

——第5部分：静态蒸发率测量；

——第6部分：漏热量测量；

——第7部分：维持时间测量；

——第8部分：容积测量。

本部分为GB/T 18443的第2部分。

本部分代替GB/T 18443.2—2001《低温绝热压力容器试验方法　真空度测量》和GB/T 16876—1997《液氮容器夹层真空度检验方法》。

本部分与GB/T 18443.2—2001相比，主要变化如下：

——适用范围由低温绝热压力容器的夹层真空度测量，扩大为真空绝热深冷压力容器、真空绝热深冷焊接气瓶和真空绝热管及其管件等真空绝热深冷设备的夹层真空度测量。

——增加了术语和定义。

——将GB/T 16876—1997的内容整合进入了本部分。

本部分的附录A和附录B为资料性附录。

本部分由全国锅炉压力容器标准化技术委员会(SAC/TC 262)提出并归口。

本部分起草单位：上海市特种设备监督检验技术研究院、上海市气体工业协会、上海交通大学、四川空分设备(集团)有限责任公司、国家低温容器质量监督检验中心、上海华谊集团装备工程有限公司、中国特种设备检测研究院。

本部分主要起草人：罗晓明、周伟明、易希朗、陈光奇、舒文华、寿比南、薛季爱、顾福明、汪荣顺、薛小龙、施锋萍、魏勇彪、王为国。

本部分所代替标准的历次版本发布情况为：

——GB/T 18443.2—2001；

——GB/T 16876—1997。

真空绝热深冷设备性能试验方法
第2部分:真空度测量

1 范围

GB/T 18443的本部分规定了真空绝热深冷设备夹层真空度测量的试验原理与方法、试验装置、设备和仪器、试验条件与试验准备、试验步骤、数据处理和试验记录与试验报告等要求。

本部分适用于除储运液氢介质以外的真空绝热深冷压力容器、真空绝热深冷焊接气瓶、真空绝热管及其管件等真空绝热深冷设备夹层真空度的测量,其他设备可参照执行。

2 规范性引用文件

下列文件中的条款通过GB/T 18443的本部分的引用而成为本部分的条款。凡是注日期的引用文件,其随后所有的修改单(不包括勘误的内容)或修订版均不适用于本部分,然而,鼓励根据本部分达成协议的各方研究是否可使用这些文件的最新版本。凡是不注日期的引用文件,其最新版本适用于本部分。

GB/T 18443.1—2010 真空绝热深冷设备性能试验方法 第1部分:基本要求

3 术语和定义

GB/T 18443.1确立的以及下列术语和定义适用于本部分。

3.1

夹层真空度 interspaced vacuum degree

真空绝热深冷设备中夹层空间的气体绝对压力,单位为帕(Pa)。

3.2

静态夹层真空度 static interspace vacuum degree

真空绝热深冷设备中夹层空间在密闭状态下的真空度,单位为帕(Pa)。

3.3

动态夹层真空度 dynamic interspace vacuum degree

真空绝热深冷设备中夹层空间在抽气系统抽气状态下的真空度,单位为帕(Pa)。

3.4

常温真空度 interspace vacuum degree of normal atmospheric temperature

真空绝热深冷设备中未注入深冷液体,且内胆与外壳都处于环境温度时的静态夹层真空度,单位为帕(Pa)。

3.5

低温真空度 interspace vacuum degree after loaded

真空绝热深冷设备已注入深冷液体,且处于热平衡状态时的静态夹层真空度,单位为帕(Pa)。

3.6

封口真空度　sealing-off vacuum degree

常温下封口时的夹层真空度,单位为帕(Pa)。

4　试验原理与方法

4.1　夹层真空度的测量分为直接测量法和间接测量法。直接测量法试验装置原理图见图1,间接测量法试验装置原理图见图2。

4.2　直接测量法是指利用安装在被检件上的真空规管直接测量夹层的真空度。

4.3　间接测量法是指在被检件上外接真空维持系统后测量夹层真空度。

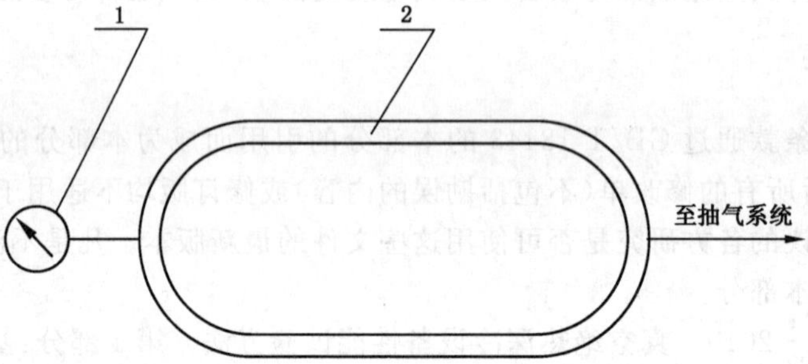

1——真空规管;

2——被检件。

图1　直接测量法试验装置原理图

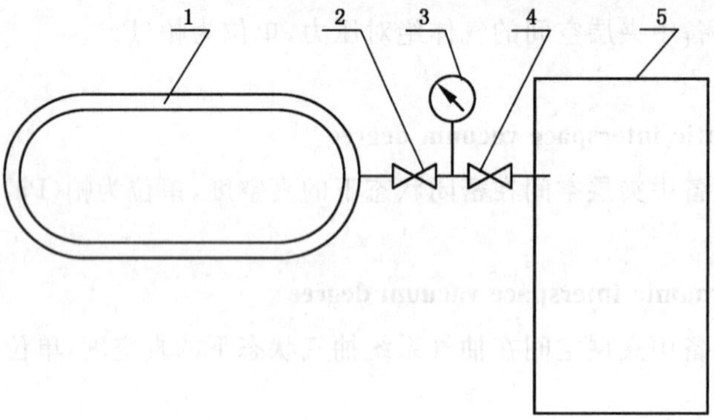

1——被检件;

2——被检件真空阀;

3——真空规管;

4——抽气系统真空阀;

5——真空机组。

图2　间接测量法试验装置原理图

5 试验装置、设备和仪器

试验装置、设备和仪器应符合 GB/T 18443.1—2010 中 4.2 的规定。

6 试验条件与试验准备

6.1 试验基本要求应符合 GB/T 18443.1 的规定。

6.2 常温真空度测量时,被检件内容器和外壳应处于环境温度下。

6.3 低温真空度测量时,被检件中试验介质的液位应大于 50%,且系统达到热平衡后进行试验。

6.4 测量管路上的真空规管应垂直安放,真空规管开口平面应平行于气流流动方向,且真空规管在试验前 15 min 内不应进行“除气”。

6.5 当采用易燃深冷液体作为试验介质时,充装前应进行安全检查。充装时应测量真空度,如真空度值上升,应立即停止充装并排液,最后用氮气置换易燃介质。

7 试验步骤

7.1 直接测量法

7.1.1 直接测量法按图 1 进行连接。

7.1.2 调整真空测量仪器,确定合适的量程,开启真空计,从较低真空起预测夹层真空度。

7.1.3 真空计稳定后的读数即为被检件夹层真空度。

7.2 间接测量法

7.2.1 被检件与真空测量系统按图 2 进行连接。

7.2.2 在被检件真空阀和抽气系统真空阀处于关闭的状态下,启动真空机组。

7.2.3 打开抽气系统真空阀,由低真空泵将测量管路压力抽到 3 Pa 以下,再由高真空泵抽气。测量管路抽气时允许加热除气。

7.2.4 不同绝热结构和深冷介质的被检件,其测量管路真空度应符合表 1 的要求。

7.2.5 封口真空度和低温真空度测量时,其测量管路的漏放气速率应符合表 2 的要求。

7.2.6 测量管路漏放气速率达到要求后,应继续抽气 10 min,记下管路本底真空度 P_0,立即关闭抽气系统真空阀、打开被检件真空阀,观察测量管路真空度的变化。

7.2.7 观察 2 min 后,待夹层空间与测量管路空间压力平衡,记下稳定后连通空间的真空度 P_1。

表 1 测量管路真空度 单位为帕

深冷介质	真空多层绝热	真空粉末绝热
液氦	1×10^{-3}	1×10^{-1}
液氮、液氩、液氧、液化天然气	5×10^{-3}	5×10^{-1}

表 2 测量管路漏放气速率

被检件有效容积 V/ m^3	常温真空度测量 $Pa \cdot m^3/s$	低温真空度测量 $Pa \cdot m^3/s$
$V \leqslant 10$	$\leqslant 1 \times 10^{-5}$	$\leqslant 1 \times 10^{-7}$
$10 < V \leqslant 100$	$\leqslant 5 \times 10^{-5}$	$\leqslant 5 \times 10^{-7}$
$100 < V \leqslant 1\ 000$	$\leqslant 1 \times 10^{-4}$	$\leqslant 1 \times 10^{-6}$

8 数据处理

8.1 间接测量法测常温真空度时，按式(1)计算：

$$P = P_1 + (P_1 - P_0)\frac{V_1}{V} \qquad \cdots\cdots(1)$$

式中：

P——被检件夹层真空度，单位为帕(Pa)；

P_1——试验时连通空间的真空度，单位为帕(Pa)；

P_0——试验前测量管路的本底真空度，单位为帕(Pa)；

V_1——被检件真空阀至抽气系统真空阀间测量管路(包括真空规管)的容积，单位为立方米(m^3)；

V——被检件夹层空间的有效容积，单位为立方米(m^3)。

8.2 间接测量法测低温真空度时，按如下公式计算：

a) 当连通空间真空度 P_1 高于 1×10^{-2} Pa 时，按式(1)计算。

b) 当连通空间真空度 P_1 低于 1×10^{-2} Pa 时，按式(2)计算：

$$P = \sqrt{\frac{T}{T_0}}\left[P_1 + (P_1 - P_0)\frac{V_1}{V}\right] \qquad \cdots\cdots(2)$$

式中：

P——被检件夹层真空度，单位为帕(Pa)；

T——(深冷液体温度＋环境温度)/2，单位为开尔文(K)；

T_0——环境温度，单位为开尔文(K)；

P_1——试验时连通空间的真空度，单位为帕(Pa)；

P_0——测量管路的本底真空度，单位为帕(Pa)；

V_1——被检件真空阀至抽气系统真空阀间测量管路(包括真空规管)的容积，单位为立方米(m^3)；

V——被检件夹层空间的有效容积，单位为立方米(m^3)。

9 试验记录与试验报告

9.1 试验记录格式参照附录 A。

9.2 试验报告格式参照附录 B。

附　录　A
(资料性附录)
常温或低温真空度检测记录

常温或低温真空度检测记录格式可参照表 A.1。

表 A.1　常温或低温真空度检测记录

<table>
<tr><td colspan="8">直接测量法</td></tr>
<tr><td>试验日期</td><td></td><td>试验时间</td><td></td><td>环境温度
℃</td><td></td><td>大气压
kPa</td><td></td></tr>
<tr><td colspan="2">真空夹层几何容积
m^3</td><td colspan="2"></td><td colspan="3">常温/低温真空度
Pa</td><td></td></tr>
<tr><td colspan="8">间接测量法</td></tr>
<tr><td colspan="3">试验日期</td><td></td><td colspan="3">试验起止时间</td><td></td></tr>
<tr><td colspan="3">环境温度
℃</td><td></td><td colspan="3">大气压
kPa</td><td></td></tr>
<tr><td colspan="3">真空夹层几何容积
m^3</td><td></td><td colspan="3">测量管路几何容积
m^3</td><td></td></tr>
<tr><td colspan="2" rowspan="2">计算测量管路
漏放气速率
$Pa \cdot m^3/s$</td><td rowspan="2"></td><td>开始时间</td><td>开始时测量管路的
本底真空度 P_0'
Pa</td><td colspan="2">结束时间</td><td>结束时测量管路真空度 P_1'
Pa</td></tr>
<tr><td></td><td></td><td colspan="2"></td><td></td></tr>
<tr><td colspan="3">测量管路的本底真空度 P_0
Pa</td><td></td><td colspan="3">连通夹层后连通空间真空度 P_1
Pa</td><td></td></tr>
</table>

记录：＿＿＿＿＿　　　　　　　　　　　　　　核对：＿＿＿＿＿

附 录 B
(资料性附录)
常温或低温真空度检测报告

常温或低温真空度检测报告格式可参照表B.1。

表 B.1 常温或低温真空度检测报告

报告编号：

常温真空度检测(　　)	低温真空度检测(　　)		
日期		真空夹层几何容积 m^3	
环境温度 ℃		大气压 kPa	
试验前仪器情况			
内容器温度是否在环境温度下		外壳温度是否在环境温度下	
真空度 Pa			
试验后仪器情况			
备注			

编制：________ 核对：________ 审核：________

ICS 23.020
J 74

中华人民共和国国家标准

GB/T 18443.3—2010
代替 GB/T 18443.3—2001,GB/T 16775—1997

真空绝热深冷设备性能试验方法 第3部分:漏率测量

Testing method of performance for vacuum insulation cryogenic equipment—Part 3:Leak rate measurement

2010-09-26 发布　　2011-02-01 实施

中华人民共和国国家质量监督检验检疫总局
中国国家标准化管理委员会 发布

前　言

GB/T 18443《真空绝热深冷设备性能试验方法》分为8个部分：

——第1部分：基本要求；

——第2部分：真空度测量；

——第3部分：漏率测量；

——第4部分：漏放气速率测量；

——第5部分：静态蒸发率测量；

——第6部分：漏热量测量；

——第7部分：维持时间测量；

——第8部分：容积测量。

本部分为GB/T 18443的第3部分。

本部分代替GB/T 18443.3—2001《低温绝热压力容器试验方法　漏率测量》和GB/T 16775—1997《低温容器漏气速率测定方法》。

本部分与GB/T 18443.3—2001相比，主要变化如下：

——适用范围由低温绝热压力容器的漏率测量，扩大为真空绝热深冷压力容器、真空绝热深冷焊接气瓶和深冷绝热管及管件等真空绝热深冷设备的漏率测量。

——增加了术语和定义；

——试验方法由原"动态检漏法和累积检漏法"修改为"无分流检测法和分流检测法"；

——增加了有效最小可检漏率复验要求；

——增加了试验记录格式要求。

本部分的附录A和附录B为资料性附录。

本部分由全国锅炉压力容器标准化技术委员会(SAC/TC 262)提出并归口。

本部分起草单位：上海市特种设备监督检验技术研究院、上海市气体工业协会、国家低温容器质量监督检验中心、上海交通大学、上海华谊集团装备工程有限公司、中国特种设备检测研究院。

本部分主要起草人：陈光奇、周伟明、鲁雪生、舒文华、寿比南、罗晓明、薛季爱、汪荣顺、薛小龙、施锋萍、魏勇彪、顾福明、王为国。

本部分所代替标准的历次版本发布情况为：

——GB/T 18443.3—2001；

——GB/T 16775—1997。

真空绝热深冷设备性能试验方法 第3部分:漏率测量

1 范围

GB/T 18443 的本部分规定了真空绝热深冷设备漏率测量的试验原理与方法、试验装置、设备和仪器、试验条件与试验准备、试验步骤、数据处理、试验记录与试验报告等要求。

本部分适用于除储运液氢介质以外的真空绝热深冷压力容器、真空绝热深冷焊接气瓶、真空绝热管及其管件等真空绝热深冷设备漏率的测量,其他设备可参照执行。

2 规范性引用文件

下列文件中的条款通过 GB/T 18443 的本部分的引用而成为本部分的条款。凡是注日期的引用文件,其随后所有的修改单(不包括勘误的内容)或修订版均不适用于本部分,然而,鼓励根据本部分达成协议的各方研究是否可使用这些文件的最新版本。凡是不注日期的引用文件,其最新版本适用于本部分。

GB/T 18443.1—2010 真空绝热深冷设备性能试验方法 第1部分:基本要求

GB/T 18443.2 真空绝热深冷设备性能试验方法 第2部分:真空度测量

3 术语和定义

GB/T 18443.1—2010 和 GB/T 18443.2 确立的以及下列术语和定义适用于本部分。

3.1

漏率 leak rate

在规定条件下,一种特定气体通过漏孔的流量,单位为帕立方米每秒($Pa \cdot m^3/s$)。

3.2

有效最小可检漏率 effective systematic minimum detectable leak rate

在具体检漏工作条件、检漏方法、检漏系统下,仪器能够对被检件检出的最小漏孔漏率,单位为帕立方米每秒($Pa \cdot m^3/s$)。

3.3

标准漏孔 reference leak

standard leak

在规定条件(温度、压力)下,对某种规定气体提供已知流量的一种校准用装置。

3.4

无分流检测法 helium hood leak detection method

用封闭罩将被检件部分或全部罩住,罩内充入氦气,对被罩部位进行氦质谱真空检漏的一种方法。

3.5

分流检测法 helium hood leak detection method by-passing

检漏中,被检件被有效抽空,一部分经漏孔进入的示漏气体被抽走,另一部分在检漏仪中建立起示漏气体分压,最终建立起平衡分压力而被检漏仪指示的一种真空检漏方法。

4 试验原理与方法

4.1 检漏系统

氦罩检漏系统试验装置原理图见图1。

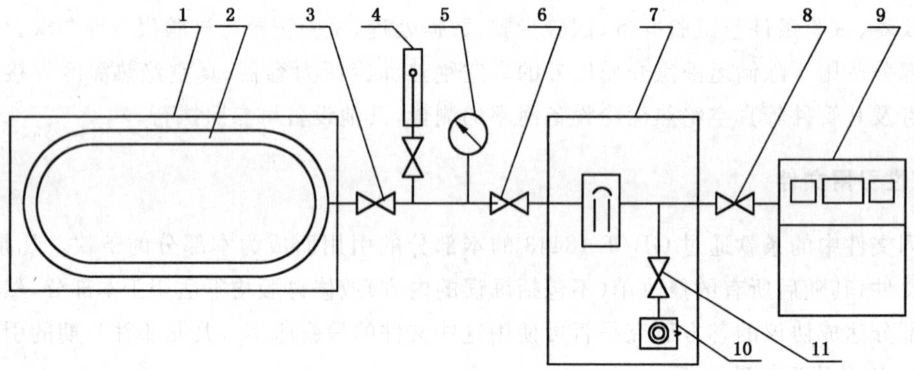

1——氦气罩;

2——被检件;

3——被检件真空阀;

4——标准漏孔;

5——真空规管;

6——检测阀;

7——真空机组;

8——检漏阀;

9——氦质谱检漏仪;

10——辅助泵;

11——分流阀。

图1 检漏系统试验装置原理图

4.2 试验原理

4.2.1 基本原理

封闭的气罩将被检件外侧的被检区域罩住,被检件内部封闭空间抽至能保证氦质谱仪稳定工作在需要的灵敏度区间的真空度后,罩内充氦气。当被检件存在漏孔时,氦气经漏孔进入系统内部并被吸入检漏仪,检漏仪示出氦信号。通过与标准漏孔引起的氦信号进行比较,计算出被检件的漏率。

4.2.2 无分流检测法

被检件夹层内压力较低、气体负荷满足检漏仪抽气能力的条件下,经漏孔进入被检件的氦气全部进入检漏仪并转化为输出信号。本方法适用于高真空多层型绝热设备的漏率测量。

4.2.3 分流检测法

被检件夹层内压力较高、气体负荷不能满足检漏仪抽气能力的条件下，为维持检漏仪的工作压力，需增加辅助泵进行辅助抽气。经漏孔进入被检件的氦气一部分被辅助泵抽走，另一部分进入检漏仪并在检漏仪内建立起氦平衡分压力，检漏仪给出该压力下的氦输出信号。本方法适用于真空粉末型真空绝热深冷设备的漏率测量。

5 试验装置、设备和仪器

试验装置、设备和仪器应符合 GB/T 18443.1 中 4.2 的规定，且满足以下要求：

a) 检漏仪应采用氦质谱检漏仪，其最小可检漏率应小于被检件的规定漏率指标一个数量级；

b) 根据被检件的漏率指标选择同数量级的薄膜渗氦型或通道型标准漏孔。

6 试验条件与试验准备

6.1 试验基本要求应符合 GB/T 18443.1 的规定，且应满足以下要求：

a) 氦质谱检漏仪在检漏前应按照使用说明书调整仪器各项工作参数，使仪器处于最佳工作状态。校准并调试其有效最小可检漏率 Q_{min}，有效最小可检漏率应小于被检件规定漏率指标的一个数量级。

b) 当采用氦罩法检漏时，应根据被检件的尺寸制作相适应的氦气罩。氦气罩材料宜选用气密性较好的塑料薄膜。

c) 检测用氦气的纯度应不低于 90%。

d) 当真空绝热深冷设备储存易燃易爆深冷液体时，在组装前应需采用氦质谱检漏仪进行总漏率的测定。

6.2 试验方法选择

6.2.1 当被检件气体负荷满足检漏仪抽气能力的条件时，应选用无分流检测法进行测量。

6.2.2 当被检件气体负荷不能满足检漏仪抽气能力的条件，且需增加辅助泵抽气时，应选用分流检测法进行测量。

7 试验步骤

7.1 无分流检测法

7.1.1 仪器有效最小可检漏率测量应符合下列要求：

a) 开启检漏仪，关闭检漏阀，检漏仪保持最佳工作状态；

b) 关闭检漏仪标准漏孔，测出 2 min 内的本底噪声 ΔN_n；

c) 读出仪器本底 N_0；

d) 打开检漏仪标准漏孔，读出并记录稳定后的检漏仪输出指示值 N_{sp}。

7.1.2 连接被检件应符合下列要求：

a) 按图 1 连接被检件，且根据被检件容积的大小选择配置相适应的检漏系统，标准漏孔应安装在被检件真空阀一端；

b) 关闭被检件真空阀、开启检测阀、分流阀和检漏阀条件下，启动真空机组；

c) 按说明书对仪器进行自校，且检漏仪应符合第 5 章的要求；

d) 当真空计指示压力小于被检件压力时,关闭分流阀。

7.1.3 系统有效最小可检漏率测量应符合下列要求:

a) 打开检测阀,在真空计指示压力小于被检件真空夹层压力后,打开被检件真空阀,检漏仪保持稳定的工作压力;

b) 关闭标准漏孔阀,测出 2 min 内的本底噪声 ΔI_n;

c) 读出系统本底 I_0;

d) 打开标准漏孔阀,读出并记录稳定后的检漏仪输出指示值 I_{sp}。

7.1.4 被检件检漏应符合下列要求:

a) 将氦气罩套在被检件上,且进行密封;

b) 氦气罩及内容器充入已知浓度的氦气。一般情况下,充气后氦气的浓度应不低于 10%;

c) 估算氦气罩内氦气的浓度,并记录氦气浓度 γ;

d) 打开被检件真空阀,在规定的观察时间内,读出并记录检漏仪输出指示值 I_v。观察时间一般不少于 10 min;

e) 测量完毕,关闭被检件真空阀。

7.1.5 系统有效最小可检漏率复验应符合下列要求:

a) 打开检测阀,检漏仪保持稳定的工作压力;

b) 关闭标准漏孔阀,测出 2 min 内的本底噪声 ΔM_n;

c) 读出系统本底 M_0;

d) 打开标准漏孔阀,读出并记录稳定后的输出指示值 M_{sp};

e) 复测的有效最小可检漏率应与 7.1.3 测量的值基本保持一致;

f) 当复测的系统有效最小可检漏率超过测量前的 50% 时,应调试检漏系统,需重新测量。

7.2 分流检测法

7.2.1 仪器最小可检漏率测量

仪器有效最小可检漏率测量按 7.1.1 的要求进行。

7.2.2 连接被检件应符合下列要求:

a) 按图 1 连接被检件,根据被检件容积的大小选择配置相适应的检漏系统,标准漏孔应安装在被检件真空阀一端;

b) 在被检件真空阀和检漏阀未开启的状态下启动真空机组及检漏仪,打开检测阀和分流阀,在抽气管路达到稳定真空后,打开检漏阀和被检件真空阀;

c) 缓慢调节分流阀,维持检漏仪工作压力稳定。

7.2.3 系统有效最小可检漏率测量应符合下列要求:

a) 打开检测阀,当真空计指示压力小于被检件真空夹层压力后,打开被检件真空阀,分流阀状态应符合 7.2.2c)的规定;

b) 按 7.1.3 的要求进行测量。

7.2.4 被检件检漏应符合下列要求:

a) 打开被检件真空阀、检测阀,检漏阀状态应符合 7.2.2 的规定,分流阀保持不变,记录本底指示值 I_0;

b) 将氦气罩套在真空绝热深冷设备上,且进行密封;

c) 氦气罩及内容器充入已知浓度的氦气,一般情况下,充气后氦气的浓度应不低于10%;

d) 估算氦气罩内氦气的浓度,并记录氦气浓度 γ;

e) 在规定的观察时间内读出并记录检漏仪输出指示值 I_v。观察时间一般不少于10 min;

f) 测量完毕,关闭被检件真空阀。

7.2.5 系统有效最小可检漏率复验应符合下列要求:

a) 按7.1.5复测有效最小可检漏率;

b) 按7.1.5确定是否结束检漏。

8 数据处理

8.1 仪器有效最小可检漏率按式(1)计算:

$$Q_{min}=\frac{\Delta N_n}{N_{sp}-N_0}Q_{sp} \qquad \cdots\cdots(1)$$

式中:

Q_{min}——仪器有效最小可检漏率,单位为帕立方米每秒(Pa·m³/s);

ΔN_n——仪器本底噪声,单位为伏(V)或帕立方米每秒(Pa·m³/s);

N_{sp}——打开标准漏孔阀后,检漏仪输出指示的稳定值,单位为伏(V)或帕立方米每秒(Pa·m³/s);

N_0——仪器本底,单位为伏(V)或帕立方米每秒(Pa·m³/s);

Q_{sp}——标准漏孔漏率,单位为帕立方米每秒(Pa·m³/s)。

8.2 系统有效最小可检漏率按式(2)计算:

$$Q_0=\frac{\Delta I_n}{I_{sp}-I_0}Q_{sp} \qquad \cdots\cdots(2)$$

式中:

Q_0——系统有效最小可检漏率,单位为帕立方米每秒(Pa·m³/s);

ΔI_n——系统本底噪声,单位为伏(V)或帕立方米每秒(Pa·m³/s);

I_{sp}——打开标准漏孔阀后,检漏仪输出指示的稳定值,单位为伏(V)或帕立方米每秒(Pa·m³/s);

I_0——系统本底,单位为伏(V)或帕立方米每秒(Pa·m³/s);

Q_{sp}——标准漏孔漏率,单位为帕立方米每秒(Pa·m³/s)。

8.3 被检件漏率按式(3)计算:

$$Q_L=\frac{I_v-I}{I_{sp}-I}Q_{sp}\frac{1}{\gamma} \qquad \cdots\cdots(3)$$

式中:

Q_L——真空夹层漏率,单位为帕立方米每秒(Pa·m³/s);

I_v——内容器及氦气罩内施氦后仪器输出指示值,单位为伏(V)或帕立方米每秒(Pa·m³/s);

I——测试时系统本底,单位为伏(V)或帕立方米每秒(Pa·m³/s);

I_{sp}——打开标准漏孔阀后，检漏仪输出指示的稳定值，单位为伏(V)或帕立方米每秒($Pa \cdot m^3/s$)；

Q_{sp}——标准漏孔漏率，单位为帕立方米每秒($Pa \cdot m^3/s$)；

γ——内容器及氦气罩内氦气的体积百分浓度。

当仪器没有反应时，$Q_L < Q_{min}$。

8.4 系统有效最小可检漏率复验按式(4)计算：

$$Q_0 = \frac{\Delta M_n}{M_{sp} - M_0} Q_{sp} \quad \cdots\cdots\cdots\cdots\cdots\cdots (4)$$

式中：

Q_0——系统有效最小可检漏率，单位为帕立方米每秒($Pa \cdot m^3/s$)；

ΔM_n——系统本底噪声，单位为伏(V)或帕立方米每秒($Pa \cdot m^3/s$)；

M_{sp}——打开标准漏孔阀后，检漏仪输出指示的稳定值，单位为伏(V)或帕立方米每秒($Pa \cdot m^3/s$)；

M_0——测试结束时系统本底，单位为伏(V)或帕立方米每秒($Pa \cdot m^3/s$)；

Q_{sp}——标准漏孔漏率，单位为帕立方米每秒($Pa \cdot m^3/s$)。

9 试验记录与试验报告

9.1 试验记录格式参照附录A。

9.2 试验报告格式参照附录B。

附　录　A
(资料性附录)
漏率检测记录

漏率检测记录表格可参照表 A.1。

表 A.1　漏率检测记录

<table>
<tr><td colspan="2">试验日期</td><td></td><td>试验起止时间</td><td></td></tr>
<tr><td colspan="2">影响总漏率和测量的产品附件</td><td colspan="3"></td></tr>
<tr><td colspan="2">以上产品是否全部安装</td><td colspan="3"></td></tr>
<tr><td colspan="2">内胆几何容积
m³</td><td></td><td>夹层容积
m³</td><td></td></tr>
<tr><td colspan="2">内胆充入的氦气量
m³</td><td></td><td>内胆氦气浓度
%</td><td></td></tr>
<tr><td colspan="2">外壳氦气罩体积
m³</td><td></td><td>氦气罩内氦气浓度
%</td><td></td></tr>
<tr><td colspan="2">Q_{sp}校准标准漏孔漏率
Pa·m³/s</td><td></td><td>内外氦气平均浓度
%</td><td></td></tr>
<tr><td colspan="2">环境温度
℃</td><td></td><td>环境大气压
Pa</td><td></td></tr>
<tr><td rowspan="3">仪器可检状态</td><td>仪器本底噪声 ΔN_n</td><td></td><td rowspan="3">$Q_{min}=\dfrac{\Delta N_n}{N_{sp}-N_0}Q_{sp}$</td><td>仪器有效最小可检漏率</td></tr>
<tr><td>仪器本底 N_0</td><td></td><td rowspan="2"></td></tr>
<tr><td>仪器读数 N_{sp}</td><td></td></tr>
<tr><td rowspan="3">系统可检状态</td><td>系统本底噪声 ΔI_n</td><td></td><td rowspan="3">$Q_0=\dfrac{\Delta I_n}{I_{sp}-I_0}Q_{sp}$</td><td>系统有效最小可检漏率</td></tr>
<tr><td>系统本底 I_0</td><td></td><td rowspan="2"></td></tr>
<tr><td>仪器读数 I_{sp}</td><td></td></tr>
<tr><td rowspan="3">系统检测结果</td><td>氦气平均浓度 γ</td><td></td><td rowspan="3">$Q_L=\dfrac{I_v-I}{I_{sp}-I}Q_{sp}\dfrac{1}{\gamma}$</td><td>真空夹层漏率</td></tr>
<tr><td>系统本底 I</td><td></td><td rowspan="2"></td></tr>
<tr><td>仪器读数 I_v</td><td></td></tr>
<tr><td rowspan="3">系统状态复验</td><td>系统本底噪声 ΔM_n</td><td></td><td rowspan="3">$Q_0=\dfrac{\Delta M_n}{M_{sp}-M_0}Q_{sp}$</td><td>系统有效最小可检漏率(复验)</td></tr>
<tr><td>测试结束时系统本底 M_0</td><td></td><td rowspan="2"></td></tr>
<tr><td>仪器读数 M_{sp}</td><td></td></tr>
<tr><td colspan="3">试验后仪器情况</td><td colspan="2"></td></tr>
</table>

记录：__________　　　　　　　　核对：__________

附 录 B
(资料性附录)
漏率检测报告

漏率检测报告表格可参照表B.1。

表 B.1 漏率检测记录

报告编号：

<table>
<tr><td colspan="2">试验日期</td><td></td><td>环境温度
℃</td><td></td></tr>
<tr><td colspan="2">起止时间</td><td></td><td>大气压
kPa</td><td></td></tr>
<tr><td colspan="3">试验前仪器情况</td><td colspan="2"></td></tr>
<tr><td colspan="3">标准漏孔漏率
Pa·m³/s</td><td colspan="2"></td></tr>
<tr><td rowspan="3">仪器可检状态</td><td>仪器噪声 ΔN_n</td><td></td><td colspan="2">仪器最小可检漏率</td></tr>
<tr><td>仪器本底 N_0</td><td></td><td colspan="2" rowspan="2"></td></tr>
<tr><td>仪器标漏读数 N_{sp}</td><td></td></tr>
<tr><td rowspan="3">系统可检状态</td><td>本底噪声 ΔI_n</td><td></td><td colspan="2">有效最小可检漏率</td></tr>
<tr><td>系统本底 I_0</td><td></td><td colspan="2" rowspan="2"></td></tr>
<tr><td>Q_{sp} 输出读数 I_{sp}</td><td></td></tr>
<tr><td rowspan="3">系统检测结果</td><td>氦气平均浓度 γ</td><td></td><td colspan="2">真空夹层漏率</td></tr>
<tr><td>系统本底 I</td><td></td><td colspan="2" rowspan="2"></td></tr>
<tr><td>输出读数 I_v</td><td></td></tr>
<tr><td rowspan="3">系统状态复验</td><td>本底噪声 ΔM_n</td><td></td><td colspan="2">有效最小可检漏率
(复测)</td></tr>
<tr><td>测试结束时系统本底 M_0</td><td></td><td colspan="2" rowspan="2"></td></tr>
<tr><td>Q_{sp} 输出读数 M_{sp}</td><td></td></tr>
<tr><td colspan="3">试验后仪器情况</td><td colspan="2"></td></tr>
</table>

编制：________　　核对：________　　审核：________

ICS 23.020
J 74

中华人民共和国国家标准

GB/T 18443.4—2010
代替 GB/T 18443.4—2001

真空绝热深冷设备性能试验方法 第4部分：漏放气速率测量

Testing method of performance for vacuum insulation cryogenic equipment—Part 4: Leak-outgassing rate measurement

2010-09-26 发布 2011-02-01 实施

中华人民共和国国家质量监督检验检疫总局
中国国家标准化管理委员会 发布

前　言

GB/T 18443《真空绝热深冷设备性能试验方法》分为 8 个部分：

——第 1 部分：基本要求；

——第 2 部分：真空度测量；

——第 3 部分：漏率测量；

——第 4 部分：漏放气速率测量；

——第 5 部分：静态蒸发率测量；

——第 6 部分：漏热量测量；

——第 7 部分：维持时间测量；

——第 8 部分：容积测量。

本部分为 GB/T 18443 的第 4 部分。

本部分代替 GB/T 18443.4—2001《低温绝热压力容器试验方法　漏放气速率测量》。

本部分与 GB/T 18443.4—2001 相比，主要变化如下：

——适用范围由低温绝热压力容器扩大为真空绝热深冷压力容器、真空绝热深冷焊接气瓶和真空绝热管及其管件等真空绝热深冷设备的漏放气速率测量；

——增加、修改了一些术语和定义；

——增加了试验持续时间的要求；

——增加了间接测量法 2；

——增加了试验记录和试验报告的格式。

本部分的附录 A 和附录 B 为资料性附录。

本部分由全国锅炉压力容器标准化技术委员会(SAC/TC 262)提出并归口。

本部分起草单位：上海市特种设备监督检验技术研究院、上海市气体工业协会、航天晨光股份有限公司、上海交通大学、国家低温容器质量监督检验中心、上海华谊集团装备工程有限公司、中国特种设备检测研究院。

本部分主要起草人：王芳、周伟明、罗晓明、汪荣顺、舒文华、寿比南、薛季爱、陈光奇、顾福明、施锋萍、魏勇彪、薛小龙、王为国。

本部分所代替标准的历次版本发布情况为：

——GB/T 18443.4—2001。

真空绝热深冷设备性能试验方法
第4部分:漏放气速率测量

1 范围

GB/T 18443的本部分规定了真空绝热深冷设备夹层漏放气速率测量的试验原理与方法、试验装置、设备和仪器、试验条件与试验准备、试验步骤、数据处理和试验记录与试验报告等要求。

本部分适用于除储运液氢介质以外的真空绝热深冷压力容器、真空绝热深冷焊接气瓶、真空绝热管及其管件等真空绝热深冷设备夹层漏放气速率的测量,其他设备可参照执行。

2 规范性引用文件

下列文件中的条款通过GB/T 18443的本部分的引用而成为本部分的条款。凡是注日期的引用文件,其随后所有的修改单(不包括勘误的内容)或修订版均不适用于本部分,然而,鼓励根据本部分达成协议的各方研究是否可使用这些文件的最新版本。凡是不注日期的引用文件,其最新版本适用于本部分。

GB/T 18443.1—2010 真空绝热深冷设备性能试验方法 第1部分:基本要求

GB/T 18443.2 真空绝热深冷设备性能试验方法 第2部分:真空度测量

GB/T 18443.3 真空绝热深冷设备性能试验方法 第3部分:漏率测量

3 术语和定义

GB/T 18443.1—2010、GB/T 18443.2和GB/T 18443.3确立的以及下列术语和定义适用于本部分。

3.1

解吸 desorption

被材料吸附的气体或蒸气的释放现象。释放可以是自然的,也可采用物理方法加速。

3.2

放气 outgassing

气体从材料中自然的解吸。

3.3

放气速率 outgassing rate

常温状态下,单位时间内真空夹层中各种材料所有表面解吸的气体量,单位为帕立方米每秒($Pa \cdot m^3/s$)。

3.4

漏放气速率 leak-outgassing rate

真空夹层内总的漏率和放气速率之和,单位为帕立方米每秒($Pa \cdot m^3/s$)。

4 试验原理与方法

4.1 通过测量常温下一定时间间隔内静态夹层真空度的变化值,计算漏放气速率值。

4.2 真空夹层的漏放气速率测量分为直接测量法和间接测量法。

4.3 当被检件夹层上安装有真空规管,可采用直接测量法,其试验装置原理图见图1。

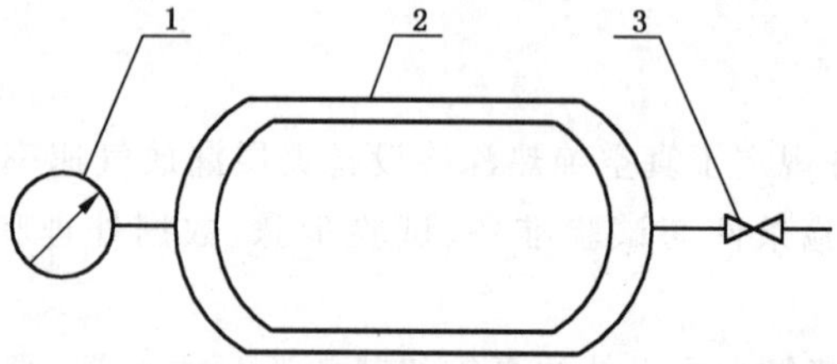

1——真空规管;

2——被检件;

3——被检件真空阀。

图1 直接测量法试验原理图

4.4 当被检件夹层上未安装真空规管,可采用间接测量法,其试验装置原理图见图2。

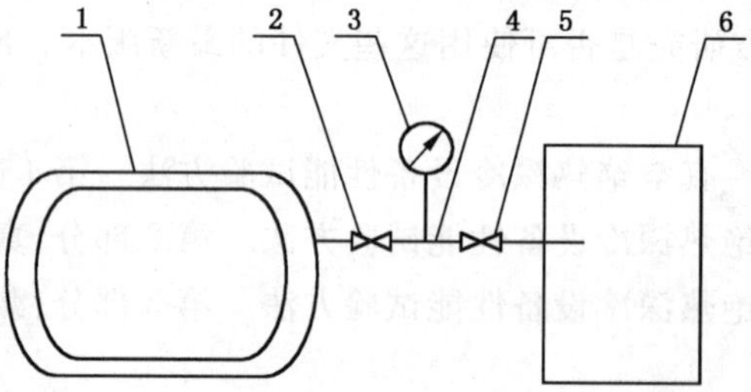

1——被检件;

2——被检件真空阀;

3——真空规管;

4——测量管路;

5——抽气系统真空阀;

6——真空机组。

图2 间接测量法试验原理图

5 试验装置、设备和仪器

试验装置、设备和仪器应符合 GB/T 18443.1 中 4.2 的规定。

6 试验条件与试验准备

试验条件与试验准备应符合 GB/T 18443.1 的规定。当采用间接测量法还应符合以下要求:

a) 应对测量管路进行除气、抽空处理;

b) 真空机组应对测量管路进行抽空,其本底真空度应优于 1×10^{-2} Pa,且优于被检件夹层真空度一个数量级；

c) 采用间接测量法时，应先对测量管路进行漏放气速率测量，测量管路的漏放气速率值应小于1×10^{-8} Pa·m³/s；

d) 真空规管在试验开始前15 min内不应进行“除气”。

7 试验步骤

7.1 直接测量法

7.1.1 被检件真空阀处于关闭状态，内胆和外壳接近环境温度，且夹层压力相对稳定后，测量夹层初始真空度，同时开始记录数据。

7.1.2 试验持续时间不小于2 h且不超过72 h，测量静置后的真空度。

7.1.3 记录真空度$P_1(t)$的时间间隔应不大于2 h。

7.2 间接测量法

7.2.1 间接测量法1

7.2.1.1 关闭被检件真空阀和抽气系统真空阀，记录测量管路的本底真空度，然后打开被检件真空阀，观察测量管路真空度的变化，压力平衡后，记录稳定后的连通空间初始真空度和时间。

7.2.1.2 试验持续时间不小于2 h且不超过72 h，以时间间隔不大于10 min记录连通空间真空度$P_2(t)$随时间的变化过程。

7.2.1.3 关闭被检件真空阀和抽气系统真空阀，用直接测量法测定测量管路的漏放气速率，以时间间隔不大于10 min记录测量管路真空度$P_3(t)$随时间的变化过程。

7.2.1.4 测量完成后打开被检件真空阀和抽气系统真空阀，重新对被检件抽空至原真空度。

7.2.2 间接测量法2

7.2.2.1 关闭被检件真空阀和抽气系统真空阀，记录测量管路的本底真空度，然后打开被检件真空阀，观察测量管路真空度的变化，待压力平衡后，记录稳定后的连通空间初始真空度P_1，P_1即被检件夹层空间初始真空度P_1'；关闭被检件真空阀，同时记录时间。

7.2.2.2 试验持续时间应不小于2 h且不超过72 h，关闭抽气系统真空阀，记录管路本底真空度P_0，打开被检件真空阀，观察测量管路真空度的变化。观察2 min后，待夹层空间与测量管路空间压力平衡，记录稳定后连通空间的真空度P_2。

7.2.2.3 测量完成后打开被检件真空阀和抽气系统真空阀，重新对被检件抽空至原真空度。

8 数据处理

8.1 直接测量法测漏放气速率时，按式(1)计算：

$$Q=\frac{\Delta P_1(t)}{\Delta t}VK \qquad \cdots\cdots(1)$$

式中：

Q——被检件真空夹层的漏放气速率，单位为帕立方米每秒(Pa·m³/s)；

$\frac{\Delta P_1(t)}{\Delta t}$——夹层空间真空度变化率，单位为帕每秒(Pa/s)；即夹层空间真空度变化量$\Delta P_1(t)$

与产生该变化所需时间 Δt 的比值,$\Delta P_1(t)$取测试记录时间内的后 1/3 时间段内的变化量;

V——被检件真空夹层几何容积,单位为立方米(m^3);

K——夹层容积的修正系数,真空绝热 $K=1$,真空多层绝热 $K=0.9$,真空粉末绝热 $K=0.6$。

8.2 间接测量法 1 测漏放气速率时,按式(2)计算:

$$Q=\frac{\Delta P_2(t)}{\Delta t}(V_0+KV)-\frac{\Delta P_3(t)}{\Delta t}V_0 \quad\cdots\cdots(2)$$

式中:

Q——被检件真空夹层的漏放气速率,单位为帕立方米每秒($Pa\cdot m^3/s$);

$\frac{\Delta P_2(t)}{\Delta t}$——连通空间真空度变化率,单位为帕每秒(Pa/s);即连通空间真空度变化量 $\Delta P_2(t)$ 与产生该变化所需时间 Δt 的比值,$\Delta P_2(t)$取测试记录时间内的后 1/3 时间段内的变化量。

V_0——测量管路的几何容积,单位为立方米(m^3);

K——夹层容积的修正系数,真空绝热 $K=1$,真空多层绝热 $K=0.9$,真空粉末绝热 $K=0.6$;

V——被检件真空夹层几何容积,单位为立方米(m^3);

$\frac{\Delta P_3(t)}{\Delta t}$——测量管路真空度变化率,单位为帕每秒(Pa/s);即测量管路真空度变化量 $\Delta P_3(t)$ 与产生该变化所需时间 Δt 的比值,$\Delta P_3(t)$取测试记录时间内的后 1/3 时间段内的变化量。

8.3 间接测量法 2 测漏放气速率时,按如下公式计算

8.3.1 静置时间间隔 t 后的夹层真空度值按式(3)计算:

$$P_2{}'=P_2+(P_2-P_0)\frac{V_0}{V} \quad\cdots\cdots(3)$$

式中:

$P_2{}'$——静置时间间隔 t 后的夹层真空度,单位为帕(Pa);

P_2——静置时间间隔 t 后,连通空间的真空度,单位为帕(Pa);

P_0——静置时间间隔 t 后,管路本底真空度,单位为帕(Pa);

V_0——测量管路的几何容积,单位为立方米(m^3);

V——被检件真空夹层几何容积,单位为立方米(m^3)。

8.3.2 被检件真空夹层的漏放气速率按式(4)计算。

$$Q=\frac{P_2{}'-P_1{}'}{t}VK \quad\cdots\cdots(4)$$

式中:

Q——被检件真空夹层的漏放气速率,单位为帕立方米每秒($Pa\cdot m^3/s$);

$P_1{}'$——夹层空间初始真空度,单位为帕(Pa);

$P_2{}'$——静置时间间隔 t 后夹层真空度,单位为帕(Pa);

V——被检件真空夹层几何容积,单位为立方米(m^3);

K——夹层容积的修正系数,真空绝热 $K=1$,真空多层绝热 $K=0.9$,真空粉末绝热 $K=0.6$;

t——静置时间,单位为秒(s)。

9 试验记录与试验报告

9.1 试验记录格式可参照附录 A。

9.2 试验报告格式可参照附录 B。

附 录 A
(资料性附录)
漏放气速率检测记录(直接法)

直接法测量漏放气速率检测记录表格可参照表 A.1。

表 A.1 漏放气速率检测记录(直接法)

<table>
<tr><td>产品编号</td><td></td><td>产品型号</td><td></td><td>产品名称</td><td></td></tr>
<tr><td>真空计型号</td><td></td><td>真空计编号</td><td></td><td>真空机组编号</td><td></td></tr>
<tr><td>真空夹层几何容积
m³</td><td colspan="2"></td><td>绝热方式</td><td colspan="2"></td></tr>
<tr><td>序号</td><td>时间</td><td colspan="2">真空计度数 P_1
Pa</td><td>环境温度
℃</td><td>记录人</td></tr>
<tr><td>1</td><td></td><td colspan="2"></td><td></td><td></td></tr>
<tr><td>2</td><td></td><td colspan="2"></td><td></td><td></td></tr>
<tr><td>3</td><td></td><td colspan="2"></td><td></td><td></td></tr>
<tr><td>4</td><td></td><td colspan="2"></td><td></td><td></td></tr>
<tr><td>5</td><td></td><td colspan="2"></td><td></td><td></td></tr>
<tr><td>6</td><td></td><td colspan="2"></td><td></td><td></td></tr>
<tr><td>7</td><td></td><td colspan="2"></td><td></td><td></td></tr>
<tr><td>8</td><td></td><td colspan="2"></td><td></td><td></td></tr>
<tr><td>9</td><td></td><td colspan="2"></td><td></td><td></td></tr>
<tr><td>10</td><td></td><td colspan="2"></td><td></td><td></td></tr>
<tr><td>11</td><td></td><td colspan="2"></td><td></td><td></td></tr>
<tr><td>12</td><td></td><td colspan="2"></td><td></td><td></td></tr>
<tr><td>备注</td><td colspan="5"></td></tr>
</table>

记录:__________ 核对:__________

间接法1测量漏放气速率检测记录表格可参照表A.2。

表A.2　漏放气速率检测记录(间接法1)

产品编号		产品型号		产品名称	
真空计型号		真空计编号		真空机组编号	
真空夹层几何容积 m^3		测量管路几何容积 m^3		绝热方式	
序号	时间	连通空间真空度 P_2 Pa	管路真空度 P_3 Pa	环境温度 ℃	记录人
1					
2					
3					
4					
5					
6					
7					
8					
9					
10					
11					
12					
备注					

记录：__________　　　　　　　　核对：__________

间接法2测量漏放气速率检测记录表格可参照表A.3。

表A.3　漏放气速率检测记录(间接法2)

产品编号		产品型号		产品名称	
真空计型号		真空计编号		真空机组编号	
真空夹层几何容积 m^3		测量管路几何容积 m^3		绝热方式	
序号	时间	真空计度数 Pa		环境温度 ℃	记录人
1		连通空间初始真空度 P_1 Pa			
2		管路本底真空度 P_0 Pa			
3		连通空间的真空度 P_2 Pa			
备注					

记录：__________　　　　　　　　核对：__________

附　录　B
（资料性附录）
漏放气速率检测报告

漏放气速率检测报告格式可参照表 B.1。

表 B.1　漏放气速率检测报告

报告编号：

试验日期		环境温度 ℃	
起止时间		大气压 kPa	
真空夹层几何容积 m^3		试验前仪器情况	
开始时真空夹层真空度 Pa		结束时真空夹层真空度 Pa	
内容器温度 ℃		试验后仪器情况	
真空夹层漏放气速率 $Pa \cdot m^3/s$			
备注			

编制：＿＿＿＿＿　　核对：＿＿＿＿＿　　审核：＿＿＿＿＿

ICS 23.020
J 74

中华人民共和国国家标准

GB/T 18443.5—2010
代替 GB/T 18443.5—2001

真空绝热深冷设备性能试验方法 第5部分:静态蒸发率测量

Testing method of performance for vacuum insulation cryogenic equipment—Part 5:Static evaporation rate measurement

2010-09-26 发布

2011-02-01 实施

中华人民共和国国家质量监督检验检疫总局
中国国家标准化管理委员会 发布

前　言

GB/T 18443《真空绝热深冷设备性能试验方法》分为8个部分：

——第1部分：基本要求；

——第2部分：真空度测量；

——第3部分：漏率测量；

——第4部分：漏放气速率测量；

——第5部分：静态蒸发率测量；

——第6部分：漏热量测量；

——第7部分：维持时间测量；

——第8部分：容积测量。

本部分为GB/T 18443的第5部分。

本部分代替GB/T 18443.5—2001《低温绝热压力容器试验方法　静态蒸发率测量》。

本部分与GB/T 18443.5—2001相比主要变化如下：

——适用范围由低温绝热压力容器的静态蒸发率测量，扩大为真空绝热深冷压力容器、真空绝热深冷气瓶和真空绝热管及其管件等真空绝热深冷设备的静态蒸发率测量；

——增加了术语和定义；

——静态蒸发率的环境温度修正由统一的导热修正更改为由导热和辐射的双重的修正，提高了合理性；

——增加了试验记录格式要求；

——增加资料性附录B。

本部分的附录A、附录B、附录C和附录D均为资料性附录。

本部分由全国锅炉压力容器标准化技术委员会(SAC/TC 262)提出并归口。

本部分起草单位：上海市特种设备监督检验技术研究院、上海市气体工业协会、上海交通大学、张家港中集圣达因低温装备有限公司、山东商业职业技术学院、上海华谊集团装备工程有限公司、中国特种设备检测研究院。

本部分起草人：薛季爱、周伟明、汪荣顺、唐家雄、魏蔚、罗晓明、舒文华、寿比南、薛小龙、施锋萍、魏勇彪、顾福明、王为国。

本部分所代替标准的历次版本发布情况为：

——GB/T 18443.5—2001。

真空绝热深冷设备性能试验方法
第5部分:静态蒸发率测量

1 范围

GB/T 18443的本部分规定了真空绝热深冷设备静态蒸发率测量的试验原理与方法、试验装置、设备和仪器、试验条件与试验准备、试验步骤、数据处理和试验记录与试验报告等要求。

本部分适用于除储运液氢介质以外的真空绝热深冷压力容器、真空绝热深冷气瓶等真空绝热深冷设备静态蒸发率的测量,其他可参照执行。

2 规范性引用文件

下列文件中的条款通过GB/T 18443的本部分的引用而成为本部分的条款。凡是注日期的引用文件,其随后所有的修改单(不包括勘误的内容)或修订版均不适用于本部分,然而,鼓励根据本部分达成协议的各方研究是否可使用这些文件的最新版本。凡是不注日期的引用文件,其最新版本适用于本部分。

GB/T 18443.1 真空绝热深冷设备性能试验方法 第1部分:基本要求

GB/T 18443.2 真空绝热深冷设备性能试验方法 第2部分:真空度测量

GB/T 18443.3 真空绝热深冷设备性能试验方法 第3部分:漏率测量

GB/T 18443.4 真空绝热深冷设备性能试验方法 第4部分:漏放气速率测量

3 术语和定义

GB/T 18443.1～GB/T 18443.4确立的以及下列术语和定义适用于本部分。

3.1

测试蒸发率 percentage loss of product per day

深冷储运设备在额定充满率下,静置达到热平衡后,24 h内自然蒸发损失的深冷液体质量与内容器有效容积下深冷液体质量的百分比,单位为百分比每天(%/d)。

4 试验原理与方法

4.1 试验原理

利用体积流量计或质量流量计测量单位时间内深冷液体的自然蒸发量,或利用称重法测量单位时间内的深冷液体的损失量。

4.2 试验方法

4.2.1 采用湿式气体流量计测量单位时间内被检件中液体蒸发后通过流量计的气体流量,通过测出的气体流量计算测试蒸发率和静态蒸发率,试验装置原理图见图1。

4.2.2 采用气体质量流量计测量单位时间内被检件中液体蒸发后通过质量流量计的气体质量流量,通过测出的气体质量流量计算测试蒸发率和静态蒸发率,试验装置原理图见图2。

4.2.3 当被检件有效容积不大于5 m^3时,允许采用称重法测量。采用称重法测量时,被检件充至额定的充装量后，将被检件置于衡器上，通过衡器测量真空绝热深冷设备中深冷液体蒸发的质量，利用称重测量的蒸发量计算测试蒸发率和静态蒸发率。

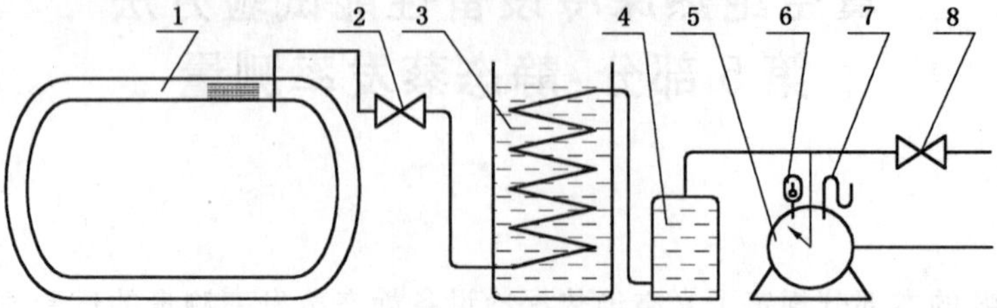

1——被检件；
2——放空管阀；
3——升温器；
4——增湿器；
5——湿式气体流量计；
6——温度计；
7——U 型差压计；
8——旁通阀。

图 1　湿式气体流量计法试验装置原理图

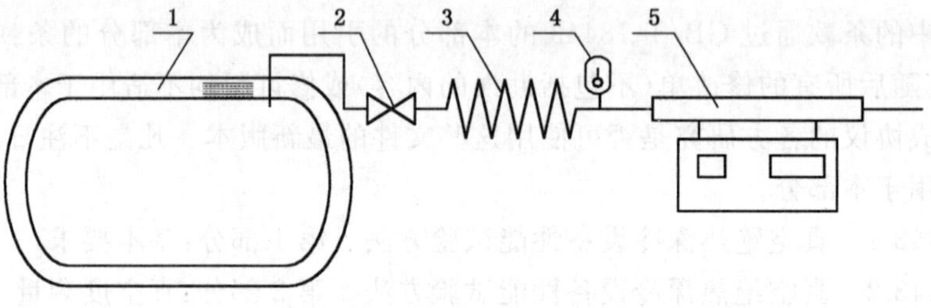

1——被检件；
2——放空管阀；
3——升温器；
4——温度计；
5——气体质量流量计。

图 2　气体质量流量计法试验装置原理图

5　试验装置、设备和仪器

5.1　试验装置、设备和仪器要求应符合 GB/T 18443.1 中 4.2 的规定，且还应满足以下要求：

a)　当流量计的量程小于等于 5 L/min 时，精度需达到 0.5%；当量程大于 5 L/min 时，精度需达到 1.0%；

b)　流量计的额定流量应与被检件蒸发的气体流量相适应；

c)　应有环境温度、环境压力及流量计进口温度和压力测量装置；

d)　称重法使用的衡器最大称量应在被检件满载质量的 1.2～2.0 倍之间，其精度应满足下列要求：

——衡器最大称量为 $5T \leqslant t < 10T$ 时，其允许偏差不超过 1 kg；

——衡器最大称量为 $3T \leqslant t < 5T$ 时，其允许偏差不超过 0.5 kg；

——衡器最大称量为 $1T \leqslant t < 3T$ 时，其允许偏差不超过 0.2 kg；

——衡器最大称量为 $t < 1T$ 时，其允许偏差不超过 0.1 kg。

6　试验条件与试验准备

试验条件与试验准备应符合 GB/T 18443.1 的规定。

7 试验步骤

7.1 流量计法

7.1.1 一般采用液氮作为试验介质。

7.1.2 测量时深冷液体充满率应为额定充满率。

7.1.3 充液结束后应至少静置 48 h。静置期间应打开真空绝热深冷设备的放空阀。

7.1.4 当内胆表压力接近为零时放空管路中接入流量计。流量计接入后除了放空阀打开外，其他被检件的阀门均处于关闭状态。

7.1.5 蒸发气体的流量稳定后，且应不大于 1 h 的时间间隔采集、记录流量计示值、环境温度、大气压力、流量计入口温度和压力，且记录数据的时间应为 24 h。

7.1.6 计算被检件静态蒸发率，并应与此前 24 h 的静态蒸发率对比。当静态蒸发率的变化范围小于 5%时，则记录的数据有效；当静态蒸发率的变化范围大于 5%时，允许重新记录数据一次，重新记录时间应不少于为 24 h，且该数据为最终记录数据。

7.2 称重法

7.2.1 除特殊要求外，测试介质应为液氮。

7.2.2 测量时深冷液体充满率应为额定充满率。

7.2.3 充液结束后应静置 48 h 开始记录数据。静置期间应打开真空绝热深冷设备的放空阀。

7.2.4 当内胆表压力接近为零时，除了放空阀打开外，其他被检件的阀门均处于关闭状态，同时记录称量衡器上的初始数据。

7.2.5 记录时间间隔为 24 h 和 48 h 时的称量衡器上的数据。

8 数据处理

8.1 测试蒸发率 α_0

8.1.1 采用湿式气体流量计测量时，测试蒸发率 α_0 按式(1)计算：

$$\alpha_0 = \frac{q_v \psi \rho_g}{\rho_1 V} \times \frac{273.15}{T} \times \frac{P}{0.101\ 325} \times 100\% \quad \cdots\cdots\cdots(1)$$

式中：

α_0——测试蒸发率，单位为百分比每天(%/d)；

q_v——蒸发气体体积流量日平均值，单位为立方米每天(m^3/d)；

ψ——流量计的校正系数，标定时的给定值；

ρ_g——标准大气压(101.325 kPa)、273.15 K 下气体密度，单位为千克每立方米(kg/m^3)；

ρ_1——标准大气压(101.325 kPa)下饱和液体的密度，单位为千克每立方米(kg/m^3)；

V——被检件的有效容积，单位为立方米(m^3)；

T——流量计入口日平均温度，单位为开尔文(K)；

P——流量计入口日平均压力，单位为兆帕(MPa)。

8.1.2 采用气体质量流量计测量时，测试蒸发率 α_0 按式(2)计算：

$$\alpha_0 = \frac{q_m \psi}{\rho_1 V} \times 100\% \quad \cdots\cdots\cdots(2)$$

式中：

α_0——测试蒸发率，单位为百分比每天(%/d)；

q_m——蒸发气体质量流量日平均值，单位为千克每天(kg/d)；

ψ——流量计的校正系数，标定时的给定值；

ρ_1——标准大气压(101.325 kPa)下饱和液体的密度，单位为千克每立方米(kg/m³)；

V——被检件的有效容积，单位为立方米(m³)。

8.1.3 采用称重法测量时，测试蒸发率 α_0 按式(3)计算：

$$\alpha_0 = \frac{q_g}{\rho_1 V} \times 100\% \qquad \cdots\cdots (3)$$

式中：

α_0——测试蒸发率，单位为百分比每天(%/d)；

q_g——24 h 内蒸发的气体质量，单位为千克每天(kg/d)；

ρ_1——标准大气压(101.325 kPa)下饱和液体的密度，单位为千克每立方米(kg/m³)；

V——被检件的有效容积，单位为立方米(m³)。

8.2 静态蒸发率计算

8.2.1 高真空多层绝热静态蒸发率 α_{20} 按式(4)计算：

$$\alpha_{20} = \alpha_0 \frac{h}{h_{fg}} \left(0.7 \times \frac{293.15 - T_s}{T_1 - T_2} + 0.3 \times \frac{293.15^4 - T_s^{\ 4}}{T_1^{\ 4} - T_2^{\ 4}}\right) \qquad \cdots\cdots (4)$$

式中：

α_{20}——静态蒸发率，单位为百分比每天(%/d)；

α_0——测试蒸发率，单位为百分比每天(%/d)；

h——试验环境压力下饱和液体的汽化潜热，单位为千焦耳每千克(kJ/kg)；

h_{fg}——标准大气压(101.325 kPa)下饱和液体的汽化潜热，单位为千焦耳每千克(kJ/kg)；

T_s——标准大气压(101.325 kPa)下饱和液体的温度，单位为开尔文(K)；

T_1——试验时日平均环境温度，单位为开尔文(K)；

T_2——试验时被检件内日平均压力对应的深冷液体饱和温度，单位为开尔文(K)。

8.2.2 粉末或纤维真空绝热静态蒸发率 α_{20} 按式(5)计算：

$$\alpha_{20} = \alpha_0 \frac{h}{h_{fg}} \times \frac{293.15 - T_s}{T_1 - T_2} \qquad \cdots\cdots (5)$$

式中：

α_{20}——静态蒸发率，单位为百分比每天(%/d)；

α_0——测试蒸发率，单位为百分比每天(%/d)；

h——试验环境压力下饱和液体的汽化潜热，单位为千焦耳每千克(kJ/kg)；

h_{fg}——标准大气压(101.325 kPa)下饱和液体的汽化潜热，单位为千焦耳每千克(kJ/kg)；

T_s——标准大气压(101.325 kPa)下饱和液体的温度，单位为开尔文(K)；

T_1——试验时日平均环境温度，单位为开尔文(K)；

T_2——试验时被检件内日平均压力对应的深冷液体饱和温度，单位为开尔文(K)。

8.2.3 高真空绝热静态蒸发率 α_{20} 按式(6)计算：

$$\alpha_{20} = \alpha_0 \frac{h}{h_{fg}} \times \frac{293.15^4 - T_s^{\ 4}}{T_1^{\ 4} - T_2^{\ 4}} \qquad \cdots\cdots (6)$$

式中：

α_{20}——静态蒸发率,单位为百分比每天(%/d)；

α_0——测试蒸发率,单位为百分比每天(%/d)；

h——试验环境压力下饱和液体的汽化潜热,单位为千焦耳每千克(kJ/kg)；

h_{fg}——标准大气压(101.325 kPa)下饱和液体的汽化潜热,单位为千焦耳每千克(kJ/kg)；

T_s——标准大气压(101.325 kPa)下饱和液体的温度,单位为开尔文(K)；

T_1——试验时日平均环境温度,单位为开尔文(K)；

T_2——试验时被检件内日平均压力对应的深冷液体饱和温度,单位为开尔文(K)。

9 试验记录与试验报告

9.1 试验记录格式可参照附录 A 和附录 B,物性数据参照附录 C。

9.2 试验报告格式可参照附录 D。

附 录 A
(资料性附录)
静态蒸发率检测记录(流量计法)

流量法测静态蒸发率的检测记录格式可参照表 A.1。

表 A.1 静态蒸发率检测记录(流量计法)

真空绝热深冷设备编号			温度计型号与编号		
检测日期			检测地点		
大气压计型号与编号			流量计型号与编号		
充液结束日期和时间					
时　　间	流量计读数	大气压 MPa	环境温度 ℃	流量计入口温度 ℃	流量计入口压力 Pa

记录：______________________　　　　核对：______________________

附　录　B
(资料性附录)
静态蒸发率检测记录(称重法)

称重法测静态蒸发率的检测记录格式可参照表 B.1。

表 B.1　静态蒸发率检测记录(称重法)

真空绝热深冷设备编号		衡器型号与编号	
检测日期		环境温度计型号与编号	
检测地点		大气压计型号与编号	

时　　间	衡器读数	大气压 MPa	环境温度 ℃
充液结束时间			
静置 48 h			
测量 24 h			
测量 48 h			

记录:______________________________　　核对:______________________________

附　录　C
（资料性附录）
氮的物性数据

氮的物性数据可参照表 C.1。

表 C.1　氮的物性数据

介质	标准大气压力(101.325 kPa)			
	饱和液体密度 ρ_1 kg/m³	饱和液体气化潜热 h kJ/kg	273.15 K 下气体密度 ρ_g kg/m³	饱和温度 K
氮	807.3	199.3	1.255 5	77.36

附　录　D
(资料性附录)
静态蒸发率检测报告

静态蒸发率检测报告格式可参照表 D.1。

表 D.1　静态蒸发率检测报告　　报告编号:

试验起止日期和时间		试验前仪器情况	
试验介质		充液结束日期和时间	
充满率			
试验计算开始时间		试验结束时间	
平均环境温度 ℃		平均大气压 kPa	
内容器有效容积 m^3		试验后仪器情况	
平均蒸发量 kg/d 或 m^3/d		静态蒸发率 %/d	
备　　注			

编制:＿＿＿＿＿＿＿＿　　核对:＿＿＿＿＿＿＿＿　　审核:＿＿＿＿＿＿＿＿

ICS 23.020
J 74

中华人民共和国国家标准

GB/T 18443.6—2010

真空绝热深冷设备性能试验方法 第6部分：漏热量测量

Testing method of performance for vacuum insulation cryogenic equipment—Part 6: Heat-leak rate measurement

2010-09-26 发布 2011-02-01 实施

中华人民共和国国家质量监督检验检疫总局
中国国家标准化管理委员会 发布

前　言

GB/T 18443《真空绝热深冷设备性能试验方法》分为 8 个部分：

——第 1 部分：基本要求；

——第 2 部分：真空度测量；

——第 3 部分：漏率测量；

——第 4 部分：漏放气速率测量；

——第 5 部分：静态蒸发率测量；

——第 6 部分：漏热量测量；

——第 7 部分：维持时间测量；

——第 8 部分：容积测量。

本部分为 GB/T 18443 的第 6 部分。

本部分的附录 A、附录 B 和附录 C 均为资料性附录。

本部分由全国锅炉压力容器标准化技术委员会(SAC/TC 262)提出并归口。

本部分起草单位：上海市特种设备监督检验技术研究院、上海市气体工业协会、上海交通大学、查特深冷工程系统(常州)有限公司、山东商业职业技术学院、四川空分设备(集团)有限责任公司、南京航天晨光股份有限公司、上海华谊集团装备工程有限公司、中国特种设备检测研究院。

本部分起草人：汪荣顺、周伟明、徐惠新、舒文华、罗晓明、寿比南、薛季爱、魏蔚、易希朗、王芳、薛小龙、施锋萍、魏勇彪、顾福明、王为国。

本部分为首次发布。

真空绝热深冷设备性能试验方法
第6部分:漏热量测量

1 范围

GB/T 18443 的本部分规定了真空绝热深冷设备漏热量测量的试验原理与方法、试验装置、设备和仪器、试验条件与试验准备、试验步骤、数据处理和试验记录与试验报告等要求。

本部分适用于除储运液氢介质以外的真空绝热深冷压力容器、真空绝热深冷焊接气瓶、真空绝热管及其管件等真空绝热深冷设备的漏热量测量,其他设备可参照执行。

流量计测量法适用于真空绝热深冷压力容器、真空绝热深冷焊接气瓶等真空绝热深冷设备的漏热量测量,表面温度测量法适用于真空绝热管及其管件的漏热量测量。

2 规范性引用文件

下列文件中的条款通过 GB/T 18443 的本部分的引用而成为本部分的条款。凡是注日期的引用文件,其随后所有的修改单(不包括勘误的内容)或修订版均不适用于本部分,然而,鼓励根据本部分达成协议的各方研究是否可使用这些文件的最新版本。凡是不注日期的引用文件,其最新版本适用于本部分。

GB/T 18443.1—2010 真空绝热深冷设备性能试验方法 第1部分:基本要求

GB/T 18443.2 真空绝热深冷设备性能试验方法 第2部分:真空度测量

GB/T 18443.3 真空绝热深冷设备性能试验方法 第3部分:漏率测量

GB/T 18443.4 真空绝热深冷设备性能试验方法 第4部分:漏放气速率测量

GB/T 18443.5—2010 真空绝热深冷设备性能试验方法 第5部分:静态蒸发率测量

3 术语和定义

GB/T 18443.1~GB/T 18443.5 确立的以及下列术语和定义适用于本部分。

3.1

漏热量 heat-leak rate

单位时间内从周围环境传递到真空绝热深冷设备储存介质的热量,单位为瓦(W)。

3.2

测试漏热量 test heat-leak rate

真空绝热深冷设备充分冷却,达到热平衡后,单位时间内从周围环境传递到真空绝热深冷设备储存介质的热量,单位为瓦(W)。

3.3

标准环境状态下漏热量 heat-leak rate of standard ambient condition

测试漏热量换算为标准环境状态下的漏热量值,单位为瓦(W)。

4 试验原理与方法

4.1 流量计测量法

试验原理、方法和装置符合 GB/T 18443.5—2010 中 4.2.1 和 4.2.2 的规定。

4.2 表面温度测量法

4.2.1 试验原理与方法

通过测量真空绝热管的外表面温度及对应的环境温度,按大空间自然对流计算漏入真空绝热管的漏热量,按测得的接头空气侧温度与液体温度的差值计算接头的导热漏热量,或建立接头的有限元传热模型求解接头的漏热量。试验装置原理图见图 1。

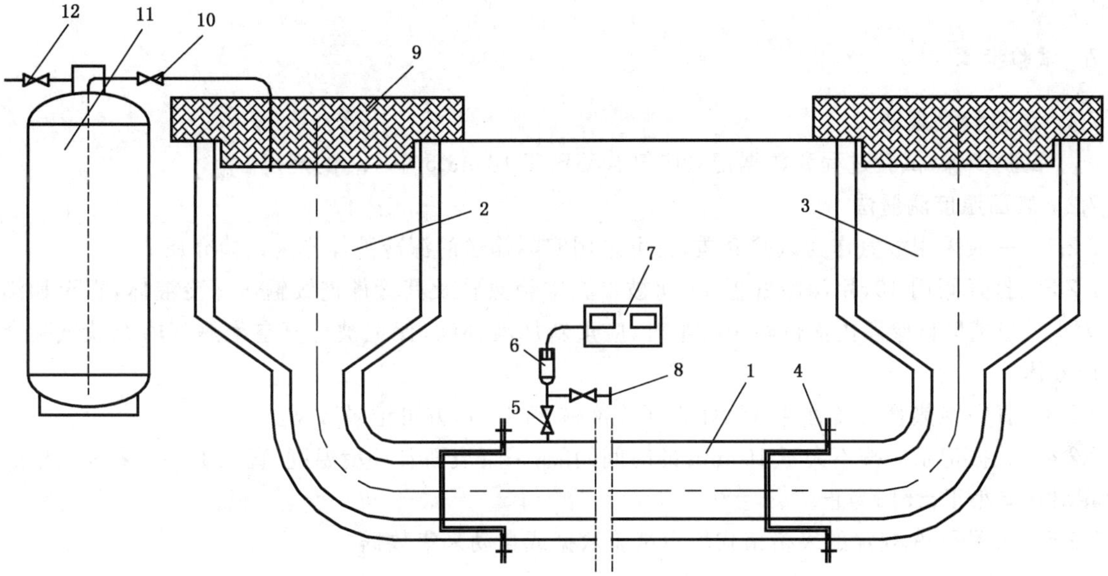

1——检测漏热量的试验管;
2、3——辅助试验段;
4——连接法兰(KF 或 CF);
5——真空阀;
6——高真空规管;
7——真空计;
8——带接口的真空阀(接检漏仪与真空机组);
9——保温板;
10——加液阀;
11——深冷液体容器;
12——放空阀。

图 1 表面温度法测量装置原理图

4.2.2 当采用易燃介质测量真空绝热管及其管件的漏热量时应有安全措施,否则不应使用表面温度法。

5 试验装置、设备和仪器

5.1 试验装置由检测漏热量的试验管、辅助试验段、连接法兰(KF 或 CF)、真空阀、高真空规管、真空计、带接口的真空阀(接检漏仪与真空机组)、保温板、加液阀、深冷液体容器、放空阀、热电偶或铂电阻温度计、数据采集仪等组成。

5.2 试验装置、设备和仪器应符合 GB/T 18443.1—2010 中 4.2 的规定,且还应满足以下要求:

a) 当流量计的量程小于或等于 5 L/min 时,精度应达到 0.5%;量程大于 5 L/min 时,精度应达到1.0%；

b) 流量计的额定流量应与被检深冷绝热管蒸发的气体流量相适应；

c) 应有环境温度、环境大气压力及流量计进口温度和压力测量装置。

6 试验条件与试验准备

6.1 试验条件与试验准备应符合 GB/T 18443.1 的规定。

6.2 采用表面温度法测量时应在避光、自然对流、无风的室内进行。

6.3 被检真空绝热管的有效长度应不小于5 m，且在中间3 m长的外管表面底部均布不少于6个温度的测量点。

6.4 辅助试验段的内容积应大于被检真空绝热管内容积的2倍，辅助试验段的高度应小于1.5 m。

7 试验步骤

7.1 流量计测量法

试验步骤、试验过程和数据记录应符合 GB/T 18443.5 中 7.1 的规定。

7.2 表面温度测量法

7.2.1 一般采用液氮作为试验介质，也可采用实际输送的深冷液体作为试验介质。

7.2.2 打开阀门10，用深冷容器11向被检真空绝热管及其管件连续输送深冷液体，直至加满为止。当辅助试验段内液位降至一半时，应重新加液补满，保证被检真空绝热管内充满试验介质液体。

7.2.3 真空绝热管及其管件持续输送深冷液体24 h后，方可记录数据。

7.2.4 数据记录应按不大于10 min的时间间隔，采集表面及环境温度，直至1 h内采集数据的相对误差小于±5%为止。

7.2.5 按附录A规定的表格格式填写试验数据或自动采集数据。

8 数据处理

8.1 测试漏热量 Q_0

8.1.1 流量计测量法

8.1.1.1 采用湿式气体流量计测量时，测试漏热量 Q_0 按式(1)计算：

$$Q_0 = G_V \psi \rho_g \left(1+\frac{\rho_V}{\rho_L}\right) \times \frac{273.15}{T} \times \frac{P}{0.101\ 325} h_{fg} \times 1\ 000 \quad \cdots\cdots(1)$$

式中：

Q_0——测试漏热量，单位为瓦(W)；

G_V——蒸发气体体积流量日平均值，单位为立方米每秒(m^3/s)；

ψ——流量计的校正系数，标定时给定值；

ρ_g——标准大气压(101.325 kPa)、273.15 K下试验介质的气体密度，单位为千克每立方米(kg/m^3)；

ρ_V——试验环境压力日平均值下试验介质的饱和蒸气密度，单位为千克每立方米(kg/m^3)；

ρ_L——试验环境压力日平均值下试验介质的饱和液体密度，单位为千克每立方米(kg/m^3)；

T——流量计入口温度日平均值，单位为开尔文(K)；

P——流量计入口压力日平均值，单位为兆帕(MPa)；

h_{fg}——流量计入口压力日平均值下饱和液体的汽化潜热，单位为千焦每千克(kJ/kg)。

8.1.1.2　采用气体质量流量计测量时，测试漏热量 Q_0 按式(2)计算：

$$Q_0 = G_m\left(1+\frac{\rho_V}{\rho_L}\right)\psi \times h_{fg} \times 1\,000 \quad \cdots\cdots(2)$$

式中：

Q_0——测试漏热量，单位为瓦(W)；

G_m——蒸发气体质量流量日平均值，单位为千克每秒(kg/s)；

ρ_V——试验环境压力日平均值下试验介质的饱和蒸气密度，单位为千克每立方米(kg/m³)；

ρ_L——试验环境压力日平均值下试验介质的饱和液体密度，单位为千克每立方米(kg/m³)；

ψ——流量计的校正系数，标定时给定值；

其余同式(1)。

8.1.2　表面温度测量法

8.1.2.1　真空绝热管的测试漏热量 Q_0 应按式(3)计算：

$$Q_0 = h(T_a - T_w)\pi DL \quad \cdots\cdots(3)$$

式中：

Q_0——测试漏热量，单位为瓦(W)；

T_a——环境平均温度，单位为开尔文(K)；

T_w——管壁温度的平均温度，单位为开尔文(K)，按式(4)计算：

$$T_w = \frac{\sum_{i=1}^{n} T_{wi}}{n} \quad \cdots\cdots(4)$$

式中：

$T_{wi}, i=1,2\cdots n$——壁面的各测量处温度，单位为开尔文(K)；

n——壁面温度测量数量。

D——管道外径，单位为米(m)；

L——管道长度，单位为米(m)；

h——管道与空气的自然对流换热系数，单位为瓦每平方米开尔文[W/(m²·K)]。

h 按式(5)计算：

$$Nu = \frac{hD}{\lambda} = 0.48 \times (Gr \cdot Pr)^{\frac{1}{4}} \quad \cdots\cdots(5)$$

式中：

Nu——努塞尔特数；

D——管道外径，单位为米(m)；

λ——空气的导热系数，单位为瓦每米开尔文(W/m·K)；

Gr——格拉晓夫数，按式(6)计算：

$$Gr = \frac{g\beta\Delta TD^3}{\nu^2} \quad \cdots\cdots(6)$$

式中：

g——重力加速度，单位为米每秒平方(m/s^2)；

ΔT——传热温差，$\Delta T=|T_a-T_w|$，单位为开尔文(K)；

ν——空气的运动黏度，单位为二次方米每秒(m^2/s)；

β——空气的热膨胀系数，$\beta=1/T_m$，T_m 按式(7)计算：

$$T_m=\frac{T_a+T_w}{2} \quad \cdots\cdots\cdots\cdots(7)$$

式中：

T_m——定性温度，单位为开尔文(K)；

其余同式(3)。

Pr——空气普朗特数，可参照附录B查取。

8.1.2.2 真空绝热管接头对的测试漏热量 Q_0 的计算应符合下列要求：

a) 真空绝热管阴阳接头对的漏热量应按式(8)计算：

$$Q_0=\frac{\pi}{4}\sum_{i=1}^{2}\left\{\left[D_i{}^2-(D_i-\delta_i)^2\right]\lambda_i\frac{(T_{wji}-T_2)}{L_i}\right\} \quad \cdots\cdots\cdots\cdots(8)$$

式中：

Q_0——接头对的总漏热量，单位为瓦(W)；

D_1——阳接头的外管外径，单位为米(m)；

D_2——阴接头的内管外径，单位为米(m)；

δ_1——阳接头的外管壁厚，单位为米(m)；

δ_2——阴接头的内管壁厚，单位为米(m)；

T_{wj1}——阳接头与环境接触的外表面平均温度，单位为开尔文(K)；

T_{wj2}——阴接头与环境接触的外表面平均温度，单位为开尔文(K)；

T_2——试验时被检件内平均压力对应的深冷液体饱和温度，单位为开尔文(K)；

λ_1——阳接头的外管材料从 T_{wj1} 到 T_2 温区内的平均导热系数，单位为瓦每米开尔文(W/m·K)；

λ_2——阴接头的内管材料从 T_{wj2} 到 T_2 温区内的平均导热系数，单位为瓦每米开尔文(W/m·K)；

L_1——阳接头的外管管长，单位为米(m)；

L_2——阴接头的内管管长，单位为米(m)。

b) 计算管道其他接头对的漏热量时按实际尺寸的导热结构考虑，温差为实测表面温度与饱和液体温度之差，复杂结构应采用有限元热分析计算。

8.2 标态(标准环境状态)下漏热量 Q_{20} 计算

8.2.1 标态下的高真空多层绝热漏热量 Q_{20} 应按式(9)计算：

$$Q_{20}=Q_0\left(0.7\times\frac{293.15-T_s}{T_1-T_2}+0.3\times\frac{293.15^4-T_s{}^4}{T_1{}^4-T_2{}^4}\right) \quad \cdots\cdots\cdots\cdots(9)$$

式中：

Q_{20}——标态下漏热量，单位为瓦(W)；

Q_0——接头对的总漏热量，单位为瓦(W)；

T_s——标准大气压(101.325 kPa)下深冷液体饱和温度,单位为开尔文(K);

T_1——试验时平均环境温度,单位为开尔文(K);

T_2——试验时被检件内平均压力对应的深冷液体饱和温度,单位为开尔文(K)。

8.2.2 标态下的粉末或纤维真空绝热漏热量 Q_{20} 应按式(10)计算:

$$Q_{20} = Q_0 \frac{293.15 - T_s}{T_1 - T_2} \qquad \cdots\cdots (10)$$

式中:

Q_{20}——标态下漏热量,单位为瓦(W);

Q_0——接头对的总漏热量,单位为瓦(W);

T_s——标准大气压(101.325 kPa)下深冷液体饱和温度,单位为开尔文(K);

T_1——试验时平均环境温度,单位为开尔文(K);

T_2——试验时被检件内平均压力对应的深冷液体饱和温度,单位为开尔文(K)。

8.2.3 标态下的高真空绝热漏热量 Q_{20} 应按式(11)计算:

$$Q_{20} = Q_0 \frac{293.15^4 - T_s{}^4}{T_1{}^4 - T_2{}^4} \qquad \cdots\cdots (11)$$

式中:

Q_{20}——标态下漏热量,单位为瓦(W);

Q_0——接头对的总漏热量,单位为瓦(W);

T_s——标准大气压(101.325 kPa)下深冷液体饱和温度,单位为开尔文(K);

T_1——试验时平均环境温度,单位为开尔文(K);

T_2——试验时被检件内平均压力对应的深冷液体饱和温度,单位为开尔文(K)。

9 试验记录与试验报告

9.1 试验记录格式可参照附录A。

9.2 试验报告格式可参照附录C。

附　录　A
(资料性附录)
漏热量检测记录

漏热量检测记录表格可参照表 A.1。

表 A.1　漏热量检测记录

真空绝热深冷设备编号		环境温度计型号与编号	
试验起止日期和时间		大气压计型号与编号	
试验地点		壁面温度传感器型号与编号	

时间	环境温度 ℃	壁温 1 ℃	壁温 2 ℃	壁温 3 ℃	壁温 4 ℃	壁温 5 ℃	壁温 6 ℃	壁温 7 ℃	壁温 8 ℃

记录：__________　　　　　　　　　　核对：__________

附 录 B
(资料性附录)
标准大气压(101.325 kPa)下的空气物性数据表

标准大气压(101.325 kPa)下的空气物性数据表可参照表B.1。

表 B.1 标准大气压(101.325 kPa)下的空气物性数据表

温度 K	密度 kg/m³	定压比热容 J/(kg・K)	导热系数 10^{-2} W/(m・K)	动力黏度 μPa・s	运动黏度 mm²/s	定压膨胀系数 10^{-3}/K	普朗特数
243	1.454	1 005.4	2.213	15.71	10.81	4.136	0.714
244	1.448	1 005.4	2.221	15.76	10.89	4.119	0.714
245	1.442	1 005.4	2.228	15.82	10.97	4.102	0.714
246	1.436	1 005.4	2.235	15.87	11.05	4.085	0.714
247	1.430	1 005.4	2.243	15.92	11.13	4.068	0.714
248	1.424	1 005.4	2.250	15.97	11.21	4.051	0.714
249	1.419	1 005.4	2.258	16.02	11.30	4.035	0.714
250	1.413	1 005.4	2.265	16.08	11.38	4.019	0.714
251	1.407	1 005.4	2.272	16.13	11.46	4.002	0.714
252	1.402	1 005.4	2.280	16.18	11.54	3.986	0.714
253	1.396	1 005.4	2.287	16.23	11.63	3.970	0.714
254	1.391	1 005.4	2.294	16.28	11.71	3.954	0.714
255	1.385	1 005.4	2.302	16.33	11.79	3.939	0.714
256	1.380	1 005.4	2.309	16.39	11.88	3.923	0.714
257	1.374	1 005.4	2.316	16.44	11.96	3.908	0.714
258	1.369	1 005.4	2.324	16.49	12.05	3.892	0.714
259	1.364	1 005.4	2.331	16.54	12.13	3.877	0.714
260	1.358	1 005.5	2.338	16.59	12.21	3.862	0.714
261	1.353	1 005.5	2.345	16.64	12.30	3.847	0.713
262	1.348	1 005.5	2.353	16.69	12.38	3.832	0.713
263	1.343	1 005.5	2.360	16.75	12.47	3.817	0.713
264	1.338	1 005.5	2.367	16.80	12.56	3.803	0.713
265	1.333	1 005.5	2.374	16.85	12.64	3.788	0.713
266	1.328	1 005.5	2.382	16.90	12.73	3.774	0.713
267	1.323	1 005.5	2.389	16.95	12.81	3.760	0.713
268	1.318	1 005.5	2.396	17.00	12.90	3.745	0.713
269	1.313	1 005.6	2.403	17.05	12.99	3.731	0.713
270	1.308	1 005.6	2.410	17.10	13.07	3.717	0.713
271	1.303	1 005.6	2.418	17.15	13.16	3.704	0.713

表 B.1(续)

温度 K	密度 kg/m³	定压比热容 J/(kg·K)	导热系数 10^{-2} W/(m·K)	动力黏度 μPa·s	运动黏度 mm²/s	定压膨胀系数 10^{-3}/K	普朗特数
272	1.298	1 005.6	2.425	17.20	13.25	3.690	0.713
273	1.293	1 005.6	2.432	17.25	13.34	3.676	0.713
274	1.289	1 005.6	2.439	17.30	13.43	3.663	0.713
275	1.284	1 005.7	2.446	17.35	13.51	3.649	0.713
276	1.279	1 005.7	2.453	17.40	13.60	3.636	0.713
277	1.275	1 005.7	2.460	17.45	13.69	3.622	0.713
278	1.270	1 005.7	2.467	17.50	13.78	3.609	0.713
279	1.266	1 005.8	2.475	17.55	13.87	3.596	0.713
280	1.261	1 005.8	2.482	17.60	13.96	3.583	0.713
281	1.257	1 005.8	2.489	17.65	14.05	3.570	0.713
282	1.252	1 005.8	2.496	17.70	14.14	3.558	0.713
283	1.248	1 005.8	2.503	17.75	14.23	3.545	0.713
284	1.243	1 005.9	2.510	17.80	14.32	3.532	0.713
285	1.239	1 005.9	2.517	17.85	14.41	3.520	0.713
286	1.234	1 005.9	2.524	17.90	14.50	3.507	0.713
287	1.230	1 006.0	2.531	17.95	14.59	3.495	0.713
288	1.226	1 006.0	2.538	18.00	14.68	3.483	0.713
289	1.222	1 006.0	2.545	18.05	14.77	3.471	0.713
290	1.217	1 006.0	2.552	18.09	14.86	3.459	0.713
291	1.213	1 006.1	2.559	18.14	14.96	3.447	0.713
292	1.209	1 006.1	2.566	18.19	15.05	3.435	0.713
293	1.205	1 006.1	2.573	18.24	15.14	3.423	0.713
294	1.201	1 006.2	2.580	18.29	15.23	3.411	0.713
295	1.197	1 006.2	2.587	18.34	15.32	3.399	0.713
296	1.193	1 006.2	2.594	18.39	15.42	3.388	0.713
297	1.189	1 006.3	2.601	18.44	15.51	3.376	0.713
298	1.185	1 006.3	2.608	18.48	15.60	3.365	0.713
299	1.181	1 006.3	2.615	18.53	15.70	3.354	0.713
300	1.177	1 006.4	2.622	18.58	15.79	3.342	0.713
301	1.173	1 006.4	2.629	18.63	15.89	3.331	0.713

表 B.1(续)

温度 K	密度 kg/m³	定压比热容 J/(kg·K)	导热系数 10^{-2} W/(m·K)	动力黏度 μPa·s	运动黏度 mm²/s	定压膨胀系数 10^{-3}/K	普朗特数
302	1.169	1 006.5	2.636	18.68	15.98	3.320	0.713
303	1.165	1 006.5	2.643	18.73	16.07	3.309	0.713
304	1.161	1 006.5	2.650	18.77	16.17	3.298	0.713
305	1.157	1 006.6	2.657	18.82	16.26	3.287	0.713
306	1.154	1 006.6	2.663	18.87	16.36	3.276	0.713
307	1.150	1 006.7	2.670	18.92	16.45	3.265	0.713
308	1.146	1 006.7	2.677	18.97	16.55	3.255	0.713
309	1.142	1 006.8	2.684	19.01	16.64	3.244	0.713
310	1.139	1 006.8	2.691	19.06	16.74	3.234	0.713
311	1.135	1 006.9	2.698	19.11	16.84	3.223	0.713
312	1.131	1 006.9	2.705	19.16	16.93	3.213	0.713
313	1.128	1 006.9	2.712	19.20	17.03	3.202	0.713
314	1.124	1 007.0	2.718	19.25	17.13	3.192	0.713
315	1.121	1 007.0	2.725	19.30	17.22	3.182	0.713
316	1.117	1 007.1	2.732	19.35	17.32	3.172	0.713
317	1.113	1 007.1	2.739	19.39	17.42	3.162	0.713
318	1.110	1 007.2	2.746	19.44	17.52	3.152	0.713
319	1.106	1 007.2	2.753	19.49	17.61	3.142	0.713
320	1.103	1 007.3	2.759	19.54	17.71	3.132	0.713
321	1.100	1 007.4	2.766	19.58	17.81	3.122	0.713
322	1.096	1 007.4	2.773	19.63	17.91	3.112	0.713
323	1.093	1 007.5	2.780	19.68	18.01	3.103	0.713

附　录　C
（资料性附录）
漏热量检测报告

漏热量检测报告表格可参照表 C.1。

表 C.1　漏热量检测报告

报告编号：

试验起止日期		试验前仪器情况	
内容器有效容积 m^3		试验介质	
充液结束时间		充满率	
试验计算开始时间		试验计算结束时间	
平均环境温度 ℃		平均大气压 kPa	
标态下漏热量 W		试验后仪器情况	
备注			

编制：＿＿＿＿＿＿　核对：＿＿＿＿＿＿　审核：＿＿＿＿＿＿

ICS 23.020
J 74

中华人民共和国国家标准

GB/T 18443.7—2010

真空绝热深冷设备性能试验方法 第7部分:维持时间测量

Testing method of performance for vacuum insulation cryogenic equipment—Part 7: Holding time measurement

2010-09-26 发布　　　　2011-02-01 实施

中华人民共和国国家质量监督检验检疫总局
中国国家标准化管理委员会 发布

前　言

GB/T 18443《真空绝热深冷设备性能试验方法》分为 8 个部分：

——第 1 部分：基本要求；

——第 2 部分：真空度测量；

——第 3 部分：漏率测量；

——第 4 部分：漏放气速率测量；

——第 5 部分：静态蒸发率测量；

——第 6 部分：漏热量测量；

——第 7 部分：维持时间测量；

——第 8 部分：容积测量。

本部分为 GB/T 18443 的第 7 部分。

本部分的附录 A、附录 B 和附录 C 均为资料性附录。

本部分由全国锅炉压力容器标准化技术委员会(SAC/TC 262)提出并归口。

本部分起草单位：上海市特种设备监督检验技术研究院、上海市气体工业协会、查特深冷工程系统(常州)有限公司、上海交通大学、国家低温容器质量监督检验中心、上海华谊集团装备工程有限公司、中国特种设备检测研究院。

本部分起草人：徐惠新、周伟明、罗晓明、舒文华、寿比南、薛季爱、陈光奇、汪荣顺、鲁雪生、薛小龙、施锋萍、魏勇彪、顾福明、王为国。

本部分为首次发布。

真空绝热深冷设备性能试验方法
第7部分:维持时间测量

1 范围

GB/T 18443的本部分规定了真空绝热深冷设备维持时间测量的试验原理与方法、试验装置、设备和仪器、试验条件与试验准备、试验步骤、数据处理和试验记录与试验报告等要求。

本部分适用于除储运液氢介质以外的真空绝热深冷压力容器、真空绝热深冷焊接气瓶等真空绝热深冷设备维持时间的测量。

2 规范性引用文件

下列文件中的条款通过GB/T 18443的本部分的引用而成为本部分的条款。凡是注日期的引用文件,其随后所有的修改单(不包括勘误的内容)或修订版均不适用于本部分。然而,鼓励根据本部分达成协议的各方研究是否可使用这些文件的最新版本。凡是不注日期的引用文件,其最新版本适用于本部分。

GB/T 18443.1 真空绝热深冷设备性能试验方法 第1部分:基本要求

GB/T 18443.2 真空绝热深冷设备性能试验方法 第2部分:真空度测量

GB/T 18443.3 真空绝热深冷设备性能试验方法 第3部分:漏率测量

GB/T 18443.4 真空绝热深冷设备性能试验方法 第4部分:漏放气速率测量

GB/T 18443.5 真空绝热深冷设备性能试验方法 第5部分:静态蒸发率测量

GB/T 18443.6 真空绝热深冷设备性能试验方法 第6部分:漏热量测量

GB/T 18443.8 真空绝热深冷设备性能试验方法 第8部分:容积测量

3 术语和定义

GB/T 18443.1～GB/T 18443.6确立的以及下列术语和定义适用于本部分。

3.1

闭式系统 closed system

在试验过程中,真空绝热深冷设备内介质的质量维持不变,既无介质输入,又无介质输出的系统。

3.2

测试维持时间 tested holding time

真空绝热深冷设备充装至本部分规定的初始充装量,从本部分规定的起始条件开始,关闭设备各条管线,并开始记时,直至压力升高达到限压装置的动作压力为止,此过程所经历时间,单位为小时(h)。

3.3

标准环境状态下维持时间 holding time of standard ambient condition

测试维持时间换算为标准环境状态下的维持时间,单位为小时(h)。

4 试验原理与方法

4.1 真空绝热深冷设备的维持时间宜采用闭式系统测定。

4.2 当储运介质为非易燃易爆介质时，允许通过真空绝热深冷设备的静态蒸发率计算得出其维持时间，计算方法参照附件 A。

5 试验装置、设备和仪器

试验装置、设备和仪器应符合 GB/T 18443.1 中 4.2 的规定，且应满足以下要求：

a) 真空绝热深冷设备进行维持时间测量时，应以安全阀作为系统的压力限制装置，爆破片、背压调节阀或其他限压装置应暂时拆除或隔离；

b) 安全阀的开启压力为维持时间测量的结束压力；

c) 压力表的精度不低于 2.5 级，表盘直径不小于 100 mm，量程宜为最大测试压力的 2 倍，也可采用相同的精度等级和量程的压力传感器。

6 试验条件与试验准备

6.1 试验条件与试验准备应符合 GB/T 18443.1 的规定。

6.2 被检件的内胆压力的测试起始条件应符合下列要求：

a) 液态二氧化碳和氮氧化合物介质，取 1.5 MPa 的表压；

b) 对于其他介质，取标准大气压(101.325 kPa)，即内容器表压应在 20 Pa 以下。

6.3 除专门设计用来储存特殊深冷液体的真空绝热深冷设备外，被检件的试验介质应符合 GB/T 18443.1 中 4.3 的规定。

6.4 确定维持时间开始试验时的初始充装质量。

6.4.1 当被检件储存介质的临界压力高于该被检件限压装置设定的压力值时，介质在操作温度下的充装量应不低于该设备的设计充装量，且不高于 98%，充装后关闭溢流阀。

6.4.2 当介质的临界压力小于限压装置的开启压力时，充装量应根据需测量维持时间的要求确定。

7 试验步骤

7.1 被检件内胆的全容积测定可按 GB/T 18443.8 进行，或采用该真空绝热深冷设备技术文件中注明的内胆全容积。

7.2 初始充装量应符合 6.4 的规定。

7.3 待测系统放空静置不少于 48 h，被检件内胆的内压力达到 6.2 的规定后，打开溢流阀，排出多余的液体，然后关闭被检件管路上通大气的阀门，开始以时间间隔不大于 6 h 采集或记录设备内压力、环境压力与环境温度随时间的过程，记录格式按附录 B。

7.4 当内胆压力升高到安全阀开启压力，安全阀开始动作时，停止计时。

7.5 从关闭所有阀门开始计时，直到安全阀开始动作，全过程经历的时间，以小时及分钟数进行记录，作为“测试维持时间”。

8 数据处理

8.1 标态(标准环境状态)下高真空多层绝热维持时间 H_{20}

$$H_{20}=H_0\left(0.7\times\frac{T_1-T_2}{293.15-T_s}+0.3\times\frac{T_1{}^4-T_2{}^4}{293.15^4-T_s{}^4}\right) \qquad \cdots\cdots(1)$$

式中：

H_{20}——标态下维持时间，单位为小时(h)；

H_0——测试维持时间，单位为小时(h)；

T_1——试验时平均环境温度，单位为开尔文(K)；

T_2——试验时被检件内平均压力对应的深冷液体的饱和温度，单位为开尔文(K)；

T_s——标准大气压(101.325 kPa)下深冷液体的饱和温度，单位为开尔文(K)。

8.2 标态下粉末或纤维真空绝热维持时间 H_{20}

$$H_{20}=H_0\frac{T_1-T_2}{293.15-T_s} \qquad \cdots\cdots(2)$$

式中：

H_{20}——标态下维持时间，单位为小时(h)；

H_0——测试维持时间，单位为小时(h)；

T_1——试验时平均环境温度，单位为开尔文(K)；

T_2——试验时被检件内平均压力对应的深冷液体的饱和温度，单位为开尔文(K)；

T_s——标准大气压(101.325 kPa)下深冷液体的饱和温度，单位为开尔文(K)。

8.3 标态下高真空绝热维持时间 H_{20}

$$H_{20}=H_0\frac{T_1{}^4-T_2{}^4}{293.15^4-T_s{}^4} \qquad \cdots\cdots(3)$$

式中：

H_{20}——标态下维持时间，单位为小时(h)；

H_0——测试维持时间，单位为小时(h)；

T_1——试验时平均环境温度，单位为开尔文(K)；

T_2——试验时被检件内平均压力对应的深冷液体的饱和温度，单位为开尔文(K)；

T_s——标准大气压(101.325 kPa)下深冷液体的饱和温度，单位为开尔文(K)。

9 试验记录与试验报告

9.1 试验记录格式可参照附录 B。

9.2 试验报告格式可参照附录 C。

附 录 A
(资料性附录)
由静态蒸发率测试结果计算标态维持时间

A.1 由静态蒸发率求得被测试液体的平均损失率,静态蒸发率测试按 GB/T 18443.5 规定测得,

$$Q_{\alpha t}=\frac{V\times\alpha}{24\times 3\ 600\times\nu_{lt}\times 100} \quad \cdots\cdots\cdots\cdots\cdots\cdots\cdots\cdots\cdots\cdots\text{(A.1)}$$

式中:

$Q_{\alpha t}$——被测试液体测得的平均损失率,单位为千克每秒(kg/s);

V——内容器的有效容积,单位为立方米(m^3);

α——静态蒸发率,单位为百分率每年(%/d);

ν_{lt}——试验压力下被测试液体液相的比容,单位为立方米每千克(m^3/kg)。

A.2 计算装运液体的传热率

$$q_s=Q_{\alpha t}\,\frac{(h_{fgt})\,(\nu_{gt})}{(\nu_{gt}-\nu_{lt})}\times\frac{(293-T_{cs})}{(293-T_{ct})} \quad \cdots\cdots\cdots\cdots\cdots\cdots\cdots\cdots\text{(A.2)}$$

式中:

q_s——装运液体的计算传热率,单位为瓦(W);

$Q_{\alpha t}$——被测试液体测得的平均损失率,单位为千克每秒(kg/s);

h_{fgt}——试验压力下被测试液体的蒸发潜热,单位为焦耳每千克(J/kg);

T_{cs}——在1个大气压下装运液体的饱和温度,单位为开尔文(K);

T_{ct}——在1个大气压下被测试液体的饱和温度,单位为开尔文(K);

ν_{gt}——试验压力下被测试液体蒸汽的比容,单位为立方米每千克(m^3/kg);

ν_{lt}——试验压力下被测试液体液相的比容,单位为立方米每千克(m^3/kg)。

A.3 计算标态维持时间(SHT)

$$\text{SHT}=[(u_2-u_1)W]/3\ 600q_s \quad \cdots\cdots\cdots\cdots\cdots\cdots\cdots\cdots\cdots\text{(A.3)}$$

式中:

SHT——标态维持时间,单位为小时(h);

q_s——装运液体的计算传热率,单位为瓦(W);

u_1 和 u_2——在初始装载压力下和在压力控制阀或泄压阀的整定压力下液体和气体的单位内能,单位为焦耳每千克(J/kg);

W——罐体中液体和气体的总质量,单位为千克(kg)。

附　录　B
（资料性附录）
维持时间检测记录

维持时间检测记录表格可参照表 B.1。

表 B.1　维持时间检测记录

<table>
<tr><th>日　期</th><th>时　间</th><th>被检件内压力
Pa</th><th>环境压力
Pa</th><th>环境温度
℃</th></tr>
<tr><td></td><td></td><td></td><td></td><td></td></tr>
<tr><td></td><td></td><td></td><td></td><td></td></tr>
<tr><td></td><td></td><td></td><td></td><td></td></tr>
<tr><td></td><td></td><td></td><td></td><td></td></tr>
<tr><td></td><td></td><td></td><td></td><td></td></tr>
<tr><td rowspan="2"></td><td rowspan="2"></td><td>安全阀起跳压力
Pa</td><td rowspan="2"></td><td rowspan="2"></td></tr>
<tr><td></td></tr>
</table>

记录：__________　　　　　　核对：__________

附　录　C
（资料性附录）
维持时间检测报告

维持时间检测报告表格可参照表 C.1。

表 C.1　维持时间检测报告

报告编号：

试验前仪器情况		试验介质	
充液结束时间		初始充装质量 kg	
试验开始时间		试验结束时间	
平均环境温度 ℃		平均大气压 kPa	
内胆有效容积 m^3		试验后仪器情况	
标态维持时间 h			
备注			

编制：__________　　核对：__________　　审核：__________

ICS 23.020
J 74

中华人民共和国国家标准

GB/T 18443.8—2010
代替 GB/T 18443.1—2001

真空绝热深冷设备性能试验方法
第8部分：容积测量

Testing method of performance for vacuum insulation cryogenic equipment—Part 8: Volume measurement

2010-09-26 发布　　　　2011-02-01 实施

中华人民共和国国家质量监督检验检疫总局
中国国家标准化管理委员会　发布

前　言

GB/T 18443《真空绝热深冷设备性能试验方法》分为8个部分：

——第1部分：基本要求；

——第2部分：真空度测量；

——第3部分：漏率测量；

——第4部分：漏放气速率测量；

——第5部分：静态蒸发率测量；

——第6部分：漏热量测量；

——第7部分：维持时间测量；

——第8部分：容积测量。

本部分为GB/T 18443的第8部分。

本部分代替GB/T 18443.1—2001《低温绝热压力容器试验方法　容积测量》。

本部分与GB/T 18443.1—2001相比主要变化如下：

——适用范围由低温绝热压力容器扩大为真空绝热深冷压力容器、真空绝热深冷焊接气瓶和真空绝热管及其管件等真空绝热深冷设备；

——增加了第3章术语和定义、第6章试验条件与试验准备，并对其他章节进行了修改补充和调整；

——封头引用标准修改为JB/T 4746《钢制压力容器用封头》；

——夹层容积计算中增加了夹层组件体积的计算；

——增加了标准椭圆封头的容积计算式。

本部分的附录A和附录B为资料性附录。

本部分由全国锅炉压力容器标准化技术委员会(SAC/TC 262)提出并归口。

本部分起草单位：上海市特种设备监督检验技术研究院、上海市气体工业协会、宁波明欣化工机械有限责任公司、上海交通大学、山东商业职业技术学院、上海华谊集团装备工程有限公司、中国特种设备检测研究院。

本部分起草人：闻庆、周伟明、汪荣顺、魏蔚、舒文华、罗晓明、寿比南、薛季爱、薛小龙、施锋萍、魏勇彪、顾福明、王为国。

本部分所代替标准的历次版本发布情况为：

——GB/T 18443.1—2001。

真空绝热深冷设备性能试验方法
第8部分:容积测量

1 范围

GB/T 18443的本部分规定了真空绝热深冷设备容积测量的试验原理与方法、试验装置、设备和仪器、试验条件与试验准备、试验步骤、数据处理和试验记录与试验报告等要求。

本部分适用于除储运液氢介质以外的真空绝热深冷压力容器、真空绝热深冷焊接气瓶、真空绝热管及其管件等真空绝热深冷设备容积的测量。

2 规范性引用文件

下列文件中的条款通过GB/T 18443的本部分的引用而成为本部分的条款。凡是注日期的引用文件,其随后所有的修改单(不包括勘误的内容)或修订版均不适用于本部分,然而,鼓励根据本部分达成协议的各方研究是否可使用这些文件的最新版本。凡是不注日期的引用文件,其最新版本适用于本部分。

GB/T 18443.1—2010 真空绝热深冷设备性能试验方法 第1部分:基本要求

GB/T 18443.2 真空绝热深冷设备性能试验方法 第2部分:真空度测量

GB/T 18443.3 真空绝热深冷设备性能试验方法 第3部分:漏率测量

GB/T 18443.4 真空绝热深冷设备性能试验方法 第4部分:漏放气速率测量

GB/T 18443.5 真空绝热深冷设备性能试验方法 第5部分:静态蒸发率测量

GB/T 18443.6 真空绝热深冷设备性能试验方法 第6部分:漏热量测量

GB/T 18443.7 真空绝热深冷设备性能试验方法 第7部分:维持时间测量

JB/T 4746 钢制压力容器用封头

3 术语和定义

GB/T 18443.1～GB/T 18443.7确立的以及下列术语和定义适用于本部分。

3.1

内容器 inner containment vessel

储存深冷液体,并能承受工作压力的内胆。

3.2

外壳 outer shell

形成和保护真空绝热空间的封闭容器。

3.3

几何容积 geometric volume

按设计的几何尺寸确定的内容器内部的体积(扣除内件的体积),单位为立方米(m^3)。

3.4

有效容积 effective volume

在使用状态下,内容器允许的最大盛液容积,单位为立方米(m^3)。

3.5

夹层容积 interspace volume

外壳和内容器之间的计算容积，单位为立方米(m^3)。

4 试验原理与方法

4.1 几何尺寸测量法

利用长度计量器具通过测量各被检件规则几何构形的长度参数，计算其在整体容积中应含的容积值，将各被检件容积累加，得到整体容积。用于对几何容积及夹层容积等的测量。

4.2 称重测量法

将已知密度的液体注满被检件，通过称量液体质量，计算被检件的容积。用于对容器容积或组件容积等的测量。

4.3 流量计测量法

利用流量计累积测量注入或流出被检件的液体量，计算被检件的容积。

5 试验装置、设备和仪器

试验装置、设备和仪器应符合 GB/T 18443.1—2010 中 4.2 的规定，且应满足以下要求：

a) 长度测量器具应符合下列要求：
——钢直尺：精度 0.05 级，分度值 1 mm；
——钢卷尺：精度Ⅱ级，示值误差不超过$\pm(0.3+0.2L)$mm。

b) 厚度测量器具的精度为 0.1 mm。

c) 称重测量器具应符合下列要求：
——最大称量为实际称量的 1.5～3 倍；
——地秤：称量范围 30 t，精度 1/1 000；
——轨道衡：称量范围大于 30 t，精度 1/1 000。

d) 流量计的精度为 1.5 级。

6 试验条件与试验准备

试验条件与试验准备应符合 GB/T 18443.1 的规定。

7 试验步骤要求

7.1 几何尺寸测量法

7.1.1 根据被检件的大小，用钢卷尺测量被检件的外圆周长 D，并用测厚仪测量壁厚 S，计算其平均内半径 R。

7.1.2 用钢直尺和钢卷尺测量被检件的高度，至少测量 3 处，计算平均高度 H。

7.2 称重测量法

7.2.1 将被检件置于选定的衡器上，称出未装液体时容器或组件的质量 m_0。

7.2.2 当被检件为组件时，向组件内注满液体，称出此时的质量 m。

7.2.3 当被检件为容器时，将液体注满被检容器。达到平衡后，再向容器内补充加满液体。

7.2.4 关闭被检件的气、液体进出口阀，称出总质量 m。

7.3 流量计测量法

7.3.1 将被检件与流量计相连接,记录流量计初始值 Q_0,注入液体。

7.3.2 观察注入液体到溢出管出液体时,记录流量计累积值 Q_1。

7.3.3 在试验过程中,记录每一个试验数据。

8 数据处理

8.1 几何尺寸测量法

8.1.1 圆筒几何容积应按式(1)计算:

$$V_1 = \pi R^2 H \qquad \cdots\cdots(1)$$

式中:

V_1——圆筒的几何容积,单位为立方米(m^3);

R——圆筒的平均内半径,单位为米(m);

H——圆筒的平均高度,单位为米(m)。

8.1.2 封头几何容积计算应符合下列要求:

a) 标准封头几何容积 V_2 的计算可参照 JB/T 4746;

b) 当非标准封头容积采用称重测量法测量时,其计算应符合 8.2 的规定。

8.1.3 球形几何容积应按式(2)计算:

$$V_{球} = \frac{4}{3}\pi R_{球}{}^3 \qquad \cdots\cdots(2)$$

式中:

$V_{球}$——球形的几何容积,单位为立方米(m^3);

$R_{球}$——球形平均内半径,单位为米(m)。

8.1.4 任意高度球缺几何容积按式(3)计算:

$$V'_{球} = \frac{1}{3}\pi H'^2 (3R'_{球} - H') \qquad \cdots\cdots(3)$$

式中:

$V'_{球}$——任意高度球缺的几何容积,单位为立方米(m^3);

H'——任意高度球缺内球缺高度,单位为米(m);

$R'_{球}$——任意高度球缺平均内半径,单位为米(m)。

8.1.5 内容器组件容积按式(4)计算:

$$V_3 = \sum_{i=1}^{n} V_{3i} \qquad \cdots\cdots(4)$$

式中:

V_3——内容器组件的容积,单位为立方米(m^3);

n——组件的数量;

V_{3i}——第 i 个被测内容器组件的容积,单位为立方米(m^3)。

8.1.6 夹层组件体积按式(5)计算:

$$V'_3 = \sum_{i=1}^{n} V'_{3i} \qquad \cdots\cdots(5)$$

式中：

V'_3——真空绝热夹层组件的体积，单位为立方米(m^3)；

n——组件的数量；

V'_{3i}——第 i 个被测真空绝热夹层组件的体积，单位为立方米(m^3)。

8.1.7 内容积几何总容积计算

当内容器几何容积采用尺寸测量法测量时，其几何容积应按式(6)计算：

$$V_{内}=V_1+2V_2-V_3 \qquad \cdots\cdots(6)$$

式中：

$V_{内}$——内容器的几何容积，单位为立方米(m^3)；

V_1——内容器圆筒的几何容积，单位为立方米(m^3)；

V_2——内容器封头的几何容积，单位为立方米(m^3)；

V_3——内容器组件的几何容积，单位为立方米(m^3)。

8.1.8 夹层几何总容积计算

夹层几何总容积计算应按式(7)计算：

$$V_{夹}=V_{外}-V'_{内} \qquad \cdots\cdots(7)$$

式中：

$V_{夹}$——夹层容积，单位为立方米(m^3)；

$V_{外}$——外壳的几何容积，单位为立方米(m^3)，按式(8)计算：

$$V_{外}=V'_1+2V'_2-V'_3 \qquad \cdots\cdots(8)$$

式中：

$V_{外}$——外壳的几何容积，单位为立方米(m^3)；

V'_1——外壳圆筒的几何容积，单位为立方米(m^3)；

V'_2——外壳封头的几何容积，单位为立方米(m^3)；

V'_3——真空绝热夹层组件的体积，单位为立方米(m^3)。

$V'_{内}$——内容器的总体积，单位为立方米(m^3)，按式(9)计算：

$$V'_{内}=V''_1+2V''_2 \qquad \cdots\cdots(9)$$

式中：

V''_1——内容器圆筒体积，单位为立方米(m^3)，按式(10)计算：

$$V''_1=\frac{\pi}{4}d^2_{内o}L_i \qquad \cdots\cdots(10)$$

式中：

$d_{内o}$——内容器外径，单位为米(m)；

L_i——内容器直段长度，包括封头直边长度，单位为米(m)。

V''_2——内容器封头的体积，单位为立方米(m^3)，球形封头的体积分别按式(11)计算，标准椭圆形封头的体积按式(12)计算：

$$V''_2=\frac{1}{3}\pi H'^2(3R'_{球}-H') \qquad \cdots\cdots(11)$$

式中：

H'——球形封头的外球缺高度(用于体积计算)，单位为米(m)；

$R'_{球}$——球形封头的外半径，单位为米(m)。

$$V''_2=\frac{\pi}{24}d^2_{内o}(2d_{内o}-d_{内i}) \qquad (12)$$

式中：

$d_{内o}$——内容器外径，单位为米(m)；

$d_{内i}$——内容器内径，单位为米(m)。

8.2 称重测量法

采用称重测量法时，被检件的容积按式(13)计算：

$$V=\frac{m-m_0}{\rho} \qquad (13)$$

式中：

V——被检件的容积，单位为立方米(m^3)；

m——被检件与注满液体的质量之和，单位为千克(kg)；

m_0——未装液体时被检件的质量，单位为千克(kg)；

ρ——液体密度，单位为千克每立方米(kg/m^3)。

8.3 流量计测量法

采用流量计测量法时，被检件的有效容积按式(14)计算：

$$V_{有}=Q_1-Q_0 \qquad (14)$$

式中：

$V_{有}$——被检件的有效容积，单位为立方米(m^3)；

Q_1——从溢流口流出液体时流量计累计值，单位为立方米(m^3)；

Q_0——流量计初始值，单位为立方米(m^3)。

8.4 内容器有效容积的测量

内容器有效容积的测量应符合下列要求：

a) 几何尺寸测量法：试验步骤应符合 7.1 的规定，按 8.1 计算得出几何容积后再乘以额定充满率；

b) 称重测量法：试验步骤应符合 7.2 的规定，按 8.2 计算得出容积后再乘以额定充满率；

c) 流量计测量法：试验步骤应符合 7.3 的规定，其计算应按 8.3 的要求。

9 试验记录和试验报告

9.1 试验记录格式可参照附录 A。

9.2 试验报告格式可参照附录 B。

附 录 A
(资料性附录)
容积检测记录(几何尺寸测量法)

几何尺寸测量法测量容积的记录表格可参照表 A.1。

表 A.1 容积检测记录(几何尺寸测量法)

<table>
<tr><td>真空绝热深冷设备编号</td><td colspan="4"></td></tr>
<tr><td>试验日期</td><td colspan="4"></td></tr>
<tr><td>试验地点</td><td colspan="4"></td></tr>
<tr><td colspan="5">内容器试验数据记录</td></tr>
<tr><td>试验次数</td><td>1</td><td>2</td><td>3</td><td>平均值</td></tr>
<tr><td>内径 $d_{内i}$
m</td><td></td><td></td><td></td><td></td></tr>
<tr><td>外径 $d_{内o}$
m</td><td></td><td></td><td></td><td></td></tr>
<tr><td>圆筒直段长度 L_i
m</td><td></td><td></td><td></td><td></td></tr>
<tr><td>溢出口高度 h
m</td><td></td><td></td><td></td><td></td></tr>
<tr><td colspan="5">外壳试验数据记录</td></tr>
<tr><td>内径 $d_{外i}$
m</td><td></td><td></td><td></td><td></td></tr>
<tr><td>圆筒直段长度 L_o
m</td><td></td><td></td><td></td><td></td></tr>
</table>

记录:__________　　　　核对:__________

附 录 B
(资料性附录)
容积检测报告(几何尺寸测量法)

几何尺寸测量法测量容积的记录表格可参照表 B.1。

表 B.1 容积检测记录(几何尺寸测量法)

报告编号：

试验日期		环境温度 ℃	
试验前仪器情况		大气压 kPa	
绝热方式		内容器几何容积 m^3	
内容器有效容积 m^3		真空夹层几何容积 m^3	
备注			

编制：__________ 核对：__________ 审核：__________

ICS 77.140.50
H 46

中华人民共和国国家标准

GB 19189—2011
代替 GB 19189—2003

压力容器用调质高强度钢板

Quenched and tempered high strength steel plates for pressure vessels

自 2017 年 3 月 23 日起，本标准转为推荐性标准，编号改为 GB/T 19189—2011。

2011-06-16 发布　　2012-02-01 实施

中华人民共和国国家质量监督检验检疫总局
中国国家标准化管理委员会　发布

前　言

本标准中第 2、3、4 章，第 5.2.1、6.1.3、6.4.4、6.7 以及附录 A 为推荐性的，其余为强制性的。

本标准按照 GB/T 1.1—2009 给出的规则起草。

本标准自实施之日起，GB 19189—2003《压力容器用调质高强度钢板》废止。

本标准与 GB 19189—2003 相比，主要变化如下：

——扩大钢板的厚度范围，最小厚度由 12 mm 扩展到 10 mm；

——改变前标准中的牌号 07MnCrMoVR 为 07MnMoVR、07MnNiMoVDR 为 07MnNiVDR，新增加牌号 07MnNiMoDR；

——降低各牌号的 P、S 含量；

——提高各牌号的冲击功(KV_2)指标，由 47 J 提高至 80 J。

本标准所含钢种 07MnMoVR、07MnNiVDR、07MnNiMoDR 为低焊接裂纹敏感性钢，12MnNiVR 为大热输入焊接用钢(焊接热输入不大于 100 kJ/cm)。

本标准与 JIS G3115—2005《压力容器用钢板》标准中相应部分的一致性程度为非等效。

本标准由中国钢铁工业协会提出。

本标准由全国钢标准化技术委员会归口。

本标准主要起草单位：武汉钢铁(集团)公司等、中国通用机械工程总公司、冶金工业信息标准研究院、新余钢铁集团有限公司、湖南华菱湘潭钢铁有限公司、合肥通用机械研究院、南京钢铁联合有限公司、鞍钢股份有限公司、济南钢铁股份有限公司、首钢总公司、中国特种设备检测研究院。

本标准主要起草人：陈晓、李书瑞、秦晓钟、王晓虎、丁庆丰、王国文、刘建兵、章小浒、孙卫华、徐海泉、刘徐源、师莉、孙浩、董汉雄、刘小林、李小莉、霍松波、夏佃秀。

本标准 2003 年 6 月首次发布。

根据中华人民共和国国家标准公告(2017 年第 7 号)和强制性标准整合精简结论，本标准自 2017 年 3 月 23 日起，转为推荐性标准，不再强制执行。

压力容器用调质高强度钢板

1 范围

本标准规定了压力容器用调质高强度钢板的尺寸、外形、技术要求、试验方法、检验规则、包装、标志和质量证明书等。

本标准适用于厚度为 10 mm～60 mm 的压力容器用调质高强度钢板。

2 规范性引用文件

下列文件对于本文件的应用是必不可少的。凡是注日期的引用文件，仅注日期的版本适用于本文件。凡是不注日期的引用文件，其最新版本(包括所有的修改单)适用于本文件。

GB/T 222 钢的成品化学成分允许偏差

GB/T 223.3 钢铁及合金化学分析方法 二安替吡啉甲烷磷钼酸重量测定磷量

GB/T 223.11 钢铁及合金 铬含量的测定 可视滴定或电位滴定法

GB/T 223.14 钢铁及合金化学分析方法 钽试剂萃取光度法测定钒含量

GB/T 223.18 钢铁及合金化学分析方法 硫代硫酸钠分离-碘量法测定铜量

GB/T 223.19 钢铁及合金化学分析方法 新亚铜灵-三氯甲烷萃取光度法测定铜量

GB/T 223.23 钢铁及合金 镍含量的测定 丁二酮肟分光光度法

GB/T 223.26 钢铁及合金 钼含量的测定 硫氰酸盐分光光度法

GB/T 223.54 钢铁及合金化学分析方法 火焰原子吸收分光光度法测定镍量

GB/T 223.58 钢铁及合金化学分析方法 亚砷酸钠-亚硝酸钠滴定法测定锰量

GB/T 223.59 钢铁及合金 磷含量的测定 铋磷钼蓝分光光度法和锑磷钼蓝分光光度法

GB/T 223.60 钢铁及合金化学分析方法 高氯酸脱水重量法测定硅含量

GB/T 223.61 钢铁及合金化学分析方法 磷钼酸铵容量法测定磷量

GB/T 223.62 钢铁及合金化学分析方法 乙酸丁酯萃取光度法测定磷量

GB/T 223.63 钢铁及合金化学分析方法 高碘酸钠(钾)光度法测定锰量

GB/T 223.64 钢铁及合金 锰含量的测定 火焰原子吸收光谱法

GB/T 223.67 钢铁及合金 硫含量的测定 次甲基蓝分光光度法

GB/T 223.68 钢铁及合金化学分析方法 管式炉内燃烧后碘酸钾滴定法测定硫含量

GB/T 223.69 钢铁及合金 碳含量的测定 管式炉内燃烧后气体容量法

GB/T 223.71 钢铁及合金化学分析方法 管式炉内燃烧后重量法测定碳含量

GB/T 223.72 钢铁及合金 硫含量的测定 重量法

GB/T 223.74 钢铁及合金化学分析方法 非化合碳含量的测定

GB/T 223.75 钢铁及合金 硼含量的测定 甲醇蒸馏-姜黄素光度法

GB/T 223.76 钢铁及合金化学分析方法 火焰原子吸收光谱法测定钒量

GB/T 228.1 金属材料 拉伸 第1部分:室温试验方法(GB/T 228.1—2010,ISO 6892-

1:2009,MOD)

GB/T 229　金属材料　夏比摆锤冲击试验方法

GB/T 232　金属材料　弯曲试验方法

GB/T 247　钢板和钢带包装、标志及质量证明书的一般规定

GB/T 709　热轧钢板和钢带的尺寸、外形、重量及允许偏差

GB/T 2970　厚钢板超声波检验方法

GB/T 2975　钢及钢产品力学性能试验取样位置及试样制备

GB/T 4336　碳素钢和中低合金钢　火花源原子发射光谱分析方法(常规法)

GB/T 8170　数值修约规则与极限数值的表示和判定

GB/T 17505　钢及钢产品交货一般技术要求

GB/T 20066　钢和铁　化学成分测定用试样的取样和制样方法

GB/T 20123　钢铁　总碳硫含量的测定　高频感应炉燃烧后红外吸收法(常规方法)

JB/T 4730.3　承压设备无损检测　第3部分:超声检测

3　订货内容

按本标准订货的合同或订单应包括下列内容:

a)　标准编号;

b)　产品名称;

c)　牌号;

d)　尺寸;

e)　重量;

f)　附加技术要求。

4　牌号表示方法

本标准所列牌号后缀"R"和"D"分别是指压力容器"容"字和低温"低"字的汉语拼音第一个字母。

5　尺寸、外形、重量及允许偏差

5.1　钢板的尺寸、外形及允许偏差应符合GB/T 709的规定。

5.2　钢板的厚度允许偏差应符合GB/T 709的B类偏差要求。

5.2.1　根据需方要求,经供需双方协议,也可按GB/T 709的C类偏差交货。

5.3　钢板按理论重量交货,理论计重采用的厚度为钢板允许的最大厚度和最小厚度的算术平均值。计算用钢板密度为7.85 g/cm^3。

6　技术要求

6.1　牌号与化学成分

6.1.1　钢的牌号和化学成分(熔炼分析)应符合表1的规定。

表 1 化学成分

牌号	化学成分(质量分数)/%										
	C	Si	Mn	P	S	Cu	Ni	Cr	Mo	V	B	Pcm[a]
07MnMoVR	≤ 0.09	0.15～0.40	1.20～1.60	≤ 0.020	≤ 0.010	≤ 0.25	≤ 0.40	≤ 0.30	0.10～0.30	0.02～0.06	≤ 0.002 0	≤ 0.20
07MnNiVDR	≤ 0.09	0.15～0.40	1.20～1.60	≤ 0.018	≤ 0.008	≤ 0.25	0.20～0.50	≤ 0.30	≤ 0.30	0.02～0.06	≤ 0.002 0	≤ 0.21
07MnNiMoDR	≤ 0.09	0.15～0.40	1.20～1.60	≤ 0.015	≤ 0.005	≤ 0.25	0.30～0.60	≤ 0.30	0.10～0.30	≤ 0.06	≤ 0.002 0	≤ 0.21
12MnNiVR	≤ 0.15	0.15～0.40	1.20～1.60	≤ 0.020	≤ 0.010	≤ 0.25	0.15～0.40	≤ 0.30	≤ 0.30	0.02～0.06	≤ 0.002 0	≤ 0.25

[a] Pcm 为焊接裂纹敏感性组成,按如下公式计算:
Pcm=C+Si/30+(Mn+Cu+Cr)/20+Ni/60+Mo/15+V/10+5B(%)。

6.1.2 为改善钢的性能,可添加表 1 之外的其他微合金元素。

6.1.3 厚度不大于 36 mm 的 07MnMoVR 钢板、厚度不大于 30 mm 的 07MnNiMoDR 钢板 Mo 含量下限可不作要求。

6.1.4 成品钢板的化学成分允许偏差应符合 GB/T 222 的规定,其中 P+0.003%,S+0.002%。

6.2 冶炼方法

钢由氧气转炉或电炉冶炼,并应经过真空处理。

6.3 交货状态

6.3.1 钢板应以淬火加回火的调质热处理状态交货,其中回火温度不低于 600 ℃。

6.3.2 钢板应以剪切或用火焰切割交货。

6.4 力学和工艺性能

6.4.1 钢板的力学和工艺性能应符合表 2 的规定。

表 2 力学性能和工艺性能

牌号	钢板厚度/mm	拉伸试验			冲击试验		弯曲试验
		屈服强度[a] R_{eL}/MPa	抗拉强度 R_m/MPa	断后伸长率 A/%	温度/℃	冲击功吸收能量 KV_2/J	180° $b=2a$
07MnMoVR	10～60	≥490	610～730	≥17	−20	≥80	$d=3a$
07MnNiVDR	10～60	≥490	610～730	≥17	−40	≥80	$d=3a$
07MnNiMoDR	10～50	≥490	610～730	≥17	−50	≥80	$d=3a$
12MnNiVR	10～60	≥490	610～730	≥17	−20	≥80	$d=3a$

[a] 当屈服现象不明显时,采用 $R_{P0.2}$。

6.4.2 夏比(V型缺口)冲击功按3个试样的算术平均值计算,允许其中1个试样的单个值比表2规定值低,但不得低于规定值的70%。

6.4.3 厚度小于12 mm的钢板,夏比(V型缺口)冲击试验应采用辅助试样,辅助试样尺寸为7.5 mm×10 mm×55 mm,其试验结果应不小于表2规定值的75%。

6.4.4 根据需方要求,经供需双方协议,对厚度大于36 mm的钢板可在厚度1/2处增加一组冲击试样,冲击功指标由供需双方协议。

6.5 表面质量

6.5.1 钢板表面不允许存在裂纹、气泡、结疤、折叠和夹杂等缺陷。如有上述表面缺陷,允许清理,清理深度从钢板实际尺寸算起,不得超过钢板厚度公差之半,并应保证钢板的最小厚度。缺陷清理处应平滑无棱角。钢板不得有分层。

6.5.2 其他缺陷允许存在,其深度从钢板实际尺寸算起,不得超过厚度允许公差之半,并应保证缺陷处厚度不小于钢板允许最小厚度。

6.6 超声检测

钢板应逐张进行超声检测,检测方法按JB/T 4730.3或GB/T 2970执行,合格级别为I级。

6.7 特殊要求

经供需双方协商,并在合同中注明,可以对钢板提出其他特殊要求。

7 试验方法

7.1 每批钢板的检验项目、取样数量、取样方法、试验方法应符合表3的规定。

表3 检验项目、取样数量及试验方法

序号	检验项目	取样数量	取样方法	取样方向	试验方法
1	化学分析	1个/每炉	GB/T 20066	—	GB/T 223、GB/T 4336、GB/T 20123
2	拉伸试验	1个/每批	GB/T 2975	横向	GB/T 228.1
3	冲击试验	3个/每批	GB/T 2975	横向	GB/T 229
4	冷弯试验	1个/每批	GB/T 2975	横向	GB/T 232
5	超声检测	逐张	—	—	JB/T 4730.3或GB/T 2970
6	尺寸、外形	逐张	—	—	符合精度要求的适宜量具
7	表面	逐张	—	—	目测

7.2 表3中的拉伸、冲击、冷弯试样允许取自同一块样坯。样坯应取自钢板宽度的1/4处。当热处理后钢板长度不大于15 m时,在钢板的一端切取样坯;当热处理后钢板长度大于15 m时,在钢板的两端各切取一个样坯,每个样坯均取一组试样(1个拉伸、3个冲击和1个冷弯)。允许采用剪切或火焰切割方法切取样坯,但样坯的尺寸必须保证试样避开因剪切或火焰切割造成的加工硬化区或热影响区。

7.3 表3中拉伸、冲击、冷弯试样的轴线方向均应垂直于钢板的轧制方向;夏比(V型缺口)冲击试样的缺口轴线方向应垂直于钢板的轧制表面。

7.4 拉伸、冲击试验取样位置按 GB/T 2975 的规定。对厚度大于 25 mm 的钢板,冲击试样的轴线应位于厚度 1/4 处。所有厚度钢板的冷弯试样均应至少保留一个轧制面,轧制面为弯曲试验的外表面。

8 检验规则

8.1 钢板检验由供方质量检验部门进行,需方有权按本标准进行验收。

8.2 钢板逐热处理张组批检验、验收。

8.3 钢板检验结果不符合本标准上述要求时,可以进行复验。

8.3.1 冲击试验结果不符合本标准 6.4.1 规定时,应从同一张钢板上再取 3 个试样进行试验,前后两组 6 个试样冲击吸收功的算术平均值不得低于规定值,允许有 2 个试样小于规定值,但其中小于规定值 70%的试样只允许有 1 个。

8.3.2 其他检验项目的复验和判定按 GB/T 17505 的有关规定执行。

9 包装、标志、质量证明书

钢板的包装、标志、质量证明书应符合 GB/T 247 的规定。

10 数字修约

数值修约按 GB/T 8170 的规定。

附　录　A
(资料性附录)
新旧标准牌号对照

本标准的牌号与 GB 19189—2003 的牌号对照见表 A.1。

表 A.1

GB 19189—2011	GB 19189—2003
07MnMoVR	07MnCrMoVR
07MnNiVDR	07MnNiMoVDR
07MnNiMoDR	
12MnNiVR	12MnNiVR

ICS 23.020.30;13.110
J 74

中华人民共和国国家标准

GB/T 19624—2019
代替 GB/T 19624—2004

在用含缺陷压力容器安全评定

Safety assessment of in-service pressure vessels containing defects

2019-06-04 发布　　2020-01-01 实施

国家市场监督管理总局
中国国家标准化管理委员会　发布

前　言

本标准按照 GB/T 1.1—2009 给出的规则起草。

本标准代替 GB/T 19624—2004《在用含缺陷压力容器安全评定》。与 GB/T 19624—2004 相比,主要变化如下:

——修改了规范性引用文件(见第 2 章,2004 年版的第 2 章);

——修改了一次应力分安全系数(见表 1,2004 年版的表 5-1);

——修改了焊接修补区、高拘束度焊缝区或焊接残余应力分布情况不明区域焊接残余应力引起的二次应力取值(见 5.4.2.3.4,2004 年版的 5.4.2.4.4);

——修改了凹坑缺陷的安全评定限定条件和免于评定的判别条件(见 5.8,2004 年版的 5.8);

——修改了流变应力取值(见 5.8.4 和 H.7,2004 年版的 5.8.4 和 H.7);

——增加了内压圆筒整圈内表面环向裂纹、半椭圆表面轴向和环向裂纹、椭圆埋藏轴向或环向裂纹 L_r 的计算公式,修改了内压球壳上长 $2a$ 穿透裂纹 L_r 的计算公式和适用范围,增加了示意图(见附录 C,2004 年版的附录 C);

——增加了内压圆筒整圈内表面环向裂纹、半椭圆表面轴向和环向裂纹、椭圆埋藏轴向或环向裂纹、内压球壳上长 $2a$ 穿透裂纹 K_I 的计算公式,删除了十字接头中的焊根裂纹 K_I 的计算公式(见附录 D,2004 年版的附录 D);

——增加了腐蚀疲劳对安全评定的影响(见附录 A);

——修改了起裂时载荷比 L_r^F 的确定方法(见 G.4.2.2,2004 年版的 G.4.2.2);

——修改了无量纲的含缺陷管道在纯内压下的塑性极限内压的计算公式(见 H.11.1,2004 年版的 H.11.1);

——增加了压力管道弯头和三通体积缺陷安全评定方法(见附录 I);

——增加了材料断裂韧度替代取值经验公式(见附录 J)。

本标准由全国锅炉压力容器标准化技术委员会(SAC/TC 262)提出并归口。

本标准起草单位:中国特种设备检测研究院、合肥通用机械研究院有限公司、国家市场监督管理总局特种设备安全监察局、北京航空航天大学、华东理工大学、南京工业大学、浙江工业大学、清华大学。

本标准主要起草人:谢铁军、陈学东、孙亮、贾国栋、张峥、轩福贞、赵建平、高增梁、范志超、邵珊珊、刘长军、刘应华、王辉、董杰、谢国山、韩志远、曹逻炜、王冰、王笑梅。

本标准所代替标准的历次版本发布情况为:

——GB/T 19624—2004。

引 言

为了适应国家有关法规、规章中关于在用含缺陷压力容器、压力管道安全评定要求和工程需要，我国陆续开展了“七五”重点科技项目“带缺陷压力容器安全性评定研究”、“八五”国家重点攻关课题“在役锅炉压力容器安全评估与爆炸预防技术研究”、“九五”国家重点科技攻关课题“在役工业压力管道安全评估与重要压力容器寿命预测技术研究”，在这些研究工作的基础上，于 2004 年形成 GB/T 19624—2004《在用含缺陷压力容器安全评定》。该标准依据“合于使用”和“最弱环”原则，用于判别在用含缺陷压力容器在规定的使用条件下能否继续安全使用。GB/T 19624—2004 的主要起草单位及人员为：中国特种设备检测研究中心陈钢、李学仁、左尚志、孙亮、陶雪荣、贾国栋；北京航空航天大学钟群鹏、田永江；华东理工大学李培宁、王志文；清华大学余寿文、董亚民；合肥通用机械研究所陈学东、张立权、何处仁、王冰；中国石化经济技术研究院寿比南；浙江工业大学张康达；大连理工大学秦红；中国通用石化机械工程公司肖有谷；浙江大学王宽福；南京工业大学沈士明。

为了解决标准实施中的问题，后续又开展了“十五”国家重点科技攻关课题“城市埋地燃气管道及工业特殊承压设备安全保障关键技术研究”、“十一五”国家科技支撑课题“大型高参数高危险性成套装置长周期运行安全保障关键技术研究”、质检公益项目“基于损伤模式的承压设备合于使用评价技术研究及应用”等研究工作，结合国际上有关技术的发展，完成了对 GB/T 19624—2004 的修订。

在用含缺陷压力容器安全评定

1 范围

本标准规定了在用含缺陷压力容器安全评定的术语、定义和符号、总论、断裂与塑性失效评定、疲劳失效评定。

本标准适用于在用钢制含超标缺陷压力容器的安全评定。锅炉、管道以及其他金属材料制容器中的受压元件在进行安全评定时也可参照使用。

本标准适用于含下列类型缺陷的受压元件的安全评定：

a) 平面缺陷：包括裂纹、未熔合、未焊透、深度大于或等于 1 mm 的咬边等；

b) 体积缺陷：包括凹坑、气孔、夹渣、深度小于 1 mm 的咬边等。

本标准不适用于下列压力容器和结构：

a) 核能装置中承受核辐射的压力容器和结构；

b) 机器上非独立的承压部件(如压缩机、发电机、泵、柴油机的承压壳或气缸等)；

c) 承受直接火的受压元件；

d) 电力行业专用的封闭式电气设备的电容压力容器(封闭电器)；

e) 潜在失效模式包含蠕变的压力容器和结构。

2 规范性引用文件

下列文件对于本文件的应用是必不可少的。凡是注日期的引用文件，仅注日期的版本适用于本文件。凡是不注日期的引用文件，其最新版本(包括所有的修改单)适用于本文件。

GB/T 150.2 压力容器 第 2 部分：材料

GB/T 228(所有部分) 金属材料 拉伸试验

GB/T 4161 金属材料 平面应变断裂韧度 K_{IC}试验方法

GB/T 6398 金属材料 疲劳试验 疲劳裂纹扩展方法

GB/T 21143—2014 金属材料 准静态断裂韧度的统一试验方法

JB/T 4732 钢制压力容器 分析设计标准

NB/T 47013.2 承压设备无损检测 第 2 部分：射线检测

3 术语、定义和符号

3.1 术语和定义

下列术语和定义适用于本文件。

3.1.1

超标缺陷 defect exceeding standard

超过有关压力容器制造或验收法规、标准所规定的容许尺寸的缺陷。

3.1.2

断裂评定 fracture assessment

采用断裂力学的方法评价含缺陷压力容器和结构能否排除断裂失效的安全评定。

3.1.3

塑性失效评定　plastic collapse assessment

采用塑性极限分析的方法评价含缺陷压力容器和结构能否排除塑性失效的安全评定。

3.1.4

疲劳评定　fatigue assessment

评价含缺陷压力容器和结构在预期疲劳载荷的作用下,在所要求的继续使用期内能否排除疲劳失效的安全评定。

3.1.5

缺陷表征　defect characterization

缺陷的规则化

将实际缺陷按规则简化为一个简单几何形状的缺陷。

3.1.6

等效裂纹尺寸　equivalent crack size

在平面缺陷的简化评定中,按等应力强度因子的原则,将表征后的椭圆埋藏裂纹或半椭圆表面裂纹用具有相等应力强度因子的穿透裂纹代替,该穿透裂纹的半长称为上述椭圆埋藏裂纹或半椭圆表面裂纹的等效裂纹尺寸。

3.1.7

塑性极限载荷　plastic collapse load

采用极限分析方法,按理想塑性材料假设,以实际材料屈服强度和抗拉强度的平均值作为材料的流变应力进行计算,所得到的该结构所能承受的最大载荷。

3.1.8

塑性屈服载荷　plastic yield load

采用极限分析的方法,按理想塑性材料假设,以实际材料屈服强度进行计算所得到的结构所能承受的最大载荷。

3.1.9

鼓胀效应　bulging effect

内压对壳面的作用力迫使缺陷部位壳体局部凸出,导致实际的裂纹尖端应力强度因子值高于未考虑局部凸出时计算所得的应力强度因子值的现象。

3.1.10

鼓胀效应系数　coefficient of bulging effect

鼓胀效应所导致的应力强度因子增大的放大倍数。

3.1.11

ROR 材料　ROR material

应力应变关系满足 $\varepsilon/\varepsilon_s=\sigma/\sigma_s+\alpha(\sigma/\sigma_s)^n$ 的材料。

3.2　符号

下列符号适用于本文件。

A ——材料疲劳裂纹扩展速率与 ΔK 关系式中的系数,$N^{-m}\cdot mm^{(1+3m/2)}\cdot cycle^{-1}$;

A_p ——内压的作用面积,mm^2;

A_s ——接管承载面积,mm^2;

a ——平面缺陷规则化后的表征裂纹尺寸(穿透裂纹长度的一半;二维缺陷椭圆化后短轴长度的一半,即表面裂纹的深度、埋藏裂纹自身高度的一半,或角裂纹沿接管壁的深度),mm;

a_1 ——相邻两共面裂纹中较大者的 a 值(共面夹渣较深者的 a 值),mm;

a_2 ——相邻两共面裂纹中较小者的 a 值(共面夹渣较浅者的 a 值),mm;

a_{45} ——接管拐角平分线方向的拐角裂纹深度,mm;

a_f ——裂纹疲劳扩展后 a 的最终尺寸,mm;

a_i ——第 i 个疲劳(应力)循环后的 a 值,$i=1,2,\cdots,n$,mm;

a_j ——疲劳扩展分段计算法中第 j 计算段中裂纹尺寸 a 的近似平均值,$j=1,2,\cdots,u$,mm;

a_0 ——疲劳分析初始裂纹的 a 值,mm;

$\bar{a}$ ——简化评定中缺陷的等效裂纹尺寸,mm;

$\bar{a}_m$ ——简化评定中缺陷的最大容许等效裂纹尺寸,mm;

B ——评定用壳体计算厚度,即扣除一个评定周期的内、外壁腐蚀量后的缺陷附近容器壳体壁厚($B=B_0-C_2$),mm;

B_1 ——计算对接焊接接头中因错边引起的弯曲二次应力时,错边两侧的容器壁厚的较大值,mm;

B_2 ——计算对接焊接接头中因错边引起的弯曲二次应力时,错边两侧的容器壁厚的较小值,mm;

B_{45} ——接管拐角平分线方向的容器壁厚,mm;

B_{min} ——接管内拐角至外拐角的距离,mm;

B_n ——评定用接管计算厚度,即扣除一个评定周期内外壁腐蚀量后的缺陷附近接管壁厚,mm;

B_0 ——缺陷附近实测容器壳体壁厚,mm;

b ——在计算对接焊接接头中因错边引起的弯曲二次应力的公式中,容器壁厚参数的指数项;

C_2 ——一个评定周期内因内外壁介质腐蚀而导致的壁厚减薄量,mm;

c ——表征椭圆埋藏裂纹或半椭圆表面裂纹在沿壳体表面方向的半长,mm;

c_1 ——相邻两共面裂纹中较大者的 c 值(共面夹渣中较深者的 c 值),mm;

c_2 ——相邻两共面裂纹中较小者的 c 值(共面夹渣中较深者的 c 值),mm;

c_f ——裂纹疲劳扩展后 c 的最终尺寸,mm;

c_i ——第 i 个疲劳(应力)循环后的 c 值,mm;

c_j ——疲劳扩展分段计算法中第 j 计算段中裂纹尺寸 c 的近似平均值,$j=1$,

2,…,u, mm;

c_0 ——疲劳分析初始裂纹的 c 值, mm;

D ——容器平均直径, mm;

D_n ——接管平均直径, mm;

d ——疲劳评定时,大小不同的应力变化范围的种数;

d' ——计算对接焊接接头中因棱角引起的弯曲二次应力时,在与焊缝垂直的截面上,棱角的直边段在壁厚方向上的投影长度的一半, mm;

da/dt ——应力腐蚀裂纹扩展速率, mm/s;

E ——在评定温度下的材料弹性模量,MPa;

e ——表征埋藏椭圆裂纹中心偏离壁厚中心的偏心距, mm;

e_1 ——错边量, mm;

F_{ch} ——接管拐角裂纹的边界修正因子;

f ——f_b及 f_m的总称;

f_b ——f_b^A及 f_b^B的总称;

f_b^A ——计算由弯曲应力 σ_B引起的裂纹尺寸 a 方向裂纹尖端处应力强度因子时所用的裂纹构形因子;

f_b^B ——计算由弯曲应力 σ_B引起的裂纹尺寸 c 方向裂纹尖端处应力强度因子时所用的裂纹构形因子;

f_{cc} ——计算拐角裂纹的 K_I时所用的因子;

f_m ——f_m^A及 f_m^B的总称;

f_m^A ——计算由薄膜应力 σ_m引起的裂纹尺寸 a 方向裂纹尖端处应力强度因子时所用的裂纹构形因子;

f_m^B ——计算由薄膜应力 σ_m引起的裂纹尺寸 c 方向裂纹尖端处应力强度因子时所用的裂纹构形因子;

G ——相邻两裂纹间弹塑性干涉效应系数;

G_0 ——凹坑缺陷无量纲参数;

h ——缺陷沿板厚方向的实测最大自身深度, mm;

h_W ——填角焊缝焊脚尺寸, mm;

i ——d 种应力变化范围的各自代号,i =1,2,…,d;

J ——J 积分值,N/mm;

$J_{0.05}$ ——裂纹稳定扩展量为 0.05 mm 时所对应的 J 积分值,N/mm;

$J_{0.2BL}$ ——稳定裂纹扩展为 0.2 mm 钝化偏置线时对应的非尺寸敏感断裂抗力 J,N/mm;

$J_{c(B)}$ ——当 Δa 小于 0.2 mm 钝化偏置线时出现非稳定裂纹扩展或 pop-in 时的 J 积分断裂抗力,N/mm;

J_{IC} ——材料 J 积分断裂韧度,N/mm;

J_i ——按金相剖面法测得的材料 J 积分断裂韧度,N/mm;

$J_R(\Delta a)$ ——裂纹稳定扩展 Δa 时的延性撕裂断裂韧度,N/mm;

j ——裂纹扩展分成 u 段计算的段次,$j=1,2,\cdots,u$;

K_C ——以应力强度因子表示材料的断裂韧度,或由 J 积分断裂韧度/CTOD 断裂韧度换算的以应力强度因子表示的材料断裂韧度,MPa·$\sqrt{m}$ 或 N/mm$^{3/2}$;

K_I ——I 型应力强度因子,MPa·$\sqrt{m}$ 或 N/mm$^{3/2}$;

K_{IC} ——材料的平面应变断裂韧度,MPa·$\sqrt{m}$ 或 N/mm$^{3/2}$;

K_{ISCC} ——材料在相应介质环境下产生应力腐蚀开裂的界限应力强度因子,MPa·$\sqrt{m}$ 或 N/mm$^{3/2}$;

K_p ——平面缺陷常规评定中考虑了分安全系数后,以应力强度因子表示的材料断裂韧度,MPa·$\sqrt{m}$ 或 N/mm$^{3/2}$;

K_r ——平面缺陷常规评定用断裂比,指施加载荷作用下的应力强度因子与以应力强度因子表示的材料断裂韧度的比值;

K_t ——应力集中系数;

K_I^P ——一次应力引起的应力强度因子,MPa·$\sqrt{m}$ 或 N/mm$^{3/2}$;

K_I^S ——二次应力引起的应力强度因子,MPa·$\sqrt{m}$ 或 N/mm$^{3/2}$;

KV_2 ——评价温度下夏比 V 型缺口标准试样冲击吸收能量,J;

k ——两凹坑间的最小间距, mm;

L ——板长度的一半, mm;

L_r ——载荷比,指引起一次应力的施加载荷与塑性屈服极限载荷的比值,表示载荷接近于材料塑性屈服极限载荷的程度;

L_W ——有焊趾裂纹或填角焊焊根裂纹的焊接接头上两相邻对称焊趾间的距离, mm;

L_r^{max} ——L_r 的容许极限;

l ——平面缺陷沿壳体表面方向的实测最大长度, mm;

l' ——计算对接焊接接头中因棱角引起的弯曲二次应力时,在与焊缝垂直的截面上,棱角两直边段总跨度的一半, mm;

M ——相邻两裂纹间的线弹性干涉效应系数;

M_g ——鼓胀效应系数;

M_σ ——应力集中修正因子;

m ——疲劳裂纹扩展速率与 ΔK 关系式中的指数;

N ——恒幅疲劳应力循环总次数,cycle;

n ——ROR 材料的应变硬化指数;

n_i ——表示 $(\Delta\sigma_m)_i$ 及 $(\Delta\sigma_B)_i$ 的应力变化范围的循环次数,cycle;

P ——一次应力,MPa;

P_b ——一次弯曲应力,MPa;

P_L ——以材料流变应力值进行极限分析所得到的结构塑性极限载荷,MPa;

P_m ——一次薄膜应力,MPa;

p ——安全评定要求的容器工作压力,MPa;

p_1, p_2 ——埋藏缺陷距壳体两表面的距离,且 $p_1 \leqslant p_2$, mm;

p_L ——含凹坑缺陷的容器的塑性极限载荷,MPa;

p_{L0} ——与含凹坑缺陷的容器材料及尺寸相同的无缺陷受压元件的塑性极限载荷,MPa;

p_{max} ——已经计入安全裕度的含凹坑缺陷的容器最高容许工作压力,MPa;

Q ——二次应力,MPa;

Q_b ——二次弯曲应力,MPa;

Q_m ——二次薄膜应力,MPa;

R ——容器平均半径, mm;

R_i ——容器内半径, mm;

R_{in} ——接管内半径, mm;

R_o ——容器外半径, mm;

R_σ ——应力比,指应力循环中最小应力与最大应力之比;

S_r ——施加载荷与流变强度载荷的比值;

$(S^3N)_x$ ——工况要求承受的疲劳强度参量,$N^3/mm^6 \cdot cycle$;

$(S^3N)_y$ ——缺陷容许承受的疲劳强度参量,$N^3/mm^6 \cdot cycle$;

s ——两共面裂纹间的间距, mm;

s_0 ——判别两共面裂纹是否应合并的临界间距, mm;

s_1 ——两共面裂纹或夹渣之间沿壁厚方向的最小距离, mm;

s_2 ——两共面裂纹或夹渣之间沿壳壁表面方向的最小距离, mm;

s_3 ——两非共面裂纹或夹渣中两面之间的最小距离, mm;

T ——温度,℃;

T_0 ——可忽略材料蠕变效应的温度,℃;

t ——时间,h;

u ——裂纹疲劳扩展分段计算法中 n_i 的分段段数;

W ——试样宽度的一半, mm;

w ——棱角尺寸, mm;

X ——规则化后椭球形凹坑在壳壁表面的椭圆长轴尺寸的一半, mm;

X_1 ——相邻两凹坑中较大者的 X 值, mm;

X_2 ——相邻两凹坑中较小者的 X 值, mm;

X_b ——平面缺陷简化评定用弯曲应力折合为当量拉伸应力的折合系数;

X_r ——平面缺陷简化评定用焊接残余应力折合为当量拉伸应力的折合系数;

Y ——规则化后椭球形凹坑在壳壁表面的椭圆短轴尺寸的一半, mm;

Y_1 ——相邻两凹坑中较大者的 Y 值, mm;

Y_2 ——相邻两凹坑中较小者的 Y 值，mm；

y ——计算对接焊接接头中因棱角引起的弯曲二次应力时，在与焊缝垂直的截面上，棱角直边段在壁厚方向上的投影长度，mm；

Z ——规则化后椭球形凹坑的深度，mm；

ΔK ——裂纹尖端应力强度因子变化范围，$\text{MPa}\cdot\sqrt{\text{m}}$ 或 $\text{N/mm}^{3/2}$；

ΔK_a ——a 方向裂纹尖端处的 ΔK，$\text{MPa}\cdot\sqrt{\text{m}}$ 或 $\text{N/mm}^{3/2}$；

ΔK_c ——c 方向裂纹尖端处的 ΔK，$\text{MPa}\cdot\sqrt{\text{m}}$ 或 $\text{N/mm}^{3/2}$；

$(\Delta K_a)_{i-1}$ ——按 a_{i-1}，c_{i-1} 及 $(\Delta\sigma_m)_i$，$(\Delta\sigma_B)_i$ 计算的 a 方向裂纹尖端处的 ΔK，$\text{MPa}\cdot\sqrt{\text{m}}$ 或 $\text{N/mm}^{3/2}$；

$(\Delta K_c)_{i-1}$ ——按 a_{i-1}，c_{i-1} 及 $(\Delta\sigma_m)_i$，$(\Delta\sigma_B)_i$ 计算的 c 方向裂纹尖端处的 ΔK，$\text{MPa}\cdot\sqrt{\text{m}}$ 或 $\text{N/mm}^{3/2}$；

$[(\Delta K_a)_i]_{j-1}$ ——按 $a=a_{j-1}$，$c=c_{j-1}$ 及 $(\Delta\sigma_m)_i$，$(\Delta\sigma_B)_i$ 计算的 a 方向裂纹尖端处的 ΔK，$\text{MPa}\cdot\sqrt{\text{m}}$ 或 $\text{N/mm}^{3/2}$；

$[(\Delta K_c)_i]_{j-1}$ ——按 $a=a_{j-1}$，$c=c_{j-1}$ 及 $(\Delta\sigma_m)_i$，$(\Delta\sigma_B)_i$ 计算的 c 方向裂纹尖端处的 ΔK，$\text{MPa}\cdot\sqrt{\text{m}}$ 或 $\text{N/mm}^{3/2}$；

ΔK_{th} ——疲劳裂纹扩展的应力强度因子变化范围门槛值，$\text{MPa}\cdot\sqrt{\text{m}}$ 或 $\text{N/mm}^{3/2}$；

ΔK^p ——一次应力变化引起的应力强度因子变化范围，$\text{MPa}\cdot\sqrt{\text{m}}$ 或 $\text{N/mm}^{3/2}$；

ΔK^s ——二次应力强度因子变化范围，$\text{MPa}\cdot\sqrt{\text{m}}$ 或 $\text{N/mm}^{3/2}$；

$(\Delta P_b)_i$ ——一次应力的 $(\Delta\sigma_B)_i$，MPa；

$(\Delta P_m)_i$ ——一次应力的 $(\Delta\sigma_m)_i$，MPa；

$(\Delta Q_b)_i$ ——二次应力的 $(\Delta\sigma_B)_i$，MPa；

$(\Delta Q_m)_i$ ——二次应力的 $(\Delta\sigma_m)_i$，MPa；

ΔT ——内外壁温差，℃；

$\Delta\sigma$ ——应力变化范围，等于 $\Delta\sigma_m$ 与 $\Delta\sigma_B$ 之和，及 $\Delta\sigma_1$ 和 $\Delta\sigma_2$ 中的较大值，MPa；

$(\Delta\sigma)_i$ ——第 i 种应力变化范围，$i=1,2,\cdots,d$，MPa；

$\Delta\sigma_1$，$\Delta\sigma_2$ ——截面上应力变化范围分布经线性化处理后得到的内、外壁上的应力变化范围值，MPa；

$\Delta\sigma_B$ ——弯曲应力分量变化范围值，MPa；

$\Delta\sigma_m$ ——薄膜应力分量变化范围值，MPa；

$(\Delta\sigma)_{min}$ ——可忽略的最小应力变化范围，MPa；

$(\Delta\sigma_m)_i$ ——第 i 种薄膜应力分量变化范围，MPa；

$(\Delta\sigma_B)_i$ ——第 i 种弯曲应力分量变化范围，MPa；

α' ——计算对接焊接接头中因棱角引起的弯曲二次应力时，在与焊缝垂直的截面上，棱角直边段与壳体表面方向所形成的锐角，rad；

β ——计算对接焊接接头中因棱角引起的弯曲二次应力时所使用的中间参

量,rad;

δ ——裂纹尖端张开位移(CTOD)值,mm;

$\delta_{0.05}$ ——裂纹稳定扩展量为 0.05 mm 时所对应的 COD 值,mm;

$\delta_{0.2BL}$ ——稳定裂纹扩展为 0.2 mm 钝化偏置线时对应的非尺寸敏感断裂抗力 δ,mm;

δ_c ——CTOD 断裂韧度,mm;

$\delta_{c(B)}$ ——当 Δa 小于 0.2 mm 钝化偏置线时出现非稳定裂纹扩展或 pop-in 时的 CTOD 断裂抗力,mm;

δ_i ——按金相剖面法测定的材料 CTOD 断裂韧度,mm;

δ_r ——平面缺陷简化评定用断裂比,指在施加应力作用下的裂纹尖端张开位移与材料的张开位移断裂韧度的比值;

ν ——泊松比;

ρ ——平面缺陷常规评定中计算二次应力的塑性修正因子;

σ ——应力,MPa;

σ_1,σ_2 ——截面上的应力分布经线性化处理后在内、外壁上的应力值,MPa;

$\sigma_{0.2}$ ——条件屈服强度,即材料拉伸残余应变量为 0.2%时所对应的应力值,MPa;

σ_B ——由应力分布线性化规则得到的弯曲应力(由 P 引起的称 P_b,由 Q 引起的称 Q_b),MPa;

σ_b ——评定温度下材料的抗拉强度,MPa;

σ_m ——薄膜应力(由 P 引起的称 P_m,由 Q 引起的称 Q_m),MPa;

σ_R ——焊接残余应力,MPa;

σ_R^{max} ——焊接残余应力 σ_R 在截面上的最大值,MPa;

σ_s ——评定温度下的材料屈服强度,也可用其条件屈服强度 $\sigma_{0.2}$ 代替,MPa;

σ_s^w ——评定温度下的焊缝金属的屈服强度,也可用其条件屈服强度 $\sigma_{0.2}$ 代替,MPa;

σ_Σ ——平面缺陷简化评定中使用的总当量拉伸应力,MPa;

$\sigma_{\Sigma1}$ ——平面缺陷简化评定中,由一次薄膜应力 P_m 及局部应力集中引起的当量拉伸应力,MPa;

$\sigma_{\Sigma2}$ ——平面缺陷简化评定中,由一次弯曲应力 P_b 引起的当量拉伸应力,MPa;

$\sigma_{\Sigma3}$ ——平面缺陷简化评定中,由焊接残余应力引起的当量拉伸应力,MPa;

$\bar{\sigma}$ ——评定温度下材料的流变应力,MPa;

$\bar{\sigma}'$ ——评定温度下材料的流变应力,MPa;

Ψ_1 ——平面缺陷常规评定中,为计算 K_r 所涉及的塑性修正因子 ρ 时的中间参量;

θ,φ ——角度,(°);

Φ ——第二类椭圆积分;

ϕ ——焊接接头系数;

η ——表面裂纹或埋藏裂纹的裂纹尖端离壳壁表面的最近距离，mm；

Γ ——平面缺陷简化评定中，计算棱角及错变量的应力集中的中间参量；

ε_s ——屈服应变；

ε_Σ ——裂纹尖端总应变。

4 总论

4.1 总则

采用本标准进行压力容器安全评定除应遵循本标准的规定外，还应遵守国家有关部门颁布的相关法律、法规和规章。

4.2 资格与职责

4.2.1 资格

4.2.1.1 进行压力容器安全评定的单位和人员的资格，应符合国家有关法律、法规和规章规定的资格。

4.2.1.2 在压力容器安全评定中，进行无损检测的人员应持有与实际使用的无损检测方法相一致的Ⅲ级资格证书，且有较丰富的缺陷判别及缺陷尺寸(包括自身高度)测定的经验。

4.2.2 职责

4.2.2.1 进行安全评定的单位应根据所评定对象的缺陷性质、缺陷成因、使用工况以及对缺陷扩展的预测等，对所评定的对象给出明确的评定结论和继续使用的条件。

4.2.2.2 进行安全评定的单位，应对所评定对象的缺陷检验结果和评定结论的正确性负责。

4.3 安全评定的准则与要求

4.3.1 安全评定的一般原则

安全评定应包括对评定对象的状况调查(历史、工况、环境等)、缺陷检测、缺陷成因分析、失效模式判断、材料检验(性能、损伤与退化等)、应力分析、必要的实验与计算，并根据本标准的规定对评定对象的安全性进行综合分析和评价。

4.3.2 失效模式判别

4.3.2.1 失效模式的类型

本标准考虑下列类型的失效模式：

a) 断裂失效；

b) 塑性失效；

c) 疲劳失效。

4.3.2.2 失效模式的判断

判断失效模式应依据同类压力容器或结构的失效分析和安全评定案例与经验、被评定的压力容器或结构的具体的制造和检验资料、使用工况以及缺陷的理化检验和物理诊断结果，且对可能存在的腐蚀、应力腐蚀、高温蠕变环境等对失效模式和安全评定的影响也应予以充分的考虑。应力腐蚀、高温蠕变和腐蚀疲劳环境对安全评定的影响参见附录A。

4.3.3 安全评定方法的选择

安全评定方法的选择应以避免在规定工况(包括水压试验)下安全评定期内发生各种模式的失效而导致事故的可能为原则。一种评定方法只能评价相应的失效模式,只有对各种可能的失效模式进行判断或评价后,才能作出所评价的含有超标缺陷的容器或结构是否安全的结论。

4.3.4 安全评定所需的参考资料和基础数据

4.3.4.1 安全评定所需的参考资料包括:

a) 压力容器制造竣工图及强度计算书;

b) 压力容器制造验收的有关资料,包括材料数据、焊接记录、返修记录、无损检测资料、热处理报告、检验记录和压力试验报告等;

c) 压力容器运行状况的有关资料,包括介质情况、工作温度、载荷状况、运行和故障记录及历次检验与维修报告等。

4.3.4.2 安全评定所需的基础数据包括:

a) 缺陷的类型、尺寸和位置;

b) 结构和焊缝的几何形状和尺寸;

c) 材料的化学成分、力学和断裂韧度性能数据;

d) 由载荷引起的应力;

e) 残余应力。

4.4 安全评定中的基础工作

4.4.1 缺陷检测

应根据安全评定的要求,对被评定对象可能存在的各种缺陷、材料和结构等合理选择有效的检测方法和设备进行全面的检测并确保缺陷检测结果准确、真实、可靠。

对于无法进行无损检测的部位存在缺陷的可能性应有足够的考虑,安全评定人员和无损检测人员应根据经验和具体情况作出保守的估计。

4.4.2 应力分析

应力分析应考虑各种可能的载荷,并根据具体失效模式的安全评定需要和评定方法,采用成熟、可靠的方法计算评定中所需的应力。

4.4.3 材料性能的测试和性能数据的获得

材料性能的测试和性能数据的获得应按有关标准和附录B的规定。应充分考虑材料性能数据的分散性并按偏于保守的原则确定所需的材料性能数值。评定计算时,应保证缺陷尺寸、应力和材料性能等数据单位的一致性。

4.5 评定结论与报告

4.5.1 缺陷评定完成后,评定单位应依据国家相关法规、规章和本标准的规定,及时出具完整的评定报告并给出明确的评定结论和继续使用的条件。

4.5.2 评定报告一般应包括以下内容:

a) 被评定对象的设计、制造、安装、使用等基本情况和数据;

b) 缺陷检验数据；

c) 材料性能数据测试或选用；

d) 应力状况、应力测试和应力分析；

e) 综合安全评价与评定结论。

4.5.3 评定报告应准确无误，由评定人员编制、评定单位技术负责人审查、评定单位法人代表批准，报告应由编制、审查、批准人员签字并加盖评定单位的有效印章。

5 断裂与塑性失效评定

5.1 评定方法的分类

本章所规定的评定方法，依据评定对象的缺陷类型和评定准则的不同，分为下列四种类型：

a) 平面缺陷的简化评定(简称简化评定)；

b) 平面缺陷的常规评定(简称常规评定)；

c) 凹坑缺陷的评定(简称凹坑评定)；

d) 气孔和夹渣缺陷的评定(简称气孔夹渣评定)。

对于平面缺陷，可采用简化评定或常规评定方法进行。在特殊和可能的情况下，也可采用分析评定方法进行更为详尽的分析评定。

5.2 安全系数

常规评定所采用的安全系数见表1。其他评定方法所采用的安全系数，按各相应章节的规定选取。

表1 常规评定安全系数取值

失效后果	缺陷表征尺寸分安全系数	材料断裂韧度分安全系数	应力分安全系数	
			一次应力	二次应力
一般	1.0	1.1	1.1	1.0
严重	1.1	1.2	1.25	1.0

5.3 缺陷的表征

5.3.1 平面缺陷的表征

5.3.1.1 缺陷表征类型和形状

安全评定时，一般应对实测的平面缺陷进行规则化表征处理，将缺陷表征为规则的裂纹状表面缺陷、埋藏缺陷或穿透缺陷。表征后裂纹的形状为椭圆形、圆形、半椭圆形或矩形。

5.3.1.2 缺陷表征尺寸

表征裂纹尺寸应根据具体缺陷情况由缺陷外接矩形的高和长来确定。对穿透裂纹，长为 $2a$；对表面裂纹，高为 a、长为 $2c$；对埋藏裂纹，高为 $2a$、长为 $2c$；对孔边角裂纹，高为 a、长为 c(见图1)。缺陷外接矩形的长边应与邻近的壳体表面平行。

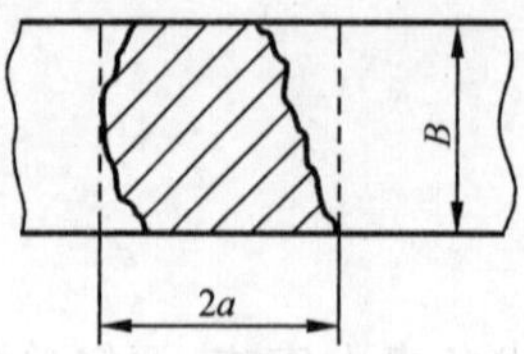

a) 穿透裂纹

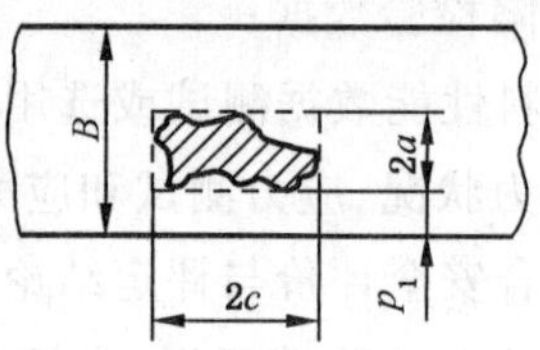

b) 埋藏裂纹

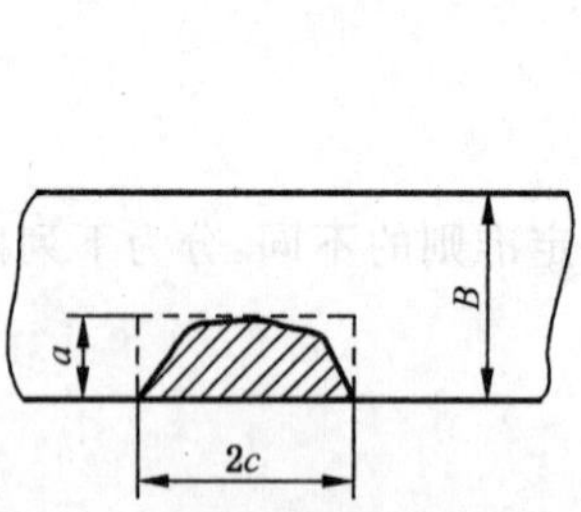

c) 表面裂纹

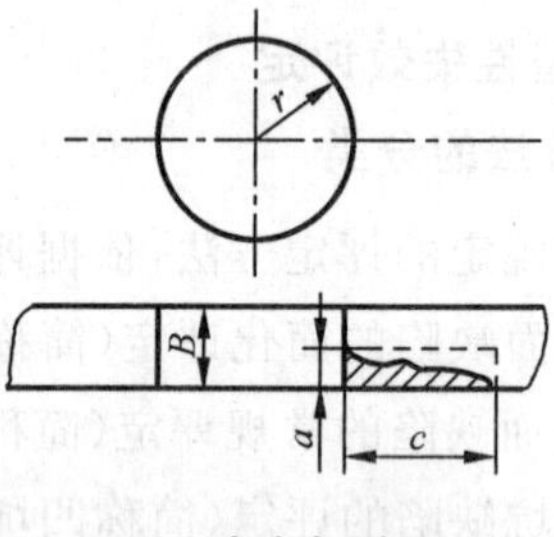

d) 孔边角裂纹

图 1 平面缺陷的表征图例

5.3.1.3 表面缺陷的规则化和表征裂纹尺寸

若缺陷沿壳体表面方向的实测最大长度为 l,沿板厚方向的实测最大深度为 h(见图 2),则:

a) 当 $h>0.7B$ 时,规则化为长 $2a=l+2h$ 的穿透裂纹[见图 2a)];

b) 当 $h\leqslant 0.7B$ 时:

1) $h<l/2$ 时,规则化为 $c=l/2$、$a=h$ 的半椭圆表面裂纹[见图 2b)];

2) $h\geqslant l/2$ 时,对于断裂评定,规则化为 $c=a=h$ 的半圆形表面裂纹[见图 2c)];对疲劳评定,规则化为 $c=l/2$、$a=h$ 的半椭圆表面裂纹[见图 2d)]。

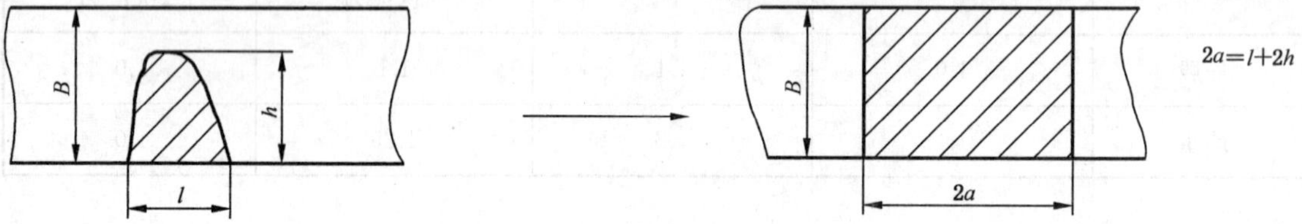

a) $h>0.7B$

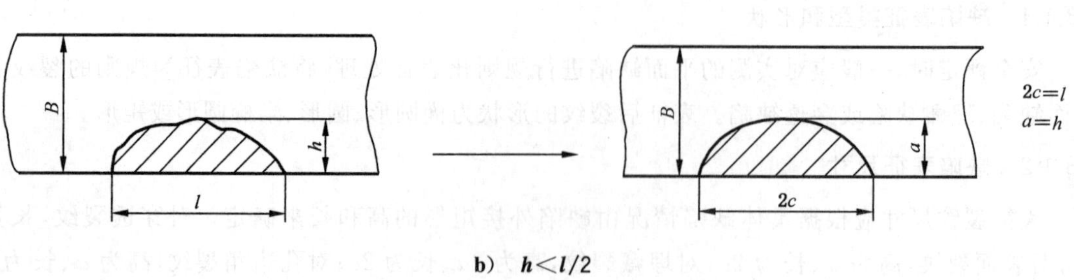

b) $h<l/2$

图 2 表面缺陷的规则化图例

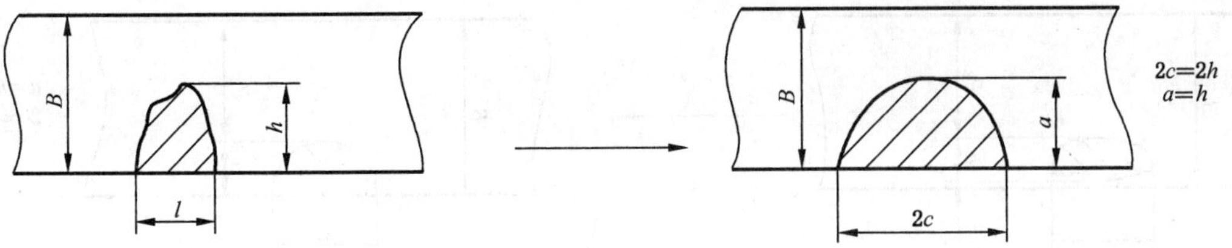

c） $h \geqslant l/2$(断裂用)

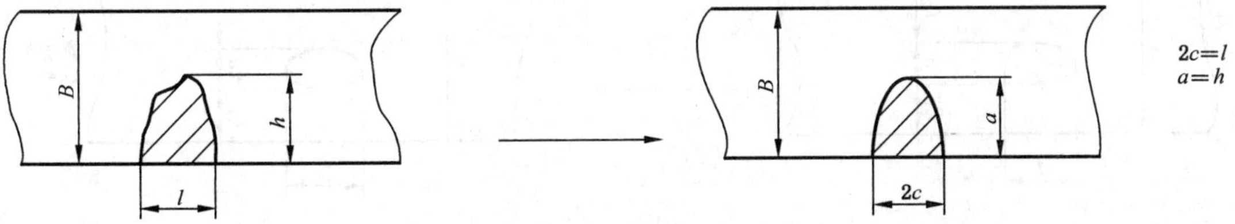

d） $h \geqslant l/2$(疲劳用)

图 2（续）

5.3.1.4 埋藏缺陷的规则化和表征裂纹尺寸

若缺陷沿壳体表面方向的实测最大长度为 l，沿板厚方向的实测最大自身高度为 h，缺陷到壳体内外表面的最短距离分别为 p_1 和 p_2，且 $p_1 \leqslant p_2$(见图 3)，则：

a） 当 $p_1 \leqslant p_2 < 0.4h$ 时，规则化为 $2a = l + 2h$ 的穿透裂纹[见图 3a)]；

b） 当 $p_1 < 0.4h \leqslant p_2$时，规则化为 $a = h + p_1$、$2c = l$ 的半椭圆表面裂纹[见图 3b)]；

c） 当 $0.4h \leqslant p_1 \leqslant p_2$时：

  1） $h < l$ 时，规则化为 $2c = l$、$2a = h$ 的椭圆形埋藏裂纹[见图 3c)]；

  2） $h \geqslant l$ 时，对于断裂评定，规则化为 $2c = 2a = h$ 的圆形埋藏裂纹[见图 3d)]；对于疲劳评定，规则化为 $2c = l$、$2a = h$ 的椭圆埋藏裂纹[见图 3e)]；

d） 已表征为表面裂纹的埋藏缺陷，即使 $2a + p_1 > 0.7B$，也不再表征为穿透裂纹。

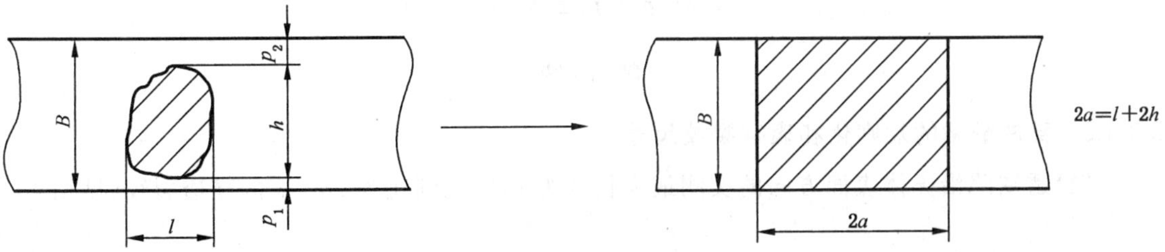

a） $p_1 \leqslant p_2 < 0.4h$

图 3 埋藏缺陷的规则化图例

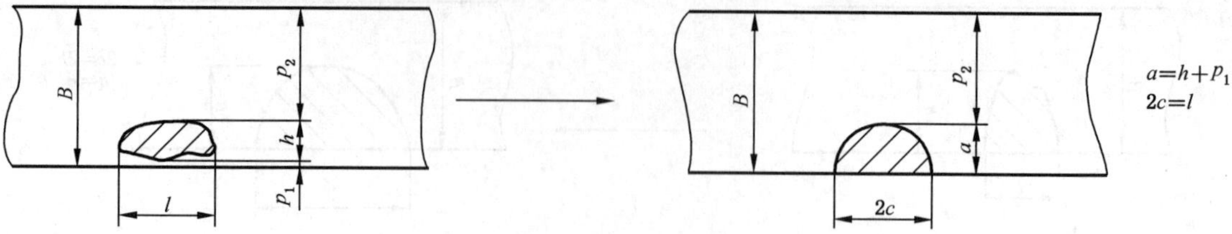

b） $p_1<0.4h\leqslant p_2$

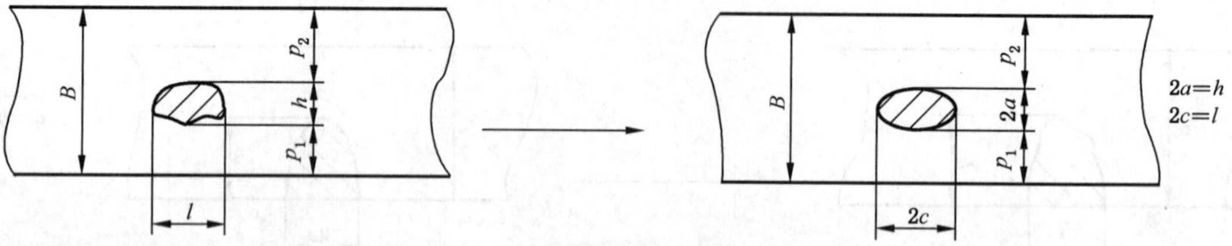

c） $0.4h\leqslant p_1\leqslant p_2$ 且 $h<1$

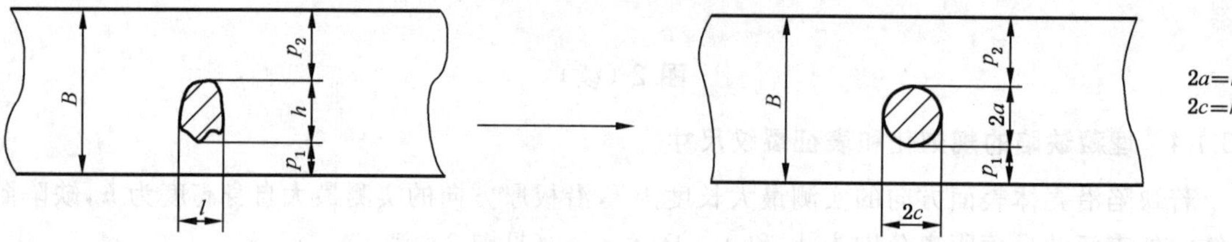

d） $0.4h\leqslant p_1\leqslant p_2$ 且 $h\geqslant l$（断裂用）

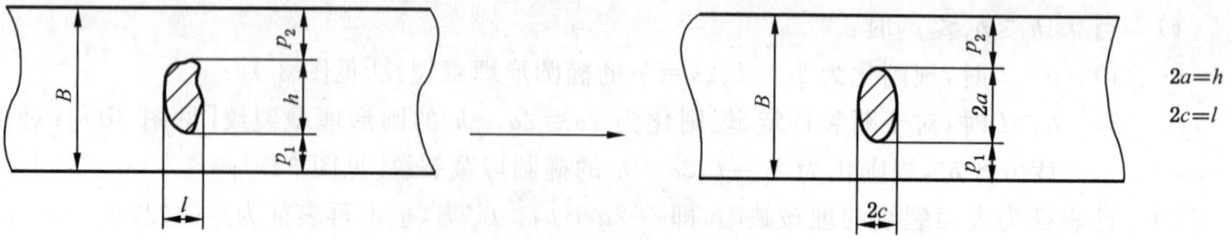

e） $0.4h\leqslant p_1\leqslant p_2$ 且 $h\geqslant l$（疲劳用）

图 3（续）

5.3.1.5 穿透缺陷的规则化和表征裂纹尺寸

若穿透缺陷沿壳体表面方向的实测最大长度为 l，则规则化为 $2a=l$ 的穿透裂纹(见图 4)。

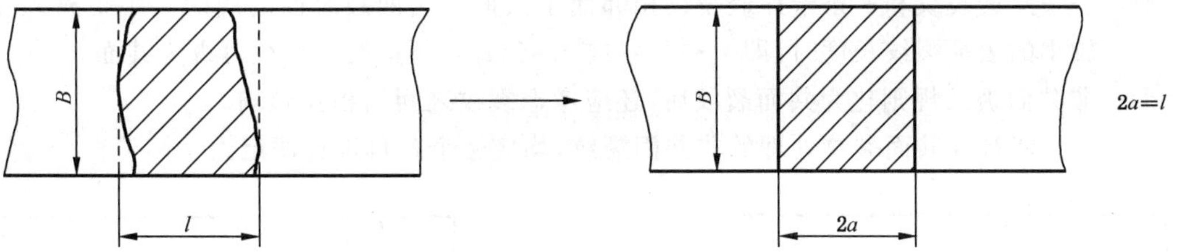

图 4 穿透缺陷的规则化图例

5.3.1.6 **斜裂纹的表征**

当裂纹平面方向与主应力方向不垂直时，可将裂纹投影到与主应力方向垂直的平面内，在该平面内按投影尺寸确定表征裂纹尺寸。

5.3.1.7 **裂纹群的处理**

5.3.1.7.1 **一般原则**

当两裂纹或多裂纹相邻时，应考虑裂纹之间的相互影响。可先按 5.3.1.7.2 的规定确定裂纹间距 s 和合并间距 s_0，然后根据情况分别作出合并(复合)、考虑相互影响或忽略相互影响的处理。

5.3.1.7.2 **裂纹间距 s 及合并间距 s_0 的确定**

图 5 给出的共面裂纹的合并规则中，裂纹间距 s 及合并间距 s_0 的确定原则和典型情况：

a) 在图 5a)中，$s=s_2$、$s_0=2c_2$。

b) 在图 5b)、图 5c)、图 5d)中，若$\frac{s_1}{2a_2}>\frac{s_2}{2c_2}$，则 $s=s_1$，$s_0=2a_2$；否则 $s=s_2$，$s_0=2c_2$。

c) 在图 5e)中，$s=s_2$、$s_0=2a_2$。

5.3.1.7.3 **共面裂纹的复合及相互影响处理**

共面裂纹的复合及相互影响处理原则如下：

a) 若 $s\leqslant s_0$，则用包络该两裂纹(或两个以上 $s\leqslant s_0$ 的裂纹)的外切矩形将其复合，规则化为一个裂纹。复合后的裂纹不再表征，也不再与其他裂纹或复合裂纹复合。复合后的裂纹与其他裂纹或复合裂纹之间的相互影响按 b)或 c)的规定确定。

b) 若 $s_0<s<5s_0$，则两裂纹不必合并，分别按单个裂纹评定，但要考虑其相互间的影响。即在简化评定中，计算的$\sqrt{\delta_r}$值要乘以 1.2 的系数；常规评定中，在计算 K_r时要将应力强度因子乘以弹塑性干涉效应系数 G；疲劳评定中，在计算 ΔK 时要乘以线弹性干涉效应系数 M。

c) 若 $s\geqslant 5s_0$，则可忽略其相互影响，分别作为单个裂纹进行评定。

5.3.1.7.4 **非共面裂纹的处理**

非共面裂纹的处理原则如下：

a) 两未穿透裂纹相邻而不共面。当两裂纹面之间的最小距离 s_3小于较小的表征裂纹尺寸 a_2的 2 倍时，即 $s_3<2a_2$，则这两条裂纹可视为共面。

b) 两穿透裂纹相邻而不共面。当两裂纹面之间的最小距离 s_3小于较小的表征裂纹尺寸 a_2的 2 倍时，即 $s_3<2a_2$，则这两条裂纹可视为共面。

c) 一条穿透裂纹和一条未穿透裂纹相邻而不共面。当两裂纹面之间的最小距离 s_3 小于较小的表征裂纹长度时，即 $s_3<2c_2$（或 $s_3<2a_2$），则这两条裂纹可视为共面。

d) 非共面裂纹规则化为共面裂纹后，还应考虑裂纹之间的相互影响。

e) 凡不能视为共面裂纹处理的非共面裂纹，均应逐个各自进行评定。

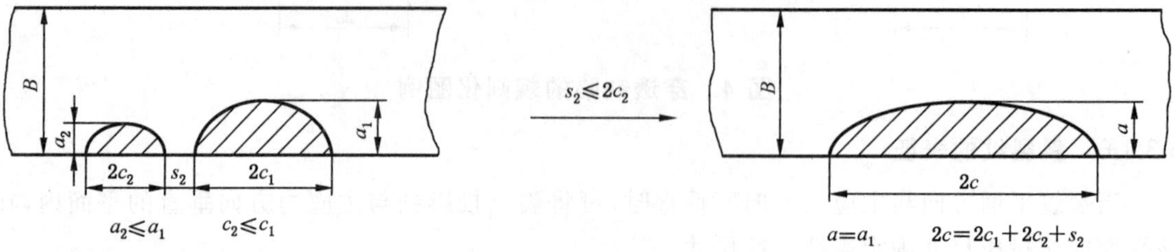

a) 位于同一侧的共同表面缺陷

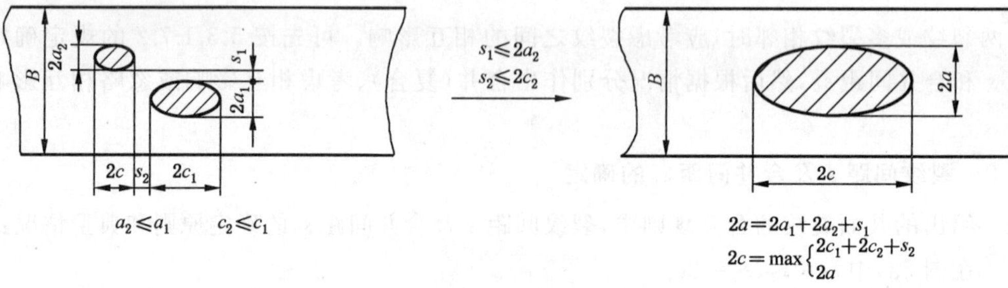

b) 共面埋藏缺陷

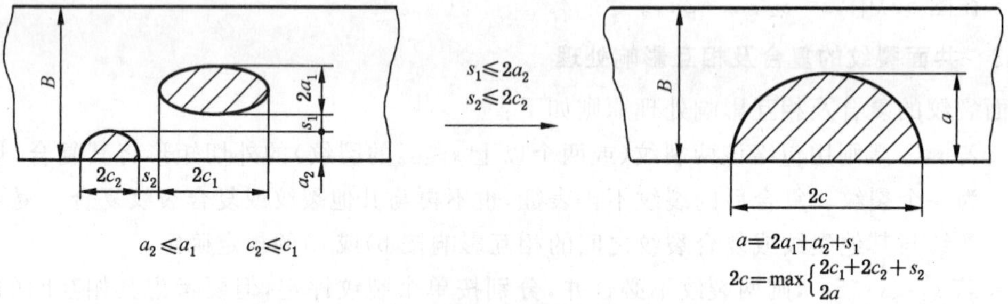

c) 共面表面和埋藏缺陷

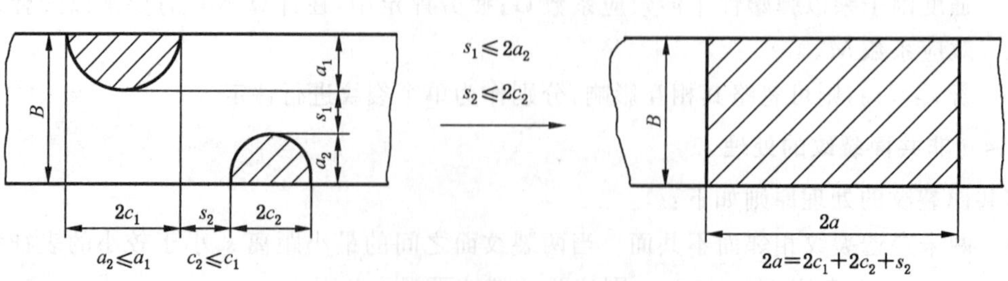

d) 位于不同侧的共面表面缺陷

图 5 共面缺陷的合并规则图例

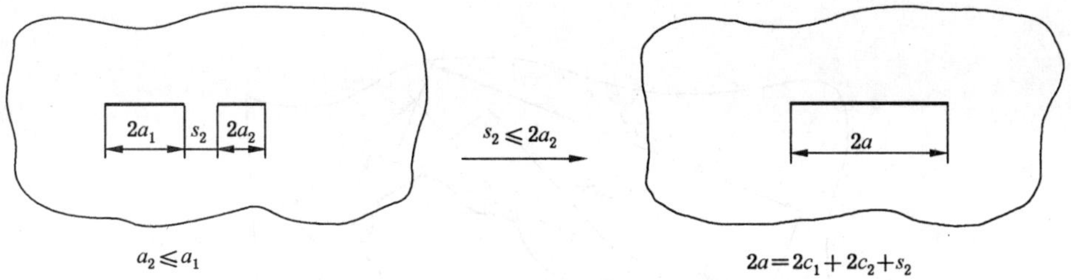

e) 共面穿透缺陷

图 5（续）

5.3.2 体积缺陷的表征

5.3.2.1 单个凹坑缺陷的表征

表面的不规则凹坑缺陷按其外接矩形将其规则化为长轴长度、短轴长度及深度分别为 $2X$、$2Y$ 及 Z 的半椭球形凹坑。其中，长轴 $2X$ 为凹坑边缘任意两点之间的最大垂直距离，短轴 $2Y$ 为平行于长轴且与凹坑外边缘相切的两条直线间的距离，深度 Z 取凹坑的最大深度（见图 6）。

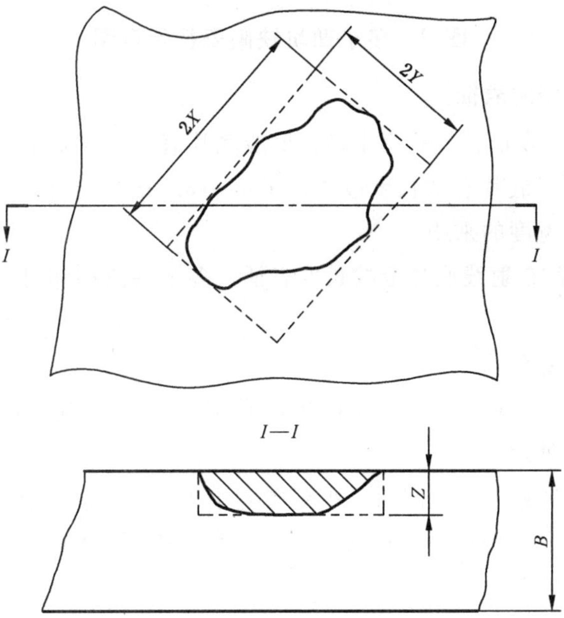

图 6 单个凹坑缺陷表征示意图

5.3.2.2 多个凹坑缺陷的表征

当存在两个以上的凹坑时，应分别按单个凹坑进行规则化并确定各自的凹坑长轴。若规则化后相邻两凹坑边缘间最小距离 k 大于较小凹坑的长轴 $2X_2$，则可将两个凹坑视为互相独立的单个凹坑分别进行评定。否则，应将两个凹坑合并为一个半椭球形凹坑来进行评定，该凹坑的长轴长度为两凹坑外侧边缘之间的最大距离，短轴长度为平行于长轴且与两凹坑外缘相切的任意两条直线之间的最大距离，该凹坑的深度为两个凹坑的深度的较大值（见图 7）。

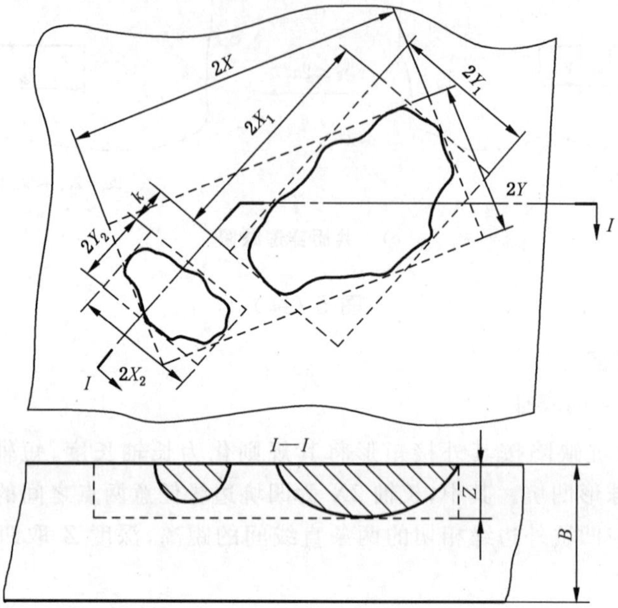

图 7 多个凹坑缺陷表征示意图

5.3.2.3 气孔和夹渣缺陷的表征

5.3.2.3.1 气孔用气孔率表征。气孔率是指在射线底片有效长度范围内,气孔投影面积占焊缝投影面积的百分比。射线底片有效长度按 NB/T 47013.2 的规定确定,焊缝投影面积为射线底片有效长度与焊缝平均宽度的乘积。

5.3.2.3.2 条形夹渣以其在射线底片上的长度表征。多个夹渣相邻时,应按下述原则考虑夹渣间的相互影响:

a) 共面夹渣间的复合

若两个夹渣间的距离小于图 8 中的规定值,则将其复合为一个连续的大夹渣。

b) 非共面夹渣的处理

当两个非共面埋藏夹渣之间的最小距离 s_3 小于较小夹渣的自身高度的一半时,则这两个夹渣可以视为共面并按 a)的规定进行复合。否则,均应逐个分别进行评定。

c) 已复合夹渣的处理

复合后的夹渣不再与其他夹渣或复合夹渣进行复合。

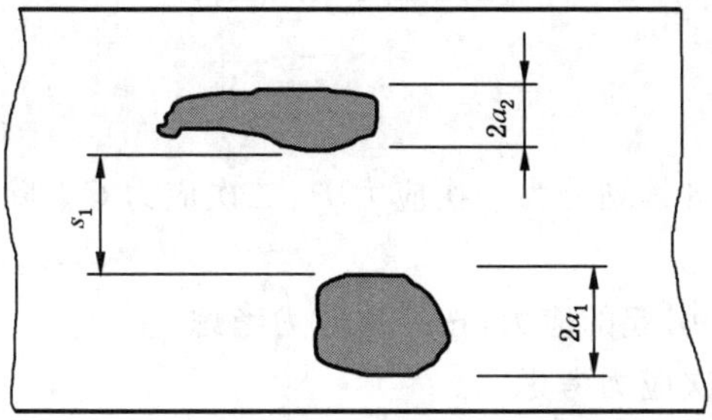

图中 $a_1 > a_2$，如 $s_1 < 1.25(2a_2)$，则缺陷相互干涉，应作为自身高度 $2a = (2a_1 + 2a_2 + s_1)$ 的缺陷，其有效长度取 $2a$ 和 $2c$ 中的较大者

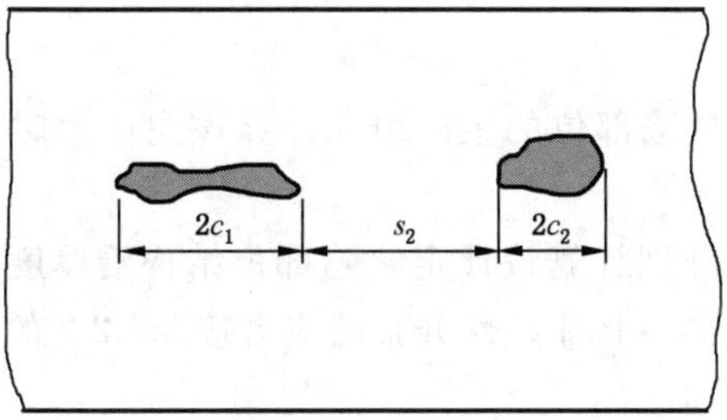

如 $s_2 < c_1 + c_2$，有效夹渣长度为 $2c = 2c_1 + 2c_2 + s_2$

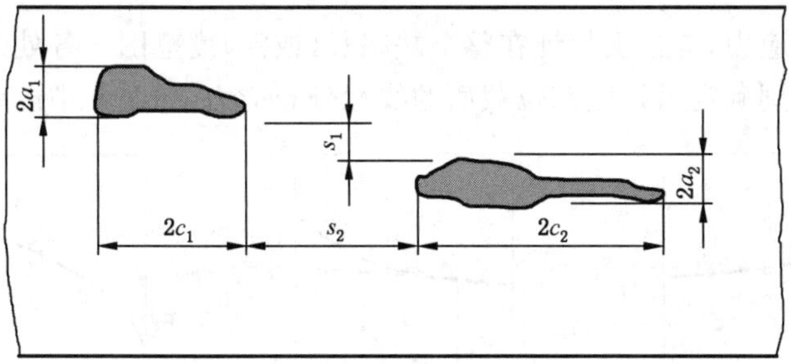

如 $s_1 \leqslant a_1 + a_2$ 且 $s_2 \leqslant c_1 + c_2$，则有效夹渣长度为 $2c = 2c_1 + 2c_2 + s_2$

图 8　多个夹渣的复合准则图例

5.3.2.3.3　将气孔和夹渣视为平面缺陷进行评定时，应按 5.3.1 的规定进行缺陷的表征。

5.4　平面缺陷评定中所需应力的确定

5.4.1　评定中应考虑的载荷、应力及其分类

5.4.1.1　评定中应考虑的载荷、应力

评定中应考虑下列载荷及其产生的应力：

a)　介质的压力及其产生的应力；

b)　介质和结构的重力载荷及其产生的应力；

c)　外加机械载荷及其产生的应力；

d)　振动、风载等载荷及其产生的应力；

e)　焊接引起的焊接残余应力；

f)　错边、棱角、壁厚局部减薄、不等厚度等结构几何不连续在载荷作用时所产生的应力；

g) 温度差、热胀冷缩不协调等所产生的热温差应力或热应力；

h) 其他应考虑的载荷或应力。

5.4.1.2 安全评定的应力分类规则

应根据应力的作用区域和性质，将其划分为一次应力 P、二次应力 Q。除下列特殊规定外，按JB/T 4732 确定应力分类的规则：

a) 由于管系的热膨胀在接管处引起的应力，按一次应力考虑；

b) 焊接产生的残余应力，按二次应力考虑；

c) 由错边、棱角、局部厚度差所引起的局部应力，按二次应力考虑；

d) 由壁温温度差或材料热膨胀系数不同引起的热应力，按二次应力考虑。

5.4.2 应力确定

5.4.2.1 应力确定原则

5.4.2.1.1 在评定中所取用的应力是缺陷部位的主应力。计算该主应力时采用线弹性计算方法，并假设结构中不存在缺陷。

5.4.2.1.2 应按 5.4.1 考虑各种载荷，分别计算被评定缺陷部位结构沿厚度截面上一次应力及二次应力分布，如图 9 中的实线所示，然后将非线性分布的应力按 5.4.2.2 的规定进行缺陷区域的应力线性化处理。

5.4.2.2 缺陷区域的应力线性化规则

对于沿厚度非线性分布的应力，应根据保证在整个缺陷长(或深)度范围内各处的线性化应力值均不低于实际应力值的原则确定沿缺陷部位截面的线性分布应力，如图 9 中虚线所示。

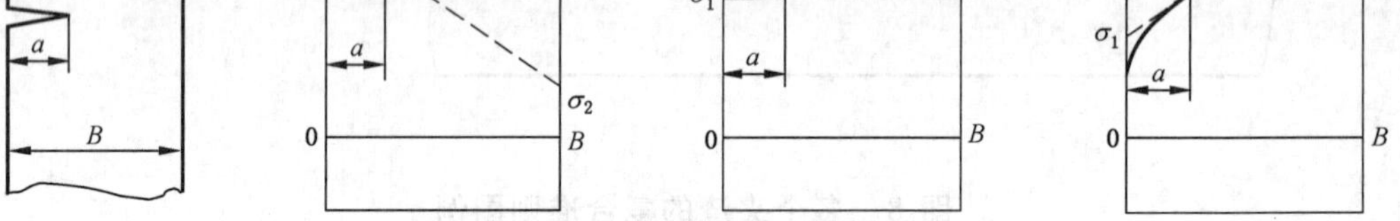

a) 表面缺陷所在区域的应力线性化图例

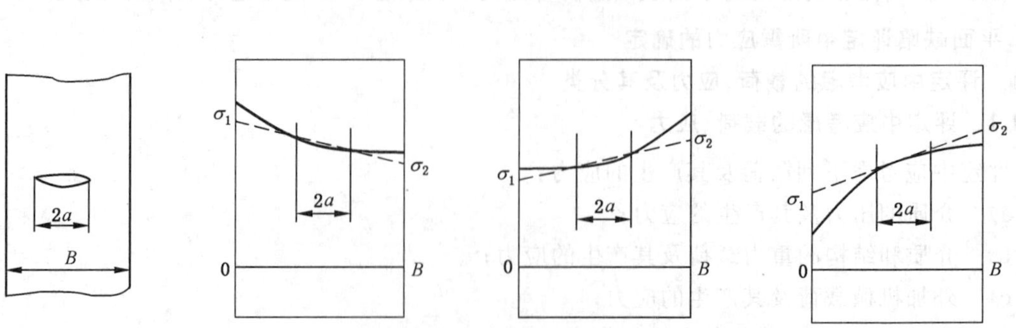

b) 埋藏缺陷所在区域的应力线性化图例

图 9 断裂评定中缺陷所在区域的应力线性化图例

5.4.2.3　应力的分解和 P_m、P_b、Q_m、Q_b 的确定

5.4.2.3.1　对于沿厚度直线分布或经线性化处理后的应力，可按式(1)分解为薄膜应力分量 σ_m 和弯曲应力分量 σ_B：

$$\begin{cases}\sigma_m=(\sigma_1+\sigma_2)/2\\ \sigma_B=(\sigma_1-\sigma_2)/2\end{cases} \quad\cdots\cdots(1)$$

由一次应力分解而得的 σ_m、σ_B，分别为 P_m、P_b；由二次应力分解而得的 σ_m、σ_B，分别为 Q_m、Q_b。

5.4.2.3.2　如已知焊接残余应力 σ_R 的实际分布，则按其实际分布确定 σ_m、σ_B 并用于评定计算。如不能得到焊接残余应力的实际应力分布，可参照表2的规定确定应力分布或 Q_m、Q_b。

表2　若干典型焊接接头残余应力分布和估算例

焊接接头		残余应力 σ_R 分布示意图	σ_R 分布或 Q_m、Q_b 的确定
$B<25$ mm 的对接焊接接头	作用在垂直于焊缝的平面上的 σ_R 分布，用于垂直焊缝的缺陷	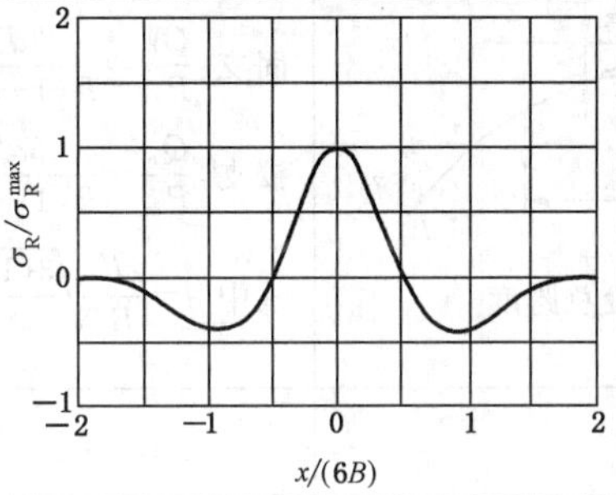	$\frac{\sigma_R}{\sigma_R^{max}}=\left[1-4\left(\frac{x}{6B}\right)^2\right]\exp\left[-2\left(\frac{x}{6B}\right)^2\right]$ 并假设沿厚度均匀分布 这里取拉伸应力区宽度为 $6B$
	作用在平行于焊缝的平面上的 σ_R 分布，用于平行焊缝的缺陷		$\sigma_R=0.3\sigma_R^{max}$，均布于截面上 即 $Q_m=0.3\sigma_R^{max}$，$Q_b=0$
$B\geqslant25$ mm 的对接焊接接头	筒体环焊缝等低约束对接焊缝，σ_R 沿板厚的分布	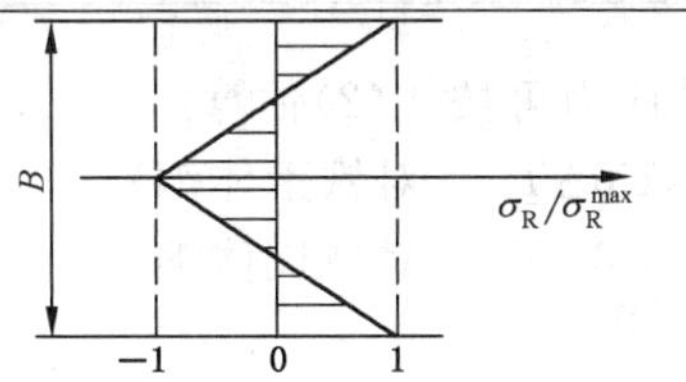	表面裂纹 $a/B\leqslant0.5$ 时，$Q_m=-\sigma_R^{max}$， $Q_b=2\sigma_R^{max}$；其他情况按线性化规则确定
	球罐、厚壁高压容器，σ_R 沿板厚的分布	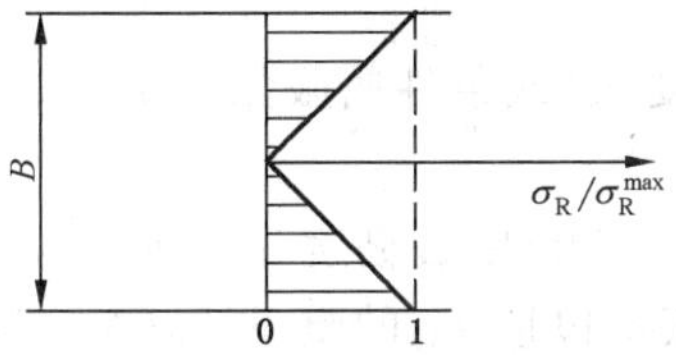	表面裂纹 $a/B\leqslant0.5$ 时，$Q_m=0$， $Q_b=\sigma_R^{max}$；其他情况按线性化规则确定
角焊缝、T型对接焊缝及接管连接焊缝在焊趾处及容器焊趾处裂纹	接管焊趾裂纹	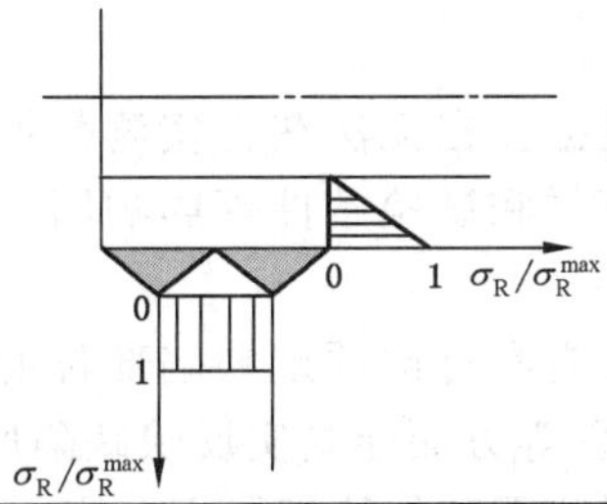	接管焊趾裂纹时取 $Q_m=0.5\sigma_R^{max}$， $Q_b=0.5\sigma_R^{max}$；其他情况按线性化规则确定
	容器焊趾裂纹		$Q_m=\sigma_R^{max}$，$Q_b=0$

5.4.2.3.3 表2中的σ_R^{max}按如下规则确定：

a) 对于焊态结构，$\sigma_R^{max}=\max(\sigma_s^W,\sigma_s)$；

b) 对于经炉内整体消除应力退火热处理的焊接结构，$\sigma_R^{max}=(0.3\sim0.5)\max(\sigma_s^W,\sigma_s)$；

c) 对于经局部消除应力退火热处理或现场整体热处理的焊接结构，可实测确定或依据经验确定。

5.4.2.3.4 对焊接修补区、高拘束度焊缝区或焊接残余应力分布情况不明区域，可取焊接残余应力引起的二次应力$Q_m=\max(\sigma_s^W,\sigma_s)$，$Q_b=0$。

5.4.2.3.5 由错边、棱角所产生的应力为二次应力Q_b，可按表3中所列公式进行计算。

表3 对接焊接接头中因错边及棱角引起的二次弯曲应力的计算公式

类型	细节图	二次应力Q_b	注释
容器焊缝的棱角	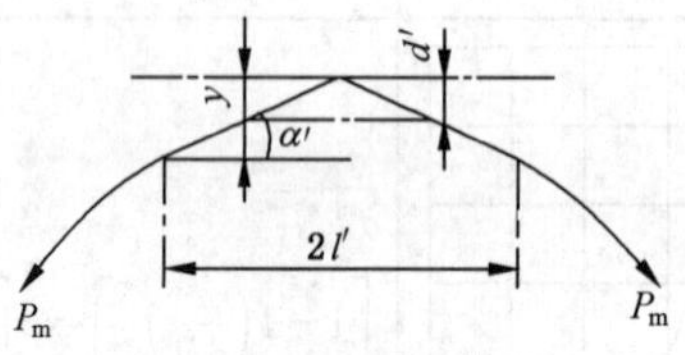 2l'为两直边段总跨度	设边界条件为： 固支：$\frac{Q_b}{P_m}=\frac{3d'}{B(1-\nu^2)}\frac{\tanh(\beta/2)}{\beta/2}$ 铰支：$\frac{Q_b}{P_m}=\frac{6d'}{B(1-\nu^2)}\frac{\tanh\beta}{\beta}$ 式中$\beta=\frac{2l'}{B}\sqrt{\frac{3(1-\nu^2)P_m}{E}}$	设定为理想几何形状 $d'=y/2$ 或$d'=\alpha'l'/2$
容器焊缝的错边	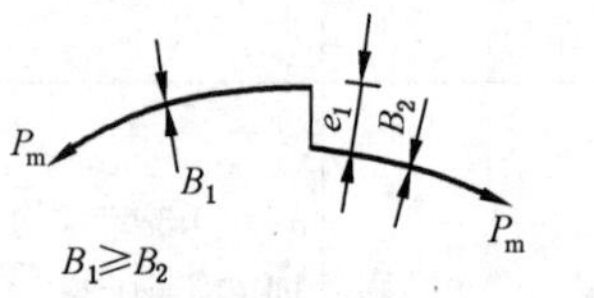 错边量e_1为两板厚度中心线偏移量	$\frac{Q_b}{P_m}=\frac{6e_1}{B_1(1-\nu^2)}\frac{B_1^b}{(B_1^b+B_2^b)}$	$b=1.5$用于环焊缝和球壳焊缝 $b=0.6$用于纵焊缝

5.4.2.3.6 已知内外壁温差时，温差应力可按式(2)估算：

$$\begin{cases}Q_b=1.6\Delta T & (\text{对铁素体钢})\\ Q_b=1.8\Delta T & (\text{对奥氏体钢})\end{cases} \quad\cdots\cdots(2)$$

5.5 材料性能数据的确定

5.5.1 所需的材料性能数据

5.5.1.1 力学和物理性能：屈服强度σ_s(或条件屈服强度$\sigma_{0.2}$)、抗拉强度σ_b、弹性模量E等表征材料力学性能和物理性能的参数。

5.5.1.2 断裂韧度：简化评定需要CTOD断裂韧度($\delta_{c(B)}$或$\delta_{0.2BL}$)，常规评定需要J积分断裂韧度($J_{c(B)}$、$J_{0.2BL}$)，分析评定还要求获得包括J_{IC}的整条$J_R(\Delta a)$阻力曲线。

5.5.2 确定材料性能数据的原则

5.5.2.1 评定中应优先采用实测数据。在无法获得实测数据时，经有关各方协商，在充分考虑材料化学成分、冶金和工艺状态、试样和试验条件等影响因素且保证评定的总体结果偏于安全的前提下，可选取代用数据。

5.5.2.2 实测数据所用的试样尽可能取自被评定缺陷部位的材料，也可取自在化学成分、力学性能、冶金和工艺状态以及使用条件等方面能真实反映缺陷所在部位材料性能的试板。

5.5.2.3 断裂韧度实测试样中的裂纹面和裂纹扩展方向应同被评定结构中的情况一致，也可选取能获得该材料最低断裂韧度数据的其他取样方法。对取自热影响区的试样,应考虑裂纹尖端所在部位组织结构类型和晶粒尺寸等的影响。

5.5.3 材料性能数据的测定和选取

材料性能数据的测定和选取方法见附录B的规定。

5.6 平面缺陷的简化评定

5.6.1 评定方法

平面缺陷的简化评定方法以起裂准则为基础,采用简化失效评定图进行评定。简化失效评定图如图10所示,由纵坐标$\sqrt{\delta_r}$、横坐标S_r以及$\sqrt{\delta_r}$等于0.7的水平线和S_r等于0.8的垂直线所围成的矩形为安全区,该区域之外为非安全区。按本节确定的评定点若位于失效评定图的安全区内,则为安全或可接受;否则,应为不能保证安全或不可接受。

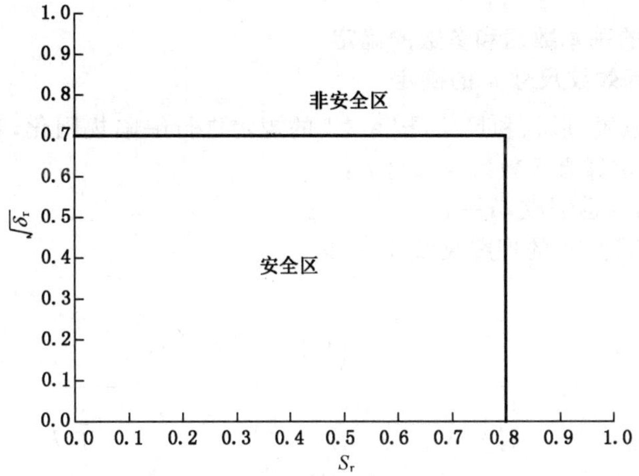

图10 平面缺陷简化评定的失效评定图

5.6.2 评定程序

平面缺陷的简化评定按下列步骤进行:

a) 缺陷表征和等效裂纹尺寸的确定;

b) 应力的确定;

c) 材料性能数据的确定;

d) δ及$\sqrt{\delta_r}$的计算;

e) S_r的计算;

f) 安全性评价。

评定程序如图11所示。

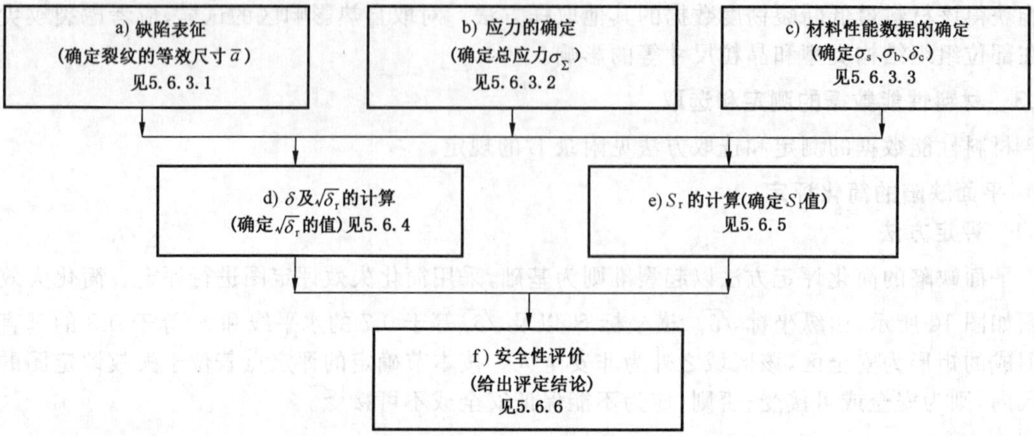

图 11 平面缺陷简化评定程序示意图

5.6.3 简化评定所需的基本数据和参数的确定

5.6.3.1 缺陷表征和等效纹尺寸 $\bar{a}$ 的确定

根据缺陷的实际位置、形状和尺寸,按 5.3.1 的规定进行缺陷规则化,获得表征裂纹计算尺寸 a、c,然后按下列规定计算等效裂纹尺寸 $\bar{a}$:

a) 对长为 $2a$ 的穿透裂纹,$\bar{a}=a$。

b) 对长为 $2c$、高为 $2a$ 的埋藏裂纹,$\bar{a}=\Omega a$。

式中:

$$\Omega=\frac{\left(1.01-0.37\,\dfrac{a}{c}\right)^{2}}{\left\{1-\left(\dfrac{2a/B}{1-2e/B}\right)^{1.8}\left[1-0.4\,\dfrac{a}{c}-\left(\dfrac{e}{B}\right)^{2}\right]\right\}^{1.08}} \qquad \cdots\cdots\cdots(3)$$

$$e=\frac{B}{2}-(a+p_1) \qquad \cdots\cdots\cdots(4)$$

适用范围:$a/B\leqslant0.45$,$a/c\leqslant1.0$。

$\bar{a}$ 值也可从表 4 中求取。

c) 对长为 $2c$、深为 a 的表面裂纹,$\bar{a}=\left(\dfrac{F_1}{\varphi}\right)^2 a$。

式中:

$$F_1=\begin{cases}1.13-0.09\,\dfrac{a}{c}+\left(-0.54+\dfrac{0.89}{0.2+a/c}\right)\left(\dfrac{a}{B}\right)^{2}+\left[0.5-\dfrac{1}{0.65+a/c}+14\left(1-\dfrac{a}{c}\right)^{24}\right]\left(\dfrac{a}{B}\right)^{4} & \left(当\dfrac{a}{c}>0\right)\\ 1.12-0.23\,\dfrac{a}{B}+10.55\left(\dfrac{a}{B}\right)^{2}-21.71\left(\dfrac{a}{B}\right)^{3}+30.38\left(\dfrac{a}{B}\right)^{4} & \left(当\dfrac{a}{c}=0\right)\end{cases}$$

$$\cdots\cdots\cdots(5)$$

$$\varphi=\left[1+1.464\left(\frac{a}{c}\right)^{1.65}\right]^{1/2} \qquad \cdots\cdots\cdots(6)$$

适用范围:$a/B\leqslant0.8$,$a/c\leqslant1.0$。$\bar{a}$ 值也可从表 5 中求取。

表 4　埋藏椭圆裂纹的等效裂纹尺寸 $\overline{a}/B$

a/B	p_1/B	a/c																				
		0.00	0.05	0.10	0.15	0.20	0.25	0.30	0.35	0.40	0.45	0.50	0.55	0.60	0.65	0.70	0.75	0.80	0.85	0.90	0.95	1.00
0.00	0.05～0.50	0.000	0.000	0.000	0.000	0.000	0.000	0.000	0.000	0.000	0.000	0.000	0.000	0.000	0.000	0.000	0.000	0.000	0.000	0.000	0.000	0.000
0.05	0.05	0.069	0.066	0.063	0.060	0.057	0.054	0.052	0.049	0.047	0.045	0.042	0.040	0.038	0.036	0.034	0.032	0.030	0.029	0.027	0.025	0.024
	0.10	0.059	0.056	0.054	0.052	0.050	0.048	0.046	0.044	0.042	0.040	0.038	0.036	0.034	0.033	0.031	0.029	0.028	0.026	0.025	0.023	0.022
	0.15	0.055	0.053	0.051	0.049	0.047	0.045	0.043	0.042	0.040	0.038	0.036	0.035	0.033	0.031	0.030	0.028	0.027	0.025	0.024	0.023	0.021
	0.20	0.054	0.052	0.050	0.048	0.046	0.044	0.042	0.041	0.039	0.037	0.036	0.034	0.032	0.031	0.029	0.028	0.026	0.025	0.024	0.022	0.021
	0.25	0.053	0.051	0.049	0.047	0.046	0.044	0.042	0.040	0.038	0.037	0.035	0.034	0.032	0.031	0.029	0.028	0.026	0.025	0.024	0.022	0.021
	0.30	0.053	0.051	0.049	0.047	0.045	0.043	0.042	0.040	0.038	0.037	0.035	0.033	0.032	0.030	0.029	0.027	0.026	0.025	0.023	0.022	0.021
	0.35	0.052	0.050	0.049	0.047	0.045	0.043	0.041	0.040	0.038	0.036	0.035	0.033	0.032	0.030	0.029	0.027	0.026	0.025	0.023	0.022	0.021
	0.40	0.052	0.050	0.048	0.046	0.045	0.043	0.041	0.039	0.038	0.036	0.035	0.033	0.032	0.030	0.029	0.027	0.026	0.025	0.023	0.022	0.021
	0.45	0.052	0.050	0.048	0.046	0.045	0.043	0.041	0.039	0.038	0.036	0.035	0.033	0.031	0.030	0.029	0.027	0.026	0.024	0.023	0.022	0.021
0.10	* 0.05	0.185	0.175	0.165	0.156	0.148	0.140	0.132	0.125	0.118	0.111	0.104	0.098	0.092	0.087	0.081	0.076	0.071	0.067	0.062	0.058	0.054
	0.10	0.141	0.135	0.129	0.123	0.118	0.112	0.107	0.102	0.097	0.092	0.087	0.083	0.078	0.074	0.070	0.066	0.062	0.059	0.055	0.052	0.049
	0.15	0.126	0.121	0.116	0.111	0.106	0.102	0.097	0.093	0.088	0.084	0.080	0.076	0.073	0.069	0.065	0.062	0.058	0.055	0.052	0.049	0.046
	0.20	0.119	0.114	0.110	0.105	0.101	0.097	0.092	0.088	0.084	0.080	0.077	0.073	0.070	0.066	0.063	0.060	0.056	0.053	0.050	0.047	0.045
	0.25	0.115	0.110	0.106	0.102	0.097	0.093	0.089	0.086	0.082	0.078	0.075	0.071	0.068	0.064	0.061	0.058	0.055	0.052	0.049	0.047	0.045
	0.30	0.112	0.108	0.103	0.099	0.095	0.091	0.088	0.084	0.080	0.077	0.073	0.070	0.067	0.063	0.060	0.057	0.054	0.051	0.049	0.046	0.043
	0.35	0.110	0.106	0.102	0.098	0.094	0.090	0.086	0.083	0.079	0.076	0.072	0.069	0.066	0.063	0.059	0.056	0.054	0.051	0.048	0.045	0.043
	0.40	0.108	0.104	0.100	0.097	0.093	0.089	0.085	0.082	0.078	0.075	0.071	0.068	0.065	0.062	0.059	0.056	0.053	0.050	0.048	0.045	0.042
0.15	* 0.10	0.254	0.241	0.229	0.218	0.206	0.196	0.186	0.176	0.166	0.157	0.149	0.140	0.132	0.125	0.117	0.110	0.104	0.097	0.091	0.085	0.080
	0.15	0.217	0.207	0.198	0.189	0.180	0.172	0.163	0.155	0.148	0.140	0.133	0.126	0.120	0.113	0.107	0.101	0.095	0.090	0.084	0.079	0.074
	0.20	0.198	0.190	0.182	0.174	0.166	0.159	0.152	0.145	0.138	0.131	0.125	0.119	0.113	0.107	0.101	0.096	0.090	0.085	0.080	0.076	0.071
	0.25	0.187	0.179	0.172	0.165	0.158	0.151	0.144	0.138	0.132	0.125	0.119	0.114	0.108	0.103	0.097	0.092	0.087	0.082	0.078	0.073	0.069
	0.30	0.180	0.173	0.166	0.159	0.152	0.146	0.139	0.133	0.127	0.122	0.116	0.110	0.105	0.100	0.095	0.090	0.085	0.080	0.076	0.072	0.067
	0.35	0.174	0.168	0.161	0.155	0.148	0.142	0.136	0.130	0.124	0.119	0.113	0.108	0.103	0.098	0.093	0.088	0.083	0.079	0.075	0.070	0.066
0.20	* 0.15	0.329	0.313	0.298	0.283	0.269	0.256	0.243	0.230	0.218	0.206	0.195	0.185	0.174	0.164	0.155	0.146	0.137	0.129	0.121	0.113	0.106
	0.20	0.293	0.280	0.267	0.255	0.243	0.232	0.220	0.210	0.199	0.189	0.180	0.170	0.161	0.153	0.144	0.136	0.128	0.121	0.114	0.107	0.100
	0.25	0.271	0.260	0.248	0.238	0.227	0.217	0.207	0.197	0.188	0.179	0.170	0.161	0.153	0.145	0.137	0.130	0.123	0.116	0.109	0.103	0.096
	0.30	0.257	0.246	0.236	0.226	0.216	0.207	0.197	0.188	0.180	0.171	0.163	0.155	0.147	0.140	0.132	0.125	0.119	0.112	0.106	0.099	0.094
0.25	* 0.15	0.463	0.440	0.417	0.395	0.374	0.354	0.335	0.316	0.299	0.282	0.266	0.251	0.236	0.222	0.209	0.196	0.184	0.172	0.161	0.150	0.140
	0.20	0.404	0.385	0.366	0.348	0.331	0.315	0.299	0.284	0.269	0.255	0.241	0.228	0.216	0.204	0.192	0.181	0.170	0.160	0.150	0.140	0.132
	0.25	0.368	0.351	0.335	0.320	0.305	0.291	0.277	0.263	0.250	0.238	0.226	0.214	0.203	0.192	0.181	0.171	0.161	0.152	0.143	0.134	0.126

注：带 * 号所在行的埋藏椭圆裂纹，按规定需规则化为表面裂纹或穿透裂纹计算，此处所列数据仅供插值时参考。

表 5　表面半椭圆裂纹的等效尺寸 $\bar{a}/B$

a/B	a/c																				
	0.00	0.05	0.10	0.15	0.20	0.25	0.30	0.35	0.40	0.45	0.50	0.55	0.60	0.65	0.70	0.75	0.80	0.85	0.90	0.95	1.00
0.00	0.000	0.000	0.000	0.000	0.000	0.000	0.000	0.000	0.000	0.000	0.000	0.000	0.000	0.000	0.000	0.000	0.000	0.000	0.000	0.000	0.000
0.05	0.064	0.064	0.061	0.059	0.056	0.054	0.051	0.048	0.045	0.043	0.040	0.038	0.036	0.033	0.031	0.030	0.028	0.026	0.025	0.023	0.022
0.10	0.140	0.132	0.127	0.121	0.116	0.110	0.104	0.098	0.092	0.087	0.081	0.076	0.072	0.067	0.063	0.060	0.056	0.053	0.050	0.047	0.044
0.15	0.240	0.212	0.201	0.190	0.180	0.170	0.160	0.150	0.141	0.132	0.124	0.116	0.109	0.102	0.096	0.090	0.085	0.080	0.075	0.070	0.066
0.20	0.376	0.310	0.288	0.269	0.252	0.236	0.221	0.207	0.193	0.181	0.169	0.158	0.148	0.139	0.130	0.122	0.114	0.107	0.101	0.095	0.089
0.25	0.563	0.435	0.393	0.361	0.335	0.311	0.289	0.269	0.250	0.233	0.217	0.203	0.189	0.177	0.165	0.154	0.145	0.136	0.127	0.119	0.112
0.30	0.827	0.601	0.523	0.471	0.431	0.396	0.366	0.338	0.313	0.290	0.270	0.250	0.233	0.217	0.202	0.189	0.176	0.165	0.155	0.145	0.136
0.35	1.207	0.825	0.686	0.604	0.544	0.495	0.453	0.416	0.383	0.353	0.326	0.302	0.280	0.260	0.241	0.225	0.210	0.196	0.183	0.171	0.161
0.40	1.771	1.130	0.891	0.763	0.677	0.609	0.552	0.503	0.460	0.422	0.388	0.357	0.330	0.305	0.283	0.263	0.244	0.228	0.212	0.198	0.186
0.45	2.636	1.552	1.149	0.955	0.832	0.740	0.664	0.601	0.546	0.498	0.455	0.418	0.384	0.354	0.327	0.303	0.281	0.261	0.243	0.227	0.212
0.50	3.997	2.137	1.475	1.185	1.013	0.890	0.791	0.710	0.640	0.580	0.528	0.482	0.442	0.406	0.374	0.345	0.319	0.296	0.275	0.256	0.238
0.55	6.183	2.950	1.884	1.458	1.223	1.060	0.934	0.831	0.744	0.671	0.607	0.552	0.504	0.461	0.423	0.389	0.359	0.332	0.308	0.286	0.266
0.60	9.734	4.083	2.397	1.781	1.462	1.251	1.092	0.964	0.858	0.768	0.692	0.626	0.569	0.519	0.475	0.435	0.401	0.370	0.342	0.317	0.294
0.65	15.535	5.657	3.037	2.158	1.733	1.464	1.265	1.108	0.979	0.872	0.782	0.704	0.637	0.579	0.528	0.483	0.444	0.408	0.377	0.348	0.323
0.70	25.001	7.839	3.833	2.594	2.036	1.697	1.453	1.263	1.109	0.982	0.876	0.786	0.708	0.642	0.583	0.532	0.487	0.448	0.412	0.381	0.352
0.75	40.356	10.853	4.818	3.095	2.370	1.948	1.652	1.426	1.244	1.096	0.973	0.870	0.781	0.705	0.640	0.582	0.532	0.488	0.448	0.413	0.382
0.80	65.032	14.988	6.030	3.663	2.731	2.214	1.861	1.594	1.383	1.213	1.072	0.954	0.854	0.769	0.696	0.632	0.576	0.527	0.484	0.446	0.411

5.6.3.2 **总当量应力 σ_Σ 的确定**

简化评定计算所需总当量应力 σ_Σ 可按式(7)估算，并保守地假设总当量应力均匀分布在主应力平面上。

$$\sigma_\Sigma = \sigma_{\Sigma1} + \sigma_{\Sigma2} + \sigma_{\Sigma3} \quad \cdots\cdots (7)$$

式中：$\sigma_{\Sigma1} = K_t P_m$，$\sigma_{\Sigma2} = X_b P_b$，$\sigma_{\Sigma3} = X_r Q$。

此处，K_t 为由焊缝形状引起的应力集中系数，X_b 为弯曲应力折合系数，X_r 为焊接残余应力折合系数，Q 为被评定缺陷部位热应力最大值与焊接残余应力最大值 σ_R^{max} 的代数和。

表 6 给出了几种常见焊接接头结构 K_t 的取值，表 7 给出了 X_b 和 X_r 的取值。

表 6 常见焊接接头结构局部应力集中系数 K_t

<table>
<tr><th colspan="2">焊缝种类</th><th>含缺陷结构示意图</th><th>K_t</th></tr>
<tr><td rowspan="2">对接焊接接头结构</td><td>焊趾处裂纹</td><td>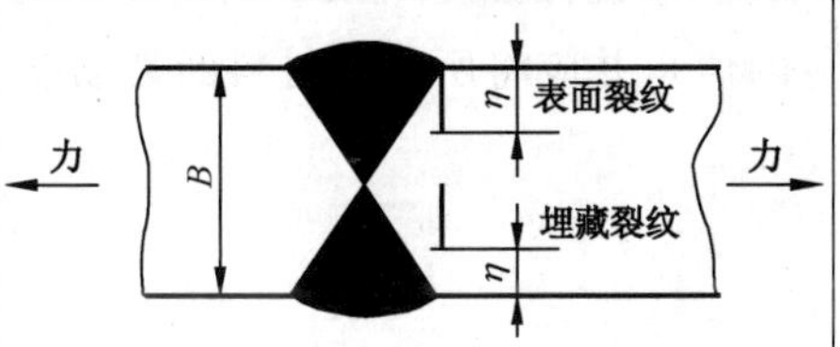
</td><td>$\eta/B \leqslant 0.15$ 时，$K_t = 1.5$
$\eta/B > 0.2$ 时，$K_t = 1.0$
η/B 介于 0.15～0.2 之间时，
K_t 可按线性内插求得
无焊缝增高时，取 $K_t = 1.0$</td></tr>
<tr><td>有棱角及错边量</td><td>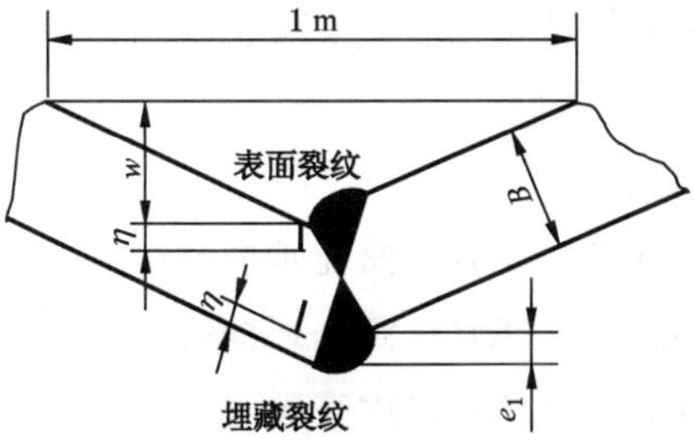
</td><td>$K_t = \Gamma\left[1 + \frac{3(w + e_1)}{\beta B}\right]$
对 $\eta/B \leqslant 0.5$ 的表面裂纹取 $\beta = 1$
对 $\eta/B > 0.5$ 的表面裂纹和
埋藏裂纹取 $\beta = 2$
Γ：$\eta/B \leqslant 0.15$ 时，$\Gamma = 1.5$
$\eta/B > 0.2$ 时，$\Gamma = 1.0$
η/B 介于 0.15～0.2 之间时，
Γ 可按线性内插求得</td></tr>
<tr><td rowspan="2">接管处内拐角</td><td>球壳及球形封头接管</td><td rowspan="2">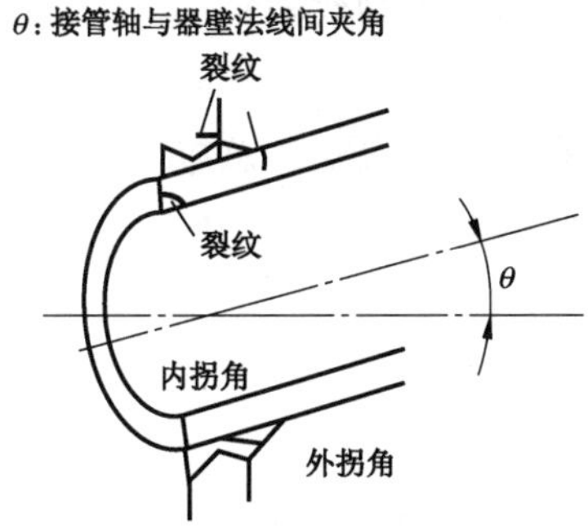

注：用于结构尺寸满足分析设计规范的规定时</td><td>$K_t = 2.0(1 + 2\sin^2\theta)$</td></tr>
<tr><td>圆筒接管</td><td>$K_t = 3.1(1 + 2\sin^2\theta)$
用于 θ 角平面与容器横截面平行时
$K_t = 3.1[1 + (\tan\theta)^{4/3}]$
用于 θ 角平面与容器纵截面平行时</td></tr>
</table>

表 7 X_b 值和 X_r 值的选取

裂纹种类		X_b	X_r		
			裂纹平行熔合线	裂纹垂直熔合线	填角焊缝裂纹
埋藏裂纹		0.25	0.2	0.6	0.6
穿透裂纹		0.5	0.2	0.6	0.6
表面裂纹	弯曲的拉伸侧	0.75	0.4～0.6	0.6	0.6
	弯曲的压缩侧	0			

5.6.3.3 材料性能数据的确定

按 5.5 及附录 B 确定材料的屈服强度 σ_s、抗拉强度 σ_b 及断裂韧度 δ_c 值。δ_c 按实际情况可取 $\delta_{c(B)}$ 的值或 δ_i 的值(也可保守地取 $\delta_{0.05}$ 的值),并应将所得的材料断裂韧度 δ_c 除以 1.2 后的值用于 5.6.4 和5.6.7计算中所需的 δ_c 值。

5.6.4 δ 及 $\sqrt{\delta_r}$ 的计算

δ 及 $\sqrt{\delta_r}$ 按式(8)和式(10)计算:

$$\delta=\begin{cases}\pi\bar{a}\sigma_s(\sigma_\Sigma/\sigma_s)^2 M_g{}^2/E & (\text{当 } \sigma_\Sigma<\sigma_s \text{ 时}) \\ 0.5\pi\bar{a}\sigma_s(\sigma_\Sigma/\sigma_s+1)M_g{}^2/E & [\text{当 } \sigma_\Sigma\geqslant\sigma_s\geqslant(\sigma_{\Sigma1}+\sigma_{\Sigma2}) \text{ 时}]\end{cases} \qquad \cdots\cdots\cdots(8)$$

式中:

M_g——鼓胀效应系数,按式(9)计算:

$$M_g^2=\begin{cases}1+1.61\bar{a}^2/(RB)(\text{筒壳轴向裂纹}) \\ 1+0.32\bar{a}^2/(RB)(\text{筒壳环向裂纹}) \\ 1+1.93\bar{a}^2/(RB)(\text{球壳裂纹})\end{cases} \qquad \cdots\cdots\cdots(9)$$

$$\sqrt{\delta_r}=\begin{cases}\sqrt{\delta/\delta_c} & (\text{单裂纹或复合后的单裂纹或不需要考虑干涉效应的裂纹群}) \\ 1.2\sqrt{\delta/\delta_c} & (\text{需要考虑干涉效应的裂纹群})\end{cases} \qquad \cdots\cdots\cdots(10)$$

当 $\sigma_s<(\sigma_{\Sigma1}+\sigma_{\Sigma2})\leqslant 2\sigma_s$ 时,如果可以获得裂纹尖端的总应变 ε_Σ,则可用 $\varepsilon_\Sigma/\varepsilon_s$ 代替 σ_Σ/σ_s 代入式(8)的第 2 式中计算 δ。在计算或估算 ε_Σ 时,仍假设结构中不存在裂纹。

5.6.5 S_r 的计算

S_r 按式(11)计算:

$$S_r=\frac{L_r}{L_r^{max}} \qquad \cdots\cdots\cdots(11)$$

式中:L_r 由 P_m 及 P_b 的值按附录 C 的规定计算 L_r,其中,载荷应力不需要考虑安全系数;L_r^{max} 的值取 1.20 及 $\frac{\sigma_s+\sigma_b}{2\sigma_s}$ 两者中的较小值。

5.6.6 安全性的评价

将计算得到的评定点(S_r, $\sqrt{\delta_r}$)绘在图 10 中,如果评定点落在安全区内,则评定结论为安全或可接受;否则,应为不能保证安全或不可接受。

5.6.7 最大容许等效裂纹尺寸的确定

简化评定的结论也可以采用给出最大容许等效裂纹尺寸 $\bar{a}_m$ 的评定方法。最大容许等效裂纹尺寸 $\bar{a}_m$ 按式(12)计算:

$$\bar{a}_m = \begin{cases} \dfrac{E\delta_c}{2\pi\sigma_s(\sigma_\Sigma/\sigma_s)^2 M_g^2} (当 \sigma_\Sigma < \sigma_s 时) \\ \dfrac{E\delta_c}{\pi\sigma_s(\sigma_\Sigma/\sigma_s + 1)M_g^2} [当 \sigma_\Sigma \geqslant \sigma_s \geqslant (\sigma_{\Sigma1} + \sigma_{\Sigma2}) 时] \end{cases} \quad \cdots\cdots\cdots\cdots (12)$$

当 $\bar{a} \leqslant \bar{a}_m$ 且 $S_r \leqslant 0.8$ 时,该缺陷是容许的。

当 $\sigma_s < (\sigma_{\Sigma1} + \sigma_{\Sigma2}) \leqslant 2\sigma_s$ 时,如果可以获得裂纹尖端的总应变 ε_Σ,则可用 $\varepsilon_\Sigma/\varepsilon_s$ 代替 σ_Σ/σ_s 代入式(12)的第 2 式中计算 $\bar{a}_m$。在计算或估算 ε_Σ 时,仍假设结构中不存在裂纹。

5.7 平面缺陷的常规评定

5.7.1 评定方法

平面缺陷的常规评定采用通用失效评定图的方法进行。该失效评定图如图 12 所示。

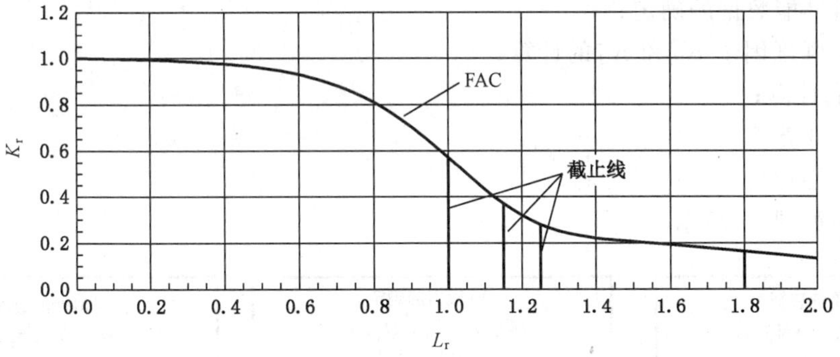

图 12 通用失效评定图

图 12 中失效评定曲线(FAC)的方程见式(13):

$$K_r = (1 - 0.14L_r^2)(0.3 + 0.7e^{-0.65L_r^6}) \quad \cdots\cdots\cdots\cdots (13)$$

截止线的方程见式(14):

$$L_r = L_r^{max} \quad \cdots\cdots\cdots\cdots (14)$$

L_r^{max} 的值取决于材料特性:

a) 对奥氏体不锈钢,$L_r^{max} = 1.8$;

b) 对无屈服平台的低碳钢及奥氏体不锈钢焊缝,$L_r^{max} = 1.25$;

c) 对无屈服平台的低合金钢及其焊缝,$L_r^{max} = 1.15$;

d) 对于具有长屈服平台的材料,一般情况下,$L_r^{max} = 1.0$;当材料温度不高于 200 ℃时,L_r^{max} 可根据 K_r 值及材料屈服强度级别,由表 8 确定;

e) 对于不能按钢材类别确定 L_r^{max} 的材料,可按式(15)计算 L_r^{max} 的值。

$$L_r^{max} = \bar{\sigma}/\sigma_s = 0.5(\sigma_b + \sigma_s)/\sigma_s \quad \cdots\cdots\cdots\cdots (15)$$

表 8 温度不高于 200 ℃的长屈服平台材料的 L_r^{max} 值

L_r^{max}	K_r	
	235 MPa≤σ_s<350 MPa	σ_s>350 MPa
1.25	K_r≤0.10	K_r≤0.13
1.20	0.10≤K_r<0.12	0.13≤K_r<0.15
1.15	0.12≤K_r<0.20	0.15≤K_r<0.26
1.00	K_r≥0.20	K_r≥0.26

图 12 中，由 FAC 曲线、L_r截止线和两直角坐标轴所围成的区域之内为安全区，该区域之外为非安全区。

在评定点的计算时，相关的输入参量应根据表 1 的规定取相应的分安全系数。

5.7.2 评定程序

平面缺陷的常规评定按下列步骤进行：

a） 缺陷的表征；

b） 应力的确定；

c） 材料性能数据的确定；

d） 应力强度因子 K_I^P和 K_I^S的计算；

e） K_r的计算；

f） L_r的计算；

g） 安全性评价。

评定程序如图 13 所示。

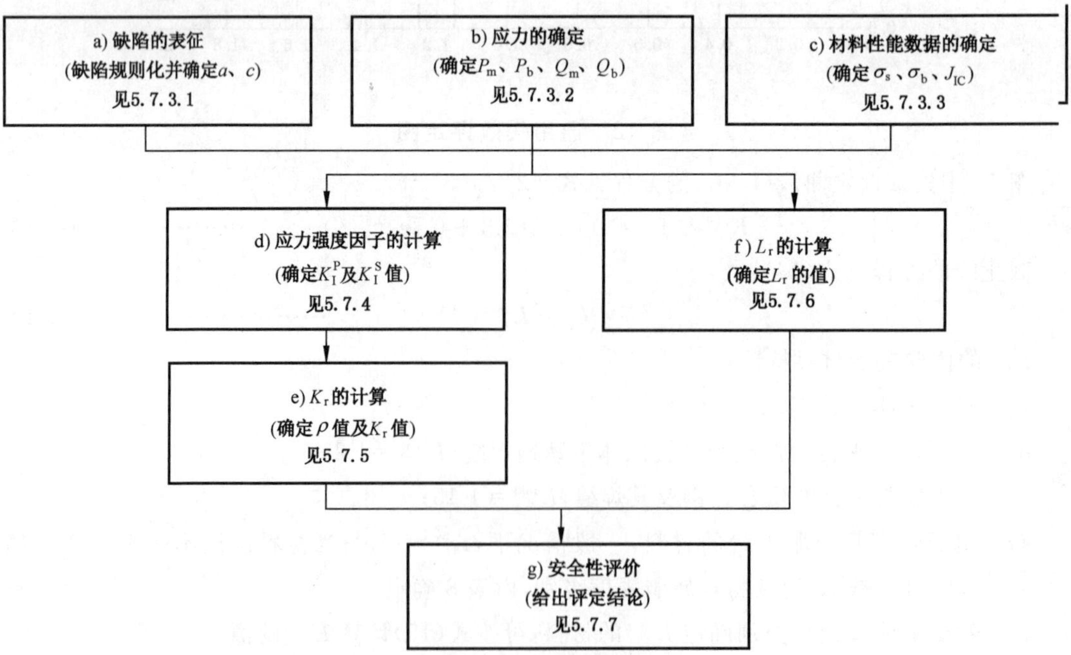

图 13 平面缺陷常规评定程序示意图

5.7.3 平面缺陷常规评定所需基本数据的确定

5.7.3.1 缺陷的表征

对经检测查明的缺陷,根据实际位置、形状和尺寸按5.3.1的规定进行缺陷的规则化,并得到相应的表征裂纹尺寸 a、c。将相应的表征裂纹尺寸乘以表1规定的表征裂纹分安全系数后作为计算用的表征裂纹尺寸 a、c 值。

5.7.3.2 应力的确定

常规评定中所需的一次应力和二次应力的应力分量 P_m、P_b、Q_m、Q_b按以下规定确定:

a) 按5.4的规定,分别确定各种载荷下一次应力、二次应力及各应力分量;

b) 分别计算各类应力分量的代数和,并乘以表1所规定的应力分安全系数,由此所得到的各应力值即为用于评定计算的应力 P_m、P_b、Q_m、Q_b。

5.7.3.3 材料性能数据的确定

5.7.3.3.1 按5.5和附录B的规定,确定评定工况下材料的屈服强度 σ_s和抗拉强度 σ_b及 J 积分断裂韧度 J_{IC}。J_{IC}值按实际情况可取 $J_{0.2BL}$值或 J_i值,也可保守地取 $J_{0.05}$的值。

5.7.3.3.2 计算 K_r所需的材料断裂韧度 K_C可以由测得的 J 积分断裂韧度 J_{IC}按式(16)求得:

$$K_C=\sqrt{EJ_{IC}/(1-\nu^2)} \qquad \cdots\cdots(16)$$

5.7.3.3.3 在不能直接得到 J_{IC}值时,可直接测量材料的平面应变断裂韧度 K_{IC},此时计算 K_r所需的 K_C 值可用 K_{IC}值代替;也可采用CTOD断裂韧度 δ_c值,按式(17)估算 K_C的下限值:

$$K_C=\sqrt{1.5\sigma_S\delta_c E/(1-\nu^2)} \qquad \cdots\cdots(17)$$

5.7.4 K_I^P和 K_I^S的计算

一次应力 P_m、P_b和二次应力 Q_m、Q_b作用下的应力强度因子 K_I^P、K_I^S按附录D的规定计算。计算中所需的表征裂纹尺寸和应力,分别按5.7.3.1和5.7.3.2的规则确定。

5.7.5 K_r的计算

断裂比 K_r 值按式(18)计算:

$$K_r=G(K_I^P+K_I^S)/K_P+\rho \qquad \cdots\cdots(18)$$

式中:

G ——相邻两裂纹间弹塑性干涉效应系数,按附录E的规定确定;

K_P——评定用材料断裂韧度,即按5.7.3.3求得的 K_C值除以表1规定的分安全系数;

ρ ——塑性修正因子,按式(19)求得:

$$\rho=\begin{cases}\Psi_1 & (\text{当 } L_r<0.8 \text{ 时})\\ \Psi_1(11-10L_r)/3 & (\text{当 } 0.8<L_r<1.1)\\ 0 & (\text{当 } L_r>1.1 \text{ 时})\end{cases} \qquad \cdots\cdots(19)$$

式中:Ψ_1的值可以由图14根据 $K_I^S/(\sigma_s\sqrt{\pi a})$的值查得。$L_r$按5.7.6和附录C的规定计算求得。

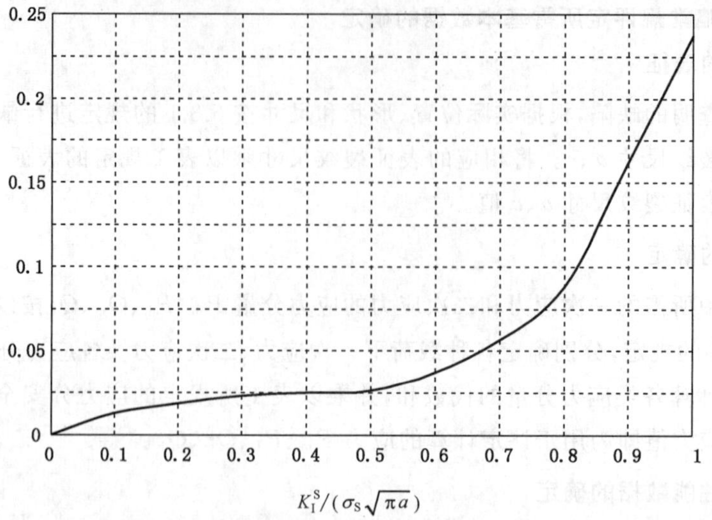

图 14 Ψ_1取值

5.7.6 L_r的计算

载荷比L_r按附录C的规定计算。计算中所需的一次应力和表征裂纹尺寸，分别按5.7.3.2和5.7.3.1的规则确定。

5.7.7 安全性评价

将按5.7.5及5.7.6计算得的K_r值和L_r值所构成的评定点(L_r,K_r)绘在常规评定通用失效评定图12中。如果该评定点位于安全区之内，则认为该缺陷经评定是安全的或可接受的；否则，认为不能保证安全或不可接受。如果$L_r<L_r^{max}$而评定点位于失效评定曲线上方，则容许采用分析评定方法重新评定，分析评定方法参见附录F。

5.8 凹坑缺陷的安全评定

5.8.1 评定方法与限定条件

5.8.1.1 本节规定了内压容器壳体表面凹坑缺陷安全评定的基本方法和步骤。在应用本方法评定之前，应将被评定缺陷打磨成表面光滑、过渡平缓的凹坑，并确认凹坑及其周围无其他表面缺陷或埋藏缺陷。

5.8.1.2 本节的规定适用于符合下述条件的压力容器：

a) 压力容器不承受外压或疲劳载荷；

b) 凹坑不靠近几何不连续或存在尖锐棱角的区域；

c) $B_0/R<0.18$的薄壁圆筒壳或$B_0/R<0.10$的薄壁球壳；

d) 材料韧性满足压力容器设计规定，未发现劣化；

e) 凹坑深度Z小于计算厚度B的1/3并且小于12 mm，且坑底最小厚度($B-Z$)不小于3 mm；

f) 凹坑长度$2X\leqslant 2.8\sqrt{RB}$；

g) 凹坑宽度$2Y$不小于凹坑深度Z的6倍(容许打磨至满足本要求)。

5.8.1.3 对于超出5.8.1.2规定的限定条件或在服役期间表面有可能生成裂纹的凹坑缺陷，应按平面缺陷进行评定。

5.8.2 评定程序

凹坑缺陷的安全评定按下列步骤进行：

a) 缺陷的表征；

b) 缺陷部位容器尺寸的确定；

c) 材料性能数据的确定；

d) 无量纲参数 G_0 的计算和免于评定的判别；

e) 塑性极限载荷和最高容许工作压力的确定；

f) 安全性评价。

评定程序如图 15 所示。

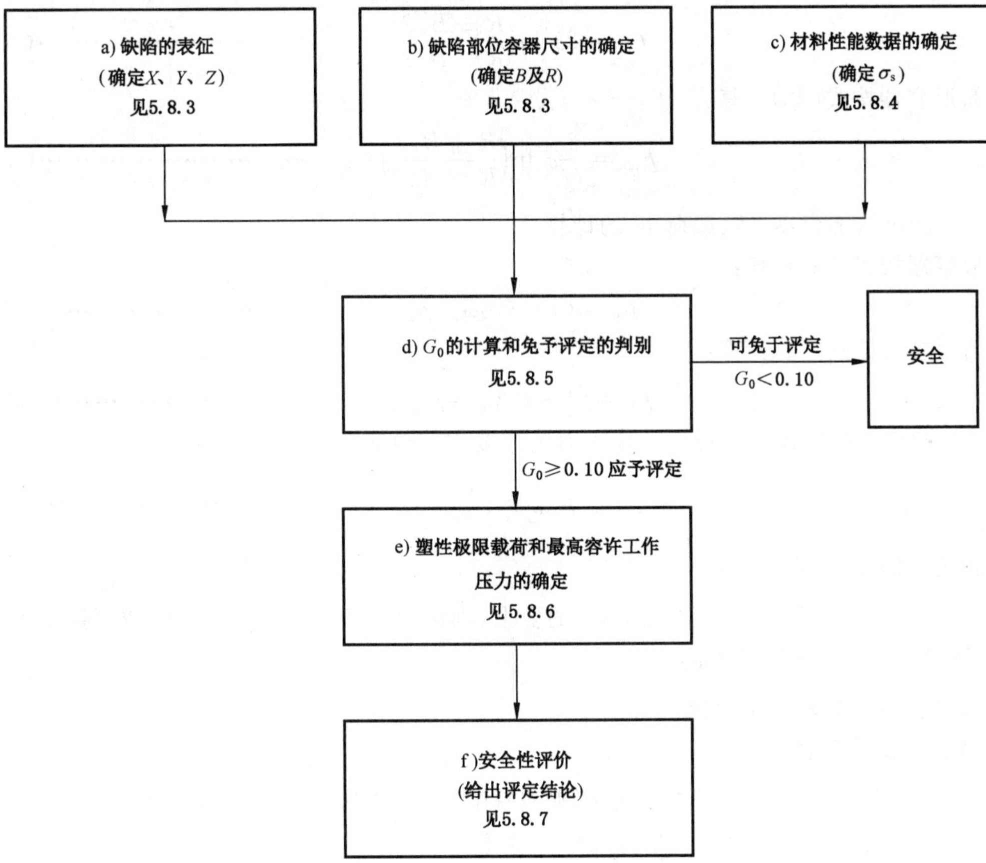

图 15 凹坑缺陷的评定程序示意图

5.8.3 缺陷的表征与缺陷部位容器尺寸的确定

对经检测查明的凹坑缺陷，根据其实际位置、形状和尺寸，按 5.3.2 的规定将其规则化，并确定凹坑所在部位容器的计算厚度 B 和平均半径 R。

5.8.4 材料性能数据的确定

按 5.5 和附录 B 的规定，确定在评定工况下材料的屈服强度 σ_s 和抗拉强度 σ_b。评定中所需的材料流变应力 $\bar{\sigma}'$ 取值为 $\bar{\sigma}'=0.5(\sigma_s+\sigma_b)$。

5.8.5 **G_0的计算和免于评定的判别**

容器表面凹坑缺陷无量纲参数G_0按式(20)计算:

$$G_0=\frac{Z}{B}\frac{X}{\sqrt{RB}} \qquad \cdots\cdots(20)$$

若$G_0<0.10$,则该凹坑缺陷可免于评定,认为是安全的或可接受的;否则应继续按5.8.6和5.8.7的规定进行评定。

5.8.6 **塑性极限载荷和最高容许工作压力的确定**

5.8.6.1 无凹坑缺陷壳体塑性极限载荷p_{L0}的计算:

球形容器按式(21)计算:

$$p_{L0}=2\overline{\sigma}'\ln\left(\frac{R+B/2}{R-B/2}\right) \qquad \cdots\cdots(21)$$

圆筒形容器按式(22)计算:

$$p_{L0}=\frac{2}{\sqrt{3}}\overline{\sigma}'\ln\left(\frac{R+B/2}{R-B/2}\right) \qquad \cdots\cdots(22)$$

5.8.6.2 带凹坑缺陷容器极限载荷p_L的计算:

球形容器按式(23)计算:

$$p_L=(1-0.6G_0)p_{L0} \qquad \cdots\cdots(23)$$

圆筒形容器按式(24)计算:

$$p_L=(1-0.3\sqrt{G_0})p_{L0} \qquad \cdots\cdots(24)$$

5.8.6.3 带凹坑缺陷容器最高容许工作压力p_{max}按式(25)确定:

$$p_{max}=\frac{p_L}{1.8} \qquad \cdots\cdots(25)$$

5.8.7 **安全性的评价**

若$p\leqslant p_{max}$且实测凹坑尺寸满足5.8.1的要求,则认为该凹坑缺陷是安全的或可接受的;否则,是不能保证安全或不可接受的。

5.9 **气孔和夹渣缺陷的安全评定**

5.9.1 **评定方法与限定条件**

5.9.1.1 本节规定了内压容器壳体中气孔、夹渣缺陷安全评定的基本方法和步骤。

5.9.1.2 本节规定适用于符合下述条件的压力容器:

a) $B_0/R<0.18$的压力容器。

b) 材料性能满足压力容器设计制造规定,对于铁素体钢,$\sigma_s<450$MPa,并且在最低使用温度下V型夏比冲击试验中3个试样的平均冲击功不小于40 J、最小冲击功不小于28 J;对其他材料,该气孔、夹渣所在处的K_{IC}大于1 250 N/mm$^{3/2}$。

c) 未发现材料劣化。

d) 气孔、夹渣未暴露于器壁表面。

e) 气孔、夹渣无明显扩展情况或可能。

f) 缺陷附近无其他平面缺陷。

5.9.1.3 对于暴露于器壁表面的气孔、夹渣,可打磨消除。打磨成凹坑时,应按5.8的规定进行安全评定。对于超出5.9.1.2中其他限定条件或在服役期间有可能生成裂纹的气孔、夹渣，应按平面缺陷进行评定。

5.9.2 安全性评价

5.9.2.1 如果同时满足5.9.1.2和下列条件，则该气孔是容许的；否则，是不可接受的：

a) 气孔率不超过6%；

b) 单个气孔的长径小于0.5B，并且小于9 mm。

5.9.2.2 如果夹渣的尺寸满足5.9.1.2和表9的规定，则该夹渣是容许的；否则，是不可接受的。

表9 夹渣的容许尺寸

夹渣位置	夹渣尺寸的容许值	
球壳对接焊缝、圆筒体纵焊缝、与封头连接的环焊缝	总长度≤6B	自身高度或宽度≤0.25B，并且≤5 mm
	总长度不限	自身高度或宽度≤3 mm
圆筒体环焊缝	总长度≤6B	自身高度或宽度≤0.30B，并且≤6 mm
	总长度不限	自身高度或宽度≤3 mm

5.9.2.3 按5.9.2.1或5.9.2.2的规定评定为不可接受的气孔或夹渣，可表征为平面缺陷并按5.6或5.7的规定重新进行安全评定，作出相应的安全性评价。

5.10 含缺陷压力管道的安全评定

含平面缺陷压力管道直管段的安全评定方法见附录G，含体积缺陷压力管道直管段的安全评定方法见附录H，含体积缺陷压力管道弯头和三通的安全评定方法参见附录I。

6 疲劳失效评定

6.1 平面缺陷的疲劳评定

6.1.1 评定方法

平面缺陷的疲劳评定，首先依据疲劳裂纹扩展速率$\mathrm{d}a/\mathrm{d}N$与裂纹尖端应力强度因子变化范围ΔK的关系式$\mathrm{d}a/\mathrm{d}N=A(\Delta K)^m$，确定在规定的循环周期内疲劳裂纹的扩展量和最终尺寸；然后根据所给出的判别条件和方法，来判断该平面缺陷是否会发生泄漏和疲劳断裂。除第1章所规定的平面缺陷外，难以明确划分为非平面缺陷的埋藏缺陷也应按平面缺陷进行评定。

6.1.2 评定程序

平面缺陷疲劳评定按下列步骤进行：

a) 缺陷的表征；

b) 应力变化范围的确定；

c) 材料性能数据的确定；

d) 疲劳裂纹的ΔK计算；

e) 免于疲劳评定的判别；

f) 疲劳裂纹扩展量的计算；

g) 安全性评价。

评定程序如图16所示。

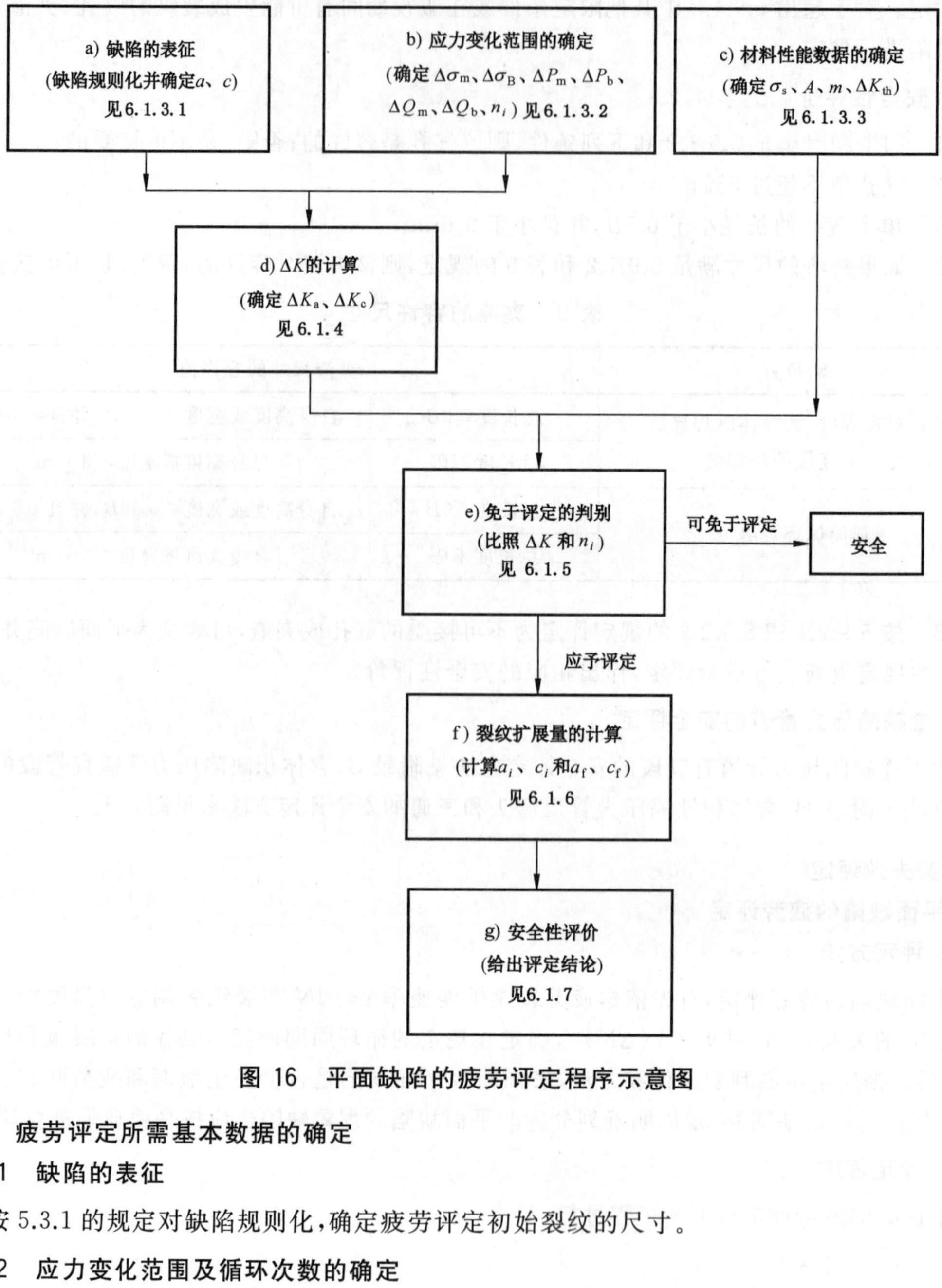

图 16　平面缺陷的疲劳评定程序示意图

6.1.3　疲劳评定所需基本数据的确定

6.1.3.1　缺陷的表征

按 5.3.1 的规定对缺陷规则化,确定疲劳评定初始裂纹的尺寸。

6.1.3.2　应力变化范围及循环次数的确定

6.1.3.2.1　根据外加载荷或温度的变化历程,分别确定被评定缺陷所在截面上垂直于裂纹平面的一次应力和二次应力的应力变化范围的分布曲线及其循环次数。平行于裂纹平面的应力变化不予考虑。

6.1.3.2.2　根据应力变化范围线性化规则,分别计算出评定所需的薄膜应力变化范围 $\Delta\sigma_m$ 和弯曲应力变化范围 $\Delta\sigma_B$。

应力变化范围的线性化规则:定义一条线性的、在缺陷处壁厚范围内各点应力变化范围值均不低于实际分布曲线上的应力变化范围值的应力变化范围分布直线(图 17),并按该线性化的应力变化范围分布直线确定疲劳评定中所需的薄膜应力变化范围值 $\Delta\sigma_m$ 及弯曲应力变化范围值 $\Delta\sigma_B$[见式(26)]：

$$\begin{cases}\Delta\sigma_m=\dfrac{\Delta\sigma_1+\Delta\sigma_2}{2}\\ \Delta\sigma_B=\dfrac{\Delta\sigma_1-\Delta\sigma_2}{2}\end{cases}\quad\cdots\cdots(26)$$

式中，$\Delta\sigma_1$ 和 $\Delta\sigma_2$ 分别为线性化后，内、外壁处的应力变化范围值。

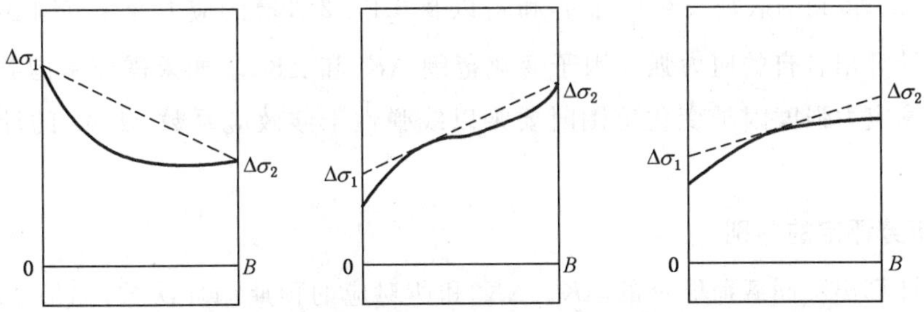

图 17 疲劳评定中应力变化范围分布的线性化规则图例

6.1.3.2.3 以一次应力的应力变化范围分布曲线所获得的 $\Delta\sigma_m$ 及 $\Delta\sigma_B$ 为 ΔP_m 及 ΔP_b，以二次应力的应力变化范围分布曲线所获得的 $\Delta\sigma_m$ 及 $\Delta\sigma_B$ 为 ΔQ_m 及 ΔQ_b。

6.1.3.2.4 若在预期寿命内存在 d 种不同的应力变化范围，则应按评定周期内的载荷作用历程，计算出 $i=1,2,\cdots,d$ 种不同应力变化范围作用时的 $(\Delta\sigma_m)_i$ 和 $(\Delta\sigma_B)_i$，同时确定其在评定期间内相应的的预期循环次数 n_i。

6.1.3.2.5 在载荷变化范围计算中应包括由于操作压力、操作温度和其他外载荷的波动所产生的应力变化范围，并考虑它们的组合效果。焊接残余应力不予考虑。

6.1.3.2.6 容器受双向应力疲劳作用时，其疲劳评定按单向应力疲劳评定方法进行。

6.1.3.3 材料性能数据的确定

6.1.3.3.1 疲劳裂纹扩展速率与 ΔK 的关系式中的系数 A 与指数 m 的取值

尽可能从服役容器上取样，按 GB/T 6398 的规定进行实验。应根据实验数据，用最小二乘法回归得到 A 和 m，但用最小二乘法回归得到的 A 值应乘以一个不小于 4.0 的系数后才能作为评定所取用的 A 值。

对 16MnR 钢在 100 ℃以下的空气环境中，并且 ΔK 在 300 $N/mm^{3/2}$～1 500 $N/mm^{3/2}$ 范围内时，也可取 $m=3.35$，$A=6.44\times10^{-14}$。

对 $\sigma_{0.2}<600$ MPa 的铁素体钢，在不超过 100 ℃的空气环境中，也可取 $m=3.0$，$A=3\times10^{-13}$。

对伴有解理或微孔聚合等具有更高扩展速率的疲劳裂纹扩展机制时，应取 $m=3.0$，$A=6\times10^{-13}$。

6.1.3.3.2 疲劳裂纹扩展的应力强度因子变化范围门槛值 ΔK_{th} 的取值

当可靠度为 97.5%时，碳钢和碳锰钢在空气中的疲劳裂纹扩展应力强度因子变化范围门槛值 ΔK_{th} 可以用以下方法估算：

对于母材按式(27)计算：

$$\begin{cases}\Delta K_{th}=170-214R_{\sigma} & (当 0\leqslant R_{\sigma}\leqslant 0.5 时)\\ \Delta K_{th}=63 & (当 R_{\sigma}>0.5 时)\end{cases} \quad \cdots\cdots\cdots\cdots(27)$$

对于焊接接头按式(28)计算：

$$\begin{cases}\Delta K_{th}=214\Delta\sigma/\sigma_s-44 & (当 \Delta\sigma>\sigma_s/2 时)\\ \Delta K_{th}=63 & (当 \Delta\sigma\leqslant\sigma_s/2 时)\end{cases} \quad \cdots\cdots\cdots\cdots(28)$$

6.1.4 应力强度因子变化范围 ΔK 的计算

根据 6.1.3.1 得到的表征裂纹尺寸 a_0 和 c_0 以及 6.1.3.2 计算的应力变化范围 $\Delta\sigma_m$ 和 $\Delta\sigma_B$，按 D.1.3 的规定计算出各自的应力强度因子变化范围 ΔK_a 和 ΔK_c。如果需要考虑共面裂纹的相互影响，在计算应力强度因子变化范围时要乘以线弹性干涉效应系数 M，M 的计算方法见附录 E。

6.1.5 免于疲劳评定的判别

按 6.1.4 计算出不同载荷循环的 ΔK_a、ΔK_c 和所对应的预期循环次数，如果 ΔK_a 和 ΔK_c 小于 ΔK_{th}，则该缺陷可免于疲劳评定；否则，按表 10 进行判别。如果对应的预期循环次数均小于表 10 中相应各列 ΔK 值所对应的容许承受循环次数，则该缺陷可免于疲劳评定，认为是安全的或可接受的。

表 10 免于疲劳评定界限

ΔK 值		容许承受循环次数
表面裂纹	埋藏裂纹	
690～551	460～368	1×10^3
550～407	367～271	2×10^3
406～321	270～214	5×10^3
320～255	213～170	1×10^4
254～188	169～125	2×10^4
187～149	124～101	5×10^4
≤148	≤100	1×10^5

6.1.6 疲劳裂纹扩展量和裂纹最终尺寸 a_f 和 c_f 的计算

6.1.6.1 按应力变化范围历程逐个循环计算方法与步骤

6.1.6.1.1 按 a_0、c_0 和第 1 个循环的 $(\Delta\sigma_m)_1$、$(\Delta\sigma_B)_1$ 分别计算 $(\Delta K_a)_0$ 和 $(\Delta K_c)_0$，并按式(29)计算第 1 个循环后的裂纹尺寸：

$$\begin{cases}a_1=a_0+A(\Delta K_a)_0^m\\ c_1=c_0+A(0.9\Delta K_c)_0^m\end{cases} \quad \cdots\cdots\cdots\cdots(29)$$

6.1.6.1.2 按 a_1、c_1 和第 2 个循环的 $(\Delta\sigma_m)_2$、$(\Delta\sigma_B)_2$ 分别计算 $(\Delta K_a)_1$ 和 $(\Delta K_c)_1$，并按式(30)计算第 2 个循环后的裂纹尺寸：

$$\begin{cases}a_2=a_1+A(\Delta K_a)_1^m\\c_2=c_1+A(0.9\Delta K_c)_1^m\end{cases}\quad\cdots\cdots(30)$$

6.1.6.1.3 重复以上步骤,按应力变化范围的历程,用式(31)逐次计算经历第 i 个应力变化循环后的裂纹尺寸:

$$\begin{cases}a_i=a_{i-1}+A(\Delta K_a)_{i-1}^m\\c_i=c_{i-1}+A(0.9\Delta K_c)_{i-1}^m\end{cases}\quad\cdots\cdots(31)$$

6.1.6.1.4 重复以上步骤,直到评定期间预期的最后一个应力变化循环为止,即得到疲劳扩展的最终裂纹尺寸 a_f 和 c_f。

6.1.6.2 分段简化计算的方法与步骤

6.1.6.2.1 如果有 d 种应力变化范围,各种应力变化的循环次数分别为 $n_i(i=1,2,\cdots,d)$,并且各种应力变化范围大体上均匀分布在疲劳评定周期内,则可将每一种应力变化范围的循环数 $n_i(i=1,2,\cdots,d)$ 均分为 u 段 $(j=1,2,\cdots,u)$。第 i 种应力变化范围的循环数 n_i 均分为 u 段后,每段的循环次数为 n_i/u。对于恒幅循环,每段的循环次数为 N/u,一般取 $u=5$。

6.1.6.2.2 从 $j=1$ 起至 $j=u$ 止,应用式(32)及式(33)可偏安全地逐段计算出在各种应力变化范围作用下该计算段裂纹尺寸的近似平均值 a_j 及 c_j,直至计算出疲劳扩展的最终尺寸 a_f 和 c_f。

$$\begin{cases}a_j=a_{j-1}+A\sum_{i=1}^{d}n_i[(\Delta K_a)_i]_{j-1}^m/u \quad j=1,2,\cdots,u\\a_f=a_u+0.5A\sum_{i=1}^{d}n_i[(\Delta K_a)_i]_u^m/u\end{cases}\quad\cdots\cdots(32)$$

$$\begin{cases}c_j=c_{j-1}+A\sum_{i=1}^{d}n_i[0.9(\Delta K_c)_i]_{j-1}^m/u \quad j=1,2,\cdots,u\\c_f=c_u+0.5A\sum_{i=1}^{d}n_i[0.9(\Delta K_c)_i]_u^m/u\end{cases}\quad\cdots\cdots(33)$$

式中:$[(\Delta K_a)_i]_{j-1}$ 和 $[(\Delta K_c)_i]_{j-1}$ 分别为裂纹尺寸 $a=a_{j-1}$,$c=c_{j-1}$ 时第 i 种 $(\Delta\sigma_m)_i$ 和 $(\Delta\sigma_B)_i$ 作用下在 a 和 c 方向裂纹尖端的 ΔK 值。

如为恒幅循环,即 $d=1$,则式(32)和式(33)中的 $\sum_{i=1}^{d}n_i$ 简化为 N,$(\Delta K_a)_i$ 简化为 (ΔK_a),$(\Delta K_c)_i$ 简化为 (ΔK_c)。

6.1.6.3 可忽略 c 方向扩展时的简化计算方法

6.1.6.3.1 忽略 c 方向扩展的条件

若满足式(34)的条件,可以忽略 c 方向的扩展。

$$\Delta K_c/\Delta K_a<0.5\quad\cdots\cdots(34)$$

6.1.6.3.2 忽略 c 方向扩展时 a_f 的计算

采用 6.1.6.1 或 6.1.6.2 的计算方法,但不计算有关 c 方向的所有参数。

6.1.7 安全性评价

6.1.7.1 疲劳泄漏评定

对表面裂纹:若 $a_f<0.7B$,则不会发生泄漏。

对埋藏裂纹：若$\left(\frac{p_1+a_0-a_f}{a_f}\right)\geqslant 0.8$且$\left(\frac{p_1+a_0+a_f}{B}\right)\leqslant 0.7$，则不会发生泄漏。

6.1.7.2 疲劳断裂评定

按第5章断裂及塑性破坏评定中平面缺陷简化评定或常规评定的方法，根据最终裂纹尺寸a_f及c_f和缺陷所在部位承受的最大载荷应力值进行断裂和塑性破坏评定，如果评定的结果是安全或可接受的，则不会发生因疲劳断裂和塑性破坏导致的失效。

6.1.7.3 疲劳安全性评价

若疲劳评定结果能同时满足6.1.7.1和6.1.7.2的条件，则认为该缺陷是安全的或可接受的；否则，是不能保证安全或不可接受的。

6.2 体积型焊接缺陷的疲劳评定

6.2.1 适用范围

本节规定的基于S-N曲线的评定方法适用于同时满足下述条件的含体积型缺陷的在用压力容器焊接接头的疲劳评定：

a) 容器壁厚等于或大于10 mm。

b) 操作温度低于375 ℃的碳钢、碳-锰钢和低合金钢制容器或操作温度低于430 ℃的奥氏体不锈钢制容器。

6.2.2 评定程序

体积型焊接缺陷的疲劳评定按下列步骤进行：

a) 缺陷表征；

b) 应力变化范围的确定；

c) 免于疲劳评定的判别；

d) 使用工况所要求承受的疲劳强度参量$(S^3N)_x$值的确定；

e) 容许承受的疲劳强度参量$(S^3N)_y$值的确定；

f) 疲劳安全性评价。

评定程序如图18所示。

6.2.3 疲劳评定所需基本数据的确定

6.2.3.1 缺陷的表征

按5.3.2.3的规定对缺陷进行表征。

6.2.3.2 应力变化范围及循环次数的确定

按6.1.3.2的规定确定应力的变化范围。体积缺陷承受的循环次数N及n_i应为从该容器投入运行时起计算。

6.2.4 免于疲劳评定的判别

符合以下条件之一者，可免于进行疲劳评定，并认为该缺陷是可接受的：

a) 缺陷所在截面的工作应力变化范围低于23 MPa；

b) 仅承受与焊缝方向一致的疲劳载荷的咬边缺陷。

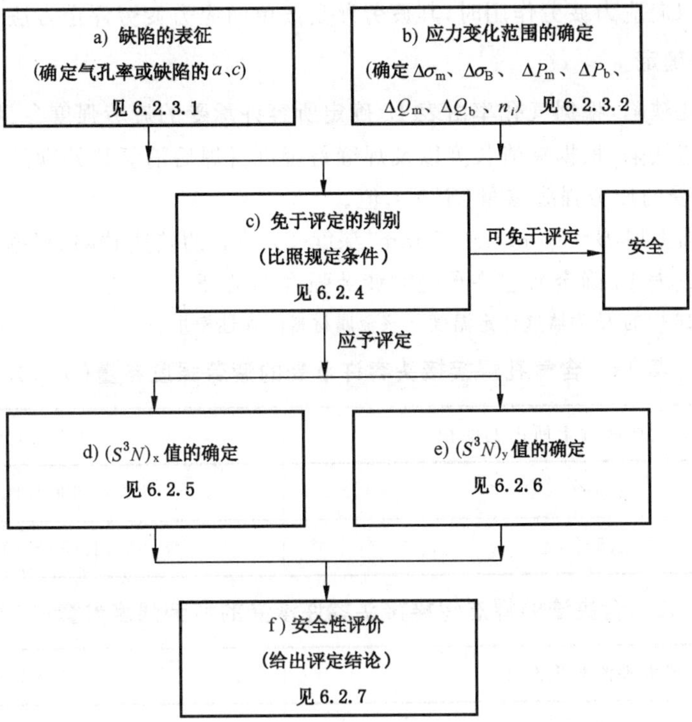

图 18 体积缺陷的疲劳评定程序示意图

6.2.5 $(S^3N)_x$值的计算

6.2.5.1 对于恒幅疲劳,可根据缺陷所在截面的应力变化范围 $\Delta\sigma$ 和在整个寿命期内的总循环次数 N,按式(35)计算$(S^3N)_x$:

$$(S^3N)_x=(\Delta\sigma)^3N \quad \cdots\cdots(35)$$

6.2.5.2 对于非恒幅疲劳,如有 d 种应力变化范围$(\Delta\sigma)_i$($i=1,2,\cdots,d$),它们所承受的循环次数分别为 n_i($i=1,2,\cdots,d$),则按式(36)计算$(S^3N)_x$:

$$(S^3N)_x=\sum_{i=1}^{d}\{[(\Delta\sigma)_i]^3n_i\} \quad \cdots\cdots(36)$$

式中:$\Delta\sigma_i=(\Delta\sigma_m)_i+(\Delta\sigma_B)_i$。

6.2.5.3 在计算非恒幅疲劳的$(S^3N)_x$时,所有小于表11规定的最小应力变化范围$(\Delta\sigma)_{min}$,可以忽略不计。

表 11 计算非恒幅疲劳的$(S^3N)_x$时可忽略的最小应力变化范围$(\Delta\sigma)_{min}$

$(S^3N)_x$值	$(\Delta\sigma)_{min}$/MPa
1.52×10^{12}	42
1.04×10^{12}	37
6.33×10^{11}	32
4.31×10^{11}	28
2.50×10^{11}	23

6.2.5.4　容器受双向应力疲劳作用时，其疲劳评定按单向应力疲劳评定方法进行。

6.2.6　$(S^3N)_y$的确定

6.2.6.1　对于气孔缺陷，根据气孔率由表12确定所容许承受的疲劳强度参量$(S^3N)_y$值。

6.2.6.2　对于夹渣缺陷，根据夹渣长度以及焊缝是否进行焊后消氢热处理的情况，按表13或表14确定所容许承受的疲劳强度参量$(S^3N)_y$值。

6.2.6.3　对于容器壁厚B=10 mm～25 mm、深度<1 mm的咬边缺陷，根据咬边深度和壁厚B的比值，按表15或表16确定所容许承受的疲劳强度参量$(S^3N)_y$的值。

注：表12～表16中的E为器壁评定温度下该金属材料的弹性模量。

表12　含气孔焊接接头容许承受的疲劳强度参量$(S^3N)_y$

气孔在射线底片上所占的面积	$(S^3N)_y$值
3%	$4.980\times10^6\ E$
5%	$1.196\times10^6\ E$

表13　含夹渣的焊态焊接接头容许承受的疲劳强度参量$(S^3N)_y$

最大夹渣长度/mm	$(S^3N)_y$值
2.5	$7.270\times10^6\ E$
4.0	$4.980\times10^6\ E$
10	$3.029\times10^6\ E$
35	$2.062\times10^6\ E$
>35	$1.196\times10^6\ E$

表14　含夹渣的经消氢热处理的焊接接头容许承受的疲劳强度参量$(S^3N)_y$

最大夹渣长度/mm	$(S^3N)_y$值
19	$7.270\times10^6\ E$
58	$4.980\times10^6\ E$
>58	$1.196\times10^6\ E$

表15　含咬边的对接焊接接头容许承受的疲劳强度参量$(S^3N)_y$值

最大咬边深度/壁厚	$(S^3N)_y$值
0.025	$7.270\times10^6\ E$
0.050	$4.980\times10^6\ E$
0.075	$3.029\times10^6\ E$
0.100	$1.196\times10^6\ E$

表 16　含咬边的角接焊接接头容许承受的疲劳强度参量$(S^3N)_y$值

最大咬边深度/壁厚	$(S^3N)_y$值
0.050	$3.029\times10^6\ E$
0.075	$2.062\times10^6\ E$
0.100	$1.196\times10^6\ E$

6.2.7　安全性评价

如果体积缺陷经评定满足式(37)的规定,则该体积型缺陷是容许的或可接受的;否则,是不能容许或不可接受的。

$$(S^3N)_y \geqslant (S^3N)_x \qquad \cdots\cdots(37)$$

附　录　A
（资料性附录）
应力腐蚀、高温蠕变和腐蚀疲劳环境对安全评定的影响

A.1　总则

本附录给出了考虑应力腐蚀、高温蠕变和腐蚀疲劳环境对安全评定的影响时应遵循的一般性原则。

A.2　应力腐蚀对安全评定的影响

当存在应力腐蚀条件时，按照附录D计算缺陷部位的K_{I}值，并与按照GB/T 15970.6测定的材料在使用环境下的K_{ISCC}进行比较，如果：

$$K_{\mathrm{I}} < K_{\mathrm{ISCC}} \quad \cdots\cdots (A.1)$$

则不考虑应力腐蚀对安全评定的影响。否则，应按照GB/T 15970.6测定的在使用环境下裂纹的应力腐蚀扩展速率da/dt，估算出至设计寿命期或下一检验期的裂纹最终尺寸，再按照第5章进行安全评定。

A.3　高温蠕变环境对安全评定的影响

A.3.1　一般要求

如果满足A.3.2.1或A.3.3.1的规定，则不需考虑高温蠕变环境对安全评定的影响；否则，应考虑蠕变失效的可能性，而不能仅采用本标准进行断裂与塑性失效评定。

A.3.2　第一种不考虑高温蠕变环境对安全评定的影响的条件

A.3.2.1　当整个运行期间的最高工作温度低于可忽略蠕变效应的温度T_0时，可不考虑高温蠕变环境对安全评定的影响。

A.3.2.2　T_0的确定方法如下：

a)　对于拉伸蠕变断裂应变大于10%的材料，T_0为流变应力$\bar{\sigma}$的作用下试件达到要求的工作寿命时其蠕变应变达到0.2%时的温度。

b)　对于拉伸蠕变断裂应变小于10%的材料，T_0是在达到要求的工作寿命时实际蠕变断裂伸长应变为2%时相对应的温度。

c)　压力容器常用钢材在使用时间不大于100 000h时，其T_0可按表A.1确定。

A.3.2.3　对于焊接接头，需要了解缺陷所在焊接接头部位材料的蠕变断裂性能。但如果能够确保焊接热影响区的蠕变断裂性能不低于母材的性能，则可以根据母材的有关蠕变性能来确定T_0。

A.3.3　第二种不考虑高温蠕变环境对安全评定的影响的条件

A.3.3.1　当结构在整个运行历程的累积寿命损伤率小于1.0时，可不考虑高温蠕变环境对安全评定的影响。

A.3.3.2　对于拉伸蠕变断裂应变大于10%的材料，$t(T)$为在温度T和该温度下的流变应力$\bar{\sigma}$

的作用下产生 0.2%蠕变应变所需要的时间。对于拉伸蠕变断裂应变小于 10%的材料,$t(T)$为对应蠕变应变为 2%的时间。

A.3.3.3 对于焊接接头,需要了解缺陷所在焊接接头部位材料的蠕变断裂性能。但如果能够确保焊接热影响区的蠕变断裂性能不低于母材的性能,则可以根据母材的有关蠕变性能来确定 $t(T)$。

表 A.1 压力容器常用钢材在使用时间不大于 100 000 h 时的 T_0

旧钢号	新钢号	使用状态	T_0/℃
20R	Q245R	热轧,正火	375
16MnR	Q345R	热轧,正火	375
15MnVR	—	热轧,正火	375
15MnVNR	—	正火	375
18MnMoNbR	18MnMoNbR	正火加回火	375
13MnNiMoNbR	13MnNiMoR	正火加回火	375
07MnCrMoVR	07MnMoVR	调质	250
16MnDR	16MnDR	正火	350
07MnNiCrMoVDR	07MnNiVDR	调质	250
09Mn2VDR	—	正火	100
09MnNiDR	09MnNiDR	正火,正火加回火	350
15CrMoR	15CrMoR	正火加回火	475
14Cr1MoR	14Cr1MoR	正火加回火	475
12Cr2Mo1R	12Cr2Mo1R	正火加回火	450
0Cr13	S11306	退火	400
0Cr18Ni9	S30408	固溶	425
0Cr18Ni10Ti	S32168	固溶或稳定化	425
0Cr17Ni12Mo2	S31608	固溶	425
0Cr18Ni12Mo2Ti	S31668	固溶	425
0Cr19Ni13Mo3	S31708	固溶	425
00Cr19Ni10	S30403	固溶	425
00Cr17Ni14Mo2	S31603	固溶	425
00Cr19Ni13Mo3	S31703	固溶	425
00Cr18Ni5Mo3Si2	S21953	固溶	300

A.4 腐蚀疲劳对安全评定的影响

腐蚀疲劳裂纹的评定应使用相应腐蚀疲劳环境下的裂纹扩展速率和门槛值,按 6.1 进行评定。

附 录 B
(规范性附录)
材料性能数据的测定和选取方法

B.1 材料拉伸性能数据的测试和选取

B.1.1 拉伸性能按 GB/T 228 测定。屈服强度取下屈服强度或 0.2%条件屈服强度(或规定塑性延伸率为 0.2%时的塑性延伸强度)。焊接热影响区的拉伸性能取母材和焊缝金属中的较低值。

B.1.2 在未能实测被评定材料拉伸性能的情况下,可以按照 GB/T 150.2 和相应钢号的材料标准选取材料的有关拉伸性能指标。

B.1.3 未能实测而又不能从有关标准中查到相应数据时,可通过可靠的方法利用硬度测定值估算材料强度的参考值。

B.2 材料断裂韧度的测定方法

B.2.1 缺陷评定中所使用的材料断裂韧度应采用标准实验方法来确定。

B.2.2 CTOD 断裂韧度应按 GB/T 21143 规定的方法测定。可采用下列两种 CTOD 临界值:

$\delta_{c(B)}$——当 Δa 小于 0.2 mm 钝化偏置线时出现非稳定裂纹扩展或 pop-in 时的 CTOD 断裂抗力;

$\delta_{0.2BL}$——稳定裂纹扩展为 0.2 mm 钝化偏置线时对应的非尺寸敏感断裂抗力 δ。

B.2.3 J 积分试验应按 GB/T 21143 进行。可采用下列两种 J 的临界值:

$J_{c(B)}$——当 Δa 小于 0.2 mm 钝化偏置线时出现非稳定裂纹扩展或 pop-in 时的 J 积分断裂抗力;

$J_{0.2BL}$——稳定裂纹扩展为 0.2 mm 钝化偏置线时对应的非尺寸敏感断裂抗力 J。

B.2.4 CTOD 和 J 积分试验中,载荷-位移曲线上的突进(pop-in)行为,应按 GB/T 21143 进行检验。特别是对焊接接头等非均质材料,试验后有必要对试样进行解剖检查,以确认裂纹尖端已处于有最大数量微观脆性组织的区域。

B.2.5 如果被测材料较脆,测定 J_{IC}值有困难,可按 GB/T 4161 测定平面应变断裂韧度 K_{IC}用于评定。

B.2.6 在不能用标准方法进行断裂韧度测试时,容许按 GB/T 21143—2014 附录 K"剖面法测定 CTOD 值"的规定进行试验,用金相剖面法测定获得 CTOD 起裂值 δ_i和估算 J 起裂值 J_i。

B.2.7 如果被评定容器的服役条件中存在介质和温度等环境因素的影响,则应在实测数据时的试验条件中加以考虑。

B.3 实测断裂韧度数据的选用

B.3.1 当采用单试样法测定时,断裂韧度取三个同类试验结果的最低值。对 CTOD 和 J 积分试验,当最低值小于三个试验结果平均值的 50%或最大值大于平均值的 2 倍时,应追加三个同样的试样并采用全部六个试样数据中的第二个最低值作为评定用数据;如果进行了更多的追加试验,则按表 B.1 的当量值选取评定用数据。

B.3.2 采用多试样法测定时,应按最小二乘回归方法获得的数值减去 1 倍标准偏差所得的值作为评定用数据。

表 B.1 最低值的当量值

试验次数	当量值
3～5	最低值
6～10	第二个最低值
11～15	第三个最低值

B.4 断裂韧度的代用或参考数据的选用原则和方法

B.4.1 在未能获得实测断裂韧度数据的情况下,对有使用经验的压力容器常用钢材,容许从有关标准或资料中选取代用数据,但应对数据的选取作出有足够依据的说明。

B.4.2 在选取代用的断裂韧度数据时,应了解被评定容器的运行环境条件(容器所在的外部环境介质条件、内部介质和操作温度等)。如果被评定的是表面缺陷,则应考虑环境介质的影响;对埋藏缺陷,一般可不考虑这种影响。不论是表面缺陷还是埋藏缺陷,都应考虑温度的影响。对有环境介质和或温度影响的容器,还应考虑服役期间材料性能的退化效应。

B.4.3 被评定部位材料的化学成分、冶金和工艺状态等,在选取代用或参考数据时,均应予以充分注意。对非均质的焊接接头部位,还应考虑局部显微组织对断裂韧度的影响。

B.4.4 试验测定时的试样、取向和试验条件及试验方法等,在选取代用或参考数据时,这些因素各自产生的影响也应予以充分注意。

B.4.5 可以从每种材料推荐数据的不同断裂韧度水平中选取合适的代用或参考数据,但应保证所选用的评定数据使评定结果偏于保守和安全。

B.4.6 对延性撕裂的情况,本附录规定的是条件起裂值。在评定各方协商一致的情况下,也可以选取更为保守的其他起裂值(如 $\delta_{0.05}$ 或 $J_{0.05}$)。

B.5 材料断裂韧度替代取值经验公式

材料断裂韧度替代取值经验公式参见附录 J。

附 录 C
(规范性附录)
载荷比 L_r 参量的计算

C.1 总则

C.1.1 本附录提出了基于极限分析方法和净截面屈服准则局部解的含缺陷结构和压力容器的塑性极限载荷解、塑性屈服载荷解和 L_r 的计算式,适用于平面缺陷的简化评定和常规评定。

C.1.2 L_r^{max} 的确定方法见 5.7.1 的规定。

C.1.3 在 L_r 的计算中只考虑一次应力,不考虑二次应力。在计算时需要的应力(P_m 及 P_b)和缺陷尺寸(a 及 c)分别按 5.4.2 和 5.3 的规定确定。

C.2 典型结构的 L_r 计算式

C.2.1 平板

C.2.1.1 含长 $2a$ 穿透裂纹的平板(板厚 B,板宽 $2W$,见图 C.1)

$$L_r = \frac{P_b + \sqrt{P_b^2 + 9P_m^2}}{3(1-2a/W)\sigma_s} \quad \text{(C.1)}$$

适用范围:$a << W$。

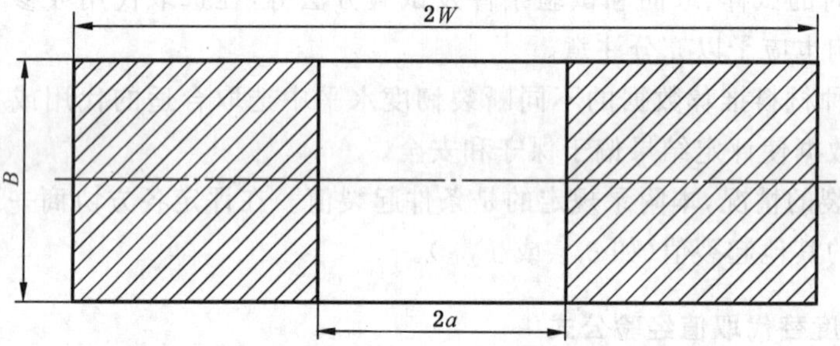

图 C.1 含穿透裂纹的平板结构尺寸示意图

C.2.1.2 含半椭圆表面裂纹的平板(裂纹 $a \times 2c$,板厚 B,板宽 $2W$,见图 C.2)

$$L_r = \frac{P_b + \sqrt{P_b^2 + 9(1-\zeta)^2 P_m^2}}{3(1-\zeta)^2\sigma_s} \quad \text{(C.2)}$$

式中:

$\zeta = \dfrac{ac}{B(c+B)}$。

适用范围:$a/B \leqslant 0.8$ 且 $(c+B)/W \leqslant 1.0$,也可用于压力容器。

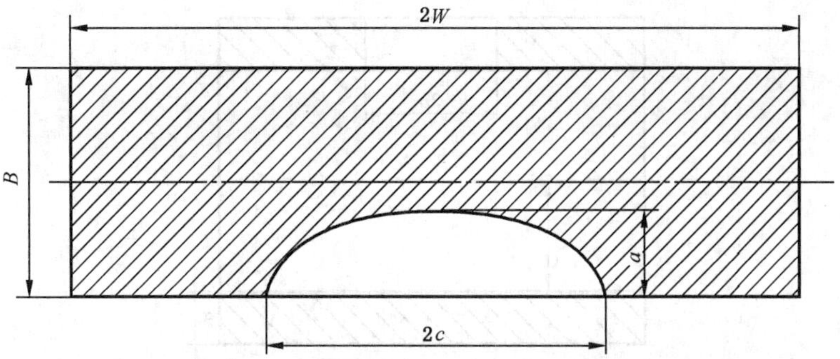

图 C.2 含半椭圆表面裂纹的平板结构尺寸示意图

C.2.1.3 含椭圆形埋藏裂纹的平板(裂纹 $2a \times 2c$,板厚 B,板宽 $2W$,见图 C.3)

$$L_r = \frac{(3\zeta P_m + P_b) + \sqrt{(3\zeta P_m + P_b)^2 + 9[(1-\zeta)^2 + 4\zeta\gamma]P_m^2}}{3[(1-\zeta)^2 + 4\zeta\gamma]\sigma_s} \qquad \text{(C.3)}$$

式中:

$\zeta = \frac{2ac}{B(c+B)}$;

$\gamma = \frac{p_1}{B}$。

p_1——缺陷距板表面最近处距离(指被评定裂尖位置)。

适用范围:$2a/B \leqslant 0.8$ 且 $(c+B)/W \leqslant 1.0$,也可用于压力容器。

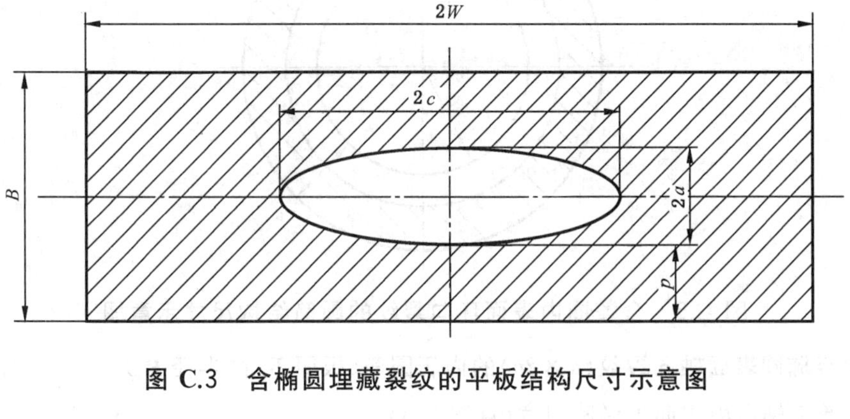

图 C.3 含椭圆埋藏裂纹的平板结构尺寸示意图

C.2.2 内压圆筒

C.2.2.1 含长 $2a$ 轴向穿透裂纹的内压圆筒(板厚 B,内径 R_i,见图 C.4)

$$L_r = \frac{1.2P_m}{\sigma_s}\sqrt{1 + 1.6a^2/(R_i B)} \qquad \text{(C.4)}$$

适用范围:$B/R_i \leqslant 0.1$。

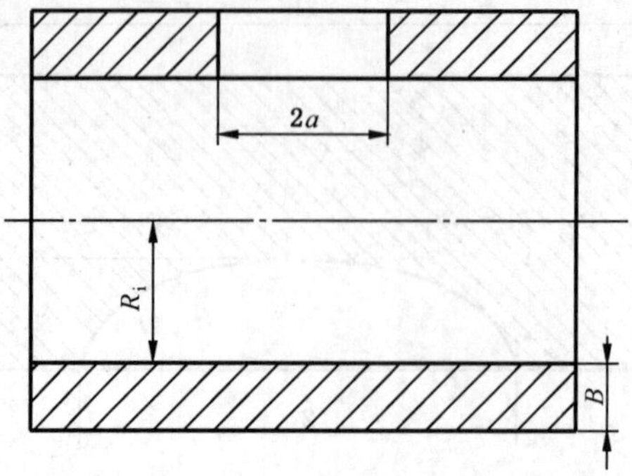

图 C.4　含轴向穿透裂纹的圆筒结构尺寸示意图

C.2.2.2　含整圈内表面环向裂纹的内压圆筒(深度 a,板厚 B,内半径 R_i,见图 C.5)

$$L_r=\frac{P_m[\pi(1-a/B)+2(a/B)\sin(c/R_i)]}{\sigma_s(1-a/B)[\pi-(c/R_i)(a/B)]}+\frac{2P_b}{3\sigma_s(1-\zeta)^2} \quad \cdots\cdots\cdots(\text{C.5})$$

式中:

$\zeta=\dfrac{a}{B}$;$c=\pi R_i$。

适用范围:$a/B\leqslant0.8$,$B/R_i\leqslant1.0$。

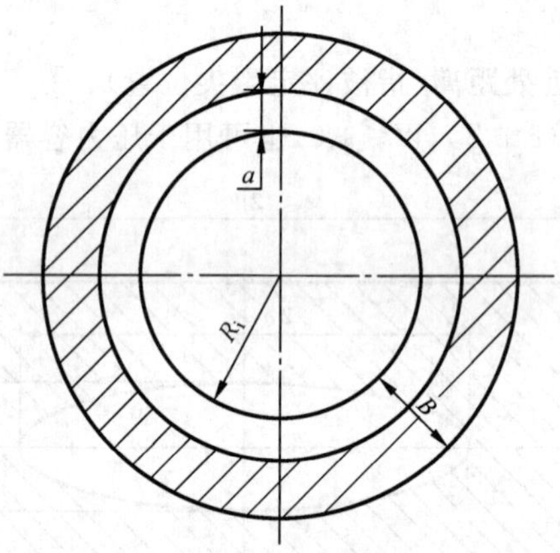

图 C.5　含整圈内表面环向裂纹的圆筒结构尺寸示意图

C.2.2.3　含半椭圆表面轴向裂纹($a\times2c$)的内压圆筒(板厚 B,内半径 R_i)

内压圆筒上轴向内表面半椭圆裂纹(见图 C.6):

$$L_r=\frac{1.2M_sP_m+\dfrac{2P_b}{3(1-\zeta)^2}}{\sigma_s} \quad \cdots\cdots\cdots(\text{C.6})$$

式中:

$M_s=\dfrac{1-[a/(BM_T)]}{1-(a/B)}$,$M_T=\left[1+1.6\left(\dfrac{c^2}{R_iB}\right)\right]^{0.5}$;$\zeta=\dfrac{a/B}{1+B/c}$。

适用范围:$a/B\leqslant0.8$,$B/R_i\leqslant1.0$。

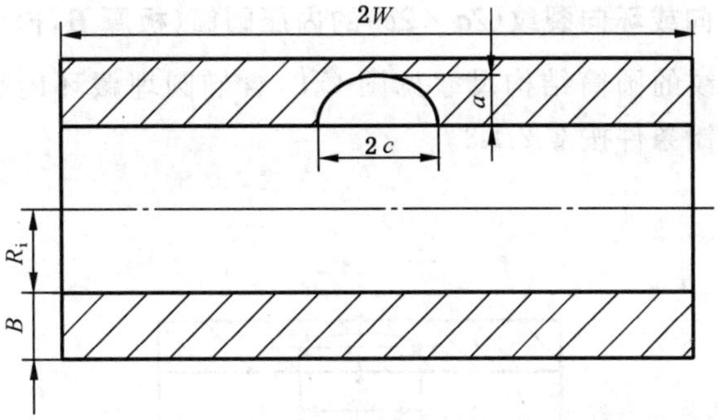

图 C.6　含半椭圆内表面轴向裂纹的圆筒结构尺寸示意图

计算内压圆筒上轴向外表面半椭圆裂纹(见图 C.7)的 L_r 时,将式(C.6)中的内半径换为外半径。

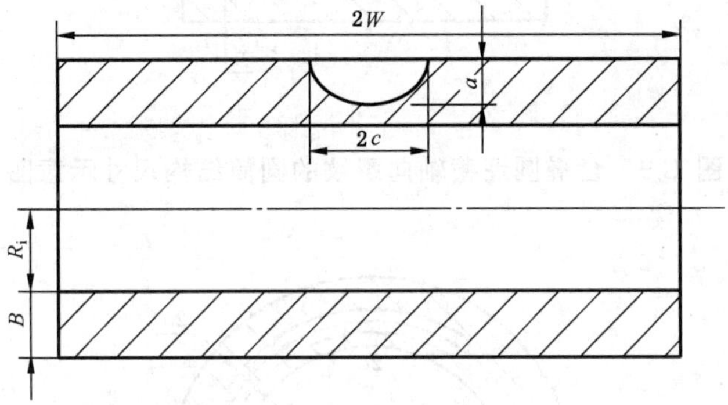

图 C.7　含半椭圆外表面轴向裂纹的圆筒结构尺寸示意图

C.2.2.4　**含半椭圆内表面环向裂纹($a\times 2c$)的内压圆筒(板厚 B,内半径 R_i,见图 C.8)**

内压圆筒上半椭圆内表面环向裂纹可按式(C.5)计算。

适用范围:$a/B\leqslant 0.8$,$B/R_i\leqslant 1.0$。

当 $\pi R_i\geqslant c+B$,$\zeta=\dfrac{a/B}{1+B/c}$;当 $\pi R_i<c+B$,$\zeta=\left(\dfrac{a}{B}\right)\left(\dfrac{c}{\pi R_i}\right)$。

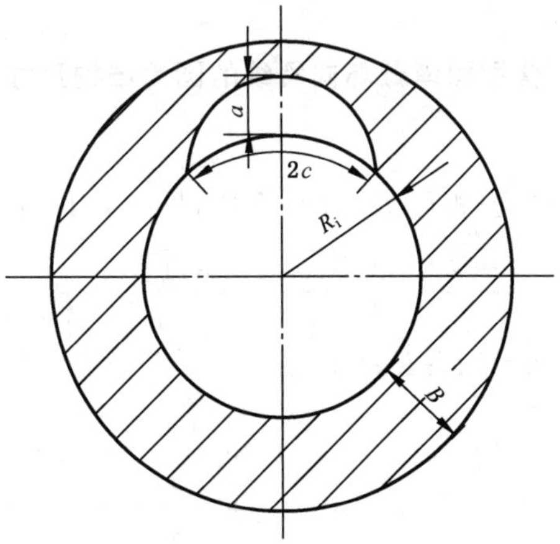

图 C.8　含半椭圆内表面环向裂纹的圆筒结构尺寸示意图

C.2.2.5　含椭圆埋藏轴向或环向裂纹($2a \times 2c$)的内压圆筒(板厚 B，内半径 R_i)

含椭圆埋藏轴向裂纹的圆筒结构尺寸见图 C.9，含椭圆埋藏环向裂纹的圆筒结构尺寸见图 C.10。计算方法与限制条件按 C.2.1.3。

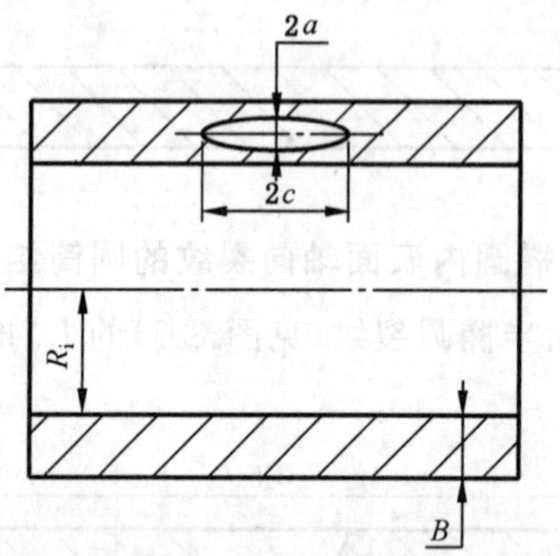

图 C.9　含椭圆埋藏轴向裂纹的圆筒结构尺寸示意图

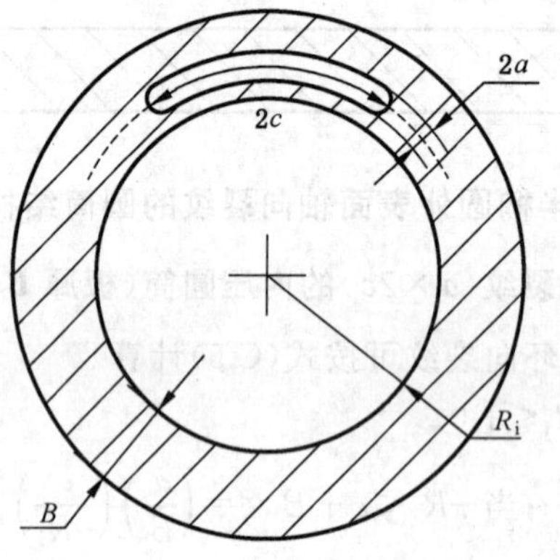

图 C.10　含椭圆埋藏环向裂纹的圆筒结构尺寸示意图

C.2.3　内压球壳

含长 $2a$ 穿透裂纹的内压球壳(板厚 B，内半径 R_i，见图 C.11)：

$$L_r = \left(\frac{P_m}{\sigma_s}\right)\frac{1+\sqrt{1+8a^2/[R_i B\cos^2(a/R_i)]}}{2} + \frac{2}{3(1-a/\pi R_i)}\left(\frac{P_b}{\sigma_s}\right) \quad \cdots\cdots(C.7)$$

适用范围：$0 < B/R_i \leqslant 0.1$，$0 < 2a/\pi R_i < 0.1$。

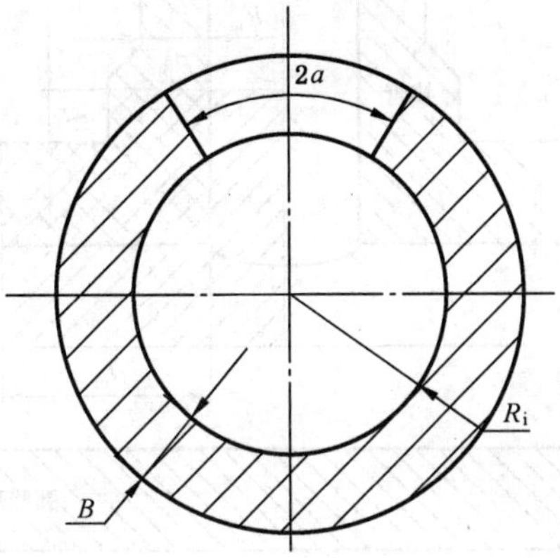

图 C.11 含穿透裂纹的球壳结构尺寸示意图

C.2.4 接管

C.2.4.1 容器接管拐角裂纹(四分之一圆形裂纹)

$$L_r = \frac{P_b + \sqrt{P_b^2 + 9(1-\zeta)^2 P_m^2}}{3(1-\zeta)^2 \sigma_s} \quad \text{(C.8)}$$

式中:

$\zeta = a/B_{min}$;

B_{min} ——接管内拐角至外拐角间的距离;

P_m、P_b ——垂直裂纹平面方向在 B_{min}厚度上分布的应力。

适用范围:$a/B_{min} \leqslant 0.8$。

C.2.4.2 仅受内压的容器接管拐角裂纹(四分之一圆形裂纹)

$$L_r = \left(\frac{p}{\sigma_s}\right) \frac{A_p}{A_s - \pi a^2/4} \quad \text{(C.9)}$$

仅受内压作用计算 L_r 时需要采用的受压面积 A_p和承载面积 A_s见图 C.12 和图 C.13,图中:

$$l_s = 0.4\sqrt{R_{in} B_n}$$

$$l_m = \begin{cases} \min\{0.4\sqrt{R_i B}\ ,\ 2R_{in}/3\} & \text{(圆筒形容器)} \\ \min\{0.4\sqrt{R_i B}\ , R_{in}\} & \text{(球形容器)} \end{cases}$$

适用范围:$a/\sqrt{4A_s/\pi} \leqslant 0.8$。

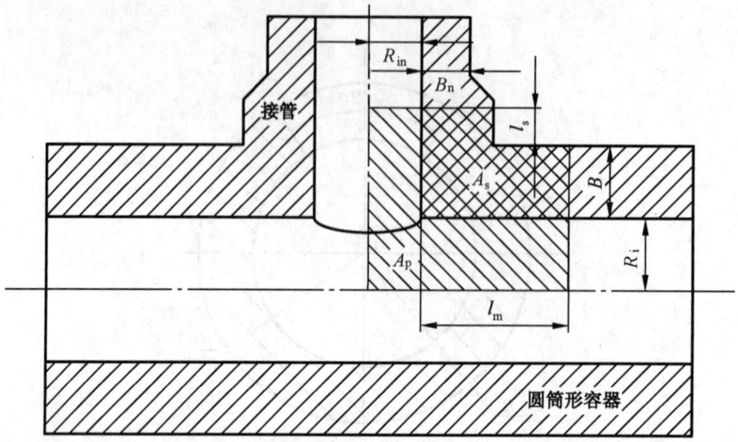

图 C.12　圆筒形容器接管拐角裂纹

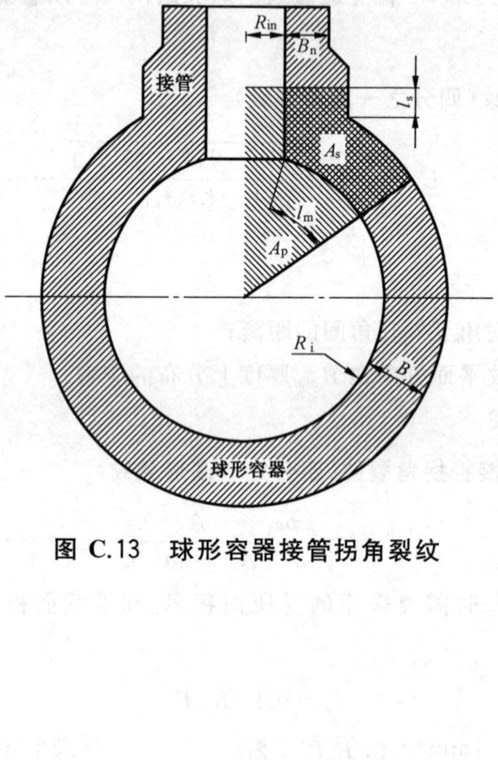

图 C.13　球形容器接管拐角裂纹

附　录　D
(规范性附录)
应力强度因子 K_I的计算

D.1　总则

D.1.1　适用范围

本附录提供了含缺陷结构和压力容器在承载情况下,缺陷尖端部位的应力强度因子 K_I的计算式,适用于平面缺陷的断裂常规评定,也适用于疲劳评定。

D.1.2　计算 K_I时所需裂纹尺寸和应力值的确定

在平面缺陷断裂常规评定计算 K_I时,所输入的裂纹尺寸 a、c 和应力值 σ_m、σ_B或 P_m、P_b、Q_m、Q_b,应按 5.3 和 5.4 的规定确定。

D.1.3　疲劳评定所需应力强度因子变化范围 ΔK 的计算规则

D.1.3.1　D.2 中所列各种 K_I计算式形式和所附图表,均适用于按第 6 章进行缺陷的疲劳评定时有关 ΔK、ΔK_a、ΔK_c的计算。

D.1.3.2　采用本附录所列 K_I的计算式进行相应的 ΔK、ΔK_a、ΔK_c的计算时,应进行参数替代,具体规则如下:

a) 算式中的 σ_m、σ_B分别以 $\Delta\sigma_m$、$\Delta\sigma_B$替代,则所得 K_I即为 ΔK。

b) 若 $\Delta\sigma_m$、$\Delta\sigma_B$分别为一次应力变化范围 ΔP_m、ΔP_b时,则所得结果是一次应力变化引起的应力强度因子变化范围 ΔK^P;若 $\Delta\sigma_m$、$\Delta\sigma_B$分别为二次应力变化范围 ΔQ_m、ΔQ_b时,则所得结果是二次应力强度因子变化范围 ΔK^S;

c) 计算裂纹尺寸 a 方向裂尖处的应力强度因子变化范围 ΔK_a时,应采用 a 方向的裂纹构形因子 f_m^A、f_b^A;计算裂纹尺寸 c 方向裂尖处的应力强度因子变化范围 ΔK_c时,应采用 c 方向的裂纹构形因子 f_m^B、f_b^B。

D.1.3.3　ΔK 计算中所需输入的裂纹尺寸 a、c 和应力变化范围值 $\Delta\sigma_m$、$\Delta\sigma_B$或 ΔP_m、ΔP_b、ΔQ_m、ΔQ_b,应按 5.3 和 6.1 的规定确定。

D.2　典型结构的 K_I计算式

D.2.1　平板

D.2.1.1　含长 2*a* 穿透裂纹的平板(板宽 2*W*,板长 2*L*)

$$K_I=\sqrt{\pi a}\,(\sigma_m+\sigma_B) \qquad \text{(D.1)}$$

适用范围:$a/W\leqslant0.15$ 且 $a/L\leqslant0.15$。结构示意图如图 C.1 所示。

D.2.1.2　含半椭圆表面裂纹($a\times2c$)的平板(板宽 2*W*,板长 2*L*,板厚 *B*)

$$K_I=\sqrt{\pi a}\,(\sigma_m f_m+\sigma_B f_b) \qquad \text{(D.2)}$$

式中:

$$f_m^A=\frac{1}{\left[1+1.464\left(\frac{a}{c}\right)^{1.65}\right]^{0.5}}\left\{1.13-0.09\frac{a}{c}+\left[-0.54+\frac{0.89}{0.2+\frac{a}{c}}\right]\left(\frac{a}{B}\right)^2\right.$$

$$+\left[0.5-\frac{1}{0.65+\frac{a}{c}}+14\left(1-\frac{a}{c}\right)^{24}\right]\left(\frac{a}{B}\right)^{4}\Big] \quad \cdots\cdots(D.3)$$

$$f_{b}^{A}=\left\{1+\left(-1.22-0.12\frac{a}{c}\right)\frac{a}{B}+\left[0.55-1.05\left(\frac{a}{c}\right)^{0.75}+0.47\left(\frac{a}{c}\right)^{1.5}\right]\left(\frac{a}{B}\right)^{2}\right\}f_{m}^{A} \quad \cdots\cdots(D.4)$$

$$f_{m}^{B}=\left\{\left[1.1+0.35\left(\frac{a}{B}\right)^{2}\right]\left(\frac{a}{c}\right)^{0.5}\right\}f_{m}^{A} \quad \cdots\cdots(D.5)$$

$$f_{b}^{B}=\left[1-0.34\frac{a}{B}-0.11a^{2}/(cB)\right]f_{m}^{B} \quad \cdots\cdots(D.6)$$

式中:上标 A 表示求裂纹深度处 K_{I}时用的系数;上标 B 表示求裂纹长度方向两端点处 K_{I}时用的系数。

f_{m}^{A}、f_{b}^{A}、f_{m}^{B}、f_{b}^{B}可分别由表 D.1～表 D.4 直接查得。

适用范围:$a/B\leqslant0.8$,$a/c\leqslant1.0$,$c/L\leqslant0.15$,$c/W\leqslant0.15$。结构示意图如图 C.2 所示。

D.2.1.3 含椭圆埋藏裂纹($2a\times2c$)的平板(板宽 $2W$,板厚 B)

$$K_{I}=\sqrt{\pi a}\left(\sigma_{m}f_{m}+\sigma_{B}f_{b}\right) \quad \cdots\cdots(D.7)$$

式中:

$$f_{m}^{A}=\frac{1.01-0.37\frac{a}{c}}{\left\{\left[1-\left(\frac{2a/B}{1-2e/B}\right)^{1.8}\left[1-0.4\frac{a}{c}-\left(\frac{e}{B}\right)^{2}\right]\right\}^{0.54}} \quad \cdots\cdots(D.8)$$

$$f_{b}^{A}=\frac{\left(1.01-0.37\frac{a}{c}\right)\left[2e/B+a/B+0.34a^{2}/(cB)\right]}{\left\{1-\left(\frac{2a/B}{1-2e/B}\right)^{1.8}\left[1-0.4\frac{a}{c}-\left(\frac{e}{B}\right)^{2}\right]\right\}^{0.54}} \quad \cdots\cdots(D.9)$$

$$f_{m}^{B}=\frac{1.01-0.37\frac{a}{c}}{\left\{1-\left(\frac{2a/B}{1-2e/B}\right)^{1.8}\left[1-0.4\frac{a}{c}-0.8\left(\frac{e}{B}\right)^{0.4}\right]\right\}^{0.54}} \quad \cdots\cdots(D.10)$$

$$f_{b}^{B}=\frac{\left(1.01-0.37\frac{a}{c}\right)\left[2e/B-a/B-0.34a^{2}/(cB)\right]}{\left\{1-\left(\frac{2a/B}{1-2e/B}\right)^{1.8}\left[1-0.4\frac{a}{c}-0.8\left(\frac{e}{B}\right)^{0.4}\right]\right\}^{0.54}} \quad \cdots\cdots(D.11)$$

e——埋藏椭圆裂纹中心偏离壁厚中心的偏心距。

f_{m}^{A}、f_{b}^{A}、f_{m}^{B}、f_{b}^{B}也可由表 D.5～表 D.8 查得。但表中以缺陷离表面的最近距离 p_{1}表示,而不用参量 e,两者之间的关系是 $p_{1}+a+e=B/2$。

适用范围:$a/B\leqslant0.45(1-2e/B)$,$a/c\leqslant1.0$,$c/W\leqslant0.15$,$e/B<0.5$。结构示意图如图 C.3 所示。

D.2.2 内压圆筒

D.2.2.1 含轴向穿透裂纹(长度 $2a$)的内压圆筒(板厚 $\boldsymbol{B}$,内半径 $\boldsymbol{R}_i$)

$$K_{\mathrm{I}}=\sqrt{\pi a}\,(\sigma_m f_m+\sigma_B f_b) \qquad \text{(D.12)}$$

式中:$f_m=G_0$,$f_b=G_0-2G_1$,$G_i=\dfrac{A_0+A_1\lambda+A_2\lambda^2+A_3\lambda^3}{1+A_4\lambda+A_5\lambda^2+A_6\lambda^3}(i=0,1)$,$\lambda=\dfrac{1.818a}{\sqrt{R_i B}}$。

对于在圆筒内表面的穿透裂纹尖端位置,A_0~A_6 由表 D.1 查得。

表 D.1 内压圆筒轴向穿透裂纹内表面裂纹构形因子计算系数取值

B/R_i	G_i	A_0	A_1	A_2	A_3	A_4	A_5	A_6
0.01	G_0	1.007 62	−0.178 500	0.161 440	0.000 000	−0.152 520	0.058 880	−0.003 090
	G_1	0.000 3	2.728 940	0.424 320	1.698 480	13.876 92	3.712 580	0.073 810
0.016 67	G_0	1.007 64	0.013 520	0.179 410	0.000 000	0.064 370	0.024 070	−0.001 050
	G_1	0.001 55	1.965 340	0.176 480	1.467 290	9.452 660	3.829 850	0.018 860
0.05	G_0	1.008 48	0.011 360	0.194 630	0.000 000	0.073 580	0.027 420	−0.001 140
	G_1	0.003 82	0.784 820	−0.285 200	0.747 730	1.890 590	2.274 800	−0.004 600
0.1	G_0	1.008 56	0.149 340	0.243 300	0.000 000	0.268 710	0.009 360	−0.000 250
	G_1	0.003 53	0.542 290	−0.148 882	0.419 400	1.263 990	1.193 950	0.005 930
0.2	G_0	1.004 75	0.107 380	0.229 090	0.000 000	0.223 980	0.012 480	−0.000 260
	G_1	0.000 12	0.506 470	0.246 340	0.343 420	3.059 800	0.794 490	0.018 660
0.333 33	G_0	1.005 66	0.279 910	0.286 730	0.000 000	0.483 700	−0.012 079	0.001 377
	G_1	0.014 47	0.179 880	0.014 630	0.000 000	−0.029 591	0.005 410	0.000 000
1.0	G_0	0.994 4	−0.095 100	0.225 710	0.000 000	0.125 240	0.029 970	0.002 957
	G_1	0.003 59	0.137 790	0.017 440	0.000 000	−0.065 443	0.016 350	0.000 310

对于在圆筒外表面的穿透裂纹尖端位置,A_0~A_6 由表 D.2 查得。

表 D.2 内压圆筒轴向穿透裂纹外表面裂纹构形因子计算系数取值

B/R_i	G_i	A_0	A_1	A_2	A_3	A_4	A_5	A_6
0.01	G_0	1.004 540	0.392 250	0.086 470	0.000 000	−0.020 700	0.030 610	−0.000 990
	G_1	0.999 510	7.930 100	4.196 810	1.911 150	9.117 120	3.412 640	0.503 310
0.016 67	G_0	1.004 660	0.481 660	0.168 680	0.000 000	0.124 010	0.029 580	−0.000 250
	G_1	0.995 030	2.659 410	1.233 980	0.250 070	3.250 500	0.526 340	0.070 820
0.05	G_0	0.996 830	0.338 140	0.091 330	0.000 000	−0.017 405	0.027 980	−0.000 490
	G_1	0.992 850	0.786 010	0.490 220	0.000 000	1.020 270	0.108 660	0.001 550

表 D.2(续)

B/R_i	G_i	A_0	A_1	A_2	A_3	A_4	A_5	A_6
0.1	G_0	0.994 730	0.510 250	0.185 410	0.000 000	0.168 770	0.030 030	0.000 233
	G_1	0.999 220	1.713 680	0.612 070	0.075 550	1.973 850	0.142 370	0.031 160
0.2	G_0	0.995 330	0.585 820	0.211 280	0.000 000	0.230 790	0.037 440	−0.000 130
	G_1	0.998 190	0.665 590	0.343 860	0.000 000	0.737 420	0.097 600	0.000 330
0.333 33	G_0	0.996 150	1.422 090	0.689 830	0.000 000	1.113 750	0.085 480	0.000 444
	G_1	1.000 870	0.928 950	0.333 800	0.000 000	0.956 970	0.087 980	0.000 130
1.0	G_0	0.987 790	0.427 250	0.048 420	0.000 000	0.053 630	0.012 170	0.000 553
	G_1	0.998 500	0.058 340	0.016 870	0.000 000	−0.051 282	0.010 850	0.000 220

适用范围:$0.01 \leqslant B/R_i \leqslant 1$。结构示意图如图 C.4 所示。

D.2.2.2 含整圈内表面环向裂纹(深度 a)的内压圆筒(板厚 B,内半径 R_i)

$$K_{\mathrm{I}} = \sqrt{\pi a}(\sigma_m f_m + \sigma_B f_b) \quad \cdots\cdots (D.13)$$

式中:f_m和 f_b由表 D.3 查得。

表 D.3 内压圆筒整圈内表面环向裂纹的裂纹构形因子取值

$B/R_i=0.1$			$B/R_i=0.2$		
a/B	f_m	f_b	a/B	f_m	f_b
0.0	1.122	1.122	0.0	1.122	1.122
0.2	1.261	0.954	0.2	1.215	0.933
0.4	1.582	0.909	0.4	1.446	0.810
0.6	2.091	0.810	0.6	1.804	0.650
0.8	2.599	0.600	0.8	2.280	0.411

适用范围:$0.1 \leqslant B/R_i \leqslant 0.2$,$0 \leqslant a/B \leqslant 0.8$。结构示意图如图 C.5 所示。

D.2.2.3 含半椭圆内表面轴向裂纹($a \times 2c$)的内压圆筒(板宽 $2W$,板厚 B,内半径 R_i)

$$K_{\mathrm{I}} = \sqrt{\pi a}(\sigma_m f_m + \sigma_B f_b) \quad \cdots\cdots (D.14)$$

式中:f_m和 f_b由表 D.4 查得。

表 D.4 内压圆筒半椭圆内表面轴向裂纹的裂纹构形因子取值

a/B	f_m^A	f_b^A	f_m^B	f_b^B	a/B	f_m^A	f_b^A	f_m^B	f_b^B
$a/c=1.0$, $B/R_i=0.1$					$a/c=1.0$, $B/R_i=0.25$				
0.0	0.663	0.663	0.729	0.729	0.0	0.663	0.663	0.729	0.729
0.2	0.647	0.464	0.726	0.676	0.2	0.643	0.461	0.719	0.669
0.4	0.661	0.291	0.760	0.649	0.4	0.656	0.288	0.745	0.638
0.6	0.677	0.110	0.804	0.623	0.6	0.677	0.107	0.785	0.610
0.8	0.694	−0.080	0.859	0.599	0.8	0.704	−0.079	0.838	0.585

表 D.4(续)

a/B	f_m^A	f_b^A	f_m^B	f_b^B	a/B	f_m^A	f_b^A	f_m^B	f_b^B
$a/c=0.4$, $B/R_i=0.1$					$a/c=0.4$, $B/R_i=0.25$				
0.0	0.951	0.951	0.662	0.662	0.0	0.951	0.951	0.662	0.662
0.2	0.932	0.698	0.676	0.632	0.2	0.919	0.688	0.669	0.627
0.4	1.016	0.519	0.768	0.651	0.4	0.998	0.506	0.759	0.644
0.6	1.109	0.316	0.896	0.674	0.6	1.110	0.311	0.889	0.666
0.8	1.211	0.090	1.060	0.700	0.8	1.255	0.103	1.060	0.694
$a/c=0.2$, $B/R_i=0.1$					$a/c=0.2$, $B/R_i=0.25$				
0.0	1.059	1.059	0.521	0.521	0.0	1.059	1.059	0.521	0.521
0.2	1.062	0.806	0.578	0.548	0.2	1.045	0.791	0.577	0.547
0.4	1.260	0.677	0.695	0.597	0.4	1.240	0.663	0.698	0.599
0.6	1.500	0.515	0.876	0.660	0.6	1.514	0.515	0.887	0.665
0.8	1.783	0.320	1.123	0.737	0.8	1.865	0.348	1.144	0.745
$a/c=0.1$, $B/R_i=0.1$					$a/c=0.1$, $B/R_i=0.25$				
0.0	1.103	1.103	0.384	0.384	0.0	1.103	1.103	0.384	0.384
0.2	1.172	0.897	0.451	0.429	0.2	1.153	0.881	0.451	0.428
0.4	1.494	0.834	0.582	0.503	0.4	1.470	0.816	0.585	0.504
0.6	1.985	0.765	0.820	0.623	0.6	2.003	0.765	0.830	0.627
0.8	2.737	0.689	1.219	0.810	0.8	2.864	0.749	1.242	0.819
$a/c=0.05$, $B/R_i=0.1$					$a/c=0.05$, $B/R_i=0.25$				
0.0	1.120	1.120	0.275	0.275	0.0	1.120	1.120	0.275	0.275
0.2	1.231	0.946	0.335	0.318	0.2	1.211	0.929	0.334	0.318
0.4	1.701	0.971	0.469	0.406	0.4	1.674	0.950	0.471	0.407
0.6	2.619	1.080	0.765	0.584	0.6	2.285	1.079	0.774	0.587
0.8	4.364	1.301	1.374	0.919	0.8	3.163	1.081	1.400	0.928

适用范围：$0.1\leqslant B/R_i\leqslant 0.25$，$0.05\leqslant a/c\leqslant 1$，$0\leqslant a/B\leqslant 0.8$，$c/W\leqslant 0.15$。结构示意图如图 C.6 所示。

D.2.2.4 含半椭圆内表面环向裂纹($a\times 2c$)的内压圆筒(板厚 B，内半径 R_i)

$$K_{\mathrm{I}}=\sqrt{\pi a}\,(\sigma_m f_m+\sigma_B f_b) \quad\cdots\cdots\cdots\cdots(\text{D.15})$$

式中：f_m和 f_m由表 D.5 查得。

表 D.5 内压圆筒半椭圆内表面环向裂纹的裂纹构形因子取值

a/B	f_m^A	f_b^A	f_m^B	f_b^B	a/B	f_m^A	f_b^A	f_m^B	f_b^B
$a/c=1.0$, $B/R_i=0.1$					$a/c=1.0$, $B/R_i=0.2$				
0.0	0.663	0.663	0.729	0.729	0.0	0.663	0.663	0.729	0.729
0.2	0.667	0.574	0.681	0.623	0.2	0.667	0.582	0.681	0.623
0.4	0.670	0.327	0.706	0.528	0.4	0.670	0.334	0.706	0.528
0.6	0.686	0.140	0.733	0.431	0.6	0.686	0.117	0.733	0.431
0.8	0.702	−0.105	0.764	0.332	0.8	0.702	−0.099	0.764	0.332
$a/c=0.5$, $B/R_i=0.1$					$a/c=0.5$, $B/R_i=0.2$				
0.0	0.896	0.896	0.697	0.697	0.0	0.896	0.896	0.697	0.697
0.2	0.999	0.731	0.731	0.628	0.2	1.004	0.735	0.731	0.628
0.4	1.031	0.504	0.801	0.563	0.4	1.030	0.503	0.801	0.563
0.6	1.121	0.306	0.889	0.502	0.6	1.124	0.305	0.889	0.502
0.8	1.148	0.014	0.993	0.445	0.8	1.192	0.027	0.993	0.445
$a/c=0.2$, $B/R_i=0.1$					$a/c=0.2$, $B/R_i=0.2$				
0.0	1.059	1.059	0.521	0.521	0.0	1.059	1.059	0.521	0.521
0.2	1.168	0.870	0.617	0.623	0.2	1.144	0.851	0.617	0.623
0.4	1.375	0.736	0.835	0.591	0.4	1.318	0.698	0.835	0.591
0.6	1.599	0.561	1.048	0.556	0.6	1.517	0.515	1.048	0.556
0.8	1.803	0.269	1.255	0.519	0.8	1.782	0.253	1.255	0.519
$a/c=0.1$, $B/R_i=0.1$					$a/c=0.1$, $B/R_i=0.2$				
0.0	1.103	1.103	0.384	0.384	0.0	1.103	1.103	0.384	0.384
0.2	1.219	0.921	0.482	0.487	0.2	1.214	0.903	0.482	0.487
0.4	1.529	0.829	0.700	0.498	0.4	1.382	0.776	0.700	0.498
0.6	1.939	0.677	0.981	0.525	0.6	1.661	0.624	0.981	0.525
0.8	2.411	0.479	1.363	0.570	0.8	2.031	0.386	1.363	0.570

适用范围：$0.1\leqslant B/R_i\leqslant 0.2$，$0\leqslant a/B\leqslant 0.8$，$0.1\leqslant a/c\leqslant 1$。结构示意图如图 C.8 所示。

D.2.2.5 含椭圆埋藏轴向或环向裂纹($2a\times 2c$)的内压圆筒(板厚 B，内半径 R_i)

计算方法与限制条件按照 D.2.1.3(含椭圆埋藏裂纹的平板)。结构示意图如图 C.9 和 C.10 所示。

D.2.3 内压球壳

含长 $2a$ 穿透裂纹的球壳(板厚 B，内半径 R_i)

$$K_I=\sqrt{\pi a}\,(\sigma_m f_m+\sigma_B f_b) \quad\cdots\cdots(D.16)$$

式中：$f_m=G_0$，$f_b=G_0-2G_1$，$\lambda=\dfrac{1.818a}{\sqrt{R_iB}}$。$G_0$ 和 G_1 由表 D.6 查得。

表 D.6 内压球壳穿透裂纹的裂纹构形因子计算系数取值

B/R_i	λ	G_0		G_1	
		内表面的穿透裂纹尖端位置	外表面的穿透裂纹尖端位置	内表面的穿透裂纹尖端位置	外表面的穿透裂纹尖端位置
0.333 3	0	0.866	1	0	1
	0.131 9	0.831 1	0.966 8	0.028 9	0.991 7
	0.263 8	0.828 6	1.025 2	0.055 2	1.007 3
	0.659 5	0.865 8	1.210 3	0.142 6	1.041
	1.319	1.065 1	1.494 7	0.320 8	1.131 6
	2.638	1.964 3	2.014 7	0.885	1.335 1
	3.957	3.471 9	2.361 2	1.724 9	1.459 7
	5.276	5.609 2	2.381 7	2.892 2	1.443 1
	6.595	7.350 5	2.114	3.820 1	1.268 9
	7.914	12.484	1.025 8	6.539 1	0.668 7
	9.233	18.011	−0.726	—	—
0.2	0	0.912 9	1	0	1
	0.153 3	0.879	0.986	0.049 4	1.001
	0.459 8	8.890 2	1.142 3	0.123 6	1.014 1
	0.919 5	0.982 7	1.358 9	0.234	1.070 2
	1.532 5	1.266 8	1.667 6	0.426	1.172 5
	3.065 1	2.564 5	2.286 6	1.197 9	1.431 2
	4.597 6	4.735 7	2.649 6	2.362 4	1.563 6
	6.130 1	7.523 7	2.550 7	3.836 2	1.486 3
	7.662 7	10.797	2.045 2	5.538	1.195 1
	8.943 4	16.504	0.706	8.500 3	0.487 1
	10.728	25.473	−2.021	13.144	−0.97
0.1	0	0.953 5	1	0	1
	0.198 7	0.9207	1.0278	—	—
	0.397 3	0.931 1	1.135 5	—	—
	0.993 4	1.059 7	1.430 9	0.277 4	1.079 1
	1.986 7	1.642 6	1.954 2	0.643 8	1.274
	3.973 4	3.928 4	2.742 1	1.898 3	1.606 7
	5.960 2	7.683 3	2.974 3	3.842 6	1.675 9
	7.946 9	13.05	2.406 8	6.594 5	1.362 6
	9.933 6	20.604	0.794 9	10.439	0.514 8
	11.92	30.445	−1.844	15.45	−0.861
	13.907	43.35	−4.735	22.019	−2.383

表 D.6(续)

B/R_i	λ	G_0		G_1	
		内表面的穿透裂纹尖端位置	外表面的穿透裂纹尖端位置	内表面的穿透裂纹尖端位置	外表面的穿透裂纹尖端位置
0.05	0	0.9759	1	0	1
	0.134 1	0.948	1.006 6	—	—
	0.268 2	0.953 7	1.088 2	0.128 2	0.977
	0.402 3	0.959 9	1.154	0.155 9	0.981 8
	0.804 6	1.030 4	1.358 6	0.240 2	1.040 6
	1.341	1.250 5	1.652 6	0.399	1.149 7
	2.681 9	2.323	2.361 4	1.016 8	1.434 5
	5.363 9	6.482	3.194	3.190 8	1.785 5
	8.045 8	13.238	2.870 1	6.613 1	1.578 8
	10.728	23.215	1.122 5	11.648	0.675 6
0.016 67	0	0.991 8	1	0	1
	0.158 3	0.977 5	1.054 2	0.128	0.958 6
	0.224 9	0.977	1.087 2	0.144 2	0.951 6
	0.469 4	0.99	1.206 6	0.183 7	0.971 1
	1.349 3	1.279 2	1.702 1	0.403 9	1.152 2
	2.248 9	1.930 7	2.216 2	0.786 9	1.363 5
	4.497 8	4.820 3	3.179 6	2.301 9	1.772 2
	8.995 6	15.929	3.027 2	7.878	1.631 9
	13.493	34.004	−0.32	16.863	−0.069
0.01	0	0.995	1	0	1
	0.173 1	0.982 3	1.070 3	0.142 3	0.943 4
	0.576 9	1.009 2	1.267 4	0.204 6	0.981 4
	1.730 6	1.522 9	1.945 7	0.543 2	1.239 7
	2.884 3	2.585 5	2.582 2	1.127 5	1.505 3
	5.768 5	7.202 5	3.493 1	3.479 4	1.892 2
	11.537	24.958	1.793 6	12.283	0.989 3
	17.306	53.643	−4.219	26.45	−2.03

适用范围:$0.01 \leqslant B/R_i \leqslant 0.3333$。结构示意图如图 C.11 所示。

D.2.4 焊趾和接管

D.2.4.1 焊趾处的表面裂纹(深为 a,长为 $2c$ 的半椭圆形)(见图 D.1)

$$K_{\mathrm{I}} = \sqrt{\pi a}\,(\sigma_{\mathrm{m}} f_{\mathrm{m}}^{\mathrm{A}} M_{\mathrm{km}} + \sigma_{\mathrm{B}} f_{\mathrm{b}}^{\mathrm{A}} M_{\mathrm{kb}})/\Phi \qquad \text{(D.17)}$$

式中:

K_{I} ——裂纹最深处的值;

$f_{\mathrm{m}}^{\mathrm{A}}$、$f_{\mathrm{b}}^{\mathrm{A}}$ ——可由表 D.9 及表 D.10 查得;

M_{km}、M_{kb} ——可由表 D.17 及表 D.18 查得;

Φ ——第二类椭圆积分,其近似值为 $\Phi=[1+1.464\times(a/c)^{1.65}]^{0.5}$,或由表 D.7 查得。

表 D.7 第二类椭圆积分取值

a/c	0.0	0.1	0.2	0.3	0.4	0.5	0.6	0.7	0.8	0.9	1.0
Φ	1.00	1.02	1.05	1.10	1.15	1.21	1.28	1.35	1.42	1.50	1.57

D.2.4.2 仅受内压圆筒的四分之一圆形接管拐角裂纹(见图 D.2)

$$K_{\mathrm{I}} = P_{\mathrm{m}}\sqrt{\pi a}\left(1+\sqrt{\frac{R_{\mathrm{in}}B_{\mathrm{n}}}{R_{\mathrm{i}}B}}\right) f_{\mathrm{cc}} \qquad \text{(D.18)}$$

式中:f_{cc} 由表 D.8 查得。

表 D.8 仅受内压圆筒的四分之一圆形接管拐角裂纹构形因子取值

a/B	0.0	0.1	0.2	0.3	0.4	0.5	0.6	0.7	0.8
f_{cc}	1.88	1.74	1.60	1.49	1.38	1.30	1.22	1.18	1.13

适用范围:$a/B\leqslant 0.8$,$R_{\mathrm{in}}/R_{\mathrm{i}}\leqslant 0.4$。

D.2.4.3 仅受内压圆筒接管拐角椭圆裂纹

$$K_{\mathrm{I}} = M_{\sigma} F_{\mathrm{ch}} P_{\mathrm{m}} \frac{\sqrt{\pi a}}{\Phi}\left[\left(\frac{4}{\pi}+\frac{ac}{2B_{\mathrm{n}}R_{\mathrm{in}}}\right)/\left(\frac{4}{\pi}+\frac{ac}{B_{\mathrm{n}}R_{\mathrm{in}}}\right)\right]^{1/2} \qquad \text{(D.19)}$$

式中:

a、c ——拐角裂纹在接管侧和容器侧的裂纹长度;

R_{in} ——接管内半径;

P_{m} ——容器薄膜应力;

Φ ——椭圆裂纹形状因子,可用经验式(D.20)表示:

$$\begin{cases}\Phi=\sqrt{1+1.46(a/c)^{1.65}} & (\text{当 } a/c\leqslant 1.0 \text{ 时})\\ \Phi=\sqrt{1+1.46(c/a)^{1.65}} & (\text{当 } a/c > 1.0 \text{ 时})\end{cases} \qquad \text{(D.20)}$$

M_{σ}——应力集中修正因子,可用式(D.21)计算:

$$M_{\sigma} = K_{\mathrm{t}}/3 \qquad \text{(D.21)}$$

其中,K_t为接管拐角的弹性应力集中系数,优先选用实测值;无实测值时用式(D.22)计算:

$$K_t=\frac{2+2\dfrac{D_n}{D}\left(\dfrac{D_nB_n}{DB}\right)^{1/2}+1.25\dfrac{D_n}{D}\left(\dfrac{D}{B}\right)^{1/2}}{1+\dfrac{B_n}{B}\left(\dfrac{D_nB_n}{DB}\right)^{1/2}} \quad \cdots\cdots\cdots\cdots\cdots\cdots(\text{D.22})$$

F_{ch}——接管拐角裂纹的边界修正因子,可用式(D.23)计算:

$$F_{ch}=[M_1+M_2(a_{45}/B_{45})^2+M_3(a_{45}/B_{45})^4]g_1g_2g_3g_4f_\varphi \quad \cdots\cdots(\text{D.23})$$

其中,$f_\varphi=[(a/c)^2\cos^2\varphi+\sin^2\varphi]^{1/4}$。拐角裂纹在筒内壁处C点(图D.2)的$\varphi=0$,在接管内壁处的B点的$\varphi=\frac{\pi}{2}$;$a_{45}$,$B_{45}$分别为接管拐角平分线方向的拐角裂纹深度和容器壁厚。

其他系数计算如下:

对$a/c\leqslant1.0$:

$$\begin{cases}M_1=1.13-0.09a/c\\M_2=-0.54+\dfrac{0.89}{0.2+a/c}\\M_3=0.5-\dfrac{1}{0.65+a/c}+14(1-a/c)^{24}\end{cases} \quad \cdots\cdots\cdots\cdots\cdots\cdots(\text{D.24})$$

$$\begin{cases}g_1=1+[0.1+0.35(a_{45}/B_{45})^2](1-\sin\varphi)^2\\g_2=\dfrac{1+0.358\lambda+1.425\lambda^2-1.578\lambda^3+2.156\lambda^4}{1+0.13\lambda^2}\\g_3=(1+0.04a/c)[1+0.1(1-\cos\varphi)^2][0.85+0.15(a_{45}/B_{45})^{1/4}]\\g_4=1-0.7(1-a_{45}/B_{45})(a/c-0.2)(1-a/c)\end{cases} \quad \cdots\cdots(\text{D.25})$$

式中:$\lambda=\dfrac{1}{1+(c/R_{in})\cos(0.85\varphi)}$。

对$a/c>1.0$:

$$\begin{cases}M_1=(c/a)^{1/2}(1+0.04c/a)\\M_2=0.2(c/a)^4\\M_3=-0.1(c/a)^4\end{cases} \quad \cdots\cdots\cdots\cdots\cdots\cdots\cdots\cdots(\text{D.26})$$

$$\begin{cases}g_1=1+[0.1+0.35(c/a)(a_{45}/B_{45})^2](1-\sin\varphi)^2\\g_2\text{ 与 }a/c\leqslant1\text{ 时的 }g_2\text{ 相同}\\g_3=(1.13-0.09c/a)[1+0.1(1-\cos\varphi)^2][0.85+0.15(a_{45}/B_{45})^{1/4}]\\g_4=1\end{cases} \quad \cdots\cdots(\text{D.27})$$

也可由表D.19、表D.20及表D.21、表D.22查得拐角裂纹在筒体表面及接管表面的F_{ch}/g_2及g_2值,由F_{ch}/g_2的值乘以g_2的值则可得到F_{ch}。

适用范围:$a_{45}/B_{45}\leqslant0.8$,$a/c=0.2\sim2.0$,$R_{in}/R_i\leqslant0.4$。

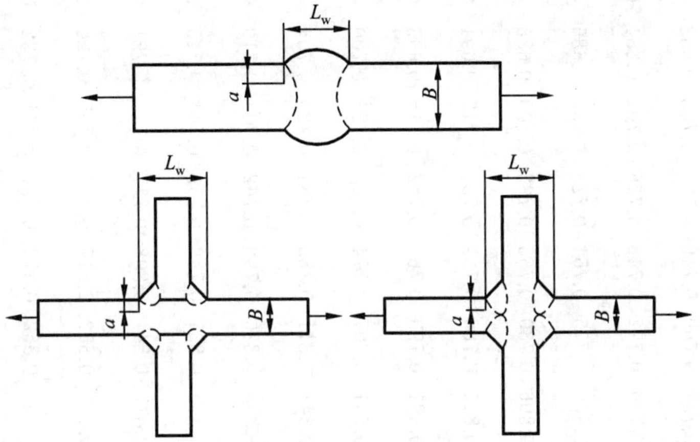

图 D.1　焊趾处表面裂纹的结构尺寸

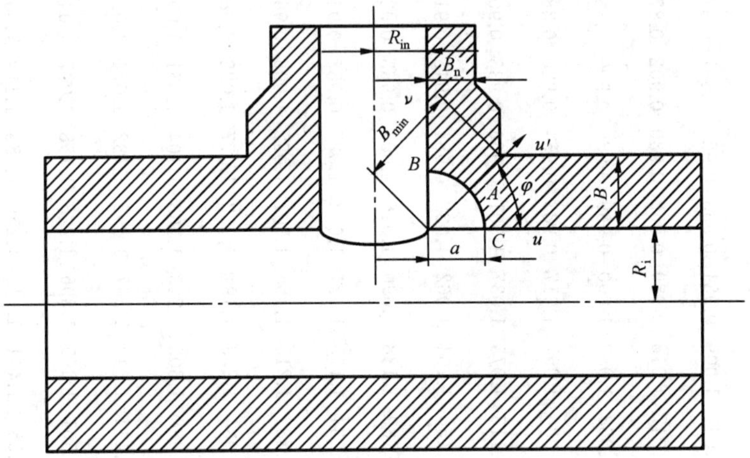

图 D.2　内压容器接管四分之一圆形拐角裂纹的结构尺寸

表 D.9 半椭圆表面裂纹的 f_m^A

$\frac{a}{B}$	a/c																				
	0.00	0.05	0.10	0.15	0.20	0.25	0.30	0.35	0.40	0.45	0.50	0.55	0.60	0.65	0.70	0.75	0.80	0.85	0.90	0.95	1.00
0.00	1.122	1.120	1.103	1.082	1.059	1.033	1.007	0.979	0.951	0.923	0.896	0.869	0.843	0.817	0.792	0.769	0.746	0.724	0.702	0.682	0.663
0.05	1.140	1.127	1.109	1.087	1.063	1.037	1.009	0.981	0.953	0.925	0.897	0.870	0.844	0.818	0.793	0.769	0.746	0.724	0.703	0.682	0.663
0.10	1.180	1.150	1.127	1.102	1.075	1.047	1.018	0.989	0.959	0.930	0.902	0.874	0.847	0.821	0.796	0.772	0.748	0.726	0.704	0.684	0.664
0.15	1.265	1.189	1.157	1.126	1.095	1.063	1.032	1.000	0.969	0.939	0.909	0.881	0.853	0.826	0.800	0.775	0.751	0.728	0.706	0.685	0.665
0.20	1.367	1.245	1.199	1.159	1.122	1.086	1.051	1.017	0.983	0.951	0.920	0.889	0.860	0.832	0.806	0.780	0.755	0.732	0.709	0.688	0.668
0.25	1.498	1.320	1.253	1.202	1.157	1.115	1.075	1.037	1.001	0.966	0.933	0.900	0.870	0.841	0.813	0.786	0.761	0.736	0.713	0.691	0.670
0.30	1.660	1.416	1.320	1.253	1.199	1.150	1.104	1.062	1.022	0.984	0.948	0.914	0.881	0.850	0.821	0.793	0.767	0.742	0.718	0.695	0.674
0.35	1.861	1.535	1.400	1.313	1.247	1.189	1.138	1.090	1.046	1.004	0.965	0.929	0.894	0.861	0.831	0.801	0.774	0.748	0.723	0.700	0.677
0.40	2.111	1.681	1.492	1.381	1.301	1.234	1.175	1.121	1.072	1.027	0.985	0.945	0.908	0.874	0.841	0.811	0.782	0.754	0.729	0.704	0.681
0.45	2.425	1.857	1.598	1.457	1.360	1.282	1.215	1.155	1.101	1.052	1.006	0.963	0.924	0.887	0.853	0.820	0.790	0.762	0.735	0.710	0.686
0.50	2.825	2.067	1.717	1.540	1.424	1.334	1.258	1.191	1.132	1.077	1.028	0.982	0.940	0.901	0.865	0.831	0.799	0.769	0.741	0.715	0.690
0.55	3.343	2.316	1.851	1.628	1.491	1.388	1.303	1.229	1.163	1.104	1.051	1.002	0.957	0.915	0.877	0.841	0.808	0.777	0.748	0.721	0.695
0.60	4.033	2.609	1.999	1.723	1.561	1.444	1.349	1.267	1.195	1.132	1.074	1.022	0.974	0.930	0.889	0.852	0.817	0.785	0.755	0.726	0.700
0.65	4.984	2.950	2.162	1.822	1.633	1.501	1.395	1.306	1.228	1.158	1.097	1.041	0.990	0.944	0.901	0.862	0.826	0.792	0.761	0.732	0.705
0.70	6.355	3.346	2.340	1.925	1.706	1.557	1.441	1.343	1.259	1.185	1.119	1.059	1.006	0.957	0.913	0.872	0.834	0.800	0.767	0.737	0.709
0.75	8.453	3.804	2.534	2.031	1.778	1.612	1.484	1.379	1.288	1.209	1.139	1.077	1.021	0.970	0.923	0.881	0.842	0.806	0.773	0.742	0.713
0.80	11.956	4.330	2.746	2.140	1.848	1.664	1.525	1.412	1.315	1.231	1.158	1.092	1.033	0.981	0.933	0.889	0.849	0.812	0.778	0.746	0.717

表 D.10 半椭圆表面裂纹的 f_b^A

$\frac{a}{B}$	a/c																				
	0.00	0.05	0.10	0.15	0.20	0.25	0.30	0.35	0.40	0.45	0.50	0.55	0.60	0.65	0.70	0.75	0.80	0.85	0.90	0.95	1.00
0.00	1.122	1.120	1.103	1.082	1.059	1.033	1.007	0.979	0.951	0.923	0.896	0.869	0.843	0.817	0.792	0.769	0.746	0.724	0.702	0.682	0.663
0.05	1.071	1.059	1.042	1.021	0.998	0.973	0.947	0.920	0.893	0.867	0.840	0.815	0.789	0.765	0.742	0.719	0.697	0.676	0.656	0.637	0.618
0.10	1.047	1.014	0.992	0.969	0.944	0.918	0.892	0.866	0.839	0.813	0.787	0.762	0.738	0.715	0.692	0.671	0.650	0.630	0.611	0.592	0.575
0.15	1.043	0.982	0.953	0.925	0.897	0.870	0.842	0.815	0.788	0.762	0.737	0.712	0.688	0.666	0.644	0.623	0.603	0.584	0.565	0.548	0.531
0.20	1.055	0.962	0.922	0.887	0.855	0.825	0.795	0.767	0.740	0.713	0.688	0.663	0.640	0.617	0.596	0.576	0.556	0.538	0.520	0.504	0.488
0.25	1.082	0.952	0.897	0.854	0.817	0.783	0.751	0.721	0.692	0.665	0.639	0.615	0.592	0.570	0.549	0.529	0.510	0.492	0.476	0.460	0.444
0.30	1.124	0.951	0.877	0.825	0.781	0.743	0.708	0.676	0.646	0.618	0.592	0.567	0.544	0.522	0.501	0.482	0.464	0.447	0.431	0.415	0.401
0.35	1.183	0.960	0.861	0.797	0.746	0.704	0.666	0.631	0.600	0.571	0.544	0.519	0.496	0.474	0.454	0.435	0.417	0.401	0.385	0.371	0.357
0.40	1.261	0.976	0.847	0.769	0.711	0.664	0.622	0.586	0.553	0.523	0.495	0.470	0.447	0.425	0.405	0.387	0.370	0.354	0.339	0.326	0.313
0.45	1.363	1.000	0.834	0.741	0.675	0.623	0.578	0.539	0.504	0.473	0.445	0.420	0.397	0.375	0.356	0.338	0.322	0.307	0.293	0.280	0.268
0.50	1.497	1.030	0.822	0.711	0.637	0.579	0.531	0.490	0.454	0.422	0.394	0.368	0.345	0.324	0.306	0.288	0.273	0.259	0.246	0.234	0.223
0.55	1.675	1.066	0.808	0.679	0.596	0.534	0.482	0.439	0.402	0.369	0.340	0.315	0.292	0.272	0.254	0.237	0.223	0.209	0.197	0.186	0.177
0.60	1.914	1.107	0.793	0.644	0.552	0.485	0.430	0.385	0.347	0.313	0.285	0.259	0.237	0.218	0.200	0.185	0.171	0.159	0.148	0.138	0.130
0.65	2.246	1.153	0.776	0.605	0.504	0.432	0.375	0.328	0.289	0.255	0.227	0.202	0.181	0.162	0.146	0.131	0.119	0.108	0.098	0.089	0.082
0.70	2.725	1.203	0.756	0.563	0.453	0.376	0.316	0.268	0.228	0.195	0.167	0.143	0.122	0.104	0.089	0.076	0.065	0.055	0.047	0.040	0.034
0.75	3.458	1.257	0.732	0.516	0.397	0.316	0.254	0.205	0.165	0.132	0.104	0.081	0.062	0.045	0.032	0.020	0.010	0.002	−0.005	−0.011	−0.016
0.80	4.676	1.314	0.704	0.465	0.338	0.253	0.189	0.140	0.100	0.067	0.040	0.018	0.000	−0.015	−0.027	−0.038	−0.046	−0.053	−0.058	−0.062	−0.065

表 D.11 半椭圆表面裂纹的 f_m^B

$\frac{a}{B}$	a/c																			
	0.05	0.10	0.15	0.20	0.25	0.30	0.35	0.40	0.45	0.50	0.55	0.60	0.65	0.70	0.75	0.80	0.85	0.90	0.95	1.00
0.00	0.275	0.384	0.461	0.521	0.568	0.606	0.637	0.662	0.681	0.697	0.709	0.718	0.725	0.729	0.732	0.734	0.734	0.733	0.731	0.729
0.05	0.277	0.386	0.464	0.523	0.571	0.609	0.639	0.664	0.683	0.699	0.711	0.720	0.726	0.731	0.734	0.735	0.735	0.734	0.732	0.730
0.10	0.284	0.393	0.471	0.530	0.578	0.615	0.645	0.670	0.689	0.704	0.715	0.724	0.730	0.735	0.737	0.738	0.738	0.737	0.735	0.733
0.15	0.295	0.405	0.483	0.542	0.589	0.626	0.656	0.679	0.698	0.712	0.724	0.732	0.738	0.741	0.744	0.744	0.744	0.742	0.740	0.737
0.20	0.310	0.422	0.500	0.559	0.605	0.641	0.670	0.693	0.711	0.724	0.735	0.742	0.748	0.751	0.752	0.753	0.752	0.750	0.747	0.744
0.25	0.331	0.445	0.522	0.580	0.625	0.661	0.688	0.710	0.727	0.740	0.749	0.756	0.760	0.763	0.764	0.763	0.762	0.759	0.756	0.752
0.30	0.358	0.472	0.549	0.607	0.650	0.684	0.711	0.731	0.747	0.758	0.767	0.772	0.776	0.777	0.777	0.776	0.774	0.771	0.767	0.762
0.35	0.392	0.506	0.581	0.637	0.680	0.712	0.737	0.756	0.770	0.780	0.787	0.792	0.794	0.794	0.793	0.791	0.788	0.784	0.779	0.774
0.40	0.434	0.546	0.619	0.672	0.713	0.744	0.767	0.784	0.796	0.805	0.810	0.813	0.814	0.814	0.812	0.808	0.804	0.799	0.794	0.788
0.45	0.486	0.592	0.661	0.712	0.751	0.779	0.800	0.815	0.826	0.833	0.837	0.838	0.837	0.835	0.832	0.828	0.822	0.816	0.810	0.803
0.50	0.549	0.645	0.708	0.756	0.792	0.818	0.837	0.850	0.858	0.863	0.865	0.865	0.863	0.859	0.854	0.849	0.842	0.835	0.828	0.820
0.55	0.625	0.706	0.761	0.804	0.837	0.861	0.877	0.887	0.893	0.896	0.896	0.894	0.890	0.885	0.879	0.872	0.864	0.856	0.847	0.838
0.60	0.715	0.775	0.818	0.856	0.885	0.906	0.919	0.927	0.931	0.931	0.929	0.925	0.919	0.912	0.905	0.896	0.887	0.878	0.868	0.858
0.65	0.823	0.853	0.881	0.911	0.936	0.954	0.964	0.969	0.970	0.968	0.963	0.957	0.950	0.941	0.932	0.922	0.912	0.901	0.890	0.879
0.70	0.951	0.941	0.948	0.970	0.990	1.003	1.010	1.012	1.010	1.006	0.999	0.991	0.981	0.971	0.960	0.949	0.937	0.926	0.914	0.902
0.75	1.103	1.039	1.020	1.031	1.045	1.054	1.058	1.057	1.052	1.045	1.036	1.025	1.014	1.002	0.990	0.977	0.964	0.951	0.938	0.925
0.80	1.282	1.150	1.097	1.094	1.101	1.106	1.106	1.101	1.094	1.084	1.072	1.060	1.047	1.033	1.019	1.005	0.991	0.977	0.963	0.949

表 D.12 半椭圆表面裂纹的 f_b^B

$\frac{a}{B}$	a/c																			
	0.05	0.10	0.15	0.20	0.25	0.30	0.35	0.40	0.45	0.50	0.55	0.60	0.65	0.70	0.75	0.80	0.85	0.90	0.95	1.00
0.00	0.275	0.384	0.461	0.521	0.568	0.606	0.637	0.662	0.681	0.697	0.709	0.718	0.725	0.729	0.732	0.734	0.734	0.733	0.731	0.729
0.05	0.273	0.379	0.455	0.514	0.560	0.597	0.627	0.651	0.670	0.685	0.696	0.705	0.711	0.715	0.718	0.719	0.719	0.718	0.716	0.713
0.10	0.274	0.379	0.454	0.511	0.556	0.592	0.621	0.644	0.662	0.676	0.687	0.695	0.700	0.704	0.706	0.707	0.706	0.705	0.703	0.700
0.15	0.279	0.384	0.457	0.513	0.557	0.591	0.618	0.640	0.657	0.670	0.680	0.687	0.692	0.695	0.696	0.697	0.696	0.694	0.691	0.687
0.20	0.289	0.393	0.465	0.519	0.561	0.593	0.619	0.640	0.655	0.667	0.676	0.682	0.686	0.688	0.689	0.688	0.687	0.684	0.681	0.677
0.25	0.302	0.406	0.476	0.528	0.568	0.599	0.623	0.642	0.656	0.667	0.674	0.679	0.682	0.683	0.683	0.682	0.679	0.676	0.672	0.667
0.30	0.321	0.423	0.491	0.541	0.579	0.608	0.630	0.647	0.660	0.669	0.675	0.678	0.680	0.680	0.679	0.676	0.673	0.669	0.664	0.659
0.35	0.345	0.444	0.509	0.556	0.592	0.619	0.639	0.654	0.665	0.672	0.677	0.679	0.679	0.678	0.676	0.673	0.668	0.663	0.658	0.652
0.40	0.374	0.469	0.530	0.575	0.608	0.633	0.651	0.664	0.672	0.678	0.681	0.681	0.680	0.678	0.674	0.670	0.665	0.659	0.653	0.646
0.45	0.411	0.498	0.555	0.596	0.626	0.648	0.664	0.675	0.681	0.685	0.686	0.685	0.682	0.679	0.674	0.668	0.662	0.655	0.648	0.640
0.50	0.454	0.532	0.582	0.619	0.646	0.666	0.679	0.687	0.691	0.693	0.692	0.689	0.685	0.680	0.674	0.667	0.660	0.652	0.644	0.635
0.55	0.506	0.570	0.611	0.644	0.668	0.684	0.694	0.700	0.702	0.701	0.699	0.694	0.689	0.682	0.674	0.666	0.658	0.649	0.640	0.631
0.60	0.567	0.612	0.643	0.670	0.690	0.703	0.710	0.713	0.713	0.710	0.706	0.699	0.692	0.684	0.675	0.666	0.656	0.647	0.637	0.627
0.65	0.638	0.658	0.677	0.697	0.713	0.722	0.727	0.727	0.724	0.719	0.713	0.705	0.696	0.686	0.676	0.665	0.655	0.644	0.633	0.622
0.70	0.721	0.710	0.711	0.724	0.735	0.741	0.743	0.740	0.735	0.728	0.719	0.709	0.699	0.688	0.676	0.665	0.653	0.641	0.629	0.618
0.75	0.817	0.766	0.748	0.751	0.757	0.759	0.757	0.752	0.745	0.735	0.725	0.713	0.701	0.689	0.676	0.663	0.651	0.638	0.625	0.613
0.80	0.928	0.827	0.784	0.777	0.778	0.776	0.771	0.763	0.753	0.741	0.729	0.716	0.702	0.688	0.675	0.661	0.647	0.634	0.621	0.608

表 D.13 椭圆埋藏裂纹的 f_m^A

$\frac{a}{B}$	$\frac{p_1}{B}$	a/c																				
		0.00	0.05	0.10	0.15	0.20	0.25	0.30	0.35	0.40	0.45	0.50	0.55	0.60	0.65	0.70	0.75	0.80	0.85	0.90	0.95	1.00
0.0	0.05	1.010	0.991	0.973	0.954	0.936	0.918	0.899	0.881	0.862	0.843	0.825	0.806	0.788	0.769	0.751	0.732	0.714	0.695	0.677	0.659	0.640
	0.10	1.010	0.991	0.973	0.954	0.936	0.918	0.899	0.881	0.862	0.843	0.825	0.806	0.788	0.769	0.751	0.732	0.714	0.695	0.677	0.659	0.640
	0.15	1.010	0.991	0.973	0.954	0.936	0.918	0.899	0.881	0.862	0.843	0.825	0.806	0.788	0.769	0.751	0.732	0.714	0.695	0.677	0.659	0.640
	0.20	1.010	0.991	0.973	0.954	0.936	0.918	0.899	0.881	0.862	0.843	0.825	0.806	0.788	0.769	0.751	0.732	0.714	0.695	0.677	0.659	0.640
	0.25	1.010	0.991	0.973	0.954	0.936	0.918	0.899	0.881	0.862	0.843	0.825	0.806	0.788	0.769	0.751	0.732	0.714	0.695	0.677	0.659	0.640
	0.30	1.010	0.991	0.973	0.954	0.936	0.918	0.899	0.881	0.862	0.843	0.825	0.806	0.788	0.769	0.751	0.732	0.714	0.695	0.677	0.659	0.640
	0.35	1.010	0.991	0.973	0.954	0.936	0.918	0.899	0.881	0.862	0.843	0.825	0.806	0.788	0.769	0.751	0.732	0.714	0.695	0.677	0.659	0.640
	0.40	1.010	0.991	0.973	0.954	0.936	0.918	0.899	0.881	0.862	0.843	0.825	0.806	0.788	0.769	0.751	0.732	0.714	0.695	0.677	0.659	0.640
	0.45	1.010	0.991	0.973	0.954	0.936	0.918	0.899	0.881	0.862	0.843	0.825	0.806	0.788	0.769	0.751	0.732	0.714	0.695	0.677	0.659	0.640
	0.50	1.010	0.991	0.973	0.954	0.936	0.918	0.899	0.881	0.862	0.843	0.825	0.806	0.788	0.769	0.751	0.732	0.714	0.695	0.677	0.659	0.640
0.05	0.05	1.172	1.146	1.120	1.095	1.069	1.044	1.019	0.994	0.969	0.945	0.921	0.897	0.873	0.849	0.826	0.802	0.779	0.756	0.733	0.711	0.688
	0.10	1.083	1.062	1.040	1.018	0.997	0.976	0.954	0.933	0.912	0.891	0.870	0.849	0.828	0.808	0.787	0.766	0.746	0.725	0.705	0.684	0.664
	0.15	1.053	1.033	1.013	0.993	0.973	0.952	0.932	0.912	0.892	0.872	0.852	0.832	0.813	0.793	0.773	0.753	0.733	0.714	0.694	0.675	0.655
	0.20	1.039	1.020	1.000	0.980	0.961	0.941	0.922	0.902	0.883	0.863	0.844	0.824	0.805	0.785	0.766	0.747	0.727	0.708	0.689	0.670	0.650
	0.25	1.031	1.012	0.993	0.973	0.954	0.935	0.916	0.896	0.877	0.858	0.839	0.820	0.800	0.781	0.762	0.743	0.724	0.705	0.686	0.667	0.648
	0.30	1.026	1.007	0.988	0.969	0.950	0.931	0.912	0.893	0.874	0.855	0.836	0.817	0.798	0.779	0.760	0.741	0.722	0.703	0.684	0.665	0.646
	0.35	1.023	1.004	0.985	0.966	0.947	0.928	0.909	0.890	0.871	0.852	0.833	0.815	0.796	0.777	0.758	0.739	0.720	0.701	0.683	0.664	0.645
	0.40	1.021	1.002	0.983	0.964	0.945	0.926	0.907	0.888	0.870	0.851	0.832	0.813	0.794	0.775	0.757	0.738	0.719	0.700	0.682	0.663	0.644
	0.45	1.019	1.000	0.981	0.962	0.943	0.925	0.906	0.887	0.868	0.849	0.831	0.812	0.793	0.774	0.756	0.737	0.718	0.699	0.681	0.662	0.643
0.10	0.05	1.359	1.322	1.286	1.251	1.216	1.182	1.149	1.116	1.084	1.052	1.021	0.991	0.961	0.931	0.902	0.874	0.845	0.818	0.790	0.764	0.737
	0.10	1.189	1.163	1.136	1.110	1.084	1.059	1.033	1.008	0.983	0.958	0.933	0.909	0.884	0.860	0.836	0.813	0.789	0.766	0.743	0.720	0.697
	0.15	1.124	1.101	1.078	1.055	1.032	1.009	0.986	0.963	0.941	0.918	0.896	0.874	0.852	0.830	0.808	0.786	0.764	0.743	0.721	0.700	0.679
	0.20	1.091	1.069	1.047	1.026	1.004	0.982	0.961	0.940	0.918	0.897	0.876	0.855	0.834	0.813	0.792	0.771	0.751	0.730	0.709	0.689	0.668
	0.25	1.071	1.050	1.029	1.008	0.987	0.967	0.946	0.925	0.905	0.884	0.864	0.843	0.823	0.803	0.782	0.762	0.742	0.722	0.702	0.682	0.662
	0.30	1.058	1.037	1.017	0.997	0.976	0.956	0.936	0.916	0.896	0.876	0.856	0.836	0.816	0.796	0.776	0.756	0.736	0.717	0.697	0.677	0.657
	0.35	1.048	1.028	1.008	0.988	0.968	0.949	0.929	0.909	0.889	0.869	0.850	0.830	0.810	0.791	0.771	0.752	0.732	0.713	0.693	0.674	0.654
	0.40	1.041	1.022	1.002	0.982	0.963	0.943	0.923	0.904	0.884	0.865	0.845	0.826	0.806	0.787	0.768	0.748	0.729	0.710	0.690	0.671	0.652

表 D.13(续)

$\frac{a}{B}$	$\frac{p_1}{B}$	a/c																				
		0.00	0.05	0.10	0.15	0.20	0.25	0.30	0.35	0.40	0.45	0.50	0.55	0.60	0.65	0.70	0.75	0.80	0.85	0.90	0.95	1.00
0.15	0.05	1.540	1.491	1.444	1.398	1.353	1.310	1.268	1.227	1.187	1.148	1.110	1.073	1.038	1.003	0.968	0.935	0.902	0.870	0.839	0.808	0.778
	0.10	1.300	1.268	1.236	1.204	1.173	1.143	1.112	1.083	1.053	1.024	0.996	0.967	0.940	0.912	0.885	0.858	0.832	0.806	0.780	0.754	0.729
	0.15	1.202	1.175	1.148	1.122	1.095	1.069	1.044	1.018	0.992	0.967	0.942	0.918	0.893	0.869	0.844	0.821	0.797	0.773	0.750	0.727	0.704
	0.20	1.149	1.125	1.101	1.076	1.053	1.029	1.005	0.982	0.958	0.935	0.912	0.889	0.866	0.843	0.821	0.798	0.776	0.754	0.732	0.710	0.688
	0.25	1.116	1.094	1.071	1.048	1.026	1.003	0.981	0.958	0.936	0.914	0.892	0.870	0.849	0.827	0.805	0.784	0.763	0.741	0.720	0.699	0.678
	0.30	1.094	1.072	1.051	1.029	1.007	0.986	0.964	0.943	0.921	0.900	0.879	0.858	0.837	0.816	0.795	0.774	0.753	0.732	0.712	0.691	0.671
	0.35	1.079	1.057	1.036	1.015	0.994	0.973	0.952	0.931	0.910	0.890	0.869	0.848	0.828	0.807	0.787	0.766	0.746	0.726	0.705	0.685	0.665
0.20	0.05	1.721	1.658	1.597	1.539	1.484	1.430	1.379	1.329	1.282	1.236	1.191	1.148	1.107	1.066	1.027	0.989	0.952	0.916	0.881	0.847	0.814
	0.10	1.413	1.373	1.335	1.298	1.261	1.225	1.190	1.155	1.121	1.088	1.055	1.023	0.992	0.961	0.931	0.901	0.871	0.842	0.814	0.786	0.759
	0.15	1.282	1.251	1.220	1.190	1.160	1.130	1.101	1.072	1.044	1.016	0.988	0.961	0.934	0.907	0.880	0.854	0.828	0.803	0.777	0.752	0.727
	0.20	1.210	1.183	1.156	1.129	1.102	1.076	1.050	1.024	0.999	0.973	0.948	0.923	0.898	0.874	0.849	0.825	0.801	0.778	0.754	0.731	0.707
	0.25	1.165	1.139	1.115	1.090	1.065	1.041	1.017	0.993	0.969	0.945	0.922	0.898	0.875	0.852	0.829	0.806	0.783	0.761	0.738	0.716	0.694
	0.30	1.133	1.110	1.086	1.063	1.040	1.017	0.994	0.971	0.948	0.925	0.903	0.880	0.858	0.836	0.814	0.792	0.770	0.748	0.727	0.705	0.684
0.25	0.05	1.906	1.825	1.750	1.678	1.610	1.546	1.485	1.426	1.370	0.317	1.266	1.217	1.169	1.124	1.080	1.038	0.997	0.957	0.919	0.882	0.846
	0.10	1.524	1.478	1.433	1.389	1.346	1.305	1.264	1.224	1.186	1.148	1.112	1.076	1.041	1.006	0.973	0.940	0.908	0.876	0.845	0.815	0.785
	0.15	1.362	1.326	1.291	1.257	1.223	1.190	1.157	1.125	1.093	1.062	1.032	1.002	0.972	0.943	0.914	0.885	0.857	0.830	0.803	0.776	0.749
	0.20	1.271	1.240	1.210	1.181	1.151	1.122	1.094	1.066	1.038	1.010	0.983	0.956	0.929	0.903	0.877	0.851	0.825	0.800	0.775	0.750	0.726
	0.25	1.213	1.185	1.158	1.131	1.105	1.078	1.052	1.026	1.001	0.975	0.950	0.925	0.900	0.875	0.851	0.827	0.803	0.779	0.755	0.732	0.709
0.30	0.10	1.634	1.580	1.527	1.476	1.427	1.380	1.334	1.289	1.246	1.204	1.163	1.124	1.085	1.047	1.011	0.975	0.940	0.906	0.873	0.840	0.809
	0.15	1.439	1.399	1.359	1.321	1.283	1.246	1.210	1.174	1.140	1.106	1.072	1.039	1.007	0.975	0.944	0.914	0.884	0.854	0.825	0.797	0.769
	0.20	1.329	1.296	1.263	1.230	1.198	1.166	1.135	1.105	1.074	1.045	1.015	0.986	0.958	0.929	0.902	0.874	0.847	0.820	0.794	0.768	0.742
0.35	0.10	1.739	1.676	1.616	1.558	1.502	1.449	1.397	1.348	1.300	1.254	1.209	1.166	1.124	1.083	1.044	1.005	0.968	0.932	0.897	0.862	0.829
	0.15	1.512	1.467	1.423	1.380	1.338	1.297	1.258	1.219	1.181	1.144	1.108	1.073	1.038	1.004	0.971	0.939	0.907	0.876	0.845	0.815	0.786

表 D.14 椭圆埋藏裂纹的 f_b^A

$\frac{a}{B}$	$\frac{p_1}{B}$	a/c																				
		0.00	0.05	0.10	0.15	0.20	0.25	0.30	0.35	0.40	0.45	0.50	0.55	0.60	0.65	0.70	0.75	0.80	0.85	0.90	0.95	1.00
0.0	0.05	0.909	0.892	0.876	0.859	0.842	0.826	0.809	0.792	0.776	0.759	0.742	0.726	0.709	0.693	0.676	0.659	0.643	0.626	0.609	0.593	0.576
	0.10	0.808	0.793	0.778	0.764	0.749	0.734	0.719	0.704	0.690	0.675	0.660	0.645	0.630	0.616	0.601	0.586	0.571	0.556	0.542	0.527	0.512
	0.15	0.707	0.694	0.681	0.668	0.655	0.642	0.629	0.616	0.603	0.590	0.577	0.565	0.552	0.539	0.526	0.513	0.500	0.487	0.474	0.461	0.448
	0.20	0.606	0.595	0.584	0.573	0.562	0.551	0.539	0.528	0.517	0.506	0.495	0.484	0.473	0.462	0.451	0.440	0.428	0.417	0.406	0.395	0.384
	0.25	0.505	0.496	0.486	0.477	0.468	0.459	0.449	0.440	0.431	0.422	0.412	0.403	0.394	0.385	0.375	0.366	0.357	0.348	0.338	0.329	0.320
	0.30	0.404	0.397	0.389	0.382	0.374	0.367	0.360	0.352	0.345	0.337	0.330	0.323	0.315	0.308	0.300	0.293	0.286	0.278	0.271	0.263	0.256
	0.35	0.303	0.297	0.292	0.286	0.281	0.275	0.270	0.264	0.259	0.253	0.247	0.242	0.236	0.231	0.225	0.220	0.214	0.209	0.203	0.198	0.192
	0.40	0.202	0.198	0.195	0.191	0.187	0.183	0.180	0.176	0.172	0.169	0.165	0.161	0.158	0.154	0.150	0.146	0.143	0.139	0.135	0.132	0.128
	0.45	0.101	0.099	0.097	0.095	0.094	0.092	0.090	0.088	0.086	0.084	0.082	0.081	0.079	0.077	0.075	0.073	0.071	0.070	0.068	0.066	0.064
	0.50	0.000	0.000	0.000	0.000	0.000	0.000	0.000	0.000	0.000	0.000	0.000	0.000	0.000	0.000	0.000	0.000	0.000	0.000	0.000	0.000	0.000
0.05	0.05	0.997	0.975	0.954	0.933	0.912	0.892	0.871	0.851	0.830	0.810	0.790	0.770	0.751	0.731	0.712	0.692	0.673	0.654	0.635	0.616	0.597
	0.10	0.812	0.797	0.782	0.766	0.751	0.736	0.721	0.705	0.690	0.675	0.660	0.645	0.630	0.615	0.599	0.584	0.569	0.554	0.539	0.524	0.509
	0.15	0.685	0.672	0.660	0.648	0.635	0.623	0.611	0.598	0.586	0.574	0.561	0.549	0.536	0.524	0.512	0.499	0.487	0.474	0.462	0.449	0.437
	0.20	0.572	0.562	0.552	0.542	0.532	0.522	0.512	0.502	0.491	0.481	0.471	0.461	0.451	0.441	0.430	0.420	0.410	0.400	0.389	0.379	0.369
	0.25	0.464	0.456	0.448	0.441	0.433	0.425	0.417	0.409	0.401	0.393	0.385	0.376	0.368	0.360	0.352	0.344	0.336	0.327	0.319	0.311	0.303
	0.30	0.359	0.353	0.348	0.342	0.336	0.330	0.324	0.318	0.312	0.306	0.300	0.293	0.287	0.281	0.275	0.269	0.262	0.256	0.250	0.243	0.237
	0.35	0.256	0.252	0.248	0.244	0.240	0.236	0.232	0.228	0.224	0.220	0.215	0.211	0.207	0.203	0.198	0.194	0.190	0.185	0.181	0.177	0.172
	0.40	0.153	0.151	0.149	0.147	0.145	0.143	0.141	0.139	0.136	0.134	0.132	0.130	0.127	0.125	0.122	0.120	0.118	0.115	0.113	0.110	0.108
	0.45	0.051	0.051	0.051	0.051	0.050	0.050	0.050	0.050	0.049	0.049	0.049	0.048	0.048	0.047	0.047	0.046	0.046	0.045	0.044	0.044	0.043
0.10	0.05	1.087	1.060	1.033	1.007	0.981	0.956	0.931	0.906	0.882	0.858	0.834	0.811	0.788	0.766	0.743	0.721	0.699	0.678	0.657	0.636	0.615
	0.10	0.833	0.816	0.799	0.783	0.766	0.750	0.734	0.717	0.701	0.685	0.669	0.653	0.637	0.621	0.605	0.590	0.574	0.558	0.543	0.527	0.512
	0.15	0.675	0.662	0.650	0.638	0.626	0.614	0.602	0.589	0.577	0.565	0.553	0.541	0.528	0.516	0.504	0.492	0.479	0.467	0.455	0.443	0.430
	0.20	0.545	0.536	0.527	0.518	0.509	0.500	0.490	0.481	0.472	0.462	0.453	0.443	0.434	0.424	0.415	0.405	0.396	0.386	0.376	0.367	0.357
	0.25	0.428	0.422	0.415	0.408	0.402	0.395	0.388	0.381	0.374	0.367	0.360	0.353	0.346	0.339	0.332	0.324	0.317	0.310	0.302	0.295	0.287
	0.30	0.317	0.313	0.309	0.304	0.300	0.295	0.290	0.286	0.281	0.276	0.271	0.266	0.261	0.256	0.251	0.246	0.241	0.236	0.230	0.225	0.220
	0.35	0.210	0.207	0.205	0.203	0.200	0.198	0.195	0.193	0.190	0.187	0.184	0.182	0.179	0.176	0.173	0.169	0.166	0.163	0.160	0.156	0.153
	0.40	0.104	0.104	0.104	0.103	0.103	0.102	0.102	0.101	0.100	0.100	0.099	0.098	0.097	0.096	0.095	0.094	0.093	0.091	0.090	0.089	0.087

表 D.14（续）

$\frac{a}{B}$	$\frac{p_1}{B}$	a/c 0.00	0.05	0.10	0.15	0.20	0.25	0.30	0.35	0.40	0.45	0.50	0.55	0.60	0.65	0.70	0.75	0.80	0.85	0.90	0.95	1.00
0.15	0.05	1.155	1.122	1.090	1.059	1.029	0.999	0.970	0.942	0.914	0.887	0.861	0.835	0.810	0.785	0.761	0.737	0.713	0.690	0.668	0.645	0.623
	0.10	0.845	0.827	0.810	0.792	0.775	0.757	0.740	0.723	0.706	0.689	0.673	0.656	0.640	0.623	0.607	0.591	0.575	0.559	0.543	0.527	0.511
	0.15	0.661	0.649	0.637	0.626	0.614	0.602	0.590	0.578	0.566	0.554	0.542	0.530	0.518	0.507	0.495	0.483	0.471	0.459	0.447	0.435	0.423
	0.20	0.517	0.509	0.501	0.493	0.484	0.476	0.468	0.459	0.451	0.442	0.434	0.425	0.416	0.407	0.399	0.390	0.381	0.372	0.363	0.354	0.345
	0.25	0.391	0.386	0.380	0.375	0.369	0.364	0.358	0.353	0.347	0.341	0.335	0.329	0.323	0.317	0.311	0.304	0.298	0.292	0.285	0.278	0.272
	0.30	0.274	0.271	0.268	0.265	0.262	0.259	0.256	0.252	0.249	0.246	0.242	0.238	0.235	0.231	0.227	0.223	0.219	0.215	0.211	0.206	0.202
	0.35	0.162	0.161	0.161	0.160	0.159	0.158	0.157	0.156	0.155	0.154	0.152	0.151	0.149	0.148	0.146	0.144	0.142	0.140	0.138	0.136	0.134
0.20	0.05	1.205	1.166	1.129	1.093	1.059	1.025	0.993	0.962	0.932	0.903	0.874	0.847	0.820	0.794	0.768	0.743	0.718	0.694	0.671	0.648	0.625
	0.10	0.848	0.829	0.810	0.792	0.774	0.756	0.738	0.721	0.703	0.686	0.669	0.652	0.636	0.619	0.603	0.586	0.570	0.554	0.538	0.522	0.507
	0.15	0.641	0.630	0.618	0.607	0.596	0.584	0.573	0.562	0.550	0.539	0.528	0.516	0.505	0.493	0.482	0.471	0.459	0.448	0.436	0.425	0.413
	0.20	0.484	0.477	0.470	0.463	0.456	0.449	0.441	0.434	0.427	0.419	0.411	0.404	0.396	0.388	0.380	0.372	0.364	0.356	0.348	0.339	0.331
	0.25	0.349	0.346	0.342	0.338	0.334	0.330	0.326	0.321	0.317	0.312	0.308	0.303	0.298	0.293	0.288	0.283	0.278	0.272	0.267	0.261	0.255
	0.30	0.227	0.226	0.225	0.223	0.222	0.221	0.219	0.217	0.215	0.213	0.211	0.209	0.207	0.204	0.202	0.199	0.196	0.193	0.190	0.187	0.183
0.25	0.05	1.239	1.194	1.152	1.112	1.074	1.038	1.003	0.969	0.937	0.906	0.877	0.848	0.820	0.793	0.766	0.741	0.716	0.691	0.668	0.644	0.622
	0.10	0.838	0.819	0.800	0.782	0.763	0.745	0.727	0.710	0.693	0.676	0.659	0.642	0.625	0.609	0.593	0.577	0.561	0.545	0.530	0.514	0.499
	0.15	0.613	0.602	0.592	0.582	0.571	0.561	0.550	0.540	0.529	0.519	0.508	0.498	0.487	0.476	0.466	0.455	0.444	0.433	0.423	0.412	0.401
	0.20	0.445	0.439	0.434	0.428	0.423	0.417	0.411	0.405	0.398	0.392	0.386	0.379	0.373	0.366	0.359	0.352	0.345	0.338	0.330	0.323	0.316
	0.25	0.303	0.301	0.299	0.297	0.295	0.292	0.290	0.287	0.284	0.281	0.278	0.274	0.271	0.267	0.263	0.259	0.255	0.251	0.247	0.242	0.237
0.30	0.10	0.817	0.798	0.779	0.761	0.743	0.725	0.708	0.691	0.674	0.657	0.641	0.625	0.609	0.593	0.578	0.562	0.547	0.532	0.517	0.502	0.487
	0.15	0.576	0.567	0.558	0.548	0.539	0.530	0.521	0.512	0.502	0.493	0.484	0.474	0.464	0.455	0.445	0.435	0.426	0.416	0.406	0.396	0.386
	0.20	0.399	0.395	0.392	0.388	0.384	0.380	0.375	0.371	0.366	0.361	0.356	0.351	0.346	0.340	0.335	0.329	0.323	0.317	0.311	0.305	0.298
0.35	0.10	0.783	0.764	0.746	0.729	0.712	0.695	0.679	0.663	0.647	0.631	0.616	0.601	0.586	0.571	0.557	0.542	0.528	0.514	0.499	0.485	0.471
	0.15	0.529	0.522	0.515	0.508	0.500	0.493	0.485	0.477	0.470	0.462	0.454	0.446	0.438	0.429	0.421	0.412	0.404	0.395	0.386	0.377	0.368

表 D.15 椭圆埋藏裂纹的 f_m^B

$\frac{a}{B}$	$\frac{p_1}{B}$	a/c																				
		0.00	0.05	0.10	0.15	0.20	0.25	0.30	0.35	0.40	0.45	0.50	0.55	0.60	0.65	0.70	0.75	0.80	0.85	0.90	0.95	1.00
0.0	0.05	1.010	0.991	0.973	0.954	0.936	0.918	0.899	0.881	0.862	0.843	0.825	0.806	0.788	0.769	0.751	0.732	0.714	0.695	0.677	0.659	0.640
	0.10	1.010	0.991	0.973	0.954	0.936	0.918	0.899	0.881	0.862	0.843	0.825	0.806	0.788	0.769	0.751	0.732	0.714	0.695	0.677	0.659	0.640
	0.15	1.010	0.991	0.973	0.954	0.936	0.918	0.899	0.881	0.862	0.843	0.825	0.806	0.788	0.769	0.751	0.732	0.714	0.695	0.677	0.659	0.640
	0.20	1.010	0.991	0.973	0.954	0.936	0.918	0.899	0.881	0.862	0.843	0.825	0.806	0.788	0.769	0.751	0.732	0.714	0.695	0.677	0.659	0.640
	0.25	1.010	0.991	0.973	0.954	0.936	0.918	0.899	0.881	0.862	0.843	0.825	0.806	0.788	0.769	0.751	0.732	0.714	0.695	0.677	0.659	0.640
	0.30	1.010	0.991	0.973	0.954	0.936	0.918	0.899	0.881	0.862	0.843	0.825	0.806	0.788	0.769	0.751	0.732	0.714	0.695	0.677	0.659	0.640
	0.35	1.010	0.991	0.973	0.954	0.936	0.918	0.899	0.881	0.862	0.843	0.825	0.806	0.788	0.769	0.751	0.732	0.714	0.695	0.677	0.659	0.640
	0.40	1.010	0.991	0.973	0.954	0.936	0.918	0.899	0.881	0.862	0.843	0.825	0.806	0.788	0.769	0.751	0.732	0.714	0.695	0.677	0.659	0.640
	0.45	1.010	0.991	0.973	0.954	0.936	0.918	0.899	0.881	0.862	0.843	0.825	0.806	0.788	0.769	0.751	0.732	0.714	0.695	0.677	0.659	0.640
	0.50	1.010	0.991	0.973	0.954	0.936	0.918	0.899	0.881	0.862	0.843	0.825	0.806	0.788	0.769	0.751	0.732	0.714	0.695	0.677	0.659	0.640
0.05	0.05	1.087	1.064	1.040	1.017	0.994	0.971	0.948	0.925	0.903	0.880	0.858	0.836	0.814	0.793	0.771	0.750	0.728	0.707	0.686	0.665	0.645
	0.10	1.048	1.027	1.006	0.985	0.965	0.944	0.924	0.903	0.883	0.863	0.842	0.822	0.802	0.782	0.762	0.742	0.722	0.703	0.683	0.663	0.644
	0.15	1.034	1.014	0.994	0.974	0.954	0.935	0.915	0.895	0.876	0.856	0.836	0.817	0.797	0.778	0.759	0.739	0.720	0.701	0.681	0.662	0.643
	0.20	1.027	1.007	0.988	0.968	0.949	0.930	0.910	0.891	0.872	0.853	0.833	0.814	0.795	0.776	0.757	0.738	0.719	0.700	0.681	0.662	0.643
	0.25	1.023	1.004	0.984	0.965	0.946	0.927	0.908	0.889	0.870	0.851	0.832	0.813	0.794	0.775	0.756	0.737	0.718	0.699	0.680	0.661	0.642
	0.30	1.020	1.001	0.982	0.963	0.944	0.925	0.906	0.888	0.869	0.850	0.831	0.812	0.793	0.774	0.755	0.736	0.718	0.699	0.680	0.661	0.642
	0.35	1.019	1.000	0.981	0.962	0.943	0.924	0.906	0.887	0.868	0.849	0.830	0.811	0.792	0.774	0.755	0.736	0.717	0.699	0.680	0.661	0.642
	0.40	1.018	0.999	0.980	0.961	0.943	0.924	0.905	0.886	0.867	0.849	0.830	0.811	0.792	0.773	0.755	0.736	0.717	0.699	0.680	0.661	0.642
	0.45	1.019	1.000	0.981	0.962	0.943	0.925	0.906	0.887	0.868	0.849	0.831	0.812	0.793	0.774	0.756	0.737	0.718	0.699	0.681	0.662	0.643
0.10	0.05	1.162	1.133	1.105	1.077	1.049	1.022	0.995	0.968	0.942	0.916	0.891	0.866	0.841	0.816	0.792	0.768	0.744	0.721	0.698	0.675	0.653
	0.10	1.099	1.075	1.051	1.028	1.004	0.981	0.958	0.935	0.912	0.889	0.867	0.845	0.823	0.801	0.779	0.757	0.735	0.714	0.693	0.672	0.651
	0.15	1.072	1.050	1.028	1.006	0.984	0.962	0.941	0.919	0.898	0.877	0.856	0.835	0.814	0.793	0.772	0.751	0.731	0.710	0.690	0.670	0.650
	0.20	1.057	1.036	1.015	0.994	0.973	0.952	0.931	0.911	0.890	0.870	0.849	0.829	0.809	0.789	0.768	0.748	0.728	0.708	0.688	0.669	0.649
	0.25	1.048	1.027	1.007	0.987	0.966	0.946	0.926	0.906	0.886	0.866	0.846	0.826	0.806	0.786	0.766	0.746	0.727	0.707	0.687	0.668	0.648
	0.30	1.042	1.022	1.002	0.982	0.962	0.942	0.922	0.902	0.883	0.863	0.843	0.824	0.804	0.784	0.765	0.745	0.726	0.706	0.687	0.668	0.648
	0.35	1.039	1.019	0.999	0.979	0.960	0.940	0.920	0.901	0.881	0.862	0.842	0.823	0.803	0.784	0.764	0.745	0.726	0.706	0.687	0.668	0.648
	0.40	1.041	1.022	1.002	0.982	0.963	0.943	0.923	0.904	0.884	0.865	0.845	0.826	0.806	0.787	0.768	0.748	0.729	0.710	0.690	0.671	0.652

表 D.15(续)

$\frac{a}{B}$	$\frac{p_1}{B}$	a/c																				
		0.00	0.05	0.10	0.15	0.20	0.25	0.30	0.35	0.40	0.45	0.50	0.55	0.60	0.65	0.70	0.75	0.80	0.85	0.90	0.95	1.00
0.15	0.05	1.226	1.192	1.160	1.128	1.096	1.065	1.035	1.005	0.976	0.948	0.920	0.892	0.865	0.838	0.812	0.786	0.761	0.736	0.711	0.687	0.663
	0.10	1.151	1.124	1.097	1.071	1.044	1.018	0.993	0.967	0.942	0.917	0.893	0.868	0.844	0.820	0.797	0.773	0.750	0.728	0.705	0.682	0.660
	0.15	1.114	1.090	1.066	1.042	1.018	0.994	0.970	0.947	0.924	0.901	0.878	0.855	0.833	0.811	0.788	0.766	0.745	0.723	0.701	0.680	0.659
	0.20	1.093	1.070	1.047	1.025	1.002	0.980	0.957	0.935	0.913	0.891	0.869	0.848	0.826	0.805	0.783	0.762	0.741	0.720	0.699	0.678	0.658
	0.25	1.080	1.058	1.036	1.014	0.993	0.971	0.949	0.928	0.907	0.885	0.864	0.843	0.822	0.801	0.780	0.760	0.739	0.718	0.698	0.678	0.657
	0.30	1.072	1.051	1.030	1.008	0.987	0.966	0.945	0.924	0.903	0.882	0.862	0.841	0.820	0.800	0.779	0.759	0.739	0.718	0.698	0.678	0.658
	0.35	1.078	1.057	1.036	1.015	0.994	0.973	0.952	0.931	0.910	0.889	0.869	0.848	0.828	0.807	0.787	0.766	0.746	0.725	0.705	0.685	0.665
0.20	0.05	1.287	1.249	1.213	1.177	1.142	1.108	1.075	1.042	1.010	0.979	0.949	0.919	0.890	0.861	0.833	0.805	0.778	0.752	0.726	0.700	0.675
	0.10	1.206	1.175	1.145	1.115	1.086	1.057	1.029	1.001	0.974	0.947	0.920	0.894	0.868	0.842	0.817	0.792	0.767	0.743	0.719	0.696	0.672
	0.15	1.162	1.135	1.108	1.081	1.055	1.029	1.004	0.978	0.953	0.928	0.904	0.879	0.855	0.831	0.808	0.784	0.761	0.738	0.715	0.693	0.670
	0.20	1.136	1.111	1.086	1.061	1.037	1.013	0.989	0.965	0.941	0.917	0.894	0.871	0.848	0.825	0.802	0.780	0.758	0.735	0.713	0.692	0.670
	0.25	1.121	1.098	1.074	1.050	1.027	1.004	0.980	0.957	0.935	0.912	0.889	0.867	0.845	0.822	0.800	0.778	0.757	0.735	0.713	0.692	0.671
	0.30	1.133	1.109	1.086	1.062	1.039	1.016	0.993	0.970	0.948	0.925	0.902	0.880	0.858	0.836	0.814	0.792	0.770	0.748	0.726	0.705	0.684
0.25	0.05	1.352	1.310	1.269	1.230	1.191	1.154	1.117	1.082	1.047	1.013	0.980	0.948	0.917	0.886	0.856	0.827	0.798	0.770	0.743	0.716	0.690
	0.10	1.265	1.231	1.198	1.165	1.133	1.101	1.070	1.040	1.010	0.980	0.952	0.923	0.895	0.868	0.841	0.814	0.788	0.762	0.737	0.712	0.687
	0.15	1.217	1.187	1.158	1.129	1.100	1.071	1.043	1.016	0.988	0.961	0.935	0.909	0.883	0.857	0.832	0.807	0.782	0.758	0.734	0.710	0.686
	0.20	1.191	1.164	1.136	1.109	1.082	1.056	1.029	1.003	0.978	0.952	0.927	0.902	0.877	0.853	0.828	0.804	0.781	0.757	0.734	0.711	0.688
	0.25	1.212	1.184	1.157	1.130	1.104	1.078	1.051	1.026	1.000	0.974	0.949	0.924	0.899	0.875	0.851	0.826	0.802	0.779	0.755	0.732	0.708
0.30	0.10	1.338	1.300	1.262	1.225	1.189	1.154	1.120	1.087	1.054	1.022	0.990	0.959	0.929	0.900	0.870	0.842	0.814	0.786	0.759	0.733	0.707
	0.15	1.291	1.257	1.224	1.191	1.159	1.128	1.097	1.066	1.036	1.006	0.977	0.949	0.920	0.893	0.865	0.838	0.812	0.786	0.760	0.734	0.709
	0.20	1.328	1.294	1.261	1.229	1.197	1.165	1.134	1.103	1.073	1.044	1.014	0.985	0.957	0.929	0.901	0.873	0.846	0.819	0.793	0.767	0.741
0.35	0.10	1.442	1.397	1.353	1.311	1.270	1.230	1.191	1.153	1.117	1.081	1.046	1.012	0.978	0.946	0.914	0.882	0.852	0.822	0.793	0.764	0.736
	0.15	1.512	1.466	1.422	1.380	1.338	1.297	1.258	1.219	1.181	1.144	1.108	1.073	1.038	1.004	0.971	0.939	0.907	0.876	0.845	0.815	0.785

表 D.16 椭圆埋藏裂纹的 f_b^B

$\frac{a}{B}$	$\frac{p_1}{B}$	a/c																				
		0.00	0.05	0.10	0.15	0.20	0.25	0.30	0.35	0.40	0.45	0.50	0.55	0.60	0.65	0.70	0.75	0.80	0.85	0.90	0.95	1.00
0.0	0.05	0.909	0.892	0.876	0.859	0.842	0.826	0.809	0.792	0.776	0.759	0.742	0.726	0.709	0.693	0.676	0.659	0.643	0.626	0.609	0.593	0.576
	0.10	0.808	0.793	0.778	0.764	0.749	0.734	0.719	0.704	0.690	0.675	0.660	0.645	0.630	0.616	0.601	0.586	0.571	0.556	0.542	0.527	0.512
	0.15	0.707	0.694	0.681	0.668	0.655	0.642	0.629	0.616	0.603	0.590	0.577	0.565	0.552	0.539	0.526	0.513	0.500	0.487	0.474	0.461	0.448
	0.20	0.606	0.595	0.584	0.573	0.562	0.551	0.539	0.528	0.517	0.506	0.495	0.484	0.473	0.462	0.451	0.440	0.428	0.417	0.406	0.395	0.384
	0.25	0.505	0.496	0.486	0.477	0.468	0.459	0.449	0.440	0.431	0.422	0.412	0.403	0.394	0.385	0.375	0.366	0.357	0.348	0.338	0.329	0.320
	0.30	0.404	0.397	0.389	0.382	0.374	0.367	0.360	0.352	0.345	0.337	0.330	0.323	0.315	0.308	0.300	0.293	0.286	0.278	0.271	0.263	0.256
	0.35	0.303	0.297	0.292	0.286	0.281	0.275	0.270	0.264	0.259	0.253	0.247	0.242	0.236	0.231	0.225	0.220	0.214	0.209	0.203	0.198	0.192
	0.40	0.202	0.198	0.195	0.191	0.187	0.183	0.180	0.176	0.172	0.169	0.165	0.161	0.158	0.154	0.150	0.146	0.143	0.139	0.135	0.132	0.128
	0.45	0.101	0.099	0.097	0.095	0.094	0.092	0.090	0.088	0.086	0.084	0.082	0.081	0.079	0.077	0.075	0.073	0.071	0.070	0.068	0.066	0.064
	0.50	0.000	0.000	0.000	0.000	0.000	0.000	0.000	0.000	0.000	0.000	0.000	0.000	0.000	0.000	0.000	0.000	0.000	0.000	0.000	0.000	0.000
0.05	0.05	0.816	0.797	0.778	0.760	0.742	0.724	0.706	0.688	0.671	0.654	0.636	0.619	0.602	0.586	0.569	0.553	0.536	0.520	0.504	0.488	0.472
	0.10	0.681	0.667	0.652	0.638	0.624	0.610	0.596	0.582	0.568	0.554	0.540	0.527	0.513	0.500	0.486	0.473	0.460	0.447	0.433	0.420	0.407
	0.15	0.568	0.557	0.545	0.533	0.522	0.510	0.498	0.487	0.476	0.464	0.453	0.442	0.430	0.419	0.408	0.397	0.386	0.375	0.364	0.354	0.343
	0.20	0.462	0.452	0.443	0.433	0.424	0.414	0.405	0.396	0.386	0.377	0.368	0.359	0.350	0.341	0.332	0.323	0.314	0.305	0.296	0.287	0.278
	0.25	0.358	0.350	0.343	0.335	0.328	0.321	0.313	0.306	0.299	0.291	0.284	0.277	0.270	0.263	0.256	0.249	0.242	0.235	0.228	0.221	0.214
	0.30	0.255	0.249	0.244	0.238	0.233	0.227	0.222	0.217	0.211	0.206	0.201	0.195	0.190	0.185	0.180	0.175	0.170	0.165	0.160	0.155	0.150
	0.35	0.153	0.149	0.145	0.142	0.138	0.135	0.131	0.128	0.124	0.121	0.117	0.114	0.111	0.108	0.104	0.101	0.098	0.095	0.092	0.088	0.085
	0.40	0.051	0.049	0.047	0.046	0.044	0.042	0.041	0.039	0.037	0.036	0.034	0.033	0.032	0.030	0.029	0.027	0.026	0.025	0.024	0.022	0.021
	0.45	−0.051	−0.051	−0.051	−0.051	−0.050	−0.050	−0.050	−0.050	−0.049	−0.049	−0.049	−0.048	−0.048	−0.047	−0.047	−0.046	−0.046	−0.045	−0.044	−0.044	−0.043
0.10	0.05	0.697	0.678	0.659	0.640	0.622	0.604	0.587	0.569	0.552	0.536	0.519	0.503	0.487	0.472	0.456	0.441	0.426	0.412	0.397	0.383	0.369
	0.10	0.550	0.536	0.522	0.509	0.495	0.482	0.469	0.456	0.444	0.431	0.419	0.407	0.394	0.383	0.371	0.359	0.348	0.336	0.325	0.314	0.303
	0.15	0.429	0.418	0.408	0.397	0.387	0.377	0.367	0.357	0.347	0.337	0.328	0.318	0.309	0.300	0.290	0.281	0.272	0.264	0.255	0.246	0.238
	0.20	0.317	0.309	0.301	0.293	0.285	0.278	0.270	0.262	0.255	0.248	0.240	0.233	0.226	0.219	0.212	0.205	0.199	0.192	0.185	0.179	0.173
	0.25	0.210	0.204	0.198	0.192	0.187	0.181	0.176	0.170	0.165	0.160	0.155	0.150	0.145	0.140	0.135	0.130	0.126	0.121	0.116	0.112	0.108
	0.30	0.104	0.100	0.097	0.093	0.090	0.086	0.083	0.080	0.076	0.073	0.070	0.067	0.064	0.061	0.058	0.056	0.053	0.050	0.048	0.045	0.043
	0.35	0.000	−0.002	−0.003	−0.005	−0.007	−0.008	−0.009	−0.011	−0.012	−0.013	−0.014	−0.015	−0.016	−0.017	−0.018	−0.019	−0.020	−0.020	−0.021	−0.022	−0.022
	0.40	−0.104	−0.104	−0.104	−0.103	−0.103	−0.102	−0.102	−0.101	−0.100	−0.100	−0.099	−0.098	−0.097	−0.096	−0.095	−0.094	−0.093	−0.091	−0.090	−0.089	−0.087

表 D.16（续）

$\frac{a}{B}$	$\frac{p_1}{B}$	a/c																				
		0.00	0.05	0.10	0.15	0.20	0.25	0.30	0.35	0.40	0.45	0.50	0.55	0.60	0.65	0.70	0.75	0.80	0.85	0.90	0.95	1.00
0.15	0.05	0.552	0.534	0.516	0.499	0.482	0.466	0.450	0.435	0.419	0.405	0.390	0.376	0.363	0.349	0.336	0.324	0.311	0.299	0.287	0.276	0.264
	0.10	0.403	0.391	0.378	0.367	0.355	0.343	0.332	0.321	0.311	0.300	0.290	0.280	0.270	0.260	0.250	0.241	0.232	0.223	0.214	0.206	0.197
	0.15	0.279	0.270	0.261	0.252	0.244	0.236	0.228	0.220	0.212	0.205	0.197	0.190	0.183	0.176	0.169	0.162	0.156	0.149	0.143	0.137	0.131
	0.20	0.164	0.158	0.152	0.146	0.140	0.134	0.129	0.124	0.118	0.113	0.108	0.103	0.099	0.094	0.090	0.085	0.081	0.077	0.073	0.069	0.065
	0.25	0.054	0.050	0.047	0.043	0.040	0.036	0.033	0.030	0.027	0.024	0.021	0.019	0.016	0.014	0.011	0.009	0.007	0.005	0.003	0.001	−0.001
	0.30	−0.054	−0.055	−0.057	−0.058	−0.059	−0.061	−0.062	−0.063	−0.064	−0.064	−0.065	−0.066	−0.066	−0.067	−0.067	−0.067	−0.067	−0.067	−0.067	−0.067	−0.066
	0.35	−0.162	−0.161	−0.161	−0.160	−0.159	−0.158	−0.157	−0.156	−0.155	−0.154	−0.152	−0.151	−0.149	−0.148	−0.146	−0.144	−0.142	−0.140	−0.138	−0.136	−0.134
0.20	0.05	0.386	0.371	0.356	0.341	0.327	0.314	0.300	0.288	0.276	0.264	0.252	0.241	0.231	0.220	0.210	0.201	0.191	0.182	0.173	0.165	0.157
	0.10	0.241	0.231	0.221	0.212	0.202	0.194	0.185	0.176	0.168	0.160	0.153	0.145	0.138	0.131	0.125	0.118	0.112	0.106	0.100	0.094	0.089
	0.15	0.116	0.110	0.103	0.097	0.091	0.085	0.080	0.075	0.069	0.064	0.060	0.055	0.051	0.046	0.042	0.038	0.035	0.031	0.028	0.025	0.021
	0.20	0.000	−0.004	−0.007	−0.011	−0.014	−0.017	−0.020	−0.023	−0.026	−0.028	−0.030	−0.033	−0.035	−0.036	−0.038	−0.040	−0.041	−0.043	−0.044	−0.045	−0.046
	0.25	−0.112	−0.113	−0.115	−0.116	−0.117	−0.117	−0.118	−0.119	−0.119	−0.119	−0.119	−0.119	−0.119	−0.119	−0.118	−0.118	−0.117	−0.116	−0.115	−0.114	−0.113
	0.30	−0.227	−0.226	−0.225	−0.223	−0.222	−0.221	−0.219	−0.217	−0.215	−0.213	−0.211	−0.209	−0.207	−0.204	−0.201	−0.199	−0.196	−0.193	−0.190	−0.187	−0.183
0.25	0.05	0.203	0.191	0.180	0.169	0.158	0.149	0.139	0.130	0.121	0.113	0.105	0.098	0.091	0.084	0.078	0.071	0.065	0.060	0.055	0.050	0.045
	0.10	0.063	0.056	0.050	0.043	0.037	0.032	0.026	0.021	0.016	0.012	0.007	0.003	−0.001	−0.005	−0.008	−0.011	−0.014	−0.017	−0.020	−0.022	−0.024
	0.15	−0.061	−0.064	−0.068	−0.071	−0.074	−0.076	−0.079	−0.081	−0.083	−0.085	−0.086	−0.088	−0.089	−0.090	0.091	−0.092	0.092	−0.093	−0.093	−0.093	−0.093
	0.20	−0.179	−0.179	−0.180	−0.180	−0.181	−0.181	−0.181	−0.180	−0.180	−0.179	−0.178	−0.177	−0.176	−0.175	−0.174	−0.172	−0.170	−0.168	−0.166	−0.164	−0.162
	0.25	−0.303	−0.301	−0.299	−0.297	−0.295	−0.292	−0.290	−0.287	−0.284	−0.281	−0.278	−0.274	−0.271	−0.267	−0.263	−0.259	−0.255	−0.251	−0.247	−0.242	−0.237
0.30	0.10	−0.134	−0.137	−0.139	−0.141	−0.143	−0.145	−0.146	−0.147	−0.148	−0.149	−0.150	−0.150	−0.150	−0.150	−0.149	−0.149	−0.148	−0.147	−0.146	−0.144	−0.143
	0.15	−0.258	−0.258	−0.257	−0.257	−0.256	−0.254	−0.253	−0.251	−0.249	−0.247	−0.245	−0.243	−0.240	−0.238	−0.235	−0.232	−0.229	−0.225	−0.222	−0.218	−0.214
	0.20	−0.398	−0.395	−0.391	−0.387	−0.383	−0.379	−0.375	−0.370	−0.366	−0.361	−0.356	−0.351	−0.346	−0.340	−0.335	−0.329	−0.323	−0.317	−0.311	−0.304	−0.298
0.35	0.10	−0.360	−0.358	−0.354	−0.351	−0.348	−0.344	−0.340	−0.336	−0.332	−0.328	−0.324	−0.319	−0.314	−0.310	−0.305	−0.299	−0.294	−0.289	−0.283	−0.277	−0.272
	0.15	−0.529	−0.522	−0.515	−0.507	−0.500	−0.493	−0.485	−0.477	−0.470	−0.462	−0.454	−0.446	−0.437	−0.429	−0.421	−0.412	−0.404	−0.395	−0.386	−0.377	−0.368

表 D.17 焊趾处表面裂纹的 M_{km}

$\frac{L_W}{B}$	a/B																	
	0.01	0.02	0.03	0.04	0.05	0.06	0.07	0.08	0.09	0.10	0.11	0.12	0.15	0.20	0.25	0.30	0.35	0.40
0.10	1.142	1.017	1.000	1.000	1.000	1.000	1.000	1.000	1.000	1.000	1.000	1.000	1.000	1.000	1.000	1.000	1.000	1.000
0.20	1.377	1.111	1.067	1.045	1.028	1.015	1.004	1.000	1.000	1.000	1.000	1.000	1.000	1.000	1.000	1.000	1.000	1.000
0.30	1.536	1.239	1.123	1.095	1.075	1.058	1.044	1.032	1.021	1.012	1.004	1.000	1.000	1.000	1.000	1.000	1.000	1.000
0.40	1.660	1.339	1.181	1.139	1.115	1.095	1.078	1.064	1.052	1.041	1.031	1.023	1.000	1.000	1.000	1.000	1.000	1.000
0.50	1.763	1.422	1.254	1.179	1.151	1.128	1.109	1.093	1.079	1.067	1.056	1.046	1.021	1.000	1.000	1.000	1.000	1.000
0.60	1.852	1.494	1.318	1.216	1.184	1.159	1.138	1.120	1.104	1.091	1.078	1.067	1.039	1.005	1.000	1.000	1.000	1.000
0.70	1.931	1.557	1.374	1.256	1.215	1.187	1.164	1.145	1.128	1.113	1.099	1.087	1.057	1.019	1.000	1.000	1.000	1.000
0.80	2.002	1.615	1.424	1.302	1.245	1.215	1.190	1.168	1.150	1.134	1.119	1.106	1.073	1.032	1.001	1.000	1.000	1.000
0.90	2.066	1.667	1.470	1.345	1.274	1.241	1.214	1.191	1.171	1.153	1.138	1.124	1.088	1.045	1.012	1.000	1.000	1.000
1.00	2.126	1.715	1.512	1.383	1.291	1.266	1.237	1.212	1.191	1.172	1.156	1.141	1.103	1.057	1.022	1.000	1.000	1.000
1.10	2.181	1.760	1.552	1.419	1.325	1.290	1.259	1.233	1.211	1.191	1.173	1.157	1.117	1.068	1.031	1.002	1.000	1.000
1.20	2.233	1.801	1.589	1.453	1.356	1.313	1.281	1.253	1.229	1.208	1.190	1.173	1.131	1.079	1.041	1.010	1.000	1.000
1.30	2.282	1.841	1.623	1.485	1.386	1.336	1.302	1.273	1.248	1.226	1.206	1.188	1.144	1.090	1.049	1.018	1.000	1.000
1.40	2.328	1.878	1.656	1.515	1.414	1.336	1.322	1.292	1.265	1.242	1.222	1.203	1.157	1.100	1.058	1.025	1.000	1.000
1.50	2.372	1.913	1.687	1.543	1.440	1.361	1.342	1.310	1.283	1.258	1.237	1.218	1.170	1.110	1.066	1.032	1.003	1.000
1.60	2.414	1.947	1.717	1.571	1.466	1.385	1.362	1.328	1.300	1.274	1.252	1.232	1.182	1.120	1.074	1.039	1.009	1.000
1.70	2.454	1.979	1.745	1.596	1.490	1.408	1.381	1.346	1.316	1.290	1.267	1.246	1.194	1.130	1.082	1.045	1.015	1.000
1.80	2.492	2.010	1.772	1.621	1.513	1.430	1.400	1.364	1.332	1.305	1.281	1.259	1.205	1.139	1.090	1.052	1.020	1.000
1.90	2.528	2.039	1.799	1.645	1.535	1.451	1.383	1.381	1.348	1.320	1.295	1.272	1.216	1.148	1.098	1.058	1.026	1.000
2.00	2.564	2.068	1.824	1.668	1.557	1.471	1.402	1.398	1.364	1.335	1.309	1.285	1.228	1.157	1.105	1.064	1.031	1.003
>2.00	2.564	2.068	1.824	1.668	1.557	1.471	1.402	1.375	1.343	1.315	1.291	1.268	1.213	1.145	1.095	1.056	1.024	1.000

表 D.18 焊趾处表面裂纹的 M_{kb}

$\frac{L_W}{B}$	a/B																
	0.010	0.020	0.030	0.040	0.050	0.060	0.070	0.080	0.090	0.100	0.105	0.110	0.115	0.120	0.125	0.130	0.135
0.01	1.000	1.000	1.000	1.000	1.000	1.000	1.000	1.000	1.000	1.000	1.000	1.000	1.000	1.000	1.000	1.000	1.000
0.02	1.000	1.000	1.000	1.000	1.000	1.000	1.000	1.000	1.000	1.000	1.000	1.000	1.000	1.000	1.000	1.000	1.000
0.03	1.034	1.000	1.000	1.000	1.000	1.000	1.000	1.000	1.000	1.000	1.000	1.000	1.000	1.000	1.000	1.000	1.000
0.04	1.061	1.000	1.000	1.000	1.000	1.000	1.000	1.000	1.000	1.000	1.000	1.000	1.000	1.000	1.000	1.000	1.000
0.05	1.084	1.011	1.000	1.000	1.000	1.000	1.000	1.000	1.000	1.000	1.000	1.000	1.000	1.000	1.000	1.000	1.000
0.06	1.104	1.026	1.000	1.000	1.000	1.000	1.000	1.000	1.000	1.000	1.000	1.000	1.000	1.000	1.000	1.000	1.000
0.07	1.122	1.040	1.000	1.000	1.000	1.000	1.000	1.000	1.000	1.000	1.000	1.000	1.000	1.000	1.000	1.000	1.000
0.08	1.138	1.053	1.006	1.000	1.000	1.000	1.000	1.000	1.000	1.000	1.000	1.000	1.000	1.000	1.000	1.000	1.000

表 D.18(续)

$\frac{L_W}{B}$	a/B																
	0.010	0.020	0.030	0.040	0.050	0.060	0.070	0.080	0.090	0.100	0.105	0.110	0.115	0.120	0.125	0.130	0.135
0.09	1.153	1.065	1.016	1.000	1.000	1.000	1.000	1.000	1.000	1.000	1.000	1.000	1.000	1.000	1.000	1.000	1.000
0.10	1.166	1.075	1.025	1.000	1.000	1.000	1.000	1.000	1.000	1.000	1.000	1.000	1.000	1.000	1.000	1.000	1.000
0.20	1.338	1.155	1.094	1.052	1.020	1.000	1.000	1.000	1.000	1.000	1.000	1.000	1.000	1.000	1.000	1.000	1.000
0.30	1.457	1.211	1.141	1.093	1.058	1.030	1.007	1.000	1.000	1.000	1.000	1.000	1.000	1.000	1.000	1.000	1.000
0.40	1.548	1.255	1.178	1.126	1.088	1.057	1.032	1.010	1.000	1.000	1.000	1.000	1.000	1.000	1.000	1.000	1.000
0.50	1.622	1.308	1.210	1.154	1.112	1.079	1.052	1.030	1.010	1.000	1.000	1.000	1.000	1.000	1.000	1.000	1.000
0.60	1.685	1.359	1.237	1.178	1.134	1.099	1.071	1.046	1.026	1.007	1.000	1.000	1.000	1.000	1.000	1.000	1.000
0.70	1.741	1.404	1.262	1.199	1.153	1.117	1.087	1.061	1.040	1.020	1.012	1.003	1.000	1.000	1.000	1.000	1.000
0.80	1.790	1.444	1.284	1.219	1.171	1.132	1.101	1.075	1.052	1.032	1.023	1.015	1.006	1.000	1.000	1.000	1.000
0.90	1.835	1.480	1.305	1.237	1.187	1.147	1.115	1.087	1.064	1.043	1.034	1.025	1.016	1.008	1.001	1.000	1.000
1.00	1.876	1.513	1.334	1.253	1.201	1.161	1.127	1.099	1.074	1.053	1.043	1.034	1.026	1.017	1.009	1.002	1.000
>1.00	1.876	1.513	1.334	1.253	1.201	1.161	1.127	1.099	1.074	1.053	1.043	1.034	1.026	1.017	1.009	1.002	1.000

表 D.19 受内压接管拐角焊缝的 F_{ch}/g_2(容器内壁处 $\varphi=0$)

$\frac{a_{45}}{B_{45}}$	a/c																		
	0.20	0.30	0.40	0.50	0.60	0.70	0.80	0.90	1.00	1.10	1.20	1.30	1.40	1.50	1.60	1.70	1.80	1.90	2.00
0.00	0.469	0.544	0.602	0.655	0.709	0.768	0.836	0.917	1.011	1.016	1.019	1.022	1.025	1.027	1.029	1.031	1.032	1.034	1.035
0.05	0.510	0.593	0.657	0.715	0.774	0.838	0.912	0.997	1.097	1.102	1.105	1.109	1.111	1.114	1.116	1.117	1.119	1.120	1.122
0.10	0.525	0.609	0.676	0.736	0.795	0.860	0.934	1.019	1.117	1.121	1.125	1.127	1.130	1.132	1.134	1.135	1.137	1.138	1.139
0.15	0.542	0.628	0.695	0.756	0.817	0.882	0.955	1.039	1.135	1.138	1.141	1.143	1.145	1.147	1.148	1.150	1.151	1.152	1.153
0.20	0.562	0.649	0.718	0.779	0.840	0.905	0.977	1.059	1.154	1.155	1.156	1.158	1.159	1.160	1.161	1.162	1.163	1.164	1.165
0.25	0.587	0.675	0.743	0.805	0.865	0.930	1.001	1.082	1.174	1.173	1.173	1.173	1.173	1.174	1.175	1.175	1.176	1.176	1.177
0.30	0.617	0.704	0.773	0.834	0.894	0.958	1.028	1.106	1.196	1.192	1.190	1.189	1.189	1.188	1.188	1.188	1.188	1.188	1.188
0.35	0.651	0.738	0.806	0.867	0.926	0.989	1.057	1.134	1.220	1.213	1.209	1.207	1.205	1.203	1.202	1.202	1.201	1.201	1.201
0.40	0.690	0.776	0.843	0.903	0.962	1.023	1.089	1.163	1.246	1.236	1.230	1.225	1.222	1.219	1.218	1.216	1.215	1.214	1.213
0.45	0.733	0.818	0.884	0.943	1.000	1.060	1.124	1.196	1.275	1.262	1.252	1.245	1.240	1.237	1.234	1.231	1.229	1.228	1.226
0.50	0.781	0.864	0.929	0.986	1.042	1.100	1.162	1.230	1.307	1.289	1.276	1.267	1.260	1.255	1.251	1.247	1.245	1.242	1.240
0.55	0.833	0.914	0.977	1.032	1.087	1.142	1.202	1.268	1.340	1.318	1.302	1.290	1.281	1.274	1.269	1.264	1.261	1.258	1.255
0.60	0.890	0.967	1.028	1.082	1.134	1.188	1.245	1.307	1.376	1.349	1.329	1.315	1.304	1.295	1.288	1.283	1.278	1.274	1.270
0.65	0.950	1.023	1.082	1.134	1.184	1.236	1.290	1.349	1.414	1.381	1.358	1.341	1.327	1.317	1.308	1.302	1.296	1.291	1.287
0.70	1.013	1.082	1.138	1.188	1.236	1.285	1.337	1.393	1.453	1.416	1.388	1.368	1.352	1.340	1.330	1.322	1.315	1.309	1.304
0.75	1.080	1.143	1.196	1.243	1.289	1.336	1.386	1.438	1.495	1.452	1.420	1.396	1.378	1.364	1.352	1.343	1.335	1.328	1.322
0.80	1.149	1.205	1.255	1.300	1.344	1.388	1.435	1.485	1.537	1.489	1.453	1.426	1.406	1.389	1.376	1.365	1.355	1.347	1.340

表 D.20 受内压接管拐角焊缝的 g_2（容器内壁处 $\varphi=0$）

c/R_{in}	0.10	0.20	0.30	0.40	0.50	0.60	0.70	0.80	0.90	1.00	1.10	1.20	1.30	1.40	1.50	1.60	1.70	1.80	1.90	2.00
g_2	2.519	2.215	2.001	1.846	1.730	1.641	1.570	1.513	1.466	1.426	1.393	1.364	1.339	1.318	1.298	1.281	1.266	1.252	1.240	1.228
c/R_{in}	2.10	2.20	2.30	2.40	2.50	2.60	2.70	2.80	2.90	3.00	3.10	3.20	3.30	3.40	3.50	3.60	3.70	3.80	3.90	4.00
g_2	1.218	1.208	1.199	1.191	1.184	1.177	1.170	1.164	1.158	1.153	1.148	1.143	1.139	1.135	1.131	1.127	1.123	1.120	1.117	1.114
c/R_{in}	4.10	4.20	4.30	4.40	4.50	4.60	4.70	4.80	4.90	5.00	5.10	5.20	5.30	5.40	5.50	5.60	5.70	5.80	5.90	6.00
g_2	1.111	1.108	1.105	1.103	1.100	1.098	1.096	1.094	1.092	1.090	1.088	1.086	1.084	1.083	1.081	1.079	1.078	1.076	1.075	1.074

表 D.21 受内压接管拐角焊缝的 F_{ch}/g_2（容器内壁处 $\varphi=\pi/2$）

$\frac{a_{45}}{B_{45}}$	a/c																		
	0.20	0.30	0.40	0.50	0.60	0.70	0.80	0.90	1.00	1.10	1.20	1.30	1.40	1.50	1.60	1.70	1.80	1.90	2.00
0.00	1.048	0.993	0.952	0.926	0.915	0.918	0.935	0.966	1.011	0.968	0.930	0.897	0.866	0.839	0.814	0.791	0.769	0.750	0.732
0.05	1.140	1.081	1.038	1.011	0.999	1.001	1.019	1.050	1.096	1.050	1.008	0.972	0.939	0.909	0.882	0.857	0.834	0.812	0.793
0.10	1.169	1.109	1.065	1.037	1.024	1.025	1.041	1.070	1.114	1.066	1.024	0.986	0.953	0.922	0.895	0.869	0.846	0.824	0.804
0.15	1.202	1.138	1.092	1.062	1.047	1.046	1.060	1.087	1.127	1.078	1.035	0.997	0.963	0.932	0.904	0.878	0.854	0.833	0.812
0.20	1.242	1.171	1.120	1.088	1.070	1.068	1.078	1.102	1.139	1.089	1.044	1.006	0.971	0.939	0.911	0.885	0.861	0.839	0.819
0.25	1.288	1.208	1.153	1.116	1.096	1.090	1.097	1.118	1.151	1.098	1.053	1.013	0.978	0.946	0.917	0.891	0.867	0.844	0.824
0.30	1.341	1.250	1.188	1.147	1.122	1.113	1.117	1.134	1.162	1.108	1.061	1.021	0.984	0.952	0.923	0.896	0.872	0.849	0.828
0.35	1.401	1.297	1.227	1.180	1.151	1.138	1.138	1.150	1.174	1.117	1.069	1.027	0.991	0.958	0.928	0.901	0.876	0.854	0.833
0.40	1.468	1.348	1.269	1.215	1.181	1.163	1.159	1.167	1.186	1.127	1.077	1.034	0.996	0.963	0.933	0.906	0.881	0.858	0.837
0.45	1.541	1.403	1.313	1.253	1.213	1.190	1.181	1.184	1.198	1.136	1.085	1.041	1.002	0.968	0.938	0.910	0.885	0.861	0.840
0.50	1.618	1.461	1.360	1.292	1.246	1.218	1.203	1.201	1.210	1.146	1.092	1.047	1.008	0.973	0.942	0.914	0.888	0.865	0.843
0.55	1.700	1.522	1.409	1.332	1.280	1.246	1.226	1.219	1.222	1.155	1.100	1.053	1.013	0.978	0.946	0.918	0.892	0.868	0.847
0.60	1.785	1.584	1.458	1.373	1.314	1.274	1.249	1.237	1.234	1.164	1.107	1.060	1.018	0.982	0.950	0.922	0.895	0.872	0.850
0.65	1.872	1.647	1.508	1.413	1.347	1.302	1.272	1.254	1.246	1.174	1.115	1.066	1.023	0.987	0.954	0.925	0.899	0.875	0.853
0.70	1.961	1.709	1.557	1.453	1.380	1.329	1.293	1.270	1.257	1.182	1.122	1.071	1.028	0.991	0.958	0.929	0.902	0.878	0.855
0.75	2.048	1.770	1.604	1.491	1.412	1.355	1.314	1.286	1.268	1.190	1.128	1.077	1.033	0.995	0.962	0.932	0.905	0.880	0.858
0.80	2.134	1.827	1.648	1.527	1.441	1.379	1.333	1.300	1.277	1.198	1.134	1.082	1.037	0.999	0.965	0.935	0.908	0.883	0.860

表 D.22 受内压接管拐角焊缝的 g_2（容器内壁处 $\varphi=\pi/2$）

c/R_{in}	0.10	0.20	0.30	0.40	0.50	0.60	0.70	0.80	0.90	1.00	1.10	1.20	1.30	1.40	1.50	1.60	1.70	1.80	1.90	2.00
g_2	2.850	2.738	2.636	2.544	2.460	2.383	2.313	2.249	2.190	2.135	2.085	2.038	1.995	1.955	1.918	1.883	1.851	1.820	1.792	1.765
c/R_{in}	2.10	2.20	2.30	2.40	2.50	2.60	2.70	2.80	2.90	3.00	3.10	3.20	3.30	3.40	3.50	3.60	3.70	3.80	3.90	4.00
g_2	1.740	1.717	1.695	1.674	1.654	1.635	1.618	1.601	1.585	1.570	1.555	1.542	1.529	1.516	1.504	1.493	1.482	1.471	1.461	1.452
c/R_{in}	4.10	4.20	4.30	4.40	4.50	4.60	4.70	4.80	4.90	5.00	5.10	5.20	5.30	5.40	5.50	5.60	5.70	5.80	5.90	6.00
g_2	1.442	1.434	1.425	1.417	1.409	1.401	1.394	1.387	1.380	1.373	1.367	1.361	1.355	1.349	1.343	1.338	1.332	1.327	1.322	1.318

附　录　E
(规范性附录)
缺陷间的干涉效应系数

E.1　总则

E.1.1　压力容器在局部范围同时存在多个缺陷时,在缺陷安全评定中应考虑缺陷间的干涉效应。本附录给出了线弹性干涉效应系数 M 和弹塑性干涉效应系数 G 的确定方法。

E.1.2　本附录的干涉效应系数确定方法仅适用于共面缺陷。

E.2　线弹性干涉效应系数 *M* 的估算方法

线弹性干涉效应系数 M 按式(E.1)估算:

$$M = 1 + 0.053\frac{s_0}{s} \qquad \cdots\cdots(E.1)$$

式中:s 和 s_0 按 5.3 的规定确定。

E.3　弹塑性干涉效应系数 *G* 的估算方法

E.3.1　应力应变关系符合 Ramberg—Osgood(ROR)关系的材料,G 按式(E.2)估算:

$$G = \begin{cases} M & (0 \leqslant L_r \leqslant L_1) \\ M + A_1(0.076n - 0.19)(L_r - L_1) & (L_1 < L_r \leqslant 1.0) \\ G_1 & (1.0 < L_r < L_r^{max}) \end{cases} \qquad \cdots\cdots(E.2)$$

式中:

n ——材料硬化指数;

L_r——两个裂纹中较大裂纹的 L_r 值,按第 5 章和附录 C 确定;

$L_1 = 0.24 + 0.04(n-5)$;

$A_1 = 0.016n - 0.056 + 1.024\left(\frac{s_0}{s}\right) - 0.048\left(\frac{s_0}{s}\right)^2$;

$G_1 = M + A_1(0.076n - 0.190)(1 - L_1)$。

式(E.2)对 $5 \leqslant n \leqslant 12$ 有效,但对 $n < 5$ 的材料可保守地取 $n = 5$ 进行计算。

不同 n 下的 L_1 列于表 E.1。不同 s/s_0 和 n 下的 M 和 G_1 值列于表 E.2。

E.3.2　屈服应变平台长度小于 0.02 的短屈服平台材料,G 按式(E.3)估算:

$$G = \begin{cases} M & (0 \leqslant L_r \leqslant L_2) \\ M + 0.1(L_r - L_2) & (L_2 < L_r \leqslant L_3) \\ G_2 + B_1(L_r - L_3) & (L_3 < L_r \leqslant 0.90) \\ G_3 + B_2(L_r - 0.90) & (0.90 < L_r \leqslant 1.00) \\ G_4 - B_3(L_r - 1.00) & (1.00 < L_r \leqslant 1.05) \\ G_5 & (1.05 < L_r \leqslant L_r^{max}) \end{cases} \qquad \cdots\cdots(E.3)$$

式中:L_r 取两个裂纹中较大裂纹的 L_r 值,按第 5 章和附录 C 确定;其他参数计算公式如下:

$L_2=0.30+0.50\lg(s/s_0)$；

$L_3=0.63+0.31\lg(s/s_0)$；

$B_1=1.22+0.60\lg(s/s_0)$；

$B_2=6.97-4.50\lg(s/s_0)$；

$B_3=18.2-12.5\lg(s/s_0)$；

$G_2=M+0.1(L_3-L_2)$；

$G_3=G_2+B_1(0.90-L_3)$；

$G_4=G_3+0.1B_2$；

$G_5=G_4-0.05B_3$。

不同 s/s_0 下的 L_2、L_3、M、G_2、G_3、G_4、G_5 值列于表 E.3。

E.3.3 屈服应变平台长度大于 0.02 及理想弹塑性材料，当 $L_r\leqslant 0.95$ 时，G 值可按式(E.2)估算。

表 E.1 ROR 关系材料裂纹干涉效应系数计算中不同 n 下的 L_1 值

n	5.0	5.5	6.0	6.5	7.0	7.5	8.0	8.5	9.0	9.5	10.0
L_1	0.24	0.26	0.28	0.30	0.32	0.34	0.36	0.38	0.40	0.42	0.44

表 E.2 ROR 关系材料裂纹干涉效应系数计算中不同 s/s_0 和 n 下的 M 和 G_1 值

s/s_0	M	n										
		5.0	5.5	6.0	6.5	7.0	7.5	8.0	8.5	9.0	9.5	10.0
		G_1										
1.0	1.053	1.197	1.223	1.247	1.270	1.293	1.313	1.333	1.351	1.368	1.383	1.397
1.2	1.044	1.166	1.187	1.208	1.228	1.247	1.265	1.282	1.298	1.313	1.326	1.339
1.4	1.038	1.143	1.162	1.180	1.198	1.215	1.231	1.246	1.260	1.273	1.285	1.296
1.6	1.033	1.126	1.143	1.159	1.175	1.190	1.204	1.218	1.231	1.243	1.254	1.264
1.8	1.029	1.112	1.128	1.143	1.157	1.171	1.184	1.196	1.208	1.219	1.230	1.239
2.0	1.027	1.102	1.116	1.129	1.143	1.155	1.167	1.179	1.190	1.200	1.210	1.219
2.2	1.024	1.093	1.106	1.118	1.131	1.143	1.154	1.165	1.175	1.185	1.194	1.202
2.4	1.022	1.085	1.098	1.109	1.121	1.132	1.143	1.153	1.162	1.172	1.180	1.188
2.6	1.020	1.079	1.091	1.102	1.112	1.123	1.133	1.143	1.152	1.161	1.169	1.177
2.8	1.019	1.074	1.084	1.095	1.105	1.115	1.125	1.134	1.143	1.151	1.159	1.166
3.0	1.018	1.069	1.079	1.089	1.099	1.108	1.117	1.126	1.135	1.143	1.150	1.158
3.2	1.017	1.065	1.075	1.084	1.093	1.102	1.111	1.120	1.128	1.136	1.143	1.150
3.4	1.016	1.061	1.071	1.080	1.089	1.097	1.106	1.114	1.122	1.129	1.136	1.143
3.6	1.015	1.058	1.067	1.076	1.084	1.093	1.101	1.109	1.116	1.124	1.130	1.137
3.8	1.014	1.055	1.064	1.072	1.080	1.088	1.096	1.104	1.111	1.118	1.125	1.132
4.0	1.013	1.053	1.061	1.069	1.077	1.085	1.092	1.100	1.107	1.114	1.120	1.127
4.2	1.013	1.050	1.058	1.066	1.074	1.081	1.089	1.096	1.103	1.110	1.116	1.122
4.4	1.012	1.048	1.056	1.063	1.071	1.078	1.085	1.092	1.099	1.106	1.112	1.118
4.6	1.012	1.046	1.054	1.061	1.068	1.075	1.082	1.089	1.096	1.102	1.109	1.115
4.8	1.011	1.045	1.052	1.059	1.066	1.073	1.080	1.086	1.093	1.099	1.105	1.111
5.0	1.011	1.043	1.050	1.057	1.063	1.070	1.077	1.084	1.090	1.096	1.102	1.108

表 E.3 短屈服平台材料干涉效应系数计算中诸函数与 s/s_0 的关系的对照表

s/s_0	L_2	L_3	M	G_2	G_3	G_4	G_5
1.0	0.300	0.630	1.053	1.086	1.415	2.112	1.202
1.2	0.340	0.655	1.044	1.076	1.387	2.048	1.188
1.4	0.373	0.675	1.038	1.068	1.362	1.993	1.174
1.6	0.402	0.693	1.033	1.062	1.340	1.945	1.162
1.8	0.428	0.709	1.029	1.058	1.320	1.902	1.151
2.0	0.451	0.723	1.027	1.054	1.301	1.863	1.141
2.2	0.471	0.736	1.024	1.051	1.284	1.827	1.131
2.4	0.490	0.748	1.022	1.048	1.268	1.794	1.122
2.6	0.507	0.759	1.020	1.046	1.253	1.763	1.113
2.8	0.524	0.769	1.019	1.043	1.239	1.735	1.104
3.0	0.539	0.778	1.018	1.042	1.226	1.708	1.096
3.2	0.553	0.787	1.017	1.040	1.213	1.682	1.088
3.4	0.566	0.795	1.016	1.038	1.200	1.658	1.080
3.6	0.578	0.802	1.015	1.037	1.189	1.635	1.073
3.8	0.590	0.810	1.014	1.036	1.117	1.614	1.066
4.0	0.601	0.817	1.013	1.035	1.167	1.593	1.059
4.2	0.612	0.823	1.013	1.034	1.156	1.573	1.052
4.4	0.622	0.829	1.012	1.033	1.146	1.554	1.046
4.6	0.631	0.835	1.012	1.032	1.136	1.535	1.039
4.8	0.641	0.841	1.011	1.031	1.127	1.517	1.033
5.0	0.649	0.847	1.011	1.030	1.118	1.500	1.027

附 录 F
（资料性附录）
平面缺陷的分析评定方法

F.1 特殊和附加的主要符号

下列符号适用于本附录。

A ——长表面裂纹形状因子的修正系数；
A_0 ——半椭圆环向表面裂纹形状因子的修正系数；
$A_1 \sim A_5$——环向表面裂纹极限载荷的影响系数；
a ——表面裂纹深度，mm；
a_0 ——表面裂纹原始深度，mm；
a_e ——考虑塑性区修正的表面裂纹深度，mm；
B ——容器壁厚，mm；
B_R ——表面裂纹塑性区修正的影响因子；
c ——表面裂纹半长，mm；
c_0 ——表面裂纹原始半长，mm；
F ——表面裂纹的形状因子；
F_e ——考虑塑性区修正的表面裂纹形状因子；
G_0 ——均匀残余应力的等效因子；
G_i ——非均匀残余应力时的等效因子；
H ——J 积分全塑性解；
H_1 ——长屈服平台材料应力应变曲线分两段进行 ROR 关系拟合时，相应 α_1、n_1 的 EPRI 全塑性解；
H_2 ——长屈服平台材料应力应变曲线分两段进行 ROR 关系拟合时，相应 α_2、n_2 的 EPRI 全塑性解；
J_e ——考虑塑性区修正的弹性 J 积分值，N/mm；
J_p ——全塑性 J 积分值，N/mm；
m ——等效残余应力的等效因子计算参数；
n_1 ——长屈服平台材料应力应变曲线分两段进行 ROR 关系拟合时，第一段的应变硬化指数；
n_2 ——长屈服平台材料应力应变曲线分两段进行 ROR 关系拟合时，第二段的应变硬化指数；
n_L ——结构塑性失稳破坏模式的安全系数；
n_{ins} ——裂纹延性撕裂失稳破坏模式的安全系数；

P ——轴向拉伸荷载,N;

P_o ——表面裂纹的参考轴向拉伸荷载,N;

P_c ——长屈服平台材料应力应变曲线分两段进行ROR关系拟合时,联接点处的荷载值,N;

P_L ——结构塑性极限载荷,轴向拉力,N;

P_f ——延性撕裂失稳载荷,轴向拉力,N;

$[P]$ ——许用载荷,轴向拉力,N;

$[P_f]$ ——裂纹撕裂失稳破坏模式的许用载荷,轴向拉力,N;

$[P_L]$ ——结构塑性失稳破坏模式的许用载荷,轴向拉力,N;

p_f ——延性撕裂失稳载荷,内压,MPa;

p_L ——结构塑性极限载荷,内压,MPa;

$[p]$ ——许用载荷,内压,MPa;

$[p_f]$ ——裂纹撕裂失稳破坏模式的许用载荷,内压,MPa;

$[p_L]$ ——结构塑性失稳破坏模式的许用载荷,内压,MPa;

Z ——残余应力分布曲线的厚度坐标值,mm;

α ——ROR材料应力应变关系曲线的应变应变硬化系数;

α_1 ——长屈服平台材料应力应变曲线分两段进行ROR关系拟合时,第一段的应变硬化系数;

α_2 ——长屈服平台材料应力应变曲线分两段进行ROR关系拟合时,第二段的应变硬化系数;

α_0 ——容器轴向表面裂纹形状因子的修正系数;

α_e ——考虑塑性区修正的轴向表面裂纹形状因子的修正系数;

α_L ——环向表面裂纹塑性极限载荷的塑性极限角,rad;

α_i ——残余应力等效因子的计算参数;

Δa ——裂纹扩展量,mm;

Δa_f ——裂纹由稳定扩展至失稳扩展的临界裂纹扩展量,mm;

σ_c ——材料应力应变关系分两段拟合时,交点处应力,MPa;

σ_f ——裂纹延性撕裂失稳应力,MPa;

σ_R ——容器的实际残余应力值,MPa;

σ_R^e ——容器的等效残余应力值,MPa;

$\sigma_{(i)}$ ——残余应力分布曲线应力系数,MPa;

θ ——环向裂纹半角,rad;

ξ ——环向表面裂纹极限载荷计算公式中,容器厚度与外半径之比,$\xi=B/R_o$。

F.2 评定方法

平面缺陷的分析评定方法在于确定当裂纹起裂后,在裂纹发生延性稳定扩展至失稳临界尺寸过程中,构件所能承受的许用载荷,并对结构的安全性进行评价。

F.3 适用范围

平面缺陷的分析评定方法适用于 ROR 关系材料及具有较长屈服平台材料的容器内表面的环向裂纹、整圈环向裂纹、轴向裂纹及超长轴向裂纹等。

F.4 评定程序

平面缺陷的分析评定按下列步骤进行:

a) 裂纹构形及材料断裂性能的确定;

b) 裂纹延性撕裂失稳载荷(应力)的确定;

c) 构件塑性极限载荷(应力)的确定;

d) 安全系数的选取及许用载荷的确定;

e) 含裂纹结构安全性的评价。

F.5 分析评定所需基本数据的确定

分析评定时所需确定的裂纹构形尺寸和材料性能等基本数据如下:

a) 容器壁厚、表面裂纹原始深度、裂纹原始半长(B、a_0、c_0)。

b) 容器内、外半径(R_i、R_o)。

c) ROR 关系材料的应变硬化系数和指数(α、n)。

d) 对具有较长屈服平台材料应力应变曲线,分两段进行 ROR 关系拟合得到的应变硬化系数和指数(α_1、α_2、n_1、n_2),两段拟合曲线交点处应力(σ_C)。

e) 材料屈服强度、抗拉强度、弹性模量、泊松比(σ_s、σ_b、E、ν)。

f) 材料的 J_R阻力曲线数据(参照可靠的标准试验方法进行测试。如果采用单试样(柔度)法测定时,可以从三个单试样试验所获得的最低曲线中得到评定数据。如果采用多试样法,至少应有四个有效试样的数据,并且要从下包络曲线或回归曲线减去一个标准偏差的下分散带来获得数据)。

g) 焊接残余应力。对于轴向表面裂纹,如确认沿筒体壁厚分布有环向残余应力,则应在评定前,通过实验或其他可靠方法确定残余应力 σ_R,并将残余应力沿壁厚方向的分布函数用式(F.1)的形式表示:

$$\sigma_R=\sigma_{(0)}+\sigma_{(1)}\frac{Z}{B}+\sigma_{(2)}\left(\frac{Z}{B}\right)^2+\sigma_{(3)}\left(\frac{Z}{B}\right)^3 \quad (\text{在内壁},Z=0) \cdots\cdots\cdots\cdots(\text{F.1})$$

F.6 安全系数的选取

安全系数按以下规定选取:

a) 对于裂纹撕裂失稳的破坏模式,安全系数 n_{ins}取 1.5~2.2,具体数值可根据评定要求、失效后果以及评定经验综合确定。

b) 对于结构塑性失稳的破坏模式,安全系数 n_L按下述原则选取:失效后果一般的取 1.3;

失效后果严重的取 1.5。

F.7 裂纹延性撕裂失稳载荷的确定

F.7.1 计算步骤

计算步骤如下：

a) 给定一系列裂纹扩展量 $\Delta a(i)(i=1,2,\cdots,n)$。

注：$\Delta a(i)$由评定计算者根据经验给定，数据间距越小计算精度越高。

b) 在材料 J_R阻力曲线上确定一系列与 $\Delta a(i)$相对应的材料撕裂断裂韧度 $J_R[\Delta a(i)]$ $(i=1,2,\cdots,n)$。

c) 由式(F.2)解出平衡应力 $\sigma(i)(i=1,2,\cdots,n)$：

$$J(a_0+\Delta a(i),\sigma(i))=\Delta J_R[\Delta a(i)] \quad \cdots\cdots(\text{F.2})$$

方程左端项为被评定结构含深为 $a_0+\Delta a(i)$、半长为 c_0的裂纹在外载应力 $\sigma(i)$作用下的 J 积分，计算公式由式(F.28)给出，式(F.39)、式(F.40)给出考虑残余应力时的 J 积分计算公式。式(F.2)是以 $\sigma(i)$为单一未知数的非线性方程，需迭代求解，验敛误差应不大于 2%。

d) 在由 n 对离散点$[\sigma(i),\Delta a(i)]$描述的 $\sigma\sim\Delta a$ 曲线上，确定$\frac{\partial\sigma}{\partial\Delta a}=0$ 处的 σ 和 Δa；也可用$(\sigma(i),\Delta a(i))$数据系列中的最大 $\sigma(i)$所对应的位置近似作为 $\sigma\sim\Delta a$ 曲线上$\frac{\partial\sigma}{\partial\Delta a}=0$ 的位置。

e) 上步中确定的 σ 即为裂纹撕裂失稳应力 σ_f，相应的载荷即为延性撕裂失稳载荷 P_f或 p_f，Δa 即为裂纹由稳定扩展至失稳扩展的临界裂纹扩展量 Δa_f。

F.7.2 含裂纹构件的弹塑性 J 积分

F.7.2.1 含裂纹结构 J 积分计算公式

含裂纹构件的弹塑性 J 积分等于弹性 J 积分 J_e与全塑性 J 积分 J_p之和，即：

$$J=J_e+J_p \quad \cdots\cdots(\text{F.3})$$

本附录给出四种典型裂纹构形的 J 积分表达式。计算全塑性 J 积分 J_p时需要的全塑性解系数 H_1由式(F.44)给出。

F.7.2.2 容器内表面环向裂纹 J 积分表达式

$$J_e=\frac{\sigma_s^2 a}{E}\left[\pi(1-v^2)\cdot F_e^2\cdot\left(\frac{B}{a}\right)\cdot\left(\frac{\sigma}{\sigma_s}\right)^2\right] \quad \cdots\cdots(\text{F.4})$$

$$\frac{a_e}{B}=\frac{a}{B}+\frac{n-1}{6(n+1)}\cdot F^2\cdot\left(\frac{\sigma}{\sigma_s}\right)^2\Big/\left[1+B_R\left(\frac{\sigma}{\sigma_s}\right)^2\right] \quad \cdots\cdots(\text{F.5})$$

$$\begin{cases} F=0.25+0.529\,8\cdot\left(\frac{a}{BA_0}\right)+0.383\,5\cdot\left(\frac{a}{BA_0}\right)^2 & \left(当\frac{a}{BA_0}\geqslant 0.25 时\right) \\ F=3.72\cdot\left(\frac{a}{BA_0}\right)-13.475\cdot\left(\frac{a}{BA_0}\right)^2+19.988\cdot\left(\frac{a}{BA_0}\right)^3 & \left(当\frac{a}{BA_0}<0.25 时\right) \end{cases}$$

$$\cdots\cdots(\text{F.6})$$

$$A_0=(0.25+a/c)^{0.58} \quad \cdots\cdots(\text{F.7})$$

$$B_R=\left\{(R_o^2-R_i^2)/\left[R_o^2-(R_i+a)^2+\left(1-\frac{c}{4R_i}\right)(2R_ia+a^2)\right]\right\}^2 \quad \cdots\cdots(\text{F.8})$$

$$\sigma=P/[\pi(R_o^2-R_i^2)] \quad \cdots\cdots(\text{F.9})$$

$$\begin{cases} J_p=\dfrac{\sigma_s^2 a}{E}\left[\alpha_1\left(\dfrac{B}{a}\right)\cdot H_1\cdot\left(\dfrac{\sigma}{\sigma_s}\right)^{n_1+1}\right] & (\text{当}\ \sigma\leqslant\sigma_c\ \text{时}) \\ J_p=\dfrac{\sigma_s^2 a}{E}\left[\alpha_1\left(\dfrac{B}{a}\right)\cdot H_1\cdot\left(\dfrac{\sigma_c}{\sigma_s}\right)^{n_1+1}+\alpha_2\left(\dfrac{B}{a}\right)\cdot H_2\cdot\left\{\left(\dfrac{\sigma}{\sigma_s}\right)^{n_2+1}-\left(\dfrac{\sigma_c}{\sigma_s}\right)^{n_2+1}\right\}\right] & (\text{当}\ \sigma>\sigma_c\ \text{时}) \end{cases}$$

$$\cdots\cdots(\text{F.10})$$

F.7.2.3 容器内表面全周长环向裂纹 J 积分表达式

$$J_e=\frac{\sigma_s^2 a}{E}\left[\pi(1-\nu^2)\cdot F_e^2\cdot\left(\frac{a_e}{a}\right)\cdot\left(\frac{\sigma}{\sigma_s}\right)^2\right] \quad \cdots\cdots(\text{F.11})$$

$$\frac{a_e}{a}=1+\frac{n-1}{6(n+1)}\cdot F^2\cdot\left(\frac{\sigma}{\sigma_s}\right)^2\Big/\left[1+\left(\frac{P}{P_o}\right)^2\right] \quad \cdots\cdots(\text{F.12})$$

$$F=1.1+A\left[1.948\cdot\left(\frac{a}{B}\right)^{1.5}+0.334\,2\cdot\left(\frac{a}{B}\right)^{4.2}\right] \quad \cdots\cdots(\text{F.13})$$

$$\begin{cases} A=[0.125\cdot(R_i/B)-0.25]^{0.25}(\text{当}\ 5\leqslant(R_i/B)\leqslant 10\ \text{时}) \\ A=[0.4\cdot(R_i/B)-3.0]^{0.25}(\text{当}\ 10\leqslant(R_i/B)\leqslant 20\ \text{时}) \end{cases}$$

$$\cdots\cdots(\text{F.14})$$

$$\frac{P}{P_o}=\frac{\sqrt{3}}{2}\cdot\frac{R_o^2-R_i^2}{R_o^2-(R_i+a)^2}\cdot\left(\frac{\sigma}{\sigma_s}\right) \quad \cdots\cdots(\text{F.15})$$

$$\sigma=P/[\pi(R_o^2-R_i^2)] \quad \cdots\cdots(\text{F.16})$$

$$\begin{cases} J_p=\dfrac{\sigma_s^2 a}{E}\left[\alpha_1\left(\dfrac{B}{a}\right)\cdot\left(1-\dfrac{a}{B}\right)^2\cdot H_1\cdot\left(\dfrac{P}{P_o}\right)^{n_1+1}\right] \quad (\text{当}\ \sigma\leqslant\sigma_c\ \text{时}) \\ J_p=\dfrac{\sigma_s^2 a}{E}\left\{\alpha_1\left(\dfrac{B}{a}\right)\cdot\left(1-\dfrac{a}{B}\right)^2\cdot H_1\cdot\left(\dfrac{P_c}{P_o}\right)^{n_1+1}+\alpha_2\left(\dfrac{B}{a}\right)\cdot\right. \\ \left.\qquad\left(1-\dfrac{a}{B}\right)^2\cdot H_2\cdot\left[\left(\dfrac{P}{P_o}\right)^{n_2+1}-\left(\dfrac{P_c}{P_o}\right)^{n_2+1}\right]\right\} \quad (\text{当}\ \sigma>\sigma_c\ \text{时}) \end{cases}$$

$$\cdots\cdots(\text{F.17})$$

$$\frac{P_c}{P_o}=\frac{\sqrt{3}}{2}\cdot\frac{R_o^2-R_i^2}{R_o^2-(R_i+a)^2}\cdot\left(\frac{\sigma_c}{\sigma_s}\right) \quad \cdots\cdots(\text{F.18})$$

F.7.2.4 容器内表面轴向裂纹 J 积分表达式

$$J_e=\frac{\sigma_s^2 a}{E}\left[\pi(1-\nu^2)\cdot F_e^2\cdot\left(\frac{B}{a}\right)\cdot\left(\frac{\sigma}{\sigma_s}\right)^2\right] \quad \cdots\cdots(\text{F.19})$$

$$F_e=0.25+0.475\,9\alpha_e+0.126\,2\alpha_e^2 \quad \cdots\cdots(\text{F.20})$$

$$\alpha_e=\left[\frac{a}{B}+\frac{n-1}{6(n+1)}\cdot\frac{F^2\cdot(\sigma/\sigma_s)^2}{1+B_R\cdot(\sigma/\sigma_s)^2}\right]/(a/c)^{0.58} \quad\cdots\cdots\cdots\cdots(\text{F.21})$$

$$F=0.25+0.475\ 9\alpha_0+0.126\ 2\alpha_0^2 \quad\cdots\cdots\cdots\cdots(\text{F.22})$$

$$\alpha_0=\left(\frac{a}{B}\right)/\left(\frac{a}{c}\right)^{0.58} \quad\cdots\cdots\cdots\cdots(\text{F.23})$$

$$B_R=1.045\ 3\left\{\left[1-\frac{a}{B}/\left(1+0.153\ 3\frac{c^2}{B^2}\right)^{0.5}\right]/\left(1-\frac{a}{B}\right)\right\} \quad\cdots\cdots\cdots\cdots(\text{F.24})$$

$$\sigma=p\cdot\frac{R_o^2+R_i^2}{R_o^2-R_i^2} \quad\cdots\cdots\cdots\cdots(\text{F.25})$$

$$\begin{cases}J_p=\dfrac{\sigma_s^2a}{E}\left[\alpha_1\cdot\left(\dfrac{B}{a}\right)\cdot H_1\cdot\left(\dfrac{\sigma}{\sigma_s}\right)^{n_1+1}\right] & (\text{当}\ \sigma\leqslant\sigma_c\ \text{时})\\ J_p=\dfrac{\sigma_s^2a}{E}\left\{\alpha_1\cdot\left(\dfrac{B}{a}\right)\cdot H_1\cdot\left(\dfrac{\sigma_c}{\sigma_s}\right)^{n_1+1}+\alpha_2\cdot\left(\dfrac{B}{a}\right)\cdot H_2\cdot\left[\left(\dfrac{\sigma}{\sigma_s}\right)^{n_2+1}-\left(\dfrac{\sigma_c}{\sigma_s}\right)^{n_2+1}\right]\right\} & (\text{当}\ \sigma>\sigma_c\ \text{时})\end{cases}$$

$$\cdots\cdots\cdots\cdots(\text{F.26})$$

F.7.2.5 容器内表面长轴向裂纹 J 积分表达式

$$J_e=\frac{\sigma_s^2a}{E}\left[\pi(1-\nu^2)\cdot F_e^2\cdot\left(\frac{a_e}{a}\right)\cdot\left(\frac{\sigma}{\sigma_s}\right)^2\right] \quad\cdots\cdots\cdots\cdots(\text{F.27})$$

$$\frac{a_e}{a}=1+\frac{n-1}{6(n+1)}\cdot\frac{F^2\cdot(\sigma/\sigma_s)^2}{1+B_R(\sigma/\sigma_s)^2} \quad\cdots\cdots\cdots\cdots(\text{F.28})$$

$$F=1.1+A\left\{4.951\cdot\left(\frac{a}{B}\right)^2+1.092\cdot\left(\frac{a}{B}\right)^4\right\} \quad\cdots\cdots\cdots\cdots(\text{F.29})$$

$$\begin{cases}A=[0.125\cdot(R_i/B)-0.25]^{0.25}(\text{当}\ 5\leqslant(R_i/B)\leqslant 10\ \text{时})\\ A=[0.2\cdot(R_i/B)-1.0]^{0.25}(\text{当}\ 10\leqslant(R_i/B)\leqslant 20\ \text{时})\end{cases} \quad\cdots\cdots\cdots\cdots(\text{F.30})$$

$$B_R=\frac{3}{16}[(1-R_i^2/R_o^2)(R_i+a)/(B-a)]^2 \quad\cdots\cdots\cdots\cdots(\text{F.31})$$

$$\sigma=2pR_o^2/(R_o^2-R_i^2) \quad\cdots\cdots\cdots\cdots(\text{F.32})$$

$$\begin{cases}J_p=\dfrac{\sigma_s^2a}{E}\left[\alpha_1\left(\dfrac{B}{a}\right)\cdot H_1\cdot\left(\dfrac{\sigma}{\sigma_s}\right)^{n_1+1}\right] & (\text{当}\ \sigma\leqslant\sigma_c\ \text{时})\\ J_p=\dfrac{\sigma_s^2a}{E}\left\{\alpha_1\left(\dfrac{B}{a}\right)\cdot H_1\cdot\left(\dfrac{\sigma_c}{\sigma_s}\right)^{n_1+1}+\alpha_2\cdot\left(\dfrac{B}{a}\right)\cdot H_2\cdot\left[\left(\dfrac{\sigma}{\sigma_s}\right)^{n_2+1}-\left(\dfrac{\sigma_c}{\sigma_s}\right)^{n_2+1}\right]\right\} & (\text{当}\ \sigma>\sigma_c\ \text{时})\end{cases}$$

$$\cdots\cdots\cdots\cdots(\text{F.33})$$

F.8 构件塑性极限载荷的确定

F.8.1 计算裂纹扩展至临界尺寸时含裂纹构件的塑性极限载荷 P_L 或 p_L。本附录给出四种裂纹构形的塑性极限载荷表达式,应以 a_0+a_f 作为裂纹深度 a 代入公式计算。

F.8.2 容器内表面环向裂纹的塑性极限载荷如下:

$$P_L = 2\pi RB\bar{\sigma}\left[\frac{2\alpha_L}{\pi} - \left(\frac{a}{B}\right)\left(\frac{\theta}{\pi}\right)\cdot\left(2-2\xi+\frac{a}{B}\xi\right)/(2-\xi)\right] \qquad \text{(F.34)}$$

$$\alpha_L = \arccos(A_1\sin\theta) \qquad \text{(F.35)}$$

$$A_1 = \frac{a}{B}\left[(1-\xi)\left(2-2\xi+\frac{a}{B}\xi\right)+\left(1-\xi+\frac{a}{B}\xi\right)^2\right]/[1+(2-\xi)(1-\xi)]/2 \qquad \text{(F.36)}$$

$$\theta = \frac{\pi c}{4R_i} \qquad \text{(F.37)}$$

$$\xi = B/R_o \qquad \text{(F.38)}$$

F.8.3 容器内表面全周长环向裂纹的塑性极限载荷如下：

$$P_L = \left(\frac{2\pi}{\sqrt{3}}\right)\bar{\sigma}[R_o^2-(R_i+a)^2] \qquad \text{(F.39)}$$

$$\bar{\sigma} = \frac{1}{2}(\sigma_s+\sigma_b) \qquad \text{(F.40)}$$

F.8.4 容器内表面轴向裂纹的塑性极限载荷如下：

$$p_L = \bar{\sigma}\left[\left(\frac{B}{R_o}\right)\left(1-\frac{a}{B}\right)/\left(1-\frac{a}{B}/M_g\right)\right] \qquad \text{(F.41)}$$

$$M_g = [1+1.61c^2/(RB)]^{0.5} \qquad \text{(F.42)}$$

F.8.5 容器内表面长轴向裂纹的塑性极限载荷如下：

$$p_L = \left(\frac{2}{\sqrt{3}}\right)\bar{\sigma}\left(\frac{B}{R_i}\right)\left\{\left(1-\frac{a}{B}\right)/\left[1+\frac{a}{B}/(R_i/B)\right]\right\} \qquad \text{(F.43)}$$

F.9 残余应力 σ_R 在延性断裂评定中的考虑

在 J 积分计算中，只需考虑残余应力对线弹性部分 J_e 中的附加影响：

$$J = \frac{\sigma_s^2 a}{E}\left[\pi(1-\nu^2)\cdot F_e^2\cdot\left(\frac{B}{a}\right)\cdot\left(\frac{\sigma+\sigma_R^e}{\sigma_s}\right)^2+\alpha\left(\frac{B}{a}\right)\cdot H\cdot\left(\frac{\sigma}{\sigma_s}\right)^{n+1}\right] \qquad \text{(F.44)}$$

式中，等效残余应力 σ_R^e 由实际残余应力 σ_R 分布曲线[式(F.1)]根据“应力强度因子相等”原则换算。

$$K_1 = \sqrt{\pi B}\sum_0^3\sigma_{(i)}G_i \qquad \text{(F.45)}$$

等效的均匀残余应力 σ_R^e 产生的应力强度因子为：

$$K_1 = \sqrt{\pi B}\cdot\sigma_R^e\cdot G_0 \qquad \text{(F.46)}$$

$$\sigma_R^e = \left(\sum_0^3\sigma_{(i)}G_i\right)/G_0 \qquad \text{(F.47)}$$

$$G_i = (A_1\alpha_i+A_2\alpha_i^2+A_3\alpha_i^3+A_4\alpha_i^4+A_5\alpha_i^5)/\left(0.102\frac{R_i}{B}-0.02\right)^{0.05} \qquad \text{(F.48)}$$

$$\alpha_i = \left(\frac{a}{B}\right) / \left(\frac{a}{c}\right)^m \qquad \cdots\cdots (F.49)$$

式(F.48)、式(F.49)中的系数 A_1～A_5及 m 的取值见表 F.1。

表 F.1　计算等效残余应力时各系数的取值

G_i	A_1	A_2	A_3	A_4	A_5	m
G_0	1.776 7	−2.597 5	2.752 0	−1.323 7	0.236 3	0.58
G_1	0.104 5	0.418 9	0	0	0	0.22
G_2	0.020 4	−0.004 0	0.421 3	0	0	0.10
G_3	0.072 8	−0.360 1	0.668 8	0	0	0.05

F.10　许用载荷的确定

裂纹撕裂失稳破坏模式下的许用载荷为：

$$[P_f] = \frac{P_f}{n_{ins}} \text{ 或 } [p_f] = \frac{p_f}{n_{ins}} \qquad \cdots\cdots (F.50)$$

结构塑性失稳破坏模式下的许用载荷为：

$$[P_L] = \frac{P_L}{n_L} \text{ 或 } [p_L] = \frac{p_f}{n_L} \qquad \cdots\cdots (F.51)$$

结构的许用载荷为：

$$[P] = \min\{[P_f],[P_L]\} \text{ 或 } [p] = \min\{[p_f],[p_L]\} \qquad \cdots\cdots (F.52)$$

F.11　安全性评价

如果工作载荷小于许用载荷，则认为该缺陷是安全或可接受的；否则，不能保证安全或不可接受。

F.12　各种裂纹构形的 J 积分全塑性解

F.12.1　容器内表面有限长环向裂纹全塑性解 $H(R_i/B=10)$

容器内表面有限长环向裂纹全塑性解 $H(R_i/B=10)$按表 F.2 确定。

表 F.2　容器内表面有限长环向裂纹全塑性解 $H(R_i/B=10)$ 的取值

a/B	$\theta/\pi\ (n=1)$						
	0.05	0.10	0.15	0.20	0.25	0.30	0.35
0.100	0.373	0.377	0.380	0.383	0.386	0.388	0.389
0.125	0.466	0.471	0.481	0.488	0.492	0.495	0.498
0.150	0.560	0.572	0.585	0.596	0.603	0.608	0.611
0.200	0.746	0.772	0.799	0.822	0.838	0.848	0.856
0.250	0.933	0.995	1.057	1.101	1.130	1.150	1.165
0.300	1.119	1.239	1.362	1.436	1.485	1.520	1.546
0.350	1.306	1.530	1.717	1.832	1.909	1.965	2.007
0.400	1.492	1.854	2.122	2.291	2.407	2.492	2.557
0.450	1.679	2.211	2.580	2.818	2.985	3.108	3.202
0.500	1.866	2.600	3.090	3.415	3.646	3.817	3.950
0.550	2.052	3.021	3.655	4.085	4.394	4.627	4.808
0.600	2.239	3.473	4.274	4.829	5.234	5.542	5.784
0.650	2.471	3.955	4.949	5.650	6.169	6.568	6.883
0.700	2.715	4.467	5.678	6.550	7.202	7.708	8.112
0.750	2.966	5.009	6.463	7.529	8.337	8.969	9.476
0.800	3.223	5.580	7.303	8.588	9.575	10.354	10.983
a/B	$\theta/\pi\ (n=1)$						
	0.40	0.45	0.50	0.55	0.60	0.65	0.70
0.100	0.391	0.393	0.394	0.394	0.394	0.394	0.394
0.125	0.500	0.502	0.504	0.504	0.505	0.505	0.506
0.150	0.614	0.616	0.617	0.619	0.620	0.621	0.622
0.200	0.862	0.867	0.870	0.874	0.876	0.879	0.881
0.250	1.176	1.186	1.193	1.199	1.205	1.209	1.213
0.300	1.566	1.583	1.596	1.607	1.616	1.624	1.631
0.350	2.040	2.067	2.089	2.107	2.122	2.136	2.147
0.400	2.608	2.649	2.682	2.711	2.735	2.755	2.774
0.450	3.276	3.337	3.387	3.429	3.465	3.496	3.523
0.500	4.056	4.142	4.214	4.274	4.326	4.370	4.409
0.550	4.954	5.073	5.172	5.256	5.328	5.391	5.446
0.600	5.979	6.139	6.273	6.387	6.485	6.570	6.645
0.650	7.138	7.350	7.527	7.678	7.808	7.922	8.021
0.700	8.440	8.713	8.943	9.140	9.309	9.458	9.588
0.750	9.892	10.239	10.532	10.783	11.001	11.191	11.350
0.800	11.501	11.934	12.303	12.619	12.894	13.135	13.348

表 F.2（续）

a/B	θ/π (n=2)						
	0.05	0.10	0.15	0.20	0.25	0.30	0.35
0.100	0.376	0.386	0.444	0.456	0.490	0.501	0.510
0.125	0.473	0.485	0.550	0.565	0.577	0.621	0.654
0.150	0.574	0.595	0.665	0.705	0.725	0.753	0.781
0.200	0.787	0.840	0.920	1.006	1.053	1.082	1.095
0.250	0.987	1.095	1.240	1.380	1.450	1.465	1.495
0.300	1.196	1.410	1.614	1.820	1.895	2.000	2.040
0.350	1.435	1.832	2.160	2.378	2.710	2.720	2.730
0.400	1.681	2.322	2.954	3.250	3.505	3.567	3.563
0.450	1.919	2.843	3.665	3.945	4.420	4.572	4.730
0.500	2.181	3.479	4.682	5.385	5.779	6.120	6.150
0.550	2.430	4.135	5.768	6.852	7.478	7.692	8.110
0.600	2.638	4.710	6.944	8.408	9.306	9.860	10.250
0.650	2.882	5.270	7.949	10.194	11.488	12.586	13.100
0.700	3.149	5.894	9.244	12.414	14.447	15.637	17.000
0.750	3.542	6.955	11.533	15.948	19.577	22.489	24.791
0.800	3.980	8.200	14.690	21.104	27.066	32.987	38.199
a/B	θ/π (n=2)						
	0.40	0.45	0.50	0.55	0.60	0.65	0.70
0.100	0.513	0.512	0.510	0.510	0.505	0.493	0.481
0.125	0.658	0.655	0.653	0.651	0.649	0.645	0.633
0.150	0.781	0.780	0.779	0.777	0.775	0.759	0.743
0.200	1.089	1.080	1.072	1.076	1.073	1.067	1.050
0.250	1.495	1.495	1.492	1.490	1.488	1.485	1.379
0.300	2.040	1.998	1.945	1.940	1.900	1.840	1.800
0.350	2.730	2.700	2.680	2.660	2.640	2.620	2.590
0.400	3.560	3.560	3.558	3.556	3.554	3.551	3.546
0.450	4.720	4.710	4.700	4.680	4.660	4.640	4.620
0.500	6.140	6.120	6.100	6.090	6.080	6.070	6.065
0.550	8.100	8.100	8.090	8.080	8.080	8.070	8.060
0.600	10.490	10.490	10.480	10.470	10.460	10.450	10.440
0.650	13.455	13.460	13.610	13.750	13.937	14.083	14.188
0.700	18.150	18.150	18.120	18.100	18.080	18.060	18.040
0.750	26.955	27.937	28.919	29.960	30.332	30.489	30.368
0.800	41.337	42.933	43.828	45.754	46.255	46.369	45.877

表 F.2(续)

a/B	θ/π (n=5)						
	0.05	0.10	0.15	0.20	0.25	0.30	0.35
0.100	0.404	0.438	0.488	0.532	0.566	0.588	0.584
0.125	0.505	0.549	0.654	0.708	0.740	0.775	0.764
0.150	0.617	0.682	0.810	0.910	0.940	0.976	0.946
0.200	0.842	0.951	1.155	1.370	1.488	1.550	1.258
0.250	1.079	1.290	1.590	1.920	2.200	2.410	2.056
0.300	1.336	1.720	2.284	2.767	3.350	3.380	3.184
0.350	1.681	2.410	3.410	4.140	4.790	4.900	4.813
0.400	2.038	3.210	4.983	6.090	7.250	7.585	7.689
0.450	2.415	4.150	6.692	8.454	9.980	10.572	10.835
0.500	2.780	5.150	8.624	11.318	13.347	14.481	15.021
0.550	3.173	6.320	10.973	15.040	17.331	18.672	18.991
0.600	3.446	7.220	13.016	18.382	21.341	23.548	25.252
0.650	3.855	8.385	15.164	21.288	26.262	29.944	32.630
0.700	4.272	9.590	17.803	26.942	35.817	40.120	47.572
0.750	4.680	10.800	20.760	33.771	45.377	55.325	61.093
0.800	5.092	12.050	27.214	45.447	63.942	92.010	123.42
a/B	θ/π (n=5)						
	0.40	0.45	0.50	0.55	0.60	0.65	0.70
0.100	0.580	0.576	0.570	0.569	0.568	0.564	0.559
0.125	0.752	0.723	0.703	0.705	0.699	0.700	0.693
0.150	0.923	0.901	0.871	0.877	0.874	0.878	0.809
0.200	1.251	1.208	1.167	1.180	1.191	1.200	1.209
0.250	1.977	1.896	1.820	1.851	1.879	1.900	1.919
0.300	3.078	2.943	2.807	2.872	2.929	2.979	3.023
0.350	4.880	4.771	4.665	4.788	5.017	5.049	5.068
0.400	7.575	7.296	7.035	7.260	7.455	7.626	7.777
0.450	10.841	10.510	10.370	10.821	11.225	11.654	11.863
0.500	15.406	15.329	15.103	16.273	17.248	17.945	18.510
0.550	19.773	19.832	19.594	21.435	22.932	24.061	25.122
0.600	26.025	26.944	24.495	30.745	33.685	36.280	38.502
0.650	35.470	36.570	37.588	42.747	47.957	51.955	57.190
0.700	51.278	57.918	60.911	70.669	80.656	90.835	99.868
0.750	71.198	81.073	89.904	109.40	131.05	151.77	177.07
0.800	152.564	182.68	211.65	272.98	338.76	414.65	494.48

表 F.2（续）

a/B	θ/π (n=10)						
	0.05	0.10	0.15	0.20	0.25	0.30	0.35
0.100	0.430	0.549	0.599	0.613	0.617	0.612	0.608
0.125	0.580	0.755	0.875	0.915	0.919	0.909	0.899
0.150	0.730	0.960	1.133	1.200	1.240	1.262	1.262
0.200	0.954	1.400	1.715	1.875	1.911	1.915	1.894
0.250	1.206	2.010	2.525	2.920	3.140	3.160	3.141
0.300	1.480	2.840	4.014	4.826	5.120	5.210	5.231
0.350	2.100	4.150	5.800	7.350	8.550	9.200	9.400
0.400	2.900	5.700	8.588	11.000	13.341	15.100	16.150
0.450	4.445	8.650	12.955	17.055	20.909	24.520	27.640
0.500	6.720	13.570	20.400	27.200	34.352	41.550	48.150
0.550	7.329	14.800	23.100	34.007	46.000	58.050	72.100
0.600	8.040	16.240	27.050	41.950	59.937	78.336	103.476
0.650	9.181	20.852	34.732	53.864	76.959	99.227	142.173
0.700	10.660	27.592	45.960	71.275	101.890	131.395	178.462
0.750	12.430	35.720	59.836	92.050	126.000	162.170	230.736
0.800	15.230	45.271	86.057	135.996	183.140	208.219	340.498

a/B	θ/π (n=10)						
	0.40	0.45	0.50	0.55	0.60	0.65	0.70
0.100	0.604	0.600	0.597	0.593	0.589	0.585	0.581
0.125	0.889	0.879	0.869	0.859	0.849	0.839	0.829
0.150	1.248	1.229	1.209	1.186	1.170	1.151	1.131
0.200	1.872	1.851	1.830	1.808	1.787	1.766	1.744
0.250	3.122	3.103	3.083	3.064	3.045	3.026	3.007
0.300	5.252	5.274	5.296	5.317	5.339	5.360	5.381
0.350	9.670	9.820	10.050	10.140	10.280	10.420	10.560
0.400	17.180	18.100	19.100	19.850	20.480	21.120	22.050
0.450	30.400	33.760	36.850	39.550	42.070	44.800	47.150
0.500	55.950	63.600	71.110	78.390	85.660	92.940	100.25
0.550	89.040	101.10	118.50	132.60	150.50	170.20	189.90
0.600	133.47	172.43	240.60	262.00	339.40	402.00	480.20
0.650	182.20	258.30	357.00	490.20	670.00	889.00	1150.0
0.700	244.56	334.29	474.63	768.72	1181.8	1851.8	2854.7
0.750	348.47	546.32	878.52	1741.8	3218.7	4980.8	6552.2
0.800	568.38	970.86	1 724.2	3624.7	6 988.8	1 1407.3	18 691.3

F.12.2 容器内表面全周长环向裂纹全塑性解 $H(R_i/B=10)$

容器内表面全周长环向裂纹全塑性解 $H(R_i/B=10)$按表 F.3 确定。

表 F.3 容器内表面全周长环向裂纹全塑性解 $H(R_i/B=10)$的取值

a/B	$n=1$	$n=2$	$n=3$	$n=5$	$n=7$	$n=10$	$n=20$
0.00	0.000	0.000	0.000	0.000	0.000	0.000	0.000
0.05	0.241	0.270	0.308	0.400	0.500	0.690	1.300
0.10	0.519	0.586	0.696	0.879	1.039	1.280	2.000
0.15	0.854	0.900	1.200	1.350	1.800	1.900	2.400
0.20	1.262	1.300	1.520	1.820	2.000	2.200	2.600
0.25	1.764	1.783	2.030	2.310	2.433	2.470	2.650
0.30	2.380	2.450	2.800	2.840	2.770	2.640	2.690
0.35	3.133	3.200	3.500	3.390	3.000	2.830	2.720
0.40	4.053	3.950	4.240	3.880	3.220	3.000	2.780
0.45	5.170	4.840	5.000	4.300	3.400	3.100	2.790
0.50	6.522	5.900	5.630	4.510	3.490	3.250	2.790
0.55	8.153	6.900	6.190	4.600	3.640	3.300	2.800
0.60	10.114	8.000	6.650	4.680	3.750	3.210	2.800
0.65	12.464	9.100	7.090	4.700	3.800	3.220	2.800
0.70	15.277	10.230	7.400	4.750	3.880	3.220	2.800
0.75	18.635	11.500	7.680	4.790	3.920	3.250	2.800
0.80	22.640	12.700	7.860	4.800	3.970	3.300	2.820

F.12.3 容器内表面超长轴向裂纹全塑性解 $H(R_i/B=10)$

容器内表面超长轴向裂纹全塑性解 $H(R_i/B=10)$按表 F.4 确定。

表 F.4 容器内表面超长轴向裂纹全塑性解 $H(R_i/B=10)$的取值

a/B	$n=1$	$n=2$	$n=3$	$n=5$	$n=7$	$n=10$	$n=20$
0.000	0.000	0.000	0.000	0.000	0.000	0.000	0.000
0.050	0.233	0.320	0.425	0.535	0.714	1.764	1.288
0.100	0.498	0.684	0.861	1.144	1.798	3.800	3.034
0.125	0.653	0.897	1.225	1.590	2.517	5.021	4.236
0.150	0.830	1.140	1.616	2.250	3.427	6.324	5.618
0.200	1.273	1.748	2.715	4.000	5.820	10.178	9.045
0.250	1.882	2.584	4.135	6.000	8.990	14.521	13.760
0.300	2.731	3.750	6.000	9.125	12.920	21.035	25.000
0.325	3.323	4.625	7.250	11.281	15.730	25.513	34.000
0.350	3.914	5.500	8.500	13.636	18.800	31.213	54.000
0.375	4.735	6.750	10.250	16.612	22.920	38.542	87.000
0.400	5.555	8.000	12.000	20.000	28.090	48.856	135.00
0.425	6.686	9.500	14.250	25.000	34.830	65.000	185.00
0.450	7.817	11.000	16.500	30.000	41.778	97.284	265.00
0.475	9.360	13.000	20.179	36.575	50.000	150.00	—
0.500	10.903	15.000	23.858	43.150	68.500	240.16	—

表 F.4（续）

a/B	$n=1$	$n=2$	$n=3$	$n=5$	$n=7$	$n=10$	$n=20$
0.525	12.990	18.000	27.500	50.000	100.00	400.00	—
0.550	15.077	21.000	32.000	61.707	147.70	650.00	—
0.575	17.872	24.500	37.000	75.000	200.00	1075.0	—
0.600	20.667	28.500	43.000	93.499	300.07	2000.0	—
0.625	24.376	32.500	50.000	120.00	450.00	3900.0	—
0.650	28.085	39.000	58.000	151.92	658.33	6750.0	—
0.700	37.840	51.500	80.000	269.61	1 635.8	—	—
0.750	50.563	68.042	113.77	538.23	4 813.9	—	—
0.800	67.022	89.000	175.00	1 270.60	18 171.0	—	—

F.12.4 容器内表面有限长轴向裂纹全塑性解 $H(R_i/B=10)$

容器内表面有限长轴向裂纹全塑性解 $H(R_i/B=10)$按表 F.5 确定。

表 F.5 容器内表面有限长轴向裂纹全塑性解 $H(R_i/B=10)$的取值

a/B	$a/2c$ ($n=2$)					
	1/3	1/4	1/6	1/10	1/20	1/40
0.100	0.341	0.383	0.431	0.476	0.534	0.592
0.125	0.410	0.462	0.524	0.636	0.686	0.774
0.150	0.478	0.610	0.621	0.785	0.859	0.981
0.200	0.617	0.754	0.869	1.121	1.297	1.501
0.250	0.772	1.012	1.178	1.495	1.902	2.218
0.300	0.955	1.210	1.542	2.053	2.750	3.219
0.325	1.092	1.420	1.809	2.505	3.387	3.970
0.350	1.206	1.590	2.090	2.954	4.025	4.722
0.375	1.379	1.774	2.502	3.600	4.938	5.797
0.400	1.527	2.007	2.901	4.243	5.850	6.872
0.425	1.732	2.282	3.379	5.015	6.947	8.163
0.450	1.848	2.538	3.848	5.785	8.044	9.454
0.475	1.992	2.805	4.481	6.816	9.507	11.176
0.500	2.165	3.171	5.104	7.845	10.972	12.899
0.525	2.382	3.537	6.056	9.396	13.170	15.483
0.550	2.598	3.841	6.997	10.945	15.371	18.069
0.575	2.858	4.268	8.093	12.755	17.939	21.087
0.600	2.900	4.695	9.345	14.825	20.877	24.538
0.625	3.378	5.244	10.588	16.896	23.818	27.990
0.650	3.724	5.854	12.634	20.267	28.595	33.599
0.700	4.504	7.439	16.535	26.759	37.799	44.396
0.750	5.803	9.939	21.705	35.369	49.995	58.694
0.800	7.622	13.537	28.262	46.304	65.469	76.821

表 F.5(续)

a/B	a/2c (n=3)					
	1/3	1/4	1/6	1/10	1/20	1/40
0.100	0.425	0.439	0.505	0.552	0.627	0.714
0.125	0.563	0.671	0.673	0.748	0.841	1.048
0.150	0.632	0.696	0.783	1.047	1.178	1.381
0.200	0.866	0.950	1.118	1.393	1.847	2.226
0.250	1.039	1.195	1.491	2.000	2.784	3.387
0.300	1.208	1.585	1.949	2.793	4.018	4.915
0.325	1.318	1.768	2.256	3.327	4.848	5.940
0.350	1.516	1.951	2.546	3.857	5.678	6.965
0.375	1.689	2.134	2.970	4.608	6.842	8.402
0.400	1.819	2.439	3.377	5.354	8.007	9.839
0.425	1.992	2.683	3.908	6.319	9.507	11.688
0.450	2.165	3.000	4.425	7.280	11.009	13.538
0.475	2.339	3.293	5.306	8.867	13.466	16.563
0.500	2.598	3.574	6.167	10.449	15.926	19.590
0.525	2.772	3.953	7.003	12.013	18.363	22.589
0.550	3.031	4.634	8.043	13.951	21.378	26.296
0.575	3.378	5.244	9.194	16.106	24.731	30.417
0.600	3.638	6.000	10.579	18.697	28.758	35.365
0.625	4.071	6.890	12.196	21.723	33.459	41.139
0.650	4.504	8.049	14.043	25.187	38.838	47.741
0.700	5.717	10.610	19.140	34.733	53.643	65.905
0.750	7.276	14.268	26.986	49.425	76.401	93.809
0.800	9.276	19.144	41.257	76.110	117.694	144.413
a/B	a/2c (n=5)					
	1/3	1/4	1/6	1/10	1/20	1/40
0.100	0.502	0.552	0.586	0.644	0.771	0.915
0.125	0.665	0.732	0.743	0.822	1.044	1.266
0.150	0.725	0.798	0.896	1.089	1.454	1.788
0.200	0.966	1.078	1.290	1.772	2.543	3.174
0.250	1.169	1.463	1.709	2.523	3.787	4.760
0.300	1.429	1.829	2.344	3.719	5.741	7.243
0.325	1.559	2.012	2.915	4.763	7.427	9.380
0.350	1.732	2.156	3.459	5.797	9.113	11.520
0.375	1.819	2.439	3.998	6.852	10.840	13.710
0.400	1.992	2.805	4.523	7.904	12.570	15.900
0.425	2.165	3.087	5.538	9.841	15.720	19.880
0.450	2.382	3.526	6.530	11.770	18.870	23.870
0.475	2.598	4.024	7.843	14.320	23.020	29.120
0.500	2.945	4.512	9.137	16.870	27.170	34.400
0.525	3.205	5.219	10.480	19.530	31.500	39.800
0.550	3.551	6.243	12.810	24.080	38.900	49.200
0.575	4.071	7.380	15.460	29.300	47.300	59.800
0.600	4.623	8.975	19.150	36.500	59.100	75.000
0.625	5.652	11.270	24.500	46.800	76.000	96.000
0.650	6.844	13.993	30.800	59.300	96.000	121.000
0.700	11.235	24.046	54.400	105.000	171.000	216.000
0.750	21.021	46.819	108.200	211.000	342.000	431.000
0.800	47.032	108.438	255.000	499.000	808.000	1018.000

表 F.5(续)

a/B	$a/2c$ ($n=7$)					
	1/3	1/4	1/6	1/10	1/20	1/40
0.100	0.856	0.925	0.954	1.028	1.218	1.440
0.125	1.010	1.106	1.169	1.322	1.662	2.008
0.150	1.126	1.296	1.414	1.686	2.227	2.728
0.200	1.386	1.672	2.050	2.620	3.720	4.626
0.250	1.602	2.039	2.653	3.842	5.704	7.145
0.300	1.906	2.406	3.440	5.352	8.172	10.272
0.325	2.079	2.691	4.023	6.446	9.942	12.510
0.350	2.237	2.980	4.648	7.640	11.879	14.960
0.375	2.449	3.391	5.505	9.254	14.481	18.240
0.400	2.714	3.907	6.584	11.283	17.750	22.370
0.425	3.065	4.584	7.996	13.936	22.020	27.750
0.450	3.551	5.233	9.424	16.670	26.420	33.300
0.475	4.071	6.734	12.485	22.360	35.550	44.800
0.500	5.197	9.051	17.238	31.220	49.730	62.700
0.525	6.458	11.125	21.710	39.700	63.400	79.800
0.550	8.958	15.927	31.780	58.590	93.700	118.000
0.575	11.448	20.975	42.720	79.300	126.900	159.800
0.600	16.288	30.703	63.690	119.000	190.600	240.000
0.625	23.267	45.047	95.000	178.500	286.000	360.000
0.650	32.556	64.636	138.400	261.300	419.000	527.000
0.700	74.827	155.500	341.900	650.000	1 043.000	1 310.000
0.750	206.387	446.337	1 002.600	1 918.000	3 074.000	3 860.000
0.800	738.377	1 653.025	3 779.000	7 257.000	11 625.000	14 585.000

附　录　G
（规范性附录）
压力管道直管段平面缺陷安全评定方法

G.1　总则

本附录给出了在内压、轴向拉力、弯矩为主的组合载荷作用下，含裂纹、未熔合、未焊透等平面缺陷的钢制压力管道直管段的安全评定方法。

G.2　符号

下列符号适用于本附录，未规定者按第3章的规定。

L_r^F　——起裂时载荷比；

M_B　——缺陷处管道横截面的弯矩，N·mm；

N　——缺陷处管道横截面的拉力，N；

n_p　——规定按载荷取的安全系数；

U　——U 因子，为塑性极限载荷与起裂断裂载荷之比；

θ　——缺陷周长包角为之半角，rad；

θ/π　——缺陷的无量纲长度，即周向缺陷长度与管周长之比；

$[\bar{\sigma}]$　——许可流变应力比，即周向缺陷管道塑性极限载荷应力$(\sigma_m+\sigma_B)_L$与材料流变应力$\bar{\sigma}$值之比；

k_1,k_2,k_3,k_4——计算起裂载荷比 L_r^F 时采用的方程系数。

G.3　轴向平面缺陷的评定

轴向平面缺陷，应按第5章或第6章的规定进行评定。

G.4　环向平面缺陷的评定

G.4.1　材料性能数据确定的特殊规定

材料性能数据确定的特殊规定如下：

a）　材料拉伸性能 σ_s 及 σ_b：对焊缝取母材与焊缝材料二者的较低值。

b）　评定用材料断裂韧度的下限值$(J_{IC})_{下限}$可取 $1.1KV_2$，对未焊透缺陷可取 $2.2KV_2$（由 KV_2 估算 J_{IC} 下限值时，J_{IC} 单位为 N/mm，KV_2 单位为 J），也可根据评定者过去使用该种材料的历史经验决定。

c）　在缺乏在用材料的 KV_2 数据的情况下，如评定者能判断该材料适用于压力管道，且在使用状况下无脆化倾向，使用温度不低于韧脆转变温度，则在评定计算时可取压力管道材料容许的最低值 $KV_2=27$J。

d）　在使用上述断裂韧度值进行评定不能获得保证安全的结论时，可通过实物取样实测 A_{KV} 值或断裂韧度值，重新评定。对在使用工况下无脆化倾向的20＃或奥氏体不锈钢管道及壁厚不大于 13 mm 的 16 Mn 管道的未焊透缺陷允许采用附录 H 进行评定。

e) 断裂韧度 J_{IC} 的测定:对大直径的厚壁管,可按本标准的有关规定进行;对小直径的薄壁管,在取样不能满足测试试件厚度要求时,可用该管材制备周向穿透裂纹的管段试件在四点弯曲加载下进行实测。

f) 评定计算用 K_C 值,可由 J_{IC} 值按式(G.1)进行估算:

$$K_C=\sqrt{EJ_{IC}/(1-\nu^2)} \quad \cdots\cdots(G.1)$$

G.4.2 *U* 因子评定法

G.4.2.1 应力的计算

根据管系应力分析确定缺陷处管道横截面的弯矩 M_B、拉力 N 和内压 p,按式(G.2)、式(G.3)计算评定所需的轴向膜应力 σ_m 及弯曲应力 σ_B:

$$\sigma_m=\frac{N+\pi R_i^2 p}{2\pi RB} \quad \cdots\cdots(G.2)$$

$$\sigma_B=\frac{M_B}{\pi R^2 B} \quad \cdots\cdots(G.3)$$

G.4.2.2 起裂时载荷比 L_r^F 的确定

计算 $\sigma_s\sqrt{B}/K_C$,并根据缺陷无量纲长度 θ/π 值和相对深度 a/B 值,按式(G.4)计算评定所需的起裂时载荷比 L_r^F:

$$L_r^F=k_1\exp(k_2\sigma_s\sqrt{B}/K_C)+k_3\exp(k_4\sigma_s\sqrt{B}/K_C) \quad \cdots\cdots(G.4)$$

其中,k_1,k_2,k_3,k_4 由查表获得。当 $\sigma_s\sqrt{B}/K_C\leqslant0.5$ 时,查表 G.1;当 $\sigma_s\sqrt{B}/K_C>0.5$ 时,查表 G.2。

G.4.2.3 *U* 因子值的计算

U 因子值按式(G.5)计算:

$$U=\frac{\sigma_s+\sigma_b}{2L_r^F\sigma_s} \quad \cdots\cdots(G.5)$$

当 $U<1$ 时,取 $U=1$。

G.4.2.4 许可流变应力比 $[\bar{\sigma}]$ 的确定

由缺陷尺寸 θ/π 值及 a/B 值,由表 G.3 查得 $[\bar{\sigma}]$。

G.4.3 安全性评价

如果式(G.6)所表述的判据成立,则评定结论为安全或可接受;否则,认为不能保证安全或不可接受。

$$(\sigma_m+\sigma_B)\leqslant\left(\frac{\sigma_s+\sigma_b}{2}\right)\frac{[\bar{\sigma}]}{Un_p} \quad \cdots\cdots(G.6)$$

表 G.1 评定方程系数表($\sigma_s\sqrt{B}/K_C\leqslant0.5$)

a/B	k_1	k_2	k_3	k_4	k_1	k_2	k_3	k_4	k_1	k_2	k_3	k_4
	θ/π=0.10				θ/π=0.15				θ/π=0.20			
0.10	1.585 8	−21.756	1.215 8	−0.555 8	1.587 2	−22.052	1.214 6	−0.559 3	1.588 6	−22.327	1.213 5	−0.562 5
0.15	1.600 2	−25.794	1.206 3	−0.635 5	1.600 2	−25.797	1.206 3	−0.635 3	1.600 2	−25.767	1.206 3	−0.634 5
0.20	1.609 8	−28.847	1.199 4	−0.697 7	1.607 9	−28.445	1.201 6	−0.695 1	1.605 8	−27.970	1.204 0	−0.691 3
0.25	1.618 4	−31.820	1.192 4	−0.756 4	1.616 1	−31.315	1.195 6	−0.755 0	1.613 3	−30.685	1.199 1	−0.751 7
0.30	1.624 8	−34.483	1.187 5	−0.813 1	1.622 2	−33.870	1.191 8	−0.813 8	1.618 9	−33.061	1.196 8	−0.811 5
0.35	1.631 4	−37.405	1.181 6	−0.871 5	1.627 0	−36.237	1.190 1	−0.874 6	1.620 8	−34.716	1.200 1	−0.873 2
0.40	1.637 0	−40.266	1.177 0	−0.931 4	1.631 1	−38.467	1.190 8	−0.939 5	1.620 8	−36.040	1.207 8	−0.942 1
0.45	1.641 5	−43.074	1.173 6	−0.993 8	1.635 8	−40.895	1.191 8	−1.009 4	1.622 3	−37.760	1.214 9	−1.018 8
0.50	1.645 5	−45.892	1.171 4	−1.059 9	1.640 5	−43.297	1.194 8	−1.085 6	1.622 6	−39.309	1.225 9	−1.105 2
0.55	1.649 9	−48.569	1.172 2	−1.131 8	1.644 6	−45.466	1.201 7	−1.170 2	1.619 4	−40.405	1.243 1	−1.204 6
0.60	1.655 7	−51.357	1.174 5	−1.209 8	1.649 1	−47.602	1.211 3	−1.264 0	1.611 8	−41.103	1.266 4	−1.318 7
0.65	1.662 9	−54.237	1.178 3	−1.294 3	1.656 8	−50.468	1.216 4	−1.357 0	1.618 8	−43.720	1.272 4	−1.416 3
0.70	1.671 2	−57.195	1.183 3	−1.385 0	1.665 8	−53.393	1.222 2	−1.454 4	1.626 0	−46.288	1.278 4	−1.514 1
a/B	θ/π=0.25				θ/π=0.30				θ/π=0.35			
0.10	1.590 3	−22.699	1.212 0	−0.566 8	1.592 0	−23.052	1.210 5	−0.570 8	1.589 9	−22.600	1.212 3	−0.565 3
0.15	1.601 4	−26.020	1.205 0	−0.636 5	1.602 6	−26.249	1.203 8	−0.638 1	1.600 3	−25.774	1.206 1	−0.633 9
0.20	1.606 0	−28.020	1.203 7	−0.691 5	1.606 2	−28.036	1.203 4	−0.691 0	1.603 9	−27.563	1.206 0	−0.687 8
0.25	1.611 4	−30.258	1.201 6	−0.749 4	1.609 2	−29.764	1.204 2	−0.746 0	1.605 6	−29.041	1.208 4	−0.742 5
0.30	1.614 1	−32.008	1.203 3	−0.808 3	1.608 2	−30.801	1.210 4	−0.802 9	1.602 4	−29.721	1.217 2	−0.799 2
0.35	1.614 5	−33.377	1.208 9	−0.871 2	1.606 5	−31.806	1.218 7	−0.866 2	1.598 6	−30.461	1.227 7	−0.863 6
0.40	1.612 0	−34.320	1.219 7	−0.942 4	1.600 2	−32.259	1.233 4	−0.938 6	1.588 9	−30.546	1.245 8	−0.937 7
0.45	1.608 9	−35.339	1.232 7	−1.023 2	1.589 4	−32.357	1.254 2	−1.023 2	1.574 6	−30.396	1.269 1	−1.023 3
0.50	1.601 6	−35.957	1.252 1	−1.117 3	1.567 9	−31.668	1.286 4	−1.127 0	1.547 4	−29.372	1.305 0	−1.128 3
0.55	1.596 5	−37.080	1.269 2	−1.217 2	1.5618	−32.866	1.302 4	−1.224 8	1.535 3	−30.037	1.325 3	−1.225 4
0.60	1.587 3	−37.852	1.291 0	−1.327 4	1.552 8	−33.784	1.321 2	−1.326 7	1.518 4	−30.297	1.349 4	−1.325 8
0.65	1.587 3	−39.588	1.302 4	−1.426 1	1.541 0	−34.389	1.340 9	−1.426 5	1.503 4	−30.570	1.370 0	−1.416 2
0.70	1.586 1	−41.115	1.314 3	−1.524 2	1.525 2	−34.568	1.363 0	−1.526 3	1.483 9	−30.393	1.392 7	−1.502 9
a/B	θ/π=0.40				θ/π=0.45				θ/π=0.50			
0.10	1.587 7	−22.130	1.214 1	−0.559 4	1.586 1	−21.780	1.215 5	−0.555 0	1.584 3	−21.416	1.216 8	−0.550 4
0.15	1.597 9	−25.271	1.208 5	−0.629 2	1.596 4	−24.989	1.210 0	−0.627 0	1.594 9	−24.691	1.211 5	−0.624 5
0.20	1.601 4	−27.052	1.208 7	−0.684 1	1.600 4	−26.894	1.209 8	−0.684 0	1.599 4	−26.717	1.210 9	−0.683 5
0.25	1.601 5	−28.247	1.212 9	−0.737 9	1.600 5	−28.088	1.214 2	−0.738 5	1.599 3	−27.901	1.215 6	−0.738 6
0.30	1.595 7	−28.516	1.224 6	−0.793 9	1.594 4	−28.347	1.226 1	−0.795 2	1.593 0	−28.138	1.227 8	−0.795 7

表 G.1(续)

a/B	k_1	k_2	k_3	k_4	k_1	k_2	k_3	k_4	k_1	k_2	k_3	k_4
	θ/π=0.40				θ/π=0.45				θ/π=0.50			
0.35	1.589 2	−28.936	1.237 6	−0.858 7	1.586 5	−28.568	1.240 6	−0.859 7	1.583 5	−28.140	1.243 8	−0.859 4
0.40	1.574 8	−28.574	1.259 8	−0.933 9	1.569 2	−27.898	1.265 2	−0.934 8	1.563 2	−27.137	1.271 0	−0.933 7
0.45	1.556 0	−28.120	1.286 1	−1.020 0	1.545 4	−26.963	1.295 9	−1.020 8	1.533 1	−25.648	1.306 4	−1.018 9
0.50	1.521 5	−26.695	1.326 8	−1.125 4	1.499 8	−24.767	1.345 1	−1.129 4	1.473 4	−22.552	1.366 4	−1.131 2
0.55	1.501 2	−26.724	1.353 0	−1.221 6	1.477 7	−24.676	1.371 8	−1.220 6	1.449 7	−22.346	1.393 2	−1.215 7
0.60	1.473 0	−26.208	1.385 0	−1.321 2	1.448 1	−24.035	1.403 3	−1.310 8	1.419 5	−21.605	1.423 6	−1.294 2
0.65	1.454 4	−26.147	1.406 4	−1.399 4	1.428 2	−23.700	1.424 2	−1.374 2	1.399 1	−21.005	1.443 0	−1.339 6
0.70	1.431 9	−25.654	1.429 5	−1.469 8	1.404 7	−22.924	1.446 2	−1.425 4	1.376 3	−19.953	1.462 0	−1.367 0
a/B	θ/π=0.55				θ/π=0.60				θ/π=0.65			
0.10	1.583 4	−21.219	1.217 5	−0.547 7	1.582 5	−21.018	1.218 2	−0.544 9	1.582 0	−20.917	1.218 5	−0.543 5
0.15	1.594 2	−24.555	1.212 1	−0.623 1	1.593 6	−24.420	1.212 7	−0.621 7	1.593 3	−24.356	1.213 0	−0.621 1
0.20	1.599 3	−26.695	1.211 0	−0.683 1	1.599 3	−26.672	1.211 0	−0.682 6	1.599 3	−26.672	1.211 0	−0.682 6
0.25	1.599 0	−27.826	1.215 8	−0.737 3	1.598 7	−27.752	1.216 0	−0.736 0	1.598 7	−27.742	1.216 1	−0.736 0
0.30	1.592 4	−27.996	1.228 2	−0.793 3	1.591 8	−27.854	1.228 6	−0.790 8	1.591 6	−27.829	1.228 8	−0.790 7
0.35	1.582 8	−27.950	1.244 1	−0.854 8	1.582 1	−27.760	1.244 3	−0.850 3	1.582 0	−27.745	1.244 4	−0.850 3
0.40	1.562 6	−26.905	1.270 7	−0.925 8	1.562 1	−26.672	1.270 5	−0.917 9	1.562 1	−26.672	1.270 5	−0.917 9
0.45	1.532 6	−25.309	1.305 4	−1.004 9	1.532 2	−24.970	1.304 4	−0.991 0	1.531 9	−24.904	1.304 6	−0.989 4
0.50	1.473 9	−22.116	1.363 7	−1.107 7	1.474 5	−21.682	1.360 9	−1.084 1	1.473 6	−21.525	1.361 2	−1.080 1
0.55	1.450 7	−21.742	1.389 1	−1.180 8	1.452 0	−21.138	1.384 6	−1.145 6	1.451 8	−20.917	1.383 8	−1.135 5
0.60	1.421 5	−20.827	1.417 5	−1.245 5	1.424 1	−20.047	1.410 7	−1.195 7	1.425 3	−19.762	1.408 0	−1.177 3
0.65	1.394 3	−19.583	1.441 2	−1.281 0	1.391 5	−18.165	1.437 0	−1.218 3	1.393 6	−17.673	1.432 2	−1.186 8
0.70	1.363 4	−17.767	1.464 8	−1.296 2	1.355 9	−15.539	1.461 0	−1.213 9	1.362 3	−14.818	1.450 5	−1.162 3
a/B	k_1	k_2	k_3	k_4								
	$\theta/\pi\geqslant$0.70											
0.10	1.581 6	−20.815	1.218 9	−0.542 1								
0.15	1.592 9	−24.292	1.213 3	−0.620 5								
0.20	1.599 3	−26.672	1.211 0	−0.682 6								
0.25	1.598 6	−27.732	1.216 1	−0.735 9								
0.30	1.591 5	−27.805	1.228 9	−0.790 6								
0.35	1.581 9	−27.729	1.244 5	−0.850 3								
0.40	1.562 1	−26.672	1.270 5	−0.917 9								
0.45	1.531 5	−24.837	1.304 7	−0.987 8								
0.50	1.472 7	−21.369	1.361 5	−1.076 1								
0.55	1.451 6	−20.697	1.382 9	−1.125 3								
0.60	1.426 5	−19.476	1.405 2	−1.158 6								
0.65	1.396 2	−17.182	1.426 9	−1.154 5								
0.70	1.370 9	−14.090	1.437 7	−1.107 2								

—

表 G.2　评定方程系数表($\sigma_s\sqrt{B}/K_C>0.5$)

a/B	k_1	k_2	k_3	k_4	k_1	k_2	k_3	k_4	k_1	k_2	k_3	k_4
	$\theta/\pi=0.10$				$\theta/\pi=0.15$				$\theta/\pi=0.20$			
0.10	0.922 0	−0.495 3	0.208 0	−0.066 8	0.918 8	−0.491 8	0.206 6	−0.066 2	0.915 7	−0.488 1	0.205 2	−0.065 5
0.15	0.924 4	−0.612 4	0.205 7	−0.082 0	0.924 1	−0.611 5	0.205 6	−0.081 9	0.923 8	−0.609 8	0.205 6	−0.081 7
0.20	0.936 9	−0.722 9	0.202 8	−0.094 1	0.941 3	−0.727 3	0.203 9	−0.094 6	0.945 8	−0.730 1	0.205 1	−0.094 9
0.25	0.949 8	−0.825 7	0.198 4	−0.103 8	0.956 2	−0.833 8	0.199 6	−0.104 6	0.962 7	−0.839 3	0.201 0	−0.105 1
0.30	0.965 8	−0.928 4	0.194 3	−0.112 5	0.974 5	−0.941 2	0.195 5	−0.113 5	0.983 4	−0.950 1	0.197 1	−0.114 3
0.35	0.979 0	−1.026 8	0.189 4	−0.120 0	0.994 6	−1.049 3	0.191 3	−0.121 7	1.011 4	−1.067 0	0.193 9	−0.123 1
0.40	0.992 7	−1.125 1	0.184 6	−0.126 9	1.015 5	−1.158 3	0.187 1	−0.129 3	1.041 8	−1.186 7	0.190 6	−0.131 3
0.45	1.005 7	−1.221 8	0.179 7	−0.133 3	1.032 5	−1.262 6	0.182 3	−0.136 0	1.064 3	−1.297 4	0.186 1	−0.138 3
0.50	1.018 0	−1.319 8	0.175 1	−0.139 5	1.047 2	−1.365 8	0.177 5	−0.142 3	1.083 4	−1.405 4	0.181 5	−0.144 7
0.55	1.028 9	−1.414 7	0.170 4	−0.145 1	1.058 8	−1.464 1	0.172 5	−0.148 0	1.097 2	−1.504 9	0.176 5	−0.150 2
0.60	1.035 9	−1.505 6	0.165 5	−0.150 2	1.063 6	−1.553 9	0.167 1	−0.152 9	1.101 6	−1.593 2	0.171 0	−0.155 0
0.65	1.036 6	−1.587 7	0.160 2	−0.154 6	1.055 7	−1.625 9	0.161 0	−0.156 7	1.083 9	−1.649 5	0.164 1	−0.157 9
0.70	1.030 9	−1.661 7	0.154 7	−0.158 5	1.041 1	−1.687 5	0.154 8	−0.159 8	1.061 5	−1.697 2	0.157 4	−0.160 3
a/B	$\theta/\pi=0.25$				$\theta/\pi=0.30$				$\theta/\pi=0.35$			
0.10	0.912 0	−0.484 2	0.203 5	−0.064 8	0.908 4	−0.480 2	0.201 8	−0.064 1	0.912 6	−0.483 4	0.203 7	−0.064 7
0.15	0.920 9	−0.606 5	0.204 6	−0.081 2	0.918 2	−0.602 7	0.203 8	−0.080 7	0.922 9	−0.606 9	0.205 3	−0.081 3
0.20	0.945 0	−0.728 9	0.205 0	−0.094 8	0.944 1	−0.726 7	0.204 9	−0.094 6	0.949 5	−0.732 0	0.206 2	−0.095 2
0.25	0.967 2	−0.843 3	0.202 0	−0.105 5	0.971 8	−0.845 8	0.203 0	−0.105 8	0.980 3	−0.854 2	0.204 7	−0.106 6
0.30	0.995 2	−0.961 7	0.199 1	−0.115 3	1.007 9	−0.971 7	0.201 5	−0.116 2	1.021 0	−0.984 5	0.203 7	−0.117 2
0.35	1.026 4	−1.081 7	0.196 2	−0.124 2	1.042 9	−1.094 3	0.199 0	−0.125 2	1.059 0	−1.109 3	0.201 3	−0.126 3
0.40	1.060 5	−1.204 7	0.193 2	−0.132 5	1.081 8	−1.220 3	0.196 4	−0.133 6	1.101 8	−1.237 9	0.199 2	−0.134 8
0.45	1.088 6	−1.320 2	0.189 2	−0.139 7	1.118 5	−1.342 3	0.193 5	−0.141 1	1.139 5	−1.357 9	0.196 4	−0.142 1
0.50	1.113 5	−1.432 4	0.185 2	−0.146 3	1.153 2	−1.461 1	0.190 3	−0.148 0	1.175 6	−1.473 4	0.193 5	−0.148 7
0.55	1.121 6	−1.521 7	0.179 6	−0.151 2	1.154 1	−1.536 7	0.184 2	−0.152 1	1.178 0	−1.545 2	0.187 9	−0.152 6
0.60	1.121 0	−1.599 3	0.173 9	−0.155 4	1.147 9	−1.600 8	0.178 3	−0.155 5	1.174 1	−1.604 2	0.182 6	−0.155 7
0.65	1.104 2	−1.650 9	0.167 4	−0.158 0	1.135 0	−1.649 2	0.172 6	−0.157 9	1.162 7	−1.645 3	0.177 6	−0.157 8
0.70	1.082 9	−1.692 6	0.161 2	−0.160 1	1.117 6	−1.685 9	0.167 2	−0.159 8	1.149 3	−1.676 5	0.173 1	−0.159 3
a/B	$\theta/\pi=0.40$				$\theta/\pi=0.45$				$\theta/\pi=0.50$			
0.10	0.916 9	−0.486 6	0.205 6	−0.065 3	0.920 5	−0.490 1	0.207 2	−0.066 0	0.924 3	−0.493 7	0.208 9	−0.066 6
0.15	0.928 0	−0.611 1	0.206 9	−0.081 9	0.931 5	−0.615 4	0.208 0	−0.082 5	0.935 1	−0.619 7	0.209 1	−0.083 1
0.20	0.955 1	−0.736 9	0.207 5	−0.095 7	0.958 0	−0.741 8	0.208 0	−0.096 2	0.961 0	−0.746 3	0.208 6	−0.096 7
0.25	0.989 4	−0.862 0	0.206 5	−0.107 3	0.992 8	−0.868 0	0.207 0	−0.107 8	0.996 1	−0.873 2	0.207 4	−0.108 3
0.30	1.035 5	−0.996 9	0.206 2	−0.118 2	1.039 2	−1.003 5	0.206 5	−0.118 7	1.043 0	−1.009 0	0.206 9	−0.119 1

表 G.2（续）

a/B	k_1	k_2	k_3	k_4	k_1	k_2	k_3	k_4	k_1	k_2	k_3	k_4
	$\theta/\pi=0.40$				$\theta/\pi=0.45$				$\theta/\pi=0.50$			
0.35	1.077 1	−1.124 0	0.204 2	−0.127 3	1.083 1	−1.131 9	0.204 8	−0.127 9	1.089 2	−1.138 3	0.205 6	−0.128 3
0.40	1.125 0	−1.255 4	0.202 5	−0.135 9	1.134 3	−1.264 9	0.203 6	−0.136 5	1.144 1	−1.272 8	0.205 0	−0.137 0
0.45	1.164 5	−1.373 5	0.200 1	−0.143 1	1.178 8	−1.384 7	0.202 0	−0.143 8	1.194 6	−1.394 0	0.204 1	−0.144 3
0.50	1.203 0	−1.485 3	0.197 6	−0.149 4	1.224 9	−1.499 0	0.200 3	−0.150 1	1.251 6	−1.514 0	0.203 9	−0.151 0
0.55	1.208 8	−1.553 5	0.192 8	−0.153 0	1.229 8	−1.560 4	0.196 0	−0.153 4	1.255 6	−1.567 3	0.200 0	−0.153 8
0.60	1.209 4	−1.608 4	0.188 4	−0.155 9	1.231 2	−1.608 5	0.192 2	−0.156 0	1.258 4	−1.608 1	0.197 0	−0.156 0
0.65	1.200 5	−1.641 4	0.184 2	−0.157 6	1.226 5	−1.634 8	0.189 1	−0.157 3	1.259 0	−1.627 5	0.195 3	−0.156 9
0.70	1.192 4	−1.666 1	0.181 0	−0.158 8	1.225 3	−1.653 9	0.187 4	−0.158 2	1.265 8	−1.639 9	0.195 4	−0.157 5
a/B	$\theta/\pi=0.55$				$\theta/\pi=0.60$				$\theta/\pi=0.65$			
0.10	0.926 3	−0.495 2	0.209 7	−0.066 9	0.928 3	−0.496 8	0.210 5	−0.067 2	0.929 4	−0.497 6	0.211 0	−0.067 3
0.15	0.936 5	−0.620 6	0.209 5	−0.083 2	0.937 8	−0.621 5	0.209 9	−0.083 3	0.938 5	−0.622 1	0.210 1	−0.083 4
0.20	0.960 9	−0.745 7	0.208 6	−0.096 6	0.960 9	−0.745 1	0.208 7	−0.096 6	0.960 9	−0.745 1	0.208 7	−0.096 6
0.25	0.996 2	−0.871 7	0.207 6	−0.108 2	0.996 3	−0.870 2	0.207 7	−0.108 0	0.996 4	−0.870 3	0.207 8	−0.108 1
0.30	1.043 3	−1.006 4	0.207 3	−0.119 0	1.043 6	−1.003 9	0.207 6	−0.118 8	1.044 0	−1.004 2	0.207 6	−0.118 8
0.35	1.089 1	−1.133 0	0.206 1	−0.128 0	1.089 0	−1.127 8	0.206 5	−0.127 6	1.089 2	−1.128 0	0.206 6	−0.127 6
0.40	1.143 7	−1.264 4	0.205 6	−0.136 5	1.143 2	−1.255 8	0.206 3	−0.136 0	1.143 2	−1.255 8	0.206 3	−0.136 0
0.45	1.195 3	−1.382 9	0.205 4	−0.143 7	1.195 6	−1.371 0	0.206 6	−0.143 0	1.196 0	−1.369 9	0.206 8	−0.143 0
0.50	1.255 3	−1.500 2	0.205 8	−0.150 2	1.258 9	−1.486 8	0.207 8	−0.149 5	1.260 6	−1.485 1	0.208 3	−0.149 4
0.55	1.263 2	−1.550 5	0.202 8	−0.152 9	1.270 2	−1.532 7	0.205 6	−0.152 0	1.272 7	−1.527 7	0.206 5	−0.151 7
0.60	1.271 7	−1.589 1	0.200 9	−0.155 0	1.283 8	−1.568 1	0.204 9	−0.153 9	1.288 0	−1.559 9	0.206 4	−0.153 5
0.65	1.282 8	−1.609 8	0.201 1	−0.156 1	1.306 4	−1.589 7	0.207 0	−0.155 0	1.315 1	−1.578 2	0.209 6	−0.154 4
0.70	1.302 0	−1.622 6	0.203 1	−0.156 7	1.340 8	−1.605 0	0.211 7	−0.155 9	1.356 1	−1.590 1	0.215 8	−0.155 1
a/B	$\theta/\pi\geqslant0.70$											
0.10	0.930 4	−0.498 5	0.211 4	−0.067 5								
0.15	0.939 2	−0.622 7	0.210 4	−0.083 5								
0.20	0.960 9	−0.745 1	0.208 7	−0.096 6								
0.25	0.996 5	−0.870 4	0.207 8	−0.108 1								
0.30	1.044 3	−1.004 5	0.207 7	−0.118 8								
0.35	1.089 4	−1.128 2	0.206 6	−0.127 7								
0.40	1.143 2	−1.255 8	0.206 3	−0.136 0								
0.45	1.196 5	−1.368 8	0.207 0	−0.142 9								
0.50	1.262 3	−1.483 5	0.208 8	−0.149 4								
0.55	1.275 1	−1.522 6	0.207 4	−0.151 4								
0.60	1.292 0	−1.551 4	0.207 9	−0.153 0								
0.65	1.323 4	−1.565 9	0.212 2	−0.153 8								
0.70	1.370 9	−1.574 2	0.220 0	−0.154 3								

表 G.3 许可流变应力比 $[\bar{\sigma}]$

a/B	θ/π							
	0.10	0.15	0.20	0.25	0.30	0.35	0.40	0.45
0.10	1.254	1.245	1.236	1.229	1.221	1.216	1.211	1.209
0.15	1.244	1.230	1.216	1.205	1.193	1.185	1.177	1.173
0.20	1.234	1.215	1.196	1.181	1.165	1.154	1.143	1.137
0.25	1.224	1.200	1.176	1.156	1.136	1.121	1.107	1.098
0.30	1.213	1.185	1.156	1.132	1.107	1.089	1.070	1.059
0.35	1.203	1.169	1.135	1.106	1.076	1.054	1.031	1.017
0.40	1.193	1.154	1.114	1.080	1.045	1.019	0.992	0.975
0.45	1.183	1.138	1.093	1.053	1.013	0.982	0.951	0.929
0.50	1.172	1.122	1.071	1.026	0.981	0.945	0.909	0.884
0.55	1.161	1.105	1.049	0.998	0.948	0.906	0.865	0.835
0.60	1.150	1.089	1.027	0.971	0.914	0.868	0.821	0.787
0.65	1.139	1.072	1.004	0.942	0.879	0.827	0.775	0.736
0.70	1.128	1.055	0.981	0.913	0.844	0.787	0.729	0.685
a/B	θ/π							
	0.50	0.55	0.60	0.65	0.70	0.80	0.90	1.00
0.10	1.206	1.206	1.206	1.206	1.206	1.206	1.206	1.206
0.15	1.169	1.168	1.168	1.168	1.168	1.168	1.168	1.168
0.20	1.131	1.130	1.129	1.129	1.129	1.129	1.129	1.129
0.25	1.090	1.087	1.085	1.085	1.085	1.085	1.085	1.085
0.30	1.048	1.045	1.041	1.041	1.041	1.041	1.041	1.041
0.35	1.003	0.997	0.992	0.992	0.992	0.992	0.992	0.992
0.40	0.957	0.950	0.942	0.942	0.942	0.942	0.942	0.942
0.45	0.908	0.897	0.887	0.886	0.885	0.885	0.885	0.885
0.50	0.858	0.845	0.832	0.830	0.827	0.827	0.827	0.827
0.55	0.806	0.789	0.772	0.767	0.762	0.762	0.762	0.762
0.60	0.753	0.733	0.712	0.705	0.697	0.697	0.697	0.697
0.65	0.697	0.672	0.648	0.637	0.626	0.623	0.623	0.623
0.70	0.640	0.612	0.583	0.569	0.554	0.549	0.549	0.549

附　录　H
(规范性附录)
压力管道直管段体积缺陷安全评定方法

H.1　总则

本附录给出了在内压和弯矩的组合载荷作用下，含气孔、夹渣和局部厚度减薄等体积缺陷及特定未焊透缺陷的钢制在用压力管道直管段的安全评定方法。

H.2　符号

下列符号适用于本附录，未规定者按第3章的规定。

A ——缺陷轴向半长，mm；

a ——无量纲化的缺陷相对轴向长度；

B ——缺陷环向半长，mm；

b ——无量纲化的缺陷相对环向长度；

C ——体积缺陷的深度，mm；

c ——以管道计算壁厚无量纲化的缺陷相对深度；

c_0 ——以管道公称壁厚无量纲化的缺陷相对深度；

M ——弯矩载荷，kN·m；

M_{L0}——无缺陷管道在纯弯矩下的塑性极限弯矩，kN·m；

M_{LS}——含缺陷管道在纯弯矩下的塑性极限弯矩，kN·m；

m_{LS}——无量纲的含缺陷管道在纯弯矩下的塑性极限弯矩；

P ——内压载荷，MPa；

P_{L0}——无缺陷管道在纯内压下的塑性极限内压，MPa；

P_{LS}——含缺陷管道在纯内压下的塑性极限内压，MPa；

P_{max}——管道最大工作内压，MPa；

p_{LS}——无量纲的含缺陷管道在纯内压下的塑性极限内压；

R_i ——管道内半径，mm；

R_o ——管道外半径，mm；

T ——管道计算壁厚，mm；

T_0 ——管道公称壁厚，mm；

σ_b ——管道材料抗拉强度，MPa；

$\bar{\sigma}'$ ——管道材料流变应力，MPa；

σ_s ——管道材料屈服强度，MPa。

H.3　适用范围

H.3.1　本附录适用于同时满足如下条件的钢制在用压力管道：

a） 在实际工况下，材料具有良好的延性，未发现劣化及劣化倾向；

b） 管道最低工作温度不低于－20 ℃，或管道最低工作温度低于－20 ℃但材料为奥氏体不锈钢；

c） 管道径比 $R_o/R_i \leqslant 1.4$。

H.3.2 本附录适用于下列缺陷：

a） 气孔、夹渣、局部减薄等体积型缺陷（其周围无裂纹、未熔合等面型缺陷）；

b） 在用工况下无脆化倾向的 20＃或奥氏体不锈钢管道及壁厚不大于 13 mm 的 16 Mn 管道的未焊透缺陷；

c） 体积缺陷的深度 C 小于壁厚 T 的 70%，且缺陷底部最小壁厚($T-C$)不小于 2 mm。

H.3.3 对于不符合 H.3.1 和 H.3.2 限定条件或在服役期间表面有可能产生裂纹的含体积缺陷压力管道，应按附录 G 的规定进行评定。

H.4 评定程序

评定过程按下列步骤进行：

a） 缺陷部位管道尺寸的确定；

b） 缺陷的规则化；

c） 材料性能数据的确定；

d） 无缺陷管道在纯内压或纯弯矩下的塑性极限载荷的确定；

e） 免于评定的判别；

f） 典型工况载荷组合的确定与缺陷处弯矩的计算；

g） 含缺陷管道在纯内压和纯弯矩下的塑性极限载荷的确定；

h） 安全性评价。

H.5 缺陷部位管道尺寸的确定

根据实际情况确定缺陷附近管道的计算壁厚 T 和外径 R_o。管道的计算壁厚应取管道实测壁厚与至下一个检验周期末的腐蚀量之差。

H.6 缺陷的规则化及无量纲化处理

H.6.1 缺陷的规则化

H.6.1.1 壁厚局部减薄缺陷的规则化

对经检测查明的壁厚局部减薄缺陷，根据其实际位置、形状和尺寸，按图 H.1 所示，将其规则化为轴向半长 A、环向半长 B、深度 C 的表面缺陷。其中，C 取实测最大减薄深度与至下一检验周期末体积缺陷扩展量之和。

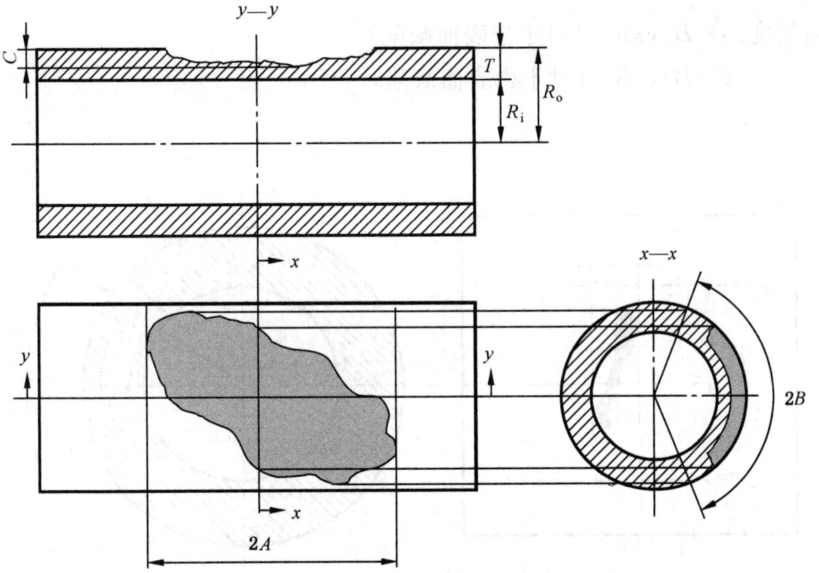

图 H.1 壁厚局部减薄缺陷表征示意图

H.6.1.2 未焊透缺陷的规则化

对经检验查明且符合 H.3.2 b)的未焊透缺陷,根据其实际位置、形状和尺寸,按图 H.2 所示,将其规则化为轴向半长 A、环向半长 B、深度 C 的表面缺陷。

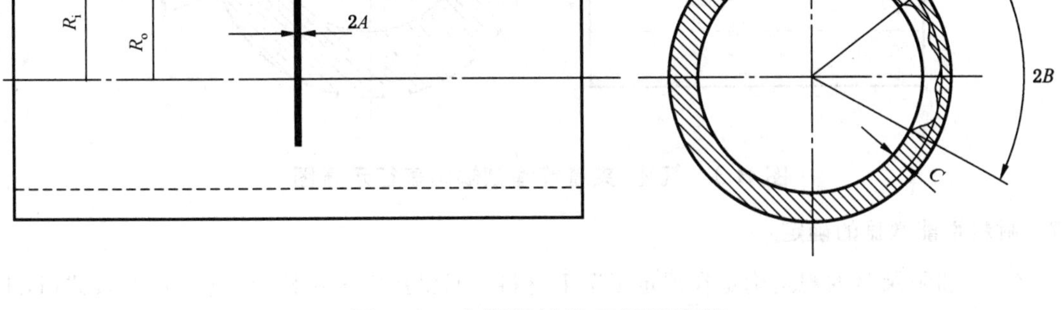

图 H.2 未焊透缺陷表征示意图

H.6.1.3 气孔、夹渣缺陷的规则化

对于经检验查明的气孔和夹渣缺陷,首先应按 5.3.2 的规定分别用气孔率和夹渣长度进行表征。如表征后的气孔、夹渣缺陷不能通过 H.9.1、H.9.2 的免于评定判断,则应根据其实际位置、形状和尺寸,按图 H.3 所示,将其规则化为轴向半长 A、环向半长 B、深度 C 的表面缺陷,其中若能够获得可靠的缺陷自身高度 H 值,则 $C=H$,否则可近似取 $C=2A$。

H.6.2 缺陷规则化尺寸的无量纲化处理

对经规则化处理得到的缺陷尺寸,按如下规定进行无量纲化处理:

相对轴向长度:$a=A/\sqrt{R_o T}$

相对环向长度:$b=B/(\pi R_o)$(对于外表面缺陷)

$b=B/(\pi R_i)$(对于内表面缺陷)

相对深度:$c=C/T$

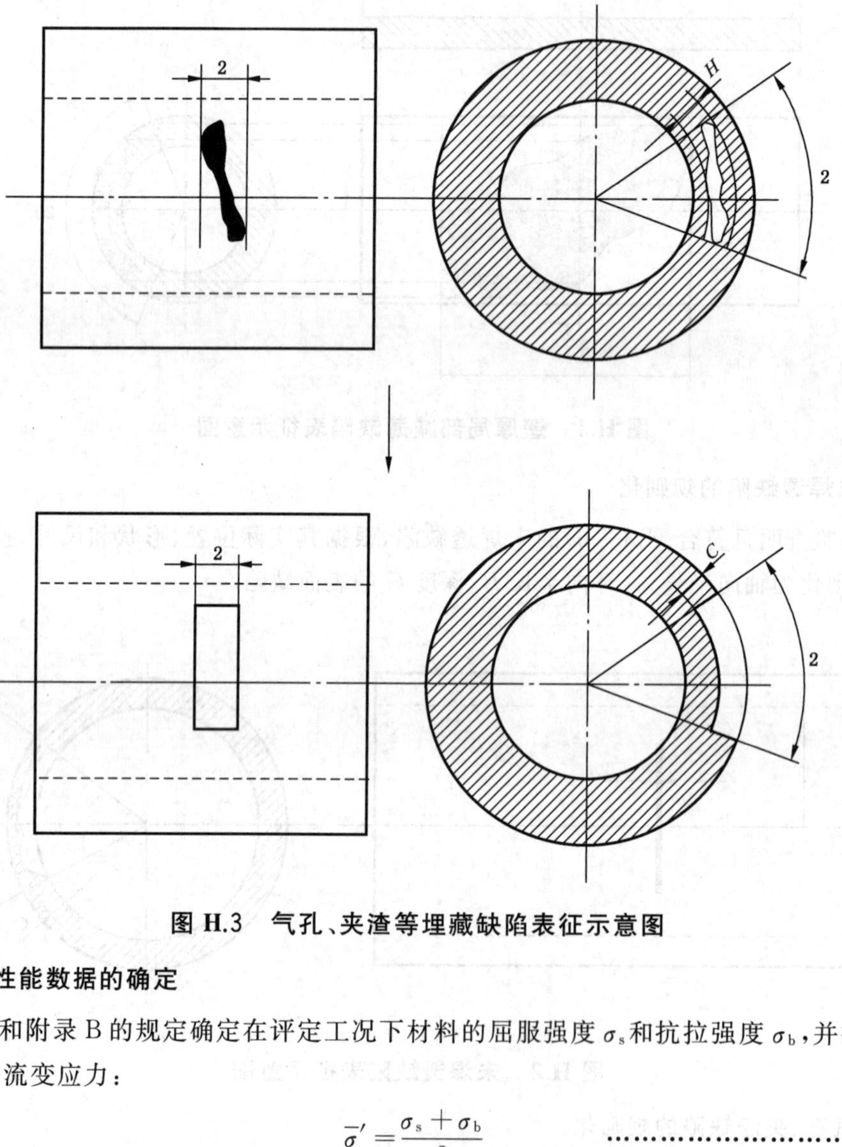

图 H.3 气孔、夹渣等埋藏缺陷表征示意图

H.7 材料性能数据的确定

按5.5和附录B的规定确定在评定工况下材料的屈服强度 σ_s 和抗拉强度 σ_b,并按式(H.1)确定材料的流变应力:

$$\bar{\sigma}'=\frac{\sigma_s+\sigma_b}{2} \qquad \text{(H.1)}$$

H.8 无缺陷管道在纯内压下的塑性极限内压 P_{L0} 和在纯弯矩下的塑性极限弯矩 M_{L0} 的计算

$$P_{L0}=\frac{2}{\sqrt{3}}\bar{\sigma}'\ln\frac{R_o}{R_i} \qquad \text{(H.2)}$$

$$M_{L0}=4\bar{\sigma}'\frac{R_o^3-R_i^3}{3} \qquad \text{(H.3)}$$

H.9 免于评定的判别

H.9.1 气孔免于评定的判别

如果同时满足下列条件,则该气孔可免于评定:

a) 气孔率不超过6%;

b) 单个气孔的长径小于0.5T,并且小于9 mm。

H.9.2 夹渣免于评定的判别

如果夹渣的自身高度或宽度不大于0.4T,则该夹渣可免于评定。

H.9.3 局部减薄和未焊透缺陷免于评定的判别

如果同时满足下列条件,则该局部减薄或符合H.3.2 b)的未焊透缺陷可免于评定:

a) 管道结构符合设计制造要求;

b) $P_{max}/P_{L0} \leqslant 0.3$;

c) 局部减薄或未焊透缺陷的相对深度c_0不超过表H.1规定的容限值,其中$c_0=[C+(T_0-T)]/T_0$。

表H.1 压力管道局部减薄与未焊透缺陷容限值

缺陷的相对环向长度b	$b \leqslant 0.25$	$0.25 < b \leqslant 0.50$	$0.50 < b \leqslant 0.75$	$0.75 < b \leqslant 1.00$
容许的最大缺陷相对深度c_0	0.45	0.40	0.35	0.25

如果缺陷可免于评定,则认为是安全的或可接受的;否则,应继续按H.10~H.12的规定进行评定。

H.10 典型工况载荷组合与缺陷处弯矩载荷的确定

根据实际情况,确定需要进行缺陷评定的载荷工况,给出相应的内压载荷P,并通过有限元方法或其他可靠的方法确定相应评定工况下缺陷处的弯矩载荷M。

H.11 含缺陷管道在纯内压和纯弯矩下的塑性极限载荷的确定

H.11.1 纯内压下的塑性极限内压

$$P_{LS}=p_{LS}\times P_{L0} \quad \text{(H.4)}$$

式中:

$$p_{LS}=0.95-(0.85+0.013a/b)A_e \qquad (0<a/b<60) \quad \text{(H.5)}$$

$$A_e=c(a_e bc)^{1/3} \quad \text{(H.6)}$$

$$a_e=\min(3.0\ ,\ a) \quad \text{(H.7)}$$

H.11.2 纯弯矩下的塑性极限弯矩

$$M_{LS}=m_{LS}\times M_{L0} \quad \text{(H.8)}$$

式中:

$$m_{LS}=\begin{cases}\cos\left(\dfrac{c\pi b}{2}\right)-\dfrac{c\sin(\pi b)}{2} & \left(c<\dfrac{1-b}{b}\right)\\[2ex] (1-c)\sin\left[\dfrac{\pi(1-bc)}{2(1-c)}\right]+\dfrac{c\sin(\pi b)}{2} & \left(c\geqslant\dfrac{1-b}{b}\right)\end{cases} \quad \text{(H.9)}$$

H.12 安全性评价

如果式(H.10)成立,则该缺陷是安全或可接受的;否则,认为不能保证安全或不可接受。

$$\left(\frac{P}{P_{\mathrm{LS}}}\right)^2+\left(\frac{M}{M_{\mathrm{LS}}}\right)^2\leqslant 0.44 \quad \cdots\cdots\cdots\cdots (\mathrm{H.10})$$

对于气孔、夹渣等埋藏型体积缺陷,如未能通过本附录所规定的安全评定计算,可将其表征为埋藏平面缺陷并按附录G重新进行评定。

附　录　I
(资料性附录)
压力管道弯头和三通体积缺陷安全评定方法

I.1　总则

本附录给出了在内压和弯矩的组合载荷作用下,含气孔、夹渣和局部厚度减薄等体积缺陷及特定未焊透缺陷的钢制在用压力管道弯头和三通的安全评定方法。

I.2　符号

下列符号适用于本附录,未规定者按第3章的规定。

a ——无量纲化的缺陷相对轴向长度;

b ——无量纲化的缺陷相对环向长度;

B ——三通主管上底部局部减薄的环向半长,mm;

B_1 ——三通主管上肩部局部减薄的环向半长,mm;

B_2 ——三通支管上肩部局部减薄的环向半长,mm;

C_1 ——三通主管上肩部局部减薄的深度,mm;

C_2 ——三通支管上肩部局部减薄的深度,mm;

C ——体积缺陷的深度,mm;

c ——无量纲化的缺陷相对深度;

D_i ——管道的内直径,mm;

D_{i1} ——三通主管内直径,mm;

D_{o1} ——三通主管外直径,mm;

D_{o2} ——三通支管外直径,mm;

D_o ——管道外直径,mm;

h ——弯头几何因子;

K ——管道径比,$K=R_o/R_i$;

K_1 ——三通主管径比,$K_1=D_{o1}/D_{i1}$;

L ——三通底部局部减薄的轴向半长,mm;

L_1 ——三通主管上肩部局部减薄的轴向长度,mm;

L_2 ——三通支管上肩部局部减薄的轴向长度,mm;

l ——三通局部减薄相对轴向长度;

M_{in} ——三通面内弯矩载荷,N·mm;

M_{out} ——三通面外弯矩载荷,N·mm;

M_{L1} ——无缺陷三通主管在纯弯矩下的塑性极限弯矩,N·mm;

M_{LT_in} ——无缺陷三通在纯弯矩下的面内塑性极限弯矩,N·mm;

M_{LT_out} ——无缺陷三通在纯弯矩下的面外塑性极限弯矩,N·mm;

$M_{LTP\_in}^{bott}$ ——含底部缺陷三通在纯弯矩下的面内塑性极限弯矩,N·mm;

$M_{LTP\_out}^{bott}$ ——含底部缺陷三通在纯弯矩下的面外塑性极限弯矩,N·mm;

$M_{LTP\_in}^{shou}$ ——含肩部缺陷三通在纯弯矩下的面内塑性极限弯矩,N·mm;

$M_{LTP\_out}^{shou}$ ——含肩部缺陷三通在纯弯矩下的面外塑性极限弯矩,N·mm;

M ——弯矩载荷,N·mm;

M_{LB} ——无缺陷弯头在纯弯矩下的塑性极限弯矩,N·mm;

M_{LBP} ——含缺陷弯头在纯弯矩下的塑性极限弯矩,N·mm;

P ——管道内压载荷,MPa;

P_{L1} ——无缺陷三通主管在纯内压下的塑性极限内压,$P_{L1}=\frac{2}{\sqrt{3}}\sigma_f\ln(K_1)$,MPa;

P_{LB} ——无缺陷弯头在纯内压下的塑性极限内压,MPa;

P_{LBP} ——含缺陷弯头在纯内压下的塑性极限内压,MPa;

P_{td} ——三通强度比,$P_{td}=\frac{T_2/T_1}{D_{o2}/D_{o1}}$;

P_{LT} ——无缺陷三通在纯内压下的塑性极限内压,MPa;

P_{LTP}^{bott} ——含底部缺陷三通在纯内压下的塑性极限内压,MPa;

P_{LTP}^{shou} ——含肩部缺陷三通在纯内压下的塑性极限内压,MPa;

R ——弯头在中心线处的曲率半径,mm;

R_{o1} ——三通主管外半径,$R_{o1}=D_{o1}/2$,mm;

R_{o2} ——三通支管外半径,mm;

R_{i1} ——三通主管内半径,$R_{i1}=D_{o1}/2$,mm;

R_{i2} ——三通支管内半径,mm;

R_o ——管道外半径,$R_o=D_o/2$,mm;

R_i ——管道内半径,mm;

R_m ——管道平均半径,mm;

T_1 ——三通主管计算壁厚,mm;

T_2 ——三通支管计算壁厚,mm;

T ——管道计算厚度,mm;

γ ——弯头局部减薄所对应的轴向半长,mm;

θ ——弯头局部减薄所对应的环向半长,mm。

I.3 适用范围

I.3.1 本附录适用于同时满足如下条件的钢制在用压力管道:

a) 在实际工况下,材料具有良好的延性,未发现劣化及劣化倾向;

b) 管道最低工作温度不低于－20 ℃,或管道最低工作温度低于－20 ℃但材料为奥氏体不锈钢;

c) 管道径比 $R_o/R_i \leqslant 1.4$。

I.3.2 本附录适用于下列缺陷:

a) 气孔、夹渣、局部减薄等体积型缺陷(其周围无裂纹、未熔合等面型缺陷);

b) 在用工况下无脆化倾向的20＃或奥氏体不锈钢管道及壁厚不大于 13 mm 的 16 Mn

管道的未焊透缺陷；

c) 体积缺陷的深度 C 小于计算壁厚 T 的 70%，且缺陷底部最小壁厚($T-C$)不小于 2 mm。

I.4 评定程序

评定过程按下列步骤进行：

a) 缺陷部位管道尺寸的确定；

b) 缺陷的规则化；

c) 材料性能数据的确定；

d) 无缺陷管道在纯内压或纯弯矩下的塑性极限载荷的确定；

e) 典型工况载荷组合的确定与缺陷处弯矩的计算；

f) 含缺陷管道在纯内压和纯弯矩下的塑性极限载荷的确定；

g) 安全性评价。

I.5 缺陷部位管道尺寸的确定

根据实际情况确定缺陷所在管道的各个几何尺寸参数。对于弯头评定，应包括弯头内外半径、弯曲半径、壁厚等，详见图 I.1；对于三通评定应包括主管、支管的内外半径，壁厚等，详见图 I.2。弯头、三通的各壁厚值均应取管道实测壁厚与至下一个检验周期末的内外壁腐蚀减薄总量之差。

I.6 缺陷的规则化及无量纲化处理

I.6.1 缺陷的规则化

I.6.1.1 壁厚局部减薄缺陷的规则化

对经检测查明的局部减薄，根据其实际位置、形状和尺寸，进行规则化。

对于弯头上的局部减薄，按图 I.1 所示，规则化后其轴向长度为 2γ，环向长度为 2θ，深度为 C。对于腐蚀或冲蚀引起的局部减薄，C 取实测最大减薄深度与至下一检验周期末体积缺陷扩展量之和。

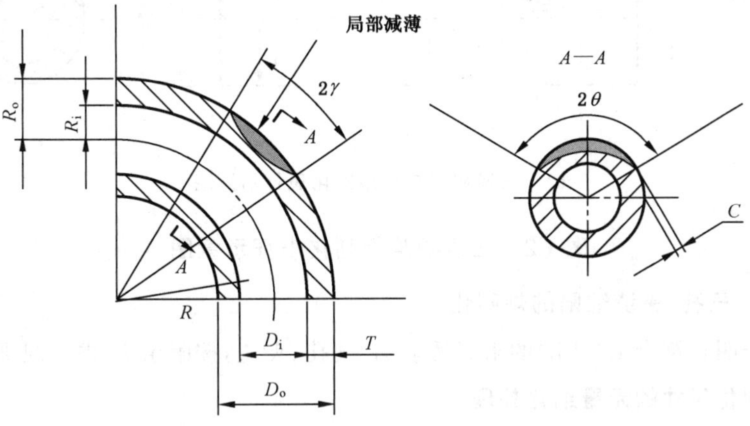

图 I.1 弯头缺陷规则化表征示意图

对于三通上的局部减薄，按位置可分为底部减薄和肩部减薄；其中底部减薄按图 I.2 a)所示规则化为轴向长度 $2L$，环向长度 $2B$，深度为 C 的缺陷，肩部减薄按图 I.2 b)所示规则化为主管轴向长度 L_1、环向长度 $2B_1$、深度 C_1，支管轴向长度 L_2，环向长度 $2B_2$、深度 C_2 的缺陷。对于腐蚀或冲蚀引起的局部减薄，C 取实测最大减薄深度与至下一检验周期末体积缺陷扩展量之和。

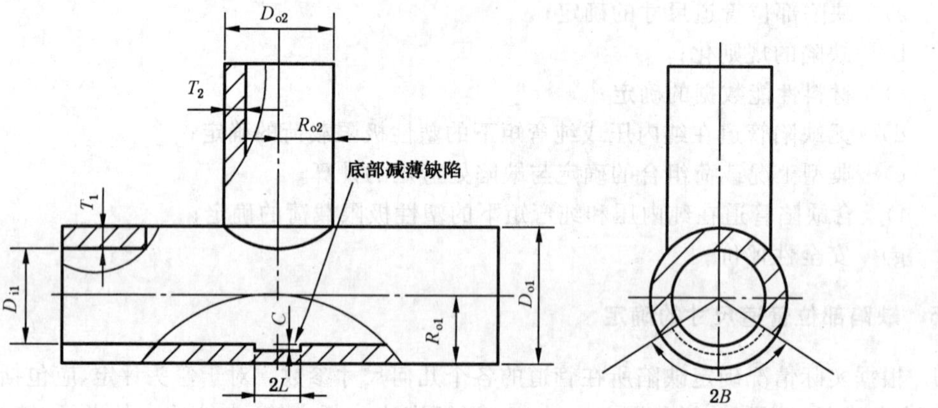

a） 三通底部减薄规则化表征示意图

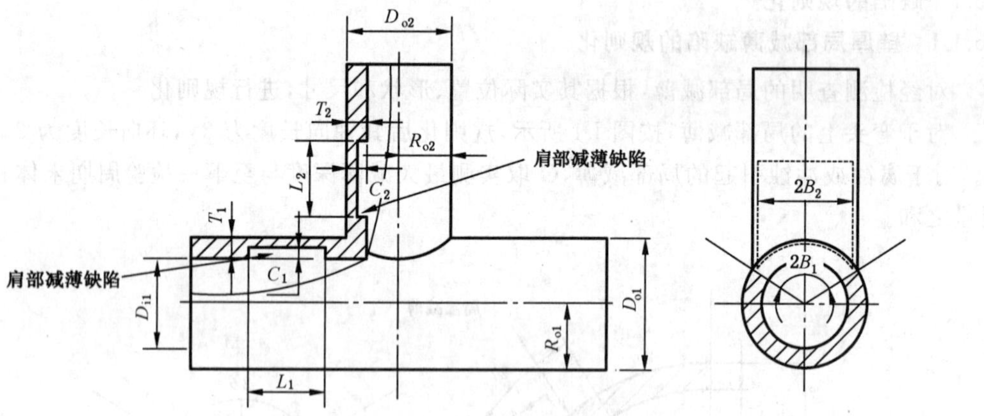

b） 三通肩部减薄规则化表征示意图

图 I.2 三通缺陷规则化表征示意图

I.6.1.2 未焊透、气孔、夹渣缺陷的规则化

对经检验查明且符合 I.3.2 b)的未焊透缺陷、气孔、夹渣，按附录 H 进行规则化。

I.6.2 缺陷规则化尺寸的无量纲化处理

对弯头上经规则化处理得到的缺陷尺寸，按如下规定进行无量纲化处理：

相对轴向长度：$a=4\gamma/\pi(R+R_o)$（适用于 90°弯头的外弯外表面缺陷）

$a=4\gamma/\pi(R+R_i)$(适用于90°弯头的外弯内表面缺陷)

$a=4\gamma/\pi(R-R_o)$(适用于90°弯头的内弯外表面缺陷)

$a=4\gamma/\pi(R-R_i)$(适用于90°弯头的内弯内表面缺陷)

相对环向长度:$b=\theta/\pi R_o$(适用于弯头的外表面缺陷)

$b=\theta/\pi R_i$(适用于弯头的内表面缺陷)

相对深度:$c=C/T$

对三通上经规则化处理得到的缺陷尺寸,按如下规定进行无量纲化处理:

a) 底部缺陷

相对轴向长度:$l=L/R_{o1}$

相对环向长度:$b=2B/\pi R_{o1}$(适用于三通底部的外表面缺陷)

$b=2B/\pi R_{i1}$(适用于三通底部的内表面缺陷)

相对深度:$c=C/T_1$

b) 肩部缺陷

相对轴向长度:$l=\max\left\{\dfrac{L_1}{R_{o1}},\dfrac{L_2}{R_{o2}}\right\}$

相对环向长度:$b=\max(2B_1/\pi R_{o1},2B_2/\pi R_{o2})$(适用于三通肩部的外表面缺陷)

$b=\max(2B_1/\pi R_{i1},2B_2/\pi R_{i2})$(适用于三通肩部的内表面缺陷)

相对深度:$c=\max\left\{\dfrac{C_1}{T_1},\dfrac{C_2}{T_2}\right\}$

I.7 材料性能数据的确定

按5.5和附录B的规定确定在评定工况下材料的屈服强度σ_s和抗拉强度σ_b,并按式(I.1)确定流变应力:

$$\bar{\sigma}'=\frac{\sigma_s+\sigma_b}{2} \qquad\cdots\cdots(\text{I.1})$$

I.8 无缺陷管道在纯内压下和纯弯矩下的极限载荷的确定

I.8.1 无缺陷弯头在纯内压下的塑性极限内压 P_{LB}

$$P_{LB}=\frac{2\bar{\sigma}'T}{R_m}\cdot\frac{G_{BP}}{\sqrt{\left(\dfrac{R}{R-R_m}\right)^2+\dfrac{R}{R-R_m}+1}} \qquad\cdots\cdots(\text{I.2})$$

式中:$G_{BP}=\begin{cases}0.28K+0.87 & R/D_o=1.0\\ 0.19K+0.83 & R/D_o=1.5\end{cases}$。

I.8.2 无缺陷弯头在纯弯矩下的塑性极限弯矩 M_{LB}

$$M_{LB}=\frac{2\pi}{3}\bar{\sigma}'(R_o^3-R_i^3)\cdot G_{BM}\cdot\frac{0.95h^3+0.10h}{1.5h^2+0.10} \qquad\cdots\cdots(\text{I.3})$$

式中:$h=RT/R_m^2$;$G_{BM}=\begin{cases}30K^2-74K+47.0 & R/D_o=1.0\\ 15K^2-39K+25.8 & R/D_o=1.5\end{cases}$。

I.8.3 无缺陷三通在纯内压下的塑性极限内压 P_{LT}

$$P_{LT}=p_{LT}\cdot P_{L1} \quad \cdots\cdots(I.4)$$

式中：$p_{LT}=0.23K_1P_{td}+0.43$；$P_{L1}=\frac{2}{\sqrt{3}}\bar{\sigma}'\ln(K_1)$。

I.8.4 无缺陷三通在纯弯矩下的面内塑性极限弯矩 M_{LT_in}

$$M_{LT\_in}=m_{LT\_in}\cdot M_{L1} \quad \cdots\cdots(I.5)$$

式中：$m_{LT\_in}=0.48G_{Tm\_in}$，$G_{Tm\_in}=K_1^{1.8768}P_{td}^{0.6705}\cdot\left(\frac{D_{o2}}{D_{o1}}\right)^{2.8436}$；$M_{L1}=\frac{4}{3}\bar{\sigma}'(R_{o1}^3-R_{i1}^3)$。

I.8.5 无缺陷三通在纯弯矩下的面外塑性极限弯矩 M_{LT_out}

$$M_{LT\_out}=m_{LT\_out}\cdot M_{L1} \quad \cdots\cdots(I.6)$$

式中：$m_{LT\_out}=0.27G_{Tm\_out}+0.02$，$G_{Tm\_out}=K_1^{4.0}P_{td}^{0.2}\cdot\left(\frac{D_{o2}}{D_{o1}}\right)^{3.0}$。

I.9 典型工况载荷组合与缺陷处弯矩载荷的确定

根据实际情况，确定需要进行缺陷评定的载荷工况，给出相应的内压载荷 P，并通过有限元方法或其他可行方式确定相应评定工况下缺陷处的弯矩载荷 M，对三通，应分别确定面内弯矩载荷 M_{in} 和面外弯矩载荷 M_{out}。

I.10 含缺陷管道在纯内压和纯弯矩下的塑性极限载荷的确定

I.10.1 含缺陷弯头在纯内压下的塑性极限内压 P_{LBP}

$$P_{LBP}=P_{LB}\cdot p_{LBP}\cdot \eta_1 \quad \cdots\cdots(I.7)$$

式中：

$$p_{LBP}=\begin{cases}3.7G_{BPP}^2-3.2G_{BPP}+1.0 & (a/b\leqslant 1.0)\\ 4.5G_{BPP}^2-3.4G_{BPP}+1.0 & (1.0<a/b\leqslant 2.0,G_{BPP}=c^2\cdot\sqrt[3]{abc})\\ 8.0G_{BPP}^2-4.5G_{BPP}+1.0 & (2.0<a/b\leqslant 9.0)\end{cases}$$

$$\eta_1=(0.46-0.08\frac{R}{D_i})\cdot K+0.60$$

I.10.2 含缺陷弯头在纯弯矩下的塑性极限弯矩 M_{LBP}

$$M_{LBP}=M_{LB}\cdot m_{LBP}\cdot \eta_2 \quad \cdots\cdots(I.8)$$

式中：

$m_{LBP}=1-1.27\cdot G_{BMP}$，$G_{BMP}=a^{0.243}bc$；$\eta_2=(-0.23+0.32\frac{R}{D_i}+0.97K-0.23\frac{R}{D_i}K)^{-1}$。

I.10.3 含缺陷三通在纯内压下的塑性极限内压

I.10.3.1 含底部缺陷三通在纯内压下的塑性极限内压 P_{LTP}^{bott}

$$P_{LTP}^{bott}=p_{LTP}^{bott}\cdot P_{L1} \quad (适用范围：c<0.5) \quad \cdots\cdots(I.9)$$

式中：

$p_{LTP}^{bott}=-0.001\nu^2+0.032\nu+0.59$，$\nu=\frac{H}{J}$，$H=K_1^{1.6}P_{td}^{2.5}$，$J=b^{0.1}c^{0.16}l^{0.15}$。

I.10.3.2 含肩部缺陷三通在纯内压下的塑性极限内压 P_{LTP}^{shou}

$$P_{LTP}^{shou}=p_{LTP}^{shou}\cdot P_{L1}\cdot \eta_3 \qquad \text{(I.10)}$$

式中：

$$p_{LTP}^{shou}=\begin{cases}-0.845x^2-0.576x+0.661 & (l/b\leqslant 1.0)\\ 0.121x^2-0.843x+0.659 & (1.0<l/b\leqslant 2.5, x=c\sqrt[3]{lbc})\\ 0.996x^2-1.286x+0.669 & (2.5<l/b\leqslant 10.0)\end{cases}$$

$\eta_3=0.226\ 5K_1P_{td}^{1.4}+0.762\ 2$

I.10.4 含缺陷三通在纯弯矩下的面内塑性极限弯矩

I.10.4.1 含底部缺陷三通在纯弯矩下的面内塑性极限弯矩 $M_{LTP\_in}^{bott}$

$$M_{LTP\_in}^{bott}=m_{LTP\_in}^{bott}\cdot M_{L1} \qquad \text{(I.11)}$$

式中：$m_{LTP\_in}^{bott}\approx 0.9$。

I.10.4.2 含肩部缺陷三通在纯弯矩下的面内塑性极限弯矩 $M_{LTP\_in}^{shou}$

$$M_{LTP\_in}^{shou}=m_{LTP\_in}^{shou}\cdot M_{LT\_in} \qquad \text{(I.12)}$$

式中：$m_{LTP\_in}^{shou}=(-0.834\ 8\chi_1{}^2-0.102\ 2\chi_1+0.987\ 2)\cdot\eta_6$，$\chi_1=l^{0.075}\text{bc}$，

$\eta_6=-0.561\ 4(K_1-1.393\ 9)^2+0.248\ 3(P_{td}-1.437\ 8)^2+1.002\ 7$

I.10.5 含缺陷三通在纯弯矩下的面外塑性极限弯矩

I.10.5.1 含底部缺陷三通在纯弯矩下的面外塑性极限弯矩 $M_{LTP\_out}^{bott}$

$$M_{LTP\_out}^{bott}=m_{LTP\_out}^{bott}\cdot M_{LT\_out} \qquad \text{(I.13)}$$

式中：$m_{LTP\_out}^{bott}=(-0.526\ 6G_{tm\_out}^2+0.116\ 7G_{tm\_out}+0.912\ 7)\cdot\eta_4$，$G_{tm\_out}=l^{0.25}b^{1.5}c^{0.5}$，

$\eta_4=-0.65(K_1-1.4)^2+0.25(P_{td}-1.3)^2+1.1$。

I.10.5.2 含肩部缺陷三通在纯弯矩下的面外塑性极限弯矩 $M_{LTP\_out}^{shou}$

$$M_{LTP\_out}^{shou}=\eta_5 M_{LTP\_in}^{shou} \qquad \text{(I.14)}$$

式中：

$\eta_5=0.914\ 3K_1-0.251\ 4$

I.11 安全性评价

I.11.1 弯头的安全性评价

如果式(I.15)成立，则该缺陷是安全或可接受的；否则，认为不能保证安全或不可接受。

$$\left(\frac{P}{P_{LBP}}\right)^2+\left(\frac{M}{M_{LBP}}\right)^2\leqslant 0.44 \qquad \text{(I.15)}$$

I.11.2 三通的安全性评价

对底部缺陷，如果式(I.16)、式(I.17)成立，则该缺陷是安全或可接受的；否则，认为不能保证安全或不可接受。

$$\left(\frac{P}{P_{LTP}^{bott}}\right)^2+\left(\frac{M_{out}}{M_{LTP\_out}^{bott}}\right)^2\leqslant 0.44 \qquad \text{(I.16)}$$

$$\left(\frac{P}{P_{LTP}^{bott}}\right)^2+\left(\frac{M_{in}}{M_{LTP\_in}^{bott}}\right)^2\leqslant 0.44 \qquad \text{(I.17)}$$

对肩部缺陷，如果式(I.18)、式(I.19)成立，则该缺陷是安全或可接受的；否则，认为不能保证安全或不可接受。

$$\left(\frac{P}{P_{\mathrm{LTP}}^{\mathrm{shou}}}\right)^2+\left(\frac{M_{\mathrm{out}}}{M_{\mathrm{LTP\_out}}^{\mathrm{shou}}}\right)^2\leqslant 0.44 \quad\cdots\cdots(\mathrm{I}.18)$$

$$\left(\frac{P}{P_{\mathrm{LTP}}^{\mathrm{shou}}}\right)^2+\left(\frac{M_{\mathrm{in}}}{M_{\mathrm{LTP\_in}}^{\mathrm{shou}}}\right)^2\leqslant 0.44 \quad\cdots\cdots(\mathrm{I}.19)$$

附 录 J
(资料性附录)
材料断裂韧度替代取值经验公式

J.1 总则

本附录给出了碳钢、低合金钢、奥氏体钢断裂韧度确定的经验公式。评定时,可根据实际情况,选择本附录中相应的公式计算。

J.2 符号

下列符号适用于本附录。

KV_{2US} ——夏比 V 型缺口标准试样上平台冲击吸收能量,J;

K_C ——考虑壁厚影响材料韧脆转变区断裂韧度,MPa·$\sqrt{m}$;

T ——评价温度,℃;

T_{ref} ——参考温度,℃;

RT_{NDT} ——基准无塑性转变温度,℃。

J.3 铁素体钢断裂韧度替代取值经验公式

J.3.1 断裂韧度下限值估算公式

对于碳钢和低合金钢,可按照式(J.1)保守给出断裂韧度下限值:

$$K_{IC}=36.5+3.084\exp[0.036(T-T_{ref}+56)] \quad (\text{当 } T-T_{ref}\geqslant 0\ ℃) \qquad \cdots\cdots(J.1)$$

式中,T_{ref}可取为基准无塑性转变温度 RT_{NDT}。

若没有数据表明材料断裂韧度上平台有更高的数值,式(J.1)确定的 K_{IC}最大值取值如下:

a) 对于化学成分不明的材料取为 110MPa·$\sqrt{m}$;

b) 对于低硫碳钢(硫含量不大于 0.01%)或 J 系数控制的 2.25Cr1Mo 钢(J 系数不大于 150)取为 220MPa·$\sqrt{m}$。

J.3.2 由夏比冲击功估算断裂韧度

J.3.2.1 在下平台及近下平台区域

不考虑壁厚影响时,可按式(J.2)估算:

$$K_{IC}=14.6(KV_2)^{0.5} \qquad \cdots\cdots(J.2)$$

考虑壁厚影响时,按以下方法估算 K_C:

a) 对于高硫钢(含硫量大于 0.01%),取式(J.3)和式(J.4)计算所得的较小值;

b) 对于低硫钢(含硫量不大于 0.01%),取式(J.3)和式(J.5)计算所得的较小值。

$$K_C=(12\sqrt{KV_2}-20)(25/B)^{0.25}+20 \qquad \cdots\cdots(J.3)$$

$$K_C=0.54KV_2+55 \qquad \cdots\cdots(J.4)$$

$$K_C=\sqrt{\frac{E(0.53KV_{2US}{}^{1.28})(0.2^{0.133KV_{2US}{}^{0.256}})}{1\,000(1-\nu^2)}} \qquad \cdots\cdots(J.5)$$

J.3.2.2 在韧脆转变区

按照式(J.1)估算,T_{ref}取材料夏比冲击功等于20J(碳钢)及27J(Cr-Mo钢)时的温度。

J.3.2.3 在上平台区

按式(J.6)估算。

$$\frac{K_{IC}}{\sigma_s}=0.52\left(\frac{KV_2}{\sigma_s}-0.02\right) \quad \cdots\cdots(J.6)$$

J.4 奥氏体钢断裂韧度替代取值经验公式

确定奥氏体钢材无σ相脆化条件下,奥氏体钢母材断裂韧度K_{IC}可取为220 MPa·$\sqrt{m}$,焊缝断裂韧度K_{IC}可取为132 MPa·$\sqrt{m}$。

参考文献

[1] GB/T 229—2007 金属材料 夏比摆锤冲击试验方法

[2] GB/T 15970.6 金属和合金的腐蚀 应力腐蚀试验 第6部分:恒载荷或恒位移下的预裂纹试样的制备和应用

国家质量技术基础应用系列丛书

特种设备法规标准手册

承压类标准卷

压力容器（2）

国家市场监督管理总局特种设备安全监察局　编

中国标准出版社

北　京

图书在版编目（CIP）数据

特种设备法规标准手册．承压类标准卷．压力容器．2/国家市场监督管理总局特种设备安全监察局编．—北京：中国标准出版社，2024．3

ISBN 978-7-5066-6416-5

Ⅰ．①特… Ⅱ．①国… Ⅲ．①设备管理—法规—中国 Ⅳ．①D922．292

中国国家版本馆 CIP 数据核字（2023）第 084837 号

中国标准出版社出版发行
北京市朝阳区和平里西街甲 2 号（100029）
北京市西城区三里河北街 16 号（100045）

网址 www．spc．net．cn
总编室：（010） 68533533 发行中心：（010） 51780238
读者服务部：（010） 68523946

北京联兴盛业印刷股份有限公司印刷
各地新华书店经销

*

开本 787×1092 1/16 印张 81.5 字数 2 063 千字
2024 年 3 月第一版 2024 年 3 月第一次印刷

*

定价（全三册）：920.00 元

《特种设备法规标准手册》

编委会

前　言

特种设备是经济社会发展的重要基础设施，关系国计民生，关系人民群众生命财产安全。守住特种设备安全底线，提高特种设备安全监管和节能环保水平，促进行业高质量发展，是切实增强人民群众安全感和幸福感的重要体现。

近年来，随着我国经济水平快速提高，人民群众对安全的需求越来越高，而在用特种设备数量快速增长，尤其是高参数、高危险性及高龄老旧设备日益增多，使特种设备安全风险和监管压力持续增大。要切实提高特种设备安全监管效能，不断释放特种设备促进节能环保潜能，充分发挥特种设备安全与节能对促进高质量发展的作用，其根本是要保证特种设备领域各项法规标准得到有效贯彻实施。为此，国家市场监督管理总局特种设备安全监察局组织编写了《特种设备法规标准手册》（以下简称《手册》），旨在对特种设备安全与节能法治体系进行全面、系统梳理，从而推动形成以科学监管、多元共治为特征的特种设备治理体系，推进特种设备治理标准化、现代化、国际化，为特种设备行业高质量发展提供重要保障。

《手册》收录了特种设备行业现行有效的法规标准，根据特种设备行业特点分为4卷13分册。其中，法律法规卷收录特种设备相关法律、行政法规、部门规章、地方性法规、规范性文件等；安全技术规范卷收录特种设备安全技术规范共43项；承压类标准卷收录现行有效的承压类特种设备标准，分为综合、锅炉与节能、压力容器、压力管道、气瓶、安全附件共6个分册；机电类标准卷收录现行有效的机电类特种设备标准，分为起重机械、电梯、游乐设施、客运索道、场（厂）内专用机动车辆共5个分册。限于成书篇幅、资料收集难度等原因，承压类标准和机电类标准两卷仅收录特种设备常用标准，其中国家标准及能源行业标准以全文形式收录，其余未收录的相关国家标准及行业标准以附件形式仅列出标准目录。

国家市场监督管理总局特种设备安全监察局高度重视《手册》的出版工作，对《手册》框架结构、分卷（册）等顶层设计给予了极大指导。同时，在《手册》编写过程中，中国特种设备检测研究院技术法规研究所、全国锅炉压力容器标准化技

术委员会（SAC/TC 262）、全国气瓶标准化技术委员会（SAC/TC 31）、全国电梯标准化技术委员会（SAC/TC 196）、全国起重机械标准化技术委员会（SAC/TC 227）、全国升降工作平台标准化技术委员会（SAC/TC 335）、全国索道与游乐设施标准化技术委员会（SAC/TC 250）、全国工业车辆标准化技术委员会（SAC/TC 332）等给予了大力支持，相关编写人员收集、查阅了大量资料，在此对他们的辛勤付出一并表示感谢！

期望通过《手册》的出版，为特种设备各类从业人员学习研究、依法监管提供详尽指导，从而进一步提升特种设备安全监管人员、作业人员、检验检测人员的素质能力，为特种设备行业高质量发展保驾护航。同时，希望在全社会的共同努力下，特种设备安全与节能状况能够不断改善，人民群众生命财产安全得到更多保障！

《特种设备法规标准手册》编委会

2023 年 6 月

目　录

GB/T 19904—2005　医用氧舱用电化学式测氧仪 …… 1
GB/T 19905—2017　液化气体汽车罐车 …… 10
GB/T 20663—2017　蓄能压力容器 …… 61
GB/T 21432—2021　石墨制压力容器 …… 111
GB/T 21433—2008　不锈钢压力容器晶间腐蚀敏感性检验 …… 138
GB/T 25197—2010　静置常压焊接热塑性塑料储罐(槽) …… 157
GB/T 25198—2023　压力容器封头 …… 262
GB/T 26466—2011　固定式高压储氢用钢带错绕式容器 …… 346
GB/T 26929—2011　压力容器术语 …… 359
GB/T 27513—2011　载人低压舱 …… 369
GB/T 27698.1—2023　热交换器及传热元件性能测试方法　第1部分:通用要求 …… 385
GB/T 27698.2—2023　热交换器及传热元件性能测试方法　第2部分:热交换器 …… 410
GB/T 27698.3—2023　热交换器及传热元件性能测试方法　第3部分:传热元件 …… 420
GB/T 27698.4—2023　热交换器及传热元件性能测试方法　第4部分:空冷器噪声测定 … 432
GB/T 28712.1—2023　热交换器型式与基本参数　第1部分:浮头式热交换器 …… 463
GB/T 28712.2—2023　热交换器型式与基本参数　第2部分:固定管板式热交换器 …… 489
GB/T 28712.3—2023　热交换器型式与基本参数　第3部分:U形管式热交换器 …… 509
GB/T 28712.4—2023　热交换器型式与基本参数　第4部分:热虹吸式重沸器 …… 524
GB/T 28712.5—2023　热交换器型式与基本参数　第5部分:螺旋板式热交换器 …… 537
GB/T 28712.6—2023　热交换器型式与基本参数　第6部分:空冷式热交换器 …… 555
GB/T 28713—2023　热交换器用强化传热管 …… 631
GB/T 29463—2023　管壳式热交换器用垫片 …… 659
GB/T 29464—2023　两相流喷射式热交换器 …… 697
GB/T 29465—2023　浮头式热交换器用法兰 …… 726
GB/T 29466—2023　板式热交换器机组 …… 744
GB/T 30578—2014　常压储罐基于风险的检验及评价 …… 773
GB/T 31480—2015　深冷容器用高真空多层绝热材料 …… 811
GB/T 31481—2015　深冷容器用材料与气体的相容性判定导则 …… 833
GB/T 34019—2017　超高压容器 …… 847

GB/T 36669.1—2018 在用压力容器检验 第1部分:加氢反应器 …… 935
GB/T 42605—2023 移动式压力容器修理导则 …… 945
GB/T 42606—2023 固定式压力容器修理导则 …… 967
NB/T 10354—2019 长管拖车 …… 1070
NB/T 10355—2019 管束式集装箱 …… 1100
NB/T 10558—2021 压力容器涂敷与运输包装 …… 1131
NB/T 10619—2021 长管拖车、管束式集装箱定期检验与评定 …… 1143
NB/T 10621—2021 储气井定期检验 …… 1155
NB/T 10787—2021 冷冻液化气体铁路罐车 …… 1169
NB/T 10938—2022 绕管式热交换器 …… 1220
NB/T 47001—2009 钢制液化石油气卧式储罐 型式与基本参数 …… 1285

ICS 71.040.40;11.040
N 53

中华人民共和国国家标准

GB/T 19904—2005

医用氧舱用电化学式测氧仪

Electrochemical oxygenmeter for medical hyperbaric oxygen chamber

2005-09-14 发布　　2006-04-01 实施

中华人民共和国国家质量监督检验检疫总局
中国国家标准化管理委员会　发布

前　言

本标准由国家质量监督检验检疫总局提出。

本标准由全国锅炉压力容器标准化技术委员会归口。

本标准起草单位:中国航天科技集团公司第七零三研究所。

本标准主要起草人:郎德山、张丽华。

本标准为首次发布。

医用氧舱用电化学式测氧仪

1 范围

本标准规定了医用氧舱用电化学式测氧仪(以下简称仪器)的要求、试验方法、检验规则、标志、包装、运输、贮存。

本标准适用于医用氧舱用电化学式测氧仪。

2 规范性引用文件

下列文件中的条款通过本标准的引用而成为本标准的条款。凡是注日期的引用文件,其随后所有的修改单(不包括勘误的内容)或修订版均不适用于本标准,然而,鼓励根据本标准达成协议的各方研究是否可使用这些文件的最新版本。凡是不注日期的引用文件,其最新版本适用于本标准。

GB/T 11606.14—1989 分析仪器环境试验方法 低温贮存试验

GB/T 11606.15—1989 分析仪器环境试验方法 高温贮存试验

GB/T 11606.16—1989 分析仪器环境试验方法 跌落试验

GB/T 11606.17—1989 分析仪器环境试验方法 碰撞试验

GB/T 15464—1995 仪器仪表包装通用技术条件

3 术语和定义

下列术语和定义适用于本标准。

3.1

基本量限仪器 basic range - limiting equipment

氧含量测量范围为0%～30%,适用于加压介质为空气的医用氧舱测氧仪。

3.2

扩展量限仪器 extended range - limiting equipment

氧含量测量上限可扩展,最高达100%,适用于加压介质为氧气的医用氧舱测氧仪。

3.3

引用误差 reduced error

仪器示值与标准值之差除以仪器满量程值的百分比。仪器的基本误差、零点漂移、量程漂移用引用误差表示。

3.4

绝对误差 absolute error

仪器示值与标准值之差。仪器的报警误差用绝对误差表示。

3.5

相对标准偏差 relative standard deviation

误差的均方根值除以测量的平均值。仪器的重复性误差用相对标准偏差表示。

4 要求

4.1 仪器正常工作条件

仪器正常工作条件如下：

a) 环境温度为0℃～40℃；

b) 相对湿度不大于85%(无凝露)；

c) 大气压力(0.1±0.01)MPa(超出范围需做定标修正)；

d) 空气流速0 m/s～0.5 m/s；

e) 避免强烈振动；

f) 电源电压(220±22)V；

g) 电源频率(50±0.5)Hz；

h) 外界电磁场:避免强烈电磁场干扰。

4.2 外观要求

4.2.1 仪器表面光滑平整,色泽均匀,无明显擦伤、剥落、露底、裂纹等现象,紧固件牢固可靠。

4.2.2 气路畅通,连接管、连接件完整,安装牢固。

4.3 安全要求

4.3.1 绝缘电阻

仪器电源的相、中联线对地的绝缘电阻应不小于20 MΩ。

4.3.2 绝缘强度

仪器电源相、中联线与机壳之间,施加1 500 V、50 Hz正弦交流电压,历时1 min,不出现击穿或闪络现象。

4.3.3 泄漏电流

泄漏电流不大于5 mA。

4.4 功能要求

4.4.1 数字显示氧含量,且最小显示值优于0.1%；

4.4.2 仪器的零点可修正；

4.4.3 在测量范围内可任意设定上、下限报警点,并同时以声、光形式报警;报警时,自动打印日期、时间及当时氧浓度值；

4.4.4 根据设定的时间间隔,自动打印氧含量数值及曲线；

4.4.5 具有报警控制接点输出接口。

4.5 性能要求

4.5.1 预热时间

电化学式仪器的预热时间应不大于5 min。

4.5.2 测量范围

a) 基本量限为0%～30%。

b) 扩展的测量上限应在50%、60%、70%、80%、90%、100%序列中选定。

4.5.3 基本误差

基本误差如下：

a) 对基本量限为 ±1.5%F.S；

b) 对扩展量限为 ±2%F.S。

4.5.4 零点漂移和量程漂移

仪器连续运行1 h,对基本量限零点漂移和量程漂移应不超过1%F.S;

仪器连续运行1 h,对扩展量限零点漂移和量程漂移应不超过1%F.S。

4.5.5 重复性误差 1%。

4.5.6 报警误差 ±0.1%O_2。

4.5.7 响应时间不大于60 s。

4.5.8 传感器寿命

测氧仪选用传感器寿命的理论及使用统计平均值应大于18个月(空气中)。

4.6 运输、运输贮存

仪器应符合GB/T 11606.14～11606.17—1989的规定,跌落高度250 mm,4次;冲击10 g,1 000次。

5 试验方法

5.1 参比条件

参比条件如下:

仲裁检验时,性能试验应在参比条件下进行。

a) 环境温度:(23±2)℃;

b) 相对湿度:45%～75%(在23℃时);

c) 大气压力:(0.1±0.01)MPa;

d) 空气流速:0 m/s～0.2 m/s;

e) 振动:无强烈振动;

f) 电源电压:(220±5)V;

g) 电源频率:(50±0.5)Hz;

h) 外界电磁场:无强电磁场干扰。

5.2 外观试验

用目测手触法按4.2要求进行。

5.3 仪器的安全试验

5.3.1 绝缘电阻

试验设备用500 V,量限500 MΩ,精度不低于1.0级的兆欧表。

在相对湿度不大于80%的条件下,将兆欧表的一个接线端子分别接到仪器电源插头的相、中联线上,另一个接线端子接到仪器的保护接地端子上,持续5 s,测量绝缘电阻值,结果应符合4.3.1的规定。

5.3.2 绝缘强度

使用交流耐压测试仪,将其一个接线端子分别接到仪器电源插头的相、中联线,另一个接线端子接到仪器的保护接地端子(或机壳)上,接通交流耐压测试仪的电源开关,缓慢施加试验电压,升、降压时间为5 s～20 s。试验电压的最终值为1 500 V正弦波、频率(50±2.5)Hz。在试验电压最终值下保持1 min,结果应符合4.3.2的规定,不出现击穿或闪络。

5.3.3 泄漏电流

使用漏电流测试仪测量仪表电源输入端流入保护接地导线或未保护接地外壳的漏电流,结果应符合 4.3.3 的规定。

5.4 预热时间试验

仪器置于具有新鲜空气的环境中,从接通仪器电源起,到能够正确显示新鲜空气氧含量值为止的时间间隔为预热时间。

5.5 基本误差试验

5.5.1 试验用气体

5.5.1.1 基本量限校准用标准气体

纯氮气、新鲜空气(近似为 20.9%)。

5.5.1.2 基本量限误差试验用标准气体

5% O_2、20.9% O_2、28% O_2。

5.5.1.3 扩展量限校准用标准气体

新鲜空气(近似为 20.9%)和相当 0.8～0.95 倍测量上限的标准气体。

5.5.1.4 扩展量限误差试验用标准气体

大致均匀分布在扩展量限内的 3 种浓度的标准气体。

5.5.1.5 标准气体应采用有证标准物质,其名义值的允差为±1% O_2,纯氮气纯度为 99.99%。

5.5.2 仪器校准

仪器在预热后应校准,必要时需反复数次。对基本量限,用 5.5.1.1 的气体校准,对扩展量限,用 5.5.1.3 的气体校准。

5.5.3 绝对误差

基本量限的绝对误差用 5.5.1.2 中 3 种标准气体进行试验,扩展量限的绝对误差用 5.5.1.4 中3 种标准气体进行试验。

按额定流量,将 3 种标准气体依次通入仪器,待示值稳定后,分别记录读数。上述步骤需重复进行 3 次,并分别计算每种气体 3 次示值的平均值 $\overline{A}_3$。

按(1)分别计算各点的绝对误差 δ_0:

$$\delta_0 = \overline{A}_3 - A_0 \qquad \cdots\cdots(1)$$

式中:

δ_0——绝对误差;

A_0——标准气体的标称值;

$\overline{A}_3$——3 次示值的平均值。

5.5.4 引用误差

5.5.4.1 试验方法同 5.5.3;

5.5.4.2 取模最大的绝对误差按(2)式计算引用误差:

$$\delta_1 = \frac{\overline{A}_3 - A_0}{R} \times 100 \qquad \cdots\cdots(2)$$

式中:

δ_1——引用误差,(%);

A_0——标准气标称值;

R——测量上限值;

$\overline{A}_3$——3 次示值的平均值。

5.6 零点漂移和量程漂移试验

通常在基本量限试验。

仪器经预热后，通入5%量程的标准气，连续记录1 h，取最大示值A_{0max}，最小示值A_{0min}零点漂移δA按(3)式计算：

$$\delta A=\frac{A_{0max}-A_{0min}}{R}\times 100 \quad\cdots\cdots(3)$$

式中：

δA——零点漂移，(%)；

A_{0max}——零点最大示值；

A_{0min}——零点最小示值；

R——测量上限值。

仪器经预热后，通入80%量程的标准气，连续记录1 h，取最大示值A_{smax}，最小示值A_{smin}量程漂移δS移按(4)式计算：

$$\delta S=\frac{A_{smax}-A_{smin}}{R}\times 100 \quad\cdots\cdots(4)$$

式中：

δS——量程漂移，(%)；

A_{smax}——量程最大示值；

A_{smin}——量程最小示值；

R——测量上限值。

若以扩展量限进行试验，则试验气体浓度应分别为量程值的3%～6%和80%～90%。

5.7 重复性误差试验

用浓度为60%～90%量程的标准气通入仪器，直至稳定，记录示值，再通零点气使仪器回零。上述步骤连续地重复进行6次，按(5)、(6)、(7)式进行计算

$$\overline{A}_6=\frac{\sum_{i=1}^{6}A_i}{6} \quad\cdots\cdots(5)$$

$$S=\sqrt{\frac{\sum_{i=1}^{6}(A_i-\overline{A}_6)^2}{5}} \quad\cdots\cdots(6)$$

$$SX=\frac{S}{\overline{A}_6}\times 100 \quad\cdots\cdots(7)$$

式中：

$\overline{A}_6$——6次读数平均值；

S——标准偏差；

SX——相对标准偏差，(%)；

A_i——6次读数。

5.8 响应时间试验

将浓度为60%～90%量程的标准气在额定流量下通入仪器进气口，用计时器计时，从气体通入仪器进气口开始，到仪器显示值上升到稳态示值的90%处所需的时间。

5.9 报警误差试验

至少先后设定两个报警点,用比所设报警点高(或低)3%～5%O_2的标准气进行试验。通入试验气,记录仪器发出声、光报警时的示值。重复3次,取平均值。该平均值与所设报警值之差即报警误差。

5.10 运输、运输贮存试验

仪器在包装运输状态下,应按GB/T 11606.14～11606.17—1989的规定执行。

6 检验规则

6.1 每台仪器须经检验合格后方能出厂,并附有产品合格证书。

6.2 仪器检验分出厂检验和型式检验

6.2.1 出厂检验

按4.2、4.3.1、4.5.2、4.5.3、4.5.4、4.5.6检验批产品中的每台仪器,对4.3.2、4.3.3、4.5.1、4.5.5、4.5.7按5%的抽查率进行检验。

6.2.2 型式检验为本标准中规定的全部技术要求项目。

6.2.3 在下列情况之一时进行型式检验:

6.2.3.1 新产品设计定型时;

6.2.3.2 产品在设计工艺或使用材料作重大改变时;

6.2.3.3 产品6个月停产后,恢复生产时;

6.2.3.4 成批生产的产品每3年进行一次。

6.2.4 型式检验的仪器必须在出厂检验合格的产品中抽取。

6.2.5 抽样方案

每批20台每次抽样两台,如果检验结果有一台不合格,则型式检验判为不合格。

6.2.6 判定规则

6.2.6.1 4.2、4.3.1、4.4、4.5.2、4.5.3、4.5.4、4.5.6不合格为重缺陷,其余项目不合格为轻缺陷;

6.2.6.2 有一个重缺陷的产品为不合格产品;

6.2.6.3 两台试样的轻缺陷总数多于3个,或有两个相同的轻缺陷,则为不合格产品。

7 标志、包装、运输、贮存

7.1 仪器应在明显位置标志下列内容:

7.1.1 仪器的型号、名称及规格;

7.1.2 制造厂名称;

7.1.3 仪器出厂日期及编号。

7.2 仪器包装按GB/T 15464—1995中防潮包装规定进行。

7.3 仪器包装箱应印刷下列标志:

7.3.1 仪器型号、名称及规格;

7.3.2 制造厂名称、地址;

7.3.3 包装箱体积:长(mm)×宽(mm)×高(mm);毛质量和净质量(kg);

7.3.4 “精密仪器”、“向上”、“小心轻放”、“防潮”及相应图案符号;

7.4 仪器在运输过程中和贮存时必须防止受到剧烈冲击、雨淋、曝晒及辐射。

7.5 随同仪器的文件至少包括：

7.5.1 装箱清单；

7.5.2 产品合格证书；

7.5.3 使用说明书。

7.6 仪器贮存

仪器应原箱存放保管，仓库环境温度为0℃～40℃，相对湿度不大于85%，不应存在引起仪器腐蚀及电气绝缘降低的有害物质。

8 仪器的保修期

在用户遵守保管和使用规则的条件下，从用户购买之日起保修1年，产品因制造质量不良而发生损坏或不能正常工作时，制造厂应无偿地为用户修理产品或更换零件。

ICS 43.080.10
T 59

中华人民共和国国家标准

GB/T 19905—2017
代替 GB/T 19905—2005

液化气体汽车罐车

Road tanker for liquefied gas

2017-10-14 发布 2018-05-01 实施

中华人民共和国国家质量监督检验检疫总局
中国国家标准化管理委员会 发布

前 言

本标准按照 GB/T 1.1—2009 给出的规则起草。

本标准代替 GB/T 19905—2005《液化气体运输车》。本标准与 GB/T 19905—2005 相比，除编辑性修改外其主要技术变化如下：

——修改了标准范围(见第 1 章,2005 年版的第 1 章)；

——删除了工作压力、设计压力等 6 个术语,并且增加了液化气体等 4 个术语(见第 3 章，2005 年版的第 3 章)；

——修改了章标题,并且增加了用户或设计委托方的职责,修改了设计单位和制造单位的资格与职责的要求(见第 4 章,见 2005 年版第 4 章)；

——修改了罐体用钢板、钢锻件、钢管和管件、堆积绝热材料、焊接材料等要求,并且增加了密封材料的要求(见 5.2、5.3、5.4.6,见 2005 年版 5.2～5.5)；

——修改了整车、载荷、设计温度、设计压力、最大允许充装量等要求,并且增加了分析设计方法、最低设计金属温度、罐体最小厚度、二甲醚介质和泄漏试验等要求(见第 6 章,见 2005 年版第 6 章)；

——修改了安全附件、仪表及装卸附件的要求(见第 7 章,见 2005 年版第 7 章)；

——修改了焊接接头分类、材料复验、冷热加工、组装、焊接、无损检测、热处理等要求,增加了 E 类焊接接头(见 8.1～8.4,见 2005 年版 8.2、8.3)；

——增加了氨检漏、卤素检漏及氦检漏等试验方法(见 9.2.3)；

——增加了“风险评估报告”的内容(见附录 A)；

——删除了“产品铭牌的格式和内容”“产品质量证明书的格式和内容”(见年 2005 年的附录 B、附录 C)；

——“安全泄放装置的设计计算”改为“罐体安全泄放量及安全泄放装置排放能力的计算”，且修改了罐体安全泄放量及安全泄放装置排放能力的要求(见附录 B,见 2005 年版附录 A)。

本标准由全国锅炉压力容器标准化技术委员会(SAC/TC 262)提出并归口。

本标准起草单位:荆门宏图特种飞行器制造有限公司、上海市气体工业协会、中国特种设备检测研究院、广东建成机械设备有限公司、上海华谊集团装备工程有限公司、上海华理安全装备有限公司、南通中集能源装备有限公司、石家庄安瑞科气体机械有限公司、航天晨光股份有限公司、上海市特种设备监督检验研究院、武汉中正化工设备有限公司、铁岭黄海专用车制造有限公司。

本标准主要起草人:肖学文、周伟明、余柏建、魏勇彪、孙太平、陈朝晖、寿比南、谢铁军、吴全龙、蒋平安、王芳、王红霞、罗晓明、王家群、赵德祥。

本标准所代替标准的历次版本发布情况为：

——GB/T 19905—2005。

引　言

标准的符合性声明及修订

本标准的制定遵循了国家颁布的压力容器安全法规所规定的基本安全技术要求,其设计准则、材料要求、制造检验技术要求和验收标准等符合 TSG R0005 的规定。本标准为协调标准,即按本标准建造的液化气体汽车罐车可满足 TSG R0005 的基本安全要求。

标准的修订采用提案审查制度。任何单位和个人有权对本标准的修订提出建议,修订建议采用"标准提案/问询表"的方式提交全国锅炉压力容器标准化技术委员(以下简称委员会)。委员会对收到的标准修订提案审查,按审查结果将采纳的技术内容纳入下版标准。

标准提案/问询表　　　　总第　　号

□标准提案 □标准问询		标准名称	
单 位		姓 名	
联系地址		邮政编码	
电话/传真		电子邮箱	
提案/问询内容(可另附页)			
技术依据与相关资料(可另附页)			
附加说明:			
单位公章或提案(问询)人签字:		提交日期: 年　月　日	

全国锅炉压力容器标准化技术委员

地址:北京市朝阳区和平街西苑 2 号 D 座三层　邮政编码:100029

电子邮箱:GB-T19905@cscbpv.org

液化气体汽车罐车

1 范围

1.1 本标准规定了液化气体汽车罐车(以下简称罐车)的材料、设计、制造、试验方法、检验规则、标志标识、出厂文件、储存运输等要求。

1.2 本标准适用于钢制罐体的设计压力不小于0.1 MPa,容积不小于1 m^3,且与定型底盘或半挂车行走机构永久性连接的罐车。

1.3 本标准不适用于下列范围的罐车:

a) 罐体材料为有色金属或非金属的;

b) 罐体为真空绝热结构的;

c) 国防军事装备等有特殊要求的。

1.4 本标准适用的罐车范围包括罐体、管路、安全附件、仪表、装卸附件,以及定型底盘或半挂车行走机构、支座、操作箱等。

1.5 罐体界定范围如下:

a) 罐体与管路焊接连接的第一道环向接头的坡口面;

b) 罐体与管路、安全附件螺纹连接的第一个螺纹接头端面、法兰连接的第一个法兰密封面;

c) 罐体开孔部分的端盖、端塞及其紧固件;

d) 罐体与非受压元件的连接焊缝。

1.6 主要受压元件包括筒体、封头以及公称直径不小于50 mm的接管(承压)、凸缘、法兰、法兰盖板等。

1.7 管路包括所有与罐体相连接的管子与管件。

2 规范性引用文件

下列文件对于本文件的应用是必不可少的。凡是注日期的引用文件,仅注日期的版本适用于本文件。凡是不注日期的引用文件,其最新版本(包括所有的修改单)适用于本文件。

GB/T 150.1 压力容器 第1部分:通用要求

GB/T 150.2 压力容器 第2部分:材料

GB/T 150.3 压力容器 第3部分:设计

GB/T 150.4—2011 压力容器 第4部分:制造、检验和验收

GB/T 196 普通螺纹 基本尺寸

GB/T 197 普通螺纹 公差

GB/T 567.1 爆破片安全装置 第1部分:基本要求

GB/T 567.2 爆破片安全装置 第2部分:应用、选择与安装

GB/T 567.3 爆破片安全装置 第3部分:分类及安装尺寸

GB/T 713 锅炉和压力容器用钢板

GB 1589　汽车、挂车及汽车列车外廓尺寸、轴荷及质量限值
GB/T 1804—2000　一般公差　未注公差的线性和角度尺寸的公差
GB/T 3531　低温压力容器用钢板
GB/T 3730.2　道路车辆　质量　词汇和代码
GB/T 3730.3　汽车和挂车的术语及其定义　车辆尺寸
GB 4351(所有部分)　手提式灭火器
GB/T 4606　道路车辆　半挂车牵引座50号牵引销的基本尺寸和安装、互换性尺寸
GB/T 4607　道路车辆　半挂车牵引座90号牵引销的基本尺寸和安装、互换性尺寸
GB 4785　汽车及挂车外部照明和光信号装置的安装规定
GB/T 6479　高压化肥设备用无缝钢管
GB 6944　危险货物分类和品名编号
GB 7258　机动车运行安全技术条件
GB/T 8163　输送流体用无缝钢管
GB/T 9948　石油裂化用无缝钢管
GB/T 9969　工业产品使用说明书　总则
GB 11567.1　汽车和挂车侧面防护要求
GB 11567.2　汽车和挂车后下部防护要求
GB/T 12241　安全阀　一般要求
GB/T 12243　弹簧直接载荷式安全阀
GB 12268　危险货物品名表
GB 12676　商用车辆和挂车制动系统技术要求及试验方法
GB 13365　机动车排气火花熄灭器
GB 13392　道路运输危险货物车辆标志
GB/T 13881　牵引车与挂车之间气制动管连接器
GB/T 14976　流体输送用不锈钢无缝钢管
GB 16735　道路车辆　车辆识别代号(VIN)
GB/T 17393　覆盖奥氏体不锈钢用绝热材料规范
GB/T 17600(所有部分)　钢的伸长率换算
GB/T 20070　道路车辆　牵引车与半挂车之间　机械连接互换性
GB 20300　道路运输爆炸品和剧毒化学品车辆安全技术条件
GB 21668　危险货物运输车辆结构要求
GB/T 22653　液化气体设备用紧急切断阀
GB/T 23336　半挂车通用技术条件
GB/T 24511　承压设备用不锈钢钢板及钢带
GB/T 25198　压力容器封头
GB/T 26929　压力容器术语
GB 50126　工业设备及管道绝热工程施工规范
GBZ/T 230　职业性接触毒物危害程度分级
GSB 05-1426　漆膜颜色标准样卡

NB/T 47008　承压设备用碳素钢和合金钢锻件

NB/T 47009　低温承压设备用低合金钢锻件

NB/T 47010　承压设备用不锈钢和耐热钢锻件

NB/T 47013.1　承压设备无损检测　第1部分:通用要求

NB/T 47013.2　承压设备无损检测　第2部分:射线检测

NB/T 47013.3　承压设备无损检测　第3部分:超声检测

NB/T 47013.4　承压设备无损检测　第4部分:磁粉检测

NB/T 47013.5　承压设备无损检测　第5部分:渗透检测

NB/T 47013.10　承压设备无损检测　第10部分:衍射时差法超声检测

NB/T 47013.11　承压设备无损检测　第11部分:X射线数字成像检测

NB/T 47013.14　承压设备无损检测　第14部分:X射线计算机辅助成像检测

NB/T 47014　承压设备焊接工艺评定

NB/T 47016　承压设备产品焊接试件的力学性能检验

NB/T 47018(所有部分)　承压设备用焊接材料订货技术条件

JB/T 4711　压力容器涂敷与运输包装

JB 4732—1995　钢制压力容器　分析设计标准(2005确认)

JB/T 5943　工程机械　焊接件通用技术条件

JT/T 230　汽车导静电橡胶拖地带

HG/T 20592　钢制管法兰(PN系列)

HG/T 20610　钢制管法兰用缠绕式垫片(PN系列)

HG/T 20614　钢制管法兰、垫片、紧固件选用配合规定(PN系列)

HG/T 20615　钢制管法兰(Class系列)

HG/T 20631　钢制管法兰用缠绕式垫片(Class系列)

HG/T 20635　钢制管法兰、垫片、紧固件选用配合规定(Class系列)

HG 20660　压力容器中化学介质毒性危害和爆炸危险程度分类

QC/T 252　专用汽车定型试验规程

QC/T 310　半挂车支承装置

QC/T 484　汽车油漆涂层

TSG R0005　移动式压力容器安全技术监察规程

TSG Z6002　特种设备焊接操作人员考核细则

3　术语和定义

GB/T 150.1、GB/T 150.4—2011、GB/T 3730.2、GB/T 3730.3及GB/T 26929界定的以及下列术语和定义适用于本文件。

3.1

液化气体　liquefied gas

在温度高于－50 ℃下加压时部分是液态的气体,包括临界温度在－50 ℃～65 ℃的高压液化气体和临界温度高于65 ℃的低压液化气体。

3.2

液化气体汽车罐车 road tanker for liquefied gas

罐体充装液化气体,且与定型底盘或半挂行走机构采用永久性连接的道路运输罐式车辆。

3.3

单车 tank truck

罐体安装在定型底盘上的道路运输罐式车辆。

3.4

半挂车 semi-trailer

罐体安装在半挂行走机构上的道路运输罐式车辆。

3.5

几何容积 geometric volume

按设计的几何尺寸确定(不计制造误差,但扣除内件所占体积)的罐体内部体积。

3.6

等效压力 equivalent pressure

罐体所承受的在正常运输工况中因介质惯性力载荷作用而引起的压力。

3.7

基准钢 reference steel

系指设定的标准抗拉强度下限值(R_m)为 370 MPa,断后伸长率(A)为 27%的基准材料。

4 资质与职责

4.1 资质

4.1.1 罐车的设计、制造、检验及验收除符合本标准的规定外,还应遵守国家颁布的有关法律、规章和安全技术规范。

4.1.2 罐车的设计、制造的单位资质应符合 TSG R0005 的有关规定,且持有相应的特种设备设计、制造许可证。

4.1.3 罐车的制造单位除持有相应特种设备制造许可证书外,还应按国务院汽车行业主管部门的规定取得相应产品制造资质。

4.2 职责

4.2.1 用户或设计委托方

用户或设计委托方应以正式书面形式向设计单位提出罐车设计条件,其设计条件至少包含下列内容:

a) 设计和制造应遵循的主要标准和安全技术规范;

b) 工作条件,包括使用环境温度、工作温度范围、工作压力范围、装卸条件及方式、装卸压力、附加载荷及路况等;

c) 充装介质,包括介质的编号、名称、类别、组分、物理与化学性质、危险特性、有害杂质含量、介质对罐体材料的腐蚀速率及相容性等;

d) 罐体容积;

e) 预期使用年限；

f) 对应波动压力的压力循环次数；

g) 定型底盘或牵引车的型号和必要的技术参数；

h) 设计需要的其他必要条件(如罐体材料选择、防腐、表面处理及特殊试验等)。

4.2.2 设计单位

4.2.2.1 设计单位应基于风险评估报告的内容完成整车设计，且对整车设计文件的正确性和完整性负责。

4.2.2.2 设计许可印章的管理和使用应满足 TSG R0005 的要求。

4.2.2.3 设计单位应在罐车设计使用年限内保存全部设计文件。

4.2.3 制造单位

4.2.3.1 罐车为整车制造，制造单位对罐车制造质量负责。

4.2.3.2 制造单位应按设计文件的要求进行制造，当原设计文件需修改时，应取得原设计单位同意修改的书面证明文件，且对改动部位作出详细记录。

4.2.3.3 制造单位在制造前应制定质量计划，其内容至少应包括罐车的制造工艺控制点、检验项目及合格要求。

4.2.3.4 制造单位的检查部门在罐车制造过程中和完工后，应按本标准、设计图样和技术文件、质量计划(检验计划)的规定进行各项检验和试验，出具相应报告，并对报告的正确性和完整性负责。

4.2.3.5 每辆罐车检验合格后，制造单位应出具产品合格证。

4.2.3.6 制造单位应接受特种设备检验检测机构对其制造过程的监督检验，并取得监检单位出具的“特种设备制造监督检验证书”。

4.2.3.7 罐车应按型号通过国务院汽车主管部门核准或批准的试验机构的型式试验或相关试验，且取得相应合格证明文件。

4.2.3.8 制造单位对其制造的每辆罐车应在其设计使用年限内至少保存下列技术文件备查：

a) 制造工艺图或制造工艺卡；

b) 罐体的焊接工艺和热处理工艺文件；

c) 标准规定的检验、试验项目记录；

d) 制造过程中及完工后的检查、检验、试验记录；

e) 出厂文件(符合第 12 章的规定)；

f) 原设计图。

5 材料

5.1 一般要求

5.1.1 与充装介质接触的材料应与介质相容。

5.1.2 与受压元件相焊的非受压元件用材料应具有良好的焊接性。

5.1.3 材料制造单位应在材料的明显部位作出清晰、牢固的出厂钢印标志或采用其他可追溯的标志。

5.1.4 材料制造单位应向制造单位提供材料质量证明书，材料质量证明书的内容应齐全、清晰，且印制可追溯的信息化标志以及质量检验章。

5.1.5 制造单位从非材料制造单位取得罐体用材料时，应取得材料制造单位提供的材料质量证明书原件或加盖材料经营单位公章和经办负责人章的复印件。

5.1.6 制造单位应对取得的材料、外购件的质量证明书的真实性和一致性负责。

5.2 罐体材料

5.2.1 一般要求

罐体选用的材料应符合相应国家标准、行业标准的规定。罐体受压元件选材时，应考虑罐体的使用条件（如设计温度、设计压力、介质特性和操作特点等）、材料的性能（力学性能、工艺性能、化学性能和物理性能）、罐体的制造工艺以及经济合理性。

5.2.2 境外材料与新材料

境外牌号材料或新材料的使用应符合 TSG R0005 的有关规定。

5.2.3 熔炼方法

5.2.3.1 罐体受压元件用钢应为镇静钢。

5.2.3.2 标准抗拉强度下限值不小于 540 MPa 的低合金钢钢板、用于设计温度低于－20 ℃的低温钢板和低温钢锻件，还应采用炉外精炼工艺。

5.2.4 化学成分（熔炼分析）

5.2.4.1 焊接用碳素钢和低合金钢材，碳含量不大于 0.250％、磷含量不大于 0.035％、硫含量不大于 0.035％。

5.2.4.2 压力容器专用钢中的碳素钢和低合金钢钢材（钢板、钢管和钢锻件），其磷、硫含量应符合下列规定：

a) 标准抗拉强度下限不大于 540 MPa 钢材，磷含量不大于 0.030％、硫含量不大于 0.020％；

b) 标准抗拉强度下限值大于 540 MPa 的钢材，磷含量不大于 0.025％、硫含量不大于 0.015％；

c) 用于设计温度低于－20 ℃且标准抗拉强度下限值不大于 540 MPa 的钢材，磷含量不大于0.025％、硫含量不大于 0.012％；

d) 用于设计温度低于－20 ℃且标准抗拉强度下限值大于 540 MPa 的钢材，磷含量不大于0.020％、硫含量不大于 0.010％。

5.2.5 力学性能

5.2.5.1 罐体用碳素钢或低合金钢钢材，常温下的屈服强度标准值应不大于 460 MPa，抗拉强度上限标准值应不大于 725 MPa，且能适应罐车在运输、使用中所遇到的环境条件，并符合设计图样的要求。

5.2.5.2 罐体用碳素钢或低合金钢钢材，材料质量证明书中常温下的屈服强度与抗拉强度之比应不大于 0.85。

5.2.5.3 罐体用碳素钢或低合金钢钢板、钢管和钢锻件的冲击吸收能量试验应符合下列规定：

a) 冲击试验温度应按设计文件的要求；

b) 夏比冲击吸收能量(KV_2)最低值应符合表1的规定；

c) 当钢材标准中夏比冲击吸收能量指标高于表1规定的，还应符合相应钢材标准的规定；

d) 厚度小于6 mm的钢板可免除冲击吸收能量试验。

表1 碳素钢或低合金钢钢板、钢管和钢锻件的夏比冲击吸收能量

钢材标准抗拉强度下限值 R_m/MPa	3个标准试样夏比冲击吸收能量平均值 KV_2/J
≤510	≥27
>510～570	≥34
>570～630	≥38 (且侧向膨胀量 L_E≥0.53 mm)
对 R_m 随厚度增大而降低的钢材，按该钢材最小厚度范围的 R_m 确定夏比冲击吸收能量指标。	

5.2.5.4 夏比冲击吸收能量试样的取样部位和试样方向应符合相应钢材标准的规定。冲击吸收能量试验每组取3个标准试样(宽度为10 mm)，允许1个试样的冲击吸收能量数值低于表1的规定值，但不低于表1规定值的70%。当钢材尺寸无法制备标准试样时，则应依次制备宽度为7.5 mm或5 mm的小尺寸冲击试样，其冲击吸收能量指标分别为标准试样冲击吸收能量指标的75%或50%。

5.2.5.5 断后伸长率(A)应符合以下要求：

a) 罐体用钢板的断后伸长率(A)应不小于10 000/R_m(%)，且应满足下列要求：

——当标准抗拉强度下限值(R_m)不小于540 MPa时，断后伸长率(A)不小于17%；

——当标准抗拉强度下限值(R_m)小于540 MPa时，断后伸长率(A)不小于20%。

b) 当相应钢板标准规定的断后伸长率(A)高于a)时，还应符合钢板标准的规定；

c) 其他受压元件用钢板、钢管和钢锻件的断后伸长率(A)应符合相应钢材标准的规定；

d) 采用不同尺寸试样的断后伸长率指标，应按GB/T 17600(所有部分)进行换算，换算后的指标应符合a)或b)、c)的规定。

5.2.6 钢板超声检测

罐体用碳素钢和低合金钢钢板应逐张进行超声检测，钢板超声检测应按NB/T 47013.3的规定进行，其合格等级不低于Ⅱ级。

5.2.7 钢板

5.2.7.1 罐体常用钢板材料的性能指标见表2。

5.2.7.2 当采用表2以外的钢板时，除满足本标准要求外，还应符合相应材料标准的规定。

表 2　罐体常用钢板性能指标

钢　号	钢板标准	交货状态	厚度 mm	室温强度指标 MPa		断后伸长率 A/%
				R_{m}	R_{eL}($R_{p0.2}$)	
Q245R	GB/T 713	热轧,控轧或正火	5~16	400~520	≥245	≥25
			>16~36		≥235	
Q345R			5~16	510~640	≥345	≥21
			>16~36	500~630	≥325	
Q370R		正火	10~16	530~630	≥370	≥20
			>16~36		≥360	
16MnDR	GB/T 3531	正火,正火加回火	6~16	490~620	≥315	≥21
			>16~36	470~600	≥295	
S30408	GB/T 24511	固溶处理	4~30	≥520	≥220	≥40
S30403				≥490	≥210	
S31608				≥520	≥220	
S31603				≥490	≥210	

5.2.8　钢锻件

5.2.8.1　罐体用碳素钢和低合金钢钢锻件应符合 NB/T 47008 的规定,低温罐体用低合金钢钢锻件应符合 NB/T 47009 的规定。

5.2.8.2　罐体用不锈钢钢锻件应符合 NB/T 47010 的规定。

5.2.8.3　与罐体内介质接触且公称直径不小于 50 mm 的钢锻件的级别应不低于Ⅲ级,其余钢锻件应不低于Ⅱ级。

5.2.9　钢管和管件

5.2.9.1　钢管应符合 GB/T 150.2 及设计图样的规定,且还满足下列要求:

a)　碳素钢、低合金钢钢管应符合 GB/T 6479、GB/T 9948 或 GB/T 8163 的规定。与毒性程度为极度、高度危害的介质接触的钢管,应符合 GB/T 6479 或 GB/T 9948 的规定,且应按相关标准逐根进行压力试验,试验压力不低于 1.6 MPa 且不低于按设计图样的规定;

b)　不锈钢钢管应符合 GB/T 14976 的规定。

5.2.9.2　管件应符合相应标准的规定,当管件采用钢锻件时其要求应符合 5.2.8 的规定。

5.2.10　焊接材料

5.2.10.1　罐体用焊接材料应符合 NB/T 47018(所有部分)的规定,且有清晰、牢固的标志。

5.2.10.2　焊接材料选用应考虑焊接接头力学性能与罐体母材的匹配,且焊缝金属的抗拉强度不低于母材标准规定的下限值,冲击吸收能量应符合表 1 的规定,当需要时,其他性能也不应低于母材的相应要求。

5.2.10.3 焊接材料应按 NB/T 47014 的要求进行焊接工艺评定,评定合格后方可使用。

5.2.10.4 制造单位应建立并执行焊接材料验收、复验、保管、烘干、发放和回收制度。

5.3 堆积绝热材料

堆积绝热材料应符合下列规定:

a) 应具有良好的化学稳定性,对设备和管路无腐蚀作用,且在遭受火灾时不大量逸散有毒气体;

b) 具有良好的绝热性能和阻火功能;

c) 与奥氏体不锈钢表面接触的,其氯离子含量应符合 GB/T 17393 的规定。

5.4 其他

5.4.1 外购件应符合相应国家标准或行业标准的规定。

5.4.2 定型底盘应选用国务院汽车主管部门认可的定型产品,同时有相应技术资料和质量证明文件。当选用进口汽车底盘时应符合国家有关规定,且有相应的技术资料和质量证明文件。

5.4.3 半挂车行走机构应符合 GB/T 23336 的规定,且有相应技术文件和质量证明文件。

5.4.4 手提灭火器应符合 GB 4351(所有部分)的规定,且在有效期内。

5.4.5 紧固件应符合相应国家标准或行业标准的规定。

5.4.6 密封垫片应符合相应标准的规定,且不含有石棉。

6 设计

6.1 一般要求

6.1.1 罐车设计除应符合本标准的要求外,还应符合相关法规、国家标准和行业标准的规定,罐体、管路、安全附件、仪表及装卸附件等的布置应满足使用和安全的要求。

6.1.2 罐车的外廓尺寸、轴荷及质量限值应符合 GB 1589 的规定,轴荷分配应合理,且轴荷及总质量应不大于定型底盘或半挂车的允许限值。

6.1.3 罐车在满载、静态状态下,向左侧和右侧倾斜最大侧倾稳定角应符合 GB 7258 的规定。

6.1.4 罐车的制动装置与制动性能应符合 GB 7258、GB 12676 和 GB/T 23336 的规定,且半挂车应采用双管路制动系统。

6.1.5 罐车的后悬应符合 GB 7258 的规定。

6.1.6 罐车应设置侧面防护装置。侧面防护装置应符合 GB 11567.1 的规定,罐体及罐体上的管路、安全附件、仪表及装卸附件不应超出侧面防护装置。

6.1.7 罐车应设置后下部防护装置。后下部防护装置应符合 GB 11567.2 的规定,且具有足够的强度和刚度,在罐车发生意外碰撞时,保护罐体、管路、安全附件、仪表及装卸附件的安全,其内侧与罐体后封头及罐体后部的管路、安全附件、仪表及装卸附件的外端面在长度方向垂直投影的距离应不小于 150 mm。

6.1.8 罐车操作箱应有足够的操作空间,且连接应牢固,其设置应满足车辆使用要求。

6.1.9 罐车的外部照明和信号装置的数量、位置与光色应符合 GB 4785 的规定。

6.1.10 罐车两侧各应至少配备一只不小于 4 kg 的手提灭火器,且安装牢靠、取放方便。

6.1.11 单车和半挂牵引车应安装限速装置、具有行驶记录功能的卫星定位装置、缓速器或其他辅助制动系统。

6.1.12 半挂车的前回转半径及后间隙半径应满足 GB/T 20070 的规定。

6.1.13 半挂车行走机构应符合 GB/T 23336 的规定。

6.1.14 半挂车的牵引销应符合 GB/T 4606 或 GB/T 4607 的规定。

6.1.15 半挂车车轴与悬挂装置应符合 GB/T 23336 的规定

6.1.16 半挂车支撑装置的布置应不影响牵引车的转向行驶,半挂车支撑装置应符合 QC/T 310 的规定,其行车状态离地间隙应大于或等于 320 mm。

6.1.17 充装易燃、易爆介质的罐车应符合下列规定:

a) 罐车的排气火花熄灭器应设置在罐体前端面之前,且不高于车辆纵梁上平面的区域内,排气火花熄灭器应符合 GB 13365 的规定;
b) 非金属衬里的罐体应有防静电措施;
c) 罐体及其附加设备的结构及安全技术应符合 GB 21668 和 GB 20300 的有关规定。

6.1.18 采用堆积绝热结构的罐体的设计应满足设计文件的要求。

6.1.19 物性受温度影响敏感的介质,其罐体应采用适当的结构以避免温度对介质产生的影响。

6.1.20 罐体的设计使用年限应不小于 10 年。

6.2 设计文件

6.2.1 罐车的设计文件至少包括下列文件:

a) 风险评估报告,包括设计、制造及使用等阶段的主要失效模式和风险控制等,其基本内容应符合附录 A 的规定;
b) 设计说明书,包括充装介质的主要物理与化学性质(编号、名称、类别及与工作温度相对应的饱和蒸汽压和密度等)、危险特性、混合介质的限制组分以及有害杂质的限制含量要求、与罐体材料相容性等作出说明,还应对设计规范与标准的选择、主要设计结构的确定原则、主要设计参数的确定原则、材料的选择、安全附件、仪表及装卸附件的选择、主要外购部件(如定型底盘、行走机构)等的选用作出说明;
c) 设计计算书,包括罐体的强度、刚度、外压稳定性、容积、安全泄放量和安全泄放装置排放能力等计算,支撑结构强度计算,罐体与行走机构或定型底盘连接处的受力校核,罐车轴荷分配、重心和侧倾稳定性的计算,需要时还包括罐车结构强度应力分析计算、罐体传热计算等;
d) 设计图样,包括总图、罐体及部件图、管路系统及流程图等;
e) 制造技术条件,包括主要制造工艺要求、检验试验方法等;
f) 使用说明书,包括主要技术性能参数、适用介质、安全附件、仪表及装卸附件等的规格和连接方式、操作使用说明、使用注意事项和必要的警示性要求,以及应急措施等。

6.2.2 设计总图、罐体图、风险评估报告、设计计算书应由设计、校核、审核 3 级签署以及经设计单位技术负责人或其授权人的批准。

6.2.3 设计总图应至少注明下列内容:

a) 产品名称、型号及设计制造依据的主要安全技术规范、产品标准;
b) 工作条件,包括使用环境温度、工作温度、工作压力、介质特性(毒性和爆炸危害程度等)等;
c) 设计条件,包括设计温度、最低设计金属温度、设计载荷(含压力载荷和其他必要的载荷)、介质(组分)、腐蚀裕量等,介质有应力腐蚀倾向的需注明介质的限定含量;

d) 主要特性参数,包括罐车的总质量、整备质量、罐体几何容积、单位容积充装量、最大允许充装量等;

e) 设计使用年限;

f) 需绝热的罐体,提出绝热措施;

g) 特殊制造要求,如氮气或惰性气体置换要求等;

h) 泄漏试验要求;

i) 特殊耐腐蚀要求(必要时);

j) 安全附件、仪表及装卸附件的规格、性能参数及连接方式;

k) 装卸管口方位、规格、连接法兰标准等;

l) 当运输中需气体保护要求,如氮气或其他不溶性气体的封罐压力限制等要求;

m) 定型底盘型号、类别,半挂车行走机构型号;

n) 罐车的前悬/后悬、接近角/离去角、设计限速、外形尺寸、轴距、满载时轴荷分配、最大侧向稳定角等;

o) 铭牌位置。

6.2.4 罐体的设计图应至少注明下列内容:

a) 主要受压元件材料牌号与材料标准;

b) 主要设计参数,包括设计温度、设计压力、最低设计金属温度、腐蚀裕量、单位容积充装量、最大允许充装量、充装介质及介质的危害性、几何容积、焊接接头系数等,介质有应力腐蚀倾向的还需注明介质的限定含量;

c) 圆筒、封头的设计厚度和最小成形厚度;

d) 无损检测要求;

e) 热处理要求(必要时);

f) 耐压试验要求;

g) 罐体设计使用年限(当疲劳罐体时应标明循环次数)。

6.3 罐体与定型底盘的连接

6.3.1 单车设计时,应避免上装部分的布置对定型底盘车架造成集中载荷。

6.3.2 当定型底盘车架需加长时,加长部分用材料应考虑材料的可焊性。

6.3.3 应避免在车架应力集中区内钻孔或焊接。当车架侧平面钻孔时,其孔边缘至少距上、下平面25 mm以上。

6.3.4 罐体纵向中心平面与定型底盘纵向中心平面应重合,其允许偏差不大于 6 mm,罐体与定型底盘的连接应合理、牢固。

6.4 罐体与半挂车行走机构的连接

6.4.1 半挂车按罐体受力情况及连接方式可分为半承载式和承载式两种。

6.4.2 半挂车车架应进行强度校核。

6.4.3 承载式半挂车的罐体结构设计应满足 GB/T 23336 的要求,且罐体应进行附加重力载荷下的强度校核。

6.4.4 罐体纵向中心平面与半挂车行走机构的纵向中心平面应重合,其偏差应不大于 6 mm。

6.5 罐体

6.5.1 一般要求

6.5.1.1 强度计算和外压稳定性校核时,采用规则设计的应符合 GB/T 150.3 的规定,采用分析设计的应符合 JB 4732 的规定。

6.5.1.2 当罐体强度按 GB/T 150.3 计算时,局部应力分析可按 JB 4732 的规定进行。

6.5.1.3 罐体应基于可能产生的失效模式进行设计。

6.5.2 载荷

6.5.2.1 罐体设计时,应能够承受在正常装卸和运输使用过程中可能出现的各种工况条件下的内压、外压、内外压力差等静载荷、动载荷和热应力载荷等,以及这些载荷的组合。同时还应考虑在设计使用年限内由于反复施加这些载荷而造成的疲劳失效。

6.5.2.2 罐体设计时应考虑下列载荷:

a) 内压、外压或最大压差;
b) 装载量达到最大充装质量时的液柱静压力;
c) 运输时的惯性力;
d) 支座与罐体连接部位或支承部位的作用力;
e) 连接管道和其他部件的作用力;
f) 罐体自重及正常工作条件下或试验条件下充装介质的重力载荷;
g) 附件及管道、平台等的重力载荷;
h) 温度梯度或热膨胀量不同引起的作用力;
i) 压力急剧波动引起的冲击载荷;
j) 冲击力,如由流体冲击罐体引起的作用力等;
k) 因压力或温度变化、安装在罐车或罐体上的设备以及机械载荷等产生的周期性动载荷。

6.5.2.3 罐体承受的惯性力载荷按下列要求转换成等效静态力:

a) 运动方向:最大质量的 2 倍乘以重力加速度;
b) 与运动方向垂直的水平方向:最大质量乘以重力加速度(当运动方向不明确时,为最大质量的 2 倍乘以重力加速度);
c) 垂直向上:最大质量乘以重力加速度;
d) 垂直向下:最大质量的 2 倍乘以重力加速度。

注 1:计算罐体在运输工况中所承受的惯性力载荷时,最大质量为介质最大允许充装质量;计算罐体与行走机构或定型汽车底盘等连接处在运输工况中所承受惯性力载荷时,最大质量为介质最大允许充装质量、罐体及附件质量之和。

注 2:上述载荷施加于罐体的形心,且不造成罐体内气相空间压力的升高。

6.5.2.4 罐体外压载荷的确定应符合下列规定:

a) 一般不小于 0.04 MPa 外压;
b) 在制造、运输、装卸、检验试验、使用或其他工况中,可能经受大于 0.04 MPa 外压时应按最大可能的实际外压进行稳定性校核。当无法确定时,应按 0.1 MPa 外压进行稳定性校核。

6.5.2.5 当罐体满足下列条件之一的,可免除疲劳分析:

a) 设计的罐体与已有成功使用经验的罐体有可类比的形状和载荷条件,且根据其经验能证明不需做疲劳分析者,但对下列情况所产生不利影响应特别注意:

——非整体结构,如开孔采用补强圈补强或角焊缝连接件;

——相邻部件之间有显著的厚度变化;

——销座支撑、V型支座、防波板与加强圈或罐体连接处等应力集中处。

b) 采用常温抗拉强度 R_m 不大于540 MPa的钢材时,下列各项循环次数的总和不超过1 000次:

——包括充装与卸液在内的全范围压力循环的预计(设计)循环次数。

——压力波动范围超过20%设计压力的工作压力环循的预计(设计)循环次数。

——包括接管在内的任意相邻两点之间金属温差波动的有效次数。该有效次数的计算方法是金属温差波动的预计次数乘以表3所列的相应系数,再将所得次数相加得到总次数。

——由热膨胀系数不同的材料组成的部件(包括焊缝),当 $(\alpha_1-\alpha_2)\Delta T>0.000\ 34$ 时的温度波动循环次数,α_1、α_2 是两种材料各自的平均热膨胀系数,ΔT 为工作温度波动范围。

c) JB 4732—1995中3.10.2.2规定的全部条件。

表3 金属温差波动系数

金属温差波动幅度/℃	系数
≤25	0
26～50	1
51～100	2

6.5.3 设计温度

6.5.3.1 设计温度应考虑环境温度的影响,应不高于液化气体的临界温度。

6.5.3.2 设计温度应不低于元件金属在工作状态可能达到的最高工作温度,对临界温度高于65 ℃的低压液化气体罐体设计温度一般应不低于50 ℃,但介质特性不允许的除外。

6.5.4 最低设计金属温度

6.5.4.1 根据正常运输、使用、检验及试验中介质最低工作温度以及环境温度条件对罐体金属温度的影响,确定罐体最低设计金属温度,且不高于−40 ℃。

6.5.4.2 当碳素钢和低合金钢制罐体,因环境温度的影响导致使用条件下罐体的金属温度低于−20 ℃时,罐体设计应满足GB/T 150.3的相关要求。

6.5.5 最大允许充装量

6.5.5.1 充装低压液化气体介质的罐车最大允许充装量应符合下列规定,且还应满足罐车允许的承载能力。

a) 最大允许充装量按式(1)计算:

$$W=\Phi_m\times V \qquad \cdots\cdots(1)$$

式中：

W ——罐车最大允许充装量，单位为吨(t)；

V ——罐车罐体几何容积，单位为立方米(m^3)；

Φ_m ——单位容积充装量，单位为吨每立方米(t/m^3)。

b) 充装低压液化气体介质罐体的单位容积充装量，除按介质在50 ℃时罐体内至少留有5%气相空间及该温度下的介质密度、罐车允许承载能力进行确定外，还应保证罐体在60 ℃时不应充满液体。

6.5.5.2 充装液态高压液化气体介质的罐车最大允许充装量应符合下列规定，且还应满足罐车允许承载能力：

a) 充装非易燃易爆介质，当介质温度升至其蒸气压气达到安全阀的整定压力的温度时，在此温度下液体体积应不大于罐体几何容积的98%；

b) 充装易燃易爆介质，当介质温度升至其蒸气压达到安全阀的整定压力的温度时，在此温度下液体体积应不大于罐体几何容积的95%。

6.5.6 设计压力

罐体的设计压力应不小于下列任一工况中工作压力的最大值，且无绝热结构的罐体设计压力应不小于0.7 MPa：

a) 充装、卸料工况的工作压力；

b) 设计温度下介质的饱和蒸气压(表压)；

c) 正常运输使用中，罐体内采用不溶性气体保护时，由介质在设计温度下的饱和蒸气压(表压)与罐体内顶部气相空间不溶性气体(如氮气或其他惰性气体等)分压力之和确定的工作压力。

6.5.7 计算压力

6.5.7.1 罐体受压元件的计算压力应不小于设计压力与液柱静压力、等效压力的之和。

6.5.7.2 等效压力应不小于6.5.2.3规定的各方向上的惯性力除以所对应方向的罐体有效横截面的所得值中的最大值，且不小于0.035 MPa。

6.5.7.3 当罐体的液柱静压力小于设计压力的5%时，可忽略不计。

6.5.8 焊接接头系数

罐体焊接接头系数取1.0。

6.5.9 许用应力

6.5.9.1 当罐体承受压力载荷时，采用规则设计的罐体，其材料许用应力按GB/T 150.2选取；采用分析设计的罐体，其材料设计应力强度按JB 4732选取。

6.5.9.2 采用规则设计的罐体，当局部采用分析设计时，其材料许用应力按GB/T 150.2选取。

6.5.9.3 当罐体采用材料在GB/T 24511中规定了$R_{p1.0}$的值，且在设计文件中提出了钢板附加检验$R_{p1.0}$值时，可使用$R_{p1.0}$来确定许用应力。

6.5.9.4 当罐体承受运输工况中的惯性力载荷时，车架与罐体连接处材料的许用应力可按下列要求确定：

a) 具有明确屈服点的材料，其许用应力为材料标准常温下的屈服强度除以1.5；

b) 不具有明确屈服点的材料，其许用应力为材料标准常温下的0.2%规定塑性延伸强度除以1.5。

6.5.9.5　螺栓材料在不同温度下的许用应力按GB/T 150.2和相应标准的规定选取。

6.5.10　腐蚀裕量

6.5.10.1　罐体的腐蚀裕量应由用户提供或设计确定。

6.5.10.2　有均匀腐蚀或磨损的罐体元件，应按预期的罐体设计使用年限和介质对材料的腐蚀速率(及磨损速率)确定腐蚀裕量。

6.5.10.3　罐体各元件受到的腐蚀程度不同时，可采用不同的腐蚀裕量。

6.5.10.4　碳素钢或低合金钢制罐体，其腐蚀裕量应不小于1 mm。

6.5.11　罐体的主要设计参数

6.5.11.1　常见无绝热结构充装液化气体介质的罐体主要设计参数见表4的规定。

6.5.11.2　当充装介质超出表4时，其罐体主要设计参数应按TSG R0005的有关规定进行技术评审。

表4　常见无绝热结构充装液化气体介质的罐体主要设计参数

<table>
<tr><th>GB 12268
编号</th><th colspan="2">充装介质名称</th><th>类别和项别/
次要危险性</th><th>设计压力[a]
MPa</th><th>罐体腐蚀裕量
mm</th><th>单位容积充装量
t/m³</th></tr>
<tr><td>1005</td><td colspan="2">无水氨</td><td>2.3/8</td><td>≥1.91</td><td>≥2</td><td>≤0.53</td></tr>
<tr><td>1017</td><td colspan="2">氯</td><td>2.3/8</td><td>≥1.34</td><td>≥4</td><td>≤1.25</td></tr>
<tr><td>1033</td><td colspan="2">二甲醚</td><td>2.1</td><td>≥1.06</td><td>≥1.5</td><td>≤0.58</td></tr>
<tr><td>1079</td><td colspan="2">二氧化硫</td><td>2.3/8</td><td>≥0.73</td><td>≥4</td><td>≤1.23</td></tr>
<tr><td>1077</td><td colspan="2">丙烯</td><td>2.1</td><td>≥1.95</td><td>≥1</td><td>≤0.43</td></tr>
<tr><td>1978</td><td colspan="2">丙烷</td><td>2.1</td><td>≥1.61</td><td>≥1</td><td>≤0.42</td></tr>
<tr><td rowspan="3">1075</td><td rowspan="3">混合液化石油气</td><td>P_b[b]>1.60 MPa</td><td>2.1</td><td>≥1.95</td><td>≥1</td><td>≤0.43</td></tr>
<tr><td>0.58 MPa<P_b≤1.60 MPa</td><td>2.1</td><td>≥1.61</td><td>≥1</td><td>≤0.42</td></tr>
<tr><td>P_b≤0.58 MPa</td><td>2.1</td><td>≥0.70</td><td>≥1</td><td>≤0.49</td></tr>
<tr><td>1011</td><td colspan="2">丁烷</td><td>2.1</td><td>≥0.70</td><td>≥1</td><td>≤0.51</td></tr>
<tr><td>1969</td><td colspan="2">异丁烷</td><td>2.1</td><td>≥0.70</td><td>≥1</td><td>≤0.49</td></tr>
<tr><td>1055</td><td colspan="2">异丁烯</td><td>2.1</td><td>≥0.70</td><td>≥1</td><td>≤0.52</td></tr>
<tr><td>1012</td><td colspan="2">丁烯</td><td>2.1</td><td>≥0.70</td><td>≥1</td><td>≤0.53</td></tr>
<tr><td>1010</td><td colspan="2">丁二烯，稳定的</td><td>2.1</td><td>≥0.70</td><td>≥1</td><td>≤0.55</td></tr>
<tr><td colspan="7">[a] 设计压力的数值是按介质50 ℃时的饱和蒸气压的1.00倍确定的。
[b] P_b 为混合液化石油气50 ℃时的饱和蒸气压。</td></tr>
</table>

6.5.12　罐体最小厚度

罐体最小厚度(不包括材料厚度负偏差、腐蚀裕量以及加工制造过程中的工艺减薄量)应符合下列规定：

a) 设定材料为基准钢时:当罐体内直径不大于 1 800 mm 时,最小厚度 δ_0 应不小于 5 mm;当罐体内直径大于 1 800 mm 时,最小厚度 δ_0 应不小于 6 mm;

b) 罐体最小厚度按式(2)进行计算:

$$\delta_1 = \frac{464\delta_0}{\sqrt[3]{(R_m A_1)^2}} \quad \cdots\cdots(2)$$

式中:

δ_1 ——所用钢材的罐体最小厚度,单位为毫米(mm);

δ_0 ——设定材料为基准钢时的罐体最小厚度,单位为毫米(mm);

R_m ——所用钢材的标准抗拉强度下限值,单位为兆帕(MPa);

A_1 ——所用钢材的断后伸长率,%。

6.5.13 设计厚度

罐体的设计厚度应不小于下列值的较大值:

a) 按 GB/T 150(所有部分)或 JB 4732 确定的罐体计算厚度与腐蚀裕量之和;

b) 按 6.5.12 确定的罐体最小厚度与腐蚀裕量之和。

6.5.14 最小成形厚度

受压元件成形后保证设计要求的最小厚度。

6.5.15 介质的分类及危害性

6.5.15.1 液化气体介质的分类、品名及编号应符合 GB 6944 和 GB 12268 的规定。

6.5.15.2 液化气体介质的毒性危害程度和爆炸危险程度应符合 HG 20660 的规定。

6.5.15.3 未列入 HG 20660 的介质由用户或设计单位按照 GBZ 230 确定其毒性程度。

6.5.16 焊接接头

6.5.16.1 对接焊接接头应采用全截面焊透的对接接头形式。

6.5.16.2 接管、凸缘等与罐体之间的接头应采用不带垫板的全焊透结构。

6.5.17 罐体用管法兰

6.5.17.1 罐体用管法兰、垫片、紧固件的设计应符合相应标准的规定。

6.5.17.2 充装液化石油气、毒性程度为极度和高度危害介质以及强渗透性中度危害介质的罐体,其管法兰和垫片应符合 HG/T 20592、HG/T 20610、HG/T 20614、HG/T 20615、HG/T 20631 和HG/T 20635的规定,法兰应采用高颈对焊法兰,密封结构应采用带加强环的金属缠绕垫片和专用级高强度螺栓组合;无法采用以上管法兰密封组合的,应由设计人员根据介质、压力与温度特性确定法兰连接结构,且应考虑火灾情况下保证该结构不产生失效。

6.5.18 人孔

罐体上至少应设置一个公称直径不小于 450 mm 的人孔,且位置、数量和尺寸等应满足进行内部检验的需要。

6.5.19 防波板设置

6.5.19.1 相邻防波板、防波板与相邻封头之间的容积应不大于 7.5 m^3,且防波板应能承受防波板之间所有液化气体在各个方向上的载荷。

6.5.19.2 每个防波板的有效面积应不小于其所在位置处罐体横截面积的 70%。

6.5.19.3 防波板的厚度至少为 2 mm。当圆筒壁厚小于 6 mm 且直径大于 1 800 mm 的罐体，或圆筒壁厚小于 5 mm 且直径不大于 1 800 mm 的罐体，防波板的壁厚应与圆筒的壁厚一样。

6.5.19.4 防波板的设置应能满足罐体内部全面检验的要求，其结构应考虑各段之间的通气和排污。

6.5.20 装卸系统及开口的设置及要求

6.5.20.1 充装毒性程度为极度、高度危害介质的罐体装卸口应采用上装上卸的装卸方式，液面以下不允许开口。

6.5.20.2 罐体的装卸口应由三道相互独立并且串联在一起的装置组成，第一道是紧急切断装置，第二道是外部截止阀或等效装置，第三道是在装卸口处设置的盲法兰或等效的关闭装置，关闭装置应可靠且充装的介质不产生泄漏，在关闭装置完全关闭之前应有将装卸料管道中的压力安全释放的措施，装卸料装置(包括法兰)和保护帽(如有)应能防止任何意外开启。

6.5.20.3 装卸口均应标明其用途。

6.5.20.4 装卸口应设置阀门箱或防碰撞护栏等保护装置，且应设置有密封盖或密封式集漏器。

6.5.20.5 除安全泄放装置开口、人孔、检查孔、仪表孔及排污孔等形成封闭的开孔外，充装易燃易爆介质，或毒性程度为极度、高度、中度危害介质的罐体上所有直径大于 1.5 mm 的开口处均应设置紧急切断装置。

6.5.21 倾覆保护装置

6.5.21.1 当罐体顶部设置有安全附件和装卸附件等时应设置倾覆保护装置，以防止因碰撞、翻车造成损坏，可设置为加强环或保护顶盖、横向或纵向构件等。倾覆保护装置应符合下列规定：

a) 应具有足够强度，保护装置应能承受车辆总质量 2 倍乘以重力加速度的惯性力；

b) 罐体顶部的安全附件和装卸附件的最高点应低于保护装置的最高点至少 20 mm；

c) 可能产生积液的倾覆保护装置应设置排放装置。

6.5.21.2 安全泄放装置设置的保护罩应不影响罐体安全泄放。

6.5.22 结构件的连接

6.5.22.1 导线固定卡片、刹车线固定卡片、铭牌架等重量较轻的结构件应满足下列要求：

a) 结构件材料强度应不大于与其相连接的罐体材料的强度；

b) 结构件材料厚度应不大于与其相连接的罐体材料厚度的 0.70 倍。

6.5.22.2 当支座、销座、吊耳等主要受力结构件通过垫板与罐体连接时，垫板材料应与罐体材料牌号相同，或垫板材料屈服强度标准值应为罐体材料屈服强度标准值的 0.8 倍～1.2 倍，同时应符合下列规定：

a) 垫板厚度不大于筒体或封头厚度的 1.5 倍，且不小于 5 mm；

b) 垫板与罐体的焊接接头高度应不大于罐体厚度；

c) 结构件在垫板上的焊脚距离垫板边缘的尺寸应不小于 4 倍的垫板厚度；

d) 垫板的边缘应为圆角形状，圆角半径应不小于 4 倍的垫板厚度；

e) 垫板上应设置一个透气孔；

f) 垫板与罐体应连续焊接；

g) 垫板宜避开 A、B 类焊缝。

6.5.23 **绝热层**

罐体当有绝热层时,应满足下列要求:

a) 绝热层应由保护完好、有足够厚度的绝热材料组成,并将罐体完全覆盖,绝热层应设置防潮层和防护层以防止在正常运输条件下进入水分或遭受损害,且保证导热率不大于0.67 W/(m·K);

b) 当绝热层外壳密闭且不透气时应有保护装置,以防止因罐体或其各个装置的气密性不够,在绝热层内产生任何危险压力;

c) 绝热层应不妨碍罐体的附件和装卸装置的操作。

6.6 罐体与底盘或行走机构连接

6.6.1 罐体支座形式可采用V形支座、鞍式支座等,罐体与定型底盘或行走机构连接可采用螺栓、焊接等方式。

6.6.2 罐体与定型底盘或行走机构连接应牢固可靠,有足够的刚度和强度,满足运输要求,且满足6.5.2.3的要求。

6.6.3 罐体与定型底盘或行走机构连接应按JB 4732进行局部应力校核,其许用应力应符合6.5.9的要求。

6.7 管路

6.7.1 管路的设计结构应避免热胀冷缩、机械振动等所引起的损坏,必要时应考虑设置温度补偿结构和紧固装置。

6.7.2 管路的公称压力应不小于系统工作压力的2倍,且所有管路应能承受4倍系统工作压力时不破裂。

6.7.3 管路布置时,应尽量减少弯道,缩短总长度,且满足下列规定:

a) 管路联接应采用法兰或焊接结构,不应采用螺纹联接,焊接接头设计应优先采用全焊透结构;

b) 管路与安全附件、仪表及装卸附件的连接应满足使用要求;

c) 管路与汽车传动轴、回转部分、可动部分之间的间隙应不小于25 mm;

d) 气相管和液相管与排气管、消音器、排气火花熄灭器的距离不小于200 mm,当结构上不允许时,气相管和液相管应有可靠的隔热措施。

6.7.4 管路焊接完毕后应根据焊接接头型式及管路材料按NB/T 47013.2、NB/T 47013.4和NB/T 47013.5的要求进行无损检测,合格后以罐体耐压试验压力进行耐压试验。

6.8 特殊耐腐蚀要求

有特殊耐腐蚀要求的罐体或受压元件,当存在晶间腐蚀、应力腐蚀、点腐蚀、缝隙腐蚀等腐蚀介质环境时,应在设计图样上提出相应的耐腐蚀试验方法以及必要时的热处理等技术要求。

6.9 耐压试验要求

6.9.1 罐体耐压试验一般采用液压试验。当结构或支撑、介质等原因,以及运行条件不应残留试验液体的罐车,可按设计图样的要求采用气压试验。

6.9.2 罐体耐压试验压力按式(3)或式(4)确定:

a) 液压试验:

$$P_T = 1.3P\frac{[\sigma]}{[\sigma]^t} \qquad (3)$$

b) 气压试验：

$$P_T = 1.15P\frac{[\sigma]}{[\sigma]^t} \qquad (4)$$

式中：

P ——设计压力，单位为兆帕(MPa)；

P_T ——试验压力最低值，单位为兆帕(MPa)；

$[\sigma]$ ——罐体元件材料在耐压试验温度下的许用应力(或设计应力强度)，单位为兆帕(MPa)；

$[\sigma]^t$ ——罐体元件材料在设计温度下材料的许用应力(或设计应力强度)，单位为兆帕(MPa)。

c) 罐体各主要受压元件所用材料不同时，应取各元件材料的$[\sigma]/[\sigma]^t$比值中的最小值。

d) $[\sigma]^t$应不低于材料受抗拉强度和屈服强度控制的许用应力(或设计应力强度)最小值。

6.9.3 当采用大于6.9.2规定的耐压试验压力时，应在耐压试验前校核各受压元件在试验条件下的应力水平，罐体元件应按式(5)校核最大总体薄膜应力σ_T：

$$\sigma_T = \frac{P_T(D_i + \delta_e)}{2\delta_e} \qquad (5)$$

式中：

σ_T ——试验压力下圆筒的周向薄膜应力，单位为兆帕(MPa)；

P_T——试验压力，单位为兆帕(MPa)；

D_i ——圆筒的内直径，单位为毫米(mm)；

δ_e ——圆筒的有效厚度，单位为毫米(mm)。

6.9.4 罐体元件最大总体薄膜应力σ_T应满足下列条件：

a) 液压试验按式(6)：

$$\sigma_T \leqslant 0.9\,R_{eL}(R_{p0.2}) \qquad (6)$$

b) 气压试验按式(7)：

$$\sigma_T \leqslant 0.8\,R_{eL}(R_{p0.2}) \qquad (7)$$

式中：

$R_{eL}(R_{p0.2})$——罐体材料在试验温度下的屈服强度(或0.2%规定塑性延伸强度)，单位为兆帕(MPa)。

6.10 泄漏试验

6.10.1 每辆罐车组装完毕后应进行泄漏试验，其试验方法包括气密性试验、氨检漏试验、卤素检漏试验及氦检漏试验等。

6.10.2 当采用气密性试验时，气密性试验压力为罐体设计压力，其试验压力和试验介质等试验相关要求应在设计文件中注明。

6.10.3 当采用氨检漏试验时，可采用氨-空气法、氨-氮气法或100%氨气法等氨检漏方法，其氨检漏方法、氨的浓度和试验压力等试验相关要求应在设计文件中注明。

6.10.4 当采用卤素检漏试验时，其真空度、卤素气体种类和试验压力等试验相关要求等内容应在设计文件中注明。

6.10.5 当采用氦检漏试验时,其漏气速率指标等试验相关要求应在设计文件中注明。

7 安全附件、仪表和装卸附件

7.1 一般要求

7.1.1 罐体的安全附件、装卸附件及仪表,其配置要求除符合本标准规定外,还应满足设计文件的要求。

7.1.2 罐体的安全附件包括安全泄放装置、紧急切断装置及导静电装置等。

7.1.3 罐体的仪表包括压力表、液位计及温度计等。

7.1.4 装卸附件包括装卸阀门、快速装卸接头(以下简称快装接头)及装卸软管等。

7.1.5 选用的相关附件应与充装介质相适应。

7.1.6 安全附件、仪表及装卸附件应随产品提供质量证明文件,且在产品的明显部位有永久性标识或装设金属铭牌。

7.1.7 安全阀、压力表与罐体组装前应进行调试和校验,合格后应重新铅封。

7.1.8 罐体在耐压试验合格后方可进行安全附件、仪表及装卸附件的安装,其附件与罐体或管路的连接方式可采用法兰、螺纹或焊接结构。

7.1.9 紧急切断装置的操纵装置、压力表、温度计、装卸阀门和快装接头等附件宜集中布置,应设有防护装置,该装置具有防止相关附件被意外开启的功能。

7.1.10 当附件之间存在有相对运动,应设置必要的支撑或采取紧固措施。

7.2 安全泄放装置

7.2.1 罐体应设置一个或多个安全泄放装置,不应单独设置不可复位类安全泄放装置,或不可复位类安全泄放装置与安全阀的并联。

7.2.2 安全泄放装置应选用内置全启式弹簧安全阀或全启式弹簧安全阀与爆破片的组合装置。

7.2.3 安全泄放装置在设计上应能防止任何异物的进入和防止液体的渗出,且能承受罐体内的压力、可能出现的危险超压及包括液体流动力在内的动态载荷。

7.2.4 安全阀应符合 GB/T 12241 和 GB/T 12243 的规定,爆破片装置应符合 GB/T 567.1～GB/T 567.3的规定。

7.2.5 充装下列介质的罐体应设置全启式弹簧安全阀与爆破片串联组合安全泄放装置:

a) 充装毒性程度为极度、高度危害介质;

b) 充装强腐蚀性的介质。

7.2.6 充装腐蚀性介质或有应力腐蚀倾向介质的罐体,选用的全启式弹簧安全阀的弹性元件应有与介质隔离的措施。

7.2.7 安全泄放装置的设置应符合下列规定:

a) 应安装在罐体的顶部,尽量铅直安装;

b) 安全泄放装置的入口应设置在罐体液面以上的气相空间;

c) 气体的排放应畅通无阻,排放口朝向与水平线夹角应大于 0°,且不应指向罐体和操作位置。

7.2.8 罐体安全泄放装置单独采用安全阀时,安全阀的整定压力应为罐体设计压力的 1.05 倍～

1.10 倍,额定排放压力应不大于罐体设计压力的 1.20 倍,回座压力应不小于整定压力的 0.90 倍。

7.2.9 当采用全启式弹簧安全阀与爆破片串联组合装置应符合下列规定:

a) 在非泄放状态下与介质接触的是爆破片;

b) 组合装置的排放能力应不小于罐体的安全泄放量;

c) 爆破片的设计爆破压力应高于安全阀的整定压力,且不超过安全阀整定压力的 1.10 倍;

d) 组合装置中爆破片最小泄放面积应大于安全阀的流道面积;

e) 爆破片不应使用脆性材料制作,且爆破片在破裂时不应产生碎片、脱落物和火花;

f) 安全阀与爆破片之间的腔体应设置排气阀、压力表或其他合适的报警指示器,用以检查爆破片是否渗漏或破裂,并及时排放腔体内蓄积的压力,避免因背压而影响爆破片的爆破压力;

g) 安全阀的排放能力应按安全阀单独作用时的排放能力乘以修正系数 0.90。

7.2.10 安全泄放装置的排放能力应符合下列规定:

a) 当罐车完全处于火灾环境时或接近不能预料的外来热源而酿成危险时,以及压力出现异常情况时均能迅速排放;

b) 各个安全泄放装置的组合排放能力应足以将罐体内的压力(包括积累的压力)限制在不超过设计压力的 1.2 倍;

c) 多个安全泄放装置的排放能力为各个安全泄放装置排放能力之和。

7.2.11 安全泄放装置排放能力计算按附录 B 的规定。

7.2.12 罐体与安全泄放装置之间不应装设过渡连接阀门。当充装毒性程度为极度、高度危害介质的罐体,为便于安全阀的清洗与更换,经使用单位主管压力容器安全技术负责人批准,且正常使用期间采取保证全开(加铅封或锁定)的可靠防范措施,方可在安全泄放装置与罐体之间装设过渡连接阀门,过渡连接阀门的结构和通径应不妨碍安全阀的安全泄放。

7.2.13 通往安全泄放装置的开口处,不应有任何限制或阻碍气体排放的障碍。

7.2.14 当使用泄放管时,应保证安全泄放装置能在最小阻力的条件下进行排放。

7.3 紧急切断装置

7.3.1 紧急切断装置由紧急切断阀、远程控制系统、过流控制阀以及易熔合金塞等装置组成,紧急切断阀应符合 GB/T 22653 的规定,且应动作灵活、性能可靠、便于检修。紧急切断阀阀体不应采用铸铁或非金属材料制造。

7.3.2 罐体的装卸口处的紧急切断阀,在非装卸状态时应处于闭合状态,在罐车发生意外移动或发生火灾时应自动关闭,且能通过远程控制系统进行关闭。紧急切断阀操纵装置的设计应能防止任何由于冲击或其他疏忽而引起的意外开启,在操纵装置一旦损坏的情况下,紧急切断阀应能继续有效,紧急切断阀及其安装基座应得到保护,以防被外力损坏,或设计成可抵抗这些意外情况的结构(如阀体设计成剪式结构)。

7.3.3 紧急切断阀应内置,其安装凸缘应直接与罐体相焊,紧急切断阀不应兼作他用。

7.3.4 远程控制系统的关闭操作装置应装在人员易于到达的位置。

7.4 导静电装置

7.4.1 充装易燃、易爆介质的罐车应具有行车导静电功能,行车导静电方式至少选择下列一种：

a) 罐车尾部安装行车导静电橡胶拖地带，拖地带应符合 GB 7258 和 JT/T 230 的规定；

b) 罐车采用导静电轮胎，轮胎的导静电性能应符合相应标准的规定。

7.4.2 充装易燃、易爆介质的罐车应有装设可靠的驻车导静电装置，且符合下列规定：

a) 罐体、管路、阀门和车架等连接处的导电性应良好；

b) 罐体金属与接地导线末端之间的导静电接地装置电阻值不大于 5 Ω。

7.5 仪表

7.5.1 一般规定

7.5.1.1 直接与罐内介质连通的仪表不应采用易碎、易损材料制造。

7.5.1.2 仪表应灵敏、可靠，并有足够的精度和牢固的结构。

7.5.1.3 仪表露出罐体外的部分应设置能防止受到意外撞击的保护装置。

7.5.2 压力表

7.5.2.1 罐体应至少装设一只压力表。

7.5.2.2 应选用符合相应国家标准或行业标准要求的压力表。

7.5.2.3 压力表精度不低于 1.6 级。

7.4.2.4 压力表表盘刻度的极限值应为工作压力的 1.5 倍～3.0 倍，表盘直径应不小于 100 mm。

7.5.2.5 压力表的装设位置应便于操作人员观察和清洗，且应避免受到辐射热、冻结或振动等不利因素的影响。

7.5.2.6 压力表和罐体之间应装设切断阀，且应有启闭标记和锁紧装置。

7.5.2.7 充装腐蚀性介质的罐体，应采用隔膜式压力表或在压力表和罐体之间装设能隔离介质的缓冲装置。

7.5.2.8 压力表的校验应符合国家计量部门的有关规定，在刻度盘上划出指示工作压力的红线，注明下次校验日期。压力表校验后应加铅封。

7.5.3 液位计

7.5.3.1 罐体应至少设置一个液位计。

7.5.3.2 液位计应根据充装介质、设计压力和设计温度等设计参数正确选用。

7.5.3.3 液位计应灵敏准确、结构牢固、观察使用方便，液位计的精度等级不低于 2.5 级。

7.5.3.4 充装毒性程度为中度危害或中度危害以上介质的罐车，其液位计应设置防止泄漏的密封式保护装置。

7.5.3.5 液位计应设置在便于观察和操作的位置，其允许的最高安全液位应有明显的标记。

7.5.3.6 液位计应有液面指示刻度与容积的对应关系，且附有不同温度下，介质密度、压力和体积对照表。

7.5.4 温度计

7.5.4.1 罐体应至少设置一个温度计。

7.5.4.2 温度计的测量范围应与充装介质的工作温度相适应，并在设计温度处涂以红色警戒标记。

7.5.4.3 温度计测温元件应在液相，且与介质不直接接触。

7.6 装卸附件

7.6.1 装卸阀门

7.6.1.1 装卸阀门的公称压力应不小于罐体的设计压力，其阀体的耐压试验压力为阀体公称压力的1.5倍，阀门的气密性试验压力为阀体公称压力。

7.6.1.2 装卸阀门在全开和全闭工作状态下的气密性试验应合格。

7.6.1.3 阀体不应选用铸铁或非金属材料制造。

7.6.1.4 手动阀门应在阀门承受气密性试验压力下启闭操作自如，且不应有异常阻力、空转等。

7.6.2 装卸软管和快装接头

7.6.2.1 装卸软管和快装接头与充装介质接触部分应有良好的耐腐蚀性能。

7.6.2.2 装卸软管的公称压力应不小于装卸系统工作压力的2倍，最小爆破压力应大于4倍的公称压力，其制造单位应注明软管的设计使用寿命。

7.6.2.3 装卸软管和快装接头组装完成后应逐根进行耐压试验和气密性试验，耐压试验压力为装卸软管公称压力的1.5倍，气密性试验压力为装卸软管公称压力的1.0倍。

7.6.2.4 充装易燃、易爆介质以及毒性程度为中度危害或中度危害以上类介质的罐车，应安装防止充装过程中因意外启动罐车，造成装卸软管拉断或装备损坏的装置。

8 制造

8.1 一般要求

8.1.1 罐车应按经规定程序批准的设计文件及本标准的要求进行制造与检验。

8.1.2 定型底盘或行走机构、罐体受压元件(封头、锻件等)以及罐体的安全附件、仪表、装卸附件等为外购、外协件时，制造单位应保证外购、外协件的质量满足设计文件及本标准的要求，且经检验合格后方可使用。

8.1.3 罐体施焊人员应按TSG Z6002的规定考核合格，且取得相应项目的《特种设备作业人员证》后，方可在有效期间内担任合格项目范围内的焊接工作。

8.1.4 罐体的无损检测应由持有相应项目的《特种设备检验检测人员证(无损检测人员)》，且在有效期内的人员担任。

8.1.5 罐车的外廓尺寸应符合设计图样规定。

8.1.6 罐车的最大总质量和轴载质量应符合设计图样规定。

8.1.7 罐车的行驶性能和制动性能应符合GB 7258及定型底盘的要求。

8.1.8 罐车各连接管路、附件与罐体连接面、阀门和液位计等其工作状态应安全、灵活和可靠。

8.1.9 罐车的车架焊接件应符合JB/T 5943的规定。

8.1.10 罐车上的零部件，安装应牢固可靠，外表面应平整美观，无压伤、裂纹、焊渣或漆层脱落等缺陷。

8.1.11 车辆识别代码应符合GB 16735的规定。

8.1.12 车架油漆涂层应符合QC/T 484的规定。

8.2 单车

定型底盘应进行检验，且至少包括下列内容：

a) 外观检查：表面应无缺损变形，油漆无脱落，电器设备及各种指示灯应完好可靠；

b） 行驶检查:汽车正常直道、转向行驶的平稳性,各机构(如离合器、变速器、取力器等)操作应灵活,各仪器、仪表等指示应正常,各连接管路无泄漏等;

c） 制动性能检查:空车的紧急制动距离应不超过原车改装手册规定的参数;

d） 随车文件及工具附件检查:合格证、使用说明书等文件应齐全,随车工具附件应齐备,车辆识别代码编号、发动机编号与合格证相一致。

8.3 半挂车

8.3.1 半挂车车轴对车架纵向中心平面,在水平方向的垂直度偏差不大于 6 mm。

8.3.2 半挂车储气罐的额定气压为 637 kPa～735 kPa。

8.3.3 半挂车制动系按额定气压通入压缩空气,检查管路接头,各阀总成、储气罐等不应有漏气现象,停止供气后处于非制动状态,应在 3 min 内气压降不大于 10 kPa;处于全制动状态,待气压稳定后观察,在 3 min 内气压降不大于 20 kPa。

8.3.4 半挂车气制动管与牵引车气制动管连接的连接器的型式、尺寸及安装位置应符合 GB/T 13881 的规定。

8.3.5 半挂车的最小离地间隙应不小于牵引车的最小离地间隙。

8.3.6 半挂车用行走机构应进行检验,且至少包括下列内容:

a） 外观检查,包括表面无缺损变形,油漆无脱落,电器设备线路装卡应可靠,驻车装置、备胎升降器、制动装置等零部件应齐备且组装完好,轮胎型号应符合设计要求等;

b） 外形与几何尺寸检查,包括车架纵梁上平面与地面的垂直距离及高度差、相邻车轴轴距等几何尺寸,应满足设计文件的要求;行走机构车架对角线的偏差、车架纵梁上平面的平面度公差、多轴行走机构相邻两轴之间的距离差、轴端平面度等应符合 GB/T 23336的规定。

8.4 罐体

8.4.1 焊接接头分类

8.4.1.1 罐体受压元件之间的焊接接头分为 A、B、C、D 四类(如图 1 所示),且符合以下规定:

a） 圆筒部分(包括接管)的纵向接头、球形封头与圆筒连接的环向接头、各类凸形封头中所有拼焊接头以及嵌入式接管或凸缘与罐体对接连接的接头,均属 A 类焊接接头;

b） 罐体部分的环向接头、长颈法兰与接管连接的接头,以及接管间的对接环向接头,均属 B 类焊接接头,但已规定为 A 类的焊接接头除外;

c） 法兰与接管非对接连接的接头均属 C 类焊接接头,但已规定为 A、B 类的焊接接头除外;

d） 接管、人孔、凸缘、补强圈等与圆筒和封头连接的接头均属于 D 类焊接接头,但已规定为 A、B、C 类的焊接接头除外。

8.4.1.2 非受压元件与受压元件的连接接头为 E 类焊接接头(如图 1 所示)。

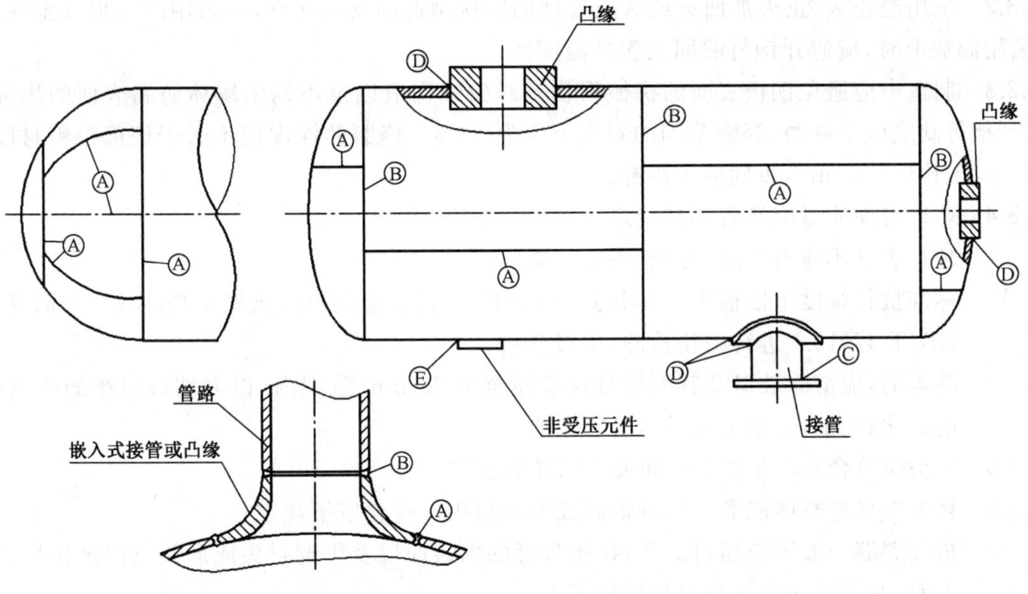

图 1 焊接接头分类

8.4.2 材料复验、分割与标志移植

8.4.2.1 符合下列条件之一的材料按炉号复验其化学成分，按批号复验力学性能，且符合相应材料标准或设计文件的要求：

a) 罐体用Ⅳ级锻件；

b) 不能确定质量证明书真实性或对性能和化学成分有怀疑的主要受压元件材料；

c) 主要受压元件用境外材料；

d) 设计文件要求进行复验的材料。

8.4.2.2 主要受压元件用奥氏体型不锈钢开平板复验力学性能时应符合下列规定：

a) 整卷使用的，应在开平操作后，分别在板卷的头部、中部和尾部所对应的开平板上各截取一组复验试样；

b) 非整卷使用的，应在开平板的端部截取一组复验试样。

8.4.2.3 低温罐体用焊条应按批进行药皮含水量或熔敷金属扩散氢含量的复验，其检验方法按相应的焊条标准或设计文件。

8.4.2.4 材料分割可采用冷切割或热切割方法。当采用热切割方法分割材料时，应清除表面熔渣和影响制造质量的表面层。

8.4.2.5 凡制造受压元件的材料应有可追溯的标记。在制造过程中，如原有的确认标记被裁掉或材料分割，应于材料切割前完成标记的移植。

8.4.2.6 符合下列条件的，不应采用硬印进行材料标记的移植：

a) 有耐腐蚀要求的不锈钢钢板的耐腐蚀面；

b) 低温罐体受压元件。

8.4.3 冷热加工成形

8.4.3.1 制造单位应根据制造工艺确定加工余量，受压元件成形后的厚度应不小于设计图样标注的最小成形厚度。

8.4.3.2　采用经正火、正火加回火或调质处理的钢材制造的受压元件，宜采用冷成形或温成形。当采用温成形时，应避开钢材的回火脆性温度区。

8.4.3.3　制造中应避免钢板表面的机械损伤。对尖锐伤痕以及不锈钢罐体防腐表面的局部伤痕、刻槽等缺陷应予修磨，修磨范围的斜度至少为1∶3。修磨的深度应不大于该部位钢材厚度的5%，且不大于2 mm，否则应予焊补。

8.4.3.4　坡口表面质量应符合下列规定：

a)　坡口表面不应有裂纹、分层、夹杂等缺陷；

b)　标准抗拉强度下限值 R_m 不小于540 MPa的低合金钢材经火焰切割的坡口表面，应按NB/T 47013.4进行磁粉检测，Ⅰ级合格；

c)　施焊前，应清除坡口及其两侧母材表面至少20 mm范围内(以离坡口边缘的距离计)的氧化物、油污、熔渣及其他有害杂质。

8.4.3.5　封头应符合GB/T 25198和设计图样的规定。

8.4.3.6　封头应尽量整体成形。先拼板后成形的封头应符合以下规定：

a)　拼接焊缝一般不应超过2条，拼接焊缝的内表面以及影响封头成形质量的拼接焊缝外表面，在成形前应打磨至与母材齐平；

b)　封头拼接焊缝应按图2布置，其焊缝距封头中心线应小于封头内径 D_i 的1/4，中间板的宽度应不小于300 mm，拼板的总块数应不多于3块。

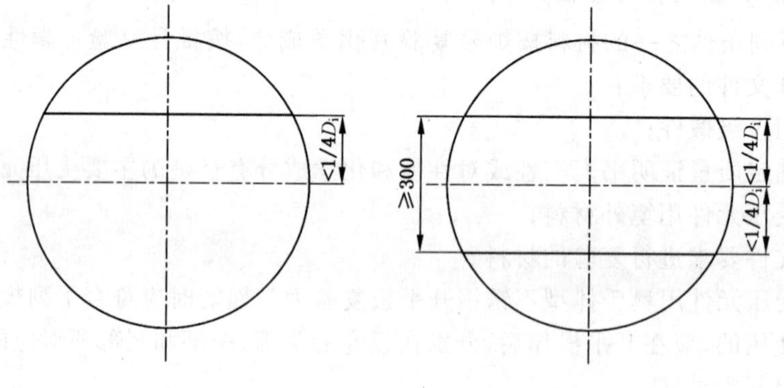

图2　封头拼接焊缝布置图

8.4.3.7　当封头由成形瓣片和顶圆板拼接制成时，瓣片间的焊缝方向宜是径向和环向的(见图3)。

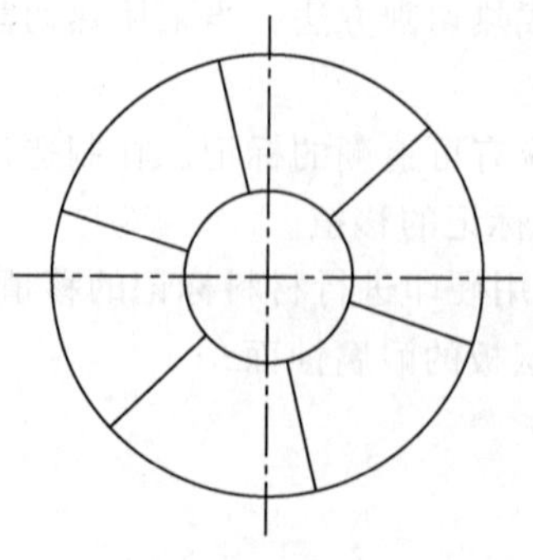

图3　分瓣成形封头的焊缝布置

8.4.3.8　用带间隙的全尺寸的内样板检查椭圆形、碟形、球形封头内表面的形状偏差(见图 4),缩进尺寸为 $3\%D_i \sim 5\%D_i$,其最大形状偏差外凸应不大于 $1.25\%D_i$,内凹应不大于 $0.625\% D_i$。检查时应使样板垂直于待测表面。对图 3 所示的先成形后拼接制成的封头,允许样板避开焊缝进行测量。

8.4.3.9　碟形及折边锥形封头,其过渡区转角半径不应小于图样的规定值。

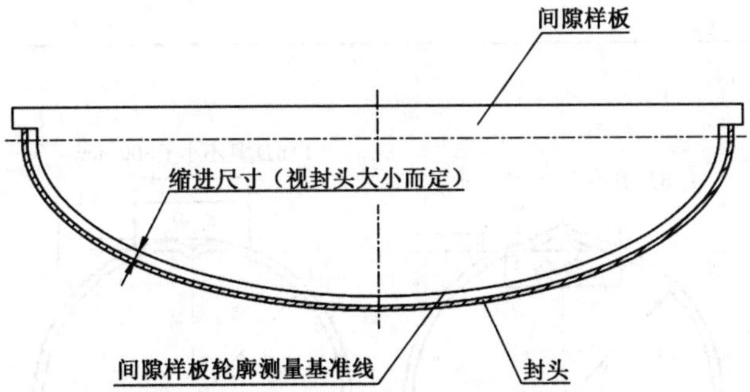

图 4　凸形封头的形状偏差检查

8.4.3.10　封头直边部分不应存在纵向皱褶。

8.4.4　圆筒与罐体

8.4.4.1　A、B 类焊接接头对口错边量 b(见图 5),应符合表 5 的规定。

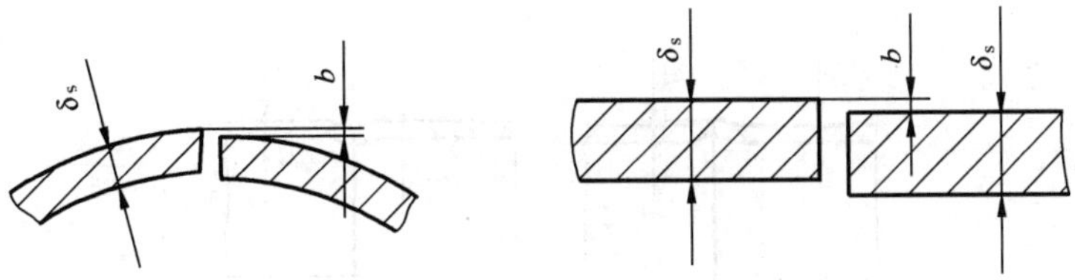

图 5　A、B 类焊接接头对口错边量 b

8.4.4.2　在焊接接头环向、轴向形成的棱角 E,宜分别用弦长等于 $D_i/6$,且不小于 300 mm 的内样板(或外样板)和直尺检查(见图 6、图 7),其 E 值应不大于($\delta_s/10+2$) mm,且不大于 5 mm。

8.4.4.3　B 类焊接接头以及圆筒与球形封头相连的 A 类焊接接头,当两侧钢材厚度不等时,若薄板厚度不大于 10 mm,两板厚度差超过 3 mm;若薄板厚度大于 10 mm,两板厚度差大于薄板厚度的 30%,或超过 5 mm 时,均应按图 8 的要求单面或双面削薄厚板边缘(但被削薄后的板厚,在 L_1 区域内任意处都不得小于设计厚度),或按同样要求采用堆焊方法将薄板边缘焊成斜面。当两板厚度差小于上列数值时,则对口错边量 b 按 8.4.4.1 的要求,且对口错边量 b 以薄板厚度为基准确定。在测量对口错边量 b 时,不应计入两板厚度差值。

表 5　A、B 类焊接接头对口错边量　　单位为毫米

对口处钢材厚度 δ_s	按焊接接头类别划分对口错边量 b	
	A 类	B 类
⩽12	⩽1/4δ_s	⩽1/4δ_s
>12～20	⩽3	⩽1/4δ_s
>20～40	⩽3	⩽5

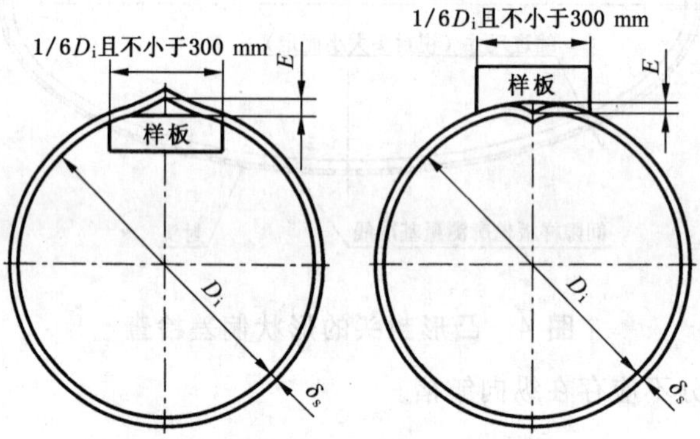

图 6　内样板或外样板检查棱角

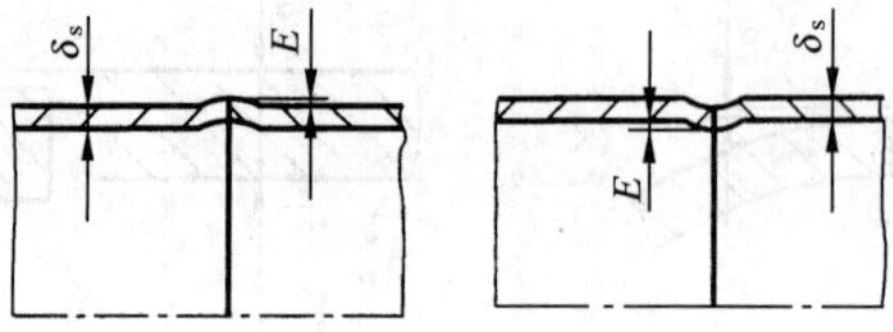

图 7　直尺检查棱角

8.4.4.4　除设计图样另有规定外，罐体直线度允差应不大于罐体长度的 1‰。

注：罐体直线度检查是通过中心线的水平和垂直面，即沿圆周 0°、90°、180°、270°四个部位拉 ϕ0.5 mm 的细钢丝测量。测量位置离 A 类接头焊缝中心线的距离不小于 100 mm。当罐体厚度不同时，计算直线度时应减去厚度差。

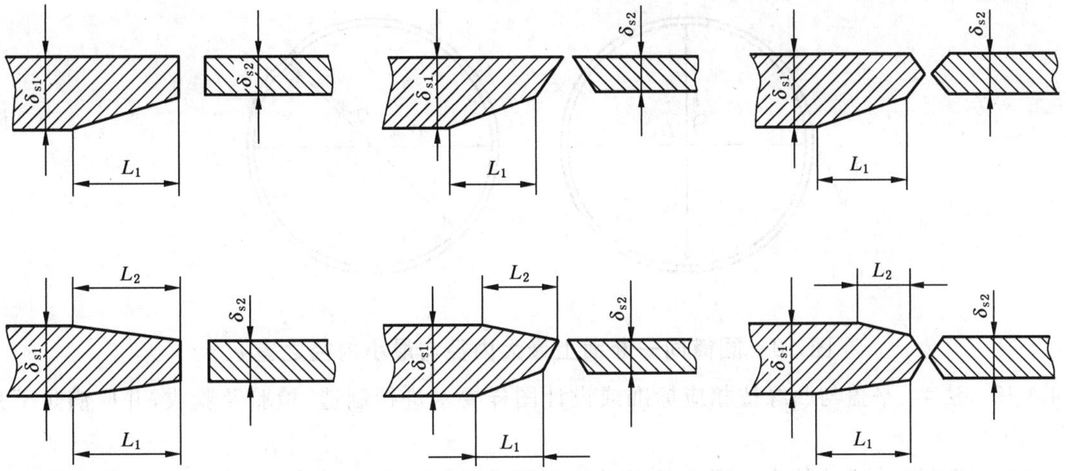

$L_1, L_2 \geqslant 3(\delta_{s1}-\delta_{s2})$

图 8　单面或双面削薄厚板边缘

8.4.4.5　任何单个筒节长度应不小于 300 mm，环向拼板长度应不小于 500 mm。组装时不应采用十字焊缝，相邻筒节 A 类接头焊缝中心线间外圆弧长以及封头 A 类接头焊缝中心线、封头上嵌入式接管(或凸缘)焊缝中心线与相邻筒节 A 类接头焊缝中心线间外圆弧长应大于钢材厚度 δ_s 的 3 倍，且不小于 200 mm。

8.4.4.6　法兰面应垂直于接管或罐体的主轴中心线。接管法兰应保证法兰面的水平或垂直(有特殊要求的应按设计图样规定)，其偏差均不应超过法兰外径的 1%(法兰外径小于 100 mm 时，按 100 mm 计算)，且不大于 3.0 mm。法兰、凸缘的螺孔应与罐体主轴线或铅垂线跨中布置(见图 9)。有特殊要求时，应在设计图样上注明。

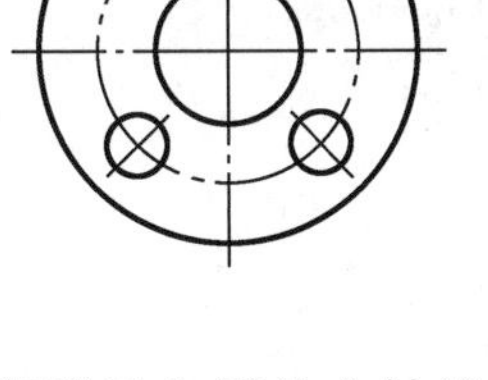

图 9　法兰、凸缘的螺栓孔与罐体主轴线或铅垂线跨中布置

8.4.4.7　罐体内件和罐体间的焊接应尽量避开罐体上的 A、B 类焊接接头，且距离环焊缝边缘不小于 100 mm；当与纵缝交叉时，应开槽避让。

8.4.4.8　罐体上凡被补强圈、支座、垫板等覆盖的焊缝，均应打磨至与母材齐平。

8.4.4.9　罐体组装完成后，按下列要求检查罐体的圆度：

a)　圆筒同一断面上最大内径与最小内径之差 e，应不大于该断面内径 D_i 的 1%，且不大于25 mm(见图 10)；

b)　当被检断面位于开孔中心的距离小于开孔直径时，则该断面最大内径与最小内径之差，应不大于该断面内径 D_i 的 1%与开孔内径 2%之和，且不大于 25 mm。

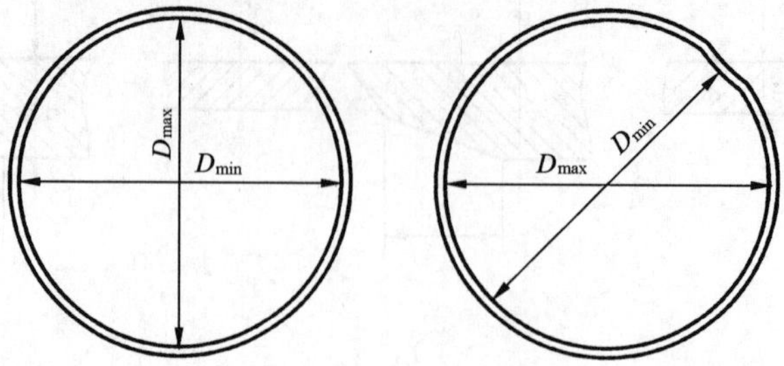

图 10 圆筒同一断面上最大内径与最小内径之差 e

8.4.4.10 法兰、平盖与凸缘按相应标准或设计图样要求进行制造、检验及验收,并应满足下列要求:

a) 螺柱孔或通孔的中心圆直径以及相邻两孔弦长极限偏差为±0.6 mm,任意两孔弦长极限偏差为±1.0 mm;

b) 螺孔中心线与端面的垂直度公差应为螺孔直径的 0.25%;

c) 螺纹基本尺寸与公差分别按 GB/T 196、GB/T 197 的规定;

d) 螺孔的螺纹精度按相应国家标准选取,一般为中等精度。

8.4.4.11 机械加工表面和非机械加工表面的线性尺寸的极限偏差,分别按 GB/T 1804—2000 中的m 级和 c级的规定。

8.4.4.12 紧固件应符合相应国家标准或行业标准的规定,承受拉伸或剪切力载荷的螺栓,其性能等级应不低于 8.8 级。

8.4.4.13 罐体的主要几何尺寸、管口方位应符合设计图样的要求。

8.4.5 焊接

8.4.5.1 焊条、焊剂及其他焊接材料的贮存库应保持干燥,相对湿度应不大于 60%。

8.4.5.2 当施焊环境出现以下任一情况,且无有效防护措施时,禁止施焊:

a) 焊条电弧焊时风速大于 10 m/s;

b) 气体保护焊时风速大于 2 m/s;

c) 相对湿度大于 90%;

d) 雨、雪环境;

e) 焊件温度低于−20 ℃。

8.4.5.3 当焊件温度低于 0 ℃但不低于−20 ℃时,应在施焊处 100 mm 范围内预热到 15 ℃以上。

8.4.5.4 罐体施焊前,受压元件焊缝、与受压元件相焊的焊缝、熔入永久焊缝内的定位焊缝、受压元件母材表面堆焊与补焊,以及上述焊缝的返修焊缝都应按 NB/T 47014 进行焊接工艺评定或具有经过评定合格的焊接工艺规程支持。

8.4.5.5 当焊接结构受压元件用境外材料(含填充材料)时,制造单位在首次使用前应按 NB/T 47014 进行焊接工艺评定。

8.4.5.6 低温罐体的焊接工艺评定,包括焊缝和热影响区的低温夏比冲击吸收能量试验。冲击吸收能量试验的取样方法,按 NB/T 47014 要求确定。冲击吸收能量试验温度应不高于设计图样要求的试验温度。当焊缝两侧母材具有不同冲击试验要求时,低温冲击吸收能量按两侧母材抗拉强度的较低值应符合 GB/T 150.2 或设计图样的要求。接头的拉伸和弯曲性能按两侧母材中的较低要求。

8.4.5.7 焊接工艺评定报告和预焊接工艺规程应经制造单位焊接责任人审核，技术总负责人批准，经监督检验人员签字确认后存入技术档案。焊接工艺评定技术档案应保存至该工艺评定失效为止，焊接工艺评定试样至少保存 5 年。

8.4.5.8 低温罐体的焊接应严格控制线能量。在焊接工艺评定所确认的范围内，选用较小的焊接线能量，以多道施焊为宜。

8.4.5.9 应在受压元件焊接接头附近的指定部位打上焊工代号钢印，或在含焊缝布置图的焊接记录中记录焊工代号，对低温罐体和不锈钢罐体的耐腐蚀表面应不采用硬印标记。

8.4.5.10 A、B 类焊接接头的焊缝余高 e_1、e_2 按表 6 和图 11 的规定。

表 6 A、B 类焊接接头的焊缝余高　　单位为毫米

标准抗拉强度值 R_m>540 MPa 的钢材				其他钢材			
单面坡口		双面坡口		单面坡口		双面坡口	
e_1	e_2	e_1	e_2	e_1	e_2	e_1	e_2
0～10%δ_s 且≤3	0～1.5	0～10%δ_1 且≤3	0～10%δ_2 且≤3	0～15%δ_s 且≤4	0～1.5	0～15%δ_1 且≤4	0～15%δ_2 且≤4
表中百分数计算值小于 1.5 时按 1.5 计。							

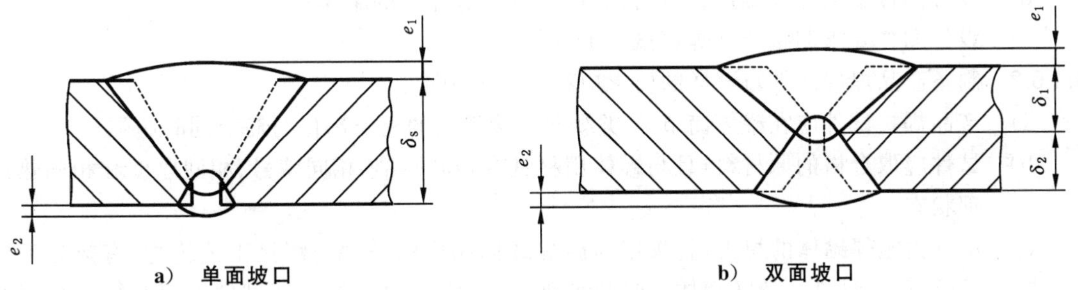

a) 单面坡口　　b) 双面坡口

图 11 A、B 类焊接接头的余高 e_1、e_2

8.4.5.11 罐体 C、D 类接头的焊角尺寸，当图样无规定时，取焊件中较薄者的厚度。当补强圈的厚度不小于 8 mm 时，其焊角等于补强圈厚度的 70%，且不小于 8 mm。

8.4.5.12 焊接接头表面应按相关标准进行外观检查，不应有表面裂纹、未焊透、未熔合、咬边、表面气孔、弧坑、未填满、夹渣(杂)和飞溅物。焊缝与母材应圆滑过渡，角焊缝的外形应凹形圆滑过渡。

8.4.5.13 在罐体上焊接的临时吊耳和拉筋的垫板等，应采用力学性能和焊接性能与罐体相近的材料，并用相适应的焊材及焊接工艺进行焊接。临时吊耳和拉筋的垫板割除后，留下的焊疤应打磨光滑，并应按图样规定进行渗透检测或磁粉检测，确保表面无裂纹等缺陷。打磨后的厚度应不小于该部位的设计厚度。

8.4.5.14 罐体不应强力组装。

8.4.5.15 罐体不应采用十字焊缝。

8.4.5.16 罐体上开孔位置宜避开焊接接头。

8.4.5.17 当焊缝需返修时，其焊接返修工艺符合 8.4.5.4～8.4.5.8 的规定。

8.4.5.18 焊缝同一部位的返修次数不宜超过 2 次。当超过 2 次，返修前均应经制造单位技术负责人批准，返修次数、部位和返修情况应记入产品质量证明书。

8.4.5.19 当下列碳钢和低合金钢制罐体在焊后热处理后进行任何焊接返修的，应对返修部位重新进行热处理：

a） 充装毒性程度为极度、高度危害介质的罐体；

b） 低温罐体；

c） 设计图样注明有应力腐蚀的罐体。

8.4.5.20 除 8.4.5.19 外要求焊后热处理的罐体，如在热处理后进行返修，当返修深度小于于钢材厚度 δ_s 的 1/3，且不大于 13 mm 时，可不再进行焊后热处理。返修焊接时，应先预热并控制每一焊层厚度不应大于 3 mm，且应采用回火焊道。在同一截面两面返修时，返修深度为两面返修的深度之和。

8.4.5.21 特殊耐蚀要求的罐体或受压元件，返修部位仍需保证不低于原有耐腐蚀性能。

8.4.6 产品试件和试样

8.4.6.1 需制备产品焊接试件的条件：

a） 碳钢、低合金钢制低温罐体；

b） 材料标准抗拉强度下限值不小于 540 MPa 的低合金钢制罐体；

c） 需经过热处理改善或恢复材料性能的钢制罐体；

d） 设计图样注明充装毒性程度为极度、高度危害介质的罐体；

e） 设计图样要求制备产品焊接试件的罐体。

8.4.6.2 制备产品焊接试件与试样的要求应符合下列规定：

a） 产品焊接试件应在罐体筒节 A 类纵向焊接接头的延长部位与筒节同时施焊；

b） 试件应取合格的原材料，且与罐体用材具有相同标准、相同牌号、相同厚度和相同热处理状态；

c） 试件由施焊罐体的焊工，且采用与施焊罐体相同的条件与焊接工艺施焊，有热处理要求的罐体，试件一般随罐体一起热处理，否则需采取措施保证试件按照与罐体相同的工艺进行热处理；

d） 每台罐体需制备产品焊接试件的数量，由制造单位根据罐体的材料、厚度、结构与焊接工艺，按设计图样要求确定；

e） 试件的尺寸和试样的截取按 NB/T 47016 规定。当有冲击试验要求，应在试件上同时截取冲击试样，进行冲击试验。

8.4.6.3 产品焊接试件与试样的检验与评定应符合下列规定：

a） 试样的检验与评定按 NB/T 47016 和设计文件要求进行；

b） 当需进行耐腐蚀性能检验时，应按相关标准和设计文件规定制备试样进行试验；

c） 低温罐体，除另有规定外，冲击试验应包括焊缝金属和热影响区，并按 NB/T 47016 和设计文件规定的试验温度和合格指标进行检验和评定；

d） 当试样评定结果不满足要求时，允许按 NB/T 47016 的要求取样进行复验。当复验结果仍达不到要求时，则该试件所代表的产品应判为不合格。

8.4.6.4 符合下列条件之一者，应制备母材热处理试件：

a） 当要求材料的使用热处理状态与供货热处理状态一致，在制造中若发生改变供货的热处理状态，需重新进行热处理的；

b） 制造中需采用热处理改善材料力学性能的；

c） 冷成形或温成形的受压元件，成形后需热处理恢复材料性能的。

8.4.6.5 制备母材热处理试件与试样的要求应符合下列规定：

a） 母材热处理试件应与母材同炉热处理。当无法同炉时应模拟与母材相同的热处理状态；

b） 母材热处理试件的尺寸参照 NB/T 47016 规定，其试件应切取拉伸试样 1 件，冷弯试样 1 件，冲击试样 3 个。

8.4.6.6 母材热处理试样的检验与评定应符合 GB/T 150.4 的规定。

8.4.6.7 要求做耐腐蚀性能检验的罐体或受压元件，应按设计文件的要求制备耐腐蚀性能检验试件，且进行试验与评定。

8.4.7 无损检测

8.4.7.1 无损检测方法

8.4.7.1.1 罐体的无损检测方法包括射线检测、超声检测、磁粉检测和渗透检测。

8.4.7.1.2 制造单位或无损检测机构应按设计图样要求和 NB/T 47013.1 的规定制定罐体的无损检测工艺。

8.4.7.2 无损检测方法的选择

8.4.7.2.1 罐体对接接头应采用射线检测或超声检测，超声检测包括衍射时差法超声检测(TOFD)、可记录的脉冲反射法超声检测和不可记录的脉冲反射法超声检测。当采用不可记录的脉冲反射法超声检测时，应采用射线检测或衍射时差法超声检测作为附加局部检测。

8.4.7.2.2 罐体焊接接头的表面无损检测应采用磁粉检测或渗透检测。

8.4.7.2.3 铁磁性材料制罐体焊接接头的表面无损检测应优先采用磁粉检测。

8.4.7.3 无损检测比例

8.4.7.3.1 罐体对接接头的无损检测比例为 100％。

8.4.7.3.2 符合下列情况之一的罐体对接接头，按 8.4.7.2.1 的规定的方法进行全部射线检测或超声检测：

a） 罐体的 A、B 类对接接头；

b） 与罐体连接的承压管路的对接接头；

c） 材料标准抗拉强度下限值不小于 540 MPa 的罐体，当厚度大于 20 mm 时，其对接接头还应采用 8.4.7.2.1 的规定的与原无损检测方法不同的检测方法进行局部检测(不少于 20％)，该局部检测应包括所有的焊缝交叉部位。

8.4.7.3.3 符合下列条件之一的罐体焊接接头，应对其表面进行磁粉或渗透检测：

a） 罐体的 C、D、E 类焊接接头；

b） 充装毒性程度为极度、高度危害介质的罐体；

c） 设计温度低于－40 ℃低合金钢制罐体；

d） 先拼板后成形的凸形封头上所有拼接接头；

e） 标准抗拉强度下限值大于540 MPa的低合金钢制罐体的A、B类焊接接头；

f） 异种钢焊接接头、具有再热裂纹倾向或延迟裂纹倾向的焊接接头；

g） 罐体垫板与支座或鞍座的焊接接头；

h） 设计文件要求时。

8.4.7.4 无损检测的实施时机

8.4.7.4.1 罐体的焊接接头应经形状、尺寸及外观检查，合格后再进行无损检测。

8.4.7.4.2 拼接封头应在成形后进行无损检测，当成形前已无损检测的，则成形后还应对圆弧过渡区到直边段再进行无损检测。

8.4.7.4.3 标准抗拉强度下限值不小于540 MPa的低合金钢制罐体，在耐压试验后还应对焊接接头进行表面无损检测。

8.4.7.5 无损检测技术要求

8.4.7.5.1 射线检测应按NB/T 47013.2或NB/T 47013.11、NB/T 47013.14的规定执行，检测技术等级不低于AB级，合格级别不低于Ⅱ级。

8.4.7.5.2 超声检测应按NB/T 47013.3或NB/T 47013.10的规定执行，检测技术等级和合格级别应符合下列规定：

a） 脉冲反射法超声检测技术等级不低于B级，合格级别为Ⅰ级；

b） 采用衍射时差法超声检测的焊接接头，合格级别不低于Ⅱ级。

8.4.7.5.3 罐体所有焊接接头的表面无损检测均应按NB/T 47013.4或NB/T 47013.5的规定执行，磁粉或渗透检测合格级别均为Ⅰ级。

8.4.7.6 组合检测技术要求

当组合采用射线检测和超声检测时，检测技术等级和合格级别按照各自执行的标准确定，且均应为合格。

8.4.7.7 无损检测记录、资料和报告

制造单位应如实填写无损检测记录，正确签发无损检测报告，妥善保管射线底片和超声检测数据等检测资料(含缺陷返修前记录)，建立无损检测档案，其保存期限不少于罐车的设计使用年限。

8.4.8 热处理

8.4.8.1 成形受压元件的恢复性能热处理

8.4.8.1.1 钢板冷成形受压元件，当符合下列任意条件之一，且变形率超过表7的范围，应成形后进行相应热处理恢复材料的性能：

a） 充装毒性程度为极度或高度危害介质的罐体；

b） 图样注明有应力腐蚀的罐体；

c） 碳钢、低合金钢，成形前厚度大于16 mm的；

d） 碳钢、低合金钢，成形后减薄量大于10%的。

表 7 冷成形件变形率控制指标

材料	碳钢、低合金钢及其他材料	奥氏体型不锈钢
变形率/%	5	15

变形率计算：

单向拉伸(如圆筒成形，见图 12)：变形率(%)$=50\delta[1-(R_f/R_o)]/R_f$

双向拉伸(如封头成形，见图 12)：变形率(%)$=75\delta[1-(R_f/R_o)]/R_f$

式中：

δ ——板材厚度，单位为毫米(mm)；

R_f ——成形后中面半径，单位为毫米(mm)；

R_o ——成形前中面半径(对平板为∞)，单位为毫米(mm)。

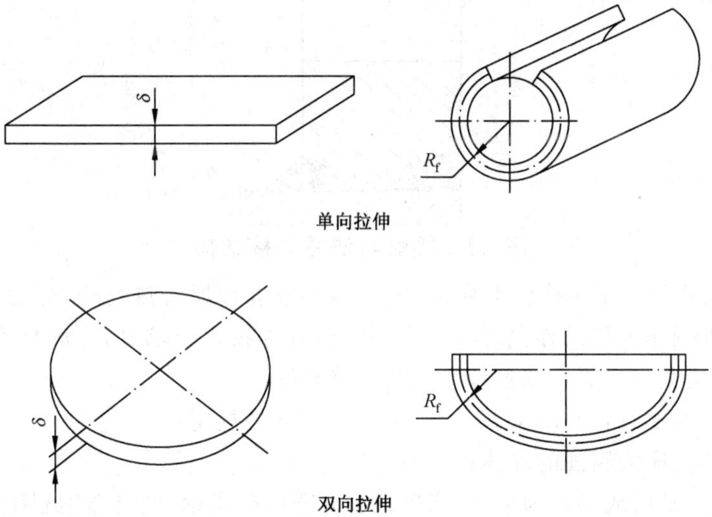

图 12 单向拉伸和双向拉伸成形

8.4.8.1.2 分步冷成形时，若不进行中间热处理，则成形件的变形率为各分步成形变形率之和。当进行中间热处理，则分别计算成形件在中间热处理前、后的变形率之和。

8.4.8.1.3 需消除温成形工件的变形残余应力，可参照 8.4.8.1.1 对冷成形工件的热处理条件和要求进行。

8.4.8.1.4 当热成形或温成形改变了材料供货热处理状态时应重新热处理，恢复材料供货热处理状态。

8.4.8.1.5 当对成形温度、恢复材料供货热处理状态的热处理有特殊要求时，应符合相关标准、规范或设计文件的规定。

8.4.8.2 焊后热处理(PWHT)

8.4.8.2.1 罐体及其受压元件按材料、焊接接头厚度(即焊后热处理厚度，δ_{PWHT})和设计要求确定是否进行焊后热处理。

8.4.8.2.2 焊接接头厚度应按下列规定确定：

a) 等厚全焊透对接接头为钢材厚度；

b) 对接焊缝和角焊缝为焊缝厚度；

c) 组合焊缝为对接焊缝与角焊缝厚度中较大者；

d) 当不同厚度元件焊接时：

——不等厚对接接头取较薄元件的钢材厚度；

——罐体与平封头、盖板及其他类似元件的B类焊接接头，取罐体厚度；

——接管与罐体焊接时，取罐体厚度、补强圈厚度和连接角焊缝厚度中较大者；

——接管与法兰焊接时，取接头处接管颈厚度；对图13所示结构取法兰厚度δ_f；

——非受压元件与受压元件焊接时，取焊缝厚度；

——凸缘与罐体的焊接结构取坡口深度与角焊缝厚度中较大者。

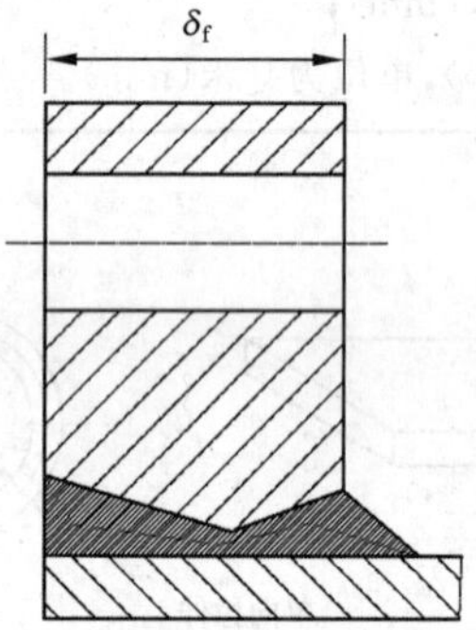

图13 接管与法兰焊接结构

8.4.8.2.3 罐体及其受压元件符合下列条件之一者，应进行焊后热处理，焊后热处理应包括受压元件间及其与非受压元件的连接焊缝。当制定热处理技术要求时，除满足下列规定外，还应采取必要的措施，避免由于焊后热处理导致的再热裂纹：

a) 焊接接头厚度符合GB/T 150.4—2011中表5的规定；

b) 图样注明有应力腐蚀的罐体；

c) 充装易燃、易爆或毒性为极度、高度危害介质的碳素钢、低合金钢制罐体；

d) 当相关标准或图样另有规定时。

8.4.8.2.4 异种钢材之间的焊接接头，按热处理要求高者确定是否进行焊后热处理。

8.4.8.2.5 除设计文件另有规定，奥氏体型不锈钢的焊接接头可不进行热处理。

8.4.8.2.6 当需对奥氏体型不锈钢进行焊后热处理时，按设计文件规定。

8.4.8.3 焊后热处理要求

8.4.8.3.1 制造单位应按设计文件和标准的要求在热处理前编制热处理工艺。

8.4.8.3.2 不应使用燃煤炉进行焊后热处理。

8.4.8.3.3 热处理装置(炉)应配有自动记录温度曲线的测温仪表，并能自动绘制热处理的时间与工件壁温关系曲线。

8.4.8.3.4 应采用整体炉内消除应力热处理。

8.4.8.3.5 缺陷焊补部位，允许采用局部热处理。局部热处理有效加热范围应符合以下规定：

a) 焊缝最大宽度两侧各加δ_{PWHT}或50 mm，取两者较小值；

b) 返修焊缝端部方向上加δ_{PWHT}或50 mm，取两者较小值；

c) 接管与罐体相焊时，应环绕包括接管在内的圆筒全圆周加热，且在垂直于焊缝方向上自焊缝边缘加δ_{PWHT}或50 mm，取两者较小值。

8.4.8.3.6 局部热处理的有效加热范围应确保不产生有害变形，当无法有效控制变形时，应扩大加热范围，例如对圆筒全周长范围进行加热时；同时，靠近加热区的部位应采取保温措施，使温度梯度不致影响材料的组织和性能。

8.4.8.4 焊后热处理操作

碳素钢、低合金钢的焊后热处理操作应符合下列规定：

a) 焊件进炉时炉内温度不应高于 400 ℃；

b) 焊件升温至 400 ℃后，加热区升温速度不超过 5 500/δ_{PWHT} ℃/h，且不应超过 220 ℃/h，一般情况下不低于 55 ℃/h；

c) 升温时，加热区内任意 4 600 mm 长度内的温差不大于 140 ℃；

d) 保温时，加热区内最高与最低温度之差不宜超过 80 ℃；

e) 升温及保温时应控制加热区气氛，防止焊件表面过度氧化；

f) 炉温高于 400 ℃时，加热区降温速度不超过 7 000/δ_{PWHT} ℃/h，且不应超过 280 ℃/h，一般情况下低于 55 ℃/h；

g) 焊件出炉时，炉温不高于 400 ℃，出炉后应在静止空气中继续冷却。

8.5 堆积绝热结构

8.5.1 堆积绝热材料及其制品经检验或验收合格后方可使用。

8.5.2 堆积绝热结构应按设计图样和工艺施工，且不存在接缝不严、充填不均、膨胀缝处理不当、防腐处理不善、捆扎不牢等缺陷。

8.5.3 堆积绝热结构应保证其严密和牢固性。

8.5.4 堆积绝热结构其他要求(材料、施工的准备和要求、绝热层的施工、防潮层的施工和保护层的施工等)应符合 GB 50126 的规定。

8.6 置换处理

充装易燃、易爆介质的罐车出厂前，罐体应按下列要求进行置换，合格后方可出厂：

a) 采用氮气置换处理时，处理后的含氧量小于 3%，并保留 0.05 MPa～0.1 MPa 的余压；

b) 采用抽真空处理时，处理后的真空度不低于 0.086 MPa；

c) 设计文件有特殊规定时，按设计文件执行。

8.7 罐体涂覆

罐体的涂覆应符合 JB/T 4711 的规定，罐体漆膜颜色宜采用浅色。

9 试验方法

9.1 耐压试验

9.1.1 耐压试验前准备工作

9.1.1.1 罐体制成后，应进行耐压试验，耐压试验包括液压试验和气压试验。

9.1.1.2 进行热处理的罐体，在热处理合格后进行耐压试验。

9.1.1.3 堆积绝热结构的罐体，应在堆积绝热结构施工前进行罐体的耐压试验。

9.1.1.4 耐压试验前，罐体各连接部位的紧固螺栓，应当配置齐全，紧固妥当。

9.1.1.5 试验应用两个量程相同，精度不低于 1.6 级并经过校验合格的压力表。压力表的刻盘极限值为试验压力的 1.5 倍～3 倍。压力表应安装在被试验罐体顶部便于观察的位置。

9.1.1.6 耐压试验场地应有可靠地安全防护措施，并且经过单位技术负责人和安全管理部门检查认可。

9.1.2 耐压试验基本要求

9.1.2.1 保压期间不应采用连续加压来维持试验压力不变，耐压试验过程中不得带压紧固螺栓或者向受压元件施加外力。

9.1.2.2 耐压试验过程中，不应进行与试验无关的工作，无关人员不应在试验现场停留。

9.1.2.3 罐体开孔补强圈应在耐压试验前通入 0.4 MPa～0.5 MPa 的压缩空气检查焊接接头质量。

9.1.2.4 耐压试验后，由于焊接接头或者接管泄漏而进行返修的，或返修深度大于 1/2 厚度的罐体，应重新进行耐压试验。

9.1.3 液压试验

9.1.3.1 试验液体一般采用水，需要时也可采用不会导致发生危险的其他试验液体，但试验时液体的温度应低于其沸点或闪点，并有可靠的安全措施。

9.1.3.2 Q345R、Q370R 钢板制罐体液压试验时，液体温度不应低于 5 ℃，其他碳钢和低合金钢制罐体，液体温度不应低于 15 ℃。低温罐体液压试验的液体温度应不低于罐体材料和焊接接头的冲击试验温度(取其高者)加 20 ℃，如果由于板厚等因素造成材料无塑性转变温度升高，则需相应提高试验温度。当有试验数据支持时，可使用较低温度液体进行试验，但试验时应保证试验温度(罐体罐壁金属温度)比罐体罐壁金属无塑性转变温度至少高 30 ℃。

9.1.3.3 罐体中应充满液体，滞留在罐体内的气体应排除干净，罐体外表面应当保持干燥。

9.1.3.4 试验合格后应立即将水排净吹干。当无法完全排净吹干时，奥氏体不锈钢罐体用水，应控制水中的氯离子不超过 25 mg/L。

9.1.3.5 液压试验步骤如下：

a) 试验时罐体顶部应设排气口，充液时应将罐内的空气排净。试验过程中，应保持罐体表面干燥。

b) 当罐体壁温与液体温度接近时，才能缓慢升压至设计压力，确认无泄漏后继续升压到规定的试验压力，保压时间一般不少于 30 min。然后将压力降至设计压力，保压足够长的时间以对所有焊接接头和连接部位进行检查。

c) 液压试验完毕后，应及时进行罐体内部的干燥处理。

9.1.3.6 液压试验过程中，罐体无渗漏、无可见的变形和异常的响声为合格。

9.1.3.7 试验合格后，应排尽罐内液体，罐内无积液、杂物，如有应及时清除。

9.1.4 气压试验

9.1.4.1 试验所用气体应为干燥洁净的空气、氮气或其他惰性气体。

9.1.4.2 碳素钢和低合金钢制罐体的试验用气体温度应不低于 15 ℃。其他材料制罐体，其试验用气体温度应符合设计图样规定。

9.1.4.3 气压试验应有安全防护措施，试验单位的安全部门应派人进行现场监督。

9.1.4.4 试验时应先缓慢升压至规定试验压力的 10%，保压 5 min～10 min，并对所有焊接接头和连接部位进行初次检查；确认无泄漏后，再继续升压到规定试验压力的 50%；如无异常现象，然后按规定试验压力的 10%逐级升压，直到试验压力，保压 10 min；然后降到设计压力，保压足够时间进行检查，检查期间压力应保持不变。

9.1.4.5 气压试验过程中，罐体无异常响声，经肥皂液或其他可靠的检漏方法检查无漏气，无可见的变形为合格。

9.2 泄漏试验

9.2.1 罐体耐压试验合格,所有安全附件、管路安装齐全后进行罐体泄漏试验。

9.2.2 罐体气密性试验应符合下列规定:

a) 试验用气体应为干燥、洁净的空气、氮气或其他惰性气体;

b) 试验用气体温度按9.1.4.2的规定;

c) 试验时,压力应缓慢上升,达到规定的试验压力后保压足够长时间,同时检查罐体焊接接头和各阀件及连接面,无泄漏为合格;

d) 如有泄漏,应在修补后重新进行试验。

9.2.3 氨检漏、卤素检漏及氦检漏等试验方法应符合设计文件的规定。

9.3 其他检查

9.3.1 罐车总装完成后的检验项目至少包括下列内容,其合格要求应满足本标准和设计图样的规定:

a) 罐车的几何尺寸;

b) 罐体纵向中心平面与定型底盘或者行走机构纵向中心平面的偏差;

c) 罐体与支撑装置连接的可靠性;

d) 罐体装卸系统、紧急切断装置的完整及可靠性;

e) 容积测定;

f) 罐车的表面涂装、标志、铭牌以及必要的警示性标志等,其中标志至少包括介质名称(限一种介质),下次全面检验日期等。

9.3.2 罐车应进行导静电装置电阻测量。

9.3.3 罐车的外部照明和信号装置的数量、位置和光色按GB 4785的规定进行检查。

9.4 道路行驶和制动性能检查

罐车进行道路行驶和制动性能检查,检查罐体以及连接件有无变形、松动,附件固定是否牢固,所有设施应安全可靠。行驶中的故障经检修能行驶,则道路行驶检查可继续进行,否则应回厂检修并重新进行检查。

9.5 定型试验

罐车定型试验应按QC/T 252的规定进行。罐车强制性检验项目应按国务院汽车主管部门规定的强制性检验项目执行。

10 检验规则

10.1 出厂检验

罐车制造完毕后,制造单位应按照设计图样和本标准逐辆检验合格后方可出厂,出厂检验项目按表8的规定。

10.2 定型试验

罐车应按照型号,由国务院国务院汽车主管部门认可的试验机构进行定型试验,且取得试验合格证明文件。

10.3 强制性检测

10.3.1 罐车定型试验合格后,进行车辆强制性项目的检测。

10.3.2 强制性检测由国家汽车主管部门认可的检测机构进行检测。

表 8 出厂检验项目

序号	检验项目	检验内容	技术要求
1	相关技术文件检查	产品名称、型号、标准	6.2.3
		设计压力、设计温度、介质	6.5.6、6.5.3、6.5.15
		总质量、整备质量、罐体容积、最大允许充装量	6.2.3、6.5.5
		罐体材料	6.2.4
		设计使用年限	6.2.3
2	外观检查	铭牌	11.4
		标志、标识	11
		车辆识别代号(VIN)	8.1.11
		涂装	8.1.12、8.7
		焊接接头及母材外表面缺陷	6.5.16、8.4.5.12
		罐体与行走机构或定型底盘连接	6.6
		结构件的连接	6.5.22
		制动装置	6.1.4
		人孔	6.5.18
		罐体焊缝布置	8.4.3.6、8.4.4.5
		装卸系统的设置及要求	6.5.20
		倾覆保护装置	6.5.21
		侧面防护装置	6.1.6
		后防护装置	6.1.7
3	几何尺寸检验	罐体外形尺寸	6.2.4
		罐体直线度	8.4.4.4
		单个筒节的最小长度	8.4.4.5
		法兰	8.4.4.6
4	附件检验	安全泄放装置	7.2
		紧急切断装置	7.3
		导静电装置	7.4
		仪表	7.5
		装卸附件	7.6
		外部照明和信号装置	6.1.9
		其他附件(灭火器、火花熄火器等)	6.1.10、6.1.17
5	道路行驶和制动性能检查	道路行驶和制动性能满足要求	9.4
6	出厂文件	出厂文件应齐全	12

11 标志标识

11.1 罐车的标志应符合 GB 13392、GB 20300 及国家主管部门相关要求的规定。

11.2 在罐体两侧后部色带的上方书写充装介质的名称，字色为大红(R03)，字高不小于300 mm，字样宜为仿宋体。

11.3 在罐体两侧后部色带的下方书写"罐体下次全面检验日期：××××年××月"，字色为黑色，字高不小于 100 mm。

11.4 管路、安全附件及装卸阀门漆膜颜色应符合下列规定，且漆膜颜色按 GSB05-1426 漆膜颜色标准样卡进行比对：

a) 安全阀——大红色(R03)；

b) 气相管(阀)——大红色(R03)；

c) 液相管(阀)——淡黄色(Y06)；

d) 其他——不限。

11.5 罐车的产品铭牌应安装在罐体一侧的易见部位，产品铭牌的格式与内容按 TSG R0005 的规定。

12 出厂文件

12.1 罐车的制造厂至少向使用单位提供下列技术文件和资料：

a) 竣工图样(总图和罐体图)，竣工图样上应有设计单位许可印章(复印章无效)，且加盖竣工图章(竣工图章上标注制造单位名称、制造许可证编号、审核人的签字和"竣工图"字样)，当制造中发生材料代用、无损检测方法改变、加工尺寸变更等，制造单位应按设计单位书面批准文件的要求在竣工图样上作出清晰标注，标注处有修改人的签字及修改日期；

b) 产品合格证(含产品数据表)；

c) 产品质量证明文件；

d) 产品铭牌的拓印件或复印件；

e) 特种设备制造监督检验证书；

f) 强度计算书；

g) 应力分析报告(需要时)；

h) 安全泄放量、安全阀排量和爆破片泄放面积的计算书；

i) 产品使用说明书；

j) 风险评估报告；

k) 其他必要的产品质量证明文件；

l) 定型底盘使用说明书和合格证；

m) 备件、附件清单和相应的质量合格证明；

n) 随车工具及附件清单。

12.2 罐车产品质量证明文件至少包含下列内容：

a) 主要受压元件材料质量证明书和材料清单；

b) 质量计划；

c) 受压元件(封头、锻件等)为外购或外协件时的产品质量证明文件;
d) 罐体外观及几何尺寸检验报告;
e) 罐体焊接记录;
f) 罐体无损检测报告;
g) 罐体焊后热处理报告及自动记录曲线;
h) 罐体耐压试验报告;
i) 气密性试验报告或其他泄漏试验;
j) 整车车体检验报告;
k) 罐体置换检验报告;
l) 产品制造变更报告;
m) 钢板、锻件超声检测报告(需要时);
n) 安全附件、仪表及装卸附件的质量证明文件。

12.3 罐车使用说明书除应符合 GB/T 9969 的规定外,还应至少包含下列内容:
a) 罐车主要技术性能参数;
b) 罐体结构与管路图,至少应包括安全附件、阀件和仪表的型号和连接方式;
c) 操作使用说明,至少应有操作规程、最大允许充装量的控制要求;
d) 使用注意事项,至少应包括装卸过程和储运过程中的注意事项;
e) 维护和保养要求;
f) 常见故障的排除方法;
g) 备品和备件清单。

13 储存运输

13.1 罐车如长期存放时,应停放在防潮、通风和具有消防设施的专用场地。停放前应对整车进行仔细检查,包括各阀门仪表应正常、装卸阀门应闭止、导静电装置应有效等。

13.2 停放期间,罐车应按照其产品使用说明书进行正常的维护与保养。

13.3 罐车若采用铁路运输、水路运输,可自驶或拖曳方式上下车或船,当用吊装方式装卸时,应使用专用吊具,且应卸掉燃料和冷却水,在运输中,应将车轮固定。

13.4 罐车以自驶方式由公路运输至用户时,应在空载情况下行驶。

附 录 A
(规范性附录)
风险评估报告

A.1 总则

A.1.1 本附录规定了风险评估报告的基本要求。

A.1.2 设计单位应根据相关法规或设计委托方要求,针对罐车建造阶段和使用阶段预期的风险编制风险评估报告。风险评估报告是编制其他设计文件的重要依据。

A.1.3 设计单位应按罐车型号,且充分考虑在各种工况条件下可能产生的失效模式,在材料选择、结构设计、制造检验、运输使用、充装卸载等方面提出安全防护措施,防止可能发生的失效。

A.2 制定原则和程序

A.2.1 设计阶段风险评估主要针对设计者需考虑的对设计阶段、制造阶段和使用阶段预期的失效模式进行的危害识别和风险控制,说明应采取的技术措施和依据。

A.2.2 设计阶段风险评估按以下程序进行:

a) 根据用户设计条件和其他设计输入信息(如设计任务书等),确定罐车的运输方式及各种使用工况;

b) 根据罐车的充装介质、环境因素、运输方式及条件、装卸方式及条件等进行危害识别,确定可能发生的危害及其后果;

c) 形成完整的风险评估报告。

A.3 风险评估报告内容

风险评估报告至少应包括如下内容:

a) 罐车的基本设计参数:运输方式、工作条件(如工作压力、工作温度、腐蚀环境等)、装卸条件(如装卸方式、装卸压力等)、充装介质(如编号、名称、危害特性等)、基本结构(如单层罐、堆积绝热罐)、材料等;

b) 所有可能工况条件的描述;

c) 设计阶段时,应考虑所有工况条件下可能发生的失效模式如爆炸、泄漏、破损、变形,以及追尾、倾覆等交通事故;

d) 对标准、安全技术规范或规范性文件已经有规定的失效模式,说明采用的条款;

e) 对标准、安全技术规范或规范性文件没有规定的失效模式,说明设计中载荷、安全系数和相应设计计算方法的选取依据;

f) 规定针对介质少量泄漏、大量涌出、爆炸状况以及交通事故情况下如何处置的措施;

g) 根据可能发生事故情况,规定合适的随车人员、操作人员及其他相关人员的防护装备和措施;

h) 风险评估报告应具有与罐车设计图样总图一致的签署。

附　录　B
（规范性附录）
罐体安全泄放量及安全泄放装置排放能力的计算

B.1　总则

B.1.1　本附录规定了罐体充装介质为液化气体在通风条件良好、敞开空间着火的火灾工况（与外部油池火灾类似）罐体安全泄放量的计算方法。当超出本附录工况（如罐体遭受喷射火、部分密闭或全部密闭空间内火灾等严重火灾工况）的罐体安全泄放量计算由设计者另行考虑。

B.1.2　本附录公式仅适用于临界温度远高于额定排放压力下饱和气体温度的液化气体。临界温度接近或低于额定排放压力下饱和气体温度的液化气体，罐体安全泄放量的计算还应考虑气体的热力学特性。

B.1.3　根据安全泄放装置铭牌上的标示值，罐体安全泄放量及安全阀排放能力的计算应按B.2或B.3的规定，爆破片排放面积的计算应按B.4的规定。

B.2　采用介质质量计算罐体安全泄放量及安全阀排放能力

B.2.1　一般要求

当安全阀铭牌上标示安全阀的最小流道直径（或流道面积）及安全阀的额定泄放系数时，按B.2.2～B.2.4的规定计算罐体安全泄放量及安全阀排放能力。

B.2.2　罐体安全泄放量的计算

B.2.2.1　无绝热层罐体的安全泄放量按式（B.1）计算：

$$W_s = \frac{2.55 \times 10^5 A_r^{0.82}}{q} \qquad \text{(B.1)}$$

B.2.2.2　当完整绝热层符合B.2.2.3的规定时，罐体的安全泄放量按式（B.2）计算：

$$W_s = \frac{2.61(650 - t)\lambda A_r^{0.82}}{\delta q} \qquad \text{(B.2)}$$

式中：

W_s ——罐体的安全泄放量，单位为千克每小时（kg/h）；

q ——在泄放压力下液化气体的汽化潜热，单位为千焦每千克（kJ/kg）；

λ ——常温下绝热材料的导热系数，单位为千焦每米小时摄氏度[kJ/（m·h·℃）]；

δ ——绝热层厚度，单位为米（m）；

t ——泄放压力下介质的饱和温度，单位为摄氏度（℃）；

A_r ——罐体外表面积，单位为平方米（m²）；

　　椭圆形封头的卧式罐体 $A_r = 3.14D_o(L + 0.3D_o)$；

　　半球形封头的卧式罐体 $A_r = 3.14D_o L$；

　　L ——罐体的总长，单位为米（m）；

　　D_o ——罐体的外直径，单位为米（m）。

B.2.2.3　在任何情况下，当用于减少罐体安全泄放量的绝热层应在不超过650 ℃下始终保持完好有效,其外保护层应采用熔点不低于 700 ℃的材料。

B.2.3 单个安全阀的排放能力(额定泄放量)计算

单个安全阀的安全阀的排放能力(额定泄放量)的计算应符合下列规定:

a) 临界条件$\frac{p_o}{p_d} \leqslant \left(\frac{2}{k+1}\right)^{\frac{k}{k-1}}$时,按式(B.3)计算:

$$W = 7.6 \times 10^{-2} CKp_d A\sqrt{\frac{M}{ZT}} \qquad \cdots\cdots(B.3)$$

b) 亚临界条件$\frac{p_o}{p_d} > \left(\frac{2}{k+1}\right)^{\frac{k}{k-1}}$时,按式(B.4)计算:

$$W = 55.84Kp_d A\sqrt{\frac{k}{k-1}\left[\left(\frac{p_o}{p_d}\right)^{\frac{2}{k}} - \left(\frac{p_o}{p_d}\right)^{\frac{k+1}{k}}\right]}\sqrt{\frac{M}{ZT}} \qquad \cdots\cdots(B.4)$$

式中:

W ——安全阀的排放能力(额定泄放量),单位为千克每小时(kg/h);

K ——安全阀的额定泄放系数,与安全阀结构有关,应根据实验数据确定。无参考数据时,可按下述规定选取:

全启式安全阀 $K=0.60 \sim 0.70$;

当采用安全阀与爆破片串联组合装置时,安全阀的额定泄放系数 K 应乘以修正系数 0.9。

A——安全阀流道面积,单位为平方毫米(mm^2);

对于全启式安全阀,即 $h \geqslant \frac{1}{4}d_1$ 时:$A=0.785{d_1}^2$;

h ——阀瓣开启高度,单位为毫米(mm);

d_1 ——安全阀的最小流道直径(阀座喉部直径),单位为毫米(mm)。

C——气体特性系数,可查表 B.1 或按式(B.5)、式(B.6)求取:

当 $K>1$ 时:

$$C = 520\sqrt{k\left(\frac{2}{k+1}\right)^{\frac{k+1}{k-1}}} \qquad \cdots\cdots(B.5)$$

当 $K=1$ 或未知时:

$$C = \frac{520}{\sqrt{e}} = 315 \qquad \cdots\cdots(B.6)$$

k ——气体绝热指数,$k=C_P/C_v$;

C_P ——标准状态下气体定压比热;

C_v ——标准状态下气体定容比热;

数学常数 e=2.718 3。

M ——气体的摩尔质量,单位为千克每 4 摩尔(kg/kmol);

T ——额定排放压力下饱和气体绝对温度,单位为开尔文(K);

Z ——额定排放压力下饱和气体的压缩系数,见图 B.1,无法确定时取 1;

p_d ——安全阀的排放压力(绝压),$p_d=1.2p_s+0.1$,单位为兆帕(MPa);

p_s ——罐体设计压力,单位为兆帕(MPa);

p_o ——安全阀出口侧压力(绝压),单位为兆帕(MPa)。

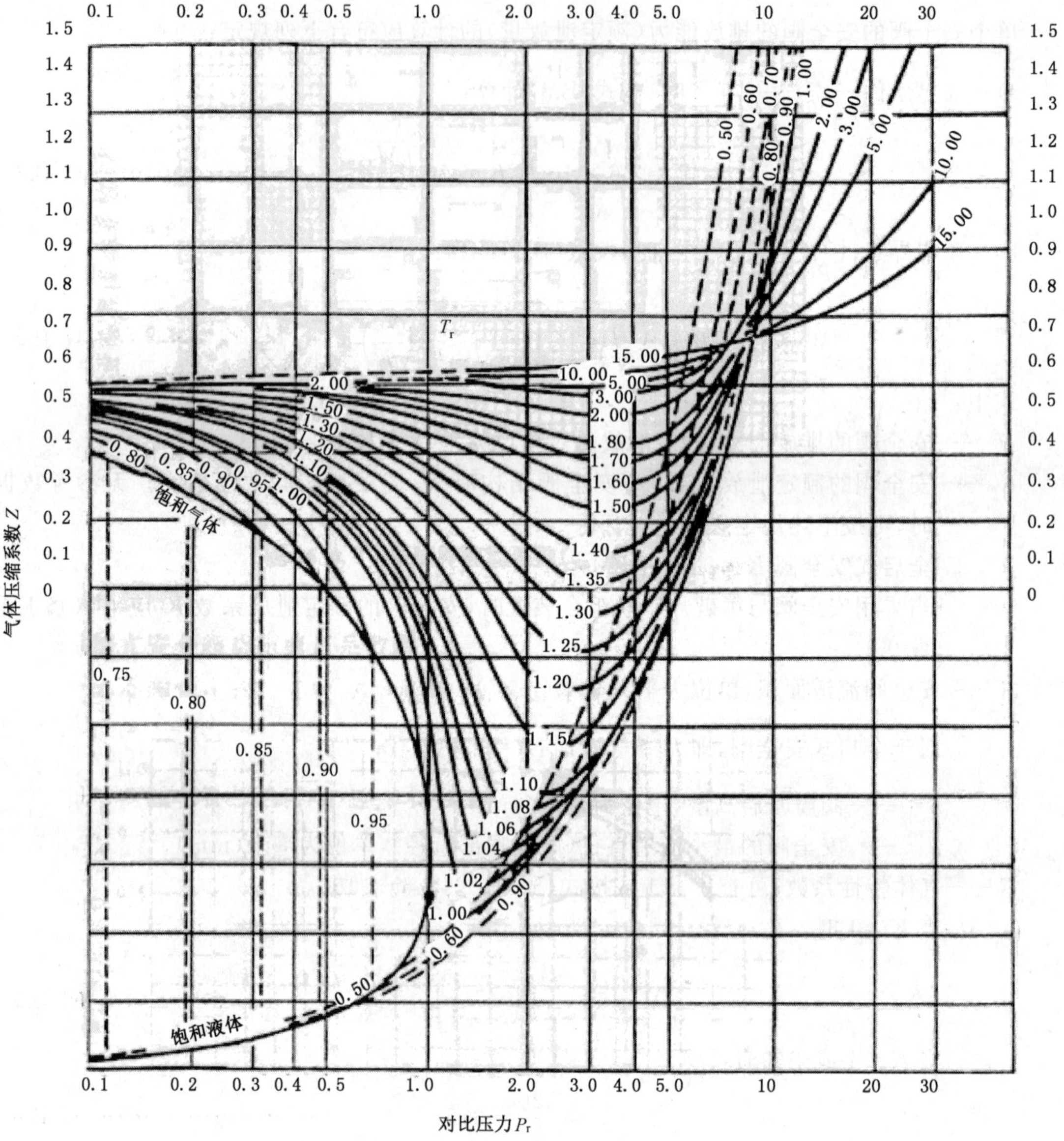

对比温度(T_r)为介质的泄放温度(K)与临界温度(K)的比值。

对比压力(P_r)为介质的泄放压力(MPa)与介质的临界压力(MPa)。

图 B.1 气体压缩系数

B.2.4 安全阀总排放能力

选用的各个安全阀排放能力(额定泄放量)W 的总和应该大于罐体所需的安全泄放量 W_s,各个安全阀额定泄放量 W 按 B.2.2 及其铭牌标示值进行计算。

表 B.1 气体特性系数

k	C	k	C	k	C	k	C
1.00	315	1.20	337	1.40	356	1.60	372
1.02	318	1.22	339	1.42	358	1.62	374
1.04	320	1.24	341	1.44	359	1.64	376
1.06	322	1.26	343	1.46	361	1.66	377
1.08	324	1.28	345	1.48	363	1.68	379
1.10	327	1.30	347	1.50	365	1.70	380
1.12	329	1.32	349	1.52	366	2.00	400
1.14	331	1.34	351	1.54	368	2.20	412
1.16	333	1.36	352	1.56	369		
1.18	335	1.38	354	1.58	371		

B.3 按空气体积计算罐体安全泄放量及安全阀排放能力

B.3.1 当安全阀铭牌标示为标准条件(0.1 MPa,0 ℃)下的排放能力(以每秒标准空气的最小排放量)时,应按 B.3.2~B.3.4 计算罐体安全泄放量及确定安全阀排放能力。

B.3.2 罐体充装临界温度远高于额定排放压力下饱和气体温度的液化气体时,罐体所需安全泄放量用式(B.7)确定:

$$Q_s = 6\ 448\ \frac{FA_r^{0.82}}{qC}\sqrt{\frac{ZT}{M}} \qquad \cdots\cdots\cdots\cdots (B.7)$$

式中:

Q_s ——在标准条件(0.1 MPa,0 ℃)下,罐体所需安全泄放装置总的排放能力(以每秒标准空气的最小排放量表示),单位为立方米每秒(m^3/s);

F ——系数,按下述规定选取:

a) 无绝热层时,$F=1.0$;

b) 具有能减小罐体安全泄放量的绝热层时,$F=U(650-t_1)/13.6$,但在任何情况下均不应小于 0.25,绝热层应符合 C.2.2.3 的规定。

U ——绝热层在 38 ℃时的导热率,单位为千瓦每平方米开尔文[$kW/(m^2 \cdot K)$];

t_1 ——液化气体在充装过程中的实际温度,℃。当这一温度未知时,取 t_1= 15 ℃。

B.3.3 各个安全阀排放能力 Q 应为其铭牌上标示的排放能力。

B.3.4 选用的各个安全阀排放能力 Q 的总和应大于罐体的安全泄放量 Q_s。

B.4 爆破片装置排放面积的计算

B.4.1 爆破片排放面积的计算应符合下列规定:

a) 临界条件$\frac{p_o}{p_b} \leqslant \left(\frac{2}{k+1}\right)^{\frac{k}{k-1}}$时，按式(B.8)计算：

$$A_s \geqslant \frac{W_s}{7.6 \times 10^{-2} C K' p_b \sqrt{\frac{M}{ZT}}} \qquad \text{(B.8)}$$

b) 亚临界条件$\frac{p_o}{p_b} > \left(\frac{2}{k+1}\right)^{\frac{k}{k-1}}$时，按式(B.9)计算：

$$A_s \geqslant \frac{W_s}{55.84 K' p_b \sqrt{\frac{k}{k-1}\left[\left(\frac{p_o}{p_b}\right)^{\frac{2}{k}} - \left(\frac{p_o}{p_b}\right)^{\frac{k+1}{k}}\right]} \sqrt{\frac{M}{ZT}}} \qquad \text{(B.9)}$$

式中：

A_s ——爆破片排放面积，单位为平方毫米(mm^2)；

K' ——爆破片的额定泄放系数，与爆破片装置入口管道形状(见图 B.2)有关；

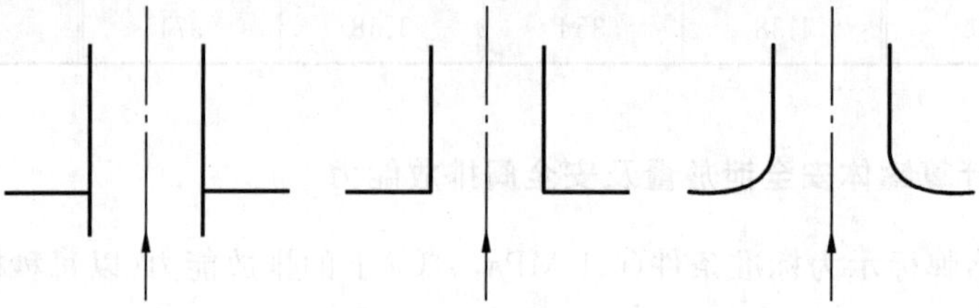

图 B.2 爆破片装置入口管道形状

W_s ——罐体的安全泄放量，单位为千克每小时(kg/h)；

p_b ——爆破片的设计爆破压力(绝压)，单位为兆帕(MPa)；

p_o ——泄放侧压力(绝压)，单位为兆帕(MPa)。

B.4.2 选用的爆破片最小泄放面积的总和应大于罐体所需的爆破片排放面积 A_s，各个爆破片最小泄放面积根据其铭牌标示值进行选取或计算。

ICS 23.020.30
J 74

中华人民共和国国家标准

GB/T 20663—2017
代替 GB/T 20663—2006

蓄能压力容器

Accumulators

2017-10-14 发布　　　　2018-04-01 实施

中华人民共和国国家质量监督检验检疫总局
中国国家标准化管理委员会　发布

前　言

本标准按照 GB/T 1.1—2009 给出的规则起草。

本标准代替 GB/T 20663—2006《囊式蓄能用压力容器》。与 GB/T 20663—2006 相比，主要技术变化如下：

——增加了隔膜式蓄能器、活塞式蓄能器(见 1.2、1.3、5.4、5.5、6.2.5、6.2.6、6.9、6.10 等)；

——修改了蓄能器通用参数(见 1.3、表 1)；

——壳体增加了 34CrMo4、06Cr19Ni10、022Cr17Ni12Mo2 等材料(见 5.2.1、表 2)；

——修改了材料力学性能指标(见表 2、表 3)；

——增加了材料许用应力和侧向膨胀量指标(见表 2、表 3)；

——修改了设计安全系数(见 6.3)；

——增加了螺纹设计计算(见 6.8、6.9.4、6.10.3)；

——增加了囊式蓄能器油阀、支承环结构的计算(见 6.11)；

——增加了蓄能器的安全使用要求(见第 12 章)；

——增加了螺纹连接隔膜式蓄能器的结构型式和标记方法(见附录 B)；

——增加了焊接隔膜式蓄能器技术条件(见附录 C)；

——增加了活塞式蓄能器的结构型式和标记方法(见附录 D)；

——增加了胶囊和隔膜技术条件(见附录 E)；

——增加了蓄能器疲劳试验要求(见附录 F)；

——增加了设计疲劳曲线(见附录 G)；

——增加了蓄能器排出流量测试装置(见附录 H)。

本标准由全国锅炉压力容器标准化技术委员会(SAC/TC 262)提出并归口。

本标准主要起草单位：上海蓝滨石化设备有限责任公司、上海市特种设备监督检验技术研究院、国家石油钻采炼化设备质量监督检验中心、浙江工业大学、成都天人压力容器厂、宁波市特种设备检验研究院、奉化市朝日液压有限公司、天津市奥其蓄能器有限公司、日本蓄能器股份有限公司、中国特种设备检测研究院、大连市锅炉压力容器检验研究院、上海蓝海科创检测有限公司。

本标准主要起草人：侍吉清、陈冰冰、黄光德、牛亚平、薛小龙、陈孝祥、刘瑞川、李晓澎、夏海、陈战杨、周文学、王纪兵、宋文明、陈志伟、戴行涛。

本标准所代替标准的历次版本发布情况为：

——GB/T 20663—2006。

蓄能压力容器

1 范围

1.1 本标准规定了蓄能压力容器(除明确专指某类型蓄能器之外,以下均简称“蓄能器”)的材料、设计、制造、性能和试验、检验规则、标志、包装、运输和安全使用等要求。

1.2 本标准规定的蓄能器是指利用气体的可压缩性,由气腔内气体压力给液端液体施压的容器,其产品类型包括:

——囊式蓄能器;

——隔膜式蓄能器;

——活塞式蓄能器。

1.3 本标准规定的蓄能器可能涉及的失效模式有:

——韧性破坏;

——脆性断裂;

——疲劳破坏;

——泄漏。

1.4 本标准适用于表1参数范围内,液端工作介质为石油基液压油或乳化液、气腔充装氮气的蓄能器。

表1 蓄能器通用参数

蓄能器类型	设计压力 MPa	设计温度 ℃	公称容积 L
囊式蓄能器	≤80	−40～+120	≤350
隔膜式蓄能器			≤10
活塞式蓄能器			≤350

1.5 本标准不适用于非金属材料制蓄能器。

2 规范性引用文件

下列文件对于本文件的应用是必不可少的。凡是注日期的引用文件,仅注日期的版本适用于本文件。凡是不注日期的引用文件,其最新版本(包括所有的修改单)适用于本文件。

GB/T 150.1—2011 压力容器 第1部分:通用要求

GB/T 150.2—2011 压力容器 第2部分:材料

GB/T 150.3—2011 压力容器 第3部分:设计

GB/T 150.4—2011 压力容器 第4部分:制造、检验和验收

GB/T 196 普通螺纹 基本尺寸

GB/T 197 普通螺纹 公差

GB/T 223(所有部分) 钢铁及合金化学分析方法

GB/T 228.1 金属材料 拉伸试验 第1部分:室温试验方法

GB/T 229 金属材料 夏比摆锤冲击试验方法

GB/T 231.1 金属材料 布氏硬度试验 第1部分:试验方法

GB/T 232 金属材料 弯曲试验方法

GB/T 246 金属管 压扁试验方法

GB/T 528 硫化橡胶或热塑性橡胶 拉伸应力应变性能的测定

GB/T 531.1 硫化橡胶或热塑性橡胶 压入硬度试验方法 第1部分:邵氏硬度计法(邵尔硬度)

GB/T 699 优质碳素结构钢

GB/T 1220 不锈钢棒

GB/T 1682 硫化橡胶 低温脆性的测定 单试样法

GB/T 1690 硫化橡胶或热塑性橡胶 耐液体试验方法

GB/T 3077 合金结构钢

GB/T 5777—2008 无缝钢管超声波探伤检验方法

GB/T 6479 高压化肥设备用无缝钢管

GB/T 7755 硫化橡胶或热塑性橡胶 透气性的测定

GB/T 7759.1 硫化橡胶或热塑性橡胶 压缩永久变形的测定 第1部分:在常温及高温条件下

GB/T 9251—2011 气瓶水压试验方法

GB/T 9252 气瓶疲劳试验方法

GB/T 11211 硫化橡胶或热塑性橡胶 与金属粘合强度的测定 二板法

GB/T 13296 锅炉、热交换器用不锈钢无缝钢管

GB/T 13934 硫化橡胶或热塑性橡胶 屈挠龟裂和裂口增长的测定(德墨西亚型)

GB/T 14976 流体输送用不锈钢无缝钢管

GB/T 15385 气瓶水压爆破试验方法

GB/T 18248 气瓶用无缝钢管

GB/T 22085.1 电子束及激光焊接接头 缺欠质量分级指南 第1部分:钢

JB/T 4711 压力容器涂敷与运输包装

JB 4732—1995 钢制压力容器——分析设计标准(2005年确认)

NB/T 47008 承压设备用碳素钢和合金钢锻件

NB/T 47009 低温承压设备用合金钢锻件

NB/T 47010 承压设备用不锈钢和耐热钢锻件

NB/T 47013.1 承压设备无损检测 第1部分:通用要求

NB/T 47013.4 承压设备无损检测 第4部分:磁粉检测

NB/T 47013.5 承压设备无损检测 第5部分:渗透检测

NB/T 47013.7 承压设备无损检测 第7部分:目视检测

NB/T 47013.8 承压设备无损检测 第8部分:泄漏检测

NB/T 47014 承压设备焊接工艺评定

TSG 21　固定式压力容器安全技术监察规程

3　术语和定义

下列术语和定义适用于本文件。

3.1

囊式蓄能器　bladder accumulators

主要由壳体和胶囊组成,液体和气体通过柔性胶囊隔开。

3.2

隔膜式蓄能器　diaphragm accumulators

由上、下壳体通过焊接、自身螺纹或外置环形锁母连接组成,液体和气体通过柔性橡胶隔膜隔开。

3.3

活塞式蓄能器　piston accumulators

由圆柱形筒体、活塞和端盖组成,液体和气体通过活塞密封组件隔开。

3.4

工作压力　operating pressure

在正常工作情况下,蓄能器可能达到的最高压力。

3.5

充气压力　charging gas pressure

当液端无压力时,蓄能器中的气体压力。

3.6

公称容积　nominal capacity

蓄能器在充气状态下气腔的容积。

3.7

设计压力　design pressure

设定的蓄能器的最高压力,与相应的设计温度一起作为设计载荷条件,其值不低于工作压力。

3.8

设计温度　design temperature

蓄能器在正常工作情况下,设定的元件的金属温度(沿元件金属截面的温度平均值)。设计温度与设计压力一起作为设计载荷条件。

3.9

排出容积　discharge volume

加压后的蓄能器,其压力在回路最高动作压力到最低动作压力之间变化时,蓄能器内液压油的容积变化的值。

3.10

排出流量　discharge flow

单位时间内液压油的排出量。

3.11

批量　batch

采用同一容器类别、同一设计条件、具有相同公称直径、壁厚、用同一炉号材料、同一制造方法、按同一热处理规范进行热处理的蓄能器壳体限定的数量。

3.12

定型产品　standard products

按照本标准规定选材、设计、制造与验收,型式试验合格,可形成批量生产的系列化产品。

4　结构型式、表示方法和等级划分

4.1　结构型式、表示方法

4.1.1　囊式蓄能器的结构型式分为A型、AB型、B型,其结构型式、零部件名称和产品表示方法参见附录A。

4.1.2　螺纹连接隔膜式蓄能器的结构型式分为A型、B型、C型,其结构、零部件名称和产品表示方法参见附录B;焊接隔膜式蓄能器分A型和B型,其结构、零部件名称和产品表示方法见附录C。

4.1.3　活塞式蓄能器的结构型式分为A型和B型,其结构、零部件名称和产品表示方法参见附录D。

4.2　等级划分

4.2.1　蓄能器的设计压力划分为10个等级(单位为MPa):6.3、10、16、20、25、31.5、40、50、63、80。当设计压力介于相邻两个压力等级之间时,应由供需双方协商确定。

4.2.2　蓄能器的公称容积划分为24个等级(单位为L):0.25、0.40、0.63、1.0、1.6、2.5、4.0、6.3、10、16、20、25、32、40、50、63、80、100、125、160、200、250、315、350。当所需容积介于相邻两个容积等级之间时,应由供需双方协商确定。

5　材料

5.1　总则

5.1.1　蓄能器主要受压元件(壳体、端盖、阀体、支承环、螺纹隔膜式蓄能器环形锁母)用材料应符合本章规定,并应考虑蓄能器的使用条件(如温度、压力、介质特性等)、制造工艺以及经济合理性。

5.1.2　蓄能器主要受压元件用材料应具有质量证明书;蓄能器制造单位从材料制造单位取得材料时,应取得材料制造单位提供的质量证明书原件;蓄能器制造单位从非材料制造单位取得材料时,应取得材料制造单位提供的质量证明书原件或加盖材料供应单位检验公章和经办人章的复印件;蓄能器制造单位应对所获得的材料及质量证明书的真实性和一致性负责。

5.1.3　境外牌号及新材料的使用应符合TSG 21的规定。

5.2　壳体

5.2.1　囊式蓄能器壳体、活塞式蓄能器筒体一般应选用无缝钢管制造,内径小于或等于100 mm的活塞式蓄能器筒体也可采用热轧圆钢或锻件机加工制造,筒体的轴向长度应近似平行于坯料的金属变形线。选用未逐根进行超声检测的钢管、圆钢或锻件机加工制造筒体,蓄能器制造厂应逐根进行超声检测,检测方法应符合GB/T 5777—2008的规定;优质碳素钢钢管、冷轧(拔)合金钢钢管的验收等级应满足L2级的要求,热轧合金钢钢管、圆钢或锻件机加工制造筒体的验收等级应由供需双方协商确定。壳体的力学性能及许用应力见表2(圆钢或锻件机加工制造筒体的力学性能及许用应力应符合表3要求)。

表 2　壳体材料性能

钢号	钢管标准	使用状态	壁厚 mm	室温强度指标 MPa		断后伸长率 A %	冲击功 KV_2 J	侧向膨胀量 mm	硬度 HBW	在下列温度(℃)下许用应力 MPa			使用温度下限 ℃
				R_m	R_{eL}	不小于				≤20	100	150	
20	GB/T 6479	正火	≤16	410	245	24	40	—	—	152	147	140	0
			>16～40	410	235					152	140	133	
Q345D	GB/T 6479	正火	≤16	490	345	21	40	—	—	181	181	180	−20
			>16～40	490	335					181	181	173	
Q345E	GB/T 6479	正火	≤16	490	345	21	40	—	—	181	181	180	−40
			>16～40	490	335					181	181	173	
30CrMo	GB/T 18248	调质	≤16	880	750	16	47	0.53	229～309	326	326	326	−40
			>16～40	870	740				227～306	322	322	322	
35CrMo	GB/T 18248	调质	≤16	910	770	16	47	0.53	237～318	337	337	337	−40
			>16～40	900	760				235～315	333	333	333	
34CrMo4	GB/T 18248	调质	≤16	910	770	16	47	0.53	237～318	337	337	337	−40
			>16～40	900	760				235～315	333	333	333	
06Cr19Ni10 (S30408)	GB/T 14976 GB/T 13296	固溶	≤28	520	205	35	—	—	—	137	137	137	−40
022Cr19Ni10 (S30403)	GB/T 14976 GB/T 13296	固溶	≤28	480	175	35	—	—	—	117	117	117	−40
06Cr17Ni12Mo2 (S31608)	GB/T 14976 GB/T 13296	固溶	≤28	520	205	35	—	—	—	137	137	137	−40
022Cr17Ni12Mo2 (S31603)	GB/T 14976 GB/T 13296	固溶	≤28	480	175	35	—	—	—	117	117	117	−40

5.2.2　螺纹隔膜式蓄能器的上壳体(端盖)、下壳体和环形锁母,活塞式蓄能器的端盖应选用锻件制造。锻件级别应不小于Ⅲ级,其力学性能及许用应力见表 3。

表 3 锻件材料性能

钢号	锻件标准	使用状态	壁厚 mm	室温强度指标 MPa R_m	室温强度指标 MPa R_{eL}	断后伸长率 A %	冲击功 KV_2 J	在下列温度(℃)下许用应力 MPa ≤20	100	150	使用温度下限 ℃
				不小于							
20	NB/T 47008	正火或正火+回火	≤100	410	235	24	31	152	140	133	−20
			>100~200	400	225	24	31	148	133	127	−20
			>200~300	380	205	24	31	137	123	117	−20
35		正火或正火+回火	≤100	510	265	18	34	177	157	150	0
			>100~300	490	245	18	34	163	150	143	0
16Mn		正火或正火+回火或调质	≤100	480	305	20	34	178	178	167	−20
			>100~200	470	295	20	34	174	174	163	−20
			>200~300	450	275	20	34	167	167	157	−20
35CrMo		调质	≤300	620	440	15	41	230	230	230	−40
16MnD	NB/T 47009	调质	≤100	480	305	20	47	178	178	167	−40
			>100~200	470	295	20	47	174	174	163	−40
			>200~300	450	275	20	47	167	167	157	−40
06Cr19Ni10 (S30408)	NB/T 47010	固溶(1 010 ℃~1 150 ℃)快冷	≤150	520	205	35	—	137	137	137	−40
			>150~300	500	205	35	—	137	137	137	−40
022Cr19Ni10 (S30403)			≤150	480	175	35	—	117	117	117	−40
			>150~300	460	175	35	—	117	117	117	−40
06Cr17Ni12Mo2 (S31608)			≤150	520	205	35	—	137	137	137	−40
			>150~300	500	205	35	—	137	137	137	−40
022Cr17Ni12Mo2 (S31603)			≤150	480	175	35	—	117	117	117	−40
			>150~300	460	175	35	—	117	117	117	−40

5.2.3 壳体材料复验应按 GB/T 150.4—2011 中 5.1 规定进行,其化学成分应当符合相应材料标准的要求,标准抗拉强度下限值大于 540 MPa 的材料,其磷、硫含量应符合 $P\leqslant0.020\%$、$S\leqslant0.010\%$。

5.2.4 壳体材料调质热处理后的实测抗拉强度不应超过表 2 或表 3 所列室温强度指标 R_m+130 MPa,实测屈服强度与实测抗拉强度的比值不大于 90%。

5.2.5 当蓄能器设计温度不低于−20 ℃时,冲击试验温度为−20 ℃;当设计温度低于−20 ℃时,冲击试验温度按设计温度确定。

5.2.6 试验温度下 3 个标准试样的冲击吸收功平均值不得低于表 2、表 3 的规定,其中单个试样的冲击功不得小于平均值的 70%。当材料尺寸无法制备标准试样时,可采用宽度为 7.5 mm 或 5 mm 的小尺寸试样,其冲击功指标分别为标准试样冲击功指标的 75%或 50%。

5.3 囊式蓄能器油阀

5.3.1 油阀的阀体、阀芯、支承环应依据设计温度、工作介质选用低合金钢或高合金钢制造,低合金钢可选用 40Cr、35CrMo 等,高合金钢可选用 0Cr18Ni9 等。其余零件可选用 20、35、45 等优质碳素钢或合金钢制造。优质碳素钢的化学成分及力学性能应符合 GB/T 699 的规定,合金钢的化学成分及力学性能应符合 GB/T 3077 的规定,高合金钢的化学成分及力学性能应符合 GB/T 1220 的规定。

5.3.2 当设计温度低于−20 ℃、非受压元件与壳体选用同一种材料时,可免做低温冲击性能试验;否则应在材料的使用状态下按蓄能器的设计温度进行低温冲击性能试验,其冲击吸收功 KV_2不应低于27 J,35CrMo 冲击吸收功 KV_2不应低于 38 J。

5.4 胶囊和隔膜

5.4.1 胶囊、隔膜的结构尺寸应满足图样要求。

5.4.2 胶囊、隔膜的性能参见附录 E 的规定。

5.5 活塞式蓄能器活塞

5.5.1 活塞材料选用应满足使用条件(如温度、压力、介质特性等)的要求,一般选用铝合金材料制造。

5.5.2 活塞所用的密封材料选用应满足使用条件(如工作温度、介质、运动速度、工作压力等)的要求,应具有良好的耐磨性及密封性,以保证蓄能器的工作寿命。

5.5.3 活塞材料应有材料质量证明书,证明书至少应包括材料的化学成分、交货状态下的抗拉强度、伸长率、硬度等内容。

6 设计

6.1 基本符号

C——厚度附加量,$C=C_1+C_2$,mm;

C_1——厚度负偏差,mm;

C_2——腐蚀裕量,mm;

D_i——圆筒或球壳的内径,mm;

D_o——圆筒或球壳的外径,mm;

p ——设计压力,MPa;

p_b——壳体爆破试验压力,MPa;

p_c——计算压力,取设计压力,MPa;

p_T——试验压力,MPa;

p_0——充气压力,MPa;

p_1——液压回路的最低工作压力,MPa;

p_2——液压回路的最高工作压力,MPa;

R——半球形封头中面半径,mm;

R_i——圆筒或半球形封头内半径,mm;

$R_{eL}(R_{p0.2})$——材料标准室温屈服强度(或 0.2%非比例延伸强度),MPa;

$R_{eL}^t(R_{p0.2}^t)$——材料在设计温度下的屈服强度(或 0.2%非比例延伸强度),MPa;

R_m——材料标准抗拉强度下限值,MPa;

R'_m——材料热处理后抗拉强度保证值,MPa;

R'_{mo}——壳体材料实测抗拉强度,MPa;

R_o——球壳外半径,mm;

S_{ao}——壳体材料冷弯试样的实测平均厚度(见图 7),mm;

t——设计温度,℃;

V_x——蓄能器工作容积,L;

δ——筒体或封头的计算厚度,mm;

δ_a——筒体实测最小厚度,mm;

δ_d——筒体或封头的设计厚度,$\delta_d=\delta+C_2$,mm;

δ_e——筒体或封头的有效厚度,$\delta_e=\delta_n-C$,mm;

δ_n——筒体或封头的名义厚度,mm;

$[\sigma]$——室温下材料的许用应力,MPa;

$[\sigma]^t$——设计温度下材料的许用应力,MPa。

6.2 设计一般规定

6.2.1 定型产品的腐蚀裕量

按照本标准设计定型产品时,介质按石油基液压油或乳化液考虑,腐蚀裕量(C_2)一般取0.5 mm。

6.2.2 设计总图的主要内容

设计总图除应符合 TSG 21 的要求外还应包含下列内容:

a) 设计厚度和名义厚度;

b) 压力波动范围,即液压回路的最高工作压力 p_2 和液压回路的最低工作压力 p_1 之差;

c) 疲劳试验规定,对于不需要进行的,应注明“不需要”。

6.2.3 同一设计图号的规定

符合以下条件的,可采用同一设计图号进行设计:

a) 蓄能器类型相同;

b) 容器类别相同;

c) 设计参数相同,材料种类相同;

d) 仅长度不同,且圆筒部分的长度不小于 $2.0(D_o\delta)^{0.5}$,其余尺寸和形状均相同。

6.2.4 囊式蓄能器

6.2.4.1 同时符合下列条件的囊式蓄能器,其疲劳试验按 F.1 第Ⅰ类疲劳试验要求进行;经供需双方协商,也可按 F.2 第Ⅱ类疲劳试验要求进行:

a) 设计压力不大于 35 MPa;

b) 容积不大于 250 L;

c) 外径不大于 426 mm;

d) 正常操作时,压力波动范围不大于 0.5 倍设计压力。

6.2.4.2 对 6.2.4.1 以外的囊式蓄能器,应符合下列要求之一:

a) 按 JB 4732—1995 进行疲劳分析,并在设计图样中给出疲劳试验的要求;

b) 按 F.2 第Ⅱ类疲劳试验的要求进行疲劳试验。

6.2.5 隔膜式蓄能器

6.2.5.1 同时符合下列条件的螺纹连接隔膜式蓄能器,其疲劳试验按 F.1 第Ⅰ类疲劳试验要求进行;经供需双方协商,也可按 F.2 第Ⅱ类疲劳试验要求进行:

a) 设计压力不大于 35 MPa;

b) 正常操作时,压力波动范围不大于 0.5 倍设计压力。

6.2.5.2 对 6.2.5.1 以外的螺纹连接隔膜式蓄能器,应符合下列要求之一:

a) 按 JB 4732—1995 进行疲劳分析,并在设计图样中给出疲劳试验的要求;

b) 按 F.2 第Ⅱ类疲劳试验的要求进行疲劳试验。

6.2.5.3 焊接隔膜式蓄能器的强度计算和型式试验要求见附录 C。

6.2.6 活塞式蓄能器

6.2.6.1 同时符合下列条件的活塞式蓄能器,其疲劳试验按 F.1 第Ⅰ类疲劳试验要求进行;经供需双方协商,也可按 F.2 第Ⅱ类疲劳试验要求进行:

a) 设计压力不大于 35 MPa;

b) 容积不大于 250 L;

c) 内径不大于 350 mm;

d) 正常操作时,压力波动范围不大于 0.5 倍设计压力。

6.2.6.2 对 6.2.6.1 以外的活塞式蓄能器,应符合下列要求之一:

a) 按 JB 4732—1995 进行疲劳分析,并在设计图样中给出疲劳试验的要求;

b) 按 F.2 第Ⅱ类疲劳试验的要求进行疲劳试验。

6.3 许用应力

本标准所列材料的许用应力见表 2 和表 3,其他材料的许用应力按 GB/T 150.2—2011 确定。

6.4 设计疲劳曲线

本标准所列材料的设计疲劳曲线按附录 G 规定,其他材料的设计疲劳曲线按 JB 4732—1995 规定。

6.5 受内压的圆筒

6.5.1 当 $p_c \leqslant 0.4[\sigma]^t$ 时,圆筒计算厚度应按式(1)或式(2)计算:

$$\delta = \frac{p_c D_i}{2[\sigma]^t - p_c} \quad \cdots\cdots(1)$$

$$\delta = \frac{p_c D_o}{2[\sigma]^t + p_c} \quad \cdots\cdots(2)$$

6.5.2 当 $p_c > 0.4[\sigma]^t$ 时,圆筒计算厚度应按式(3)计算:

$$\delta = 0.5 D_i (e^X - 1) \quad \cdots\cdots(3)$$

其中: $X = p_c / [\sigma]^t$

6.6 受内压的球壳

6.6.1 当 $p_c \leqslant 0.4[\sigma]^t$ 时,球壳计算厚度应按式(4)或式(5)计算:

$$\delta = \frac{p_c D_i}{4[\sigma]^t - p_c} \quad \cdots\cdots(4)$$

$$\delta = \frac{p_c D_o}{4[\sigma]^t + p_c} \quad \cdots\cdots(5)$$

6.6.2 当 $p_c > 0.4[\sigma]^t$ 时,球壳计算厚度应按式(6)计算:

$$\delta = R_i(e^{0.5X} - 1) \quad \cdots\cdots(6)$$

其中：$X = p_c/[\sigma]^t$

6.7 球壳中心开孔及开孔补强

6.7.1 专用符号

A——开孔削弱所需要的补强截面积，单位为平方毫米(mm^2)；

A_1——壳体有效厚度减去计算厚度之外的多余面积，单位为平方毫米(mm^2)；

A_2——接管有效厚度减去计算厚度之外的多余面积，单位为平方毫米(mm^2)；

A_3——有效补强范围内另加的补强面积，单位为平方毫米(mm^2)；

A_e——补强面积，单位为平方毫米(mm^2)；

B——补强有效宽度，单位为平方毫米(mm^2)；

d_{op}——开孔直径，单位为毫米(mm)；

h——接管有效高度，单位为毫米(mm)；

δ_{et}——接管有效厚度，单位为毫米(mm)；

δ_n——壳体开孔处的名义厚度，单位为毫米(mm)；

δ_{nt}——接管名义厚度，单位为毫米(mm)；

δ_t——接管计算厚度，单位为毫米(mm)。

6.7.2 适用范围及一般要求

6.7.2.1 本标准采用的方法为等面积补强法，适用的范围：

a) 仅承受压力作用球壳中心开孔；

b) 球壳上开孔的最大直径 $d_{op} \leqslant 0.5D_i$；

c) 为单一圆形孔，且其中心线与轴线一致。

6.7.2.2 超过 6.7.2.1 规定范围的，应按 JB 4732—1995 进行分析设计，材料的许用应力按 6.3 规定。

6.7.3 开孔补强计算

6.7.3.1 开孔补强面积的计算截面选取

球壳上开孔所需的最小补强面积应在下列规定的截面上求取：该截面通过球壳上开孔中心点，沿开孔最大尺寸方向，且垂直于壳体表面。

6.7.3.2 所需补强面积

所需补强面积按式(7)计算：

$$A = d_{op}\delta \quad \cdots\cdots(7)$$

式中：

δ ——开孔处的壳体计算厚度，单位为毫米(mm)；

d_{op}——孔直径，单位为毫米(mm)；就图 1a)开孔形式，取实际的开孔直径；就图 1b)开孔形式，取接管内直径加 2 倍厚度附加量。

6.7.3.3 有效补强范围及补强面积

6.7.3.3.1 有效补强范围按图 1b)中矩形 $WXYZ$ 范围确定。

a) 有效宽度B按式(8)计算,取二者中较大值:

$$B=\begin{cases}2d_{op}\\ d_{op}+2\delta_n+2\delta_{nt}\end{cases} \quad\cdots\cdots(8)$$

对于图1a)开孔形式,$\delta_{nt}=0$。

b) 有效高度按式(9)进行计算,再与接管实际外伸高度比较,取小值。

$$h=\sqrt{d_{op}\delta_{nt}} \quad\cdots\cdots(9)$$

对于图1a)开孔形式,$h=0$。

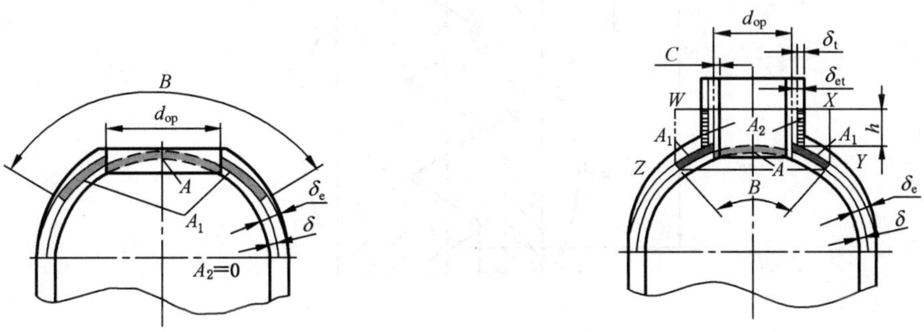

a)　　　　　　　　　　b)

图1 球壳中心开孔

6.7.3.3.2 在有效补强范围内,可作为补强的截面积A_e按式(10)计算:A_1、A_2按式(11)、式(12)计算:

$$A_e=A_1+A_2 \quad\cdots\cdots(10)$$

A_1、A_2按式(11)、(12)计算:

$$A_1=(B-d_{op})(\delta_{et}-\delta) \quad\cdots\cdots(11)$$

$$A_2=2h(\delta_{et}-\delta_t) \quad\cdots\cdots(12)$$

式中:δ_t按6.5求取,圆筒的内径取值为d_{op}。

若$A_e \geqslant A$,则开孔不需另加补强;

若$A_e<A$,则开孔需另加补强,其另加补强面积按式(13)计算;

$$A_3 \geqslant A-A_e \quad\cdots\cdots(13)$$

6.8 螺纹计算

6.8.1 专用符号如下:

$D_{\mathrm{I}o}$——外螺纹大径最小值,单位为毫米(mm);

$D_{\mathrm{II}i}$——内螺纹小径最大值,单位为毫米(mm);

$D_{\mathrm{II}m}$——内螺纹中径最小值,单位为毫米(mm);

L——螺纹副中径上的螺纹有效旋合长度,单位为毫米(mm);

L_p——螺纹螺距,单位为毫米(mm)。

6.8.2 螺纹几何尺寸见图2,推荐采用螺纹牙型为60°的普通螺纹。

6.8.3 螺纹啮合长度L应由式(14)确定:

$$L \geqslant \max\left(\frac{p_cD_i^2}{1.4D_{\mathrm{II}m}[\sigma]^t},\frac{p_cD_i^2L_p}{(D_{\mathrm{I}o}^2-D_{\mathrm{II}i}^2)[\sigma]^t}\right) \quad\cdots\cdots(14)$$

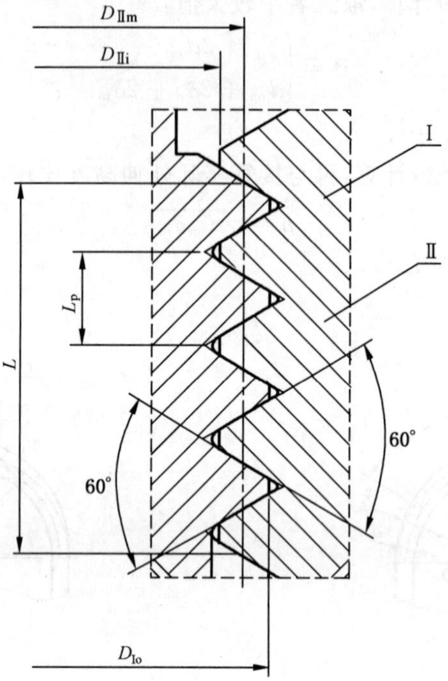

说明：

Ⅰ——外螺纹；

Ⅱ——内螺纹。

图 2　螺纹的几何尺寸

6.9　活塞式蓄能器端部结构设计

6.9.1　专用符号

A_{ep}——端盖开孔所需的最小补强面积，单位为平方毫米(mm^2)；

A_u——螺纹退刀槽处的筒体的截面积，单位为平方毫米(mm^2)；

D_m——螺纹退刀槽处的筒体中径，单位为毫米(mm)；

D_N——螺纹公称直径，单位为毫米(mm)；

D_p——螺纹中径，单位为毫米(mm)；

D_u——螺纹退刀槽直径，单位为毫米(mm)；

d_{op}——开孔直径，单位为毫米(mm)；

M_e——内压引起的单位长度上弯矩，单位为牛米(N·m)；

α——式(19)中计算系数，由式(21)求取；

β——式(21)中计算系数，由式(22)求取；

δ_p——端盖计算厚度，单位为毫米(mm)；

δ_f——端盖名义厚度，单位为毫米(mm)；

δ_u——螺纹退刀槽处的筒体厚度，单位为毫米(mm)；

σ——计算应力，单位为兆帕(MPa)；

ν——泊松比。

6.9.2 几何尺寸

端盖与筒体端部的几何尺寸见图 3。

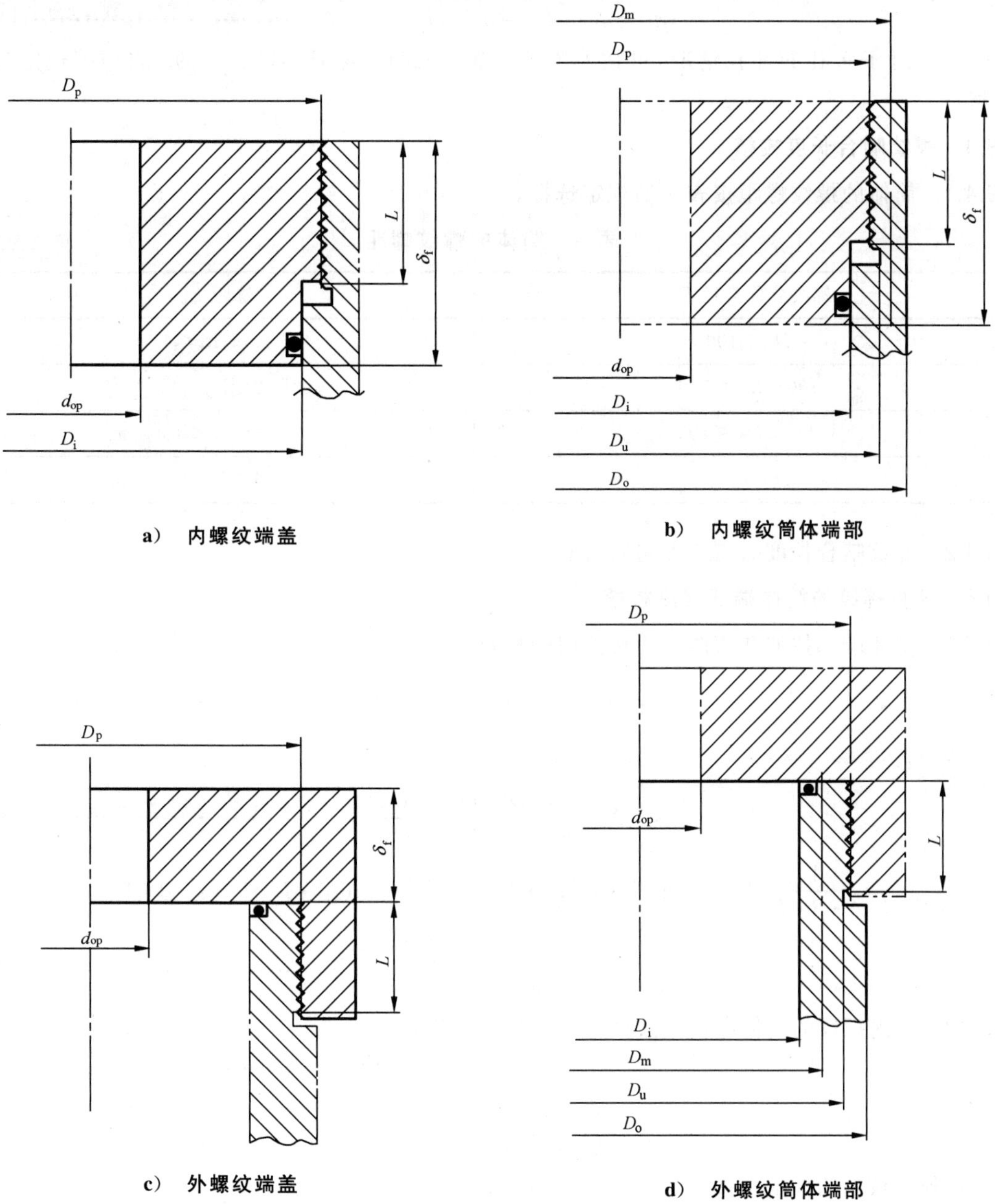

a) 内螺纹端盖　　b) 内螺纹筒体端部

c) 外螺纹端盖　　d) 外螺纹筒体端部

图 3 端盖与筒体端部的几何尺寸

6.9.3 端盖计算

6.9.3.1 端盖的计算厚度和名义厚度按式(15)和式(16)计算，且名义厚度不小于 20 mm。

$$\delta_p = 0.58 D_p (p_c / [\sigma]^t)^{0.5} \qquad (15)$$

$$\delta_f \geqslant \delta_p + C \qquad (16)$$

6.9.3.2 端盖单孔的开孔直径 $d_{op} \leqslant 0.4D_i$ 时，开孔所需要的补强面积按式(17)计算：

$$A_{ep} = 0.5 d_{op} \delta_p \quad \cdots\cdots(17)$$

6.9.3.3 采用增加端盖的厚度进行补强时，可按式(18)进行计算，且最小厚度不小于 20 mm。

$$\delta_f \geqslant \delta_p \cdot (1 - d_{op}/D_p)^{-0.5} + C \quad \cdots\cdots(18)$$

6.9.3.4 对于多孔的开孔情况，可按 GB/T 150.3—2011 或 JB 4732—1995 的相关规定进行计算。

6.9.4 螺纹啮合长度校核

6.9.4.1 筒体的螺纹螺距按表 4 的规定选择。

表 4 筒体的螺纹螺距

单位为毫米

螺纹公称直径 D_N	螺距 L_p
$D_N \leqslant 100$	$1.5 \leqslant L_p \leqslant 4$
$100 < D_N \leqslant 200$	$2 \leqslant L_p \leqslant 4$
$200 < D_N \leqslant 400$	$3 \leqslant L_p \leqslant 6$
$D_N > 400$	$4 \leqslant L_p \leqslant 6$

6.9.4.2 螺纹啮合长度 L 按 6.8 进行计算。

6.9.5 带有螺纹的筒体端部强度校核

6.9.5.1 筒体端部拉伸和弯曲应力按式(19)校核：

$$\sigma = \frac{\pi p_c D_i^2}{4A_u} + \frac{6M_e \alpha}{\delta_u^2} \leqslant 0.9[\sigma]^t \quad \cdots\cdots(19)$$

式中：

$$M_e = \frac{p_c D_i^2 |D_m - D_p|}{8D_m} \quad \cdots\cdots(20)$$

$$\alpha = \frac{1}{4 \cdot \beta \cdot L}\{1 + 4 \cdot e^{-\beta \cdot L} \cdot \sin(\beta \cdot L) - e^{-2\beta \cdot L}[\sin(2\beta \cdot L) + \cos(2\beta \cdot L)]\} \quad \cdots(21)$$

$$\beta = \sqrt[4]{\frac{12(1-\nu^2)}{D_m^2 \delta_u^2}} \quad \cdots\cdots(22)$$

6.9.5.2 对内螺纹的筒体端部按式(23)～式(25)计算：

$$A_u = 0.25\pi(D_o{}^2 - D_u{}^2) \quad \cdots\cdots(23)$$

$$\delta_u = 0.5(D_o - D_u) \quad \cdots\cdots(24)$$

$$D_m = 0.5(D_o + D_u) \quad \cdots\cdots(25)$$

对外螺纹的筒体端部按式(26)～式(28)计算。

$$A_u = 0.25\pi(D_u{}^2 - D_i{}^2) \quad \cdots\cdots(26)$$

$$\delta_u = 0.5(D_u - D_i) \quad \cdots\cdots(27)$$

$$D_m = 0.5(D_u + D_i) \quad \cdots\cdots(28)$$

6.10 隔膜式蓄能器连接结构设计

6.10.1 专用符号

A_j——接触面积，单位为平方毫米(mm^2)；

B——两件式中计算力臂,单位为毫米(mm);

D_{go}——垫片的外径,单位为毫米(mm);

$D_{\mathrm{I}o}$——三件式上壳体凸台外径,单位为毫米(mm);

$D_{\mathrm{I}b}$——三件式上壳体凸台根部直径,单位为毫米(mm);

$D_{\mathrm{II}o}$——两件式下壳体凸台外径,单位为毫米(mm);

$D_{\mathrm{II}u}$——两件式下壳体凸台螺纹退刀槽直径,单位为毫米(mm);

$D_{\mathrm{III}i}$——三件式环形锁母凸缘内径,单位为毫米(mm);

$D_{\mathrm{III}o}$——三件式环形锁母外径,单位为毫米(mm);

$D_{\mathrm{III}u}$——三件式环形锁母螺纹退刀槽直径,单位为毫米(mm);

D_p——螺纹中径,单位为毫米(mm);

F——轴向力,单位为牛(N);

F_0——轴向预紧力,单位为牛(N);

F_p——内压引起的轴向力,单位为牛(N);

H_{I}——三件式上壳体凸台厚度,单位为毫米(mm);

H_{II}——两件式下壳体凸台高度,见图4,单位为毫米(mm);

H_{III}——三件式环形锁母凸缘厚度,单位为毫米(mm);

h_G——计算力臂,单位为毫米(mm);

K——直径比;

M_p——内压引起的弯矩,单位为牛毫米(N·mm);

r_1——三件式上壳体凸台外径处圆角或倒角,单位为毫米(mm);

r_3——三件式环形锁母内径处圆角或倒角,单位为毫米(mm);

W——抗弯截面模量,单位为立方毫米(mm^3);

β_y——计算系数,由式(41)求取;

δ_{II}——二件式下壳体凸台在螺纹退刀槽处最小厚度,单位为毫米(mm);

σ——计算应力,单位为兆帕(MPa)。

6.10.2 几何尺寸

两件式结构隔膜式蓄能器,由上壳体(Ⅰ)和下壳体(Ⅱ)连接组成,见图4a)。三件式结构隔膜式蓄能器,由上壳体(Ⅰ)、下壳体(Ⅱ)和环型锁母(Ⅲ)连接组成,见图4b)。

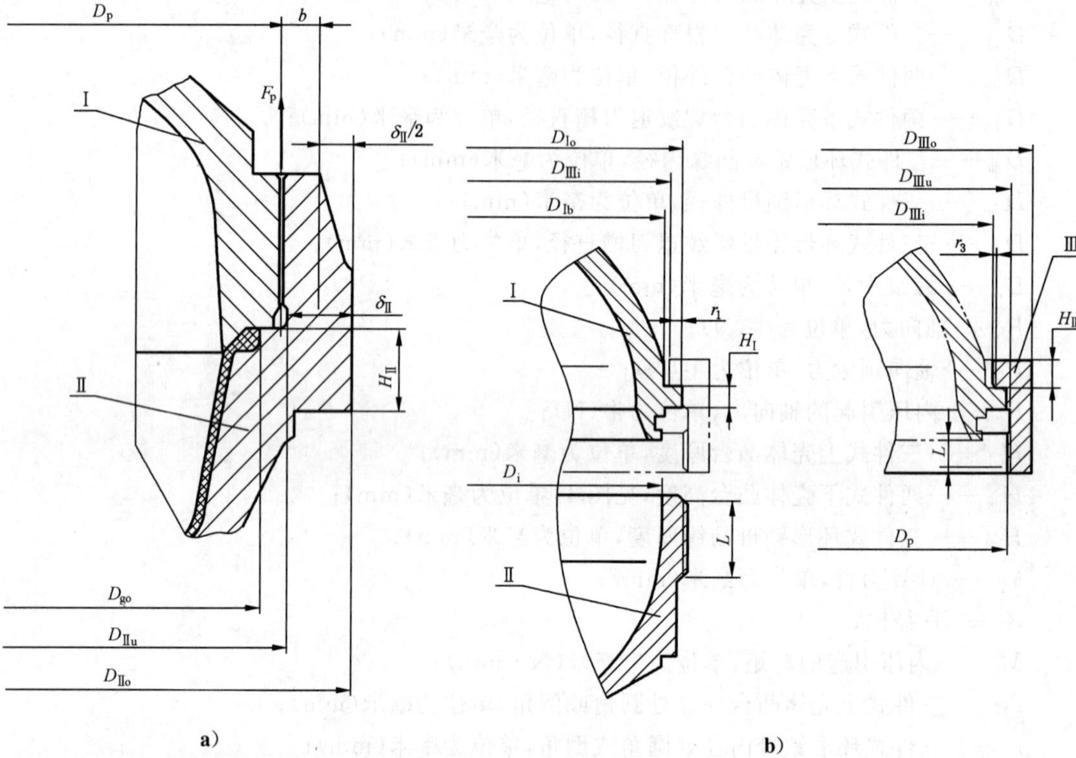

图 4 隔膜式蓄能器结构

6.10.3 螺纹计算

按 6.8 规定计算。

6.10.4 两件式结构下壳体凸台应力校核

按式(29)校核。

$$\sigma=\frac{M_p}{W}\leqslant[\sigma]^t \quad\cdots\cdots(29)$$

式中：

$$M_p=F_p\cdot b \quad\cdots\cdots(30)$$

$$F_p=\frac{\pi}{4}D_{go}^2 p_c \quad\cdots\cdots(31)$$

$$b=0.5(D_{Ⅱo}-D_p)-0.5\delta_{Ⅱ} \quad\cdots\cdots(32)$$

$$\delta_{Ⅱ}=0.5(D_{Ⅱo}-D_{Ⅱu}) \quad\cdots\cdots(33)$$

$$W=\frac{\pi}{4}[(D_{Ⅱo}-d_{go})H_{Ⅱ}^2+(D_{Ⅱu}+\delta_{Ⅱ})\cdot\delta_{Ⅱ}^2] \quad\cdots\cdots(34)$$

6.10.5 三件式结构应力校核

6.10.5.1 环形锁母接触面的压应力按式(35)校核：

$$\sigma=\frac{F}{A_j}\leqslant 1.35[\sigma]^t \qquad (35)$$

式中：

$$F=\frac{\pi}{4}D_i^2 p_c+F_0 \qquad (36)$$

$$A_j=\frac{\pi}{4}[(D_{Io}-2\cdot r_1)^2-(D_{IIIi}+2\cdot r_3)^2] \qquad (37)$$

6.10.5.2 环形锁母退刀槽处横截面应力按式(38)校核：

$$\sigma=\frac{F}{\frac{\pi}{4}(D_{IIIo}^2-D_{IIIu}^2)}\leqslant[\sigma]^t \qquad (38)$$

6.10.5.3 环形锁母的凸缘厚度按式(39)校核：

$$H_{III}\geqslant\sqrt{\frac{\beta_y F\cdot h_G}{[\sigma]^t D_{IIIi}}} \qquad (39)$$

式中：

$$h_G=0.5D_p-0.25(D_{Io}-2r_1+D_{IIIi}+2r_3) \qquad (40)$$

$$\beta_y=\frac{1}{K-1}\left[0.668\,45+5.716\,9\,\frac{K^2\log(K)}{K^2-1}\right] \qquad (41)$$

$$K=D_{IIIo}/D_{IIIi} \qquad (42)$$

6.10.5.4 上壳体凸台接触面的压应力按式(35)校核。

6.10.5.5 上壳体凸台厚度应满足式(43)要求：

$$H_1\geqslant 1.38\sqrt{\frac{F(D_{Io}-2\cdot r_1-D_{IIIi}-2\cdot r_3)}{2[\sigma]^t D_{Ib}}} \qquad (43)$$

6.11 囊式蓄能器油阀及支承环结构设计

6.11.1 专用符号：

D_{iz}——支承环凸台内径，取与油阀凸台小径相等，单位为毫米(mm)；

D_{of}——油阀凸台外径，单位为毫米(mm)；

D_{oz}——支承环凸台外径，单位为毫米(mm)；

h_f——油阀凸台厚度，单位为毫米(mm)；

h_{f0}——油阀凸台所需的厚度，单位为毫米(mm)；

h_z——支承环凸台厚度，单位为毫米(mm)；

t_f——油阀最小厚度，单位为毫米(mm)。

6.11.2 囊式蓄能器的支承环(1)和油阀(3)结构见图5。

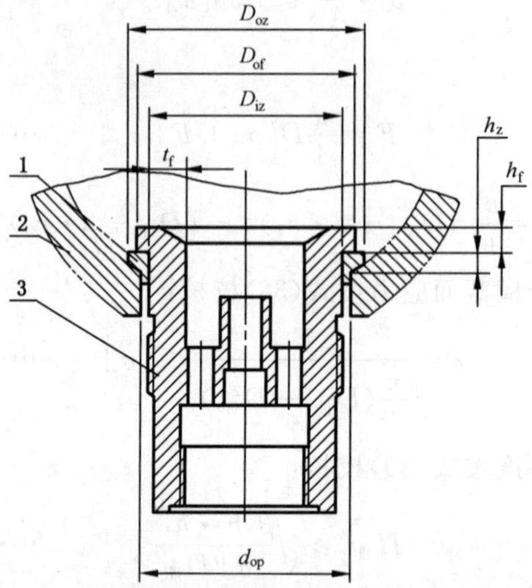

说明：
1——壳体；
2——支撑环；
3——阀体。

图 5 囊式蓄能器油阀端结构

6.11.3 阀体凸台接触面积应满足式(44)要求：

$$\frac{D_{of}^2 - D_{iz}^2}{D_{of}^2} > \frac{p_c}{1.5[\sigma]^t} \qquad \cdots\cdots(44)$$

6.11.4 阀凸台厚度应满足式(45)要求：

$$h_f > h_{f0} = \max\left(\frac{p_c \cdot D_{iz}}{2[\sigma]^t}, d_{iz}\sqrt{\frac{3}{4}\left(\frac{D_{of}}{D_{iz}} - 1\right)\frac{p_c}{[\sigma]^t}}\right) \qquad \cdots\cdots(45)$$

6.11.5 阀体最小厚度应满足式(46)要求：

$$t_f > \max\left[h_{f0}, \frac{p_c D_{iz}}{2[\sigma]^t + p_c}, \frac{D_{iz}}{2}\left(1 - \sqrt{1 - \frac{2.5 \cdot p_c}{[\sigma]^t}}\right)\right] \qquad \cdots\cdots(46)$$

6.11.6 支承环凸台厚度应满足式(47)要求：

$$h_z > \frac{p_c d_{op}}{2[\sigma]^t} \qquad \cdots\cdots(47)$$

6.11.7 阀支承环与壳体所需接触面积应满足式(48)要求：

$$D_{oz} > d_{op}\sqrt{1 + \frac{p_c}{[\sigma]^t}} \qquad \cdots\cdots(48)$$

7 制造

7.1 一般规定

7.1.1 蓄能器制造除应满足 GB/T 150 和本章规定外，还应符合图样要求。

7.1.2 公称容积小于 30 L 的蓄能器以 501 只为一批；公称容积大于或等于 30 L 的蓄能器以 201 只为一批，余数仍按一批对待；同一批次的生产周期不得超过 3 个月。

7.1.3 除焊接隔膜式蓄能器外，其他结构蓄能器不得进行任何形式的焊接和焊补。焊接隔膜式蓄能器壳体制造规定应满足附录C要求。

7.1.4 蓄能器壳体(含筒体、端盖)材料在制造过程中应保留可追溯性标志，标志的表达方式由制造单位规定或按图纸要求。

7.2 外观质量

7.2.1 囊式蓄能器壳体内、外表面应作处理，质量应达到Sa2.5，筒体与封头应圆滑过渡，不应有裂纹、折叠、皱折、重皮、夹杂、沟痕和机械损伤及其他影响强度与耐腐蚀性的缺陷。活塞式、隔膜式蓄能器表面粗糙度应满足蓄能器的使用要求。

7.2.2 蓄能器外露零件表面应采用涂敷或用其他方法进行防腐蚀处理。除不锈钢材料外，防腐材料除应符合JB/T 4711的规定外，还应符合设计文件要求。

7.3 制造公差

7.3.1 壳体外径、圆度、直线度应在图样上注明。对于圆筒壳体，其制造公差应符合下列要求：

a) 壳体圆度，在同一截面上测量其最大与最小外径之差，不应超过该截面平均外径的2%；

b) 壳体的直线度偏差不得超过其长度的2‰。

7.3.2 壳体、封头及端盖的最小厚度应不小于图样规定的设计厚度。

7.3.3 螺纹尺寸应符合GB/T 196规定，螺纹公差应符合GB/T 197规定；螺纹公差等级不应大于6级。

7.4 热处理

7.4.1 蓄能器制造单位应确保完工壳体、端盖等受压元件满足第5章规定的材料性能要求。

7.4.2 当蓄能器制造单位使用外购壳体及其他受压元件进行组装生产时，应确保外购的壳体及其他受压元件满足第5章规定的材料性能要求。

7.4.3 制造厂应进行热处理工艺评定，建立健全合格的热处理制度，确保受压元件材料满足第5章的规定。

7.4.4 热处理时，应严格按评定合格的热处理工艺进行。

7.4.5 热处理装置应能自动记录热处理时间与温度关系曲线。

7.5 硬度

经调质热处理的壳体应按GB/T 231.1进行布氏硬度试验，测试部位应取壳体的两端及中部不少于3个不同的测试面，每个测试面测试点不得少于4个，并应均匀分布。对于长度小于1 500 mm、公称厚度不大于13 mm的壳体，测点应取在壳体的两端测试面上，每个测试面测试点不得少于2个，这4个硬度值应按取自一个测试面对待。布氏硬度应满足以下要求：

a) 每个测试面的布氏硬度(HBW)平均值应满足表2规定；

b) 不同测试面的平均硬度值之差不得大于40 HB。

7.6 无损检测

7.6.1 经调质热处理的壳体在热处理后应按NB/T 47013.4进行外表面磁粉检测，Ⅰ级合格。

7.6.2 活塞式蓄能器壳体螺纹应在组装前按NB/T 47013.5进行渗透检测，Ⅰ级合格。

7.7 组装

7.7.1 蓄能器应按图样要求装配。

7.7.2　组装前,应对各零部件进行清洗和检查。壳体内表面应清洁,无任何杂物;隔离件质量应符合相应标准及图样规定。

7.7.3　组装后的蓄能器应进行动作试验,应无漏气、渗油和卡阻现象。

7.7.4　组装试验合格后,应在胶囊、隔膜内充填 0.05 MPa～0.15 MPa 气体压力或采用其他方法保证胶囊、隔膜处于自然状态。

7.7.5　囊式、隔膜式蓄能器进液口及活塞式蓄能器端盖开孔应采用防尘措施。

7.8　清洁度

当要求清洁度时,应在订货资料中指定双方同意的测定方法(液压试验回路、循环压力数值、循环次数等)、验收方式和验收标准。

8　性能和试验

8.1　壳体热处理后的力学性能

8.1.1　壳体热处理后的力学性能试样应从同批热处理中的一个壳体上截取(见图 6),拉伸试验试样数不少于 2 个,冲击试验试样数不少于 3 个,由于壳体尺寸限制无法加工力学性能试样或大于 30 L 的壳体可用与壳体同等结构的同一炉号材料代替,试样材料应与壳体同时热处理。

8.1.2　拉伸试样形状尺寸和试验方法按 GB/T 228.1 的规定,冲击试件的形状尺寸及试验方法应符合 GB/T 229 的规定。

8.1.3　取样位置按照图 6 要求;壳体热处理后的力学性能应符合表 2、表 3 的规定。

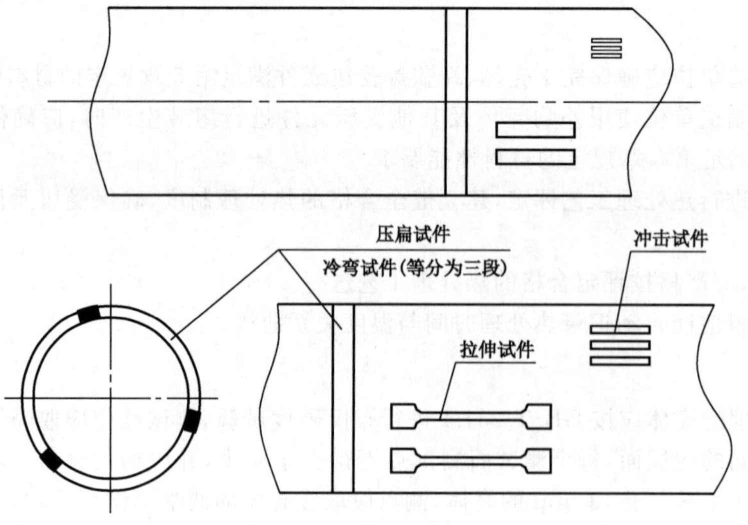

图 6　试样截取示意图

8.2　压扁试验

8.2.1　当蓄能器壳体外径 $D_o \leqslant 355$ mm,且 $D_o/\delta_n > 10$ 时,应进行压扁试验,压扁试样应和力学性能试验试样取自同一壳体;外径 >355 mm,$D_o/\delta_n \leqslant 10$ 时可做压扁试验或冷弯试验。

8.2.2　试样宽度应不小于 65 mm、不大于 100 mm。

8.2.3　试验时室温一般应在 10 ℃～35 ℃的范围内,压板的移动速率不应超过 25 mm/min。

8.2.4　对于调质热处理后蓄能器壳体,将试样一直压到两平板间的距离小于 $0.8D_o$,无裂纹为合格。

8.2.5　对于其他热处理状态的蓄能器壳体，将试样一直压到两平板间的距离小于按式(49)计算出的 H 值时，试样的内、外侧表面或两端面均无裂纹或破裂发生为合格。

$$H=(1+\alpha)S_{ao}/(\alpha+t/D_o) \quad\cdots\cdots(49)$$

式中：

H ——压板之间的距离，单位为毫米(mm)；

α ——单位长度的变形系数，对于给定类别的钢是一定值，35、45 锻件为 0.07，铬钼低合金钢为0.08，奥氏体不锈钢、其他碳素钢和低合金钢为 0.09；

S_{ao}——试样实测平均厚度，单位为毫米(mm)；

D_o——试样外径，单位为毫米(mm)。

8.2.6　压扁试验方法按照 GB/T 246 执行。

8.2.7　做压扁试验的蓄能器壳体免做冷弯试验。

8.3　冷弯性能

8.3.1　冷弯性能试验的试样应在按 8.1.1 规定的同一壳体(或试样)上截取(见图 7)，试样形状尺寸和试验方法按 GB/T 232 的规定。

8.3.2　任取其中一个进行加工，加工后试样的侧表面粗糙度不低于 12.5 μm，圆角半径应不大于 2 mm。

8.3.3　冷弯试样应按图 7 所示进行弯曲试验，弯心直径应符合表 5 的规定，冷弯性能试验的其他要求应符合 GB/T 232 的规定。

8.3.4　试验结果的评定以试样表面无裂纹为合格。

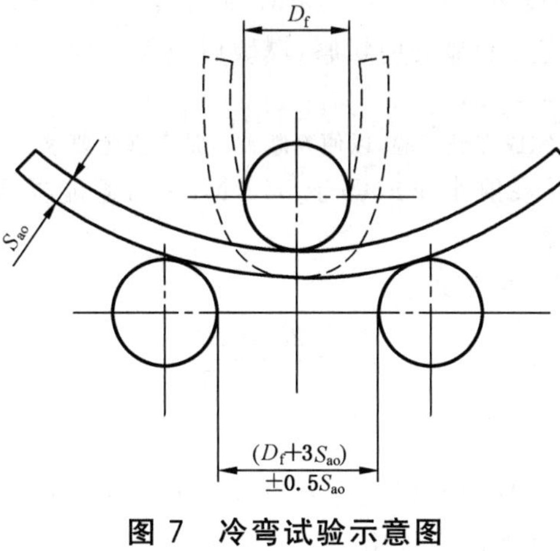

图 7　冷弯试验示意图

表 5　冷弯试验的弯心直径

壳体实测抗拉强度 R_{mo} MPa	≤580	>580～685	>685～784	>784～880	>880～950	>950～1 040
弯心直径 D_f Mm	$3\delta_n$	$4\delta_n$	$5\delta_n$	$6\delta_n$	$7\delta_n$	$8\delta_n$

8.4 金相组织及晶粒度

8.4.1 标准抗拉强度下限值大于 540 MPa 的材料热处理后金相组织应为回火索氏体，在需方要求晶粒度范围时，应在订货资料中指定，由供需双方协商测定方法。

8.4.2 测定晶粒度的试件应从拉伸试样位置上制取。

8.4.3 晶粒度应为 6 级或更高。

8.5 耐压试验

8.5.1 壳体的耐压试验应符合 GB/T 9251—2011 中第 7 章的规定，试验压力应取设计压力的 1.25 倍。

8.5.2 耐压试验时，试验压力下保压时间不得少于 1 min，压力表指针不得回降，壳体应无明显变形和泄漏等异常现象、无异常响声。

8.6 疲劳试验

8.6.1 蓄能器的疲劳试验装置、测试仪表、试验介质、试验温度应符合 GB/T 9252 规定。

8.6.2 蓄能器的疲劳试验要求按照 6.2.4～6.2.6 及附录 F 的规定执行。

8.6.3 疲劳试验应对去除隔离元件后的整机进行。

8.6.4 疲劳试验过程中，密封部位应无泄漏，主要受压元件应无破坏和异常变形。

8.7 爆破试验

8.7.1 壳体的爆破试验应符合 GB/T 15385 的规定，且应符合以下规定：

a) 试验管路中不得有气体存在；

b) 升压速度不得超过 0.5 MPa/s。

8.7.2 壳体材料标准抗拉强度下限值大于 540 MPa 的蓄能器壳体爆破后的主破口应在筒体部位且为塑性破口，断口边缘应有明显的剪切唇，爆破后应无碎片产生，断口上不得有明显的金属缺陷；

注：可采用必要的方式保证完成爆破试验，以便判断破口是否满足要求。

8.7.3 材料标准抗拉强度下限值小于或等于 540 MPa 的蓄能器壳体，最高试验压力不低于 8.7.4，即可视为爆破试验合格。

8.7.4 爆破压力应满足式(50)的要求：

$$p_b \geqslant \frac{2\delta_a \cdot R'_m}{D_o - \delta_a} \qquad (50)$$

8.8 密封性能试验

组装后的蓄能器应按表 6 规定的充气压力和试验压力进行密封性能试验，保压时间不得少于1 min，各密封处不得有漏气或渗油现象。

表 6 密封性能试验条件

蓄能器类型	囊式	隔膜式	活塞式
充气压力	$0.35p$	$0.35p$	$0.15p$
试验压力	$1.10p$	$1.10p$	$1.10p$

8.9 动作性能试验

组装后的蓄能器应按表 7 的规定进行动作性能试验，试验过程中不得有漏气或渗油现象。

表 7　动作性能试验条件

动作次数	充气压力		气压偏差/%	液压油的压力变化范围
	囊式、隔膜式	活塞式		
不少于 10 次	0.35p	0.15p	0～5	0.35p～0.70p

8.10　排出流量试验

当需方要求提供实际排出流量时，可按照设计条件规定的充气压力及动作压力（油压）的变化，测定排出时间以及排出容积，计算实际排出流量；测试装置参见附录 H。

9　检验规则

9.1　出厂检验

9.1.1　蓄能器在出厂前应按表 8 规定的项目进行检验。

9.1.2　抽样及复验规则：

a）　壳体的检验应在热处理后进行，应按批随机抽出 1 只进行检验；

b）　检验结果不合格时，应对不合格项目进行加倍数量的复验。若复验结果合格，则该批检验合格；若复验仍不合格，允许对该批壳体进行重新热处理；

c）　经重新热处理的该批壳体，应按新批对待并应重新进行检验；

d）　热处理温度在钢材共析温度以上时，则重新热处理次数不得多于 2 次。

9.2　型式试验

9.2.1　凡属下列情况之一者，应按表 8 规定重新进行型式试验：

a）　新设计制造的蓄能器定型产品；

b）　定型产品转厂生产，工艺条件发生变化；

c）　在原设计基础上，新设计的蓄能器定型产品内径变化超过 5%、长度变化超过 60%；

d）　使用境外牌号材料制造的蓄能器定型产品；

e）　生产间断一年以上恢复生产时；

f）　出厂检验结果与上次型式试验有较大差异时；

g）　特种设备安全监督管理部门提出进行型式试验时。

表 8　检验项目一览表

品名	序号	检验项目[a]	检验方法	出厂检验		型式试验	判定依据
				逐只检验	批量检验		
壳体	1	壁厚	超声测厚	√		√	7.3.2
	2	制造公差	长度量具	√		√	7.3.1、7.3.3
	3	内、外表面质量	目视检查	√		√	7.2.1
	4	拉伸试验	GB/T 228.1		√	√	8.1.3
	5	冲击试验	GB/T 229		√	√	5.2.6
	6	压扁试验	GB/T 246		√	√	8.2.4、8.2.5
	7	冷弯试验	GB/T 232		√	√	8.3.4

表 8（续）

品名	序号	检验项目[a]	检验方法	出厂检验		型式试验	判定依据
				逐只检验	批量检验		
壳体	8	硬度测定	GB/T 231.1	√		√	7.5
	9	无损检测	NB/T 47013	√		√	7.6
	10	耐压试验[b]	GB/T 9251—2011	√		√	8.5.2
	11	爆破试验	GB/T 15385			√	8.7.2
	12	化学成分分析[c]	GB/T 223		√	√	5.2.3
蓄能器	13	疲劳试验[d]	8.6,附录 F			√	8.6.2
	14	密封性能	8.8	√		√	8.8
	15	动作性能	8.9	√		√	8.9

[a] 活塞式蓄能器端盖进行 1～5、8、9 项检验。

[b] 焊接隔膜式蓄能器壳体耐压试验按照附录 C 规定执行。

[c] 按 5.2.3 需要进行材料化学成分复验时。

[d] 按 6.2.4～6.2.6，分类进行。

9.2.2 型式试验时，应从同一批次生产的壳体中随机抽取 2 只，其中 1 只做爆破试验，另 1 只做力学性能试验；疲劳试验试样数量按附录 F 要求。

10 标志、包装、运输

10.1 标志

10.1.1 标记应设置在蓄能器的明显位置，以便使用者识别、使用。其位置和工艺不应影响蓄能器本身的强度。

10.1.2 每只蓄能器均应设置铭牌，铭牌与蓄能器的连接可以是永久固定的，也可以是非固定的。铭牌至少应包括以下内容：

a) 产品名称及型号；

b) 制造单位名称及制造许可证编号；

c) 产品出厂编号；

d) 制造日期；

e) 设计压力和设计温度；

f) 公称容积；

g) 推荐使用寿命；

h) 蓄能器设计类型(疲劳试验类别)；

i) 蓄能器图形符号。

10.1.3 蓄能器主要受压元件(壳体、端盖、螺纹隔膜式蓄能器环形锁母)应打上永久性标示，标示至少应包括以下内容：

a) 制造单位代号；

b) 产品出厂编号；

c) 产品型号；

d) 设计温度；

e) 监检标记(规范或客户有要求时)。

10.1.4 如使用钢印打永久性标示，设计方需考虑钢印对壳体疲劳寿命的影响，在设计总图中注明钢印的位置、深度等要求。

10.1.5 每只蓄能器上应设置警示标签，警示内容包括：

——“本产品为压力容器，卸压后方可拆除”；

——“本产品仅可充装氮气”等。

10.2 运输包装

蓄能器的涂敷、包装和运输应符合 JB/T 4711 的规定。

11 随机文件

11.1 随机文件至少应包括产品合格证、使用说明书和质量证明书、竣工图(复印件)和特种设备制造监督检验证书(监检产品提供)。

11.2 使用说明书应包括设计压力、试验压力、允许使用温度范围、允许工作压力波动范围及循环次数要求、工作介质、安装连接形式、使用和维护保养等方面内容。

11.3 质量证明书应包括本标准规定的批量检验项目和逐只检验项目数据。

11.4 文件保存：蓄能器产品有关的技术文件和记录应归档保存，保存年限不少于蓄能器产品的设计使用年限。至少应按批号保存下列技术文件备查：

——质量计划；

——制造工艺图或制造工艺卡；

——质量证明文件；

——焊接工艺和热处理工艺文件；

——标准中要求的检验、试验项目记录；

——制造过程中及完工后的检查、检验、试验记录；

——蓄能器原设计图。

12 蓄能器的安全使用

12.1 概述

12.1.1 使用单位应配备具有压力容器专业知识、熟悉国家相关法律、法规、安全技术规范和标准的安全管理人员，负责蓄能器的日常管理工作。

12.1.2 蓄能器应严格按照本标准和产品使用说明书规定充装介质。

12.2 安全装置

12.2.1 安全阀、爆破片

为避免蓄能器内压超过最高允许工作压力，在装有蓄能器的液压系统中应设安全装置。常用的安全装置是安全阀，但对于特殊场合(主要在气体侧)，也可使用爆破片。囊式、隔膜式、活塞式蓄能器安全阀可装设在进油口，但在蓄能器与安全阀之间不应设截止阀，确需安装截止阀的应确保该阀门在蓄能器工作状态时为常开。

安全装置的动作压力按 GB/T 150.1—2011 中附录 B 的规定执行,不应将安全阀用于限制正常的工作压力或其他控制功能。

12.2.2 压力表

压力表应校验合格且在有效期内,其量程为最高允许工作压力的 1.5 倍到 3 倍,精度不低于 1.6 级。最高允许压力要用红色警示标记指示。压力表可安装在:

a) 与蓄能器相连的接头上;

b) 通往一个或多个蓄能器的压力源管道上,压力源管道上的压力表不应被截止阀与蓄能器隔离开。

12.2.3 关闭装置

为了便于对蓄能器进行维修、充气操作或在长时间停机时关闭蓄能器,在液压源与蓄能器之间应设截止阀;为防止液体回流,在液压源与蓄能器之间可设单向阀,此时则不必再设置关闭装置。设置的关闭装置应操作简便。

12.2.4 液体侧的卸压装置

当装有蓄能器的液压系统关闭或当回路断开时,该系统应自动排除液体侧的压力。在特殊的情况下,机器关闭后还需要压力的地方(例如,当使用蓄能器保持液压夹紧装置的压力),可主动使蓄能器隔离开。

压力释放装置可以是卸压阀、球形旋塞、中心位置开口或有端部位置开口的定向控制阀。在操作释放装置时,相关压力表应可见。

12.2.5 气体侧的卸压装置

按照制造厂的产品使用说明书,使用专用的充气装置安全地打开充气螺钉或充气阀,以进行部分释放或完全释放充气压力。

12.3 使用前的检查和测试

12.3.1 所有蓄能器使用前应检查下列项目:

a) 出厂资料是否符合本标准规定;

b) 外观是否完好,有无影响安全性能的损伤;

c) 铭牌、钢印是否与出厂资料一致。

12.3.2 蓄能器安装及检查:

a) 蓄能器宜充气阀朝上竖直安装,为便于维护和检查,充气阀端应留有一定的空间。

b) 蓄能器应牢固地安装在固定支架或壁面上,其安装部位要考虑由于冲击或振动引起机械损伤的潜在因素及外部腐蚀的可能性。当蓄能器被用于缓冲和吸收脉冲时,其安装位置宜接近振动源。

c) 不得对蓄能器采用焊接的方法进行固定。

d) 使用前对蓄能器安装及固定进行安全检查,以免对使用者或周围的人带来危险。应始终保持铭牌和警示标识等易于识别。

12.3.3 安全装置的检查:

a) 安全阀和/或爆破片应校验合格且在有效期内,其整定压力应满足 12.2.1 的要求;

b) 回流管路是否正确安装;

c) 压力表是否正确安装,量程和精度是否满足要求;

d) 12.2 中规定的其他安全装置是否正确安装;

e) 所有连接管道是否正确安装,连接管道应保证液压油正常循环并满足工作压力的要求,且不影响其他安全装置的工作;

f) 警示标识是否便于识别;

g) 若用户不具备安全装置检查的能力,应委托具有相应专业知识的技术人员进行。

12.4 充气过程中的限制

12.4.1 蓄能器应使用专用的充气装置连接到充气口或充气阀,充装无氧的干燥氮气。当气源压力高于蓄能器最大允许工作压力时,应当在气源出口和充气工具之间连接减压装置,减压装置应配备两块压力表[一个高压表(进气)和一个低压表(出气)]、低压调节旋钮、关闭装置和整体减压装置。

12.4.2 蓄能器严禁充装氧气、压缩空气或其他可燃、氧化性气体,否则极易引发爆炸。

12.5 检查和维护

12.5.1 蓄能器在投用后,应定期对充气压力进行检查。新投入使用蓄能器宜每周进行检查,以便及时发现渗漏。

12.5.2 装置长期停用应关闭进油口与液压源之间的截止阀,以保持蓄能器油压在充气压力以上。

12.5.3 拆卸蓄能器需在专业技术人员的指导下进行,在拆卸蓄能器之前应卸去油压,并使用充气工具卸掉气体压力。

12.6 报废

12.6.1 使用中发现蓄能器壳体存在明显机械损伤或部件等腐蚀严重的应及时更换,予以报废。

12.6.2 使用时间超过设计使用寿命的蓄能器报废后应做破坏处理。

附　录　A
（资料性附录）
囊式蓄能器的结构型式和标记方法

A.1　结构型式

A.1.1　囊式蓄能器按拆装方式，分为A型、AB型、B型3种结构型式：

a)　A型蓄能器壳体一端开大孔，一端开小孔，蓄能器拆装或更换胶囊时需将蓄能器从液压系统中卸下进行。

b)　AB型蓄能器壳体两端开大孔，蓄能器拆装需将蓄能器从液压系统中卸下进行，更换胶囊时不需将蓄能器从液压系统中卸下。

c)　B型蓄能器壳体两端开大孔，其拆装和胶囊更换时同AB型蓄能器。

A.1.2　按与液压系统的管道连接方式，分为螺纹连接(L)和法兰连接(F)两种。

A.1.3　A型、AB型蓄能器型采用A型结构胶囊，B型蓄能器采用B型结构胶囊。

A.2　结构图和零件名称

囊式蓄能器的整体结构图及零件名称见图A.1。

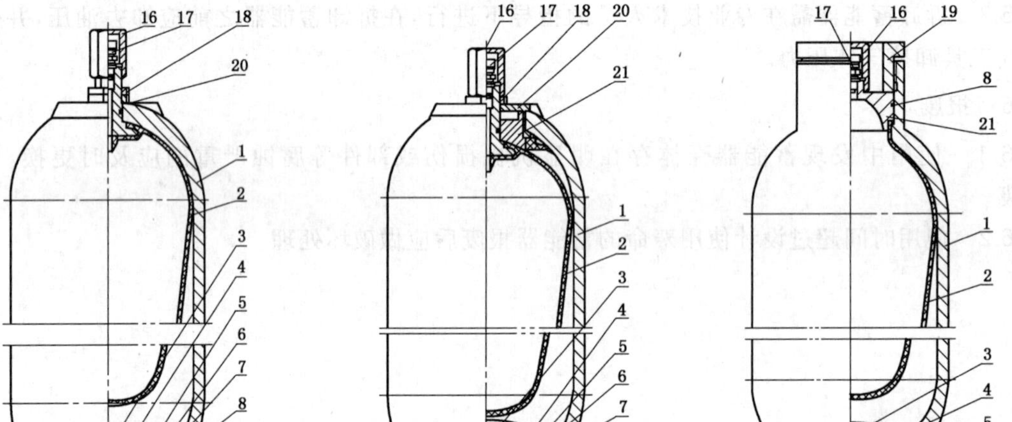

a)　A型　　　　b)　AB型　　　　c)　B型

说明：

1　——壳体；	6　——橡胶支承环；	11　——活塞；	16　——保护帽；
2　——胶囊；	7　——挡圈；	12　——螺塞；	17　——充气阀；
3　——阀芯；	8　——橡胶O型圈；	13　——法兰；	19　——压环；
4　——弹簧；	9　——压环；	14　——销；	21　——堵头。
5　——阀体；	10、18、20——螺母；	15　——防松螺母；	

图A.1　囊式蓄能器的整体结构图

A.3 定型产品表示方法

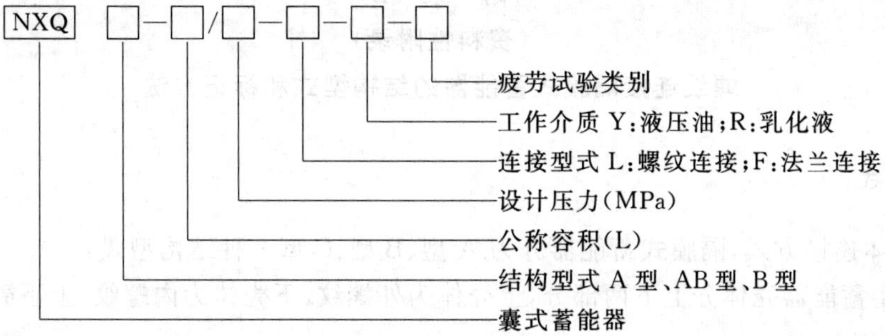

示例:

A 型、公称容积为 1.6 L、设计压力为 10 MPa、螺纹连接、工作介质为液压油、第Ⅰ类疲劳试验要求的囊式蓄能器,则表示为:NXQA-1.6/10-L-Y-I。

附 录 B
(资料性附录)
螺纹连接隔膜式蓄能器的结构型式和标记方法

B.1 结构型式

B.1.1 按壳体连接方式,隔膜式蓄能器分为 A 型、B 型、C 型 3 种结构型式:

a) A 型蓄能器壳体分上下两部分,上壳体为外螺纹,下壳体为内螺纹,上下壳体由螺纹旋合连接;

b) B 型蓄能器壳体由环形锁母将上下壳体连接组成;

c) C 型蓄能器壳体由圆筒形壳体和端盖连接组成。

B.1.2 A 型、B 型、C 型蓄能器分别采用 A 型、B 型、C 型结构隔膜。

B.2 结构图和零件名称

整体结构图及零件名称见图 B.1。

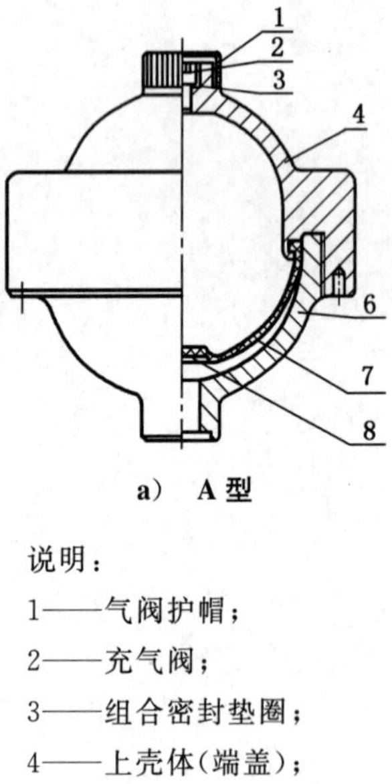

a) A 型

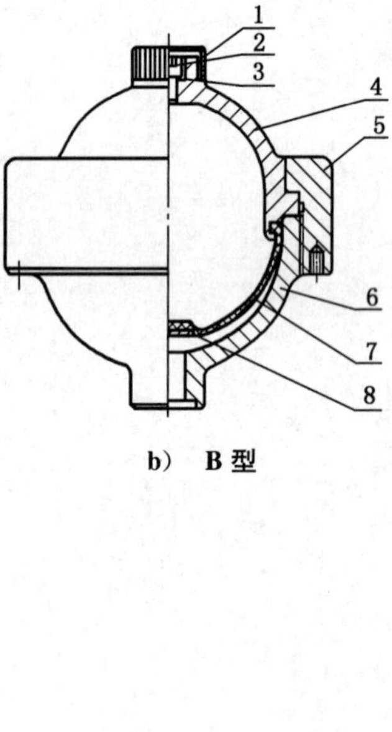

b) B 型

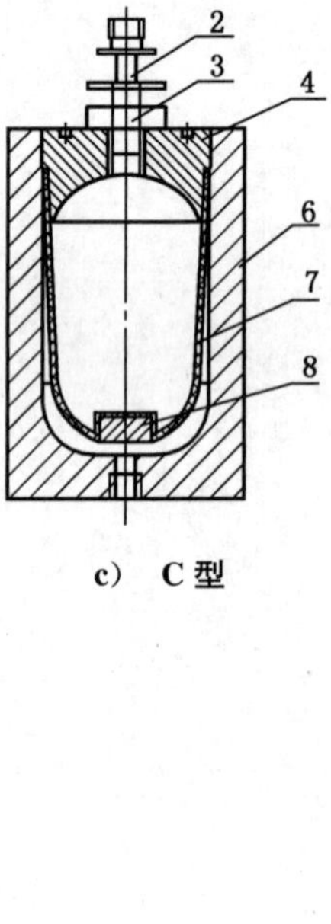

c) C 型

说明:
1——气阀护帽;
2——充气阀;
3——组合密封垫圈;
4——上壳体(端盖);
5——锁母;
6——下壳体;
7——隔膜;
8——加强盘。

图 B.1 螺纹连接隔膜式蓄能器的整体结构图

B.3 定型产品表示方法

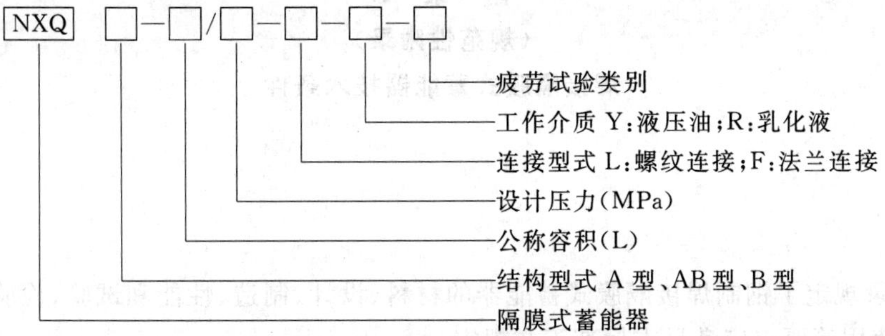

示例:A 型、公称容积为 1.6 L、设计压力为 10 MPa、螺纹连接、工作介质为液压油、第Ⅰ类疲劳试验要求的隔膜式蓄能器,则表示为:GXQ A-1.6/10-L-Y-I。

附　录　C
（规范性附录）
焊接隔膜式蓄能器技术条件

C.1　范围

C.1.1　本附录规定了钢制焊接隔膜式蓄能器的材料、设计、制造、性能和试验、检验规则;包装、运输和安全使用等要求应满足本标准正文规定。

C.1.2　本附录蓄能器通用参数为:

设计压力:$P \leqslant 33$ MPa;

设计温度:−40 ℃～＋120 ℃;

公称容积:0.025 L～5.0 L。

C.1.3　对于超出本附录规定的焊接隔膜式蓄能器,其设计和制造应通过全国锅炉压力容器标准化技术委员会组织的技术评审。

C.2　分类

C.2.1　焊接隔膜式蓄能器按照结构型式分为 A 型和 B 型。

C.2.2　A 型为可重复充气的蓄能器,其结构型式见图 C.1a)。

C.2.3　B 型为不可重复充气蓄能器,出厂充气并密封,其结构型式见图 C.1b)。

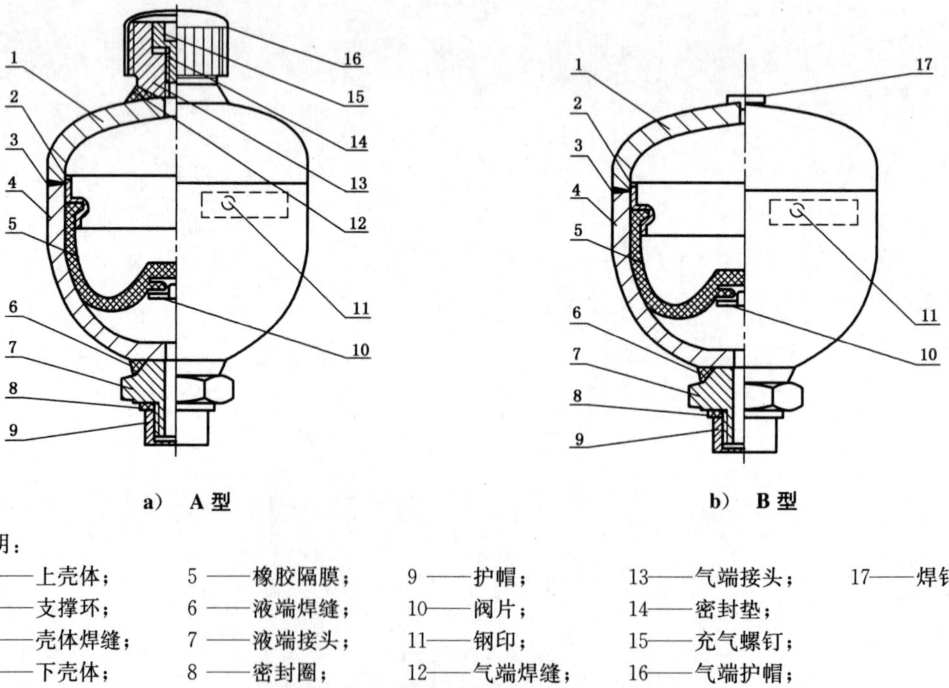

a)　A 型　　　　b)　B 型

说明:

1 ——上壳体;　5 ——橡胶隔膜;　9 ——护帽;　13——气端接头;　17——焊钉。

2 ——支撑环;　6 ——液端焊缝;　10——阀片;　14——密封垫;

3 ——壳体焊缝;　7 ——液端接头;　11——钢印;　15——充气螺钉;

4 ——下壳体;　8 ——密封圈;　12——气端焊缝;　16——气端护帽;

图 C.1　焊接隔膜式蓄能器结构图

C.2.4 焊接隔膜蓄能器型号表示方法：

ADB □ □/□-□-□-□-□-□

- 工厂预充气压力(MPa)
- 液端连接形式　A:螺纹;B:其他
- 最大工作压力(MPa)
- 隔膜材料　1:NBR;2:IIR;3:FKM;4:ECO;5:其他
- 壳体材料　1:碳钢;2:碳钢+涂层;3:不锈钢;4:双相钢
- 设计压力(MPa)
- 公称容积(L)
- 结构型式 A:可重复充气;B:不可重复充气
- 焊接隔膜式蓄能器

示例：

可重复充气、公称容积为 0.75 L、设计压力为 21 MPa、壳体材料碳钢、隔膜材料 ECO、最大工作压力 20MPa、螺纹连接、预充气压力 6 MPa 的焊接隔膜式蓄能器，表示为：ADB A 0.75/21-1-4-20-A-6。

C.3 材料

C.3.1 焊接隔膜式蓄能器壳体材料根据成形方式选择，且应符合压力容器用材料技术要求。

C.3.2 境外牌号及新材料的使用应符合 TSG 21 的规定。

C.4 设计

C.4.1 蓄能器可采用标准正文的设计公式进行设计，疲劳试验按照 C.6.5 进行。

C.4.2 采用其他方法设计的蓄能器，疲劳试验按 C.6.5 进行。

C.4.3 对于能确定压力波动范围和循环次数等技术参数的蓄能器，可按 JB 4732—1995 进行疲劳分析，并在设计图样中给出疲劳试验的要求。

C.5 制造

C.5.1 蓄能器制造除应满足本附录要求外，还应符合图样要求。

C.5.2 蓄能器壳体以 501 只为一批，余数仍按一批对待。

C.5.3 为防止上下壳体焊接过程中熔化金属对内部隔膜的损伤，焊缝内侧应有环形的永久衬板(如图 C.2)或者上下壳体采用止口装配(如图 C.3)。

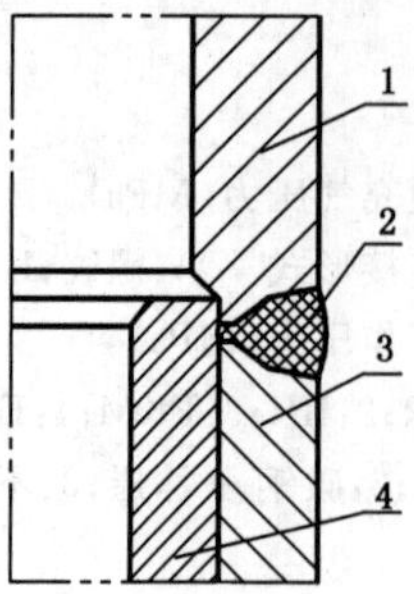

说明：

1——上壳体；

2——焊缝；

3——下壳体；

4——支撑环/衬板。

图 C.2 支撑环或永久衬板式

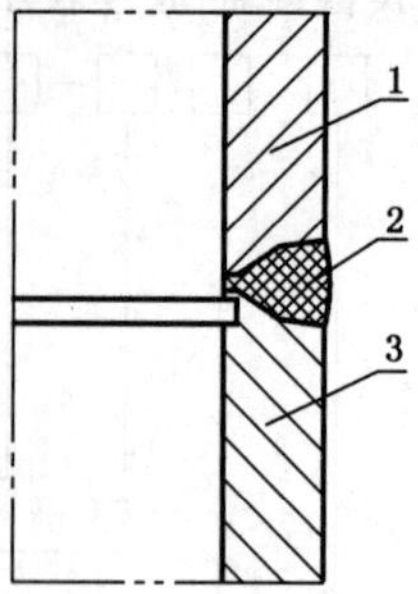

说明：

1——带凸缘的上壳体；

2——焊缝；

3——下壳体。

图 C.3 止口式

C.5.4 无损检测应符合以下要求：

a) 壳体焊缝需100%射线检测,质量等级不低于GB/T 22085.1标准B级要求。

b) 接头焊缝需按NB/T 47013.5进行渗透检测,Ⅰ级合格。

C.5.5 充气端和液端接头的典型焊接形式如图C.4所示。

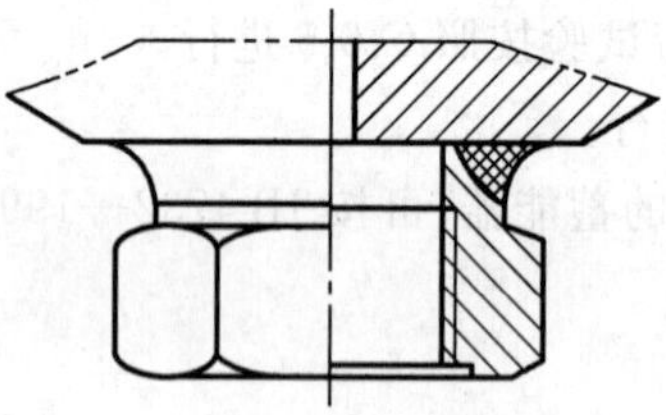

a) 放置式J形焊缝部分焊透

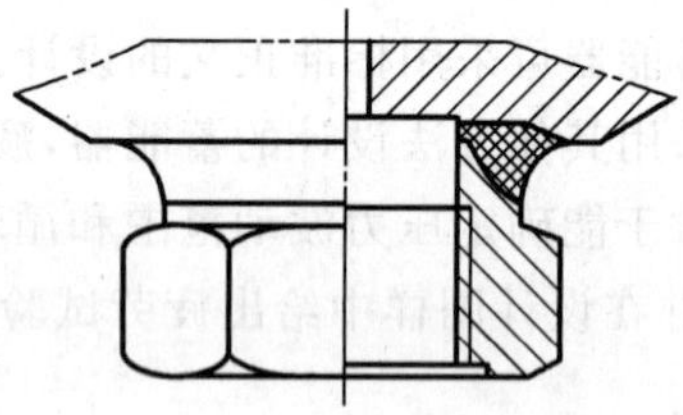

b) 插入式J形焊缝全焊透

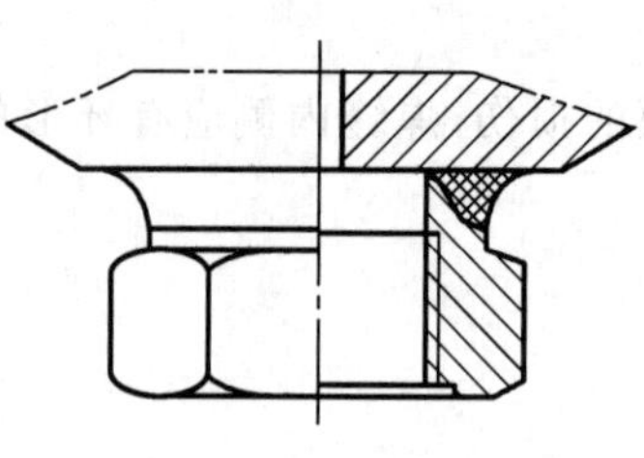

c) 放置式J形焊缝全焊透

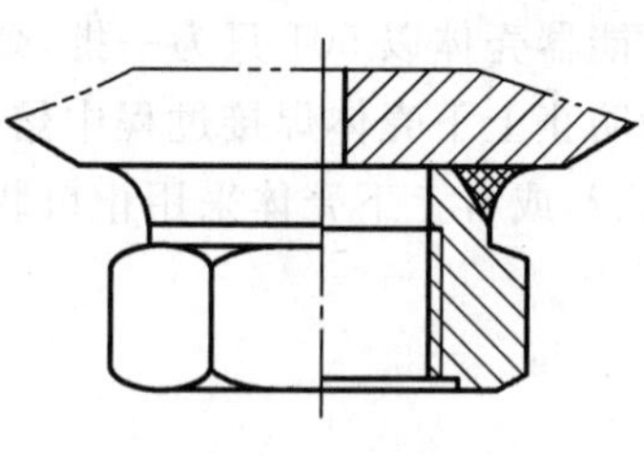

d) 放置式 角焊缝部分焊透

图 C.4 充气端和液端接头的典型焊接形式

C.5.6 蓄能器总成焊接完成后应采用适当的方式消除焊接残余应力。

C.5.7 充气螺钉的技术要求：

a) 充气螺钉的螺纹直径应限制在M8以下;密封垫的内径不应超过螺纹直径的25%。

b) 充气螺钉性能等级不低于8.8级且应具有排气口等安全结构,排气口的形状可以是长

槽、钻孔等形式。当排气口向外排气时,保留的螺纹长度不应小于螺钉的直径;如图C.5所示:

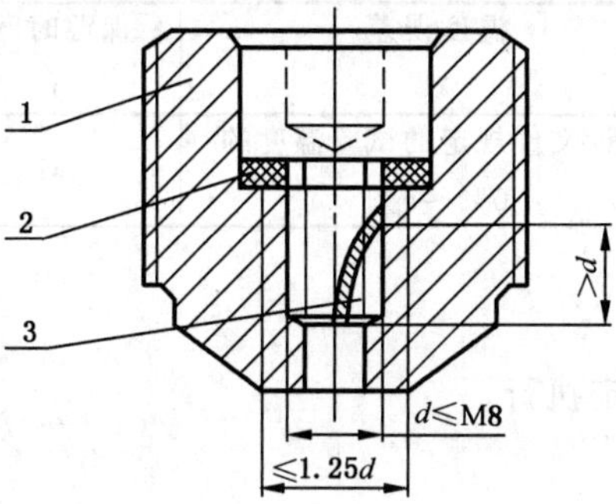

说明:

1——蓄能器充气口;

2——密封件;

3——充气螺钉。

图 C.5　充气螺钉组装方式

C.6　性能与试验

C.6.1　焊接工艺评定

焊接试件的制备及取样、力学性能等要求按照NB/T 47014执行。

C.6.2　功能性试验

C.6.2.1　预充气压力试验:开始试验前,将蓄能器放置在设计文件要求的充气温度下1 h以上;在设计文件要求的充气温度下进行预充气压力试验。试验时,介质填充流量15 mL/min～20 mL/min,液端压力≥P_0+2 MPa,测定的充气压力与设计文件要求的充气压力之间的误差应小于0.1 MPa。见图C.6。

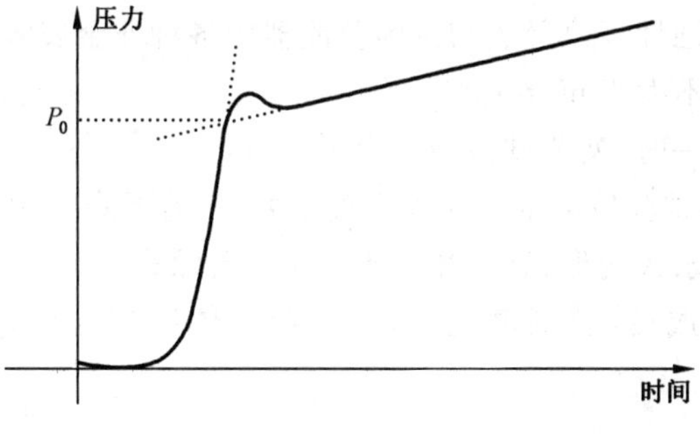

图 C.6　预充气压力试验

C.6.2.2　存储过程中的气密性:蓄能器在室温下储存70天,按C.6.2.1重复其功能性试验,记录预充气压力,其压力值与最初测定值之间的偏差应小于0.1 MPa。

C.6.3　冷热冲击试验

蓄能器按表C.1规定进行冷热冲击试验。在试验结束后应无变形、破裂或其他缺陷出现,按C.6.2.1检查预充气压力并应符合其规定的数值。

表 C.1　冷热冲击试验参数

试验温度 ℃	温度误差 ℃	保温时间 h	转移时间 s	冲击次数
设计文件规定的试验温度	设计文件规定的试验温度的 0%～5%	≥1	≤20	300

C.6.4　耐压试验

壳体的耐压试验按 8.5 规定执行。

C.6.5　疲劳试验

C.6.5.1　蓄能器的疲劳试验装置、测试仪表、试验条件与规程应符合 GB/T 9252 规定。

C.6.5.2　蓄能器的疲劳试验要求按照表 C.2 规定。

表 C.2　试验压力、温度及疲劳循环频率

<table>
<tr><th>级数</th><th>温度
℃</th><th>充气压力
MPa</th><th>试验压力下限
MPa</th><th>试验压力上限
MPa</th><th>单周期内
动作次数</th><th>总热循环周期要求
万次</th><th>频率
次/min</th></tr>
<tr><td>1</td><td>−40</td><td rowspan="7">$P_0 \pm 5\%$</td><td rowspan="7">$1.1P_t \pm 2\%$</td><td rowspan="7">$P_c \pm 2\%$</td><td>50</td><td rowspan="7">军工行业：≥80
汽车行业：≥60
风电行业：≥40
工程机械：≥30</td><td rowspan="7">≥8</td></tr>
<tr><td>2</td><td>−20</td><td>300</td></tr>
<tr><td>3</td><td>80</td><td>5 000</td></tr>
<tr><td>4</td><td>90</td><td>3 000</td></tr>
<tr><td>5</td><td>100</td><td>1 000</td></tr>
<tr><td>6</td><td>110</td><td>600</td></tr>
<tr><td>7</td><td>120</td><td>50</td></tr>
<tr><td colspan="8">注 1：P_t为 P_0在不同试验温度下的对应值，可由气体状态方程求得。
注 2：其他液压系统用焊接隔膜式蓄能器疲劳试验规则可按客户实际要求由供需双方协商。</td></tr>
</table>

C.6.5.3　试验应使用非腐蚀性、不可燃、与试验蓄能器中各种非金属零件匹配的液体介质；并且在试验温度下其动黏度应不大于 60 mm^2/s。

C.6.5.4　出现以下情况之一时，疲劳试验判定为不合格：

a)　每 20 000 次循环试验后测定一次预充气压力，压力下降$>10\%P_0$；

b)　受试蓄能器出现永久变形、裂纹和介质外泄等现象；

c)　总热循环周期完成后，解剖蓄能器，蓄能器主体结构与设计规定不符，气腔有渗油现象。

C.6.6　爆破试验

C.6.6.1　壳体的爆破试验应符合 GB/T 15385 的规定。

C.6.6.2　爆破压力应满足式(C.1)：

$$p_b \geqslant 4p_c \qquad \cdots\cdots\cdots\cdots(C.1)$$

C.7 检验规则

C.7.1 出厂检验

C.7.1.1 蓄能器在出厂前应按表C.3规定的项目进行检验。

C.7.1.2 抽样及复验规则：

a) 蓄能器应按批随机抽出1只进行检验；

b) 检验结果不合格时，应对不合格项目进行加倍数量的复验；

c) 若复验结果合格，则该批检验合格；若复验仍不合格，应按新批对待并应重新进行检验。

C.7.2 型式试验

凡属下列情况之一者，应按表C.3规定重新进行型式试验：

a) 新设计制造的蓄能器；

b) 产品转厂生产，工艺条件发生变化；

c) 使用境外牌号材料制造的蓄能器；

d) 生产间断一年以上恢复生产时；

e) 出厂检验结果与上次型式试验有较大差异时。

表C.3 检验项目一览表

序号	检验项目	检验方法	出厂检验		型式试验	判定依据
			逐只检验	批量检验		
1	壁厚	超声测厚	√		√	7.3.2
2	外观质量	目视检查	√		√	7.2.1
3	预充气压力试验	C.6.2.1		√	√	C.6.2.1
4	存储过程中的气密性	C.6.2.2		√	√	C.6.2.2
5	冷热冲击试验	C.6.3		√	√	C.6.3
6	壳体环缝检测	GB/T 22085.1	√		√	C.5.4
7	接头焊缝检测	NB/T 47013.5		√	√	C.5.4
8	耐压试验	GB/T 9251—2011	√		√	8.5.2
9	疲劳试验	C.6.5			√	C.6.5
10	爆破试验	GB/T 15385			√	C.6.6.2

附　录　D
（资料性附录）
活塞式蓄能器的结构型式和标记方法

D.1　结构型式

按螺纹连接方式活塞式蓄能器分为A型和B型2种结构型式：

a)　A型蓄能器筒体为内螺纹，端盖为外螺纹；

b)　B型蓄能器筒体为外螺纹，端盖为内螺纹。

D.2　结构图和零件名称

整体结构图及零件名称见图D.1。

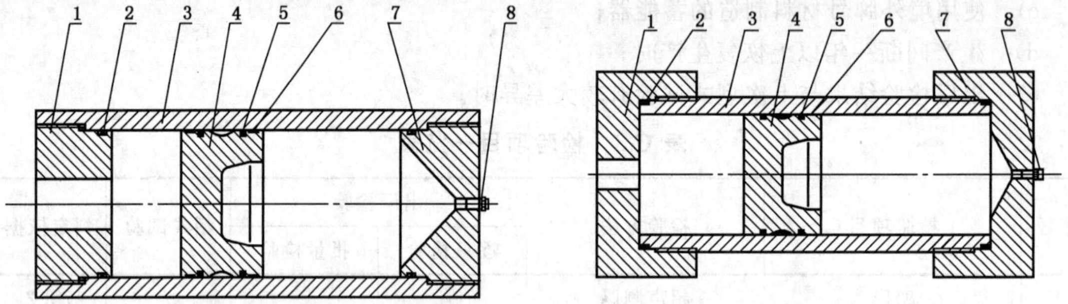

a)　A型　　　　b)　B型

说明：

1——油端端盖；
2——端盖密封件；
3——筒体；
4——活塞；
5——活塞密封件；
6——导向环；
7——气端端盖；
8——充气阀。

图 D.1　活塞式蓄能器的整体结构图

D.3　定型产品表示方法

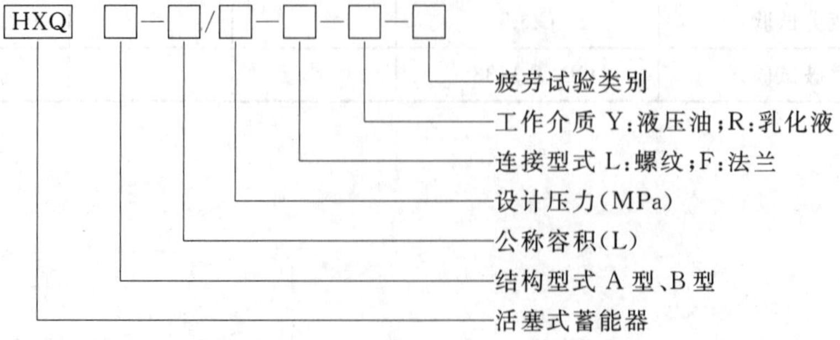

示例：

A型、公称容积为1.6 L、设计压力为10 MPa、螺纹连接、工作介质为液压油、第Ⅰ类疲劳试验要求的活塞式蓄能器，则表示为：HXQA-1.6/10-L-Y-Ⅰ。

附　录　E
(资料性附录)
胶囊和隔膜技术条件

E.1　范围

本附录技术条件适用于工作介质为石油基液压油或乳化液,使用温度为-40 ℃～+120 ℃的囊式蓄能器用胶囊和隔膜式蓄能器用隔膜。

E.2　组批

胶囊和隔膜的制造按公称容积组批,以1 000只为一批,余数仍按一批对待。

E.3　物理性能

E.3.1　胶囊所用胶料的物理性能,应符合表E.1的规定。

表E.1　胶囊所用胶料的物理性能

检测项目	橡胶类型及物性指标			
	NBR(丁晴橡胶)	IIR(丁基橡胶)	ECO(氯醚橡胶)	FKM(氟橡胶)
硬度(邵尔A)	60±5	60±5	50±5	60±5
拉伸强度/MPa ≥	11	9	12	8
拉断伸长率/% ≥	450	500	550	300
粘接强度/MPa ≥	3	3	3	3
低温脆性/℃ ≤	-20	-35	-40	-20
压缩永久变形/%(23 ℃±2 ℃,72 h,25%) ≤	35	35	35	30
氮气透过量/[cm^3/(m^2·24 h·0.1 MPa)] ≤	30	30	30	30

E.3.2　隔膜所用胶料的物理性能,应符合表E.2的规定。

表E.2　隔膜所用胶料的物理性能

检测项目	橡胶类型及物性指标			
	NBR(丁晴橡胶)	IIR(丁基橡胶)	ECO(氯醚橡胶)	FKM(氟橡胶)
硬度(邵尔A)	60±5	60±5	60±5	65±5
拉伸强度/MPa ≥	8	8	10	8
拉断伸长率/% ≥	400	450	500	250
曲挠龟裂试验/万次 ≥	15	20	10	2
低温脆性/℃ ≤	-20	-45	-40	-20
压缩永久变形/%(23 ℃±2 ℃,72 h,25%) ≤	30	25	25	35
氮气透过量/[cm^3/(m^2·24 h·0.1 MPa)] ≤	30	30	30	70

E.4 耐油性

胶囊和隔膜的耐油性应符合表 E.3 的规定。测定其体积,拉伸强度,伸长率的变化时,应将试片在 100 ℃±1 ℃试验用 1 号标准油中浸泡 70 h 后进行。

表 E.3 胶囊、隔膜的耐油性能

检测项目		橡胶类型及指标		
		NBR(丁晴橡胶)	ECO(氯醚橡胶)	FKM(氟橡胶)
体积变化率/%	<	10	10	10
拉伸强度变化率/%	<	−10	−15	−20
伸长率变化率/%	<	−35	−45	−40

E.5 外观质量

胶囊和隔膜的外观质量,应符合表 E.4 的规定。

表 E.4 胶囊和隔膜的外观质量

序号	项目	指标
1	橡胶与金属脱粘	不允许
2	海绵状	
3	橡胶分层	
4	裂纹	
5	杂质	不允许大于 0.2 mm。小于 10 L 的胶囊,不多于 3 处;等于或大于 10 L 的胶囊,不多于 5 处
6	合模错位	不大于 0.3 mm
7	模具痕迹	允许有轻微痕迹
8	气泡	胶囊后部三分之一长度的表面上,不允许有气泡;其他表面上,允许有不大于 ϕ3 mm 的气泡,其深度不允许超过 0.4 mm,数量不允许超过 3 个
9	凹凸	允许存在,其下限不允许超过 0.4 mm,在 25 cm^2 的表面上,不允许超过 3 处,全部表面不允许超过 5 处
10	胶囊气密	不允许漏气

E.6 泄漏试验

将胶囊内充入压力不大于 0.05 MPa 的氮气或空气,浸入水槽内检查,或者在胶囊整个表面涂抹肥皂水进行检查,不允许有泄漏。

E.7 耐久性试验

耐久性试验按表 E.5 规定进行，经过三个试验阶段后胶囊应无裂纹、不发黏；蓄能器充气压力下降率不得超过 9%。

表 E.5 胶囊的耐久性试验

试验阶段	公称压力 MPa	充气压力 MPa		动作压力 MPa	充放频率 次/min	油温 ℃	动作次数
1	P_c	$0.35P_c$	0～+5%	$0.5P_c$～$1P_c$	6～10	60～70	1 000
2		$0.17P_c$		$0.1P_c$～$1P_c$		5～70	500
3		$0.35P_c$		$0.5P_c$～$1P_c$			100 000

E.8 检验规则

E.8.1 胶囊和隔膜按表 E.6 的规定项目进行出厂检验及性能试验。

E.8.2 凡属下列情况之一者，应按表 E.6 规定重新进行性能检验。

a) 新组分、新配方、新工艺的胶囊或隔膜；

b) 胶囊或隔膜的结构形式有较大变化；

c) 生产间断一年以上恢复生产时；

d) 出厂检验结果与上次性能试验有较大差异时。

表 E.6 检验项目一览表

序号	检验项目	检验方法	出厂检验		性能试验	判定依据
			逐只检验	批量检验		
1	外观质量	目视	√			表 E.4
2	硬度	GB/T 531.1		√	√	表 E.1、表 E.2
3	拉伸强度	GB/T 528		√	√	
4	拉断伸长率	GB/T 528		√	√	
5	低温脆性	GB/T 1682		√	√	
6	压缩永久变形	GB/T 7759.1		√	√	
7	曲挠龟裂试验	GB/T 13934			√	
8	氮气透过量	GB/T 7755			√	
9	粘接强度	GB/T 11211		√	√	
10	耐油性	GB/T 1690		√	√	表 E.3
11	气密性	E.6	√		√	E.6
12	耐久性	E.7			√	E.7

E.9 储存

胶囊、隔膜应储存在密封的不透光的塑料袋中，储存温度－15 ℃～＋45 ℃；在上述储存条件下，胶囊、隔膜最多保存 3 年，超过储存期的胶囊、隔膜不允许使用。

附　录　F
(规范性附录)
蓄能器疲劳试验要求

F.1　第Ⅰ类疲劳试验要求

F.1.1　试验压力

压力波动按图 F.1,其中疲劳试验压力 P_u 为 1.3 倍的设计压力,每次的时间间隙按式(F.1)~式(F.3)规定。

$$T = T_R + T_1 + T_F + T_2 \geqslant 4\ \text{s} \qquad \text{(F.1)}$$

$$0.4T \leqslant T_R + T_1 \leqslant 0.6T \qquad \text{(F.2)}$$

$$0.9T_1 \leqslant T_2 \leqslant 1.1T_1 \qquad \text{(F.3)}$$

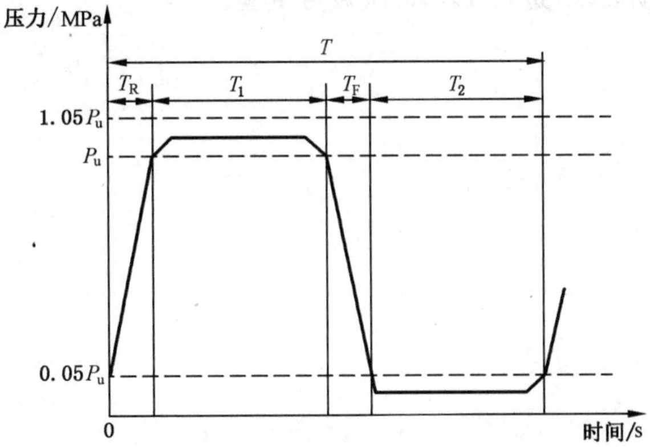

图 F.1　疲劳试验循环曲线

F.1.2　循环次数

按 F.1.1 的压力波动要求,进行 33 000 次疲劳试验。

F.1.3　试样数量

应从 20 只以上的完工的蓄能器整机中随机抽取 2 只,进行疲劳试验。

F.2　第Ⅱ类疲劳试验要求

F.2.1　试验压力

按照表 F.1(确信度 90%,非破坏度 90%)、图 F.1 及式(F.5)规定的条件下进行疲劳试验。每次的时间间隙按式(F.4)、式(F.2)和式(F.3)的规定。

$$T = T_R + T_1 + T_F + T_2 \geqslant 0.3\ \text{s} \qquad \text{(F.4)}$$

$$P_u = K_V \cdot K_N \cdot \Delta p \qquad \text{(F.5)}$$

式中:

P_u ——疲劳试验压力,单位为兆帕(MPa);

K_V——差异系数(承压构成零件中,使用差异系数最大的值),见表 F.1;

K_N——加速系数,K_N取 1.15(相当于 10^7 次的系数为 1.15);

Δp——最高工作压力 P_2 与最低工作压力 P_1 之差,单位为兆帕(MPa)。

表 F.1 差异系数 K_V

材料	试验个数				
	1	2	3	4	5
碳素钢	1.23	1.16	1.12	1.10	1.08
不锈钢	1.26	1.18	1.14	1.12	1.10
低合金钢	1.44	1.30	1.23	1.19	1.16
注:试样从 20 只以上的完工的蓄能器整机中随机抽取。					

F.2.2 循环次数

按 F.2.1 的压力波动要求,进行 1×10^6 次疲劳试验。

附 录 G
(规范性附录)
设计疲劳曲线

G.1 光滑圆棒的疲劳强度设计曲线计算见式(G.1),式(G.1)中系数 X 按式(G.2)计算,式(G.2)中系数 Y 按式(G.3)计算。

$$N = 10^{X} \qquad \cdots\cdots (\text{G.1})$$

$$X = \frac{C_1 + C_3 Y + C_5 Y^2 + C_7 Y^3 + C_9 Y^4 + C_{11} Y^5}{1 + C_2 Y + C_4 Y^2 + C_6 Y^3 + C_8 Y^4 + C_{10} Y^5} \qquad \cdots\cdots (\text{G.2})$$

$$Y = \left(\frac{S_a}{6.894\ 757}\right)\left(\frac{E_{FC}}{E_T}\right) \qquad \cdots\cdots (\text{G.3})$$

式中:

N ——循环次数,次;

S_a ——许用交变应力幅,单位为兆帕(MPa);

E_{FC}——设计曲线参考的杨氏弹性模量,E_{FC}= 195 000 MPa(当 S_a>195 MPa 时,E_{FC}= 206 000 MPa);

E_T ——设计温度下的杨氏弹性模量,单位为兆帕(MPa)。

G.2 式(G.2)中系数 C_i 规定如下:

a) 抗拉强度 R_m≤552 MPa 时碳钢和低合金钢的系数 C_i 见表 G.1;

b) 表 2 和表 3 中的 Cr-Mo 钢及抗拉强度 R_m 在 793 MPa~892 MPa 时碳钢和低合金钢的系数 C_i 见表 G.2;

c) 交变应力幅 S_a≤195 MPa 时奥氏体不锈钢的系数 C_i 见表 G.3;

d) 交变应力幅 S_a>195 MPa 时奥氏体不锈钢的系数 C_i 见表 G.4。

表 G.1 R_m≤552 MPa 时碳钢和低合金钢的系数 C_i

i	系数 C_i	
	48 MPa≤S_a<214 MPa	214 MPa≤S_a<3 999 MPa
1	2.254 510E+00	7.999 502E+00
2	−4.642 236E−01	5.832 491E−02
3	−8.312 745E−01	1.500 851E−01
4	8.634 660E−02	1.273 659E−04
5	2.020 834E−01	−5.263 661E−05
6	−6.940 535E−03	0.0
7	−2.079 726E−02	0.0
8	2.010 235E−04	0.0
9	7.137 717E−04	0.0
10~11	0.0	0.0

表 G.2 Cr-Mo 钢及 R_m 在 793 MPa～892 MPa 时碳钢和低合金的系数 C_i

i	系数 C_i	
	77.2 MPa≤S_a<296 MPa	296 MPa≤S_a<2 896 MPa
1	1.608 291E+01	8.628 486E+00
2	−4.113 828E−02	−1.264 052E−03
3	−1.023 740E+00	−1.605 097E−04
4	3.544 068E−05	−2.548 491E−03
5	2.896 256E−02	−1.409 031E−02
6	1.826 072E−04	8.557 033E−05
7	3.863 423E−04	5.059 948E−04
8	0.0	6.913 396E−07
9	0.0	−2.354 834E−07
10～11	0.0	0.0

表 G.3 S_a≤195 MPa 时奥氏体不锈钢的系数 C_i

i	Cueve A 的 C_i 163 MPa≤S_a<194 MPa	Cueve B 的 C_i 114 MPa≤S_a<194 MPa	Cueve C 的 C_i 94 MPa≤S_a<194 MPa
1	1.785 872E+01	5.856 886E+00	1.891 543E+01
2	−4.973 162E−02	−1.774 051E−01	1.478 023E−01
3	−2.264 248E+00	−1.070 324E+00	−2.436 005E+00
4	−4.356 560E−03	1.033 285E−02	−6.369 796E−02
5	9.567 759E−02	6.513 423E−02	−6.908 655E−02
6	3.327 393E−04	−1.879 553E−04	5.379 540E−03
7	−1.347 445E−03	−1.320 281E−03	1.957 898E−02
8	−5.717 269E−06	−5.633 339E−07	−1.391 592E−04
9	0.0	0.0	−6.506 543E−04
10～11	0.0	0.0	0.0
应用范围	弹性分析,非弹性分析 (PL+Pb+Q)≤188 MPa	弹性分析 (PL+Pb+Q)>188 MPa 且需修正所用平均应力的影响	弹性分析 (PL+Pb+Q)>188 MPa

注 1：由于轴向和径向温度梯度所引起的热弯曲应力不计入 Q。

注 2：曲线 C 中包含了平均应力的最大影响。

表 G.4　S_a>195 MPa 时奥氏体不锈钢的系数 C_i

i	1	2	3	4	5	6～11
C_i(195 MPa≤S_a<4 881 MPa)	2.114 025E+01	1.536 993E−01	4.487 599E−01	3.651 302E−04	−8.981 314E−05	0.0

附　录　H
（资料性附录）
蓄能器排出流量测试装置

见图 H.1。

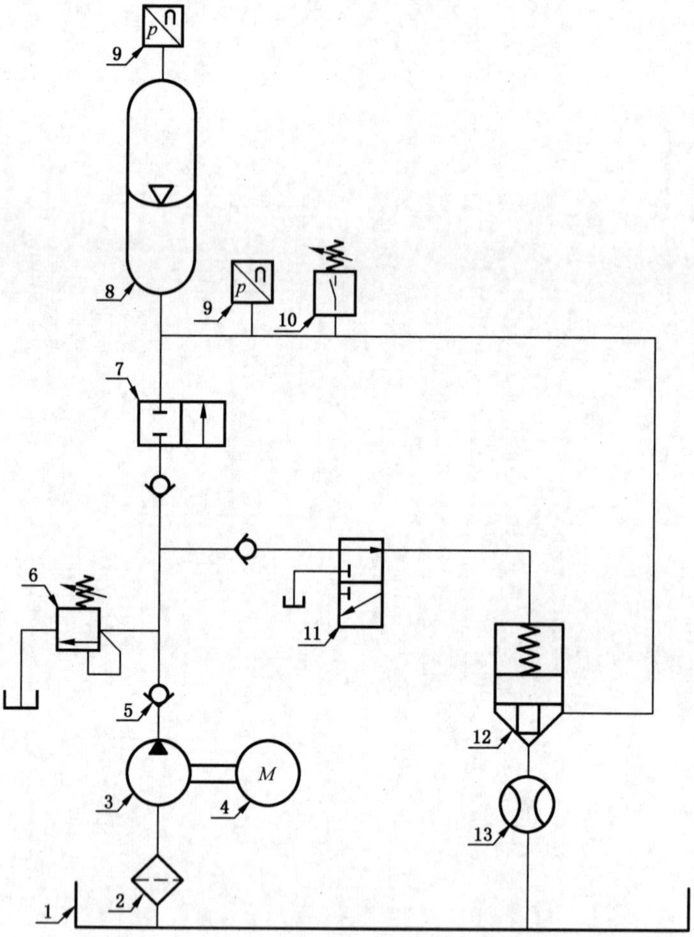

说明：

1 ——油箱；
2 ——空吸过滤器；
3 ——泵；
4 ——电机；
5 ——单向阀；
6 ——减压阀；
7 ——电磁阀 1；
8 ——蓄能器；
9 ——压力传感器；
10——压力开关；
11——电磁阀 2；
12——逻辑阀；
13——油量计。

图 H.1　蓄能器排出流量测试装置

ICS 23.020.30
J 74

中华人民共和国国家标准

GB/T 21432—2021
代替 GB/T 21432—2008

石墨制压力容器

Graphite pressure vessels

2021-03-09 发布

2021-07-01 实施

国家市场监督管理总局
国家标准化管理委员会 发布

前　言

本标准按照 GB/T 1.1—2009 给出的规则起草。

本标准代替 GB/T 21432—2008《石墨制压力容器》,与 GB/T 21432—2008 相比,除编辑性修改外,主要技术变化如下:

——修改了标准的温度范围(见第 1 章,2008 年版的 1.2),删除了范围中金属受压元件的要求(见 2008 年版的 1.3);

——修改了规范性引用文件(见第 2 章,2008 年版第 2 章);

——删除了部分术语和定义(见 2008 年版的 3.1、3.2、3.3、3.4),增加了术语和定义(见 3.2、3.8、3.9、3.10、3.11),修改了部分术语和定义(见 3.1、3.3、3.4、3.6、3.7,分别为 2008 年版的 3.5、3.6、3.7、3.9、3.10);

——将"要求"修改为"通用要求",并细分了要求(见第 4 章);将 2008 年版的"材料"相关内容修改后独立成章(见第 5 章,2008 年版的 4.2);

——增加了石墨制压力容器的主要材料(见 5.1),修改了材料质量证明书中的项目(见 5.3,2008 年版的 4.2.1);

——增加了石墨材料工艺评定要求(见 5.5),修改了不透性石墨材料物理力学性能(见 5.7,2008 年版的 4.2.6);

——增加了粘结剂使用前要做工艺评定的要求,并将 2008 年版的有关内容修改后纳入(见 5.8,2008 年版的 4.2.3、4.2.8);

——增加了浸渍剂质量控制的要求(见 5.9),增加了"新材料使用",并将 2008 年版的有关内容修改后纳入(见 5.10,2008 年版的 4.2.9);

——删除了材料中的部分内容(见 2008 年版的 4.2.13、4.2.14)、设计总则中的部分内容(见 2008 年版的 5.1.1、5.1.2);

——增加了石墨元件和金属元件设计要求(见 6.1.1),修改了设计文件内容(见 6.1.2,2008 年版的 5.1.3)、设计选材要求(见 6.1.3,2008 年版的 5.1.4);

——增加了试制压力容器要求(见 6.1.5)、"粘结试件"(见 6.3),修改了许用应力的确定方法以及安全系数的取值(见 6.2.1,2008 年版的 5.2.1)、粘结系数 ψ 的取值(见 6.2.2,2008 年版的 5.2.2)、计算公式(见 6.4.1、6.4.2 和 6.4.3,2008 年版的 5.3、5.4、5.5);

——删除了制造总则中的部分内容(见 2008 年版的 6.1.1、6.1.2、6.1.3);

——修改了制造单位制造要求(见 7.1.1、7.1.2,2008 年版的 6.1.4);增加了粘结工的要求(见7.1.4)、材料复验取样及结果要求(见 7.1.5);

——增加了"设计变更和材料代用""材料入厂检验、分割与标志""材料复验",并将 2008 年版的有关内容修改后纳入(见 7.2、7.3、7.4,2008 年版的 4.2.10、6.1.5、7.2.3、4.2.11、4.2.12);

——增加了粘结作业场所的温度要求(见 7.5.1.1);增加了"粘结缝要求",并将 2008 年版的有关内容修改后纳入(见 7.5.3,2008 年版的 6.2.4);修改了苯磺酰氯作固化剂的作业场所要求(见7.5.1.2,2008 年版的 6.2.5)和"粘结工艺评定"(见 7.5.2,2008 年版的 6.2.1);

——增加了材料“修补”(见 7.5.4)、浸渍工艺评定要求(见 7.6.2)；

——将“试样”修改为“试件与试样”，并将 2008 年版的有关内容修改后纳入(见 7.8.1、7.8.3，2008 年版的 6.5.1、6.5.2)；增加了浸渍试件和粘结接头试件的要求(见 7.8.4、7.8.5)；

——修改了技术文件保存期限(见 8.1.2)、产品质量证明书填写要求(见 8.1.3，2008 年版的 7.1.3)，将“原材料的检验”修改为“浸渍石墨材料的检验”(见 8.2，2008 年版的 7.2)；

——修改了部分标准号(见 8.2.4、8.2.5、8.2.6，分别为 2008 年版的 7.2.1.3、7.2.1.4、7.2.1.5、7.2.2.1)；

——增加了“石墨管水压试验或者气压试验”及“石墨块件水压试验或者气压试验”(见 8.3.2、8.3.3)；

——增加了容器“外观检查”“检验要求”和“容器泄漏试验”(见 8.4.1、8.4.2、8.4.4)，修改了水压试验压力表的等级、试验压力、升压要求(见 8.4.3，2008 年版的 7.4.2)，修改了气密性试验压力和保压时间(见 8.4.4.4，2008 年版的 7.4.3)；

——将“质量证明文件、标志、油漆、包装、运输” 修改为“容器出厂要求”(见第 9 章)，修改了容器出厂证明文件内容(见 9.1.1，2008 年版的 8.1)、竣工图要求(见 9.1.2，2008 年版的 8.1.1)；增加了质量证明书中的部分内容(见 9.1.3，2008 年版的 8.1.2)、铭牌中包含的内容(见 9.1.6，2008 年版的 8.1.5)；

——修改了附录浸渍工艺评定的章节编排(见附录 A，2008 年版的附录 B)，增加了“一般要求”(见 A.1)、“工艺评定报告”(见 A.5)；

——修改了附录粘结工艺评定的章节编排(见附录 B，2008 年版的附录 A)，增加了“粘结接头试样”(见 B.3)、“粘结工艺评定报告”(见 B.6)；

——增加了不透性石墨材料渗透系数试验方法 (见附录 C)。

本标准由全国锅炉压力容器标准化技术委员会(SAC/TC 262)提出并归口。

本标准起草单位：中国工业防腐蚀技术协会、南通山剑石墨设备有限公司、鲁西集团有限公司(平阴鲁西装备科技有限公司)、合肥通用机械研究院有限公司、南通星球石墨设备有限公司、南通三鑫碳素石墨设备有限公司、山东赫达股份有限公司、上海贤达美尔森过程设备有限公司、西格里石墨技术(上海)有限公司、南通市石墨设备设计研究所、大同宇林德石墨设备股份有限公司、南通京通石墨设备有限公司、南通贝思特石墨设备有限公司、上海市特种设备监督检验技术研究院、江苏理文化工有限公司、南通理工学院。

本标准主要起草人：任振铎、仇晓丰、姚松年、潘小洁、张明慧、崔军、刘仍礼、张炎明、顾伟群、杨丙生、钱蔚兵、肖光、左锦富、陈汉明、张惠兵、夏斌、李健、葛勇林、杨宇清、夏旭东、陈士林、赵桂花。

本标准所代替标准的历次版本发布情况为：

——GB/T 21432—2008。

石墨制压力容器

1 范围

本标准规定了石墨制压力容器的通用要求、材料、设计、制造、检验和验收及容器出厂要求。

本标准适用于具备以下条件的石墨制压力容器：

——工作压力大于或等于 0.1 MPa，设计压力不大于 2.4 MPa；

——设计温度 −70 ℃～205 ℃；

——盛装介质为气体、液化气体或介质最高工作温度高于或等于其标准沸点的液体。

本标准不适用于下列石墨容器：

——直接火焰加热的石墨容器；

——核能装置中的石墨容器；

——浇铸石墨容器；

——主要应力由金属外壳承受的石墨砖板衬里设备。

2 规范性引用文件

下列文件对于本文件的应用是必不可少的。凡是注日期的引用文件，仅注日期的版本适用于本文件。凡是不注日期的引用文件，其最新版本(包括所有的修改单)适用于本文件。

GB/T 150.1 压力容器 第 1 部分：通用要求

GB/T 150.2 压力容器 第 2 部分：材料

GB/T 150.3 压力容器 第 3 部分：设计

GB/T 150.4 压力容器 第 4 部分：制造、检验和验收

GB/T 151 热交换器

GB/T 1431 炭素材料耐压强度测定方法

GB/T 1804 一般公差 未注公差的线性和角度尺寸的公差

GB/T 8721 炭素材料抗拉强度测定方法

GB/T 13465.1 不透性石墨材料试验方法 第 1 部分：力学性能试验方法总则

GB/T 13465.2 不透性石墨材料试验方法 第 2 部分：抗弯强度

GB/T 13465.3 不透性石墨材料试验方法 第 3 部分：抗压强度

GB/T 13465.5 不透性石墨酚醛粘接剂收缩率试验方法

GB/T 13465.6 不透性石墨管水压爆破试验方法

GB/T 13465.8 不透性石墨粘接剂粘接剪切强度试验方法

GB/T 13465.9 不透性石墨粘接剂粘接抗拉强度试验方法

GB/T 13927—2008 工业阀门 压力试验

GB/T 21921 不透性石墨材料抗拉强度试验方法

GB/T 24203 炭素材料真密度、真气孔率测定方法 煮沸法

GB/T 24528 炭素材料体积密度测定方法

GB/T 26961　不透性石墨设备水压试验方法

GB/T 35922　不透性石墨浸渍耐蚀作业技术规范

GB/T 35926　不透性石墨粘结作业技术规范

HG/T 2059　不透性石墨管技术条件

HG/T 2370—2017　不透性石墨制化工设备技术条件

HG/T 20584　钢制化工容器制造技术要求

JB/T 4711　压力容器涂敷与运输包装

NB/T 47003.1　钢制焊接常压容器

YB/T 2818　石墨块

TSG 07—2019　特种设备生产和充装单位许可规则

TSG 21—2016　固定式压力容器安全技术监察规程

3　术语和定义

下列术语和定义适用于本文件。

3.1

设计温度　design temperature

容器在正常工作情况下,设定元件的温度(沿石墨元件截面的温度平均值)。

注:设计温度与设计压力一起作为设计载荷条件。

3.2

石墨　graphite

石墨化材料和半石墨化材料的统称。

3.3

石墨化材料　graphitized material

由焦炭或石墨粉及颗粒与沥青经混和、挤压、模压(或振动成型)后在 2 400 ℃～3 000 ℃高温下形成的石墨材料。

3.4

半石墨化材料　half-graphitized material

石墨粉、粒与沥青混合、挤压(或模压、振动成型)后,经 1 000 ℃～1 200 ℃焙烧形成的石墨材料。

3.5

不透性石墨　impervious graphite

现行工业层面上(即在不高的压力、温度条件下)不渗透液体和气体的石墨材料。

注:包括浸渍石墨、压型(包括挤压和模压)石墨和浇注石墨。

3.6

压型石墨　profiling impervious graphite

将石墨粉与粘结剂混合后在一定压力下成型(模压或挤压、包括等静压)并经固化形成的不透性石墨。

3.7

浸渍石墨　impregnated graphite

采用浸渍工艺过程将有机或无机液体材料(浸渍剂)压入透性石墨材料孔隙中并使之在孔隙内固化而形成不透性石墨。

注：因用于增加材料抗渗透性的浸渍剂的不同而形成不同品种。应用面最广的是采用酚醛树脂浸渍的酚醛浸渍石墨，其次还有呋喃浸渍石墨、环氧树脂浸渍石墨、聚四氟乙烯浸渍石墨、水玻璃浸渍石墨等。

3.8

浸渍　impregnation

用耐腐、耐温树脂及无机物质填充石墨件中的连通开孔空隙的方法。

3.9

浸渍剂　impregnation agent

用于浸入炭或石墨材料孔隙中，并通过固化工艺使炭或石墨材料不渗透的材料。

3.10

粘结剂　graphite cement

石墨粉末和树脂的混合物，需要时添加固化剂，改性剂等，用于石墨材料的粘结。

3.11

渗透系数　permeability coefficient

$k(L)$

综合反映材料渗透能力、量度固体材料气体渗透性的指标。

4　通用要求

4.1　石墨制压力容器的材料、设计、制造、检验和验收及设备出厂除应符合本标准的规定外，还应遵守 TSG 21—2016、TSG 07—2019 等国家颁布的有关法律法规和安全技术规范。

4.2　石墨制压力容器中的金属制受压元件应符合 GB/T 150.1～GB/T 150.4 和 GB/T 151 的有关规定；非受压钢制零部件应符合 NB/T 47003.1 的有关规定。

4.3　石墨制压力容器的制造单位应依据 TSG 07—2019 的有关规定建立健全质保体系并有效运行。

4.4　TSG 21—2016 管辖范围内的石墨制压力容器的制造应接受特种设备安全监察机构的监察。

4.5　采用新材料、新技术、新工艺以及有特殊使用要求的压力容器，与本标准的要求不一致，或者本标准未作要求、可能对安全性能有重大影响的，相关单位应按 TSG 21—2016 中 1.9 的规定执行。

5　材料

5.1　制造石墨制压力容器的主要材料包括：石墨材料、粘结剂、浸渍剂、金属材料和密封材料。其中，石墨材料主要是浸渍石墨和压型石墨两种不透性石墨材料。

5.2　石墨制压力容器受压元件用石墨材料应遵守本标准及 HG/T 2370—2017 的规定；石墨制压力容器用金属材料应符合 GB/T 150.1、GB/T 150.2 的规定。

5.3　材料生产单位应按标准的规定向用户提供质量证明书(原件)，质量证明书中至少应包括标准号、规格、炉(批)号、颗粒度、比电阻、各项力学性能数据、生产单位名称及检验印章等，并在材料上做出清晰、牢固的标志。

5.4　制造单位从非材料生产单位获得受压元件用材时，应同时取得材料质量证明书原件或加盖供材单位检验公章和经办人章的有效复印件，用材单位对所获材质证明书的真实性与一致性负责。

5.5 用于制造压力容器的石墨材料应当进行浸渍工艺评定和复合物材料成型工艺评定，并符合下列要求：

a) 工艺评定报告和工艺评定规程应经制造单位技术负责人批准及监检人员的确认；

b) 用于制造石墨材料的原材料，应当在工艺评定报告中记录其来源、等级和质量指标；

c) 浸渍工艺评定按照附录 A 执行，浸渍工艺评定报告依照附录 A 及 GB/T 35922 如实填写；

d) 对于评定合格的工艺(包括浸渍工艺和复合物材料成型工艺)和材料，应定期进行验证(每 6 个月至少一次)。

5.6 浸渍石墨所用的石墨化或半石墨化基体材料应符合 YB/T 2818 的规定。

5.7 不透性石墨材料物理力学性能应符合表 1 的要求，其中不透性石墨管除应符合表 1 的规定外，还应符合 HG/T 2059 的规定。

表 1 不透性石墨材料物理力学性能要求

项目	合成树脂浸渍石墨管	合成树脂浸渍石墨块	合成树脂压型石墨管
抗拉强度(室温)/MPa	≥26	≥14	≥10
抗拉强度(205 ℃)/MPa	≥21	≥11	≥6
抗弯强度/MPa	≥39	≥27	≥35
抗压强度/MPa	≥69	≥45	≥31
热导率/(W/m·K)	—	≥90[a] (轴向)	—
渗透系数/(mm^2/s)	≤2.9×10^{-3}	≤2.9×10^{-3}	≤2.9×10^{-3}

[a] 仅限挤压石墨块。

5.8 受压元件用粘结剂等材料应符合 5.1、5.2 的规定，使用前应按附录 B 进行粘结工艺评定，评定合格后方可使用。石墨粉+酚醛树脂粘结剂力学性能应当符合表 2 的要求。

自行配制的石墨粘结剂，配制用的有关主要原材料应符合 5.1、5.2 的规定，制造单位需将原材料的牌号和批号等信息、使用部位和粘结效果以及试样测试的数据等如实记录、签字，连同粘结工艺评定资料一起归档。

表 2 石墨粉+酚醛树脂粘结剂力学性能

项　目	指　标
浸渍石墨间粘结抗拉强度(常温)/MPa	≥13.0
浸渍石墨间粘结抗拉强度(205 ℃)/MPa	≥6.0
浸渍石墨间粘结抗剪强度/MPa	≥12.0
浇铸件抗拉强度/MPa	≥14.0
浇铸件抗压强度/MPa	≥60.0

5.9 石墨材料浸渍剂宜选用酚醛树脂,选用其他浸渍剂时,其性能应符合表1、表2的规定。具体物理力学性能指标应由工艺评定确定。

外购酚醛树脂浸渍剂应符合5.1、5.2的规定。自行制造的酚醛树脂浸渍剂,制造单位应将制造工艺及制作工序过程如实记录、签字,连同浸渍工艺评定资料一起归档。

酚醛树脂浸渍剂应无纤维、无固体颗粒及其他杂质,酚醛树脂浸渍剂质量应满足制造工艺要求。

5.10 采用新研制的不透性石墨材料和主要受压元件采用国内外没有应用实例的进口材料时,应按4.5的规定通过新材料技术评审。

6 设计

6.1 总则

6.1.1 容器中石墨材料制元件的设计应符合本标准的要求,金属制元件的设计应符合GB/T 150.3、GB/T 151、NB/T 47003.1的有关规定。

6.1.2 容器的设计文件应包括设计图样、技术条件、强度计算书,必要时还应包括风险评估报告、设计或安装、使用说明书。

6.1.3 设计选材应根据物料成分、温度、压力以及石墨材料传质和传热因素等决定,所选用的石墨材料的性能(力学性能、耐腐蚀性能、传热性能等)应与设计条件相匹配。

6.1.4 对于不能用本标准来确定结构尺寸的容器或受压元件,允许用以下方法设计:

a) 包括有限元法在内的应力分析;

b) 验证性试验分析(如试验应力测定、验证性液压试验);

c) 用可比的已投入使用的结构进行对比经验设计。

6.1.5 试制成压力容器后经过一定周期的试用验证,并经型式试验(按照HG/T 2370—2017的8.5)或技术性评审(或鉴定),然后将有关数据、结果等和第三方的检测报告及其他有关技术资料报国家认可的有关机构审核或评审。试制单位对试用容器的安全性负责。

6.2 安全系数和许用应力

6.2.1 用于设计的许用应力值为石墨材料工艺评定报告中指定设计温度下抗拉或者抗压、抗弯平均值的80%除以安全系数6.0(毒性危害程度为极度或者高度危害介质时,安全系数选7.0,同时不透性石墨材料的渗透系数应符合表1的规定)。

6.2.2 受压元件存在粘结缝时,粘结系数 ψ 取0.8。

6.3 粘结试件

盛装毒性危害程度为极度或者高度危害介质的压力容器,设计者应当在设计文件中提出产品粘结试件的制作要求,并且规定试样的数量、制备方式、检验与试验方法、合格指标、不合格复验要求等。

6.4 设计计算

6.4.1 内压圆筒计算

设计温度下,计算壁厚和最大允许工作压力的公式如下:

a) 设计温度下的壁厚计算:

当 $k \leqslant 1.5$ 时(其中圆筒的外径与内径之比值 $k = D_o/D_i$,以下类同),按式(1)计算。

$$\delta=\frac{p\cdot D_i}{2[\sigma_b]^t\cdot\Psi-p} \quad\cdots\cdots(1)$$

当 $k>1.5$ 时,按式(2)计算。

$$\delta=R_i\left(\sqrt{\frac{[\sigma_b]^t\cdot\Psi+p}{[\sigma_b]^t\cdot\Psi-p}}-1\right) \quad\cdots\cdots(2)$$

b) 设计温度下的最大允许工作压力计算:

当 $k\leqslant1.5$ 时,按式(3)计算。

$$p_w=\frac{2\delta_e[\sigma_b]^t\cdot\Psi}{D_i+\delta_e} \text{ 或 } p_w=2\frac{k-1}{k+1}\cdot[\sigma_b]^t\cdot\Psi \quad\cdots\cdots(3)$$

在 $k>1.5$ 时,按式(4)计算。

$$p_w=\frac{(\frac{\delta_e}{R_i}+1)^2-1}{(\frac{\delta_e}{R_i}+1)^2+1}\cdot[\sigma_b]^t\cdot\Psi \text{ 或 } p_w=\frac{k^2-1}{k^2+1}\cdot[\sigma_b]^t\cdot\Psi \quad\cdots\cdots(4)$$

式(1)～式(4)中:

δ ——计算壁厚,单位为毫米(mm);

δ_e ——有效壁厚,单位为毫米(mm);

D_o ——圆筒外直径,单位为毫米(mm);

D_i ——圆筒内直径,单位为毫米(mm);

R_i ——圆筒内半径,单位为毫米(mm);

Ψ ——粘结系数,无纵向粘结时取1;

$[\sigma_b]^t$ ——设计温度下材料的许用抗拉强度,单位为兆帕(MPa);

p ——计算压力,单位为兆帕(MPa);

p_w ——圆筒的最大允许工作压力,单位为兆帕(MPa)。

6.4.2 外压圆筒计算

设计温度下的壁厚计算按式(5):

$$\delta=R_i\left(\sqrt{\frac{[\sigma]^t\cdot\Psi}{2p+[\sigma]^t\cdot\Psi}}-1\right) \quad\cdots\cdots(5)$$

式中:

$[\sigma]^t$——设计温度下材料的许用抗压强度,以负值代入,单位为兆帕(MPa)。

其余符号同上。

6.4.3 平盖、封头、管板计算

与圆筒壳体连为一体的平盖和封头的最小厚度按式(6)计算:

$$t=D_i\sqrt{\frac{0.2p}{[\sigma_s]\cdot\Psi}} \quad\cdots\cdots(6)$$

用带螺栓夹紧、与圆筒壳体间用垫片密封结构的平盖和封头的最小厚度按式(7)计算:

$$t=D_G\sqrt{\frac{0.3p}{[\sigma_s]\cdot\Psi}} \quad\cdots\cdots(7)$$

列管式石墨换热器管板的最小厚度按式(8)计算：

$$t = 0.4D_G\sqrt{\frac{p \cdot A}{[\sigma_s] \cdot \Psi \cdot (A-d)}} \quad \cdots\cdots(8)$$

式(6)～式(8)中：

t ——管板计算厚度，单位为毫米(mm)；

D_G ——密封垫的中径，单位为毫米(mm)；

$[\sigma_s]$——设计温度下材料的许用抗弯强度，单位为兆帕(MPa)；

A ——管板钻孔孔心距，单位为毫米(mm)；

d ——石墨管外径，单位为毫米(mm)。

其余符号同上。

7 制造

7.1 总则

7.1.1 制造单位应按本标准和设计文件要求进行容器的制造。

7.1.2 制造单位应按评定合格的浸渍工艺规程和复合物材料成型工艺规程制造石墨受压元件，按评定合格的粘接工艺规程制造容器。

7.1.3 制造单位若改变炭或者石墨材料(如材料制造单位、等级或批号、密度范围、颗粒度范围)、合成树脂(如材料制造单位、树脂牌号、密度范围、室温下的黏度范围、重要成分及范围)、工艺参数(如工艺压力范围、工艺时间范围、工艺温度范围、真空范围)，则需重新进行工艺评定。

7.1.4 石墨容器及元件的粘结作业应由经过制造单位培训考核合格的粘结工进行；当粘结工在6个月内没有粘结作业或者对其粘结操作能力有怀疑时，应当重新进行培训考核。石墨件的浸渍作业应由经制造单位培训考核合格的人员操作。

7.1.5 材料复验时，按批取样，复验结果应满足表1的相关规定。

7.2 设计变更和材料代用

设计变更和受压元件的材料代用，制造单位应当事先取得原设计单位的书面批准，批准更改文件应归档，并且在竣工图上做详细记录。

7.3 材料入厂检验、分割与标志

7.3.1 制造单位在材料入厂检验时，应审查材料质量证明书和材料标志的真实性及其与所对应材料的一致性。

7.3.2 制造受压元件的材料应有可追溯标志，并在材料分割前完成标志的移植。

7.4 材料复验

下列情况下，应进行材料复验：

a) 对不能确定质量证明书的真实性或者对性能、化学成分有疑问的主要受压元件材料；

b) 设计图样要求复验的；

c) 用户要求复验的。

7.5 石墨件的粘结

7.5.1 粘结环境

7.5.1.1 石墨容器及元件在粘结作业过程中，作业场所温度应控制在不影响各粘结树脂粘结强

度质量范围内，被粘结材料的平均温度应当保持在 10 ℃～52 ℃，作业场所相对湿度不大于 90％。

7.5.1.2 当采用苯磺酰氯作为固化剂时，若出现下列任一情况而无可靠保证措施时，不得粘结；

a) 作业场所温度低于 15 ℃或高于 35 ℃；

b) 作业场所相对湿度大于 90％。

7.5.2 粘结工艺评定

7.5.2.1 粘结作业前，制造单位应进行粘结工艺评定，并按评定合格的粘结工艺规程进行容器制造，评定合格的粘结工艺应当定期进行验证(每 6 个月至少一次)。

7.5.2.2 粘结工艺评定按照附录 B 执行。粘结工艺评定报告依照附录 B 及 GB/T 35926 如实填写，报告应经制造单位技术负责人批准及监检人员的确认。

7.5.3 粘结缝要求

7.5.3.1 能够整体制造的受压元件不宜拼接。特殊情况(如元件尺寸过大，市场无相应规格整料)下，应采用拼接方式制成受压元件时，粘结缝强度不得低于设计文件的要求。

7.5.3.2 石墨筒体拼接时，应采用阶梯式或榫槽式；对于封头、管板、换热块需多层拼接时，单层间可对接，相邻两层间对接拼缝应错开。

7.5.3.3 石墨件粘结后其粘结缝应严实饱满，缝宽应小于或等于 1 mm。

7.5.3.4 石墨件粘结后应进行固化处理，固化的控制应按粘结工艺评定文件的规定执行。

7.5.4 修补

7.5.4.1 石墨容器的材料、粘结缝应采用经过评定的粘结工艺进行修补。

7.5.4.2 石墨容器的材料修补应满足下列要求：

a) 深度不大于总厚度 5％的表面划痕和麻坑，允许修复，但修复部位的面积不得超过该受压件总面积的 3％，除非用户另有规定；

b) 修补的方法和范围由相关责任工程师书面提出，经制造单位技术负责人批准后方可实施；

c) 同一部位的同一缺陷的修复次数不得超过 2 次；

d) 修复部位的外观质量应满足 7.7.1 的要求，修复部位的材料性能应不低于被修补的材料性能；

e) 所有修补均应在水压试验前完成，且应由制造单位进行。水压试验后如需进行修补，修补结束后，应按 8.4.3 的规定重新进行水压试验；

f) 材料修补应当有详细的记录，其内容至少包括粘结型式、粘结部位尺寸、材料牌号、生产厂商、粘结工艺参数(结头间隙、固化温度和时间等)、粘结操作人员及修补时间等。材料修补记录应作为质量证明文件保存。

7.5.4.3 石墨容器的粘结缝修补，应满足下列要求：

a) 粘结缝同一部位的修补不宜超过 2 次，如超过 2 次，修补前应当将情况总结并经制造单位技术负责人批准；

b) 修补的次数、部位、修补情况应记入质量证明文件中，并保存。

7.6 石墨件的浸渍

7.6.1 石墨件的浸渍包括浸渍与热固化(或塑化)，其操作应按经过浸渍工艺评定确认的工艺进行。

7.6.2 浸渍工艺评定应按附录A和GB/T 35922的要求进行。

7.7 石墨件的加工

7.7.1 加工后的石墨件材质应均匀,无裂纹等可能影响材料力学性能的缺陷;密封面不得有影响密封性能的缺陷。

7.7.2 石墨孔应采用 ϕ ($d-1$) mm的检验棒检验,通过率应大于90%;当需堵孔时(包括块孔式和列管式),每侧堵孔率应不大于1%。

7.7.3 石墨件的机械加工表面和非机械加工表面的线性尺寸的极限偏差,分别按GB/T 1804中的m级和c级的规定。

7.8 试件与试样

7.8.1 属于下列情况之一的,应逐台制作产品试件:

a) 移动式容器,应制作产品浸渍试件和产品粘结试件;

b) 盛装毒性危害程度为极度或者高度危害介质的容器,应制作产品浸渍试件和产品粘结试件;

c) 采用新型浸渍剂和/或改变浸渍工艺和/或改变树脂热固化温度,且没有30台以上连续检测合格数据的容器,应制作产品浸渍试件和产品粘结接头试件;

d) 粘结缝存在拉伸应力的容器,应制作产品粘结接头试件;

e) 设计文件或用户要求的容器。

7.8.2 除上述规定之外的容器,若制造单位能够提供连续30台,用同牌号石墨材料,相同浸渍剂、.浸渍工艺、粘结工艺、固化条件,规范生产的产品浸渍试件和产品粘结试件合格数据,证明浸渍材料、粘结接头质量稳定时,则可由制造单位技术总负责人批准,实行以批代台制作试件。

7.8.3 以批代台制作产品试件时,对采用同种石墨材料,相同浸渍工艺,相同固化(塑化)条件、相同粘结工艺制造的容器,由制造单位检验部门定期抽取一台容器制作产品浸渍试件和产品粘结接头试件,或随炉(罐)任意抽做一组产品浸渍试件和产品粘结接头试件。

7.8.4 产品浸渍试件和产品粘结接头试件的制作应符合下列要求:

a) 试件用材料与容器用材料牌号相同,由同一材料制造单位生产;

b) 试件的浸渍、粘结应当由浸渍、粘结该台容器的操作人员完成,并且采用与容器相同的浸渍、粘结条件与工艺。

7.8.5 产品浸渍试件和产品粘结接头试件、试样的尺寸及其加工、试验、评定应当符合GB/T 13465.1、相应检测标准和设计文件的要求。

8 检验和验收

8.1 总则

8.1.1 制造单位的检验部门在容器制造过程中和完工后,应按本标准和设计文件规定进行各项具体检验和试验,提出检验报告,并对报告的正确性负责。

8.1.2 制造单位对其制造的每台石墨制压力容器,至少应保留下列技术文件备查:

a) 制造工艺图或制造工艺卡;

b) 材料证明文件及材料表;

c) 容器的焊接工艺、粘结工艺卡(如果有焊接和粘结过程时);

d） 标准中允许制造单位选择的项目和已修改项目的记录；

e） 容器制造过程中及完工后的检查记录；

f） 容器的竣工图。

上述技术文件的保存期限不少于容器设计使用年限。

8.1.3 制造单位须填写产品质量证明书并交付用户。

8.2 浸渍石墨材料的检验

8.2.1 浸渍石墨材料的检验项目确定应符合表3的规定。

表3 浸渍石墨材料检验项目

项 目	抗拉强度	抗压强度	抗弯强度	粘结抗拉强度	粘结抗剪强度
浸渍石墨	√	√	√	—	—
压型石墨	√	—	√	—	—
粘结剂	—	—	—	√	√

8.2.2 石墨块材按供货方提供的材料质量证明书进行批次抽样检测，并应符合表1的规定。

8.2.3 石墨材料取样方法应符合GB/T 13465.1的规定。

8.2.4 石墨材料抗压强度、抗拉强度、真密度、体积密度的测定方法应分别符合GB/T 1431、GB/T 24203、GB/T 8721、GB/T 24528的规定。

8.2.5 不透性石墨材料的抗弯强度、抗压强度、抗拉强度的测定方法应分别符合GB/T 13465.2、GB/T 13465.3、GB/T 21921等的规定；不透性石墨管的水压爆破试验方法应符合GB/T 13465.6的规定。

8.2.6 石墨粘结剂的抗拉强度、抗剪切强度、收缩率等的测定方法应分别符合GB/T 13465.9、GB/T 13465.8、GB/T 13465.5等标准的规定。

8.2.7 不透性石墨管应按HG/T 2059的规定进行批次检验，并提供相应批次石墨管质量证明书、合格证。

8.3 零部件的检验

8.3.1 一般要求

零部件的检验应按设计文件要求逐件进行，其外观、几何尺寸和力学性能应满足设计文件要求。

8.3.2 石墨管水压试验或者气压试验

石墨管在挤压成型后，应有2个月以上的时效处理，并且在组装前应当逐根进行水压试验或者气压试验，试验压力不得低于设计压力的2倍，并且不得低于1 MPa，水压保压时间不少于30 min，气压保压时间不少于10 min，不渗漏为合格。

8.3.3 石墨块件水压试验或者气压试验

块孔式换热器的石墨块件在组装前应当进行单件水压试验或者气压试验，试验压力不得低于设计压力的1.5倍，并且不得低于1 MPa，水压保压时间不少于30 min，气压保压时间不少于10 min，不渗漏为合格。

8.4 容器检验

8.4.1 外观检查

石墨零部件和完工后容器表面的外观应当符合设计文件要求,其内外表面应当光滑、无气泡、砂眼、凹坑和裂纹,不得有突变的尖锐划痕等缺陷。

8.4.2 检验要求

容器组装后应按设计文件和本标准要求逐台进行水压试验,必要时应增加泄漏试验。

8.4.3 容器水压试验

容器水压试验应按 GB/T 26961 的规定,并要满足如下要求:

a) 水压试验应采用洁净水,试验时应保证被试验的压力室内充满水;

b) 水压试验应使用两个量程相同并经过计量检定或校准的压力表,压力表精度不低于 2.5 级,压力表的量程不应低于 1.5 倍且不得高于 3 倍的试验压力;

c) 一般压力容器试验压力不得低于 1.5 倍的设计压力,盛装毒性危害程度为极度或者高度危害介质的压力容器,其试验压力不得低于 1.75 倍的设计压力;

d) 容器试压过程中,压力每升高 0.1 MPa 保压 2 min~3 min,达到试验压力后保压 30 min,然后缓慢降至设计压力,保压时间足够时间(不少于 60 min)进行检查,不渗漏为合格;

e) 试验完成后,应将水排尽。

8.4.4 容器泄漏试验

8.4.4.1 试验要求

介质毒性程度为极度、高度危害或设计上不准许有微量泄漏的石墨制压力容器,应当进行泄漏试验,包括所有接头和连接处等。

8.4.4.2 泄漏试验方法

泄漏试验包括气密性试验以及氨检漏试验、卤素检漏试验和氦检漏试验等。除气密性试验按 8.4.4.4 要求外,其余 3 种容器泄漏试验方法、压力、技术要求等由设计者按照 HG/T 20584 的要求在设计文件中予以规定。

8.4.4.3 泄漏试验时机

泄漏试验需在水压试验合格后进行。

8.4.4.4 气密性试验

8.4.4.4.1 带有安全阀、爆破片等超压泄放装置的压力容器,如需进行气密性试验,则设计者应当给出该压力容器的最高允许工作压力。

8.4.4.4.2 气密性试验压力应不低于最高允许工作压力,试验介质采用洁净的空气、氮气或其他惰性气体。试验时应缓慢升压,达规定试验压力后保压足够长的时间(不少于 30 min)进行检查,无泄漏为合格;也可以将容器浸入水中检查,无泄漏为合格。

9 容器出厂要求

9.1 容器出厂质量证明文件

9.1.1 容器出厂质量证明文件至少应包括“压力容器产品合格证”“产品质量证明书”“质量计划”“特种设备监督检验证书”(TSG 21—2016 管辖范围内的压力容器)、“竣工图”“产品使用说明书”以及“产品铭牌拓印件”。

9.1.2 竣工图上应有设计单位设计专用印章(复印章无效),与实际产品一致,并加盖竣工图章(竣工图章上应有制造单位名称、制造许可证编号、审核人的签字和“竣工图”字样)。

9.1.3 质量证明书应包括下列内容:

a) 产品合格证;

b) 产品技术特性;

c) 主要石墨受压元件材料性能;

d) 粘结剂力学性能(如材料存在拼接并且粘结缝承受拉应力或剪应力时);

e) 压力试验检测结果;

f) 有钢制承压元件时需增加的项目按 GB/T 150.1~GB/T 150.4、GB/T 151 的规定;

g) 与本标准和图样不符合的项目;

h) 外观及几何尺寸检验报告;

i) 热固化(塑化)报告及自动记录曲线;

j) 产品铭牌的拓印件或者复印件等。

9.1.4 特种设备监督检验证书应由国家认可的监督检验机构提供。

9.1.5 产品使用说明书(或使用手册),应包括下列内容:

a) 设备性能用途;

b) 产品结构图;

c) 设备验收与安装注意事项;

d) 设备使用注意事项;

e) 设备保养维修注意事项。

9.1.6 铭牌应固定于明显的位置,至少应包括下列内容:

a) 产品名称;

b) 制造单位名称;

c) 制造单位许可证书编号和许可级别;

d) 产品标准;

e) 主体材料;

f) 介质名称;

g) 设计温度;

h) 设计压力、最高允许工作压力(必要时);

i) 耐压试验压力;

j) 产品编号或者产品批号;

k) 设备代码;

l) 制造日期;

m) 压力容器分类;

n) 自重和容积(换热面积)。

9.2 油漆、包装、运输

容器的油漆、包装、运输应符合 JB/T 4711 的规定。

附 录 A
(规范性附录)
浸渍工艺评定

A.1 一般要求

A.1.1 浸渍工艺评定应在试件浸渍前完成。

A.1.2 浸渍工艺评定一般过程为:拟定浸渍工艺指导书;浸渍试件和制取试样;检验试件和试样;测定浸渍深度是否满足了使用的要求;提出浸渍工艺评定报告;对浸渍工艺指导书进行评定。

A.1.3 浸渍工艺评定所涉及的抗拉、抗压、抗剪试验数据及相应试验性能指标等的记录应符合表 A.1～表A.3 的要求。

A.2 评定规则

A.2.1 试件的准备

试件按 GB/T 13465.1 的要求准备,每组 10 件,同时应满足制取抗拉强度、抗弯强度、抗压强度相应标准试样的要求。

A.2.2 浸渍工艺

A.2.2.1 改变浸渍工艺,需重新评定。

A.2.2.2 变更如下任一浸渍工艺重要因素都需重新评定浸渍工艺:

a) 浸渍件表面杂物的改变;
b) 合成树脂的改变(例如材料制造单位、树脂牌号、密度范围、室温下的黏度范围、重要成分及范围);
c) 烘房干燥的温度和时间的改变;
d) 真空和压力的改变;
e) 任何聚合温度或时间的改变;
f) 石墨件拼接间隙和密度的改变;
g) 炭或者石墨材料的改变(例如制造厂商、等级或者批号、密度范围、颗粒度范围)。

A.3 性能试验

A.3.1 浸渍石墨件力学性能试验的取样应符合 GB/T 13465.1 的规定,渗透系数性能试验(需要时)的取样应符合附录 C 的规定。

A.3.2 浸渍石墨件抗拉强度、抗弯强度、抗压强度和渗透系数的试验方法应分别符合 GB/T 21921、GB/T 13465.2、GB/T 13465.3 和附录 C 的规定。

A.3.3 浸渍石墨件的石墨块抗拉和抗压试样沿垂直晶粒方向试验,换热管抗弯试样沿垂直晶粒方向试验。

A.4 性能要求

浸渍石墨件的抗拉强度、抗压强度、抗弯强度和渗透系数(需要时)的试验性能指标应符合表 1 不透性石墨材料物理力学性能要求中的相应规定。

A.5 工艺评定报告

工艺评定报告应当包括石墨材料的室温及材料最高允许使用温度下的抗拉强度、抗弯强度(仅对换热管)、抗压强度、渗透系数(仅对盛装毒性危害程度为极度或者高度危害介质的压力容器材料)。

评定报告中的误差分析应符合 GB/T 13465.1 的规定。

表 A.1 浸渍试样抗拉强度评定表

□ 石墨块　　　　□ 换热管材料　　　　□ 石墨复合物

材料

产品名称		产品编号	
石墨材料制造厂		生产日期	
石墨材料粒径/mm		体积密度/(g/cm^3)	
电阻率/$\mu\Omega$m		石墨材料质量证明书号	
浸渍剂质量证明书号		浸渍剂制造厂	
浸渍剂生产日期		浸渍剂名称	
浸渍剂牌号		浸渍剂粘度	

试样编号	抗拉强度/MPa		相对偏差 d/%	
	室温/℃	在材料最高允许使用温度下保持 1 h 后	室温/℃	在材料最高允许使用温度下保持 1 h 后
1				
2				
3				
4				
5				
6				
7				
8				
9				
10				
算术平均值 $\overline{x}$			—	—
相对允许偏差	±20%	±20%	—	—
标准偏差 s			—	—
最小值[a]/MPa	14	11	—	—
检验人员：	日期：	审核人员：	日期：	

[a] 最小值数据来自表 1。

表 A.2 浸渍试样抗压强度评定表

□ 石墨块　　□ 换热管材料　　□ 石墨复合物材料

产品名称		产品编号	
石墨材料制造厂		生产日期	
石墨材料粒径/mm		体积密度/(g/cm³)	
电阻率/μΩm		石墨材料质量证明书号	
浸渍剂质量证明书号		浸渍剂制造厂	
浸渍剂生产日期		浸渍剂名称	
浸渍剂牌号		浸渍剂粘度	

试样号	抗压强度/MPa	相对偏差 d/%
1		
2		
3		
4		
5		
6		
7		
8		
9		
10		
算术平均值 $\overline{x}$		—
相对允许偏差	±20%	—
标准偏差 s		—
最小值[a]/MPa	45	—
检验人员： 日期：	审核人员：	日期：

[a] 最小值数据来自表1。

表 A.3 浸渍试样(换热管)抗弯强度评定表

产品名称		产品编号	
石墨材料制造厂		生产日期	
石墨材料粒径/mm		体积密度/(g/cm^3)	
电阻率/$\mu\Omega m$		石墨材料质量证明书号	
浸渍剂质量证明书号		浸渍剂制造厂	
浸渍剂生产日期		浸渍剂名称	
浸渍剂牌号		浸渍剂粘度	

试样号	抗弯强度/MPa	相对偏差 d/%
1		
2		
3		
4		
5		
6		
7		
8		
9		
10		
算术平均值 $\overline{x}$		—
相对允许偏差	±20%	—
标准偏差 s		—
最小值[a]/MPa	27	—

检验人员：　　　　日期：　　　　审核人员：　　　　日期：

[a] 最小值数据来自表1。

附 录 B
（规范性附录）
粘结工艺评定

B.1 一般规定

B.1.1 粘结工艺评定应在产品粘结之前完成，用以验证粘结单位拟定的粘结工艺的正确性，并评定粘结单位能力。

B.1.2 粘结工艺评定一般过程为：拟定粘结工艺指导书，粘结试件，制取试样并检验外观尺寸，测定粘结接头是否具有所要求的力学性能，提出粘结工艺评定报告，并对拟定的粘结工艺指导书进行评定。

B.1.3 粘结工艺评定所涉及的抗拉、剪切试验数据及相应试验性能指标等的记录应符合表B.1、表B.2要求。

B.2 评定规则

B.2.1 试样的准备

B.2.1.1 试样按GB/T 13465.8、GB/T 13465.9的规定和设计的接头型式制作。

B.2.1.2 试样的数量应满足制取标准试样每组10件的要求。10个中有一个不合格加做5个，并且5个全部满足要求。

B.2.2 粘结工艺

B.2.2.1 改变粘结工艺，需重新评定。

B.2.2.2 变更如下任一粘结工艺重要因素都需要重新评定粘结工艺：

a) 接头设计型式的改变；
b) 任何表面准备的改变；
c) 粘结剂牌号的改变；
d) 粘结剂生产厂商的改变；
e) 固化温度或时间的改变；
f) 接头设计间隙的增加(超出评定合格值的10%)。

B.3 粘结接头试样

按GB/T 13465.8、GB/T 13465.9的规定做粘结试样，并应符合以下要求：

a) 试样的材料与容器用材料牌号相同，由相同制造单位生产；
b) 试样的粘结应当由粘结该台容器的粘结工完成，并且采用与容器粘结缝相同的条件与工艺；
c) 粘结接头试样的加工和尺寸要求应符合GB/T 13465.1的规定，试验和评定方法应符合GB/T 35926的规定。

B.4 拉伸试验

B.4.1 试样形式

所有拉伸型式试样,粘结接头均处于试样的正中间。

B.4.2 试验方法

拉伸试验按 GB/T 13465.9 规定的试验方法测定粘结接头的抗拉强度。

B.4.3 合格指标

每个试样的抗拉强度应不低于表 2 石墨粉+酚醛树脂粘结剂力学性能要求所规定的常温和 205 ℃下的浸渍石墨间粘结抗拉强度。

B.5 剪切试验

B.5.1 试样形式与试验方法

试样的形式、数量与试验方法应符合 GB/T 13465.8 的规定。

B.5.2 合格指标

每个试样的剪切强度应不低于表 2 石墨粉+酚醛树脂粘结剂力学性能要求所规定的浸渍石墨间粘结抗剪强度。

B.6 粘结工艺评定报告

粘结工艺评定报告应当包括抗剪强度、以及室温和材料最高允许使用温度下的抗拉强度,误差分析应符合 GB/T 13465.1 的规定。并在评定报告中记录粘结剂来源、等级和质量指标。

表 B.1　粘结试样抗拉强度评定表

□石墨块粘结　　　　□石墨块与管粘结　　　　□ 管与管粘结

产品名称		产品编号		
粘结工姓名/标志		日期		
粘结剂制造单位		粘结剂牌号		
环境温度/℃		环境相对湿度/%		
接头类型				
试样编号	试验抗拉强度/MPa		相对偏差 d/%	
	室温/℃	设计温度/℃	室温/℃	设计温度/℃
1				
2				
3				
4				
5				
6				
7				
8				
9				
10				
算术平均值 $\overline{x}$			—	—
相对允许偏差	±20%	±20%	—	—
标准偏差 s			—	—
最小值[a]/MPa	13	6	—	—
重要变素：				
要求	填充材料	树脂	固化剂	
材料名称、牌号				
成分(质量分数)				
固化条件	固化时间________min	固化温度________℃		
检验人员：	日期：	审核人员：	日期：	
[a] 最小值数据来自表 2。				

表 B.2 粘结试样剪切强度评定表

□石墨块粘结　　　　　　　　□石墨与管粘结　　　　　　　　□ 管与管粘结

产品名称		产品编号	
粘结工姓名/标志		日期	
粘结工艺评定号		环境温度/℃	
接头类型		环境相对湿度/%	

试样编号	剪切强度/MPa	相对偏差 d/%
1		
2		
3		
4		
5		
6		
7		
8		
9		
10		
算术平均值 $\overline{x}$		—
相对允许偏差	±20%	—
标准偏差 s		—
最小值[a]/MPa	12	—

检验人员：　　　　日期：　　　　审核人员：　　　　日期：

[a] 最小值数据来自表 2。

附 录 C
(规范性附录)
不透性石墨材料渗透系数试验方法

C.1 一般规定

C.1.1 本附录中规定的真空—衰减试验方法用于在室温下确定炭和石墨材料(固体物质)所制试样的渗透系数。此法采用空气作为实验气体,渗透系数测量范围在 10^4 mm^2/s～10^{-6} mm^2/s。

C.1.2 每组试验数据和渗透系数计算结果的记录都应符合表 C.1 的要求。

C.1.3 同种石墨原材料的浸渍工艺改变需重新做渗透系数测定试验。

C.2 设备和仪器

C.2.1 试验用的真空压力表需为数显压力表,单位为帕(Pa)。

C.2.2 试验用的真空压力表需经过计量检定或校准后方可使用。

C.2.3 游标卡尺量程 0 mm～300 mm,分度值 0.01 mm。

C.2.4 真空泵的真空度需能满足试验工艺要求。

C.2.5 试验装置中的阀门泄漏率不低于 GB/T 13927—2008 中 C 级要求。

C.2.6 试样端面边缘采用橡胶密封件进行密封(见图 C.1),密封面不应占据试样管内容积。

C.2.7 真空装置管路体积不高于试样容积的 30%。

C.3 试验装置

渗透系数测量装置示意图见图 C.1。

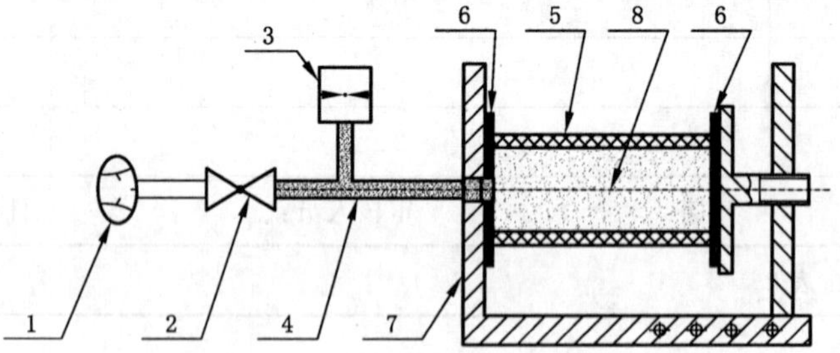

说明:

1——真空泵,如旋片式真空泵;
2——阀门;
3——数显压力表;
4——管路容积;
5——试样;
6——橡胶密封件;
7——夹紧装置;
8——试样容积。

图 C.1 渗透系数测量装置示意图

C.4 试样

C.4.1 取样

取样及试样制备按 GB/T 13465.1 的有关规定,每组试样的浸渍工艺要一致。

C.4.2　试样的形状

试样形状为管状,需对其密封表面进行处理,以确保密封性。

C.4.3　试样尺寸

试样加工内径 60.00 mm±0.20 mm,外径 95.00 mm±0.20 mm,试样长度 200.00 mm±0.50 mm。

C.4.4　试样测量精度

试样的几何尺寸测量精确到 0.01 mm(测量精度大于 1%)。

C.4.5　试样数量

每组试样 10 件。10 个试样中有一个不合格加做 5 个,并且 5 个应全部满足要求。

C.4.6　试样表面质量要求

试样表面应平整光洁、无裂纹、分层和其他影响测量精度的缺陷。

C.5　试验步骤

C.5.1　确定试验装置管路容积不高于试样容积的 30%。

C.5.2　在试验之前需要对装置进行密封性试验,试验合格后方可进行石墨材料渗透系数试验。

C.5.3　测量石墨管试样的内径、外径及长度尺寸,精确到 0.01 mm。

注:外径测量沿试样轴向测 3 处,每处测互相垂直的直径各 1 次,取所得 6 个数据的算术平均值;内径测量在两端管口处,每处测量互相垂直的内径各 1 次,取所得 4 个数据的算术平均值。

C.5.4　按要求调整好夹具距离,放好试样,并连接固定。

C.5.5　启动真空泵抽真空,待真空压力稳定后继续稳压不低于 10 min。

C.5.6　稳压时间到之后,关闭阀门,将真空泵和管路容积断开,并记录时间(t_1)及初始压力(p_{i1})。

C.5.7　真空初始压力(p_{i1})低于 100 Pa 时,测量时间(Δt)30 min;真空初始压力(p_{i1})在 100 Pa～200 Pa 之间时,测量时间为 20 min。

C.5.8　至少 30 s 的时间间隔内测量到压力上升。

C.5.9　测量时间到达后,记录时间(t_2)及试样内压力(p_{i2})。

C.5.10　工作场所空气相对湿度不高于 70%。

C.6　结果计算

C.6.1　真空—衰减方法采用空气作为实验气体,在恒定体积下测量压力的增加来计算渗透性系数$k(L)$。

空气向内流动所引起的与时间有关的压力增加是确定的。渗透性系数由此压力增加(真空衰减)、试样上的压差、试样尺寸和测量所得的体积等计算而得,见式(C.1)。

$$k(L)=1.3\frac{\Delta p_i}{\Delta t}\cdot V\cdot\frac{\ln\frac{d_o}{d_i}}{2\pi l}\cdot\frac{1}{\Delta\bar{p}}\cdots\cdots\text{(C.1)}$$

式中:

$k(L)$——渗透系数,单位为平方毫米每秒(mm^2/s);

l ——试样长度,单位为毫米(mm);

d_i ——试样内径,单位为毫米(mm);

d_o ——试样外径,单位为毫米(mm);

Δt ——测量的时间间隔(为 t_2-t_1),单位为秒(s);

V ——试样容积(其中试样的孔隙体积被忽略,见图 C.1),单位为立方毫米(mm^3);

Δp_i ——在测量时间周期内,一定测量体积下压力的增加,$\Delta p_i=p_{i2}-p_{i1}$,单位为帕(Pa);

$\Delta\overline{p}$ ——平均压力差,$\Delta\overline{p}=p_a-\overline{p}_i$,单位为帕(Pa);

p_a ——在流动方向上进入试样前的空气压力(大气压力),单位为帕(Pa);

$\overline{p}_i$ ——试样内部的平均空气压力,可由 $\overline{p}_i=\dfrac{p_{i1}+p_{i2}}{2}$ 计算而得,其中,p_{i1} 为在测量开始时试样内的空气压力,p_{i2} 为在测量结束时试样内的空气压力,单位为帕(Pa)。

注:公式中的压力都以绝对压力代入。

C.6.2 计算结果处理按 GB/T 13465.1 的有关规定。

C.6.3 本试验需要其他试验人员对计算结果进行校核。

C.6.4 试验报告中应体现以下内容:

a) 试样的编号和名称。

b) 抽真空时间、保压时间以及干燥情况(空气湿度)。

c) 压力 p_{i1} 和 p_{i2}。

d) 测量时间(Δt)。

e) 试样的渗透系数 $k(L)$,以 mm^2/s 为单位。

f) 试验结果,单个数值、算术平均值、相对偏差、标准偏差。

g) 试验日期及试验人员。

表 C.1　浸渍试样渗透系数评定表

□石墨块　　　　□换热管　　　　□石墨复合物材料

产品名称		产品编号	
石墨材料制造厂		生产日期	
石墨材料粒径/mm		石墨材料质量证明书号	
电阻率/$\mu\Omega m$		体积密度/(g/cm^3)	
浸渍剂质量证明书号		浸渍剂制造厂	
浸渍剂生产日期		浸渍剂名称	
浸渍剂牌号		浸渍剂粘度	

试样号	外径/内径 d_o/d_i mm	长度 l /mm	容积 V/mm^3	初始压力 p_{i1}/Pa	结束压力 p_{i2}/Pa	测量时间 Δt/s	渗透系数 $k(L)$/(mm^2/s)	相对偏差 d/%
1								
2								
3								
4								
5								
6								
7								
8								
9								
10								
相对允许偏差	—	—	—	—	—	—	±10%	—
最高值[a]	—	—	—	—	—	—	2.9×10^{-3}	—

渗透系数算术平均值 $\overline{x}$		标准偏差 s	

检验人员：　　　日期：　　　校核人员：　　　日期：　　　审核人员：　　　日期：

[a] 最高值数据来自表 1。

ICS 23.020.30
J 74

中华人民共和国国家标准

GB/T 21433—2008

不锈钢压力容器晶间腐蚀敏感性检验

Detecting susceptibility to intergranular corrosion in stainless steel pressure vessels

2008-01-31 发布　　2008-07-01 实施

中华人民共和国国家质量监督检验检疫总局
中国国家标准化管理委员会　发布

前　　言

本标准由全国锅炉压力容器标准化技术委员会(SAC/TC 262)提出并归口。

本标准由全国锅炉压力容器标准化技术委员会秘书处组织起草。

本标准主要起草单位:中国特种设备检测研究院、锅容标(北京)技术服务中心有限公司、盘锦兴达压力容器制造有限公司。

本标准主要起草人:黄嘉琥、寿比南、王为国、杨国义、付洪亮、陈志伟。

引　言

不锈钢由于其具有优良的耐均匀腐蚀性能、力学性能和工艺性能，而成为压力容器(包括固定式和移动式压力容器、热交换器、压力管道等)应用最多的耐蚀金属材料。不锈钢自20世纪20年代开始工业应用以来，由于不锈钢容器普遍产生严重的晶间腐蚀，或使设备局部腐蚀穿漏，或使材料丧失力学性能，晶间腐蚀失效事故曾成为不锈钢广泛应用的最大障碍。因此不得不从20年代起就同时对提高不锈钢耐晶间腐蚀性能的控制措施和对不锈钢晶间腐蚀敏感性的检验技术两方面进行研究。在采取不锈钢加钛、降碳、适当热处理等控制措施的同时，检验技术也得到发展与完善。各主要工业国家均制定了检验方法标准。我国于1955年起发布了检验方法标准，现版标准为GB/T 4334.1～4334.5—2000。国际标准于1976年发布了检验方法标准ISO 3651-1～3651-2，现版标准为ISO 3651-1～3651-2:1998(E)。

检验方法标准中只规定了几种标准试验方法，对于具体不锈钢压力容器而言，尚必须根据所用不锈钢的类型、腐蚀介质的性质及设备的具体要求来确定是否应当要求检验。如果要求检验，还应当确定采用哪个标准中的哪种标准方法检验。对于用腐蚀率、晶间腐蚀深度等定量方法评定的检验方法则还应确定合格指标。此外还应确定容器的取样方法、试件检验结果对容器构件的适用范围等内容。因此在采用检验方法标准的同时，还应在不锈钢压力容器标准中规定具体有关检验的要求和内容。由于这些检验内容较多，因而需要单独制定标准，作为GB 150等压力容器基础标准的附加单项标准之一。

不锈钢压力容器所采用的不锈钢原材料是不锈钢的初级制品。我国不锈钢材料标准中对其晶间腐蚀敏感性的检验已有初步规定，主要规定了不锈钢牌号对各种检验方法的适用范围等。关于具体是否应检验、所用检验方法、合格指标等还应由材料的用户即设备制造方确定。同时，不锈钢材料检验合格并不等于所制设备也一定检验合格。材料检验合格只为设备检验合格提供必要的条件，而不能代替。

实际上压力容器行业中对有关不锈钢压力容器一直是进行晶间腐蚀敏感性检验的。只是涉及材料、工艺和腐蚀问题较为复杂，设计和制造人员一直希望能有一个统一的规定和依据。本标准的编制汇集了国内自20世纪50年代以来的检验经验和科研成果，也参考了国外技术和资料，编制本标准是有一定技术基础的。

不锈钢压力容器晶间腐蚀敏感性检验

1 范围

本标准规定了不锈钢压力容器的晶间腐蚀敏感性检验要求与规则。

1.1 本标准适用的不锈钢压力容器包括不锈钢固定式压力容器、不锈钢热交换器、不锈钢钢瓶、不锈钢移动式压力容器及不锈钢压力管道等。不锈钢常压容器及其他不锈钢机械设备也可参照采用(后文中有时将"压力容器"简称为"容器")。

1.2 本标准所适用的制造压力容器的不锈钢指铬含量不低于16%的耐酸钢,包括奥氏体不锈钢、铁素体不锈钢和奥氏体-铁素体双相不锈钢,但不包括马氏体不锈钢和沉淀硬化不锈钢。既包括压力加工不锈钢及其焊接接头,也包括不锈铸钢和堆焊层。

1.3 本标准既规定了不锈钢压力容器本身的晶间腐蚀敏感性检验要求,也规定了对制造不锈钢压力容器所用不锈钢原材料、焊接材料及外协零部件的相应检验要求。

1.4 本标准涉及的晶间腐蚀系指敏化态晶间腐蚀,不包括非敏化态晶间腐蚀。

2 规范性引用文件

下列文件中的条款通过本标准的引用而成为本标准的条款。凡是注日期的引用文件,其随后所有的修改单(不包括勘误的内容)或修订版均不适用于本标准,然而,鼓励根据本标准达成协议的各方研究是否可使用这些文件的最新版本。凡是不注日期的引用文件,其最新版本适用于本标准。

GB/T 983 不锈钢焊条

GB/T 1220 不锈钢棒

GB/T 2100 一般用途耐蚀钢铸件(GB/T 2100—2002,eqv ISO 11972:1998)

GB/T 3280 不锈钢冷轧钢板

GB/T 4237 不锈钢热轧钢板

GB/T 4334.1—2000 不锈钢10%草酸浸蚀试验方法

GB/T 4334.2—2000 不锈钢硫酸-硫酸铁腐蚀试验方法

GB/T 4334.3—2000 不锈钢65%硝酸腐蚀试验方法

GB/T 4334.4—2000 不锈钢硝酸-氢氟酸腐蚀试验方法

GB/T 4334.5—2000 不锈钢硫酸-硫酸铜腐蚀试验方法

GB 9842 尿素合成塔技术条件

GB 9843 尿素高压洗涤器技术条件

GB 10476 尿素高压冷凝器技术条件

GB/T 12771 流体输送用不锈钢焊接钢管

GB/T 13296 锅炉、热交换器用不锈钢无缝钢管

GB/T 14976 流体输送用不锈钢无缝钢管

JB 4728 压力容器用不锈钢锻件

JB 4733　压力容器用爆炸不锈钢复合钢板

HG 2952　尿素二氧化碳汽提塔技术条件

HG/T 3172—2002　尿素高压设备制造检验方法　超低碳奥氏体不锈钢晶间腐蚀倾向性试验的试样制备

HG/T 3173—2002　尿素高压设备制造检验方法　超低碳奥氏体不锈钢的晶间腐蚀倾向试验

HG/T 3174—2002　尿素高压设备制造检验方法　超低碳奥氏体不锈钢的选择性腐蚀检查和金相检查

压力容器安全技术监察规程(原国家质量技术监督局 1999 年颁布)

ISO 3651-1:1998(E) Determination of resistance to intergranular corrosion of stainless steels—Part 1: Austenitic and ferritic-austenitic (duplex) stainless steels—Corrosion test in nitric acid medium by measurement of loss in mass (Huey test)

ISO 3651-2:1998(E) Determination of resistance to intergranular corrosion of stainless steels—Part 2: Ferritic、austenitic and ferritic-austenitic (duplex) stainless steels—Corrosion test in media containing sulfuric acid

3　术语和定义

下列术语和定义适用于本标准。腐蚀、热处理、金属学方面的术语和定义均主要针对不锈钢而言。

3.1　金属学术语和定义

3.1.1

不锈钢　stainless steel

铬含量不低于 12%、镍含量不高于 30%的耐腐蚀钢。

3.1.2

耐酸钢　acid-resistant steel

铬含量不低于 16%的不锈钢,对酸等腐蚀介质常有较好的耐蚀性。

3.1.3

奥氏体不锈钢　austenitic stainless steel

不锈钢加热到适当高温后,使可溶组分溶入基体,在空气中冷却,室温时的组织基本上为奥氏体,此类不锈钢称为奥氏体不锈钢。

3.1.4

铁素体不锈钢　ferritic stainless steel

不锈钢加热到适当高温后,使可溶组分溶入基体,在空气中冷却,室温时的组织基本上为铁素体,此类不锈钢称为铁素体不锈钢。

3.1.5

奥氏体-铁素体(双相)不锈钢　austenitic-ferritic (duplex) stainless steel

不锈钢加热到适当高温后,使可溶组分溶入基体,在空气中冷却,室温时的组织基本上为奥氏体和铁素体两种相,而且其中任一种相所占的比例一般不低于 15%。此类不锈钢称为奥氏体-铁素体不锈钢,或称铁素体-奥氏体不锈钢。有时简称双相不锈钢。常用的双相不锈钢铁素体含量多超过 30%。

3.1.6

高碳不锈钢 stainless steel with high carbon content

碳含量超过0.08%的不锈钢。

3.1.7

低碳不锈钢 stainless steel with low carbon content

碳含量超过0.03%而低于或等于0.08%的不锈钢。

3.1.8

超低碳不锈钢 stainless steel with super low carbon content

碳含量等于或低于0.03%的不锈钢。

3.1.9

稳定化不锈钢 stabilized stainless steel

为了与不锈钢中的碳反应生成较稳定的碳化物而加入足量的钛、铌等稳定化元素的不锈钢。钛的加入量一般不低于碳含量(或可从基体中析出的碳含量)的5倍,以形成TiC;铌的加入量一般不低于碳含量的10倍,以形成NbC。稳定化不锈钢大大降低了基体中的碳含量,即降低了不锈钢的晶间腐蚀敏感性。

3.1.10

碳化铬 chromium carbide

不锈钢在300℃~950℃温度范围内可能在晶界析出碳化铬。最重要的碳化铬形式为$(Cr、Fe)_{23}C_6$或$(Cr、Fe、Mo)_{23}C_6$。其铬含量常达90%以上,大大高于不锈钢的平均铬含量。晶界碳化铬的析出是使晶界邻近的晶粒边缘产生贫铬区的最重要的原因。碳化铬的析出温度范围实际上就是使不锈钢产生与提高晶间腐蚀敏感性的主要敏化温度范围。在10%草酸法检验与沸腾65%硝酸法检验时,碳化铬可以被快速溶解。

3.1.11

贫铬区 chromium depletion area

不锈钢在300℃以上的热过程中,晶粒边界会析出碳化铬、氮化铬、σ相和铬与其他金属间的化合物等铬含量高于甚至大大高于不锈钢平均铬含量的高铬相,致使晶界高铬相与晶粒外缘相邻接的狭长区域的铬含量大大下降,称为贫铬区,当热过程较短时,晶粒本体的铬原子来不及充分向贫铬区扩散补充,温度下降后,贫铬区得以保持。在以后接触到某些具有晶间腐蚀能力的介质时,贫铬区的溶解速度会大大超过晶粒本身。晶粒本身为钝化腐蚀时,贫铬区常常为活化腐蚀,因而会产生晶间腐蚀。不锈钢贫铬区的存在是不锈钢产生晶间腐蚀敏感性的最重要的原因之一。

3.1.12

σ相 σ-phase

σ相为不锈钢中常见的金属间化合物相,名义成分为FeCr,实际成分为(FeNi)x(CrMo)y。在铁素体相中较容易析出。σ相的铬含量为42%~50%,比不锈钢的平均铬含量高。属高铬相,因而σ相在晶界析出时也可使邻近的晶粒边缘产生贫铬区。但σ相在晶界的析出对晶间腐蚀敏感性的影响常更体现在σ相本身的快速溶解。对于晶间腐蚀的作用而言,一般将σ相分为两类,一类为从含钼不锈钢中产生的σ相,为金相可见的σ相;另一类为由含钛的稳定化不锈钢中产生的σ相,为金相不可见σ相。在沸腾65%硝酸法这样氧化性很强的溶液中,两类σ相均可产生过钝化的快速溶解。在沸腾的50%硫酸+硫酸铁法检验溶液中,介质的氧化性稍弱,含钛的稳定化不锈钢中产生的σ相可在其中快速溶解,而含钼不锈钢中产生的σ相不能在其中快速溶解。在沸腾的16%硫酸+硫酸铜(+铜屑)法这样弱氧化性的介质中,σ相不能产生快速溶解。

3.2 热处理术语和定义

3.2.1

固溶处理 solution heat treatment

将不锈钢加热到适当高温,并保温足够时间,使可溶组分溶解进入基体中,通常以较快的速度冷却,可以使可能由基体中析出的组分来不及析出,仍然过饱地固溶在基体中,这种热处理叫固溶处理。

3.2.2

稳定化处理 stabilization heat treatment

将稳定化不锈钢加热到高温(一般为850℃~930℃),并保温足够时间(如2 h),使已在钢中加入的稳定化元素钛、铌等比较充分地从基体中析出,以碳化钛、碳化铌等碳化物的形式沉淀于晶粒边界,使加入稳定化元素要起的稳定碳的作用得以较充分地发挥。

3.2.3

敏化 sensitization

不锈钢材在冶金和制造过程中经受到热成形、焊接、热处理等温度超过300℃的热作工艺,使得在晶界析出了碳化铬、氮化铬、σ相和铬与其他金属间的化合物等高铬相,同时在晶界高铬相与晶粒邻近的狭长地区产生了贫铬区,使不锈钢产生与提高了晶间腐蚀敏感性,不锈钢的这种受热过程叫敏化。

3.2.4

敏化处理 sensitization heat treatment

在检验不锈钢材的晶间腐蚀敏感性时,为考核不锈钢在以后设备制造过程中经受热作后是否仍能达到应有的耐晶间腐蚀性能,将供货状态的不锈钢试件预先进行一种规定的(标准规定或协议规定)能提高晶间腐蚀敏感性的热处理,然后再对试样进行检验。这种热处理在晶间腐蚀敏感性检验中称为敏化处理。敏化处理制度一般以能使不锈钢最易产生敏化的温度(如650℃、700℃、675℃等)作为敏化处理温度,在敏化温度下保温一定时间(如2 h、1 h、30 min、10 min等),然后快冷(有的规定空冷,也有规定水冷)。

3.3 腐蚀术语和定义

3.3.1

晶间腐蚀 intergranular corrosion

沿着或紧挨着不锈钢的晶粒边界发生的电化学腐蚀形态。工程中一般在晶粒边界的腐蚀比晶粒本体的腐蚀严重得多时才认为产生了晶间腐蚀。不锈钢基本的晶间腐蚀类型分两种:一为在弱氧化性介质中晶粒钝化而晶界的贫铬区活化快速溶解;另一为在强氧化性介质中晶粒钝化而晶界的高铬相过钝化快速溶解。

3.3.2

晶间腐蚀敏感性 susceptibility to intergranular corrosion

不锈钢可能产生晶间腐蚀倾向的大小,反义语为不锈钢耐晶间腐蚀性能的高低。也有时称为晶间腐蚀倾向。

3.3.3

刀状腐蚀　knife-line corrosion

沿着不锈钢焊接接头的熔合线或紧邻熔合线的高温热影响区产生的狭长缝状的晶间腐蚀。也有称为“刀口腐蚀”、“刀线腐蚀”或“刀蚀”。

3.3.4

腐蚀率　corrosion rate

单位时间内金属腐蚀效应的数值。如可采用单位时间内腐蚀深度的增加(mm/a),或单位时间内,单位表面积上腐蚀金属的失重[$g/(m^2 \cdot h)$]来表示。

3.3.5

晶间腐蚀深度　intergranular corrosion depth

在受腐蚀金属表面的垂直方向,晶粒边界的腐蚀深度超过晶粒本体的深度。

3.3.6

电化学腐蚀　electrochemical corrosion

至少包含一种电极反应的腐蚀。金属在溶质以离子形式溶入溶剂(水)中的电介质溶液中才可能产生电化学腐蚀。金属腐蚀分为电化学腐蚀和非电化学的化学腐蚀两类。晶间腐蚀属电化学腐蚀。

3.3.7

非敏化态晶间腐蚀　intergranular corrosion on non-sensitization state

一般的晶间腐蚀是指敏化态晶间腐蚀,即不锈钢经过敏化作用,晶界产生了贫铬区及高铬相,才会产生晶间腐蚀。充分固溶处理状态的奥氏体不锈钢,晶界没有析出相与贫铬区,不会产生敏化态晶间腐蚀。非敏化态晶间腐蚀是指奥氏体不锈钢在没有经过敏化的固溶处理状态所产生的晶间腐蚀,至今只在高温浓硝酸、尿素合成介质等氧化性很强的介质中发现过非敏化态晶间腐蚀。其产生原因是由于奥氏体不锈钢中的P、Si、B等元素在钢凝固时就在晶界偏聚,在强氧化性的腐蚀介质中优先溶解,而与其是否敏化无关。控制非敏化态晶间腐蚀的根本措施为在奥氏体不锈钢中控制P≤0.01%、Si≤0.10%、B≤0.008%。没有特别指明为非敏化态晶间腐蚀时,一般均指敏化态晶间腐蚀。

3.3.8

钝化　passivation

由于金属表面在腐蚀过程中生成的腐蚀产物(不锈钢的腐蚀产物中主要含有Cr_2O_3)很致密且能牢固地附着于金属表面,阻滞了腐蚀过程,出现了腐蚀速度降低的现象,叫钝化,金属在介质中处于钝化的状态叫钝态。依靠钝化而耐蚀的耐蚀金属如不锈钢等叫可钝化型金属。

3.3.9

活化腐蚀　active corrosion

可钝化型金属未形成钝态前,或已钝化的金属表面,由于电位降低而丧失钝态后所发生的活性快速溶解。不锈钢晶界邻近区域的贫铬区在弱氧化性介质中可产生活化腐蚀,是产生晶间腐蚀的主要原因之一。

3.3.10

过钝化腐蚀　transpassive corrosion

当电位增加时,阳极钝化之金属出现腐蚀速度明显增加的快速溶解。不锈钢中的σ相等高铬相在强氧化性介质中的快速溶解即为过钝化腐蚀，不锈钢晶界σ相的过钝化腐蚀也是产生晶间腐蚀的主要原因之一。

4 总则

4.1 检验目的

检验不锈钢压力容器的晶间腐蚀敏感性，检验合格后可预判容器在给定的具有晶间腐蚀能力的介质条件中长期运转，不会产生不应发生的晶间腐蚀失效事故。

4.2 容器应检验的部位

不锈钢压力容器中凡与具有晶间腐蚀能力的介质接触的不锈钢构件的全部表面均应为检验面，要求检验合格。允许采用具有代表性的试件或试样代替这些构件进行检验。

4.3 检验件的状态

受检验的不锈钢压力容器中的不锈钢构件均应在容器制成状态即容器即将应用的状态进行检验。

4.4 检验职责

4.4.1 容器设计单位职责

4.4.1.1 《压力容器安全技术监察规程》第57条规定："奥氏体不锈钢压力容器或受压元件用于有晶间腐蚀介质场合时，必须在图样上提出抗晶间腐蚀检验"。

4.4.1.2 压力容器的设计单位应在所设计的不锈钢容器的设计文件中说明，是否要求对该不锈钢容器进行晶间腐蚀敏感性检验。如果没有说明，则视为设计不要求对该不锈钢容器进行晶间腐蚀敏感性检验。

4.4.1.3 如果设计要求对不锈钢容器进行晶间腐蚀敏感性检验，设计文件中还应当说明：

a） 应检验容器的不锈钢所有构件，还是部分构件（未说明时即为所有构件）；

b） 应采用的检验方法的标准号与标准名称；

c） 应采用的检验方法名称；

d） 当在检验方法标准中没有明确规定合格指标等具体内容时，或设计认为这些内容应与检验方法标准中的规定不同时，应明确规定。

4.4.1.4 设计单位对不锈钢容器晶间腐蚀敏感性检验的规定应与以下因素相适应：

a） 是否应进行检验及检验的标准方法应与不锈钢容器所用的不锈钢材与焊接材料及其制造状态相适应；

b） 是否应进行检验及检验的标准方法应与不锈钢容器所接触的介质性质相适应；

c） 在具有晶间腐蚀能力的介质中工作的奥氏体不锈钢容器的设计温度上限为：

低碳非稳定化奥氏体不锈钢	300℃；
钼含量不大于3％的超低碳奥氏体不锈钢	350℃；
钼含量大于3％的超低碳奥氏体不锈钢	400℃；
低碳稳定化奥氏体不锈钢	400℃。

当容器的设计温度不高于这些设计温度上限时，才可规定进行一般的晶间腐蚀敏感性检验。当容器的设计温度超过这些设计温度上限时，应对容器或构件作特殊的热处理，以在设计温度下能使钢组织保持稳定，这时才能检验。

4.4.2 容器制造单位职责

4.4.2.1 当设计文件中没有要求对不锈钢容器进行晶间腐蚀敏感性检验时,容器制造单位可不检验。

4.4.2.2 当设计文件要求对不锈钢容器进行晶间腐蚀敏感性检验时,容器制造单位应按设计要求及本标准的规定对容器进行检验。

4.4.2.3 当应对不锈钢容器进行检验时,对所用不锈钢材、焊接材料及外协零部件也应提出相应的检验要求。包括下列内容:

a) 不锈钢材的检验

容器制造单位应要求容器所用的不锈钢材的供方提供不锈钢材的晶间腐蚀敏感性检验合格证。必要时容器制造单位可以复验。

b) 不锈钢焊接材料的检验

容器制造单位应要求容器所用的不锈钢焊接材料的供方提供不锈钢焊接材料的晶间腐蚀敏感性检验合格证。必要时容器制造单位可以复验。

c) 不锈钢容器外购零部件的检验

如不锈钢容器的所有不锈钢零部件都由容器制造单位自己制造,则零部件的检验作为组成不锈钢容器检验的一部分;如不锈钢容器的部分不锈钢零部件(封头、法兰、泡罩等)由外协提供,容器制造单位应要求外协制造单位(如封头厂等)提供这些不锈钢零部件的晶间腐蚀敏感性检验合格证。必要时容器制造单位可以复验。

4.4.2.4 容器制造单位对不锈钢容器的检验应注意:

a) 容器制造单位应制订制取检验试件(试样)的方案,检验试件(试样)的检验结果应能适用与覆盖容器所有应检验部位的应检表面。

b) 当所用钢材、焊接材料与外协零部件的检验合格证不全时,应由容器制造单位检验补齐。

c) 容器制造单位可按规定将钢材、焊接材料与外协零部件的部分检验合格证作为适用于容器应检验部位的部分检验合格证,避免重复检验。

4.4.3 不锈钢容器在指定的介质条件下长期运转是否产生晶间腐蚀失效事故由容器的设计单位负责。容器制造单位对容器设计规定的检验是否合格负责。不锈钢材、焊条及外协零部件的生产供应单位则对与容器制造单位的检验协议负责。

5 检验的确定

5.1 不锈钢容器检验的确定

5.1.1 可不要求检验的确定

5.1.1.1 下列情况下不锈钢容器可不要求检验:

a) 容器采用了非耐酸钢、即铬含量低于16%的0Cr13、1Cr13等非耐酸钢的不锈钢。

b) 容器用于非耐蚀目的,不锈钢仅用作耐热钢、抗氧化不起皮钢、低温钢、无磁钢等。

c) 容器介质为干燥的气相或固相,如不锈钢仅用作抗氢钢,抗氢、氮、氨钢,抗氧化不起皮钢等。

d) 容器介质为非电解质液相时,即使介质有腐蚀性,也只能产生非电化学腐蚀的化学腐蚀,不会产生电化学腐蚀(晶间腐蚀属于电化学腐蚀)。这些非电解质的液相如某些醇类、醛类、醚类、酮类、烷类、苯类、汽油等。

e) 容器为了防止物料受铁离子污染的目的而采用不锈钢，这时介质虽有腐蚀性但很弱，常常采用碳素钢或低合金钢也能保持一定的设备寿命。这些介质如尿素成品溶液、某些食品液、药液、化纤液等。

f) 可以不进行检验的介质条件还有如化学纯乙酸、常温稀硝酸(小于50%)、不含硫酸的硫酸铵溶液、淡水、自来水、潮湿大气等。

g) 容器介质腐蚀性太强，如为高温高浓度的盐酸等强还原性酸，一般不锈钢在其中不能钝化，也就不存在晶间腐蚀问题，这时也可不检验。

5.1.1.2 经过长期试验或生产实践，如可证明当不锈钢(容器或试样)在严重通不过晶间腐蚀敏感性检验的情况下，长期与某介质条件接触，仍然没有产生晶间腐蚀，这时才可以确定，在该介质条件下工作的不锈钢容器可以不必进行晶间腐蚀敏感性检验。

5.1.2 应当要求检验的确定

5.1.2.1 只要确认与某介质条件接触的不锈钢曾经产生过晶间腐蚀现象，就可以认为该介质条件对不锈钢具有产生晶间腐蚀的能力，用这种不锈钢制造的容器在该介质条件工作，应当要求进行晶间腐蚀敏感性检验并且合格。

5.1.2.2 是否要求检验由设计单位根据压力容器的具体情况确定。下述介质在足够浓度和一定温度下的溶液属于具有对不锈钢产生晶间腐蚀能力的介质：

a) 无机酸——硝酸、硫酸、盐酸、磷酸、铬酸、亚硫酸、氢氟酸、氢溴酸、氢碘酸、氢氰酸、氯氰酸、氨基磺酸、次氯酸等；

b) 有机酸——工业乙酸、乙酸酐、甲酸、草酸、乳酸、乙二酸、丙二酸、苯二酸、环烷酸、水杨酸、脂肪酸、苹果酸、柠檬酸、马来酸、马来酐、富马酸等；

c) 盐类——硝酸铵、硝酸钙、硝酸银、硫酸铜、硫酸铁、硫酸钠、硫酸铝、硫酸氢钠、硫酸亚铁、亚硫酸铁、亚硫酸钙、氯化钠、氯化铁、氯化铬、次氯酸钠、氢氟酸钠等溶液；

d) 其他——氢氧化钠、硫化铁、硫化铝、硫化钠、湿二氧化硫、三氯化铁、尿素氨基甲酸铵溶液、亚硫酸纸浆、牛皮纸浆、亚硫酸蒸煮液、玉米淀粉浆(由盐酸或硫酸制)、甜菜汁、石油原油、油田污水、海水、轻水堆高温水，人体液等。

5.1.2.3 对于尚不清楚是否为具有对不锈钢产生晶间腐蚀能力的介质，尤其是对于含酸溶液及含酸式盐溶液(呈酸性)等电解质溶液，如果找不到该介质属于不具有产生晶间腐蚀能力的确切依据，一般应对其所用不锈钢容器要求进行晶间腐蚀敏感性检验。

5.2 不锈钢材、焊接材料及外协零部件检验的确定

5.2.1 当不锈钢容器确定应要求检验时，该容器所用不锈钢材、焊接材料及外协零部件也应要求检验。

5.2.2 GB/T 4237、GB/T 3280、GB/T 1220、GB/T 14976、GB/T 13296 及 GB/T 12771 等不锈钢材标准中均将晶间腐蚀敏感性检验作为必检技术要求，当容器所用不锈钢材按这些标准订货时，即使不锈钢设备本身不要求检验，一般可按不锈钢材标准的规定要求检验。

5.2.3 当不锈钢容器确定可不进行检验，且其所用不锈钢材、焊接材料及外协零部件的订货标准中没有将晶间腐蚀敏感性检验作为必检技术要求时，对不锈钢材、焊接材料及外协零部件也可不进行检验。

5.2.4　当不锈钢容器确定应进行检验时，其所用不锈钢材与焊接材料标准如 GB/T 2100、GB/T 983、JB 4728、JB 4733 等没有将晶间腐蚀敏感性检验作为必保技术要求时，应在订货协议中将其作为必检要求。

6　检验方法的选择

6.1　一般均采用不锈钢晶间腐蚀敏感性检验方法现行标准中规定的标准检验方法检验，特殊情况下也可采用非标准方法检验。

6.2　国产不锈钢材与焊接材料及其制造的不锈钢容器与零部件一般采用我国的不锈钢晶间腐蚀敏感性检验方法标准 GB/T 4334.1～4334.5—2000 检验，需要时也可采用 ISO 3651-1～3651-2：1998(E)等检验方法标准。

6.3　当不锈钢晶间腐蚀敏感性检验方法的一个标准中只规定了一种检验方法时，选择的检验方法可只标明标准号与标准名称，当一个标准中规定了几种检验方法时，除标明标准号与标准名称外，还应说明选择的检验方法名称。

6.4　不锈钢容器所用不锈钢材、焊接材料及外购零部件应当与该不锈钢容器采用同一种检验方法。

6.5　当不锈钢容器只规定应当检验而未规定具体检验方法时，或当订购不锈钢材和焊接材料时并未明确这些材料用于什么不锈钢容器时，不锈钢材和焊接材料可先按 GB/T 4334.5—2000 硫酸-硫酸铜法或 ISO 3651-2：1998(E)中的 A 法：16％硫酸-硫酸铜法(Strauss 法)进行检验。当后来用这些材料制造的不锈钢容器与零部件确定采用其他较严的检验方法时，这些材料则应当由容器或零部件的制造单位采用较严的检验方法再进行检验。

6.6　当采用的不锈钢晶间腐蚀敏感性检验方法标准中列有 10％草酸法时，一般均允许在具体检验时，按照该标准的规定，采用 10％草酸法作为该标准中其他检验方法(热酸试验)的筛选方法。例如当采用的检验方法为 GB/T 4334.5—2000 硫酸-硫酸铜法，该检验方法标准 GB/T 4334—2000 中列有GB/T 4334.1—2000 10％草酸法，一般均允许在具体检验时，按照该标准的规定，采用 10％草酸法作为硫酸-硫酸铜等方法的筛选方法。即当 10％草酸法检验合格，则表明所筛选的热酸试验方法不必检验即为合格；当 10％草酸法检验不合格，则应采用所筛选的热酸试验方法进行检验以确定是否合格。10％草酸法检验与其他热酸检验的关系以及所适用的不锈钢牌号应按 GB/T 4334.1—2000 等的规定。

6.7　焊制不锈钢容器焊接试件(试样)的晶间腐蚀敏感性检验方法一般不采用 GB/T 4334.4—2000 硝酸-氢氟酸法。

6.8　不锈钢容器在不同介质条件下，各种热酸检验方法对不锈钢的类型有一定的适用性，见表 1。

6.9　检验方法的宽严

6.9.1　当检验由晶界贫铬区所引起的晶间腐蚀敏感性时，检验方法由宽到严的顺序为：硫酸-硫酸铜法、硫酸-硫酸铁法、硝酸法。

6.9.2　当检验方法的类型相同，而仅是硫酸浓度不同时，硫酸浓度较浓者检验结果较严。如硫酸-硫酸铜法中，16％硫酸的检验方法(GB/T 4334.5—2000、ISO 3651-2：1998(E)中的 A 法)检验结果较宽、适用于：

大于 16％Cr、且不大于 3％Mo 的奥氏体不锈钢；

16%～20%Cr、且不大于1%Mo的铁素体不锈钢；

大于16%Cr、且不大于3%Mo的双相不锈钢。

35%硫酸的硫酸-硫酸铜检验方法[ISO 3651-2:1998(E)中的B法]检验结果较严，适用于：

大于20%Cr、且2%～4%Mo的奥氏体不锈钢；

大于20%Cr、且大于2%Mo的双相不锈钢。

如在硫酸-硫酸铁法中，硫酸含量为50%的检验方法(GB/T 4334.2—2000)的检验结果应比硫酸含量为40%的检验方法[ISO 3651-2:1998(E)的C法]的检验结果稍严。40%硫酸-硫酸铁检验方法适用于：

大于17%Cr、且大于3%Mo的奥氏体不锈钢；

大于25%Cr、且大于2%Mo的奥氏体不锈钢；

表1　检验方法对不锈钢类型的适用性

<table>
<tr><th rowspan="2">设备介质类型</th><th colspan="3">介质能快速溶解的晶界组织</th><th rowspan="2" colspan="2">不锈钢的类型</th><th colspan="4">可适用的标准热酸检验方法</th></tr>
<tr><th>贫铬区</th><th>含钼钢产生的σ相</th><th>稳定化钢产生的σ相</th><th>硫酸-硫酸铜法</th><th>硫酸-硫酸铁法</th><th>硝酸法</th><th>硝酸-氢氟酸法</th></tr>
<tr><td rowspan="6">弱氧化性介质</td><td rowspan="6">溶解</td><td rowspan="6">—</td><td rowspan="6">—</td><td rowspan="4">奥氏体钢</td><td>不含钼非稳定化钢</td><td>适用</td><td>适用</td><td>适用</td><td>—</td></tr>
<tr><td>含钼非稳定化钢</td><td>适用</td><td>适用</td><td>—</td><td>适用</td></tr>
<tr><td>不含钼稳定化钢</td><td>适用</td><td>—</td><td>—</td><td>—</td></tr>
<tr><td>含钼稳定化钢</td><td>适用</td><td>—</td><td>—</td><td>适用</td></tr>
<tr><td rowspan="2">铁素体钢</td><td>非稳定化钢</td><td>适用</td><td>适用</td><td>—</td><td>—</td></tr>
<tr><td>稳定化钢</td><td>适用</td><td>—</td><td>—</td><td>—</td></tr>
<tr><td rowspan="6">较强氧化性介质</td><td rowspan="6">溶解</td><td rowspan="6">—</td><td rowspan="6">溶解</td><td rowspan="4">奥氏体钢</td><td>不含钼非稳定化钢</td><td>适用</td><td>适用</td><td>适用</td><td>—</td></tr>
<tr><td>含钼非稳定化钢</td><td>适用</td><td>适用</td><td>—</td><td>适用</td></tr>
<tr><td>不含钼稳定化钢</td><td>—</td><td>适用</td><td>适用</td><td>—</td></tr>
<tr><td>含钼稳定化钢</td><td>—</td><td>适用</td><td>—</td><td>—</td></tr>
<tr><td rowspan="2">铁素体钢</td><td>非稳定化钢</td><td>适用</td><td>适用</td><td>—</td><td>—</td></tr>
<tr><td>稳定化钢</td><td>—</td><td>适用</td><td>—</td><td>—</td></tr>
<tr><td rowspan="6">强氧化性介质</td><td rowspan="6">溶解</td><td rowspan="6">溶解</td><td rowspan="6">溶解</td><td rowspan="4">奥氏体钢</td><td>不含钼非稳定化钢</td><td>适用</td><td>适用</td><td>适用</td><td>—</td></tr>
<tr><td>含钼非稳定化钢</td><td>—</td><td>—</td><td>适用</td><td>—</td></tr>
<tr><td>不含钼稳定化钢</td><td>—</td><td>适用</td><td>适用</td><td>—</td></tr>
<tr><td>含钼稳定化钢</td><td>—</td><td>—</td><td>适用</td><td>—</td></tr>
<tr><td rowspan="2">铁素体钢</td><td>非稳定化钢</td><td>适用</td><td>适用</td><td>—</td><td>—</td></tr>
<tr><td>稳定化钢</td><td>—</td><td>适用</td><td>—</td><td>—</td></tr>
<tr><td colspan="10">注1：双相不锈钢和奥氏体钢类似。但用于硝酸法时应慎重。
注2：铁素体不锈钢不适用于硝酸法、硝酸-氢氟酸法。
注3：10%草酸法可用作奥氏体不锈钢和铁素体不锈钢的各种适用热酸检验方法的筛选。
注4：如不能确定容器的介质类型时，可先按弱氧化性介质考虑表中检验方法对不锈钢类型的适用性。</td></tr>
</table>

大于20%Cr、且大于3%Mo的双相不锈钢；

大于25%Cr、且大于2%的铁素体不锈钢。

6.10 某些介质的检验方法的确定

6.10.1 以下介质条件的不锈钢容器可采用硫酸-硫酸铜法检验：工业乙酸、常温～60℃浓度5%～50%的稀硝酸、高温高纯水(反应堆用)。

6.10.2 以下介质条件的不锈钢容器可采用65%硝酸法检验：

a) 温度60℃以上、浓度5%～50%的稀硝酸中工作的0Cr18Ni9、00Cr19Ni10容器；

b) 在各种温度下的浓硝酸中工作的0Cr18Ni9、00Cr19Ni10或其他浓硝酸专用不锈钢制容器；

c) 正常加氧条件下的00Cr17Ni14Mo2和00Cr25Ni22Mo2等尿素级不锈钢制的尿素高压容器，可按HG/T(3172～3174)—2002中规定的65%硝酸法。

6.10.3 特殊情况下，检验方法可由容器的订货单位与容器的设计、制造单位协商确定。

7 受检试件的状态

7.1 不锈钢材的检验状态

7.1.1 固溶状态供货的超低碳和稳定化奥氏体不锈钢和双相不锈钢材应在规定的敏化处理后的敏化状态检验。如按GB/T 4334.1～4334.5—2000标准方法检验，奥氏体不锈钢压力加工材试件的敏化处理制度为650℃保温2 h空冷，铸件试件的敏化处理制度为650℃保温1 h空冷。此外，双相不锈钢压力加工材的敏化处理制度一般可为650℃保温30 min空冷，或按协议。如按ISO 3651:1998(E)标准方法检验，超低碳或稳定化的奥氏体不锈钢或双相不锈钢的敏化处理制度一般为：700℃±10℃加热30 min随后水冷，如有说明，敏化处理制度也可为：650℃±10℃加热10min随后水冷。

7.1.2 固溶状态供货的低碳非稳定化奥氏体不锈钢压力加工材，如在容器制造中会经受温度超过300℃的焊接、热成形等热作，且热作后不再进行固溶处理时，钢材试件应在敏化处理以后的敏化状态或其他模拟热作状态(经协议，如焊接状态)进行检验。如制造中不会经受焊接、热成型等热作，或虽然热作，但还会再进行固溶处理时，钢材试件可以在供货状态检验。如需在敏化状态检验，敏化处理制度可为：650℃保温15 min空冷，或协议。

7.1.3 固溶状态供货的高碳非稳定化奥氏体不锈钢压力加工材一般在固溶状态检验。

7.1.4 退火状态供货的铁素体不锈钢材，当制造中不经受焊接、热成形等热作时，应在供货状态检验。当会经受焊接、热成形等热作，且不再进行退火处理时，应以与实际情况接近的焊接或热作状态检验，经双方协议也可在专门的敏化处理或焊接状态检验。

7.2 焊条的检验状态

7.2.1 一般焊条按GB/T 4334.1～4334.5—2000规定，与相应牌号的钢板(厚度不小于20 mm)焊成对接接头，从焊肉中截取试样在焊后状态检验。

7.2.2 堆焊用的焊条按GB/T 4334.1～4334.5—2000规定，在相应牌号的钢板(厚度不小于10 mm)上焊成堆焊试件，从堆焊的盖面层(厚度大于6 mm，不得包含过渡层)截取试样，在焊后状态进行检验。

7.2.3 也可在双方协议的其他试样状态检验。

7.3　外协零部件检验状态

7.3.1　如容器制造单位对这些外协零部件在容器制造中不再进行焊接等热作，零部件可以在供货状态检验。有以下情况：

a)　如果这些零部件本身的制作没有经过焊接、热成形、热处理等热作，如整板冷压的泡罩、整板冷压的带翻边法兰的封头等，零部件制造单位可提供钢材生产供应单位的晶间腐蚀敏感性检验合格证(或加盖本单位公章的复印件)，也可提供在供货状态的检验合格证。

b)　如果这些零部件本身的制作经过了焊接(焊后不进行热处理)如拼焊冷压泡罩、拼焊冷压带翻边法兰的封头等，零部件应在带焊接接头的试件上在焊后状态检验。

c)　如果这些零部件本身的制作经受了热压成形(包含拼焊或未拼焊)、热处理等热作过程，并在热作状态供货，在容器制造中不再经受热作，应当在同样的供货状态下检验，有拼焊时试件应带焊缝，未拼焊时试件无焊缝。

7.3.2　如容器制造单位对这些外协零部件在容器制造中还要进行焊接等热作(不再进行固溶处理)，这些零部件的检验状态应当与7.1不锈钢材的检验状态相同，即再敏化处理后检验。也可由双方协议，在零部件供货状态的基础上，再加上容器制造单位的实际焊接等热作过程后的状态检验。

7.4　容器的检验状态

7.4.1　不锈钢容器应在容器制造完成后(包括焊修等)的交货状态即容器的使用状态检验。

7.4.2　已检验合格的钢材和外购零部件，如在容器制造中没有经受温度300℃以上的焊接、热成形、热处理等热作过程，则这些部位的检验状态应与钢材和外购零部件的供货状态相同。

7.4.3　容器在制造中经受热作后，应在热作状态(如焊接接头的焊后状态)检验。钢材敏化状态检验合格，不能表示钢材经具体热作后的状态也合格。

8　容器检验的取样与组批

8.1　取样要求

容器检验试件的检验面应能覆盖容器应检验构件的全部检验面，即应能覆盖容器不锈钢应检构件与具有产生晶间腐蚀能力的腐蚀介质相接触的全部表面。

8.2　试件取用方式

a)　可在制成的容器或构件上进行检验，这只适用于草酸法等非破坏性检验方法。

b)　可在容器构件的延伸部位制取试件，如可在筒体纵向焊接接头的延长部位截取焊接接头试件(与容器产品焊接接头力学性能试板相似，可一并制取)，可在压制封头的延伸部位截取试件。

c)　可在容器制造以前，模拟需热作的构件，并按制定的热作工艺进行热作，制取模拟试件，检验合格后可确认该热作工艺。此模拟试件的检验结果适用于按此热作工艺制造的被模拟构件的检验。有的焊接试件可与焊接工艺评定的试件一并制取。

8.3　试样制取

试件的截取，以及由试件制取试样，均应采用冷机械加工的方法，不得经受任何热作，试样尺寸与加工要求可按照检验方法标准(如GB/T 4334.1～4334.5—2000)的规定。

8.4　试样数量

8.4.1　10％草酸法检验在试件(试样)上的浸蚀区域(可不止一个浸蚀区域)应包括试件上应当

检验的所有各类区域，如焊接接头的母材、焊缝、热影响区等。

8.4.2 热酸腐蚀检验的试样数量按下述规定：

a) 当采用弯曲法评定时，无焊缝和只有单条焊缝的试件只需检验一个侧面时，取2个试样；试件需检验两个侧面时，取4个试样。带T形或十字形焊缝的交叉焊缝试件，只需检验一个侧面时，纵向和横向各取2个试样；试件需检验两个侧面时，纵向和横向各取4个试样。

b) 当采用腐蚀率评定结果时，无焊缝和单条焊缝的试件取2个试样，带交叉焊缝的试件应在纵向和横向各取2个试样。

c) 堆焊试件取2个试样。

d) 补焊试件取1个试样。

8.5 取样的组批

8.5.1 压力加工材(包括焊接管与复合板)，由同一熔炼号、同样的热处理工艺和同样规格的钢材组成一批，取一个试件。

8.5.2 铸件由与铸件同一熔炼号、同样热处理工艺的试块中取一个试件。

8.5.3 焊条采用同一熔炼号的焊芯，同一批号主要涂料原料，以同样涂料配方及制造工艺的焊条组成一批，按GB/T 4334—2000规定焊一个焊条试件或堆焊焊条试件。

8.5.4 焊接试件应从同一熔炼号，同样热处理工艺和同样规格的母材，并采用同一批号的焊条、焊丝、焊带，采用同一焊接工艺与焊缝形式的焊接构件中，采用一个焊接试件。

8.5.5 同一个容器制造单位采用同批钢材、同批焊接材料，同样的焊接工艺制造同一批容器或容器构件，可以只采用同一个试件。

9 检验合格指标

9.1 不锈钢容器所用的钢材、焊接材料及外购零部件的检验合格指标应与不锈钢容器的检验合格指标相同。

9.2 10%草酸浸蚀试验应按GB/T 4334.1—2000等相应标准的规定，与标准的浸蚀组织图相对照，判断是否通过，如通过，则表明其被筛选的热酸检验方法检验合格；如不通过，则表明还要进行被筛选的热酸检验方法进行检验，以判明是否合格。在确定以10%草酸法作为独立检验的方法时，则以草酸法是否通过作为检验是否合格的依据。

9.3 硫酸-硫酸铜法应按GB/T 4334.5—2000、ISO 3651-2:1998(E)中的A法或B法等相应标准的规定，用弯曲法辅以金相法判断弯曲试样弯曲外侧面不产生晶间腐蚀裂纹作为合格指标。

9.4 硫酸-硫酸铁法应按GB/T 4334.2—2000、ISO 3651-2:1998(E)中的C法等相应标准的规定，以腐蚀率判定或以弯曲法(管试样可为压扁法)判定。当以腐蚀率判定时，一般按腐蚀率不高于1.2 mm/a为合格，允许设计根据具体情况规定其他腐蚀率合格指标。当用弯曲法或压扁法判定时，以试样弯曲外侧面不出现晶间腐蚀裂纹为合格。

9.5 硝酸-氢氟酸法按GB/T 4334.4—2000规定以腐蚀率的比值来判断：

对于低碳不锈钢：

$$\text{腐蚀率的比值}=\frac{\text{交货状态试样的腐蚀率}}{\text{再固溶处理后试样的腐蚀率}}$$

对于超低碳不锈钢(也用于要焊接的非超低碳不锈钢)：

$$腐蚀率的比值=\frac{敏化处理后试样的腐蚀率}{交货状态试样的腐蚀率}$$

一般以腐蚀率的比值不大于1.5为合格(主要用于对钢材的检验)。

9.6 硝酸法按GB/T 4334.3—2000的规定以5个周期的平均腐蚀率或3个周期的最大腐蚀率来判断,或按ISO 3651-1:1998(E)的规定按5个周期(经协议可改变周期)的每个周期和全部周期后试验的腐蚀率来判断。一般情况下以腐蚀率不超过0.6 mm/a为合格指标,要求较高时也可定为不超过0.46 mm/a或0.30 mm/a为合格指标。当为焊接接头试样时,同时应要求熔合线不出现刀状腐蚀为合格。

尿素级不锈钢00Cr17Ni14Mo2或00Cr25Ni22Mo2制造的尿素高压容器采用的硝酸法检验方法一般按HG/T 3172～3174—2002规定,合格指标按GB 9842、GB 9843、GB 10476、HG 2952的规定,五个周期的平均腐蚀率,00Cr17Ni14Mo2不高于0.6 mm/a为合格;00Cr25Ni22Mo2不高于0.275 mm/a为合格。同时还将晶间腐蚀深度作为判断指标:对于00Cr17Ni14Mo2,在垂直于轧制或锻造方向上的晶间腐蚀深度不超过0.07 mm为合格。在平行于轧制或锻造方向上的晶间腐蚀深度不超过0.2 mm为合格。对于焊缝金属和铸件不超过0.1 mm为合格;对于00Cr25Ni22Mo2的晶间腐蚀深度在任何轧材、锻件以及焊缝在任何方向均不超过0.07 mm为合格。

9.7 同一个试件中的平行试样中有一个试样不合格时,允许重取两个试样重复试验,全部合格即为合格。其中有一个不合格为不合格。

10 检验结果的适用范围

10.1 影响不锈钢晶间腐蚀敏感性的因素

10.1.1 腐蚀学为金属的表面科学,晶间腐蚀是金属的表面行为,不锈钢的晶间腐蚀敏感性检验只能检验试样或工件受检表面的性能,因此此处所指的影响因素也是指影响不锈钢表面的因素。如不锈钢容器筒体厚度较厚,对接焊缝需多道焊时,一般要求在受腐蚀侧的表面焊最后一道盖面焊,而晶间腐蚀敏感性检验也只检验受腐蚀侧的表面,因而实际上检验的基本上只是最后一道焊缝的性能,而与多次受焊接热的其他焊道无关。

10.1.2 此处的影响因素是指不锈钢材在冶金过程中及容器制造过程中可控制的独立的工艺因素,如化学成分、加热温度、持温时间、变形量大小、应力、表面处理等,不包括由这些工艺因素所决定的非独立的因变因素,如金相组织、力学性能等。

10.1.3 影响不锈钢晶间腐蚀敏感性的因素分重要因素和次要因素,当已检试件与未检件的重要因素相同,仅次要因素不同,可认为其晶间腐蚀敏感性基本相同,试件的检验结果可以适用于未检件。

10.1.4 影响不锈钢晶间腐蚀敏感性的重要因素有二:

a) 化学成分,相同牌号的钢材和焊接材料不能认为具有相同化学成分,只有同一炉号(熔炼号)的钢材和焊接材料才能认为具有相同的化学成分。

b) 状态,指热状态,不锈钢所经历的温度300℃以上的热循环过程相同即为热状态相同,热循环过程包含受热温度的高低和持温时间的长短。相同的焊接工艺、相同的热成形工艺(主要指热循环过程,不包括变形量)、相同的热处理工艺均可认为具有相同的热状态。

10.1.5　除上述两个影响不锈钢晶间腐蚀敏感性的重要因素之外，其他因素(指独立的工艺因素)均视为次要因素。这些次要因素如：

a)　变形量，试验证明，变形量对不锈钢的晶间腐蚀敏感性有时有些影响，但影响不大，且规律不稳定，可视为次要因素。

b)　应力，残余应力与工作应力对不锈钢的晶间腐蚀敏感性的影响均很小，视为次要因素。

c)　表面处理，表面钝化处理能提高不锈钢表面使用初期的耐蚀性，表面粗糙度对腐蚀率也有影响。但检验时对试样或工件表面常要进行加工或抛磨，避开了表面处理的影响。

10.2　检验结果的适用范围与免检原则

10.2.1　两种试件的重要因素相同时，其检验结果可以相互适用，其中一种试件已经检验合格，另一种试件可以免检，采用已检试件的检验结果。

10.2.2　两种试件的化学成分(熔炼号)相同，仅有影响热状态的某一工艺因素不同，且可确定该因素的差异会使已检试件的晶间腐蚀敏感性增大，或使未检试件的晶间腐蚀敏感性减小时，已检试件的检验合格结果可以适用于未检试件，未检试件可以免检。

10.3　容器检验的适用范围示例

10.3.1　钢材、焊接材料与外协零部件检验结果对容器检验试件的适用性。

a)　在供货状态或敏化状态已检合格的不锈钢材与外购零部件，在容器制造过程中没有经受过300℃以上的热作时，可以不再检验，而采用已验合格的结果。

b)　在供货状态或敏化状态已检合格的不锈钢材与外购零部件，在容器制造过程中经受了300℃以上的热作，已检合格的结果不能适用于热作后的工件(试件)的检验，该工件应重新检验。

c)　已由焊接材料生产供货单位检验合格的焊接材料，在容器制造厂进行焊接后，焊接材料的已检合格结果一般不能适用于容器上的焊接接头与焊缝，应重新检验[但情况(4)除外]。

d)　不锈钢材与外购零部件已经容器制造单位认可的焊接接头形式检验合格，且制造中所用焊接材料(熔炼号，直径)和焊接工艺与已检焊接接头相同时，在容器制造中的这些焊接接头可以不再检验，而采用已检合格的结果。

e)　焊接接头试件检验合格的结果，可适用于所用钢材和焊接材料的检验(在同一焊接工艺范围内)。

10.3.2　容器本身检验的相互适用性

a)　当钢材的熔炼号与热处理条件相同，采用同一熔炼号的焊接材料与焊接工艺的对接焊接接头，当检验面为最后一道盖面焊缝的受腐蚀面时，检验结果可适用于各种厚度钢材及不同数目焊道的焊接接头的检验；当检验面上的焊道不是最后一道焊道时，检验结果不能适用于更厚钢材及焊道更多的焊接接头，只能适用于同厚度或较薄钢材及焊道相同或较少的焊接接头的检验。

b)　在钢材、焊接材料与焊接方法相同的条件下，平焊的焊接接头试件检验合格的结果可以适用于横焊、立焊、仰焊和特殊位置焊等各种焊接位置的同类形式的焊接接头试件的检验。

c)　采用相同的钢材、焊接材料与焊接方法，对接焊接接头试件检验合格的结果可以适用于角接焊接接头试件与管板角接头试件的检验。

d) 采用相同钢材、焊接材料和焊接工艺的T形焊缝焊接接头试件检验合格的结果可以适用于单条焊缝的焊接接头试件的检验；十字形焊缝焊接接头试件检验合格的结果可以适用于单条焊缝和T形焊缝焊接接头试件的检验。

e) 对于同一牌号而不同熔炼号与热处理条件的钢材的对接焊接接头或角接焊接接头试件而言，采用与该试件同一批号的焊条、焊丝和焊接方法分别焊接两种熔炼号的母材的对接焊接接头分别检验合格，可认为这两种熔炼号钢材的焊接接头也合格，可以免检。接管与壳体的焊接接头，换热管与管板的焊接接头常属这种情况。

f) 如在钢材上焊补，当母材、焊接材料与焊接方法与焊补相同的对接焊接接头试件检验合格，该焊补部位可以免检，认为合格。

g) 对于单条焊缝焊接接头的补焊，当母材、焊接材料与焊接方法与焊补相同的T形焊缝或十字形焊缝的焊接接头试样检验合格时，该补焊部位可以免检，认为合格。

h) 封头采用与筒体相同钢号、热处理条件与厚度的钢板拼焊后冷压成形，筒体焊接与封头拼接采用同一批焊条、焊丝与相同的焊接工艺，筒体本身的T形焊缝的焊接接头试件检验合格，则由封头拼焊焊缝与封头和筒体的环焊缝所构成的T形焊缝的焊接接头可以免检。

11 容器检验报告

11.1 当不锈钢容器设计文件中规定应进行晶间腐蚀敏感性检验时，容器制造单位应在每台设备的质量证明书中附上检验报告。

11.2 容器检验报告应包括容器本身的检验合格证及容器所用不锈钢材、焊接材料及外购零部件的检验合格证。

11.3 容器的检验报告应说明每个试件(或每组试样)的检验结果所能适用的容器构件部位范围，所有试件(试样)的检验结果的适用范围应能覆盖容器所有应检验的构件表面。

11.4 每个检验试件(或每组试样)的检验合格证中均应包括以下内容：

a) 不锈钢材的牌号、标准、熔炼号、状态、尺寸与形状；

b) 焊接材料的牌号、标准、熔炼号、尺寸；

c) 焊接工艺参数、焊接方法、焊道数、坡口形状；

d) 试板(试样)的状态；

e) 检验方法的标准和名称；

f) 腐蚀时间(与周期)；

g) 评定方法，合格指标，检验结果；

h) 检验日期，检验员与审核人员签名，检验公章；

i) 应说明的特殊情况。

11.5 当每个检验试件的检验合格证可适用于多台容器时，可将合格证的复印件加盖容器制造单位的检验公章后分别作为每台容器检验报告的组成内容。

ICS 23.020.10
J 74

中华人民共和国国家标准

GB/T 25197—2010

静置常压焊接热塑性塑料储罐(槽)

Welded static non-pressurized thermoplastic tanks

2010-09-26 发布　　2011-02-01 实施

中华人民共和国国家质量监督检验检疫总局
中国国家标准化管理委员会　发布

前言

本标准与 EN 12573:2000《静置常压焊接热塑性塑料储罐(槽)》(英文版)的一致性程度为非等效。

本标准的第 4 章根据 EN 12573-1:2000《静置常压焊接热塑性塑料储罐(槽) 第 1 部分:总则》(英文版)重新起草。

本标准的第 6 章根据 EN 12573-2:2000《静置常压焊接热塑性塑料储罐(槽) 第 2 部分:圆柱形立式储罐设计》(英文版)重新起草。

本标准的第 7 章根据 EN 12573-3:2000《静置常压焊接热塑性塑料储罐(槽) 第 3 部分:单壁矩形储槽》(英文版)重新起草。

本标准的第 8 章根据 EN 12573-4:2000《静置常压焊接热塑性塑料储罐(槽) 第 4 部分:法兰及其连接的设计》(英文版)重新起草。

本标准的附录 C 为规范性附录,附录 A、附录 B、附录 D、附录 E、附录 F 和附录 G 为资料性附录。

本标准由全国锅炉压力容器标准化技术委员会(SAC/TC 262)提出并归口。

本标准负责起草单位:阿丽贝(鞍山)塑料防腐设备有限公司。

本标准参加起草单位:辽宁科技大学、得利满水处理系统(北京)有限公司、天津硫酸厂、鞍钢股份有限公司、浙江佰通防腐设备有限公司、鞍山市宏图防腐工程技术有限公司。

本标准主要起草人:关玉华、张树义、方世杰、韩玉林、宁继龙、叶伯通、张奎海、李秀芳、王孝恒、赵百镇。

静置常压焊接热塑性塑料储罐(槽)

1 范围

1.1 本标准规定了静置常压焊接热塑性塑料储罐(槽)的总则、圆柱形立式储罐设计、单壁矩形储槽设计、法兰及其连接的设计。本标准还规定了静置常压焊接热塑性塑料储罐(槽)[以下简称储罐(槽)]的材料、制造、检验、标志、包装、运输和安装。

1.2 本标准适用于下列热塑性材料制造的储罐(槽),储罐(槽)容积范围为 0.45 m^3～80 m^3:

a) 聚乙烯(PE);

b) 聚丙烯(PP);

c) 聚氯乙烯(PVC);

d) 聚偏二氟乙烯(PVDF)。

1.3 本标准计算时除考虑正常使用中液体静压力外,还考虑了因流体输送而引起的附加压力,附加压力限度为:

a) 上限值:+0.000 5 MPa;

b) 下限值:−0.000 3 MPa。

1.4 本标准所适用材料的使用温度范围为:

a) 聚乙烯:−30 ℃～45 ℃;

b) 聚丙烯:−10 ℃～80 ℃;

c) 聚氯乙烯:−10 ℃～60 ℃;

d) 聚偏二氟乙烯:−20 ℃～110 ℃。

1.5 本标准第 6 章未考虑风雪载荷的影响。

1.6 本标准第 6 章适用的罐体可由挤出缠绕成型、挤出成型或板材弯曲焊接成型。

1.7 本标准第 7 章适用的储槽可以采用与主体同种材料或其他材料制成的加强筋。

1.8 本标准第 7 章的计算以平板理论为基础,有关的薄膜理论在附录 A 中说明。

2 规范性引用文件

下列文件中的条款通过本标准的引用而成为本标准的条款。凡是注日期的引用文件,其随后所有的修改单(不包括勘误的内容)或修订版均不适用于本标准,然而,鼓励根据本标准达成协议的各方研究是否可使用这些文件的最新版本。凡是不注日期的引用文件,其最新版本适用于本标准。

GB/T 1033.1 塑料 非泡沫塑料密度的测定 第 1 部分:浸渍法、液体比重瓶法和滴定法(GB/T 1633.1—2008,ISO 1183-1:2004,IDT)

GB/T 1040.2 塑料 拉伸性能的测定 第 2 部分:模塑和挤塑塑料的试验条件(GB/T 1042.2—2006,ISO 5272:1993,IDT)

GB/T 1043.1 塑料 简支梁冲击性能的测定 第 1 部分:非仪器化冲击试验(GB/T 1043.1—2008,ISO 179-1:2000,IDT)

GB/T 1633　热塑性塑料软化点(维卡)试验方法(GB/T 1633—2000,idt ISO 306:1994)

GB/T 1844.1　塑料　符号和缩略语　第1部分:基础聚合物及其特征性能(GB/T 1844.1—2008,ISO 1043-1:2001,IDT)

GB/T 2035　塑料术语及其定义(GB/T 2035—2008,ISO 472:1999,IDT)

GB/T 3682　热塑性塑料熔体质量流动速率和熔体体积流动速率的测定

GB/T 22789.1　硬质聚氯乙烯板材　分类、尺寸和性能　第1部分:厚度1 mm以上板材(GB/T 22789.1—2008,ISO 11833-1:2007,IDT)

GB/T 13663　给水用聚乙烯管材

GB/T 18742.1　冷热水用聚丙烯管道系统　第1部分:总则

GB/T 19278　热塑性塑料管材、管件及阀门　通用术语及其定义

HG 20593　板式平焊钢制管法兰

3　术语和定义

GB/T 2035、GB/T 1844.1、GB/T 19278、GB/T 13663、GB/T 18742.1确定的以及下列术语和定义适用于本标准。

3.1

注满盛载量　brimful capacity

通过注入口到溢流口处的储罐盛水总量。

3.2

有效容积　maximum filling capacity

注满盛载量的95%。

3.3

常压　non-pressurized

液体静压力与附加压力之和,附加压力范围为+0.000 5 MPa～−0.000 3 MPa。

3.4

槽壁　skin

储槽的基本结构件。

3.5

加强筋　stiffener

水平或竖直的附在槽体外表面的部分。

3.6

区格　panel

槽壁各加强筋之间的区域。

3.7

U形加强筋　U-frame

贯通储槽底部和侧壁的“U”型加强筋。

4　总则

4.1　概要

依据本标准设计储罐(槽)时应明确储罐(槽)使用条件。储罐(槽)使用条件参见附录B。

4.2 安全系数

储罐(槽)安全等级按设计安全系数的大小分为4个等级:

a) 2.0级(设计安全系数为2.0);

b) 1.7级(设计安全系数为1.7);

c) 1.5级(设计安全系数为1.5);

d) 1.3级(设计安全系数为1.3)。

4.3 相容性

依据附录C的规定确定罐(槽)体材料与盛装物的相容性。

4.4 设计寿命

4.4.1 储罐(槽)的设计寿命为10~25年。

4.4.2 保护罐设计寿命为1年。

4.5 安全泄放口

对于密闭储罐(槽)应开设安全泄放口,安全泄放口的直径应为最大进料或排料口直径的1.3倍。

4.6 人孔

对于容积不小于2.0 m^3、且直径不小于1.2 m的密闭式储罐,应开设直径不小于500 mm的人孔。

4.7 焊接装配

焊接装配的设计参见附录D。

5 材料

5.1 制造储罐(槽)原材料应有产品质量合格证明及检验报告,各项检验结果应符合相关标准的规定。

5.2 挤出缠绕罐体的原材料应采用管道级树脂,技术要求见表1。

表1 原材料技术要求

物理性能	材质		试验方法
	聚丙烯(PP)	聚乙烯(PE)	
密度/(g/cm^3)	0.90~0.92	0.941~0.965	GB/T 1033.1
熔体流动速率/(g/10 min)	≤0.5	≤0.2	GB/T 3682
拉伸屈服强度/MPa	≥20	≥20	GB/T 1040.2
拉伸屈服伸长率/%	≥8	≥8	
简支梁缺口冲击强度(23 ℃)/(kJ/m^2)	≥8	≥20	GB/T 1043.1
维卡软化点/℃	≥135	≥120	GB/T 1633

5.3 板材的技术要求见表2。

表2 板材技术要求

物理性能	材质				试验方法
	聚丙烯(PP)	聚乙烯(PE)	聚氯乙烯(PVC)	聚偏二氟乙烯(PVDF)	
密度/(g/cm^3)	0.91~0.93	0.941~0.965	符合 GB/T 22789.1	1.75~1.79	GB/T 1033.1
拉伸屈服强度/MPa	≥20	≥20		≥40	GB/T 1040.2
拉伸屈服伸长率/%	≥8	≥8		≥5	
简支梁缺口冲击强度(23 ℃)/(kJ/m^2)	≥10	≥20		≥19.6	GB/T 1043.1
维卡软化点/℃	≥135	≥120		—	GB/T 1633

5.4 热风挤出焊和热风焊的焊条必须与母材相同材质、相同型号,规格尺寸依据各制造厂加工条件自行确定。

6 圆柱形立式储罐设计

6.1 符号及缩写

a——焊缝厚度,mm;

b——管口补强环宽度,mm;

C_1——载荷增加系数;

C_2——材料系数;

C_3——双层罐体设计参数;

C——焊接影响系数,等于 $C_1 \times C_2$;

d——罐体内径,mm;

d_A——接管外径,mm;

$E_{c(al.)St.}$——稳定设计条件下(温度、应力、时间、介质、安全系数)材料的许用蠕变模量,MPa,见附录C;

f_1——长期焊接系数;

g——重力加速度,m/s^2($9.81\ m/s^2$);

g_d——面积重量,MPa;

h_F——液面高度,mm;

$h_{F(i)}$——(变壁厚罐体)第 i 段厚度的底部至液面高度,mm;

h_Z——罐体总高度,mm;

h_{ZF}——(变壁厚罐体)下段高度,mm;

l_m——稳定性计算中段罐体等效高度,mm;

l_o——稳定性计算上段罐体等效高度,mm;

l_u——稳定性计算下段罐体等效高度,mm;

p_e——外部附加压力,MPa;

p_i——内部附加压力,MPa;

p_{stat}——罐底承受的液体静压力,MPa;
$p_{stat(i)}$——第 i 段底部承受的液体静压力,MPa;
S——安全系数(见第4章);
T_A——环境温度,℃;
T_D——罐盖温度,℃;
T_M——介质温度,℃;
t——罐体计算厚度,mm;
t_B——罐底厚度,mm;
t_D——罐盖厚度,mm;
t_m——稳定计算时中段罐体厚度,mm;
t_o——稳定计算时上段罐体厚度,mm;
t_u——稳定计算时下段罐体厚度,mm;
$t_u{}^*$——应力计算时下段罐体厚度,mm;
$t_{Z(i)}$——(变壁厚罐体)第 i 段厚度,mm;
t_{ZF}——单层壁罐体下段厚度,mm;
t_{ZN}——考虑了开孔补强的计算厚度,mm;
$t_{ZF}{}'$——多层壁罐体下段总厚度,mm;
$t_{ZO}{}'$——多层壁罐体外层厚度,mm;
$t_{Z1}{}'$——多层壁罐体内层厚度,mm;
V——有效容积,mm^3;
V_A——削弱系数;
α——罐盖倾斜角度,(°);
ε——相对变形率,%;
λ——屈曲系数;
ρ——热塑性材料密度,g/cm^3;
ρ_F——盛装介质密度,g/cm^3;
$\sigma_{al.}$——设计条件下许用应力,MPa,见附录C。

储罐的主要尺寸见图1～图4。

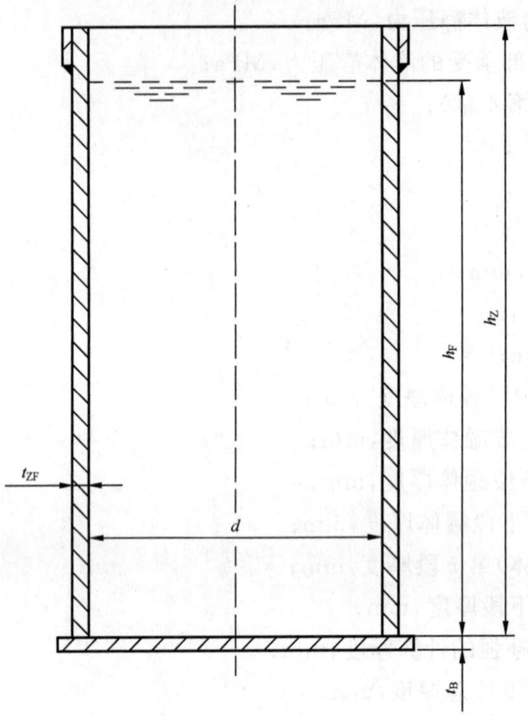

图 1　平底开口罐,等壁厚罐体

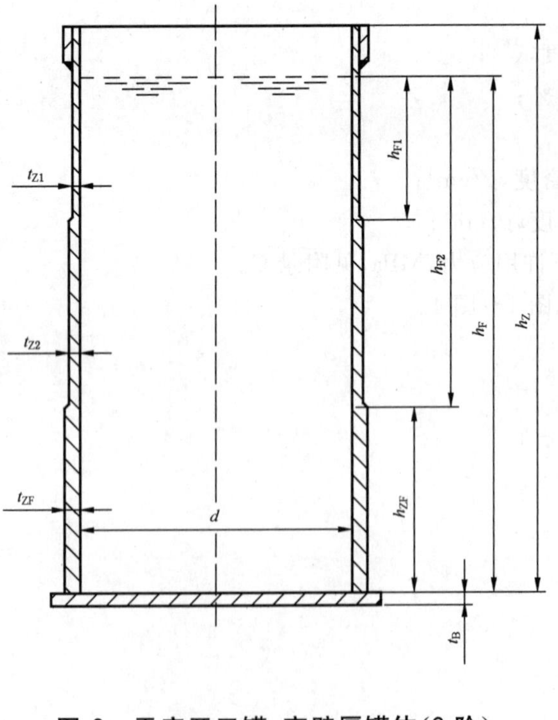

图 2　平底开口罐,变壁厚罐体(3 阶)

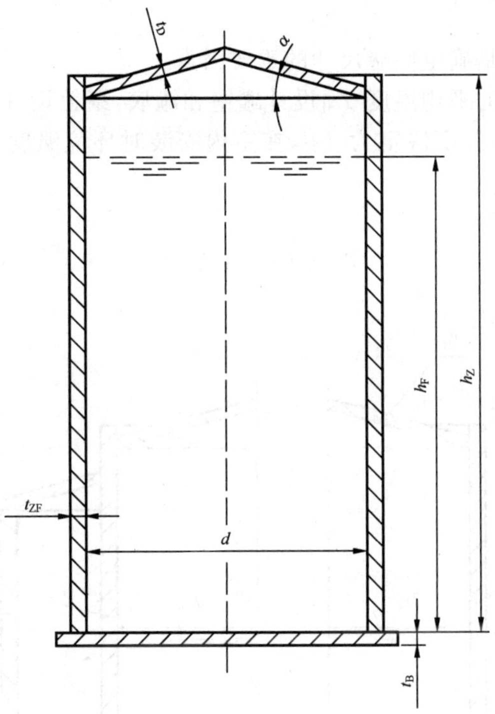

图 3　平底锥盖储罐,等壁厚罐体

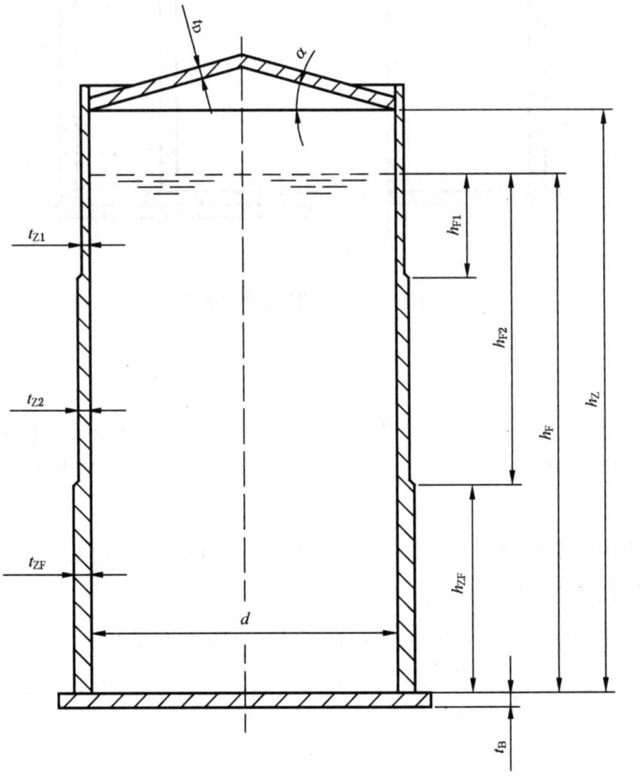

图 4　平底锥盖储罐,变壁厚罐体(3 阶)

6.2 温度

储罐的实际工作温度是确定储罐尺寸的重要因素。

应根据储罐内装介质的平均温度 T_M 设计罐壁和罐底,罐盖设计依据储罐内温度与储罐外温度的平均值,储罐内气体温度假定为 T_M,在室内安装时环境温度 T_A 假设为 20 ℃。图 5 为温度区示意图。

罐盖温度按式(1)计算:

$$T_D = (T_M + T_A)/2 \quad \cdots\cdots (1)$$

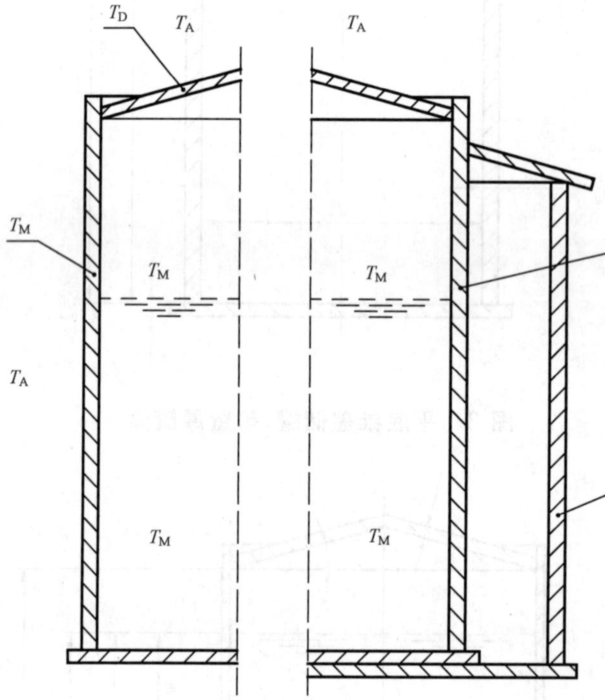

图 5 实际温度的确定

6.3 罐体尺寸

6.3.1 总则

本标准设计方法既适用于单层壁罐体(见 6.3.2.1),也适用于多层壁罐体(见 6.3.2.2)。

罐壁厚度应由工作介质引起的环向拉应力及液体对罐壁底部的静压力确定,罐壁最小厚度为 4 mm。

用板材制作罐体时,按附录 C 计算 $\sigma_{al.}$ 时应选用相应的长期焊接系数,用挤出缠绕法制作罐体时,计算 $\sigma_{al.}$ 时的长期焊接系数取 1。

罐壁设计的先决条件是其底部圆度符合式(2):

$$u = \frac{2(d_{max} - d_{min})}{d_{max} + d_{min}} \times 100\% \leqslant 0.5\% \quad \cdots\cdots (2)$$

式中:

u——圆度,%;

d_{max}——内径最大值,单位为毫米(mm);

d_{min}——内径最小值,单位为毫米(mm)。

6.3.2 下段罐体

6.3.2.1 单层壁罐体

罐壁下段最小厚度按式(3)计算:

$$t_{ZF}=\frac{C(p_{stat}+p_i)d}{2\sigma_{al.}} \quad \cdots\cdots(3)$$

式中:

$p_{stat}=\rho_F\times g\times h_F\times 10^{-6}$;

$p_i=0.000\ 5$ MPa。

罐壁下段最小高度应按式(4)计算:

$$h_{ZF}\geqslant 1.4\sqrt{d\times t_{ZF}} \quad \cdots\cdots(4)$$

罐底与罐壁连接的焊接影响系数 C,取决于载荷增加系数 C_1 与材料系数 C_2,如表 3 所示。

只有在焊缝厚度 $a\geqslant 0.7t_B$、长期焊接系数 $f_1\geqslant 0.6$ 的情况下,采用角焊缝时 $C_1=1.2$。容积小于或等于 1 m^3、壁厚小于或等于 10 mm 的储罐焊接时,允许采用热风焊。

表 3 材料设计系数 C_2 及热塑性材料焊接影响系数 C

材料	C_2	$C=C_1\times C_2$
HDPE	1.00	1.20
PP-H(均聚)	1.17	1.40
PP-B(嵌段共聚)	1.08	1.30
PP-R(无规共聚)	1.00	1.20
PVC-NI(标准冲击强度 PVC-U)	1.25	1.50
PVC-RI(较高冲击强度)	1.08	1.30
PVC-HI(高冲击强度)	1.00	1.20
PVC-C(氯化的)	1.33	1.60
PVDF	1.17	1.40
注:C_2 反映了松弛断裂特征与蠕变断裂特征之间的关系,依据 HDPE 测定,其他材料参考该值。		

6.3.2.2 多层壁罐体

多层壁罐体按 6.3.2.1 计算时引入设计参数 C_3 和如下假设:

a) 只有 2 层罐壁,见图 6;

b) 两层罐壁完全接触;

c) 焊接方式如图 7 所示;

d) 两层罐壁的材料特征参数相同;

e) 外层罐壁厚度是内层罐壁厚度的 0.5~1 倍。

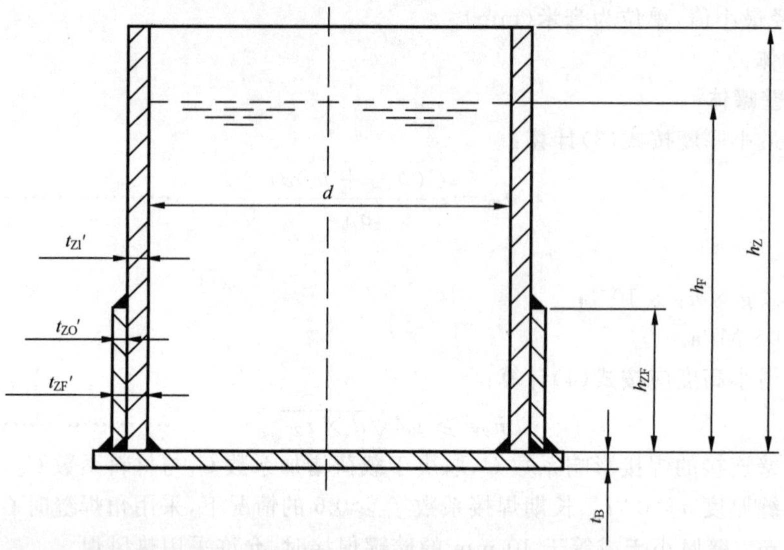

图6 两层罐壁的储罐

采用图7所示的焊接方式时，$C_3=1.25$。

两层罐壁的总厚度按式(5)计算：

$$t_{ZF}'=C_3t_{ZF} \quad \cdots\cdots(5)$$

外层罐壁的最小高度按式(6)计算：

$$h_{ZF}\geqslant 1.4\sqrt{dt_{ZF}} \quad \cdots\cdots(6)$$

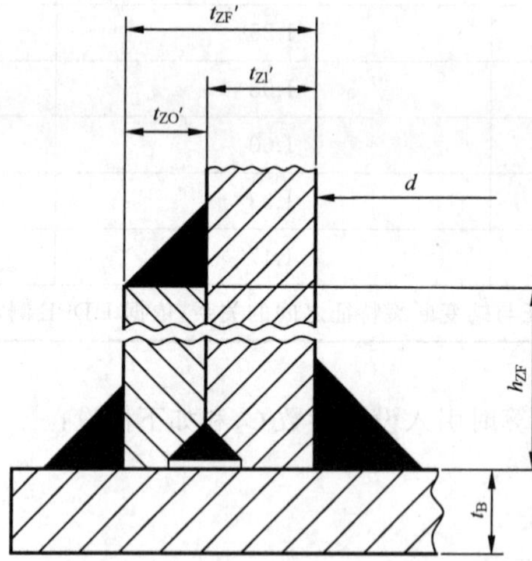

a)

图7 多层壁罐体的焊接

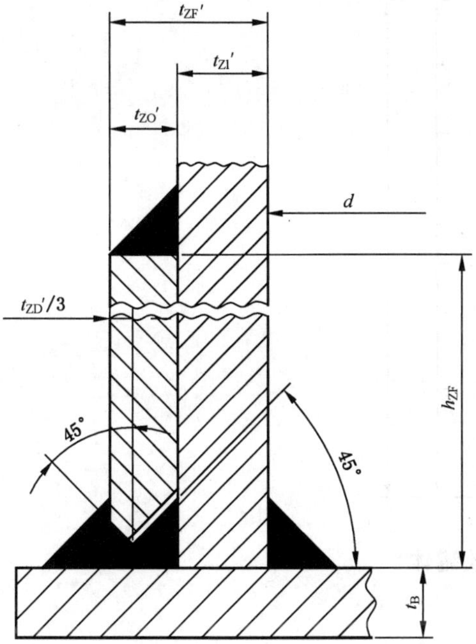

b)

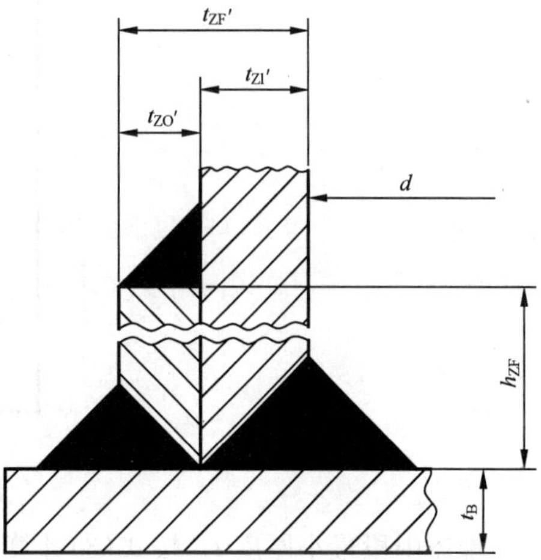

c)

图 7 (续)

6.3.3 其他段罐体

其他段罐壁的最小厚度 $t_{Z(i)}$(i 为从 1 至 n)取 a)和 b)计算结果的较大值。

如果在罐体最上段安装加强带,其厚度应为该处罐壁厚度的 0.6～1 倍,宽度不小于 100 mm。

a) 依据强度计算厚度

最小厚度 $t_{Z(i)}$ 按式(7)计算:

$$t_{Z(i)}=\frac{(p_{\mathrm{stat}(i)}+p_{\mathrm{i}})d}{2\sigma_{\mathrm{al.}}} \qquad \cdots\cdots (7)$$

式中:

$p_{\mathrm{stat}(i)}=\rho_{\mathrm{F}}gh_{\mathrm{F}(i)}\times10^{-6}$。

b) 依据稳定性计算厚度

此方法要求形成等效罐体,见图 8,采用式(8)～式(10)及表 4。

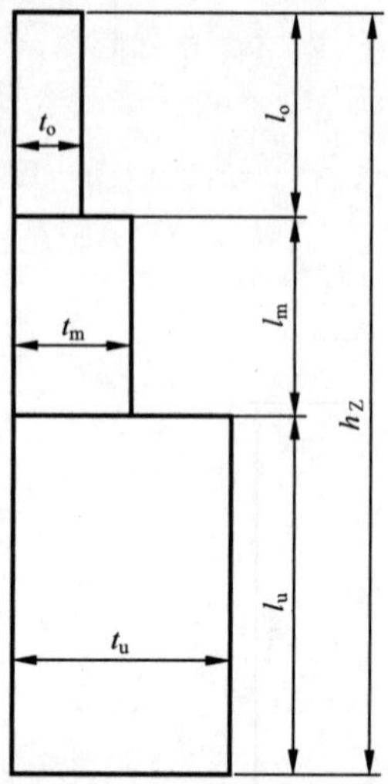

图 8 等效罐体

罐体中段最小厚度 t_m 按式(8)计算：

$$t_m = 0.8\left(\frac{p_e h_z}{E_{c(al.)St} d}\right)^{0.4} \times d \qquad \cdots\cdots(8)$$

依据环向拉应力计算罐体下段等效壁厚的最小值，按式(9)计算：

$$t_u = \frac{\rho_F g h_F \times 10^6 + p_i}{2\sigma_{al.}} \times d \qquad \cdots\cdots(9)$$

屈曲系数 λ 根据式(10)计算：

$$\lambda = \frac{t_m}{2t_u^*} = \frac{l_o}{h_z} \qquad \cdots\cdots(10)$$

表 4 罐体 3 段之间的尺寸比较

	$\lambda \leqslant 1/3$	$1/3 < \lambda < 1/2$	$1/2 \leqslant \lambda$
l_o	$\lambda \times h_z$	$\lambda \times h_z$	—
t_o	$t_m(1+5\lambda)/4$	$2\lambda \times t_m$	t_m
l_m	l_o	$(h_Z - l_o)/2$	—
l_u	$h_z - 2l_o$	l_m	—
t_u	$2t_m - t_o$	$2t_m - t_o$	t_m

表 4 中的罐体厚度为最小值，上段高度不应大于表 4 的规定值。

6.3.4 板材焊接罐体

在环境温度下，板材相对变形率($\varepsilon = t/d \times 100\%$)未超出表 5 规定时，弯曲残余应力忽略不计。

表 5 相对变形率

材　　质	相对变形率 ε/%
HDPE	1.0
PP-H	0.5
PP-B	0.75
PP-R	1.0
PVDF	0.5
PVC-NI(PVC-U)	0.15
PVC-RI	0.2
PVC-HI	0.2

如果相对变形率 ε 超过表 5 给定值或没有对应值，必须在加热条件下弯曲板材。加热温度由制造厂根据材质、板厚、直径等不同情况自行确定。

6.4 罐底厚度

高密度聚乙烯 HDPE 和聚丙烯 PP 的罐底厚度按图 9 确定。

使用图 9 设计时罐底须完全支撑且厚度不大于 30 mm。

PVC 与 PVDF 罐底厚度应不小于 $0.8t_{ZF}$。

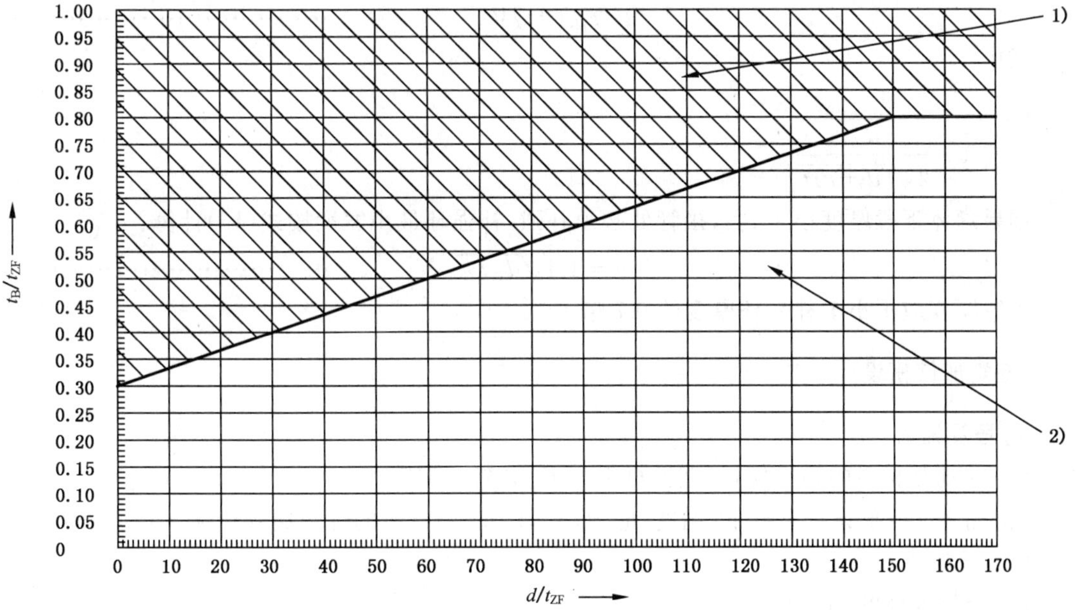

1)——有效区域；

2)——无效区域。

图 9 HDPE 和 PP 罐底厚度与罐体底部厚度比值

6.5 罐盖尺寸

罐盖斜角不应小于 $\alpha=10°$。

在设计温度为 $T_D=20$ ℃时，锥形盖的最小厚度见表 6，该参数没有考虑其他载荷。

表 6 在设计温度为 T_D=20 ℃时，锥形盖的最小厚度 单位为毫米

材料	直径										
	≤600	≤800	≤1 500	≤1 800	≤1 900	≤2 700	≤2 900	≤3 100	≤3 500	≤4 000	≤4 200
HDPE	5	6	8	10	10	12	15	15	15	20	20
PP	5	6	8	10	10	12	12	15	15	15	20
PVDF	5	6	8	10	10	—					
PVC	5	6	8	8	10						

其他温度下，锥形盖最小厚度按式(11)计算：

$$t_D \geqslant \left(\frac{g_d + p_e}{1.3E_{c(al.)St.}}\right)^{0.4} d \qquad \cdots\cdots(11)$$

式中：

$g_d = \dfrac{\rho g t_D \times 10^{-6}}{\cos\alpha}$。

6.6 管口补强

管口通常安装在罐盖上，接管壁厚不应小于 SDR11(PN 1.0)的标准管材壁厚。

当管口安装在罐体上时，管口外壁距所在段边缘距离宜大于 100 mm。

只有直径小于 300 mm 的管口，可安装在下段罐体上。此时，罐体下段厚度按式(12)计算：

$$t_{ZN} = t/V_A \qquad \cdots\cdots(12)$$

式中：

$V_A = \dfrac{1}{1+\dfrac{d_A}{2\sqrt{(d+t)t}}}$。

如果罐体下段厚度小于 t_{ZN}，接管处必须补强，补强环最小宽度按式(13)计算：

$$b = 1.4\sqrt{d_A t_{ZN}} \qquad \cdots\cdots(13)$$

焊缝厚度应不小于补强环厚度的 0.7 倍。

7 单壁矩形储槽设计

7.1 符号及缩写

E——加强材料的弹性模量(塑性材料与 E_c 相符)，MPa；

$E_{c(al.)D}$——变形设计条件下(温度、应力、时间、介质)材料的许用蠕变模量 MPa，见附录 C；

F——力，N；

f——最大挠度，mm；

J——加强材料的惯性矩，mm^4；

k——槽壁挠度修正系数；

M——弯矩，Nmm；

N——刚性系数；

p——储槽底部最大静压力，MPa；

p_D——罐盖均布载荷，MPa；

p_m——计算槽壁厚度时静压力平均值,MPa;

p_n——计算加强筋时压力平均值,MPa;

t——槽壁或槽盖厚度,mm;

W——槽口加强筋的抗弯模量,mm^3;

x——储槽长度,或竖向加强筋之间的距离,mm;

x'——竖向加强筋之间的计算长度,mm;

y——储槽高度或水平加强筋之间的距离,mm;

y'——水平加强筋之间的计算高度,mm;

z——储槽或槽盖的宽度,mm;

$\alpha_1 \sim \alpha_5$——变形系数;

$\beta_1 \sim \beta_5$——应力系数;

$\sigma_{al.}$——设计条件下的许用应力,MPa,见附录C。

7.2 设计计算总则

本章的计算方法仅适用于图10~图14储槽的设计。

焊接应位于弯矩小的部位,弯矩分布见图15~图17。

注:设计时应考虑槽壁和外部加强结构之间的热膨胀差异。

最大挠度应不大于相应槽壁厚度的1/2,即:$f \leqslant 0.5t$。

有关储槽的构造详图参见附录E。

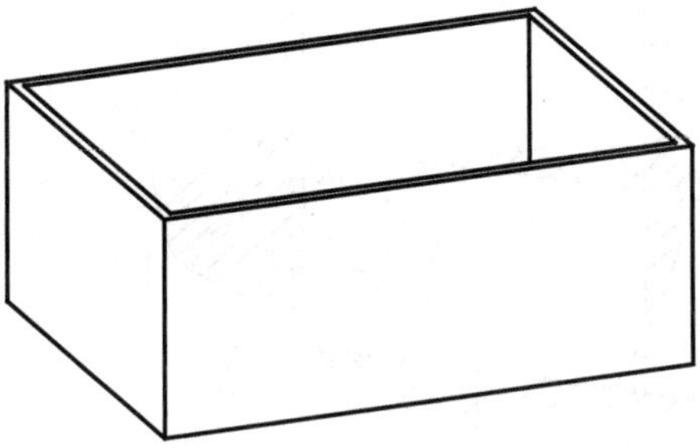

图10 无筋储槽

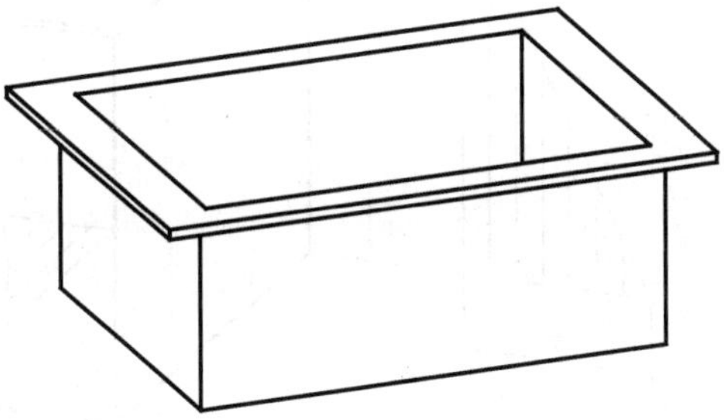

图11 带槽口加强筋的储槽

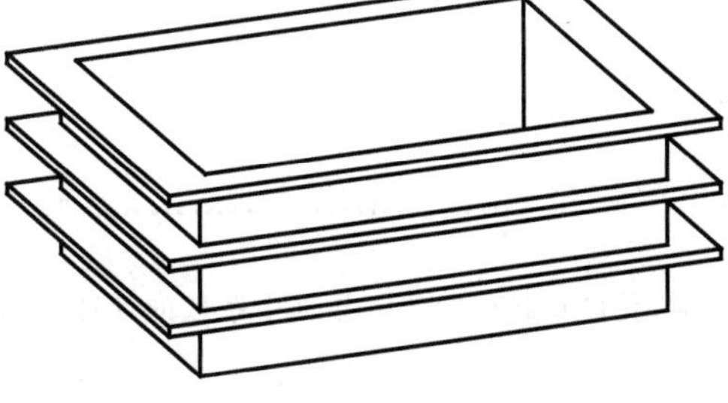

图12 带水平加强筋储槽

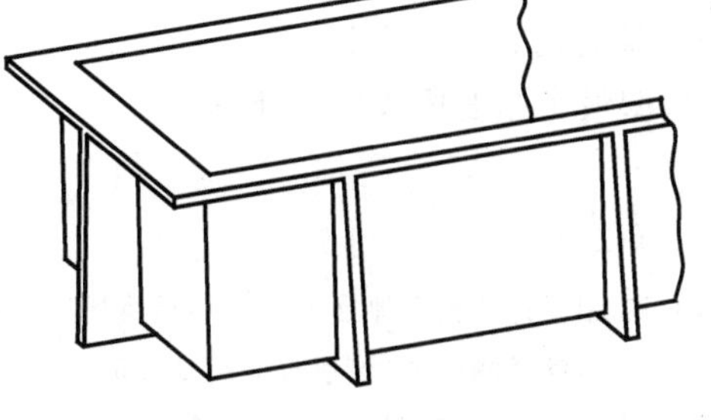

图13 带U型加强筋储槽

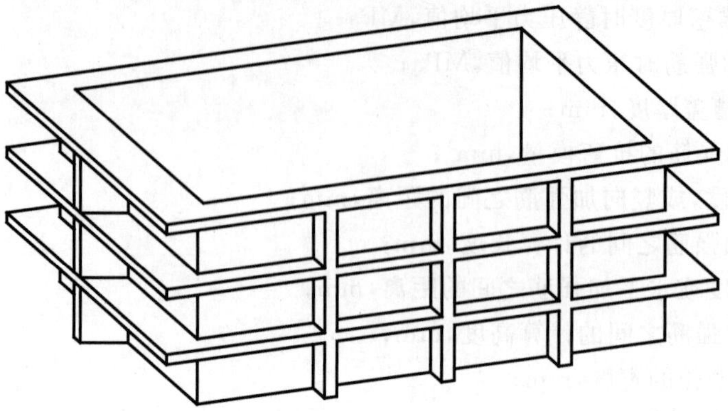

图 14　带水平和竖直加强筋储槽

7.3　均匀刚性支撑的无筋储槽

7.3.1　槽壁最小厚度的计算依据储槽长度 x 及高度 y 的比值，见图 15。槽底厚度应不小于槽壁厚度的 0.8 倍。

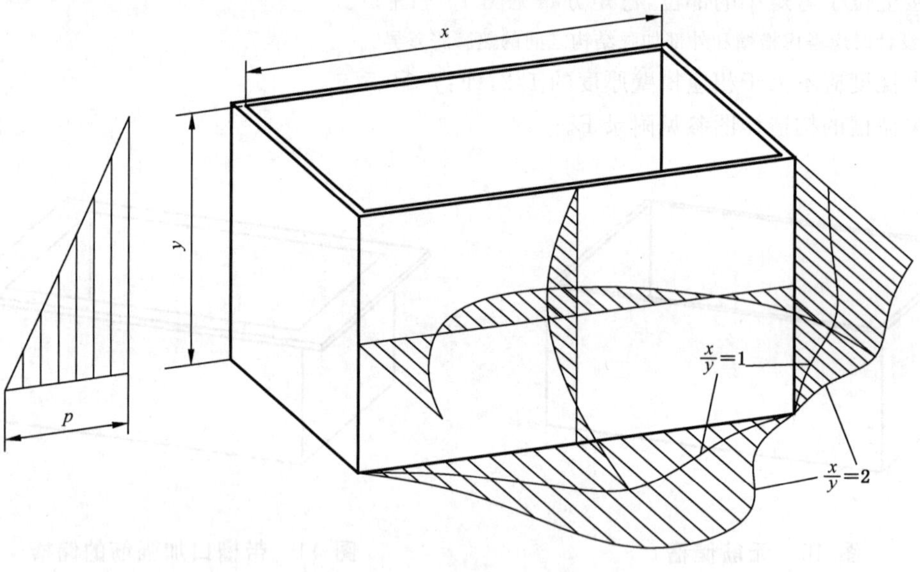

图 15　无筋储槽的弯矩分布图

7.3.2　长高比 $x/y<0.5$

槽壁最小厚度按式(14)计算：

$$t=\sqrt{\frac{px^2}{2.5\sigma_{\mathrm{al.}}}} \qquad (14)$$

注 1：用于计算槽壁厚度的式(14)是将槽壁假定为两端固结、受均布载荷的梁。分母中系数的计算值为 2，参考测试值，该系数提高到 2.5。

槽壁的最大挠度按式(15)计算：

$$f=\frac{px^4}{32kE_{\mathrm{c(al.)D}}t^3} \qquad (15)$$

修正系数 k,在 1($x/y\approx0.1$)和 2($x/y\approx0.5$)之间内插取值。

注 2:用于计算挠度的式(15)是将槽壁假定为两端固结、受均布载荷的梁,分母系数为 32,基于平板理论的公式更精确,如果 $x/y\approx0.5$,导出的系数为 68。因此引入了修正系数 k,它主要取决于 x/y 的值。

7.3.3 长高比 $0.5\leqslant x/y\leqslant4$

槽壁最小厚度按式(16)计算:

$$t=\sqrt{\beta_1\frac{py^2}{\sigma_{\text{al.}}}} \quad\cdots\cdots(16)$$

槽壁最大挠度按式(17)计算:

$$f=\frac{\alpha_1 py^4}{E_{\text{c(al.)D}}t^3} \quad\cdots\cdots(17)$$

α_1、β_1 值见表 7。

7.3.4 长高比 $x/y>4$

槽壁最小厚度按式(18)计算:

$$t=\sqrt{\frac{py^2}{\sigma_{\text{al.}}}} \quad\cdots\cdots(18)$$

槽壁最大挠度按式(19)计算:

$$f=\frac{py^4}{2.5E_{\text{c(al.)D}}t^3} \quad\cdots\cdots(19)$$

注:此时槽壁假定为受三角形载荷的悬臂梁。

7.4 均匀刚性支撑带槽口加强筋储槽

7.4.1 槽壁厚度的计算

7.4.1.1 计算槽壁最小厚度时,假定槽口加强筋构成固端支撑,见图 16。槽底厚度应不小于槽壁厚度的 0.8 倍。

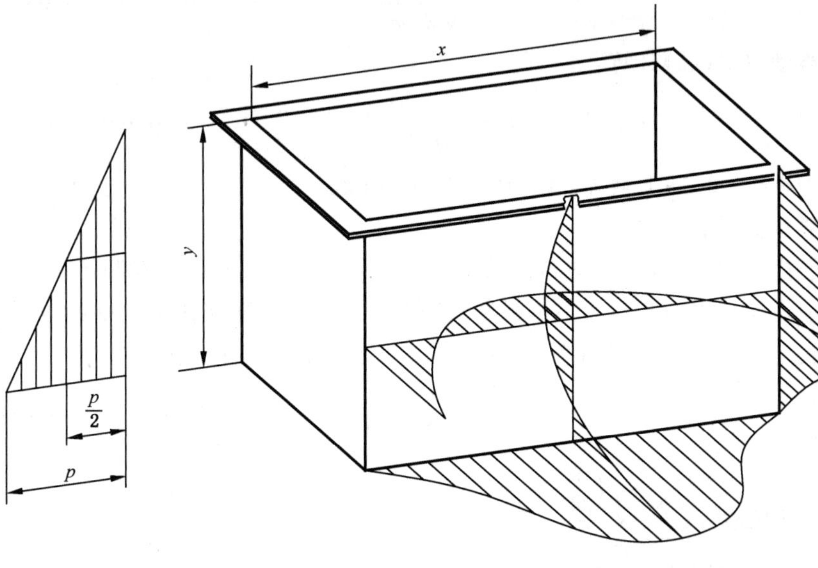

$p/2$=平均静压值

图 16 带槽口加强筋储槽的弯矩分布图

7.4.1.2 长高比 $x/y<0.5$

槽壁最小厚度按式(20)计算:

$$t=\sqrt{\frac{px^2}{3\sigma_{\mathrm{al.}}}} \quad\cdots\cdots(20)$$

注1:用于计算槽壁厚度的式(20)是将槽壁假定为两端固结、受均布载荷的梁,分母系数为2,参考测试值,该系数提高到3。

槽壁最大挠度按式(21)计算:

$$f=\frac{px^4}{32kE_{\mathrm{c(al.)D}}t^3} \quad\cdots\cdots(21)$$

修正系数 k,在 $1(x/y\approx0.1)$ 和 $2(x/y\approx0.5)$ 之间内插取值。

注2:用于计算挠度的式(15)是将槽壁假定为两端固结、受均布载荷的梁,分母系数为32,基于平板理论的公式更精确,如果 $x/y\approx0.5$,导出的系数为68。因此引入了修正系数 k,它主要取决于 x/y 的值。

7.4.1.3 长高比 $0.5\leqslant x/y\leqslant2$

槽壁最小厚度按式(22)计算:

$$t=\sqrt{\frac{\beta_2 py^2}{\sigma_{\mathrm{al.}}}} \quad\cdots\cdots(22)$$

槽壁最大挠度按式(23)计算:

$$f=\frac{\alpha_2 py^4}{E_{\mathrm{c(al.)D}}t^3} \quad\cdots\cdots(23)$$

α_2、β_2 值见表7。

7.4.1.4 长高比 $x/y>2$

槽壁最小厚度按式(24)计算:

$$t=\sqrt{\frac{py^2}{2.5\sigma_{\mathrm{al.}}}} \quad\cdots\cdots(24)$$

槽壁最大挠度按式(25)计算:

$$f=\frac{py^4}{35E_{\mathrm{c(al.)D}}t^3} \quad\cdots\cdots(25)$$

注:此时槽壁假定为受三角形载荷一端固结、一端简支的梁。

7.4.2 槽口加强筋的计算

槽口加强筋挠度的计算,取受均布载荷的简支梁($f=5/384$)和固端梁($f=1/384$)挠度的平均值。槽口加强筋承担的载荷为该侧槽壁载荷的1/5。该加强筋作为槽壁的固定支撑,所以挠度不应大于长度和高度二者较小值的1%。槽口加强筋的挠度按式(26)计算:

$$f=\frac{pyx^4}{1\,280EJ} \quad\cdots\cdots(26)$$

注:$p/1\,280$ 源于公式:$\frac{p}{2\times5}\times\frac{\left(\frac{5}{384}+\frac{1}{384}\right)}{2}=\frac{p}{10}\times\frac{1}{128}$。

槽口加强筋最大弯矩按式(27)计算:

$$M=\frac{pyx^2}{100} \quad\cdots\cdots(27)$$

槽口加强筋抗弯模量按式(28)计算:

$$W=\frac{pyx^2}{100\sigma_{al.}} \qquad \cdots\cdots(28)$$

当将此挠度应用于设计计算时,槽口加强筋惯性矩按式(29)计算:

$$J=\frac{pyx^4}{1\,280Ef} \qquad \cdots\cdots(29)$$

注:槽口加强筋的弯矩,假定是两端简支和两端固结的中间态。

$$M=\frac{Fx}{10}$$

假定槽壁是底部固结,槽口加强筋处简支,因此,槽口加强筋的载荷为槽壁载荷的1/5。

$$F=\frac{1}{5}\ \frac{pxy}{2}$$

当 p 为储槽底压力时,可以推导出以下公式:

$$M=\frac{pyx^2}{100}$$

挠度也采取同样的步骤,见式(26)。

7.5 均匀刚性支撑带水平加强筋的储槽

7.5.1 本设计原则上用于大型储槽。储槽厚度应依据每个区格分别计算。区格的高度可以通过上述方法确定,尽可能与槽壁的厚度相匹配。另外,区格的高度可以设定,以使每个加强筋受力均衡。加强筋的重量可忽略不计。

槽底厚度应与槽壁厚度相近。

7.5.2 最小槽壁厚度的计算

7.5.2.1 每个区格依据其位置及长高比确定计算方法,高度 y 由区格高度 $y_n(n=1,2,3\cdots)$ 替代。

7.5.2.2 上端区格的计算

依据7.4.1所示的公式计算此区格时,用区格下部压力作为区格的侧压力计算。

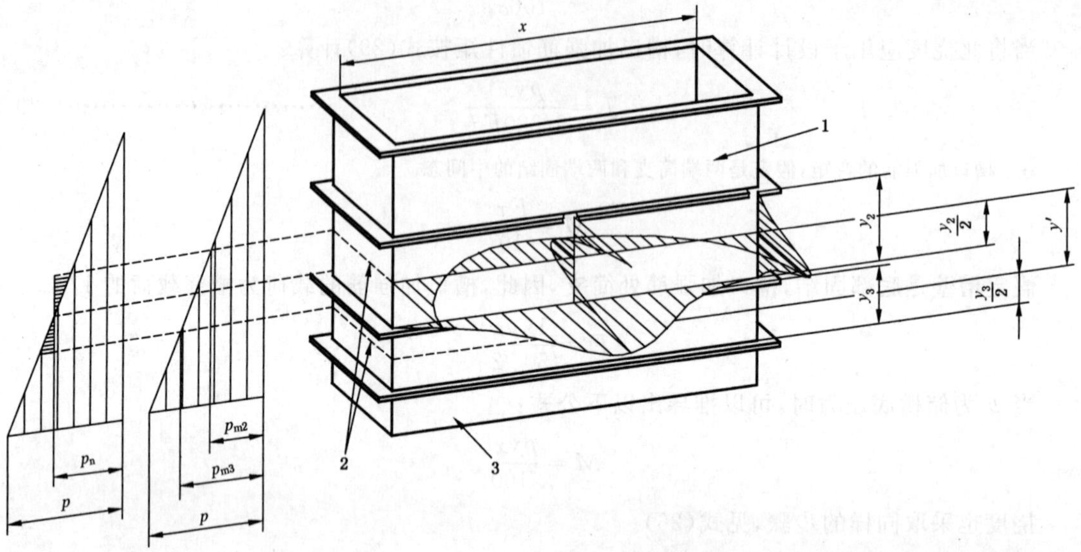

1——上端区格；

2——中间区格；

3——底部区格。

图 17　带水平加强筋储槽的弯矩分布图

7.5.2.3　中间及底部区格的计算

7.5.2.3.1　计算时压力值依据图 17 确定。

7.5.2.3.2　长高比 $x/y<0.5$

使用 7.4.1.2 的公式计算。

7.5.2.3.3　长高比 $0.5\leqslant x/y\leqslant 2$

槽壁最小厚度按式(30)计算：

$$t=\sqrt{\frac{\beta_3 p_{\mathrm{m}} y^2}{\sigma_{\mathrm{al.}}}} \qquad\cdots\cdots(30)$$

槽壁最大挠度按式(31)计算，α_3 和 β_3 值见表 7：

$$f=\frac{\alpha_3 p_{\mathrm{m}} y^4}{E_{\mathrm{c(al.)D}} t^3} \qquad\cdots\cdots(31)$$

7.5.2.3.4　长高比 $x/y>2$

槽壁最小厚度按式(32)计算：

$$t=\sqrt{\frac{p_{\mathrm{m}} y^2}{2\sigma_{\mathrm{al.}}}} \qquad\cdots\cdots(32)$$

槽壁最大挠度按式(33)计算：

$$f=\frac{p_{\mathrm{m}} y^4}{32E_{\mathrm{c(al.)D}} t^3} \qquad\cdots\cdots(33)$$

注：此公式假定槽壁受均布载荷。

7.5.3 水平加强筋的计算

加强筋假定为简支梁和固端梁的中间状态,该假定前提是节点接头处连接良好。相应的静压力 $p_n(n=1,2,3\cdots)$ 由图 17 所示计算单元确定(上、下两区格中点压力之和的 1/2)。加强筋尺寸依据其挠度确定,挠度不得超过底部区格高度的 1%,以适用于储槽底部的焊接。槽口加强筋以外的加强筋按式(34)~式(36)计算:

$$f=\frac{p_{\rm n}y'x^4}{128EJ} \qquad \cdots\cdots(34)$$

$$M=\frac{p_{\rm n}y'x^2}{10} \qquad \cdots\cdots(35)$$

$$W=\frac{p_{\rm n}y'x^2}{10\sigma_{\rm al.}} \qquad \cdots\cdots(36)$$

式(34)~式(36)是确定加强筋断面尺寸的依据。断面尺寸也可以由供需双方协商确定。

槽口加强筋按 7.4.2 计算。靠近槽口加强筋的中间加强筋处的压力由上部区格高度 y_1 确定。

7.6 均匀刚性支撑带水平和竖直加强筋储槽

7.6.1 槽壁最小厚度、槽底厚度的计算及水平加强筋的设计,按 7.5 中公式计算。

7.6.2 竖直加强筋的计算

本章设计方法的基础是,槽口加强筋受均布载荷,支撑介于简支梁和固端梁之间,其挠度为中间值。为了使其更接近于固端支撑,槽口加强筋最大挠度不得大于上端区格短边长度的 1%。

由于槽口加强筋用于竖直加强筋的支撑,计算总长度取图 18 中 x' 的 1/2。

竖直加强筋的设计按式(37)~式(39)计算:

$$f=\frac{px'y^4}{255EJ} \qquad \cdots\cdots(37)$$

$$M=\frac{px'y^2}{17.5} \qquad \cdots\cdots(38)$$

$$W=\frac{px'y^2}{17.5\sigma_{\rm al.}} \qquad \cdots\cdots(39)$$

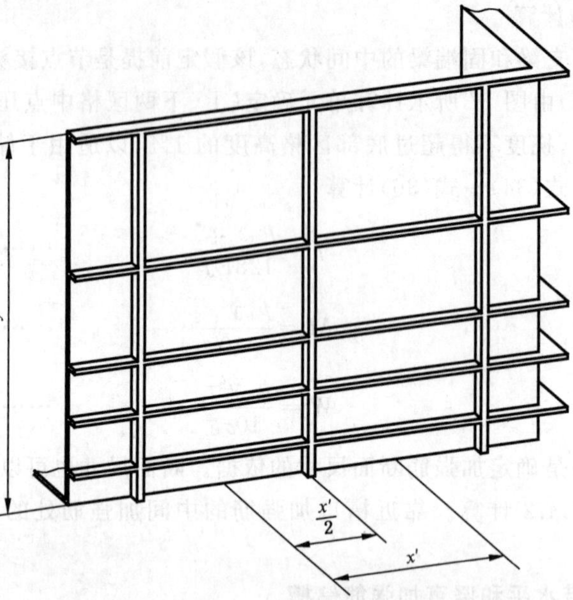

图 18　带有水平和竖直加强筋的储槽

7.7　带有 U 型加强筋储槽

7.7.1　此结构形式适用于槽体狭长、不宜采用水平加强筋的储槽，如图 19 所示。

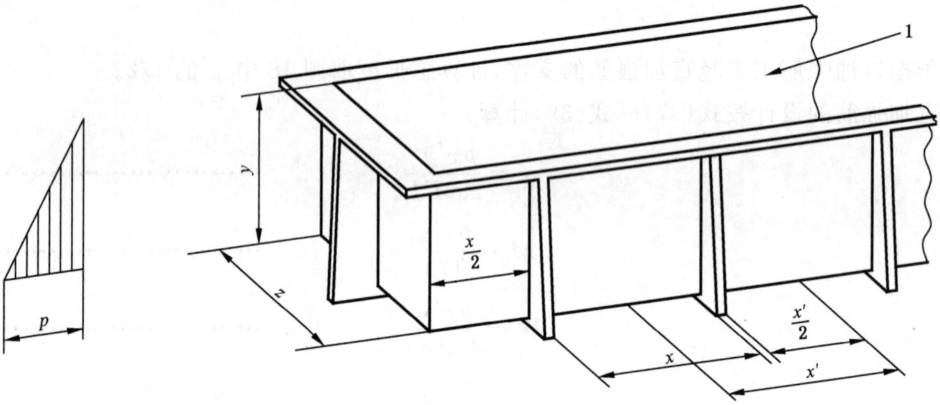

1——槽壁为热塑性塑料板材。

注：弯矩分布如图 16 所示。

图 19　带有 U 形加强筋储槽

7.7.2　槽壁最小厚度的计算

按 7.4.1 中的公式计算。

7.7.3　槽底厚度确定

7.7.3.1　长宽比 $x/z<0.5$

槽底最小厚度按式(40)计算：

$$t=\sqrt{\frac{px^2}{3\sigma_{\mathrm{al.}}}} \qquad \cdots\cdots(40)$$

槽底最大挠度按式(41)计算：

$$f=\frac{px^4}{16kE_{c(al.)D}t^3} \qquad (41)$$

修正系数 k，在 $1(x/y\approx0.1)$ 和 $2(x/y\approx0.5)$ 之间内插取值。

7.7.3.2 长宽比 $0.5\leqslant x/z\leqslant2$

槽底最小厚度按式(42)计算：

$$t=\sqrt{\frac{\beta_3 pz^2}{\sigma_{al.}}} \qquad (42)$$

槽底最大挠度按式(43)计算：

$$f=\frac{\alpha_3 pz^4}{E_{c(al.)D}t^3} \qquad (43)$$

7.7.3.3 长宽比 $x/z>2$

槽底最小厚度按式(44)计算：

$$t=\sqrt{\frac{pz^2}{2\sigma_{al.}}} \qquad (44)$$

槽底最大挠度按式(45)计算：

$$f=\frac{pz^4}{32E_{c(al.)D}t^3} \qquad (45)$$

7.7.4 U 型加强筋的计算

设计 U 型加强筋时，可将其看成由两侧竖直部分和底部横梁部分构成。两侧竖直部分假定为下端固定受三角形载荷的悬臂梁，底部横梁部分受力相当于槽底压力。

7.8 槽盖的计算

7.8.1 设计时依据平板理论计算。首先设计不带加强筋的槽盖。如果温度超过 60 ℃，须在槽盖上安装加强筋。字母 x 表示长边。

7.8.2 四边简支槽盖

四边简支的槽盖最小厚度(见图 20)按式(46)计算：

$$t=\sqrt{\frac{\beta_5 p_D x^2}{\sigma_{al.}}} \qquad (46)$$

槽盖最大挠度按式(47)计算：

$$f=\frac{\alpha_5 p_D x^4}{E_{c(al.)D}t^3} \qquad (47)$$

α_5、β_5 值见表 7。

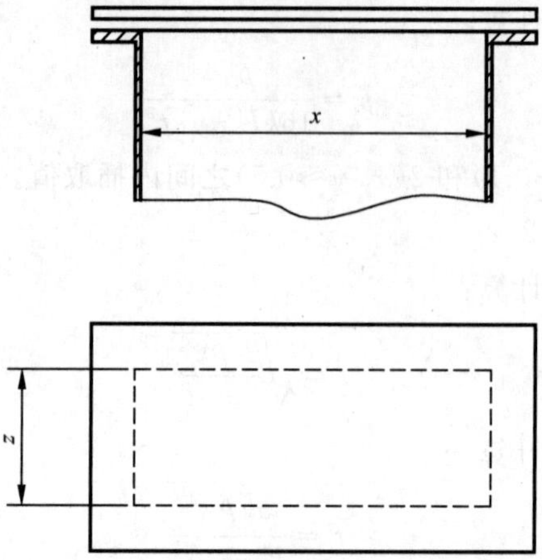

图 20　槽盖参考尺寸

7.8.3　固结槽盖

7.8.3.1　图 21 及图 22 所示的参考尺寸用于计算受内部和外部压力作用的槽盖。

7.8.3.2　长宽比 $1 \leqslant x/z \leqslant 2$

槽盖最小厚度按式(48)计算：

$$t=\sqrt{\frac{\beta_3 p_D x^2}{\sigma_{al.}}} \qquad \cdots\cdots(48)$$

槽盖最大挠度按式(49)计算：

$$f=\frac{\alpha_3 p_D x^4}{E_{c(al.)D} t^3} \qquad \cdots\cdots(49)$$

7.8.3.3　长宽比 $x/z > 2$

槽盖最小厚度按式(50)计算：

$$t=\sqrt{\frac{p_D x^2}{2\sigma_{al.}}} \qquad \cdots\cdots(50)$$

槽盖最大挠度按式(51)计算：

$$f=\frac{p_D x^4}{32 E_{c(al.)D} t^3} \qquad \cdots\cdots(51)$$

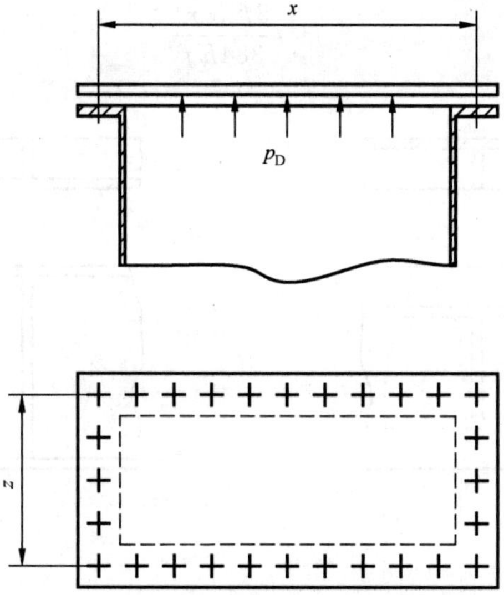

图 21 受内压作用的槽盖参考尺寸

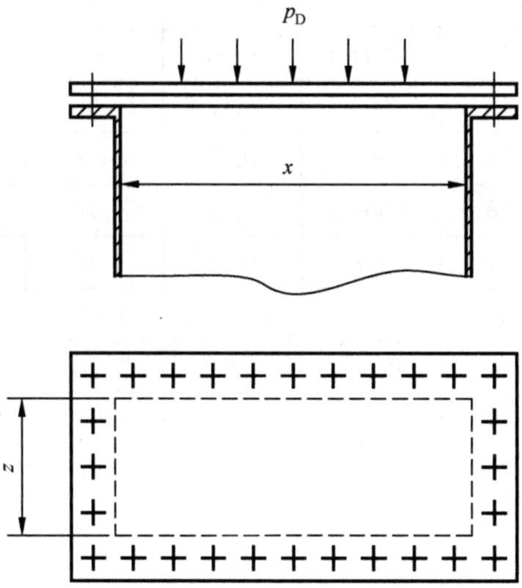

图 22 受外压作用的槽盖参考尺寸

7.8.4 带加强筋槽盖

7.8.4.1 槽盖厚度及挠度的计算

按 7.8.3.2 和 7.8.3.3 所示的公式计算。

7.8.4.2 槽盖加强筋的尺寸确定

带加强筋槽盖的抗弯模量 W(见图 23)按式(52)计算：

$$W=\frac{x^2 z p_D}{8\sigma_{al.}} \qquad (52)$$

当依据挠度进行设计计算时，加强筋板的惯性矩按式(53)计算：

$$J=\frac{5p_{D}zx^{4}}{384Ef} \quad \cdots\cdots(53)$$

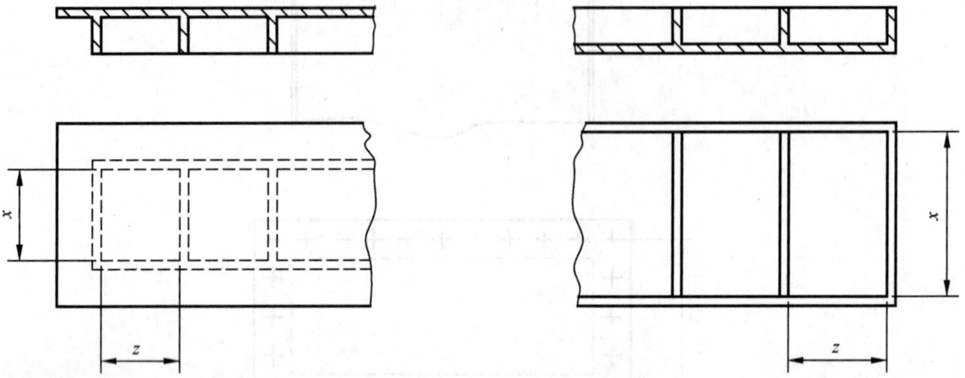

图 23 带加强筋槽盖的参考尺寸

表 7 变形系数 **α** 及应力系数 **β**

x/y 或 x/z	α_1	β_1	α_2	β_2	α_3	β_3	α_5	β_5
0.5	0.000 9	0.09	0.000 92	0.074	0.001 9	0.13	—	—
0.6	0.002 0	0.10	0.002 0	0.097	0.003 7	0.17	—	—
0.7	0.003 5	0.12	0.003 2	0.12	0.006 1	0.22	—	—
0.8	0.005 5	0.15	0.004 9	0.15	0.009 0	0.26	—	—
0.9	0.007 5	0.18	0.006 8	0.18	0.012	0.29	—	—
1.0	0.011	0.21	0.008 8	0.21	0.015	0.31	0.045	0.29
1.2	0.017	0.27	0.013	0.26	0.021	0.39	0.063	0.38
1.4	0.028	0.33	0.017	0.31	0.025	0.44	0.078	0.45
1.6	0.046	0.43	0.020	0.34	0.028	0.47	0.09	0.52
1.8	0.061	0.45	0.022	0.35	0.029	0.49	0.10	0.57
2.0	0.082	0.50	0.024	0.36	0.031	0.50	0.11	0.61
2.5	0.138	0.64	0.025 8	0.37	0.031	0.50	0.13	0.68
3.0	0.194	0.74	0.026 0	0.37	0.031	0.50	0.14	0.71
4.0	0.259	0.87	0.026 4	0.38	0.031	0.50	0.14	0.74
∞	0.4	1.0	0.029	0.4	0.031	0.50	0.14	0.75
注：使用线性内插法来确定中间值。								

8 法兰及其连接的设计

8.1 符号及缩写

A_1——比强度作用影响的换算系数，见附录 C；

A_{2k}——介质影响的换算系数,见附录C;
a——焊缝厚度,mm;
b——双倍法兰盘有效宽度,mm;
b_D——垫圈宽度,mm;
C_1——焊接工艺常数;
C——腐蚀裕量,mm;
d_D——垫片的平均直径,mm;
d_K——螺栓根径,mm;
d_L——螺栓孔直径,mm;
d_L'——减小的螺栓孔径,mm;
d_a——法兰的外径,mm;
d_i——法兰管的内径,mm;
d_t——法兰螺栓孔中心直径,mm;
d_1——松套法兰内径,mm;
d_2——法兰与松套法兰环接触环面的平均直径,mm;
d_3——$d_1+2\times$法兰倒角半径,mm,见图40;
f_1——焊接坡口深度,mm;
h_D——垫片厚度,mm;
h_F——法兰厚度,mm;
K——设计温度及设计寿命条件下的蠕变强度,MPa,见附录C;
K'——试验条件下(温度及时间)的蠕变强度,MPa;
K_D——垫片材料的变形阻力,MPa;
K_{F1}——压紧垫环材料(金属)的许用屈服应力,MPa;
K_{Schr}——螺栓材料的许用屈服应力,MPa;
k_o——垫片在安装条件下的特征值,mm;
k_1——垫片在使用条件下的特征值,mm;
L_a——法兰颈高度,mm;
l——螺栓受力的杠杆臂,mm;
n——螺栓数量;
P_{DV}——安装受力,N;
p_{F1}——表面压力,MPa;
P_{SB}——使用条件下的螺栓受力,N;
P_{SB}'——试验压力下的螺栓受力,N;
P_{SO}——安装条件下的螺栓受力,N;
p——操作压力,0.1 MPa;
p'——试验压力,0.1 MPa;
S——安全系数,见第4章;
S_M——金属在使用条件下的安全系数;
S_M'——金属在测试及安装条件下的安全系数;
t——罐体的壁厚,mm;

ν——阻尼系数；

W_1,W_2,W_3——法兰的抗弯模量，mm^3；

y_1,y_2——作用于O形圈的受力臂，mm；

α——倒角，(°)。

8.2 设计

8.2.1 总则

图24～图27为各种法兰示意图。

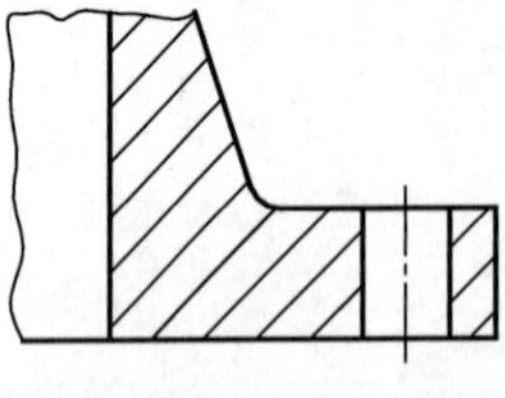

图24 模塑整体平面法兰

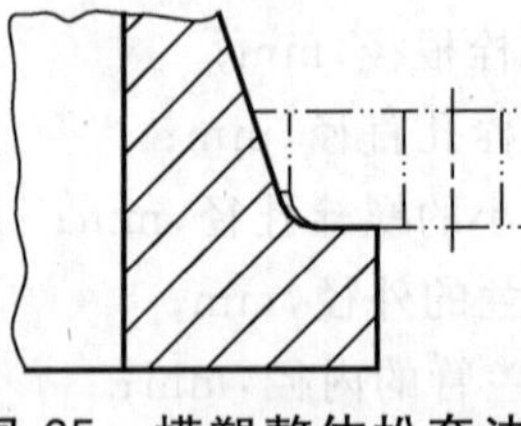

图25 模塑整体松套法兰

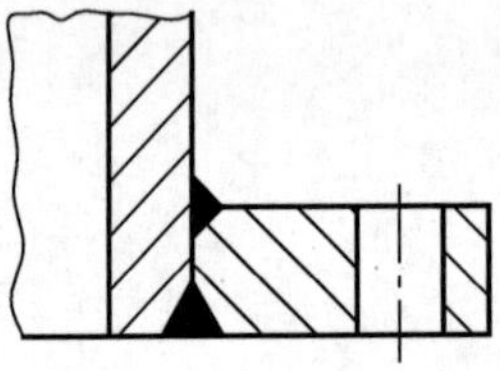

图26 镶焊平面法兰

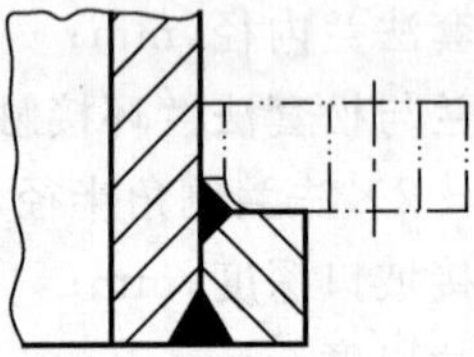

图27 镶焊松套法兰

所有法兰在设计时，均应采用整体垫片或O形垫圈，见图28～图33。

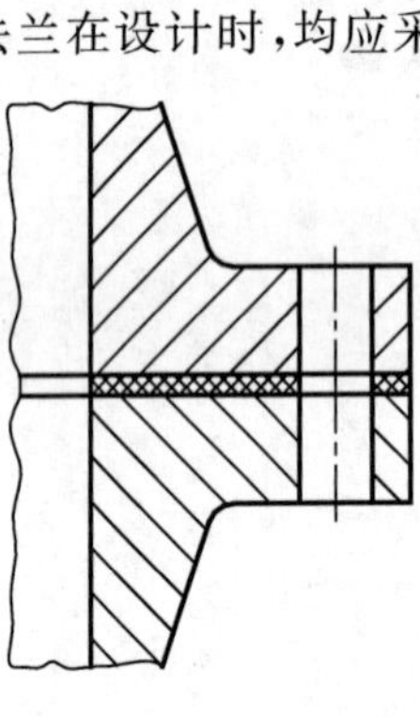

图28 带整体垫片的平面法兰

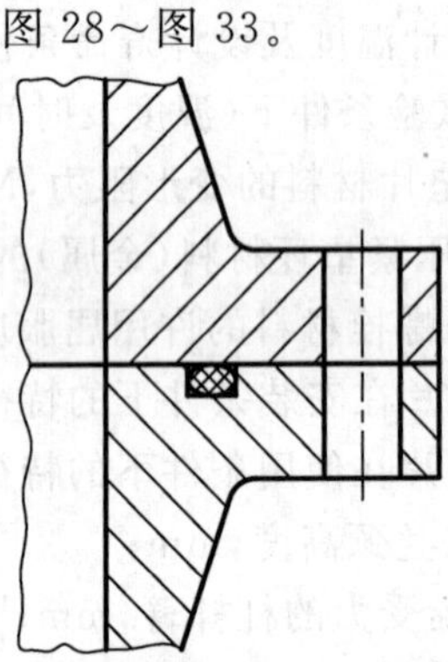

图29 带O形垫圈的平面法兰

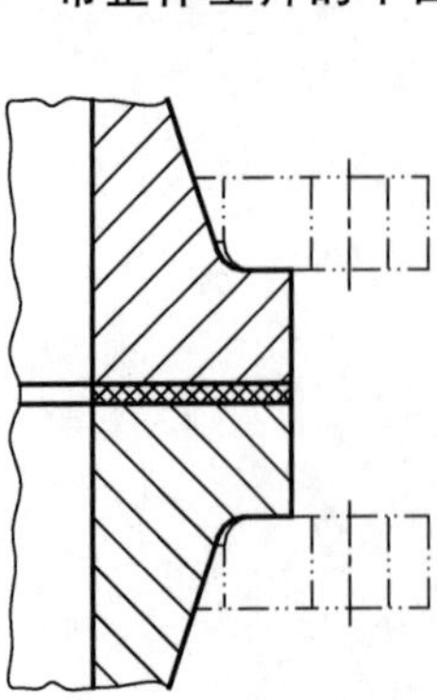

图30 带整体垫片的松套法兰

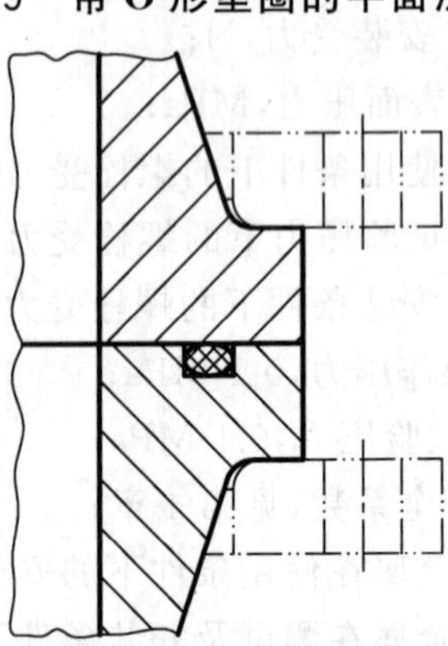

图31 带O形垫圈的松套法兰

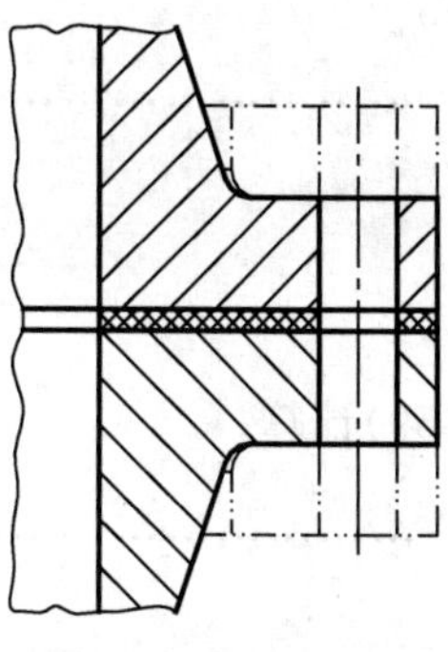

图 32　平面法兰及压紧金属垫环

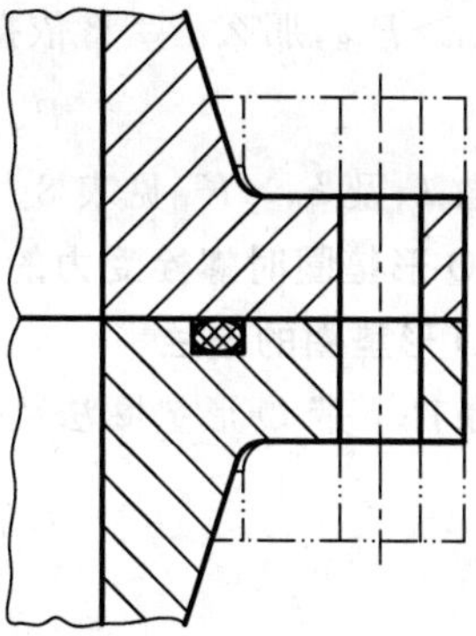

图 33　平面法兰及压紧金属垫环

8.2.2　**设计原理**

为保证密封性螺栓数量应尽可能多些，螺栓数量不应少于 4 个，塑料法兰上的螺栓间隔不宜超过 $5d_L$ 且不宜大于 80 mm。

压力小时，法兰计算厚度会很薄，为避免法兰因螺栓受力而变形，法兰厚度不宜小于 10 mm。

储罐侧壁法兰低于液面高度时，宜采用压紧垫环(如玻璃钢或钢制)，见图 32 及图 33。

注：在选择垫片材料时，应考虑材料的耐热性及耐化学腐蚀性，宜使用软质垫片。

8.2.3　**法兰连接尺寸**

法兰连接尺寸应符合 HG 20593 标准，如有特殊要求应在设计图样中注明。

8.3　**螺栓性能指标的计算**

8.3.1　钢制螺栓根径取按式(54)和式(55)计算的较大值。

a)　使用条件下：

$$d_k = z\sqrt{\frac{P_{SB}}{K_{Schr}n}} + C \qquad \cdots\cdots(54)$$

b)　安装条件下：

$$d_k = z\sqrt{\frac{P_{SO}}{K_{Schr}n}} + C \qquad \cdots\cdots(55)$$

式中：

z——1.75；

C——3 mm。

式(54)和式(55)中未考虑热膨胀等效应。

8.3.2　**使用整体垫片时螺栓受力的计算**

8.3.2.1　**使用条件**

螺栓在使用条件下的受力按式(56)计算。

$$P_{SB} = \frac{p}{10}\left(\frac{\pi d_D^2}{4} + 3.8d_D k_1\right) \qquad \cdots\cdots(56)$$

8.3.2.2　**安装条件**

螺栓在安装条件下的受力按式(57)计算。

$$P_{SO} = P_{DV} = \pi d_D k_0 K_D \qquad \cdots\cdots(57)$$

如果 $P_{SO}>P_{SB}$,那么 P_{SO}将依据式(58)计算。

$$P_{SO}=0.2P_{DV}+0.8\sqrt{P_{SB}P_{DV}} \qquad (58)$$

垫片参数 k_1及 $k_o\times K_D$见表 8。

8.3.3 使用 O 形垫圈时螺栓受力的计算

8.3.3.1 带 O 形垫圈的法兰

在使用条件下带 O 形垫圈法兰上的螺栓受力见图 34,按式(59)计算。

$$P_{SB}=\frac{p\pi d_D^2}{40}\times\frac{y_1}{y_2} \qquad (59)$$

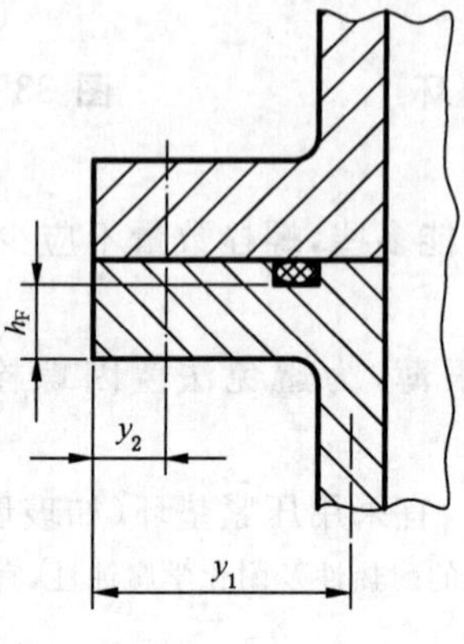

图 34 带 O 形垫圈法兰

8.3.3.2 带 O 形垫圈的松套法兰

在使用条件下,带 O 形垫圈的松套法兰的螺栓受力见图 35,按式(60)计算。

$$P_{SB}=\frac{p\pi d_D^2}{40} \qquad (60)$$

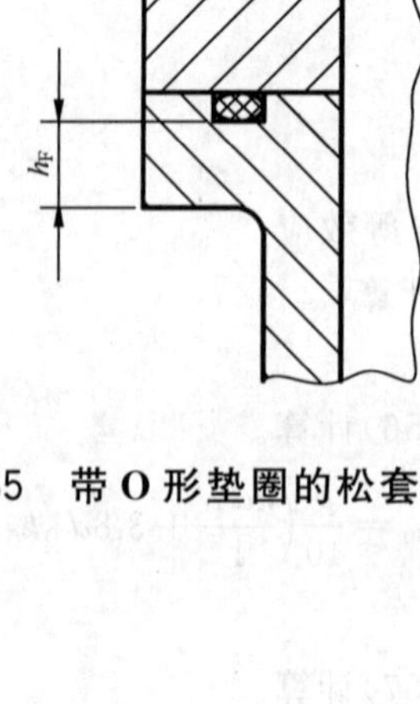

图 35 带 O 形垫圈的松套法兰

表 8　用于液体、气体及蒸汽的垫片参数

垫片型式[a]		材质	垫片参数[b]			
带孔	不带孔		用于液体		用于气体及蒸汽	
			$k_o \cdot K_D$ N/mm	k_1 mm	$k_o \cdot K_D$ N/mm	k_1 mm
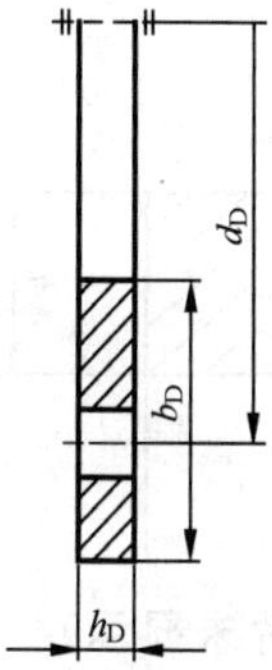	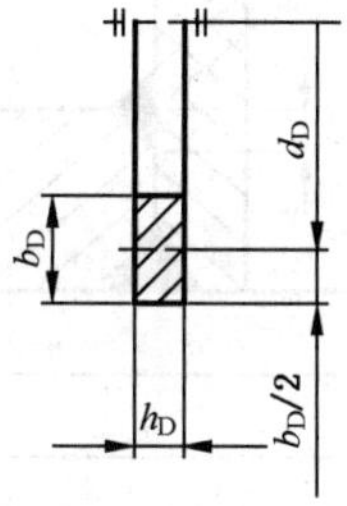	橡胶	$1b_D$	$0.5b_D$	$2b_D$	$0.5b_D$
		聚四氟乙烯	$20b_D$	$1.1b_D$	$25b_D$	$1.1b_D$

a　法兰整体垫片的有效宽度为 $0.5b_D$。

b　垫片材质硬度应低于法兰材质硬度。

8.4　法兰厚度计算

8.4.1　抗弯模量计算

法兰的设计由所要求的最大的法兰抗弯模量决定。

使用条件下法兰抗弯模量按式(61)计算。

$$W_1 = \frac{P_{SB} A_1 A_{2K} S}{K} l \qquad (61)$$

测试条件下法兰抗弯模量按式(62)计算。

$$W_2 = \frac{P'_{SB} A_1 S}{K'} l \qquad (62)$$

安装条件下 W_3 不受影响，K、K'、A_1、A_{2K} 及 S 见附录 C。

8.4.2　带整体垫片或 O 形垫圈的模塑整体平面法兰及镶焊平面法兰

使用及测试条件下螺栓受力臂，见图 36 及图 37，按式(63)计算。

$$l = \frac{d_t - d_i - t}{2} \qquad (63)$$

安装条件下螺栓受力臂为 0。

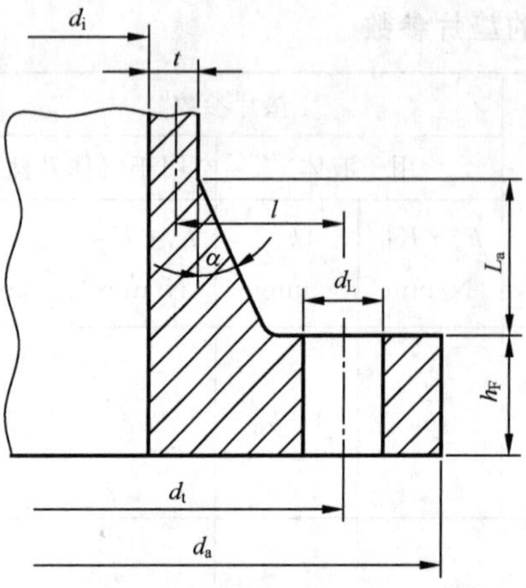

图 36　模塑整体平面法兰(垫片未显示)

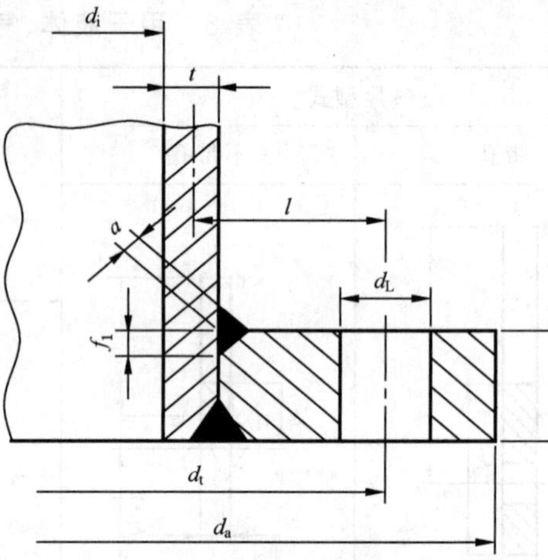

图 37　镶焊平面法兰(垫片未显示)

法兰厚度按式(64)计算。

$$h_F = C\sqrt{\frac{C_1 W}{d_t \pi - d_L n}} \quad \cdots\cdots(64)$$

式中：

W——取 W_1 和 W_2 的较大值；

C、C_1——模塑整体平面法兰：$C=0.9$、$C_1=2$；

镶焊平面法兰：$C=1.1$、$C_1=3$。

8.4.3　带整体垫片或O形垫圈的模塑整体松套法兰及镶焊松套法兰

使用及测试条件下螺栓受力臂，见图38及图39，按式(65)计算。

$$l = \frac{d_2 - d_i - t}{2} \quad \cdots\cdots(65)$$

安装条件下螺栓受力臂为0。

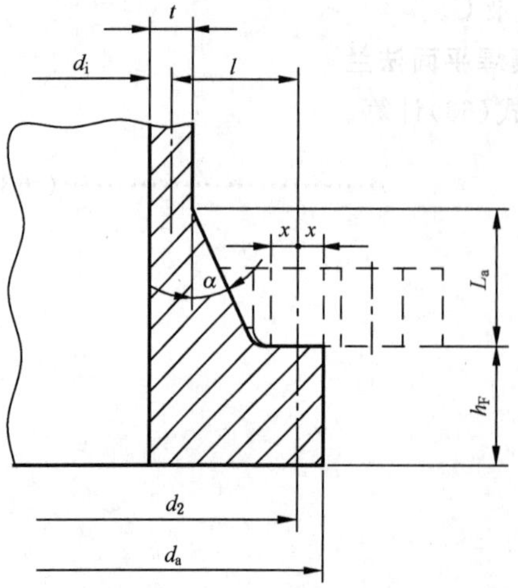

图 38　模塑整体松套法兰(垫片未显示)

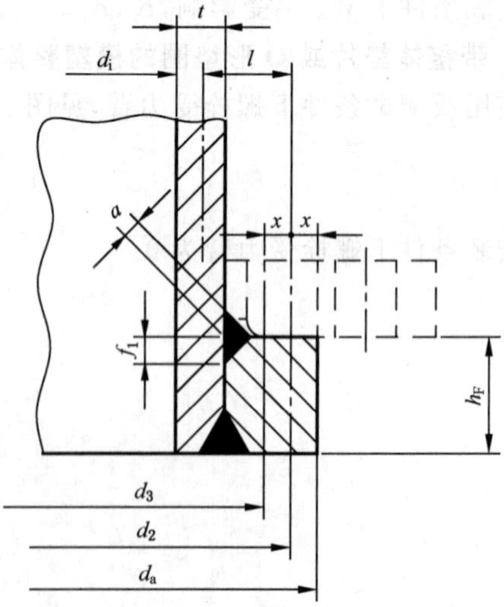

图 39　镶焊松套法兰(垫片未显示)

法兰厚度按式(66)计算。

$$h_F = C\sqrt{\frac{C_1 W}{d_2 \pi}} \qquad (66)$$

式中：

W——取 W_1 和 W_2 的较大值。

C、C_1——模塑整体管法兰：$C=0.9$、$C_1=2$；

镶焊管法兰：$C=1.1$、$C_1=3$。

锁紧环与管法兰之间的表面压力按式(67)及式(68)进行计算及估定。

$$p_{F1} = \frac{1.27P_{SB}}{(d_a^2 - d_3^2)} \leqslant K \qquad (67)$$

$$p_{F1} = \frac{1.27P_{SO}}{(d_a^2 - d_3^2)} \leqslant K \qquad (68)$$

8.5 金属松套法兰的计算

法兰的设计由所要求法兰抗弯模量的最大值 W_1、W_2 和 W_3 决定，见图 40。

使用条件下，法兰抗弯模量 W_1 按式(69)计算。

$$W_1 = \frac{P_{SB} S_M}{K_{Fl}} l \qquad (69)$$

测试条件下，法兰抗弯模量 W_2 按式(70)计算。

$$W_2 = \frac{P'_{SB} S'_M}{K_{Fl}} l \qquad (70)$$

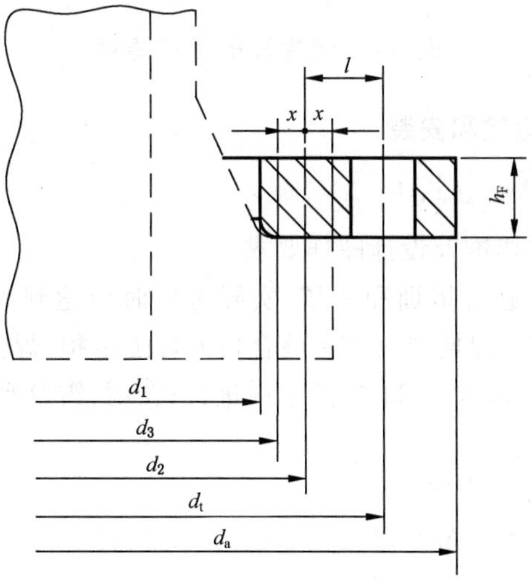

图 40 金属松套法兰

安装条件下，法兰抗弯模量 W_3 按式(71)计算。

$$W_3 = \frac{P_{SO} \times S'_M}{K_{Fl}} \times l \qquad (71)$$

如 $P_{SO} > P_{SB}$，式(69)中的 P_{SB} 值可由 P_{SO} 替代，则不需要式(71)。

K_{Fl}、S_M 及 S_M' 值见附录 F。

使用条件、测试条件及安装条件下螺栓受力臂，按式(72)计算。

$$l=\frac{d_{\mathrm{t}}-d_2}{2} \qquad \cdots\cdots(72)$$

法兰厚度按式(73)计算。

$$h_{\mathrm{F}}=\sqrt{1.27\frac{W}{b}} \qquad \cdots\cdots(73)$$

式中：

W——取 W_1、W_2 和 W_3 中的最大值，并且 $b=d_{\mathrm{a}}-d_1-2d'_{\mathrm{L}}$；

d'_{L}——按式(74)计算。

$$d'_{\mathrm{L}}=Vd_{\mathrm{L}} \qquad \cdots\cdots(74)$$

在此 V 值根据图 41 所示的曲线确定。

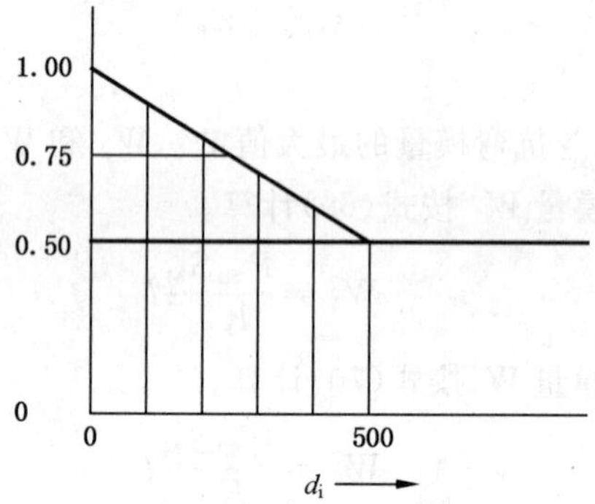

图 41　螺栓孔的递减直径

9　制造、检验、标志、包装、运输和安装

9.1　制造

9.1.1　储罐的制造应符合本标准及设计图样要求。

9.1.2　储罐制造厂应对焊工进行培训和考核，实际考核时应达到焊缝均匀、表面光滑、短期焊接系数不低于表 C.2 的要求。焊接应由经考核合格的焊工承担，焊接时应遵守焊接工艺规程。

9.1.3　焊接宜在环境温度为 10 ℃～30 ℃的室内进行；在雨、雪及刮风的环境下施焊，应采取有效防护措施。

9.1.4　焊缝结构及形式参见附录 D。

9.1.5　焊缝对口错边量不应大于最小对接板厚度的 10%，且不大于 2 mm。

9.1.6　筒节长度一般取板幅宽度为宜，最短筒节不宜小于 500 mm。

9.1.7　筒节间纵向焊缝应错开，错开间距不宜小于 200 mm。

9.1.8　接管法兰开孔宜避开罐体的纵环焊缝。

9.1.9　法兰面应垂直于接管或罐体的主轴中心线。接管法兰应保证法兰面的水平或垂直(如有特殊要求应按图样规定)，其偏差均不得超过法兰外径的 1%(法兰外径小于 100 mm 时，按 100 mm 计算)，且不大于 3 mm。

9.1.10　法兰的螺栓孔应与罐体主轴线或铅垂线跨中布置，见图 42。有特殊要求时应在设计图样上注明。

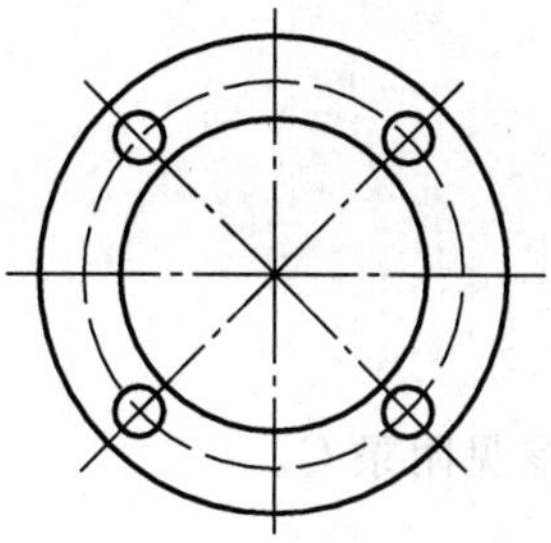

图 42　接管法兰安装

9.2　检验

9.2.1　所有用于制造储罐的材料均应具有质量合格证明及检验报告,各项指标均应符合本标准及相关国家标准的要求。

9.2.2　所有用于制造储罐的材料有以下情况之一的,应当进行复验:

a)　设计图样要求复验的;

b)　用户要求复验的;

c)　材料质量证明书中有缺项的;

d)　制造单位不能确定材料真实性或对材料的性能和成分有怀疑或有疑问的。

9.2.3　下料时应留有足够的加工余量,下料后尺寸应符合图样要求。

9.2.4　焊接坡口尺寸和角焊缝高度应符合工艺要求,对接焊缝错边量符合本标准要求。

9.2.5　检查焊缝外观,焊缝表面应光滑、均匀,无裂纹、无咬边及边缘不饱满现象。

9.2.6　储罐制成后规格尺寸符合图样要求,整体美观、焊缝均匀。

9.2.7　盛水试验,将储罐内盛满水,静置 24 h,储罐不应发生变形和泄漏,如用户需要进行耐压试验,试验压力及合格指标由设计图样规定。

9.2.8　挤出缠绕成型罐体的物理性能应满足表 1 规定,测试时从筒体开孔切割料块上取样。

9.3　标志

标牌应固定在储罐醒目且便于观察的位置上,标牌的固定不得削弱储罐强度,标示的内容应包括:

a)　产品名称;

b)　产品编号;

c)　制造单位名称;

d)　材质;

e)　有效容积;

f)　工作温度;

g)　制造日期;

h)　设备净重;

i)　产品标准编号。

9.4　随机文件

9.4.1　储罐出厂时随机文件中应包括产品合格证、安装使用说明书和竣工图。

9.4.2　安装使用说明书中应至少包括:

a） 适用范围；

b） 吊装和运输注意事项；

c） 保管注意事项；

d） 安装使用要求。

9.5 包装、装车、运输和安装

储罐的包装、装车、运输及安装参见附录G。

附 录 A
(资料性附录)
特殊情况

A.1 非均匀支撑储槽

非均匀支撑储槽通常是放置在支架上，储槽底部计算按7.7.3进行计算。

A.2 平板理论设计方法的适用范围

A.2.1 总则

较大面积的塑料板材不设加强筋时刚性较差，当板材挠度大于板厚的一半时，相当一部分载荷由薄膜张力分担。各种情况的适用范围由刚性系数 N 决定(见图A.1)，N 的计算见式(A.1)。

$$N=\frac{py^4}{E_{c(al.)D}t^4} \quad \cdots\cdots(A.1)$$

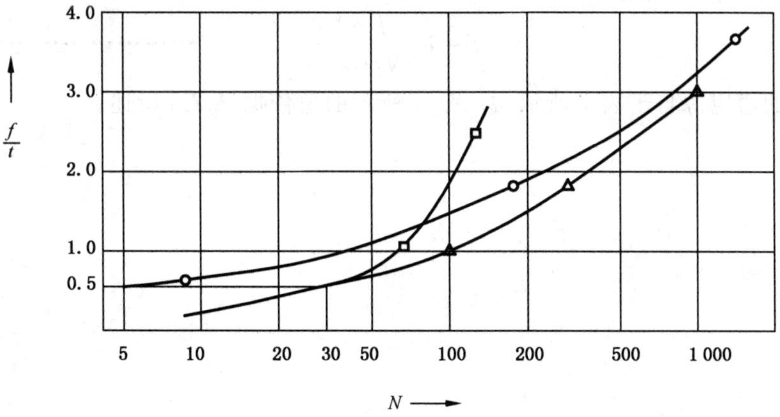

图 A.1 平板理论及薄膜理论的适用范围

A.2.2 刚性系数 N ≤30

公式见7.4和7.7.3。

A.2.3 刚性系数 N >30

可应用板壳理论计算，尤其当长高比接近于1时，$\alpha_4=0.32$ 及 $\beta_4=0.24$，最小壁厚按式(A.2)计算。

$$t=\sqrt{A^2+B}-A \quad \cdots\cdots(A.2)$$

式中：

$A=\frac{\beta_3}{2\beta_4}\times y\sqrt{\frac{\sigma_{al.}}{E_{c(al.)D}}}$；

$B=\frac{py^2\beta_3}{\sigma_{al.}}$。

侧壁最大挠度按式(A.3)计算：

$$f=\sqrt[3]{C+\sqrt{C^2+D}} \qquad \cdots\cdots\cdots\cdots\cdots\cdots(A.3)$$

式中：

$C=\frac{\alpha_4^3}{2}\times\frac{py^4}{E_{c(al.)D}t}$；

$D=\frac{\alpha_4^9 t^6}{27\alpha_3^3}$。

A.2.4 刚性系数 $N>1\,000$

在 N 值非常高的情况下，应依据薄膜原理建立计算公式。(当 $x/y=1$ 对于 $N=1\,000$ 与 $N>30$ 两种情况进行比较，其误差约为 6%)。

最小壁厚按式(A.4)计算：

$$t=\beta_4 py\sqrt{\frac{E_{c(al.)D}}{\sigma_{al.}^3}} \qquad \cdots\cdots\cdots\cdots\cdots\cdots(A.4)$$

侧壁最大的挠度应依据式(A.5)计算：

$$f=\alpha_4\sqrt[3]{\frac{y^4p}{tE_{c(al.)D}}} \qquad \cdots\cdots\cdots\cdots\cdots\cdots(A.5)$$

α_3 及 β_3 的值应源自于表 7 所示，α_4 及 β_4 所示的值依据 A.2.3 所述。

附 录 B
(资料性附录)
静置常压焊接热塑性塑料储罐(槽)使用条件

静置常压焊接热塑性塑料储罐(槽)使用条件应由制造商、最终使用者或其他业界职能人员填写。

B.1 储罐类型和尺寸

a) 圆柱形 □ ;
b) 内径__________ mm、高度__________ mm;
c) 矩形 □ ;
d) 长×宽×高__________(mm×mm×mm);
e) 有效容积__________(m^3)。

B.2 使用条件

a) 储罐安全等级______________;
b) 设计寿命(最低10年):
10年 □ 25年 □ 其他 □ 年 ;
c) 使用时的环境温度范围__________(℃);
d) 工作温度______________(℃);
e) 使用期间温度变化曲线____________(℃和时间);
f) 储罐安装在: 室内 □ 室外 □ ;
g) 附加压力情况。

B.3 内盛介质

a) 密度____________(g/cm^3);
b) 详细组份填于表B.1;
c) 准备使用的溶剂清单;
d) 准备使用的洗涤剂清单。

表 B.1

序号	介质/组份	浓度/%	占总数的百分比/%
1			
2			
3			
4			

B.4 附属设备

详细列出与储罐组合使用的附属设备名称，如：搅拌器、料斗、空气搅拌器等。

注 1：储罐的设计寿命是指用于确定储罐尺寸(如：罐壁厚度)及许用应力时选用的使用期限。它不指担保期。担保期应当由客户和储罐制造商商定。

注 2：储罐内盛介质的性质变化时，要求使用者征求制造方或其他有关机构的意见。

附 录 C
(规范性附录)
焊接的热塑性塑料结构的特征值——
应用于热塑性塑料设备设计的许用应力及蠕变模量的测定

C.1 总则

本附录规定了聚乙烯(PE)、聚丙烯(PP)、聚氯乙烯(PVC)及聚偏二氟乙烯(PVDF)材料焊接的储罐(槽)的设计所必须的特征值的确定办法。该数据用于静置载荷。

C.7 列出了这些材料的最小性能值。如果材料的性能低于 C.7 所列的最小值,则禁止使用。

C.2 符号及缩写

K——设计温度及设计寿命下的蠕变强度,MPa;

S——安全系数;

A_1——比强度影响的换算系数;

A_{2k}——受介质影响的换算系数;

A_{2E}——弹性模量受介质影响所考虑的换算系数;

E_c——设计条件(温度、应力、时间)下材料的蠕变模量,MPa;

$E_{c(al.)St.}$——稳定设计条件下(温度、应力、时间、介质、安全系数)材料的许用蠕变模量,MPa;

$E_{c(al.)D}$——变形设计条件下(温度、应力、时间、介质)材料的许用蠕变模量,MPa;

T——设计温度,℃;

f_s——短期焊接系数;

f_1——长期焊接系数;

$\sigma_{al.}$——设计条件下许用应力,MPa;

σ——主应力,MPa。

C.3 许用应力及模量的测定

构件的设计计算基于长期应用,取决于载荷的特性,通常有 3 种形式:

a) 应力;

b) 变形(例如:挠度);

c) 稳定性(例如:短期或长期丧失稳定性);

应力的设计计算应参照蠕变强度,多数情况存在多轴应力,最大主应力不应超过许用蠕变强度。

许用值由材料对应的换算系数、焊接系数、安全系数导出。

在变形及稳定性方面,关键设计参数为蠕变模量。可由蠕变模量时间-温度-应力变化图查出。如果发生稳定性问题,应考虑选择合适的安全系数。

C.3.1 依据强度进行的设计计算

许用应力与材料的蠕变强度、换算系数、焊接系数及安全系数有关。

$$\sigma_{al.}=\frac{Kf_1}{A_1A_{2K}S} \quad \cdots\cdots(C.1)$$

作为设计基础的蠕变强度 K 可以通过 C.7.1 图表中的工作时间-工作温度曲线上查出。

C.3.2 依据稳定性及变形进行的设计

热塑性塑料在应用中,用蠕变模量(E_c)代替理论力学中的弹性模量。蠕变模量取决于时间、应力及温度,同时也取决于介质(尤其是有溶胀效应的介质)。对于所用材料的蠕变模量可通过其相应的蠕变模量曲线查出(图 C.13~图 C.27)。

蠕变模量应用于:

a) 在稳定性的计算中:

$$E_{c(al.)St.}=\frac{E_c}{A_{2E}\times S} \quad \cdots\cdots(C.2)$$

b) 变形的计算中:

$$E_{c(al.)D}=\frac{E_c}{A_{2E}} \quad \cdots\cdots(C.3)$$

C.4 换算系数

C.4.1 换算系数 A_2

C.4.1.1 换算系数 A_{2K}

换算系数 A_{2K} 量化了工作介质对热塑性塑料材料蠕变强度的影响。

C.7.3 的表 C.4 中包括常用化学介质的换算系数。表中未涉及的其他介质,可参考与其性能相似的介质的换算系数。

C.4.1.2 换算系数 A_{2E}

除能引起溶胀的介质外,换算系数 $A_{2E}=1$。

对于能引起溶胀的介质(见表 C.4 中表的脚注 g),A_{2E} 将通过适宜的试验进行测定。

C.4.2 换算系数 A_1

换算系数 A_1 考虑了材料的强度随温度而变化,因此该系数由冲击强度值导出。换算系数 A_1 的取值见表 C.1。

表 C.1 换算系数 A_1

材料	工作温度/℃			
	−10	20	40	60
HDPE 高密度	1.2	1	1	1
PP-H 均聚物	1.8	1.3	1	1
PP-B 嵌段共聚物	1.2	1	1	1
PP-R 无规共聚物	1.2	1	1	1
PVC-NI 标准冲击强度 PVC-U	1.8	1.6	1.4	1.1

表 C.1(续)

材　　料	工作温度/℃			
	−10	20	40	60
PVC-RI 较高冲击强度(PVC-U)	1.6	1.3	1	1
PVC-C　氯化的	1.9	1.8	1.6	1.2
PVDF-H　均聚物	1.6	1.4	1.2	1

C.5　焊接系数

几种材料的焊接系数(f_s 及 f_l)见表 C.2 所示。

该数值是在全面控制的焊接工艺中测得的,并且该作业应由经考试合格的、有资格的人员操作。

短期系数适用于载荷作用时间不超过 1 h,因此只有长期系数应用于构件的设计计算,有关其他材料或连接工艺的系数值要分别确定。

表 C.2　短期(f_s)及长期(f_l)焊接系数

工　艺		材料				
		HDPE	PP[a]	PVC-U[b]	PVC-C	PVDF
热熔对焊	f_s	0.9	0.9	0.9	0.8	0.9
	f_l	0.8	0.8	0.6	0.6	0.6
热风挤出焊接	f_s	0.8	0.8	—	—	—
	f_l	0.6	0.6	—	—	—
热风焊接	f_s	0.8	0.8	0.8	0.7	0.8
	f_l	0.4	0.4	0.4	0.4	0.4

a PP-H,PP-B,PP-R;

b PVC-NI,PCV-RI。

C.6　安全系数

安全系数 S 表示构件按要求使用时,在设计寿命的任何时间内,材料蠕变强度的安全性会得到保证。

依据容器及设备所具有的潜在危险规定了两种载荷工况下的安全系数,见表 C.3,设计人员应根据每个特定工况选择合适的安全系数。

应用中可取中间值。

表 C.3 安全系数

载荷形式	S
载荷情况 1： 室温及恒定静载荷。如遇故障不可能对人、物及环境造成危险。	1.3
载荷情况 2： 变载荷(如温度、装料高度变化)。如遇故障可能对人、物及环境造成危险。	2.0

有关稳定性的计算，见 C.3.2，安全系数取 2。

C.7 蠕变强度图表、蠕变模量图表及换算系数

C.7.1 蠕变强度图表(图 C.1～图 C.12)

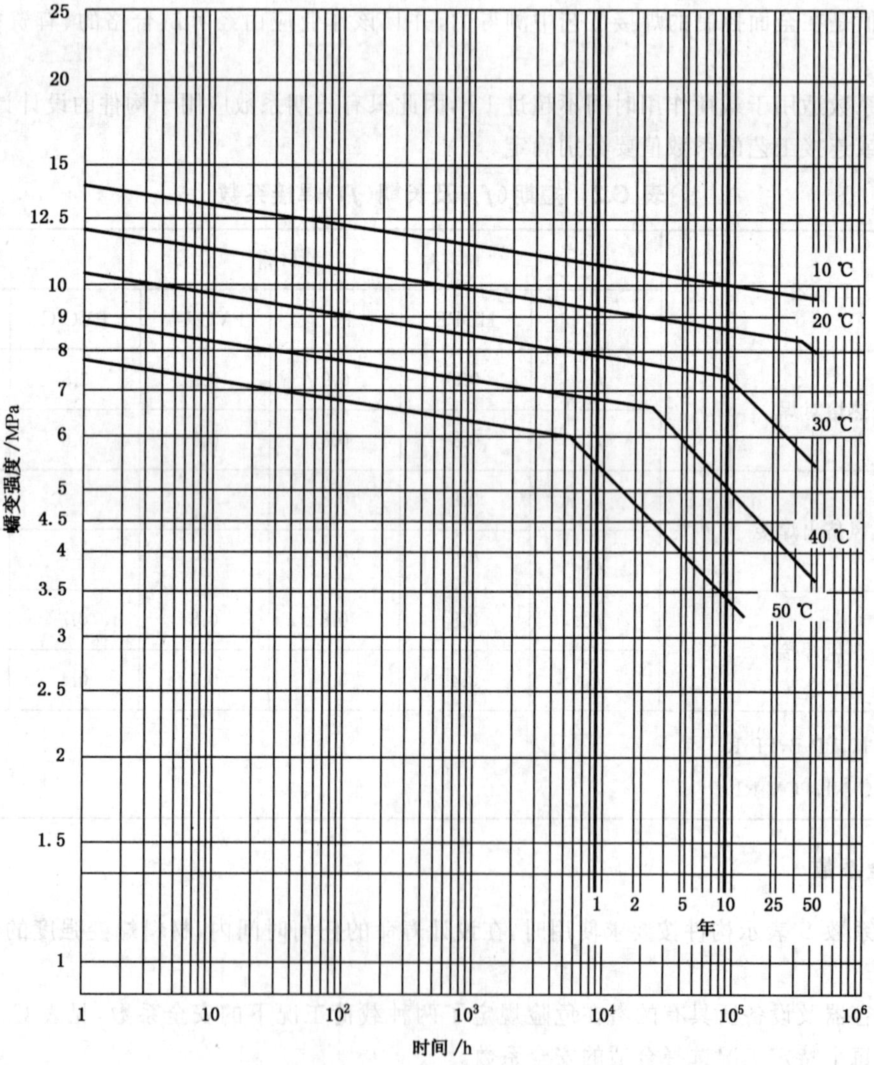

图 C.1 高密度聚乙烯管材的蠕变强度(HDPE)

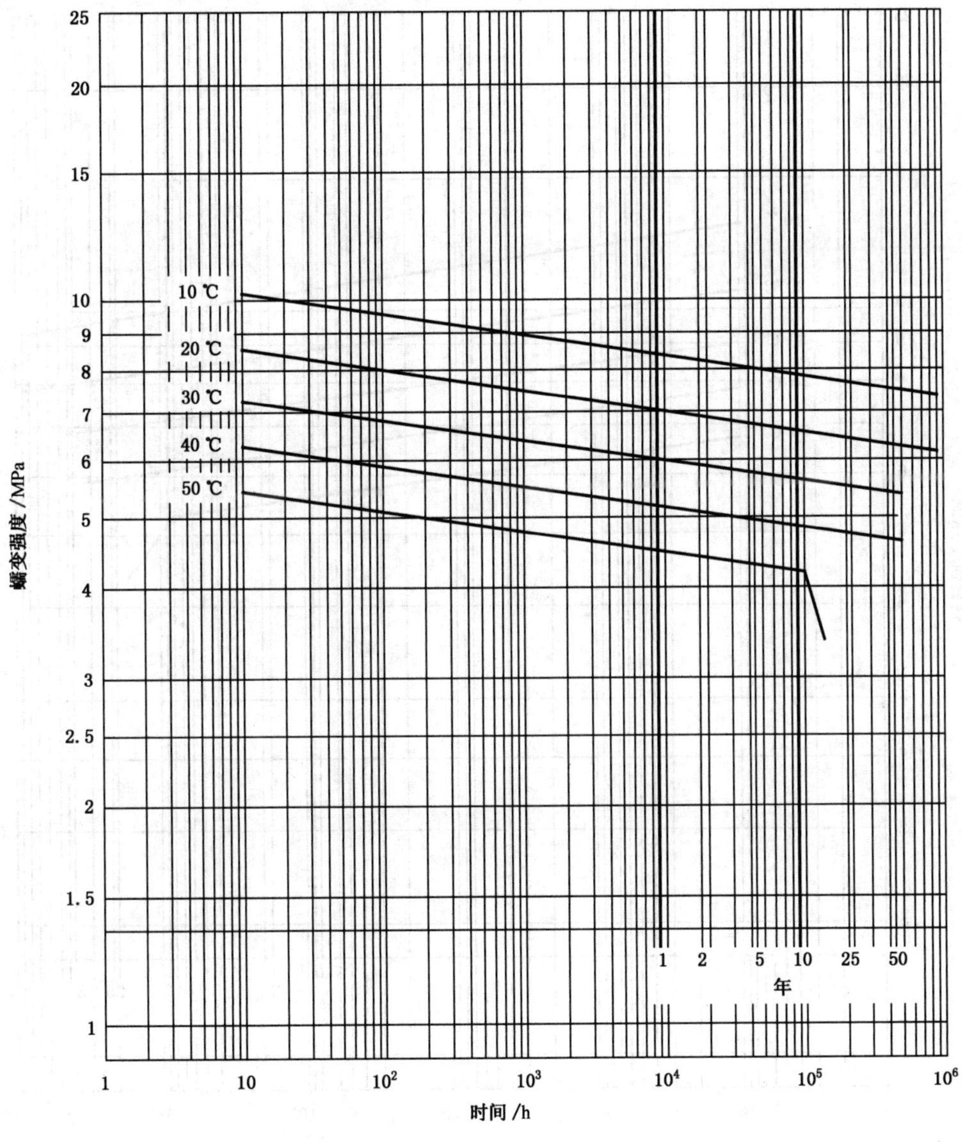

图 C.2 聚乙烯管材的蠕变强度(PE 63)

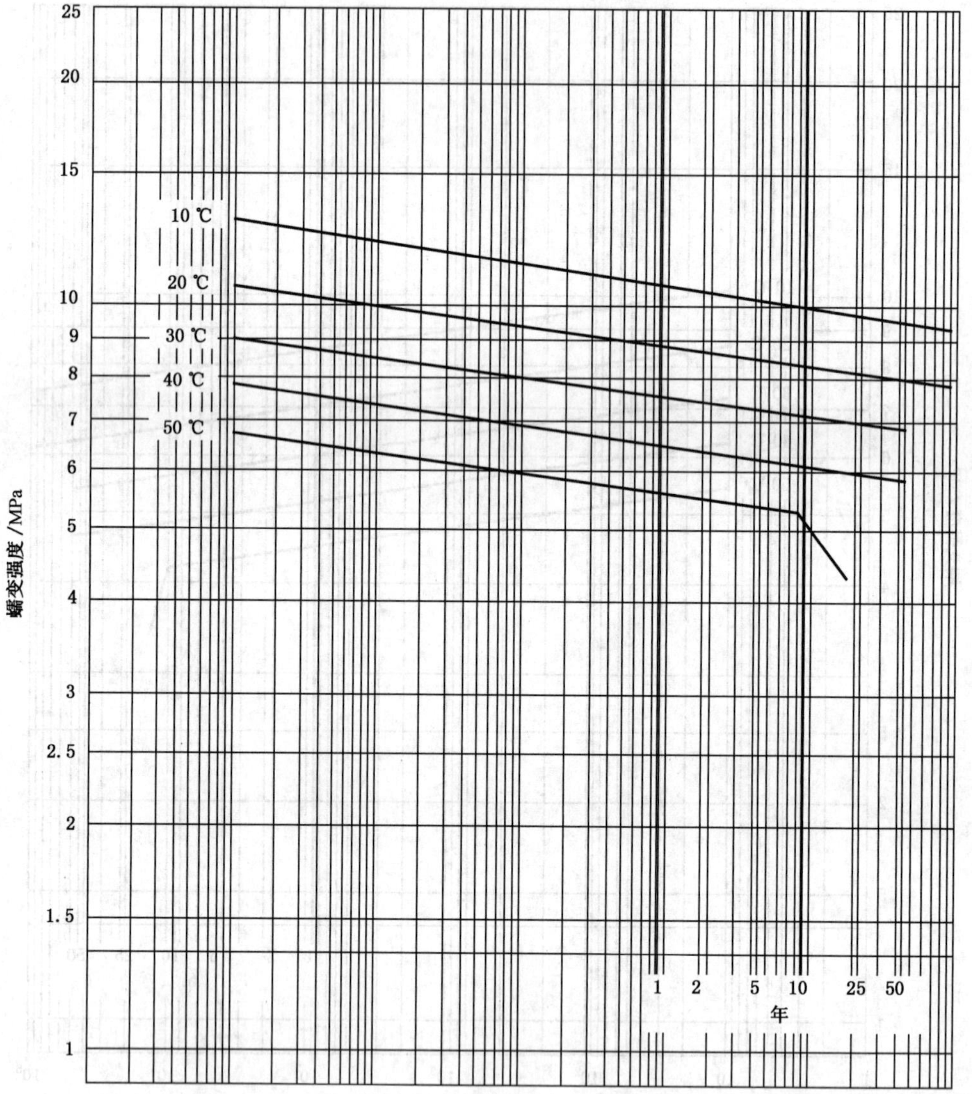

图 C.3 聚乙烯管材的蠕变强度(PE 80)

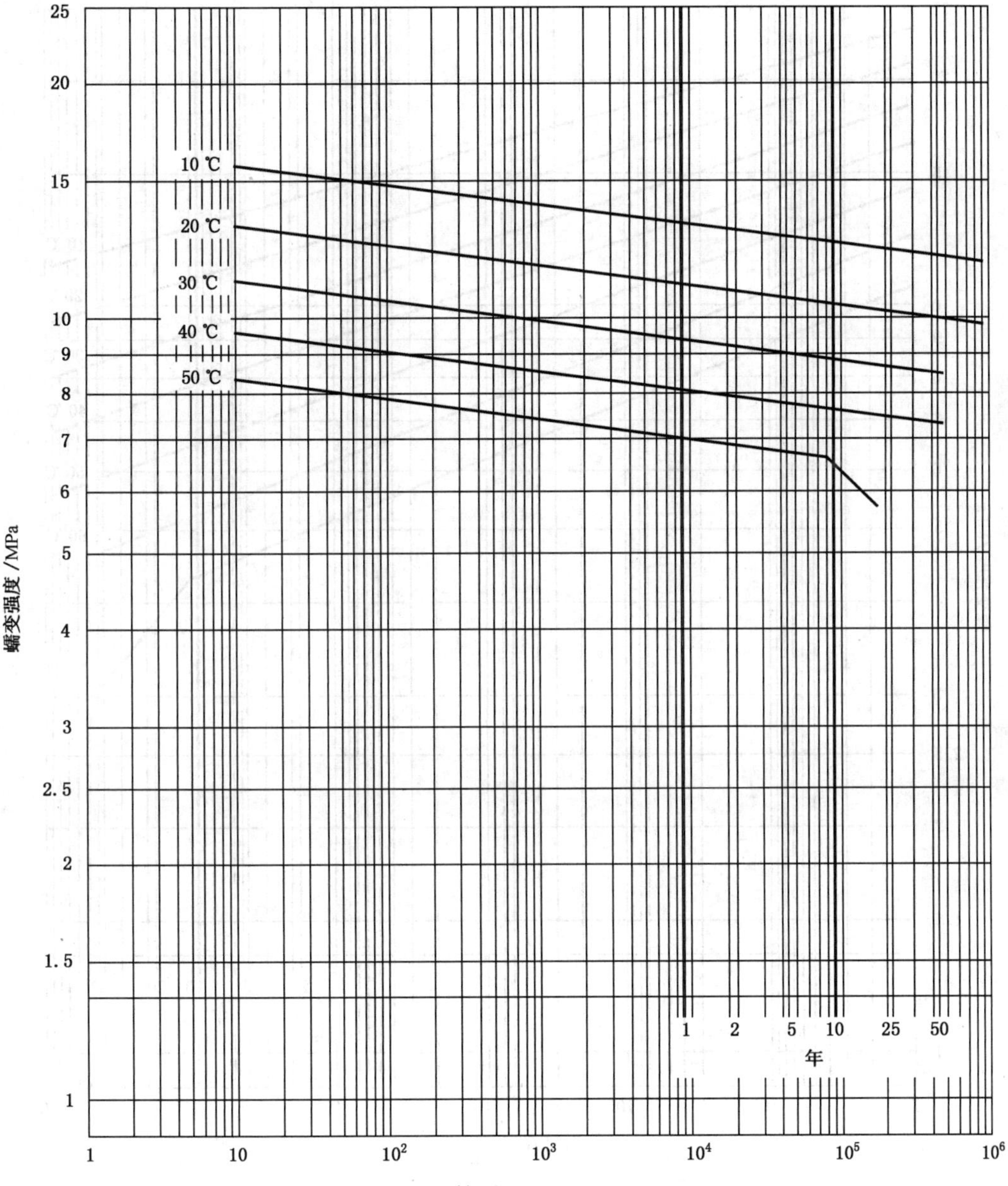

图 C.4 聚乙烯管材的蠕变强度(PE 100)

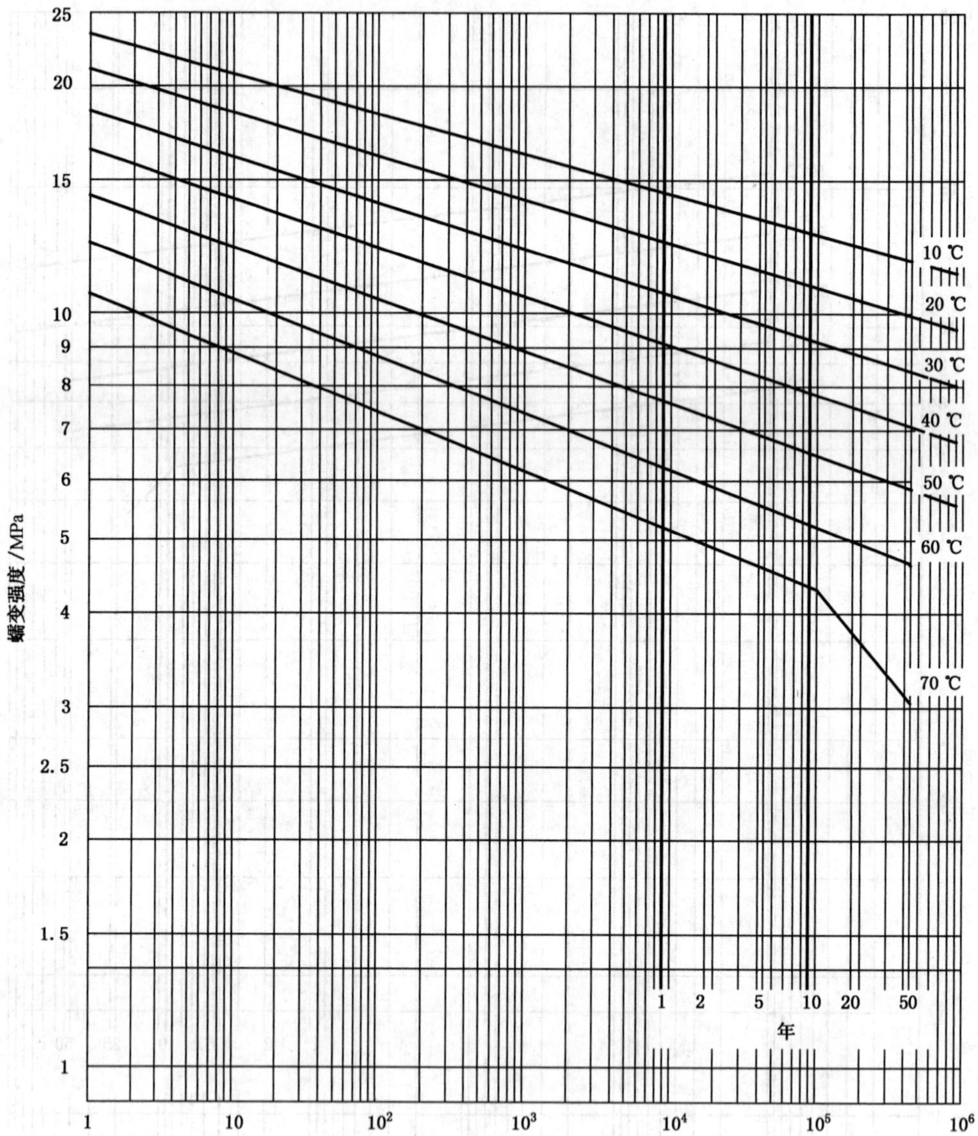

图 C.5 聚丙烯管材的蠕变强度(PP-H)

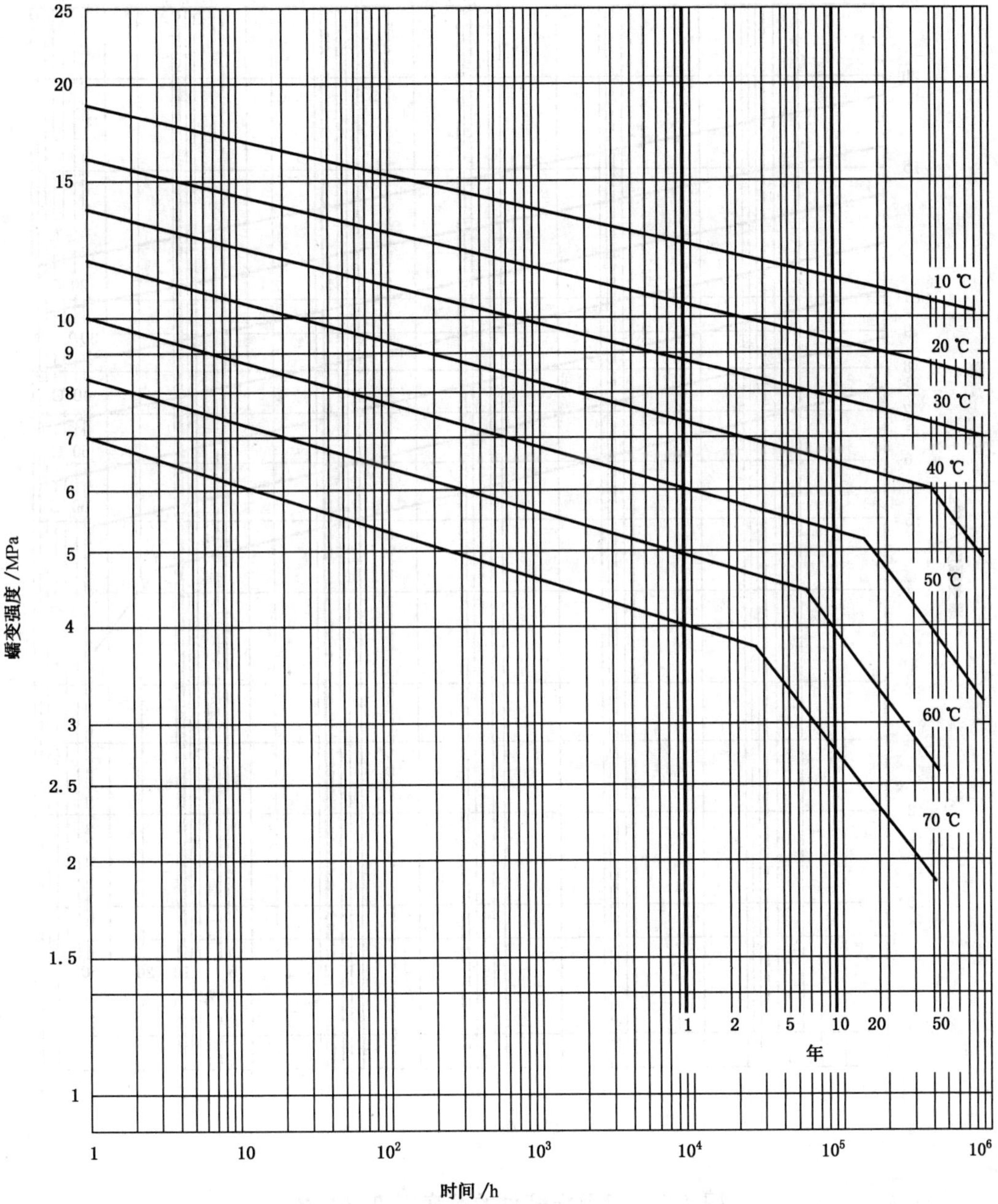

图 C.6 聚丙烯管材的蠕变强度(PP-B)

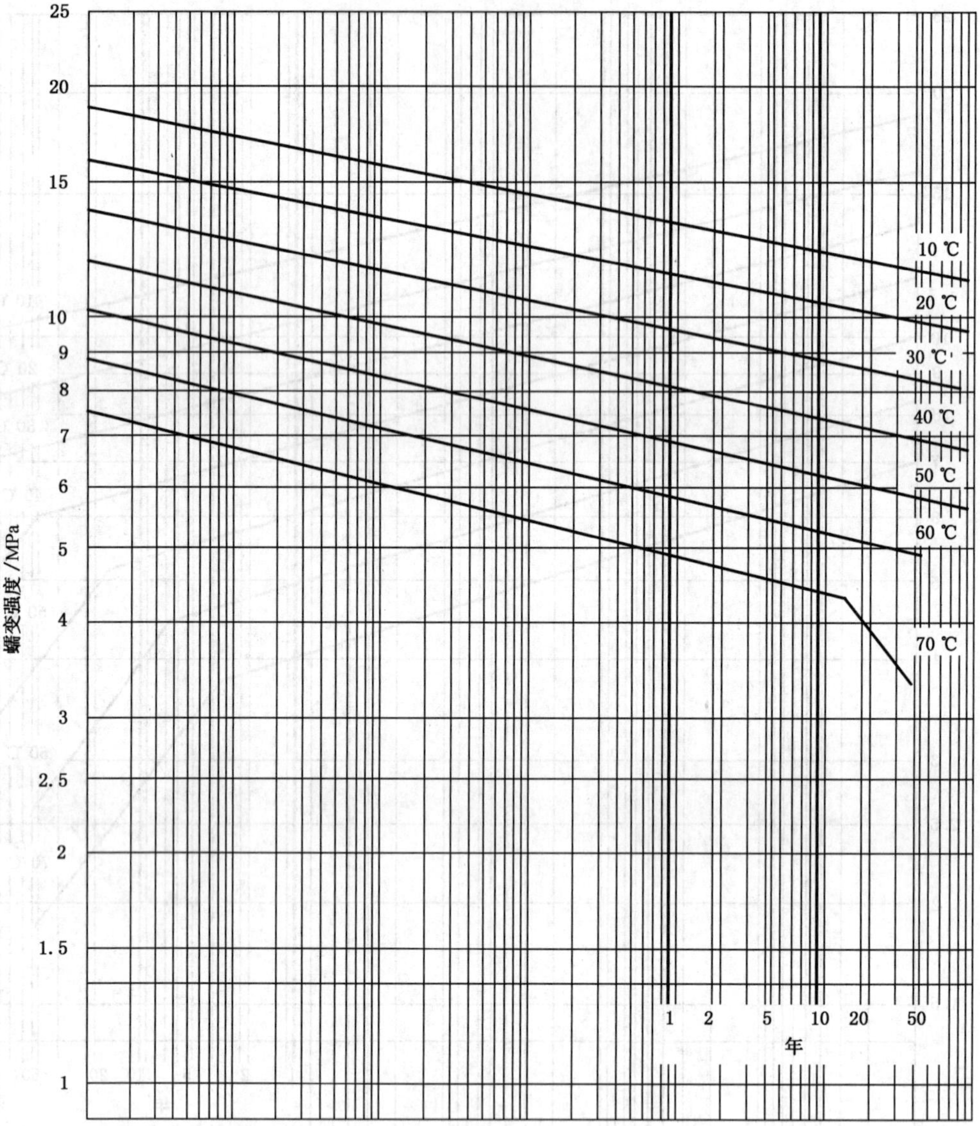

图 C.7　聚丙烯管材的蠕变强度(PP-R)

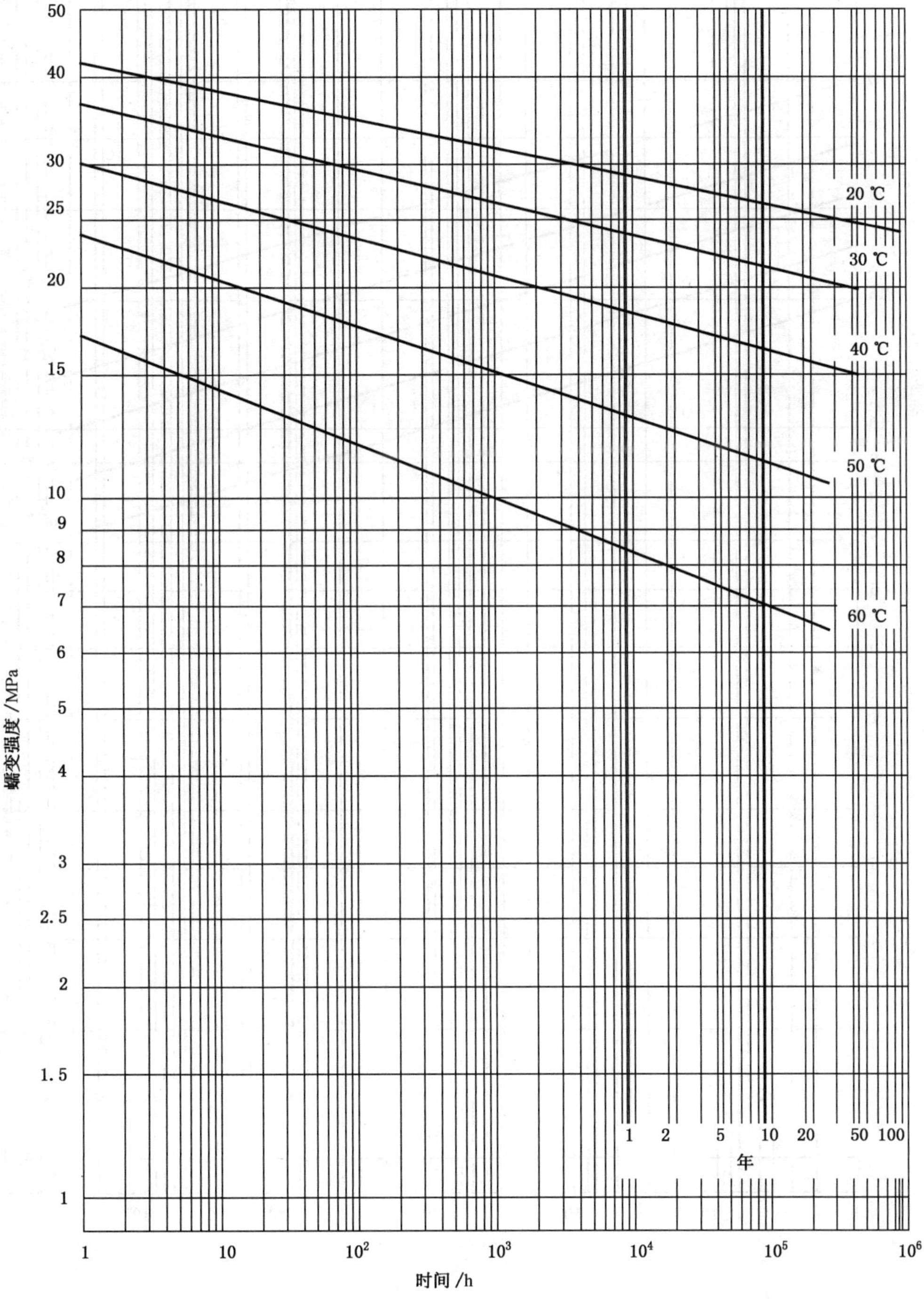

图 C.8 未增塑的标准冲击强度的聚氯乙烯管材的蠕变强度(PVC-NI、PVC-U)

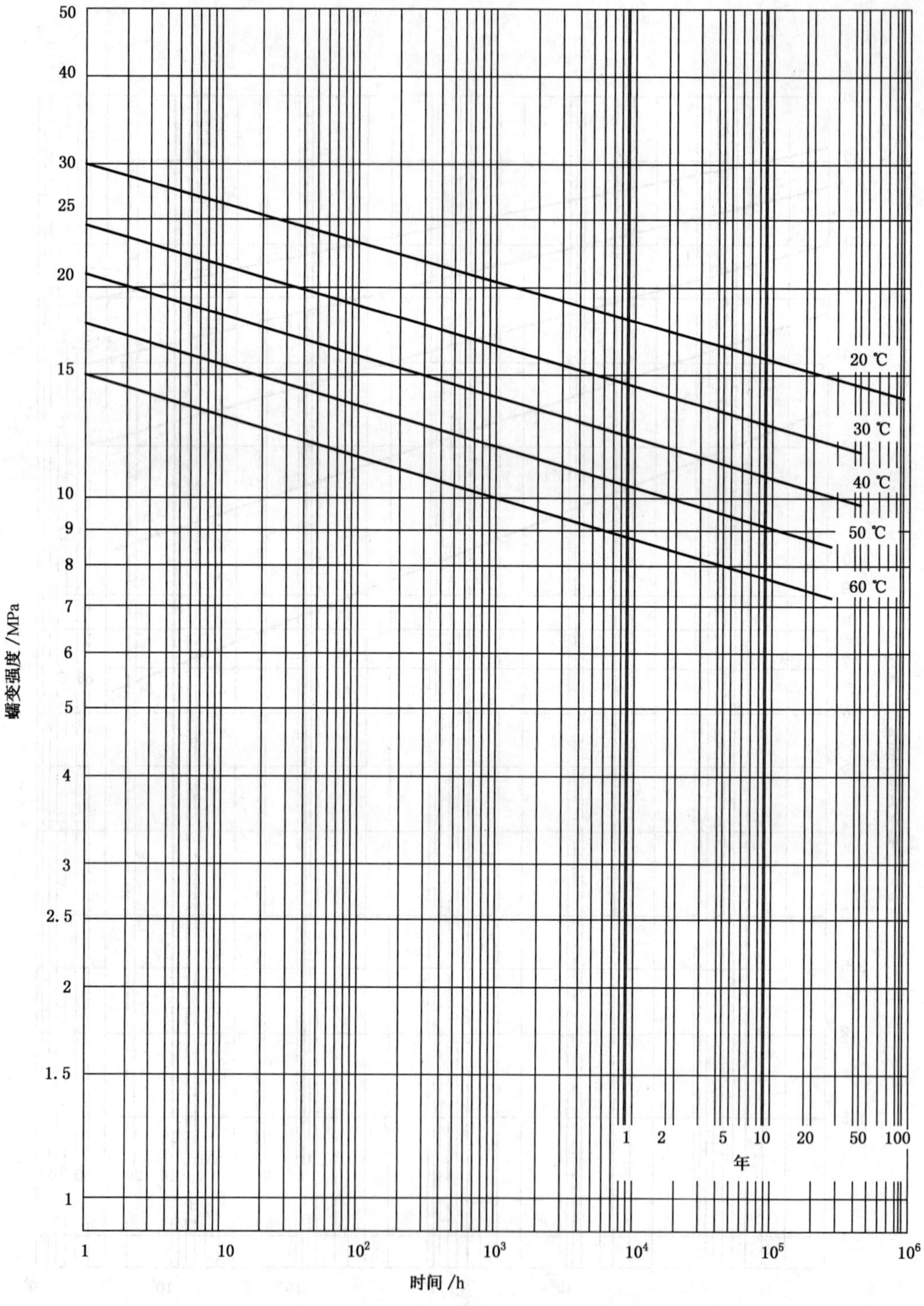

图 C.9　未增塑的改性抗冲击聚氯乙烯(PVC-RI)管材的蠕变强度

形式 1:以氯丙烯为主,混有氯乙烯均聚物和接枝共聚物

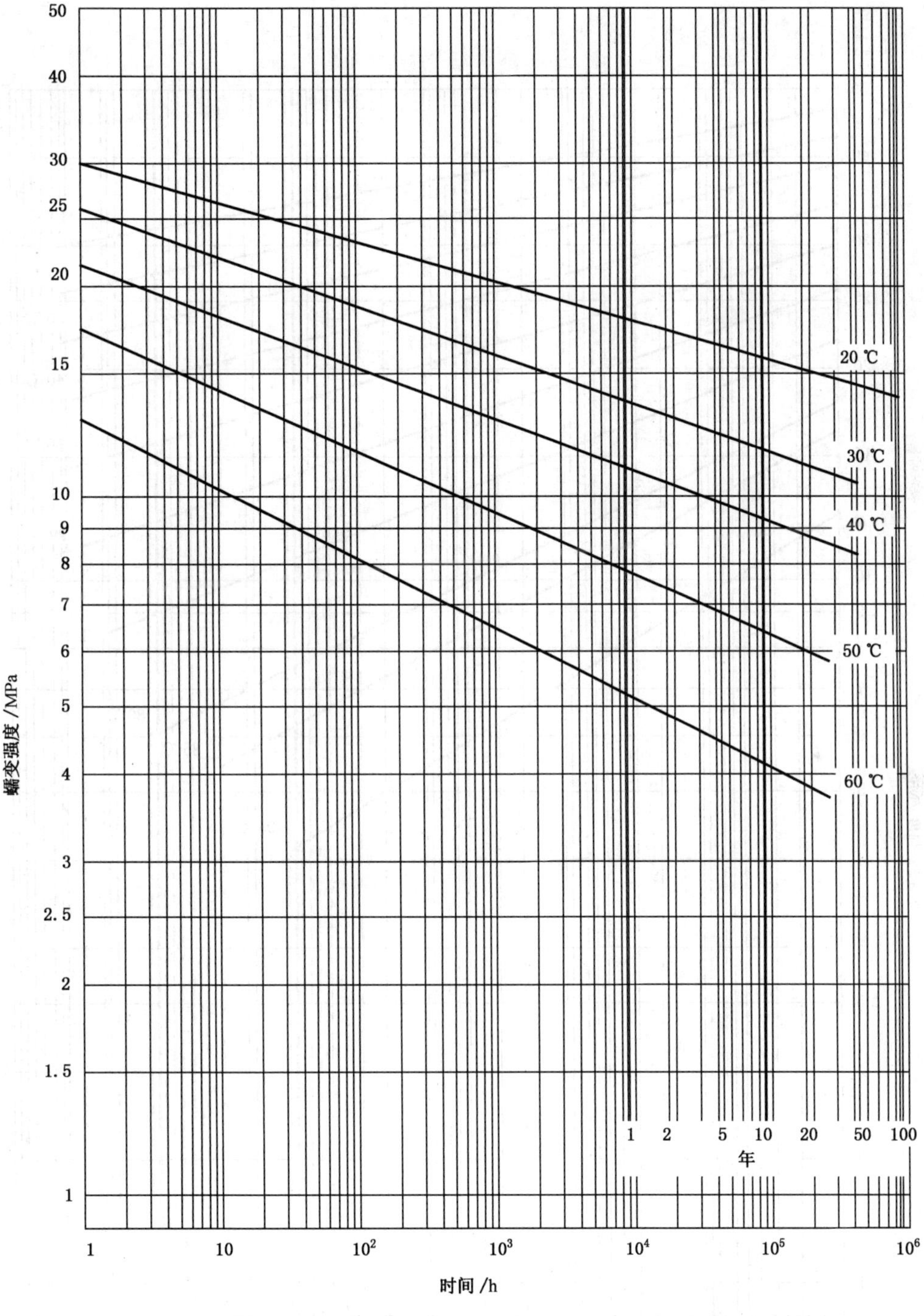

图 C.10 未增塑的改性抗冲击聚氯乙烯(PVC-RI)管材的蠕变强度

形式 2:均聚氯乙烯与氯化聚乙烯混合物

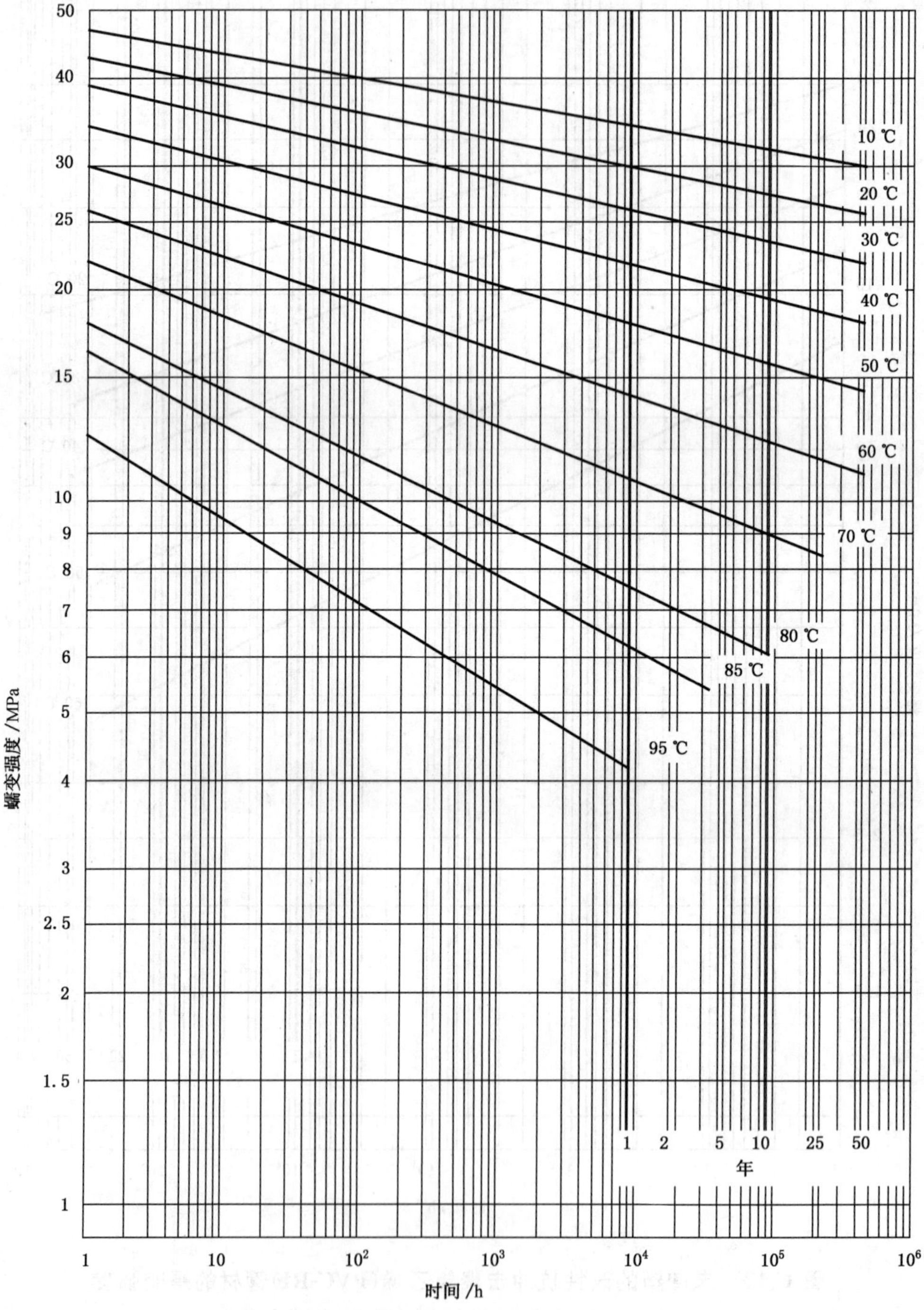

图 C.11 氯化聚氯乙烯管材的蠕变强度(PVC-C)

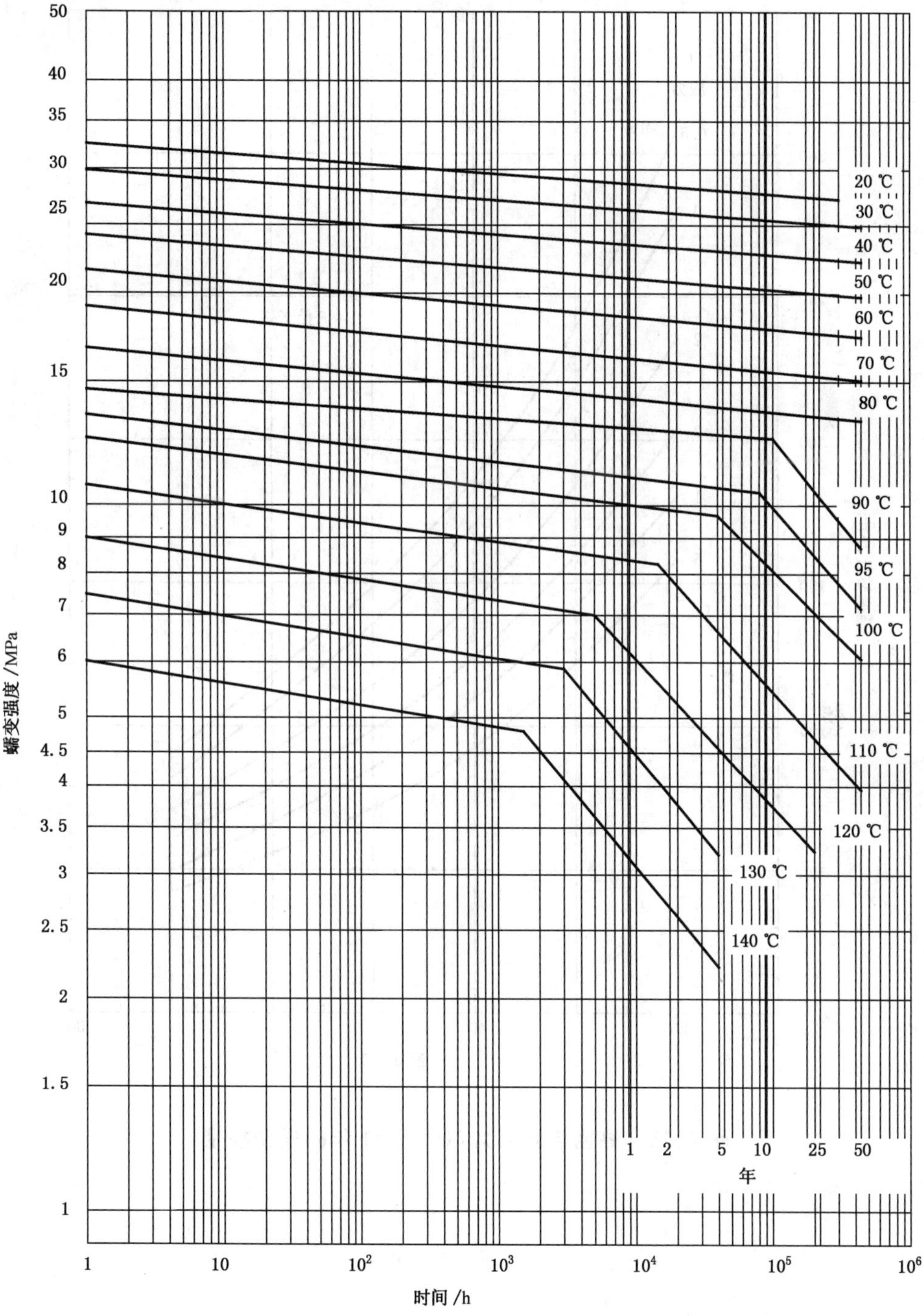

图 C.12 聚偏二氟乙烯管材的蠕变强度(PVDF)

C.7.2 蠕变模量图表(图 C.13～图 C.27)

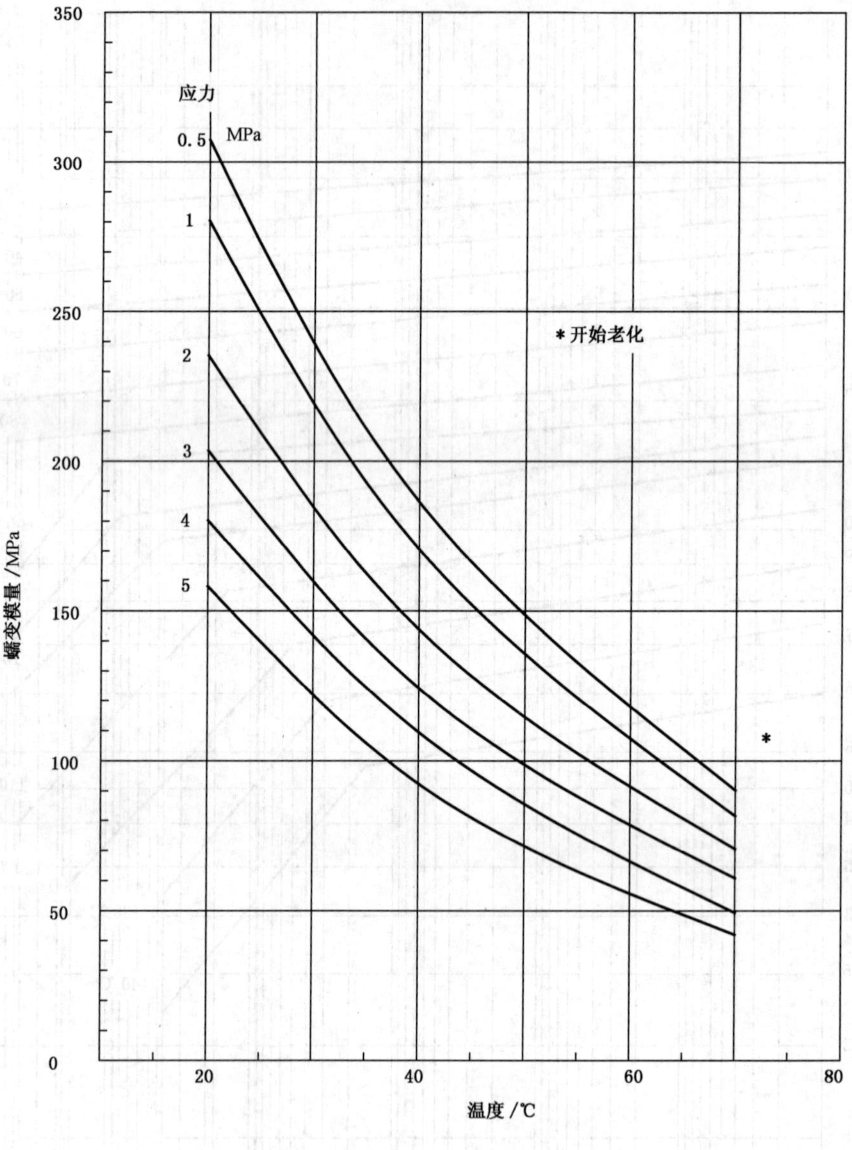

图 C.13 高密度聚乙烯(HDPE)1 年的蠕变模量

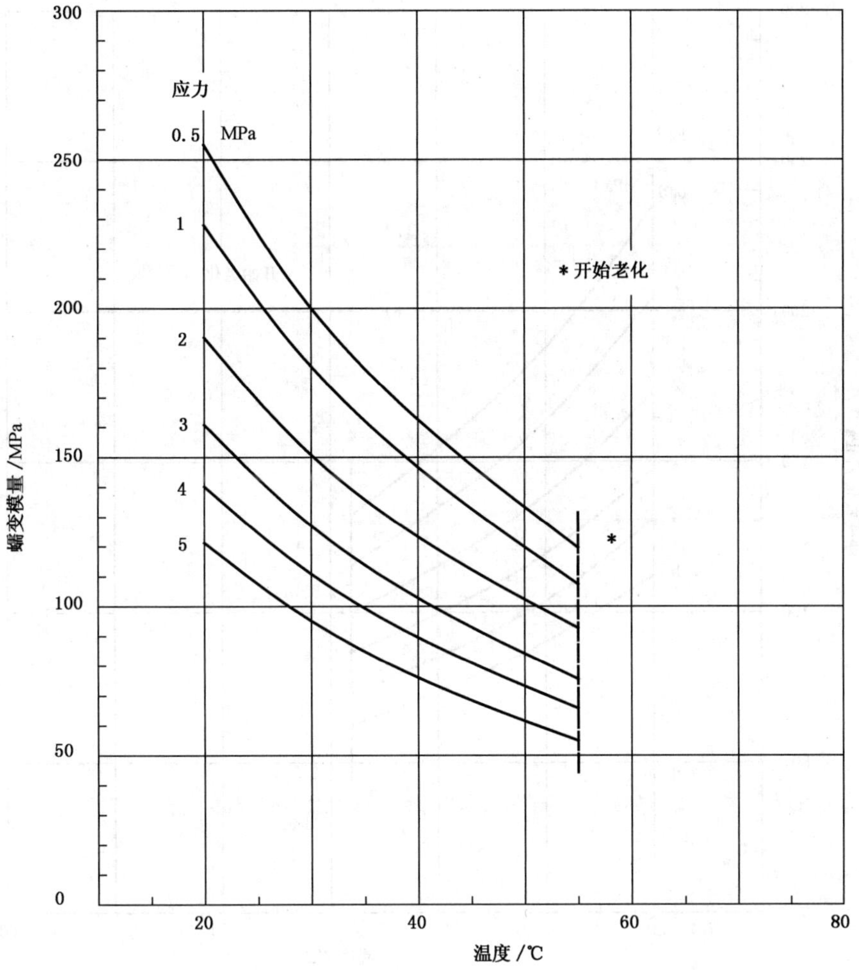

图 C.14 高密度聚乙烯(HDPE)10年的蠕变模量

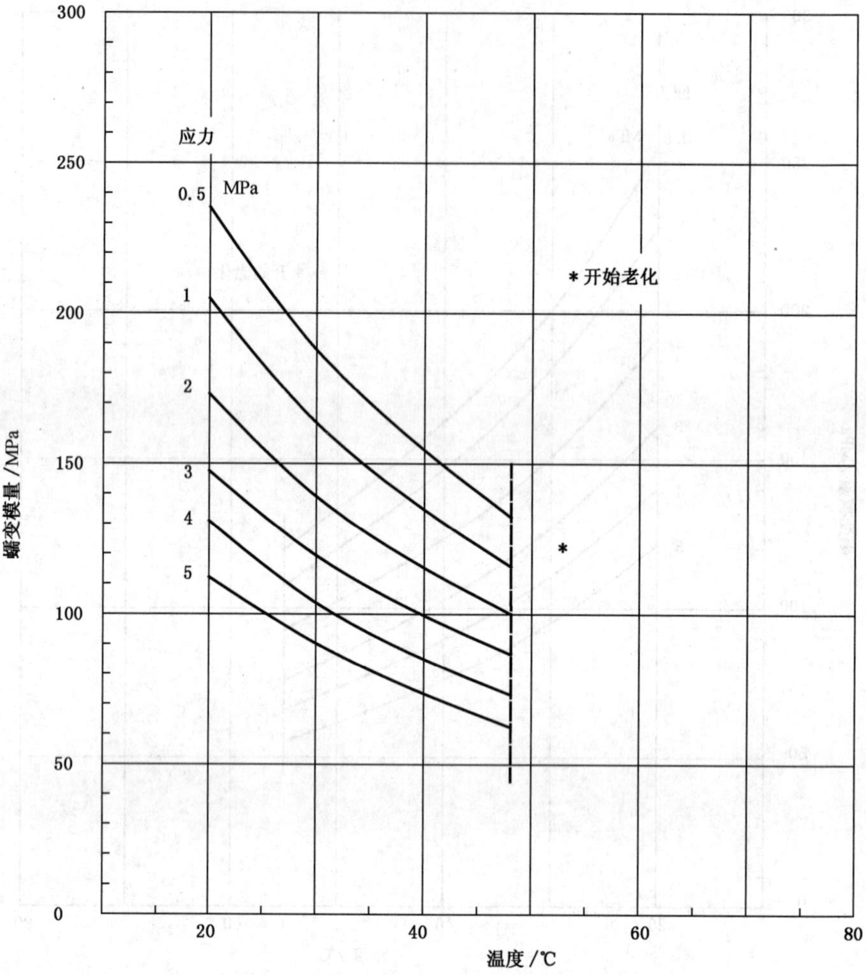

图 C.15　高密度聚乙烯(HDPE)25 年的蠕变模量

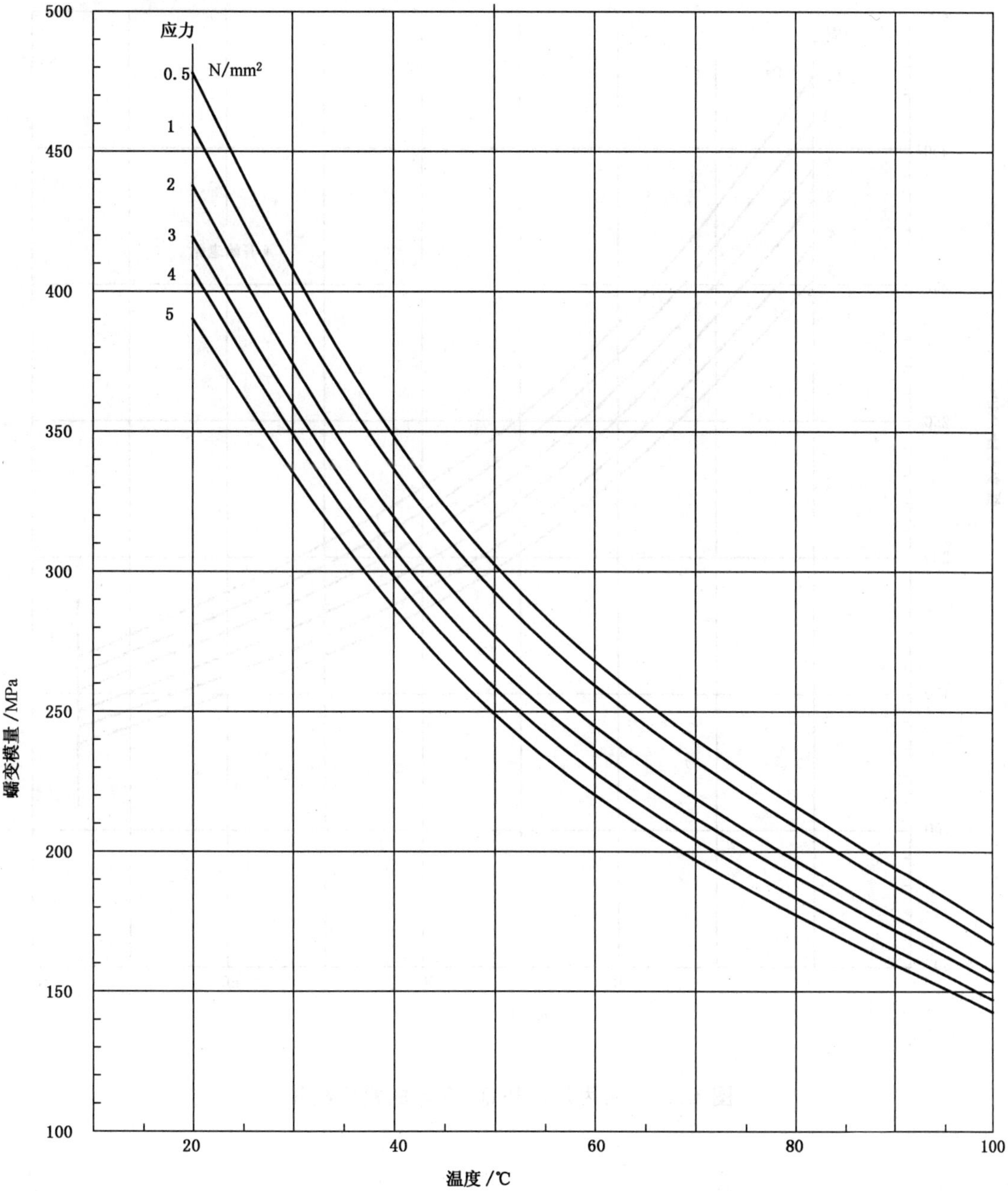

图 C.16 聚丙烯(PP-H)1年的蠕变模量

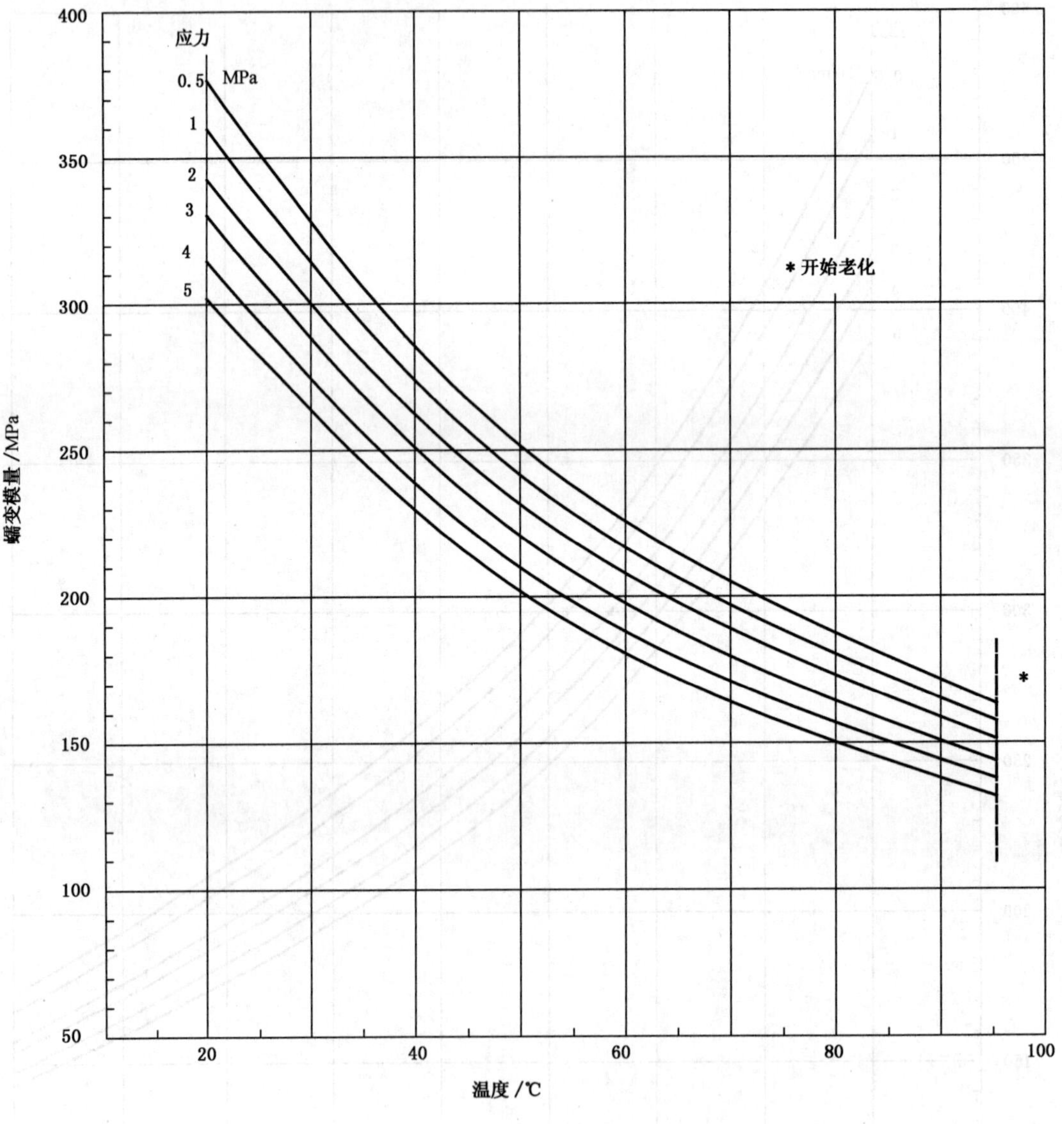

图 C.17 聚丙烯(PP-H)10 年的蠕变模量

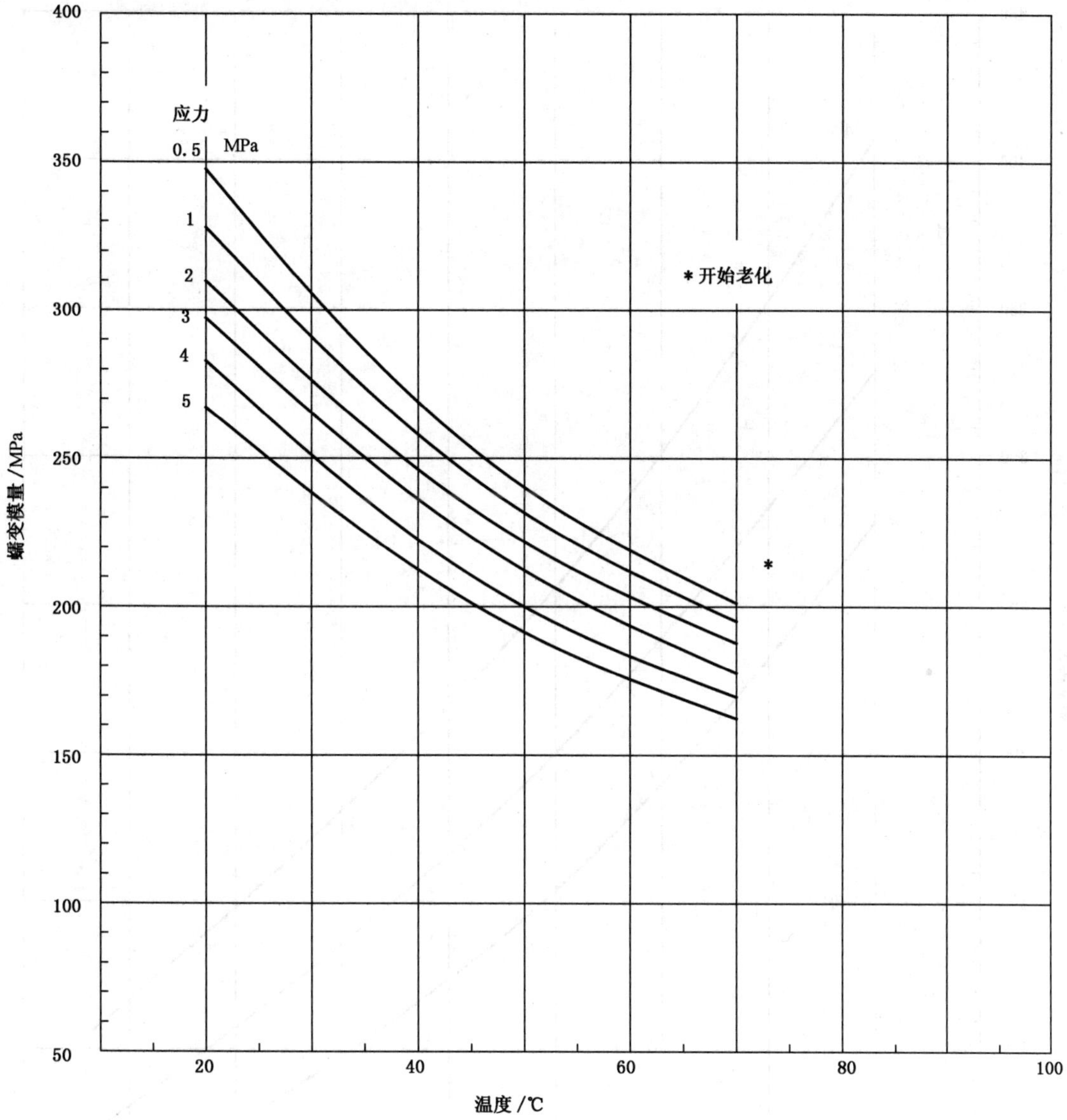

图 C.18 聚丙烯(PP-H)25 年的蠕变模量

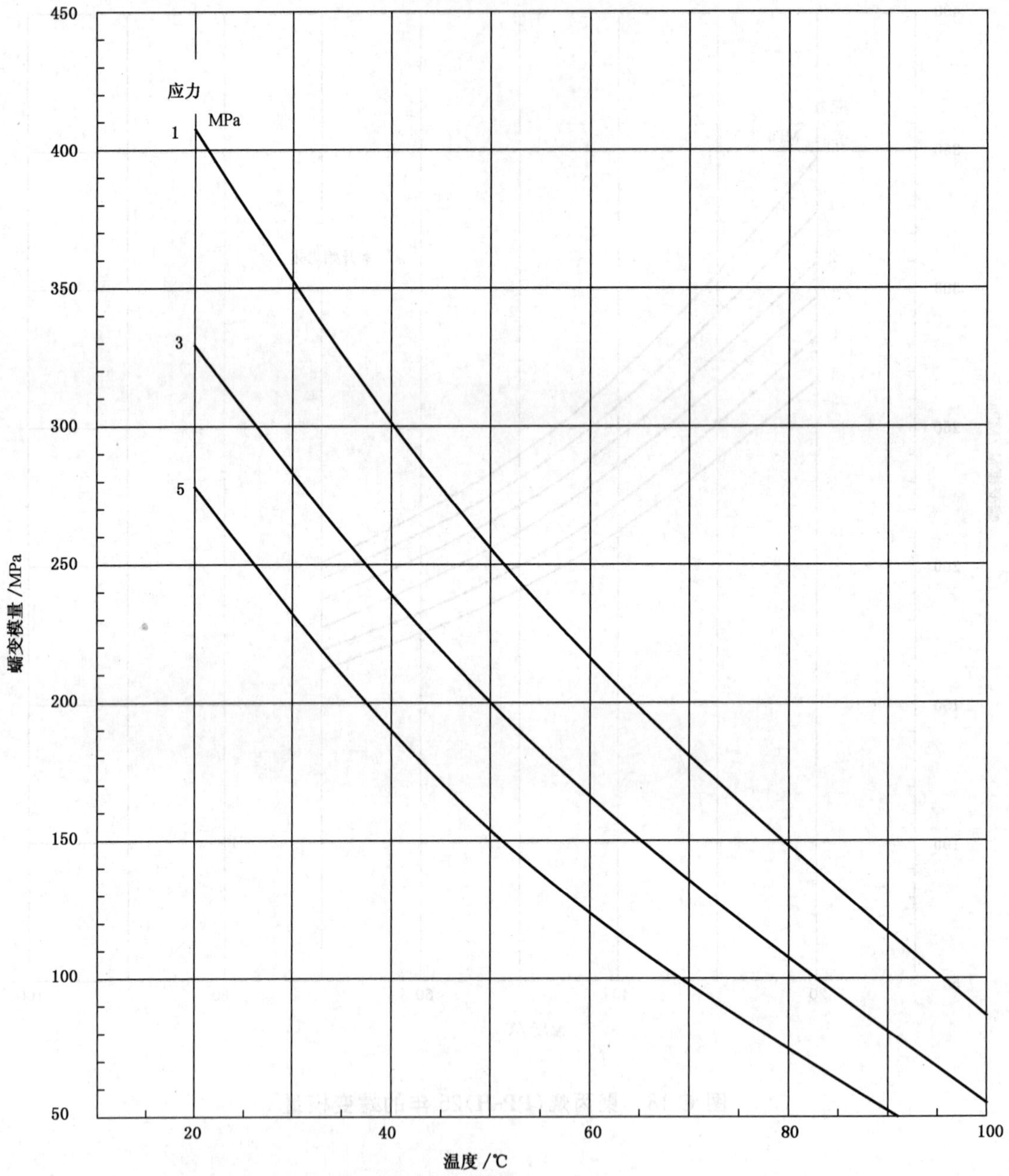

图 C.19 聚丙烯(PP-B)1 年的蠕变模量

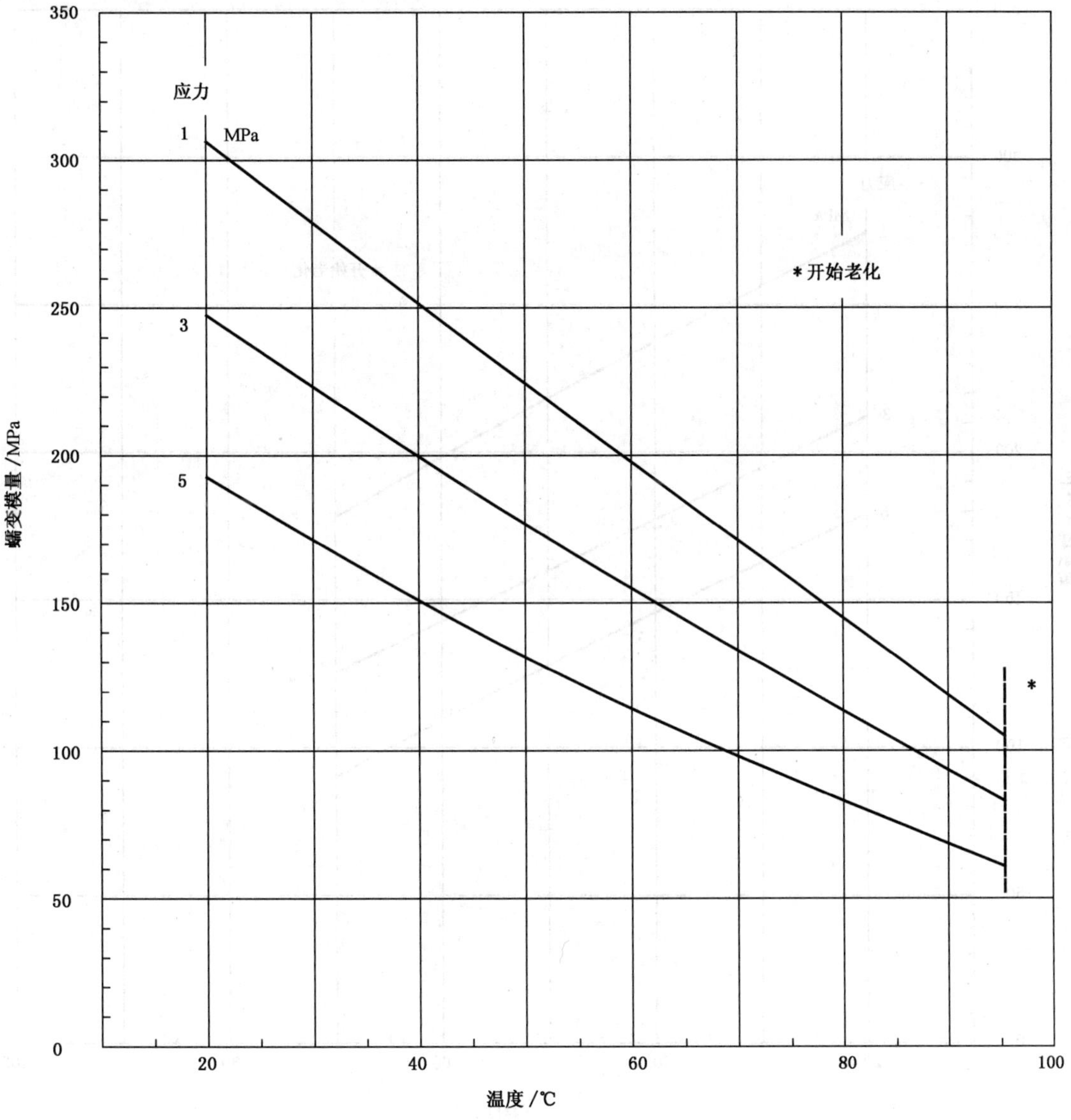

图 C.20 聚丙烯(PP-B)10 年的蠕变模量

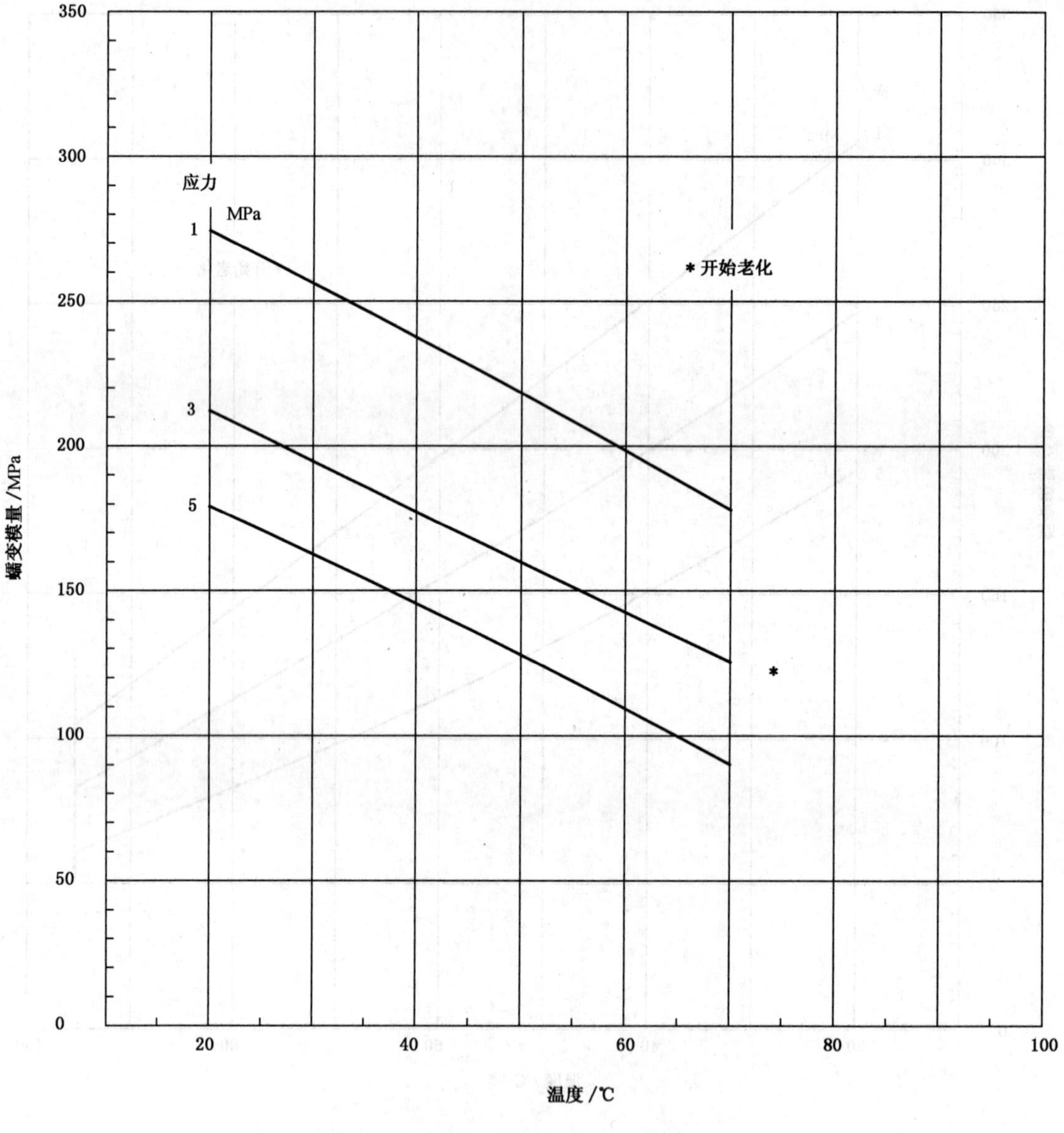

图 C.21 聚丙烯(PP-B)25 年的蠕变模量

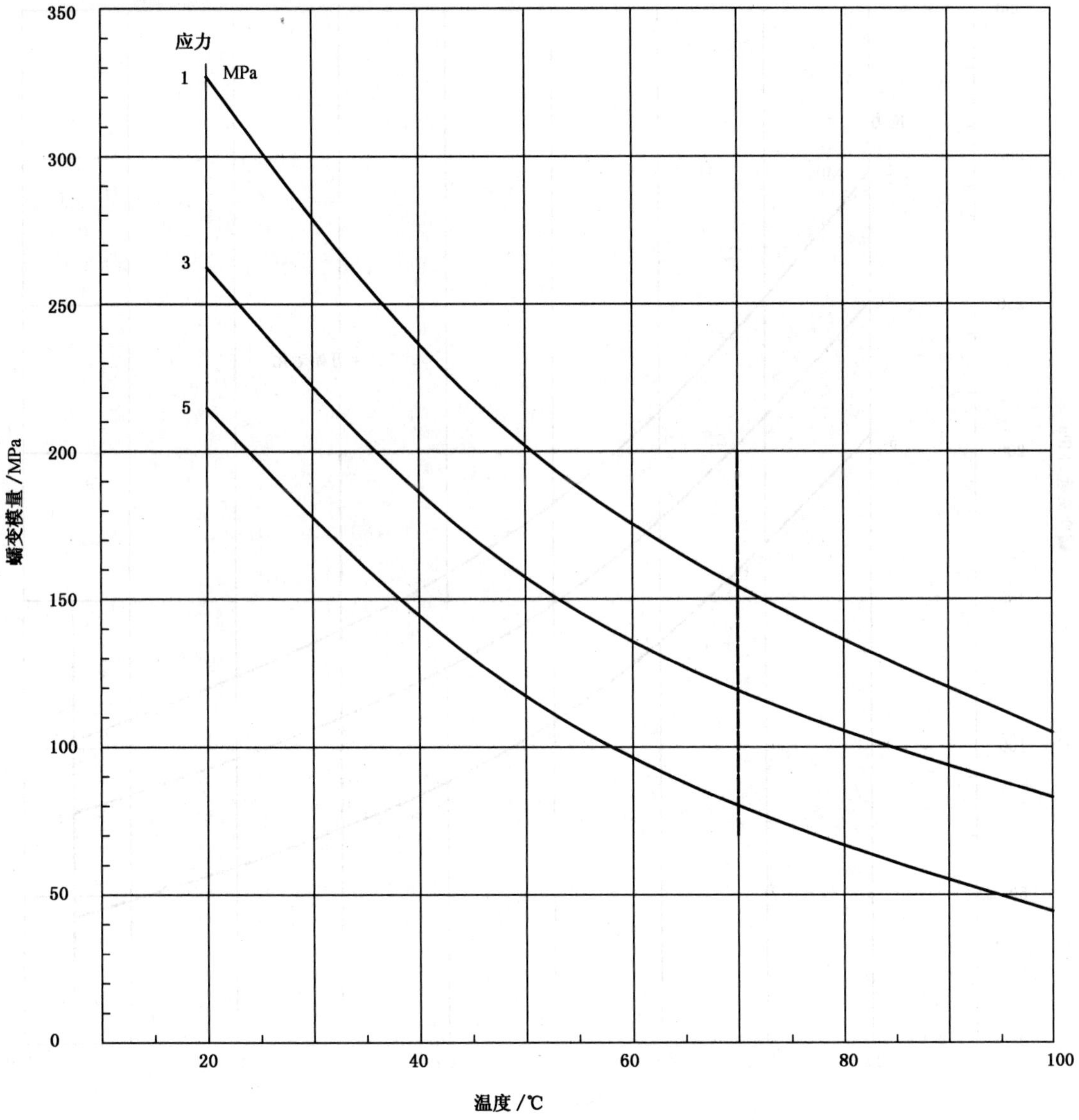

图 C.22　聚丙烯(PP-R)1 年的蠕变模量

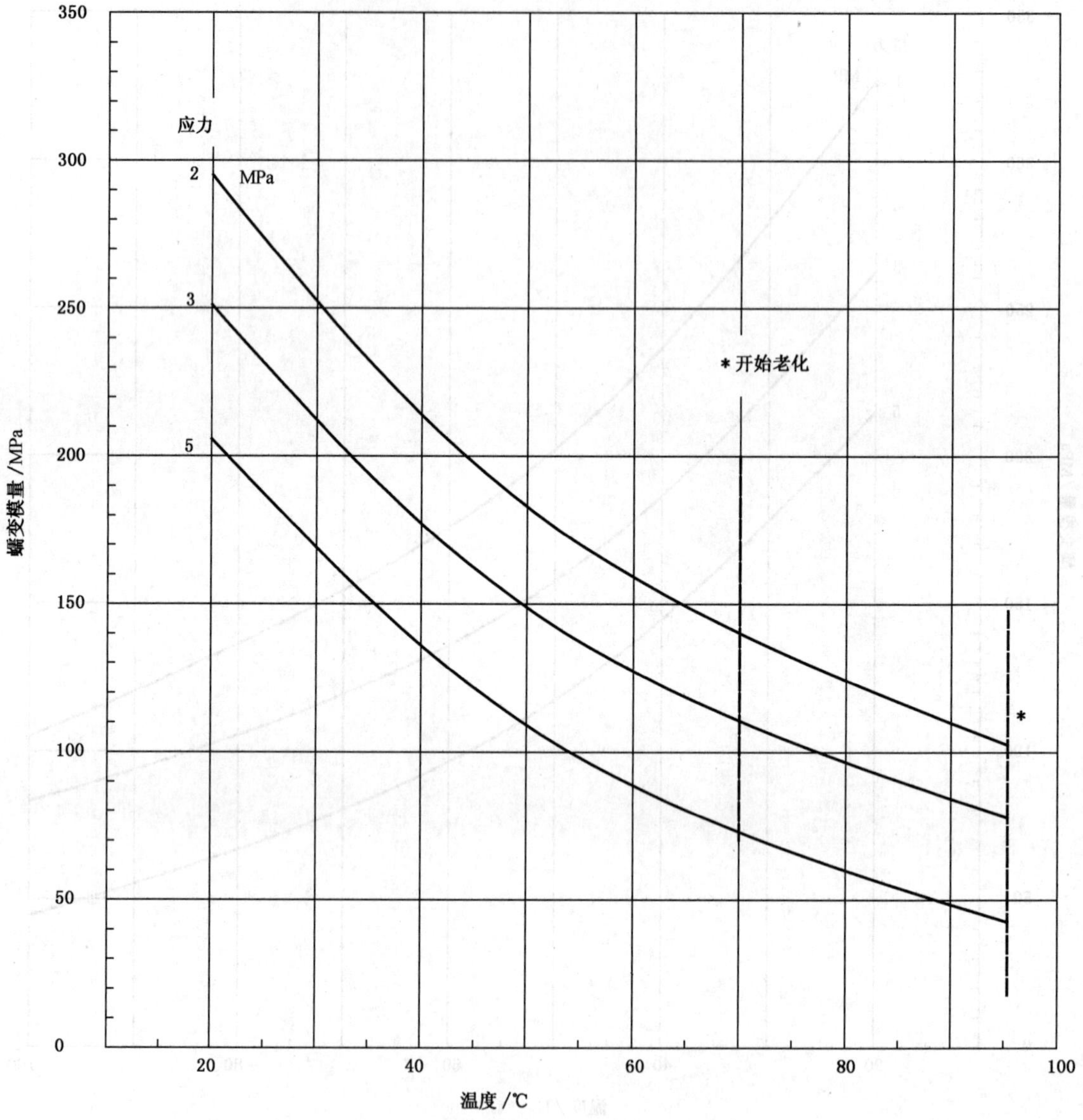

图 C.23 聚丙烯(PP-R)10 年的蠕变模量

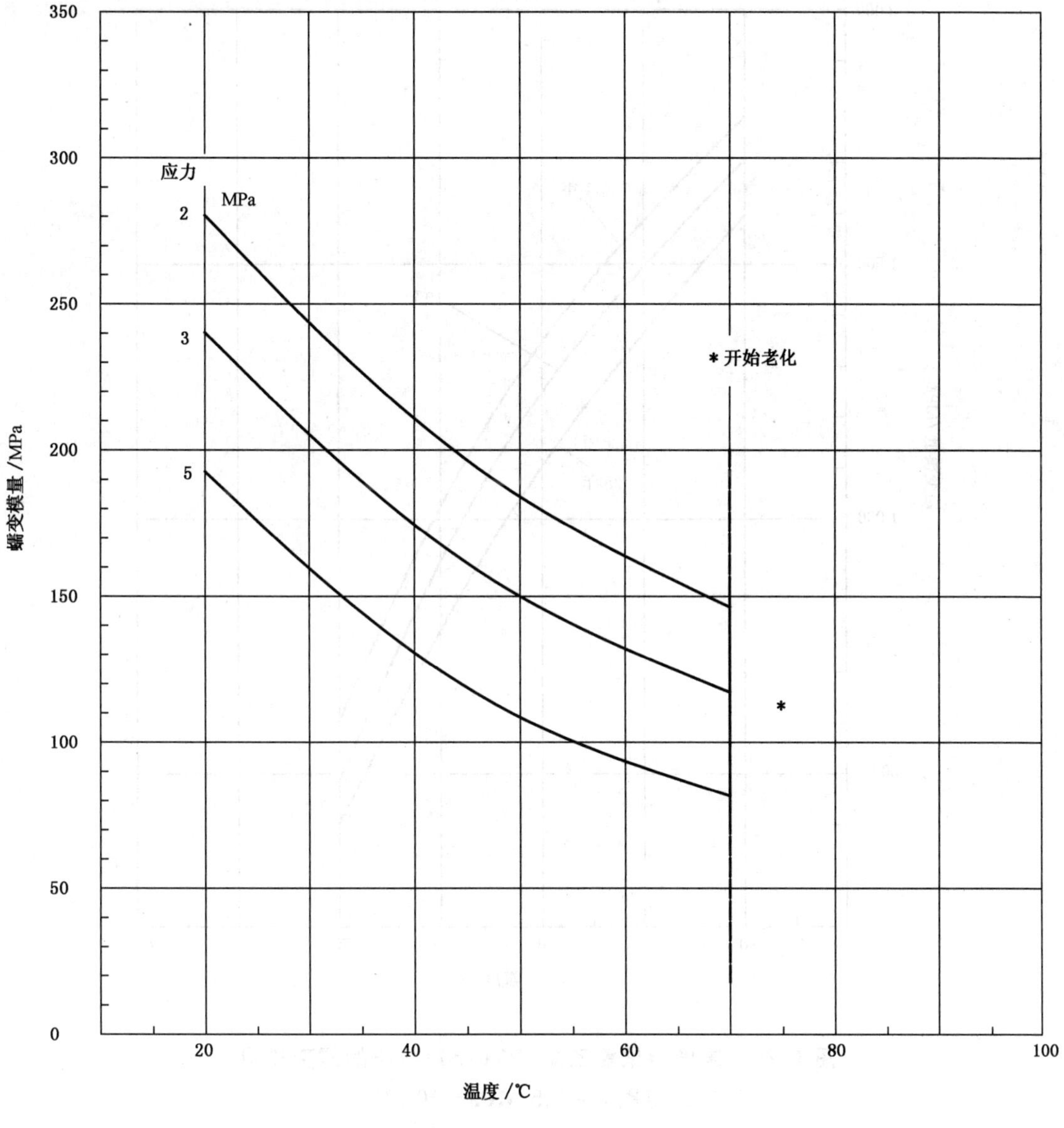

图 C.24 聚丙烯(PP-R)25 年的蠕变模量

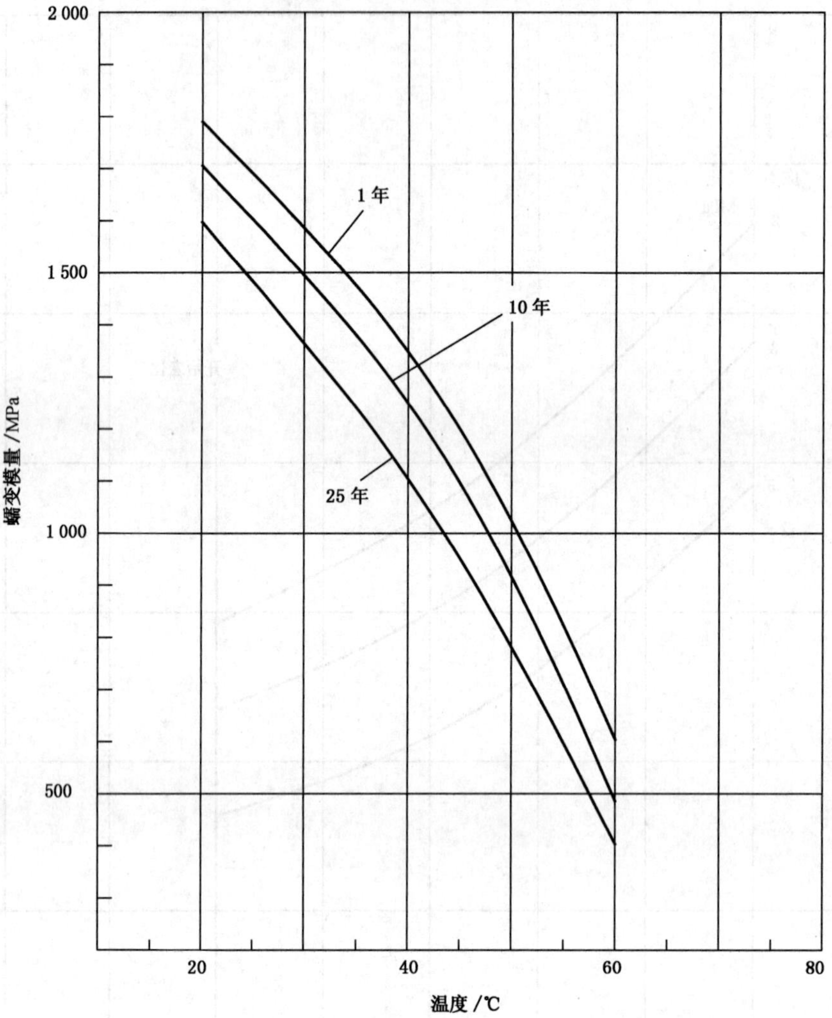

图 C.25　未增塑聚氯乙烯(PVC-NI)材质的蠕变模量
应力范围 σ=2.5 MPa～10 MPa

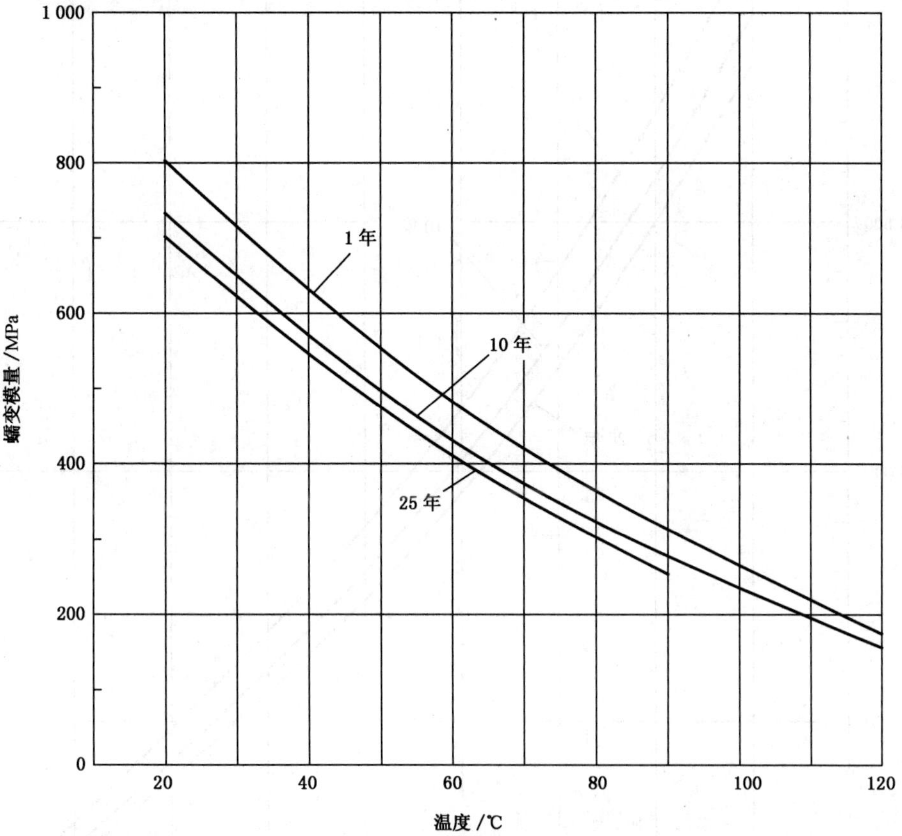

图 C.26 聚偏二氟乙烯(PVDF-H)材质的蠕变模量
应力范围 σ=2 MPa～5 MPa

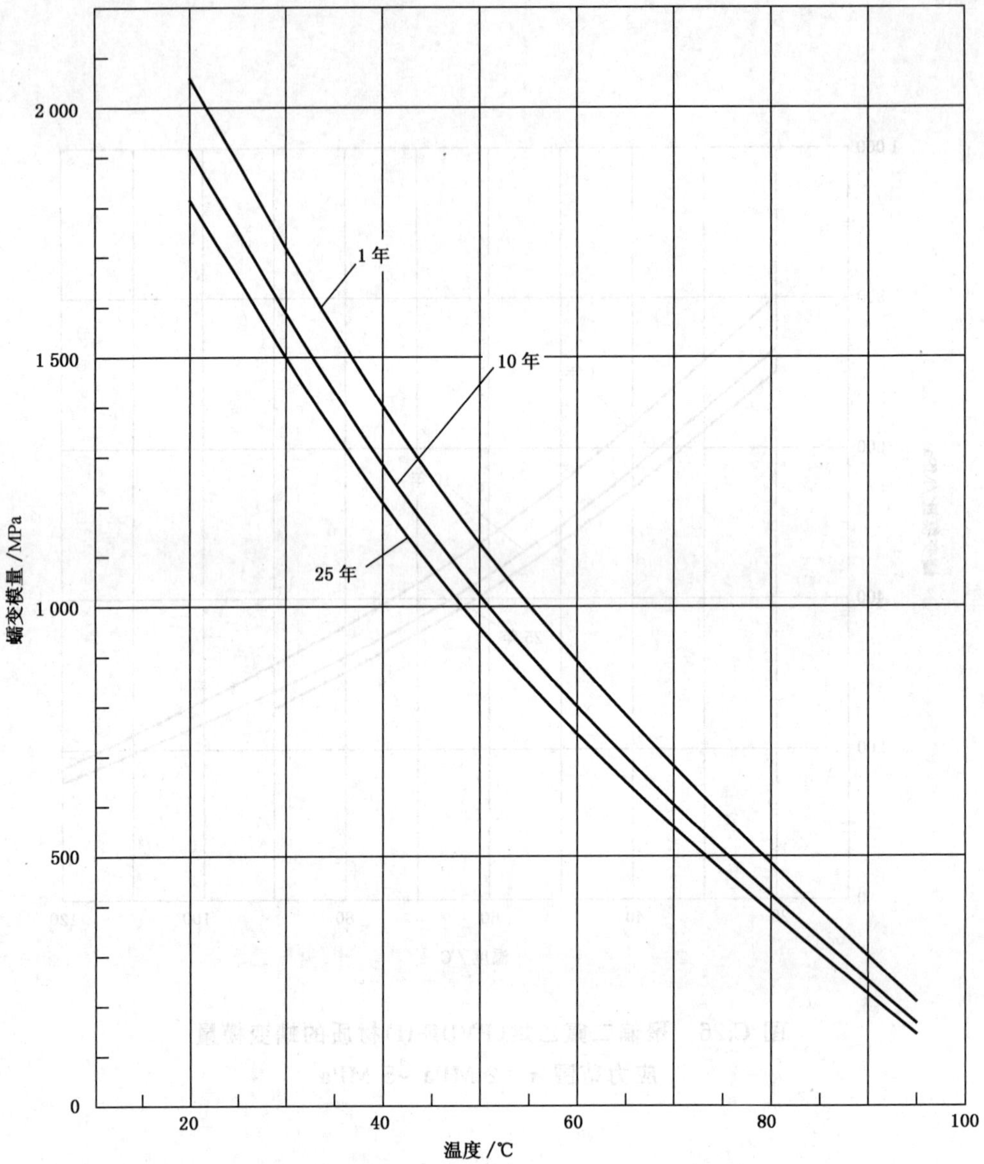

图 C.27 氯化聚氯乙烯(PVC-C)材质的蠕变模量

应力范围 σ=5 MPa～20 MPa

C.7.3 介质影响的换算系数 A_{2K}

表 C.4 介质影响的换算系数 A_{2K}

介质	化学式	[a]	浓度[b] %	HDPE 20 ℃	HDPE 40 ℃	PP 20 ℃	PP 40 ℃	PP 60 ℃	PP 80 ℃	PVC-NI 20 ℃	PVC-NI 40 ℃	PVC-NI 60 ℃
乙酸,醋酸[g]	CH_3COOH	O	60	1.85[f]	1.72[f]							
			98	8.33[f]	8.33[f]							
乙酰乙酸甲酯[甲酯]	$CH_3COCH_2COOCH_3$	O	100									
乙酰乙酸乙酯[乙酯][g]	$CH_3COCH_2COOC_2H_5$	O	100									
空气	O_2/N_2	I	100	1	1	1	1	1	1	1	1	1
烯烃溶液[d]		M	100									
Ⅰ价Ⅲ价硫酸铝[e]		I	≤S	1	1	1	1	1		1	1	1
氯化铝[e]	$AlCl_3$	I	≤S	1	1	1	1	1		1	1	1
硫酸铝钾[e]	$KAl(SO_4)_2$	I	>10							1	1	1
硫酸铝[e]	$Al_2(SO_4)_3$	I	≤S	1	1	1	1	1		1	1	1
氨,气体[e]	NH_3	I	TP	1	1	1	1	1		1	1	1
氨,液体[e]	NH_3	I	TP	1	1	1						
氨水[e]	NH_4OH	I	≤S	1	1	1	1	1		1	1	1
醋酸铵[e]	CH_3COONH_4	M	≤S	1	1	1	1	1				
溴化铵[e]	NH_4Br	I	≤S	1	1	1	1	1		1	1	1
碳酸铵[e]	$(NH_4)_2CO_3$	I	≤S	1	1	1	1	1		1	1	1
氯化铵[e]	NH_4Cl	I	≤S	1	1	1	1	1		1	1	1
氟化铵[e]	NH_4F	I	>10	1	1	1	1	1		1	1	1
碳酸氢铵[e]	$(NH_4)HCO_3$	I	≤S	1	1	1	1	1		1	1	1
硝酸铵[e]	NH_4NO_3	I	≤S	1	1	1	1	1	1	1	1	1
磷酸铵[e]	$NH_4H_2PO_4$	I	≤S	1	1	1	1	1	1	1	1	1
硫酸铵[e]	$(NH_4)_2SO_4$	I	≤S	1	1	1	1	1	1	1	1	1
硫化铵[e]	$(NH_4)_2S$	I	≤S	1	1	1	1	1		1	1	1
防冻剂[e]		M	100									
			50									
苹果汁[e]		O	C	1	1	1	1	1	1	1	1	1
碳酸钡[e]	$BaCO_3$	I	≤S	1	1	1	1	1		1	1	1

表 C.4（续）

介 质	化学式	a	浓度[b] %	HDPE 20 ℃	HDPE 40 ℃	PP 20 ℃	PP 40 ℃	PP 60 ℃	PP 80 ℃	PVC-NI 20 ℃	PVC-NI 40 ℃	PVC-NI 60 ℃
氯化钡[e]	$BaCl_2$	I	≤S	1	1	1	1	1		1	1	1
氢氧化钡[e]	$Ba(OH)_2$	I	≤S	1	1	1	1	1	1	1	1	1
硝酸钡[e]	$Ba(NO_3)_2$	I	≤S	1	1	1	1	1		1	1	1
钡盐[e]		IM	≤S	1	1	1	1	1	1	1	1	1
硫酸钡[e]	$BaSO_4$	I	≤S	1	1	1	1	1		1	1	1
硫化钡[e]	BaS	I	≤S	1	1	1	1	1		1	1	1
蓄电池酸[e]	H_2SO_4	I	≤51	1	1	1	1	1		1	1	1
啤酒[e]		O	C	1	1	1	1	1	1	1	1	1
苯磺酸[e]		O	40							1	1	1
汽油(苯)[g]	C_5H_{12} 到 $C_{12}H_{26}$	O	100	1.1[f]	1.1[f]							
粗苯(不纯苯)[g]	C_6H_6	O	100	1[f]	1[f]							
硼酸[e]		I	TP							1	1	1
任何品种的白兰地酒[e]		O	C	1	1	1	1	1		1	1	1
丁二酸[e]		O	TP							1	1	1
酪乳(白脱奶)[e]		O	C	1	1	1	1	1	1	1	1	1
氯化镉[e]	$CdCl_2$	I	≤S	1	1	1	1	1		1	1	1
氰化镉[e]	$Cd(CN)_2$	I	≤S	1	1	1	1	1		1	1	1
硫酸镉[e]	$CdSO_4$	I	≤S	1	1	1	1	1		1	1	1
乙酸钙[e]	$(CH_3COO)_2Ca$	M	≤S	1	1	1	1	1		1	1	1
溴化钙[e]	$CaBr_2$	I	≤S	1	1	1	1	1		1	1	1
碳酸钙[e]	$CaCO_3$	I	≤S	1	1	1	1	1	1	1	1	1
氯化钙[e]	$CaCl_2$	I	≤S	1	1	1	1	1	1	1	1	1
氟化钙[e]	CaF_2	I	≤S	1	1	1	1	1		1	1	1
氢氧化钙[e]	$Ca(OH)_2$	I	≤S	1	1	1	1	1		1	1	1
硝酸钙[e]	$Ca(NO_3)_2$	I	≤S	1	1	1	1	1		1	1	1
硫酸钙[e]	$CaSO_4$	I	≤S	1	1	1	1	1		1	1	1
硫化钙	CaS	I	≤S	1	1	1	1			1	1	1
亚硫酸钙[e]	$CaSO_3$	I	≤S	1	11	1	1	1		1	1	1
二氧化碳，气体[e]	CO_2	I	任何	1	1	1	1	1		1	1	1

表 C.4(续)

介质	化学式	a	浓度[b] %	HDPE		PP				PVC-NI		
				20 ℃	40 ℃	20 ℃	40 ℃	60 ℃	80 ℃	20 ℃	40 ℃	60 ℃
四氯化碳[g]	CCl_4	O	100	1.85	1.67							
酪蛋白(酪素)[e]			TP							1	1	1
苛性碱(钠)溶液	NaOH	I	30						1.43	1	1	1
			40							1	1	
			50		1.1		1.1			1	1	1
氯水	$Cl_2 \cdot H_2O$	I	任何	1.4	1.4	1.4	1.4			1	1	
氯仿(三氯甲烷)[g]	$CHCl_3$	O	100									
铬酸	H_2CrO_4	I	10	2.04	1.89							
			20	9.1	5							
铬酸+硫酸	$H_2Cr_2O_4+H_2SO_4+H_2O$	I	100									
铬矾[e]		I	≤S							1	1	1
苹果酒		O	C	1	1	1	1	1		1	1	1
柠檬酸[e]	$(CO_2H)CH_2CO_2H$	O	≤10	1	1	1	1	1	1	1	1	1
食盐溶液	NaCl		≤S	1	1	1	1	1	1	1	1	1
硝酸铜	$Cu(NO_3)_2$		≤S	1	1	1	1			1	1	1
二氯化铜[e]	$CuCl_2$		≤S	1	1	1	1	1		1	1	1
硫酸铜[e]	$CuSO_4$		≤S	1	1	1	1	1		1	1	1
癸烷(十碳烷)[g]	$C_{10}H_{22}$	O	100									
洗涤剂(各种的)		M										
葡萄糖[e]		O	≤20	1	1	1	1	1		1	1	1
二氯乙烯[g]	$CH_2=CCl_2$	O	100									
二乙基戊三胺醋酸(例如:氨羧配合剂 C)		O	100	1.4	1.4	1.4	1.4					
硫酸二甲酯	$(CH_3)_2SO_4$	O	100									
消毒剂		M	100									
纤维素厂排出的污水	d	M	100									
纤维素厂排出的污水	碱性[d]	M	100									
	酸性[d]											

表 C.4（续）

介质	化学式	a	浓度[b] %	HDPE 20 ℃	HDPE 40 ℃	PP 20 ℃	PP 40 ℃	PP 60 ℃	PP 80 ℃	PVC-NI 20 ℃	PVC-NI 40 ℃	PVC-NI 60 ℃
乳制品加工厂排出的污水[c]		M	100									
人造纤维厂排出的污水[c]		M	100									
乙胺[g]	$CH_3CH_2NH_2$	O	100									
乙二胺四醋酸盐(四乙酸盐)酸		O	C	1.4	1.4	1.4	1.4					
二氯化乙烯(乙撑二氯)[g]	$C_2H_4Cl_2$	O	100									
乙二醇[g]	$CH_2OH \cdot CH_2OH$	O	TP		1.1		1.1			1	1	1
脂肪酸		O	TP							1	1	1
氯化铁及氯化亚铁[e]	$FeCl_2$ $FeCl_3$	I	≤S	1	1	1	1	1		1	1	1
氯磺酸亚铁	$Fe_3(ClSO_4)_2$	I	≤S		1.1		1.1			1	1	1
硫酸亚铁[e]	$FeSO_4$	I	≤S		1.2		1.2			1	1	1
四氟硼酸	HBF_4	I	≤50	1.4	1.4	1.4	1.4					
甲醛	CH_2O	O	40		1.61							
甲酸(蚁酸)	HCOOH	O	≤60	1	1	1.4	1.4			1	1	
			≤85	1.4								
果糖[e]		O	>10	1	1	1	1	1	1	1	1	1
果汁及果汁饮料[e]		O	C	1	1	1	1	1	1	1	1	1
燃料油[g]		O	100									
乙醇酸(羟基乙酸)[e]		O	30		1.1		1.1			1	1	1
葡萄糖(水质的)[e]		I	≤20	1	1	1	1	1	1	1	1	1
己醇[g]	$C_6H_{13}OH$	O	100									
普通氨水[e]	NH_4OH	I	≤S	1	1	1	1	1		1	1	1
液压机液体[g]		O	100									
水合肼	$N_2H_4 \cdot H_2O$	O	≤24	1	1	1	1			1	1	

表 C.4(续)

介 质	化学式	[a]	浓度[b] %	HDPE 20 ℃	HDPE 40 ℃	PP 20 ℃	PP 40 ℃	PP 60 ℃	PP 80 ℃	PVC-NI 20 ℃	PVC-NI 40 ℃	PVC-NI 60 ℃
盐酸	HCl	I	20							1	1	1
			30						1.75	1	1	1
			≤37		1.2		1.2			1	1	1
氢氟酸	HF	I	≤75	1.4	1.4	1.4	1.4					
水凝胶乳液	(pH 值=9.5)		100									
过氧化氢(双氧水)[e]	H_2O_2	I	≤70							1	1	
硫化氢		I	TP							1	1	1
羟乙基化氨(羟基乙二胺)三醋酸(例如:氨羧配合剂 D)		O	C	1.4	1.4	1.4	1.4					
硫酸羟氨[e]	$(NH_2OH)_2 \cdot H_2SO_4$	I	≤12	1	1		1	1	1	1	1	1
氯化硫酸铁	$FeClSO_4$	I	≤S	1	1	1	1			1	1	1
乳酸[e]		O	C							1	1	1
醋酸铅(乙酸铅)[e]	$Pb(CH_3COO)_2$	I	≤S			1	1	1		1	1	1
硝酸铅[e]	$Pb(NO_3)_2$	I	≤S							1	1	1
硫酸铅[e]	$PbSO_4$	I	≤S	1	1	1	1.1			1	1	1
液体肥料			C	1	1	1	1					
硫酸锂[e]	Li_2SO_4	I	≤S							1	1	1
碳酸镁[e]	$MgCO_3$	I	≤S	1	1	1	1	1		1	1	1
氯化镁[e]	$MgCl_2$	I	≤S	1	1	1	1	1	1	1	1	1
碳酸氢镁	$MgHCO_3$	I	≤S	1	1	1	1	1		1	1	1
镁盐[e]		IM	≤S	1	1	1	1	1		1	1	1
硫酸镁[e]	$MgSO_4$	I	≤S	1	1.1	1	1	1	1	1	1	1
肥料盐[e]		I	≤S	1	1	1	1	1		1	1	1
氯化汞	$HgCl_2$	I	≤S	1	1	1	1			1	1	1
硝酸汞	$Hg(NO_3)_2$	I	S	1	1	1	1			1	1	1.1
汞盐[e]		IM	≤S	1	1	1	1	1		1	1	1
硫酸汞	$HgSO_4$	I	≤S	1	1	1	1			1	1	

表 C.4(续)

介质	化学式	[a]	浓度[b] %	HDPE		PP				PVC-NI		
				20 ℃	40 ℃	20 ℃	40 ℃	60 ℃	80 ℃	20 ℃	40 ℃	60 ℃
甲醇[g]	CH_3OH	O	100							1	1	1
二氯甲烷[g]	CH_2Cl_2	O	100	1.09	1.08							
牛奶[e]		O	C	1	1	1	1	1	1	1	1	1
矿质水[e]		I	C	1	1	1	1	1	1	1	1	1
天然气	主要成分 CH_4	O	100							1	1	1
天然气凝析油[g]		O	100									
硫酸镍[e]	$NiSO_4$	I	≤S		1.1		1.1			1	1	1
硝酸镍	$Ni(NO_3)_2$	I	≤S		1.1	1	1			1	1	1
氯化镍[e]	$NiCl_2$	I	≤S	1	1	1	1	1		1	1	1
烟酸(尼克酸)[e]		O	TP							1	1	1
硝酸	HNO_3	I	15						1.67			
			≤30							1	1	1
			50						3.13	1.2	1.2	1.2
			53									
			65									
氟硝酸(硝酸+氢氟酸)	HNO_3+HF	I	15+4						2			
亚硝基醋酸(氨羧配合剂A)		I	C			1.4	1.4					
辛醇[g]	$C_8H_{17}OH$	O	100		1							
油酸[e]		O	TP							1	1	1
橄榄油[e,g]		O	C		1.1		1.1			1	1	1
草酸(乙二酸)[e]		O	≤S							1	1	1
氧	O_2	I	100							1	1	1
棕榈油[g]		O	C							1	1	1
花生油[g]		O	100									
磷酸盐[e]		I	≤S	1	1	1	1	1		1	1	1
磷酸	H_3PO_4	I	≤30							1	1	1
			75						1.43			
			≤95		1.2		1.2		1.43		1.1	

表 C.4(续)

介 质	化学式	[a]	浓度[b] %	HDPE 20 ℃	HDPE 40 ℃	PP 20 ℃	PP 40 ℃	PP 60 ℃	PP 80 ℃	PVC-NI 20 ℃	PVC-NI 40 ℃	PVC-NI 60 ℃
照相药品		I	C	1	1	1	1			1	1	
多硫化物(聚硫化物)	Me_2S	I	100			1	1	1		1	1	1
硼酸钾[e]	K_3BO_3	I	≤S	1	1	1	1	1		1	1	1
溴酸钾(液态)[e]	$KBrO_3$	I	≤10	1	1	1	1	1		1	1	1
溴化钾	KBr	I	≤S	1	1	1	1			1	1	
碳酸钾[e]	K_2CO_3	I	≤S	1	1	1	1	1		1	1	1
氯酸钾[e]	$KClO_3$	I	≤S	1	1	1	1	1		1	1	1
氯化钾[e]	KCl	I	≤S	1	1	1	1	1		1	1	1
氰化钾[e]	KCN	I	>10	1	1	1	1	1		1	1	1
氟化钾[e]	KF	I	≤S	1	1	1	1	1		1	1	1
铁氰化钾 亚铁氰化钾[e]	$K_4[Fe(CN)_6]$ $K_3[Fe(CN)_6]$	I	≤S	1	1	1	1	1		1	1	1
碳酸氢钾[e]	$KHCO_3$	I	≤S	1	1	1	1	1		1	1	1
苛性钾(氢氧化钾)[e]	KOH	I	≤50	1	1	1	1	1			1	1
次氯酸钾	KOCl	I	≤12.5	1.9	1.9	1.9	1.9					
碘化钾(磺化钾)[e]	KI	I	≤S	1	1	1	1	1		1	1	1
硝酸钾[e]	KNO_3	I	≤S	1	1.1	1	1.1			1	1	1
过二硫酸钾[e]	$K_2S_2O_8$	I	≤S							1	1	1
磷酸钾[e]	K_3PO_4	I	≤S	1	1	1	1	1		1	1	1
硫酸钾[e]	K_2SO_4	I	≤S	1	1.1	1	1.1			1	1	1
海水[e]		I	C	1	1	1	1	1	1	1	1	1
硝酸银[e]	$AgNO_3$	I	≤S	1	1	1	1	1		1	1	1
银盐[e]		M	≤S	1	1	1	1	1		1	1	1
硫酸铝钠[e]	$NaAl(SO_4)_2$	I	>10							1	1	1
碳酸钠(纯碱)	Na_2CO_3	I	≤50	1	1	1	1	1		1	1	1
乙酸钠[e]	CH_3COONa	M	≤S	1	1	1	1	1	1	1	1	1
亚硫酸氢钠[e]	$NaHSO_3$	I	≤S							1	1	1

表 C.4(续)

介 质	化学式	[a]	浓度[b] %	HDPE 20 ℃	HDPE 40 ℃	PP 20 ℃	PP 40 ℃	PP 60 ℃	PP 80 ℃	PVC-NI 20 ℃	PVC-NI 40 ℃	PVC-NI 60 ℃
溴化钠[e]	NaBr	I	≤S	1	1	1	1	1		1	1	1
碳酸钠、纯碱(液态)[e]	Na_2CO_3	I	≤50	1	1	1	1	1		1	1	1
氯酸钠[e]	$NaClO_3$	I	≤S	1	1	1	1	1		1	1	1
氯化钠(食盐)[e]	NaCl	I	≤S	1	1	1	1	1	1	1	1	1
亚氯酸钠	$NaClO_2$	I	≤S	1.4	1.4	1.4	1.4			1.2	1.2	
铬酸钠	$Na_2Cr_2O_7$	I	≤S	1	1	1	1			1	1	
氰化钠[e]	NaCN	I	≤S		1.1		1.1			1	1	1
亚二硫酸钠[e]	$Na_2S_2O_5$	I	≤S							1	1	1
碳酸氢钠[e]	$NaHCO_3$	I	≤S	1	1	1	1	1	1	1	1	1
硫酸氢钠[e]	$NaHSO_4$	I	≤S	1	1	1	1	1		1	1	1
亚硫酸氢钠[e]	$NaHSO_3$	I	>10	1	1	1	1	1		1	1	1
硝酸钠[e]	$NaNO_3$	I	≤S	1	1	1	1	1		1	1	1
亚硝酸钠[e]	$NaNO_2$	I	≤S	1	1	1	1	1		1	1	1
高硼酸钠(过硼酸钠)[e]		I	≤S							1	1	1
磷酸钠[e]	Na_3PO_4	I	≤S	1	1	1	1	1	1	1	1	1
硅酸钠[e]	(水玻璃)	I	>10	1	1	1	1	1		1	1	1
硫酸钠[e]	Na_2SO_4	I	≤S	1	1	1	1	1		1	1	1
硫化钠[e]	Na_2S	I	≤S	1	1	1	1	1		1	1	1
亚硫酸钠(液态)[e]	Na_2SO_3	I	≤40	1	1	1	1	1	1	1	1	1
四硼酸钠[e]	$Na_2B_4O_7$	I	≤S	1	1	1	1	1		1	1	1
硫代硫酸钠[e]	$Na_2S_2O_3$	I	≤S	1	1	1	1	1		1	1	1
氯化锡[e]	$SnCl_4$	I	≤S	1	1	1	1	1		1	1	1
氯化亚锡(二氯化锡)[e]	$SnCl_2$	I	≤S	1	1	1	1	1		1	1	1
淀粉[e]		O	任何	1	1	1	1	1		1	1	1
十八酸(硬脂酸)[e]		O	TP							1	1	1
糖浆[e]		O	C	1	1	1	1	1		1	1	1

表 C.4(续)

介 质	化学式	a	浓度[b] %	HDPE		PP				PVC-NI		
				20 ℃	40 ℃	20 ℃	40 ℃	60 ℃	80 ℃	20 ℃	40 ℃	60 ℃
硫酸	H_2SO_4	I	40							1	1	1
			78		1.4		1.4		1.67	1	1	1
			85							1	1	
			90							1	1	
			95							1	1.1	1.2
			98	10	5.56							
酒石酸(二羟丁二酸)[e]		O	≤10	1	1	1	1	1		1	1	1
甲苯[g]	$C_6H_5CH_3$	O	100	1.05								
变压器油[g]		O	100	1	1							
甘油三醋酸酯[g]	(甘油醋酸酯)	O	100							1	1	1
三氯氟甲烷[g]	CCl_3F	O	100	1	1.12							
1.3.5 三甲基苯[g]	$C_6H_3(CH_3)_3$	O	100									
不分馏油[g]		O	100									
尿素[e]	$CO(NH_2)_2$	O	≤S	1	1	1	1	1		1	1	1
尿肥[e]			C	1	1	1	1	1		1	1	1
植物油[g]		O	TP		1.1	1	1			1	1	
醋(醋酸)[e]		O	C	1	1	1	1	1	1	1	1	1
水	H_2O	I	100	1	1	1	1	1	1	1	1	1
内含湿润剂的水		M	2									
葡萄酒[e]		M	C	1	1	1	1	1		1	1	1
酵母(酒母)[e]		O	任何	1	1	1	1	1		1	1	1
氯化锌	$ZnCl_2$	I	≤S	1	1	1	1			1	1	1
硝酸锌	$Zn(NO_3)_2$	I	≤S	1	1	1	1			1	1	1
锌盐[e]		IM	≤S	1	1	1	1	1		1	1	1
硫酸锌[e]	$ZnSO_4$	I	≤S		1.1		1.1			1	1	1

表 C.4(续)

介质	化学式	a	浓度[b] %	HDPE		PP				PVC-NI		
				20 ℃	40 ℃	20 ℃	40 ℃	60 ℃	80 ℃	20 ℃	40 ℃	60 ℃

[a] I:无机物质;
O:有机物;
M:有机及无机混合物。

[b] S:饱合的液体溶液(在 20 ℃);
TP:工艺上的纯净介质;
C:商用合成物或自然态物质。

[c] 不能排放到其他排水道。

[d] 88.25 份的水、10 份高氯酸钠、1 份氢氧化钠、0.25 份苯胺、0.25 份一氯化苯、0.25 份甲苯二胺。

[e] 依据多年的实际经验,$A_2=1$。

[f] 只适用于应力小于或等于 2 MPa 的情况。

[g] 介质引起溶胀。

附　录　D
（资料性附录）
焊接装配的设计

D.1　符号及缩写

a——焊缝厚度,mm;

d——储罐内径,mm;

f_1——焊接坡口深度,mm;

f_2——带坡口角焊缝厚度,mm;

h——加强筋高度,mm;

l_G——双面焊时焊缝之间的间隙,mm;

t——罐壁厚度,mm;

t_B——罐底厚度,mm;

t_D——罐盖厚度,mm;

$t_{Z(i)}$——变壁厚罐体第 i 段厚度,mm;

t_1——构件厚度,mm;

α——坡口角度,(°)。

D.2　焊接基本原理

焊缝尺寸按如下原则确定:如果是起支撑作用的焊缝,要保证所有焊缝断面都焊合在一起;如果是堆焊,要保证焊肉截面能满足受力要求。应优先选用对焊。

焊合处底材的正反两面都要焊接。只能单面焊接时,要保证能充分焊透,防止另一面出现缝隙。

不同厚度的部件焊接时,要采取措施,如在厚料上打坡口,以保证焊缝上各点受力均衡。

应避免焊缝重叠。在容器受力处不允许焊缝交叉。

焊接的形式、尺寸及焊接材料的尺寸均为焊接方法的重要参数,应在工艺中确定,确定时要考虑到焊接的后续处理。

受力焊缝应可以进行测试。如被其他组件覆盖,要在组件焊接前测试,或在设计时考虑到焊缝的测试环节。

D.3　焊接设计

未注明的焊接均为热风挤出焊接,详细说明见图 D.1～D.13。坡口角度 α 应在 45°～60°之间。

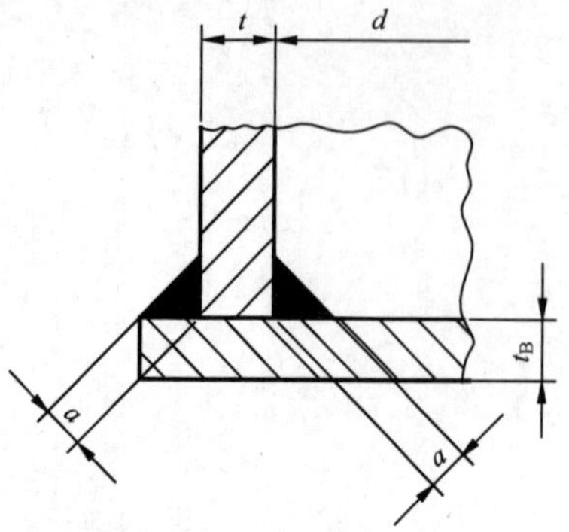

应用:双面焊接立式储罐

条件:$a=0.7t_B$

焊缝剖面不建议采用凸面

图 D.1 壁底之间的焊缝

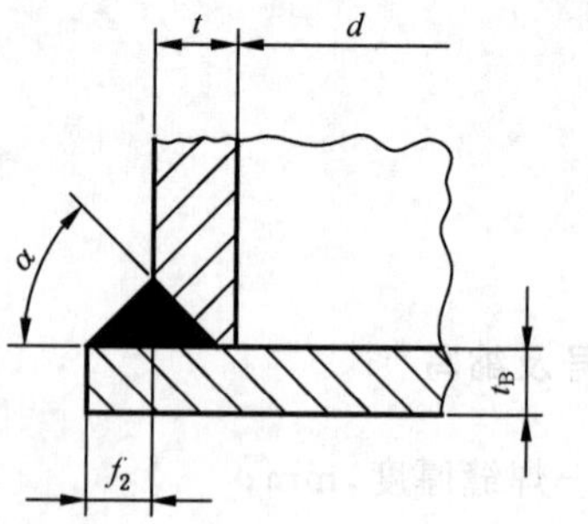

应用:单面焊接立式储罐

条件:$t\leqslant10$ mm

$f_2\geqslant0.5t$

图 D.2 壁底之间的焊缝

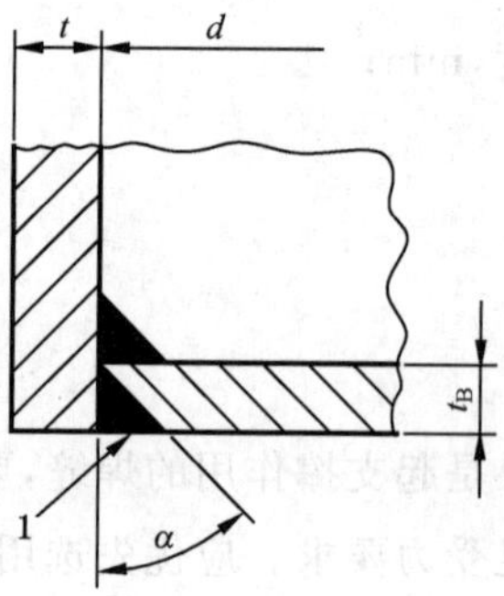

1——处理平整

应用:双面焊接立式罐

图 D.3 壁底之间的焊缝

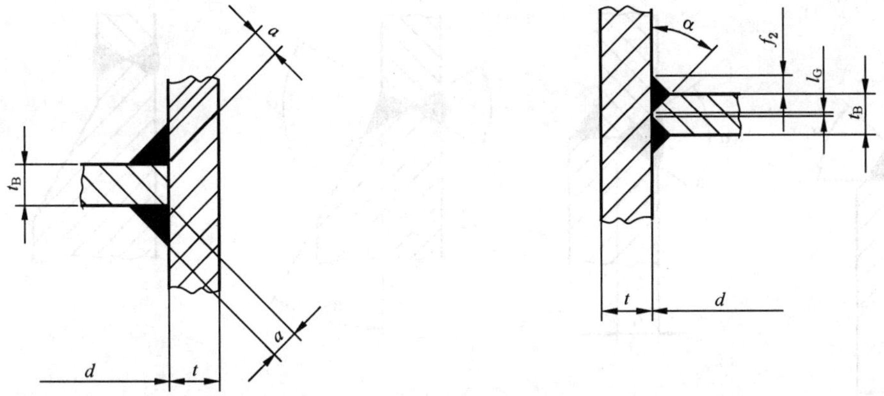

a) b)

应用：倾斜底或中间底立式储罐，双面焊接

条件：a) $a=0.7\sim0.8\ t_B$

b) $l_G\leqslant0.1\ t_B$

$f_2\geqslant0.3\ t_B$

图 D.4 罐壁与底或罐壁与中间底之间的焊缝

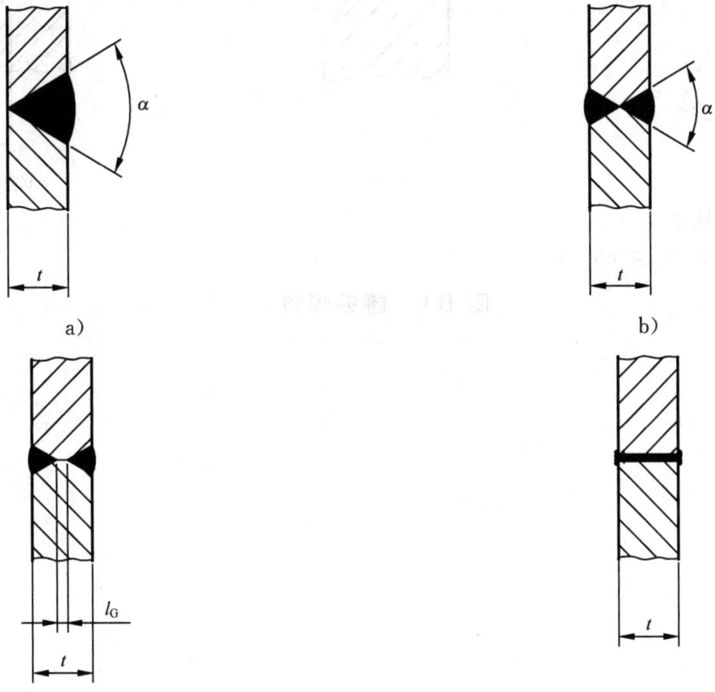

a) b)

c) d) 热熔焊接

应用：等壁厚立式储罐

条件：$l_G=0.1\ t$

图 D.5 罐壁焊缝

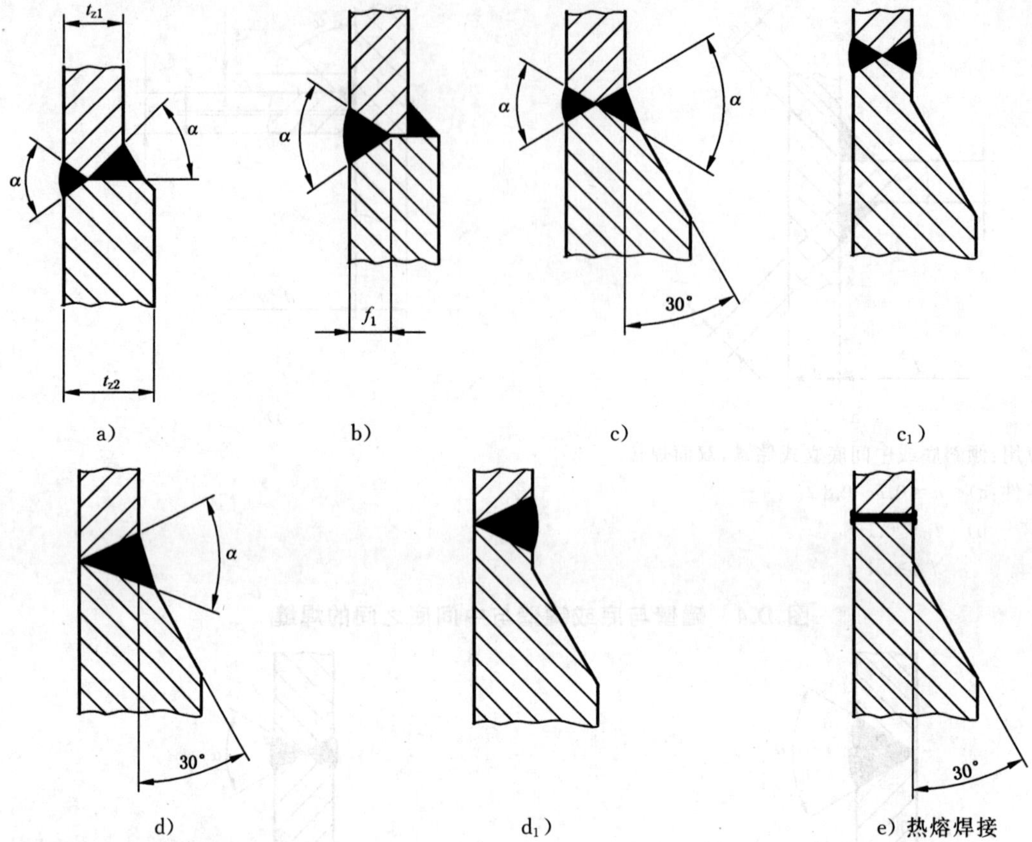

应用：变壁厚立式储罐

条件：$f_1=0.7\ t_{z1}$；$t_{z1}/t_{z2}\geqslant 0.5$

图 D.6 罐壁焊缝

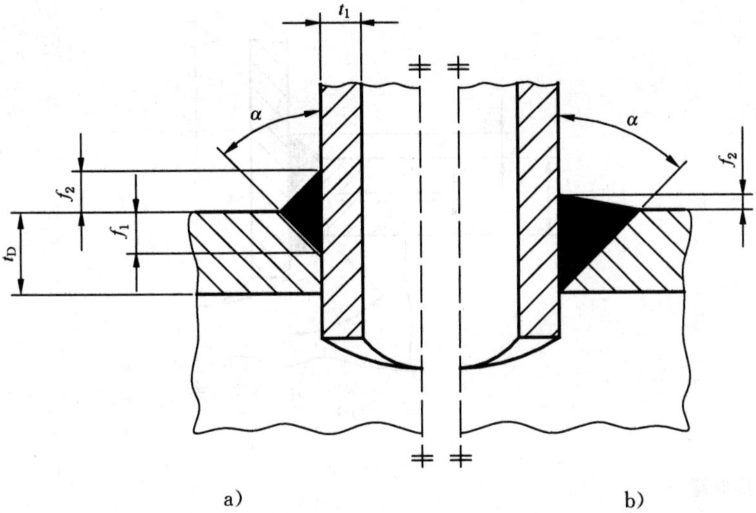

应用:只能单面焊接的储罐

条件:a) $t_D < t_1 : f_1 = 0.5t_D ; f_2 = 0.5t_D$

$t_1 < t_D : f_1 = 0.5t_1 ; f_2 = 0.5t_1$

b) $t_D \leqslant 15\ \text{mm} : f_2 = 0.2t_D$

图 D.7 管口与罐盖之间的焊缝

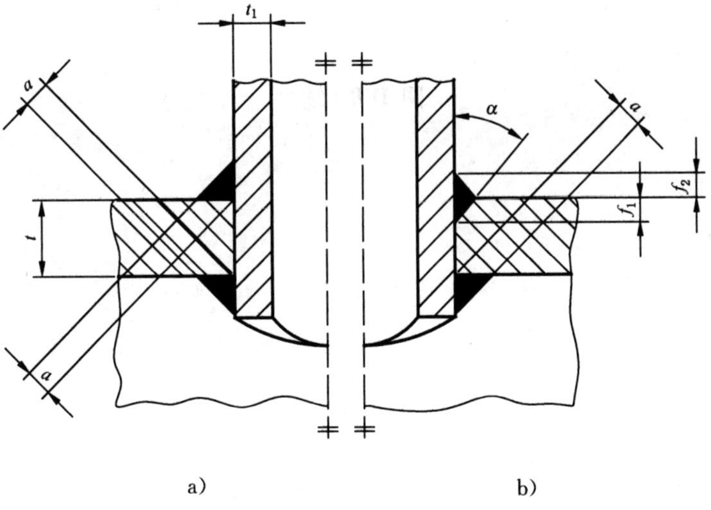

图 D.8 管口与罐壁之间的焊缝

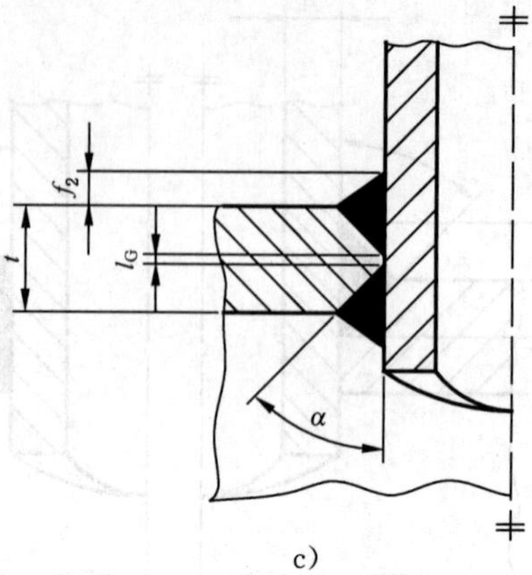

c)

应用:双面焊接储罐

条件:a) $t_1 > t$:$a = 0.7t$

$t > t_1$:$a = 0.7t_1$

b) $t > t_1$:$f_1 = 0.5t_1$

$f_2 = 0.5t_1$

$a = 0.7t_1$

$t_1 > t$:$f_1 = 0.5t$

$f_2 = 0.5t$

$a = 0.7t$

c) $f_2 = 0.3t$

$l_G = 0.1t$

图 D.8(续)

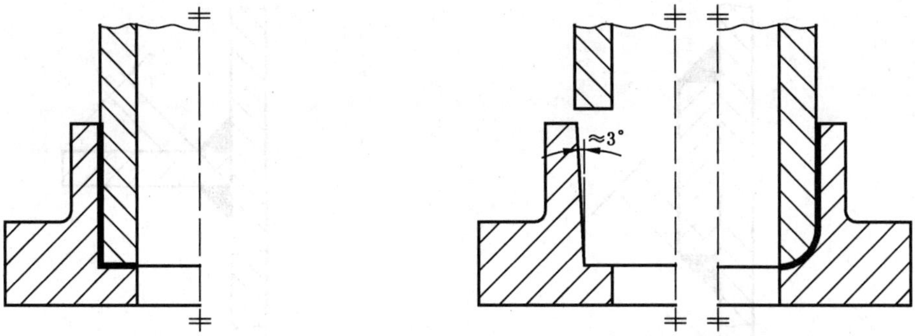

a) 热熔焊接　　　　b) 旋转摩擦焊接

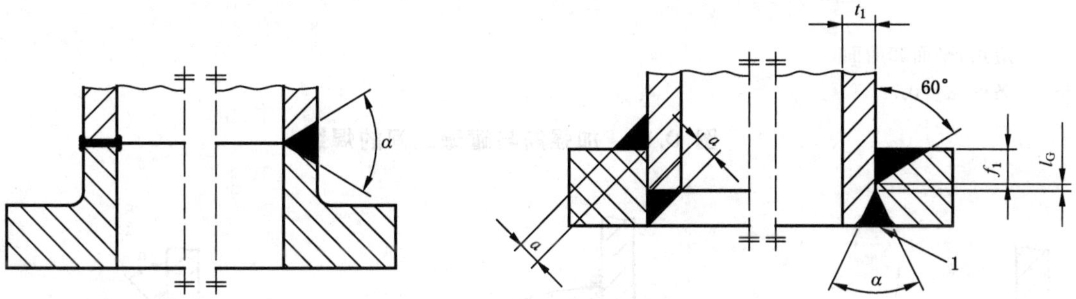

1——处理平整

c) 热熔焊接　　d) 热风焊接或热风挤出焊接　　e) 热风焊接或热风挤出焊接　　f) 热风焊接或热风挤出焊接

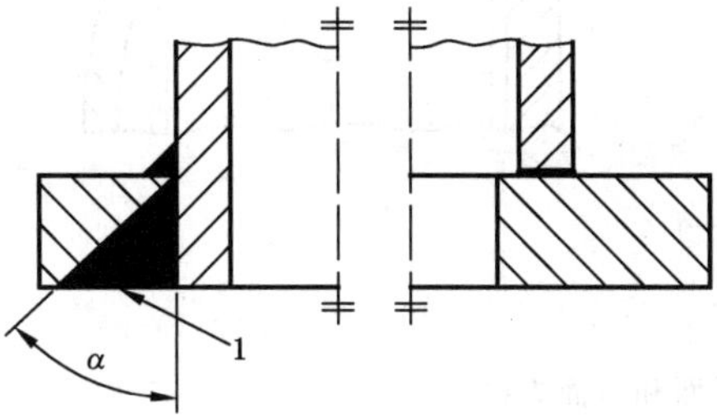

1——处理平整

g) 热风焊接或热风挤出焊接　　h) 热熔焊接

应用:法兰盘和法兰管的连接

条件:$a=0.7t_1$;$f_1=t_1$;$l_G=0.1t_1$

图 D.9　法兰盘和法兰管之间的焊缝

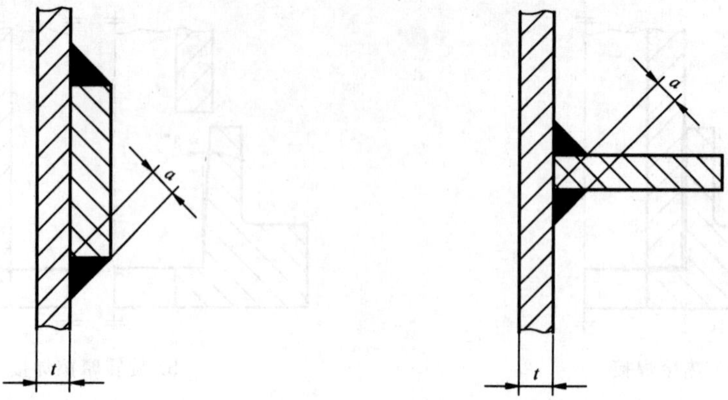

应用:平面和曲面

条件:$a=0.7t$

图 D.10 加强筋与罐壁之间的焊缝

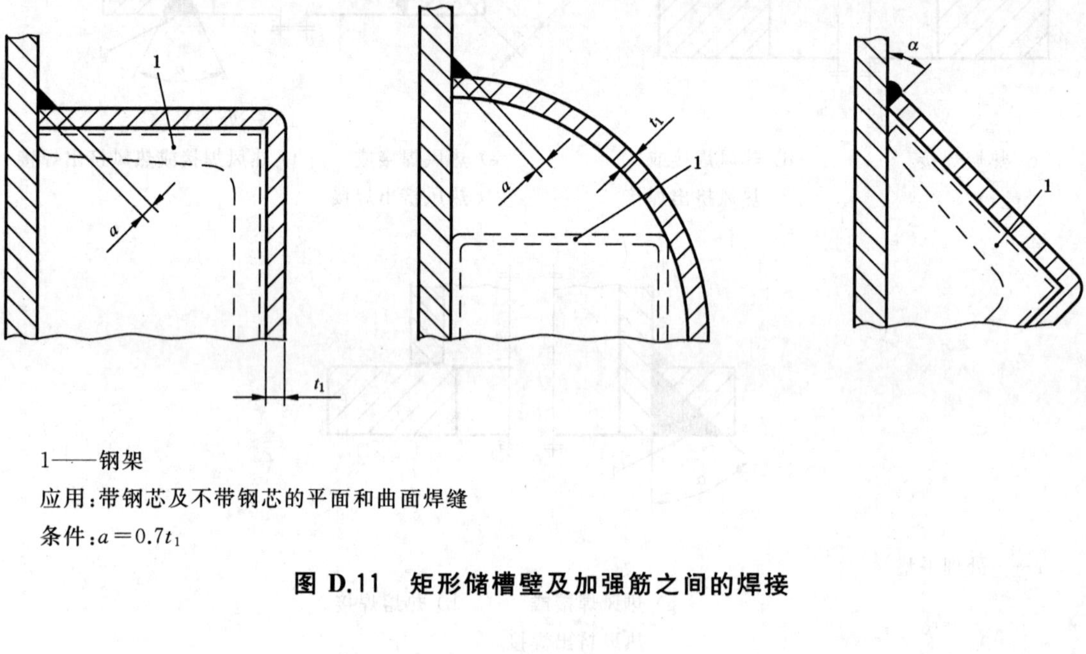

1——钢架

应用:带钢芯及不带钢芯的平面和曲面焊缝

条件:$a=0.7t_1$

图 D.11 矩形储槽壁及加强筋之间的焊接

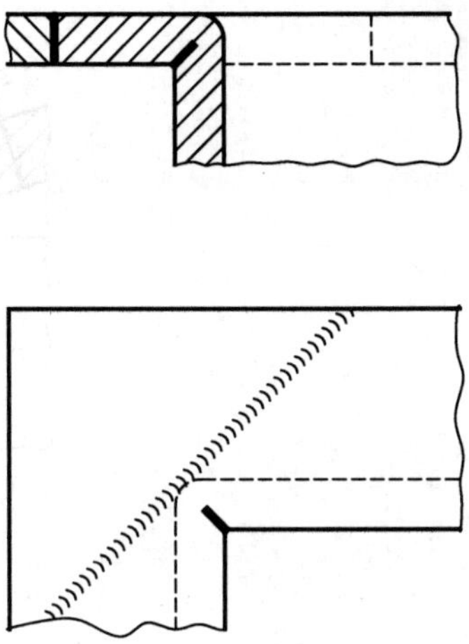

a) 热熔焊接

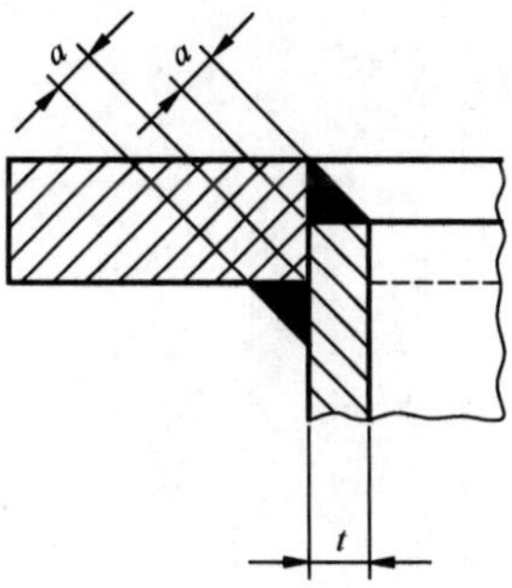

b) 热风焊接或热风挤出焊接

条件:$a \geqslant 0.7t$

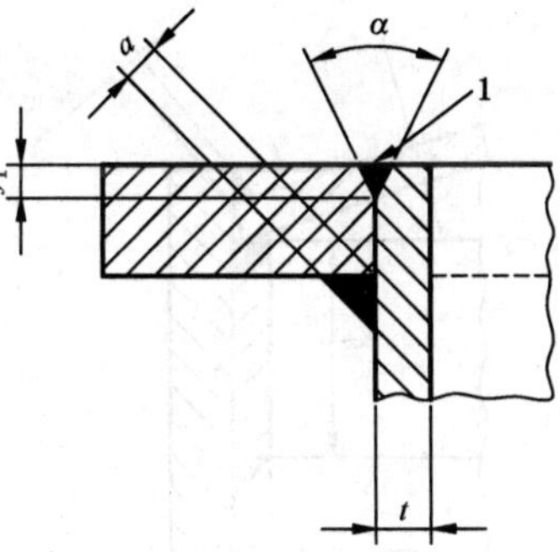

c) 热风焊接或热风挤出焊接

1——如有必要,则要处理

条件:$a \geqslant 0.7t$;$f_1 \geqslant 0.7t$

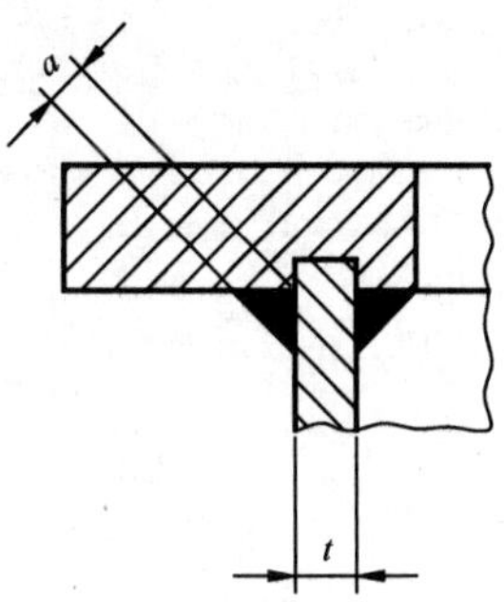

d) 热风焊接或热风挤出焊接

条件:$a \geqslant 0.7t$

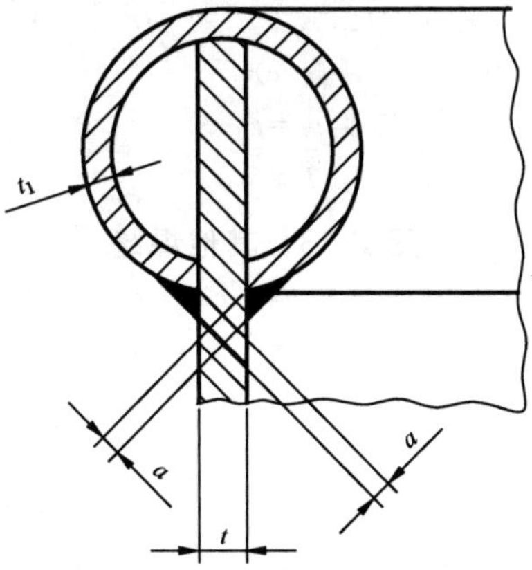

e) 热风焊接或热风挤出焊接

条件:$a \geqslant 0.7t_1$

应用:平面和曲面

图 D.12　端部加强筋及罐壁之间的焊缝

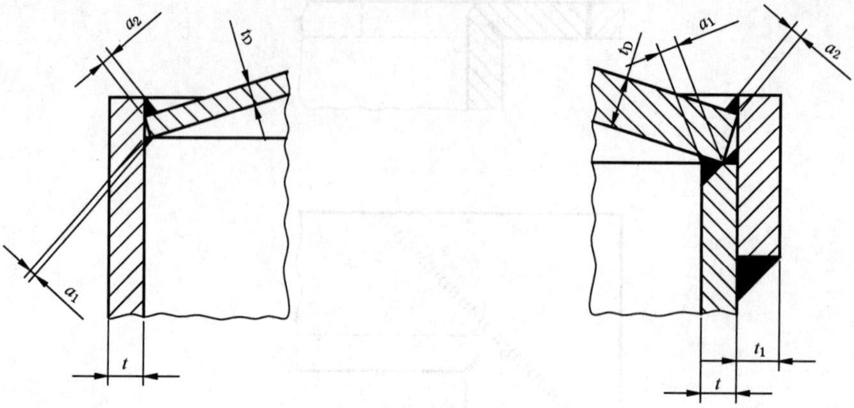

a)　　　　　　　　　　　　　　　　b)

条件：$a_2=0.5t_D$

$a_1=0.2t_D$

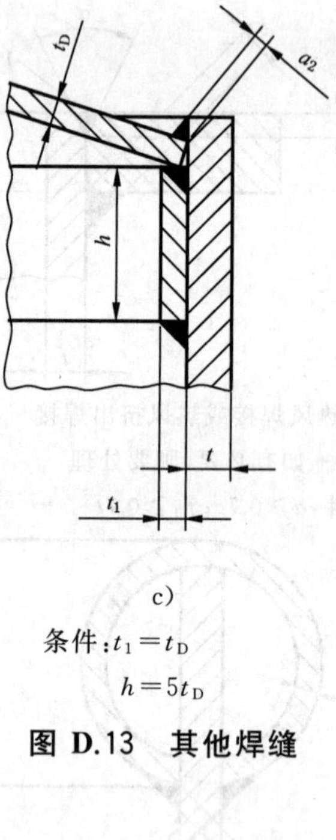

c)

条件：$t_1=t_D$

$h=5t_D$

图 D.13　其他焊缝

附　录　E
（资料性附录）
单壁矩形储槽的结构设计

E.1　设计原则

焊缝的设计及尺寸见附录D。

当选用不同于槽壁材质的加强筋时,设计时应考虑热膨胀之间的差异。

安装或外部管道系统对管口产生的应力应通过使用补偿器或合理的管道布置及安装来避免。

E.2　符号及缩写

a——焊缝厚度,mm;

d——U形剖面的深度,mm;

f_1——焊缝坡口深度,mm;

f_2——带坡口角焊缝厚度,mm;

h——加强筋的宽度,mm;

l——过渡边缘与焊缝之间的距离,mm;

R——构件半径,mm;

t_n——构件厚度,mm;

U——槽底超出槽壁以外部分的长度,mm;

α——焊接坡口角度,(°)(见图E.2、图E.3及图E.9,在45°～90°之间)。

E.3　设计样板

E.3.1　槽口加强筋

槽口加强筋见图E.1～图E.9。

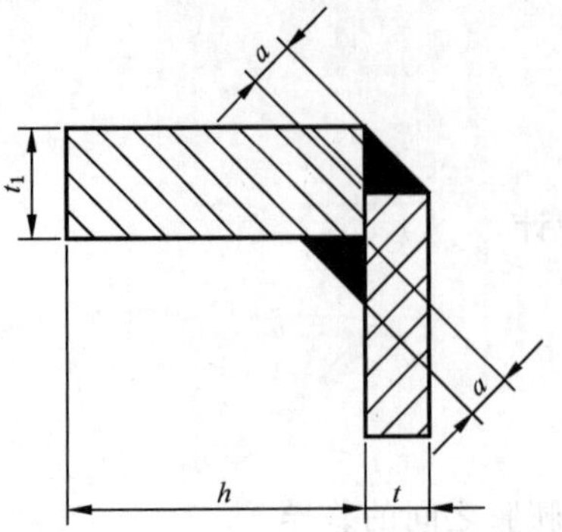

$t_1 > t$

$a = 0.7 \times t$

$h/t_1 \leqslant 8$

图 E.1　角焊接的连接

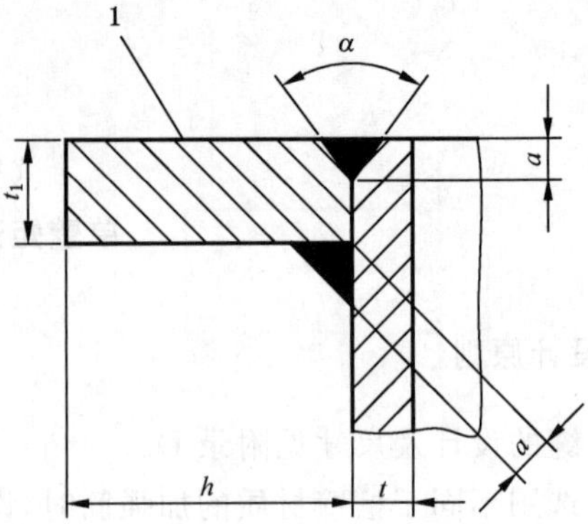

$t_1 > t$

$a = 0.7 \times t$

$h/t_1 \leqslant 8$

1——处理平整。

图 E.2　角焊及单面 V 形坡口焊接的连接

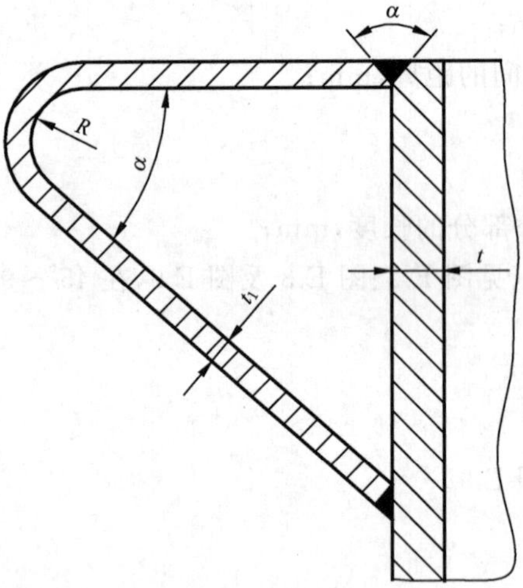

$t_1 < t$

$R \leqslant 2 \times t_1$,但不小于 10 mm。

图 E.3　三角形部分剖面

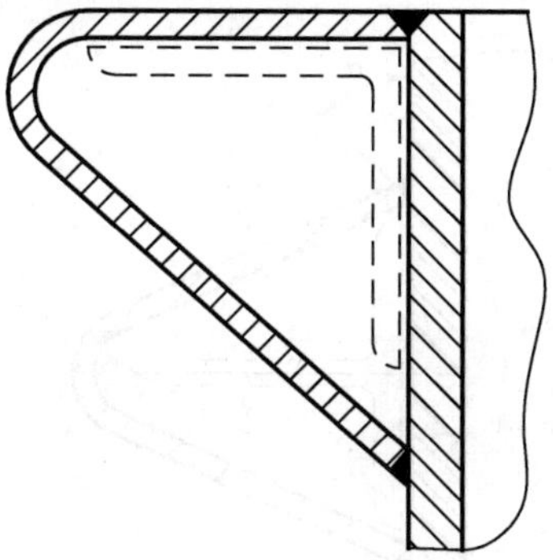

图 E.4　三角形截面,带角钢构架

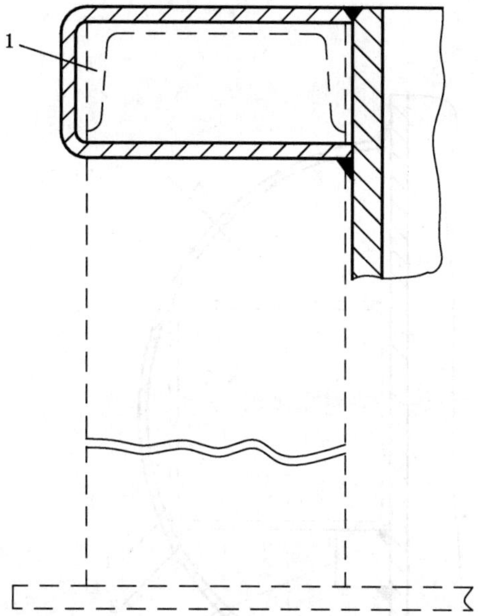

1——型钢

用于支撑结构,可使用各种截面型材。

如果型材重量过大可垂直支撑。

图 E.5　矩形截面、带槽钢构架

E.3.2　水平中间加强筋

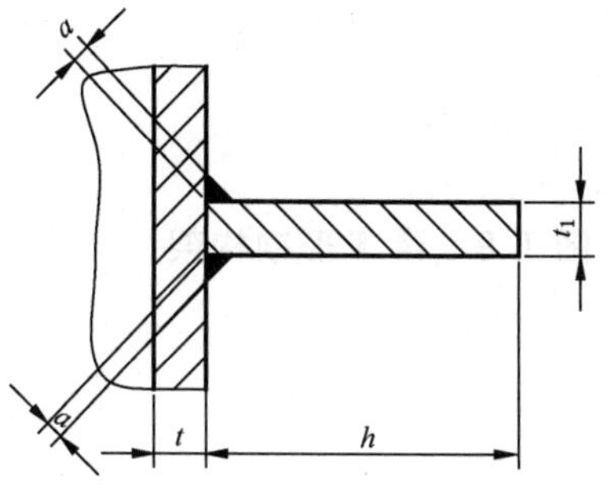

$t_1 \geqslant t$

$a = 0.7 \times t$

$h/t_1 \leqslant 8$

图 E.6　平板

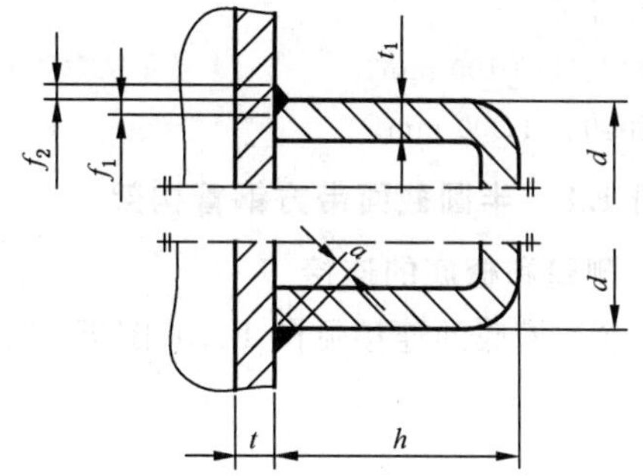

$h/t_1 \leqslant 12$

$f_2 = 0.7 \times t_1$

$f_1 = 0.5 \times t_1$

$a = 0.7 \times t_1$

$d \leqslant h$

图 E.7　U 形截面

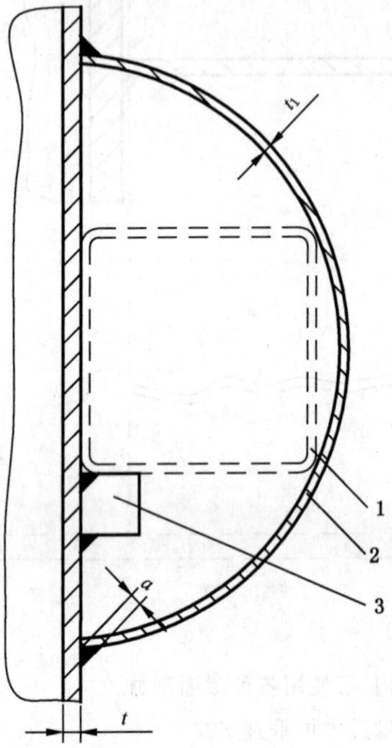

1——方钢管；

2——半圆管；

3——支撑。

$t_1<t$

$a=0.7\times t_1$

支撑长度约 100 mm，

间距约为 1 000 mm。

图 E.8　半圆截面带方钢管构架

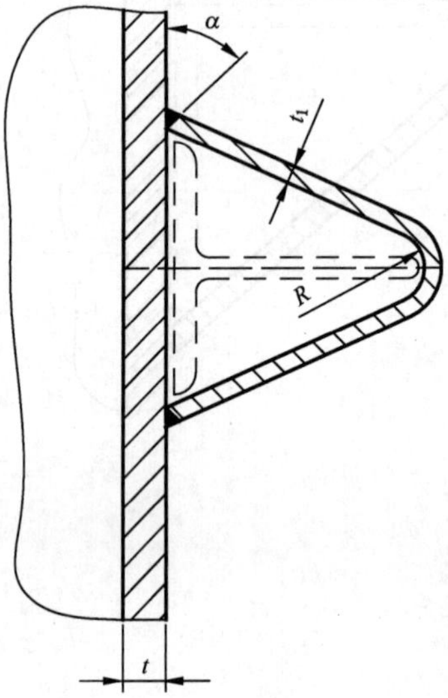

$t_1<t$

$R\leqslant 2\times t_1$，但不小于 10 mm。

图 E.9　带 T 形钢构架

E.3.3　侧壁和槽底的连接

侧壁和槽底的连接见图 E.10、图 E.11。

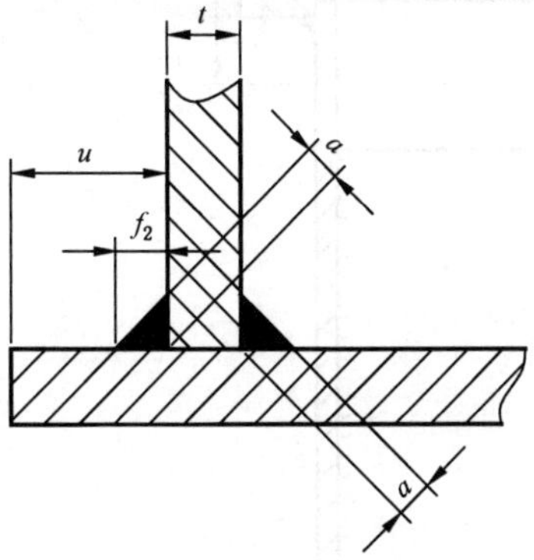

$f_2 < u \leqslant f_2 + 10$ mm 依据焊接工艺

$a = 0.7 \times t$

图 E.10　双面角焊的 T 形连接

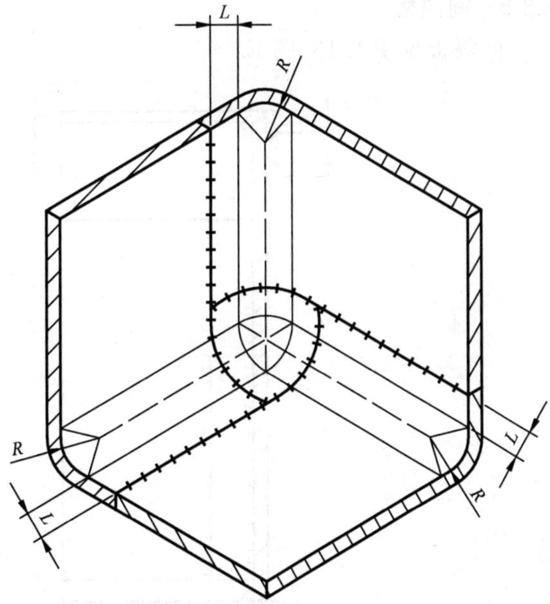

$L \geqslant 50$ mm;$R \geqslant 50$ mm

图 E.11　壁和底之间的圆角过渡

E.3.4　立式储槽的拐角

立式储槽的拐角见图 E.12。

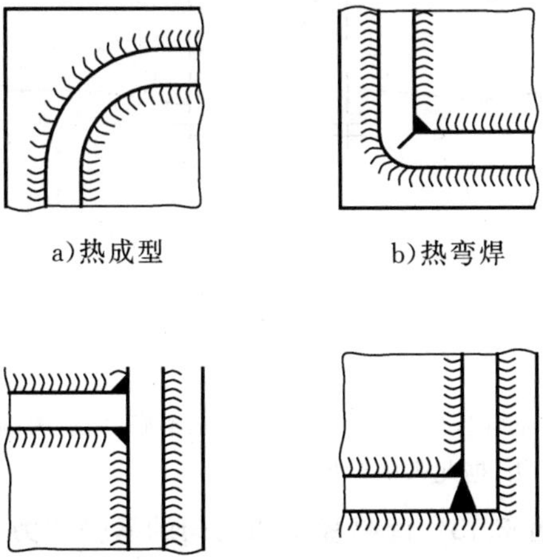

a)热成型　　b)热弯焊

c)双面角焊的 T 形连接　　d)角焊接及单面 V 形焊接

注：通常使用 a)和 b)两种形式，当槽壁有足够的刚度时，也可选用 c)和 d)。

图 E.12　不同形式的角部构造

E.3.5 间隔板

间隔板见图 E.13、图 E.14。

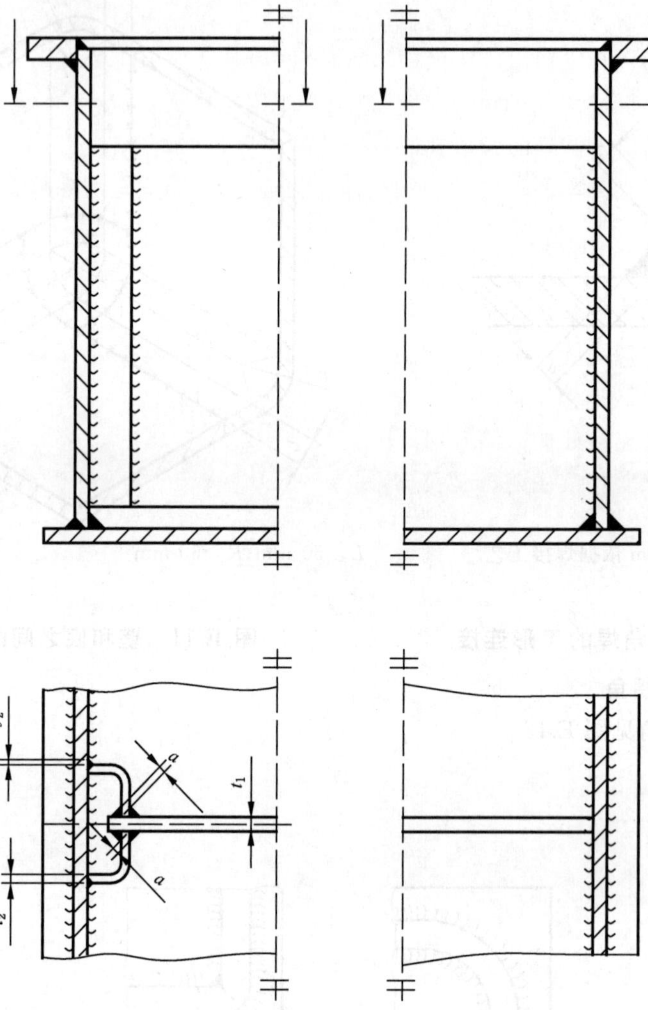

a)　　　　　　　　b)

$t_2 \leqslant t_1$

$a = 0.5 \times t_2$

$f_2 = 0.5 \times t_2$

a) 间隔板带有调节装置以降低焊接应力。如间隔板焊在槽底,应在两端均安装调节装置。

b) 间隔板也能起到拉撑的作用,据此来确定焊缝尺寸。

图 E.13 间隔板两侧均匀的承受应力

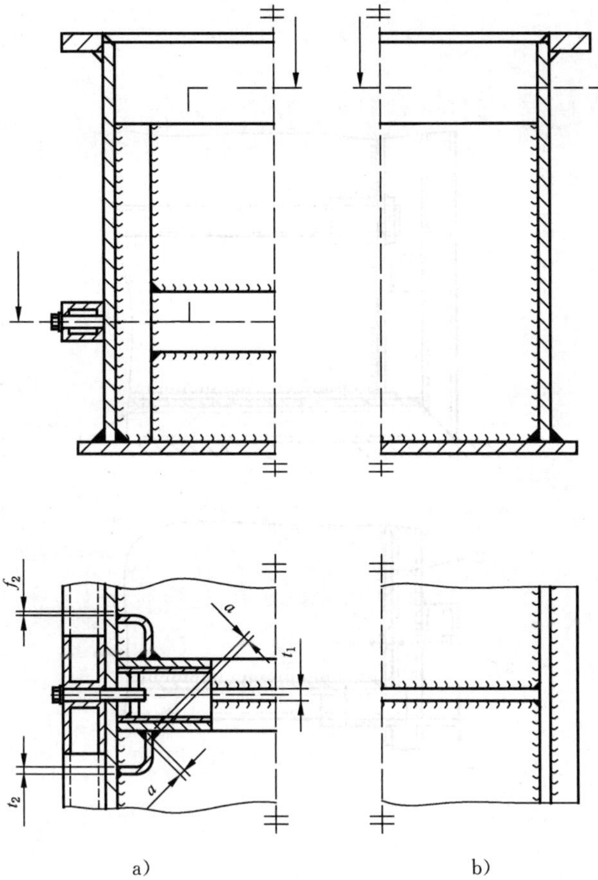

$t_2 \leqslant t_1$；$a = 0.5 \times t_2$；$f_2 = 0.5 \times t_2$；

焊接的详细情况见图 E.13。

a) 间隔板的钢增强结构也起到拉撑的作用，水平中间加强筋的强度计算因此简化。

b) 间隔板也能起到拉撑的作用，据此来确定焊缝尺寸。

图 E.14 间隔板一侧承受应力

E.3.6 安装设计方案

可吸收加强筋与槽壁间膨胀差异的构造见图 E.15。相互独立的纵梁及端梁的构造见图 E.16。

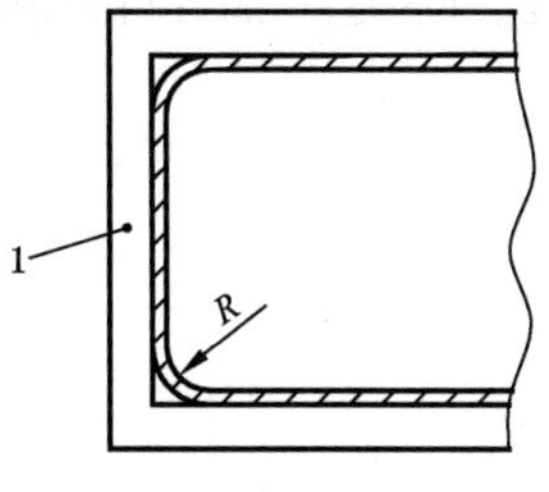

1——钢架。

槽壁与加强筋间的膨胀差异由角吸收。

$R \geqslant 50$ mm

图 E.15 可以吸收膨胀差异的构造

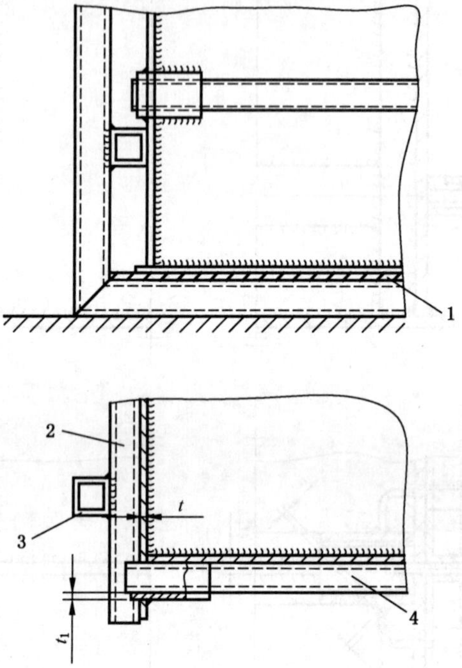

储槽可在钢构架内纵向滑动

$t=t_1$

1——连续支撑,如木材;

2——纵梁;

3——轭;

4——端梁。

图 E.16　相互独立的纵梁及端梁

E.3.7　储槽管口构造

储槽管口构造见图 E.17～图 E.22。DN≤50 的管口要求以筋板或锥环形式加强,如图 E.17 及图 E.18 所示。

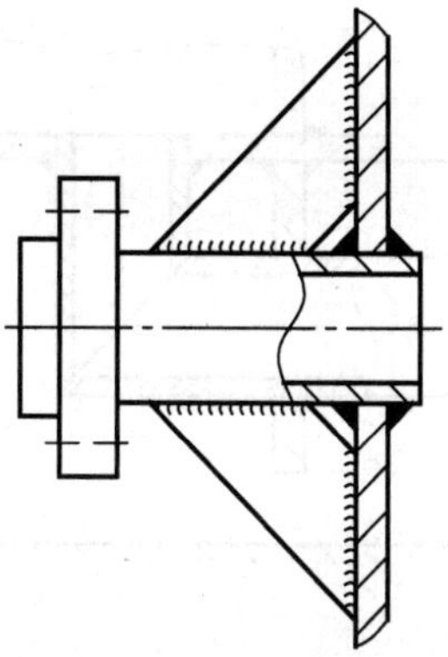

图 E.17 带加强筋的管口

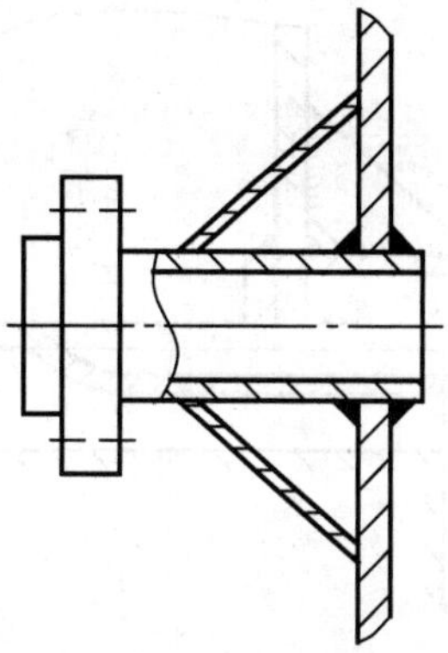

图 E.18 带锥形环加强的管口

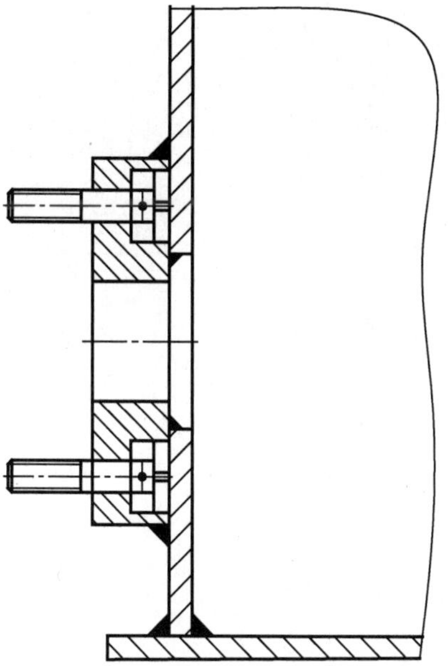

注：这种法兰结构中，螺栓应当固定以防止旋转；

1) 将螺栓头热压进板的背面(钻一个直径等于六角头对边距离的孔)；
2) 将钢丝环穿过螺栓头；
3) 焊有柱螺栓的完整的金属环。

图 E.19 盲法兰

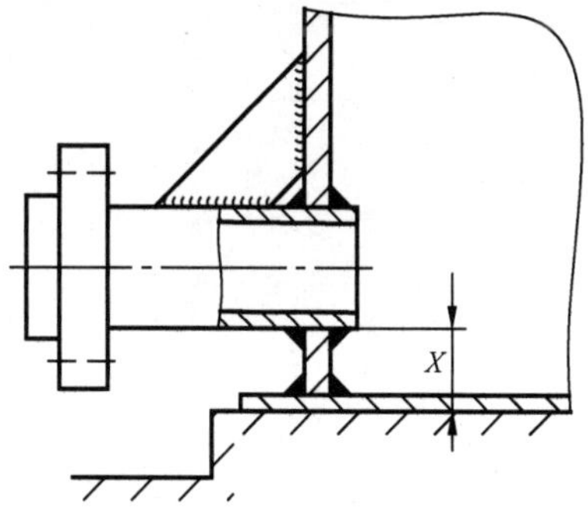

"X"为最小焊接工艺距离。

图 E.20 临近底部的管口

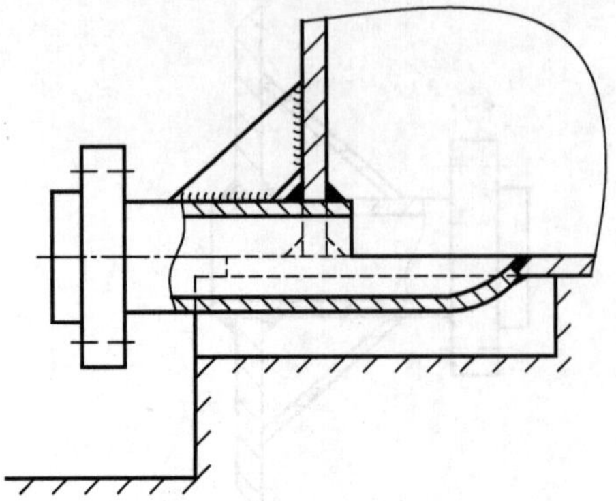

图 E.21　储槽底部侧面排空管口构造

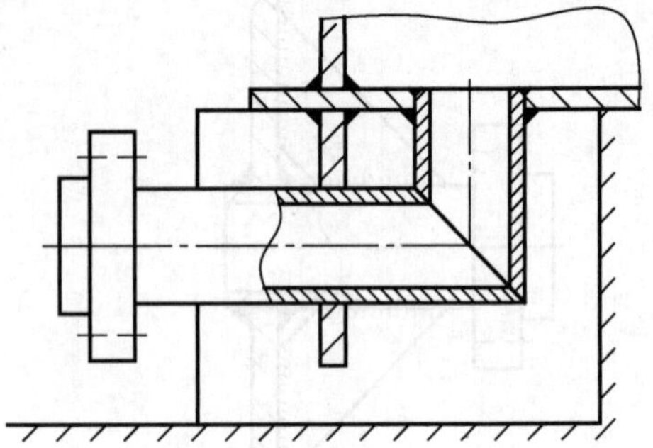

图 E.22　储槽底部的排空管口构造

附　录　F
(资料性附录)
金属松套法兰材质参数

F.1　金属松套法兰材料参数见表 F.1。

表 F.1　金属松套法兰材质参数

材　　质	S_M	S'_M	K_{F1}
轧制钢及锻制钢	2	2.5	R_{el}
铸钢	2	2.5	$R_{P0.2}$
球墨铸铁	2	2.5	$R_{P0.1}$

注：R_{el}为下屈服强度；$R_{P0.2}$为规定非比例延伸率为 0.2%时的强度；$R_{P0.1}$为规定非比例延伸率为 0.1%时的强度。

附　录　G
（资料性附录）
静置常压焊接热塑性塑料储罐(槽)的包装、装车、运输和安装

G.1　概要

本附录阐述了储罐吊装方法。

G.2　在运输期间储罐的保护和支撑

容积不大于 6 m^3 的储罐宜包装后放在底托上，用叉车装车，容积大于 6 m^3 的储罐一般不包装。

管口可用盲板封住，但是至少应有一个管口敞开通风。

储罐不宜在环境温度低于 5 ℃的情况下装车或运输。

G.3　装车

为防止运输过程中损坏储罐，运输工具的表面应平整，且不应有带尖锐棱边的物体存在。

吊装时将帆布吊带在距储罐上方 1/3 处缠绕勒紧，禁止使用钢丝绳或铁链。在吊装过程中，储罐上的附件不能受力，帆布吊带应勒紧。

一般情况下，运输小储罐时，宜采用立式，而且应以适当的方式用绳索紧固好，防止储罐水平或垂直移动。要求使用绳子或扁宽带子固定，禁止使用钢丝绳或铁链。

一般情况下，大储罐运输宜采用卧置，储罐由直立状态放倒时要谨慎，防止损坏储罐。操作时要求使用绳子或帆布吊带。禁止使用金属缆绳或铁链。

G.4　运输

储罐正确装车并紧固好后，建议如下操作：

a)　给负责运输的司机一份该附录的复印件；

b)　避免装运储罐的车辆在不平整的地面上高速行驶，防止振动损坏储罐；

c)　注意应满足国家允许的装运宽度和高度的要求。

G.5　卸车

储罐运抵安装工地卸车前，建议由客户代表对储罐进行检查，确认储罐在运输过程中没有遭到损坏。

卸车顺序与装车顺序相反，在储罐装车时所采取的所有建议同样适用于卸车。

G.6　安装

储罐安装地点应平整，并具有足够的承重能力，禁止将储罐置于沙地及松软地面。需要时应专门设计建造基础。

在室外安装的储罐，当高度超过 10 m 或长径比超过 5 的设备应考虑风载荷。

G.7 管道

储罐与管道连接时,必须注意以下几点:

a) 必须给储罐和管道留出膨胀的间隙,避免产生安装应力;

b) 确保管道与储罐之间的接头对正,避免产生附加应力,注意法兰螺栓是否正确连接;

c) 所有阀门和出入储罐的管道都应有合适的支撑;

d) 能够产生振动的附属设备(如泵、搅拌设备等)宜安装适宜的减震装置。

G.8 有关人员应了解的内容

有关人员应在储罐交货后卸车前了解以下内容:

a) 卸车时使用适当的设备;

b) 不要将储罐从运输车辆上滚下来;

c) 不要在管件连接处提起储罐;

d) 准备一个平整结实的基础就位储罐。

ICS 23.020.30
CCS J 74

中华人民共和国国家标准

GB/T 25198—2023
代替 GB/T 25198—2010

压力容器封头

Heads for pressure vessels

2023-08-06 发布　　2024-03-01 实施

国家市场监督管理总局
国家标准化管理委员会　发布

前言

本文件按照GB/T 1.1—2020《标准化工作导则　第1部分：标准化文件的结构和起草规则》的规定起草。

本文件代替GB/T 25198—2010《压力容器封头》，与GB/T 25198—2010相比，除结构调整和编辑性改动外，主要技术变化如下：

——增加了术语和定义(见第3章)；

——更改了封头公称直径DN为封头直径D(封头内径或外径)(见第4章，2010年版的第3章)；

——更改了以外径为基准的椭圆形封头和碟形封头的形状及参数(见5.1、表1、，2010年版的4.1、表1)；

——更改了封头型式参数，更改了锥形封头类型代号，并增加了不带直边的锥形封头型式(见5.1，2010年版的4.1、4.2)；

——更改了封头标记(见5.2，2010年版的4.3)；

——增加了制造环境和封头制造的风险评估与控制以及监督检验的要求(见6.1.5、6.1.6、6.1.7)；

——更改了原坯料制备的相关内容，将材料内容调整至制造、检验与验收章节，并增加了材料分割和标志条款(见6.2、6.3、6.4，2010年版的第6章)；

——增加了锆材制压力容器封头的要求[见6.2.1 f)、6.6.2.5]；

——增加了复合板材料的要求，增加并明确了对来料加工成形后性能保证的要求，更改了耐腐蚀检验的要求(见6.2.2、6.2.3、6.2.4，2010年版的5.2、5.3)；

——更改了修磨与补焊的要求(见6.5.2，2010年版的6.2.2)；

——更改了坡口加工及表面的要求(见6.5.3，2010年版的6.2.3)；

——更改了拼板及拼接焊缝布置的要求(见6.5.4，2010年版的6.3.2)；

——更改了钛及钛合金封头焊缝和热影响区表面颜色的规定，增加了锆封头焊缝和热影响区表面颜色的规定(见6.5.4.7，2010年版的6.2.9)；

——更改了原封头成形的内容，增加了成形检查(见6.6、6.7，2010年版的6.3)；

——更改了加热方式及一般要求，增加了过程加热的要求、有效加热区测定规定以及热处理测量记录的要求，调整了加热介质的要求(见6.6.2.1，2010年版的6.3.1.1、6.3.1.4、6.3.1.5)；

——增加了锆及锆复合板加热温度控制的要求(见6.6.2.5、6.8.3.7)；

——增加了奥氏体不锈钢封头温成形加工的推荐温度(见6.6.2.6)；

——增加了复合板制封头应以内圆周长或内圆直径为对接基准的控制要求[见6.7.6c)]；

——更改了直径范围、外圆周长及内圆直径公差要求(见表5)；

——更改了封头形状尺寸公差要求，并增加了允许使用其他的测量方法(见6.7.9，2010年版的6.3.8)；

——增加了针对设计温度低于-40 ℃和进行应变强化处理的奥氏体型不锈钢封头铁素体含量的控制和测量要求[见 6.7.14、6.8.3.2a)];

——增加了热处理文件以及热处理温度自动记录的要求(见 6.8.1.2、6.8.1.3);

——更改了铝镁合金及铝镁硅合金制、钛及钛合金制、黄铜(H96 除外)制的椭圆形、碟形、锥形封头冷成形后,判断是否进行退火处理的变形率的值(见 6.8.3.3、6.8.3.4、6.8.3.5,2010 年版的 6.4.5.2、6.4.5.3、6.4.5.4);

——增加了应考虑开平板变形率对封头制造的影响[见 6.8.3.8b)];

——增加了对产品试件/母材热处理试件的要求(见 6.9);

——增加无损检测的方法并更改了相关要求(见 6.10,2010 年版的 6.5);

——更改了出厂资料的要求(见第 7 章,2010 年版的第 7 章);

——增加了产品标志(见第 8 章)。

请注意本文件的某些内容可能涉及专利。本文件的发布机构不承担识别专利的责任。

本文件由全国锅炉压力容器标准化技术委员会(SAC/TC 262)提出并归口。

本文件起草单位:合肥通用机械研究院有限公司、中国石化工程建设有限公司、常州旷达威德机械有限公司、宜兴北海封头有限公司、中国特种设备检测研究院、浙江大学、大连顶金通用设备制造股份有限公司、河南神州精工制造股份有限公司、二重(德阳)重型装备有限公司、合肥通用特种材料设备有限公司、中国五环工程有限公司、大连金州重型机器集团有限公司。

本文件主要起草人:张义军、王冰、段瑞、郑津洋、杨庆高、张斌锋、陈志伟、危书涛、郭雪华、刘国富、吴鹏翔、王迎君、徐才福、刘静、李克明。

本文件于 2010 年首次发布,本次为第一次修订。

压力容器封头

1 范围

本文件规定了钢、有色金属(铝及铝合金、铜及铜合金、钛及钛合金、镍及镍合金、锆及锆合金)以及复合板制压力容器用封头的类型、型式参数及其制造、检验和验收要求。

本文件适用于坯料为整板或拼板,采用冲压、旋压、卷制以及分瓣成形的压力容器用半球形、椭圆形、碟形、球冠形、平底形和锥形封头。

常压容器及其他承压设备用封头的制造、检验和验收要求亦可参照本文件执行。

2 规范性引用文件

下列文件中的内容通过文中的规范性引用而构成本文件必不可少的条款。其中,注日期的引用文件,仅该日期对应的版本适用于本文件;不注日期的引用文件,其最新版本(包括所有的修改单)适用于本文件。

GB/T 150(所有部分) 压力容器
GB/T 9452 热处理炉有效加热区测定方法
GB/T 12337 钢制球形储罐
GB/T 26929 压力容器术语
JB 4732 钢制压力容器——分析设计标准
JB/T 4734 铝制焊接容器
JB/T 4745 钛制焊接容器
JB/T 4755 铜制压力容器
JB/T 4756 镍及镍合金制压力容器
NB/T 10558 压力容器涂敷与运输包装
NB/T 47002(所有部分) 压力容器用复合板
NB/T 47011 锆制压力容器
NB/T 47013.2 承压设备无损检测 第2部分:射线检测
NB/T 47013.3 承压设备无损检测 第3部分:超声检测
NB/T 47013.4 承压设备无损检测 第4部分:磁粉检测
NB/T 47013.5 承压设备无损检测 第5部分:渗透检测
NB/T 47013.7 承压设备无损检测 第7部分:目视检测
NB/T 47013.10 承压设备无损检测 第10部分:衍射时差法超声检测
NB/T 47013.11 承压设备无损检测 第11部分:X射线数字成像检测
TSG Z6002 特种设备焊接操作人员考核细则
TSG Z8001 特种设备无损检测人员考核规则

3 术语和定义

GB/T 150(所有部分)、GB/T 26929、JB 4732、JB/T 4734、JB/T 4745、JB/T 4755、JB/T 4756 和

NB/T 47011 界定的以及下列术语和定义适用于本文件。

3.1

成形加热温度 heating temperature for forming

封头坯料或半成品在加热过程中所达到的最高温度。

3.2

终压温度 end forming temperature

封头坯料或半成品终止塑性变形时的温度。

4 符号

下列符号适用于本文件。

A ——封头内表面积,m^2;

C_1 ——材料厚度负偏差,按相应材料标准选取,mm;

D ——封头直径(封头内径或外径,按表 1 及表 2 的规定),mm;

D_i ——半球形、椭圆形、碟形、球冠形和平底形封头内圆直径或锥形封头大端内圆直径,mm;

D_{is} ——锥形封头小端内圆直径,mm;

D_o ——椭圆形、碟形、球冠形封头外直径,mm;

H ——半球形、球冠形、平底形封头及以内径为基准椭圆形、碟形封头总深度,mm;

H_o ——锥形封头及以外径为基准椭圆形、碟形封头总高度,mm;

H' ——锥形封头至锥顶总高度,mm;

h ——半球形、椭圆形、碟形、平底形和锥形封头直边高度,mm;

m ——封头质量,kg;

R_i ——半球形封头内半径、球冠形封头以及碟形封头球面部分内半径,mm;

r_i ——平底形封头、碟形封头过渡段转角半径以及锥形封头大端过渡段转角半径,mm;

r_s ——锥形封头小端过渡段转角半径,mm;

V ——封头容积,m^3;

α ——锥形封头半顶角,(°);

δ_n ——封头名义厚度,mm;

δ_s ——封头材料厚度,即制作封头时材料的投料厚度,亦即材料质量证明书中的规格厚度,mm;

δ_{min} ——封头最小成形厚度,即设计要求的成品封头最小厚度,mm;

δ'_{min}——封头成品最小厚度,即成品封头实测厚度的最小值,mm。

5 型式参数及标记

5.1 封头型式参数

5.1.1 封头的名称、断面形状、类型代号及型式参数见表 1 和表 2。表 1 和表 2 中类型代号的最后一个字母 A 或 B,分别代表以内径为基准或以外径为基准。表 2 所示锥形封头类型代号中括号里的数字为锥形封头半顶角角度。对于表 2 中的封头,还应提供设计详图。

5.1.2 带直边半球形、椭圆形、碟形、平底形与带折边锥形封头的直边高度,当封头直径 $D \leqslant$ 2 000 mm时,直边高度 h 为 25 mm;当封头直径 $D>$2 000 mm 时,直边高度 h 为 40 mm。设计时可对直边高度另行规定。

5.1.3 表 1 和表 2 中所列类型封头内表面积、容积、质量以及总高度(总深度)的计算公式见附录 A。

5.1.4 表 1 所列各类型封头内表面积、容积、质量以及总高度(总深度)分别见附录 B～附录 G。

5.1.5 除表 1 所列类型的碟形封头外,还有如下常用的碟形封头:$R_i=0.8D_i$、$r_i=0.154D_i$;$R_i=0.833D_i$、$r_i=0.154D_i$;$R_i=1.0D_i$、$r_i=0.15D_i$;$R_i=1.0D_i$、$r_i=0.06D_i$;$R_i=0.9D_i$、$r_i=0.17D_i$等。上述碟形封头内表面积、容积、质量以及总深度的计算,可参照附录 A 提供的方法。

5.2 封头标记

封头标记按如下规定:

①②×③(④)－⑤－⑥⑦

其中:

①——封头类型代号,见表 1、表 2,对于表 2 中的锥形封头,其类型代号的"α"需注明半顶角的以度为单位的值;

②——阿拉伯数字,为封头直径 D 的数值,其单位为 mm;

③——阿拉伯数字,为封头名义厚度 δ_n 的数值,其单位为 mm;

④——阿拉伯数字,为设计文件上标注或订货技术文件规定的封头最小成形厚度 δ_{min} 的数值,其单位为 mm;

⑤——阿拉伯数字,为封头投料厚度 δ_s(封头制造单位标注,设计单位可不标注)的数值,其单位为 mm;

⑥——封头的材料牌号;

⑦——本文件编号:GB/T 25198—2023。

示例 1:

直径 325 mm、名义厚度 12 mm、封头最小成形厚度 10.4 mm、材质为 Q345R 的以外径为基准椭圆形封头(封头制造时投料厚度为 12 mm)标记如下:

设计标记:EHB 325×12(10.4)－Q345R　GB/T 25198—2023

产品标记:EHB 325×12(10.4)－12－Q345R　GB/T 25198—2023

示例 2:

直径 2 400 mm、名义厚度 20 mm、封头最小成形厚度 18.2 mm、$R_i=1.0D_i$、$r_i=0.10D_i$、材质为 Q345R 的以内径为基准碟形封头(封头制造时投料厚度为 22 mm)标记如下:

设计标记:THA 2 400×20(18.2)－Q345R　GB/T 25198—2023

产品标记:THA 2 400×20(18.2)－22－Q345R　GB/T 25198—2023

示例 3:

大端直径 2 400 mm、小端直径 1 000 mm、半顶角 60°、名义厚度 14 mm、封头最小成形厚度 11.6 mm、材质为 09MnNiDR 的锥形封头(类型为 CDA)(封头制造时投料厚度为 14 mm)标记如下(同时提供设计详图):

设计标记:CDA(60) 2 400/1 000×14(11.6)－09MnNiDR GB/T 25198—2023

产品标记:CDA(60) 2 400/1 000×14(11.6)－14－09MnNiDR GB/T 25198—2023

示例 4:

直径 2 600 mm、封头名义厚度 34 mm(基材为 30 mm,覆材为 4 mm)、封头基材最小成形厚度 28.4 mm、材质为 S30403＋Q345R(基材为 Q345R,覆材为 S30403)的以内径为基准的椭圆形封头(封头制造时复合板投料厚度:基材为 34 mm,覆材为 5 mm)标记如下(当覆材厚度计入设计厚度时,覆材也应标记其最小成形厚度):

设计标记:EHA 2 600×[4＋30(28.4)]－S30403＋Q345R　GB/T 25198—2023

产品标记:EHA 2 600×[4＋30(28.4)]－34－S30403＋Q345R　GB/T 25198—2023

表 1 半球形、椭圆形、碟形和球冠形封头的断面形状、类型及型式参数

名称		断面形状	类型代号	型式参数
半球形封头[a]		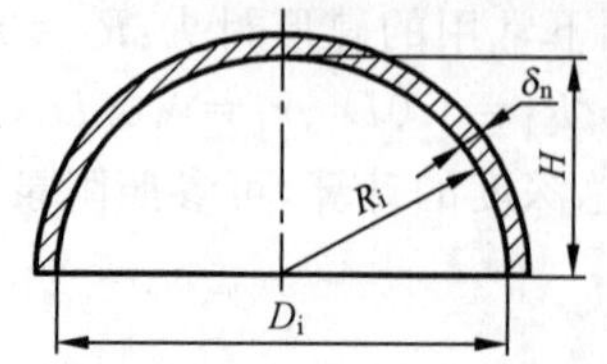	HHA	$D_i=2R_i$ $D=D_i$
椭圆形封头	以内径为基准	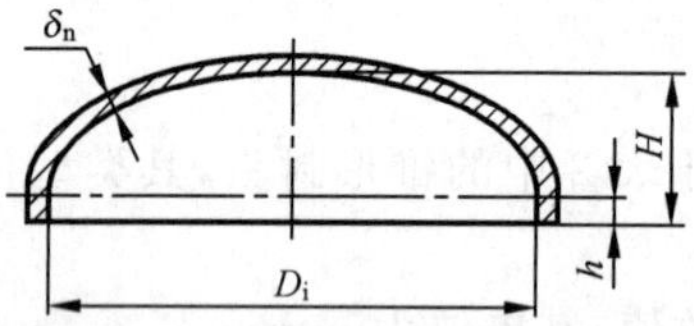	EHA	$\dfrac{D_i}{2(H-h)}=2$ $D=D_i$
	以外径为基准	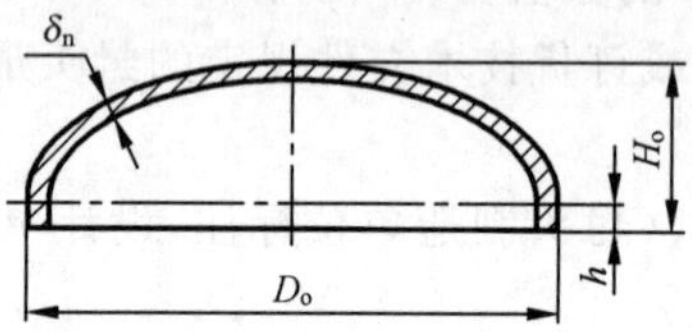	EHB	$\dfrac{D_o-2\delta_n}{2(H_o-h-\delta_n)}=2$ $D=D_o$
碟形封头	以内径为基准	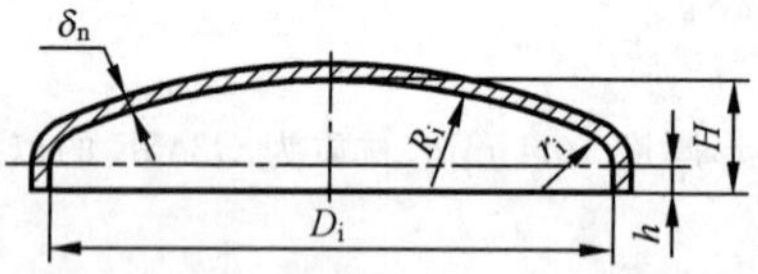	THA	$R_i=1.0D_i$ $r_i=0.10D_i$ $D=D_i$
	以外径为基准	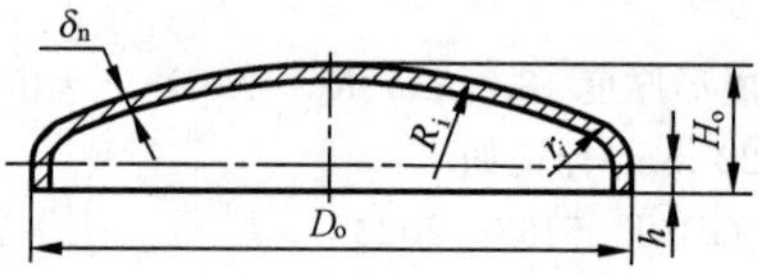	THB	$R_i=1.0D_o$ $r_i=0.10D_o$ $D=D_o$
球冠形封头		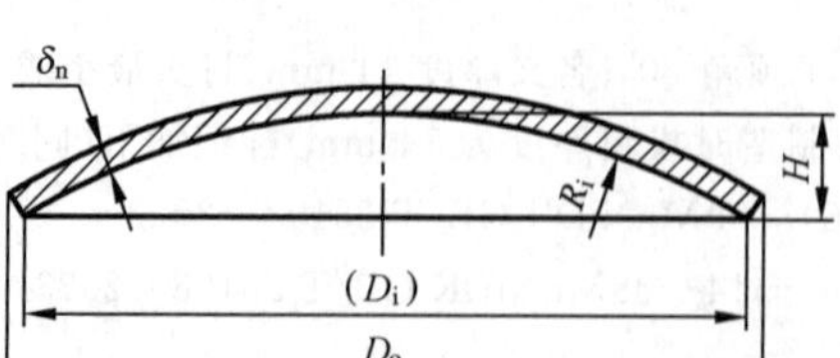	SDH	$R_i=1.0D_i$ $D=D_o$

[a] 半球形封头三种型式：不带直边的半球($H=R_i$)、带直边的半球($H=R_i+h$)和准半球(接近半球 $H<R_i$)。

表2　平底形、锥形封头的断面形状、类型及型式参数

名称	断面形状	类型代号	型式参数
平底形封头	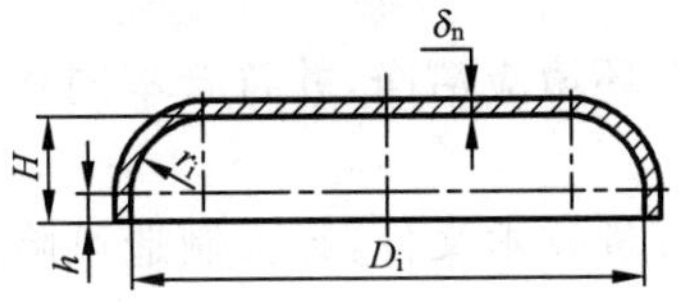	FHA	$H=r_i+h$ $D=D_i$
锥形封头	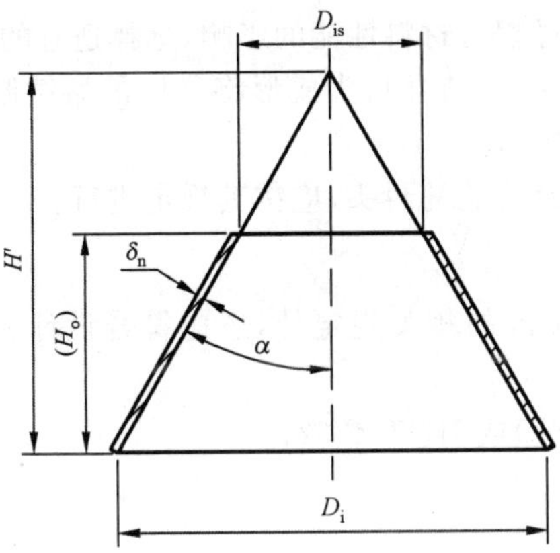	CNA(α)	D 用 D_i/D_{is} 表示
	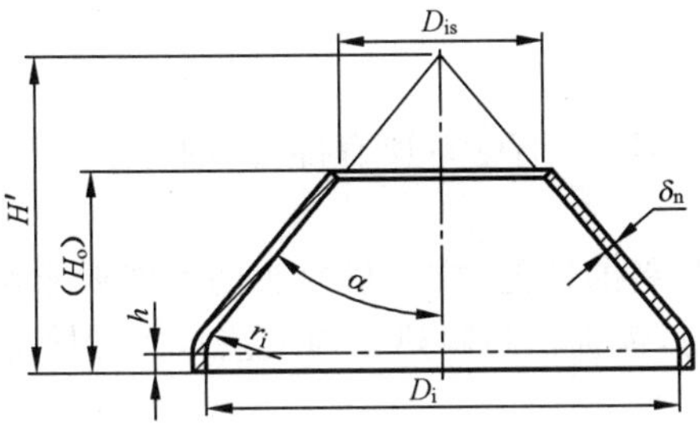	CSA(α)	D 用 D_i/D_{is} 表示
	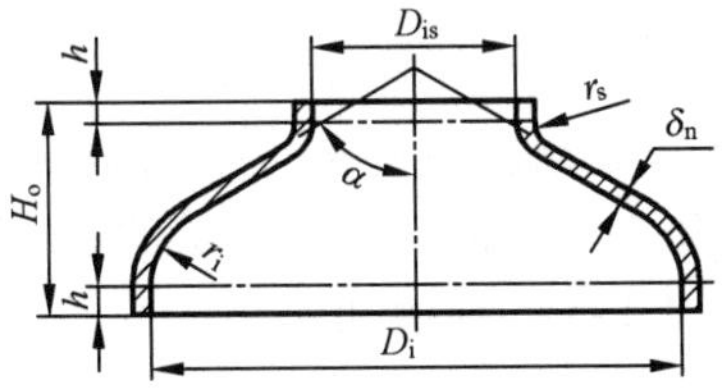	CDA(α)	D 用 D_i/D_{is} 表示

6　制造、检验和验收

6.1　通则

6.1.1　封头的制造、检验和验收除应符合本文件规定外，还应符合设计文件和/或订货技术文件(包括封头订货技术条件，见附录H)要求。

6.1.2　封头制造单位应建立健全质量保证体系，并得到有效控制，确保产品质量。

6.1.3 封头的焊接应经按 TSG Z6002 培训考核,并由持有合法资质机构颁发的相应类别的焊工合格证书的人员担任。

6.1.4 封头的无损检测应经按 TSG Z8001 培训考核,并由持有合法资质机构颁发的相应方法无损检测人员资格证书的人员担任。

6.1.5 不锈钢、有色金属和复合板封头的制造环境应洁净,并符合不同材料对应不同材料产品标准的规定。

6.1.6 应保证封头性能满足设计文件和/或订货技术文件,封头制造风险评估与控制应按下列要求:

a) 封头制造单位应根据成形及成形后的性能,对封头坯料提出适宜要求;

b) 封头制造单位应评估封头制造过程对材料性能的影响,选择适宜的封头制造工艺;

c) 封头供需双方应依据容器整体要求,结合封头成形将经历的后续制造工序过程,协商确定封头交付时应达到的性能指标。

6.1.7 对于安全技术规范规定需进行监督检验的封头,应按其规定进行。

6.2 材料

6.2.1 制造封头用材料,除应符合下列标准的相关规定外,还应符合设计文件和/或订货技术文件的规定:

a) 钢制封头按 GB/T 150(所有部分)或 JB/T 4732;

b) 铝制封头按 JB/T 4734;

c) 钛制封头按 JB/T 4745;

d) 铜制封头按 JB/T 4755;

e) 镍及镍合金制封头按 JB/T 4756;

f) 锆制封头按 NB/T 47011。

6.2.2 复合板制封头所用复合板应符合 NB/T 47002(所有部分)的要求,其他要求(如结合率、热处理),由封头供需双方协商确定。

6.2.3 采用来料加工方式制造的封头,材料的性能、成形后封头的性能要求由封头供需双方商定。需方应提供材料质量证明书(必要时,需提供材料热处理工艺),并对材料的性能负责,成形后封头的性能由封头供货方保证。

6.2.4 对有耐腐蚀要求的材料,应有耐腐蚀检验的合格证明。

6.3 材料分割

6.3.1 材料分割可采用冷切割或热切割方法,分割时应避免或尽可能降低对材料性能产生有害的影响。当采用热切割方法分割时,应清除表面熔渣和影响质量的表层。

6.3.2 在下列材料制封头上划线时,不应产生伤痕、刻槽和污染等缺陷,除非在以后加工中可以去除:

a) 有色金属;

b) 标准抗拉强度下限值 R_m 大于 540 MPa 的低合金钢;

c) Cr-Mo 钢;

d) 低温容器封头用材;

e) 不锈钢;

f) 复合板的覆材。

6.3.3 采用机械切割方法分割复合钢板时,应使复合钢板的覆材面对切割具;采用热切割方法分割复合钢板时，应使复合钢板的基材面对切割具。

6.4 标志

凡制造封头材料应有用以检验和追踪的确认标志。制造过程中，如原有确认标志被裁掉或材料分成几块，应于切割或移动前完成标志的移植。标志的表达方式由封头制造单位确定且满足下列要求：

a) 当供需双方未约定时，不应采用硬印标志；

b) 标志不应影响封头材料的性能。

6.5 坯料制备

6.5.1 投料厚度

封头的投料厚度应考虑制造过程中的厚度减薄(可参照附录I)以及封头制造工艺需要确定封头的投料厚度，以确保封头成品最小厚度δ'_{min}不小于设计要求的封头最小成形厚度δ_{min}。

6.5.2 修磨与补焊

6.5.2.1 封头坯料制备及后续制造过程中应避免材料表面的损伤。对于尖锐伤痕以及材料防腐表面的局部伤痕、刻槽等缺陷应予修磨，修磨范围的斜度至少为1∶3。修磨深度应符合如下规定：

a) 修磨后的厚度不应小于最小成形厚度δ_{min}，同时，修磨深度应不大于该部位材料厚度δ_s的5%，且不大于1 mm，否则应按6.5.4.8予以焊补；

b) 对于复合板，其基材的表面修磨应符合6.5.2.1a)的规定；其覆材修磨深度不应大于覆材厚度的30%，且不大于1 mm，否则应按6.5.4.8予以焊补。

6.5.2.2 补焊应征得封头采购方的同意。

6.5.3 坡口加工及表面要求

6.5.3.1 钢材坡口加工及表面要求：

a) 坡口表面不应有裂纹、分层、夹杂及影响焊接质量的其他缺陷；

b) 标准抗拉强度下限值R_m大于540 MPa的低合金钢材及Cr-Mo钢材的坡口宜机械加工，对经火焰切割的坡口表面，应打磨至金属光泽，并应对加工后的表面按NB/T 47013.4或NB/T 47013.5进行磁粉或渗透检测，Ⅰ级为合格。

6.5.3.2 有色金属坡口加工及表面要求如下。

a) 坡口加工一般采用机械方法，也可采用不损伤材料性能、不影响焊接质量的其他切割方法。采用热切割方法制备时，需要采用机械方法去除氧化皮、污染层等有害区域，在热切割方法制备坡口过程中，应避免火花溅落在材料表面。

b) 坡口表面应无裂纹、分层、夹杂、折叠及影响焊接质量的其他缺陷。

6.5.4 拼板

6.5.4.1 由成形的瓣片和顶圆板拼接制成的封头以及先拼板后成形的封头，封头上各种不相交的拼接焊缝中心线间的距离，至少应为封头材料厚度δ_s的3倍，且不小于100 mm，并符合下列规定：

a) 由成形的瓣片和顶圆板拼接制成的封头的瓣片不应拼焊，瓣片之间的焊缝只允许是径向方向；

b) 先拼板后成形的封头，以及由成形的瓣片和顶圆板拼接制成封头的顶圆板，其拼板上的拼接焊缝宜相互平行或垂直，不应采用“十”字焊缝；

c) 锥形封头的拼接焊缝宜是环向和径向(纵向)方向;

d) 满足相应产品标准、设计文件和/或订货技术文件的规定。

6.5.4.2 先拼板后成形的封头,拼板的对口错边量 b(见图 1)不应大于材料厚度 δ_s 的 10%,且不大于 1.5 mm。拼接复合钢板的对口错边量 b(见图 2)不应大于覆材厚度的 30%,且不大于 1.0 mm。

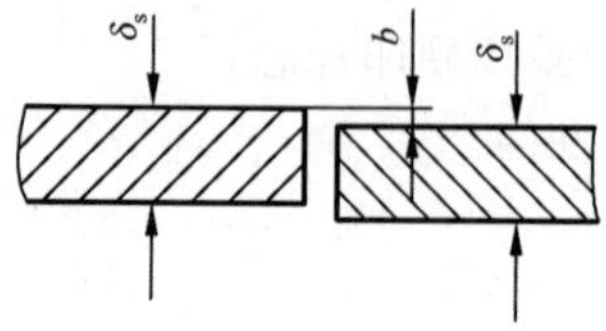

图 1 拼板对口错边量

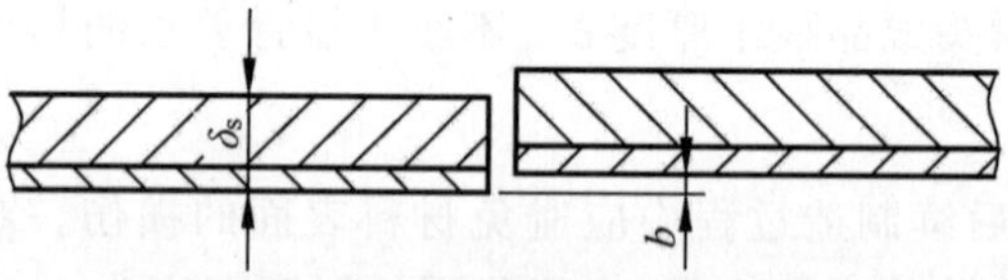

图 2 拼接复合钢板对口错边量

6.5.4.3 焊接材料、焊接方法、施焊环境、被焊工件及坡口的清洁度要求、焊接工艺评定报告、焊接工艺规程、施焊记录与焊工识别标志的保存期要求,依设计方法与材料的不同,应符合相关标准的规定。

6.5.4.4 用于成形封头的拼板,其拼接焊缝内表面和影响成形质量的拼接焊缝外表面,在成形前应打磨至与母材齐平;用于成形带折边锥形封头[CSA(α)、CDA(α)]的拼板,其过渡部分的拼接焊缝内外表面,在成形前应打磨至与母材齐平。

6.5.4.5 未打磨焊缝余高的要求,应符合不同材料对应的产品标准的规定。

6.5.4.6 封头拼接焊缝表面应无裂纹、咬边、气孔、弧坑和飞溅物等。

6.5.4.7 钛及钛合金制、锆制封头的拼接焊缝,应对焊接完工原始状态的表面颜色进行检验,并按表 3 的规定判断与处理。

表 3 钛及钛合金制、锆制封头焊缝和热影响区表面颜色

焊接接头表面颜色	氩气保护情况	合格判断	处理
银白色	良好	合格	不用处理
金黄色(致密)	尚好	合格	可不用处理
蓝色	稍差	不合格	去除蓝色
其他颜色	差	不合格	去除,返修

6.5.4.8 封头的焊接接头返修以及材料补焊应有焊接工艺评定支持,并应编制相应的焊接工艺;返修后,应根据不同材料对应不同材料产品标准、设计文件和/或订货技术文件的规定,对返修部位进行无损检测。但后序还要进行置换焊肉的封头拼接焊缝或工艺拼接焊缝无需焊接工艺评定支持,且其返修是否进行则由供需双方协商决定。

6.5.4.9 坯料割圆后,应对影响封头成形质量的缺陷进行修磨消除。

6.6 封头成形

6.6.1 封头成形选择

依据封头的类型、规格、材质,可采用整板或拼板,在环境温度下或加热后,经冲压、旋压或卷制等方法成形,也可分瓣成形后再组焊成封头。

6.6.2 封头成形加热

6.6.2.1 加热方式及一般要求:

a) 封头成形加热装置可采用加热炉或炉外加热装置;

b) 当需要时,如热旋、中间过程等,也可采用炉外加热方式;

c) 加热炉应按 GB/T 9452 的规定测定有效加热区;

d) 不应采用焦炭或煤加热炉加热工件;

e) 不锈钢、铜、镍及镍合金以及锆及锆合金封头加热成形时,宜采用电热炉加热,也可采用燃气炉、燃油炉加热;

f) 加热介质不应使工件表面产生超过设计文件或订货技术文件规定深度的氧化、脱碳、增碳和腐蚀,并应控制加热区域气氛,防止工件表面过度氧化;

g) 炉内加热时,加热的火焰不应与工件直接接触;

h) 加热过程中,应测量并记录工件温度。

6.6.2.2 加热前,应去除工件上所有油污、润滑剂及其他杂物。钛制和锆制工件表面在加热前应采取保护措施,防止表面氧化污染;必要时,应留有清除表面氧化层的裕量。

6.6.2.3 铝封头成形加热温度不应超过 500 ℃。当工件成形温度降至 300 ℃以下时,不宜继续成形。

6.6.2.4 钛封头宜采用加热成形。低温加热成形工艺推荐成形加热温度为 300 ℃～400 ℃,高温加热成形工艺推荐成形加热温度为约 650 ℃,但不应超过 800 ℃。如成形温度低于 300 ℃,成形后宜采用加热校形,其加热校形温度可为 100 ℃～350 ℃。

6.6.2.5 锆封头以及锆复合板封头宜采用加热成形,终压温度一般不低于 500 ℃。

6.6.2.6 奥氏体不锈钢封头可采用温成形,推荐成形温度为 120 ℃～250 ℃。

6.7 成形检查

6.7.1 成形封头的端部应切边,不准许毛边交货。当端部需加工坡口时,坡口的型式与尺寸按设计文件要求或由供需双方在订货技术文件中确定,坡口型式及代号可参照附录 J。

6.7.2 封头应按 NB/T 47013.7 进行目视检测,其表面应无裂纹等缺陷,直边部分应无纵向皱折。

6.7.3 碟形封头、带折边锥形封头和平底形封头过渡段转角半径分别不应小于表 1、表 2 或设计文件的规定值。

6.7.4 封头切边后,封头直边高度公差为(－5%～10%)h。设计时可对直边公差另行规定。

6.7.5 带直边的半球形、椭圆形、碟形、平底形和带折边锥形封头的直边倾斜度测量方法见图 3,测量封头直边倾斜度时,不应计入直边部分增厚量,倾斜度按表 4 的规定,其增厚量计算按式(1):

增厚量＝成形后直边实测厚度－封头材料厚度 ……………………(1)

注：封头切边后，在封头端面直径方向拉一根钢丝或放一直尺，用直角尺的一直角边与拉紧的钢丝或直尺重合，另一直角边与封头接触，在直边部位测量直角尺与封头间的最大距离即为封头的直边倾斜度。

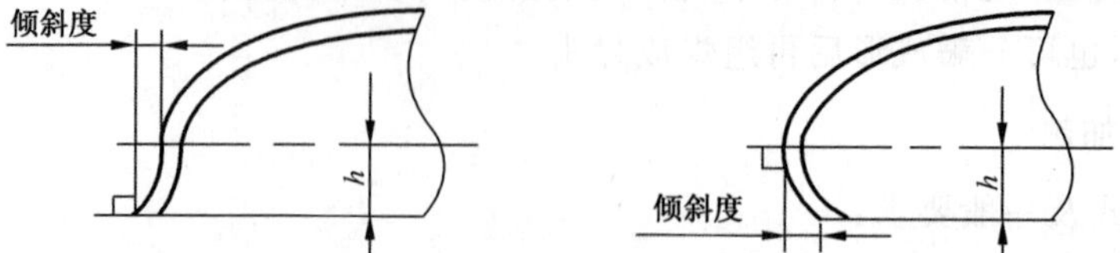

图 3 封头直边倾斜度

表 4 带直边的半球形、椭圆形、碟形、平底形和带折边锥形封头的直边倾斜度

单位为毫米

直边高度(h)	倾斜度	
	向外	向内
25	≤1.5	≤1.0
40	≤2.5	≤1.5
注：当直边高度(h)不在表 4 所列时，其直边倾斜度由供需双方在订货技术文件中确定。		

6.7.6 封头与筒体对接以外圆周长还是以内圆直径为基准，由供需双方订货技术文件确定。基准确定后按下列要求检查。

a) 以外圆周长为对接基准的封头切边后，在端部实测外圆周长，外圆周长公差应符合表 5 的要求。外圆周长的设计值按 $\pi \times D_o$ 或 $\pi(2\delta_s + D_i)$ 计算，其中 π 取 3.141 6。

b) 以内圆直径为对接基准的封头切边后，在端部实测等距离分布的 4 个内圆直径，取其平均值。内圆直径公差应符合表 5 的要求。

c) 复合板制封头应以内圆周长或内圆直径为对接基准，内圆周长公差为－4.5 mm～＋4.5 mm，内圆直径公差为－1.5 mm～＋1.5 mm。必要时，其内圆周长公差或内圆直径公差可由供需双方在订货技术文件中确定。

表 5 封头成形后外圆周长公差和内圆直径公差

单位为毫米

直径(D)	材料厚度(δ_s)	外圆周长公差	内圆直径公差
$150 \leqslant D < 300$	$3 \leqslant \delta_s < 8$	－4～＋4	－1.5～＋1.5
	$8 \leqslant \delta_s < 12$	－5～＋5	－2～＋2
	$12 \leqslant \delta_s < 16$	－8～＋8	－3～＋3
$300 \leqslant D < 600$	$2 \leqslant \delta_s < 4$	－4～＋4	－1.5～＋1.5
	$4 \leqslant \delta_s < 6$	－5～＋5	－2～＋2
	$6 \leqslant \delta_s < 16$	－9～＋9	－3～＋3
	$16 \leqslant \delta_s \leqslant 22$	－9～＋9	－3～＋3

表5 封头成形后外圆周长公差和内圆直径公差(续)

单位为毫米

直径(D)	材料厚度(δ_s)	外圆周长公差	内圆直径公差
600≤D<1 000	4≤δ_s<6	−6~+6	−2~+2
	6≤δ_s<10	−6~+6	−2~+2
	10≤δ_s<22	−9~+9	−3~+3
	22≤δ_s≤40	−12~+18	−4~+6
1 000≤D<1 600	6≤δ_s<10	−9~+9	−3~+3
	10≤δ_s<22	−9~+12	−3~+4
	22≤δ_s<40	−12~+18	−4~+6
	40≤δ_s≤60	−15~+18	−5~+6
1 600≤D<3 000	6≤δ_s<10	−9~+9	−3~+3
	10≤δ_s<22	−9~+12	−3~+4
	22≤δ_s≤60	−15~+18	−5~+6
3 000≤D<4 000	10≤δ_s<22	−9~+12	−3~+4
	22≤δ_s≤60	−15~+18	−5~+6
4 000≤D<5 000	12≤δ_s<32	−9~+12	−3~+4
	32≤δ_s≤60	−15~+18	−5~+6
5 000≤D<6 000	14≤δ_s<32	−15~+18	−5~+6
	32≤δ_s≤60	−15~+18	−5~+6
6 000≤D<8 000	14≤δ_s<36	−15~+18	−5~+6
	36≤δ_s≤60	−15~+18	−5~+6
8 000≤D≤10 000	16≤δ_s<36	−15~+18	−5~+6
	36≤δ_s≤60	−18~+21	−6~+7

注:当直径(D)或材料厚度(δ_s)超出表5的范围时,其外圆周长公差或内圆直径公差由供需双方在订货技术文件中确定。

6.7.7 封头切边后,在端部实测等距离分布的4个内圆直径,以实测最大值与最小值之差作为封头的圆度。封头的圆度不应大于0.5%D,且不大于25 mm;当$\delta_s/D<0.005$,且$\delta_s<12$ mm时,封头的圆度应不大于0.8%D,且不大于25 mm。

注:当直径$D>10\ 000$ mm或材料厚度$\delta_s>60$ mm时,封头的圆度由供需双方在订货技术文件中确定。

6.7.8 封头切边后,测量封头总深度或封头总高度,其公差为(−0.2%~0.6%)D。

6.7.9 整板成形及先拼板后成形的凸形封头(半球形、椭圆形、碟形、球冠形封头),成形后按封头标准断面形状线向内缩进一定尺寸(视封头大小而定,以不影响测量形状偏差为宜)作为轮廓线制作间隙样板检查形状偏差,检查时应使样板垂直于待测表面,如图4所示。经供需双方协商,也可采用其他的测量方法检查形状偏差。半球形、椭圆形、碟形、球冠形封头内表面相对于封头规定形状轮廓线的最大形状偏差要求:外凸不应大于1.25%D_i,内凹不应大于0.625%D_i,且不应有形状突变。

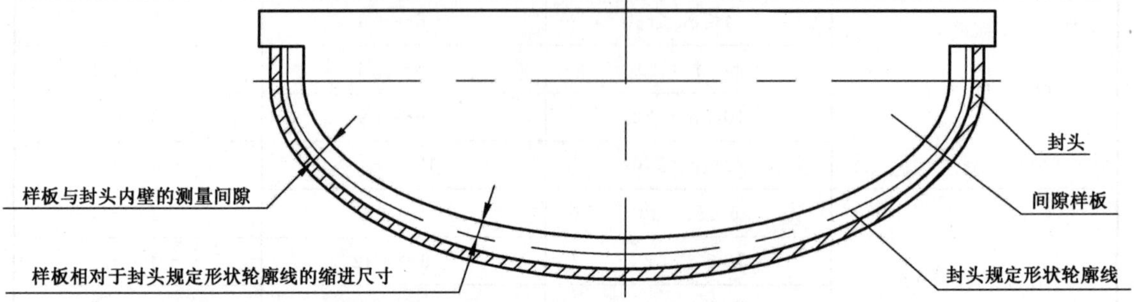

图4　整板成形或先拼焊后成形凸形封头断面形状偏差间隙样板检查图

6.7.10　平底形封头的平面度可由供需双方约定。

6.7.11　分瓣成形后组焊的封头的要求如下。

a)　分瓣成形后组焊的封头,其顶圆板与瓣片的形状、尺寸应符合下列要求:

1)　半球形、球冠形封头的顶圆板与瓣片形状尺寸要求应符合GB/T 12337的相关规定;

2)　其他型式的封头的顶圆板与瓣片形状尺寸要求由供需双方约定。

b)　瓣片表面不允许存在裂纹、气泡、结疤、折叠和夹杂等缺陷,也不应有分层。

c)　分瓣组焊的要求如下。

1)　组焊的错边量不应大于相应产品标准对A类焊接接头的要求。

2)　组焊后焊接接头棱角E:用弦长等于$D_i/6$,且不小于300 mm内样板或外样板检查,其E值不应大于$\left(\frac{\delta_s}{10}+2\right)$mm,且不大于4 mm,检查时应使焊接接头在其样板中间部位。

3)　分瓣成形的封头可由封头制造单位组焊,也可由具有相应资格的单位完成组焊。组焊后的封头形状、尺寸等要求,由供需双方在订货技术文件中确定。

4)　当分瓣成形的封头不由封头制造单位组焊时,是否进行预组对由供需双方协商确定。若需进行预组对,应对瓣片进行编号,并做好组对标志,封头出厂前,封头制造单位应出具预组对布置图。

6.7.12　封头成形后,应检测封头的成品厚度。具体测厚部位与数量,依封头的形状与规格,可由供需双方订货技术文件确定,但封头上易发生工艺减薄的部位(封头顶部和转角过渡部位等)以及直边部位为必测部位。

6.7.13　成形封头的实测厚度应不小于设计要求的最小成形厚度δ_{min}。对于拼接的封头,其拼接焊缝表面不应低于相邻母材表面0.5 mm,且应圆滑过渡。

6.7.14　对于设计温度低于−40 ℃和进行应变强化处理的奥氏体型不锈钢制压力容器,其封头成形后应采用铁素体仪在任意相互垂直的内外壁两条母线上进行铁素体量测量,检测部位至少应包括顶部、转角过渡部位和直边靠近端口部位。对于拼接封头,其焊接接头也应进行铁素体量测量。测得的铁素体含量不应大于15%。

6.8 热处理

6.8.1 热处理的一般要求

6.8.1.1 需热处理的封头,可根据供需双方的约定,其热处理可由封头制造单位或容器制造单位进行。

6.8.1.2 封头的热处理工艺应按相关标准、设计文件或订货技术文件的要求确定;封头热处理前应编制热处理工艺文件。

6.8.1.3 封头热处理炉应符合 6.6.2.1 的相关要求,并应配有自动记录温度曲线的测温仪表,能自动绘制热处理的时间与温度关系曲线。

6.8.1.4 热处理前的工件清理与保护应符合 6.6.2.2 的要求。

6.8.2 焊后热处理

6.8.2.1 焊后热处理应在焊接工作全部结束并检验合格后进行。

6.8.2.2 钢制封头应分别按 GB/T 150.4、JB 4732 或设计文件、订货技术文件的规定进行焊后热处理。

6.8.2.3 有色金属制封头应按材料对应符合 JB/T 4734、JB/T 4745、JB/T 4755、JB/T 4756、NB/T 47011或设计文件、订货技术文件的相关要求进行焊后热处理。

6.8.2.4 复合板制封头应按设计文件、订货技术文件的要求进行焊后热处理。

6.8.3 封头冷成形后的热处理

6.8.3.1 整板成形及先拼板后成形的碳钢及低合金钢制以及以其为基材的复合板制半球形、椭圆形、碟形、带折边的锥形以及平底形封头,应于冷成形后进行热处理。

6.8.3.2 奥氏体不锈制封头除下列情况外,成形后可不进行热处理:

a) 对于设计温度低于−40 ℃的奥氏体型不锈钢制压力容器,其所使用的整板成形及先拼板后成形的半球形、椭圆形、碟形、带折边的锥形以及平底形封头,当按 6.7.14 测得铁素体量大于 15%时;

b) 对于盛装毒性为极度或高度危害介质的容器、图样注明有应力腐蚀的容器,奥氏体型不锈钢变形率超过 15%,或者当设计温度低于−100 ℃以及高于 675 ℃时,变形率大于或等于 10%;

c) 设计文件、订货技术文件另有要求。

6.8.3.3 铝镁合金及铝镁硅合金制椭圆形、碟形、带折边的锥形封头冷成形后,变形率大于或等于 5%时,应进行热处理。热处理工艺应符合 JB/T 4734 的有关要求。铝镁合金及铝镁硅合金制半球形、球冠形、不带折边锥形和平底形封头冷成形后是否应进行热处理,由供需双方订货技术文件确定。

6.8.3.4 钛及钛合金制椭圆形、碟形、带折边的锥形封头冷成形(指成形温度低于 300 ℃)后,对于 TA0/TA1/TA1G/TA8/TA8-1/TA9/TA9-1,变形率大于或等于 5%时,对于 TA2/TA2G/TA3//TA3G/TA10,变形率大于或等于 3.0%时,均应进行退火处理。退火处理操作应符合 JB/T 4745 的有关要求。钛及钛合金制半球形、球冠形、不带折边锥形和平底形封头冷成形(指成形温度低于 300 ℃)后是否应进行热处理,由供需双方订货技术文件确定。

6.8.3.5 黄铜(H96 除外)制椭圆形、碟形、带折边的锥形封头,冷成形后应进行消除应力退火处理;黄铜、青铜与白铜等铜合金制椭圆形、碟形、带折边锥形封头,冷成形后,变形率大于或等于

5%时，应进行退火处理；当冷成形的黄铜制封头已进行退火处理，则可不再进行消除应力退火处理；黄铜、青铜与白铜等铜合金制半球形、球冠形、不带折边锥形和平底形封头冷成形后是否应进行热处理，由供需双方订货技术文件确定。热处理操作应符合 JB/T 4755 的有关规定。

6.8.3.6 冷成形的镍及镍合金制椭圆形、碟形、带折边锥形封头及平底形封头，当变形的纤维伸长率超过下列 a)~f)时应进行热处理。含铬和/或钼的镍合金应进行固溶处理或稳定化处理，若有耐晶间腐蚀要求，应进行固溶处理；纯镍及镍铜合金进行退火处理。热处理操作应符合 JB/T 4756 的有关规定。

a) 纯镍成形后需焊接，5%；

b) 纯镍成形后不焊接，10%；

c) N10001、N10665(及相应牌号)，7%；

d) N10629、N10675，10%；

e) N06617、N08800、N08810、N08811(及相应牌号)设计温度高于 675 ℃，10%；

f) 其他镍合金，15%。

6.8.3.7 终压温度低于 500 ℃的锆封头，成形后应进行热处理。

6.8.3.8 冷成形封头(不带折边锥形封头除外)的变形率：

a) 冷成形封头的变形率按式(2)计算：

$$变形率(\%)=75\ \delta[1-(R_f/R_o)]/R_f \quad \cdots\cdots(2)$$

式中：

δ ——板材厚度，单位为毫米(mm)；

R_f ——成形后中面半径，单位为毫米(mm)；

R_o ——成形前中面半径(对于平板为∞)，单位为毫米(mm)。

注：对于标准椭圆形封头，当计算变形率时，成形后截面的最小中面半径 R_f：EHA 型封头为($0.172\,7D_i+0.5\delta$)，EHB 型封头为[$0.172\,7(D_o-2\delta)+0.5\delta$]。

b) 若投料钢板经过开平操作，应计入开平操作产生的变形率，其变形率的影响由封头制造单位考虑。

6.8.4 封头热成形后的热处理

6.8.4.1 当钢板供货与使用的热处理状态一致时，加热成形的封头不应破坏供货时的热处理状态，否则应进行恢复性能热处理。

6.8.4.2 铝及铝合金制封头热成形后，若设计文件或订货技术文件要求，应进行退火处理，退火处理的加热温度按 JB/T 4734 的有关规定；当封头热成形的终压温度超过 350 ℃并随后空冷时，可免除单独进行退火处理。铝镁硅合金制封头热成形后如要求固溶时效状态的性能，应进行固溶时效处理。

6.8.4.3 钛及钛合金制封头热成形(指热成形温度高于或等于 300 ℃)后是否应退火处理，由设计文件或订货技术文件确定；当钛及钛合金制封头热成形的终压温度超过 550 ℃并随后空冷时，可免除单独进行退火处理。钛及钛合金制封头退火处理的操作规范按 JB/T 4745 的有关要求。

6.8.4.4 除设计文件另有规定，铜及铜合金制封头热成形后可不进行退火处理。对于要求退火处理的铜制封头，当封头热成形的终压温度超过 650 ℃时，可免除单独进行退火处理。

6.8.4.5 含铬和/或钼的镍合金封头热成形(指成形温度高于或等于 400 ℃)后，应进行固溶处理或稳定化处理，若有耐晶间腐蚀要求，应进行固溶处理；纯镍及镍铜合金封头热成形后，如有耐应力腐蚀要求时，应进行退火处理。上述热处理操作应符合 JB/T 4756 的有关要求。

6.8.4.6 热成形的复合板制封头是否进行热处理应以基材按 6.8.4.1 的规定，或按设计技术文件及订货技术条件的规定。

6.9 试件与试样

6.9.1 封头焊接试件

拼焊封头，符合下列条件之一者，应制备焊接试件：

a) 盛装毒性为极度或高度危害介质的容器用封头；

b) 材料标准抗拉强度下限值大于 540 MPa 的低合金钢制容器用封头；

c) 低温容器用封头；

d) 制造过程中，通过热处理改善或者恢复材料性能的钢制容器用封头；

e) 设计文件或订货技术文件要求时。

6.9.2 封头母材热处理试件

符合下列条件之一者，应制备封头母材热处理试件：

a) 符合 6.8.4.1 规定的需进行恢复性能热处理的封头；

b) 需要通过热处理改善材料性能的封头；

c) 冷成形或温成形的受压元件，成形后需要通过热处理恢复材料性能的；

d) 设计文件或订货技术文件要求时。

6.9.3 试件制备

试件的制备以及性能试验应符合相应标准或设计文件或订货技术文件的要求。其中，试件应与封头同炉进行热处理；对热成形的封头，试件应经历与封头相同的成形热过程，若无法实施，可按订货技术文件的规定进行模拟。

6.10 无损检测

6.10.1 先拼板后成形的封头，以及分瓣成形后组焊封头中先拼板后成形的顶圆板，成形后其拼接焊接接头应采用设计文件或订货技术文件规定的方法，按 NB/T 47013.2、NB/T 47013.3 或 NB/T 47013.10进行 100%射线检测、超声检测(有色金属制封头应优先进行射线检测)或衍射时差法超声检测，其检测技术等级、合格级别应符合设计文件或订货技术文件的规定。

6.10.2 锥形封头以及分瓣成形后组焊的封头的 A、B 类焊接接头，成形后应按相应标准或设计文件、订货技术文件的规定，按 NB/T 47013.2、NB/T 47013.3 或 NB/T 47013.10 进行 100%或局部射线检测、超声检测(有色金属制封头应优先进行射线检测)或衍射时差法超声检测，其检测技术等级、合格级别应符合设计文件或订货技术文件规定。当采用局部无损检测时，焊缝交叉部位以及平底形、锥形封头的过渡段转角部位应全部检测，其检测长度可计入局部检测长度之内。

6.10.3 封头拼接焊接接头也可按 NB/T 47013.11 进行 X 射线数字成像检测，检测技术等级、合格级别应符合设计文件或订货技术文件规定。

6.10.4 凡符合下列条件之一的钢制封头，成形后应采用设计文件或订货技术文件规定的方法，按 NB/T 47013.4 或 NB/T 47013.5 进行磁粉或渗透检测，Ⅰ级为合格。

a) 封头堆焊表面；

b) 具有再热裂纹倾向或者延迟裂纹倾向的拼接焊接接头；

c) 低温容器用封头的拼接焊接接头，缺陷修磨或补焊处的表面，卡具和拉筋等拆除处的割痕表面；

d) 复合钢板制封头覆材侧的拼接焊接接头；

e) 标准抗拉强度下限值大于540 MPa的低合金钢材及Cr-Mo钢板制封头经火焰切割的坡口表面、卡具、拉筋等临时固定连接焊缝拆除后的焊痕表面以及缺陷修磨或焊补处的表面；

f) 标准抗拉强度下限值大于540 MPa的低合金钢材及Cr-Mo钢板制封头，其拼接焊接接头的内、外表面；

g) 钢板厚度大于20 mm的奥氏体型不锈钢、奥氏体-铁素体型不锈钢封头拼接焊接接头；

h) 先拼板后成形凸形封头上的所有拼接焊接接头。

6.10.5 凡符合下列条件之一的有色金属制封头，成形后应按NB/T 47013.5对其焊接接头表面进行渗透检测，Ⅰ级为合格。

a) 拼接焊接接头的内、外表面；

b) 焊补处的表面；

c) 卡具、拉筋等临时固定连接焊缝拆除后的焊痕表面。

7 出厂资料

7.1 封头制造单位应向封头采购方提供封头出厂资料。

7.2 封头出厂资料至少应包括以下内容：

a) 封头拼接焊接接头布置图(拼接时)；

b) 封头产品合格证(含封头产品数据报告)，按附录K的样式；

c) 封头产品质量证明文件(包括材料质量证明书、焊接记录、热处理报告及自动记录曲线、无损检测报告以及其他检验与试验报告)；

d) 特种设备制造监督检验证书(按相应法规、标准、设计文件及订货技术条件需要时)。

8 产品标志

8.1 封头出厂时，应在封头明显位置(一般在封头端部，并离端部约10 mm处)进行产品标志。标志的方法可使用标签、铭牌、喷码以及对封头无腐蚀的记号等，标志方法、位置等有特殊要求需在订货技术条件中明确。

8.2 标志至少包括如下内容：

a) 制造单位名称；

b) 封头产品标记；

c) 产品编号；

d) 制造日期。

9 涂敷与运输包装

9.1 封头的涂敷与运输包装按NB/T 10558的有关规定，且应符合设计文件和订货技术条件的要求。

9.2 对于不能整体运输的已成形的各类封头，允许成形后在适当位置切割分别运输，重新焊接装配后，其质量应符合本文件的各项有关要求。

附 录 A
（资料性）
封头内表面积、容积、质量以及总高度（总深度）的计算公式

A.1 封头的内表面积、容积、质量以及总高度（总深度）计算公式的说明

A.1.1 附录B～附录G给出了本文件正文中表1所列型式封头内表面积、容积、质量以及总高度（总深度）的计算结果，供使用者参照选用。对超出附录B～附录G范围的封头，使用者可参照本附录所示的相应计算方法自行计算。此外，本附录还给出了表2所列型式封头内表面积、容积、质量以及总高度（总深度）的计算公式，供使用者参照选用。

A.1.2 在附录B(除B.1中直边数值为0外)～附录F中各类封头计算时其直边高度 h 均按如下原则确定：当封头直径 $D \leqslant 2\ 000$ mm时，h 为25 mm；$D > 2\ 000$ mm时，h 为40 mm。

A.1.3 由于封头材料种类较多，密度也各不相同，附录B～附录G所列封头质量是以密度为7.85 t/m^3 的碳钢为基准计算而得，不同材料（密度不同）的封头质量应重新进行计算。为了方便计算，常见材料密度在附录L中列出，供使用者参照选用。

A.1.4 本附录所使用的符号意义同本文件正文，符号 ρ 为封头材质密度（t/m^3），计算结果均为理论净值。

A.2 封头的内表面积、容积、质量以及总高度（总深度）的计算公式

A.2.1 半球形封头(HHA)

半球形封头(HHA)内表面积、容积、质量以及总深度分别按式(A.1)、式(A.2)、式(A.3)、式(A.4)计算：

a) 内表面积 A（mm^2）按式(A.1)计算：

$$A = \frac{1}{2}\pi D_i^2 \pm \pi D_i h \qquad \text{(A.1)}$$

b) 容积 V（mm^3）按式(A.2)计算：

$$V = \frac{1}{12}\pi D_i^3 \pm \frac{1}{4}\pi D_i^2 h \qquad \text{(A.2)}$$

c) 质量 m(kg)按式(A.3)计算：

$$m = \rho\pi\left\{\left[\frac{1}{12}(D_i + 2\delta_n)^3 \pm \frac{1}{4}(D_i + 2\delta_n)^2 h\right] - \left[\frac{1}{12}D_i^3 \pm \frac{1}{4}D_i^2 h\right]\right\} \times 10^{-6} \qquad \text{(A.3)}$$

d) 总深度 H(mm)按式(A.4)计算：

$$H = \frac{D_i}{2} \pm h \qquad \text{(A.4)}$$

注：上列各式中的±号取法为：当为带直边的半球，计算时取正号；当为准半球时，计算时取负号，此时为近似计算值；当为不带直边的半球，h 的数值为0。

A.2.2 椭圆形封头(EHA)

设 a、b 分别为封头内壁椭圆的长和短半轴，其内表面积、容积以及质量分别按式(A.5)、式(A.6)、式(A.7)计算：

$$A=\pi a\left\{a+\frac{b}{\sqrt{\left(\frac{a}{b}\right)^{2}-1}}\ln\left[\frac{a}{b}+\sqrt{\left(\frac{a}{b}\right)^{2}-1}\right]\right\}+2\pi ah \qquad \cdots\cdots\cdots\cdots(\text{A.5})$$

$$V=\frac{2}{3}\pi a^{2}b+\pi a^{2}h \qquad \cdots\cdots\cdots\cdots(\text{A.6})$$

$$m=\rho\pi\left\{\left[\frac{2}{3}(a+\delta_{n})^{2}(b+\delta_{n})+(a+\delta_{n})^{2}h\right]-\left[\frac{2}{3}a^{2}b+a^{2}h\right]\right\}\times10^{-6} \quad \cdots(\text{A.7})$$

对于标准椭圆封头，有：$a=D_i/2$，$a=2b$，于是，椭圆形封头(EHA)内表面积、容积、质量以及总深度分别按式(A.8)、式(A.9)、式(A.10)、式(A.11)计算：

a) 内表面积 $A(\text{mm}^2)$按式(A.8)计算：

$$A=\frac{1}{4}\left[1+\frac{\sqrt{3}}{6}\ln(2+\sqrt{3})\right]\pi D_i{}^{2}+\pi D_i h=0.345\pi D_i^2+\pi D_i h \quad \cdots\cdots\cdots(\text{A.8})$$

b) 容积 $V(\text{mm}^3)$按式(A.9)计算：

$$V=\frac{\pi}{24}D_i^3+\frac{\pi}{4}D_i^2 h \qquad \cdots\cdots\cdots\cdots(\text{A.9})$$

c) 质量 $m(\text{kg})$按式(A.10)计算：

$$m=\rho\pi\delta_n\left[\frac{D_i^2}{3}+\frac{5}{6}D_i\delta_n+\frac{2}{3}\delta_n^2+(D_i+\delta_n)h\right]\times10^{-6} \qquad \cdots\cdots\cdots\cdots(\text{A.10})$$

d) 总深度 $H(\text{mm})$按式(A.11)计算：

$$H=\frac{D_i}{4}+h \qquad \cdots\cdots\cdots\cdots(\text{A.11})$$

A.2.3 椭圆形封头(EHB)

椭圆形封头(EHB)内表面积、容积、质量以及总高度分别按式(A.12)、式(A.13)、式(A.14)、式(A.15)计算：

a) 内表面积 $A(\text{mm}^2)$按式(A.12)计算：

$$A=\frac{1}{4}\left[1+\frac{\sqrt{3}}{6}\ln(2+\sqrt{3})\right]\pi(D_o-2\delta_n)^2+\pi(D_o-2\delta_n)h$$

$$\approx0.345\pi(D_o-2\delta_n)^2+\pi(D_o-2\delta_n)h \qquad \cdots\cdots\cdots\cdots(\text{A.12})$$

b) 容积 $V(\text{mm}^3)$按式(A.13)计算：

$$V=\frac{\pi}{24}(D_o-2\delta_n)^3+\frac{\pi}{4}(D_o-2\delta_n)^2 h \qquad \cdots\cdots\cdots\cdots(\text{A.13})$$

c) 质量 $m(\text{kg})$按式(A.14)计算：

$$m=\rho\pi\delta_n\left[\frac{4}{3}\left(\frac{D_o}{2}-\delta_n\right)^2+\frac{5}{3}\left(\frac{D_o}{2}-\delta_n\right)\delta_n+\frac{2}{3}\delta_n^2+(D_o+\delta_n)h\right]\times10^{-6} \quad \cdots(\text{A.14})$$

d) 总高度 $H(\text{mm})$按式(A.15)计算：

$$H=\frac{1}{2}\left(\frac{D_o}{2}+\delta_n\right)+h \qquad \cdots\cdots\cdots\cdots(\text{A.15})$$

A.2.4 碟形封头(THA)

设：

$$\theta = \arccos \frac{\frac{D_i}{2} - r_i}{R_i - r_i} \ (\theta \text{为弧度}) \quad \cdots\cdots (A.16)$$

为表达方便,引入下列式(A.17)~式(A.20):

$$C_1 = \frac{\sin\theta}{4} \quad \cdots\cdots (A.17)$$

$$C_2 = \frac{\sin\theta\cos\theta + \theta}{2} - \sin\theta \quad \cdots\cdots (A.18)$$

$$C_3 = 2\sin\theta - \frac{\sin^3\theta}{3} - \sin\theta\cos\theta - \theta \quad \cdots\cdots (A.19)$$

$$C_4 = \frac{(2+\sin\theta)\ (1-\sin\theta)^2}{3} \quad \cdots\cdots (A.20)$$

碟形封头(THA)内表面积、容积、质量以及总深度分别按式(A.21)~式(A.24)计算:

a) 内表面积 A(mm^2)按式(A.21)计算:

$$A = 2\pi\left[D_i r_i \times \frac{\theta}{2} + r_i{}^2(\sin\theta - \theta) + R_i{}^2(1-\sin\theta) + \frac{D_i}{2}h\right] \quad \cdots\cdots (A.21)$$

b) 容积 V(mm^3)按式(A.22)计算:

$$V = \pi\left(C_1 D_i^2 r_i + C_2 D_i r_i^2 + C_3 r_i^3 + C_4 R_i^3 + \frac{D_i^2}{4} \times h\right) \quad \cdots\cdots (A.22)$$

c) 质量 m(kg)按式(A.23)计算:

式(A.22)中用($r_i+\delta_n$)代 r_i,用($D_i+2\delta_n$)代 D_i,用($R_i+\delta_n$)代 R_i,即得设外壁所包体积为 V_o,则封头质量为:

$$m = \rho(V_o - V) \times 10^{-6} \quad \cdots\cdots (A.23)$$

d) 总深度 H(mm)按式(A.24)计算:

$$H = (1-\sin\theta)R_i + r_i\sin\theta + h \quad \cdots\cdots (A.24)$$

A.2.5 碟形封头(THB)

设:

$$\theta = \arccos \frac{0.4D_o - \delta_n}{0.9D_o} \ (\theta \text{为弧度}) \quad \cdots\cdots (A.25)$$

碟形封头(THB)内表面积、容积、质量以及总高度分别按式(A.26)、式(A.27)、式(A.29)、式(A.30)计算:

a) 内表面积 A(mm^2)按式(A.26)计算:

$$A = 2\pi\left[D_o^2 \times \frac{\theta}{20} + (0.1D_o)^2(\sin\theta - \theta) - 0.1D_o\delta_n\theta\right] + 2\pi(1-\sin\theta)D_o^2 + \pi(D_o - 2\delta_n)h \quad \cdots\cdots (A.26)$$

b) 容积 V(mm^3)按式(A.27)计算:

$$V = \pi\left[C_1\ (D_o - 2\delta_n)^2 \times 0.1D_o + C_2(D_o - 2\delta_n)\ (0.1D_o)^2 + C_3\ (0.1D_o)^3\right] + C_4\pi D_o^3 + \frac{1}{4}\pi\ (D_o - 2\delta_n)^2 h \quad \cdots\cdots (A.27)$$

c) 质量 m(kg)按式(A.29)计算:

设外壁所包体积为 V_o，则 V_o 按式(A.28)计算：

$$V_o=\pi\left[C_1D_o^2(0.1D_o+\delta_n)+C_2D_o(0.1D_o+\delta_n)^2+C_3(0.1D_o+\delta_n)^3\right]+C_4\pi(D_o+\delta_n)^3+\frac{1}{4}\pi D_o^2h \quad\cdots\cdots(A.28)$$

则有：

$$m=\rho(V_o-V)\times10^{-6} \quad\cdots\cdots(A.29)$$

d) 总高度 H(mm)按式(A.30)计算：

$$H=(1-\sin\theta)(D_o+\delta_n)+(0.1D_o+\delta_n)\sin\theta+h \quad\cdots\cdots(A.30)$$

A.2.6 球冠形封头(SDH)

球冠形封头(**SDH**)内表面积、容积、质量以及总深度分别按式(A.31)、式(A.33)、式(A.36)、式(A.37)计算：

a) 内表面积 A(mm^2)按式(A.31)计算：

$$A=2\pi D_oh \quad\cdots\cdots(A.31)$$

其中：

$$h=D_o-\sqrt{D_o^2-\left(\frac{D_o-\delta_n}{2}\right)^2} \quad\cdots\cdots(A.32)$$

b) 容积 V(mm^3)按式(A.33)计算：

$$V=\pi h^2\left(D_o-\frac{h}{3}\right) \quad\cdots\cdots(A.33)$$

c) 质量 m(kg)按式(A.36)计算：

球冠形封头中面面积 S_z(mm^2)按式(A.34)计算：

$$S_z=2\pi\left(D_o+\frac{\delta_n}{2}\right)h_z \quad\cdots\cdots(A.34)$$

其中：

$$h_z=\left(D_o+\frac{\delta_n}{2}\right)-\sqrt{\left(D_o+\frac{\delta_n}{2}\right)^2-\left(\frac{D_o}{2}-\frac{\delta_n}{4}\right)^2} \quad\cdots\cdots(A.35)$$

则有：

$$m=\rho\times S_z\times\delta_n\times10^{-6} \quad\cdots\cdots(A.36)$$

d) 总深度(mm)按式(A.37)计算：

$$H=\left(1-\frac{\sqrt{3}}{2}\right)(D_o-\delta_n) \quad\cdots\cdots(A.37)$$

A.2.7 平底形封头(FHA)

平底形封头(**FHA**)内表面积、容积、质量以及总深度分别按式(A.38)～式(A.41)计算：

a) 内表面积 A(mm^2)按式(A.38)计算：

$$A=\pi\left[\frac{\pi}{2}D_ir_i-(\pi-2)r_i^2\right]+\pi D_ih+\pi\left(\frac{D_i}{2}-r_i\right)^2 \quad\cdots\cdots(A.38)$$

b) 体积 V(mm^3)按式(A.39)计算：

$$V=\pi\left[\frac{1}{4}D_i^2r_i+\left(\frac{\pi}{4}-1\right)D_ir_i^2+\left(\frac{5}{3}-\frac{\pi}{2}\right)r_i^3\right]+\frac{1}{4}\pi D_i^2h \quad\cdots\cdots(A.39)$$

用 $r_i+\delta_n$ 代 r_i，用 $D_i+2\delta_n$ 代 D_i，即得 V_o。

c) 质量 m(kg)按式(A.40)计算：

$$m=\rho(V_o-V)\times10^{-6}\qquad\text{(A.40)}$$

d) 总深度 H(mm)按式(A.41)计算:

$$H=r_i+h\qquad\text{(A.41)}$$

A.2.8 锥形封头[CNA($\boldsymbol{\alpha}$)]

设 θ 是 α 角的以弧度为单位的数值,外壁所包围的总体积设为 V_o。

锥形封头[CNA($\boldsymbol{\alpha}$)]内表面积、容积、质量以及总高度分别按式(A.42)、式(A.43)、式(A.44)、式(A.46)计算:

a) 内表面积 A(mm^2)按式(A.42)计算:

$$A=\frac{\pi}{4\sin\theta}(D_i^2-D_{is}^2)\qquad\text{(A.42)}$$

b) 容积 V(mm^3)按式(A.43)计算:

$$V=\frac{\pi}{24\tan\theta}(D_i^3-D_{is}^3)\qquad\text{(A.43)}$$

c) 质量 m(kg)按式(A.44)计算:

$$m=\rho(V_o-V)\times10^{-6}\qquad\text{(A.44)}$$

其中:

$$V_o=\frac{\pi}{24\tan\theta}[(D_i+2\delta_n\cos\theta)^3-(D_{is}+2\delta_n\cos\theta)^3]\qquad\text{(A.45)}$$

d) 总高度 H(mm)按式(A.46)计算:

$$H_o=\frac{D_i-D_{is}}{2\tan\theta}\qquad\text{(A.46)}$$

A.2.9 锥形封头[CSA($\boldsymbol{\alpha}$)]

设 θ 是 α 角的以弧度为单位的数值。

注:此处计算忽略了锥体小端几何变化。

锥形封头[CSA($\boldsymbol{\alpha}$)]内表面积、容积、质量以及总高度分别按式(A.47)、式(A.48)、式(A.49)、式(A.51)计算:

a) 内表面积 A(mm^2)按式(A.47)计算:

$$A=2\pi\left[D_ir_i\times\frac{\theta}{2}+r_i^2(\sin\theta-\theta)\right]+\frac{\pi}{4\sin\theta}\{[D_i-2(1-\cos\theta)r_i]^2-D_{is}^2\}+\pi D_ih\qquad\text{(A.47)}$$

b) 容积 V(mm^3)按式(A.48)计算:

$$V=\pi\left(C_1D_i^2r_i+C_2D_ir_i^2+C_3r_i^3+\frac{D_i^2}{4}\times h\right)+\frac{\pi}{24\tan\theta}\{[D_i-2(1-\cos\theta)r_i]^3-D_{is}^3\}\qquad\text{(A.48)}$$

c) 质量 m(kg)按式(A.49)计算:

$$m=\rho(V_o-V)\times10^{-6}\qquad\text{(A.49)}$$

其中:

$$V_o=\pi\left[C_1(D_i+2\delta_n)^2(r_i+\delta_n)+C_2(D_i+2\delta_n)(r_i+\delta_n)^2+C_3(r_i+\delta_n)^3+\frac{(D_i+2\delta_n)^2}{4}h\right]+\frac{\pi}{24\tan\theta}\{[D_i-2(1-\cos\theta)r_i+2\delta_n\cos\theta]^3-[D_{is}+2\delta_n\cos\theta]^3\}\qquad\text{(A.50)}$$

d）　总高度 H(mm)按式(A.51)计算：

$$H_o=\frac{1}{\tan\theta}\left\{\left[\frac{D_i}{2}-(1-\cos\theta)r_i\right]-\frac{D_{is}}{2}\right\}+(r_i+\delta_n)\sin\theta+h \quad\cdots\cdots\text{(A.51)}$$

A.2.10　锥形封头[CDA(α)]

设 θ 是 α 角的以弧度为单位的数值。

a）　大端小弧：

大端内壁小弧段内表面积为 A_1，大端内壁小弧段所包围的体积为 V_1，大端外壁小弧段所包围的体积为 V_1'，分别按式(A.52)、式(A.53)、式(A.54)计算：

$$A_1=2\pi\left[D_ir_i\times\frac{\theta}{2}+r_i^2(\sin\theta-\theta)\right] \quad\cdots\cdots\text{(A.52)}$$

$$V_1=\pi(C_1D_i^2r_i+C_2D_ir_i^2+C_3r_i^3) \quad\cdots\cdots\text{(A.53)}$$

用 $r_i+\delta_n$ 代 r_i，用 $D_i+2\delta_n$ 代 D_i，即得 V_1'：

$$V'_1=\pi[C_1(D_i+2\delta_n)^2(r_i+\delta_n)+C_2(D_i+2\delta_n)(r_i+\delta_n)^2+C_3(r_i+\delta_n)^3] \quad\text{(A.54)}$$

b）　锥体：

锥体内壁表面积为 A_2，锥体内壁锥体所包围的体积为 V_2，锥体外壁锥体所包围的体积为 V_2'，分别按式(A.55)、式(A.56)、式(A.57)计算：

$$A_2=\frac{\pi}{4\sin\theta}\{[D_i-2(1-\cos\theta)r_i]^2-[D_{is}+2(1-\cos\theta)(r_s+\delta_n)]^2\} \quad\cdots\cdots\text{(A.55)}$$

$$V_2=\frac{\pi}{24\tan\theta}\{[D_i-2(1-\cos\theta)r_i]^3-[D_{is}+2(1-\cos\theta)(r_s+\delta_n)]^3\} \quad\text{(A.56)}$$

$$V'_2=\frac{\pi}{24\tan\theta}\{[D_i-2(1-\cos\theta)r_i+2\delta_n\cos\theta]^3-[D_{is}+2(1-\cos\theta)r_s+2\delta_n]^3\} \quad\cdots\cdots\text{(A.57)}$$

c）　小端圆弧：

小端内壁小弧段内表面积为 A_3，小端内壁小弧段所包围的体积为 V_3，小端外壁小弧段所包围的体积为 V_3'，分别按式(A.58)、式(A.59)、式(A.60)计算：

$$A_3=2\pi\left[D_{is}(r_s+\delta_n)\times\frac{\theta}{2}-(r_s+\delta_n)^2(\sin\theta-\theta)\right] \quad\cdots\cdots\text{(A.58)}$$

$$V_3=\pi[C_1D_{is}^2(r_s+\delta_n)-C_2D_{is}(r_s+\delta_n)^2+C_3(r_s+\delta_n)^3] \quad\cdots\cdots\text{(A.59)}$$

$$V'_3=\pi[C_1D_{is}^2r_s-C_2D_{is}r_s^2+C_3r_s^3]-\pi[D_{is}r_s\delta_n\sin\theta+(2\sin\theta-\sin\theta\cos\theta-\theta)r_s^2\delta_n+r_s\delta_n^2\sin\theta] \quad\cdots\cdots\text{(A.60)}$$

d）　大端直边段：

大端直边段的内表面积、内壁容积、外壁容积分别以 A_4、V_4、V'_4 表示，分别按式(A.61)、式(A.62)、式(A.63)计算：

$$A_4=\pi D_ih \quad\cdots\cdots\text{(A.61)}$$

$$V_4=\frac{1}{4}\pi D_i^2h \quad\cdots\cdots\text{(A.62)}$$

$$V'_4=\frac{1}{4}\pi(D_i+2\delta_n)^2h \quad\cdots\cdots\text{(A.63)}$$

e) 小端直边段：

小端直边段的内表面积、内壁容积、外壁容积分别以 A_5、V_5、V'_5 表示，分别按式(A.64)、式(A.65)、式(A.66)计算：

$$A_5=\pi D_{is}h \tag{A.64}$$

$$V_5=\frac{1}{4}\pi D_{is}^2 h \tag{A.65}$$

$$V'_5=\frac{1}{4}\pi(D_{is}+2\delta_n)^2 h \tag{A.66}$$

锥形封头[CDA(α)]内表面积、容积、质量以及总高度分别按式(A.67)、式(A.68)、式(A.70)、式(A.71)计算：

1) 内表面积 A(mm^2)按式(A.67)计算：

$$A=A_1+A_2+A_3+A_4+A_5 \tag{A.67}$$

2) 容积 V(mm^3)按式(A.68)计算：

$$V=V_1+V_2+V_3+V_4+V_5 \tag{A.68}$$

3) 质量 m(kg)按式(A.70)计算：

外壁所包围的总体积设为 V_o：

$$V_o=V_1'+V_2'+V_3'+V_4'+V_5' \tag{A.69}$$

则有：

$$m=\rho(V_o-V)\times10^{-6} \tag{A.70}$$

4) 总高度 H(mm)按式(A.71)计算：

$$H_o=\frac{1}{\tan\theta}\left\{\left[\frac{D_i}{2}-(1-\cos\theta)r_i\right]-\left[\frac{D_{is}}{2}+(1-\cos\theta)(r_s+\delta_n)\right]\right\}+(r_i+r_s+\delta_n)\sin\theta+2h \tag{A.71}$$

附 录 B
(资料性)
HHA 半球形封头型式参数

B.1 HHA 半球形封头(直边数值为 0)的总深度、内表面积、容积见表 B.1,HHA 半球形封头(带直边)的总深度、内表面积、容积见表 B.2。

B.2 HHA 半球形封头(直边数值为 0)的质量见表 B.3,HHA 半球形封头(带直边)的质量见表 B.4。

表 B.1 HHA 半球形封头(直边数值为 0)总深度、内表面积、容积

序号	直径(*D*) mm	总深度(*H*) mm	内表面积(*A*) m^2	容积(*V*) m^3	序号	直径(*D*) mm	总深度(*H*) mm	内表面积(*A*) m^2	容积(*V*) m^3
1	300	150	0.141 4	0.007 1	27	2 200	1 100	7.602 7	2.787 6
2	350	175	0.192 4	0.011 2	28	2 300	1 150	8.309 5	3.185 3
3	400	200	0.251 3	0.016 8	29	2 400	1 200	9.047 8	3.619 1
4	450	225	0.318 1	0.023 9	30	2 500	1 250	9.817 5	4.090 6
5	500	250	0.392 7	0.032 7	31	2 600	1 300	10.618 6	4.601 4
6	550	275	0.475 2	0.043 6	32	2 700	1 350	11.451 1	5.153 0
7	600	300	0.565 5	0.056 5	33	2 800	1 400	12.315 0	5.747 0
8	650	325	0.663 7	0.071 9	34	2 900	1 450	13.210 4	6.385 0
9	700	350	0.769 7	0.089 8	35	3 000	1 500	14.137 2	7.068 6
10	750	375	0.883 6	0.110 4	36	3 100	1 550	15.095 4	7.799 3
11	800	400	1.005 3	0.134 0	37	3 200	1 600	16.085 0	8.578 6
12	850	425	1.134 9	0.160 8	38	3 300	1 650	17.106 0	9.408 3
13	900	450	1.272 3	0.190 9	39	3 400	1 700	18.158 4	10.289 8
14	950	475	1.417 6	0.224 5	40	3 500	1 750	19.242 3	11.224 6
15	1 000	500	1.570 8	0.261 8	41	3 600	1 800	20.357 5	12.214 5
16	1 100	550	1.900 7	0.348 5	42	3 700	1 850	21.504 2	13.260 9
17	1 200	600	2.261 9	0.452 4	43	3 800	1 900	22.682 3	14.365 5
18	1 300	650	2.654 6	0.575 2	44	3 900	1 950	23.891 8	15.529 7
19	1 400	700	3.078 8	0.718 4	45	4 000	2 000	25.132 7	16.755 2
20	1 500	750	3.534 3	0.883 6	46	4 100	2 050	26.405 1	18.043 5
21	1 600	800	4.021 2	1.072 3	47	4 200	2 100	27.708 8	19.396 2
22	1 700	850	4.539 6	1.286 2	48	4 300	2 150	29.044 0	20.814 9
23	1 800	900	5.089 4	1.526 8	49	4 400	2 200	30.410 6	22.301 1
24	1 900	950	5.670 6	1.795 7	50	4 500	2 250	31.808 6	23.856 5
25	2 000	1 000	6.283 2	2.094 4	51	4 600	2 300	33.238 0	25.482 5
26	2 100	1 050	6.927 2	2.424 5	52	4 700	2 350	34.698 9	27.180 8

表 B.1 HHA 半球形封头(直边数值为 0)总深度、内表面积、容积(续)

序号	直径(D) mm	总深度(H) mm	内表面积(A) m^2	容积(V) m^3	序号	直径(D) mm	总深度(H) mm	内表面积(A) m^2	容积(V) m^3
53	4 800	2 400	36.191 1	28.952 9	80	7 500	3 750	88.357 3	110.446 6
54	4 900	2 450	37.714 8	30.800 4	81	7 600	3 800	90.729 2	114.923 6
55	5 000	2 500	39.269 9	32.724 9	82	7 700	3 850	93.132 5	119.520 1
56	5 100	2 550	40.856 4	34.727 9	83	7 800	3 900	95.567 2	124.237 4
57	5 200	2 600	42.474 3	36.811 1	84	7 900	3 950	98.033 4	129.077 3
58	5 300	2 650	44.123 7	38.975 9	85	8 000	4 000	100.531 0	134.041 3
59	5 400	2 700	45.804 4	41.224 0	86	8 100	4 050	103.059 9	139.130 9
60	5 500	2 750	47.516 6	43.556 9	87	8 200	4 100	105.620 3	144.347 8
61	5 600	2 800	49.260 2	45.976 2	88	8 300	4 150	108.212 2	149.693 5
62	5 700	2 850	51.035 2	48.483 4	89	8 400	4 200	110.835 4	155.169 5
63	5 800	2 900	52.841 6	51.080 2	90	8 500	4 250	113.490 0	160.777 5
64	5 900	2 950	54.679 4	53.768 1	91	8 600	4 300	116.176 1	166.519 1
65	6 000	3 000	56.548 7	56.548 7	92	8 700	4 350	118.893 6	172.395 7
66	6 100	3 050	58.449 3	59.423 5	93	8 800	4 400	121.642 5	178.408 9
67	6 200	3 100	60.381 4	62.394 1	94	8 900	4 450	124.422 8	184.560 4
68	6 300	3 150	62.344 9	65.462 2	95	9 000	4 500	127.234 5	190.851 8
69	6 400	3 200	64.339 8	68.629 1	96	9 100	4 550	130.077 6	197.284 4
70	6 500	3 250	66.366 1	71.896 7	97	9 200	4 600	132.952 2	203.860 0
71	6 600	3 300	68.423 9	75.266 3	98	9 300	4 650	135.858 2	210.580 2
72	6 700	3 350	70.513 0	78.739 6	99	9 400	4 700	138.795 6	217.446 4
73	6 800	3 400	72.633 6	82.318 1	100	9 500	4 750	141.764 4	224.460 2
74	6 900	3 450	74.785 6	86.003 5	101	9 600	4 800	144.764 6	231.623 3
75	7 000	3 500	76.969 0	89.797 2	102	9 700	4 850	147.796 2	238.937 2
76	7 100	3 550	79.183 8	93.700 9	103	9 800	4 900	150.859 3	246.403 5
77	7 200	3 600	81.430 1	97.716 1	104	9 900	4 950	153.953 7	254.023 7
78	7 300	3 650	83.707 7	101.844 4	105	10 000	5 000	157.079 6	261.799 4
79	7 400	3 700	86.016 8	106.087 4	—	—	—	—	—

表 B.2 HHA 半球形封头(带直边)总深度、内表面积、容积

序号	直径(*D*) mm	总深度(*H*) mm	内表面积(*A*) m^2	容积(*V*) m^3	序号	直径(*D*) mm	总深度(*H*) mm	内表面积(*A*) m^2	容积(*V*) m^3
1	300	175	0.164 9	0.008 8	34	2 900	1 490	13.574 8	6.649 2
2	350	200	0.219 9	0.013 6	35	3 000	1 540	14.514 2	7.351 3
3	400	225	0.282 7	0.019 9	36	3 100	1 590	15.484 9	8.101 2
4	450	250	0.353 4	0.027 8	37	3 200	1 640	16.487 1	8.900 3
5	500	275	0.432 0	0.037 6	38	3 300	1 690	17.520 7	9.750 4
6	550	300	0.518 4	0.049 5	39	3 400	1 740	18.585 7	10.652 9
7	600	325	0.612 6	0.063 6	40	3 500	1 790	19.682 1	11.609 5
8	650	350	0.714 7	0.080 2	41	3 600	1 840	20.809 9	12.621 7
9	700	375	0.824 7	0.099 4	42	3 700	1 890	21.969 2	13.691 0
10	750	400	0.942 5	0.121 5	43	3 800	1 940	23.159 8	14.819 1
11	800	425	1.068 1	0.146 6	44	3 900	1 990	24.381 9	16.007 5
12	850	450	1.201 7	0.175 0	45	4 000	2 040	25.635 4	17.257 8
13	900	475	1.343 0	0.206 8	46	4 100	2 090	26.920 3	18.571 6
14	950	500	1.492 3	0.242 2	47	4 200	2 140	28.236 6	19.950 4
15	1 000	525	1.649 3	0.281 4	48	4 300	2 190	29.584 4	21.395 8
16	1 100	575	1.987 1	0.372 2	49	4 400	2 240	30.963 5	22.909 3
17	1 200	625	2.356 2	0.480 7	50	4 500	2 290	32.374 1	24.492 6
18	1 300	675	2.756 7	0.608 4	51	4 600	2 340	33.816 1	26.147 3
19	1 400	725	3.188 7	0.756 9	52	4 700	2 390	35.289 5	27.874 8
20	1 500	775	3.652 1	0.927 8	53	4 800	2 440	36.794 3	29.676 7
21	1 600	825	4.146 9	1.122 6	54	4 900	2 490	38.330 6	31.554 7
22	1 700	875	4.673 1	1.343 0	55	5 000	2 540	39.898 2	33.510 3
23	1 800	925	5.230 8	1.590 4	56	5 100	2 590	41.497 3	35.545 1
24	1 900	975	5.819 8	1.866 6	57	5 200	2 640	43.127 8	37.660 6
25	2 000	1 025	6.440 3	2.172 9	58	5 300	2 690	44.789 7	39.858 4
26	2 100	1 090	7.191 1	2.563 1	59	5 400	2 740	46.483 0	42.140 1
27	2 200	1 140	7.879 1	2.939 7	60	5 500	2 790	48.207 7	44.507 2
28	2 300	1 190	8.598 5	3.351 5	61	5 600	2 840	49.963 9	46.961 4
29	2 400	1 240	9.349 4	3.800 1	62	5 700	2 890	51.751 5	49.504 1
30	2 500	1 290	10.131 6	4.287 0	63	5 800	2 940	53.570 4	52.137 0
31	2 600	1 340	10.945 3	4.813 8	64	5 900	2 990	55.420 8	54.861 7
32	2 700	1 390	11.790 4	5.382 0	65	6 000	3 040	57.302 6	57.679 6
33	2 800	1 440	12.666 9	5.993 3	66	6 100	3 039	59.215 9	60.592 5

表 B.2 HHA 半球形封头(带直边)总深度、内表面积、容积(续)

序号	直径(D) mm	总深度(H) mm	内表面积(A) m²	容积(V) m³	序号	直径(D) mm	总深度(H) mm	内表面积(A) m²	容积(V) m³
67	6 200	3 140	61.160 5	63.601 8	87	8 200	4 140	106.650 8	146.460 2
68	6 300	3 190	63.136 6	66.709 0	88	8 300	4 190	109.255 2	151.857 7
69	6 400	3 240	65.144 1	69.915 9	89	8 400	4 240	111.891 0	157.386 2
70	6 500	3 290	67.183 0	73.224 0	90	8 500	4 290	114.558 2	163.047 3
71	6 600	3 340	69.253 3	76.634 8	91	8 600	4 340	117.256 8	168.842 6
72	6 700	3 390	71.355 0	80.149 8	92	8 700	4 390	119.986 8	174.773 6
73	6 800	3 440	73.488 1	83.770 8	93	8 800	4 440	122.748 3	180.841 8
74	6 900	3 490	75.652 7	87.499 2	94	8 900	4 490	125.541 2	187.048 9
75	7 000	3 540	77.848 7	91.336 6	95	9 000	4 540	128.365 5	193.396 4
76	7 100	3 590	80.076 1	95.284 6	96	9 100	4 590	131.221 2	199.886 0
77	7 200	3 640	82.334 9	99.344 7	97	9 200	4 640	134.108 3	206.519 1
78	7 300	3 690	84.625 1	103.518 6	98	9 300	4 690	137.026 8	213.297 3
79	7 400	3 740	86.946 7	107.807 7	99	9 400	4 740	139.976 8	220.222 3
80	7 500	3 790	89.299 8	112.213 8	100	9 500	4 790	142.958 2	227.295 5
81	7 600	3 840	91.684 2	116.738 2	101	9 600	4 840	145.971 0	234.518 6
82	7 700	3 890	94.100 1	121.382 7	102	9 700	4 890	149.015 2	241.893 2
83	7 800	3 940	96.547 4	126.148 8	103	9 800	4 940	152.090 8	249.420 7
84	7 900	3 990	99.026 1	131.038 0	104	9 900	4 990	155.197 8	257.102 8
85	8 000	4 040	101.536 3	136.051 9	105	10 000	5 040	158.336 3	264.941 0
86	8 100	4 090	104.077 8	141.192 1	—	—	—	—	—

表 B.3　HHA 半球形封头(直边数值为 0)质量

单位为千克

序号	直径(D) mm	封头名义厚度(δ_n) mm																	
		2	3	4	5	6	8	10	12	14	16	18	20	22	24	26	28	30	32
1	300	2.2	3.4	4.6	5.7	6.9	9.4	11.9	14.4	17.0	19.7	—	—	—	—	—	—	—	—
2	350	3.1	4.6	6.2	7.8	9.4	12.6	16.0	19.4	22.9	26.4	—	—	—	—	—	—	—	—
3	400	4.0	6.0	8.1	10.1	12.2	16.4	20.7	25.1	29.6	34.2	—	—	—	—	—	—	—	—
4	450	5.0	7.6	10.2	12.8	15.4	20.7	26.1	31.6	37.2	42.9	—	—	—	—	—	—	—	—
5	500	—	9.4	12.5	15.7	18.9	25.5	32.1	38.8	45.6	52.5	—	—	—	—	—	—	—	—
6	550	—	11.3	15.1	19.0	22.9	30.7	38.7	46.7	54.9	63.2	—	—	—	—	—	—	—	—
7	600	—	13.5	18.0	22.6	27.2	36.5	45.9	55.4	65.1	74.9	—	—	—	—	—	—	—	—
8	650	—	15.8	21.1	26.5	31.8	42.7	53.7	64.9	76.1	87.5	99.1	110.7	122.5	134.5	146.6	158.8	171.2	183.7
9	700	—	18.3	24.4	30.6	36.9	49.4	62.2	75.0	88.0	101.2	114.4	127.9	141.5	155.2	169.1	183.1	197.2	211.6
10	750	—	21.0	28.0	35.1	42.3	56.7	71.2	85.9	100.8	115.8	130.9	146.3	161.7	177.3	193.1	209.1	225.2	241.4
11	800	—	23.9	31.9	40.0	48.1	64.4	80.9	97.6	114.4	131.4	148.5	165.9	183.3	201.0	218.8	236.8	255.0	273.3
12	850	—	26.9	36.0	45.1	54.2	72.6	91.2	110.0	128.9	148.0	167.2	186.7	206.3	226.1	246.1	266.2	286.6	307.1
13	900	—	30.2	40.3	50.5	60.7	81.3	102.1	123.1	144.2	165.6	187.1	208.8	230.7	252.7	275.0	297.4	320.1	342.9
14	950	—	33.6	44.9	56.2	67.6	90.5	113.6	136.9	160.4	184.1	208.0	232.1	256.3	280.8	305.5	330.3	355.4	380.6
15	1 000	—	37.2	49.7	62.3	74.9	100.2	125.8	151.5	177.5	203.7	230.0	256.6	283.4	310.4	337.6	365.0	392.6	420.4
16	1 100	—	—	60.1	75.3	90.5	121.1	151.9	183.0	214.2	245.7	277.4	309.4	341.5	373.9	406.6	439.4	472.5	505.8
17	1 200	—	—	71.5	89.5	107.6	144.0	180.5	217.4	254.4	291.7	329.3	367.1	405.1	443.4	482.0	520.7	559.8	599.0
18	1 300	—	—	83.9	105.0	126.2	168.8	211.6	254.7	298.1	341.7	385.6	429.7	474.1	518.8	563.8	609.0	654.5	700.2
19	1 400	—	—	97.2	121.7	146.3	195.6	245.2	295.0	345.2	395.6	446.3	497.3	548.6	600.2	652.0	704.1	756.6	809.3
20	1 500	—	—	111.6	139.6	167.8	224.3	281.2	338.3	395.7	453.4	511.5	569.8	628.5	687.4	746.6	806.2	866.1	926.2

表 B.3 HHA 半球形封头(直边数值为 0)质量(续)

单位为千克

序号	直径(D) mm	封头名义厚度(δ_n) mm																	
		2	3	4	5	6	8	10	12	14	16	18	20	22	24	26	28	30	32
21	1 600	—	—	126.9	158.8	190.8	255.1	319.6	384.5	449.7	515.2	581.1	647.2	713.7	780.6	847.7	915.2	983.0	1 051.1
22	1 700	—	—	143.2	179.2	215.3	287.8	360.6	433.7	507.2	581.0	655.1	729.6	804.5	879.6	955.2	1 031.0	1 107.3	1 183.8
23	1 800	—	—	—	200.9	241.3	322.5	404.0	485.8	568.1	650.7	733.6	816.9	900.6	984.6	1 069.0	1 153.8	1 238.9	1 324.4
24	1 900	—	—	—	223.7	268.8	359.1	449.8	540.9	632.4	724.3	816.5	909.2	1 002.2	1 095.6	1 189.3	1 283.5	1 378.0	1 473.0
25	2 000	—	—	—	247.9	297.7	397.7	498.2	599.0	700.2	801.9	903.9	1 006.3	1 109.2	1 212.4	1 316.0	1 420.1	1 524.5	1 629.4
26	2 100	—	—	—	273.2	328.1	438.4	549.0	660.0	771.5	883.4	995.7	1 108.4	1 221.6	1 335.1	1 449.1	1 563.6	1 678.4	1 793.7
27	2 200	—	—	—	299.8	360.0	480.9	602.3	724.0	846.2	968.9	1 091.9	1 215.5	1 339.4	1 463.8	1 588.7	1 714.0	1 839.7	1 965.9
28	2 300	—	—	—	327.6	393.4	525.5	658.0	791.0	924.4	1 058.3	1 192.6	1 327.4	1 462.7	1 598.4	1 734.6	1 871.3	2 008.4	2 146.0
29	2 400	—	—	—	356.6	428.3	572.0	716.2	860.9	1 006.0	1 151.6	1 297.7	1 444.3	1 591.4	1 738.9	1 887.0	2 035.5	2 184.5	2 334.0
30	2 500	—	—	—	386.9	464.6	620.5	776.9	933.7	1 091.1	1 248.9	1 407.3	1 566.1	1 725.5	1 885.4	2 045.7	2 206.6	2 367.9	2 529.8
31	2 600	—	—	—	418.4	502.4	671.0	840.0	1 009.5	1 179.6	1 350.2	1 521.3	1 692.9	1 865.0	2 037.7	2 210.9	2 384.6	2 558.8	2 733.6
32	2 700	—	—	—	451.1	541.7	723.4	905.6	1 088.3	1 271.6	1 455.4	1 639.7	1 824.6	2 010.0	2 196.0	2 382.5	2 569.5	2 757.1	2 945.2
33	2 800	—	—	—	485.1	582.5	777.8	973.7	1 170.0	1 367.0	1 564.5	1 762.6	1 961.2	2 160.4	2 360.2	2 560.5	2 761.3	2 962.8	3 164.8
34	2 900	—	—	—	520.3	624.8	834.2	1 044.2	1 254.7	1 465.9	1 677.6	1 889.9	2 102.8	2 316.2	2 530.3	2 744.9	2 960.1	3 175.9	3 392.2
35	3 000	—	—	—	556.7	668.5	892.6	1 117.2	1 342.4	1 568.2	1 794.6	2 021.6	2 249.3	2 477.5	2 706.3	2 935.7	3 165.7	3 396.3	3 627.6
36	3 100	—	—	—	—	713.7	952.9	1 192.6	1 433.0	1 674.0	1 915.6	2 157.8	2 400.7	2 644.1	2 888.2	3 132.9	3 378.3	3 624.2	3 870.8
37	3 200	—	—	—	—	760.4	1 015.2	1 270.6	1 526.6	1 783.2	2 040.5	2 298.5	2 557.0	2 816.2	3 076.1	3 336.6	3 597.7	3 859.5	4 121.9
38	3 300	—	—	—	—	808.6	1 079.5	1 351.0	1 623.1	1 895.9	2 169.4	2 443.5	2 718.3	2 993.8	3 269.9	3 546.6	3 824.1	4 102.1	4 380.9
39	3 400	—	—	—	—	858.3	1 145.7	1 433.8	1 722.6	2 012.1	2 302.2	2 593.0	2 884.5	3 176.7	3 469.6	3 763.1	4 057.3	4 352.2	4 647.8
40	3 500	—	—	—	—	909.4	1 213.9	1 519.2	1 825.1	2 131.7	2 439.0	2 747.0	3 055.7	3 365.1	3 675.2	3 986.0	4 297.5	4 609.7	4 922.6

表 B.3　HHA 半球形封头(直边数值为 0)质量(续)

单位为千克

序号	直径(D) mm	封头名义厚度(δ_n) mm															
		2	3	4	5	6	8	10	12	14	16	18	20	22	24	26	28	30	32
41	3 600	—	—	—	—	962.0	1 284.1	1 607.0	1 930.5	2 254.7	2 579.7	2 905.4	3 231.8	3 558.9	3 886.7	4 215.3	4 544.5	4 874.5	5 205.3
42	3 700	—	—	—	—	1 016.1	1 356.3	1 697.2	2 038.9	2 381.2	2 724.4	3 068.2	3 412.8	3 758.1	4 104.2	4 451.0	4 798.5	5 146.8	5 495.8
43	3 800	—	—	—	—	1 071.7	1 430.5	1 789.9	2 150.2	2 511.2	2 873.0	3 235.5	3 598.7	3 962.8	4 327.6	4 693.1	5 059.4	5 426.5	5 794.3
44	3 900	—	—	—	—	1 128.8	1 506.6	1 885.1	2 264.5	2 644.6	3 025.5	3 407.2	3 789.6	4 172.8	4 556.8	4 941.6	5 327.2	5 713.5	6 100.7
45	4 000	—	—	—	—	1 187.3	1 584.7	1 982.8	2 381.7	2 781.5	3 182.0	3 583.3	3 985.4	4 388.3	4 792.1	5 196.6	5 601.9	6 008.0	6 414.9
46	4 100	—	—	—	—	1 247.3	1 664.7	2 082.9	2 501.9	2 921.8	3 342.4	3 763.9	4 186.2	4 609.3	5 033.2	5 457.9	5 883.5	6 309.8	6 737.0
47	4 200	—	—	—	—	1 308.8	1 746.8	2 185.5	2 625.1	3 065.5	3 506.8	3 948.9	4 391.9	4 835.6	5 280.2	5 725.7	6 172.0	6 619.1	7 067.1
48	4 300	—	—	—	—	1 371.8	1 830.8	2 290.6	2 751.2	3 212.8	3 675.1	4 138.4	4 602.5	5 067.4	5 533.2	5 999.9	6 467.4	6 935.8	7 405.0
49	4 400	—	—	—	—	1 436.2	1 916.7	2 398.1	2 880.3	3 363.4	3 847.4	4 332.3	4 818.0	5 304.6	5 792.1	6 280.4	6 769.7	7 259.8	7 750.8
50	4 500	—	—	—	—	1 502.2	2 004.7	2 508.1	3 012.4	3 517.6	4 023.6	4 530.6	5 038.5	5 547.2	6 056.9	6 567.4	7 078.9	7 591.3	8 104.5
51	4 600	—	—	—	—	1 569.6	2 094.6	2 620.5	3 147.4	3 675.1	4 203.8	4 733.4	5 263.9	5 795.3	6 327.6	6 860.9	7 395.0	7 930.1	8 466.1
52	4 700	—	—	—	—	1 638.5	2 186.5	2 735.5	3 285.4	3 836.2	4 387.9	4 940.6	5 494.2	6 048.8	6 604.3	7 160.7	7 718.0	8 276.4	8 835.6
53	4 800	—	—	—	—	1 708.9	2 280.4	2 852.9	3 426.3	4 000.7	4 576.0	5 152.3	5 729.5	6 307.7	6 886.8	7 466.9	8 048.0	8 630.0	9 213.0
54	4 900	—	—	—	—	1 780.7	2 376.2	2 972.7	3 570.2	4 168.6	4 768.0	5 368.4	5 969.7	6 572.0	7 175.3	7 779.6	8 384.8	8 991.0	9 598.2
55	5 000	—	—	—	—	1 854.1	2 474.1	3 095.0	3 717.0	4 340.0	4 963.9	5 588.9	6 214.8	6 841.8	7 469.7	8 098.6	8 728.6	9 359.5	9 991.4
56	5 100	—	—	—	—	1 928.9	2 573.8	3 219.8	3 866.8	4 514.8	5 163.8	5 813.9	6 464.9	7 117.0	7 770.0	8 424.1	9 079.2	9 735.3	10 392.5
57	5 200	—	—	—	—	2 005.2	2 675.6	3 347.1	4 019.6	4 693.1	5 367.7	6 043.3	6 719.9	7 397.6	8 076.3	8 756.0	9 436.8	10 118.6	10 801.4
58	5 300	—	—	—	—	2 082.9	2 779.3	3 476.8	4 175.3	4 874.9	5 575.5	6 277.1	6 979.8	7 683.6	8 388.4	9 094.3	9 801.2	10 509.2	11 218.2
59	5 400	—	—	—	—	2 162.2	2 885.0	3 609.0	4 334.0	5 060.1	5 787.2	6 515.4	7 244.7	7 975.1	8 706.5	9 439.0	10 172.6	10 907.2	11 643.0
60	5 500	—	—	—	—	2 242.9	2 992.7	3 743.6	4 495.6	5 248.7	6 002.9	6 758.1	7 514.5	8 271.9	9 030.5	9 790.1	10 550.8	11 312.7	12 075.6

表 B.3 HHA 半球形封头(直边数值为 0)质量(续)

单位为千克

序号	直径(D) mm	封头名义厚度(δ_n) mm															
		2	3	4	5	6	8	10	12	14	16	18	20	22	24	26	28	30	32
61	5 600	—	—	—	—	2 325.1	3 102.4	3 880.8	4 660.2	5 440.8	6 222.5	7 005.3	7 789.2	8 574.2	9 360.4	10 147.6	10 936.0	11 725.5	12 516.1
62	5 700	—	—	—	—	2 408.8	3 214.0	4 020.3	4 827.8	5 636.4	6 446.1	7 256.9	8 068.9	8 882.0	9 696.2	10 511.6	11 328.1	12 145.7	12 964.5
63	5 800	—	—	—	—	2 494.0	3 327.6	4 162.4	4 998.3	5 835.4	6 673.6	7 513.0	8 353.5	9 195.1	10 038.0	10 881.9	11 727.1	12 573.4	13 420.8
64	5 900	—	—	—	—	2 580.6	3 443.2	4 306.9	5 171.8	6 037.8	6 905.1	7 773.4	8 643.0	9 513.7	10 385.6	11 258.7	12 133.0	13 008.4	13 885.0
65	6 000	—	—	—	—	2 668.8	3 560.7	4 453.9	5 348.2	6 243.7	7 140.5	8 038.4	8 937.5	9 837.7	10 739.2	11 641.9	12 545.8	13 450.8	14 357.1
66	6 100	—	—	—	—	—	—	—	—	6 453.1	7 379.8	8 307.7	9 236.9	10 167.2	11 098.7	12 031.5	12 965.5	13 900.7	14 837.1
67	6 200	—	—	—	—	—	—	—	—	6 665.9	7 623.1	8 581.5	9 541.2	10 502.0	11 464.2	12 427.5	13 392.1	14 357.9	15 324.9
68	6 300	—	—	—	—	—	—	—	—	6 882.2	7 870.4	8 859.8	9 850.4	10 842.3	11 835.5	12 829.9	13 825.6	14 822.5	15 820.7
69	6 400	—	—	—	—	—	—	—	—	7 101.9	8 121.6	9 142.5	10 164.6	11 188.1	12 212.8	13 238.7	14 266.0	15 294.5	16 324.3
70	6 500	—	—	—	—	—	—	—	—	7 325.1	8 376.7	9 429.6	10 483.7	11 539.2	12 595.9	13 654.0	14 713.3	15 773.9	16 835.9
71	6 600	—	—	—	—	—	—	—	—	7 551.7	8 635.8	9 721.1	10 807.8	11 895.8	12 985.0	14 075.6	15 167.5	16 260.8	17 355.3
72	6 700	—	—	—	—	—	—	—	—	7 781.8	8 898.8	10 017.1	11 136.8	12 257.8	13 380.1	14 503.7	15 628.7	16 755.0	17 882.6
73	6 800	—	—	—	—	—	—	—	—	8 015.3	9 165.8	10 317.6	11 470.7	12 625.2	13 781.0	14 938.2	16 096.7	17 256.6	18 417.8
74	6 900	—	—	—	—	—	—	—	—	8 252.3	9 436.7	10 622.4	11 809.5	12 998.0	14 187.9	15 379.1	16 571.6	17 765.6	18 960.9
75	7 000	—	—	—	—	—	—	—	—	8 492.8	9 711.6	10 931.8	12 153.3	13 376.3	14 600.6	15 826.4	17 053.5	18 282.0	19 511.9
76	7 100	—	—	—	—	—	—	—	—	8 736.7	9 990.4	11 245.5	12 502.0	13 760.0	15 019.3	16 280.1	17 542.2	18 805.8	20 070.8
77	7 200	—	—	—	—	—	—	—	—	8 984.0	10 273.1	11 563.7	12 855.7	14 149.1	15 443.9	16 740.2	18 037.9	19 337.0	20 637.6
78	7 300	—	—	—	—	—	—	—	—	9 234.8	10 559.8	11 886.3	13 214.3	14 543.6	15 874.5	17 206.7	18 540.5	19 875.6	21 212.3
79	7 400	—	—	—	—	—	—	—	—	9 489.1	10 850.5	12 213.4	13 577.8	14 943.6	16 310.9	17 679.7	19 049.9	20 421.6	21 794.8
80	7 500	—	—	—	—	—	—	—	—	9 746.8	11 145.1	12 544.9	13 946.2	15 349.0	16 753.3	18 159.0	19 566.3	20 975.1	22 385.3

表 B.3 HHA 半球形封头(直边数值为 0)质量(续)

单位为千克

序号	直径(D) mm	封头名义厚度(δ_n) mm																	
		2	3	4	5	6	8	10	12	14	16	18	20	22	24	26	28	30	32
81	7 600	—	—	—	—	—	—	—	—	10 007.9	11 443.6	12 880.9	14 319.6	15 759.8	17 201.6	18 644.8	20 089.6	21 535.9	22 983.6
82	7 700	—	—	—	—	—	—	—	—	10 272.5	11 746.1	13 221.2	14 697.9	16 176.1	17 655.8	19 137.0	20 619.8	22 104.1	23 589.9
83	7 800	—	—	—	—	—	—	—	—	10 540.6	12 052.6	135 66.1	15 081.1	16 597.7	18 115.9	19 635.6	21 156.9	22 679.7	24 204.0
84	7 900	—	—	—	—	—	—	—	—	10 812.1	12 362.9	13 915.3	15 469.3	17 024.8	18 581.9	20 140.6	21 700.8	23 262.7	24 826.0
85	8 000	—	—	—	—	—	—	—	—	11 087.1	12 677.3	14 269.0	15 862.4	17 457.4	19 053.9	20 652.0	22 251.7	23 853.0	25 455.9
86	8 100	—	—	—	—	—	—	—	—	11 365.5	12 995.5	14 627.2	16 260.4	17 895.3	19 531.8	21 169.9	22 809.5	24 450.8	26 093.7
87	8 200	—	—	—	—	—	—	—	—	11 647.4	13 317.8	14 989.8	16 663.4	18 338.7	20 015.6	21 694.1	23 374.3	25 056.0	26 739.4
88	8 300	—	—	—	—	—	—	—	—	11 932.7	13 643.9	15 356.8	17 071.3	18 787.5	20 505.3	22 224.8	23 945.9	25 668.6	27 393.0
89	8 400	—	—	—	—	—	—	—	—	12 221.5	13 974.0	15 728.3	17 484.1	19 241.7	21 000.9	22 761.8	24 524.4	26 288.6	28 054.5
90	8 500	—	—	—	—	—	—	—	—	12 513.7	14 308.1	16 104.2	17 901.9	19 701.4	21 502.5	23 305.3	25 109.8	26 916.0	28 723.9
91	8 600	—	—	—	—	—	—	—	—	12 809.4	14 646.1	16 484.5	18 324.6	20 166.4	22 010.0	23 855.2	25 702.1	27 550.8	29 401.2
92	8 700	—	—	—	—	—	—	—	—	13 108.5	14 988.0	16 869.3	18 752.2	20 636.9	22 523.4	24 411.5	26 301.4	28 193.0	30 086.3
93	8 800	—	—	—	—	—	—	—	—	13 411.1	15 333.9	17 258.5	19 184.8	21 112.9	23 042.7	24 974.2	26 907.5	28 842.6	30 779.4
94	8 900	—	—	—	—	—	—	—	—	13 717.1	15 683.8	17 652.1	19 622.3	21 594.2	23 567.9	25 543.4	27 520.6	29 499.5	31 480.3
95	9 000	—	—	—	—	—	—	—	—	14 026.6	16 037.5	18 050.2	20 064.7	22 081.0	24 099.1	26 118.9	28 140.5	30 163.9	32 189.1
96	9 100	—	—	—	—	—	—	—	—	14 339.6	16 395.3	18 452.8	20 512.1	22 573.2	24 636.1	26 700.8	28 767.4	30 835.7	32 905.8
97	9 200	—	—	—	—	—	—	—	—	14 656.0	16 756.9	18 859.8	20 964.4	23 070.8	25 179.1	27 289.2	29 401.1	31 514.9	33 630.5
98	9 300	—	—	—	—	—	—	—	—	14 975.8	17 122.6	19 271.2	21 421.6	23 573.9	25 728.0	27 884.0	30 041.8	32 201.5	34 363.0
99	9 400	—	—	—	—	—	—	—	—	15 299.1	17 492.1	19 687.0	21 883.8	24 082.4	26 282.8	28 485.2	30 689.4	32 895.4	35 103.4
100	9 500	—	—	—	—	—	—	—	—	15 625.9	17 865.6	20 107.3	22 350.9	24 596.3	26 843.6	29 092.8	31 343.8	33 596.8	35 851.7

表 B.3　HHA 半球形封头(直边数值为 0)质量(续)

单位为千克

序号	直径(D) mm	封头名义厚度(δ_n) mm																	
		2	3	4	5	6	8	10	12	14	16	18	20	22	24	26	28	30	32
101	9 600	—	—	—	—	—	—	—	—	15 956.1	18 243.1	20 532.0	22 822.9	25 115.6	27 410.2	29 706.8	32 005.2	34 305.6	36 607.8
102	9 700	—	—	—	—	—	—	—	—	16 289.7	18 624.5	20 961.2	23 299.8	25 640.4	27 982.8	30 327.2	32 673.5	35 021.7	37 371.9
103	9 800	—	—	—	—	—	—	—	—	16 626.8	19 009.9	21 394.8	23 781.7	26 170.5	28 561.3	30 954.0	33 348.7	35 745.3	38 143.9
104	9 900	—	—	—	—	—	—	—	—	16 967.4	19 399.2	21 832.9	24 268.5	26 706.2	29 145.7	31 587.3	34 030.8	36 476.3	38 923.7
105	10 000	—	—	—	—	—	—	—	—	17 311.4	19 792.4	22 275.4	24 760.3	27 247.2	29 736.1	32 227.0	34 719.8	37 214.7	39 711.5

表 B.4　HHA 半球形封头(带直边)质量

单位为千克

序号	直径(D) mm	封头名义厚度(δ_n) mm																	
		2	3	4	5	6	8	10	12	14	16	18	20	22	24	26	28	30	32
1	300	2.6	4.0	5.3	6.7	8.1	10.9	13.8	16.7	19.7	22.8	—	—	—	—	—	—	—	—
2	350	3.5	5.3	7.1	8.9	10.7	14.4	18.2	22.1	26.0	30.1	—	—	—	—	—	—	—	—
3	400	4.5	6.8	9.0	11.4	13.7	18.4	23.3	28.2	33.2	38.3	—	—	—	—	—	—	—	—
4	450	5.6	8.4	11.3	14.2	17.1	23.0	28.9	35.0	41.2	47.5	—	—	—	—	—	—	—	—
5	500	—	10.3	13.8	17.3	20.8	28.0	35.2	42.6	50.1	57.6	—	—	—	—	—	—	—	—
6	550	—	12.3	16.5	20.7	24.9	33.5	42.1	50.9	59.8	68.8	—	—	—	—	—	—	—	—
7	600	—	14.6	19.5	24.4	29.4	39.5	49.6	60.0	70.4	81.0	—	—	—	—	—	—	—	—
8	650	—	17.0	22.7	28.5	34.3	46.0	57.8	69.8	81.9	94.1	106.5	119.0	131.7	144.5	157.4	170.5	183.7	197.1
9	700	—	19.6	26.2	32.8	39.5	52.9	66.5	80.3	94.2	108.2	122.4	136.8	151.2	165.9	180.7	195.6	210.7	226.0
10	750	—	22.4	29.9	37.5	45.1	60.4	75.9	91.6	107.4	123.3	139.5	155.7	172.2	188.8	205.6	222.5	239.6	256.9

表 B.4　HHA 半球形封头(带直边)质量(续)

单位为千克

序号	直径(D) mm	封头名义厚度(δ_n) mm																	
		2	3	4	5	6	8	10	12	14	16	18	20	22	24	26	28	30	32
11	800	—	25.3	33.9	42.4	51.0	68.4	85.9	103.6	121.4	139.4	157.6	176.0	194.5	213.2	232.1	251.1	270.3	289.7
12	850	—	28.5	38.1	47.7	57.4	76.9	96.5	116.3	136.3	156.5	176.9	197.4	218.1	239.0	260.1	281.4	302.9	324.5
13	900	—	31.8	42.5	53.3	64.1	85.8	107.7	129.8	152.1	174.6	197.3	220.1	243.2	266.4	289.8	313.4	337.3	361.3
14	950	—	35.4	47.2	59.2	71.2	95.3	119.6	144.1	168.8	193.7	218.7	244.0	269.5	295.2	321.1	347.2	373.5	400.0
15	1 000	—	39.1	52.2	65.4	78.6	105.2	132.0	159.0	186.3	213.7	241.3	269.2	297.2	325.5	354.0	382.7	411.6	440.7
16	1 100	—	—	62.8	78.7	94.6	126.6	158.8	191.2	223.9	256.7	289.9	323.2	356.8	390.6	424.6	458.9	493.4	528.1
17	1 200	—	—	74.5	93.2	112.1	149.9	188.0	226.3	264.9	303.7	342.8	382.1	421.7	461.5	501.6	541.9	582.5	623.4
18	1 300	—	—	87.1	109.0	131.0	175.2	219.7	264.4	309.4	354.7	400.2	446.0	492.1	538.4	585.0	631.9	679.1	726.5
19	1 400	—	—	100.7	126.0	151.5	202.5	253.8	305.5	357.4	409.6	462.0	514.8	567.9	621.2	674.9	728.8	783.0	837.5
20	1 500	—	—	115.3	144.3	173.4	231.8	290.5	349.5	408.8	468.4	528.3	588.6	649.1	709.9	771.1	832.6	894.4	956.5
21	1 600	—	—	130.9	163.8	196.8	263.0	329.6	396.4	463.6	531.2	599.0	667.2	735.7	804.6	873.8	943.3	1 013.1	1 083.3
22	1 700	—	—	147.4	184.5	221.6	296.2	371.1	446.4	522.0	597.9	674.2	750.8	827.8	905.1	982.8	1 060.9	1 139.3	1 218.0
23	1 800	—	—	—	206.4	248.0	331.4	415.1	499.2	583.7	668.6	753.8	839.4	925.3	1 011.6	1 098.3	1 185.4	1 272.8	1 360.6
24	1 900	—	—	—	229.6	275.8	368.5	461.6	555.1	648.9	743.2	837.8	932.8	1 028.2	1 124.0	1 220.2	1 316.8	1 413.7	1 511.1
25	2 000	—	—	—	254.0	305.1	407.7	510.6	613.9	717.6	821.7	926.3	1 031.2	1 136.6	1 242.3	1 348.5	1 455.1	1 562.1	1 669.5
26	2 100	—	—	—	283.6	340.6	455.0	569.8	685.0	800.7	916.8	1 033.3	1 150.2	1 267.6	1 385.4	1 503.7	1 622.3	1 741.4	1 861.0
27	2 200	—	—	—	310.6	373.1	498.4	624.1	750.2	876.8	1 003.8	1 131.3	1 259.2	1 387.6	1 516.5	1 645.8	1 775.5	1 905.7	2 036.3
28	2 300	—	—	—	338.9	407.1	543.7	680.8	818.3	956.3	1 094.8	1 233.8	1 373.2	1 513.1	1 653.4	1 794.3	1 935.6	2 077.3	2 219.6
29	2 400	—	—	—	368.5	442.5	591.0	740.0	889.4	1 039.3	1 189.8	1 340.7	1 492.1	1 643.9	1 796.3	1 949.2	2 102.5	2 256.4	2 410.7
30	2 500	—	—	—	399.2	479.5	640.3	801.6	963.4	1 125.8	1 288.6	1 452.0	1 615.9	1 780.2	1 945.1	2 110.5	2 276.4	2 442.8	2 609.7

表 B.4 HHA 半球形封头(带直边)质量(续)

单位为千克

序号	直径(D) mm	封头名义厚度(δ_n) mm																	
		2	3	4	5	6	8	10	12	14	16	18	20	22	24	26	28	30	32
31	2 600	—	—	—	431.2	517.9	691.5	865.7	1 040.5	1 215.7	1 391.5	1 567.8	1 744.6	1 921.9	2 099.8	2 278.2	2 457.2	2 636.7	2 816.7
32	2 700	—	—	—	464.5	557.8	744.8	932.3	1 120.4	1 309.1	1 498.2	1 688.0	1 878.3	2 069.1	2 260.5	2 452.4	2 644.9	2 837.9	3 031.5
33	2 800	—	—	—	498.9	599.1	800.0	1 001.4	1 203.3	1 405.9	1 609.0	1 812.6	2 016.9	2 221.6	2 427.0	2 632.9	2 839.5	3 046.5	3 254.2
34	2 900	—	—	—	534.6	642.0	857.1	1 072.9	1 289.2	1 506.1	1 723.6	1 941.7	2 160.4	2 379.6	2 599.5	2 819.9	3 041.0	3 262.6	3 484.8
35	3 000	—	—	—	571.6	686.3	916.3	1 146.9	1 378.1	1 609.8	1 842.2	2 075.2	2 308.8	2 543.1	2 777.9	3 013.3	3 249.4	3 486.0	3 723.3
36	3 100	—	—	—	—	732.1	977.4	1 223.3	1 469.9	1 717.0	1 964.8	2 213.2	2 462.2	2 711.9	2 962.2	3 213.1	3 464.7	3 716.8	3 969.6
37	3 200	—	—	—	—	779.4	1 040.5	1 302.2	1 564.6	1 827.6	2 091.3	2 355.6	2 620.6	2 886.2	3 152.4	3 419.3	3 686.9	3 955.1	4 223.9
38	3 300	—	—	—	—	828.2	1 105.6	1 383.6	1 662.3	1 941.7	2 221.7	2 502.5	2 783.8	3 065.9	3 348.6	3 631.9	3 916.0	4 200.7	4 486.1
39	3 400	—	—	—	—	878.4	1 172.6	1 467.5	1 763.0	2 059.2	2 356.1	2 653.7	2 952.0	3 251.0	3 550.6	3 851.0	4 152.0	4 453.7	4 756.1
40	3 500	—	—	—	—	930.2	1 241.6	1 553.8	1 866.7	2 180.2	2 494.5	2 809.5	3 125.1	3 441.5	3 758.6	4 076.4	4 394.9	4 714.1	5 034.1
41	3 600	—	—	—	—	983.4	1 312.6	1 642.6	1 973.2	2 304.6	2 636.8	2 969.6	3 303.2	3 637.5	3 972.5	4 308.3	4 644.8	4 982.0	5 319.9
42	3 700	—	—	—	—	1 038.1	1 385.6	1 733.8	2 082.8	2 432.5	2 783.0	3 134.2	3 486.2	3 838.9	4 192.3	4 546.5	4 901.5	5 257.2	5 613.6
43	3 800	—	—	—	—	1 094.2	1 460.5	1 827.5	2 195.3	2 563.9	2 933.2	3 303.3	3 674.1	4 045.7	4 418.1	4 791.2	5 165.1	5 539.8	5 915.3
44	3 900	—	—	—	—	1 151.9	1 537.4	1 923.7	2 310.8	2 698.7	3 087.3	3 476.7	3 867.0	4 258.0	4 649.7	5 042.3	5 435.7	5 829.8	6 224.8
45	4 000	—	—	—	—	1 211.0	1 616.3	2 022.4	2 429.2	2 836.9	3 245.4	3 654.7	4 064.7	4 475.6	4 887.3	5 299.8	5 713.1	6 127.2	6 542.2
46	4 100	—	—	—	—	1 271.6	1 697.1	2 123.5	2 550.6	2 978.6	3 407.4	3 837.0	4 267.5	4 698.7	5 130.8	5 563.7	5 997.5	6 432.1	6 867.5
47	4 200	—	—	—	—	1 333.7	1 780.0	2 227.0	2 675.0	3 123.7	3 573.4	4 023.8	4 475.1	4 927.3	5 380.2	5 834.1	6 288.8	6 744.3	7 200.7
48	4 300	—	—	—	—	1 397.3	1 864.8	2 333.1	2 802.3	3 272.3	3 743.3	4 215.0	4 687.7	5 161.2	5 635.6	6 110.8	6 586.9	7 063.9	7 541.7
49	4 400	—	—	—	—	1 462.3	1 951.5	2 441.6	2 932.6	3 424.4	3 917.1	4 410.7	4 905.2	5 400.6	5 896.8	6 394.0	6 892.0	7 390.9	7 890.7
50	4 500	—	—	—	—	1 528.9	2 040.3	2 552.6	3 065.8	3 579.9	4 094.9	4 610.8	5 127.7	5 645.4	6 164.0	6 683.5	7 204.0	7 725.3	8 247.6

表 B.4 HHA 半球形封头(带直边)质量(续)

单位为千克

序号	直径(D) mm	封头名义厚度(δ_n) mm																	
		2	3	4	5	6	8	10	12	14	16	18	20	22	24	26	28	30	32
51	4 600	—	—	—	—	1 596.9	2 131.0	2 666.0	3 202.0	3 738.9	4 276.7	4 815.4	5 355.0	5 895.6	6 437.1	6 979.5	7 522.9	8 067.1	8 612.3
52	4 700	—	—	—	—	1 666.3	2 223.7	2 781.9	3 341.1	3 901.3	4 462.4	5 024.4	5 587.3	6 151.3	6 716.1	7 281.9	7 848.6	8 416.3	8 985.0
53	4 800	—	—	—	—	1 737.3	2 318.3	2 900.3	3 483.2	4 067.1	4 652.0	5 237.8	5 824.6	6 412.3	7 001.0	7 590.7	8 181.3	8 772.9	9 365.5
54	4 900	—	—	—	—	1 809.8	2 415.0	3 021.1	3 628.3	4 236.5	4 845.6	5 455.7	6 066.8	6 678.8	7 291.9	7 905.9	8 520.9	9 136.9	9 753.9
55	5 000	—	—	—	—	1 883.7	2 513.6	3 144.5	3 776.3	4 409.2	5 043.1	5 678.0	6 313.9	6 950.8	7 588.6	8 227.5	8 867.4	9 508.3	10 150.3
56	5 100	—	—	—	—	1 959.1	2 614.2	3 270.2	3 927.3	4 585.4	5 244.6	5 904.7	6 565.9	7 228.1	7 891.3	8 555.6	9 220.8	9 887.1	10 554.5
57	5 200	—	—	—	—	2 036.0	2 716.7	3 398.5	4 081.3	4 765.1	5 450.0	6 135.9	6 822.9	7 510.9	8 199.9	8 890.0	9 581.2	10 273.3	10 966.6
58	5 300	—	—	—	—	2 114.3	2 821.2	3 529.2	4 238.2	4 948.2	5 659.4	6 371.5	7 084.8	7 799.1	8 514.5	9 230.9	9 948.4	10 666.9	11 386.6
59	5 400	—	—	—	—	2 194.2	2 927.7	3 662.3	4 398.0	5 134.8	5 872.7	6 611.6	7 351.6	8 092.7	8 834.9	9 578.2	10 322.5	11 067.9	11 814.4
60	5 500	—	—	—	—	2 275.5	3 036.2	3 798.0	4 560.9	5 324.9	6 089.9	6 856.1	7 623.4	8 391.8	9 161.3	9 931.8	10 703.5	11 476.3	12 250.2
61	5 600	—	—	—	—	2 358.3	3 146.6	3 936.1	4 726.7	5 518.3	6 311.1	7 105.1	7 900.1	8 696.3	9 493.5	10 291.9	11 091.5	11 892.1	12 693.9
62	5 700	—	—	—	—	2 442.6	3 259.1	4 076.7	4 895.4	5 715.3	6 536.3	7 358.4	8 181.7	9 006.2	9 831.7	10 658.5	11 486.3	12 315.3	13 145.5
63	5 800	—	—	—	—	2 528.4	3 373.4	4 219.7	5 067.1	5 915.7	6 765.4	7 616.3	8 468.3	9 321.5	10 175.9	11 031.4	11 888.1	12 745.9	13 604.9
64	5 900	—	—	—	—	2 615.6	3 489.8	4 365.2	5 241.8	6 119.5	6 998.4	7 878.5	8 759.8	9 642.3	10 525.9	11 410.7	12 296.7	13 183.9	14 072.3
65	6 000	—	—	—	—	2 704.3	3 608.1	4 513.2	5 419.4	6 326.8	7 235.4	8 145.2	9 056.2	9 968.4	10 881.8	11 796.5	12 712.3	13 629.3	14 547.5
66	6 100	—	—	—	—	—	—	—	—	6 537.5	7 476.3	8 416.4	9 357.6	10 300.0	11 243.7	12 188.6	13 134.7	14 082.1	15 030.6
67	6 200	—	—	—	—	—	—	—	—	6 751.7	7 721.2	8 691.9	9 663.9	10 637.1	11 611.5	12 587.2	13 564.1	14 542.2	15 521.6
68	6 300	—	—	—	—	—	—	—	—	6 969.4	7 970.0	8 972.0	9 975.1	10 979.5	11 985.2	12 992.2	14 000.4	15 009.8	16 020.6
69	6 400	—	—	—	—	—	—	—	—	7 190.5	8 222.8	9 256.4	10 291.3	11 327.4	12 364.8	13 403.6	14 443.5	15 484.8	16 527.4
70	6 500	—	—	—	—	—	—	—	—	7 415.1	8 479.5	9 545.3	10 612.4	11 680.7	12 750.4	13 821.4	14 893.6	15 967.2	17 042.1

表 B.4　HHA 半球形封头(带直边)质量(续)

单位为千克

序号	直径(D) mm	封头名义厚度(δ_n) mm																	
		2	3	4	5	6	8	10	12	14	16	18	20	22	24	26	28	30	32
71	6 600	—	—	—	—	—	—	—	—	7 643.1	8 740.2	9 838.6	10 938.4	12 039.5	13 141.9	14 245.6	15 350.6	16 457.0	17 564.6
72	6 700	—	—	—	—	—	—	—	—	7 874.5	9 004.8	10 136.4	11 269.4	12 403.6	13 539.2	14 676.2	15 814.5	16 954.1	18 095.1
73	6 800	—	—	—	—	—	—	—	—	8 109.5	9 273.4	10 438.6	11 605.2	12 773.2	13 942.6	15 113.2	16 285.3	17 458.7	18 633.5
74	6 900	—	—	—	—	—	—	—	—	8 347.8	9 545.9	10 745.3	11 946.1	13 148.2	14 351.8	15 556.7	16 763.0	17 970.7	19 179.8
75	7 000	—	—	—	—	—	—	—	—	8 589.6	9 822.3	11 056.4	12 291.8	13 528.7	14 766.9	16 006.6	17 247.6	18 490.1	19 733.9
76	7 100	—	—	—	—	—	—	—	—	8 834.9	10 102.7	11 371.9	12 642.5	13 914.5	15 188.0	16 462.8	17 739.1	19 016.8	20 296.0
77	7 200	—	—	—	—	—	—	—	—	9 083.6	10 387.0	11 691.9	12 998.1	14 305.8	15 615.0	16 925.5	18 237.5	19 551.0	20 865.9
78	7 300	—	—	—	—	—	—	—	—	9 335.8	10 675.3	12 016.3	13 358.7	14 702.5	16 047.9	17 394.6	18 742.9	20 092.6	21 443.7
79	7 400	—	—	—	—	—	—	—	—	9 591.5	10 967.5	12 345.1	13 724.2	15 104.7	16 486.7	17 870.1	19 255.1	20 641.5	22 029.4
80	7 500	—	—	—	—	—	—	—	—	9 850.5	11 263.7	12 678.4	14 094.6	15 512.2	16 931.4	18 352.1	19 774.2	21 197.9	22 623.1
81	7 600	—	—	—	—	—	—	—	—	10 113.1	11 563.8	13 016.1	14 469.9	15 925.2	17 382.1	18 840.4	20 300.3	21 761.7	23 224.6
82	7 700	—	—	—	—	—	—	—	—	10 379.1	11 867.9	13 358.3	14 850.2	16 343.7	17 838.6	19 335.2	20 833.2	22 332.8	23 834.0
83	7 800	—	—	—	—	—	—	—	—	10 648.5	12 175.9	13 704.9	15 235.4	16 767.5	18 301.1	19 836.3	21 373.1	22 911.4	24 451.2
84	7 900	—	—	—	—	—	—	—	—	10 921.4	12 487.9	14 055.9	15 625.6	17 196.8	18 769.5	20 343.9	21 919.8	23 497.3	25 076.4
85	8 000	—	—	—	—	—	—	—	—	11 197.7	12 803.8	14 411.4	16 020.6	17 631.5	19 243.9	20 857.9	22 473.5	24 090.7	25 709.5
86	8 100	—	—	—	—	—	—	—	—	11 477.5	13 123.6	14 771.3	16 420.6	18 071.6	19 724.1	21 378.3	23 034.0	24 691.4	26 350.4
87	8 200	—	—	—	—	—	—	—	—	11 760.8	13 447.4	15 135.7	16 825.6	18 517.1	20 210.3	21 905.1	23 601.5	25 299.6	26 999.3
88	8 300	—	—	—	—	—	—	—	—	12 047.5	13 775.2	15 504.5	17 235.5	18 968.1	20 702.4	22 438.3	24 175.9	25 915.1	27 656.0
89	8 400	—	—	—	—	—	—	—	—	12 337.7	14 106.9	15 877.7	17 650.3	19 424.5	21 200.4	22 977.9	24 757.2	26 538.1	28 320.7
90	8 500	—	—	—	—	—	—	—	—	12 631.3	14 442.5	16 255.4	18 070.0	19 886.3	21 704.3	23 524.0	25 345.4	27 168.4	28 993.2

表 B.4 HHA 半球形封头(带直边)质量(续)

单位为千克

序号	直径(D) mm	封头名义厚度(δ_n) mm																	
		2	3	4	5	6	8	10	12	14	16	18	20	22	24	26	28	30	32
91	8 600	—	—	—	—	—	—	—	—	12 928.3	14 782.1	16 637.5	18 494.7	20 353.6	22 214.1	24 076.4	25 940.5	27 806.2	29 673.6
92	8 700	—	—	—	—	—	—	—	—	13 228.8	15 125.6	17 024.1	18 924.3	20 826.2	22 729.9	24 635.3	26 542.5	28 451.3	30 361.9
93	8 800	—	—	—	—	—	—	—	—	13 532.8	15 473.1	17 415.1	19 358.8	21 304.3	23 251.6	25 200.6	27 151.4	29 103.9	31 058.2
94	8 900	—	—	—	—	—	—	—	—	13 840.2	15 824.5	17 810.5	19 798.3	21 787.8	23 779.2	25 772.3	27 767.2	29 763.8	31 762.2
95	9 000	—	—	—	—	—	—	—	—	14 151.1	16 179.8	18 210.4	20 242.7	22 276.8	24 312.7	26 350.4	28 389.9	30 431.2	32 474.2
96	9 100	—	—	—	—	—	—	—	—	14 465.4	16 539.2	18 614.7	20 692.0	22 771.2	24 852.1	26 934.9	29 019.5	31 105.9	33 194.1
97	9 200	—	—	—	—	—	—	—	—	14 783.2	16 902.4	19 023.4	21 146.3	23 271.0	25 397.5	27 525.8	29 656.0	31 788.0	33 921.9
98	9 300	—	—	—	—	—	—	—	—	15 104.4	17 269.6	19 436.6	21 605.5	23 776.2	25 948.8	28 123.2	30 299.4	32 477.6	34 657.5
99	9 400	—	—	—	—	—	—	—	—	15 429.1	17 640.8	19 854.2	22 069.6	24 286.8	26 506.0	28 726.9	30 949.8	33 174.5	35 401.1
100	9 500	—	—	—	—	—	—	—	—	15 757.3	18 015.8	20 276.3	22 538.7	24 802.9	27 069.1	29 337.1	31 607.0	33 878.8	36 152.5
101	9 600	—	—	—	—	—	—	—	—	16 088.8	18 394.9	20 702.8	23 012.7	25 324.4	27 638.1	29 953.7	32 271.2	34 590.6	36 911.9
102	9 700	—	—	—	—	—	—	—	—	16 423.9	18 777.9	21 133.8	23 491.6	25 851.4	28 213.0	30 576.7	32 942.2	35 309.7	37 679.1
103	9 800	—	—	—	—	—	—	—	—	16 762.4	19 164.8	21 569.1	23 975.5	26 383.7	28 793.9	31 206.1	33 620.2	36 036.2	38 454.2
104	9 900	—	—	—	—	—	—	—	—	17 104.3	19 555.7	22 009.0	24 464.2	26 921.5	29 380.7	31 841.9	34 305.0	36 770.2	39 237.2
105	10 000	—	—	—	—	—	—	—	—	17 449.7	19 950.5	22 453.2	24 958.0	27 464.7	29 973.4	32 484.1	34 996.8	37 511.5	40 028.2

附 录 C
(资料性)
EHA 椭圆形封头型式参数

EHA 椭圆形封头的总深度、内表面积、容积见表 C.1,封头质量见表 C.2。

表 C.1 EHA 椭圆形封头总深度、内表面积、容积

序号	直径(D) mm	总深度(H) mm	内表面积(A) m^2	容积(V) m^3	序号	直径(D) mm	总深度(H) mm	内表面积(A) m^2	容积(V) m^3
1	300	100	0.121 1	0.005 3	29	2 400	640	6.545 3	1.990 5
2	350	113	0.160 3	0.008 0	30	2 500	665	7.089 1	2.241 7
3	400	125	0.204 9	0.011 5	31	2 600	690	7.654 5	2.513 1
4	450	138	0.254 8	0.015 9	32	2 700	715	8.241 5	2.805 5
5	500	150	0.310 3	0.021 3	33	2 800	740	8.850 3	3.119 8
6	550	163	0.371 1	0.027 7	34	2 900	765	9.480 7	3.456 7
7	600	175	0.437 4	0.035 3	35	3 000	790	10.132 9	3.817 0
8	650	188	0.509 0	0.044 2	36	3 100	815	10.806 7	4.201 5
9	700	200	0.586 1	0.054 5	37	3 200	840	11.502 1	4.611 0
10	750	213	0.668 6	0.066 3	38	3 300	865	12.219 3	5.046 3
11	800	225	0.756 6	0.079 6	39	3 400	890	12.958 1	5.508 0
12	850	238	0.849 9	0.094 6	40	3 500	915	13.718 6	5.997 2
13	900	250	0.948 7	0.111 3	41	3 600	940	14.500 8	6.514 4
14	950	263	1.052 9	0.130 0	42	3 700	965	15.304 7	7.060 5
15	1 000	275	1.162 5	0.150 5	43	3 800	990	16.130 3	7.636 4
16	1 100	300	1.398 0	0.198 0	44	3 900	1 015	16.977 5	8.242 7
17	1 200	325	1.655 2	0.254 5	45	4 000	1 040	17.846 4	8.880 2
18	1 300	350	1.934 0	0.320 8	46	4 100	1 065	18.737 0	9.549 8
19	1 400	375	2.234 6	0.397 7	47	4 200	1 090	19.649 3	10.252 3
20	1 500	400	2.556 8	0.486 0	48	4 300	1 115	20.583 2	10.988 3
21	1 600	425	2.900 7	0.586 4	49	4 400	1 140	21.538 9	11.758 8
22	1 700	450	3.266 2	0.699 9	50	4 500	1 165	22.516 2	12.564 4
23	1 800	475	3.653 5	0.827 0	51	4 600	1 190	23.515 2	13.406 0
24	1 900	500	4.062 4	0.968 7	52	4 700	1 215	24.535 9	14.284 4
25	2 000	525	4.493 0	1.125 7	53	4 800	1 240	25.578 2	15.200 3
26	2 100	565	5.044 3	1.350 8	54	4 900	1 265	26.642 2	16.154 5
27	2 200	590	5.522 9	1.545 9	55	5 000	1 290	27.728 0	17.147 9
28	2 300	615	6.023 3	1.758 8	56	5 100	1 315	28.835 3	18.181 1

表 C.1 EHA 椭圆形封头总深度、内表面积、容积(续)

序号	直径(D) mm	总深度(H) mm	内表面积(A) m^2	容积(V) m^3	序号	直径(D) mm	总深度(H) mm	内表面积(A) m^2	容积(V) m^3
57	5 200	1 340	29.964 4	19.255 0	82	7 700	1 965	65.237 1	61.622 7
58	5 300	1 365	31.115 2	20.370 4	83	7 800	1 990	66.929 8	64.030 1
59	5 400	1 390	32.287 6	21.528 1	84	7 900	2 015	68.644 3	66.499 3
60	5 500	1 415	33.481 7	22.728 8	85	8 000	2 040	70.380 4	69.031 3
61	5 600	1 440	34.697 5	23.973 3	86	8 100	2 065	72.138 2	71.626 7
62	5 700	1 465	35.935 0	25.262 4	87	8 200	2 090	73.917 6	74.286 3
63	5 800	1 490	37.194 1	26.596 9	88	8 300	2 115	75.718 8	77.011 0
64	5 900	1 515	38.474 9	27.977 6	89	8 400	2 140	77.541 6	79.801 5
65	6 000	1 540	39.777 5	29.405 3	90	8 500	2 165	79.386 1	82.658 6
66	6 100	1 565	41.101 6	30.880 7	91	8 600	2 190	81.252 3	85.583 1
67	6 200	1 590	42.447 5	32.404 7	92	8 700	2 215	83.140 1	88.575 7
68	6 300	1 615	43.815 1	33.978 0	93	8 800	2 240	85.049 7	91.637 3
69	6 400	1 640	45.204 3	35.601 4	94	8 900	2 265	86.980 9	94.768 7
70	6 500	1 665	46.615 2	37.275 7	95	9 000	2 290	88.933 8	97.970 6
71	6 600	1 690	48.047 8	39.001 6	96	9 100	2 315	90.908 4	101.243 8
72	6 700	1 715	49.502 0	40.780 0	97	9 200	2 340	92.904 6	104.589 1
73	6 800	1 740	50.978 0	42.611 7	98	9 300	2 365	94.922 6	108.007 2
74	6 900	1 765	52.475 6	44.497 4	99	9 400	2 390	96.962 2	111.499 1
75	7 000	1 790	53.994 9	46.438 0	100	9 500	2 415	99.023 5	115.065 4
76	7 100	1 815	55.535 9	48.434 1	101	9 600	2 440	101.106 5	118.707 0
77	7 200	1 840	57.098 6	50.486 6	102	9 700	2 465	103.211 1	122.424 5
78	7 300	1 865	58.682 9	52.596 4	103	9 800	2 490	105.337 5	126.218 9
79	7 400	1 890	60.288 9	54.764 0	104	9 900	2 515	107.485 5	130.090 9
80	7 500	1 915	61.916 7	56.990 5	105	10 000	2 540	109.655 2	134.041 3
81	7 600	1 940	63.566 0	59.276 4	—	—	—	—	—

表 C.2 EHA 椭圆形封头质量

单位为千克

序号	直径(D) mm	封头名义厚度(δ_n) mm																	
		2	3	4	5	6	8	10	12	14	16	18	20	22	24	26	28	30	32
1	300	1.9	2.8	3.8	4.8	5.8	7.8	9.9	12.1	14.3	—	—	—	—	—	—	—	—	—
2	350	2.5	3.7	5.0	6.3	7.6	10.3	13.0	15.8	18.7	21.6	—	—	—	—	—	—	—	—
3	400	3.2	4.8	6.4	8.0	9.7	13.1	16.5	20.0	23.6	27.3	—	—	—	—	—	—	—	—
4	450	3.9	5.9	7.9	10.0	12.0	16.2	20.4	24.8	29.2	33.7	—	—	—	—	—	—	—	—
5	500	4.8	7.2	9.6	12.1	14.6	19.6	24.7	30.0	35.3	40.7	—	—	—	—	—	—	—	—
6	550	5.7	8.6	11.5	14.4	17.4	23.4	29.5	35.7	41.9	48.3	—	—	—	—	—	—	—	—
7	600	6.7	10.1	13.5	17.0	20.4	27.5	34.6	41.8	49.2	56.7	—	—	—	—	—	—	—	—
8	650	7.8	11.7	15.7	19.7	23.8	31.9	40.2	48.5	57.0	65.6	74.4	83.2	92.2	—	—	—	—	—
9	700	9.0	13.5	18.1	22.7	27.3	36.6	46.1	55.7	65.4	75.3	85.2	95.3	105.5	—	—	—	—	—
10	750	10.2	15.4	20.6	25.8	31.1	41.7	52.5	63.4	74.4	85.6	96.8	108.3	119.8	—	—	—	—	—
11	800	11.6	17.4	23.3	29.2	35.1	47.1	59.3	71.5	83.9	96.5	109.2	122.0	135.0	148.2	161.4	174.9	—	—
12	850	—	19.6	26.1	32.8	39.4	52.9	66.5	80.2	94.1	108.1	122.3	136.6	151.1	165.8	180.6	195.5	—	—
13	900	—	21.8	29.2	36.5	44.0	58.9	74.1	89.3	104.8	120.4	136.1	152.0	168.1	184.4	200.8	217.3	—	—
14	950	—	24.2	32.3	40.5	48.8	65.3	82.1	99.0	116.1	133.3	150.7	168.3	186.0	203.9	222.0	240.3	—	—
15	1 000	—	26.7	35.7	44.7	53.8	72.1	90.5	109.1	127.9	146.9	166.0	185.3	204.8	224.5	244.4	264.4	284.6	305.0
16	1 100	—	32.1	42.9	53.7	64.6	86.5	108.6	130.9	153.3	176.0	198.9	221.9	245.2	268.6	292.2	316.1	340.1	364.3
17	1 200	—	38.0	50.7	63.5	76.4	102.2	128.3	154.6	181.1	207.8	234.7	261.8	289.1	316.6	344.4	372.3	400.5	428.9
18	1 300	—	44.3	59.2	74.2	89.2	119.3	149.7	180.3	211.1	242.2	273.4	304.9	336.7	368.6	400.8	433.2	465.9	498.7
19	1 400	—	51.2	68.4	85.6	102.9	137.7	172.7	208.0	243.5	279.2	315.2	351.4	387.9	424.6	461.5	498.7	536.2	573.8
20	1 500	—	58.5	78.2	97.9	117.7	157.4	197.4	237.6	278.1	318.9	359.9	401.1	442.7	484.4	526.5	568.8	611.4	654.2

表 C.2 EHA 椭圆形封头质量(续)

单位为千克

序号	直径(D) mm	封头名义厚度(δ_n) mm																	
		2	3	4	5	6	8	10	12	14	16	18	20	22	24	26	28	30	32
21	1 600	—	66.4	88.7	111.0	133.4	178.4	223.7	269.2	315.0	361.1	407.5	454.1	501.1	548.3	595.7	643.5	691.5	739.8
22	1 700	—	74.7	99.8	124.9	150.1	200.7	251.6	302.8	354.3	406.1	458.1	510.5	563.1	616.0	669.3	722.8	776.6	830.7
23	1 800	—	83.6	111.6	139.7	167.8	224.4	281.2	338.4	395.8	453.6	511.7	570.1	628.7	687.8	747.1	806.7	866.6	926.9
24	1 900	—	—	124.0	155.2	186.5	249.3	312.5	375.9	439.7	503.8	568.2	632.9	698.0	763.4	829.1	895.2	961.6	1 028.3
25	2 000	—	—	137.1	171.6	206.2	275.6	345.3	415.4	485.8	556.6	627.7	699.1	770.9	843.0	915.5	988.3	1 061.4	1 134.9
26	2 100	—	—	154.0	192.7	231.5	309.4	387.7	466.3	545.2	624.6	704.2	784.3	864.7	945.4	1 026.6	1 108.0	1 189.9	1 272.1
27	2 200	—	—	168.6	210.9	253.4	338.6	424.2	510.2	596.5	683.2	770.3	857.8	945.6	1 033.8	1 122.4	1 211.4	1 300.7	1 390.5
28	2 300	—	—	183.8	230.0	276.3	369.1	462.4	556.0	650.1	744.5	839.3	934.5	1 030.1	1 126.1	1 222.5	1 319.3	1 416.5	1 514.1
29	2 400	—	—	—	249.8	300.1	401.0	502.2	603.9	706.0	808.4	911.3	1 014.6	1 118.3	1 222.4	1 327.0	1 431.9	1 537.3	1 643.0
30	2 500	—	—	—	270.5	325.0	434.1	543.7	653.7	764.1	875.0	986.3	1 098.0	1 210.1	1 322.7	1 435.6	1 549.1	1 662.9	1 777.2
31	2 600	—	—	—	—	350.8	468.6	586.8	705.5	824.6	944.2	1 064.2	1 184.6	1 305.5	1 426.8	1 548.6	1 670.8	1 793.5	1 916.6
32	2 700	—	—	—	—	377.6	504.3	631.6	759.3	887.4	1 016.0	1 145.0	1 274.5	1 404.5	1 534.9	1 665.8	1 797.2	1 929.0	2 061.3
33	2 800	—	—	—	—	405.4	541.4	678.0	815.0	952.5	1 090.4	1 228.9	1 367.8	1 507.1	1 647.0	1 787.3	1 928.2	2 069.4	2 211.2
34	2 900	—	—	—	—	434.2	579.8	726.0	872.7	1 019.9	1 167.5	1 315.6	1 464.3	1 613.4	1 763.0	1 913.1	2 063.7	2 214.8	2 366.4
35	3 000	—	—	—	—	463.9	619.6	775.7	932.4	1 089.5	1 247.2	1 405.4	1 564.1	1 723.3	1 883.0	2 043.2	2 203.9	2 365.1	2 526.9
36	3 100	—	—	—	—	—	660.6	827.1	994.0	1 161.5	1 329.5	1 498.1	1 667.2	1 836.7	2 006.9	2 177.5	2 348.7	2 520.4	2 692.6
37	3 200	—	—	—	—	—	703.0	880.0	1 057.7	1 235.8	1 414.5	1 593.7	1 773.5	1 953.8	2 134.7	2 316.1	2 498.1	2 680.6	2 863.6
38	3 300	—	—	—	—	—	746.6	934.7	1 123.3	1 312.4	1 502.1	1 692.4	1 883.2	2 074.6	2 266.5	2 459.0	2 652.0	2 845.7	3 039.8
39	3 400	—	—	—	—	—	791.6	990.9	1 190.8	1 391.3	1 592.3	1 793.9	1 996.1	2 198.9	2 402.2	2 606.1	2 810.6	3 015.7	3 221.4
40	3 500	—	—	—	—	—	837.9	1 048.8	1 260.4	1 472.5	1 685.2	1 898.5	2 112.4	2 326.8	2 541.9	2 757.6	2 973.8	3 190.7	3 408.1

表 C.2　EHA 椭圆形封头质量（续）

单位为千克

序号	直径(D) mm	封头名义厚度(δ_n) mm																
		2	3	4	5	6	8	10	12	14	16	18	20	22	24	26	28	30	32
41	3 600	—	—	—	—	—	885.5	1 108.4	1 331.9	1 556.0	1 780.7	2 006.0	2 231.9	2 458.4	2 685.5	2 913.3	3 141.6	3 370.6	3 600.2
42	3 700	—	—	—	—	—	—	1 169.6	1 405.4	1 641.8	1 878.8	2 116.4	2 354.7	2 593.6	2 833.1	3 073.3	3 314.0	3 555.4	3 797.4
43	3 800	—	—	—	—	—	—	1 232.5	1 480.8	1 729.9	1 979.6	2 229.9	2 480.8	2 732.4	2 984.6	3 237.5	3 491.0	3 745.2	4 000.0
44	3 900	—	—	—	—	—	—	1 296.9	1 558.3	1 820.3	2 082.9	2 346.2	2 610.2	2 874.8	3 140.1	3 406.0	3 672.6	3 939.9	4 207.8
45	4 000	—	—	—	—	—	—	1 363.1	1 637.7	1 913.0	2 188.9	2 465.6	2 742.9	3 020.9	3 299.5	3 578.8	3 858.9	4 139.5	4 420.9
46	4 100	—	—	—	—	—	—	1 430.9	1 719.1	2 008.0	2 297.6	2 587.9	2 878.9	3 170.5	3 462.9	3 755.9	4 049.7	4 344.1	4 639.2
47	4 200	—	—	—	—	—	—	1 500.3	1 802.4	2 105.3	2 408.9	2 713.1	3 018.1	3 323.8	3 630.2	3 937.3	4 245.1	4 553.6	4 862.8
48	4 300	—	—	—	—	—	—	—	1 887.8	2 204.9	2 522.8	2 841.3	3 160.7	3 480.7	3 801.4	4 122.9	4 445.1	4 768.0	5 091.7
49	4 400	—	—	—	—	—	—	—	1 975.1	2 306.8	2 639.3	2 972.5	3 306.5	3 641.2	3 976.6	4 312.8	4 649.7	4 987.4	5 325.8
50	4 500	—	—	—	—	—	—	—	2 064.3	2 411.0	2 758.5	3 106.7	3 455.6	3 805.3	4 155.8	4 507.0	4 859.0	5 211.7	5 565.2
51	4 600	—	—	—	—	—	—	—	2 155.6	2 517.5	2 880.3	3 243.7	3 608.0	3 973.0	4 338.9	4 705.4	5 072.8	5 440.9	5 809.8
52	4 700	—	—	—	—	—	—	—	2 248.8	2 626.4	3 004.7	3 383.8	3 763.7	4 144.4	4 525.9	4 908.2	5 291.2	5 675.1	6 059.7
53	4 800	—	—	—	—	—	—	—	2 344.0	2 737.5	3 131.7	3 526.8	3 922.7	4 319.4	4 716.9	5 115.2	5 514.3	5 914.2	6 314.9
54	4 900	—	—	—	—	—	—	—	2 441.2	2 850.9	3 261.4	3 672.8	4 085.0	4 498.0	4 911.8	5 326.4	5 741.9	6 158.2	6 575.3
55	5 000	—	—	—	—	—	—	—	2 540.3	2 966.6	3 393.7	3 821.7	4 250.5	4 680.2	5 110.7	5 542.0	5 974.2	6 407.2	6 841.0
56	5 100	—	—	—	—	—	—	—	2 641.4	3 084.6	3 528.7	3 973.6	4 419.4	4 866.0	5 313.5	5 761.8	6 211.0	6 661.0	7 112.0
57	5 200	—	—	—	—	—	—	—	2 744.5	3 205.0	3 666.3	4 128.5	4 591.5	5 055.4	5 520.2	5 985.9	6 452.5	6 919.9	7 388.2
58	5 300	—	—	—	—	—	—	—	2 849.6	3 327.6	3 806.5	4 286.3	4 766.9	5 248.5	5 730.9	6 214.3	6 698.5	7 183.6	7 669.6
59	5 400	—	—	—	—	—	—	—	2 956.6	3 452.5	3 949.3	4 447.0	4 945.7	5 445.2	5 945.6	6 446.9	6 949.2	7 452.3	7 956.4
60	5 500	—	—	—	—	—	—	—	3 065.6	3 579.7	4 094.8	4 610.8	5 127.7	5 645.5	6 164.2	6 683.9	7 204.4	7 725.9	8 248.4

表 C.2　EHA 椭圆形封头质量（续）

单位为千克

序号	直径(D) mm	封头名义厚度(δ_n) mm															
		2	3	4	5	6	8	10	12	14	16	18	20	22	24	26	28	30	32
61	5 600	—	—	—	—	—	—	—	3 176.6	3 709.3	4 242.9	4 777.4	5 312.9	5 849.4	6 386.7	6 925.1	7 464.3	8 004.5	8 545.6
62	5 700	—	—	—	—	—	—	—	3 289.5	3 841.1	4 393.6	4 947.1	5 501.5	6 056.9	6 613.2	7 170.5	7 728.8	8 288.0	8 848.1
63	5 800	—	—	—	—	—	—	—	3 404.4	3 975.2	4 547.0	5 119.7	5 693.4	6 268.0	6 843.7	7 420.3	7 997.8	8 576.4	9 155.9
64	5 900	—	—	—	—	—	—	—	3 521.3	4 111.7	4 703.0	5 295.3	5 888.5	6 482.8	7 078.1	7 674.3	8 271.5	8 869.7	9 468.9
65	6 000	—	—	—	—	—	—	—	3 640.2	4 250.4	4 861.6	5 473.8	6 087.0	6 701.2	7 316.4	7 932.6	8 549.8	9 168.0	9 787.2
66	6 100	—	—	—	—	—	—	—	3 761.0	4 391.4	5 022.8	5 655.3	6 288.7	6 923.2	7 558.7	8 195.2	8 832.7	9 471.2	10 110.8
67	6 200	—	—	—	—	—	—	—	3 883.9	4 534.8	5 186.7	5 839.7	6 493.7	7 148.8	7 804.9	8 462.0	9 120.2	9 779.4	10 439.6
68	6 300	—	—	—	—	—	—	—	4 008.7	4 680.4	5 353.2	6 027.1	6 702.0	7 378.0	8 055.0	8 733.1	9 412.3	10 092.4	10 773.7
69	6 400	—	—	—	—	—	—	—	4 135.4	4 828.4	5 522.4	6 217.5	6 913.6	7 610.9	8 309.2	9 008.5	9 709.0	10 410.5	11 113.0
70	6 500	—	—	—	—	—	—	—	4 264.1	4 978.6	5 694.2	6 410.8	7 128.5	7 847.3	8 567.2	9 288.2	10 010.3	10 733.4	11 457.6
71	6 600	—	—	—	—	—	—	—	4 394.9	5 131.2	5 868.6	6 607.1	7 346.7	8 087.4	8 829.2	9 572.1	10 316.2	11 061.3	11 807.5
72	6 700	—	—	—	—	—	—	—	4 527.5	5 286.0	6 045.6	6 806.3	7 568.2	8 331.1	9 095.2	9 860.4	10 626.7	11 394.1	12 162.6
73	6 800	—	—	—	—	—	—	—	4 662.2	5 443.2	6 225.3	7 008.5	7 792.9	8 578.4	9 365.1	10 152.8	10 941.8	11 731.8	12 523.0
74	6 900	—	—	—	—	—	—	—	4 798.8	5 602.6	6 407.6	7 213.7	8 020.9	8 829.3	9 638.9	10 449.6	11 261.5	12 074.5	12 888.7
75	7 000	—	—	—	—	—	—	—	4 937.4	5 764.4	6 592.5	7 421.8	8 252.3	9 083.9	9 916.7	10 750.7	11 585.8	12 422.1	13 259.6
76	7 100	—	—	—	—	—	—	—	5 078.0	5 928.4	6 780.1	7 632.9	8 486.9	9 342.1	10 198.4	11 056.0	11 914.7	12 774.6	13 635.7
77	7 200	—	—	—	—	—	—	—	5 220.5	6 094.8	6 970.3	7 846.9	8 724.8	9 603.8	10 484.1	11 365.6	12 248.2	13 132.1	14 017.2
78	7 300	—	—	—	—	—	—	—	5 365.0	6 263.4	7 163.1	8 063.9	8 966.0	9 869.2	10 773.7	11 679.4	12 586.4	13 494.5	14 403.9
79	7 400	—	—	—	—	—	—	—	5 511.5	6 434.4	7 358.5	8 283.9	9 210.4	10 138.3	11 067.3	11 997.6	12 929.1	13 861.8	14 795.8
80	7 500	—	—	—	—	—	—	—	5 660.0	6 607.7	7 556.6	8 506.8	9 458.2	10 410.9	11 364.8	12 320.0	13 276.4	14 234.1	15 193.0

表 C.2 EHA 椭圆形封头质量（续）

单位为千克

序号	直径(D) mm	封头名义厚度(δ_n) mm																
		2	3	4	5	6	8	10	12	14	16	18	20	22	24	26	28	30	32
81	7 600	—	—	—	—	—	—	—	5 810.4	6 783.2	7 757.3	8 732.7	9 709.3	10 687.1	11 666.3	12 646.7	13 628.4	14 611.3	15 595.5
82	7 700	—	—	—	—	—	—	—	5 962.8	6 961.1	7 960.7	8 961.5	9 963.6	10 967.0	11 971.7	12 977.6	13 984.9	14 993.4	16 003.2
83	7 800	—	—	—	—	—	—	—	6 117.2	7 141.3	8 166.6	9 193.3	10 221.2	11 250.5	12 281.0	13 312.9	14 346.0	15 380.5	16 416.2
84	7 900	—	—	—	—	—	—	—	6 273.6	7 323.7	8 375.2	9 428.0	10 482.2	11 537.6	12 594.3	13 652.4	14 711.8	15 772.5	16 834.5
85	8 000	—	—	—	—	—	—	—	6 431.9	7 508.5	8 586.5	9 665.8	10 746.4	11 828.3	12 911.6	13 996.2	15 082.1	16 169.4	17 258.0
86	8 100	—	—	—	—	—	—	—	6 592.2	7 695.6	8 800.3	9 906.4	11 013.9	12 122.6	13 232.8	14 344.3	15 457.1	16 571.3	17 686.8
87	8 200	—	—	—	—	—	—	—	6 754.5	7 885.0	9 016.8	10 150.1	11 284.6	12 420.6	13 557.9	14 696.6	15 836.6	16 978.1	18 120.8
88	8 300	—	—	—	—	—	—	—	6 918.7	8 076.6	9 236.0	10 396.6	11 558.7	12 722.2	13 887.0	15 053.2	16 220.8	17 389.8	18 560.2
89	8 400	—	—	—	—	—	—	—	7 084.9	8 270.6	9 457.7	10 646.2	11 836.1	13 027.4	14 220.0	15 414.1	16 609.6	17 806.4	19 004.7
90	8 500	—	—	—	—	—	—	—	7 253.1	8 466.9	9 682.1	10 898.7	12 116.7	13 336.2	14 557.0	15 779.3	17 002.9	18 228.0	19 454.5
91	8 600	—	—	—	—	—	—	—	7 423.3	8 665.5	9 909.1	11 154.2	12 400.7	13 648.6	14 897.9	16 148.7	17 400.9	18 654.6	19 909.6
92	8 700	—	—	—	—	—	—	—	7 595.4	8 866.4	10 138.8	11 412.6	12 687.9	13 964.6	15 242.8	16 522.4	17 803.5	19 086.0	20 370.0
93	8 800	—	—	—	—	—	—	—	7 769.5	9 069.6	10 371.0	11 674.0	12 978.4	14 284.3	15 591.6	16 900.4	18 210.7	19 522.4	20 835.6
94	8 900	—	—	—	—	—	—	—	7 945.6	9 275.0	10 605.9	11 938.3	13 272.2	14 607.5	15 944.4	17 282.7	18 622.4	19 963.7	21 306.5
95	9 000	—	—	—	—	—	—	—	8 123.7	9 482.8	10 843.5	12 205.6	13 569.3	14 934.4	16 301.1	17 669.2	19 038.8	20 410.0	21 782.6
96	9 100	—	—	—	—	—	—	—	8 303.7	9 692.9	11 083.7	12 475.9	13 869.7	15 264.9	16 661.7	18 060.0	19 459.8	20 861.1	22 264.0
97	9 200	—	—	—	—	—	—	—	8 485.7	9 905.3	11 326.5	12 749.1	14 173.3	15 599.1	17 026.3	18 455.1	19 885.4	21 317.3	22 750.6
98	9 300	—	—	—	—	—	—	—	8 669.7	10 120.0	11 571.9	13 025.3	14 480.3	15 936.8	17 394.8	18 854.5	20 315.6	21 778.3	23 242.5
99	9 400	—	—	—	—	—	—	—	8 855.6	10 337.0	11 820.0	13 304.5	14 790.5	16 278.1	17 767.3	19 258.1	20 750.4	22 244.3	23 739.7
100	9 500	—	—	—	—	—	—	—	9 043.5	10 556.3	12 070.6	13 586.6	15 104.1	16 623.1	18 143.8	19 666.0	21 189.8	22 715.2	24 242.2

表 C.2　EHA 椭圆形封头质量（续）

单位为千克

序号	直径(D) mm	封头名义厚度(δ_n) mm																	
		2	3	4	5	6	8	10	12	14	16	18	20	22	24	26	28	30	32
101	9 600	—	—	—	—	—	—	—	9 233.4	10 777.9	12 324.0	13 871.6	15 420.9	16 971.7	18 524.1	20 078.2	21 633.8	23 191.0	24 749.9
102	9 700	—	—	—	—	—	—	—	9 425.3	11 001.8	12 579.9	14 159.6	15 741.0	17 323.9	18 908.5	20 494.6	22 082.4	23 671.8	25 262.8
103	9 800	—	—	—	—	—	—	—	9 619.1	11 228.0	12 838.5	14 450.6	16 064.4	17 679.7	19 296.7	20 915.4	22 535.6	24 157.5	25 781.0
104	9 900	—	—	—	—	—	—	—	9 815.0	11 456.5	13 099.7	14 744.6	16 391.1	18 039.2	19 689.0	21 340.4	22 993.4	24 648.2	26 304.5
105	10 000	—	—	—	—	—	—	—	10 012.7	11 687.3	13 363.6	15 041.5	16 721.0	18 402.2	20 085.1	21 769.7	23 455.9	25 143.7	26 833.3

附　录　D
(资料性)
EHB 椭圆形封头型式参数

EHB 椭圆形封头的内表面积、容积、质量和总高度见表 D.1。

表 D.1　EHB 椭圆形封头内表面积、容积、质量和总高度

序号	直径(D) mm	参数	封头名义厚度(δ_n) mm								
			3	4	5	6	8	10	12	14	16
1	159	A	0.037 4	0.036 6	0.035 8	0.035 0	0.033 4	0.031 9	—	—	—
		V	0.000 9	0.000 9	0.000 9	0.000 8	0.000 8	0.000 7	—	—	—
		m	0.906 6	1.204 5	1.500 8	1.795 6	2.381 8	2.965 2	—	—	—
		H_o	66.3	66.8	67.3	67.8	68.8	69.8	—	—	—
2	168	A	0.041 2	0.040 3	0.039 5	0.038 6	0.037 0	0.035 4	—	—	—
		V	0.001 1	0.001 0	0.001 0	0.001 0	0.000 9	0.000 9	—	—	—
		m	0.994 8	1.321 7	1.646 7	1.970 1	2.612 7	3.251 5	—	—	—
		H_o	68.5	69.0	69.5	70.0	71.0	72.0	—	—	—
3	219	A	0.065 9	0.064 8	0.063 8	0.062 7	0.060 6	0.058 6	0.056 5	—	—
		V	0.002 2	0.002 1	0.002 1	0.002 0	0.001 9	0.001 8	0.001 7	—	—
		m	1.570 2	2.086 4	2.599 5	3.109 6	4.122 0	5.125 6	6.122 4	—	—
		H_o	81.3	81.8	82.3	82.8	83.8	84.8	85.8	—	—
4	273	A	0.098 2	0.096 9	0.095 6	0.094 3	0.091 8	0.089 2	0.086 8	0.084 3	—
		V	0.003 9	0.003 8	0.003 7	0.003 7	0.003 5	0.003 4	0.003 2	0.003 1	—
		m	2.319 3	3.082 6	3.841 3	4.595 8	6.092 9	7.575 9	9.046 8	10.507 6	—
		H_o	94.8	95.3	95.8	96.3	97.3	98.3	99.3	100.3	—
5	325	A	—	0.133 8	0.132 3	0.130 8	0.127 8	0.124 8	0.121 8	0.118 9	—
		V	—	0.006 1	0.006 0	0.005 9	0.005 7	0.005 5	0.005 3	0.005 2	—
		m	—	4.223 0	5.263 7	6.298 8	8.353 3	10.388 7	12.406 7	14.409 5	—
		H_o	—	108.3	108.8	109.3	110.3	111.3	112.3	113.3	—
6	356	A	—	0.158 6	0.156 9	0.155 3	0.152 0	0.148 8	0.145 5	0.142 4	—
		V	—	0.007 9	0.007 8	0.007 7	0.007 4	0.007 2	0.007 0	0.006 7	—
		m	—	4.987 5	6.217 4	7.441 0	9.870 1	12.277 0	14.663 5	17.031 7	—
		H_o	—	116.0	116.5	117.0	118.0	119.0	120.0	121.0	—
7	377	A	—	0.176 6	0.174 8	0.173 1	0.169 6	0.166 2	0.162 8	0.159 4	0.156 1
		V	—	0.009 3	0.009 1	0.009 0	0.008 7	0.008 5	0.008 2	0.008 0	0.007 7
		m	—	5.541 3	6.908 4	8.268 6	10.969 4	13.645 9	16.300 1	18.933 8	21.549 0
		H_o	—	121.3	121.8	122.3	123.3	124.3	125.3	126.3	127.3

表 D.1　EHB 椭圆形封头内表面积、容积、质量和总高度（续）

序号	直径(D) mm	参数	封头名义厚度(δ_n) mm								
			3	4	5	6	8	10	12	14	16
8	406	A	—	0.202 9	0.201 1	0.199 2	0.195 5	0.191 8	0.188 2	0.184 6	0.181 0
		V	—	0.011 4	0.011 2	0.011 1	0.010 8	0.010 5	0.010 2	0.009 9	0.009 6
		m	—	6.353 8	7.922 1	9.482 9	12.582 9	15.655 6	18.703 1	21.727 3	24.730 2
		H_o	—	128.5	129.0	129.5	130.5	131.5	132.5	133.5	134.5
9	426	A	—	0.222 2	0.220 2	0.218 3	0.214 4	0.210 5	0.206 7	0.202 9	0.199 2
		V	—	0.013 0	0.012 8	0.012 7	0.012 3	0.012 0	0.011 7	0.011 4	0.011 1
		m	—	6.946 3	8.661 6	10.368 8	13.760 1	17.122 2	20.457 0	23.766 6	27.052 9
		H_o	—	133.5	134.0	134.5	135.5	136.5	137.5	138.5	139.5

注：内表面积用 A 表示，单位为 m^2；容积用 V 表示，单位为 m^3；质量用 m 表示，单位为 kg；总高度用 H_o 表示，单位为 mm。

附 录 E
（资料性）
THA 碟形封头型式参数

THA 碟形封头的总深度、内表面积、容积见表 E.1,封头质量见表 E.2。

表 E.1 THA 碟形封头总深度、内表面积、容积

序号	直径(D) mm	总深度(H) mm	内表面积(A) m^2	容积(V) m^3	序号	直径(D) mm	总深度(H) mm	内表面积(A) m^2	容积(V) m^3
1	300	83	0.112 7	0.004 4	25	2 000	413	4.117 0	0.870 3
2	350	93	0.148 8	0.006 6	26	2 100	447	4.629 7	1.055 1
3	400	103	0.189 8	0.009 5	27	2 200	466	5.068 0	1.205 8
4	450	112	0.235 8	0.013 0	28	2 300	486	5.526 1	1.370 3
5	500	122	0.286 8	0.017 3	29	2 400	505	6.003 9	1.549 1
6	550	132	0.342 7	0.022 4	30	2 500	524	6.501 6	1.742 7
7	600	141	0.403 5	0.028 4	31	2 600	544	7.019 0	1.951 8
8	650	151	0.469 3	0.035 5	32	2 700	563	7.556 3	2.177 0
9	700	161	0.540 1	0.043 6	33	2 800	583	8.113 4	2.418 8
10	750	170	0.615 8	0.052 8	34	2 900	602	8.690 2	2.677 9
11	800	180	0.696 4	0.063 2	35	3 000	621	9.286 9	2.954 8
12	850	190	0.782 0	0.075 0	36	3 100	641	9.903 3	3.250 2
13	900	199	0.872 6	0.088 1	37	3 200	660	10.539 6	3.564 6
14	950	209	0.968 1	0.102 6	38	3 300	679	11.195 6	3.898 7
15	1 000	219	1.068 5	0.118 6	39	3 400	699	11.871 5	4.252 9
16	1 100	238	1.284 3	0.155 5	40	3 500	718	12.567 2	4.628 0
17	1 200	258	1.519 8	0.199 3	41	3 600	738	13.282 6	5.024 5
18	1 300	277	1.775 2	0.250 6	42	3 700	757	14.017 9	5.443 0
19	1 400	296	2.050 3	0.310 0	43	3 800	776	14.772 9	5.884 1
20	1 500	316	2.345 3	0.378 2	44	3 900	796	15.547 8	6.348 4
21	1 600	335	2.660 0	0.455 6	45	4 000	815	16.342 4	6.836 5
22	1 700	354	2.994 6	0.543 0	46	4 100	834	17.156 9	7.348 9
23	1 800	374	3.348 9	0.640 8	47	4 200	854	17.991 2	7.886 4
24	1 900	393	3.723 1	0.749 7	48	4 300	873	18.845 2	8.449 4

表 E.1 THA 碟形封头总深度、内表面积、容积（续）

序号	直径(*D*) mm	总深度(*H*) mm	内表面积(*A*) m^2	容积(*V*) m^3	序号	直径(*D*) mm	总深度(*H*) mm	内表面积(*A*) m^2	容积(*V*) m^3
49	4 400	893	19.719 1	9.038 5	78	7 300	1 455	53.673 8	40.173 6
50	4 500	912	20.612 7	9.654 4	79	7 400	1 474	55.141 6	41.823 7
51	4 600	931	21.526 2	10.297 7	80	7 500	1 493	56.629 3	43.518 4
52	4 700	951	22.459 4	10.968 9	81	7 600	1 513	58.136 7	45.258 3
53	4 800	970	23.412 5	11.668 7	82	7 700	1 532	59.663 9	47.043 9
54	4 900	989	24.385 3	12.397 5	83	7 800	1 551	61.211 0	48.875 9
55	5 000	1 009	25.378 0	13.156 1	84	7 900	1 571	62.777 8	50.754 8
56	5 100	1 028	26.390 4	13.945 1	85	8 000	1 590	64.364 5	52.681 2
57	5 200	1 048	27.422 7	14.764 9	86	8 100	1 610	65.970 9	54.655 8
58	5 300	1 067	28.474 8	15.616 2	87	8 200	1 629	67.597 2	56.679 1
59	5 400	1 086	29.546 6	16.499 7	88	8 300	1 648	69.243 2	58.751 7
60	5 500	1 106	30.638 3	17.415 8	89	8 400	1 668	70.909 1	60.874 2
61	5 600	1 125	31.749 7	18.365 2	90	8 500	1 687	72.594 7	63.047 3
62	5 700	1 145	32.881 0	19.348 5	91	8 600	1 706	74.300 2	65.271 4
63	5 800	1 164	34.032 0	20.366 3	92	8 700	1 726	76.025 4	67.547 3
64	5 900	1 183	35.202 9	21.419 1	93	8 800	1 745	77.770 4	69.875 4
65	6 000	1 203	36.393 5	22.507 6	94	8 900	1 765	79.535 3	72.256 4
66	6 100	1 222	37.604 0	23.632 4	95	9 000	1 784	81.319 9	74.690 9
67	6 200	1 241	38.834 2	24.794 0	96	9 100	1 803	83.124 4	77.179 5
68	6 300	1 261	40.084 3	25.993 0	97	9 200	1 823	84.948 6	79.722 7
69	6 400	1 280	41.354 1	27.230 1	98	9 300	1 842	86.792 7	82.321 2
70	6 500	1 300	42.643 8	28.505 9	99	9 400	1 861	88.656 5	84.975 5
71	6 600	1 319	43.953 2	29.820 8	100	9 500	1 881	90.540 1	87.686 3
72	6 700	1 338	45.282 5	31.175 6	101	9 600	1 900	92.443 6	90.454 1
73	6 800	1 358	46.631 5	32.570 7	102	9 700	1 920	94.366 8	93.279 5
74	6 900	1 377	48.000 4	34.006 9	103	9 800	1 939	96.309 9	96.163 2
75	7 000	1 396	49.389 0	35.484 7	104	9 900	1 958	98.272 7	99.105 7
76	7 100	1 416	50.797 5	37.004 7	105	10 000	1 978	100.255 3	102.107 6
77	7 200	1 435	52.225 7	38.567 5	—	—	—	—	—

表 E.2 THA 碟形封头质量

单位为千克

序号	直径(D) mm	封头名义厚度(δ_n) mm																
		2	3	4	5	6	8	10	12	14	16	18	20	22	24	26	28	30	32
1	300	1.8	2.7	3.6	4.6	5.6	7.5	9.5	11.6	13.8	—	—	—	—	—	—	—	—	—
2	350	2.4	3.6	4.8	6.0	7.3	9.8	12.5	15.2	17.9	20.7	—	—	—	—	—	—	—	—
3	400	3.0	4.5	6.1	7.7	9.3	12.5	15.8	19.2	22.6	26.2	—	—	—	—	—	—	—	—
4	450	3.7	5.6	7.6	9.5	11.5	15.4	19.5	23.7	27.9	32.2	—	—	—	—	—	—	—	—
5	500	4.5	6.9	9.2	11.5	13.9	18.7	23.6	28.6	33.7	38.9	—	—	—	—	—	—	—	—
6	550	5.4	8.2	11.0	13.7	16.6	22.3	28.1	34.0	40.0	46.2	—	—	—	—	—	—	—	—
7	600	6.4	9.6	12.9	16.2	19.5	26.2	33.0	39.9	46.9	54.1	—	—	—	—	—	—	—	—
8	650	7.4	11.2	15.0	18.8	22.6	30.4	38.3	46.2	54.4	62.6	70.9	79.4	88.0	—	—	—	—	—
9	700	8.5	12.9	17.2	21.6	26.0	34.9	43.9	53.1	62.3	71.7	81.3	90.9	100.7	—	—	—	—	—
10	750	9.7	14.6	19.6	24.6	29.6	39.7	50.0	60.3	70.9	81.5	92.3	103.2	114.3	—	—	—	—	—
11	800	11.0	16.6	22.1	27.8	33.4	44.8	56.4	68.1	79.9	91.9	104.0	116.3	128.7	141.2	153.9	166.8	—	—
12	850	12.4	18.6	24.8	31.1	37.5	50.3	63.2	76.3	89.5	102.9	116.4	130.1	144.0	158.0	172.1	186.4	—	—
13	900	—	20.7	27.7	34.7	41.8	56.0	70.4	85.0	99.7	114.5	129.6	144.8	160.1	175.6	191.3	207.1	—	—
14	950	—	23.0	30.7	38.5	46.3	62.1	78.0	94.1	110.4	126.8	143.4	160.2	177.1	194.2	211.5	228.9	—	—
15	1 000	—	25.4	33.9	42.5	51.1	68.5	86.0	103.7	121.6	139.7	157.9	176.3	194.9	213.7	232.7	251.8	—	—
16	1 100	—	30.5	40.7	51.0	61.3	82.1	103.1	124.3	145.7	167.3	189.1	211.0	233.2	255.5	278.1	300.8	323.8	346.9
17	1 200	—	36.0	48.1	60.3	72.5	97.1	121.8	146.8	172.0	197.4	223.0	248.8	274.9	301.1	327.5	354.2	381.1	408.2
18	1 300	—	42.1	56.2	70.4	84.6	113.2	142.1	171.2	200.5	230.0	259.8	289.7	320.0	350.4	381.0	411.9	443.0	474.4
19	1 400	—	48.5	64.9	81.2	97.6	130.6	163.9	197.4	231.1	265.1	299.3	333.8	368.5	403.4	438.6	474.0	509.7	545.6
20	1 500	—	55.5	74.1	92.8	111.6	149.3	187.3	225.5	263.9	302.7	341.7	380.9	420.4	460.2	500.2	540.5	581.0	621.8

表 E.2 THA 碟形封头质量(续)

单位为千克

序号	直径(D) mm	封头名义厚度(δ_n) mm																	
		2	3	4	5	6	8	10	12	14	16	18	20	22	24	26	28	30	32
21	1 600	—	62.9	84.1	105.2	126.5	169.2	212.2	255.4	298.9	342.7	386.8	431.1	475.7	520.6	565.8	611.2	657.0	703.0
22	1 700	—	70.8	94.6	118.4	142.3	190.3	238.6	287.2	336.1	385.3	434.7	484.5	534.5	584.8	635.5	686.4	737.6	789.1
23	1 800	—	—	105.8	132.4	159.1	212.7	266.7	320.9	375.4	430.3	485.5	540.9	596.7	652.8	709.2	765.9	822.9	880.2
24	1 900	—	—	117.5	147.1	176.8	236.4	296.2	356.4	417.0	477.8	539.0	600.5	662.3	724.5	786.9	849.7	912.9	976.3
25	2 000	—	—	129.9	162.6	195.4	261.2	327.4	393.8	460.7	527.8	595.3	663.2	731.3	799.9	868.7	937.9	1 007.5	1 077.4
26	2 100	—	—	146.1	182.8	219.7	293.6	367.9	442.5	517.5	592.8	668.6	744.6	821.1	897.8	975.0	1 052.5	1 130.4	1 208.6
27	2 200	—	—	159.9	200.1	240.4	321.2	402.5	484.1	566.1	648.4	731.1	814.3	897.7	981.6	1 065.8	1 150.5	1 235.5	1 320.8
28	2 300	—	—	—	218.1	262.0	350.1	438.6	527.5	616.8	706.5	796.5	887.0	977.8	1 069.1	1 160.7	1 252.7	1 345.2	1 438.0
29	2 400	—	—	—	236.9	284.6	380.3	476.3	572.8	669.7	767.0	864.7	962.8	1 061.4	1 160.3	1 259.6	1 359.4	1 459.6	1 560.1
30	2 500	—	—	—	256.5	308.1	411.7	515.6	620.0	724.8	830.0	935.7	1 041.8	1 148.3	1 255.2	1 362.6	1 470.4	1 578.6	1 687.3
31	2 600	—	—	—	276.9	332.6	444.3	556.4	669.0	782.1	895.6	1 009.5	1 123.8	1 238.6	1 353.9	1 469.6	1 585.7	1 702.3	1 819.3
32	2 700	—	—	—	298.0	357.9	478.2	598.8	719.9	841.5	963.6	1 086.1	1 209.0	1 332.4	1 456.3	1 580.6	1 705.4	1 830.7	1 956.4
33	2 800	—	—	—	319.9	384.2	513.3	642.8	772.7	903.2	1 034.1	1 165.4	1 297.3	1 429.6	1 562.4	1 695.7	1 829.5	1 963.7	2 098.4
34	2 900	—	—	—	342.6	411.5	549.6	688.2	827.4	967.0	1 107.0	1 247.6	1 388.7	1 530.2	1 672.3	1 814.8	1 957.9	2 101.4	2 245.4
35	3 000	—	—	—	366.1	439.7	587.2	735.3	883.9	1 032.9	1 182.5	1 332.6	1 483.2	1 634.3	1 785.9	1 938.0	2 090.6	2 243.8	2 397.4
36	3 100	—	—	—	390.3	468.8	626.1	783.9	942.2	1 101.1	1 260.5	1 420.4	1 580.8	1 741.7	1 903.2	2 065.2	2 227.7	2 390.8	2 554.4
37	3 200	—	—	—	415.3	498.8	666.2	834.0	1 002.5	1 171.4	1 340.9	1 510.9	1 681.5	1 852.6	2 024.3	2 196.5	2 369.2	2 542.5	2 716.3
38	3 300	—	—	—	—	529.8	707.5	885.7	1 064.5	1 243.9	1 423.8	1 604.3	1 785.3	1 966.9	2 149.0	2 331.7	2 515.0	2 698.8	2 883.2
39	3 400	—	—	—	—	—	750.1	939.0	1 128.5	1 318.6	1 509.2	1 700.5	1 892.2	2 084.6	2 277.6	2 471.1	2 665.2	2 859.8	3 055.1
40	3 500	—	—	—	—	—	793.9	993.8	1 194.3	1 395.4	1 597.1	1 799.4	2 002.3	2 205.7	2 409.8	2 614.4	2 819.7	3 025.5	3 231.9

表 E.2 THA 碟形封头质量(续)

单位为千克

序号	直径(D) mm	封头名义厚度(δ_n) mm																
		2	3	4	5	6	8	10	12	14	16	18	20	22	24	26	28	30	32
41	3 600	—	—	—	—	—	838.9	1 050.2	1 262.0	1 474.5	1 687.5	1 901.2	2 115.4	2 330.3	2 545.8	2 761.9	2 978.5	3 195.8	3 413.8
42	3 700	—	—	—	—	—	885.3	1 108.1	1 331.6	1 555.7	1 780.4	2 005.7	2 231.7	2 458.3	2 685.5	2 913.3	3 141.8	3 370.8	3 600.5
43	3 800	—	—	—	—	—	932.8	1 167.6	1 403.0	1 639.1	1 875.8	2 113.1	2 351.1	2 589.7	2 828.9	3 068.8	3 309.3	3 550.5	3 792.3
44	3 900	—	—	—	—	—	—	1 228.6	1 476.3	1 724.6	1 973.6	2 223.2	2 473.5	2 724.5	2 976.1	3 228.3	3 481.2	3 734.8	3 989.1
45	4 000	—	—	—	—	—	—	1 291.2	1 551.4	1 812.4	2 073.9	2 336.2	2 599.1	2 862.7	3 127.0	3 391.9	3 657.5	3 923.8	4 190.8
46	4 100	—	—	—	—	—	—	1 355.3	1 628.5	1 902.3	2 176.8	2 451.9	2 727.8	3 004.3	3 281.6	3 559.5	3 838.1	4 117.5	4 397.5
47	4 200	—	—	—	—	—	—	1 421.0	1 707.3	1 994.4	2 282.1	2 570.5	2 859.6	3 149.4	3 439.9	3 731.2	4 023.1	4 315.8	4 609.1
48	4 300	—	—	—	—	—	—	1 488.3	1 788.1	2 088.6	2 389.9	2 691.8	2 994.5	3 297.9	3 602.0	3 906.9	4 212.5	4 518.8	4 825.8
49	4 400	—	—	—	—	—	—	1 557.1	1 870.7	2 185.1	2 500.1	2 816.0	3 132.5	3 449.8	3 767.8	4 086.6	4 406.1	4 726.4	5 047.4
50	4 500	—	—	—	—	—	—	1 627.4	1 955.2	2 283.7	2 612.9	2 942.9	3 273.6	3 605.1	3 937.4	4 270.4	4 604.2	4 938.7	5 274.0
51	4 600	—	—	—	—	—	—	—	2 041.5	2 384.5	2 728.2	3 072.6	3 417.9	3 763.9	4 110.7	4 458.2	4 806.6	5 155.7	5 505.5
52	4 700	—	—	—	—	—	—	—	2 129.7	2 487.4	2 845.9	3 205.2	3 565.2	3 926.1	4 287.7	4 650.1	5 013.3	5 377.3	5 742.1
53	4 800	—	—	—	—	—	—	—	2 219.8	2 592.6	2 966.1	3 340.5	3 715.7	4 091.6	4 468.4	4 846.0	5 224.4	5 603.6	5 983.6
54	4 900	—	—	—	—	—	—	—	2 311.7	2 699.9	3 088.8	3 478.6	3 869.2	4 260.6	4 652.9	5 045.9	5 439.8	5 834.5	6 230.1
55	5 000	—	—	—	—	—	—	—	2 405.5	2 809.4	3 214.0	3 619.6	4 025.9	4 433.1	4 841.1	5 249.9	5 659.6	6 070.1	6 481.5
56	5 100	—	—	—	—	—	—	—	2 501.2	2 921.1	3 341.7	3 763.3	4 185.7	4 608.9	5 033.0	5 458.0	5 883.8	6 310.4	6 737.9
57	5 200	—	—	—	—	—	—	—	2 598.7	3 034.9	3 471.9	3 909.8	4 348.6	4 788.2	5 228.7	5 670.0	6 112.3	6 555.4	6 999.3
58	5 300	—	—	—	—	—	—	—	2 698.1	3 150.9	3 604.6	4 059.1	4 514.5	4 970.9	5 428.1	5 886.1	6 345.1	6 805.0	7 265.7
59	5 400	—	—	—	—	—	—	—	2 799.4	3 269.1	3 739.7	4 211.2	4 683.6	5 157.0	5 631.2	6 106.3	6 582.3	7 059.2	7 537.1
60	5 500	—	—	—	—	—	—	—	2 902.5	3 389.5	3 877.4	4 366.1	4 855.9	5 346.5	5 838.0	6 330.5	6 823.9	7 318.2	7 813.4

表 E.2 THA 碟形封头质量（续）

单位为千克

序号	直径(D) mm	封头名义厚度(δ_n) mm																
		2	3	4	5	6	8	10	12	14	16	18	20	22	24	26	28	30	32
61	5 600	—	—	—	—	—	—	—	3 007.5	3 512.0	4 017.5	4 523.9	5 031.2	5 539.4	6 048.6	6 558.7	7 069.8	7 581.8	8 094.7
62	5 700	—	—	—	—	—	—	—	3 114.4	3 636.8	4 160.1	4 684.4	5 209.6	5 735.8	6 262.9	6 791.0	7 320.0	7 850.0	8 381.0
63	5 800	—	—	—	—	—	—	—	3 223.1	3 763.7	4 305.2	4 847.7	5 391.1	5 935.6	6 480.9	7 027.3	7 574.6	8 122.9	8 672.2
64	5 900	—	—	—	—	—	—	—	3 333.7	3 892.8	4 452.8	5 013.8	5 575.8	6 138.8	6 702.7	7 267.7	7 833.6	8 400.5	8 968.4
65	6 000	—	—	—	—	—	—	—	3 446.2	4 024.0	4 602.8	5 182.7	5 763.5	6 345.4	6 928.2	7 512.1	8 096.9	8 682.8	9 269.6
66	6 100	—	—	—	—	—	—	—	3 560.5	4 157.4	4 755.4	5 354.4	5 954.4	6 555.4	7 157.4	7 760.5	8 364.6	8 969.7	9 575.8
67	6 200	—	—	—	—	—	—	—	3 676.7	4 293.0	4 910.5	5 528.9	6 148.4	6 768.9	7 390.4	8 013.0	8 636.6	9 261.2	9 886.9
68	6 300	—	—	—	—	—	—	—	3 794.7	4 430.8	5 068.0	5 706.2	6 345.4	6 985.7	7 627.1	8 269.5	8 913.0	9 557.5	10 203.0
69	6 400	—	—	—	—	—	—	—	3 914.6	4 570.8	5 228.0	5 886.3	6 545.6	7 206.0	7 867.5	8 530.1	9 193.7	9 858.4	10 524.1
70	6 500	—	—	—	—	—	—	—	4 036.4	4 712.9	5 390.5	6 069.2	6 748.9	7 429.8	8 111.7	8 794.7	9 478.8	10 163.9	10 850.2
71	6 600	—	—	—	—	—	—	—	4 160.1	4 857.2	5 555.5	6 254.9	6 955.3	7 656.9	8 359.6	9 063.3	9 768.2	10 474.1	11 181.2
72	6 700	—	—	—	—	—	—	—	4 285.6	5 003.7	5 723.0	6 443.4	7 164.8	7 887.4	8 611.2	9 336.0	10 062.0	10 789.0	11 517.2
73	6 800	—	—	—	—	—	—	—	4 412.9	5 152.4	5 892.9	6 634.6	7 377.5	8 121.4	8 866.5	9 612.7	10 360.1	11 108.6	11 858.2
74	6 900	—	—	—	—	—	—	—	4 542.2	5 303.2	6 065.4	6 828.7	7 593.2	8 358.8	9 125.6	9 893.5	10 662.6	11 432.8	12 204.2
75	7 000	—	—	—	—	—	—	—	4 673.3	5 456.2	6 240.3	7 025.6	7 812.0	8 599.6	9 388.4	10 178.3	10 969.4	11 761.7	12 555.1
76	7 100	—	—	—	—	—	—	—	4 806.3	5 611.4	6 417.8	7 225.3	8 034.0	8 843.9	9 654.9	10 467.2	11 280.6	12 095.2	12 911.0
77	7 200	—	—	—	—	—	—	—	4 941.1	5 768.8	6 597.7	7 427.8	8 259.0	9 091.5	9 925.2	10 760.0	11 596.1	12 433.4	13 271.9
78	7 300	—	—	—	—	—	—	—	5 077.8	5 928.3	6 780.1	7 633.0	8 487.2	9 342.6	10 199.2	11 057.0	11 916.0	12 776.2	13 637.7
79	7 400	—	—	—	—	—	—	—	5 216.4	6 090.0	6 965.0	7 841.1	8 718.5	9 597.1	10 476.9	11 358.0	12 240.2	13 123.8	14 008.5
80	7 500	—	—	—	—	—	—	—	5 356.8	6 253.9	7 152.3	8 052.0	8 952.8	9 855.0	10 758.3	11 663.0	12 568.8	13 476.0	14 384.3

表 E.2 THA 碟形封头质量(续)

单位为千克

序号	直径(D) mm	封头名义厚度(δ_n) mm																
		2	3	4	5	6	8	10	12	14	16	18	20	22	24	26	28	30	32
81	7 600	—	—	—	—	—	—	—	5 499.1	6 420.0	7 342.2	8 265.6	9 190.3	10 116.3	11 043.5	11 972.0	12 901.8	13 832.8	14 765.1
82	7 700	—	—	—	—	—	—	—	5 643.3	6 588.3	7 534.5	8 482.1	9 430.9	10 381.1	11 332.4	12 285.1	13 239.1	14 194.3	15 150.8
83	7 800	—	—	—	—	—	—	—	5 789.3	6 758.7	7 729.4	8 701.4	9 674.6	10 649.2	11 625.1	12 602.3	13 580.7	14 560.5	15 541.6
84	7 900	—	—	—	—	—	—	—	5 937.2	6 931.3	7 926.7	8 923.4	9 921.5	10 920.8	11 921.5	12 923.4	13 926.7	14 931.3	15 937.3
85	8 000	—	—	—	—	—	—	—	6 086.9	7 106.1	8 126.5	9 148.3	10 171.4	11 195.8	12 221.6	13 248.7	14 277.1	15 306.8	16 337.9
86	8 100	—	—	—	—	—	—	—	6 238.6	7 283.0	8 328.8	9 375.9	10 424.4	11 474.2	12 525.4	13 577.9	14 631.8	15 687.0	16 743.6
87	8 200	—	—	—	—	—	—	—	6 392.0	7 462.1	8 533.6	9 606.4	10 680.6	11 756.1	12 833.0	13 911.2	14 990.8	16 071.8	17 154.2
88	8 300	—	—	—	—	—	—	—	6 547.4	7 643.4	8 740.8	9 839.6	10 939.8	12 041.3	13 144.3	14 248.6	15 354.3	16 461.3	17 569.8
89	8 400	—	—	—	—	—	—	—	6 704.6	7 826.9	8 950.6	10 075.7	11 202.2	12 330.0	13 459.3	14 590.0	15 722.0	16 855.5	17 990.3
90	8 500	—	—	—	—	—	—	—	6 863.7	8 012.6	9 162.8	10 314.5	11 467.6	12 622.1	13 778.1	14 935.4	16 094.1	17 254.3	18 415.9
91	8 600	—	—	—	—	—	—	—	7 024.6	8 200.4	9 377.6	10 556.2	11 736.2	12 917.7	14 100.5	15 284.9	16 470.6	17 657.8	18 846.4
92	8 700	—	—	—	—	—	—	—	7 187.5	8 390.4	9 594.8	10 800.6	12 007.9	13 216.6	14 426.8	15 638.4	16 851.4	18 065.9	19 281.8
93	8 800	—	—	—	—	—	—	—	7 352.1	8 582.6	9 814.5	11 047.9	12 282.7	13 519.0	14 756.7	15 995.9	17 236.6	18 478.7	19 722.3
94	8 900	—	—	—	—	—	—	—	7 518.7	8 776.9	10 036.7	11 297.9	12 560.6	13 824.7	15 090.4	16 357.5	17 626.1	18 896.2	20 167.7
95	9 000	—	—	—	—	—	—	—	7 687.1	8 973.5	10 261.4	11 550.7	12 841.6	14 133.9	15 427.8	16 723.1	18 020.0	19 318.3	20 618.1
96	9 100	—	—	—	—	—	—	—	7 857.4	9 172.2	10 488.5	11 806.4	13 125.7	14 446.6	15 768.9	17 092.8	18 418.2	19 745.1	21 073.5
97	9 200	—	—	—	—	—	—	—	8 029.5	9 373.1	10 718.2	12 064.8	13 412.9	14 762.6	16 113.8	17 466.5	18 820.8	20 176.5	21 533.9
98	9 300	—	—	—	—	—	—	—	8 203.5	9 576.1	10 950.3	12 326.0	13 703.3	15 082.1	16 462.4	17 844.3	19 227.7	20 612.7	21 999.2
99	9 400	—	—	—	—	—	—	—	8 379.4	9 781.4	11 184.9	12 590.0	13 996.7	15 404.9	16 814.7	18 226.1	19 639.0	21 053.4	22 469.5
100	9 500	—	—	—	—	—	—	—	8 557.1	9 988.8	11 422.0	12 856.9	14 293.3	15 731.2	17 170.8	18 611.9	20 054.6	21 498.9	22 944.7

表 E.2　THA 碟形封头质量（续）

单位为千克

序号	直径(D) mm	封头名义厚度(δ_n) mm																	
		2	3	4	5	6	8	10	12	14	16	18	20	22	24	26	28	30	32
101	9 600	—	—	—	—	—	—	—	8 736.7	10 198.4	11 661.6	13 126.5	14 592.9	16 061.0	17 530.6	19 001.8	20 474.6	21 949.0	23 425.0
102	9 700	—	—	—	—	—	—	—	8 918.2	10 410.1	11 903.7	13 398.9	14 895.7	16 394.1	17 894.1	19 395.7	20 898.9	22 403.8	23 910.2
103	9 800	—	—	—	—	—	—	—	9 101.5	10 624.1	12 148.3	13 674.1	15 201.6	16 730.6	18 261.3	19 793.7	21 327.6	22 863.2	24 400.4
104	9 900	—	—	—	—	—	—	—	9 286.7	10 840.2	12 395.4	13 952.1	15 510.6	17 070.6	18 632.3	20 195.7	21 760.7	23 327.3	24 895.6
105	10 000	—	—	—	—	—	—	—	9 473.8	11 058.5	12 644.9	14 232.9	15 822.7	17 414.0	19 007.0	20 601.7	22 198.1	23 796.1	25 395.7

附 录 F

(资料性)

THB碟形封头型式参数

THB碟形封头的内表面积、容积、质量和总高度见表F.1。

表 F.1 THB碟形封头内表面积、容积、质量和总高度

序号	直径(D) mm	参数	封头名义厚度(δ_n) mm								
			3	4	5	6	8	10	12	14	16
1	159	A	0.035 3	0.034 5	0.033 8	0.033 1	0.031 7	0.030 3	—	—	—
		V	0.000 9	0.000 8	0.000 8	0.000 8	0.000 7	0.000 7	—	—	—
		m	1.069 2	1.434 3	1.804 7	2.180 9	2.952 9	3.754 6	—	—	—
		H_o	57.4	57.9	58.4	59.0	60.1	61.3	—	—	—
2	168	A	0.038 7	0.037 9	0.037 1	0.036 3	0.034 8	0.033 3	—	—	—
		V	0.001 0	0.001 0	0.000 9	0.000 9	0.000 8	0.000 8	—	—	—
		m	1.174 9	1.575 7	1.982 0	2.394 3	3.239 2	4.114 8	—	—	—
		H_o	59.0	59.5	60.1	60.6	61.7	62.8	—	—	—
3	219	A	0.061 0	0.059 8	0.058 6	0.057 5	0.055 2	0.053 0	0.316 7	—	—
		V	0.001 9	0.001 9	0.001 8	0.001 8	0.001 7	0.001 6	0.000 7	—	—
		m	1.865 5	2.498 5	3.138 1	3.784 9	5.102 8	6.456 9	1.531 5	—	—
		H_o	68.4	68.8	69.2	69.6	70.4	71.2	256.0	—	—
4	273	A	0.089 9	0.088 2	0.086 5	0.084 9	0.081 6	0.078 5	0.487 8	0.487 5	—
		V	0.003 4	0.003 4	0.003 3	0.003 2	0.003 1	0.003 0	0.001 2	0.001 2	—
		m	2.765 7	3.700 4	4.642 8	5.593 5	7.522 8	9.493 9	1.931 0	2.235 6	—
		H_o	78.4	78.6	78.8	79.1	79.6	80.2	310.0	312.0	—
5	325	A	—	0.120 6	0.118 3	0.116 1	0.111 7	0.107 5	0.687 3	0.687 0	—
		V	—	0.005 3	0.005 2	0.005 1	0.004 9	0.004 8	0.001 8	0.001 7	—
		m	—	5.076 4	6.364 5	7.661 8	10.287 6	12.960 2	2.315 7	2.684 4	—
		H_o	—	88.1	88.1	88.2	88.5	88.8	362.0	364.0	—
6	356	A	—	0.142 3	0.139 6	0.137 0	0.131 8	0.126 9	0.822 4	0.822 1	—
		V	—	0.006 8	0.006 7	0.006 6	0.006 3	0.006 1	0.002 2	0.002 1	—
		m	—	5.998 8	7.518 2	9.047 3	12.138 6	15.279 4	2.545 1	2.952 0	—
		H_o	—	93.7	93.7	93.7	93.8	93.9	393.0	395.0	—

表 F.1 THB 碟形封头内表面积、容积、质量和总高度（续）

序号	直径(D) mm	参数	封头名义厚度(δ_n) mm								
			3	4	5	6	8	10	12	14	16
7	377	A	—	0.157 9	0.155 0	0.152 0	0.146 4	0.140 9	0.920 7	0.920 4	0.920 1
		V	—	0.008 0	0.007 8	0.007 7	0.007 4	0.007 1	0.002 4	0.002 4	0.002 3
		m	—	6.666 9	8.353 7	10.050 7	13.478 6	16.957 9	2.700 4	3.133 2	3.561 1
		H_o	—	97.5	97.5	97.4	97.4	97.4	414.0	416.0	418.0
8	406	A	—	0.180 9	0.177 5	0.174 2	0.167 7	0.161 5	1.065 7	1.065 4	1.065 1
		V	—	0.009 7	0.009 6	0.009 4	0.009 1	0.008 8	0.002 9	0.002 8	0.002 7
		m	—	7.647 1	9.579 4	11.522 2	15.443 3	19.418 2	2.915 0	3.383 6	3.847 2
		H_o	—	102.8	102.6	102.5	102.3	102.2	443.0	445.0	447.0
9	426	A	—	0.197 6	0.193 9	0.190 3	0.183 2	0.176 4	1.171 8	1.171 5	1.171 2
		V	—	0.011 1	0.010 9	0.010 7	0.010 3	0.010 0	0.003 2	0.003 1	0.003 0
		m	—	8.361 9	10.473 2	12.595 1	16.875 5	21.211 3	3.063 0	3.556 2	4.044 5
		H_o	—	106.4	106.2	106.0	105.7	105.5	463.0	465.0	467.0

注：内表面积用 A 表示，单位为 m^2；容积用 V 表示，单位为 m^3；质量用 m 表示，单位为 kg；总高度用 H_o 表示，单位为 mm。

附 录 G
(资料性)
SDH 球冠形封头型式参数

SDH 球冠形封头的总深度、内表面积、容积和质量见表 G.1。

表 G.1 SDH 球冠形封头总深度、内表面积、容积和质量

序号	直径(D)/mm	名义厚度(δ_n)/mm	总深度(H)/mm	内表面积(A)/m^2	容积(V)/m^3	质量(m)/kg
1	300	2	40	0.074 7	0.001 4	1.180 3
2		3	39	0.074 1	0.001 4	1.763 7
3		4	39	0.073 6	0.001 4	2.342 5
4		5	39	0.073 1	0.001 4	2.916 9
5		6	38	0.072 5	0.001 3	3.486 8
6	350	2	46	0.101 9	0.002 3	1.608 3
7		3	46	0.101 2	0.002 2	2.404 5
8		4	46	0.100 6	0.002 2	3.195 5
9		5	45	0.100 0	0.002 2	3.981 2
10		6	45	0.099 4	0.002 1	4.761 6
11	400	2	53	0.133 2	0.003 4	2.102 4
12		3	53	0.132 5	0.003 3	3.144 5
13		4	52	0.131 8	0.003 3	4.180 6
14		5	52	0.131 1	0.003 3	5.210 6
15		6	52	0.130 4	0.003 2	6.234 7
16		8	51	0.129 0	0.003 2	8.265 0
17	450	3	59	0.168 0	0.004 8	3.983 6
18		4	59	0.167 2	0.004 7	5.297 8
19		5	59	0.166 4	0.004 7	6.605 3
20		6	59	0.165 6	0.004 6	7.906 0
21		8	58	0.164 0	0.004 6	10.487 3

表 G.1　SDH 球冠形封头总深度、内表面积、容积和质量（续）

序号	直径(D)/mm	名义厚度(δ_n)/mm	总深度(H)/mm	内表面积(A)/m^2	容积(V)/m^3	质量(m)/kg
22	500	3	66	0.207 7	0.006 6	4.921 8
23		4	66	0.206 8	0.006 5	6.547 2
24		5	66	0.205 9	0.006 5	8.165 2
25		6	65	0.205 0	0.006 4	9.775 6
26		8	65	0.203 3	0.006 3	12.973 9
27		10	64	0.201 5	0.006 2	16.142 5
28	550	3	73	0.251 7	0.008 8	5.959 1
29		4	73	0.250 7	0.008 7	7.928 8
30		5	72	0.249 7	0.008 6	9.890 2
31		6	72	0.248 7	0.008 6	11.843 4
32		8	71	0.246 7	0.008 4	15.724 9
33		10	71	0.244 8	0.008 3	19.573 6
34	600	3	80	0.299 8	0.011 4	7.095 6
35		4	79	0.298 7	0.011 3	9.442 6
36		5	79	0.297 6	0.011 2	11.780 5
37		6	79	0.296 6	0.011 2	14.109 4
38		8	78	0.294 4	0.011 0	18.740 2
39		10	78	0.292 3	0.010 8	23.335 1
40	650	3	86	0.352 1	0.014 5	8.331 1
41		4	86	0.351 0	0.014 4	11.088 5
42		5	86	0.349 8	0.014 3	13.836 0
43		6	85	0.348 6	0.014 2	16.573 7
44		8	85	0.346 3	0.014 0	22.019 8
45		10	84	0.344 0	0.013 9	27.426 9
46	700	3	93	0.408 7	0.018 1	9.665 8
47		4	93	0.407 4	0.018 0	12.866 5
48		5	92	0.406 2	0.017 9	16.056 6
49		6	92	0.404 9	0.017 8	19.236 2
50		8	91	0.402 4	0.017 6	25.563 7
51		10	91	0.399 9	0.017 4	31.849 2

表 G.1 SDH 球冠形封头总深度、内表面积、容积和质量（续）

序号	直径(D)/mm	名义厚度(δ_n)/mm	总深度(H)/mm	内表面积(A)/m^2	容积(V)/m^3	质量(m)/kg
52		4	99	0.468 1	0.022 2	14.776 8
53		5	99	0.466 7	0.022 1	18.442 5
54	750	6	99	0.465 4	0.022 0	22.096 9
55		8	98	0.462 7	0.021 7	29.371 9
56		10	98	0.460 0	0.021 5	36.601 9
57		4	106	0.533 0	0.027 0	16.819 1
58		5	106	0.531 5	0.026 9	20.993 6
59	800	6	105	0.530 1	0.026 7	25.155 9
60		8	105	0.527 2	0.026 4	33.444 5
61		10	104	0.524 4	0.026 2	41.685 0
62		12	104	0.521 5	0.025 9	49.877 5
63	800	14	103	0.518 7	0.025 6	58.022 4
64		16	103	0.515 8	0.025 3	66.119 8
65		4	113	0.602 0	0.032 4	18.993 7
66		5	112	0.600 5	0.032 3	23.709 9
67		6	112	0.599 0	0.032 1	28.413 2
68	850	8	112	0.595 9	0.031 8	37.781 4
69		10	111	0.592 9	0.031 5	47.098 4
70		12	110	0.589 9	0.031 2	56.364 6
71		14	110	0.586 8	0.030 9	65.579 9
72		16	109	0.583 8	0.030 5	74.744 7
73		4	119	0.675 3	0.038 5	21.300 4
74		5	119	0.673 7	0.038 4	26.591 3
75		6	119	0.672 1	0.038 2	31.868 7
76	900	8	118	0.668 9	0.037 8	42.382 6
77		10	118	0.665 6	0.037 5	52.842 3
78		12	117	0.662 4	0.037 1	63.248 0
79		14	117	0.659 2	0.036 8	73.600 0
80		16	116	0.656 0	0.036 4	83.898 3

表 G.1 SDH 球冠形封头总深度、内表面积、容积和质量(续)

序号	直径(D)/mm	名义厚度(δ_n)/mm	总深度(H)/mm	内表面积(A)/m²	容积(V)/m³	质量(m)/kg
81	950	4	126	0.752 8	0.045 4	23.739 3
82		5	126	0.751 1	0.045 2	29.638 0
83		6	126	0.749 4	0.045 0	35.522 4
84		8	125	0.746 0	0.044 6	47.248 1
85		10	124	0.742 6	0.044 2	58.916 6
86		12	124	0.739 2	0.043 8	70.528 0
87		14	123	0.735 8	0.043 4	82.082 6
88		16	123	0.732 5	0.043 0	93.580 5
89	1 000	4	133	0.834 6	0.053 0	26.310 3
90		5	133	0.832 7	0.052 7	32.849 9
91		6	132	0.830 9	0.052 5	39.374 4
92		8	132	0.827 4	0.052 1	52.377 9
93		10	131	0.823 8	0.051 6	65.321 3
94		12	131	0.820 2	0.051 2	78.204 5
95		14	130	0.816 6	0.050 8	91.027 8
96		16	129	0.813 1	0.050 3	103.791 4
97	1 100	5	146	1.008 6	0.070 3	39.769 2
98		6	146	1.006 6	0.070 1	47.673 0
99		8	145	1.002 7	0.069 5	63.430 6
100		10	145	0.998 7	0.069 0	79.121 8
101		12	144	0.994 8	0.068 5	94.746 8
102		14	143	0.990 9	0.067 9	110.305 9
103		16	143	0.986 9	0.067 4	125.799 1
104	1 200	5	159	1.201 3	0.091 5	47.349 4
105		6	159	1.199 2	0.091 1	56.764 6
106		8	158	1.194 8	0.090 5	75.540 6
107		10	158	1.190 5	0.089 9	94.244 0
108		12	157	1.186 2	0.089 2	112.875 2
109		14	157	1.181 9	0.088 6	131.434 2
110		16	156	1.177 7	0.088 0	149.921 3

表 G.1 SDH 球冠形封头总深度、内表面积、容积和质量(续)

序号	直径(*D*)/mm	名义厚度(δ_n)/mm	总深度(*H*)/mm	内表面积(*A*)/m²	容积(*V*)/m³	质量(*m*)/kg
111		5	173	1.410 9	0.116 5	55.590 4
112		6	172	1.408 5	0.116 1	66.649 2
113		8	172	1.403 8	0.115 3	88.707 8
114		10	171	1.399 2	0.114 6	110.687 8
115		12	171	1.394 5	0.113 8	132.589 3
116	1 300	14	170	1.389 8	0.113 1	154.412 8
117		16	170	1.385 2	0.112 3	176.158 1
118		18	169	1.380 6	0.111 6	197.825 6
119		20	168	1.375 9	0.110 9	219.415 4
120		22	168	1.371 3	0.110 2	240.927 8
121		24	167	1.366 7	0.109 4	262.362 9
122		5	186	1.637 2	0.145 6	64.492 1
123		6	186	1.634 7	0.145 2	77.326 7
124		8	185	1.629 7	0.144 3	102.932 3
125		10	185	1.624 6	0.143 4	128.453 1
126	1 400	12	184	1.619 6	0.142 6	153.889 5
127		14	184	1.614 6	0.141 7	179.241 6
128		16	183	1.609 6	0.140 8	204.509 4
129		18	182	1.604 6	0.140 0	229.693 5
130		20	182	1.599 6	0.139 1	254.793 7
131	1 400	22	181	1.594 6	0.138 3	279.810 2
132		24	181	1.589 7	0.137 5	304.743 6
133		5	200	1.880 4	0.179 3	74.054 7
134		6	199	1.877 7	0.178 8	88.797 2
135		8	199	1.872 3	0.177 8	118.214 1
136		10	198	1.866 9	0.176 8	147.540 2
137		12	198	1.861 5	0.175 8	176.775 5
138	1 500	14	197	1.856 2	0.174 8	205.920 6
139		16	196	1.850 8	0.173 8	234.975 3
140		18	196	1.845 4	0.172 8	263.940 2
141		20	195	1.840 1	0.171 8	292.815 0
142		22	195	1.834 7	0.170 9	321.600 3
143		24	194	1.829 4	0.169 9	350.296 1

表 G.1 SDH 球冠形封头总深度、内表面积、容积和质量(续)

序号	直径(D)/mm	名义厚度(δ_n)/mm	总深度(H)/mm	内表面积(A)/m^2	容积(V)/m^3	质量(m)/kg
144	1 600	5	213	2.140 5	0.217 8	84.278 1
145		6	213	2.137 6	0.217 2	101.060 7
146		8	212	2.131 8	0.216 1	134.553 2
147		10	211	2.126 1	0.214 9	167.948 7
148		12	211	2.120 3	0.213 8	201.247 6
149		14	210	2.114 6	0.212 6	234.450 0
150		16	210	2.108 9	0.211 5	267.555 9
151		18	209	2.103 1	0.210 4	300.565 8
152		20	209	2.097 4	0.209 3	333.479 7
153		22	208	2.091 7	0.208 2	366.297 8
154		24	208	2.086 0	0.207 1	399.020 4
155	1 700	6	226	2.414 3	0.260 8	114.117 1
156		8	225	2.408 2	0.259 5	151.949 5
157		10	225	2.402 1	0.258 2	189.678 9
158		12	224	2.395 9	0.256 9	227.305 5
159		14	224	2.389 8	0.255 6	264.829 4
160		16	223	2.383 7	0.254 3	302.250 9
161		18	223	2.377 7	0.253 1	339.570 2
162		20	222	2.371 6	0.251 8	376.787 5
163		22	221	2.365 5	0.250 6	413.902 7
164		24	221	2.359 5	0.249 3	450.916 4
165	1 700	26	220	2.353 4	0.248 1	487.828 5
166		28	220	2.347 4	0.246 8	524.639 3
167		30	219	2.341 3	0.245 6	561.348 9
168		32	219	2.335 3	0.244 3	597.957 9
169	1 800	6	239	2.707 8	0.309 8	127.966 5
170		8	239	2.701 3	0.308 3	170.403 2
171		10	238	2.694 9	0.306 9	212.730 7
172		12	238	2.688 4	0.305 5	254.949 3
173		14	237	2.681 9	0.304 0	297.059 2
174		16	237	2.675 5	0.302 6	339.060 5

表 G.1 SDH 球冠形封头总深度、内表面积、容积和质量(续)

序号	直径(D)/mm	名义厚度(δ_n)/mm	总深度(H)/mm	内表面积(A)/m²	容积(V)/m³	质量(m)/kg
175	1 800	18	236	2.669 0	0.301 2	380.953 6
176		20	235	2.662 6	0.299 8	422.738 6
177		22	235	2.656 1	0.298 3	464.415 3
178		24	234	2.649 7	0.296 9	505.984 3
179		26	234	2.643 3	0.295 5	547.445 9
180		28	233	2.636 9	0.294 1	588.799 9
181		30	233	2.630 5	0.292 7	630.046 6
182		32	232	2.624 1	0.291 4	671.186 3
183	1 900	6	253	3.018 2	0.364 6	142.608 9
184		8	252	3.011 4	0.363 0	189.914 1
185		10	252	3.004 5	0.361 4	237.104 2
186		12	251	2.997 7	0.359 8	284.179 2
187		14	251	2.990 8	0.358 2	331.139 4
188		16	250	2.984 0	0.356 6	377.984 9
189		18	249	2.977 2	0.355 0	424.715 8
190		20	249	2.970 4	0.353 4	471.332 6
191		22	248	2.963 6	0.351 8	517.835 4
192		24	248	2.956 8	0.350 3	564.224 2
193		26	247	2.950 1	0.348 7	610.499 5
194		28	247	2.943 3	0.347 1	656.661 1
195		30	246	2.936 5	0.345 6	702.709 2
196		32	245	2.929 8	0.344 0	748.644 5
197	2 000	6	266	3.345 4	0.425 6	158.044 2
198		8	266	3.338 2	0.423 8	210.482 4
199		10	265	3.331 0	0.422 0	262.799 2
200		12	264	3.323 8	0.420 2	314.994 8
201		14	264	3.316 6	0.418 4	367.069 5
202		16	263	3.309 4	0.416 6	419.023 6
203		18	263	3.302 2	0.414 9	470.857 0
204		20	262	3.295 1	0.413 1	522.570 1
205		22	262	3.287 9	0.411 4	574.163 0

表 G.1 SDH 球冠形封头总深度、内表面积、容积和质量(续)

序号	直径(D)/mm	名义厚度(δ_n)/mm	总深度(H)/mm	内表面积(A)/m^2	容积(V)/m^3	质量(m)/kg
206	2 000	24	261	3.280 8	0.409 6	625.636 0
207		26	261	3.273 6	0.407 9	676.988 9
208		28	260	3.266 5	0.406 2	728.222 5
209		30	259	3.259 4	0.404 4	779.336 3
210		32	259	3.252 3	0.402 7	830.331 2
211	2 100	8	279	3.681 9	0.490 9	232.107 8
212		10	278	3.674 3	0.489 0	289.815 8
213		12	278	3.666 7	0.487 0	347.396 5
214		14	277	3.659 2	0.485 1	404.850 1
215		16	277	3.651 6	0.483 1	462.177 0
216		18	276	3.644 1	0.481 2	519.377 1
217		20	276	3.636 6	0.479 2	576.450 7
218		22	275	3.629 1	0.477 3	633.398 3
219		24	274	3.621 6	0.475 4	690.219 6
220		26	274	3.614 1	0.473 4	746.914 7
221		28	273	3.606 6	0.471 5	803.484 5
222		30	273	3.599 1	0.469 6	859.928 8
223		32	272	3.591 6	0.467 7	916.247 4
224	2 200	8	292	4.042 4	0.564 9	254.790 6
225		10	292	4.034 5	0.562 7	318.153 9
226		12	291	4.026 5	0.560 6	381.384 1
227		14	291	4.018 6	0.558 4	444.481 0
228		16	290	4.010 7	0.556 3	507.444 9
229		18	290	4.002 8	0.554 1	570.276 0
230		20	289	3.994 9	0.552 0	632.974 7
231	2 200	22	288	3.987 0	0.549 9	695.540 8
232		24	288	3.979 2	0.547 8	757.974 8
233		26	287	3.971 3	0.545 6	820.276 9
234		28	287	3.963 5	0.543 5	882.447 1
235		30	286	3.955 6	0.541 4	944.485 4
236		32	286	3.947 8	0.539 3	1 006.393 0

表 G.1　SDH 球冠形封头总深度、内表面积、容积和质量(续)

序号	直径(D)/mm	名义厚度(δ_n)/mm	总深度(H)/mm	内表面积(A)/m^2	容积(V)/m^3	质量(m)/kg
237	2 300	8	306	4.419 8	0.645 9	278.530 7
238		10	305	4.411 5	0.643 5	347.813 8
239		12	305	4.403 2	0.641 2	416.957 5
240		14	304	4.394 9	0.638 8	485.961 9
241		16	304	4.386 6	0.636 5	554.827 3
242		18	303	4.378 4	0.634 1	623.553 8
243		20	302	4.370 1	0.631 8	692.141 8
244		22	302	4.361 9	0.629 5	760.590 9
245		24	301	4.353 6	0.627 2	828.902 2
246		26	301	4.345 4	0.624 8	897.075 0
247		28	300	4.337 2	0.622 5	965.110 0
248		30	300	4.329 0	0.620 2	1 033.007 0
249		32	299	4.320 8	0.617 9	1 100.767 0
250	2 400	8	319	4.813 9	0.734 3	303.328 2
251		10	319	4.805 3	0.731 7	378.795 2
252		12	318	4.796 6	0.729 2	454.117 1
253		14	318	4.788 0	0.726 6	529.293 0
254		16	317	4.779 4	0.724 0	604.324 5
255		18	316	4.770 7	0.721 5	679.210 6
256		20	316	4.762 1	0.719 0	753.952 1
257		22	315	4.753 5	0.716 4	828.548 9
258		24	315	4.744 9	0.713 9	903.001 3
259		26	314	4.736 3	0.711 4	977.309 3
260		28	314	4.727 8	0.708 8	1 051.474 0
261		30	313	4.719 2	0.706 3	1 125.493 0
262		32	312	4.710 6	0.703 8	1 199.370 0

表 G.1　SDH 球冠形封头总深度、内表面积、容积和质量(续)

序号	直径(D)/mm	名义厚度(δ_n)/mm	总深度(H)/mm	内表面积(A)/m^2	容积(V)/m^3	质量(m)/kg
263	2 500	8	333	5.225 0	0.830 5	329.182 8
264		10	332	5.215 9	0.827 7	411.098 3
265		12	331	5.206 9	0.824 9	492.862 4
266		14	331	5.197 9	0.822 1	574.474 8
267		16	330	5.188 9	0.819 3	655.936 2
268		18	330	5.179 9	0.816 5	737.246 3
269		20	329	5.171 0	0.813 8	818.405 2
270		22	329	5.162 0	0.811 0	899.413 6
271		24	328	5.153 0	0.808 3	980.271 9
272		26	327	5.144 1	0.805 5	1 060.980 0
273		28	327	5.135 2	0.802 8	1 141.538 0
274		30	326	5.126 2	0.800 1	1 221.945 0
275		32	326	5.117 3	0.797 3	1 302.203 0
276	2 600	8	346	5.652 8	0.934 6	356.094 7
277		10	345	5.643 4	0.931 6	444.723 1
278		12	345	5.634 1	0.928 6	533.193 5
279		14	344	5.624 7	0.925 6	621.506 3
280		16	344	5.615 3	0.922 6	709.662 5
281		18	343	5.606 0	0.919 6	797.660 7
282		20	343	5.596 6	0.916 6	885.502 3
283		22	342	5.587 3	0.913 6	973.187 0
284		24	341	5.578 0	0.910 6	1 060.715 0
285		26	341	5.568 7	0.907 6	1 148.086 0
286		28	340	5.559 4	0.904 7	1 235.302 0
287		30	340	5.550 1	0.901 7	1 322.361 0
288		32	339	5.540 8	0.898 8	1 409.265 0

表 G.1 SDH 球冠形封头总深度、内表面积、容积和质量(续)

序号	直径(D)/mm	名义厚度(δ_n)/mm	总深度(H)/mm	内表面积(A)/m^2	容积(V)/m^3	质量(m)/kg
289	2 700	8	359	6.097 5	1.047 2	384.063 8
290		10	359	6.087 8	1.043 9	479.669 0
291		12	358	6.078 0	1.040 7	575.110 6
292		14	358	6.068 3	1.037 4	670.388 4
293		16	357	6.058 6	1.034 2	765.503 2
294		18	357	6.048 9	1.030 9	860.453 9
295	2 700	20	356	6.039 2	1.027 7	955.241 9
296		22	355	6.029 5	1.024 5	1 049.867 0
297		24	355	6.019 8	1.021 3	1 144.330 0
298		26	354	6.010 1	1.018 1	1 238.630 0
299		28	354	6.000 4	1.014 9	1 332.767 0
300		30	353	5.990 8	1.011 7	1 426.742 0
301		32	353	5.981 1	1.008 5	1 520.556 0
302	2 800	8	373	6.559 1	1.168 4	413.090 5
303		10	372	6.548 9	1.164 9	515.936 9
304		12	372	6.538 8	1.161 4	618.614 0
305		14	371	6.528 7	1.157 9	721.120 7
306		16	371	6.518 7	1.154 4	823.458 3
307		18	370	6.508 6	1.150 9	925.626 4
308		20	369	6.498 5	1.147 4	1 027.625 0
309		22	369	6.488 5	1.144 0	1 129.455 0
310		24	368	6.478 4	1.140 5	1 231.116 0
311		26	368	6.468 4	1.137 1	1 332.609 0
312		28	367	6.458 4	1.133 6	1 433.933 0
313		30	367	6.448 3	1.130 2	1 535.088 0
314		32	366	6.438 3	1.126 8	1 636.075 0

表 G.1　SDH 球冠形封头总深度、内表面积、容积和质量（续）

序号	直径(D)/mm	名义厚度(δ_n)/mm	总深度(H)/mm	内表面积(A)/m^2	容积(V)/m^3	质量(m)/kg
315	2 900	8	386	7.037 4	1.298 7	443.174 2
316		10	386	7.027 0	1.294 9	553.526 4
317		12	385	7.016 5	1.291 1	663.702 8
318		14	384	7.006 0	1.287 4	773.703 2
319		16	384	6.995 6	1.283 6	883.528 4
320		18	383	6.985 1	1.279 9	993.177 6
321		20	383	6.974 7	1.276 2	1 102.651 0
322		22	382	6.964 3	1.272 4	1 211.951 0
323		24	382	6.953 9	1.268 7	1 321.075 0
324		26	381	6.943 5	1.265 0	1 430.023 0
325		28	380	6.933 1	1.261 3	1 538.798 0
326		30	380	6.922 7	1.257 6	1 647.398 0
327		32	379	6.912 3	1.254 0	1 755.825 0
328	3 000	8	400	7.532 6	1.438 3	474.315 1
329		10	399	7.521 8	1.434 2	592.437 7
330		12	398	7.511 0	1.430 2	710.377 8
331		14	398	7.500 1	1.426 2	828.135 8
332		16	397	7.489 3	1.422 2	945.712 5
333		18	397	7.478 5	1.418 1	1 063.108 0
334		20	396	7.467 7	1.414 2	1 180.321 0
335		22	396	7.457 0	1.410 2	1 297.353 0
336		24	395	7.446 2	1.406 2	1 414.204 0
337		26	394	7.435 4	1.402 2	1 530.875 0
338		28	394	7.424 7	1.398 3	1 647.365 0
339		30	393	7.413 9	1.394 3	1 763.674 0
340		32	393	7.403 2	1.390 4	1 879.803 0

附 录 H
(资料性)
封头订货技术条件

H.1 在封头订货技术文件中采购方应明确规定所需封头的全部要求。这些要求包括但不限于下列内容：

a) 封头规格(名称、类型代号、直径、名义厚度、最小成形厚度)，可用封头设计标记的形式注明；

b) 考虑封头成形工艺等减薄时，封头加工的投料厚度 δ_s 应在订货技术文件中约定；

c) 当封头拼接焊缝有特别要求时，应在订货技术文件中注明；

d) 封头与筒体对接的基准为外圆周长或内圆直径，应在订货技术文件中确定；

e) 如果直边高度与5.1.2的规定不同，应在订货技术文件中注明；

f) 封头材料(包括使用状态)及复验要求；

g) 封头的坡口型式(参照附录J)；

h) 制造、检验和验收的标准；

i) 应提供相应封头的设计图样(必要时)；

j) 热处理的要求；

k) 焊接试件以及母材热处理试件的要求；

l) 无损检测的要求；

m) 耐腐蚀检验的要求(必要时)；

n) 铁素体量测量要求；

o) 压力容器的类别；

p) 对于分瓣制作的封头，应约定交货状态(整体、分瓣、预组对等)以及验收技术要求；

q) 对于平底形封头，应约定制造、检验和验收的其他要求(如平面度)；

r) 标志要求(6.4、第8章)；

s) 涂敷与运输包装要求；

t) 其他订货要求(如抛光、酸洗等)。

H.2 本文件未规定的其他封头的类型及型式参数的标注，可参照本文件的标注方法确定。

H.3 不同于本文件中的以及超过表4、表5范围(如倾斜度、外圆周长公差、内圆直径公差等)的要求，应在订货技术文件中约定。

附 录 I
(资料性)
封头成形厚度减薄率

封头成形厚度减薄率见表 I.1。

表 I.1 封头成形厚度减薄率

直径(D)/mm	投料厚度(δ_s)/mm	一般成形方法	厚度减薄率/%		备注("★"为常用成形方法)
			THA/THB	EHA/EHB	
150≤D<300	3≤δ_s<8	冷冲压法	11	12	★
		热冲压法	12	14	
	8≤δ_s<12	冷冲压法	9	10	★
		热冲压法	11	12	
	12≤δ_s<16	冷冲压法	7	8	
		热冲压法	9	10	★
300≤D<600	6≤δ_s<8	冷冲压法	10	12	★
		热冲压法	12	14	
	8≤δ_s<12	冷冲压法	9	11	★
		热冲压法	11	13	
	12≤δ_s<18	冷冲压法	9	9	★
		热冲压法	11	10	★
	18≤δ_s≤40	热冲压法	10	9	★
600≤D<1 000	6≤δ_s<8	冷冲压法	12	13	★
		热冲压法	11	13	
	8≤δ_s<12	冷冲压法	11	12	★
		热冲压法	9	11	
	12≤δ_s<26	冷冲压法	9	11	
		热冲压法	10	12	★
	26≤δ_s≤60	热冲压法	8	9	★
1 000≤D<1 800	6≤δ_s<8	冷冲压法	14	15	★
		热冲压法	16	16	
		冷旋压法	17	18	
	8≤δ_s<14	冷冲压法	12	15	★
		热冲压法	14	14	
		冷旋压法	16	17	
	14≤δ_s<26	冷冲压法	9	11	
		热冲压法	10	10	★
		冷旋压法	13	14	★
	26≤δ_s≤60	冷旋压法	11	14	
		热冲压法	9	11	★

表 I.1 封头成形厚度减薄率(续)

直径(D)/mm	投料厚度(δ_s)/mm	一般成形方法	厚度减薄率/%		备注("★"为常用成形方法)
			THA/THB	EHA/EHB	
1 800≤D<2 600	6≤δ_s<8	冷冲压法	14	16	★
		热冲压法	18	19	
		冷旋压法	17	18	★
	8≤δ_s<14	冷冲压法	13	14	★
		热冲压法	15	15	
		冷旋压法	16	17	★
	14≤δ_s<26	冷冲压法	10	12	★
		热冲压法	10	10	
		冷旋压法	14	16	★
	26≤δ_s≤60	冷旋压法	13	14	
		热冲压法	8	11	★
2 600≤D<3 200	8≤δ_s<10	冷冲压法	14	15	★
		热冲压法	15	17	
		冷旋压法	17	18	★
	10≤δ_s<16	冷冲压法	12	14	★
		热冲压法	16	16	
		冷旋压法	16	17	★
	16≤δ_s<26	冷冲压法	10	11	
		热冲压法	11	10	★
		冷旋压法	14	15	
	26≤δ_s<36	冷旋压法	13	15	★
		热旋压法	14	14	
		热冲压法	8	10	★
	36≤δ_s≤60	热旋压法	13	15	
		热冲压法	8	7	★
3 200≤D<4 200	10≤δ_s<16	冷旋压法	15	16	★
		热冲压法	16	16	
	16≤δ_s<26	冷旋压法	12	16	★
		热冲压法	8	8	
	26≤δ_s<36	冷旋压法	13	16	★
		热旋压法	14	15	
		热冲压法	8	8	★
	36≤δ_s≤60	热旋压法	14	16	
		热冲压法	7	8	★

表 I.1 封头成形厚度减薄率(续)

直径(D)/mm	投料厚度(δ_s)/mm	一般成形方法	厚度减薄率/%		备注("★"为常用成形方法)
			THA/THB	EHA/EHB	
$4\ 200 \leqslant D < 6\ 000$	$12 \leqslant \delta_s < 16$	冷旋压法	16	17	★
		热冲压法	17	17	
	$16 \leqslant \delta_s < 26$	冷旋压法	15	15	★
		热冲压法	7	7	
	$26 \leqslant \delta_s < 36$	冷旋压法	13	18	★
		热冲压法	8	9	★
	$36 \leqslant \delta_s \leqslant 60$	分割法	7	10	
		热冲压法	7	9	★
$6\ 000 \leqslant D < 8\ 000$	$14 \leqslant \delta_s < 24$	冷旋压法	17	18	★
		热冲压法	17	18	
		分割法	8	10	★
	$24 \leqslant \delta_s < 36$	冷旋压法	17	19	★
		热冲压法	11	11	
		分割法	7	9	★
	$36 \leqslant \delta_s \leqslant 80$	分割法	8	10	★
		热冲压法	9	9	
$8\ 000 \leqslant D \leqslant 10\ 000$	$16 \leqslant \delta_s < 36$	冷旋压法	21	22	
		分割法	8	10	★
	$30 \leqslant \delta_s \leqslant 80$	分割法	6	7	★

注:以上减薄率是依据投料的实际厚度为基准进行核算的,具体使用时需考虑钢板实际厚度偏差的影响。

附 录 J
(资料性)
封头坡口型式及代号

J.1 封头坡口型式及代号见表 J.1 和表 J.2。

表 J.1 封头外坡口和内坡口型式及代号

序号	型式及代号	外坡口(VO)	内坡口(VI)
1	代号	VO30/1	VI30/1
	坡口型式	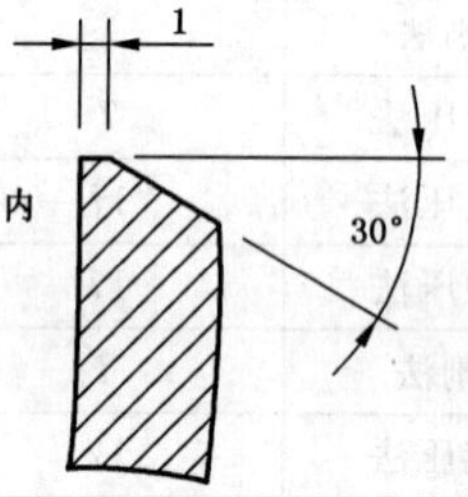	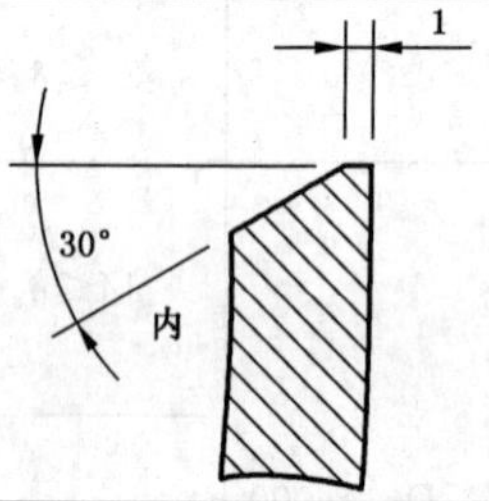
2	代号	8-VO30/F	8-VI30/F
	坡口型式	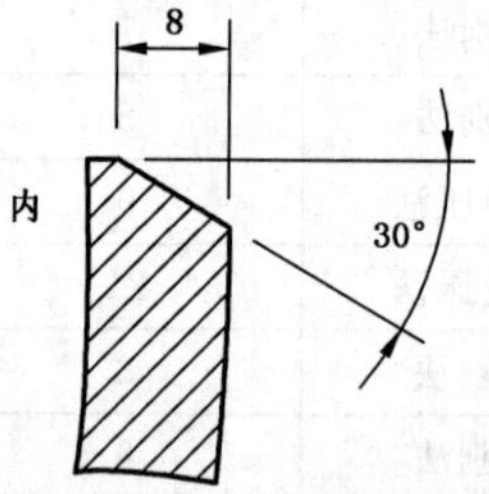	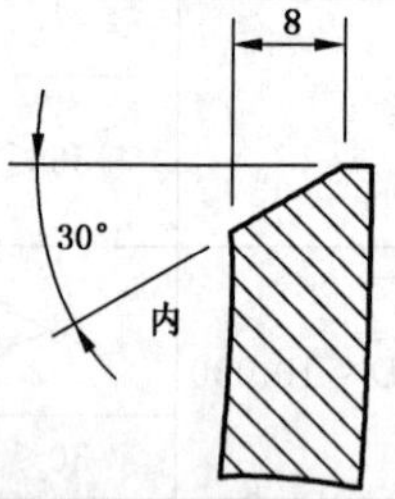
3	代号	6-VO30/1 外锥 1/3F	6-VI30/1 外锥 1/3F
	坡口型式	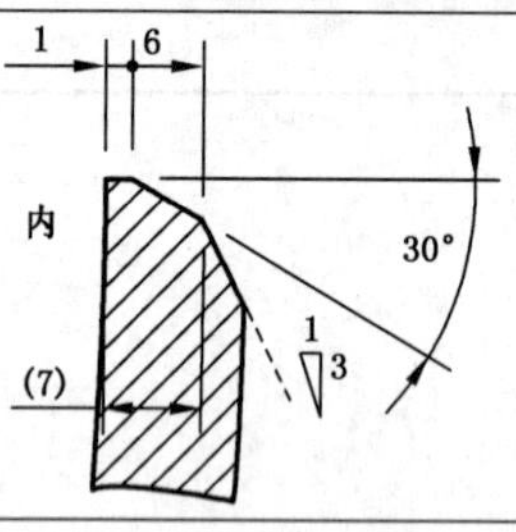	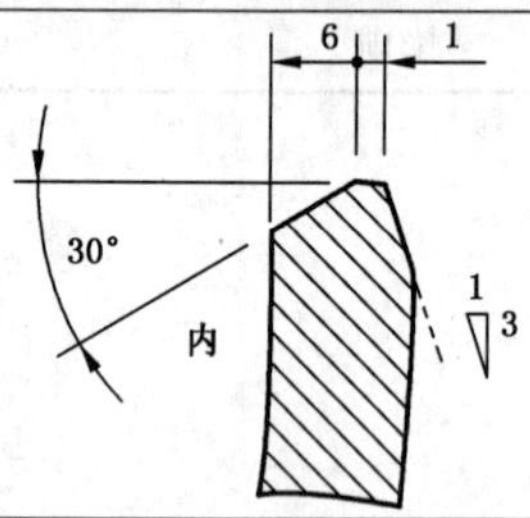
4	代号	6-VO30/1 内锥 1/3F	6-VI30/1 内锥 1/3F
	坡口型式	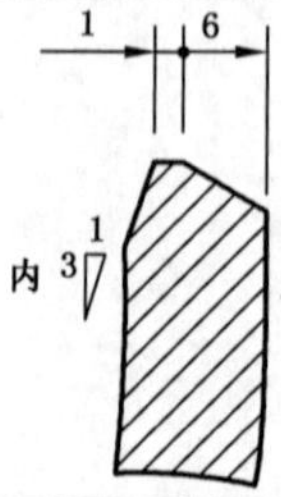	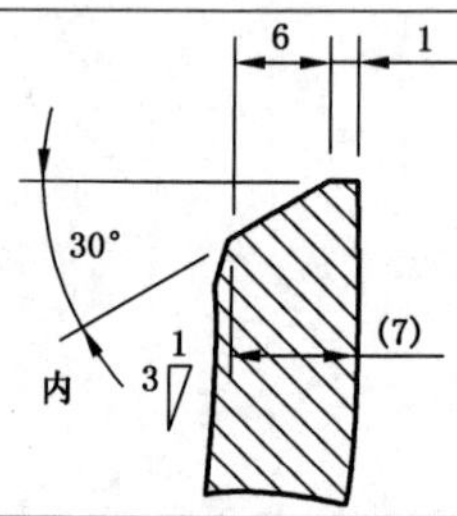

表 J.2 封头双面坡口型式及代号

序号	型式及代号	X 型(或双面坡口)	
1	代号	F-VI30,R2,5-VO30	5-VI30,R2,F-VO30
	坡口型式	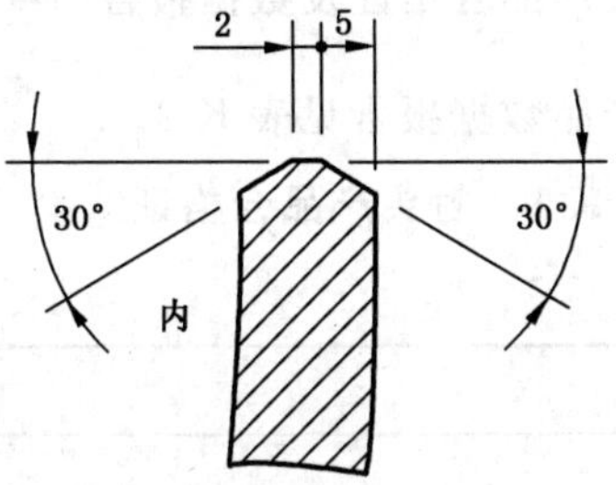	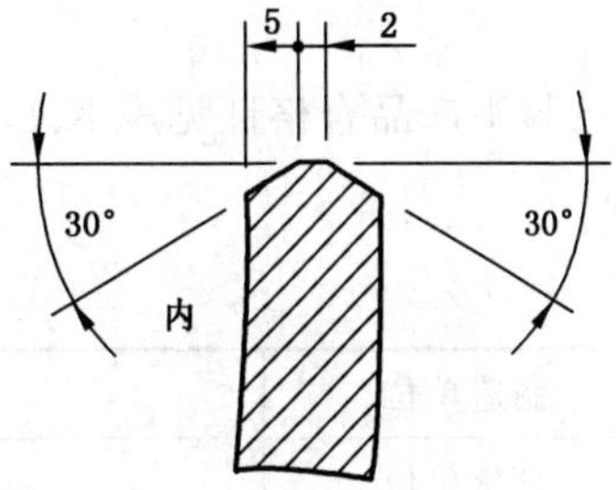
2	代号	5-VI30,R2,3-VO30 外锥 1/3F	5-VI30,R2,3-VO30 内锥 1/3F
	坡口型式	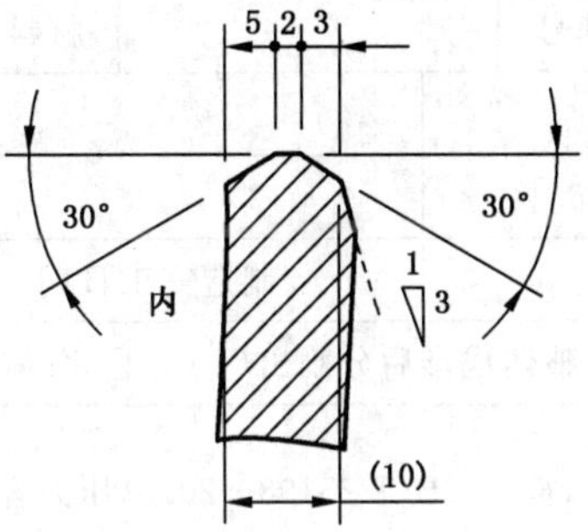	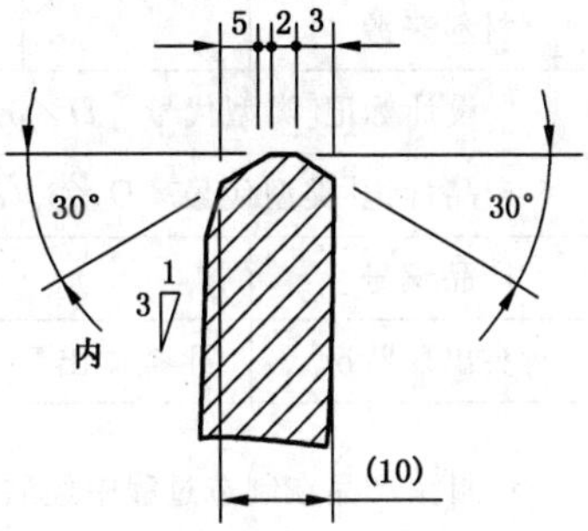
注：VO:封头外坡口;VI:封头内坡口;F:剩余尺寸;R:坡口钝边尺寸;内:封头内侧。			

J.2 当坡口尺寸不同于表 J.1、表 J.2 时,可按相应的坡口型式对应的代号生成对应坡口代号。

附　录　K
（资料性）
封头产品合格证及数据报告

封头产品合格证见表 K.1，封头产品数据报告见表 K.2。

表 K.1　封头产品合格证

编号：＿＿＿＿＿＿＿＿

<table>
<tr><td>制造单位</td><td colspan="5"></td></tr>
<tr><td>订货单位</td><td colspan="5"></td></tr>
<tr><td>订货编号</td><td colspan="2"></td><td colspan="2">订货技术条件文件编号或图号</td><td></td></tr>
<tr><td>材料来源</td><td></td><td>材料牌号</td><td></td><td>材料标准</td><td></td></tr>
<tr><td colspan="3">设计标记[类型代号　$D\times\delta_n(\delta_{min})$]</td><td colspan="3"></td></tr>
<tr><td colspan="3">产品标记[类型代号　$D\times\delta_n(\delta_{min})-\delta_s$]</td><td colspan="3"></td></tr>
<tr><td>产品编号</td><td colspan="2"></td><td colspan="2">制造完工日期</td><td></td></tr>
<tr><td>封头出厂状况</td><td colspan="5">□ 整体出厂　□ 整体成形后分割出厂　□ 分瓣出厂</td></tr>
<tr><td colspan="6">该封头产品在制造过程中经质量检验，符合 GB/T 25198—2023《压力容器封头》以及其设计文件或订货技术条件的要求。

质量负责人签章：　　　　日期：

企业法人签章：　　　　日期：

质量检验专用章：　　　　年　月　日</td></tr>
<tr><td colspan="6">备注：(企业联系方式等)</td></tr>
</table>

表 K.2 封头产品数据报告

编号：________________

1.订货编号：________________

2.产品编号：________________

3.成形方法：________________

4.材料复验：________________ 报告编号：________________

5.热处理：________________ 报告编号：________________

热处理母材试件理化报告：________ 热处理经历描述：________

6.焊接试件：________________ 焊接试件理化报告：____________

7.耐腐蚀试验：________________ 报告编号：________________

8.焊接接头无损检测：

无损检测项目	目视检测 VT	射线检测 RT	超声检测 UT	磁粉检测 MT	渗透检测 PT	衍射时差法超声检测 TOFD
检测标准						
检测比例						
合格级别						
技术等级						
报告编号						

9.封头外观及形状尺寸检验记录/mm：

序号	1	2	3			4	5	6	7	8		9	10	11
检测项目	炉批号	外周长	□内圆直径 □外圆直径			圆度	r_i	成品最小厚度	总深度(总高度)	形状偏差 mm		直边高度	直边倾斜度	焊缝余高
			最小值	最大值	平均值					内凹	外凸			
规定值														
封头编号														

10.不锈钢封头铁素体量测量值/%：

□椭圆形、碟形、平底形	直边部位				转角过渡部位				顶部			
□锥形	大端部位				中间部位				小端部位			
□半球形	端口部位				中间部位				顶部			
测量点	1	2	3	4	1	2	3	4	1	2	3	4
封头编号												

11.封头拼接焊缝布置及标志图：________________

12.其他需要说明的事项：________________

检验员/日期		质量负责人/日期	

注：型式与基本参数以其成形方法相同的封头，可列在同一表中。

附 录 L
(资料性)
常见材料的密度

常见材料的密度见表 L.1。

表 L.1 常见材料的密度

单位为吨每立方米

序号	材料名称(牌号)		密度
1	碳钢	—	7.85
2	不锈钢	S30408(06Cr19Ni10)	7.93
		S30403(022Cr19Ni10)	7.90
		S30409(07Cr19Ni10)	7.90
		S31008(06Cr25Ni20)	7.98
		S31608(06Cr17Ni12Mo2)	8.00
		S31603(022Cr17Ni12Mo2)	8.00
		S31668(06Cr17Ni12Mo2Ti)	7.90
		S39042(015Cr21Ni26Mo5Cu2)	8.00
		S31708(06Cr19Ni13Mo3)	8.00
		S31703(022Cr19Ni13Mo3)	7.98
		S32168(06Cr18Ni11Ti)	8.03
		S21953(022Cr19Ni5Mo3Si2N)	7.70
		S22253(022Cr22Ni5Mo3N)	7.80
		S22053(022Cr23Ni5Mo3N)	7.80
		S11348(06Cr13Al)	7.75
		S11972(019Cr19Mo2NbTi)	7.75
		S11306(06Cr13)	7.75
3	铜	二号、三号纯铜(T2、T3)	8.94
		二号无氧铜(TU2)	8.94
		一号脱氧铜(TP1)	8.94
		二号脱氧铜(TP2)	8.94
		96 黄铜(H96)	8.85
		80 黄铜(H80)	8.65
		68 黄铜(H68)	8.50
		62 黄铜(H62)	8.43
		59-1 铅黄铜(HPb59-1)	8.50
		77-2 铝黄铜(HAL77-2)	8.33
		70-1 锡黄铜(HSn70-1)	8.53
3	铜	62-1 锡黄铜(HSn62-1)	8.45
		85A 加砷黄铜(H85A)	8.65
		68A 加砷黄铜(H68A)	8.50
		5 铝青铜(QAL5)	8.17
		9-4 铝青铜(QAL9-4)	7.58
		3-1 硅青铜(QSi3-1)	8.40
		19 普通白铜(B19)	8.94
		10-1-1 铁白铜(BFe10-1-1)	8.94
		30-1-1 铁白铜(BFe30-1-1)	8.94
		—	—
4	钛	工业纯钛 TA0,TA1,TA2,TA3,TA1G,TA2G,TA3G	4.51
		TA8,TA8-1,TA9,TA9-1	4.51
		TA10	4.52～4.54
5	铝	1060、1200、5456 等	2.71
		2014、2024	2.80
		3003	2.74
		5052、6063	2.68
		5083、5086、5154	2.66
6[a]	镍	N6,N7(N02200)	8.89
		N5(N02201)	8.89
		NCu30(N04400)	8.83
		(N04405)	8.83
		(N06002)	8.23
		(N06007)	8.31
		(N06022)	8.69
		(N06030)	8.22
		(N06045)	8.00

表 L.1 常见材料的密度(续)

单位为吨每立方米

序号		材料名称(牌号)	密度	序号		材料名称(牌号)	密度
6[a]	镍	(N06059)	8.60	6[a]	镍	(N08904)	8.00
		(N06200)	8.50			(N09825)	8.11
		(N06230)	8.97			NS321(N10001)	9.24
		NS335(N06455)	8.64			(N10003)	8.86
		NS312(N06600)	8.30			NS334(N10276)	8.87
		(N06617)	8.42			(N10629)	9.22
		NS336(N06625)	8.44			NS322(N10665)	9.22
		(N06686)	8.73			(N10675)	9.22
		NS315(N06690)	8.11			(N12160)	8.08
		(N06975)	8.17			(R20033)	8.10
		(N06985)	8.31			(R30556)	8.23
		NS143(N08020)	8.05			(R31233)	8.48
		(N08028)	8.00	7	锆	Zr-1(R60700)	6.51
		(N08031)	8.10			Zr-3(R60702)	6.51
		(N08320)	8.05			Zr-5(R60705)	6.64
		(N08367)	8.06			—	—
		NS111(N08800)	8.03			—	—
		NS112(N08810)	8.03			—	—
		(N08811)	8.03			—	—
		NS142(N08825)	8.10			—	—

[a] 序号 6 括号中的代号是美国的统一数字代号。

ICS 23.020.30
J 74

中华人民共和国国家标准

GB/T 26466—2011

固定式高压储氢用钢带错绕式容器

Stationary flat steel ribbon wound vessels for storage of high pressure hydroge

2011-05-12 发布　　2011-12-01 实施

中华人民共和国国家质量监督检验检疫总局
中国国家标准化管理委员会　发布

前　言

本标准由全国锅炉压力容器标准化技术委员会(SAC/TC 262)提出并归口。

本标准起草单位:浙江大学化工机械研究所、巨化集团公司工程有限公司、中国电子工程设计院、北京飞驰绿能电源技术有限公司。

本标准主要起草人:郑津洋、魏春华、徐平、叶晓茹、陈霖新、张立芳、刘建虎、刘贤信、朱国辉。

引　言

钢带错绕式压力容器是我国首创的一种压力容器结构形式。自1964年研制成功以来,我国已制造钢带错绕式氨合成塔、甲醇合成塔、氨冷凝器、铜液吸收塔、水压机蓄能器、高压气体储罐等7 000多台。经过40多年的理论分析、试验研究和工程应用,我国已系统地建立了钢带错绕式压力容器的优化设计理论,积累了丰富的设计、制造、使用经验。

1980年我国颁布了JB 1149—80《扁平钢带压力容器技术条件》。1996年和1997年该型容器分别列入美国机械工程师学会锅炉压力容器规范案例2229和2269,即Case2229 Design of Layered Vessels Using Flat Ribbon Wound Cylindrical Shells, Section Ⅷ, Division 1和Case2269 Design of Layered Vessels Using Flat Ribbon Wound Cylindrical Shells, Section Ⅷ, Division 2,可用于制造设计压力在70 MPa以内、直径为250 mm～3 000 mm、设计温度不超过427 ℃的压力容器。

本标准是在总结钢带错绕式压力容器产品(特别是固定式高压储氢用钢带错绕式容器)设计、制造、使用经验的基础上,结合国内外的最新研究成果制定的。

固定式高压储氢用钢带错绕式容器

1 范围

本标准规定了固定式高压储氢用钢带错绕式容器的设计、制造、检验和验收要求。

本标准适用于同时满足以下条件的固定式高压储氢用钢带错绕式容器：

a) 设计压力大于或等于 10 MPa 且小于 100 MPa；

b) 设计温度大于或等于－40 ℃且小于或等于 80 ℃；

c) 内直径大于或等于 300 mm 且小于或等于 1 500 mm，设计压力(MPa)与内直径(mm)的乘积不大于 75 000。

2 规范性引用文件

下列文件中的条款通过本标准的引用而成为本标准的条款。凡是注日期的引用文件，其随后所有的修改单(不包括勘误的内容)或修订版均不适用于本标准，然而，鼓励根据本标准达成协议的各方研究是否可使用这些文件的最新版本。凡是不注日期的引用文件，其最新版本适用于本标准。

GB/T 228—2002　金属材料　室温拉伸试验方法

GB/T 229—2007　金属材料　夏比摆锤冲击试验方法

GB 713—2008　锅炉和压力容器用钢板

GB 3531—2008　低温压力容器用低合金钢钢板

GB 6653—2008　焊接气瓶用钢板和钢带

JB 4708—2000　钢制压力容器焊接工艺评定

JB/T 4711—2003　压力容器涂敷与运输包装

JB 4726—2000　压力容器用碳素钢和低合金钢锻件

JB 4727—2000　低温压力容器用低合金钢锻件

JB 4728—2000　压力容器用不锈钢锻件

JB/T 4730.2—2005　承压设备无损检测　第 2 部分：射线检测

JB/T 4730.3—2005　承压设备无损检测　第 3 部分：超声检测

JB/T 4730.5—2005　承压设备无损检测　第 5 部分：渗透检测

JB 4732—1995　钢制压力容器—分析设计标准(2005 年确认版)

JB 4733—1996　压力容器用爆炸不锈钢复合钢板

3 定义、符号

3.1 定义

3.1.1

固定式高压储氢用钢带错绕式容器　stationary flat steel ribbon wound vessels for storage of high pressure hydrogen

在较薄的内筒外面倾角错绕多层扁平钢带(层数为偶数)，钢带与筒体环向成一定倾角，相邻层钢带绕向相反,且仅将每层钢带两端与半球形封头和加强箍相焊接所构成的高压储氢容器(型式见图1、图2,容器对外接口型式根据工艺要求确定)。

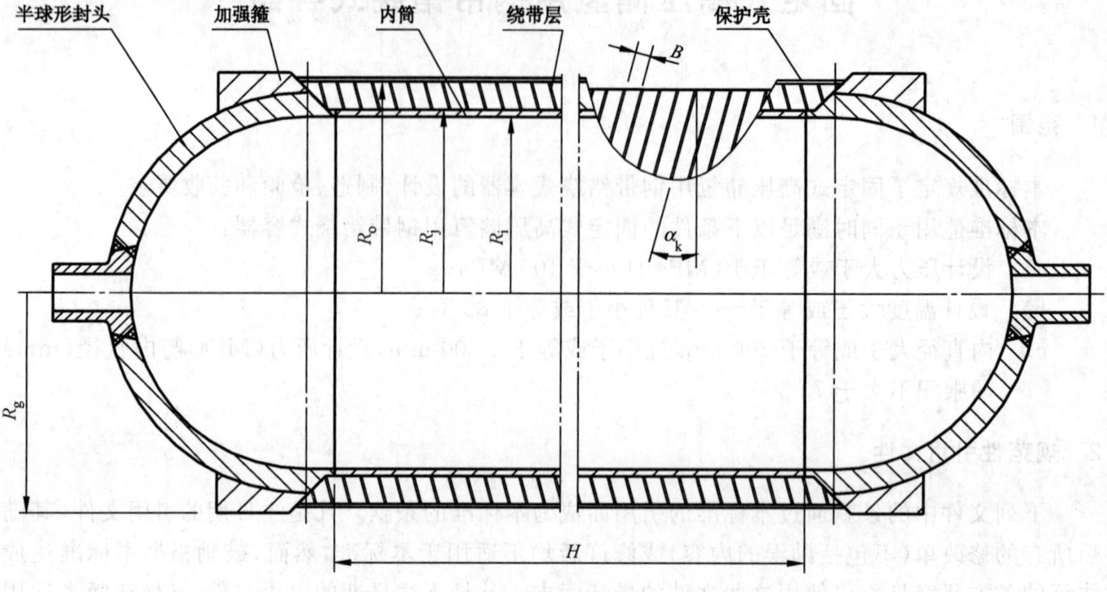

图1 固定式高压储氢用钢带错绕式容器结构简图

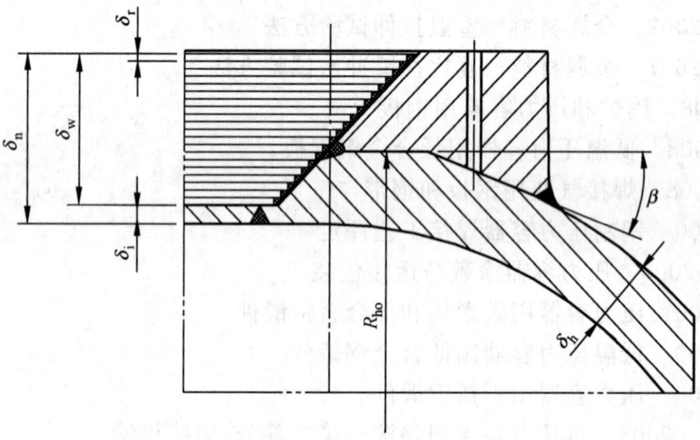

图2 容器端部局部示意图

3.1.2

绕带筒体 flat steel ribbon wound cylindrical shell

由内筒和错绕钢带层组成的筒体。

3.1.3

轴向爆破压力 axial bursting pressure

按容器轴向极限承载能力确定的爆破压力。

3.1.4

环向爆破压力 hoop bursting pressure

按容器环向极限承载能力确定的爆破压力。

3.2 符号

下列符号适用于本标准：

B——钢带宽度,mm；

D_i——容器内直径,mm；

D_k——第 k 层钢带平均直径,mm；

D_o——容器外直径,mm；

E_{ic}——内筒材料在设计疲劳曲线中规定的弹性模量,MPa；

E_{in}——内筒材料常温弹性模量,MPa；

E_m——材料常温弹性模量,MPa；

E_{wc}——钢带材料在设计疲劳曲线中规定的弹性模量,MPa；

E_{wn}——钢带材料常温弹性模量,MPa；

e_m——竣工液压试验压力下,绕带筒体周长平均伸长量,mm；

e_{th}——竣工液压试验压力下,与绕带筒体尺寸相同的单层圆筒周向伸长量,mm；

f——疲劳强度减弱系数,$f=1.25$；

H——内筒筒体长度,mm；

j——壁厚比,容器内筒名义厚度与绕带筒体名义厚度之比；

K——绕层外半径与容器内半径之比,$K=R_o/R_i$；

K_1——内筒径比,$K_1=R_j/R_i$；

K_2——钢带层径比,$K_2=R_o/R_j$；

m——钢带层数；

m_k——第 k 层钢带根数；

N——预计循环次数；

p——设计压力,MPa；

p_b^z——绕带筒体的轴向爆破压力,MPa；

p_b^θ——绕带筒体的环向爆破压力,MPa；

p_s^z——绕带筒体的轴向全屈服压力,MPa；

p_s^θ——绕带筒体的环向全屈服压力,MPa；

p_T——容器液压试验压力,MPa；

p_{Ti}——内筒液压试验压力,MPa；

R_g——加强箍外半径,mm；

R_{ho}——半球形封头圆柱部分半径,mm；

R_i——内筒内半径,mm；

R_j——内筒外半径,mm；

R_o——绕层外半径,mm；

R_{eLi}——内筒材料标准常温屈服强度,MPa；

R_{eLh}——半球形封头材料标准常温屈服强度,MPa；

R_{eLw}——钢带材料标准常温屈服强度,MPa；

R_{mi}——内筒材料标准常温抗拉强度下限值,MPa；

R_{mh}——半球形封头材料标准常温抗拉强度下限值,MPa；

R_{mw}——钢带材料标准常温抗拉强度下限值,MPa;

R_{α}——考虑倾角错绕削弱的绕层修正外半径,$R_{\alpha}=R_j+(R_o-R_j)(\cos^2\alpha+0.3\sin^2\alpha)$,mm;

S_{alt}——内筒交变应力强度幅,MPa;

S_{alt}^{d}——钢带交变应力强度幅,MPa;

$S_{alt}{}'$——考虑弹性模量修正后的内筒交变应力强度幅,MPa;

$S_{alt}^{d}{}'$——考虑弹性模量修正后的钢带交变应力强度幅,MPa;

S_m——绕带筒体材料常温设计应力强度,$S_m=jS_{mi}+(1-j)yS_{mw}$,MPa;

S_{mi}——内筒材料常温设计应力强度,MPa;

S_{mh}——半球形封头材料常温设计应力强度,MPa;

S_{mw}——钢带材料常温设计应力强度,MPa;

$S_{i\alpha}$——根据预计循环次数和内筒材料运用设计疲劳曲线所得的许用交变应力强度幅,MPa;

$S_{w\alpha}$——根据预计循环次数和钢带材料运用设计疲劳曲线所得的许用交变应力强度幅,MPa;

S_{zr}——内筒轴向、径向主应力差的波动范围,MPa;

$S_{\theta r}$——内筒环向、径向主应力差的波动范围,MPa;

y——钢带倾角错绕引起的环向削弱系数,一般取 $y=0.9$;

α——钢带相对于容器环向的平均倾角,$\alpha=15°\sim30°$;

α_k——第 k 层钢带的倾角;

δ——绕带筒体计算厚度,mm;

δ_h——半球形封头名义厚度,mm;

δ_i——内筒名义厚度,mm;

δ_k——第 k 层钢带的带间间隙,mm;

δ_n——绕带筒体名义厚度,mm;

δ_r——钢带厚度,mm;

δ_w——钢带层名义厚度,mm;

λ_k——第 k 层钢带的导程,mm;

σ_{ir}——内筒径向应力,MPa;

σ_{iz}——内筒轴向应力,MPa;

$\sigma_{i\theta}$——内筒环向应力,MPa;

σ_{Ti}——竣工液压试验压力下内筒应力,MPa;

σ_{Tw}——竣工液压试验压力下最外层钢带应力,MPa;

σ_w——最外层钢带应力,MPa;

Δp——内压波动范围,MPa。

4 总则

本标准规定范围内的固定式高压储氢用钢带错绕式容器的设计、制造、检验与验收除应符合本标准规定外,还应符合 JB 4732 中的有关规定,并遵守国家颁布的有关压力容器的法律、法规和标准。

5 材料

5.1 用于内筒、封头的钢板，其标准常温抗拉强度下限值应不大于 540 MPa。

5.2 不锈钢复合钢板应符合以下规定：

a) 复材为 0Cr18Ni9、00Cr19Ni10 或 00Cr17Ni14Mo2；基材为 Q345R 或 16MnDR；

b) 复合钢板的级别为 JB 4733 中规定的 B1 级。

5.3 用于内筒、封头的钢板，其复验要求如下：

a) 逐张按 GB/T 228 进行室温拉伸试验，对不锈钢复合钢板仅复验基材。合格指标按相应钢材标准；

b) 逐张按 GB/T 229 进行夏比(V 型缺口)冲击试验，对不锈钢复合钢板仅复验基材。冲击试验温度为设计温度或按图样的规定。合格指标按 JB 4732 中相应规定；

c) 逐张进行超声检测，其质量等级不低于 JB/T 4730.3 中规定的Ⅱ级。对不锈钢复合钢板进行贴合率检测，合格指标按 JB 4733 中相应规定。

5.4 锻件应符合 JB 4726～JB 4728 中相应规定，锻件的级别应不小于Ⅲ级。

5.5 钢带材料为 Q345R、16MnDR 或 HP345，厚度为 4 mm～8 mm，宽度为 80 mm～160 mm，其常温设计应力强度按表 1 规定。

表 1

MPa

钢号	钢材标准	常温强度指标		常温设计应力强度
		抗拉强度	屈服强度	
Q345R	GB 713－2008	510	345	196
16MnDR	GB 3531—2008	490	315	188
HP345	GB 6653—2008	510	345	196

6 设计

6.1 筒体

6.1.1 筒体厚度

6.1.1.1 绕带筒体计算厚度按式(1)计算：

$$\delta=\frac{pD_{\mathrm{i}}}{2S_{\mathrm{m}}-p} \qquad (1)$$

6.1.1.2 绕带筒体名义厚度按式(2)计算：

$$\delta_{\mathrm{n}}=\delta_{\mathrm{i}}+\delta_{\mathrm{w}}=\delta_{\mathrm{i}}+m\delta_{\mathrm{r}} \qquad (2)$$

式中 m 取偶数，δ_{i}不小于$\frac{1}{8}\delta_{\mathrm{n}}$。

6.1.2 钢带缠绕参数

6.1.2.1 钢带平均缠绕倾角

钢带平均缠绕倾角按式(3)计算：

$$\alpha=\arccos\sqrt{\frac{0.95(K_2^2-1)R_{\mathrm{mw}}+R_{\mathrm{mi}}\left[0.95(K_1^2-1)/K_1^2-2\ln K_1/\sqrt{3}\right]}{R_{\mathrm{mw}}\left[\ln K_2+0.831\ 25(K_2^2-1)\right]}} \qquad (3)$$

6.1.2.2 钢带缠绕平均导程

钢带缠绕平均导程按式(4)计算：

$$\lambda = 2\pi\left(\frac{R_o + R_j}{2}\right)\tan\alpha \quad \cdots\cdots(4)$$

设计时应根据绕带机床实际导程数值选定，导程 λ 可以数层或者全部钢带取同一数值，以方便钢带缠绕操作，具体根据带间间隙 δ_k 值确定(见 6.1.2.5)。

6.1.2.3 各层钢带的缠绕倾角

各层钢带的缠绕倾角按式(5)计算：

$$\alpha_k = \arctan(\lambda_k / \pi D_k) \quad \cdots\cdots(5)$$

6.1.2.4 同层钢带根数

同层钢带根数按式(6)计算：

$$m_k = (\pi D_k / B)\sin\alpha_k \quad \cdots\cdots(6)$$

计算结果取小于 m_k 的最大整数。

6.1.2.5 带间间隙

带间间隙按式(7)计算：

$$\delta_k = (\pi D_k / m_k)\sin\alpha_k - B \quad \cdots\cdots(7)$$

同层钢带中，相邻钢带的间隙应不大于 3 mm。当第 k 层钢带的间隙 δ_k 计算值大于 3 mm 时，须改变导程，使 δ_k 不大于 3 mm。

6.1.3 爆破压力校核

6.1.3.1 环向爆破压力

环向爆破压力按式(8)计算：

$$p_b^\theta = \frac{2}{\sqrt{3}}R_{mi}\ln K_1 + R_{mw}\cos^2\alpha\ln K_2 \quad \cdots\cdots(8)$$

要求：$\frac{p_b^\theta}{p} > 2.6$。

6.1.3.2 轴向爆破压力

轴向爆破压力按式(9)计算：

$$p_b^z = \frac{K_1^2 - 1}{K_1^2}R_{mi} + R_{mw}(\sin^2\alpha + 0.125\cos^2\alpha)(K_2^2 - 1) \quad \cdots\cdots(9)$$

要求：$\frac{p_b^z}{p} > 2.6$。

6.1.4 全屈服压力校核

6.1.4.1 环向全屈服压力

环向全屈服压力按式(10)计算：

$$p_s^\theta = \frac{2}{\sqrt{3}}R_{eLi}\ln K_1 + R_{eLw}\cos^2\alpha\ln K_2 \quad \cdots\cdots(10)$$

要求：$\frac{p_s^\theta}{p} > 1.5$。

6.1.4.2 轴向全屈服压力

轴向全屈服压力按式(11)计算：

$$p_s^z=\frac{K_1^2-1}{K_1^2}R_{eLi}+R_{eLw}(\sin^2\alpha+0.125\cos^2\alpha)(K_2^2-1) \qquad (11)$$

要求：$\frac{p_s^z}{p}>1.5$。

6.1.5 容器疲劳分析

6.1.5.1 筒体

根据预计循环次数 N，按 JB 4732 分别确定内筒、钢带的许用交变应力强度幅 $S_{i\alpha}$ 和 $S_{w\alpha}$。

6.1.5.1.1 内筒轴向应力按式(12)计算：

$$\sigma_{iz}=\frac{R_i^2 p}{(R_j^2-R_i^2)+(R_o^2-R_j^2)(\sin^2\alpha+0.3\cos^2\alpha)} \qquad (12)$$

6.1.5.1.2 内筒径向应力按式(13)计算：

$$\sigma_{ir}=-p \qquad (13)$$

6.1.5.1.3 内筒环向应力按式(14)计算：

$$\sigma_{i\theta}=\frac{p(R_\alpha^2+R_i^2)}{R_\alpha^2-R_i^2} \qquad (14)$$

6.1.5.1.4 内筒疲劳校核按式(15)～式(17)计算：

$$S_{zr}=\frac{\Delta p}{p}(\sigma_{iz}-\sigma_{ir}) \qquad (15)$$

$$S_{\theta r}=\frac{\Delta p}{p}(\sigma_{i\theta}-\sigma_{ir}) \qquad (16)$$

$$S_{alt}=0.5\max(S_{zr},S_{\theta r}) \qquad (17)$$

考虑弹性模量修正后的内筒交变应力强度幅按式(18)计算：

$$S_{alt}'=S_{alt}\frac{E_{ic}}{E_{in}} \qquad (18)$$

要求：$S_{alt}'<S_{i\alpha}$。

6.1.5.1.5 最外层钢带应力按式(19)计算：

$$\sigma_w=\frac{2pR_i^2}{\cos^2\alpha(R_\alpha^2-R_i^2)} \qquad (19)$$

6.1.5.1.6 钢带疲劳校核按式(20)计算：

$$S_{alt}^d=0.5\frac{\Delta p}{p}\sigma_w \qquad (20)$$

考虑弹性模量修正和疲劳强度减弱系数 f 后的钢带交变应力强度幅按式(21)计算：

$$S_{alt}^{d}{}'=S_{alt}^d f\frac{E_{wc}}{E_{wn}} \qquad (21)$$

要求：$S_{alt}^{d}{}'<S_{w\alpha}$。

6.1.5.2 其他受压元件的疲劳设计按 JB 4732 执行。

6.2 半球形封头

半球形封头主体部分按 JB 4732 的有关规定进行设计。圆柱部分的半径 R_{ho} 按式(22)计算：

$$R_{ho}=R_i+\delta_h-8 \qquad (22)$$

半球形封头圆锥部分的倾角 β 取 15°。

6.3 加强箍

加强箍外半径按式(23)计算：

$$R_g \geqslant R_i + \delta_n + 10 \quad \cdots\cdots (23)$$

6.4 开孔补强

6.4.1 容器只允许在半球形封头上开径向孔。

6.4.2 开孔补强按 JB 4732 第 10 章计算。

7 液压试验

内筒制作完毕和容器整体制作完毕后，应分别按图样要求进行内筒液压试验和竣工液压试验。试验液体采用水。水中的氯离子含量不得超过 25 mg/L。

7.1 试验压力

内筒液压试验按式(24)计算：

$$p_{Ti} = S_{mi} \frac{\delta_i}{R_i} \quad \cdots\cdots (24)$$

竣工液压试验按式(25)计算：

$$p_T = 1.25p \quad \cdots\cdots (25)$$

7.2 液压试验前的应力校核

内筒应力按式(26)计算：

$$\sigma_{Ti} = \frac{p_T (R_\alpha^2 + R_i^2)}{R_\alpha^2 - R_i^2} \quad \cdots\cdots (26)$$

最外层钢带应力按式(27)计算：

$$\sigma_{Tw} = \frac{2p_T R_i^2}{\cos^2\alpha (R_\alpha^2 - R_i^2)} \quad \cdots\cdots (27)$$

上述应力不得超过试验温度下材料屈服强度的 90%。

7.3 试验温度

液压试验用水的温度不得低于 5 ℃。

7.4 试验方法

7.4.1 试验时容器顶部应设排气口，充液时应将容器内的空气排尽。

7.4.2 试验过程中，应保持容器观察表面的干燥。当容器壁金属温度与液体温度接近时，缓慢升压，达到规定试验压力后，保压时间不少于 30 min。然后将压力降至规定试验压力的 80%，并保持足够长的时间以此来对两端斜面焊缝部位、周长等进行检查。

7.4.3 竣工液压试验时，应在最外层钢带两端离端部焊缝 800 mm 处与容器中部测量周长，取两组测量值，第一组取自竣工液压试验前的零压力状态；第二组取自竣工液压试验期间。应在规定试验压力下至少保压 5 min 后，在规定试验压力下进行测量。计算周长平均伸长量 e_m。

7.4.4 按下式计算相同尺寸单层圆筒周向伸长量 e_{th} 按式(28)计算：

$$e_{th} = \frac{10.68 R_o p_T R_i^2}{E_m (R_o^2 - R_i^2)} \quad \cdots\cdots (28)$$

7.4.5 试验完成后用压缩空气将水吹干。

7.5 合格要求

7.5.1 内筒液压试验后,同时符合下列条件为合格:

a) 无渗漏;

b) 无可见变形;

c) 试验过程中无异常响声。

7.5.2 竣工液压试验后,同时符合下列条件为合格:

a) 无渗漏;

b) 无可见变形;

c) 试验过程中无异常响声(带层应力调整可能发出的轻微摩擦响声属正常现象);

d) e_m和e_{th}之比在0.5～1.0之间。

8 制造与检验

8.1 内筒筒节成形

8.1.1 同一断面上最大内直径与最小内直径之差应不大于该断面内直径D_i的0.5%,且不大于4 mm;A类焊接接头形成的棱角E,用弦长等于$1/6D_i$且不小于300 mm的内样板或外样板检查,其E值应不大于2 mm。

8.1.2 A类焊接接头对口错边量不大于钢板复层厚度的50%,且不大于1.5 mm。

8.2 内筒组装

8.2.1 相邻筒节的A类接头焊缝中心线间外圆弧长以及封头A类接头焊缝中心线与相邻筒节的A类接头焊缝中心线间外圆弧长应大于内筒厚度的3倍,且不小于100 mm。筒体直线度应符合图样要求,当图样未提出要求时,应不大于$H/1\,000$,且不大于12 mm。

8.2.2 B类焊接接头形成的棱角E应不大于2 mm。

8.2.3 B类焊接接头对口错边量应不大于钢板复层厚度的50%,且不大于2 mm。

8.2.4 除封闭焊缝内表面外,内筒其余焊缝的内、外表面均须修磨至与母材齐平,且不应存在咬边。封闭焊缝应采用气体保护焊打底。

8.2.5 内筒A、B类焊接接头应采用双面焊或相当于双面焊的全熔透对接接头。

8.3 热处理

内筒焊接接头焊后应进行消除应力热处理。内筒焊接接头的返修应在热处理前进行。热处理后如有返修,补焊后应重新进行热处理。

8.4 无损检测

8.4.1 内筒A、B类焊接接头经形状尺寸和外观检查合格后,应进行100%射线检测,检测技术等级采用AB级,其质量等级应不低于JB/T 4730.2—2005中规定的Ⅱ级。

8.4.2 采用复合钢板制作的容器,内筒焊接接头经射线检测合格后,应进行100%渗透检测(封闭焊缝除外),其质量等级应不低于JB/T 4730.5—2005中规定的Ⅰ级。

8.5 钢带缠绕

8.5.1 钢带缠绕前应将内筒外表面的铁锈、油污及影响贴合的杂物清除干净。

8.5.2 各层钢带应按图样规定的缠绕倾角和预拉应力进行缠绕,并记录测力装置读数。钢带缠绕过程中,应实测并记录各层钢带的实际厚度,并确保各层钢带的实际厚度总和大于钢带层设计厚度,否则,应增加钢带层数。

8.5.3 同层钢带中,相邻钢带的间隙应均匀分布,不得因间距不均匀而切割钢带侧边。

8.5.4 每层钢带缠绕后应进行松动面积检查,每根钢带上的松动面积应不超过该钢带总面积的15%。

8.5.5 每层钢带的始末两端应尽量与其内层贴合,并通过焊接钢带端部长度大于或等于两倍钢带宽度的带间间隙使之得到加强与箍紧。每层钢带端部焊缝处均应修磨平整,并用不小于5倍的放大镜对焊缝进行外观检查,不应有咬边、密集气孔、夹渣、裂纹等缺陷。必要时可进行磁粉或渗透检测。

8.5.6 钢带允许作45°斜边对接拼接处理,对接接头应采用全熔透结构,拼接前应按JB 4708进行焊接工艺评定。对缠绕于容器上的每层钢带,这种对接接头不应超过三处,且在一根钢带上只允许一处,拼接长度不小于500 mm。

9 标志、包装、贮运

9.1 各项检验合格后,应加上保护壳。保护壳上应有泄放孔或者安装在线泄漏检测装置。

9.2 容器制作完毕后,内表面应吹扫干净,并用氮气置换容器内空气,管口用盲板封闭。

9.3 容器制作完毕后,机械加工面涂清漆一道,非加工面涂防锈漆两道。

9.4 所有螺孔部位、密封面应加油封,没有装配的零件、配件装箱保护随机出厂。

9.5 容器出厂应有铭牌标志,其内容应符合JB 4732中相应的规定。

9.6 容器的涂敷与运输包装应符合JB/T 4711的规定。

ICS 23.020.30
J 74

中华人民共和国国家标准

GB/T 26929—2011

压力容器术语

Terminology for pressure vessels

2011-09-29 发布 2012-02-01 实施

中华人民共和国国家质量监督检验检疫总局
中国国家标准化管理委员会 发布

前言

本标准由全国锅炉压力容器标准化技术委员会(SAC/TC 262)提出并归口。

本标准起草单位:中国石化工程建设公司、中国特种设备检测研究院、合肥通用机械研究院、全国化工设备设计技术中心站。

本标准主要起草人:李世玉、寿比南、王为国、杨国义、李景辰、秦叔经、田英、曾小军、王非、陈志伟。

本标准为首次制定。

压力容器术语

1 范围

本标准给出了广泛应用于压力容器的基本技术用语。

本标准适用于压力容器的建造、安装、改造和使用等各方面。

2 术语及定义

2.1 一般术语

2.1.1

压力 pressure

垂直作用在物体单位面积上的力,即物理学中的压强。

注1:我国法定计量单位和国际单位制(SI)中的压力单位是帕[斯卡],1帕=1牛顿每平方米,即:1 Pa=1 N/m²。

注2:根据计量的基准不同,可以用绝对压力(absolute pressure)和表压力(gauge pressure)表示。绝对压力是以绝对真空时零压力为基准计量的压力,在压力单位后加字母a表示。表压力是以环境大气压力为基准计量的压力,即容器内部压力与环境大气压力的差值,在压力单位后加字母g表示。在压力容器建造和使用过程中,如无特别指明,谈及压力即指表压力。

2.1.2

环境大气压力 ambient atmosphere pressure

压力容器所在地的大气压力。

注:在压力容器建造过程中,如无特殊要求,一般取环境大气压力为0.1 MPa(a)。

2.1.3

真空度 degree of vacuum

表示真空状态下气体的稀薄程度,即是负表压力的绝对值。

注1:在压力容器建造过程中,单位多采用Pa。

注2:表压力为负值时,表明容器为真空状态。全真空(full vacuum)时表压力为−0.1 MPa(g)。

2.1.4

温度 temperature

表示物体冷热程度的度量。

注:在我国法定计量单位和国际单位制中采用热力学温度(thermodynamic temperature),以符号T表示,单位是K。常用的还有摄氏温度t(℃)和华氏温度t(℉)。其间数值关系如下:

$$t(℃)=T(K)-273.15$$

$$t(℉)=1.8t(℃)+32$$

2.1.5

环境温度 ambient temperature

容器所在地周围的媒质温度。

注1：通常为容器周围的大气温度。

注2：环境的极端温度(extreme temperature)是指历年来的最低(最高)大气温度。

2.1.6

月平均最低气温　mean monthly minimum temperature

当月各天的最低气温值相加后除以当月天数。

2.1.7

介质(物料)　contents;fluids

容器使用过程中的内部盛装物。

注1：使用过程可以指正常生产过程,也可以是切换再生、吹扫清洗等其他非正常生产过程。

注2：在正常生产过程中,习惯地称容器的内装介质为物料。

注3：在过程工业中,由于绝大部分介质或物料是以"流体"形式存在,所以在技术文件中也常以"流体"(fluids)作为介质或物料。流体(fluids)是指气体、液体、蒸汽以及他们的混合物,其中可以含有一定量的固体悬浮物质。

2.1.8

容积　volume

V

对于容器或容器腔(室),是指在其对外连接的第一个密封面或第一道焊缝坡口面范围内的内部体积,扣除不可拆内件的体积。

注：特定容积可使用修饰词表示,如几何容积、公称容积。

2.1.9

建造　construction

包括如下一系列工作的整个过程：材料选择、设计、制造、检验、试验、验收、表面清理和涂覆、超压泄放装置的选用以及合格出证等。

2.2　关于容器及其构件的术语

2.2.1

压力容器　pressure vessel

压力作用下盛装流体介质的密闭容器。

注："密闭"在这里是指以容器对外连接管口为界限的范围内能够形成一个独立的承压空间。

2.2.2

内压容器　vessel under internal pressure

正常操作时,其内部压力高于外部压力的容器。

2.2.3

外压容器　vessel under external pressure

正常操作时,其外部压力高于内部压力的容器。

注：在外压容器中,如果容器内部介质压力(绝对压力)小于环境大气压,即在真空状态下工作的容器,这种容器又可称为真空容器(vacuum vessel)。

2.2.4

常压容器　atmospheric vessel

与环境大气直接连通或工作(表)压力为零的容器。

注：在我国压力容器标准体系中,设计压力在大于－0.02 MPa(g)、小于0.1 MPa(g)之间的压力容器称为"常压容器"[vessel for design pressure between greater than－0.02 MPa(g) and less than 0.1 MPa(g)]。

2.2.5

固定式压力容器　stationary pressure vessel

安装在固定位置使用的压力容器。

注：对于为了某一特定用途、仅在装置或场区内部搬动、使用的压力容器亦应按固定式压力容器建造。

2.2.6

移动式压力容器　transportable pressure vessel

安装在交通工具上、作为运输装备的压力容器。

注：目前在我国压力容器法规体系中，移动式压力容器仅包括铁路罐车、汽车罐车、罐式集装箱、长管拖车、管束式集装箱等安装在陆路运输工具上和部分使用水路运输工具的容器产品。

2.2.7

腔(室)　chamber

容器中介质所在的相对独立的密闭空间。

注1："密闭空间"在这里是指：以该腔(室)对外连接管口为界限的范围内能够形成一个独立的承压空间。

注2：一台容器可以由单个腔(室)构成，也可由多个腔(室)组成，如：夹套容器、换热器等。

2.2.8

元件　part；component

组成压力容器的基本单元零件，如各种形状壳体、封头、法兰、垫板、支承圈等。

注：一台完整的压力容器既有受压元件又有非受压元件。

2.2.9

受压元件　pressure part

承受压力载荷(包括内压或外压)的容器零部件。

注：指保存、封闭压力介质的容器壳体元件和其他密闭元件，开孔补强圈，外压加强圈等。

2.2.10

非受压元件　non-pressure part

为满足使用要求与容器直接或间接连接而不承受(或不考虑)压力载荷的零部件。

注1：指支座(或吊耳)及其垫板，保温圈，塔盘支承圈等。

注2：非受压元件通常是承载(非压力载荷)元件。

2.3　关于压力参数的术语

2.3.1

工作压力　operating pressure；working pressure

p_w

在正常工作情况下，容器顶部可能达到的最高压力。

注1："正常工作情况"是指在连续正常操作的生产过程中，该容器能够在其规定的设计条件(环境、物料、温度、压力等)范围内正常、安全运行的状态。

注2：工作压力有时亦称操作压力。

2.3.2

设计压力　design pressure

p_d

设定的容器顶部最高压力，与相应的设计温度一起作为该容器的基本设计条件，其值不低于工作压力。

注：一台压力容器或一个独立的压力腔(室)，在某一特定操作工况设计条件下，具有唯一的设计压力值。

2.3.3

试验压力　test pressure

p_{T}

在进行耐压试验或泄漏试验时容器顶部的压力

2.3.4

最高允许工作压力　maximum allowable working pressure

MAWP

在指定的相应温度下,容器顶部所允许承受的最大压力。该压力是根据容器各受压元件的有效厚度,考虑了该元件承受的所有载荷而计算得到,且取最小值。

注1:指定的相应温度,一般是指某一操作工况条件时的设计温度,也可以是根据需要规定的其他温度,如最低设计金属温度时所对应的最高允许工作压力。

注2:当压力容器的设计文件没有给出最高允许工作压力时,如需要,可以认为该容器的设计压力即是最高允许工作压力。

2.4　关于温度参数的术语

2.4.1

工作温度　operating temperature; working temperature

t_{w}

在规定的正常工作情况下,容器内物料的温度。

注1:国内外压力容器行业的技术文件中,"工作温度"均指物料的温度。

注2:一台容器内不同部位的物料温度可能不同,必要时应分别指出各部位工作温度。

注3:工作温度有时亦称操作温度。

2.4.2

金属温度　metal temperature

容器使用过程中,沿容器元件金属截面的温度平均值。

注1:容器的不同元件,或同一元件的不同部位,可以有不同的金属温度。

注2:根据工作温度,必要时还应考虑容器环境温度影响,通过传热计算或工程实际经验来确定容器元件的金属温度。

2.4.3

设计温度　design temperature

t_{d}

容器在正常工作情况下,设定的元件金属温度。

注1:设计温度与设计压力一起作为设计载荷条件。

注2:容器各部位在正常工作状态下的金属温度不同时,可分别设定每部分的设计温度。即一台压力容器或一个独立的压力腔(室),在某一操作工况设计条件下,可以同时具有不只一个设计温度值。

2.4.4

试验温度　test temperature

t_{T}

在进行耐压试验或泄漏试验时容器壳体的金属温度。

注:为确保容器在耐压试验或泄漏试验时不致发生低应力脆性断裂,试验时的容器壳体金属温度应保持在某一规定温度之上。

2.4.5

最低设计金属温度　minimum design metal temperature

MDMT

在压力容器设计中,预期该容器在运行过程中各种可能条件下的金属温度的最低值。

注1:"各种可能条件"不但包括正常工作情况,还应考虑可能出现的最低工作温度、工作中的不正常、自动制冷、大气环境温度以及其他制冷因素。

注2:最低设计金属温度是设计选材依据之一,材料的选用除应满足容器各设计工况条件下的使用要求外,还应确保在最低设计金属温度下对材料及其焊接接头的冲击功要求。

中文索引

B

表压力 …………………………………… 2.1.1

C

常压容器 ………………………………… 2.2.4

F

非受压元件 ……………………………… 2.2.10

G

工作温度 ………………………………… 2.4.1
工作压力 ………………………………… 2.3.1
固定式压力容器 ………………………… 2.2.5

H

环境大气压力 …………………………… 2.1.2
环境温度 ………………………………… 2.1.5

J

建造 ……………………………………… 2.1.9
介质 ……………………………………… 2.1.7
金属温度 ………………………………… 2.4.2

N

内压容器 ………………………………… 2.2.2

Q

腔 ………………………………………… 2.2.7
全真空 …………………………………… 2.1.3

R

容积 ……………………………………… 2.1.8

S

设计温度 ………………………………… 2.4.3
设计压力 ………………………………… 2.3.2
室 ………………………………………… 2.2.7
试验温度 ………………………………… 2.4.4
试验压力 ………………………………… 2.3.3
受压元件 ………………………………… 2.2.9

W

外压容器 ………………………………… 2.2.3
温度 ……………………………………… 2.1.4
物料 ……………………………………… 2.1.7

Y

压力 ……………………………………… 2.1.1
压力容器 ………………………………… 2.2.1
移动式压力容器 ………………………… 2.2.6
元件 ……………………………………… 2.2.8
月平均最低气温 ………………………… 2.1.6

Z

真空度 …………………………………… 2.1.3
最低设计金属温度 ……………………… 2.4.5
最高允许工作压力 ……………………… 2.3.4

英文索引

A

ambient atmosphere pressure …… 2.1.2
ambient temperature …… 2.1.5
atmospheric vessel …… 2.2.4

C

chamber …… 2.2.7
component …… 2.2.8
construction …… 2.1.9
contents …… 2.1.7

D

degree of vacuum …… 2.1.3
design pressure …… 2.3.2
design temperature …… 2.4.3

F

fluids …… 2.1.7

M

MAWP …… 2.3.4
maximum allowable working pressure …… 2.3.4
MDMT …… 2.4.5
mean monthly minimum temperature …… 2.1.6
metal temperature …… 2.4.2
minimum design metal temperature …… 2.4.5

N

non-pressure part …… 2.2.10

O

operating pressure …… 2.3.1
operating temperature …… 2.4.1

P

part …… 2.2.8

pressure 2.1.1
pressure part 2.2.9
pressure vessel 2.2.1

S

stationary pressure vessel 2.2.5

T

temperature 2.1.4
test pressure 2.3.3
test temperature 2.4.4
transportable pressure vessel 2.2.6

V

vessel under external pressure 2.2.3
vessel under internal pressure 2.2.2
volume 2.1.8

W

working pressure 2.3.1
working temperature 2.4.1

ICS 23.020.30
J 74

GB

中华人民共和国国家标准

GB/T 27513—2011

载 人 低 压 舱

Hypobaric chamber for human occupancy

2011-11-21 发布 2012-05-01 实施

中华人民共和国国家质量监督检验检疫总局
中国国家标准化管理委员会 发布

前言

本标准按照 GB/T 1.1—2009 给出的规则起草。

本标准由全国锅炉压力容器标准化技术委员会(SAC/TC 262)提出并归口。

本标准负责起草单位:中国人民解放军第三军医大学、贵州风雷航空军械有限责任公司。

本标准主要起草人:高钰琪、曹利飞、陈德明、蔡晓、张建明、蔡浩。

载 人 低 压 舱

1 范围

本标准规定了载人低压舱的材料、设计、制造、试验方法和标志、包装、运输、贮存的要求。

本标准适用于舱内介质为空气、最高气压高度不大于 10 000 m(26.50 kPa)用于医学研究、治疗、仪器与装备高原环境试验、航空训练、低氧训练健身的单人和多人低压舱。

2 规范性引用文件

下列文件对于本文件的应用是必不可少的。凡是注日期的引用文件,仅注日期的版本适用于本文件。凡是不注日期的引用文件。其最新版本(包括所有的修改单)适用于本文件。

GB 150.1～150.4 压力容器

GB/T 191 包装储运图示标志

GB 3096 声环境质量标准

GB 3531 低温压力容器用低合金钢板

GB/T 7134 浇铸型工业有机玻璃板材

GB 9706.1—2007 医用电气设备 第 1 部分:安全通用要求

GB 15763.2—2005 建筑用安全玻璃 第 2 部分:钢化玻璃

GB 17790 家用和类似用途空调器安装规范

GB 18581 室内装饰装修材料 溶剂型木器涂料中有害物质限量

JB/T 4730.2 承压设备无损检测 第 2 部分:射线检测

固定式压力容器安全技术监察规程(以下简称《容规》)

3 术语和定义

下列术语和定义适用于本文件。

3.1

载人低压舱 hypobaric chamber for human occupancy(以下简称低压舱)

使用密封开放式减压系统,将低压舱内气压降低至 10 000 m 海拔高度(不低于 26.5 kPa)以下,进行生物体实验(训练),也可进行装备试验的低压低氧容器。

3.2

密封开放减压系统 airproof be open to decompress system

工作时,低压舱外常压空气经新风进气管路及调节阀减压后进入舱内,再经真空泵排出舱外的密封的不断交换空气的管路、容器和设备系统。

3.3

主舱 main chamber

用于低压、低氧试验或训练的舱室。

3.4

过渡舱 transition chamber

用于从舱外环境向舱内环境传递物品或设备进、出的舱室。

3.5

低压低氧 hypobaric hypoxia

气压低于 101.32 kPa、氧分压低于 20.9 kPa 的状态。

3.6

气压高度 air pressure altitude

在不同的海拔高度下相对应不同的大气压值。

3.7

高度升、降速率 altitude rise drop rate

舱内气压高度上升、下降的平均速度,单位为 m/s。

3.8

标准空气流量 standard airflow value

气体压力为 101.32 kPa,温度 20 ℃时的空气流量值,单位为 m^3/h。

3.9

空气流量 airflow value

不同气压、不同温度条件下,单位时间内通过流体截面的空气量,单位为 m^3/h。

3.10

低温低压舱 low temperature hypobaric chamber

舱内工作温度在 0 ℃以下的低压舱。

3.11

示值误差 instruct value error

在规定的检定条件下,仪器的示值与标准值之差。

3.12

报警误差 alarm error

在规定的检定条件下,实际报警值与仪器的报警设定值之差。

4 产品分类

低压舱按使用情况分为以下两类:

a) A 类——多人低压舱,由主舱和过渡舱构成,人均舱容不小于 3 m^3;

b) B 类——单人低压舱,舱容不小于 1.5 m^3。

注:用于动物试验,但需要实验人员在舱内工作的低压舱,也适用本标准。

5 材料

5.1 低压舱的舱体可使用金属材料、非金属材料制造。

5.2 低压舱内使用的绝热、防水材料必须对生物体无毒。

5.3 金属材料舱体上的递物筒、加强件、接管及其他连接件和承压元件的材料选用应符合 GB 150.1~150.4 的规定。

5.4 低压舱观察窗应选用有机玻璃板材或钢化玻璃,有机玻璃板材应当符合 GB/T 7134 中一等品的规定。钢化玻璃应当符合 GB 15763.2—2005 中第 5 章规定。

5.5 低压舱供氧管路的材料应当选用紫铜、黄铜、铜镍合金、不锈钢,抗氧化的铝管,无毒抗氧化软管。软管材料为尼龙、聚四氟乙烯(PTFE)和橡胶。

5.6 低压舱消声装置的吸声材料应采用环保型无污染、无异味材料。

5.7 低压舱减压系统管路的材料应当采用无缝钢管或不锈钢管,管路阀门密封件材料应当采用铜质金属或合成橡胶,严禁使用对生物体有害的材料。

5.8 舱内装饰材料应符合 5.8.1～5.8.2 的规定。

5.8.1 低压舱内部的涂层应使用金属喷涂或溶剂型涂料,涂料中有害物质的含量,应当符合 GB 18581 的要求。

5.8.2 低温低压舱内装饰应当采用耐冲击、不变性、耐候性佳、防潮性好的材料。

5.9 低压舱卫生间的排污管路和排污器皿材料应当采用耐腐蚀、抗氧化的金属或非金属材料。

5.10 舱内侧低温绝热结构的防水层应采用蒸汽透阻大于 30(m^2 · h · mmHg)/g 的环保低毒材料。

6 设计

6.1 舱体

6.1.1 低压舱舱体及配套压力容器采用钢制材料的应当符合 GB 150.1～150.4 和《固定式压力容器安全技术监察规程》(以下简称《容规》)中的有关规定。对超标准的大开孔、观察窗、中间隔壁等特殊结构,可参照国内外有关标准、规范进行设计。低温容器钢制的材料应当符合 GB 3531,采用其他材料制造的舱体及配套压力容器应当符合相应的标准和规范要求。没有相应国内外标准、规范的,其设计应当由设计单位负责人批准。

6.1.2 低压舱舱体主要由壳体、舱门、观察窗、递物筒、通舱管件等组成。低温低压舱体的通舱管件和装饰构件在穿过绝热层和隔气防潮层时不应当形成“冷桥”。

6.1.3 金属材料舱体的横切面应当采用矩形或圆形,其结构设计应符合 GB 150.1～150.4 和《容规》中的相关规定。

6.1.4 舱体上的门应当为矩形或圆形,矩形门的透光宽度应不小于 650 mm,圆形门的透光直径应不小于 750 mm。设有自动控制的舱门应当配有手动操作机构,手动操作关或开舱门的时间不大于 1 min。

6.1.5 单人舱应当设置两个以上透光直径不小于 150 mm 的观察窗,多人低压舱观察窗的实际尺寸、数量、形状和安装位置,应当便于从舱外观察舱内人员的状况,舱内人员可以看到舱外。

6.1.6 观察窗采用平面有机玻璃时,应当能承受短时临界压力(STCP),短时临界压力不应小于 5 倍设计压力(允许采用经技术负责人批准的试验数据)。

6.1.7 多人舱的主舱和过渡舱,应当分别设置至少一个内径不小于 300 mm 的递物筒,递物筒上应当设置真空压力表和进、排气阀等安全装置和防护装置。

6.1.8 舱体上设置通舱件时,应当将气体、液体、电气、通风、测试的通舱件分开设置。

6.1.9 舱体上应当设置在舱内常压状态下可以进行通风换气的装置。

6.2 参数检测及控制系统

6.2.1 低压舱应当设置高度(气压)、温度、相对湿度、新风量、O_2 浓度、CO_2 浓度等参数的监视仪器仪表。

6.2.2 设置绝对压力传感器测量工作压力的多人舱，在过渡舱上升到主舱的气压高度时，气压高度平衡的精度小于或等于15 m。

6.2.3 低压舱的气压高度升、降速率在0.5 m/s～10 m/s范围内可调，最大高度升、降速率不大于20 m/s。

6.2.4 舱内的氧浓度变化范围为5.5%～21%。

6.2.5 舱内工作压力与气压高度对照见表1。

表1

气压/ kPa	84.56	79.50	70.12	61.66	54.05	47.22	41.11	35.65	30.80	26.50
气压高度/ m	1 500	2 000	3 000	4 000	5 000	6 000	7 000	8 000	9 000	10 000

6.2.6 采用自动控制操作系统的低压舱(含气动、电动调节阀或遥控操舱、计算机集成操舱)，必须同时设置手动操作系统。自动控制操作系统对气压高度控制的控制精度应不低于表2的规定。

表2

气压高度/ m	0～5 000	5 000～10 000
控制精度/ m	±5	±10

6.2.7 自动控制系统故障状态下的应急断开装置(自动断开或手动断开)均应当是所有新风进气和排气通道同时断开。

6.2.8 自动控制系统应当保证操作人员在任意时刻均能及时切断自动控制系统，并有效实施手动控制。

6.3 舱内布置及设施

6.3.1 配置有状态显示设备的舱室，至少应当显示气压高度、气压高度升降速率、O_2含量、CO_2含量、温度和相对湿度等运行参数。

6.3.2 设置有卫生间的舱室，其卫生间面积不小于1.5 m^2，宽度不小于1 m。

6.3.3 卫生间排污管应设置防污物回喷装置，其排污器皿的容积应满足使用要求。

6.4 减压系统

6.4.1 低压舱的主舱和过渡舱应当分别设置独立的减压系统，减压系统应当设置两组以上的真空泵，每组真空泵和减压系统的选择与设计，应当满足舱室在不同气压高度下新风量的要求。

6.4.2 在工作状态下，新风量应不小于30 m^3/h每人。

6.4.3 新风进气口应避开各种污染源且离开地面高度3 m以上。新风进气口前应当设置粉尘颗粒度不大于10 μm的空气过滤除尘装置。

6.4.4 各舱室内、外部应设置舱压应急恢复阀门，并在该阀门附近标有其使用说明铭牌。在真空泵停机状态下,可使用安全速率下降到当地气压高度。

6.4.5 减压系统应当设置减震和消声装置。在最大海拔高度下,舱内的噪声按照 GB 3096 中 1 类要求,且不大于 55 dB(A)。

6.4.6 减压系统气密性应当满足在舱室最高设计气压高度下其泄漏率不大于 6.0%/h。

6.5 通风系统

6.5.1 舱内新风进气管的设计应当满足不同气压高度、载人数量需要的新风进气量的要求。舱内排气口和舱外排气管的设计应当满足保持舱内不同气压高度下抽出最大空气量的要求。舱内不同工作压力下气体流量值与新风进气标方值的转换关系见本标准 8.9。

6.5.2 低压舱内新风管和新风口、抽气口和抽气管的设计,应保证舱内空气充分交换,不应形成舱内气流短路。

6.5.3 舱内新风进气管采用变径管时,进气管变径截面积设计的要求应当满足新风各进气口分配的最大气体流量。

6.5.4 舱内排气口采用变径管时,排气管变径截面积设计的要求应当满足排气口分配的最大气体流量。

6.6 温度调节系统

6.6.1 每个舱室应设置不少于一个的温度监视仪表,温度监视仪表的精度不大于±2 ℃。

6.6.2 配置温度调节系统的舱室,舱内温度变化率不大于 3 ℃/min,温度均匀度不大于 2 ℃。

6.6.3 舱内仅温度调节系统工作时的噪声应不大于 55 dB(A)。

6.6.4 低温低压舱工作温度为 0 ℃以下时,温度控制精度为±1 ℃。

6.6.5 低温低压舱的新风进气预冷设备应当温度可控和具有除霜功能,应当设置除霜积水排水功能。

6.7 电气及照明系统

6.7.1 低压舱的供电电源为:交流电压:(220±22)V、(380±38)V;频率:(50±0.5)Hz。

6.7.2 低压舱应当设置正常照明和应急照明。正常照明时舱内平均照度应不小于 80 lx,照度不均匀度应不大于 60%。科研实验或有特殊要求的舱内正常照明照度,按用户要求适当增加。

6.7.3 低压舱应配置应急电源保护装置,当供电网路中断时,应急电源应当自动投入运行,保持应急照明、应急呼叫、对讲通讯和气压高度测量仪表正常工作时间不少于 30 min。

6.7.4 低压舱接地装置的接地电阻值应当不大于 4 Ω。舱体与接地装置之间应用镀锌扁(圆)钢可靠连接,在舱体和接地装置的连接处应当标有接地符号标记“⏚”。舱内设置的仪器、装置、设备均应符合接地的要求。

6.7.5 电源输入端子与舱体之间应当能承受 50 Hz、1 500 V、历时 1 min 的正弦波试验电压,无闪络和击穿现象。

6.7.6 若配置生物电插座时,生物电插座各插针(接线柱)之间、各插针(接线柱)与舱体间的绝缘电阻应当不小于 100 MΩ。

6.7.7 内部配置有视频音响设备的,其电源应当通过通舱电缆取得,也可直接从舱内设置的电源插座上取得,电源插座应有保护装置。

6.7.8 低压舱的导线和电缆应与输送气体和液体的任何管路分开,且单独敷设。

6.7.9 舱内各类照明和电气设备的电源开关应便于分组识别。

6.8 检测接口

6.8.1 舱体上设置的舱内、外生理电信号连接电气接口,接口应当符合绝缘和密封要求。

6.8.2 舱体上设置的常压气体输入接口,应当符合密封要求。

6.9 安全保障系统

6.9.1 减压系统的新风进气管路和排气管路应设置真空电磁阀,保证停电时阀门关闭,维持舱内工作压力不变。

6.9.2 操纵台应设置航空气压高度表、上升下降速率表,气体物理参数等显示仪表。

6.9.3 操纵台应设置气压高度、停电、停水等声光报警装置,气压高度的报警误差应不大于1%。

6.9.4 设置医用氧供氧系统,氧气源可由供氧中心集中供氧或由独立氧源供氧,向舱内供氧压力应高于工作舱压 0.4 MPa 但大于工作舱压 0.7 MPa,舱内供氧接口不少于舱内设计人数的 40%。

6.9.5 低压舱内各舱室之间应设置通讯系统和应急呼叫装置,应急呼叫装置在操纵台上应设置声、光信号发生装置,舱内人员按动呼叫按钮时应持续发出声、光报警信号,声、光报警信号只能由操纵台上工作人员切断。应急呼叫按钮应有明显标记。

6.9.6 设有监视系统的低压舱,其监视系统观察视野不应有死角。

6.9.7 低压舱应采用手提式水型灭火器。

6.9.8 舱内发生应急情况启动灭火系统时应立即切断电源,但应保持通讯畅通。

7 制造与安装

7.1 舱体制造

7.1.1 低压舱舱体的加工、焊接、热处理和压力试验应符合 GB 150.1～150.4 和《容规》中的相关规定。

7.1.2 低压舱舱体的对接焊缝应按 JB/T 4730.2 中的要求进行 20%的射线探伤检测,对接焊缝的合格级别不低于Ⅲ级,透照质量不低于 A B 级。

7.1.3 低压舱总装完成后,应按试验压力进行气密性试验,保压时间为 1 h,泄漏率小于或等于 5%/h。

7.1.4 低压舱外观表面涂层应平整光滑、色泽均匀,不得有气泡和擦伤痕迹;人员出入和操作中接触的舱体内外表面应平整光滑,不得有尖角及锐边现象。

7.1.5 低压舱所有管路安装要牢固,应当使用胶垫及弹性管夹固定管路,防止管路振动、磨损。

7.1.6 递物筒上应当配置真空压力表,且精度不低于 1.6 级,压力表直径不小于 100 mm。舱内送物筒门应有连锁装置。

7.2 数据测量与控制系统

7.2.1 操纵台上各参数仪表的显示数据应当和舱内各参数仪表的显示数据一致,压力变送器、O_2、CO_2、温度和相对湿度传感器应进行压力补偿和校准。

7.2.2 低温低压舱内设置的各类仪器、仪表和传感元件,应当符合低温、低压状态的要求。

7.3 舱内设施

7.3.1 舱内设置的 O_2、CO_2、温度等检测传感器和压力变送器引压管应安装在舱体中上部。

7.3.2 在舱内壁上应当设置存放物品的储物柜。

7.3.3 舱内设置有热水源的,其热水源装置应当由舱外操作人员控制。

7.3.4 卫生间的生活污水排污管应设置防止污物回喷装置。收集污物的器皿应当设置液位指示报警、真空压力表和排污管阀等装置。

7.3.5 卫生间应设置新风进气口和用于排除异味的排气口。

7.4 减压系统

7.4.1 真空泵的选择应满足舱内设计气压高度下需要的空气流量和速率的要求。

7.4.2 减压系统的控制阀门应当选用对数型减压调节阀。

7.4.3 管路系统中所配置的电磁阀,其绝缘等级不低于E级。

7.4.4 减压系统管路和舱内应当设置消声装置,舱内设计气压高度工作时的噪声值小于或等于55 dB(A)。

7.5 通风系统

7.5.1 低压舱连接室外大气的新风进气口应避开各种污染源,新风进气管入口处应设置过滤器。

7.5.2 在新风进气管路上应设置测量新风标方值的流量检测装置。

7.5.3 进排气管路上设置的所有变径管路截面面积应当满足所需进、排气体的最大流量值,并不得产生啸叫和谐振现象。

7.6 温度调节系统

7.6.1 低温舱应当设置保温层。保温层的厚度,应当满足在25 ℃以下、90%相对湿度时外表面不凝露。

7.6.2 空调器安装应符合GB 17790的要求,室外部分应安装牢固,通风良好,防止阳光直射。

7.6.3 采用水冷式温度调节设备应当设置循环水冷却塔,水泵进水口应安装过滤网。

7.6.4 设置的空调冷凝水、低温融霜水的排水管道、阀门、排水贮水罐和进气阀,应在负压条件下排水通畅。

7.6.5 卫生间排污贮罐应设置液面观察液位计。

7.7 电气及照明系统

7.7.1 舱内电气设备的导线与器件的接点必须采用焊接连接,并应当牢固可靠。

7.7.2 低压舱内电气设备使用的开关、插座、插头及接线盒应满足安全用电要求。

7.7.3 低压舱电气及照明系统所用的导线和电缆必须采用套管加以保护。导线和电缆最大外径应当小于保护套管内径的80%。

7.7.4 设置在舱内的设备及元器件应当隐蔽安装,便于维护和检修。

7.8 安全保障和生命安全系统

7.8.1 舱内和操纵台设置0 m～10 000 m气压高度表、0 m/s～±50 m/s上升下降速率表,以及数字式气压高度、速率指示仪表。在突发停电事故时,气压高度表和上升下降速率表应能准确指示舱内高度,顺利进行手动下降;数字式气压高度、速率指示仪表应具有数据存储、报警和打印功能。

7.8.2 应设置功率不小于2 kW、连续工作时间不少于30 min的在线式应急电源,提供舱内应急照明和控制系统备份电源。

7.8.3 供氧系统的医用瓶装氧气应设置氧气汇流排，氧气汇流排上设置减压阀和不低于1.6级的氧气压力表。

7.8.4 每一舱室应当设置至少一套对讲和呼叫装置。

7.8.5 减压系统的新风进气管和排气管上分别设置常闭式电磁阀，防止减压或稳压过程中停电或真空泵停转造成舱内快速升压引起的人员气压伤。

7.8.6 设置视频监视系统，监控、记录舱内人员的缺氧反应情况。低温舱应采用耐低温监控摄像头。

8 检验方法

8.1 壳体

检查压力容器的有关证明材料。其结果应符合6.1.1、7.1.1～7.1.3的规定。

8.2 舱门

检查舱门的形状结构应符合6.1.4的规定。

8.3 观察窗

用通用量具测量观察窗的尺寸，应符合6.1.5的规定。

检查观察窗透光材料制造厂的产品合格证；用目视法借助放大倍数5倍以上的放大镜进行银纹检查，其结果应符合5.4的规定。

8.4 递物筒

检查递物筒的安全装置和防护装置的可靠性，并用通用量具测量递物筒内径，其结果应符合6.1.7的规定。

8.5 人均舱容的检查

低压舱每个舱室人均舱容按式(1)分别计算，其值应符合本标准第4章的规定。

$$\text{人均舱容} = \frac{\text{舱室容积}}{\text{舱室设计人数}} \qquad \cdots\cdots(1)$$

式中：

舱室容积——按舱室几何尺寸计算所得的容积，单位为立方米(m^3)。

8.6 自动控制系统的检查

8.6.1 主舱和过渡舱分别上升时，其高度分别控制，但是，过渡舱上升高度达到主舱高度与主舱对接时，控制系统应自动地将过渡舱的高度控制转换为主舱的高度-气压信号控制，过渡舱下降后，控制系统应自动地将过渡舱的高度控制转换为过渡舱自身的高度-气压信号控制。

8.6.2 检查自动控制系统和备用手动控制系统，其结果应符合6.2.6的规定。

8.7 舱室高度升、降速率检验

8.7.1 上升速率检验

打开真空泵，使舱室由当地气压高度 H_a 升至海拔高度 H(高度差大于或等于2 000 m)，用秒表测出升高所需时间 t，按式(2)计算所得值应符合6.3的规定。

$$V_s = \frac{H - H_a}{t} \qquad \cdots\cdots(2)$$

式中：

V_s ——舱室升高速率，单位为米每秒(m/s)；

H ——升高后的舱室高度，单位为米(m)；

H_a——舱室当地气压高度，单位为米(m)；

t ——升高时间，单位为秒(s)。

8.7.2 下降速率检验

打开真空泵，使舱室预置在海拔高度 H(高度大于或等于 5 000 m)，将高度降至 H' 且使 H' 大于当地气压高度 500 m，用秒表测出降低高度所需时间 t，按式(3)计算所得值应符合 6.2.3 的规定。

$$V_j=\frac{H-H'}{t} \qquad \cdots\cdots(3)$$

式中：

V_j ——舱室降低高度速率，单位为米每秒(m/s)；

H ——舱室预置高度，单位为米(m)；

H'——舱室降低至气压高度，单位为米(m)；

t ——降低高度时间，单位为秒(s)。

8.8 低压舱室及管路的气密性试验

舱室及管路的气密性试验应符合表 3 的规定。

表 3

试验部位	试验压力	泄漏率 %/h	试验时间 h
供氧系统的高压管路	该管路系统最高工作压力	≤1.0	10
供氧系统的低压管路	该管路系统最高工作压力	≤4.0	10
舱室气密性	舱室 26.50 kPa(绝对压力)	≤5.0	1

8.9 不同高度标准空气流量值试验

检查测量装置的测量范围应与设计标方值一致。新风量应符合 6.4.2 规定。

新风标准空气流量值与状态值的转换关系按式(4)计算：

$$L_1=\frac{L_0 p_0 T_1}{p_1 T_0} \qquad \cdots\cdots(4)$$

式中：

L_1——不同气压下的空气流量值，单位为立方米每小时(m^3/h)；

L_0——气压为 101.32 kPa；温度为 20 ℃时的标准空气流量值，单位为立方米每小时(m^3/h)；

p_0——气压 101.32 kPa；

T_1——p_1 气压下的空气温度，单位为开尔文(K)；

p_1——不同高度的气压，单位为千帕(kPa)；

T_0——气压 101.32 kPa 时的空气温度，293 K。

8.10　舱内噪声检验

8.10.1　声级计及测试点的要求

选用精度不低于Ⅱ级的声级计。测试单人舱时，声级计放置在无门一端中间平面位置上；多人舱测试时，声级计放置在舱体中间平面位置且距噪声源 1 m 远的测点上。

8.10.2　测试方法

关闭舱门，打开真空泵，在设计新风量下，使舱内升高速率为 5 m/s，当舱由当地气压高度升至4 000 m 气压高度，测出的噪声值应符合 6.4.5 的规定。

8.11　空调、低温效果检验

8.11.1　温度测试仪器

采用铂、铑热电偶或其他类似温度传感器组成并满足下列要求的测温系统：

a)　传感器时间常数：不大于 20 s；

b)　系统的精度：±0.5 ℃。

8.11.2　温度测试方法

8.11.2.1　测试点的位置及数量

单人舱舱室的几何中心点为测量点；多人舱通过舱室的几何中心的中间层面为测试面，有 5 个测试点(几何中心点、其余 4 个测试点为各自边长的 1/10)。

8.11.2.2　测试方法

在温度可调范围内，选取最低(最高)标称温度或用户要求的温度作为测试温度。

在中心测试点温度第一次达到测试温度并稳定 30 min 后，每隔 2 min 测试所有测试点温度 1 次，在 30 min 内共测 15 次，隔 30 min 再测试一次，共测 2 h。

检查空调冷凝水、低温融霜水在减压高度下是否能正常排放。

8.11.2.3　测试结果的计算与评定

将各测试点的温度值按测试仪表的修正值修正。

在 30 min 内，5 次测试数据中，求出每次测试中最高与最低温度之差的算术平均值为该标称温度下的温度均匀度。其结果应符合 6.6.2、6.6.4 的规定。

8.11.3　温度变化速率测试方法

8.11.3.1　测试点的位置为舱室几何中心点。

8.11.3.2　测试方法

在温度可调范围内，选取最低(最高)标称温度作为测试温度。

开启空调，使舱室由室温降到最低标称温度，稳定 30 min 后，再升到室温，降温和升温时间，每隔5 min 记录 1 次，直到试验结束。

8.11.3.3　测试结果的计算与评定

按式(5)计算升降温过程中每 5 min 内温度平均变化速率，其结果应符合 6.6.2、6.6.4 的规定。

$$V=\frac{\Delta T}{5} \qquad \cdots\cdots(5)$$

式中：

V ——温度的平均变化速率，单位为摄氏度每分钟(℃/min)；

ΔT ——每 5 min 的温度变化值，单位为摄氏度(℃)。

8.11.4 空调低温噪声测试

关闭舱门，在常压下启动空调或低温系统，用精度不低于Ⅱ级的声级计进行测量。测试单人舱时，声级计放置在无门一端中间平面位置上；多人舱测试时，声级计放置在舱体中间平面位置且距噪声源1 m 远的测点上。测出的噪声值应符合 6.6.3 的规定。

8.12 舱内照度值和照度不均匀度的检验

8.12.1 单人压舱的照度测试

测量单人舱时，照度计放置于单人低压舱舱室的几何中心点上，测量一点。

8.12.2 多人舱的照度测试

测量多人舱时，通过舱室的几何中心的中间层面为测试面，有 5 个测试点(几何中心点、其余 4 个测试点为各自边长的 1/10)。照度计放置于 5 个测试点上进行测量。

8.12.3 照度计算

舱内的平均照度值按式(6)计算：

$$E=\sum\frac{E_i}{n} \qquad \cdots\cdots(6)$$

式中：

E ——舱内平均照度值，单位为勒克斯(lx)；

E_i ——各测试点的照度值，单位为勒克斯(lx)；

n ——测试点数。

8.12.4 照度不均匀度计算

舱内照度不均匀度值按式(7)计算：

$$\zeta=\frac{E_{max}-E_{min}}{E} \qquad \cdots\cdots(7)$$

式中：

ζ ——舱内照度不均匀度值；

E_{max} ——该次测量中所得的照度最大值，单位为勒克斯(lx)；

E_{min} ——该次测量中所得的照度最小值，单位为勒克斯(lx)；

E ——该次测量中所得的舱内平均照度值，单位为勒克斯(lx)。

其结果应符合 6.7.2 的规定。

8.13 通讯装置的检验

检查低压舱的通讯装置，其结果应符合 6.9.5 的规定。

8.14 应急电源的检验

低压舱工作中切断正常电源网供电检查应急电源、应急照明、应急呼叫、对讲通讯、高度指示仪表等工作情况，并用计时表记录上述设备工作时间，其结果应符合 6.7.3 的规定。

8.15 接地装置的接地电阻测试

使用接地电阻测量仪,调整量程范围为0 Ω～10 Ω,两个测量用插针尽可能远离接地装置,断开接地导线与接地装置的连接点,测量接地装置对大地的电阻。测试结果应符合6.7.4的规定。

8.16 电介质强度检验

使用交流耐压测试仪,应按GB 9706.1—2007中20.4的规定,测试电气设备电源输入端与舱体(控制台)之间的绝缘强度,其结果应符合6.7.5的规定。

8.17 生物电插座的绝缘电阻值的检验

选用量程250 MΩ、试验电压250 V、精度不低于1.0级的兆欧表,分别测量生物电插座各插针(接线柱)之间和各插针(接线柱)分别对舱体的绝缘电阻,其结果应符合6.7.6的规定。

8.18 进舱导线和电缆的检查

检查进舱导线和电缆,其结果应符合7.7.1、7.7.3的规定。

9 检验规则

9.1 检验分类

低压舱分出厂检验和型式检验。

9.2 出厂检验

低压舱应在产品完成后,由制造单位技术检验部门进行逐台检验(出厂检验),检验合格并出具检验产品质量证明文件后方可提交验收。

9.3 型式检验

在下列情况之一时,应进行型式检验:

a) 新产品或老产品的转厂生产或试制定型鉴定时;

b) 正式生产的产品在结构、材料、工艺有较大改变,可能影响产品性能时;

c) 产品长期停产后,恢复生产时。

9.4 检验规则

9.4.1 低压舱设计定型鉴定后不随安装条件而改变的项目(如舱门尺寸、观察窗直径等),可不作为出厂检验。

9.4.2 出厂检验和型式检验应按本标准中规定的技术要求全部进行检验。

9.5 检验判定

表4为对应条款所属类别划分表。

表4

序号	检测项目	对应条款	类别
1	材料要求	5.2、5.3、5.4、5.5、5.6、5.7、5.8.1	A
2	设计要求	6.1.1、6.1.3、6.1.6、6.2.1、6.2.7、6.2.8、6.9.1、6.9.2、6.9.5、6.9.8、7.1.6、7.2.1、7.2.2	A

表 4(续)

序号	检测项目	对应条款	类别
3	加工制造安装要求	6.4.3、6.9.4、6.9.7、7.1.1、7.1.2、7.1.3、7.1.4、7.1.5、7.3.1、7.7.1、7.7.2、7.8.3、7.8.4、9.2、9.3、10.1、10.2、11.1、11.2	B
4	结构尺寸要求	6.1.2、6.1.3、6.1.4、6.1.5、6.1.7、6.3.2、6.3.3、6.4.4、6.6.5、7.6.1、7.6.5	B
5	技术指标要求	6.2.2、6.2.3、6.2.6、6.4.2、6.4.5、6.4.6、6.6.1、6.6.2、6.6.3、6.6.4、6.7.2、6.7.3、6.7.4、6.7.5、6.7.6、6.9.3、7.4.4、7.8.2	A
注 1:对于 A 类条款对应的要求,必须符合本标准要求。 注 2:对于 B 类条款对应的要求,不符合项目不得大于两项。			

10 使用说明和维护

10.1 低压舱应按照生产制造企业提供的产品使用说明书使用和维护。

10.2 产品使用说明书中至少应包括以下内容:

a) 产品名称、型号;

b) 制造厂名称、地址、电话、传真、服务电话;

c) 主要规格、技术性能和结构原理及适用范围;

d) 操作使用方法;

e) 安全注意事项;

f) 应急处理程序;

g) 日常维护和用户自己进行的定期检验内容;

h) 主要元器件的使用寿命和更换要求。

11 标志、包装、贮存和运输要求

11.1 标志

低压舱应有铭牌标志,铭牌上至少应当包括如下内容:

a) 产品名称及型号;

b) 产品标准;

c) 商标;

d) 舱室设计人数;

e) 工作介质;

f) 舱室最高气压高度;

g) 制造厂名称;

h) 制造日期;

i) 制造许可证编号;

j) 监检标记。

11.2 包装

11.2.1 包装箱上至少应当有下列标志：

a) 产品名称及型号；

b) 产品标准；

c) 出厂编号；

d) 出厂日期；

e) 制造厂邮政编码；

f) 制造厂名称及地址；

g) 制造厂联系电话；

h) 重量；

i) 体积(长×宽×高)；

j) 贮运图示标志的方法应符合 GB/T 191 的规定。

11.2.2 包装要求

a) 装箱前应予以清理，箱内不允许有污染物，低压舱管道接口应密封以防止污染物进入；

b) 包装箱内垫防水膜(层)防止雨水及尘埃与低压舱接触；

c) 低压舱在包装箱内应牢固固定，防止在运输中松动和擦伤；

d) 包装箱内应有装箱单，装箱单应有制造厂提供的技术文件。

11.3 贮存

低压舱应贮存在不受雨淋和阳光直接照射的室内，贮存环境应无腐蚀性气体及化学药品，且通风良好。

贮存期长达 1 年以上的低压舱，应重新进行出厂检验，合格后方能使用。

11.4 运输

低压舱的运输方式及要求应按订货合同执行，在运输中应避免造成设备损害和污染。

ICS 27.060.30
CCS J 75

中华人民共和国国家标准

GB/T 27698.1—2023
代替 GB/T 27698.1—2011，GB/T 27698.8—2011

热交换器及传热元件性能测试方法 第1部分：通用要求

Test methods for the performance of heat exchangers and heat exchange elements—Part 1: General requirements

2023-05-23 发布 2023-05-23 实施

国家市场监督管理总局
国家标准化管理委员会 发布

前 言

本文件按照 GB/T 1.1—2020《标准化工作导则　第 1 部分:标准化文件的结构和起草规则》的规定起草。

本文件是 GB/T 27698《热交换器及传热元件性能测试方法》的第 1 部分。GB/T 27698 已经发布了以下部分:

——第 1 部分:通用要求;

——第 2 部分:热交换器;

——第 3 部分:传热元件;

——第 4 部分:空冷器噪声测定。

本文件代替 GB/T 27698.1—2011《热交换器及传热元件性能测试方法　第 1 部分:通用要求》和 GB/T 27698.8—2011《热交换器及传热元件性能测试方法　第 8 部分:热交换器工业标定》。本文件以 GB/T 27698.1—2011 为主,整合了 GB/T 27698.8—2011 的内容。与 GB/T 27698.1—2011 相比,除结构调整和编辑性改动外,主要技术变化如下:

a) 增加了"热交换器""传热元件""性能"和"工业标定"的术语和定义(见第 3 章);
b) 增加了池沸腾传热性能测试系统(见 5.1.4);
c) 更改了测量仪表准确度要求(见 5.2.1,GB/T 27698.1—2011 的 4.2.1 和 4.2.2);
d) 增加了池沸腾传热性能测试测量参数与原始数据的规定(见 5.4.4);
e) 更改性能测试数据计算的规定(见 6.1,GB/T 27698.1—2011 的第 7 章);
f) 增加了池沸腾传热性能测试数据处理的规定(见 6.1.4);
g) 更改了汽-液冷凝性能测试性能确定的规定(见 6.2.2,GB/T 27698.1—2011 的 5.3.2);
h) 更改了汽-液流动沸腾与蒸发性能测试性能确定的规定(见 6.2.3,GB/T 27698.1—2011 的 5.3.3);
i) 增加了池沸腾传热性能测试性能确定的规定(见 6.2.4);
j) 增加了不确定度要求(见 6.3);
k) 更改了测试报告的要求(见第 7 章,GB/T 27698.1—2011 的第 9 章)。

请注意本文件的某些内容可能涉及专利。本文件的发布机构不承担识别专利的责任。

本文件由全国锅炉压力容器标准化技术委员会(SAC/TC 262)提出并归口。

本文件起草单位:甘肃蓝科石化高新装备股份有限公司、上海蓝滨石化设备有限责任公司、西安交通大学、清华大学、中国石化工程建设有限公司、中石化广州工程有限公司、上海蓝海科创检测有限公司、上海市特种设备监督检验技术研究院、中国特种设备检测研究院、机械工业兰州石油化工设备检测所有限公司。

本文件主要起草人:蒋琛、周文学、白博峰、姜培学、高莉萍、张迎恺、胥蕊娜、陈志伟、邓方义、陈战杨、任彬、马一鸣、张延丰。

本文件于 2011 年首次发布;本次为第一次修订,并入了 GB/T 27698.8—2011《热交换器及传热元件性能测试方法　第 8 部分:热交换器工业标定》的内容(GB/T 27698.8—2011 为 2011 年首次发布)。

引　言

性能测试是确定热交换器及传热元件流动与传热特性的最准确的方法。为了保证性能测试有序开展,GB/T 27698 旨在确立普遍适用于热交换器及传热元件性能测试的测试系统、测试条件、数据处理方法及测试报告要求,拟由四个部分组成。

——第 1 部分:通用要求。目的在于确立适用于各类热交换器及传热元件性能测试的测试系统、测量仪表、测量方法、数据处理方法及测试报告的通用要求。

——第 2 部分:热交换器。目的在于确立各类典型热交换器性能测试时产品参数信息、测试程序、数据处理结果及测试报告要求。

——第 3 部分:传热元件。目的在于确立各类典型传热元件性能测试的汽-气冷凝测试方法及产品参数信息、测试程序、数据处理结果与测试报告要求。

——第 4 部分:空冷器噪声测定。目的在于确立空冷器噪声测定的测量参数、测试环境、测试仪表、测试方法及测试报告的要求。

由于 GB/T 27698 不可能、也没有必要囊括热交换器及传热元件性能测试的所有技术细节,因此,在满足准确性要求的前提下,不限制本文件中没有特别提及的技术内容。

GB/T 27698 不限制性能测试时采用先进的测试技术和测试方法,但工程技术人员采用先进的技术方法时,宜对其科学性与准确性做出可靠判断。

热交换器及传热元件性能测试方法 第1部分:通用要求

1 范围

本文件描述了热交换器及传热元件性能测试的通用方法,包括测试系统、测量仪表、测量方法、数据处理方法及测试报告要求。

本文件适用于测试流体分别为液体-液体、蒸汽-液体、蒸汽-空气的液-液无相变、汽-液冷凝有相变、汽-液沸腾与蒸发有相变、汽-气冷凝有相变的性能测试。

2 规范性引用文件

下列文件中的内容通过文中的规范性引用而构成本文件必不可少的条款。其中,注日期的引用文件,仅该日期对应的版本适用于本文件;不注日期的引用文件,其最新版本(包括所有的修改单)适用于本文件。

GB/T 151 热交换器

GB/T 7724 电子称重仪表

GB/T 27418 测量不确定度评定和表示

NB/T 47004.1 板式热交换器 第1部分:可拆卸板式热交换器

NB/T 47004.2 板式热交换器 第2部分:焊接板式热交换器

NB/T 47007 空冷式热交换器

NB/T 47045 钎焊板式热交换器

NB/T 47048 螺旋板式热交换器

3 术语和定义

GB/T 151、GB/T 27418、NB/T 47004.1、NB/T 47004.2、NB/T 47007、NB/T 47045、NB/T 47048界定的以及下列术语和定义适用于本文件。

3.1

热交换器 heat exchanger

使热量从热流体传递到冷流体,以满足规定工艺要求的设备。

3.2

传热元件 heat exchanger element

热交换器中直接参与热量传递的零部件。

3.3

性能 performance

机械、器材、物品等所具有的性质和功能。

注:本文件中性能指热交换器及传热元件的传热与流动方面的功能特性,以及空冷式热交换器的噪声特性。

3.4

工业标定 field calibration

工业现场在用热交换器的性能确定。

4 符号和单位

表1列出的符号和单位适用于本文件。

表1 符号

符号	名称	单位
A	传热面积	m^2
c_p	质量定压热容	J/(kg·K)
d_e	当量直径	m
dk	总传热系数比较误差	无因次量
$d(\Delta p)$	压力降比较误差	无因次量
Eu	欧拉数	无因次量
h	焓	J/kg
I	电流	A
k	总传热系数	$W/(m^2 \cdot K)$
Nu	努赛尔数	无因次量
Pr	普朗特数	无因次量
p	压力	MPa
q	热流密度	W/m^2
q_m	质量流量	kg/s
q_v	体积流量	m^3/s
Re	流体在特征传热通道内的雷诺数	无因次量
R_f	污垢热阻	$(m^2 \cdot K)/W$
S	流道截面积	m^2
t	温度	℃
U	电压	V
u	流体在特征传热通道内的平均流速	m/s
x	干度	无因次量
α	对流传热系数	$W/(m^2 \cdot K)$
Δp	压力降	Pa 或 kPa

表1 符号(续)

符号	名称	单位
Δt	壁面过热度	℃
Δt_1	大温差端的流体温差	℃
Δt_2	小温差端的流体温差	℃
Δt_m	对数平均温差	℃
$\Delta\Phi$	热平衡相对误差	无因次量
ρ	密度	kg/m^3
r	汽化潜热	J/kg
Φ	热流量	W
Φ_m	平均热流量	W
a	下角标,表示空气	
b	下角标,表示池沸腾传热	
c,h	下角标,分别表示冷、热流体	
cal,mea	下角标,分别表示计算、标定实测	
li,wa	下角标,分别表示液相、壁面	
p	下角标,表示预蒸发器	
s	下角标,表示蒸汽	
1、2	下角标,分别表示流体进、出口	

5 测试方法

5.1 测试系统

5.1.1 液-液无相变性能测试系统

冷、热流体经过被测试热交换器进行换热后,热流体经加热器升温至要求的温度,冷流体经冷却器降温至要求的温度,如此循环使用。热、冷流体分别流经热交换器试件的热侧、冷侧,按测试要求进行分配。测试系统见图1。

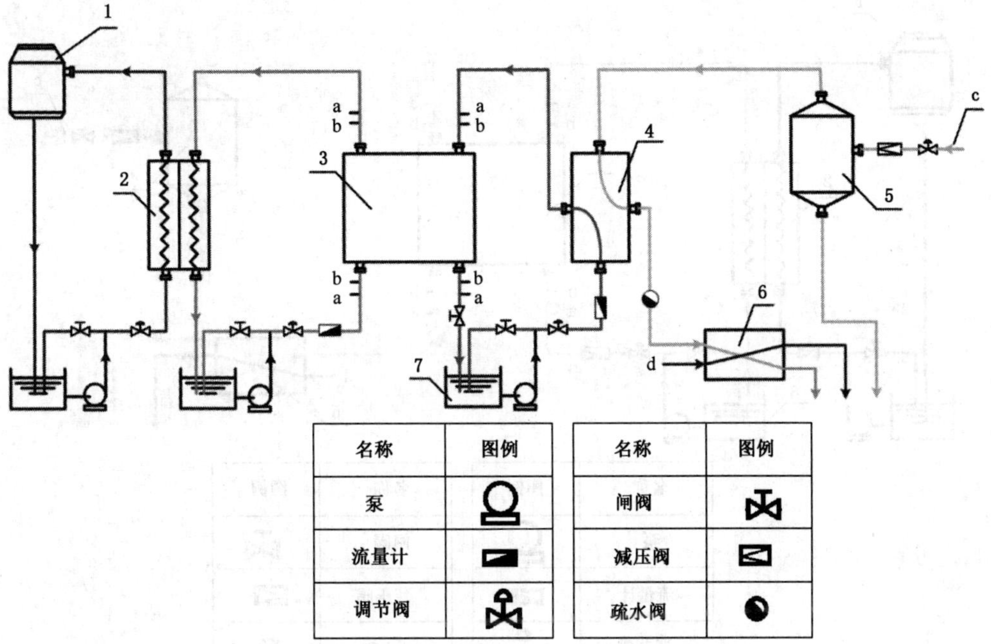

标引说明：

1——冷却设备；

2——冷却器；

3——热交换器试件；

4——加热器；

5——分离器；

6——过冷器；

7——液体储槽；

a——温度测点；

b——压力测点；

c——蒸汽入口；

d——冷却水入口。

图1　液-液无相变性能测试系统示意图

5.1.2　汽-液冷凝性能测试系统

蒸汽、液体经过被测试冷凝器换热后，冷凝液应进一步过冷，以便准确计量，冷流体经冷却器降温至要求的温度，如此循环使用。蒸汽、液体分别流经冷凝器试件的热侧、冷侧，按测试要求进行分配。测试系统见图2。

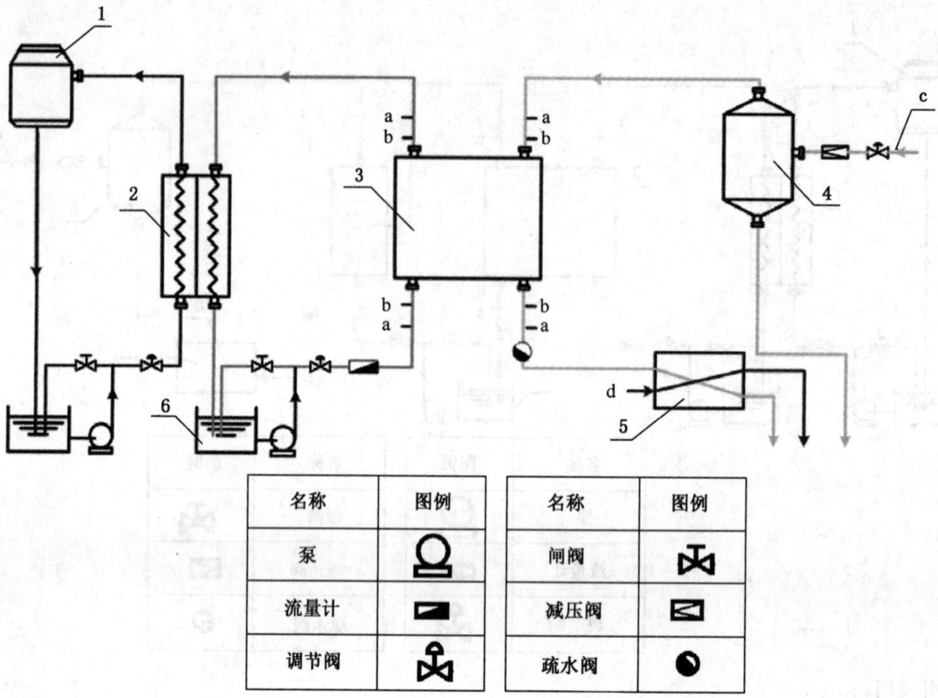

标引说明：

1——冷却设备；

2——冷却器；

3——冷凝器试件；

4——分离器；

5——过冷器；

6——液体储槽；

a——温度测点；

b——压力测点；

c——蒸汽入口；

d——冷却水入口。

图2　汽-液冷凝性能测试系统示意图

5.1.3　汽-液流动沸腾与蒸发性能测试系统

蒸汽1经预加热器与冷流体进行换热后进一步冷却，以便准确计量冷凝流量，蒸汽2经蒸发器冷凝换热后进一步过冷，以便准确计量冷凝流量；冷侧流体经预加热器被加热至所要求的温度或干度后，流经蒸发器进一步加热，再经冷却器降温至过冷。蒸汽、液体分别流经蒸发器试件的热侧、冷侧，按测试要求进行调节分配。测试系统见图3。

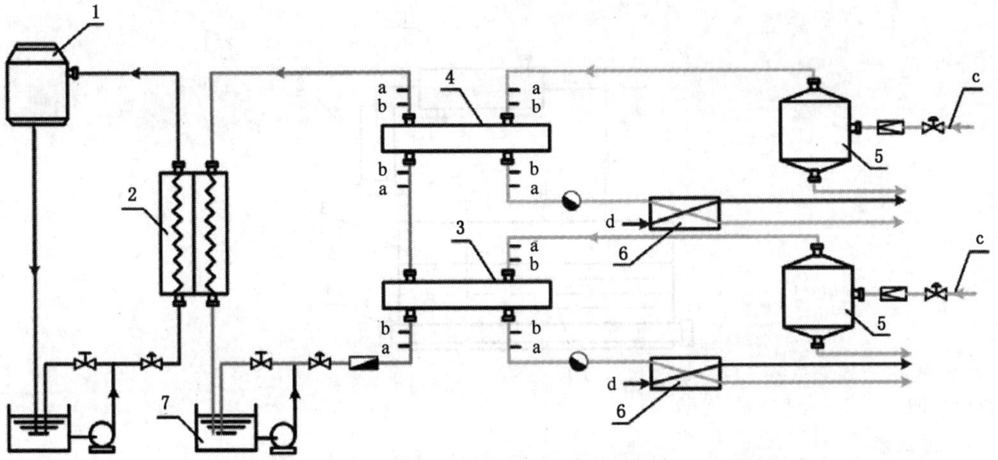

名称	图例	名称	图例
泵		闸阀	
流量计		减压阀	
调节阀		疏水阀	

标引说明：

1——冷却设备；

2——冷却器；

3——预加热器；

4——蒸发器试件；

5——分离器；

6——过冷器；

7——液体储槽；

a——温度测点；

b——压力测点；

c——蒸汽入口；

d——冷却水入口。

图3　汽-液流动沸腾与蒸发性能测试系统示意图

5.1.4　池沸腾传热性能测试系统

试验腔中液体被传热元件加热至沸腾，蒸汽应过冷后计量。传热元件可采用电、蒸汽、导热油等多种方式进行加热，选取的加热方式应使加热量便于计算，并尽量使传热元件外壁温度保持均匀。测试系统见图4。

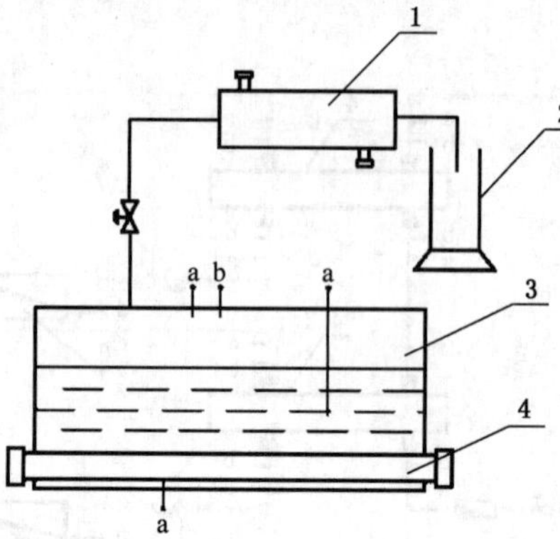

标引说明：

1——冷却器；

2——冷凝液计量装置；

3——试验腔；

4——试件；

a——温度测点；

b——压力测点。

图4 池沸腾传热性能测试系统示意图

5.2 测量仪表

5.2.1 实验室性能测试流量、温度、压力(差)各参数的测量仪表准确度等级不应低于表2的规定。

表2 测量仪表准确度等级

测量项目	流量	温度	压力	压差
准确度等级 (或最大允许误差)	0.5级	±0.5 ℃	0.2级	0.2级

5.2.2 称重仪表准确度等级应为GB/T 7724规定的高级及以上。

5.2.3 仪表测量范围上限应为所测参数的1.5倍～2.0倍。

5.2.4 测试仪表应在计量检定或校准有效期内使用。

5.3 测量方法

5.3.1 流量测量

5.3.1.1 实验室测试液侧体积流量的传感器宜采用接触式流量传感器，且应安装在直管段上，其上游直管段长度不应小于20倍管径，下游直管段长度不应小于15倍管径，若直管段长度不够时，应加装整流器。在流量传感器的上游直管段起端应安装过滤器。

5.3.1.2 实验室测试蒸汽侧流量可采用蒸汽流量计计量，或采用称重法计量蒸汽冷凝液。采用称重法计量冷凝液时，注水时间不应小于45 s。

5.3.2 温度测量

5.3.2.1 实验室测试流体温度宜选用接触式测温元件。

5.3.2.2 测温元件的感温点应位于管道中心，其插入深度 L 应符合测温元件使用说明书的规定。

5.3.2.3 测温元件的安装应符合图 5～图 8 的规定，当管道公称直径大于 80 mm 时，按图 5 安装；当管道公称直径小于或等于 80 mm 时，按图 6～图 8 安装。

5.3.2.4 测温元件安装位置应在不影响压力(差)测量情况下接近试件。

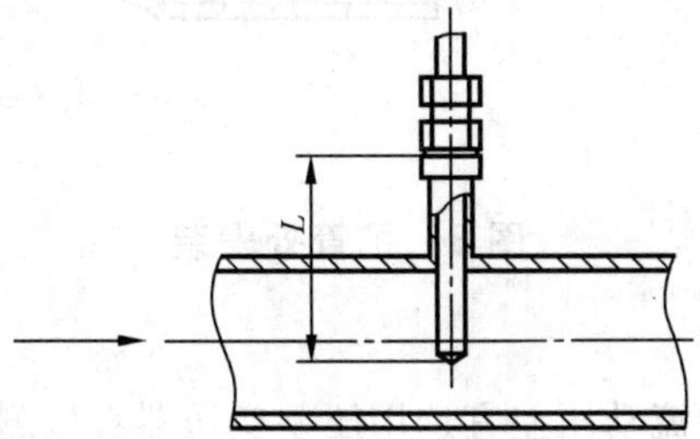

标引符号说明：

L——插入深度。

图 5 垂直安装

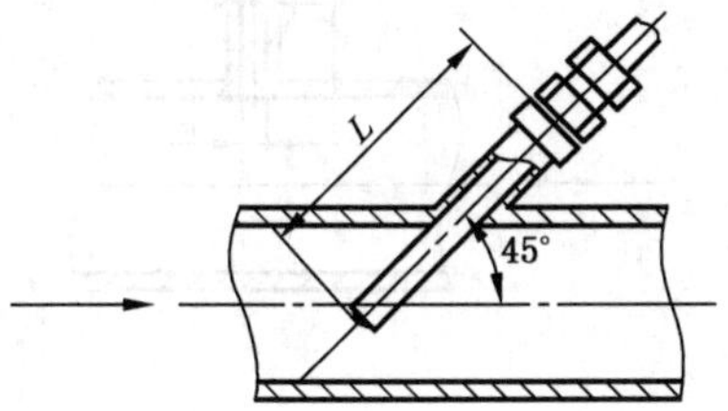

标引符号说明：

L——插入深度。

图 6 倾斜安装

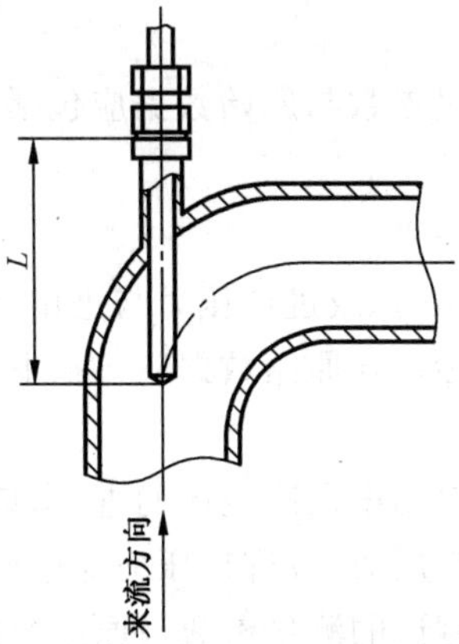

标引符号说明：

L——插入深度。

图 7 管道弯头处安装

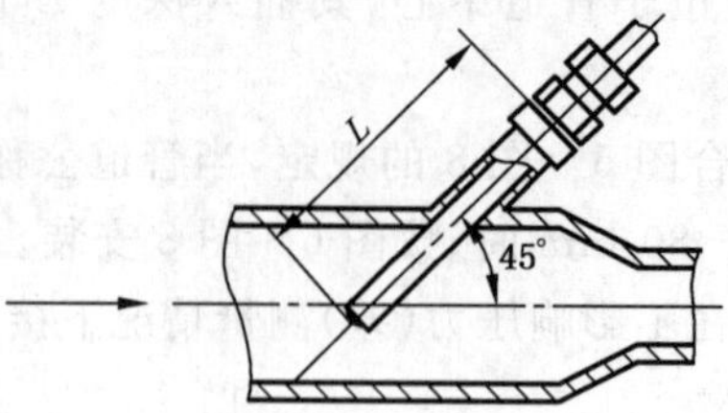

标引符号说明：

L——插入深度。

图8　扩管处安装

5.3.3　压力(差)测量

5.3.3.1　热交换器及传热元件流动压差宜选用压差变送器直接测量。

5.3.3.2　静压测孔应设置在距上游任何扰动区(弯管、变径、阀门等)至少5倍管径处，距下游扰动区至少2倍管径处。静压测孔应与管壁面垂直，如图9所示。静压测孔直径应不大于4 mm且不小于2 mm，静压测孔长度不应小于2倍静压测孔直径。

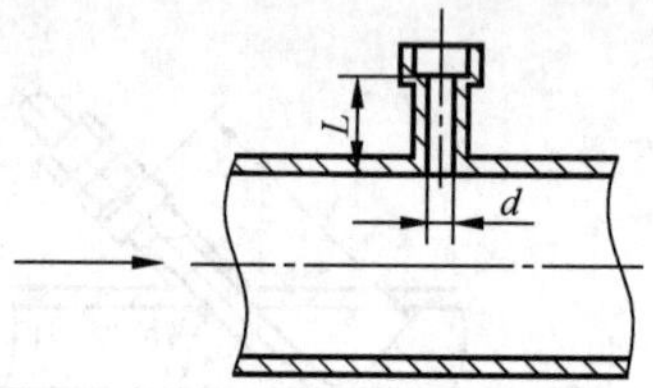

标引符号说明：

L——静压测孔长度；

d——静压测孔直径。

图9　静压测孔示意图

5.3.3.3　对于液相流体，测量时应排尽压力(差)变送器引压管内的气体。

5.4　测量参数与原始数据

5.4.1　液-液无相变性能测试的测量参数与原始数据应包括下列内容：

a)　冷、热流体的流量；

b)　冷、热流体的进、出口温度；

c)　冷、热流体的进口与出口压力，或进口压力与进出口压力降。

5.4.2　汽-液冷凝性能测试的测量参数与原始数据应包括下列内容：

a)　蒸汽及冷流体的流量；

b)　蒸汽进口温度，冷凝液出口温度及冷流体的进、出口温度；

c)　蒸汽、冷流体的进口与出口压力，或进口压力与进出口压力降。

5.4.3　汽-液流动沸腾与蒸发性能测试的测量参数与原始数据应包括下列内容：

a)　预加热器冷流体的流量；

b)　预加热器热流体的流量、冷凝液量、计量时间；

c)　预加热器冷、热流体的进、出口温度；

d)　预加热器冷、热流体的进口与出口压力，或进口压力与进出口压力降；

e) 流动沸腾与蒸发用热交换器冷流体的流量；

f) 流动沸腾与蒸发用热交换器热流体的流量、冷凝液量、计量时间；

g) 流动沸腾与蒸发用热交换器冷、热流体的进、出口温度；

h) 流动沸腾与蒸发用热交换器冷、热流体的进口压力及进出口压力降。

5.4.4 池沸腾传热性能测试的测量参数与原始数据应包括下列内容：

a) 冷流体的冷凝液量、计量时间；

b) 试验腔液体的温度；

c) 试验腔气体的温度、压力；

d) 测试样件电加热电流、电压或其他加热方式相关参数；

e) 测试样件外壁面温度。

5.5 工业标定

热交换器工业标定应按附录A进行。

6 数据处理

6.1 数据计算

6.1.1 液-液无相变性能测试数据的计算应按表3进行。

表3 液-液无相变性能测试数据计算

序号	名称	符号	计算公式
1	冷流体流速	u_c	$u_c = q_{v,c}/S_c$
2	热流体流速	u_h	$u_h = q_{v,h}/S_h$
3	冷流体热流量	Φ_c	$\Phi_c = q_{m,c}c_{p,c}(t_{c,2}-t_{c,1})$
4	热流体热流量	Φ_h	$\Phi_h = q_{m,h}c_{p,h}(t_{h,1}-t_{h,2})$
5	热平衡相对误差	$\Delta\Phi$	$\Delta\Phi = \|2(\Phi_h-\Phi_c)/(\Phi_h+\Phi_c)\| \times 100\%$
6	对数平均温差	Δt_m	$\Delta t_m = (\Delta t_1 - \Delta t_2)/\ln(\Delta t_1/\Delta t_2)$
7	总传热系数	k	$k = (\Phi_h+\Phi_c)/(2A\Delta t_m)$

6.1.2 汽-液冷凝性能测试数据的计算应按表4进行。

表4 汽-液冷凝性能测试数据计算

序号	名称	符号	计算公式
1	冷流体侧流速	u_c	$u_c = q_{v,c}/S_c$
2	蒸汽侧流速	u_s	$u_s = q_{v,s}/S_s$
3	蒸汽侧热流量	Φ_s	$\Phi_s = q_{m,s}r$ 或 $\Phi_s = q_{m,li}r$
4	冷流体侧热流量	Φ_c	$\Phi_c = q_{m,c}c_{p,c}(t_{c,2}-t_{c,1})$
5	热平衡相对误差	$\Delta\Phi$	$\Delta\Phi = \|(\Phi_s-\Phi_c)/\Phi_c\| \times 100\%$
6	对数平均温差	Δt_m	$\Delta t_m = (\Delta t_1 - \Delta t_2)/\ln(\Delta t_1/\Delta t_2)$
7	总传热系数	k	$k = \Phi_c/(A\Delta t_m)$

6.1.3 汽-液流动沸腾与蒸发性能测试数据的计算应按表5进行。

表5 汽-液流动沸腾与蒸发性能测试数据计算

序号	名称	符号	计算公式
1	冷流体侧流速	u_c	$u_c = q_{v,c}/S_c$
2	蒸汽侧流速	u_s	$u_s = q_{v,s}/S_s$
3	预加热器蒸汽侧流速	u_{sp}	$u_{sp} = q_{v,sp}/S_{sp}$
4	蒸汽侧热流量	Φ_s	$\Phi_s = q_{m,s}r$ 或 $\Phi_s = q_{m,li}r$
5	预加热器蒸汽侧热流量	Φ_{sp}	$\Phi_{sp} = q_{m,sp}r$ 或 $\Phi_{sp} = q_{m,li}r$
6	对数平均温差	Δt_m	$\Delta t_m = (\Delta t_1 - \Delta t_2)/\ln(\Delta t_1/\Delta t_2)$
7	总传热系数	k	$k = \Phi_s/(A\Delta t_m)$

6.1.4 池沸腾传热性能测试数据的计算应按表6进行。

表6 池沸腾传热性能测试数据计算

序号	名称	符号	计算公式
1	冷流体侧热流量	Φ_c	$\Phi_c = q_{m,c}r$
2	热流体侧热流量	Φ_h	$\Phi_h = UI$ 或 $\Phi_h = q_{m,h}r$
3	热平衡相对误差	$\Delta\Phi$	$\Delta\Phi = \lvert(\Phi_h - \Phi_c)/\Phi_h\rvert \times 100\%$ 或 $\Delta\Phi = \lvert 2(\Phi_h - \Phi_c)/(\Phi_h + \Phi_c)\rvert \times 100\%$
4	温差(壁面过热度)	Δt	$\Delta t = t_{wa} - t_{li}$
5	热流密度	q	$q = \Phi_h/A$ 或 $q = (\Phi_h + \Phi_c)/(2A)$
6	池沸腾表面传热系数	α_b	$\alpha_b = \Phi_h/(A\Delta t)$ 或 $\alpha_b = (\Phi_h + \Phi_c)/(2A\Delta t)$

6.2 性能确定

6.2.1 液-液无相变性能测试

6.2.1.1 液-液无相变性能测试应确定下列传热性能:

a) 确定不同流速(u)下的总传热系数(k);

b) 建立努塞尔数(Nu)与雷诺数(Re)、普朗特数(Pr)间的准则关系式。

6.2.1.2 液-液无相变性能测试应确定下列流动性能:

a) 确定不同流速(u)下的压力降(Δp);

b) 建立欧拉数(Eu)与雷诺数(Re)间的准则关系式。

6.2.2 汽-液冷凝性能测试

6.2.2.1 汽-液冷凝性能测试应确定下列传热性能:

a) 确定不同流速(u)或雷诺数(Re)下的总传热系数(k);

b) 建立冷凝对流传热系数(α)与流速(u)或雷诺数(Re)间的关系式。

6.2.2.2 汽-液冷凝性能测试应确定如下流动性能:

a) 确定不同流速(u)或雷诺数(Re)下的汽侧与液侧压力降(Δp);

b) 分别建立汽侧、液侧压力降(Δp)与流速(u)或雷诺数(Re)间的关系式。

6.2.3 汽-液流动沸腾与蒸发性能测试

6.2.3.1 汽-液流动沸腾与蒸发性能测试应确定下列传热性能：

a) 确定不同干度(x)、压力(p)与流速(u)或雷诺数(Re)下的总传热系数(k)；

b) 建立流动沸腾传热系数(α)与干度(x)、压力(p)、流速(u)或雷诺数(Re)等参数间的关系式。

6.2.3.2 汽-液流动沸腾与蒸发性能测试应确定下列流动性能：

a) 确定不同干度(x)、压力(p)与流速(u)或雷诺数(Re)下两侧的压力降(Δp)；

b) 分别建立两侧压力降(Δp)与干度(x)、压力(p)、流速(u)或雷诺数(Re)等参数间的关系式。

6.2.4 池沸腾传热性能测试

池沸腾传热性能测试应确定下列传热性能：

a) 确定不同壁面过热度(Δt)下的热流密度(q)；

b) 确定不同壁面过热度(Δt)下的池沸腾表面传热系数(α_b)。

6.3 不确定度

在下列情况下，测试机构宜参照附录B，在检测报告中给出传热系数、压力降等测试结果的不确定度：

a) 当测量不确定度与检测结果的有效性或应用有关时；

b) 当客户要求时；

c) 当测量不确定度影响与规范限度的符合性时。

7 测试报告

测试报告及报告附录应至少包括下列内容：

a) 本文件编号及名称；

b) 委托单位信息；

c) 测试单位信息；

d) 委托方提供测试产品技术数据；

e) 测试目的和要求；

f) 测试系统及方法

g) 测试仪表及精度；

h) 测试环境(如当地大气压、环境温度、环境湿度)；

i) 测试介质，热物理性质可参考附录C；

j) 测试说明；

k) 测试结果；

l) 测试流程图；

m) 测试结果表；

n) 测试数据表；

o) 测试曲线。

p) 委托方对测试产品技术数据真实性的声明；

q) 测试单位对测试数据及测试结果真实性的声明。

附 录 A
(规范性)
热交换器工业标定

A.1 测试方法

A.1.1 测量仪表

A.1.1.1 工业现场流量、温度、压力(差)等测量仪器仪表的准确度等级不应低于表 A.1 的规定。

表 A.1 测量仪器仪表准确度等级或允许误差

测量项目	仪器仪表名称	准确度等级或允许误差
压力	标准压力表	0.4 级
	压力变送器	0.5 级
	压力数显表	1.0 级
	气压计	100 Pa
压力差	微压差计	1.0 级
温度	温度传感器	0.5 级
	温度变送器	0.5 级
	温度数显表	1.0 级
湿度	湿度传感器	±3% RH
	湿度显示仪	±5% RH
流量	流量传感器	0.5 级
	流量积算仪	1.0 级
	流量数显表	1.0 级
风速	数字风速仪	1.5 级
	动压管(毕托管、笛形管)	1.5 级
冷凝液量	体积计量仪器	1.5 级
	重量计量仪器	1.5 级
液位	液位计	1.0 级

A.1.1.2 仪表量程应按所测参数的 1.5 倍~2.0 倍选取。

A.1.1.3 测试用的流量、温度、压力(差)测量仪表应在计量检定/校准有效期内使用。

A.1.2 测量方法

A.1.2.1 常规热交换器

常规热交换器的流量、温度、压力(差)等参数的测量按 5.3 进行。

注：常规热交换器是指除空冷式热交换器外的热交换器。

A.1.2.2 空冷式热交换器

A.1.2.2.1 空冷式热交换器(以下简称空冷器)的工艺介质侧流量、温度、压力(差)测量按5.3的规定进行。

A.1.2.2.2 引风式空冷器空气迎面风速应在管(板)束入口处测量，而鼓风式空冷器空气迎面风速应在管(板)束出口处测量。

A.1.2.2.3 空冷器空气迎面风速的测量按每2 m^2～3 m^2 面积取一点，测点应距管(板)束150 mm～200 mm，且应均匀布点取其平均值。

A.1.2.2.4 引风式空冷器风机的全风压应在管(板)束出口处测量，鼓风式空冷器风机的全风压应在管(板)束入口处测量，且应均匀布点取其平均值。

A.1.2.2.5 干式空冷器管(板)束进、出口空气温度应分别测量管(板)束进、出口空气干球温度。进口空气温度在进口平面处，且没有空气流动处(环境温度)测量，应取2个～3个点。出口空气温度在管(板)束空气出口处，且距管(板)束150 mm～200 mm处测量，出口空气温度按管(板)束每4 m^2～5 m^2 面积取一点，且应均匀布点取其平均值。

A.1.2.2.6 湿式空冷器管(板)束进、出口空气温度应分别测量管(板)束进、出口空气干球温度、湿球温度及相对湿度。测量方法同A.1.2.2.5。

A.1.2.2.7 湿式空冷器循环冷却水流量测量按5.3的规定进行。

A.1.2.2.8 湿式空冷器循环冷却水耗水量的测量，应测取循环冷却补充水的流量。

A.1.2.2.9 湿式空冷器循环冷却水温度的测量应按5.3的规定进行。

A.1.3 测量参数与原始数据

A.1.3.1 常规热交换器工业标定的测量参数与原始数据应包括下列内容：

a) 冷、热介质的流量；

b) 冷、热介质的进出口温度；

c) 冷、热介质的进出口压力及压力降。

A.1.3.2 空冷器工业标定的测量参数与原始数据应包括下列内容：

a) 热介质的流量；

b) 热介质的进出口温度；

c) 热介质的进出口压力及压力降；

d) 空气的进出口干球温度；

e) 空气的进出口湿球温度(湿式空冷器)；

f) 空气的进出口相对湿度(湿式空冷器)；

g) 空气的进出口风速；

h) 管(板)束的压力降；

i) 风机的全风压；

j) 风机轴的转速；

k) 风机电动机的频率；

l) 风机电动机的功率；

m) 水泵电动机的功率(湿式空冷器)；

n） 循环冷却水的流量(湿式空冷器)；

o） 循环冷却水的耗水量(湿式空冷器)；

p） 循环冷却水的温度(湿式空冷器)。

A.2 数据处理

A.2.1 常规热交换器的数据计算

常规热交换器工业标定的数据计算应按 6.1 进行。

A.2.2 空冷器的数据计算

A.2.2.1 干式空冷器气-液无相变换热测试数据的确定与计算按表 A.2 进行。

表 A.2 干式空冷器气-液无相变换热数据计算

序号	名称	符号	计算公式
1	空气迎面风速	u_a	$u_a=q_{v,a}/S_a$
2	热流体流速	u_h	$u_h=q_{v,h}/S_h$
3	空气侧热流量	Φ_a	$\Phi_a=q_{m,a}c_{p,a}(t_{a,2}-t_{a,1})$
4	热流体侧热流量	Φ_h	$\Phi_h=q_{m,h}c_{p,h}(t_{h,1}-t_{h,2})$
5	热平衡相对误差	$\Delta\Phi$	$\Delta\Phi=\lvert(\Phi_h-\Phi_a)/\Phi_a\rvert\times100$
6	总传热系数	k	$k=(\Phi_h+\Phi_a)/(2A\Delta t_m)$

A.2.2.2 干式空冷器气-液有相变换热测试数据的确定与计算按表 A.3 进行。

表 A.3 干式空冷器气-液有相变换热数据计算

序号	名称	符号	计算公式
1	空气迎面风速	u_a	$u_a=q_{v,a}/S_a$
2	热流体流速	u_h	$u_h=q_{v,h}/S_h$
3	空气侧热流量	Φ_a	$\Phi_a=q_{m,a}c_{p,a}(t_{a,2}-t_{a,1})$
4	热流体侧热流量	Φ_h	$\Phi_h=q_{m,h}(h_{h,1}-h_{h,2})$
5	热平衡相对误差	$\Delta\Phi$	$\Delta\Phi=\lvert(\Phi_h-\Phi_a)/\Phi_a\rvert\times100$
6	总传热系数	k	$k=\Phi_a/(A\Delta t_m)$

A.2.2.3 湿式空冷器气-液无相变换热测试数据的确定与计算按表 A.4 进行。

表 A.4 湿式空冷器气-液无相变换热数据计算

序号	名称	符号	计算公式
1	空气迎面风速	u_a	$u_a=q_{v,a}/S_a$
2	热流体流速	u_h	$u_h=q_{v,h}/S_h$
3	湿空气侧热流量	Φ_a	$\Phi_a=q_{m,a}(h_{a,2}-h_{a,1})$
4	热流体侧热流量	Φ_h	$\Phi_h=q_{m,h}c_{p,h}(t_{h,1}-t_{h,2})$
5	热平衡相对误差	$\Delta\Phi$	$\Delta\Phi=\lvert(\Phi_h-\Phi_a)/\Phi_a\rvert\times100$
6	总传热系数	k	$k=(\Phi_h+\Phi_a)/(2A\Delta t_m)$

A.2.2.4 湿式空冷器气-液有相变换热测试数据的确定与计算按表A.5进行。

表A.5 湿式空冷器气-液有相变换热数据计算

序号	名 称	符 号	计算公式
1	空气迎面风速	u_a	$u_a=q_{v,a}/S_a$
2	热流体流速	u_h	$u_h=q_{v,h}/S_h$
3	湿空气侧热流量	Φ_a	$\Phi_a=q_{m,a}(h_{a,2}-h_{a,1})$
4	热流体侧热流量	Φ_h	$\Phi_h=q_{m,h}(h_{h,1}-h_{h,2})$
5	热平衡相对误差	$\Delta\Phi$	$\Delta\Phi=\|(\Phi_h-\Phi_a)/\Phi_a\|\times 100$
6	总传热系数	k	$k=\Phi_a/(A\Delta t_m)$

A.2.3 标定考核内容

A.2.3.1 标定值与设计值对比

标定值与设计值的对比应包含下列内容:

a) 总传热系数;

b) 热流体进、出口温度;

c) 冷流体进、出口温度;

d) 冷、热流体进、出口压力降;

e) 冷、热流体流量;

f) 循环冷却水消耗量(湿式空冷器);

g) 冷、热流体热流量;

h) 热力学特征值;

i) 对数平均温差;

j) 换热面积;

k) 平均温差校正系数。

A.2.3.2 标定值与计算值对比

标定值与计算值对比按下列规定进行。

a) 当考虑不同垢阻在内时,总传热系数(k)标定值与计算值对比宜按表A.6进行,其中,总传热系数的比较误差(dk)应按公式(A.1)计算,且比较误差(dk)的最小值不应大于10%。

表A.6 总传热系数标定值与计算值对比

项 目	数据点					
	1	2	3	4	5	6
$R_f/(m^2\cdot K/W)$	0.000 1	0.000 2	0.000 3	0.000 4	0.000 5	0.000 8
k_{cal}						
k_{mea}						
dk						

$$dk=\left|\frac{k_{cal}-k_{mea}}{k_{mea}}\right|\times 100\% \quad \cdots\cdots(A.1)$$

b) 压力降(Δp)标定值与计算值的对比应按公式(A.2)计算，且比较点不应少于 4 点，比较误差[d(Δp)] 不应大于 10%：

$$d(\Delta p)=\left|\frac{\Delta p_{cal}-\Delta p_{mea}}{\Delta p_{mea}}\right|\times 100\% \quad \cdots\cdots(A.2)$$

c) 当标定的工艺条件与原设计的工艺条件相差较大，不便直接对比总传热系数和压力降的数值时，可用热力学特征值(k/Δp)加以比较。

A.2.3.3 冷热物流热平衡相对误差分析

冷热物流热平衡相对误差分析按下列规定进行。

a) 冷热物流热平衡相对误差分析应按表 A.7 的规定进行。

表 A.7 热平衡相对误差分析

热平衡相对误差/%	数据组数	百分比	累计百分比
ΔΦ≤3			
3<ΔΦ≤5			
5<ΔΦ≤8			
8<ΔΦ≤10			
10<ΔΦ≤15			
合 计			

b) 为校验准则关联式的准确性，热平衡相对误差不大于 8%的数据组数应为总有效数据组数的 80%及以上。

A.3 标定报告

标定报告应至少包括下列内容：

a) 本文件编号及名称；
b) 委托方；
c) 测试方；
d) 热交换器技术数据；
e) 工艺设计条件；
f) 标定目的和要求；
g) 测试流程；
h) 测量仪表及方法；
i) 标定考核内容；
j) 标定考核结果。
k) 测试流程图；
l) 测试数据表；
m) 标定结果表。

附　录　B
（资料性）
不确定度计算

B.1　被测量

间接测量中被测量(Y)的估计值(y)是由 N 个直接测量参数($x_1,x_2,\cdots,x_N$)的函数求得，即按公式(B.1)计算：

$$y=f(x_1,x_2,\cdots,x_N) \quad \cdots\cdots(B.1)$$

B.2　随机不确定度

如果 n 表示读数的次数,那么一组重复测量观测值[$x_j(j=1\cdots n)$]的随机不确定度(u_{xi})按公式(B.2)计算：

$$u_{x_i}=\sqrt{\frac{1}{n(n-1)}\sum\left(x_j-\frac{1}{n}\sum x_j\right)^2} \quad \cdots\cdots(B.2)$$

y 的随机不确定度分量(u_c)按公式(B.3)计算：

$$u_c=\sqrt{\sum_{i=1}^{N}\left(\frac{\partial f}{\partial x_i}\right)^2(u_{x_i})^2} \quad \cdots\cdots(B.3)$$

B.3　系统不确定度

仪表误差(a)按公式(B.4)计算：

$$a=F\times K\% \quad \cdots\cdots(B.4)$$

式中：

F——量程；

K——准确度等级。

示值误差取均匀分布,则直接测量参数(x_i)的系统不确定度(u_{qi}),按公式(B.5)计算：

$$u_{qi}=\frac{a}{\sqrt{3}} \quad \cdots\cdots(B.5)$$

y 的系统不确定度分量(u_q)按公式(B.6)计算：

$$u_q=\sqrt{\sum_{i=1}^{N}\left(\frac{\partial f}{\partial x_i}\right)^2(u_{qi})^2} \quad \cdots\cdots(B.6)$$

B.4　合成不确定度

用合成标准不确定度(u_y)作为被测量(Y)估计值(y)的测量不确定度,按公式(B.7)计算：

$$u_y=\sqrt{u_c^2+u_q^2} \quad \cdots\cdots(B.7)$$

附　录　C

（资料性）

水、饱和水蒸气和干空气的热物理性质

表 C.1～表 C.3 分别给出了水、饱和水蒸气和干空气的热物理性质。

表 C.1　水的热物理性质

温度 t ℃	压力 p MPa	密度 ρ kg/m³	焓 H kJ/kg	定压比热容 c_p kJ/(kg·K)	导热系数 λ W/(m·K)	导温系数 $\alpha\times10^8$ m²/s	动力黏度 $\mu\times10^6$ Pa·s	运动黏度 $\nu\times10^6$ m²/s	表面张力 $\sigma\times10^4$ N/m	普朗特数 Pr
0	0.101 3	999.9	0	4.226	0.558	13.1	1 793.636	1.789	755	13.67
10	0.101 3	999.7	41.99	4.195	0.577	13.7	1 296.439	1.306	741	9.52
20	0.101 3	998.2	83.86	4.182	0.597	14.3	993.414	1.006	727	7.02
30	0.101 3	995.7	125.66	4.176	0.615	14.9	792.377	0.805	712	5.42
40	0.101 3	992.2	167.45	4.175	0.633	15.1	658.026	0.659	696	4.31
50	0.101 3	988.1	209.26	4.178	0.647	15.7	555.056	0.556	677	3.54
60	0.101 3	983.2	251.09	4.181	0.658	15.9	471.670	0.478	662	2.98
70	0.101 3	977.8	292.97	4.187	0.668	16.3	404.034	0.415	643	2.55
80	0.101 3	971.8	334.92	4.194	0.673	16.5	352.059	0.365	626	2.21
90	0.101 3	965.3	376.94	4.202	0.678	16.7	308.909	0.326	607	1.95
100	0.101 3	958.4	419.06	4.211	0.682	16.9	277.528	0.295	588	1.75
110	0.143 3	951.0	461.32	4.224	0.684	17.0	254.937	0.272	569	1.60
120	0.198 5	943.1	503.7	4.232	0.685	17.1	235.360	0.252	548	1.47
130	0.270 1	934.8	546.3	4.250	0.686	17.2	211.824	0.233	529	1.36
140	0.361 4	926.1	589.1	4.257	0.685	17.2	201.036	0.217	507	1.26
150	0.476 0	917.0	632.2	4.270	0.684	17.3	185.346	0.203	486	1.17
160	0.618 1	907.4	675.5	4.285	0.683	17.3	171.616	0.191	466	1.10
170	0.792 0	897.3	719.0	4.396	0.679	17.2	162.290	0.181	443	1.05
180	1.002 7	886.9	763.1	4.417	0.673	17.2	152.003	0.173	423	1.00
190	1.255 1	876.0	807.5	4.480	0.670	17.1	145.138	0.165	400	0.96
200	1.554 9	863.0	852.4	4.505	0.665	17.0	139.254	0.158	377	0.93
210	1.907 7	852.8	897.8	4.555	0.655	16.8	131.409	0.153	354	0.91
220	2.319 8	840.3	943.7	4.605	0.645	16.7	124.544	0.148	331	0.89
230	2.797 6	827.3	990.3	4.690	0.637	16.4	119.641	0.145	310	0.88
240	3.347 8	813.6	1 037.6	4.731	0.628	16.2	113.757	0.141	285	0.87
250	3.977 6	799.0	1 085.8	4.857	0.618	16.0	409.834	0.137	262	0.86
260	4.693 4	784.0	1 135.0	4.982	0.605	15.6	104.931	0.135	237	0.87

注：本表数据依据来自国际水及水蒸气物性协会1995年发布的计算方法计算所得。

表 C.2 饱和水蒸气的热物理性质

温度 t ℃	压力 p MPa	密度 ρ kg/m³	焓 H kJ/kg	定压比热容 c_p kJ/(kg·K)	导热系数 $\lambda\times10^2$ W/(m·K)	导温系数 $\alpha\times10^6$ m²/s	动力黏度 $\mu\times10^6$ Pa·s	运动黏度 $\nu\times10^6$ m²/s	汽化潜热 r kJ/kg	普朗特数 Pr
0	0.000 61	0.004 85	2 501.6	1.854 3	1.83	2 031	8.022	1 655.01	2 501.6	0.851
10	0.001 23	0.009 40	2 520.0	1.859 4	1.88	1 078	8.424	896.54	2 477.7	0.831
20	0.002 34	0.017 29	2 538.0	1.866 1	1.94	602	8.840	509.90	2 454.3	0.847
30	0.004 24	0.030 37	2 556.6	1.874 4	2.00	351	9.218	303.53	2 430.9	0.863
40	0.007 38	0.051 16	2 574.5	1.885 3	2.06	213	9.620	188.04	2 407.0	0.883
50	0.012 34	0.083 02	2 592.0	1.898 7	2.12	134	10.022	120.72	2 382.7	0.896
60	0.019 92	0.130 2	2 609.6	1.915 5	2.19	87.7	10.424	80.07	2 358.4	0.913
70	0.031 16	0.198 2	2 626.8	1.936 4	2.25	58.5	10.817	54.57	2 334.1	0.930
80	0.047 36	0.293 3	2 643.5	1.961 5	2.33	40.4	11.219	38.25	2 309.0	0.947
90	0.070 11	0.423 5	2 660.3	1.992 1	2.40	28.4	11.621	27.44	2 283.1	0.966
100	0.101 3	0.597 7	2 676.2	2.028 1	2.48	20.4	12.023	20.12	2 257.1	0.984
110	0.143 3	0.826 5	2 691.3	2.070 4	2.56	15.0	12.425	15.03	2 229.9	1.00
120	0.198 5	1.122	2 705.9	2.119 8	2.65	11.2	12.798	11.41	2 202.3	1.02
130	0.270 1	1.497	2 719.7	2.176 3	2.76	8.46	13.170	8.80	2 173.8	1.04
140	0.361 4	1.967	2 733.1	2.240 8	2.85	6.67	13.543	6.89	2 144.1	1.06
150	0.476 0	2.548	2 745.3	2.314 2	2.97	5.03	13.896	5.45	2 113.1	1.08
160	0.618 1	3.260	2 756.6	2.397 4	3.08	3.94	14.249	4.37	2 081.3	1.11
170	0.792 0	4.123	2 767.1	2.491 1	3.21	3.13	14.612	3.54	2 047.8	1.13
180	1.002 7	5.160	2 776.3	2.595 8	3.36	2.51	14.965	2.90	2 013.0	1.15
190	1.255 1	6.397	2 784.2	2.712 6	3.51	2.03	15.298	2.39	1 976.6	1.18
200	1.554 9	7.864	2 790.9	2.842 8	3.68	1.64	15.651	1.99	1 938.5	1.21
210	1.907 7	9.593	2 796.4	2.987 7	3.87	1.35	15.995	1.67	1 898.3	1.24
220	2.319 8	11.62	2 799.7	3.149 7	4.07	1.11	16.338	1.41	1 856.4	1.26
230	2.797 6	14.00	2 801.8	3.331 0	4.30	0.922	16.701	1.19	1 811.6	1.29
240	3.347 8	16.76	2 802.2	3.536 6	4.54	0.767	17.073	1.02	1 764.7	1.33
250	3.977 6	19.99	2 800.6	3.772 3	4.84	0.642	17.446	0.873	1 714.5	1.36
260	4.694 3	23.73	2 796.4	4.047 0	5.18	0.539	17.843	0.752	1 661.3	1.40
270	5.505 8	28.10	2 789.7	4.373 5	5.55	0.453	18.280	0.651	1 604.8	1.44
280	6.420 2	33.19	2 780.5	4.767 5	6.00	0.381	18.750	0.565	1 543.7	1.49

注：本表数据依据来自国际水及水蒸气物性协会1995年发布的计算方法计算所得。

表 C.3 干空气的热物理性质(p=101.325 kPa)

温度 t ℃	压力 p MPa	密度 ρ kg/m³	焓 H kJ/kg	定压比热容 c_p kJ/(kg·K)	导热系数 $\lambda\times10^2$ W/(m·K)	导温系数 $\alpha\times10^6$ m²/s	动力黏度 $\mu\times10^6$ Pa·s	运动黏度 $\nu\times10^6$ m²/s	汽化潜热 r kJ/kg	普朗特数 Pr
0	0.000 61	0.004 85	2 501.6	1.854 3	1.83	2 031	8.022	1 655.01	2 501.6	0.851
10	0.001 23	0.009 40	2 520.0	1.859 4	1.88	1 078	8.424	896.54	2 477.7	0.831
20	0.002 34	0.017 29	2 538.0	1.866 1	1.94	602	8.840	509.90	2 454.3	0.847
30	0.004 24	0.030 37	2 556.6	1.874 4	2.00	351	9.218	303.53	2 430.9	0.863
40	0.007 38	0.051 16	2 574.5	1.885 3	2.06	213	9.620	188.04	2 407.0	0.883
50	0.012 34	0.083 02	2 592.0	1.898 7	2.12	134	10.022	120.72	2 382.7	0.896
60	0.019 92	0.130 2	2 609.6	1.915 5	2.19	87.7	10.424	80.07	2 358.4	0.913
70	0.031 16	0.198 2	2 626.8	1.936 4	2.25	58.5	10.817	54.57	2 334.1	0.930
80	0.047 36	0.293 3	2 643.5	1.961 5	2.33	40.4	11.219	38.25	2 309.0	0.947
90	0.070 11	0.423 5	2 660.3	1.992 1	2.40	28.4	11.621	27.44	2 283.1	0.966
100	0.101 3	0.597 7	2 676.2	2.028 1	2.48	20.4	12.023	20.12	2 257.1	0.984
110	0.143 3	0.826 5	2 691.3	2.070 4	2.56	15.0	12.425	15.03	2 229.9	1.00
120	0.198 5	1.122	2 705.9	2.119 8	2.65	11.2	12.798	11.41	2 202.3	1.02
130	0.270 1	1.497	2 719.7	2.176 3	2.76	8.46	13.170	8.80	2 173.8	1.04
140	0.361 4	1.967	2 733.1	2.240 8	2.85	6.67	13.543	6.89	2 144.1	1.06
150	0.476 0	2.548	2 745.3	2.314 2	2.97	5.03	13.896	5.45	2 113.1	1.08
160	0.618 1	3.260	2 756.6	2.397 4	3.08	3.94	14.249	4.37	2 081.3	1.11
170	0.792 0	4.123	2 767.1	2.491 1	3.21	3.13	14.612	3.54	2 047.8	1.13
180	1.002 7	5.160	2 776.3	2.595 8	3.36	2.51	14.965	2.90	2 013.0	1.15
190	1.255 1	6.397	2 784.2	2.712 6	3.51	2.03	15.298	2.39	1 976.6	1.18
200	1.554 9	7.864	2 790.9	2.842 8	3.68	1.64	15.651	1.99	1 938.5	1.21
210	1.907 7	9.593	2 796.4	2.987 7	3.87	1.35	15.995	1.67	1 898.3	1.24
220	2.319 8	11.62	2 799.7	3.149 7	4.07	1.11	16.338	1.41	1 856.4	1.26
230	2.797 6	14.00	2 801.8	3.331 0	4.30	0.922	16.701	1.19	1 811.6	1.29
240	3.347 8	16.76	2 802.2	3.536 6	4.54	0.767	17.073	1.02	1 764.7	1.33
250	3.977 6	19.99	2 800.6	3.772 3	4.84	0.642	17.446	0.873	1 714.5	1.36
260	4.694 3	23.73	2 796.4	4.047 0	5.18	0.539	17.843	0.752	1 661.3	1.40
270	5.505 8	28.10	2 789.7	4.373 5	5.55	0.453	18.280	0.651	1 604.8	1.44
280	6.420 2	33.19	2 780.5	4.767 5	6.00	0.381	18.750	0.565	1 543.7	1.49

注：本表数据摘自《传热学》 第四版，杨世铭、陶文铨编著。

参 考 文 献

[1] 杨世铭,陶文铨.传热学[M].4版.北京:高等教育出版社,2006.

ICS 27.060.30
CCS J 75

中华人民共和国国家标准

GB/T 27698.2—2023
代替 GB/T 27698.2—2011,GB/T 27698.3—2011,GB/T 27698.4—2011

热交换器及传热元件性能测试方法 第2部分:热交换器

Test methods for the performance of heat exchangers and heat exchange elements—Part 2: Heat exchangers

2023-08-06 发布　　2023-08-06 实施

国家市场监督管理总局
国家标准化管理委员会　发布

前　言

本文件按照 GB/T 1.1—2020《标准化工作导则　第 1 部分:标准化文件的结构和起草规则》的规定起草。

本文件是 GB/T 27698《热交换器及传热元件性能测试方法》的第 2 部分。GB/T 27698 已经发布了以下部分:

——第 1 部分:通用要求;

——第 2 部分:热交换器;

——第 3 部分:传热元件;

——第 4 部分:空冷器噪声测定。

本文件代替 GB/T 27698.2—2011《热交换器及传热元件性能测试方法　第 2 部分:管壳式热交换器》、GB/T 27698.3—2011《热交换器及传热元件性能测试方法　第 3 部分:板式热交换器》与GB/T 27698.4—2011《热交换器及传热元件性能测试方法　第 4 部分:螺旋板式热交换器》。与GB/T 27698.2—2011、GB/T 27698.3—2011 和 GB/T 27698.4—2011 相比,除结构调整和编辑性改动外,主要技术变化如下:

a) 增加了“标准工况”与“定性温度”的术语定义(见第 3 章);

b) 更改了管壳式热交换器产品型号与样机参数的规定(见 4.1.1,GB/T 27698.2—2011 的 3.1);

c) 增加了管壳式热交换器性能测试有效代表范围的规定(见 4.1.2);

d) 更改了板式热交换器装机片数要求(见 4.2.1,GB/T 27698.3—2011 的第 1 章);

e) 更改了板式热交换器产品型号与样机参数的规定(见 4.2.2,GB/T 27698.3—2011 的 3.1);

f) 增加了板式热交换器性能测试有效代表范围的规定(见 4.2.3);

g) 更改了螺旋板式热交换器产品型号与样机参数的规定(见 4.3.1,GB/T 27698.4—2011 的 3.1);

h) 增加了螺旋板式热交换器性能测试有效代表范围的规定(见 4.3.2);

i) 增加了液-液无相变湍流性能测试工况点数据采集时间间隔要求(见 5.1.3);

j) 增加了液-液无相变低流速性能测试程序(见 5.2);

k) 增加了汽-液冷凝性能测试工况点数据采集时间间隔要求(见 5.3.3);

l) 增加了汽-液流动沸腾与蒸发性能测试工况点数据采集时间间隔要求(见 5.4.3);

m) 删除了汽-液流动沸腾与蒸发性能测试工况点数据采集热平衡相对误差要求(见 GB/T 27698.2—2011 的 3.2.3.3,GB/T 27698.3—2011 的 3.2.3.3,GB/T 27698.4—2011 的 3.2.3.3);

n) 增加了池沸腾传热性能测试程序(见 5.5);

o) 更改了汽-液冷凝性能测试数据处理的规定(见 6.2,GB/T 27698.2—2011 的 4.2,GB/T 27698.3—2011 的 4.2,GB/T 27698.4—2011 的 4.2);

p) 更改了汽-液流动沸腾与蒸发性能测试数据处理的规定(见 6.3,GB/T 27698.2—2011 的4.3,GB/T 27698.3—2011 的 4.3,GB/T 27698.4—2011 的 4.3);

q) 增加了池沸腾传热性能测试数据处理的规定(见 6.4);

r) 增加了不确定度的规定(见 7.3);

s) 增加了测试报告的规定(见第 8 章)。

请注意本文件的某些内容可能涉及专利。本文件的发布机构不承担识别专利的责任。

本文件由全国锅炉压力容器标准化技术委员会(SAC/TC 262)提出并归口。

本文件起草单位:甘肃蓝科石化高新装备股份有限公司、上海蓝滨石化设备有限责任公司、西安交通大学、清华大学、中国石化工程建设有限公司、中石化广州工程有限公司、睿能太宇(沈阳)能源技术有限公司、上海板换机械设备有限公司、杭州弘泽新能源有限公司、湖北长江石化设备有限公司、上海蓝海科创检测有限公司、中国特种设备检测研究院。

本文件主要起草人:蒋琛、周文学、白博峰、姜培学、张迎恺、高莉萍、邓方义、陈枫、张永德、赵天波、周洪达、陈志伟、陈战杨、马一鸣、张延丰。

本文件于 2011 年首次发布,本次为第一次修订,修订时并入了 GB/T 27698.3—2011《热交换器及传热元件性能测试方法　第 3 部分:板式热交换器》与 GB/T 27698.4—2011《热交换器及传热元件性能测试方法　第 4 部分:螺旋板式热交换器》的内容(GB/T 27698.3—2011 与 GB/T 27698.4—2011 均为 2011 年首次发布)。

引　言

性能测试是确定热交换器及传热元件流动与传热特性的最准确的方法。为了保证性能测试有序开展,GB/T 27698 旨在确立普遍适用于热交换器及传热元件性能测试的测试系统、测试条件、数据处理方法及测试报告要求,拟由四个部分组成。

——第 1 部分:通用要求。目的在于确立适用于各类热交换器及传热元件性能测试的测试系统、测量仪表、测量方法、数据处理方法及测试报告的通用要求。

——第 2 部分:热交换器。目的在于确立各类典型热交换器性能测试时产品参数信息、测试程序、数据处理结果及测试报告要求。

——第 3 部分:传热元件。目的在于确立各类典型传热元件性能测试的汽-气冷凝测试方法及产品参数信息、测试程序、数据处理结果与测试报告要求。

——第 4 部分:空冷器噪声测定。目的在于确立空冷器噪声测定的测量参数、测试环境、测试仪表、测试方法及测定报告的要求。

由于 GB/T 27698 不可能、也没有必要囊括热交换器及传热元件性能测试的所有技术细节,因此,在满足准确性要求的前提下,不限制本文件中没有特别提及的技术内容。

GB/T 27698 不限制性能测试时采用先进的测试技术和测试方法,但工程技术人员采用先进的技术方法时,宜对其科学性与准确性做出可靠的判断。

热交换器及传热元件性能测试方法 第2部分:热交换器

1 范围

本文件描述了热交换器性能测试程序、测试数据处理及测试报告要求。

本文件适用于管壳式热交换器(含套管式热交换器)、板式热交换器(含焊接板式热交换器、钎焊板式热交换器)、螺旋板式热交换器的性能测试。

2 规范性引用文件

下列文件中的内容通过文中的规范性引用而构成本文件必不可少的条款。其中,注日期的引用文件,仅该日期对应的版本适用于本文件;不注日期的引用文件,其最新版本(包括所有的修改单)适用于本文件。

GB/T 151 热交换器

GB/T 27698.1 热交换器及传热元件性能测试方法 第1部分:通用要求

NB/T 47004.1 板式热交换器 第1部分:可拆卸板式热交换器

NB/T 47004.2 板式热交换器 第2部分:焊接板式热交换器

NB/T 47045 钎焊板式热交换器

NB/T 47048 螺旋板式热交换器

3 术语和定义

GB/T 27698.1 界定的以及下列术语和定义适用于本文件。

3.1

标准工况 standard condition

设定的用于表征热交换器性能的工况条件。

3.2

定性温度 reference temperature

计算时选取工质物性的参考温度。

注:通常选取工质进口、出口温度的算术平均值。

4 产品型号及试样参数

4.1 管壳式热交换器

4.1.1 管壳式热交换器测试时应明确产品型号及以下参数:

a) 壳程结构与几何尺寸;

b) 换热管形式与几何尺寸;

c) 换热管排列方式;

d) 管间距;

e) 折流元件的形式与布置；

f) 流程；

g) 管侧、壳侧的当量直径；

h) 管侧、壳侧的流通截面积；

i) 换热管材质；

j) 传热面积；

k) 设计温度；

l) 设计压力。

以上结构与设计数据的确定应按照 GB/T 151 和 GB/T 27698.1 的要求进行。

4.1.2 当产品型号或者 4.1.1 中 a)～g)任一参数发生变化时，应重新进行性能测试。

4.2 板式热交换器

4.2.1 板式热交换器样机板片数量的确定宜考虑在测量流速范围内流体分布的均匀性，且装机片数不少于 9 片。

4.2.2 板式热交换器测试时应明确产品型号及以下参数：

a) 板片波纹形式（波纹角度、波纹深度、波纹间距、混合角度）；

b) 板片几何尺寸（长度、宽度、角孔直径、纵向与横向中心距）；

c) 单板传热面积；

d) 板间距；

e) 流道截面积；

f) 板片厚度；

g) 板片材质；

h) 板片数；

i) 夹紧尺寸；

j) 流程组合；

k) 设计温度；

l) 设计压力。

以上结构与设计数据的确定应按照 GB/T 27698.1 和 NB/T 47004.1、NB/T 47004.2、NB/T 47045的要求进行。

4.2.3 当产品型号或者 4.2.2 中 a)～e)任一参数发生变化时，应重新进行性能测试。

4.3 螺旋板式热交换器

4.3.1 螺旋板式热交换器测试时应明确产品型号及以下参数：

a) 定距柱布置与几何尺寸；

b) 板间距；

c) 当量直径；

d) 流通截面积；

e) 流道长度；

f) 传热板材质；

g) 传热板厚度；

h) 传热面积(以传热板中性面为基准);

i) 设计温度;

j) 设计压力。

以上结构与设计数据的确定应按照 GB/T 27698.1 和 NB/T 47048 的要求进行。

4.3.2 当产品型号或者 4.3.1 中 a)～d)任一参数发生变化时,应重新进行性能测试。

5 测试程序

5.1 液-液无相变湍流性能测试

5.1.1 测试前,应检查测试样机、管线以及测量仪表的可靠性。

5.1.2 开始运行后,应及时排净测试样机内的气体,使测试样机在完全充满测试流体的条件下运行并按表 1 调节至标准工况。

5.1.3 在标准工况下稳定运行 30 min 后,宜按以下测试要求进行测试:

a) 两侧流体流速保持相同,流速在表 1 范围内变化,变化间隔满足表 1 要求;

b) 固定一侧(热侧或冷侧)流体为标准工况流速,另一侧流体的流速在表 1 范围内变化,变化间隔满足表 1 要求;

c) 每个测试工况稳定 5 min 及以上,且热平衡相对误差不大于 5%时,进行数据采集;

d) 每个测试工况至少重复测量 3 次,每次间隔 5 min 以上,测量结果取平均值。

表 1 湍流性能测试推荐液相流速范围

单位为米每秒

试样	液相流速范围	标准工况液相流速	最大变化间隔
管壳式热交换器	0.5～1.5	1.0	0.2
板式热交换器	0.1～1.0	0.5	0.1
螺旋板式热交换器	0.5～1.5	1.0	0.2

5.1.4 可根据用户需求和设备特征协商确定测试流速与压力。

5.2 液-液无相变低流速性能测试

5.2.1 测试前,应检查测试样机、管线以及测量仪表的可靠性。

5.2.2 开始运行后,应及时排净测试样机内的气体,使测试样机在完全充满测试流体的条件下运行并按表 1 调节至标准工况。

5.2.3 在标准工况下稳定运行 30 min 后,宜按以下测试要求进行测试:

a) 两侧流体雷诺数保持相同,在表 2 范围内等雷诺数间隔变化,测试工况点不少于 6 个;

b) 固定一侧(热侧或冷侧)流体为标准工况雷诺数,另一侧流体的流速在表 2 范围内等雷诺数间隔变化,测试工况点不少于 6 个;

c) 每个测试工况稳定 5 min 以上,且热平衡相对误差不大于 5%时,进行数据采集;

d) 每个测试工况至少重复测量 3 次,每次间隔 5 min 以上,测量结果取平均值。

表 2 低流速性能测试推荐液相雷诺数范围

试样	液相雷诺数范围	标准工况液相雷诺数
管壳式热交换器	10～3 000	1 000
板式热交换器	10～500	100
螺旋板式热交换器	10～3 000	1 000

5.2.4 热交换器应用于低流速工况时，宜对其进行低流速性能测试。可根据用户需求和设备特征协商确定测试工况。

5.3 汽-液冷凝性能测试

5.3.1 测试前，应检查测试样机、管线以及测量仪表的可靠性。

5.3.2 开始运行后，应及时排净测试样机内的不凝气并调节至标准工况。

5.3.3 在标准工况下稳定运行 30 min 后，宜按以下测试要求进行测试：

a) 保持进入测试样机进口的蒸汽温度有 1 ℃～3 ℃过热度，冷凝液温度比出口压力对应的饱和温度略低，但在 2 ℃范围内，蒸汽流量通过计量冷凝液得到；

b) 冷流体的流速在表 1 范围内变化，变化间隔满足表 1 要求；

c) 每个测试工况稳定 5 min 以上，且热平衡相对误差不大于 5%时，同步进行数据采集，在冷凝液计量过程中其工况保持相对稳定；

d) 每个测试点至少重复测量 3 次，每次间隔 5 min 以上，测量结果取平均值。

5.3.4 可根据用户需求和设备特征协商确定测试工况。

5.4 汽-液流动沸腾与蒸发性能测试

5.4.1 测试前，应检查测试样机、管线以及测量仪表的可靠性。

5.4.2 开始运行后，应及时排净测试样机内的不凝气并调节至标准工况。

5.4.3 在标准工况下稳定运行 30 min 后，宜按以下测试要求进行测试：

a) 保持进入预加热器和测试样机进口的蒸汽温度有 1 ℃～3 ℃过热度，冷凝液温度比出口蒸汽压力所对应的饱和温度略低，但在 2 ℃范围内，蒸汽流量通过计量冷凝液得到；

b) 冷流体的流速在表 1 范围内变化，变化间隔满足表 1 的要求；

c) 测试样机冷流体的进口干度由预加热器调节，最小进口干度为 0；

d) 测试样机冷流体的平均干度根据使用范围进行变化，变化间隔随干度增加而增加；

e) 每个测试工况稳定 5 min 以上，同步进行数据采集，在冷凝液计量过程中其工况保持相对稳定；

f) 每个测试点至少重复测量 3 次，每次间隔 5 min 以上，测量结果取平均值。

5.4.4 可根据用户需求和设备特征协商确定测试工况。

5.5 池沸腾传热性能测试

5.5.1 测试前，应检查测试样机、管线以及测量仪表的可靠性。

5.5.2 稳定运行 30 min 后，宜按以下测试要求进行测试：

a) 保证冷流体的液位高于测试样机；

b) 每个测试工况稳定 5 min 以上，且热平衡相对误差不大于 5%时，同步进行数据采集，在冷凝液计量过程中其工况保持相对稳定；

c) 测试过程中至少改变5次热负荷，每个测试点最少同步采集3组数据。

5.5.3 可根据用户需求和设备特征协商确定测试工况。

6 测试数据处理

6.1 液-液无相变性能测试

6.1.1 给出总传热系数(k)与流速(u)的测试曲线。

6.1.2 归纳出努塞尔数(Nu)与雷诺数(Re)、普朗特数(Pr)之间的准则关系式。

6.1.3 在同一坐标系中，计算出冷/热流体的定性温度分别为20 ℃/40 ℃、30 ℃/50 ℃、40 ℃/60 ℃时，总传热系数(k)与流速(u)的关系曲线。

6.1.4 给出压力降(Δp)与流速(u)的测试曲线。

6.1.5 归纳出欧拉数(Eu)与雷诺数(Re)之间的准则关系式。

6.1.6 在同一坐标系中，计算出定性温度分别为20 ℃，30 ℃，40 ℃时，冷流体压力降(Δp)与流速(u)的关系曲线。

6.1.7 在同一坐标系中，计算出定性温度分别为40 ℃，50 ℃，60 ℃时，热流体压力降(Δp)与流速(u)的关系曲线。

6.1.8 给出标准工况流速下，热流体定性温度50 ℃、冷流体定性温度30 ℃时的总传热系数(k)与压力降(Δp)的值。

6.2 汽-液冷凝性能测试

6.2.1 给出总传热系数(k)与液侧流速(u)或雷诺数(Re)的测试曲线。

6.2.2 归纳出冷凝对流传热系数(α)与流速(u)或雷诺数(Re)之间的关系式。

6.2.3 给出两侧压力降(Δp)与流速(u)或雷诺数(Re)的测试曲线。

6.2.4 归纳出两侧压力降(Δp)与流速(u)或雷诺数(Re)之间的关系式。

6.2.5 给出传热面两侧汽-液逆流运行，液侧在标准工况流速(见表1)时的总传热系数(k)的值。

6.3 汽-液流动沸腾与蒸发性能测试

6.3.1 给出总传热系数(k)与流速(u)或雷诺数(Re)的测试曲线。

6.3.2 给出总传热系数(k)与冷侧平均干度(x)的测试曲线。

6.3.3 归纳出流动沸腾传热系数(α)与流速(u)或雷诺数(Re)、冷侧平均干度(x)之间的关系式。

6.3.4 给出两侧压力降(Δp)与流速(u)的测试曲线。

6.3.5 给出两侧压力降(Δp)与平均干度(x)的测试曲线。

6.3.6 归纳出两侧压力降(Δp)与流速(u)或雷诺数(Re)、冷侧平均干度(x)之间的关系式。

6.4 池沸腾传热性能测试

6.4.1 给出池沸腾表面传热系数(α_b)与壁面过热度(Δt)的测试曲线。

6.4.2 给出热流密度(q)与壁面过热度(Δt)的测试曲线。

6.4.3 归纳出池沸腾表面传热系数(α_b)与壁面过热度(Δt)之间的关系式。

7 误差与不确定度

7.1 总传热系数(k)的测试值与关系式计算值的拟合误差,宜用均方根误差表示,不应超过5%。

7.2 压力降(Δp)的测试值与关系式计算值的拟合误差,宜用均方根误差表示,不应超过5%。

7.3 按本文件规定的测试方法确定的液-液无相变总传热系数(k)值,其相对标准不确定度不应超过10%。

7.4 按照GB/T 27698.1的规定,宜给出标准工况下热交换器性能测试结果的不确定度。不确定度的计算方法参照GB/T 27698.1的规定。

8 测试报告

测试报告应满足GB/T 27698.1的要求。

ICS 27.060.30
CCS J 75

中华人民共和国国家标准

GB/T 27698.3—2023

代替 GB/T 27698.5—2011,GB/T 27698.6—2011

热交换器及传热元件性能测试方法 第3部分:传热元件

Test methods for the performance of heat exchangers and heat exchange elements—
Part 3:Heat exchanger elements

2023-09-07 发布

2023-09-07 实施

国家市场监督管理总局
国家标准化管理委员会 发布

前言

本文件按照GB/T 1.1—2020《标准化工作导则　第1部分:标准化文件的结构和起草规则》的规定起草。

本文件是GB/T 27698《热交换器及传热元件性能测试方法》的第3部分。GB/T 27698已经发布了以下部分:

——第1部分:通用要求;

——第2部分:热交换器;

——第3部分:传热元件;

——第4部分:空冷器噪声测定。

本文件代替GB/T 27698.5—2011《热交换器及传热元件性能测试方法　第5部分:管壳式热交换器用换热管》及GB/T 27698.6—2011《热交换器及传热元件性能测试方法　第6部分:空冷器用翅片管》,与GB/T 27698.5—2011及GB/T 27698.6—2011相比,除结构调整和编辑性改动外,主要技术变化如下:

a) 更改了换热管产品型号与试件参数要求(见5.1,GB/T 27698.5—2011的3.2,GB/T 27698.6—2011的10.3);
b) 增加了换热管束产品型号与试件参数要求(见5.2);
c) 增加了换热板束产品型号与试件参数要求(见5.3);
d) 增加了换热管束与板束测试时的压力测点(见7.1);
e) 增加了测试时湿度测量仪表要求(见7.2);
f) 增加了空气侧压力测孔结构要求(见7.3.3.3);
g) 增加了空气侧压力测孔位置要求(见7.3.3.4);
h) 增加了湿度测量方法(见7.3.4);
i) 增加了换热管束与换热板束试件尺寸要求(见8.1.5);
j) 增加了实验室气温要求(见8.1.7);
k) 增加了湿度测量参数(见8.2);
l) 增加了换热管束与换热板束测试工况范围(见9.4);
m) 增加了测试时,空气侧压力波动范围要求(见9.6);
n) 增加了换热管束与板束数据处理内容(见10.2.2);
o) 增加了数据处理的不确定度要求(见11.3)。

请注意本文件的某些内容可能涉及专利。本文件的发布机构不承担识别专利的责任。

本文件由全国锅炉压力容器标准化技术委员会(SAC/TC 262)提出并归口。

本文件起草单位:上海蓝滨石化设备有限责任公司、甘肃蓝科石化高新装备股份有限公司、西安交通大学、清华大学、中国石化工程建设有限公司、中石化广州工程有限公司、哈尔滨空调股份有限公司、仪征市永辉散热管制造有限公司、浙江中达特钢股份有限公司、上海蓝海科创检测有限公司、上海市特种设备监督检验技术研究院、中国特种设备检测研究院、上海海关工业品与原材料检测技术中心。

本文件主要起草人：蒋琛、高莉萍、胥蕊娜、骆政园、邓方义、王天宇、韩睿超、尹继英、徐姚松、葛步春、俞艳文、陈战杨、薛小龙、张向南、陈志伟。

本文件及其所代替文件的历次版本发布情况为：

——2011年首次发布为GB/T 27698.3—2011《热交换器及传热元件性能测试方法　第3部分：板式热交换器》，本次为第一次修订；

——GB/T 27698.5，2011年首次发布；

——GB/T 27698.6，2011年首次发布。

引　言

性能测试是确定热交换器及传热元件流动与传热特性的最准确的方法。为了保证性能测试有序开展,GB/T 27698 旨在确立普遍适用于热交换器及传热元件性能测试的测试系统、测试条件、数据处理方法及测试报告要求,拟由四个部分组成。

——第1部分:通用要求。目的在于确立适用于各类热交换器及传热元件性能测试的测试系统、测量仪表、测量方法、数据处理方法及测试报告的通用要求。

——第2部分:热交换器。目的在于确立各类典型热交换器性能测试时产品参数信息、测试程序、数据处理结果及测试报告要求。

——第3部分:传热元件。目的在于确立各类典型传热元件性能测试的汽-气冷凝测试方法及产品参数信息、测试程序、数据处理结果与测试报告要求。

——第4部分:空冷器噪声测定。目的在于确立空冷器噪声测定的测量参数、测试环境、测试仪表、测试方法及测定报告的要求。

由于 GB/T 27698 不可能、也没有必要囊括热交换器及传热元件性能测试的所有技术细节,因此,在满足准确性要求的前提下,不限制本文件中没有特别提及的技术内容。

GB/T 27698 不限制性能测试时采用先进的测试技术和测试方法,但工程技术人员采用先进的技术方法时,宜对其科学性与准确性做出可靠的判断。

热交换器及传热元件性能测试方法 第3部分:传热元件

1 范围

本文件描述了热交换器用传热元件的测试方法、测试条件、测量参数、测试程序、测试数据处理及测试报告要求。

本文件适用于热交换器用换热管及管束、换热板束的性能测试。

2 规范性引用文件

下列文件中的内容通过文中的规范性引用而构成本文件必不可少的条款。其中,注日期的引用文件,仅该日期对应的版本适用于本文件;不注日期的引用文件,其最新版本(包括所有的修改单)适用于本文件。

GB/T 1236 工业通风机 用标准化风道性能试验

GB/T 27698.1 热交换器及传热元件性能测试方法 第1部分:通用要求

GB/T 27698.2 热交换器及传热元件性能测试方法 第2部分:热交换器

NB/T 47007 空冷式热交换器

3 术语和定义

GB/T 27698.1、GB/T 27698.2、NB/T 47007 界定的以及下列术语和定义适用于本文件。

3.1

试件 testsample

进行传热性能与流动性能测试的传热元件。

3.2

测试段 testing section

在试件全长范围内,有目的地选择作为性能测试的传热元件的一部分。

3.3

测量段 measuringsection

测试系统中,为准确计量测试参数而设置的部分。

3.4

工作段 working section

风道中空气横掠试件流动的风筒直管段部分。

3.5

有效通风截面 effective venting area

工作段内空气流动的最小流通截面。

4 符号与单位

表1列出的符号和单位适用于本文件。

表1 符号

符号	说明	单位
A	传热面积(以基管的外表面为基准)	m^2
c_p	质量定压热容	J/(kg·K)
h	比焓	J/kg
k	总传热系数	W/(m^2·K)
p	压力	kPa
q_m	质量流量	kg/s
q_v	体积流量	m^3/s
t	温度	℃
U_a	空气质量流速(按有效通风截面计算)	kg/(m^2·s)
V	体积	m^3
W	重量	kg
Δp	压力降	Pa
Δt_m	对数平均温差	℃
$\Delta\Phi$	热平衡相对误差	无因次量
ρ	密度	kg/m^3
τ	收集冷凝液的时间	s
Φ	热流量	W
Φ_m	平均热流量	W
a、s	下角标,分别表示空气与蒸汽	—
1	下角标,表示冷凝液	—
1、2	下角标,分别表示流体进口、出口	—

5 产品型号与试件参数

5.1 换热管

换热管测试时应明确产品型号及以下参数:

a) 换热管型式;

b) 换热管材质;

c) 换热管内径、外径;

d) 换热管长度;

e) 当量直径;

f) 流道截面积;

g) 传热面积;

h) 翅片材质(翅片管);

i) 翅片厚度、片距、片高(翅片管);

j) 翅片管根径(翅片管)。

5.2 换热管束

换热管束测试时应明确产品型号及以下参数：

a) 换热管参数；

b) 布管数量；

c) 布管形式。

5.3 换热板束

换热板束测试时应明确产品型号及以下参数：

a) 板片波纹形式（波纹角度、波纹深度、波纹间距、混合角度）；

b) 板片几何尺寸(长度、宽度、角孔直径、纵向与横向中心距)；

c) 单板传热面积；

d) 板间距；

e) 流道截面积；

f) 板片厚度；

g) 板片材质；

h) 板片数。

6 汽-液与液-液性能测试

换热管及管束、换热板束在进行汽-液冷凝性能测试、汽-液流动沸腾与蒸发性能测试、池沸腾传热性能测试与液-液无相变性能测试时，宜将传热元件制作成套管式、管壳式或板壳式热交换器测试样机，按 GB/T 27698.1 与 GB/T 27698.2 的规定进行测试与数据处理。

7 汽-气冷凝测试方法

7.1 测试系统

测试装置由空气系统和蒸汽系统两部分组成，空气系统部分应有预处理段和测量段。预处理段应保证空气达到适宜测试的稳定状态。空气系统风速测量段应保证一定长度的直管段，以满足测量仪表使用要求。为保证流经试件的空气稳定流动，风筒工作段长度不应小于 1.5 m。风筒工作段内截面宽度不作统一规定，但有效通风截面处的空气质量流速应满足测试要求。测试系统见图 1。

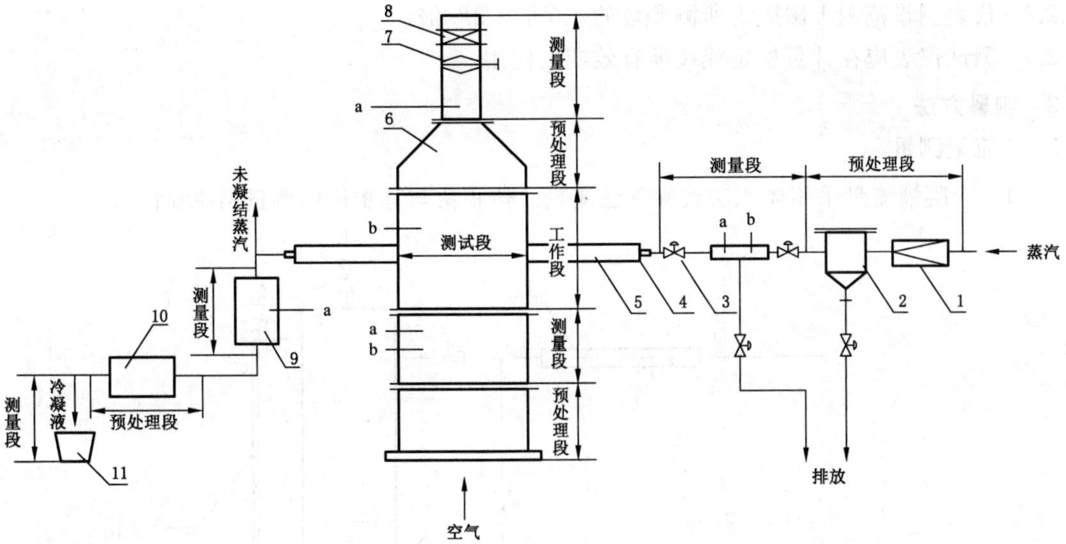

标引说明：

1 ——减压阀；

2 ——分离、加热装置；

3 ——调节阀；

4 ——试件；

5 ——保温部件；

6 ——风筒；

7 ——风量调节阀；

8 ——风速测量仪表；

9 ——凝结水箱；

10——过冷器；

11——称量装置；

a ——温度测点；

b ——压力测点。

图 1 换热管及管束、换热板束性能测试系统示意图

7.2 测量仪表

7.2.1 性能测试流量、温度、压力(差)各参数的测量仪表的准确度等级不应低于表 2 的规定。

表 2 测量仪表准确度等级

测量项目	准确度等级(或最大允许误差)
压力	0.5 级
温度	±0.5 ℃
风量	1.0 级
冷凝液量	1.0 级
相对湿度	±5%

7.2.2　仪表测量范围上限应为所测参数的1.5倍～2.0倍。

7.2.3　测试仪表应在计量检定或校准有效期内使用。

7.3　测量方法

7.3.1　流量测量

7.3.1.1　冷凝液流量采用体积法或称重法测量。体积法与称重法的测量系统见图2。

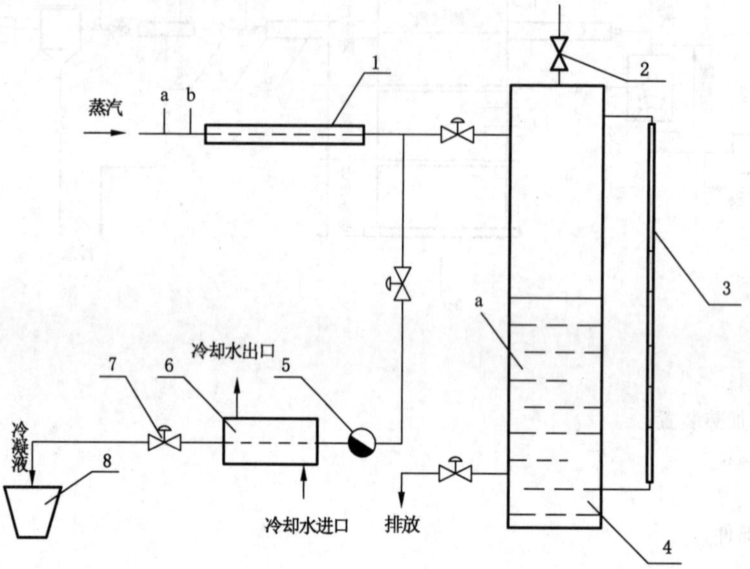

标引说明：

1——试件；

2——排气阀；

3——液位计；

4——冷凝水箱；

5——疏水阀；

6——过冷器；

7——调节阀；

8——称量装置；

a——温度测点；

b——压力测点。

图2　冷凝液流量测量系统示意图

7.3.1.2　空气流量可用风速仪测量，其安装与操作程序应按使用说明书进行；也可用孔板或毕托静压管等测量，其测量方法应符合GB/T 1236的规定。

7.3.2　温度测量

7.3.2.1　测温元件的工作端应位于管道或工作段截面的中心，其插入深度不应小于管道半径或工作段截面中心，在狭小的管道中测量时，可加装测量段，并使测温元件的工作端与流动方向相对。

7.3.2.2　测温元件应设置在测量段规定位置处（见图1），且管路和风筒应保温良好，测温点的上游（进口）、下游（出口）各600 mm范围内也应保温。

7.3.2.3 空气进口、出口温度应只测干球温度。每一测试截面上的测温点宜不少于三点,取其平均值。

7.3.3 压力测量

7.3.3.1 蒸汽压力与空气压力用标准压力表或压力变送器测量,其安装与操作程序应按使用说明书进行。

7.3.3.2 环境大气压力用水银气压计测量,其安装与操作程序应按使用说明书进行。

7.3.3.3 风筒中空气压力测孔应与风道内表面垂直、平齐,并去除内部所有突出物,孔的边缘应倒圆,孔的直径不应小于 1.5 mm 且不应大于 5 mm。

7.3.3.4 风筒中空气压力测孔应设置在距离试件约 0.5 m 处截面上,矩形通道每个测压截面宜设置 4 个压力测孔,测孔分布在截面 4 条边的中心处。

7.3.4 湿度测量

7.3.4.1 实验室湿度测量宜选用干湿球湿度计、毛发湿度计、电容式湿度计或电阻式湿度计。

7.3.4.2 湿度计安装与操作程序应按使用说明书进行。

8 汽-气冷凝测试条件及测量参数

8.1 测试条件

8.1.1 蒸汽的管路系统均应保温。

8.1.2 试件全长范围内除测试段外,均应保温。进入试件的蒸汽过热度应保持在 1 ℃～3 ℃范围内。

8.1.3 若采用称重法计量冷凝液,为了防止冷凝液二次蒸发,进入计量装置的冷凝液过冷度应至少为 2 ℃。

8.1.4 试件安装应当平直并向蒸汽冷凝液出口方向有 1°～3°的向下倾斜。

8.1.5 测试段应选择在试件中部,换热管试件长度不应小于 500 mm;换热管束试件长宽范围不应小于 600 mm×600 mm,空气流动方向上管束不少于 3 排;换热板束试件长度不应小于 600 mm,单侧流道数不少于 10。

8.1.6 工作段有效通风截面处,除了试件的测试部分,风筒内壁不应有任何引起气流扰动的部件。

8.1.7 实验室试验时环境温度不宜低于 10 ℃。

8.2 测量参数

测量参数见表 3 规定。

表 3 测量参数

项目名称	说明
大气压力	当地大气压
空气质量流速	工作段有效通风截面处
空气进口、出口温度	进入工作段前、后温度
空气进口、出口压力	进入工作段前、后压力
蒸汽压力	绝对压力

表 3 测量参数(续)

项目名称	说明
蒸汽进口、出口温度	进口为蒸汽,出口为冷凝液
冷凝液质量流量	—
湿度	实验室湿度

9 汽-气冷凝测试程序

9.1 确定空气和蒸汽的定压比热容、密度、焓值等参数。

9.2 测试前应检查测试装置、测量仪表的可靠性。

9.3 测试时蒸汽侧的压力、流量等应保持稳定。

9.4 测试时,应根据传热元件结构特点与应用场合,选取不少于 7 个不同空气侧流速进行测试。部分传热元件的空气侧流速宜满足表 4 的要求。

表 4 空气质量流速

单位为千克每平方米秒

试件	流速范围	标准工况流速	最大变化间隔
空冷器用换热管及管束	4.0～10.0	6.0	1.0
空冷器用换热板束	4.0～10.0	7.0	1.0
空气预热器用换热板束	6.0～14.0	10.0	1.0

9.5 测试过程中各测量参数的读数波动范围不应超过表 5 的要求。

9.6 空气侧与蒸汽侧的热平衡相对误差不大于 5%时,进行测量。

9.7 每改变一种工况宜稳定 15 min 后进行测试,在测试过程中至少读取(采集)3 组数据,并以此 3 组数据的算术平均值作为测试计算值。

表 5 测量参数的读数波动范围

测量参数	波动范围
空气进口、出口温度	±0.5 ℃
空气质量流速	±1%
蒸汽温度	±0.5 ℃
蒸汽压力	±2 kPa
冷凝液温度	±0.5 ℃
冷凝液质量流量	±1%
空气压力	±50 Pa

10 汽-气冷凝测试数据处理

10.1 数据计算

空气侧热流量按公式(1)计算:

$$\Phi_a = q_{m,a} c_{p,a} (t_{a,2} - t_{a,1}) \quad \cdots\cdots(1)$$

蒸汽冷凝液按公式(2)计算：

$$q_{m,s}=W_1/\tau \text{ 或 } q_{m,s}=\rho_1 V_1/\tau \qquad (2)$$

蒸汽侧热流量按公式(3)计算：

$$\Phi_s=q_{m,s}(h_s-h_1) \qquad (3)$$

平均热流量按公式(4)计算：

$$\Phi_m=(\Phi_a+\Phi_s)/2 \qquad (4)$$

热平衡相对误差按公式(5)计算：

$$\Delta\Phi=|(\Phi_a-\Phi_s)/\Phi_m| \qquad (5)$$

对数平均温差按公式(6)计算：

$$\Delta t_m=[(t_s-t_{a,2})-(t_1-t_{a,1})]/\ln[(t_s-t_{a,2})/(t_1-t_{a,1})] \qquad (6)$$

总传热系数按式公式(7)计算：

$$k=\Phi_m/(A\Delta t_m) \qquad (7)$$

10.2 性能确定

10.2.1 换热管性能测试结果应至少包括下列内容：

a) 总传热系数(k)与空气质量流速(U_a)之间的测试曲线；

b) 总传热系数(k)与空气质量流速(U_a)之间的关系式；

c) 标准工况流速下的总传热系数(k)。

10.2.2 换热管束与板束性能测试结果应至少包括下列内容：

a) 总传热系数(k)与空气质量流速(U_a)之间的测试曲线；

b) 总传热系数(k)与空气质量流速(U_a)之间的关系式；

c) 空气侧流动压降(Δp)与空气质量流速(U_a)之间的测试曲线；

d) 空气侧流动压降(Δp)与空气质量流速(U_a)之间的关系式；

e) 标准工况流速下的总传热系数(k)与空气侧流动压降(Δp)。

11 误差与不确定度

11.1 总传热系数(k)的测试值与关系式计算值的拟合误差，宜用均方根误差表示，不应超过5%。

11.2 压力降(Δp)的测试值与关系式计算值的拟合误差，宜用均方根误差表示，不应超过5%。

11.3 按照 GB/T 27698.1 的规定，宜给出标准工况流速下传热元件性能测试结果的不确定度。不确定度的计算方法参照 GB/T 27698.1 的规定。

12 测试报告

测试报告应满足 GB/T 27698.1 的要求。

ICS 27.060.30
CCS J 75

中华人民共和国国家标准

GB/T 27698.4—2023
代替 GB/T 27698.7—2011

热交换器及传热元件性能测试方法 第4部分:空冷器噪声测定

Test methods for the performance of heat exchangers and heat exchange elements—Part 4: Measurement of noise from air-cooled heat exchangers

2023-05-23 发布

2023-05-23 实施

国家市场监督管理总局
国家标准化管理委员会 发布

前　言

本文件按照 GB/T 1.1—2020《标准化工作导则　第 1 部分:标准化文件的结构和起草规则》的规定起草。

本文件是 GB/T 27698《热交换器及传热元件性能测试方法》的第 4 部分。GB/T 27698 已经发布了以下部分:

——第 1 部分:通用要求;

——第 2 部分:热交换器;

——第 3 部分:传热元件;

——第 4 部分:空冷器噪声测定。

本文件代替 GB/T 27698.7—2011《热交换器及传热元件性能测试方法　第 7 部分:空冷器噪声测定》。与 GB/T 27698.7—2011 相比,除结构调整和编辑性改动外,主要技术变化如下:

a) 增加了"背景噪声""背景噪声修正""环境修正""功率修正"的术语和定义(见第 3 章);

b) 增加了符号(见第 4 章);

c) 更改了背景噪声修正方法(见 6.2,GB/T 27698.7—2011 的 5.2);

d) 增加了风机功率修正因子 K_3(见 6.3);

e) 更改了指定位置的特殊测点的要求(见 8.1.3.3,8.2.3.2,GB/T 27698.7—2011 的 7.1.3.3,7.2.3.2);

f) 增加了计算声功率时的风机功率修正(见 8.1.5.6 和 8.2.5.1)。

请注意本文件的某些内容可能涉及专利。本文件的发布机构不承担识别专利的责任。

本文件由全国锅炉压力容器标准化技术委员会(SAC/TC 262)提出并归口。

本文件起草单位:上海蓝滨石化设备有限责任公司、甘肃蓝科石化高新装备股份有限公司、中国石化工程建设有限公司、保定航技风机制造有限公司、上海蓝海科创检测有限公司、哈尔滨空调股份有限公司、湖北长江石化设备有限公司、上海海关工业品与原材料检测技术中心、机械工业兰州石油化工设备检测所有限公司。

本文件主要起草人:蒋琛、韩卓、周峰、张迎恺、俞艳文、尹继英、赵天波、张向南、陈战杨、毕国胜、高莉萍、展雪峰、曹锦鋆、周文学、张延丰。

本文件所代替文件的历次版本发布情况为:

——GB/T 27698.7,2011 年首次发布。

引　言

性能测试是确定热交换器及传热元件流动与传热特性的最准确的方法。为了保证性能测试有序开展,GB/T 27698 旨在确立普遍适用于热交换器及传热元件性能测试的测试系统、测试条件、数据处理方法及测试报告要求,拟由 4 个部分组成。

——第 1 部分:通用要求。目的在于确立适用于各类热交换器及传热元件性能测试的测试系统、测量仪表、测量方法、数据处理方法及测试报告的通用要求。

——第 2 部分:热交换器。目的在于确立各类典型热交换器性能测试时产品参数信息、测试程序、数据处理结果及测试报告要求。

——第 3 部分:传热元件。目的在于确立各类典型传热元件性能测试的汽-气冷凝测试方法及产品参数信息、测试程序、数据处理结果与测试报告要求。

——第 4 部分:空冷器噪声测定。目的在于确立空冷器噪声测定的测量参数、测试环境、测试仪表、测试方法及测定报告的要求。

由于 GB/T 27698 不可能、也没有必要囊括热交换器及传热元件性能测试的所有技术细节,因此,在满足准确性要求的前提下,不限制本文件中没有特别提及的技术内容。

GB/T 27698 不限制性能测试时采用先进的测试技术和测试方法,但工程技术人员采用先进的技术方法时,宜对其科学性与准确性做出可靠的判断。

热交换器及传热元件性能测试方法
第4部分:空冷器噪声测定

1 范围

本文件描述了空冷器(空冷式热交换器)噪声测定的测量参数、测试环境、测试仪器、测试方法与测定报告要求。

本文件适用于管束水平或倾斜放置的干式、湿式和干湿混合式的引风式空冷器与鼓风式空冷器出厂或现场的噪声测定。

注1:出厂的噪声测定是指制造厂在产品出厂前对单独一跨的噪声测定。

注2:现场的噪声测定是指在安装现场装置上对一个单元的噪声测定。

2 规范性引用文件

下列文件中的内容通过文中的规范性引用而构成本文件必不可少的条款。其中,注日期的引用文件,仅该日期对应的版本适用于本文件;不注日期的引用文件,其最新版本(包括所有的修改单)适用于本文件。

GB/T 3102.7 声学的量和单位

GB/T 3241 电声学 倍频程和分数倍频程滤波器

GB/T 3767—2016 声学 声压法测定噪声源声功率级和声能量级 反射面上方近似自由场的工程法

GB/T 3785.1 电声学 声级计 第1部分:规范

GB/T 4129 声学 用于声功率级测定的标准声源的性能与校准要求

GB/T 27698.1 热交换器及传热元件性能测试方法 第1部分:通用要求

JJG 176 声校准器检定规程

JJG 188 声级计检定规程

NB/T 47007 空冷式热交换器

3 术语和定义

GB/T 3102.7、GB/T 27698.1、NB/T 47007界定的以及下列术语和定义适用于本文件。

3.1

跨 bay

由一片或多片管束,配备一台或多台风机,同时包括构架、风箱和其他附属部件组成的设备。

3.2

单元 unit

用于一个单独用途的一片或多片管束。

3.3

引风式空冷器 induced-draught exchanger

管束置于风机吸风侧的空冷器。

3.4

鼓风式空冷器 forced-draught exchanger

管束置于风机排风侧的空冷器。

3.5

基准体 datum body

包络一跨的最小矩形六面体。

注：在确定基准体大小时，空冷器的凸出构件(柱高度)不予考虑。

3.6

几何中心 geometric center

几何形状的中心。

注：本文件假定基准体几何中心是一跨的声中心。

3.7

修正值 corrected value

对读数值进行背景噪声修正、环境修正与功率修正后的值。

3.8

倍频程(oct) octave

两个基频相比为2的声或其他信号间的频程。

3.9

测量表面 measurement surface

包络声源且测点位于其上的假想几何表面。

注：测量表面面积设定为S，该表面终止于一个或多个反射面上。

3.10

背景噪声 background noise

测量时，来自被测声源以外所有的其他声源的噪声。

3.11

背景噪声修正 background noise correction

由背景噪声对表面声压级的影响而引入的一个修正因子。

3.12

环境修正 environment correction

考虑测量环境造成的声反射或声吸收对测量表面声压级的影响而引入的修正因子。

3.13

功率修正 power correction

基于实际测试环境条件不同于标准环境条件引起的对声功率级的影响，而引入的对声功率进行修正的因子。

4 符号

表1给出的符号适用于本文件。

表1 符号

符号	名称与含义	单位
B	一个单元的宽度	m
D	风筒内径	m
d_0	特性距离，即几何中心到基准体任意一顶角的距离	m
H	几何中心距安装平面的高度	m
K	测点距风机或管束表面的距离	m
K_1	测量表面各测点的背景噪声修正因子	dB
K_2	环境修正因子	dB
K_{2b}	半球表面环境修正因子	dB
K_{2y}	圆柱表面环境修正因子	dB
K_3	功率修正因子	dB
L	一个单元的长度	m
L_p	经背景噪声修正后的测量表面的声压级	dB
L_{pb}	半球测量表面的A计权的平均声压级	dB
L_{pbg}	测量表面测得的背景噪声声压级	dB
L_{pbi}	半球面第 i 个测点的A计权声压级修正值	dB
L_{pfc}	风机侧平均声压级	dB
L_{pfci}	风机侧第 i 个测点的经背景噪声修正后的测点声压级	dB
L_{pgc}	管束侧平均声压级	dB
L_{pgcj}	管束侧第 j 个测点的经背景噪声修正后的测点声压级	dB
L_{py}	圆柱测量表面的A计权的平均声压级	dB
L_{pyj}	圆柱面第 j 个测点的声压级修正值	dB
$L_{p(ST)}$	测量表面测得的噪声声压级读数值	dB
L_W	计算得到的试验条件下的声功率级	dB
L_{Wb}	半球面声功率级	dB
L_{Wd}	一个单元声功率级	dB
L_{Wdk}	一个单元在31.5 Hz～8 000 Hz的9个倍频程中第 k 个倍频程声功率级	dB
L_{Wdz}	一个单元的总声功率级	dB
L_{Wf}	每台风机的声功率级	dB
L_{Wfc}	风机侧声功率级	dB

表1 符号(续)

符号	名称与含义	单位
L_{Wfk}	每台风机在 31.5 Hz～8 000 Hz 的 9 个倍频程中第 k 个倍频程声功率级	dB
L_{Wfz}	每台风机的总声功率级	dB
L_{Wgc}	管束侧声功率级	dB
L_{Wp}	设计工况风机轴功率条件下的声功率级	dB
L_{Wr}	标准噪声源标定的声功率级	dB
L_{Wt}	一跨声功率级	dB
L_{Wtk}	一跨在 31.5 Hz～8 000 Hz 的 9 个倍频程中第 k 个倍频程声功率级	dB
L_{Wtz}	一跨的总声功率级	dB
L_{Wy}	圆柱面声功率级	dB
l_1、l_2、l_3	基准体的长、宽、高	m
M	一跨的风机数	
n_b	半球面测点数	
n_f	风机侧的测点数	
n_g	管束侧的测点数	
n_y	圆柱面的测点数	
P_{design}	设计条件下的风机轴功率	kW
P_s	测试环境气压	kPa
P_0	标准大气压	kPa
P_{test}	测试条件下的风机轴功率	kW
R	半球面和圆柱底面圆的半径	m
S_b	半球面面积	m^2
S_f	风机侧的测量表面面积	m^2
S_g	管束侧的测量表面面积	m^2
S_y	圆柱面面积	m^2
S_0	基准面积	m^2
θ	测试环境气温	℃
ΔL_p	测量表面测得的声压级与背景噪声声压级之差	dB

5 测量参数及标准不确定度

5.1 测量参数

噪声测量的参数包括 A 声功率级、倍频程声功率级、总声功率级、特殊点的 A 声压级和倍频程声压级。且在这些参数计算时，基准声压为 20 μPa，基准声功率为 1 pW。

5.2 标准不确定度

对于辐射 100 Hz～10 000 Hz 频率范围内频谱密度均匀的噪声源，测量 A 声功率级的标准不确定度应为 2 dB，测量倍频程声功率级的标准不确定度不应大于表 2 中的规定值。

表 2 测量倍频程声功率级的标准不确定度

倍频程中心频率 Hz	标准不确定度 dB
125	3.0
250～500	2.0
1 000～4 000	1.5
8 000	2.5

注 1：此处的测量不确定度系指由于各种因素所引起的累积标准不确定度。

注 2：31.5 Hz 和 63 Hz 倍频程声功率级的标准不确定度约为 5 dB。

6 声学测试环境

6.1 基本要求

测试环境满足下列基本要求。

a） 理想的测试环境应为除一个反射面外没有其他反射物，即声源直接向反射面上方的自由场中辐射。

b） 环境周围应没有其他噪声源产生的较强的背景噪声。

c） 雨天、雪天不应进行测试。

6.2 背景噪声修正

当测点读数的平均声压级与背景噪声的平均声压级值之差（ΔL_p）不小于 6 dB 时，可根据第 8 章规定的公式修正；当测点读数值（A 声级和倍频程声压级）与背景噪声级值（A 声级和倍频程声压级）之差大于 15 dB 时，测点读数的平均声压级可不进行背景噪声修正。

6.3 测试环境修正

6.3.1 当实际测试环境的反射面是硬性的平地表面（如混凝土或平坦无缝的沥青地面），且在距台（跨）表面的距离等于声中心至较低测点最大距离的 3 倍范围内无反射物时，可认为环境修正因子（K_2）不大于 0.5 dB，可不进行环境修正，否则应按附录 A 规定的方法确定环境修正因子（K_2），并对测量结果进行修正。

6.3.2 在距安装平面高为 2 m、水平方向离空冷器边缘 5 m 处测量环境风速，当风速大于 1 m/s 时，传声器应加盖风罩；当风速大于 3 m/s 时，不应进行测试。在测量风速时，应记录风向。

6.3.3 当测试条件下的风机功率不大于 0.9 倍设计功率或者不小于 1.1 倍设计功率时，应引入功率修正因子（K_3）进行修正。

6.3.4 当需要得到的声功率是噪声在标准环境状态下的值，且测试环境的气温、气压偏离标准环境条件（气温 23 ℃、气压 101.325 kPa）时，应进行气象修正。气象修正应按 GB/T 3767—2016 中附录 G 的规定进行。

7 测试仪器

7.1 基本要求

测试仪器应使用 GB/T 3785.1 中规定的 1 型或 1 型以上的声级计或精度相当的其他测试仪器。声级计及其他测试仪器与传声器之间应使用延伸电缆或延伸杆连接。测量倍频程声压级时,所用的倍频程滤波器应符合 GB/T 3241 的规定。

7.2 校准

每次测量前后,应用精度优于±0.5 dB 的声级校准器或活塞发声器在一个或多个频率上对整个测试系统(包括电缆线或延伸杆)进行校准,并应按 JJG 176 的规定将声级校准器或活塞发声器进行检定。声级计及其他测试仪器应按 JJG 188 的规定进行检定。

8 测试方法

8.1 单独跨的噪声测定方法(出厂测试)

8.1.1 被测跨的安装

被测跨应按正常运行状态安装在测试场所地面的几何中心处,各立柱底板与地面基础的连接应牢固,在运转过程中不应有附加振动。空冷器空气进口距安装平面的高度应大于 2.5 m,引风式进气面为管束下侧面,鼓风式进气面为风筒下侧面。

8.1.2 被测跨的工作状况

风机应处于稳定运转状态。

风机的转速、叶片安装角和电动机的功率宜为设计值。当满足 6.3.3 规定时,应进行功率修正。

8.1.3 声压级的测量

8.1.3.1 测量表面

单独一跨的测量表面为一个包络该跨的假想半球面和圆柱面。该半球面和圆柱底面圆的半径(R)宜选用 6 m、8 m、10 m……系列,且应大于 $2d_0$,其 d_0 按公式(1)计算:

$$d_0 = [(l_1/2)^2 + (l_2/2)^2 + (l_3/2)^2]^{0.5} \quad \cdots\cdots (1)$$

式中:

d_0 ——特性距离,即几何中心到基准体任意一顶角的距离,单位为米(m);

l_1、l_2、l_3 ——基准体的长、宽、高,单位为米(m)。

8.1.3.2 基本测点

基本测点位于测量表面上,在半球面上布置 9 个基本测点,在圆柱面上布置 4 个基本测点,其测点位置及坐标见图 1 和表 3。

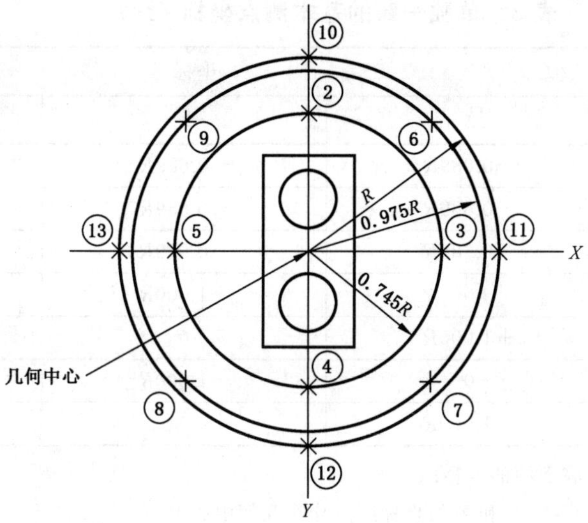

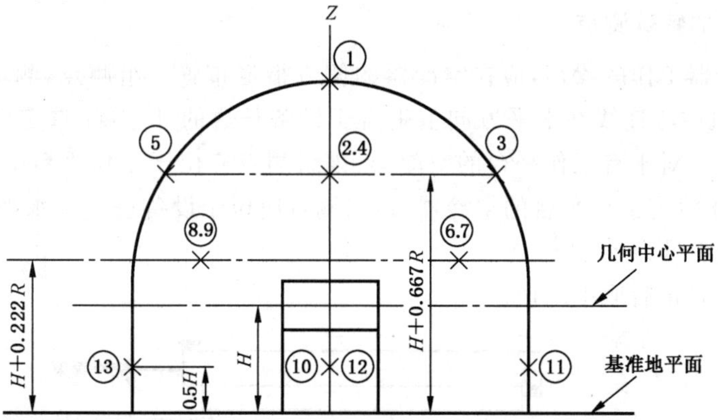

标引符号说明：

× ——第 1 个～第 13 个基本测点的位置；

X,Y,Z ——坐标轴。

图 1　单独一跨的基本测点位置示意图

表 3　单独一跨的基本测点坐标

序号	坐标		
	X	Y	Z
1	0	0	$+1.000R$
2	0	$+0.745R$	$+0.667R$
3	$+0.745R$	0	$+0.667R$
4	0	$-0.745R$	$+0.667R$
5	$-0.745R$	0	$+0.667R$
6	$+0.689R$	$+0.689R$	$+0.222R$

表 3 单独一跨的基本测点坐标(续)

序号	坐标		
	X	Y	Z
7	+0.689R	−0.689R	+0.222R
8	−0.689R	−0.689R	+0.222R
9	−0.689R	+0.689R	+0.222R
10	0	+1.000R	−0.500H
11	+1.000R	0	−0.500H
12	0	−1.000R	−0.500H
13	−1.000R	0	−0.500H

注 1:R 为半球面和圆柱底面圆的半径。

注 2:所有测点位置的坐标 X、Y 和 Z 的坐标原点均在几何中心上。

8.1.3.3 指定位置的特殊测点

为了评价空冷器工作的噪声,应在空冷器的侧方指定布置一组测点,测取一组读数。如图 2 所示,测点与风机中心连线在水平方向上垂直于设备长边的外边缘,选定的测点与风机中心连线应避开电动机。对于有工作平台的空冷器,该组测点应位于工作平台上 1.5 m 高,距设备边缘外侧 1 m;对于没有工作平台的空冷器,该组测点应位于设备进气口水平面下 1 m,距设备边缘外侧 1 m。测点号为 14,15。

测得的数值应修正后取平均值。

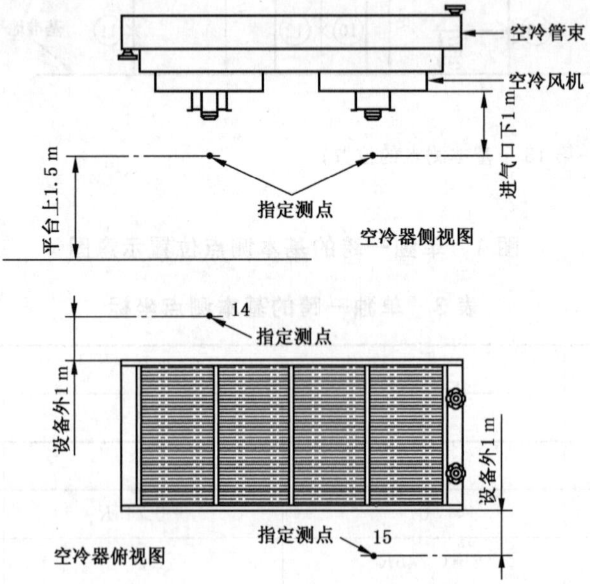

标引符号说明:

• ——第 14 个和第 15 个测点的位置。

图 2 特殊测点示意图

8.1.3.4 测量与数据记录

测量时,传声器应按噪声辐射的方向正对声中心。用声级计进行测量时,应用“慢”挡时间计权特性,声压级的读数值为观测时间内表针摆动的平均值(对偶然出现的最大值或最小值可不予考虑)。对于A声级和中心频率为125 Hz以上的倍频程,观测时间为10 s,对于中心频率为125 Hz以下的倍频程,观测时间为30 s。

要求正式测量之前,应先对A声级进行测试。当半球面或圆柱面各测点A声级的差值大于6 dB(A)时,应增大测量半径(R)或增设附加测点。

测量时,应测量每个测点的背景噪声,并记录所有数据。数据表样式见附录B。

8.1.3.5 附加测点

按8.1.3.4的规定,当需增设附加测点时,其位置由原来的基本测点绕Z轴旋转45°,测点数量由13个增加到25个。

8.1.4 测量表面平均声压级的确定

8.1.4.1 用13个或25个测点的声压级确定半球面或圆柱面的平均声压级时,应对A声级和31.5 Hz～8 000 Hz的9个中心频率的每一个倍频程声压级分别进行计算。

8.1.4.2 经背景噪声修正后的测量表面测点的声压级按公式(2)计算:

$$L_p = L_{p(\mathrm{ST})} - K_1 \quad \cdots\cdots(2)$$

式中:

L_p ——经背景噪声修正后的测量表面测点的声压级,单位为分贝(dB);

$L_{p(\mathrm{ST})}$——测量表面各测点噪声声压级读数值,单位为分贝(dB);

K_1 ——测量表面各测点的背景噪声修正因子,单位为分贝(dB)。

计算时各点的K_1值可能是不同的,不同的测点使用对应的K_1值。K_1按公式(3)计算如下:

$$K_1 = -10\lg(1 - 10^{-0.1\Delta L_p}) \quad \cdots\cdots(3)$$

式中:

ΔL_p——测量表面的声压级与背景噪声声压级之差,单位为分贝(dB)。

ΔL_p应大于6 dB,当ΔL_p大于15 dB时,K_1值可视为0。

按公式(4)计算测点读数的声压级与背景噪声的声压级之差(ΔL_p):

$$\Delta L_p = L_{p(\mathrm{ST})} - L_{p\mathrm{bg}} \quad \cdots\cdots(4)$$

式中:

$L_{p\mathrm{bg}}$——测量表面各测点的背景噪声声压级,单位为分贝(dB)。

8.1.4.3 半球测量表面的A计权的平均声压级($L_{p\mathrm{b}}$)按公式(5)计算:

$$L_{p\mathrm{b}} = 10 \times \lg\left(\frac{1}{n_\mathrm{b}} \cdot \sum_{i=1}^{n_\mathrm{b}} 10^{0.1L_{p\mathrm{b}i}}\right) - K_{2\mathrm{b}} \quad \cdots\cdots(5)$$

式中:

$L_{p\mathrm{b}}$ ——半球测量表面的A计权的平均声压级,单位为分贝(dB);

n_b ——半球面的测点数;

$L_{p\mathrm{b}i}$ ——半球面第i个测点的A计权声压级修正值,单位为分贝(dB);

$K_{2\mathrm{b}}$ ——半球表面测试环境修正因子,按附录A计算,单位为分贝(dB)。

8.1.4.4 圆柱测量表面的A计权的平均声压级按公式(6)计算：

$$L_{py}=10\times\lg\left(\frac{1}{n_y}\cdot\sum_{j=1}^{n_y}10^{0.1L_{pyj}}\right)-K_{2y} \quad\cdots\cdots(6)$$

式中：

L_{py} ——圆柱测量表面的A计权的平均声压级，单位为分贝(dB)；

n_y ——圆柱面的测点数；

L_{pyj} ——圆柱面第 j 个测点的声压级修正值，单位为分贝(dB)；

K_{2y} ——圆柱表面测试环境修正因子，按附录A计算，单位为分贝(dB)。

8.1.5 声功率级的计算

8.1.5.1 半球面和圆柱面声功率级的计算

8.1.5.1.1 根据测量表面的平均声压级计算声功率级时，应对测量表面的平均A声级和31.5 Hz～8 000 Hz的9个中心频率的每一个倍频程声压级分别进行计算。

8.1.5.1.2 半球面声功率级(L_{Wb})按公式(7)计算：

$$L_{Wb}=L_{pb}+10\times\lg(S_b/S_0)=L_{pb}+20\times\lg R+8 \quad\cdots\cdots(7)$$

式中：

L_{Wb}——半球面声功率级，单位为分贝(dB)；

S_0 ——基准面积，取 $S_0=1\ m^2$；

S_b ——半球面面积，$S_b=2\pi R^2$，单位为平方米(m^2)。

8.1.5.1.3 圆柱面声功率级(L_{Wy})按公式(8)计算：

$$L_{Wy}=L_{py}+10\times\lg(S_y/S_0)=L_{py}+10\times\lg(R\times H)+8 \quad\cdots\cdots(8)$$

式中：

L_{Wy}——圆柱面声功率级，单位为分贝(dB)；

S_y ——圆柱面面积，$S_y=2\pi RH$，单位为平方米(m^2)；

H ——几何中心距安装平面的高度，单位为米(m)。

8.1.5.2 一跨声功率级(L_{Wt})的计算

一跨声功率级(L_{Wt})按公式(9)计算：

$$L_{Wt}=10\times\lg[10^{0.1L_{Wb}}+10^{0.1L_{Wy}}] \quad\cdots\cdots(9)$$

式中：

L_{Wt}——一跨声功率级，单位为分贝(dB)。

8.1.5.3 每台风机声功率级(L_{Wf})的计算

每台风机声功率级(L_{Wf})按公式(10)计算：

$$L_{Wf}=L_{Wt}-10\times\lg M \quad\cdots\cdots(10)$$

式中：

L_{Wf}——每台风机的声功率级，单位为分贝(dB)；

M ——一跨的风机数。

8.1.5.4 一跨总声功率级(L_{Wtz})的计算

一跨总声功率级(L_{Wtz})按公式(11)计算：

$$L_{Wtz}=10\times\lg\sum_{k=1}^{9}10^{0.1L_{Wtk}} \quad\cdots\cdots(11)$$

式中：

L_{Wtz}——一跨的总声功率级,单位为分贝(dB)；

L_{Wtk}——一跨在 31.5 Hz～8 000 Hz 的 9 个倍频程中第 k 个倍频程声功率级,单位为分贝(dB)。

8.1.5.5 **每台风机总声功率级(L_{Wfz})的计算**

每台风机总声功率级(L_{Wfz})按公式(12)计算：

$$L_{Wfz}=10\times\lg\sum_{k=1}^{9}10^{0.1L_{Wfk}} \qquad (12)$$

式中：

L_{Wfz}——每台风机的总声功率级,单位为分贝(dB)；

L_{Wfk}——每台风机在 31.5 Hz～8 000 Hz 的 9 个倍频程中第 k 个倍频程声功率级,单位为分贝(dB)。

8.1.5.6 **设计条件下声功率的功率修正**

试验条件下测得的声级应考虑设计条件下风机实际轴功率不同引起的声级偏差。

按公式(13)计算设备的设计轴功率下的声功率级(L_{Wp})：

$$L_{Wp}=L_W-K_3 \qquad (13)$$

式中：

L_{Wp}——设计工况风机轴功率条件下的声功率级,单位为分贝(dB)；

L_W——计算得到的试验条件下的声功率级,单位为分贝(dB)；

K_3——功率修正因子,单位为分贝(dB)。

按公式(14)计算设备的设计轴功率下的功率修正因子(K_3)：

$$K_3=10\left(\lg\frac{P_{test}}{P_{design}}\right) \qquad (14)$$

式中：

P_{test}——测试条件下的风机轴功率,单位为千瓦(kW)；

P_{design}——设计条件下的风机轴功率,单位为千瓦(kW)。

8.2 现场一个单元的噪声测定方法(现场测试)

8.2.1 测试的要求与说明

8.2.1.1 为使来自邻近其他装置噪声源的干扰减到最小,测点距风筒或管束的距离应为 1 m。

8.2.1.2 测试时,应分别测量风机侧和管束侧的声压级。

8.2.1.3 测试时,邻近的单元应停止运行,或在整个装置正式投运之前进行测试。

8.2.2 被测单元的工作状况

被测单元的工作状况应满足 8.1.2 的规定。

8.2.3 声压级的测量

8.2.3.1 **基本测点**

所有测点距电动机、传动装置等的距离不应小于 1 m。图 3 和图 4 中"1～4"四个基本测点的平均声压级用来确定风机侧的声功率级,"5～8"四个基本测点的平均声压级用来确定管束侧的声功率级。

注：图 3 和图 4 所示测点位置分别适用于具有一跨引风式空冷器的单元和鼓风式空冷器的单元，多跨空冷器的单元的测点按跨数的增加而相应增加。

测量时，测点宜避开电动机所在方向，离电动机和皮带距离应在 1 m 以上，当距离不满足要求时，应将测点围绕风机中心轴旋转 90°进行测量。

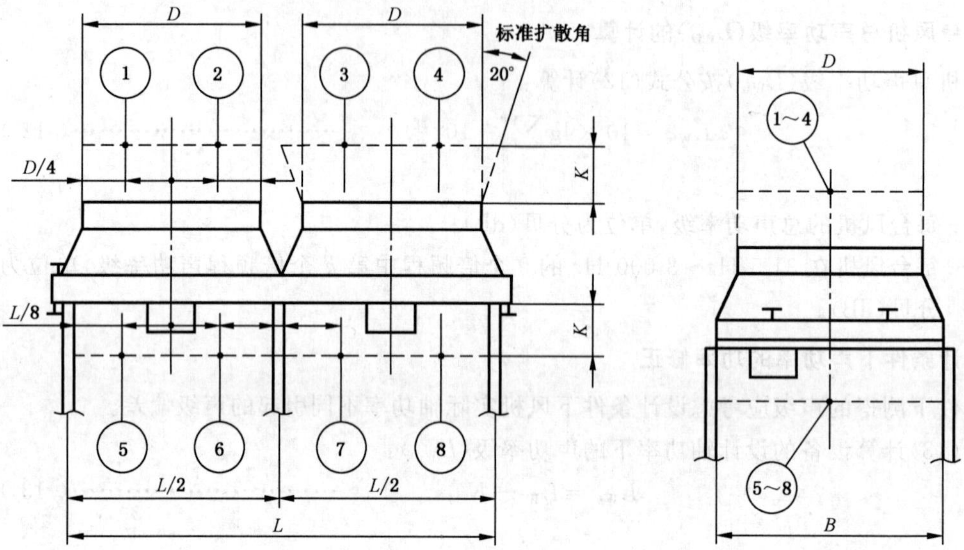

a)　正视图　　　　b)　侧视图

标引符号说明：

•——第 1 个～第 8 个测点的位置；

B——一个单元的宽度；

D——风筒内径；

K——测点距风机或管束表面的距离；

L——一个单元的长度。

图 3　引风式空冷器噪声测试基本测点

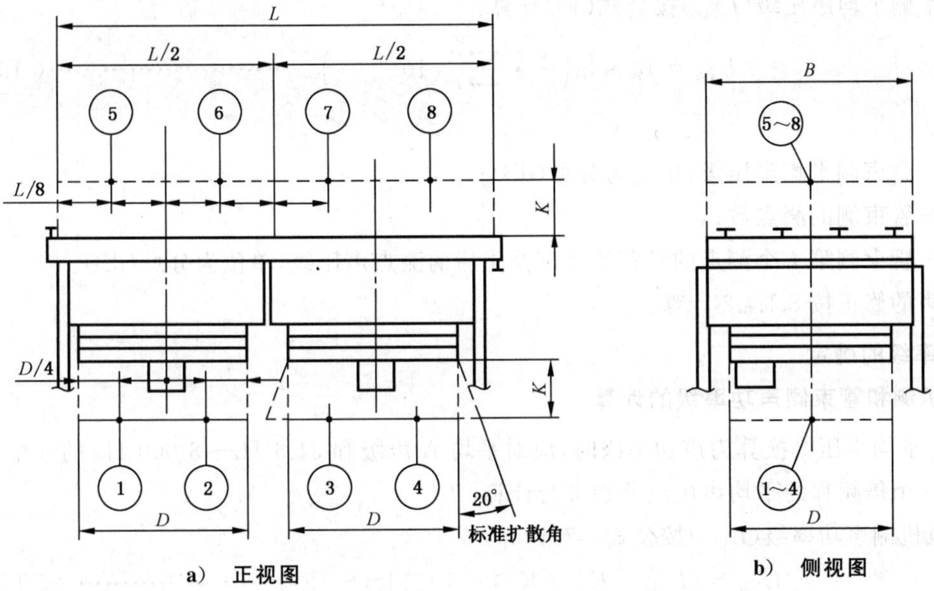

标引符号说明：

•——第1个～第8个测点的位置；

B——一个单元的宽度；

D——风筒内径；

K——测点距风机或管束表面的距离；

L——一个单元的长度。

图4 鼓风式空冷器噪声测试基本测点

8.2.3.2 指定位置的特殊测点

按8.1.3.3确定。

8.2.3.3 测量与数据记录

测量应按照8.1.3.4的规定进行。

按噪声数据表的要求记录全部数据。所有测点均应测量背景噪声。

8.2.4 测量表面平均声压级的确定

8.2.4.1 用基本测点的声压级确定测量表面平均声压级。确定风机侧和管束侧的平均声压级时，应对A声级和31.5 Hz～8 000 Hz的9个中心频率的每一个倍频程声压级分别进行计算。

8.2.4.2 风机侧平均声压级(L_{pfc})按公式(15)计算：

$$L_{pfc}=10\times\lg\left(\frac{1}{n_f}\cdot\sum_{i=1}^{n_f}10^{0.1L_{pfci}}\right)\qquad(15)$$

式中：

L_{pfc}——风机侧平均声压级，单位为分贝(dB)；

n_f——风机侧的测点数；

L_{pfci}——风机侧第i个测点经背景噪声修正后的测点声压级，单位为分贝(dB)。

背景噪声的修正按8.1.4.2计算。

由于多台风机之间的互相干扰，测量时，应关闭测试点所在的风机，开启其余风机，将所测得值作为背景噪声值进行计算。

8.2.4.3 管束侧平均声压级(L_{pgc})按公式(16)计算：

$$L_{pgc}=10\times\lg\left(\frac{1}{n_g}\cdot\sum_{j=1}^{n_g}10^{0.1L_{pgcj}}\right) \quad\cdots\cdots(16)$$

式中：

L_{pgc}——管束侧平均声压级，单位为分贝(dB)；

n_g ——管束侧的测点数；

L_{pgcj}——管束侧第 j 个测点的经背景噪声修正后的测点声压级，单位为分贝(dB)。

背景噪声的修正按 8.1.4.2 计算。

8.2.5 **声功率级的确定**

8.2.5.1 **风机侧和管束侧声功率级的计算**

8.2.5.1.1 将平均声压级换算为声功率级时，应对平均 A 声级和 31.5 Hz～8 000 Hz 的 9 个中心频率的每一个倍频程的平均声压级分别进行计算。

8.2.5.1.2 风机侧声功率级(L_{Wfc})按公式(17)计算：

$$L_{Wfc}=(L_{pfc}-K_2-K_3)+10\times\lg(S_f/S_0) \quad\cdots\cdots(17)$$

式中：

L_{Wfc}——风机侧声功率级，单位为分贝(dB)；

K_2 ——环境修正因子，按附录 A 取值，对于反射物较多的场所，此项不能忽略，单位为分贝(dB)；

K_3 ——功率修正因子，单位为分贝(dB)；

S_0 ——基准面积，取 $S_0=1\ m^2$；

S_f ——风机侧的测量表面面积，按公式(18)计算，单位为平方米(m^2)：

$$S_f=M\cdot(D+2\tan20°\cdot K)^2\cdot\pi/4=M\cdot(D+0.73)^2\cdot\pi/4 \quad\cdots\cdots(18)$$

式中：

D ——风筒内径，单位为米(m)；

20°——风机噪声标准扩散角；

M ——一跨的风机数；

K ——测点距风机或管束表面的距离，取 $K=1$ m。

8.2.5.1.3 管束侧声功率级(L_{Wgc})按公式(19)计算：

$$L_{Wgc}=(L_{pgc}-K_2-K_3)+10\times\lg(S_g/S_0) \quad\cdots\cdots(19)$$

式中：

L_{Wgc}——管束侧声功率级，单位为分贝(dB)；

S_g ——管束侧的测量表面面积，$S_g=L\times B$，m^2；

L ——一个单元的长度，单位为米(m)；

B ——一个单元的宽度，单位为米(m)。

8.2.5.2 **一个单元声功率级(L_{Wd})的计算**

一个单元声功率级(L_{Wd})按公式(20)计算：

$$L_{Wd}=10\times\lg[10^{0.1L_{Wfc}}+10^{0.1L_{Wgc}}] \quad\cdots\cdots(20)$$

式中：

L_{Wd}——一个单元声功率级，单位为分贝(dB)。

8.2.5.3 每台风机声功率级(L_{Wf})的计算

每台风机声功率级(L_{Wf})按公式(21)计算：

$$L_{Wf} = L_{Wd} - 10 \times \lg M \qquad \cdots\cdots(21)$$

式中：

L_{Wf}——每台风机的声功率级，单位为分贝(dB)；

M ——一跨的风机数。

8.2.5.4 一个单元总声功率级(L_{Wdz})的计算

一个单元总声功率级(L_{Wdz})按公式(22)计算：

$$L_{Wdz} = 10 \times \lg \sum_{k=1}^{9} 10^{0.1 L_{Wdk}} \qquad \cdots\cdots(22)$$

式中：

L_{Wdz}——一个单元的总声功率级，单位为分贝(dB)；

L_{Wdk}——一个单元在 31.5 Hz～8000 Hz 的 9 个倍频程中第 k 个倍频程声功率级，单位为分贝(dB)。

8.2.5.5 每台风机总声功率级(L_{Wfz})的计算

每台风机总声功率级 L_{Wfz} 参照 8.1.5.5 进行计算。

9 测定报告

噪声测定报告应包括被测单元的简图及其说明、测试环境条件、测试数据、主要计算结果。测定报告可参照附录 B 与附录 C。

附　录　A
(规范性)
声学测试环境修正因子的确定

A.1　基本要求

为符合本文件的测量要求,声学测试环境应为一个反射面上方近似为自由场的户外宽阔场地,使测量表面位于被测声源的近场之外,应对任何不符合要求的环境影响加以修正。

环境影响的修正因子(K_2)用标准噪声源法确定。

A.2　标准噪声源法(绝对比较测试法)

A.2.1　标准噪声源

标准噪声源应为符合 GB/T 4129 规定的空气动力式标准噪声源、电动机标准噪声源或其他性能相当的标准噪声源。

A.2.2　标准噪声源在测试环境中的放置

A.2.2.1　当被测跨能从测试场地移开时,应将标准噪声源放置在被测跨的几何中心平面上。对于长与宽之比小于 2 的跨,标准噪声源应放在 1 个位置上,此位置在几何中心上;对于长与宽之比等于或大于 2 的跨,标准噪声源应放在 4 个位置上,这 4 个位置分别在基准体几何中心平面的 4 条矩形边的中点上。

A.2.2.2　当被测跨不能从测试场地移开时,应将标准噪声源放置在被测跨上表面(在管束或风筒的上面放一块 1 m×1 m 的钢板)的中心或四边的中点上。

A.2.3　环境修正因子(K_2)的确定

环境修正因子(K_2)按公式(A.1)确定:

$$K_2 = L_{Ws} - L_{Wr} \quad \cdots\cdots\cdots\cdots(A.1)$$

式中:

K_2 ——环境修正因子,单位为分贝(dB);

L_{Ws} ——在测试环境中得到的标准噪声源声功率级,单位为分贝(dB);

L_{Wr} ——标准噪声源标定的声功率级,单位为分贝(dB)。

L_{Ws}的测量和计算与被测跨的测量和计算方法相同,计算时不需要进行环境修正。在多个位置上放置标准噪声源时,应先计算出标准噪声源放置在所有位置上的测量表面平均声压级的平均值。

附 录 B
(资料性)
单独一跨的噪声测定报告示例

下面给出了单独一跨的噪声测定报告的示例。

噪声测定报告

1 提要

本报告中所用的测量和计算方法应符合 GB/T 27698.4 和 NB/T 47007 的规定。

报告编写人:

测试单位:

测试人员:

测试日期:

测试类型:出厂测试

空冷器型号:$\dfrac{\text{GP9}\times\text{2/2-TF11}B\text{4/2-GJP9}\times\text{4K}}{\text{GP9}\times\text{2/2-TF11}B\text{4/2-GJP9}\times\text{4B}}$

空冷器制造厂:

工厂地址:

出厂编号:

2 被测台(跨)的说明及运行条件

2.1 被测台(跨)的说明

被测试的单独一跨安装在室外平坦的混凝土地面上,距声中心 25 m 范围内无声反射物体。

被测跨为鼓风式空冷器,水平管束 9×2 m,4 片,手动调角风机 4 台,风机直径 11 英尺(3.35 m),水平式构架 9×4K、9×4B 各一跨,不带百叶窗,其简图及测点布置如图 1 所示。

半球面和圆柱底面圆的半径(R)=14 m;

几何中心高(H)=4 m;

特殊测点 14、15 位置如图 2 所示。

2.2 设备数据

风机

鼓风式: √ 引风式:

直径:3.35 m

转速:349 r/min

风量: m^3/min

静压: Pa

跨数:1

每跨的风机数:4

驱动装置:

型式:电动机

额定功率:18.5 kW

转速:1 470 r/min

传动装置

三角胶带(联组)

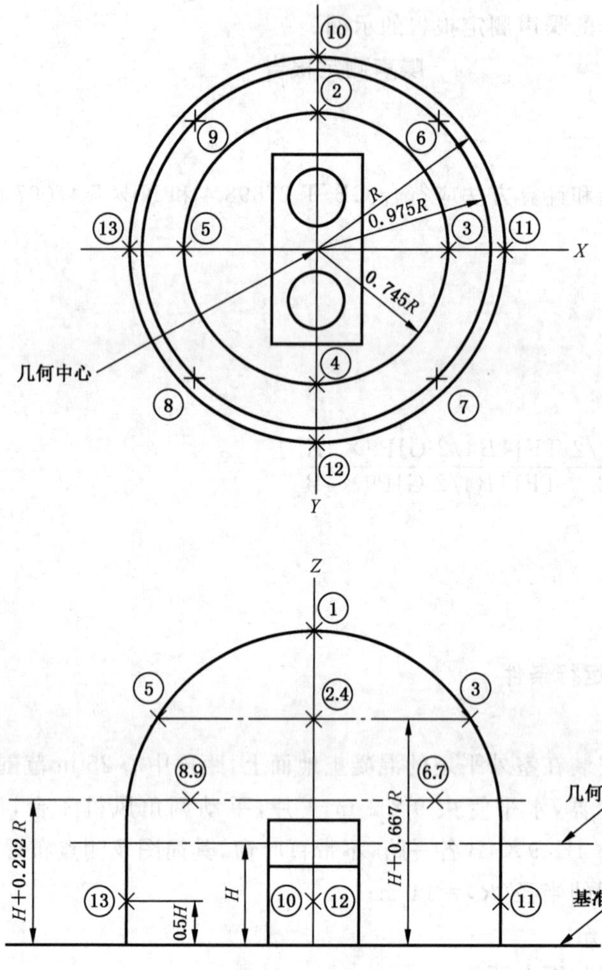

图 1　基本测点(1～13)

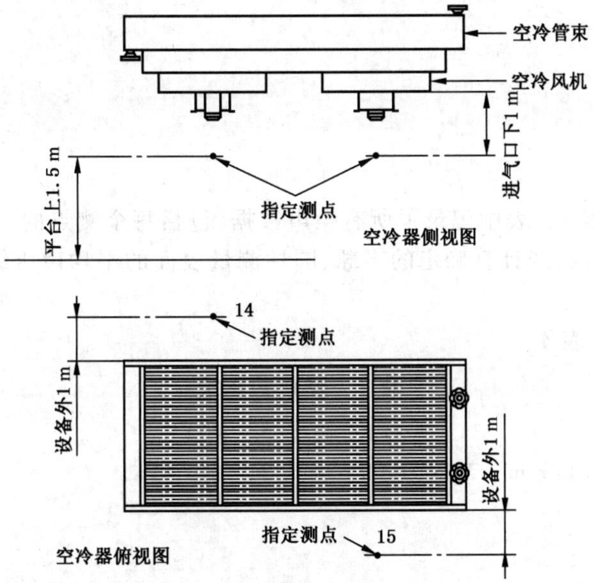

图2 特殊测点(14,15)

3 测试工况及气象条件

3.1 测试工况

风机转速(n):348 r/min

风机叶片倾角(β):13°

电动机实测电流:27.9 A

电动机实测电压:361.3 V

电动机实测功率:13.67 kW

风机静压: Pa

3.2 气象条件

风速:2.5 m/s

风向:偏西

环境温度(t):28 ℃

气压(p_0):84 700 Pa

相对湿度(X):50%

4 测试仪器

声级计

型号:

名称:

出厂编号:

制造厂:

校准日期:

倍频程滤波器

型号:

名称:
出厂编号:
校准日期:

5 噪声数据记录

噪声数据记录见表1。表中记录了所有噪声数据,包括每个测点的A声级、倍频程声压级读数、背景噪声和修正值;经计算确定的半球、圆柱测量表面的平均声压级;经计算确定的各项声功率级。

测定结果见表2~表4。

表1 噪声数据表

噪声测定报告(出厂测试)

$\beta=13°, t=28\ ℃, n=348\ r/min, X=50\%, R=14\ m, p_0=84.7\ kPa$

第 页 共 页

报告日期:

单位为dB

测点号	符号	项目	倍频程中心频率/Hz									
			A	31.5	63	125	250	500	1 000	2 000	4 000	8 000
1		读数值										
		背景值										
		修正值										
2		读数值										
		背景值										
		修正值										
3		读数值										
		背景值										
		修正值										
4		读数值										
		背景值										
		修正值										
5		读数值										
		背景值										
		修正值										

表1 噪声数据表(续)

单位为dB

测点号	符号	项目	倍频程中心频率/Hz									
			A	31.5	63	125	250	500	1 000	2 000	4 000	8 000
6		读数值										
		背景值										
		修正值										
7		读数值										
		背景值										
		修正值										
8		读数值										
		背景值										
		修正值										
9		读数值										
		背景值										
		修正值										
10		读数值										
		背景值										
		修正值										
11		读数值										
		背景值										
		修正值										
12		读数值										
		背景值										
		修正值										
13		读数值										
		背景值										
		修正值										
	L_{pb}	修正值										

表 1 噪声数据表（续）

单位为 dB

测点号	符号	项目	倍频程中心频率/Hz									
			A	31.5	63	125	250	500	1 000	2 000	4 000	8 000
	L_{Wb}	修正值										
	L_{py}	修正值										
	L_{Wy}	修正值										
	L_{Wt}	修正值										
	L_{Wtz}	修正值										
	L_{Wf}	修正值										
	L_{Wfz}	修正值										
14		读数值										
		背景值										
		修正值										
15		读数值										
		背景值										
		修正值										

表 2 一跨的 A 声功率级和倍频程声功率级

单位为 dB

项目	A	倍频程中心频率 / Hz								
		31.5	63	125	250	500	1 000	2 000	4 000	8 000
L_{Wt}										
L_{Wtz}										

表 3 每台风机的 A 声功率级和倍频程声功率级

单位为 dB

项目	A	倍频程中心频率/Hz								
		31.5	63	125	250	500	1 000	2 000	4 000	8 000
L_{Wf}										
L_{Wfz}										

表4　风机正下方1 m处的A声级和倍频程声压级

单位为dB

测点号	A	倍频程中心频率/Hz								
		31.5	63	125	250	500	1 000	2 000	4 000	8 000
14										
15										

附　录　C
（资料性）
现场一个单元的噪声测定报告示例

下面给出了现场一个单元的噪声测定报告的示例。

噪声测定报告

1　提要

本报告中所用的测量和计算方法符合 GB/T 27698.4 和 NB/T 47007 的规定。

报告编写人：

测试单位：

测试人员：

测试日期：

测试类型：现场测试

空冷器型号：

空冷器制造厂：

工厂地址：

出厂编号：

2　被测单元的说明及运行条件

2.1　被测单元的说明

被测单元邻近的单元均未运行，三面 10 m 范围内无声反射物体。

被测单元的简图及测点布置如图 1 所示。该单元为一跨引风式空冷器，水平管束 9×2.5 m，2 片，自动调角风机 1 台，停机手动调角风机 1 台，风机直径 12 英尺(3.66 m)，水平式构架 9×5 m，无百叶窗。

单元长度(L)＝8.75 m；

单元宽度(B)＝5 m；

风筒内径(D)＝3.69 m；

特殊测点 9、10 位于风机正下方距机架护网下缘 1 m 处。

2.2　设备数据

风机：

鼓风式：　　　　　　　　　　　引风式：√

直径：3.66 m

转速：311 r/min

风量：224 050 m^3/min

静压： Pa

跨数：1

每跨的风机数：2

驱动装置：
型式：电动机
额定功率：15 kW
转速：1 460 r/min
传动装置：
三角胶带(联组)

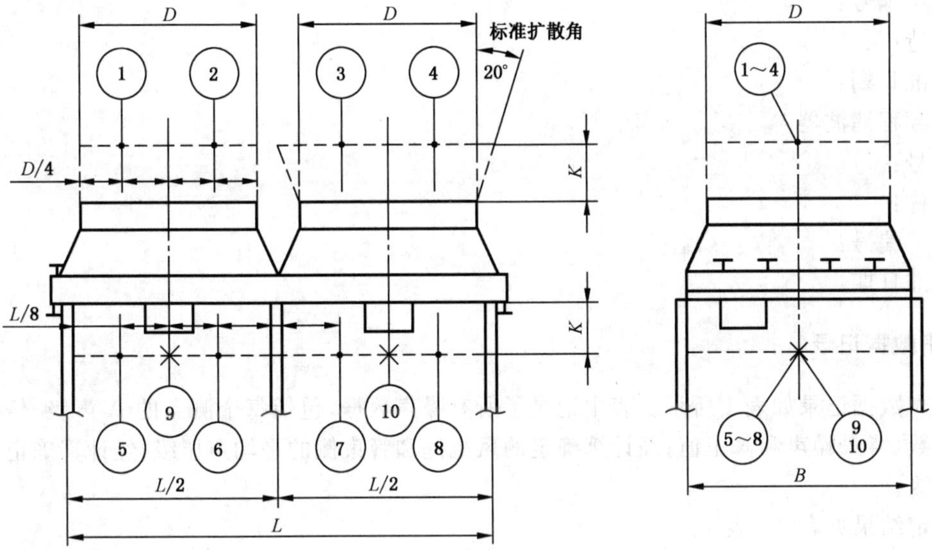

标引符号说明：
D ——风筒内径；
L ——单元长度；
B ——单元宽度；
K ——测点距风筒或管束表面的距离；
•——基本测点；
×——特殊测点。

图1 测试单元的简图及其噪声测点

3 测试工况及气象条件

3.1 测试工况

风机转速(n)：r/min
风机叶片倾角 β：
电动机实测电流：A
电动机实测电压：V
电动机实测功率：kW
风机静压：Pa

3.2 气象条件

风速：m/s
风向：
环境温度(t)：℃
气压(p_0)：Pa
相对湿度(X)：%

4 测试仪器

声级计
型号：
名称：
出厂编号：
制造厂：
校准日期：
倍频程滤波器
型号：
名称：
出厂编号：
校准日期：

5 噪声数据记录

噪声数据记录如表1所示。表中记录了所有噪声数据，包括每个测点的A声级、倍频程声压级读数、背景噪声和修正值；经计算确定的风机侧和管束侧的平均声压级；经计算确定的各项声功率级。

测定结果见表2～表4。

表1 噪声数据表

噪声测定报告(出厂测试)

$\beta=$ °，$t=$ ℃，$n=$ r/min，$X=$ ，$R=$ m，$p_0=$ kPa

第 页 共 页

报告日期：

单位为dB

测点号	符号	项目	倍频程中心频率/Hz									
			A	31.5	63	125	250	500	1 000	2 000	4 000	8 000
1		读数值										
		背景值										
		修正值										
2		读数值										
		背景值										
		修正值										
3		读数值										
		背景值										
		修正值										

表1 噪声数据表(续)

单位为 dB

测点号	符号	项目	倍频程中心频率/Hz									
			A	31.5	63	125	250	500	1 000	2 000	4 000	8 000
4		读数值										
		背景值										
		修正值										
5		读数值										
		背景值										
		修正值										
6		读数值										
		背景值										
		修正值										
7		读数值										
		背景值										
		修正值										
8		读数值										
		背景值										
		修正值										
	L_{pfc}	修正值										
	L_{Wfc}	修正值										
	L_{pgc}	修正值										
	L_{Wgc}	修正值										
	L_{Wd}	修正值										
	L_{Wdz}	修正值										
	L_{Wf}	修正值										
	L_{Wfz}	修正值										
9		读数值										
		背景值										
		修正值										
10		读数值										
		背景值										
		修正值										

表 2 测试单元的 A 声功率级和倍频程声功率级

单位为 dB

项目	A	倍频程中心频率/Hz								
		31.5	63	125	250	500	1 000	2 000	4 000	8 000
L_{Wd}										
L_{Wdz}										

表 3 每台风机的 A 声功率级和倍频程声功率级

单位为 dB

项目	A	倍频程中心频率/Hz								
		31.5	63	125	250	500	1 000	2 000	4 000	8 000
L_{Wf}										
L_{Wfz}										

表 4 指定测点处的 A 声级和倍频程声压级

单位为 dB

测点号	A	倍频程中心频率/Hz								
		31.5	63	125	250	500	1 000	2 000	4 000	8 000
9										
10										

ICS 71.120.30
CCS J 75

中华人民共和国国家标准

GB/T 28712.1—2023
代替 GB/T 28712.1—2012

热交换器型式与基本参数 第1部分:浮头式热交换器

Types and basic parameters of heat exchangers—Part 1:Floating heat exchangers

2023-09-07 发布　　2024-01-01 实施

国家市场监督管理总局
国家标准化管理委员会　发布

前　言

本文件按照 GB/T 1.1—2020《标准化工作导则　第 1 部分:标准化文件的结构和起草规则》的规定起草。

本文件是 GB/T 28712《热交换器型式与基本参数》的第 1 部分。GB/T 28712 已经发布了以下部分:

——第 1 部分:浮头式热交换器;

——第 2 部分:固定管板式热交换器;

——第 3 部分:U 形管式热交换器;

——第 4 部分:热虹吸式重沸器;

——第 5 部分:螺旋板式热交换器;

——第 6 部分:空冷式热交换器。

本文件代替 GB/T 28712.1—2012《热交换器型式与基本参数　第 1 部分:浮头式热交换器》,与 GB/T 28712.1—2012 相比,除结构调整和编辑性改动外,主要技术变化如下:

a) 增加了浮头式内导流热交换器公称直径范围,由 1 900 mm 扩大至 2 600 mm(见第 1 章);

b) 增加了浮头式冷凝器公称直径范围,由 1 800 mm 扩大至 2 200 mm(见第 1 章);

c) 增加了镍、锆等有色金属及其合金换热管参数(见 5.2);

d) 增加了浮头式内导流热交换器公称直径范围 1 900 mm～2 600 mm 的折流板间距参数(见5.3);

e) 增加了 6 000 mm 管长冷凝器公称直径范围 2 000 mm～2 200 mm 的接管公称直径参数(见 5.5.2);

f) 删除了旁路挡板要求(见 2012 年版的 5.7)。

请注意本文件的某些内容可能涉及专利。本文件的发布机构不承担识别专利的责任。

本文件由全国锅炉压力容器标准化技术委员会(SAC/TC 262)提出并归口。

本文件起草单位:上海蓝滨石化设备有限责任公司、中国石化工程建设有限公司、中国寰球工程有限公司北京分公司、中石化广州工程有限公司、沈阳特种设备检测研究院、中石化南京工程有限公司、兰州兰石重型装备股份有限公司、中国特种设备检测研究院、甘肃蓝科石化高新装备股份有限公司、上海蓝海科创检测有限公司。

本文件主要起草人:马一鸣、张迎恺、岳国印、张国信、栾波、朱娟娟、李永红、魏筱婷、冯栩迟、陈志伟、张延丰、刘福录、周文学、蒋琛、张斯亮。

本文件于 2012 年首次发布,本次为第一次修订。

引　言

GB/T 28712《热交换器型式与基本参数》旨在规范能源工业用热交换器典型结构型式,充分考虑装置大型化发展趋势,兼顾我国热交换器产品标准和建造水平,明确了参数适用范围及其配套尺寸。考虑不同热交换器的功能、结构、参数差异明显,由六个部分构成。

——第1部分:浮头式热交换器。

——第2部分:固定管板式热交换器。

——第3部分:U形管式热交换器。

——第4部分:热虹吸式重沸器。

——第5部分:螺旋板式热交换器。

——第6部分:空冷式热交换器。

热交换器型式与基本参数标准,对实现我国热交换器的标准化、系列化、通用化、规模化具有重要意义。对量大面广的热交换器产品,其结构、参数标准化,首先能够促进产品建造标准化,提高设计质量、效率;其次能够节约制造、使用环节的工具、工装、材料消耗和积压;最后能够方便用户实现产品的选用、更换、维修与互换。近年来,我国大型炼化一体化项目建设进入高速发展时期,作为装置典型用能设备的热交换器用量显著增长;装置大型化促使热交换器结构尺寸迈向新高度,单体设备的大型化需求日益突出;大批工程项目的建设实施,为热交换器建造积累了丰富的设计、制造及工程应用经验。同时,GB/T 151《热交换器》也据此进行了修订,首次形成了全面覆盖热交换器典型结构的产品综合标准,并对适用参数进行了大幅调整。为此,需要对热交换器型式与基本参数标准进行修订,适应行业与标准发展需求。

本文件重点考虑了浮头式热交换器大型化发展需求,通过对产品设计、生产、使用及标准化等环节的调研与分析,大幅扩充了浮头式内导流、外导流热交换器和浮头式冷凝器的型式与基本参数,促进了该类产品的高效选型、建造、维修与互换,对落实我国"节能减排"战略、推进"绿色设计"具有积极的意义。

热交换器型式与基本参数
第1部分:浮头式热交换器

1 范围

本文件规定了浮头式内导流和外导流热交换器(以下简称“热交换器”)和浮头式冷凝器(以下简称冷凝器)的型式与基本参数。

本文件适用于下列热交换器和冷凝器:

a) 公称直径不大于2 600 mm、公称压力不大于6.4 MPa的内导流热交换器;

b) 公称直径不大于1 000 mm、公称压力不大于4.0 MPa的外导流热交换器;

c) 公称直径不大于2 200 mm、公称压力不大于4.0 MPa的浮头式冷凝器。

注:本文件数据基于钩圈式浮头(S型),未涉及可抽式浮头(T型)。

2 规范性引用文件

下列文件中的内容通过文中的规范性引用而构成本文件必不可少的条款。其中,注日期的引用文件,仅该日期对应的版本适用于本文件;不注日期的引用文件,其最新版本(包括所有的修改单)适用于本文件。

GB/T 151 热交换器

NB/T 47065.1 容器支座 第1部分:鞍式支座

3 术语和定义

GB/T 151界定的术语和定义适用于本文件。

4 型式

4.1 热交换器

4.1.1 内导流热交换器

内导流热交换器的型式见图1。

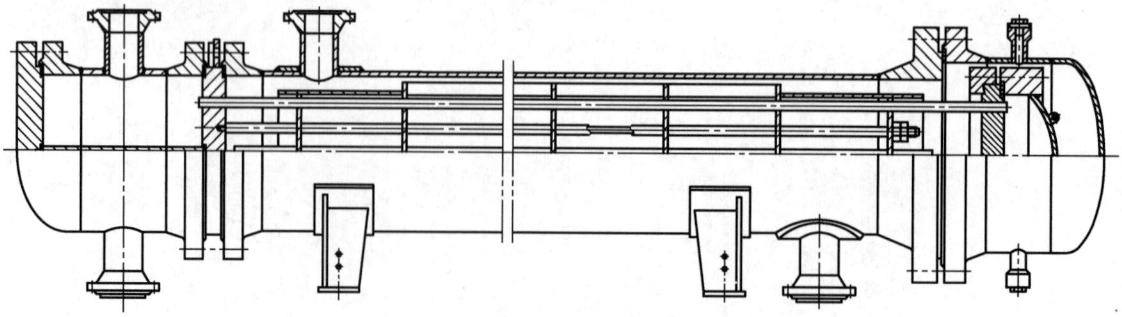

图1 内导流热交换器

4.1.2 外导流热交换器

外导流热交换器的型式见图 2。

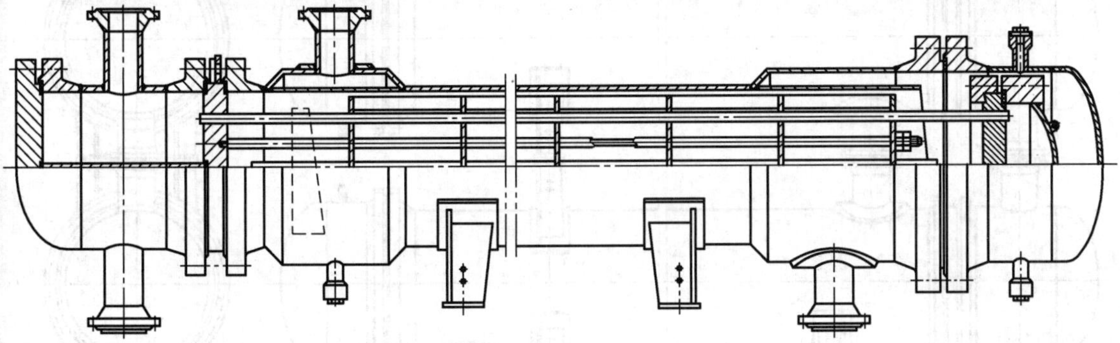

图 2 外导流热交换器

4.2 冷凝器

4.2.1 3 000 mm 管长冷凝器的型式见图 3。

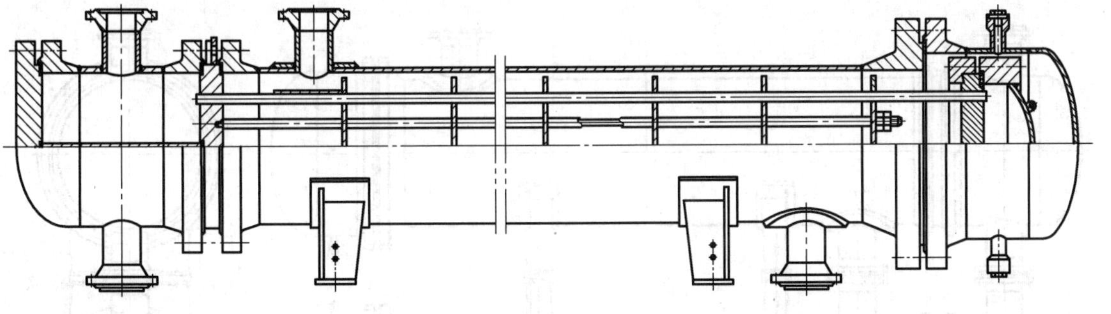

图 3 3 000 mm 管长冷凝器

4.2.2 6 000 mm 管长冷凝器的型式见图 4。

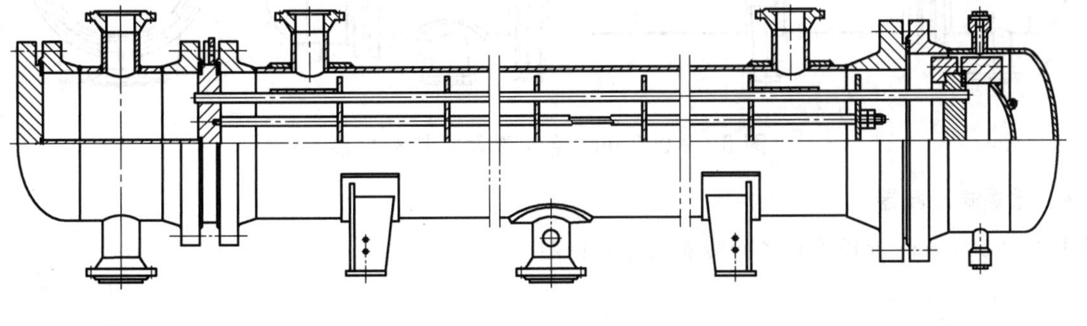

图 4 6 000 mm 管长冷凝器

4.3 重叠式热交换器

4.3.1 小于 9 000 mm 管长的重叠式热交换器的型式见图 5。

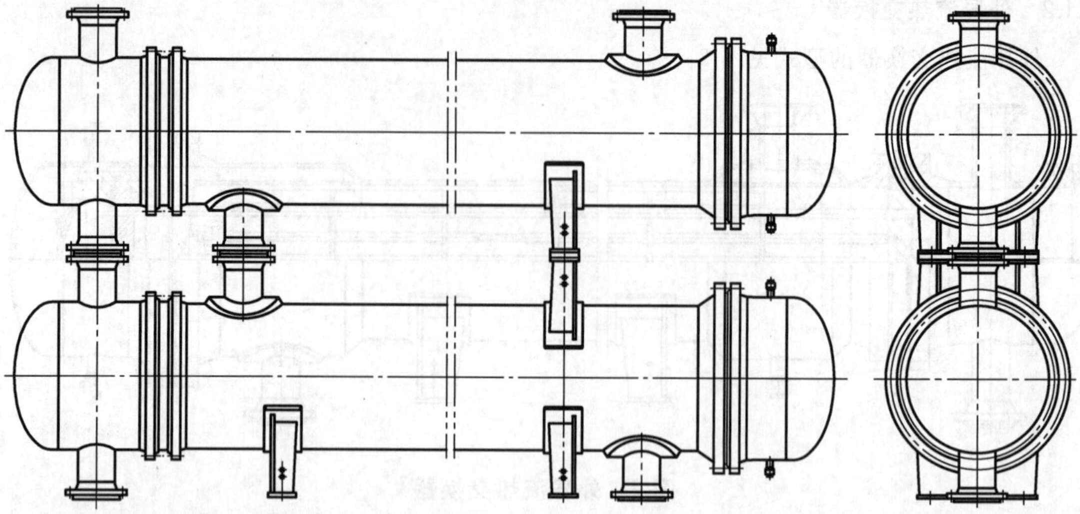

图5　小于9 000 **mm**管长的重叠式热交换器

4.3.2　9 000 mm 管长重叠式热交换器的型式见图6。

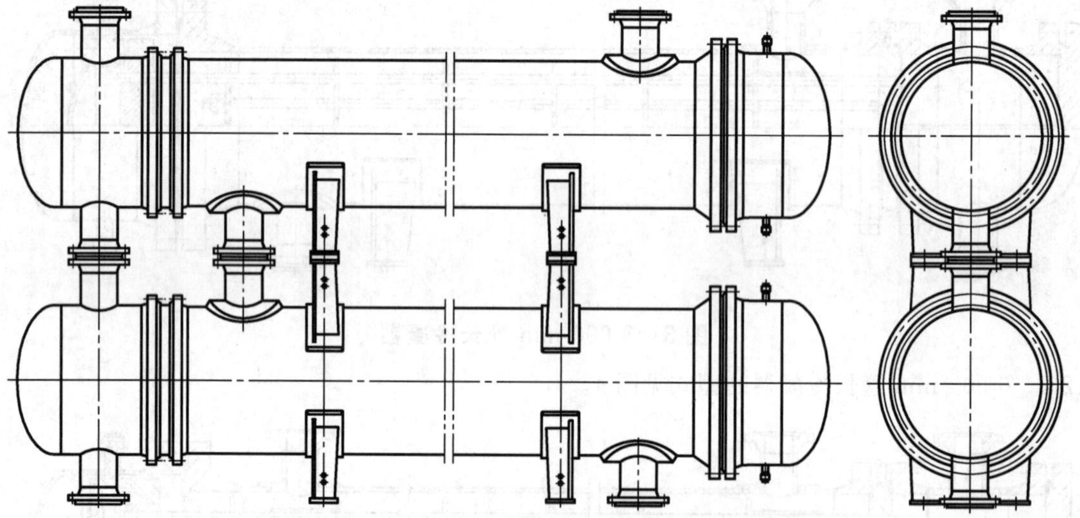

图6　9 000 **mm**管长重叠式热交换器

4.4　重叠式冷凝器

4.4.1　3 000 mm 管长重叠式冷凝器的型式见图7。

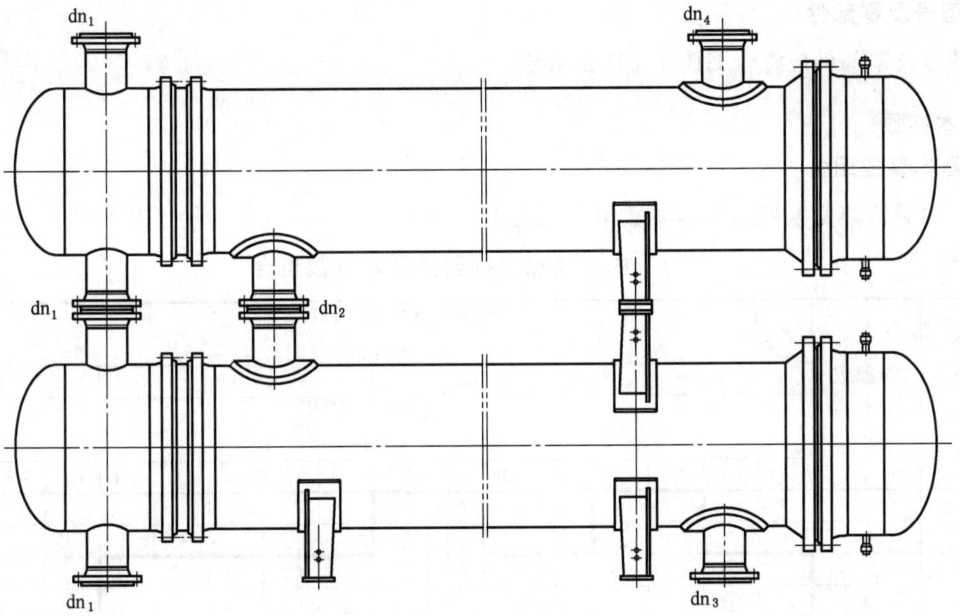

标引符号说明：

dn_1～dn_4——接管1～4公称直径。

图7　3 000 mm管长重叠式冷凝器

4.4.2　6 000 mm管长重叠式冷凝器的型式见图8。

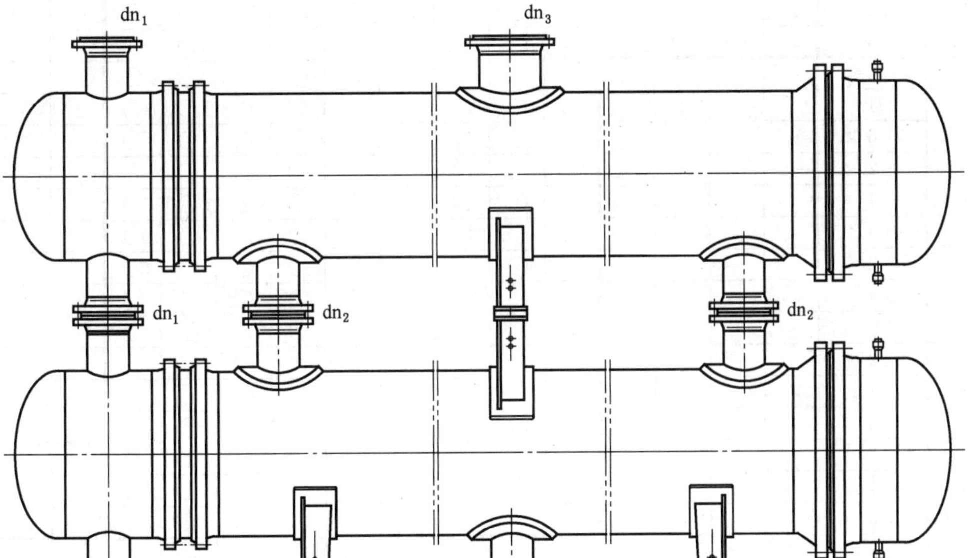

标引符号说明：

dn_1～dn_3——接管1～3公称直径。

图8　6 000 mm管长重叠式冷凝器

4.5 型号及零部件

型号及零部件应符合 GB/T 151 的规定。

5 基本参数

5.1 基本参数组合

5.1.1 内导流热交换器的基本参数组合见表 1。

表 1 内导流热交换器的基本参数组合

公称直径(DN) mm	管程数(*N*)	换热管公称长度(*L*) mm															
		3 000				4 500				6 000					9 000		
		公称压力(PN) MPa															
		1.0	1.6	2.5	4.0	1.0	1.6	2.5	4.0	1.0	1.6	2.5	4.0	6.4	1.0	1.6	2.5
(325) 300	2			○	○			○	○								
	4			○	○			○	○								
(426) 400	2	○	○	○	○	○	○	○	○	○	○	○	○	○			
	4	○	○	○	○	○	○	○	○	○	○	○	○	○			
500	2	○	○	○	○	○	○	○	○	○	○	○	○	○			
	4	○	○	○	○	○	○	○	○	○	○	○	○	○			
600	2	○	○	○	○	○	○	○	○	○	○	○	○	○			
	4	○	○	○	○	○	○	○	○	○	○	○	○	○			
	6	○	○	○	○	○	○	○	○	○	○	○	○	○			
700	2	○	○	○	○	○	○	○	○	○	○	○	○	○			
	4	○	○	○	○	○	○	○	○	○	○	○	○	○			
	6	○	○	○	○	○	○	○	○	○	○	○	○	○			
800	2					○	○	○	○	○	○	○	○	○			
	4					○	○	○	○	○	○	○	○	○			
	6					○	○	○	○	○	○	○	○	○			
900	2					○	○	○	○	○	○	○	○	○			
	4					○	○	○	○	○	○	○	○	○			
	6					○	○	○	○	○	○	○	○	○			
1 000	2					○	○	○	○	○	○	○	○	○			
	4					○	○	○	○	○	○	○	○	○			
	6					○	○	○	○	○	○	○	○	○			
1 100	2					○	○	○	○	○	○	○	○	○			
	4					○	○	○	○	○	○	○	○	○			
	6					○	○	○	○	○	○	○	○	○			
1 200	2					○	○	○	○	○	○	○	○	○	○	○	○
	4					○	○	○	○	○	○	○	○	○	○	○	○
	6					○	○	○	○	○	○	○	○	○	○	○	○
1 300	4									○	○	○	○				
	6									○	○	○	○				
1 400	4									○	○	○	○		○	○	○
	6									○	○	○	○		○	○	○
1 500	4									○	○	○	○				
	6									○	○	○	○				
1 600	4									○	○	○	○		○	○	○
	6									○	○	○	○		○	○	○

表 1　内导流热交换器的基本参数组合（续）

公称直径(DN) mm	管程数(N)	换热管公称长度(L) mm 3 000 公称压力(PN) MPa 1.0	1.6	2.5	4.0	4 500 1.0	1.6	2.5	4.0	6 000 1.0	1.6	2.5	4.0	6.4	9 000 1.0	1.6	2.5
1 700	4									○	○	○	○				
	6									○	○	○	○				
1 800	4									○	○	○	○		○	○	○
	6									○	○	○	○		○	○	○
1 900	4									○	○	○	○				
	6									○	○	○	○				
2 000	4									○	○	○	○		○	○	○
	6									○	○	○	○		○	○	○
2 200	4									○	○	○			○	○	○
	6									○	○	○			○	○	○
2 400	4									○	○	○			○	○	○
	6									○	○	○			○	○	○
2 600	4									○	○	○			○	○	○
	6									○	○	○			○	○	○

注 1：括号内采用钢管作筒体的公称直径，此公称直径系指钢管外径。

注 2：○表示适用，空格表示不适用。

5.1.2　6 000 mm 管长外导流热交换器的基本参数组合见表 2。

表 2　6 000 mm 管长外导流热交换器的基本参数组合

公称直径(DN) mm	管程数(N)	公称压力(PN) MPa 1.0	1.6	2.5	4.0
500	2	○	○	○	○
	4	○	○	○	○
600	2	○	○	○	○
	4	○	○	○	○
	6	○	○	○	○
700	2	○	○	○	○
	4	○	○	○	○
	6	○	○	○	○
800	2	○	○	○	○
	4	○	○	○	○
	6	○	○	○	○
900	2	○	○	○	○
	4	○	○	○	○
	6	○	○	○	○
1 000	2	○	○	○	○
	4	○	○	○	○
	6	○	○	○	○

注：○表示适用。

5.1.3 冷凝器的基本参数组合见表3。

表3 冷凝器的基本参数组合

公称直径(DN) mm	管程数(N)	换热管公称长度(L) mm							
		3 000				6 000			
		公称压力 PN/MPa							
		1.0	1.6	2.5	4.0	1.0	1.6	2.5	4.0
(426) 400	2	○	○	○	○				
	4	○	○	○	○				
500	2	○	○	○	○	○	○	○	○
	4	○	○	○	○	○	○	○	○
600	2	○	○	○	○	○	○	○	○
	4	○	○	○	○	○	○	○	○
	6	○	○	○	○	○	○	○	○
700	2	○	○	○	○	○	○	○	○
	4	○	○	○	○	○	○	○	○
	6	○	○	○	○	○	○	○	○
800	2		○			○	○	○	○
	4		○			○	○	○	○
	6		○			○	○	○	○
900	2		○			○	○	○	○
	4		○			○	○	○	○
	6		○			○	○	○	○
1 000	2		○			○	○	○	○
	4		○			○	○	○	○
	6		○			○	○	○	○
1 100	2					○	○	○	○
	4					○	○	○	○
	6					○	○	○	○
1 200	2					○	○	○	○
	4					○	○	○	○
	6					○	○	○	○
1 300	4					○	○	○	○
	6					○	○	○	○
1 400	4					○	○	○	○
	6					○	○	○	○
1 500	4					○	○	○	○
	6					○	○	○	○
1 600	4					○	○	○	
	6					○	○	○	
1 700	4					○	○	○	
	6					○	○	○	
1 800	4					○	○	○	
	6					○	○	○	
2 000	4					○	○	○	
	6					○	○	○	
2 200	4					○	○	○	
	6					○	○	○	

注：○表示适用，空格表示不适用。

5.2 换热管

换热管规格及排列形式见表4。

表4 换热管规格及排列形式

单位为毫米

换热管外径×壁厚($d \times \delta_t$)			排列形式	管心距
碳素钢、低合金钢	不锈钢、铝及铝合金、铜及铜合金、镍及镍合金	钛及钛合金、锆及锆合金		
19×2	19×2	19×1.25	正三角形(30°) 转角正三角形(60°) 正方形(90°) 转角正方形(45°)	25
25×2.5	25×2	25×1.5		32

5.3 折流板(支持板)间距

5.3.1 热交换器折流板间距见表5。

表5 热交换器折流板间距

单位为毫米

公称直径(DN)	换热管长(L)	折流板间距(BP)								
≤700	3 000	100	150	200	—	—	—	—	—	—
≤700	4 500	100	150	200	—	—	—	—	—	—
800～1 200		—	150	200	250	300	350	450	480	—
(426)400～1 100	6 000	—	150	200	250	300	350	450	480	—
1 200～1 800		—	—	200	250	300	350	450	480	—
1 900～2 000		—	—	—	250	300	350	450	480	—
2 200～2 600		—	—	—	—	—	350	450	480	600
1 200～1 800	9 000	—	—	—	—	300	350	450	480	600
1 900～2 600		—	—	—	—	—	350	450	480	600

5.3.2 冷凝器折流板(支持板)间距为450 mm、480 mm和600 mm。

5.4 管箱

管箱结构型式宜符合下列规定：

a) DN≤400 mm采用平盖管箱；

b) 500 mm≤DN≤800 mm采用封头管箱，也可采用平盖管箱；

c) DN≥900 mm采用封头管箱。

5.5 接管

5.5.1 3 000 mm管长重叠式冷凝器接管公称直径见表6。

表6　3 000 mm 管长重叠式冷凝器接管公称直径

单位为毫米

<table>
<tr><th>公称直径
(DN)</th><th>接管 1 公称直径(dn_1)</th><th>接管 2 公称直径(dn_2)</th><th>接管 3 公称直径(dn_3)</th><th>接管 4 公称
直径(dn_4)</th></tr>
<tr><td>(426)400</td><td>100</td><td>150</td><td>100</td><td>200</td></tr>
<tr><td>500</td><td rowspan="3">150</td><td>200</td><td>150</td><td>250</td></tr>
<tr><td>600</td><td rowspan="2">250</td><td rowspan="2">200</td><td rowspan="2">300</td></tr>
<tr><td>700</td></tr>
<tr><td>800</td><td rowspan="2">200</td><td rowspan="2">300</td><td rowspan="2">250</td><td rowspan="2">350</td></tr>
<tr><td>900</td></tr>
<tr><td>1 000</td><td>250</td><td>350</td><td>300</td><td>400</td></tr>
<tr><td colspan="5">注：括号内采用钢管作筒体的公称直径,此公称直径系指钢管外径。</td></tr>
</table>

5.5.2　6 000 mm 管长重叠式冷凝器接管公称直径见表7。

表7　6 000 mm 管长重叠式冷凝器接管公称直径

单位为毫米

<table>
<tr><th>公称直径
(DN)</th><th>接管 1 公称直径(dn_1)</th><th>接管 2 公称直径(dn_2)</th><th>接管 3 公称直径(dn_3)</th></tr>
<tr><td>500</td><td rowspan="3">150</td><td>200</td><td>250</td></tr>
<tr><td>600</td><td rowspan="2">250</td><td rowspan="2">300</td></tr>
<tr><td>700</td></tr>
<tr><td>800</td><td rowspan="2">200</td><td rowspan="2">300</td><td rowspan="2">350</td></tr>
<tr><td>900</td></tr>
<tr><td>1 000</td><td rowspan="2">250</td><td rowspan="3">350</td><td rowspan="3">400</td></tr>
<tr><td>1 100</td></tr>
<tr><td>1 200</td><td rowspan="2">300</td></tr>
<tr><td>1 300</td><td rowspan="3">400</td><td rowspan="3">450</td></tr>
<tr><td>1 400</td><td rowspan="2">350</td></tr>
<tr><td>1 500</td></tr>
<tr><td>1 600</td><td rowspan="2">400</td><td rowspan="3">450</td><td rowspan="3">500</td></tr>
<tr><td>1 700</td></tr>
<tr><td>1 800</td><td>450</td></tr>
<tr><td>2 000</td><td>500</td><td>500</td><td>600</td></tr>
<tr><td>2 200</td><td>600</td><td>700</td><td>800</td></tr>
</table>

5.6　工艺参数

5.6.1　计算换热面积

计算换热面积按公式(1)确定：

$$A_1 = \pi d(L - 2\delta - 2l_1)n \times 10^{-6} \quad \cdots\cdots(1)$$

式中：

d ——换热管外径，单位为毫米(mm)；

L ——换热管长度，单位为毫米(mm)；

δ ——管板厚度，单位为毫米(mm)；

l_1 ——换热管伸出管板长度(设定为 3 mm)，单位为毫米(mm)；

n ——换热管根数。

5.6.2 管程流通面积

管程流通面积按公式(2)确定：

$$A_2 = n\pi(d/2 - \delta_t)^2 \times 10^{-6}/N \quad \cdots\cdots(2)$$

式中：

δ_t——换热管壁厚，单位为毫米(mm)；

N——管程数。

5.6.3 内导流热交换器和冷凝器

内导流热交换器和冷凝器的主要工艺参数见表 8。

表 8　内导流热交换器和冷凝器的主要工艺参数

公称直径(DN) mm	管程数(N)	换热管根数[a](n)		中心排管数		管程流通面积[b](A_2)/m^2					计算换热面积[c](A_1)/m^2							
											L=3 000 mm		L=4 500 mm		L=6 000 mm		L=9 000 mm	
		换热管外径(d)/mm				换热管外径×换热管壁厚 (d×δ)/mm					换热管外径(d)/mm							
		19	25	19	25	19×1.25	19×2	25×1.5	25×2	25×2.5	19	25	19	25	19	25	19	25
(325)	2	60	32	7	5	0.006 4	0.005 3	0.006 0	0.005 5	0.005 0	10.5	7.4	15.8	11.1	—	—	—	—
300	4	52	28	6	4	0.002 8	0.002 3	0.002 6	0.002 4	0.002 2	9.1	6.4	13.7	9.7	—	—	—	—
(426)	2	120	74	8	7	0.012 8	0.010 6	0.013 8	0.012 6	0.011 6	20.9	16.9	31.6	25.6	42.3	34.4	—	—
400	4	108	68	9	6	0.005 8	0.004 8	0.006 5	0.005 9	0.005 3	18.8	15.6	28.4	23.6	38.1	31.6	—	—
500	2	206	124	11	8	0.022 0	0.018 2	0.023 5	0.021 5	0.019 4	35.7	28.3	54.1	42.8	72.5	57.4	—	—
	4	192	116	10	9	0.010 3	0.008 5	0.011 0	0.010 0	0.009 1	33.2	26.4	50.4	40.1	67.6	53.7	—	—
600	2	324	198	14	11	0.034 6	0.028 6	0.037 6	0.034 3	0.031 1	55.8	44.9	84.8	68.2	113.9	91.5	—	—
	4	308	188	14	10	0.016 5	0.013 6	0.017 9	0.016 3	0.014 8	53.1	42.6	80.7	64.8	108.2	86.9	—	—
	6	284	158	14	10	0.010 0	0.008 3	0.010 0	0.009 1	0.008 3	48.9	35.8	74.4	54.4	99.8	73.1	—	—
700	2	468	268	16	13	0.050 0	0.041 4	0.050 8	0.046 4	0.042 1	80.4	60.6	122.2	92.1	164.1	123.7	—	—
	4	448	256	17	12	0.024 0	0.019 8	0.024 3	0.022 2	0.020 1	76.9	57.8	117.0	87.9	157.1	118.1	—	—
	6	382	224	15	10	0.013 6	0.011 2	0.014 1	0.012 9	0.011 6	65.6	50.6	99.8	76.9	133.9	103.4	—	—
800	2	610	366	19	15	0.065 2	0.053 9	0.069 4	0.063 4	0.057 5	104.3	62.6	158.9	125.4	213.5	168.5	—	—
	4	588	352	18	14	0.031 5	0.026 0	0.033 5	0.030 5	0.027 6	100.6	60.2	153.2	120.6	205.8	162.1	—	—
	6	518	316	16	14	0.018 4	0.015 2	0.019 9	0.018 2	0.016 5	88.6	54.0	134.9	108.3	181.3	145.5	—	—
900	2	800	472	22	17	0.085 6	0.070 7	0.089 5	0.081 7	0.074 1	136.0	80.2	207.6	161.2	279.2	216.8	—	—
	4	776	456	21	16	0.041 5	0.034 3	0.043 3	0.039 5	0.035 8	131.9	77.5	201.4	155.7	270.8	209.4	—	—
	6	720	426	21	16	0.025 7	0.021 2	0.026 9	0.024 6	0.022 3	122.4	72.4	186.9	145.5	251.3	195.6	—	—

表 8　内导流热交换器和冷凝器的主要工艺参数（续）

公称直径(DN) mm	管程数(N)	换热管根数[a](n)		中心排管数		管程流通面积[b](A_2)/m²					计算换热面积[c](A_1)/m²							
											L=3 000 mm		L=4 500 mm		L=6 000 mm		L=9 000 mm	
		换热管外径(d)/mm				换热管外径×换热管壁厚(d×δ)/mm					换热管外径(d)/mm							
		19	25	19	25	19×1.25	19×2	25×1.5	25×2	25×2.5	19	25	19	25	19	25	19	25
1 000	2	1 006	606	24	19	0.107 7	0.089 0	0.115 0	0.105 0	0.095 2	170.5	102.7	260.6	206.6	350.6	277.9	—	—
	4	980	588	23	18	0.052 4	0.043 3	0.055 7	0.050 9	0.046 2	166.1	99.7	253.9	200.4	341.6	269.7	—	—
	6	892	564	21	18	0.031 8	0.026 2	0.035 7	0.032 6	0.029 5	151.2	95.6	231.1	192.2	311.0	258.7	—	—
1 100	2	1 240	736	27	21	0.132 6	0.109 6	0.139 9	0.127 5	0.115 6	—	—	320.3	250.2	431.3	336.8	—	—
	4	1 212	716	26	20	0.064 9	0.053 6	0.067 9	0.062 0	0.056 2	—	—	313.1	243.4	421.6	327.7	—	—
	6	1 120	692	24	20	0.039 8	0.032 9	0.043 7	0.039 9	0.036 2	—	—	289.3	235.2	389.6	316.7	—	—
1 200	2	1 452	880	28	22	0.155 2	0.128 3	0.167 3	0.152 0	0.138 0	—	—	374.4	298.6	504.3	402.2	764.2	609.4
	4	1 424	860	28	22	0.076 1	0.062 9	0.081 5	0.074 5	0.067 5	—	—	367.2	291.8	494.6	393.1	749.5	595.6
	6	1 348	828	27	21	0.047 9	0.039 6	0.052 5	0.047 8	0.043 4	—	—	347.6	280.9	468.2	378.4	709.5	573.4
1 300	4	1 700	1 024	31	24	0.090 9	0.075 1	0.097 1	0.088 7	0.080 4	—	—	—	—	589.3	467.1	—	—
	6	1 616	972	29	24	0.057 6	0.047 6	0.061 3	0.056 0	0.050 9	—	—	—	—	560.2	443.3	—	—
1 400	4	1 972	1 192	32	26	0.105 4	0.087 1	0.113 3	0.103 0	0.093 6	—	—	—	—	682.6	542.9	1 035.6	823.6
	6	1 890	1 130	30	24	0.067 4	0.055 7	0.071 4	0.065 2	0.059 2	—	—	—	—	654.2	514.7	992.5	780.8
1 500	4	2 304	1 400	34	29	0.123 4	0.102 0	0.133 0	0.121 0	0.110 0	—	—	—	—	795.9	636.3	—	—
	6	2 252	1 332	34	28	0.080 5	0.066 3	0.084 2	0.076 9	0.069 7	—	—	—	—	777.9	605.4	—	—
1 600	4	2 632	1 592	37	30	0.140 4	0.116 0	0.151 1	0.138 0	0.125 0	—	—	—	—	907.6	722.3	1 378.7	1 097.3
	6	2 520	1 518	37	29	0.089 5	0.074 2	0.096 4	0.087 6	0.079 5	—	—	—	—	869.0	688.8	1 320.0	1 047.2
1 700	4	3 012	1 856	40	32	0.161 1	0.133 0	0.176 3	0.161 0	0.146 0	—	—	—	—	1 036.1	840.1	—	—
	6	2 834	1 812	38	32	0.101 0	0.083 5	0.114 8	0.104 6	0.094 9	—	—	—	—	974.0	820.2	—	—

表 8　内导流热交换器和冷凝器的主要工艺参数(续)

公称直径(DN) mm	管程数(N)	换热管根数[a](n)		中心排管数		管程流通面积[b](A_2)/m^2					计算换热面积[c](A_1)/m^2							
											L=3 000 mm		L=4 500 mm		L=6 000 mm		L=9 000 mm	
		换热管外径(d)/mm				换热管外径×换热管壁厚 (d×δ)/mm					换热管外径(d)/mm							
		19	25	19	25	19×1.25	19×2	25×1.5	25×2	25×2.5	19	25	19	25	19	25	19	25
1 800	4	3 384	2 056	43	34	0.180 9	0.149 5	0.195 4	0.178 0	0.161 5	—	—	—	—	1 161.3	928.4	1 766.9	1 412.5
	6	3 140	1 986	37	30	0.111 9	0.092 5	0.125 9	0.115 0	0.104 0	—	—	—	—	1 077.5	896.7	1 639.5	1 364.4
1 900	4	3 660	2 228	42	36	0.195 7	0.161 7	0.211 7	0.192 9	0.175 0	—	—	—	—	1 251.8	1 003.0	—	—
	6	3 650	2 172	40	34	0.130 1	0.107 5	0.137 3	0.125 4	0.114 0	—	—	—	—	1 248.4	977.5	—	—
2 000	4	4 204	2 562	54	42	0.224 7	0.185 7	0.243 5	0.221 8	0.201 2	—	—	—	—	1 420.3	1 138.9	2 173.1	1 742.6
	6	4 130	2 504	54	42	0.147 2	0.121 6	0.158 6	0.144 5	0.131 1	—	—	—	—	1 395.3	1 113.1	2 134.9	1 703.1
2 200	4	5 064	3 078	58	46	0.270 7	0.223 7	0.292 5	0.266 5	0.241 7	—	—	—	—	1 710.9	1 368.3	2 617.7	2 093.5
	6	4 978	3 014	58	46	0.177 4	0.146 6	0.191 0	0.174 0	0.157 8	—	—	—	—	1 681.8	1 339.8	2 573.2	2 050.0
2 400	4	6 028	3 652	64	50	0.322 2	0.266 3	0.347 1	0.316 2	0.286 8	—	—	—	—	2 036.5	1 623.4	3 116.0	2 483.9
	6	5 936	3 580	64	50	0.211 5	0.174 8	0.226 8	0.206 7	0.187 4	—	—	—	—	2 005.5	1 591.4	3 068.4	2 435.0
2 600	4	7 072	4 280	70	54	0.378 0	0.312 4	0.406 7	0.370 6	0.336 2	—	—	—	—	2 389.3	1 902.6	3 655.6	2 911.1
	6	6 970	4 202	70	54	0.248 4	0.205 3	0.266 2	0.242 6	0.220 0	—	—	—	—	2 354.8	1 867.9	3 602.9	2 858.0

[a] 换热管根数按转角正方形(45°)排列计算。

[b] 换热管采用其他厚度时,重新计算管程流通面积。

[c] 计算换热面积按光管及公称压力2.5 MPa 管板厚度确定。

5.6.4 外导流热交换器

外导流热交换器的工艺参数见表 9。

表 9 外导流热交换器的工艺参数

公称直径(DN) mm	管程数(N)	换热管根数[a](n)		中心排管数		管程流通面积[b](A_2) m^2					计算换热面积[c](A_1) m^2 L=6 000 mm	
		换热管外径(d)/mm				换热管外径×换热管壁厚($d\times\delta$)/mm					换热管外径(d)/mm	
		19	25	19	25	19×1.25	19×2	25×1.5	25×2	25×2.5	19	25
500	2	224	132	13	10	0.023 9	0.019 8	0.025 1	0.022 9	0.020 7	78.9	61.2
	4	218	124	12	10	0.011 7	0.009 6	0.011 7	0.010 7	0.009 7	76.8	57.4
600	2	338	206	16	12	0.036 0	0.029 8	0.039 1	0.035 7	0.032 4	118.8	95.3
	4	320	196	15	12	0.017 0	0.014 1	0.018 6	0.017 0	0.015 4	112.5	90.6
700	2	480	280	18	15	0.051 4	0.042 5	0.053 1	0.048 5	0.044 0	168.3	129.2
	4	460	268	17	14	0.024 6	0.020 3	0.025 4	0.023 2	0.021 0	161.3	123.6
800	2	636	378	21	16	0.068 0	0.056 2	0.071 7	0.065 5	0.059 4	222.6	174.1
	4	612	364	20	16	0.032 8	0.027 1	0.034 5	0.031 5	0.028 5	214.2	167.6
900	2	822	490	24	19	0.087 7	0.072 6	0.092 9	0.084 8	0.076 9	287.0	225.1
	4	796	472	23	18	0.042 6	0.035 2	0.044 8	0.040 9	0.037 1	278.0	216.9
	6	742	452	23	16	0.026 3	0.021 7	0.028 6	0.026 1	0.023 7	259.1	207.7
1 000	2	1 050	628	26	21	0.112 4	0.092 9	0.119 4	0.109 0	0.098 7	365.9	287.9
	4	1 020	608	27	20	0.054 6	0.045 1	0.057 6	0.052 6	0.047 8	355.5	278.8
	6	938	580	25	20	0.033 4	0.027 6	0.036 7	0.033 5	0.030 1	326.9	265.9

[a] 换热管根数按转角正方形(45°)排列计算。

[b] 换热管采用其他厚度时,重新计算管程流通面积。

[c] 计算换热面积按光管及公称压力2.5 MPa 管板厚度确定。

5.7 组装尺寸

5.7.1 内导流热交换器组装尺寸见图 9 和表 10。

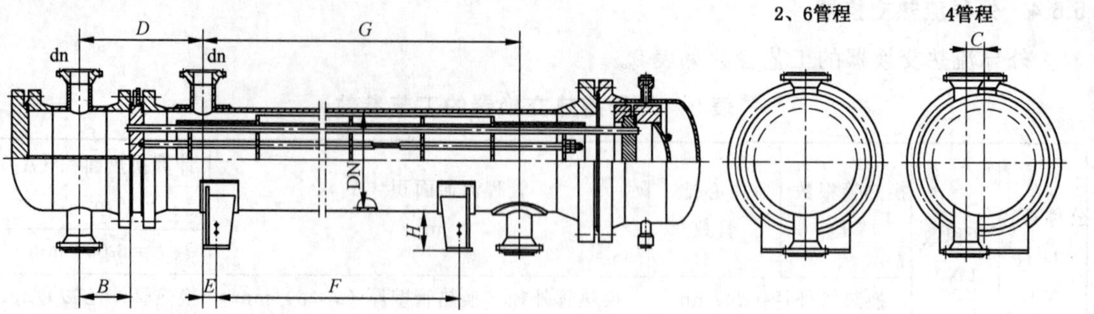

标引符号说明：

B ——管箱接管与管箱法兰端面距离；

C ——管箱接管与管箱中心距离；

dn ——接管公称直径；

D ——管箱接管与壳体接管中心距离；

DN——公称直径，热交换器和冷凝器卷制筒体的内径(对钢管制圆筒为外径)；

E ——壳体接管与鞍座底板中心距离；

F ——鞍座底板中心距离；

G ——壳体接管间中心距离；

H ——鞍座底板与壳体外壁距离。

图9　内导流热交换器组装尺寸

表 10　内导流热交换器组装尺寸

组装尺寸 mm	换热管长 (*L*) mm	公称压力 (PN) MPa	公称直径 (DN) mm																				
			(325) 300	(426) 400	500	600	700	800	900	1 000	1 100	1 200	1 300	1 400	1 500	1 600	1 700	1 800	1 900	2 000	2 200	2 400	2 600
F	3 000	1.0	—	1 700				—	—	—	—	—	—	—	—	—	—	—	—	—	—	—	—
		1.6	—	1 700				—	—	—	—	—	—	—	—	—	—	—	—	—	—	—	—
		2.5	1 700					—	—	—	—	—	—	—	—	—	—	—	—	—	—	—	—
		4.0	1 700		1 600			—	—	—	—	—	—	—	—	—	—	—	—	—	—	—	—
	4 500	1.0	—	2 900				2 500				2 300	—	—	—	—	—	—	—	—	—	—	—
		1.6	—	2 900				2 500				2 300	—	—	—	—	—	—	—	—	—	—	—
		2.5	2 900					2 500				2 300		—	—	—	—	—	—	—	—	—	—
		4.0	2 900					2 500				2 300		—	—	—	—	—	—	—	—	—	—
	6 000	1.0	—	4 400				4 000				3 800		3 600		3 600		3 400		3 350	3 100	2 800	2 500
		1.6	—	4 400				4 000				3 800		3 600		3 600		3 400		3 250	3 000	2 650	2 500
		2.5	—	4 400				4 000				3 800		3 600		3 600		3 400		3 100	2 800	2 500	2 500
		4.0	—	4 400				4 000				3 800		3 600		3 350	3 300	3 000	2 950	2 750	—	—	—
		6.4	—	4 400					3 700	3 700	3 550	3 300	—	—	—	—	—	—	—	—	—	—	—
	9 000	1.0	—	—	—	—	—	—	—	—	—	7 000	—	6 800	—	6 700	—	6 600	—	6 350	6 100	5 800	5 500
		1.6	—	—	—	—	—	—	—	—	—	7 000	—	6 800	—	6 700	—	6 600	—	6 250	6 000	5 650	5 300
		2.5	—	—	—	—	—	—	—	—	—	6 800	—	6 700	—	6 600	—	6 450	—	6 100	5 800	5 500	5 150
G	3 000	1.0	—	2 100				—	—	—	—	—	—	—	—	—	—	—	—	—	—	—	—
		1.6	—	2 100				—	—	—	—	—	—	—	—	—	—	—	—	—	—	—	—
		2.5	2 100					—	—	—	—	—	—	—	—	—	—	—	—	—	—	—	—
		4.0	2 100		2 000			—	—	—	—	—	—	—	—	—	—	—	—	—	—	—	—

表 10 内导流热交换器组装尺寸（续）

组装尺寸 mm	换热管长 (*L*) mm	公称压力 (PN) MPa	公称直径 (DN) mm																				
			(325) 300	(426) 400	500	600	700	800	900	1 000	1 100	1 200	1 300	1 400	1 500	1 600	1 700	1 800	1 900	2 000	2 200	2 400	2 600
G	4 500	1.0	—	3 600				3 420				3 250	—	—	—	—	—	—	—	—	—	—	—
		1.6	—	3 600				3 420				3 250	—	—	—	—	—	—	—	—	—	—	—
		2.5	3 600					3 420		3 300		3 100	—	—	—	—	—	—	—	—	—	—	—
		4.0	3 600		3 500			3 300		3 150		3 000	—	—	—	—	—	—	—	—	—	—	—
	6 000	1.0	—	5 100				4 920				4 750		4 600		4 500		4 450		4 200	4 050	3 850	3 650
		1.6	—	5 100				4 920				4 750		4 600		4 500		4 450		4 100	3 950	3 700	3 450
		2.5	—	5 100				4 920		4 800		4 600		4 500		4 400		4 300		3 950	3 750	3 550	3 300
		4.0	—	5 100	5 000			4 800		4 650		4 500	4 400			4 050	4 000	3 750	3 700	3 600	—	—	—
		6.4	—	5 100	4 860				4 450	4 300	4 150	4 050	—	—	—	—	—	—	—	—	—	—	—
	9 000	1.0	—	—	—	—	—	—	—	—	—	7 750	—	7 600	—	7 500	—	7 450	—	7 200	7 050	6 850	6 650
		1.6	—	—	—	—	—	—	—	—	—	7 750	—	7 600	—	7 500	—	7 450	—	7 100	6 950	6 700	6 450
		2.5	—	—	—	—	—	—	—	—	—	7 600	—	7 500	—	7 400	—	7 300	—	6 950	6 750	6 550	6 300
E	3 000	1.0～	30					—	—	—	—	—	—	—	—	—	—	—	—	—	—	—	—
		4.0						—	—	—	—	—	—	—	—	—	—	—	—	—	—	—	—
	4 500	1.0～	300										—	—	—	—	—	—	—	—	—	—	—
		2.5											—	—	—	—	—	—	—	—	—	—	—
		4.0	300		200								—	—	—	—	—	—	—	—	—	—	—
	6 000	1.0～1.6	300					400								300		400		0	0	0	0
		2.5	300									250				150		250		0	0	0	0

表 10　内导流热交换器组装尺寸（续）

组装尺寸 mm	换热管长（L）mm	公称压力（PN）MPa	公称直径（DN）mm																				
			(325) 300	(426) 400	500	600	700	800	900	1 000	1 100	1 200	1 300	1 400	1 500	1 600	1 700	1 800	1 900	2 000	2 200	2 400	2 600
E	6 000	4.0～6.4	—	300	200,50			300		100		200				0					—	—	—
	9 000	1.0～2.5	—	—	—	—	—	—	—	—	—	200	—	200	—	200	—	200	—	0			
B	3 000～9 000	1.0	—	280	310			370		410		460		500		540		570		665	740	845	940
		1.6	—	280	310			370		410		460		500		540		570		690	770	880	1 010
		2.5	280		310			370		440		500		540		600		660		745	835	950	1 075
		4.0	280		330			390		475		530		580		665	690	760	775	840	—	—	—
		6.4	280		380		400		480	545	565	625	—	—	—	—	—	—	—	—	—	—	—
D		1.0	—	635	680			800		880		1 010		1 100		1 190		1 270		1 460	1 610	1 820	2 010
		1.6	—	635	680			800		880		1 010		1 100		1 190		1 270		1 530	1 690	1 910	2 170
		2.5	635		700			820		950		1 100		1 200		1 300		1 410		1 660	1 840	2 070	2 320
		4.0	635		730			880		1 090		1 170		1 250		1 530	1 580	1 770	1 800	1 930	—	—	—
		6.4	—	635	830		880		1 160	1 290	1 380	1 500	—	—	—	—	—	—	—	—	—	—	—
H		1.0～6.4	200												250								
dn		1.0～6.4	100		150			200		250		300		350		400		450		500	600	700	800
C		1.0～6.4	75	100	125	150		200				300				400						500	

5.7.2 6000 mm 管长外导流热交换器的组装尺寸见图 10 和表 11。

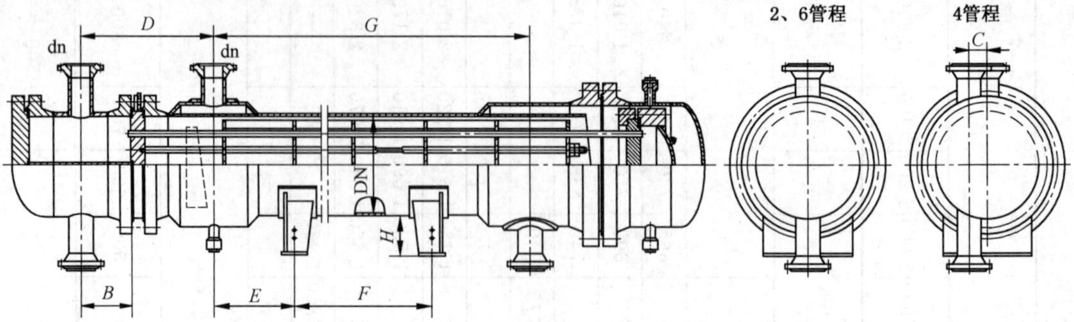

标引符号说明：

B ——管箱接管与管箱法兰端面距离；
C ——管箱接管与管箱中心距离；
dn ——接管公称直径；
D ——管箱接管与壳体接管中心距离；
DN——公称直径，热交换器和冷凝器卷制筒体的内径(对钢管制圆筒为外径)；
E ——壳体接管与鞍座底板中心距离；
F ——鞍座底板中心距离；
G ——壳体接管间中心距离；
H ——鞍座底板与壳体外壁距离。

图 10 6 000 mm 管长外导流热交换器的组装尺寸

表 11 6 000 mm 管长外导流热交换器的组装尺寸

<table>
<tr><th rowspan="2">组装尺寸
mm</th><th rowspan="2">公称压力(PN)
MPa</th><th colspan="6">公称直径 (DN)
mm</th></tr>
<tr><th>500</th><th>600</th><th>700</th><th>800</th><th>900</th><th>1 000</th></tr>
<tr><td rowspan="4">F</td><td>1.0</td><td rowspan="2">4 300</td><td>4 200</td><td>4 200</td><td rowspan="2">4 000</td><td>4 000</td><td rowspan="2">3 700</td></tr>
<tr><td>1.6</td><td rowspan="3">4 000</td><td rowspan="3">4 000</td><td rowspan="2">3 800</td></tr>
<tr><td>2.5</td><td>4 300</td><td rowspan="2">3 800</td><td>3 700</td></tr>
<tr><td>4.0</td><td>4 000</td><td>3 700</td><td>3 500</td></tr>
<tr><td rowspan="4">G</td><td>1.0</td><td rowspan="3">5 100</td><td rowspan="3">5 100</td><td rowspan="2">5 100</td><td rowspan="2">5 000</td><td>5 000</td><td>4 920</td></tr>
<tr><td>1.6</td><td>4 920</td><td>4 800</td></tr>
<tr><td>2.5</td><td>5 000</td><td rowspan="2">4 850</td><td>4 800</td><td>4 750</td></tr>
<tr><td>4.0</td><td>5 000</td><td>5 000</td><td>4 920</td><td>4 750</td><td>4 600</td></tr>
<tr><td rowspan="3">B</td><td>1.0～1.6</td><td rowspan="2">310</td><td rowspan="2">310</td><td rowspan="2">310</td><td rowspan="2">370</td><td rowspan="2">370</td><td>410</td></tr>
<tr><td>2.5</td><td>440</td></tr>
<tr><td>4.0</td><td>330</td><td>330</td><td>330</td><td>390</td><td>390</td><td>475</td></tr>
<tr><td rowspan="4">D</td><td>1.0</td><td rowspan="2">680</td><td colspan="2">680</td><td>820</td><td>820</td><td>910</td></tr>
<tr><td>1.6</td><td>700</td><td>730</td><td>840</td><td>850</td><td>940</td></tr>
<tr><td>2.5</td><td>700</td><td>720</td><td>740</td><td>870</td><td>900</td><td>1 020</td></tr>
<tr><td>4.0</td><td>760</td><td>780</td><td>810</td><td>940</td><td>970</td><td>1 110</td></tr>
</table>

表 11　6 000 mm 管长外导流热交换器的组装尺寸（续）

组装尺寸 mm	公称压力(PN) MPa	公称直径（DN） mm					
		500	600	700	800	900	1 000
E	1.0	390	430	430	490		540
	1.6		440	440			
	2.5				500	500	
	4.0	400	450	450		510	550
H	1.0～4.0	250					
dn	1.0～4.0	150			200		250
C	1.0～4.0	125	150		200		

5.7.3　冷凝器的组装尺寸见图 11 和表 12。

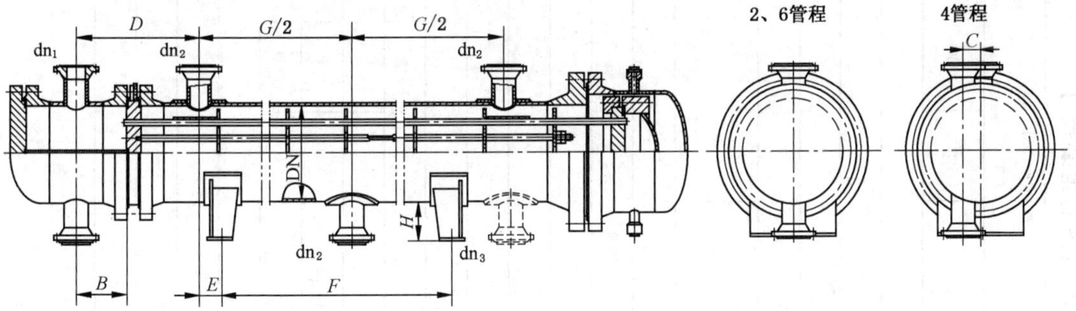

标引符号说明：

B　　——管箱接管与管箱法兰端面距离；

C　　——管箱接管与管箱中心距离；

dn_1～dn_3——接管 1～3 公称直径；

D　　——管箱接管与壳体接管中心距离；

DN　　——公称直径，热交换器和冷凝器卷制筒体的内径（对钢管制圆筒为外径）；

E　　——壳体接管与鞍座底板中心距离；

F　　——鞍座底板中心距离；

G　　——壳体接管间中心距离；

H　　——鞍座底板与壳体外壁距离。

图 11　冷凝器的组装尺寸

表 12 冷凝器的组装尺寸

组装尺寸 mm	换热管长 (L) mm	公称压力 (PN) MPa	公称直径 (DN) mm (426) 400	500	600	700	800	900	1 000	1 100	1 200	1 300	1 400	1 500	1 600	1 700	1 800	2 000	2 200
F	3 000	1.0	1 700		1 550		—												
		1.6					1 500		1 350	—									
		2.5					—												
		4.0			1 500	1 450	—												
	6 000	1.0	—	4 400			4 000				3 800							3 700	
		1.6																3 600	
		2.5					4 000		3 800						3 600			3 500	
		4.0		4 400	4 000				3 800			3 500			—				
G	3 000	1.0	2 100		2 000		—												
		1.6					1 900		1 780	—									
		2.5			1 950		—												
		4.0	2 100	2 050	1 900	1 880	—												
	6 000	1.0	—	5 100	4 920		4 900		4 700				4 600		4 500				
		1.6					4 800		4 700			4 600			4 450			4 500	
		2.5		5 050			4 750		4 650		4 600	4 550	4 500	4 450	4 350	4 320	4 300	4 500	
		4.0		5 000	4 850		4 700		4 500		4 480	4 430	4 380	4 330	—				
E	3 000	1.0	30				—												
		1.6	30				—												
		2.5	30		0		—												
		4.0	30	0			—												
	6 000	1.0～4.0	—	300															

表 12 冷凝器的组装尺寸(续)

组装尺寸 mm	换热管长(*L*) mm	公称压力(PN) MPa	公称直径(DN) mm																
			(426) 400	500	600	700	800	900	1 000	1 100	1 200	1 300	1 400	1 500	1 600	1 700	1 800	2 000	2 200
B	3 000 6 000	1.0	280	310			370		410		460		500		540	570		865	900
		1.6																890	930
		2.5							440		500		540		600	660		945	995
		4.0		330			390		475		530		560		—				
D		1.0	635	700	780		870		980		1 010	1 060	1 110		1 220	1 270		1 624	1 994
		1.6																1 674	2 054
		2.5					920		1 040		1 150		1 210		1 330	1 420		1 784	2 184
		4.0		750	830		960		1 140		1 220		1 350		—				
H		1.0～4.0	200																
dn_1		1.0～4.0	100	150			200		250		300		350		400	450		500	600
dn_2	3 000	1.0～4.0	150	200	250		300		350	—									
dn_3		1.0～4.0	100	150	200		250		300	—									
dn_2	6 000	1.0～4.0	—	200	250		300		350		400				450			500	700
C	3 000 6 000	1.0～4.0	100	125	150		200				300				400				500

5.7.4 支座

热交换器和冷凝器的支座按 NB/T 47065.1 选用。公称直径 DN≥1 800 mm、重叠式热交换器(冷凝器),宜根据地震力、管束抽芯等载荷条件对支座及地脚螺栓进行核算。

ICS 71.120.30
CCS J 75

中华人民共和国国家标准

GB/T 28712.2—2023
代替 GB/T 28712.2—2012

热交换器型式与基本参数 第2部分:固定管板式热交换器

Types and basic parameters of heat exchangers—Part 2:Fixed tube sheet heat exchangers

2023-09-07 发布

2024-01-01 实施

国家市场监督管理总局
国家标准化管理委员会 发布

前　言

本文件按照 GB/T 1.1—2020《标准化工作导则　第 1 部分:标准化文件的结构和起草规则》的规定起草。

本文件是 GB/T 28712《热交换器型式与基本参数》的第 2 部分。GB/T 28712 已经发布了以下部分:

——第 1 部分:浮头式热交换器;

——第 2 部分:固定管板式热交换器;

——第 3 部分:U 形管式热交换器;

——第 4 部分:热虹吸式重沸器;

——第 5 部分:螺旋板式热交换器;

——第 6 部分:空冷式热交换器。

本文件代替 GB/T 28712.2—2012《热交换器型式与基本参数　第 2 部分:固定管板式热交换器》,与 GB/T 28712.2—2012 相比,除结构调整和编辑性改动外,主要技术变化如下:

——更改了钢管制圆筒 DN150 mm 的外径,增加了 DN350 mm 系列(见 5.1,2012 年版的 4.1);

——更改了一定公称直径范围内的折流板(支持板)间距(见 5.5,2012 年版的 4.5);

——增加了 DN2 500 mm～DN4 000 mm 系列热交换器的基本参数(见 5.6);

——更改了不同公称直径对应的公称压力(见 5.6,2012 年版的 4.6)。

请注意本文件的某些内容可能涉及专利。本文件的发布机构不承担识别专利的责任。

本文件由全国锅炉压力容器标准化技术委员会(SAC/TC 262)提出并归口。

本文件起草单位:合肥通用机械研究院有限公司、中石化广州工程有限公司、中国石化工程建设有限公司、中石化上海工程有限公司、东华工程科技股份有限公司、一重集团大连工程技术有限公司、抚顺机械设备制造有限公司。

本文件主要起草人:陈永东、吴晓红、李雪、王林、胡庆均、段瑞、杨良瑾、杨芳、曹光斌、赵景玉、胡希海、杨艳姝。

本文件于 2012 年首次发布,本次为第一次修订。

引　言

GB/T 28712《热交换器型式与基本参数》旨在规范能源工业用热交换器典型结构型式，充分考虑装置大型化发展趋势，兼顾我国热交换器产品标准和建造水平，明确了参数适用范围及其配套尺寸。考虑不同热交换器的功能、结构、参数差异明显，由六个部分构成。

——第1部分：浮头式热交换器。

——第2部分：固定管板式热交换器。

——第3部分：U形管式热交换器。

——第4部分：热虹吸式重沸器。

——第5部分：螺旋板式热交换器。

——第6部分：空冷式热交换器。

热交换器型式与基本参数标准，对实现我国热交换器的标准化、系列化、通用化、规模化具有重要意义。对量大面广的热交换器产品，其结构、参数标准化，首先能够促进产品建造标准化，提高设计质量、效率；其次能够节约制造、使用环节的工具、工装、材料消耗和积压；最后能够方便用户实现产品的选用、更换、维修与互换。近年来，我国大型炼化一体化项目建设进入高速发展时期，作为装置典型用能设备的热交换器用量显著增长；装置大型化促使热交换器结构尺寸迈向新高度，单体设备的大型化需求日益突出；大批工程项目的建设实施，为热交换器建造积累了丰富的设计、制造及工程应用经验。同时，GB/T 151《热交换器》也据此进行了修订，首次形成了全面覆盖热交换器典型结构的产品综合标准，并对适用参数进行了大幅调整。为此，需要对热交换器型式与基本参数标准进行修订，适应行业与标准发展需求。

本文件根据现行产品标准和行业共性需求，重点扩充了固定管板式热交换器型式与参数适用范围，包括公称直径、公称压力等，给出了相应配套尺寸，顺应设备大型化发展趋势，满足产业升级发展的迫切需要；通过标准数据的完整性与规范性扩充，并结合节能降耗原则，对推进行业数字化及绿色发展，提升标准化水平，具有积极促进作用。

热交换器型式与基本参数
第2部分:固定管板式热交换器

1 范围

本文件规定了固定管板式热交换器(以下简称“热交换器”)的型式与基本参数。

本文件适用于石油、化学工业用碳素钢、低合金钢、不锈钢、有色金属制热交换器,也适用于其他行业用相似的热交换器。

2 规范性引用文件

下列文件中的内容通过文中的规范性引用而构成本文件必不可少的条款。其中,注日期的引用文件,仅该日期对应的版本适用于本文件;不注日期的引用文件,其最新版本(包括所有的修改单)适用于本文件。

GB/T 151 热交换器

3 术语和定义

GB/T 151 界定的术语和定义适用于本文件。

4 型式

4.1 立式热交换器见图1、图2和图3。

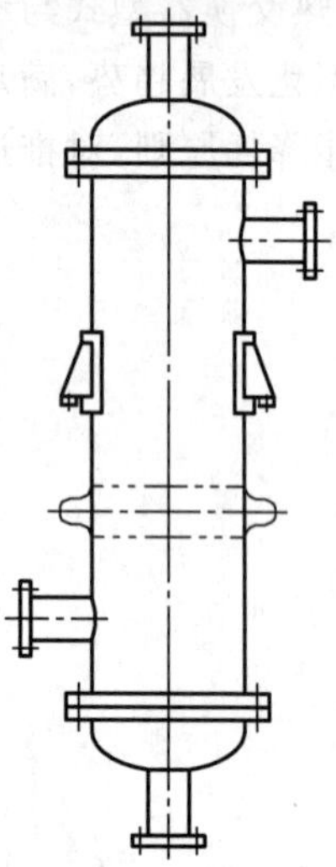

图1 单管程

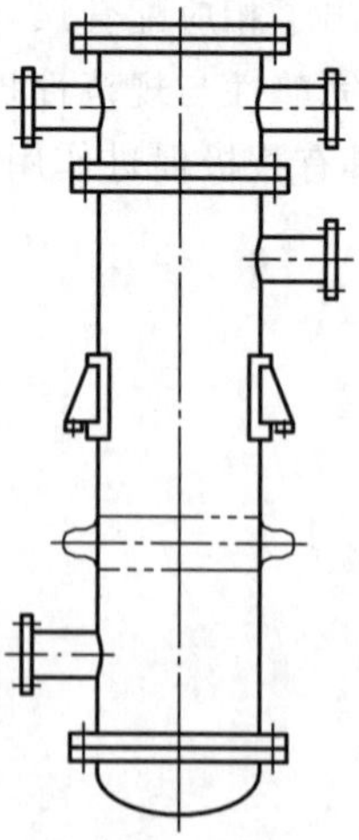

图2 DN≤450 mm 多管程

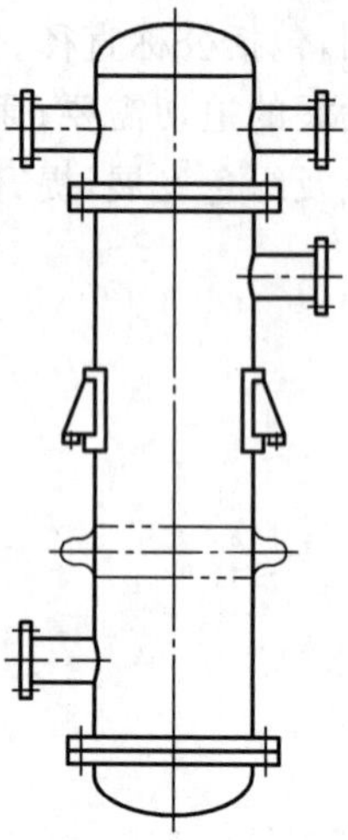

图3 DN≥500 mm 多管程

4.2 卧式热交换器见图4、图5、图6和图7。

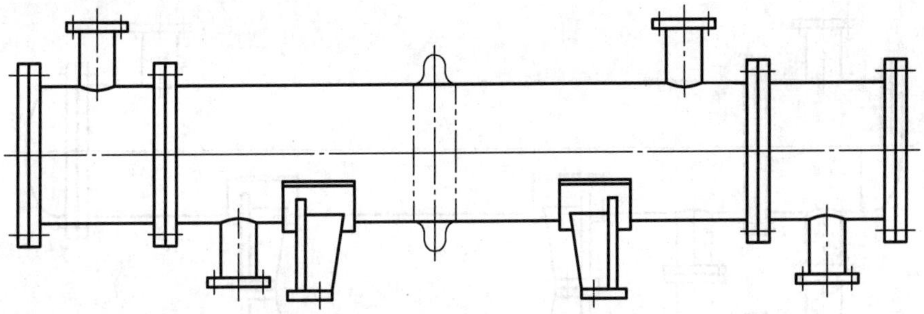

图 4　DN≤450 mm 单管程

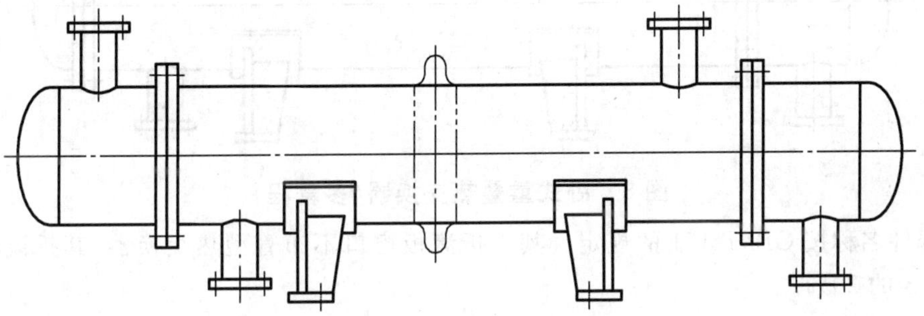

图 5　DN≥500 mm 单管程

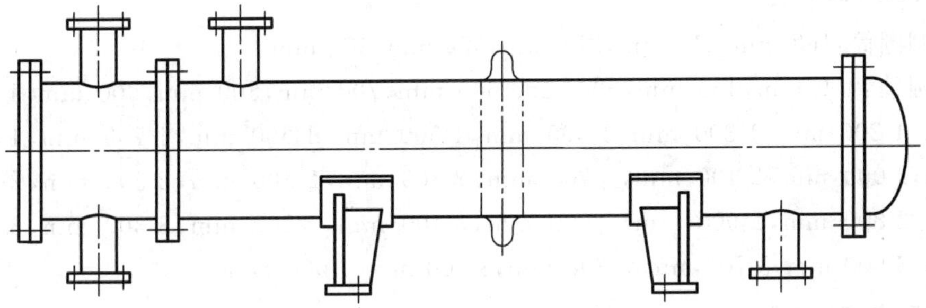

图 6　DN≤450 mm 多管程

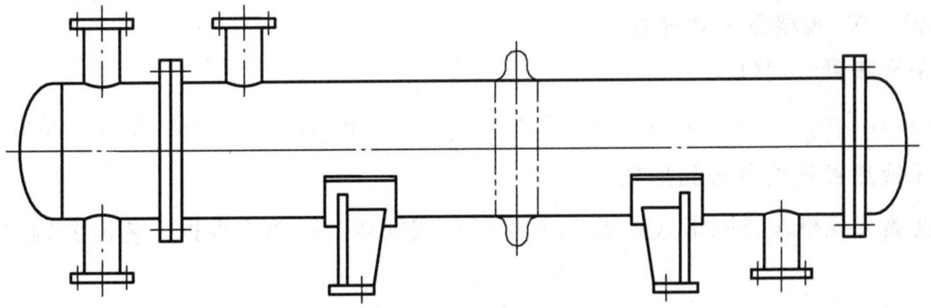

图 7　DN≥500 mm 多管程

4.3　卧式重叠热交换器(多管程)见图 8。

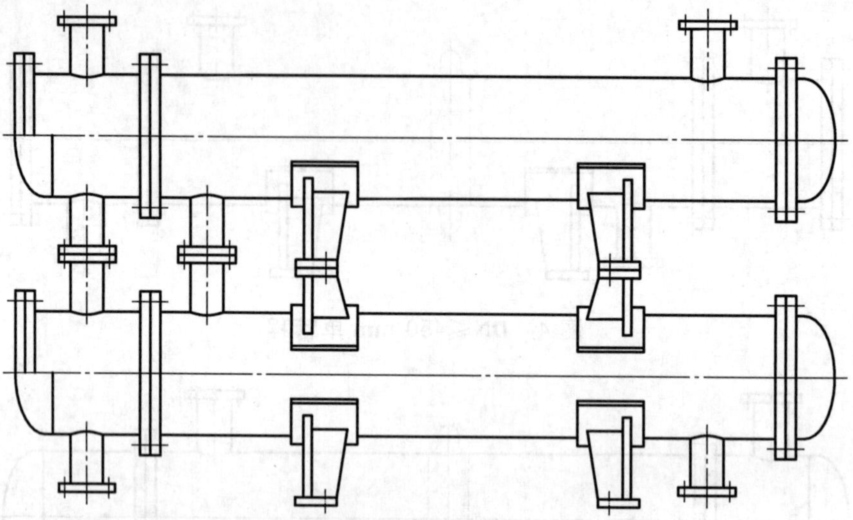

图 8　卧式重叠热交换器(多管程)

4.4　零部件名称按 GB/T 151 的规定。其中折流板窗口不布管型热交换器,其折流板切口弦高约为直径的 20%。

5　基本参数

5.1　公称直径(DN)

钢管制圆筒:168 mm,219 mm,273 mm,325 mm,377 mm。

卷制圆筒:400 mm,450 mm,500 mm,600 mm,700 mm,800 mm,900 mm,1 000 mm,1 100 mm,1 200 mm,1 300 mm,1 400 mm,1 500 mm,1 600 mm,1 700 mm,1 800 mm,1 900 mm,2 000 mm,2 100 mm,2 200 mm,2 300 mm,2 400 mm,2 500 mm,2 600 mm,2 700 mm,2 800 mm,2 900 mm,3 000 mm,3 100 mm,3 200 mm,3 300 mm,3 400 mm,3 500 mm,3 600 mm,3 700 mm,3 800 mm,3 900 mm,4 000 mm。

5.2　公称压力(PN)

0.25 MPa,0.60 MPa,1.00 MPa,1.60 MPa,2.50 MPa,4.00 MPa,6.40 MPa。

5.3　换热管长度、规格及排列形式

5.3.1　常用换热管长度(*L*)

1 500 mm,2 000 mm,3 000 mm,4 500 mm,6 000 mm,9 000 mm,12 000 mm。

5.3.2　常见换热管规格及排列形式

常见换热管规格及排列形式见表 1,其他材料或规格的换热管根据工艺需要确定。

表 1 换热管规格及排列形式

单位为毫米

<table>
<tr><th colspan="4">换热管外径×壁厚($d \times \delta_t$)</th><th rowspan="2">排列形式</th><th rowspan="2">管心距</th></tr>
<tr><th>碳素钢、低合金钢、铝</th><th>不锈钢</th><th>铜</th><th>钛</th></tr>
<tr><td>19×2</td><td>19×2</td><td>19×2</td><td>19×1.25</td><td rowspan="2">正三角形
转角正三角形</td><td>25</td></tr>
<tr><td>25×2.5</td><td>25×2</td><td>25×2</td><td>25×1.5</td><td>32</td></tr>
</table>

5.4 管程数

管程数(N)见表 2。

表 2 管程数(N)

公称直径 (DN) mm	168~219	273	325~500	600~2 400	2 500~4 000
管程数(N)	1	1,2	1,2,4	1,2,4,6	1,2,4

5.5 折流板(支持板)间距

折流板(支持板)间距见表 3。

表 3 折流板(支持板)间距

单位为毫米

<table>
<tr><th>公称直径 (DN)</th><th>管长</th><th colspan="5">折流板(支持板)间距</th></tr>
<tr><td rowspan="2">≤500</td><td>≤3 000</td><td>100</td><td rowspan="2">200</td><td rowspan="2">300</td><td rowspan="2">450</td><td rowspan="2">600</td></tr>
<tr><td>4 500~6 000</td><td>—</td></tr>
<tr><td>600~800</td><td>1 500~6 000</td><td>150</td><td>200</td><td>300</td><td>450</td><td>600</td></tr>
<tr><td rowspan="2">900~1 300</td><td>≤6 000</td><td rowspan="2">—</td><td>200</td><td rowspan="2">300</td><td rowspan="2">450</td><td rowspan="2">600</td></tr>
<tr><td>7 500,9 000</td><td>—</td></tr>
<tr><td rowspan="2">1 400~1 600</td><td>6 000</td><td rowspan="2">—</td><td rowspan="2">—</td><td>300</td><td rowspan="2">450</td><td rowspan="2">600</td></tr>
<tr><td>7 500,9 000</td><td>—</td></tr>
<tr><td>1 700~1 800</td><td>6 000~9 000</td><td>—</td><td>—</td><td>—</td><td>450</td><td>600</td></tr>
<tr><td>1 900~2 400</td><td>6 000~12 000</td><td>—</td><td>—</td><td>—</td><td>450</td><td>600</td></tr>
<tr><td>2 500~4 000</td><td>6 000~12 000</td><td colspan="5">折流板间距由工艺计算确定,支持板间距不宜大于 750。</td></tr>
</table>

5.6 基本参数组合

基本参数组合见表 4。

表4 基本参数组合

公称直径(DN) mm	管程数(*N*)	公称压力(PN) MPa	换热管长度(*L*) mm						
			1 500	2 000	3 000	4 500	6 000	9 000	12 000
168	1	≤6.40	○	○	○	—	—	—	—
219			○	○	○	—	—	—	—
273	1,2		○	○	○	○	○	—	—
325	1,2,4		○	○	○	○	○	—	—
377			○	○	○	○	○	—	—
400			○	○	○	○	○	—	—
450			○	○	○	○	○	—	—
500			—	○	○	○	○	—	—
600	1,2,4,6		—	○	○	○	○	—	—
700			—	—	○	○	○	—	—
800			—	—	○	○	○	—	—
900			—	—	○	○	○	○	—
1000			—	—	○	○	○	○	—
1100			—	—	—	○	○	○	—
1200			—	—	—	○	○	○	—
1300			—	—	—	○	○	○	—
1400			—	—	—	—	○	○	—
1500			—	—	—	—	○	○	—
1600			—	—	—	—	○	○	—
1700			—	—	—	—	○	○	—
1800			—	—	—	—	○	○	—
1900			—	—	—	—	○	○	○
2000			—	—	—	—	○	○	○
2100		≤2.50	—	—	—	—	○	○	○
2200			—	—	—	—	○	○	○
2300			—	—	—	—	○	○	○
2400			—	—	—	—	○	○	○
2500	1,2,4		—	—	—	—	○	○	○
2600			—	—	—	—	○	○	○
2700			—	—	—	—	○	○	○
2800			—	—	—	—	○	○	○
2900			—	—	—	—	○	○	○
3000			—	—	—	—	○	○	○
3100		≤1.00	—	—	—	—	○	○	○
3200			—	—	—	—	○	○	○
3300			—	—	—	—	○	○	○
3400			—	—	—	—	○	○	○
3500			—	—	—	—	○	○	○
3600			—	—	—	—	○	○	○
3700			—	—	—	—	○	○	○
3800			—	—	—	—	○	○	○
3900			—	—	—	—	○	○	○
4000			—	—	—	—	○	○	○

5.7 计算换热面积

计算换热面积按式(1)确定：

$$A_1=\pi d(L-2\delta-2l_1)n\times10^{-6} \quad \cdots\cdots(1)$$

式中：

A_1——计算换热面积,单位为平方米(m^2)；

d ——换热管外径,单位为毫米(mm)；

L ——换热管长度,单位为毫米(mm)；

l_1 ——换热管伸出管板长度(设定为 3 mm),单位为毫米(mm)；

n ——换热管根数；

δ ——管板厚度(DN≤2 400 mm 设定为 50 mm;DN>2 400 mm 设定为 75 mm),单位为毫米(mm)。

5.8 ϕ19 mm 管径热交换器基本参数

ϕ19 mm 管径热交换器基本参数见表 5。

ϕ19 mm 管径 DN2 500 mm～DN4 000 mm 折流板窗口不布管型热交换器基本参数见表 6。

表 5 ϕ19 mm 管径热交换器基本参数

公称直径(DN) mm	公称压力(PN) MPa	管程数(N)	管子根数(n)	中心排管数	管程流通面积 m^2	计算换热面积(A_1) m^2 换热管长度(L) mm						
						1 500	2 000	3 000	4 500	6 000	9 000	12 000
168	≤6.40	1	19	5	0.003 4	1.6	2.1	3.3	—	—	—	—
219			33	7	0.005 8	2.8	3.7	5.7	—	—	—	—
273		1	65	9	0.011 5	5.4	7.4	11.3	17.1	22.9	—	—
		2	56	8	0.004 9	4.7	6.4	9.7	14.7	19.7	—	—
325		1	99	11	0.017 5	8.3	11.2	17.1	26.0	34.9	—	—
		2	88	10	0.007 8	7.4	10.0	15.2	23.1	31.0	—	—
		4	68	11	0.003 0	5.7	7.7	11.8	17.9	23.9	—	—
377		1	135	13	0.023 9	11.2	15.3	23.3	35.4	47.5	—	—
		2	126	12	0.011 1	10.5	14.2	21.8	33.0	44.3	—	—
		4	104	13	0.004 6	8.7	11.8	18.0	27.3	36.6	—	—
400		1	174	14	0.030 7	14.5	19.7	30.1	45.7	61.3	—	—
		2	164	15	0.014 5	13.7	18.6	28.4	43.1	57.8	—	—
		4	146	14	0.006 5	12.2	16.6	25.3	38.3	51.4	—	—
450		1	237	17	0.041 9	19.8	26.9	41.0	62.2	83.5	—	—
		2	220	16	0.019 4	18.4	25.0	38.1	57.8	77.5	—	—
		4	200	16	0.008 8	16.7	22.7	34.6	52.5	70.4	—	—

表 5 ϕ19 mm 管径热交换器基本参数(续)

公称直径(DN) mm	公称压力(PN) MPa	管程数(N)	管子根数(n)	中心排管数	管程流通面积 m^2	计算换热面积(A_1) m^2 换热管长度(L) mm						
						1 500	2 000	3 000	4 500	6 000	9 000	12 000
500	≤6.40	1	275	19	0.048 6	—	31.2	47.6	72.2	96.8	—	—
		2	256	18	0.022 6	—	29.0	44.3	67.2	90.2	—	—
		4	222	18	0.009 8	—	25.2	38.4	58.3	78.2	—	—
600		1	430	22	0.076 0	—	48.8	74.4	112.9	151.4	—	—
		2	416	23	0.036 8	—	47.2	72.0	109.8	146.5	—	—
		4	370	22	0.016 3	—	42.0	64.0	97.2	130.3	—	—
		6	360	20	0.010 6	—	40.8	62.3	94.5	126.8	—	—
700		1	607	27	0.107 3	—	—	105.1	159.4	213.8	—	—
		2	574	27	0.050 7	—	—	99.4	150.8	202.1	—	—
		4	542	27	0.023 9	—	—	93.8	142.3	190.9	—	—
		6	518	24	0.015 3	—	—	89.7	136.0	182.4	—	—
800		1	797	31	0.140 8	—	—	138.0	209.3	280.7	—	—
		2	776	31	0.068 6	—	—	134.3	203.8	273.3	—	—
		4	722	31	0.031 9	—	—	125.0	189.8	254.3	—	—
		6	710	30	0.020 9	—	—	122.9	186.5	250.0	—	—
900		1	1 009	35	0.178 3	—	—	174.7	265.0	355.3	536.0	—
		2	988	35	0.087 3	—	—	171.0	259.5	347.9	524.9	—
		4	938	35	0.041 4	—	—	162.4	246.4	330.3	498.3	—
		6	914	34	0.026 9	—	—	158.2	240.0	321.9	485.6	—
1 000		1	1 267	39	0.223 9	—	—	219.3	332.8	446.2	673.1	—
		2	1 234	39	0.109 0	—	—	213.6	324.1	434.6	655.6	—
		4	1 186	39	0.052 4	—	—	205.3	311.5	417.7	630.1	—
		6	1 148	38	0.033 8	—	—	198.7	301.5	404.3	609.9	—
1 100		1	1 501	43	0.265 2	—	—	—	394.2	528.6	797.4	—
		2	1 470	43	0.129 9	—	—	—	386.1	517.7	780.9	—
		4	1 450	43	0.064 1	—	—	—	380.8	510.6	770.3	—
		6	1 380	42	0.040 6	—	—	—	362.4	486.0	733.1	—
1 200		1	1 837	47	0.324 6	—	—	—	482.5	646.9	975.9	—
		2	1 816	47	0.160 5	—	—	—	476.9	639.5	964.7	—
		4	1 732	47	0.076 5	—	—	—	454.9	610.0	920.1	—
		6	1 716	46	0.050 5	—	—	—	450.7	604.3	911.6	—
1 300		1	2 123	51	0.375 2	—	—	—	557.6	747.7	1 127.8	—
		2	2 080	51	0.183 8	—	—	—	546.3	732.5	1 105.0	—
		4	2 074	50	0.091 6	—	—	—	544.7	730.4	1 101.8	—
		6	2 028	48	0.059 7	—	—	—	532.6	714.2	1 077.4	—
1 400		1	2 557	55	0.451 9	—	—	—	—	900.5	1 358.4	—
		2	2 502	54	0.221 1	—	—	—	—	881.1	1 329.2	—
		4	2 404	55	0.106 2	—	—	—	—	846.6	1 277.1	—
		6	2 378	54	0.070 0	—	—	—	—	837.5	1 263.3	—
1 500		1	2 929	59	0.517 6	—	—	—	—	1 031.5	1 555.0	—
		2	2 874	58	0.253 9	—	—	—	—	1 012.1	1 526.8	—
		4	2 768	58	0.122 3	—	—	—	—	974.8	1 470.5	—
		6	2 692	56	0.079 3	—	—	—	—	948.0	1 430.1	—

表 5　ϕ19 mm 管径热交换器基本参数（续）

公称直径(DN) mm	公称压力(PN) MPa	管程数(N)	管子根数(n)	中心排管数	管程流通面积 m²	计算换热面积(A_1) m² 换热管长度(L) mm 1 500	2 000	3 000	4 500	6 000	9 000	12 000
1 600	≤6.40	1	3 339	61	0.590 1	—	—	—	—	1 175.9	1 773.8	—
		2	3 282	62	0.338 2	—	—	—	—	1 155.8	1 743.5	—
		4	3 176	62	0.140 3	—	—	—	—	1 118.5	1 687.2	—
		6	3 140	61	0.092 5	—	—	—	—	1 105.8	1 668.1	—
1 700		1	3 721	65	0.657 6	—	—	—	—	1 310.4	1 976.1	—
		2	3 646	66	0.313 1	—	—	—	—	1 284.0	1 936.9	—
		4	3 544	66	0.156 6	—	—	—	—	1 248.1	1 882.7	—
		6	3 512	63	0.103 4	—	—	—	—	1 236.8	1 869.7	—
1 800		1	4 247	71	0.750 5	—	—	—	—	1 495.7	2 256.2	—
		2	4 186	70	0.369 9	—	—	—	—	1 474.2	2 223.8	—
		4	4 070	69	0.179 8	—	—	—	—	1 433.3	2 162.2	—
		6	4 048	67	0.119 2	—	—	—	—	1 425.6	2 150.5	—
1 900		1	4 673	75	0.825 8	—	—	—	—	1 644.0	2 480.8	3 317.6
		2	4 618	75	0.408 0	—	—	—	—	1 624.7	2 451.6	3 278.6
		4	4 566	75	0.201 7	—	—	—	—	1 606.4	2 424.0	3 241.7
		6	4 528	74	0.133 4	—	—	—	—	1 593.0	2 403.8	3 214.7
2 000		1	5 281	79	0.933 2	—	—	—	—	1 857.9	2 803.6	3 749.3
		2	5 200	79	0.459 5	—	—	—	—	1 829.4	2 760.6	3 691.8
		4	5 084	79	0.224 6	—	—	—	—	1 788.6	2 699.0	3 609.4
		6	5 042	78	0.148 5	—	—	—	—	1 773.8	2 676.7	3 579.6
2 100	≤2.50	1	5 739	83	1.014 2	—	—	—	—	2 019.1	3 046.8	4 074.4
		2	5 680	83	0.501 9	—	—	—	—	1 998.3	3 015.4	4 032.5
		4	5 628	83	0.248 6	—	—	—	—	1 980.0	2 987.8	3 995.6
		6	5 580	82	0.164 3	—	—	—	—	1 963.1	2 962.3	3 961.6
2 200		1	6 401	87	1.131 2	—	—	—	—	2 252.0	3 398.2	4 544.4
		2	6 336	87	0.559 8	—	—	—	—	2 229.1	3 363.7	4 498.3
		4	6 186	87	0.273 3	—	—	—	—	2 176.3	3 284.1	4 391.8
		6	6 144	86	0.181 0	—	—	—	—	2 161.5	3 261.8	4 362.0
2 300		1	6 927	91	1.224 1	—	—	—	—	2 437.0	3 677.4	4 917.9
		2	6 828	91	0.603 3	—	—	—	—	2 402.2	3 624.9	4 847.6
		4	6 762	91	0.298 7	—	—	—	—	2 379.0	3 589.8	4 800.7
		6	6 746	90	0.198 7	—	—	—	—	2 373.3	3 581.4	4 789.4
2 400		1	7 649	95	1.351 7	—	—	—	—	2 691.0	4 060.7	5 430.5
		2	7 564	95	0.668 3	—	—	—	—	2 661.1	4 015.6	5 370.1
		4	7 414	95	0.327 5	—	—	—	—	2 608.4	3 936.0	5 263.6

表5 φ19 mm管径热交换器基本参数（续）

公称直径(DN) mm	公称压力(PN) MPa	管程数(N)	管子根数(n)	中心排管数	管程流通面积 m^2	计算换热面积(A_1) m^2 换热管长度(L) mm						
						1 500	2 000	3 000	4 500	6 000	9 000	12 000
2 400	≤2.50	6	7 362	94	0.216 8	—	—	—	—	2 590.1	3 908.4	5 226.7
2 500		1	8 113	99	1.433 7	—	—	—	—	2 830.1	4 282.9	5 735.7
		2	8 040	99	0.710 4	—	—	—	—	2 804.6	4 244.3	5 684.0
		4	7 936	98	0.350 6	—	—	—	—	2 768.3	4 189.4	5 610.5
2 600		1	8 815	103	1.557 7	—	—	—	—	3 074.9	4 653.4	6 231.9
		2	8 702	103	0.768 9	—	—	—	—	3 035.5	4 593.8	6 152.1
		4	8 608	102	0.380 3	—	—	—	—	3 002.7	4 544.2	6 085.6
2 700		1	9 509	107	1.680 4	—	—	—	—	3 317.0	5 019.8	6 722.6
		2	9 412	107	0.831 6	—	—	—	—	3 283.2	4 968.6	6 654.0
		4	9 316	106	0.411 6	—	—	—	—	3 249.7	4 917.9	6 586.1
2 800		1	10 235	111	1.808 7	—	—	—	—	3 570.3	5 403.1	7 235.8
		2	10 158	111	0.897 5	—	—	—	—	3 543.4	5 362.4	7 181.4
		4	10 044	110	0.443 7	—	—	—	—	3 503.6	5 302.2	7 100.8
2 900		1	11 029	115	1.949 0	—	—	—	—	3 847.2	5 822.2	7 797.2
		2	10 908	115	0.963 8	—	—	—	—	3 805.0	5 758.3	7 711.6
		4	10 784	114	0.476 4	—	—	—	—	3 761.8	5 692.9	7 624.0
3 000		1	11 803	119	2.085 8	—	—	—	—	4 117.2	6 230.8	8 344.4
		2	11 698	119	1.033 6	—	—	—	—	4 080.6	6 175.4	8 270.1
		4	11 588	118	0.511 9	—	—	—	—	4 042.2	6 117.3	8 192.4
3 100	≤1.00	1	12 625	123	2.231 0	—	—	—	—	4 404.0	6 664.7	8 925.5
		2	12 516	123	1.105 9	—	—	—	—	4 366.0	6 607.2	8 848.4
		4	12 392	122	0.547 5	—	—	—	—	4 322.7	6 541.7	8 760.8
3 200		1	13 463	127	2.379 1	—	—	—	—	4 696.3	7 107.1	9 517.9
		2	13 350	127	1.179 6	—	—	—	—	4 656.9	7 047.5	9 438.1
		4	13 216	126	0.583 9	—	—	—	—	4 610.1	6 976.7	9 343.3
3 300		1	14 341	131	2.534 3	—	—	—	—	5 002.6	7 570.6	10 138.7
		2	14 200	131	1.254 7	—	—	—	—	4 953.4	7 496.2	10 039.0
		4	14 100	130	0.622 9	—	—	—	—	4 918.5	7 443.4	9 968.3
3 400		1	15 087	135	2.666 1	—	—	—	—	5 262.8	7 964.4	10 666.1
		2	15 118	135	1.335 8	—	—	—	—	5 273.6	7 980.8	10 688.0
		4	14 984	134	0.662 0	—	—	—	—	5 226.9	7 910.1	10 593.3
3 500		1	15 997	139	2.826 9	—	—	—	—	5 580.2	8 444.8	11 309.4
		2	16 044	139	1.417 6	—	—	—	—	5 596.6	8 469.6	11 342.6
		4	15 888	138	0.701 9	—	—	—	—	5 542.2	8 387.3	11 232.4
3 600		1	16 959	143	2.996 9	—	—	—	—	5 915.8	8 952.7	11 989.5

表5 ϕ19 mm 管径热交换器基本参数(续)

公称直径(DN) mm	公称压力(PN) MPa	管程数(N)	管子根数(n)	中心排管数	管程流通面积 m²	计算换热面积(A_1) m² 换热管长度(L) mm 1 500	2 000	3 000	4 500	6 000	9 000	12 000
3 600	≤1.00	2	16 820	143	1.486 2	—	—	—	—	5 867.3	8 879.3	11 891.2
		4	16 700	142	0.737 8	—	—	—	—	5 825.5	8 815.9	11 806.4
3 700		1	17 921	147	3.166 9	—	—	—	—	6 251.4	9 460.5	12 669.6
		2	17 814	147	1.574 0	—	—	—	—	6 214.1	9 404.0	12 594.0
		4	17 668	146	0.780 5	—	—	—	—	6 163.1	9 326.9	12 490.8
3 800		1	18 923	151	3.344 0	—	—	—	—	6 600.9	9 989.5	13 378.0
		2	18 812	151	1.662 2	—	—	—	—	6 562.2	9 930.9	13 299.5
		4	18 656	150	0.824 2	—	—	—	—	6 507.8	9 848.5	13 189.2
3 900		1	19 973	155	3.529 5	—	—	—	—	6 967.2	10 543.8	14 120.3
		2	19 822	155	1.751 4	—	—	—	—	6 914.5	10 464.0	14 013.6
		4	19 680	154	0.869 4	—	—	—	—	6 865.0	10 389.1	13 913.2
4 000		1	21 031	159	3.716 5	—	—	—	—	7 336.2	11 102.3	14 868.3
		2	20 896	159	1.846 3	—	—	—	—	7 289.1	11 031.0	14 772.9
		4	20 736	158	0.916 1	—	—	—	—	7 233.3	10 946.5	14 659.7

注：管程流通面积为各程平均值。管程流通面积以碳素钢管尺寸计算。

表6 ϕ19 mm 管径 DN2 500 mm～DN4 000 mm 折流板窗口不布管型热交换器基本参数

公称直径(DN) mm	公称压力(PN) MPa	管程数(N)	管子根数(n)	中心排管数	管程流通面积 m²	计算换热面积(A_1) m² 换热管长度(L) mm 1 500	2 000	3 000	4 500	6 000	9 000	12 000
2 500	≤2.50	1	6 349	99	1.122 0	—	—	—	—	2 214.7	3 351.6	4 488.6
		2	6 278	99	0.554 7	—	—	—	—	2 190.0	3 314.2	4 438.4
		4	6 192	98	0.273 6	—	—	—	—	2 160.0	3 268.8	4 377.6
2 600		1	6 833	103	1.207 5	—	—	—	—	2 383.6	3 607.1	4 830.7
		2	6 720	103	0.593 8	—	—	—	—	2 344.1	3 547.5	4 750.8
		4	6 648	102	0.293 7	—	—	—	—	2 319.0	3 509.5	4 699.9
2 700		1	7 299	107	1.289 8	—	—	—	—	2 546.1	3 853.1	5 160.2
		2	7 366	107	0.650 8	—	—	—	—	2 569.5	3 888.5	5 207.5
		4	7 296	106	0.322 3	—	—	—	—	2 545.1	3 851.6	5 158.1
2 800		1	7 957	111	1.406 1	—	—	—	—	2 775.6	4 200.5	5 625.4
		2	7 874	111	0.695 7	—	—	—	—	2 746.7	4 156.7	5 566.7
		4	7 792	110	0.344 2	—	—	—	—	2 718.1	4 113.4	5 508.7
2 900		1	8 497	115	1.501 5	—	—	—	—	2 964.0	4 485.6	6 007.1

表6 ϕ19 mm 管径 DN2 500 mm～DN4 000 mm 折流板窗口不布管型热交换器基本参数(续)

公称直径(DN) mm	公称压力(PN) MPa	管程数(N)	管子根数(n)	中心排管数	管程流通面积 m²	计算换热面积(A_1) m² 换热管长度(L) mm						
						1 500	2 000	3 000	4 500	6 000	9 000	12 000
2 900	≤2.50	2	8 368	115	0.739 4	—	—	—	—	2 919.0	4 417.5	5 915.9
		4	8 284	114	0.366 0	—	—	—	—	2 889.7	4 373.1	5 856.5
3 000		1	9 207	119	1.627 0	—	—	—	—	3 211.7	4 860.4	6 509.1
		2	9 090	119	0.803 2	—	—	—	—	3 170.9	4 798.6	6 426.4
		4	9 016	118	0.398 3	—	—	—	—	3 145.0	4 759.5	6 374.0
3 100	≤1.00	1	9 757	123	1.724 2	—	—	—	—	3 403.5	5 150.7	6 897.9
		2	9 650	123	0.852 6	—	—	—	—	3 366.2	5 094.2	6 822.3
		4	9 560	122	0.422 3	—	—	—	—	3 334.8	5 046.7	6 758.6
3 200		1	10 325	127	1.824 6	—	—	—	—	3 601.7	5 450.6	7 299.5
		2	10 408	127	0.919 6	—	—	—	—	3 630.6	5 494.4	7 358.2
		4	10 304	126	0.455 2	—	—	—	—	3 594.3	5 439.5	7 284.6
3 300		1	11 127	131	1.966 3	—	—	—	—	3 881.4	5 873.9	7 866.5
		2	10 978	131	0.970 0	—	—	—	—	3 829.5	5 795.3	7 761.1
		4	10 908	130	0.481 9	—	—	—	—	3 805.0	5 758.3	7 711.6
3 400		1	11 725	135	2.072 0	—	—	—	—	4 090.0	6 189.6	8 289.2
		2	11 606	135	1.025 5	—	—	—	—	4 048.5	6 126.8	8 205.1
		4	11 504	134	0.508 2	—	—	—	—	4 012.9	6 073.0	8 133.0
3 500		1	12 559	139	2.219 4	—	—	—	—	4 381.0	6 629.9	8 878.8
		2	12 448	139	1.099 9	—	—	—	—	4 342.2	6 571.3	8 800.4
		4	12 328	138	0.544 6	—	—	—	—	4 300.4	6 508.0	8 715.5
3 600		1	13 219	143	2.336 0	—	—	—	—	4 611.2	6 978.3	9 345.4
		2	13 066	143	1.154 5	—	—	—	—	4 557.8	6 897.5	9 237.3
		4	12 984	142	0.573 6	—	—	—	—	4 529.2	6 854.3	9 179.3
3 700		1	13 869	147	2.450 9	—	—	—	—	4 837.9	7 321.4	9 805.0
		2	13 746	147	1.214 6	—	—	—	—	4 795.0	7 256.5	9 718.0
		4	13 640	146	0.602 6	—	—	—	—	4 758.0	7 200.6	9 643.1
3 800		1	14 775	151	2.611 0	—	—	—	—	5 154.0	7 799.7	10 445.5
		2	14 656	151	1.295 0	—	—	—	—	5 112.4	7 736.9	10 361.4
		4	14 540	150	0.642 4	—	—	—	—	5 072.0	7 675.7	10 279.4
3 900		1	15 495	155	2.738 2	—	—	—	—	5 405.1	8 179.8	10 954.5
		2	15 334	155	1.354 9	—	—	—	—	5 349.0	8 094.8	10 840.7
		4	15 232	154	0.672 9	—	—	—	—	5 313.4	8 041.0	10 768.6
4 000		1	16 209	159	2.864 4	—	—	—	—	5 654.2	8 556.7	11 459.3
		2	16 316	159	1.441 6	—	—	—	—	5 691.5	8 613.2	11 534.9
		4	16 204	158	0.715 9	—	—	—	—	5 652.4	8 554.1	11 455.8

注:管程流通面积为各程平均值。管程流通面积以碳素钢管尺寸计算。

5.9 ϕ25 mm 管径热交换器基本参数

ϕ25 mm 管径热交换器基本参数见表 7。

ϕ25 mm 管径 DN2 500 mm～DN4 000 mm 折流板窗口不布管型热交换器基本参数见表 8。

表 7 ϕ25 mm 管径热交换器基本参数

公称直径(DN) mm	公称压力(PN) MPa	管程数(N)	管子根数(n)	中心排管数	管程流通面积 m²	计算换热面积(A_1) m² 换热管长度(L) mm 1 500	2 000	3 000	4 500	6 000	9 000	12 000
168	≤6.40	1	11	3	0.003 5	1.2	1.6	2.5	—	—	—	—
219			25	5	0.007 9	2.7	3.7	5.7	—	—	—	—
273		1	38	6	0.011 9	4.2	5.7	8.7	13.1	17.6	—	—
		2	32	7	0.005 0	3.5	4.8	7.3	11.1	14.8	—	—
325		1	57	9	0.017 9	6.3	8.5	13.0	19.7	26.4	—	—
		2	56	9	0.008 8	6.2	8.4	12.7	19.3	25.9	—	—
		4	40	9	0.003 1	4.4	6.0	9.1	13.8	18.5	—	—
377		1	77	9	0.024 2	8.4	11.5	17.5	26.6	35.6	—	—
		2	68	9	0.010 7	7.4	10.1	15.5	23.5	31.5	—	—
		4	64	9	0.005 0	7.0	9.5	14.5	22.1	29.6	—	—
400		1	98	12	0.030 8	10.8	14.6	22.3	33.8	45.4	—	—
		2	94	11	0.014 8	10.3	14.0	21.4	32.5	43.5	—	—
		4	76	11	0.006 0	8.4	11.3	17.3	26.3	35.2	—	—
450		1	135	13	0.042 4	14.8	20.1	30.7	46.6	62.5	—	—
		2	126	12	0.019 8	13.9	18.8	28.7	43.5	58.4	—	—
		4	106	13	0.008 3	11.7	15.8	24.1	36.6	49.1	—	—
500		1	174	14	0.054 6	—	26.0	39.6	60.1	80.6	—	—
		2	164	15	0.025 7	—	24.5	37.3	56.6	76.0	—	—
		4	144	15	0.011 3	—	21.4	32.8	49.7	66.7	—	—
600		1	245	17	0.076 9	—	36.5	55.8	84.6	113.5	—	—
		2	232	16	0.036 4	—	34.6	52.8	80.1	107.5	—	—
		4	222	17	0.017 4	—	33.1	50.5	76.7	102.8	—	—
		6	216	16	0.011 3	—	32.2	49.2	74.6	100.0	—	—
700		1	355	21	0.111 5	—	—	80.0	122.6	164.4	—	—
		2	342	21	0.053 7	—	—	77.9	118.1	158.4	—	—
		4	322	21	0.025 3	—	—	73.3	111.2	149.1	—	—
		6	304	20	0.015 9	—	—	69.2	105.0	140.8	—	—
800		1	467	23	0.146 6	—	—	106.3	161.3	216.3	—	—
		2	450	23	0.070 7	—	—	102.4	155.4	208.5	—	—
		4	442	23	0.034 7	—	—	100.6	152.7	204.7	—	—
		6	430	24	0.022 5	—	—	97.9	148.5	119.2	—	—

表7 ϕ25 mm管径热交换器基本参数(续)

公称直径(DN) mm	公称压力(PN) MPa	管程数(N)	管子根数(n)	中心排管数	管程流通面积 m²	计算换热面积(A_1) m² 换热管长度(L) mm 1 500	2 000	3 000	4 500	6 000	9 000	12 000
900	≤6.40	1	605	27	0.190 0	—	—	137.8	209.0	280.2	422.7	—
		2	588	27	0.092 3	—	—	133.9	203.1	272.3	410.8	—
		4	554	27	0.043 5	—	—	126.1	191.4	256.6	387.1	—
		6	538	26	0.028 2	—	—	122.5	185.8	249.2	375.9	—
1 000		1	749	30	0.235 2	—	—	170.5	258.7	346.9	523.3	—
		2	742	29	0.116 5	—	—	168.9	256.3	343.7	518.4	—
		4	710	29	0.055 7	—	—	161.6	245.2	328.8	496.0	—
		6	698	30	0.036 5	—	—	158.9	241.1	323.3	487.7	—
1 100		1	931	33	0.292 3	—	—	—	321.6	431.2	650.4	—
		2	894	33	0.140 4	—	—	—	308.8	414.1	624.6	—
		4	848	33	0.066 6	—	—	—	292.9	392.8	592.5	—
		6	830	32	0.043 4	—	—	—	286.7	384.4	579.9	—
1 200		1	1 115	37	0.350 1	—	—	—	385.1	516.4	779.0	—
		2	1 102	37	0.173 0	—	—	—	380.6	510.4	769.9	—
		4	1 052	37	0.082 6	—	—	—	363.4	487.2	735.0	—
		6	1 026	36	0.053 7	—	—	—	354.4	475.2	716.8	—
1 300		1	1 301	39	0.408 5	—	—	—	449.4	602.6	908.9	—
		2	1 274	40	0.200 0	—	—	—	440.0	590.1	890.1	—
		4	1 214	39	0.095 3	—	—	—	419.3	562.3	848.2	—
		6	1 192	38	0.062 4	—	—	—	411.7	552.1	832.8	—
1 400		1	1 547	43	0.485 8	—	—	—	—	716.5	1 080.8	—
		2	1 510	43	0.237 1	—	—	—	—	699.4	1 055.0	—
		4	1 454	43	0.114 1	—	—	—	—	673.4	1 015.8	—
		6	1 424	42	0.074 5	—	—	—	—	659.5	994.9	—
1 500		1	1 753	45	0.550 4	—	—	—	—	811.9	1 224.7	—
		2	1 700	45	0.266 9	—	—	—	—	787.4	1 187.7	—
		4	1 688	45	0.132 5	—	—	—	—	781.8	1 179.3	—
		6	1 590	44	0.083 2	—	—	—	—	736.4	1 110.9	—
1 600		1	2 023	47	0.635 2	—	—	—	—	937.0	1 413.4	—
		2	1 982	48	0.311 2	—	—	—	—	918.0	1 384.7	—
		4	1 900	48	0.149 2	—	—	—	—	880.0	1 327.4	—
		6	1 884	47	0.098 6	—	—	—	—	872.6	1 316.3	—
1 700		1	2 245	51	0.704 9	—	—	—	—	1 039.8	1 568.5	—
		2	2 216	52	0.347 9	—	—	—	—	1 026.3	1 548.2	—
		4	2 180	50	0.171 1	—	—	—	—	1 009.7	1 523.1	—

表7 ϕ25 mm管径热交换器基本参数(续)

公称直径(DN) mm	公称压力(PN) MPa	管程数(N)	管子根数(n)	中心排管数	管程流通面积 m²	计算换热面积(A_1) m² 换热管长度(L) mm						
						1 500	2 000	3 000	4 500	6 000	9 000	12 000
1 700	≤6.40	6	2 156	53	0.112 8	—	—	—	—	998.6	1 506.3	—
1 800		1	2 559	55	0.803 5	—	—	—	—	1 185.3	1 787.7	—
		2	2 512	55	0.394 4	—	—	—	—	1 163.4	1 755.1	—
		4	2 424	54	0.190 3	—	—	—	—	1 122.7	1 693.2	—
		6	2 404	53	0.125 8	—	—	—	—	1 113.4	1 679.6	—
1 900		1	2 899	59	0.910 7	—	—	—	—	1 342.0	2 025.0	2 708.1
		2	2 854	59	0.448 3	—	—	—	—	1 321.2	1 993.6	2 666.1
		4	2 772	59	0.217 7	—	—	—	—	1 283.2	1 936.3	2 589.5
		6	2 742	58	0.143 6	—	—	—	—	1 269.3	1 915.4	2 561.4
2 000		1	3 189	61	1.001 9	—	—	—	—	1 476.2	2 227.6	2 979.0
		2	3 120	61	0.490 1	—	—	—	—	1 444.3	2 179.4	2 914.6
		4	3 110	61	0.244 3	—	—	—	—	1 439.7	2 172.4	2 905.2
		6	3 078	60	0.161 2	—	—	—	—	1 424.8	2 150.1	2 875.3
2 100	≤2.50	1	3 547	65	1.114 3	—	—	—	—	1 642.0	2 477.7	3 313.4
		2	3 494	65	0.548 8	—	—	—	—	1 617.4	2 440.7	3 263.9
		4	3 388	65	0.266 1	—	—	—	—	1 568.4	2 366.6	3 164.9
		6	3 378	64	0.176 9	—	—	—	—	1 563.7	2 359.6	3 155.6
2 200		1	3 853	67	1.210 4	—	—	—	—	1 783.6	2 691.4	3 599.3
		2	3 816	67	0.599 4	—	—	—	—	1 766.4	2 665.6	3 564.7
		4	3 770	67	0.296 1	—	—	—	—	1 745.2	2 633.5	3 521.8
		6	3 740	68	0.195 8	—	—	—	—	1 731.3	2 612.5	3 493.7
2 300		1	4 249	71	1.334 9	—	—	—	—	1 966.9	2 968.1	3 969.2
		2	4 212	71	0.661 6	—	—	—	—	1 949.8	2 942.2	3 934.7
		4	4 096	71	0.321 7	—	—	—	—	1 896.1	2 861.2	3 826.3
		6	4 076	70	0.213 4	—	—	—	—	1 886.8	2 847.2	3 807.6
2 400		1	4 601	73	1.445 4	—	—	—	—	2 129.9	3 214.0	4 298.0
		2	4 548	73	0.714 4	—	—	—	—	2 105.3	3 176.9	4 248.5
		4	4 516	73	0.354 7	—	—	—	—	2 090.5	3 154.6	4 218.6
		6	4 474	74	0.234 2	—	—	—	—	2 071.1	3 125.2	4 179.4
2 500		1	4 973	77	1.562 3	—	—	—	—	2 282.5	3 454.3	4 626.0
		2	4 894	77	0.768 7	—	—	—	—	2 246.3	3 399.4	4 552.5
		4	4 852	76	0.381 1	—	—	—	—	2 227.0	3 370.2	4 513.5
2 600		1	5 349	79	1.680 4	—	—	—	—	2 455.1	3 715.4	4 975.8
		2	5 270	79	0.827 8	—	—	—	—	2 418.9	3 660.6	4 902.3
		4	5 212	80	0.409 3	—	—	—	—	2 392.2	3 620.3	4 848.3

表7 φ25 mm 管径热交换器基本参数（续）

公称直径(DN) mm	公称压力(PN) MPa	管程数(N)	管子根数(n)	中心排管数	管程流通面积 m²	计算换热面积(A_1) m² 换热管长度(L) mm 1 500	2 000	3 000	4 500	6 000	9 000	12 000
2 700	≤2.50	1	5 787	83	1.818 0	—	—	—	—	2 656.2	4 019.7	5 383.2
		2	5 748	83	0.902 9	—	—	—	—	2 638.3	3 992.6	5 346.9
		4	5 664	82	0.444 8	—	—	—	—	2 599.7	3 934.2	5 268.8
2 800		1	6 203	87	1.948 7	—	—	—	—	2 847.1	4 308.6	5 770.2
		2	6 150	87	0.966 0	—	—	—	—	2 822.8	4 271.8	5 720.9
		4	6 064	86	0.476 3	—	—	—	—	2 783.3	4 212.1	5 640.9
2 900		1	6 715	89	2.109 6	—	—	—	—	3 082.1	4 664.3	6 246.5
		2	6 640	89	1.043 0	—	—	—	—	3 047.7	4 612.2	6 176.7
		4	6 560	88	0.515 2	—	—	—	—	3 011.0	4 556.6	6 102.3
3 000		1	7 153	93	2.247 2	—	—	—	—	3 283.1	4 968.5	6 653.9
		2	7 048	93	1.107 1	—	—	—	—	3 234.9	4 895.6	6 556.2
		4	6 992	92	0.549 1	—	—	—	—	3 209.2	4 856.7	6 504.1
3 100	≤1.00	1	7 685	95	2.414 3	—	—	—	—	3 527.3	5 338.0	7 148.8
		2	7 598	95	1.193 5	—	—	—	—	3 487.4	5 277.6	7 067.8
		4	7 528	96	0.591 2	—	—	—	—	3 455.2	5 229.0	7 002.7
3 200		1	8 121	99	2.551 3	—	—	—	—	3 727.4	5 640.9	7 554.4
		2	8 060	99	1.266 1	—	—	—	—	3 699.4	5 598.5	7 497.6
		4	7 964	98	0.625 5	—	—	—	—	3 655.4	5 531.8	7 408.3
3 300		1	8 713	101	2.737 3	—	—	—	—	3 999.1	6 052.1	8 105.0
		2	8 634	101	1.356 2	—	—	—	—	3 962.9	5 997.2	8 031.6
		4	8 548	102	0.671 4	—	—	—	—	3 923.4	5 937.5	7 951.6
3 400		1	9 203	105	2.891 2	—	—	—	—	4 224.1	6 392.5	8 560.9
		2	9 110	105	1.431 0	—	—	—	—	4 181.4	6 327.9	8 474.3
		4	9 028	104	0.709 1	—	—	—	—	4 143.7	6 270.9	8 398.1
3 500		1	9 813	109	3.082 8	—	—	—	—	4 504.0	6 816.2	9 128.3
		2	9 716	109	1.526 2	—	—	—	—	4 459.5	6 748.8	9 038.1
		4	9 640	108	0.757 1	—	—	—	—	4 424.6	6 696.0	8 967.4
3 600		1	10 327	111	3.244 3	—	—	—	—	4 740.0	7 173.2	9 606.4
		2	10 230	111	1.606 9	—	—	—	—	4 695.4	7 105.8	9 516.2
		4	10 140	110	0.796 4	—	—	—	—	4 654.1	7 043.3	9 432.5
3 700		1	10 973	115	3.447 3	—	—	—	—	5 036.5	7 621.9	10 207.4
		2	10 884	115	1.709 7	—	—	—	—	4 995.6	7 560.1	10 124.6
		4	10 768	114	0.845 7	—	—	—	—	4 942.4	7 479.5	10 016.7
3 800		1	11 513	117	3.616 9	—	—	—	—	5 284.3	7 997.0	10 709.7
		2	11 424	117	1.794 5	—	—	—	—	5 243.5	7 935.2	10 626.9

表7 ϕ25 mm管径热交换器基本参数（续）

公称直径(DN) mm	公称压力(PN) MPa	管程数(N)	管子根数(n)	中心排管数	管程流通面积 m^2	计算换热面积(A_1) m^2 换热管长度(L) mm 1 500	2 000	3 000	4 500	6 000	9 000	12 000
3 800	≤1.00	4	11 312	118	0.888 4	—	—	—	—	5 192.1	7 857.4	10 522.7
3 900		1	12 203	121	3.833 7	—	—	—	—	5 601.0	8 476.3	11 351.5
		2	12 110	121	1.902 2	—	—	—	—	5 558.3	8 411.7	11 265.0
		4	12 008	120	0.943 1	—	—	—	—	5 511.5	8 340.8	11 170.1
4 000		1	12 777	123	4.014 0	—	—	—	—	5 864.5	8 875.0	11 885.5
		2	12 664	123	1.989 3	—	—	—	—	5 812.6	8 796.5	11 780.4
		4	12 576	124	0.987 7	—	—	—	—	5 772.2	8 735.4	11 698.5

注：管程流通面积为各程平均值。管程流通面积以碳素钢管尺寸计算。

表8 ϕ25 mm管径DN2 500 mm～DN4 000 mm折流板窗口不布管型热交换器基本参数

公称直径(DN) mm	公称压力(PN) MPa	管程数(N)	管子根数(n)	中心排管数	管程流通面积 m^2	计算换热面积(A_1) m^2 换热管长度(L) mm 1 500	2 000	3 000	4 500	6 000	9 000	12 000
2 500	≤2.50	1	3 819	77	1.199 8	—	—	—	—	1 752.9	2 652.7	3 552.5
		2	3 730	77	0.585 9	—	—	—	—	1 712.0	2 590.9	3 469.7
		4	3 708	76	0.291 2	—	—	—	—	1 701.9	2 575.6	3 449.3
2 600		1	4 129	79	1.297 2	—	—	—	—	1 895.2	2 868.0	3 840.9
		2	4 040	79	0.634 6	—	—	—	—	1 854.3	2 806.2	3 758.1
		4	4 004	80	0.314 5	—	—	—	—	1 837.8	2 781.2	3 724.6
2 700		1	4 423	83	1.389 5	—	—	—	—	2 030.1	3 072.2	4 114.4
		2	4 368	83	0.686 1	—	—	—	—	2 004.9	3 034.0	4 063.2
		4	4 308	82	0.338 3	—	—	—	—	1 977.3	2 992.4	4 007.4
2 800		1	4 767	87	1.497 6	—	—	—	—	2 188.0	3 311.2	4 434.4
		2	4 842	87	0.760 6	—	—	—	—	2 222.4	3 363.3	4 504.1
		4	4 776	86	0.375 1	—	—	—	—	2 192.1	3 317.4	4 442.8
2 900		1	5 115	89	1.606 9	—	—	—	—	2 347.7	3 552.9	4 758.1
		2	5 180	89	0.813 7	—	—	—	—	2 377.5	3 598.1	4 818.6
		4	5 120	88	0.402 1	—	—	—	—	2 350.0	3 556.4	4 762.8
3 000		1	5 629	93	1.768 4	—	—	—	—	2 583.6	3 909.9	5 236.2
		2	5 516	93	0.866 5	—	—	—	—	2 531.8	3 831.4	5 131.1
		4	5 480	92	0.430 4	—	—	—	—	2 515.2	3 806.4	5 097.6
3 100	≤1.00	1	5 991	95	1.882 1	—	—	—	—	2 749.8	4 161.4	5 573.0
		2	5 894	95	0.925 8	—	—	—	—	2 705.3	4 094.0	5 482.7

表 8　ϕ25 mm 管径 DN2 500 mm～DN4 000 mm 折流板窗口不布管型热交换器基本参数(续)

公称直径(DN) mm	公称压力(PN) MPa	管程数(N)	管子根数(n)	中心排管数	管程流通面积 m²	计算换热面积(A_1) m² 换热管长度(L) mm 1 500	2 000	3 000	4 500	6 000	9 000	12 000
3 100	≤1.00	4	5 848	96	0.459 3	—	—	—	—	2 684.2	4 062.1	5 440.0
3 200		1	6 353	99	1.995 9	—	—	—	—	2 915.9	4 412.8	5 909.7
		2	6 282	99	0.986 8	—	—	—	—	2 883.4	4 363.5	5 843.7
		4	6 208	98	0.487 6	—	—	—	—	2 849.4	4 312.1	5 774.8
3 300		1	6 759	101	2.123 4	—	—	—	—	3 102.3	4 694.8	6 287.4
		2	6 680	101	1.049 3	—	—	—	—	3 066.0	4 640.0	6 213.9
		4	6 612	102	0.519 3	—	—	—	—	3 034.8	4 592.7	6 150.6
3 400		1	7 173	105	2.253 5	—	—	—	—	3 292.3	4 982.4	6 672.5
		2	7 072	105	1.110 9	—	—	—	—	3 246.0	4 912.3	6 578.5
		4	7 012	104	0.550 7	—	—	—	—	3 218.4	4 870.6	6 522.7
3 500		1	7 597	109	2.386 7	—	—	—	—	3 486.9	5 276.9	7 066.9
		2	7 478	109	1.174 6	—	—	—	—	3 432.3	5 194.3	6 956.2
		4	7 436	108	0.584 0	—	—	—	—	3 413.0	5 165.1	6 917.2
3 600		1	8 025	111	2.521 1	—	—	—	—	3 683.4	5 574.2	7 465.1
		2	7 910	111	1.242 5	—	—	—	—	3 630.6	5 494.3	7 358.1
		4	7 852	110	0.616 7	—	—	—	—	3 604.0	5 454.0	7 304.1
3 700		1	8 457	115	2.656 8	—	—	—	—	3 881.6	5 874.3	7 866.9
		2	8 364	115	1.313 8	—	—	—	—	3 839.0	5 809.7	7 780.4
		4	8 272	114	0.649 7	—	—	—	—	3 796.7	5 745.8	7 694.8
3 800		1	8 909	117	2.798 8	—	—	—	—	4 089.1	6 188.2	8 287.4
		2	8 816	117	1.384 8	—	—	—	—	4 046.4	6 123.6	8 200.9
		4	8 724	118	0.685 2	—	—	—	—	4 004.2	6 059.7	8 115.3
3 900		1	9 381	121	2.947 1	—	—	—	—	4 305.8	6 516.1	8 726.4
		2	9 274	121	1.456 8	—	—	—	—	4 256.6	6 441.8	8 626.9
		4	9 204	120	0.722 9	—	—	—	—	4 224.5	6 393.1	8 561.8
4 000		1	9 865	123	3.099 2	—	—	—	—	4 527.9	6 852.3	9 176.7
		2	9 932	123	1.560 1	—	—	—	—	4 558.7	6 898.8	9 239.0
		4	9 876	124	0.775 7	—	—	—	—	4 532.9	6 859.9	9 186.9

注：管程流通面积为各程平均值。管程流通面积以碳素钢管尺寸计算。

ICS 71.120.30
CCS J 75

中华人民共和国国家标准

GB/T 28712.3—2023
代替 GB/T 28712.3—2012

热交换器型式与基本参数 第3部分:U形管式热交换器

Types and basic parameters of heat exchangers—
Part 3:U-tube heat exchangers

2023-09-07 发布　　　　2024-01-01 实施

国家市场监督管理总局
国家标准化管理委员会　发布

前　言

本文件按照 GB/T 1.1—2020《标准化工作导则　第1部分：标准化文件的结构和起草规则》的规定起草。

本文件是 GB/T 28712《热交换器型式与基本参数》的第3部分。GB/T 28712《热交换器型式与基本参数》已经发布了以下部分：

——第1部分：浮头式热交换器；

——第2部分：固定管板式热交换器；

——第3部分：U形管式热交换器；

——第4部分：热虹吸式重沸器；

——第5部分：螺旋板式热交换器；

——第6部分：空冷式热交换器。

本文件代替 GB/T 28712.3—2012《热交换器型式与基本参数　第3部分：U形管式热交换器》，与 GB/T 28712.3—2012 相比，除结构调整和编辑性改动外，主要技术变化如下：

a) 增加了U形管式热交换器公称直径范围，由1 200 mm扩展至2 600 mm(见5.1)；

b) 增加了U形管式热交换器公称压力范围，由6.4 MPa扩展至10.0 MPa(见5.1)；

c) 增加了U形管式热交换器公称直径范围1 300 mm～2 600 mm的换热管公称长度，由6 000 mm扩展至9 000 mm(见5.1)；

d) 增加了镍、锆等有色金属及其合金换热管参数(见5.2)；

e) 增加了U形管式热交换器公称直径范围1 300 mm～2 600 mm的折流板间距参数(见5.3)。

请注意本文件的某些内容可能涉及专利。本文件的发布机构不承担识别专利的责任。

本文件由全国锅炉压力容器标准化技术委员会(SAC/TC 262)提出并归口。

本文件起草单位：上海蓝滨石化设备有限责任公司、中石化广州工程有限公司、中国寰球工程有限公司北京分公司、中国石化工程建设有限公司、中石化宁波工程有限公司、湖北长江石化设备有限公司、甘肃蓝科石化高新装备股份有限公司、中国特种设备检测研究院、机械工业兰州石油化工设备检测所有限公司、上海海关工业品与原材料检测技术中心。

本文件主要起草人：赵明明、李双权、李小梅、高莉萍、崔金栋、赵天波、张型波、苏畅、刘福录、张延丰、陈志伟、周文学、曹锦鋆、俞艳文。

本文件于2012年首次发布，本次为第一次修订。

引　言

GB/T 28712《热交换器型式与基本参数》旨在规范能源工业用热交换器典型结构型式，充分考虑装置大型化发展趋势，兼顾我国热交换器产品标准和建造水平，明确了参数适用范围及其配套尺寸。考虑不同热交换器的功能、结构、参数差异明显，由六个部分构成。

——第1部分：浮头式热交换器。

——第2部分：固定管板式热交换器。

——第3部分：U形管式热交换器。

——第4部分：热虹吸式重沸器。

——第5部分：螺旋板式热交换器。

——第6部分：空冷式热交换器。

热交换器型式与基本参数标准对实现我国热交换器的标准化、系列化、通用化、规模化具有重要意义。对量大面广的热交换器产品，其结构、参数标准化，首先能够促进产品建造标准化，提高设计质量、效率；其次能够节约制造、使用环节的工具、工装、材料消耗和积压；最后能够方便用户实现产品的选用、更换、维修与互换。近年来，我国大型炼化一体化项目建设进入高速发展时期，作为装置典型用能设备的热交换器用量显著增长；装置大型化促使热交换器结构尺寸迈向新高度，单体设备的大型化需求日益突出；大批工程项目的建设实施，为热交换器建造积累了丰富的设计、制造及工程应用经验。同时，GB/T 151《热交换器》也据此进行了修订，首次形成了全面覆盖热交换器典型结构的产品综合标准，并对适用参数进行了大幅调整。为此，需要对热交换器型式与基本参数标准进行修订，适应行业与标准发展需求。

本文件重点考虑了U形管式热交换器大型化发展需求，通过对产品设计、生产、使用及标准化等环节的调研与分析，大幅扩充了U形管式热交换器的型式与基本参数，促进了该类产品的高效选型、建造、维修与互换，对落实我国“节能减排”战略、推进“绿色设计”具有积极的意义。

热交换器型式与基本参数
第3部分:U形管式热交换器

1 范围

本文件规定了U形管式热交换器(以下简称"热交换器")的型式与基本参数。

本文件适用于公称直径范围为300 mm～2 600 mm,公称压力不大于10.0 MPa的U形管式热交换器。

2 规范性引用文件

下列文件中的内容通过文中的规范性引用而构成本文件必不可少的条款。其中,注日期的引用文件,仅该日期对应的版本适用于本文件;不注日期的引用文件,其最新版本(包括所有的修改单)适用于本文件。

GB/T 151 热交换器

NB/T 47065.1 容器支座 第1部分:鞍式支座

3 术语和定义

GB/T 151界定的术语和定义适用于本文件。

4 型式

4.1 热交换器

热交换器的型式见图1。

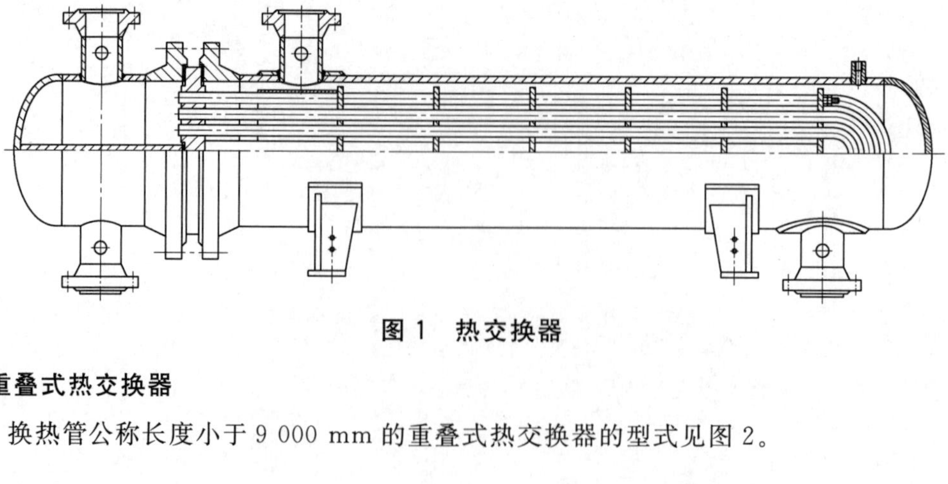

图1 热交换器

4.2 重叠式热交换器

4.2.1 换热管公称长度小于9 000 mm的重叠式热交换器的型式见图2。

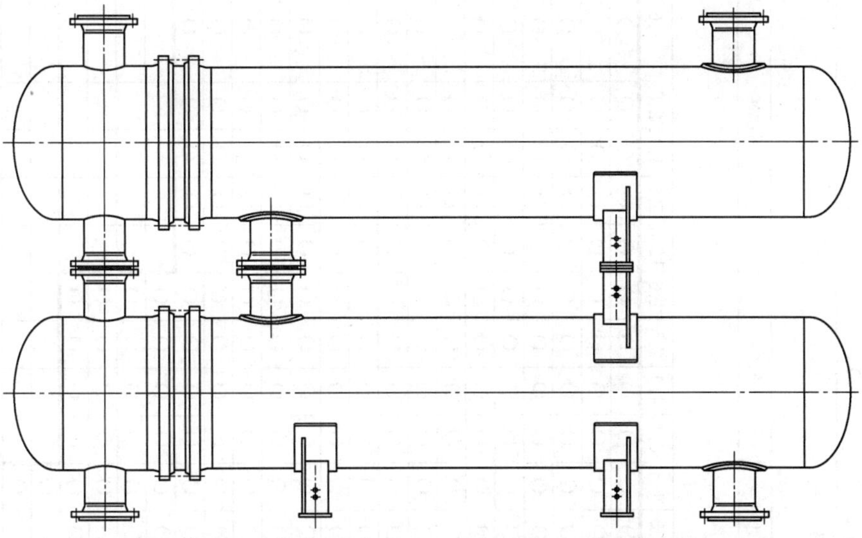

图2　换热管公称长度小于 9 000 mm 的重叠式热交换器

4.2.2　换热管公称长度为 9 000 mm 的重叠式热交换器的型式见图3。

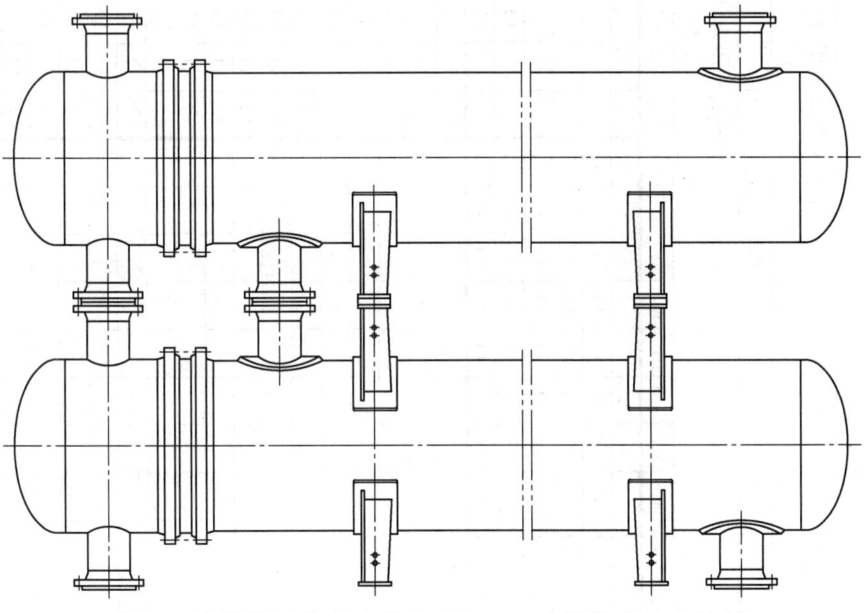

图3　换热管公称长度为 9 000 mm 的重叠式热交换器

4.3　型号及零部件

型号及零部件应符合 GB/T 151 的规定。

5　基本参数

5.1　基本参数组合

热交换器的基本参数组合见表1。

表 1　热交换器的基本参数组合

公称直径(DN) mm	管程数(N)	换热管公称长度(L) mm																													
		3 000														6 000															
		管程公称压力(PN_t) MPa																													
		2.5		4.0			6.4				10.0					1.0	1.6	2.5		4.0			6.4				10.0				
		壳程公称压力(PN_s) MPa																													
		2.5	1.6	4.0	2.5	1.6	6.4	4.0	2.5	1.6	10.0	6.4	4.0	2.5	1.6	1.0	1.6	2.5	1.6	4.0	2.5	1.6	6.4	4.0	2.5	1.6	10.0	6.4	4.0	2.5	1.6
(325)	2			O	O	O	O	O	O	O	O	O	O	O	O					O	O	O	O	O	O	O	O	O	O	O	O
300	4			O	O	O	O	O	O	O	O	O	O	O	O					O	O	O	O	O	O	O	O	O	O	O	O
(426)	2			O	O	O	O	O	O	O	O	O	O	O	O					O	O	O	O	O	O	O	O	O	O	O	O
400	4			O	O	O	O	O	O	O	O	O	O	O	O					O	O	O	O	O	O	O	O	O	O	O	O
500	2	O	O	O	O	O	O	O	O	O	O	O	O	O	O			O	O	O	O	O	O	O	O	O	O	O	O	O	O
	4	O	O	O	O	O	O	O	O	O	O	O	O	O	O			O	O	O	O	O	O	O	O	O	O	O	O	O	O
600	2	O	O	O	O	O										O	O	O	O	O	O	O	O	O	O	O	O	O	O	O	O
	4	O	O	O	O	O										O	O	O	O	O	O	O	O	O	O	O	O	O	O	O	O
700	2															O	O	O	O	O	O	O	O	O	O	O	O	O	O	O	O
	4															O	O	O	O	O	O	O	O	O	O	O	O	O	O	O	O
800	2															O	O	O	O	O	O	O	O	O	O	O	O	O	O	O	O
	4															O	O	O	O	O	O	O	O	O	O	O	O	O	O	O	O
900	2															O	O	O	O	O	O	O	O	O	O	O	O	O	O	O	O
	4															O	O	O	O	O	O	O	O	O	O	O	O	O	O	O	O
1 000	2															O	O	O	O	O	O	O	O	O	O	O	O	O	O	O	O
	4															O	O	O	O	O	O	O	O	O	O	O	O	O	O	O	O
1 100	2															O	O	O	O	O	O	O	O	O	O	O					
	4															O	O	O	O	O	O	O	O	O	O	O					
1 200	2															O	O	O	O	O	O	O	O	O	O	O					
	4															O	O	O	O	O	O	O	O	O	O	O					
1 300	2															O	O	O	O	O	O	O									
	4															O	O	O	O	O	O	O									
1 400	2															O	O	O	O	O	O	O									
	4															O	O	O	O	O	O	O									

表 1　热交换器的基本参数组合(续)

公称直径(DN) mm	管程数(N)	换热管公称长度(L) mm																													
		3 000														6 000															
		管程公称压力(PN_t) MPa																													
		2.5		4.0			6.4				10.0					1.0	1.6	2.5		4.0			6.4				10.0				
		壳程公称压力(PN_s) MPa																													
		2.5	1.6	4.0	2.5	1.6	6.4	4.0	2.5	1.6	10.0	6.4	4.0	2.5	1.6	1.0	1.6	2.5	1.6	4.0	2.5	1.6	6.4	4.0	2.5	1.6	10.0	6.4	4.0	2.5	1.6
1 500	2															O	O	O	O	O	O	O									
	4															O	O	O	O	O	O	O									
1 600	2															O	O	O	O	O	O	O									
	4															O	O	O	O	O	O	O									
1 700	2															O	O	O	O	O	O	O									
	4															O	O	O	O	O	O	O									
1 800	2															O	O	O	O	O	O	O									
	4															O	O	O	O	O	O	O									
1 900	2															O	O	O	O	O	O	O									
	4															O	O	O	O	O	O	O									
2 000	2															O	O	O	O	O	O	O									
	4															O	O	O	O	O	O	O									
2 200	2															O	O	O	O												
	4															O	O	O	O												
2 400	2															O	O	O	O												
	4															O	O	O	O												
2 600	2															O	O	O	O												
	4															O	O	O	O												

注 1:括号内采用钢管作筒体的公称直径,此公称直径系指钢管外径。

注 2:“O”表示适用,空格表示不适用。

表 1　热交换器的基本参数组合(续)

公称直径(DN) mm	管程数(N)	换热管公称长度(L) mm															
		9 000															
		管程公称压力(PN_t) MPa															
		1.0	1.6	2.5		4.0			6.4				10.0				
		壳程公称压力(PN_s) MPa															
		1.0	1.6	2.5	1.6	4.0	2.5	1.6	6.4	4.0	2.5	1.6	10.0	6.4	4.0	2.5	1.6
(325) 300	2																
	4																
(426) 400	2																
	4																
500	2																
	4																
600	2																
	4																
700	2																
	4																
800	2																
	4																
900	2																
	4																
1 000	2																
	4																
1 100	2																
	4																
1 200	2																
	4																
1 300	2	O	O	O	O	O	O	O									
	4	O	O	O	O	O	O	O									
1 400	2	O	O	O	O	O	O	O									
	4	O	O	O	O	O	O	O									
1 500	2	O	O	O	O	O	O	O									
	4	O	O	O	O	O	O	O									
1 600	2	O	O	O	O	O	O	O									
	4	O	O	O	O	O	O	O									
1 700	2	O	O	O	O	O	O	O									
	4	O	O	O	O	O	O	O									
1 800	2	O	O	O	O	O	O	O									
	4	O	O	O	O	O	O	O									
1 900	2	O	O	O	O	O	O	O									
	4	O	O	O	O	O	O	O									
2 000	2	O	O	O	O	O	O	O									
	4	O	O	O	O	O	O	O									
2 200	2	O	O	O	O												
	4	O	O	O	O												
2 400	2	O	O	O	O												
	4	O	O	O	O												
2 600	2	O	O	O	O												
	4	O	O	O	O												

注 1:括号内采用钢管作筒体的公称直径,此公称直径系指钢管外径。

注 2:"O"表示适用,空格表示不适用。

5.2 换热管

换热管规格及排列形式见表2。

表2 换热管规格及排列形式

单位为毫米

<table>
<tr><th colspan="3">换热管外直径×壁厚($d\times\delta_t$)</th><th rowspan="2">排列形式</th><th rowspan="2">管心距</th></tr>
<tr><th>碳素钢、低合金钢</th><th>不锈钢、铝及铝合金、铜及铜合金、镍及镍合金</th><th>钛及钛合金、锆及锆合金</th></tr>
<tr><td>19×2</td><td>19×2</td><td>19×1.25</td><td rowspan="2">正三角形(30°)
转角正三角形(60°)
正方形(90°)
转角正方形(45°)</td><td>25</td></tr>
<tr><td>25×2.5</td><td>25×2</td><td>25×1.5</td><td>32</td></tr>
</table>

5.3 折流板(支持板)间距

折流板(支持板)间距见表3。

表3 折流板(支持板)间距

单位为毫米

<table>
<tr><th>公称直径DN</th><th>换热管公称长度 L</th><th colspan="8">折流板(支持板)间距</th></tr>
<tr><td>≤600</td><td>3 000</td><td>150</td><td>200</td><td>—</td><td>—</td><td>—</td><td>—</td><td>—</td><td>—</td></tr>
<tr><td>≤600</td><td rowspan="6">6 000</td><td>150</td><td>200</td><td>—</td><td>300</td><td>—</td><td>—</td><td>—</td><td>—</td></tr>
<tr><td>700～900</td><td>150</td><td>200</td><td>—</td><td>300</td><td>—</td><td>450</td><td>—</td><td>—</td></tr>
<tr><td>1 000～1 200</td><td>—</td><td>200</td><td>250</td><td>300</td><td>350</td><td>450</td><td>—</td><td>—</td></tr>
<tr><td>1 300～1 800</td><td>—</td><td>200</td><td>250</td><td>300</td><td>350</td><td>450</td><td>480</td><td>—</td></tr>
<tr><td>1 900～2 000</td><td>—</td><td>—</td><td>250</td><td>300</td><td>350</td><td>450</td><td>480</td><td>—</td></tr>
<tr><td>2 100～2 600</td><td>—</td><td>—</td><td>—</td><td>300</td><td>350</td><td>450</td><td>480</td><td>600</td></tr>
<tr><td>1 300～1 800</td><td rowspan="2">9 000</td><td>—</td><td>—</td><td>—</td><td>300</td><td>350</td><td>450</td><td>480</td><td>600</td></tr>
<tr><td>1 900～2 600</td><td>—</td><td>—</td><td>—</td><td>—</td><td>350</td><td>450</td><td>480</td><td>600</td></tr>
</table>

5.4 管箱

管箱结构型式宜符合下列规定：

a) DN≤400 mm 采用平盖管箱；

b) 500 mm≤DN≤800 mm 采用封头管箱，也可采用平盖管箱；

c) DN≥900 mm 采用封头管箱。

5.5 工艺参数

5.5.1 计算换热面积

计算换热面积 A_1 按公式(1)确定：

$$A_1 = 2\pi d(L - \delta - l_1)n \times 10^{-6} \quad \cdots\cdots\cdots\cdots (1)$$

式中：

d——换热管外径，单位为毫米(mm)；

L——换热管公称长度，单位为毫米(mm)；

δ——管板厚度，单位为毫米(mm)；

l_1——换热管伸出管板长度(设定为 3 mm)，单位为毫米(mm)；

n——换热管根数。

5.5.2 管程流通面积

管程流通面积 A_2 按公式(2)确定：

$$A_2 = 2\pi(d/2 - \delta_t)^2 n \times 10^{-6}/N \quad \cdots\cdots\cdots\cdots (2)$$

式中：

δ_t——换热管壁厚，单位为毫米(mm)；

N——管程数。

5.5.3 热交换器的主要工艺参数

热交换器的主要工艺参数见表 4。

表 4　热交换器的主要工艺参数

公称直径(DN) mm	管程数(N)	换热管根数(n)		中心排管数		管程流通面积(A_2) m²					计算换热面积(A_1) m²					
											L=3 000 mm		L=6 000 mm		L=9 000 mm	
		换热管外径(d)/mm				换热管外径×换热管壁厚($d\times\delta_t$)/mm					换热管外径(d)/mm					
		19	25	19	25	19×1.25	19×2	25×1.5	25×2	25×2.5	19	25	19	25	19	25
(325)	2	38	13	11	6	0.008 1	0.006 7	0.004 9	0.004 5	0.004 1	13.4	6.0	27.0	12.1	—	—
300	4	30	12	5	5	0.003 3	0.002 7	0.002 3	0.002 1	0.001 9	10.6	5.6	21.3	11.2	—	—
(426)	2	77	32	15	8	0.016 3	0.013 6	0.012 1	0.011 1	0.010 0	26.5	14.7	54.5	29.8	—	—
400	4	68	28	8	7	0.007 3	0.006 0	0.005 3	0.004 8	0.004 4	23.8	12.9	48.2	26.1	—	—
500	2	128	57	19	10	0.027 5	0.022 7	0.021 6	0.019 7	0.017 9	44.6	26.1	90.5	53.0	—	—
	4	114	56	10	9	0.012 2	0.010 1	0.010 6	0.009 7	0.008 8	39.7	25.7	80.5	52.1	—	—
600	2	199	94	23	13	0.042 6	0.035 2	0.035 7	0.032 6	0.029 5	69.1	42.9	140.3	87.2	—	—
	4	184	90	12	11	0.019 7	0.016 3	0.016 9	0.015 5	0.014 1	63.9	41.1	129.7	83.5	—	—
700	2	276	129	27	15	0.059 5	0.049 2	0.049 8	0.045 3	0.041 1	—	—	194.1	119.4	—	—
	4	258	128	12	13	0.027 6	0.022 8	0.024 2	0.022 1	0.020 1	—	—	181.4	118.4	—	—
800	2	367	182	31	17	0.078 6	0.065 0	0.068 9	0.063 0	0.057 1	—	—	257.7	168.0	—	—
	4	346	176	16	15	0.037 0	0.030 6	0.033 3	0.030 4	0.027 6	—	—	242.8	162.5	—	—
900	2	480	231	35	19	0.102 8	0.085 0	0.087 6	0.080 0	0.072 5	—	—	336.2	212.8		
	4	454	226	16	17	0.048 6	0.040 2	0.042 8	0.039 1	0.035 5	—	—	317.8	208.2	—	—
1 000	2	603	298	39	21	0.129 1	0.106 7	0.113 0	0.103 2	0.093 6	—	—	421.5	273.9	—	—
	4	576	292	20	19	0.061 7	0.021 0	0.055 3	0.050 5	0.045 8	—	—	402.4	268.4	—	—
1 100	2	738	363	43	24	0.158 0	0.130 6	0.137 6	0.125 7	0.114 0	—	—	514.6	332.9	—	—
	4	706	356	20	21	0.075 4	0.062 5	0.067 5	0.061 6	0.055 9	—	—	492.2	326.5	—	—
1 200	2	885	436	47	26	0.189 5	0.156 6	0.165 3	0.151 0	0.136 9	—	—	615.8	399.0	—	—
	4	852	428	24	21	0.091 2	0.075 4	0.081 1	0.074 1	0.067 2	—	—	592.6	391.7	—	—
1 300	2	901	519	35	27	0.192 7	0.159 2	0.197 3	0.179 8	0.163 0	—	—	628.9	476.7	951.6	721.2
	4	880	508	34	26	0.0941	0.077 8	0.096 6	0.088 0	0.079 8	—	—	614.3	466.6	929.4	706.0

表 4　热交换器的主要工艺参数(续)

公称直径(DN) mm	管程数(N)	换热管根数(n)		中心排管数		管程流通面积(A_2) m^2					计算换热面积(A_1) m^2					
		换热管外径(d)/mm				换热管外径×换热管壁厚($d\times\delta_t$)/mm					L=3 000 mm		L=6 000 mm		L=9 000 mm	
											换热管外径(d)/mm					
		19	25	19	25	19×1.25	19×2	25×1.5	25×2	25×2.5	19	25	19	25	19	25
1 400	2	1 024	612	39	29	0.219 0	0.181 0	0.232 6	0.212 0	0.192 3	—	—	713.5	561.1	1 080.3	849.5
	4	1 002	602	38	28	0.107 1	0.088 5	0.114 4	0.104 3	0.094 6	—	—	698.2	552.0	1 057.1	835.6
1 500	2	1 201	709	41	33	0.256 8	0.212 2	0.269 5	0.245 6	0.222 7	—	—	835.5	648.9	1 265.6	983.1
	4	1 174	700	40	32	0.125 5	0.103 7	0.133 0	0.121 2	0.110 0	—	—	816.7	640.7	1 237.1	970.6
1 600	2	1 362	820	45	35	0.291 2	0.240 7	0.311 7	0.284 0	0.257 6	—	—	945.8	749.3	1 433.6	1 135.7
	4	1 334	806	42	34	0.142 6	0.117 9	0.153 2	0.139 6	0.126 6	—	—	926.4	736.5	1 404.1	1 116.3
1 700	2	1 558	929	47	37	0.333 1	0.275 3	0.353 1	0.321 8	0.291 9	—	—	1 080.1	847.4	1 638.1	1 285.2
	4	1 512	924	46	36	0.161 7	0.133 6	0.175 6	0.160 0	0.145 1	—	—	1 048.2	842.8	1 589.7	1 278.3
1 800	2	1 747	1 034	49	39	0.373 6	0.308 7	0.393 1	0.358 1	0.324 8	—	—	1 209.0	941.6	1 834.7	1 428.8
	4	1 694	1 018	48	38	0.181 1	0.149 7	0.193 5	0.176 3	0.159 9	—	—	1 172.3	927.0	1 779.0	1 406.7
1 900	2	1 946	1 175	53	41	0.416 1	0.343 9	0.446 7	0.407 0	0.369 1			1 344.4	1 068.1	2 041.3	1 621.8
	4	1 916	1 168	52	40	0.204 8	0.169 3	0.222 0	0.202 3	0.183 5	—	—	1 323.7	1 061.7	2 009.9	1 612.1
2 000	2	2 151	1 298	55	43	0.459 9	0.380 1	0.493 4	0.449 6	0.407 8	—	—	1 483.5	1 177.9	2 253.8	1 789.5
	4	2 122	1 276	54	42	0.226 9	0.187 5	0.242 5	0.221 0	0.200 4	—	—	1 463.5	1 157.9	2 223.4	1 759.2
2 200	2	2 595	1 565	61	47	0.554 9	0.458 6	0.594 9	0.542 1	0.491 7	—	—	1 783.5	1 415.2	2 712.9	2 152.7
	4	2 560	1 546	60	46	0.273 7	0.226 2	0.293 8	0.267 7	0.242 8	—	—	1 759.4	1 398.1	2 676.3	2 126.6
2 400	2	3 083	1 853	67	53	0.659 2	0.544 8	0.704 4	0.641 8	0.582 1	—	—	2 111.5	1 669.9	3 215.7	2 543.1
	4	3 052	1 836	66	50	0.326 3	0.269 7	0.349 0	0.318 0	0.288 4	—	—	2 090.3	1 654.5	3 183.3	2 519.7
2 600	2	3 611	2 166	73	57	0.772 1	0.638 1	0.823 4	0.750 2	0.680 5	—	—	2 464.5	1 945.1	3 757.8	2 965.8
	4	3 538	2 156	72	56	0.378 3	0.312 6	0.409 8	0.373 4	0.338 7	—	—	2 414.7	1 936.1	3 681.8	2 952.1

注 1:公称直径小于 1 300 mm 的热交换器,外径 19 mm 的换热管排列形式为正三角形,外径 25 mm 的换热管排列形式为转角正方形(45°)。

注 2:公称直径大于或等于 1 300 mm 的热交换器,换热管排列形式为转角正方形(45°)。

注 3:换热管为光管,管板的计算公称压力为 2.5 MPa。

5.6 组装尺寸

热交换器的组装尺寸见图 4 和表 5。

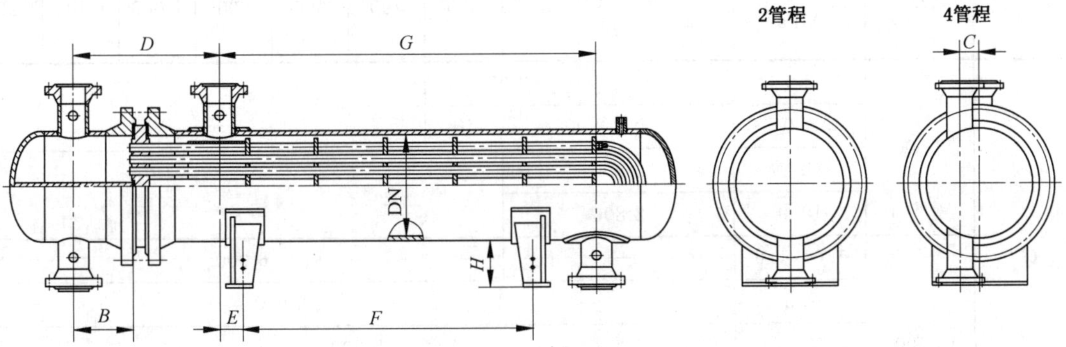

标引符号说明：

B ——管箱接管与管箱法兰端面距离,单位为毫米(mm)；

C ——管箱接管与管箱中心距离,单位为毫米(mm)；

dn ——接管公称直径,单位为毫米(mm)；

D ——管箱接管与壳体接管中心距离,单位为毫米(mm)；

DN——公称直径,对钢板卷制圆筒为内径(对钢管制圆筒为外径),单位为毫米(mm)；

E ——壳体接管与鞍座底板中心距离,单位为毫米(mm)；

F ——鞍座底板中心距离,单位为毫米(mm)；

G ——壳体接管间中心距离,单位为毫米(mm)；

H ——鞍座底板与壳体外壁距离,单位为毫米(mm)。

图 4 热交换器组装尺寸

表 5 热交换器组装尺寸

<table>
<tr><th rowspan="2">组装
尺寸
mm</th><th rowspan="2">换热管
公称长度
(*L*)
mm</th><th rowspan="2">公称压力
(PN)
MPa</th><th colspan="10">公称直径(DN)/mm</th></tr>
<tr><th>(325)
300</th><th>(426)
400</th><th>500</th><th>600</th><th>700</th><th>800</th><th>900</th><th>1 000</th><th>1 100</th><th>1 200</th></tr>
<tr><td rowspan="9">F</td><td rowspan="4">3 000</td><td>2.5</td><td colspan="2">—</td><td colspan="2">2 000</td><td colspan="6" rowspan="2">—</td></tr>
<tr><td>4.0</td><td colspan="4">2 000</td></tr>
<tr><td>6.4</td><td colspan="3" rowspan="2">2 000</td><td colspan="7" rowspan="2">—</td></tr>
<tr><td>10.0</td></tr>
<tr><td rowspan="5">6 000</td><td>1.0～1.6</td><td colspan="3">—</td><td colspan="2">4 400</td><td colspan="5" rowspan="4">4 000</td></tr>
<tr><td>2.5</td><td colspan="2">—</td><td colspan="3">4 400</td></tr>
<tr><td>4.0</td><td colspan="5" rowspan="2">4 400</td></tr>
<tr><td>6.4</td></tr>
<tr><td>10.0</td><td colspan="3">4 400</td><td colspan="7">—</td></tr>
</table>

表 5 热交换器组装尺寸(续)

<table>
<tr><th rowspan="2">组装
尺寸
mm</th><th rowspan="2">换热管
公称长度
(L)
mm</th><th rowspan="2">公称压力
(PN)
MPa</th><th colspan="10">公称直径(DN)/mm</th></tr>
<tr><th>(325)
300</th><th>(426)
400</th><th>500</th><th>600</th><th>700</th><th>800</th><th>900</th><th>1 000</th><th>1 100</th><th>1 200</th></tr>
<tr><td rowspan="9">G</td><td rowspan="4">3 000</td><td>2.5</td><td colspan="2">—</td><td colspan="2">2 950</td><td colspan="6" rowspan="2">—</td></tr>
<tr><td>4.0</td><td colspan="4">2 900</td></tr>
<tr><td>6.4</td><td colspan="3">2 900</td><td colspan="7" rowspan="2">—</td></tr>
<tr><td>10.0</td><td colspan="3">2 800</td></tr>
<tr><td rowspan="5">6 000</td><td>1.0～1.6</td><td colspan="3">—</td><td colspan="7">6 000</td></tr>
<tr><td>2.5</td><td colspan="2">—</td><td colspan="8">5 950</td></tr>
<tr><td>4.0</td><td colspan="10">5 900</td></tr>
<tr><td>6.4</td><td colspan="7">5 900</td><td colspan="3">5 800</td></tr>
<tr><td>10.0</td><td colspan="3">5 800</td><td colspan="7">—</td></tr>
<tr><td rowspan="2">E</td><td>3 000</td><td>1.0～10.0</td><td colspan="4">50</td><td colspan="6">—</td></tr>
<tr><td>6 000</td><td>1.0～10.0</td><td colspan="5">325</td><td colspan="5">400</td></tr>
<tr><td rowspan="9">B</td><td rowspan="4">3 000</td><td>2.5</td><td colspan="2">—</td><td colspan="2">310</td><td colspan="6" rowspan="2">—</td></tr>
<tr><td>4.0</td><td colspan="2" rowspan="2">280</td><td colspan="2">330</td></tr>
<tr><td>6.4</td><td>380</td><td colspan="7">—</td></tr>
<tr><td>10.0</td><td colspan="3">400</td><td colspan="7">—</td></tr>
<tr><td rowspan="5">6 000</td><td>1.0～1.6</td><td colspan="3">—</td><td colspan="2">310</td><td colspan="2" rowspan="2">370</td><td colspan="2">410</td><td>460</td></tr>
<tr><td>2.5</td><td colspan="2">—</td><td colspan="3">310</td><td colspan="2">440</td><td>500</td></tr>
<tr><td>4.0</td><td colspan="2" rowspan="2">280</td><td colspan="3">330</td><td colspan="2">390</td><td colspan="2">475</td><td>350</td></tr>
<tr><td>6.4</td><td colspan="2">380</td><td>400</td><td>440</td><td>480</td><td>545</td><td>565</td><td>625</td></tr>
<tr><td>10.0</td><td colspan="3">400</td><td colspan="7">—</td></tr>
<tr><td rowspan="9">D</td><td rowspan="4">3 000</td><td>2.5</td><td colspan="2">—</td><td colspan="2">700</td><td colspan="6" rowspan="2">—</td></tr>
<tr><td>4.0</td><td colspan="2" rowspan="2">635</td><td colspan="2">760</td></tr>
<tr><td>6.4</td><td>850</td><td colspan="7">—</td></tr>
<tr><td>10.0</td><td colspan="3">950</td><td colspan="7">—</td></tr>
<tr><td rowspan="5">6 000</td><td>1.0～1.6</td><td colspan="3">—</td><td colspan="2">680</td><td colspan="2">820</td><td colspan="2">930</td><td>1 010</td></tr>
<tr><td>2.5</td><td colspan="2">—</td><td colspan="3">700</td><td colspan="2">870</td><td colspan="2">1 000</td><td>1 150</td></tr>
<tr><td>4.0</td><td colspan="2" rowspan="2">635</td><td colspan="3">760</td><td colspan="2">920</td><td colspan="2">1 100</td><td>1 260</td></tr>
<tr><td>6.4</td><td colspan="2">850</td><td>900</td><td>1 030</td><td>1 160</td><td>1 290</td><td>1 380</td><td>1 500</td></tr>
<tr><td>10.0</td><td colspan="3">950</td><td colspan="7">—</td></tr>
<tr><td>H</td><td rowspan="3">3 000/
6 000</td><td rowspan="3">1.0～10.0</td><td colspan="10">200</td></tr>
<tr><td>dn</td><td colspan="2">100</td><td colspan="3">150</td><td colspan="2" rowspan="2">200</td><td colspan="2" rowspan="2">250</td><td rowspan="2">300</td></tr>
<tr><td>C</td><td>75</td><td>100</td><td>125</td><td colspan="2">150</td></tr>
</table>

表 5　热交换器组装尺寸（续）

<table>
<tr><th rowspan="2">组装
尺寸
mm</th><th rowspan="2">换热管
公称长度
(*L*)
mm</th><th rowspan="2">公称压力
(PN)
MPa</th><th colspan="11">公称直径(DN)/mm</th></tr>
<tr><th>1 300</th><th>1 400</th><th>1 500</th><th>1 600</th><th>1 700</th><th>1 800</th><th>1 900</th><th>2 000</th><th>2 200</th><th>2 400</th><th>2 600</th></tr>
<tr><td rowspan="5">*F*</td><td rowspan="2">6 000</td><td>1.0～2.5</td><td colspan="3" rowspan="2">4 400</td><td colspan="2">4 400</td><td colspan="4">4 000</td><td>3 800</td><td>3 600</td></tr>
<tr><td>4.0</td><td colspan="4">4 000</td><td colspan="3">—</td></tr>
<tr><td rowspan="3">9 000</td><td>1.0～1.6</td><td colspan="5">7 000</td><td colspan="3">6 400</td><td colspan="3">6 000</td></tr>
<tr><td>2.5</td><td colspan="4" rowspan="2">7 000</td><td colspan="3">6 400</td><td colspan="4">6 000</td></tr>
<tr><td>4.0</td><td colspan="2">6 400</td><td colspan="2">6 000</td><td colspan="3">—</td></tr>
<tr><td rowspan="5">*G*</td><td rowspan="2">6 000</td><td>1.0～2.5</td><td colspan="5">5 950</td><td colspan="2">5 700</td><td>5 600</td><td colspan="3">5 500</td></tr>
<tr><td>4.0</td><td colspan="3">5 900</td><td colspan="5">5 500</td><td colspan="3">—</td></tr>
<tr><td rowspan="3">9 000</td><td>1.0～1.6</td><td colspan="11">8 850</td></tr>
<tr><td>2.5</td><td colspan="7">8 850</td><td colspan="4">8 500</td></tr>
<tr><td>4.0</td><td colspan="6">8 850</td><td colspan="2">8 500</td><td colspan="3">—</td></tr>
<tr><td rowspan="5">*E*</td><td rowspan="3">6 000</td><td>1.0～1.6</td><td colspan="3">400</td><td colspan="2">300</td><td colspan="2">400</td><td colspan="4" rowspan="2">0</td></tr>
<tr><td>2.5</td><td colspan="3">250</td><td colspan="2">150</td><td colspan="2">250</td></tr>
<tr><td>4.0</td><td colspan="3">200</td><td colspan="5">0</td><td colspan="3">—</td></tr>
<tr><td rowspan="2">9 000</td><td>1.0～2.5</td><td colspan="7">200</td><td colspan="4">0</td></tr>
<tr><td>4.0</td><td colspan="3">200</td><td colspan="5">0</td><td colspan="3">—</td></tr>
<tr><td rowspan="2">*B*</td><td rowspan="2">6 000～
9 000</td><td>1.0～2.5</td><td colspan="2">500</td><td>530</td><td colspan="2">600</td><td colspan="2">630</td><td>730</td><td>830</td><td>930</td><td>1 010</td></tr>
<tr><td>4.0</td><td colspan="2">530</td><td>590</td><td colspan="2">700</td><td colspan="2">730</td><td>800</td><td colspan="3">—</td></tr>
<tr><td rowspan="2">*D*</td><td rowspan="2">6 000～
9 000</td><td>1.0～2.5</td><td colspan="2">1 160</td><td>1 240</td><td colspan="2">1 400</td><td colspan="2">1 500</td><td>1 740</td><td>1 930</td><td>2 140</td><td>2 320</td></tr>
<tr><td>4.0</td><td colspan="2">1 260</td><td>1 400</td><td colspan="2">1 650</td><td colspan="2">1 740</td><td>1 900</td><td colspan="3">—</td></tr>
<tr><td>*H*</td><td rowspan="3">6 000/
9 000</td><td rowspan="3">1.0～4.0</td><td colspan="11">250</td></tr>
<tr><td>dn</td><td>300</td><td colspan="2">350</td><td colspan="2">400</td><td colspan="2">450</td><td>500</td><td>600</td><td>700</td><td>800</td></tr>
<tr><td>*C*</td><td colspan="3">300</td><td colspan="6">400</td><td colspan="2">500</td></tr>
</table>

热交换器的支座按 NB/T 47065.1 选用。公称直径 DN≥1 800 mm、重叠式热交换器，宜根据地震力、管束抽芯等载荷条件对支座及地脚螺栓进行核算。

ICS 71.120.30
CCS J 75

中华人民共和国国家标准

GB/T 28712.4—2023
代替 GB/T 28712.4—2012

热交换器型式与基本参数 第4部分:热虹吸式重沸器

Types and basic parameters of heat exchangers—Part 4: Thermo-siphon reboilers

2023-08-06 发布

2023-12-01 实施

国家市场监督管理总局
国家标准化管理委员会 发布

前　　言

本文件按照 GB/T 1.1—2020《标准化工作导则　第 1 部分:标准化文件的结构和起草规则》的规定起草。

本文件是 GB/T 28712《热交换器型式与基本参数》的第 4 部分。GB/T 28712 已经发布了以下部分:

——第 1 部分:浮头式热交换器;

——第 2 部分:固定管板式热交换器;

——第 3 部分:U 形管式热交换器;

——第 4 部分:热虹吸式重沸器;

——第 5 部分:螺旋板式热交换器;

——第 6 部分:空冷式热交换器。

本文件代替 GB/T 28712.4—2012《热交换器型式与基本参数　第 4 部分:立式热虹吸式重沸器》,与 GB/T 28712.4—2012 相比,更改了标准名称,将"立式热虹吸式重沸器"更改为"热虹吸式重沸器",除结构调整和编辑性改动外,主要技术变化如下:

——增加了公称直径 DN 系列(见 5.1);

——增加了换热管长度 L 系列(见 5.3.1);

——更改了换热管规格(见 5.3.2,2012 年版的 4.3.2);

——更改了折流板(支持板)间距(见 5.5,2012 年版的 4.5);

——增加了卧式热虹吸式重沸器的基本参数组合(见 5.6.2)。

请注意本文件的某些内容可能涉及专利。本文件的发布机构不承担识别专利的责任。

本文件由全国锅炉压力容器标准化技术委员会(SAC/TC 262)提出并归口。

本文件起草单位:合肥通用机械研究院有限公司、中石化广州工程有限公司、中国石化工程建设有限公司、东华工程科技股份有限公司。

本文件主要起草人:陈永东、吴晓红、李雪、王林、胡庆均、段瑞、杨良瑾、曹光斌、冯国辉。

本文件于 2012 年首次发布,本次为第一次修订。

引 言

GB/T 28712《热交换器型式与基本参数》旨在规范能源工业用热交换器典型结构型式，充分考虑装置大型化发展趋势，兼顾我国热交换器产品标准和建造水平，明确了参数适用范围及其配套尺寸。考虑不同热交换器的功能、结构、参数差异明显，由六个部分构成。

——第1部分：浮头式热交换器。

——第2部分：固定管板式热交换器。

——第3部分：U形管式热交换器。

——第4部分：热虹吸式重沸器。

——第5部分：螺旋板式热交换器。

——第6部分：空冷式热交换器。

热交换器型式与基本参数标准，对实现我国热交换器的标准化、系列化、通用化、规模化具有重要意义。对量大面广的热交换器产品，其结构、参数标准化，首先能够促进产品建造标准化，提高设计质量、效率；其次能够节约制造、使用环节的工具、工装、材料消耗和积压；最后能够方便用户实现产品的选用、更换、维修与互换。近年来，我国大型炼化一体化项目建设进入高速发展时期，作为装置典型用能设备的热交换器用量显著增长；装置大型化促使热交换器结构尺寸迈向新高度，单体设备的大型化需求日益突出；大批工程项目的建设实施，为热交换器建造积累了丰富的设计、制造及工程应用经验。同时，GB/T 151《热交换器》也据此进行了修订，首次形成了全面覆盖热交换器典型结构的产品综合标准，并对适用参数进行了大幅调整。为此，需要对热交换器型式与基本参数标准进行修订，适应行业与标准发展需求。

本文件根据现行产品标准和行业共性需求，重点扩充了立式热虹吸式重沸器型式与参数适用范围，包括公称直径、换热管长度等，增加了卧式热虹吸式重沸器型式与基本参数，给出了相应配套尺寸，顺应各领域对设备大型化、型式多样化的发展要求，满足产业升级发展的迫切需要；通过标准数据的完整性与规范性扩充，并结合节能降耗原则，对推进行业数字化及绿色发展，提升标准化水平，具有积极促进作用。

热交换器型式与基本参数
第4部分:热虹吸式重沸器

1 范围

本文件规定了热虹吸式重沸器(以下简称“重沸器”)的型式与基本参数。

本文件适用于石油、化学工业、制冷用碳素钢、低合金钢、不锈钢、铝、铜和钛制重沸器,也适用于其他行业用相似的重沸器。

2 规范性引用文件

下列文件中的内容通过文中的规范性引用而构成本文件必不可少的条款。其中,注日期的引用文件,仅该日期对应的版本适用于本文件;不注日期的引用文件,其最新版本(包括所有的修改单)适用于本文件。

GB/T 151 热交换器

3 术语和定义

GB/T 151 界定的术语和定义适用于本文件。

4 型式

4.1 立式热虹吸式重沸器结构简图见图1。卧式热虹吸式重沸器结构简图见图2,图2b)中壳程进出口接管数量根据工艺计算确定。

4.2 型号及零部件名称按GB/T 151的规定。

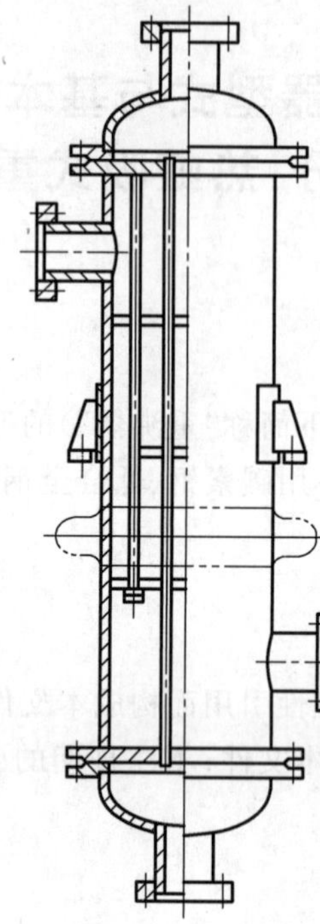

图 1　立式热虹吸式重沸器结构简图

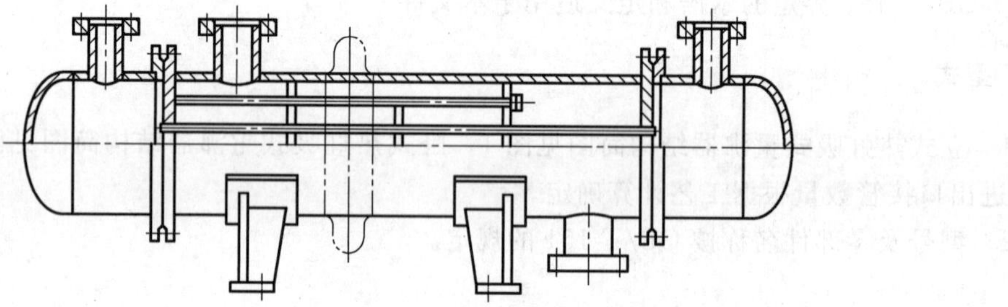

a）蒸发流体走管程

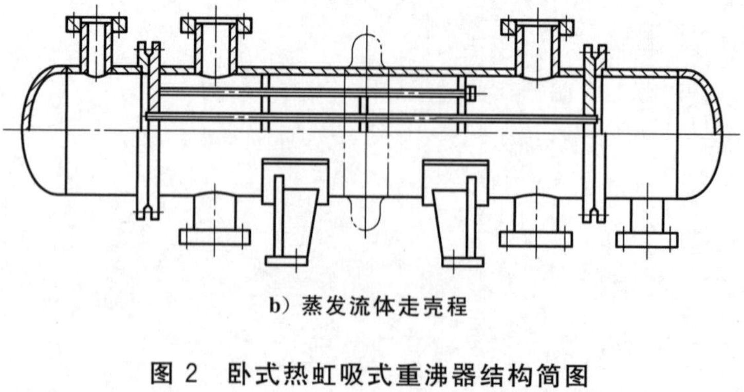

b）蒸发流体走壳程

图 2　卧式热虹吸式重沸器结构简图

5 基本参数

5.1 公称直径(DN)

400 mm,500 mm,600 mm,700 mm,800 mm,900 mm,1 000 mm,1 100 mm,1 200 mm,1 300 mm,1 400 mm,1 500 mm,1 600 mm,1 700 mm,1 800 mm,1 900 mm,2 000 mm,2 100 mm,2 200 mm,2 300 mm,2 400 mm,2 500 mm。

5.2 公称压力(PN)

0.25 MPa,0.60 MPa,1.00 MPa,1.60 MPa,2.50 MPa。

5.3 换热管

5.3.1 常用换热管长度(*L*)

1 500 mm,2 000 mm,2 500 mm,3 000 mm,4 500 mm,6 000 mm,7 500 mm。

5.3.2 常用换热管规格及排列形式

常用换热管规格及排列形式见表1,其他材料或规格的换热管根据工艺需要确定。

表1 换热管规格及排列形式

单位为毫米

换热管外径×壁厚($d\times\delta_t$)				排列方式	管心距
碳素钢、低合金钢、铝	不锈钢	铜	钛		
19×2	19×2	19×2	19×1.25	正三角形 转角正三角形 正方形	25
25×2.5	25×2	25×2	25×1.5		32
32×3	32×2.5	—	—		40

5.4 管程数(N)

管程数为单程。

5.5 折流板(支持板)间距

折流板(支持板)间距见表2。

表2 折流板(支持板)间距

单位为毫米

公称直径(DN)	折流板(支持板)间距(BP)		
≤600	200	300	400
700≤DN≤1 500	300	400	500
1 600≤DN≤2 500	350	450	600

5.6 基本参数组合

5.6.1 立式热虹吸式重沸器基本参数组合见表3。

表 3　立式热虹吸式重沸器基本参数组合

公称直径(DN) mm	公称压力(PN) MPa	换热管长度(L) mm					
		1 500	2 000	2 500	3 000	4 500	6 000
400	≤2.50	○	○	○	—	—	—
500		○	○	○	—	—	—
600		○	○	○	—	—	—
700		○	○	○	○	—	—
800		○	○	○	○	—	—
900		○	○	○	○	—	—
1 000		○	○	○	○	○	—
1 100		○	○	○	○	○	—
1 200		○	○	○	○	○	—
1 300		○	○	○	○	○	—
1 400		—	○	○	○	○	○
1 500		—	—	○	○	○	○
1 600		—	—	○	○	○	○
1 700		—	—	○	○	○	○
1 800		—	—	○	○	○	○
1 900		—	—	○	○	○	○
2 000		—	—	○	○	○	○
2 100	≤1.60	—	—	○	○	○	○
2 200		—	—	○	○	○	○
2 300		—	—	○	○	○	○
2 400		—	—	○	○	○	○
2 500		—	—	○	○	○	○
注：○代表有，—代表无。							

5.6.2　卧式热虹吸式重沸器基本参数组合见表 4。

表 4　卧式热虹吸式重沸器基本参数组合

公称直径(DN) mm	公称压力(PN) MPa	换热管长度(L) mm				
		2 500	3 000	4 500	6 000	7 500
400	≤2.50	○	○	—	—	—
500		○	○	—	—	—
600		○	○	—	—	—
700		○	○	○	—	—

表4 卧式热虹吸式重沸器基本参数组合(续)

公称直径(DN) mm	公称压力(PN) MPa	换热管长度(L) mm				
		2 500	3 000	4 500	6 000	7 500
800	≤2.50	—	○	○	—	—
900		—	—	○	○	—
1 000		—	—	○	○	—
1 100		—	—	○	○	—
1 200		—	—	○	○	○
1 300		—	—	—	○	○
1 400		—	—	—	○	○
1 500		—	—	—	○	○
1 600		—	—	—	○	○
1 700		—	—	—	○	○
1 800		—	—	—	○	○
1 900		—	—	—	○	○
2 000		—	—	—	○	○
2 100	≤1.60	—	—	—	○	○
2 200		—	—	—	○	○
2 300		—	—	—	○	○
2 400		—	—	—	○	○
2 500		—	—	—	○	○
注:○代表有,—代表无。						

5.7 计算换热面积

计算换热面积按式(1)确定:

$$A_1 = \pi d(L - 2\delta - 2l_1)n \times 10^{-6} \qquad (1)$$

式中:

A_1——计算换热面积,单位为平方米(m^2);

d ——换热管外径,单位为毫米(mm);

L ——换热管长度,单位为毫米(mm);

l_1 ——换热管伸出管板长度,单位为毫米(mm);

n ——换热管根数;

δ ——管板厚度,单位为毫米(mm)。

5.8 重沸器基本参数

5.8.1 立式重沸器基本参数

5.8.1.1 ϕ19 mm 管径立式重沸器基本参数见表 5。

表 5 ϕ19 mm 管径立式重沸器基本参数

公称直径(DN) mm	公称压力(PN) MPa	管子根数(n)	中心排管数	管程流通面积 m^2	计算换热面积(A_1) m^2 换热管长度(L) mm					
					1 500	2 000	2 500	3 000	4 500	6 000
400	≤2.50	189	15	0.033 4	15.7	21.4	27.0	—	—	—
500		299	19	0.052 8	24.9	33.8	42.7	—	—	—
600		417	23	0.073 7	34.7	47.1	59.6	—	—	—
700		615	27	0.108 7	51.2	69.5	87.9	106.2	—	—
800		773	31	0.136 6	64.3	87.4	110.5	133.5	—	—
900		1 019	35	0.180 1	84.8	115.2	145.6	176.0	—	—
1 000		1 245	39	0.220 0	103.6	140.8	177.9	215.1	326.5	—
1 100		1 563	43	0.276 2	130.1	176.7	223.4	270.0	409.9	—
1 200		1 857	47	0.328 2	154.5	209.9	265.4	320.8	487.1	—
1 300		2 207	51	0.390 0	183.6	249.5	315.4	381.2	578.8	—
1 400		2 565	55	0.453 3	—	290.0	366.5	443.1	672.7	902.4
1 500		2 879	59	0.508 8	—	—	411.4	497.3	755.1	1 012.9
1 600		3 365	63	0.594 6	—	—	480.9	581.3	882.6	1 183.9
1 700		3 743	67	0.661 4	—	—	534.9	646.6	981.7	1 316.8
1 800		4 265	71	0.753 7	—	—	609.5	736.8	1 118.6	1 500.5
1 900		4 767	75	0.842 4	—	—	681.2	823.5	1 250.3	1 677.1
2 000		5 301	79	0.936 8	—	—	757.5	915.7	1 390.3	1 865.0
2 100	≤1.60	5 843	83	1.032 5	—	—	835.0	1 009.3	1 532.5	2 055.6
2 200		6 413	87	1.133 3	—	—	916.4	1 107.8	1 682.0	2 256.2
2 300		7 043	91	1.244 6	—	—	1 006.4	1 216.6	1 847.2	2 477.8
2 400		7 673	95	1.355 9	—	—	1 096.5	1 325.5	2 012.5	2 699.5
2 500		8 319	99	1.470 1	—	—	1 188.8	1 437.1	2 181.9	2 926.7

注：管程流通面积以碳钢管尺寸计算。计算换热面积时，换热管伸出管板长度取 3 mm，管板厚度取 50 mm。

5.8.1.2 ϕ25 mm 管径立式重沸器基本参数见表 6。

表 6　ϕ25 mm 管径立式重沸器基本参数

公称直径(DN) mm	公称压力(PN) MPa	管子根数(n)	中心排管数	管程流通面积 m^2	计算换热面积(A_1) m^2					
					换热管长度(L) mm					
					1 500	2 000	2 500	3 000	4 500	6 000
400	≤2.50	98	12	0.030 8	10.7	14.6	18.4	—	—	—
500		174	14	0.054 6	19.0	25.9	32.7	—	—	—
600		245	17	0.076 9	26.8	36.4	46.1	—	—	—
700		355	21	0.111 5	38.9	52.8	66.7	80.7	—	—
800		467	23	0.146 6	51.1	69.5	87.8	106.1	—	—
900		605	27	0.190 0	66.2	90.0	113.8	137.5	—	—
1 000		749	30	0.235 2	82.0	111.4	140.8	170.2	258.5	—
1 100		931	33	0.292 3	101.9	138.5	175.1	211.6	321.3	—
1 200		1 115	37	0.350 1	122.1	165.9	209.6	253.4	384.8	—
1 300		1 301	39	0.408 5	142.4	193.5	244.6	295.7	449.0	—
1 400		1 547	43	0.485 8	—	230.1	290.8	351.6	533.9	716.1
1 500		1 753	45	0.550 4	—	—	329.6	398.4	605.0	811.5
1 600		2 023	47	0.635 2	—	—	380.4	459.8	698.1	936.5
1 700		2 245	51	0.704 9	—	—	422.1	510.3	774.8	1 039.2
1 800		2 559	55	0.803 5	—	—	481.1	581.6	883.1	1 184.6
1 900		2 899	59	0.910 7	—	—	545.1	658.9	1 000.5	1 342.0
2 000		3 189	61	1.001 9	—	—	599.6	724.8	1 100.5	1 476.2
2 100	≤1.60	3 547	65	1.114 3	—	—	666.9	806.2	1 224.5	1 642.0
2 200		3 853	67	1.210 4	—	—	724.5	875.8	1 329.7	1 783.6
2 300		4 249	71	1.334 9	—	—	798.9	965.8	1 466.3	1 966.9
2 400		4 601	73	1.445 4	—	—	865.1	1 045.8	1 587.8	2 129.9
2 500		5 123	77	1.609 4	—	—	963.2	1 164.4	1 768.0	2 371.5

注：管程流通面积以碳钢管尺寸计算。计算换热面积时，换热管伸出管板长度取 3 mm，管板厚度取 50 mm。

5.8.1.3　ϕ32 mm 管径立式重沸器基本参数见表 7。

表 7 ϕ32 mm 管径立式重沸器基本参数

公称直径(DN) mm	公称压力(PN) MPa	管子根数(n)	中心排管数	管程流通面积 m²	计算换热面积(A_1) m² 换热管长度(L) mm					
					1 500	2 000	2 500	3 000	4 500	6 000
400	≤2.50	69	9	0.036 6	9.7	13.1	16.6	—	—	—
500		111	11	0.058 9	15.6	21.1	26.7	—	—	—
600		151	13	0.080 2	21.2	28.8	36.3	—	—	—
700		233	17	0.123 7	32.7	44.4	56.1	67.8	—	—
800		299	19	0.158 7	41.9	56.9	72.0	87.0	—	—
900		391	21	0.207 6	54.8	74.4	94.1	113.8	—	—
1 000		473	23	0.251 1	66.3	90.1	113.8	137.6	208.9	—
1 100		607	27	0.322 3	85.1	115.6	146.1	176.6	268.1	—
1 200		707	29	0.375 4	99.1	134.6	170.2	205.7	312.3	—
1 300		833	31	0.442 3	116.7	158.6	200.5	242.3	368.0	—
1 400		997	33	0.529 3	—	189.8	239.9	290.1	440.4	590.8
1 500		1 097	37	0.582 4	—	—	264.0	319.2	484.6	650.0
1 600		1 293	39	0.686 5	—	—	311.2	376.2	571.2	766.1
1 700		1 441	41	0.765 1	—	—	346.8	419.2	636.5	853.8
1 800		1 619	43	0.859 6	—	—	389.6	471.0	715.2	959.3
1 900		1 849	47	0.981 7	—	—	445.0	537.9	816.8	1 095.6
2 000		2 041	49	1.083 6	—	—	491.2	593.8	901.6	1 209.4
2 100	≤1.60	2 247	51	1.193 0	—	—	540.8	653.7	992.6	1 331.4
2 200		2 451	53	1.301 3	—	—	589.9	713.1	1 082.7	1 452.3
2 300		2 725	57	1.446 8	—	—	655.8	792.8	1 203.7	1 614.6
2 400		2 947	59	1.564 6	—	—	709.3	857.4	1 301.8	1 746.2
2 500		3 215	61	1.706 9	—	—	773.8	935.4	1 420.2	1 905.0

注：管程流通面积以碳钢管尺寸计算。计算换热面积时，换热管伸出管板长度取 3 mm，管板厚度取 50 mm。

5.8.2 卧式重沸器基本参数

5.8.2.1 ϕ19 mm 管径卧式重沸器基本参数见表 8。

表 8　ϕ19 mm 管径卧式重沸器基本参数

公称直径(DN) mm	公称压力(PN) MPa	管子根数(n)	中心排管数	管程流通面积 m^2	计算换热面积(A_1) m^2 换热管长度(L) mm				
					2 500	3 000	4 500	6 000	7 500
400	≤2.50	189	15	0.033 4	27.0	32.6	—	—	—
500		299	19	0.052 8	42.7	51.7	—	—	—
600		417	23	0.073 7	59.6	72.0	—	—	—
700		615	27	0.108 7	87.9	106.2	161.3	—	—
800		773	31	0.136 6	—	133.5	202.7	—	—
900		1 019	35	0.180 1	—	—	267.3	358.5	—
1 000		1 245	39	0.220 0	—	—	326.5	438.0	—
1 100		1 563	43	0.276 2	—	—	409.9	549.9	—
1 200		1 857	47	0.328 2	—	—	487.1	653.3	819.6
1 300		2 207	51	0.390 0	—	—	—	776.5	974.1
1 400		2 565	55	0.453 3	—	—	—	902.4	1 132.1
1 500		2 879	59	0.508 8	—	—	—	1 012.9	1 270.6
1 600		3 365	63	0.594 6	—	—	—	1 183.9	1 485.1
1 700		3 743	67	0.661 4	—	—	—	1 316.8	1 652.0
1 800		4 265	71	0.753 7	—	—	—	1 500.5	1 882.4
1 900		4 767	75	0.842 4	—	—	—	1 677.1	2 103.9
2 000		5 301	79	0.936 8	—	—	—	1 865.0	2 339.6
2 100	≤1.60	5 843	83	1.032 5	—	—	—	2 055.6	2 578.8
2 200		6 413	87	1.133 3	—	—	—	2 256.2	2 830.4
2 300		7 043	91	1.244 6	—	—	—	2 477.8	3 108.4
2 400		7 673	95	1.355 9	—	—	—	2 699.5	3 386.5
2 500		8 319	99	1.470 1	—	—	—	2 926.7	3 671.6

注：管程流通面积以碳钢管尺寸计算。计算换热面积时，换热管伸出管板长度取 3 mm，管板厚度取 50 mm。

5.8.2.2　ϕ25 mm 管径卧式重沸器基本参数见表 9。

表 9 ϕ25 mm 管径卧式重沸器基本参数

公称直径(DN) mm	公称压力(PN) MPa	管子根数(n)	中心排管数	管程流通面积 m^2	计算换热面积(A_1) m^2 换热管长度(L) mm				
					2 500	3 000	4 500	6 000	7 500
400	≤2.50	98	12	0.030 8	18.4	22.3	—	—	—
500		174	14	0.054 6	32.7	39.5	—	—	—
600		245	17	0.076 9	46.1	55.7	—	—	—
700		355	21	0.111 5	66.7	80.7	122.5	—	—
800		467	23	0.146 6	—	106.1	161.2	—	—
900		605	27	0.190 0	—	—	208.8	280.1	—
1 000		749	30	0.235 2	—	—	258.5	346.7	—
1 100		931	33	0.292 3	—	—	321.3	431.0	—
1 200		1 115	37	0.350 1	—	—	384.8	516.1	647.5
1 300		1 301	39	0.408 5	—	—	—	602.3	755.5
1 400		1 547	43	0.485 8	—	—	—	716.1	898.4
1 500		1 753	45	0.550 4	—	—	—	811.5	1 018.0
1 600		2 023	47	0.635 2	—	—	—	936.5	1 174.8
1 700		2 245	51	0.704 9	—	—	—	1 039.2	1 303.7
1 800		2 559	55	0.803 5	—	—	—	1 184.6	1 486.1
1 900		2 899	59	0.910 7	—	—	—	1 342.0	1 683.5
2 000		3 189	61	1.001 9	—	—	—	1 476.2	1 851.9
2 100	≤1.60	3 547	65	1.114 3	—	—	—	1 642.0	2 059.8
2 200		3 853	67	1.210 4	—	—	—	1 783.6	2 237.5
2 300		4 249	71	1.334 9	—	—	—	1 966.9	2 467.5
2 400		4 601	73	1.445 4	—	—	—	2 129.9	2 671.9
2 500		5 123	77	1.609 4	—	—	—	2 371.5	2 975.0

注：管程流通面积以碳钢管尺寸计算。计算换热面积时，换热管伸出管板长度取 3 mm，管板厚度取 50 mm。

ICS 71.120.30
CCS J 75

中华人民共和国国家标准

GB/T 28712.5—2023
代替 GB/T 28712.5—2012

热交换器型式与基本参数
第5部分：螺旋板式热交换器

Types and basic parameters of heat exchangers—
Part 5: Spiral heat exchangers

2023-08-06 发布　　2023-12-01 实施

国家市场监督管理总局
国家标准化管理委员会 发布

前　言

本文件按照 GB/T 1.1—2020《标准化工作导则　第 1 部分：标准化文件的结构和起草规则》的规定起草。

本文件是 GB/T 28712《热交换器型式与基本参数》的第 5 部分。GB/T 28712 已经发布了以下部分：

——第 1 部分：浮头式热交换器；

——第 2 部分：固定管板式热交换器；

——第 3 部分：U 形管式热交换器；

——第 4 部分：热虹吸式重沸器；

——第 5 部分：螺旋板式热交换器；

——第 6 部分：空冷式热交换器。

本文件代替 GB/T 28712.5—2012《热交换器型式与基本参数　第 5 部分：螺旋板式热交换器》，与 GB/T 28712.5—2012 相比，除结构调整和编辑性改动外，主要技术变化如下：

——不可拆螺旋板式热交换器适用的公称压力由不大于 2.5 MPa 更改为不大于 3.0 MPa；最大公称直径由 2 000 mm 提高至 2 500 mm；最大公称换热面积由 200 m^2 更改为 350 m^2(见第1章，2012 年版的第 1 章)；

——可拆螺旋板式热交换器适用的公称压力由不大于 1.0 MPa 更改为不大于 3.0 MPa；最大公称直径由 1 200 mm 提高至 2 500 mm；最大公称换热面积由 90 m^2 更改为 350 m^2(见第1章，2012 年版的第 1 章)；

——删除了表 1、表 2、表 4、表 5 中能效水平较低的基本参数组合(见 2012 年版的 5.4)；

——增加了表 3(2.5 MPa<PN≤3.0 MPa) 碳素钢、低合金钢制螺旋板式热交换器的基本参数组合，表 6(2.5 MPa<PN≤3.0 MPa)奥氏体不锈钢制螺旋板式热交换器的基本参数组合(见6.4)；

——增加了 PN1.6 MPa 倒锥平盖结构尺寸(见 7.2)。

请注意本文件的某些内容可能涉及专利。本文件的发布机构不承担识别专利的责任。

本文件由全国锅炉压力容器标准化技术委员会(SAC/TC 262)提出并归口。

本文件起草单位：合肥通用机械研究院有限公司、苏州市锦翔压力容器制造有限公司、兰州兰洛炼化高新装备股份有限公司、镇海石化建安工程股份有限公司、睿能(四平)北方能源技术有限公司。

本文件主要起草人：陈永东、吴晓红、李雪、李志、王林、王晓元、柳兰生、胡兴苗、陈枫。

本文件于 2012 年首次发布，本次为第一次修订。

引 言

GB/T 28712《热交换器型式与基本参数》旨在规范能源工业用热交换器典型结构型式,充分考虑装置大型化发展趋势,兼顾我国热交换器产品标准和建造水平,明确了参数适用范围及其配套尺寸。考虑不同热交换器的功能、结构、参数差异明显,由六个部分构成。

——第1部分:浮头式热交换器。

——第2部分:固定管板式热交换器。

——第3部分:U形管式热交换器。

——第4部分:热虹吸式重沸器。

——第5部分:螺旋板式热交换器。

——第6部分:空冷式热交换器。

热交换器型式与基本参数标准,对实现我国热交换器的标准化、系列化、通用化、规模化具有重要意义。对量大面广的热交换器产品,其结构、参数标准化,首先能够促进产品建造标准化,提高设计质量、效率;其次能够节约制造、使用环节的工具、工装、材料消耗和积压;最后能够方便用户实现产品的选用、更换、维修与互换。近年来,我国大型炼化一体化项目建设进入高速发展时期,作为装置典型用能设备的热交换器用量显著增长;装置大型化促使热交换器结构尺寸迈向新高度,单体设备的大型化需求日益突出;大批工程项目的建设实施,为热交换器建造积累了丰富的设计、制造及工程应用经验。同时,GB/T 151《热交换器》也据此进行了修订,首次形成了全面覆盖热交换器典型结构的产品综合标准,并对适用参数进行了大幅调整。为此,需要对热交换器型式与基本参数标准进行修订,适应行业与标准发展需求。

本文件根据现行产品标准和行业共性需求,重点扩充了螺旋板式热交换器型式与参数适用范围,给出了相应配套尺寸,删除了部分低能效产品的基本参数,顺应各领域对设备大型化、节能性的发展要求,满足产业升级发展的迫切需要;通过标准数据的完整性与规范性扩充,并结合节能降耗原则,对推进行业数字化及绿色发展,提升标准化水平,具有积极促进作用。

热交换器型式与基本参数
第5部分:螺旋板式热交换器

1 范围

本文件规定了不可拆和可拆螺旋板式热交换器的型式与基本参数。

本文件适用于公称压力不大于3.0 MPa、公称直径不大于2 500 mm、公称换热面积不大于350 m^2 的不可拆、可拆螺旋板式热交换器。

2 规范性引用文件

下列文件中的内容通过文中的规范性引用而构成本文件必不可少的条款。其中,注日期的引用文件,仅该日期对应的版本适用于本文件;不注日期的引用文件,其最新版本(包括所有的修改单)适用于本文件。

GB/T 150.3—2011 压力容器 第3部分 设计

NB/T 47048—2015 螺旋板式热交换器

3 术语和定义

NB/T 47048 界定的术语和定义适用于本文件。

4 符号

下列符号适用于本文件。

A——公称换热面积,单位为平方米(m^2);

A_Y——有效换热面积,参照NB/T 47048—2015,单位为平方米(m^2);

A_T——螺旋通道截面积,单位为平方米(m^2);

b——螺旋通道间距,单位为毫米(mm);

D_o——可拆螺旋板式热交换器倒锥平盖的外径,单位为毫米(mm);

DN——公称直径,基准于螺旋体的外径,单位为毫米(mm);

d——螺旋中心直径,单位为毫米(mm);

dn——接管公称直径,单位为毫米(mm);

H——螺旋板宽,单位为米(m);

h——倒锥平盖圆环筋的高度,单位为毫米(mm);

h_1——内外锥的焊接高度,单位为毫米(mm);

k——倒锥平盖圆环筋的定位尺寸系数;

L_t——螺旋通道长度,单位为米(m);

l——倒锥平盖内外锥的定位尺寸系数;

PN——公称压力,单位为兆帕(MPa);

R_c——可拆螺旋板式热交换器的计算半径,单位为毫米(mm);

t_B——倒锥平盖基础板的厚度,单位为毫米(mm);

t_H——倒锥平盖圆环筋的厚度,单位为毫米(mm);

t_{Z1}——倒锥平盖内锥的厚度,单位为毫米(mm);

t_{Z2}——倒锥平盖外锥的厚度,单位为毫米(mm);

V——流速 1 m/s 时的处理量,单位为立方米每小时(m^3/h);

δ——螺旋板板厚,单位为毫米(mm)。

5 型式

5.1 不可拆螺旋板式热交换器

不可拆带切向缩口的螺旋板式热交换器见图 1。不可拆带半圆筒体的螺旋板式热交换器见图 2。

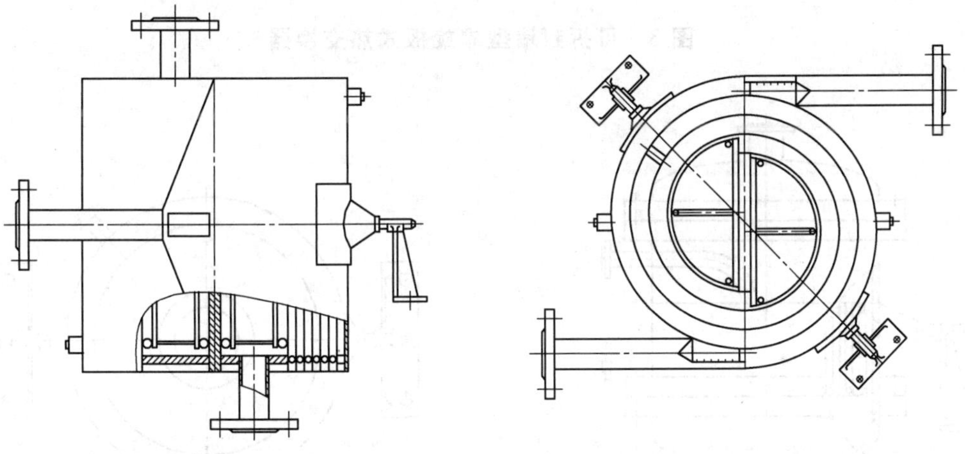

图 1 不可拆带切向缩口的螺旋板式热交换器

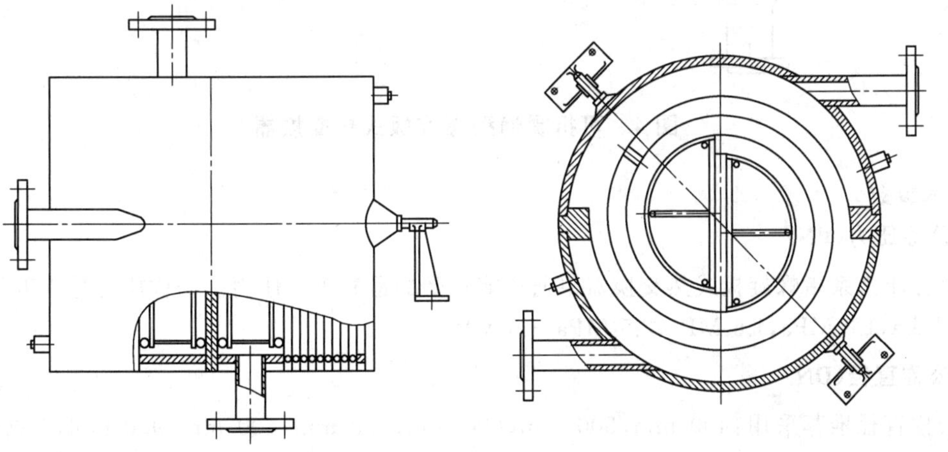

图 2 不可拆带半圆筒体的螺旋板式热交换器

5.2 可拆螺旋板式热交换器

可拆封堵型螺旋板式热交换器见图 3。可拆贯通型螺旋板式热交换器见图 4。

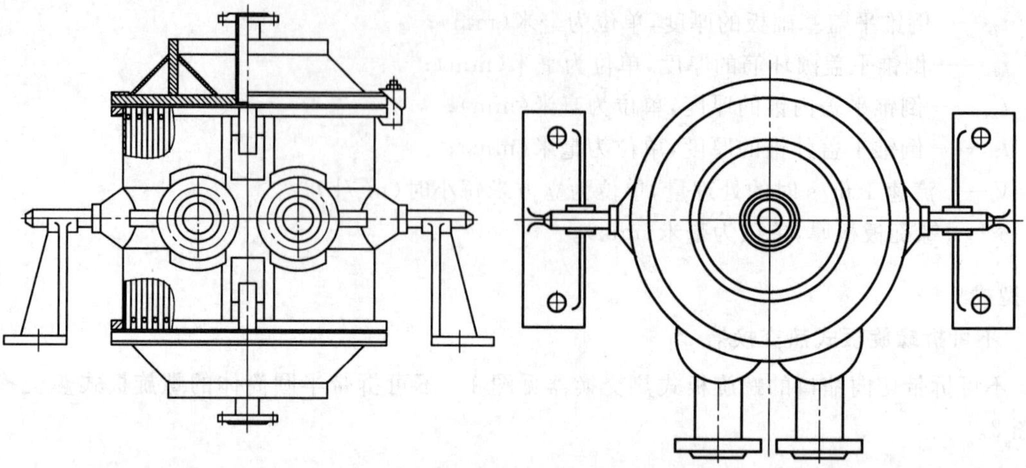

图 3　可拆封堵型螺旋板式热交换器

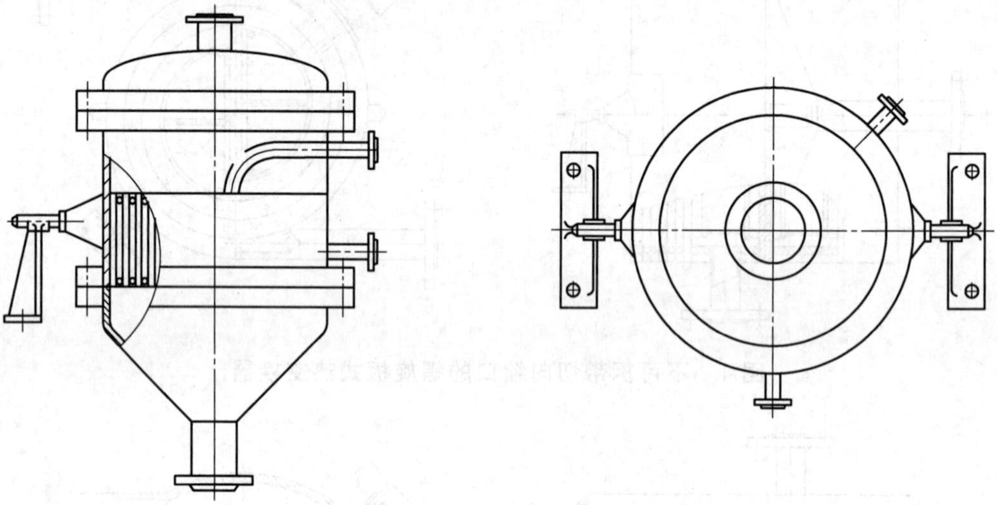

图 4　可拆贯通型螺旋板式热交换器

6　基本参数

6.1　公称压力(PN)

公称压力系指螺旋板式热交换器单通道能承受的最高工作压力。公称压力分为五档，分别为0.6 MPa，1.0 MPa，1.6 MPa，2.5 MPa，3.0 MPa。

6.2　公称直径(DN)

公称直径推荐采用：400 mm，500 mm，600 mm，700 mm，800 mm，900 mm，1 000 mm，1 100 mm，1 200 mm，1 300 mm，1 400 mm，1 500 mm，1 600 mm，1 700 mm，1 800 mm，1 900 mm，2 000 mm，2 100 mm，2 200 mm，2 300 mm，2 400 mm，2 500 mm。

6.3 公称换热面积(A)

公称换热面积推荐采用：4 m^2，6 m^2，8 m^2，10 m^2，15 m^2，20 m^2，25 m^2，30 m^2，40 m^2，50 m^2，60 m^2，80 m^2，100 m^2，120 m^2，130 m^2，150 m^2，160 m^2，180 m^2，200 m^2，220 m^2，250 m^2，280 m^2，300 m^2，330 m^2，350 m^2。

6.4 基本参数组合

6.4.1 碳素钢、低合金钢制螺旋板式热交换器的基本参数组合见表 1(PN≤1.6 MPa)、表 2(1.6 MPa<PN≤2.5 MPa) 和表 3 (2.5 MPa<PN≤3.0 MPa)。

6.4.2 奥氏体不锈钢制螺旋板式热交换器的基本参数组合见表 4(PN≤1.6 MPa)、表 5(1.6 MPa<PN≤2.5 MPa)和表 6(2.5 MPa<PN≤3.0 MPa)。

6.4.3 其他材料制螺旋板式热交换器的基本参数可参照表 1～表 6。

7 结构参数的确定

7.1 不可拆、可拆螺旋板式热交换器的参数计算按 NB/T 47048—2015 第 6 章的规定。

7.2 可拆螺旋板式热交换器两端根据需要可采用平盖、倒锥平盖、加筋平盖、椭圆封头、锥形封头等形式。倒锥平盖结构简图见图 5，结构尺寸可按表 7 选取。平盖、加筋平盖、椭圆封头、锥形封头等结构尺寸的计算按 GB/T 150.3—2011 第 5 章的规定。

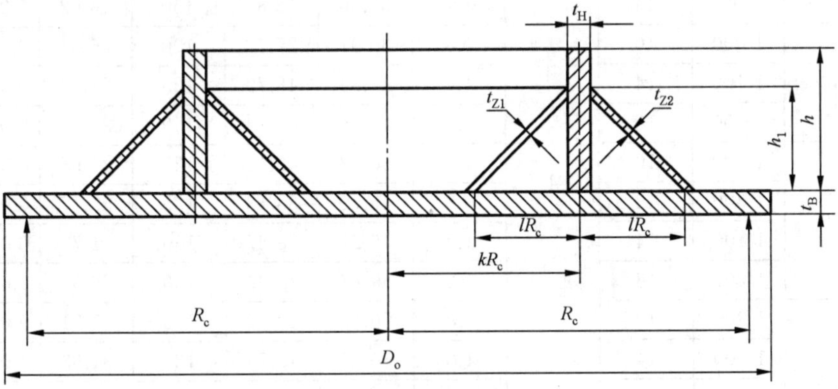

图 5 倒锥平盖结构简图

表 1 碳素钢、低合金钢制螺旋板式热交换器的基本参数(PN≤1.6 MPa)

PN MPa	A m^2	DN mm	b mm	δ mm	H m	A_Y m^2	V m^3/h	dn mm	L_t m	A_T m^2	d mm
0.6 1.0 1.6	6	500	6	4	0.4	5.90	8.25	50	8.05	0.002 3	200
		600	10		0.5	5.96	16.92	80	6.69	0.004 7	200
		600	10		0.4	5.95	13.32	65	8.43	0.003 7	200
	8	500	6		0.5	7.81	10.41	65	8.44	0.002 9	200
		600	10		0.6	8.17	20.52	80	7.54	0.005 7	200
		700	10		0.4	8.07	13.32	65	11.37	0.003 7	200
	10	600	6		0.5	10.19	10.41	65	10.96	0.002 9	200

表1 碳素钢、低合金钢制螺旋板式热交换器的基本参数(PN≤1.6 MPa)(续)

PN MPa	A m^2	DN mm	b mm	δ mm	H m	A_Y m^2	V m^3/h	dn mm	L_t m	A_T m^2	d mm
0.6 1.0 1.6	10	700	10	4	0.5	10.26	16.92	80	11.37	0.004 7	200
		700	12		0.6	10.29	24.54	100	9.51	0.006 8	200
	15	700	6		0.5	15.27	10.41	65	16.31	0.002 9	200
		800	10		0.5	15.01	16.92	80	16.53	0.004 7	200
		800	10		0.6	15.39	20.52	80	13.97	0.005 7	300
		900	14		0.6	14.88	28.63	100	13.62	0.008 0	300
	20	800	10		0.8	19.89	27.72	100	13.37	0.007 7	300
		900	10		0.6	20.41	20.52	80	18.45	0.005 7	300
		900	14		0.8	20.12	38.71	125	13.62	0.010 8	300
	25	800	10		1.0	25.06	34.92	125	13.37	0.009 7	300
		900	10		0.8	25.55	27.72	100	17.11	0.007 7	300
		900	14		1.0	25.36	48.79	125	13.62	0.013 6	300
	30	900	10		1.0	30.95	34.92	125	16.46	0.009 7	300
		900	12		1.0	30.23	41.82	125	16.15	0.011 6	300
		900	14		1.2	30.60	58.87	150	13.62	0.016 4	300
	40	1 000	10		0.8	39.91	27.72	100	26.58	0.007 7	300
		1 100	14		1.0	40.83	48.79	125	21.77	0.013 6	300
		1 200	18		1.0	40.45	62.73	150	21.65	0.017 4	300
	50	1 000	10		1.2	50.03	42.12	125	21.98	0.011 7	300
		1 300	12		0.8	49.72	33.18	125	33.17	0.009 2	300
		1 100	14		1.2	49.27	58.87	150	21.77	0.016 4	300
		1 200	18		1.2	50.87	75.69	150	22.55	0.021 0	300
	60	1 300	10		0.8	60.03	27.72	100	39.81	0.007 7	300
		1 300	14		1.0	59.62	48.79	125	31.63	0.013 6	300
		1 400	18		1.0	59.12	62.73	150	31.47	0.017 4	300
	80	1 300	10		1.0	79.37	34.92	125	41.76	0.009 7	300
		1 500	10		0.8	80.55	27.72	100	53.27	0.007 7	300
		1 500	14		1.0	79.57	48.79	125	42.07	0.013 6	300
		1 600	18		1.0	78.78	62.73	150	41.78	0.017 4	300
	100	1 400	10		1.0	99.36	34.92	125	52.17	0.009 7	300
		1 600	10		0.8	100.15	27.72	100	66.12	0.007 7	300
		1 600	14		1.0	99.86	48.79	125	52.68	0.013 6	300
		1 700	18		1.2	100.78	75.69	150	44.26	0.021 0	300
	120	1 600	10		1.0	121.48	34.92	125	63.69	0.009 7	300
		1 400	10		1.2	119.84	42.12	125	52.17	0.011 7	300
		1 600	14		1.2	120.49	58.87	150	52.68	0.016 4	300
		1 600	18		1.5	119.48	95.13	200	41.78	0.026 4	300
	130	1 500	10		1.2	130.21	42.12	125	56.65	0.011 7	300

表1 碳素钢、低合金钢制螺旋板式热交换器的基本参数(PN≤1.6 MPa)(续)

PN MPa	A m²	DN mm	b mm	δ mm	H m	A_Y m²	V m³/h	dn mm	L_t m	A_T m²	d mm
0.6 1.0 1.6	130	1 700	14	4	1.2	129.25	58.87	150	56.48	0.016 4	300
		1 900	18		1.2	131.78	75.69	150	57.71	0.021 0	300
	150	1 800	14		1.2	150.84	58.87	150	65.82	0.016 4	300
		1 800	18		1.5	149.44	95.13	200	52.12	0.026 4	300
		2 000	18		1.2	148.80	75.69	150	65.08	0.021 0	300
	160	1 900	18		1.5	161.51	95.13	200	56.28	0.026 4	300
	180	1 800	14		1.5	181.62	73.99	150	63.08	0.020 6	300
		2 000	18		1.5	182.64	95.13	200	63.57	0.026 4	300
	200	2 000	12		1.2	199.61	50.46	125	86.81	0.014 0	300
		2 000	16		1.5	199.97	84.56	200	69.74	0.023 5	300
	220	2 000	14		1.5	221.20	73.99	150	76.63	0.020 6	400
		1 900	18		2.0	220.43	127.53	200	57.23	0.035 4	400
	250	2 100	14		1.5	248.21	73.99	150	85.91	0.020 6	400
		2 000	18		2.0	249.28	127.53	200	64.64	0.035 4	400
	280	2 200	14		1.5	281.61	73.99	150	97.39	0.020 6	400
		2 100	18		2.0	279.84	127.53	200	72.49	0.035 4	400
0.6 1.0	300	2 300	14	4	1.5	301.60	73.99	150	104.25	0.020 6	400
		2 200	18		2.0	298.99	127.53	200	77.41	0.035 4	400
		2 300	20		2.0	303.54	141.70	250	78.65	0.039 4	400
	330	2 100	14		2.0	332.75	99.19	200	85.91	0.027 6	400
		2 300	18		2.0	332.27	127.53	200	85.95	0.035 4	400
		2 400	20		2.0	331.39	141.70	250	85.80	0.039 4	400
	350	2 100	14		2.0	351.60	99.19	200	90.75	0.027 6	400
		2 400	18		2.0	353.05	127.53	200	91.28	0.035 4	400
		2 500	20		2.0	353.05	141.70	250	91.36	0.039 4	400

表2 碳素钢、低合金钢制螺旋板式热交换器的基本参数(1.6 MPa<PN≤2.5 MPa)

PN MPa	A m²	DN mm	b mm	δ mm	H m	A_Y m²	V m³/h	dn mm	L_t m	A_T m²	d mm
2.5	6	500	6	4	0.5	6.04	10.41	65	6.60	0.002 9	200
		500	10		0.6	5.91	20.52	80	5.50	0.005 7	200
		600	10		0.4	5.95	13.32	65	8.43	0.003 7	200
	8	500	6		0.5	7.81	10.41	65	8.44	0.002 9	200
		600	10		0.6	8.17	20.52	80	7.54	0.005 7	200
		700	10		0.4	8.07	13.32	65	11.37	0.003 7	200
	10	600	6		0.5	10.19	10.41	65	10.96	0.002 9	200
		700	10		0.5	10.26	16.92	80	11.37	0.004 7	200
		700	12		0.6	10.29	24.54	100	9.51	0.006 8	200

表 2 碳素钢、低合金钢制螺旋板式热交换器的基本参数(1.6 MPa<PN≤2.5 MPa)(续)

PN MPa	A m^2	DN mm	b mm	δ mm	H m	A_Y m^2	V m^3/h	dn mm	L_t m	A_T m^2	d mm
2.5	15	700	6	4	0.5	15.27	10.41	65	16.31	0.002 9	200
		800	10		0.6	14.73	20.52	80	13.37	0.005 7	300
		900	14		0.6	14.88	28.63	100	13.62	0.008 0	300
	20	700	10		1.0	19.71	34.92	125	10.55	0.009 7	300
		900	10		0.6	20.41	20.52	80	18.45	0.005 7	300
		800	14		1.0	20.56	48.79	125	11.09	0.013 6	300
	25	800	10		1.0	25.06	34.92	125	13.37	0.009 7	300
		900	10		0.8	25.55	27.72	100	17.11	0.007 7	300
		900	14		1.0	25.36	48.79	125	13.62	0.013 6	300
	30	800	10		1.0	29.73	34.92	125	15.82	0.009 7	300
		900	12		1.0	30.23	41.82	125	16.15	0.011 6	300
		900	14		1.2	30.60	58.87	150	13.62	0.016 4	300
	40	1 200	10		0.6	40.19	20.52	80	36.04	0.005 7	300
		1 100	14		1.0	39.29	48.79	125	20.96	0.013 6	300
		1 200	18		1.0	40.45	62.73	150	21.65	0.017 4	300
	50	1 100	10		1.0	50.28	34.92	125	26.58	0.009 7	300
		1 100	12		1.0	49.05	41.82	125	26.04	0.011 6	300
		1 100	14		1.2	49.27	58.87	150	21.77	0.016 4	300
		1 200	18		1.2	48.80	75.69	150	21.65	0.021 0	300
	60	1 500	10		0.6	60.88	20.52	80	54.39	0.005 7	300
		1 400	12		0.8	60.19	33.18	125	40.21	0.009 2	300
		1 300	14		1.0	59.62	48.79	125	31.63	0.013 6	300
		1 400	18		1.0	59.12	62.73	150	31.47	0.017 4	300
	80	1 300	10		1.0	79.37	34.92	125	41.76	0.009 7	300
		1 500	10		0.8	80.55	27.72	100	53.27	0.007 7	300
		1 500	14		1.0	79.57	48.79	125	42.07	0.013 6	300
		1 600	18		1.0	81.14	62.73	150	43.01	0.017 4	300
	100	1 500	10		1.0	99.36	34.92	125	52.17	0.009 7	300
		1 600	10		0.8	100.15	27.72	100	66.12	0.007 7	300
		1 700	14		1.0	102.25	48.79	125	53.93	0.013 6	300
		1 700	18		1.2	100.78	75.69	150	44.26	0.021 0	300
	120	1 600	10		1.0	121.48	34.92	125	63.69	0.009 7	300
		1 500	10		1.2	119.84	42.12	125	52.17	0.011 7	300
		1 500	14		1.5	120.66	73.99	150	42.07	0.020 6	300
		1 600	16		1.5	122.31	84.56	200	42.70	0.023 5	300
	130	1 500	10		1.2	130.21	42.12	125	56.65	0.011 7	300
		1 700	14		1.2	129.25	58.87	150	56.48	0.016 4	300
		1 600	16		1.5	129.24	84.56	200	45.09	0.023 5	300

表 2　碳素钢、低合金钢制螺旋板式热交换器的基本参数(1.6 MPa＜PN≤2.5 MPa)(续)

PN MPa	A m^2	DN mm	b mm	δ mm	H m	A_Y m^2	V m^3/h	dn mm	L_t m	A_T m^2	d mm
2.5	150	1 800	14	4	1.2	147.66	58.87	150	64.44	0.016 4	300
		1 700	16		1.5	151.16	84.56	200	52.65	0.023 5	300
		1 800	18		1.5	149.44	95.13	200	52.12	0.026 4	300
	160	1 900	14		1.2	160.59	58.87	150	70.03	0.016 4	300
		1 900	18		1.5	161.51	95.13	200	56.28	0.026 4	300
	180	1 800	14		1.5	181.62	73.99	150	63.08	0.020 6	300
		2 000	18		1.5	182.64	95.13	200	63.57	0.026 4	300
	200	1 900	14		1.5	201.83	73.99	150	70.03	0.020 6	300
		1 800	16		2.0	197.59	113.36	200	51.35	0.031 5	300
	220	2 000	14		1.5	221.20	73.99	150	76.63	0.020 6	400
		1 900	18		2.0	220.43	127.53	200	57.23	0.035 4	400
	250	2 100	14		1.5	248.21	73.99	150	85.91	0.020 6	400
		2 000	18		2.0	249.28	127.53	200	64.64	0.035 4	400

表 3　碳素钢、低合金钢制螺旋板式热交换器的基本参数(2.5 MPa＜PN≤3.0 MPa)

PN MPa	A m^2	DN mm	b mm	δ mm	H m	A_Y m^2	V m^3/h	dn mm	L_t m	A_T m^2	d mm
3.0	5	500	6	4	0.4	5.05	8.25	50	6.93	0.002 3	200
		500	10		0.5	4.87	16.92	80	5.51	0.004 7	200
	6	500	6		0.4	6.19	8.25	50	8.44	0.002 3	200
		600	10		0.5	5.96	16.92	80	6.70	0.004 7	200
	8	500	6		0.5	7.81	10.41	65	8.44	0.002 9	200
		600	10		0.6	8.17	20.52	80	7.54	0.005 7	200
		700	10		0.4	8.07	13.32	65	11.38	0.003 7	200
	10	600	6		0.5	10.19	10.41	65	10.96	0.002 9	200
		700	10		0.5	9.78	16.92	80	10.86	0.004 7	200
		700	12		0.6	10.29	24.54	100	9.52	0.006 8	200
	15	700	6		0.5	15.27	10.41	65	16.31	0.002 9	200
		800	10		0.5	15.01	16.92	80	16.53	0.004 7	200
		800	10		0.6	15.39	20.52	80	13.97	0.005 7	300
		900	14		0.6	14.88	28.63	100	13.63	0.008 0	300
	20	1 000	10		0.5	20.10	16.92	80	21.98	0.004 7	300
		900	10		0.6	20.41	20.52	80	18.45	0.005 7	300
		900	14		0.8	20.12	38.71	125	13.63	0.010 8	300
	25	800	10		1.0	25.06	34.92	125	13.37	0.009 7	300
		900	10		0.8	25.55	27.72	100	17.11	0.007 7	300
		900	14		1.0	25.36	48.79	125	13.63	0.013 6	300
	30	900	10		1.0	29.73	34.92	125	15.82	0.009 7	200

表 3 碳素钢、低合金钢制螺旋板式热交换器的基本参数(2.5 MPa<PN≤3.0 MPa)(续)

PN MPa	A m^2	DN mm	b mm	δ mm	H m	A_Y m^2	V m^3/h	dn mm	L_t m	A_T m^2	d mm
3.0	30	900	12	4	1.0	30.23	41.82	125	16.16	0.011 6	300
		900	14		1.2	30.60	58.87	150	13.63	0.016 4	300
	40	1 100	10		0.8	39.91	27.72	100	26.58	0.007 7	300
		1 200	14		0.8	40.20	38.71	125	26.94	0.010 8	300
		1 100	16		1.2	40.71	67.28	150	18.08	0.018 7	300
	50	1 000	10		1.2	50.03	42.12	125	21.98	0.011 7	300
		1 300	12		0.8	49.72	33.18	125	33.17	0.009 2	300
		1 100	14		1.2	51.17	58.87	150	22.60	0.016 4	300
		1 200	16		1.2	50.20	67.28	150	22.22	0.018 7	300
	60	1 500	10		0.6	59.63	20.52	80	53.27	0.005 7	300
		1 400	12		0.8	60.19	33.18	125	40.08	0.009 2	300
		1 300	14		1.0	59.62	48.79	125	31.63	0.013 6	300
		1 400	18		1.0	59.12	62.73	150	31.47	0.017 4	300
	80	1 300	10		1.0	79.37	34.92	125	41.76	0.009 7	300
		1 500	10		0.8	80.55	27.72	100	53.27	0.007 7	300
		1 500	14		1.0	79.57	48.79	125	42.07	0.013 6	300
		1 700	18		1.0	81.14	62.73	150	43.01	0.017 4	300

表 4 奥氏体不锈钢制螺旋板式热交换器的基本参数(PN≤1.6 MPa)

PN MPa	A m^2	DN mm	b mm	δ mm	H m	A_Y m^2	V m^3/h	dn mm	L_t m	A_T m^2	d mm
0.6 1.0 1.6	4	500	10	2.5 3.0	0.4	4.19	13.32	65	5.97	0.003 7	200
	6	400	6		0.6	6.13	12.57	65	5.52	0.003 5	200
		500	10		0.5	6.02	16.92	80	6.80	0.004 7	200
	8	600	6		0.4	8.11	8.25	50	10.67	0.002 3	200
		600	10		0.6	8.21	20.52	80	7.55	0.005 7	200
		600	10		0.5	7.95	16.92	80	8.84	0.004 7	200
	10	600	6		0.4	10.06	8.25	50	13.56	0.002 3	200
		600	10		0.6	10.14	20.52	80	9.29	0.005 7	200
		700	14		0.6	9.76	28.63	100	8.99	0.008 0	300
		700	14		0.8	10.15	38.71	125	6.95	0.010 8	300
	15	700	6		0.5	15.03	10.41	65	15.97	0.002 9	300
		800	10		0.5	14.80	16.92	80	16.22	0.004 7	300
		800	14		0.8	15.70	38.71	125	10.66	0.010 8	300
	20	700	6		0.6	19.96	12.57	65	17.55	0.003 5	300
		900	10		0.6	20.05	20.52	80	18.09	0.005 7	300
		900	14		0.8	20.26	38.71	125	13.69	0.010 8	300
	25	800	10		0.8	25.18	27.72	100	16.83	0.007 7	300

表4 奥氏体不锈钢制螺旋板式热交换器的基本参数(PN≤1.6 MPa)(续)

PN MPa	A m^2	DN mm	b mm	δ mm	H m	A_Y m^2	V m^3/h	dn mm	L_t m	A_T m^2	d mm
0.6 1.0 1.6	25	900	10	2.5 3.0	0.6	24.57	20.52	80	22.11	0.005 7	300
		900	14		0.8	25.32	38.71	125	17.05	0.010 8	300
	30	800	10		1.0	30.54	34.92	125	16.22	0.009 7	300
		900	14		1.2	30.81	58.87	150	13.69	0.016 4	300
	40	1 000	10		0.8	39.82	27.72	100	26.48	0.007 7	300
		900	12		1.2	39.29	50.46	125	17.35	0.014 0	300
		1 000	16		1.2	39.03	67.28	150	17.31	0.018 7	300
	50	1 000	10		1.0	50.17	34.92	125	26.48	0.009 7	300
		1 100	14		1.2	50.55	58.87	150	22.30	0.016 4	300
		1 200	18		1.2	50.78	75.69	150	22.48	0.021 0	300
	60	1 200	10		0.8	60.19	27.72	100	39.86	0.007 7	300
		1 100	12		1.2	59.67	50.46	125	26.21	0.014 0	300
		1 200	12		1.0	60.78	41.82	125	32.14	0.011 6	300
		1 400	18		1.0	60.40	62.73	150	32.10	0.017 4	300
	80	1 200	10		1.0	79.38	34.92	125	41.71	0.009 7	300
		1 500	10		0.8	79.59	27.72	100	52.59	0.007 7	300
		1 400	14		1.0	79.21	48.79	125	41.85	0.013 6	300
		1 500	18		1.2	80.25	75.69	150	35.31	0.021 0	300
	100	1 400	10		1.0	100.27	34.92	125	52.59	0.009 7	300
		1 200	12		1.5	100.03	63.42	150	34.85	0.017 6	300
		1 600	14		1.0	100.87	48.79	125	53.16	0.013 6	300
		1 600	18		1.2	98.74	75.69	150	43.34	0.021 0	300
	120	1 500	10		1.0	121.25	34.92	125	63.51	0.009 7	300
		1 700	14		1.0	120.01	48.79	125	63.15	0.013 6	300
		1 800	18		1.2	119.08	75.69	150	52.16	0.021 0	300
	130	1 800	14		1.0	130.18	48.79	125	68.45	0.013 6	300
		2 000	18		1.0	131.14	62.73	150	69.11	0.017 4	300
	150	1 900	14		1.0	148.94	48.79	125	78.24	0.013 6	300
		2 000	18		1.2	151.34	75.69	150	66.12	0.021 0	300
	160	1 800	14		1.2	160.22	58.87	150	69.81	0.016 4	300
		2 000	18		1.2	158.24	75.69	150	69.11	0.021 0	300
	180	1 900	14		1.2	179.71	58.87	150	78.24	0.016 4	300
		1 800	16		1.5	180.85	84.56	200	62.83	0.023 5	300
	200	1 900	16		1.5	201.30	84.56	200	69.87	0.023 5	300
		2 000	14		1.2	200.30	58.87	150	87.13	0.016 4	300
	220	1 900	14		1.5	221.43	73.99	150	76.65	0.020 6	400
		1 900	18		2.0	221.36	127.53	200	57.42	0.035 4	400
	250	2 000	14		1.5	251.76	73.99	150	87.07	0.020 6	400

表4 奥氏体不锈钢制螺旋板式热交换器的基本参数(PN≤1.6 MPa)(续)

PN MPa	A m²	DN mm	b mm	δ mm	H m	A_Y m²	V m³/h	dn mm	L_t m	A_T m²	d mm
0.6 1.0 1.6	250	2 000	18	2.5 3.0	2.0	249.28	127.53	200	64.59	0.035 4	400
	280	2 100	14		1.5	279.25	73.99	150	96.51	0.020 6	400
		2 100	18		2.0	278.80	127.53	200	72.17	0.035 4	400
0.6 1.0	300	2 200	14	2.5 3.0	1.5	298.33	73.99	150	103.06	0.020 6	400
		2 100	18		2.0	297.26	127.53	200	76.91	0.035 4	400
		2 200	20		2.0	303.21	141.70	250	78.51	0.039 4	400
	330	2 000	14		2.0	331.55	99.19	200	85.54	0.027 6	400
		2 200	18		2.0	329.31	127.53	200	85.13	0.035 4	400
		2 300	20		2.0	330.17	141.70	250	85.43	0.039 4	400
	350	2 100	14		2.0	349.59	99.19	200	90.16	0.027 6	400
		2 300	18		2.0	349.30	127.53	200	90.26	0.035 4	400
		2 400	20		2.0	353.12	141.70	250	90.81	0.039 4	400

表5 奥氏体不锈钢制螺旋板式热交换器的基本参数(1.6 MPa<PN≤2.5 MPa)

PN MPa	A m²	DN mm	b mm	δ mm	H m	A_Y m²	V m³/h	dn mm	L_t m	A_T m²	d mm
2.5	4	500	10	2.5 3.0	0.4	4.19	13.32	65	5.97	0.003 7	200
	6	400	6		0.6	6.13	12.57	65	5.52	0.003 5	200
		600	12		0.5	6.00	20.22	80	6.77	0.005 6	200
	8	500	6		0.5	8.00	10.41	65	8.61	0.002 9	200
		600	10		0.5	7.95	16.92	80	8.84	0.004 7	200
		600	10		0.6	8.21	20.52	80	7.55	0.005 7	200
	10	600	6		0.4	10.06	8.25	50	13.56	0.002 3	200
		600	10		0.6	10.14	20.52	80	9.29	0.005 7	200
		700	14		0.6	9.76	28.63	100	8.99	0.008 0	300
		700	14		0.8	10.15	38.71	125	6.95	0.010 8	300
	15	700	6		0.5	15.03	10.41	65	15.97	0.002 9	300
		800	10		0.6	15.30	20.52	80	13.85	0.005 7	300
		800	14		0.8	14.85	38.71	125	10.09	0.010 8	300
	20	700	6		0.6	19.96	12.57	65	17.55	0.003 5	300
		900	10		0.6	20.05	20.52	80	18.09	0.005 7	300
		900	14		0.8	20.26	38.71	125	13.69	0.010 8	300
	25	800	10		0.8	25.18	27.72	100	16.83	0.007 7	300
		1 000	10		0.6	25.36	20.52	80	22.81	0.005 7	300
		1 000	14		0.8	25.32	38.71	125	17.05	0.010 8	300
	30	800	10		1.0	29.39	34.92	125	15.61	0.009 7	300
		800	12		1.2	30.53	50.46	125	13.53	0.014 0	300
	40	1 000	10		0.8	39.82	27.72	100	26.48	0.007 7	300

表 5　奥氏体不锈钢制螺旋板式热交换器的基本参数(1.6 MPa＜PN≤2.5 MPa)(续)

PN MPa	A m^2	DN mm	b mm	δ mm	H m	A_Y m^2	V m^3/h	dn mm	L_t m	A_T m^2	d mm
2.5	40	900	12	2.5 3.0	1.2	39.29	50.46	125	17.35	0.014 0	300
		1 000	16		1.2	39.03	67.28	150	17.31	0.018 7	300
	50	1 000	10		1.0	50.17	34.92	125	26.48	0.009 7	300
		1 100	14		1.2	50.55	58.87	150	22.30	0.016 4	300
		1 200	18		1.2	50.78	75.69	150	22.48	0.021 0	300
	60	1 200	10		0.8	60.19	27.72	100	39.86	0.007 7	300
		1 100	12		1.2	59.67	50.46	125	26.21	0.014 0	300
		1 300	12		1.0	60.78	41.82	125	32.14	0.011 6	300
		1 400	18		1.0	60.40	62.73	150	32.10	0.017 4	300
	80	1 500	12		0.8	80.31	33.18	125	53.27	0.009 2	300
		1 400	14		1.0	79.21	48.79	125	41.85	0.013 6	300
		1 500	18		1.2	80.25	75.69	150	35.31	0.021 0	300
	100	1 400	10		1.0	100.27	34.92	125	52.59	0.009 7	300
		1 200	12		1.5	100.03	63.42	150	34.85	0.017 6	300
		1 600	14		1.0	100.87	48.79	125	53.16	0.013 6	300
		1 600	18		1.2	98.74	75.69	150	43.34	0.021 0	300
	120	1 500	10		1.0	119.07	34.92	125	62.37	0.009 7	300
		1 600	14		1.2	121.72	58.87	150	53.16	0.016 4	300
	140	1 500	12		1.5	140.69	63.42	150	48.86	0.017 6	300
	160	1 700	14		1.5	160.00	73.99	150	55.58	0.020 6	300
	180	1 900	14		1.2	179.71	58.87	150	78.24	0.016 4	300
		1 800	16		1.5	180.85	84.56	200	62.83	0.023 5	300
	200	1 900	16		1.5	201.30	84.56	200	69.87	0.023 5	300
		2 000	14		1.2	200.30	58.87	150	87.13	0.016 4	300
	220	1 900	14		1.5	221.43	73.99	150	76.65	0.020 6	400
		1 900	18		2.0	221.36	127.53	200	57.42	0.035 4	400
	250	2 000	14		1.5	247.32	73.99	150	85.54	0.020 6	400
		2 000	18		2.0	249.28	127.53	200	64.59	0.035 4	400

表 6　奥氏体不锈钢制螺旋板式热交换器的基本参数(2.5 MPa＜PN≤3.0 MPa)

PN MPa	A m^2	DN mm	b mm	δ mm	H m	A_Y m^2	V m^3/h	dn mm	L_t m	A_T m^2	d mm
3.0	4	400	6	2.5 3.0	0.4	4.03	8.25	50	5.52	0.002 3	200
		500	10		0.4	3.92	13.32	65	5.60	0.003 7	200
	5	500	6		0.4	5.00	8.25	50	6.83	0.002 3	200
		500	10		0.5	4.98	16.92	80	5.60	0.004 7	200
	6	500	6		0.4	6.06	8.25	50	8.24	0.002 3	200
		600	10		0.5	6.02	16.92	80	6.74	0.004 7	200

表6 奥氏体不锈钢制螺旋板式热交换器的基本参数(2.5 MPa＜PN≤3.0 MPa)(续)

PN MPa	A m^2	DN mm	b mm	δ mm	H m	A_Y m^2	V m^3/h	dn mm	L_t m	A_T m^2	d mm
3.0	8	500	6	2.5 3.0	0.5	8.00	10.41	65	8.61	0.002 9	200
		600	10		0.6	8.21	20.52	80	7.55	0.005 7	200
		600	10		0.5	7.95	16.92	80	8.84	0.004 7	200
	10	600	6		0.5	9.84	10.41	65	10.55	0.002 9	200
		700	10		0.5	10.10	16.92	80	11.18	0.004 7	200
		700	12		0.6	9.77	24.54	100	9.02	0.006 8	200
	15	700	6		0.5	15.03	10.41	65	15.97	0.002 9	300
		800	10		0.6	14.66	20.52	80	13.29	0.005 7	300
		800	14		0.8	14.85	38.71	125	10.09	0.010 8	300
	20	700	6		0.6	19.73	12.57	65	17.40	0.003 5	200
		900	10		0.6	20.05	20.52	80	18.09	0.005 7	300
		900	14		0.8	20.26	38.71	125	13.69	0.010 8	300
	25	900	10		0.8	25.18	27.72	100	16.83	0.007 7	300
		800	12		1.2	25.22	50.46	150	11.22	0.014 0	300
		1 000	14		0.8	25.32	38.71	125	17.05	0.010 8	300
	30	900	10		0.8	30.07	27.72	100	20.06	0.007 7	300
		900	12		1.0	30.05	41.82	125	16.03	0.011 6	300
		900	14		1.2	30.81	58.87	150	13.69	0.016 4	300
	40	1 000	10		0.8	39.82	27.72	100	26.48	0.007 7	300
		1 000	12		1.0	40.61	41.82	125	21.58	0.011 6	300
		1 100	14		1.0	40.39	48.79	125	21.51	0.013 6	300
		1 000	16		1.2	40.75	67.28	150	18.07	0.018 7	300
	50	1 000	10		1.0	50.17	34.92	125	26.48	0.009 7	300
		1 100	12		1.0	49.46	41.82	125	26.21	0.011 6	300
		1 100	14		1.2	50.55	58.87	150	22.30	0.016 4	300
		1 100	16		1.2	49.89	67.28	150	22.05	0.018 7	300
	60	1 200	10		0.8	60.19	27.72	100	39.86	0.007 7	300
		1 100	12		1.2	59.67	50.46	125	26.21	0.014 0	300
		1 200	12		1.0	60.78	41.82	125	32.14	0.011 6	300
		1 400	18		1.0	60.40	62.73	150	32.10	0.017 4	300
	80	1 500	12		0.8	80.31	33.18	125	53.27	0.009 2	300
		1 400	14		1.0	79.21	48.79	125	41.85	0.013 6	300
		1 500	18		1.2	80.25	75.69	150	35.31	0.021 0	300

表7 倒锥平盖结构尺寸

PN MPa	DN mm	D_o mm	k	l	R_c mm	t_B mm	t_H mm	t_{Z1} mm	t_{Z2} mm	h_1 mm	h mm
0.4	500	564	0.55	0.3	266	20	14	6	6	68	82
	600	664			316	20	14	6	6	74	90
	700	764			366	24	16	6	6	86	102
	800	864	0.6		416	28	18	6	8	102	122
	900	964			466	28	18	6	8	106	128
	1 000	1 064			516	32	20	6	8	118	142
	1 100	1 164			566	36	22	6	8	130	156
	1 200	1 264			616	40	24	8	10	142	170
0.6	500	564	0.55	0.3	266	20	14	6	6	68	82
	600	664			316	24	16	6	8	80	96
	700	764			366	28	18	6	8	90	108
	800	864	0.6		416	28	18	6	8	102	122
	900	964			466	32	20	6	8	112	136
	1 000	1 064			516	36	22	6	10	124	150
	1 100	1 164			566	40	24	6	10	136	164
	1 200	1 264			616	44	26	8	12	148	176
0.8	500	564	0.55	0.3	266	20	14	6	8	68	82
	600	664			316	24	16	6	8	80	96
	700	764			366	28	18	6	8	90	108
	800	864	0.6		416	32	20	6	10	106	128
	900	964			466	32	20	6	10	112	136
	1 000	1 064			516	36	22	6	12	124	150
	1 100	1 164			566	40	24	6	12	136	164
	1 200	1 264			616	44	26	10	14	148	176
1.0	500	564	0.55	0.3	266	24	16	6	8	74	88
	600	664			316	28	18	6	10	84	102
	700	764			366	32	20	6	10	96	114
	800	864	0.6		416	32	20	6	12	106	128
	900	964			466	36	22	6	12	118	142
	1 000	1 064			516	40	24	6	12	130	156
	1 100	1 164			566	44	26	6	12	142	170
	1 200	1 264			616	48	28	10	14	154	184
1.6	500	564	0.55	0.3	266	28	18	8	10	78	94
	600	664			316	32	20	8	10	90	108
	700	764			366	36	22	8	10	102	122
	800	864	0.6		416	40	24	10	12	118	142
	900	964			466	44	26	10	12	130	156
	1 000	1 064			516	48	28	10	14	142	170

表7 倒锥平盖结构尺寸（续）

PN MPa	DN mm	D_o mm	k	l	R_c mm	t_B mm	t_H mm	t_{Z1} mm	t_{Z2} mm	h_1 mm	h mm
1.6	1 100	1 164	0.6	0.3	566	52	30	10	14	154	184
	1 200	1 264			616	56	32	12	16	166	198

注：计算中采用200 ℃时Q345R材料的力学性能参数，腐蚀裕量取2.0 mm。当材料力学性能低于此参数时，重新核算。

ICS 71.120.30
CCS J 75

中华人民共和国国家标准

GB/T 28712.6—2023
代替 GB/T 28712.6—2012

热交换器型式与基本参数 第6部分：空冷式热交换器

Types and basic parameters of heat exchangers—
Part 6: Air cooled heat exchanger

2023-08-06 发布　　2023-12-01 实施

国家市场监督管理总局
国家标准化管理委员会　发布

前　言

本文件按照 GB/T 1.1—2020《标准化工作导则　第 1 部分:标准化文件的结构和起草规则》的规定起草。

本文件是 GB/T 28712《热交换器型式与基本参数》的第 6 部分。GB/T 28712《热交换器型式与基本参数》已经发布了以下部分:

——第 1 部分:浮头式热交换器;

——第 2 部分:固定管板式热交换器;

——第 3 部分:U 形管式热交换器;

——第 4 部分:热虹吸式重沸器;

——第 5 部分:螺旋板式热交换器;

——第 6 部分:空冷式热交换器。

本文件代替 GB/T 28712.6—2012《热交换器型式与基本参数　第 6 部分:空冷式热交换器》,与 GB/T 28712.6—2012 相比,除结构调整和编辑性改动外,主要技术变化如下:

a) 增加了基管外径为 32 mm 的翅片管基本参数及排列型式(见 5.1.1);

b) 增加了基管外径为 38 mm 的翅片管基本参数及排列型式(见 5.1.1);

c) 增加了基管外径为 32 mm 的翅片管的翅化比及管束迎风面积比(见 5.1.2.2);

d) 增加了基管外径为 38 mm 的翅片管的翅化比及管束迎风面积比(见 5.1.2.3);

e) 增加了基管外径为 32 mm 的管束基管外表面积与换热管根数(见 5.2.3.2);

f) 增加了基管外径为 38 mm 的管束基管外表面积与换热管根数(见 5.2.3.2);

g) 增加了 6 种规格的构架型号(见 5.3);

h) 删除了对管束管程数的限制(见 2012 年版的 5.8);

i) 删除了构架底板螺栓孔位置尺寸图(见 2012 年版的 6.1.4);

j) 增加了风机参数表中对应风量下的风压值(见 5.4);

k) 删除了风机的基本组合参数中的叶片型式(见 2012 年版的 7.4)。

请注意本文件的某些内容可能涉及专利。本文件的发布机构不承担识别专利的责任。

本文件由全国锅炉压力容器标准化技术委员会(SAC/TC 262)提出并归口。

本文件起草单位:甘肃蓝科石化高新装备股份有限公司、上海蓝滨石化设备有限责任公司、中国石化工程建设有限公司、中石化广州工程有限公司、中石化宁波工程有限公司、哈尔滨空调股份有限公司、兰州长征机械有限公司、湖北长江石化设备有限公司、仪征市永辉散热管制造有限公司、保定航技风机制造有限公司、中国特种设备检测研究院、上海蓝海科创检测有限公司。

本文件主要起草人:韩卓、张向南、张迎恺、张国信、崔金栋、尹继英、赵得华、赵天波、郑明惠、周峰、高莉萍、王春晖、杨春天、陈志伟、刘福录、张延丰、陈战杨、周文学。

本文件于 2012 年首次发布,本次为第一次修订。

引　言

GB/T 28712《热交换器型式与基本参数》旨在规范能源工业用热交换器典型结构型式，充分考虑装置大型化发展趋势，兼顾我国热交换器产品标准和建造水平，明确了参数适用范围及其配套尺寸。考虑不同热交换器的功能、结构、参数差异明显，由六个部分构成。

——第1部分：浮头式热交换器。

——第2部分：固定管板式热交换器。

——第3部分：U形管式热交换器。

——第4部分：热虹吸式重沸器。

——第5部分：螺旋板式热交换器。

——第6部分：空冷式热交换器。

热交换器型式与基本参数标准，对实现我国热交换器的标准化、系列化、通用化、规模化具有重要意义。对量大面广的热交换器产品，其结构、参数标准化，首先能够促进产品建造标准化，提高设计质量、效率；其次能够节约制造、使用环节的工具、工装、材料消耗和积压；最后能够方便用户实现产品的选用、更换、维修与互换。近年来，我国大型炼化一体化项目建设进入高速发展时期，作为装置典型用能设备的热交换器用量显著增长；装置大型化促使热交换器结构尺寸迈向新高度，单体设备的大型化需求日益突出；大批工程项目的建设实施，为热交换器建造积累了丰富的设计、制造及工程应用经验。同时，GB/T 151《热交换器》也据此进行了修订，首次形成了全面覆盖热交换器典型结构的产品综合标准，并对适用参数进行了大幅调整。为此，需要对热交换器型式与基本参数标准进行修订，适应行业与标准发展需求。

本文件重点考虑了设备大型化及高效节能发展需求，通过对产品设计、生产、使用及标准化等环节的调研与分析，大幅扩充了空冷式热交换器中翅片管、管束、构架、风机、百叶窗等部件的型式和基本参数。促进了该类产品的高效选型、建造、维修与互换，对落实我国“节能减排”战略、推进“绿色设计”具有积极的意义。

热交换器型式与基本参数
第6部分:空冷式热交换器

1 范围

本文件规定了鼓风式、引风式空冷式热交换器(以下简称"空冷器")的型式与翅片管、管束、构架、风机、百叶窗等部件的型式和基本参数。

本文件适用于石油及化工行业用空冷器及其他工业部门相类似的空冷器。

2 规范性引用文件

下列文件中的内容通过文中的规范性引用而构成本文件必不可少的条款。其中,注日期的引用文件,仅该日期对应的版本适用于本文件;不注日期的引用文件,其最新版本(包括所有的修改单)适用于本文件。

NB/T 47007 空冷式热交换器

3 术语和定义

NB/T 47007 界定的以及下列术语和定义适用于本文件。

3.1

翅化比 finned ratio

单位长度翅片管的总外表面积与其基管外表面积之比。

3.2

管束迎风面积比 bundle windward area ratio

管束空气流通的净截面积与管束迎风面积之比。

3.3

管心距 transverse pitch

翅片管排列时基管的横向中心距。

3.4

管束实际宽度 bundle width

SN

管束两侧梁外缘之间的距离。

4 型式

4.1 空冷器型式

空冷器型式分水平式和斜顶式2种,空冷器通风方式分鼓风式和引风式2种,见图1。

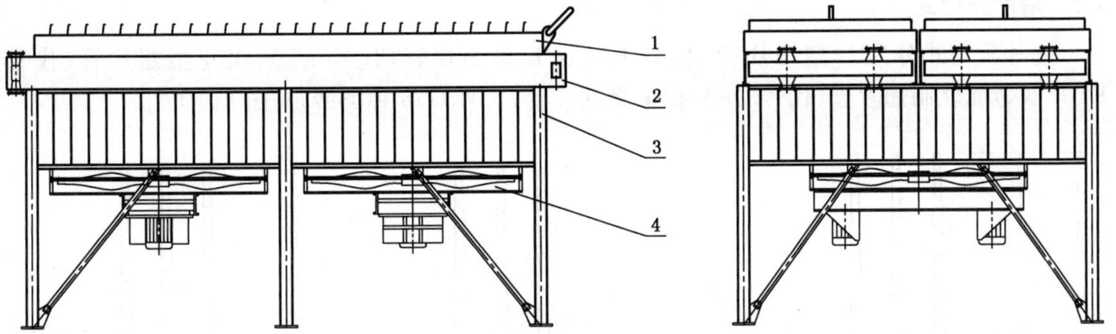

a) 鼓风式水平空冷器

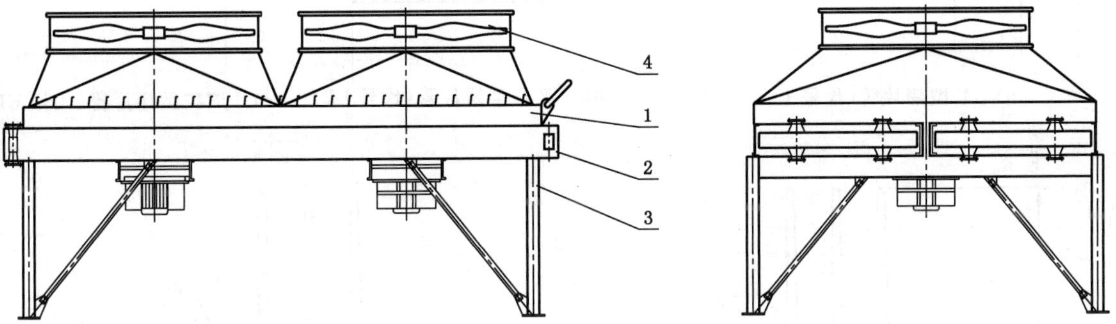

b) 引风式水平空冷器

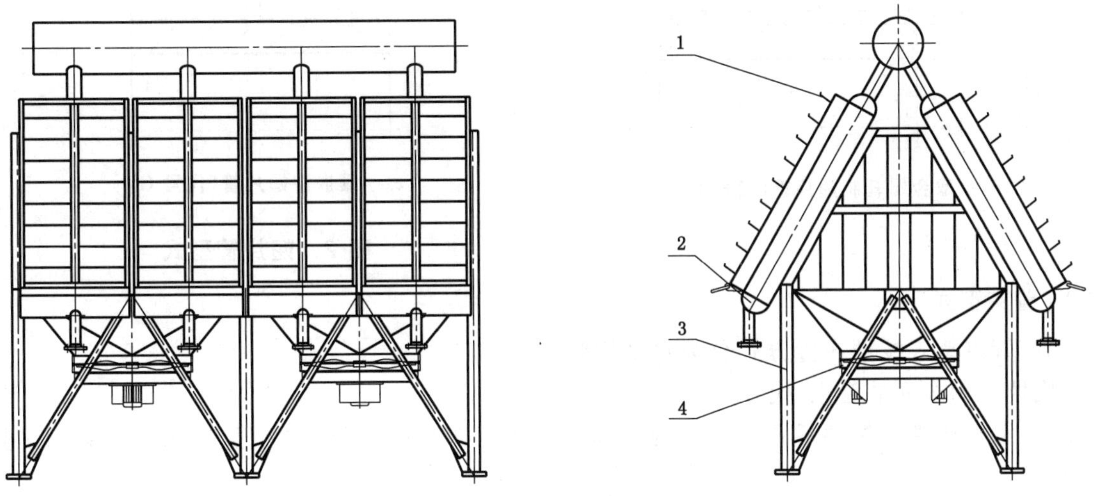

c) 鼓风式斜顶空冷器

标引序号说明：

1——百叶窗；

2——管束；

3——构架；

4——风机。

图 1 空冷器型式及通风方式

4.2 翅片管型式

翅片管型式分为 L 型翅片管(代号 L)、双 L 型翅片管(代号 LL)、滚花型翅片管(代号 KL)、双金属轧制翅片管(代号 DR)、镶嵌型翅片管(代号 G)5 种类型,见图 2。

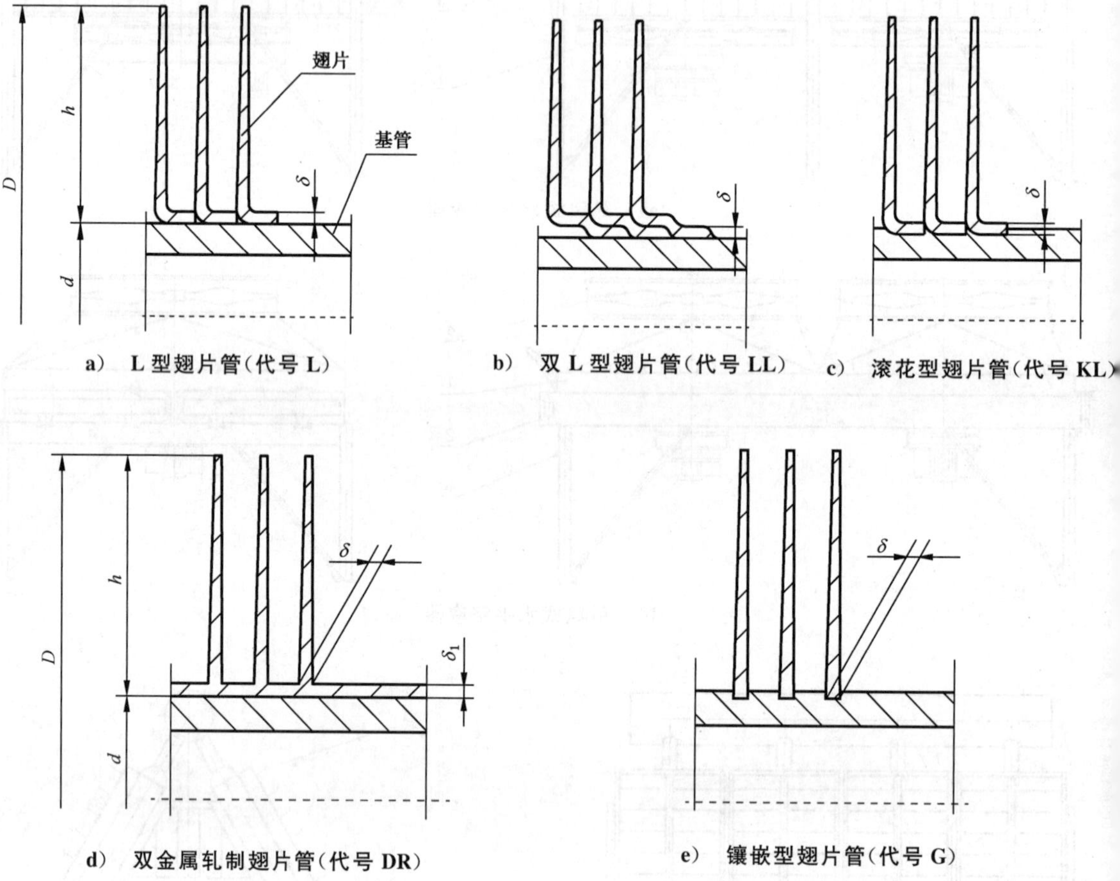

a) L 型翅片管(代号 L)　b) 双 L 型翅片管(代号 LL)　c) 滚花型翅片管(代号 KL)

d) 双金属轧制翅片管(代号 DR)　e) 镶嵌型翅片管(代号 G)

图 2 翅片管型式

4.3 管束型式

4.3.1 管束型式按照布置方式分为水平式管束(代号 P)和斜顶式管束(代号 X),见图 3。

4.3.2 水平式管束按照通风方式分为鼓风式水平管束(代号 GP)和引风式水平管束(代号 YP)。

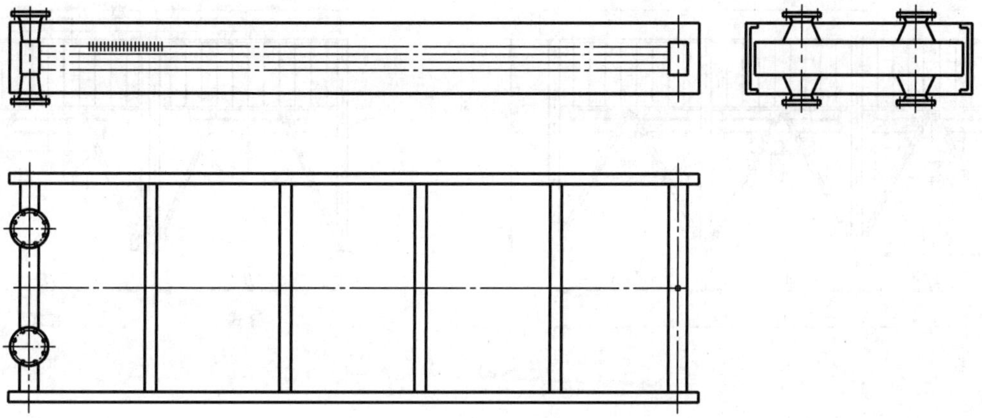

a) 水平式管束

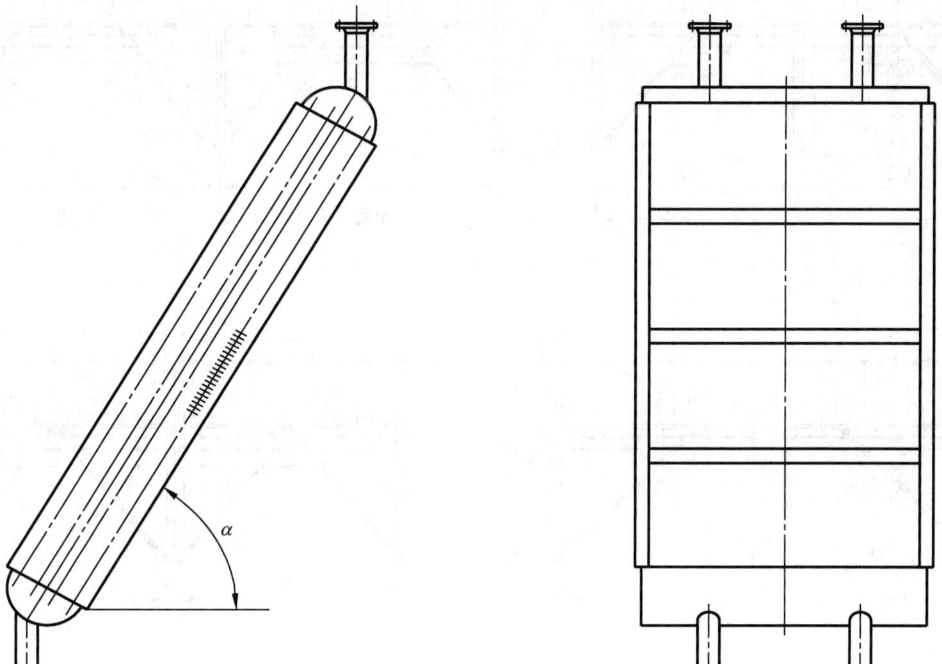

b) 斜顶式管束

标引符号说明：
α——管束倾斜角度。

图 3 管束型式

4.4 构架型式

4.4.1 构架型式分为鼓风式水平构架(代号 GJP)、引风式水平构架(代号 YJP)和斜顶式构架(代号 JX)。构架安装分为开式构架(代号 K)和闭式构架(代号 B)。

4.4.2 鼓风式水平构架(代号 GJP)型式见图 4,开式构架(代号 K)应与闭式构架(代号 B)组合使用。

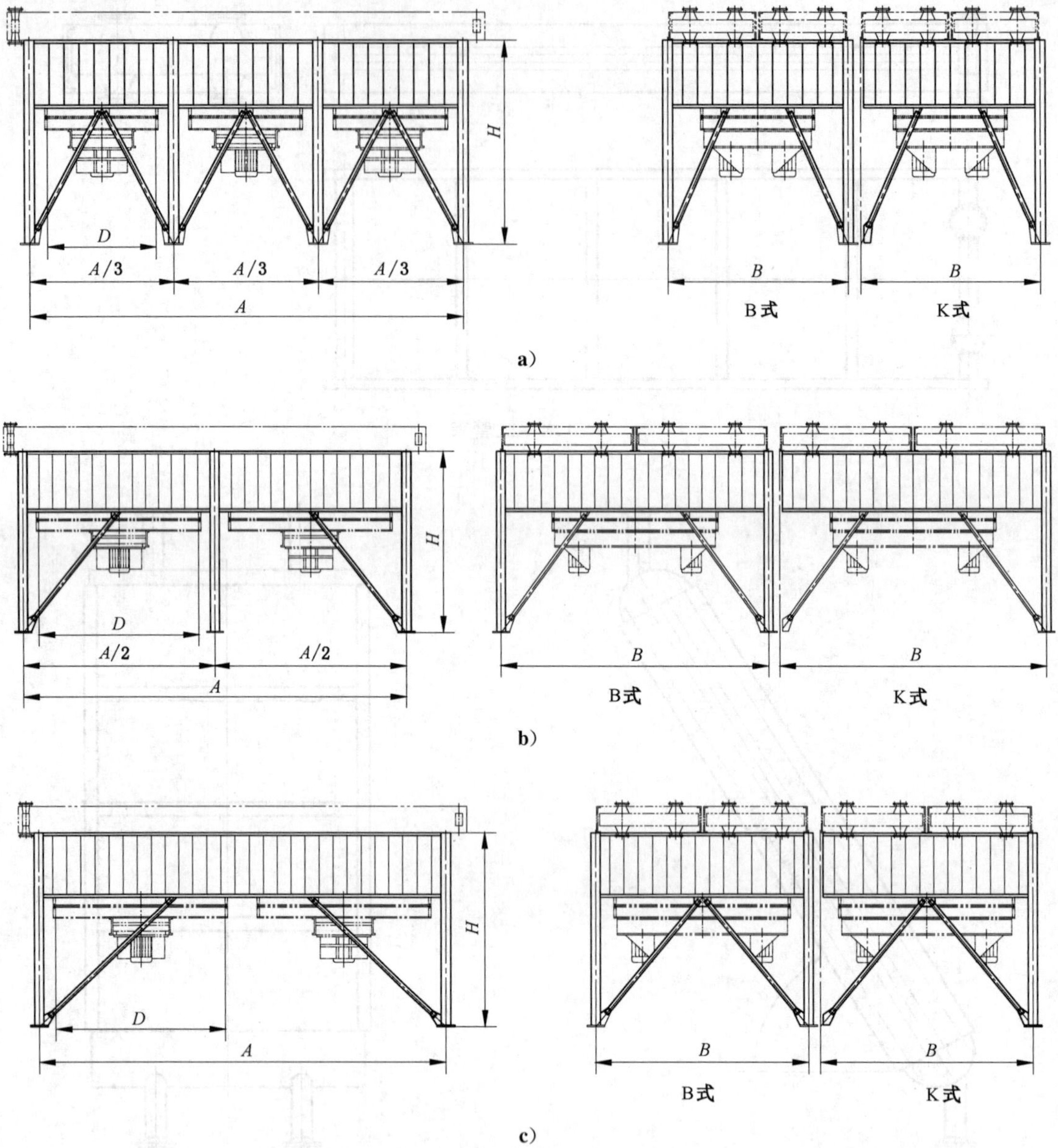

图 4　鼓风式水平构架

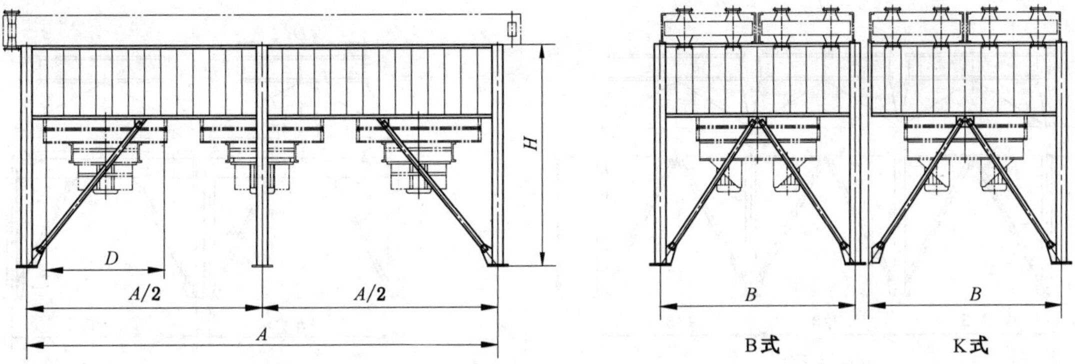

d)

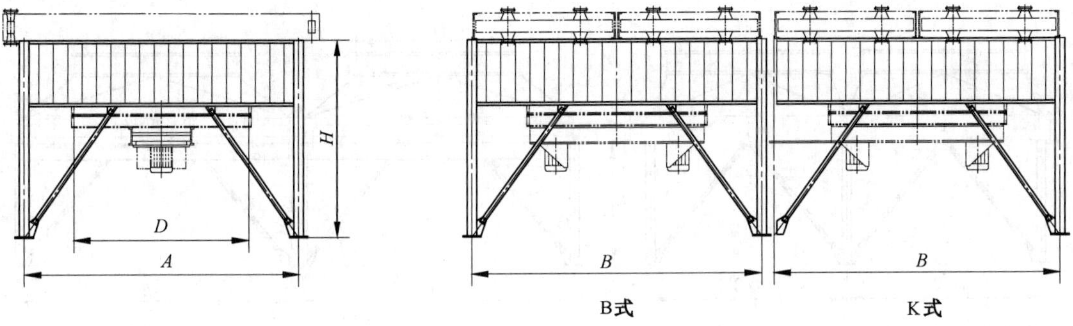

e)

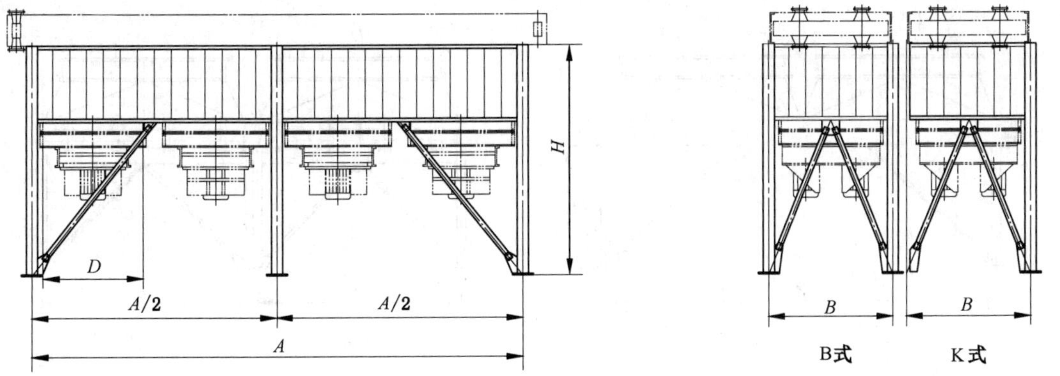

f)

标引符号说明：

A——沿管束长度方向的立柱跨距；

B——沿管束宽度方向的立柱跨距；

D——风机叶轮公称直径；

H——构架立柱高度。

图 4　鼓风式水平构架（续）

4.4.3　引风式水平构架(代号 YJP)型式见图 5，开式构架(代号 K)应与闭式构架(代号 B)组合使用。

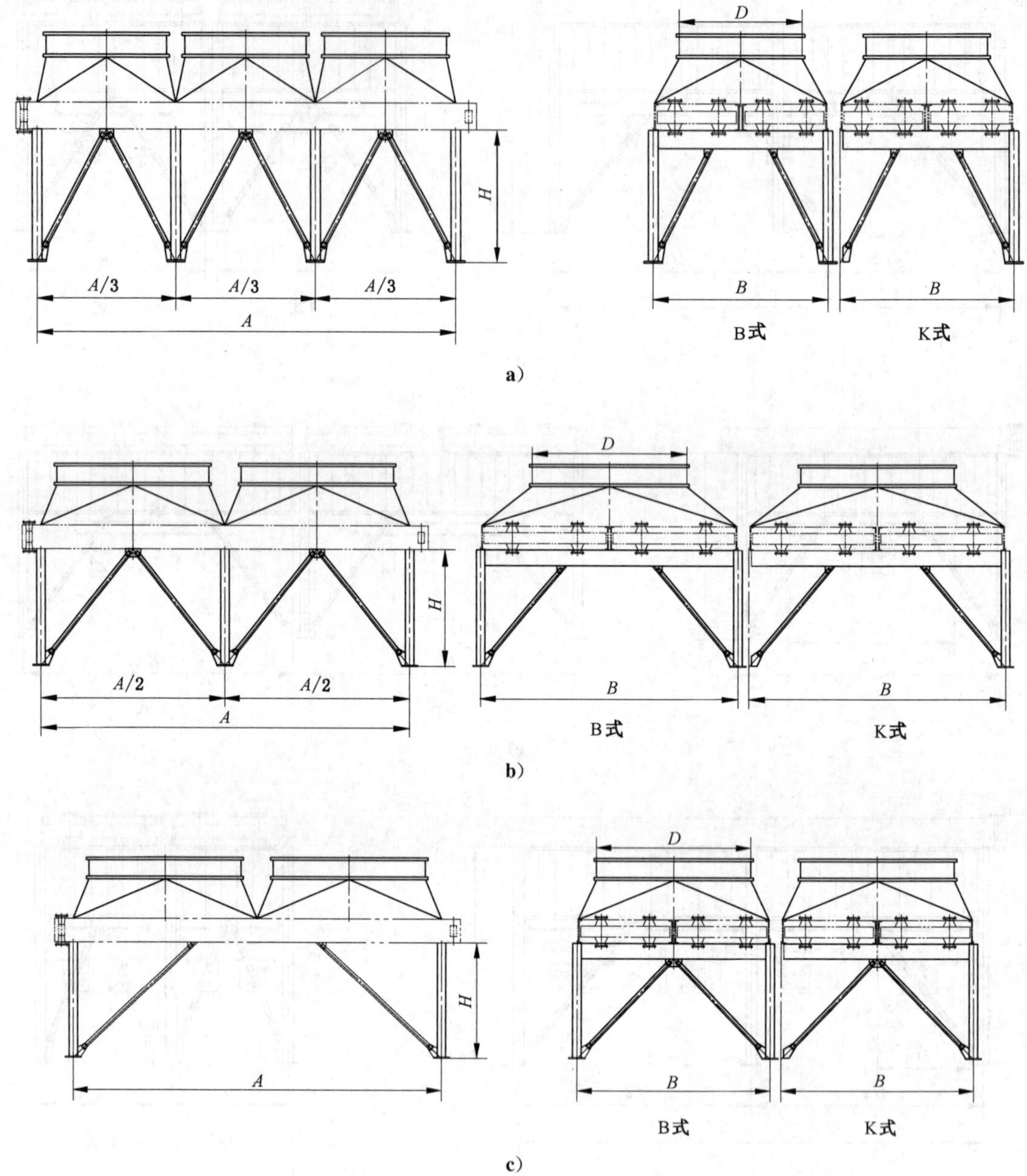

图 5 引风式水平构架

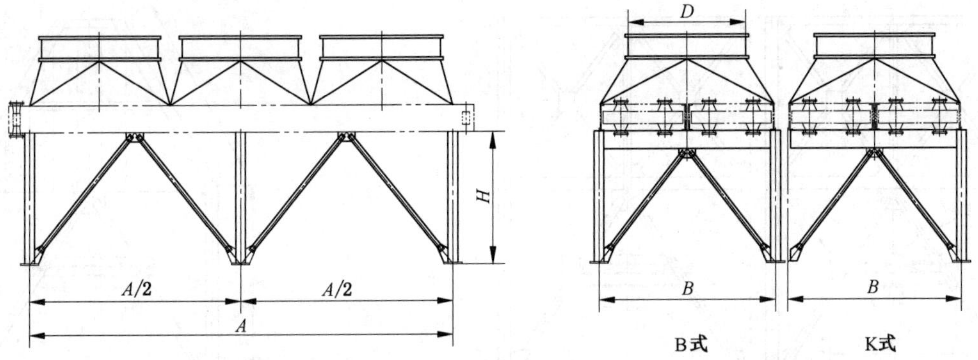

d)

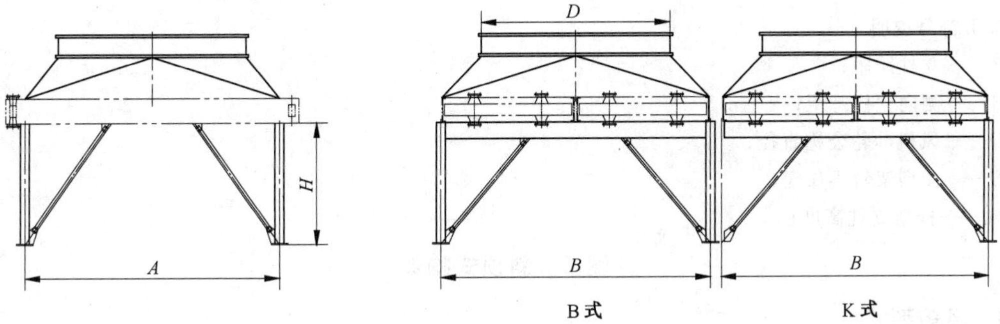

e)

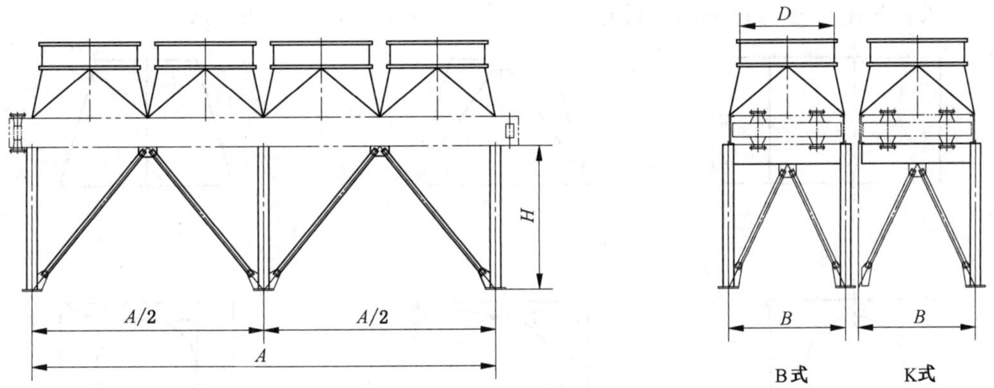

f)

标引符号说明：

A——沿管束长度方向的立柱跨距；

B——沿管束宽度方向的立柱跨距；

D——风机叶轮公称直径；

H——构架立柱高度。

图5　引风式水平构架(续)

4.4.4　斜顶式构架(代号JX)型式见图6,开式构架(代号K)应与闭式构架(代号B)组合使用。

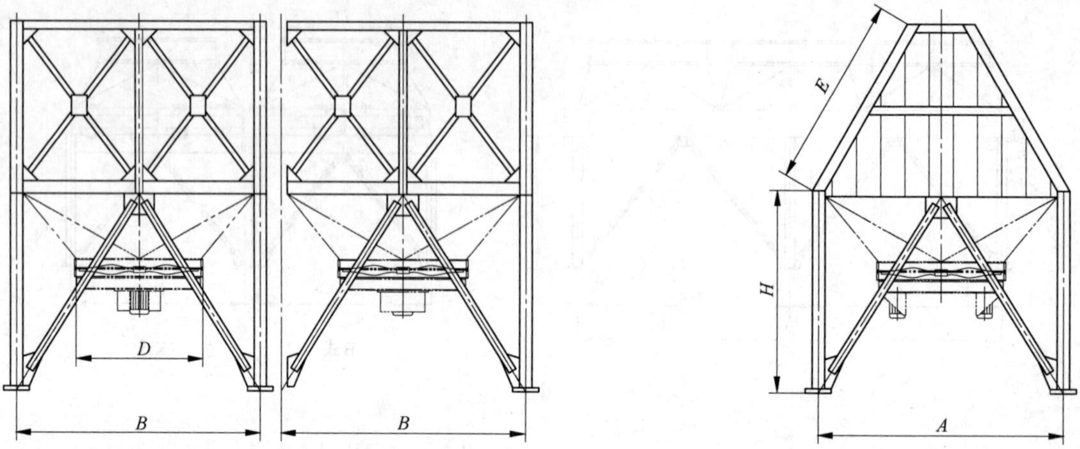

标引符号说明：

A——立柱跨距；

B——侧向立柱跨距；

D——风机叶轮公称直径；

E——A型架斜梁长度；

H——构架立柱高度。

图6　斜顶式构架

4.4.5　风箱型式

4.4.5.1　风箱型式分为方箱型(代号F)、过度锥型(代号Z)和斜坡型(代号P)，见图7。

4.4.5.2　风箱长度尺寸与管束和风机相对应，风箱高度 H_f 不小于1 200 mm。

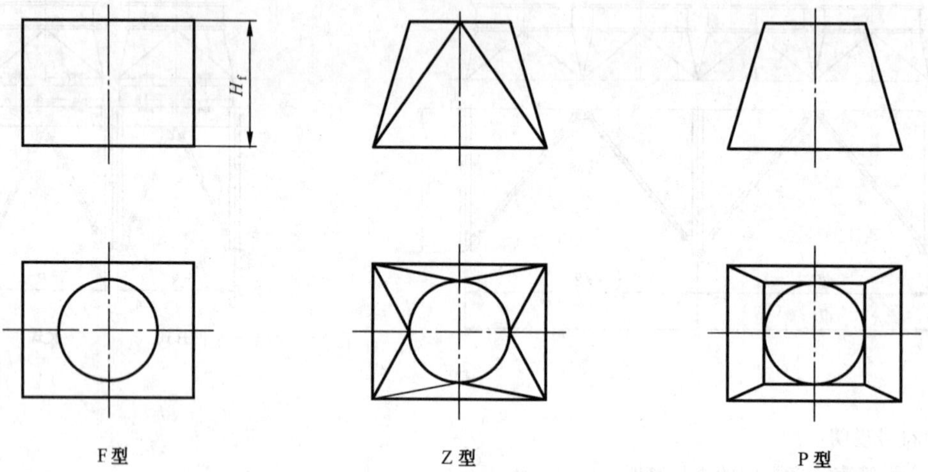

图7　风箱型式

4.5　风机型式

风机型式分为电动机直接传动(代号Z)、皮带传动(代号V)、齿轮减速器传动(代号C)。

4.6　百叶窗型式

百叶窗型式见图8，百叶窗型式分为手动调节百叶窗(代号SC)和自动调节百叶窗(代号ZC)。

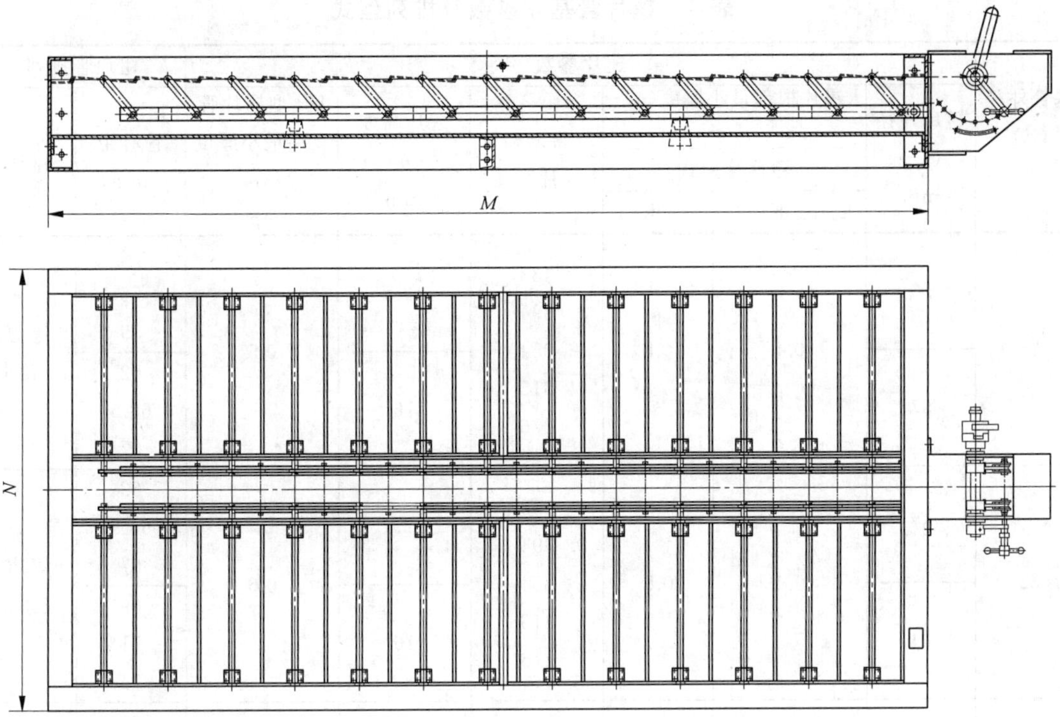

标引符号说明：

M——百叶窗实际长度；

N——百叶窗实际宽度。

图 8　百叶窗型式

5　基本参数

5.1　翅片管参数

5.1.1　翅片管基本参数及排列型式

翅片管基本参数及排列型式见表 1。

表 1　翅片管基本参数及排列型式

<table>
<tr><th rowspan="4">基管外径
(d)
mm</th><th colspan="6">翅片参数</th><th colspan="2">翅片管排列</th></tr>
<tr><th rowspan="3">翅片外径
(D)
mm</th><th colspan="2">翅片根部最小厚度(δ)
mm</th><th rowspan="3">每米翅
片数</th><th rowspan="3">翅片高度
(h)
mm</th><th rowspan="3">DR 型翅片管
复层最小厚度
(δ₁)
mm</th><th rowspan="3">管心距
mm</th><th rowspan="3">排列</th></tr>
<tr><th colspan="2">翅片管型式</th></tr>
<tr><th>L、LL、KL、G</th><th>DR</th></tr>
<tr><td rowspan="2">25</td><td>50</td><td rowspan="2">0.4</td><td rowspan="2">0.8</td><td rowspan="2">433
394
354
315
276</td><td>12.5</td><td rowspan="2">0.5</td><td>54
56
59</td><td rowspan="2">等边
三角形</td></tr>
<tr><td>57</td><td>16</td><td>62
63.5
67</td></tr>
<tr><td rowspan="2">32</td><td>57</td><td rowspan="2">0.4</td><td rowspan="2">0.8</td><td rowspan="2">433
394
354
315
276</td><td>12.5</td><td rowspan="2">0.6</td><td>62
63.5
67</td><td rowspan="2">等边
三角形</td></tr>
<tr><td>64</td><td>16</td><td>69
71
74</td></tr>
<tr><td rowspan="2">38</td><td>63</td><td rowspan="2">0.4</td><td rowspan="2">0.8</td><td rowspan="2">433
394
354
315
276</td><td>12.5</td><td rowspan="2">0.65</td><td>69
71
74</td><td rowspan="2">等边
三角形</td></tr>
<tr><td>70</td><td>16</td><td>76
79
82</td></tr>
</table>

5.1.2　翅片管的翅化比及管束迎风面积比

5.1.2.1　基管外径为 25 mm 翅片管的翅化比及管束迎风面积比见表 2。

表 2　基管外径为 25 mm 翅片管的翅化比及管束迎风面积比

<table>
<tr><th rowspan="3">翅片管
型式</th><th rowspan="3">每米
翅片数</th><th>翅化比</th><th colspan="3">迎风面积比</th><th>翅化比</th><th colspan="3">迎风面积比</th></tr>
<tr><th rowspan="2">翅片高度
h=12.5 mm</th><th colspan="3">管心距
mm</th><th rowspan="2">翅片高度
h=16 mm</th><th colspan="3">管心距
mm</th></tr>
<tr><th>54</th><th>56</th><th>59</th><th>62</th><th>63.5</th><th>67</th></tr>
<tr><td rowspan="5">L</td><td>433</td><td>17</td><td>0.467</td><td>0.486</td><td>0.512</td><td>23.4</td><td>0.522</td><td>0.533</td><td>0.557</td></tr>
<tr><td>394</td><td>15.5</td><td>0.472</td><td>0.491</td><td>0.517</td><td>21.3</td><td>0.527</td><td>0.539</td><td>0.563</td></tr>
<tr><td>354</td><td>14</td><td>0.477</td><td>0.496</td><td>0.521</td><td>19.1</td><td>0.533</td><td>0.544</td><td>0.568</td></tr>
<tr><td>315</td><td>12.5</td><td>0.482</td><td>0.500</td><td>0.526</td><td>17</td><td>0.539</td><td>0.550</td><td>0.573</td></tr>
<tr><td>276</td><td>11.2</td><td>0.487</td><td>0.505</td><td>0.530</td><td>15.2</td><td>0.544</td><td>0.555</td><td>0.578</td></tr>
</table>

表2 基管外径为25 mm翅片管的翅化比及管束迎风面积比(续)

翅片管型式	每米翅片数	翅化比	迎风面积比			翅化比	迎风面积比		
		翅片高度 $h=12.5$ mm	管心距 mm			翅片高度 $h=16$ mm	管心距 mm		
			54	56	59		62	63.5	67
LL	433	16.9	0.454	0.473	0.500	23.3	0.510	0.522	0.547
	394	15.2	0.459	0.478	0.505	21.2	0.516	0.527	0.552
	354	13.9	0.464	0.483	0.509	19	0.521	0.533	0.557
	315	12.4	0.469	0.487	0.514	16.9	0.527	0.538	0.562
	276	11.1	0.473	0.492	0.518	15.1	0.532	0.543	0.567
KL	433	17	0.467	0.486	0.512	23.4	0.522	0.533	0.557
	394	15.5	0.472	0.491	0.517	21.3	0.527	0.539	0.563
	354	14	0.477	0.496	0.521	19.1	0.533	0.544	0.568
	315	12.5	0.482	0.500	0.526	17	0.539	0.550	0.573
	276	11.2	0.487	0.505	0.530	15.2	0.544	0.555	0.578
G	433	17.3	0.479	0.498	0.523	23.7	0.533	0.544	0.568
	394	15.8	0.484	0.503	0.528	21.6	0.539	0.550	0.573
	354	14.3	0.490	0.508	0.533	19.5	0.545	0.555	0.579
	315	12.8	0.495	0.513	0.538	17.3	0.550	0.561	0.584
	276	11.4	0.500	0.518	0.542	15.4	0.556	0.567	0.589
DR	433	16.9	0.411	0.432	0.461	23.4	0.459	0.472	0.500
	394	15.4	0.420	0.441	0.470	21.3	0.470	0.483	0.510
	354	13.9	0.430	0.451	0.479	19.1	0.482	0.494	0.520
	315	12.3	0.440	0.460	0.488	17	0.492	0.504	0.530
	276	11	0.450	0.469	0.496	15.2	0.503	0.515	0.540

5.1.2.2 基管外径为32 mm翅片管的翅化比及管束迎风面积比见表3。

表3 基管外径为32 mm翅片管的翅化比及管束迎风面积比

翅片管型式	每米翅片数	翅化比	迎风面积比			翅化比	迎风面积比		
		翅片高度 $h=12.5$ mm	管心距 mm			翅片高度 $h=16$ mm	管心距 mm		
			62	63.5	67		69	71	74
L	433	15.8	0.423	0.436	0.466	21.2	0.469	0.484	0.505
	394	14.4	0.427	0.441	0.470	19.3	0.474	0.489	0.509
	354	13	0.432	0.445	0.474	17.5	0.479	0.494	0.514
	315	11.5	0.436	0.449	0.478	15.5	0.484	0.499	0.519
	276	10.3	0.440	0.453	0.482	13.9	0.489	0.503	0.524

表 3 基管外径为 32 mm 翅片管的翅化比及管束迎风面积比（续）

翅片管型式	每米翅片数	翅化比 翅片高度 $h=12.5$ mm	迎风面积比 管心距 mm 62	63.5	67	翅化比 翅片高度 $h=16$ mm	迎风面积比 管心距 mm 69	71	74
LL	433	15.7	0.411	0.425	0.455	21.1	0.459	0.474	0.495
	394	14.1	0.416	0.429	0.459	19.2	0.464	0.479	0.500
	354	13.9	0.420	0.434	0.463	17.4	0.469	0.484	0.504
	315	11.4	0.424	0.438	0.467	15.4	0.473	0.488	0.509
	276	10.2	0.428	0.442	0.471	13.8	0.478	0.493	0.514
KL	433	15.8	0.423	0.436	0.466	21.2	0.469	0.484	0.505
	394	14.4	0.427	0.441	0.470	19.3	0.474	0.489	0.509
	354	13	0.432	0.445	0.474	17.5	0.479	0.494	0.514
	315	11.5	0.436	0.449	0.478	15.5	0.484	0.499	0.519
	276	10.3	0.440	0.453	0.482	13.9	0.489	0.503	0.524
G	433	16	0.434	0.447	0.476	21.2	0.479	0.494	0.514
	394	14.6	0.439	0.452	0.480	19.3	0.484	0.499	0.519
	354	13.2	0.443	0.456	0.485	17.6	0.489	0.504	0.524
	315	11.8	0.448	0.461	0.489	15.5	0.495	0.509	0.529
	276	10.5	0.452	0.465	0.493	13.9	0.500	0.514	0.534
DR	433	15.6	0.371	0.386	0.418	21.3	0.411	0.427	0.450
	394	14.2	0.380	0.394	0.426	19.4	0.420	0.437	0.460
	354	13	0.388	0.403	0.434	17.5	0.430	0.446	0.469
	315	11.5	0.397	0.411	0.442	15.6	0.440	0.456	0.478
	276	10.3	0.405	0.419	0.450	14	0.450	0.465	0.487

5.1.2.3 基管外径为 38 mm 翅片管的翅化比及管束迎风面积比见表 4。

表 4 基管外径为 38 mm 翅片管的翅化比及管束迎风面积比

翅片管型式	每米翅片数	翅化比 翅片高度 $h=12.5$ mm	迎风面积比 管心距 mm 69	71	74	翅化比 翅片高度 $h=16$ mm	迎风面积比 管心距 mm 76	79	82
L	433	15.1	0.394	0.411	0.435	20.2	0.439	0.460	0.480
	394	13.8	0.398	0.415	0.439	18.4	0.443	0.465	0.484
	354	12.5	0.402	0.419	0.443	16.6	0.448	0.469	0.488
	315	11.2	0.406	0.423	0.446	14.8	0.453	0.473	0.493
	276	10	0.410	0.427	0.450	13.4	0.457	0.478	0.497

表 4 基管外径为 38 mm 翅片管的翅化比及管束迎风面积比(续)

翅片管型式	每米翅片数	翅化比	迎风面积比			翅化比	迎风面积比		
		翅片高度	管心距 mm			翅片高度	管心距 mm		
		h=12.5 mm	69	71	74	h=16 mm	76	79	82
LL	433	15	0.384	0.402	0.426	20.1	0.430	0.451	0.471
	394	13.7	0.388	0.405	0.429	18.3	0.434	0.456	0.475
	354	12.4	0.392	0.409	0.433	16.5	0.439	0.460	0.480
	315	11.1	0.396	0.413	0.436	14.7	0.443	0.464	0.484
	276	9.9	0.399	0.416	0.440	13.3	0.447	0.468	0.488
KL	433	15.1	0.394	0.411	0.435	20.2	0.439	0.460	0.480
	394	13.8	0.398	0.415	0.439	18.4	0.443	0.465	0.484
	354	12.5	0.402	0.419	0.443	16.6	0.448	0.469	0.488
	315	11.2	0.406	0.423	0.446	14.8	0.453	0.473	0.493
	276	10	0.410	0.427	0.450	13.4	0.457	0.478	0.497
G	433	15.4	0.405	0.421	0.445	20.8	0.448	0.469	0.488
	394	14.1	0.409	0.425	0.449	18.9	0.453	0.474	0.493
	354	12.8	0.413	0.429	0.452	17.1	0.458	0.478	0.497
	315	11.4	0.417	0.433	0.456	15.2	0.462	0.483	0.502
	276	10.2	0.421	0.437	0.460	13.6	0.467	0.487	0.506
DR	433	14.8	0.347	0.366	0.391	20.2	0.385	0.408	0.430
	394	13.5	0.355	0.373	0.398	18.4	0.394	0.417	0.438
	354	12.3	0.362	0.380	0.405	16.6	0.403	0.425	0.447
	315	11	0.370	0.388	0.412	14.8	0.412	0.434	0.455
	276	9.8	0.377	0.395	0.419	13.2	0.420	0.442	0.463

5.2 管束的基本参数

5.2.1 管束组合的参数

管束组合的参数见表 5。

表 5 管束组合的参数

公称宽度(BN) mm	管排数(Z)	翅片管长度(L) mm					
		3 000	4 500	6 000	9 000	12 000	15 000
500	4	√	√	√	—	—	—
	5	√	√	√	—	—	—
	6	√	√	√	—	—	—

表 5 管束组合的参数(续)

公称宽度(BN) mm	管排数(Z)	翅片管长度(L) mm					
		3 000	4 500	6 000	9 000	12 000	15 000
750	4	√	√	√	—	—	—
	5	√	√	√	—	—	—
	6	√	√	√	—	—	—
1 000	4	√	√	√	√	√	√
	5	√	√	√	√	√	√
	6	√	√	√	√	√	√
	8	—	—	√	√	√	√
1 250	4	√	√	√	√	√	√
	5	√	√	√	√	√	√
	6	√	√	√	√	√	√
	8	—	—	√	√	√	√
1 500	4	√	√	√	√	√	√
	5	√	√	√	√	√	√
	6	√	√	√	√	√	√
	8	—	—	√	√	√	√
1 750	4	√	√	√	√	√	√
	5	√	√	√	√	√	√
	6	√	√	√	√	√	√
	8	—	—	√	√	√	√
2 000	4	√	√	√	√	√	√
	5	√	√	√	√	√	√
	6	√	√	√	√	√	√
	8	—	—	√	√	√	√
2 250	4	√	√	—	√	√	√
	5	√	√	—	√	√	√
	6	√	√	—	√	√	√
	8	—	—	—	√	√	√
2 500	4	√	√	√	√	√	√
	5	√	√	√	√	√	√
	6	√	√	√	√	√	√
	8	—	—	√	√	√	√

表 5　管束组合的参数(续)

公称宽度(BN) mm	管排数(Z)	翅片管长度(L) mm					
		3 000	4 500	6 000	9 000	12 000	15 000
2 750	4	√	—	√	√	√	√
	5	√	—	√	√	√	√
	6	√	—	√	√	√	√
	8	—	—	√	√	√	√
3 000	4	√	√	√	√	√	√
	5	√	√	√	√	√	√
	6	√	√	√	√	√	√
	8	—	—	√	√	√	√
注:"√"表示建议的组合参数;"—"表示不建议的组合参数。							

5.2.2　管箱接管数量及位置

管箱接管数量及位置见表 6,管箱接管位置见图 9。

表 6　管箱接管数量及位置

管束公称宽度(BN) mm	500	750	1 000	1 250	1 500	1 750	2 000	2 250	2 500	2 750	3 000
接管数量	1			2							
接管间距(b) mm	—			625	750	875	1 000	1 125	1 250	1 375	1 500
注:"—"表示不建议的组合参数。											

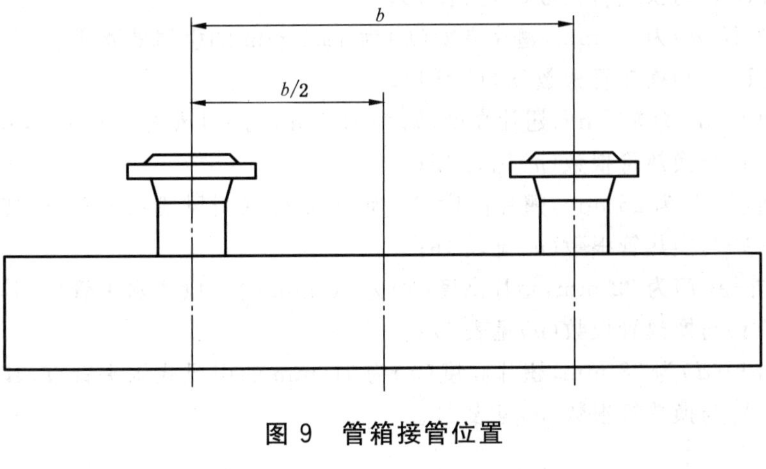

图 9　管箱接管位置

5.2.3 管束基管外表面积和换热管根数

5.2.3.1 管束基管外表面积(A)按公式(1)确定：

$$A = \pi d(L - 2\delta - 2L_1)n \times 10^{-6} \quad \cdots\cdots(1)$$

式中：

A ——管束基管外表面积,单位为平方米(m^2)；

d ——基管外径,单位为毫米(mm)；

L ——翅片管长度,单位为毫米(mm)；

δ ——管板厚度,单位为毫米(mm)；

L_1 ——基管管头伸出管板长度,单位为毫米(mm)；

n ——换热管根数。

5.2.3.2 管束基管外表面积(A)与换热管根数(n)

基管外径(d)为25 mm、32 mm、38 mm,翅片高度(h)为12.5 mm、16 mm的鼓风式和引风式管束,其管束基管外表面积(A)与换热管根数(n)如下：

a) 基管外径(d)为25 mm,翅片高度(h)为12.5 mm的鼓风式水平管束,其管束基管外表面积(A)与换热管根数(n)见表7；

b) 基管外径(d)为32 mm,翅片高度(h)为12.5 mm的鼓风式水平管束,其管束基管外表面积(A)与换热管根数(n)见表8；

c) 基管外径(d)为38 mm,翅片高度(h)为12.5 mm的鼓风式水平管束,其管束基管外表面积(A)与换热管根数(n)见表9；

d) 基管外径(d)为25 mm,翅片高度(h)为16 mm的鼓风式水平管束,其管束基管外表面积(A)与换热管根数(n)见表10；

e) 基管外径(d)为32 mm,翅片高度(h)为16 mm的鼓风式水平管束,其管束基管外表面积(A)与换热管根数(n)见表11；

f) 基管外径(d)为38 mm,翅片高度(h)为16 mm的鼓风式水平管束,其管束基管外表面积(A)与换热根数(n)见表12；

g) 基管外径(d)为25 mm,翅片高度(h)为12.5 mm的引风式水平管束,其管束基管外表面积(A)与换热管根数(n)见表13；

h) 基管外径(d)为32 mm,翅片高度(h)为12.5 mm的引风式水平管束,其管束基管外表面积(A)与换热管根数(n)见表14；

i) 基管外径(d)为38 mm,翅片高度(h)为12.5 mm的引风式水平管束,其管束基管外表面积(A)与换热管根数(n)见表15；

j) 基管外径(d)为25 mm,翅片高度(h)为16 mm的引风式水平管束,其管束基管外表面积(A)与换热管根数(n)见表16；

k) 基管外径(d)为32 mm,翅片高度(h)为16 mm的引风式水平管束,其管束基管外表面积(A)与换热管根数(n)见表17；

l) 基管外径(d)为38 mm,翅片高度(h)为16 mm的引风式水平管束,其管束基管外表面积(A)与换热管根数(n)见表18。

表 7　管束基管外表面积与换热管根数(基管外径 25 mm,翅片高度 12.5 mm,鼓风式水平管束)

管排数(Z)		4							5						
公称宽度(BN) mm	管心距 mm	换热管根数 (n)[a]	管束基管外表面积(A)[b] m² 翅片管长度(L) mm						换热管根数 (n)[a]	管束基管外表面积(A)[b] m² 翅片管长度(L) mm					
			3 000	4 500	6 000	9 000	12 000	15 000		3 000	4 500	6 000	9 000	12 000	15 000
500	54	26	6.0	9.1	12.2	—	—	—	33	7.6	11.5	15.4	—	—	—
	56	24	5.6	8.4	11.2	—	—	—	30	7.0	10.5	14.0	—	—	—
	59	24	5.6	8.4	11.2	—	—	—	30	7.0	10.5	14.0	—	—	—
750	54	44	10.2	15.4	20.6	—	—	—	55	12.7	19.2	25.7	—	—	—
	56	42	9.7	14.7	19.6	—	—	—	53	12.3	18.5	24.8	—	—	—
	59	40	9.3	14.0	18.7	—	—	—	50	11.6	17.5	23.4	—	—	—
1 000	54	62	14.4	21.7	29.0	43.6	58.2	72.8	78	18.1	27.3	36.5	54.8	73.2	91.6
	56	60	13.9	21.0	28.0	42.2	56.3	70.5	75	17.4	26.2	35.0	52.7	70.4	88.1
	59	58	13.4	20.3	27.1	40.8	54.4	68.1	73	16.9	25.5	34.1	51.3	68.5	85.7
1 250	54	82	19.0	28.7	38.3	57.6	77.0	96.3	103	23.9	36.0	48.1	72.4	96.7	120.9
	56	78	18.1	27.3	36.5	54.8	73.2	91.6	98	22.7	34.3	45.8	68.9	92.0	115.1
	59	74	17.1	25.9	34.6	52.0	69.5	86.9	93	21.5	32.5	43.5	65.4	87.3	109.2
1 500	54	100	23.2	35.0	46.7	70.3	93.9	117.4	125	29.0	43.7	58.4	87.9	117.3	146.8
	56	96	22.2	33.6	44.9	67.5	90.1	112.7	120	27.8	41.9	56.1	84.4	112.6	140.9
	59	92	21.3	32.2	43.0	64.7	86.3	108.0	115	26.6	40.2	53.7	80.8	107.9	135.0
1 750	54	118	27.3	41.2	55.1	82.9	110.7	138.6	148	34.3	51.7	69.2	104.0	138.9	173.8
	56	114	26.4	39.8	53.3	80.1	107.0	133.9	143	33.1	50.0	66.8	100.5	134.2	167.9
	59	108	25.0	37.7	50.5	75.9	101.4	126.8	135	31.3	47.2	63.1	94.9	126.7	158.5

表 7 管束基管外表面积与换热管根数(基管外径 25 mm,翅片高度 12.5 mm,鼓风式水平管束)(续)

管排数(Z)		4							5						
公称宽度(BN) mm	管心距 mm	换热管根数 (n)[a]	管束基管外表面积(A)[b] m² 翅片管长度(L) mm						换热管根数 (n)[a]	管束基管外表面积(A)[b] m² 翅片管长度(L) mm					
			3 000	4 500	6 000	9 000	12 000	15 000		3 000	4 500	6 000	9 000	12 000	15 000
2 000	54	136	31.5	47.5	63.6	95.6	127.6	159.7	170	39.4	59.4	79.4	119.5	159.6	199.6
	56	132	30.6	46.1	61.7	92.8	123.9	155.0	165	38.2	57.7	77.1	116.0	154.9	193.7
	59	126	29.2	44.0	58.9	88.6	118.3	147.9	158	36.6	55.2	73.8	111.1	148.3	185.5
2 250	54	156	36.1	54.5	—	109.7	146.4	183.2	195	45.2	68.2	—	137.1	183.0	229.0
	56	150	34.8	52.4	—	105.4	140.8	176.1	188	43.6	65.7	—	132.2	176.4	220.7
	59	142	32.9	49.6	—	99.8	133.3	166.7	178	41.2	62.2	—	125.1	167.1	209.0
2 500	54	174	40.3	60.8	81.3	122.3	163.3	204.3	218	50.5	76.2	101.9	153.2	204.6	256.0
	56	168	38.9	58.7	78.5	118.1	157.7	197.3	210	48.7	73.4	98.1	147.6	197.1	246.6
	59	158	36.6	55.2	73.8	111.1	148.3	185.5	198	45.9	69.2	92.5	139.2	185.8	232.5
2 750	54	192	44.5	—	89.7	135.0	180.2	225.4	240	55.6	—	112.2	168.7	225.3	281.8
	56	186	43.1	—	86.9	130.7	174.6	218.4	233	54.0	—	108.9	163.8	218.7	273.6
	59	176	40.8	—	82.2	123.7	165.2	206.7	220	51.0	—	102.8	154.6	206.5	258.3
3 000	54	210	48.7	73.4	98.1	147.6	197.1	246.6	263	60.9	91.9	122.9	184.9	246.8	308.8
	56	204	47.3	71.3	95.3	143.4	191.5	239.5	255	59.1	89.1	119.2	179.2	239.3	299.4
	59	192	44.5	67.1	89.7	135.0	180.2	225.4	240	55.6	83.9	112.2	168.7	225.3	281.8

表 7 管束基管外表面积与换热管根数(基管外径 25 mm,翅片高度 12.5 mm,鼓风式水平管束)(续)

管排数(Z)		6							8						
公称宽度(BN) mm	管心距 mm	换热管根数(n)[a]	管束基管外表面积(A)[b] m² 翅片管长度(L) mm						换热管根数(n)[a]	管束基管外表面积(A)[b] m² 翅片管长度(L) mm					
			3 000	4 500	6 000	9 000	12 000	15 000		3 000	4 500	6 000	9 000	12 000	15 000
500	54	39	9.0	13.6	18.2	—	—	—	—	—	—	—	—	—	—
	56	36	8.3	12.6	16.8	—	—	—	—	—	—	—	—	—	—
	59	36	8.3	12.6	16.8	—	—	—	—	—	—	—	—	—	—
750	54	66	15.3	23.1	30.8	—	—	—	—	—	—	—	—	—	—
	56	63	14.6	22.0	29.4	—	—	—	—	—	—	—	—	—	—
	59	60	13.9	21.0	28.0	—	—	—	—	—	—	—	—	—	—
1 000	54	93	21.5	32.5	43.5	65.4	87.3	109.2	124	—	—	57.9	87.2	116.4	145.6
	56	90	20.9	31.5	42.1	63.3	84.5	105.7	120	—	—	56.1	84.4	112.6	140.9
	59	87	20.2	30.4	40.7	61.2	81.7	102.2	116	—	—	54.2	81.5	108.9	136.2
1 250	54	123	28.5	43.0	57.5	86.5	115.4	144.4	164	—	—	76.6	115.3	153.9	192.6
	56	117	27.1	40.9	54.7	82.2	109.8	137.4	156	—	—	72.9	109.7	146.4	183.2
	59	111	25.7	38.8	51.9	78.0	104.2	130.3	148	—	—	69.2	104.0	138.9	173.8
1 500	54	150	34.8	52.4	70.1	105.4	140.8	176.1	200	—	—	93.5	140.6	187.7	234.8
	56	144	33.4	50.3	67.3	101.2	135.2	169.1	192	—	—	89.7	135.0	180.2	225.4
	59	138	32.0	48.2	64.5	97.0	129.5	162.0	184	—	—	86.0	129.3	172.7	216.0
1 750	54	177	41.0	61.9	82.7	124.4	166.1	207.8	236	—	—	110.3	165.9	221.5	277.1
	56	171	39.6	59.8	79.9	120.2	160.5	200.8	228	—	—	106.5	160.3	214.0	267.7
	59	162	37.5	56.6	75.7	113.9	152.0	190.2	216	—	—	100.9	151.8	202.7	253.6

表 7　管束基管外表面积与换热管根数(基管外径 25 mm,翅片高度 12.5 mm,鼓风式水平管束)(续)

管排数(Z)		6							8						
公称宽度(BN) mm	管心距 mm	换热管根数 (n)[a]	管束基管外表面积(A)[b] m² 翅片管长度(L) mm						换热管根数 (n)[a]	管束基管外表面积(A)[b] m² 翅片管长度(L) mm					
			3 000	4 500	6 000	9 000	12 000	15 000		3 000	4 500	6 000	9 000	12 000	15 000
2 000	54	204	47.3	71.3	95.3	143.4	191.5	239.5	272	—	—	127.1	191.2	255.3	319.4
	56	198	45.9	69.2	92.5	139.2	185.8	232.5	264	—	—	123.4	185.6	247.8	310.0
	59	189	43.8	66.1	88.3	132.9	177.4	221.9	252	—	—	117.8	177.1	236.5	295.9
2 250	54	234	54.2	81.8	—	164.5	219.6	274.8	312	—	—	—	219.3	292.8	366.3
	56	225	52.1	78.6	—	158.2	211.2	264.2	300	—	—	—	210.9	281.6	352.3
	59	213	49.4	74.4	—	149.7	199.9	250.1	284	—	—	—	199.6	266.5	333.5
2 500	54	261	60.5	91.2	122.0	183.5	245.0	306.5	348	—	—	162.6	244.6	326.6	408.6
	56	252	58.4	88.1	117.8	177.1	236.5	295.9	336	—	—	157.0	236.2	315.4	394.5
	59	237	54.9	82.8	110.8	166.6	222.4	278.3	316	—	—	147.7	222.1	296.6	371.0
2 750	54	288	66.7	—	134.6	202.4	270.3	338.2	384	—	—	179.4	269.9	360.4	450.9
	56	279	64.6	—	130.4	196.1	261.9	327.6	372	—	—	173.8	261.5	349.1	436.8
	59	264	61.2	—	123.4	185.6	247.8	310.0	352	—	—	164.5	247.4	330.4	413.3
3 000	54	315	73.0	110.1	147.2	221.4	295.6	369.9	420	—	—	196.3	295.2	394.2	493.2
	56	306	70.9	106.9	143.0	215.1	287.2	359.3	408	—	—	190.7	286.8	382.9	479.1
	59	288	66.7	100.7	134.6	202.4	270.3	338.2	384	—	—	179.4	269.9	360.4	450.9

[a] 换热管根数(n)按管束实际宽度(SN)[为管束公称宽度(BN)减 50 mm]、管箱端板厚度为 20 mm、布管按正三角形排列确定。

[b] 管束基管外表面积按管板厚度(δ)为 22 mm,换热管与管板的连接为强度胀确定。

表 8　管束基管外表面积与换热管根数(基管外径 32 mm,翅片高度 12.5 mm,鼓风式水平管束)

管排数(Z)		4							5						
公称宽度(BN) mm	管心距 mm	换热管根数 (n)[a]	管束基管外表面积(A)[b] m² 翅片管长度(L) mm						换热管根数 (n)[a]	管束基管外表面积(A)[b] m² 翅片管长度(L) mm					
			3 000	4 500	6 000	9 000	12 000	15 000		3 000	4 500	6 000	9 000	12 000	15 000
500	62	22	6.5	9.8	13.2	—	—	—	28	8.3	12.5	16.7	—	—	—
	63.5	22	6.5	9.8	13.2	—	—	—	28	8.3	12.5	16.7	—	—	—
	67	20	5.9	8.9	12.0	—	—	—	25	7.4	11.2	14.9	—	—	—
750	62	38	11.3	17.0	22.7	—	—	—	48	14.2	21.5	28.7	—	—	—
	63.5	38	11.3	17.0	22.7	—	—	—	48	14.2	21.5	28.7	—	—	—
	67	36	10.7	16.1	21.5	—	—	—	45	13.3	20.1	26.9	—	—	—
1 000	62	54	16.0	24.1	32.3	48.6	64.9	81.1	68	20.2	30.4	40.7	61.2	81.7	102.2
	63.5	52	15.4	23.3	31.1	46.8	62.5	78.1	65	19.3	29.1	38.9	58.5	78.1	97.7
	67	50	14.8	22.4	29.9	45.0	60.1	75.1	63	18.7	28.2	37.7	56.7	75.7	94.7
1 250	62	70	20.7	31.3	41.9	63.0	84.1	105.2	88	26.1	39.4	52.6	79.2	105.7	132.2
	63.5	68	20.2	30.4	40.7	61.2	81.7	102.2	85	25.2	38.0	50.8	76.5	102.1	127.7
	67	66	19.6	29.5	39.5	59.4	79.3	99.2	83	24.6	37.1	49.6	74.7	99.7	124.7
1 500	62	86	25.5	38.5	51.4	77.4	103.3	129.2	108	32.0	48.3	64.6	97.2	129.7	162.3
	63.5	84	24.9	37.6	50.2	75.6	100.9	126.2	105	31.1	47.0	62.8	94.5	126.1	157.8
	67	80	23.7	35.8	47.8	72.0	96.1	120.2	100	29.6	44.7	59.8	90.0	120.1	150.3
1 750	62	102	30.2	45.6	61.0	91.8	122.5	153.3	128	37.9	57.2	76.5	115.1	153.7	192.4
	63.5	100	29.6	44.7	59.8	90.0	120.1	150.3	125	37.0	55.9	74.7	112.4	150.1	187.8
	67	94	27.9	42.0	56.2	84.6	112.9	141.3	118	35.0	52.8	70.6	106.1	141.7	177.3

表 8 管束基管外表面积与换热管根数(基管外径 32 mm,翅片高度 12.5 mm,鼓风式水平管束)(续)

管排数(Z)		4							5						
公称宽度(BN) mm	管心距 mm	换热管根数 (n)[a]	管束基管外表面积(A)[b] m² 翅片管长度(L) mm						换热管根数 (n)[a]	管束基管外表面积(A)[b] m² 翅片管长度(L) mm					
			3 000	4 500	6 000	9 000	12 000	15 000		3 000	4 500	6 000	9 000	12 000	15 000
2 000	62	118	35.0	52.8	70.6	106.1	141.7	177.3	148	43.9	66.2	88.5	133.1	177.8	222.4
	63.5	116	34.4	51.9	69.4	104.3	139.3	174.3	145	43.0	64.8	86.7	130.4	174.2	217.9
	67	110	32.6	49.2	65.8	99.0	132.1	165.3	138	40.9	61.7	82.5	124.1	165.8	207.4
2 250	62	134	39.7	59.9	—	120.5	161.0	201.4	168	49.8	75.1	—	151.1	201.8	252.5
	63.5	132	39.1	59.0	—	118.7	158.6	198.4	165	48.9	73.8	—	148.4	198.2	248.0
	67	124	36.7	55.4	—	111.5	148.9	186.3	155	45.9	69.3	—	139.4	186.2	232.9
2 500	62	150	44.5	67.1	89.7	134.9	180.2	225.4	188	55.7	84.1	112.4	169.1	225.8	282.5
	63.5	148	43.9	66.2	88.5	133.1	177.8	222.4	185	54.8	82.7	110.6	166.4	222.2	278.0
	67	140	41.5	62.6	83.7	125.9	168.2	210.4	175	51.9	78.3	104.6	157.4	210.2	263.0
2 750	62	168	49.8	—	100.5	151.1	201.8	252.5	210	62.2	—	125.6	188.9	252.2	315.6
	63.5	164	48.6	—	98.1	147.5	197.0	246.4	205	60.8	—	122.6	184.4	246.2	308.1
	67	154	45.6	—	92.1	138.5	185.0	231.4	193	57.2	—	115.4	173.6	231.8	290.0
3 000	62	184	54.5	82.3	110.0	165.5	221.0	276.5	230	68.2	102.8	137.5	206.9	276.3	345.6
	63.5	178	52.8	79.6	106.4	160.1	213.8	267.5	223	66.1	99.7	133.3	200.6	267.9	335.1
	67	170	50.4	76.0	101.7	152.9	204.2	255.5	213	63.1	95.2	127.4	191.6	255.8	320.1

表 8 管束基管外表面积与换热管根数(基管外径 32 mm,翅片高度 12.5 mm,鼓风式水平管束)(续)

管排数(Z)		6							8						
公称宽度(BN) mm	管心距 mm	换热管根数 (n)[a]	管束基管外表面积(A)[b] m² 翅片管长度(L) mm						换热管根数 (n)[a]	管束基管外表面积(A)[b] m² 翅片管长度(L) mm					
			3 000	4 500	6 000	9 000	12 000	15 000		3 000	4 500	6 000	9 000	12 000	15 000
500	62	33	9.8	14.8	19.7	—	—	—	—	—	—	—	—	—	—
	63.5	33	9.8	14.8	19.7	—	—	—	—	—	—	—	—	—	—
	67	30	8.9	13.4	17.9	—	—	—	—	—	—	—	—	—	—
750	62	57	16.9	25.5	34.1	—	—	—	—	—	—	—	—	—	—
	63.5	57	16.9	25.5	34.1	—	—	—	—	—	—	—	—	—	—
	67	54	16.0	24.1	32.3	—	—	—	—	—	—	—	—	—	—
1 000	62	81	24.0	36.2	48.4	72.9	97.3	121.7	108	—	—	64.6	97.2	129.7	162.3
	63.5	78	23.1	34.9	46.6	70.2	93.7	117.2	104	—	—	62.2	93.6	124.9	156.3
	67	75	22.2	33.5	44.8	67.5	90.1	112.7	100	—	—	59.8	90.0	120.1	150.3
1 250	62	105	31.1	47.0	62.8	94.5	126.1	157.8	140	—	—	83.7	125.9	168.2	210.4
	63.5	102	30.2	45.6	61.0	91.8	122.5	153.3	136	—	—	81.3	122.3	163.4	204.4
	67	99	29.3	44.3	59.2	89.1	118.9	148.8	132	—	—	78.9	118.7	158.6	198.4
1 500	62	129	38.2	57.7	77.1	116.0	154.9	193.9	172	—	—	102.8	154.7	206.6	258.5
	63.5	126	37.3	56.3	75.3	113.3	151.3	189.3	168	—	—	100.5	151.1	201.8	252.5
	67	120	35.6	53.7	71.8	107.9	144.1	180.3	160	—	—	95.7	143.9	192.2	240.4
1 750	62	153	45.3	68.4	91.5	137.6	183.8	229.9	204	—	—	122.0	183.5	245.0	306.6
	63.5	150	44.5	67.1	89.7	134.9	180.2	225.4	200	—	—	119.6	179.9	240.2	300.5
	67	141	41.8	63.0	84.3	126.8	169.4	211.9	188	—	—	112.4	169.1	225.8	282.5

表 8 管束基管外表面积与换热管根数(基管外径 32 mm,翅片高度 12.5 mm,鼓风式水平管束)(续)

管排数(Z)		6							8						
公称宽度(BN) mm	管心距 mm	换热管根数 (n)[a]	管束基管外表面积(A)[b] m² 翅片管长度(L) mm						换热管根数 (n)[a]	管束基管外表面积(A)[b] m² 翅片管长度(L) mm					
			3 000	4 500	6 000	9 000	12 000	15 000		3 000	4 500	6 000	9 000	12 000	15 000
2 000	62	177	52.5	79.1	105.8	159.2	212.6	266.0	236	—	—	141.1	212.3	283.5	354.6
	63.5	174	51.6	77.8	104.0	156.5	209.0	261.5	232	—	—	138.7	208.7	278.7	348.6
	67	165	48.9	73.8	98.7	148.4	198.2	248.0	220	—	—	131.6	197.9	264.3	330.6
2 250	62	201	59.6	89.9	—	180.8	241.4	302.1	268	—	—	—	241.1	321.9	402.7
	63.5	198	58.7	88.5	—	178.1	237.8	297.5	264	—	—	—	237.5	317.1	396.7
	67	186	55.1	83.2	—	167.3	223.4	279.5	248	—	—	—	223.1	297.9	372.7
2 500	62	225	66.7	100.6	134.5	202.4	270.3	338.1	300	—	—	179.4	269.9	360.3	450.8
	63.5	222	65.8	99.3	132.7	199.7	266.7	333.6	296	—	—	177.0	266.3	355.5	444.8
	67	210	62.2	93.9	125.6	188.9	252.2	315.6	280	—	—	167.4	251.9	336.3	420.8
2 750	62	252	74.7	—	150.7	226.7	302.7	378.7	336	—	—	200.9	302.2	403.6	504.9
	63.5	246	72.9	—	147.1	221.3	295.5	369.7	328	—	—	196.1	295.1	394.0	492.9
	67	231	68.5	—	138.1	207.8	277.5	347.1	308	—	—	184.2	277.1	370.0	462.8
3 000	62	276	81.8	123.4	165.0	248.3	331.5	414.8	368	—	—	220.0	331.0	442.0	553.0
	63.5	267	79.1	119.4	159.7	240.2	320.7	401.2	356	—	—	212.9	320.2	427.6	535.0
	67	255	75.6	114.0	152.5	229.4	306.3	383.2	340	—	—	203.3	305.8	408.4	510.9

[a] 换热管根数(n)按管束实际宽度(SN)[为管束公称宽度(BN)减 50 mm]、管箱端板厚度为 20 mm、布管按正三角形排列确定。

[b] 管束基管外表面积(A)按管板厚度(δ)为 22 mm,换热管与管板的连接为强度胀确定。

表 9　管束基管外表面积与换热管根数(基管外径 38 mm,翅片高度 12.5 mm,鼓风式水平管束)

管排数(Z)		4							5						
公称宽度(BN) mm	管心距 mm	换热管根数 (n)[a]	管束基管外表面积(A)[b] m² 翅片管长度(L) mm						换热管根数 (n)[a]	管束基管外表面积(A)[b] m² 翅片管长度(L) mm					
			3 000	4 500	6 000	9 000	12 000	15 000		3 000	4 500	6 000	9 000	12 000	15 000
500	69	20	7.0	10.6	14.2	—	—	—	25	8.8	13.3	17.8	—	—	—
	71	18	6.3	9.6	12.8	—	—	—	23	8.1	12.2	16.3	—	—	—
	74	18	6.3	9.6	12.8	—	—	—	23	8.1	12.2	16.3	—	—	—
750	69	34	12.0	18.1	24.1	—	—	—	43	15.1	22.8	30.5	—	—	—
	71	32	11.3	17.0	22.7	—	—	—	40	14.1	21.2	28.4	—	—	—
	74	32	11.3	17.0	22.7	—	—	—	40	14.1	21.2	28.4	—	—	—
1 000	69	48	16.9	25.5	34.1	51.3	68.5	85.7	60	21.1	31.9	42.6	64.1	85.6	107.1
	71	48	16.9	25.5	34.1	51.3	68.5	85.7	60	21.1	31.9	42.6	64.1	85.6	107.1
	74	46	16.2	24.4	32.7	49.1	65.6	82.1	58	20.4	30.8	41.2	62.0	82.7	103.5
1 250	69	62	21.8	32.9	44.0	66.2	88.4	110.6	78	27.5	41.4	55.4	83.3	111.3	139.2
	71	62	21.8	32.9	44.0	66.2	88.4	110.6	78	27.5	41.4	55.4	83.3	111.3	139.2
	74	58	20.4	30.8	41.2	62.0	82.7	103.5	73	25.7	38.8	51.8	78.0	104.1	130.3
1 500	69	78	27.5	41.4	55.4	83.3	111.3	139.2	98	34.5	52.0	69.6	104.7	139.8	174.9
	71	76	26.7	40.4	54.0	81.2	108.4	135.6	95	33.4	50.4	67.5	101.5	135.5	169.5
	74	72	25.3	38.2	51.1	76.9	102.7	128.5	90	31.7	47.8	63.9	96.1	128.4	160.6
1 750	69	92	32.4	48.9	65.3	98.3	131.2	164.2	115	40.5	61.1	81.7	122.8	164.0	205.2
	71	90	31.7	47.8	63.9	96.1	128.4	160.6	113	39.8	60.0	80.2	120.7	161.2	201.6
	74	86	30.3	45.7	61.1	91.9	122.7	153.5	108	38.0	57.3	76.7	115.4	154.0	192.7

表 9　管束基管外表面积与换热管根数(基管外径 38 mm,翅片高度 12.5 mm,鼓风式水平管束)(续)

管排数(Z)		4							5						
公称宽度(BN) mm	管心距 mm	换热管根数 (n)[a]	管束基管外表面积(A)[b]　m² 翅片管长度(L) mm						换热管根数 (n)[a]	管束基管外表面积(A)[b]　m² 翅片管长度(L) mm					
			3 000	4 500	6 000	9 000	12 000	15 000		3 000	4 500	6 000	9 000	12 000	15 000
2 000	69	106	37.3	56.3	75.3	113.2	151.2	189.2	133	46.8	70.6	94.4	142.1	189.7	237.3
	71	104	36.6	55.2	73.8	111.1	148.3	185.6	130	45.8	69.0	92.3	138.9	185.4	232.0
	74	100	35.2	53.1	71.0	106.8	142.6	178.5	125	44.0	66.4	88.8	133.5	178.3	223.1
2 250	69	120	42.2	63.7	—	128.2	171.2	214.1	150	52.8	79.7	—	160.2	214.0	267.7
	71	118	41.5	62.7	—	126.0	168.3	210.6	148	52.1	78.6	—	158.1	211.1	264.1
	74	112	39.4	59.5	—	119.6	159.8	199.9	140	49.3	74.3	—	149.6	199.7	249.8
2 500	69	136	47.9	72.2	96.6	145.3	194.0	242.7	170	59.8	90.3	120.7	181.6	242.5	303.4
	71	132	46.5	70.1	93.7	141.0	188.3	235.6	165	58.1	87.6	117.2	176.3	235.3	294.4
	74	126	44.3	66.9	89.5	134.6	179.7	224.8	158	55.6	83.9	112.2	168.8	225.4	282.0
2 750	69	150	52.8	—	106.5	160.2	214.0	267.7	188	66.2	—	133.5	200.8	268.2	335.5
	71	146	51.4	—	103.7	156.0	208.2	260.5	183	64.4	—	129.9	195.5	261.0	326.6
	74	140	49.3	—	99.4	149.6	199.7	249.8	175	61.6	—	124.3	186.9	249.6	312.3
3 000	69	164	57.7	87.1	116.5	175.2	233.9	292.7	205	72.1	108.9	145.6	219.0	292.4	365.8
	71	160	56.3	85.0	113.6	170.9	228.2	285.5	200	70.4	106.2	142.0	213.6	285.3	356.9
	74	154	54.2	81.8	109.4	164.5	219.7	274.8	193	67.9	102.5	137.0	206.2	275.3	344.4

表 9 管束基管外表面积与换热管根数(基管外径 38 mm,翅片高度 12.5 mm,鼓风式水平管束)(续)

管排数(Z)		6							8						
公称宽度(BN) mm	管心距 mm	换热管根数 (n)[a]	管束基管外表面积(A)[b] m² 翅片管长度(L) mm						换热管根数 (n)[a]	管束基管外表面积(A)[b] m² 翅片管长度(L) mm					
			3 000	4 500	6 000	9 000	12 000	15 000		3 000	4 500	6 000	9 000	12 000	15 000
500	69	30	10.6	15.9	21.3	—	—	—	—	—	—	—	—	—	—
	71	27	9.5	14.3	19.2	—	—	—	—	—	—	—	—	—	—
	74	27	9.5	14.3	19.2	—	—	—	—	—	—	—	—	—	—
750	69	51	17.9	27.1	36.2	—	—	—	—	—	—	—	—	—	—
	71	48	16.9	25.5	34.1	—	—	—	—	—	—	—	—	—	—
	74	48	16.9	25.5	34.1	—	—	—	—	—	—	—	—	—	—
1 000	69	72	25.3	38.2	51.1	76.9	102.7	128.5	96	—	—	68.2	102.5	136.9	171.3
	71	72	25.3	38.2	51.1	76.9	102.7	128.5	96	—	—	68.2	102.5	136.9	171.3
	74	69	24.3	36.6	49.0	73.7	98.4	123.1	92	—	—	65.3	98.3	131.2	164.2
1 250	69	93	32.7	49.4	66.0	99.3	132.7	166.0	124	—	—	88.0	132.5	176.9	221.3
	71	93	32.7	49.4	66.0	99.3	132.7	166.0	124	—	—	88.0	132.5	176.9	221.3
	74	87	30.6	46.2	61.8	92.9	124.1	155.3	116	—	—	82.4	123.9	165.5	207.0
1 500	69	117	41.2	62.1	83.1	125.0	166.9	208.8	156	—	—	110.8	166.6	222.5	278.4
	71	114	40.1	60.5	80.9	121.8	162.6	203.4	152	—	—	107.9	162.4	216.8	271.2
	74	108	38.0	57.3	76.7	115.4	154.0	192.7	144	—	—	102.3	153.8	205.4	257.0
1 750	69	138	48.6	73.3	98.0	147.4	196.8	246.3	184	—	—	130.7	196.6	262.4	328.3
	71	135	47.5	71.7	95.9	144.2	192.6	240.9	180	—	—	127.8	192.3	256.7	321.2
	74	129	45.4	68.5	91.6	137.8	184.0	230.2	172	—	—	122.1	183.7	245.3	306.9

表 9 管束基管外表面积与换热管根数(基管外径 38 mm,翅片高度 12.5 mm,鼓风式水平管束)(续)

管排数(*Z*)		6							8						
公称宽度(BN) mm	管心距 mm	换热管根数 (*n*)[a]	管束基管外表面积(*A*)[b] m² 翅片管长度(*L*) mm						换热管根数 (*n*)[a]	管束基管外表面积(*A*)[b] m² 翅片管长度(*L*) mm					
			3 000	4 500	6 000	9 000	12 000	15 000		3 000	4 500	6 000	9 000	12 000	15 000
2 000	69	159	56.0	84.4	112.9	169.8	226.8	283.7	212	—	—	150.5	226.5	302.4	378.3
	71	156	54.9	82.8	110.8	166.6	222.5	278.4	208	—	—	147.7	222.2	296.7	371.2
	74	150	52.8	79.7	106.5	160.2	214.0	267.7	200	—	—	142.0	213.6	285.3	356.9
2 250	69	180	63.3	95.6	—	192.3	256.7	321.2	240	—	—	—	256.4	342.3	428.3
	71	177	62.3	94.0	—	189.1	252.5	315.9	236	—	—	—	252.1	336.6	421.1
	74	168	59.1	89.2	—	179.5	239.6	299.8	224	—	—	—	239.3	319.5	399.7
2 500	69	204	71.8	108.3	144.9	217.9	291.0	364.0	272	—	—	193.1	290.6	388.0	485.4
	71	198	69.7	105.1	140.6	211.5	282.4	353.3	264	—	—	187.5	282.0	376.6	471.1
	74	189	66.5	100.4	134.2	201.9	269.6	337.3	252	—	—	178.9	269.2	359.4	449.7
2 750	69	225	79.2	—	159.8	240.3	320.9	401.5	300	—	—	213.0	320.5	427.9	535.4
	71	219	77.1	—	155.5	233.9	312.4	390.8	292	—	—	207.3	311.9	416.5	521.1
	74	210	73.9	—	149.1	224.3	299.5	374.7	280	—	—	198.8	299.1	399.4	499.7
3 000	69	246	86.6	130.6	174.7	262.8	350.9	439.0	328	—	—	232.9	350.4	467.8	585.3
	71	240	84.5	127.4	170.4	256.4	342.3	428.3	320	—	—	227.2	341.8	456.4	571.0
	74	231	81.3	122.7	164.0	246.8	329.5	412.2	308	—	—	218.7	329.0	439.3	549.6

[a] 换热管根数(*n*)按管束实际宽度(SN)[为管束公称宽度(BN)减 50 mm]、管箱端板厚度为 20 mm、布管按正三角形排列确定。

[b] 管束基管外表面积(*A*)按管板厚度(*δ*)为 22 mm,换热管与管板的连接为强度胀确定。

表 10 管束基管外表面积与换热管根数(基管外径 25 mm,翅片高度 16 mm,鼓风式水平管束)

管排数(Z)		4							5						
公称宽度(BN) mm	管心距 mm	换热管根数 (n)[a]	管束基管外表面积(A)[b] m² 翅片管长度(L) mm						换热管根数 (n)[a]	管束基管外表面积(A)[b] m² 翅片管长度(L) mm					
			3 000	4 500	6 000	9 000	12 000	15 000		3 000	4 500	6 000	9 000	12 000	15 000
500	62	22	5.1	7.7	10.3	—	—	—	28	6.5	9.8	13.1	—	—	—
	63.5	22	5.1	7.7	10.3	—	—	—	28	6.5	9.8	13.1	—	—	—
	67	20	4.6	7.0	9.3	—	—	—	25	5.8	8.7	11.7	—	—	—
750	62	38	8.8	13.3	17.8	—	—	—	48	11.1	16.8	22.4	—	—	—
	63.5	38	8.8	13.3	17.8	—	—	—	48	11.1	16.8	22.4	—	—	—
	67	36	8.3	12.6	16.8	—	—	—	45	10.4	15.7	21.0	—	—	—
1 000	62	54	12.5	18.9	25.2	38.0	50.7	63.4	68	15.8	23.8	31.8	47.8	63.8	79.8
	63.5	54	12.5	18.9	25.2	38.0	50.7	63.4	68	15.8	23.8	31.8	47.8	63.8	79.8
	67	50	11.6	17.5	23.4	35.1	46.9	58.7	63	14.6	22.0	29.4	44.3	59.1	74.0
1 250	62	70	16.2	24.5	32.7	49.2	65.7	82.2	88	20.4	30.8	41.1	61.9	82.6	103.3
	63.5	70	16.2	24.5	32.7	49.2	65.7	82.2	88	20.4	30.8	41.1	61.9	82.6	103.3
	67	66	15.3	23.1	30.8	46.4	61.9	77.5	83	19.2	29.0	38.8	58.3	77.9	97.5
1 500	62	86	19.9	30.1	40.2	60.5	80.7	101.0	108	25.0	37.7	50.5	75.9	101.4	126.8
	63.5	84	19.5	29.4	39.3	59.0	78.8	98.6	105	24.3	36.7	49.1	73.8	98.5	123.3
	67	80	18.5	28.0	37.4	56.2	75.1	93.9	100	23.2	35.0	46.7	70.3	93.9	117.4
1 750	62	102	23.6	35.6	47.7	71.7	95.7	119.8	128	29.7	44.7	59.8	90.0	120.1	150.3
	63.5	100	23.2	35.0	46.7	70.3	93.9	117.4	125	29.0	43.7	58.4	87.9	117.3	146.8
	67	96	22.2	33.6	44.9	67.5	90.1	112.7	120	27.8	41.9	56.1	84.4	112.6	140.9

表 10　管束基管外表面积与换热管根数(基管外径 25 mm,翅片高度 16 mm,鼓风式水平管束)(续)

管排数(Z)		4							5						
公称宽度(BN) mm	管心距 mm	换热管根数(n)[a]	管束基管外表面积(A)[b] m² 翅片管长度(L) mm						换热管根数(n)[a]	管束基管外表面积(A)[b] m² 翅片管长度(L) mm					
			3 000	4 500	6 000	9 000	12 000	15 000		3 000	4 500	6 000	9 000	12 000	15 000
2 000	62	120	27.8	41.9	56.1	84.4	112.6	140.9	150	34.8	52.4	70.1	105.4	140.8	176.1
	63.5	116	26.9	40.5	54.2	81.5	108.9	136.2	145	33.6	50.7	67.8	101.9	136.1	170.3
	67	110	25.5	38.4	51.4	77.3	103.2	129.2	138	32.0	48.2	64.5	97.0	129.5	162.0
2 250	62	136	31.5	47.5	—	95.6	127.6	159.7	170	39.4	59.4	—	119.5	159.6	199.6
	63.5	132	30.6	46.1	—	92.8	123.9	155.0	165	38.2	57.7	—	116.0	154.9	193.7
	67	126	29.2	44.0	—	88.6	118.3	147.9	158	36.6	55.2	—	111.1	148.3	185.5
2 500	62	152	35.2	53.1	71.0	106.8	142.7	178.5	190	44.0	66.4	88.8	133.6	178.3	223.1
	63.5	148	34.3	51.7	69.2	104.0	138.9	173.8	185	42.9	64.7	86.5	130.0	173.6	217.2
	67	140	32.4	48.9	65.4	98.4	131.4	164.4	175	40.5	61.2	81.8	123.0	164.2	205.5
2 750	62	168	38.9	—	78.5	118.1	157.7	197.3	210	48.7	—	98.1	147.6	197.1	246.6
	63.5	164	38.0	—	76.6	115.3	153.9	192.6	205	47.5	—	95.8	144.1	192.4	240.7
	67	156	36.1	—	72.9	109.7	146.4	183.2	195	45.2	—	91.1	137.1	183.0	229.0
3 000	62	184	42.6	64.3	86.0	129.3	172.7	216.0	230	53.3	80.4	107.5	161.7	215.9	270.1
	63.5	180	41.7	62.9	84.1	126.5	168.9	211.4	225	52.1	78.6	105.1	158.2	211.2	264.2
	67	170	39.4	59.4	79.4	119.5	159.6	199.6	213	49.4	74.4	99.5	149.7	199.9	250.1

表 10 管束基管外表面积与换热管根数(基管外径 25 mm,翅片高度 16 mm,鼓风式水平管束)(续)

管排数(Z)		6							8						
公称宽度(BN) mm	管心距 mm	换热管根数 (n)[a]	管束基管外表面积(A)[b] m² 翅片管长度(L) mm						换热管根数 (n)[a]	管束基管外表面积(A)[b] m² 翅片管长度(L) mm					
			3 000	4 500	6 000	9 000	12 000	15 000		3 000	4 500	6 000	9 000	12 000	15 000
500	62	33	7.6	11.5	15.4	—	—	—	—	—	—	—	—	—	—
	63.5	33	7.6	11.5	15.4	—	—	—	—	—	—	—	—	—	—
	67	30	7.0	10.5	14.0	—	—	—	—	—	—	—	—	—	—
750	62	57	13.2	19.9	26.6	—	—	—	—	—	—	—	—	—	—
	63.5	57	13.2	19.9	26.6	—	—	—	—	—	—	—	—	—	—
	67	54	12.5	18.9	25.2	—	—	—	—	—	—	—	—	—	—
1 000	62	81	18.8	28.3	37.9	56.9	76.0	95.1	108	—	—	50.5	75.9	101.4	126.8
	63.5	81	18.8	28.3	37.9	56.9	76.0	95.1	108	—	—	50.5	75.9	101.4	126.8
	67	75	17.4	26.2	35.0	52.7	70.4	88.1	100	—	—	46.7	70.3	93.9	117.4
1 250	62	105	24.3	36.7	49.1	73.8	98.5	123.3	140	—	—	65.4	98.4	131.4	164.4
	63.5	105	24.3	36.7	49.1	73.8	98.5	123.3	140	—	—	65.4	98.4	131.4	164.4
	67	99	22.9	34.6	46.3	69.6	92.9	116.2	132	—	—	61.7	92.8	123.9	155.0
1 500	62	129	29.9	45.1	60.3	90.7	121.1	151.5	172	—	—	80.4	120.9	161.4	202.0
	63.5	126	29.2	44.0	58.9	88.6	118.3	147.9	168	—	—	78.5	118.1	157.7	197.3
	67	120	27.8	41.9	56.1	84.4	112.6	140.9	160	—	—	74.8	112.5	150.2	187.9
1 750	62	153	35.4	53.5	71.5	107.5	143.6	179.6	204	—	—	95.3	143.4	191.5	239.5
	63.5	150	34.8	52.4	70.1	105.4	140.8	176.1	200	—	—	93.5	140.6	187.7	234.8
	67	144	33.4	50.3	67.3	101.2	135.2	169.1	192	—	—	89.7	135.0	180.2	225.4

表 10 管束基管外表面积与换热管根数(基管外径 25 mm,翅片高度 16 mm,鼓风式水平管束)(续)

管排数(Z)		6							8						
公称宽度(BN) mm	管心距 mm	换热管根数 (n)[a]	管束基管外表面积(A)[b] m² 翅片管长度(L) mm						换热管根数 (n)[a]	管束基管外表面积(A)[b] m² 翅片管长度(L) mm					
			3 000	4 500	6 000	9 000	12 000	15 000		3 000	4 500	6 000	9 000	12 000	15 000
2 000	62	180	41.7	62.9	84.1	126.5	168.9	211.4	240	—	—	112.2	168.7	225.3	281.8
	63.5	174	40.3	60.8	81.3	122.3	163.3	204.3	232	—	—	108.4	163.1	217.7	272.4
	67	165	38.2	57.7	77.1	116.0	154.9	193.7	220	—	—	102.8	154.6	206.5	258.3
2 250	62	204	47.3	71.3	—	143.4	191.5	239.5	272	—	—	—	191.2	255.3	319.4
	63.5	198	45.9	69.2	—	139.2	185.8	232.5	264	—	—	—	185.6	247.8	310.0
	67	189	43.8	66.1	—	132.9	177.4	221.9	252	—	—	—	177.1	236.5	295.9
2 500	62	228	52.8	79.7	106.5	160.3	214.0	267.7	304	—	—	142.1	213.7	285.3	356.9
	63.5	222	51.4	77.6	103.7	156.1	208.4	260.7	296	—	—	138.3	208.1	277.8	347.6
	67	210	48.7	73.4	98.1	147.6	197.1	246.6	280	—	—	130.8	196.8	262.8	328.8
2 750	62	252	58.4	—	117.8	177.1	236.5	295.9	336	—	—	157.0	236.2	315.4	394.5
	63.5	246	57.0	—	115.0	172.9	230.9	288.8	328	—	—	153.3	230.6	307.8	385.1
	67	234	54.2	—	109.4	164.5	219.6	274.8	312	—	—	145.8	219.3	292.8	366.3
3 000	62	276	63.9	96.5	129.0	194.0	259.0	324.1	368	—	—	172.0	258.7	345.4	432.1
	63.5	270	62.6	94.4	126.2	189.8	253.4	317.0	360	—	—	168.2	253.1	337.9	422.7
	67	255	59.1	89.1	119.2	179.2	239.3	299.4	340	—	—	158.9	239.0	319.1	399.2

[a] 换热管根数(n)按管束实际宽度(SN)[为管束公称宽度(BN)减 50 mm]、管箱端板厚度为 20 mm、布管按正三角形排列确定。

[b] 管束基管外表面积(A)按管板厚度(δ)为 22 mm,换热管与管板的连接为强度胀确定。

表 11　管束基管外表面积与换热管根数(基管外径 32 mm,翅片高度 16 mm,鼓风式水平管束)

管排数(Z)		4							5						
公称宽度(BN) mm	管心距 mm	换热管根数 (n)[a]	管束基管外表面积(A)[b] m² 翅片管长度(L) mm						换热管根数 (n)[a]	管束基管外表面积(A)[b] m² 翅片管长度(L) mm					
			3 000	4 500	6 000	9 000	12 000	15 000		3 000	4 500	6 000	9 000	12 000	15 000
500	69	20	5.9	8.9	12.0	—	—	—	25	7.4	11.2	14.9	—	—	—
	71	20	5.9	8.9	12.0	—	—	—	25	7.4	11.2	14.9	—	—	—
	74	18	5.3	8.0	10.8	—	—	—	23	6.8	10.3	13.8	—	—	—
750	69	34	10.1	15.2	20.3	—	—	—	43	12.7	19.2	25.7	—	—	—
	71	34	10.1	15.2	20.3	—	—	—	43	12.7	19.2	25.7	—	—	—
	74	32	9.5	14.3	19.1	—	—	—	40	11.9	17.9	23.9	—	—	—
1 000	69	48	14.2	21.5	28.7	43.2	57.7	72.1	60	17.8	26.8	35.9	54.0	72.1	90.2
	71	48	14.2	21.5	28.7	43.2	57.7	72.1	60	17.8	26.8	35.9	54.0	72.1	90.2
	74	46	13.6	20.6	27.5	41.4	55.3	69.1	58	17.2	25.9	34.7	52.2	69.7	87.2
1 250	69	64	19.0	28.6	38.3	57.6	76.9	96.2	80	23.7	35.8	47.8	72.0	96.1	120.2
	71	62	18.4	27.7	37.1	55.8	74.5	93.2	78	23.1	34.9	46.6	70.2	93.7	117.2
	74	60	17.8	26.8	35.9	54.0	72.1	90.2	75	22.2	33.5	44.8	67.5	90.1	112.7
1 500	69	78	23.1	34.9	46.6	70.2	93.7	117.2	98	29.0	43.8	58.6	88.2	117.7	147.3
	71	76	22.5	34.0	45.4	68.4	91.3	114.2	95	28.2	42.5	56.8	85.5	114.1	142.8
	74	72	21.3	32.2	43.1	64.8	86.5	108.2	90	26.7	40.2	53.8	81.0	108.1	135.2
1 750	69	92	27.3	41.1	55.0	82.8	110.5	138.3	115	34.1	51.4	68.8	103.4	138.1	172.8
	71	90	26.7	40.2	53.8	81.0	108.1	135.2	113	33.5	50.5	67.6	101.6	135.7	169.8
	74	86	25.5	38.5	51.4	77.4	103.3	129.2	108	32.0	48.3	64.6	97.2	129.7	162.3

表 11 管束基管外表面积与换热管根数(基管外径 32 mm,翅片高度 16 mm,鼓风式水平管束)(续)

管排数(Z)		4							5						
公称宽度(BN) mm	管心距 mm	换热管根数 (n)[a]	管束基管外表面积(A)[b] m² 翅片管长度(L) mm						换热管根数 (n)[a]	管束基管外表面积(A)[b] m² 翅片管长度(L) mm					
			3 000	4 500	6 000	9 000	12 000	15 000		3 000	4 500	6 000	9 000	12 000	15 000
2 000	69	106	31.4	47.4	63.4	95.4	127.3	159.3	133	39.4	59.5	79.5	119.6	159.8	199.9
	71	104	30.8	46.5	62.2	93.6	124.9	156.3	130	38.5	58.1	77.7	116.9	156.1	195.4
	74	100	29.6	44.7	59.8	90.0	120.1	150.3	125	37.0	55.9	74.7	112.4	150.1	187.8
2 250	69	122	36.2	54.6	—	109.7	146.5	183.3	153	45.3	68.4	—	137.6	183.8	229.9
	71	118	35.0	52.8	—	106.1	141.7	177.3	148	43.9	66.2	—	133.1	177.8	222.4
	74	114	33.8	51.0	—	102.5	136.9	171.3	143	42.4	63.9	—	128.6	171.8	214.9
2 500	69	136	40.3	60.8	81.3	122.3	163.4	204.4	170	50.4	76.0	101.7	152.9	204.2	255.5
	71	132	39.1	59.0	78.9	118.7	158.6	198.4	165	48.9	73.8	98.7	148.4	198.2	248.0
	74	126	37.3	56.3	75.3	113.3	151.3	189.3	158	46.8	70.7	94.5	142.1	189.8	237.4
2 750	69	150	44.5	—	89.7	134.9	180.2	225.4	188	55.7	—	112.4	169.1	225.8	282.5
	71	146	43.3	—	87.3	131.3	175.4	219.4	183	54.2	—	109.4	164.6	219.8	275.0
	74	140	41.5	—	83.7	125.9	168.2	210.4	175	51.9	—	104.6	157.4	210.2	263.0
3 000	69	164	48.6	73.3	98.1	147.5	197.0	246.4	205	60.8	91.7	122.6	184.4	246.2	308.1
	71	160	47.4	71.5	95.7	143.9	192.2	240.4	200	59.3	89.4	119.6	179.9	240.2	300.5
	74	154	45.6	68.9	92.1	138.5	185.0	231.4	193	57.2	86.3	115.4	173.6	231.8	290.0

表 11　管束基管外表面积与换热管根数(基管外径 32 mm,翅片高度 16 mm,鼓风式水平管束)(续)

管排数(Z)		6							8						
公称宽度(BN) mm	管心距 mm	换热管根数 (n)[a]	管束基管外表面积(A)[b] m² 翅片管长度(L) mm						换热管根数 (n)[a]	管束基管外表面积(A)[b] m² 翅片管长度(L) mm					
			3 000	4 500	6 000	9 000	12 000	15 000		3 000	4 500	6 000	9 000	12 000	15 000
500	69	30	8.9	13.4	17.9	—	—	—	—	—	—	—	—	—	—
	71	30	8.9	13.4	17.9	—	—	—	—	—	—	—	—	—	—
	74	27	8.0	12.1	16.1	—	—	—	—	—	—	—	—	—	—
750	69	51	15.1	22.8	30.5	—	—	—	—	—	—	—	—	—	—
	71	51	15.1	22.8	30.5	—	—	—	—	—	—	—	—	—	—
	74	48	14.2	21.5	28.7	—	—	—	—	—	—	—	—	—	—
1 000	69	72	21.3	32.2	43.1	64.8	86.5	108.2	96	—	—	57.4	86.4	115.3	144.3
	71	72	21.3	32.2	43.1	64.8	86.5	108.2	96	—	—	57.4	86.4	115.3	144.3
	74	69	20.4	30.9	41.3	62.1	82.9	103.7	92	—	—	55.0	82.8	110.5	138.3
1 250	69	96	28.5	42.9	57.4	86.4	115.3	144.3	128	—	—	76.5	115.1	153.7	192.4
	71	93	27.6	41.6	55.6	83.7	111.7	139.8	124	—	—	74.1	111.5	148.9	186.3
	74	90	26.7	40.2	53.8	81.0	108.1	135.2	120	—	—	71.8	107.9	144.1	180.3
1 500	69	117	34.7	52.3	70.0	105.2	140.5	175.8	156	—	—	93.3	140.3	187.4	234.4
	71	114	33.8	51.0	68.2	102.5	136.9	171.3	152	—	—	90.9	136.7	182.6	228.4
	74	108	32.0	48.3	64.6	97.2	129.7	162.3	144	—	—	86.1	129.5	173.0	216.4
1 750	69	138	40.9	61.7	82.5	124.1	165.8	207.4	184	—	—	110.0	165.5	221.0	276.5
	71	135	40.0	60.4	80.7	121.4	162.2	202.9	180	—	—	107.6	161.9	216.2	270.5
	74	129	38.2	57.7	77.1	116.0	154.9	193.9	172	—	—	102.8	154.7	206.6	258.5

表 11　管束基管外表面积与换热管根数(基管外径 32 mm,翅片高度 16 mm,鼓风式水平管束)(续)

管排数(Z)		6							8						
公称宽度(BN) mm	管心距 mm	换热管根数 (n)[a]	管束基管外表面积(A)[b] m² 翅片管长度(L) mm						换热管根数 (n)[a]	管束基管外表面积(A)[b] m² 翅片管长度(L) mm					
			3 000	4 500	6 000	9 000	12 000	15 000		3 000	4 500	6 000	9 000	12 000	15 000
2 000	69	159	47.1	71.1	95.1	143.0	191.0	238.9	212	—	—	126.8	190.7	254.6	318.6
	71	156	46.2	69.8	93.3	140.3	187.4	234.4	208	—	—	124.4	187.1	249.8	312.6
	74	150	44.5	67.1	89.7	134.9	180.2	225.4	200	—	—	119.6	179.9	240.2	300.5
2 250	69	183	54.2	81.8	—	164.6	219.8	275.0	244	—	—	—	219.5	293.1	366.7
	71	177	52.5	79.1	—	159.2	212.6	266.0	236	—	—	—	212.3	283.5	354.6
	74	171	50.7	76.5	—	153.8	205.4	257.0	228	—	—	—	205.1	273.9	342.6
2 500	69	204	60.5	91.2	122.0	183.5	245.0	306.6	272	—	—	162.6	244.7	326.7	408.7
	71	198	58.7	88.5	118.4	178.1	237.8	297.5	264	—	—	157.9	237.5	317.1	396.7
	74	189	56.0	84.5	113.0	170.0	227.0	284.0	252	—	—	150.7	226.7	302.7	378.7
2 750	69	225	66.7	—	134.5	202.4	270.3	338.1	300	—	—	179.4	269.9	360.3	450.8
	71	219	64.9	—	131.0	197.0	263.1	329.1	292	—	—	174.6	262.7	350.7	438.8
	74	210	62.2	—	125.6	188.9	252.2	315.6	280	—	—	167.4	251.9	336.3	420.8
3 000	69	246	72.9	110.0	147.1	221.3	295.5	369.7	328	—	—	196.1	295.1	394.0	492.9
	71	240	71.1	107.3	143.5	215.9	288.3	360.7	320	—	—	191.3	287.9	384.4	480.9
	74	231	68.5	103.3	138.1	207.8	277.5	347.1	308	—	—	184.2	277.1	370.0	462.8

[a] 换热管根数(n)按管束实际宽度(SN)[为管束公称宽度(BN)减 50 mm]、管箱端板厚度为 20 mm、布管按正三角形排列确定。

[b] 管束基管外表面积(A)按管板厚度(δ)为 22 mm,换热管与管板的连接为强度胀确定。

表 12 管束基管外表面积与换热管根数(基管外径 38 mm,翅片高度 16 mm,鼓风式水平管束)

管排数(Z)		4							5						
公称宽度(BN) mm	管心距 mm	换热管根数 (n)[a]	管束基管外表面积(A)[b] m² 翅片管长度(L) mm						换热管根数 (n)[a]	管束基管外表面积(A)[b] m² 翅片管长度(L) mm					
			3 000	4 500	6 000	9 000	12 000	15 000		3 000	4 500	6 000	9 000	12 000	15 000
500	76	18	6.3	9.6	12.8	—	—	—	23	8.1	12.2	16.3	—	—	—
	79	18	6.3	9.6	12.8	—	—	—	23	8.1	12.2	16.3	—	—	—
	82	16	5.6	8.5	11.4	—	—	—	20	7.0	10.6	14.2	—	—	—
750	76	30	10.6	15.9	21.3	—	—	—	38	13.4	20.2	27.0	—	—	—
	79	30	10.6	15.9	21.3	—	—	—	38	13.4	20.2	27.0	—	—	—
	82	28	9.9	14.9	19.9	—	—	—	35	12.3	18.6	24.9	—	—	—
1 000	76	44	15.5	23.4	31.2	47.0	62.8	78.5	55	19.4	29.2	39.1	58.8	78.4	98.1
	79	42	14.8	22.3	29.8	44.9	59.9	74.9	53	18.7	28.1	37.6	56.6	75.6	94.6
	82	40	14.1	21.2	28.4	42.7	57.1	71.4	50	17.6	26.6	35.5	53.4	71.3	89.2
1 250	76	58	20.4	30.8	41.2	62.0	82.7	103.5	73	25.7	38.8	51.8	78.0	104.1	130.3
	79	56	19.7	29.7	39.8	59.8	79.9	99.9	70	24.6	37.2	49.7	74.8	99.8	124.9
	82	54	19.0	28.7	38.3	57.7	77.0	96.4	68	23.9	36.1	48.3	72.6	97.0	121.3
1 500	76	70	24.6	37.2	49.7	74.8	99.8	124.9	88	31.0	46.7	62.5	94.0	125.5	157.0
	79	68	23.9	36.1	48.3	72.6	97.0	121.3	85	29.9	45.1	60.4	90.8	121.2	151.7
	82	66	23.2	35.0	46.9	70.5	94.1	117.8	83	29.2	44.1	58.9	88.7	118.4	148.1
1 750	76	84	29.6	44.6	59.6	89.7	119.8	149.9	105	37.0	55.8	74.6	112.2	149.8	187.4
	79	80	28.2	42.5	56.8	85.5	114.1	142.8	100	35.2	53.1	71.0	106.8	142.6	178.5
	82	78	27.5	41.4	55.4	83.3	111.3	139.2	98	34.5	52.0	69.6	104.7	139.8	174.9

表 12 管束基管外表面积与换热管根数(基管外径 38 mm,翅片高度 16 mm,鼓风式水平管束)(续)

管排数(Z)		4							5						
公称宽度(BN) mm	管心距 mm	换热管根数 $(n)^a$	管束基管外表面积$(A)^b$ m² 翅片管长度(L) mm						换热管根数 $(n)^a$	管束基管外表面积$(A)^b$ m² 翅片管长度(L) mm					
			3 000	4 500	6 000	9 000	12 000	15 000		3 000	4 500	6 000	9 000	12 000	15 000
2 000	76	96	33.8	51.0	68.2	102.5	136.9	171.3	120	42.2	63.7	85.2	128.2	171.2	214.1
	79	94	33.1	49.9	66.7	100.4	134.1	167.7	118	41.5	62.7	83.8	126.0	168.3	210.6
	82	90	31.7	47.8	63.9	96.1	128.4	160.6	113	39.8	60.0	80.2	120.7	161.2	201.6
2 250	76	110	38.7	58.4	—	117.5	156.9	196.3	138	48.6	73.3	—	147.4	196.8	246.3
	79	106	37.3	56.3	—	113.2	151.2	189.2	133	46.8	70.6	—	142.1	189.7	237.3
	82	102	35.9	54.2	—	109.0	145.5	182.0	128	45.0	68.0	—	136.7	182.6	228.4
2 500	76	122	42.9	64.8	86.6	130.3	174.0	217.7	153	53.8	81.2	108.6	163.4	218.2	273.0
	79	118	41.5	62.7	83.8	126.0	168.3	210.6	148	52.1	78.6	105.1	158.1	211.1	264.1
	82	114	40.1	60.5	80.9	121.8	162.6	203.4	143	50.3	75.9	101.5	152.8	204.0	255.2
2 750	76	136	47.9	—	96.6	145.3	194.0	242.7	170	59.8	—	120.7	181.6	242.5	303.4
	79	130	45.8	—	92.3	138.9	185.4	232.0	163	57.4	—	115.7	174.1	232.5	290.9
	82	126	44.3	—	89.5	134.6	179.7	224.8	158	55.6	—	112.2	168.8	225.4	282.0
3 000	76	150	52.8	79.7	106.5	160.2	214.0	267.7	188	66.2	99.8	133.5	200.8	268.2	335.5
	79	144	50.7	76.5	102.3	153.8	205.4	257.0	180	63.3	95.6	127.8	192.3	256.7	321.2
	82	138	48.6	73.3	98.0	147.4	196.8	246.3	173	60.9	91.9	122.8	184.8	246.8	308.7

表 12　管束基管外表面积与换热管根数(基管外径 38 mm,翅片高度 16 mm,鼓风式水平管束)(续)

管排数(Z)		6							8						
公称宽度(BN) mm	管心距 mm	换热管根数 (n)[a]	管束基管外表面积(A)[b] m² 翅片管长度(L) mm						换热管根数 (n)[a]	管束基管外表面积(A)[b] m² 翅片管长度(L) mm					
			3 000	4 500	6 000	9 000	12 000	15 000		3 000	4 500	6 000	9 000	12 000	15 000
500	76	27	9.5	14.3	19.2	—	—	—	—	—	—	—	—	—	—
	79	27	9.5	14.3	19.2	—	—	—	—	—	—	—	—	—	—
	82	24	8.4	12.7	17.0	—	—	—	—	—	—	—	—	—	—
750	76	45	15.8	23.9	32.0	—	—	—	—	—	—	—	—	—	—
	79	45	15.8	23.9	32.0	—	—	—	—	—	—	—	—	—	—
	82	42	14.8	22.3	29.8	—	—	—	—	—	—	—	—	—	—
1 000	76	66	23.2	35.0	46.9	70.5	94.1	117.8	88	—	—	62.5	94.0	125.5	157.0
	79	63	22.2	33.5	44.7	67.3	89.9	112.4	84	—	—	59.6	89.7	119.8	149.9
	82	60	21.1	31.9	42.6	64.1	85.6	107.1	80	—	—	56.8	85.5	114.1	142.8
1 250	76	87	30.6	46.2	61.8	92.9	124.1	155.3	116	—	—	82.4	123.9	165.5	207.0
	79	84	29.6	44.6	59.6	89.7	119.8	149.9	112	—	—	79.5	119.6	159.8	199.9
	82	81	28.5	43.0	57.5	86.5	115.5	144.5	108	—	—	76.7	115.4	154.0	192.7
1 500	76	105	37.0	55.8	74.6	112.2	149.8	187.4	140	—	—	99.4	149.6	199.7	249.8
	79	102	35.9	54.2	72.4	109.0	145.5	182.0	136	—	—	96.6	145.3	194.0	242.7
	82	99	34.8	52.6	70.3	105.8	141.2	176.7	132	—	—	93.7	141.0	188.3	235.6
1 750	76	126	44.3	66.9	89.5	134.6	179.7	224.8	168	—	—	119.3	179.5	239.6	299.8
	79	120	42.2	63.7	85.2	128.2	171.2	214.1	160	—	—	113.6	170.9	228.2	285.5
	82	117	41.2	62.1	83.1	125.0	166.9	208.8	156	—	—	110.8	166.6	222.5	278.4

表 12 管束基管外表面积与换热管根数(基管外径 38 mm,翅片高度 16 mm,鼓风式水平管束)(续)

管排数(Z)		6							8						
公称宽度(BN) mm	管心距 mm	换热管根数 (n)[a]	管束基管外表面积(A)[b] m² 翅片管长度(L) mm						换热管根数 (n)[a]	管束基管外表面积(A)[b] m² 翅片管长度(L) mm					
			3 000	4 500	6 000	9 000	12 000	15 000		3 000	4 500	6 000	9 000	12 000	15 000
2 000	76	144	50.7	76.5	102.3	153.8	205.4	257.0	192	—	—	136.3	205.1	273.9	342.6
	79	141	49.6	74.9	100.1	150.6	201.1	251.6	188	—	—	133.5	200.8	268.2	335.5
	82	135	47.5	71.7	95.9	144.2	192.6	240.9	180	—	—	127.8	192.3	256.7	321.2
2 250	76	165	58.1	87.6	—	176.3	235.3	294.4	220	—	—	—	235.0	313.8	392.6
	79	159	56.0	84.4	—	169.8	226.8	283.7	212	—	—	—	226.5	302.4	378.3
	82	153	53.8	81.2	—	163.4	218.2	273.0	204	—	—	—	217.9	291.0	364.0
2 500	76	183	64.4	97.2	129.9	195.5	261.0	326.6	244	—	—	173.3	260.6	348.0	435.4
	79	177	62.3	94.0	125.7	189.1	252.5	315.9	236	—	—	167.6	252.1	336.6	421.1
	82	171	60.2	90.8	121.4	182.7	243.9	305.1	228	—	—	161.9	243.6	325.2	406.9
2 750	76	204	71.8	—	144.9	217.9	291.0	364.0	272	—	—	193.1	290.6	388.0	485.4
	79	195	68.6	—	138.5	208.3	278.1	348.0	260	—	—	184.6	277.7	370.9	464.0
	82	189	66.5	—	134.2	201.9	269.6	337.3	252	—	—	178.9	269.2	359.4	449.7
3 000	76	225	79.2	119.5	159.8	240.3	320.9	401.5	300	—	—	213.0	320.5	427.9	535.4
	79	216	76.0	114.7	153.4	230.7	308.1	385.5	288	—	—	204.5	307.6	410.8	513.9
	82	207	72.9	109.9	147.0	221.1	295.3	369.4	276	—	—	196.0	294.8	393.7	492.5

[a] 换热管根数(n)按管束实际宽度(SN)[为管束公称宽度(BN)减 50 mm]、管箱端板厚度为 20 mm、布管按正三角形排列确定。

[b] 管束基管外表面积(A)按管板厚度(δ)为 22 mm,换热管与管板的连接为强度胀确定。

表 13　管束基管外表面积与换热管根数(基管外径 25 mm,翅片高度 12.5 mm,引风式水平管束)

管排数(Z)		4							5						
公称宽度(BN) mm	管心距 mm	换热管根数 (n)[a]	管束基管外表面积(A)[b] m² 翅片管长度(L) mm						换热管根数 (n)[a]	管束基管外表面积(A)[b] m² 翅片管长度(L) mm					
			3 000	4 500	6 000	9 000	12 000	15 000		3 000	4 500	6 000	9 000	12 000	15 000
500	54	22	5.1	7.7	10.3	—	—	—	28	6.5	9.8	13.1	—	—	—
	56	22	5.1	7.7	10.3	—	—	—	28	6.5	9.8	13.1	—	—	—
	59	20	4.6	7.0	9.3	—	—	—	25	5.8	8.7	11.7	—	—	—
750	54	40	9.3	14.0	18.7	—	—	—	50	11.6	17.5	23.4	—	—	—
	56	38	8.8	13.3	17.8	—	—	—	48	11.1	16.8	22.4	—	—	—
	59	36	8.3	12.6	16.8	—	—	—	45	10.4	15.7	21.0	—	—	—
1 000	54	58	13.4	20.3	27.1	40.8	54.4	68.1	73	16.9	25.5	34.1	51.3	68.5	85.7
	56	56	13.0	19.6	26.2	39.4	52.6	65.8	70	16.2	24.5	32.7	49.2	65.7	82.2
	59	54	12.5	18.9	25.2	38.0	50.7	63.4	68	15.8	23.8	31.8	47.8	63.8	79.8
1 250	54	78	18.1	27.3	36.5	54.8	73.2	91.6	98	22.7	34.3	45.8	68.9	92.0	115.1
	56	74	17.1	25.9	34.6	52.0	69.5	86.9	93	21.5	32.5	43.5	65.4	87.3	109.2
	59	70	16.2	24.5	32.7	49.2	65.7	82.2	88	20.4	30.8	41.1	61.9	82.6	103.3
1 500	54	96	22.2	33.6	44.9	67.5	90.1	112.7	120	27.8	41.9	56.1	84.4	112.6	140.9
	56	92	21.3	32.2	43.0	64.7	86.3	108.0	115	26.6	40.2	53.7	80.8	107.9	135.0
	59	88	20.4	30.8	41.1	61.9	82.6	103.3	110	25.5	38.4	51.4	77.3	103.2	129.2
1 750	54	114	26.4	39.8	53.3	80.1	107.0	133.9	143	33.1	50.0	66.8	100.5	134.2	167.9
	56	110	25.5	38.4	51.4	77.3	103.2	129.2	138	32.0	48.2	64.5	97.0	129.5	162.0
	59	104	24.1	36.3	48.6	73.1	97.6	122.1	130	30.1	45.4	60.8	91.4	122.0	152.6

表 13 管束基管外表面积与换热管根数(基管外径 25 mm,翅片高度 12.5 mm,引风式水平管束)(续)

管排数(Z)		4							5						
公称宽度(BN) mm	管心距 mm	换热管根数 (n)[a]	管束基管外表面积(A)[b] m² 翅片管长度(L) mm						换热管根数 (n)[a]	管束基管外表面积(A)[b] m² 翅片管长度(L) mm					
			3 000	4 500	6 000	9 000	12 000	15 000		3 000	4 500	6 000	9 000	12 000	15 000
2 000	54	132	30.6	46.1	61.7	92.8	123.9	155.0	165	38.2	57.7	77.1	116.0	154.9	193.7
	56	128	29.7	44.7	59.8	90.0	120.1	150.3	160	37.1	55.9	74.8	112.5	150.2	187.9
	59	122	28.3	42.6	57.0	85.8	114.5	143.2	153	35.4	53.5	71.5	107.5	143.6	179.6
2 250	54	152	35.2	53.1	—	106.8	142.7	178.5	190	44.0	66.4	—	133.6	178.3	223.1
	56	146	33.8	51.0	—	102.6	137.0	171.4	183	42.4	64.0	—	128.6	171.8	214.9
	59	138	32.0	48.2	—	97.0	129.5	162.0	173	40.1	60.5	—	121.6	162.4	203.1
2 500	54	170	39.4	59.4	79.4	119.5	159.6	199.6	213	49.4	74.4	99.5	149.7	199.9	250.1
	56	164	38.0	57.3	76.6	115.3	153.9	192.6	205	47.5	71.6	95.8	144.1	192.4	240.7
	59	156	36.1	54.5	72.9	109.7	146.4	183.2	195	45.2	68.2	91.1	137.1	183.0	229.0
2 750	54	188	43.6	—	87.9	132.2	176.4	220.7	235	54.4	—	109.8	165.2	220.6	275.9
	56	182	42.2	—	85.1	127.9	170.8	213.7	228	52.8	—	106.5	160.3	214.0	267.7
	59	172	39.9	—	80.4	120.9	161.4	202.0	215	49.8	—	100.5	151.1	201.8	252.4
3 000	54	206	47.7	72.0	96.3	144.8	193.3	241.9	258	59.8	90.2	120.6	181.4	242.1	302.9
	56	200	46.3	69.9	93.5	140.6	187.7	234.8	250	57.9	87.4	116.8	175.7	234.6	293.5
	59	190	44.0	66.4	88.8	133.6	178.3	223.1	238	55.1	83.2	111.2	167.3	223.4	279.5

表 13 管束基管外表面积与换热管根数(基管外径 25 mm,翅片高度 12.5 mm,引风式水平管束)(续)

管排数(Z)		6							8						
公称宽度(BN) mm	管心距 mm	换热管根数 (n)[a]	管束基管外表面积(A)[b] m^2 翅片管长度(L) mm						换热管根数 (n)[a]	管束基管外表面积(A)[b] m^2 翅片管长度(L) mm					
			3 000	4 500	6 000	9 000	12 000	15 000		3 000	4 500	6 000	9 000	12 000	15 000
500	54	33	7.6	11.5	15.4	—	—	—	—	—	—	—	—	—	—
	56	33	7.6	11.5	15.4	—	—	—	—	—	—	—	—	—	—
	59	30	7.0	10.5	14.0	—	—	—	—	—	—	—	—	—	—
750	54	60	13.9	21.0	28.0	—	—	—	—	—	—	—	—	—	—
	56	57	13.2	19.9	26.6	—	—	—	—	—	—	—	—	—	—
	59	54	12.5	18.9	25.2	—	—	—	—	—	—	—	—	—	—
1 000	54	87	20.2	30.4	40.7	61.2	81.7	102.2	116	—	—	54.2	81.5	108.9	136.2
	56	84	19.5	29.4	39.3	59.0	78.8	98.6	112	—	—	52.3	78.7	105.1	131.5
	59	81	18.8	28.3	37.9	56.9	76.0	95.1	108	—	—	50.5	75.9	101.4	126.8
1 250	54	117	27.1	40.9	54.7	82.2	109.8	137.4	156	—	—	72.9	109.7	146.4	183.2
	56	111	25.7	38.8	51.9	78.0	104.2	130.3	148	—	—	69.2	104.0	138.9	173.8
	59	105	24.3	36.7	49.1	73.8	98.5	123.3	140	—	—	65.4	98.4	131.4	164.4
1 500	54	144	33.4	50.3	67.3	101.2	135.2	169.1	192	—	—	89.7	135.0	180.2	225.4
	56	138	32.0	48.2	64.5	97.0	129.5	162.0	184	—	—	86.0	129.3	172.7	216.0
	59	132	30.6	46.1	61.7	92.8	123.9	155.0	176	—	—	82.2	123.7	165.2	206.7
1 750	54	171	39.6	59.8	79.9	120.2	160.5	200.8	228	—	—	106.5	160.3	214.0	267.7
	56	165	38.2	57.7	77.1	116.0	154.9	193.7	220	—	—	102.8	154.6	206.5	258.3
	59	156	36.1	54.5	72.9	109.7	146.4	183.2	208	—	—	97.2	146.2	195.2	244.2

表 13　管束基管外表面积与换热管根数(基管外径 25 mm,翅片高度 12.5 mm,引风式水平管束)(续)

管排数(Z)		6							8						
公称宽度(BN) mm	管心距 mm	换热管根数 (n)[a]	管束基管外表面积(A)[b] m² 翅片管长度(L) mm						换热管根数 (n)[a]	管束基管外表面积(A)[b] m² 翅片管长度(L) mm					
			3 000	4 500	6 000	9 000	12 000	15 000		3 000	4 500	6 000	9 000	12 000	15 000
2 000	54	198	45.9	69.2	92.5	139.2	185.8	232.5	264	—	—	123.4	185.6	247.8	310.0
	56	192	44.5	67.1	89.7	135.0	180.2	225.4	256	—	—	119.6	180.0	240.3	300.6
	59	183	42.4	64.0	85.5	128.6	171.8	214.9	244	—	—	114.0	171.5	229.0	286.5
2 250	54	228	52.8	79.7	—	160.3	214.0	267.7	304	—	—	—	213.7	285.3	356.9
	56	219	50.7	76.5	—	153.9	205.5	257.1	292	—	—	—	205.3	274.1	342.9
	59	207	48.0	72.3	—	145.5	194.3	243.1	276	—	—	—	194.0	259.0	324.1
2 500	54	255	59.1	89.1	119.2	179.2	239.3	299.4	340	—	—	158.9	239.0	319.1	399.2
	56	246	57.0	86.0	115.0	172.9	230.9	288.8	328	—	—	153.3	230.6	307.8	385.1
	59	234	54.2	81.8	109.4	164.5	219.6	274.8	312	—	—	145.8	219.3	292.8	366.3
2 750	54	282	65.3	—	131.8	198.2	264.7	331.1	376	—	—	175.7	264.3	352.9	441.5
	56	273	63.3	—	127.6	191.9	256.2	320.5	364	—	—	170.1	255.9	341.6	427.4
	59	258	59.8	—	120.6	181.4	242.1	302.9	344	—	—	160.8	241.8	322.9	403.9
3 000	54	309	71.6	108.0	144.4	217.2	290.0	362.8	412	—	—	192.5	289.6	386.7	483.8
	56	300	69.5	104.9	140.2	210.9	281.6	352.3	400	—	—	186.9	281.2	375.4	469.7
	59	285	66.0	99.6	133.2	200.3	267.5	334.6	380	—	—	177.6	267.1	356.6	446.2

[a] 换热管根数(n)按管束实际宽度(SN)[为管束公称宽度(BN)减 100 mm]、管箱端板厚度为 20 mm、布管按正三角形排列确定。

[b] 管束基管外表面积(A)按管板厚度(δ)为 22 mm,换热管与管板的连接为强度胀确定。

表 14　管束基管外表面积与换热管根数(基管外径 32 mm,翅片高度 12.5 mm,引风式水平管束)

管排数(Z)		4							5						
公称宽度(BN) mm	管心距 mm	换热管根数 (n)[a]	管束基管外表面积(A)[b] m² 翅片管长度(L) mm						换热管根数 (n)[a]	管束基管外表面积(A)[b] m² 翅片管长度(L) mm					
			3 000	4 500	6 000	9 000	12 000	15 000		3 000	4 500	6 000	9 000	12 000	15 000
500	62	18	5.3	8.0	10.8	—	—	—	23	6.8	10.3	13.8	—	—	—
	63.5	18	5.3	8.0	10.8	—	—	—	23	6.8	10.3	13.8	—	—	—
	67	18	5.3	8.0	10.8	—	—	—	23	6.8	10.3	13.8	—	—	—
750	62	34	10.1	15.2	20.3	—	—	—	43	12.7	19.2	25.7	—	—	—
	63.5	34	10.1	15.2	20.3	—	—	—	43	12.7	19.2	25.7	—	—	—
	67	32	9.5	14.3	19.1	—	—	—	40	11.9	17.9	23.9	—	—	—
1 000	62	50	14.8	22.4	29.9	45.0	60.1	75.1	63	18.7	28.2	37.7	56.7	75.7	94.7
	63.5	50	14.8	22.4	29.9	45.0	60.1	75.1	63	18.7	28.2	37.7	56.7	75.7	94.7
	67	48	14.2	21.5	28.7	43.2	57.7	72.1	60	17.8	26.8	35.9	54.0	72.1	90.2
1 250	62	68	20.2	30.4	40.7	61.2	81.7	102.2	85	25.2	38.0	50.8	76.5	102.1	127.7
	63.5	66	19.6	29.5	39.5	59.4	79.3	99.2	83	24.6	37.1	49.6	74.7	99.7	124.7
	67	62	18.4	27.7	37.1	55.8	74.5	93.2	78	23.1	34.9	46.6	70.2	93.7	117.2
1 500	62	84	24.9	37.6	50.2	75.6	100.9	126.2	105	31.1	47.0	62.8	94.5	126.1	157.8
	63.5	82	24.3	36.7	49.0	73.8	98.5	123.2	103	30.5	46.1	61.6	92.7	123.7	154.8
	67	78	23.1	34.9	46.6	70.2	93.7	117.2	98	29.0	43.8	58.6	88.2	117.7	147.3
1 750	62	100	29.6	44.7	59.8	90.0	120.1	150.3	125	37.0	55.9	74.7	112.4	150.1	187.8
	63.5	96	28.5	42.9	57.4	86.4	115.3	144.3	120	35.6	53.7	71.8	107.9	144.1	180.3
	67	92	27.3	41.1	55.0	82.8	110.5	138.3	115	34.1	51.4	68.8	103.4	138.1	172.8

表 14　管束基管外表面积与换热管根数(基管外径 32 mm,翅片高度 12.5 mm,引风式水平管束)(续)

管排数(Z)		4							5						
公称宽度(BN) mm	管心距 mm	换热管根数 (n)[a]	管束基管外表面积(A)[b] m² 翅片管长度(L) mm						换热管根数 (n)[a]	管束基管外表面积(A)[b] m² 翅片管长度(L) mm					
			3 000	4 500	6 000	9 000	12 000	15 000		3 000	4 500	6 000	9 000	12 000	15 000
2 000	62	116	34.4	51.9	69.4	104.3	139.3	174.3	145	43.0	64.8	86.7	130.4	174.2	217.9
	63.5	112	33.2	50.1	67.0	100.7	134.5	168.3	140	41.5	62.6	83.7	125.9	168.2	210.4
	67	106	31.4	47.4	63.4	95.4	127.3	159.3	133	39.4	59.5	79.5	119.6	159.8	199.9
2 250	62	132	39.1	59.0	—	118.7	158.6	198.4	165	48.9	73.8	—	148.4	198.2	248.0
	63.5	128	37.9	57.2	—	115.1	153.7	192.4	160	47.4	71.5	—	143.9	192.2	240.4
	67	122	36.2	54.6	—	109.7	146.5	183.3	153	45.3	68.4	—	137.6	183.8	229.9
2 500	62	148	43.9	66.2	88.5	133.1	177.8	222.4	185	54.8	82.7	110.6	166.4	222.2	278.0
	63.5	144	42.7	64.4	86.1	129.5	173.0	216.4	180	53.3	80.5	107.6	161.9	216.2	270.5
	67	136	40.3	60.8	81.3	122.3	163.4	204.4	170	50.4	76.0	101.7	152.9	204.2	255.5
2 750	62	164	48.6	—	98.1	147.5	197.0	246.4	205	60.8	—	122.6	184.4	246.2	308.1
	63.5	160	47.4	—	95.7	143.9	192.2	240.4	200	59.3	—	119.6	179.9	240.2	300.5
	67	152	45.0	—	90.9	136.7	182.6	228.4	190	56.3	—	113.6	170.9	228.2	285.5
3 000	62	180	53.3	80.5	107.6	161.9	216.2	270.5	225	66.7	100.6	134.5	202.4	270.3	338.1
	63.5	176	52.2	78.7	105.2	158.3	211.4	264.5	220	65.2	98.4	131.6	197.9	264.3	330.6
	67	166	49.2	74.2	99.3	149.3	199.4	249.5	208	61.6	93.0	124.4	187.1	249.8	312.6

表 14 管束基管外表面积与换热管根数(基管外径 32 mm,翅片高度 12.5 mm,引风式水平管束)(续)

管排数(Z)		6							8						
公称宽度(BN) mm	管心距 mm	换热管根数 $(n)^a$	管束基管外表面积$(A)^b$ m² 翅片管长度(L) mm						换热管根数 $(n)^a$	管束基管外表面积$(A)^b$ m² 翅片管长度(L) mm					
			3 000	4 500	6 000	9 000	12 000	15 000		3 000	4 500	6 000	9 000	12 000	15 000
500	62	27	8.0	12.1	16.1	—	—	—	—	—	—	—	—	—	—
	63.5	27	8.0	12.1	16.1	—	—	—	—	—	—	—	—	—	—
	67	27	8.0	12.1	16.1	—	—	—	—	—	—	—	—	—	—
750	62	51	15.1	22.8	30.5	—	—	—	—	—	—	—	—	—	—
	63.5	51	15.1	22.8	30.5	—	—	—	—	—	—	—	—	—	—
	67	48	14.2	21.5	28.7	—	—	—	—	—	—	—	—	—	—
1 000	62	75	22.2	33.5	44.8	67.5	90.1	112.7	100	—	—	59.8	90.0	120.1	150.3
	63.5	75	22.2	33.5	44.8	67.5	90.1	112.7	100	—	—	59.8	90.0	120.1	150.3
	67	72	21.3	32.2	43.1	64.8	86.5	108.2	96	—	—	57.4	86.4	115.3	144.3
1 250	62	102	30.2	45.6	61.0	91.8	122.5	153.3	136	—	—	81.3	122.3	163.4	204.4
	63.5	99	29.3	44.3	59.2	89.1	118.9	148.8	132	—	—	78.9	118.7	158.6	198.4
	67	93	27.6	41.6	55.6	83.7	111.7	139.8	124	—	—	74.1	111.5	148.9	186.3
1 500	62	126	37.3	56.3	75.3	113.3	151.3	189.3	168	—	—	100.5	151.1	201.8	252.5
	63.5	123	36.5	55.0	73.5	110.6	147.7	184.8	164	—	—	98.1	147.5	197.0	246.4
	67	117	34.7	52.3	70.0	105.2	140.5	175.8	156	—	—	93.3	140.3	187.4	234.4
1 750	62	150	44.5	67.1	89.7	134.9	180.2	225.4	200	—	—	119.6	179.9	240.2	300.5
	63.5	144	42.7	64.4	86.1	129.5	173.0	216.4	192	—	—	114.8	172.7	230.6	288.5
	67	138	40.9	61.7	82.5	124.1	165.8	207.4	184	—	—	110.0	165.5	221.0	276.5

表 14 管束基管外表面积与换热管根数(基管外径 32 mm,翅片高度 12.5 mm,引风式水平管束)(续)

管排数(Z)		6							8						
公称宽度(BN) mm	管心距 mm	换热管根数(n)[a]	管束基管外表面积(A)[b] m² 翅片管长度(L) mm						换热管根数(n)[a]	管束基管外表面积(A)[b] m² 翅片管长度(L) mm					
			3 000	4 500	6 000	9 000	12 000	15 000		3 000	4 500	6 000	9 000	12 000	15 000
2 000	62	174	51.6	77.8	104.0	156.5	209.0	261.5	232	—	—	138.7	208.7	278.7	348.6
	63.5	168	49.8	75.1	100.5	151.1	201.8	252.5	224	—	—	133.9	201.5	269.1	336.6
	67	159	47.1	71.1	95.1	143.0	191.0	238.9	212	—	—	126.8	190.7	254.6	318.6
2 250	62	198	58.7	88.5	—	178.1	237.8	297.5	264	—	—	—	237.5	317.1	396.7
	63.5	192	56.9	85.9	—	172.7	230.6	288.5	256	—	—	—	230.3	307.5	384.7
	67	183	54.2	81.8	—	164.6	219.8	275.0	244	—	—	—	219.5	293.1	366.7
2 500	62	222	65.8	99.3	132.7	199.7	266.7	333.6	296	—	—	177.0	266.3	355.5	444.8
	63.5	216	64.0	96.6	129.2	194.3	259.4	324.6	288	—	—	172.2	259.1	345.9	432.8
	67	204	60.5	91.2	122.0	183.5	245.0	306.6	272	—	—	162.6	244.7	326.7	408.7
2 750	62	246	72.9	—	147.1	221.3	295.5	369.7	328	—	—	196.1	295.1	394.0	492.9
	63.5	240	71.1	—	143.5	215.9	288.3	360.7	320	—	—	191.3	287.9	384.4	480.9
	67	228	67.6	—	136.3	205.1	273.9	342.6	304	—	—	181.8	273.5	365.1	456.8
3 000	62	270	80.0	120.7	161.4	242.9	324.3	405.7	360	—	—	215.3	323.8	432.4	541.0
	63.5	264	78.2	118.1	157.9	237.5	317.1	396.7	352	—	—	210.5	316.6	422.8	529.0
	67	249	73.8	111.3	148.9	224.0	299.1	374.2	332	—	—	198.5	298.7	398.8	498.9

[a] 换热管根数(n)按管束实际宽度(SN)[为管束公称宽度(BN)减 100 mm]、管箱端板厚度为 20 mm、布管按正三角形排列确定。

[b] 管束基管外表面积(A)按管板厚度(δ)为 22 mm,换热管与管板的连接为强度胀确定。

表 15　管束基管外表面积与换热管根数(基管外径 38 mm,翅片高度 12.5 mm,引风式水平管束)

管排数(Z)		4							5						
公称宽度(BN) mm	管心距 mm	换热管根数 (n)[a]	管束基管外表面积(A)[b] m² 翅片管长度(L) mm						换热管根数 (n)[a]	管束基管外表面积(A)[b] m² 翅片管长度(L) mm					
			3 000	4 500	6 000	9 000	12 000	15 000		3 000	4 500	6 000	9 000	12 000	15 000
500	69	16	5.6	8.5	11.4	—	—	—	20	7.0	10.6	14.2	—	—	—
	71	16	5.6	8.5	11.4	—	—	—	20	7.0	10.6	14.2	—	—	—
	74	16	5.6	8.5	11.4	—	—	—	20	7.0	10.6	14.2	—	—	—
750	69	30	10.6	15.9	21.3	—	—	—	38	13.4	20.2	27.0	—	—	—
	71	30	10.6	15.9	21.3	—	—	—	38	13.4	20.2	27.0	—	—	—
	74	28	9.9	14.9	19.9	—	—	—	35	12.3	18.6	24.9	—	—	—
1 000	69	46	16.2	24.4	32.7	49.1	65.6	82.1	58	20.4	30.8	41.2	62.0	82.7	103.5
	71	44	15.5	23.4	31.2	47.0	62.8	78.5	55	19.4	29.2	39.1	58.8	78.4	98.1
	74	42	14.8	22.3	29.8	44.9	59.9	74.9	53	18.7	28.1	37.6	56.6	75.6	94.6
1 250	69	60	21.1	31.9	42.6	64.1	85.6	107.1	75	26.4	39.8	53.3	80.1	107.0	133.8
	71	58	20.4	30.8	41.2	62.0	82.7	103.5	73	25.7	38.8	51.8	78.0	104.1	130.3
	74	56	19.7	29.7	39.8	59.8	79.9	99.9	70	24.6	37.2	49.7	74.8	99.8	124.9
1 500	69	74	26.0	39.3	52.5	79.0	105.6	132.1	93	32.7	49.4	66.0	99.3	132.7	166.0
	71	72	25.3	38.2	51.1	76.9	102.7	128.5	90	31.7	47.8	63.9	96.1	128.4	160.6
	74	70	24.6	37.2	49.7	74.8	99.8	124.9	88	31.0	46.7	62.5	94.0	125.5	157.0
1 750	69	88	31.0	46.7	62.5	94.0	125.5	157.0	110	38.7	58.4	78.1	117.5	156.9	196.3
	71	86	30.3	45.7	61.1	91.9	122.7	153.5	108	38.0	57.3	76.7	115.4	154.0	192.7
	74	84	29.6	44.6	59.6	89.7	119.8	149.9	105	37.0	55.8	74.6	112.2	149.8	187.4

表 15　管束基管外表面积与换热管根数(基管外径 38 mm,翅片高度 12.5 mm,引风式水平管束)(续)

管排数(Z)		4							5						
公称宽度(BN) mm	管心距 mm	换热管根数 (n)[a]	管束基管外表面积(A)[b] m² 翅片管长度(L) mm						换热管根数 (n)[a]	管束基管外表面积(A)[b] m² 翅片管长度(L) mm					
			3 000	4 500	6 000	9 000	12 000	15 000		3 000	4 500	6 000	9 000	12 000	15 000
2 000	69	104	36.6	55.2	73.8	111.1	148.3	185.6	130	45.8	69.0	92.3	138.9	185.4	232.0
	71	100	35.2	53.1	71.0	106.8	142.6	178.5	125	44.0	66.4	88.8	133.5	178.3	223.1
	74	96	33.8	51.0	68.2	102.5	136.9	171.3	120	42.2	63.7	85.2	128.2	171.2	214.1
2 250	69	118	41.5	62.7	—	126.0	168.3	210.6	148	52.1	78.6	—	158.1	211.1	264.1
	71	114	40.1	60.5	—	121.8	162.6	203.4	143	50.3	75.9	—	152.8	204.0	255.2
	74	110	38.7	58.4	—	117.5	156.9	196.3	138	48.6	73.3	—	147.4	196.8	246.3
2 500	69	132	46.5	70.1	93.7	141.0	188.3	235.6	165	58.1	87.6	117.2	176.3	235.3	294.4
	71	128	45.0	68.0	90.9	136.7	182.6	228.4	160	56.3	85.0	113.6	170.9	228.2	285.5
	74	124	43.6	65.8	88.0	132.5	176.9	221.3	155	54.5	82.3	110.1	165.6	221.1	276.6
2 750	69	146	51.4	—	103.7	156.0	208.2	260.5	183	64.4	—	129.9	195.5	261.0	326.6
	71	142	50.0	—	100.8	151.7	202.5	253.4	178	62.6	—	126.4	190.1	253.9	317.6
	74	138	48.6	—	98.0	147.4	196.8	246.3	173	60.9	—	122.8	184.8	246.8	308.7
3 000	69	162	57.0	86.0	115.0	173.1	231.1	289.1	203	71.4	107.8	144.1	216.8	289.6	362.3
	71	156	54.9	82.8	110.8	166.6	222.5	278.4	195	68.6	103.5	138.5	208.3	278.1	348.0
	74	150	52.8	79.7	106.5	160.2	214.0	267.7	188	66.2	99.8	133.5	200.8	268.2	335.5

表 15 管束基管外表面积与换热管根数(基管外径 38 mm,翅片高度 12.5 mm,引风式水平管束)(续)

管排数(Z)		6							8						
公称宽度(BN) mm	管心距 mm	换热管根数 $(n)^{a}$	管束基管外表面积$(A)^{b}$ m^2 翅片管长度(L) mm						换热管根数 $(n)^{a}$	管束基管外表面积$(A)^{b}$ m^2 翅片管长度(L) mm					
			3 000	4 500	6 000	9 000	12 000	15 000		3 000	4 500	6 000	9 000	12 000	15 000
500	69	24	8.4	12.7	17.0	—	—	—	—	—	—	—	—	—	—
	71	24	8.4	12.7	17.0	—	—	—	—	—	—	—	—	—	—
	74	24	8.4	12.7	17.0	—	—	—	—	—	—	—	—	—	—
750	69	45	15.8	23.9	32.0	—	—	—	—	—	—	—	—	—	—
	71	45	15.8	23.9	32.0	—	—	—	—	—	—	—	—	—	—
	74	42	14.8	22.3	29.8	—	—	—	—	—	—	—	—	—	—
1 000	69	69	24.3	36.6	49.0	73.7	98.4	123.1	92	—	—	65.3	98.3	131.2	164.2
	71	66	23.2	35.0	46.9	70.5	94.1	117.8	88	—	—	62.5	94.0	125.5	157.0
	74	63	22.2	33.5	44.7	67.3	89.9	112.4	84	—	—	59.6	89.7	119.8	149.9
1 250	69	90	31.7	47.8	63.9	96.1	128.4	160.6	120	—	—	85.2	128.2	171.2	214.1
	71	87	30.6	46.2	61.8	92.9	124.1	155.3	116	—	—	82.4	123.9	165.5	207.0
	74	84	29.6	44.6	59.6	89.7	119.8	149.9	112	—	—	79.5	119.6	159.8	199.9
1 500	69	111	39.1	58.9	78.8	118.6	158.3	198.1	148	—	—	105.1	158.1	211.1	264.1
	71	108	38.0	57.3	76.7	115.4	154.0	192.7	144	—	—	102.3	153.8	205.4	257.0
	74	105	37.0	55.8	74.6	112.2	149.8	187.4	140	—	—	99.4	149.6	199.7	249.8
1 750	69	132	46.5	70.1	93.7	141.0	188.3	235.6	176	—	—	125.0	188.0	251.0	314.1
	71	129	45.4	68.5	91.6	137.8	184.0	230.2	172	—	—	122.1	183.7	245.3	306.9
	74	126	44.3	66.9	89.5	134.6	179.7	224.8	168	—	—	119.3	179.5	239.6	299.8

表 15　管束基管外表面积与换热管根数(基管外径 38 mm,翅片高度 12.5 mm,引风式水平管束)(续)

管排数(Z)		6							8						
公称宽度(BN) mm	管心距 mm	换热管根数 (n)[a]	管束基管外表面积(A)[b] m² 翅片管长度(L) mm						换热管根数 (n)[a]	管束基管外表面积(A)[b] m² 翅片管长度(L) mm					
			3 000	4 500	6 000	9 000	12 000	15 000		3 000	4 500	6 000	9 000	12 000	15 000
2 000	69	156	54.9	82.8	110.8	166.6	222.5	278.4	208	—	—	147.7	222.2	296.7	371.2
	71	150	52.8	79.7	106.5	160.2	214.0	267.7	200	—	—	142.0	213.6	285.3	356.9
	74	144	50.7	76.5	102.3	153.8	205.4	257.0	192	—	—	136.3	205.1	273.9	342.6
2 250	69	177	62.3	94.0	—	189.1	252.5	315.9	236	—	—	—	252.1	336.6	421.1
	71	171	60.2	90.8	—	182.7	243.9	305.1	228	—	—	—	243.6	325.2	406.9
	74	165	58.1	87.6	—	176.3	235.3	294.4	220	—	—	—	235.0	313.8	392.6
2 500	69	198	69.7	105.1	140.6	211.5	282.4	353.3	264	—	—	187.5	282.0	376.6	471.1
	71	192	67.6	102.0	136.3	205.1	273.9	342.6	256	—	—	181.8	273.5	365.1	456.8
	74	186	65.5	98.8	132.1	198.7	265.3	331.9	248	—	—	176.1	264.9	353.7	442.6
2 750	69	219	77.1	—	155.5	233.9	312.4	390.8	292	—	—	207.3	311.9	416.5	521.1
	71	213	75.0	—	151.2	227.5	303.8	380.1	284	—	—	201.7	303.4	405.1	506.8
	74	207	72.9	—	147.0	221.1	295.3	369.4	276	—	—	196.0	294.8	393.7	492.5
3 000	69	243	85.5	129.0	172.5	259.6	346.6	433.6	324	—	—	230.1	346.1	462.1	578.2
	71	234	82.4	124.3	166.2	250.0	333.8	417.6	312	—	—	221.5	333.3	445.0	556.8
	74	225	79.2	119.5	159.8	240.3	320.9	401.5	300	—	—	213.0	320.5	427.9	535.4

[a] 换热管根数(n)按管束实际宽度(SN)[为管束公称宽度(BN)减 100 mm]、管箱端板厚度为 20 mm、布管按正三角形排列确定。

[b] 管束基管外表面积(A)按管板厚度(δ)为 22 mm,换热管与管板的连接为强度胀确定。

表 16 管束基管外表面积与换热管根数(基管外径 25 mm,翅片高度 16 mm,引风式水平管束)

管排数(Z)		4							5						
公称宽度(BN) mm	管心距 mm	换热管根数 (n)[a]	管束基管外表面积(A)[b] m^2 翅片管长度(L) mm						换热管根数 (n)[a]	管束基管外表面积(A)[b] m^2 翅片管长度(L) mm					
			3 000	4 500	6 000	9 000	12 000	15 000		3 000	4 500	6 000	9 000	12 000	15 000
500	62	20	4.6	7.0	9.3	—	—	—	25	5.8	8.7	11.7	—	—	—
	63.5	18	4.2	6.3	8.4	—	—	—	23	5.3	8.0	10.7	—	—	—
	67	18	4.2	6.3	8.4	—	—	—	23	5.3	8.0	10.7	—	—	—
750	62	36	8.3	12.6	16.8	—	—	—	45	10.4	15.7	21.0	—	—	—
	63.5	34	7.9	11.9	15.9	—	—	—	43	10.0	15.0	20.1	—	—	—
	67	32	7.4	11.2	15.0	—	—	—	40	9.3	14.0	18.7	—	—	—
1 000	62	52	12.0	18.2	24.3	36.6	48.8	61.1	65	15.1	22.7	30.4	45.7	61.0	76.3
	63.5	50	11.6	17.5	23.4	35.1	46.9	58.7	63	14.6	22.0	29.4	44.3	59.1	74.0
	67	48	11.1	16.8	22.4	33.7	45.1	56.4	60	13.9	21.0	28.0	42.2	56.3	70.5
1 250	62	68	15.8	23.8	31.8	47.8	63.8	79.8	85	19.7	29.7	39.7	59.7	79.8	99.8
	63.5	66	15.3	23.1	30.8	46.4	61.9	77.5	83	19.2	29.0	38.8	58.3	77.9	97.5
	67	62	14.4	21.7	29.0	43.6	58.2	72.8	78	18.1	27.3	36.5	54.8	73.2	91.6
1 500	62	84	19.5	29.4	39.3	59.0	78.8	98.6	105	24.3	36.7	49.1	73.8	98.5	123.3
	63.5	82	19.0	28.7	38.3	57.6	77.0	96.3	103	23.9	36.0	48.1	72.4	96.7	120.9
	67	78	18.1	27.3	36.5	54.8	73.2	91.6	98	22.7	34.3	45.8	68.9	92.0	115.1
1 750	62	100	23.2	35.0	46.7	70.3	93.9	117.4	125	29.0	43.7	58.4	87.9	117.3	146.8
	63.5	98	22.7	34.3	45.8	68.9	92.0	115.1	123	28.5	43.0	57.5	86.5	115.4	144.4
	67	92	21.3	32.2	43.0	64.7	86.3	108.0	115	26.6	40.2	53.7	80.8	107.9	135.0

表 16　管束基管外表面积与换热管根数(基管外径 25 mm,翅片高度 16 mm,引风式水平管束)(续)

管排数(Z)		4							5						
公称宽度(BN) mm	管心距 mm	换热管根数 $(n)^a$	管束基管外表面积$(A)^b$ m² 翅片管长度(L) mm						换热管根数 $(n)^a$	管束基管外表面积$(A)^b$ m² 翅片管长度(L) mm					
			3 000	4 500	6 000	9 000	12 000	15 000		3 000	4 500	6 000	9 000	12 000	15 000
2 000	62	116	26.9	40.5	54.2	81.5	108.9	136.2	145	33.6	50.7	67.8	101.9	136.1	170.3
	63.5	114	26.4	39.8	53.3	80.1	107.0	133.9	143	33.1	50.0	66.8	100.5	134.2	167.9
	67	108	25.0	37.7	50.5	75.9	101.4	126.8	135	31.3	47.2	63.1	94.9	126.7	158.5
2 250	62	132	30.6	46.1	—	92.8	123.9	155.0	165	38.2	57.7	—	116.0	154.9	193.7
	63.5	128	29.7	44.7	—	90.0	120.1	150.3	160	37.1	55.9	—	112.5	150.2	187.9
	67	122	28.3	42.6	—	85.8	114.5	143.2	153	35.4	53.5	—	107.5	143.6	179.6
2 500	62	148	34.3	51.7	69.2	104.0	138.9	173.8	185	42.9	64.7	86.5	130.0	173.6	217.2
	63.5	144	33.4	50.3	67.3	101.2	135.2	169.1	180	41.7	62.9	84.1	126.5	168.9	211.4
	67	138	32.0	48.2	64.5	97.0	129.5	162.0	173	40.1	60.5	80.8	121.6	162.4	203.1
2 750	62	164	38.0	—	76.6	115.3	153.9	192.6	205	47.5	—	95.8	144.1	192.4	240.7
	63.5	160	37.1	—	74.8	112.5	150.2	187.9	200	46.3	—	93.5	140.6	187.7	234.8
	67	152	35.2	—	71.0	106.8	142.7	178.5	190	44.0	—	88.8	133.6	178.3	223.1
3 000	62	180	41.7	62.9	84.1	126.5	168.9	211.4	225	52.1	78.6	105.1	158.2	211.2	264.2
	63.5	176	40.8	61.5	82.2	123.7	165.2	206.7	220	51.0	76.9	102.8	154.6	206.5	258.3
	67	166	38.5	58.0	77.6	116.7	155.8	194.9	208	48.2	72.7	97.2	146.2	195.2	244.2

表 16　管束基管外表面积与换热管根数(基管外径 25 mm,翅片高度 16 mm,引风式水平管束)(续)

管排数(Z)		6							8						
公称宽度(BN) mm	管心距 mm	换热管根数 (n)[a]	管束基管外表面积(A)[b] m² 翅片管长度(L) mm						换热管根数 (n)[a]	管束基管外表面积(A)[b] m² 翅片管长度(L) mm					
			3 000	4 500	6 000	9 000	12 000	15 000		3 000	4 500	6 000	9 000	12 000	15 000
500	62	30	7.0	10.5	14.0	—	—	—	—	—	—	—	—	—	—
	63.5	27	6.3	9.4	12.6	—	—	—	—	—	—	—	—	—	—
	67	27	6.3	9.4	12.6	—	—	—	—	—	—	—	—	—	—
750	62	54	12.5	18.9	25.2	—	—	—	—	—	—	—	—	—	—
	63.5	51	11.8	17.8	23.8	—	—	—	—	—	—	—	—	—	—
	67	48	11.1	16.8	22.4	—	—	—	—	—	—	—	—	—	—
1 000	62	78	18.1	27.3	36.5	54.8	73.2	91.6	104	—	—	48.6	73.1	97.6	122.1
	63.5	75	17.4	26.2	35.0	52.7	70.4	88.1	100	—	—	46.7	70.3	93.9	117.4
	67	72	16.7	25.2	33.6	50.6	67.6	84.5	96	—	—	44.9	67.5	90.1	112.7
1 250	62	102	23.6	35.6	47.7	71.7	95.7	119.8	136	—	—	63.6	95.6	127.6	159.7
	63.5	99	22.9	34.6	46.3	69.6	92.9	116.2	132	—	—	61.7	92.8	123.9	155.0
	67	93	21.5	32.5	43.5	65.4	87.3	109.2	124	—	—	57.9	87.2	116.4	145.6
1 500	62	126	29.2	44.0	58.9	88.6	118.3	147.9	168	—	—	78.5	118.1	157.7	197.3
	63.5	123	28.5	43.0	57.5	86.5	115.4	144.4	164	—	—	76.6	115.3	153.9	192.6
	67	117	27.1	40.9	54.7	82.2	109.8	137.4	156	—	—	72.9	109.7	146.4	183.2
1 750	62	150	34.8	52.4	70.1	105.4	140.8	176.1	200	—	—	93.5	140.6	187.7	234.8
	63.5	147	34.1	51.4	68.7	103.3	138.0	172.6	196	—	—	91.6	137.8	184.0	230.1
	67	138	32.0	48.2	64.5	97.0	129.5	162.0	184	—	—	86.0	129.3	172.7	216.0

表 16 管束基管外表面积与换热管根数(基管外径 25 mm,翅片高度 16 mm,引风式水平管束)(续)

管排数(Z)		6							8						
公称宽度(BN) mm	管心距 mm	换热管根数(n)[a]	管束基管外表面积(A)[b] m² 翅片管长度(L) mm						换热管根数(n)[a]	管束基管外表面积(A)[b] m² 翅片管长度(L) mm					
			3 000	4 500	6 000	9 000	12 000	15 000		3 000	4 500	6 000	9 000	12 000	15 000
2 000	62	174	40.3	60.8	81.3	122.3	163.3	204.3	232	—	—	108.4	163.1	217.7	272.4
	63.5	171	39.6	59.8	79.9	120.2	160.5	200.8	228	—	—	106.5	160.3	214.0	267.7
	67	162	37.5	56.6	75.7	113.9	152.0	190.2	216	—	—	100.9	151.8	202.7	253.6
2 250	62	198	45.9	69.2	—	139.2	185.8	232.5	264	—	—	—	185.6	247.8	310.0
	63.5	192	44.5	67.1	—	135.0	180.2	225.4	256	—	—	—	180.0	240.3	300.6
	67	183	42.4	64.0	—	128.6	171.8	214.9	244	—	—	—	171.5	229.0	286.5
2 500	62	222	51.4	77.6	103.7	156.1	208.4	260.7	296	—	—	138.3	208.1	277.8	347.6
	63.5	216	50.0	75.5	100.9	151.8	202.7	253.6	288	—	—	134.6	202.4	270.3	338.2
	67	207	48.0	72.3	96.7	145.5	194.3	243.1	276	—	—	129.0	194.0	259.0	324.1
2 750	62	246	57.0	—	115.0	172.9	230.9	288.8	328	—	—	153.3	230.6	307.8	385.1
	63.5	240	55.6	—	112.2	168.7	225.3	281.8	320	—	—	149.5	224.9	300.3	375.7
	67	228	52.8	—	106.5	160.3	214.0	267.7	304	—	—	142.1	213.7	285.3	356.9
3 000	62	270	62.6	94.4	126.2	189.8	253.4	317.0	360	—	—	168.2	253.1	337.9	422.7
	63.5	264	61.2	92.3	123.4	185.6	247.8	310.0	352	—	—	164.5	247.4	330.4	413.3
	67	249	57.7	87.0	116.4	175.0	233.7	292.4	332	—	—	155.1	233.4	311.6	389.8

[a] 换热管根数(n)按管束实际宽度(SN)[为管束公称宽度(BN)减 100 mm]、管箱端板厚度为 20 mm、布管按正三角形排列确定。

[b] 管束基管外表面积(A)按管板厚度(δ)为 22 mm,换热管与管板的连接为强度胀确定。

表 17　管束基管外表面积与换热管根数(基管外径 32 mm,翅片高度 16 mm,引风式水平管束)

管排数(Z)		4							5						
公称宽度(BN) mm	管心距 mm	换热管根数(n)[a]	管束基管外表面积(A)[b] m² 翅片管长度(L) mm						换热管根数(n)[a]	管束基管外表面积(A)[b] m² 翅片管长度(L) mm					
			3 000	4 500	6 000	9 000	12 000	15 000		3 000	4 500	6 000	9 000	12 000	15 000
500	69	16	4.7	7.2	9.6	—	—	—	20	5.9	8.9	12.0	—	—	—
	71	16	4.7	7.2	9.6	—	—	—	20	5.9	8.9	12.0	—	—	—
	74	16	4.7	7.2	9.6	—	—	—	20	5.9	8.9	12.0	—	—	—
750	69	32	9.5	14.3	19.1	—	—	—	40	11.9	17.9	23.9	—	—	—
	71	30	8.9	13.4	17.9	—	—	—	38	11.3	17.0	22.7	—	—	—
	74	30	8.9	13.4	17.9	—	—	—	38	11.3	17.0	22.7	—	—	—
1 000	69	46	13.6	20.6	27.5	41.4	55.3	69.1	58	17.2	25.9	34.7	52.2	69.7	87.2
	71	44	13.0	19.7	26.3	39.6	52.9	66.1	55	16.3	24.6	32.9	49.5	66.1	82.7
	74	42	12.4	18.8	25.1	37.8	50.4	63.1	53	15.7	23.7	31.7	47.7	63.7	79.6
1 250	69	60	17.8	26.8	35.9	54.0	72.1	90.2	75	22.2	33.5	44.8	67.5	90.1	112.7
	71	58	17.2	25.9	34.7	52.2	69.7	87.2	73	21.6	32.6	43.7	65.7	87.7	109.7
	74	56	16.6	25.0	33.5	50.4	67.3	84.2	70	20.7	31.3	41.9	63.0	84.1	105.2
1 500	69	74	21.9	33.1	44.2	66.6	88.9	111.2	93	27.6	41.6	55.6	83.7	111.7	139.8
	71	72	21.3	32.2	43.1	64.8	86.5	108.2	90	26.7	40.2	53.8	81.0	108.1	135.2
	74	70	20.7	31.3	41.9	63.0	84.1	105.2	88	26.1	39.4	52.6	79.2	105.7	132.2
1 750	69	90	26.7	40.2	53.8	81.0	108.1	135.2	113	33.5	50.5	67.6	101.6	135.7	169.8
	71	86	25.5	38.5	51.4	77.4	103.3	129.2	108	32.0	48.3	64.6	97.2	129.7	162.3
	74	84	24.9	37.6	50.2	75.6	100.9	126.2	105	31.1	47.0	62.8	94.5	126.1	157.8

表 17　管束基管外表面积与换热管根数(基管外径 32 mm,翅片高度 16 mm,引风式水平管束)(续)

管排数(Z)		4							5						
公称宽度(BN) mm	管心距 mm	换热管根数 (n)[a]	管束基管外表面积(A)[b] m^2 翅片管长度(L) mm						换热管根数 (n)[a]	管束基管外表面积(A)[b] m^2 翅片管长度(L) mm					
			3 000	4 500	6 000	9 000	12 000	15 000		3 000	4 500	6 000	9 000	12 000	15 000
2 000	69	104	30.8	46.5	62.2	93.6	124.9	156.3	130	38.5	58.1	77.7	116.9	156.1	195.4
	71	100	29.6	44.7	59.8	90.0	120.1	150.3	125	37.0	55.9	74.7	112.4	150.1	187.8
	74	96	28.5	42.9	57.4	86.4	115.3	144.3	120	35.6	53.7	71.8	107.9	144.1	180.3
2 250	69	118	35.0	52.8	—	106.1	141.7	177.3	148	43.9	66.2	—	133.1	177.8	222.4
	71	114	33.8	51.0	—	102.5	136.9	171.3	143	42.4	63.9	—	128.6	171.8	214.9
	74	110	32.6	49.2	—	99.0	132.1	165.3	138	40.9	61.7	—	124.1	165.8	207.4
2 500	69	132	39.1	59.0	78.9	118.7	158.6	198.4	165	48.9	73.8	98.7	148.4	198.2	248.0
	71	130	38.5	58.1	77.7	116.9	156.1	195.4	163	48.3	72.9	97.5	146.6	195.8	244.9
	74	124	36.7	55.4	74.1	111.5	148.9	186.3	155	45.9	69.3	92.7	139.4	186.2	232.9
2 750	69	148	43.9	—	88.5	133.1	177.8	222.4	185	54.8	—	110.6	166.4	222.2	278.0
	71	144	42.7	—	86.1	129.5	173.0	216.4	180	53.3	—	107.6	161.9	216.2	270.5
	74	138	40.9	—	82.5	124.1	165.8	207.4	173	51.3	—	103.4	155.6	207.8	260.0
3 000	69	162	48.0	72.4	96.9	145.7	194.6	243.4	203	60.2	90.8	121.4	182.6	243.8	305.1
	71	158	46.8	70.7	94.5	142.1	189.8	237.4	198	58.7	88.5	118.4	178.1	237.8	297.5
	74	150	44.5	67.1	89.7	134.9	180.2	225.4	188	55.7	84.1	112.4	169.1	225.8	282.5

表 17　管束基管外表面积与换热管根数(基管外径 32 mm,翅片高度 16 mm,引风式水平管束)(续)

管排数(Z)		6							8						
公称宽度(BN) mm	管心距 mm	换热管根数 $(n)^{a}$	管束基管外表面积 $(A)^{b}$ m^2 翅片管长度(L) mm						换热管根数 $(n)^{a}$	管束基管外表面积 $(A)^{b}$ m^2 翅片管长度(L) mm					
			3 000	4 500	6 000	9 000	12 000	15 000		3 000	4 500	6 000	9 000	12 000	15 000
500	69	24	7.1	10.7	14.4	—	—	—	—	—	—	—	—	—	—
	71	24	7.1	10.7	14.4	—	—	—	—	—	—	—	—	—	—
	74	24	7.1	10.7	14.4	—	—	—	—	—	—	—	—	—	—
750	69	48	14.2	21.5	28.7	—	—	—	—	—	—	—	—	—	—
	71	45	13.3	20.1	26.9	—	—	—	—	—	—	—	—	—	—
	74	45	13.3	20.1	26.9	—	—	—	—	—	—	—	—	—	—
1 000	69	69	20.4	30.9	41.3	62.1	82.9	103.7	92	—	—	55.0	82.8	110.5	138.3
	71	66	19.6	29.5	39.5	59.4	79.3	99.2	88	—	—	52.6	79.2	105.7	132.2
	74	63	18.7	28.2	37.7	56.7	75.7	94.7	84	—	—	50.2	75.6	100.9	126.2
1 250	69	90	26.7	40.2	53.8	81.0	108.1	135.2	120	—	—	71.8	107.9	144.1	180.3
	71	87	25.8	38.9	52.0	78.3	104.5	130.7	116	—	—	69.4	104.3	139.3	174.3
	74	84	24.9	37.6	50.2	75.6	100.9	126.2	112	—	—	67.0	100.7	134.5	168.3
1 500	69	111	32.9	49.6	66.4	99.9	133.3	166.8	148	—	—	88.5	133.1	177.8	222.4
	71	108	32.0	48.3	64.6	97.2	129.7	162.3	144	—	—	86.1	129.5	173.0	216.4
	74	105	31.1	47.0	62.8	94.5	126.1	157.8	140	—	—	83.7	125.9	168.2	210.4
1 750	69	135	40.0	60.4	80.7	121.4	162.2	202.9	180	—	—	107.6	161.9	216.2	270.5
	71	129	38.2	57.7	77.1	116.0	154.9	193.9	172	—	—	102.8	154.7	206.6	258.5
	74	126	37.3	56.3	75.3	113.3	151.3	189.3	168	—	—	100.5	151.1	201.8	252.5

表 17 管束基管外表面积与换热管根数(基管外径 32 mm,翅片高度 16 mm,引风式水平管束)(续)

管排数(Z)		6							8						
公称宽度(BN) mm	管心距 mm	换热管根数 (n)[a]	管束基管外表面积(A)[b] m² 翅片管长度(L) mm						换热管根数 (n)[a]	管束基管外表面积(A)[b] m² 翅片管长度(L) mm					
			3 000	4 500	6 000	9 000	12 000	15 000		3 000	4 500	6 000	9 000	12 000	15 000
2 000	69	156	46.2	69.8	93.3	140.3	187.4	234.4	208	—	—	124.4	187.1	249.8	312.6
	71	150	44.5	67.1	89.7	134.9	180.2	225.4	200	—	—	119.6	179.9	240.2	300.5
	74	144	42.7	64.4	86.1	129.5	173.0	216.4	192	—	—	114.8	172.7	230.6	288.5
2 250	69	177	52.5	79.1	—	159.2	212.6	266.0	236	—	—	—	212.3	283.5	354.6
	71	171	50.7	76.5	—	153.8	205.4	257.0	228	—	—	—	205.1	273.9	342.6
	74	165	48.9	73.8	—	148.4	198.2	248.0	220	—	—	—	197.9	264.3	330.6
2 500	69	198	58.7	88.5	118.4	178.1	237.8	297.5	264	—	—	157.9	237.5	317.1	396.7
	71	195	57.8	87.2	116.6	175.4	234.2	293.0	260	—	—	155.5	233.9	312.3	390.7
	74	186	55.1	83.2	111.2	167.3	223.4	279.5	248	—	—	148.3	223.1	297.9	372.7
2 750	69	222	65.8	—	132.7	199.7	266.7	333.6	296	—	—	177.0	266.3	355.5	444.8
	71	216	64.0	—	129.2	194.3	259.4	324.6	288	—	—	172.2	259.1	345.9	432.8
	74	207	61.3	—	123.8	186.2	248.6	311.1	276	—	—	165.0	248.3	331.5	414.8
3 000	69	243	72.0	108.7	145.3	218.6	291.9	365.2	324	—	—	193.7	291.5	389.2	486.9
	71	237	70.2	106.0	141.7	213.2	284.7	356.1	316	—	—	189.0	284.3	379.6	474.9
	74	225	66.7	100.6	134.5	202.4	270.3	338.1	300	—	—	179.4	269.9	360.3	450.8

[a] 换热管根数(n)按管束实际宽度(SN)[为管束公称宽度(BN)减 100 mm]、管箱端板厚度为 20 mm、布管按正三角形排列确定。

[b] 管束基管外表面积(A)按管板厚度(δ)为 22 mm,换热管与管板的连接为强度胀确定。

表 18　管束基管外表面积与换热管根数(基管外径 38 mm,翅片高度 16 mm,引风式水平管束)

管排数(Z)		4							5						
公称宽度(BN) mm	管心距 mm	换热管根数(n)[a]	管束基管外表面积(A)[b] m² 翅片管长度(L) mm						换热管根数(n)[a]	管束基管外表面积(A)[b] m² 翅片管长度(L) mm					
			3 000	4 500	6 000	9 000	12 000	15 000		3 000	4 500	6 000	9 000	12 000	15 000
500	76	16	5.6	8.5	11.4	—	—	—	20	7.0	10.6	14.2	—	—	—
	79	14	4.9	7.4	9.9	—	—	—	18	6.3	9.6	12.8	—	—	—
	82	14	4.9	7.4	9.9	—	—	—	18	6.3	9.6	12.8	—	—	—
750	76	28	9.9	14.9	19.9	—	—	—	35	12.3	18.6	24.9	—	—	—
	79	28	9.9	14.9	19.9	—	—	—	35	12.3	18.6	24.9	—	—	—
	82	26	9.2	13.8	18.5	—	—	—	33	11.6	17.5	23.4	—	—	—
1 000	76	42	14.8	22.3	29.8	44.9	59.9	74.9	53	18.7	28.1	37.6	56.6	75.6	94.6
	79	40	14.1	21.2	28.4	42.7	57.1	71.4	50	17.6	26.6	35.5	53.4	71.3	89.2
	82	38	13.4	20.2	27.0	40.6	54.2	67.8	48	16.9	25.5	34.1	51.3	68.5	85.7
1 250	76	54	19.0	28.7	38.3	57.7	77.0	96.4	68	23.9	36.1	48.3	72.6	97.0	121.3
	79	52	18.3	27.6	36.9	55.5	74.2	92.8	65	22.9	34.5	46.2	69.4	92.7	116.0
	82	50	17.6	26.6	35.5	53.4	71.3	89.2	63	22.2	33.5	44.7	67.3	89.9	112.4
1 500	76	68	23.9	36.1	48.3	72.6	97.0	121.3	85	29.9	45.1	60.4	90.8	121.2	151.7
	79	66	23.2	35.0	46.9	70.5	94.1	117.8	83	29.2	44.1	58.9	88.7	118.4	148.1
	82	62	21.8	32.9	44.0	66.2	88.4	110.6	78	27.5	41.4	55.4	83.3	111.3	139.2
1 750	76	80	28.2	42.5	56.8	85.5	114.1	142.8	100	35.2	53.1	71.0	106.8	142.6	178.5
	79	78	27.5	41.4	55.4	83.3	111.3	139.2	98	34.5	52.0	69.6	104.7	139.8	174.9
	82	76	26.7	40.4	54.0	81.2	108.4	135.6	95	33.4	50.4	67.5	101.5	135.5	169.5

表 18 管束基管外表面积与换热管根数(基管外径 38 mm,翅片高度 16 mm,引风式水平管束)(续)

管排数(Z)		4							5						
公称宽度(BN) mm	管心距 mm	换热管根数 (n)[a]	管束基管外表面积(A)[b] m² 翅片管长度(L) mm						换热管根数 (n)[a]	管束基管外表面积(A)[b] m² 翅片管长度(L) mm					
			3 000	4 500	6 000	9 000	12 000	15 000		3 000	4 500	6 000	9 000	12 000	15 000
2 000	76	94	33.1	49.9	66.7	100.4	134.1	167.7	118	41.5	62.7	83.8	126.0	168.3	210.6
	79	90	31.7	47.8	63.9	96.1	128.4	160.6	113	39.8	60.0	80.2	120.7	161.2	201.6
	82	88	31.0	46.7	62.5	94.0	125.5	157.0	110	38.7	58.4	78.1	117.5	156.9	196.3
2 250	76	108	38.0	57.3	—	115.4	154.0	192.7	135	47.5	71.7	—	144.2	192.6	240.9
	79	104	36.6	55.2	—	111.1	148.3	185.6	130	45.8	69.0	—	138.9	185.4	232.0
	82	100	35.2	53.1	—	106.8	142.6	178.5	125	44.0	66.4	—	133.5	178.3	223.1
2 500	76	120	42.2	63.7	85.2	128.2	171.2	214.1	150	52.8	79.7	106.5	160.2	214.0	267.7
	79	116	40.8	61.6	82.4	123.9	165.5	207.0	145	51.0	77.0	103.0	154.9	206.8	258.8
	82	112	39.4	59.5	79.5	119.6	159.8	199.9	140	49.3	74.3	99.4	149.6	199.7	249.8
2 750	76	134	47.2	—	95.2	143.1	191.1	239.1	168	59.1	—	119.3	179.5	239.6	299.8
	79	128	45.0	—	90.9	136.7	182.6	228.4	160	56.3	—	113.6	170.9	228.2	285.5
	82	124	43.6	—	88.0	132.5	176.9	221.3	155	54.5	—	110.1	165.6	221.1	276.6
3 000	76	146	51.4	77.5	103.7	156.0	208.2	260.5	183	64.4	97.2	129.9	195.5	261.0	326.6
	79	142	50.0	75.4	100.8	151.7	202.5	253.4	178	62.6	94.5	126.4	190.1	253.9	317.6
	82	136	47.9	72.2	96.6	145.3	194.0	242.7	170	59.8	90.3	120.7	181.6	242.5	303.4

表 18　管束基管外表面积与换热管根数(基管外径 38 mm,翅片高度 16 mm,引风式水平管束)(续)

管排数(Z)		6							8						
公称宽度(BN) mm	管心距 mm	换热管根数 (n)[a]	管束基管外表面积(A)[b] m² 翅片管长度(L) mm						换热管根数 (n)[a]	管束基管外表面积(A)[b] m² 翅片管长度(L) mm					
			3 000	4 500	6 000	9 000	12 000	15 000		3 000	4 500	6 000	9 000	12 000	15 000
500	76	24	8.4	12.7	17.0	—	—	—	—	—	—	—	—	—	—
	79	21	7.4	11.2	14.9	—	—	—	—	—	—	—	—	—	—
	82	21	7.4	11.2	14.9	—	—	—	—	—	—	—	—	—	—
750	76	42	14.8	22.3	29.8	—	—	—	—	—	—	—	—	—	—
	79	42	14.8	22.3	29.8	—	—	—	—	—	—	—	—	—	—
	82	39	13.7	20.7	27.7	—	—	—	—	—	—	—	—	—	—
1 000	76	63	22.2	33.5	44.7	67.3	89.9	112.4	84	—	—	59.6	89.7	119.8	149.9
	79	60	21.1	31.9	42.6	64.1	85.6	107.1	80	—	—	56.8	85.5	114.1	142.8
	82	57	20.1	30.3	40.5	60.9	81.3	101.7	76	—	—	54.0	81.2	108.4	135.6
1 250	76	81	28.5	43.0	57.5	86.5	115.5	144.5	108	—	—	76.7	115.4	154.0	192.7
	79	78	27.5	41.4	55.4	83.3	111.3	139.2	104	—	—	73.8	111.1	148.3	185.6
	82	75	26.4	39.8	53.3	80.1	107.0	133.8	100	—	—	71.0	106.8	142.6	178.5
1 500	76	102	35.9	54.2	72.4	109.0	145.5	182.0	136	—	—	96.6	145.3	194.0	242.7
	79	99	34.8	52.6	70.3	105.8	141.2	176.7	132	—	—	93.7	141.0	188.3	235.6
	82	93	32.7	49.4	66.0	99.3	132.7	166.0	124	—	—	88.0	132.5	176.9	221.3
1 750	76	120	42.2	63.7	85.2	128.2	171.2	214.1	160	—	—	113.6	170.9	228.2	285.5
	79	117	41.2	62.1	83.1	125.0	166.9	208.8	156	—	—	110.8	166.6	222.5	278.4
	82	114	40.1	60.5	80.9	121.8	162.6	203.4	152	—	—	107.9	162.4	216.8	271.2

表 18 管束基管外表面积与换热管根数(基管外径 38 mm,翅片高度 16 mm,引风式水平管束)(续)

管排数(Z)		6							8						
公称宽度(BN) mm	管心距 mm	换热管根数 (n)[a]	管束基管外表面积(A)[b] m² 翅片管长度(L) mm						换热管根数 (n)[a]	管束基管外表面积(A)[b] m² 翅片管长度(L) mm					
			3 000	4 500	6 000	9 000	12 000	15 000		3 000	4 500	6 000	9 000	12 000	15 000
2 000	76	141	49.6	74.9	100.1	150.6	201.1	251.6	188	—	—	133.5	200.8	268.2	335.5
	79	135	47.5	71.7	95.9	144.2	192.6	240.9	180	—	—	127.8	192.3	256.7	321.2
	82	132	46.5	70.1	93.7	141.0	188.3	235.6	176	—	—	125.0	188.0	251.0	314.1
2 250	76	162	57.0	86.0	—	173.1	231.1	289.1	216	—	—	—	230.7	308.1	385.5
	79	156	54.9	82.8	—	166.6	222.5	278.4	208	—	—	—	222.2	296.7	371.2
	82	150	52.8	79.7	—	160.2	214.0	267.7	200	—	—	—	213.6	285.3	356.9
2 500	76	180	63.3	95.6	127.8	192.3	256.7	321.2	240	—	—	170.4	256.4	342.3	428.3
	79	174	61.2	92.4	123.6	185.9	248.2	310.5	232	—	—	164.7	247.8	330.9	414.0
	82	168	59.1	89.2	119.3	179.5	239.6	299.8	224	—	—	159.1	239.3	319.5	399.7
2 750	76	201	70.7	—	142.7	214.7	286.7	358.7	268	—	—	190.3	286.3	382.3	478.2
	79	192	67.6	—	136.3	205.1	273.9	342.6	256	—	—	181.8	273.5	365.1	456.8
	82	186	65.5	—	132.1	198.7	265.3	331.9	248	—	—	176.1	264.9	353.7	442.6
3 000	76	219	77.1	116.3	155.5	233.9	312.4	390.8	292	—	—	207.3	311.9	416.5	521.1
	79	213	75.0	113.1	151.2	227.5	303.8	380.1	284	—	—	201.7	303.4	405.1	506.8
	82	204	71.8	108.3	144.9	217.9	291.0	364.0	272	—	—	193.1	290.6	388.0	485.4

[a] 换热管根数(n)按管束实际宽度(SN)[为管束公称宽度(BN)减 100 mm]、管箱端板厚度为 20 mm、布管按正三角形排列确定。

[b] 管束基管外表面积(A)按管板厚度(δ)为 22 mm,换热管与管板的连接为强度胀确定。

5.3 构架基本参数

5.3.1 鼓风式水平构架(代号 GJP)基本参数见表 19。

表 19 鼓风式水平构架基本参数

型号	尺寸 mm				配套风机		型式
	A^{a}	B	H	D	型号	数量	
KF GJP15.0×6.0-42/3Z BP	14 700 (14 500)	6 000	3 800	4 200	G-42	3	见图 4a)
KF GJP15.0×5.5-42/3Z BP		5 500		4 200	G-42	3	见图 4a)
KF GJP15.0×5.0-42/3Z BP		5 000		4 200	G-42	3	见图 4a)
K45F GJP12.0×6.0-/2Z B42P	11 700 (11 500)	6 000		4 500	G-45	2	见图 4b)
				4 200	G-42		
K45F GJP12.0×5.5-/2Z B42P		5 500		4 500	G-45	2	见图 4b)
				4 200	G-42		
K45F GJP12.0×5.0-/2Z B42P		5 000		4 500	G-45	2	见图 4b)
				4 200	G-42		
KF GJP12.0×4.5-39/2Z BP		4 500		3 900	G-39	2	见图 4b)
KF GJP12.0×4.0-33/3Z BP		4 000		3 300	G-33	3	见图 4d)
KF GJP12.0×3.0-24/4Z BP		3 000		2 400	G-24	4	见图 4f)
KF GJP9.0×6.0-36/2Z BP	8 700 (8 500)	6 000		3 600	G-36	2	见图 4b)
KF GJP9.0×5.5-36/2Z BP		5 500		3 600	G-36	2	见图 4b)
KF GJP9.0×5.0-36/2Z BP		5 000		3 600	G-36	2	见图 4b)
KF GJP9.0×4.5-36/2Z BP		4 500		3 600	G-36	2	见图 4b)
KF GJP9.0×4.0-33/2Z BP		4 000		3 300	G-33	2	见图 4b)
KF GJP9.0×3.5-24/3Z BP		3 500		2 400	G-24	3	见图 4d)
KF GJP9.0×3.0-24/3Z BP		3 000		2 400	G-24	3	见图 4d)
KF GJP9.0×2.0-18/3Z BP		2 000		1 800	G-18	3	见图 4d)

表 19 鼓风式水平构架基本参数(续)

型号	尺寸 mm				配套风机		型式
	A^{a}	B	H	D	型号	数量	
K45F GJP6.0×6.0-/1Z B42P	5 700 (5 500)	6 000	3 800	4 500 4 200	G-45 G-42	1	见图 4e)
K45F GJP6.0×5.5-/1Z B42P		5 500		4 500 4 200	G-45 G-42	1	见图 4e)
K45F GJP6.0×5.0-/1Z B42P		5 000		4 500 4 200	G-45 G-42	1	见图 4e)
KF GJP6.0×4.0-24/2Z BP		4 000		2 400	G-24	2	见图 4c)
KF GJP6.0×3.5-24/2Z BP		3 500		2 400	G-24	2	见图 4c)
KF GJP6.0×3.0-24/2Z BP		3 000		2 400	G-24	2	见图 4c)
KF GJP6.0×2.5-21/2Z BP		2 500		2 100	G-21	2	见图 4c)
KF GJP6.0×2.0-18/2Z BP		2 000		1 800	G-18	2	见图 4c)
KF GJP4.5×4.5-39/1Z BP	4 200 (4 000)	4 500		3 900	G-39	1	见图 4e)
KF GJP4.5×4.0-36/1Z BP		4 000		3 600	G-36	1	见图 4e)
KF GJP4.5×3.5-30/1Z BP		3 500		3 000	G-30	1	见图 4e)
KF GJP4.5×3.0-18/2Z BP		3 000		1 800	G-18	2	见图 4c)
KF GJP4.5×2.5-18/2Z BP		2 500		1 800	G-18	2	见图 4c)
KF GJP4.5×2.0-18/2Z BP		2 000		1 800	G-18	2	见图 4c)
KF GJP3.0×3.0-24/1Z BP	2 700 (2 500)	3 000		2 400	G-24	1	见图 4e)
KF GJP3.0×2.5-21/1Z BP		2 500		2 100	G-21	1	见图 4e)
KF GJP3.0×2.0-18/1Z BP		2 000		1 800	G-18	1	见图 4e)
KF GJP3.0×1.5-12/2Z BP		1 500		1 200	G-12	2	见图 4c)

[a] 结构受限时,沿管束长度方向的最大立柱跨距(A)使用括号内尺寸。

5.3.2 引风式水平构架(代号 YJP)基本参数见表 20。

表 20 引风式水平构架基本参数

型号	尺寸 mm				配套风机		型式
	A[a]	*B*	*H*	*D*	型号	数量	
KF YJP15.0×6.0-42/3Z BP	14 700 (14 500)	6 000	2 500	4 200	Y-42	3	见图 5a)
KF YJP15.0×5.5-42/3Z BP		5 500		4 200	Y-42	3	见图 5a)
KF YJP15.0×5.0-42/3Z BP		5 000		4 200	Y-42	3	见图 5a)
K45F YJP12.0×6.0-/2Z B42P	11 700 (11 500)	6 000		4 500 4 200	Y-45 Y-42	2	见图 5b)
KF YJP12.0×5.5-42/2Z BP		5 500		4 200	Y-42	2	见图 5b)
KF YJP12.0×5.0-42/2Z BP		5 000		4 200	Y-42	2	见图 5b)
KF YJP12.0×4.5-39/2Z BP		4 500		3 900	Y-39	2	见图 5b)
KF YJP12.0×4.0-33/3Z BP		4 000		3 300	Y-33	3	见图 5d)
KF YJP12.0×3.0-24/4Z BP		3 000		2 400	Y-24	4	见图 5f)
KF YJP9.0×6.0-36/2Z BP	8 700 (8 500)	6 000		3 600	Y-36	2	见图 5b)
KF YJP9.0×5.5-36/2Z BP		5 500		3 600	Y-36	2	见图 5b)
KF YJP9.0×5.5-36/2Z BP		5 000		3 600	Y-36	2	见图 5b)
KF YJP9.0×4.5-36/2Z BP		4 500		3 600	Y-36	2	见图 5b)
KF YJP9.0×4.0-33/2Z BP		4 000		3 300	Y-33	2	见图 5b)
KF YJP9.0×3.5-24/3Z BP		3 500		2 400	Y-24	3	见图 5c)
KF YJP9.0×3.0-24/3Z BP		3 000		2 400	Y-24	3	见图 5c)
KF YJP9.0×2.5-18/3Z BP		2 000		1 800	Y-18	3	见图 5c)

表 20 引风式水平构架基本参数(续)

型号	尺寸 mm				配套风机		型式
	A^{a}	B	H	D	型号	数量	
K45F YJP6.0×6.0-/1Z B42P		6 000		4 500 4 200	Y-45 Y-42	1	见图 5d)
KF YJP6.0×5.5-42/1Z BP		5 500		4 200	Y-42	1	见图 5d)
KF YJP6.0×5.0-42/1Z BP		5 000		4 200	Y-42	1	见图 5d)
KF YJP6.0×4.0-24/2Z BP		4 000		2 400	Y-24	2	见图 5b)
KF YJP6.0×3.5-24/2Z BP	5 700 (5 500)	3 500		2 400	Y-24	2	见图 5b)
KF YJP6.0×3.0-24/2Z BP		3 000		2 400	Y-24	2	见图 5b)
KF YJP6.0×2.5-21/2Z BP		2 500		2 100	Y-21	2	见图 5b)
KF YJP6.0×2.0-18/2Z BP		2 000		1 800	Y-18	2	见图 5b)
KF YJP4.5×4.5-39/1Z BP		4 500	2 500	3 900	Y-39	1	见图 5d)
KF YJP4.5×4.0-36/1Z BP		4 000		3 600	Y-36	1	见图 5d)
KF YJP4.5×3.5-30/1Z BP	4 200 (4 000)	3 500		3 000	Y-30	1	见图 5d)
KF YJP4.5×3.0-18/2Z BP		3 000		1 800	Y-18	2	见图 5b)
KF YJP4.5×2.5-18/2Z BP		2 500		1 800	Y-18	2	见图 5b)
KF YJP4.5×2.0-18/2Z BP		2 000		1 800	Y-18	2	见图 5b)
KF YJP3.0×3.0-24/1Z BP		3 000		2 400	Y-24	1	见图 5d)
KF YJP3.0×2.5-21/1Z BP	2 700 (2 500)	2 500		2 100	Y-21	1	见图 5d)
KF YJP3.0×2.0-18/1Z BP		2 000		1 800	Y-18	1	见图 5d)
KF YJP3.0×1.5-12/2Z BP		1 500		1 200	Y-12	2	见图 5c)

[a] 结构受限时,沿管束长度方向的最大立柱跨距(A)使用括号内尺寸。

5.3.3 斜顶式构架(代号 JX)基本参数见表 21。

表 21 斜顶式构架基本参数

单位为毫米

型号	尺寸					备注
	A	*B*	*E*	*D*	*H*	
K JX5×4×4.5-36/1Z B	5 000	4 000	4 500	3 600	3 800	适用于翅片管立排的管束
K JX5×5×4.5-42/1Z B	5 000	5 000		4 200		
K JX5×6×4.5-42/1Z B	5 000	6 000		4 200		
JX3×6×3B-24/2Z	3 000	5 700	3 000	2 400		适用于翅片管横排的管束
JX3×9×3B-24/3Z	3 000	8 700		2 400		

5.4 风机基本参数

风机的组合方式和基本参数见表 22。

表 22 风机的组合方式和基本参数

型号	通风方式	风量调节方式	叶轮公称直径(*D*) mm	叶片材料	叶片数	风机传动方式	转速 r/min	风量 (×10^4) m^3/h	风压 Pa
×[a]-×[b]12×[c]×[d]-×[e]×[f]	G/Y	TF/BF/ZFJ/ZFS	1 200	B/L	4/6	V/C/Z/V_S/V_X	955	2.5-4	210-170
×-×15××-××			1 500				764	4-6.5	210-170
×-×18××-××			1 800				637	5.5-8	210-170
×-×21××-××			2 100				546	7.5-11	210-170
×-×24××-××			2 400				477	10-15	210-170
×-×27××-××			2 700				424	12-16	210-170
×-×30××-××			3 000				382	15-20	210-170
×-×33××-××			3 300				347	18-25	210-170
×-×36××-××			3 600				318	22-30	210-170
×-×39××-××			3 900				294	26-30	210-170
×-×42××-××			4 200				273	30-35	210-170
×-×45××-××			4 500				255	35-40	210-170

[a] 表示通风方式:G——鼓风式;Y——引风式。
[b] 表示风量调节方式:TF——停机手动调角;BF——不停机手动调角;ZFJ——自动调角;ZFS——自动调速。
[c] 表示叶片材料:B——玻璃钢叶片;L——铝合金叶片。
[d] 表示叶片数量。
[e] 表示传动方式:V——V 带传动;C——齿轮减速器传动;Z——电动机直接传动;VS——悬挂式 V 带传动,电机轴朝上;VX——悬挂式 V 带传动,电机轴朝下。
[f] 表示电动机功率。

5.5 百叶窗基本参数

百叶窗基本参数见表 23。

表 23 百叶窗基本参数

单位为毫米

<table>
<tr><th rowspan="3">型号</th><th colspan="3">尺寸</th></tr>
<tr><th rowspan="2">M[a]</th><th colspan="2">N[b]</th></tr>
<tr><th>鼓风式</th><th>引风式</th></tr>
<tr><td>SC15×3
ZC15×3</td><td rowspan="9">14 750
(14 550)</td><td>2 940</td><td>2 890</td></tr>
<tr><td>SC15×2.75
ZC15×2.75</td><td>2 690</td><td>2 640</td></tr>
<tr><td>SC15×2.5
ZC15×2.5</td><td>2 440</td><td>2 390</td></tr>
<tr><td>SC15×2.25
ZC15×2.25</td><td>2 190</td><td>2 140</td></tr>
<tr><td>SC15×2
ZC15×2</td><td>1 940</td><td>1 890</td></tr>
<tr><td>SC15×1.75
ZC15×1.75</td><td>1 690</td><td>1 640</td></tr>
<tr><td>SC15×1.5
ZC15×1.5</td><td>1 440</td><td>1 390</td></tr>
<tr><td>SC15×1.25
ZC15×1.25</td><td>1 190</td><td>1 140</td></tr>
<tr><td>SC15×1
ZC15×1</td><td>940</td><td>890</td></tr>
<tr><td>SC12×3
ZC12×3</td><td rowspan="9">11 750
(11 550)</td><td>2 940</td><td>2 890</td></tr>
<tr><td>SC12×2.75
ZC12×2.75</td><td>2 690</td><td>2 640</td></tr>
<tr><td>SC12×2.5
ZC12×2.5</td><td>2 440</td><td>2 390</td></tr>
<tr><td>SC12×2.25
ZC12×2.25</td><td>2 190</td><td>2 140</td></tr>
<tr><td>SC12×2
ZC12×2</td><td>1 940</td><td>1 890</td></tr>
<tr><td>SC12×1.75
ZC12×1.75</td><td>1 690</td><td>1 640</td></tr>
<tr><td>SC12×1.5
ZC12×1.5</td><td>1 440</td><td>1 390</td></tr>
<tr><td>SC12×1.25
ZC12×1.25</td><td>1 190</td><td>1 140</td></tr>
<tr><td>SC12×1
ZC12×1</td><td>940</td><td>890</td></tr>
</table>

表 23　百叶窗基本参数(续)

单位为毫米

型号	尺寸		
	M^{a}	N^{b}	
		鼓风式	引风式
SC9×3 ZC9×3	8 750 (8 550)	2 940	2 890
SC9×2.75 ZC9×2.75		2 690	2 640
SC9×2.5 ZC9×2.5		2 440	2 390
SC9×2.25 ZC9×2.25		2 190	2 140
SC9×2 ZC9×2		1 940	1 890
SC9×1.75 ZC9×1.75		1 690	1 640
SC9×1.5 ZC9×1.5		1 440	1 390
SC9×1.25 ZC9×1.25		1 190	1 140
SC9×1 ZC9×1		940	890
SC6×3 ZC6×3	5 750 (5 550)	2 940	2 890
SC6×2.75 ZC6×2.75		2 690	2 640
SC6×2.5 ZC6×2.5		2 440	2 390
SC6×2 ZC6×2		1 940	1 890
SC6×1.75 ZC6×1.75		1 690	1 640
SC6×1.5 ZC6×1.5		1 440	1 390
SC6×1.25 ZC6×1.25		1 190	1 140
SC6×1 ZC6×1		940	890
SC6×0.75 ZC6×0.75		690	640
SC6×0.5 ZC6×0.5		440	390

表 23 百叶窗基本参数(续)

单位为毫米

型号	尺寸		
	M^{a}	N^{b}	
		鼓风式	引风式
SC4.5×3 ZC4.5×3	4 250 (4 050)	2 940	2 890
SC4.5×2.5 ZC4.5×2.5		2 440	2 390
SC4.5×2.25 ZC4.5×2.25		2 190	2 140
SC4.5×2 ZC4.5×2		1 940	1 890
SC4.5×1.75 ZC4.5×1.75		1 690	1 640
SC4.5×1.5 ZC4.5×1.5		1 440	1 390
SC4.5×1.25 ZC4.5×1.25		1 190	1 140
SC4.5×1 ZC4.5×1		940	890
SC4.5×0.75 ZC4.5×0.75		690	640
SC4.5×0.5 ZC4.5×0.5		440	390
SC3×3 ZC3×3	2 750 (2 550)	2 940	2 890
SC3×2.75 ZC3×2.75		2 690	2 640
SC3×2.5 ZC3×2.5		2 440	2 390
SC3×2.25 ZC3×2.25		2 190	2 140
SC3×2 ZC3×2		1 940	1 890
SC3×1.75 ZC3×1.75		1 690	1 640
SC3×1.5 ZC3×1.5		1 440	1 390
SC3×1.25 ZC3×1.25		1 190	1 140
SC3×1 ZC3×1		940	890
SC3×0.75 ZC3×0.75		690	640
SC3×0.5 ZC3×0.5		440	390

[a] 结构受限时,百叶窗实际长度(M)使用括号内尺寸。

[b] 鼓风式空冷器百叶窗的实际宽度(N)为管束公称宽度减 60 mm,引风式空冷器百叶窗的实际宽度(N)为管束公称宽度减 110 mm。

ICS 23.040.10
CCS H 48

中华人民共和国国家标准

GB/T 28713—2023
代替 GB/T 28713.1～28713.3—2012

热交换器用强化传热管

Enhanced heat transfer tubes used in heat exchanger

2023-09-07 发布　　2023-09-07 实施

国家市场监督管理总局
国家标准化管理委员会　发布

前　言

本文件按照 GB/T 1.1—2020《标准化工作导则　第 1 部分:标准化文件的结构和起草规则》的规定起草。

本文件代替 GB/T 28713.1—2012《管壳式热交换器用强化传热元件　第 1 部分:螺纹管》、GB/T 28713.2—2012《管壳式热交换器用强化传热元件　第 2 部分:不锈钢波纹管》、GB/T 28713.3—2012《管壳式热交换器用强化传热元件　第 3 部分:波节管》,与 GB/T 28713.1～28713.3—2012 相比,除结构调整和编辑性改动外,主要技术变化如下:

a) 增加了烧结型表面多孔管、T 型管、螺旋扁管、纵槽管(见第 1 章);

b) 增加了强化传热管的适用范围(见第 1 章);

c) 增加了螺纹管 DN16 和 DN32 两档螺纹管规格(见 4.2.2);

d) 增加了强化传热管标记示例(见 4.10);

e) 增加了螺纹管钛、铜、镍材料的种类(见 5.1);

f) 增加了螺纹管管端允许偏差的要求(见 5.2);

g) 修改了波纹管接头允许偏差的要求(见 5.2.6,GB/T 28713.2—2012 的 4.2);

h) 修改了螺纹管检验要求(见第 6 章,GB/T 28713.1—2012 的第 6 章);

i) 修改了波节管检验要求(见第 6 章,GB/T 28713.3—2012 的第 7 章);

j) 修改了波纹管检验规则(见第 7 章,GB/T 28713.2—2012 的 5.8)。

请注意本文件的某些内容可能涉及专利。本文件的发布机构不承担识别专利的责任。

本文件由全国锅炉压力容器标准化技术委员会(SAC/TC 262)提出并归口。

本文件起草单位:上海蓝滨石化设备有限责任公司、中国石化工程建设有限公司、中石化广州工程有限公司、沈阳仪表科学研究院有限公司、抚顺化工机械设备制造有限公司、浙江中达新材料股份有限公司、中国特种设备检测研究院、甘肃蓝科石化高新装备股份有限公司、上海蓝海科创检测有限公司。

本文件主要起草人:解德甲、高莉萍、姚丽、马金伟、王玉、高磊、吴利阳、张迎恺、张国信、侯岩、陈满、张富、陈志伟、张延丰、刘福录、周文学、蒋琛。

本文件代替文件的历次版本发布情况为:

——GB/T 28713.1—2012;

——GB/T 28713.2—2012;

——GB/T 28713.3—2012。

引　言

随着装置节能降耗及大型化的发展需求,通过改变管子形状或表面性质的强化传热管种类和应用场合随之拓展。强化传热元件的应用可以降低设备体积,减少金属耗量,提高过程传热效率,节约能耗。

近年来,制造技术的进步和强化传热元件的持续开发,使得新型高效管壳式换热器研究有了较大的发展,根据不同的工艺条件与换热工况设计开发了不同结构型式的强化传热管,并已在各工业装置得到推广与应用。

本次修订根据热交换器用强化传热管的实际工程应用情况,将《管壳式热交换器用强化传热元件 第1部分:螺纹管》(GB/T 28713.1—2012)、《管壳式热交换器用强化传热元件 第2部分:不锈钢波纹管》(GB/T 28713.2—2012)、《管壳式热交换器用强化传热元件 第3部分:波节管》(GB/T 28713.3—2012)3个部分合并成《热交换器用强化传热管》1个文件,标准名称由《管壳式热交换器用强化传热元件》改为《热交换器用强化传热管》。在原标准螺纹管、不锈钢波纹管、波节管的基础上,扩充了烧结型表面多孔管、T型管、螺旋扁管、纵槽管,更改了强化传热管的适用范围,增加了所有强化传热管适用的介质场合的描述。本次修订引领和规范了行业的发展,对促进行业的技术进步具有积极作用。

热交换器用强化传热管

1 范围

本文件规定了热交换器用强化传热管的型式与基本参数、制造、检验与验收、质量证明文件、包装和标志的要求。

本文件适用于烧结型表面多孔管、螺纹管、T型管、螺旋扁管、纵槽管、波纹管、波节管等强化传热管的订货。

2 规范性引用文件

下列文件中的内容通过文中的规范性引用而构成本文件必不可少的条款。其中,注日期的引用文件,仅该日期对应的版本适用于本文件;不注日期的引用文件,其最新版本(包括所有的修改单)适用于本文件。

GB/T 151 热交换器

GB/T 241 金属管 液压试验方法

GB/T 1804 一般公差 未注公差的线性和角度尺寸的公差

GB/T 4436 铝及铝合金管材外形尺寸及允许偏差

GB/T 6893 铝及铝合金拉(轧)制管材

NB/T 47013.5 承压设备无损检测 第5部分:渗透检测

NB/T 47014 承压设备焊接工艺评定

NB/T 47019(所有部分) 锅炉、热交换器用管订货技术条件

3 术语和定义

GB/T 151界定的以及下列术语和定义适用于本文件。

3.1

烧结型表面多孔管 sintered surface porous tubes

采用粉末烧结的方法在金属表面制备具有大量孔隙多孔层的换热管。

3.2

孔隙率 void content

多孔层孔隙体积与材料在自然状态下总体积的百分比。

3.3

螺纹管 threaded tubes

在无缝钢管的外表面,环向螺旋滚压制成的整体低翅片管。

3.4

翅化比 fin ratio

强化传热管加工后总外表面积与加工前基管外表面积的比值。

3.5

T 型管　T-shaped tubes

基管外壁冷加工成螺旋状 T 型凹槽的特型管。

3.6

螺旋扁管　twisted tubes

基管冷加工成螺旋扁圆截面的特型管。

3.7

纵槽管　longitudinal grooved tubes

基管内壁、外壁或内外壁冷加工成轴向凹槽形状的特型管。

3.8

波纹管　corrugated tubes

沿管子轴向冷加工成多个环向波纹的波纹段和接头组焊而成的传热管。

3.9

波节管　wavy tubes

无缝钢管经环向挤压成依次交替的收缩段和扩张段的异型管。

4　型式与基本参数

4.1　烧结型表面多孔管

4.1.1　管外烧结型表面多孔管适用于强化管外沸腾传热,可用于洁净介质管外沸腾的场合,其结构型式见图 1a)。不适用于强化重质烃类沸腾传热。

4.1.2　管内烧结型表面多孔管适用于强化管内沸腾传热,可用于洁净介质管内沸腾的场合,其结构型式见图 1b)。不适用于强化重质烃类沸腾传热。

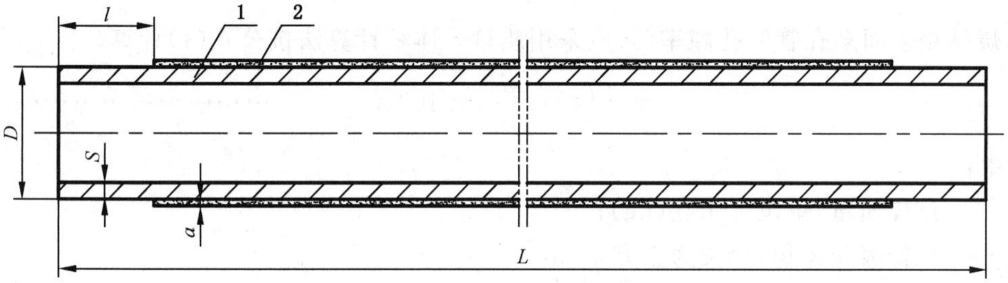

a)　外表面烧结型表面多孔管(WSG)

图 1　烧结型表面多孔管

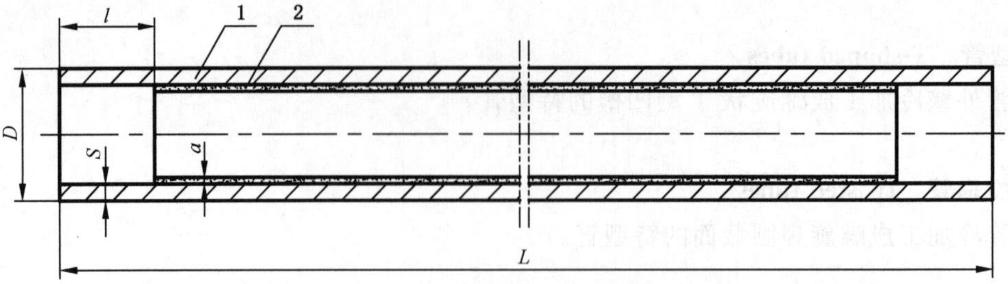

b） 内表面烧结型表面多孔管(NSG)

标引序号说明：

1 ——基管；

2 ——多孔层；

a ——烧结层厚度；

D——基管公称外径；

L ——烧结型表面多孔管总长；

l ——光管长度；

S ——基管公称壁厚。

图1 烧结型表面多孔管(续)

4.1.3 烧结型表面多孔管基本参数见表1。

表1 烧结型表面多孔管基本参数

基管公称外径(D) mm	基管公称壁厚(S) mm	烧结层厚度(a) mm	当量孔径[a](St) μm	孔隙率(θ)
19	2.0	0.2～0.5	60～90	≥50%
25	2.5			
[a] 表面多孔管表面金属层孔隙通道大小的当量直径。				

4.1.4 烧结型表面多孔管的孔隙率(θ)应采用质量一体积计算法按公式(1)计算。

$$\theta=\left(1-\frac{M}{V\rho_s}\right)\times 100\% \qquad \cdots\cdots(1)$$

式中：

M ——试样质量,单位为千克(kg)；

V ——试样表观体积,单位为立方米(m^3)；

θ ——孔隙率；

ρ_s ——多孔体对应金属材料的真实密度,单位为千克每立方米(kg/m^3)。

4.2 螺纹管

4.2.1 螺纹管适用于总热阻(包括介质膜热阻和污垢热阻)为控制热阻的场合,可用于管外介质无相变及冷凝的场合,其结构型式见图2。不适用于管外固体粉尘含量较高或易于结焦的介质。

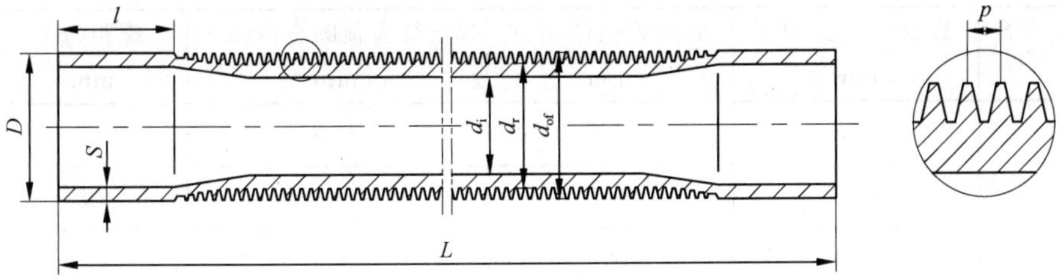

标引符号说明：

D ——基管公称外径；

d_i ——螺纹管内径；

d_{of} ——螺纹管齿顶圆直径；

d_r ——螺纹管根径；

L ——螺纹管总长；

l ——光管长度；

p ——螺距；

S ——基管公称壁厚。

图 2 螺纹管

4.2.2 螺纹管基本参数见表 2。

表 2 螺纹管基本参数

基管尺寸($D\times S$) mm	螺纹管内径(d_i) mm	螺纹管根径(d_r) mm	螺纹管齿顶圆直径(d_{of}) mm	螺距(p) mm	翅化比(η)
16×1.5	12.3	13.5	15.8	2.0	≥1.81
16×1.5	12.6	13.8	15.8	1.5	≥1.97
16×1.5	13.0	13.8	15.8	1.25	≥2.20
16×1.5	13.4	14.2	15.8	1.0	≥2.19
16×1.5	13.4	14.2	15.8	0.8	≥2.52
19×2.0	13.0	16.4	18.8	2.0	≥1.70
19×2.0	13.0	16.6	18.8	1.5	≥2.0
19×2.0	13.0	16.6	18.8	1.25	≥2.20
19×2.0	13.4	16.8	18.8	1.0	≥2.50
19×2.0	13.4	17.0	18.8	0.8	≥2.80
25×2.5	18.0	22.0	24.8	2.5	≥1.60
25×2.5	18.0	22.0	24.8	2.0	≥1.80
25×2.5	18.0	22.3	24.8	1.5	≥2.20
25×2.5	18.0	22.3	24.8	1.25	≥2.50
25×2.5	18.8	22.6	24.8	1.0	≥2.75

表 2 螺纹管基本参数(续)

基管尺寸($D\times S$) mm	螺纹管内径(d_i) mm	螺纹管根径(d_r) mm	螺纹管齿顶圆直径(d_{of}) mm	螺距(p) mm	翅化比(η)
25×2.5	18.8	23.0	24.8	0.8	≥2.80
25×2.5	18.0	22.0	24.8	2.5	≥1.60
25×2.5	18.0	22.0	24.8	2.0	≥1.80
25×2.5	18.0	22.3	24.8	1.5	≥2.20
25×2.5	18.0	22.3	24.8	1.25	≥2.50
25×2.5	18.8	22.6	24.8	1.0	≥2.75
25×2.5	18.8	23.0	24.8	0.8	≥2.80
32×2.0	28.5	29.5	31.8	2.5	≥1.72
32×2.0	28.5	29.5	31.8	2.0	≥1.92
32×2.0	29.1	29.8	31.8	1.5	≥2.07
32×2.0	29.1	29.8	31.8	1.25	≥2.30
32×2.0	29.0	30.2	31.8	1.0	≥2.27
32×2.0	29.4	30.2	31.8	0.8	≥2.60
32×3.0	28.5	29.5	31.8	2.5	≥1.72
32×3.0	28.5	29.5	31.8	2.0	≥1.92
32×3.0	29.1	29.8	31.8	1.5	≥2.07
32×3.0	29.1	29.8	31.8	1.25	≥2.30
32×3.0	29.0	30.2	31.8	1.0	≥2.27
32×3.0	29.4	30.2	31.8	0.8	≥2.60

4.3 T型管

4.3.1 T型管适用于强化卧式再沸器或蒸汽发生器的管外沸腾传热,其结构型式见图3。不适用于壳程介质含固体颗粒、易结焦、易聚合等场合。

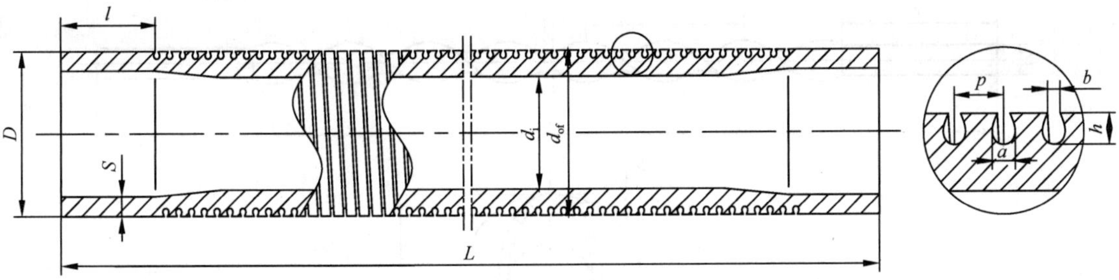

标引符号说明：

a ——槽道宽度；

b ——开口宽度；

D ——基管公称外径；

d_i ——T 型管内径；

d_{of} ——T 型管外径；

h ——T 槽深度；

L ——T 型管总长；

l ——光管长度；

p ——槽距；

S ——基管公称壁厚。

图 3 T 型管

4.3.2 T 型管基本参数见表 3。

表 3 T 型管基本参数

单位为毫米

基管公称外径(D)	基管公称壁厚(S)	T 型管外径(d_{of})	T 型管内径(d_i)	槽距(p)	T 槽深度(h)	槽道宽度(a)	开口宽度(b)
19	2.0	18.2	13.0	1.6	0.9	0.5	0.2
19	2.0	18.2	13.0	1.6	1.0	0.5	0.3
19	2.5	18.6	12.5	1.6	1.1	0.5	0.3
19	2.5	18.6	12.8	1.6	1.1	0.5	0.4
25	2.5	24.2	18.0	1.6	1.0	0.7	0.3
25	2.5	24.2	18.0	1.6	1.2	0.7	0.4
25.4	2.5	24.2	19.0	1.6	1.1	0.7	0.3
25.4	2.5	24.2	19.0	1.6	1.1	0.7	0.4

4.4 螺旋扁管

4.4.1 螺旋扁管适用于强化管内为控制热阻的传热，可用于无相变、沸腾及冷凝的场合，其结构型式见图 4。

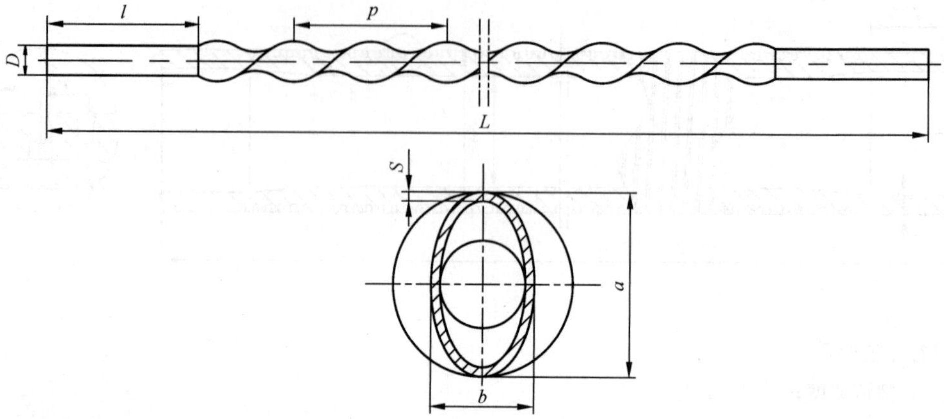

标引符号说明：

a ——长轴长度；

b ——短轴长度；

D ——基管公称外径；

L ——螺旋扁管总长；

l ——光管长度；

S ——基管公称壁厚；

p ——螺距。

图 4 螺旋扁管

4.4.2 螺旋扁管基本参数见表 4。

表 4 螺旋扁管基本参数

单位为毫米

基管公称外径(D)	基管公称壁厚(S)	长轴长度(a)	短轴长度(b)	螺距(p)
19	1.5	23	12	200～400
19	2.0	23	12	200～400
25	2.0	30.5	15.5	200～400
25	2.5	30.5	15.5	200～400

4.5 纵槽管

4.5.1 纵槽管适用于强化垂直向下流动介质的冷凝传热，可用于管内、管外介质冷凝冷却的场合，其结构型式见图 5，常用齿形见图 6。

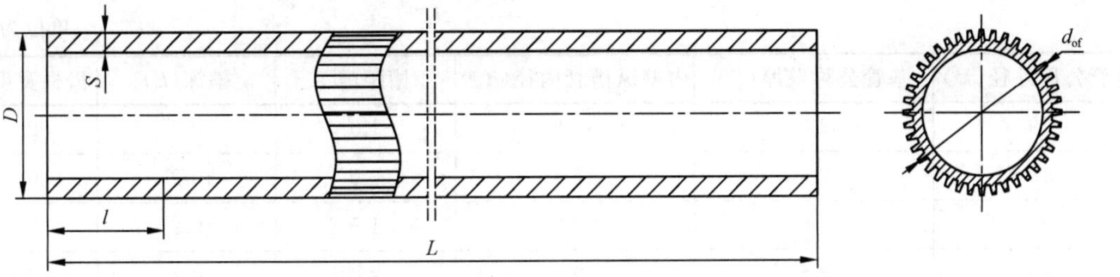

a) 外壁纵槽管

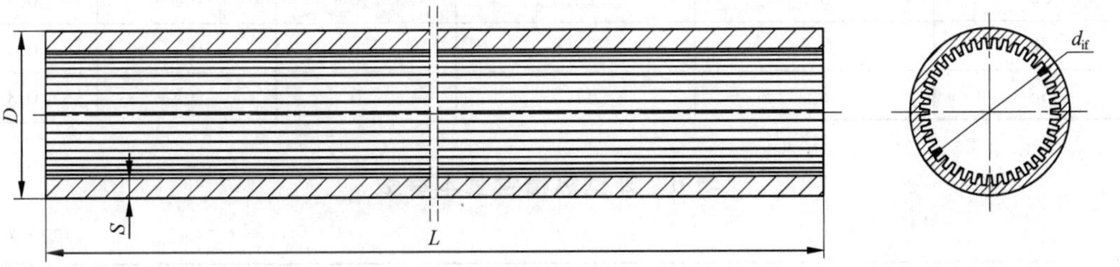

b) 内壁纵槽管

标引符号说明：

D ——基管公称外径；

d_i ——内壁纵槽管内径；

d_{of} ——外壁纵槽管外径；

L ——纵槽管总长；

l ——光管长度；

S ——基管公称壁厚。

图5 纵槽管

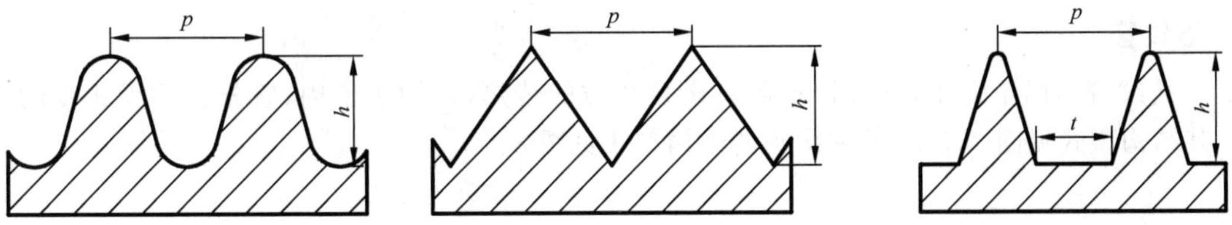

a) 余弦波形齿　　b) 三角形齿　　c) 平底牙形齿

标引符号说明：

h ——槽深；

p ——槽距；

t ——齿根宽度。

图6 纵槽管的常用齿形

4.5.2 内壁纵槽管基本参数见表5，外壁纵槽管基本参数见表6。槽道齿形可为余弦波形齿、三角形齿或平底牙形齿。

表 5 内壁纵槽管基本参数

单位为毫米

基管公称外径(D)	基管公称壁厚(S)	内壁纵槽管内径(d_{if})	槽距(p)	槽深(h)	齿根宽度(t)
19	2.0	14.8	1.5	0.2	0.3
19	2.5	13.8	2.0	0.2	0.3
25	2.0	20.8	1.5	0.2	0.3
25	2.5	19.8	2.0	0.2	0.3
32	2.5	26.8	1.5	0.2	0.3
32	3.0	25.8	2.0	0.2	0.3
38	2.5	32.8	1.5	0.2	0.3
38	3.0	31.8	2.0	0.2	0.3

表 6 外壁纵槽管基本参数

单位为毫米

基管公称外径(D)	基管公称壁厚(S)	外壁纵槽管外径(d_{of})	槽距(p)	槽深(h)	齿根宽度(t)
19	2.0	18.8	1.5	1.5	0.3
19	2.5	18.8	2.0	1.5	0.3
25	2.0	24.8	1.5	1.5	0.3
25	2.5	24.8	2.0	1.5	0.3
32	2.5	31.8	1.5	1.5	0.3
32	3.0	31.8	2.0	1.5	0.3
38	2.5	37.8	1.5	1.5	0.3

4.6 波纹管

4.6.1 波纹管适用于强化管内、管外低雷诺数介质的传热,可用于管内、管外介质无相变的场合。其结构型式见图 7,波纹段和接头的结构型式见图 8。

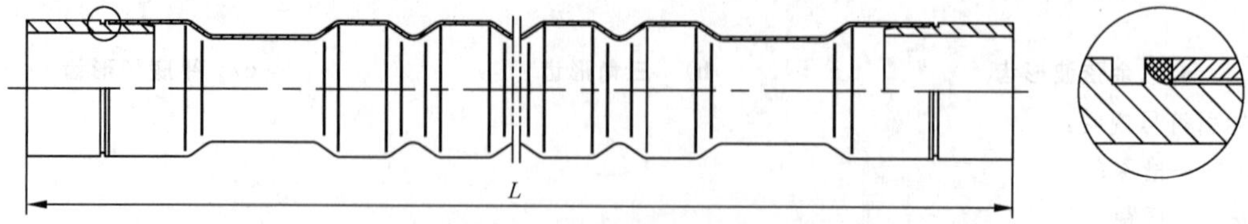

图 7 波纹管结构型式

单位为毫米

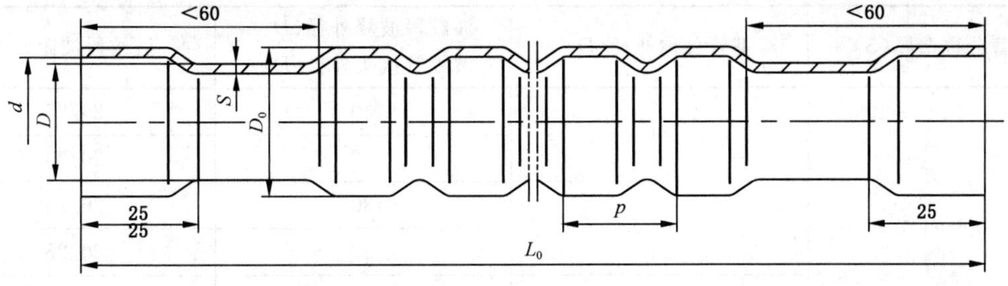

a) 波纹段

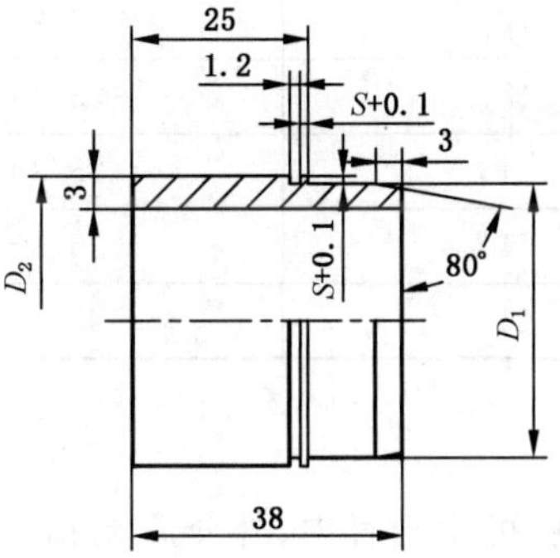

b) 接头结构 A 型(适合焊接)

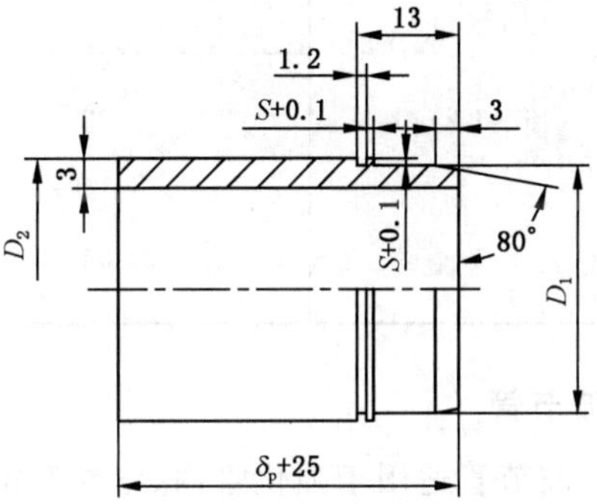

c) 接头结构 B 型(适合胀接和胀焊并用)

标引符号说明:

D ——基管公称外径;

D_0 ——波纹管波峰外径;

D_1 ——波纹管接头与本体配合处外径;

D_2 ——波纹管接头外径;

d ——波纹管接头与本体配合内径;

L ——波纹管总长;

L_0 ——波纹管波纹段长;

p ——波纹段波距;

S ——基管公称壁厚;

δ_p ——管板厚度。

图 8 波纹段和接头的结构型式

4.6.2 波纹管波纹段基本参数见表 7。

表 7　波纹管波纹段基本参数

单位为毫米

基管公称壁厚(S)	基管公称外径(D)	波纹段波峰外径(D_0) 波纹管接头外径(D_2)	波纹段波距(p)
0.6～1.0	24	30	20/25
		32	20/25
	25	30	20/25
		32	20/25
	26	32	20/25
		34	20/25
0.6～1.2	32	40	25/30
		42	25/30
	33	42	25/30
		44	25/30
	34	44	25/30
		46	25/30

4.7　波节管

4.7.1　波节管适用于强化管内、管外低雷诺数介质的传热，可用于管内、外介质无相变的场合。按壁厚分为薄壁型(代号 B)和厚壁型(代号 H)，其结构型式见图 9。

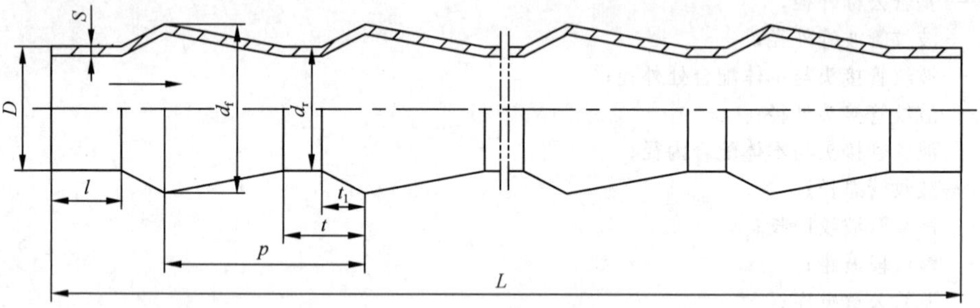

a）　薄壁型波节管(B)

图 9　波节管结构型式

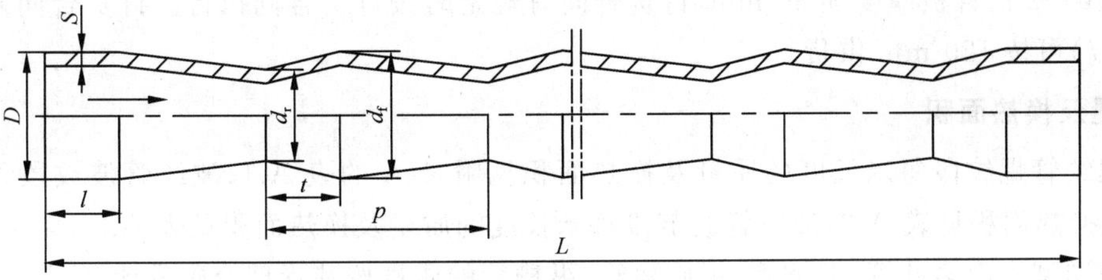

b） 厚壁型波节管(H)

标引符号说明：

D ——基管公称外径；

d_f ——波节管外壁波峰的直径；

d_r ——波节管外壁波谷的直径；

L ——波节管总长；

l ——光管长度；

p ——波距；

S ——基管公称壁厚；

t ——短斜边加直边长度；

t_1 ——短斜边长度。

图9 波节管结构型式（续）

4.7.2 波节管基本参数见表8。

表8 波节管基本参数

单位为毫米

类型	基管公称外径(D)	基管公称壁厚(S)	波距(p)	短斜边加直边长度(t)	短斜边长度(t_1)	波节管外壁波谷的直径(d_r)	波节管外壁波峰的直径(d_f)
B	25	0.5～1.0	51	17	9	25	34
	27		51	17	9	27	36
	30		60	20	10	30	42
	32		60	20	10	32	44
H	19	＞1.0～3.5	45	15	—	15	19
	22		45	15	—	18	22
	25		45	15	—	21	25
	32		51	17	—	26	32
	38		51	17	—	32	38
	45		51	17	—	39	45
	51		57	19	—	45	51
	57		57	19	—	51	57

4.8 强化传热管两端光管长度

除波纹管和内壁纵槽管外，强化传热管两端应各留出一段不加工（烧结）的基管段，其长度

(l)应不小于2倍管板厚度加30 mm，订货合同有规定时按订货合同执行。订货合同未作规定时，长度(l)可按120 mm供货。

4.9 质量及换热面积

4.9.1 螺纹管螺纹段每米长度的质量及换热面积见附录A的表A.1；波纹管波纹段每米长度的质量及换热面积见表A.2；波节管波节段每米长度的质量及换热面积见表A.3。

4.9.2 烧结型表面多孔管、T型管、螺旋扁管、纵槽管的质量按基管理论质量计算。

4.10 标记示例

4.10.1 强化传热管种类与代号见表9。

表9 强化传热管种类与代号

种类	代号	种类	代号
外表面烧结型表面多孔管	WSG	A型接头波纹管	ABW
内表面烧结型表面多孔管	NSG	B型接头波纹管	BBW
外壁纵槽管	WZC	螺纹管	LW
内壁纵槽管	NZC	T型管	TC
薄壁型波节管	BBJ	螺旋扁管	LXB
厚壁型波节管	HBJ	—	—

4.10.2 强化传热管的标记见下列示例。

示例1：

产品：用公称外径19 mm，壁厚2 mm的基管制造的长度6 000 mm，材料为S30408(06Cr19Ni10)的外表面烧结型表面多孔管U形换热管。

标记：

WSG 19×2×6000U-S30408-GB/T 28713—2023

示例2：

产品：用公称外径25 mm，壁厚2.5 mm的基管制造的长度9 000 mm，材料为10钢的内表面烧结型表面多孔管换热管。

标记：

NSG 25×2.5×9000/10-GB/T 28713—2023

示例3：

产品：用公称外径19 mm，壁厚2 mm的基管制造的长度6 000 mm，齿顶圆直径18.8 mm，根径16.8 mm，螺距1.0 mm，材料为S30408(06Cr19Ni10)的螺纹管。

标记：

LW 19×2-18.8/16.8-1.0-6000-S30408-GB/T 28713—2023

示例4：

产品：用公称外径19 mm，壁厚2.5 mm的基管制造的长度6 000 mm，槽距1.6 mm，槽深1.1 mm，材料为S30408(06Cr19Ni10)的T型管。

标记：

TC 19×2.5-1.6/1.1-6000-S30408-GB/T 28713—2023

示例5：

产品：用公称外径25 mm，壁厚2.5 mm的基管制造的长度6 000 mm，螺距300 mm，长轴30.5 mm，短轴

15.5 mm,材料为 S30408(06Cr19Ni10)的螺旋扁管。

标记:

LXB 25×2.5-300/30.5/15.5-6000-S30408-GB/T 28713—2023

示例 6:

产品:用公称外径 19 mm,壁厚 2 mm 的基管制造的长度 6 000 mm,外齿径 18.8 mm,槽距 2 mm,槽深 1.5 mm,材料为 S30408(06Cr19Ni10)的外壁纵槽管。

标记:

WZC 19×2-18.8-2/1.5-6000-S30408-GB/T 28713—2023

示例 7:

产品:用公称外径 25 mm,壁厚 2 mm 的基管制造的长度 6 000 mm,内齿径 20.8 mm,槽距 1.5 mm,槽深 0.2 mm,材料为 S30408(06Cr19Ni10)的内壁纵槽管。

标记:

NZC 25×2-20.8-1.5/0.2-6000-S30408-GB/T 28713—2023

示例 8:

产品:用公称外径 25 mm,壁厚 1 mm 的基管制造的长度 6 000 mm,波峰外径 30 mm,波距 25 mm,材料为 S30408(06Cr19Ni10)的波纹段,与同材质 A 型接头组焊的波纹管。

标记:

ABW 25×1-30-25-6000-S30408-GB/T 28713—2023

示例 9:

产品:用公称外径 25 mm,壁厚 2 mm 的基管制造的长度 6 000 mm,波峰外径 25 mm,波距 45 mm,材料为 S30408(06Cr19Ni10)的厚壁型波节管。

标记:

HBJ 25×2-25-45-6000-S30408-GB/T 28713—2023

5 制造

5.1 材料

5.1.1 加工强化传热管的基管化学成分、力学性能应符合 NB/T 47019(所有部分)的规定,铝及铝合金基管应符合 GB/T 6893 的规定,基管应采用整根管子,不准许拼接。

5.1.2 碳素钢和低合金钢、不锈钢、镍及镍合金基管允许尺寸偏差应满足 NB/T 47019.1 中Ⅱ级及以上的规定。

5.1.3 铜及铜合金、钛及钛合金基管允许尺寸偏差应满足 NB/T 47019.7 和 NB/T 47019.8 中Ⅱ级及以上的规定。

5.1.4 铝及铝合金基管应符合 GB/T 6893 的规定,其尺寸允许偏差应符合 GB/T 4436 高精度的规定。

5.1.5 波纹管基管(含波纹段和接头)材料按附录 B 选用。

5.1.6 烧结型表面多孔管在烧结后的基管力学性能应不低于 NB/T 47019.1 中的要求。

5.1.7 强化传热管用材料应有制造单位的产品质量证明书。

5.2 尺寸允许偏差

5.2.1 烧结型表面多孔管换热管两端光管外径允许偏差为±0.10 mm。

5.2.2 螺纹管的螺纹管齿顶圆直径(d_{of})和螺纹管根径(d_r)尺寸的允许偏差为±0.2 mm,每米最少螺纹数应见表10。

表10 螺纹管每米最少螺纹数

螺距(p)/mm	0.8	1.25	1.5	2.0	2.5
每米最少螺纹数	990	794	662	497	398

5.2.3 T型管的尺寸允许偏差见表11。

表11 T型管的尺寸允许偏差

单位为毫米

尺寸	T型管外径(d_{of})	槽距(p)	T槽深度(h)	槽道宽度(a)	开口宽度(b)
允许偏差	±0.20	±0.10	±0.10	±0.10	±0.10

5.2.4 螺旋扁管的尺寸允许偏差见表12。

表12 螺旋扁管的尺寸允许偏差

单位为毫米

尺寸	允许偏差
螺旋扁管螺距(p)	±5
螺旋扁管长轴(a)	±0.5
螺旋扁管长轴(b)	±0.5

5.2.5 纵槽管的尺寸允许偏差见表13。

表13 纵槽管的尺寸允许偏差

单位为毫米

尺寸	外壁纵槽管外径(d_{of})	槽距(p)	槽深(h)	齿根宽度(t)
允许偏差	±0.2	±0.1	±0.1	±0.1

5.2.6 波纹管波纹段的尺寸允许偏差见表14;波纹管的尺寸允许偏差见表15;接头机加工表面的线性尺寸的极限偏差按GB/T 1804中m级的规定。

表14 波纹管波纹段的尺寸允许偏差

单位为毫米

尺寸	允许偏差
波谷外径(D)	按钢管外径规定
波峰外径(D_0)	$^{0}_{-1.0}$
波纹管波纹段与接头配合内径(d)	$^{+0.04}_{0}$
波纹段波距(p)	±1.0

表 15　波纹管的尺寸允许偏差

单位为毫米

尺寸		允许偏差
接头与波纹管波纹段配合处外径(D_1)		$^{+0.08}_{+0.04}$
接头与管板配合处外径(D_2)	≤34	±0.10
	>34	±0.15

5.2.7　波节管允许偏差见表 16。

表 16　波节管允许偏差

单位为毫米

尺寸	波距(p)	波节管外壁波谷的直径(d_r)	波节管外壁波峰的直径(d_f)
允许偏差	±1.0	$^{0}_{-0.20}$	$^{0}_{-0.20}$

5.2.8　强化传热管的弯曲度应不大于 3 mm/m，且全长不大于 10 mm。

5.2.9　强化传热管的长度允许偏差见表 17。

表 17　强化传热管的长度允许偏差

强化传热管长度(L)	允许偏差
L≤6 000 mm	0 mm～4 mm
6 000 mm<L≤9 000 mm	0 mm～6 mm
L>9 000 mm	每增加 3 000 mm 其偏差允许增加 3 mm 且不大于 13 mm

5.3　壁厚减薄量

螺旋扁管、波纹管波纹段、波节管的壁厚减薄量应不大于其名义厚度 15%。

5.4　表面质量

5.4.1　强化传热管表面不应有裂纹、折叠、起皮、剥层、划伤、结疤及镶入物等缺陷。

5.4.2　强化传热管两端端面应平整光滑，试压密封面不应有裂纹、划痕等影响密封可靠性的缺陷。

5.4.3　碳素钢和低合金钢强化传热管应有防锈措施，不锈钢强化传热管应经酸洗钝化交货。

5.4.4　烧结型表面多孔管烧结表面允许出现由于生产工艺制造等因素影响而导致的无多孔层的点、线或面，但面积之和不应超过整体面积的 5%。

5.4.5　波纹管的焊接接头(波纹管波纹段与接头的对接接头)不应存在裂纹，焊接接头不应出现过烧现象。

5.5　焊接接头

波纹管波纹段与接头的对接接头，按照 NB/T 47014 规定作焊接工艺评定。

6 检验与验收

6.1 尺寸与表面质量

6.1.1 尺寸允许偏差

尺寸允许偏差应符合第5章的规定,采用符合精度要求的量具进行测量。

6.1.2 壁厚

6.1.2.1 除波纹管、波节管外,强化传热管厚度测量应在产品上取一段完整的槽道,切割长度为150 mm,沿轴向剖开后测量,纵槽管垂直轴向剖开后测量。

6.1.2.2 波纹管、波节管用误差不大于所测壁厚5%的测厚仪测量最小壁厚,每米长度最少测3个波纹,每个波纹至少测3个点。必要时剖开波纹段采用千分尺测量。

6.1.2.3 烧结型表面多孔管的壁厚不均应不超过基管壁厚公差的80%,U形烧结型表面多孔管弯管段除外。

6.1.3 表面质量

6.1.3.1 强化传热管加工后应进行目视检查。当目视判断不清时,可用放大镜检查。

6.1.3.2 烧结型表面多孔管多孔层的结合强度检测方法为,将换热管纵向拉伸至断裂,表面多孔层无脱落视为合格。外表面多孔管可以弯曲代替拉伸,弯曲半径不大于2倍的换热管外径,经180°弯曲后弯管段内外表面无脱落视为合格。

6.1.4 通球试验

U形烧结型表面多孔管应进行通球检测,检测用钢球直径应符合表18的规定。

表18 通球检测用钢球直径

单位为毫米

基管外径(D)	$D \leqslant 25$
外表面烧结型表面多孔管	$0.75d_i$
内表面烧结型表面多孔管	$0.7d_i$
注:d_i 为基管内径,单位为毫米(mm)。	

6.2 无损检测

6.2.1 波纹管外表面及接头按NB/T 47013.5规定进行100%渗透检测,合格级别为Ⅰ级或按供需双方商定的方法进行。

6.2.2 对铬钼钢和有色金属等材料强化传热管订货合同另有规定时,可按NB/T 47013.5规定进行100%渗透检测,合格级别为Ⅰ级。

6.3 液压试验

6.3.1 强化传热管液压试验方法应符合GB/T 241的规定,逐根进行液压试验。

6.3.2 试验压力不低于2倍设计压力(水压),保压10 s,应无渗漏、变形现象。

6.3.3 试验液体通常为洁净水,氯离子含量应不高于25 mg/L,液压试验完毕后,应将液体排尽吹干。

6.3.4 U形烧结型表面多孔管应按本文件逐根进行液压试验,试压过程中不应与腐蚀介质接触,液压试验后应立即烘干并去掉油污。

6.4 水下气密试验

6.4.1 按供需双方协议,可进行水下气密试验。

6.4.2 水下气密试验应在液压试验合格后进行。试验压力不小于 1.0 MPa,保压 10 s,应无泄漏。

7 检验规则

7.1 检验分类

产品检验分出厂检验和型式试验。

7.2 出厂检验

7.2.1 组批规则

强化传热管应按批进行检验和验收。每批应由同一尺寸规格、同一材料、同一厚度的强化传热管组成,每批强化传热管的数量应不超过 300 根且不超过 NB/T 47019.1 的相关规定。

7.2.2 取样数量

每批应随机抽样 3 根进行尺寸允许偏差、厚度检查,其检验项目及结果应符合第 5 章的规定。当任何 1 根不合格时,应另抽 6 根进行检验。如仍有 2 根不合格时,则该批应进行逐根检验,不合格者应去除。

7.2.3 检验项目

检验项目见表 19。经质检部门检查合格,并附产品合格证、说明书方可出厂。

表 19 检验项目

序号	检验项目	制造要求章条号	检测方法章条号	出厂检验	取样数量
1	尺寸允许偏差	5.2	6.1	√	3 根/批
2	壁厚	5.3	6.1	△	3 根/批
3	表面质量	5.4	6.1	√	逐根
4	无损检测	6.2	6.2	△	3 根/批
5	液压试验	6.3	6.3	√	逐根
6	水下气密试验	6.4	6.4	△	逐根
注:"√"表示应检项目;"△"按合同规定。					

7.3 型式试验

7.3.1 型式试验要求

波纹管符合下列情况之一,应进行型式试验:

a) 新产品定型;

b) 正式生产的产品,如结构、材料、工艺有较大改变,可能影响产品性能时;

c) 停产超过半年后,恢复生产时;

d) 国家市场监督管理部门有要求时。

7.3.2 型式试验项目与方法

7.3.2.1 应力测定

波纹管强化传热管的常温应力采用电阻应变计测量技术进行检测。试验时压力加压至最高允许工作压力(按附录B选取)的2倍,最大应力值应不大于该管材的许用应力。

7.3.2.2 外压试验

在常温下,用1 m长的波纹管做外压试验,管内不加压,管外加压值为最高允许工作压力(按附录B选取)的2倍,保压30 min无失稳现象为合格。

7.3.2.3 疲劳试验

在常温下,用1 m长的波纹管做疲劳试验,管外加导向筒,管内加压至最高允许工作压力(按附录B选取),按$0.1(n+1)$m位移量做纵向疲劳试验,应保证1 500次循环无泄漏。

7.3.2.4 爆破试验

波纹管的常温爆破压力应在有防护措施的条件下进行,缓慢加压直至波纹管破坏,爆破试验压力不低于常温设计压力值的8倍。若试验压力超过设计压力值的8倍仍未破坏,允许不做到破坏。爆破试验应记录试样的破坏压力和破坏情况。

8 质量证明文件、包装和标志

8.1 质量证明文件

经检验合格的强化传热管,制造单位应提供产品质量证明文件,并同钢管的质量证明书一起装箱发运。产品合格证至少应包括下列各项:

a) 钢管规格;

b) 基本参数;

c) 检验项目及其检验结果;

d) 检验日期及检验者签署;

e) 制造日期;

f) 制造单位名称。

8.2 包装和标志

8.2.1 强化传热管的包装应符合NB/T 47019.1的规定,烧结型表面多孔管还应逐根采用塑料网套保护。

8.2.2 强化传热管包装箱应注明:

a) 产品名称、型号规格;

b) 产品批号;

c) 包装日期;

d) 装箱员代号。

8.3 贮存

产品应存放在干燥、通风、无腐蚀性气体的库房内。

附 录 A
(资料性)
强化传热管质量及换热面积

A.1 螺纹管螺纹段每米长的质量及换热面积见表 A.1。

表 A.1 螺纹管螺纹段每米长的质量及换热面积

基管尺寸($D\times S$) mm	螺纹管内径(d_i) mm	螺纹管根径(d_r) mm	螺纹管齿顶圆直径(d_{of}) mm	螺距(p) mm	翅化比(η)	质量 kg/m	面积 m^2/m
16×1.5	12.3	13.5	15.8	2.0	≥1.81	0.40	0.099
16×1.5	12.6	13.8	15.8	1.5	≥1.97	0.38	0.108
16×1.5	13	13.8	15.8	1.25	≥2.20	0.32	0.121
16×1.5	13.4	14.2	15.8	1.0	≥2.19	0.29	0.123
16×1.5	13.4	14.2	15.8	0.8	≥2.52	0.29	0.141
19×2.0	13.0	16.4	18.8	2.0	≥1.70	0.89	0.122
19×2.0	13.0	16.6	18.8	1.5	≥2.0	0.91	0.137
19×2.0	13.0	16.6	18.8	1.25	≥2.20	0.91	0.153
19×2.0	13.4	16.8	18.8	1.0	≥2.50	0.86	0.168
19×2.0	13.4	17.0	18.8	0.8	≥2.80	0.88	0.183
25×2.5	18.0	22.0	24.8	2.5	≥1.60	1.40	0.156
25×2.5	18.0	22.0	24.8	2.0	≥1.80	1.40	0.176
25×2.5	18.0	22.3	24.8	1.5	≥2.20	1.45	0.197
25×2.5	18.0	22.3	24.8	1.25	≥2.50	1.45	0.222
25×2.5	18.8	22.6	24.8	1.0	≥2.75	1.30	0.238
25×2.5	18.8	23.0	24.8	0.8	≥2.80	1.36	0.244
25×2.5	18.0	22.0	24.8	2.5	≥1.60	1.4	0.156
25×2.5	18.0	22.0	24.8	2.0	≥1.80	1.40	0.176
25×2.5	18.0	22.3	24.8	1.5	≥2.20	1.45	0.197
25×2.5	18.0	22.3	24.8	1.25	≥2.50	1.45	0.222
25×2.5	18.8	22.6	24.8	1.0	≥2.75	1.30	0.238
25×2.5	18.8	23.0	24.8	0.8	≥2.80	1.36	0.244
32×2.0	28.5	29.5	31.8	2.5	≥1.72	0.80	0.185
32×2.0	28.5	29.5	31.8	2.0	≥1.92	0.80	0.207
32×2.0	29.1	29.8	31.8	1.5	≥2.07	0.64	0.226
32×2.0	29.1	29.8	31.8	1.25	≥2.30	0.64	0.252
32×2.0	29	30.2	31.8	1.0	≥2.27	0.75	0.253
32×2.0	29.4	30.2	31.8	0.8	≥2.60	0.61	0.292

表 A.1 螺纹管螺纹段每米长的质量及换热面积（续）

基管尺寸($D\times S$) mm	螺纹管内径(d_i) mm	螺纹管根径(d_r) mm	螺纹管齿顶圆直径(d_{of}) mm	螺距(p) mm	翅化比(η)	质量 kg/m	面积 m^2/m
32×3.0	28.5	29.5	31.8	2.5	≥1.72	0.80	0.185
32×3.0	28.5	29.5	31.8	2.0	≥1.92	0.80	0.207
32×3.0	29.1	29.8	31.8	1.5	≥2.07	0.64	0.226
32×3.0	29.1	29.8	31.8	1.25	≥2.30	0.64	0.252
32×3.0	29.0	30.2	31.8	1.0	≥2.27	0.75	0.253
32×3.0	29.4	30.2	31.8	0.8	≥2.60	0.61	0.292
注：表中的材料密度按 8.00×10^3 kg/m^3 计算。							

A.2 波纹管波纹段每米长度的质量及换热面积见表 A.2。

表 A.2 波纹管波纹段每米长度的质量及换热面积

波峰外径(D_0) mm	波谷外径(D) mm	壁厚(S) mm	波距(p) mm	质量 kg/m	换热面积 m^2/m
30	24	0.6	20/25	0.40/0.39	0.094 2/0.092 0
		0.7		0.46/0.45	
		0.8		0.53/0.52	
		0.9		0.60/0.59	
		1.0		0.66/0.65	
32	24	0.6	20/25	0.42/0.41	0.103 8/0.100 1
		0.7		0.49/0.48	
		0.8		0.56/0.55	
		0.9		0.63/0.61	
		1.0		0.70/0.68	
30	25	0.6	20/25	0.40/0.39	0.093 4/0.091 7
		0.7		0.47/0.46	
		0.8		0.54/0.53	
		0.9		0.61/0.60	
		1.0		0.67/0.66	
32	25	0.6	20/25	0.43/0.42	0.102 4/0.099 4
		0.7		0.50/0.49	
		0.8		0.57/0.56	
		0.9		0.64/0.63	
		1.0		0.71/0.69	
32	26	0.6	20/25	0.43/0.42	0.101 2/0.098 8
		0.7		0.50/0.49	
		0.8		0.57/0.56	
		0.9		0.65/0.64	
		1.0		0.72/0.71	

表 A.2 波纹管波纹段每米长度的质量及换热面积(续)

波峰外径(D_0) mm	波谷外径(D) mm	壁厚(S) mm	波距(p) mm	质量 kg/m	换热面积 m^2/m
34	26	0.6	20/25	0.46/0.44	0.111 1/0.107 2
		0.7		0.53/0.52	
		0.8		0.61/0.59	
		0.9		0.69/0.67	
		1.0		0.76/0.74	
40	32	0.6	20/25	0.54/0.53	0.128 3/0.123 7
		0.7		0.63/0.62	
		0.8		0.72/0.70	
		0.9		0.80/0.79	
		1.0		0.89/0.88	
		1.1		0.98/0.97	
		1.2		1.07/1.05	
42	32	0.6	25/30	0.56/0.55	0.137 0/0.131 4
		0.7		0.66/0.64	
		0.8		0.75/0.73	
		0.9		0.84/0.82	
		1.0		0.94/0.91	
		1.1		1.03/1.00	
		1.2		1.12/1.10	
42	33	0.6	25/30	0.57/0.55	0.136 9/0.132 3
		0.7		0.66/0.65	
		0.8		0.75/0.74	
		0.9		0.85/0.83	
		1.0		0.94/0.92	
		1.1		1.04/1.02	
		1.2		1.13/1.11	
44	33	0.6	25/30	0.59/0.58	0.147 9/0.140 6
		0.7		0.69/0.67	
		0.8		0.79/0.77	
		0.9		0.89/0.87	
		1.0		0.99/0.96	
		1.1		1.09/1.06	
		1.2		1.19/1.16	
44	34	0.6	25/30	0.60/0.58	0.146 0/0.139 4
		0.7		0.70/0.68	
		0.8		0.80/0.78	
		0.9		0.90/0.87	
		1.0		1.00/0.97	
		1.1		1.10/1.07	
		1.2		1.19/1.17	

表 A.2 波纹管波纹段每米长度的质量及换热面积(续)

波峰外径(D_0) mm	波谷外径(D) mm	壁厚(S) mm	波距(p) mm	质量 kg/m	换热面积 m^2/m
46	34	0.6	25/30	0.63/0.61	0.157 7/0.149 2
		0.7		0.73/0.71	
		0.8		0.84/0.81	
		0.9		0.94/0.91	
		1.0		1.05/1.01	
		1.1		1.15/1.12	
		1.2		1.26/1.22	
注 1:表中的材料密度按 8.00×10^3 kg/m^3 计算。 注 2:波纹管的总质量不含两端接头的质量。					

A.3 波节管波节段每米长度的质量及换热面积见表 A.3。

表 A.3 波节管波节段每米长度的质量及换热面积

类型	波节管外壁波谷的直径(d_r) mm	波节管外壁波峰的直径(d_f) mm	壁厚(S) mm	波距(p) mm	质量 kg/m	换热面积 m^2/m
B	32	44	0.5	60	0.40	0.116 2
			0.6		0.47	
			0.7		0.55	
			0.8		0.63	
			0.9		0.70	
			1.0		0.78	
	30	42	0.5	60	0.52	0.109 9
			0.6		0.62	
			0.7		0.73	
			0.8		0.83	
			0.9		0.93	
			1.0		1.03	
	27	36	0.5	51	0.45	0.094 8
			0.6		0.53	
			0.7		0.62	
			0.8		0.71	
			0.9		0.79	
			1.0		0.88	
	25	34	0.5	51	0.42	0.088 6
			0.6		0.50	
			0.7		0.59	
			0.8		0.67	
			0.9		0.75	
			1.0		0.83	

表 A.3　波节管波节段每米长度的质量及换热面积（续）

类型	波节管外壁波谷的直径(d_r) mm	波节管外壁波峰的直径(d_f) mm	壁厚(S) mm	波距(p) mm	质量 kg/m	换热面积 m^2/m
H	15	19	1.5 2.0 2.5 3.0 3.5	45	0.66 0.85 1.04 1.21 1.36	0.053 4
	18	22	1.5 2.0 2.5 3.0 3.5	45	0.77 1.00 1.22 1.43 1.63	0.062 8
	21	25	1.5 2.0 2.5 3.0 3.5	45	0.89 1.16 1.41 1.66 1.89	0.072 2
	26	32	1.5 2.0 2.5 3.0 3.5	51	1.15 1.51 1.85 2.19 2.51	0.091 1
	32	38	1.5 2.0 2.5 3.0 3.5	51	1.38 1.81 2.23 2.64 3.03	0.109 9
	39	45	1.5 2.0 2.5 3.0 3.5	51	1.64 2.16 2.67 3.17 3.65	0.131 9
	45	51	1.5 2.0 2.5 3.0 3.5	57	1.87 2.46 3.05 3.62 4.18	0.150 7
	51	57	1.5 2.0 2.5 3.0 3.5	57	2.09 2.76 3.42 4.07 4.70	0.169 6
注：表中的材料密度按 8.00×10^3 kg/m^3 计算。						

附　录　B
(规范性)
波纹管最高允许工作压力

波纹管最高允许工作压力见表 B.1。

表 B.1　波纹管最高允许工作压力

材料	波峰外径(D_0) mm	基管壁厚(S) mm	温度 ℃ ≤20	100	150	200	250	300	350	400	450
			最高允许工作压力 MPa								
06Cr19Ni10(S30408)、06Cr18Ni11Ti(S32168)、06Cr17Ni12Mo2(S31708)、06Cr19Ni13Mo3(S31608)	32/42	0.6	2.6/1.9			2.4/1.8	2.3/1.7	2.1/1.6	2.1/1.6	2.0/1.5	2.0/1.5
		0.7	3.0/2.3			2.9/2.1	2.7/2.0	2.5/1.8	2.4/1.8	2.4/1.8	2.3/1.7
		0.8	3.4/2.6			3.3/2.5	3.1/2.3	2.9/2.2	2.8/2.1	2.7/2.0	2.6/2.0
		0.9	3.9/2.9			3.7/2.8	3.5/2.6	3.2/2.4	3.2/2.4	3.1/2.3	3.0/2.2
		1.0	4.3/3.3			4.1/3.1	3.9/2.9	3.6/2.7	3.5/2.6	3.4/2.6	3.3/2.5
		1.1	—/3.6			—/3.4	—/3.2	—/3.0	—/2.9	—/2.8	—/2.8
		1.2	—/3.9			—/3.7	—/3.5	—/3.3	—/3.2	—/3.1	—/3.0
022Cr19Ni10(S30403)、022Cr17Ni12Mo2(S31603)、022Cr19Ni13Mo3(S31703)		0.6	2.4/1.8			2.2/1.6	2.0/1.5	1.9/1.4	1.8/1.4	1.7/1.3	1.7/1.3
		0.7	2.8/2.1			2.5/1.9	2.4/1.8	2.2/1.7	2.1/1.6	2.0/1.5	2.0/1.5
		0.8	3.2/2.4			2.9/2.2	2.7/2.0	2.6/1.9	2.4/1.8	2.3/1.7	2.3/1.7
		0.9	3.6/2.7			3.3/2.5	3.0/2.3	2.9/2.2	2.7/2.1	2.6/2.0	2.6/1.9
		1.0	4.0/3.0			3.7/2.8	3.4/2.5	3.2/2.4	3.1/2.3	2.9/2.2	2.9/2.1
		1.1	—/3.3			—/3.0	—/2.8	—/2.7	—/2.5	—/2.4	—/2.4
		1.2	—/3.6			—/3.3	—/3.1	—/2.9	—/2.8	—/2.6	—/2.6

注 1：爆破压力安全系数为 8。

注 2：中间温度的最高允许工作压力，可按本表的压力值用内插法求得。

注 3："/"前为 32 系列(包括波峰外径为 30 mm、32 mm、34 mm)最高允许工作压力值，"/"后为 42 系列(包括波峰外径为 40 mm、42 mm、44 mm、46 mm)最高允许工作压力值。

ICS 21.140
CCS J 22

中华人民共和国国家标准

GB/T 29463—2023
代替 GB/T 29463.1—2012,GB/T 29463.2—2012,GB/T 29463.3—2012

管壳式热交换器用垫片

Gaskets used in tube-shell heat exchangers

2023-09-07 发布 2023-09-07 实施

国家市场监督管理总局
国家标准化管理委员会 发布

前　言

本文件按照GB/T 1.1—2020《标准化工作导则　第1部分:标准化文件的结构和起草规则》的规定起草。

本文件代替GB/T 29463.1—2012《管壳式热交换器用垫片　第1部分:金属包垫片》、GB/T 29463.2—2012《管壳式热交换器用垫片　第2部分:缠绕式垫片》、GB/T 29463.3—2012《管壳式热交换器用垫片　第3部分:非金属软垫片》,与GB/T 29463.1—2012、GB/T 29463.2—2012、GB/T 29463.3—2012相比,除结构调整和编辑性改动外,主要技术变化如下:

a) 增加金属波齿复合垫片和金属齿形组合垫片的内容(见第1章);

b) 垫片公称直径由DN2 000增加至DN2 600(见第1章,2012年版的4.2);

c) 增加了垫片结构型式和标记参数(见4.2、8.1);

d) 增加了金属波齿复合垫片的结构、尺寸参数和制造(见第5章、第6章);

e) 增加了金属齿形组合垫片的结构、尺寸参数和制造(见第5章、第6章);

f) 增加了浮头式热交换器外头盖法兰直径比外头盖侧法兰直径大150 mm、200 mm和250 mm系列的垫片尺寸(见5.2);

g) 增加了垫片金属材料拼接接头的渗透检测要求(见6.1.2);

h) 增加了包装材料的环保要求等(见8.2.3)。

请注意本文件的某些内容可能涉及专利。本文件的发布机构不承担识别专利的责任。

本文件由全国锅炉压力容器标准化技术委员会(SAC/TC 262)提出并归口。

本文件起草单位:上海蓝滨石化设备有限责任公司、中国石化工程建设有限公司、中石化广州工程有限公司、中石化宁波工程有限公司、浙江国泰萧星密封材料股份有限公司、广州市东山南方密封件有限公司、二重(镇江)重型装备有限责任公司、中国特种设备检测研究院、甘肃蓝科石化高新装备股份有限公司、机械工业兰州石油化工设备检测所有限公司。

本文件主要起草人:马一鸣、张洪涛、张迎恺、张国信、赵雷江、章佳红、吴凯珺、孙亚杰、曹鑫、王俊、卢琳、陈志伟、刘福录、张延丰、周文学、曹锦鋆。

本文件代替文件的历次版本发布情况为:

——GB/T 29463.1—2012;

——GB/T 29463.2—2012;

——GB/T 29463.3—2012。

管壳式热交换器用垫片

1 范围

本文件规定了设计压力为0.25 MPa～6.4 MPa、设计温度为－196 ℃～450 ℃、公称直径为DN159～DN2 600、密封面型式为凹凸面的管壳式热交换器用垫片(以下简称垫片)的代号与型式、结构与基本尺寸、制造、检验、标记、包装与贮存等要求。

本文件适用于管壳式热交换器用缠绕式、金属波齿复合、金属包覆、非金属、金属齿形组合等垫片的设计、制造。

2 规范性引用文件

下列文件中的内容通过文中的规范性引用而构成本文件必不可少的条款。其中,注日期的引用文件,仅该日期对应的版本适用于本文件;不注日期的引用文件,其最新版本(包括所有的修改单)适用于本文件。

GB/T 151　热交换器

GB/T 1184—1996　形状和位置公差　未注公差值

GB/T 1804　一般公差　未注公差的线性和角度尺寸的公差

GB/T 3003　耐火纤维及制品

GB/T 3280　不锈钢冷轧钢板和钢带

GB/T 4622.1　管法兰用缠绕式垫片　第1部分:PN系列

GB/T 5574　工业用橡胶板

GB/T 9129　管法兰用非金属平垫片　技术条件

GB/T 15601　管法兰用金属包覆垫片

GB/T 19066.1　管法兰用金属波齿复合垫片　第1部分:PN系列

GB/T 25712　振动时效工艺参数选择及效果评定方法

GB/T 39245.1　管法兰用金属齿形组合垫片　第1部分:PN系列

JB/T 6618　金属缠绕垫用聚四氟乙烯带　技术条件

JB/T 6628　柔性石墨复合增强(板)垫

JB/T 7758.2　柔性石墨板　技术条件

JC/T 2052　辊压法无石棉纤维垫片材料

NB/T 47013.5　承压设备无损检测　第5部分:渗透检测

QB/T 5257　聚四氟乙烯(PTFE)板材

3 术语和定义

GB/T 151界定的以及下列术语和定义适用于本文件。

3.1

管箱垫片　channel gasket

管箱法兰与管板或管箱平盖连接处的密封垫片。

3.2

浮头垫片　floating head gasket

浮头式热交换器的浮头法兰与浮动管板连接处的密封垫片。

3.3

管箱侧垫片　shell gasket next channel side

浮头式热交换器的固定管板、U形管式热交换器的管板与壳体法兰连接处的密封垫片。

3.4

外头盖垫片　rear head end gasket

浮头式热交换器的外头盖侧法兰与外头盖法兰连接处的密封垫片。

3.5

头盖垫片　head end gasket

固定管板式热交换器的头盖与管板连接处的密封垫片。

3.6

缠绕式垫片　spiral wound gasket

用金属带(一般是V形钢带)与非金属填充带缠绕成环形,金属带与非金属填充带交替缠绕,根据具体部位可在垫片的内层或外层加上钢环来定位或加强的垫片。

3.7

金属波齿复合垫片　composite wave-serrated metal gasket

一种实体金属复合垫片,用机械加工方法在金属平板的上下两面加工成同心的波齿形状沟槽,上下两面齿尖相互错开并覆盖非金属材料组合使用以达到更好的密封效果的垫片。

3.8

金属包覆垫片　metallic envelope gasket

内部采用柔性石墨、陶瓷纤维等非金属材料,外部采用特定冷作工艺包覆金属薄板的复合型垫片。

注:按垫片截面分为平面型包覆垫片和波纹型包覆垫片。

3.9

非金属垫片　non-metallic gasket

无石棉纤维、橡胶、纯石墨、聚四氟乙烯、柔性石墨复合增强、填充/改性聚四氟乙烯、云母、蛭石等板材切割成的垫片。

3.10

金属齿形组合垫片　grooved metal gasket with covering layer

用机械加工方法在金属平板的上下两面加工成同心的沟槽,根据不同的介质,可选择柔性石墨、聚四氟乙烯、无石棉板或其他非金属材料粘贴在金属平板上下两面的垫片。

4　代号与型式

4.1　代号

4.1.1　垫片类型代号见表1。

表 1　垫片类型代号

垫片类型	缠绕式垫片	金属波齿复合垫片	金属包覆垫片	非金属垫片	金属齿形组合垫片
代号	SW	WS	ME	NM	GM

4.1.2　垫片位置代号见表 2。

表 2　垫片位置代号

垫片位置	管箱垫片	浮头垫片	管箱侧垫片	外头盖垫片	头盖垫片
代号	G	F	C	W	T

4.1.3　垫片位置见图 1。

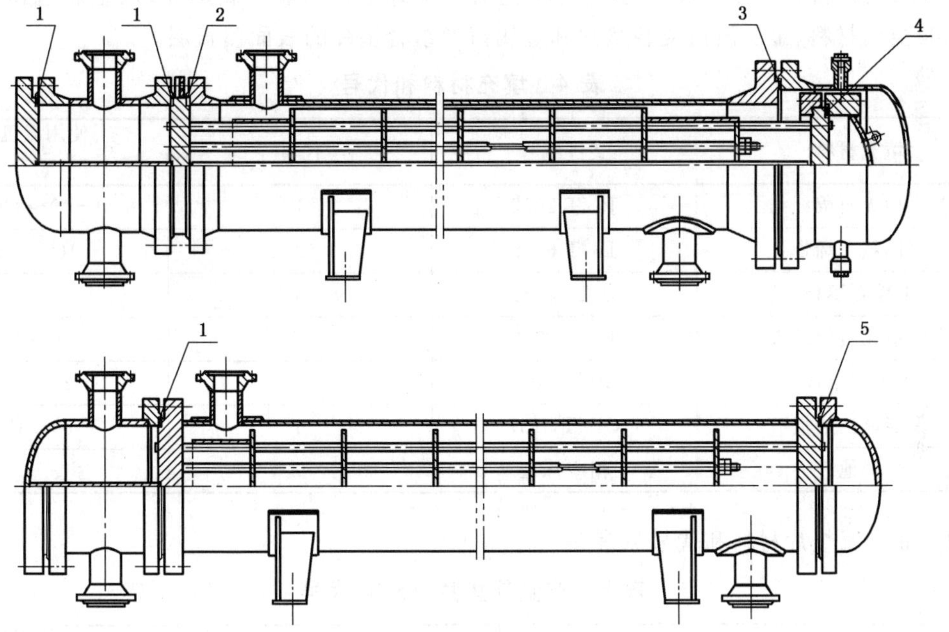

标引序号说明：

1——管箱垫片；

2——管箱侧垫片；

3——外头盖垫片；

4——浮头垫片；

5——头盖垫片。

图 1　管壳式热交换器垫片位置

4.1.4　垫片材料代号

4.1.4.1　金属材料和代号见表 3。

表 3　金属材料和代号

材料牌号(统一数字代号)	文件编号	代号	使用温度 ℃
06Cr19Ni10(S30408)	GB/T 3280	1	−196～450
022Cr19Ni10(S30403)		2	−196～450
06Cr17Ni12Mo2(S31608)		3	−196～450
022Cr17Ni12Mo2(S31603)		4	−196～450
06Cr18Ni11Ti(S32168)		5	−196～450
06Cr13(S41008)		6	−196～450
其他	相应标准	9	—

4.1.4.2　填充材料和代号见表 4,填充材料包括缠绕式垫片的非金属填充带、金属包覆垫片的内部用非金属材料、金属波齿复合垫片和金属齿形组合垫片的表面覆盖层。

表 4　填充材料和代号

填充材料	文件编号	代号	使用温度 ℃
普通型无石棉纤维	JC/T 2052	1	−40～200
聚四氟乙烯带	JB/T 6618	2	−160～260
柔性石墨板	JB/T 7758.2	3	−196～450
耐油型无石棉纤维	JC/T 2052	4	−40～200
耐火纤维板	GB/T 3003	5	−20～450
聚四氟乙烯板	QB/T 5257	6	−50～150
其他	相应标准	9	—

4.1.4.3　非金属垫片材料和代号见表 5。

表 5　非金属垫片材料和代号

垫片材料	文件编号	代号	使用压力 MPa	使用温度 ℃
氯丁橡胶	GB/T 5574	1	≤1.6	−20～100
丁腈橡胶		2	≤1.6	−20～110
三元乙丙橡胶		3	≤1.6	−30～140
氟橡胶		4	≤1.6	−20～200
耐油型无石棉纤维	JC/T 2052	5	≤2.5	−40～250
聚四氟乙烯板	QB/T 5257	6	≤4.0	−50～100
柔性石墨复合增强板	JB/T 6628	7	≤4.0	−196～450
其他	相应标准	9	—	—

4.1.5　换热管规格代号:

A——表示外直径(ϕ)为 19 mm 的钢管;

B——表示外直径(ϕ)为 25 mm 的钢管。

4.1.6 接管位置代号:

C——表示管箱为中心接管;

NC——表示管箱为非中心接管。

4.2 型式

垫片型式见图 2。

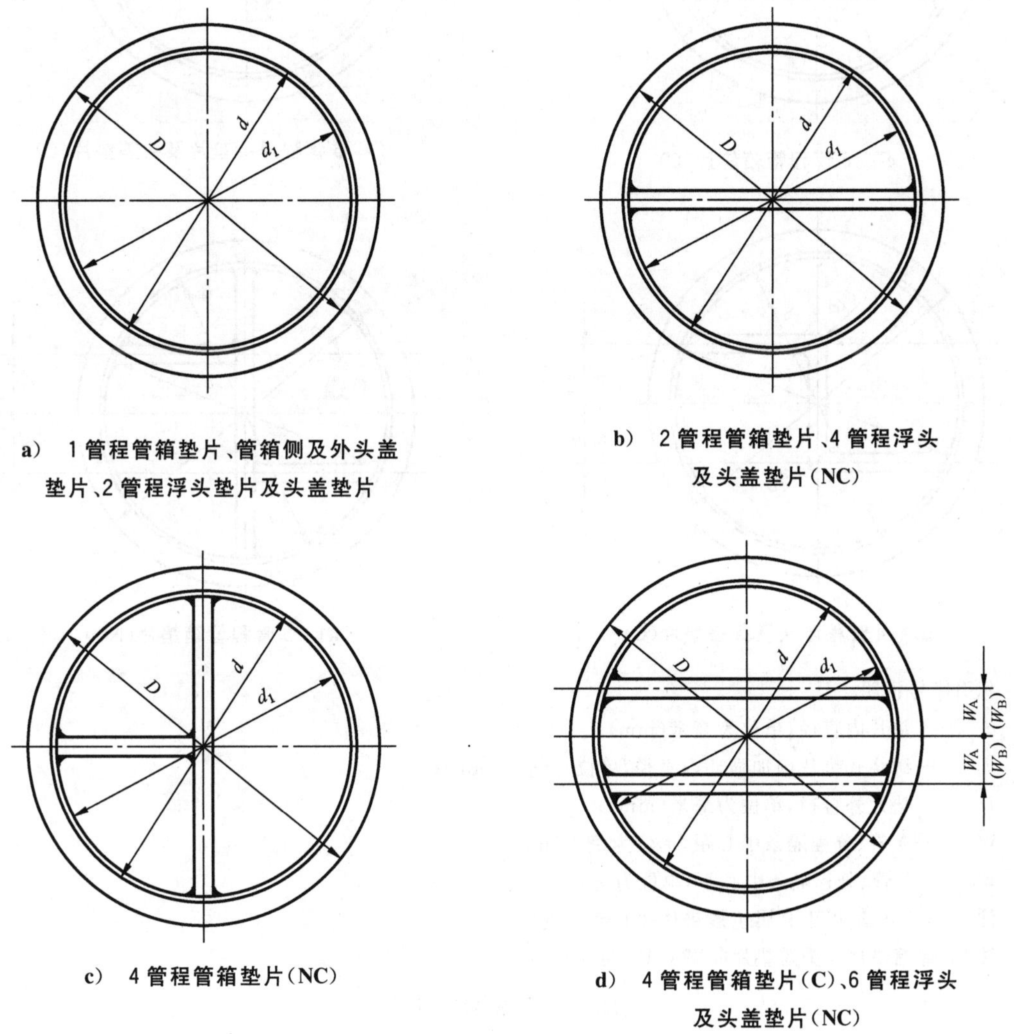

a) 1 管程管箱垫片、管箱侧及外头盖垫片、2 管程浮头垫片及头盖垫片

b) 2 管程管箱垫片、4 管程浮头及头盖垫片(NC)

c) 4 管程管箱垫片(NC)

d) 4 管程管箱垫片(C)、6 管程浮头及头盖垫片(NC)

图 2 垫片型式

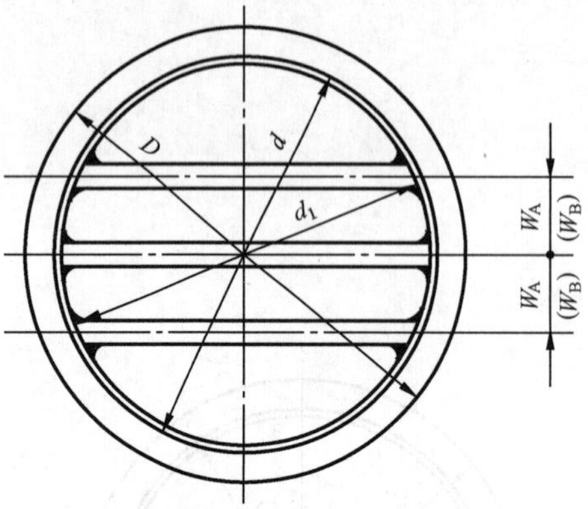

e) 6管程管箱垫片(C)

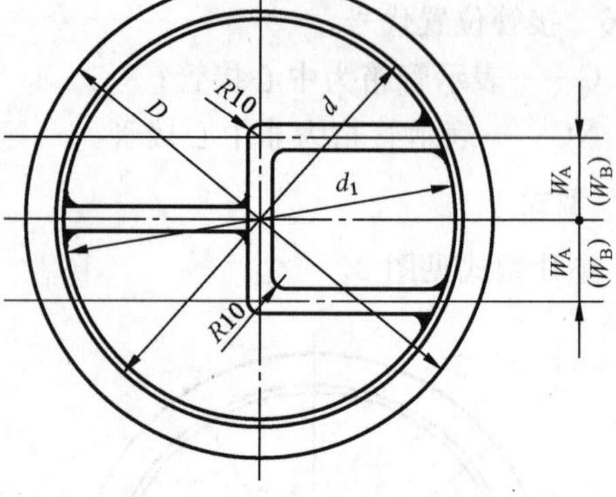

f) 6管程浮头垫片及头盖垫片(C)

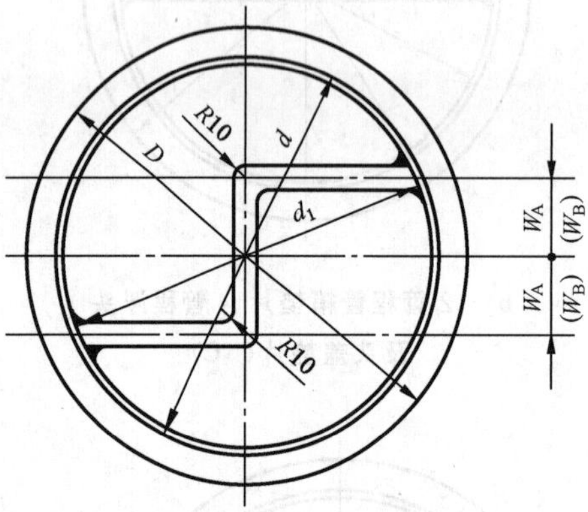

g) 4管程浮头及头盖垫片(C)

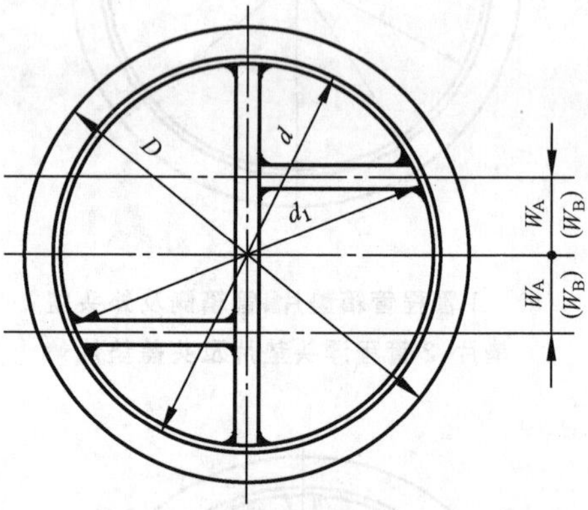

h) 6管程管箱垫片(NC)

标引序号说明:

d ——垫片内直径,单位为毫米(mm);

d_1 ——缠绕式垫片内加强环内直径,单位为毫米(mm);

D ——垫片外直径,单位为毫米(mm);

W_A ——A管、分程隔条中心距,单位为毫米(mm);

W_B ——B管、分程隔条中心距,单位为毫米(mm)。

注1:$R10$仅适用于金属包覆垫片和非金属垫片。

注2:管箱垫片及头盖垫片的W_A、W_B与浮头垫片的W_A、W_B相等。

图2 垫片型式(续)

5 结构与基本尺寸

5.1 结构

5.1.1 缠绕式垫片结构见图3。

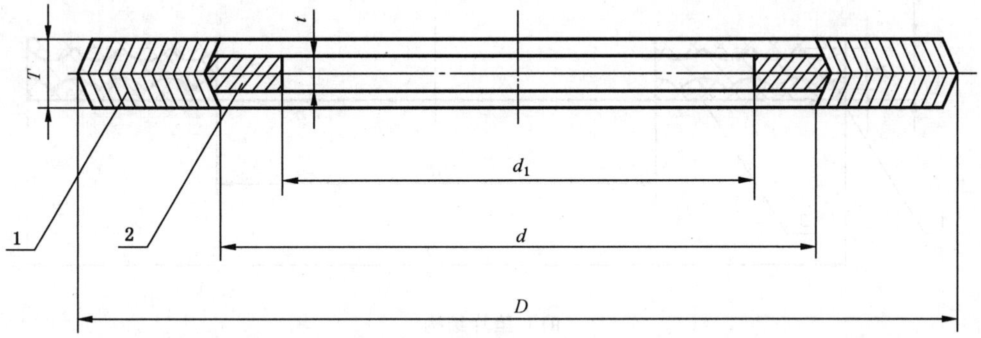

a） 垫片结构

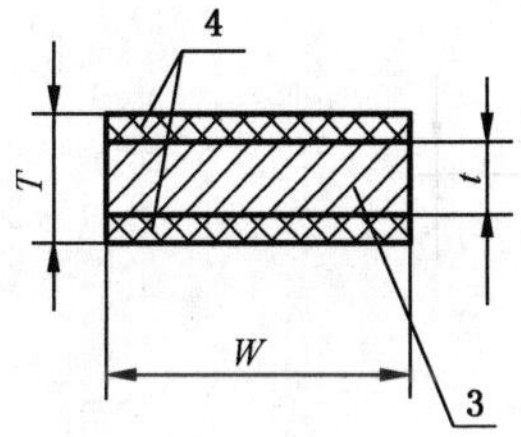

b） 分程隔条结构

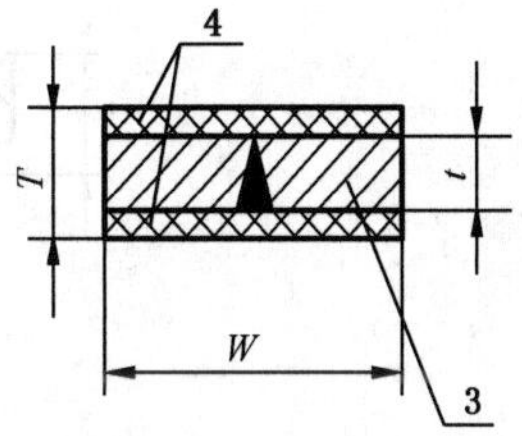

c） 焊接接头分程隔条结构

标引序号说明：

1 ——垫片主体；

2 ——内加强环；

3 ——分程隔条中间骨架；

4 ——柔性石墨；

d ——垫片内直径，单位为毫米(mm)；

d_1——垫片内加强环内直径，单位为毫米(mm)；

D ——垫片外直径，单位为毫米(mm)；

W——分程隔条宽度，取值为10，单位为毫米(mm)；

t ——金属骨架厚度，取值为3，单位为毫米(mm)；

T ——垫片整体厚度，取值为4.5，单位为毫米(mm)。

图3 缠绕式垫片结构

5.1.2 金属波齿复合垫片结构见图4。

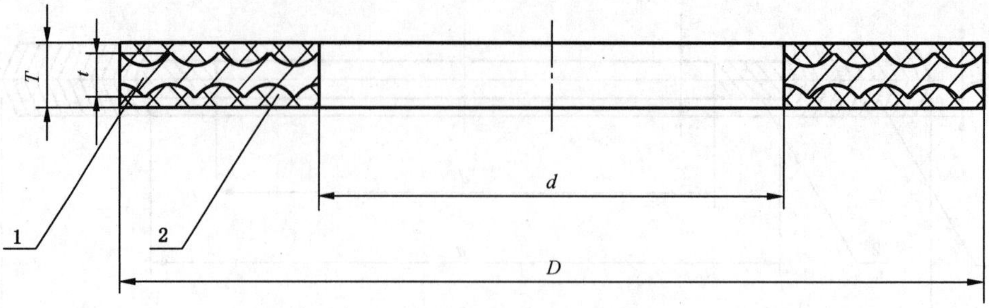

a） 垫片结构

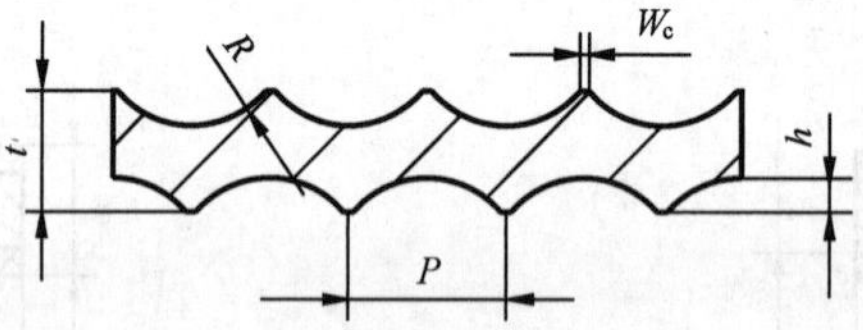

b） 金属骨架结构

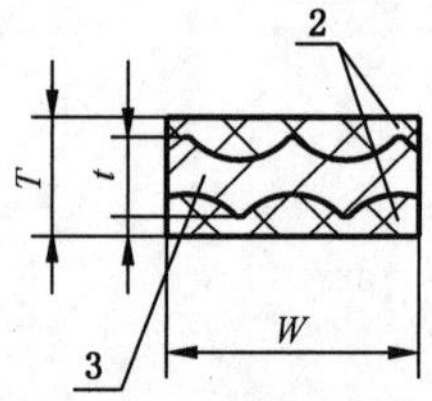

c） 分程隔条结构

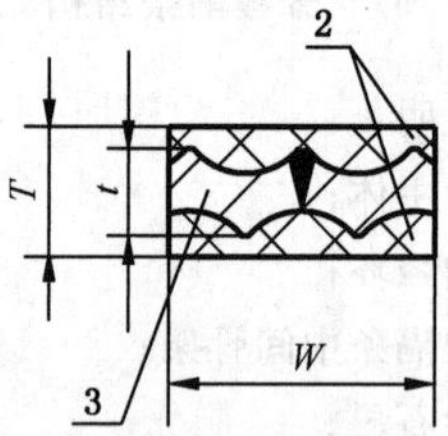

d） 焊接接头分程隔条结构

标引序号说明：

1 ——金属骨架；

2 ——柔性石墨覆盖层；

3 ——分程隔条金属骨架；

d ——垫片内直径，单位为毫米(mm)；

D ——垫片外直径，单位为毫米(mm)；

h ——波齿深度，单位为毫米(mm)；

R ——波齿圆弧半径，单位为毫米(mm)；

P ——波齿距，单位为毫米(mm)；

W ——分程隔条宽度，取值为10，单位为毫米(mm)；

W_c ——金属骨架波峰宽度，取值为≤0.2，单位为毫米(mm)；

t ——金属骨架厚度，单位为毫米(mm)；

T ——垫片整体厚度，单位为毫米(mm)。

图4　金属波齿复合垫片结构

5.1.3　金属包覆垫片结构见图5。

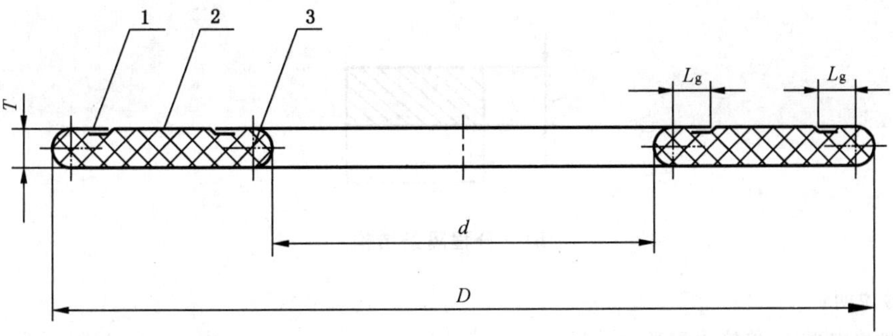

a）垫片结构

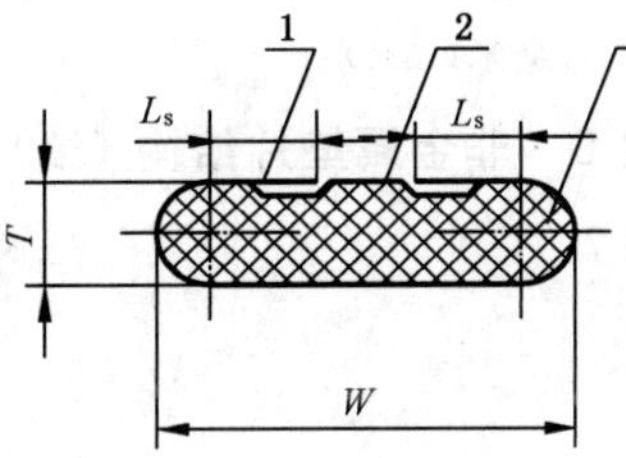

b）分程隔条结构

标引序号说明：

1 ——垫片外壳；

2 ——垫片盖；

3 ——填充材料；

d ——垫片内直径，单位为毫米(mm)；

W ——分程隔条宽度取值为10，单位为毫米(mm)；

L_g ——垫板本体外壳包覆长度，取值为3，单位为毫米(mm)；

L_s ——分程隔条外壳包覆长度，取值为2，单位为毫米(mm)；

D ——垫片外直径，单位为毫米(mm)；

T ——垫片整体厚度，取值为3，单位为毫米(mm)。

图5 金属包覆垫片结构

5.1.4 非金属垫片结构见图6。

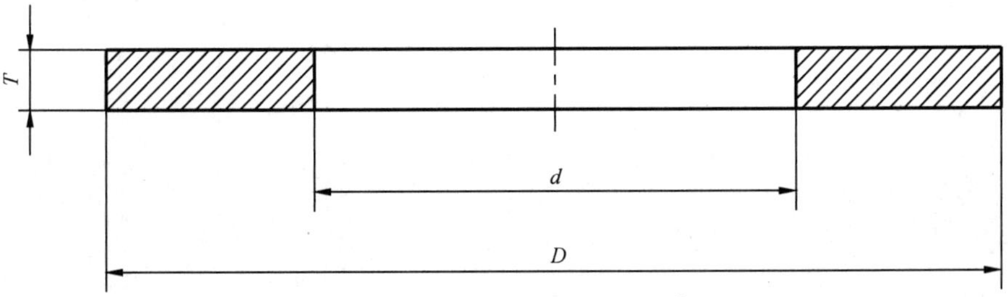

a）垫片结构

图6 非金属垫片结构

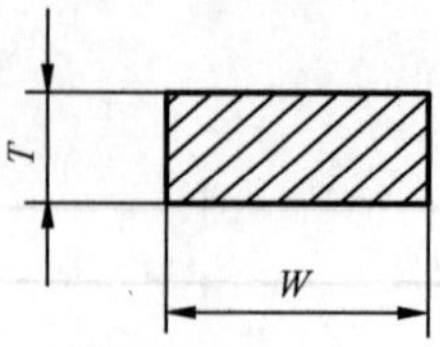

b）分程隔条结构

标引序号说明：

d ——垫片内直径，单位为毫米(mm)；

D ——垫片外直径，单位为毫米(mm)；

W ——分程隔条宽度，取值为 10，单位为毫米(mm)；

T ——垫片整体厚度，取值为 3，单位为毫米(mm)。

图 6 非金属垫片结构（续）

5.1.5 金属齿形组合垫片结构见图 7。

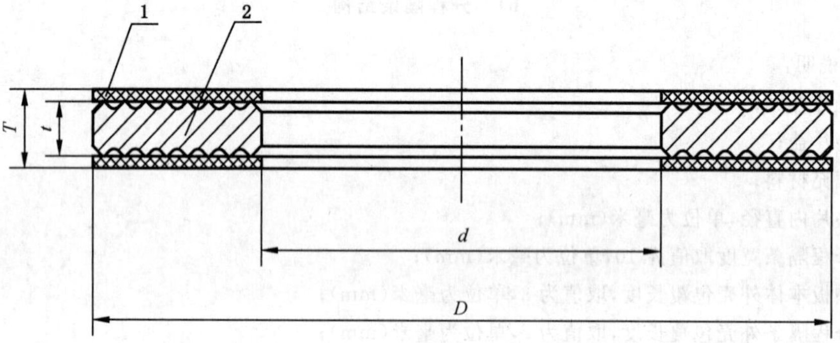

a）垫片结构

图 7 金属齿形组合垫片结构

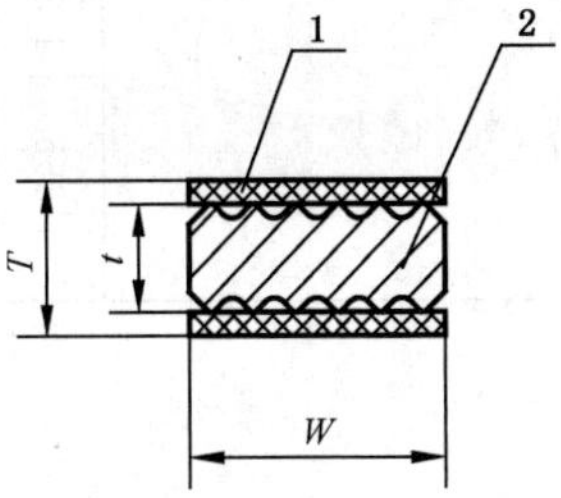

b） 分程隔条结构

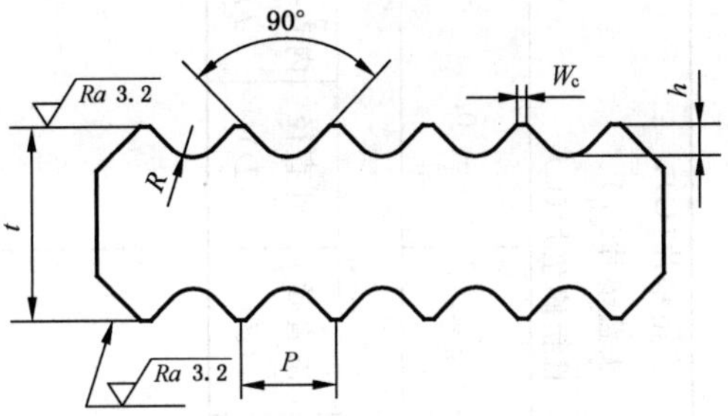

c） 金属芯结构

标引序号说明：

1 ——非金属材料覆盖层；

2 ——金属芯；

d ——垫片内直径，单位为毫米(mm)；

D ——垫片外直径，单位为毫米(mm)；

h ——波齿深度，取值为0.3，单位为毫米(mm)；

R ——波齿圆弧半径，取值为0.3，单位为毫米(mm)；

P ——波齿距，取值为1，单位为毫米(mm)；

W ——分程隔条宽度，取值为10，单位为毫米(mm)；

W_c——金属骨架波峰宽度，取值为0.1，单位为毫米(mm)；

t ——金属骨架厚度，取值为3.5，单位为毫米(mm)；

T ——垫片整体厚度，取值为4.5，单位为毫米(mm)。

图7 金属齿形组合垫片结构（续）

5.2 基本尺寸

5.2.1 缠绕式垫片、金属包覆垫片和金属齿形组合垫片的基本尺寸见表6。

表 6　缠绕式垫片、金属包覆垫片、金属齿形组合垫片基本尺寸

垫片位置	浮头垫片(F)									管箱垫片(G)、头盖垫片(T)、管箱侧垫片(C)			
公称压力(PN) MPa	1.0、1.6、2.5、4.0、6.4									0.25		0.6	
公称直径 (DN) mm	尺寸　mm												
	外直径 (*D*)	内直径 (*d*)	环内径 (d_1)	4 管程(C)		6 管程(C)		6 管程(NC)		外直径 (*D*)	内直径 (*d*)	外直径 (*D*)	内直径 (*d*)
				W_A	W_B	W_A	W_B	W_A	W_B				
300(325[a])	298	274	264	56.0	44.0	—		—		—		—	
400(426[a])	396	372	362	73.5	67.0								
500	496	472	462	91.0	89.5								
600	596	572	562	109.0	112.0	144.0	136.0	72.0	67.5				
700	696	672	662	126.5	136.0	161.5	158.5	90.0	90.0				
800	792	762	752	144.0	136.0	179.5	181.0	107.5	112.5				
900	892	862	852	161.5	158.5	215.0	226.0	125.0	135.5				
1 000	992	962	952	179.5	181.0	232.5	249.0	143.0	158.0				
1 100	1 092	1 062	1 052	215.0	203.5	268.0	271.5	160.5	180.5				
1 200	1 192	1 162	1 152	232.5	226.0	285.5	294.0	178.0	203.0				
1 300	1 290	1 254	1 244	250.0	249.0	321.0	317.0	196.0	226.0			1 355	1 315
1 400	1 390	1 354	1 344	268.0	271.5	338.5	339.5	213.5	248.5			1 455	1 415
1 500	1 490	1 454	1 444	285.5	294.0	374.0	362.0	231.5	271.0			1 555	1 515

表 6 缠绕式垫片、金属包覆垫片、金属齿形组合垫片基本尺寸（续）

垫片位置	浮头垫片(F)									管箱垫片(G)、头盖垫片(T)、管箱侧垫片(C)			
公称压力(PN) MPa	1.0、1.6、2.5、4.0、6.4									0.25		0.6	
公称直径 (DN) mm	尺寸 mm												
	外直径 (*D*)	内直径 (*d*)	环内径 (d_1)	4 管程(C)		6 管程(C)		6 管程(NC)		外直径 (*D*)	内直径 (*d*)	外直径 (*D*)	内直径 (*d*)
				W_A	W_B	W_A	W_B	W_A	W_B				
1 600	1 590	1 554	1 544	303.0	317.0	391.5	384.5	249.0	293.5	—		1 655	1 615
1 700	1 690	1 654	1 644	338.5	339.5	409.0	430.0	266.5	316.0			1 755	1 715
1 800	1 790	1 754	1 744	356.5	362.0	427.0	452.5	284.5	339.0			1 855	1 815
1 900	1 890	1 854	1 844	374.0	384.5	444.5	475.0	302.0	361.5			1 955	1 915
2 000	1 990	1 954	1 944	391.5	407.5	462.5	497.5	319.5	384.0			2 055	2 015
2 100	2 088	2 044	2 032	409.0	407.5	480.0	520.0	337.5	407.0	2 155	2 115	2 155	2 115
2 200	2 188	2 144	2 132	427.0	452.5	497.5	543.0	355.0	429.5	2 255	2 215	2 255	2 215
2 300	2 288	2 244	2 232	444.5	452.5	515.5	565.5	372.5	452.0	2 355	2 315	2 355	2 315
2 400	2 388	2 344	2 332	480.0	475.0	533.0	588.0	390.5	474.5	2 455	2 415	2 455	2 415
2 500	2 488	2 444	2 432	497.5	520.0	550.5	610.5	408.0	497.5	2 555	2 515	2 555	2 515
2 600	2 588	2 544	2 532	515.5	520.0	568.5	633.5	425.5	520.0	2 655	2 615	2 655	2 615

表 6　缠绕式垫片、金属包覆垫片、金属齿形组合垫片基本尺寸（续）

垫片位置	管箱垫片(G)、头盖垫片(T)、管箱侧垫片(C)			外头盖垫片(W)			管箱垫片(G)、头盖垫片(T)、管箱侧垫片(C)			外头盖垫片(W)			管箱垫片(G)、头盖垫片(T)、管箱侧垫片(C)			外头盖垫片(W)		
公称压力(PN) MPa	1.0						1.6						2.5					
公称直径(DN) mm	尺寸 mm																	
	外直径(*D*)	内直径(*d*)	环内径(d_1)	外直径(*D*)	内直径(*d*)	环内径(d_1)	外直径(*D*)	内直径(*d*)	环内径(d_1)	外直径(*D*)	内直径(*d*)	环内径(d_1)	外直径(*D*)	内直径(*d*)	环内径(d_1)	外直径(*D*)	内直径(*d*)	环内径(d_1)
159[a]		—			—		203	179	162		—		203	179	162		—	
219[a]		—			—		259	235	213		—		259	235	213		—	
273[a]		—			—		312	288	267		—		312	288	267		—	
300(325[a])	354	322	302		—		354	322	302		—		354	322	302	454	422	402
400(426[a])	454	422	402	554	522	502	454	422	402	554	522	502	454	422	402	565	525	505
450	504	472	452		—		504	472	452		—		504	472	452		—	
500	554	522	502	654	622	602	554	522	502	654	622	602	565	525	505	665	625	605
600	654	622	602	754	722	702	654	622	602	765	725	705	665	625	605	765	725	705
700	754	722	702	854	822	802	765	725	705	865	825	805	765	725	705	865	825	805
800	854	822	802	954	922	902	865	825	805	965	925	905	865	825	805	987	947	911
900	954	922	902	1 054	1 022	1 002	965	925	905	1 065	1 025	1 005	987	947	911	1 087	1 047	1 011
1 000	1 054	1 022	1 002	1 155	1 115	1 100	1 065	1 025	1 005	1 155	1 115	1 100	1 087	1 047	1 011	1 177	1 137	1 101

表 6 缠绕式垫片、金属包覆垫片、金属齿形组合垫片基本尺寸（续）

垫片位置	管箱垫片(G)、头盖垫片(T)、管箱侧垫片(C)			外头盖垫片(W)			管箱垫片(G)、头盖垫片(T)、管箱侧垫片(C)			外头盖垫片(W)			管箱垫片(G)、头盖垫片(T)、管箱侧垫片(C)			外头盖垫片(W)		
公称压力 (PN) MPa	1.0						1.6						2.5					
公称直径 (DN) mm	尺寸 mm																	
	外直径 (D)	内直径 (d)	环内径 (d_1)	外直径 (D)	内直径 (d)	环内径 (d_1)	外直径 (D)	内直径 (d)	环内径 (d_1)	外直径 (D)	内直径 (d)	环内径 (d_1)	外直径 (D)	内直径 (d)	环内径 (d_1)	外直径 (D)	内直径 (d)	环内径 (d_1)
1 100	1 155	1 115	1 100	1 255	1 215	1 200	1 155	1 115	1 100	1 255	1 215	1 200	1 177	1 137	1 101	1 277	1 237	1 201
1 200	1 255	1 215	1 200	1 355	1 315	1 300	1 255	1 215	1 200	1 355	1 315	1 300	1 277	1 237	1 201	1 377	1 337	1 301
1 300	1 355	1 315	1 300	1 455	1 415	1 400	1 355	1 315	1 300	1 455	1 415	1 400	1 377	1 337	1 301	1 477	1 437	1 401
1 400	1 455	1 415	1 400	1 555	1 515	1 500	1 455	1 415	1 400	1 577	1 537	1 501	1 477	1 437	1 401	1 589	1 539	1 503
1 500	1 555	1 515	1 500	1 655	1 615	1 600	1 577	1 537	1 501	1 677	1 637	1 601	1 589	1 539	1 503	1 689	1 639	1 603
1 600	1 655	1 615	1 600	1 755	1 715	1 700	1 677	1 637	1 601	1 777	1 737	1 701	1 689	1 639	1 603	1 808	1 758	1 722
1 700	1 755	1 715	1 700	1 855	1 815	1 800	1 777	1 737	1 701	1 877	1 837	1 801	1 808	1 758	1 722	1 908	1 858	1 822
1 800	1 855	1 815	1 800	1 977	1 937	1 901	1 877	1 837	1 801	1 989	1 939	1 903	1 908	1 858	1 822	2 008	1 958	1 922
1 800[b]	—			—			—			—			—			2 058	2 008	1 972
1 900	1 977	1 937	1 901	2 077	2 037	2 001	1 989	1 939	1 903	2 089	2 039	2 003	2 008	1 958	1 922	2 108	2 058	2 022
1 900[b]	—			—			—			—			—			2 158	2 108	2 072
2 000	2 077	2 037	2 001	2 177	2 137	2 101	2 089	2 039	2 003	2 189	2 139	2 103	2 108	2 058	2 022	2 208	2 158	2 122
2 000[b]	—			—			—			—			—			2 258	2 208	2 172

表 6 缠绕式垫片、金属包覆垫片、金属齿形组合垫片基本尺寸（续）

垫片位置	管箱垫片(G)、头盖垫片(T)、管箱侧垫片(C)			外头盖垫片(W)			管箱垫片(G)、头盖垫片(T)、管箱侧垫片(C)			外头盖垫片(W)		
公称压力(PN) MPa	4.0						6.4					
公称直径(DN) mm	尺寸 mm											
	外直径 (*D*)	内直径 (*d*)	环内径 (d_1)	外直径 (*D*)	内直径 (*d*)	环内径 (d_1)	外直径 (*D*)	内直径 (*d*)	环内径 (d_1)	外直径 (*D*)	内直径 (*d*)	环内径 (d_1)
159[a]	203	171	161	—	—	—	203	167	157	—	—	—
219[a]	259	227	217	—	—	—	259	223	213	—	—	—
273[a]	312	280	270	—	—	—	312	276	266	—	—	—
300(325[a])	365	325	305	465	425	405	365	325	305	—	—	—
400(426[a])	465	425	405	565	525	505	465	425	405	587	547	511
450	515	475	455	—	—	—	537	497	461	—	—	—
500	565	525	505	665	625	605	587	547	511	699	649	613
600	665	625	605	787	747	711	699	649	613	818	768	732
700	787	747	711	887	847	811	818	768	732	918	868	832
800	887	847	811	999	949	913	918	868	832	1 018	968	932
800[b]	—	—	—	—	—	—	—	—	—	1 068	1 018	982

表 6 缠绕式垫片、金属包覆垫片、金属齿形组合垫片基本尺寸(续)

垫片位置	管箱垫片(G)、头盖垫片(T)、管箱侧垫片(C)			外头盖垫片(W)			管箱垫片(G)、头盖垫片(T)、管箱侧垫片(C)			外头盖垫片(W)		
公称压力(PN) MPa	4.0						6.4					
公称直径(DN) mm	尺寸 mm											
	外直径 (*D*)	内直径 (*d*)	环内径 (d_1)	外直径 (*D*)	内直径 (*d*)	环内径 (d_1)	外直径 (*D*)	内直径 (*d*)	环内径 (d_1)	外直径 (*D*)	内直径 (*d*)	环内径 (d_1)
900	999	949	913	1 099	1 049	1 013	1 018	968	932	—		
1 000	1 099	1 049	1 013	1 208	1 158	1 122	1 118	1 068	1 032			
1 100	1 208	1 158	1 122	1 308	1 258	1 222	1 218	1 168	1 132			
1 200	1 308	1 258	1 222	1 408	1 358	1 322	1 318	1 268	1 232			
1 200[b]	—			1 458	1 408	1 372	—					
1 300	1 408	1 358	1 322	—								
1 400	1 508	1 458	1 422									
1 500	1 608	1 558	1 522									
1 600	1 708	1 658	1 622									
1 700	1 808	1 758	1 722									
1 800	1 908	1 858	1 822									
1 900	2 008	1 958	1 922									
2 000	2 108	2 058	2 022									

表 6　缠绕式垫片、金属包覆垫片、金属齿形组合垫片基本尺寸（续）

垫片位置	管箱垫片(G)、头盖垫片(T)、管箱侧垫片(C)			外头盖垫片(W)			管箱垫片(G)、头盖垫片(T)、管箱侧垫片(C)			外头盖垫片(W)			管箱垫片(G)、头盖垫片(T)、管箱侧垫片(C)			外头盖垫片(W)		
公称压力(PN) MPa	1.0						1.6						2.5					
公称直径(DN) mm	尺寸 mm																	
	外直径(*D*)	内直径(*d*)	环内径(d_1)	外直径(*D*)	内直径(*d*)	环内径(d_1)	外直径(*D*)	内直径(*d*)	环内径(d_1)	外直径(*D*)	内直径(*d*)	环内径(d_1)	外直径(*D*)	内直径(*d*)	环内径(d_1)	外直径(*D*)	内直径(*d*)	环内径(d_1)
2 100	2 177	2 137	2 101	2 277	2 237	2 201	2 189	2 139	2 103	2 289	2 239	2 203	2 208	2 158	2 122	2 308	2 258	2 222
2 200	2 277	2 237	2 201	2 377	2 337	2 301	2 289	2 239	2 203	2 389	2 339	2 303	2 308	2 258	2 222	2 408	2 358	2 322
2 200[b]		—			—			—		2 439	2 389	2 353		—			—	
2 300	2 377	2 337	2 301	2 477	2 437	2 401	2 389	2 339	2 303	2 489	2 439	2 403	2 408	2 358	2 322	2 508	2 458	2 422
2 400	2 477	2 437	2 401	2 577	2 537	2 501	2 489	2 439	2 403	2 589	2 539	2 503	2 508	2 458	2 422	2 608	2 558	2 522
2 400[b]		—			—			—		2 639	2 589	2 553		—			—	
2 500	2 577	2 537	2 501	2 677	2 637	2 601	2 589	2 539	2 503	2 689	2 639	2 603	2 608	2 558	2 522	2 708	2 658	2 622
2 600	2 677	2 637	2 601		—		2 689	2 639	2 603		—		2 708	2 658	2 622		—	
2 600[b]		—		2 827	2 787	2 751		—						—				
2 600[c]					—					2 889	2 839	2 803						
2 600[d]											—					2 958	2 908	2 850

注：d_1仅适用于缠绕式垫片内加强环内直径尺寸。

[a] 为采用外直径作筒体的公称直径。

[b] 为浮头式热交换器外头盖法兰直径比外头盖侧法兰直径大 150 mm。

[c] 为浮头式热交换器外头盖法兰直径比外头盖侧法兰直径大 200 mm。

[d] 为浮头式热交换器外头盖法兰直径比外头盖侧法兰直径大 250 mm。

5.2.2 金属波齿复合垫片基本尺寸见表 7。

表 7 金属波齿复合垫片基本尺寸

垫片位置	浮头垫片(F)								管箱垫片(G)、头盖垫片(T)、管箱侧垫片(C)			
公称压力(PN) MPa	1.0、1.6、2.5、4.0、6.4								0.25		0.6	
公称直径 (DN) mm	尺寸 mm											
	外直径 (*D*)	内直径 (*d*)	4 管程(C)		6 管程(C)		6 管程(NC)		外直径 (*D*)	内直径 (*d*)	外直径 (*D*)	内直径 (*d*)
			W_A	W_B	W_A	W_B	W_A	W_B				
300(325[a])	298	278	56.0	44.0	—	—	—	—	—	—	—	—
400(426[a])	396	372	73.5	67.0								
500	496	472	91.0	89.5								
600	596	572	109.0	112.0	144.0	136.0	72.0	67.5				
700	696	672	126.5	136.0	161.5	158.5	90.0	90.0				
800	792	760	144.0	136.0	179.5	181.0	107.5	112.5				
900	892	860	161.5	158.5	215.0	226.0	125.0	135.5				
1 000	992	960	179.5	181.0	232.5	249.0	143.0	158.0				
1 100	1 092	1 060	215.0	203.5	268.0	271.5	160.5	180.5				
1 200	1 192	1 160	232.5	226.0	285.5	294.0	178.0	203.0				
1 300	1 290	1 254	250.0	249.0	321.0	317.0	196.0	226.0			1 355	1 315
1 400	1 390	1 354	268.0	271.5	338.5	339.5	213.5	248.5			1 455	1 415

表7 金属波齿复合垫片基本尺寸(续)

垫片位置	浮头垫片(F)								管箱垫片(G)、头盖垫片(T)、管箱侧垫片(C)			
公称压力(PN) MPa	1.0、1.6、2.5、4.0、6.4								0.25		0.6	
公称直径 (DN) mm	尺寸 mm											
	外直径 (*D*)	内直径 (*d*)	4 管程(C)		6 管程(C)		6 管程(NC)		外直径 (*D*)	内直径 (*d*)	外直径 (*D*)	内直径 (*d*)
			W_A	W_B	W_A	W_B	W_A	W_B				
1 500	1 490	1 454	285.5	294.0	374.0	362.0	231.5	271.0	—		1 555	1 515
1 600	1 590	1 554	303.0	317.0	391.5	384.5	249.0	293.5			1 655	1 615
1 700	1 690	1 654	338.5	339.5	409.0	430.0	266.5	316.0			1 755	1 715
1 800	1 790	1 754	356.5	362.0	427.0	452.5	284.5	339.0			1 855	1 815
1 900	1 890	1 854	374.0	384.5	444.5	475.0	302.0	361.5			1 955	1 907
2 000	1 990	1 954	391.5	407.5	462.5	497.5	319.5	384.0			2 055	2 007
2 100	2 088	2 040	409.0	407.5	480.0	520.0	337.5	407.0	2 155	2 107	2 155	2 107
2 200	2 188	2 140	427.0	452.5	497.5	543.0	355.0	429.5	2 255	2 207	2 255	2 207
2 300	2 288	2 240	444.5	452.5	515.5	565.5	372.5	452.0	2 355	2 307	2 355	2 307
2 400	2 388	2 340	480.0	475.0	533.0	588.0	390.5	474.5	2 455	2 407	2 455	2 407
2 500	2 488	2 440	497.5	520.0	550.5	610.5	408.0	497.5	2 555	2 507	2 555	2 507
2 600	2 588	2 540	515.5	520.0	568.5	633.5	425.5	520.0	2 655	2 607	2 655	2 607

表 7 金属波齿复合垫片基本尺寸(续)

垫片位置	管箱垫片(G)、头盖垫片(T)、管箱侧垫片(C)		外头盖垫片(W)		管箱垫片(G)、头盖垫片(T)、管箱侧垫片(C)		外头盖垫片(W)		管箱垫片(G)、头盖垫片(T)、管箱侧垫片(C)		外头盖垫片(W)	
公称压力(PN) MPa	1.0				1.6				2.5			
公称直径(DN) mm	尺寸 mm											
	外直径 (*D*)	内直径 (*d*)	外直径 (*D*)	内直径 (*d*)	外直径 (*D*)	内直径 (*d*)	外直径 (*D*)	内直径 (*d*)	外直径 (*D*)	内直径 (*d*)	外直径 (*D*)	内直径 (*d*)
159[a]	—		—		203	171	—		203	171	—	
219[a]					259	227			259	227		
273[a]					312	280			312	280		
300(325[a])	354	322			354	322			354	322	454	414
400(426[a])	454	422	554	522	454	422	554	522	454	414	565	517
450	507	475	—		504	472	—		504	464	—	
500	554	522	654	622	554	522	654	614	565	517	665	617
600	654	614	754	722	654	614	765	725	665	617	765	717
700	754	714	854	822	765	725	865	825	765	717	865	817
800	854	814	954	922	865	825	965	925	865	817	987	931
900	954	914	1 054	1 022	965	925	1 065	1 017	987	931	1 087	1 031
1 000	1 054	1 014	1 155	1 115	1 065	1 017	1 155	1 107	1 087	1 031	1 177	1 121
1 100	1 155	1 115	1 255	1 215	1 155	1 107	1 255	1 207	1 177	1 121	1 277	1 221

表 7 金属波齿复合垫片基本尺寸（续）

垫片位置	管箱垫片(G)、头盖垫片(T)、管箱侧垫片(C)		外头盖垫片(W)		管箱垫片(G)、头盖垫片(T)、管箱侧垫片(C)		外头盖垫片(W)		管箱垫片(G)、头盖垫片(T)、管箱侧垫片(C)		外头盖垫片(W)	
公称压力(PN) MPa	1.0				1.6				2.5			
公称直径(DN) mm	尺寸 mm											
	外直径 (*D*)	内直径 (*d*)	外直径 (*D*)	内直径 (*d*)	外直径 (*D*)	内直径 (*d*)	外直径 (*D*)	内直径 (*d*)	外直径 (*D*)	内直径 (*d*)	外直径 (*D*)	内直径 (*d*)
1200	1 255	1 215	1 355	1 315	1 255	1 207	1 355	1 307	1 277	1 221	1 377	1 321
1 300	1 355	1 315	1 455	1 415	1 355	1 307	1 455	1 407	1 377	1 321	1 477	1 421
1 400	1 455	1 415	1 555	1 507	1 455	1 407	1 577	1 507	1 477	1 421	1 589	1 525
1 500	1 555	1 507	1 655	1 607	1 577	1 521	1 677	1 621	1 589	1 525	1 689	1 625
1 600	1 655	1 607	1 755	1 707	1 677	1 621	1 777	1 713	1 689	1 625	1 808	1 728
1 700	1 755	1 707	1 855	1 807	1 777	1 713	1 877	1 813	1 808	1 728	1 908	1 828
1 800	1 855	1 807	1 977	1 913	1 877	1 813	1 989	1 925	1 908	1 828	2 008	1 928
1 800[b]	—		—		—		—		—		2 058	1 978
1 900	1 977	1 913	2 077	2 013	1 989	1 925	2 089	2 025	2 008	1 928	2 108	2 028
1 900[b]	—		—		—		—		—		2 158	2 078
2 000	2 077	2 013	2 177	2 113	2 089	2 025	2 189	2 117	2 108	2 028	2 208	2 112
2 000[b]	—		—		—		—		—		2 258	2 162
2 100	2 177	2 113	2 277	2 213	2 189	2 117	2 289	2 217	2 208	2 112	2 308	2 212

表 7　金属波齿复合垫片基本尺寸（续）

垫片位置	管箱垫片(G)、头盖垫片(T)、管箱侧垫片(C)		外头盖垫片(W)		管箱垫片(G)、头盖垫片(T)、管箱侧垫片(C)		外头盖垫片(W)	
公称压力(PN) MPa	4.0				6.4			
公称直径(DN) mm	尺寸 mm							
	外直径 (*D*)	内直径 (*d*)	外直径 (*D*)	内直径 (*d*)	外直径 (*D*)	内直径 (*d*)	外直径 (*D*)	内直径 (*d*)
159[a]	202	170			202	162		
219[a]	258	226	—		258	218		
273[a]	312	280			312	272	—	
300(325[a])	365	325	465	417	365	309		
400(426[a])	465	417	565	509	465	409	587	523
450	515	467	—		—		—	
500	565	509	665	609	587	523	699	627
600	665	609	787	723	699	627	818	730
700	787	723	887	823	818	730	918	830
800	887	823	999	927	918	830	1 018	938

表 7　金属波齿复合垫片基本尺寸（续）

垫片位置	管箱垫片(G)、头盖垫片(T)、管箱侧垫片(C)		外头盖垫片(W)		管箱垫片(G)、头盖垫片(T)、管箱侧垫片(C)		外头盖垫片(W)	
公称压力(PN) MPa	4.0				6.4			
公称直径(DN) mm	尺寸 mm							
	外直径 (*D*)	内直径 (*d*)	外直径 (*D*)	内直径 (*d*)	外直径 (*D*)	内直径 (*d*)	外直径 (*D*)	内直径 (*d*)
800^b	—	—	—	—	—	—	1 068	980
900	999	927	1 099	1 027	—	—	—	—
1 000	1 099	1 027	1 208	1 128	—	—	—	—
1 100	1 208	1 128	1 308	1 228	—	—	—	—
1 200	1 308	1 228	1 408	1 328	—	—	—	—
1 200^b	—	—	1 458	1 378	—	—	—	—
1 300	1 408	1 328	—	—	—	—	—	—
1 400	1 508	1 428	—	—	—	—	—	—
1 500	1 608	1 528	—	—	—	—	—	—
1 600	1 708	1 628	—	—	—	—	—	—
1 700	1 808	1 720	—	—	—	—	—	—
1 800	1 908	1 820	—	—	—	—	—	—
1 900	2 008	1 920	—	—	—	—	—	—
2 000	2 108	2 020	—	—	—	—	—	—

表 7 金属波齿复合垫片基本尺寸（续）

垫片位置	管箱垫片(G)、头盖垫片(T)、管箱侧垫片(C)		外头盖垫片(W)		管箱垫片(G)、头盖垫片(T)、管箱侧垫片(C)		外头盖垫片(W)		管箱垫片(G)、头盖垫片(T)、管箱侧垫片(C)		外头盖垫片(W)	
公称压力(PN) MPa	1.0				1.6				2.5			
公称直径(DN) mm	尺寸 mm											
	外直径 (*D*)	内直径 (*d*)	外直径 (*D*)	内直径 (*d*)	外直径 (*D*)	内直径 (*d*)	外直径 (*D*)	内直径 (*d*)	外直径 (*D*)	内直径 (*d*)	外直径 (*D*)	内直径 (*d*)
2 200	2 277	2 213	2 377	2 313	2 289	2 217	2 389	2 317	2 308	2 212	2 408	2 312
2 200[b]	—		—		—		2 439	2 367	—		—	
2 300	2 377	2 313	2 477	2 413	2 389	2 317	2 489	2 409	2 408	2 312	2 508	2 412
2 400	2 477	2 413	2 577	2 513	2 489	2 409	2 589	2 509	2 508	2 412	2 608	2 512
2 400[b]	—		—		—		2 639	2 559	—		—	
2 500	2 577	2 513	2 677	2 613	2 589	2 509	2 689	2 609	2 608	2 512	2 708	2 612
2 600	2 677	2 613	—		2 689	2 609	—		2 708	2 612	—	
2 600[b]	—		2 827	2 763	—				—			
2 600[c]			—				2 889	2 809				
2 600[d]							—				2 958	2 862

[a] 为采用外直径作筒体的公称直径。

[b] 为浮头式热交换器外头盖法兰直径比外头盖侧法兰直径大 150 mm。

[c] 为浮头式热交换器外头盖法兰直径比外头盖侧法兰直径大 200 mm。

[d] 为浮头式热交换器外头盖法兰直径比外头盖侧法兰直径大 250 mm。

5.2.3　非金属垫片基本尺寸见表8。

表8　非金属垫片基本尺寸

垫片位置	浮头垫片(F)								管箱垫片(G)、头盖垫片(T)、管箱侧垫片(C)						外头盖垫片(W)	
公称压力(PN) MPa	1.0、1.6、2.5、4.0								0.25		0.6		1.0			
公称直径(DN) mm	尺寸 mm															
	外直径(*D*)	内直径(*d*)	4管程(C)		6管程(C)		6管程(NC)		外直径(*D*)	内直径(*d*)	外直径(*D*)	内直径(*d*)	外直径(*D*)	内直径(*d*)	外直径(*D*)	内直径(*d*)
			W_A	W_B	W_A	W_B	W_A	W_B								
300(325[a])	298	277	56.0	44.0	—		—		—		—		354	310	—	
400(426[a])	396	367	73.5	67.0									454	410	554	510
450	—		—										504	460	—	
500	496	467	91.0	89.5									554	510	654	610
600	596	567	109.0	112.0	144.0	136.0	72.0	67.5					654	610	754	710
700	696	667	126.5	136.0	161.5	158.5	90.0	90.0					754	710	854	810
800	792	755	144.0	136.0	179.5	181.0	107.5	112.5					854	810	954	910
900	892	855	161.5	158.5	215.0	226.0	125.0	135.5					954	910	1 054	1 010
1 000	992	955	179.5	181.0	232.5	249.0	143.0	158.0					1 054	1 010	1 155	1 105
1 100	1 092	1 051	215.0	203.5	268.0	271.5	160.5	180.5					1 155	1 105	1 255	1 205
1 200	1 192	1 151	232.5	226.0	285.5	294.0	178.0	203.0					1 255	1 205	1 355	1 305
1 300	1 290	1 249	250.0	249.0	321.0	317.0	196.0	226.0			1 355	1 305	1 355	1 305	1 455	1 405
1 400	1 390	1 349	268.0	271.5	338.5	339.5	213.5	248.5			1 455	1 405	1 455	1 405	1 555	1 505
1 500	1 490	1 445	285.5	294.0	374.0	362.0	231.5	271.0			1 555	1 505	1 555	1 505	1 655	1 605

表 8 非金属垫片基本尺寸(续)

垫片位置	浮头垫片(F)								管箱垫片(G)、头盖垫片(T)、管箱侧垫片(C)						外头盖垫片(W)	
公称压力(PN) MPa	1.0、1.6、2.5、4.0								0.25		0.6		1.0			
公称直径(DN) mm	尺寸 mm															
	外直径 (*D*)	内直径 (*d*)	4 管程(C)		6 管程(C)		6 管程(NC)		外直径 (*D*)	内直径 (*d*)	外直径 (*D*)	内直径 (*d*)	外直径 (*D*)	内直径 (*d*)	外直径 (*D*)	内直径 (*d*)
			W_A	W_B	W_A	W_B	W_A	W_B								
1 600	1 590	1 545	303.0	317.0	391.5	384.5	249.0	293.5	—	—	1 655	1 605	1 655	1 605	1 755	1 705
1 700	1 690	1 645	338.5	339.5	409.0	430.0	266.5	316.0	—	—	1 755	1 705	1 755	1 705	1 855	1 805
1 800	1 790	1 745	356.5	362.0	427.0	452.5	284.5	339.0	—	—	1 855	1 805	1 855	1 805	1 977	1 927
1 900	1 890	1 840	374.0	384.5	444.5	475.0	302.0	361.5	—	—	1 955	1 905	1 977	1 927	2 077	2 027
2 000	1 990	1 940	391.5	407.5	462.5	497.5	319.5	384.0	—	—	2 055	2 005	2 077	2 027	2 177	2 127
2 100	2 088	2 040	409.0	407.5	480.0	520.0	337.5	407.0	2 155	2 105	2 155	2 105	2 177	2 127	2 277	2 227
2 200	2 188	2 140	427.0	452.5	497.5	543.0	355.0	429.5	2 255	2 205	2 255	2 205	2 277	2 227	2 377	2 327
2 300	2 288	2 240	444.5	452.5	515.5	565.5	372.5	452.0	2 355	2 305	2 355	2 305	2 377	2 327	2 477	2 427
2 400	2 388	2 340	480.0	475.0	533.0	588.0	390.5	474.5	2 455	2 405	2 455	2 405	2 477	2 427	2 577	2 527
2 500	2 488	2 440	497.5	520.0	550.5	610.5	408.0	497.5	2 555	2 505	2 555	2 505	2 577	2 527	2 677	2 627
2 600	2 588	2 540	515.5	520.0	568.5	633.5	425.5	520.0	2 655	2 605	2 655	2 605	2 677	2 627	2 777	2 727
2 600[b]	—	—	—	—	—	—	—	—	—	—	—	—	—	—	2 827	2 777

表 8 非金属垫片基本尺寸（续）

垫片位置	管箱垫片(G)、头盖垫片(T)、管箱侧垫片(C)		外头盖垫片(W)		管箱垫片(G)、头盖垫片(T)、管箱侧垫片(C)		外头盖垫片(W)		管箱垫片(G)、头盖垫片(T)、管箱侧垫片(C)		外头盖垫片(W)	
公称压力(PN) MPa	1.6				2.5				4.0			
公称直径(DN) mm	尺寸 mm											
	外直径 (*D*)	内直径 (*d*)	外直径 (*D*)	内直径 (*d*)	外直径 (*D*)	内直径 (*d*)	外直径 (*D*)	内直径 (*d*)	外直径 (*D*)	内直径 (*d*)	外直径 (*D*)	内直径 (*d*)
159[a]	203	169	—		203	169	—		203	169	—	
219[a]	259	220			259	220			259	220		
273[a]	312	273			312	273			312	273		
300(325[a])	354	310			354	310	454	410	365	315	465	415
400(426[a])	454	410	554	510	454	410	565	515	465	415	565	515
450	504	460	—		504	460	—		515	465	—	
500	554	510	654	610	565	515	665	615	565	515	665	615
600	654	610	765	715	665	615	765	715	665	615	787	737
700	765	715	865	815	765	715	865	815	787	737	887	837
800	865	815	965	915	865	815	987	937	887	837	999	939
900	965	915	1 065	1 015	987	937	1 087	1 037	999	939	1 099	1 039
1 000	1 065	1 015	1 155	1 105	1 087	1 037	1 177	1 127	1 099	1 039	1 208	1 148

表 8　非金属垫片基本尺寸（续）

垫片位置	管箱垫片(G)、头盖垫片(T)、管箱侧垫片(C)		外头盖垫片(W)		管箱垫片(G)、头盖垫片(T)、管箱侧垫片(C)		外头盖垫片(W)		管箱垫片(G)、头盖垫片(T)、管箱侧垫片(C)		外头盖垫片(W)	
公称压力(PN) MPa	1.6				2.5				4.0			
公称直径(DN) mm	尺寸 mm											
	外直径 (*D*)	内直径 (*d*)	外直径 (*D*)	内直径 (*d*)	外直径 (*D*)	内直径 (*d*)	外直径 (*D*)	内直径 (*d*)	外直径 (*D*)	内直径 (*d*)	外直径 (*D*)	内直径 (*d*)
1 100	1 155	1 105	1 255	1 205	1 177	1 127	1 277	1 227	1 208	1 148	1 308	1 248
1 200	1 255	1 205	1 355	1 305	1 277	1 227	1 377	1 327	1 308	1 248	1 408	1 348
1 200[b]	—		—		—		—		—		1 458	1 398
1 300	1 355	1 305	1 455	1 405	1 377	1 327	1 477	1 427	1 408	1 348		
1 400	1 455	1 405	1 577	1 527	1 477	1 427	1 589	1 529	1 508	1 448		
1 500	1 577	1 527	1 677	1 627	1 589	1 529	1 689	1 629	1 608	1 548		
1 600	1 677	1 627	1 777	1 727	1 689	1 629	1 808	1 748	1 708	1 648		
1 700	1 777	1 727	1 877	1 827	1 808	1 748	1 908	1 848	1 808	1 748		
1 800	1 877	1 827	1 989	1 929	1 908	1 848	2 008	1 948	1 908	1 848	—	
1 800[b]	—		—		—		2 058	1 998	—			
1 900	1 989	1 929	2 089	2 029	2 008	1 948	2 108	2 048	2 008	1 948		
1 900[b]	—		—		—		2 158	2 098	—			
2 000	2 089	2 029	2 189	2 129	2 108	2 048	2 208	2 148	2 108	2 048		
2 000[b]	—		—		—		2 258	2 198	—			

表 8 非金属垫片基本尺寸(续)

垫片位置	管箱垫片(G)、头盖垫片(T)、管箱侧垫片(C)		外头盖垫片(W)		管箱垫片(G)、头盖垫片(T)、管箱侧垫片(C)		外头盖垫片(W)		管箱垫片(G)、头盖垫片(T)、管箱侧垫片(C)		外头盖垫片(W)	
公称压力(PN) MPa	1.6				2.5				4.0			
公称直径(DN) mm	尺寸 mm											
	外直径 (*D*)	内直径 (*d*)	外直径 (*D*)	内直径 (*d*)	外直径 (*D*)	内直径 (*d*)	外直径 (*D*)	内直径 (*d*)	外直径 (*D*)	内直径 (*d*)	外直径 (*D*)	内直径 (*d*)
2100	2 189	2 129	2 289	2 229	2 208	2 148	2 308	2 248	—		—	
2 200	2 289	2 229	2 389	2 329	2 308	2 248	2 408	2 348				
2 200[b]	—		2 489	2 379	—		—					
2 300	2 389	2 329	2 489	2 429	2 408	2 348	2 508	2 448				
2 400	2 489	2 429	2 589	2 529	2 508	2 448	2 608	2 548				
2 400[b]	—		2 639	2 579	—		—					
2 500	2 589	2 529	2 689	2 629	2 608	2 548	2 708	2 648				
2 600	2 689	2 629	—		2 708	2 648	—					
2 600[c]	—		2 889	2 829	—							
2 600[d]			—				2 958	2 898				

[a] 为采用外直径作筒体的公称直径。

[b] 为浮头式热交换器外头盖法兰直径比外头盖侧法兰直径大 150 mm。

[c] 为浮头式热交换器外头盖法兰直径比外头盖侧法兰直径大 200 mm。

[d] 为浮头式热交换器外头盖法兰直径比外头盖侧法兰直径大 250 mm。

6 制造

6.1 通则

6.1.1 金属材料、填充材料及黏结剂应符合相应标准的规定,材料应有质量证明书,无质量证明书的材料不应使用。

6.1.2 金属材料宜采用整张金属板,允许拼接,但应符合下列要求:

a) 拼接接头数见表 9,且应保证相邻两条焊缝间距不应小于 610 mm;

b) 焊接应采用氩弧焊、等离子焊及激光焊等,应保证全焊透,拼接焊缝处不应存在虚焊、夹渣、咬边、气孔等缺陷,焊后打磨至与母材齐平;

c) 焊后宜按 GB/T 25712 的振动时效技术或其他方法对焊接接头进行应力消除;

d) 拼接接头表面应按 NB/T 47013.5 的要求进行 100%的渗透检测,合格级别为Ⅰ级。

表 9 金属材料拼接接头数

公称直径(DN)/mm	≥400～1 200	>1 200～2 000	>2 000～2 600
拼接接头数	≤2	≤3	≤4

6.1.3 填充材料为聚四氟乙烯时,不应含有再生料成分;为柔性石墨时,氯含量不应超过 50 μg/g,硫含量不应超过 800 μg/g。

6.1.4 填充材料应采用同一厚度的材料,在整个截面上均匀填充。如需多层填充,最多不应超过 3 层,且上下两层的接头应错开,在整个截面上厚度应均匀一致。填充材料长度方向可拼接,拼接时采用斜口搭接,搭接部分重叠不应超过 5 mm;或采用对接时在接缝处用较薄的填充材料加以覆盖。

6.1.5 黏结剂应确保垫片在生产、运输和安装过程中保持其整体完整,且不应对金属材料产生腐蚀。

6.1.6 垫片主体两平面应平整、光滑,表面不应有影响密封性能的径向贯通划伤、压痕及凹凸等缺陷。密封面的平面度对于任何参考平面的最大偏差应不大于 0.8 mm,且不应出现在小于 20°弧内。

6.1.7 分程隔条的金属材料宜采用与垫片本体相同厚度、相同材质的板材焊接,分程隔条的填充材料宜采用与垫片本体相同材质的填充材料。

6.1.8 垫片尺寸偏差见表 10。

表 10 垫片尺寸偏差

单位为毫米

公称直径(DN)	外直径(D)	内直径(d)	内加强环内直径(d_1)	分程隔条中心距(W_A、W_B)	分程隔条宽度
≤1 200	0 −1.0	+1.0 0	+1.0 0	±0.5	±0.5
>1 200～2 000	0 −1.5	+1.5 0	+1.5 0	±0.5	±0.5
>2 000	0 −2.0	+2.0 0	+2.0 0	±0.8	±0.5

6.1.9 垫片厚度偏差见表11。

表 11 垫片厚度偏差

单位为毫米

缠绕式垫片			金属波齿复合垫片、金属齿形组合垫片			金属包覆垫片
垫片整体厚度(*T*)	内加强环厚度(*t*)	分程隔条厚度	垫片整体厚度(*T*)	金属骨架厚度(*t*)	分程隔条厚度	
+0.5 −0.2	±0.2	+0.5 −0.2	+0.4 0	0 −0.1	+0.4 0	+0.8 0

6.2 专用要求

6.2.1 缠绕式垫片

6.2.1.1 缠绕式垫片由预制金属带和非金属填充带交替缠绕而成，金属带和填充带应紧密贴合，层次均匀纹理清晰，无折皱和空隙。填充带应均匀高出金属带约 0.2 mm 且不应显露金属带。

6.2.1.2 金属带的厚度一般为 0.2 mm～0.3 mm，填充带厚度一般为 0.3 mm～0.8 mm。

6.2.1.3 缠绕时内圈和外圈至少应有三层无填充物的预制金属带，内圈应焊在内环上，外圈沿圆周最少点焊三处，最后点焊为终端焊点，终端焊点与前一个焊点的距离不应大于 35 mm。

6.2.1.4 分程隔条和内加强环的金属材料采用与金属带一致的材料，分程隔条与内加强环焊接后，分程隔条两面贴厚度为 0.75 mm 的柔性石墨，柔性石墨长度方向允许拼接，但接口为 45°斜面，对接面要齐平、吻合。

6.2.1.5 垫片可直接在内环外圆上缠绕制成，也可用专用设备将内环和密封元件紧密固定。

6.2.2 金属波齿复合垫片

6.2.2.1 环形金属骨架直径大于 1 500 mm 时，允许用扁钢条或切割而成的环形金属带冷煨制成。

6.2.2.2 金属骨架波齿距 P、波齿深度 h 和圆弧半径 R 应根据公称压力和公称直径进行设计或参见表 12，各尺寸机加工后的允许偏差应符合 GB/T 1804 中 m 级的规定，并符合下列要求：

a) 当垫片宽度较窄时，宜采用较小的波齿距，并使环形骨架波齿不少于 3 个齿尖；

b) 分程隔条金属骨架波齿应至少有 3～4 齿尖；

c) 波齿应在金属环形骨架焊接后机加工，并应去除毛刺和尖锐的棱角。

表 12 波齿结构参数

单位为毫米

垫片宽度	波齿距(P)	波齿深度(h)	波齿圆弧半径(R)
≤20	2	0.5	1.4
>20～30	3	0.75	1.9
>30	4	1.0	2.5

6.2.2.3 金属骨架两侧面波峰与波谷应错开 1/2 齿距，波齿距应均匀一致，波齿圆弧半径应相等，所有齿尖应在同一个平面内，骨架应无明显翘曲变形。

6.2.2.4 成型后的金属骨架平面度允许偏差应符合 GB/T 1184—1996 中 K 级的规定。

6.2.2.5 成型后的金属骨架同一直径上任意两点的厚度允许偏差应不大于 0.2 mm。

6.2.2.6 金属波齿复合垫片金属骨架厚度和垫片整体厚度见表 13。

表 13 金属骨架厚度和垫片整体厚度

单位为毫米

公称直径(DN)	金属骨架厚度(t)	垫片整体厚度(T)
≤2 000	3.5	4.5
>2 000～2 600	4.5	5.5

6.2.3 金属包覆垫片

6.2.3.1 金属材料的厚度一般为 0.25 mm 或 0.35 mm。

6.2.3.2 金属材料的硬度值应低于法兰密封面硬度值 30 HBW。

6.2.4 金属齿形组合垫片

金属齿形组合垫片的金属芯尺寸偏差应符合表 14。

表 14 金属芯尺寸偏差

单位为毫米

齿距(P)	齿深(h)	厚度(t)
±0.1	±0.05	$^{0}_{-0.25}$

6.3 非金属垫片

6.3.1 非金属垫片所用材料除应符合表 5 的要求外,还应符合:

a) 聚四氟乙烯板材不使用再生树脂;

b) 柔性石墨材料符合表 15 的要求。

表 15 柔性石墨材料性能

性能	指标
回弹率/%	≥11
灰分/%	≤1.0
硫含量/(μg/g)	≤800
氯含量/(μg/g)	≤50

6.3.2 垫片内外边缘应齐整、无裂口、无毛边,垫片表面应平整、无翘曲变形,不允许有夹杂、裂纹、气泡、外来杂质及其他可能影响使用的缺陷存在。

6.3.3 公称直径大于或等于 DN800 的垫片允许拼接,其拼接接头数见表 16。拼接时,拼接接头应为 45°斜面搭接、楔形搭接,搭接处厚度不应超过垫片允许偏差。有分程隔条的拼接接头不允许出现在分程隔条与主体连接部位。

表 16 非金属垫片拼接接头数

公称直径(DN) mm	≥800～1 200	>1 200～1 600	>1 600～2 600
拼接接头数	≤2	≤3	≤4

6.3.4 非金属垫片尺寸偏差见表 10,厚度偏差为±0.3 mm。

6.4 性能

6.4.1 缠绕式垫片性能应符合 GB/T 4622.1 的规定。

6.4.2 金属波齿复合垫片性能应符合 GB/T 19066.1 的规定。

6.4.3 金属包覆垫片性能应符合 GB/T 15601 的规定

6.4.4 橡胶垫片、无石棉纤维垫片和聚四氟乙烯垫片性能应符合 GB/T 9129 的规定;柔性石墨复合增强板垫片性能应符合 JB/T 6628 的规定。

6.4.5 金属齿形组合垫片性能应符合 GB/T 39245.1 的规定,金属齿形组合垫片特性系数见表 17。

表 17 金属齿形组合垫片特性系数

垫片系数(m)	比压力(y) MPa	压紧面型式	类别
4	60.7	1a	Ⅱ

7 检验

7.1 出厂检验

出厂检验包括外观质量检验和尺寸检验,应逐片进行。

7.2 型式试验

7.2.1 型式试验在出厂检验的基础上增加性能试验,试验项目及合格指标按相应垫片要求。

7.2.2 有以下情况之一,应进行型式试验:

a) 新产品开发或产品转厂生产的试制定型鉴定时;

b) 结构、材料、工艺改变,可能影响产品性能;

c) 生产设备更换时;

d) 正常生产满 1 年;

e) 停产 3 个月以上恢复生产;

f) 市场监督管理机构或用户提出要求。

7.3 质量证明文件

7.3.1 经检验合格的产品,制造单位应填写产品质量证明文件,并随同产品一起装箱发运。

7.3.2 产品质量证明文件应包括(但不限于)以下内容:

a) 产品型号;

b) 产品批号;

c) 制造日期;

d) 检验项目及检验结果;

e) 检验者及检验日期；

f) 制造单位名称。

8 标记、包装与贮存

8.1 标记

8.1.1 管箱垫片、浮头垫片及头盖垫片应标注管程数，1管程时不标注。

8.1.2 热交换器为4管程和6管程时，管箱垫片、浮头垫片及头盖垫片应标注换热管规格及管箱接管位置为中心接管(代号"C")或非中心接管(代号"NC")。

8.1.3 垫片的标记见示例：

示例1：适用于热交换器的缠绕式管箱垫片，符合GB/T 29463，金属材料为06Cr19Ni10，填料材料为柔性石墨，公称直径DN800，公称压力PN2.5，4管程非中心接管，ϕ25 mm的换热管标记为：

SWG13-800-2.5-4BNC GB/T 29463

标记中的相关字符含义如下：

SW ——垫片类型代号(缠绕式垫片，见表1)；

G ——垫片位置代号(管箱垫片，见表2)；

1 ——金属材料代号(06Cr19Ni10，见表3)；

3 ——填充材料代号(柔性石墨，见表4)；

800 ——公称直径，单位为毫米(mm)；

2.5 ——公称压力，单位为兆帕(MPa)；

4 ——管程数；

B ——ϕ25 mm的换热管；

NC ——非中心接管。

示例2：适用于热交换器的缠绕式浮头垫片，符合GB/T 29463，金属材料为022Cr17Ni12Mo2，填充材料为聚四氟乙烯带，公称直径DN1 000，公称压力PN4.0，6管程中心接管，ϕ19 mm的换热管标记为：

SWF42-1000-4.0-6AC GB/T 29463

示例3：适用于热交换器的金属波齿复合浮头垫片，符合GB/T 29463，金属材料为06Cr19Ni10，填充材料为柔性石墨，公称直径DN900，公称压力PN1.6，6管程中心接管，ϕ25 mm的换热管标记为：

WSF13-900-1.6-6BC GB/T 29463

示例4：适用于热交换器的金属波齿复合头盖垫片，符合GB/T 29463，金属材料为06Cr13，填充材料为柔性石墨，公称直径DN1100，公称压力PN6.4，4管程中心接管，ϕ19 mm的换热管标记为：

WST63-1100-6.4-4AC GB/T 29463

示例5：适用于热交换器的金属包覆管箱垫片，符合GB/T 29463，金属材料为06Cr13，填充材料为柔性石墨，公称直径DN1100，公称压力PN2.5，4管程非中心接管，ϕ19 mm的换热管标记为：

MEG63-1100-2.5-4ANC GB/T 29463

示例6：适用于热交换器的金属包覆浮头垫片，符合GB/T 29463，金属材料为06Cr13，填充材料为柔性石墨，公称直径DN900，公称压力PN1.6，6管程非中心接管，ϕ19 mm的换热管标记为：

MEF63-900-1.6-6ANC GB/T 29463

示例7：适用于热交换器的非金属管箱侧垫片，符合GB/T 29463，材料为聚四氟乙烯板，公称直径DN1000，公称压力PN2.5，6管程非中心接管，ϕ25 mm的换热管标记为：

NMC06-1000-2.5 GB/T 29463

示例8：适用于热交换器的非金属管箱垫片，符合GB/T 29463，材料为耐油型无石棉纤维，公称直径DN1100，公称压力PN2.5，4管程中心接管，ϕ25 mm的换热管标记为：

NMG05-1100-2.5-4BC GB/T 29463

示例 9：适用于热交换器的金属齿形组合管箱垫片，符合 GB/T 29463，金属材料为 06Cr18Ni11Ti，填充材料为柔性石墨，公称直径 DN1100，公称压力 PN2.5，4 管程中心接管，ϕ25 mm 的换热管标记为：

GMG53-1100-2.5-4BC GB/T 29463

示例 10：适用于热交换器的金属齿形组合浮头垫片，符合 GB/T 29463，金属材料为 06Cr18Ni11Ti，填充材料为柔性石墨，公称直径 DN800，公称压力 PN4.0，4 管程非中心接管，ϕ25 mm 的换热管标记为：

GMF53-800-4.0-4BNC GB/T 29463

8.2 包装

8.2.1 垫片的包装方式由制造单位确定，装箱后的垫片应满足以下要求：

a) 每个垫片外包装上应贴有标记的标签；

b) 垫片应固定在包装箱内，包装箱任意放置时，垫片不应移动，应保证其在运输和贮存过程中不致损坏、遗失、淋雨受潮；

c) 箱内垫片数量由制造单位确定；

d) 箱内应有制造单位签署的装箱单，装箱单上应注明标记、数量及装箱日期，且加盖制造单位签章。

8.2.2 包装箱外应清晰地标明下列各项：

a) 产品名称；

b) 毛重、净重；

c) 发往地点及收货单位；

d) "小心轻放"字样；

e) "防潮"标志；

f) 制造单位名称。

8.2.3 垫片的包装材料应符合相关标准的规定。

8.3 贮存

垫片的贮存应符合材料的要求，应放置在常温、清洁、通风干燥的室内，防止日光照射，避免挤压、弯曲、靠近热源和化学品。

ICS 71.120.30
CCS J 75

中华人民共和国国家标准

GB/T 29464—2023
代替 GB/T 29464—2012

两相流喷射式热交换器

Steam-driven jet heat exchanger

2023-05-23 发布　　2023-05-23 实施

国家市场监督管理总局
国家标准化管理委员会　发布

前　言

本文件按照 GB/T 1.1—2020《标准化工作导则　第 1 部分:标准化文件的结构和起草规则》的规定起草。

本文件代替 GB/T 29464—2012《两相流喷射式热交换器》,与 GB/T 29464—2012 相比,除结构调整和编辑性改动外,主要技术变化如下:

a) 更改了两相流喷射式热交换器的定义(见 3.1.1,2012 年版的 3.1);
b) 将术语定义中的“丧失升压能力”更改为“不能稳定工作”(见 3.1.3、3.1.4、3.1.8,2012 年版的 3.4、3.9);
c) 增加了最大加热温升、最高进汽压力、最低进水压力、最高进水压力、喷射器换热量、阻力系数术语和定义(见 3.1.5、3.1.9、3.1.10、3.1.11、3.1.13、3.1.18);
d) 更改了两相流喷射式热交换器结构描述(见 4.3.1、4.3.2、4.4,2012 年版的 4.3.1、4.3.2、4.4);
e) 更改了部分符号及计算公式(见 3.2、6.2、6.3、6.4,2012 年版的 6.1、6.2、6.3、6.4);
f) 增加了设计说明、性能校核、系统设计、运行参数(见 6.1、6.6、6.7、6.8);
g) 增加了极限性能测试的内容(见 8.5.5)。

请注意本文件的某些内容可能涉及专利。本文件的发布机构不承担识别专利的责任。

本文件由全国锅炉压力容器标准化技术委员会(SAC/TC 262)提出并归口。

本文件起草单位:西安交通大学、上海蓝滨石化设备有限责任公司、洛阳中蓝新能源发展有限公司、洛阳高新热力有限公司、杭州弘泽新能源有限公司、杭州市特种设备检测研究院、中国特种设备检测研究院、甘肃蓝科石化高新装备股份有限公司、上海蓝海科创检测有限公司、河南省锅炉压力容器安全检测研究院洛阳分院。

本文件主要起草人:严俊杰、曹辉、刘继平、周文学、白博峰、罗自立、周燊、刘延雷、种道彤、张瑞武、陈战杨、陈志伟、余兵、刘莹、蒋琛。

本文件于 2012 年首次发布,本次为第一次修订。

两相流喷射式热交换器

1 范围

本文件规定了两相流喷射式热交换器(以下简称喷射器)的材料、设计、制造、检验、验收及安装使用要求。

本文件适用于能源动力、石油化工、制冷空调、集中供热、生活及生产工艺热水等领域使用的,以蒸汽为热源,通过汽液混合实现换热的喷射器。

2 规范性引用文件

下列文件中的内容通过文中的规范性引用而构成本文件必不可少的条款。其中,注日期的引用文件,仅该日期对应的版本适用于本文件;不注日期的引用文件,其最新版本(包括所有的修改单)适用于本文件。

GB/T 150.1 压力容器 第1部分:通用要求

GB/T 150.4 压力容器 第4部分:制造、检验和验收

GB/T 191 包装储运图示标志

GB/T 699 优质碳素结构钢

GB/T 700 碳素结构钢

GB/T 983 不锈钢焊条

GB/T 1226 一般压力表

GB/T 3768 声学 声压法测定噪声源声功率级和声能量级 采用反射面上方包络测量面的简易法

GB/T 3985 石棉橡胶板

GB/T 4622(所有部分) 管法兰用缠绕式垫片

GB/T 5117 非合金钢及细晶粒钢焊条

GB/T 5118 热强钢焊条

GB/T 5231 加工铜及铜合金牌号和化学成分

GB/T 5574 工业用橡胶板

GB/T 8163 输送流体用无缝钢管

GB/T 12232 通用阀门 法兰连接铁制闸阀

GB/T 12233 通用阀门 铁制截止阀与升降式止回阀

GB/T 12238 法兰和对夹连接弹性密封蝶阀

GB/T 13296 锅炉、热交换器用不锈钢无缝钢管

GB/T 13384 机电产品包装通用技术条件

GB/T 14976 流体输送用不锈钢无缝钢管

GB/T 19066(所有部分) 管法兰用金属波齿复合垫片

JB/T 8803 双金属温度计

NB/T 47008　承压设备用碳素钢和合金钢锻件

NB/T 47010　承压设备用不锈钢和耐热钢锻件

3 术语、定义和符号

3.1 术语和定义

GB/T 150.1 界定的以及下列术语和定义适用于本文件。

3.1.1

两相流喷射式热交换器　steam-driven jet heat exchanger

以蒸汽为热源，通过汽、液直接接触混合实现传热的换热装置。

注：该装置的工作原理如图1所示，蒸汽作为加热流体，水作为被加热流体，蒸汽在喷嘴内膨胀形成高速汽流后与水充分混合形成超音速汽液两相流，在变截面通道内产生凝结激波，蒸汽全部凝结成水，使出水温度和压力同时升高。

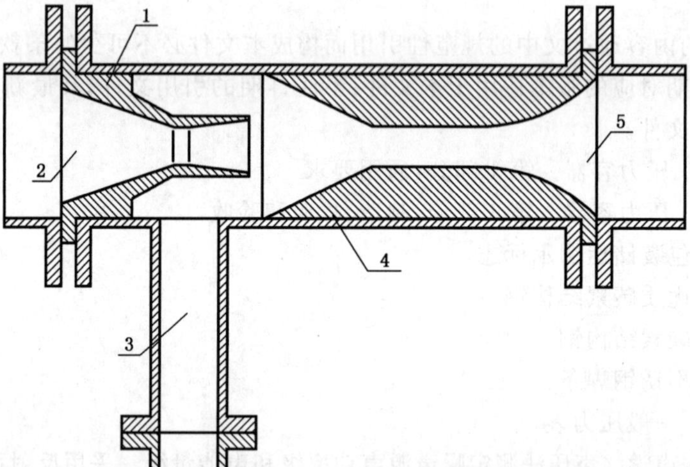

标引序号说明：

1——蒸汽喷嘴；

2——高压蒸汽；

3——低压过冷水；

4——混合腔；

5——热水。

图1　两相流喷射式热交换器工作原理图

3.1.2

设计温度　design temperature

与设计压力一起作为设计载荷条件的喷射器设定温度。

注：单位为摄氏度(℃)。

3.1.3

最高进水温度　maximum inlet water temperature

在给定的进汽压力、进汽温度及进水压力下，当进水温度升到喷射器不能稳定工作时的临界温度。

注：单位为摄氏度(℃)。

3.1.4

最小加热温升　minimum heating temperature rise

在给定的进水压力及进水温度下,加热温升随进汽流量的下降而下降,当加热温升下降到喷射器不能稳定工作时的临界温升。

注:单位为摄氏度(℃)。

3.1.5

最大加热温升　maximum heating temperature rise

在给定的进水压力及进水温度下,加热温升随进汽流量的上升而上升,当加热温升上升到喷射器不能稳定工作时的临界温升。

注:单位为摄氏度(℃)。

3.1.6

最高工作压力　maximum working pressure

在正常工作条件下,喷射器可能出现的最高压力。

注:本文件中压力均指表压,单位为兆帕(MPa)。

3.1.7

设计压力　design pressure

与设计温度一起作为基本设计载荷条件的喷射器设定压力。

注:单位为兆帕(MPa)。

3.1.8

最低进汽压力　minimum inlet steam pressure

在给定的进水压力及进水温度下,降低到喷射器不能稳定工作时的进汽压力。

注1:对给定的喷射器,最低进汽压力与最小加热温升相对应。

注2:单位为兆帕(MPa)。

3.1.9

最高进汽压力　maximum inlet steam pressure

在给定的进水压力及进水温度下,升高到喷射器不能稳定工作时的进汽压力。

注1:对给定的喷射器,最高进汽压力与最大加热温升相对应。

注2:单位为兆帕(MPa)。

3.1.10

最低进水压力　minimum inlet water pressure

在给定的进汽压力及进水温度下,降低到喷射器不能稳定工作时的进水压力。

注:单位为兆帕(MPa)。

3.1.11

最高进水压力　maximum inlet water pressure

在给定的进汽压力及进水温度下,升高到喷射器不能稳定工作时的进水压力。

注:单位为兆帕(MPa)。

3.1.12

最高出口压力　maximum outlet water pressure

在给定的进汽压力、进汽温度、进水压力及进水温度下,喷射器出水能达到的最高压力。

注:单位为兆帕(MPa)。

3.1.13

喷射器换热量　heating power of steam-driven jet heat exchanger

单位时间内喷射器工作过程中蒸汽传递给水的热量。

注：喷射器换热量按公式(1)计算：

$$Q = W_{W}(h_{O} - h_{WI}) \quad \cdots\cdots(1)$$

式中：

Q ——喷射器换热量，单位为千瓦(kW)；

W_{W}——进水流量，单位为千克每秒(kg/s)；

h_{WI}——进水焓值，单位为千焦每千克(kJ/kg)；

h_{O} ——出水焓值，单位为千焦每千克(kJ/kg)。

3.1.14

喷射器热效率　heat efficiency of steam-driven jet heat exchanger

水的吸热量与蒸汽放热量之比。

注：喷射器热效率反映了喷射器的能量利用效率，按公式(2)计算：

$$\eta = \frac{W_{W}(h_{O} - h_{WI})}{W_{G}(h_{GI} - h_{O})} \quad \cdots\cdots(2)$$

式中：

η ——喷射器热效率；

h_{GI}——进汽焓值，单位为千焦每千克(kJ/kg)；

W_{G}——进汽流量，单位为千克每秒(kg/s)。

3.1.15

升压系数　pressure lifting coefficient

表征喷射器升压性能的参数。

注：升压系数按公式(3)计算：

$$\Gamma = \frac{p_{O} + p_{at}}{p_{GI} + p_{at}} \quad \cdots\cdots(3)$$

式中：

Γ ——升压系数；

p_{O}——喷射器出水压力，单位为兆帕(MPa)；

p_{at}——当地大气压力，单位为兆帕(MPa)；

p_{GI}——喷射器进汽压力，单位为兆帕(MPa)。

3.1.16

最大升压系数　maximum pressure lifting coefficient

在给定的进汽压力、进汽温度、进水压力及进水温度下，喷射器出水压力达到最大时的升压系数。

3.1.17

引射系数　entrainment coefficient

反映喷射器引射性能的参数，为装置进水流量与蒸汽流量之比。

注：引射系数按公式(4)计算：

$$\varphi = \frac{W_{W}}{W_{G}} \quad \cdots\cdots(4)$$

式中：

φ——引射系数。

3.1.18

阻力系数 resistance coefficient

反映喷射器水侧流动阻力特性的参数。

注：阻力系数按照公式(5)计算：

$$\zeta = \frac{p_{WI} - p_O}{\frac{1}{2}\rho_W U_W^2} \times 10^6 = \frac{2 \times 10^6 \rho_W A_W^2 (p_{WI} - p_O)}{W_W^2} \quad \cdots\cdots\cdots\cdots (5)$$

式中：

ζ ——阻力系数；

p_{WI} ——喷射器进水压力，单位为兆帕(MPa)；

ρ_W ——水的平均密度，按照喷射器进出口水温的平均值计算，单位为千克每立方米(kg/m³)；

U_W ——喷射器内水的名义速度，单位为米每秒(m/s)；

A_W ——喷射器出口管路的通流面积，单位为平方米(m²)。

3.2 符号

下列符号适用于本文件。

A_G ——蒸汽喷嘴喉部面积，单位为平方米(m²)；

A_{GO} ——蒸汽喷嘴出口面积，单位为平方米(m²)；

A_M ——混合腔喉部截面积，单位为平方米(m²)；

A_{WO} ——进水通道出口面积，单位为平方米(m²)；

D_1 ——蒸汽喷嘴进口直径，单位为米(m)；

D_2 ——蒸汽喷嘴喉部直径，单位为米(m)；

D_3 ——蒸汽喷嘴出口直径，单位为米(m)；

D_4 ——混合腔喉部直径，单位为米(m)；

h_{GS} ——等熵膨胀时蒸汽喷嘴的出口焓值，单位为千焦每千克(kJ/kg)；

h'_{GS} ——蒸汽喷嘴的实际出口焓值，单位为千焦每千克(kJ/kg)；

h_1 ——蒸汽喷嘴进口收缩段斜度；

h_2 ——蒸汽喷嘴出口扩散段斜度；

h_3 ——混合腔进口收缩段斜度；

h_4 ——混合腔出口扩散段斜度；

l_M ——混合腔喉部平直段长度，单位为米(m)；

l_N ——喷嘴出口与混合腔喉部的距离，单位为米(m)；

Δl ——喷嘴出口边缘的厚度，单位为米(m)；

p_{at} ——当地大气压力，单位为兆帕(MPa)；

p_{GI} ——喷射器进汽压力，单位为兆帕(MPa)；

p_{GO} ——蒸汽喷嘴出口压力，单位为兆帕(MPa)；

p_t ——试验压力，单位为兆帕(MPa)；

p_{WI} ——进水压力，单位为兆帕(MPa)；

p_M ——混合腔喉部压力，单位为兆帕(MPa)；

p_O ——进水通道出口压力,单位为兆帕(MPa);
S_M ——混合腔喉部截面周长,单位为米(m);
T_M ——混合腔喉部压力(p_M)所对应的饱和温度,单位为摄氏度(℃);
T_O ——出水温度,单位为摄氏度(℃);
T_{WI} ——进水温度,单位为摄氏度(℃);
ΔT ——加热温升,$\Delta T = T_{WO} - T_{WI}$,单位为摄氏度(℃);
ΔT_M ——计算混合腔喉部压力的修正温差,单位为摄氏度(℃);
u_{GO} ——蒸汽喷嘴出口流速,单位为米每秒(m/s);
u_W ——进水通道出口流速,单位为米每秒(m/s);
v_{GI} ——蒸汽进口比容,单位为立方米每千克(m^3/kg);
v_{GO} ——蒸汽喷嘴出口比容,单位为立方米每千克(m^3/kg);
Ψ ——蒸汽喷嘴的压比;
ζ_W ——进水通道阻力系数;
ξ ——混合腔收缩比;
π ——圆周率,取 3.14159;
β ——确定混合腔喉部平直段长度的修正系数;
η_S ——蒸汽喷嘴效率,%;
μ_G ——蒸汽喷嘴的流量系数,取 0.9～0.99。

注:如无特别说明,以上进口参数均指滞止参数。

4 通则

4.1 基本要求

4.1.1 喷射器的设计、制造单位应具备健全的质量保证体系。

4.1.2 设计温度和设计压力应按 GB/T 150.1 的有关规定确定。

4.2 喷射器界定范围

本文件所界定的喷射器包括壳体、喷嘴、混合腔及与其连接的附件,且划定在喷射器的本体与加热蒸汽管道、进水管道及出水管道的第一个连接端面之内。

4.3 结构型式

4.3.1 喷射器一般可分为中心进汽/环周进水及中心进水/环周进汽两种结构型式。蒸汽射流喷入水中为中心进汽/环周进水结构,一般用于蒸汽压力较大、进水压力较小的场合;水射流喷入蒸汽中为中心进水/环周进汽结构,一般用于进水压力较大、蒸汽压力较小的场合。

4.3.2 喷射器工作过程应具有蒸汽与水充分混合形成汽液两相混合物、汽液两相混合物在通道内产生凝结激波两个主要特征。

4.4 部件名称

喷射器的零部件名称见表 1。以典型的中心进汽/环周进水结构的喷射器为例,其喷嘴与混合腔组成喷射器的内芯,装于壳体与延伸管组成的外壳之中,如图 2 所示。

表 1 喷射器零部件

序号	零部件名称	作用
1	喷嘴	形成高速汽流及水流
2	混合腔	使汽液两相充分混合,形成激波
3	壳体	固定喷嘴及混合腔,并与延伸管 4 组成外壳
4	延伸管	与壳体 3 组成喷射器的外壳
5	调节垫片	调节喷嘴与混合腔的间距

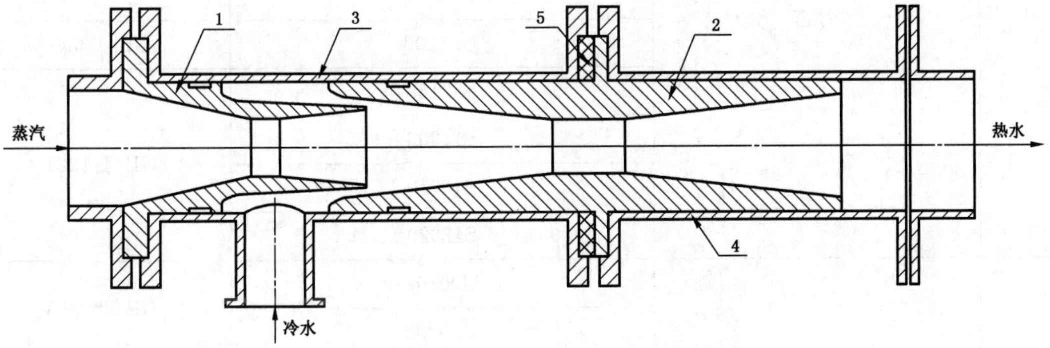

图 2 中心进汽/环周进水的喷射器

4.5 压力和温度适用范围

喷射器的压力和温度适用范围为:

a) 进汽压力及进水压力不大于 1.0 MPa;

b) 出水压力不大于 1.5 MPa;

c) 进水温度范围为 0 ℃~90 ℃;

d) 加热温升为 15 ℃~60 ℃。

5 材料

5.1 一般规定

5.1.1 喷射器用材料需考虑其使用条件(如设计温度、设计压力、设计流速、介质特性等)、材料的焊接性能、加工性能及经济合理性。

5.1.2 喷射器内芯、外壳、法兰、紧固件等主要部件用材料及承压的焊缝用焊接材料应具有质量证明书;喷射器制造单位从非材料生产单位获得材料时,应同时取得材料质量证明书原件或加盖供应材料单位检验公章和经办人章的有效复印件。

5.2 外壳及内芯

5.2.1 喷射器的外壳及内芯材料应符合设计图样的要求,宜根据工艺所使用的水质、工作环境、防腐等级选取材料。

5.2.2 喷射器所选用的材料应符合表 2 的规定。

表 2 主要零部件材料

序号	主要零部件名称	材料名称或统一数字代号	材料标准
1	内芯	U12355	GB/T 700
		Q275	
		U20202	GB/T 699
		U20252	
		U21152	
		U21202	GB/T 699
		S32168	GB/T 1221
		S11203	
		S45710	
		S42020	
2	外壳	U20102	GB/T 8163
		U20202	
		S30408	GB/T 13296 GB/T 14976
		S30210	
		S32168	
3	法兰	U12355	GB/T 711
		U12358	
		U20202	GB/T 3274
		U21152	
		S30408	GB/T 4237
		S32168	
		S30408	
		06Cr19Ni10	
		06Cr18Ni11Ti	
4	垫片	硫化橡胶板	GB/T 5574
		缠绕式垫片	GB/T 4622(所有部分)
		石棉橡胶板	GB/T 3985
		柔性石墨金属波齿复合垫片	GB/T 19066(所有部分)
5	调节垫片	U12352	GB/T 700
		S42020	GB/T 1221
		黄铜	GB/T 5231

5.3 焊接材料

喷射器用焊接材料应符合 GB/T 983 或 GB/T 5117 或 GB/T 5118 的规定。

5.4 法兰

5.4.1 法兰采用碳素钢、低合金钢锻件及不锈钢锻件时,应按 NB/T 47008、NB/T 47010 的规定选用,并在图样上注明锻件级别。

5.4.2 法兰采用钢板材料加工时,钢板应符合 GB/T 711、GB/T 3274 的规定。

5.5 垫片

喷射器本体内部及外部连接的法兰垫片应符合表 2 的规定。

5.6 零部件及铭牌

5.6.1 喷射器所用零部件的机械性能等级应满足试验压力的要求。

5.6.2 喷射器所用铭牌应采用适合使用环境的金属材料制作。

6 设计

6.1 概述

汽液两相喷射式热交换器具有多种结构形式,本设计以图 2 所示典型的中心进汽/环周进水结构为例给出设计原则,设计实例参见附录 A,其他结构形式喷射器的设计可参照该原则进行。单相蒸汽喷射器工作原理、理论计算方法、设计实例参见附录 B。

6.2 蒸汽喷嘴

6.2.1 喷射器蒸汽流量

喷射器的蒸汽流量按公式(6)计算,喷射器热效率 η 的取值为 0.990～0.998。

$$W_G = \frac{W_W(h_O - h_{WI})}{\eta(h_{GI} - h_O)} \qquad \cdots\cdots(6)$$

6.2.2 喷嘴喉部通流面积

蒸汽喷嘴可采用缩放形的拉瓦尔喷嘴,如图 3 所示。其喉部流通面积按公式(7)计算:

$$A_G = \frac{W_G}{0.638\mu_G\sqrt{\dfrac{10^6(p_{GI} + p_{at})}{v_{GI}}}} \qquad \cdots\cdots(7)$$

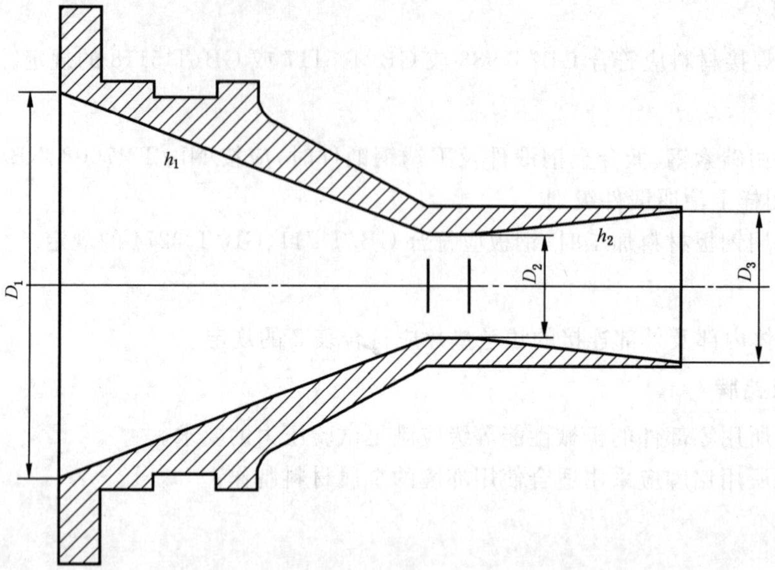

图 3 蒸汽喷嘴结构示意图

6.2.3 喷嘴喉部通流直径

拉瓦尔蒸汽喷嘴喉部直径按公式(8)计算：

$$D_2=\sqrt{\frac{4A_G}{\pi}} \qquad (8)$$

6.2.4 出口直径

蒸汽喷嘴出口直径按公式(9)计算：

$$D_3=\sqrt{\frac{4A_{GO}}{\pi}} \qquad (9)$$

6.2.5 蒸汽喷嘴压比值

蒸汽喷嘴的压比值按公式(10)计算：

$$\Psi=\frac{p_{GO}+p_{at}}{p_{GI}+p_{at}} \qquad (10)$$

蒸汽喷嘴的设计压比值取值范围为 0.05～0.40。

6.2.6 蒸汽饱和温度

混合腔喉部压力所对应的蒸汽饱和温度按公式(11)计算：

$$T_M=T_{WO}+\Delta T_M \qquad (11)$$

式中，ΔT_M 的范围为 0 ℃～40 ℃，其具体数值根据经验确定。

6.2.7 出口流速

蒸汽喷嘴的出口流速按公式(12)计算：

$$u_{GO}=\sqrt{2\,000\eta_S(h_{GI}-h_{GS})} \qquad (12)$$

式中，η_S取 0.80～0.95。

6.2.8 出口截面积

蒸汽喷嘴的出口截面积按公式(13)计算:

$$A_{GO} = \frac{v_{GO} W_G}{u_{GO}} \quad \cdots\cdots(13)$$

6.2.9 蒸汽喷嘴

蒸汽喷嘴流动通道的几何结构应满足蒸汽膨胀为超音速流的需要。对图4的蒸汽喷嘴,其进口收缩段斜度(h_1)为1/10~1/3,出口扩散段斜度(h_2)为1/30~1/10,流动通道应光滑;蒸汽喷嘴进口直径(D_1)宜大于其喉部直径(D_2)的2倍。

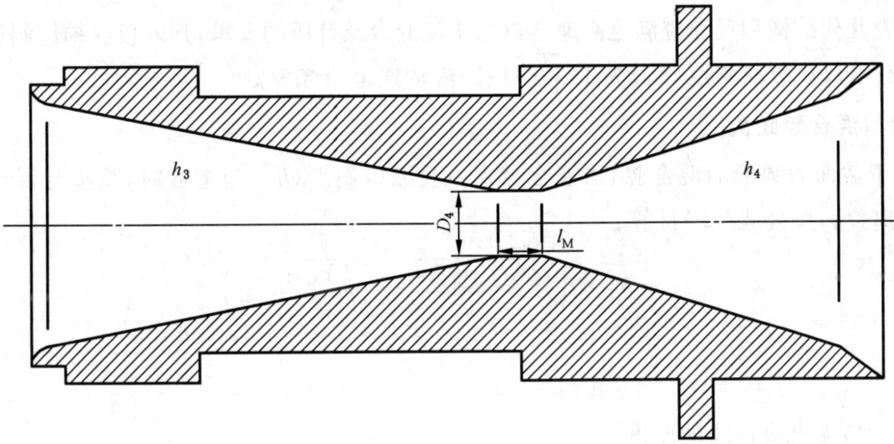

图4 混合腔结构示意图

6.3 进水通道

6.3.1 出口面积

对中心进汽/环周进水型的喷射器,其进水通道为图1所示的喷嘴出口外表面与混合腔进口内表面所组成的通道。进水通道为收缩形通道,其出口面积按公式(14)计算:

$$A_{GO} = \frac{v_{GO} W_G}{u_{GO}} \quad \cdots\cdots(14)$$

6.3.2 出口水流速

进水通道出口水流速按照公式(15)计算:

$$u_W = \sqrt{\frac{2 \times 10^6 (p_{WI} - p_{WO})}{\zeta_W \rho_W}} \quad \cdots\cdots(15)$$

进水通道阻力系数根据试验确定,与进水通道的几何结构及进水流量有关。

6.4 混合腔设计

6.4.1 流动通道喉部面积

混合腔内的流动通道可采用缩放形,如图4所示。A_M按公式(16)计算:

$$A_M = \zeta \times (A_G + A_W) \quad \cdots\cdots(16)$$

式中,ζ一般为0.1~1.5,按照喷射器的性能要求选取。

6.4.2 流动通道喉部直径

混合腔内的流动通道喉部直径按公式(17)计算:

$$D_4=\sqrt{\frac{4A_M}{\pi}} \qquad \cdots\cdots(17)$$

6.4.3 流动平直段

混合腔喉部平直段长度(l_M)按公式(18)计算:

$$l_M=\beta\times D_4 \qquad \cdots\cdots(18)$$

式中,系数(β)一般为0.1～3.0,按照喷射器的蒸汽流量、引射系数及出口水温等工作参数选择,具体数值通过试验确定。

6.4.4 混合腔几何结构和尺寸

混合腔几何结构和尺寸应满足高速蒸汽与水流混合及升压的要求,其入口收缩段斜度(h_3)为1/15～1/3;出口扩散段斜度(h_4)为1/30～1/5,流动通道应光滑。

6.5 喷嘴与混合腔距离

6.5.1 对于截面为圆形的混合腔,当混合腔入口收缩段斜度(h_3)为常数时,喷嘴与混合腔喉部起点的距离(l_N)按公式(19)计算:

$$l_N=h_3\times\left(\sqrt{\frac{A_{GO}+A_W}{\pi}}-\sqrt{\frac{A_M}{\pi}}+\Delta l\right) \qquad \cdots\cdots(19)$$

式中:

Δl——喷嘴出口边缘的厚度。

6.5.2 喷嘴与混合腔的距离(l_N)通过喷嘴、混合腔及壳体的配合来保证。喷射器应设计调整垫片以对l_N进行调节。为方便喷射器的拆卸,延伸管长度应大于混合腔长度。

6.6 性能校核

6.6.1 喷射器性能校核计算可采用理论或试验方法。理论方法可采用简化计算模型或计算流体动力学(CFD)方法,包括蒸汽喷嘴校核计算、进水通道校核计算及混合腔校核计算。

6.6.2 蒸汽喷嘴的校核计算包括各种工况下蒸汽流量的校核、蒸汽喷嘴压比校核。蒸汽流量应满足喷射器使用工况范围内加热温升的要求;蒸汽喷嘴的实际压比应满足喷嘴的工作要求,确保蒸汽喷嘴的喉部工作处于临界状态。

6.6.3 进水通道校核计算包括各种工况下进水流量的校核及汽蚀校核。进水流量应满足喷射器使用工况范围内引射性能的要求;在喷射器的使用工况内,进水通道内水的压力不应低于其温度所对应的饱和蒸汽压力,且保证20 ℃以上的裕量,以保证不发生汽蚀。

6.6.4 混合腔校核计算包括混合腔喉部流动状态校核及升压能力校核。对一维简化模型,可采用等压混合假设对混合腔汽液两相入口至混合腔喉部的流动传热状态进行计算。采用均相无滑移假设计算获得的混合腔喉部的含气率(汽相所占的体积份额)不应超过0.5。假设凝结激波位于混合腔喉部,计算所得的混合腔出口压力应高于实际运行值30%。

6.6.5 对新开发或进行重大技术改进的产品,应采用试验方法进行喷射器的性能校核。试验测量参数应包括蒸汽进口压力、温度、流量,进水温度、压力、流量,出水压力、温度、流量,喷射器的运行噪声等。应进行设计工况及使用工况范围内的性能测试并形成试验报告作为产品技术资料。

6.7 系统设计

6.7.1 两相流喷射式热交换器具有定流量特性，当进汽、进水的压力及温度一定时，其出水流量不应随出水压力的变化而变化，不应通过简单的出口管路节流的方法进行流量调节。

6.7.2 对于有流量调节需求的热水系统，不宜采用进水管路节流的方法调节流量，宜采用图5所示的再循环/旁路管路。

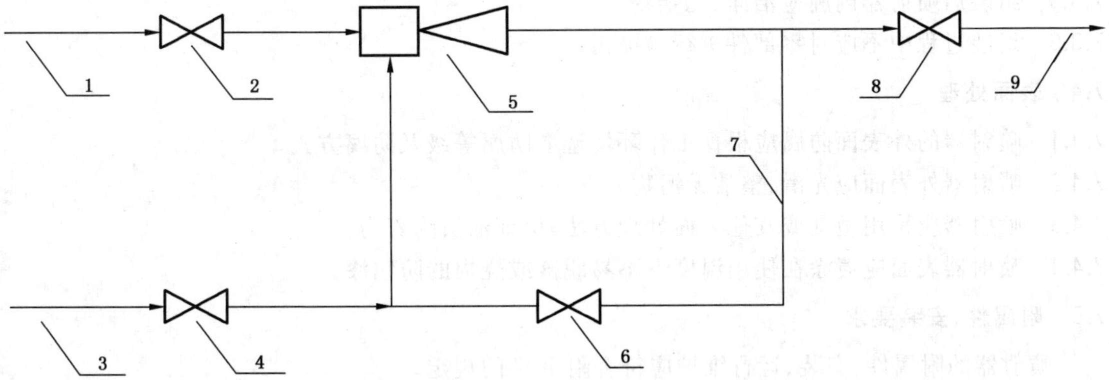

标引序号说明：

1——高压蒸汽；

2——蒸汽阀；

3——冷水；

4——进水阀；

5——两相流喷射器；

6——调节阀；

7——再循环/旁路管路；

8——背压阀；

9——热水。

图5 再循环/旁路管路示意图

6.8 运行参数

6.8.1 喷射器设计工作升压系数不应超过设计工况最大升压系数的80%，最高工作温度不应超过其设计温度。

注：最高工作温度指喷射器工作中出现的最高温度，单位为摄氏度(℃)。

6.8.2 在用户要求的进汽压力、进汽温度及进水压力范围内，用于供暖系统的喷射器最高进水温度应不高于75 ℃；用于生活热水加热的喷射器最高进水温度应不高于60 ℃；用于其他行业的喷射器最高进水温度应不低于用户要求的最高进水温度。

7 制造

7.1 机械加工

7.1.1 外壳与内芯的尺寸配合精度宜满足零部件拆卸和更换的要求。

7.1.2 法兰密封面应与介质流动轴线方向垂直。

7.2 焊接

喷射器的焊接应满足GB/T 150.4的有关规定。

7.3 组装

7.3.1 喷射器应按产品组装工艺图(卡片)进行。

7.3.2 装配前各零部件表面应保持清洁,不应有污物。

7.3.3 安装应保证喷嘴、混合室、扩压室的轴心在同一直线上。

7.3.4 喷射器的碳素钢零部件外露表面应采取涂油(脂)防锈措施。

7.3.5 组装后喷射器内腔应洁净、无杂物。

7.3.6 组装过程中不应对零部件进行敲撞击。

7.4 表面处理

7.4.1 喷射器的外表面防腐应根据工作环境选取防腐等级及防腐方式。

7.4.2 喷射器外表面应光滑、整洁无污物。

7.4.3 喷射器应采用抛丸或其他表面处理方法,保证油漆附着力。

7.4.4 喷射器表面应喷涂在使用温度下不易脱落或烧损的防锈漆。

7.5 附属件、安装要求

喷射器的附属件、安装、运行维护应符合附录C的规定。

8 试验方法

8.1 设计符合性

依照图纸对喷射器的主要零部件、成品的几何形状、尺寸公差进行检验,产品尺寸应满足设计文件的要求。

8.2 外观

目视检查喷射器外表面不应有尖角、杂物及划痕等缺陷。

8.3 耐压试验

8.3.1 喷射器组装完成后应逐台进行液压试验,试验时的环境温度不宜低于5 ℃,当材料为奥氏体不锈钢时,应限制试验水中的氯离子含量不大于25 mg/L。

8.3.2 液压试验介质宜采用洁净水,液压试验合格后应排放喷射器腔内的积水,并将腔内的水渍清除干净;充水时,应排净管道及设备中的空气。

8.3.3 试验压力按公式(20)计算:

$$p_t = 1.25 \times p_{max} \frac{[\sigma]}{[\sigma]^t} \qquad (20)$$

式中:

p_t ——试验压力,单位为兆帕(MPa);

p_{max}——喷射器的最高工作压力,单位为兆帕(MPa);

$[\sigma]$ ——试验温度下喷射器壳体的许用应力,单位为兆帕(MPa);

$[\sigma]^t$ ——设计温度下喷射器壳体的许用应力,单位为兆帕(MPa)。

注:当计算的 $p_t \leqslant 1.25$ MPa时,取 $p_t = 1.25$ MPa。

8.3.4 液压试验时应使用两个量程相同且标定合格的压力表,压力表精度等级不低于1.6级;压力表的量程应为最高工作压力的2倍～3倍,表盘直径不小于100 mm;压力表安装的位置应便于读数和观察。

8.3.5 液压试验时应在适当位置设置排气口，充满水时将喷射器腔内的空气排净，试验过程中应保持喷射器观察面的干燥；

8.3.6 喷射器充满水后先检查各密封面有无渗漏，无渗漏时应缓慢升压，达到规定的试验压力后，保压时间不少于 20 min，并对所有密封面和受压焊接部位进行检查，检查期间压力应保持不变，不应采用连续加压或拧紧紧固螺栓以维持压力不变的做法。

8.3.7 液压试验应同时满足以下要求：

a) 保压 20 min 以上，无压降；

b) 各密封面和焊缝没有任何水珠和水雾的痕迹；

c) 喷射器本体无明显的残余变形。

8.3.8 液压试验合格后应进行气密性试验。气密性试验所用气体应为干燥、清洁的空气、氮气或其他惰性气体，气体温度应在压力容器设计图样规定的范围内。

8.3.9 气密性试验时压力应缓慢上升，达到规定试验压力后保压不少于 30 min，然后降至设计压力，对喷射器所有焊缝和连接部位涂刷肥皂水进行检查，以无泄漏为合格。如有泄漏，修补后重新进行液压试验和气密性试验。

8.3.10 对进行气压试验的喷射器，试验压力和试验程序应由供需双方协商。

8.4 噪声检测

喷射器的运行噪声不应大于 80 dB，噪声测量方法应符合 GB/T 3768 的规定。

注：运行噪声指喷射器运行时距其侧面 1 m 处的噪声值，单位为分贝(dB)。

8.5 性能测定

8.5.1 性能测定参数应包含喷射器热效率、升压系数与引射系数，建议测试最小加热温升、最大加热温升、最低进汽压力、最高进汽压力、最低进水压力、最高进水压力、最高进水温度及最高出口压力等参数。

8.5.2 开机前观察冷热介质压力、温度是否正常，测定环境温度应大于 5 ℃。开启喷射器上冷水管道阀门，使冷水进入喷射器。缓慢开启蒸汽阀门，使蒸汽进入喷射器，通过调节进出水及蒸汽管道上阀门，同时观察出水温度和出口压力，升至设计出口温度和压力后稳定，读取并记录各压力表、温度计、累积式流量计读数，连续试验时间不少于 10 min，若因改变试验参数需要调整流量、压力、温度时，则改变后稳定时间不应少于 2 min，然后才能再次测量。

8.5.3 在额定的工况条件下，每间隔 10 min 测量一次，连续测量 3 次～6 次，取其平均值计算该工况条件下的性能指标。

8.5.4 对初次设计的通用喷射器产品，应进行性能试验，试验应测试喷射器效率、升压系数与引射系数等参数。试验进水温度为 20 ℃，加热温差不小于 30 ℃时，热效率应大于 99%，最大升压系数应大于1.5，运行噪声应低于 80 dB。

8.5.5 对初次设计的通用喷射器产品，应进行极限性能测定试验，试验应测试最小加热温升、最大加热温升、最低进汽压力、最高进汽压力、最低进水压力、最高进水压力、最高进水温度及最高出口压力等参数。

8.5.6 每次性能测定应有记录并存档。

8.5.7 喷射器出口流量范围的推荐数值见表 3。

表3 喷射器出口流量范围的推荐数值

规格(蒸汽进口公称直径)	DN25	DN40	DN50	DN65	DN80
出口流量/(t/h)	1.0～3.5	3.6～9.0	9.0～14	14～24	25～36
规格(蒸汽进口公称直径)	DN100	DN125	DN150	DN200	DN250
出口流量/(t/h)	36～56	56～88	88～126	126～220	220～350
注:流量偏差为±10%。					

8.5.8 喷射器在设计工况下,加热温升偏差应不大于±5 ℃。

8.5.9 喷射器在设计工况下,运行升压系数偏差应不大于±10%,引射系数偏差不应大于±5%。

9 检验规则

9.1 出厂检验

9.1.1 喷射器出厂前应进行逐台检验,检验合格后,并附质量证明文件方可出厂。

9.1.2 出厂检验项目及技术要求应符合表4的规定。

9.1.3 出厂检验项目全部合格,判该产品合格。若有一项不符合标准要求时,允许对不符合检验项目调整修理一次,若还达不到标准规定,则判该产品为不合格。

9.1.4 出厂检验和批量检验项目按表4的规定,批量检验的样品应按批次从出厂检验合格的产品中随机抽取两台,若此批次为两台以下者,则抽取一台。

9.2 型式试验

9.2.1 有下列情况之一时,应进行型式试验:

a) 首批或试制产品;

b) 正式生产后,如结构、工艺有较大改变,可能影响产品性能;

c) 国家质量监督机构提出进行型式试验的要求;

d) 停产半年后,恢复生产时。

9.2.2 型式试验项目及技术要求应符合表4的规定。

表4 出厂检验、批量检验、型式试验项目

检验项目	检验分类			技术要求章条编号
	出厂检验	批量检验	型式试验	
外观尺寸检验	√	—	√	8.1
外观质量检验	√	—	√	8.2
耐压试验	√	—	√	8.3
噪声检测	—	√	√	8.4
升压系统检验	—	√	√	8.5
出口流量检验	—	√	√	8.5
注:"√"表示应检项;"—"表示不检项。				

10 图样、随机技术文件、标志、包装、运输、贮存

10.1 图样

10.1.1 供方应提供喷射器外形图及配置附件安装流程图。外形图及配置附件安装流程图应至少包括以下内容：

a) 用途、项目号、工程名称、制造单位；

b) 蒸汽压力、进水压力、出水压力、蒸汽温度、进水温度、出水温度；

c) 产品型号、设计热负荷、供水量或循环水量；

d) 支架尺寸与方位、产品外形尺寸；

e) 与喷射器配套的阀门、仪表、自动控制系统、水泵、控制柜的布置流程；

f) 接管尺寸、介质流向标志；

g) 所用标准、规范及法规目录。

10.1.2 收到需方认可的外形图及安装流程图后，供方应按需方要求提供合格的施工安装图。

10.1.3 需方对主机图及安装流程图的确认，并不解除供方应满足订单要求的责任。

10.2 随机技术文件

10.2.1 随机技术文件至少应包含下列内容：

a) 产品质量证明书；

b) 产品使用说明书；

c) 产品外观图。

10.2.2 产品质量证明书至少应包含下列内容：

a) 产品技术特性；

b) 合格证；

c) 液压试验检验报告。

10.2.3 产品使用说明书至少应包含下列内容：

a) 推荐的设备安装方法、注意事项；

b) 设备操作规程；

c) 常见故障分析及排除方法。

10.3 标志

10.3.1 每台喷射器应在明显的位置上设置产品铭牌，铭牌上的字迹应清晰、无误，包括但不限于以下内容：

a) 产品名称和型号；

b) 制造厂名称；

c) 制造日期(年、月)；

d) 制造编号或批号；

e) 净重；

f) 设计压力、温度。

10.3.2 产品上应设置以下标记：

a) 接口介质名称或其代号；

b) 介质流向。

10.4 包装

10.4.1 产品应单机包装,包装箱应符合 GB/T 13384 的有关规定。

10.4.2 产品在运输中的包装运输标志应符合 GB/T 191 的有关规定。

10.4.3 喷射器上的各接口(包括温度计、压力表和各种传感器的接口)均应用橡胶和塑料塞堵死,法兰、盲板等密封面、各种零件的螺纹部分均应采取涂油防锈措施。

10.5 运输

产品在运输和装卸过程中应避免日晒、雨淋及化学物品的侵蚀,应防止碰撞、划伤和损坏。搬运时不应滚动和抛掷。

10.6 贮存

10.6.1 应按产品型号或生产批号分类贮存。

10.6.2 喷射器应存放在没有腐蚀气体并通风干燥的地方。

10.6.3 包装好的产品应水平放置,其叠放不应超过两层,底部应稳妥垫高距地面 100 mm～200 mm。

附 录 A
(资料性)
两相流喷射式热交换器的设计实例

A.1 应用背景

某公司热网站为该公司家属区、办公楼和检修楼供暖,总供热面积为 20 000 m^2。系统采用供热机组抽汽作为加热汽源,蒸汽压力为 0.4 MPa~0.8 MPa,温度为 300 ℃。供暖区域内最高建筑不超过 7 层。该系统原采用面式换热器及循环水泵进行供热,现改造为采用两相流喷射式热交换器的供热系统。

A.2 系统设计

根据用户供暖的调节需求,设计两台两相流喷射式热交换器并联布置,原面式换热器拆除,保留循环水泵作为备用。由于系统失水量较小,不设置补水泵,仅设置热水箱收集蒸汽的疏水。系统如图 A.1 所示。

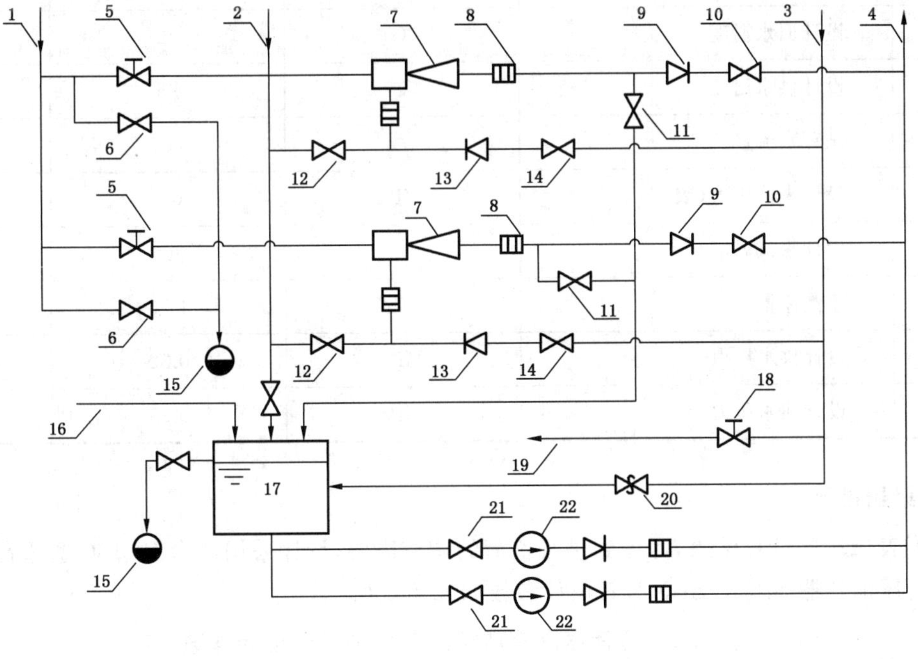

标引序号说明:

1 ——加热蒸汽;
2 ——补充水;
3 ——热网回水;
4 ——热网供水;
5 ——进汽调节阀;
6 ——蒸汽管路疏水阀;
7 ——两相流喷射器;
8 ——膨胀节;
9 ——出水止回阀;
10——出水切换阀;
11——启动疏水阀;
12——启动进水阀;
13——回水止回阀;
14——回水切换阀;
15——疏水收集器;
16——连排疏水;
17——水箱;
18——压力调节阀;
19——循环水管;
20——安全阀;
21——切换阀;
22——原循环水泵。

图 A.1 采用两相流喷射式热交换器的供暖系统

该系统由 SJQ-1 和 SJQ-2 两台两相流喷射器(7)并联而成。蒸汽经进汽调节阀(5)分别进入两台加热升压装置。而热网回水则分别经过回水切换阀(14)进入各加热升压装置,经升压加热后通过出水切换阀(10)汇合后送出至热用户。系统启动所需冷水通过启动进水阀(12)分别进入各加热升压装置的进水管道。启动疏水经过启动疏水阀(11)进入启动放水管道排出。蒸汽管道的积水通过蒸汽管路疏水阀(6)排出,以减少启动过程的振动。为提高系统的安全性,在回水管路和出水管路都设有出水止回阀(9)、回水止回阀(13)。

A.3 热力计算

按照现有的供暖面积,考虑区域内的远期发展,对该热力站进行热力计算,如表 A.1 所示。

表 A.1 换热站系统热力计算结果

序号	名　称	单位	目前值	设计值
1	供暖面积	m^2	20 000	25 000
2	设计热负荷强度	W/m^2	60	60
3	设计加热负荷	MW	1.2	1.5
4	设计回水温度	℃	70	70
5	设计供水温度	℃	95	95
6	循环水流量	t/h	41.2	51.6
7	设计来汽压力(表压)	MPa	0.6	0.6
8	设计来汽温度	℃	300	300
9	蒸汽流量	t/h	1.56	1.95
10	设计供水压力	MPa	0.32	0.32
11	设计回水压力	MPa	0.25	0.25

A.4 喷射器设计

根据表 A.1 的计算结果,考虑到供暖负荷的调节需要,设计采用两台 SJ-100 型超音速汽液两相流升压加热器 SJQ-1、SJQ-2,其设计参数如表 A.2 所示。

表 A.2 超音速汽液两相流升压加热器设计参数

序号	名　称	单位	SJQ-1	SJQ-2
1	设计进汽压力	MPa	0.35	0.35
2	设计进水温度	℃	70	70
3	设计出水温度	℃	95	95
4	设计进水流量	t/h	48.1	28.9
5	设计出水流量	t/h	50	30
6	设计进汽量	t/h	1.89	1.13

表 A.2　超音速汽液两相流升压加热器设计参数(续)

序号	名　　称	单位	SJQ-1	SJQ-2
7	设计进水压力	MPa	0.2	0.2
8	设计出水压力	MPa	0.35	0.35
9	蒸汽喷嘴设计压比	—	0.3	0.3
10	蒸汽喷嘴喉部直径	mm	38	30
11	蒸汽喷嘴出口直径	mm	40	32
12	混合腔喉部直径	mm	32	25

A.5　喷射器性能校核

根据 6.6 的要求,采用一维简化模型,混合腔内采用等压混合假设,对表 A.2 中的两个喷射器进行了性能校核计算,其结果见表 A.3。

表 A.3　超音速汽液两相流升压加热器校核计算参数

序号	名　　称	单位	SJQ-1	SJQ-2
1	设计进汽压力	MPa	0.35	0.35
2	设计进水温度	℃	70	70
3	计算出水温度	℃	92.36	93.51
4	计算进水流量	t/h	49.57	29.9
5	计算出水流量	t/h	51.37	31.03
6	计算进汽量	t/h	1.8	1.12
7	设计进水压力	MPa	0.2	0.2
8	计算出水压力	MPa	0.5	0.51

附 录 B
（资料性）
单相蒸汽喷射器

B.1 工作原理

单相蒸汽喷射器(又称压力适配器)是一种利用高压蒸汽引射低压蒸汽,获得压力介于两者之间的混合蒸汽的装置,在能源、动力、冶金、化工及暖通等行业得到了广泛的应用。单相蒸汽喷射器与两相流喷射式热交换器的结构与工作原理比较类似。

单相蒸汽喷射器(以下简称“单相喷射器”)主要结构包括高压气喷嘴、低压气喷嘴、混合段及扩压段,如图 B.1 所示。单相喷射器内流体的流动过程是:高压蒸汽(工作流体)通过喷嘴绝热膨胀,速度达到超音速,压力降至低压蒸汽(引射流体)压力以下,在喷嘴出口形成一个低压区。在压差的作用下,引射流体被引射进入混合腔,两股流体在完全混合之后,在某一截面处产生一列激波,最后经扩压管减速升压排出单相喷射器。

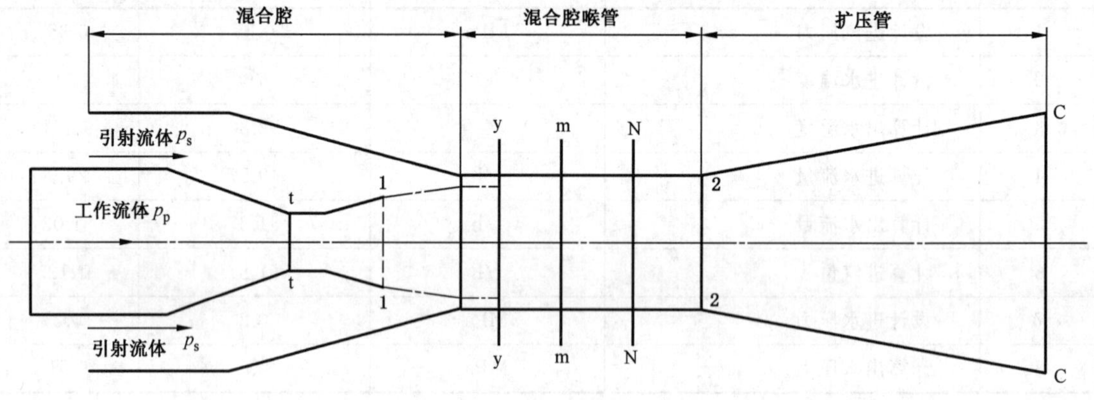

图 B.1 单相蒸汽喷射器的工作原理

B.2 理论计算

B.2.1 高压喷嘴中的流动

高压喷嘴为缩放喷嘴,其出口速度(u_g)按公式(B.1)计算:

$$u_g=\sqrt{2\,\eta_g(h_g-h_{gS})} \qquad \text{(B.1)}$$

式中:

η_g——高压喷嘴效率;

h_g——高压喷嘴入口焓值,单位为焦每千克(J/kg);

h_{gs}——高压喷嘴出口等熵焓值,单位为焦每千克(J/kg)。

喷嘴出口的马赫数(Ma)按公式(B.2)计算:

$$\text{Ma}=\frac{u_g}{a_c} \qquad \text{(B.2)}$$

式中：

a_c——高压喷嘴出口当地音速，单位为米每秒(m/s)。

B.2.2 高压蒸汽在喷嘴外的流动

喷嘴设计中有一定的压比，但工作中其出口压力与按照设计压比获得的压力不一致，导致喷嘴变工况的产生。

高压喷嘴出口压力(p_c)按公式(B.3)计算：

$$p_c = \chi p_0 \qquad \text{(B.3)}$$

式中：

χ ——高压喷嘴设计压比；

p_0——高压喷嘴入口压力，单位为帕(Pa)。

a) 当按照公式(B.3)计算获得的出口压力与混合腔压力差别不大时，在喷嘴出口会形成膨胀波或压缩波：

1) 当高压蒸汽进气压力较高时，超音速气流将在喷嘴外部形成膨胀波，继续膨胀；高压气流的膨胀角(θ)按公式(B.4)计算：

$$\tan\theta = \frac{1}{\mathrm{Ma}-1} \qquad \text{(B.4)}$$

2) 当高压蒸汽膨胀至与低压蒸汽压力相同时，便停止膨胀，高压气流截面保持不变；

3) 当高压气进气压力较低时，超音速气流将在喷嘴出口附近被压缩，速度降低。当高压气膨胀至与低压气压力相同时，便停止膨胀，高压气流截面保持不变。

b) 当按照公式(B.3)获得的出口压力与混合腔压力差别较大时，喷嘴出口的高压气流型将发生完全改变：

1) 如高压气进气压力太低，则喷嘴内部会产生正激波，高压气在喷嘴出口形成亚音速流动，高压气膨胀后的压力升高；

2) 如高压气进气压力太高，则喷嘴出口外将继续膨胀，产生脱流，堵塞低压气流道，减少被引射气的通流面积。

B.2.3 低压气流动

低压气的出口速度(u_d)按公式(B.5)计算：

$$u_d = \sqrt{2\eta_d(h_d - h_{ds})} \qquad \text{(B.5)}$$

式中：

η_d ——高压喷嘴效率；

h_d ——高压喷嘴入口焓值，单位为焦每千克(J/kg)；

h_{ds}——高压喷嘴出口等熵焓值，单位为焦每千克(J/kg)。

低压气的流量(G_d)按公式(B.6)计算：

$$G_d = A_d u_d \rho_d = (A_{d0} - \Delta A_{d0}) u_d \rho_d \qquad \text{(B.6)}$$

式中：

A_d ——低压喷嘴实际进气面积，单位为平方米(m^2)；

A_{d0} ——低压喷嘴设计进气面积，单位为平方米(m^2)；

ΔA_{d0}——高压气在喷嘴外部膨胀或收缩导致的低压气进气截面变化值，单位为平方米(m^2)；

ρ_d——低压喷嘴出口密度，单位为千克每立方米(kg/m^3)。

B.2.4 低压气与高压气的混合

按照等压混合理论，低压气与高压气混合过程满足公式(B.7)～公式(B.9)：

$$G_d + G_g = G_m \qquad (B.7)$$

$$G_d\left(h_d + \frac{1}{2}u_d^2\right) + G_g\left(h_g + \frac{1}{2}u_g^2\right) = G_m\left(h_m + \frac{1}{2}u_m^2\right) \qquad (B.8)$$

$$G_d u_d + G_d u_g = G_m u_m \qquad (B.9)$$

式中：

G_g——高压气流量，单位为千克每秒(kg/s)；

G_m——混合气流量，单位为千克每秒(kg/s)；

h_m——混合气焓值，单位为焦每千克(J/kg)；

u_m——混合气速度，单位为米每秒(m/s)。

根据上述公式可以获得混合后的速度和焓值，由此可以确定混合终止后腔喉部截面积，按公式(B.10)计算：

$$A_m = \frac{G_m}{\rho_m u_m} \qquad (B.10)$$

B.2.5 扩压段流动

扩压段流动可按照一维可压缩绝热流动进行处理，满足质量、动量及能量守恒方程。

公式(B.1)～公式(B.10)与扩压段的质量、动量及能量守恒方程构成了蒸汽喷射器的基本模型。按照该模型既可进行蒸汽喷射器的结构尺寸设计计算，也可计算其变工况特性。

B.2.6 蒸汽喷射器的数值模拟

由于实际喷射器内部流动是复杂的多维可压缩过程，采用理论模型获得的结果与实际情况存在较大的偏差。目前蒸汽喷射器的数值模拟方法已经比较成熟，可采用数值模拟方法对其工作过程进行计算，用于设计方案的优化校核。

B.3 设计实例

以用于某燃煤机组热力系统的蒸汽喷射器为例，介绍蒸汽喷射器的设计与计算方法。该蒸汽喷射器的设计蒸汽参数如表B.1所示。

表B.1 蒸汽喷射器设计蒸汽参数

蒸汽参数	参数值
高压蒸汽压力	15.2 MPa
高压蒸汽温度	566 ℃
低压蒸汽压力	3.64 MPa
低压蒸汽温度	360.4 ℃

根据前述的基本模型,可以获得蒸汽喷射器的结构参数如表 B.2 所示。

表 B.2　蒸汽喷射器的结构参数

符号	名称	参数值 mm
D_0	高压喷嘴入口直径	80
D_t	高压喷嘴喉部直径	27.8
D_{pl}	高压喷嘴出口直径	33
D_1	低压通道入口外径	55.2
D_2	混合腔喉部直径	50
D_3	混合腔出口直径	80

根据以上尺寸,可采用数值模拟方法对其工作过程进行计算。计算可采用计算流体动力学(CFD)商用软件。图 B.2 给出了不同运行工况下的喷射器内的速度云图,图 B.3 给出了引射比随喷射器出口混合蒸汽的压力(背压)的关系。

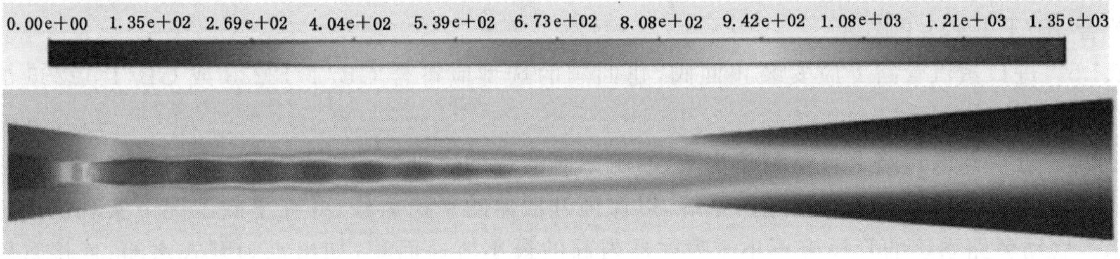

图 B.2　蒸汽喷射器内的速度云图

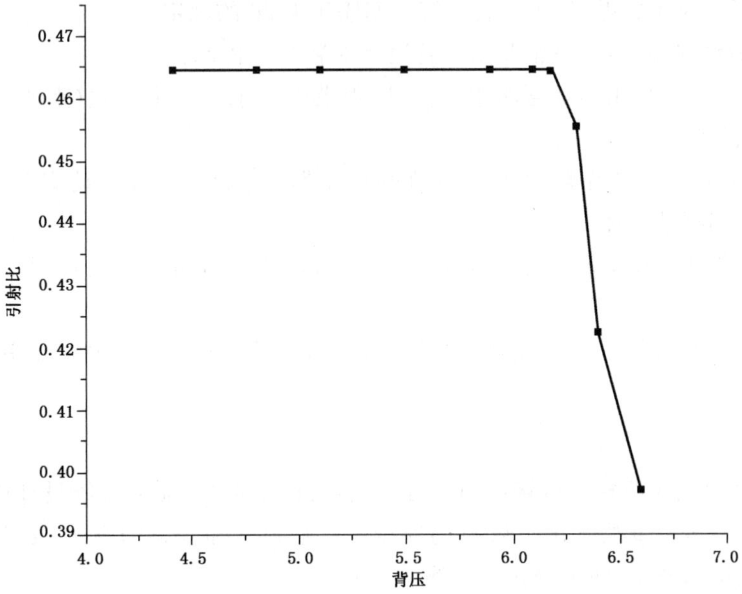

图 B.3　升压比与排汽压力(背压)的关系

附　录　C
(规范性)
附属件、安装、运行及维护

C.1　附属件

C.1.1　喷射器与管道、阀门的连接宜采用法兰连接,其本体部分的连接宜采用法兰连接或其他方式连接,便于喷射器运行状态的调整。

C.1.2　喷射器本体各部及外接连接宜采用法兰或双头螺柱连接,便于调整和拆卸。采用螺栓连接时,法兰螺栓孔或双头螺柱孔宜与铅垂线跨中布置。

C.1.3　喷射器本体混合腔处宜装设压力表,便于观察混合腔运行情况。该压力表的量程应包含真空区。

C.1.4　进口蒸汽管路上应安装切断阀,切断阀的选型应符合 GB/T 12233 或 GB/T 12238 的要求;进出水管道上侧宜选用闸阀或球阀,闸阀的制造应符合 GB/T 12232 的规定,球阀的制造应符合GB/T 12237 的规定。

C.1.5　进口蒸汽管路上应安装止回阀,止回阀的选型应符合 GB/T 12233 或 GB/T 12236 的要求。

C.1.6　进口蒸汽管路上宜安装疏水装置,疏水阀的选型应符合 GB/T 12712 的要求。

C.1.7　出水管路宜安装启动旁路系统,以保证升压器的平稳启停,并在事故工况下实现快速疏水。启动旁路系统的管径应不小于喷射器内部的最小流通面积,如出水为开式水箱、连接管路小于 10 m 且水箱位置低于喷射器,可以不设计启动旁路。

C.1.8　应设置进汽、进水及出水的温度和压力测量仪表,压力测量仪表宜有就地显示功能。温度计应符合 JB/T 8803 的规定,压力表应符合 GB/T 1226 的规定。

C.1.9　为防止振动,喷射器的进水及出水管道宜安装减震装置。

C.1.10　喷射器设计在封闭循环管路中,应在喷射器的进水管路上设置(泄水)定压装置,其排放量应不小于蒸汽流量。

C.1.11　喷射器设计在封闭循环管路中,宜在喷射器附近的最高点设自动集气、排气装置,以利于排放蒸汽中的不凝结气体。

C.1.12　在喷射器的出水管侧宜设置泄水阀,泄水阀宜选用闸阀或截止阀,泄水阀的管径不应小于 DN20。

C.1.13　设计工作完成后,应出具喷射器系统设计图和设计文件,作为喷射器系统制造、安装及使用的依据。

C.2　安装

C.2.1　喷射器采用汽液两相直接接触换热方式,容易产生水击,应在系统设计中充分考虑装置启动、正常运行、停运及事故工况下管路的安全性。喷射器和管路的布置,要做到管道接口流畅、阻力损失小、检修方便、便于操作和观测。

C.2.2　喷射器出口直管段长度不宜小于出口管径的 15 倍。

C.2.3　温度、压力等测量仪表的安装应便于观察和计量。

C.2.4 喷射器安装应牢固可靠,位置正确。设备安装应留有足够的空间,满足拆装维修的需要,空间应不小于500 mm。安装前应对喷射器进行清理,确保设备内无异物,对喷射器上仪表孔洞进行封闭处理。

C.2.5 焊接与喷射器连接法兰时,应将喷射器拆下后再焊接连接法兰,以免在施焊时喷射器体内产生电弧,损坏设备。

C.2.6 需有基础的喷射器,其基础的位置、几何尺寸和质量应符合设计图纸的要求。

C.2.7 喷射器安装后,不应随意对设备本体进行局部切、割、焊等操作。

C.2.8 喷射器系统安装完成后,均应进行严密性试验,严密性试验压力应为1.25倍系统设计压力,且不低于0.6 MPa。

C.2.9 试验用的压力表应校验,精度不宜低于1.5级,表的满量程应达到试验压力的2倍～3倍。

C.2.10 喷射器可露天安装使用,但应有可靠的防冻措施,并应采取防止雨雪进入保温层的措施。

C.3 运行及维护

C.3.1 喷射器运行操作人员应经过培训,并按操作规程或本文件的要求进行操作。

C.3.2 本装置不能通过调节出口压力来改变流量,不应在运行时关闭出口阀门。

C.3.3 喷射器进口蒸汽压力是喷射器的关键运行参数,宜设置为报警信号。

C.3.4 当出口流量或升压系数发生变化时,应及时停止运行,进行检查,查明原因并排除故障后再运行。

C.3.5 当喷射器的工作压力超过设定的排放压力,而喷射器的超压排流装置仍不排流泄压时,应停止喷射器的运行。

C.3.6 喷射器本体及连接管道上的压力表、温度表应按有关规定进行定期校验。

C.3.7 采用化学方法对喷射器及连接管道进行清洗时,应保证清洗介质不对喷射器及管材造成腐蚀,清洗后应对喷射器及连接管道进行压力试验,试验压力应不低于最高工作压力的1.5倍。

ICS 23.040.60
CCS G 91

中华人民共和国国家标准

GB/T 29465—2023
代替 GB/T 29465—2012

浮头式热交换器用法兰

Flange of floating heat exchangers

2023-09-07 发布 2023-09-07 实施

国家市场监督管理总局
国家标准化管理委员会 发布

前　言

本文件按照 GB/T 1.1—2020《标准化工作导则　第 1 部分:标准化文件的结构和起草规格》的规定起草。

本文件代替 GB/T 29465—2012《浮头式热交换器用外头盖侧法兰》,与 GB/T 29465—2012 相比,除结构调整和编辑性改动外,主要技术变化如下:

a) 增加了外头盖法兰(见第 1 章);
b) 更改了 PN0.6 MPa～2.5 MPa 的法兰直径规格,增加至 DN2600(见表 4,2012 年版的表 3);
c) 更改了 PN4.0 MPa 的法兰直径规格,增加至 DN2000(见表 4,2012 年版的表 3);
d) 更改了 PN6.4 MPa 的法兰直径规格,增加至 DN1200(见表 4,2012 年版的表 3);
e) 增加了外头盖法兰内径比外头盖侧法兰内径大 150 mm、200 mm 和 250 mm 系列的外头盖侧法兰的基本参数(见表 4);
f) 增加了外头盖法兰内径比外头盖侧法兰内径大 150 mm、200 mm 和 250 mm 系列的外头盖法兰的结构型式与基本参数(见 4.2,表 5)。

请注意本文件的某些内容可能涉及专利。本文件的发布机构不承担识别专利的责任。

本文件由全国锅炉压力容器标准化技术委员会(SAC/TC 262)提出并归口。

本文件起草单位:上海蓝滨石化设备有限责任公司、中国石化工程建设有限公司、中石化广州工程有限公司、沈阳特种设备检测研究院、中石化宁波工程有限公司、兰州兰石重型装备股份有限公司、中石化南京工程有限公司、中国特种设备检测研究院、甘肃蓝科石化高新装备股份有限公司、上海蓝海科创检测有限公司。

本文件主要起草人:于啸、张迎恺、李双权、栾波、赵雷江、李永红、朱娟娟、郝元川、赵厦、杨磊杰、陈志伟、顾月章、张延丰、刘福录、陈战杨。

本文件于 2012 年首次发布,本次为第一次修订。

引 言

GB/T 29465《浮头式热交换器用法兰》旨在规范能源工业用浮头式热交换器法兰的型式与基本参数,充分考虑装置大型化发展趋势,兼顾我国热交换器用法兰标准和建造水平,明确了参数适用范围及其配套尺寸。

本文件对实现我国浮头式热交换器用法兰的标准化、系列化、通用化、规模化具有重要意义。对量大面广的浮头式热交换器法兰型式与基本参数的标准化,首先可促进产品建造标准化,提高设计质量、效率;其次可节约制造、使用环节的工具、工装、材料消耗和积压;最后可方便用户实现产品的选用、更换、维修与互换。近年来,我国大型炼化一体化项目建设进入高速发展时期,作为装置典型用能设备的浮头式热交换器用量显著增长;装置大型化促使热交换器结构尺寸迈向新高度,单体设备的大型化需求日益突出;大批工程项目的建设实施,为浮头式热交换器用法兰积累了丰富的设计、制造及工程应用经验。同时,GB/T 151《热交换器》也据此进行了修订,首次形成了全面覆盖热交换器典型结构的产品综合标准,并对适用参数进行了大幅调整。为此,需要对浮头式热交换器用法兰进行修订,适应行业与标准发展需求。

本文件重点考虑了浮头式热交换器用法兰大型化发展需求,通过对产品设计、生产、使用及标准化等环节的调研与分析,大幅扩充了浮头式热交换器用法兰的型式与基本参数,促进了该类产品的高效选型、建造、维修与互换,对落实我国"节能减排"战略、推进"绿色设计"具有积极的意义。

浮头式热交换器用法兰

1 范围

本文件规定了浮头式热交换器用外头盖侧法兰、外头盖法兰的型式、代号与基本参数。

本文件适用于公称压力为 0.6 MPa～6.4 MPa，工作温度为－40 ℃～450 ℃，腐蚀裕量不大于 3 mm 的碳钢、低合金钢制法兰。

2 规范性引用文件

下列文件中的内容通过文中的规范性引用构成本文件必不可少的条款。其中，注日期的引用文件，仅该日期对应的版本适用于本文件；不注日期的引用文件，其最新版本（包括所有的修改单）适用于本文件。

GB/T 151　热交换器

GB/T 29463（所有部分）　管壳式热交换器用垫片

NB/T 47020—2012　压力容器法兰分类与技术条件

NB/T 47023—2012　长颈对焊法兰

NB/T 47024　非金属软垫片

NB/T 47025　缠绕垫片

NB/T 47026　金属包垫片

NB/T 47027　压力容器法兰用紧固件

3 术语和定义

GB/T 151 界定的术语和定义适用于本文件。

4 符号

表 1 中的符号适用于本文件。

表 1　符号说明

符号	名　称	符号	名　称
a	槽密封面宽度	D_4	凸密封面、榫密封面外直径
a_1	榫密封面宽度	H	法兰高度
D	法兰外直径	h	法兰颈部高度
d	螺栓孔直径	R	法兰颈部圆角
DN	法兰公称直径	δ	法兰盘厚度
D_1	螺栓中心圆直径	δ_0	对接筒体最小厚度
D_2	凹密封面、槽密封面凸台外直径	δ_1	法兰颈部小端厚度
D_3	平密封面、凹密封面和槽密封面外直径	δ_2	法兰颈部大端厚度

5 结构型式

5.1 外头盖侧法兰结构型式

平密封面外头盖侧法兰的结构型式见图 1,凸密封面外头盖侧法兰的结构型式见图 2,榫密封面外头盖侧法兰的结构型式见图 3,衬环平密封面外头盖侧法兰的结构型式见图 4,衬环凸密封面外头盖侧法兰的结构型式见图 5,衬环榫密封面外头盖侧法兰的结构型式见图 6。

5.2 外头盖法兰结构型式

平密封面外头盖法兰的结构型式见图 1,凹密封面外头盖法兰的结构型式见图 7,槽密封面外头盖法兰的结构型式见图 8,衬环平密封面外头盖法兰的结构型式见图 4,衬环凹密封面外头盖法兰的结构型式见图 9,衬环槽密封面外头盖法兰的结构型式见图 10。

单位为毫米

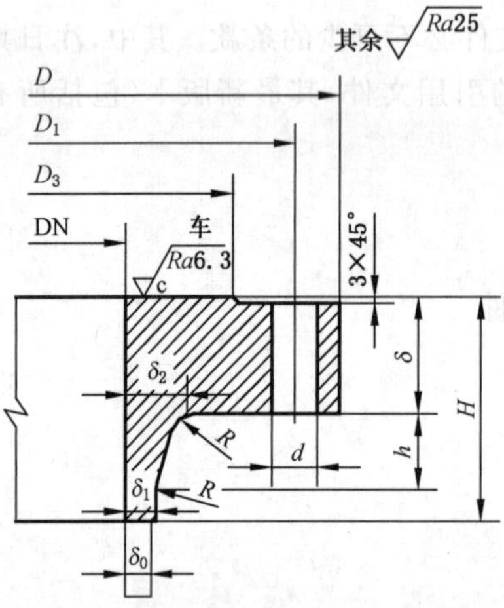

图 1 平密封面(RF) 结构型式

单位为毫米

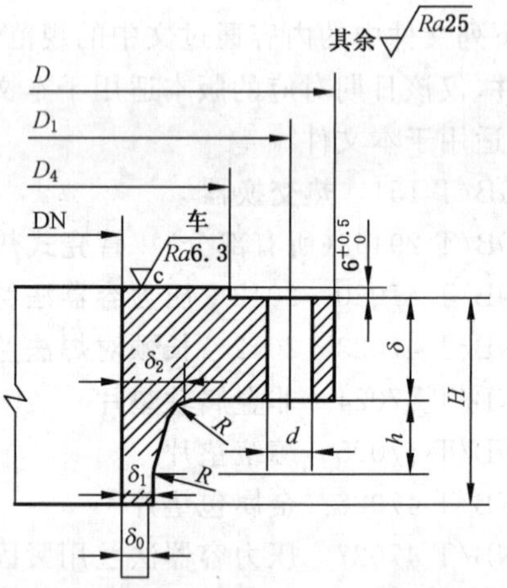

图 2 凸密封面(M) 结构型式

单位为毫米

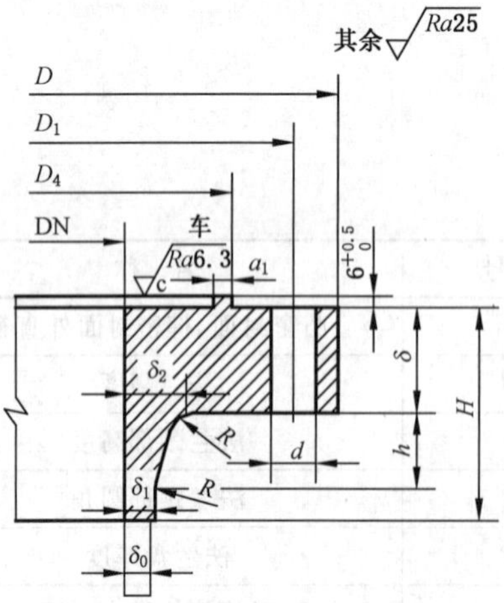

图 3 榫密封面(T) 结构型式

单位为毫米

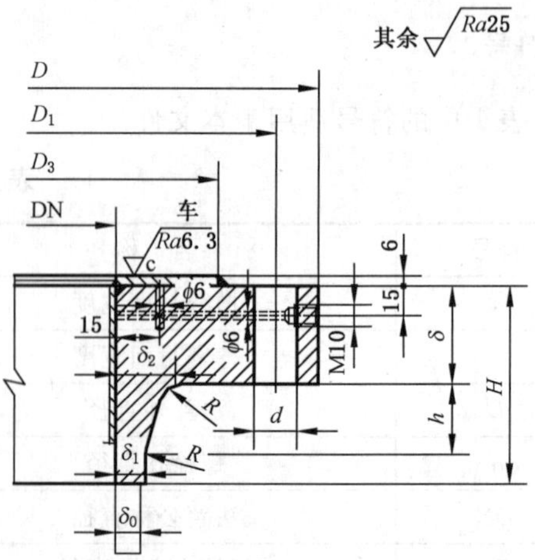

图 4 衬环平密封面(C-RF) 结构型式

单位为毫米

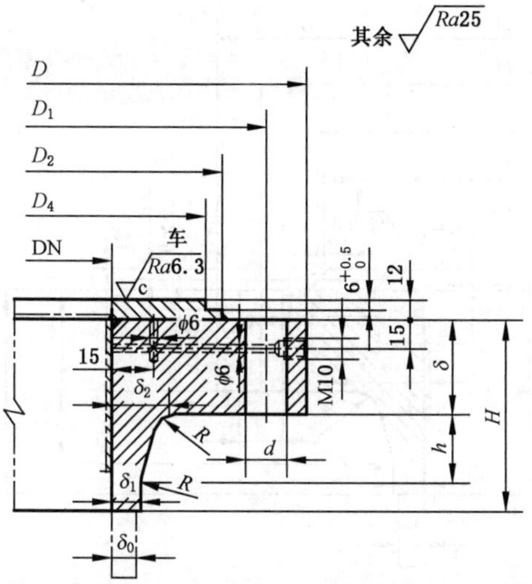

图 5 衬环凸密封面(C-M) 结构型式

单位为毫米

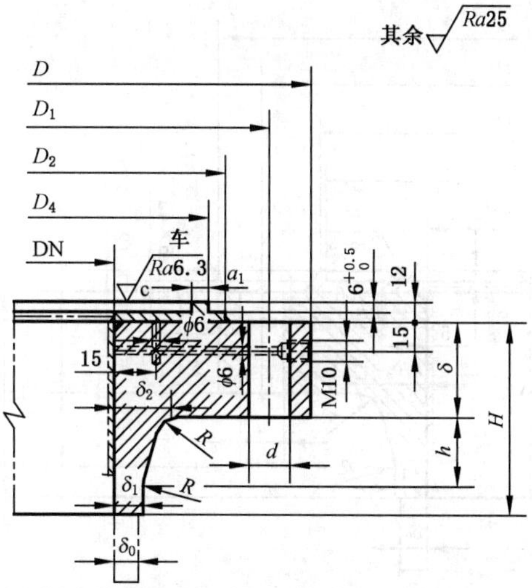

图 6 衬环榫密封面(C-T) 结构型式

单位为毫米

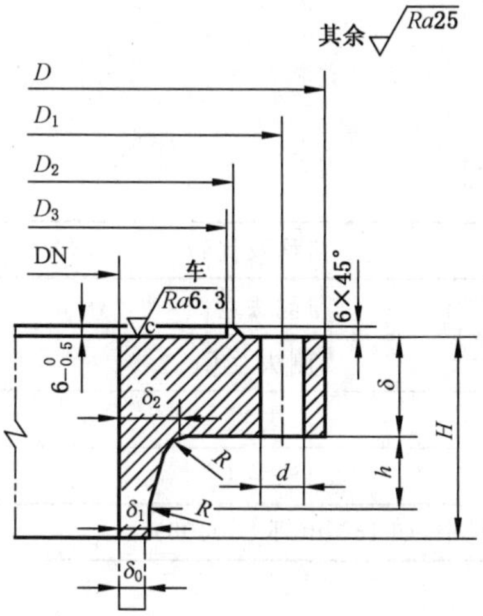

图 7 凹密封面(FM) 结构型式

单位为毫米

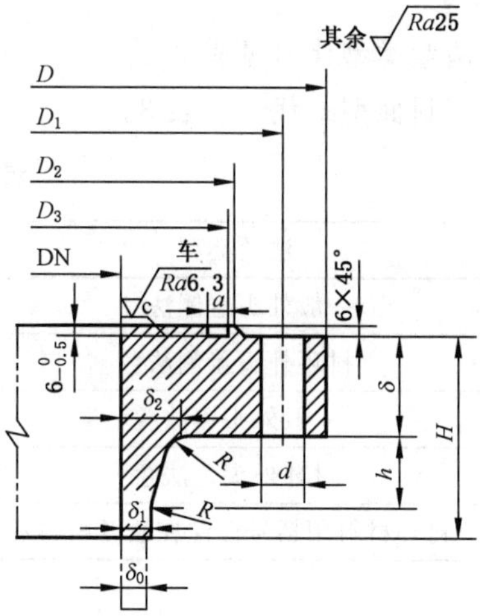

图 8 槽密封面(G) 结构型式

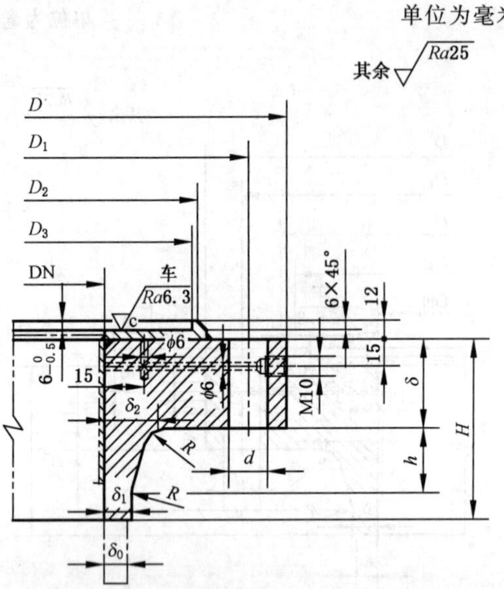

图 9 衬环凹密封面(C-FM) 结构型式

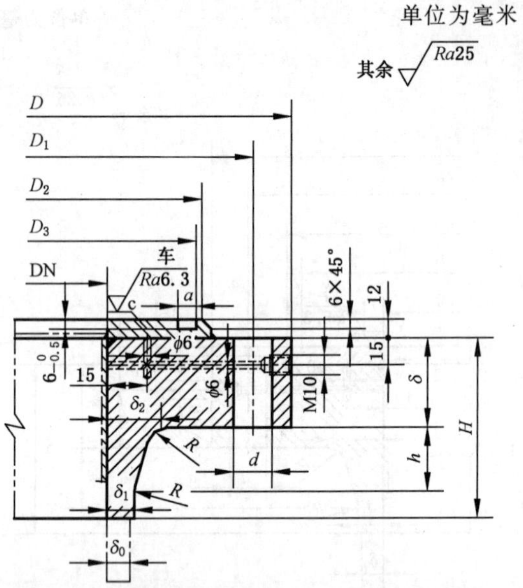

图 10 衬环槽密封面(C-G) 结构型式

6 代号与标记

6.1 代号

6.1.1 法兰类型代号见表 2。

6.1.2 密封面型式代号见表 3。

表 2 法兰类型代号

法兰类型	名称及代号
一般外头盖侧法兰	侧法兰
衬环外头盖侧法兰	侧法兰 C
一般外头盖法兰	法兰
衬环外头盖法兰	法兰 C
注：衬环材料用括号标注在法兰材料后或图样明细表备注栏中，如 16Mn(环 S30408)。	

表 3 密封面型式代号

密封面型式	代号
平密封面	RF
凹密封面	FM
凸密封面	M
榫密封面	T
槽密封面	G

6.2 标记

标记方法如图 11 所示。

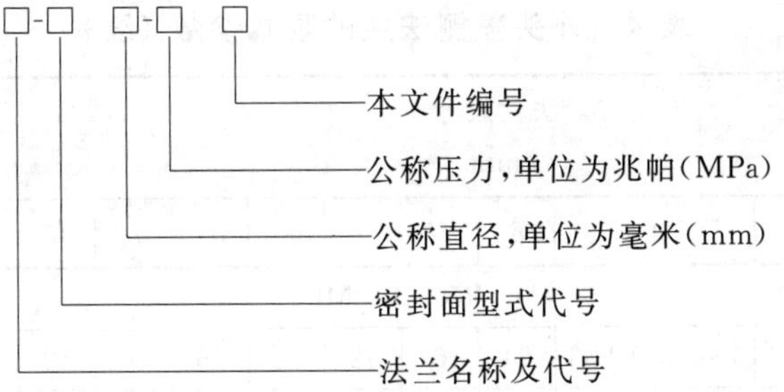

图 11　标记方法

示例 1:公称压力 1.6 MPa,公称直径 800 mm 的榫密封面衬环外头盖侧法兰标记为:

侧法兰 C-T 800-1.6　GB/T 29465—2023

示例 2:公称压力 2.5 MPa,公称直径 1 000 mm 的槽密封面一般外头盖法兰标记为:

法兰-G 1000-2.5　GB/T 29465—2023

7　选用规定

7.1　外头盖侧法兰、外头盖法兰及相匹配的垫片、螺柱、螺母的材料、最大允许工作压力、技术条件按 NB/T 47020—2012 的规定。

7.2　外头盖侧法兰、外头盖法兰及相匹配的垫片、螺柱、螺母的材料适用温度范围按 NB/T 47020—2012 表 2 的规定。

7.3　外头盖侧法兰、外头盖法兰用垫片应分别符合 NB/T 47024、NB/T 47025、NB/T 47026 和 GB/T 29463(所有部分)的规定。

7.4　外头盖侧法兰、外头盖法兰用紧固件应符合 NB/T 47027 的规定。

8　基本参数

8.1　外头盖侧法兰的基本参数见表 4。

8.2　外头盖法兰的基本参数见表 5。

8.3　外头盖侧法兰及衬环的质量见表 6。

8.4　外头盖法兰及衬环的质量见表 7。

表 4　外头盖侧法兰的基本参数

DN mm	法兰尺寸 mm													螺柱		对接筒体 mm
	D	D_1	D_2	D_3	D_4	δ	H	h	a_1	δ_1	δ_2	R	d	规格	数量	δ_0
PN=0.6 MPa																
1 200	1 460	1 415	1 376	1 356	1 353	66	126	36	18	16	28	12	27	M24	40	12
1 300	1 560	1 515	1 476	1 456	1 453	70	130	36	18	16	28	12	27	M24	44	12
1 400	1 660	1 615	1 576	1 556	1 553	78	138	36	18	16	28	12	27	M24	48	12
1 500	1 760	1 715	1 676	1 656	1 653	84	146	36	18	16	28	12	27	M24	52	12
1 600	1 860	1 815	1 776	1 756	1 753	86	156	42	18	16	30	12	27	M24	52	14

表 4 外头盖侧法兰的基本参数(续)

DN mm	法兰尺寸 mm													螺柱		对接筒体 mm
	D	D_1	D_2	D_3	D_4	δ	H	h	a_1	δ_1	δ_2	R	d	规格	数量	δ_0
PN=0.6 MPa																
1 700	1 960	1 915	1 876	1 856	1 853	94	164	42	18	16	30	12	27	M24	52	14
1 800	2 060	2 015	1 976	1 956	1 953	96	172	48	18	16	32	12	27	M24	56	14
1 900	2 160	2 115	2 076	2 056	2 053	104	180	48	18	16	32	12	27	M24	60	14
2 000	2 275	2 225	2 176	2 156	2 153	120	196	48	18	18	34	15	27	M24	60	16
2 200	2 480	2 430	2 376	2 356	2 353	128	212	54	18	20	38	15	27	M24	68	18
2 400	2 695	2 640	2 576	2 556	2 553	132	226	60	18	22	42	15	30	M27	60	20
2 600[a]	2 945	2 890	2 826	2 806	2 803	140	246	72	18	22	46	15	30	M27	64	20
PN=1.0 MPa																
300	540	500	465	455	452	36	82	30	14	12	22	12	23	M20	20	8
400	640	600	565	555	552	40	86	30	14	12	22	12	23	M20	24	8
500	740	700	665	655	652	46	92	30	14	12	22	12	23	M20	28	8
600	840	800	765	755	752	52	98	30	14	12	22	12	23	M20	32	8
700	940	900	865	855	852	52	110	42	14	12	26	12	23	M20	32	8
800	1 040	1 000	965	955	952	62	124	42	14	12	26	12	23	M20	36	10
900	1 140	1 100	1 065	1 055	1 052	72	134	42	16	12	26	12	23	M20	40	10
1 000	1 260	1 215	1 176	1 156	1 153	74	142	48	18	14	30	12	27	M24	32	10
1 100	1 360	1 315	1 276	1 256	1 253	82	154	48	18	14	30	12	27	M24	36	12
1 200	1 460	1 415	1 376	1 356	1 353	84	160	48	18	16	32	12	27	M24	40	14
1 300	1 560	1 515	1 476	1 456	1 453	88	170	54	18	16	34	12	27	M24	44	14
1 400	1 660	1 615	1 576	1 556	1 553	92	180	60	18	16	36	12	27	M24	48	14
1 500	1 760	1 715	1 676	1 656	1 653	96	190	66	18	16	38	12	27	M24	52	14
1 600	1 870	1 815	1 776	1 756	1 753	98	198	72	18	16	40	12	30	M27	56	14
1 700	1 970	1 915	1 876	1 856	1 853	102	208	78	18	16	42	12	30	M27	56	14
1 800	2 095	2 040	1 998	1 978	1 973	110	220	78	18	18	44	15	30	M27	56	16
1 900	2 195	2 140	2 098	2 078	2 075	114	230	84	18	18	46	15	30	M27	60	16
2 000	2 295	2 240	2 198	2 178	2 175	126	240	84	18	20	48	15	30	M27	60	16
2 200	2 515	2 455	2 398	2 378	2 375	132	256	90	18	22	52	15	33	M30	60	18
2 400	2 720	2 660	2 598	2 578	2 575	138	270	96	18	24	56	15	33	M30	68	20
2 600[a]	2 970	2 910	2 848	2 828	2 825	152	294	102	18	26	60	15	33	M30	72	20
PN=1.6 MPa																
300	540	500	465	455	452	32	85	36	14	12	24	12	23	M20	20	8

表 4　外头盖侧法兰的基本参数（续）

DN mm	法兰尺寸 mm													螺柱		对接筒体 mm
	D	D_1	D_2	D_3	D_4	δ	H	h	a_1	δ_1	δ_2	R	d	规格	数量	δ_0
PN=1.6 MPa																
400	640	600	565	555	552	40	92	36	14	12	24	12	23	M20	24	8
500	740	700	665	655	652	54	106	36	14	12	24	12	23	M20	28	8
600	860	815	776	766	763	64	126	42	18	12	26	12	27	M24	24	10
700	960	915	876	866	863	66	134	48	18	14	30	12	27	M24	24	10
800	1 060	1 015	976	966	963	64	142	54	18	16	34	12	27	M24	28	12
900	1 160	1 115	1 076	1 066	1 063	76	154	54	18	16	34	12	27	M24	32	12
1 000	1 260	1 215	1 176	1 156	1 153	84	168	60	18	16	40	12	27	M24	36	12
1 100	1 360	1 315	1 276	1 256	1 253	82	182	72	18	16	40	12	27	M24	40	14
1 200	1 460	1 415	1 376	1 356	1 353	84	196	84	18	16	44	12	27	M24	44	14
1 300	1 560	1 515	1 476	1 456	1 453	94	206	84	18	16	44	12	27	M24	52	14
1 400	1 695	1 640	1 598	1 578	1 575	96	220	96	18	18	50	15	30	M27	48	14
1 500	1 795	1 740	1 698	1 678	1 675	104	232	96	18	18	50	15	30	M27	52	16
1 600	1 895	1 840	1 798	1 778	1 775	104	232	96	18	20	50	15	30	M27	56	16
1 700	1 995	1 940	1 898	1 878	1 875	112	244	96	18	22	50	15	30	M27	64	18
1 800	2 115	2 055	2 010	1 990	1 987	117	249	96	23	22	54	15	33	M30	56	18
1 900	2 215	2 155	2 110	2 090	2 087	130	266	96	23	22	54	15	33	M30	64	20
2 000	2 340	2 270	2 210	2 190	2 187	150	286	96	23	24	56	15	39	M36	56	22
2 200[a]	2 590	2 520	2 460	2 440	2 437	162	310	108	23	26	62	15	39	M36	64	22
2 400[a]	2 825	2 740	2 660	2 640	2 637	182	332	108	23	28	64	15	45	M42	60	24
2 600[b]	3 075	2 990	2 910	2 890	2 887	206	374	126	23	28	70	15	45	M42	64	24
PN=2.5 MPa																
300	540	500	465	455	452	38	108	54	14	12	30	12	23	M20	20	8
400	660	615	576	566	563	46	116	54	18	12	30	12	27	M24	20	8
500	760	715	676	666	663	46	138	72	18	16	40	12	27	M24	24	10
600	860	815	776	766	763	52	144	72	18	16	40	12	27	M24	28	10
700	960	915	876	866	863	60	152	72	18	16	40	12	27	M24	32	10
800	1 095	1 040	998	988	985	80	176	72	18	16	40	15	30	M27	32	12
900	1 195	1 140	1 098	1 088	1 085	78	180	78	18	18	44	15	30	M27	36	12
1 000	1 295	1 240	1 198	1 178	1 175	86	192	78	18	20	46	15	30	M27	40	14
1 100	1 395	1 340	1 298	1 278	1 275	102	208	78	18	20	46	15	30	M27	48	14
1 200	1 495	1 440	1 398	1 378	1 375	118	224	78	18	20	46	15	30	M27	56	14

表 4 外头盖侧法兰的基本参数（续）

DN mm	法兰尺寸 mm													螺柱		对接筒体 mm
	D	D_1	D_2	D_3	D_4	δ	H	h	a_1	δ_1	δ_2	R	d	规格	数量	δ_0
PN＝2.5 MPa																
1 300	1 595	1 540	1 498	1 478	1 475	124	240	84	18	20	48	15	30	M27	60	16
1 400	1 715	1 655	1 610	1 590	1 587	128	250	90	23	22	52	15	33	M30	60	16
1 500	1 815	1 755	1 710	1 690	1 687	135	267	96	23	22	54	15	33	M30	64	18
1 600	1 950	1 880	1 829	1 809	1 806	136	284	108	23	24	60	18	39	M36	52	20
1 700	2 050	1 980	1 929	1 909	1 906	143	297	114	23	24	62	18	39	M36	56	20
1 800[a]	2 200	2 130	2 079	2 059	2 056	160	314	114	23	26	64	18	39	M36	64	22
1 900[a]	2 300	2 230	2 179	2 159	2 156	176	330	114	23	26	64	18	39	M36	68	24
2 000[a]	2 440	2 355	2 279	2 259	2 256	196	350	114	23	26	64	18	45	M42	64	24
2 200[d]	2 720	2 620	2 529	2 509	2 506	228	394	120	23	30	70	18	52	M48	60	26
2 400[d]	2 920	2 820	2 729	2 709	2 706	240	414	126	23	32	74	18	52	M48	68	28
2 600[c]	3 170	3 070	2 979	2 959	2 956	280	454	126	23	32	74	18	52	M48	68	28
PN＝4.0 MPa																
300	560	515	476	466	463	50	142	72	18	16	40	12	27	M24	20	10
400	660	615	576	566	563	54	148	72	18	16	40	12	27	M24	24	12
500	760	715	676	666	663	60	156	72	18	16	40	12	27	M24	32	12
600	895	840	798	788	785	80	176	72	18	16	40	15	30	M27	32	12
700	995	940	898	888	885	84	190	78	18	18	44	15	30	M27	40	14
800	1 115	1 055	1 010	1 000	997	104	214	78	23	20	46	15	33	M30	40	16
900	1 215	1 155	1 110	1 100	1 097	106	226	90	23	20	50	15	33	M30	48	16
1 000	1 350	1 280	1 229	1 209	1 206	128	254	90	23	22	52	18	39	M36	40	18
1 100	1 450	1 380	1 329	1 309	1 306	130	266	96	23	24	56	18	39	M36	44	20
1 200[a]	1 600	1 530	1 479	1 459	1 456	142	284	102	23	26	60	18	39	M36	56	22
1 300[a]	1 700	1 630	1 579	1 559	1 556	158	300	102	23	26	60	18	39	M36	60	22
1 400[a]	1 800	1 730	1 679	1 659	1 656	176	318	102	23	26	60	18	39	M36	68	22
1 500[a]	1 900	1 830	1 779	1 759	1 756	186	334	108	23	26	62	18	39	M36	72	22
1 600[a]	2 040	1 955	1 879	1 859	1 856	210	358	108	23	26	62	18	45	M42	60	22
1 700[a]	2 160	2 065	1 979	1 959	1 956	216	376	114	23	30	68	18	52	M48	56	26
1 800[d]	2 315	2 220	2 129	2 109	2 106	246	406	114	23	30	68	18	52	M48	68	26
1 900[b]	2 415	2 320	2 229	2 209	2 206	256	418	114	23	32	70	18	52	M48	68	28
2 000[b]	2 515	2 420	2 329	2 309	2 306	270	432	114	23	32	70	18	52	M48	72	28

表4 外头盖侧法兰的基本参数(续)

DN mm	法兰尺寸 mm													螺柱		对接筒体 mm
	D	D_1	D_2	D_3	D_4	δ	H	h	a_1	δ_1	δ_2	R	d	规格	数量	δ_0
PN=6.4 MPa																
300	560	515	476	466	463	64	152	72	18	16	40	12	27	M24	24	12
400	695	640	598	588	585	82	178	72	18	16	40	15	30	M27	28	12
500	815	755	710	700	697	102	198	72	23	16	40	15	33	M30	32	12
600	950	880	829	819	816	106	224	90	23	20	50	18	39	M36	32	14
700	1 050	980	929	919	916	116	242	90	23	22	52	18	39	M36	36	18
800[a]	1 245	1 160	1 079	1 069	1 066	138	270	96	23	24	56	18	45	M42	36	18
900[a]	1 345	1 260	1 179	1 169	1 166	148	286	96	23	28	60	18	45	M42	40	22
1 000[a]	1 470	1 375	1 279	1 269	1 266	162	310	102	23	30	64	18	52	M48	40	24
1 100[a]	1 570	1 475	1 379	1 369	1 366	176	326	102	23	32	66	18	52	M48	44	26
1 200[a]	1 670	1 575	1 479	1 469	1 466	196	346	102	23	32	66	18	52	M48	44	28

[a] 外头盖侧法兰比外头盖法兰内径小 150 mm,与表 5 相匹配。

[b] 外头盖侧法兰比外头盖法兰内径小 200 mm,与表 5 相匹配。

[c] 外头盖侧法兰比外头盖法兰内径小 250 mm,与表 5 相匹配。

[d] 外头盖侧法兰比外头盖法兰内径小 200 mm,与 NB/T 47023—2012 相匹配。

表5 外头盖法兰的基本参数

DN mm	法兰尺寸 mm													螺柱		对接筒体 mm	相匹配侧法兰 DN mm
	D	D_1	D_2	D_3	D_4	δ	H	h	a	δ_1	δ_2	R	d	规格	数量	δ_0	
PN=0.6 MPa																	
2 750	2 945	2 890	2 826	2 806	2 803	126	210	50	21	22	32	15	30	M27	64	20	2 600
PN=1.0 MPa																	
2 750	2 970	2 910	2 848	2 828	2 825	142	228	50	21	24	38	15	33	M30	72	20	2 600
PN=1.6 MPa																	
2 350	2 590	2 520	2 460	2 440	2 437	148	256	68	26	26	38	15	39	M36	64	22	2 200
2 550	2 825	2 740	2 660	2 640	2 637	176	292	74	26	28	40	15	45	M42	60	24	2 400
2 800	3 075	2 990	2 910	2 890	2 887	204	320	74	26	28	40	15	45	M42	64	24	2 600

表 5 外头盖法兰的基本参数(续)

DN mm	法兰尺寸 mm													螺柱		对接筒体 mm	相匹配侧法兰 DN mm
	D	D_1	D_2	D_3	D_4	δ	H	h	a	δ_1	δ_2	R	d	规格	数量	δ_0	
PN=2.5 MPa																	
1 950	2 200	2 130	2 079	2 059	2 056	156	262	64	26	28	42	18	39	M36	64	24	1 800
2 050	2 300	2 230	2 179	2 159	2 156	160	266	64	26	28	42	18	39	M36	68	24	1 900
2 150	2 440	2 355	2 279	2 259	2 256	170	290	72	26	32	48	18	45	M42	64	26	2 000
2 850	3 170	3 070	2 979	2 959	2 956	240	388	96	26	34	50	18	52	M48	68	28	2 600
PN=4.0 MPa																	
1 350	1 600	1 530	1 479	1 459	1 456	138	240	60	26	28	42	18	39	M36	56	22	1 200
1 450	1 700	1 630	1 579	1 559	1 556	150	256	64	26	28	42	18	39	M36	60	22	1 300
1 550	1 800	1 730	1 679	1 659	1 656	154	260	64	26	28	42	18	39	M36	68	22	1 400
1 650	1 900	1 830	1 779	1 759	1 756	168	274	64	26	28	42	18	39	M36	72	22	1 500
1 750	2 040	1 955	1 879	1 859	1 856	178	300	74	26	32	48	18	45	M42	60	26	1 600
1 850	2 160	2 065	1 979	1 959	1 956	198	320	74	26	32	48	18	52	M48	56	26	1 700
2 100	2 415	2 320	2 229	2 209	2 206	224	350	74	26	34	50	18	52	M48	68	28	1 900
2 200	2 515	2 420	2 329	2 309	2 306	228	354	74	26	34	50	18	52	M48	72	28	2 000
PN=6.4 MPa																	
950	1 245	1 160	1 079	1 069	1 066	134	238	58	26	30	48	18	45	M42	36	22	800
1 050	1 345	1 260	1 179	1 169	1 166	150	256	58	26	32	50	18	45	M42	40	24	900
1 150	1 470	1 375	1 279	1 269	1 266	162	280	66	26	34	52	18	52	M48	40	26	1 000
1 250	1 570	1 475	1 379	1 369	1 366	178	296	66	26	34	52	18	52	M48	44	28	1 100
1 350	1 670	1 575	1 479	1 469	1 466	180	298	66	26	34	52	18	52	M48	44	28	1 200

表 6 外头盖侧法兰及衬环质量

DN mm	法兰质量 kg			衬环质量 kg		
	平面	凸面	榫面	平环	凸环	榫环
PN=0.6 MPa						
1 200	305.0	319.4	303.9	14.9	31.5	20.5
1 300	345.4	361.0	349.2	16.1	34.0	22.1

表6　外头盖侧法兰及衬环质量(续)

DN mm	法兰质量 kg			衬环质量 kg		
	平面	凸面	榫面	平环	凸环	榫环
PN=0.6 MPa						
1 400	407.0	423.7	411.1	17.2	36.5	23.7
1 500	464.6	482.5	469.0	18.4	38.9	25.3
1 600	513.4	532.4	518.0	19.6	41.4	26.9
1 700	589.5	609.6	594.4	20.7	43.8	28.5
1 800	641.8	661.0	646.9	21.9	46.3	30.0
1 900	709.5	731.9	730.1	23.1	48.8	31.6
2 000	937.1	948.6	930.8	24.2	51.1	33.2
2 200	1 127.4	1 140.1	1 120.5	26.5	56.1	36.3
2 400	1 353.9	1 367.6	1 346.3	28.9	61.0	39.5
2 600	1 830.2	1 850.2	1 817.0	41.6	86.7	53.3
PN=1.0 MPa						
300	47.9	52.1	48.8	4.4	9.0	5.6
400	74.3	76.9	72.6	5.5	11.3	7.1
500	89.1	95.6	90.5	6.7	13.7	8.5
600	116.1	123.7	117.6	7.8	16.1	10.0
700	138.2	147.0	140.0	9.0	18.5	11.4
800	182.6	192.5	184.5	10.2	20.8	12.8
900	231.5	242.4	233.6	11.3	23.2	14.3
1 000	291.8	304.0	294.9	12.6	26.6	17.4
1 100	346.4	359.7	349.7	13.7	29.1	18.9
1 200	384.9	399.4	388.5	14.9	31.5	20.5
1 300	444.7	460.3	448.6	16.1	34.0	22.1
1 400	503.0	518.2	506.1	17.2	36.5	23.7
1 500	563.1	580.9	567.4	18.4	38.9	25.3
1 600	634.5	653.5	639.2	19.6	41.4	26.9
1 700	707.0	727.1	711.9	20.7	43.8	28.5

表6 外头盖侧法兰及衬环质量(续)

DN mm	法兰质量 kg			衬环质量 kg		
	平面	凸面	榫面	平环	凸环	榫环
PN=1.0 MPa						
1 800	876.3	910.7	881.5	25.1	52.8	33.4
1 900	966.5	992.3	972	26.5	55.6	35.1
2 000	1 130.2	1 143.5	1 122.2	27.8	58.3	36.8
2 200	1 396.5	1 411.1	1 387.8	30.4	63.9	40.3
2 400	1 631.6	1 647.4	1 622.0	33.1	69.4	43.8
2 600	2 235.8	2 258.1	2 220.4	46.2	96.0	58.0
PN=1.6 MPa						
300	44.3	48.6	45.3	4.4	9.0	5.6
400	67.0	72.4	68.1	5.5	11.4	7.1
500	104.9	111.4	106.2	6.7	13.7	8.5
600	159.7	167.9	161.7	8.5	17.4	11.1
700	192.6	202.0	194.8	9.7	19.9	12.6
800	218.5	229.2	221.1	11.0	22.4	14.2
900	280.0	298.5	283.5	12.2	25.0	15.8
1 000	344.2	356.4	347.2	12.6	26.6	17.4
1 100	376.9	390.2	381.2	13.7	29.1	18.9
1 200	432.2	442.6	435.8	14.9	31.5	20.5
1 300	506.4	521.9	499.2	16.1	34.0	22.1
1 400	638.9	657.9	642.8	19.8	41.6	26.4
1 500	738.5	759.0	742.9	21.1	44.4	28.1
1 600	779.4	801.3	784.1	22.5	47.2	29.9
1 700	840.3	863.5	876.6	23.8	50.0	33.0
1 800	1 095.4	1 121.6	1 102.1	26.9	56.4	36.7
1 900	1 238.4	1 266.0	1 245.5	28.3	59.3	38.6
2 000	1 543.2	1 557.5	1 535.9	29.7	62.2	40.4
2 200	2 111.4	2 131.4	2 099.0	41.6	86.2	53.5
2 400	2 750.1	2 771.9	2 736.6	45.1	93.7	58.1
2 600	3 771.2	3 800.0	3 751.5	59.4	122.5	73.6

表 6 外头盖侧法兰及衬环质量(续)

DN mm	法兰质量 kg			衬环质量 kg		
	平面	凸面	榫面	平环	凸环	榫环
PN=2.5 MPa						
300	55.3	59.5	56.2	4.4	9.0	5.6
400	87.8	93.6	89.2	6.0	12.3	7.9
500	118.8	125.8	120.5	7.2	14.8	9.5
600	151.6	159.8	153.6	8.5	17.4	11.1
700	192.6	202.0	194.6	9.7	19.9	12.6
800	310.5	322.7	309.5	12.6	25.6	15.9
900	347.0	360.6	347.8	14.0	28.5	17.7
1 000	419.0	433.7	416.7	14.5	30.5	19.4
1 100	523.2	538.5	522.1	15.8	33.3	21.1
1 200	636.9	653.6	635.2	17.1	36.1	22.9
1 300	726.5	744.5	717.4	18.5	38.9	24.6
1 400	875.4	895.1	873.0	21.2	44.5	29.0
1 500	984.6	1 006.7	972.1	22.6	47.5	30.9
1 600	1 197.9	1 223.8	1 180.9	26.6	55.6	35.5
1 700	1 340.4	1 367.9	1 324.4	28.2	58.8	37.5
1 800	1 783.5	1 801.5	1 771.9	37.3	77.2	47.4
1 900	2 028.1	2 047.0	2 015.9	39.2	81.2	49.8
2 000	2 537.6	2 557.5	2 524.8	41.2	85.2	52.2
2 200	3 807.0	3 833.3	3 788.5	54.3	111.8	66.6
2 400	4 350.1	4 378.7	4 330.0	58.9	121.3	72.2
2 600	5 937.2	5 973.5	5 910.3	74.5	152.7	89.0
PN=4.0 MPa						
300	83.3	87.9	84.5	4.8	9.8	6.3
400	110.9	116.7	112.3	6.0	12.3	7.9
500	143.7	150.8	145.5	7.2	14.8	9.5
600	240.5	250.0	242.5	9.8	19.9	12.4
700	293	307.8	294.9	11.2	22.8	14.2

表 6 外头盖侧法兰及衬环质量(续)

DN mm	法兰质量 kg			衬环质量 kg		
	平面	凸面	榫面	平环	凸环	榫环
PN=4.0 MPa						
800	424.8	437.9	428.1	13.5	27.4	17.6
900	487.7	502.2	491.3	14.9	30.5	19.5
1 000	706.4	720.2	707.2	17.3	36.1	23.1
1 100	796.5	814.8	800.9	18.8	39.3	25.2
1 200	1 086.4	1 098.9	1 078.6	25.7	53.3	32.8
1 300	1 274.9	1 288.2	1 266.4	27.6	57.3	35.2
1 400	1 485.9	1 500.1	1 476.8	29.6	61.3	37.7
1 500	1 671.8	1 687.0	1 662.1	31.5	65.3	40.1
1 600	2 169.4	2 185.5	2 159.0	33.4	69.2	42.5
1 700	2 482.9	2 500.0	2 472.0	35.4	73.2	44.9
1 800	3 277.3	3 299.1	3 262.0	45.1	92.9	55.4
1 900	3 596.3	3 619.3	3 580.3	47.4	97.6	58.2
2 000	3 945.0	3 969.1	3 928.1	49.7	102.3	61.0
PN=6.4 MPa						
300	99.8	104.4	100.9	4.8	9.8	6.3
400	175.9	182.6	177.4	6.9	14.2	8.9
500	268.8	277.5	271.0	9.0	18.3	11.8
600	380.8	392.2	382.5	11.6	23.7	15.0
700	473.9	486.6	476.7	13.2	27.0	17.0
800	820.2	829.2	814.4	18.8	38.1	23.1
900	974.9	984.9	968.5	20.8	42.2	25.6
1 000	1 223.6	1 234.6	1 216.5	22.8	46.2	28.0
1 100	1 431.5	1 443.5	1 423.8	24.8	50.3	30.4
1 200	1 702.2	1 715.2	1 693.9	26.8	54.4	32.9

表7 外头盖法兰及衬环质量

DN mm	法兰质量 kg			衬环质量 kg		
	平面	槽面	凹面	平环	槽环	凹环
PN=0.6 MPa						
2 750	889.6	894.7	892.5	11.6	26.8	24.5
PN=1.0 MPa						
2 750	1 206.8	1 214.2	1 207.5	16.2	36.1	29.3
PN=1.6 MPa						
2 350	1 270.6	1 278.0	1 271.9	16.1	35.3	29.1
2 550	1 716.2	1 724.2	1 717.6	17.4	38.2	31.5
2 800	2 136.7	2 145.6	2 138.3	19.1	41.9	34.5
PN=2.5 MPa						
1 950	1 079.7	1 087.4	1 079.5	16.3	35.2	27.3
2 050	1 203.6	1 211.6	1 203.3	17.1	37.0	28.6
2 150	1 507.0	1 515.4	1 506.7	17.9	38.8	30.0
2 850	3 004.2	3 015.3	3 003.8	23.6	51.0	39.4
PN=4.0 MPa						
1 350	632.5	637.9	632.3	11.4	24.7	19.2
1 450	732.3	738.0	732.1	12.2	26.5	20.5
1 550	837.2	843.3	837.0	13.1	28.2	21.9
1 650	954.8	961.3	954.6	13.9	30.0	23.2
1 750	1 278.9	1 285.7	1 278.6	14.7	31.7	24.6
1 850	1 550.2	1 557.4	1 549.9	15.5	33.5	25.9
2 100	1 976.7	1 984.9	1 976.4	17.5	37.9	29.3
2 200	2 093.1	2 101.6	2 092.8	18.3	39.6	30.7
PN=6.4 MPa						
950	568.2	572.4	567.8	9.0	18.5	13.8
1 050	688.9	693.5	688.4	9.9	20.3	15.2
1 150	870.4	875.5	869.9	10.7	22.2	16.5
1 250	1 012.6	1 018.1	1 012.0	11.6	24.0	17.9
1 350	1 105.1	1 111.0	1 104.5	12.5	25.8	19.2

ICS 27.060.30
CCS J 75

中华人民共和国国家标准

GB/T 29466—2023
代替 GB/T 29466—2012

板式热交换器机组

Plate heat exchanger unit

2023-05-23 发布

2023-05-23 实施

国家市场监督管理总局
国家标准化管理委员会 发布

前　言

本文件按照 GB/T 1.1—2020《标准化工作导则　第 1 部分:标准化文件的结构和起草规则》的规定起草。

本文件代替 GB/T 29466—2012《板式热交换器机组》。与 GB/T 29466—2012 相比,除结构调整和编辑性改动外,主要技术变化如下:

a) 增加了机组适用换热设备的类型,焊接板式热交换器、管壳式热交换器等其他机组可参考使用(见第 1 章);
b) 增加了"智能换热机组"术语和定义(见 3.2);
c) 增加了板式热交换器、循环泵、补水泵电动机能效等级要求(见 5.3.2、5.4.3、5.5.7);
d) 增加了典型机组示意图(见图 1);
e) 增加了机组系列化的相关规定,明确了型式、基本参数与型号(见 4.1～4.3);
f) 增加了产品型号表示方法中厂家自定义内容(见图 2);
g) 增加了关键部件设计选用相关规定(见 5.1);
h) 更改了部分条款的要求类型,在不影响安全的前提下将机组管道、水泵、阀门等零部件结构布置中强制性条款改为推荐性条款(见 5.1.7、5.3.4、5.4.4、5.5.1、5.5.3、5.5.4、5.6.3、5.6.4;2012 年版的 5.1.4、5.3.5、5.4.4、5.5.1、5.5.3,5.5.4、5.6.3);
i) 增加了运行维护技术内容(见第 9 章);
j) 更改了控制柜安全及保护功能性要求(见 5.7.2、5.7.3,2012 年版的 5.7.1、5.7.2)。

请注意本文件的某些内容可能涉及专利。本文件的发布机构不承担识别专利的责任。

本文件由全国锅炉压力容器标准化技术委员会(SAC/TC 262)提出并归口。

本文件起草单位:上海蓝滨石化设备有限责任公司、睿能太宇(沈阳)能源技术有限公司、上海艾克森股份有限公司、四平市巨元瀚洋板式换热器有限公司、山东北辰机电设备股份有限公司、黑龙江省中能控制工程股份有限公司、兰州兰石换热设备有限责任公司、OMEXELL(济南)传热技术有限公司、丹佛斯(鞍山)控制阀有限公司、西安交通大学、西安市热力集团有限责任公司、甘肃蓝科石化高新装备股份有限公司、中国特种设备检测研究院、廊坊市欣瑞科能换热设备有限公司、机械工业兰州石油化工设备检测所有限公司。

本文件主要起草人:陈战杨、周文学、车生文、白博峰、王立新、吕松海、唐金山、刘凯、严纲、郝亮、闫海清、赵小兰、曹宏麟、陈志伟、任纪罡、孔德龙、倪鹏博、曹锦鋆。

本文件于 2012 年首次发布,本次为第一次修订。

引 言

本文件在不同的使用场合会有不同或更进一步的要求。本文件不限制在特定应用场合中，供、需双方接受的特殊设备或设计方案，也适用于富有创新或发展的技术。若选用特殊的设备，供方应明确与本文件的差别并提供详细说明。

板式热交换器机组

1 范围

本文件规定了板式热交换器机组的型式、型号与基本参数,技术要求,制造与组装,检验方法,标志、包装、运输和贮存,运行维护等技术内容。

本文件适用于暖通行业用板式热交换器机组,其他行业热交换器机组可参考使用。

本文件适用于板式热交换器(包含可拆卸板式热交换器、半焊板式热交换器)、钎焊板式热交换器作为换热设备的热交换器机组,焊接板式热交换器、管壳式热交换器等其他类型热交换器作为换热设备的热交换器机组可参考使用。

2 规范性引用文件

下列文件中的内容通过文中的规范性引用而构成本文件必不可少的条款。其中,注日期的引用文件,仅该日期对应的版本适用于本文件;不注日期的引用文件,其最新版本(包括所有的修改单)适用于本文件。

GBZ 1　工业企业设计卫生标准

GB/T 706　热轧型钢

GB/T 713　锅炉和压力容器用钢板

GB/T 985.1　气焊、焊条电弧焊、气体保护焊和高能束焊的推荐坡口

GB/T 985.2　埋弧焊的推荐坡口

GB/T 2887　计算机场地通用规范

GB/T 3274　碳素结构钢和低合金结构钢热轧钢板和钢带

GB/T 3621　钛及钛合金板材

GB/T 3624　钛及钛合金无缝管

GB/T 3625　换热器及冷凝器用钛及钛合金管

GB/T 4237　不锈钢热轧钢板和钢带

GB/T 4622.1　缠绕式垫片　分类

GB/T 4622.2　缠绕式垫片　管法兰用垫片尺寸

GB/T 4622.3　缠绕式垫片　技术条件

GB 4793.1　测量、控制和实验室用电气设备的安全要求　第1部分:通用要求

GB/T 5656　离心泵　技术条件(Ⅱ类)

GB/T 5657　离心泵技术条件(Ⅲ类)

GB/T 7251.1　低压成套开关设备和控制设备　第1部分:总则

GB/T 7251.4　低压成套开关设备和控制设备　第4部分:对建筑工地用成套设备(ACS)的特殊要求

GB/T 8163　输送流体用无缝钢管

GB/T 8923.1—2011　涂覆涂料前钢材表面处理　表面清洁度的目视评定　第1部分:未

涂覆过的钢材表面和全面清除原有涂层后的钢材表面的锈蚀等级和处理等级

GB/T 9129 管法兰用非金属平垫片 技术条件

GB/T 12243 弹簧直接载荷式安全阀

GB/T 12459 钢制对焊管件 类型与参数

GB/T 12668.2 调速电气传动系统 第2部分:一般要求 低压交流变频电气传动系统额定值的规定

GB/T 12706.1 额定电压1 kV(U_m=1.2 kV)到35 kV(U_m=40.5 kV)挤包绝缘电力电缆及附件 第1部分:额定电压1 kV(U_m=1.2 kV)和3 kV(U_m=3.6 kV)电缆

GB/T 12706.2 额定电压1 kV(U_m=1.2 kV)到35 kV(U_m=40.5 kV)挤包绝缘电力电缆及附件 第2部分:额定电压6 kV(U_m=7.2 kV)到30 kV(U_m=36 kV)电缆

GB/T 12706.3 额定电压1 kV(U_m=1.2 kV)到35 kV(U_m=40.5 kV)挤包绝缘电力电缆及附件 第3部分:额定电压35 kV(U_m=40.5 kV)电缆

GB/T 12712 蒸汽供热系统凝结水回收及蒸汽疏水阀技术管理要求

GB/T 13296 锅炉、热交换器用不锈钢无缝钢管

GB/T 13384 机电产品包装通用技术条件

GB 14050 系统接地的型式及安全技术要求

GB/T 14976 流体输送用不锈钢无缝钢管

GB/T 15479 工业自动化仪表绝缘电阻、绝缘强度技术要求和试验方法

GB 17167—2006 用能单位能源计量器具配备和管理通则

GB/T 28575 YE3系列(IP55)三相异步电动机技术条件(机座号63~355)

GB/T 26921—2011 电机系统(风机、泵、空气压缩机)优化设计指南

GB/T 29531—2013 泵的振动测量与评价方法

GB/T 29871—2013 能源计量仪表通用数据接口技术协议

GB/T 32224 热量表

GB/T 36478.4—2019 物联网 信息交换和共享 第4部分:数据接口

GB/T 39583—2020 既有建筑节能改造智能化技术要求

GB/T 39959—2021 液体泵和泵机组 噪声试验方法 2级和3级

GB 50015 建筑给水排水设计标准

GB 50040 动力机器基础设计标准

GB 50054 低压配电设计规范

GB 50174 数据中心设计规范

GB 50236—2011 现场设备、工业管道焊接工程施工规范

GB 50264 工业设备及管道绝热工程设计规范

CJJ 28—2014 城镇供热管网工程施工及验收规范

CJJ/T 34 城镇供热管网设计标准

HG/T 3651 钛制对焊无缝管件

NB/T 47004.1 板式热交换器 第1部分:可拆卸板式热交换器

NB/T 47045 钎焊板式热交换器

NB/T 47008 承压设备用碳素钢和合金钢锻件

NB/T 47009　低温承压设备用合金钢锻件

NB/T 47010　承压设备用不锈钢和耐热钢锻件

NB/T 47018(所有部分)　承压设备用焊接材料订货技术条件

3 术语和定义

下列术语和定义适用于本文件。

3.1

板式热交换器机组　plate heat exchanger unit

由板式热交换器、泵、仪表、电气设备、控制系统及必要的附属设备等各单元设备组成,以实现流体间热量交换满足工艺要求为目的的集成装置。

注:板式热交换器机组一般为模块化设计,结构紧凑,控制集中,运行参数可集中显示。

3.2

智能换热机组　intelligent heat exchanger unit

具有数据采集、数据处理、数据通信、自动调整能力的板式热交换器机组。

注:功能完备的智能换热机组一般具有灵敏准确的感知(传感、采集、存储、远传)功能、正确的思维与判断(统计、运算、优化、反馈)功能以及行之有效的执行(调控、示警、保护、启停)功能。

3.3

一次侧　primary circuit side

热量或冷量的提供侧。

3.4

二次侧　secondary circuit side

热量或冷量的接收侧。

3.5

汽—液板式热交换器机组　steam-liquid heat exchanger unit

一次侧介质为蒸汽、二次侧介质为液体的板式热交换器机组。

3.6

液—液板式热交换器机组　liquid-liquid heat exchanger unit

一次侧、二次侧介质均为液体的板式热交换器机组。

3.7

一次侧设计压力　primary design pressure

设定的板式热交换器机组一次侧的最高压力。

注:一次侧设计压力与相应的一次侧设计温度一起作为设计载荷条件。

3.8

二次侧设计压力　secondary design pressure

设定的板式热交换器机组二次侧的最高压力。

注:二次侧设计压力与相应的二次侧设计温度一起作为设计载荷条件。

3.9

一次侧设计温度　primary design temperature

板式热交换器机组在正常工作和相应的一次侧设计压力下,设定的一次侧温度。

3.10

二次侧设计温度 secondary design temperature

板式热交换器机组在正常工作和相应的二次侧设计压力下,设定的二次侧温度。

4 型式、型号与基本参数

4.1 型式

4.1.1 板式热交换器机组(在不引起混淆的情况下,以下简称"机组")常见的结构型式包含整体(撬装)式、组合/分块撬装式等。场地、空间受限制时也可采用(集装)箱式、立式、壁挂式等其他特殊结构。典型机组结构示意图见图1。

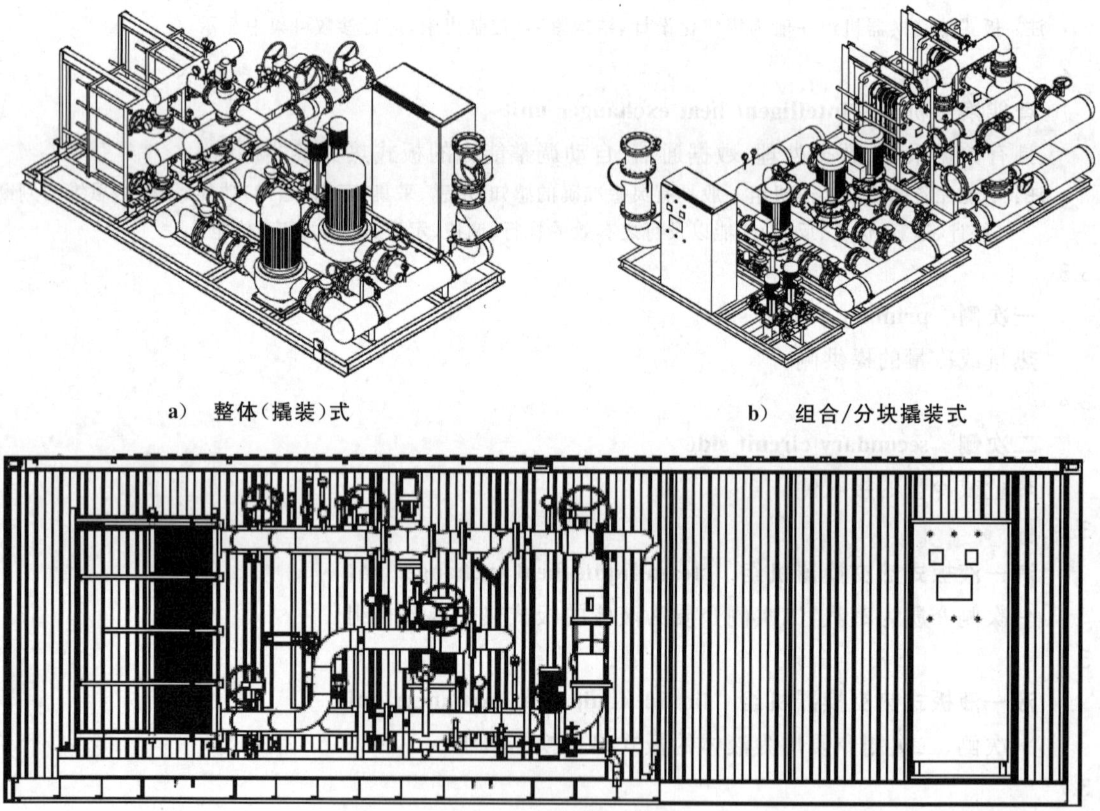

a) 整体(撬装)式　　b) 组合/分块撬装式

c) (集装)箱式

图1 典型机组结构示意图

4.1.2 按换热介质类型,机组分为汽-液换热型和液-液换热型。

4.1.3 机组按控制类型可分为以下三种:

a) 手动控制型;

b) 自动控制型;

c) 智能控制型。

4.2 基本参数

4.2.1 机组的一次侧、二次侧设计压力宜优先从表1中选取。

表 1　机组一次侧、二次侧设计压力优先值

位置	设计压力优先值/MPa					
机组一次侧、二次侧	0.25	0.6	1.0	1.6	2.0	2.5

4.2.2　机组的额定热负荷不宜超过 12 MW。

4.3　型号

机组产品型号表示方法见图 2。

× ×/×-×-×-×/×

- 二次侧设计压力(MPa)
- 一次侧设计压力(MPa)
- 一次侧介质状态("液"表示为"Y";"汽"表示为"Q")
- 额定热负荷(MW)
- 二次侧公称管径
- 一次侧公称管径
- 厂家定义机组代号(可用 2 位或 3 位字母表示)

图 2　机组产品型号表示方法

示例 1:

额定热负荷 0.5 MW,用于液-液热交换系统,一次侧设计压力 1.0 MPa,公称管径为 DN200,二次侧设计压力0.6 MPa,公称管径为 DN300 的机组,表示为:

BJ200/300-0.5-Y-1.0/0.6

示例 2:

额定热负荷 0.5 MW,用于汽-液热交换系统,一次侧设计压力 1.6 MPa,公称管径为 DN150,二次侧设计压力1.0 MPa,公称管径为 DN250 的智能换热机组,表示为:

ZNJ150/250-0.5-Q-1.6/1.0

5　技术要求

5.1　一般要求

5.1.1　机组应按 5.3～5.7 的规定进行设计选型,并按经规定程序批准的图样和技术条件(或按用户和制造商的协议)制造。

5.1.2　机组一次侧、二次侧设计压力应分别不低于其一次侧、二次侧工作压力(正常工作情况下机组可能出现的最高压力)。

5.1.3　当机组的一次侧、二次侧设计温度或设计压力超过表 2 的规定时,可采用相应的减温减压措施。

表 2　机组推荐的设计温度和压力

项目		温度/℃	压力/MPa
介质	蒸汽	≤160	≤0.5
	液体	0～150	≤2.5

5.1.4　机组宜采用整体(撬装)式或组合/分块撬装式结构,场地、空间等受限制时也可采用其他特殊结构。机组结构设计应遵循布置合理紧凑以便于运输、阀门便于操作、仪表便于观测、预

留空间便于检修等原则。

5.1.5 机组系统电动机选型应满足 GB/T 26921—2011 第 5 章的要求。

5.1.6 可根据用户提供参数选用循环泵、补水泵等,其流量和扬程应满足机组正常工作要求。

5.1.7 机组中的循环泵及补水泵宜采取减振措施。当机组有振动烈度要求时,应依据 GB/T 29531—2013 进行测量与评价,并根据评估结果,采取减振措施。

5.1.8 机组噪声应符合 GBZ 1 的要求,并满足图样或技术协议要求,其测试方法应满足 GB/T 39959—2021 现场测试中 2 级的要求。

5.1.9 机组底座和支撑结构应有足够的强度、刚度和稳定性。底座应设置固定吊装点,不应以各单元设备吊装点及管道作为机组吊装点。

5.1.10 机组的安装与使用应符合附录 A 的要求。

5.1.11 机组中热量、流量计量器具的配备应符合 GB 17167—2006 的规定。

5.1.12 钢板、钢管、法兰、管路附件及各种型材等材料优先选用表 3 中的牌号及标准,选用其他材料牌号或标准,应在技术文件中说明。

表 3 机组管路及附件的材料要求

材料名称	材料牌号(代号)	材料标准
钢管	10	GB/T 8163
	20	
	0Cr18Ni9(S30408)	GB/T 13296 GB/T 14976
	06Cr18Ni11Ti(S32168)	
	06Cr17Ni12Mo2(S31608)	
	022Cr17Ni12Mo2(S31603)	
	07Cr19Ni11Ti(S32169)	
	TA1	GB/T 3624 GB/T 3625
	TA2	
钢板	Q235A	GB/T 3274
	Q235B	
	Q235C	
	Q345R	GB/T 713
	Q355B	GB/T 3274
	0Cr18Ni9(S30408)	GB/T 4237
	022Cr19Ni10(S30403)	
槽钢	Q235A	GB/T 706
角钢	Q235A	GB/T 706

表3　机组管路及附件的材料要求(续)

材料名称	材料牌号(代号)	材料标准
法兰	Q235B	GB/T 3274
	Q235C	
	20	NB/T 47008
	16Mn	
	0Cr18Ni9(S30408)	NB/T 47010
	06Cr18Ni11Ti(S32168)	
	06Cr17Ni12Mo2(S31608)	
	022Cr17Ni12Mo2(S31603)	
	16MnD	NB/T 47009
	TA1	GB/T 3621
	TA2	
弯头、三通、变径管	10	GB/T 12459
	20	
	0Cr18Ni9(S30408)	
	06Cr18Ni11Ti(S32168)	
	06Cr17Ni12Mo2(S31608)	
	022Cr17Ni12Mo2(S31603)	
	TA1	HG/T 3651
	TA2	
法兰垫片	聚四氟乙烯 非石棉纤维橡胶板 橡胶 缠绕式垫片	GB/T 9129 GB/T 4622.1~GB/T 4622.3

5.1.13　当选用国外标准制造的单元设备或国外牌号材料时,其功能或材料性能指标应不低于国内相关标准的要求。

5.1.14　机组组装完成应进行液压试验,所有密封面、受压焊接部位、板式热交换器应无渗漏,无异常响声和可见变形。

5.2　换热工艺

5.2.1　汽-液板式热交换器机组(以下简称"汽-液机组")一次侧介质在管道内的设计流速应符合表4的规定。

表4 蒸汽介质在管道内允许的设计流速

供热介质	管径/mm	最大允许设计流速/(m/s)
饱和蒸汽	≤DN200	35
	>DN200	40

5.2.2 液-液板式热交换器机组(以下简称"液-液机组")或汽-液机组的二次侧应按允许的压降确定管径,介质流速不应大于3.5 m/s,且比摩阻不应大于400 Pa/m。

5.2.3 机组一次侧、二次侧压降按式(1)计算:

$$\Delta p_0 = \Delta p_1 + \Delta p_2 + \Delta p_3 \quad\cdots\cdots(1)$$

式中:

Δp_0——机组一次侧、二次侧压降,单位为千帕(kPa);

Δp_1——板式热交换器一次侧、二次侧阻力损失,单位为千帕(kPa);

Δp_2——一次侧、二次侧各流通阀门等部件的阻力损失,单位为千帕(kPa);

Δp_3——机组一次侧、二次侧管道及附件阻力损失,单位为千帕(kPa)。

5.2.4 用于供热的液-液机组一次侧、二次侧的压降均不应大于100 kPa。

5.2.5 泵入口管道管径及附件选型时,应经计算确定且保证泵不发生汽蚀。

5.2.6 在汽-液机组中,应设置能连续排水的疏水阀,疏水阀的选型应符合GB/T 12712的要求。

5.2.7 典型工况工艺流程见附录B。

5.3 板式热交换器

5.3.1 板式热交换器应符合NB/T 47004.1的规定,钎焊板式热交换器应符合NB/T 47045的规定,其选型应满足实际工艺参数运行要求,材料应根据使用的介质及参数选取,其设计压力和设计温度应取机组一次侧、二次侧设计压力与设计温度的较大值。

5.3.2 板式热交换器的选用应满足系统工艺要求,优先选用能效等级高的产品。

5.3.3 板式热交换器宜采用逆流换热方式。优先选用单流程、接口均设置在固定压紧板上的板式热交换器。

5.3.4 机组内并联运行的板式热交换器不宜超过2台,且不宜设置备用板式热交换器。

5.4 循环泵

5.4.1 循环泵应符合GB/T 5656或GB/T 5657的规定,且满足系统工艺要求。

5.4.2 机组内的一次侧加压泵和二次侧循环泵均不宜超过2台,且不宜设置备用泵。

5.4.3 循环泵所配的电动机应符合GB/T 28575的规定,并应满足下列要求。

a) 电动机的额定电压为单相220(1±10%)V或三相380(1±10%)V,电源频率为50 Hz±2 Hz;

b) 电动机应有密封的接线盒,接线端子应连接每个绕组的末端,并接地保护;

c) 在确保满足工艺要求的前提下,宜优先选用能效等级高的电动机。

5.4.4 循环泵应采用变频运行,且宜单独设置变频器。

5.4.5 机组内循环泵宜选用单级离心泵。

5.4.6 机组选用电动机功率大于15 kW的循环泵时,在循环泵的进口和出口间宜设置带止回阀的旁通管,其管径宜与循环泵进口管径相同。

5.4.7 循环泵流量、扬程应根据设计要求或计算确定。

5.4.8 生活热水机组循环泵流量、扬程等应按 GB 50015 的规定选取。

5.5 补水泵

5.5.1 机组宜采用补水泵定压补水,宜选用立式多级离心泵。补水泵不宜超过 2 台。

5.5.2 补水泵应符合 GB/T 5656 或 GB/T 5657 的要求,且满足系统工艺要求。

5.5.3 补水泵宜采用变频运行。如采用变频运行,宜单独设置变频器。

5.5.4 补水泵的流量宜为二次侧循环总流量的 2%～4%。

5.5.5 补水点宜设置在二次侧回水循环水泵入口处;生活热水机组的补水点宜设置在二次侧回水循环水泵出口处。

5.5.6 补水泵进口宜采用全通径球阀以减少阻力损失,防止汽蚀发生。

5.5.7 补水泵宜优先选用能效等级高的产品。

5.6 阀门及管路附件

5.6.1 机组阀门应满足设计温度和设计压力要求。

5.6.2 与板式热交换器连接的管路应采用可拆卸的连接方式。

5.6.3 安全阀应符合 GB/T 12243 的规定,无特殊设计要求时,安全阀宜设置在二次侧回水入口处(一般为循环泵的入口处附近),安全阀出口应设置下弯管线。

5.6.4 在机组管路的最低点应设置泄水阀,口径宜不小于 DN25;在易积气的管路上应设置排气阀,口径宜为 DN15。泄水阀、排气阀宜选用快开式球阀。

5.6.5 在一次侧管路和二次侧管路上(循环泵入口处)均应设置过滤装置。过滤装置应能除去直径2.0 mm及以上的颗粒,过滤装置排污口应朝向便于检修的位置。

5.6.6 在液-液机组中,一次侧热量表或流量计宜设置在回水管路上,二次侧的流量计宜安装在二次侧供水管路上。

5.6.7 在汽-液机组中,一次侧的调节阀和流量计应设置在蒸汽管路上。

5.6.8 二次回水管线上应设置电磁阀及安全阀,当系统压力超过设定压力时开启泄压,安全阀的开启压力应大于电磁阀的开启压力。

5.6.9 液-液机组对外界管道接口处的关断阀宜选用球阀。汽-液机组一次侧对外界管道接口处的关断阀宜选用截止阀或闸阀。

5.6.10 当机组选用单台热交换器、单台循环水泵时,可不设置热交换器进出口关断阀门、水泵进出口关断阀门及水泵出口止回阀。

5.6.11 机组上需设置热量表或流量计时其口径按保证测量精度最低流速选取。且热量表或流量计安装时,应按测量精度要求设置相应的直管段。

5.6.12 热交换器及水泵接口管道直径及阀门口径应计算确定。

5.7 电气安全

5.7.1 总体要求

5.7.1.1 机组供电电源要求三相五线制,零线与接地线应分别设置。

5.7.1.2 供电电源满足交流电压 380(1±10%)V。

5.7.1.3 带电部分与外部应采用外壳或遮拦等方式完全隔开。

5.7.1.4 接地端子应用螺纹紧固件连接,接地符号应清晰、永久,接地装置不准许连接除黄/绿双色导线的接地保护线外的其他导线,黄/绿双色导线仅用于接地导线并接到接地端子,不能接到其他端子。

5.7.1.5 机组内部布线应牢固,并有效地防止布线与运动部件接触。

5.7.1.6 水泵电动机应采用连接接地导线等方式可靠接地。

5.7.1.7 设备整体应可靠、牢固接地;应具备防雷击的电气保护装置,且安装在所保护的电气设备前端。

5.7.1.8 机组不同极性带电部件之间和带电部件与易触及的金属部件之间的爬电距离和电气间隙应不小于表5的规定。对于电气柜中裸露的带电导体和端子(例如母线、电气之间的连接,电缆接头),其爬电距离不应小于20 mm,电气间隙不应小于12 mm。

表5 最小爬电距离和电气间隙

电压(峰值)/V	电气间隙/mm	爬电距离/mm
250～480	3	4

5.7.1.9 机组的电气设备系统产生的电磁干扰,不应超过其预期使用场合允许的水平。设备应有足够的抗电磁干扰能力,以保证电气设备系统在预期使用环境中正常运行。

5.7.1.10 机组电控柜应进行交流耐压试验、直流耐压试验、绝缘试验、爬电距离和电气间隙试验等。

5.7.1.11 机组电控柜操作面板应设置循环水泵及补水泵的急停按钮,设备故障或紧急情况时能平稳停机。

5.7.1.12 电源进线及水泵端子接线鼻子,应经过绝缘处理,可靠连接,防止误操作触电。

5.7.2 电控柜

5.7.2.1 电控柜应满足下列要求:

a) 电控柜应符合GB/T 7251.1、GB/T 7251.4的要求,其中进线柜、低压配电柜、电容补偿柜应有“中国强制性产品认证(CCC认证)”;

b) 绝缘1 min试验工频耐压不小于2 500 V;

c) 防护等级不低于IP40,有特殊需要时按用户要求执行;

d) 应能满足环境温度0 ℃～40 ℃,相对湿度不大于90%的工作条件。

5.7.2.2 电控柜应具有如下保护功能:

a) 短路保护;

b) 接地保护;

c) 过载保护;

d) 缺相保护;

e) 报警功能。

5.7.3 自控柜

5.7.3.1 自控柜应具有与机组仪表相结合实现自动控制、检测及保护的功能。

5.7.3.2 自控柜应满足下列要求:

a) 控制柜应符合GB/T 15479、GB 4793.1的规定;

b) 绝缘 1 min 试验工频耐压不小于 1 500 V；

c) 防护等级 IP40,有特殊需要时按用户要求执行；

d) 应能满足环境温度 0 ℃～40 ℃,相对湿度不大于 90%的工作条件。

5.7.3.3 自控柜应具有如下保护功能：

a) 短路保护；

b) 接地保护；

c) 过载保护；

d) 断电保护；

e) 报警功能。

5.7.4 变频器

5.7.4.1 变频器应满足电动机的负载要求。变频器的选用应符合 GB/T 12668.2 的规定,且应满足以下要求：

a) 额定电源电压:三相交流 380(1±10%)V；

b) 电源频率:50 Hz±2 Hz；

c) 功率因数:$\cos\varphi>0.95$；

d) 输出电压:0 V～380 V；

e) 频率精度:0.5%(相对于最高输出频率)；

f) 过载能力:110%最小 60 s；

g) 控制方式:正弦波 PWM 或矢量控制方式；

h) 变频器的额定输出应满足电动机消耗和负载的特性曲线；

i) 电源谐波要求,总的谐波畸变率小于 3%；

j) 变频器适用于工作环境温度为－10 ℃～40 ℃,相对湿度不大于 90%,现场安装防护等级不低于 IP54。用于柜内安装时,防护等级不低于 IP20。

5.7.4.2 变频器保护功能要求如下：

a) 过载保护；

b) 过电压保护；

c) 输出短路保护；

d) 欠电压保护；

e) 接地故障保护；

f) 过电流保护；

g) 内部温升保护；

h) 缺相保护；

i) 瞬间停电保护。

5.7.4.3 变频器控制功能一般要求如下：

a) 变频器应具有模拟量及数字量输入、输出(I/O)信号,所有模拟量信号应为 4 mA～20 mA 或0 V～10 V,并能与控制器可靠连接；

b) 应有频率反馈输出功能、内置 PID 调节功能和休眠功能；

c) 在故障状态下,保护电路应快速动作并报警,同时变频器停止工作；

d) 变频器应具有多种通信方式,内置标准通信接口 RS485、Modbus 通信协议,并具有多种通信协议可选；

e) 变频器的控制系统应具有调节上升时间和下降时间的线性调节功能(转速从 0% 到 100%，0.1 s～300 s)，上升和下降时间应单独可调；

f) 为避免电动机或水泵出现共振，变频器应可通过程序设定跳跃频率；

g) 变频器应具有下列功能的操作面板：

1) 显示功能，且支持中文显示；

2) 变频器的启动、停止；

3) 变频器参数的设定；

4) 显示故障并报警；

5) 复位功能。

5.8 控制及测量要求

5.8.1 机组控制及测量要求如下：

a) 机组控制部分一般由传感器、控制器、执行机构和通信系统组成；

b) 控制器应通过与其相连的传感器和执行机构对机组和其他现场设备进行数据采集和控制；

c) 传感器包括温度传感器或温度变送器、压力变送器、压差变送器、流量计、热量表、液位变送器或液位开关等；

d) 执行机构包括阀门电动执行机构和变频器等；

e) 机组应具有流量、热量或温度、压力等测量功能；

f) 通信系统应具备标准通信口和协议，可进行对内及对外的数据交流。

5.8.2 机组数据采集要求如下。

a) 机组至少应采集以下相关参数：

1) 一次侧、二次侧的供、回介质温度；

2) 一次侧、二次侧的供、回介质压力；

3) 供热工况下的室外温度；

4) 循环水泵和补水泵的运行状态、故障状态等；

5) 执行机构反馈信号。

b) 必要时，机组还应采集以下相关参数：

1) 二次侧介质流量；

2) 补水流量、补水箱液位；

3) 一次侧瞬时热量、瞬时流量、累计热量、累计流量、蒸汽流量或凝结水流量；

4) 电压、电流、电量等参数。

c) 机组可采用远程运维平台的方式对本条 a)、b)列出的参数进行监控，机组远程运维平台基础技术说明见附录 C。

5.8.3 机组应满足的控制功能如下：

a) 控制系统宜满足机组全自动运行要求；

b) 用于供热的机组控制系统采用一次侧执行机构调节一次网的流量或热量，实现二次网按需供热；

c) 用于供热的机组变频调速系统应根据二次热网环路实际用热量，或最不利点环路的压差信号来调节二次热网的循环水泵流量；

d) 应具有自动定压补水功能；

e) 用于供热的机组控制系统应具备供热指标量化管理及有效节能措施。

5.8.4 机组应满足的报警联锁保护功能如下：

a) 超温报警、超压报警和欠压报警；

b) 断电保护；

c) 二次侧超高压联锁保护、超低压联锁保护和超高温联锁保护；

d) 二次侧防汽化联锁保护；

e) 二次侧应设有超压泄水装置，当系统超过设定压力时自动泄水；

f) 水箱液位联锁保护。

5.8.5 机组应满足的节能降耗功能如下：

a) 一次侧回水最高温度限制功能；

b) 一次侧回水与二次侧回水最大温差限制功能；

c) 气候补偿与分时段控制功能；

d) 支持热计量功能；

e) 最大热量限制功能。

5.8.6 现场控制器应满足下列要求：

a) 控制器应具有数据采集、控制调节、人机界面、自诊断功能、数据存储功能、通信功能和日历时钟功能，宜具有系统组态和 Web 访问功能；

b) 存储温度范围－20 ℃～70 ℃、相对湿度不大于 90%；

c) 运行温度范围－10 ℃～50 ℃、相对湿度不大于 90%。

5.8.7 温度传感器或温度变送器应满足下列要求：

a) 温度测量范围应满足被测参数要求，测量误差不大于±1 ℃；

b) 温度传感器部分时间常数对于室外温度不应大于 15 min，对于工作介质不应大于 40 s；

c) 防护等级不低于 IP54；

d) 应选择可在线拆装的温度传感器。

5.8.8 压力传感器或压力变送器应满足下列要求：

a) 压力测量范围应满足被测参数设计要求，最高测量值不应超过设计量程的 70%；测量精度不应低于 0.5 级；

b) 过载能力不低于标准量程的 2.5 倍；

c) 稳定性：12 个月漂移量小于压力上限值(URL)的±0.1%；

d) 防护等级不低于 IP54；

e) 安装时应加装仪表阀以及阻尼装置，工况超出其正常工作温度时需加装散热装置。

5.8.9 流量计和热量表应满足下列要求：

a) 热量表选用应符合 GB/T 32224 的规定；

b) 流量计精度应不低于 2 级，热量表精度应不低于 3 级；

c) 流量计和热量表应具备标准通信输出功能，并采用标准通信接口及标准通信协议。

5.8.10 调节阀应满足下列要求。

a) 应具有等百分比流量特性。

b） 可调比率不应低于 50∶1,不能满足时应采用多阀并联。

c） 用于液体系统的调节阀,其阀门的口径应按计算流通能力选取;用于蒸汽系统的调节阀,其阀门的口径应按制造厂家提供的图表或程序计算选取。

d） 应按系统的介质类型、温度和压力等级选定阀门材质,满足运行和安全要求。

e） 阀门的最大关闭压差应不小于所在环路可能出现的最大压差值。

f） 调节阀在调节过程中阀权度应不低于 0.3,且不应出现气蚀现象,阀权度按式(2)计算:

$$H = \frac{\Delta p}{(\Delta p + \Delta p_s)} \quad \cdots\cdots(2)$$

式中:

H ——阀权度;

Δp ——阀门全开时两端压降,单位为千帕(kPa);

Δp_s——阀门全开时机组系统压降,单位为千帕(kPa)。

g） 以蒸汽为介质的电动调节阀应具有断电自动关闭的功能,气动调节阀应采用气开式调节阀。

h） 电动调节阀执行器应满足下列要求:

1） 交流电源电压为 24 V/230 V,50 Hz;

2） 控制信号为标准的模拟量信号,宜选用 4 mA～20 mA 或 0 V～10 V;

3） 支持手动操作;

4） 具有阀位反馈功能,反馈信号为标准模拟量信号,宜选用 4 mA～20 mA 或 0 V～10 V;

5） 外壳防护等级 IP54。

5.8.11 温度计精度应不低于 1.5 级、压力表精度应不低于 1.6 级,最高测量值不应超过设计量程的 70%;安装位置应能反映真实测量值,且易于读取。

5.9 数据接口

5.9.1 通信协议

5.9.1.1 机组中计量仪表数据接口的技术协议按 GB/T 29871—2013 的规定执行。

5.9.1.2 机组与外部系统的数据接口按 GB/T 36478.4—2019 的规定执行。

5.9.2 通信功能

5.9.2.1 机组控制器应具备与监控中心双向数据传输的功能。

5.9.2.2 通信应采用国际标准通用接口及协议。

5.9.2.3 数据通信宜使用公共网络资源。

6 制造与组装

6.1 结构要求

6.1.1 机组制造应符合本章的规定,并按经规定程序批准的图样和技术条件(或按用户和制造商的协议)进行制造。

6.1.2 机组的零部件和材料应能满足机组使用性能的要求。

6.1.3 机组内板式热交换器两侧应有足够的拆装、检修空间。

6.1.4 管路支撑点应设置在钢制直管段或弯头上,水泵、阀门、仪器仪表不应作为管路支撑点。

支撑结构应考虑管路热位移的影响,并有足够的强度和稳定性,支撑力应通过机架直接传递到安装机组的基础之上。

6.1.5　设备、阀门与管道的连接应采用焊接或法兰连接的方式。管道公称直径≤DN50时可采用螺纹连接。

6.1.6　法兰连接应与管道同心,并应保证螺栓自由穿入。法兰螺栓孔应跨中布置。法兰间应保持平行,不应用强紧螺栓的方法消除歪斜。

6.1.7　管道元件的焊接应符合以下规定:

a)　焊接的焊缝坡口型式与尺寸应符合GB/T 985.1和GB/T 985.2的规定;

b)　液-液机组、汽-液机组二次侧管道的焊接应符合GB 50236—2011第7章的要求;汽-液机组一次侧(蒸汽侧)管道的焊接宜符合GB/T 20801.4—2020第7章的要求;

c)　焊接材料应符合NB/T 47018(所有部分)的规定。

6.1.8　管道开孔应符合下列规定:

a)　不应在管道的纵向、环向焊缝上开孔;

b)　管道上不应开方孔接口。

6.1.9　机组组装时应清除管道内的残余物。

6.2　电气、控制及仪表安装要求

6.2.1　控制柜(电控柜、自控柜)应符合下列要求:

a)　控制柜内强电设备与弱电设备应分区布置,强电线缆和弱电线缆应安装在不同的线槽内;

b)　控制柜内应设置动力电缆的接线端子板,电缆接线全部为压接;

c)　进出线缆应分开区域,宜采用下进下出;

d)　控制电缆端子板应设置防松件,并用格栅分开不同电压等级的端子,电缆端子应有相序标记、接线编号,电气元件应有序标号;

e)　控制柜合理配置风扇及风道,保证柜内发热元件散热要求;

f)　电缆与柜体金属有摩擦时,需加护口或护套保护电缆;电缆连接在面板和门板上时,需要加塑料管和安装线槽;

g)　电缆应采用屏蔽电缆,屏蔽层单端接地,抑制电磁干扰。

6.2.2　电缆铺设应符合下列要求:

a)　电缆铺设应满足GB 50054的规定;

b)　电缆敷设应走桥架或穿线管;

c)　电缆应符合GB/T 12706.1～GB/T 12706.3的规定,信号线应采用屏蔽线。

6.3　防腐与绝热要求

6.3.1　机组内的管道及基座的表面处理不应低于GB/T 8923.1—2011中Sa2½级或St3级要求。

6.3.2　管道、机架的防腐涂层应均匀、无明显皱皮、流坠、针眼或气泡。不应误涂、漏涂,涂层不应脱皮或返锈。

6.3.3　机组保温应符合GB 50264及以下要求。

a)　用于供热的机组中板式热交换器和管道保温后的外表面温度不应大于50 ℃。板式热交换器的保温外护层应为可拆卸式的结构,便于板式热交换器的维护。

b) 用于制冷的液-液机组中板式热交换器和管道保冷后其外表面不应结露。

6.4 外观要求

6.4.1 机组表面的漆膜应均匀、平整，无气泡、龟裂或剥落等缺陷。

6.4.2 控制柜内应干燥、清洁、无杂物。桥架、接线整齐规范，不影响操作及观察。

6.4.3 所有管道端口需用盖板密封；管路上的阀门处于开启状态；管路上的泄水口(包括温度计、压力表和各种传感器的接口)均应封堵；法兰、盲板等密封面、各种零件的螺纹部分均应采取防锈措施。

6.4.4 介质流向、接管标记及机组铭牌应清晰、完整。

6.4.5 应在明显的位置设置清晰牢固的安全警告标识。

7 检验方法

7.1 外观检查

采用目测和尺寸测量检查，检查结果应符合6.3和6.4的要求，并检查下列内容。

a) 根据设计要求核对设备的数量和型号是否与设计相符，设备进出口管径型号是否符合设计要求，测量仪表的数量或接口位置是否符合设计要求。

b) 检查螺栓是否有缺失或未拧紧的现象。

c) 检查所有管道的支撑是否有效固定并起到支撑作用。

d) 检查电器接线的桥架或穿线管是否有效支撑并固定。

7.2 液压试验

机组液压试验应按照NB/T 47004.1中规定的试验方法进行，保压时间应不少于30 min，每次试验应有记录并存档。试验介质宜采用水，试验压力应为设计压力的1.3倍，一次、二次侧应分别进行液压试验，试验完毕后应排空试验用水。

试验用水水温应不低于5 ℃；奥氏体不锈钢板片组装的板式热交换器，用水进行液压试验时，应控制水中的氯离子含量不超过25 mg/L。

7.3 电气设备检验

电气设备检验内容如下：

a) 电气回路和控制回路的接线是否正确、牢固；

b) 电气系统是否可靠接地；

c) 在通电状态下，电气元件动作是否正常。

7.4 控制系统检验

控制系统检验要求如下：

a) 控制系统数据采集和显示是否准确；

b) 控制系统各项控制功能及动作是否正常；

c) 控制系统报警及联锁保护动作是否正常；

d) 通信是否正常。

7.5 水泵运转检验

水泵运转检验内容如下：

a) 水泵电动机绝缘是否满足要求；

b) 循环泵及补水泵转向是否正确。

7.6 压降测试

压降测试应根据供需双方的需求进行,测量压降应不大于设计压降的105%,测试方法见附录D。

7.7 检验项目规定

产品应逐台进行出厂检验,并出具检验合格报告。检验项目应符合表6的规定。

表6 检验项目

序号	检验项目	必检项目	要求	检验方法条款
1	外观检验	√	6.3、6.4	7.1
2	液压试验	√	5.1.14	7.2
3	电气设备检验	√	5.7	7.3
4	控制系统检验	√	5.8	7.4
5	水泵运转检验	—	5.4、5.5	7.5
6	压降测试	—	5.2	7.6
注:"√"表示必检项目,"—"表示推荐检验项目。				

8 标志、包装、运输和贮存

8.1 标志及标识

8.1.1 机组应在明显的位置设置清晰、牢固的金属铭牌,铭牌内容至少应包括:

a) 制造厂名称;

b) 产品名称、型号及规格;

c) 额定热负荷,单位为兆瓦(MW);

d) 设计温度(一次侧/二次侧),单位为摄氏度(℃);

e) 设计压力(一次侧/二次侧),单位为兆帕(MPa);

f) 净重,单位为千克(kg);

g) 充水重量,单位为千克(kg);

h) 额定电压,单位为伏(V);

i) 额定用电功率,单位为千瓦(kW);

j) 出厂编号;

k) 生产日期;

l) 信息化标识。

8.1.2 机组应在明显的位置设置清晰的管路标识。

8.2 包装

8.2.1 机组及随机文件应妥善包装,附件及备件应单独装箱,包装应符合GB/T 13384的有关规定。随机文件应包括使用说明书、合格证、装箱单、产品总装图、产品系统图、电气原理图及接线图、出厂检验文件等。

8.2.2 包装箱外部标识内容如下：

a） 收、发货单位地址及名称；

b） 产品名称及型号；

c） 外形尺寸，单位为米(m)；

d） 总质量，单位为千克(kg)；

e） 包装日期；

f） “向上”“防潮”等注意事项及标记；

g） 重心位置、吊装点。

8.2.3 使用说明书应包括以下内容：

a） 制造厂名称；

b） 技术参数、质量、外形尺寸及产品安装尺寸；

c） 使用介质、温度、压力和电源参数；

d） 主要零部件的相关资料；

e） 安装、使用、维护及保养说明，常见故障及排除方法；

f） 安全防护注意事项。

8.2.4 产品合格证应包括以下内容：

a） 制造厂名称和出厂日期；

b） 产品型号规格；

c） 执行标准编号；

d） 产品编号、合格证号、检验日期、检验员标记。

8.3 运输

产品及其部件在运输过程中，应防止剧烈振动，防止日晒、雨淋及化学物品的侵蚀。

8.4 贮存

产品及其部件应贮存在通风干燥、无易燃、无腐蚀性物质的环境中，并能满足设备贮存的环境条件。临时存放在露天场地时，应有防雨、防晒措施。

9 运行维护

9.1 运行

9.1.1 机组一次侧、二次侧压力、温度、流量运行工况不应超出设计工况。

9.1.2 机组运行前应确保管道畅通、无异物。运行中应定期对除污器(过滤装置)进行检查、保养，保持管道清洁。

9.1.3 供热机组中阀门、二次侧流速调节应缓慢，避免发生水锤现象或系统温度、压力等剧烈变化。

9.1.4 供热机组二次侧介质为水时，宜使用软化水。

9.1.5 机组运行时应保证循环系统充满水(介质)。运行过程中依据 GB/T 39583—2020 的规定，表 7 给出了至少应监控的参数。

9.1.6 针对停水、停电、设备故障等各类突发情况均应有应急预案，并保证(现场)操作人员掌握应急预案，能够及时处理各类突发情况。

9.1.7 长时间停运时，宜采取充水保护或排净机组中的水(介质)等防锈保护措施。寒冷天气停运时应将机组中的水(介质)排干净。

表7 监控参数

序号	汽-水机组	水-水机组
1	一次侧蒸汽温度	一次侧供水温度
2	一次侧蒸汽压力	一次侧回水温度
3	一次侧蒸汽流量	一次侧供水压力
4	一次侧冷凝水温度	一次侧回水压力
5	二次侧流量	一次侧流量
6	二次侧温度	二次侧供水温度
7	二次侧压力	二次侧回水温度
8	温度过限报警	二次侧流量
9	压力过限报警	二次侧压力
10	热功率	热功率
11	热量	热量/冷量

9.2 维护

9.2.1 根据机组运行工况介质、换热效果等,可定期对板式热交换器进行清洗。板式热交换器清洗维护宜由原机组供应商或有经验的板式热交换器清洗维护服务机构完成。

9.2.2 板式热交换器进行拆机清洗或不拆机清洗(化学清洗),都应保证清洗液不会腐蚀板片、密封垫、管道等,常规不锈钢板片清洗液中氯离子的含量不能超过 300 mg/L。

9.2.3 清洗液应按环保要求进行处理或收集。

9.2.4 拆机清洗时,不能用钢丝刷等坚硬物品刷洗板片,避免对板片造成损伤或划痕。

9.2.5 清洗后应按厂家出厂设计,对板式热交换器进行组装,组装时要保证密封垫及板片间的清洁,保证没有颗粒粘在密封垫上,组装后应进行耐压试验,合格后方能投入使用。

附 录 A

(规范性)

板式热交换器机组安装、使用基本要求

A.1 机组的搬运应按照制造厂提供的安装使用说明书进行,应避免将机组上的设备作为受力支点。

A.2 机组安装过程应符合 CJJ 28—2014 中 6.4.11～6.4.13 的要求,同时应注意易损仪表的保护,必要时可将易损仪表拆卸后保管,调试时再安装。

A.3 安装前应核对基础尺寸,无误后方可安装,基础应符合 GB 50040 的要求。

A.4 机组安装环境应符合 GB 50174 和 GB/T 2887 的要求,接地系统应符合 GB 14050 的要求。

A.5 供热机组内的热媒水和补给水的水质应符合 CJJ/T 34 的规定。

A.6 机组(包含控制柜)的使用环境温度范围宜为 0 ℃～40 ℃,相对湿度不大于 90%。

A.7 在机组运行调试阶段,应按照安装使用说明书进行,系统中的过滤装置应按说明书的要求定期拆卸清洗。

A.8 与机组相连的系统应单独进行液压试验。

A.9 机组在运行前,与机组相连的系统应清洗试压完毕。

A.10 运行人员应经过培训,并严格按照制造厂家提供的操作规程操作。

A.11 机组日常维护要求如下。

a) 应定期检查和清洗过滤装置中的滤网。检查和清洗滤网时要停止泵的运行,并关闭一次侧、二次侧进出口阀门,防止系统内介质损失。

b) 应避免短时间内频繁开停机,避免对水泵产生的危害,同时温度的频繁变化也会影响密封垫及其他零部件的使用寿命。

c) 水泵进口管路应充满液体。

d) 泵不应在气蚀状态下运行。

e) 应定期检查电动机电流值,电流值不应超过额定电流值。

f) 泵在长期运行后,应停车检查。必要时更换易损件。

g) 如冬季停机,应将机组内液体排尽,以防液体结冻后损坏管道及零部件。

A.12 机组停运后维护要求如下:

a) 停运后应采取湿法保护;

b) 所有的球阀每月应至少开关一次;

c) 定期对水箱进行清理;

d) 定期对变频器、控制器、UPS 电源等电气部件进行通电维护;

e) 在停机后重新开机前要对控制柜内的所有接线进行检查,并通风使柜内充分干燥。

附 录 B
(资料性)
典型工况板式热交换器机组应用流程图

B.1 典型工况汽-液机组工艺控制流程示意图见图B.1。

B.2 典型工况液-液机组工艺控制流程示意图见图B.2。

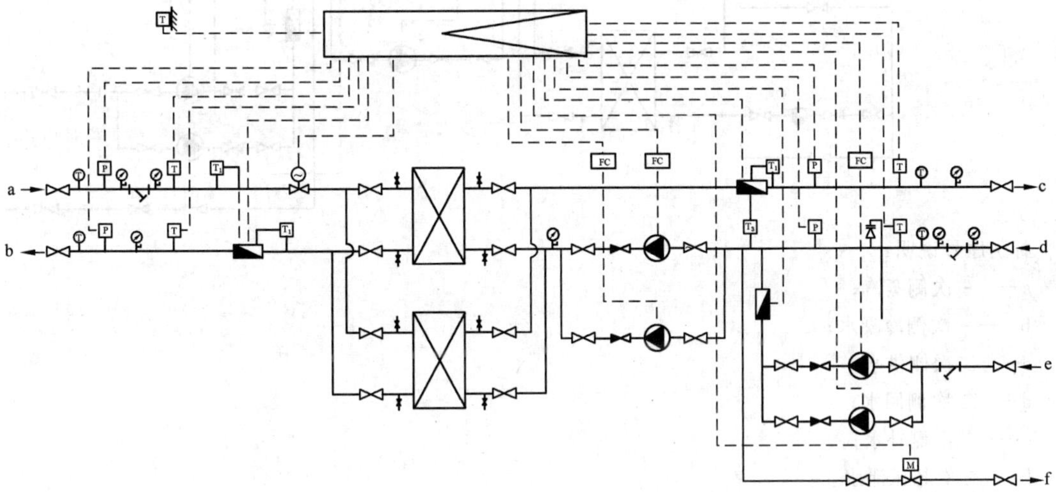

标引序号说明：

a——一次侧蒸汽；

b——一次侧冷凝水；

c——二次侧供水；

d——二次侧回水；

e——二次侧补水；

f——二次超压泄水。

注：符号图例见表B.1。

图B.1 汽-液机组工艺控制流程示意图

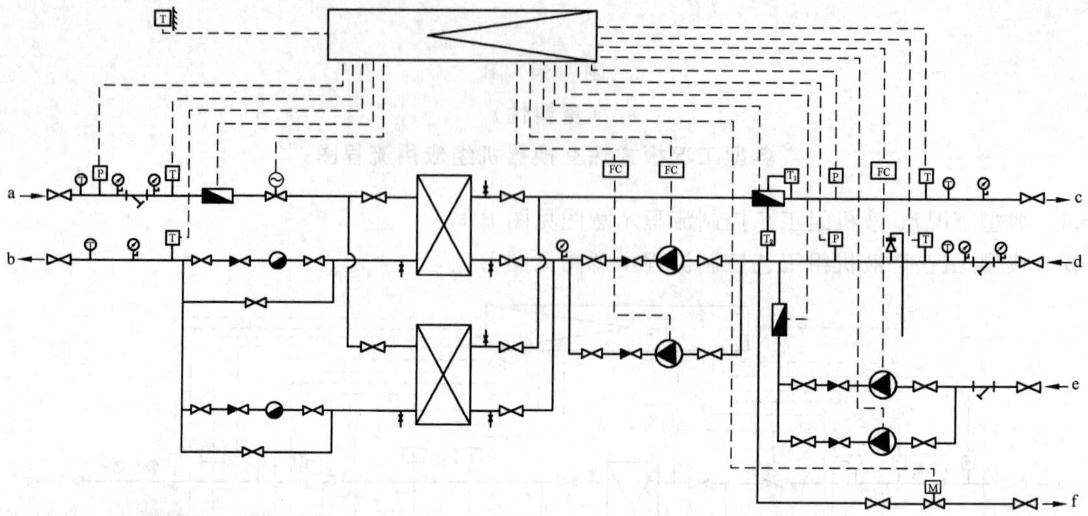

标引序号说明：

a——一次侧蒸汽；

b——一次侧冷凝水；

c——二次侧供水；

d——二次侧回水；

e——二次侧补水；

f——二次超压泄水。

注：符号图例见表 B.1。

图 B.2　液-液机组工艺控制流程示意图

表 B.1　机组工艺控制流程示意图图例

符号	名称	符号	名称	符号	名称	符号	名称
	控制器	T	室外温度传感器		疏水阀		水泵
FC	变频器	P	压力变送器		关断阀		
	流量计	T	温度表		止回阀		
	热交换器		压力表		排污排气阀		
M	自动泄水阀		调节阀		仪表阀		
T	温度传感器		过滤器		安全阀		

附　录　C
(资料性)
板式热交换机组远程运维平台基础技术说明

C.1　指标

板式热交换机组远程运维平台基础技术指标包含如下内容：

a)　数据采集与监视控制系统的相关技术要求；

b)　数据传输的数据格式规范；

c)　远程运维平台的一般功能要求。

C.2　基础技术说明

C.2.1　数据采集与监视控制系统宜符合以下技术内容：

a)　系统应具有云计算技术的"组态"相关技术支撑，数据显示宜支持通过 web 网页展示；

b)　系统应具备采集数据准确、及时性高的特点，数据实时刷新与展示速率在正常网络状态宜达到 10 s 以内；

c)　正常网络状态下，远程控制响应宜在 2 s 以内；

d)　系统宜具有开放的数据接口，具备大数据共享、互联互通的基本条件。

C.2.2　数据传输的数据格式规范宜符合以下技术内容：

a)　数据宜具备通过广域网或局域网进行传输；

b)　数据传输的标准交换格式宜为 JSON 格式。

C.2.3　远程运维平台的一般功能如下：

a)　宜具备较好的兼容性，支持与主流控制器的数据通信；

b)　宜具有可靠的数据采集、展示与控制能力，支持数据的定时采集与实时数据展示功能，数据通道独立互不干扰；

c)　宜具有可拓展性，可在线修改机组配置；

d)　宜具有物联网安全防护功能，确保数据传输稳定不外泄；

e)　宜具有安全的数据接口，具备接入其他系统的能力，能实现数据共享；

f)　宜具备本地私有化部署和云平台部署能力；

g)　宜具备接入不同厂家智能机组的能力；

h)　宜具有完善的用户安全机制，支持多场景业务应用；

i)　宜支持手机与计算机远程监测机组；

j)　宜具有设备故障诊断和健康管理能力，在线辅助机组运维。

附 录 D
（资料性）
板式热交换器机组运行压降测试方法

D.1 测试方法说明

D.1.1 本方法试验介质为水,采用其他液体作为试验介质时可参照使用。

D.1.2 当机组一次侧介质为蒸汽时,仅测试二次侧压降。

D.1.3 本方法未考虑污垢引起的压降。

D.2 测试原理

D.2.1 测试系统

测试系统由一次侧、二次侧循环系统及测试仪表等元件组成,测试系统示例如图 D.1 所示。

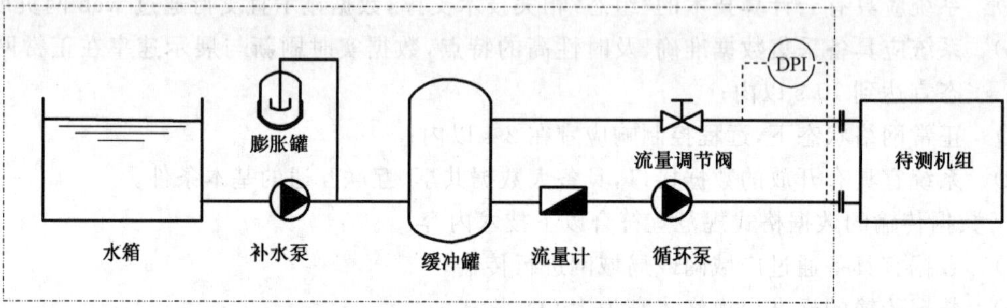

图 D.1 压降测试系统示例图

D.2.2 测量仪表

D.2.2.1 测量流量、温度、压力(差)所用仪表精度等级的选取宜符合表 D.1 的规定。

表 D.1 仪表精度等级

项目	流量	压力	压差	温度
精度等级	0.5	0.25	0.5	0.5

D.2.2.2 仪表量程按所测参数的 1.5 倍选取。

D.2.2.3 测试用的流量、温度、压力、压差测量仪表在计量检定/校准有效期内使用。

D.2.3 测量方法

D.2.3.1 测试压力、压差宜选用压力变送器、压差变送器测量。

D.2.3.2 测量时需排尽压力变送器、压差变送器引压管内的气体。

D.2.3.3 测试一次侧可采用外部循环泵,二次侧采用机组自配循环泵。

D.3 测试程序

D.3.1 当测试介质为水时,宜满足 7.2 的要求。

D.3.2 测试前,检查测试样机、管路以及测量仪表的可靠性。

D.3.3 开始运行后,及时排净测试样机内的气体,使测试样机在完全充满测试流体的条件下运行并调节流量至设计工况。

D.3.4 当一侧测量压降时，另一侧宜同时处于设计流量、0.6 倍设计压力状态下运行。

D.3.5 每侧至少测三组数据，取平均值作为该侧的压降测量值。

D.3.6 测点规定如下：

a) 流量调至设计流量下，流量变化不超过设计流量的±2.5%，稳定运行不少于 5 min，方可采集数据；

b) 流量调至设计流量的 1.1 倍，然后调至设计流量下，流量变化不超过设计流量的±2.5%，稳定运行不少于 5 min，方可采集数据；

c) 流量调至设计流量的 0.9 倍，然后调至设计流量下，流量变化不超过设计流量的±2.5%，稳定运行不少于 5 min，方可采集数据。

D.3.7 测试时机组运行压力可选取 0.6 倍的该侧设计压力，根据用户需求和设备特征也可协商确定测试工况。

D.4 测试输入与压降确定

D.4.1 测试输入参数如下：

a) 一次侧、二次侧介质；

b) 机组设计流量；

c) 机组设计压力；

d) 机组设计压降。

D.4.2 压降确定如下：

a) 确定在设计流量下一次侧的压降；

b) 确定在设计流量下二次侧的压降。

D.5 原始数据

机组压降测试的原始数据包括以下内容：

a) 一次侧、二次侧测试介质的名称、流量；

b) 一次侧、二次侧测试介质进出口温度；

c) 一次侧、二次侧测试介质的进出口压力或压降；

d) 环境温度、大气压。

D.6 测试报告

D.6.1 内容

测试报告包括以下内容：

a) 委托方；

b) 承担测试方；

c) 测试目的和要求；

d) 测试产品技术数据；

e) 测试系统及方法；

f) 测试说明；

g) 测试结果。

D.6.2 测试报告附录

测试报告附录宜包括以下图表：

a) 测试流程图；

b) 测试数据结果表。

参 考 文 献

［1］ GB/T 20801.4—2020 压力管道规范 工业管道 第4部分：制作与安装

ICS 23.020.10
G 93

中华人民共和国国家标准

GB/T 30578—2014

常压储罐基于风险的检验及评价

Risk-Based inspection and evaluation for atmospheric pressure storage tanks

2014-05-06 发布 2014-12-01 实施

中华人民共和国国家质量监督检验检疫总局
中国国家标准化管理委员会 发布

前　言

本标准按照 GB/T 1.1—2009 给出的规则起草。

请注意本标准的某些内容有可能涉及专利。本标准的发布机构不应承担识别这些专利的责任。

本标准由全国锅炉压力容器标准化技术委员会(SAC/TC 262)提出并归口。

本标准起草单位:中国特种设备检测研究院、南京市锅炉压力容器检验研究院、合肥通用机械研究院、中国石油化工股份有限公司广州分公司、中国石油化工股份有限公司镇海炼化分公司、河北省锅炉压力容器监督检验院、中国石油化工股份有限公司北京燕山分公司、安徽华夏高科技开发有限责任公司、中国石油天然气股份有限公司克拉玛依石化分公司、舟山国家石油储备基地有限责任公司、镇海国家石油储备基地有限责任公司。

本标准主要起草人:李光海、贾国栋、王伟华、邵珊珊、王笑梅、刘德宇、梁华、业成、关卫和、蒋利军、董雪林、徐成裕、耿会坡、李淑娟、李敏儒、赵彦修、闫河、方舟、李寰、穆澎淘、陶元宏、陈珊珊、徐如良。

常压储罐基于风险的检验及评价

1 范围

本标准规定了立式钢制圆筒形焊接常压储罐基于风险的检验和评价要求。

本标准适用于立式钢制圆筒形焊接常压储罐基于风险的检验和评价,其他常压或低压(工作压力小于0.1 MPa)储罐基于风险的检验和评价可参照本标准执行。

2 规范性引用文件

下列文件对于本文件的应用是必不可少的。凡是注日期的引用文件,仅注日期的版本适应于本文件。凡是不注日期的引用文件,其最新版本(包括所有的修改单)适应于本文件。

GB/T 26610.1 承压设备系统基于风险的检验实施导则 第1部分:基本要求和实施程序

GB/T 26610.2 承压设备系统基于风险的检验实施导则 第2部分:基于风险的检验策略

GB/T 26610.4 承压设备系统基于风险的检验实施导则 第4部分:失效可能性定量分析方法

GB/T 26610.5 承压设备系统基于风险的检验实施导则 第5部分:失效后果定量分析方法

JB/T 4730(所有部分) 承压设备无损检测

JB/T 10764 无损检测 常压金属储罐声发射检测及评价方法

JB/T 10765 无损检测 常压金属储罐漏磁检测方法

3 术语、定义和符号

3.1 术语和定义

GB/T 26610.1、GB/T 26610.2 和 GB/T 26610.5 界定的术语、定义适用于本文件。

3.2 符号

$C(t)$——失效后果

$D_{\text{f-total}}$——总损伤系数,即各损伤因子之和

$D_{\text{f-gov}}^{\text{brit}}$——脆性断裂损伤因子

$D_{\text{f}}^{\text{elin}}$——衬里破坏次因子

$D_{\text{f-gov}}^{\text{extd}}$——外部损伤因子

$D_{\text{f-gov}}^{\text{scc}}$——应力腐蚀开裂损伤因子

$D_{\text{f-gov}}^{\text{thin}}$——减薄损伤因子

$D_{\text{f}}^{\text{thin}}$——减薄次因子

F_{M}——管理系统评价系数

F_G——平均失效概率

$F(t)$——失效概率

$R(t)$——风险

4 一般要求

4.1 常压储罐基于风险的检验是对储罐进行损伤机理分析和风险的定量计算，并根据风险(或损伤系数)的大小以及检验的有效性确定储罐的检验策略(包括检验类型、检测方法、检验部位和下次检验时间)。

4.2 常压储罐的风险分析仅包括对储罐壁板和底板的分析，检验时还应考虑对储罐顶板以及相关辅助设施的检验。

4.3 如果常压储罐的介质、操作工艺发生改变，导致损伤机理和损伤速率发生变化时，应当重新进行风险分析。

5 风险分析

5.1 定量风险计算

常压储罐的风险按式(1)计算：

$$R(t)=F(t)\cdot C(t) \qquad (1)$$

式中：

$F(t)$——失效概率，按5.3的要求进行计算；

$C(t)$——失效后果，按5.4的要求进行计算。

风险可以用数值或风险矩阵图表达。

5.2 定量计算所需基础数据

5.2.1 失效概率定量计算所需基础数据

a) 储罐(包括涂层、保温和衬里)投用、修理、改造日期；

b) 储罐涂层、保温和衬里安装质量；

c) 储罐的操作压力、操作温度；

d) 储罐中可能存在的工艺介质种类(包括罐底水层)、各工艺介质的相对含量(包括腐蚀介质)；

e) 储罐各层壁板和底板的建造材料、名义厚度；

f) 储罐建造热处理工艺；

g) 储罐底板类型、衬垫类型、阴极保护类型、土壤电阻率、排放雨水能力；

h) 储罐水汲取设施以及是否安装蒸汽盘管加热器；

i) 储罐历次检验的有效性和检验次数；

j) 储罐建造、修理、改造所使用的设计规范或标准；

k) 储罐泄漏探测系统的类型。

5.2.2 失效后果定量计算所需基础数据

a) 储罐系统工艺操作规程、工艺流程图(PFD)、管道及仪表流程图(PID)；

b） 储罐系统中的泄漏探测系统、隔离系统、减缓系统信息资料；

c） 储罐的规格参数(直径、高度、容积等)；

d） 储罐的操作压力、操作温度；

e） 储罐中所有可能存在的工艺介质种类、各工艺介质的相对含量；

f） 储罐的经济相关数据；

g） 围堰的容积；

h） 泄漏探测时间；

i） 距地下水的距离。

5.3 失效概率

5.3.1 失效概率的计算

在常压储罐失效可能性的定量计算中,其失效概率,即失效可能性,按式(2)计算:

$$F(t)=F_G\cdot D_{f\text{-total}}\cdot F_M \qquad (2)$$

式中:

F_G ——平均失效概率,按5.3.2的要求选取;

$D_{f\text{-total}}$——总损伤系数,按5.3.3的要求进行计算;

F_M ——管理系统评价系数,按GB/T 26610.4的要求进行计算。

根据常压储罐失效概率计算结果按表1确定失效可能性等级。

表1 失效可能性等级划分

失效可能性等级	失效概率 $F(t)$
1	$0.000\,00<F(t)\leqslant 0.000\,01$
2	$0.000\,01<F(t)\leqslant 0.000\,10$
3	$0.000\,10<F(t)\leqslant 0.001\,00$
4	$0.001\,00<F(t)\leqslant 0.010\,00$
5	$0.010\,00<F(t)\leqslant 1.000\,00$

5.3.2 平均失效概率

常压储罐底板和壁板的平均失效概率为小、中、大3种泄漏孔和破裂共四种损坏形式出现的概率,按照表2选取。表2中四种损坏形式的尺寸范围和介质泄漏分析计算所采用的标准尺寸见附录C中C.3。

表2 推荐的常压储罐平均失效概率值

常压储罐部件	不同尺寸的泄漏孔和破裂的平均失效概率 F_G			
	小($F_{G,1}$)	中($F_{G,2}$)	大($F_{G,3}$)	破裂($F_{G,4}$)
底板	7.20×10^{-4}	0	0	2.00×10^{-6}
壁板	7.00×10^{-5}	2.50×10^{-5}	5.00×10^{-6}	1.00×10^{-7}

5.3.3 损伤系数

5.3.3.1 常压储罐损伤系数是与储罐使用时间和检验有效性(包括检验次数)相关的函数,其计算通常考虑以下4种损伤因子:

a) 减薄损伤因子——$D_{\text{f-gov}}^{\text{thin}}$;

b) 外部损伤因子——$D_{\text{f-gov}}^{\text{extd}}$;

c) 应力腐蚀开裂损伤因子——$D_{\text{f-gov}}^{\text{scc}}$;

d) 脆性断裂损伤因子——$D_{\text{f-gov}}^{\text{brit}}$。

5.3.3.2 总损伤系数 $D_{\text{f-total}}$

当只存在一种损伤机理时,总损伤系数即为该损伤因子的值;当存在多种损伤机理时,总损伤系数按照下列原则确定:

a) 局部减薄时,总损伤系数按式(3)计算:

$$D_{\text{f-total}}=\max\{D_{\text{f-gov}}^{\text{thin}},D_{\text{f-gov}}^{\text{extd}}\}+D_{\text{f-gov}}^{\text{scc}}+D_{\text{f-gov}}^{\text{brit}} \quad\cdots\cdots(3)$$

b) 均匀减薄时,总损伤系数按式(4)计算:

$$D_{\text{f-total}}=D_{\text{f-gov}}^{\text{thin}}+D_{\text{f-gov}}^{\text{extd}}+D_{\text{f-gov}}^{\text{scc}}+D_{\text{f-gov}}^{\text{brit}} \quad\cdots\cdots(4)$$

通过式(3)或式(4)确定总损伤系数时,如果某个损伤因子小于或等于1,则取0。

如果 $D_{\text{f-total}}$ 计算结果小于或等于1,则 $D_{\text{f-total}}$ 取1。

5.3.3.3 各损伤因子的确定方法

5.3.3.3.1 减薄损伤因子 $D_{\text{f-gov}}^{\text{thin}}$ 与衬里破坏次因子 $D_{\text{f}}^{\text{elin}}$ 和减薄次因子 $D_{\text{f}}^{\text{thin}}$ 相关,根据内部衬里情况,分别按式(5)和式(6)计算:

a) 当内部有衬里时:

$$D_{\text{f-gov}}^{\text{thin}}=\min\{D_{\text{f}}^{\text{thin}},D_{\text{f}}^{\text{elin}}\} \quad\cdots\cdots(5)$$

b) 当内部无衬里时:

$$D_{\text{f-gov}}^{\text{thin}}=D_{\text{f}}^{\text{thin}} \quad\cdots\cdots(6)$$

减薄次因子 $D_{\text{f}}^{\text{thin}}$ 的计算见附录A,衬里破坏次因子 $D_{\text{f}}^{\text{elin}}$ 参照 GB/T 26610.4 的要求进行计算。

5.3.3.3.2 应力腐蚀开裂损伤因子 $D_{\text{f-gov}}^{\text{scc}}$,参照 GB/T 26610.4 的要求进行计算。

5.3.3.3.3 外部损伤因子 $D_{\text{f-gov}}^{\text{extd}}$,参照 GB/T 26610.4 的要求进行计算。

5.3.3.3.4 脆性断裂损伤因子 $D_{\text{f-gov}}^{\text{brit}}$,参照 GB/T 26610.4 的要求进行计算。

5.4 失效后果

5.4.1 失效后果的计算

失效后果的定量计算方法按照附录C进行,一般包括以下过程:

a) 选取泄漏代表性介质及其物性;

b) 选择泄漏孔尺寸;

c) 计算理论泄漏速率;

d) 估算泄漏总量;

e) 确定泄漏类型;

f) 估算检测和隔离系统对泄漏量的影响;

g) 确定最终的泄漏速率和泄漏量;

h) 计算失效后果。

5.4.2 失效后果等级划分

失效后果等级划分见表3。

表3 失效后果等级划分

失效后果等级	失效后果 $C(t)$范围/万元
A	$C(t) \leqslant Q$
B	$Q < C(t) \leqslant 10Q$
C	$10Q < C(t) \leqslant 100Q$
D	$100Q < C(t) \leqslant 1\,000Q$
E	$C(t) > 1\,000Q$
注:Q(单位:万元)为失效后果可接受水平的基准值,由使用单位根据其失效后果的承受能力确定。	

6 基于风险的检验

6.1 总则

6.1.1 确定常压储罐的风险时,应综合考虑储罐壁板和底板的风险,以最大风险确定风险等级,按不同部件分别确定检验内容和方法。

6.1.2 根据不同的损伤机理选择相应的检验内容和方法时,在满足降低风险的要求下应当选择合理的检验有效性,降低检验成本。

6.2 风险或损伤系数的可接受水平

6.2.1 风险的可接受水平由使用单位根据自身情况确定,当定量计算出的风险达到或接近使用单位可接受水平时,应当实施检验以降低储罐的风险值。

6.2.2 允许使用单位将损伤系数作为是否实施检验的依据,当储罐的损伤系数达到或接近目标值时,可以对储罐实施检验。使用单位可根据自身情况设定目标损伤系数,一般情况下,常压储罐的损伤系数的目标值不大于415。

6.2.3 对于以失效后果为风险主要来源的储罐,应当考虑其他的风险控制措施。

6.3 检验时间

储罐的检验时间按以下原则进行确定:

a) 如果风险评估时,储罐的风险或损伤系数已经达到或超过使用单位可接受水平,应当立即实施检验;

b) 如果风险评估时,储罐的风险或损伤系数未达到使用单位可接受水平,还应当计算储罐的风险或损伤系数达到使用单位可接受水平的时间点,下次检验时间设在该时间点之前。

6.4 检验类型及选择原则

6.4.1 储罐检验类型包括：

a) 开罐检验；

b) 在线检验。

6.4.2 储罐检验类型选择的原则如下：

a) 储罐检验类型的选择应当考虑储罐的损伤机理、损伤部位及现场适宜的检验方法；

b) 储罐检验类型的选择应当考虑检验的有效性，能将风险或损伤系数降低至预期水平。

6.5 检验方法和检验有效性

6.5.1 检验方法

6.5.1.1 根据储罐潜在的损伤机理确定检验部位和检验方法，检验部位应选择损伤可能发生的最严重区域，检验方法要考虑针对损伤机理的检验有效性。

6.5.1.2 首次检验时，检验内容不仅包括使用环境下可能发生的损伤检验，还应补充对制造、安装质量的检验抽查。

6.5.2 检验有效性

6.5.2.1 检验有效性分为 5 个级别，见表 4。

表 4 检验有效性分级

检验有效性级别	描　述
高度有效(A)	几乎每种情况下检验方法都能够正确识别实际损伤状态(或 80%～100%置信度)
中高度有效(B)	大多数情况下检验方法都能够正确识别实际损伤状态(或 60%～80%置信度)
中度有效(C)	有一半情况下检验方法都能够正确识别实际损伤状态(或 40%～60%置信度)
低度有效(D)	检验方法仅能提供少量信息来正确识别实际损伤状态(或 20%～40%置信度)
无效(E)	检验方法不能或几乎不能提供信息来正确识别实际损伤状态，在检测特定损伤机理上是无效的(<20%置信度)

6.5.2.2 确定储罐检验有效性级别应当考虑以下因素：

a) 储罐的结构类型；

b) 储罐的检验类型；

c) 损伤模式及失效模式；

d) 损伤速率或敏感性；

e) 检测方法和频次；

f) 受检区域的可检程度。

6.5.2.3 检验有效性级别的选取原则如下：

a) 对于高风险的储罐，采用的检验方法其检验有效性级别不应低于中高度有效(B)；

b) 对于中高风险和中风险的储罐，采用的检验方法其检验有效性级别不应低于中度有效(C)；

c) 对于低风险的储罐，采用的检验方法其检验有效性级别不应低于低度有效(D)。

6.5.2.4 表5～表7给出了常压储罐底板和壁板的腐蚀减薄类损伤针对其不同检验有效性的推荐性检验方法。对于本标准中未列出的损伤类型，其不同检验有效性所适用的检验方法，可参考 GB/T 26610.2 选取。

表5 常压储罐-底板腐蚀减薄的检验有效性分级及其检验方法

<table>
<tr><th colspan="3">减薄部位</th></tr>
<tr><th>检验有效性级别</th><th>土壤侧</th><th>介质侧</th></tr>
<tr><td>高度有效(A)</td><td>a) >90%底板漏磁、或兰姆波、或超声C型扫查，以及可疑部位的超声波测厚复检；
b) 漏磁信号异常底板的焊缝超声波检测</td><td>a) 表面无油污且无影响观察的杂物；
b) 100%宏观检验及腐蚀坑测量；
c) >50%焊缝的真空泄漏检测</td></tr>
<tr><td rowspan="2">中高度有效(B)</td><td>a) >50%底板漏磁、或兰姆波、或超声C型扫查，以及可疑部位的超声波测厚复检；
b) 漏磁信号异常底板的焊缝超声波检测</td><td>a) 表面无油污且无影响观察的杂物；
b) 100%宏观检验及腐蚀坑测量；
c) >10%焊缝的真空泄漏检测</td></tr>
<tr><td colspan="2">a) 声发射检测；
b) 100%边缘板的兰姆波检测(从储罐边缘板外沿进行)</td></tr>
<tr><td rowspan="2">中度有效(C)</td><td>a) >10%底板漏磁、或兰姆波，或超声C型扫查，及可疑部位的超声波测厚复检；
b) 漏磁信号异常底板的焊缝超声波检测</td><td>a) 表面经清扫；
b) 100%宏观检验及腐蚀坑测量；
c) 腐蚀坑深度超过1/2板厚处的真空泄漏检测</td></tr>
<tr><td colspan="2">a) 声发射检测；
b) 声发射信号异常边缘板的兰姆波检测(从储罐边缘板外沿进行)</td></tr>
<tr><td rowspan="2">低度有效(D)</td><td>超声波测厚抽检或盛水试验</td><td>不超过50%的宏观检验</td></tr>
<tr><td colspan="2">声发射检测</td></tr>
<tr><td>无效(E)</td><td>未检验</td><td>未检验</td></tr>
</table>

表 6　常压储罐-壁板内部腐蚀减薄的检验有效性分级及其检验方法

检验有效性级别	检验方法
高度有效(A)	50%以上内部宏观检验及腐蚀坑深度测量
中高度有效(B)	依据以前进行的内部宏观检验信息进行外部超声C型扫查抽检;内部宏观检验及超声波测厚
中度有效(C)	无以前内部宏观检验信息条件下进行外部超声C型扫查抽检
低度有效(D)	外部的超声波定点测厚
无效(E)	未检验

表 7　常压储罐-壁板外部腐蚀减薄的检验有效性分级及其检验方法

检验有效性级别	检验方法
高度有效(A)	有隔热层: a)　隔热层100%外部宏观检验; b)　拆除50%以上的可疑区域隔热层进行宏观检验,必要时进行超声波测厚或对全部可疑区域带隔热层测厚。 无隔热层: 100%宏观检验,必要时进行超声波测厚
中高度有效(B)	有隔热层: a)　隔热层100%外部宏观检验; b)　拆除20%以上的可疑区域隔热层进行宏观检验,必要时进行超声波测厚或对50%以上的可疑区域带隔热层测厚。 无隔热层: 不少于50%宏观检验,必要时进行超声波测厚
中度有效(C)	有隔热层: a)　隔热层100%外部宏观检验; b)　定点测厚部位的超声波测厚。 无隔热层: 不少于20%宏观检验,必要时进行超声波测厚
低度有效(D)	有隔热层: 定点测厚部位的超声波测厚 无隔热层: 低于5%宏观检验,必要时进行超声波测厚
无效(E)	未检验

7 基于风险的检验实施

7.1 使用单位应当根据风险分析的结果,制定检验计划。检验机构根据风险分析结果和检验计划,结合现场条件,确定具体的检验类型、检测方法和检验内容并实施检验。

7.2 常压储罐的检验内容和结果评价可参照附录D确定。

7.3 应详细记录检验结果,并与风险分析结果进行对比验证,根据检验结果更新风险分析数据,进行风险的再分析。

附 录 A
(规范性附录)
减薄损伤因子

A.1 范围

本附录用于存在均匀或局部减薄损伤机理的常压储罐的减薄损伤因子计算。所有常压储罐必须进行减薄损伤因子的分析计算,其计算的过程见图 A.1。

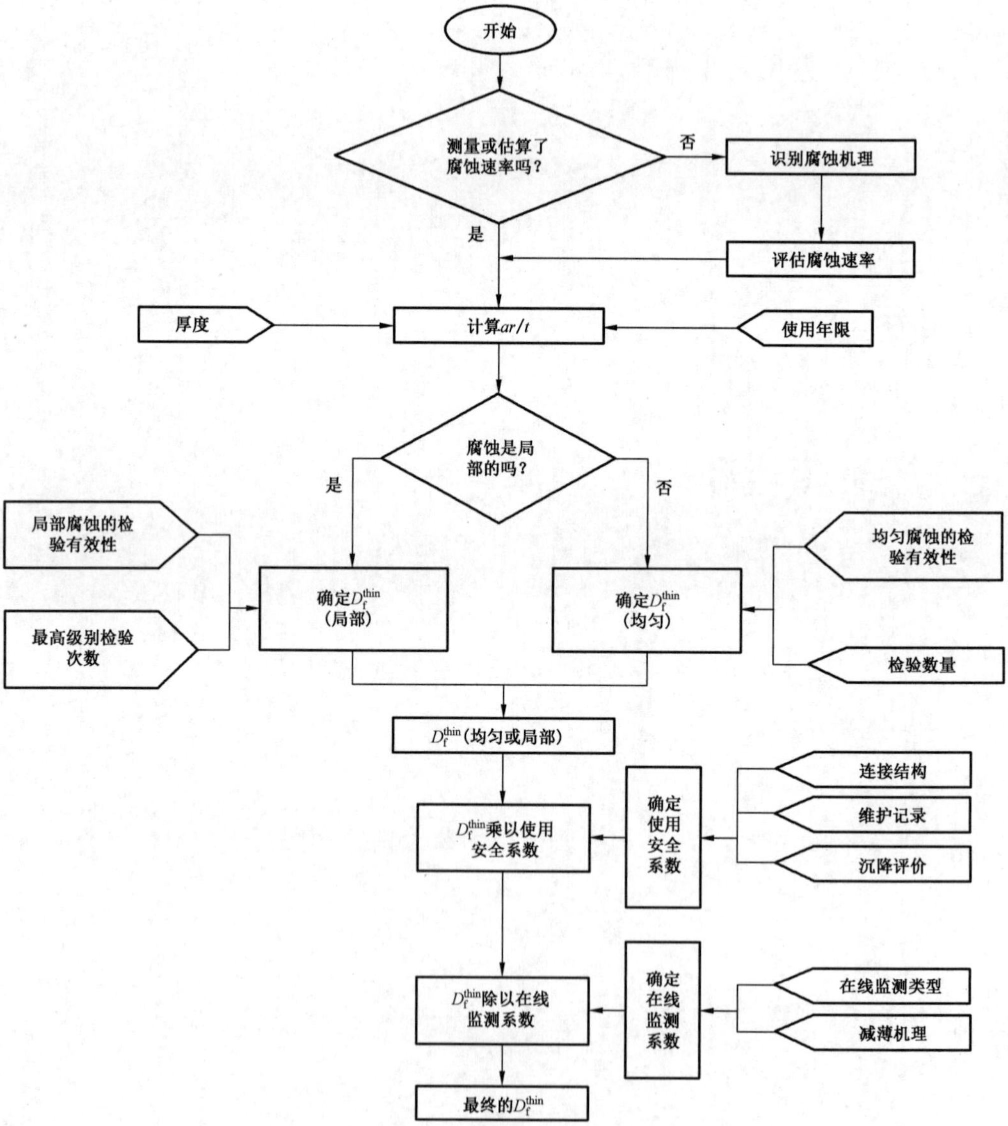

图 A.1 减薄损伤因子的确定

A.2 基本数据

A.2.1 必需数据

当腐蚀速率可以通过一次或多次的有效检测进行确定,计算减薄损伤因子所需的最少数据如表A.1所示。

表 A.1 减薄分析所需基本数据(腐蚀速率已确定)

基本数据	说明
厚度 t/mm	投入使用时实测的厚度或最小建造壁厚
使用年限 a/y	设备的使用年限。如果工艺条件发生变化并可能导致腐蚀速率发生较大改变,则使用年限应从工艺改变的时间算起,厚度则为改变时的最小壁厚
腐蚀速率 r/(mm/y)	根据可用的厚度数据计算的当前减薄速率。如果根据目前相对较短的时间间隔的实测厚度差计算出的"短期"腐蚀速率明显不同于根据更长时间间隔的实测厚度差计算出的"长期"腐蚀速率,则应用"短期"腐蚀速率进行评估。如果没有实测的腐蚀速率,则根据相关资料或专家建议来确定
减薄类型	10%以上表面积受到腐蚀且壁厚变化值小于 1.5 mm 的腐蚀现象定义为均匀腐蚀。10%以下表面积受到腐蚀或壁厚变化大于 1.5 mm 的腐蚀现象定义为局部腐蚀
运行温度/℃	运行期间(考虑正常和异常运行条件)预计的最高运行温度
检验有效性	对常压储罐进行的每次检验活动的有效性级别
检验次数	使用期间已进行有效性不低于"中度有效"的检验活动的次数
在线监测	采用预防性的在线监测方法或工具的类型,如泄漏监测、定点测厚等
腐蚀减薄机理	确定常压储罐潜在的减薄机理
材料类别	常压储罐的材料类别
连接结构 F_{WD}	储罐是焊接还是铆接结构
维护 F_{AM}	储罐维护是否按照要求进行
沉降 F_{SM}	是否做过沉降评价;已记录的沉降是否符合建造标准;是否为混凝土基础

A.2.2 附加数据

如果腐蚀速率不能根据一个或多个有效检测期间获得的厚度测量值确定,则储罐壁板应当按GB/T 26610.4 中的规定来估算腐蚀速率,储罐底板按照附录 B 来估算腐蚀速率。

A.3 基本假设

本技术模块中,假设在基本数据表定义的时间期限内,减薄的平均速率基本恒定。应充分评估减薄速率大于预设值的可能性。

A.4 减薄损伤因子的确定

A.4.1 腐蚀速率的确定

腐蚀速率根据实测厚度数据进行计算。无实测数据时，按 A.2.2 的要求确定腐蚀速率。

A.4.2 *ar/t* 的计算

根据使用年限(*a*)、腐蚀速率(*r*)和厚度(*t*)数据来计算 *ar/t*。*ar/t* 为腐蚀减薄的严重程度指数，该数值相当于因减薄而造成的壁厚损失的比例。

A.4.3 减薄类型的确定

根据对储罐已进行的有效检测结果，确定减薄类型(即均匀腐蚀或局部腐蚀)。无有效检测结果时，储罐壁板和底板的介质侧，按 GB/T 26610.4 中列出的各种减薄机理对应的减薄类型(均匀减薄或局部减薄)确定；储罐底板土壤侧减薄类型为局部减薄。

A.4.4 检验有效性级别

根据能否有效地发现减薄和正确地预测腐蚀速率来定义检验活动有效性级别，见 6.5.2。

A.4.5 最高级别有效性的检验次数的确定

根据 6.5.2 确定在指定时间期限内进行的每一次检验活动的有效性级别，最高级别有效性检验的次数将用于计算减薄损伤因子。可以将多次较低有效性级别的检验等效为一次较高有效性级别的检验：

a) 两次及以上“中高度有效”检测等效于一次“高度有效”检验；

b) 两次及以上“中度有效”检测等效于一次“中高度有效”检验。

A.4.6 减薄损伤因子的确定

根据计算的 *ar/t* 和最高级别有效性检验的次数，按照表 A.2 和表 A.3 分别确定常压储罐壁板和底板减薄损伤因子。

表 A.2 壁板减薄损伤因子

ar/t	检验有效性												
	E	一次检验				二次检验				三次检验			
		D	C	B	A	D	C	B	A	D	C	B	A
0.02	1	1	1	1	1	1	1	1	1	1	1	1	1
0.04	1	1	1	1	1	1	1	1	1	1	1	1	1
0.06	1	1	1	1	1	1	1	1	1	1	1	1	1
0.08	1	1	1	1	1	1	1	1	1	1	1	1	1
0.10	2	2	1	1	1	1	1	1	1	1	1	1	1
0.12	6	5	3	2	1	4	2	1	1	3	1	1	1
0.14	20	17	10	6	1	13	6	1	1	10	3	1	1

表 A.2（续）

ar/t	检验有效性												
	E	一次检验				二次检验				三次检验			
		D	C	B	A	D	C	B	A	D	C	B	A
0.16	90	70	50	20	3	50	20	4	1	40	10	1	1
0.18	250	200	130	70	7	170	70	10	1	130	35	3	1
0.20	400	300	210	110	15	290	120	20	1	260	60	5	1
0.25	520	450	290	150	20	350	170	30	2	240	80	6	1
0.30	650	550	400	200	30	400	200	40	4	320	110	9	2
0.35	750	650	550	300	80	600	300	80	10	540	150	20	5
0.40	900	800	700	400	130	700	400	120	30	600	200	50	10
0.45	1 050	900	810	500	200	800	500	160	40	700	270	60	20
0.50	1 200	1 100	970	600	270	1 000	600	200	60	900	360	80	40
0.55	1 350	1 200	1 130	700	350	1 100	750	300	100	1 000	500	130	90
0.60	1 500	1 400	1 250	850	500	1 300	900	400	230	1 200	620	250	210
0.65	1 900	1 700	1 400	1 000	700	1 600	1 105	670	530	1 300	880	550	500

ar/t	检验有效性												
	E	四次检验				五次检验				六次检验			
		D	C	B	A	D	C	B	A	D	C	B	A
0.02	1	1	1	1	1	1	1	1	1	1	1	1	1
0.04	1	1	1	1	1	1	1	1	1	1	1	1	1
0.06	1	1	1	1	1	1	1	1	1	1	1	1	1
0.08	1	1	1	1	1	1	1	1	1	1	1	1	1
0.10	2	1	1	1	1	1	1	1	1	1	1	1	1
0.12	6	2	1	1	1	2	1	1	1	1	1	1	1
0.14	20	7	2	1	1	5	1	1	1	4	1	1	1
0.16	90	30	5	1	1	20	2	1	1	14	1	1	1
0.18	250	100	15	1	1	70	7	1	1	50	3	1	1
0.20	400	180	20	2	1	120	10	1	1	100	6	1	1
0.25	520	200	30	2	1	150	15	2	1	120	7	1	1
0.30	650	240	50	4	2	180	25	3	2	150	10	2	2
0.35	750	400	90	10	4	350	70	6	4	280	40	5	4
0.40	900	500	140	20	8	400	110	10	8	350	90	9	8
0.45	1 050	600	200	30	15	500	160	20	15	400	130	20	15
0.50	1 200	800	270	50	40	700	210	40	40	600	180	40	40
0.55	1 350	900	350	100	90	800	260	90	90	700	240	90	90
0.60	1 500	1 000	450	220	210	900	360	210	210	800	300	210	210
0.65	1 900	1 200	700	530	500	1 100	640	500	500	1 000	600	500	500

注：可以根据 ar/t 的值采用插值法计算。

表 A.3 底板减薄损伤因子

ar/t	检验有效性				
	E	一次检验			
		D	C	B	A
0.05	4	1	1	1	1
0.10	14	3	1	1	1
0.15	32	8	3	1	1
0.20	56	18	6	2	1
0.25	87	32	11	4	3
0.30	125	53	21	9	6
0.35	170	80	36	16	12
0.40	222	115	57	29	21
0.45	281	158	86	47	36
0.50	347	211	124	73	58
0.55	420	273	173	109	89
0.60	500	346	234	158	133
0.65	587	430	309	222	192
0.70	681	527	401	305	270
0.75	782	635	510	409	370
0.80	890	757	638	538	498
0.85	1 005	893	789	696	658
0.90	1 126	1 044	963	888	856
0.95	1 255	1 209	1 163	1 118	1 098
1.00	1 390	1 390	1 390	1 390	1 390
注：可以根据 ar/t 的值采用插值法计算。					

A.4.7 减薄损伤因子的修正

A.4.7.1 使用安全系数的修正

使用安全系数为以下 3 个修正系数的乘积。

a) 焊接结构修正系数 F_{WD}：

储罐是焊接的，则 $F_{WD}=1$，否则 $F_{WD}=10$。

b) 储罐维护修正系数 F_{AM}：

储罐的维护按照要求进行的，则 $F_{AM}=1$，否则 $F_{AM}=5$。

c) 基础沉降评价修正系数 F_{SM}：

已记录的沉降超出了建造标准的，则 $F_{SM}=2$；

已记录的沉降符合建造标准的，则 $F_{SM}=1$；

未做过沉降评价的，则 $F_{SM}=1.5$；

混凝土基础，无沉降，则 $F_{SM}=1$。

A.4.7.2 在线监测系数的修正

在线监测修正系数按 GB/T 26610.4 的要求进行计算。

附 录 B
(规范性附录)
确定常压储罐底板腐蚀速率的经验方法

B.1 基本数据

B.1.1 土壤侧腐蚀速率

确定估计的土壤侧腐蚀速率(CR_S)所需数据如表 B.1 所示。

表 B.1 土壤侧腐蚀——分析所需基本数据

基本数据	说 明
土壤状况/(Ω·cm)	储罐下方或周围堤防范围内的土壤电阻率
储罐基础	储罐基础材料的类型(土壤,沙子等),如果储罐被环形围墙支撑,则材料是指围墙内部的填充物
储罐排水	储罐排出雨水的效力,防止雨水在储罐底部积聚
阴极保护(CP)	储罐底板存在阴极保护系统,并且按照建造的标准安装和运行该系统
底板类型	单一底板或带防泄漏隔离屏(RPB)的底板,RPB 可以是纺织品或塑胶制品,或是第二层板
操作温度/℃	在运行期间预期最高操作温度(考虑到正常或非正常的操作条件)

B.1.2 介质侧腐蚀速率

确定估计的介质侧腐蚀速率(CR_P)所需数据如表 B.2 所示。

表 B.2 介质侧腐蚀——分析所需基本数据

基本数据	说 明
介质状况	干或湿,如果存在明显的底部沉淀物和水则适用湿的情况
操作温度/℃	在运行期间预期最高操作温度(考虑到正常或非正常的操作条件)
蒸汽盘管加热器	是或否,如果存在蒸汽盘管加热器,由于外部热量和蒸汽可能从内部盘管泄漏,可以将内部腐蚀速率略微向上调整
水汲取设施	当始终使用汲水设施时,能大大降低水对罐底板的损伤

B.2 腐蚀速率的确定

B.2.1 土壤侧腐蚀速率方程

确定腐蚀速率的步骤见图 B.1。腐蚀速率可以利用表 B.1 中的基本数据,通过式(B.1)来确定。

$$CR_S = CR_{SB} \cdot F_{SR} \cdot F_{PA} \cdot F_{TD} \cdot F_{CP} \cdot F_{TB} \cdot F_{ST} \quad \cdots\cdots\cdots\cdots\cdots\cdots (B.1)$$

土壤侧基本腐蚀速率 CR_{SB} 的确定应基于实际检测数据。无实际检测数据时，土壤侧基本腐蚀速率可采用经验值 0.13 mm/y，该经验值所基于的条件状态如表 B.3 所示。

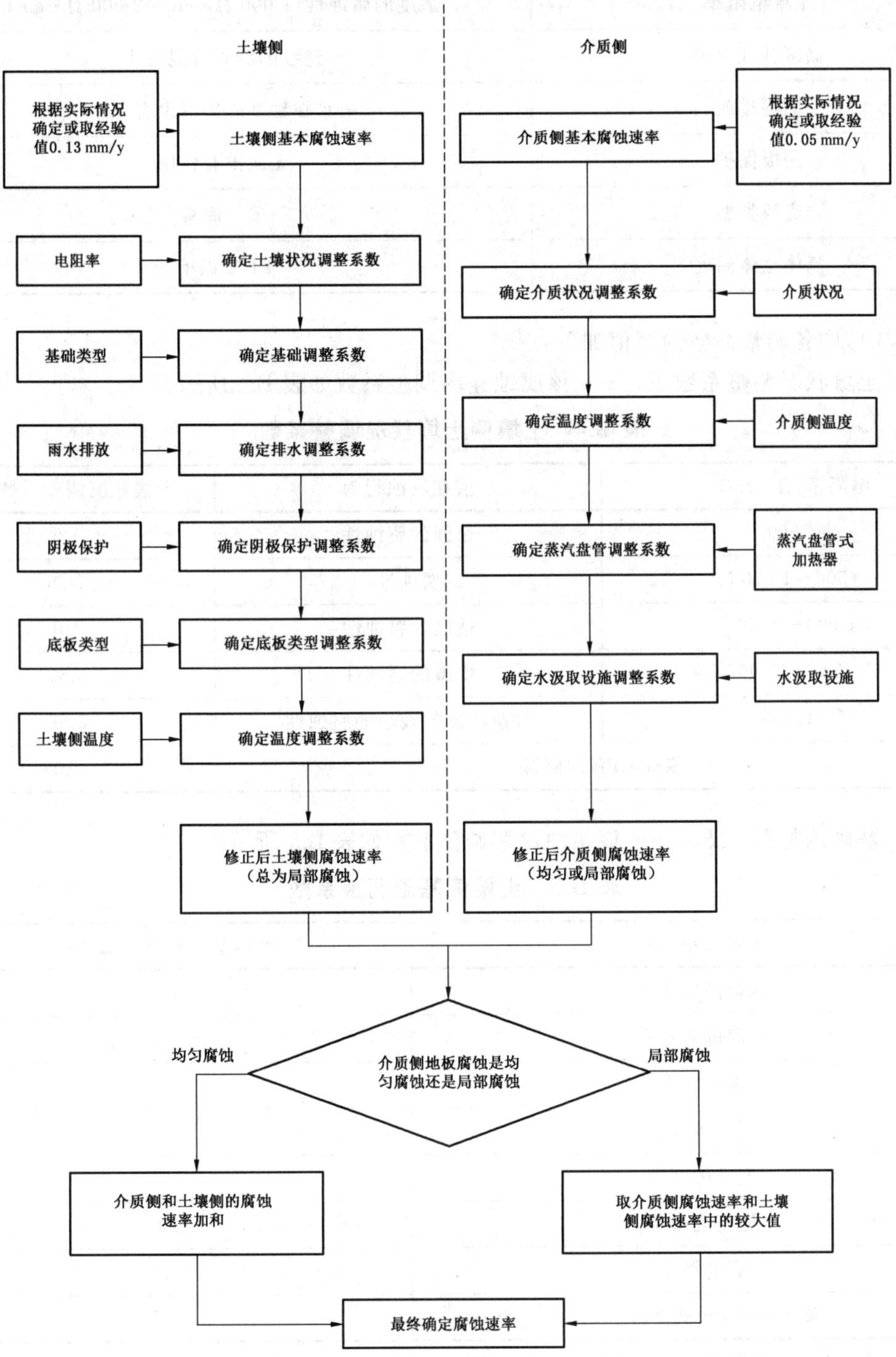

图 B.1 常压储罐底板腐蚀——土壤侧和介质侧腐蚀速率的确定

表 B.3 土壤侧基本腐蚀速率的条件

因　素	基本腐蚀速率条件
土壤电阻率	适度的腐蚀性(1 000 Ω·cm～2 000 Ω·cm)
储罐基础材料	连续的沥青或混凝土
储罐排放	雨水在罐基础周围没有积聚
阴极保护	无或没有作用
底板类型	单一底板
流体整体温度	24 ℃以下

式(B.1)中各调整系数的赋值如下:

a) 土壤状况调整系数 F_{SR}——该腐蚀速率调整系数如表 B.4 所示。

表 B.4 土壤侧土壤状况调整系数

电阻率(Ω·cm)	潜在腐蚀行为	土壤状况调整系数 F_{SR}
<500	很强的腐蚀性	1.5
(500～1 000]	腐蚀性	1.25
(1 000～2 000]	适度的腐蚀性	1.0
(2 000～10 000]	略微的腐蚀性	0.83
≥10 000	日益增加的较小的腐蚀性	0.66
装有 RPB 的储罐		1.0

b) 基础调整系数 F_{PA}——该腐蚀速率调整系数如表 B.5 所示。

表 B.5 土壤侧基础调整系数

储罐衬垫类型	储罐基础调整系数 F_{PA}
含盐高的土壤	1.5
压碎的石灰石	1.4
本地土壤	1.3
建筑级沙子	1.15
连续的沥青	1.0
连续混凝土	1.0
石油沙土	0.7
高电阻率,低氯化物沙土	0.7

c) 排水调整系数 F_{TD}——该腐蚀速率调整系数如表 B.6 所示。

表 B.6 土壤侧排水调整系数

储罐排放类型	储罐排水调整系数 F_{TD}
罐底 1/3 以上部分长期处于水下	3.0
雨水经常积聚在罐基础周围	2.0
雨水不经常积聚在罐基础周围	1.0

d) 储罐阴极保护调整系数 F_{CP}——该腐蚀速率调整系数如表 B.7 所示。

表 B.7 土壤侧阴极保护调整系数

阴极保护类型	阴极保护调整系数 F_{CP}
没有	1.0
有(不是按建造标准)	0.66
是(通过建造标准的安装与维护)	0.33

e) 底板类型调整系数 F_{TB}——该腐蚀速率调整系数如表 B.8 所示。

表 B.8 土壤侧底板类型调整系数

储罐底板类型	储罐底板类型调整系数 F_{TB}
RPB 不是按照建造标准要求	1.4
RPB 按照建造标准要求	1.0
单一底板	1.0

f) 温度调整系数 F_{ST}——该腐蚀速率调整系数如表 B.9 所示。

表 B.9 土壤侧温度调整系数

土壤侧温度 T_1/℃	温度调整系数 F_{ST}
$T_1 \leqslant 24$	1.0
$24 < T_1 \leqslant 66$	1.1
$66 < T_1 \leqslant 93$	1.3
$93 < T_1 \leqslant 121$	1.4
$T_1 > 121$	1.0

B.2.2 介质侧腐蚀速率方程

确定腐蚀速率的步骤见图 B.1。腐蚀速率可以利用表 B.2 中的基本数据通过式(B.2)来确定。

$$CR_P = CR_{PB} \cdot F_{PC} \cdot F_{PT} \cdot F_{SC} \cdot F_{WD} \qquad \cdots\cdots(B.2)$$

介质侧基本腐蚀速率 CR_{PB} 的确定应基于实际检测数据。如果数据是不可用的,介质侧基本腐蚀速率可采用经验值 0.05 mm/y,该经验值所基于的条件状态如表 B.10 所示。

表 B.10 介质侧基本腐蚀速率的条件

因素	基本腐蚀速率条件
内部涂层	腐蚀保护不需要内部涂层或没有实施
流体整体温度	24 ℃以下
蒸汽盘管加热器	无
水汲取设施	无

式(B.2)中调整系数的确定如下：

a) 介质状况调整系数 F_{PC}——该腐蚀速率调整系数如表 B.11 所示。

表 B.11 介质侧介质状况调整系数

介质侧状况	介质状况调整系数 F_{PC}
湿	2.5
干	1.0

b) 温度调整系数 F_{PT}——该腐蚀速率调整系数如表 B.12 所示。

表 B.12 介质侧温度调整系数

介质侧温度 T_2/℃	温度调整系数 F_{PT}
$T_2 \leqslant 24$	1.0
$24 < T_2 \leqslant 66$	1.1
$66 < T_2 \leqslant 93$	1.3
$93 < T_2 \leqslant 121$	1.4
$T_2 > 121$	1.0

c) 蒸汽盘管调整系数 F_{SC}——该腐蚀速率调整系数如表 B.13 所示。

表 B.13 介质侧蒸汽盘管调整系数

蒸汽盘管	蒸汽盘管调整系数 F_{SC}
否	1.0
是	1.15

d) 水汲取设施调整系数 F_{WD}——该腐蚀速率调整系数如表 B.14 所示。

表 B.14 介质侧水汲取设施调整系数

汲水设施	水汲取设施调整系数 F_{WD}
否	1.0
是	0.7

B.2.3 储罐底板腐蚀速率

储罐底板的腐蚀速率的计算按以下步骤进行：

a) 分别计算介质侧和土壤侧的腐蚀速率，即通过其基本腐蚀速率和各调整系数的乘积进行计算；

b) 如果介质侧为均匀腐蚀，将介质侧和土壤侧的腐蚀速率相加作为储罐底板腐蚀速率；

c) 如果介质侧为局部腐蚀，取介质侧和土壤侧腐蚀速率的较大值作为储罐底板腐蚀速率。

附　录　C
(规范性附录)
失效后果的定量计算过程

C.1　符号

A_n——与 n^{th} 泄漏孔尺寸相关的孔口面积,mm^2;

$Bbl_{avail,n}$——泄放情况下对应于 n^{th} 泄漏孔尺寸的流体有效泄放量,m^3;

$Bbl_{groundwater,n}^{leak}$——泄放情况下 n^{th} 泄漏孔尺寸对应的地下水中流体的体积,m^3;

Bbl_{indike}^{leak}——泄放情况下泄放到围堰内的流体总体积,m^3;

Bbl_{n}^{leak}——泄放情况下 n^{th} 泄漏孔尺寸对应的流体泄放量,m^3;

$Bbl_{release}^{leak}$——泄放情况下流体泄放总体积,m^3;

$Bbl_{ss\text{-}offsite}^{leak}$——泄放情况下泄放在罐区外土壤表面的流体总体积,$m^3$;

$Bbl_{ss\text{-}onsite}^{leak}$——泄放情况下泄放在罐区内土壤表面的流体总体积,$m^3$;

$Bbl_{subsoil,n}^{leak}$——泄放情况下 n^{th} 泄漏孔尺寸对应的地下土壤中的流体的体积,m^3;

Bbl_{total}——储罐内流体的总泄放量,m^3;

Bbl_{water}^{leak}——泄放情况下已到达水源的流体总体积,m^3;

$Bbl_{indike}^{rupture}$——破裂情况下围堰内的流体总体积,m^3;

$Bbl_{n}^{rupture}$——破裂情况下 n^{th} 泄漏孔尺寸对应的流体泄放量,m^3;

$Bbl_{release}^{rupture}$——破裂情况下流体泄放总体积,m^3;

$Bbl_{ss\text{-}offsite}^{rupture}$——泄放在罐区内土壤表面的流体总体积,$m^3$;

$Bbl_{ss\text{-}onsite}^{rupture}$——泄放在罐区内土壤表面的流体总体积,$m^3$;

$Bbl_{water}^{rupture}$——破裂情况下已到达水源的流体总体积,m^3;

CHT——储罐壁板高度,m;

C_d——泄放系数;

$C_{groundwater}$——介质泄放到地下水内时的环境经济后果,元/m^3;

C_{indike}——介质泄放到围堰区域内时的环境经济后果,元/m^3;

C_{qo}——表征土壤的接触程度的调整系数;

$C_{ss\text{-}onsite}$——介质泄放到罐区内土壤表面时的环境经济后果,元/m^3;

$C_{ss\text{-}offsite}$——介质泄放到罐区外土壤表面时的环境经济后果,元/m^3;

$C_{subsoil}$——介质泄放到地下土壤内时的环境经济后果,元/m^3;

C_{water}——介质泄放到地表水内时的环境经济后果,元/m^3;

d_n——n^{th} 泄漏孔直径,mm;

D——储罐内径,m;

FC_{cmd}——设备损坏经济后果,元;

$FC_{environ}$——总体环境经济后果,元;

FC_{prod}——停产经济后果,元;

FC_{total}——总经济后果,元;

$FC_{environ}^{leak}$——泄放造成的环境经济后果,元;

$FC_{environ}^{rupture}$——破裂造成的环境经济后果,元;

$F_{G,n}$——按需要评估设备类型确定的每个尺寸的泄漏孔对应的平均失效概率;

$F_{G,tot}$——不同尺寸的泄漏孔平均失效概率总和;

g——重力加速度常数,$g=9.81\ m/s^2$;

h_{liq}——储罐内的液体高度,m;

$holecost_n$——不同尺寸的泄漏孔对应损坏经济后果,元;

k_h——以罐内介质为介质时,土壤的水压传导率,m/d;

$k_{h,water}$——以水为介质时,土壤的水压传导率,m/d;

$k_{h,water-lb}$——以水为介质时,土壤的水压传导率下限值,m/s;

$k_{h,water-ub}$——以水为介质时,土壤的水压传导率上限值,m/s;

ld_n——对应于 n^{th} 泄漏孔尺寸的泄放持续时间,d;

$LHT_{above,i}$——在第 i^{th} 层壁板上的液体高度,m;

$Lvol_{above,i}$——在第 i^{th} 层壁板上的液体体积,m^3;

$Lvol_{avail,n}$——对应于第 i^{th} 层壁板上 n^{th} 泄漏孔尺寸的流体有效体积,m^3;

$Lvol_{total}$——储罐内的可能的最大流体体积,m^3;

matcost——材料价格系数;

$n_{rh,n}$——每个尺寸的泄漏孔数量;

$outage_{cmd}$——检修设备所需的停工期,d;

$outage_n$——对应于 n^{th} 泄漏孔尺寸造成的停工期,d;

P_{lvdike}——溢出围堰的流体百分比;

P_{onsite}——溢出围堰但仍在罐区内,地表土壤中的流体百分比;

$P_{offsite}$——溢出围堰且已流到罐区外,地表土壤中的流体百分比;

p_s——土壤孔隙率;

procost——储罐停车期间的每天的停产损失,元/d;

S_{gw}——罐底到地下水的距离,m;

t_{gl}——储罐底板泄放时流体到达地下水所需的时间,d;

t_{ld}——泄放检测时间,d;

$vel_{s,prod}$——渗透速率,m/d;

W_n——流体的泄放速率,m^3/d;

μ_l——流体动力黏度,$N\cdot s/m^2$;

μ_w——水的动力黏度,$N\cdot s/m^2$;

ρ_l——储存或正常操作条件下的流体密度,kg/m^3;

ρ_w——水的密度，kg/m³。

C.2 确定代表性流体和相关属性

C.2.1 代表性流体

储罐失效后果定量计算需要根据储存的介质特性选择计算所需的代表性流体，表 C.1 给出了常压储罐常见的代表性流体；若表 C.1 中没有流体能直接代表储罐所储存的介质，则在表 C.1 列出的范围中选择与储罐储存介质最匹配的代表性流体。

表 C.1 常压储罐后果分析的流体和流体特性

流体	后果分析代表性流体	分子量	流体密度/(kg/m³)	流体动力黏度/(N·s/m²)
汽油	C6～C8	100	684.018	4.01×10^{-3}
轻柴油	C9～C12	149	734.011	1.04×10^{-3}
重柴油	C13～C16	205	764.527	2.46×10^{-3}
燃料油	C17～C25	280	775.019	3.69×10^{-2}
原油	C17～C25	280	775.019	3.69×10^{-2}
重燃料油	C25＋	422	900.026	4.60×10^{-2}
重原油	C25＋	422	900.026	4.60×10^{-2}

C.2.2 储罐失效后果计算所需介质特性，即流体密度 ρ_l 和流体动力黏度 μ_l 在表 C.1 中查取。

C.2.3 水压传导率

储罐失效后果分析计算中常用的土壤类型和特性如表 C.2 所示。表 C.2 中给出的不同类型土壤的水压传导率是水作为介质的；对于其他不同流体，土壤的水压传导率根据其实际流体的密度和黏度，按式(C.1)计算：

$$k_h = k_{h,\text{water}}\left(\frac{\rho_l}{\rho_w}\right)\left(\frac{\mu_w}{\mu_l}\right) \quad\cdots\cdots\cdots\cdots (C.1)$$

表 C.2 常压储罐后果分析的土壤类型和特性

土壤类型	水压传导率的下限值/(m/s)	水压传导率的上限值/(m/s)	土壤孔隙率
粗砂	1×10^{-3}	1×10^{-4}	0.33
细砂	1×10^{-4}	1×10^{-5}	0.33
精细砂	1×10^{-5}	1×10^{-7}	0.33
粉砂	1×10^{-7}	1×10^{-8}	0.41
含砂黏土	1×10^{-8}	1×10^{-9}	0.45
黏土	1×10^{-9}	1×10^{-10}	0.50
混凝土-沥青	1×10^{-12}	1×10^{-13}	0.99

C.2.4 流体渗漏速率

储罐中的流体在土壤中的渗漏速率按式(C.2)计算：

$$\mathrm{vel}_{s,\mathrm{prod}}=\frac{k_h}{p_s} \qquad \cdots\cdots(C.2)$$

C.2.5 计算流程

a) 步骤1.1——从表C.1中选择代表性流体；

b) 步骤1.2——从表C.1中确定代表性流体的特性以及密度ρ_l、动力黏度μ_l；

c) 步骤1.3——根据选定的土壤类型，从表C.2中确定以水作为介质时土壤的水压传导率的上、下极限值，通过式(C.3)计算二者的平均值：

$$k_{h,\mathrm{water}}=4.32\times10^4\times(k_{h,\mathrm{water\text{-}lb}}+k_{h,\mathrm{water\text{-}ub}}) \qquad \cdots\cdots(C.3)$$

d) 步骤1.4——将步骤1.2得到密度ρ_l、动力黏度μ_l、水的物性参数和步骤1.3计算出的以水为介质时土壤的水压传导率，代入式(C.1)计算土壤水压传导率k_h；

e) 步骤1.5——根据步骤1.4计算得到土壤的水压传导率k_h和表C.2给出的土壤孔隙率按式(C.2)计算储罐中流体在土壤中的渗漏速率$\mathrm{vel}_{s,\mathrm{prod}}$。

C.3 泄漏孔尺寸选择

C.3.1 在储罐的失效可能性的定量分析中，可采用离散的泄放状况或选择泄漏孔尺寸，取n种尺寸($n=4$)，即小、中、大及破裂。

C.3.2 位于储罐壁板中不同尺寸泄漏孔的泄漏直径按表C.3选取，位于储罐底板中不同尺寸泄漏孔的泄漏直径按表C.4选取。

表C.3 泄漏孔尺寸和直径——储罐壁板

泄漏孔序号	泄漏孔尺寸	孔口直径范围/mm	泄漏孔直径/mm
1	小	0～3.0	$d_1=3.0$
2	中	3.0～6.0	$d_2=6.0$
3	大	6.0～50.0	$d_3=50.0$
4	破裂	>50.0	$d_4=1\,000D/4$

表C.4 泄漏孔尺寸和直径——储罐底板

泄漏孔序号	泄漏孔尺寸	是否有RPB	孔径范围/mm	泄漏孔直径/mm
1	小	是	0～3.0	$d_1=3.0$
		否	0～13.0	$d_1=13.0$
2	中	不适用	0	$d_2=0$
		不适用	0	
3	大	不适用	0	$d_3=0$
		不适用	0	
4	破裂	是	>3.0	$d_4=1\,000D/4$
		否	>13.0	

C.4 泄放速率计算

C.4.1 总则

C.4.1.1 本节规定了储罐壁板泄放速率的计算和储罐底板泄放速率的计算。

C.4.1.2 计算壁板泄放速率时,流体的静压头均设为常数,且设定泄放出来的流体压力为大气压。

C.4.1.3 计算底板泄放速率时,按与储罐底部基础土壤典型特性相类似的连续性多孔介质建模计算。

C.4.2 储罐壁板

储罐壁板上泄漏孔处流体的泄放速率可以根据泄漏孔上方液体高度按式(C.4)计算:

$$W_n = 0.086 C_d A_n \sqrt{2gh_{liq}} \quad \cdots\cdots(C.4)$$

当流体以全湍流穿过粗糙孔口时,式(C.4)中的泄放系数 C_d 在 $0.60 \leqslant C_d \leqslant 0.65$ 的范围内,本标准失效后果分析中一般取 $C_d = 0.61$。

C.4.3 储罐底板

C.4.3.1 储罐底板流体的泄放速率可以根据土壤的水压传导率 k_h 和泄漏孔直径 d_n,按伯努利方程即式(C.5)和吉赫方程即式(C.6)计算:

$$\text{当 } k_h > 86.4 \times d_n^2 \text{ 时}, W_n = 0.012\,96 \pi d_n \sqrt{2gh_{liq}}\, n_{rh,n} \quad \cdots\cdots(C.5)$$

$$\text{当 } k_h \leqslant 86.4 \times d_n^2 \text{ 时}, W_n = 0.378\,7 C_{qo} d_n^{0.2} h_{liq}^{0.9} k_h^{0.74} n_{rh,n} \quad \cdots\cdots(C.6)$$

C.4.3.2 参数 C_{qo} 是表征土壤的接触程度的调整系数,在良好接触时取 $C_{qo} = 0.21$,接触很差时取 $C_{qo} = 1.15$。

C.4.3.3 如果储罐底部有防泄漏隔离屏(RPB),后果分析时取 $C_{qo} = 0.21$,$h_{liq} = 0.08$ m。如果储罐底部没有 RPB,液体高度 h_{liq} 取罐内液体的实际高度。

C.4.3.4 储罐底板每个尺寸的泄漏孔数量 $n_{rh,n}$ 是与储罐直径相关的函数,按照表 C.5 确定。

表 C.5 与储罐直径相关的泄漏孔数量

储罐直径/m	泄漏孔数量		
	小	中	大
30	1	0	0
60	4	0	0
90	9	0	0

注:如果储罐直径是个中间值,小泄漏孔的数量可以用下述公式计算:$n_{rh,1} = \max\left\{\mathrm{nint}\left[\left(\frac{D}{30}\right)^2\right], 1\right\}$,其中函数 nint[ ]用于四舍五入取整,例如 nint[3.2]=3,nint[3.5]=4,nint[3.7]=4。

C.4.4 计算流程——储罐壁板

a) 步骤 2.1——对于每个尺寸的泄漏孔,确定泄漏孔上方的液体高度 h_{liq};

b) 步骤 2.2——对于每个尺寸的泄漏孔,根据式(C.7)确定孔口面积 A_n:

$$A_n = \frac{\pi d_n^2}{4} \quad \cdots\cdots(C.7)$$

c) 步骤 2.3——对于每个尺寸的泄漏孔,根据步骤 2.1 得到的 h_{liq} 和步骤 2.2 得到的 A_n,

按式(C.4)计算泄放速率 W_n。

C.4.5 计算流程——储罐底板

a) 步骤 3.1——对于每个尺寸的泄漏孔,确定泄漏孔上方的液体高度 h_{liq};

b) 步骤 3.2——对于每个尺寸的泄漏孔,根据表 C.5 确定泄漏孔数量 $n_{\text{rh},n}$;

c) 步骤 3.3——根据步骤 1.4 确定土壤的水压传导率 k_{h};

d) 步骤 3.4——对于每个尺寸的泄漏孔,按具体情况根据式(C.5)或式(C.6)计算泄放速率 W_n。

C.5 潜在泄放存量估算

C.5.1 总则

C.5.1.1 分析计算储罐壁板泄放存量时,有效存量组为泄漏孔位置上方的可能的最大流体体积。

C.5.1.2 分析计算储罐底板泄放存量时,有效的存量组为设计充装高度或最高操作充装高度时流体体积。

C.5.2 计算流程——储罐壁板

a) 步骤 4.1——确定第 i^{th} 层壁板上的液体高度:

$$\text{LHT}_{\text{above},i}=[h_{\text{liq}}-(i-1)\cdot\text{CHT}] \tag{C.8}$$

b) 步骤 4.2——确定在第 i^{th} 层壁板上的液体体积:

$$\text{Lvol}_{\text{above},i}=\left(\frac{\pi D^2}{4}\right)\text{LHT}_{\text{above},i} \tag{C.9}$$

c) 步骤 4.3——对于每个尺寸的泄漏孔,确定该孔在储罐壳体上的位置。本标准规定泄漏孔均位于该层壁板的底部,则该层壁板上对应于 n^{th} 泄漏孔尺寸的流体有效体积为:

$$\text{Lvol}_{\text{avail},n}=\text{Lvol}_{\text{above},i} \tag{C.10}$$

d) 步骤 4.4——根据式(C.11)计算第 i^{th} 层壁板上对应于 n^{th} 泄漏孔尺寸的流体有效泄放量:

$$\text{Bbl}_{\text{avail},n}=\text{Lvol}_{\text{avail},n} \tag{C.11}$$

C.5.3 计算流程——储罐底板

a) 步骤 5.1——按式(C.12)计算储罐内的可能的最大流体体积,计算结果的单位为 m^3:

$$\text{Lvol}_{\text{total}}=\left(\frac{\pi D^2}{4}\right)\cdot h_{\text{liq}} \tag{C.12}$$

b) 步骤 5.2——根据式(C.13)计算储罐内流体的总泄放量:

$$\text{Bbl}_{\text{total}}=\text{Lvol}_{\text{total}} \tag{C.13}$$

C.6 确定泄放类型

本标准规定无论是储罐壁板泄放还是底板泄放均为连续泄放。

C.7 监测和隔离系统对泄放量影响估算

本标准在储罐失效后果计算中不考虑监测和隔离系统的影响。

C.8 确定泄放速率和泄放量

C.8.1 计算流程——储罐壁板

a) 步骤 6.1——根据步骤 2.3 计算泄放速率 W_n;

b) 步骤 6.2——按下述情况确定泄放检测时间 t_{ld}:

1) $t_{ld}=7$ d,$d_n \leqslant 3.0$ mm;

2) $t_{ld}=1$ d,$d_n > 3.0$ mm。

c) 步骤 6.3——对于每个尺寸的泄漏孔,根据步骤 6.1 得到的泄放速率 W_n、步骤 6.2 得到的泄放检测时间 t_{ld}以及步骤 4.4 得到的 $Bbl_{avail,n}$,根据式(C.14)和式(C.15)计算泄放持续时间 ld_n:

$$ld_n = \min\left[\left\{\frac{Bbl_{avail,n}}{W_n}\right\}, 7\text{天}\right], d_n \leqslant 3.0 \text{ mm} \quad \cdots\cdots\cdots(C.14)$$

$$ld_n = \min\left[\left\{\frac{Bbl_{avail,n}}{W_n}\right\}, 1\text{天}\right], d_n > 3.0 \text{ mm} \quad \cdots\cdots\cdots(C.15)$$

d) 步骤 6.4——对于每个尺寸的泄漏孔,根据步骤 6.1 得到的泄放速率 W_n、步骤 6.3 得到的泄放持续时间 ld_n 和步骤 4.4 得到的有效泄放量 $Bbl_{avail,n}$,根据式(C.16)计算泄放情况下 n^{th}泄漏孔尺寸对应的流体泄放量 Bbl_n^{leak}:

$$Bbl_n^{leak} = \min[\{W_n \cdot ld_n\}, Bbl_{avail,n}] \quad \cdots\cdots\cdots(C.16)$$

e) 步骤 6.5——对于每个尺寸的泄漏孔,根据步骤 4.4 得到的有效泄放量 $Bbl_{avail,n}$,根据式(C.17)计算破裂情况下 n^{th}泄漏孔尺寸对应的流体泄放量 $Bbl_n^{rupture}$:

$$Bbl_n^{rupture} = Bbl_{avail,n} \quad \cdots\cdots\cdots(C.17)$$

C.8.2 计算流程——储罐底板

a) 步骤 7.1——根据步骤 3.4 计算泄放速率 W_n;

b) 步骤 7.2——按下述情况确定泄放检测时间 t_{ld}:

1) 储罐基础为水泥或沥青,$t_{ld}=7$ d;

2) 储罐设有 RPB,$t_{ld}=30$ d;

3) 储罐没有 RPB,$t_{ld}=360$ d。

c) 步骤 7.3——对于每个尺寸的泄漏孔,根据步骤 7.1 得到的泄放速率 W_n、步骤 7.2 得到的泄放检测时间 t_{ld}以及步骤 5.2 得到的总泄放量 Bbl_{total},根据式(C.18)计算泄放持续时间 ld_n:

$$ld_n = \min\left[\left\{\frac{Bbl_{total}}{W_n}\right\}, t_{ld}\right] \quad \cdots\cdots\cdots(C.18)$$

d) 步骤 7.4——对于每个泄漏孔尺寸,根据步骤 7.1 得到的泄放速率 W_n、步骤 7.3 得到的泄放持续时间 ld_n 和步骤 5.2 得到的总泄放量 Bbl_{total},根据式(C.19)计算泄放情况下 n^{th}泄漏孔尺寸对应的流体泄放量 Bbl_n^{leak}:

$$Bbl_n^{leak} = \min[\{W_n \cdot ld_n\}, Bbl_{total}] \quad \cdots\cdots\cdots(C.19)$$

e) 步骤 7.5——对于每个尺寸的泄漏孔,根据步骤 5.2 得到的总泄放量 Bbl_{total},根据式(C.20)计算破裂情况下 n^{th}泄漏孔尺寸对应的流体泄放量 $Bbl_n^{rupture}$:

$$Bbl_n^{rupture}=Bbl_{total} \qquad \cdots\cdots(C.20)$$

C.9 确定燃烧和爆炸后果

常压储罐后果分析不考虑燃烧和爆炸后果。

C.10 确定毒性后果

常压储罐后果分析不考虑毒性后果。

C.11 确定非可燃无毒后果

常压储罐后果分析不考虑既不燃烧也没有毒性的后果。

C.12 确定设备破坏和人员伤亡后果

常压储罐后果分析不考虑燃烧和爆炸引起的设备破坏和人员伤亡后果。

C.13 确定经济后果

C.13.1 总则

本节规定无论储罐壁板和底板发生泄放还是破裂,都可以按此流程计算经济后果。

C.13.2 计算流程——储罐壁板

a) 步骤 8.1——确定以下参数:

1) P_{lvdike}——溢出围堰的流体百分比;

2) P_{onsite}——溢出围堰但仍在罐区内,地表土壤中的流体百分比;

3) $P_{offsite}$——溢出围堰且已流到罐区外,地表土壤中的流体百分比;

b) 步骤 8.2——确定环境敏感度,并根据环境敏感度按表 C.6 的要求确定 C_{indike}、$C_{ss\text{-}onsite}$、$C_{ss\text{-}offsite}$ 以及 C_{water};

表 C.6 基于环境敏感度的经济后果参数

位置	说　明	环境敏感度		
		低/(元/m^3)	中/(元/m^3)	高/(元/m^3)
1	C_{indike}——介质泄放到围堰区域内时的环境经济后果	400	400	400
2	$C_{ss\text{-}onsite}$——介质泄放到罐区内土壤表面时的环境经济后果	2 000	2 000	2 000
3	$C_{ss\text{-}offsite}$——介质泄放到罐区外土壤表面时的环境经济后果	4 000	10 000	20 000
4	$C_{subsoil}$——介质泄放到地下土壤内时的环境经济后果	20 000	60 000	120 000
5	$C_{groundwater}$——介质泄放到地下水内时的环境经济后果	40 000	200 000	400 000
6	C_{water}——介质泄放到地表水内时的环境经济后果	20 000	60 000	200 000
注:上述数据为参考值,使用单位可根据实际情况调整。				

c) 步骤 8.3——对于每种尺寸的泄放孔,按表 2 选取平均失效概率 F_G,储罐壁板总失效

概率按式(C.21)计算：

$$F_{G,tot}=\sum_{n=1}^{4}F_{G,n} \quad \cdots\cdots(C.21)$$

d) 步骤 8.4——确定壁板泄漏的流体已泄放总体积：

$$Bbl_{release}^{leak}=\frac{\sum_{n=1}^{3}(Bbl_n^{leak}\cdot F_{G,n})}{F_{G,tot}} \quad \cdots\cdots(C.22)$$

e) 步骤 8.5——根据式(C.23)～式(C.27)可以分别计算储罐壁板泄漏孔泄放后仍在围堰内的流体总体积 Bbl_{indike}^{leak}、泄放到罐区内土壤表面的流体总体积 $Bbl_{ss\text{-}onsite}^{leak}$、泄放到罐区外土壤表面的流体总体积 $Bbl_{ss\text{-}offsite}^{leak}$ 和已到达水源的流体总体积 Bbl_{water}^{leak}：

$$Bbl_{indike}^{leak}=Bbl_{release}^{leak}(1-P_{lvdike}) \quad \cdots\cdots(C.23)$$

$$Bbl_{ss\text{-}onsite}^{leak}=P_{onsite}(Bbl_{release}^{leak}-Bbl_{indike}^{leak}) \quad \cdots\cdots(C.24)$$

$$Bbl_{ss\text{-}offsite}^{leak}=P_{offsite}(Bbl_{release}^{leak}-Bbl_{indike}^{leak}-Bbl_{ss\text{-}onsite}^{leak}) \quad \cdots\cdots(C.25)$$

$$Bbl_{water}^{leak}=Bbl_{release}^{leak}-(Bbl_{indike}^{leak}+Bbl_{ss\text{-}onsite}^{leak}+Bbl_{ss\text{-}offsite}^{leak}) \quad \cdots\cdots(C.26)$$

f) 步骤 8.6——计算泄放造成的环境经济后果 $FC_{environ}^{leak}$：

$$FC_{environ}^{leak}=Bbl_{indike}^{leak}\cdot C_{indike}+Bbl_{ss\text{-}onsite}^{leak}\cdot C_{ss\text{-}onsite}+Bbl_{ss\text{-}offsite}^{leak}\cdot C_{ss\text{-}offsite}+Bbl_{water}^{leak}\cdot C_{water} \quad \cdots\cdots(C.27)$$

g) 步骤 8.7——确定储罐壁板破裂情况下流体泄放总体积 $Bbl_{release}^{rupture}$：

$$Bbl_{release}^{rupture}=\frac{Bbl_{total}\cdot F_{G,4}}{F_{G,tot}} \quad \cdots\cdots(C.28)$$

h) 步骤 8.8——根据式(C.29)～式(C.32)分别计算储罐壁板破裂情况下仍在围堰内的流体总体积 $Bbl_{indike}^{rupture}$、泄放在罐区内土壤表面的流体总体积 $Bbl_{ss\text{-}onsite}^{rupture}$、泄放在罐区外土壤表面的流体总体积 $Bbl_{ss\text{-}offsite}^{rupture}$ 和已到达水源的流体总体积 Bbl_{water}^{leak}：

$$Bbl_{indike}^{rupture}=Bbl_{release}^{rupture}(1-P_{lvdike}) \quad \cdots\cdots(C.29)$$

$$Bbl_{ss\text{-}onsite}^{rupture}=P_{onsite}(Bbl_{release}^{rupture}-Bbl_{indike}^{rupture}) \quad \cdots\cdots(C.30)$$

$$Bbl_{ss\text{-}offsite}^{rupture}=P_{offsite}(Bbl_{release}^{rupture}-Bbl_{indike}^{rupture}-Bbl_{ss\text{-}onsite}^{rupture}) \quad \cdots\cdots(C.31)$$

$$Bbl_{water}^{rupture}=Bbl_{release}^{rupture}-(Bbl_{indike}^{rupture}+Bbl_{ss\text{-}onsite}^{rupture}+Bbl_{ss\text{-}offsite}^{rupture}) \quad \cdots\cdots(C.32)$$

i) 步骤 8.9——计算储罐壁板破裂造成的环境经济后果 $FC_{environ}^{rupture}$：

$$FC_{environ}^{rupture}=Bbl_{indike}^{rupture}\cdot C_{indike}+Bbl_{ss\text{-}onsite}^{rupture}\cdot C_{ss\text{-}onsite}+Bbl_{ss\text{-}offsite}^{rupture}\cdot C_{ss\text{-}offsite}+Bbl_{water}^{rupture}\cdot C_{water} \quad \cdots\cdots(C.33)$$

j) 步骤 8.10——根据步骤 8.6 得到的 $FC_{environ}^{leak}$ 和步骤 8.9 得到的 $FC_{environ}^{rupture}$，计算泄漏和破裂造成的总体环境经济后果 $FC_{environ}$：

$$FC_{environ}=FC_{environ}^{leak}+FC_{environ}^{rupture} \quad \cdots\cdots(C.34)$$

k) 步骤 8.11——根据表 C.7 得到的不同尺寸的泄漏孔对应损坏经济后果 $holecost_n$、步骤8.3 得到的泄漏孔总失效概率以及材料价格系数 matcost，根据式(C.35)计算部件损坏经济后果 FC_{cmd}；对于 Q235A，材料价格系数取 1.0，其他材料的材料价格系数为与 Q235A 材料实际价格的比值；

$$FC_{cmd}=\frac{\sum_{n=1}^{4}(holecost_n\cdot F_{G,n})}{F_{G,tot}}\times matcost \quad \cdots\cdots(C.35)$$

表 C.7 泄漏孔尺寸对应损坏经济后果

常压储罐部件	不同尺寸的泄漏孔对应损坏经济后果 $holecost_n$/元			
	小	中	大	破裂
底板	40 000	0	0	960 000
各层壁板	40 000	96 000	160 000	320 000
注：上述数据为参考值，使用单位可根据实际情况调整。				

l) 步骤 8.12——对应于每一个尺寸的泄漏孔，计算因检修损坏设备而造成的停产经济后果；

1) 根据式(C.36)计算检修设备所需的停工期，按照表 C.8 确定每个泄漏孔尺寸造成的停工期 $outage_n$；

$$outage_{cmd}=\frac{\sum_{n=1}^{4}(outage_n \cdot F_{G,n})}{F_{G,tot}} \quad \cdots\cdots(C.36)$$

表 C.8 每个泄漏孔尺寸造成的停工期

常压储罐部件	不同尺寸的泄漏孔对应停工期 $outage_n$/d			
	小	中	大	破裂
底板	5	0	0	50
各层壁板	2	3	3	7

2) 根据式(C.37)计算停产经济后果 FC_{prod}。procost 值由使用单位根据储罐停产期间实际损失选取。

$$FC_{prod}=outage_{cmd} \cdot prodcost \quad \cdots\cdots(C.37)$$

m) 步骤 8.13——根据式(C.38)计算储罐壁板总经济后果。储罐壁板总经济后果根据各层壁板的经济后果加权计算得到。

$$FC_{total}=FC_{environ}+FC_{cmd}+FC_{prod} \quad \cdots\cdots(C.38)$$

C.13.3 计算流程——储罐底板

a) 步骤 9.1——确定 P_{lvdike}、P_{onsite}、$P_{offsite}$ 等百分比；

b) 步骤 9.2——确定环境敏感度，并根据环境敏感度按表 C.6 的要求确定 C_{indike}、$C_{ss\text{-}onsite}$、$C_{ss\text{-}offsite}$、C_{water}、$C_{subsoil}$ 和 $C_{groundwater}$；

c) 步骤 9.3——根据式(C.2)确定介质渗透速率 $vel_{s,prod}$；

d) 步骤 9.4——确定罐底到地下水的距离 S_{gw} 和流体泄放到达地下水的时间 t_{gl}：

$$t_{gl}=\frac{S_{gw}}{vel_{s,prod}} \quad \cdots\cdots(C.39)$$

e) 步骤 9.5——根据步骤 7.2 得到的泄放检测时间 t_{ld}，分别计算对于每个泄漏孔尺寸泄放到罐底土壤与地下水中的流体体积：

$$\text{如果 } t_{gl}>t_{ld}, Bbl_{groundwater,n}^{leak}=Bbl_n^{leak}\left(\frac{t_{ld}-t_{gl}}{t_{ld}}\right) \quad \cdots\cdots(C.40)$$

$$\text{如果 } t_{gl} \leqslant t_{ld}, Bbl_{groundwater,n}^{leak}=0 \tag{C.41}$$

$$Bbl_{subsoil,n}^{leak}=Bbl_{n}^{leak}-Bbl_{groundwater,n}^{leak} \tag{C.42}$$

f) 步骤 9.6——对于每个尺寸的泄漏孔，确定泄放造成的环境经济后果 $FC_{environ}^{leak}$：

$$FC_{environ}^{leak}=\frac{\sum_{n=1}^{3}(Bbl_{groundwater,n}^{leak}\cdot C_{groundwater}+Bbl_{subsoil,n}^{leak}\cdot C_{subsoil})\cdot F_{G,n}}{F_{G,tot}} \tag{C.43}$$

g) 步骤 9.7——确定罐底破裂情况下流体泄放总体积 $Bbl_{release}^{rupture}$：

$$Bbl_{release}^{rupture}=\frac{Bbl_{total}\cdot F_{G,4}}{F_{G,tot}} \tag{C.44}$$

h) 步骤 9.8——根据式(C.29)～式(C.32)分别计算储罐底板破裂后仍在围堰内的流体总体积 $Bbl_{indike}^{rupture}$、泄放在罐区内土壤表面的流体总体积 $Bbl_{ss\text{-}onsite}^{rupture}$、泄放在罐区外土壤表面的流体总体积 $Bbl_{ss\text{-}offsite}^{rupture}$ 和已到达水源的流体总体积 Bbl_{water}^{leak}；

i) 步骤 9.9——根据步骤 9.8 得到的 $Bbl_{indike}^{rupture}$、$Bbl_{ss\text{-}onsite}^{rupture}$、$Bbl_{ss\text{-}offsite}^{rupture}$ 和 $Bbl_{water}^{rupture}$，根据式(C.33)计算底板破裂造成的环境经济后果 $FC_{environ}^{rupture}$；

j) 步骤 9.10——根据步骤 9.6 得到的 $FC_{environ}^{leak}$ 和步骤 9.9 得到的 $FC_{environ}^{rupture}$，根据式(C.34)计算泄漏和破裂造成的总体环境经济后果 $FC_{environ}$；

k) 步骤 9.11——根据表 C.7 得到的不同尺寸泄漏孔对应设备破坏经济后果 $holecost_n$、步骤 8.3 得到的泄漏孔总失效概率以及材料价格系数 matcost，根据式(C.45)计算设备损坏经济后果 FC_{cmd}：

$$FC_{cmd}=\frac{\sum_{n=1}^{3}(holecost_n\cdot F_{G,n})+holecost_4\cdot(D/30)^2\cdot F_{G,4}}{F_{G,tot}}\times matcost \tag{C.45}$$

式中，参数 $(D/30)^2$ 是储罐底板更换的经济后果调整系数。表 C.7 中给出了按直径为 30 m的储罐进行过规格化的损坏经济后果，当储罐直径不同时，利用此经济后果调整系数进行修正。

l) 步骤 9.12——对应于每一个尺寸的泄漏孔，计算因检修损坏设备而造成的停产经济后果：

1) 根据式(C.36)计算检修设备所需的总的停工期和按表 C.8 确定每个尺寸的泄漏孔造成的停工期 $outage_n$；

2) 根据式(C.37)计算停产经济后果 FC_{prod}。

m) 步骤 9.13——根据式(C.46)计算储罐底板总经济后果：

$$FC_{total}=FC_{environ}+FC_{cmd}+FC_{prod} \tag{C.46}$$

附　录　D
(资料性附录)
常压储罐的检验内容及结果评价

D.1　在线检验内容

D.1.1　常压储罐顶板的检查主要包括以下内容：

a)　检查顶板是否变形,有无积水,有无凹陷、鼓包、折褶及渗漏穿孔等现象,浮顶罐的浮顶是否平整；

b)　检查顶板及浮顶裸露部分防腐层有无脱落、起皮等缺陷；

c)　检查顶板焊缝有无腐蚀、开裂等缺陷；

d)　检查固定顶、内浮顶及浮顶是否设有人孔,人孔处的开孔补强是否满足要求;密封人孔的盖板是否采用防风结构,安装高度是否高于浮顶允许积水高度；

e)　隔热层及防水檐是否完好,有无明显损坏,有无渗漏痕迹；

f)　转动浮梯、导向装置是否灵活好用,浮梯有无锈蚀,踏步板是否水平,有无滑动现象；

g)　浮顶的排水装置运行是否正常,出口阀门、加热器是否完好；

h)　浮顶罐密封系统是否完好；

i)　导向管、量油管是否发生弯曲变形；

j)　浮舱是否有腐蚀泄漏；

k)　火灾报警系统是否完好；

l)　消防泡沫发生装置是否完好；

m)　静电接地连接线；

n)　储罐顶板厚度测定时应当根据目视检测结果,确定重点检测区域,每个检测区一般不少于 5 个测定点,检测区各个测定点的平均值作为该块顶板的剩余平均厚度值。

D.1.2　常压储罐壁板的检查主要包括以下内容：

a)　储罐的罐体、接口(阀门、管路)部位、焊接接头等是否有裂纹、变形、腐蚀、泄漏及其他缺陷等；

b)　壁板有无腐蚀、泄漏、异常变形,防腐涂层有无破损、脱落等；

c)　隔热层有无破损、脱落、潮湿、跑冷；

d)　抗风圈和罐壁加强圈有无腐蚀、脱焊和变形；

e)　常压储罐与相邻管道或者构件有无异常振动、响声或者相互摩擦；

f)　储罐罐壁的垂直度、圆度(同一断面最大直径与最小直径)有无异常；

g)　有侧向搅拌装置的,其根部焊缝有无腐蚀开裂。

D.1.3　常压储罐底板检查主要包括以下内容：

a)　储罐底板与壁板连接的角焊缝等是否有裂纹、变形、腐蚀、泄漏及其他缺陷等；

b)　储罐底板外侧的腐蚀是否异常；

c)　底板外侧的防腐、防水保护层有无破损、脱落；

d)　储罐底板泄漏探测系统中有无泄漏痕迹；

e) 储罐罐底有无翘起(特别是常压低温氨储罐)或设置锚栓的低压储罐基础环墙(或锚栓)被拔起;

f) 基础有无开裂,地脚螺栓有无腐蚀;

g) 底板的阴极设施是否正常;

h) 排放(排水、排污)系统是否正常。

D.1.4 检查储罐基础有无下沉,罐体有无倾斜,散水坡有无破损,沥青封口是否完好。

D.1.5 储罐液位计、温度计、高低液位报警、高低温度报警、呼吸阀、阴极保护、防雷、防静电等附件是否按要求进行校验或测试且功能正常。

D.2 开罐检验内容

D.2.1 常压储罐开罐检验应当包括 D.1 在线检验内容。

D.2.2 常压储罐顶板检验还包括以下内容:

a) 罐顶下表面是否有空洞、锈皮和剥蚀等;

b) 支架、托架及支撑是否有断裂等;

c) 支柱有无变薄、腐蚀、松动及扭曲等;

d) 浮舱内隔板、肋板和桁架等是否完好,内表面是否清洁,有无腐蚀等;

e) 中央排水系统是否通畅。

D.2.3 常压储罐壁板检验还包括以下内容:

a) 储罐壁板的内表面、接口(阀门、管路)部位、焊接接头等是否有裂纹、变形、腐蚀、泄漏及其他缺陷等;

b) 内表面壁板有无腐蚀、泄漏、凹凸变形、防腐涂层有无破损、脱落等;

c) 罐壁与罐底间的角焊缝和下部第一、二圈壁板的纵、环焊缝以及进出口接管与罐体的连接焊缝有无裂纹等。

D.2.4 常压储罐底板检验还包括以下内容:

a) 以目视检测方法检查储罐底板、焊接接头等处有无裂纹、变形、腐蚀、泄漏及其他缺陷,必要时进行尺寸测量;

b) 底板排水系统是否正常,有无积液和堵塞现象;

c) 底板相连接的内件角焊缝有无腐蚀、裂纹和变形;

d) 检查储罐罐底与罐内加热器、浮顶支柱、仪表卡子等附件相接触部位补强垫板的是否完好,垫板周边焊缝是否连续焊接,焊缝表面有无未焊满、裂纹、腐蚀等;

e) 罐内加热盘管腐蚀情况,有无渗漏,支架有无损坏,管线接头有无异常变形和开裂。

D.2.5 根据风险分析中储罐的损伤机理和发生的部位,结合检验的有效性和现场条件确定其他检验内容和检测方法,必要时还应考虑对以下部位进行无损检测:

a) 第一圈壁板的纵焊缝、第一、二圈壁板的丁字焊缝、壁板开孔与接管的角焊缝进行表面缺陷抽查;

b) 储罐壁板和底板的较大变形部位附近焊缝的表面和埋藏缺陷检测;

c) 目视检测发现的其他可疑部位的表面和埋藏缺陷检测。

D.3 无损检测方法和比例

D.3.1 根据检验的有效性和现场条件确定无损检测的方法和比例。

D.3.2 储罐底板腐蚀的声发射检测及结果评价按 JB/T 10764 的要求进行;储罐底板腐蚀的漏磁检测及结果评价按 JB/T 10765 的要求进行;其他检测方法按 JB/T 4730 的要求进行,JB/T 4730中未包括的无损检测方法可参照其他行业标准或备案后的企业标准要求进行。

D.4 检验结果评价

D.4.1 储罐顶板剩余平均厚度不能满足承载要求或有穿孔时,该块顶板应予以修补或更换。

注:对于内浮顶罐,仅指外顶的顶板。

D.4.2 储罐顶板凹陷、鼓包、折褶允许值见表 D.1、表 D.2,超过允许值应进行修复。其他宏观检验结果不满足本标准要求,通常应设法进行修复方可重新投入使用,若无法进行修复,应当进行合于使用评价。

表 D.1 顶板与壁板凹陷、鼓包允许值 单位为毫米

测量距离	允许偏差值	测量距离	允许偏差值
1 500	20	5 000	40
3 000	35	—	—
注:测量距离指样板弧长。			

表 D.2 顶板与壁板折褶允许值 单位为毫米

壁板厚度	允许折褶高度	壁板厚度	允许折褶高度
4	30	7	60
5	40	>8	80
6	50	—	—

D.4.3 储罐壁板的平均厚度不得小于该圈壁板的最小计算厚度与下次检验时间内腐蚀裕量之和;对于储罐罐壁分散的坑蚀深度超过表 D.3 中允许值时,应进行修补或更换。

表 D.3 储罐壁板坑蚀深度允许值 单位为毫米

钢板厚度	允许坑蚀深度	钢板厚度	允许坑蚀深度
5	1.8	8	2.8
6	2.2	9	3.2
7	2.5	≥10	3.5

D.4.4 确定壁板的最小计算壁厚 t_{min},按式(D.1)计算:

$$t_{min}=\frac{4.9D(H-0.3)\rho}{[\sigma]\phi} \quad \text{(D.1)}$$

式中：

t_{min}——储存介质条件下每一层壁板的最小计算壁厚，单位为毫米(mm)；

D ——储罐内径，单位为米(m)；

H ——计算液位高度，单位为米(m)，在评估某层时，从所考虑的那圈罐壁板底端至最高液位的高度；

ρ ——储液相对密度(取介质与水密度之比)，单位为千克每立方米(kg/m^3)；

$[\sigma]$——操作温度条件下钢板的许用应力，单位为兆帕(MPa)；

ϕ ——焊接接头系数，取 $\phi=0.9$；当标准规定的最低屈服强度大于 390 MPa 时，底圈罐壁板取 $\phi=0.85$；当评估距离焊缝 25 mm 以上或 2 倍板厚时，取 $\phi=1.0$。

计算储罐壁板最小壁厚时仅考虑了介质载荷，必要时，还需考虑以下载荷的影响，通常这些载荷包括：

a) 风载；

b) 地震载荷；

c) 80 ℃以上的温差载荷；

d) 真空外压；

e) 由管道、储罐上安装的设备产生附加载荷；

f) 由基础沉降引起的载荷。

D.4.5 罐壁变形包括不圆度、凹陷、鼓包、折摺、平斑和在焊缝上的尖峰和带斑。罐壁的几何变形应符合设计要求，在不影响安全使用时，可以不予以处理；凹陷、鼓包和折摺允许值见表 D.1、表 D.2，超过允许值应进行修复，若无法进行修复，应当进行合于使用评价。

D.4.6 储罐壁板的无损检测结果，按其相应的检测标准进行评定，其合格级别按建造标准要求进行；超过原标准的缺陷，应当返修或进行合于使用评价。

D.4.7 储罐内壁的防腐涂层应无锈斑、粉化、脱落，其厚度、附着力和漏点检测应达到原设计要求。

D.4.8 储罐底板局部腐蚀部位最小厚度应确保在下次检验时的最小厚度不小于表 D.4 中所列数值；当储罐底圈壁板厚度不大于 32 mm 时，储罐底板的边缘板局部腐蚀部位最小厚度应不小于 4.5 mm，否则应进行补焊或更换。

表 D.4 底板最小厚度允许值

下次检验时的底板中幅板最小厚度/mm	罐底/基础结构
2.5	不带罐底泄漏探测装置的罐底
1.25	带罐底泄漏探测装置的罐底

D.4.9 储罐基础沉降的允许值按建造标准的要求，当超过建造标准要求时，应设法修复或进行合于使用评价。

D.4.10 储罐液位计、高低液位报警、呼吸阀、阴极保护、防雷、防静电等附件功能不满足设计要求时，应当重新安装或更换。

ICS 23.020.40
A 82

中华人民共和国国家标准

GB/T 31480—2015

深冷容器用高真空多层绝热材料

Materials for high vacuum multilayer insulation of cryogenic vessel

2015-05-15 发布

2015-09-01 实施

中华人民共和国国家质量监督检验检疫总局
中国国家标准化管理委员会 发布

前　言

本标准按照 GB/T 1.1—2009 给出的规则起草。

本标准由全国锅炉压力容器标准化技术委员会(SAC/TC 262)提出并归口。

本标准起草单位:杭州富士达特种材料有限公司、上海市气体工业协会、中国特种设备检测研究院、江苏省特种设备安全监督检验研究院张家港分院、国家石油钻采炼化设备质量监督检验中心、常州博朗低温设备有限公司、华东理工大学、上海市特种设备监督检验技术研究院、上海华谊集团装备工程有限公司、浙江大学、中国科学院理化技术研究所、中集安瑞科投资控股(深圳)有限公司、张家港中集圣达因低温装备有限公司、浙江蓝能燃气设备有限公司。

本标准主要起草人:应建明、施锋萍、陈朝晖、周伟明、谭伟、马小岗、惠虎、徐冬球、徐国强、薛小龙、甘智华、张亮、沈铣、梁东洲、魏蔚、魏勇彪、王炼。

深冷容器用高真空多层绝热材料

1 范围

本标准规定了深冷容器常用的高真空多层绝热材料的产品类型和型号、原材料、技术要求、试验方法、检验规则、标志、产品出厂资料及包装、运输和储存等要求。

本标准适用于采用高真空多层绝热方式的深冷容器中,由间隔材料和反射屏交替组合而成的绝热材料。

2 规范性引用文件

下列文件对于本文件的应用是必不可少的。凡是注日期的引用文件,仅注日期的版本适用于本文件。凡是不注日期的引用文件,其最新版本(包括所有的修改单)适用于本文件。

GB/T 451.1 纸和纸板尺寸及偏斜度的测定

GB/T 451.2 纸和纸板定量的测定

GB/T 451.3 纸和纸板厚度的测定

GB/T 3198 铝及铝合金箔

GB/T 9914.2 增强制品试验方法 第2部分:玻璃纤维可燃物含量的测定

GB/T 12914 纸和纸板抗张强度的测定

GB/T 14014 合成纤维筛网

GB/T 15717 真空金属镀层厚度测试法 电阻法

GB/T 16958 包装用双向拉伸聚酯薄膜

GB/T 22638.5 铝箔试验方法 第5部分:刷水试验方法

GB/T 31481—2015 深冷容器用材料与气体的相容性判定导则

BB/T 0030—2004 包装用镀铝薄膜

JB/T 8105.1 橡胶密封真空规管接头

JB/T 8105.2 金属密封真空规管接头

JC/T 170 E玻璃纤维布

3 术语和定义

下列术语和定义适用于本文件。

3.1

高真空多层绝热 high vacuum multilayer insulation

在深冷容器的高真空夹层空间内,由间隔材料和反射屏交替组合而形成的绝热方式。

3.2

反射屏 heat-resistant radiation shield

具有高反射率的金属箔片或者带有金属镀层的薄膜。

3.3

间隔材料　spacing material

用在反射屏之间、防止相邻两层反射屏直接接触的绝热材料。

3.4

表观导热系数　apparent thermal conductivity

在规定测试条件下,单位时间内通过单位厚度的绝热材料传递的热量。

3.5

放气速率　outgassing rate

在规定测试条件下,单位时间内单位质量的材料所放出的气体量。

3.6

单元　multilayer insulation unit

由一层或若干层间隔材料和一层反射屏叠加而成。

3.7

卷状产品　multilayer insulation roll

由一个或若干个单元绕卷在卷芯上而成。

3.8

被状产品　multilayer insulation blanket

由一定形状的若干个单元叠合并固定而成。

4　产品类型和型号

4.1　单元

4.1.1　结构

单元的典型结构如图1。

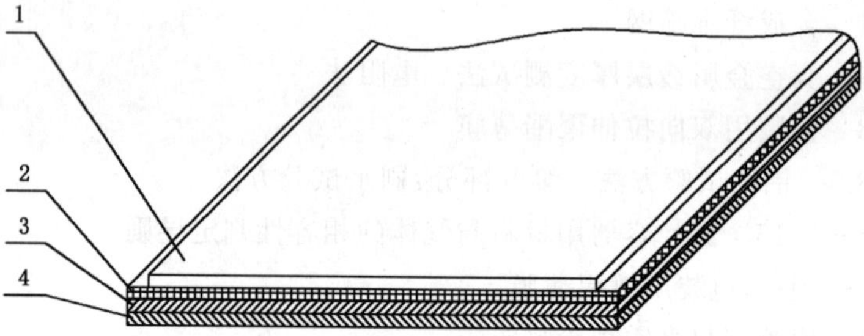

说明:
1　——反射屏;
2~4——间隔材料。

图1　典型单元示意图

4.1.2　原材料种类及代号

原材料种类及代号见表1。

表 1　原材料种类及代号

原　材　料		代　号
间隔材料	玻璃纤维纸	Z
	玻璃纤维布	B
	化学纤维纸	P
	合成纤维筛网	W
反射屏	铝箔	L
	镀铝聚酯薄膜	D

单元的标识见示例1和示例2,相应代号见表1。

示例1:Z-L,表示由1层玻璃纤维纸和1层铝箔组成的单元。

示例2:PZ-L,表示由1层化学纤维纸、1层玻璃纤维纸和1层铝箔组成的单元。

4.2　卷状产品

4.2.1　产品结构

卷状产品的典型结构示意如图2。

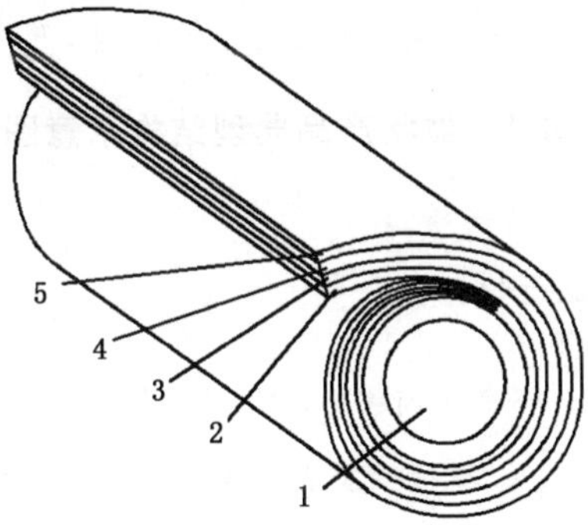

说明:

1　——卷芯;

2～5——单元。

图 2　卷状产品典型结构示意图

4.2.2　产品型号及示例

卷状产品型号按图3及表1的规定进行。

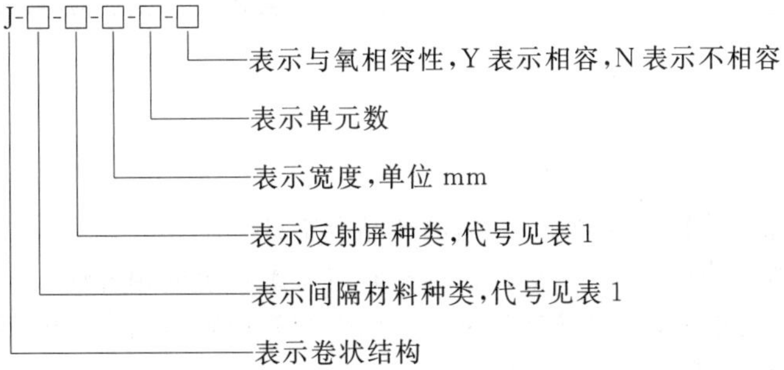

图 3　卷状产品型号

示例1:J-Z-L-1110-5-Y表示以1层玻璃纤维纸与1层铝箔组成的单元,产品宽度为1 110 mm,单元数为5的卷状高真空多层绝热材料,与氧相容。

示例 2:J-P-D-900-5-N 表示以 1 层化学纤维纸与 1 层镀铝聚酯薄膜组成的单元,产品宽度为 900 mm,单元数为 5 的卷状高真空多层绝热材料,与氧不相容。

示例 3:J-ZPZ-L-1220-2-N 表示以 1 层玻璃纤维纸、1 层化学纤维纸、1 层玻璃纤维纸与 1 层铝箔组成的单元,产品宽度为 1 220 mm,单元数为 2 的卷状高真空多层绝热材料,与氧不相容。

4.3 被状产品

4.3.1 产品结构

被状产品的典型结构示意如图 4。

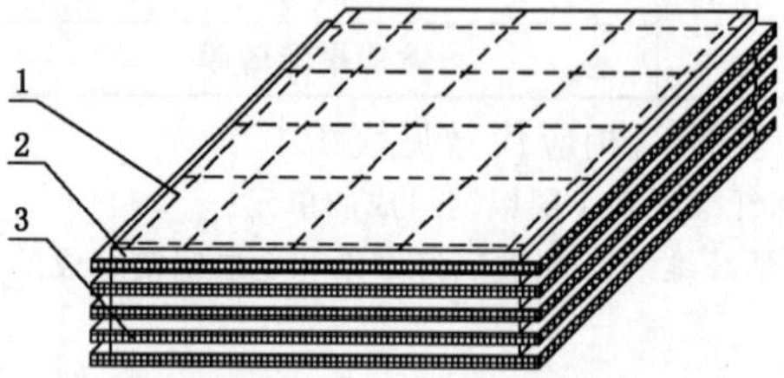

说明:

1——固定件;

2——反射屏;

3——间隔材料。

图 4 被状产品典型结构示意图

4.3.2 被状产品型号及示例

被状产品型号按图 5 的规定进行。

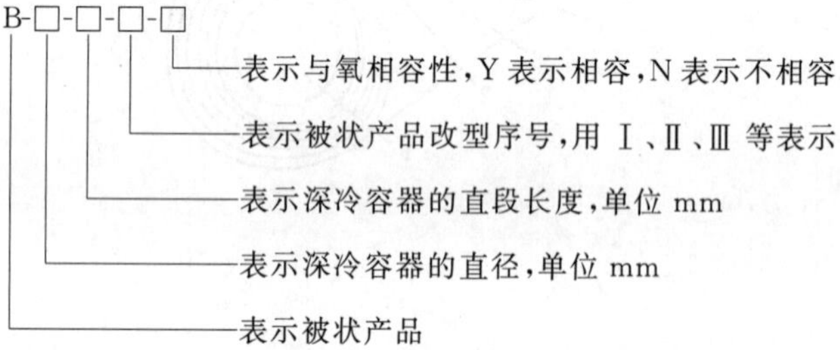

图 5 被状产品型号

示例 1:B-600-1343-Ⅱ-Y 表示用于包覆直径 600 mm,直段长度 1 343 mm 的容器的被状高真空多层绝热材料,Ⅱ型,与氧相容。

示例 2:B-2364-11310-Ⅰ-N 表示用于包覆直径 2 364 mm,直段长度 11 310 mm 的容器的被状高真空多层绝热材料,Ⅰ型,与氧不相容。

5 原材料

5.1 一般要求

5.1.1 原材料应符合相关标准的规定,并提供产品合格证。

5.1.2 根据深冷容器的使用工况,原材料在选择时应考虑与氧的相容性。

5.1.3 原材料的工艺性能应能满足施工、烘烤耐温性和深冷容器抽真空的要求。

5.1.4 有特殊要求时,供需双方可另行协商。

5.2 间隔材料

5.2.1 间隔材料种类及其与氧的相容性

5.2.1.1 典型的间隔材料的种类有玻璃纤维纸、玻璃纤维布、化学纤维纸、合成纤维筛网等。

5.2.1.2 间隔材料与氧的相容性应按 GB/T 31481—2015 的 4.3 评价。

5.2.2 玻璃纤维纸

5.2.2.1 厚度按照 GB/T 451.3 的方法测试,不宜大于 0.08 mm。

5.2.2.2 定量按照 GB/T 451.2 的方法测试,宜为(14±2.0)g/m²。

5.2.2.3 纵向抗张强度按照 GB/T 12914 的方法测试,不宜小于 0.03 kN/m。

5.2.2.4 可燃物含量按照 GB/T 9914.2 的方法测试,不宜大于 1.0%(质量分数)。

5.2.3 玻璃纤维布

5.2.3.1 玻璃纤维布应符合 JC/T 170 的规定。

5.2.3.2 厚度按照 GB/T 451.3 的方法测试,宜为 0.05 mm~0.25 mm。

5.2.3.3 纵向抗张强度按照 GB/T 12914 的方法测试,不宜小于 0.06 kN/m。

5.2.3.4 需经过脱脂、脱蜡处理,可燃物含量按照 GB/T 9914.2 的方法测试,应不大于 0.2%(质量分数)。

5.2.4 化学纤维纸

5.2.4.1 厚度按照 GB/T 451.3 的方法测试,不宜大于 0.08 mm。

5.2.4.2 定量按照 GB/T 451.2 的方法测试,宜为(10±2.0)g/m²。

5.2.4.3 纵向抗张强度按照 GB/T 12914 的方法测试,不宜小于 0.06 kN/m。

5.2.5 合成纤维筛网

5.2.5.1 合成纤维筛网应符合 GB/T 14014 规定的一等品要求。

5.2.5.2 厚度按照 GB/T 451.3 的方法测试,不宜大于 0.08 mm。

5.2.5.3 纵向抗张强度按照 GB/T 12914 的方法测试,不宜小于 0.06 kN/m。

5.3 反射屏

5.3.1 反射屏种类及其与氧的相容性

5.3.1.1 典型的反射屏种类包括铝箔、镀铝聚酯薄膜等。

5.3.1.2 反射屏与氧的相容性应按 GB/T 31481—2015 的 4.2 进行评价。

5.3.2 铝箔

5.3.2.1 铝箔应符合 GB/T 3198 的规定。

5.3.2.2 厚度宜为 0.004 5 mm~0.025 mm。

5.3.2.3 刷水试验按照 GB/T 22638.5 的方法测试,应达到 B 级。

5.3.2.4 纵向抗张强度按照 GB/T 12914 的方法测试,不宜小于 0.27 kN/m。

5.3.3 镀铝聚酯薄膜

5.3.3.1 镀铝聚酯薄膜应符合 BB/T 0030—2004 的规定。表面应有连续、明亮的光泽、无油迹,边缘应光滑、平整。对着光源目测,不应有明显划痕、孔洞、杂质、镀铝层脱落。

5.3.3.2 镀铝聚酯薄膜的基材应符合 GB/T 16958 的规定,且厚度宜为 0.005 mm~0.025 mm。

5.3.3.3 镀铝层厚度按照 GB/T 15717 的方法测试,不宜大于 1.0 Ω/□(电阻法)。

5.3.3.4 镀铝层均匀度按照 GB/T 15717 的方法测试,宜优于±10%。

5.3.3.5 镀铝层附着力(以镀铝层脱落面积表示)按照 BB/T 0030—2004 中 6.12 的方法测试，应不大于 10%。

6 技术要求

6.1 制造环境要求

6.1.1 制造全过程应在洁净的环境中进行。

6.1.2 与材料接触的制作设备、工装、工具表面应保持清洁、无油。

6.1.3 生产过程中应避免人体直接接触原材料。

6.2 单元的制造要求

6.2.1 反射屏可设置透气孔。

6.2.2 间隔材料与反射屏层间不应使用胶粘剂、胶布等化学粘结物进行固定。

6.2.3 单元表面应清洁,不应有油污、汗渍、手印等污渍。

6.2.4 间隔材料与反射屏边缘应平行,间隔材料的宽度应大于反射屏宽度。反射屏应均布于间隔材料中间,反射屏两侧的缩进量均应不小于 2 mm,不大于 18 mm。

6.2.5 单元的宽度以间隔材料的宽度为准,其宽度允许偏差应符合表 2 的规定。

表 2 宽度允许偏差

宽度 W/mm	允许偏差/mm
$W \leqslant 100$	±3
$100 < W \leqslant 500$	±5
$500 < W \leqslant 1\ 000$	±8
$1\ 000 < W \leqslant 2\ 000$	±10
$>2\ 000$	±15

6.2.6 表观导热系数

取单元代表性试样进行试验,表观导热系数应不大于 1.35×10^{-4} W/(m·K)。

6.2.7 放气速率

取单元代表性试样进行试验,放气速率应不大于 8×10^{-7} Pa·m³/(s·g)。

6.2.8 耐温性

取单元代表性试样进行试验,间隔材料与反射屏均应不出现粘连、破损、脆化等现象。

6.3 产品的制造要求

6.3.1 一般要求

6.3.1.1 产品表面应清洁,不应有油污、汗渍、手印等污渍。

6.3.1.2 各单元间的宽度错位量应不大于 10 mm。

6.3.2 卷状产品的制造要求

6.3.2.1 间隔材料或反射屏接头时宜用铝箔胶带,不应使用有机基材胶带,层间接头应错开。

6.3.2.2 卷状产品的端面应整齐,纸卷圆整,不应有端面塔状变形及裂口等影响使用的缺陷。

6.3.2.3 卷状产品的卷芯长度不得小于产品宽度,且任一端不允许凹入产品内。

6.3.3 被状产品的制造要求

6.3.3.1 各单元之间应采取固定措施,固定物应清洁,分布均匀。

6.3.3.2 不应使用胶粘剂、胶布等化学粘接物进行固定。

6.3.3.3 同一片被状产品的厚度不应有明显偏差。

7 试验方法

7.1 外观质量

外观质量按要求进行目测检查,表面清洁度应符合 6.3.1.1 的规定。

7.2 反射屏缩进量

反射屏缩进量按 GB/T 451.1 的方法测试,以反射屏边缘与间隔材料边缘的距离表示,应符合 6.2.4 的规定。

7.3 宽度偏差

宽度偏差按 GB/T 451.1 的方法测试,应符合 6.2.5 的规定。

7.4 宽度错位量

宽度错位量按 GB/T 451.1 的方法测试,以 2 个单元的间隔材料同一侧边缘的错位量表示,且应符合 6.3.1.2 的规定。

7.5 表观导热系数

表观导热系数按附录 A 规定的方法测试,应符合 6.2.6 的规定。

7.6 放气速率

放气速率按附录 B 规定的方法测试,应符合 6.2.7 的规定。

7.7 耐温性

取 300 mm×300 mm 单元代表性试样夹在两块厚度为 2 mm 的 300 mm×300 mm 的镀锌板间平置于烘箱中,加温至(170±5)℃保温 24 h,取出样品目测,应符合 6.2.8 的规定。

7.8 相容性试验

7.8.1 代表性试样与氧的铂金丝燃烧试验按 GB/T 31481—2015 中的相关方法测试。

7.8.2 卷状产品的代表性试样为深冷容器夹层空间缠绕的高真空多层绝热材料的全厚度试样。

7.8.3 被状产品的代表性试样为被状高真空多层绝热材料的全厚度试样。

8 检验规则

8.1 检验分类

检验分为单元检验、产品检验和性能试验,检验项目见表 3。

8.2 单元检验

单元检验为逐件检验,项目按表 3 的规定。

8.3 产品检验

产品检验为逐件检验,项目按表 3 的规定。

8.4 性能试验

属下列情况之一的,应进行性能试验,试验项目按表 3 的规定:

a) 产品设计定型时;

b) 正式生产后,如原材料、工艺等有改变,可能影响产品性能时;

c) 正常生产的产品,应每年进行一次性能试验。

表 3 检验项目表

检验项目	单元检验	产品检验	性能试验
外观质量	★	★	
反射屏缩进量	★		
宽度偏差	★	★	
宽度错位量		★	
表观导热系数			★
放气速率			★
耐温性			★
相容性试验			★

9 标志、产品出厂资料

9.1 标志

9.1.1 标志内容

产品标志至少应包括下列内容:

a) 产品名称、产品型号、产品标准号;

b) 生产企业名称、地址、电话;

c) 生产日期和批号;

d) 数量;

e) “防潮”“小心轻放”和“请勿挤压”等包装搬运标记。

9.1.2 标志位置

产品标志应在外包装上标明。

9.2 产品出厂资料

9.2.1 产品出厂资料至少包括合格证和质量证明文件。

9.2.2 产品合格证至少包括下列内容:

a) 产品名称及型号;

b) 产品出厂批号;

c) 出厂检验印记。

9.2.3 质量证明书至少包括下列内容:

a) 单元表观导热系数试验报告;

b) 单元放气速率试验报告;

c) 单元耐温性试验报告;

d) 产品与氧的相容性试验报告;

e) 安全使用注意事项。

10 包装、运输和储存

10.1 包装

产品外包装应能防潮,防破损,防止产品变形和破损。有特殊要求时,供需双方协商确定。

10.2 运输

运输时应小心轻放,避免挤压、碰撞和日晒雨淋。

10.3 储存

产品应储存在清洁、通风、干燥的仓库内,并应架空摆放,避免重压。

附　录　A
(规范性附录)
表观导热系数试验方法

A.1　范围

本附录规定了高真空多层绝热材料表观导热系数测量的试验原理、试验装置与仪器、试验条件与试样准备、试验步骤、数据处理、试验记录与试验报告等要求。

本附录适用于深冷容器用高真空多层绝热材料的表观导热系数试验。

A.2　试验原理

通过测量以液氮为测量工质的量热器蒸发的气体流量 q_m，根据被测绝热材料的厚度 δ 与冷、热边界温度 T_c 与 T_h，计算求得规定测试条件下该被测绝热材料的表观导热系数 λ。试验装置原理图见图 A.1。

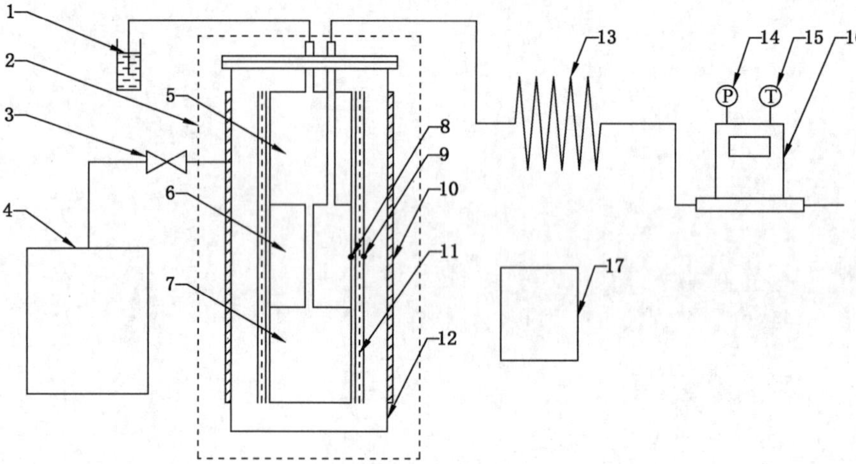

说明：

1——鼓泡器；
2——量热器；
3——真空阀；
4——真空机组；
5——上保护段；
6——测试段；
7——下保护段；
8——冷边界温度计；
9——热边界温度计；
10——温控装置；
11——被测绝热材料；
12——外筒；
13——升温器；
14——压力计；
15——温度计；
16——气体质量流量计；
17——气压计。

图 A.1　表观导热系数试验装置原理图

A.3 试验装置与仪器

A.3.1 试验装置组成

表观导热系数试验装置主要由量热器、真空系统、流量测量系统、温度测控系统等组成。

——量热器包括:保护段加排液口、测量段加排液口、量热器内筒、量热器外筒、上保护段、测量段、下保护段、被测绝热材料;

——真空系统包括:真空机组、真空阀、真空计、真空规;

——流量测量系统包括:升温器、压力计、温度计、气体质量流量计;

——温度测控系统包括:冷边界温度测量点、热边界温度计测量点、温控装置。

A.3.2 试验装置与仪器要求

A.3.2.1 量热器:

a) 测试段外径为(130±2)mm,长度为(380±2)mm;保护段直径与测量段一致,上保护段长度不小于400 mm,下保护段长度不小于100 mm;

b) 外筒内径为(220±5)mm;

c) 测量段冷边界温度范围为(77±2)K,热边界温度范围为(293±5)K。

A.3.2.2 真空系统:

a) 真空机组的极限真空应优于试验要求真空度的一个数量级以上;

b) 真空机组的有效抽速应满足最大设计试样试验时量热器真空夹层的气体负载要求;

c) 橡胶密封真空规管接头应符合 JB/T 8105.1 的规定,金属密封真空规管接头应符合 JB/T 8105.2 的规定;

d) 真空规管及配套的真空计的类型和测量范围应满足夹层真空度的要求,真空度测量不确定度应小于20%。

A.3.2.3 流量测量系统:

a) 气压计、测量气体质量流量计出口处压力的压力计允许测量误差为±50 Pa;

b) 测量气体质量流量计出口处气体温度的温度计允许测量误差为±1 K;

c) 当气体质量流量计的量程小于或等于5 L/min时,精度应达到0.5%;量程大于5 L/min时,精度应达1.0%;

d) 气体质量流量计的额定流量应为测量段中蒸发出的气体流量的1倍~2倍。

A.3.2.4 温度测控系统:

a) 可采用铂电阻温度计或热电偶温度计测量冷热边界温度,温度计允许测量误差为±0.5 K;

b) 外筒温控装置,控制热边界温度范围为(293±5)K。

A.3.2.5 连接管路材质宜采用不锈钢、铜或铝合金。

A.3.2.6 计量器具及仪器应经国家法定计量机构校准,并在有效期内。

A.3.3 试验条件与试样准备

A.3.3.1 试验条件：

a) 试验环境要求应为清洁，且有防静电、防明火等措施；

b) 试验现场不应有强电磁干扰和强烈振动、冲击；

c) 测试用电零、地分开，试验系统机壳接地，所有用电仪器、仪表单点应良好接地，接地电阻小于 3 Ω；

d) 环境压力为当地大气压，温度范围为 0 ℃～40 ℃，相对湿度应小于 85%。

A.3.3.2 试样准备：

a) 在样品中取试样，试样宽度应大于量热器内筒长度 5 mm；

b) 试样的总单元数为 30 个单元；

c) 试样的清洁度应满足本标准正文技术要求；

d) 用与试样相同的绝热材料将上保护段顶面与下保护段底面封住，防止轴向的热辐射漏热；

e) 试样长度应根据量热器内筒外径计算，并根据计算结果留出 50 mm 的余量，以保证缠绕操作需要的搭边量；

f) 试样应在(105±5)℃下烘干处理 24 h。

A.4 试验步骤

A.4.1 绝热材料缠绕：

a) 在量热器内筒的上保护段、测试段和下保护段上布置并粘贴冷边界测温点(最少布置 3 点)，测温点应布置可靠，记录测温点位置及编号；

b) 将试样缠绕在量热器内筒上，要求缠绕包覆时保证绝热材料的清洁度和均匀度，并做好缠绕标记，记录缠绕层数；

c) 测量缠绕好的绝热材料厚度并记录厚度 δ；

d) 在试样最外层表面与冷边界测温点对应的位置布置粘贴热边界测温点，测温点应布置可靠，记录测温点位置及编号；

e) 将缠绕好试样的量热器内筒放入量热器外筒中，确保密封良好。

A.4.2 抽真空：

a) 启动抽真空系统对量热器夹层进行抽真空；

b) 当量热器夹层真空度优于 1×10^{-1} Pa 时，向量热器上下保护段及测量段内缓慢加注液氮，直至内筒两出口均有液氮溢出，确保在测试时间内，夹层真空度优于 1×10^{-2} Pa (冷态)。

A.4.3 测量与记录：

a) 采用气压计测量并记录环境大气压力 p；

b) 在第一次内筒注满液氮静置 1 h 之后,再次向上下保护段以及测试段充注液氮,直至内筒两排液口均有液氮溢出;

c) 量热器测试段出口无液氮流出后,将其与升温器、气体质量流量计相连;

d) 将上保护段加排液口与鼓泡器相连;

e) 每隔 10 min 记录一次气体质量流量计出口处的温度 T_1 与压力 p_1;

f) 每隔 10 min 记录一次气体质量流量计的流量,当一小时内任意两个时间间隔的流量变化均小于 5%时,认定系统达到稳定,开始测量并记录接下来 1 h 的流量,以此计算平均流量 q_m;

g) 当系统达到稳态后,每隔 10 min 记录一次试样的冷、热边界温度 T_c 与 T_h,连续记录 1 h;

h) 测量完毕,关闭真空阀,关闭真空机组;

i) 将测量段排液口与升温器、流量计断开;

j) 可使用导热管插入量热器中段和下段,将剩余低温液体排出,使量热器自然恢复至常温,或待量热器自然恢复至常温。

A.5 数据处理

A.5.1 表观导热系数计算

高真空多层绝热材料的表观导热系数按式(A.1)计算:

$$\lambda = \psi q_m h \cdot \frac{\ln \frac{r+\delta}{r}}{2\pi l (T_h - T_c)} \qquad \text{(A.1)}$$

式中:

λ ——表观导热系数,单位为瓦每米开氏度[W/(m・K)];

ψ ——流量计的校正系数,所用流量计的技术说明书或重新校准后的给定值;

q_m ——蒸发的氮气质量流量在 1 h 内的平均值,单位为千克每秒(kg/s);

h ——试验环境压力下液氮的汽化潜热,单位为焦每千克(J/kg);

T_h ——系统达到稳态后,热边界(试样总厚外表)温度在 1 h 内的平均值,单位为开氏度(K);

T_c ——系统达到稳态后,冷边界(量热器内筒外表)温度在 1 h 内的平均值,单位为开氏度(K);

r ——量热器内筒的外半径,单位为米(m);

δ ——试样的厚度,单位为米(m);

l ——测量段的长度,单位为米(m)。

A.6 试验记录与试验报告

A.6.1 试验记录格式可参照表 A.1。

A.6.2 试验报告格式可参照表 A.2。

表 A.1 表观导热系数试验记录

样品名称		样品型号		样品编号		
测试时间		测试地点		试样尺寸(宽×长)		
实验条件	缠绕层数	缠绕厚度 δ/mm	平均真空度 /Pa	平均环境压力 /Pa	平均环境温度/℃	环境湿度 /%

试验时间 min	冷边界温度 T_c/K			热边界温度 T_h/K			流量 q_m/(kg/min)	温度 T_1/K	压力 p_1/Pa
	1	2	3	1	2	3			
10									
20									
30									
40									
50									
60									
70									
80									
90									
100									
110									
120									
平均									
备注									

试验：　　　　　　　　　　　　核对：

日期：　　　　　　　　　　　　日期：

表 A.2 表观导热系数试验报告

报告编号：

样品名称		试验类别	
送样单位		送样单位	
送 样 人		地　　址	
生产单位		生产日期	
样品型号		样品编号	
样品结构描述			
试验日期		试验地点	
表观导热系数 W/(m·K)			
试验结论			
备　　注			

编制：　　　　核对：　　　　批准：

日期：　　　　日期：　　　　日期：

附　录　B
（规范性附录）
放气速率试验方法

B.1　范围

本附录规定了高真空多层绝热材料放气速率的试验原理、试验装置与仪器、试验条件与试验准备、试验步骤、数据处理、试验记录与试验报告等要求。

本附录适用于深冷容器用高真空多层绝热材料的放气速率试验，其他低温绝热材料放气速率的测量试验可参照执行。

B.2　试验原理

利用定容变压原理，在一定温度和试样质量的条件下，将一定容积的测试室抽真空，采用直接测量法，测定在一段时间内，由于试样放气而引起的测试室的真空度变化，从而计算出试样在高真空条件下的放气速率。试验装置原理图如图 B.1 所示。

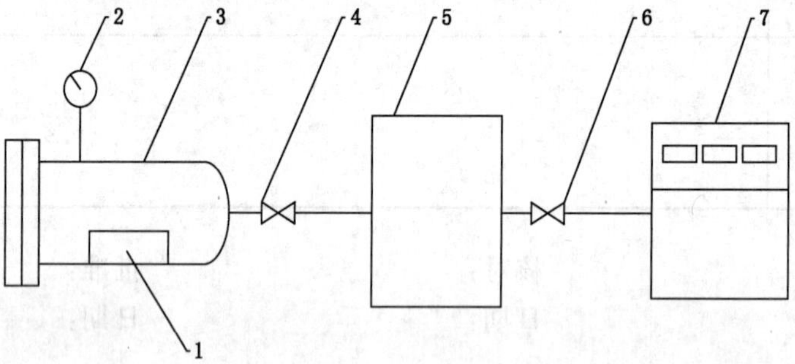

说明：

1——试样；
2——真空规管；
3——测试室；
4——测试室真空阀；
5——真空机组；
6——检漏阀；
7——氦质谱检漏仪。

图 B.1　放气速率测试装置原理图

B.3　试验装置与仪器要求

B.3.1　测试室：

a）　测试室容积 0.000 8 m^3±0.000 1 m^3；

b）　测试室应采用放气速率小的材料制作。

B.3.2　检漏仪：

最小可检漏率应小于 1×10^{-11} Pa·m^3/s。

B.3.3　真空系统：

a）　真空机组的极限真空应优于 1×10^{-5} Pa；

b) 真空机组的有效抽速应满足试样的气体负载要求。

B.3.4 真空测量系统：

a) 金属密封真空规管接头应符合 JB/T 8105.2 的规定；

b) 真空规管及配套的真空计的类型和测量范围应满足测试室规定真空度的要求，真空度测量不确定度应小于 10%。

B.3.5 连接管路材质宜采用不锈钢、铜或铝合金。

B.3.6 计量器具及仪器应经国家法定计量机构校准，并在有效期内。

B.4 试验条件与试验准备

B.4.1 试验条件：

a) 试验环境要求应清洁，且有防静电、防明火等措施；

b) 试验现场不应有强电磁干扰和强烈振动、冲击；

c) 环境压力为当地大气压，温度范围为 0 ℃～40 ℃，相对湿度小于 85%。

B.4.2 试验准备：

a) 在样品中用天平称取试样(20±2)g，精确到 0.001 g，记录天平读数 m；

b) 使用氦质谱检漏仪对试验系统进行检漏。

B.4.3 试样的处理：

试样应在(105±5)℃下烘干处理 24 h。

B.5 试验步骤

B.5.1 测试室本底漏放气速率试验

试验步骤如下：

a) 启动真空机组对测试室预抽，测试室压力小于检漏仪允许检漏口最高压力后，开启氦质谱仪对系统进行检漏，读出并记录检漏仪的指示值，要求系统漏率小于 1×10^{-9} Pa·m³/s，否则对系统重新进行密封并检漏直至满足此要求为止；

b) 开启真空机组对测试室抽气 2 h 后关闭测试室真空阀，静置 1 h；

c) 开启测试室真空阀，对测试室抽气 1 h；

d) 关闭测试室真空阀，静置 1 h；

e) 开启测试室真空阀，对测试室抽气 1 h，其真空度应优于 1×10^{-3} Pa；若其真空度达不到 1×10^{-3} Pa，需对测试系统重新处理；

f) 关闭测试室真空阀，记录真空计读数 p_1，60 min 后记录真空计读数 p_2。

B.5.2 测试室本底漏放气速率计算及判定

B.5.2.1 测试室本底漏放气速率按式(B.1)进行计算：

$$Q_{\mathrm{LF1}}=\frac{(p_2-p_1)V}{\Delta t} \qquad \cdots\cdots\cdots\cdots(\mathrm{B.1})$$

式中：

Q_{LF1}——抽气 4 h 后，60 min 时间间隔时测试室本底漏放气速率，单位为帕立方米每秒(Pa·m³/s)；

V ——测试室容积，单位为立方米(m³)；

p_1 ——关闭阀门时，真空计读数，单位为帕(Pa)；

p_2 ——60 min 时间间隔后，真空计读数，单位为帕(Pa)；

Δt ——测试时间间隔，单位为秒(s)。

B.5.2.2 当测试室本底漏放气速率计算结果小于 2×10^{-8} Pa·m³/s 时，进行下一步试验。否则重新处理试验装置后，按 B.4 重新进行。

B.5.3 测试室本底(含试样)漏放气速率试验

试验步骤如下：

a) 把称量后的试样放入测试室中并密封；

b) 启动真空机组对测试室预抽，测试室压力小于检漏仪允许检漏口最高压力后，开启氦质谱仪对系统进行检漏，读出并记录检漏仪的指示值，要求系统漏率小于 1×10^{-9} Pa·m³/s，否则对系统重新进行密封并检漏直至满足此要求为止；

c) 开启真空机组对测试室抽气 2 h 后关闭测试室真空阀，静置 1 h；开启测试室真空阀，对测试室抽气 1 h；

d) 关闭测试室真空阀，静置 1 h；

e) 开启测试室真空阀，对测试室抽气 1 h；

f) 关闭测试室真空阀，记录真空计读数 p_3，60 min 后记录真空计读数 p_4。

B.6 数据处理

B.6.1 测试室本底(含试样)的漏放气速率按式(B.2)进行计算：

$$Q_{LF2}=\frac{(p_4-p_3)V}{\Delta t} \qquad \cdots\cdots\cdots\cdots(\text{B.2})$$

式中：

Q_{LF2}——抽气 4 h 后，60 min 时间间隔时测试室(含试样)的漏放气速率，单位为帕立方米每秒(Pa·m³/s)；

p_3 ——关闭阀门时，真空计读数，单位为帕(Pa)；

p_4 ——60 min 时间间隔后，真空计读数，单位为帕(Pa)；

Δt ——测试时间间隔，单位为秒(s)。

B.6.2 试样放气速率按式(B.3)进行计算：

$$q=\frac{Q_{LF2}-Q_{LF1}}{m} \qquad \cdots\cdots\cdots\cdots(\text{B.3})$$

式中：

q ——试样的放气速率，单位为帕立方米每秒克[Pa·m³/(s·g)]；

m ——试样质量，单位为克(g)；

Q_{LF1}——60 min 间隔时测试室本底漏放气速率，单位为帕立方米每秒(Pa·m³/s)；

Q_{LF2}——60 min 时间间隔时测试室(含试样)的漏放气速率，单位为帕立方米每秒(Pa·m³/s)。

B.6.3 试样的放气速率试验应重复进行 5 次，取剔除了最大和最小 2 个结果后的 3 次试验结果的平均值作为最终结果。

B.7 试验记录与试验报告

B.7.1 试验记录格式可参照表 B.1。

B.7.2 试验报告格式可参照表 B.2。

表 B.1 放气速率试验记录

样品名称			样品型号		样品编号	
环境温度/℃				环境湿度/%		
试样质量/g				测试室抽气时间/h		
测试项目	放气时间 min		真空计读数 Pa	漏放气速率/(Pa·m³/s)		
测试室本底漏放气速率 Q_{LF1}	p_1	0				
	p_{01}	10				
	p_{02}	20				
	p_{03}	30				
	p_{04}	40				
	p_{05}	50				
	p_2	60				
测试室(含试样)漏放气速率 Q_{LF2}	p_3	0				
	p_{11}	10				
	p_{12}	20				
	p_{13}	30				
	p_{14}	40				
	p_{15}	50				
	p_4	60				
试样放气速率/[Pa·m³/(s·g)]						
$q=\dfrac{Q_{LF2}-Q_{LF1}}{m}$						
备注：						

试验：　　　　　　　　　　　　核对：

日期：　　　　　　　　　　　　日期：

表 B.2　放气速率试验报告

样品名称		试验类别	
送样单位		送样单位	
送样人		地址	
生产单位		生产日期	
样品型号		样品编号	
样品状态描述			
试验日期		试验地点	
试验环境条件	温度/℃		
	相对湿度/%		
	气压/Pa		
测试室温度		常温	
测试室抽气时间/h		4	
放气速率/[Pa·m^3/(s·g)]			
试验结论			
备注:常温是指该试样测试时环境温度。			

编制:　　　　　　核对:　　　　　　批准:

日期:　　　　　　日期:　　　　　　日期:

ICS 23.020.40
A 82

中华人民共和国国家标准

GB/T 31481—2015/ISO 21010:2014

深冷容器用材料与气体的相容性判定导则

Guidance for gas/materials compatibility of cryogenic vessels

(ISO 21010:2014,Cryogenic vessels—Gas/materials compatibility,IDT)

2015-05-15 发布 2015-09-01 实施

中华人民共和国国家质量监督检验检疫总局
中国国家标准化管理委员会 发布

前　言

本标准按照 GB/T 1.1—2009 给出的规则起草。

本标准使用翻译法等同采用 ISO 21010:2014《深冷容器　气体与材料的相容性》。

本标准与 ISO 21010:2014 相比,做了下列的编辑性修改:

——本标准中压力值的单位由 bar 换算为 MPa;

——附录 A 中,补充了“液氧工况中常用的金属材料见表 A.1”的引导语,表 A.1 中选中的标志由“×”改为“√”,并在表中给出了备注说明;

——根据附录 B 中给出的测试报告样表内容,调整了测试报告表 B.1;

——图 B.2 中,件号 2(自然温度下的压力值)对应的虚线改为延伸至 Z 轴上;

——因原标准中有误,将 C.4 中件 11 改为件 9,且由内径 14 mm 修改为外径 14 mm;图 C.1 中,件号 9(连接管)明确为外径 14 mm、内径 11 mm,同时删除件号 11 及其相关内容。

本标准由全国锅炉压力容器标准化技术委员会(SAC/TC 262)提出并归口。

本标准起草单位:上海市气体工业协会、华东理工大学、中国特种设备检测研究院、国家石油钻采炼化设备质量监督检验中心、液化空气(中国)投资有限公司、杭州富士达特种材料有限公司、江苏省特种设备安全监督检验研究院张家港分院、常州博朗低温设备有限公司、中集安瑞科投资控股(深圳)有限公司、上海市特种设备监督检验技术研究院、上海华谊集团装备工程有限公司、南通中集罐式储运设备制造有限公司。

本标准主要起草人:滕俊华、章兰珠、陈朝晖、周伟明、陈勤俭、应建明、张玉福、何华、童礼华、刘春峰、朱燕梅、汤晓英、宋斌杰、魏勇彪。

深冷容器用材料与气体的相容性判定导则

1 范围

本标准规定了深冷容器用材料与气体的相容性要求,但不包括在低温工况下的机械性能要求。

本标准规定了材料与气体相容性判定的一般原则、材料与纯氧或富氧环境相容性的具体要求以及深冷容器及其附属设备用金属和非金属材料与氧相容性的试验方法。

本标准主要适用于冷冻液化气体介质环境中以及可能与冷冻液化气体接触的材料。

2 规范性引用文件

下列文件对于本文件的应用是必不可少的。凡是注日期的引用文件,仅注日期的版本适用于本文件。凡是不注日期的引用文件,其最新版本(包括所有的修改单)适用于本文件。

ISO 10297:1999 气瓶 可重复充装的气瓶阀门 技术要求与型式试验(Transportable gas cylinders—Cylinder valves—Specification and type testing)

ISO 23208 深冷容器 深冷工况下的清洁要求(Cryogenic vessels—Cleanliness for cryogenic service)

3 材料与除氧气以外气体的相容性

深冷容器应用的温度范围从环境温度直至可能达到的最低温度。不涉及氧工况时,在常温下通常需考虑的腐蚀和氢脆等相容性问题,在深冷工况下一般可以忽略。

深冷容器中的材料与除氧气以外气体的相容性,可以参考 ISO 11114-1 和 ISO 11114-2。

4 在氧工况下对材料的一般要求

4.1 在氧工况下对材料的评价

4.1.1 一般要求

纯氧或富氧环境中的材料的选择,应根据导致氧和材料发生反应的条件进行。在没有点燃能量来源时,大部分材料与氧接触并不会发生燃烧反应。当能量输入并转化成热量的速度大于能量耗散速度时,累积的热量持续增加,将导致材料被点燃和燃烧。因此,材料是否会被点燃和燃烧取决于如下两要素:

——材料的最低点燃温度;

——能使材料温度上升到点燃温度的能量源。

在进行整个系统设计时,应针对上述两个要素,对下列特定因素进行重点考虑:

——材料特性:包括使可燃性提高的因素和使潜在的破坏性结果发生的条件(反应热);

——材料所处的工况:压力、温度、气体流速、氧的浓度和氧的状态(气态或液态)以及按 ISO 23208 定义的表面污染情况;

——潜在点燃源:摩擦、压缩热、质量撞击产生的热量、颗粒撞击产生的热量、静电、电弧、共

振、内部挠动等;

——反应对周围环境等产生的影响;

——其他因素:性能要求、原有使用经验、可行性和成本。

注:本标准规定了材料在纯氧或富氧工况下使用时需满足的最低要求。材料在恶劣工况或者操作压力大于4.0 MPa 的工况下使用时,还应增加其他特殊的试验。

4.1.2 绝热系统的评价

深冷容器中可能与纯氧或富氧液化空气接触的绝热系统材料应按 4.4.4 的规定进行试验。如果材料试样通过了 4.4.3 规定的试验,则无需再进行 4.4.4 规定的试验。

4.2 金属材料的评价

深冷容器制造中常用的金属材料一般都与氧相容。附录 A 列出了适用于液氧工况的金属材料。

较薄的材料遇到高点燃能量(如泵失效)时,则可能发生燃烧或者剧烈反应。厚度小于 0.1 mm的材料应按 4.4.3 的要求,在尽可能接近实际工况的条件下进行试验。当材料应用于潜在点燃能量较高的场合时,还应进行特殊考虑。

当按照 4.4.3 的规定进行试验时,对于与液氧接触的深冷容器用金属材料,应采用液氧进行试验;对于与富氧液化空气接触的金属材料,且存在潜在点燃源的风险时,应采用氧浓度不低于 50%的氧氮混合深冷液体进行试验。

注:富氧液化空气会在一个标准大气压($1.013\ 25\times10^{5}$ Pa)下,温度低于 −191.3 ℃的材料表面上产生。下同。

4.3 非金属材料的评价

非金属材料如塑料、橡胶、润滑剂、陶瓷、玻璃和粘合剂等,其中与氧接触时具有高的点燃风险的,应尽量避免使用或者谨慎选用。

对于陶瓷、玻璃等完全氧化的非金属材料,在未被污染的情况下不存在点燃风险。

持续或偶尔接触液氧介质的易燃非金属材料,在有潜在点燃源风险存在的场合使用时,应按 4.4.2 和 4.4.3 的规定进行试验。材料应用于系统中偶尔发生液氧聚积的部位时,也应考虑进行相应的材料试验。

当按照 4.4.3 的规定进行试验时,对于与液氧接触的深冷容器用非金属材料,应采用液氧进行试验;对于与富氧液化空气接触的非金属材料,且存在潜在点燃源的风险时,应当采用氧浓度不低于 50%的氧氮混合深冷液体进行试验。

持续或偶尔与氧气介质接触的易燃非金属材料,在有潜在点燃源风险存在的场合使用时,应按 4.4.2 的规定进行试验。材料应用于系统中偶尔发生氧气聚积的部位中时,也应考虑进行相应的材料试验。

4.4 试验方法和接受准则

4.4.1 一般要求

通常用材料名称和制造商名称对每种待试验的材料进行明确标识。

4.4.2 点燃试验

4.4.2.1 判定原则

4.4.2.2 和 4.4.2.3 规定了两种可选的试验方法。当材料不满足 4.4.2.2 和 4.4.2.3 的要求时,只要按照其实际使用状态(如阀门密封材料,需对整个阀门或代表性组件进行试验),通过了ISO 10297:1999 中 5.3.8 规定的"氧气压力冲击试验",则也可采用。

4.4.2.2 自燃试验(爆炸试验)

4.4.2.2.1 试验步骤

试验步骤见附录 B。

4.4.2.2.2 接受准则

按 4.4.2.2.1 规定的方法测得的自燃温度应不低于表 1 的规定值。

表 1 最低自燃温度

最高工作压力/MPa	最低自燃温度(SIT)/℃	备 注
0.3	200	
1.0	230	
2.0	250	
4.0	300	
10.0	350	
15.0	375	可进行补充试验(见 4.1)
20.7	400	
20.7～34.5	400	
注:中间数值可用线性插补法确定。		

4.4.2.3 压力冲击试验

4.4.2.3.1 试验步骤

试验步骤见附录 C。

4.4.2.3.2 接受准则

在设定的最高工作压力下连续进行 5 次压力冲击试验,不应有反应现象发生。

4.4.3 液氧(LOX)中的机械冲击试验

4.4.3.1 试验步骤

机械冲击试验应在大气压力下和液氧环境中,按照参考文献[4]～[8]规定的方法进行。上述参考文献中列举了首选的试验设备,具体要求仅供参考。试验应在下列条件下进行:

——试验材料表面状况与使用条件一致;

——试验材料物理状态与实际使用状态一致(如固体、粉末等);

——单位接触面积上的冲击能量不小于 79 J/cm^2。

4.4.3.2 接受准则

连续进行 10 次试验,不应有点燃或灼焦等反应现象发生。

4.4.4 绝热材料试验

绝热材料的代表性试样,在压力为 0.1 MPa、氧气浓度为 100%的环境中与灼热的铂金丝接触时,不应持续燃烧。

绝热材料的代表性试样应与放置在容器中的绝热材料一致,并进行全厚度的试验。

4.5 可替代的接受准则

如果材料在深冷容器的相应工况中已有长期安全使用的文件证明或者具有支持性的风险评估报告,也可选用。

附 录 A
(资料性附录)
液氧工况中常用的金属材料

液氧工况中常用的金属材料见表A.1,材料的相容性应在使用前进行评价。

表A.1 液氧工况中常用的金属材料

深冷容器及相关设备		常用金属材料				
		低合金钢	镍钢	奥氏体不锈钢	铜及铜合金	铝及铝合金
移动容器	内容器		√	√		
	外 壳	√		√		
固定容器	内容器		√	√		
	外 壳	√				
阀门和安全防护装置				√	√	
柔性软管				√		
汽化器				√		√
绝热系统						√
注:带"√"标记的项目,为选中项目。						

附 录 B
(规范性附录)
自燃试验(爆炸试验)

B.1 概述

本附录规定了非金属材料在加压氧气中测定自燃温度的试验方法。

自燃温度是对材料进行比较和分类的依据。对用于加压氧气中的材料,自燃温度也是选材的依据之一。

B.2 原理

少量的试验材料在加压氧气中进行缓慢加热。连续地记录压力和温度的变化,根据温度和压力的突然上升来判断材料的自燃点。

B.3 试件制备

试件制备时应防止污染。

试件可以是液体,也可以是固体。固体材料试件应至少被分割成 6 块。每次试验中试件的总质量应不少于 60 mg。

B.4 试验设备

试验设备的基本原理图见图 B.1。如果选用感应加热炉进行加热,升温速率能够达110 ℃/min,其他加热方式的升温速率一般不超过 20 ℃/min。

热电偶应装在套管中,安放在尽可能靠近试件的位置,通过连通记录仪来监测温度变化。温度监测和记录的精度应不低于±2 ℃。

内部压力也需进行监测和记录,其精度应不低于±0.2 MPa。

试验设备,特别是高压室,应能承受剧烈反应(如爆炸)所产生的压力。

B.5 纯度

试验用气体的氧纯度应不低于 99.5%,碳氢化合物的含量应小于 10 mL/m^3。

B.6 试验步骤

试样装入试件腔后,放进高压室中。将上次试验残余在高压室内的气体和燃烧产物吹扫干净后,密闭高压室。然后,以较小的初始压力通入氧气,使其点燃时的压力不小于 12.0 MPa。

调整加热功率使升温速率控制在 20 ℃/min 左右,同时连续地记录温度和压力,直到试样发生自燃,或者达到 400 ℃,或者达到要求的更高温度。

燃烧反应发生时,温度和压力会发生突然上升。通过记录仪上显示的温度和压力值,可以判断材料的自燃温度。

B.7 结果

通过试验记录来确定3个参数:T_i,ΔT 和 Δp,如图B.2所示。

其中:

T_i ——自燃温度;

ΔT——自燃瞬间的温度增量;

Δp ——自燃瞬间的压力增量。

根据材料自燃温度的不同,可以对材料进行分类。

温度增量 ΔT 和压力增量 Δp 的大小,反映了燃烧反应的剧烈程度。

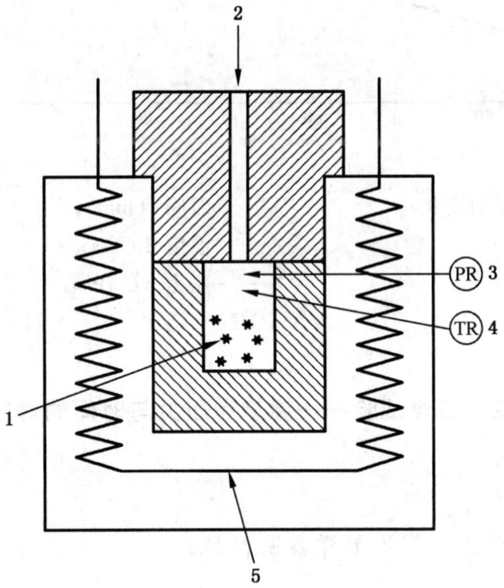

说明:

1——试样;

2——氧气入口:点燃条件下不小于12.0 MPa;

3——压力传感器;

4——温度监测器;

5——加热元件:升温速率20 ℃/min,可加热到500 ℃。

图 B.1 自燃试验的高压室

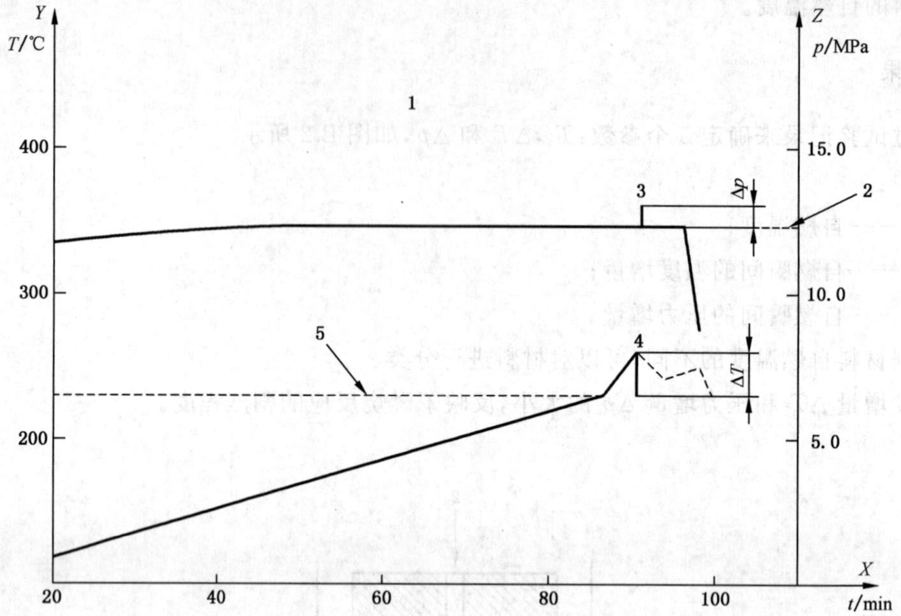

说明：

1——时间对应的温度和压力变化；

2——自燃温度下的压力；

3——压力峰值；

4——温度峰值；

5——自燃温度；

X ——时间 t(min)；

Y ——温度 T(℃)；

Z ——压力 p(MPa)。

图 B.2　自燃试验——温度和压力与时间的对应关系

B.8　试验报告

试验结果记录在报告单中。报告单样表见表 B.1。

表 B.1　自燃试验报告

<table>
<tr><td rowspan="2">自燃试验</td><td colspan="2" rowspan="2"></td><td colspan="2">试验编号</td><td></td></tr>
<tr><td colspan="2">日　期</td><td></td></tr>
<tr><td>1—试验单位</td><td colspan="5"></td></tr>
<tr><td>2—试验材料</td><td colspan="5"></td></tr>
<tr><td>材料用途</td><td colspan="5"></td></tr>
<tr><td>使用工况</td><td>温度/℃</td><td></td><td colspan="2">压力/MPa</td><td></td></tr>
<tr><td>成　分
形态、形状、外观</td><td colspan="5"></td></tr>
<tr><td>生 产 商</td><td colspan="5"></td></tr>
<tr><td>供 应 商</td><td colspan="5"></td></tr>
<tr><td>商 品 名</td><td colspan="5"></td></tr>
<tr><td>试件质量/g</td><td colspan="5"></td></tr>
<tr><td colspan="6">3—试验结果</td></tr>
<tr><td colspan="3">压力/MPa</td><td colspan="3">温度/℃</td></tr>
<tr><td>自燃温度下</td><td>峰值</td><td>Δp</td><td>自燃温度下</td><td>峰值</td><td>ΔT</td></tr>
<tr><td></td><td></td><td></td><td></td><td></td><td></td></tr>
<tr><td>4—自燃温度/℃</td><td colspan="5"></td></tr>
<tr><td>5—备注</td><td colspan="5"></td></tr>
<tr><td>报告签发</td><td colspan="5"></td></tr>
</table>

附 录 C
(规范性附录)
压力冲击试验

C.1 概述

本附录规定了测试非金属材料(固体、胶体或液体)在氧气、空气或含氧混合气体的压力冲击下发生反应的试验方法,用来确定非金属材料允许使用的最高工作压力。

本试验模拟了非金属材料在实际使用中可能遇到的工况,如快速开闭阀门、设备或管道破裂等。

本试验方法可应用于工作压力大于等于1.0 MPa的工况。

C.2 原理

试验装置中设置了反应容器、蓄氧容器、阀门及其连通管路。将少量的试验材料置于反应容器中,通过快开阀门引入高压氧气,使试验材料经受高压氧气的冲击。

调节蓄氧容器的压力,使管子中的压力由初始压力 p_i 上升到最终压力 p_f。升压过程应尽可能绝热。

如观察到温度的陡然升高,就表明试验材料和氧气发生了反应。如果升压过程是绝热过程,温升将会更高。

如果压力升到最终压力 p_f,未发现试样和氧气发生反应,此时的压力 p_f 就可以作为材料允许使用的最高工作压力。

C.3 试样制备

固体材料试样应至少分割成6块,液体材料需涂敷在陶瓷纤维材料上。

每次试验的试样总质量应为0.2 g~0.5 g。

C.4 试验设备

试验装置的基本结构示意图见图C.1。

试样放置在体积为15 cm^3 的钢管中(见图C.1,件10)。这根钢管作为反应容器,通过一根750 mm长的管子(见图C.1,件9,外径14 mm)和一个气动快开阀(见图C.1,件6)连接到蓄氧容器上(见图C.1,件7)。气动快开阀的开启速度应能保证在15 ms~20 ms内,使反应腔压力升高到试验值。

用两个加热器(见图C.1,件4)将蓄氧容器和反应容器加热到(60±3)℃。

一次压力冲击完成后,应通过排气阀(见图C.1,件8)排气,将反应容器内压力降为大气压力。

反应容器中试样的温度和蓄氧容器中氧气的温度通过热电偶(见图C.1,件5)来测量。压力通过压力传感器(见图C.1,件3)来测量。压力和温度记录的精度要求分别为±0.2 MPa和±2 ℃。

试验设备,尤其是反应容器应能承受剧烈的内部反应。

单位为毫米

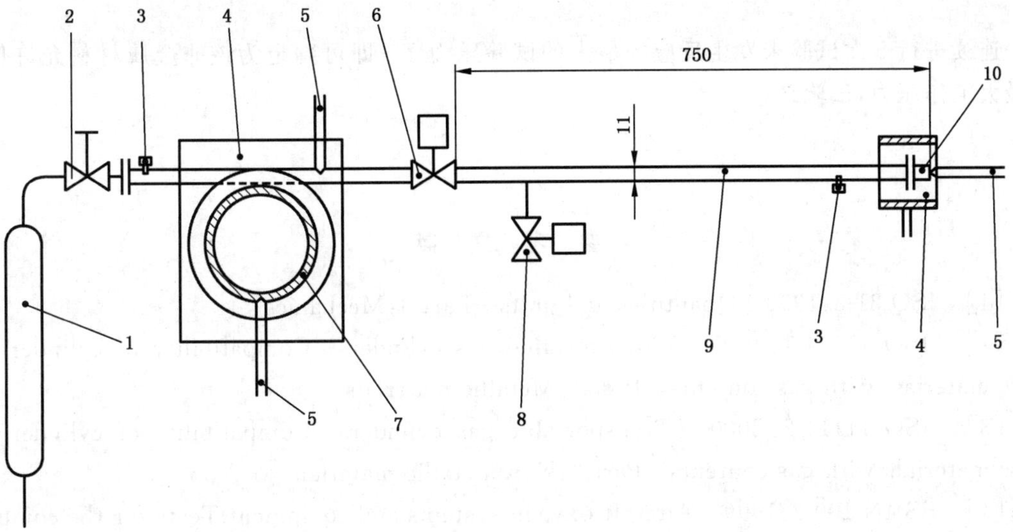

说明:

1——氧气瓶;
2——进气阀;
3——压力传感器;
4——加热器;
5——热电偶;
6——快开阀;
7——蓄氧容器;
8——排气阀;
9——连接管(外径 14 mm,内径 11 mm);
10——反应容器。

图 C.1　压力冲击试验装置示意图

C.5　氧气纯度

试验用氧气纯度应不低于 99.5%,碳氢化合物的含量应小于 10 mL/m^3。

C.6　试验步骤

试验开始前,将蓄氧容器的压力调至本次试验设定的最终压力 p_f(选定的最高工作压力)。

将装有试样的反应容器接到连接管上。

将反应容器和连接管内充满氧气,使其达到初始压力 p_i[通常为环境压力 0.1 MPa(绝压)]。

将试样加热到试验温度(60±3)℃后,将预热至(60±3)℃的氧气通过快开阀在 15 ms～20 ms内通入反应容器中。

通过这种方式,低压氧气(初始压力 p_i)能以尽可能绝热的方式压缩到最终压力 p_f。保持 p_f 压力 15 s 后,可将试验管子中的压力降到大气压力。

连续地记录试样的温度和压力。如观察到温度的陡然升高(一般比无反应时的温度增量至少高出 20 ℃),就表明试样和氧气发生了反应。

初次设定的压力条件下如果发生了反应,应立刻释放试验管中的压力。然后设定一个更小的压力进行试验。重设压力的梯度通常选择 1.0 MPa。

如果试样和氧气没有发生反应,应对同一种试样进行不超过5次的重复试验进行验证。

C.7 结果

连续进行5次试验未发生反应的最大的试验压力 p_f,即可判定为该非金属材料允许使用的最大工作压力,试验结束。

参 考 文 献

[1] ISO 31-3:1992 Quantities and units—Part 3:Mechanics

[2] ISO 11114-1:1997 Transportable gas cylinders—Compatibility of cylinder and valve materials with gas contents—Part 1:Metallic materials

[3] ISO 11114-2:2000 Transportable gas cylinders—Compatibility of cylinder and valve materials with gas contents—Part 2:Non-metallic materials

[4] BS 4N 100-2:1999 Aircraft oxygen systems and equipment.Tests for the compatibility of materials in the presence of oxygen

[5] ASTM G72-01 Standard Test Method for Autogenous Ignition Temperature of Liquids and Solids in a High-Pressure Oxygen-Enriched Environment

[6] ASTM G74-01 Standard Test Method for Ignition Sensitivity of Materials to Gaseous Fluid Impact

[7] ASTM D2512-95(2002) Standard Test Method for Compatibility of Materials with Liquid Oxygen(Impact Sensitivity Threshold and Pass-Fail Techniques)

[8] BAM test methods for spontaneous ignition temperature,LOX mechanical impact,and GOX pressure surge impact.

ICS 23.020.30
J 74

中华人民共和国国家标准

GB/T 34019—2017

超 高 压 容 器

Ultra-high pressure vessels

2017-07-12 发布 2018-02-01 实施

中华人民共和国国家质量监督检验检疫总局
中国国家标准化管理委员会 发布

前　言

本标准按照 GB/T 1.1—2009 给出的规则起草。

请注意本文件的某些内容可能涉及专利。本文件的发布机构不承担识别这些专利的责任。

本标准由全国锅炉压力容器标准化技术委员会(SAC/TC 262)提出并归口。

本标准起草单位:中国特种设备检测研究院、浙江大学、锅容标(北京)技术服务中心有限公司、中国石化工程建设有限公司、浙江省特种设备检验研究院、内蒙古北方重工业集团有限公司、江苏省特种设备安全监督检验研究院、中原特钢股份有限公司、台州市特种设备监督检验中心。

本标准主要起草人:寿比南、郑津洋、陈志伟、张勇、杨国义、李涛、丁利伟、郭伟灿、许锐冰、马歆、范志霞、李隆骏、许林滔。

引　言

本标准是全国锅炉压力容器标准化技术委员会(以下简称“委员会”)负责制定和归口的压力容器技术标准之一,用以规范在中国境内建造或使用的超高压容器设计、制造、检验和验收的相关技术要求。

本标准的技术条款包括了超高压容器建造过程(即指设计、制造、检验和验收工作)中应遵循的要求。由于本标准没有必要、也不可能囊括适用范围内超高压容器建造中的所有技术细节,因此,在满足法规所规定的基本安全要求的前提下,不应禁止本标准中没有特别提及的技术内容。本标准不能作为具体超高压容器建造的技术手册,亦不能替代培训、工程经验和工程评价。

对于未经委员会书面授权或认可的其他机构对标准的宣贯或解释所产生的理解歧义和由此产生的任何后果,本委员会将不承担任何责任。

对于标准技术条款的询问应以书面形式向委员会秘书处提交,并有义务提供可能需要的资料。与标准条款没有直接关系或不能被理解的询问将视为技术咨询的范畴,委员会有权拒绝回答。参见附录A。

超 高 压 容 器

1 范围

1.1 本标准规定了非焊接单层超高压容器(以下简称容器)材料、设计、制造、检验和验收等方面的要求。

1.2 本标准适用于同时满足以下条件的容器:

a) 设计压力大于或等于 100 MPa;

b) 设计温度范围:−40 ℃~400 ℃。

1.3 下列容器不在本标准的适用范围内:

a) 直接火焰加热的容器;

b) 核能装置中存在中子辐射损伤失效风险的容器;

c) 旋转或往复运动机械设备中自成整体或作为部件的受压器室(如泵壳、压缩机外壳、涡轮机外壳、液压缸等);

d) 移动式容器;

e) 军事用途容器。

1.4 容器界定范围

1.4.1 容器与外部管道连接:

a) 螺纹连接的第一个螺纹接头端面;

b) 法兰连接的第一个法兰密封面;

c) 专用连接件或者管件连接的第一个密封面。

1.4.2 容器开孔部分的承压盖及其紧固件。

1.4.3 容器的超压泄放装置(见附录 B)。

2 规范性引用文件

下列文件对于本文件的应用是必不可少的。凡是注日期的引用文件,仅注日期的版本适用于本文件。凡是不注日期的引用文件,其最新版本(包括所有的修改单)适用于本文件。

GB/T 150(所有部分) 压力容器

GB/T 222 钢的成品化学成分允许偏差

GB/T 223 (适用部分) 钢铁及合金化学分析方法

GB/T 226 钢的低倍组织及缺陷酸蚀检验法

GB/T 228.1 金属材料 拉伸试验 第 1 部分:室温试验方法

GB/T 228.2 金属材料 拉伸试验 第 2 部分:高温试验方法

GB/T 229 金属材料 夏比摆锤冲击试验方法

GB/T 231.1 金属材料 布氏硬度试验 第 1 部分:试验方法

GB/T 1979 结构钢低倍组织缺陷评级图

GB/T 4336　碳素钢和中低合金钢　多元素含量的测定　火花放电原子发射光谱法(常规法)

GB/T 6394　金属平均晶粒度测定法

GB/T 10561　钢中非金属夹杂物含量的测定　标准评级图显微检验法

GB/T 20066　钢和铁　化学成分测定用试样的取样和制样方法

GB/T 20123　钢铁　总碳硫含量的测定　高频感应炉燃烧后红外吸收法(常规方法)

GB/T 21143　金属材料　准静态断裂韧度的统一试验方法

GB/T 26929　压力容器术语

NB/T 47013.3—2015　承压设备无损检测　第3部分:超声检测

NB/T 47013.4　承压设备无损检测　第4部分:磁粉检测

NB/T 47013.5　承压设备无损检测　第5部分:渗透检测

NB/T 47013.6　承压设备无损检测　第6部分:涡流检测

JB/T 4711　压力容器涂敷与运输包装

JB 4732(2005年确认)　钢制压力容器——分析设计标准

NB/T 47008　承压设备用碳素钢和合金钢锻件

TSG 21　固定式压力容器安全技术监察规程

3　术语和定义、符号

3.1　术语和定义

GB/T 150、GB/T 26929和JB 4732(2005年确认)界定的以及下列术语和定义适用于本文件。

3.1.1

压力　pressure

垂直作用在容器单位表面积上的力。在本标准中,除注明者外,压力均指表压力。

3.1.2

设计压力　design pressure

设定的容器顶部的最高压力,与相应的设计温度一起作为容器的基本设计载荷条件,其值不低于工作压力。

3.1.3

工作压力　operating pressure

在正常工作情况下,容器顶部可能达到的最高压力。

3.1.4

试验压力　test pressure

进行耐压试验或泄漏试验时,容器顶部的压力。

3.1.5

设计温度　design temperature

容器在正常工作情况下,设定的元件的金属温度(沿元件金属截面的温度平均值)。设计温度和设计压力一起作为设计载荷条件。

3.1.6

试验温度　test temperature

进行耐压试验或泄漏试验时,容器壳体的金属温度。

3.1.7

爆破压力　burst pressure

容器在内压作用下发生爆破前能够承受的最大压力。

3.1.8

自增强　autofrettage

对容器施加内压,使其自内壁起一定厚度范围内产生塑性变形,内压卸除后产生对疲劳强度有利的残余应力的方法。

3.1.9

热应力　thermal stress

因温度变化引起的自由膨胀或者收缩受到约束,在容器内所引起的应力。

3.1.10

失效模式　failure mode

容器丧失其规定功能或者危及安全的事件及其本质原因。

3.1.11

脆性断裂　brittle fracture

容器未经明显的塑性变形而发生的断裂。

3.1.12

塑性垮塌　plasticcollapse

在单调加载条件下容器因过量总体塑性变形而不能继续承载导致的破坏。

3.1.13

局部过度应变　excessive local strains

容器结构不连续处因材料延性耗尽而产生的裂纹或者撕裂。

3.1.14

疲劳　fatigue

循环载荷作用下,容器在某点或者某些点产生局部的永久性损伤,并在一定载荷循环次数后形成裂纹或者裂纹进一步扩展至完全断裂。

3.1.15

棘轮　ratcheting

容器同时承受恒定载荷和循环载荷作用,容器产生逐次递增的塑性变形累积现象。

3.1.16

泄漏　leakage

容器本体或者连接件失去密封功能。

3.2　符号

下列符号适用于本文件。

P ——容器的设计压力,MPa;

P_S ——由容器内装介质重力引起的压力载荷,MPa;

M ——容器及相关附件的自重载荷,MPa;

P_T ——耐压试验压力最低值,MPa;

$R_{p0.2}$ ——试验温度下材料的屈服强度,MPa;

$R_{p0.2}^t$ ——设计温度下材料的屈服强度,MPa;

K ——容器外径内径之比。

4 通用要求

4.1 通则

4.1.1 本标准适用范围内容器的材料、设计、制造、检验和验收除应符合本标准规定外,还必须遵守国家颁布的相关法律、法规和安全技术规范。

4.1.2 容器的设计、制造单位应建立健全的质量管理体系并有效运行。

4.1.3 《固定式压力容器安全技术监察规程》管辖范围内的容器设计和制造应接受特种设备安全监察机构的监察。

4.2 资质与职责

4.2.1 资质

《固定式压力容器安全技术监察规程》管辖范围内的容器建造单位应具有相应的特种设备许可资质证书。

4.2.2 职责

4.2.2.1 用户或设计委托方的职责

容器的用户或设计委托方应当以正式书面形式向设计单位提出容器设计条件,其中应至少包含以下内容:

a) 容器设计所依据的主要标准和规范;

b) 操作参数(包括工作压力、工作温度范围、接管载荷等);

c) 容器使用地及其自然条件(包括环境温度、抗震设防烈度等);

d) 介质组分和特性;

e) 预期使用年限和循环使用次数;

f) 几何参数;

g) 设计需要的其他必要条件。

4.2.2.2 设计单位的职责

a) 设计单位应对设计文件的正确性和完整性负责;

b) 设计单位应根据风险评估报告确定设计的输入条件及制造要求,向用户出具的风险评估报告应符合附录C的要求;

c) 容器的设计文件至少应包括风险评估报告、强度计算书、设计图样、制造技术要求,必要时还应当包括安装与使用维修说明;

d） 设计单位应在容器设计使用年限内保存全部容器设计文件。

4.2.2.3 制造单位的职责

a） 制造单位应按照设计文件的要求进行制造，如需要对原设计进行修改，应当取得原设计单位同意修改的书面文件，并且对改动部位做出详细记载。

b） 制造单位应根据用户和设计文件的要求，在容器制造前制定完善的质量计划，其内容至少应包括容器或元件的制造工艺控制点、检验项目和合格指标。

c） 制造单位的检查部门在容器制造过程中和完工后，应按本标准、图样规定和质量计划的规定对容器进行各项检验和试验，出具相应报告，并对报告的正确性和完整性负责。

d） 制造单位在检验合格后，出具产品质量合格证明。

e） 制造单位对其制造的容器产品应在容器设计使用年限内至少保存下列技术文件备查：

1） 质量计划；

2） 制造工艺图或制造工艺卡；

3） 产品质量证明文件；

4） 容器的热处理工艺文件及热处理记录(时间-温度关系曲线)；

5） 标准中允许制造单位选择的检验、试验项目记录；

6） 容器制造过程中及完工后的检查、检验、试验记录；

7） 容器的原设计图和竣工图。

f） 制造单位对特殊制造工艺应进行工艺验证并保留工艺验证记录，如热处理、自增强处理、厚壁圆筒无损检测等。

4.2.2.4 检验机构的职责

对《固定式压力容器安全技术监察规程》管辖范围内的容器实施监督检验的机构及其监检员，在监检工作中应当按照该规程的规定履行相应的工作职责；对出具的检验报告的完整性和正确性负责。

4.3 设计一般要求

4.3.1 概述

容器设计单位(设计人员)应严格依据用户或设计委托方所提供的容器设计条件制定风险评估报告并进行设计。

4.3.2 载荷

容器设计时，应考虑如下载荷：

a） 在相应温度下的内压；

b） 容器自重(包括内件等)，以及正常工作条件下或耐压试验状态下内装介质的重力载荷；

c） 由温度梯度或热膨胀量不同引起的作用力；

d） 附属设备及隔热材料、衬里等的重力载荷；

e） 连接管道和其他部件的作用力；

f) 冲击载荷,包括由压力急剧波动引起的冲击载荷和超压泄放装置动作时引起的反力等。

4.3.3 失效模式

4.3.3.1 标准涵盖的失效模式

本标准针对容器的下列失效模式提出了相关的设计要求:

a) 脆性断裂失效——按第5章选材并按6.5.5中断裂力学法对脆性断裂失效进行评定;

b) 塑性垮塌失效——按6.2的规定对塑性垮塌失效进行评定;

c) 局部过度应变失效——按6.3的规定对局部过度应变失效进行评定;

d) 棘轮失效——按6.4的规定对由循环载荷引起的棘轮效应进行评定;

e) 疲劳失效——按6.5的规定对由循环载荷引起的疲劳失效进行评定;

f) 泄漏失效——参照附录D的规定对泄漏失效进行结构设计,防止泄漏失效。

4.3.3.2 工程上应考虑的失效模式

除本标准所涵盖的失效模式外,设计人员在设计时还应充分考虑容器在运行过程中可能出现的其他失效模式,如介质腐蚀、碱脆等。

4.3.4 安全系数

4.3.4.1 爆破压力法的安全系数

容器的爆破安全系数,当按照材料的拉伸试验数据计算爆破压力时,应当取大于或等于2.2,对于超高压水晶釜应当取大于或等于2.4;当按照材料扭转试验数据计算爆破压力时,应当取大于或等于2.2。

4.3.4.2 疲劳分析的安全系数

疲劳分析时,交变应力幅和循环次数的安全系数分别取2和15。

4.3.4.3 螺柱(螺栓)的安全系数

设计温度下屈服强度安全系数应大于或者等于1.8。

4.3.5 载荷放大系数

当采用弹塑性分析法时,载荷放大系数应按表1确定。

表1 载荷放大系数

条件		载荷组合
设计工况	塑性垮塌失效评定	$2.0(P+P_S+M)$
	局部过度应变失效评定	$1.42(P+P_S+M)$
耐压试验工况	塑性垮塌失效评定	$1.5\left[\frac{R_{p0.2}}{R_{p0.2}^t}(P+P_S+M)\right]$

4.4 耐压试验

4.4.1 一般要求

4.4.1.1 容器加工完毕后应进行耐压试验,耐压试验的要求和试验压力值应在图样上标明。

4.4.1.2 耐压试验应当制定严密的试验程序和要求,应满足 7.7 中关于耐压试验的规定。

4.4.2 试验压力

容器的耐压试验一般采用液压试验,试验压力最低值 P_T 按式(1)计算:

$$P_T = 1.12P\frac{R_{p0.2}}{R^t_{p0.2}} \quad \cdots\cdots(1)$$

式中:

P ——容器的设计压力(对于在用容器可取工作压力),单位为兆帕(MPa);

$R_{p0.2}$ ——试验温度下材料的屈服强度,单位为兆帕(MPa);

$R^t_{p0.2}$ ——设计温度下材料的屈服强度,单位为兆帕(MPa)。

4.4.3 自增强容器免除耐压试验的特殊要求

若满足下列所有条件,则自增强容器可免作液压试验:

a) 自增强后,容器处于最终装配状态;

b) 容器的封头、堵头、密封件在自增强作业过程中装配齐全;

c) 自增强压力大于或者等于耐压试验压力;

d) 自增强时,已按 7.7 检查合格。

4.5 安全附件和仪表

4.5.1 安全附件

容器的超压泄放装置应符合附录 B 的规定。

4.5.2 仪表

4.5.2.1 容器温度测量误差不应大于 1%,严禁超温运行。

4.5.2.2 选用的压力表应与容器内的介质相适应,容器使用的压力表的精度不得低于 1.6 级;压力表盘刻度极限值应当为工作压力的 1.5 倍~2.0 倍。

4.5.2.3 仪表的接管材料应使用与容器内介质相适应的高强度合金或不锈钢钢管。

4.5.2.4 压力表、热电偶、自动记录装置的仪器等应定期进行检验;不经检验或超过检验周期的不得使用。

5 材料

5.1 总则

5.1.1 本标准对容器受压元件所使用的钢锻件做出了相关规定。

5.1.2 容器受压元件用材料的技术要求、试验方法和检验规则应符合相应的国家标准、行业标准或有关技术条件的规定,同时应满足本标准的要求。

5.1.3 容器用材料应附有材料质量证明书原件,材料质量证明书应由材料生产单位提供,并在指定部位或其他明显部位做出清晰、牢固的标志,容器制造单位应按质量证明书对材料进行验收。

5.1.4 容器选材时应考虑容器的使用条件(如设计压力、设计温度、介质特性和操作特点等)、材料性能(力学性能、工艺性能、化学性能和物理性能)、容器的制造工艺以及经济合理性。

5.1.5 容器受压元件应采用锻造或挤压方法成型,锻件应当保留有足够的加工余量。锻件锻造比应不小于3,对于经电渣重熔精炼的钢锭,其锻造比可不小于2。

5.1.6 首次使用本标准受压元件用钢材的制造单位应按照《固定式压力容器安全技术监察规程》的相关规定通过技术评审后,其材料方可投入使用。

5.1.7 使用本标准以外钢材制造容器受压元件,应按照《固定式压力容器安全技术监察规程》的规定通过技术评审。

5.2 冶炼方法和化学成分

5.2.1 冶炼方法

容器受压元件用钢应是采用电炉或转炉冶炼的镇静钢,并应经炉外精炼(含真空处理)或电渣重熔。

5.2.2 化学成分

容器受压元件用钢的化学成分(熔炼分析)应符合表2的规定。成品钢材的化学成分允许偏差应符合GB/T 222的规定,其中P+0.003%,S+0.002%。

表2 受压元件用钢的化学成分

牌 号	化学成分(质量分数)/%									
	C	Mn	Si	Cr	Ni	Mo	V	S	P	Cu
35CrNi3MoVR	0.30～0.40	0.20～0.80	0.10～0.35	0.50～1.20	2.50～3.30	0.40～0.70	0.10～0.25	≤0.005	≤0.012	≤0.20
36CrNi3MoVR	0.32～0.42	0.20～0.80	≤0.37	1.20～1.50	3.00～3.50	0.35～0.45	0.10～0.25	≤0.005	≤0.012	≤0.20

5.3 锻件

5.3.1 粗加工

5.3.1.1 锻件经消除应力退火处理后进行粗加工,其形状和尺寸应符合毛坯图样的要求。

5.3.1.2 锻件表面缺陷允许打磨,其打磨深度不得超过精加工余量的1/3,打磨后,其表面不允许有肉眼可见的夹杂和裂纹等缺陷。

5.3.1.3 锻件粗加工后(最终性能热处理前)应逐件按NB/T 47013.4的规定对外表面进行100%磁粉检测,合格级别为Ⅰ级。

5.3.2 热处理

5.3.2.1 锻件性能热处理为正火加淬火加回火,其中回火温度应不低于540 ℃。

5.3.2.2 受压元件性能热处理后应按7.5进行100%的超声检测,合格级别为Ⅰ级。

5.3.3 标志

锻件供应方应在每个锻件上打印元件代号、炉号、锭号和锻件号。

5.4 硬度

5.4.1 锻件性能热处理后应进行硬度检测。

5.4.2 锻件性能热处理后,对于筒形锻件应在锻件外壁上均布划出5个与锻件轴线相垂直的环线,在每个环线上均布取4点,做硬度检查。硬度值应符合产品图样或标准的规定,环线间各点硬度最高值与最低值差不应大于40 HBW;同一环线上各点硬度最高值与最低值差不应大于20 HBW。

5.5 低倍组织

容器用锻件不允许存在裂纹、白点、气孔、夹渣等缺陷。一般疏松、中心疏松应不超过2.0级;锭型偏析、点状偏析应不超过2.0级。

5.6 金相检查

5.6.1 锻件性能热处理后,应按GB/T 6394进行晶粒度检查,晶粒度应大于或等于6.0级。

5.6.2 锻件性能热处理后,应按GB/T 10561进行非金属夹杂物检验。其A、B、C、D各类夹杂物的粗系级别和细系级别应分别不大于2.0级,DS类夹杂物应不大于2.0级;A、B、C、D各类夹杂物的粗系级别之和应不大于3.5级,A、B、C、D各类夹杂物的细系级别之和不大于3.5级。

5.7 性能试验

5.7.1 锻件经性能热处理后,力学性能应符合表3的规定,高温下材料的最低强度值见表4。

表3 钢材的力学性能

牌号	力学性能					
	屈服强度 $R_{p0.2}$/MPa	抗拉强度 R_m/MPa	断后伸长率 A/%	断面收缩率 Z/%	冲击吸收能量(−40 ℃) KV_2/J	侧向膨胀量 LE/mm
35CrNi3MoVR	≥960	1 070~1 230	≥16	≥45	≥47	≥0.53
36CrNi3MoVR	≥895	1 000~1 150	≥16	≥45	≥47	≥0.53

表4 钢材的高温力学性能

牌号	强度指标/MPa	100 ℃	150 ℃	200 ℃	250 ℃	300 ℃	350 ℃	400 ℃
35CrNi3MoVR	R_m^t	≥1 060	≥1 060	≥1 060	≥1 007	≥954	≥901	≥845
	$R_{p0.2}^t$	≥876	≥857	≥843	≥799	≥777	≥758	≥720
36CrNi3MoVR	R_m^t	≥990	≥990	≥990	≥950	≥931	≥891	≥838
	$R_{p0.2}^t$	≥814	≥796	≥783	≥774	≥761	≥742	≥714

5.7.2 容器受压元件的锻件,应由锻件生产单位提供力学性能报告。报告中力学性能试验项目、数量和方法应符合5.13的规定。

5.7.3 当改变冶炼、锻造或者热处理工艺时,应当提供锻件的断裂韧性(K_{IC})和韧脆转变温度(FATT50)试验报告。

5.7.3.1 断裂韧性试验按GB/T 21143进行,其K_{IC}应不小于130 MPa·$\sqrt{m}$。

5.7.3.2 韧脆转变温度试验按GB/T 229进行,测试其50%的剪切断面率所表示的韧脆转变温度(FATT50)。

5.8 设计疲劳曲线

图1给出了本标准所列钢锻件的设计疲劳曲线,表5给出了用于精确内插值的设计疲劳曲线的 Sa 值。

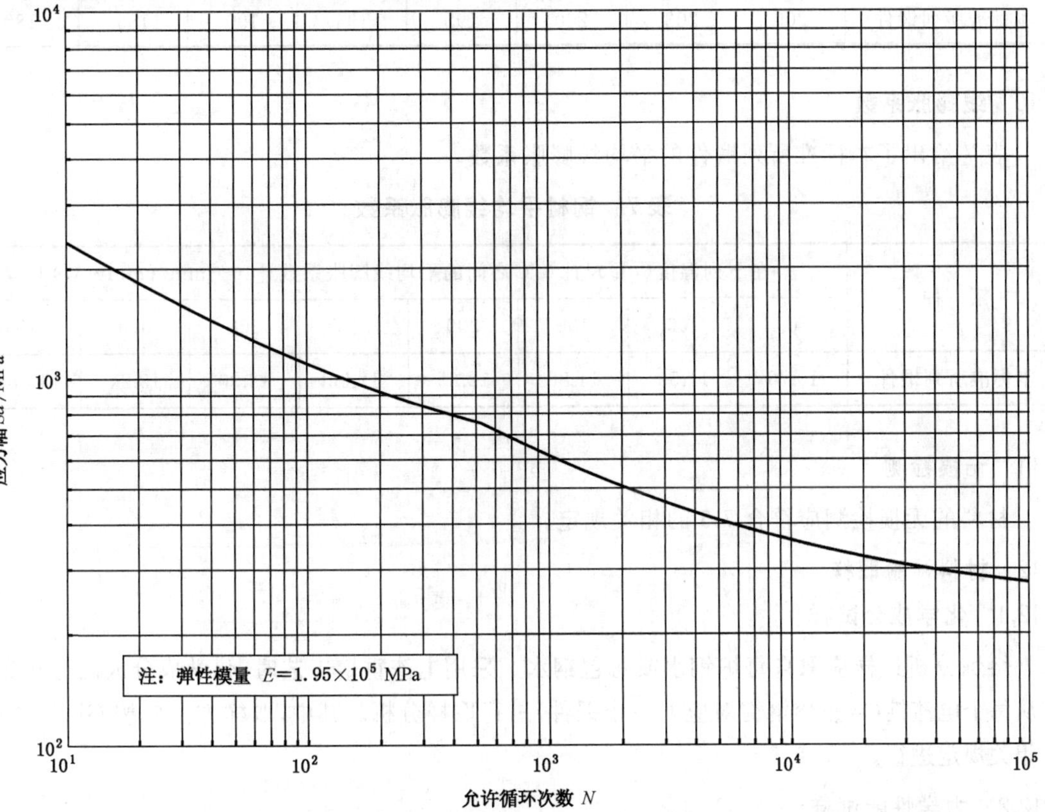

图1 温度不超过400 ℃的本标准所列钢锻件的设计疲劳曲线

表5 设计疲劳曲线的取值

$N^{a,b}$	1E1	2E1	5E1	1E2	2E2	5E2	5.2E2	1E3	2E3	5E3	1E4	2E4	5E4	1E5
Sa/MPa	2 353	1 820	1 340	1 094	917	758	753	614	507	410	360	325	293	276

[a] 所列的允许循环次数应按如下方法读出:$i\text{E}j=i\times10j$,如 $5\text{E}2=5\times10^2$ 或500。

[b] 两列表值间的数值可按双对数图用如下公式进行插值:对 $S_i>S>S_j$

$$\frac{N}{N_i}=\left(\frac{N_j}{N_i}\right)^{\frac{\log(S_i/S)}{\log(S_i/S_j)}}$$

式中:S,S_i,S_j 为应力幅值 Sa;N,N_i,N_j 为设计疲劳数据得到的相应循环数。

5.9 弹性模量

表6给出了本标准所列锻件的弹性模量。

表 6　钢材弹性模量

钢　种	在下列温度(/℃)下的弹性模量/10^3 MPa							
	25	100	150	200	250	300	350	400
本标准所列锻件	206	203	200	198	194	190	186	180

5.10　线膨胀系数

表 7 给出了本标准所列锻件的平均线膨胀系数。

表 7　钢材平均线膨胀系数

钢　种	在下列温度(/℃)与 20 ℃之间的平均线膨胀系数/[10^{-6} mm/(mm·℃)]							
	0	100	150	200	250	300	350	400
本标准所列锻件	10.76	11.53	11.88	12.25	12.56	12.90	13.24	13.58

5.11　无损检测

材料的无损检测应符合 7.5 的相关规定。

5.12　材料检验取样

5.12.1　化学成分试样

熔炼分析试样应取自每炉钢水或每包钢水。采用电渣重熔工艺时,化学成分成品分析试样应从每个电渣锭(或重熔钢锭对应的一个锻件)进行取样分析。其中,取样方法应按 GB/T 20066 的相关规定进行。

5.12.2　力学性能试样

a)　质量小于 500 kg、长度小于 2 m 的锻件,按同一冶炼炉号、同一热处理炉号选一件取样;对于质量大于 500 kg 的锻件,应在每个锻件的冒口端取样;

b)　力学性能试样取样位置和方向应符合 NB/T 47008 的相关规定。

5.12.3　组批原则

质量小于 500 kg、长度小于 2 m 的锻件,按同一炉号、同一热处理制度为一批;质量大于 500 kg 的一支锻件为一批。

5.12.4　金相试样

金相试验取样应符合以下规定:

a)　非金属夹杂物:从每个冶炼炉的毛坯中选取一个毛坯在冒口端取样;

b)　晶粒度:从每热处理炉中选取一个毛坯在冒口端取样。

5.13　检验方法

材料的检验项目、取样数量、取样方法及试验方法见表 8。

表8　检验项目、取样数量、取样方法及试验方法

序号	检验项目	取样数量	取样方法	试验方法
1	化学成分	1个/炉	GB/T 20066	GB/T 223 GB/T 4336 GB/T 20123
2	拉伸	1个/批	NB/T 47008	GB/T 228.1
3	冲击(侧向膨涨量LE)	3个/批	NB/T 47008	GB/T 229
4	硬度	逐件	NB/T 47008	GB/T 231.1
5	低倍	1个/批	—	GB/T 226 GB/T 1979
6	金相(晶粒度,非金属夹杂)	1个/批	NB/T 47008	GB/T 6394 GB/T 10561
7	断裂韧性 K_{Ic}[a]	1组/批	GB/T 21143	GB/T 21143
8	韧脆转变温度(FATT50)[a]	1组/批	NB/T 47008	GB/T 229
9	高温拉伸	2个/批	NB/T 47008	GB/T 228.2
10	无损检测	逐件	—	NB/T 47013.3 NB/T 47013.4 NB/T 47013.5 NB/T 47013.6

[a] 当冶炼、锻造或者热处理工艺改变时,需重新进行检验。

5.14　螺柱(含螺栓)和螺母用钢棒

螺柱(含螺栓)和螺母用钢棒材料一般选35CrNi3MoV或36CrNi3MoV,其主要技术要求按本章容器本体材料的相关规定。

6　设计

6.1　总则

本章规定了容器的设计要求,涵盖了对容器塑性垮塌、局部过度应变、棘轮、疲劳和脆性断裂失效的评定方法;按本章设计的容器同时还应符合4.3的相关要求。

6.2　塑性垮塌失效评定

6.2.1　评定方法

本节给出了容器塑性垮塌失效的评定方法,分别采用爆破压力法或弹塑性分析法。

6.2.2　符号

下列符号适用于本节。

A、B、C——用于拟合材料切应力-应变曲线所得的常数;

K　——容器外径与内径之比;

P_b　——爆破压力,MPa;

R_m^t　——材料在设计温度下的抗拉强度,MPa;

$R_{p0.2}^{t}$ ——材料在设计温度下的屈服强度,MPa;

τ ——切应力,MPa;

v ——切应变;

v_i、v_o ——容器内、外壁的切应变。

6.2.3 爆破压力法

容器圆筒的爆破压力应按材料拉伸试验数据或按材料扭转试验数据进行计算,安全系数应满足4.3.4 的相关要求:

a) 按材料拉伸试验数据计算,如式(1)

$$P_b = \frac{1}{\sqrt{3}}(R_m^t + R_{p0.2}^t)\ln K \quad \cdots\cdots(2)$$

b) 按材料扭转试验数据计算(适用于常温):

1) 根据容器圆筒材料的切应力切应变 τ-v 曲线(此曲线由材料扭转试验数据获得),在塑性段取三组切应力和切应变,代入式(3),求得 3 个常数 A、B、C:

$$\tau = Av^{\frac{1}{2}} + Bv^{\frac{1}{4}} + Cv^{\frac{1}{8}} \quad \cdots\cdots(3)$$

2) 根据式(4)、式(5),通过试差法确定圆筒容器直径比为 K 的容器的内外壁切应变 v_i 和 v_o:

$$e^{v_i} - 1 = K^2(e^{v_o} - 1) \quad \cdots\cdots(4)$$

$$\frac{Av_i^{\frac{1}{2}} + Bv_i^{\frac{1}{4}} + Cv_i^{\frac{1}{8}}}{Av_o^{\frac{1}{2}} + Bv_o^{\frac{1}{4}} + Cv_o^{\frac{1}{8}}} = e^{v_i - v_o} \quad \cdots\cdots(5)$$

3) 将 v_i 和 v_o 代入式(6),即可求得爆破压力 P_b:

$$P_b = A\left[v^{\frac{1}{2}}\left(2 - \frac{v}{3}\right) + \left(\frac{v^{2.5}}{30} - \frac{v^{4.5}}{3\,240}\right)\right]\Bigg|_{v_1}^{v_0} + B\left[v^{\frac{1}{4}}\left(4 - \frac{v}{2.5}\right) + \left(\frac{v^{2.25}}{27}\right) - \frac{v^{4.25}}{3\,060}\right]\Bigg|_{v_1}^{v_0} + C\left[v^{\frac{1}{8}}\left(8 - \frac{v}{2.25}\right) + \left(\frac{v^{2.125}}{25.5}\right) - \frac{v^{4.125}}{2\,970}\right]\Bigg|_{v_1}^{v_0} \quad \cdots\cdots(6)$$

6.2.4 弹塑性分析法

容器的塑性垮塌失效应采用如下步骤进行评定,见图 2:

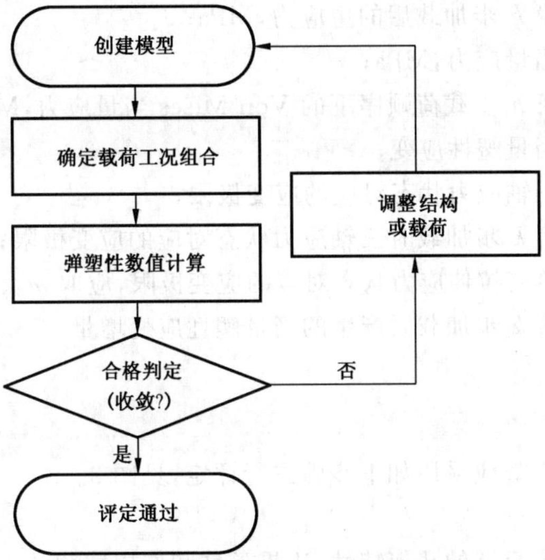

图 2 塑性垮塌失效评定步骤

a) 创建模型

创建的数值分析模型应给出容器的几何特性、边界条件和作用载荷。

b) 确定载荷工况

载荷工况组合应按表 1 确定。

c) 弹塑性数值计算

每种载荷工况组合均应进行弹塑性数值计算。在计算中应采用材料真实应力应变模型(可参考附录 E)、Von Mises 屈服准则和相关联的流动法则,同时应考虑几何非线性。

d) 合格判定

若数值计算均得到收敛解,则评定通过;若结果不收敛,则应对模型进行调整(如改变厚度等),重新评定。

6.3 局部过度应变失效评定

6.3.1 评定方法

本节给出了采用弹塑性分析容器局部过度应变失效的评定方法。

6.3.2 符号

下列符号适用于本节。

A ——材料断后伸长率,%;

D_{ε} ——累积应变损伤系数;

$D_{\varepsilon,k}$ ——第 k 步载荷顺序下产生的应变损伤系数;

m_2、m_3、m_4 ——材料参数,由表 9 计算得到;

R ——材料在设计温度下的屈服强度与抗拉强度之比,$R^{t}_{p0.2}/R^{t}_{m}$;

R^{t}_{m} ——材料在设计温度下的抗拉强度,MPa;

$R^{t}_{p0.2}$ ——材料在设计温度下的屈服强度,MPa;

Z ——材料断面收缩率,%;

σ_1、σ_2、σ_3 ——主应力,MPa;

$\sigma_{1,k}$、$\sigma_{2,k}$、$\sigma_{3,k}$ ——第 k 步加载后的主应力，MPa；
σ_{eq} ——当量应力，MPa；
$\sigma_{eq,k}$ ——第 k 步载荷顺序下的 Von Mises 当量应力，MPa；
ε_{peq} ——当量塑性应变；
ε_L ——三轴应力状态对应的应变极限；
$\varepsilon_{L,k}$ ——第 k 步加载时三轴应力状态对应的应变极限；
ε_{Lu} ——单向拉伸应力状态对应的应变极限，应取 m_2、m_3、m_4 中最大值；
$\Delta\varepsilon_{peq,k}$ ——第 k 步加载后产生的当量塑性应变增量。

6.3.3 弹塑性分析法

6.3.3.1 评定步骤

容器局部过度应变失效应采用如下步骤进行评定，见图 3。

a) 创建模型

数值分析模型应给出容器的几何特性、边界条件和作用载荷。

b) 确定载荷工况

载荷工况组合应按表 1 确定。

c) 弹塑性数值计算

每种载荷工况组合均应进行弹塑性数值计算。在计算中应采用材料真实应力应变模型(可参考附录 E)、Von Mises 屈服准则和相关联的流动法则，同时应考虑几何非线性。

d) 确定应变极限

容器任意部位的三轴应变极限 ε_L 按式(7)计算：

$$\varepsilon_L = \varepsilon_{Lu} \cdot \exp\left[-\frac{2.2}{1+m_2}\left(\frac{\sigma_1+\sigma_2+\sigma_3}{3\sigma_{eq}}-\frac{1}{3}\right)\right] \qquad \cdots\cdots(7)$$

式中，当量应力 σ_{eq} 按式(8)，其他参数取值见表 9：

$$\sigma_{eq} = \frac{1}{\sqrt{2}}\left[(\sigma_1-\sigma_2)^2+(\sigma_2-\sigma_3)^2+(\sigma_3-\sigma_1)^2\right]^{\frac{1}{2}} \qquad \cdots\cdots(8)$$

对 35CrNi3MoVR 和 36CrNi3MoVR 锻件制造的容器，应采用式(9)代替式(7)对三轴应变限制进行计算：

$$\varepsilon_L = 0.6 \cdot \exp\left[-2.28\left(\frac{\sigma_1+\sigma_2+\sigma_3}{3\sigma_{eq}}-\frac{1}{3}\right)\right] \qquad \cdots\cdots(9)$$

e) 合格判定

若容器任意部位的当量塑性应变 ε_{peq} 均满足式(10)，则评定通过：

$$\varepsilon_{peq} \leqslant \varepsilon_L \qquad \cdots\cdots(10)$$

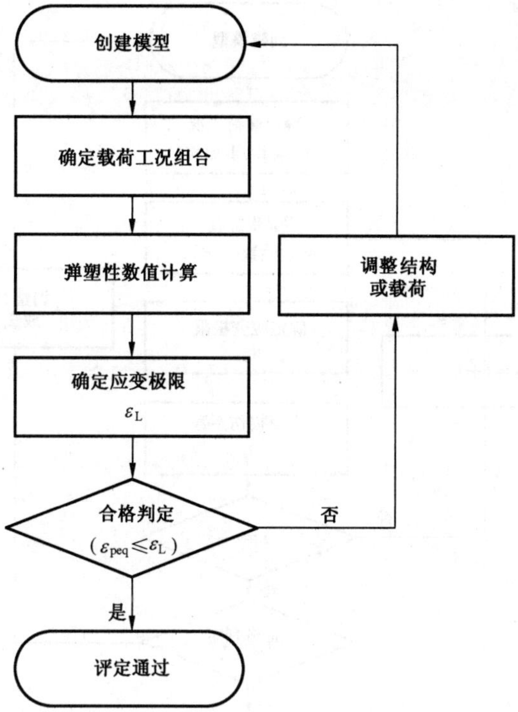

图3　局部过度应变失效评定步骤

表9　弹塑性分析中参数取值

材　料	m_2	m_3	m_4
高强度低合金钢	$0.6(1-R)$	$2\ln(1+A/100)$	$\ln[100/(100-Z)]$

6.3.3.2　累积损伤

若能够明确各种载荷工况的加载顺序，应采用如下步骤计算累积损伤效应，见图4。

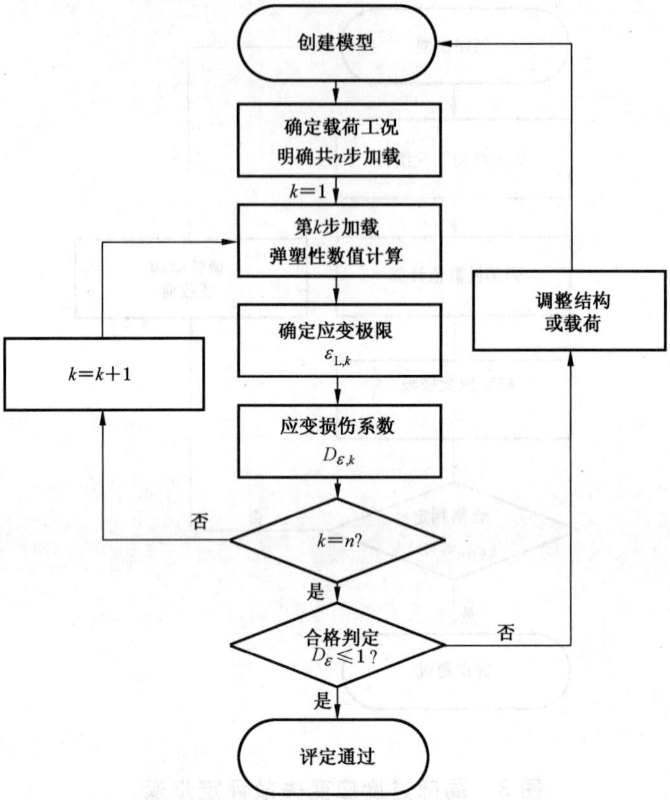

图4 局部过度应变失效累积损伤评定步骤

a) 创建模型

数值分析模型应给出容器的几何特性、边界条件和作用载荷。

b) 确定载荷工况

按表1,确定在分析中应用到的载荷工况组合,明确加载顺序,分别设为第1步,第2步,……第 n 步加载。

c) 弹塑性数值计算

第 k 步加载后,进行弹塑性数值计算。计算中应采用材料真实应力应变模型(可参考附录E)、Von Mises 屈服准则和相关联的流动法则,同时考虑几何非线性。

d) 确定应变极限

计算完成后,容器中任意部位的三轴应变极限 $\varepsilon_{L,k}$ 按式(11)计算:

$$\varepsilon_{L,k}=\varepsilon_{Lu}\cdot\exp\left[-\frac{2.2}{1+m_2}\left(\frac{\sigma_{1,k}+\sigma_{2,k}+\sigma_{3,k}}{3\sigma_{eq,k}}-\frac{1}{3}\right)\right]\quad\cdots\cdots(11)$$

式中,当量应力 $\sigma_{eq,k}$ 按式(12),其他相关参数取值见表9。

$$\sigma_{eq}=\frac{1}{\sqrt{2}}\left[(\sigma_{1,k}-\sigma_{2,k})^2+(\sigma_{2,k}-\sigma_{3,k})^2+(\sigma_{3,k}-\sigma_{1,k})^2\right]^{\frac{1}{2}}\quad\cdots\cdots(12)$$

对35CrNi3MoVR和36CrNi3MoVR锻件制造的容器,应采用式(13)代替式(11)对三轴应变限制进行计算:

$$\varepsilon_{L}=0.6\cdot\exp\left[-2.28\left(\frac{\sigma_{1,k}+\sigma_{2,k}+\sigma_{3,k}}{3\sigma_{eq,k}}-\frac{1}{3}\right)\right]\quad\cdots\cdots(13)$$

e) 应变损伤系数

第 k 步加载的应变损伤系数按式(14) 计算：

$$D_{e,k} = \Delta\varepsilon_{peq,k} / \varepsilon_{L,k} \quad \cdots\cdots(14)$$

式中，$\Delta\varepsilon_{peq,k}$ 即在第 k 步加载下产生的塑性应变增量，$\varepsilon_{L,k}$ 即对应的三轴应变极限。

f) 合格判定

根据加载顺序，依次按上述步骤计算，得到每步加载对应的应变损伤系数 $D_{\varepsilon,k}$，最终按式(15)计算累积应变损伤系数 D_ε：

$$D_\varepsilon = \sum_{k=1}^{n} D_{\varepsilon,k} \quad \cdots\cdots(15)$$

若容器任意部位的 D_ε 均小于或等于 1，则评定通过。

6.4 棘轮失效评定

容器的棘轮失效应采用如下步骤进行评定，见图 5。

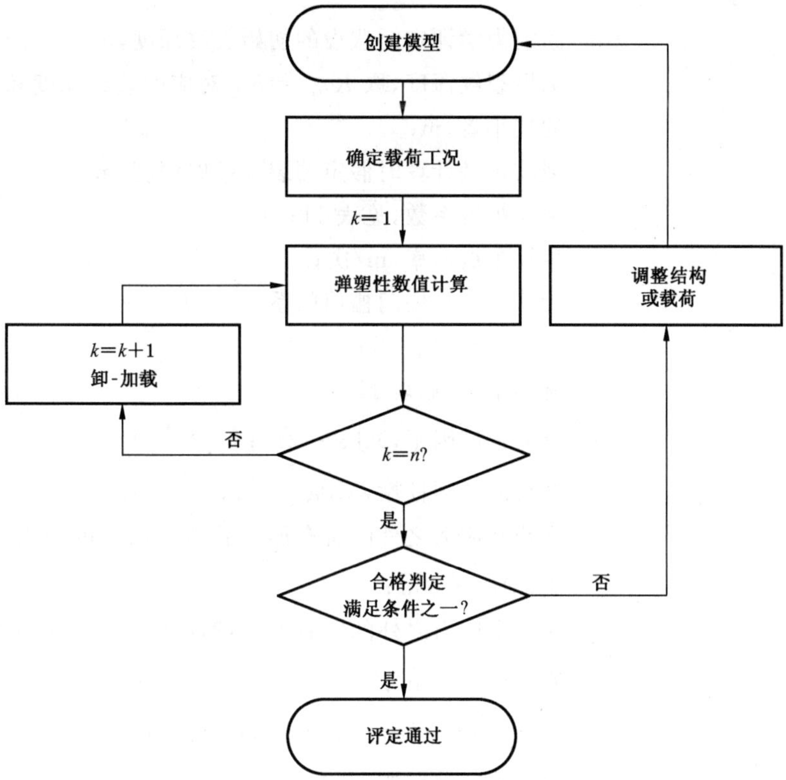

图 5 棘轮失效评定步骤

a) 创建模型

数值分析模型应给出容器的几何特性、边界条件和作用载荷。

b) 确定载荷工况

明确容器在操作状态下的载荷工况。

c) 弹塑性计算

应采用理想弹塑性模型、Von Miss 屈服准则和相关的流动法则，同时应考虑几何非线性。其中，理想弹塑性模型的屈服强度取材料在设计温度下屈服强度的 0.9 倍。

d) 合格判定

进行 n 次加-卸载弹塑性计算后(取 $n\geqslant 3$),满足下列条件之一则评定通过:

1) 模型中只有弹性变形,无塑性应变区;
2) 模型中存在弹性核心区域;
3) 模型无永久性塑性变形。

6.5 疲劳失效评定

6.5.1 评定方法

本节给出了容器疲劳失效的评定方法。若容器能够按 6.5.3 判定为未爆先漏,按 6.5.4 的疲劳分析法或 6.5.5 的断裂力学法进行评定;若不能够判定为未爆先漏,则应按 6.5.5 的断裂力学法进行评定。

6.5.2 符号

下列符号适用于本节。

a_0 ——断裂力学评定时假设的初始裂纹深度,m;

a_c ——临界裂纹深度,取 $K_{\mathrm{Imax}}=K_{\mathrm{IC}}$ 对应的裂纹深度和 0.8 倍壁厚中的较小者,m;

Δa ——裂纹扩展计算时假定的裂纹扩展深度,m;

C ——裂纹扩展系数,见表 11;

$\mathrm{d}a/\mathrm{d}N$ ——裂纹扩展速率,m/次;

H ——计算裂纹扩展门槛值的系数,见表 11;

I ——材料系数,见表 11;

G ——材料系数,见表 11;

K_{I} ——应力强度因子,$\mathrm{MPa}\cdot\sqrt{\mathrm{m}}$;

K_{IC} ——材料的断裂韧性,$\mathrm{MPa}\cdot\sqrt{\mathrm{m}}$;

K_{Imax} ——除残余应力之外的所有循环载荷作用下的应力强度因子最大值,$\mathrm{MPa}\cdot\sqrt{\mathrm{m}}$;

K_{Imin} ——除残余应力之外的所有循环载荷作用下的应力强度因子最小值,$\mathrm{MPa}\cdot\sqrt{\mathrm{m}}$;

K_{Ires} ——由自增强所引起的残余应力得到的应力强度因子,$\mathrm{MPa}\cdot\sqrt{\mathrm{m}}$;

ΔK_{th} ——裂纹扩展门槛值,$\mathrm{MPa}\cdot\sqrt{\mathrm{m}}$;

m ——裂纹扩展指数,见表 11;

n ——预计循环次数;

n_1、n_2、n_3 ——编号为 1、2、3 等应力循环中每种循环在容器的寿命周期中的预计循环次数;

N ——允许循环次数;

N_1、N_2、N_3 ——编号为 1、2、3 等应力循环中每种循环在容器的寿命周期中的允许循环次数;

N_c ——裂纹扩展至 $1/4a_c$所需的循环次数；

N_p ——裂纹扩展至临界裂纹深度 a_c所需的循环次数；

ΔN ——裂纹扩展 Δa 所需的循环次数；

R_m^t ——在整个循环中最高工作温度和最低工作温度的平均值温度下材料的抗拉强度；

$R_{p0.2}$ ——材料在常温下的屈服强度；

$R_{p0.2}^t$ ——在整个循环中最高工作温度和最低工作温度的平均值温度下材料的屈服强度；

$S_{alt\,ij}$ ——整个循环中的交变应力幅，MPa；

$S'_{alt\,ij}$ ——主应力方向在循环中变化时的交变应力幅，MPa；

S_{eq} ——当量交变应力强度幅，MPa；

$S_{eq\,ij}$ ——当量交变应力幅，MPa；

$S'_{eq\,ij}$ ——主应力方向在循环中变化时的交变应力幅，MPa；

S_{ij} ——整个循环中的主应力差值，MPa；

S'_{ij} ——主应力方向在循环中变化时的波动主应力差值，MPa；

$S_{ij\,max}$、$S_{ij\,min}$ ——在整个循环中主应力差的最大值和最小值，MPa；

$S_{m\,ij}$ ——平均应力，MPa；

$S'_{m\,ij}$ ——主应力方向在循环中变化时的平均应力，MPa；

$S_{n\,ij}$ ——主应力的和，MPa；

$S_{nij\,m}$ ——主应力和的均值，MPa；

$S'_{n\,ij}$ ——主应力方向在循环中变化时主应力的和，MPa；

$S'_{nij\,m}$ ——主应力方向在循环中变化时主应力和的均值，MPa；

t ——壁厚，mm；

U ——累计使用系数；

U_1、U_2、U_3 ——编号为1、2、3等应力循环中每种循环在容器的寿命周期中的使用系数；

σ_1、σ_2、σ_3 ——主应力，MPa；

σ'_1、σ'_2、σ'_3 ——主应力波动，MPa；

σ_t、σ_n、σ_r、τ_{tn}、τ_{nr}、τ_{rt} ——整个循环中的6个应力分量，MPa；

σ'_t、σ'_n、σ'_r、τ'_{tn}、τ'_{nr}、τ'_{rt} ——应力分量波动，MPa；

σ_{ti}、σ_{ni}、σ_{ri}、τ_{tni}、τ_{nri}、τ_{rti} ——整个循环中极端点(代数值最大或最小)所对应的时刻的各个应力分量，MPa。

6.5.3 未爆先漏判定

若容器圆筒内表面的轴-径向裂纹(设初始深长比 $a/l=1/3$) 同时满足如下条件，则判定为未爆先漏：

a) 裂纹扩展至 $0.8t$ 时，$K_I<K_{IC}$；

b) $0.2t<(K_{IC}/R_{p0.2})^2$。

6.5.4 疲劳分析法

容器的疲劳失效应采用如下步骤进行评定,见图 6。

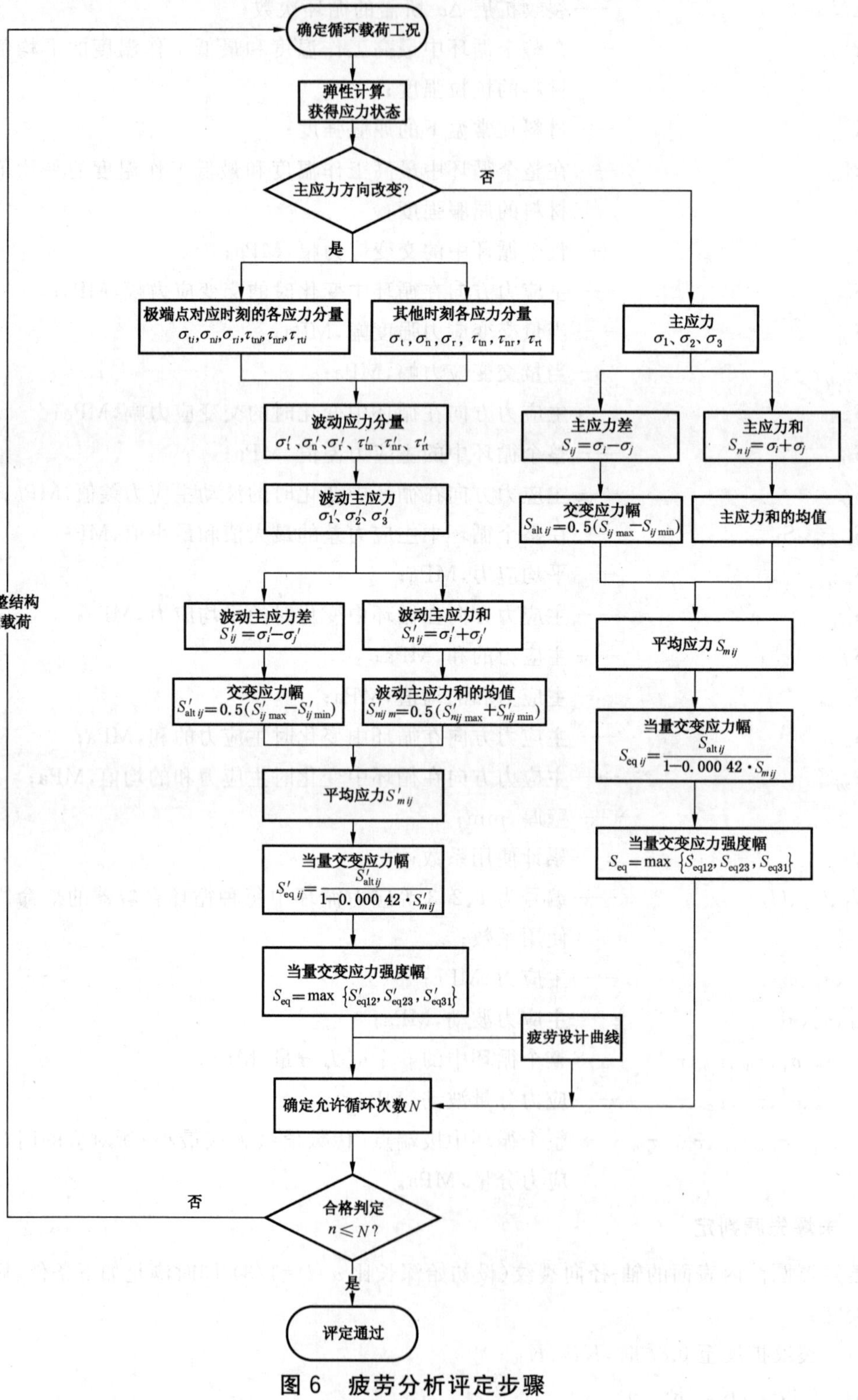

图 6 疲劳分析评定步骤

6.5.4.1 载荷工况

明确容器的循环载荷工况、预计循环次数 n。容器运行期间的循环载荷工况主要包括间歇操作(如开车、停车等)、压力变化与波动、周期性的温度变化、强迫振动、外载荷的变化等。

6.5.4.2 弹性分析

通过弹性计算获得容器在整个周期内任意时刻的应力状态。

6.5.4.3 交变应力强度幅

6.5.4.3.1 当所考虑点的主应力方向在循环中不变时,应按下列步骤确定交变应力强度幅。

a) 主应力差

按式(16)计算整个循环中的主应力差 S_{ij}:

$$\begin{cases} S_{12}=\sigma_1-\sigma_2 \\ S_{23}=\sigma_2-\sigma_3 \\ S_{31}=\sigma_3-\sigma_1 \end{cases} \quad \cdots\cdots(16)$$

b) 交变应力幅

按式(17)计算在整个循环中交变应力幅 $S_{\mathrm{alt}\,ij}$:

$$S_{\mathrm{alt}\,ij}=0.5(S_{ij\,\max}-S_{ij\,\min}) \quad \cdots\cdots(17)$$

c) 主应力和

按式(18)计算在整个循环中的主应力和 $S_{n\,ij}$:

$$\begin{cases} S_{n12}=\sigma_1+\sigma_2 \\ S_{n23}=\sigma_2+\sigma_3 \\ S_{n31}=\sigma_3+\sigma_1 \end{cases} \quad \cdots\cdots(18)$$

d) 主应力和的均值:

$$S_{nij\,m}=0.5(S_{nij\,\max}+S_{nij\,\min}) \quad \cdots\cdots(19)$$

e) 平均应力

按如下要求计算与交变应力幅 $S_{\mathrm{alt}\,ij}$ 相关的平均应力 $S_{m\,ij}$:

1) 若 $S_{ij\,\max}<R_{\mathrm{p0.2}}^{\mathrm{t}}$ 且 $S_{ij\,\min}>-R_{\mathrm{p0.2}}^{\mathrm{t}}$:

$$S_{m\,ij}=S_{nij\,m} \quad \cdots\cdots(20)$$

2) 若 $S_{\mathrm{alt}\,ij}\geqslant R_{\mathrm{p0.2}}^{\mathrm{t}}$:

$$S_{m\,ij}=0 \quad \cdots\cdots(21)$$

3) 其他情况,且 $S_{nij\,m}>0$ 时:

$$S_{m\,ij}=R_{\mathrm{p0.2}}^{\mathrm{t}}-S_{\mathrm{alt}\,ij} \quad \cdots\cdots(22)$$

4) 其他情况,且 $S_{nij\,m}<0$ 时:

$$S_{m\,ij}=S_{\mathrm{alt}\,ij}-R_{\mathrm{p0.2}}^{\mathrm{t}} \quad \cdots\cdots(23)$$

f) 当量交变应力强度幅

按式(24) 计算当量交变应力幅 $S_{\mathrm{eq}\,ij}$:

$$S_{\mathrm{eq}\,ij}=\frac{S_{\mathrm{alt}\,ij}}{1-0.000\,42\cdot S_{m\,ij}} \quad \cdots\cdots(24)$$

按式(25)计算当量交变应力强度幅 S_{eq}：

$$S_{eq}=\max\{S_{eq12},S_{eq23},S_{eq31}\} \quad\cdots\cdots(25)$$

6.5.4.3.2 当所考虑元件部位的主应力方向在循环中变化时，应按下列步骤确定交变应力强度幅：

a) 波动主应力

1) 确定所考虑点在 6.5.4.2 中所述的各种载荷下确定整个循环中的 6 个应力分量，分别以 σ_t、σ_n、σ_r、τ_{tn}、τ_{nr}、τ_{rt} 表示；

2) 选取循环条件的极端点(代数值最大或最小)所对应的时刻，将这一时刻的各个应力分量分别表示为：σ_{ti}、σ_{ni}、σ_{ri}、τ_{tni}、τ_{nri}、τ_{rti}；

3) 在循环中的每个时刻，从每个与该时刻对应的应力分量 σ_t、σ_n……等中减去 i 时刻的相应应力分量 σ_{ti}、σ_{ni} 等，所得的波动应力分量记为：σ_t'、σ_n'等；

4) 在循环的每个时刻，计算由六个应力分量波动 σ_t'、σ_n'、σ_r'、τ_{tn}'、τ_{nr}'、τ_{rt}'所导出的主应力波动 σ_1'、σ_2'、σ_3'。这些波动主应力的方向虽然在循环中变化，但其编号应保持不变。

b) 波动主应力差

按式(26)计算在整个循环中，相对于时间的波动主应力差 S_{ij}'：

$$\begin{cases}S'_{12}=\sigma'_1-\sigma'_2\\ S'_{23}=\sigma'_2-\sigma'_3\\ S'_{31}=\sigma'_3-\sigma'_1\end{cases} \quad\cdots\cdots(26)$$

c) 交变应力幅

在整个循环中确定各主应力差的代数最大值 $S'_{ij\,\max}$和最小值 $S'_{ij\,\min}$，交变应力幅 $S'_{alt\,ij}$按式(27)计算：

$$S'_{alt\,ij}=0.5(S'_{ij\,\max}-S'_{ij\,\min}) \quad\cdots\cdots(27)$$

d) 波动主应力和

按式(28)计算在整个循环中的波动主应力的和 $S'_{n\,ij}$：

$$\begin{cases}S'_{n12}=\sigma'_1+\sigma'_2\\ S'_{n23}=\sigma'_2+\sigma'_3\\ S'_{n31}=\sigma'_3+\sigma'_1\end{cases} \quad\cdots\cdots(28)$$

e) 波动主应力和的均值：

$$S'_{nij\,m}=0.5(S'_{nij\,\max}+S'_{nij\,\min}) \quad\cdots\cdots(29)$$

f) 平均应力

按如下要求计算与交变应力幅 $S'_{alt\,ij}$ 相关的平均应力 $S'_{m\,ij}$：

1) 若 $S'_{ij\,\max}<R^t_{p0.2}$且 $S'_{ij\,\min}>-R^t_{p0.2}$

$$S'_{m\,ij}=S'_{nij\,m} \quad\cdots\cdots(30)$$

2) 若 $S'_{alt\,ij}\geqslant R^t_{p0.2}$

$$S'_{m\,ij}=0 \quad\cdots\cdots(31)$$

3) 其他，若 $S'_{nij\,m}>0$：

$$S'_{m\,ij}=R^{t}_{p0.2}-S'_{alt\,ij} \qquad \cdots\cdots(32)$$

4） 其他，若 $S'_{nij\,m}<0$：

$$S'_{m\,ij}=S'_{alt\,ij}-R^{t}_{p0.2} \qquad \cdots\cdots(33)$$

g） 当量交变应力强度

按式(34) 计算当量交变应力幅 $S'_{eq\,ij}$：

$$S'_{eq\,ij}=\frac{S'_{alt\,ij}}{1-0.000\,42\cdot S'_{m\,ij}} \qquad \cdots\cdots(34)$$

按式(30)计算当量交变应力强度幅：

$$S_{eq}=\max\{S'_{eq12},S'_{eq23},S'_{eq31}\} \qquad \cdots\cdots(35)$$

6.5.4.4 允许循环次数

a） 由 6.5.4.3 计算求得的当量交变应力强度幅 S_{eq}乘以设计疲劳曲线图(见图 1) 中所给定的弹性模量与所用材料弹性模量之比；

b） 在设计疲劳曲线图上的纵坐标中读取该值，过此点做水平线与设计疲劳曲线相交，交点的横坐标值即为所对应的允许循环次数 N。

6.5.4.5 合格判定

若容器的预计循环次数 n 不大于允许循环次数 N，评定通过；否则，应采用改变操作条件、容器结构尺寸等措施，重复本节中之前的操作步骤，直到满足本条要求为止。

6.5.4.6 累积损伤

如果有两种或多种显著应力循环时，应对每种应力循环计算其交变应力强度和平均应力。应采用以下规定计算疲劳累积损伤效应：

a） 编号为 1、2、3 等应力循环中每种循环在容器的寿命周期中的预计循环次数，分别为：n_1、n_2、n_3等。在确定其中任一循环的循环次数时，应计及不同循环叠加时，各应力循环的主应力差值叠加的影响；

b） 按 6.5.4.3 中规定的方法确定每种应力循环中的当量交变应力强度 S_{eq}，相应地记为 S_{eq1}、S_{eq2}、S_{eq3}等；

c） 按 6.5.4.4 求取 S_{eq1}、S_{eq2}、S_{eq3}等单独作用时的允许循环次数 N_1、N_2、N_3等；

d） 对每种应力循环，按式(36)确定各自的使用系数 U_1、U_2、U_3等；

$$\begin{cases} U_1=\dfrac{n_1}{N_1} \\ U_2=\dfrac{n_2}{N_2} \\ U_3=\dfrac{n_3}{N_3} \\ \vdots \end{cases} \qquad \cdots\cdots(36)$$

e） 按式(37)计算累积使用系数 U，累计使用系数 U 不得大于 1.0：

$$U=U_1+U_2+U_3+\cdots\cdots \qquad \cdots\cdots(37)$$

6.5.5 断裂力学法

容器的疲劳失效应采用如下步骤进行断裂力学评定,见图 7。

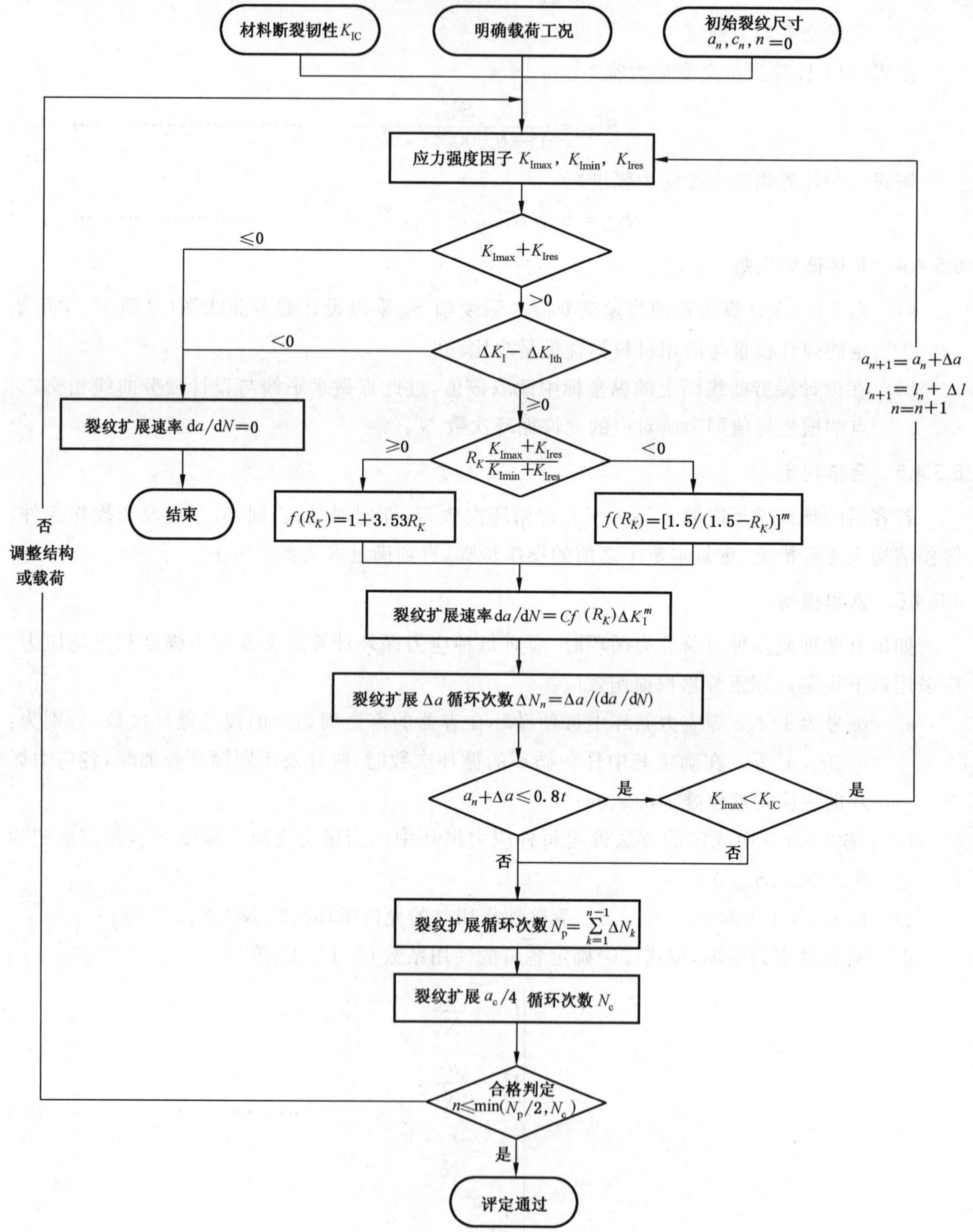

图 7 断裂力学评定步骤

6.5.5.1 初始裂纹尺寸

采用断裂力学评定时的初始裂纹深度 a_0 应按表 10 取值。

表 10 初始裂纹尺寸

壁厚 t/mm	初始裂纹深度a_0/m
$t \leqslant 16$	0.000 5
$16 < t \leqslant 50$	0.001 1
$t > 50$	0.001 6

6.5.5.2 应力强度因子

在容器典型危险部位假定裂纹存在，计算应力强度因子(可参考附录 F)，获得在整个循环周期中最大应力强度因子 K_{Imax}、最小应力强度因子 K_{Imin} 以及残余应力强度因子 K_{Ires}(如存在)，计算时应考虑压应力、热应力、不连续应力和残余应力等在内的所有应力。

6.5.5.3 裂纹扩展速率

按式(38)计算裂纹扩展速率 $\mathrm{d}a/\mathrm{d}N$，相关的系数取值按表 11：

$$\mathrm{d}a/\mathrm{d}N = C \cdot [f(R_K)] \cdot \Delta K_{\text{I}}^m \quad \cdots\cdots (38)$$

式中，

$$f(R_K) = \begin{cases} 1 + 3.53 R_K & R_K \geqslant 0 \\ [1.5/(1.5 - R_K)]^m & R_K < 0 \end{cases} \quad \cdots\cdots (39)$$

$$R_K = \frac{K_{\text{Imax}} + K_{\text{Ires}}}{K_{\text{Imin}} + K_{\text{Ires}}} \quad \cdots\cdots (40)$$

$$\Delta K_{\text{I}} = K_{\text{Imax}} - K_{\text{Imin}} \quad \cdots\cdots (41)$$

表 11 裂纹扩展速率相关的系数

材　料	C m/次	m	G MPa·$\sqrt{\text{m}}$	H	I MPa·$\sqrt{\text{m}}$
高强度低合金钢	3.64×10^{-12}	3.26	7	0.85	6.0

必要时，设计人员应考虑环境对裂纹扩展速率的影响，如腐蚀疲劳等。

若 ΔK_{I} 小于门槛值 ΔK_{th}或 $K_{\text{Imax}} + K_{\text{Ires}} \leqslant 0$，$\mathrm{d}a/\mathrm{d}N$ 值可设为零。其中，ΔK_{th}按式(42) 计算，但应不小于 2.2 MPa·$\sqrt{\text{m}}$。

$$\Delta K_{\text{th}} = \min\{G(1 - HR_{\text{K}}), I\} \quad \cdots\cdots (42)$$

6.5.5.4 临界裂纹尺寸

按式(43) 计算裂纹扩展 Δa 所需的循环次数 ΔN，更新裂纹尺寸，重复上述步骤直至达到临界裂纹尺寸 a_c：

$$\Delta N = \Delta a / (\mathrm{d}a/\mathrm{d}N) \quad \cdots\cdots (43)$$

其中，临界裂纹深度 a_c应取 $K_{\text{Imax}} = K_{\text{IC}}$对应的裂纹深度和 0.8 倍壁厚中的较小者。

6.5.5.5 裂纹扩展循环次数

获得裂纹扩展至临界裂纹深度 a_c的总循环次数 N_p和裂纹扩展至 1/4 a_c的总循环次数 N_c,并应采用减少 Δa 的方法反复进行试算,直至 N_p和 N_c无明显变化。

6.5.5.6 合格判定

若容器的预计循环次数 n 满足式(44),评定通过;否则,应采用改变操作条件、容器结构尺寸等措施,重复本节中之前的操作步骤,直到满足本条要求为止:

$$n \leqslant \min\{N_p/2, N_c\} \quad \cdots\cdots(44)$$

6.6 端盖

6.6.1 概述

本节给出了盲底和螺塞两种形式端盖的设计要求。

6.6.2 符号

A_B ——垂直于容器轴线的容器截面面积$[A_B=\pi/4 \cdot (D_o^2-D_p^2)]$,mm²;

A_C ——垂直于容器轴线的螺塞截面面积$(A_C=\pi/4 \cdot D_p^2)$,mm²;

C_M ——容器与螺塞的组合柔性系数$[C_M=(1/A_B+1/A_C)P_T]$,mm^{-1};

C_T ——螺塞的柔性系数$(C_T=2/D_p)$,mm^{-1};

D_i ——容器内直径,mm;

D_o ——容器外直径,mm;

D_{op} ——盲底端部开孔直径,mm;

D_p ——螺纹中径,mm;

F_1 ——第一牙螺纹上的载荷,N;

F_i ——第 i 牙螺纹上的载荷,N;

F_n ——最后一牙螺纹上的载荷,N;

F_T ——所有螺纹上的总载荷,N;

K ——容器内外直径之比;

n ——螺纹的总牙数;

P_t ——螺距,mm;

R_c ——盲底端部的倒角,(°);

S ——每一个螺距上承受的部分载荷数,N;

S_i ——部分载荷,N;

S_M ——容器与螺塞的组合柔性系数$(S_M=C_M/S)$,mm^{-1};

S_T ——螺纹的柔性系数$(S_T=2SC_T)$,mm^{-1};

t_b ——盲底端部的厚度,mm;

t_w ——容器壁厚,mm;

α ——容器内部倒角处切线与垂直于容器轴线平面之间的最大角度,(°)。

6.6.3 盲底

6.6.3.1 厚度

容器盲底结构尺寸见图 8,应满足下列要求:

a) 最小内部倒角半径 R_c 应不小于容器设计壁厚 t_w 的25%。

b) 在内部倒角相切处,盲底端部的厚度 t_b 应大于或等于容器的设计壁厚 t_w,但小于或等于2倍设计壁厚。

若 $1.5 \leqslant K \leqslant 2.5$ 且 $R_c = 0.25t_w$,盲底的最小厚度应采用式(45)计算:

$$t_b = t_w(-1.0667K^3 + 6.80K^2 - 15.433K + 13.45) \qquad (45)$$

若 $K > 2.5$ 且 $R_c \geqslant 0.25t_w$,最小厚度 t_b 应采用式(46)计算:

$$t_b = t_w \qquad (46)$$

c) $\alpha \leqslant 10°$。

d) 盲底端部开孔应位于中央,且 $D_{op} \leqslant 15\% D_o$。

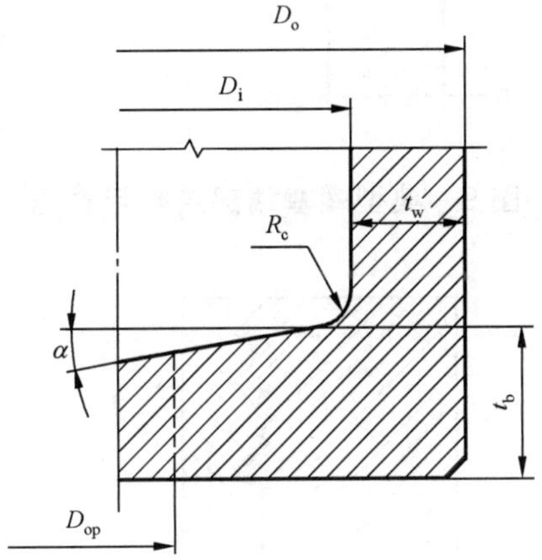

图8 容器盲底结构尺寸

6.6.3.2 疲劳

当 $K = 1.25 \sim 4.0$ 且 $R_c = 0.25t_w$ 时,倒角处的三向主应力应当采用式(47)计算,可用于6.5.4.3确定交变应力强度幅,进行疲劳评定:

$$\sigma_1 = P\left(3.5557 - 1.9787K + 5.6440\frac{K}{\ln K} - 30.1870\frac{1}{\sqrt{K}} + 46.7419\frac{\ln K}{K^2}\right)$$
$$\sigma_2 = P\left(-0.9219 + 0.1520K + 1.2202\frac{1}{\ln K} + 2.9636\frac{\ln K}{K^2} - 2.3620\frac{1}{K^2}\right) \qquad (47)$$
$$\sigma_3 = -P$$

6.6.4 螺塞

6.6.4.1 概述

本节给出了螺塞的设计要求,典型的螺塞端部结构见图9,螺纹载荷分布见图10。按本节设计的螺塞应满足如下要求:

a) 螺纹的数量应当不少于4牙,但不超过20牙;

b) 螺纹的螺旋角不应超过2°;

c) 内螺纹应有退刀槽;

d) 外螺纹的轴向长度应比配合的内螺纹至少长1个节距。

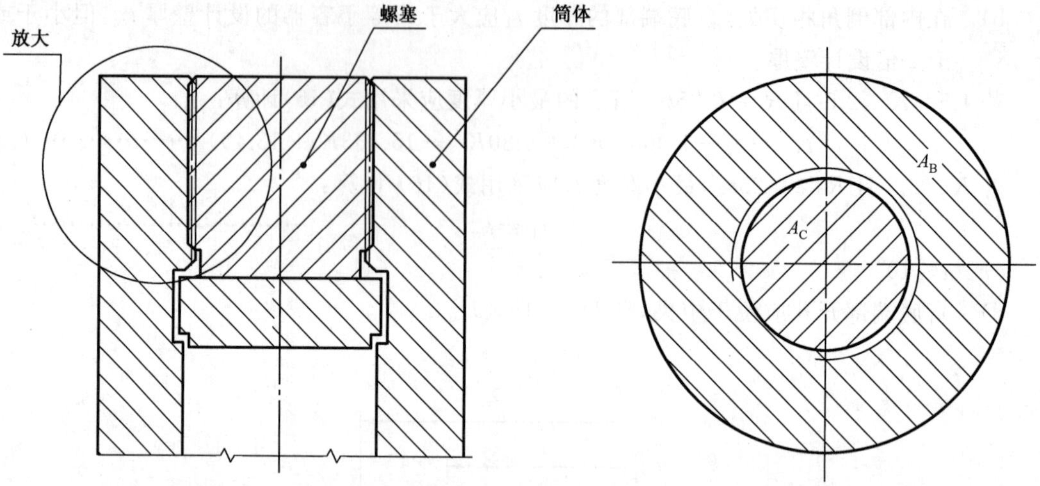

图 9　典型螺塞端部结构示意图

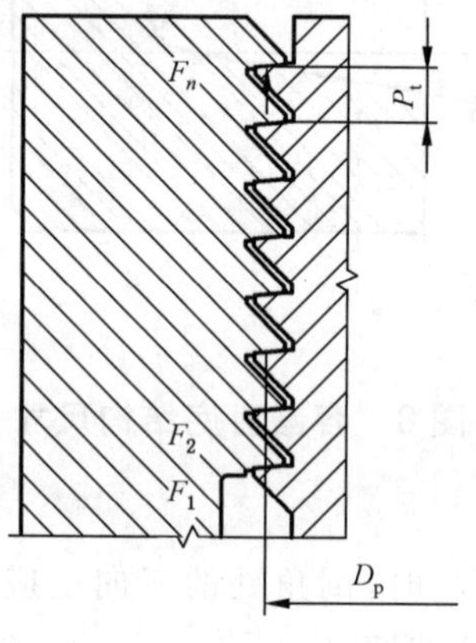

图 10　螺纹载荷分布图

6.6.4.2　螺纹载荷

a)　连续螺纹

螺纹载荷分布可以按式(48) 获得。计算时从最后一牙螺纹载荷 F_n 开始，计算前面螺纹上的载荷 F_{n-1} 和 F_{n-2}，以此类推：

$$F_i = F_{i+1} + \frac{C_M}{C_T}(F_{sum}) \qquad \cdots\cdots (48)$$

b)　间断螺纹

螺纹载荷分布可以按式(49) 获得：

$$S_i = S_{i+1} + \frac{S_M}{S_T}(S_{sum}) \qquad \cdots\cdots (49)$$

式中：

$$F_{sum} = \sum_{j=i+1}^{n} F_j \qquad \cdots\cdots (50)$$

6.6.4.3 螺纹强度校核

应根据螺纹载荷分布情况和螺纹牙的几何参数,对螺纹牙参照附录D进行挤压强度、剪切强度和弯曲强度校核,还应按6.5.4.3确定交变应力强度幅,对螺纹牙进行疲劳评定。

6.7 自增强设计

6.7.1 概述

本节给出的确定容器圆筒自增强后残余应力分布的方法,可用于计算6.5疲劳失效评定时的残余应力。对存在开孔等复杂结构的圆筒,应采用弹塑性分析或试验方法。

6.7.2 残余应变要求

自增强处理的容器圆筒内表面的残余环向应变不得超过2%。

6.7.3 符号

A ——垂直于容器圆筒环向的横截面积,mm^2;

D ——容器圆筒的任一直径,mm;

D_i ——容器圆筒的内径,mm;

D_o ——容器圆筒的外径,mm;

D_p ——容器圆筒自增强后弹塑性分界面的直径,mm;

D_Z ——$\sigma_{tRA}=\sigma_{rRA}$时的直径,mm;

E ——材料的弹性模量,MPa;

F_b ——修正系数;

F ——自增强时总的环向作用力,N;

K ——容器圆筒外径与内径之比;

P_A ——自增强时最大的内压,MPa;

$R_{p0.2}$——材料在常温下的屈服强度,MPa;

ε_m ——在自增强达到最大压力P_A时容器圆筒外表面的环向应变,测量时取轴向3个测量点的最小值;

ε_p ——自增强后容器圆筒内表面的环向应变,测量时取轴向3个测量点的最小值;

σ_{AD} ——容器圆筒内表面的环向残余应力,MPa;

σ_{CD} ——容器圆筒内表面的修正环向残余应力,MPa;

σ_{rR} ——修正径向残余应力,MPa;

σ_{rRA} ——径向残余应力,MPa;

σ_{tR} ——修正环向残余应力,MPa;

σ_{tRA} ——环向残余应力,MPa;

υ ——泊松比。

6.7.4 弹塑性分界面直径 D_p

6.7.4.1 若已知ε_m,按如下要求计算弹塑性分界面直径D_p:

a) 若容器自增强时存在端部支撑,按式(51):

$$(D_p/D_o)^2=\left[E\varepsilon_m+\upsilon\left(\frac{P_A D_i^2}{D_o^2-D_i^2}\right)\right]\Big/(1.15R_{p0.2}) \quad \cdots\cdots(51)$$

b) 其他,按式(52):

$$(D_p/D_o)^2 = [E\varepsilon_m + \upsilon(F/A)]/(1.15R_{p0.2}) \quad \cdots\cdots(52)$$

6.7.4.2 若已知 ε_p,按式(53)计算 D_p:

$$2E\varepsilon_p/(1.15R_{p0.2}) = (1-2\upsilon)[\ln(D_i^2/D_p^2)-1] + (2-\upsilon)(D_p/D_i)^2 + (1-\upsilon)(D_p/D_o)^2 - \frac{[\ln(D_p^2/D_i^2)+(D_o^2-D_p^2)/D_o^2][1-\upsilon+(1+\upsilon)K^2]}{K^2-1} \quad \cdots\cdots(53)$$

6.7.4.3 若已知 P_A,按式(54)计算 D_p:

$$P_A = 1.15R_{p0.2}[\ln(D_p/D_i)+(D_o^2-D_p^2)/(2D_o^2)] \quad \cdots\cdots(54)$$

6.7.5 **残余应力**

6.7.5.1 **当 $D_i \leqslant D \leqslant D_p$ 时**

6.7.5.1.1 无反向屈服时,按式(55)、式(56)分别计算环向残余应力 σ_{tRA} 和径向残余应力 σ_{rRA}:

$$\frac{\sigma_{tRA}}{R_{p0.2}} = \frac{D_o^2+D_p^2}{2D_o^2} + \ln\left(\frac{D}{D_p}\right) - \left(\frac{D_i^2}{D_o^2-D_i^2}\right)\left[\frac{D_o^2-D_p^2}{2D_o^2} + \ln\left(\frac{D_p}{D_i}\right)\right]\left(1+\frac{D_o^2}{D^2}\right) \quad \cdots(55)$$

$$\frac{\sigma_{rRA}}{R_{p0.2}} = \frac{D_o^2+D_p^2}{2D_o^2} + \ln\left(\frac{D}{D_p}\right) - \left(\frac{D_i^2}{D_o^2-D_i^2}\right)\left[\frac{D_o^2-D_p^2}{2D_o^2} + \ln\left(\frac{D_p}{D_i}\right)\right]\left(1-\frac{D_o^2}{D^2}\right) \quad \cdots(56)$$

6.7.5.1.2 若存在反向屈服,按如下方法修正:

a) 按式(55)、式(56)迭代计算,确定 $\sigma_{tRA}=\sigma_{rRA}$ 时的直径 D_Z;

b) 按式(55)计算,确定容器圆筒内表面的环向残余应力 σ_{AD};

c) 分别按式(57)、式(58)计算,取最小值作为修正环向残余应力 σ_{CD};其中,若自增强时圆筒存在端部支撑,式(58)应取 $\sigma_{CD}/\sigma_{AD}=1.15$:

$$\sigma_{CD}/\sigma_{AD} = 1.388 - 0.165\,1K + 0.630\,7 - 1.887\,1M + 1.983\,7M^2 - 0.729\,6M^3 \quad \cdots(57)$$

$$\sigma_{CD}/\sigma_{AD} = -0.548\,4 + 1.814K - 0.650\,2K^2 + 0.079\,1K^3 \quad \cdots\cdots(58)$$

式中,

$$M = (D_p - D_i)/(D_o - D_i) \quad \cdots\cdots(59)$$

d) 若 $\sigma_{CD}/R_{p0.2} < -0.7$,取 $\sigma_{CD}/R_{p0.2} = -0.7$;

e) 若 $D_i \leqslant D \leqslant D_Z$,按式(60)、式(61)计算残余应力:

$$\sigma_{tR}/\sigma_{CD} = \frac{D_Z[\ln(D/D_i)+1]+D_i-2D}{D_Z-D_i} \quad \cdots\cdots(60)$$

$$\sigma_{rR}/\sigma_{CD} = \frac{D_Z\ln(D/D_i)+D_i-D}{D_Z-D_i} \quad \cdots\cdots(61)$$

f) 若 $D_Z < D < D_p$,分别按式(55)、式(56)计算残余应力,但结果应乘以修正系数 F_b,F_b 按如下方法确定:

1) 按式(61)计算 $D=D_Z$ 处的 σ_{rR};

2) 按式(56)计算 $D=D_Z$ 处的 σ_{rRA};

3) $F_b = \sigma_{rR(D=D_Z)}/\sigma_{rRA(D=D_Z)}$。

6.7.5.2 **当 $D_p \leqslant D \leqslant D_o$ 时**

按式(62)、式(63)计算残余应力:

$$\frac{\sigma_{tR}}{R_{p0.2}} = F_b\left(1+\frac{D_o^2}{D^2}\right)\left\{\frac{D_p^2}{2D_o^2} + \frac{D_i^2}{D_o^2-D_i^2}\cdot\left[\frac{D_p^2-D_o^2}{2D_o^2} - \ln\left(\frac{D_p}{D_i}\right)\right]\right\} \quad \cdots\cdots(62)$$

$$\frac{\sigma_{\mathrm{rR}}}{R_{\mathrm{p0.2}}}=F_{\mathrm{b}}\left(1-\frac{D_{\mathrm{o}}^{2}}{D^{2}}\right)\left\{\frac{D_{\mathrm{p}}^{2}}{2D_{\mathrm{o}}^{2}}+\frac{D_{\mathrm{i}}^{2}}{D_{\mathrm{o}}^{2}-D_{\mathrm{i}}^{2}}\cdot\left[\frac{D_{\mathrm{p}}^{2}-D_{\mathrm{o}}^{2}}{2D_{\mathrm{o}}^{2}}-\ln\left(\frac{D_{\mathrm{p}}}{D_{\mathrm{i}}}\right)\right]\right\} \quad \cdots\cdots\cdots(63)$$

7 制造、检验与验收

7.1 总则

7.1.1 容器制造、检验与验收依据

容器制造、检验与验收应符合本标准和设计文件的规定,同时必须满足《固定式压力容器安全技术监察规程》的规定。

7.1.2 容器制造过程的风险预防和控制

在容器制造、检验过程中,应根据风险评估报告中给出的失效模式和防护措施制定相应的技术要求。

7.1.3 设计修改和材料代用

制造单位对原设计的修改以及对受压元件的材料代用,应当事先取得原设计单位的书面批准,并在竣工图上做详细记录。

7.1.4 新技术和新工艺的使用

对于采用未列入本标准的容器制造检验的新技术、新工艺和新方法时,应按《固定式压力容器安全技术监察规程》的规定进行技术评审。

7.2 材料制造要求

7.2.1 材料复验

对于外购的容器锻件应按本标准的要求逐件进行复验,复验项目包括:

a) 化学成分;

b) 常规力学性能;

c) 金相组织和晶粒度。

其他受压元件应由外购单位提供齐全的质量证明文件。

7.2.2 材料的分割

制造容器的受压元件材料在性能热处理后的分割应当采用冷切割方法。

7.2.3 材料标志

7.2.3.1 制造容器受压元件的材料应有可追溯的标志。

7.2.3.2 在制造过程中,如原标志被裁掉或材料分成几块时,制造单位应重新规定标志,并在材料分割前完成标志的移植。

7.2.4 材料成型

材料在热成型后应进行退火热处理。

7.3 机械加工

7.3.1 容器受压元件和密封件应按规定程序批准的产品图样和工艺规程进行加工。

7.3.2 筒体精加工后内壁表面及密封面粗糙度 R_a 一般应当小于或等于 0.8 μm(经过设计单位同意后可以取 1.6 μm),外壁表面粗糙度应当小于或等于 3.2 μm(管式容器的外表面粗糙度 R_a 应当小于或者等于 1.6 μm)。盲孔型容器的筒体内壁表面形状突变部位应该圆滑过渡,并且粗

糙度 R_a 应当小于或等于 3.2 μm。

7.3.3 对于管式容器,在机械加工后应进行直线度和壁厚差检验,其结果应当符合产品图样的要求;筒体外表面不允许有深度大于 0.25 mm 的缺陷存在。

7.3.4 筒体内孔加工完后,用光学窥膛仪检查,不应有裂纹及其他缺陷存在。

7.3.5 容器主要元件及密封件的密封面不应有碰伤、划伤、毛刺和其他影响密封性能的缺陷存在。

7.4 自增强处理

7.4.1 基本要求

7.4.1.1 自增强处理前应当对元件材料的性能报告进行核查。

7.4.1.2 自增强处理设备的压力上限应当高于自增强处理压力,并应留有一定余量。

7.4.1.3 自增强处理的检测仪表应按照规定进行定期检定,并在有效期内。

7.4.1.4 自增强处理人员应当经过专业培训,熟悉操作工艺规程。

7.4.1.5 制造单位应当制定书面的自增强工艺规程,其中至少包括以下内容:

a) 自增强处理的时机和方法;

b) 控制自增强程序的方法;

c) 在自增强操作期间记录时间、温度和压力的方法;

d) 测量达到自增强程度以及确定该程度在合格限度以内的方法。

7.4.2 自增强处理操作

7.4.2.1 自增强处理一般包括以下步骤:

a) 按照设计和工艺规定要求连接工艺装置;

b) 在元件规定的位置连接传感器或粘贴应变片;

c) 连接处理系统;

d) 调整测量仪表;

e) 加载,检查密封性能;

f) 记录时间、压力、位移或应变等数据;

g) 卸载,检验。

7.4.2.2 自增强处理实际压力不得超过规定值,其他场地、安全等要求参照耐压试验有关规定。

7.4.2.3 自增强处理过程中,应当采用合适的方法控制筒体内壁的残余环向应变量,在内孔表面由自增强处理产生的永久环向应变不得超过 2%。

7.5 无损检测

容器的无损检测应当符合本标准的有关规定,并且满足设计图样和技术文件的要求。

7.5.1 无损检测人员

无损检测人员应取得Ⅱ级或Ⅱ级以上资格证书,并且具有压力容器锻件的无损检测经验。超声检测报告签发人员应当取得Ⅲ级资格证书。

7.5.2 检测方法和时机

7.5.2.1 检测方法

容器的无损检测方法包括超声和表面无损检测(磁粉、渗透和涡流检测)。

7.5.2.2 **检测时机**

a) 筒体在粗加工后调质热处理前应当进行100%的直探头纵波超声检测，内外表面应当进行100%的表面无损检测(内直径小于500 mm的筒体只进行外表面检测)。其他受压元件外表面应进行100%表面无损检测；

b) 筒体调质热处理后机械加工过程中必须同时做100%直探头纵波和斜探头横波/纵波超声检测，其他受压元件应当进行100%的直探头纵波超声检测。加工完成后对筒体和其他受压元件外表面进行100%表面无损检测；

c) 自增强处理后筒体应当进行100%直探头纵波和斜探头横波/纵波超声检测，受压元件承压内外表面应当进行表面无损检测(内直径小于500 mm的筒体只进行外表面检测)；

d) 耐压试验后，应对单层筒体进行不少于20%斜探头超声检测和100%表面无损检测(内直径小于500 mm的筒体只进行外表面检测)。

7.5.3 **超声检测技术要求**

7.5.3.1 直探头纵波检测按NB/T 47013.3执行，验收应当符合以下要求：

a) 容器筒体及主要受压元件超声波检测灵敏度为ϕ2 mm当量直径；

b) 容器筒体不允许有大于ϕ3mm当量直径的单个缺陷或者ϕ2 mm以及大于ϕ2 mm当量直径缺陷密集区存在，在距离筒体内表面或开孔部位边缘50 mm范围内不允许有大于或者等于ϕ2 mm当量直径单个缺陷存在；

c) 其他主要受压元件不允许有大于ϕ3 mm当量直径的单个缺陷。

注：缺陷密集区，指当荧光屏扫描线上相当于50 mm的声程范围内同时有5个或5个以上的缺陷反射信号，或者在50 mm×50 mm的探测面上发现同一深度范围内有5个或5个以上缺陷反射信号。

7.5.3.2 筒体轴向超声横波检测按NB/T 47013.3—2015附录E执行，合格级别为Ⅰ级。

7.5.3.3 对于K大于1.25筒体周向超声检测斜入射方法和验收要求按本标准附录G执行。

7.5.4 **表面无损检测技术要求**

磁粉检测、渗透检测和涡流检测应当按照NB/T 47013的规定执行，合格级别为Ⅰ级。

7.5.5 **记录**

制造单位应做好无损检测的原始记录，出具无损检测报告，有关报告和资料应在容器设计使用年限内予以保存。

7.6 装配

7.6.1 容器装配应按产品图样和装配工艺规程执行。

7.6.2 所有进行装配的元件应检验合格，外购件应具有合格证。

7.6.3 装配完成的容器应逐台进行耐压试验。

7.7 耐压试验

7.7.1 试验前准备工作

7.7.1.1 耐压试验前的容器应当装配完成并检验合格；为进行耐压试验而装配的临时受压元件，应采取适当的措施，保证安全性。

7.7.1.2　制造单位应当制定严密的试验程序和要求，试验场地应当有可靠的安全防护设施和适用的消防器材，附近不得有火源，并且必须经过单位技术负责人和安全技术部门检查认可。

7.7.1.3　耐压试验时，被试验容器或试验装置的顶部应安装两个量程相同、并在检定有效期内的压力表，压力表的量程宜为试验压力的1.5倍～2倍，压力表精度不得低于1.0级，表盘直径不得小于100 mm。

7.7.1.4　耐压试验期间，无关人员不得在试验场地停留。

7.7.2　试验操作要求

7.7.2.1　试验介质一般采用水或煤油和变压器油混合液或者设计图样要求的其他试验介质。

7.7.2.2　耐压试验时，容器壁温和试验用介质温度一般不得低于15 ℃。

7.7.2.3　进行耐压试验的容器应充满液体，排净滞留在容器内的气体，容器外表面应当保持干燥。

7.7.2.4　当压力容器器壁温度与液体温度接近时，才能缓慢升压至设计压力，确认无泄漏后继续升压到规定的试验压力，保压足够时间；然后降至设计压力，保压足够时间进行检查，检查期间压力应当保持不变。不得采用连续加压方法维持压力，不得带压调整紧固件。

7.7.2.5　耐压试验后应当及时将试验介质排净，并且将容器内外表面清理干净，不得有锈痕。

7.7.3　试验合格标准

试验过程中，容器无渗漏，无可见的变形和异常声响。

7.8　容器出厂要求

7.8.1　出厂资料

制造单位应向容器采购方提供出厂资料，应至少包括以下内容：

a）容器竣工图样；

b）压力容器产品合格证；

c）产品质量证明文件(包括材料清单、主要受压元件材料质量证明书、质量计划、外观及几何尺寸检验报告、无损检测报告、热处理报告及自动记录曲线、耐压试验报告以及自增强处理报告等)；

d）超压泄放装置的使用说明书；

e）特种设备制造监督检验证书(适用于实施监督检验的产品)；

f）产品铭牌的拓印件或复印件；

g）设计单位提供的压力容器设计文件(含风险评估报告、使用说明书、容器强度计算书以及按相关规定要求的其他设计文件)。

7.8.2　产品铭牌

7.8.2.1　容器铭牌应固定于显著位置，不得焊接在容器筒体上。

7.8.2.2　铭牌至少应包括如下内容：

a）产品名称；

b）制造单位名称；

c）制造单位许可证编号、级别；

d）产品标准；

e）主体材料；

f） 介质名称；

g） 设计温度；

h） 设计压力，最高允许工作压力(必要时)；

i） 耐压试验压力；

j） 产品编号；

k） 设备代码；

l） 制造日期；

m）容器类别；

n） 自重和容积。

7.8.3 容器的涂覆与运输包装

容器的涂敷与运输包装除应符合 JB/T 4711 的规定外，还应符合设计文件要求。

附 录 A
(资料性附录)
标准的符合性声明及修订

A.1 本标准所有部分的制定遵循了国家颁布的压力容器安全法规所规定的基本安全要求,其设计准则、材料要求、制造检验技术要求和验收标准均符合《固定式压力容器安全技术监察规程》的相应规定。本标准所有部分均为协调标准,即按本标准所有部分要求建造的容器可以满足《固定式压力容器安全技术监察规程》的基本安全要求。

A.2 标准的修订采用提案审查制度。任何单位和个人均有权利对本标准的修订提出建议,修订建议应采用"表 A.1 标准提案/问询表"的方式提交全国锅炉压力容器标准化技术委员会(以下简称"委员会")。委员会对收到的标准修订提案进行审查,根据审查结果,将采纳的技术内容纳入下一版标准。

表 A.1 标准提案/问询表 总第 号

<table>
<tr><td colspan="2">□标准提案 □标准问询</td><td>标准名称</td><td colspan="2"></td></tr>
<tr><td>单位</td><td colspan="2"></td><td>姓名</td><td></td></tr>
<tr><td>联系地址</td><td colspan="2"></td><td>邮政编码</td><td></td></tr>
<tr><td>电话/传真</td><td colspan="2"></td><td>电子信箱</td><td></td></tr>
<tr><td>标准条款</td><td colspan="4"></td></tr>
<tr><td colspan="5">提案/问询内容(可另附页)</td></tr>
<tr><td colspan="5"></td></tr>
<tr><td colspan="5">技术依据与相关资料(可另附页)</td></tr>
<tr><td colspan="5"></td></tr>
<tr><td colspan="5">附加说明:</td></tr>
<tr><td colspan="3">单位图章或提案(问询)人签字:</td><td colspan="2">提交日期:
年 月 日</td></tr>
</table>

全国锅炉压力容器标准化技术委员会

地址:北京市朝阳区北三环东路 26 号三层 邮政编码:100029

电子邮箱:SPV@cscbpv.org

附 录 B
(规范性附录)
超压泄放装置

B.1 范围

B.1.1 容器在操作过程中可能出现超压时,应配备超压泄放装置(以下简称"泄放装置")。

B.1.2 本附录适用于容器上的泄放装置,包括安全阀、爆破片安全装置、安全阀与爆破片安全装置的组合装置。安装在容器连接管线上的泄放装置可参照本附录。

B.1.3 本附录仅给出泄放装置的一般规定,设计人员应根据容器的工艺特点、介质物性进行试验、计算来确定适用的泄放装置。

B.2 定义

B.2.1 动作压力

本附录中指安全阀的整定压力或爆破片的设计爆破压力。

B.2.2 整定压力

安全阀在运行条件下开始开启的设定压力,是在阀门进口处测量的表压力。在该压力下,在规定运行条件下由介质压力产生的使阀门开启的力同使阀瓣保持在阀座上的力相互平衡。

B.2.3 设计爆破压力

根据容器的工作条件和相应的安全技术规定设定的,在设计爆破温度下爆破片的爆破压力值。

B.2.4 标定爆破压力

标注在爆破片铭牌上的,在规定的设计(或许可试验)爆破温度下,同一批次爆破片抽样爆破试验时,实测爆破压力的算术平均值。

B.2.5 制造范围

一个批次爆破片标定爆破压力相对于设计爆破压力差值的允许分布范围。当爆破片取零制造范围时,标定的爆破压力为设计爆破压力。

B.2.6 最低标定爆破压力

设计爆破压力与制造范围下偏差的代数和。

B.3 一般规定

B.3.1 容器安装有泄放装置时,一般以容器的设计压力作为超压限度的起始压力。

设计图样及铭牌上标注有最高允许工作压力时,可用容器的最高允许工作压力代替设计压力。

B.3.2 当容器上安装有泄放装置时,泄放装置的动作压力与容器的超压限度应满足如下的规定。

B.3.2.1 当容器上仅安装一个泄放装置时，泄放装置的动作压力应不大于设计压力，容器的超压限度应不大于设计压力的2.5%或5 MPa中的较大值。

B.3.2.2 当容器上安装多个泄放装置时，其中一个泄放装置的动作压力应不大于设计压力，其他泄放装置的动作压力可以提高到设计压力的1.025倍且容器的超压限度应不大于设计压力的3%或6 MPa的较大值。

B.3.3 对盛装易爆介质或毒性程度为极度、高度、中度危害介质的容器，应在泄放装置的排出口装设导管，将泄放介质引至安全地点，并且进行妥善处理，不得直接排入大气。

附 录 C
(规范性附录)
风险评估报告

C.1 总则

C.1.1 本附录规定了风险评估报告的基本要求。
C.1.2 容器设计者应根据相关法规或设计委托方要求编制针对容器预期使用状况的风险评估报告。
C.1.3 设计者应充分考虑容器在各种工况条件下可能产生的失效模式,在材料选择、结构设计、制造检验要求等方面提出安全措施,防止可能发生的失效。
C.1.4 设计者应向容器用户提供制定容器事故应急预案所需要的信息。

C.2 制定原则和程序

C.2.1 设计阶段风险评估主要针对危害识别和风险控制。
C.2.2 设计阶段风险评估按以下程序进行:

a) 根据用户设计条件和其他设计输入信息,确定容器的各种使用工况;
b) 根据各使用工况的介质、操作条件、环境因素进行危害识别,确定可能发生的危害及其后果;
c) 针对所有危害和相应的失效模式,说明应采取的安全防护措施和依据;
d) 对于可能发生的失效模式,给出制定事故应急预案所需要的信息;
e) 形成完整的风险评估报告。

C.3 风险评估报告内容

风险评估报告应至少包括:

a) 容器的基本设计参数:压力、温度、材料、介质性质和外载荷等;
b) 操作工况条件的描述;
c) 所有操作、设计条件下可能发生的危害,如爆炸、泄漏、破损、变形等;
d) 对于标准已经有规定的失效模式,说明采用标准的条款;
e) 对于标准没有规定的失效模式,说明设计中载荷、安全系数和相应计算方法的选取依据;
f) 对介质少量泄漏、大量涌出和爆炸状况下如何处置的措施;
g) 根据周围人员的可能伤及情况,规定合适的人员防护设备和措施;
h) 风险评估报告应具有与设计图纸一致的签署。

附 录 D
(资料性附录)
密 封 结 构

D.1 总则

本附录规定了容器用B形环密封、楔形环密封的设计方法,并给出了超高压容器筒体端部的连接型式、基本要求及强度校核计算方法。

各密封结构适用范围见表D.1。

在设计容器密封结构时,应考虑下列因素:

a) 操作压力和操作温度;
b) 升压前后或升压过程中的温度变化情况;
c) 压力波动范围,波动的频率;
d) 容器的几何尺寸;
e) 操作空间的限制;
f) 容器内部介质对密封元件材料的要求;
g) 各密封元件的线性膨胀系数差异;
h) 各密封元件和容器筒体的屈服强度和硬度。

表D.1 容器密封结构的适用范围

密封结构型式	设计温度/℃	设计压力/MPa	内直径 D_i/mm
B形环密封	≤350	≤300	≤1 000
楔形环密封	≤400	≤300	≤1 000

D.2 B形环密封

D.2.1 符号

B ——B形环波峰至波底的距离,mm;
C ——B形环两波峰间距,mm;
d_1 ——B形环处的密封槽直径,mm;
h ——B形环的高度,mm;
p ——容器的设计压力,MPa;
r_1 ——B形环波峰弧面半径,mm;
r_2 ——B形环波谷弧面半径,mm;
r_3 ——平盖或筒体端部靠B形环处外凸圆角半径,mm;
r_4 ——平盖或筒体端部靠B形环处内凹圆角半径,mm;
s ——B形环的厚度,mm;

R_m ——B 形环材料在设计温度下的抗拉强度,MPa;

$R_{p0.2}$ ——B 形环材料在设计温度下的屈服强度,MPa;

Δ ——过盈量,mm。

D.2.2 结构

B 形环密封的结构见图 D.1。

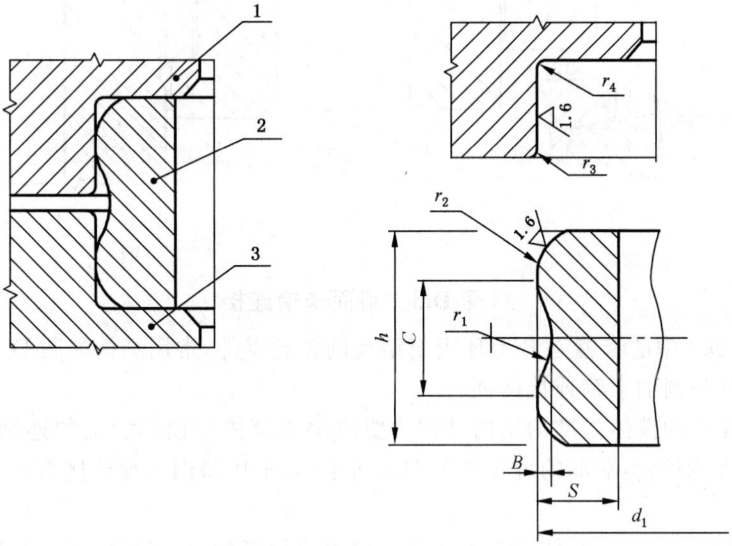

说明:

1——平盖;

2——"B"形环;

3——筒体端部。

图 D.1 B 形环密封结构

B 形环密封垫常用于卡箍连接结构,如图 D.2、图 D.3 中所示。

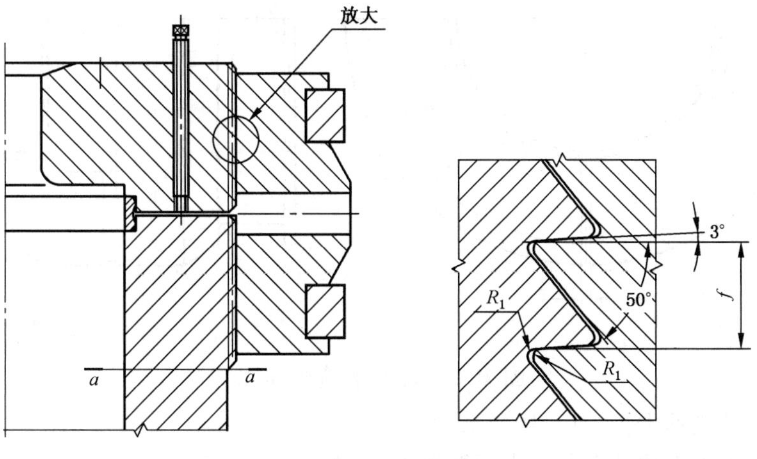

图 D.2 齿啮卡箍连接

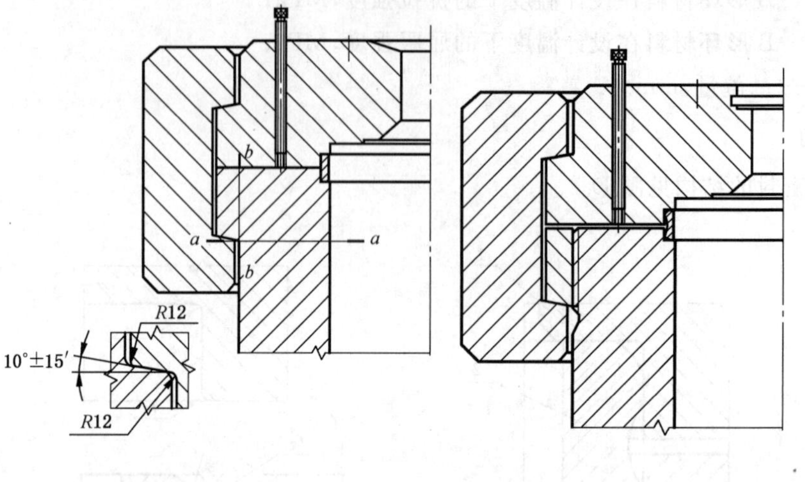

图 D.3 斜面卡箍连接

图 D.2、图 D.3 中的卡箍是 B 形环密封结构的关键零件，常用结构如图 D.4、图 D.5 所示，分为齿啮卡箍连接与斜面卡箍连接两种。

用于卡箍连接的筒体端部的结构型式主要取决于筒体与顶(底)盖的连结型式。若采用齿啮卡箍连接型式，则筒体端部的型式如图 D.2 所示；若采用斜面卡箍连接型式，则筒体端部的型式如图 D.3 所示。

采用齿啮卡箍连接时，筒体端部采用锯齿螺纹或梯形螺纹，齿面的表面粗糙度 R_a 的最大允许值为 1.6 μm。

采用斜面卡箍连接时，筒体端部采用整体锻造斜面结构，斜面的锥度宜小于摩擦角。筒体端部斜面与直边的连接处必须有较大的圆角半径。斜面的表面粗糙度 R_a 的最大允许值为 1.6 μm。

对于图 D.3 b)所示筒体端部结构，应注意充分保证螺纹法兰的外圆面与密封环座的内圆面同心，螺纹法兰的一般加工工序为：热处理；粗加工；磁粉检测；加工内螺纹；将螺纹法兰装配到筒体端部；加工法兰的外径、斜面及密封环座。

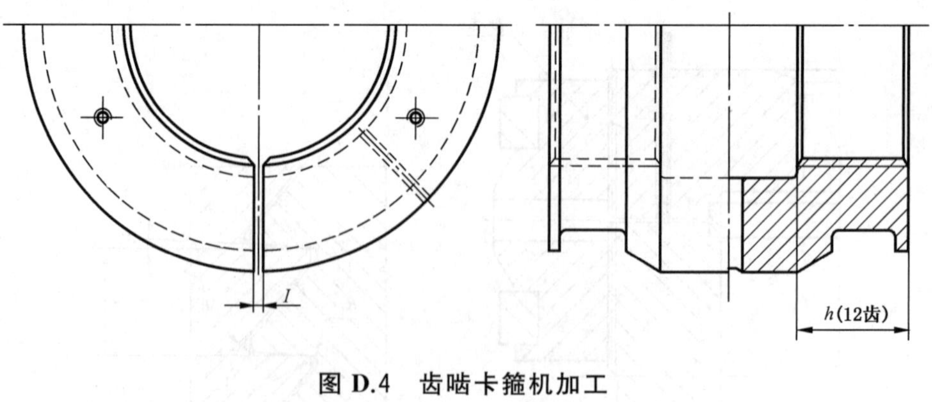

图 D.4 齿啮卡箍机加工

图 D.5 所示的斜面卡箍，其一般要求为：

a) 斜面与水平面的倾斜角应小于摩擦角，一般可取 5°～7°；

b) 凹槽处的转角半径 R 宜尽可能大，以缓和应力集中；

c) 加工卡箍的两剖分环时，两斜面应同轴。

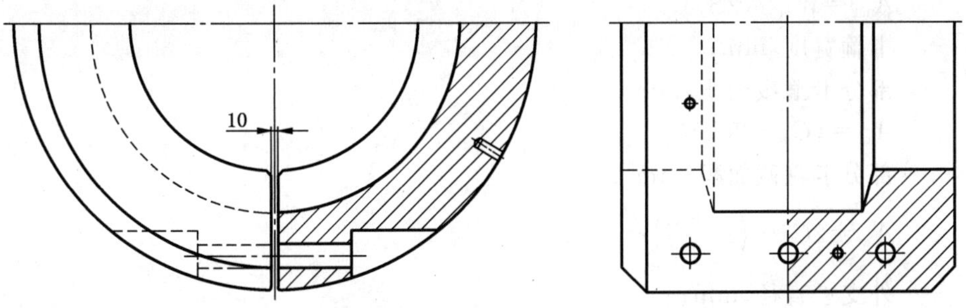

图 D.5 斜面卡箍机加工

D.2.3 尺寸

B 形环的厚度按式(D.1)计算：

$$\frac{pd_1}{5R_m} \leqslant s \leqslant \frac{pd_1}{5R_{p0.2}} \quad \cdots\cdots(D.1)$$

B 形环的高度按式(D.2)计算：

$$h = (3 \sim 4)s \quad \cdots\cdots(D.2)$$

B 形环两波峰间距按式(D.3)计算：

$$C = 0.6h \quad \cdots\cdots(D.3)$$

B 形环波峰至波底的距离按式(D.4)计算：

$$B = (0.1 \sim 0.2)h \quad \cdots\cdots(D.4)$$

B 形环波峰弧面半径按式(D.5)计算：

$$r_1 = 0.6h \quad \cdots\cdots(D.5)$$

B 形环波谷弧面半径按式(D.6)计算：

$$r_2 = 0.4h \quad \cdots\cdots(D.6)$$

平盖或筒体端部靠 B 形环处外凸圆角半径按式(D.7)计算：

$$r_3 = (0.1 \sim 0.2)s \quad \cdots\cdots(D.7)$$

平盖或筒体端部靠 B 形环处内凹圆角半径按式(D.8)计算：

$$r_4 = (0.125 \sim 0.250)s \quad \cdots\cdots(D.8)$$

B 形环外径大于密封槽直径的过盈量按式(D.9)计算：

$$\Delta = (0.000\,2 \sim 0.000\,4)d_1 \quad \cdots\cdots(D.9)$$

D.2.4 材料

B 形环的硬度应比筒体及顶(底)盖密封面处的材料稍低。常用材料为 20 号、25 号钢、不锈钢。当设计压力较高时，可选用 35 号、40 号钢。

D.2.5 卡箍连接

D.2.5.1 符号

A_m ——卡箍连接螺栓所需的横截面积，mm^2；

A_{m1} ——卡箍连接螺栓在操作状态下所需的横截面积，以螺栓根径或受拉部位最小直径计算，mm^2；

$A_{m1} = W_{m1}/(2S_b)$

A_{m2} ——卡箍连接螺栓在预紧状态下所需横截面积，以螺栓根径或受拉部位最小直径计算，mm^2；

$A_{m2}=W_{m2}/(2S_a)$

A_b ——卡箍宽度，mm；

A_{c1} ——部分卡箍截面积，mm^2；

$A_{c1}=(C_w-2C_t)C_t$

A_{c2} ——部分卡箍截面积，mm^2；

$$A_{c2}=2C_t^2-\left(2-\frac{\pi}{2}\right)r^2$$

A_{or} ——外支承直径，mm；

$A_{or}=D_o-2r_h$

A_{c3} ——部分卡箍截面积，mm^2；

$A_{c3}=(C_w-C_g)l_c$

A_3 ——筒体端部凸肩轴向承剪面积，取 A_{3a}、A_{3b}之较小者，mm^2；

A_{3a} ——筒体端部凸肩基于在切向-轴向平面内轴向承剪面积，mm^2；

$A_{3a}=\pi C_{ir}T_h$

A_{3b} ——筒体端部凸肩基于 45°锥形剪切面构造的轴向承剪面积，mm^2；

可按考虑倒角、密封槽深对凸肩厚度的影响计算得到，当不考虑这些影响时，计算式为：

$$A_{3b}=\frac{\pi\sqrt{2}}{4}(D_o^2-C_{ir}^2)$$

A_5 ——在径向-切向平面内最小卡箍横截面积(图 D.7 中所示的阴影面积)，mm^2；

A_6 ——在径向-轴向平面内最小卡箍横截面积(图 D.7 中所示的阴影面积)，mm^2；

C_g ——卡箍两接触面中点轴向距离，mm；

C_w ——卡箍宽度，mm；

C_i ——卡箍内直径，mm；

C_n ——卡箍颈部内直径，mm；

C_{ir} ——计及卡箍凸肩端部倒圆半径 r_c的接触面有效直径，mm；

$C_{ir}=C_i+2r_c$

C_t ——卡箍颈部有效厚度，mm；

r_c ——卡箍凸肩端部倒圆半径，mm；

D_i ——筒体内直径，mm；

D_o ——筒体端部凸肩外直径，mm；

D_G ——垫片力作用直径，取为垫片的外径，mm；

D_c ——卡箍与筒体端部凸肩接触反力的有效直径，mm；

$D_c=(D_{or}+C_{ir})/2$

D_{or} ——筒体端部有效接触面外直径，mm；

$D_{or}=D_o-2r_h$

f ——高颈应力修正系数(此值为在高颈小端处应力与大端处应力的比值)，按图 D.6 查取，当低于图中的极限值时，取 $f=1.0$；

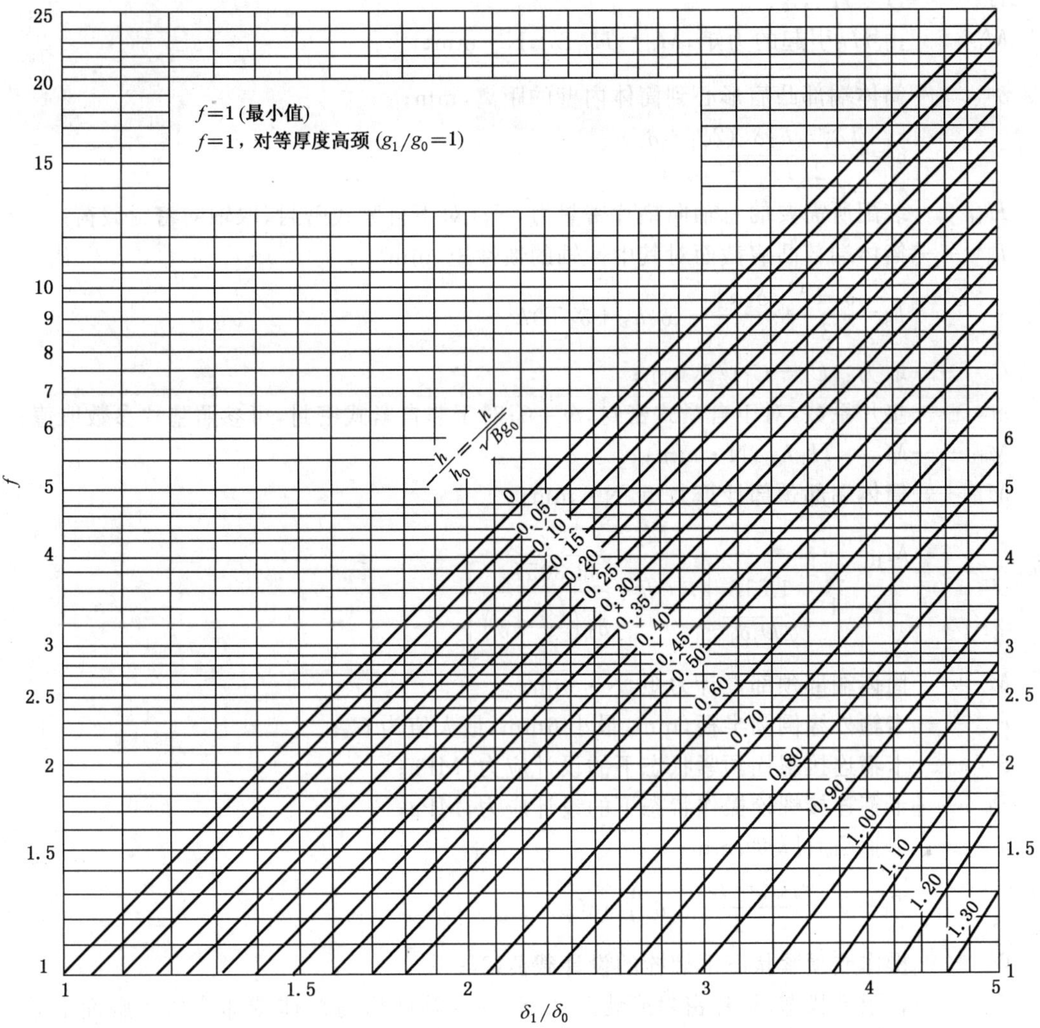

图 D.6　高颈应力修正系数 *f*

h_2 ——筒体端部凸肩平均厚度，mm；

$$h_2 = T - \frac{\delta_2 \tan(\phi)}{2}$$

h ——筒体端部锥颈高度，mm；

$\bar{h}$ ——筒体端面到端部凸肩形心的轴向距离，mm；

$$\bar{h} = \frac{T^2\delta_1 + h_2{}^2\delta_2}{2(T\delta_1 + h_2\delta_2)}$$

H ——操作或预紧状态下总轴向力，N；

H_D ——按内直径计算的流体静压引起的总轴向力，N；

$$H_D = P\ \frac{\pi D_i^2}{4}$$

H_e ——由流体静压引起的总轴向力，N；

$$H_e = P\ \frac{\pi D_G^2}{4}$$

H_T ——$H-H_D$,N;

M_G ——由 H_G引起的力矩,$M_G=H_GL_G$,N·mm;

$\bar{\delta}$ ——筒体端部凸肩形心到筒体内壁的距离,mm;

$$\bar{\delta}=\frac{T\delta_1^2+h_2\delta_2(2\delta_1+\delta_2)}{2(T\delta_1+h_2\delta_2)}$$

H_m ——装配所需要的总轴向垫片密封力,N;(对于自紧式密封,取轴向密封载荷)

I_h ——筒体端部凸肩截面对其中性轴的惯性矩,mm^4;

$$I_h=\frac{\delta_1T^3}{3}+\frac{\delta_2h_2^3}{3}-(\delta_2h_2+\delta_1T)\bar{h}^2$$

l_c ——取为:$(C_n-C_i)/2$,mm;

m ——垫片系数,对于自紧式密封,$m=0$;对于非自紧式密封,可参照垫片参数取值;

M_D ——$M_D=H_Dh_D$,N·mm;

M_H ——筒体端部颈部计算力矩,N·mm;

$$M_H=\frac{M_o}{1+\frac{1.818}{\sqrt{D_i\delta_1}}\left[T-\bar{h}+\frac{3.305I_h}{\delta_1^2\left(\frac{D_i}{2}+\bar{\delta}\right)}\right]}$$

M_o ——筒体端部颈部设计力矩,N·mm;

r ——卡箍外缘倒圆半径,mm;最小 6mm,最大值为 C_t;

S_a ——卡箍连接螺栓预紧状态下的设计应力,MPa;

S_b ——卡箍连接螺栓操作状态下的设计应力,MPa;

T_h ——卡箍凸肩厚度,mm;

$$T_h=T-\left(\frac{C_{ir}-D_o}{2}+\delta_2\right)\tan(\phi)$$

W ——操作或预紧状态下螺栓的设计载荷,N;

W_c ——在预紧状态(垫片密封或装配状态)在卡箍凸肩与筒体端部凸肩接触面上总的有效夹持载荷,N;

W_{m1}——操作状态所需要的最小螺栓总载荷,N;

W_{m2}——保证垫片密封所需要的最小螺栓总载荷,N;

X_b ——在径-轴向平面上略去任何贯穿卡箍体螺栓孔时的修正尺寸,mm;

$$X_b=\frac{(A_{c1}+A_{c2})C_t-A_{c3}l_c}{2A_c}$$

X_5 ——径-周向平面内中性轴的修正,mm;

$$X_5=\frac{\pi(C_n+C_t)(C_t{}^2/2)-\sum A_{5i}X_i}{A_5}$$

X_6 ——径-轴向平面内对中性轴的修正,mm;

$$X_6=\frac{X_bA_c-\sum A_{6i}X_i}{A_6}$$

δ_0 ——筒体端部锥颈小端厚度,mm;

δ_1 ——筒体端部锥颈大端厚度,mm;

δ_2 ——筒体端部凸肩厚度,mm;

ρ ——接触面的摩擦角,(°);钢与钢接触,$\rho=8.5°$;

ϕ ——卡箍斜面角度,(°)。

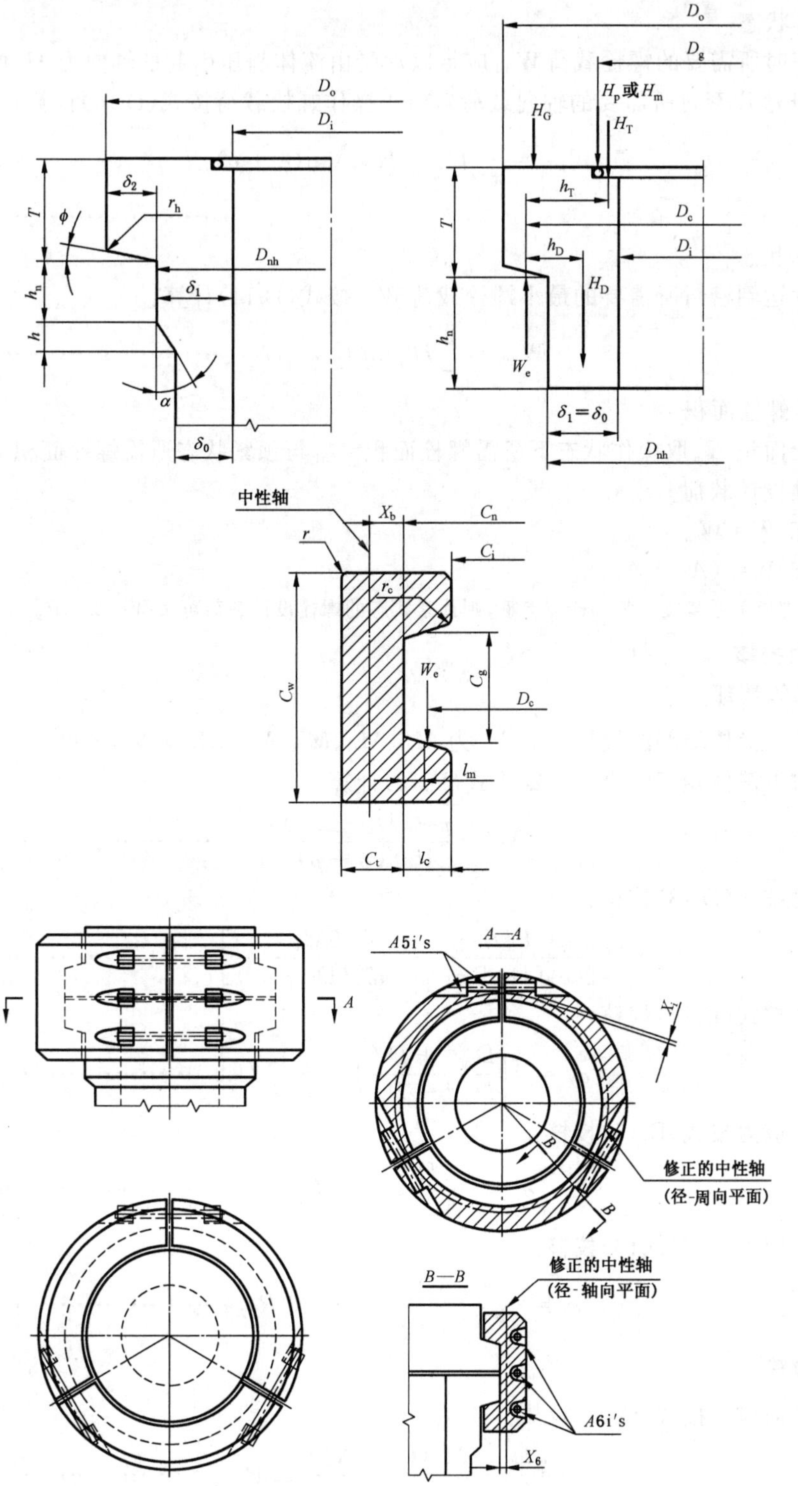

图 D.7 卡箍连接计算

D.2.5.2 载荷

卡箍连接件螺栓载荷计算：

a) 操作状态

操作状态时所需要的螺栓载荷 W_{m1} 应足以承受由流体静压引起的轴向力 H_e 加上垫片压缩载荷 H_p(保证垫片密封所需要的轴向载荷)，最小操作螺栓载荷按式(D.10)计算：

$$W_{m1}=\frac{2}{\pi}(H_e+H_p)\tan(\phi+\rho) \quad \cdots\cdots(D.10)$$

b) 预紧状态

为使垫片达到密封所需要的最小螺栓载荷 W_{m2} 按式(D.11)计算：

$$W_{m2}=\frac{2}{\pi}H_m\tan(\phi+\rho) \quad \cdots\cdots(D.11)$$

c) 所需螺栓面积

所需螺栓面积 A_m 取操作状态下所需螺栓面积 A_{m1} 与预紧状态所需螺栓面积 A_{m2} 之大者。

d) 螺栓设计载荷

操作状态：$W=W_{m1}$

预紧状态：$W=(A_m+A_b)S_a$

注：如采用螺栓上紧装置安装螺栓与卡箍，则预紧状态的螺栓设计载荷可按 $W=2A_mR_{p0.2}/1.5$。

D.2.5.3 应力校核

D.2.5.3.1 筒体端部

操作状态下筒体端部的设计力矩 M_o 为 M_D、M_G、M_T、M_F、M_p 及 M_R 之和。

预紧状态下筒体端部的设计力矩按式(D.12)计算：

$$M_o=\frac{\pi W(D_c-D_G)}{4\tan(\phi+\rho)} \quad \cdots\cdots(D.12)$$

轴向应力按式(D.13)校核：

$$\sigma_1=f\left[\frac{PD_i^2}{4\delta_1(D_i+\delta_1)}+\frac{6M_H}{\pi\delta_1^2(D_i+\delta_1)}\right]\leqslant R_{p0.2} \quad \cdots\cdots(D.13)$$

周向应力按式(D.14)校核：

$$\sigma_2=P\left(\frac{D_{nh}{}^2+D_i{}^2}{D_{nh}{}^2-D_i{}^2}\right)\leqslant R_{p0.2}/1.5 \quad \cdots\cdots(D.14)$$

轴向剪切应力按式(D.15)校核：

$$\sigma_3=\frac{1.5H}{A_3}\leqslant 0.6\,R_{p0.2} \quad \cdots\cdots(D.15)$$

径向剪切应力按式(D.16)校核：

$$\sigma_4=\frac{1.5Q}{\pi\delta_1(D_i+\delta_1)}\leqslant 0.6\,R_{p0.2} \quad \cdots\cdots(D.16)$$

D.2.5.3.2 卡箍

内径处轴向应力按式(D.17)校核：

$$\sigma_5=\frac{H}{A_5}+\frac{M_5(C_t-X_5)}{I_5}\leqslant R_{p0.2} \quad \cdots\cdots(D.17)$$

周向应力按式(D.18)校核：

$$\sigma_6=\frac{W}{2A_6}+\frac{M_6C_6}{I_6}\leqslant R_{p0.2}/1.5 \qquad (D.18)$$

凸肩轴向剪切应力按式(D.19)校核：

$$\sigma_7=\frac{1.5H}{A_7}\leqslant 0.6\,R_{p0.2} \qquad (D.19)$$

凸肩径向弯曲应力按式(D.20)校核：

$$\sigma_8=\frac{6Hl_m}{\pi D_c[(C_w-C_g)/2]^2}\leqslant R_{p0.2}/1.5 \qquad (D.20)$$

D.2.5.3.3 接触应力

卡箍与筒体端部接触面的挤压应力按式(D.21)校核：

$$\sigma_9=\frac{H}{\pi D_c(A_{or}-C_{ir})/2}\leqslant R_{p0.2}\text{(取卡箍与筒体端部的小值)} \qquad (D.21)$$

D.3 楔形环密封

D.3.1 符号

a ——单边倾斜楔形环的高度，mm；
b ——单边倾斜楔形环内侧斜边宽度，mm；
c ——单边倾斜楔形环的宽度，mm；
D_1 ——单边倾斜楔形环外径(或双边倾斜楔形环内锥面平均直径)，mm；
D_2 ——双边倾斜楔形环外锥面平均直径，mm；
D_G ——单边倾斜楔形环公称直径，mm；
l ——单边倾斜楔形环内侧直边高度，mm；
N_1 ——楔形环的内锥面上的挤压力，N；
N_2 ——单边倾斜楔形环上端面(或双边倾斜楔形环上锥面)上的挤压力，N；
N_3 ——单边倾斜楔形环的外环面(或双边倾斜楔形环外锥面)上的挤压力，N；
p ——设计压力，MPa；
q ——密封比压，MPa；
Q ——计算载荷，N；
Q_1 ——内压引起的轴向载荷，N；
Q_2 ——密封垫密封力的轴向载荷，N；
a_1 ——楔形环内锥角，(°)；
a_2 ——双边倾斜楔形环外锥角，(°)；
a_3 ——双边倾斜楔形环上锥角，(°)；
$R_{p0.2,g}$ ——楔形环材料的屈服强度，MPa；
$R_{p0.2,s}$ ——密封座(筒体端部)材料的屈服强度，MPa；
σ_1 ——楔形环的内锥面上的挤压应力，MPa；
σ_2 ——单边倾斜楔形环的上端面(或双边倾斜楔形环上锥面)上的挤压应力，MPa；
σ_3 ——单边倾斜楔形环的外环面(或双边倾斜楔形环外锥面)上的挤压应力，MPa；
ρ ——摩擦角，(°)。

D.3.2 结构

楔形环密封的结构见图 D.8。图中的螺纹套筒、带外螺纹的筒体端部、带内螺纹的筒端部按本节中相关内容计算。

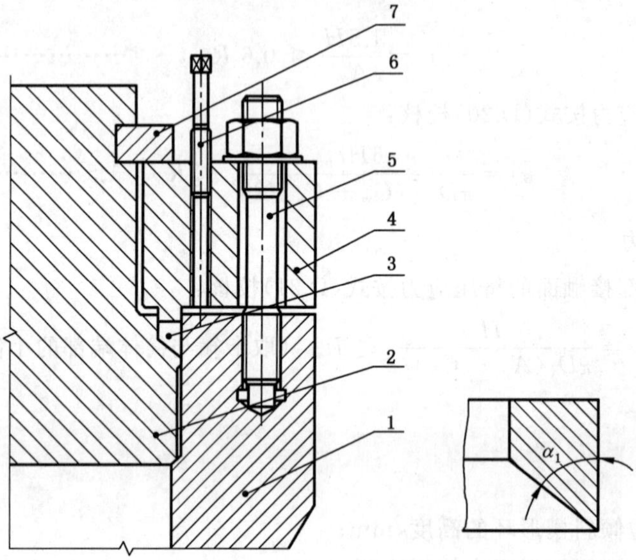

a)

说明：

1——筒体端部；
2——凸肩头盖；
3——楔形环(含压环)；
4——压紧顶盖；
5——主螺栓；
6——起盖螺栓；
7——卡环。

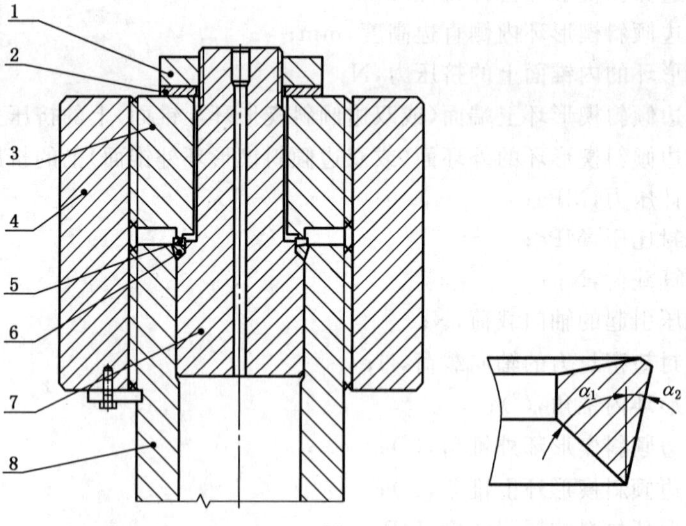

b)

说明：

1——预紧盘；
2——垫；
3——压紧顶盖；
4——螺纹套筒；
5——压环；
6——楔形环；
7——凸肩头盖；
8——筒体(外螺纹筒体端部)。

图 D.8 楔形环密封结构

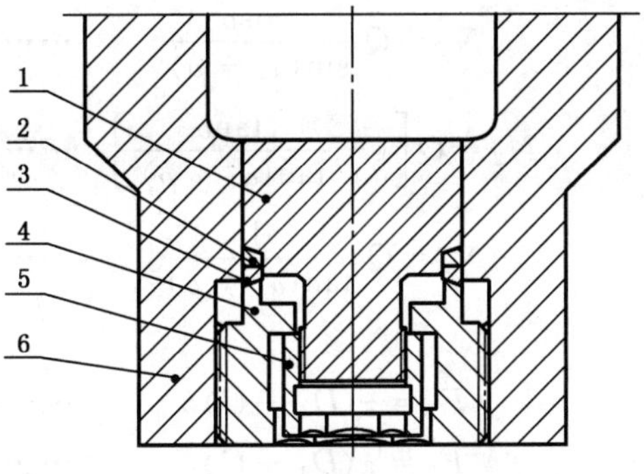

c)

说明：

1——底盖；

2——垫；

3——压环；

4——压紧螺母；

5——锁紧螺母；

6——筒体(内螺纹筒体端部)。

图 D.8 (续)

按楔形环使用材料和密封比压的不同,可以分为弹性环和塑性环。

D.3.3 尺寸

楔形环垫片截面尺寸见图 D.9。

单边倾斜楔形环一般有较小楔尖角,通常角 α_1(内锥角)在 45°左右,也可选用 30°、60°。适用于要求一次安装成功并长期可靠工作、不需拆卸的场合。

双边倾斜楔形环内锥角 α_1 一般在 30°～ 45°左右,外锥角 α_2 需要大于摩擦角。

楔形环的宽度按式(D.22)计算：

$$c = 3l \quad \cdots\cdots(D.22)$$

楔形环的高度按式(D.23)计算：

$$1 \leqslant \frac{a}{c} \leqslant 2.2 \quad \cdots\cdots(D.23)$$

密封面挤压应力校核：

a) 单边楔形环

内压引起的轴向载荷：

$$Q_1 = \frac{\pi}{4} D_1^2 p \quad \cdots\cdots(D.24)$$

预紧时,密封垫密封力的轴向载荷：

$$Q_2 = Q_0 \left[\tan(\alpha_1 + \rho) + \tan\rho \right] \quad \cdots\cdots(D.25)$$

式(D.25)中 Q_0 取下两值中较大者：

$$\left. \begin{array}{l} \pi D_G bq \dfrac{\cos(\alpha_1 + \rho)}{\cos\rho} \\ \pi D_1 aq \end{array} \right\} \quad \cdots\cdots(D.26)$$

计算载荷 Q 取 Q_1 和 Q_2 中较大者。

各密封面上的法向反力：

$$N_1 = Q\frac{\cos\rho}{\sin(\alpha_1+\rho)} \quad\cdots\cdots(D.27)$$

$$N_2 = Q\left[1-\frac{\tan\rho}{\tan(\alpha_1+\rho)}\right] \quad\cdots\cdots(D.28)$$

$$N_3 = Q\frac{1}{\tan(\alpha_1+\rho)} \quad\cdots\cdots(D.29)$$

各密封面的面积：

$$F_1=\pi(D_1-C)b \quad\cdots\cdots(D.30)$$

$$F_2=\pi(D_1-C)c \quad\cdots\cdots(D.31)$$

$$F_3=\pi D_1 a \quad\cdots\cdots(D.32)$$

最后计算出各密封面上的挤压应力：

$$\sigma_1=\frac{N_1}{F_1},\sigma_2=\frac{N_2}{F_2},\sigma_3=\frac{N_3}{F_3} \quad\cdots\cdots(D.33)$$

挤压应力值必须满足以下条件：

$$R_{p0.2,g}<\sigma_{1,2,3}<R_{p0.2,s} \quad\cdots\cdots(D.34)$$

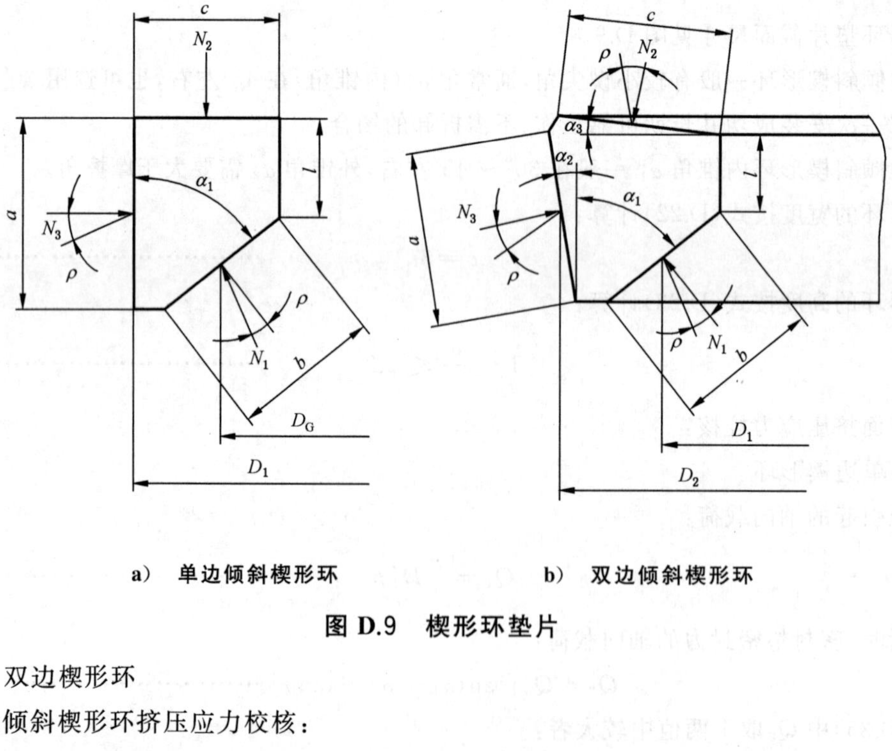

a）单边倾斜楔形环　　b）双边倾斜楔形环

图 D.9　楔形环垫片

b）双边楔形环

双边倾斜楔形环挤压应力校核：

内压引起的轴向载荷：

$$Q_1=\frac{\pi}{4}D_2^2p \quad\cdots\cdots(D.35)$$

预紧时，密封垫密封力的轴向载荷：

$$Q_2=Q_0[\tan(\alpha_1+\rho)+\tan(\alpha_2+\rho)] \quad\cdots\cdots(D.36)$$

式(D.36)中 Q_0 取下两值中较大者：

$$\left.\begin{array}{l}\pi D_1 bq\dfrac{\cos(\alpha_1+\rho)}{\cos\rho}\\ \pi D_2 aq\dfrac{\cos(\alpha_2+\rho)}{\cos\rho}\end{array}\right\} \qquad \cdots\cdots(\text{D.37})$$

计算载荷 Q 取 Q_1 和 Q_2 中较大者。

各密封面上的法向反力，当 $a_1>a_2$ 时：

$$N_1=Q\frac{\cos\rho}{\sin(\alpha_2+\rho)} \qquad \cdots\cdots(\text{D.38})$$

$$N_2=Q\left[1-\frac{\tan\rho}{\tan(\alpha_1+\rho)}\right] \qquad \cdots\cdots(\text{D.39})$$

$$N_3=Q\frac{1}{\tan(\alpha_2+\rho)} \qquad \cdots\cdots(\text{D.40})$$

然后计算出各密封面的面积，各密封面上的挤压应力，最后进行强度校核。

D.3.4 材料

楔形环的材料通常可选用退火紫铜、铝、软钢、不锈钢等。凸肩头盖可选用与筒体类似的材料。对于不同的材料其密封比压 q 是不同的，对于铝 $q=100$ MPa，钢 $q=170$ MPa，铜 $q=140$ MPa。

D.3.5 螺纹强度

D.3.5.1 符号

A ——螺纹载荷作用点到齿根部的距离，mm；

D ——布里奇曼密封结构中凸肩头盖外直径，mm；

D_L ——螺柱载荷作用直径，mm；

K_{nb} ——螺纹齿根应力集中系数；

K_f ——由于螺纹载荷分配集中系数；

e ——螺纹齿根宽度一半，mm；

b ——螺纹载荷作用点沿螺纹斜面到齿根部的距离，mm；

h_f ——螺纹齿高，mm；

n ——螺纹圈数；

p_d ——设计压力，MPa；

Q ——内压引起的载荷，N；

R_f ——螺纹齿根部倒圆半径，mm；

α ——螺纹牙承载面倾角，(°)；

γ ——$\gamma=90°-\alpha$，(°)；

σ_{tb} ——螺纹牙根部的应力强度，MPa；

σ_{mt} ——螺纹牙根部的弯曲应力，MPa；

τ_t ——螺纹牙根部的剪切应力，MPa；

σ_{rt} ——螺纹牙根部组合应力,MPa;

$R_{p0.2}$——材料的屈服强度,MPa。

D.3.5.2 载荷

在由内压引起的轴向载荷 Q_1 与密封垫密封力的轴向载荷 Q_0 总轴向载荷 F 作用在螺纹上,总轴向载荷计算按式(D.41),即:

$$F=\frac{Q_1+Q_0}{2\pi D_L} \quad \cdots\cdots (D.41)$$

D.3.5.3 计算

按图 D.10 确定螺纹牙结构尺寸,并对螺纹牙齿根部进行强度校核。

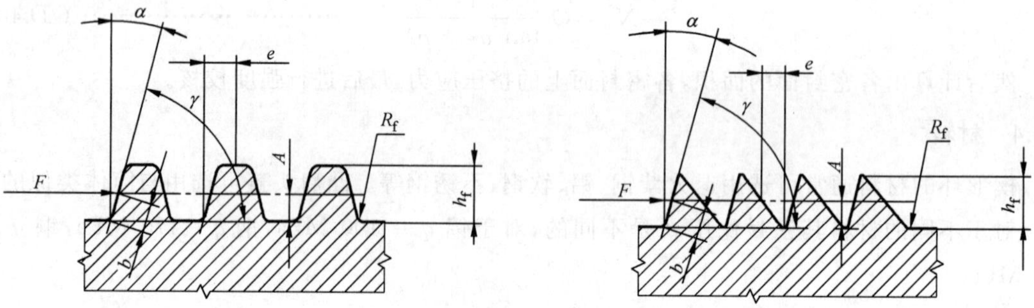

a) 梯形螺纹牙　　b) 三角形螺纹牙

图 D.10 螺纹牙

在螺纹根部截面上引起的弯曲应力按式(D.42):

$$\sigma_{tb}=\frac{F}{n}\left(\frac{1.5A}{e^2}+\frac{\cos\gamma}{2e}+\frac{0.45}{\sqrt{be}}\right) \quad \cdots\cdots (D.42)$$

K_{nb} ——螺纹齿根应力集中系数,按式(D.43):

$$K_{nb}=1+0.26\left(\frac{e}{R_f}\right)^{0.7} \quad \cdots\cdots (D.43)$$

K_f ——螺纹载荷分配集中系数,按式(D.44):

$$K_f=\max\left\{\frac{F_i}{F_{sum}}\right\}\cdot n \quad \cdots\cdots (D.44)$$

F_i、F_{sum} 计算见第 6 章。

螺纹牙根部的弯曲应力强度按式(D.45):

$$\sigma_{mt}=K_{nb}K_f\sigma_{tb} \quad \cdots\cdots (D.45)$$

螺纹牙根部的剪切应力强度按式(D.46):

$$\tau_t=\frac{K_f\dfrac{F}{n}}{3.14(D_L-2A)\times 2e} \quad \cdots\cdots (D.46)$$

螺纹牙根部的当量应力按式(D.47)校核:

$$\sigma_{rt}=\sqrt{\sigma_{mt}^{2}+3\tau_{t}^{2}}\leqslant 2.5R_{p0.2} \quad\cdots\cdots\cdots\cdots\cdots\cdots\cdots\cdots\cdots(D.47)$$

式(D.47)仅考虑螺纹根部载荷,未考虑由于其他载荷引起的在螺纹根部的应力。当螺纹牙根部的应力强度 σ_{rt} 考虑到与其他载荷引起的弯曲应力组合时,其总值应小于 $4R_{p0.2}$。

D.3.6 带外螺纹筒体端部

D.3.6.1 符号

D_G ——密封面平均直径,mm;

D_i ——筒体内直径,mm;

D_n ——中性面直径,mm;

D_o ——筒体端部螺纹大径,mm;

d_i ——筒体端部螺纹小径,mm;

F ——内压引起的轴向应力,N;

F_a ——密封垫密封力的轴向分力,N;

h_1 ——螺纹齿高,mm;

H_1 ——力臂(见图 D.11),mm;

H_2 ——力臂(见图 D.11),mm;

M ——$(F+F_a)$引起的弯矩,N・mm;

M_{max} ——环向截面单位长度上最大弯矩,(N・mm)/mm;

M_1 ——沿中性面单位长度上的弯矩,(N・mm)/mm;

M_2 ——F_a引起的弯矩,(N・mm)/mm;

M_5 ——由 F_a引起的作用于 a-a 环向截面单位长度上的弯矩,(N・mm)/mm;

$R_{p0.2}$ ——材料的屈服限,MPa;

S ——厚度(见图 D.11);

S_o ——筒体端部中性面 Y-Y 离直径 d_i的距离,mm;

β ——系数,mm^{-1};

ϕ ——系数;

σ_a ——a-a 环向截面拉应力,MPa;

σ_{ma} ——a-a 环向截面弯曲应力,MPa;

σ_{oa} ——a-a 环向截面当量应力,MPa。

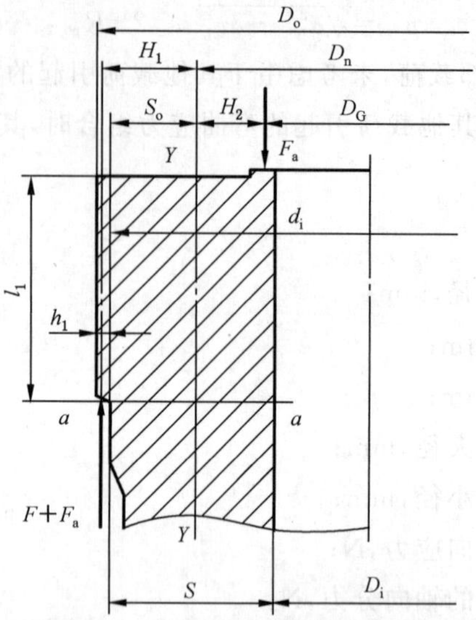

图 D.11　带外螺纹筒体端部

D.3.6.2　结构

确定筒体端部尺寸(见图 D.11),并对作用于 a-a 截面的当量应力进行强度校核。

D.3.6.3　拉应力

拉应力按式(D.48)计算:

$$\sigma_a = \frac{4(F + F_a)}{3.14(d_i^{\ 2} - D_i^{\ 2})} \qquad \text{(D.48)}$$

D.3.6.4　弯曲应力

D.3.6.4.1　$F + F_a$引起的最大弯矩

a)　由 $F + F_a$引起的弯矩按式(D.49)计算:

$$M = (F + F_a)H_3 \qquad \text{(D.49)}$$

力臂 H_1按式(D.50)计算:

$$H_1 = S_o + 0.5h_1 \qquad \text{(D.50)}$$

筒体端部中性面 Y-Y 距直径 D_o的距离 S_o按式(D.51)选取:

$$\begin{cases} \text{当}\dfrac{D}{D_o} \leqslant 1.45\text{ 时},S_o = \dfrac{D - D_o}{4} \\ \text{当}\dfrac{D}{D_o} \geqslant 1.45\text{ 时},S_o = \dfrac{D - D_o}{6} \cdot \dfrac{2D + D_o}{D + D_o} \end{cases} \qquad \text{(D.51)}$$

b)　沿中性面单位长度上的弯矩按式(D.52)计算:

$$M_1 = \frac{M}{3.14D_o} \qquad \text{(D.52)}$$

筒体端部中性面 Y-Y 直径 D_n按式(D.53)计算:

$$D_n = D_o + 2S_o \qquad \text{(D.53)}$$

c)　沿轴向 l_1单位长度上的弯矩 m 按式(D.54)计算:

$$m = \frac{M_1}{l_1} \qquad \text{(D.54)}$$

式中 l_1 见图 D.11；

d) 计算系数 β 按式(D.55)计算：

$$\beta = \sqrt[4]{\frac{12(1-\mu^2)}{D_n^2 S^2}} \quad \cdots\cdots\cdots\cdots\cdots\cdots\cdots\cdots\cdots\cdots (D.55)$$

e) 根据 βl_1 值查图 D.12 得到 $\left(\frac{\beta}{m}M_{max}\right)$ 值；

f) 由 $F+F_a$ 引起的作用于截面 a-a 环向截面单位长度上的最大弯矩 M_{max} 按式(D.56)计算：

$$M_{max} = \left(\frac{\beta}{m}M_{max}\right)\frac{m}{\beta} \quad \cdots\cdots\cdots\cdots\cdots\cdots\cdots\cdots\cdots\cdots (D.56)$$

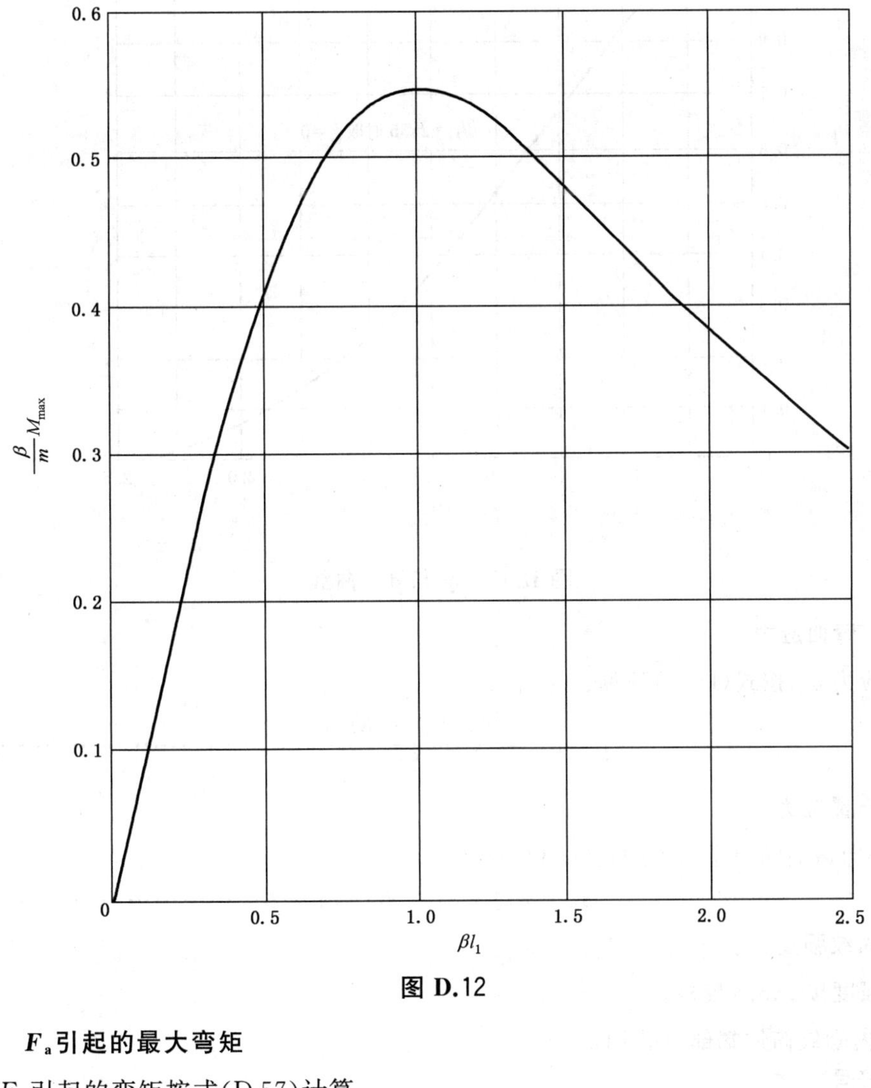

图 D.12

D.3.6.4.2 F_a 引起的最大弯矩

a) F_a 引起的弯矩按式(D.57)计算：

$$M_2 = F_a H_2 \quad \cdots\cdots\cdots\cdots\cdots\cdots\cdots\cdots\cdots\cdots (D.57)$$

式中：力臂 H_2 按式(D.58)计算：

$$H_2=\frac{D_n-D_G}{2} \quad \cdots\cdots (D.58)$$

b） 沿中性面单位长度上的弯矩按式(D.59)计算：

$$M_1=\frac{M_2}{3.14D_n} \quad \cdots\cdots (D.59)$$

c） 按式(D.55)计算系数 β 值。

d） 根据 βl_1 值查图 D.13 得系数 ϕ 值。

e） 由 F_a 引起的作用于环向截面单位长度上的弯矩 M_5 按式(D.60)计算：

$$M_5=M_1\phi \quad \cdots\cdots (D.60)$$

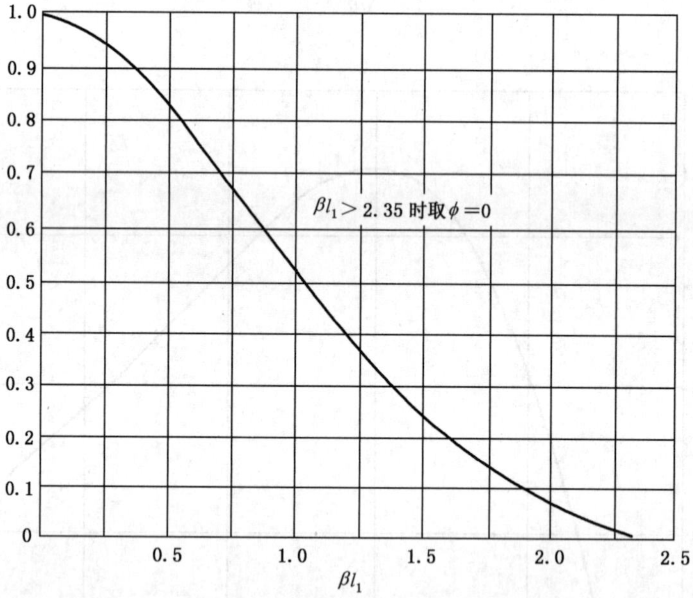

图 D.13 ϕ 与 βl_1 曲线

D.3.6.4.3 弯曲应力

弯曲应力 σ_{ma} 按式(D.61)计算：

$$\sigma_{ma}=\frac{6(M_{max}+M_5)}{S^2} \quad \cdots\cdots (D.61)$$

D.3.6.5 当量应力

a-a 环向截面的当量应力按式(D.62)校核：

$$\sigma_{oa}=\sigma_{ma}+\sigma_a\leqslant R_{p0.2}/1.5 \quad \cdots\cdots (D.62)$$

D.3.6.6 螺纹强度

螺纹强度按 D.3.5 校核。

D.3.7 带内螺纹筒体端部(见图 D.14)

D.3.7.1 符号

D_G ——密封面平均直径，mm；

D_i ——筒体内直径，mm；

D_o ——筒体端部外直径,mm;
D_L ——筒体端部载荷作用中心圆直径,mm;
D_r ——筒体端部内螺纹大径,mm;
d_i ——筒体端部内螺纹小径,mm;
F ——内压引起的轴向应力,N;
F_a ——密封垫密封力的轴向分力,N;
l_1 ——螺纹长度,mm;
M_x ——$(F+F_a)$引起的弯矩,N·mm;
$R_{p0.2}$——材料的屈服限,MPa;
S ——厚度(见图 D.11);
σ_{a1} ——a-a 环向截面拉应力,MPa;
σ_{ma1} ——a-a 环向截面弯曲应力,MPa;
σ_{oa1} ——a-a 环向截面当量应力,MPa;
σ_{ot} ——a-a 环向截面组合截面,MPa;
μ ——材料的泊松比,$\mu=0.3$。

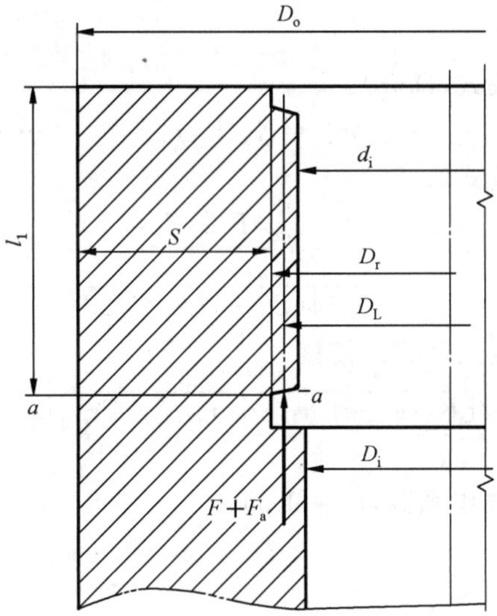

图 D.14 带内螺纹筒体端部

D.3.7.2 拉应力

拉应力按式(D.63)计算:

$$\sigma_{a1}=\frac{4(F+F_a)}{3.14(D_o^2-D_r^2)} \qquad \cdots\cdots(\text{D.63})$$

D.3.7.3 弯曲应力

弯曲应力按式(D.64)计算:

$$\sigma_{ma1}=\frac{6M_x}{S^2} \qquad \cdots\cdots(\text{D.64})$$

系数 β 按式(D.65)计算:

$$\beta=\frac{1.285}{\sqrt{\frac{D_r}{2}S}} \quad \cdots\cdots (D.65)$$

弯矩 M_x 按式(D.66)计算：

$$M_x=\frac{(F+F_a)(N_R-R_L)}{1+\frac{\beta l_1}{2}+\frac{1-\mu^2}{2R_r\beta}\left(\frac{l_1}{S}\right)^3\ln\left(\frac{R_o}{R_r}\right)} \quad \cdots\cdots (D.66)$$

式中：

$$N_R=\sqrt{\frac{1}{2}\left[\left(\frac{D_o}{2}\right)^2+\left(\frac{D_r}{2}\right)^2\right]}$$

$$R_L=\frac{1}{4}(D_r+d_i)R_o=\frac{D_o}{2}S=\frac{D_o-D_r}{2}$$

D.3.7.4 当量应力

a-a 环向截面的当量应力按式(D.67)校核：

$$\sigma_{oal}=\sigma_{mal}+\sigma_{al}\leqslant R_{p0.2}/1.5 \quad \cdots\cdots (D.67)$$

D.3.7.5 螺纹根部应力

螺纹牙根部的弯曲应力按式(D.68)：

$$\sigma_{mt}=K_{nb}K_f\sigma_{tb} \quad \cdots\cdots (D.68)$$

螺纹牙根部的剪切应力按式(D.69)：

$$\tau_t=\frac{K_f\frac{F+F_a}{n}}{3.14(D_L-2A)\times 2e} \quad \cdots\cdots (D.69)$$

螺纹牙根部的当量应力按式(D.70)校核：

$$\sigma_{ot}=\sqrt{[K_t(\sigma_{mal}+\sigma_{al})+\sigma_{mt}]^2+3\tau_t^2}\leqslant 4R_{p0.2} \quad \cdots\cdots (D.70)$$

式中：

K_t——螺纹牙根部应力集中系数，$K_t=1.25$。

D.3.8 底盖和顶盖

D.3.8.1 符号

D_b ——直径，mm；

D_c ——接触面中径，mm；

D_G ——密封面平均直径，mm；

D_1 ——直径，mm；

F ——内压引起的轴向力，N；

F_a ——密封垫密封力轴向分力，N；

h ——高度，mm；

h_1 ——高度，mm；

p_c ——计算压力，MPa；

σ_m ——弯曲应力，MPa；

σ_{ma} ——a-a 环向截面弯曲应力，MPa；

σ_{ca} ——a-a 环向截面当量应力，MPa；

τ_a ——a-a 环向截面的剪切应力，MPa；

δ_p ——平盖厚度，mm。

容器一般采用平盖、平底的结构，或者采用带有紧缩口的底封头结构。当采用带有紧缩口的底封头结构时，底封头与筒体一起锻造而成，在筒体与底封头连接处应采用大圆弧半径过渡。

典型的平盖、底盖及紧缩口见图 D.15、图 D.16。

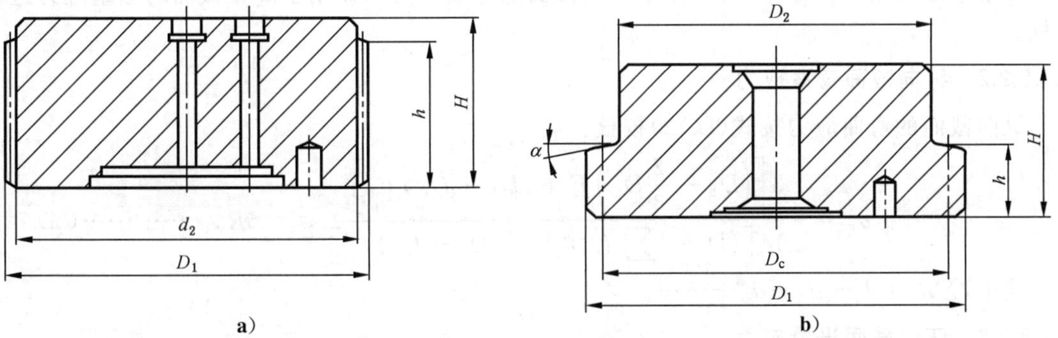

图 D.15 典型平盖结构

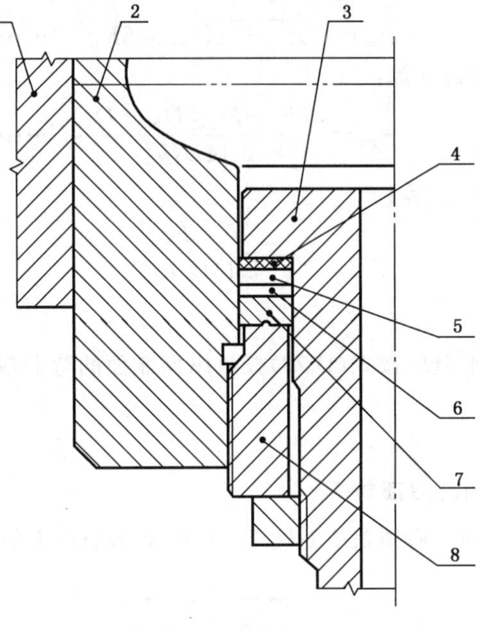

说明：

1——外套箍；
2——内筒；
3——凸肩头盖；
4——垫片(非金属)；
5——垫片(金属)；
6——垫圈；
7——压环；
8——压紧螺母。

D.16 典型紧缩口结构(布里奇曼密封)

平盖和平底一般采用与筒体相同的材料，材料的性能、组织、杂质以及无损检测、复验等应符合相关标准的要求。

平盖、平底和底封头应对纵向断面进行弯曲应力校核，同时应考虑纵向断面上的开孔削弱。

D.3.8.2 非螺纹连接平盖

非螺纹连接平盖的结构尺寸按图 D.15 b)定。

D.3.8.2.1 载荷

a） 内压引起的轴向力按式(D.71)计算：

$$F = 0.785 D_G{}^2 p_c \qquad \cdots\cdots(D.71)$$

b） 预紧状态密封环的密封轴向力 F_a 按密封环的形式确定。

确定平盖的结构尺寸,并对作用于纵向截面的弯曲应力和作用于 a-a 截面的当量应力进行校核。

D.3.8.2.2 纵向截面弯曲应力

纵向截面的弯曲应力按式(D.72)校核：

$$\sigma_m = \frac{3\left[\left(D_b - \frac{2}{3}D_G\right)F + (D_b - D_G)F_a\right]}{3.14\left[\left(D_1 - \sum d_i\right)\delta_p{}^2 + (D_o - D_1)h^2\right]} \leqslant 0.6R_{p0.2} \qquad \cdots\cdots(D.72)$$

式中：$\sum d_i = d_1 + d_2 + d_3 + \cdots\cdots$。

D.3.8.2.3 环向截面当量应力

a-a 环向截面的当量应力按式(D.73)校核：

$$\sigma_{ca} = \sqrt{\sigma_{ma}^2 + 3\tau_a^2} \leqslant 0.6R_{p0.2} \qquad \cdots\cdots(D.73)$$

弯曲应力 σ_{ma} 按式(D.74)计算：

$$\sigma_{ma} = \frac{3(F + F_a)(D_b - D_1)}{3.14 D_1 h_1^2} \qquad \cdots\cdots(D.74)$$

剪切应力 τ_a 按式(D.75)计算：

$$\tau_a = \frac{F + F_a}{3.14 D_1 h_1} \qquad \cdots\cdots(D.75)$$

D.3.8.3 螺纹连接平盖

对于带齿的螺纹连接平盖应按式(D.73)校核纵向截面的弯曲应力,同时还应按 D.3.5 校核螺纹的强度。

D.3.8.4 顶盖

D.3.8.4.1 布里奇曼密封用凸肩顶盖

布里奇曼密封结构中的凸肩顶盖应对图 D.17 中 A-A 断面上的弯曲应力和剪切应力校核。

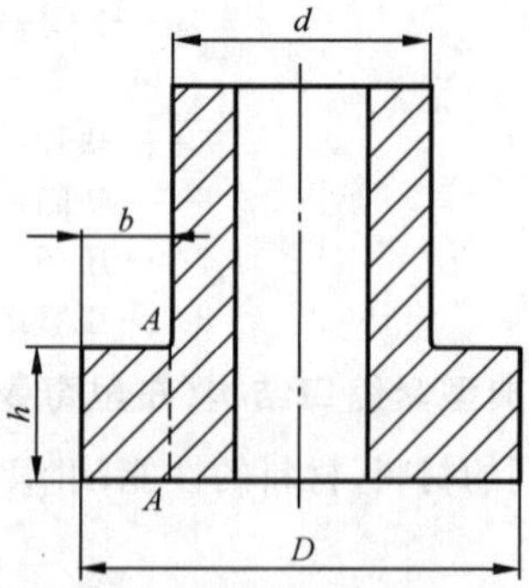

图 D.17 布里奇曼密封结构中的凸肩顶盖

内压引起的载荷 F 按式(D.76)进行计算：

$$F=\frac{\pi}{4}D^2 p_c \quad \cdots\cdots(D.76)$$

弯曲应力按式(D.77)进行计算：

$$\sigma_b=\frac{3Fb}{\pi dh^2}\leqslant R_{p0.2}/1.5 \quad \cdots\cdots(D.77)$$

剪切应力按式(D.78)进行计算：

$$\tau=\frac{F}{\pi dh}\leqslant 0.6R_{p0.2} \quad \cdots\cdots(D.78)$$

D.3.8.4.2 楔形垫密封用凸肩顶盖

楔形垫密封结构中的凸肩顶盖。当顶盖尺寸确定后，应对同时作用于纵向断面的弯曲应力和图 D.18 中 *a-a* 环向断面上的当量应力进行强度校核。

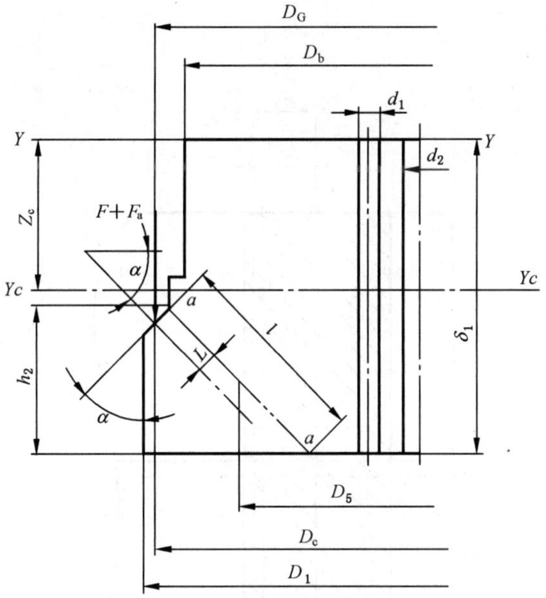

图 D.18 楔形环密封结构中的凸肩头盖

a) 纵向截面的弯曲应力按式(D.79)校核：

$$\sigma_m=\frac{M}{Z}\leqslant 0.6R_{p0.2} \quad \cdots\cdots(D.79)$$

纵向截面的弯矩 M 按式(D.80)计算：

$$M=\frac{1}{6.28}\left[\left(D_c-\frac{2}{3}D_c\right)F+(D_c-D_b)F_a\right] \cdots\cdots(D.80)$$

纵向截面的抗弯截面系数 Z 按式(D.81)选取：

$$\begin{cases}\text{当 } Z_c\geqslant\dfrac{\delta_1}{2}\text{ 时},Z=\dfrac{I_c}{Z_c}\\ \text{当 } Z_c<\dfrac{\delta_1}{2}\text{ 时},Z=\dfrac{I_c}{\delta_1-Z_c}\end{cases} \quad \cdots\cdots(D.81)$$

b) *a-a* 环向截面的当量应力按式(D.82)校核：

$$\sigma_{ca}=\sqrt{\sigma_{ma}{}^2+3\tau_a{}^2}\leqslant 0.6R_{p0.2} \cdots\cdots(D.82)$$

弯曲应力 σ_{ma} 按式(D.83)计算：

$$\sigma_{ma}=\frac{6(F+F_a)L}{3.14D_5 l^2\sin\alpha} \qquad \cdots\cdots(D.83)$$

剪切应力 τ_a 按式(D.84)计算：

$$\tau_a=\frac{F+F_a}{3.14D_5 l\sin\alpha} \qquad \cdots\cdots(D.84)$$

顶盖 a-a 环向截面的平均直径 D_5 按式(D.85)计算：

$$D_5=D_6-\frac{h_2}{\tan\alpha} \qquad \cdots\cdots(D.85)$$

D.3.9 螺纹套筒

确定螺纹套筒的结构尺寸，并对作用于环向截面的当量应力和下段螺纹数当量应力进行校核。

D.3.9.1 符号

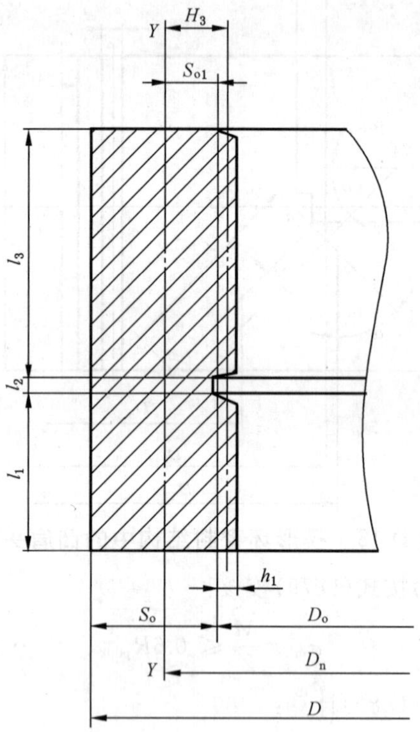

图 D.19 螺纹套筒

D.3.9.2 环向截面的当量应力

环向截面的当量应力按式(D.86)校核：

$$\sigma_o=\sigma_m+\sigma\leqslant 0.6R_{p0.2} \qquad \cdots\cdots(D.86)$$

式(D.49)中的拉应力按式(D.87)计算：

$$\sigma=\frac{4(F+F_a)}{3.14(D^2-D_o{}^2)} \qquad \cdots\cdots(D.87)$$

弯曲应力 σ_m 按式(D.88)计算：

$$\sigma_m = \frac{6M_{max}}{S_1^2} \qquad \cdots\cdots(D.88)$$

厚度 S_1 按式(D.89)计算：

$$S_1 = \frac{D - D_o}{2} \qquad \cdots\cdots(D.89)$$

环向截面上的单位长度上的最大弯矩 M_{max} 计算见 D.3.9.4。

D.3.9.3 套筒螺纹

螺纹套筒下半段的螺纹一般为连续螺纹，上半段的螺纹便于开合顶盖，采用分段螺纹，在计算螺纹载荷分配系数时应考虑。

螺纹牙根部的弯曲应力强度按式(D.90)：

$$\sigma_{mt} = K_{nb} K_f \sigma_{tb} \qquad \cdots\cdots(D.90)$$

螺纹牙根部的剪切应力强度按式(D.91)：

$$\tau_t = \frac{K_f \dfrac{F + F_a}{n}}{3.14(D_L - 2A) \times 2e} \qquad \cdots\cdots(D.91)$$

螺纹牙根部的当量应力按式(D.92)校核：

$$\sigma_{ot} = \sqrt{[K_t(\sigma_m + \sigma) + \sigma_{mt}]^2 + 3\tau_t^2} \leqslant 4R_{p0.2} \qquad \cdots\cdots(D.92)$$

式中：

K_t——螺纹牙根部应力集中系数，$K_t = 1.25$。

D.3.9.4 环向截面单位长度上的最大弯矩

D.3.9.4.1 $F + F_a$ 引起的弯矩

$F + F_a$ 引起的弯矩按式(D.93)计算：

$$M = (F + F_a) H_3 \qquad \cdots\cdots(D.93)$$

力臂 H_3 按式(D.94)计算：

$$H_3 = S_{o1} + 0.5h_1 \qquad \cdots\cdots(D.94)$$

螺纹套筒中性面 Y-Y 距直径 D_o 的距离 S_{o1} 按式(D.95)选取：

$$\begin{cases} \text{当} \dfrac{D}{D_o} \leqslant 1.45 \text{ 时}, S_{o1} = \dfrac{D - D_o}{4} \\ \text{当} \dfrac{D}{D_o} \geqslant 1.45 \text{ 时}, S_{o1} = \dfrac{D - D_o}{6} \cdot \dfrac{2D + D_o}{D + D_o} \end{cases} \qquad \cdots\cdots(D.95)$$

D.3.9.4.2 沿中性面单位长度上的弯矩

沿中性面单位长度上的弯矩按式(D.96)计算：

$$M_1 = \frac{M}{3.14 D_o} \qquad \cdots\cdots(D.96)$$

螺纹套筒中性面 Y-Y 直径 D_n 按式(D.97)计算：

$$D_n = D_o + 2S_{o1} \qquad \cdots\cdots(D.97)$$

D.3.9.4.3 沿轴向单位长度上的弯矩

沿轴向 l_1 单位长度上的弯矩 m 按式(D.98)计算：

$$m=\frac{M_1}{l_1} \quad \cdots\cdots(D.98)$$

式中：l_1见图 D.19。

D.3.9.4.4 计算系数

计算系数β按式(D.99)计算：

$$\beta=\sqrt[4]{\frac{12(1-\mu^2)}{D_n^2 S_{o1}^2}} \quad \cdots\cdots(D.99)$$

D.3.9.4.5 最大弯矩

根据βl_1和k、C值由图 D.20a)～图 D.20e)得到$\left(\frac{\beta}{m}M_{max}\right)$值。其中，$k$、$C$值分别按式(D.100)和式(D.101)计算：

$$k=\frac{l_3}{l_1} \quad \cdots\cdots(D.100)$$

$$C=\frac{l_2}{l_1} \quad \cdots\cdots(D.101)$$

式中：l_2和l_3见图 D.19。

最大弯矩M_{max}按式(D.102)计算：

$$M_{max}=\left(\frac{\beta}{m}M_{max}\right)\frac{m}{\beta} \quad \cdots\cdots(D.102)$$

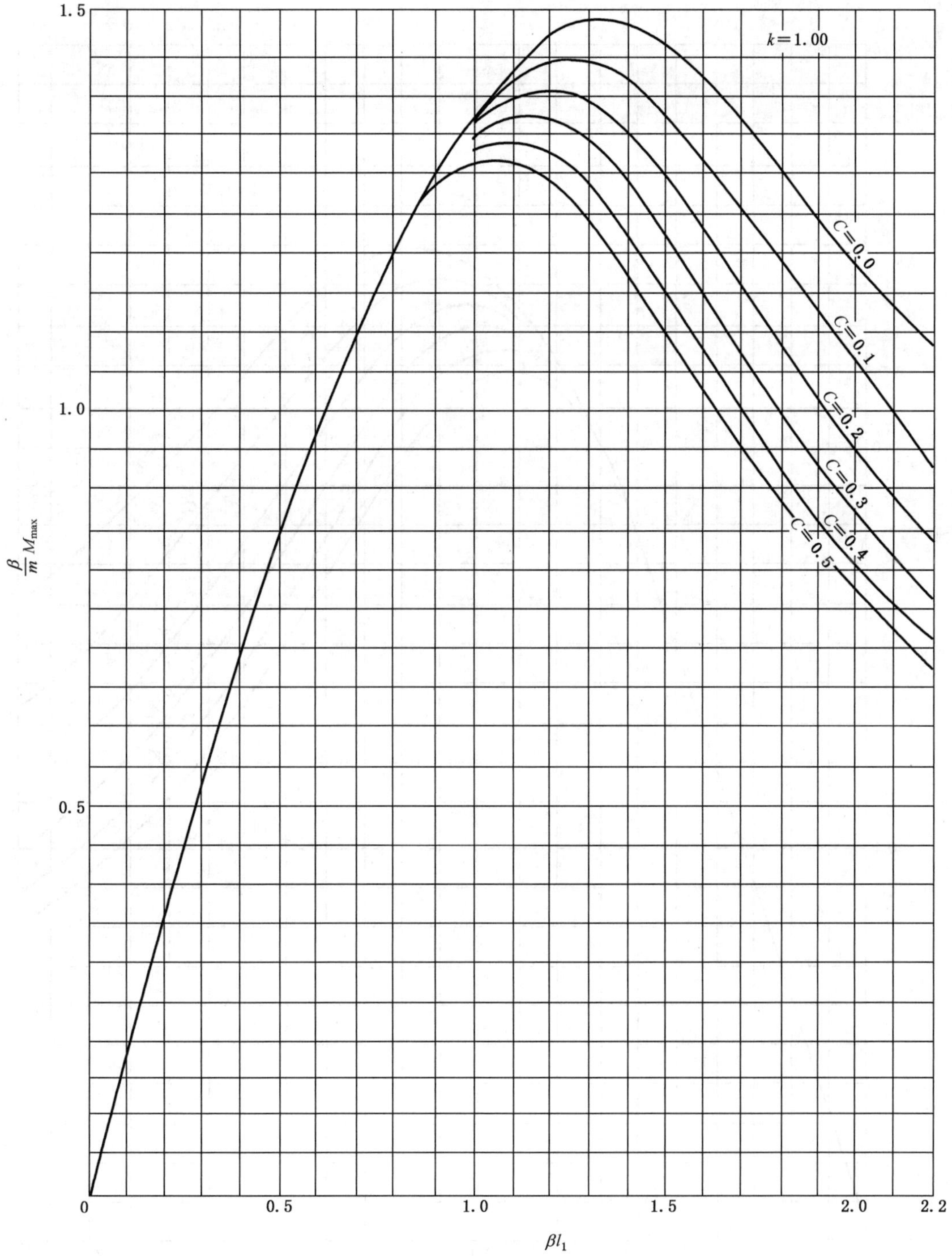

a)

图 D.20 $\frac{\beta}{m}M_{max}$与 βl_1 曲线

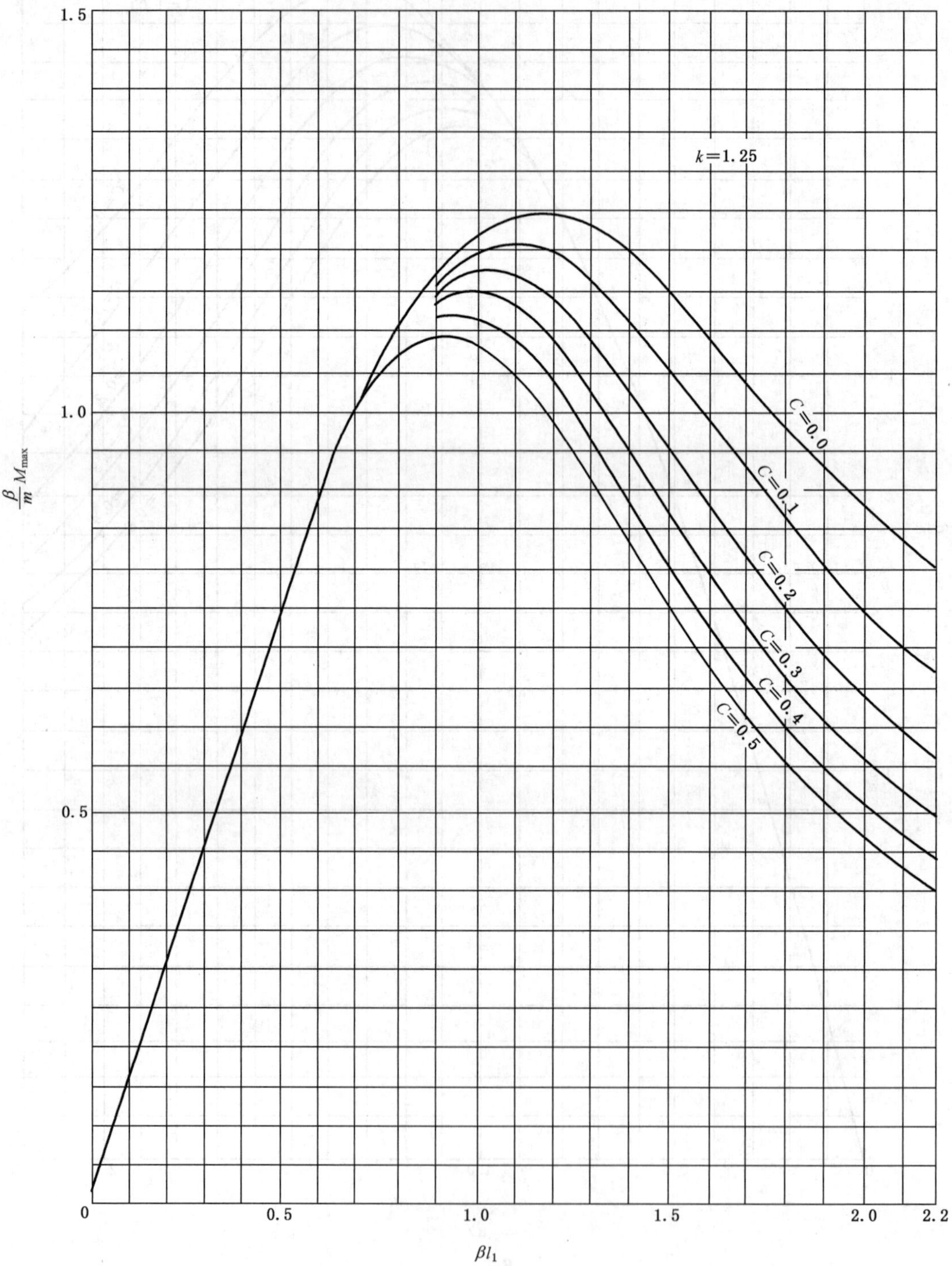
1.5
1.0
0.5
0
$\frac{\beta}{m}M_{\max}$
0.5
1.0
1.5
2.0
2.2
βl_1
$k=1.25$
$C=0.0$
$C=0.1$
$C=0.2$
$C=0.3$
$C=0.4$
$C=0.5$

b)

图 D.20（续）

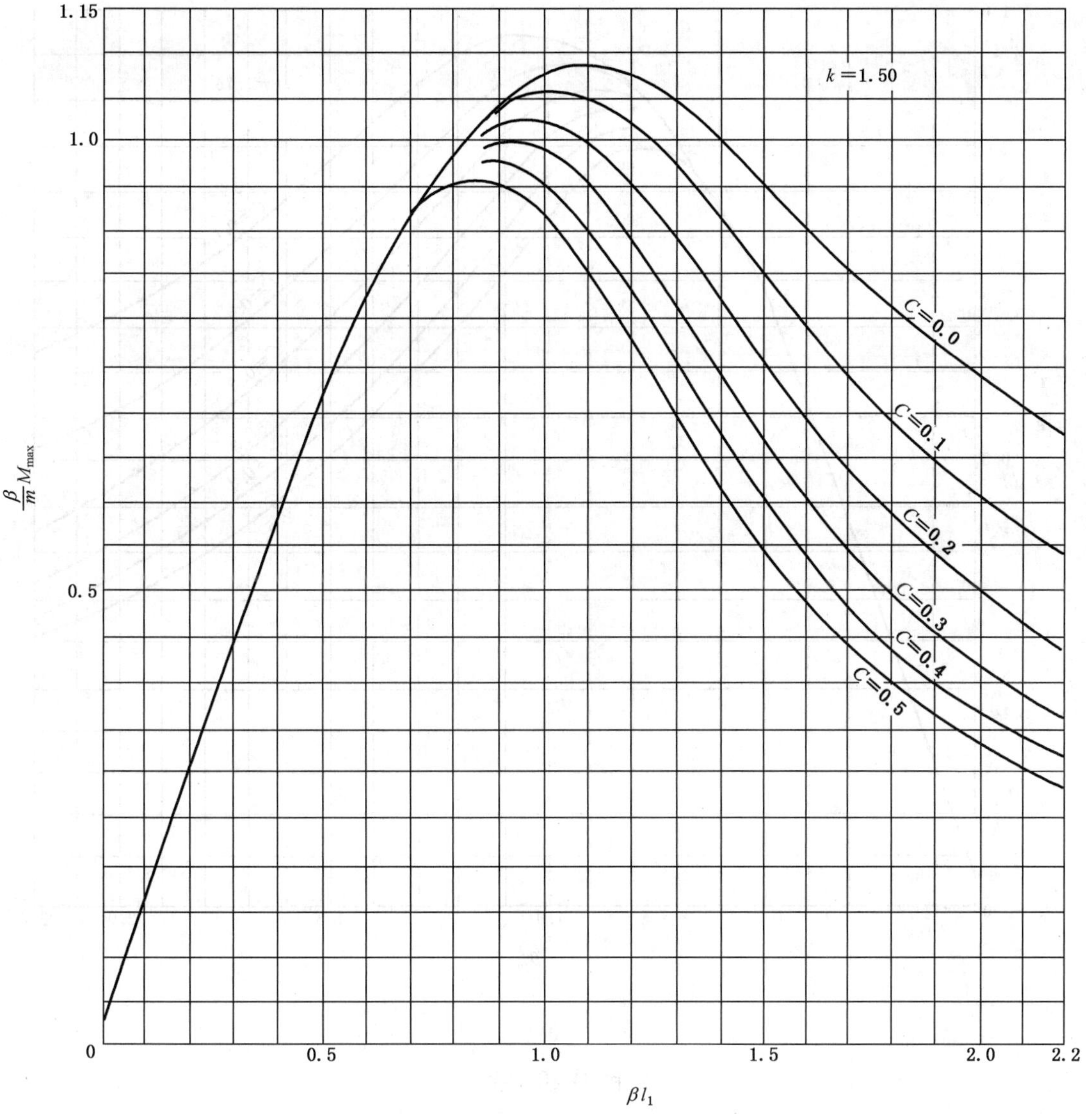
1.15
1.0
0.5
0
0.5
1.0
1.5
2.0
2.2
$\frac{\beta}{m}M_{\max}$
βl_1
$k=1.50$
$C=0.0$
$C=0.1$
$C=0.2$
$C=0.3$
$C=0.4$
$C=0.5$

c)

图 D.20(续)

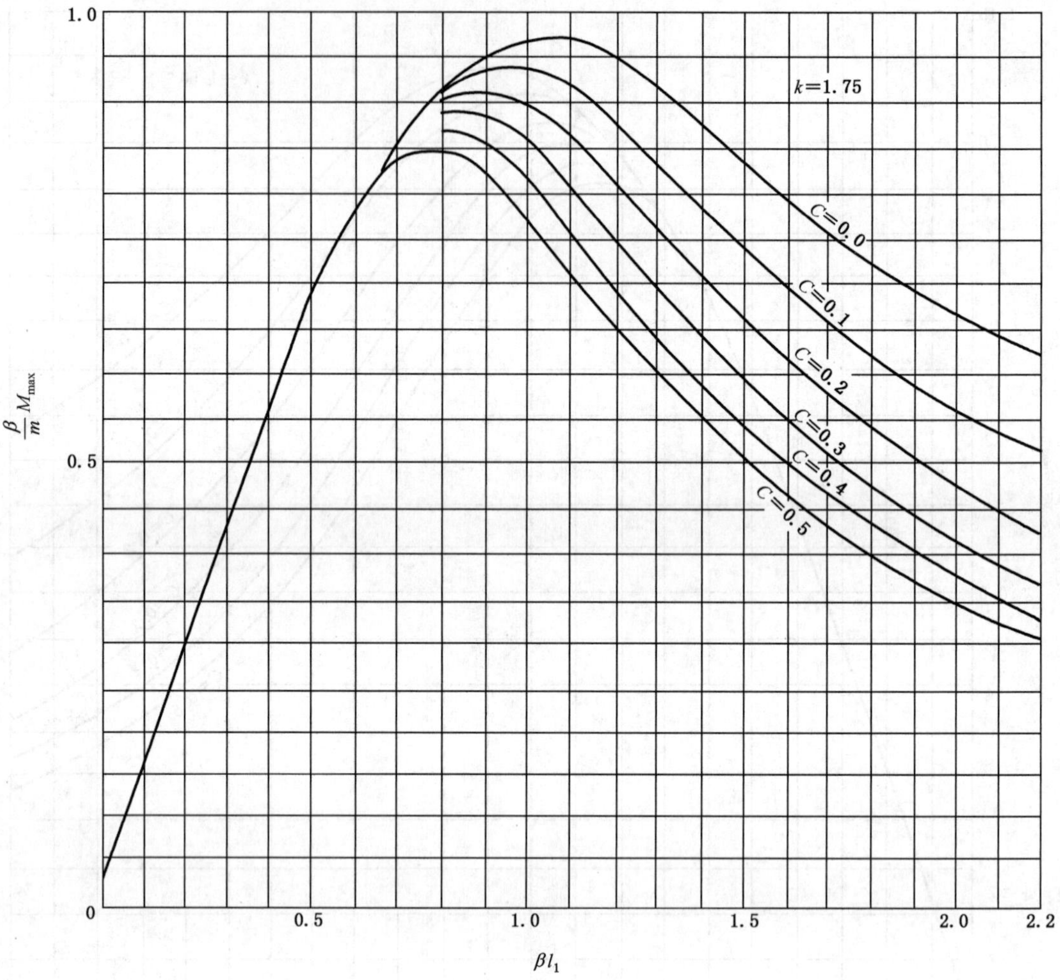
1.0
0.5
0
$\frac{\beta}{m}M_{max}$
k=1.75
C=0.0
C=0.1
C=0.2
C=0.3
C=0.4
C=0.5
0.5
1.0
1.5
2.0
2.2
βl_1

d)

图 D.20（续）

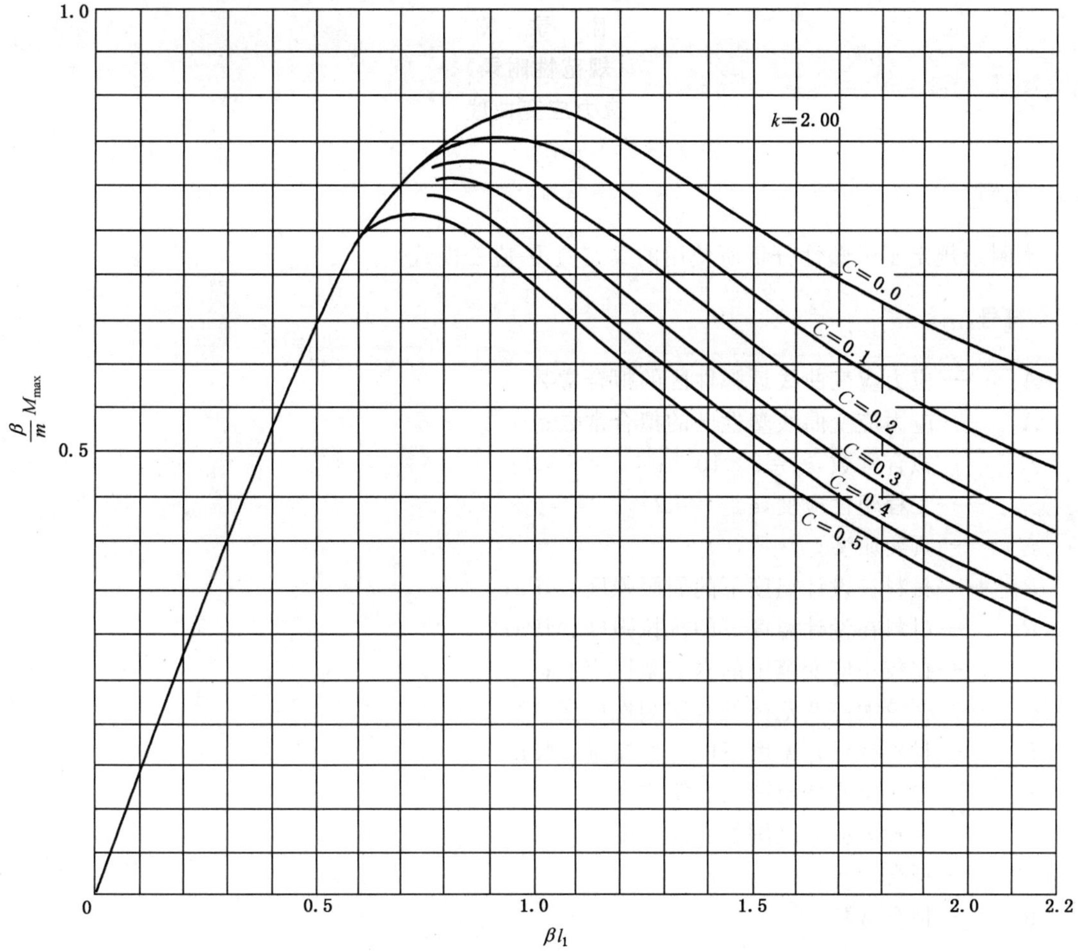
1.0
0.5
0
$\frac{\beta}{m}M_{\max}$
0.5
1.0
1.5
2.0
2.2
βl_1
k=2.00
C=0.0
C=0.1
C=0.2
C=0.3
C=0.4
C=0.5

e)

图 D.20（续）

附 录 E
(规范性附录)
应力应变曲线

E.1 范围

本附录规定了弹塑性分析所使用的真实应力-应变曲线。

E.2 符号

A_1 ——应力应变曲线近弹性区的拟合常数;
A_2 ——应力应变曲线塑性区的拟合常数;
ε_p ——拟合常数,$\varepsilon_p=2\times10^{-5}$;
$\varepsilon_{p0.2}$ ——工程塑性应变,$\varepsilon_{p0.2}=0.2\%$;
ε_t ——真实应变;
$R_{p0.2}^t$——材料在设计温度下的屈服强度,MPa;
R_m^t ——材料在设计温度下的抗拉强度,MPa;
ε_1 ——在较小应变范围的真实塑性应变;
ε_2 ——在较大应变范围的真实塑性应变;
E ——材料在设计温度下的弹性模量,MPa;
γ_1 ——在较小应变范围的真实应变;
γ_2 ——在较大应变范围的真实应变;
H ——拟合常数;
K ——拟合常数;
m_1 ——拟合指数;
m_2 ——拟合指数,$m_2=0.6(1-R)$;
R ——材料屈服强度与抗拉强度之比;
σ_t ——真实应力。

E.3 应力应变曲线

弹塑性分析中所使用的应力应变曲线采用式(E.1)的表达式:

$$\varepsilon_t=\frac{\sigma_t}{E}+\gamma_1+\gamma_2 \qquad \text{(E.1)}$$

其中,

$$\gamma_1=\frac{\varepsilon_1}{2}[1-\tanh(H)] \qquad \text{(E.2)}$$

$$\gamma_2=\frac{\varepsilon_2}{2}[1+\tanh(H)] \qquad \text{(E.3)}$$

$$\varepsilon_1=\left(\frac{\sigma_t}{A_1}\right)^{\frac{1}{m_1}} \qquad \text{(E.4)}$$

$$A_1 = \frac{R_{p0.2}^{t}(1+\varepsilon_{p0.2})}{[\ln(1+\varepsilon_{p0.2})]^{m_1}} \quad \cdots\cdots\cdots (E.5)$$

$$m_1 = \frac{\ln R + \varepsilon_p - \varepsilon_{p0.2}}{\ln\left[\frac{\ln(1+\varepsilon_p)}{\ln(1+\varepsilon_{p0.2})}\right]} \quad \cdots\cdots\cdots (E.6)$$

$$\varepsilon_2 = \left(\frac{\sigma_t}{A_2}\right)^{\frac{1}{m_2}} \quad \cdots\cdots\cdots (E.7)$$

$$A_2 = \frac{R_m^t \exp(m_2)}{m_2^{\ m_2}} \quad \cdots\cdots\cdots (E.8)$$

$$H = \frac{2\{\sigma_t - [R_{p0.2}^t + K(R_m^t - R_{p0.2}^t)]\}}{K(R_m^t - R_{p0.2}^t)} \quad \cdots\cdots\cdots (E.9)$$

$$K = 1.5R^{1.5} - 0.5R^{2.5} - R^{3.5} \quad \cdots\cdots\cdots (E.10)$$

附 录 F
（资料性附录）
应力强度因子和疲劳裂纹扩展速率计算

F.1 总则

本附录提供了容器中典型裂纹的应力强度因子 K_{I}计算方法。

F.2 符号

a ——裂纹深度,mm;
a/l ——裂纹的形状比值,$0\leqslant a/l\leqslant 1$;
A_0、A_1、A_2、A_3 ——拟合系数;
A'_0、A'_1、A'_2、A'_3 ——拟合系数;
A_{p} ——如果压力作用在裂纹表面上,取容器的内压力 p,MPa;对其他裂纹,则 $A_{\mathrm{p}}=0$;
F_1、F_2、F_3、F_4 ——几何放大系数;
G_0、G_1、G_2、G_3……G_i——由表 F.1 和表 F.2 查得的表面修正系数;
K ——容器外径与内径之比;
K_{I} ——应力强度因子;
l ——裂纹长度,mm;
q_{y} ——塑性修正系数;
Q ——裂纹形状系数;
t ——容器圆筒壁厚,mm;
x ——从裂纹自由表面起所量得的距离,mm。

F.3 典型裂纹

容器典型裂纹的位置见图 F.1:

a) 内壁轴-径向裂纹

裂纹位于容器圆筒内壁的轴-径向平面,为深长比 $a/l=1/3$ 的半椭圆形,定义为 A 型,见图 F.1。

b) 开孔处裂纹

裂纹位于容器圆筒内壁开孔结构不连续处的轴-径向平面,为 1/4 圆或半圆形,定义为 B 型,见图 F.1。

c) 内壁径-环向裂纹

裂纹位于螺纹第一牙根部的径-环向平面,为环状,定义为 C 型,见图 F.1。

d) 盲底裂纹

裂纹位于盲底端部应力集中处,裂纹平面应垂直于最大拉应力方向;若盲底符合 6.6.3 的规定,裂纹形状为深长比 $a/l=1/3$ 的半椭圆形,否则应为环状;该裂纹定义为 D 型,见图 F.1。

e) 外壁轴-径向裂纹

裂纹位于容器圆筒外表面的轴-径向平面,为半椭圆形,定义为E型,见图F.1。

f) 外壁环-径向裂纹

裂纹位于容器外表面的环-径向平面,为半椭圆形或环状,定义为F型,见图F.1。

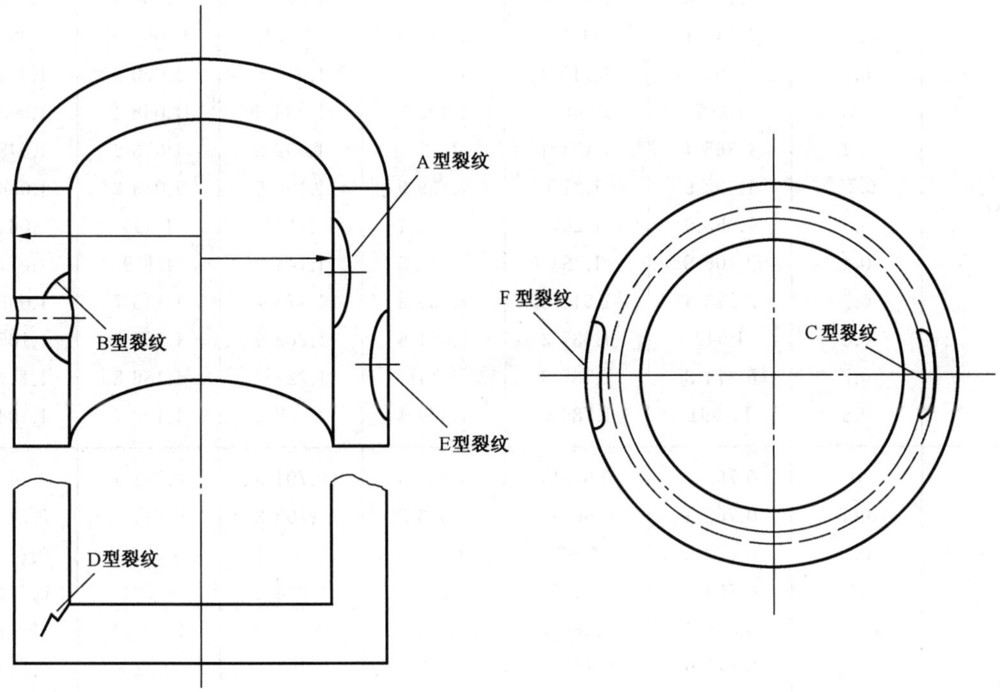

图 F.1 典型的裂纹类型

F.4 应力强度因子

F.4.1 A型裂纹

F.4.1.1 A型内壁径-轴向裂纹最深处和靠近自由表面处的应力强度因子,采用F.4.1.2方法1或F.4.1.3方法2进行计算。

F.4.1.2 方法1:

a) 按式(F.1)拟合垂直于裂纹所在平面的应力分布:

$$\sigma = A_0 + A_1(x/a) + A_2(x/a)^2 + A_3(x/a)^3 \quad \cdots\cdots (F.1)$$

b) 按式(F.2)计算裂纹形状系数Q:

$$Q = 1 + 4.593(a/l)^{1.65} - q_y \quad \cdots\cdots (F.2)$$

式中,q_y按式(F.3)计算,用于计算裂纹扩展速率时q_y可取为0:

$$q_y = \{[(A_0 + A_p)G_0 + A_1G_1 + A_2G_2 + A_3G_3]/R_{p0.2}\}^2/6 \quad \cdots\cdots (F.3)$$

c) 按式(F.4)计算应力强度因子:

$$K_I = [(A_0 + A_p)G_0 + A_1G_1 + A_2G_2 + A_3G_3]\sqrt{\pi a/Q} \quad \cdots\cdots (F.4)$$

式中,G_i 按表 F.1 或表 F.2 取值,在表所给出值之间的可取插值。

表 F.1 裂纹最深点处的系数 G_i

系数	a/t	裂纹深长比 a/l					
		0.0	0.1	0.2	0.3	0.4	0.5
G_0	0	1.120 8	1.096 9	1.085 6	1.072 7	1.056 4	1.036 6
	0.05	1.146 1	1.1	1.087 9	1.074	1.057 5	1.037 3
	0.1	1.194 5	1.115 2	1.094 7	1.077 9	1.060 9	1.039 6
	0.15	1.267	1.140 2	1.105 8	1.084 2	1.066 4	1.043 2
	0.2	1.365 4	1.174 4	1.121	1.092 8	1.073 9	1.048 2
	0.25	1.492 9	1.217	1.139 9	1.103 5	1.083 2	1.054 3
	0.3	1.653 9	1.267	1.162 1	1.116	1.096	1.061 4
	0.4	2.106 8	1.384	1.213 5	1.144 8	1.119	1.077 2
	0.5	2.825 4	1.512 8	1.269 3	1.175 7	1.145 7	1.093 1
	0.6	4.042	1.637 2	1.321 6	1.203 9	1.169 9	1.105 8
	0.7	6.374 3	1.737 3	1.361	1.223 7	1.186 8	1.111 2
	0.8	11.991	1.789 9	1.376 1	1.228 5	1.190 2	1.104 5
G_1	0	0.762 2	0.663 5	0.682 6	0.701 9	0.721 4	0.741 1
	0.05	0.762 4	0.665 1	0.683 3	0.702 2	0.721 6	0.741 3
	0.1	0.773 2	0.67	0.685 5	0.703 1	0.722 1	0.741 8
	0.15	0.794 5	0.678	0.689	0.704 6	0.723	0.742 6
	0.2	0.826 7	0.689 1	0.693 9	0.706 7	0.724 3	0.742
	0.25	0.870 6	0.702 9	0.7	0.709 4	0.726	0.745 1
	0.3	0.927 6	0.719 3	0.707 3	0.712 6	0.728 2	0.746 8
	0.4	1.090 7	0.758 4	0.724 9	0.720 9	0.733 8	0.751 1
	0.5	1.350 1	0.802 9	0.745 4	0.731 4	0.741 7	0.756 6
	0.6	1.786 3	0.848 8	0.767 1	0.744 1	0.752	0.763 1
	0.7	2.612 5	0.890 8	0.788 2	0.758 8	0.765 3	0.770 7
	0.8	4.572 7	0.928 8	0.806 3	0.775 3	0.782 2	0.779 2
G_2	0	0.600 9	0.507 8	0.531	0.555 6	0.581 5	0.608 4
	0.05	0.596 9	0.508 6	0.531 3	0.555 7	0.581 5	0.608 4
	0.1	0.599 6	0.510 9	0.532 3	0.556	0.581 5	0.608 5
	0.15	0.608 8	0.514 8	0.534	0.556 4	0.581 5	0.608 7
	0.2	0.624 7	0.520 2	0.536 4	0.557 1	0.581 5	0.608 9
	0.25	0.647 5	0.526 9	0.539 4	0.558	0.581 7	0.609 3
	0.3	0.677 5	0.535	0.543	0.559 2	0.582	0.609 9
	0.4	0.765 1	0.554 5	0.552	0.562 7	0.583 5	0.611 5
	0.5	0.904 8	0.577 6	0.563 2	0.568	0.586 9	0.614 4
	0.6	1.138 2	0.602 7	0.576 2	0.576	0.593 1	0.618 8
	0.7	1.575 7	0.628 1	0.590 7	0.587 4	0.603 7	0.625 5
	0.8	2.599 7	0.651 3	0.606 3	0.603 1	0.62	0.635 1

表 F.1(续)

系数	a/t	裂纹深长比 a/l					
		0.0	0.1	0.2	0.3	0.4	0.5
G_3	0	0.506	0.424 6	0.448	0.473 5	0.500 6	0.529
	0.05	0.501 2	0.425	0.448 2	0.473 6	0.500 6	0.529
	0.1	0.501 2	0.426 4	0.448 8	0.473 6	0.500 4	0.529
	0.15	0.505 9	0.428 6	0.449 8	0.473 7	0.500 1	0.528 9
	0.2	0.515 2	0.431 7	0.451 1	0.473 8	0.499 8	0.528 9
	0.25	0.529 2	0.435 7	0.452 8	0.474 1	0.499 4	0.528 9
	0.3	0.548 3	0.440 4	0.455	0.474 6	0.499 2	0.529 1
	0.4	0.604 5	0.452 2	0.460 5	0.476 3	0.499 3	0.529 8
	0.5	0.694 3	0.466 5	0.467 8	0.479 5	0.501	0.531 6
	0.6	0.843 5	0.482 9	0.476 9	0.485 3	0.505 4	0.534 9
	0.7	1.120 7	0.500 7	0.488	0.494 5	0.514 1	0.540 7
	0.8	1.761 4	0.519	0.501 3	0.508 5	0.528 6	0.548 7

表 F.2 裂纹自由表面处的系数 G_i

系数	a/t	裂纹深长比 a/l					
		0.0	0.1	0.2	0.3	0.4	0.5
G_0	0		0.545	0.749 2	0.902 4	1.029 7	1.140 6
	0.05		0.551 4	0.754 9	0.907	1.033	1.142 7
	0.1		0.561	0.763 6	0.914 4	1.039 1	1.147 3
	0.15		0.573 8	0.775 6	0.924 9	1.047 9	1.154 5
	0.2		0.59	0.790 8	0.938 5	1.059 6	1.164 1
	0.25		0.609 9	0.809 5	0.955 1	1.074	1.176 3
	0.3		0.633 8	0.831 8	0.975	1.091 3	1.190 9
	0.4		0.694 9	0.888 1	1.025	1.134 7	1.227 8
	0.5		0.777 2	0.961 9	1.089 6	1.190 2	1.274 6
	0.6		0.885 9	1.056	1.170 1	1.258 5	1.331 5
	0.7		1.028 3	1.174	1.268 6	1.340 1	1.398 4
	0.8		1.214 4	1.320 8	1.387 1	1.436 1	1.475 3
G_1	0		0.072 5	0.103 8	0.128	0.148 4	0.166 5
	0.05		0.074 4	0.107 5	0.133 1	0.154 8	0.174
	0.1		0.077 1	0.111 9	0.138 7	0.161 5	0.181 6
	0.15		0.080 7	0.116 9	0.144 9	0.168 5	0.189 3
	0.2		0.085 2	0.122 7	0.151 5	0.175 7	0.197 1
	0.25		0.090 7	0.129 3	0.158 7	0.183 3	0.204 9
	0.3		0.097 3	0.136 7	0.166 4	0.191 2	0.212 8
	0.4		0.114 1	0.154 4	0.183 9	0.208 1	0.228 9
	0.5		0.137 3	0.176 5	0.204 2	0.226 5	0.245 3
	0.6		0.168 9	0.204 1	0.228	0.246 6	0.262
	0.7		0.212 1	0.238 8	0.255 8	0.268 7	0.279 1
	0.8		0.271 4	0.282 4	0.288 7	0.293 1	0.296 5

表 F.2（续）

系数	a/t	裂纹深长比 a/l					
		0.0	0.1	0.2	0.3	0.4	0.5
G_2	0		0.025 4	0.034 4	0.042 3	0.049 5	0.056 3
	0.05		0.026 4	0.036 7	0.045 6	0.053 8	0.061 5
	0.1		0.027 6	0.039 2	0.049 1	0.058 2	0.066 6
	0.15		0.029 3	0.041 9	0.052 7	0.062 5	0.071 6
	0.2		0.031 3	0.045	0.056 5	0.066 9	0.076 4
	0.25		0.033 8	0.048 4	0.060 5	0.071 3	0.081 2
	0.3		0.036 8	0.052 1	0.064 6	0.075 7	0.085 8
	0.4		0.044 5	0.060 7	0.073 5	0.084 6	0.094 6
	0.5		0.055 2	0.071 2	0.083 4	0.093 8	0.103
	0.6		0.07	0.084 2	0.094 6	0.103 3	0.110 9
	0.7		0.090 7	0.100 5	0.107 5	0.113 2	0.118 3
	0.8		0.119 7	0.121 2	0.122 5	0.123 8	0.125 2
G_3	0		0.012 5	0.015 8	0.019 2	0.022 6	0.026 1
	0.05		0.013 1	0.017 2	0.021 4	0.025 6	0.029 7
	0.1		0.013 8	0.018 8	0.023 7	0.028 5	0.033 2
	0.15		0.014 7	0.020 6	0.026 1	0.031 4	0.036 5
	0.2		0.015 9	0.022 5	0.028 5	0.034 3	0.039 8
	0.25		0.017 3	0.024 5	0.031	0.037 1	0.042 9
	0.3		0.019	0.026 7	0.033 6	0.039 9	0.045 9
	0.4		0.023 4	0.031 8	0.039	0.045 4	0.051 5
	0.5		0.029 5	0.037 9	0.044 8	0.050 9	0.056 5
	0.6		0.038	0.045 5	0.051 3	0.056 4	0.061 1
	0.7		0.050 1	0.054 9	0.058 7	0.062 1	0.065 2
	0.8		0.067 3	0.067	0.067 2	0.067 9	0.068 7

F.4.1.3 方法 2：

a) 按式(F.5)拟合垂直于裂纹所在平面的应力分布：

$$\sigma = A'_0 + A'_1(x/t) + A'_2(x/t)^2 + A'_3(x/t)^3 \quad \cdots\cdots (F.5)$$

b) 按式(F.6)对每一个 a/t 计算 A_i，即可代入式(F.4)计算应力强度因子 K_I：

$$\begin{aligned} A_0 &= A'_0 \\ A_1 &= A'_1(a/t) \\ A_2 &= A'_2(a/t)^2 \\ A_3 &= A'_3(a/t)^3 \end{aligned} \quad \cdots\cdots (F.6)$$

c) 径比 K 在 1.2 和 3.0 之间容器圆筒，可由式(F.7)计算应力强度因子所需的 A'_i：

$$
\begin{aligned}
A'_0/P &= (K^2+1)/(K^2-1)\\
A'_1/P &= 1.051-2.318K+0.303\,6K^2-0.004\,417K^3\\
A'_2/P &= -1.767\,8+0.949\,7K+0.939\,9K^2-0.205\,6K^3\\
A'_3/P &= -0.279\,8+1.383\,1K-1.260\,3K^2+0.213\,8K^3
\end{aligned}
\quad \cdots\cdots\cdots\cdots (F.7)
$$

F.4.2 B型裂纹

若容器圆筒开孔处圆角半径大于或等于孔径的1/4,B型裂纹的应力强度因子可采用F.4.1的方法计算。按弹性计算垂直作用于所假设的裂纹平面的正应力,用于确定式(F.1)中的各应力值。

F.4.3 C型裂纹

按如下步骤计算C型裂纹的应力强度因子:

a) 按弹性计算垂直作用于C型裂纹平面的正应力分布;

b) 按式(F.8)对该正应力进行拟合,获得相关系数 A_i;

$$\sigma_1(x)=A_0+A_1x+A_2x^2+A_3x^3 \quad \cdots\cdots\cdots\cdots (F.8)$$

式中,x 为裂纹自由表面的径向距离。

c) 按式(F.9)计算裂纹深度 a 时对应的应力强度因子 K_{I}:

$$K_{\mathrm{I}}=F\sqrt{\pi a}/\sqrt{[1-(F/R_{\mathrm{p0.2}})^2/6]} \quad \cdots\cdots\cdots\cdots (F.9)$$

式中,

$$F=A_0F_1+\frac{2aA_1F_2}{\pi}+\frac{a^2A_2F_3}{2}+\frac{4a^3A_3F_4}{3\pi} \quad \cdots\cdots\cdots\cdots (F.10)$$

$$
\begin{aligned}
F_1 &= 1.125\,9+0.234\,4(a/t)+2.201\,8(a/t)^2-0.208\,3(a/t)^3\\
F_2 &= 1.073\,2+0.267\,7(a/t)+0.666\,1(a/t)^2+0.635\,4(a/t)^3\\
F_3 &= 1.052\,8+0.106\,5(a/t)+0.442\,9(a/t)^2+0.604\,2(a/t)^3\\
F_4 &= 1.038\,7-0.093\,9(a/t)+0.601\,8(a/t)^2+0.375\,0(a/t)^3
\end{aligned}
\quad \cdots\cdots\cdots\cdots (F.11)
$$

注1:$\sqrt{[1-(F/s_y)^2/6]}$ 是塑性区修正,在用于疲劳裂纹扩展计算时,可取为1.0。

注2:若按式(F.8)依然无法拟合正应力分布,则允许把应力分布沿 x 划分几个区间,对每个区间的应力分布分别按式(F.8)拟合,再按式(F.9)计算本区间内的 K_{I} 值(参考图F.2)。

注3:区间不连续修正值:

按式(F.12)计算两个相邻区间不连续导致的 K_{Icorr},见图F.3。

$$K_{\mathrm{Icorr}}=F\sqrt{\pi a}/\sqrt{[1-(F/R_{\mathrm{p0.2}})^2/6]}+\sum\Delta K_{\mathrm{I}} \quad \cdots\cdots\cdots\cdots (F.12)$$

式中:

ΔK_{I} ——在区间连接处获得不同 K_{I} 的差值;

$\sum\Delta K_{\mathrm{I}}$——对前各个区间所有的 ΔK 值的总和,第一个区间(在自由表面处)ΔK 值取0。

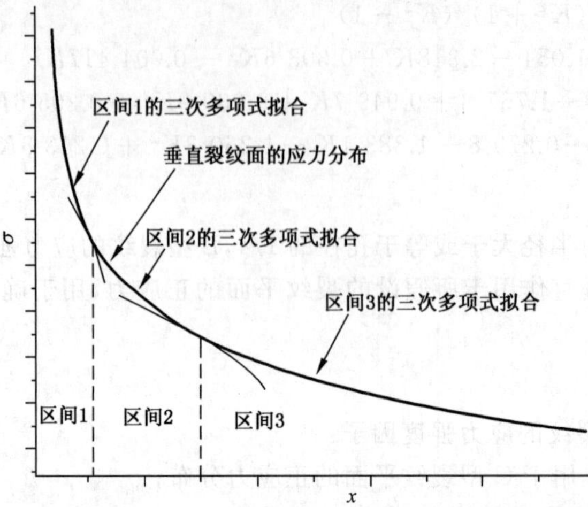

图 F.2 分区间拟合应力分布的示意图

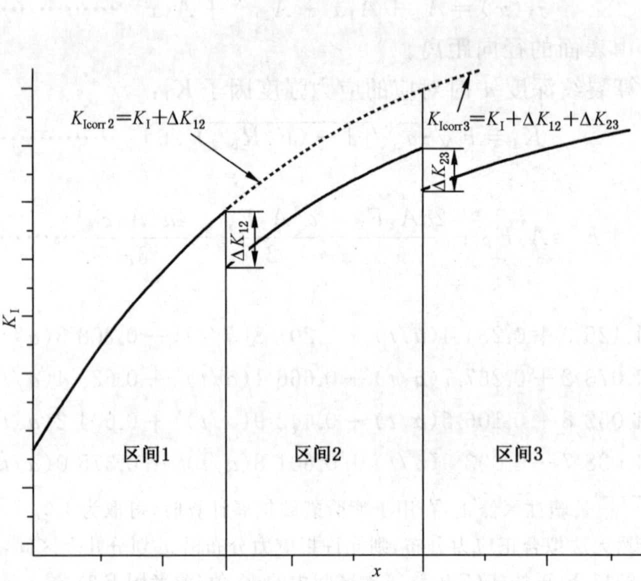

图 F.3 区间不连续修正的示意图

F.4.4 D、E 和 F 型裂纹

a) 可采用 F.4.1 中所给出的方法计算 D 型、E 型和 F 型裂纹的应力强度因子；

b) 对 E 型裂纹，垂直于裂纹表面的应力分布可采用厚壁圆筒的应力计算式（即环向切应力）；对 D 型和 F 型裂纹，垂直于裂纹表面的应力分布可采用有限元分析的方法予以确定。

附 录 G
(规范性附录)
K 大于 1.25 筒形件超声检测方法

G.1 范围

本附录适用于容器外径内径之比 K 大于 1.25 筒形件周向超声检测斜入射方法。

K 大于 1.25 筒形件直探头纵波检测、轴向超声横波检测方法按 NB/T 47013.3 执行。

G.2 检测方法

根据筒形件的规格选择合适的检测方法。对 $1.25<K<1.67$ 的筒形件宜采用全横波检测方法;对 $1.67\leqslant K<1.8$ 的筒形件可采用全横波检测或横波/纵波双重波型检测方法;对 $K\geqslant 1.8$ 的筒形件宜采用纵波斜射法或变形横波检测方法。变型横波检测方法利用工件中产生的折射纵波传播至外壁通过波型转换产生变型横波,以一定的角度(通常为45°左右)对内壁缺陷入射,反射声波沿原路返回,从而达到检测缺陷的目的。检测原理如图 G.1 所示。

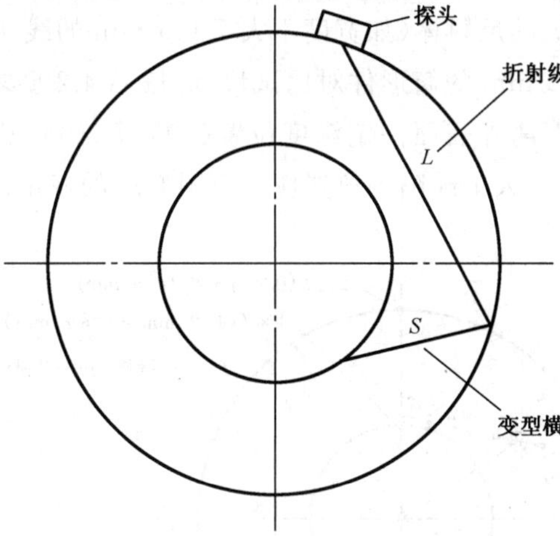

图 G.1 变型横波检测方法

为重点检测内表面径向裂纹,在检测声程小于探头近场区长度时,推荐采用接触法线聚焦技术。

G.3 探头

检测使用与容器外表面吻合良好的斜探头或聚焦斜探头,应按照修磨后的实际曲率测定探头的实际折射角度和前沿长度。探头的公称频率主要为 2.5 MHz,探头晶片面积为 140 mm^2～400 mm^2,单个探头压电晶片长度或直径应小于或等于 25 mm。

对于 K 大于 1.25 筒形件的检测,应根据产品规格选取探头类型和所需的折射角度,折射角选取首先要保证检测用波型的声束中心线扫查到容器内壁,并应考虑到超声波对内表面缺陷的检测灵敏度。表 G.1 为推荐使用的探头类型和折射角度。

表 G.1 推荐使用的探头类型

产品规格	探头类型
$1.25<K<1.67$	折射角 37°(±0.5°)的全横波斜探头
$1.67\leqslant K<1.8$	横波折射角 34°(±0.5°)的全横波斜探头，或纵波折射角为 61°(±1°)的斜探头
$K\geqslant 1.8$	纵波折射角为 $\arcsin(d/D)$ 的斜探头，或变形横波折射角为 $\arcsin(\sqrt{2}d/2D)$ 的斜探头

G.4 对比试块

G.4.1 对比试块应选取与被检工件规格相同，材质、热处理工艺和表面状况相同或相似的筒形件制备。对比试块不得有大于或等于 ϕ2 mm 当量的自然缺陷。试块宽度为 40 mm。

G.4.2 对厚度小于 50 mm 的筒形件对比试块，在内外表面，分别沿轴向加工平行的角度为 60°的 V 型槽作为标准槽，沟槽长度为 25 mm。内表面沟槽深度为筒形件壁厚 T 的 1%，最小为 0.2 mm，最大不超过 2 mm；外表面沟槽深度为筒形件壁厚 T 的 2%，最小为 0.4 mm，最大不超过 4 mm。也可采用其他等效的反射体(如宽度不大于 0.5 mm 的线切割槽等)。

G.4.3 对厚度大于或等于 50 mm 的筒形件对比试块，应按 G.4.2 要求在对比试块内外表面加工标准槽。另外，应在试块上离外表面一定深度位置(20%T、40%T、60%T、80%T)加工 ϕ2 ×40 长横孔，对比试块的尺寸、人工缺陷的位置应符合图 G.2 的规定。

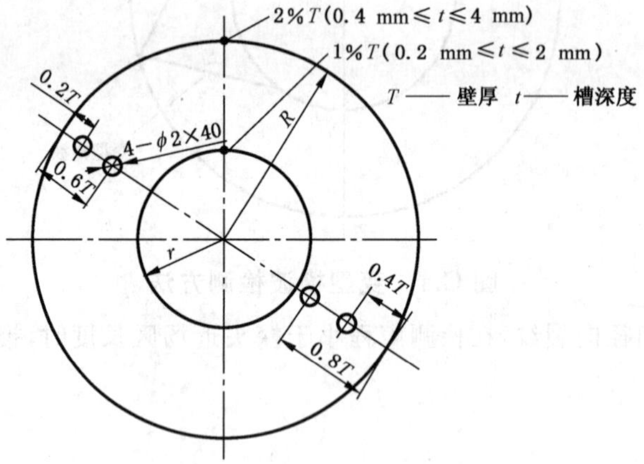

图 G.2 筒形件对比试块(试块宽度为 40 mm)

G.5 检测灵敏度校准

G.5.1 对厚度小于 50 mm 的筒形件，从外圆面将探头对准内圆面的标准槽，调整增益，使检测用波型最大反射高度为满刻度的 80%，将该值标在面板上，以其为基准灵敏度；不改变仪器的调整状态，再移动探头测定外圆面的标准槽，并将最大的反射高度也标在面板上，将上述两点用直线连接并延长，绘出距离-波幅曲线(判废线)作为缺陷验收的判废线，并使之包括全部检测范围。检测时，将判废线提高6 dB 作为检测基准灵敏度。也可采用数字超声波检测仪的 DAC 功能按上述要求绘出距离-波幅曲线。

G.5.2　对厚度大于或等于 50 mm 的筒形件，应使用对比试块的长横孔及内外表面的标准槽调整检测灵敏度。使用相应的检测用波型，先从外圆面将探头用直射法分别对准试块上离外表面深度位置为 20%T、40%T、60%T、80%T 的 $\phi 2\times 40$ 长横孔和内表面标准槽，再从外圆面将探头用一次反射法对准试块上各 $\phi 2\times 40$ 长横孔和外表面标准槽，记录每个反射体的波幅值，将上述各点连接，绘出距离-波幅曲线(判废线)作为缺陷验收的判废线。检测时，将判废线提高 6 dB作为检测基准灵敏度。也可采用数字超声波检测仪的 DAC 功能按上述要求绘出距离-波幅曲线。

G.6　扫查方式

G.6.1　应从圆周面顺时针和逆时针两个方向进行扫查，见图 G.3 所示，扫查覆盖率应为探头宽度的 15%以上。

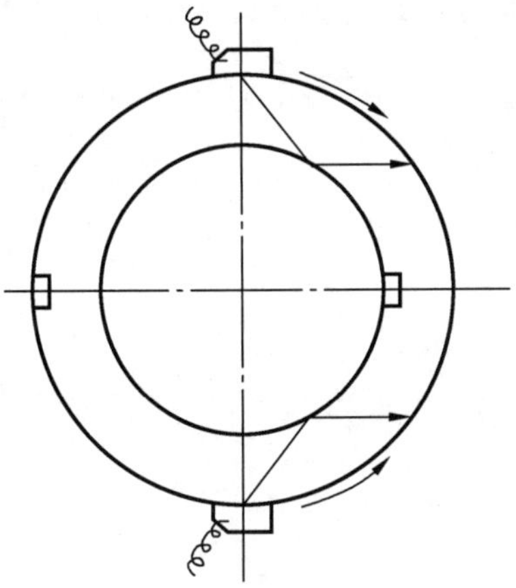

图 G.3　检测扫查方向

G.6.2　应根据产品对比试块的校准结果确定缺陷的深度位置。如采用数字式超声检测仪带有曲面定位功能，将曲率半径和实测的折射角度输入仪器中，在屏幕上会直接显示缺陷声程、深度、跨距值。应从圆周面顺时针和逆时针两个方向进行扫查分别确定缺陷的弧长值，采用对称定位方法，以确定缺陷的具体位置。

G.7　缺陷记录

记录波幅幅度大于距离-波幅曲线(判废线)高度 50%的缺陷反射波和缺陷位置。缺陷指示长度按6 dB 法和端点 6 dB 法测定。当相邻两个缺陷间距小于或等于 25 mm 时，按单个缺陷处理(中间间距不计)。

G.8 质量评级

G.8.1 缺陷波幅大于距离-波幅曲线(判废线)的质量等级定为Ⅲ级。

G.8.2 波幅在距离-波幅曲线(判废线)50%～100%的缺陷按表 G.2 分级。

表 G.2 缺陷质量等级

质量等级	单个缺陷指示长度
Ⅰ	≤1/3 壁厚,且≤100 mm
Ⅱ	≤2/3 壁厚,且≤150 mm
Ⅲ	大于Ⅱ级者

ICS 23.020.30
J 74

中华人民共和国国家标准

GB/T 36669.1—2018

在用压力容器检验 第1部分:加氢反应器

In-service pressure vessel inspection—Part 1: Hydrogenation reactor

2018-09-17 发布

2019-04-01 实施

国家市场监督管理总局
中国国家标准化管理委员会 发布

前 言

GB/T 36669《在用压力容器检验》拟分为以下四个部分：

——第1部分：加氢反应器；

——第2部分：多层包扎容器；

——第3部分：焦炭塔；

——第4部分：氧舱。

本部分为GB/T 36669的第1部分。

本部分按照GB/T 1.1—2009给出的规则起草。

本部分由全国锅炉压力容器标准化技术委员会(SAC/TC 262)提出并归口。

本部分起草单位：中国特种设备检测研究院、合肥通用机械研究院、国家市场监督管理总局特种设备安全监察局、江苏省特种设备安全监督检验研究院、中国石油天然气股份有限公司炼油与化工分公司、中国石油化工股份有限公司、中国石油化工股份有限公司北京燕山分公司、神华集团有限责任公司、中国神华煤制油化工有限公司鄂尔多斯煤制油分公司、中国第一重型机械集团大连加氢反应器制造有限公司、江苏斯尔邦石化有限公司、中国石油天然气股份有限公司克拉玛依石化分公司、中国石化工程建设有限公司。

本部分主要起草人：谢国山、陈学东、杜顺学、刘三江、汪逸安、范志超、缪春生、宋晓江、王建军、汪剑波、臧庆安、胡庆斌、胡明东、周裕峰、周凤革、杨瑞平、赵敏珍、尹青锋、尹志刚。

在用压力容器检验 第1部分:加氢反应器

1 范围

GB/T 36669的本部分规定了在用热壁加氢反应器定期检验的项目和方法。

本部分适用于主体材质为14Cr1MoR(或其他1.25Cr-0.5Mo钢)、12Cr2Mo1R(或其他2.25Cr-1Mo钢)、12Cr2Mo1VR(或其他2.25Cr-1Mo-0.25V钢)等铬钼钢、内表面有带极堆焊防腐层的在用热壁加氢反应器定期检验。与加氢反应器具有相似工艺条件、材料、结构形式的设备可参照使用本部分。

本部分不适用于在用冷壁加氢反应器定期检验。

2 规范性引用文件

下列文件对于本文件的应用是必不可少的。凡是注日期的引用文件,仅注日期的版本适用于本文件。凡是不注日期的引用文件,其最新版本(包括所有的修改单)适用于本文件。

GB/T 229 金属材料 夏比摆锤冲击试验方法

GB/T 1954 铬镍奥氏体不锈钢焊缝铁素体含量测量方法

GB/T 13298 金属显微组织检验方法

GB/T 17394.1 金属材料 里氏硬度试验 第1部分:试验方法

GB/T 30579 承压设备损伤模式识别

NB/T 47013.3 承压设备无损检测 第3部分:超声检测

NB/T 47013.4 承压设备无损检测 第4部分:磁粉检测

NB/T 47013.5 承压设备无损检测 第5部分:渗透检测

NB/T 47013.9 承压设备无损检测 第9部分:声发射检测

NB/T 47013.10 承压设备无损检测 第10部分:衍射时差法超声检测

TSG 21 固定式压力容器安全技术监察规程

3 符号

下列符号适用于本文件。

J ——按GB/T 30579计算的加氢反应器铬钼钢母材金属回火脆化敏感性因子(称为*J*因子),无量纲;

X ——按GB/T 30579计算的加氢反应器铬钼钢焊缝熔敷金属回火脆化敏感性因子(称为*X*因子),mg/kg。

4 通用要求

4.1 机构和人员要求

采用本部分实施在用加氢反应器定期检验的机构应具有相应资质。检验机构应对加氢反应器检验报告的真实性、准确性、有效性负责。加氢反应器检验人员应取得相应资格;应了解加氢反应器损伤模式，具备材料、腐蚀等相关的知识背景以及检测相关的实践经验；检测人员应取得相应级别无损检测资格。

4.2 检验工作程序和检验前的准备工作

4.2.1 检验程序

在用加氢反应器定期检验工作的一般程序，包括检验方案制定、检验前的准备工作、检验实施、缺陷及问题的处理、安全状况等级评定、出具检验报告等。

4.2.2 检验前的准备工作

4.2.2.1 检验前检验机构应根据加氢反应器的使用情况、损伤模式及失效模式，依据 TSG 21 和本部分的要求制定检验方案。加氢反应器的主要损伤模式包括回火脆化、氢脆、堆焊层氢致剥离、高温氢腐蚀、高温硫化物腐蚀(氢气环境)、连多硫酸应力腐蚀开裂、氯化物应力腐蚀开裂、蠕变、球化(超温导致)等。加氢反应器潜在的失效模式包括韧性断裂、脆性断裂、腐蚀、应力腐蚀等。部分损伤模式的推荐检验方法和检验部位参见附录 A。

4.2.2.2 检验前检验人员应进行资料审查，重点审查与加氢反应器损伤相关的资料内容，如操作工况、运行记录、开停车记录、材质元素分析结果、反应器进料腐蚀性介质分析结果、损伤维修资料等。对于实施外部检验的检验方案，检验机构应征求使用单位的意见。检验人员应严格按照批准的检验方案进行检验工作。

4.2.2.3 现场条件、检测设备、安全防护等应满足 TSG 21 的规定。

5 检验实施

5.1 总则

5.1.1 加氢反应器的定期检验除满足本部分中规定的项目外，还应满足 TSG 21 中规定的其他检验项目和要求。

5.1.2 加氢反应器的定期检验应优先采用进入加氢反应器内部检验的方式。

5.1.3 检验项目以宏观检验、保温层与堆焊层检测、壁厚测定、表面缺陷检测、埋藏缺陷检测、螺柱检验、硬度检测、铁素体含量测定(首次检验进行)为主，必要时增加挂片检验、强度校核、金相分析、耐压试验等项目。

5.1.4 应根据加氢反应器的具体情况对不同的检验项目选择适当的检验比例，发现缺陷时应扩大检验比例。

5.2 检验项目

5.2.1 宏观检验

宏观检验主要是采用目视方法，必要时利用内窥镜、放大镜或其他辅助仪器设备检验加氢反应器的本体结构、几何尺寸、表面情况以及焊缝、保温层、堆焊层等。其中结构和几何尺寸检验应在首次检验时进行，此后定期检验的重点是存在问题部位的新生缺陷。宏观检验应包括但不仅限于以下内容：

a) 结构检验

1) 封头型式；

2) 封头与筒体的连接；

3) 开孔位置及补强；

4) 纵(环)焊缝的布置及型式;

5) 裙座(或者支承、支座)的型式与布置。

b) 几何尺寸检验

1) 筒体同一断面上最大内径与最小内径之差;

2) 纵(环)焊缝对口错边量、棱角度、咬边、焊缝余高等。

c) 外观检验

1) 铭牌和标志;

2) 外表面及堆焊层的腐蚀;

3) 主要受压元件及其焊缝裂纹、泄漏、鼓包、变形、机械接触损伤、过热;

4) 工卡具焊迹、电弧灼伤;

5) 裙座(或支承、支座)或基础的下沉、倾斜、开裂;

6) 排放(疏水、排污)装置的堵塞、腐蚀、沉积物;

7) 密封紧固件及地脚螺栓完好情况;

8) 法兰、密封面及其紧固螺栓、凸台(或支撑圈)、冷氢入口、吊耳热电偶套管处及附近区域用5倍～10倍放大镜检查是否有裂纹。

5.2.2 保温层和堆焊层检验

保温层和堆焊层检验一般包括以下内容:

a) 保温层的破损、脱落、潮湿;

b) 首次检验时一般应拆除局部过热、接管、封头过渡段与裙座或筒体的对接焊缝等重点部位的保温层,以检验是否有潜在的延迟裂纹;

c) 下次检验时,应拆除上次检验发现裂纹、过热等部位的保温层,以验证损伤是否再次发生或加重;

d) 堆焊层表面裂纹、延迟裂纹、剥离、脱落、局部鼓包与机械损伤等缺陷,并测定其深度、直径或长度及分布。

5.2.3 壁厚测定

5.2.3.1 壁厚测定,一般采用超声测厚和超声检测仪,按照NB/T 47013.3的要求分别测定母材厚度和堆焊层厚度。

5.2.3.2 壁厚测定应覆盖下列部位:

a) 宏观检验有减薄、腐蚀等发生的部位,重点测量堆焊层厚度;

b) 上下封头、筒节;

c) 反应器的上下封头油气入口和出口管、卸剂管等接管;

d) 物料进出口弯管。

5.2.3.3 壁厚测定应有足够的测点数。测定后标图记录,对异常测厚点做详细标记。如定点测厚部位发现壁厚增加,应考虑母材发生高温氢腐蚀的可能性,并进行重点检测。

5.2.4 表面缺陷检测

5.2.4.1 表面缺陷检测的方法应按照NB/T 47013.4及NB/T 47013.5的要求进行。

5.2.4.2 加氢反应器一般外表面应进行磁粉检测,注意检验可能出现的延迟裂纹和再热裂纹。外表面无法进行磁粉检测的部位,应采用渗透检测。内表面应进行渗透检测。

5.2.4.3 磁粉检测抽查部位一般包括：

a) 反应器本体A、B类焊接接头，抽查比例不低于20%；

b) 反应器下封头过渡段与裙座连接接头；

c) 反应器上下物料出入口接管对接环向接头；

d) 上弯管吊耳焊接接头；

e) 反应器外部连接件角接接头；

f) 插入式接管(如人孔、急冷氢入口管、卸料管、插入式热电偶套管等)与本体焊接接头；

g) 使用过程中超温部位；

h) 宏观检验发现裂纹的部位。

5.2.4.4 渗透检测抽查部位一般包括：

a) 上下封头内表面堆焊层；

b) 急冷氢入口段堆焊层环口周边区域；

c) 凸台上、下堆焊层500 mm范围(具备条件时)；

d) 反应器内壁手工补焊部位；

e) 人孔接管法兰密封面及金属密封环；

f) 热电偶套管及附近区域内壁堆焊部位；

g) 使用过程中超温部位；

h) 硬度值异常部位；

i) 铁素体含量异常部位；

j) 宏观检验发现裂纹的部位。

5.2.5 埋藏缺陷检测

5.2.5.1 加氢反应器埋藏缺陷检测一般应采用超声检测或TOFD检测，检测方法应按照NB/T 47013.3或NB/T 47013.10的要求进行。当发现超标埋藏缺陷，如条件适用时，需采用超声检测及TOFD检测方法相互复验。

5.2.5.2 有下列情况之一时，应进行埋藏缺陷检测，必要时按照NB/T 47013.9中声发射检测方法判断缺陷的活动性：

a) 投用后修理过程中补焊过的部位；

b) 检验时发现焊缝表面裂纹，认为需要进行焊缝埋藏缺陷检测的部位；

c) 错边量和棱角度超过产品标准要求的焊缝部位；

d) 使用中出现焊接接头泄漏的部位及其两端延长部位；

e) 使用单位要求或检验人员认为有必要的部位。

5.2.5.3 首次检验时，还应重点考虑以下部位：

a) 焊缝埋藏缺陷检测部位

1) 反应器本体A、B类焊接接头；

2) 反应器上下物料出入口接管对接环向接头。

b) 堆焊层剥离/层下裂纹检测部位

1) 反应器上、下封头；

2) 反应器本体A、B类焊接接头两侧500 mm范围，急冷氢入口段堆焊层环口周边适当范围；

3） 反应器凸台上下500 mm范围。

c） 基材内部缺陷检测部位

1） 母材；

2） 反应器凸台。

5.2.6 螺柱检验

M36以上(含M36)的螺柱在逐个清洗后,检验其损伤和裂纹情况,重点检验螺纹及过渡部位有无环向裂纹,必要时进行无损检测。

5.2.7 硬度检测

5.2.7.1 硬度检测的方法应按GB/T 17394.1的要求进行,利用便携式硬度计抽查,测量硬度时,应对母材、焊缝和热影响区分别测量。推荐以焊缝为中心,在垂直焊缝两侧的热影响区及母材上共取五点进行检测,且不少于三组。

5.2.7.2 加氢反应器硬度检测抽查部位一般包括：

a） 加氢反应器的A、B类焊接接头、接管与本体焊接接头、下封头与裙座连接接头、进出口接管焊接接头；

b） 封头、筒体内壁堆焊层；

c） 法兰密封槽槽底；

d） M36以上(含M36)螺柱及螺母；

e） 使用过程中超温部位；

f） 使用单位要求或检验人员认为有必要的部位。

5.2.8 铁素体含量测定

5.2.8.1 堆焊层铁素体含量测定的方法应按GB/T 1954的要求进行,采用便携式铁素体测定仪进行抽查。

5.2.8.2 加氢反应器堆焊层铁素体含量测定抽查部位一般包括：

a） 封头、筒体内壁堆焊层；

b） 人孔法兰密封槽；

c） 手工堆焊部位、补焊、返修部位；

d） 内壁宏观检验异常部位；

e） 内壁渗透检测发现裂纹部位。

5.2.9 金相分析

5.2.9.1 金相分析应按GB/T 13298的要求进行,可采用现场照相法或覆膜法,金相分析部位应至少包括母材、焊缝和热影响区。

5.2.9.2 金相分析抽查部位一般包括：

a） 宏观检验、磁粉检测出现裂纹部位；

b） 硬度和铁素体含量异常部位；

c） 使用过程中超温部位；

d） 使用单位要求或检验人员认为有必要检测的部位。

5.2.10 挂片检验

服役时间较长的加氢反应器,按GB/T 30579计算的回火脆化敏感性(X因子及J因子)较大的,必要时取挂片试块根据 GB/T 229 进行冲击试验确定母材回火脆化的程度。

5.2.11 其他检验项目

强度校核、耐压试验应按 TSG 21 的相关规定进行。

5.3 安全状况等级评定与检验周期

5.3.1 安全状况等级的评定按 TSG 21 的相关规定进行,特殊损伤按本部分的要求进行。

5.3.2 修理的加氢反应器应按照修理结果进行安全状况等级的评定;对于存在超标且不可修复的缺陷或损伤的加氢反应器应进行合于使用评价,根据合于使用评价的结论和其他检验项目的检验结果确定加氢反应器的安全状况等级、允许运行参数。

5.3.3 回火脆化按照下列要求进行安全状况等级评定:

a) 若加氢反应器 *X* 因子、*J* 因子满足质量证明书规定要求的,不影响定级。质量证明文件中 *X* 因子、*J* 因子没有规定的,按 5.3.3 的 b)或 c)执行;

b) 若 2.25Cr-1Mo 钢、2.25Cr-1Mo-V 钢的 *X* 因子不超过 15 且 *J* 因子不超过 100,1.25Cr-0.5Mo 钢 *X* 因子不超过 15 且 *J* 因子不超过 150,不影响定级;

c) 若 2.25Cr-1Mo 钢、2.25Cr-1Mo-V 钢的 *X* 因子超过 15 或 *J* 因子超过 100,1.25Cr-0.5Mo钢 *X* 因子超过 15 或 *J* 因子超过 150,根据挂片试块冲击试验(或从部件上直接取样,包括微试样)确定损伤程度;对于损伤程度轻微的,可定为 3 级,但开停工过程使用单位应采取防止设备发生脆断的措施;否则定为 4 级或 5 级。

5.3.4 经金相检验,发现材质球化时,按照下列要求进行安全状况等级评定:

a) 球化等级为 1 级或 2 级时,可定为 2 级;

b) 球化等级为 3 级或 4 级时,可定为 3 级,检验人员可依据损伤程度适当缩短检验周期;

c) 对于表面球化等级为 5 级,但内部球化程度较轻的,可定为 4 级;

d) 材料表面及内部球化等级均为 5 级的,可定为 5 级。

5.3.5 堆焊层缺陷按照下列要求进行安全状况等级评定:

a) 内表面堆焊层的缺陷应打磨消除,打磨后形成的凹坑应圆滑过渡,且需经渗透检测确认缺陷已彻底消除。打磨后凹坑所在部位堆焊层厚度大于至下次检验日期的腐蚀量时,可定为 2 级,否则定为 3 级或 4 级;

b) 堆焊层表面裂纹一般应打磨消除。对于不起强度作用的堆焊层,当表面裂纹深度不超过堆焊层厚度的 1/2,或裂纹仅存在于表层堆焊层且未扩展到过渡堆焊层,若有充分的证据表明裂纹的形成与环境开裂无关,表面裂纹未处理的,根据裂纹尺寸可定为 3 级或 4 级,但使用单位应制定有效的监控措施;

c) 如不能排除堆焊层表面裂纹的形成与环境开裂无关,应打磨消除,否则定为 5 级;

d) 堆焊层存在腐蚀,且腐蚀深度不超过设计文件要求厚度的 1/3 时,可定为 2 级,否则定为 3 级或 4 级;

e) 检测发现堆焊层剥离现象的,如果损伤程度轻微,且剥离部位及其邻近区域的基材未见层下裂纹,可定为 3 级,否则定为 4 级或者 5 级。

5.3.6 堆焊层铁素体按照下列要求进行安全状况等级评定:

a) 堆焊层铁素体含量超过 3%且不超过 10%时,可定为 2 级;

b) 堆焊层铁素体含量超过 10%且不超过 15%时,可定为 3 级,检验人员可依据损伤程度适当缩短检验周期；

c) 堆焊层铁素体含量超过15%时，经过检验未查出新生缺陷，可定为3级，检验人员可依据损伤程度适当缩短检验周期；如果有新生缺陷，可定为4级或5级；

d) 堆焊层铁素体含量超过1.5%且不超过3%时，可定为3级；

e) 堆焊层铁素体含量不超过1.5%时，经过检验未查出新生缺陷，可定为3级，检验人员可依据损伤程度适当缩短检验周期；如果有新生缺陷，可定为4级或5级。

5.3.7 检验周期按照TSG 21的相关规定执行。

6 检验报告

6.1 检验报告的出具应符合TSG 21的规定和要求。

6.2 检验机构应根据检验记录出具检验报告，检验记录应详尽、真实、准确，检验记录记载的信息量不得少于检验报告的信息量。

附 录 A
(资料性附录)
潜在的损伤模式及检验方法

加氢反应器潜在损伤模式的推荐检验方法和检验部位见表A.1。

表A.1 加氢反应器推荐的检验方法和检验部位

序号	损伤机理	失效部位	检验方法		备注
			内检	外检	
1	铬钼钢的回火脆化	母材(发生在开停工阶段)	无有效检测手段	无有效检测手段	定期取挂片试块进行冲击试验
2	氢脆	加氢反应器内部支持圈凸台拐角部位、堆焊奥氏体不锈钢的梯形槽法兰密封面的槽底拐角处部位	渗透检测	加氢反应器内部支持圈凸台拐角部位超声纵波斜探头检测	—
3	堆焊层剥离	母材堆焊层界面	超声双晶纵波直探头检测	超声单晶纵波直探头检测	—
4	高温氢腐蚀	母材	宏观检验、测厚	宏观检验、测厚、超声单晶纵波直探头检测	—
5	高温硫化氢腐蚀(氢气环境)	堆焊层	宏观检验、测厚	壁厚测定、超声单晶纵波直探头检测	重点是反应器的顶部、底部及进料部位
6	连多硫酸应力腐蚀开裂	堆焊层(发生在开停工阶段)	渗透检测	超声纵波斜探头检测或TOFD	—
7	氯化物应力腐蚀开裂	堆焊层(发生在开停工阶段)	渗透检测	超声纵波斜探头检测或TOFD	—
8	蠕变及应力破裂	应力集中部位、超温部位	宏观检验、测厚、直径尺寸测量、渗透检测、超声检测、金相分析	宏观检验、测厚、磁粉检测、超声检测、金相分析	—

ICS 23.020.30
CCS J 74

中华人民共和国国家标准

GB/T 42605—2023

移动式压力容器修理导则

Guidelines for repair of transportable pressure equipment

2023-05-23 发布　　2023-05-23 实施

国家市场监督管理总局
国家标准化管理委员会　发布

前　言

本文件按照 GB/T 1.1—2020《标准化工作导则　第 1 部分：标准化文件的结构和起草规则》的规定起草。

请注意本文件的某些内容可能涉及专利。本文件的发布机构不承担识别专利的责任。

本文件由全国锅炉压力容器标准化技术委员会(SAC/TC 262)提出并归口。

本文件起草单位：中国特种设备检测研究院、新兴能源装备股份有限公司、中车长江车辆有限公司、常州蓝翼飞机装备制造有限公司、张家港中集圣达因低温装备有限公司、石家庄安瑞科气体机械有限公司、荆门宏图特种飞行器制造有限公司、广东省特种设备检测研究院、广东省特种设备检测研究院中山检测院、中特检验集团有限公司、浙江大学。

本文件主要起草人：薄柯、赵继瑞、李军、崔闻天、管坚、朱建斗、何远新、魏东琦、鹿倩、夏全、李军旺、费锦华、刘素峰、李蔚、卢黎明、黄钧、徐光明、花争立、王红霞、康昊源、郭璟倩。

移动式压力容器修理导则

1 范围

本文件规定了移动式压力容器罐体、气瓶、管路和装卸附件的修理方法、修理后的检测与试验和修理报告等要求。

本文件适用于铁路罐车、汽车罐车、罐式集装箱、长管拖车和管束式集装箱的罐体、气瓶、管路和装卸附件的修理。

本文件不适用于：

a) 正常运输使用过程中罐体工作压力小于 0.1 MPa(包括在装卸介质中瞬时承受压力大于或等于 0.1 MPa)的移动式压力容器的修理；

b) 罐体或者气瓶为非金属材料制造的移动式压力容器的修理；

c) 移动式压力容器走行装置部件的修理；

d) 移动式压力容器附属车载燃料、车载动力气瓶的修理；

e) 移动式压力容器的改造。

2 规范性引用文件

下列文件中的内容通过文中的规范性引用而构成本文件必不可少的条款。其中，注日期的引用文件，仅该日期对应的版本适用于本文件；不注日期的引用文件，其最新版本(包括所有的修改单)适用于本文件。

GB/T 1031　产品几何技术规范(GPS)　表面结构　轮廓法　表面粗糙度参数及其数值

GB/T 3077　合金结构钢

GB/T 3375　焊接术语

GB/T 30583　承压设备焊后热处理规程

GB/T 42595　承压设备修理基本要求

GB/T 42606　固定式压力容器修理导则

NB/T 47013.2—2015　承压设备无损检测　第 2 部分：射线检测

NB/T 47013.3—2015　承压设备无损检测　第 3 部分：超声检测

NB/T 47013.4—2015　承压设备无损检测　第 4 部分：磁粉检测

NB/T 47013.5—2015　承压设备无损检测　第 5 部分：渗透检测

NB/T 47013.11—2015　承压设备无损检测　第 11 部分：X 射线数字成像检测

NB/T 47013.14—2016　承压设备无损检测　第 14 部分：X 射线计算机辅助成像检测

NB/T 47014　承压设备焊接工艺评定

NB/T 47015　压力容器焊接规程

NB/T 47018(所有部分)　承压设备用焊接材料订货技术条件

3 术语和定义

GB/T 3375 界定的以及下列术语和定义适用于本文件。

3.1

挖补 flaw excavation and weld repair

采用机加工或热加工方法去除部件缺陷部位后，将补板焊接于缺口位置的修理方法。

4 一般规定

4.1 移动式压力容器修理除满足本文件规定外，修理过程中的各方职责、人员要求、修理工作流程、文件管理等要求还应满足 GB/T 42595 的规定。

4.2 移动式压力容器修理后，应使其强度、刚度等安全性能符合相应产品标准的规定。

4.3 对于铁路罐车所做的任何修理工作，不影响其行驶性能，主要规定如下：

a) 不应破坏车辆的动力学性能；

b) 不应改变车辆与限界之间的关系、车辆重心高度；

c) 不应对转向架等受力装置产生破坏。

4.4 对于汽车罐车、罐式集装箱、长管拖车、管束式集装箱所做的任何修理工作，不影响其行驶性能，主要规定如下：

a) 不应上装对定型底盘或半挂车走行装置造成集中载荷；

b) 不应改变原来的轴荷分配；

c) 不应影响原车的侧倾稳定角及驻车稳定角；

d) 不应影响整车的制动性能。

4.5 对于以下几种情况的铁路罐车，不应进行修理：

a) 发生大量泄漏、倾覆、爆炸等重大事故的铁路罐车；

b) 罐体内外表面严重腐蚀、实际壁厚小于计算厚度的铁路罐车；

c) 因交通事故造成罐体变形、破裂、表面严重损伤或经技术鉴定无修复价值的铁路罐车。

4.6 本文件规定的修理方法包括挖补、补焊、堆焊、矫形、更换承压部件等，针对的缺陷包括罐体腐蚀、焊接裂纹、凹陷变形等，具体见附录 A。

4.7 除正文中规定的修理方法外，移动式压力容器其他组件的修理可参考附录 B～附录 D 进行。铁路罐车附件的修理见附录 B，汽车罐车、罐式集装箱附件的修理见附录 C，长管拖车、管束式集装箱附件的修理见附录 D。

4.8 奥氏体不锈钢和铝及铝合金制移动式压力容器修理时不应发生铁离子污染。

4.9 移动式压力容器内部检查及修理作业时应使用电压不高于 24 V 的防爆安全灯具。

4.10 动火作业及进入罐体内部前应办理相应的动火作业手续，经修理单位安全技术负责人批准后方可进行。

4.11 人员进入罐内或动火作业都应有指定人员进行监护。

4.12 各类焊接工艺应按 NB/T 47014 评定合格，焊接规程应符合 NB/T 47015 的规定，焊材应符合 NB/T 47018(所有部分)的规定。焊后热处理按 GB/T 30583 执行，当使用回火焊道技术时，应经修理单位技术负责人批准。

4.13 移动式压力容器不应带压修理。

5 修理前处理要求

5.1 修理前，修理单位应充分评估残余介质对修理作业的影响。残余介质对修理安全有影响的移动式压力容器,应按照原设计文件规定的方法和要求进行置换、中和、消毒或者清洗等处理,处理后取样分析,取样分析的间隔时间和分析结果应符合相关规范、标准的规定。

5.2 充装易燃、易爆、助燃、有毒或者窒息性介质的移动式压力容器,需要进入罐体内部进行修理的,应进行置换、中和等处理。充装易燃、易爆、助燃介质的移动式压力容器,置换一般采用氮气。严禁用空气进行置换处理。

5.3 置换合格指标除应满足原设计文件规定外,还满足以下要求:

a) 盛装液氧介质的罐体,置换后氧含量应低于21%;

b) 盛装易爆介质的罐体,当盛装介质的爆炸下限大于或等于4%时,置换后易爆介质浓度应小于或等于0.5%(体积分数);当盛装介质的爆炸下限小于4%时,置换后易爆介质浓度应小于或等于0.2%(体积分数)。

5.4 置换应在空旷、通风良好的区域进行,置换的尾气不应聚集或被作业人员吸入。

5.5 进入罐体内部进行修理的移动式压力容器,在人孔或者检查孔打开后,应清除可能滞留的易燃、易爆、有毒、有害的残留气体或者液体,罐体内部的气体含氧量应高于19.5%;必要时还应配备通风、监控和安全救护等设备设施。

6 修理方法

6.1 焊接修理

6.1.1 总则

焊接修理方法分为挖补、补焊和堆焊。

6.1.2 适用性

6.1.2.1 挖补修理方法适用于真空绝热罐体外壳母材表面裂纹的修理。

6.1.2.2 补焊修理方法适用于罐体焊缝、真空绝热罐体外壳母材表面裂纹、管路和管座焊缝的修理。

6.1.2.3 堆焊修理方法适用于罐体内部耐蚀层(堆焊层或复合板)减薄的修理。

6.1.2.4 补焊和堆焊不适用于罐体母材减薄和气瓶的修理。

6.1.3 技术要求

6.1.3.1 挖补

6.1.3.1.1 对真空绝热罐体外壳母材表面裂纹部位进行挖补时,补板应采用全焊透形式。

6.1.3.1.2 挖补的技术要求应符合GB/T 42606的规定。

6.1.3.2 补焊和堆焊

补焊和堆焊的技术要求应符合GB/T 42606的规定。

6.1.4 检测与试验

6.1.4.1 焊接修理后,修理部位应进行无损检测,无损检测技术要求应符合原设计文件的相关要求。

6.1.4.2 罐体受压元件、管路补焊深度大于实测厚度的二分之一,应进行耐压试验。

6.2 矫形

6.2.1 适用性

6.2.1.1 本方法适用于以下缺陷的修理:

a) 由于机械冲击导致的罐体局部凹陷变形；

b) 罐体不圆度超标；

c) 由于机械冲击导致的管路变形。

6.2.1.2 本方法不适用于因火焰灼烧导致的承压部件失稳变形的修理。

6.2.1.3 应变强化的罐体、罐体封头直边部位和气瓶瓶体不准许采用矫形方法修理。

6.2.1.4 深度大于 60 mm 或底部直径小于 5 倍罐体母材壁厚的凹陷，不宜采用矫形修理方法。如采用矫形修理方法应通过技术评审，且经修理单位技术负责人批准。

6.2.2 施工要求

6.2.2.1 对于不锈钢和铝及铝合金制罐体，矫形时要采取防护措施，不应与碳钢接触。

6.2.2.2 矫形前应先测量变形处的壁厚，壁厚满足设计标准要求方可进行矫形修理。变形部位宏观检查有怀疑时应进行表面检测，不应存在裂纹等在矫形过程中产生撕裂的隐患。

6.2.2.3 矫形时应将罐体或管路水平放置，变形位置朝上，在罐体内、外表面或管路外表面用顶升装置在变形位置上加压。为防止罐体与顶升装置接触点鼓包，可在罐体与顶升装置接触点之间放置钢板以扩大接触面。变形部位逐渐恢复至原形状，在变形区域反复矫形不应超过 3 次。

6.2.2.4 对于真空绝热罐体外壳，宜在真空释放后进行矫形修理。

6.2.2.5 加热矫形时，应对变形区域均匀加热，并用测温仪器监控加热温度。对于奥氏体不锈钢，加热温度应控制在 300 ℃下。对于碳钢、低合金钢，加热温度应控制在 400 ℃下。

6.2.2.6 火焰加热时，应移动加热火焰，使热矫形部位受热均匀。

6.2.3 检测与试验

6.2.3.1 矫形完成后，用样板检查矫形部位的不圆度。不圆度应符合原设计文件及产品标准要求。

6.2.3.2 矫形修复后的受压元件实测最小厚度应小于或等于原设计计算厚度。

6.2.3.3 对矫形部位的焊接接头进行磁粉检测或渗透检测、射线检测或超声检测，对矫形部位的母材进行磁粉检测或渗透检测。

6.2.3.4 射线检测应按 NB/T 47013.2—2015、NB/T 47013.11—2015 或 NB/T 47013.14—2016 的规定执行，检测技术等级不低于 AB 级，合格级别不低于Ⅱ级。

6.2.3.5 超声检测应按 NB/T 47013.3—2015 的规定执行，检测技术等级不低于 B 级，合格级别为Ⅰ级。

6.2.3.6 当采用射线检测和超声检测时，检测技术等级和合格级别按照各自执行的标准确定，且均应为合格。

6.2.3.7 对矫形部位的焊接接头的表面无损检测应采用磁粉检测或渗透检测。铁磁性材料焊接接头的表面无损检测应优先采用磁粉检测。

6.2.3.8 表面无损检测应按 NB/T 47013.4—2015 或 NB/T 47013.5—2015 的规定执行，磁粉检测或渗透检测合格级别均为Ⅰ级。

6.2.3.9 除了充装冷冻液化气体的汽车罐车、罐式集装箱和铁路罐车的外壳，其他罐体均应按照原设计文件及相应产品标准要求进行耐压试验。

6.3 更换承压部件

6.3.1 更换筒节、封头、接管

6.3.1.1 适用性

本方法适用于存在全面减薄、焊接接头大面积裂纹、严重变形等的设备承压部件修理。

6.3.1.2 **材料要求**

6.3.1.2.1 新更换的承压部件材料应与原承压部件材料牌号相同。

6.3.1.2.2 焊材选用应符合焊接工艺要求。

6.3.1.3 **设计要求**

6.3.1.3.1 应评估材料的相容性、可达到预期修理寿命的操作条件。

6.3.1.3.2 焊接接头、焊接接头系数和质量验收条件等应符合原设计文件的规定，如有变更应取得原设计单位书面同意。

6.3.1.4 **施工要求**

6.3.1.4.1 切割采用磨切、锯切、热切割等方法。采用热切割时应将影响焊接质量的表面层去掉。

6.3.1.4.2 更换的筒节、接管和承压部件中的焊接坡口可以通过热切割、碳弧气刨或机加工来制备，焊接坡口应满足产品标准要求。

6.3.1.4.3 坡口表面不应有裂纹、分层、夹杂等缺陷。

6.3.1.4.4 施焊前应清除坡口及其两侧母材表面至少 20 mm 范围内(以离坡口边缘的距离计)的氧化物、油污、熔渣等其他有害杂质。

6.3.1.4.5 所更换部件的预设置形状、尺寸应符合设计要求。

6.3.1.4.6 焊接工艺、焊接过程、焊后热处理应符合原设计文件的要求及相应标准的规定。

6.3.1.4.7 焊后热处理应符合 GB/T 30583 的规定。

6.3.1.5 **检测与试验**

6.3.1.5.1 产品标准有超声检测要求时，施焊前应对原筒体板材边缘和所更换板材剖口预定线进行 100%超声检测。超声检测应按 NB/T 47013.3—2015 的规定执行，合格级别为Ⅰ级。

6.3.1.5.2 修理部位对接接头应进行射线检测或超声检测。

6.3.1.5.3 所有焊缝完成焊接后应进行磁粉或渗透表面无损检测。

6.3.1.5.4 射线检测应按 NB/T 47013.2—2015 或 NB/T 47013.11—2015、NB/T 47013.14—2016 的规定执行，检测技术等级不低于 AB 级，合格级别不低于Ⅱ级。超声检测应按 NB/T 47013.3—2015 的规定执行，检测技术等级不低于 B 级，合格级别为Ⅰ级。

6.3.1.5.5 对接接头当采用射线检测和超声检测时，检测技术等级和合格级别按照各自执行的标准确定，且均应为合格。

6.3.1.5.6 焊接接头的表面无损检测应采用磁粉检测或渗透检测，铁磁性材料制罐体应优先采用磁粉检测。

6.3.1.5.7 表面无损检测应按 NB/T 47013.4—2015 或 NB/T 47013.5—2015 的规定执行，磁粉检测或渗透检测合格级别为Ⅰ级。

6.3.1.5.8 耐压试验、泄漏试验的相关要求应符合原设计文件及相应产品标准的规定。

6.3.2 **更换气瓶**

6.3.2.1 **适用性**

本方法适用于对含有报废气瓶的长管拖车、管束式集装箱的修理。

6.3.2.2 **材料要求**

更换的气瓶应采用与原设计相同的材料。

6.3.2.3 设计要求

6.3.2.3.1 更换气瓶应符合原设计文件要求,应采用相同设计的合格气瓶,气瓶技术资料至少应包括产品合格证、批量检验质量证明书和特种设备制造监督检验证书。

6.3.2.3.2 气瓶的直线度应符合产品标准要求,气瓶长度终检位置处的最大挠度不应使气瓶相互直接接触。

6.3.2.3.3 更换的气瓶与其他气瓶的长度差应小于或等于 15 mm。

6.3.2.4 施工要求

气瓶组装前应进行静平衡测试,并对静平衡位置标记。气瓶应按静平衡标记进行组装,且重心位于气瓶轴线的正下方。

6.3.2.5 检测与试验

6.3.2.5.1 组装完成后应对整车进行气密性试验,试验压力为气瓶的公称工作压力。无泄漏为合格。

6.3.2.5.2 对气瓶进行充氮(气体置换),瓶内压力应为 0.05 MPa～0.1 MPa。含氧量应小于 3%且符合设计要求。

6.3.2.5.3 充装氢气介质的气瓶,置换后气瓶及管路的含氧量应小于 0.5%,且含水量小于或等于 50×10^{-6}(体积分数)。

6.4 瓶口螺纹切削加工

6.4.1 适用性

本方法适用于以下情况的修理:

a) 气瓶瓶口外螺纹磨损或腐蚀严重,不能对气瓶进行有效固定;

b) 气瓶瓶口内外螺纹存在拆卸损伤、裂纹等缺陷,应将缺陷彻底清除。

6.4.2 材料要求

衬环材料化学成分应与气瓶材质相近,其化学成分和力学性能应符合 GB/T 3077 的规定。

6.4.3 设计要求

6.4.3.1 瓶口螺纹应采用符合相关产品标准的螺纹。

6.4.3.2 在水压试验压力下螺纹剪切安全系数至少为 10,并且应至少啮合 6 圈完整螺纹。采用直螺纹时,螺纹剪切应力安全系数可参考原气瓶制造标准进行。

6.4.3.3 螺纹的加工精度应能满足气密性的需要。当采用公制直螺纹时,内/外螺纹精度宜为 6H/6g;采用英制 UN 直螺纹时,内/外螺纹精度宜为 2B/2A。

6.4.3.4 钢瓶瓶颈的厚度,自螺纹的根径计算,不应小于瓶体的设计厚度。

6.4.3.5 瓶口螺纹去除后的瓶颈厚度小于原设计瓶颈厚度时,应安装衬环。衬环的结构见图 1。

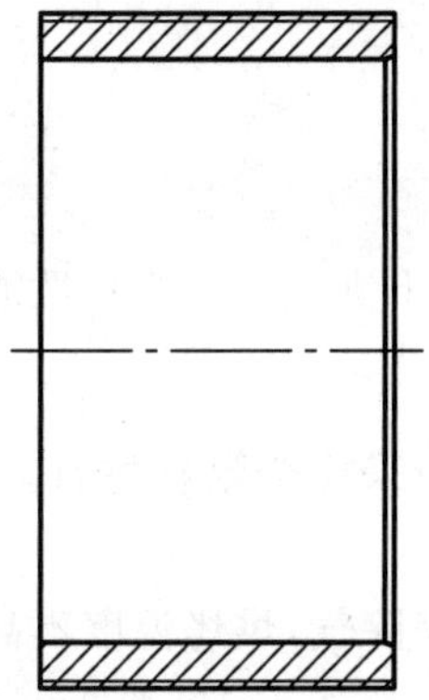

图1 衬环结构

6.4.3.6 衬环内孔与气瓶瓶口应采用过盈配合。

6.4.3.7 应采用有限元分析法对安装衬环的修理方案进行安全性评价。

6.4.4 施工要求

6.4.4.1 瓶口螺纹加工前,应将原有螺纹完全去除,确认加工表面无缺陷。瓶口外表面的表面粗糙度 Ra 不应大于 6.3 μm。表面粗糙度应采用中线制(轮廓法)评定,应符合 GB/T 1031 的规定。

6.4.4.2 衬环最终加热温度不应高于 450 ℃。加热时应防止局部过热。

6.4.4.3 安装衬环时,衬环端面应与瓶口端面平齐,见图 2。

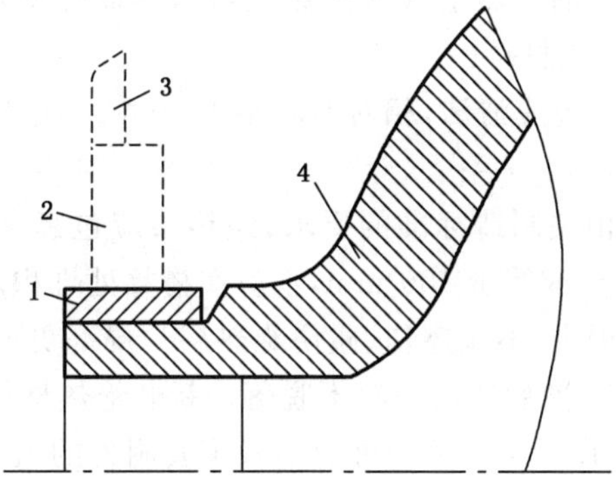

标引序号说明:

1——衬环;

2——法兰;

3——支撑端板;

4——气瓶。

图2 衬环安装

6.4.5 试验与检测

6.4.5.1 瓶口外螺纹去除后,应对去除部位按 NB/T 47013.4—2015 的规定进行磁粉检测,合格级别为Ⅰ级。

6.4.5.2 瓶口螺纹加工完后,瓶口螺纹采用相应的螺纹量规对螺纹进行尺寸及公差检查。

6.5 绝热性能修复

6.5.1 更换绝热材料

6.5.1.1 适用性

本方法适用于修理绝热层损坏后不满足真空绝热性能指标的真空绝热罐体。

6.5.1.2 材料要求

盛装介质为液氧、液氮、液氩时,应采用全阻燃材料。如原罐体采用非阻燃材料,更换时应改为全阻燃材料。

绝热材料应密封保存,使用前烘烤除气,烘烤温度不高于150 ℃。

6.5.1.3 设计要求

6.5.1.3.1 出现大面积跑冷情况时,应整体更换绝热材料。

6.5.1.3.2 出现局部跑冷时,可局部更换绝热材料。

6.5.1.3.3 局部缺陷返修导致绝热材料局部损坏时,缺陷修复完成后应对损坏的绝热层进行更换。

6.5.1.3.4 更换绝热材料后,罐体真空绝热性能不应低于原设计要求。

6.5.1.4 施工要求

6.5.1.4.1 整体更换绝热材料前,应将真空绝热罐体内外容器脱开,用干净的无纺布擦拭容器外壁及夹层管线,擦拭后的无纺布上不应含油迹和明显的黑迹。局部修复时,检查待修理区的破损情况,制定修理方案。

6.5.1.4.2 缠绕前,用干燥、无油的热空气或热氮气对内容器外壁及外管道等待修理区吹扫除气,吹扫完毕后方可缠绕新绝热材料。

6.5.1.4.3 缠绕的工作地和环境应清洁,相对湿度小于40%。使用的工具都应经去除油脂及清洗处理,并吹干。

6.5.1.4.4 缠绕工艺应符合相关制造标准的要求,绝热层应包裹完整不遗漏。每个组合轴向、环向层间搭接处的距离应大于或等于100 mm,不应在搭接处堆积。

6.5.1.4.5 内外容器套合过程中,不应擦伤、碰伤绝热层。局部更换绝热材料时,采用适当的方法将新、老绝热材料固定牢固,使后续使用时不脱落。新老绝热材料搭接长度不小于30 mm。

6.5.1.4.6 套合完成后,按原设计结构完成外容器及配套附件的组装焊接工作。

6.5.1.5 检测与试验

6.5.1.5.1 焊接完成后,焊接接头的无损检测与原设计文件一致。

6.5.1.5.2 绝热层修理完成后,进行抽真空和氦质谱检漏。漏气速率、漏放气速率、封结真空度应符合原设计文件要求。

6.5.1.5.3 产品返修完工后,当合同双方技术协议中有规定时,可进行低温介质加注测试(进液测试),测试时外部壳体应无结露、结霜的现象。

6.5.2 更换吸附剂

6.5.2.1 适用性

本方法适用于吸附剂吸附量饱和、罐体真空绝热性能不符合要求的真空绝热罐体的修理。

6.5.2.2 **材料要求**

6.5.2.2.1 应选择与介质相容的吸附剂。液氧罐车和液氧罐式集装箱不应采用氧化钯、活性炭作为吸附剂。

6.5.2.2.2 吸附剂应密封保存,防止受潮失效;光敏性吸附剂材料应避光保存。

6.5.2.2.3 吸附剂使用前应充分活化处理。

6.5.2.3 **设计要求**

6.5.2.3.1 对于检漏无漏点且真空度不能保持的情况,应更换吸附剂。

6.5.2.3.2 吸附剂设计用量应满足5年真空设计使用年限。

6.5.2.4 **施工要求**

6.5.2.4.1 更换吸附剂前,罐内介质应彻底排净,用干燥氮气进行置换并进行复温处理,确认罐体的壁温高于露点温度。置换按第5章的规定执行。

6.5.2.4.2 夹层放空后,应从抽真空口缓慢通入干燥氮气,对夹层完全置换。置换过程控制流速,采取防超压措施,防止出现内胆失稳。

6.5.2.4.3 打开吸附剂填充口,按设计要求精确称量吸附剂,在更换过程中操作应佩戴清洁手套,尽量短时间完成充填操作。

6.5.2.4.4 应全部更换原有吸附剂。实际充填量不应少于设计要求。

6.5.2.5 **检测**

吸附剂更换完成后,应对夹层重新进行抽真空,夹层漏放气速率应符合产品标准要求。

6.5.3 **重新抽真空**

6.5.3.1 **适用性**

本方法适用于吸附剂吸附量饱和、罐体真空绝热性能不符合要求的真空绝热罐体的修理。

6.5.3.2 **施工要求**

6.5.3.2.1 泵组系统真空度应小于0.005 Pa。

6.5.3.2.2 重新抽真空宜与6.5.2同步进行。

6.5.3.2.3 盛装介质时不宜补抽真空,且应采取安全保护措施,经修理单位安全技术负责人批准后方可进行。

6.5.3.3 **检测**

真空度达到出厂时指标,夹层漏放气速率应合格。

6.6 **打磨**

6.6.1 **施工要求**

6.6.1.1 打磨前准备工作要求:

a) 设备内部介质为易燃、易爆,极度和高度毒性危害的,应在打磨前进行介质置换;

b) 应彻底清理缺陷区域的污渍和有害物质;

c) 应测量缺陷的纵向长度和缺陷处的剩余壁厚。

6.6.1.2 打磨宜使用角向磨光机和翼片砂轮,砂轮片目数不宜过低。

6.6.1.3 打磨时应控制力度,防止形成表面氧化。砂轮不应过载,以免砂轮失效带来安全隐患。

6.6.1.4 打磨时应防止砂轮过载导致打磨部分的母材局部温度过高,防止形成脆性未回火马氏体或致密的浅表裂纹。

6.6.1.5 奥氏体不锈钢表面应采用专用砂轮机以防止碳钢或低合金钢残余物污染导致表面腐蚀或点蚀。

6.6.2 检测

6.6.2.1 打磨后应对打磨区域进行100%磁粉或渗透检测,按NB/T 47013.4—2015或NB/T 47013.5—2015的规定执行,合格级别均为Ⅰ级。

6.6.2.2 应对打磨合格的区域进行壁厚测量,壁厚不应低于原设计要求。

6.6.2.3 应对打磨合格的区域进行外观、形状尺寸检查,外观、形状尺寸应符合原设计要求。

6.6.2.4 打磨区域与相邻区域应圆滑过渡。

7 文件管理

修理方案、修理记录、修理报告的内容应符合GB/T 42595的规定。

附　录　A
(资料性)
典型缺陷的推荐修理方法

典型缺陷修理方法选择见表 A.1。

表 A.1　典型缺陷修理方法选择

缺陷类型	挖补	补焊	堆焊	矫形	更换筒节、封头、接管	更换气瓶	瓶口螺纹切削加工	更换绝热材料	更换吸附剂	重新抽真空	打磨
1. 真空绝热罐体外壳母材表面裂纹	√	√	×	×	√	×	×	×	×	×	√
2. 罐体局部凹陷	×	×	×	√	√	×	×	×	×	×	×
3. 罐体不圆度超标	×	×	×	√	√	×	×	×	×	×	×
4. 罐体和管路焊接接头裂纹、焊缝表面损伤	×	√	×	×	√	×	×	×	×	×	√
5. 罐体支座母材变形、裂纹	×	√	×	×	×	×	×	×	×	×	√
6. 真空绝热罐体真空性能丧失	×	×	×	×	√	×	×	√	√	√	×
7. 罐体全面减薄	×	×	×	×	√	×	×	×	×	×	×
8. 罐体内部耐蚀层(堆焊层或复合板)减薄	×	×	√	×	×	×	×	×	×	×	×
9. 罐体焊缝局部减薄	×	×	×	×	√	×	×	×	×	×	×
10. 气瓶表面裂纹、皱折、机械损伤	×	×	×	×	×	√	×	×	×	×	√
11. 气瓶火焰损伤	×	×	×	×	×	√	×	×	×	×	×
12. 气瓶瓶口螺纹磨损	×	×	×	×	×	√	√	×	×	×	×
13. 管路、安全附件、装卸附件母材裂纹和机械损伤	×	×	×	×	√	×	×	×	×	×	√

注 1:"√"表示推荐的修理方法。

注 2:"×"表示不推荐的修理方法。

附 录 B
(资料性)
铁路罐车附件修理

B.1 押运间

B.1.1 押运间的钢结构部分与底架螺栓连接部位一般分解检修。

B.1.2 各梁、柱、侧板、端板、顶板、地板、侧门板存在裂纹时进行焊接修理,腐蚀深度大于30%时进行挖补或更换,雨檐腐蚀、破损时进行更换,切式通风器进行分解检修。

B.1.3 修理后,侧墙、端墙、地板面对角线差小于或等于6 mm,侧门框对角线差小于或等于4 mm;侧板、端板平面度为8 mm/m^2,顶板平面度为12 mm/m^2。

B.1.4 防寒材料破损时一般进行更换,安装时分层、分段使用。

B.1.5 内衬板腐朽、脱胶或破损时一般进行更换,塑料贴面板破损时一般进行更换。

B.1.6 地板布更换时应满足以下要求:

a) 组装木地板前,在防寒材表面铺一层油毡纸;

b) 铺、钉地板布前涂防潮涂料。

B.1.7 车门、车窗分解检修时一般更换胶条,其他附件修理要求如下:

a) 锁、折页、插销失效时一般进行修理或更换;

b) 窗框木撑腐朽时一般进行更换,窗框压条、车窗防护栏杆腐蚀严重时一般进行更换;

c) 修理后,侧门组成对角线差、横向或纵向弯曲度小于或等于3 mm;侧门与门挡边下部间隙小于或等于15 mm,其他部位小于或等于5 mm;侧门与门框防风胶条接触严密;车窗与车窗边间隙上下及左右之和为2 mm~4 mm;车门、车窗组装后配件齐全,开闭灵活。

B.1.8 押运间内设备损坏时修理或更换,丢失时补装。

B.2 外扶梯、车顶操作平台、安全护栏

B.2.1 扶梯等钢质配件弯曲、腐蚀严重、丢失、裂纹、破损时,进行矫形、焊接修理或更换。

B.2.2 扶梯修理后无松动,结构强度满足人员的正常操作和防护。

B.3 阀盖

阀盖出现裂纹、破损或存在其他缺陷无法修理时一般进行更换。

B.4 人孔盖

B.4.1 人孔盖局部腐蚀深度大于30%或密封不严时进行更换,球墨铸铁人孔盖存在裂纹时进行更换。

B.4.2 人孔盖橡胶密封垫更换时,密封垫材质符合设计文件要求。铅封装置齐全良好。

B.4.3 人孔盖折页轴采用M(20~22)×(205~210)的螺栓组装,助开式人孔铰链板销符合原设计图样要求,组装后进行点焊固定。

B.4.4 修理后的人孔螺栓符合原设计文件要求。

B.4.5 装有密闭加排装置的铁路罐车进行水压试验前,原车人孔盖已安装完好。

B.4.6 人孔盖盖板、盖圈、下托板腐蚀、磨耗深度大于30%时进行更换。上盖圈腐蚀大于1 mm时更换,盖板及折页变形时采用矫形的方法进行修理,折页与盖板焊接接头开裂时参见6.1进行焊接修理。

B.4.7 人孔盖盖板、盖圈、盖板折页、人孔座存在裂纹时进行焊接修理,焊接形式采用双面焊。

B.4.8 人孔座各配件变形时采用矫形的方法进行修理。锁销支板、人孔盖支板及关盖定位杆腐蚀大于3 mm时更换。锁销磨耗大于2 mm时堆焊后磨平,键销断裂时更换。矫形后在不装用转轴时,人孔盖及人孔座中心线重合,同时两转轴中心线重合,锁销在不借助敲击的情况下安插到位。人孔盖开闭灵活,关闭严密。

附 录 C
（资料性）
汽车罐车、罐式集装箱附件修理

C.1 防波板

C.1.1 螺栓连接处出现松动脱落，可通过更换螺栓、螺母重新紧固。更换螺栓、螺母时选用原材质及规格的螺栓、螺母。

C.1.2 防波板与罐体连接部位焊接接头存在裂纹等缺陷、打磨消除后且罐体打磨部位实测壁厚小于罐体设计厚度时采用补焊修理。

C.1.3 防波板出现裂纹且经打磨无法消除时更换防波板。

C.1.4 防波板固定用紧固件点焊固定出现松脱时重新点焊固定。

C.1.5 更换防波板时满足原设计文件要求。

C.2 装卸软管

C.2.1 装卸软管发生损坏时直接更换。

C.2.2 更换后装卸软管检验与试验项目见表 C.1。

表 C.1 装卸软管检验与试验

序号	检验与试验项目	检验与试验内容
1	外观检查	软管与介质接触部件无变形、破损、老化，软管无堵塞
2	结构检查	软管与两端接头的连接应牢固可靠，螺纹、快装接头应完好，快装接头手柄无缺失
3	耐压试验	试验压力为软管公称压力的 1.5 倍，保压时间不少于 5 min，降至工作压力时检查，无破裂、鼓包、永久变形和泄漏
4	气密性试验	试验压力为软管公称压力或工作压力，保压时间不少于 5 min，无泄漏。其中，装卸液化气体、冷冻液化气体和液体装卸软管的公称压力大于或等于装卸系统工作压力的 2 倍；装卸压缩气体装卸软管的公称压力大于或等于装卸系统工作压力的 1.3 倍

C.3 快装接头

发生开裂或滑口等较大缺陷时，更换相同材质和规格的快装接头。

C.4 操作箱

C.4.1 操作箱发生轻微变形的可通过矫形使之能开合自如。

C.4.2 出现严重变形且无法修理时进行更换。出现局部开裂可在不影响外观情况下在内侧补焊或焊接加强筋条。

C.5 自增压汽化器

C.5.1 连接处密封失效时可更换密封垫。

C.5.2 汽化器翅片局部破损泄漏，可通过补焊修理。修理完成后进行耐压试验，耐压试验压力为设计压力的 1.5 倍,出现较大面积破损泄漏时,更换相同材质、规格的汽化器。

C.6 外壳防爆装置

外壳防爆装置丧失功能时进行更换。新更换的外壳防爆装置与原外壳防爆装置型号、规格和功能相同。

C.7 罐体顶部安全阀的防护装置

C.7.1 防护装置存在变形时,宜拆卸后校正处理,使其不妨碍安全阀的拆装。

C.7.2 防护装置与主体焊接接头存在裂纹等缺陷时,参见 6.1 进行焊接接头返修。

C.7.3 紧固件存在裂纹等缺陷且无法修理时,更换紧固件。

C.7.4 连接板与主体的焊接接头发生失效且仅连接板无法重新焊接时,更换连接板;如仅防护装置严重损伤无法校正时,更换防护装置。

C.7.5 防护装置与主体焊接接头发生失效且与主体连接部位无法重新焊接时,更换防护装置。

C.8 支座

C.8.1 支座与垫板的焊接接头存在裂纹等缺陷时参见 6.1 进行焊接修理;如垫板母材已受损,对垫板母材受损部位去除缺陷后可参见 6.1 进行堆焊修理。支座与垫板的焊接接头发生失效且与垫板连接部位无法重新焊接时,更换支座。

C.8.2 垫板发生弯曲变形无法矫形时更换垫板,并参见 6.1 重新焊接。

C.9 罐体侧面防护装置

C.9.1 罐体侧面防护装置存在裂纹或断裂时可进行焊接修理。

C.9.2 尺寸不符合要求时更换。

C.9.3 罐体侧面防护装置修理后的检验与试验内容见表 C.2。

表 C.2 罐体侧面防护装置的检验与试验

序号	检验与试验项目	检验与试验内容
1	外表面的位置	侧面防护装置不增加车辆的总宽,外表面的主要部分位于距车辆最外沿以内小于或等于 150 mm 的位置,侧面防护装置沿车身方向的最后一段至少有250 mm 不应位于距后轮胎最外侧向内大于 30 mm 的位置
2	外表面的形状	侧面防护装置的外表面应光滑,宜前后连续;相邻部件允许搭接,搭接的外露边沿应向后或向下;相邻部件沿纵向可留出小于或等于 25 mm 的间隙,后部不超出前部的外侧。圆头螺栓和铆钉以及光滑并倒圆的其他零件允许凸出外表面小于或等于 10 mm。凸出小于 5 mm 的部件,其朝外表面边缘应钝化
3	侧面防护装置结构	侧面防护装置可以是一个连续平面,或由一根或多根横杆构成,或是平面与横杆的组合体。平面和横杆的组合结构应形成一个实际连续的侧面防护装置。当采用横杆结构时,横杆间距小于或等于 300 mm,且截面高度为: a) 对 3.5 t 以上、12 t 以下的单车和 10 t 以下半挂车辆大于或等于 50 mm; b) 对大于 12 t 的单车和大于 10 t 的半挂车辆大于或等于 100 mm

表 C.2　罐体侧面防护装置的检验与试验(续)

序号	检验与试验项目	检验与试验内容
4	前缘结构	前缘形状尺寸满足以下要求。 a) 3.5 t 以上单车类:前缘处在最靠近其轮胎周向铅垂切面之后 300 mm 的范围内;若上述 300 mm 尺寸落在驾驶室区域内,则前缘与驾驶室围板的间隙小于或等于 100 mm。 b) 牵引半挂车:前缘处在最靠近其轮胎周向铅垂切面之后 500 mm 的范围内。 c) 半挂车:若安装有支撑装置,则前缘位于支撑装置的中心横截面后小于或等于 250 mm 处。前缘到牵引主销位于最后位置时的中心横截面的距离不超过2 700 mm。 d) 中置轴挂车:前缘位于第一轴中心横截面前面区域,但不超过车身的前端。 e) 若前缘位于超过 25 mm 的开阔空间,则由一个连续的、贯穿其整个高度的垂直构件组成;对 3.5 t 以上、12 t 以下的单车和 10 t 以下半挂车辆,垂直构件的外侧面和前端面至少向后 50 mm、向内弯曲 100 mm,或侧面防护装置沿车身方向最前端应向内弯曲 100 mm 以上或有至少 50 mm 半径且四分之一以上圆弧状;对大于 12 t 的单车和大于 10 t 的半挂车辆,垂直构件的外侧面和前端面至少向后 100 mm、向内弯曲 100 mm,或最小半径是 100 mm,至少四分之一圆弧。 f) 若前缘与驾驶室围板的间隙小于或等于 100 mm,则该条不适用。此时,前缘可向内弯成一个小于或等于 45°的角度
5	后缘结构	后缘处在最靠近其轮胎周向铅垂切面之前 300 mm 的范围内
6	前、后外伸长度	改变侧面防护装置材料的,侧面防护装置前、后外伸出长度不超过按表 C.2 中序号 9 进行试验时的圆形平压头中心与(纵横)连接件交叉点之间的距离;当存在多个以上距离时,不超过其中的最大者。未改变侧面防护装置材料的,前、后外伸长度符合原产品标准要求
7	下缘离地	侧面防护装置的下缘任何一点的离地高度不大于 550 mm
8	上缘距车辆上部构件的距离	当切于轮胎外侧表面的铅垂平面与侧防护装置上部的车辆构件交割或接触,则上缘到该平面所交割或接触的车辆构件的距离小于或等于 350 mm;否则上缘的离地高度不小于 950 mm。 当上述平面没有与车辆构件相交,则装置的上缘与载货台平台的平面持平或距离地面高度至少 950 mm,取两者较小者
9	刚度	侧面防护装置的刚度满足: a) 侧面防护装置应具有一定的刚度,固定牢靠(不因振动而松动); b) 用直径 220 mm±10 mm 圆形平压头施加 1 kN 静压力垂直作用于该装置外表面的各部分,产生的变形满足:最后 250 mm 一段内变形量小于或等于 30 mm 且其余部分变形量小于或等于 150 mm
10	安装要求	在侧面防护装置上不应安装及固定制动元件、气体或液体的管路
11	安装位置	侧面防护装置在车辆侧面允许被设计成具有不同的安装位置。此时,具有可靠的方法以使其安装后在安装位置上不会随意移动,当调整其安装位置时施加的力不超过 400 N
12	危险货物运输车特殊要求	罐式危险货物运输车辆罐体上的管路和管路附件不超出车辆的侧面装置

C.10 罐体后下部防护装置

C.10.1 罐体后下部防护装置存在可矫形的变形、可补焊的局部开裂可参见6.1和6.2进行修理。

C.10.2 罐体后下部防护装置出现不能矫形的变形、贯穿截面的断裂时进行更换。

C.10.3 罐体后下部防护装置修理后的检验与试验内容见表C.3。

表C.3 罐体后下部防护装置检验与试验

序号	检验与试验项目	检验与试验内容
1	横向构件形状	后下部防护装置横向构件两端不应弯向车辆后方且无尖锐的外侧边缘。横向构件的外侧端应倒圆,其圆角半径大于或等于2.5 mm。横向构件的截面高度满足以下要求: a) 对于3.5 t以上、12 t以下的单车和10 t以下半挂车辆不小于100 mm; b) 对于大于12 t的单车和大于10 t的半挂车辆不小于120 mm
2	安装位置以及调节	后下部防护装置尽可能位于靠近车辆后部的位置。道路运输液体危险货物罐式车辆的后下部防护位于车辆最后端。若后下部防护装置具有不同的安装位置,则确认具有可靠的方法以使其安装后在安装位置上不会随意移动;当调整其安装位置时需要施加的力不超过400 N
3	离地高度	在车辆空载状态下,后下部防护的下边缘离地高度小于或等于500 mm
4	宽度	后下部防护的宽度不可大于车辆后轴两侧车轮最外点之间的距离,且任一端最外边缘与这一侧车辆后轴车轮最外端的水平横向距离小于或等于100 mm
5	阻挡能力	后下部防护装置的后部与车辆最后端的纵向水平距离与静态加载试验的最大水平变形量之和不超过400 mm; 对于安装在道路运输液体危险货物罐式车辆上的后下部防护装置的最大水平变形量小于或等于150 mm
6	危险货物运输车特殊要求	罐体后封头及罐体后封头上的管路和管路附件外端面与后下部防护装置内侧在车辆长度方向垂直投影的距离大于或等于150 mm

C.11 框架

C.11.1 横梁和立柱

C.11.1.1 横梁和立柱发生弯曲变形、直线度大于构件长度的0.15%且未导致其他相连部件受损时可矫形修理。矫形过程中要防止过烧或产生裂纹。

C.11.1.2 角件与横梁和立柱的连接焊缝失效裂开时,且角件母材未受损,参见6.1进行焊接修理。

C.11.1.3 角件与横梁和立柱的连接焊缝失效且与角件连接部位无法重新焊接时,参见6.1和6.6对角件连接部位进行表面打磨再行装配焊接。

C.11.1.4 横梁和立柱受损、直线度小于或等于构件长度的0.15%且无法矫形时,更换横梁和立柱。

C.11.1.5 横梁和立柱发生弯曲变形,直线度大于构件长度的0.15%,并导致其他相连部件变形或受损时,不进行局部修理,参见6.3.1更换横梁、立柱和其他受损部件。

C.11.1.6 横梁、立柱及其他框架部件受到火灾烧损变形的,更换框架。

C.11.1.7 横梁、立柱、百叶窗锈蚀减薄程度超出框架尺寸偏差要求的,更换发生锈蚀的横梁、立柱、百叶窗。

C.11.2 角件

C.11.2.1 角件母材受损程度未超出角件偏差要求时,参见 6.6 对角件母材受损部位作打磨修理。

C.11.2.2 角件母材受损程度超出角件偏差要求时,更换角件。

C.11.3 检验与试验

C.11.3.1 更换的罐式集装箱框架立柱和角件焊接完成后进行角立柱拉力试验,试验结果符合原设计要求。

C.11.3.2 框架修理或更换完成后检验焊接质量和外形尺寸,检查结果符合原设计要求。

C.11.3.3 框架修理或更换完成后,对外壳(罐体)与框架连接部位的新焊接接头进行 100%磁粉检测或渗透检测,合格级别不低于Ⅰ级。

C.12 遮阳装置

C.12.1 支架焊缝未撕裂、仅遮阳装置发生弯曲变形时,进行矫形修理。

C.12.2 支架焊缝撕裂且遮阳装置发生弯曲变形时,进行焊接修理和遮阳装置矫形修理。

C.12.3 仅连接螺栓断裂时,更换螺栓。

附　录　D
（资料性）
长管拖车、管束式集装箱附件修理

D.1　端塞

D.1.1　端塞不通过补焊的方法进行修理。

D.1.2　当端塞出现以下损伤时，更换新端塞：

a）端塞存在裂纹或裂纹性缺陷，存在严重腐蚀，端塞变形或存在其他机械损伤；

b）对于锥形螺纹端塞，旋入有效螺纹长度小于规定的最小有效螺纹长度；

c）对于直螺纹端塞，有效啮合螺纹数小于规定的最小有效螺纹长度。

D.2　框架

D.2.1　气瓶支撑端板发生严重弯曲变形，更换气瓶支撑端板。

D.2.2　前后仓门发生严重弯曲变形或锈蚀严重，更换仓门。

D.2.3　长管拖车、管束式集装箱框架的修理参见 C.11。

D.3　捆绑带

D.3.1　捆绑带存在以下情况可进行修理：

a）焊缝存在裂纹；

b）捆绑带螺栓松动；

c）垫皮脱落；

d）捆绑带螺栓螺纹损伤严重。

D.3.2　对于存在裂纹的焊接接头，对裂纹进行清除，无裂纹后进行补焊处理。

D.3.3　对于存在螺栓松动的捆绑带，对松动的螺栓进行紧固。

D.3.4　对于存在垫皮脱落的捆绑带，拆卸捆绑带后重新安装垫皮，再进行捆绑带安装。

D.3.5　对于螺栓螺纹损伤严重的捆绑带，更换螺栓。对螺纹损伤严重的螺栓，采用碳弧气刨或气割进行去除，重新更换螺栓后进行焊接。

D.3.6　捆绑带存在以下情况进行更换：

a）捆绑带断裂；

b）螺纹生锈严重无法拆卸；

c）捆绑带受火焰损伤严重。

D.4　易熔合金塞

易熔合金塞存在以下情况进行更换：

a）压帽开裂；

b）易熔合金塞存在裂纹；

c）易熔合金塞熔化。

参 考 文 献

［1］ TSG R0005　移动式压力容器安全技术监察规程

ICS 23.020.30
CCS J 74

GB

中华人民共和国国家标准

GB/T 42606—2023

固定式压力容器修理导则

Guidelines for repair of stationary pressure vessels

2023-05-23 发布

2023-05-23 实施

国家市场监督管理总局
国家标准化管理委员会 发布

前　　言

本文件按照 GB/T 1.1—2020《标准化工作导则　第 1 部分:标准化文件的结构和起草规则》的规定起草。

请注意本文件的某些内容可能涉及专利。本文件的发布机构不承担识别专利的责任。

本文件由全国锅炉压力容器标准化技术委员会(SAC/TC 262)提出并归口。

本文件起草单位:中国特种设备检测研究院、合肥通用机械研究院有限公司、中国石油化工股份有限公司、一重集团大连核电石化有限公司、中石油克拉玛依石化有限责任公司、中国石油四川石化有限责任公司、北京航空航天大学、南京工业大学、江苏省特种设备安全监督检验研究院、中国石化工程建设有限公司、北京燕华工程建设有限公司、上海赛科石油化工有限责任公司、中特检验集团有限公司。

本文件主要起草人:李志峰、邵珊珊、康晓鹏、卜华全、何承厚、任刚、周凤革、赵敏珍、张恩贵、孙福广、张峥、赵建平、缪春生、夏少青、康鸿雁、路宝玺、宋利滨、郭璟倩、李智慧。

固定式压力容器修理导则

1 范围

本文件规定了在役固定式压力容器(以下简称“容器”)以及与其相连的工业管道(以下简称“管道”)的修理要求。

本文件适用于《特种设备目录》中钢制和石墨制固定式容器及管道的修理,其他金属制固定式容器及管道的修理可参照使用。

2 规范性引用文件

下列文件中的内容通过文中的规范性引用而构成本文件必不可少的条款。其中,注日期的引用文件,仅该日期对应的版本适用于本文件;不注日期的引用文件,其最新版本(包括所有的修改单)适用于本文件。

GB/T 150(所有部分) 压力容器

GB/T 1954 铬镍奥氏体不锈钢焊缝铁素体含量测量方法

GB/T 20801(所有部分) 压力管道规范 工业管道

GB/T 21432 石墨制压力容器

GB/T 26467 承压设备带压密封技术规范

GB/T 26468 承压设备带压密封夹具设计规范

GB/T 42595 承压设备修理基本要求

NB/T 47013(所有部分) 承压设备无损检测

NB/T 47014 承压设备焊接工艺评定

NB/T 47015 压力容器焊接规程

NB/T 47018(所有部分) 承压设备用焊接材料订货技术条件

3 术语和定义

下列术语和定义适用于本文件。

3.1

工艺危害分析 process hazard analysis;PHA

在一系列的假设前提下按理想的情况建立模型,对事故的危险类别、出现条件、后果等进行概略地分析。

3.2

预期修理寿命 expected repair life

采用制造标准或合于使用评价标准对修理方法的预期效果进行评价,得到按修理方案实施后设备的剩余寿命。

3.3

挖补 flaw excavation and weld repair

采用机加工或热加工方法去除承压部件缺陷部位后,将补板焊接于去除缺陷后留下的窗口位置的修理方法。

3.4

补板 butt-welded insert plate

焊接挖补法中用于填补缺陷去除部位的承压部件。

3.5

密封焊接 seal-welded

当螺纹连接无法满足设备运行过程中的密封性时,在螺纹啮合后的部位进行的焊接。

3.6

冷冻塞 freeze plug

通过降低管道外壁温度使内部液体介质冷冻形成栓塞,用来隔离管段上、下游介质的技术。

注:二氧化碳和液氮是两种最常用的冷冻剂。

3.7

打磨 grinding

利用由砂纸或硬质磨削材料制成的砂轮对金属进行磨削的表面处理工艺。

3.8

珩磨 honing

对圆筒形部件的内表面进行加工,使其表面尺寸达到较高精度的一种精磨工艺。

3.9

精研 lapping

一种抛光技术,用于要求粗糙度非常低的表面加工。

3.10

机加工 machining

使用机械化切割设备(镗杆,铣床,法兰端面加工机、便携式车床等)去除缺陷的加工处理方法。

3.11

热刨 thermal gouging

一种金属去除方法,用热量使金属部件局部熔化,并通过高速空气或气体喷射的力量将熔化的金属去除。

3.12

临界转变温度 critical transformation temperature

晶体结构开始从体心立方(BCC)向面心立方(FCC)转变的最低温度。

4 总体要求

4.1 容器的修理工作程序应符合 GB/T 42595 的要求。

4.2 修理方法包括焊接修理和机械修理,针对的缺陷包括壁厚减薄、裂纹、沟槽、分层、鼓泡等,具体见表 1。

表 1 修理方法列表及适用性

修理方法类别	修理方法	全面减薄	局部减薄	点蚀	沟槽	鼓泡	分层	周向裂纹	纵向裂纹
焊接修理	5.1 焊接挖补修理[a]	Y	Y	Y	Y	Y	Y	Y	Y
	5.2 外壁堆焊修理[b]	N	Y	Y	Y	N	N	N	N
	5.3 密封焊接修理[c]	NA	NA	NA	NA	NA	NA	NA	NA
	5.4 焊接卡具修理[d]	N	Y	Y	N	N	N	R	R
	5.5 套筒焊接修理 A型	Y[e]	Y[e]	Y[e]	R	N	N	N	N
	5.5 套筒焊接修理 B型	Y	Y	Y	Y	Y	Y	Y	R
	5.6 带加强塞焊贴板修理	N	Y	Y	Y	S	N	R	R
	5.7 圆角焊接贴板修理	N	Y	Y	Y	S	N	R	R
	5.8 堆焊和补焊修理	N	Y	S	S	S	N	N	N
	5.9 螺纹塞或塞焊堵头修理	N	Y	Y	Y	S	N	R	R
机械修理	6.1 更换承压部件	Y	Y	Y	Y	Y	Y	Y	Y
	6.2 冷冻塞[f]	NA	NA	NA	NA	NA	NA	NA	NA
	6.3 螺纹修理[g]	N	N	N	N	N	N	N	N
	6.4 去除金属[h]	NA	NA	Y	Y	Y	Y	Y	Y
	6.5 法兰修理和更换	N	N	Y	Y	S	N	Y	N
	6.6 机械夹具修理[b,i]	N	Y	Y	R	N	N	R	R
	6.7 管道矫直或煨弯	N	N	N	N	N	N	N	N

注：“Y”表示适用，“S”表示不宜使用但可接受，“R”表示在分析修理方法和应用情景的适用性基础上可使用，“N”表示不应使用，“NA”表示不适用。

[a] 该技术可用于接管更换、凹坑和划痕缺陷的修理。

[b] 限制条件见 5.2.2。

[c] 该技术用于提高螺纹连接接头的密封性。

[d] 该技术用于法兰、阀门等管道组成件、焊接接头和机械接头的泄漏修理。

[e] 对于内部缺陷，应分析并确定缺陷产生的原因，宜使用 B 型套筒。

[f] 该技术用于管道的隔离。

[g] 该技术用于螺孔中损坏螺纹的修理。

[h] 该技术也可用于表面硬化的修理。

[i] 该技术用于垫片和填料泄漏的修理。

4.3 使用单位和修理单位应根据现场实际情况确定修理方法，可采用一种方法或几种方法的组合。

4.4 应力分析时所采用的计算压力，除非有特殊规定，应为最高允许工作压力。

4.5 修理过程中的设计、材料、焊接、热处理、无损检测、耐压试验和泄漏试验等，应按照第 5 章和第 6 章的规定执行。

4.6　第 5 章和第 6 章对焊接过程若无具体规定，修理的焊接过程应符合 NB/T 47015 的规定，焊材应符合 NB/T 47018(所有部分)的规定，各类焊缝的焊接工艺应按照 NB/T 47014 评定合格，焊工应按相关法规取得相应焊接项目的资质。

4.7　采用焊接修理方法时，修理单位应掌握材料的各项性能，尤其是材料的可焊接性。

4.8　无损检测作业的程序、人员、工机具应符合 NB/T 47013 相关部分的规定，其中射线检测应符合 NB/T 47013.2 或 NB/T 47013.11 的规定；超声检测应符合 NB/T 47013.3 或 NB/T 47013.10的规定；无损检测发现的缺陷应按照 NB/T 47013 相关部分的规定对相关显示进行评定。

4.9　修理后设备的耐压试验和泄漏试验介质、试验参数、试验程序等应按照相关标准、设计文件和修理方案的规定执行。

4.10　施焊环境温度低于 0 ℃的容器和管道不应在役焊接修理。

4.11　修理过程中的带压堵漏应按照 GB/T 26467 的规定进行。

4.12　石墨制压力容器的修理应符合附录 A 的规定。

4.13　焊前预热的替代方法见附录 B。若修理过程中存在以下情况，不应采用焊前预热替代方法。

a)　设备的服役条件限制了替代预热方法的实施。

b)　使用单位不同意采用焊前预热的替代方法。

c)　设计文件或安装规范中禁止采用焊前预热的替代方法。

焊接碳含量或碳当量高的材料，或焊接高淬透性和具有高约束结构的材料时，不宜采用焊前预热的替代方法。

4.14　焊后热处理的替代方法见附录 C。所采用的焊后热处理替代方法应经过设计确认。如果未进行设计确认，焊接修理后的容器和管道应按照原标准或使用单位的要求实施焊后热处理。新制造或安装的设备可参照附录 B 的内容实施。以下焊接接头在采用焊后热处理的替代方法时应进行适用性测试：

a)　使用过程中有发生氢脆的可能性的焊接接头；

b)　使用温度在蠕变温度范围内的焊接接头；

c)　管道系统上进行的在役修理焊接接头或带压堵漏焊接接头；

d)　耐氢腐蚀、耐硫化物或应力腐蚀开裂材料的焊接接头；

e)　异种钢焊接接头。

若设备存在应力腐蚀开裂机理(如涉及胺、苛性碱或碳酸盐的使用环境)，应评估采用焊后热处理的替代方法是否会影响修理部位在使用环境中的材质适应性。

4.15　碳钢承压设备的在役焊接见附录 D。焊缝应在焊接完成后进行检测，检测方法和验收标准应符合设计文件和修理方案的要求。应根据设计文件和修理方案进行耐压试验，对安装后的带压封堵组件进行耐压试验时，应分析运行温度对试验的影响，避免试验流体闪蒸成蒸汽。

4.16　现场热处理的技术要求见附录 E。现场热处理前应按照 GB/T 35013 的相关要求对膨胀量进行评估。现场热处理后按照相关标准的要求进行耐压试验或泄漏试验。在设备投用前，应测试仪表和电气线路的连接是否正确，联锁操作有无问题。有材料韧性要求的设备宜制备热处理试件，试验后得到的材料性能应满足相关法规和标准的规定。

4.17 铬钼钢制压力容器的焊接注意事项见附录F。铬钼钢制压力容器的焊接工艺指导书应符合NB/T 47014、设计文件和修理方案的要求。对于无法进行焊后热处理的低合金钢焊缝，评估后方可采用回火焊技术替代焊后热处理。无损检测的工艺程序应符合NB/T 47013相关部分的要求。

4.18 热态拆卸和半数拆卸螺栓的方法见附录G。在应用热态拆卸和半数拆卸螺栓的方法时，应对附录G提出的风险进行评估。附录G仅对热态拆卸和半数拆卸螺栓提出了一般性指导，实际应用时应结合具体作业程序以及安全作业规定实施。拆卸过程中或作业完毕后应目视检查螺栓上的标记，确认是否使用了正确的材料，可用光谱分析和硬度检测补充检测。

4.19 管壳式换热器的检修要求见附录H。管壳式换热器的焊接修复都应使用评定合格的焊接工艺，焊工资质应符合适用标准和规范要求。若适用的标准和规范对焊接工艺评定过程中的试板有冲击试验要求的，应按照适用的标准和规范执行。碳钢和低合金钢的焊接应使用低氢型焊条。

5 焊接修理

5.1 焊接挖补修理

5.1.1 适用性

5.1.1.1 本方法适用于修理圆筒形、球形、圆锥形和板形承压部件。在补板和封头曲率匹配的情况下，也可用于修理封头。

5.1.1.2 本方法适用于存在穿透性裂纹的局部部位，或因冲刷、腐蚀及其他损伤造成的局部减薄部位的修理。

5.1.1.3 本方法不适用于筒体、球壳板、封头、管子或管件等承压部件的整体更换。

5.1.2 限制条件

低温(≤−20 ℃)或高温(≥315 ℃)工况不宜采用铁素体-奥氏体钢的异种钢焊接接头。

5.1.3 设计

5.1.3.1 一般要求

除5.1.3.3中规定的特殊情况外，补板厚度、材料和焊缝、焊接接头系数及质量验收条件等均应符合原设计文件的要求，许用应力应按照原设计标准选取。

对于外压容器，应分析因修理产生的永久变形或错边对稳定性的影响，如果部件承受循环载荷作用，还应分析永久变形对部件疲劳寿命的影响。

5.1.3.2 材料

补板和焊材应采用与原设计相同的材料。当采用原设计材料的同类别材料时，其许用应力和韧性应略高于原设计材料，并符合使用要求。

对于有衬里或堆焊层的设备，补板的衬里或堆焊层材料应与原设备的相兼容，并应符合合于使用的要求。

补板与承压部件之间为异种钢焊接时，补板材料应满足承压部件的机械性能要求，且应评估不同材料与使用环境之间的相容性，如果存在热疲劳，还应分析异种钢焊接加速疲劳断裂的可能性。

5.1.3.3 **补板厚度**

补板厚度不应小于原设计要求的名义厚度。如果补板厚度不符合原设计要求,应按原设计标准进行强度校核,特殊情况时(如疲劳容器)应采用应力分析方法进行校核,校核结果应符合使用要求。

5.1.3.4 **矩形补板的圆角半径**

矩形补板的圆角半径应符合以下要求(整块更换的按原设计标准和设计文件要求)。

a) 板厚小于 13 mm 时,采用圆角型式,对圆角半径不作要求。

b) 板厚大于或等于 13 mm 且小于 25 mm 时,圆角半径大于或等于 75 mm。

c) 板厚大于或等于 25 mm 时,圆角半径大于或等于 150 mm。

5.1.3.5 **管状设备的补板形状**

管状设备的补板形状可采用圆形、椭圆形(如图 1 所示)或采用圆角矩形。

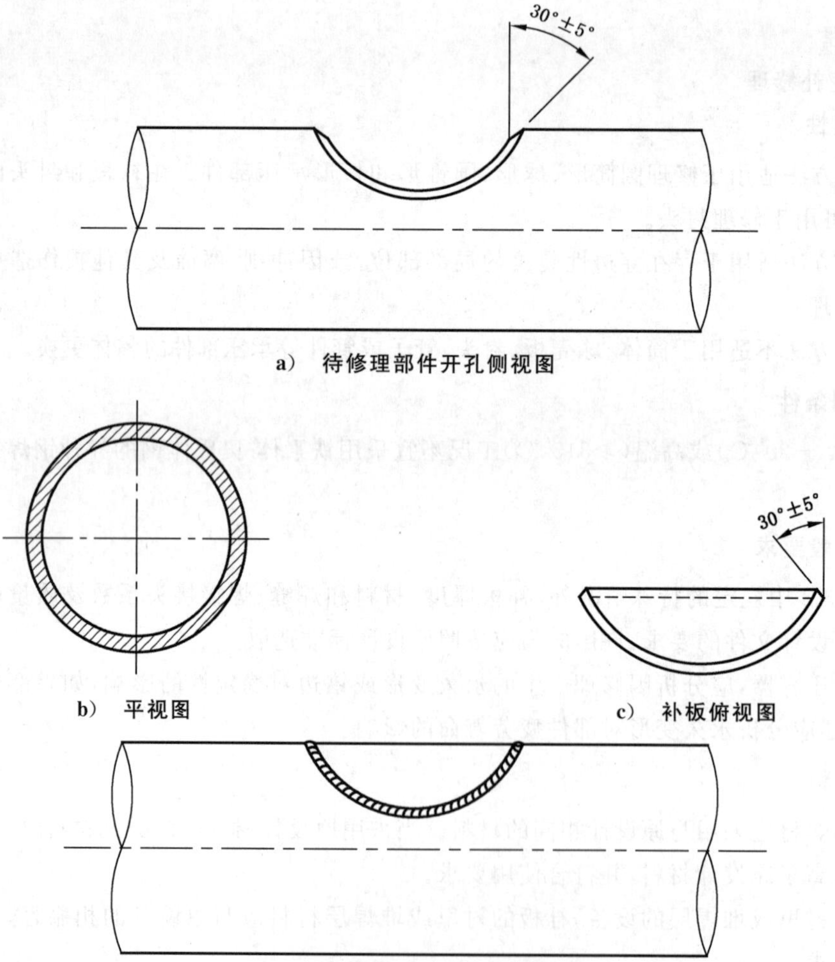

a) 待修理部件开孔侧视图

b) 平视图

c) 补板俯视图

d) 修理部件的焊后侧视图

图 1 管状设备的补板形状

5.1.3.6 补板尺寸

补板尺寸应大于或等于承压部件的损伤区域。

材质为碳钢或低合金钢，且不必焊后热处理的补板，其最小直径或最小短边长度应大于12倍基材厚度或380 mm中的较小值。带接管的补板尺寸要求应符合5.1.3.8的规定。

5.1.3.7 开孔处的结构稳定性

挖补应分析设备的结构稳定性和无支撑板的壳体大开孔边缘的变形度。对更换部位进行切割作业时，应根据设备在修理过程中可能承受的所有载荷，包括设备焊后热处理时的结构稳定性，决定无支撑的开孔边缘是否应增设临时支撑。

5.1.3.8 带接管的补板

如果补板带有接管或人孔结构，对接管或人孔的补强应符合设备设计标准。

带有接管或人孔结构的补板，其直径为接管或人孔直径、补强宽度和焊接坡口斜面的宽度之和，最小直径应选择a)和b)中的较大值。

a) 对于不必做焊后热处理的碳钢或低合金钢补板，接管角焊缝与补板对接焊缝边缘之间的最小距离不应小于150 mm。

b) 接管外径大于300 mm时，补板直径宜大于接管外径的2倍；接管外径小于或等于300 mm时，补板直径可不大于接管外径的2倍(补板与承压部件的焊接结构示意图见图2和图3)。

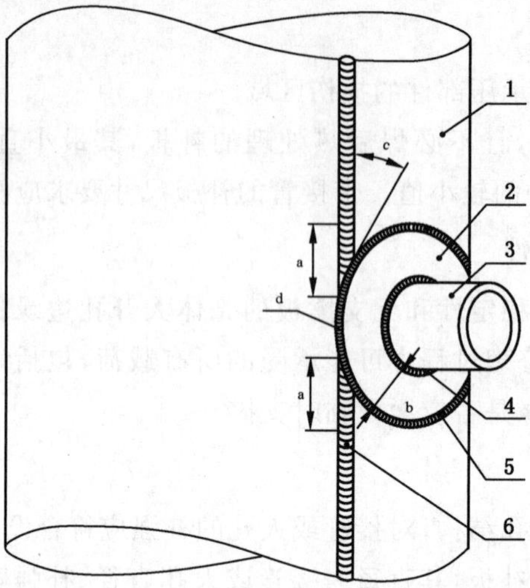

标引序号说明：

1——壳体；

2——补板；

3——接管；

4——接管角焊缝；

5——补板与壳体对接焊缝；

6——壳体对接焊缝。

[a] 与补板相交的两侧焊缝(至少 100 mm 范围内)均应进行 100%射线检测或超声检测；相交焊缝内外表面(长度至少 100 mm,宽度包括焊缝两侧各 50 mm 范围内)均应进行磁粉检测或渗透检测,如果内表面不具备磁粉检测或渗透检测的条件,可使用其他有效的检测方法从外表面检测内表面。

[b] 对于不必焊后热处理的碳钢或低合金钢材质的补板,接管角焊缝与补板对接焊缝边缘之间的最小距离不应低于 150 mm。

[c] 最小角度为 30°。

[d] 补板对接焊缝应进行 100%射线检测或超声检测,且对焊缝内外表面应进行磁粉检测或渗透检测,如果内表面不具备磁粉检测或渗透检测的条件,可使用其他有效的检测方法从外表面检测内表面。

图 2　补板与承压部件焊接结构示意图

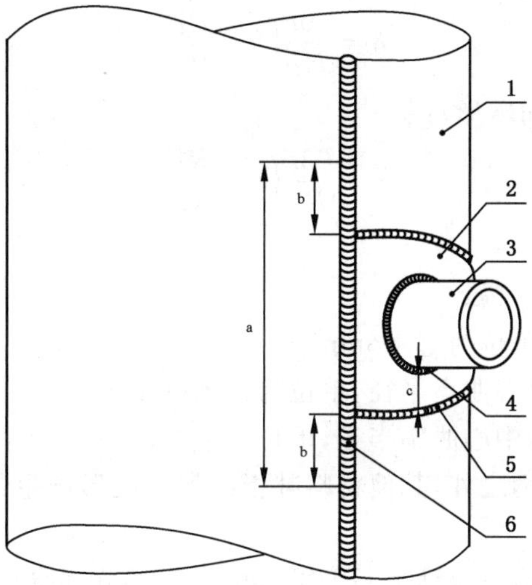

标引序号说明：

1——壳体；

2——补板；

3——接管；

4——接管角焊缝；

5——补板与壳体对接焊缝；

6——壳体对接焊缝。

[a] 将原壳体焊缝与补板对接焊缝相交处两侧最小 150 mm 去除焊缝金属，并加工坡口，在补板对接焊缝焊接完毕后重新焊接。新焊焊缝应进行 100%射线检测或超声检测，内外表面(包括焊缝两侧各 50 mm 范围内)应进行表面缺陷无损检测。如果内表面不具备磁粉检测或渗透检测的条件，可使用其他有效的检测方法从外表面检测内表面。

[b] 壳体对接焊缝的去除长度为原焊缝与补板焊缝相交处两侧最小 150 mm。

[c] 对于不必焊后热处理的碳钢或低合金钢材质的补板，接管角焊缝与补板对接焊缝边缘之间的最小距离不应低于 150 mm。

图 3　补板与承压部件"狗窝"形焊接结构示意图

5.1.4　修理

5.1.4.1　切割和成形

5.1.4.1.1　可采用热切割、热刨、机加工和打磨的方法加工补板和承压部件上的焊接坡口。焊接坡口应符合相关标准的要求，采用热切割、热刨等热加工的方法加工的坡口应打磨去除热影响区。应对坡口进行渗透检测或磁粉检测。

5.1.4.1.2　补板一般可采用轧制或卷制的方法加工成形。管子补板宜从与被修理承压部件规格相同的管子上切割；如果补板厚度大于被修理管子的实际公称壁厚应削薄处理，削薄长度不应小于二者厚度差的 3 倍。

5.1.4.1.3　补板冷加工成形产生的应变应满足被修理设备的原设计标准要求。碳钢和低合金钢材质的补板在冷加工成形过程中伸长率超过 5%时，应对补板进行消除应力热处理。补板的极限伸长率按公式(1)或公式(2)进行计算。

a)　单曲率壳体(圆筒形)：

$$\delta=\frac{50t}{R_f}\left(1-\frac{R_f}{R_o}\right) \qquad \cdots\cdots(1)$$

b) 双曲率壳体(封头和球形):

$$\delta=\frac{75t}{R_f}\left(1-\frac{R_f}{R_o}\right) \qquad \cdots\cdots(2)$$

式中:

δ ——极限伸长率,%;

t ——板材板厚,单位为毫米(mm);

R_f——成形后的中心曲率半径,单位为毫米(mm);

R_o——原始板材的中心曲率半径,单位为毫米(mm)。

5.1.4.1.4 除碳钢和低合金钢之外,其他材料补板冷加工成形产生的应变(如弯曲)未超过原设计标准要求的可不做热处理。

5.1.4.1.5 补板对接焊缝错边量应满足 GB/T 150(所有部分)的规定或设计标准要求。如果补板与部件的厚度差超过 GB/T 150(所有部分)的规定或设计标准要求,应削薄处理,削薄长度不应小于二者厚度差的 3 倍。

5.1.4.2 焊接

5.1.4.2.1 补板和原承压部件组对后的坡口两侧应在焊接前采用均布的弧板进行加固防止变形,弧板厚度宜与母材厚度相同,几何尺寸不应超过 200 mm×400 mm。

5.1.4.2.2 补板与原承压部件之间的焊缝应采用全焊透对接结构形式,并且宜采用双面全焊透对接结构。

5.1.4.2.3 焊接接头(焊缝和热影响区)的强度应符合设计标准规定的最小强度和韧性要求。不宜使用比原焊材强度级别更高的焊材。

5.1.4.2.4 焊接工艺规程应通过焊接工艺评定,焊接工艺评定应包括设计标准或设计文件中规定的冲击试验。

5.1.4.2.5 焊材应符合设计文件、修理方案和焊接工艺规程的要求。在制定修理方案时,应评估焊缝区域母材可能存在的损伤(如腐蚀减薄等),合理选用焊材。碳钢和低合金钢部件的修理宜选用碱性焊材。

5.1.4.2.6 应根据腐蚀减薄等缺陷对焊接修理工作的影响制定焊接方案,选用降低残余应力和材料变形的装配和焊接方法。

5.1.4.2.7 施焊前应清洁焊缝附近区域的油脂、油漆、水垢及其他杂质。

5.1.4.2.8 补板焊缝应全焊透,应减少因焊接引起的变形和棱角度,降低由于附近材料的约束而导致焊接开裂的风险。

5.1.4.2.9 对于无法实现双面焊接的承压部件,根部焊道宜采用氩弧焊打底。

5.1.4.2.10 补板对接焊缝应打磨圆滑,必要时打磨至与母材平齐。焊趾应与母材平滑熔合。打磨造成的壁厚减薄量不应超过 0.8 mm 和相邻部件公称壁厚的 10%中的较小值。在任何情况下,焊缝处壁厚都不应小于被修理承压部件的设计壁厚。

5.1.4.3 碳钢和低合金钢承压部件上的不相交对接焊缝间距

5.1.4.3.1 若无焊后热处理要求,补板对接焊缝与承压部件本体对接焊缝或补强板角焊缝之间的间距应满足以下要求:

a) t_w≤13 mm 时,间距不小于 150 mm;

b) t_w>13 mm 时,间距为 250 mm 和 $8t_w$ 中的较大值。

t_w——补板焊缝与相邻焊缝的最大壁厚,单位为毫米(mm)。

5.1.4.3.2 若无焊后热处理要求,当 t_w≤40 mm,且相邻的不相交对接焊缝间距小于 5.1.4.3.1 的要求,应将本次修理焊接的焊缝打磨圆滑,并进行 100%射线检测/超声检测和 100%表面缺陷无损检测,其间距可减小到 $8t_w$ 或 200 mm 中的较小值。

5.1.4.3.3 若原焊缝已进行过消应力热处理,则承压部件本体对接焊缝或加强板角焊缝与补板对接焊缝之间的间距不应小于 $2t_w$。

5.1.4.4 碳钢和低合金钢承压部件上的相交焊缝

5.1.4.4.1 补板对接焊缝不宜与承压部件本体上的对接焊缝相交。若无法避免,与承压部件本体上未进行过消应力热处理的对接焊缝相交的补板对接焊缝,当采用图 2 所示的相交结构形式时,补板对接焊缝与承压部件本体对接焊缝间的相交角度不应小于 30°,否则应采用图 3 所示的丁字焊缝结构。

5.1.4.4.2 应对相交点两侧重新焊接的焊缝内外表面实施 100%表面缺陷检测,设计标准和修理方案有射线检测或超声检测要求的,应按原设计标准或修理方案要求实施。图 3 所示的"狗窝"形结构,应对所有新增焊缝进行 100%射线检测或超声检测和 100%表面缺陷检测。

5.1.4.5 热处理

5.1.4.5.1 在临氢或可能由于腐蚀产生氢的环境中使用的设备,补板焊接前应对焊接位置进行消氢热处理。

5.1.4.5.2 补板焊缝以及接管/人孔和补板之间的焊缝应依据设计标准或修理方案进行焊后热处理。在热处理期间应采取适当的预防措施,以免发生变形。

5.1.4.5.3 原设计要求焊后热处理的设备补板修理后应进行焊后热处理。

5.1.5 无损检测

5.1.5.1 补板焊缝

5.1.5.1.1 补板焊缝及受补板焊接影响的焊缝应进行 100%射线检测或超声检测,焊缝内外表面应进行 100%表面缺陷无损检测。

5.1.5.1.2 若内表面(或外表面)无法进行表面缺陷检测,采用超声检测时应观察非检测面的缺陷回波。采用超声波衍射时差法检测时,技术等级不应低于 NB/T 47013.10 中的 B 级。

5.1.5.1.3 当设计要求磨平焊缝余高时,无损检测应在焊缝磨平后进行。

5.1.5.1.4 有延迟裂纹倾向的,在焊接完成 24 h 后进行无损检测。

5.1.5.2 附加检测要求

5.1.5.2.1 应对矩形或方形补板的圆角周围的焊缝根部焊道、填充焊道及成形焊缝表面进行表面缺陷检测。

5.1.5.2.2 焊缝间距较小或出现丁字焊缝时,应按 5.1.4.3.2 和 5.1.4.4.2 对焊缝进行附加检测。

5.1.6 试验

5.1.6.1 主要受压元件补板修理后应进行耐压试验,试验过程应满足原设计标准的要求;如果无法进行耐压试验,经设计单位同意和专家会议评审通过后,可采用无损检测方法替代耐压试验。若采用无损检测方法替代耐压试验,除 5.1.5 规定的无损检测部位外,还应对补板 1 m 范围内的原焊缝进行 100%射线检测或超声检测,焊缝内外表面进行 100%表面缺陷检测。

5.1.6.2 耐压试验前,应评估在原使用条件下可能发生的材质劣化和脆化对设备材质韧性的影响,还应分析与试验介质有关的任何危害(毒性、易燃性、爆炸性等)。

5.1.6.3 采用气体作为耐压试验介质时,应采取额外的安全预防措施。

5.1.6.4 设备的泄漏试验可单独进行,也可与耐压试验同时进行。在升压过程中,升压至泄漏试验压力时检查泄漏,然后再继续升压至耐压试验的压力。

5.1.6.5 对于有绝热层或涂层的设备,耐压试验或泄漏试验应在绝热层或涂层施工前进行。

5.2 外壁堆焊修理

5.2.1 适用性

5.2.1.1 本方法通过在设备内壁局部减薄部位所对应的外壁区域堆焊金属,使减薄部位恢复到适当的壁厚,从而避免设备因结构强度不足而发生失效。使用该修理方法时,应分析设备的减薄机理和腐蚀速率。

5.2.1.2 本方法适用于修理流动加速腐蚀、冲刷腐蚀以及其他腐蚀造成的内壁局部减薄,但不适用于修理裂纹类缺陷。

5.2.1.3 本方法适用于修理碳钢、低合金钢、奥氏体不锈钢材质的容器和管道。

5.2.1.4 本方法不适用于修理满载液体介质的部件和Ⅲ类固定式压力容器。

5.2.2 限制条件

5.2.2.1 设备存在开裂机理时,不应采用此方法。

5.2.2.2 使用单位和修理单位在使用本方法前,应评估设备内介质的可燃性、挥发性和潜在反应特性(包括在修理时介质自身的反应和介质与钢材可能发生的反应),严禁在不清楚介质特性的情况下施焊。施焊前应对氢、氰化氢、氧、碱/苛性材料、丁二烯、炔类化合物、硫化氢、氯和酸等易燃易爆、有毒有害介质进行置换处理。修理方案中应明确是否对介质进行置换。

5.2.2.3 若焊接温度接近或处于基材的蠕变温度范围内,应根据5.2.3中的工程设计方法进行评定。

5.2.3 设计

5.2.3.1 堆焊结构设计

5.2.3.1.1 堆焊材料

外壁堆焊的材料应满足以下条件。

a) 堆焊材料的化学成分与基材相匹配。

b) 堆焊材料的抗拉强度不低于基材的抗拉强度。

c) 可通过设计计算和合于使用评价选择替代材料。

5.2.3.1.2 堆焊形状一般要求

堆焊结构见图4,堆焊形状应满足以下要求。

a) 堆焊形状不会妨碍修理后的无损检测和试验。

b) 堆焊层完全覆盖减薄区域并延伸至减薄区域外,且在各个方向上的延伸长度不小于B,延伸部分的堆焊层厚度与减薄区域的堆焊层厚度相同(除非通过设计计算或其他方式证明可不执行此条要求),延伸部分的长度按公式(3)计算。

$$B=\frac{3}{4}\sqrt{Rt} \qquad \cdots\cdots(3)$$

式中:

B——堆焊层延伸长度,单位为毫米(mm);

R ——堆焊层外缘半径，或$\frac{1}{2}D$，单位为毫米(mm)；

t ——公称壁厚，单位为毫米(mm)。

c) 堆焊层逐步减薄过渡至设备表面，坡度不超过45°。

d) 堆焊厚度满足预期修理寿命的要求。

e) 堆焊圆角半径 r 不小于堆焊厚度。

f) 堆焊层的腐蚀裕量根据工况条件确定。

g) 如果存在多个堆焊层，相互间距不小于每个堆焊层的$\frac{3}{4}\sqrt{Rt}$。

h) 堆焊平均高度 w 不超过设备的公称壁厚。

i) 若堆焊结构无法满足5.2.3.1.1和5.2.3.1.2的要求，采用工程设计[5.2.3.1.3 b)]或验证试验(5.2.3.2)进行设计。

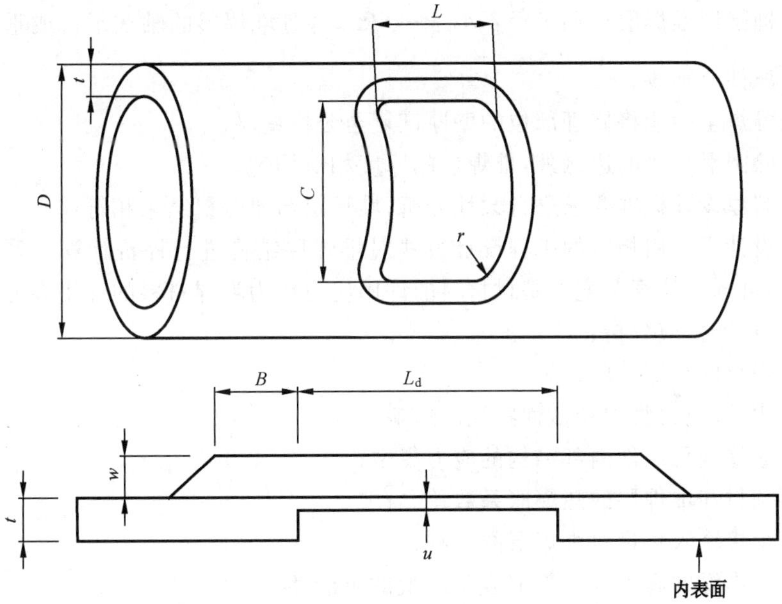

标引说明：

t ——公称壁厚，单位为毫米(mm)；

D ——承压件外径，单位为毫米(mm)；

L ——堆焊长度，单位为毫米(mm)；

C ——堆焊宽度，单位为毫米(mm)；

r ——堆焊圆角半径，单位为毫米(mm)；

w ——堆焊平均高度，单位为毫米(mm)；

u ——缺陷处剩余壁厚，单位为毫米(mm)；

B ——堆焊延伸长度，单位为毫米(mm)；

L_d——缺陷长度，单位为毫米(mm)。

图4 堆焊结构示意图

5.2.3.1.3 设计要求

堆焊层的设计应符合下列条件之一。

a) 符合性设计指在容器筒节及其焊缝或管道直段及其焊缝上进行堆焊时，如果符合相关条件可免除工程设计或验证试验,具体条件如下。

1) 符合5.2.3.1.1和5.2.3.1.2的所有要求。

2) 设备最高设计温度不超过340 ℃。

3) 基材的公称厚度不小于Sch40和设计标准壁厚中的较小值,容器基材的公称厚度不小于有效壁厚。

4) 堆焊的坡度不超过30°。

5) 堆焊完成后,其形状为圆形、椭圆形或矩形。

6) 圆形、椭圆形或矩形堆焊修复层的轴向堆焊长度 L 不超过设备公称半径和200 mm的较小值。

7) 矩形堆焊层与被修理承压部件的轴线平行或垂直对齐,边角圆形过渡,边角半径不小于堆焊层厚度。

8) 椭圆形堆焊层长轴半径不小于$\frac{3}{4}\sqrt{Rt}$,并且堆焊层的轴线平行或垂直于被修理承压件的轴线。

9) 堆焊至少能将修理部位的壁厚恢复至公称壁厚。

10) 除圆滑过渡的边缘外,堆焊层的厚度相对均匀。

11) 若原设计标准要求进行柔性分析,堆焊层与原分析结果相符或按照b)设计。

b) 工程设计指采用相应的工程设计方法对堆焊层结构进行评价计算。采用工程设计方法时,可选取计算温度下基材材料的许用应力作为堆焊材料的许用应力值。

开展工程设计时,应分析:

1) 焊材的收缩效应;

2) 柔性、应力集中和截面特性的影响;

3) 被修理承压件内部结构的应力集中;

4) 基材和堆焊层的热膨胀系数差异;

5) 焊接输入热量对堆焊层的影响;

6) 工作温度高于340 ℃时发生蠕变的可能性。

5.2.3.2 验证(爆破)试验

5.2.3.2.1 验证(爆破)试验可作为工程设计的替代方法对堆焊层的设计进行验证。当满足下述条件时,可在同类承压部件的相同位置开展验证试验。

a) 试验模型材料的焊评类别、组别应与被修理承压部件基材相同。

b) 试验模型基材材料的抗拉强度不应小于被修理承压部件的最小抗拉强度。

c) 试验模型堆焊区域的平均厚度不应小于被修理承压部件内壁减薄的壁厚。

d) 试验模型的堆焊延伸长度 B 应与被修理承压部件的相同。

e) 试样模型坡度不应小于被修理承压部件的坡度。

f) 试验模型表面状况等于或劣于被修理承压部件堆焊层表面。

g) 试验模型的最大轴向尺寸与直径比(L/D)不应小于被修理承压部件相应值。

h) 试验模型的最大周向尺寸与直径比(C/D)不应小于被修理承压部件相应尺寸的比值。

i) 试验模型的公称直径不大于被修理承压部件的2倍,且不小于被修理承压部件的1/2。

j) 试验模型的公称壁厚与直径的比值(t/D)不大于被修理承压部件的 2 倍,且不小于被修理承压部件的 1/3。

5.2.3.2.2 模拟试验模型的减薄区域,可从外部挖除模拟减薄区域(局部减薄或点蚀坑)的金属,然后堆焊,堆焊厚度为模拟腐蚀量,堆焊坡口处应全焊透,堆焊层应与模拟外表面平齐;也可用磨削、水力切割等机械加工方法从内部去除等量的基材来模拟缺陷,然后在外部堆焊。

5.2.3.2.3 堆焊结构的截面厚度(堆焊层+基材)见图 4 中的尺寸 u 和 w。为了保守评价堆焊结构的可靠性,试验模型减薄区域的壁厚($u+w$)不应大于公称壁厚的 87.5%。

5.2.3.2.4 爆破压力不应小于最小允许爆破压力,最小允许爆破压力按公式(4)计算:

$$P=\frac{2t_{\min}S_{\mathrm{act}}}{D} \quad \cdots\cdots(4)$$

式中:

P ——最小允许爆破压力,单位为兆帕(MPa);

$t_{\min}$ ——试验模型基材的最小厚度(即名义厚度减去材料厚度负偏差),单位为毫米(mm);

S_{act} ——试验模型基材的材料标准抗拉强度上限值,单位为兆帕(MPa);

D ——被修理承压部件外直径,单位为毫米(mm)。

5.2.3.2.5 若原设计标准要求进行柔性分析的,应对堆焊部位的管系进行柔性分析,或按照 5.2.3.1.3 进行评定。

5.2.3.3 爆破测试注意事项

爆破试验前做好以下工作。

a) 泵的出口压力应超过最大计算爆破压力的 25%。

b) 所有管件、软管和压力表的额定工作压力不应小于泵的额定压力,与试验模型相连的管件应采用承插焊结构,压力表应在有效的校准期内,试验模型的预期爆破压力应在压力表额定值的 1/4~2/3。

c) 爆破试验前应设置必要的安全防护措施,避免试验过程中因碎片飞溅造成人员伤亡和财产损失。

5.2.4 修理

5.2.4.1 修理前的准备工作

修理前开展以下准备工作。

a) 对待堆焊修理的承压部件基材状况进行分析,确定待堆焊部位的平均壁厚和结构。

b) 为了修理后不会产生新的潜在损伤机理,应分析壁厚减薄原因及腐蚀速率。

c) 确定被修理承压部件是否发生过开裂。

d) 测量减薄区域,确定堆焊的范围。

e) 对待堆焊部位进行无损检测,确定没有影响堆焊质量的缺陷。

5.2.4.2 待堆焊部位的表面处理

修理前应对待堆焊部位的表面进行以下处理。

a) 待堆焊部位的表面无锈蚀、污垢、油漆、涂层或其他杂质。打磨去除待堆焊部位表面氧化物或保护涂层。

b) 堆焊前,使用丙酮等溶剂彻底清洁待堆焊部位表面,去除任何油脂和水迹。

c) 如果有泄漏点,在堆焊前采用焊接或其他方法堵漏。

d) 对于带压堵漏或在存在易燃易爆、有毒有害介质的系统进行的密封焊接修理制定特殊方案。

5.2.4.3 **堆焊位置的标识**

可在待堆焊部位表面划线或采用其他标记对堆焊区域进行标识。

5.2.4.4 **焊条的规格和材质**

焊条的规格和材质满足以下条件。

a) 焊条的材质应满足 5.2.3.1.1 的要求。

b) 堆焊前,应测定待堆焊部位的剩余壁厚,正确选用焊条规格,防止基材被烧穿。

c) 为了减少烧穿的可能性,堆焊第一层金属时应使用较小直径的焊条。如果对剩余壁厚值的准确性存在疑问,如存在点蚀的情况下,宜选择小直径焊条。

d) 焊条直径不应超过待堆焊部位的剩余壁厚。

e) 应评估基材烧穿的可能性和后果。

5.2.4.5 **焊接工艺**

焊接工艺满足以下条件。

a) 可采用的焊接方法包括但不限于手工电弧焊(SMAW)和钨极惰性气体保护焊(GTAW)。

b) 焊条直径大于待堆焊部位的剩余壁厚时,宜停机修理;如果无法停机,应在修理焊接前对设备进行降压操作。

c) 不停机修理时,焊接前应降低系统压力,或参照附录D采用适用的不停机焊接技术。

d) 对待堆焊区域进行标识并完成表面清洁后,即可开始焊接。在焊道完全熔合的前提下,宜采用低的热输入。为明确焊接区域的界限并改善热影响区质量,初始焊道应沿堆焊区域的外围焊接。在完成外围焊道之后,可按照焊接工序堆焊第一层。

e) 为了减少烧穿的可能性并获得合适的焊道布置,应保持约50%的焊道重叠。为防止第一层焊道中的熔融金属液将基材烧穿,应在剩余壁厚较大的部位开始堆焊,然后叠加后续焊道,跨过壁厚较薄的区域。

f) 堆焊结构边缘坡度减弱了因堆焊区域几何不连续而引起的应力集中,堆焊结构边缘坡度宜为30°,不应大于45°。

g) 应按照设计标准或修理方案实施堆焊部位的热处理。实施热处理的部位应与系统隔离。如果设计标准未提出热处理要求,但堆焊部位处于湿硫化氢等可能发生应力腐蚀开裂的环境中,也应对堆焊部位实施热处理。

h) 在碳钢和低合金钢材质的待修理承压部件上可采用回火焊技术替代热处理。因工况条件应实施热处理的情况(介质含有 H_2S、HCN、HF 的湿润环境),不应使用回火焊方法替代热处理。

5.2.4.6 **堆焊后的表面处理**

在实际堆焊厚度大于设计厚度的基础上,可采用打磨或其他机加工的方法来改善堆焊表面的粗糙度。

5.2.5 无损检测

5.2.5.1 表面缺陷检测

堆焊层表面及其边缘 50 mm 范围内的被修理承压部件基材表面应进行 100%表面缺陷检测,检测结果应满足修理方案中的验收标准。

5.2.5.2 堆焊层厚度测量

使用超声检测仪器按照 NB/T 47013.3 对堆焊层进行测厚,验证其厚度是否满足修理方案的要求。

5.2.5.3 埋藏缺陷检测

堆焊层(不包括坡形边缘)和基材应进行射线检测或超声检测,检测结果应满足修理方案中的验收标准。

5.2.6 试验

5.2.6.1 耐压试验

耐压试验前应将被修理设备与系统隔离,并根据相关标准和修理方案的要求进行耐压试验。气压试验时应采取必要的安全预防措施。如果耐压试验实施困难,经使用单位或设计单位同意,可采用无损检测和泄漏试验替代耐压试验。

5.2.6.2 泄漏试验

如果相关标准或修理方案有要求,应进行泄漏试验。

5.2.6.3 绝热层和涂层

对于有绝热层或涂层的设备,耐压试验或泄漏试验应在绝热层或涂层施工前进行。

5.3 密封焊接修理

5.3.1 适用性

本方法可用于改善螺纹连接接头的密封性或对发生泄漏的螺纹连接接头进行密封。

5.3.2 限制条件

在线或对含危险介质的系统进行密封焊修理时应制定安全防护方案,安全防护方案应由单位负责人审批。

5.3.3 设计

5.3.3.1 适用标准

修理原密封焊缝可参照原标准或适用的其他标准,并在设计中明确:

a) 密封焊缝仅能实现密封性能,而不能提供接头的机械强度;

b) 对剩余的外露螺纹(如果有)进行包焊。

5.3.3.2 在用接头的修理

应对每个在用螺纹接头密封焊接修理的安全性和可靠性进行评估。为了提高螺纹连接的可靠性,宜在外露螺纹上施加两道密封焊缝。

5.3.3.3 对相邻部件的影响

密封焊接修理时，应评估焊接对相邻部件(如丝扣阀门中的软密封阀座)可能造成的破坏性影响。

5.3.3.4 重新安装接头

重新安装拆卸解体的螺纹接头时，不应使用胶带、润滑剂或接头密封剂。

5.3.3.5 焊前评估

修理前，应对螺纹连接接头材质的可焊性进行评估。应根据材料特性和使用工况确定是否对螺纹接头进行高温预热，或采用不锈钢或铬钼钢焊材，或有其他特殊焊接要求。

5.3.4 修理

5.3.4.1 危害辨识

对在用螺纹连接进行密封焊接修理之前，应辨识修理过程会产生的潜在危险，并确定在装置运行期间是否可隔离待修理部位，人员与介质接触的风险以及非计划停工的后果。经过评估后，确定是否全部更换螺纹连接部位。

5.3.4.2 系统隔离

用蒸汽、氮气或其他惰性气体对整个系统进行吹扫后进行能量隔离。

5.3.4.3 待修理部位的处理

密封焊接修理前，应清理待修理的螺纹接头表面的所有污染物。修理过程中螺纹密封剂、润滑剂不应污染工艺流体。

5.3.4.4 疲劳因素

对受振动或疲劳影响的螺纹连接接头，应在密封焊接修理前打磨去除所有暴露的螺纹。

5.3.4.5 对原密封焊接接头的修理或更换

原密封焊接头修理或更换时按下列要求执行。

a) 如果更换管子或管件，不应使用螺纹密封剂或润滑剂。

b) 如果在不拆卸的情况下进行修理，应目视检查原密封焊缝的完整性，确定是否应完全清除原密封焊缝。

5.3.4.6 无需拆卸即可焊接的螺纹连接结构

无需拆卸即可焊接的螺纹连接结构修理时按下列要求执行。

a) 可使用钢丝刷或打磨机去除螺纹连接接头处的化合物和残留介质。

b) 如果存在焊接缺陷，应将缺陷打磨消除并重新焊接。

5.3.4.7 涂层

密封焊接修理前，应清除焊接区域的涂层，包括镀锌层。应在检查合格后再恢复焊接区域的涂层。

5.3.5 无损检测

采用目视检查方法对密封焊接修理后的螺纹连接接头的焊接质量进行检查；若修理方案中

有要求的,按规定进行表面缺陷检测。

5.3.6 试验

密封焊接修理完成后应进行泄漏试验。泄漏试验前,使用单位应对试验介质的安全性、试验压力、接头强度等进行评估。

5.4 焊接卡具修理

5.4.1 适用性

5.4.1.1 焊接卡具可用于修理焊接接头泄漏、机械接头泄漏和局部减薄导致的泄漏,也可用于受损承压部件的加固。卡具也可用于封装法兰、阀门、支管、接管、放空管和导淋管等。

5.4.1.2 焊接卡具根据几何形状的不同可分为圆筒形、矩形等,可采用板材或管材,按照被修理承压部件的几何轮廓制造。

5.4.1.3 焊接卡具和被修理部件间允许存在空隙,也可用环氧树脂、密封剂、纤维、耐火材料等材料填充或内衬。

5.4.1.4 焊接卡具结构可采用不规则结构(用于封堵泄漏点),也可采用规则结构(用于加强并将受损部件固定在一起)。

5.4.2 限制条件

焊接卡具修理是一种在役临时性修理方法,在装置停工后应去除焊接卡具,更换部件或采取永久性修理方法。

除以下情况外,焊接卡具不应用于含裂纹缺陷承压部件的修理:

a) 裂纹形成和扩展诱因已被消除,且在预期修理寿命内不会继续扩展;

b) 在预期修理寿命内,裂纹的扩展量是可接受的,且裂纹不会扩展至焊接卡具边界焊缝;

c) 用于修理周向裂纹,且能够有效阻止承压部件环向横截面断裂;

d) 发生破裂的放空管或导淋管的封堵。

5.4.3 设计

5.4.3.1 材质

焊接卡具材质应满足设计要求,且应与使用工况相适应,同时还应分析介质泄漏滞留在焊接卡具内对被修理承压部件和焊接卡具材质的影响。修理方案中应明确给出焊接卡具材质的要求。

焊接卡具宜采用与被修理承压部件相同的或同类型的材质,并应分析其可焊性。

5.4.3.2 设计寿命

应根据被修理承压部件和焊接卡具的强度、耐蚀性以及焊缝的机械性能来确定预期修理寿命。

5.4.3.3 失效模式

设计焊接卡具时,应分析修理后的承压部件在修理后的使用过程中可能产生的失效模式。

a) 被焊接卡具包裹在内的部件(如法兰、螺栓),在与泄漏介质接触后会发生的腐蚀或开裂。

b) 泄漏气体遇焊接卡具冷凝后发生的腐蚀。

c) 焊接卡具改变了部件的温度,导致腐蚀加剧,或发生露点腐蚀。

d) 介质的腐蚀和焊接卡具的绝热效果导致封闭在焊接卡具内的螺栓发生屈服。

e) 因热膨胀系数不同产生的热应力。

5.4.3.4 设计载荷

焊接卡具的设计载荷包括持久载荷和瞬时载荷,应分别进行强度计算。焊接卡具的焊接接头系数应按所采用的无损检测方法和比例确定。

5.4.3.5 持久载荷条件

持久载荷条件应至少包括以下内容。

a) 被修理承压部件的设计压力和设计温度。若焊接卡具无配套限压装置,应将被修理承压部件的设计压力和设计温度作为焊接卡具设计持久载荷条件。若采用低于被修理承压部件设计温度,应通过可靠的方法进行验证,如热传导计算等。

b) 焊接卡具自重及其相关附件的质量(包括夹带的泄漏介质和环形空间注胶的质量等)。

c) 保温层的质量。被修理承压部件设置有保温层时,焊接卡具也应设置保温层。

5.4.3.6 瞬时载荷条件

瞬时载荷条件应至少包括以下内容。

a) 待修理承压部件断裂时产生的推力。如果在达到预期修理寿命时(包括使用过程中预期发生的持续损伤),能够确定修理部位具有足够的剩余强度,则可不考虑断裂时产生的轴向推力。可在管道或部件上增加固定支撑,以降低焊接卡具上的载荷。

b) 风载荷、地震载荷或介质产生的瞬时载荷(水击或液塞)。

c) 其他适用的瞬时载荷条件。

5.4.3.7 腐蚀裕量

应结合使用工况和预期修理寿命确定焊接卡具的腐蚀裕量,腐蚀裕量不应低于被修理承压部件的腐蚀裕量。

5.4.3.8 安装规范

如果没有适用的安装规范,应按照经过验证的修理方案要求进行安装。通过加工标准件(如在标准管帽上开孔来制作端部)制作的焊接卡具部件,应按照安装规范和修理方案进行分析计算或试验验证,必要时可进行补强。除非分析计算或试验验证合格(包括疲劳循环载荷试验),否则不应将焊接卡具焊接到端盖或成形封头的折边部分。

5.4.3.9 排放口

5.4.3.9.1 修理已泄漏的承压部件时,焊接卡具应设计有排放口,以便排放内部的泄漏介质。

5.4.3.9.2 排放口上应装有丝堵、法兰或阀门,在焊接卡具焊接过程中,排放口应处于打开状态,以防止内部压力升高,检查和试验工作完成后关闭。

5.4.3.10 焊接区域

焊接卡具应覆盖被修理承压部件未损伤或轻微损伤的区域。应对被修理承压部件进行测厚,避免发生因施焊部位壁厚不足而被烧穿的情况。

5.4.3.11 密封胶

5.4.3.11.1 密封胶可通过排放口注入到焊接卡具内,或从专设的注胶口注入。

5.4.3.11.2 若在焊接卡具与被修理承压部件空隙处注胶,应评估因注胶产生的压力导致被修理承压部件向内塌陷的可能性。同时还应评估密封胶渗入到被修理承压部件内部的可能性和后果。

5.4.3.11.3 密封胶固化时应进行排气。

5.4.3.12 其他设计要求

对膨胀节、滑动接头、球形接头等管道组成件修理时,应分析管道系统的应力状况。应力分析时应包含焊接卡具的自重载荷、支管的附加载荷以及支吊架的约束限制、操作中的热膨胀和停机条件下的情况。

5.4.4 修理

5.4.4.1 人员资质

焊接卡具安装和注胶的施工人员应经过相应的培训。

5.4.4.2 安全要求

修理人员应了解作业风险,并应采取必要的安全预防措施,避免发生安全事故。具体要求如下:

a) 修理工作开始前应按照 GB/T 42595 进行工作危害分析;

b) 如果在焊接卡具安装过程中修理部位发生泄漏或有可能发生泄漏,且介质具有危害性,应在修理工作开始前采取相应的安全预防措施,如预备空气呼吸器等。

5.4.4.3 修理前的准备工作

修理前,应对焊接卡具焊接部位及其附近区域进行检查,确认无腐蚀沉积物、污垢、油漆、保温材料、胶黏剂和其他涂层或覆盖物。

5.4.4.4 焊接卡具安装

焊接卡具安装时应注意以下内容。

a) 如果焊接卡具质量大,无法用手提起,应使用吊装设备。

b) 安装过程中应防止焊接卡具焊接坡口损坏。

c) 对于微泄漏点,可将焊接卡具直接安放在泄漏点位置。如果泄漏严重或泄漏介质的压力较高,应先将焊接卡具安放在靠近泄漏点的位置进行组装,然后再滑动到泄漏点位进行焊接。

5.4.4.5 焊接

焊接卡具焊缝应进行焊接工艺评定或者有合格的焊接工艺评定书(WPS)支持。

5.4.4.6 在役焊接

焊接卡具修理宜在被修理设备的停机状态下进行,若在在役工况下进行,焊接工艺评定应包含预热温度、焊接冷却速度、烧穿风险以及焊接温度对基材强度的影响等因素。

5.4.4.7 热处理

焊前预热和焊后热处理应符合相应标准和安装规范的要求。

5.4.5 无损检测

5.4.5.1 一般要求

无损检测人员、检测程序和验收标准应符合4.8的要求。

5.4.5.2 检测要求和比例

焊接卡具修理完成后,除下列情况外应对焊缝进行100%无损检测。

a) 正常和预期瞬时载荷下的应力计算值较低(在工作温度下低于许用应力的1/2)。

b) 焊接卡具与部件焊接接头处发生缝隙腐蚀的风险较低。

5.4.5.3 表面缺陷检测

因焊缝几何形状限制不能进行射线检测或超声检测的焊缝可采用表面缺陷无损检测方法。

5.4.6 试验

5.4.6.1 一般要求

焊接卡具安装后,耐压试验或泄漏试验应评估焊接卡具和部件间的环形空间在加压过程中可能导致被修理承压部件失效的风险(可能性和后果)。

5.4.6.2 试验方法

试验方法可选取以下之一:

a) 在线泄漏试验(如果焊接卡具试验时发生泄漏的后果是可接受的);

b) 水压试验(如果在大气压力下没有闪蒸过热的风险);

c) 气压试验;

d) 泄漏试验。

5.4.6.3 试验压力

在确定试验压力时,应评估试验过程中被修理承压部件外压失稳的可能性。

5.5 套筒焊接修理

5.5.1 适用性

5.5.1.1 本方法适用于管道和轴对称受力的容器各种内部和外部缺陷的修理。

5.5.1.2 套筒由两个半圆形管状壳体组成,然后组对焊接形成套筒。本方法给出了两种套筒形式,即A型套筒和B型套筒,如图5和图6所示。其中A型套筒两端未焊接,不能承受内压和轴向载荷,其仅适用于未泄漏且预期修理寿命期内不会扩展的缺陷修理;若已完全掌握缺陷的损伤机理和扩展速率,也可使用A型套筒对缺陷部位进行修理。B型套筒两端沿周向与设备焊接在一起,可承受内压和轴向载荷,其适用于已发生泄漏或可能发生泄漏的缺陷的修理。

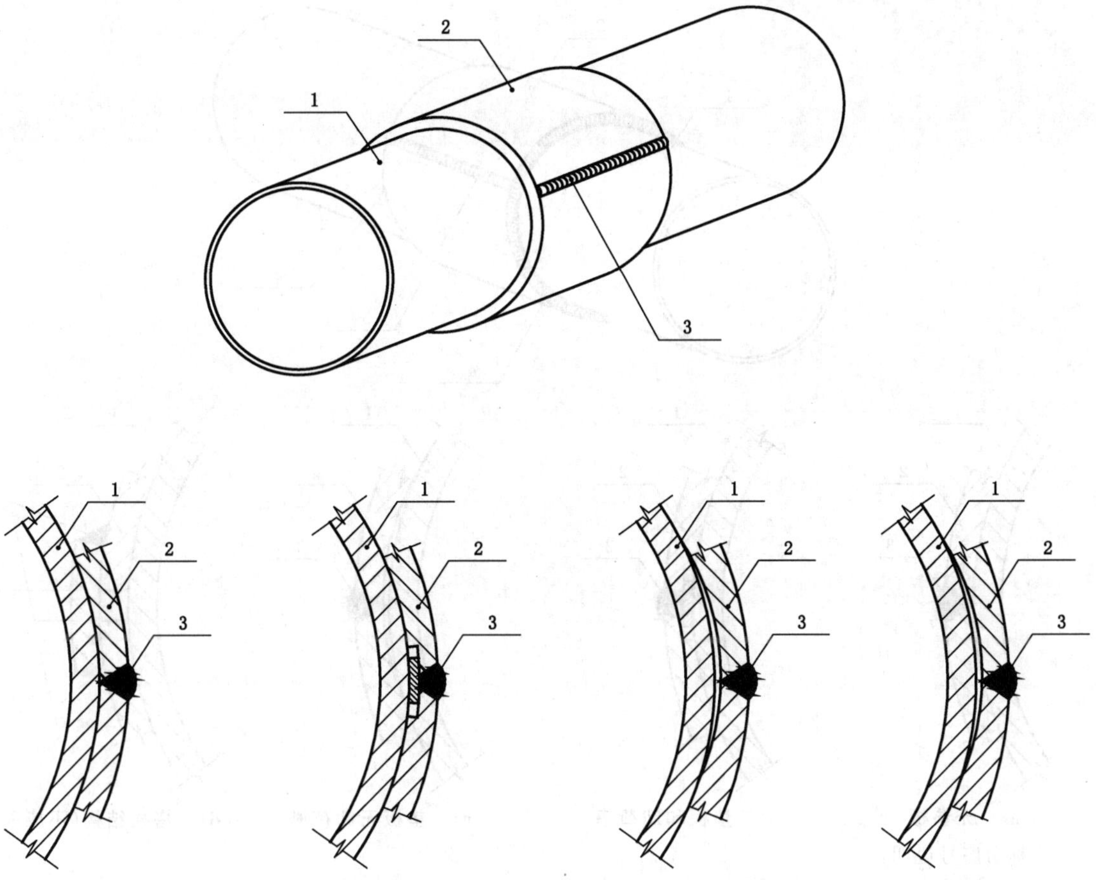

a) 无垫板　　b) 垫板和卸荷槽　　c) 垫板无卸荷槽　　d) 搭接结构

标引序号说明：

1——被修理承压部件；

2——套筒；

3——套筒对接焊缝。

图 5　A 型套筒

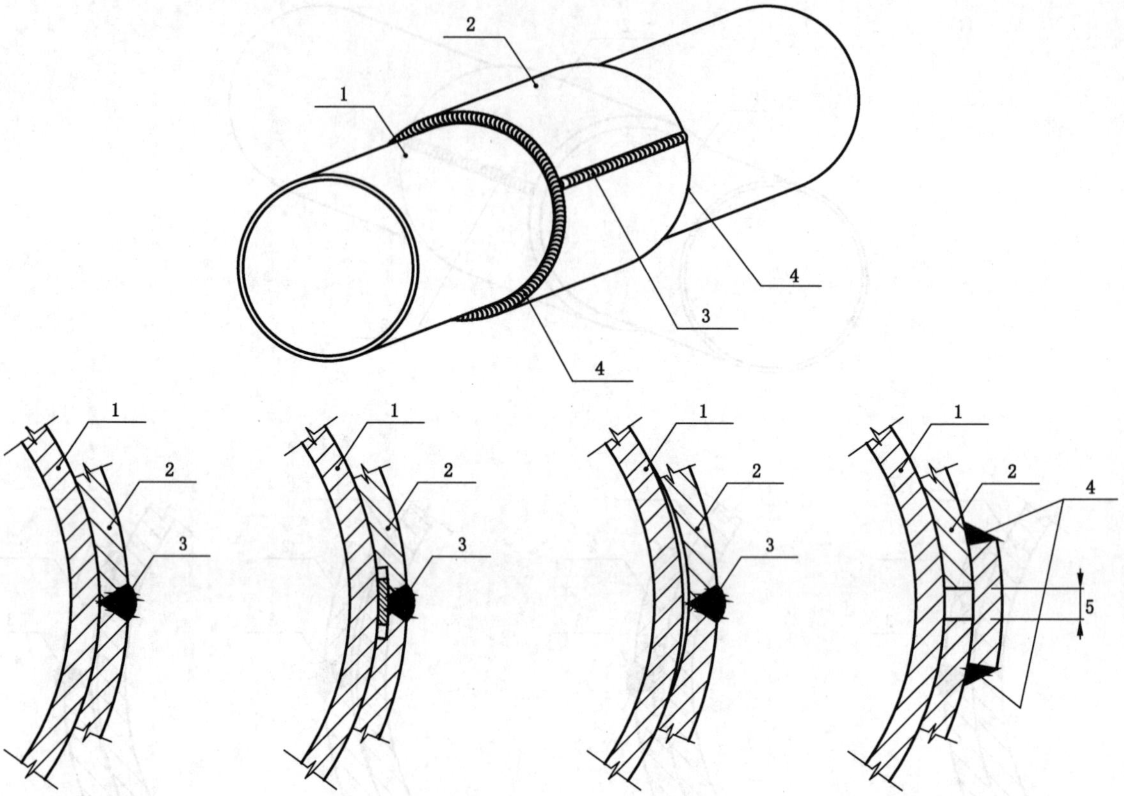

a） 无垫板　　b） 垫板和卸荷槽　　c） 垫板无卸荷槽　　d） 搭接结构(不应采用)

标引序号说明：

1——被修理承压部件；

2——套筒；

3——套筒对接焊缝；

4——角焊缝；

5——缝隙。

图 6　B型套筒

5.5.2　限制条件

应用本方法时，符合以下限制条件。

a） A 型套筒不适用于周向缺陷的修理。

b） A 型套筒应采取措施防止水分渗入管道和套筒之间导致腐蚀，可采取的措施包括使用适于操作环境的密封剂或涂层。

c） 采用 B 型套筒修理泄漏缺陷时，焊接前应对泄漏部位进行堵漏处理。

d） 在承受循环载荷的设备上应用本方法时，应按照 5.5.3.7 的要求进行合于使用评价；当 B 型套筒受疲劳工况影响时，应对套筒角焊缝进行合于使用评价。

e） 被修理承压部件的环、纵焊缝余高可能会影响套筒与被修理承压部件的紧密贴合，宜对焊缝余高打磨处理(在套筒安装前，应对被修理承压部件的环、纵焊缝进行超声检测或射线检测，余高打磨后应进行表面磁粉检测或渗透检测)，否则应降低设备压力。被修理承压部件进行在役修理时，应对套筒包裹的焊缝进行 100%磁粉/渗透检测和

100%超声/射线检测。也可制作周向凸起的套筒跨过焊缝,如图 7 所示。焊缝根部包括套筒凸起沿长度方向的间隙应是均匀的。

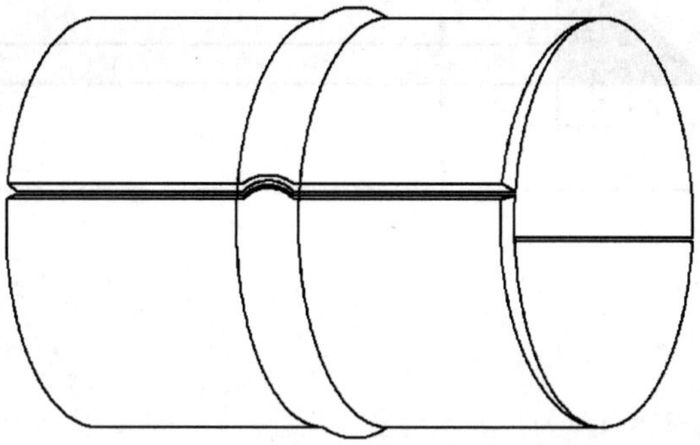

图 7　用于环形焊缝的套筒

5.5.3　设计

5.5.3.1　设计标准

被修理承压部件的设计标准也适用于套筒。套筒材料、许用应力和腐蚀裕量应符合相关设计标准要求。

5.5.3.2　套筒壁厚

A 型套筒的壁厚不应小于管道厚度的 2/3。

B 型套筒的壁厚不应小于被修理承压部件计算壁厚,或与被修理承压部件的公称壁厚相同。在计算套筒壁厚时,焊接接头系数应取 0.8,在焊缝进行 100%超声检测的情况下,焊接接头系数可取 1.0。如果 B 型套筒用于有裂纹缺陷的环焊缝的修理,应计算套筒安装位置所承受的轴向和弯曲载荷,校核 B 型套筒角焊缝强度。

5.5.3.3　套筒结构尺寸

套筒应能覆盖所有缺陷。A 型和 B 型套筒的长度不应小于 100 mm,且两侧应各超出缺陷范围至少 50 mm。采用 B 型套筒时,应先对待修理部位进行壁厚测量,确认待修理部位与套筒端部的焊接部位有足够的剩余壁厚,避免管道被烧穿。

5.5.3.4　B 型套筒角焊缝

B 型套筒周向角焊缝尺寸要求如下。

a)　如果套筒厚度小于或等于被修理承压部件公称壁厚的 1.4 倍,角焊缝结构如图 8 所示。

b)　如果套筒厚度大于被修理承压部件公称壁厚的 1.4 倍,B 型套筒的两端应倒角处理,倒角的角度约为 45°,焊趾应圆滑过渡。焊趾与被修理承压部件之间的夹角不应有尖锐缺口,不应有咬边等缺陷存在。角焊缝结构如图 9 所示。

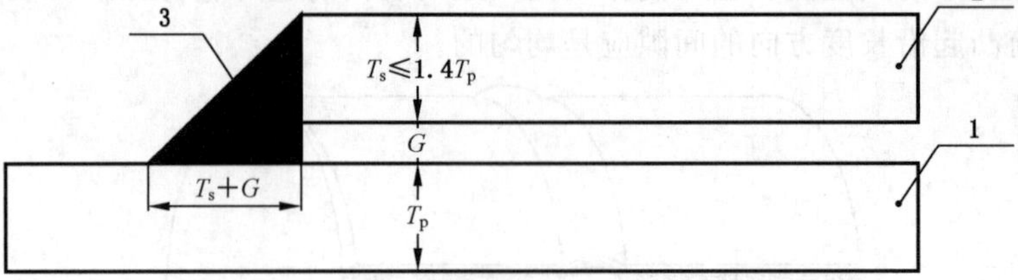

标引说明：

1 ——被修理承压部件；

2 ——B形套筒；

3 ——角焊缝；

T_s——套筒壁厚，单位为毫米(mm)；

T_p——被修理承压部件壁厚，单位为毫米(mm)；

G ——被修理承压部件与套筒的间距，单位为毫米(mm)。

图8 套筒厚度小于或等于被修理承压部件公称壁厚1.4倍情况下的角焊缝结构

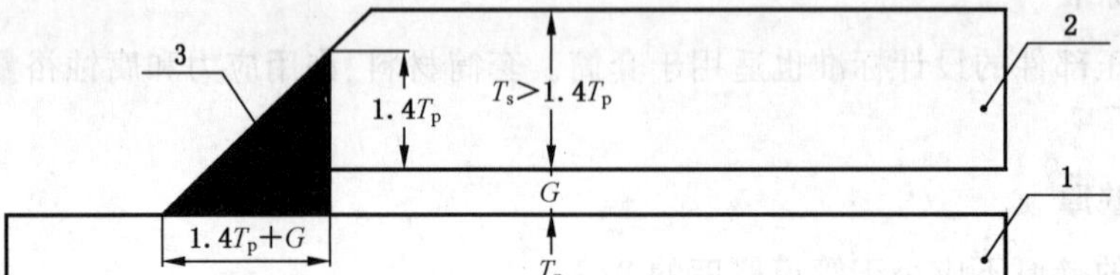

标引说明：

1 ——被修理承压部件；

2 ——B形套筒；

3 ——角焊缝；

T_s——套筒壁厚，单位为毫米(mm)；

T_p——被修理承压部件壁厚，单位为毫米(mm)；

G ——被修理承压部件与套筒的间距，单位为毫米(mm)。

图9 套筒厚度大于被修理承压部件公称壁厚1.4倍情况下的角焊缝结构

5.5.3.5 外压

设计时应计算B型套筒覆盖下的被修理承压部件所承受的外压载荷。应使套筒与设备紧密贴合，减小二者之间的空隙。如果无法做到，应向空隙内注入可硬化的填充材料(见5.5.3.9)，或者采用热套筒安装方法。B型套筒设计时宜设置排放口。

5.5.3.6 外部损伤

如果使用A型或B型套筒修理承压部件外部损伤，应使用可硬化的、有足够的抗压强度填充材料填充外部损伤部位。

5.5.3.7 循环操作工况

修理处于循环载荷工况的承压部件时，应进行以下工作。

a) 如果被修理承压部件所处工况属于循环载荷工况，且循环次数超过400，一个循环周期内的压力变化超过设计压力的20%，则应对套筒和被修理承压部件进行疲劳分析。

b) 如果B型套筒受到温度变化的影响，套筒与被修理承压部件之间的平均金属温差小于

37 ℃,且循环次数小于200,则不进行疲劳分析。否则,应对套筒和被修理承压部件进行疲劳分析。

5.5.3.8 凸起变形的约束

局部减薄或划痕等缺陷会削弱被修理承压部件的承载能力。在压力增加的情况下,被修理承压部件失效前会外凸变形,套筒可有效约束被修理承压部件失效前的外凸变形。设计时宜采用以下措施。

a) 如果被修理承压部件外壁存在缺陷,采用可硬化的填充材料(环氧树脂等)填充套筒与被修理承压部件之间的空隙。

b) 在安装套筒时,降低设备压力。

5.5.3.9 填充材料

如果在套筒和管道之间使用可硬化的填充材料,填充材料应适合被修理承压部件的工作温度。如果未在空隙内填充可硬化材料,应分析套筒和被修理承压部件之间的滞留介质是否会引起腐蚀。

采用A型套筒时,应使套筒与被修理部位紧密贴合,可使用合适的填充材料对二者之间的空隙进行填充。

采用B型套筒时,填充材料应与介质相容。可在套筒安装之前使用填充物,也可在安装之后将填充物注入套筒和被修理承压部件之间。

5.5.3.10 热膨胀

在套筒的设计和应用中,应分析套筒和被修理承压部件之间的热膨胀量的差异。

5.5.4 修理

5.5.4.1 修理时机

宜在承压设备停机状态下进行修理,若采用在役修理,宜将承压设备工作压力降低至其正常工作压力的50%~80%,并保持被修理承压部件内的介质流量。

5.5.4.2 套筒安装

安装前,应对套筒覆盖区域内的承压设备表面进行处理,露出金属光泽。可使用液压设备、液压拉伸螺栓或其他机械夹具进行安装,套筒应与被修理承压部件紧密贴合,最大允许径向间隙不超过2.5 mm。对于B型套筒的安装,应根据现场实际情况对焊接尺寸和焊接技术进行调整,如间隙过大宜进行表面堆焊处理。

5.5.4.3 填充材料

如果使用填充材料对套筒和被修理承压部件间空隙进行填充,不应使填充材料被挤到焊接区域。焊接过程中不应引起填充材料燃烧影响焊接质量。焊接前应将多余的填充材料去除。在间隙足够大时(允许填充物流入所有空隙),可在套筒焊接完毕后再将填充材料填充到空隙中。

5.5.4.4 已泄漏的缺陷

如果被修理承压部件已发生泄漏,应在焊接前隔离缺陷区域。对于盛装易燃介质的承压设备,应使用氮气或其他惰性气体对套筒进行吹扫,防止在套筒与被修理承压设备之间的空隙中形成可燃混合物。

5.5.4.5 焊缝

B型套筒纵焊缝应采用全焊透结构形式的对接接头,如图6所示。在最终的封闭焊期间应进行通风。角焊缝的焊接工艺应包含焊接电流、冷却速度和待修理承压部件的工况条件等影响因素。应使用碱性焊条。A 型套管纵焊缝可采用对接接头形式,也可采用角接接头、搭接接头形式,如图 5 所示。

5.5.4.6 在役焊接

在役焊接时应评估以下可能存在的风险:

a) 由于冷却加速和环境中的氢气导致热影响区有氢致开裂的可能性;

b) 焊接接头热影响区组织硬化的风险;

c) 被修理承压部件被烧穿的风险。

5.5.4.7 焊接程序

焊接程序,包括预热和焊后热处理,都应有相应的作业指导书。应由具备相应资质的焊工按照焊接工艺指导书实施焊接。

5.5.5 无损检测

5.5.5.1 焊接前的目视检查

焊接前应对所有套筒配件进行目视检查。

5.5.5.2 A 型套筒

在焊接过程中应对焊接根部区域进行目视检查,以确认是否存在未焊透和未熔合等缺陷。焊接完成后对纵焊缝进行 100%超声检测,100%渗透检测或磁粉检测。

5.5.5.3 B 型套筒

修理前,利用超声波测厚仪对套管两端焊接区域范围内被修理承压部件的壁厚进行测量,避免发生烧穿。若套筒纵焊缝下方未使用垫板,焊前应对纵焊缝下方区域的被修理承压部件本体和焊缝进行 100%埋藏缺陷检测和 100%表面缺陷检测。纵焊缝焊接完成后应进行 100%埋藏缺陷检测。焊接过程中应目视检查焊缝根部区域,焊缝应完全焊透和熔合。两端角焊缝焊接完成后应进行 100%表面缺陷检测。具有延迟裂纹倾向的材料,应至少在焊接完成 24 h 后对角焊缝进行无损检测。

5.5.5.4 制作过程的检查

使用单位应由有资质的或经过培训的人员对整个过程进行检查,检查结果应做记录。无损检测应符合 4.8 的要求。

5.5.6 试验

B 型套筒的耐压试验和泄漏试验应按以下要求执行。

a) 按照 GB/T 150(所有部分)或 GB/T 20801(所有部分)的相关规定进行泄漏试验。

b) 套筒和被修理承压部件之间空隙的耐压试验,在返修方案制定时,应综合分析套筒壁厚、角焊缝强度、被修理承压部件的剩余壁厚,计算其试验压力,避免因试验压力过大导致被修理承压部件失稳。

5.6 带加强塞焊贴板修理

5.6.1 适用性

本方法是将带圆孔或长圆孔的金属板贴合焊接在承压设备受损区域的内部或外部,覆盖整个受损区域的修理方法。图 10 给出了对容器结构不连续区域(接管)附近缺陷的贴板修理示意图,贴板一般都带有圆角。本方法适用性如下:

a) 适用于因磨蚀、腐蚀或其他损伤导致局部减薄的承压设备壳体；

b) 适用于圆筒形、球形、平盖和圆锥形壳体及其他承压部件；

c) 适用于工作温度高于材料无延性转变温度，且低于 345 ℃的工况环境。在工作温度较低的工况下应对材料韧性和其他可能存在的低温效应进行评估。在工作温度较高的工况下应用本方法时应对材料的热疲劳、蠕变和其他可能存在的高温效应进行评估。

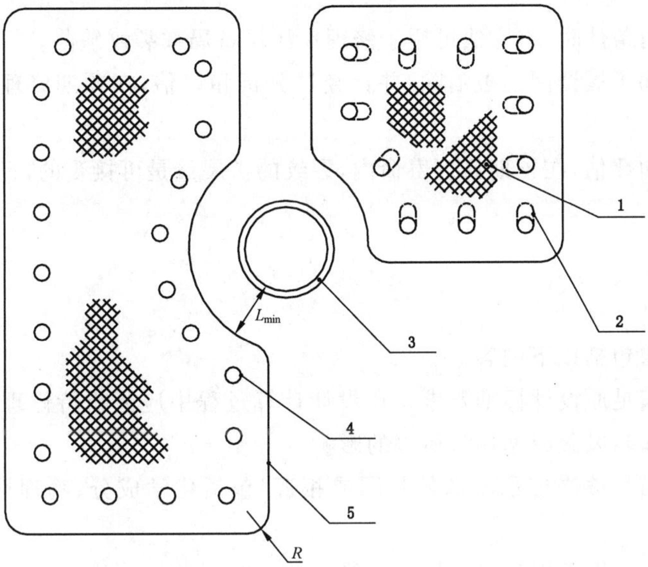

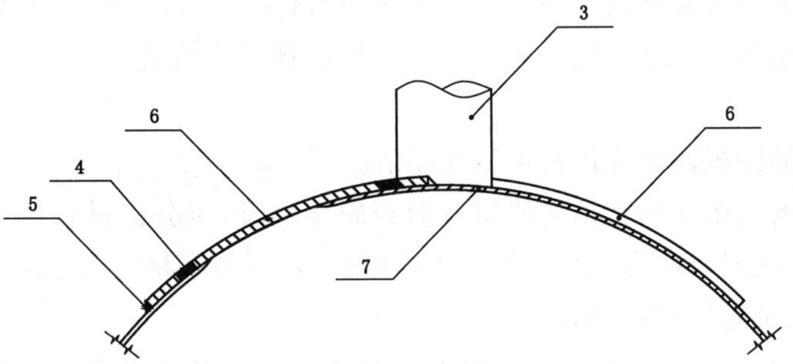

标引说明：

1 ——壳体受损区；

2 ——备选槽焊缝；

3 ——接管；

4 ——塞焊；

5 ——角焊缝；

6 ——贴板；

7 ——壳体；

L_{min}——接管与贴板之间的最小距离(mm)；

R ——贴板圆角(mm)。

注：此图中的角焊缝(见序号 5)为整圈角焊缝。

图 10 带加强塞焊贴板的典型修理结构

5.6.2 **限制条件**

5.6.2.1 本方法不受被修理承压设备的尺寸限制。修理几何形状为轴对称结构的承压设备时，应优先采用套筒焊接修理方法。

5.6.2.2 若无法辨识被修理承压设备的损伤机理、损坏程度及其潜在的失效模式，则不应使用本方法。

5.6.2.3 在满足下列条件时，本方法可用于修理承压设备局部裂纹缺陷。

a) 裂纹形成和扩展诱因已被消除，并且经过分析和评估，在预期修理寿命内裂纹不会继续扩展。

b) 经过分析和评估，在预期修理寿命内，裂纹的扩展量是可接受的，且裂纹不会扩展至贴板边缘。

5.6.3 **设计**

5.6.3.1 **一般要求**

设计的一般要求包括以下内容。

a) 本方法应满足原设计标准要求。在设计计算过程中应分析待修理承压部件可能会受到弯曲、扭转、风载或循环载荷等的影响。

b) 贴板应采用与被修理承压部件相同或相近（包括化学成分、物理性能和机械性能）的材料。

c) 贴板厚度应根据贴板材料的机械性能和焊接接头尺寸确定。

d) 贴板尺寸大小应能够覆盖被修理承压部件的受损区域，以及预期修理寿命内损伤的扩展区域。贴板应与被修理承压部件未受损区域至少重叠 25 mm，贴板圆角 R 应不小于 75 mm。

e) 外压设备的贴板修理应进行可靠性评估。

f) 在对贴板的适用性及其预期使用寿命开展评估时，应分析材料与工艺介质相容性、操作条件、焊接残余应力、裂纹、结构不连续性、贴板与基材之间的温差以及其他方面（如无损检测、试验等）的影响。

g) 修理已失效承压部件时，应分析贴板与被修理承压部件之间缝隙内积液的影响（如浓缩、腐蚀等）。

h) 在确定贴板设计壁厚时，应分析贴板和基材的组合强度（包括角焊缝的强度、焊接接头系数），也可采用设计标准中的接管开孔补强计算公式，腐蚀裕量另计。

i) 若在设备运行期间贴板，应采取相应的安全预防措施。

5.6.3.2 **应力计算**

按照下列要求对贴板结构的应力进行计算。

a) 对于被修理承压部件为承受内压的圆筒形部件，贴板结构的周向应力和轴向应力按照公式(5)和公式(6)进行计算。

1) 周向应力：

$$\sigma_{\varphi}=\frac{PD_{\mathrm{m}}}{2T} \qquad \cdots\cdots(5)$$

式中：

σ_{φ} ——周向应力，单位为兆帕(MPa)；

P ——被修理承压部件的内部压力，单位为兆帕(MPa)；

D_{m} ——被修理承压部件的中径，单位为毫米(mm)；

T ——贴板壁厚，单位为毫米(mm)。

2) 轴向应力：

$$\sigma_{\theta}=\frac{PD_{m}}{4T} \quad \cdots\cdots(6)$$

式中：

σ_{θ} ——轴向应力，单位为兆帕(MPa)；

P ——被修理承压部件的内部压力，单位为兆帕(MPa)；

D_{m} ——被修理承压部件的中径，单位为毫米(mm)；

T ——贴板壁厚，单位为毫米(mm)。

b) 如果存在其他载荷(如弯曲、扭转、风等)引起的附加应力，应将其加到相应的应力值上，按公式(7)和公式(8)计算。

$$\sigma_{C}=\sigma_{\varphi}+\sigma_{CO} \quad \cdots\cdots(7)$$

$$\sigma_{L}=\sigma_{\theta}+\sigma_{LO} \quad \cdots\cdots(8)$$

式中：

σ_{C} ——周向应力之和，单位为兆帕(MPa)；

σ_{CO} ——其他载荷引起的周向应力，单位为兆帕(MPa)；

σ_{L} ——轴向应力之和，单位为兆帕(MPa)；

σ_{LO} ——其他载荷引起的轴向应力，单位为兆帕(MPa)。

c) 被修理承压部件为承受内压的球形、环形或椭圆形部件，应按照设计标准选择公式计算其应力值。

5.6.3.3 结构不连续性评估

设计过程中，应对贴板的结构进行不连续评估。

a) 在忽略接管附近的应力或其他的结构不连续的条件下，贴板角焊缝与结构不连续处(接管或其他类似的结构不连续)之间的最小距离按公式(9)计算。

$$L_{min}=2.5\sqrt{R_{m}t} \quad \cdots\cdots(9)$$

式中：

L_{min} ——角焊缝与结构不连续之间的距离，单位为毫米(mm)；

R_{m} ——被修理承压部件的中半径，单位为毫米(mm)；

t ——被修理承压部件的壁厚，单位为毫米(mm)。

当存在多个贴板时，该距离也可用于确定相邻贴板之间的最小距离。

b) 贴板与接管补强结构焊接时，贴板的轮廓应与补强结构的形状相匹配，且应采用全焊透焊接结构。

c) 受损部位与接管(或开孔)距离小于 L_{min} 时，贴板应设计为绕接管或开孔一周的结构形式，并采用全焊透焊接结构。必要时，应对贴板区域的局部应力进行分析计算。

5.6.3.4 **贴板角焊缝的许用载荷**

5.6.3.4.1 单位长度的角焊缝许用载荷应大于贴板结构单位长度的周向载荷和轴向载荷，按公式(10)计算。

$$\sigma_A = t_{w,min}\varphi[\sigma]^t \quad \cdots\cdots (10)$$

式中：

σ_A ——单位长度的角焊缝许用载荷，单位为牛每毫米(N/mm)；

φ ——焊接接头系数，取0.55；

$[\sigma]^t$——焊材许用应力，单位为兆帕(MPa)；

$t_{w,min}$——最小焊脚高度，单位为毫米(mm)。

5.6.3.4.2 角焊缝焊脚尺寸取决于传递的载荷大小，一般情况下，角焊缝的腰高不小于贴板和被修理承压部件中较薄厚度的0.7倍，且不大于两焊件中的较薄厚度与40 mm的较小值。

5.6.3.5 **塞焊的许用载荷**

5.6.3.5.1 圆孔/长圆孔焊缝可承受贴板应力的30%。圆孔塞焊在剪切或拉伸状态下的许用载荷按公式(11)计算。

$$\sigma_p = 0.63[\sigma]^t(d-6)^2 \quad \cdots\cdots (11)$$

式中：

σ_p ——圆孔塞焊许用载荷，单位为牛(N)；

d ——圆孔的底部直径，单位为毫米(mm)。

长圆孔塞焊的许用载荷按公式(12)计算。

$$\sigma_s = 0.8[\sigma]^t[(W-6)(L-6)-0.86R^2] \quad \cdots\cdots (12)$$

式中：

σ_s ——长圆孔塞焊许用载荷，单位为牛(N)；

W ——长圆孔的底部宽度，单位为毫米(mm)；

L ——长圆孔的底部长度，单位为毫米(mm)；

R ——长圆孔端半径，单位为毫米(mm)。

5.6.3.5.2 为了减小贴板角焊缝处的应力，避免角焊缝中的载荷路径偏心问题，应在贴板上设置圆孔或长圆孔，并进行塞焊。塞焊的直径不应小于$(T+6)$mm，且不大于$(2T+6)$mm。圆孔或长圆孔与贴板边缘的距离不应小于$2T$，且不大于$4T$。圆孔或长圆孔相互之间的距离(中心间距)不应小于$3d$。

5.6.3.5.3 当贴板壁厚不大于8 mm时，塞焊应填满整个孔；贴板壁厚大于8 mm时，塞焊填充高度应为1/2孔深度或5/16孔直径的较大值，且不小于8 mm。

5.6.3.5.4 直径小于19 mm的塞焊，为了避免因孔间距过小和焊接操作限制导致发生焊接质量问题，可采用长圆孔塞焊形式。槽的宽度不应小于$(T+6)$mm，且不大于$(2T+6)$mm，长度不应大于$(3T+6)$mm。长圆孔的长轴应与其相邻角焊缝边缘垂直，位置和间距应符合5.6.3.5.2的要求。

5.6.3.6 **冷加工成形尺寸极限**

贴板冷加工成形尺寸应满足以下要求。

a) 贴板材质为碳钢或低合金钢的，冷加工成形过程中产生的伸长率不应大于5%，伸长率按公式(13)和公式(14)计算。

1） 双曲率

$$\delta = \frac{75T}{R_f}\left(1 - \frac{R_f}{R_o}\right) \quad \cdots\cdots(13)$$

2） 单曲率

$$\delta = \frac{50T}{R_f}\left(1 - \frac{R_f}{R_o}\right) \quad \cdots\cdots(14)$$

式中：

δ ——贴板伸长率，%；

R_f ——贴板冷加工成形后的中心曲率半径，单位为毫米(mm)；

R_o ——贴板冷加工成形前的中心曲率半径，单位为毫米(mm)。

b） 若采取措施消除冷加工成形过程中产生的应力，碳钢或低合金钢材质的贴板可采用伸长率超5%的冷加工成形贴板。

c） 其他材质贴板的伸长率应符合相应设计标准的规定。

5.6.4 修理

带加强塞焊贴板的修理步骤如下。

a） 按贴板设计图纸或相关设计文件中规定的尺寸要求，采用机加工或热加工等方法加工贴板边缘。若采用热加工方法，加工完成后，应打磨去除贴板边缘1.5 mm的材料。若贴板厚度大于25 mm，且角焊缝腰高尺寸小于贴板厚度，应对贴板边缘焊接坡口进行表面缺陷检测，检测发现分层的贴板不应使用。

b） 圆孔和长圆孔可通过冲压、钻孔、机加工或热加工(火焰、电弧切割)等方法制造。长圆孔端部的半径应等于孔宽的一半。若采用热加工方法，加工完成后，应打磨去除贴板边缘1.5 mm的材料。若贴板厚度大于25 mm，且圆孔或长圆孔填充深度小于板厚，应对圆孔和长圆孔边缘进行表面缺陷检测，检测发现分层的贴板不应使用。

c） 采用适当的方法将贴板加工成满足修理要求的形状。贴板可分块加工后采用全焊透对接接头焊接在一起，贴板自身焊缝应先预制。

d） 去除焊接区及其两侧不小于40 mm范围内的油漆、水垢、铁锈、液体和其他异物。

e） 将贴板覆盖区域内的焊缝打磨至与母材平齐，并进行100%表面缺陷检测。

f） 贴板与待修理承压部件间距不应超过5 mm。若贴板边缘与待修理承压部件间距大于或等于1.5 mm，角焊缝腰高尺寸计算时应包括间距。

g） 使用适当的方法将贴板放置在计划位置，然后完成贴板角焊缝焊接，在役焊接的要求见附录D，现场热处理的要求见附录E。

h） 为了防止贴板和被修理承压部件之间的空隙产生气压，应在闭合焊缝前或焊后热处理期间进行排气处理。对于穿透性缺陷的贴板修理，应在焊接完成后将排气口进行密封。

i） 完成所有检查和试验后，金属表面应重新防腐处理。

5.6.5 无损检测

带加强塞焊贴板修理的无损检测要求如下。

a） 在温度允许的情况下，应对贴板角焊缝进行100%表面缺陷检测。

b） 如果使用吊耳移装贴板，应检测吊耳角焊缝。在修理后移除临时吊耳的，应对移除区域进行100%表面缺陷检测。

c) 对于拼接贴板,应对拼接接头部位进行100%埋藏缺陷检测,若无法实施,应对每层焊道表面进行表面缺陷检测。

d) 有焊后热处理要求的,应在热处理完成后进行相应的无损检测。

e) 设计文件有要求的,还应按其规定执行。

5.6.6 试验

试验要求如下。

a) 应按照设计文件和修理方案的要求进行耐压试验或泄漏试验。

b) 承压部件和贴板应按照适用的标准和安装规范进行泄漏试验。气体泄漏试验时应采取特殊的安全预防措施。

c) 若设计文件和修理方案允许,可用无损检测替代耐压试验。在恢复到正常操作压力和温度之后,应对所有焊接接头进行气密性检查。

d) 耐压试验或泄漏试验应在绝热层或涂层(如存在)施工前进行。

5.7 圆角焊接贴板修理

5.7.1 适用性

本方法是将金属板贴合焊接在承压设备受损区域的内部或外部,覆盖整个受损区域的修理方法。图11给出了对容器结构不连续区域(接管)附近缺陷的贴板修理示意图,贴板一般都带有圆角。本方法适用性如下。

a) 适用于因磨蚀、腐蚀或其他损伤导致局部减薄的承压设备壳体。

b) 适用于圆筒形、球形、平盖和圆锥形壳体及其他承压部件。

c) 适用于工作温度高于材料无延性转变温度,且低于345 ℃的工况环境。在工作温度较低的工况下应用本方法时应对材料韧性和其他可能存在的低温效应进行评估。在工作温度较高的工况下应用本方法时应对材料的热疲劳、蠕变和其他可能存在的高温效应进行评估。

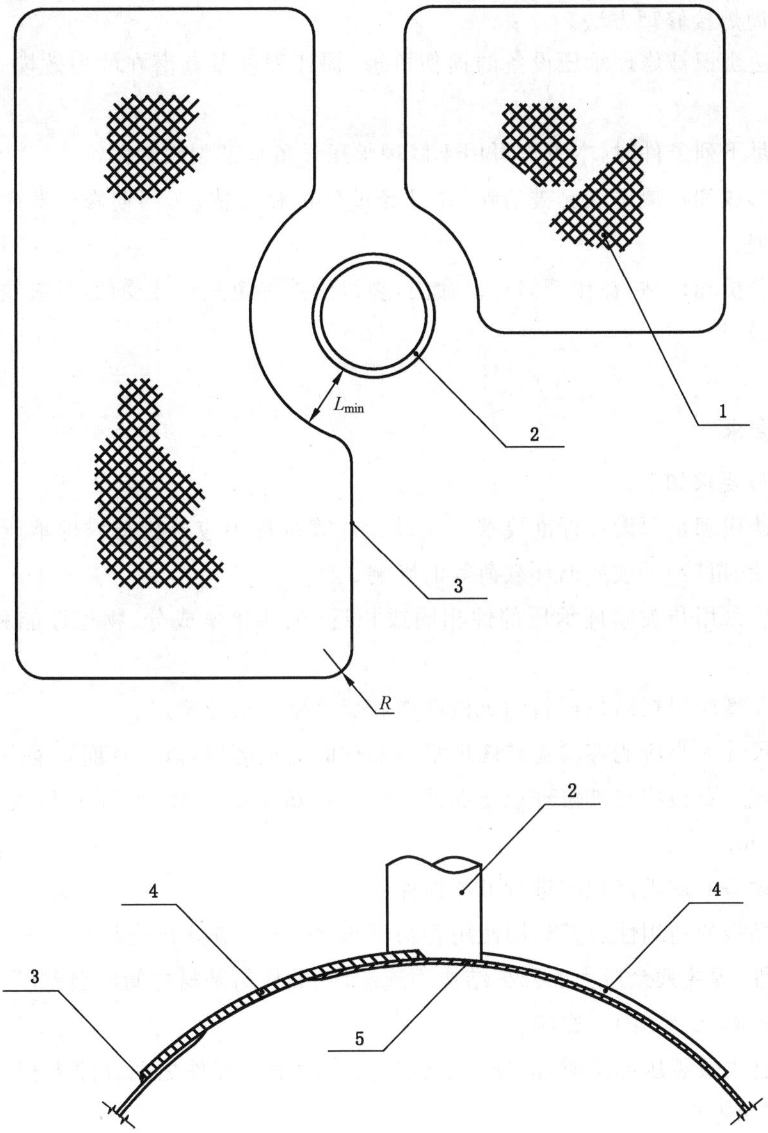

标引说明：

1 ——壳体受损区；

2 ——接管；

3 ——角焊缝；

4 ——贴板；

5 ——壳体；

L_{min}——接管与贴板之间的最小距离(mm)；

R ——贴板圆角(mm)。

注：此图中的角焊缝(见序号3)为整圈角焊缝。

图 11 圆角焊接贴板的典型修理结构

5.7.2 限制条件

5.7.2.1 本方法不受被修理承压设备的尺寸限制。修理几何形状为轴对称结构的承压设备时，应优先采用套筒焊接修理方法。

5.7.2.2 若无法辨识被修理承压设备的损伤机理、损坏程度及其潜在的失效模式,则不应使用本方法。

5.7.2.3 在满足下列条件时,本方法可用于修理承压设备局部裂纹缺陷。

a) 裂纹形成和扩展诱因已被消除,并且经过分析和评估,在预期修理寿命内裂纹不会继续扩展。

b) 经过分析和评估,在预期修理寿命内,裂纹的扩展量是可接受的,且裂纹不会扩展至贴板边缘。

5.7.3 设计

5.7.3.1 一般要求

设计的一般要求如下。

a) 本方法应满足原设计标准要求。在设计计算过程中应分析待修理承压部件可能会受到弯曲、扭转、风载或循环载荷等的影响。

b) 贴板应采用与被修理承压部件相同或相近(包括化学成分、物理性能和机械性能)的材料。

c) 贴板厚度应根据贴板材料的机械性能和焊接接头尺寸确定。

d) 贴板尺寸大小应能够覆盖被修理承压部件的受损区域,以及预期修理寿命内损伤的扩展区域。贴板应与被修理承压部件未受损区域至少重叠 25 mm,贴板圆角 R 应不小于 75 mm。

e) 外压设备的贴板修理应进行可靠性评估。

f) 在对贴板的适用性及其预期使用寿命开展评估时,应分析材料与工艺介质相容性、操作条件、焊接残余应力、裂纹、结构不连续性、贴板与基材之间的温差以及其他方面(如无损检测、试验等)的影响。

g) 修理已失效承压部件时,应分析贴板与被修理承压部件之间缝隙内积液的影响(如浓缩、腐蚀等)。

h) 在确定贴板设计壁厚时,应分析贴板和基材的组合强度(包括角焊缝的强度、焊接接头系数),也可采用设计标准中的接管开孔补强计算公式,腐蚀裕量另计。

i) 若在设备运行期间贴板,应采取相应的安全预防措施。

5.7.3.2 应力计算

对于被修理承压部件为承受内压的圆筒形部件,贴板结构的周向应力和轴向应力按照公式(5)和公式(6)进行计算。

如果存在其他载荷(如弯曲、扭转、风等)引起的附加应力,应将其加到相应的应力值上,按照公式(7)和公式(8)计算。

被修理承压部件为承受内压的球形、环形或椭圆形部件,应按照设计标准选择公式计算其应力值。

5.7.3.3 设计过程中,应按照 5.6.3.3 对贴板进行结构不连续评估。

5.7.3.4 贴板角焊缝单位长度的许用载荷按照5.6.3.4确定。还应分析载荷路径偏心问题。承受周向载荷的角焊缝应力为：

$$S_w=\left(\frac{PD_m}{2T}\right)+\left(\frac{3PD_me}{T^2}\right) \qquad\qquad (15)$$

式中：

S_w ——角焊缝应力,单位为兆帕(MPa)；

e ——加载路径偏心$(T+t)/2$,单位为毫米(mm)；

T ——贴板壁厚,单位为毫米(mm)；

$S_w \leqslant 1.5[\sigma]^t$。

5.7.3.5 **冷加工成形极限**

5.7.3.5.1 贴板材质为碳钢或低合金钢的,冷加工成形过程中产生的伸长率不应大于5%,伸长率按公式(13)和公式(14)计算。

5.7.3.5.2 若采取措施消除冷加工成形过程中产生的应力,碳钢或低合金钢材质的贴板可采用伸长率超5%的冷加工成形贴板。

5.7.3.5.3 其他材质贴板的伸长率应符合相应设计标准的规定。

5.7.4 **修理**

贴板的修理步骤如下。

a) 按贴板设计图纸或相关设计文件中规定的尺寸要求,采用机加工或热加工等方法加工贴板边缘。若采用热加工方法,加工完成后,应打磨去除贴板边缘1.5 mm的材料。若贴板厚度大于25 mm,且角焊缝腰高尺寸小于贴板厚度,应对贴板边缘焊接坡口进行表面缺陷检测,检测发现分层的贴板不应使用。

b) 采用适当的方法将贴板加工成满足修理要求的形状。贴板可分块加工后采用全焊透对接接头焊接在一起,贴板自身焊缝应先预制。

c) 去除焊接区及其两侧不小于40 mm范围内的油漆、水垢、铁锈、液体和其他异物。

d) 将贴板覆盖区域内的焊缝打磨成与母材平齐,并进行100%表面缺陷检测。

e) 贴板与待修理承压部件间距不应超过5 mm。若贴板边缘与待修理承压部件间距大于或等于1.5 mm,角焊缝腰高尺寸计算时应包括间距。

f) 使用适当的方法将贴板放置在计划位置,然后完成贴板角焊缝焊接,在役焊接的要求见附录D,现场热处理的要求见附录E。

g) 为了防止贴板和被修理承压部件之间的空隙产生气压,应在闭合焊缝前或焊后热处理期间进行排气处理。对于穿透性缺陷的贴板修理,应在焊接完成后将排气口进行密封。

h) 完成所有检查和试验后,若设计有要求,金属表面应重新防腐处理。

5.7.5 **无损检测**

贴板修理的无损检测要求如下。

a) 在温度允许的情况下,应对贴板角焊缝进行100%表面缺陷检测。

b) 如果使用吊耳移装贴板,应检测吊耳角焊缝。在修理后移除临时吊耳的,应对移除区域进行100%表面缺陷检测。

c) 对于拼接贴板,应对拼接接头部位进行100%埋藏缺陷检测,若无法实施,应对每层焊道表面进行表面缺陷检测。

d) 有焊后热处理要求的,应在热处理完成后进行相应的无损检测。

e) 设计文件有要求的,还应按其规定执行。

5.7.6 试验

试验要求如下。

a) 应按照相应设计文件和修理方案要求进行耐压试验或泄漏试验。

b) 承压部件和贴板应按照适用的标准和安装规范进行泄漏试验。气体泄漏试验时应采取特殊的安全预防措施。

c) 若设计文件和修理方案允许,可用无损检测替代耐压试验。在恢复到正常操作压力和温度之后,应对所有焊接接头进行气密性检查。

d) 耐压试验或泄漏试验应在绝热层或涂层(如存在)施工前进行。

5.8 堆焊和补焊修理

5.8.1 适用性

堆焊是用焊接的方法将耐腐蚀金属熔敷在碳钢或低合金钢基材上,用于恢复复合板或堆焊层衬里厚度。补焊是用焊接的方法将碳钢或低合金钢焊材金属熔敷在基材上,用于恢复基材厚度。

本方法适用于修复碳钢或低合金钢基材和设备内部耐蚀层(堆焊层或复合板)的减薄缺陷,具体适用情况如下:

a) 适用于碳钢或低合金钢制承压设备局部减薄区域的修理;

b) 适用于裂纹打磨消除后形成的凹坑的修理;

c) 适用于原堆焊层或复合板衬里受损区域的修理;

d) 以碳钢或低合金钢为基材的复合板的合拢缝修理。

5.8.2 限制条件

本方法不适用于除壁厚减薄外其他类型缺陷的修复;采用本方法时,剩余基材厚度应满足堆焊或补焊的实施条件。

5.8.3 设计

5.8.3.1 减薄原因

焊前应分析确定壁厚减薄原因。本方法用作永久性修理时,应根据被修理承压部件的潜在减薄机理,采取相应的预防措施,若堆焊层或复合板衬里存在腐蚀、脆化和开裂等损伤,宜更换全部或部分衬里。

5.8.3.2 焊层数量

堆焊或补焊可采用单层或多层焊接。若使用回火焊技术,应采用多层焊接。施工过程中的焊接层数不应小于焊接工艺规程中的焊接层数。

5.8.3.3 堆焊厚度

堆焊厚度不应小于 3 mm,且堆焊后的衬里厚度不应小于设计文件中规定的最小设计厚度。若为了满足部件尺寸要求进行机加工或打磨堆焊层(如加工垫圈凹槽)的,最终机加工或打磨后的衬里厚度不应小于设计文件中的最小设计厚度。

5.8.3.4 基材修理

补焊所用的焊材抗拉强度不应小于基材的抗拉强度。还应分析焊材与基材的相容性以及对预期修理寿命的影响。

5.8.3.5 **腐蚀防护**

若堆焊材料用于增强承压部件的抗腐蚀性能(如在碳钢或低合金钢基材上堆焊不锈钢),应选用合适的焊材和焊接工艺(如在 2 1/4Cr1Mo 基材上先堆焊 309L,再堆焊 347)。

5.8.3.6 **其他要求**

5.8.3.6.1 采用堆焊修理方法应分析基材和堆焊层热膨胀系数的差异。

5.8.3.6.2 堆焊的焊材为高合金钢或有色金属时,应评估在堆焊层与基材连接的边缘处发生电偶腐蚀的可能性。

5.8.4 **修理**

5.8.4.1 **表面处理**

焊前应检查待焊接部位的表面情况,确认焊接部位及其附近区域表面无腐蚀沉积物、污垢、油漆、水垢和其他污染物。如果表面要喷砂处理,砂中不应含二氧化硅。

5.8.4.2 **焊接工艺**

宜采用可提高效率和减少热量输入的半自动焊接工艺(如 GMAW)。如果焊接区域面积较大,为了提高效率,控制焊接过程的质量,可使用安装在轨道上的焊接设备。

5.8.4.3 **堆焊**

5.8.4.3.1 若被修理承压部件壁厚较薄,为了防止烧穿和变形,宜采用较小的线能量。

5.8.4.3.2 焊接完成后,应测量堆焊层厚度。

5.8.4.4 **基材焊缝处的衬里修理**

5.8.4.4.1 典型的基材焊缝衬里修理如图 12 所示。基材焊缝焊接前,应先对衬里焊缝进行焊接,填充至与衬里大致齐平,余高不应大于 1.5 mm。基材焊缝金属和衬里焊缝金属之间不应发生交叉污染。任何可疑的交叉污染区域,都可使用硝酸或硫酸铜溶液检查和确定衬里与基材的界面位置。

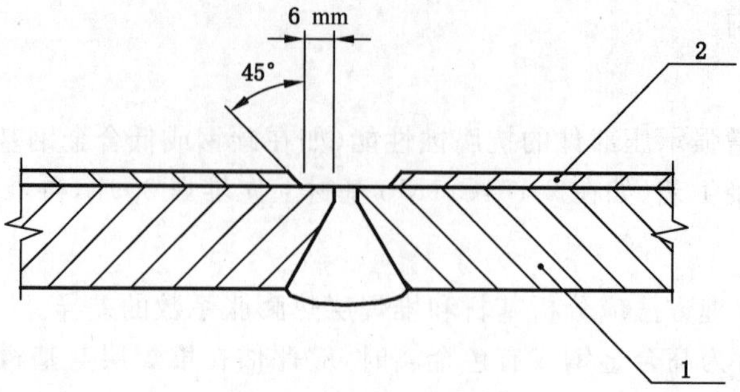

a） 焊接接头预制

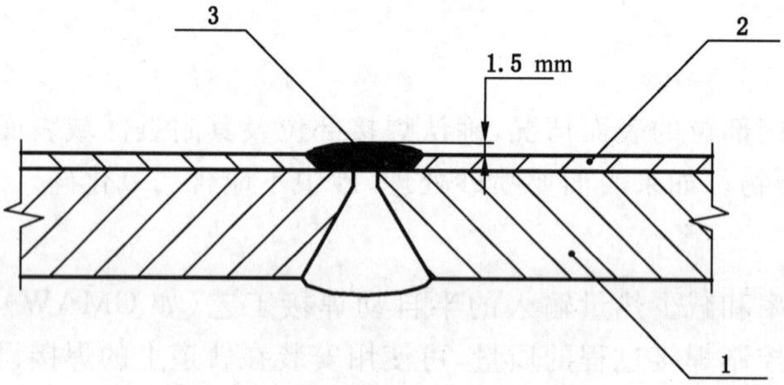

b） 基材焊缝衬里层的成品焊缝

标引序号说明：

1——基材；

2——衬里；

3——内衬焊缝金属背覆层。

注：焊缝坡口近似平齐。

图 12 基材焊缝衬里修理

5.8.4.4.2 基材焊缝焊接前，应去除衬里焊缝两侧至少 6 mm 范围内的衬里材料。

5.8.4.5 低合金钢的特殊要求

5.8.4.5.1 为了避免修理过程中可能产生的氢导致部件开裂，焊前应对临氢（含腐蚀产生的氢）的被修理承压部件进行脱氢处理。

5.8.4.5.2 存在材料脆化工况的，应对被修理承压部件已发生材料脆化的可能性进行评估。修理过程中应采用可降低开裂风险的焊接工艺，如采用焊接速率和热输入可控的焊接技术。

5.8.4.5.3 低合金钢基材补焊后，堆焊衬里（如适用）前，宜进行消氢或中间消应力热处理，特别是合金含量大于或等于 2-1/4Cr 的材料以及壁厚大于 38 mm 的材料。

5.8.4.5.4 焊后应检测焊材和基材金属热影响区的最大硬度和韧性。

5.8.4.6 表面状况

修理完成后，被修理承压部件表面应无缺口、划痕等缺陷。如果存在表面缺陷，应打磨消除。

5.8.4.7 热处理

5.8.4.7.1 热处理应按照设计文件的要求进行。如果设计文件允许并征得使用单位同意，可采用回火焊技术等热处理替代方法。

5.8.4.7.2 应分析修理前和修理过程中的热处理对熔覆层、母材和焊接接头的强度和韧性的影响。

5.8.4.7.3 基材为低合金钢的衬里进行修理时，应分析第一层焊道可能会对基材产生影响，修理区域的最终热处理可在堆焊层沉积 5 mm 耐蚀材料后进行。

5.8.5 无损检测

5.8.5.1 一般要求

5.8.5.1.1 焊前无损检测

焊前应采用适用的无损检测方法确定待修理部位缺陷已消除。

5.8.5.1.2 焊后无损检测

应采用适用的无损检测方法对焊后堆焊或补焊表面进行无损检测。补焊厚度大于 9.5 mm 的部位应进行射线检测或超声检测。

5.8.5.2 硫酸铜溶液测试

去除不合格的堆焊层后，在重新堆焊前为了确认原堆焊层被完全去除，应使用硫酸铜溶液检查基材表面。

5.8.5.3 衬里的渗透检测

5.8.5.3.1 采用多层焊接时，应对堆焊的第一层焊道进行渗透检测，如果堆焊材料有两种，应在堆焊两种材料的第一层焊道时分别进行一次渗透检测。

5.8.5.3.2 堆焊层表面和衬里受焊接影响的区域应进行100%渗透检测。

5.8.6 试验

5.8.6.1 化学成分分析

5.8.6.1.1 焊接工艺评定试验中应包括堆焊层有效深度处的化学成分分析测试。

5.8.6.1.2 设计文件对堆焊层有效深度有要求时，应对堆焊层有效深度处的化学成分进行分析测试。

5.8.6.1.3 化学成分分析和铁素体测试的取样位置和取样数量要求如下。

a) 设计文件应规定堆焊层的化学成分分析和铁素体含量测试数量，以及奥氏体不锈钢堆焊层中铁素体含量范围。应在最终焊后热处理(如适用)之前，选择合适位置取样测试或进行现场测试。除非另有规定，最终焊后热处理完成后，一般可不再进行测试。具体要求如下。

   1) 采用自动焊接方式进行堆焊的，应在被修理承压部件的环焊缝处、主要受压元件及其与其他受压元件连接处、衬里焊缝等部位进行取样测试。采用手工焊接方式进行堆焊的，同一部位的取样点不应少于 2 处。

   2) 直径不大于 600 mm 的承压设备部件，应在衬里焊缝上每隔 600 mm 处取 1 点进行测试(长度不足 600 mm 的取 1 点)。采用相同的焊接工艺、焊接过程和焊材的焊缝可算作同类型焊缝，焊缝长度可累计计算。一个 500 mm 的人孔和 3 个 200 mm 的接管可累计计算为 1 100 mm，按上述规定焊缝上的取样点为 2 个。

b) 对于直径大于 600 mm 的承压设备部件，采用手动、半自动或自动焊接方式的，征得使用单位同意，可每周对相同焊工、相同焊接工艺的焊缝上取样 2 次进行测试，用以代替上述 a)1)的要求。采用不同焊接工艺的焊缝应按照 a)的要求进行测试。

5.8.6.2　奥氏体不锈钢堆焊层的化学成分

奥氏体不锈钢堆焊层的化学成分应满足原设计文件中的要求。

5.8.6.3　奥氏体不锈钢堆焊层的铁素体测量

除特殊规定外，奥氏体不锈钢堆焊层的铁素体含量的要求如下。

a)　堆焊材料为 304、304L、316、316L 和 317L，铁素体含量范围应为 4～10。

b)　堆焊材料为 347，铁素体含量范围应为 3～10。

5.8.6.4　铁素体测量仪的校准

铁素体测量仪应按照 GB/T 1954 的要求进行校准，并在有效校验周期内。使用前，应至少在 2 个试块上测试验证仪器的精度，2 个试块的铁素体含量变化幅度至少为 5，其中一个试块的铁素体含量应为 4～10。

5.8.6.5　Ni-Cu(合金 400)和 Cu-Ni 合金的铁氰化物测试

5.8.6.5.1　应对所有 Ni-Cu 合金(蒙乃尔合金 400、67Ni-30Cu)和 Cu-Ni 合金(70Cu-30Ni、90Cu-10Ni)堆焊层和复合板衬里焊缝进行铁氰化物测试。

5.8.6.5.2　铁氰化物测试应在 100%Ni-Cu 或 Cu-Ni 堆焊层和复合板衬里焊缝上进行，测试结果不应存在游离铁。测试程序如下。

a)　待测试表面应采用不会引起游离铁污染的方法制备；使用溶剂或清洁剂溶液去除待测试表面的油、油脂和污垢；使用酸洗溶液去除待测试表面的氧化物；表面清洁后使用蒸馏水或去离子水彻底冲洗表面；若需表面处理，应使用新的砂纸或砂轮，以及非铁素体抛光片和刷子。

b)　测试溶液应为新调配的溶液。测试溶液各组分配比如下：

1)　90%(体积分数)的铁氰化钾(4%质量分数溶液)；

2)　10%(体积分数)的溶液，由 1 份浓盐酸[36%～38%(质量分数)HCl]和 9 份蒸馏水组成。

c)　应检查测试溶液的有效性。将测试溶液涂抹(或喷涂)至 Ni-Cu、Cu-Ni 和碳钢标准试样上，碳钢标准试样上应立即出现蓝色，在 10 min 内 Ni-Cu 或 Cu-Ni 标准试样上不应出现任何颜色。如果出现颜色，表明测试溶液 pH 值偏低，应重新配制溶液。

d)　将测试溶液通过雾化器或滴管施加至焊缝表面。若焊缝表面 2 min 内出现蓝色，则表明 Ni-Cu 或 Cu-Ni 合金堆焊层或衬里中含有游离铁。对于反应颜色为浅蓝色的，是可接受的。

e)　可根据色度确定铁含量大小，铁含量不应超过 6%(质量分数)。

5.8.6.6　耐压试验

设计文件或修理方案中应明确是否进行耐压试验。堆焊层和复合板衬里的修理一般不必进行耐压试验，但如果涉及基材补焊，耐压试验应按照相关法规要求执行。

5.9　螺纹塞或塞焊堵头修理

5.9.1　适用性

本方法通过钻孔或加工孔去除待修理承压部件上的裂纹或其他缺陷，再将实心塞或螺纹塞插入孔中进行密封焊接后完成修理。具体结构形式如图 13 所示。本方法还可用于检查孔或其他的开孔操作。

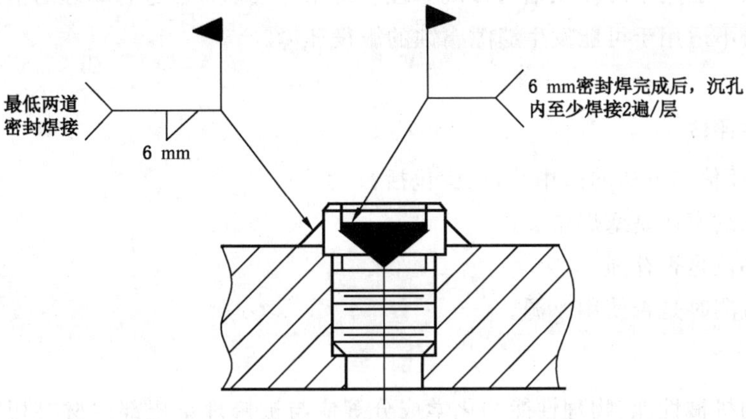

a) 塞焊位置

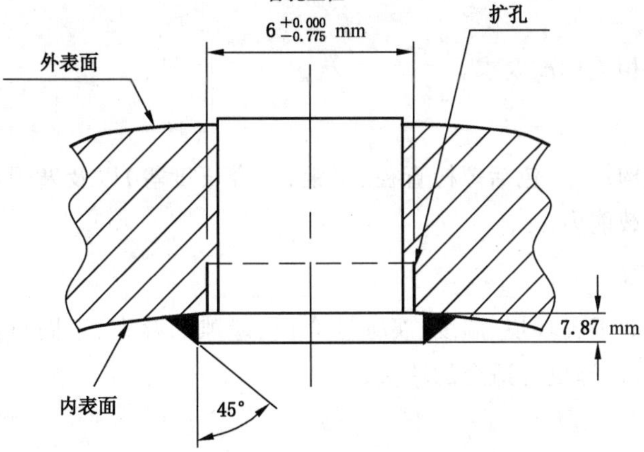

b) 内部开孔处的焊接位置

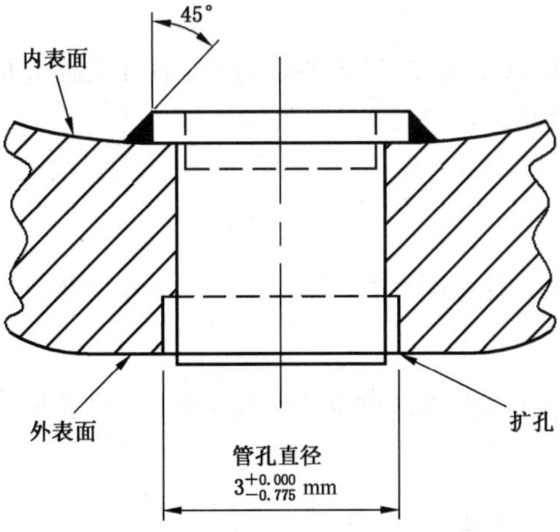

c) 未开孔或外部开孔处的焊接位置

图 13 典型的塞子布置图

5.9.2 限制条件

5.9.2.1 本方法不适用于焊接缺陷的常规修理和可用焊接挖补法进行修理的情况。

5.9.2.2 本方法不适用于可能发生缝隙腐蚀的服役环境。

5.9.3 设计

5.9.3.1 适用性评估

修理前,应评估本方法的适用性,至少包括:

a) 选择螺纹塞还是塞焊堵头;

b) 开孔部位是否补强;

c) 射线检测时是否使用γ源。

5.9.3.2 材料

塞子材料的机械性能、物理性能和化学成分等应与被修理承压部件材料相同或相近;如果塞子材料与被修理承压部件材料类别不同,应评估其材质适应性。

5.9.3.3 开孔补强

开孔补强应符合相关标准要求。

5.9.3.4 承载能力

螺纹塞的螺栓结构尺寸(包括螺栓直径、螺距、啮合长度等)以及塞焊堵头的焊接尺寸应具有满足工况要求的承载能力。

5.9.3.5 堵头形式选取

应从强度和所处的工况环境(温度、腐蚀性介质、缝隙的存在、不同材料)等方面,评估螺纹塞和塞焊堵头的优劣,选择更为适合的堵头形式。

5.9.3.6 材料去除

在修理方案中应结合所选择的堵头形式,明确提出材料去除的位置、范围、尺寸等。

5.9.3.7 开孔尺寸

最终孔的直径和结构形状(钻孔、螺纹或锥度等)应通过工程分析确定。开孔尺寸应采用适用的工程计算方法计算确定。

5.9.4 修理

5.9.4.1 缺陷位置

采用适用的检测方法对缺陷进行检测,确定缺陷的位置以及待修理区域的范围。

5.9.4.2 去除缺陷

采用机加工方法(如钻孔机)将缺陷部位的材料去除,并将其加工成所需尺寸的圆形通孔。

5.9.4.3 塞子的加工制造

塞子应按照设计文件加工制造。

5.9.4.4 润滑剂和胶带

高温服役环境中,螺纹塞不应与螺纹润滑剂或胶带一起使用。

5.9.4.5 塞子安装

根据设计文件的要求安装螺纹塞或塞焊堵头,并验证安装后的装配度和密封性。

5.9.4.6 焊接

密封焊或强度焊应按照设计文件或修理方案进行焊接。

5.9.5 无损检测

5.9.5.1 消缺验证

应采用适用的无损检测对缺陷消除情况进行验证,确认缺陷已被完全消除。

5.9.5.2 表面缺陷检测

应采用适用的无损检测方法对完工的密封焊缝或加强角焊缝进行表面缺陷检测。

5.9.6 试验

耐压试验应按照相关设计文件执行。如果相关设计文件允许,启用前系统气密性试验可替代泄漏试验。

6 机械修理

6.1 更换承压部件

6.1.1 适用性

本方法适用于更换容器的受压元件或管道的管道组成件。更换的承压部件可使用是同材质、同规格的部件,也可使用经过改造(材料升级、结构改变等)的承压部件。

6.1.2 设计

6.1.2.1 由材料性能退化造成的缺陷,应分析原因并通过更换部件来减轻或消除材料性能退化。

6.1.2.2 当更换的承压部件和原部件相比有变化,应重新进行设计计算。设计文件中应确定更换部件的工况条件,提出更换部件的材料和机械性能要求。工况条件包括工艺参数、介质流动特性等,材料要求包括选择与工艺相适应的材料、材料规格、材料质量等,机械要求包括壁厚、压力等级、结构、支撑等。

6.1.2.3 更换的承压部件的设计应符合相关设计标准要求。

6.1.2.4 更换承压部件改变现有系统结构时,宜设置临时或永久的支撑和约束设施。

6.1.3 修理

6.1.3.1 修理前准备

更换承压部件时,应将被修理承压设备从系统中隔离出来,锁定标记,并做好排水、通风和清洁等工作。

6.1.3.2 连接接头

更换的承压部件上的焊接接头和机械连接接头应符合相关标准和设计文件的要求。更换前,应对机械连接接头进行清理。连接接头处未更换的部件壁厚应满足继续使用的要求。

新旧部件的接头应按照相关标准进行检查，应在修理方案内明确检查的类型、范围和位置，以及验收标准。

6.1.3.3 安装过程的检查

使用单位应提出机械连接接头(如法兰、螺纹接头、锻造或压合接头以及管接头等)安装过程的检查项目，至少包括对连接过程和装配结果的验收确认，是否按要求使用扭矩扳手进行紧固，必要时还应确认力矩测量仪表是否准确等。

6.1.3.4 更换后的监测

承压部件更换完成后，应在初始操作期间监测系统是否存在异常振动、膨胀、收缩或其他故障迹象。

6.1.4 无损检测

新更换的承压部件无损检测应按照相关标准和设计文件要求执行。

6.1.5 试验

新更换的承压部件应按照相关标准和设计文件的要求进行耐压试验。

6.2 冷冻塞

6.2.1 适用性

6.2.1.1 本方法用来截断管道内的介质流动，适用的介质包括水、水溶液、污泥、碳氢化合物、酸、碱等。使用本方法应先测试冷冻塞的承载能力，承压大小取决于介质的凝固点、管道的尺寸、初始温度、流量以及走向等因素。

6.2.1.2 采用本方法前，应对冷冻塞对管道的影响进行评估。

6.2.1.3 修理单位应有使用冷冻塞的经验或做过相同条件下的模拟试验。

6.2.2 安全防护要求

6.2.2.1 本方法在实施过程中存在因冷冻剂(液氮或二氧化碳)泄漏导致作业人员窒息的风险。相关作业人员应佩戴具有可视指示器和声音警报的氧含量分析仪。

6.2.2.2 修理单位应有规范化作业程序和必要的防护设备，不应发生低温灼伤事故。

6.2.2.3 作业人员和监护人员应接受与修理方法相关的培训，有作业经验，了解使用低温液体的危害；还应遵守 HSE 规定，穿防护服，保持密闭空间通风，监测温度和作业环境氧气，了解紧急情况的处置方法和急救知识等。

6.2.2.4 在地面以下受限空间作业时，冷冻夹套装置应设置在非动火工作区域或单独开挖的坑内。如无法做到，则应采取额外的安全预防措施，包括但不限于受限空间作业相关的防护措施。

6.2.2.5 冷冻剂排放口应位于受限空间的外部或地面以上，不可设置在受限空间内，同时应保持受限空间内通风。

6.2.2.6 不应出现冷冻剂泄漏。工作区域应设置隔离障碍物并铺设防水布。

6.2.2.7 含碳氢化合物介质的冷冻操作应有特殊预防措施。

6.2.3 设计

6.2.3.1 冷冻效果的影响因素

6.2.3.1.1 采用本方法前，应掌握被修理管道内介质的凝固点和组分。如果介质含有轻馏分，不宜采用本方法。可通过测试凝固点温度来确定冷冻介质的可行性,介质的凝固点温度也可由使用单位提供或在相关文献中查找,也可按照6.2.6进行介质凝固点温度测试。

6.2.3.1.2 应对布置在管道中心的热电偶读数提出要求。

6.2.3.1.3 为了避免冷冻塞形成失败,待冷冻部位的管道内部介质应处于静止状态。

6.2.3.1.4 待冷冻的管道内部介质的初始温度应低于50 ℃。

6.2.3.2 材料

6.2.3.2.1 本方法适用于所有材料的管道,包括无延性转变温度较高的材料。

6.2.3.2.2 应分析冷冻过程对材料强度和韧性的影响。若冷冻温度低于管材的无延性转变温度,应分析碳钢、低合金钢、铁素体不锈钢、马氏体不锈钢以及双相(奥氏体-铁素体)不锈钢冲击韧性的下降程度;铜、铝、奥氏体不锈钢和高镍合金在低温下的冲击韧性会下降,但一般能够保持满足设计标准要求的冲击韧性。

6.2.3.3 冷冻塞的强度

冷冻塞承压能力与其强度成正比,强度与其长度成正比,且剪切强度随着温度的降低而增加。在较高压力下形成的冷冻塞强度更大,应在最高操作压力下形成冷冻塞。

6.2.3.4 冷冻塞对管道的压力

在冷冻塞形成时,不必考虑其对管道内壁的压力。

6.2.3.5 位置

冷冻位置的选取应不影响管道永久和临时支撑的自由膨胀和收缩。此外,还应分析冷冻位置是否会影响排液管、通风口、泄压点和隔断阀的正常工作。

6.2.3.6 液氮冷冻

6.2.3.6.1 液氮是最常用的冷冻剂之一,可用于公称直径不大于1 200 mm的管道。

6.2.3.6.2 液氮冷冻夹套典型结构如图14所示,其中冷冻夹套的材料为不锈钢、铝和玻璃纤维。液氮进口阀应位于冷冻夹套的底部和顶部,底部的阀门也可用作液氮排放口。

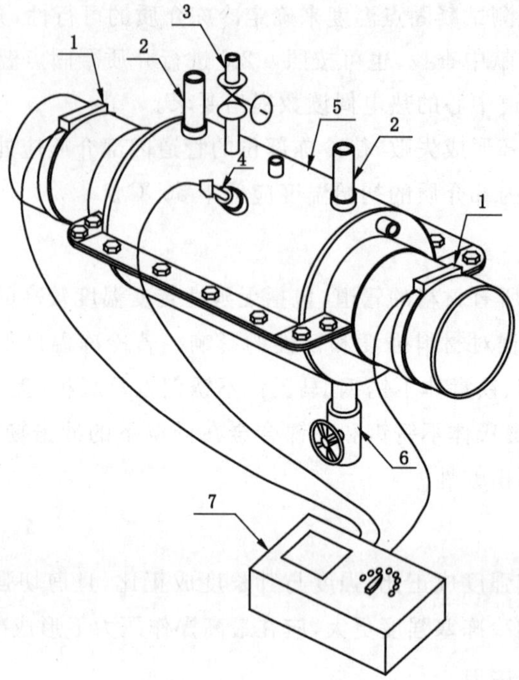

标引序号说明：

1——热电偶；

2——氮气排气口；

3——液氮进口；

4——热电偶(可选)；

5——冷冻夹套；

6——液氮进口和夹套排水；

7——温度监控器。

图 14 液氮冷冻装置的结构形式

6.2.3.6.3 所用冷冻夹套的长度不应超过 3 倍管径，不应使用两个互相衔接的冷冻夹套。

6.2.3.6.4 冷冻夹套的操作压力应为大气压，蒸发的氮气从夹套顶部排出。

6.2.3.6.5 冷冻夹套上的各种部件(如软管、管道和阀门等)应选用低温材料。

6.2.3.6.6 冷冻夹套中心和两端的管道上都应装设热电偶，利用夹套中心的热电偶测量夹套和管道的温度，利用两端热电偶监控修理进程。

6.2.3.6.7 应配备液氮液位报警装置和管道温度报警装置，防止液氮液位过低或管内温度升高。

6.2.3.6.8 必要时，可使用流量监测器、压差监测器和远程摄像机等设备对冷冻情况进行监测。

6.2.3.7 二氧化碳冷冻

6.2.3.7.1 二氧化碳冷冻可用于公称直径不大于 100 mm 的管道，一般用于建筑物供水线的冷冻。

6.2.3.7.2 二氧化碳冷冻夹套可用缠绕在管道周围的布料制成，并用拉绳固定两端。

6.2.3.7.3 冷冻夹套的长度不应大于 3 倍管径，不应使用两个互相衔接的冷冻夹套。

6.2.3.7.4　冷冻夹套两端的管道上都应装设有热电偶,用于监控冷冻进程。

6.2.3.7.5　修理过程中可能要持续向冷冻夹套内注入二氧化碳以保持冷冻塞的强度。

6.2.4　修理

6.2.4.1　程序

作业前,应编制修理方案、HSE 方案和应急方案等文件。

6.2.4.2　相容性

管内介质的凝固点应与冷冻剂的冷却范围及所采用的冷冻设备相匹配。

6.2.4.3　冷冻剂供应

为满足作业需求,应预备足够的液氮或二氧化碳冷冻剂。为保证大直径管道的介质冷冻或长时间保持冷冻状态,宜在现场储存或持续输送液氮或二氧化碳冷冻剂。

6.2.4.4　保温和涂层

为了便于安装冷冻夹套和热电偶,应将冷冻位置的保温和黏性涂层去除,类似油漆的薄涂层可不去除。

6.2.4.5　环境

冷冻作业时应屏蔽可能会影响操作的环境条件,如风、雨和热源(阳光、高温管和高温设备等)。

6.2.4.6　封闭端

当冷冻位置位于管道封闭端附近时(如焊帽、盲法兰或关闭的阀门),应采取特殊预防措施。

6.2.4.7　相连设备

制定修理方案时,应对可能影响修理过程的设备进行分析,必要时隔离此类设备,如有压力波动的泵。

6.2.4.8　安装

冷冻夹套应按照修理方案的要求安装。

6.2.4.9　过程监测

应对修理作业的全过程(从液氮或液态二氧化碳被引入夹套到作业完毕)进行监测。

6.2.4.10　外部动态载荷

冷冻作业期间,管道系统不应承受任何显著的外部动态载荷。如不可使用锤形扳手或冲击扳手来移除螺栓和螺母。冷冻作业前,应一次性将螺栓全部拆除,清洁或更换。

6.2.4.11　强度验证

打开下游管路,进行后续工作前,验证以下内容。

a)　冷冻夹套两端的热电偶测温仪表读数不应高于预先设定的温度。

b)　冷冻夹套的两端管道上应形成一个完整的圆形霜环。

c)　可在管道下游拆除一个法兰,打开一个阀门,或在管道上钻孔释放下游压力,利用上游压力来验证冷冻塞的强度。在冷冻塞强度验证试验时,管道内压不应低于最高操作压力。为了验证冷冻塞强度，该试验应保持一定时间。对烃类产品的冷冻塞强度验证试验应进行较长时间。

6.2.4.12 泄漏

若在管道下游观察到介质泄漏，应确定泄漏介质来源。如果泄漏介质来自冷冻塞处，则需继续冻结；如果有其他来源，应找出泄漏点并进行封堵；如果泄漏介质和泄漏量可接受，则可不做处理。

6.2.4.13 焊接

在冷冻塞附近焊接作业时，为防止冷冻塞融化和失效应制定特殊工作程序。

6.2.4.14 冷冻作业停止时间

冷冻作业应持续到管道系统安全并且使用单位同意停止冷冻作业的时间点。

6.2.4.15 试验

管道系统重新投用前，冷冻塞可用于新更换承压部件的耐压试验。

6.2.4.16 回充

管道修理完成后，应回充下游管道介质，使冷冻塞两侧的压力均衡，并在高点处排出管道中的空气。

6.2.4.17 解冻

冷冻塞应自然解冻，不宜采用对管道加热的方法加速冷冻塞的溶解。

6.2.5 无损检测

6.2.5.1 目视检查

冷冻作业前和冷冻作业完毕后都应目视检查冷冻位置的管道外部是否有划痕、沟槽、腐蚀以及其他可能影响管道安全的损伤。

6.2.5.2 检测要求

冷冻作业完毕后，应使用射线检测或超声检测方法对管道冷冻区域和附近的焊缝进行检测，必要时对管道进行全面检验。

6.2.5.3 评估

根据冷冻作业完毕后的检查和检测数据评估本次冷冻操作是否影响管道安全运行。

6.2.6 试验

6.2.6.1 未知流体属性

凝固点不明的介质应进行凝固点温度测试，包括但不限于以下介质：

a） 具有不同黏度的烃混合物；

b） 冷冻塞的下游侧减压时可蒸发的轻馏分介质；

c） 含有挥发性成分的介质。

6.2.6.2 凝固点测试

可使用小型冷冻夹套和相关设备进行凝固点温度测试。将夹套安装在一个足够长的含法兰的管道短节上,在短节内部充满介质,并加压至工作压力的1.5倍。形成冷冻塞后,可拆除两侧法兰,检查和评估冷冻塞的强度。

6.2.6.3 **测温仪表的校准**

测温仪表应定期校准,每次作业前应通过与环境温度、冰水温度或其他参考温度进行比对来检查其测量值是否准确。

6.2.6.4 **氧含量监测仪校准**

氧含量监测仪应定期校准,每次作业前应通过与大气氧含量进行比对来检查其读数是否准确。

6.3 螺纹修理

6.3.1 适用性

本方法适用于螺孔中受损螺纹的修理。修理方法包括:

a) 钻孔,扩大螺孔的尺寸后,更换配套紧固件或安装螺纹套;

b) 用焊条金属填充螺孔,重新钻孔和攻丝。

以下方法也可用于修理受损螺纹,但本文件未涉及:

a) 使用相同规格的丝锥重新对螺孔进行攻丝;

b) 更换螺纹受损的部件。

6.3.2 限制条件

6.3.2.1 **保留现有螺孔**

腐蚀产物和/或残留物可能堵塞螺纹,如果目视检查后发现螺孔内的螺纹并未严重损坏,宜使用相同规格的丝锥重新攻丝,无需扩孔或填充金属后重新钻孔。

6.3.2.2 **设计确认**

螺孔在扩孔前应经设计确认。

6.3.2.3 **裂纹修理**

如果在螺孔表面发现裂纹,且扩孔尺寸不足以消除裂纹,则应在扩孔前采用适用的方法消除裂纹。

6.3.2.4 **焊接填充螺孔**

焊接填充螺孔应选择适合的焊接方法,避免出现以下情况。

a) 焊接完成后,部件发生翘曲和泄漏(无论有无焊后热处理)。

b) 焊后热处理完成后,低合金钢制的承压部件韧性降低。

c) 焊接完成后,有回火脆化倾向的材料发生开裂。

6.3.2.5 **螺纹套**

螺纹套的规格通常不大于M38。使用螺纹套应符合制造单位的要求,特别是有关使用条件(内部和外部),材料和负载方面的要求。

6.3.3 设计

6.3.3.1 **标准**

修理后的螺柱组件应符合原设计标准或其他适用的设计标准的要求。

6.3.3.2 螺纹修改

为了防止丝锥攻丝后,无法在螺纹孔底部形成完整的螺纹,进而导致使用过程中螺柱末端整圈螺纹的损坏以及受损螺柱退出时造成螺孔螺纹损坏,可适当缩短螺柱螺纹尺寸或增加螺孔深度。

6.3.3.3 扩孔

采用扩大螺孔直径修理受损螺纹的方法时,按以下步骤操作。

a) 扩大螺孔直径前,应重新检查螺纹啮合长度,确认其是否满足原设计标准要求。

b) 扩孔后,应重新校核法兰的应力(包括没有螺纹的配对法兰/法兰盖),应力值应在可接受范围内,同时还应分析增加螺柱的预紧力。

c) 可采用定制的异径锥形双头螺柱替换现有的螺柱,螺柱的一端保持其原始直径而将另一端的直径增大。

6.3.3.4 扩孔对强度的影响

由于扩孔会去除螺孔内的部分母材,设计应确认扩孔修复后的部件仍能满足使用要求。

6.3.3.5 螺纹套的设计

应在设计文件中给出螺纹套的设计方法。螺纹套所用材料不应采用未在原设计标准中列出的材料,其许用应力不应低于螺柱(含螺栓)材料的许用应力。

6.3.4 修理

6.3.4.1 钻孔深度

钻孔深度不应超过设计文件规定的承压部件壁厚方向的最大钻孔深度。

6.3.4.2 焊接前的准备

焊接填充螺孔前应先消除螺孔内螺纹(通过钻孔完成),并检查螺孔内无碎屑后才可焊接。

6.3.4.3 焊接作业程序和人员资质

焊接作业程序和焊工资质应符合设计文件和修理方案的要求。

6.3.4.4 焊接

焊接过程(包括焊前和焊后热处理等)应满足原设计文件和修理方案的要求,同时部件(如法兰)在焊接过程中不应发生翘曲。

6.3.4.5 法兰修补

如果法兰密封面在焊接过程中发生翘曲,应重新修整。

6.3.4.6 螺纹套的安装

使用螺纹套时,应按照制造单位提供的安装说明进行安装。

6.3.4.7 螺纹拉毛和润滑

螺柱安装时,宜在螺栓螺纹表面涂抹润滑剂改善螺纹接触面粗糙度,防止在螺柱拧入过程中导致螺纹拉毛。

6.3.5 无损检测

应目视检查扩孔或钻孔的加工过程,确定螺孔内的清洁度,以及是否有开裂。如果怀疑材料存在劣化或损坏现象,应采用相应的无损检测方法对怀疑部位进行检测。

6.3.6 试验

螺纹修理相关的试验要求应满足设计文件的要求。

6.4 去除金属

6.4.1 适用性

本方法通过去除含缺陷部位的金属来消除承压部件的表面缺陷[图 15 a)]或埋藏缺陷[图 16 a)]。去除金属的方法包括机加工方法和热加工方法。材料去除后所形成的凹坑可补焊[图 15 c)、图 16 c)],或圆滑过渡后保留[图 15 b)、图 16 b)]。

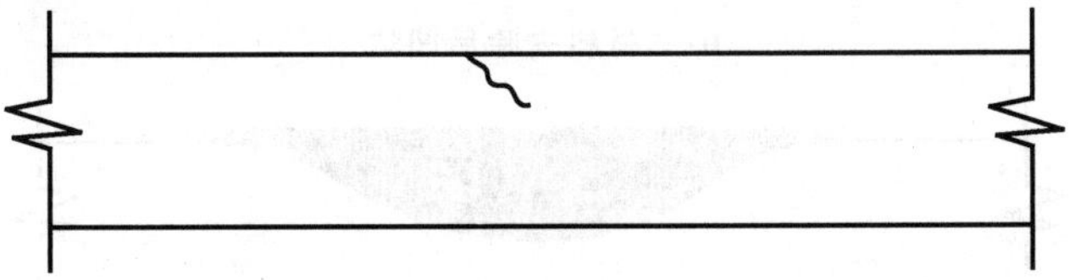

a) 表面缺陷

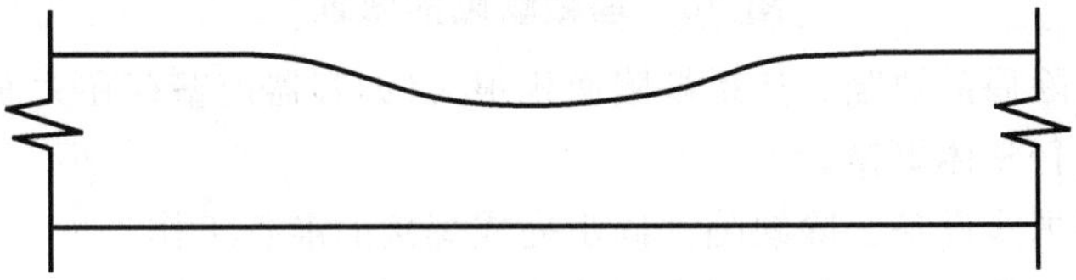

b) 材料去除后凹坑

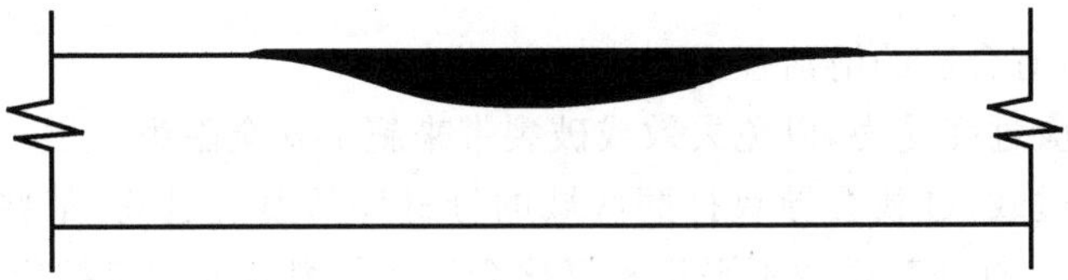

c) 凹坑补焊

图 15 表面缺陷的修理

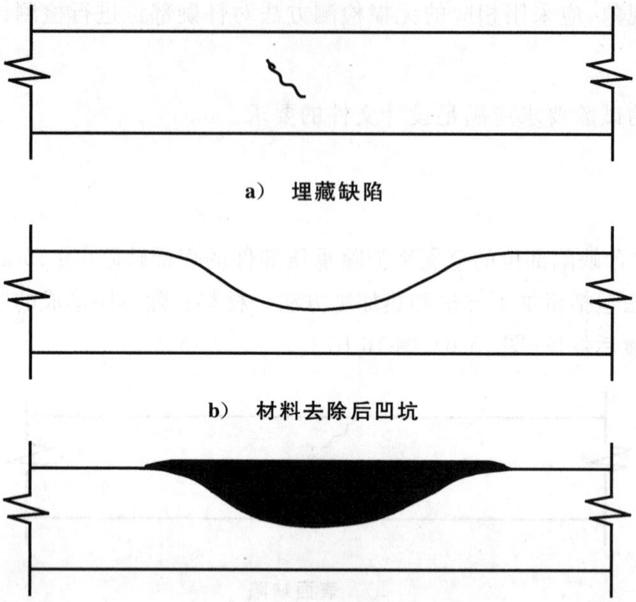

a） 埋藏缺陷

b） 材料去除后凹坑

c） 凹坑补焊

图 16 埋藏缺陷的修理

本方法适用于消除局部缺陷。如果缺陷面积很大(如容器内壁存在大面积应力腐蚀开裂裂纹),宜对承压部件进行整体更换。

机加工可使用便携式设备去除缺陷并同步完成焊接的准备工作。

在缺陷面积比较大且对表面精度要求不严格的情况下,可使用热刨方法(碳弧气刨或等离子电弧气刨)对缺陷部位进行处理。

6.4.2 限制条件

6.4.2.1 打磨

6.4.2.1.1 打磨前,应有合适的清洁程序。

6.4.2.1.2 砂轮片不应过度受力,以免失效或破裂带来施工安全隐患。

6.4.2.1.3 砂轮不应过载,过载会导致打磨区域的母材局部温度过高,某些情况下会形成马氏体或致密的浅表裂纹。打磨表面的不平整和氧化会导致材料表面残余拉应力和应力水平上升,疲劳强度降低和过早失效。

6.4.2.1.4 高强度合金钢打磨前应进行预热。

6.4.2.1.5 特定材料(如铁素体或奥氏体不锈钢等)的打磨,砂轮宜使用镍合金制旋转锉刀。

6.4.2.1.6 奥氏体不锈钢表面被碳钢或低合金钢残余物污染后会出现腐蚀或点蚀。为避免污染,奥氏体不锈钢的打磨应采用专用砂轮机。

6.4.2.1.7 打磨不锈钢中的应力腐蚀裂纹或者其他钢材的阳极溶解应力腐蚀裂纹(如胺应力腐蚀开裂)时,应控制打磨产生的热量,避免因打磨导致裂纹扩展。

6.4.2.1.8 在狭窄的作业空间内,可使用去毛刺的工具代替砂轮。

6.4.2.2 切削

6.4.2.2.1 使用切削液时,应注意其是否对修理表面有害。

6.4.2.2.2　应防止切削碎屑进入部件内造成损坏。

6.4.2.3　珩磨

珩磨速度应根据部件的长径比及材料的硬度进行调整。

6.4.2.4　精研

6.4.2.4.1　精研仅应用于平滑或抛光表面，不适合用于浅表面瑕疵以外的其他缺陷去除。

6.4.2.4.2　精研的磨痕应与上一道磨痕的方向相垂直，在进行更加精细的打磨之前，应去除前一道打磨的痕迹。

6.4.2.5　热刨

6.4.2.5.1　利用碳弧或等离子电弧进行热刨时，快速加热和随后的淬火可能会导致热影响区变硬或变脆。热刨后，应打磨去除受影响区域的材料。

6.4.2.5.2　对于按设计要求应进行焊后热处理的材料，为防止开裂，热刨前宜进行预热。

6.4.3　设计

6.4.3.1　不必补焊的情况

去除金属后不必补焊的情况：

a）去除的金属壁厚如果小于壁厚余量的；

b）符合凹坑评定条件的，且打磨形成的凹坑可通过凹坑评定的；

c）可通过合于使用评价的。

6.4.3.2　应补焊的情况

去除金属后应补焊的情况：

a）去除金属后剩余壁厚(包括未来的腐蚀量)低于设计标准要求最小壁厚的；

b）未通过合于使用评价的。

去除金属后形成的凹坑形状应便于焊接操作，避免产生夹渣或未焊透。为了降低焊缝收缩应力，在缺陷完全清除后，坑的宽度便于补焊即可。

6.4.3.3　热刨

采用热刨去除金属时，补焊前，应采用机加工方法去除凹坑表面1.5 mm厚的金属材料。

6.4.3.4　凹坑坡度

凹坑应圆滑过渡，坡度应满足3∶1的要求；当确定凹坑进行补焊时，凹坑坡度可不满足3∶1的要求。

6.4.4　修理

6.4.4.1　修理步骤

按照以下步骤消除缺陷。

a）采用相应的检测方法确定缺陷位置及其尺寸。如果是裂纹缺陷，可先钻孔止裂，防止裂纹在修理过程中发生扩展。

b）采用机加工法或热加工法将含缺陷部位金属材料去除。

c）采用相应的无损检测方法对材料去除后形成的凹坑表面进行检测，并确认缺陷已被完全消除。

d) 测量凹坑尺寸和底部剩余壁厚。

e) 判断凹坑是否补焊。

f) 必要时,根据设计标准和修理方案进行预热或焊后热处理。

6.4.4.2 特殊工装

某些情况下,可能采用特殊工装完成对精度要求较高的修理工作。此外,可研制专用量具监测金属去除深度,防止去除过量。可使用特殊轮廓的模板或木工量规进行测量,也可将其集成至特殊工装中使用。

6.4.5 无损检测

6.4.5.1 检测要求

设备修复完成后,表面及相邻区域应进行目视检查和表面缺陷检测。如果补焊或堆焊可能导致新的缺陷产生(如厚壁容器的深坑补焊可能会产生收缩裂纹),应采用相应的无损检测方法对补焊或堆焊部位进行埋藏缺陷检测和表面缺陷检测。

6.4.5.2 其他检查

如果设计文件或修理方案中对被修理区域有其他检测要求时,应增加相应的检测项目。

6.4.6 试验

主要受压元件补焊深度大于1/2实测壁厚的容器应在补焊完成后或焊后热处理后进行耐压试验。耐压试验程序、介质、压力等要求应按照设计文件执行。必要时,还应进行泄漏试验。

6.5 法兰修理和更换

6.5.1 适用性

6.5.1.1 适用于因机械损伤、腐蚀或其他原因导致的法兰面损坏的修理,也可用于改善法兰面粗糙度。

6.5.1.2 可使用便携式机床在现场进行修理,也可将与受损法兰连接的管段或设备一同拆除在维修车间进行修理。

6.5.2 限制条件

6.5.2.1 再次损坏的可能

应分析法兰面产生损坏的原因,分析再次损坏的可能。

6.5.2.2 法兰剩余厚度

受限于设计压力等级要求的法兰最小壁厚,如果不能直接对加工法兰面进行加工,应先在法兰面表面堆焊,增加法兰凸缘的厚度;如果几何形状和间距满足设计要求,结构强度满足使用要求的,可在现有法兰背面增设开口环法兰作为替代解决方案,以此补偿法兰凸缘厚度的减小。

6.5.2.3 残余应力

未经过消应力热处理的堆焊层表面加工时,可能使焊接残余应力重新分布,导致法兰发生尺寸变形。宜在堆焊后,对法兰进行消应力热处理。

6.5.3 设计

6.5.3.1 法兰突出部分高度

在修理过程中可能会造成法兰面凸面高度减少,其修理后的高度不应小于0.8 mm,并满足法兰密封要求。

6.5.3.2 **厚度评估**

法兰修复过程中，去除凸面以外部位的金属时，应确认材料去除不影响法兰的结构完整性，必要时应进行评估。

6.5.3.3 **粗糙度和平整度**

法兰表面的粗糙度和平整度应能满足垫片的安装要求，具体如下。

a) 平整度允许偏差不应超过相关垫片标准的规定值。

b) 法兰密封面粗糙度的选择应符合相关标准和设计文件的要求，并且：

1) 榫槽面以及O形圈面的表面粗糙度不应超过3.2 μm；

2) 环连接面的表面粗糙度不应超过1.6 μm；

3) 其他类型密封面：全平面、突面、凹凸面的表面粗糙度为3.2 μm～6.3 μm。对于全平面、突面、凹凸面法兰，密封面一般加工成锯齿形的同心圆或螺旋齿槽，加工刀具的圆角半径不应小于1.5 mm，同心圆或螺旋齿槽的深度约为0.05 mm，节距约为0.50 mm～0.56 mm。

6.5.4 **制作**

6.5.4.1 **非焊接修理**

在法兰厚度和其他尺寸允许的情况下，可不堆焊，直接对法兰密封面进行加工，去除有缺陷区域。

6.5.4.2 **焊接修理**

以下两种情况可采用焊接修理。

a) 通过补焊修理局部损坏区域(如凿痕或划痕)。

b) 通过堆焊恢复法兰母材金属或原堆焊层厚度。

补焊或堆焊区域不应有任何影响焊接质量的残留物、垫片材料、腐蚀产物等，可采用机械或化学方法清洁焊接区域，焊接程序和人员应符合相关标准和修理方案的要求。

6.5.4.3 **焊后热处理**

以下情况应在堆焊后进行焊后热处理：

a) 相关标准和修理方案有要求的；

b) 工艺原因要求的。

如果堆焊厚度小于相关标准规定的实施热处理的限值或存在尺寸稳定性问题，则不必进行焊后热处理。

6.5.4.4 **加工**

为了得到符合标准或修理方案要求的法兰表面粗糙度，切削刀具半径和进给速度应设置为预定值。轻微缺陷可用锉削的方法修整法兰面。

6.5.4.5 **环连接面法兰转换为凸面法兰**

如果已发生环槽开裂或存在潜在的环槽开裂可能性，可将环连接面法兰转换为凸面法兰。一种转换方法是在环槽中堆焊，并进行加工，以满足适用标准中规定的凸面法兰尺寸；另一种转换方法是在原环连接面法兰上使用特殊的转换垫片，但应分析垫圈的宽度、反作用力的分布、法兰旋转的影响以及表面粗糙度对垫圈密封性能的影响。

转换时还应注意以下内容。

a) 转换前,应分析转换对设计规格和其他方面的影响,包括潜在的密封困难和垫圈爆裂等情况;应根据使用环境选择新垫片的类型和材质。

b) 用于填充环槽的焊材宜与法兰母材相匹配,也可使用与工况条件相适应的不同材料。如某些情况下,可能用奥氏体不锈钢填充 Cr-Mo 钢制法兰中的凹槽。如果槽内填充材料的热膨胀系数与法兰母材不同,应分析热膨胀差异的影响。预制焊接表面、消除裂纹或其他缺陷,可能会从环槽底部去除一些材料。如果使用其他材料填充环槽,环槽底部材料的去除可能导致法兰厚度小于适用标准规定的厚度,但如果去除深度不超过法兰厚度的 10%,则可接受;否则应经过工程分析评估。

c) 应去除环连接面法兰边缘的标记字母"RJ"和相应的环槽编号(或其他环连接面标记)。

6.5.5 无损检测

6.5.5.1 密封面检查

修复后的法兰表面应进行检查,以符合适用标准或使用单位指定的要求,如按要求进行目视检查表面光洁度。

6.5.5.2 检测要求

为了确定法兰结构的完整性,堆焊前应采用适用的无损检测方法对待堆焊的部位进行检测。堆焊时,宜采用无损检测方法对每个焊道表面进行检测。修复后,法兰表面应进行无损检测。

6.5.5.3 尺寸检查

修复后,法兰厚度和其他尺寸应满足适用标准或设备的要求。

6.5.6 试验

法兰在现场重新组装后,投用前应进行泄漏试验,或进行系统密封试验。系统密封试验时应在系统升压过程中对法兰接头泄漏情况进行监测。应综合分析工况条件的危险性和标准要求选择最适合的试验方法。

6.6 机械夹具修理

6.6.1 适用性

6.6.1.1 机械夹具主要用于对承压部件、法兰和垫圈泄漏部位堵漏,或对局部减薄泄漏(或潜在的泄漏)部位封堵或加固,夹具有各种形状(如圆筒形、矩形、具有平板封头或其他成形封头),通常要与被修理的管道或部件的外部轮廓相适应。

6.6.1.2 机械夹具也可用于法兰、阀门或其他管道组成件(支线、接管或排放小接管等)的密封。

6.6.1.3 机械夹具通常为批量制品,也可特别定制,定制的夹具包括壳体,密封垫片及螺栓(或者螺柱和螺母)。机械夹具和修理部件之间的环形空间可留空或填充环氧树脂、密封剂、纤维、耐火材料或其他化合物衬里。夹具可分为用于堵漏的非结构件和用于加固或固定受损部位的结构件。

6.6.2 限制条件

6.6.2.1 除以下情况外,机械夹具不应被用于含裂纹缺陷的承压部件的修理。

a) 裂纹形成和扩展诱因已被消除,并且在预期修理寿命期间内不会继续扩展。

b) 在预期的修理寿命内,裂纹的扩展量是可被接受的,且裂纹不会穿过扩展至夹具以外的部位。

c) 裂纹周向扩展的,且所采用的夹具能够有效阻止被修理承压部件的环向横截面的整周断裂,此种情况下,非结构件夹具可与结构件夹具配合使用完成对含周向裂纹缺陷的承压部件的修理。

6.6.2.2 必要时,应由有经验的人员安装夹具和注入密封剂。

6.6.2.3 机械夹具安装前,应进行风险源辨识。作业人员应了解夹具安装过程中可能存在的危险,并采取必要的安全预防措施。

6.6.2.4 如果在夹具安装过程中存在介质泄漏的风险,应采取有针对性的安全预防措施,并在工艺危害分析期间提出安全预防措施(如配备空气呼吸装备等)。

6.6.2.5 机械夹具修理是一种在役的临时性修理方法,在装置停工后应去除夹具,更换部件或采取永久性修理方法。

6.6.3 设计

6.6.3.1 材料

机械夹具的材料宜与待修理的部件相同或相似。如果采用与待修理部件不同的材料,应与工艺环境和待修理部件材质相适应。夹具结构如图17所示。

夹具材料应根据以下因素制定修理方案:

a) 介质泄漏到夹具中对材料的影响;

b) 夹具密封件及其润滑剂可能不满足高温下使用条件;

c) 夹具的设计和构造,包括材料选择,部件的失效模式;

d) 夹具应在预期修理寿命期内具备抗失效的能力。

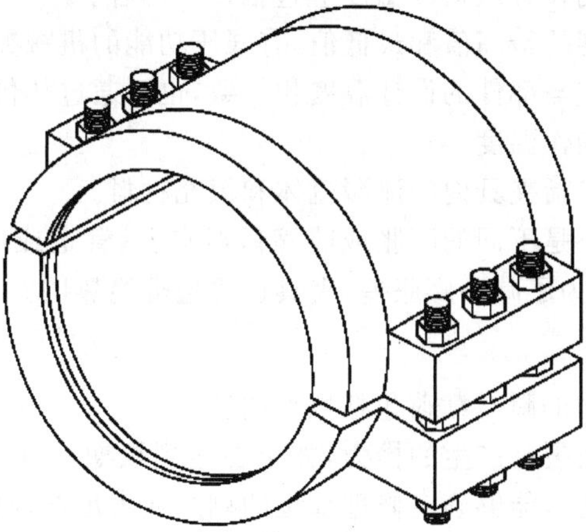

图17 机械夹具示例

6.6.3.2 设计寿命

确定机械夹具的设计寿命应综合分析修理部件的剩余强度,夹具的耐腐蚀性和机械性能,其密封元件以及密封剂(如有使用)寿命。

应注意,高温设备冷却时,某些类型的密封剂可能会失去其密封性能,或者随着使用时间的推移可能发生变质失效。

6.6.3.3 失效模式

应分析在修理过程中可能产生新的失效模式。

a) 如果修复部位的外部部件(如法兰螺栓)被夹具封闭,在与泄漏流体接触过程中,可能会很快发生劣化、开裂或腐蚀。

b) 夹具的温度可能低于部件温度,泄漏介质冷凝液对部件和夹具的腐蚀作用。

c) 使用夹具可能导致部件在不同温度下运行,会增加腐蚀速率或导致露点腐蚀。

d) 工艺介质接触或夹具的绝热效果可能会使封装在夹具内的螺栓温度升高,发生屈服。

e) 由于操作温度和内腔压力的升高,以及不同热膨胀系数产生的应力可能导致夹具泄漏。

6.6.3.4 温度和韧性

夹具材料应满足适用标准中无延性转变温度和冲击韧性的要求。

6.6.3.5 设计条件

应依据管道或部件的设计条件和预加的瞬态载荷,对机械夹具、密封面和螺栓进行设计。

6.6.3.6 设计标准

带压密封夹具设计应按照 GB/T 26468 执行。若没有适用的设计标准,应通过加工标准件(如在标准管帽上开口来制造端件)制造机械夹具部件,并按照适用的安装规范进行测试和试验,必要时进行加固。

6.6.3.7 腐蚀裕量

确定夹具壁厚时应增加合理的腐蚀裕量。

6.6.3.8 设计载荷和温度

正常工况下机械夹具的设计载荷和温度应包括以下内容。

a) 系统中压力和温度的最高值和最低值,有限压功能的机械夹具除外。

b) 夹具的设计温度应与部件的设计温度相一致,也可通过热传导分析证明夹具比部件具有更低的设计和操作温度。

c) 夹具的自重载荷包括夹具内的泄漏流体和填充材料。

d) 热膨胀的影响主要是不同的膨胀或收缩量对夹套、管道或部件的影响,在有绝热保护的管道或部件上,为了减小膨胀差,夹具也可包裹绝热层。

6.6.3.9 瞬态载荷

机械夹具设计时应考虑的瞬态载荷包括以下内容:

a) 待修理承压部件断裂时产生的推力,如果在达到预期修理寿命时(包括使用过程中预期发生的持续损伤),能够确定修理部位的剩余强度足够,则可不考虑断裂时产生的轴向推力;如果夹具用于限制轴向推力,则应设计锁定结构或定位板,以防止发生分离。有毒有害、腐蚀性的介质或在蠕变范围内运行的夹具不应依赖摩擦力连接。

b) 风载荷、地震载荷或介质产生的瞬时载荷(水击或液塞)。

c) 其他适用的瞬时载荷条件。

6.6.3.10 排放

夹具应设计有排气口和排液口,以便在组装时排出泄漏介质和环型空间内的空气。

a）安装在水下的机械夹具应有排放口，防止在紧固时环形空间发生超压。

b）排放口应包括螺纹管帽、法兰或阀门，在夹具组装过程中要将阀门打开防止内部憋压。可使用同一排气口或排液口来排空夹具内的介质。注入密封剂时，可利用排放口注入，也可设计单独的注剂口。

6.6.3.11 修理区域

夹具长度应延伸至部件的完好区域。检查夹紧部位，该位置应可承受工况下的内压和结构载荷，以及由夹具引起的额外载荷。

6.6.3.12 空腔压力

注入密封剂时，应评估由于空腔压力增加导致部件向内塌陷的可能性。应在密封胶固化时进行排气。

6.6.3.13 密封剂渗入

注入密封剂时，应评估密封剂渗入受损部件的可能性和后果，避免造成安全隐患。

6.6.3.14 各种接头

在膨胀节、挠性接头、补偿器等部位使用夹具属于特殊情况，应对安装夹具的管道系统、紧固件和管口的载荷状况进行分析，包括在运行和停车时因温度变化产生的位移。

6.6.4 修理

6.6.4.1 修理前准备

部件与夹具相连的部位，尤其是密封区域，应无腐蚀沉积物、污垢、油漆、绝缘材料、胶黏剂和其他涂层。可通过注入密封剂解决这些杂质阻碍接触面贴合以及形成泄漏通道的问题。

6.6.4.2 机械夹具安装

安装过程中应注意不要损坏夹具，以及其与部件的接触面。对于微小泄漏点，夹具通常可直接放置在泄漏处。在体积较大或压力较高的部件上安装夹具时，通常先将夹具安装在泄漏部位附近，不上紧，待将夹具滑动到泄漏部位时再拧紧螺栓。

6.6.4.3 资质

属于带压堵漏作业的机械夹具安装，作业人员应具备相应的资质；非带压堵漏作业的，作业人员应有安装修理夹具和密封剂注入的经验。

6.6.4.4 安装时机

可在停工期间安装，也可在运行期间安装，但应做好必要的安全预防措施。

6.6.4.5 泄漏状态下的安装

在剩余壁厚较薄或已泄漏的部件上安装机械夹具，应先堵漏，再使用玻璃纤维、复合材料或金属包裹物包覆部件，然后安装夹具。

6.6.4.6 焊接

机械夹具可焊接到部件上。如果进行焊接，应确定本节规定的修理、无损检测和试验的要求是否适用。

6.6.4.7 扭矩核算

设计文件要求时，应对螺栓上紧后的扭矩进行核算。

6.6.5 无损检测

6.6.5.1 目视检查夹具是否符合设计要求。

6.6.5.2 修理方案中应提出对夹具进行的无损检测项目、范围和验收标准。

6.6.6 试验

6.6.6.1 设计人员应分析夹具与部件之间的环形空间在加压后部件失效的风险，在此基础上确定安装后的耐压或泄漏试验类型。

6.6.6.2 试验方法包括：

a) 在夹具泄漏可接受的情况下，可实施在线泄漏试验；

b) 水压试验(在工作温度较高的系统上进行水压试验时，注意蒸汽的排放)；

c) 气压试验；

d) 泄漏试验(如氦泄漏试验等)。

6.7 管道矫直或煨弯

6.7.1 限制

6.7.1.1 屈曲评估

如果管道有衬里或易于弯曲(如外径与壁厚的比值大于100)，应在矫直或煨弯之前进行屈曲评估。

6.7.1.2 材料

6.7.1.2.1 加热或变形可能会使管道材料耐蚀性能或抗裂性能下降(如固溶退火奥氏体不锈钢的敏化，或因残余应力集中导致应力腐蚀开裂)。

6.7.1.2.2 在管道最终热处理温度以上加热低合金高强钢和可淬透高合金钢会降低其机械性能。

6.7.1.3 衬里和外涂层

煨弯可能会损坏衬里或外涂层。

6.7.1.4 危害评估

在矫直或煨弯前，应进行危害评估，包括但不限于6.7.1.1～6.7.1.3的内容。

6.7.2 设计

6.7.2.1 防止损伤再次发生

应对损伤原因进行分析，并采取适当的预防纠正措施，防止再次发生损伤。

6.7.2.2 分析

矫直或煨弯操作应由避免在管口、管件或支撑上施加超过其承载能力的载荷；也可采用应力分析方法，计算验证管口、管件及支撑件的载荷是否符合设计标准要求。

弯曲过程会使管道发生塑性变形，可能会导致管子和焊缝处的应力过大。如果满足6.7.2规定的其他条件，矫直和煨弯部位应远离管口、管件或管子本体支撑。

6.7.2.3 载荷和变形极限

修理过程中机械接头(如法兰接头、螺纹接头、挠性接头等)的载荷和变形应满足相关设计文件要求。

6.7.2.4 残留介质

残留的工艺介质在矫直或煨弯温度下可能直接产生安全危害或使材质发生劣化,应在开始作业前,对残留工艺介质的危害进行评估。否则,应在矫直或煨弯前彻底清洁管道。

6.7.3 修理

6.7.3.1 方法

矫直管道可使用弯管机或千斤顶等机械装置将管道推回或拉回到期望的位置;也可对管道局部加热后冷却,使其达到预期形状。

6.7.3.2 表面保护

当使用千斤顶或牵引装置时,应在链条、绳索与管道接触处铺设垫子,避免管道表面被擦伤、磨损,产生局部应力或留下划痕。应将矫直力或对中力分布在较宽的区域以避免管材的局部应变。

6.7.3.3 热弯或冷弯

6.7.3.3.1 铁素体钢的热弯要在高于材料临界转变温度下进行。碳钢钢管的临界转变温度约为705 ℃。

抗蠕变低合金铁素体钢加热到临界转变温度以上时,高温性能可能下降,不应热弯。

对运行中的管道进行局部加热时,应选择与实际相适应的加热工艺(如使用加热垫加热,不使用喷枪火焰加热),使用温度计或热电偶控制加热温度,以防止材质劣化。应严格执行修理方案中的加热和温度控制程序,并做记录。

6.7.3.3.2 冷弯是在比材料临界转变温度低的温度下进行管道煨弯。冷弯通常加热计划缩短的一侧,并按菱形图案加热。

6.7.3.4 热处理

根据设计文件和修理方案确定是否进行热弯或冷弯后的热处理。必要时也可根据材料耐腐蚀性能确定是否进行热处理。

6.7.3.5 弯曲半径的要求

弯管的弯曲半径应满足适用的管道设计标准要求。

6.7.4 无损检测

6.7.4.1 超声波壁厚抽查,壁厚不应低于设计文件中要求的最小值(包含腐蚀裕量)。壁厚测定位置应在弯曲半径最大处的外侧。

6.7.4.2 目视检查,确认矫直的管道没有皱褶、褶痕/凹坑、凿痕、尖角和其他缺陷;若有表面粗糙度的控制指标,则应在矫直或煨弯操作后进行检查;还应检查衬里和涂层是否完好。如果发现缺陷,可依据相关的安装规范进行评定。

6.7.4.3 椭圆度尺寸(管道同一截面上最大外径与最小外径之差)检查,确认其不超过安装规范所允许的范围。

6.7.4.4 硬度检测,硬度值应符合安装规范和设计标准的要求。

6.7.4.5 焊缝检测,若矫直管上有焊缝(纵焊缝或环焊缝),应采用表面缺陷无损检测方法对其进行检测,并按照安装规范和适用的设计标准进行评定。

6.7.5 试验

6.7.5.1 如果设计文件和修理方案有要求,应对矫直或煨弯后的管道进行耐压试验。

6.7.5.2 如果设计文件和修理方案无耐压试验要求,应评估矫直或煨弯的管道在使用时泄漏或破裂的风险。若不进行耐压试验,开车时应进行泄漏试验。

7 检验和试验

7.1 修理过程中的检验和试验应满足本文件各章节内的具体要求。

7.2 应按照相关法规进行重大修理和改造的监督检验。

7.3 修理方法中实施耐压试验的,试验方法、步骤、介质、温度等参照 GB/T 150(所有部分)和 GB/T 20801(所有部分)确定,其试验压力应以工作压力或定期检验报告中确定的监控使用压力为基础计算。

8 文件管理

8.1 修理方案

修理项目应有修理方案,修理方案由实施修理的施工单位起草,并经过审核、审批后提交设备使用单位,经使用单位确认后方可施工。如有必要,应由使用单位组织专家对修理方案进行评审。

在制定方案前,施工单位应对现场情况进行充分勘察,并将现场情况如实写入修理方案。

修理方案应附修理单位和人员的资质证书。

8.2 记录和报告

修理单位应在修理方案中规定修理记录(可参照相关设计、制造标准中的修理记录格式),在修理过程中,施工单位相关人员应据实填写修理记录,使用单位设备管理人员或修理项目负责人应对修理记录进行复核。

在修理完成后,修理单位应出具修理合格证明文件,附修理报告,报告格式可由施工单位自行制定或参照相关设计、制造标准中的报告格式。

8.3 第三方检测报告

如果在修理项目中使用单位委托了第三方检测单位,第三方检测单位应据实出具检测报告。

8.4 文件保存

使用单位应留存设备修理方案、焊接记录、热处理记录、检查或测试报告、修理前后的照片、修理合格证明等与修理质量相关的资料。

附 录 A
（规范性）
石墨制压力容器的修理

A.1 修理

石墨制压力容器的修理要求如下。

a) 承受内部或外部压力的替换部件应按原标准制造，维修单位应具有石墨制压力容器制造资质，并提供替换部件的质量证明文件。

b) 使用单位应按 A.1a)检查替换部件的来源以及相应的质量证明文件是否符合要求。

c) 若无法按原标准制造替换部件时，应由部件的制造厂家提供维修用标准与原标准的对比说明，明确修理过程采用的标准满足原标准要求。

d) 修理方案应按照相应的规范和标准制定，并经过设计单位确认。修理所采用的浸渍和粘接工艺应经过工艺评定。

e) 粘接操作人员应经过制造单位培训考核合格。

f) 未经使用单位同意，不应在待修理的压力容器中使用其他石墨制压力容器中已使用过的石墨部件。

g) 裂纹和分层不能仅通过注入黏合剂进行修复。

h) 管道中的裂纹和孔隙如果无法修复，可移除有裂纹和孔隙部分，剩余部分可继续使用。但单个管段长度不应小于 0.61 m，管段数量不应超过表 A.1 列出的数量。

i) 再压实方法可降低已使用石墨部件的孔隙率，改善石墨部件的性能和延长其寿命，但不应作为可恢复石墨部件原始强度或原始浸渍深度的方法。

表 A.1 管段允许数量

管子总长 m	管段数量 个	管接头数量 个
6	1	0
7	2	1
12	3	2
14	3	2
16	4	3
18	4	3
20	4	3
22	4	3
24	5	4
27	5	4

A.2 无损检测和试验

修理完毕后应按原标准进行无损检测和耐压试验,合格后方可投入使用。耐压试验的压力不应低于1.5倍的最大允许工作压力,盛装毒性危害程度为极度或者高度危害介质的压力容器,其试验压力不应低于1.75倍的最大允许工作压力。压力每升高0.1 MPa保压2 min～3 min,达到试验压力后保压30 min,然后缓慢降至最大允许工作压力,保压足够时间(不小于60 min)后进行检查,不渗漏为合格。耐压试验的介质和所用压力表应满足GB/T 21432的要求。

附 录 B
(资料性)
焊前预热的替代方法

B.1 概述

在某些条件下,采用替代方法能达到预热的目的,必要时采用模拟试验验证。

修理过程中,存在部分特殊情况无法实施原设计要求的预热过程,如附近存在涂层或其他遮挡部件等因素,通过选控焊接工艺、焊材和焊接方法等替代传统的预热。

B.2 设计

B.2.1 坡口几何形状

B.2.1.1 为了减少残余应力,在不影响焊接性能、不导致开裂的基础上,应减少坡口几何形状和焊缝金属体积。随着熔池凝固,焊材金属尺寸收缩产生残余应力,如图 B.1 所示。焊接过程中应减小焊缝和热影响区上的残余应力。

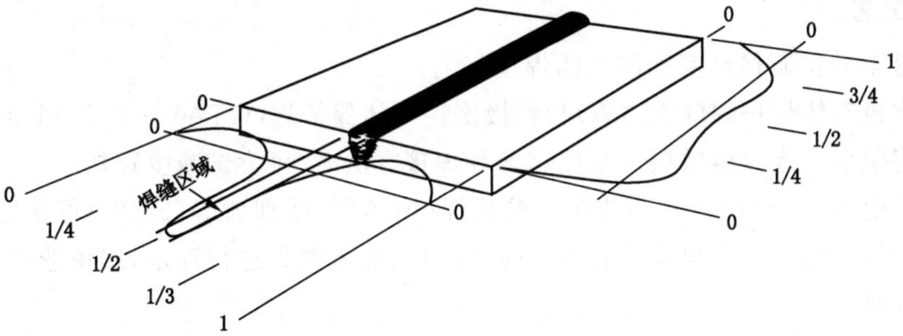

图 B.1 典型焊接残余应力

B.2.1.2 薄而宽的焊道的厚度和横截面较小,比圆形或锥形焊道更容易因预热减少而开裂。如图 B.2 所示,横向收缩较大的焊接接头更容易开裂,具有更宽坡口角度和更大焊接体积的焊缝通常也会具有更高的残余应力水平。

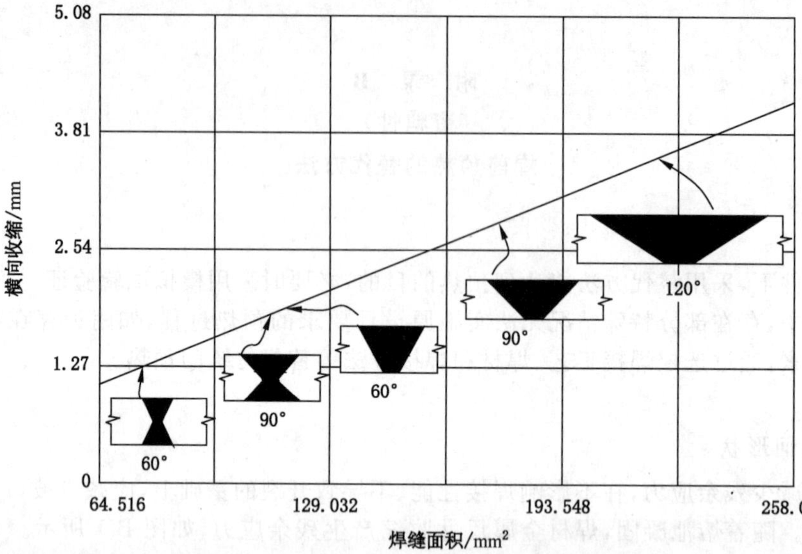

图 B.2 焊接面积对横向收缩的影响

B.2.2 焊接工艺

采用能够有效控制稀释度和渗氢的焊接工艺。

a) 熔化极气体保护焊(GMAW)和钨极惰性气体保护焊(GTAW) 可控制稀释率,通常不会将氢引入焊接熔敷层。采用这两种焊接方法时,可尝试减少预热。

b) 手工电弧焊(SMAW)、药芯焊丝电弧焊(FCAW)或埋弧焊(SAW)可用以增加熔敷率和降低收缩率。在焊接工艺评定时,应对热输入参数进行评定,避免造成过度熔透、稀释或收缩。

B.2.3 焊材

选用能够承受快速冷却(如在冷却过程中抵抗热裂纹)的焊材和可焊性好的低氢型焊条。

为了避免焊缝金属,热影响区和基材之间的强度不匹配,应使用与基材同等且不过度匹配(较低的强度、合适的碳和铁素体含量、合适的合金元素含量等)的焊材。标准与实际焊材金属性能的比较见表 B.1。在采用预热的替代方法前,应通过材料力学性能测试验证焊材的相关数据。

表 B.1 标准与实际焊材金属性能的比较

单位为兆帕

焊材(AWS)	标准要求		焊接后		消除应力后	
	抗拉强度	屈服强度	抗拉强度	屈服强度	抗拉强度	屈服强度
E6013	427	345	510	441	—	—
E6018	462	379	469	393	—	—
E7018	496	414	600	545	572[a]	510[a]
E7018-A1	483[a]	393[a]	621	490	579[a]	483[a]
E8018-B2	552[b]	469[b]	814	710	655[a]	545[a]
E9018-B3	621[b]	531[b]	972	876	696[a]	600[a]

表 B.1 标准与实际焊材金属性能的比较(续)

单位为兆帕

焊材(AWS)	标准要求		焊接后		消除应力后	
	抗拉强度	屈服强度	抗拉强度	屈服强度	抗拉强度	屈服强度
E9015-B9	621[c]	531[c]	1 448	—	827[d]	690[d]
ER70S-2	483	400	510	414	—	—
ER70S-6	496	414	648[e]	517[e]	586[a,e]	490[a,e]
ER80S-D2	552	469	758	545	690[b]	593[b]
ER70S-A1	552[f]	469[f]	634	545	621[b]	496[b]
ER90S-B3	621[b]	538[b]	—	—	717[b]	641[b]

[a] 621 ℃,1 h 消除应力。

[b] 690 ℃,1 h 消除应力。

[c] 746 ℃,1 h 消除应力。

[d] 760 ℃,1 h 消除应力。

[e] GTAW 工艺。

[f] SGMo DIN 8575,Wks. No. 1.5424。

B.2.4 碳当量

可使用碳当量(CE)计算确定预热相关参数:

$$CE = W_C + (W_{Mn} + W_{Si})/6 + (W_{Cr} + W_{Mo} + W_V)/5 + (W_{Ni} + W_{Cu})/15 \quad \cdots(B.1)$$

式中:

CE ——碳当量,%;

W_C ——材料中的碳含量,%;

W_{Mn}——材料中的锰含量,%;

W_{Si} ——材料中的硅含量,%;

W_{Cr} ——材料中的铬含量,%;

W_{Mo}——材料中的钼含量,%;

W_V ——材料中的钒含量,%;

W_{Ni} ——材料中的镍含量,%;

W_{Cu} ——材料中的铜含量,%。

CE≤0.45%,非强制焊前预热;

0.45%≤CE≤0.6%,焊前预热温度 93 ℃~204 ℃;

CE>0.6%,焊前预热温度 204 ℃~371 ℃。

若 CE>0.5%,有延迟开裂倾向,应将焊后无损检测时间延迟至少 24 h。

B.2.5 开裂参数

当碳含量等于或小于 0.17%(质量分数)或修理高强钢时,可使用开裂参数(P_{cm})确定预热相关参数:

$$P_{cm} = W_C + \frac{W_{Si}}{30} + \frac{W_{Mn} + W_{Cu} + W_{Cr}}{20} + \frac{W_{Ni}}{60} + \frac{W_{Mo}}{15} + \frac{W_V}{10} + 5W_B \quad \cdots\cdots(B.2)$$

式中：

P_{cm}——开裂参数，%；

W_C——材料中的碳含量，%；

W_{Si}——材料中的硅含量，%；

W_{Mn}——材料中的锰含量，%；

W_{Cu}——材料中的铜含量，%；

W_{Cr}——材料中的铬含量，%；

W_{Ni}——材料中的镍含量，%；

W_{Mo}——材料中的钼含量，%；

W_B——材料中的硼含量，%。

P_{cm}≤0.15%，非强制焊前预热；

P_{cm}大于0.15%且小于或等于0.26%，焊前预热温度93 ℃～204 ℃；

P_{cm}为>0.26%～0.28%，焊前预热温度204 ℃～371 ℃。

B.2.6 回火焊

使用回火焊技术可产生细晶粒热影响区并改善焊材韧性。当不能进行较高温度的焊前预热或焊后热处理时，使用回火焊技术。

本方法不会降低残余应力。在使用本方法时，要分析焊接残余应力的影响。

B.3 修理

B.3.1 细致控制焊接过程，并对焊接过程的关键数据进行监测，选择不易产生氢脆的工艺和焊材。

B.3.2 焊接前，清除污染物(污垢、油脂、水分等)。

B.3.3 焊接过程中采用的工艺对缩孔和残余应力的产生、控制热输入和避免开裂等具有显著影响，具体如下。

a) 短焊道与长焊道相对比可减少纵向收缩。可采用图B.3中所示的1～7步焊接顺序及焊接方向进行分段退焊来减少残余应力。

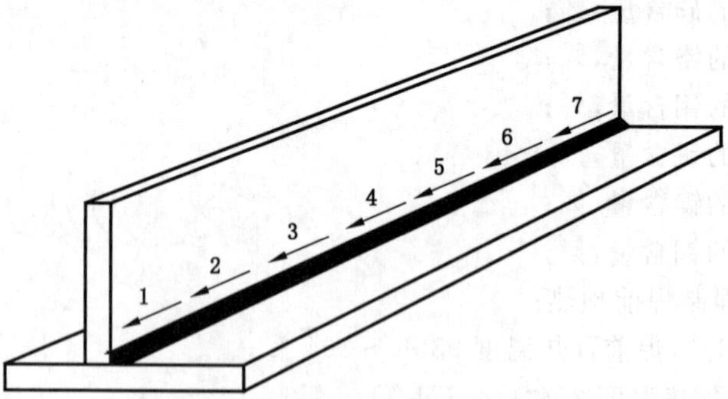

图B.3 典型分段退焊接顺序

b) 相对于宽的摆动焊道，采用带轻微摆动的线状焊道控制或减少热量输入(参见图B.4)。

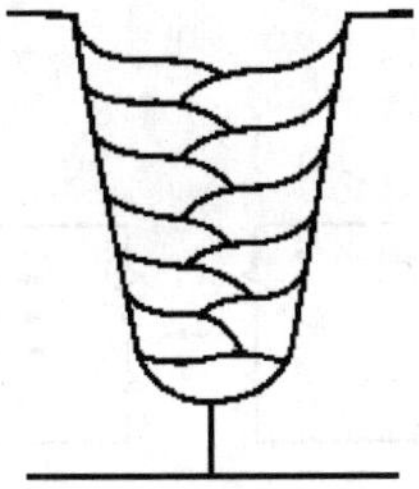

a) 线状焊道

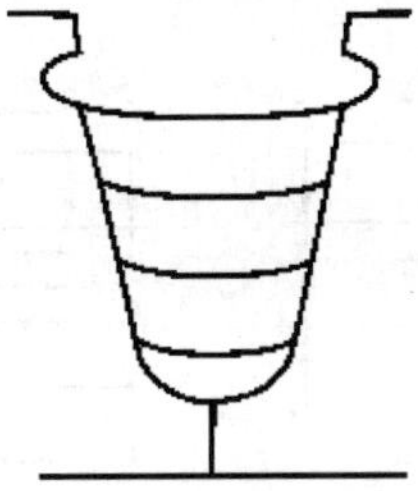

b) 摆动焊道

图 B.4 线状焊道和摆动焊道的差异

B.3.4 喷丸处理可有效减小收缩变形,但不应用于焊缝根部和最终焊道。有效的喷丸会使金属变形屈服。用针枪等工具在表面造成凹坑并不等同于喷丸。

B.3.5 通过采用适当的焊接工艺,以最大限度地减少或消除焊缝裂纹,具体如下。

a) 薄而宽的焊道易发生开裂,圆形焊道为了避免发生开裂应按照图 B.5 进行熔敷。

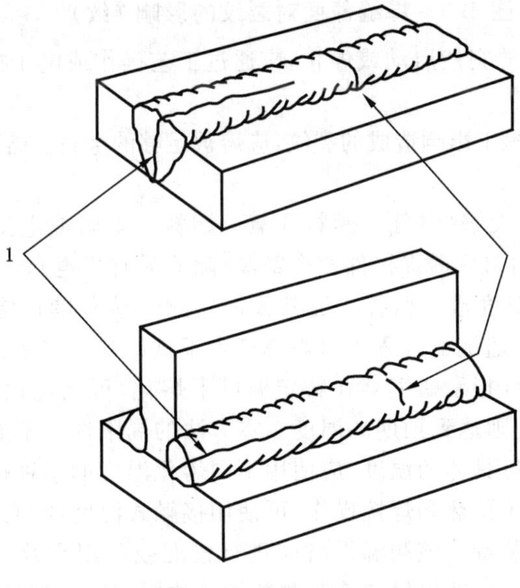

a) 纵向裂纹和横向裂纹

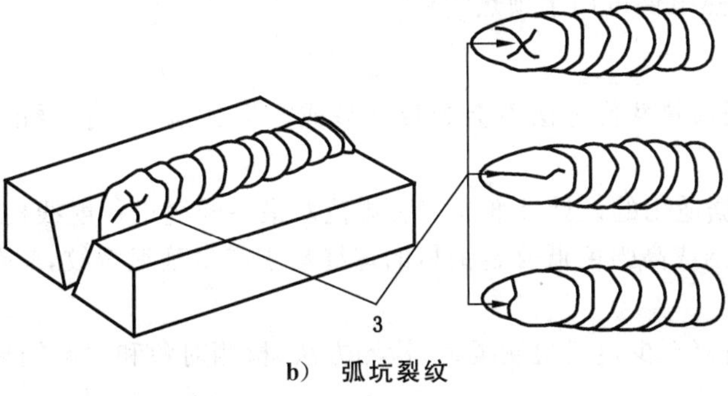

b) 弧坑裂纹

图 B.5 焊缝截面对裂纹的影响

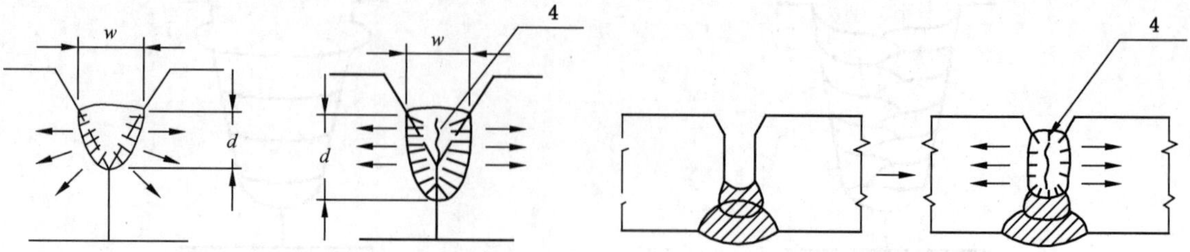

c) 正确的焊缝宽度、深度 d) 错误的焊缝宽度、深度 e) 坡口太窄

标引说明：

1——纵向裂纹；

2——横向裂纹；

3——弧坑裂纹；

4——内部裂纹；

w——焊缝宽度；

d——焊缝深度。

图 B.5 焊缝截面对裂纹的影响(续)

b) 为了避免焊接过程的突然启动或停止，应通过工艺操作或电子控制方式来实现焊接电流的递增或递减。

c) 为了避免因收缩和施工影响造成的裂纹，应熔敷足够的金属。熔敷的最小壁厚为 10 mm 或坡口厚度的 25%。

B.3.6 可在车间和现场使用火焰(空气—燃料或氧—燃料)，电阻或电感应方法进行预热。无论采用何种方法加热，都应均匀穿透焊接件整个壁厚(除非另有规定)。

B.3.7 在预热过程中，应对温度进行监控。通常仅需监测焊接范围边缘预定距离处的表面温度。监测数值是可读取的，且监测的过程不对焊缝产生不良影响。采用以下监测方法。

a) 温度指示蜡笔。温度指示蜡笔会在特定温度下熔化，可确定预热已达到的最低温度，简单经济；蜡笔融化则达到预期的温度。本方法的局限性是不能确定蜡笔熔化时的具体温度。如果要测量具体的温度，应使用不同熔化温度的多种蜡笔。

b) 电子温度监测。对于预热和焊接操作，可使用接触式温度计和具有模拟或瞬时数字读数的直读式热电偶装置。该测温设备应进行校准或采用有效的方法来验证其测量能力(温度范围)。由于能够提供连续监测数据和数据存储，因此使用图表记录仪或数据采集系统的热电偶可用于预热过程。

B.4 无损检测

B.4.1 为了确认使用预热替代方法不会导致开裂或产生其他不可接受的状况，应进行表面缺陷检测。

B.4.2 必要时，应根据适用的设计标准和安装规范对最终焊缝进行射线检测或超声检测。

B.4.3 CE>0.5%的钢或高强度低合金钢材的焊缝易于产生延迟裂纹，应在焊后 24 h～48 h 进行无损检测。

B.4.4 检测记录的内容至少包括检测类型、检测方法、检测对象和检测结果。

附　录　C
（资料性）
焊后热处理的替代方法

C.1　概述

在某些情况下，标准和规范规定的焊后热处理不能实施。如钢筋混凝土或液体介质包围的穿透或嵌入式的设备，可能在实施焊后热处理后发生损坏；焊后热处理（尤其是较高的热处理温度和较长的保温时间）后，性能受相态变化的影响较大的材料，焊缝金属会存在韧性和/或强度损失；低合金高强钢、珠光体耐热钢、奥氏体不锈钢、镍基合金等材料在焊后热处理期间焊缝热影响区可能发生再热裂纹。

焊后热处理的替代方法包括用提高预热温度和采用特定的焊接技术等。所采用的焊后热处理替代方法能通过适应性测试，证明在提高预热温度或采用特定焊接工艺的情况下，焊接金属和热影响区的硬度值不超标，且符合适用的设计标准和安装规范要求。

C.2　修理

C.2.1　提高预热温度

提高预热温度可作为焊后热处理的替代方法，但仅可用于 NB/T 47014 中母材类别为 Fe-1 的材料。

C.2.2　回火焊

回火焊可作为焊后热处理的替代方法。

C.2.3　焊后焊缝性能试验

确认采用焊后热处理替代方法的焊缝应满足使用工况下的机械和腐蚀性能要求。

附 录 D
(资料性)
碳钢承压设备的在役焊接

D.1 概述

本附录规定了碳钢制容器和管道在役焊接作业时的注意事项和安全预防措施。本附录一般与本文件涉及的焊接修理方法或适用的设计标准和安装规范一起使用。本附录适用于所有碳钢承压设备的在役焊接,不适用于不锈钢、合金钢(如铬钼钢)或有色金属材料的在役焊接。

本附录仅限于在役焊接,并未包括所有修理改造过程中的焊接(如设备在线开孔)。

D.2 注意事项和安全预防措施

D.2.1 焊接热输入

在役焊接通过控制焊接热输入能在降低烧穿发生的可能性和降低氢致开裂发生的可能性之间取得平衡。如当焊接小于 6.4 mm 的管道时,减少焊接热输入能降低发生烧穿的可能性;但较低的焊接热输入可能会形成易产生氢致开裂的微观结构。当防止烧穿的最大焊接输入热量低于防止氢致开裂所需的最小输入热量时,采用回火焊等特殊的焊接方法更为适宜。

D.2.2 待修理承压部件的介质

为了在焊接过程中不发生材质劣化或化学反应(介质自身或介质与高温金属),在役焊接前,使用单位评估焊接过程可能对内部介质产生的影响(如导致燃烧、爆炸以及使材料腐蚀或脆化的敏感性增加)。

D.2.3 压力调节

一般情况下,在役焊接在焊接过程中不进行压力调节。如果焊接过程中可能发生烧穿,在作业前编制关于发生烧穿的安全应急预案,通过降低压力来增加焊接过程的安全性。

D.2.4 介质流量调节

一般情况下,在焊接过程中不会调节待修理承压部件内部的介质流量。在役焊接期间,增加介质流量可能会增加氢致开裂可能性,减少流量可能会增加烧穿可能性。使用单位一般在役焊接实施之前完成介质流量的调节。

D.2.5 焊后热处理

一般在待修理承压部件使用时不进行焊后热处理。若确需实施焊后热处理,应制定并实施相应的安全措施;若没有相应安全措施应评估选用无需焊后热处理的修理方法。

D.3 在役焊接种类

D.3.1 在役角焊缝焊接

在役角焊缝焊接是指将已加工成形的板材或部件焊接到容器或管道上,用来加固受损区域(如 B 型套筒焊接修理和贴板焊接修理)或部分结构改造(用于带压开孔的封堵和开孔管件)。

D.3.2 在役对接焊缝焊接

在役对接焊缝焊接是指对待修理承压部件的对接焊缝进行焊接修理。如果焊缝强度满足适用的设计标准和安装规范要求则不必补强,否则应进行补强。

D.3.3　在役补焊

在役补焊是将金属熔敷到碳钢制承压部件表面用来加强壁厚减薄区域(如由腐蚀或冲刷造成的金属损失)。

D.4　在役焊接工艺变量

D.4.1　通则

D.4.1.1　在役焊接应选用可消除或降低烧穿和氢致开裂的可能性的焊接工艺,并经修理单位技术负责人批准。必要时,焊接工艺按照D.4.3进行评定。在役焊接工艺评定的基本变量符合适用的标准和安装规范的要求,还包括D.4.1.2中列出的基本变量。

D.4.1.2　具有高碳当量(如CE>0.45%)或经历过较高焊接冷却速率的材料时应制定特殊焊接工艺,包括但不限于焊前预热和采用回火焊技术。

D.4.2　在役焊接关键变量

D.4.2.1　冷却速率(如从800 ℃冷却至500 ℃的时间或在556 ℃的冷却速率)。如果预计在役焊接过程中的冷却速率大于在焊接工艺评定报告中的冷却速率,则重新进行焊接工艺评定。冷却速率可通过直接测量、计算、建模模拟,或上述方法的组合来确定。

注:在焊接工艺评定过程中,壁厚不是关键变量,但壁厚与承压设备冷却速率直接相关,因此在役焊接过程中壁厚是关键变量。

D.4.2.2　在役焊接工艺应根据材料的碳当量进行分组。应分别确定基材与待焊接件(如B型套筒或封堵和开孔管件)的碳当量。冷却速率相同的情况下,高碳当量材料评定合格的在役焊接工艺也适用于低碳当量材料;如果在役焊接时的冷却速率低于焊接工艺评定报告中的冷却速率,并且氢致开裂可能性没有增加,低碳当量材料的在役焊接工艺也可用于高碳当量材料的修理。碳当量应根据公式(B.1)计算。

D.4.2.3　若变更焊接工艺,应重新进行评定。

D.4.2.4　若焊材的扩散氢含量增加或焊条类型发生改变,应重新进行评定。

D.4.2.5　热输入范围不应发生烧穿,而且要将产生易开裂微观结构的可能性降到最低。若热输入范围发生变化重新进行评定,具体如下。

a)　若热输入超过焊接工艺指导书中确定的范围,应评估发生烧穿的风险。可通过实验、计算机模拟或二者相结合的方法进行评估。

b)　若热输入低于焊接工业指导书中规定的范围,应重新评估发生氢致开裂的敏感性。按照D.4.3的试验方法进行评估。

D.4.2.6　若焊接工业指导书中规定的焊接电流范围发生变化,应重新进行评定。

D.4.2.7　若降低焊后退火温度或缩短退火时间,应重新进行评定。在焊接工业指导书中规定最低退火温度和退火时间。评估焊后退火对承压部件内介质的潜在影响。

D.4.2.8　若降低预热温度或缩短预热时间,应重新进行评定。在焊接工业指导书中规定最低预热温度和预热时间。评估预热对承压部件内介质的潜在影响。

D.4.2.9　若消氢热处理的温度或时间发生变化,应重新进行评定。评估消氢热处理对承压部件内介质的潜在影响。

D.4.2.10　若焊道位置或熔敷顺序发生变化,应重新进行评定。

D.4.3 在役焊接工艺评定

D.4.3.1 在役焊接工艺评定目的是通过选择比现场在役焊接更易发生氢致开裂的焊接条件。如基材选用高碳钢，冷却方式选择急速冷却，或将二者结合在一起，由此获得更加保守的焊接工艺。

D.4.3.2 焊接工艺评定的关键变量应包括适用的标准中要求的关键变量和D.4.2中列出的在役焊接关键变量。

D.4.3.3 在役焊接工艺评定中的冷却方式一般选用水冷，并且选择碳当量较高的材质作为焊接的基材，但使用水作为冷却介质可能会使焊接工艺评定过于保守，焊接试样评定不合格。

D.4.3.4 试件的数量和尺寸应满足测试试样制备的要求。

D.4.3.5 焊接工艺评定前，冷却介质应在整个焊评试验装置中循环。完成试件焊接后，冷却介质继续循环流动，直到整个焊评试验装置的温度达到均衡。

D.4.3.6 在役角焊缝的焊评试件的焊接方向应模拟实际在役焊接的位置。一般情况下，套筒应与承载管紧密贴合。套筒纵向焊缝应在焊接角焊缝之前完成。

D.4.3.7 在役对接焊缝的焊评试件应模拟实际在役焊接的位置。焊前应将定位焊点打磨消除，且不在定位焊点位置截取试样。

D.4.3.8 在役补焊的焊评试件应模拟实际在役焊接位置，直接在管壁上补焊。一般情况下，应先去除部分壁厚模拟金属损失。在补焊之前，应评估发生烧穿的风险。

D.4.4 焊接试板的取样和测试

D.4.4.1 表D.1中给出了在役焊接工艺评定试样的类型和数量。若无足够材料制备试样，应制造多个焊接工艺评定试件。测试试样应按照相关标准进行加工。焊接工艺评定试件应按照D.4.4.2的规定取样。试样按照D.4.4.3～D.4.4.6的规定进行试验。

表 D.1 在役焊接工艺评定所需试样的类型和数量

壁厚 mm	焊接类型	试样 个				
		面弯	侧弯	缺口韧性	金相	硬度
≤12.7	角焊	4	—	4	2	2
	对接焊	4	—	4	2	2
	堆焊	4	—	—	2	2
＞12.7	角焊	4	—	4	2	2
	对接焊	4	—	4	2	2
	堆焊	2	2	—	2	2

D.4.4.2 取样位置。角焊缝焊接应等间隔取样，如图D.1所示。对接焊缝的取样位置如图D.2所示。堆焊的取样位置如图D.3所示。

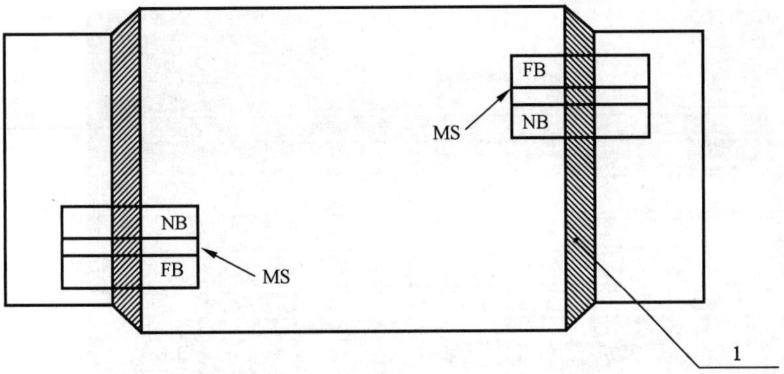

标引说明:
1 ——角焊缝;
NB——冲击试样;
FB ——面弯试样;
MS——金相试样。

图 D.1　在役角焊工艺评定的取样位置图

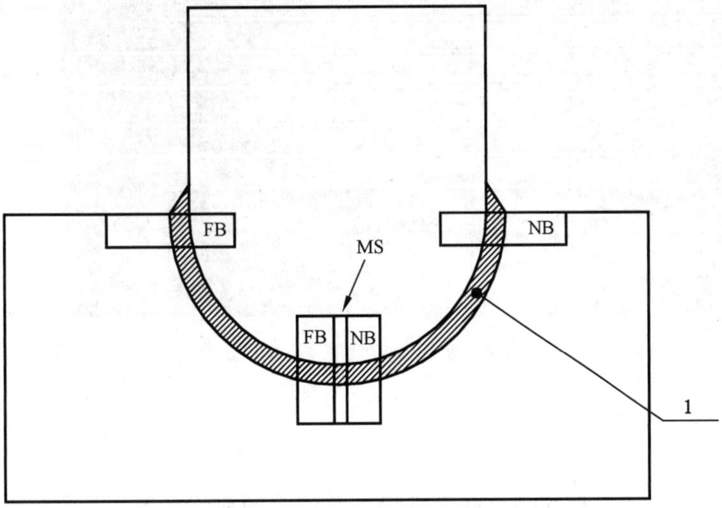

标引说明:
1 ——对接焊缝;
NB——冲击试样;
FB ——面弯试样;
MS——金相试样。

图 D.2　在役对接焊缝取样位置(假定焊缝等间距可获得所有符合要求的试样)

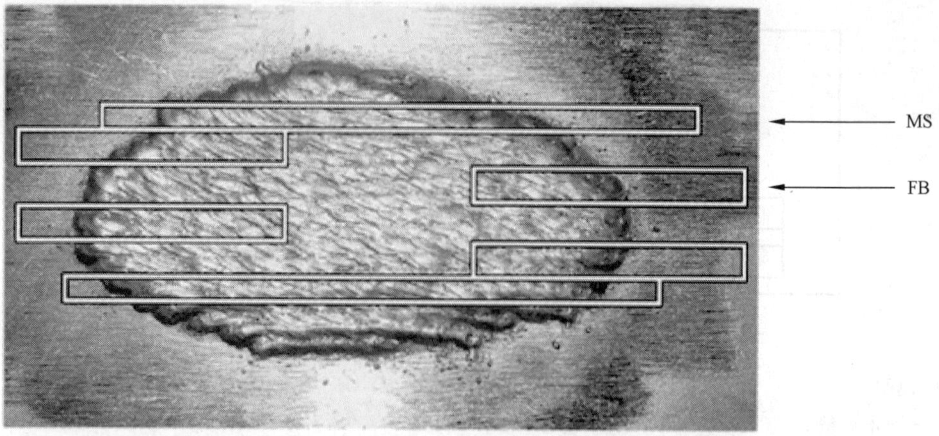

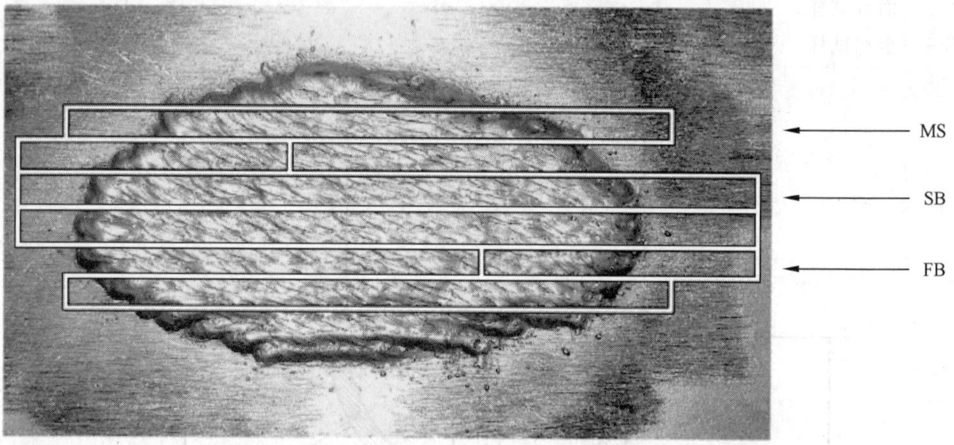

标引说明：

SB——侧弯试样；

FB——面弯试样；

MS——金相试样。

图 D.3 在役堆焊工艺评定的取样位置

D.4.4.3 焊接接头截面目视检查。截面目视检查试样采用非热加工方法制备。目视检查应满足：

a) 完全熔合；

b) 没有裂纹；

c) 咬边没有超过 0.8 mm 或试件壁厚的 10% 中的最小值；

d) 对于角焊缝，焊脚长度不应小于焊接工业指导书规定的值。

D.4.4.4 硬度检测。在焊趾的粗晶热影响区进行至少 5 次 10 kg 负载维氏硬度检测，并记录数据，检测位置参照图 D.4。

注 1：压痕与熔合线间隔 0.2 mm，与另一边间隔 0.6 mm。初始压痕位于焊趾 0.6 mm 处。

注 2：该图未按比例绘制。

图 D.4　热影响区硬度测试位置

D.4.4.5　冲击试验。试样采用机加工方法制备，按照相关试验标准要求进行试验。断口的目视检查应满足：

a)　完全熔合；

b)　单个圆形缺陷的尺寸不超过 1.6 mm，并且所有圆形缺陷的面积和不超过断口面积的 2%；

c)　夹渣深度不超过 0.8 mm，长度不超过 3.2 mm 或公称厚度的一半(取二者中的较小值)。相邻夹渣之间的距离不应小于 12.7 mm。

D.4.4.6　面弯或侧弯试验。试样使用机加工方法制备，按照相关试验标准要求进行试验。在导向弯曲试验装置或其他具有相同功能的设备上弯曲试样。试样的焊缝中心应对准弯心轴线，对典型在役角焊缝进行面弯曲试验时，弯心相对于焊趾的位置见图 D.5。弯曲试验前去除焊缝余高，角焊缝面弯试样的焊趾余高为 1.6 mm。弯曲试样应弯曲至近似 U 形。

弯曲试样的目视检查应满足：

a)　焊缝或熔合线不存在裂纹，且不存在长度超过 3.2 mm 或公称壁厚一半(取二者中的较小值)的其他焊接缺陷；

b)　除非存在明显的焊接缺陷，否则试样边缘产生的长度小于 6.4 mm 裂纹是可接受的。

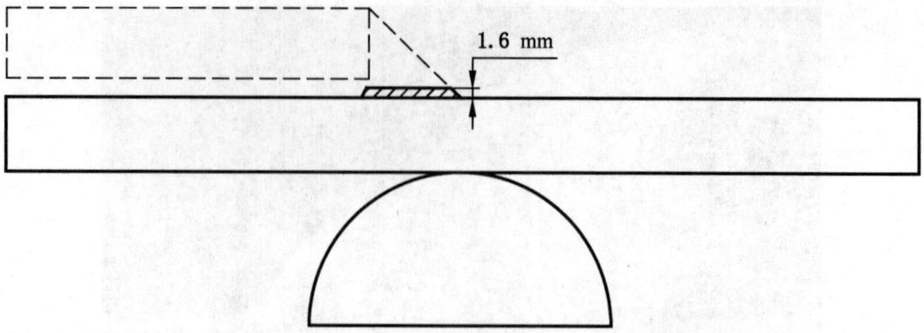

注 1：在测试之前，移除焊缝的虚线部分。

注 2：该图未按比例绘制。

图 D.5 在役角焊缝进行面弯试验时试样与弯心的相对位置

D.5 无损检测

D.5.1 检测方法

如果在役焊接是为了修复缺陷，采用之前发现缺陷的无损检测方法验证缺陷是否消除。

如果设备在高于环境温度下运行，则采用特殊检测方法，如高温磁粉检测或高温超声检测，可参照 GB/T 26610.2 选择适合的在线检测方法。

D.5.2 检测时机

存在氢致开裂可能性时，在焊接完成后 24 h～72 h 对焊缝进行在线检测。

附 录 E
(资料性)
现场热处理

E.1　概述

本附录适用于承压设备的现场焊后热处理操作以及其他热处理操作，如焊后消氢热处理。

E.2　设计

E.2.1　加热方法

现场热处理过程的加热方法包括内部或外部点火加热、电阻加热和感应加热。热处理可针对整个容器、整圈带板、局部点或片状区域进行。热处理的应力和稳定性评价结果取决于所采用的加热方法。局部加热通常会比大面积整圈加热产生更大的热应力，但从结构稳定来说优于大面积整圈加热。

外部点火加热方法是在容器外部用燃烧器点火加热，空气经过燃烧器加热后导入容器内部完成热处理。内部点火加热方法是在容器内部布置燃烧器点火加热，为热处理区域提供辐射和对流热量。在外部或内部点火加热时，热量绝缘隔板可用于隔离热处理区域。电阻加热方法是用电加热垫对热处理部位进行加热。感应加热方法是用电磁装置对热处理部位进行加热。每种加热方法都有特定的优缺点和安全注意事项。应制定热处理方案，选择适宜的现场热处理的加热方法。

可参照 GB/T 30583 设计局部热处理工艺程序。工艺程序文件内包含热处理温度控制系统、加热部位和温差梯度控制等内容。温度梯度、加热带宽度、保温层宽度、应力和稳定性评估可手动计算或使用线性、非线性有限元分析技术计算，在计算中可忽略残余应力。

E.2.2　热膨胀

E.2.2.1　所有经过热处理的部位都会产生热膨胀。热处理过程中材料的热膨胀一般不会导致容器损坏。碳钢和低合金钢在 650 ℃典型焊后热处理温度下的膨胀率估计为 8 mm/m，也可进行更详细的分析。

E.2.2.2　产生局部约束有多种原因。对容器上的某个部位而不是大面积整圈进行热处理时，由于保温区和相邻的低温区具有不同的热膨胀量将导致壳体产生热应力。对这种类型的热处理工艺的评估宜使用有限元分析软件进行计算。在评估计算过程中，保温区到未加热区的温度梯度数据是很重要的，评估时要设置相对保守的边界条件。封头如果与正在进行热处理的壳体距离较近也会产生局部约束。随着壳体由于热处理温度升高而膨胀，温度较低的封头限制了膨胀。应确定作业过程中会涉及局部约束的热处理工艺。

E.2.2.3　设备的附属设施对热膨胀部位的约束可能导致应力产生。为避免这种外部约束可暂时松动或拆卸相应附属设施。某些情况下可能会切割和重新焊接附属设施。加强圈、绝热材料支撑圈、鞍座等部位可能要补充加热，以缩小与热处理部位的温差。具体内容如下。

a)　去除限制容器自由热膨胀的内外部结构部件，或者松开连接。内部结构部件包括容器内构件，如催化剂床层支撑系统、托盘、分配器、出口收集器、防冲板等。未能拆除的焊接内构件宜在热处理时进行单独加热和监控。外部结构部件包括梯子和平台。平台的评估包括容器的径向热膨胀量以及与相邻容器和其他结构的连接情况。检查相邻平台上的扶手和导轨，确认上述部件不会限制平台的相对运动。检查梯子是否仅在一个高度受到支撑，在其他高度可延伸。松动导轨上的螺母，以便梯子垂直移动。

b) 支撑形式为鞍座的容器一般都有一个滑动端，允许容器在工作温度下沿轴向滑动。确定鞍座之间的热膨胀量并检查滑动槽的长度(应检查地脚螺栓相对于滑动端槽边缘的位置)，确认鞍座具有足够的移动空间。检查底板和结构支撑板的腐蚀情况，确认其可相对移动。可将不锈钢薄板穿过地脚螺栓放置在底板和支撑板之间，减少滑动摩擦力。确认地脚螺栓上的螺母是否彻底拧松，以免阻碍移动。确认地脚螺栓上的螺母是否足够松动的一种方法是拧紧螺母直至其接触底板，然后再将螺母拧松半圈；另一种方法是提升一个鞍座并在鞍座和支撑板之间放置滚柱(实心杆或小直径管)，滚柱放置在不会滚入地脚螺栓的位置。

c) 裙座。在大多数情况下，裙座的长度足以使底板不会受到热处理温度的影响。如果裙座较短或热处理部位靠近裙座时，确认裙座可自由轴向运动。对地脚螺栓与槽或孔的间距、类似于鞍座滑动端的裙座底板和支撑板的轴向自由滑动进行评估。对于裙座式容器，其顶部的轴向热梯度是很关键的。如果裙座未隔热，则可能由于温度急速下降导致塑性变形。在设备底部封头下方增加一个隔热板或制作一个隔热舱来保持裙座的温度。在这种情况下，评估裙座的抗弯性能。

d) 设备的支腿、吊耳或其他支撑结构不会限制热膨胀。

e) 检查与容器相连的管道，并在适当情况下断开相互的连接，避免限制容器自由热膨胀。

f) 仪表和电气系统的导管会沿着容器和相关的梯子、平台布线，可能会限制容器的自由热膨胀，如有必要应在接线盒、其他终端和支撑处松开紧固件。检查导轨位置是否有足够的滑动空间。检查导管内的布线是否具有足够的松弛度。分析导线绝缘皮可承受的温度，靠近热处理区域的导管可能温度较高会损坏导线绝缘皮，在外部加热或电阻加热时可将隔热垫放置在热处理区域和导管之间，使导管内导线不被损坏。

注：感应加热方法不管容器和导管之间是否存在绝热物都可能将导管加热到足以使绝缘皮损坏的温度。

g) 松开设备外部绝热层的保护皮和捆绑带。确定带有弹簧的连接装置有足够的扩展空间。对铆接或螺纹连接的保护皮应拆除铆钉或螺钉。不同类型的保温材料对热膨胀的限制是不同的，矿物棉等柔性保温材料比刚性保温材料(如硅酸钙)更耐用。

E.2.3 材料

E.2.3.1 热处理可能会降低基材或焊材的性能，在设计文件或修理方案中确认热处理温度在材料允许范围内，并基于修理方案设定的热处理温度和时间对以下情况进行评估。

a) 对已长期使用并存在与时间相关的劣化的材料是否能够进行热处理进行评估，如在临氢环境下长期运行的材料。

b) 对多次热处理对某些材料性能产生的影响进行评估，如高强钢再次热处理的时间对材料性能的影响。

c) 评估拟实施的热处理方法对抗蠕变铁素体钢的影响，是否会因热处理导致材料性能下降。

E.2.3.2 分析热处理和热膨胀对容器内堆焊和复合板衬里的影响，确定可能由热处理引起的敏化或其他劣化机制是否会影响到衬里。

E.2.3.3 热处理过程中耐火衬里可能因基材的热膨胀而剥落或开裂。壳体或封头与耐火材料之间不存在残留的工艺介质或冷凝液,应制定对保温区或温度梯度附近的耐火衬里进行更换的预案。

E.2.3.4 分析绝热材料在热处理过程中是否发生劣化。

E.2.3.5 在热处理温度下内外涂层会降解。作业过程中评估降解后的气体对作业人员健康的影响。预防涂层降解产生的烟雾影响视觉。

E.2.4 结构

E.2.4.1 因热处理温度一般会超过设备的设计温度,评估在热处理温度下的结构稳定性,评估内容包括壳体和支撑件的变形以及在热处理温度下材料性能的降低。在某些情况下,去除一些部件有益于容器热处理过程中结构的稳定性。

E.2.4.2 现场热处理过程中可能会要相邻结构和容器、起重机械,为热处理容器提供附加支撑。在采用外部支撑时,应注意以下内容。

a) 可将索具固定到相邻结构或容器,或临时架设的结构上,为热处理容器提供支撑,但要对这种支撑的适用性进行评估。

b) 确定在热处理过程中起重机的负载是否在其承受范围之内。如果容器的稳定性受到风载影响,不能采用起重机提供外部支撑。采用起重机支撑作业前,检查或检测吊耳或其他提升装置的焊缝,如果新装设吊耳或其他提升装置,其焊缝也进行检查和检测。

E.3 修理注意事项

E.3.1 修理单位

修理单位应制定详细的热处理方案并经设备使用单位相关人员审批。

E.3.2 测温仪表

采用在有效的校准期内的测温仪表记录整个热处理过程中的金属温度。配备冗余传感器和记录装置准确控制热处理温度并保留过程记录。将测温仪表放置在附近不受热处理影响的位置。

E.3.3 特别注意事项

厚壁容器进行热处理时,宜在内、外部同时加热。

注:不适宜的加热方式可能会沿壁厚方向产生有害的温度梯度。

使用感应加热时,可能会加热诸如梯子、平台、管道等相邻附件。

E.3.4 监控

操作人员对热处理过程持续监控,并根据热处理温度变化及时调整加热功率。

E.3.5 记录存档

使用单位将热处理单位提供的热处理报告以及温度记录(图表)保存在设备档案中。热处理报告包括:

a) 容器编号、热处理目标温度和允许偏差、加热速率、保温时间和冷却速率;

b) 保温区,加热区和温度梯度控制区的尺寸、测温仪表的位置示意图和其他记录,示意图中测温仪表的位置可利用容器管口的相对位置、加热器的相对位置等特征部位来标注说明。

热处理报告应由修理单位热处理实施人员记录和签字确认。

E.4 检查和检测

E.4.1 容器

热处理后,应对容器进行检查和检测。检查和检测项目包括目视检查、硬度检测和其他无损检测方法。目视检查的内容应包括:容器支撑是否完好,立式容器的铅垂度,衬里是否完好(如存在)。应对受热部位进行硬度检测,其数值应符合相关标准要求。应采用与材质相适应的无损检测方法检测容器是否存在裂纹或其他损伤。

E.4.2 结构件

热处理后,应检查内部和外部结构件是否有损坏,并检查确认所有热处理前断开部位均已恢复连接。应注意重新连接内、外结构件时,不应限制容器在工作温度下的热膨胀。如梯子应在一个高度固定支撑,在其他高度可自由延伸;与其他容器或结构相连接的平台和扶手均应能够互不干扰地自由膨胀。

E.4.3 管道

检查在热处理前已断开连接的管道,并重新连接,如果是采用焊接连接接头,应按照相关的安装规范对此焊缝进行相应的无损检测。

E.4.4 仪表和电气设备

检查仪表和电气连接,确认导线连接良好;检查热处理前松开的导管是否重新连接以及盒盖是否关闭。

E.4.5 保温绝热

检查受热处理影响的保温绝热材料是否发生劣化。检查保护皮和保温捆绑带,确认其位置是否合理。填充支撑或接管周围的保温层缝隙,防止雨水渗入。

附　录　F
（资料性）
铬钼钢制压力容器的焊接注意事项

F.1　概述

本附录中的焊接注意事项适用于炼油厂、化工厂和电厂的铬钼钢制容器，相同材质的管道可参考使用。具体包含以下内容。

a)　铬钼钢制容器在焊接修理时分析的因素见图 F.1。

b)　将铬钼钢制容器的损伤机理和影响后续使用的各种因素作为制定修理方案参考。图 F.2中列出铬钼钢材料在高温使用中易发生的损伤示例。

c)　本附录不适用于发生蠕变的铬钼钢、抗蠕变铁素体钢、加钒钢或不锈钢堆焊层和衬里的修理。

d)　回火脆化和其他时效效应对铬钼钢断裂韧性的影响参见 GB/T 30579。

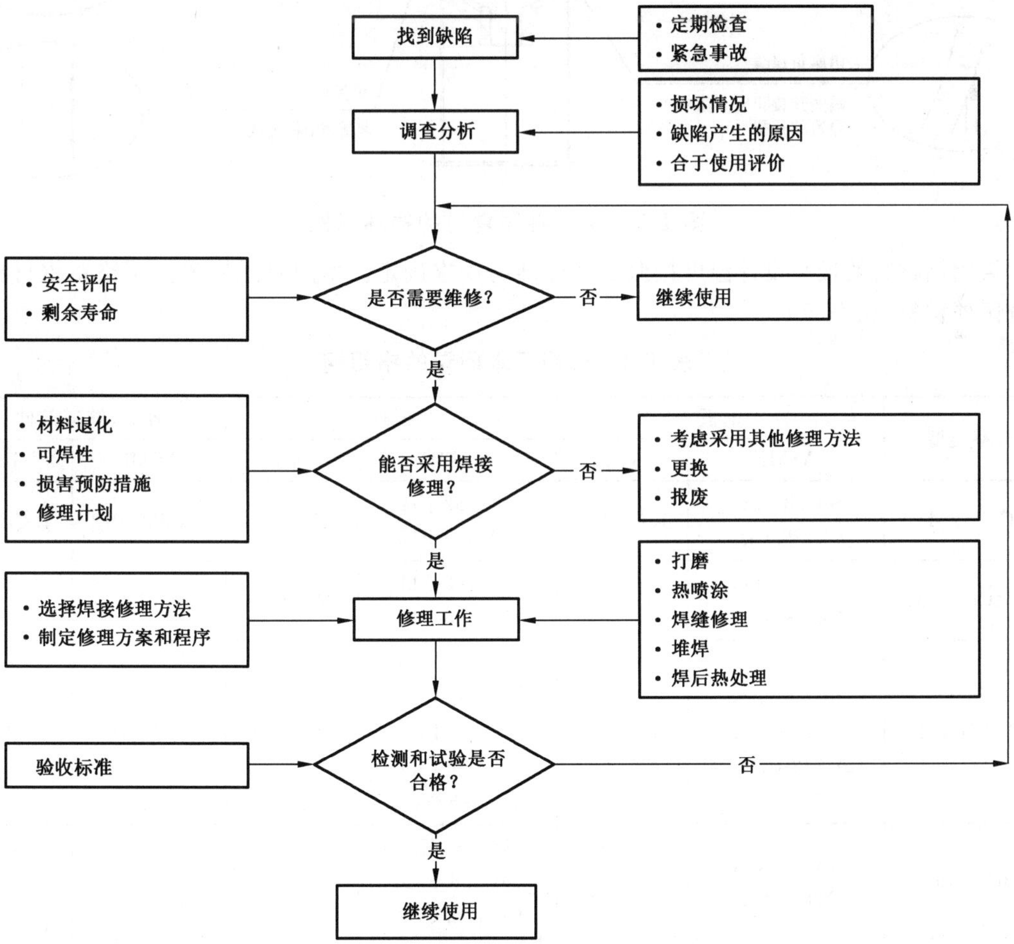

图 F.1　焊接修理的标准步骤

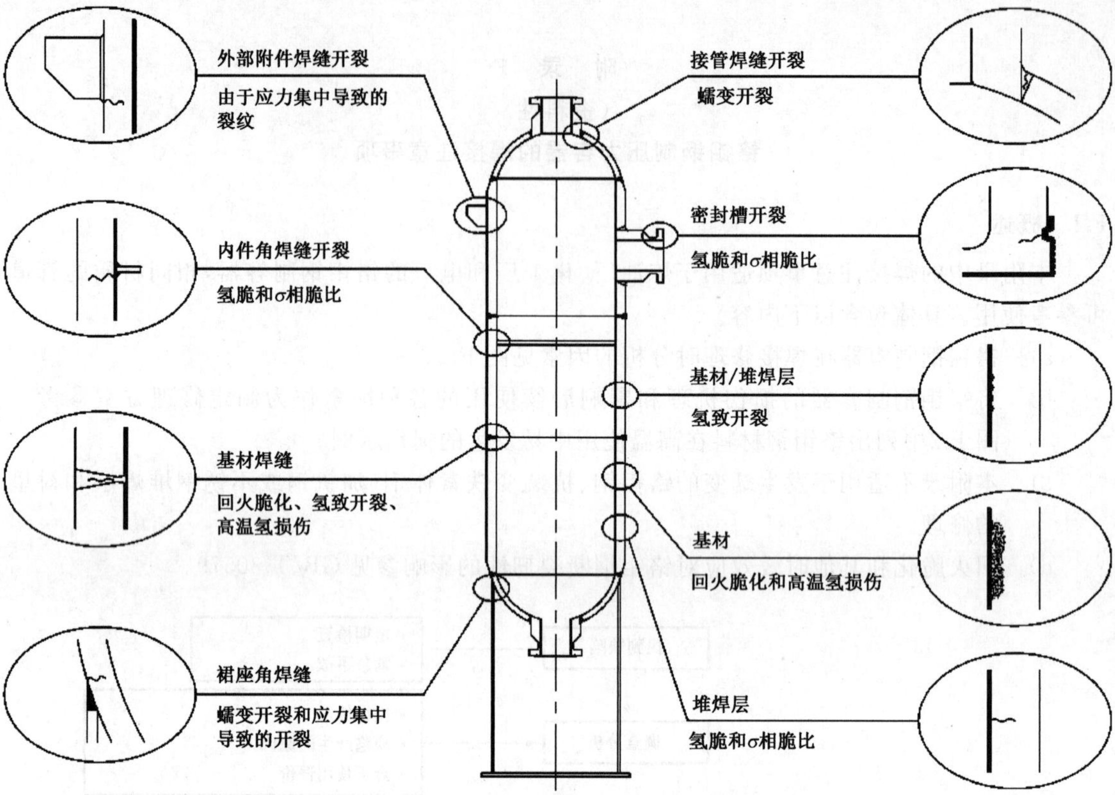

图 F.2 铬钼容器常见的损坏示例

铬钼钢材料的最高设计温度按照设计标准的要求确定。本附录适用的典型铬钼钢材料和部分国外材料,见表 F.1。

表 F.1 适用于本附录的铬钼钢

材料类型	钢板		锻件		容器、管道部件	
	ASME	GB	ASME	GB	ASME	GB
1Cr-1/2Mo	SA-387-12, Cl.1 和 Cl.2	15CrMoR	SA-182-F12 SA-336-F12	15CrMo	SA-335-P12	15CrMo
1 1/4Cr-1/2Mo	SA-387-11, Cl.1 和 Cl.2	14Cr1MoR	SA-182-F11 SA-336-F11	14Cr1Mo	SA-335-P11	—
2 1/4Cr-1Mo	SA-387-22, Cl.1 和 Cl.2 SA-542-B,Cl. 4	12Cr2Mo1R	SA-182-F22, Cl.1 和 Cl.3 SA-336-F22, Cl.1 和 Cl.3 SA-541-F22,Cl.3	12Cr2Mo1	SA-335-P22	12Cr2Mo1
3Cr-1Mo	SA-387-21, Cl.1 和 Cl.2	—	SA-182-F21 SA-336-F21, Cl. 1 和 Cl. 3	—	SA-335-P21	—

表 F.1　适用于本附录的铬钼钢（续）

材料类型	钢板		锻件		容器、管道部件	
	ASME	GB	ASME	GB	ASME	GB
5Cr-1/2Mo	SA-387-5， Cl.1 和 Cl.2	—	SA-182-F5	—	SA-335-P5	—
9Cr-1Mo	—	—	SA-182-F9 SA-336-F9	—	SA-335-P9	—

F.2　设计

F.2.1　焊接修理的可行性评估

在确定失效原因并提供适当的焊接修理工艺程序的基础上，参照 GB/T 35013 对焊接修理的可行性进行评估，评估包括以下内容：

a）容器的结构完整性；

b）修理的可行性；

c）修理完成后容器对服役环境的适用性。

F.2.2　在役性能退化

确定焊接修理工艺程序前，分析材料在服役期间的性能退化程度。

表 F.2 列出了材料性能退化的因素，GB/T 30579 中提供了材料性能退化的详细信息。

表 F.2　典型的材质劣化机理

损伤类型	发生条件	表现	典型材料
回火脆化	370 ℃～580 ℃	用 *J* 因子测定了 21/4Cr 和高铬基材的沿晶显微偏析和焊缝金属及 1Cr 和 11/4Cr 基材和焊缝金属的 *X* 因子	1Cr-1/2Mo 1 1/4Cr-0.5Mo 2 1/4Cr-1Mo 3Cr-1Mo 5Cr-1Mo
蠕变	超过 454 ℃并有外加载荷	—	1Cr-1/2Mo 1 1/4Cr-1/2Mo
氢损伤	高温高压氢气环境	CH_4 气泡，裂纹	较高氢分压环境下的低铬合金
氢脆	高温高压氢气环境的开停车阶段	氢原子合并成氢分子降低韧性	1Cr-1/2Mo 1 1/4Cr-0.5Mo 2 1/4Cr-1Mo 3Cr-1Mo
热疲劳	运行期间温度波动幅度大，或者开停车阶段	裂纹扩展	所有材料

F.2.3　确定焊接修理方法

根据预期修理寿命和修理方法的适用性选择合理可靠的焊接修理方法。

焊接卡具修理、套筒焊接修理和贴板修理一般属于临时性修理方法，在下一次停车检修时对修理部位进行更换。

表 F.3 列出了适用的修理方法及注意事项。

表 F.3 适用于铬钼钢容器的修理方法

修理方法	本文件中相关章节	其他因素
套筒焊接修理	5.5	宜采用 B 型套筒
堆焊和补焊修理	5.8	在因腐蚀造成金属损失的情况下,堆焊所采用的材料应根据腐蚀原因选择
焊接挖补修理	5.1	补板的壁厚不宜大于壳体或封头壁厚
焊后热处理的替代方法	附录 C	—
焊前预热的替代方法	附录 B	—

F.3 修理

F.3.1 焊接修理工艺程序

按图 F.1 所示过程制定焊接修理程序。

F.3.2 焊前准备

在使用手工电弧焊时,对焊条进行烘干以降低氢致开裂的可能性,保持焊接坡口干燥,无油污、油漆或其他污染物。

F.3.3 焊接条件

F.3.3.1 采用阶段焊接的方式以防止焊缝硬化,一次焊缝填充长度不应大于 50 mm。

F.3.3.2 防止局部加热温度梯度导致材料发生脆性断裂。

F.3.3.3 对于 2 1/4Cr-1Mo 及合金含量更高的钢制管道单面焊接修理时,采用适合的背面保护方法。

F.3.4 预热和焊后热处理

除 F.3.5～F.3.7 以外,应进行预热、消氢热处理和焊后热处理以防止焊缝硬化和冷裂纹,表 F.4列出了典型材料的预热和焊缝层间控制温度。

表 F.4 典型材料的预热和层间温度

单位为摄氏度

典型材料	类别	最低预热温度	层间最大温度
1Cr-1/2Mo,1 1/4Cr-1/2Mo	Fe-4	120	300
2 1/4 的 Cr-1Mo 钢	Fe-5A	150	300
	Fe-5C	177	300
3Cr-1Mo 钢	Fe-5C	150	300
5Cr-1/2Mo,9Cr-1Mo	Fe-5B	200	300

F.3.5　脱脆热处理

当材料严重脆化时,使用脱脆处理来恢复材料的韧性,如表 F.5 所示。

表 F.5　铬钼钢的脱脆热处理

损伤类型	材料和服役环境	脱脆化热处理方法
氢腐蚀	所有 Cr-Mo 钢在高温高压氢气环境中	损伤不可逆,不适用
蠕变脆化	1Cr-1/2Mo,1 1/4Cr-1/2Mo 超过 480 ℃	损伤不可逆,不适用
回火脆化	2 1/4Cr-1Mo,3Cr-1Mo 在 370 ℃～580 ℃	加热温度不低于 600 ℃
氢脆	2 1/4Cr-1Mo,3Cr-1Mo 在高温氢气下使用	消氢停机操作或加热处理温度不低于 300 ℃

F.3.6　消氢热处理

为了防止氢渗入,保持预热温度直至进行焊后热处理或消氢热处理。焊后消氢热处理温度高于 300 ℃,保温 1 h 或者由使用单位与制造单位讨论确定。

F.3.7　焊后热处理

焊后热处理注意以下内容。

a)　附录 C 中的回火焊和其他焊接方法仅适用于部分低铬钢。

注:由于在焊接过程中会产生高硬度的焊缝金属和热影响区,所以回火焊方法通常不适用于 2 1/4Cr-1Mo 和在临氢环境中服役的高铬钢。

b)　修理方案中明确热电偶和保温设施如何布置,减少焊后热处理过程中产生的热应力。

F.4　无损检测

选择适用的无损检测方法和工艺程序进行以下检测。

a)　焊接修理前的无损检测:

1)　待焊接修理区域的表面和埋藏缺陷检测,不存在对焊接、热处理和耐压试验等修理工序(包括)有影响的缺陷;

2)　待焊接修理区域及其相邻区域的壁厚测定。

b)　焊后和耐压试验后的无损检测:

1)　对修理部位(包括焊接修理、预热或焊后热处理区域)外延 2 倍壁厚或 100 mm 的区域(选择二者中的较大区域),进行 100% 表面和埋藏缺陷检测;

2)　耐压试验后,还应对 1)中所述的区域实施表面和埋藏缺陷检测抽查。

c)　声发射检测可用于修理后设备的无损检测。

d)　必要时,应在运行期间对修理区域进行在线监测。

e)　堆焊或不超过 1/2 实测壁厚的补焊,可使用无损检测代替耐压试验。

F.5　试验

F.5.1　在评估焊后耐压试验的适用性的基础上进行耐压试验。

F.5.2　耐压试验时的介质温度高于材料无延性转变温度,且高于适用的设计标准和安装规范规定的耐压时间介质最低温度。

F.5.3　如果待修理承压部件在运行工况下发生材质劣化,劣化后的材料冲击韧性值和无延性转变温度点根据累积的材料数据库或取样测试获得。

F.5.4　分析容器是否可做到将受焊接影响的所有部位能量隔离后进行耐压试验。

附 录 G
(资料性)
热态拆卸和半数拆卸螺栓的方法

G.1 概述

螺栓是指用于承压法兰螺栓连接的任何类型的螺纹紧固件的总体术语,如螺栓、螺柱、双头螺栓、螺钉等。在装置停工检修时,由于存在拆卸在用法兰的连接螺栓较为困难的情况,可能会使检修项目中断或造成较大的经济损失,延长检修作业的持续时间。在此情况下可采用热态拆卸和半数拆卸螺栓的方法。

热态拆卸螺栓是在降低工作压力的情况下按照一定顺序拆卸和更换螺栓的一种方法。其以预定的交叉顺序一次拆卸和更换一个螺栓。将每个更换的螺栓完全上紧后再拆除下一个螺栓。停工前,采用热态拆卸螺栓方法能对螺栓进行清洁、润滑和重新安装,更换腐蚀或损坏的螺栓,或升级螺栓等级。

注:热态拆卸还可用于检查使用过一段时间的螺栓的残余应力,或重新拧紧松动的螺栓。这些操作不在本附录规定的范围内。

半数拆卸螺栓是在设备降压过程中,通常当系统接近大气压时,每隔一个螺栓拆卸一个(作业完毕后只剩下一半数量的螺栓)的方法。

G.2 相关风险

虽然热态和半数拆卸螺栓方法可减少工厂的停工时间,但具有潜在的危险性,因此在计划和实施时谨慎操作。当进行热态螺栓拆卸作业时,由于剩余螺栓应力增加和垫片压缩松弛,可能导致法兰泄漏或垫片爆裂。当进行半数拆卸螺栓作业时,由于垫片压紧力减少以及系统可能存在的意外增压,导致介质泄漏的风险增加。进行半数螺栓拆卸时,系统压力应远低于设计压力,最好在大气压或接近大气压下,采用系统监控手段防止压力增加。

G.3 设计

G.3.1 工程设计和风险分析

在作业期间无不可接受的外部载荷和/或弯矩作用在法兰上时,对热态拆卸或半数拆卸螺栓进行工程和风险分析至少包括以下因素:

a) 管道或设备的介质;
b) 设计和操作的压力和温度;
c) 可能存在的风险;
d) 法兰接头的弯曲力矩;
e) 管道支撑的位置和功能;
f) 波纹管膨胀节的位置和类型;
g) 法兰接头的维护历史;
h) 使用热态拆卸或半数拆卸方法拆卸类似法兰螺栓的经验;
i) 法兰连接件紧固力矩;
j) 包覆垫片与非包覆垫片类型;

注：内环缠绕垫片属于包覆型垫片。

k) 双头螺栓与单头螺栓连接结构；

l) 垫片材料和厚度；

m) 法兰的状况；

n) 螺栓的状况，包括螺栓强度是否足够，或有无过载；

o) 螺母的状况。

G.3.2 法兰螺栓的最小数量

结合法兰的设计标准、使用工况、法兰级别和拆卸辅助装置确定待拆卸法兰上的最小螺栓数量。

G.3.3 确定热态拆卸和半数拆卸螺栓方法的最大允许压力值

热态拆卸和半数拆卸螺栓时的最大允许压力：

a) 对于标准法兰，根据标准确定不同温度下的最大允许压力；

b) 对于非标准法兰，根据适用标准或规范计算出最大允许压力；

c) 确定法兰所承受的外部载荷和/或弯矩，及其对法兰承压能力的作用，将法兰的外部轴向载荷和外部弯矩保守地转换为等效压力，总的等效压力加上系统的设计压力即为风险分析中所使用的压力；

d) 螺栓拆除时，各相关螺栓间垫片压紧力的减少量。

G.3.4 热态拆卸螺栓时的最大操作压力

在热态拆卸螺栓作业之前，确认压力已经降低并且在拆卸作业期间有足够的控制措施确保在系统恢复到可安全操作的状态之前不再加压。当操作压力等于或小于最大允许压力值的50%时，进行热态拆卸螺栓操作。

G.3.5 半数拆卸螺栓时的最大压力

在操作压力等于或小于最大允许压力值的25%或0.34 MPa(以较低者为准)，并且用低压蒸汽、空气或氮气(见G.4.1.5)作为吹扫介质时，进行半数拆卸螺栓作业。

如果液体介质泄漏后造成的伤害比较低，则评估是否有必要吹扫后进行拆卸操作。

G.3.6 螺纹孔内螺栓

对于螺纹孔内的螺栓，不应使用热态拆卸或半数拆卸螺栓的方法。

G.4 拆卸过程

G.4.1 准备

G.4.1.1 人员防护和应急方案。在有可能发生介质泄漏的情况下，应穿戴合适的防护设备，并评估是否紧急停工和启动应急预案。

G.4.1.2 作业通道。作业区域的通道应通畅，如果现场情况恶化，应提前布置作业人员所需的逃生路线。

G.4.1.3 切断阀的位置和状况。作业开始前，应确定最近的上、下游切断阀的位置和状况。操作人员应熟知隔离法兰的应急处置方案，在发生异常泄漏时，能够迅速切断设备或降低设备的工作压力。

G.4.1.4 应急设施。根据现场需求配备安全淋浴和眼浴等应急设施，并将应急设施的位置告知作业人员。

G.4.1.5 窒息危害。如果在密闭空间内使用氮气作为吹扫介质,万一发生泄漏,作业人员要采取相应的保护措施。

G.4.1.6 法兰组件的检查。对法兰组件进行检查,确定法兰及其螺栓的完整性。

a) 螺栓和螺母的劣化,如颈缩(腐蚀变薄)、螺纹磨损或开裂。

b) 垫片是否还能被压紧和垫片爆裂的可能性。

c) 垫片的劣化,以及由于外因干扰或重新紧固造成垫片失效的可能性。

d) 半数螺栓上紧之前,验证螺纹的啮合长度是否足够,如应用超声波检测方法测量螺柱长度。

G.4.1.7 现有螺栓负荷能力的评估。如果发现螺栓和螺母性能退化,评估螺栓拆卸过程的安全性和剩余螺栓负荷的增加程度。应分析法兰密封所需的最小载荷并评估螺栓强度。

G.4.2 实施

G.4.2.1 检查现有螺栓的紧固情况。为了预先获知是否存在螺栓松动,在拆下第一个螺栓之前,检查每个螺栓的紧固情况。可用手动扳手或液压扭矩扳手施加扭矩来检查螺栓的紧固性,不能使用锤击(敲击)扳手。

G.4.2.2 螺栓更换顺序。热态拆卸螺栓时,采用十字交叉法一次更换一条螺栓,并及时测量法兰面间隙检查对中情况。在开始拆卸螺栓之前,在法兰上将拧紧顺序的编号标记在易于发现的位置。

G.4.2.3 关于运行和停机前的注意事项。对G.4.2.4～G.4.2.7中所述的操作进行风险分析(见G.3.1)。

G.4.2.4 表面的清洁和润滑。当螺栓和螺母被拆除时,与螺母接触的法兰表面用钢丝刷或电动刷进行清洁(如有必要,应去除斑点和突出物)。但背面的螺母和法兰之间的结合面(扭矩扳手的另一侧)除外,这有利于结合表面之间产生摩擦。使用适用的润滑剂对螺栓组件的摩擦面进行适当润滑,包括螺纹和螺母的所有结合部,但螺母和接头后部法兰之间的表面(扭矩扳手法兰的另一侧)除外,这有利于螺母与法兰表面产生摩擦。

G.4.2.5 手动拧紧和螺栓基准长度值。用手拧紧螺栓和螺母时,螺栓和螺母的标记端应朝外,并位于接头的同一侧以便于检查。如果要使用超声测距伸长控制,记录初始的螺栓长度读数。

G.4.2.6 第一次紧固。安装新的螺栓和螺母之前,检查确定螺母是否可手动自由拧紧。如果螺母不能手动拧紧,检查原因并进行必要的修理或更换。安装每个新螺栓时,使用目标扭矩值拧紧螺栓。按适当的顺序对每个螺栓继续此过程。如果要使用超声测距伸长控制,在更换前8个螺栓后读取读数,必要时调整扭矩值。如果调整后的扭矩值远远高于前8个螺栓的扭矩值,则使用新的扭矩值重新拧紧这些螺栓。

热膨胀差可能导致热法兰冷却过程中螺栓负载损失,在热态装配预紧时应分析此影响因素。此外,在最终拧紧之前,应确认允许更换的螺栓达到其工作温度。

G.4.2.7 最终紧固。每拧紧一遍螺栓后,用游标卡尺测量配对法兰面的间隙,以验证配对法兰的安装间隙是否均匀一致。

按照适当的顺序将所有螺栓扭转至目标扭矩值后,根据是否使用超声测距伸长控制,决定是否采取以下措施。

a) 再次使用相同的扭矩值,按照首次紧固顺序,进行一次或多次拧紧。

b) 如有必要,读取超声测距读数并调整扭矩值。如果扭矩值因超声测距发生变化,则按照适当的顺序在最终扭矩值处重新拧紧两次,然后以旋转顺序至少拧紧一次,直到螺母无法在目标扭矩下转动。如果不必更改目标扭矩值,按 a)执行。

G.4.2.8 切割螺栓。在工程和风险分析允许的情况下,冷切割卡住的螺栓和使用螺母分离器。对于含有易燃易爆、有毒有害介质的管线,应评估切割螺栓的可行性。

附 录 H
（资料性）
管壳式换热器的检修

H.1 概述

本附录适用于管壳式换热器的管束、管板和其他承压部件的修理和检测。

本附录不适用于设计压力在 70 MPa 以上的管壳式换热器。

H.2 设计

H.2.1 一般要求

H.2.1.1 设计文件中确定更换部件的工况条件，提出更换部件的材料和机械性能要求。当新更换部件和原部件相比有变化，应重新进行设计计算。

H.2.1.2 新更换部件的厚度一般不小于原部件厚度，当新更换部件厚度小于原部件时，应经设计计算确认后方可更换。

H.2.1.3 选择换热管的修理方法时，分析由于换热面积的减少对换热效率的影响。

H.2.1.4 根据以下内容制定换热管的检修计划。

a) 确定换热管可接受的壁厚损失量的数据：
   1) 当前操作条件下的持续运行时间；
   2) 下一次计划检修时间；
   3) 换热器使用工况（工作压力和工作温度边界值）；
   4) 换热管已存在的损伤机理和腐蚀速率；
   5) 历史失效率，以及失效率是否一直上升；
   6) 材质升级的可能性；
   7) 换热管失效的潜在后果；
   8) 换热管是否可检；
   9) 换热管检测工作的范围；
   10) 检测方法的准确性和有效性。

b) 对装置运行或过程安全非常重要的换热器：
   1) 若检测发现壁厚减薄量超过 40%的换热管，应更换整个管束；
   2) 若检测发现壁厚减薄量在 20%～40%的换热管，宜更换整个管束或更换单根管子。

c) 一般的换热器：
   1) 对检测发现壁厚减薄量超过 40%的换热管堵管处理，堵管后管束应满足工艺换热要求，根据堵管情况确定下一个周期是否整体更换管束；
   2) 检测发现壁厚减薄量在 20%～40%的换热管可不处理，下一次检修跟踪检测。

H.2.2 换热管

H.2.2.1 换热管按照 H.5 要求的方法和比例进行检测，并根据检测数据确定是否修理，修理方法包括：焊接堵头堵管、机械堵头堵管或摩擦配合堵头堵管，更换部分管子，更换整个管束。

H.2.2.2 换热器(特别是对装置运行或过程安全非常重要的换热器)如果采用堵管的修理方法,应分析由于换热面积的减少对换热器效率和其他性能的影响。

H.2.2.3 内衬管可安装在换热管内保护损坏区域或修复已减薄的换热管,一般不用于保护管端。

H.2.2.4 套管可安装在换热管管口,用于防止管口腐蚀。

H.2.2.5 内衬管和套管的使用应分析以下因素:

a) 内衬管或套管与换热管之间的接触均匀性,见 H.3.3 和 H.3.4;

b) 内衬管或套管与换热管之间可能发生的缝隙腐蚀;

c) 管束膨胀的可能性;

d) 由内衬管或套管引起的附加压降;

e) 内衬管或套管可能导致管束内的介质流量减少;

f) 内衬管或套管导致的附加传热阻力;

g) 内衬管或套管与换热管之间的径向和轴向热膨胀差。

H.2.2.6 管束的内构件按照 H.5 进行检测,并根据检测数据判断是否修理。如果确定管束失效是由于内构件损坏造成的,建议更改内构件的设计并更换内构件。更改内构件设计的注意事项应包括以下内容。

a) 支撑板的腐蚀裕量为壳程的 2 倍,若无腐蚀,可将其腐蚀裕量定为 3 mm。

b) 使用合金支撑板或折流板代替较厚的碳钢板,但较硬材质的支撑板或折流板可能会对管子造成更大损伤。分析异种钢焊接处热膨胀差异的影响。

c) 若确定管子的潜在振动会导致管子和/或支撑板损坏,则评估和调整二者间距。

d) 管束拉筋的安装要从壳程侧穿入,不必拆卸管束。一般情况下,拉筋安装要求管束是圆形且间隔均匀,因此对于 U 形弯管部位的拉筋安装应进行专项设计。

当管束材料变更或流速增加要增加支撑但又无法增加的情况下,可安装拉筋来增强管束支撑,如为劣化或损坏的支撑板提供额外的支撑,在分段的折流板之间加固支撑,或进口管的加强支撑。评估拉筋的使用对壳程压降和流量变化的影响,管束材质和拉筋材质的相容性,热膨胀差的影响等。

H.2.2.7 如果要防止冲刷腐蚀,可在冲刷路径设置防冲板,并分析设置防冲板后介质流向发生改变后对管束或壳体的影响。

H.2.3 管板

H.2.3.1 新更换的管板材料的许用应力不小于原管板。

H.2.3.2 若要更换更大直径的换热管,确定管板的孔桥减弱系数是否在相关标准规定范围内。

H.2.3.3 按照 H.5 的要求进行检测,并根据检测数据判断管板是否修理。修理过程应符合以下要求。

a) 立式换热器壳程侧的管板开裂(未穿透)较为常见。在管板上安装排气管和排液管使介质无法滞留。将排气管焊接在管板边缘,排气管直径一般为 19 mm,管板开孔直径一般为 16 mm,具体结构由设计文件确定。在排气管上安装合适的阀门。

b) 高压管束内的介质在管束与管板的连接处泄漏,会导致堆焊层撕裂剥离。

c) 管板孔桥上发生开裂时进行失效分析,确定失效原因。根据失效原因和孔桥开裂的程度确定管板的修理方法。

d） 管板背面(壳程侧)会发生腐蚀,当金属损失量大于腐蚀裕量时,进行安全评定或更换管板。

e） 管板正面(管程侧)会发生腐蚀,当金属损失量大于腐蚀裕量时,进行安全评定或更换管板,也可通过堆焊来恢复管板壁厚。采用堆焊恢复管板壁厚时应确定：

1） 管板最小孔桥宽度；

2） 换热管与管板的焊接、强度和密封性的要求,以及从管板正面缩进的要求。

H.2.4 换热管和管板的接头

根据检测数据判断换热管和管板接头是否修理。换热管和管板接头的修理方法包括以下内容。

a） 更换损坏的换热管,见 H.3.6。

b） 堵管,见 H.3.2。

c） 抽管并堆焊管孔,随后将管孔重新加工到原始直径。管板接头的设计按照原设计标准,或 GB/T 151 的规定。注意避免损坏相邻的管子。

d） 密封焊或强度焊。如果在原焊接部位施焊,焊接接头的设计按照原设计标准或GB/T 151的规定进行。施焊前清除焊接接头上的介质残留物等杂质。

e） 换热器类型对管板接头承载性能的影响。如由于热膨胀系数不同,固定管板换热器可承受的载荷比 U 形管换热器要高。

H.2.5 壳程筒体和管板的异种钢焊缝

壳程筒体和管板的材质不相同时,计算壳程筒体和管板之间的热应力。对于异种钢焊接产生的裂纹,常见的解决方案是将壳程筒体材料更换为与管板材料相匹配的材料。可更换整个壳程筒体,或者更换与管板相接的筒节。由于壳程热膨胀或强度的改变,更换筒体或筒节应重新进行设计计算。

H.2.6 其他要求

H.2.6.1 更换符合相关的设计标准的壳程、管程或其他受压元件的其他要求见 H.2.1。

H.2.6.2 非受压元件的更换符合原标准要求。

H.2.6.3 其他有关折流板的要求参照原设计标准或 GB/T 151 的规定。

H.3 修理

H.3.1 一般要求

H.3.1.1 多台换热器并联使用时,切出单台换热器检修会导致其他换热器的流量增加,进而增加腐蚀损坏、管束振动或其他机械损伤发生的可能性。

H.3.1.2 在对管子进行检测和修理前,采用高压水、化学溶液或喷砂除垢等方法对管子进行清洗。根据污垢的性质、换热管材料及其耐受性选择清洁方法,各清洁方法的注意事项如下。

a） 高压水清洗压力通常为 70 MPa。部分情况可能要使用高达 275 MPa 超高压水喷射清洗。管束除垢还要分析水的流速和喷嘴结构等对换热管的影响。

b） 化学溶液清洗作业对换热管或换热器壳体不会产生不利影响。如严禁使用苛性碱溶液清洗 300 系列不锈钢材质的换热管。

c） 喷砂除垢时,不会对管子造成损坏。清洗内构件有紊流换热作用的换热管时,应不降低换热器换热能力。

H.3.1.3 在清洗过程中或清洗过程完成后可使用内窥镜检查管子的清洗效果。

H.3.1.4 抽芯时,不应损坏管束或其他部件。

H.3.1.5 换热管发生泄漏后将泄漏管子抽出,并进行失效分析。

H.3.2 堵管修理

可采用焊接或机械方法进行堵管处理,典型的摩擦配合锥形堵头见图 H.1,典型的机械堵头见图 H.2。

a) 堵塞的换热管开孔排放管内的气体或液体。具体操作时,立式换热管在换热管的上下两端开孔,卧式换热器则在换热管的顶部和底部开孔。堵管开孔是防止堵头部位发生爆裂,并且可验证堵头的完整性。如果在管程侧和壳程侧之间温差较大宜将堵管切割成两部分。

b) 采用摩擦配合锥形堵头堵管的,同时满足以下条件。

   1) 壳程工作压力不大于 1.5 MPa。

   2) 壳程工作温度不大于 205 ℃。

   3) 检查胀接部分管子是否减薄,确认堵头的安装是否会损坏管子,导致换热管与管板的接头发生密封失效。

   4) 已安装锥形堵头的换热管上如果没有穿孔,可能会有严重的安全隐患。如果无法穿孔,将管子拉出或采取其他措施,如先将换热管中的液体排放干净后再进行堵管,并将堵头焊接到管板上。

c) 摩擦配合锥形堵头不适用的情况下,使用机械堵头。机械堵头通常由气压或液压系统安装。在更高的压力下可使用其他类型的堵头。使用机械堵头注意以下情况:

   1) 换热管内表面的严重腐蚀或开裂;

   2) 换热管和堵头的材质;

   3) 在严重腐蚀性环境中的安装;

   4) 换热管与管板机械胀接的情况。

d) 绘制堵管图,记录堵管的数量和位置。绘制换热管失效数量、累积失效数量与时间的关系图。当换热管失效数量急剧增加时,更换管束。

e) 跟踪记录因堵管造成的压降。有些类型的换热器当管程压降达到一定程度时,换热器便无法正常工作。如果不进行换热器修理,就打开旁路防止折流板发生失效,旁路应设计合理。

图 H.1　典型的摩擦配合锥形堵头

图 H.2　典型的机械堵头

H.3.3　内衬管修理

H.3.3.1　对曾经堵管处理的换热管进行修复时，在可定位或保守判断穿孔位置的情况下，增加内衬管要优于更换换热管。

H.3.3.2　安装内衬管时，先通球推过内衬管使其切合在管子内壁，焊接内衬管端部，内衬管滚柱贴胀，爆炸贴胀和液压贴胀。分析换热管鼓胀的可能性，如发生鼓胀，会加大修复难度。焊接或贴胀宜进行模拟试验。

H.3.3.3　绘图记录内部有内衬管的换热管数量和位置。统计内衬管数量，累积内衬管的数量与服役时间的关系。当换热管失效数量急剧上升时，整体更换管束。

H.3.4　套管修理

套管通过末端折边固定，端部采用胀接或焊接的方法与换热管内壁紧密贴合。也可采用滚柱贴胀或液压贴胀的方法使套管与管子贴合均匀。评估换热管鼓胀的可能性，如果换热管发生鼓胀，会加大修复难度。焊接或贴胀宜进行模拟试验。

H.3.5　抽管修理

对管子进行失效分析或无法堵管时，从换热器中抽出发生失效的换热管并按照 H.3.2 封堵管板上的管孔。

抽管后,如果不更换新的管子,分析折流板可能发生的潜在损坏。

H.3.6 更换修理

更换修理包括:

a) 更换单根换热管,可能包括更换区域的管板修理;

b) 更换整个管束。

H.3.7 管板修理

H.3.7.1 裂纹的修理

H.3.7.1.1 按照 H.3.3 的方法修理未穿透管板且不在孔桥中的裂纹。

H.3.7.1.2 若不在孔桥部位的裂纹已经穿透管板,将裂纹打磨消除,然后将凹坑加工成 U 形或 V 形焊接坡口,补焊修复。

H.3.7.1.3 管板孔桥部位的裂纹修复可按照 H.3.7.1.1 和 H.3.7.1.2 进行。也可依据 GB/T 30579 和 GB/T 35013 的规定或其设计标准对管板受损部位进行分析,确定是否可带缺陷运行。

H.3.7.1.4 在拆除修理区域的换热管和对管子和管板接头进行修理时,不应对修复区域换热管产生不良影响。

H.3.7.2 补焊和机械加工修理

对管板局部减薄部位进行补焊,然后按要求打磨补焊表面。

H.3.8 管子和管板接头的修理

H.3.8.1 重新胀接

H.3.8.1.1 修理前,对接头部位进行清洁和检验,见 H.3.1。

H.3.8.1.2 如果只是渗漏,接头表面没有发生明显损坏,可采用滚珠贴胀的方法重新胀接达到制造标准要求。

H.3.8.1.3 重新胀接前,确认管子内表面是否存在因腐蚀造成的壁厚减薄;根据现场检测数据、管子特性和管板孔桥的状况计算管子最大允许内径。

H.3.8.1.4 其他按照 GB/T 151 的规定执行。

H.3.8.2 管孔的补焊修理和加工

H.3.8.2.1 当更换管子且管孔已经损坏时,可采用补焊和机械加工方法对管孔进行修复。

H.3.8.2.2 采用原标准对直径和焊接坡口的规定加工管孔。

H.3.8.3 密封焊或强度焊

H.3.8.3.1 管子和管板的机械连接接头如果强度不足,改为强度焊。

H.3.8.3.2 采用符合适用的制造规范的密封焊或强度焊工艺流程。

H.3.9 容器部件的修理

对换热器壳体的修理按原制造标准进行。

H.4 无损检测

H.4.1 换热管的检测

检测换热管时,采用以下无损检测技术。

a） 涡流检测(ET)通常用来检测非铁磁性管子或弱磁性管子,在检测U形管束的U形弯曲部分时,检测灵敏度较直管有所降低。

b） 远场涡流(RFET)通常用于检测铁磁性管子,灵敏度和准确度较低,但比超声波方法快捷。

c） 局部磁饱和涡流(PSET)可定位和测量铁磁性管子中的裂纹,对外表面缺陷不敏感。

d） 漏磁检测(MFL)可用来检测铁磁性管子。对于碳钢管子,这种方法的检测灵敏度较低,可用于确定管子的整体状况,无法确定单个缺陷位置。

e） 管壁厚度超声检测系统可用于确定小型换热器的损伤部位,或用于验证其他检测方法有效性。超声波检测系统特别适用于碳钢管:一种是内部旋转超声波检测(IRIS)系统,IRIS是一种精确的无损检测方法,用于检测和测量管子内表面和外表面金属损失;另一种是横波内旋超声检测系统(SWIRIS),可有效地检测内表面和外表面裂纹。以上两种方法都要对管子内部进行清洗。

f） 可使用射线检测或内窥镜检查U形管束的U形弯部分。

g） 作为预测性维护和更换计划的一部分,对管子状况进行监测和损坏趋势分析。

h） 检修期间,每个换热器中换热管的最小检测数量如下:

当换热管总数小于500个时,检测50个换热管或总管数的25%(以较大者为准);

当换热管总数等于或大于500个,且小于750个时,检测换热管总数的20%;

当换热管总数等于或大于750个,且小于1 000个时,检测换热管总数的15%;

当换热管总数等于或大于1 000个时,检测换热管总数的10%。

若10%被检查的换热管存在失效,应扩检10%数量的换热管。

i） 管束重点检测部位:临近入口管的前三排和临近出口管的最后两排;在管束外周每隔两根管子抽检一根换热管,对于多管程换热器,对每个管程外周按此比例抽检;管束内圈管子的抽查;经常发生损伤的换热管部位;未曾检测过的部位。

H.4.2 管和管板连接修理的检测

采用以下一种或多种方法对换热管与管板的修理部位进行检测:

a） 符合适用的制造标准的渗透检测;

b） 根据NB/T 47013.7进行目视检查。

H.4.3 管板修理的检测

管板修理的检测:

a） 对焊接过程进行目视检查;

b） 在焊接修理完成后进行渗透检测;

c） 修理期间对可能会在管板上产生新的缺陷进行超声检测。

H.4.4 受压元件的检测

受压元件的检测要求如下。

a） 对所有焊接修理部位进行目视检查和渗透检测或磁粉检测,特别是对系统安全至关重要的换热器。

b） 如果可行,在焊接修理部位进行射线检测或超声检测。

H.4.5 其他部件的检测

在检修过程中对管束的支撑板等内构件进行目视检查,对目视检查发现的可疑部位进行有针对性检测,如对目视检查发现有腐蚀产物堆积的部位进行测厚,疑似开裂的部位进行表面无损检测等。

H.5 试验

完成检测后,按照原设计文件和修理方案进行耐压或泄漏试验。换热管与管板的接头修理后,进行壳程的耐压和泄漏试验。

参 考 文 献

［1］ GB/T 151 热交换器

［2］ GB/T 26610.2 承压设备系统基本风险的检验实施导则 第2部分:基于风险的检验策略

［3］ GB/T 30579 承压设备损伤模式识别

［4］ GB/T 30583 承压设备焊后热处理规程

［5］ GB/T 35013 承压设备合于使用评价

［6］ 特种设备目录(质检总局2014年第114号公告)

ICS 43.160
T 59

NB

中华人民共和国能源行业标准

NB/T 10354—2019

长 管 拖 车

Tube trailer

2019-12-30 发布 2020-07-01 实施

国家能源局 发布

前　言

本标准按 GB/T 1.1—2009《标准化工作导则　第1部分:标准的结构和编写》给出的规则起草。

本标准由全国锅炉压力容器标准化技术委员会(SAC/TC 262)提出并归口。

本标准由全国锅炉压力容器标准化技术委员会移动式压力容器分技术委员会(SAC/TC 262/SC4)组织起草。

本标准起草单位:石家庄安瑞科气体机械有限公司、上海市气体工业协会、上海华谊集团装备工程有限公司、上海华理安全装备有限公司、中国特种设备检测研究院、新兴能源装备股份有限公司、浙江大学、浙江蓝能燃气设备有限公司、沈阳新光航宇安全系统有限公司、大连理工大学、成都凯天电子股份有限公司郫都成航分公司、鲁西新能源装备集团有限公司、液化空气(中国)投资有限公司、英侨机械制造有限公司、沈阳特种设备检测研究院、上海市特种设备监督检验技术研究院、上海蓝滨石化设备有限责任公司。

本标准主要起草人:王红霞、周伟明、魏勇彪、潘晓娥、吴全龙、管坚、崔闻天、郑津洋、薄柯、曹文红、杨超、徐圻、喻健良、朱纯成、李方臣、周代琼、刘鲁兵、郝延平、薛小龙、张玉福。

本标准为首次发布。

长 管 拖 车

1 范围

1.1 本标准规定了长管拖车的材料、设计、制造、试验方法、检验规则、标志标识、出厂文件、储存及运输等要求。

1.2 本标准适用于下列大容积钢质无缝气瓶(以下简称气瓶)与定型底盘或半挂车行走机构永久性连接的长管拖车:

a) 使用环境温度为-40℃~60℃;

b) 气瓶公称工作压力为10 MPa~30 MPa,充装氧气的气瓶公称工作压力不大于20 MPa;

c) 单只气瓶公称水容积为1 000 L~4 200 L;

d) 充装介质为天然气、氢、氧、空气、氮、氩、氦、氖、氪等压缩气体。

1.3 压缩天然气液压式长管拖车还应符合附录A的规定。

1.4 本标准不适用于下列长管拖车:

a) 充装液化气体、溶解气体以及毒性程度为极度危害介质;

b) 气瓶为纤维缠绕气瓶。

2 规范性引用文件

下列文件对于本文件的应用是必不可少的。凡是注日期的引用文件,仅注日期的版本适用于本文件。凡是不注日期的引用文件,其最新版本(包括所有的修改单)适用于本文件。

GB 190 危险货物包装标志

GB/T 567(所有部分) 爆破片安全装置

GB/T 699 优质碳素结构钢

GB 1589 汽车、挂车及汽车列车外廓尺寸、轴荷及质量限值

GB/T 1835 系列1集装箱 角件

GB/T 1413 系列1集装箱 分类、尺寸和额定质量

GB/T 3634(所有部分) 氢气

GB/T 3730.2 道路车辆 质量 词汇和代码

GB 4351(所有部分) 手提式灭火器

GB/T 4606 道路车辆 半挂车牵引座50号牵引销的基本尺寸和安装、互换性尺寸

GB/T 4607 道路车辆 半挂车牵引座90号牵引销的基本尺寸和安装、互换性尺寸

GB 4785 汽车及挂车外部照明和光信号装置的安装规定

GB/T 6394 金属平均晶粒度测定方法

GB 6944 危险货物分类和品名编号

GB 7258 机动车运行安全技术条件

GB/T 8923.1—2011 涂覆涂料前钢材表面处理 表面清洁度的目视评定 第1部分:未涂覆过的钢材表面和全面清除原有涂层后的钢材表面的锈蚀等级和处理等级

GB 11567　汽车及挂车侧面和后下部防护要求

GB 12268　危险货物品名表

GB/T 12673　汽车主要尺寸测量方法

GB/T 12674　汽车质量(重量)参数测定方法

GB 12676　商用车辆和挂车制动系统技术要求及试验方法

GB/T 12771　流体输送用不锈钢焊接钢管

GB/T 13005　气瓶术语

GB 13365　机动车排气火花熄灭器

GB 1339　道路运输危险货物车辆标志

GB/T 13881　牵引车与挂车之间制动管连接器

GB/T 14976　流体输送用不锈钢无缝钢管

GB 16735　道路车辆　车辆识别代号(VIN)

GB/T 16918　气瓶用爆破片安全装置

GB 17820—2012　天然气

GB 18047　车用压缩天然气

GB/T 20070　道路车辆　牵引车与半挂车之间机械连接互换性

GB/T 23336　半挂车通用技术条件

GB/T 33145　大容积钢质无缝气瓶

GB/T 33215　气瓶安全泄压装置

NB/T 47008—2017　承压设备用碳素钢和合金钢锻件

NB/T 47010—2017　承压设备用不锈钢和耐热钢锻件

NB/T 47013.2—2015　承压设备无损检测　第2部分:射线检测

NB/T 47013.3—2015　承压设备无损检测　第3部分:超声检测

NB/T 47013.4—2015　承压设备无损检测　第4部分:磁粉检测

NB/T 47013.5—2015　承压设备无损检测　第5部分:渗透检测

NB/T 47014　承压设备焊接工艺评定

NB/T 47018.1　承压设备用焊接材料订货技术条件　第1部分:采购通则

NB/T 47018.2　承压设备用焊接材料订货技术条件　第2部分:钢焊条

NB/T 47018.3　承压设备用焊接材料订货技术条件　第3部分:气体保护电弧焊钢焊丝和填充丝

NB/T 47018.4　承压设备用焊接材料订货技术条件　第4部分:埋弧焊钢焊丝和焊剂

JB/T 4711　压力容器涂敷与运输包装

JB/T 5943　工程机械　焊接件通用技术条件

JB/T 6804　抗震压力表

JB/T 8803　双金属温度计

JT/T 230　汽车导静电橡胶拖地带

QC/T 252　专用汽车定型试验规程

QC/T 310　半挂车支撑装置

QC/T 484　汽车　油漆涂层

TSG R0005 移动式压力容器安全技术监察规程

TSG R0006 气瓶安全技术监察规程

TSG Z6002 特种设备焊接操作人员考核细则

3 术语和定义

GB/T 3730.2、GB/T 13005 及 GB/T 33145、TSG R0005 及 TSG R0006 界定的以及下列术语和定义适用于本文件。

3.1

长管拖车 tube trailer

由气瓶通过支撑端板或框架与半挂车行走机构或定型底盘采用永久性连接组成的道路运输车辆。

3.2

液压式长管拖车 hydraulic tube trailer

采用液压加压的方式,使气瓶内天然气以恒定的不低于气瓶公称工作压力卸气的道路运输车辆。

3.3

单车 tube truck

由气瓶通过支撑端板或框架安装在定型底盘永久性连接组成的道路运输车。

3.4

半挂车 semi-trailer

由气瓶通过支撑端板或框架安装在半挂车行走机构上的道路运输车。

4 资质与职责

4.1 资质

4.1.1 长管拖车的设计、制造、检验及验收除符合本标准外,还应遵守国家颁布的相关法律法规和安全技术规范的规定。

4.1.2 长管拖车和气瓶的生产单位应取得相应特种设备生产许可资质,且按许可范围设计、制造。

4.1.3 制造单位应按国务院汽车行业主管部门的规定取得相应的产品制造资质。

4.1.4 气瓶设计文件应通过国家市场监督管理总局(以下简称市场监管总局)核准的特种设备型式试验机构的鉴定。

4.2 职责

4.2.1 设计委托方

设计委托方应以正式书面形式向设计单位提出设计条件,其设计条件至少包含下列内容:

a) 工作条件,包括使用环境温度、工作温度、工作压力、装卸条件及方式、装卸压力、充装频率(次/年),以及可能的附加载荷等;

b) 充装介质,包括介质的编号(UN 编号或 CAS 编号)、名称、类别(项别)、组分、物理与化学性质、危害性、有害杂质含量,以及相应的化学品安全技术说明书(SDS)等;

c) 单只气瓶公称水容积和总水容积;

d) 预期使用年限;

e) 定型底盘或牵引车的型号及必要的技术参数;

f) 设计需要的其他必要条件(如气瓶表面处理、承压系统的含水量及漏率检测等要求)。

4.2.2 设计单位

4.2.2.1 设计单位应对长管拖车的设计质量负责。

4.2.2.2 设计专用章的使用管理应满足 TSG R0005 的要求。

4.2.2.3 设计单位应在其产品设计使用年限内保存全部设计文件。

4.2.3 制造单位

4.2.3.1 制造单位应对长管拖车的制造质量负责。

4.2.3.2 气瓶制造单位应按经气瓶设计文件鉴定和型式试验合格后的设计文件进行气瓶制造,且对其制造质量负责。

4.2.3.3 制造单位应按设计文件的要求进行制造,当原设计文件需修改时,应取得原设计单位同意修改的书面证明文件,并对改动部位作详细记录。

4.2.3.4 长管拖车制造前,制造单位应制定质量计划,其项目至少包括气瓶和管路等受压元件、外购件或外协件、制造工艺控制点、检验试验和合格要求等。

4.2.3.5 制造单位在制造过程中和完工后,应按本标准、设计图样和设计文件、质量计划的规定进行各项检验和试验,出具相应报告,且对报告的正确性、真实性和完整性负责。

4.2.3.6 每辆长管拖车检验合格后,制造单位应出具产品合格证。

4.2.3.7 制造单位应接受特种设备检验检测机构对长管拖车制造过程的监督检验,且取得其特种设备监督检验证书。

4.2.3.8 长管拖车应按型号通过国务院汽车行业主管部门核准或批准的试验机构的型式试验和相关试验,且取得相应合格证明文件。

4.2.3.9 制造单位对其制造的每辆长管拖车应在设计使用年限内至少保存下列技术文件备查:

a) 制造工艺图或制造工艺卡;

b) 焊接工艺文件;

c) 标准规定的检验、试验项目记录;

d) 制造过程及完工后的检查、检验、试验记录;

e) 出厂文件(符合第 12 章的规定);

f) 原设计文件。

5 材料

5.1 一般要求

5.1.1 材料的选用应考虑其力学性能、弯曲性能、物理性能、工艺性能,与充装介质接触的材料应相容。

5.1.2 材料的性能、质量、规格与标志应符合相应材料的国家标准或行业标准的规定。

5.1.3 需焊接的材料应具有良好的焊接性能。

5.1.4 材料制造单位应在材料的明显部位作出清晰、牢固的钢印标志,或其他可追溯的标志。

5.1.5 材料制造单位应向制造单位提供材料质量证明书,材料质量证明书的内容应齐全、清晰,且印制有可以追溯的信息化标识或标签,还应加盖材料制造单位质量检验章。

5.1.6 长管拖车制造单位从非材料制造单位取得材料时,应取得材料制造单位提供的材料质量证明书原件,或加盖材料经营单位公章和经办负责人签字(章)的复印件。

5.1.7 制造单位应对取得的材料及材料质量证明书的真实性和一致性负责。

5.1.8 当采用进口压力管道元件时,应符合相应安全技术规范和标准的要求。首次进口的压力管道元件应由市场监管总局核准的压力管道元件型式试验机构进行型式试验。

5.2 气瓶

5.2.1 瓶体

5.2.1.1 瓶体用无缝钢管除应符合 TSG R0006 和 GB/T 33145 的规定外,还应符合本标准的要求。

5.2.1.2 瓶体应选用由整根无缝钢管制造,不允许拼接。

5.2.1.3 充装氢气或天然气等有致脆性、应力腐蚀倾向介质用无缝钢管,其材料化学成分中碳(C)不大于 0.350%、磷(P)不大于 0.020%、硫(S)不大于 0.010%,且硫和磷(S+P)的总含量不大于 0.025%。

5.2.1.4 充装 5.2.1.3 以外介质的无缝钢管,其材料化学成分中碳(C)不大于 0.50%、磷(P)不大于 0.020%、硫(S)不大于 0.010%,且硫和磷(S+P)的总含量不大于 0.025%。

5.2.1.5 钢管内、外表面应无裂纹、折叠、轧折、离层和结疤等缺陷。若有缺陷应完全清除,清除处应光滑过渡,清除后的实际壁厚应不小于规定值。

5.2.1.6 钢管应按 NB/T 47013.3—2015 的规定逐根进行纵、横向超声检测,合格质量级别应不低于Ⅰ级。

5.2.2 端塞

5.2.2.1 端塞应选用锻件。选用 30CrMo、35CrMo 的锻件应符合 NB/T 47008—2017 的规定,其级别不低于Ⅲ级;选用 S30403、S30408、S31603 及 S31608 等奥氏体不锈钢的锻件,应符合 NB/T 47010—2017 的规定,其级别不低于Ⅲ级。

5.2.2.2 30CrMo、35LrMo 锻件经调质热处理后的硬度应低于气瓶热处理后的硬度,且经 −40℃夏比冲击试验,其 3 个标准冲击试样冲击吸收能量(KV_2)的平均值应不小于 41 J,允许 1 个试样的冲击吸收能量值小于 41 J,但不小于 29 J。

5.3 管路

5.3.1 装卸管路

5.3.1.1 管子应选用 S30403、S30408、S31603、S31608 等奥氏体不锈钢无缝钢管,且应符合 GB/T 14976 的规定。充装氢介质应选用 S31603、S31608 等奥氏体不锈钢无缝钢管。

5.3.1.2 管件应选用 S30403、S30408、S31603、S31608 等奥氏体不锈钢锻件,且应符合 NB/T 47010—2017 的规定,其级别应不低于Ⅲ级。充装氢介质应选用 S31603、S31608 等奥氏体不锈钢锻件。

5.3.2 排污管

排污管宜选用 S30403、S30408、S31603、S31608 等奥氏体不锈钢无缝钢管,且应符合 GB/T 14976的规定。

5.3.3 泄放管

泄放管应选用 S30403、S30408、S31603、S31608 等奥氏体不锈钢管,且应符合 GB/T 14976 或 GB/T 12771 等相关标准的规定。

5.3.4　气动管路

气动管宜选用满足使用要求的非金属材料，其公称压力应不低于 0.8 MPa，且符合相应标准的规定。当选用金属材料时应符合 5.3.3 的规定。

5.4　框架

5.4.1　角柱、端梁及侧梁等主要受力构件用材料应有良好的可焊性、足够的强度和韧性。

5.4.2　角柱、端梁及侧梁等主要受力构件用材料应经不高于－20℃夏比冲击试验，其 3 个标准冲击试样的冲击吸收能量(KV_2)的平均值应不小于 27 J，允许 1 个试样的冲击吸收能量值小于 27 J，但不小于 19 J。

5.5　支撑端板与连接件

5.5.1　支撑端板与连接件等用材料应有足够的强度、刚度和韧性。

5.5.2　支撑端板用钢板应符合相应材料标准的规定，钢板应经不高于－20℃夏比冲击试验，其 3 个标准冲击试样的冲击吸收能量(KV_2)的平均值应不小于 27 J，允许 1 个试样的冲击吸收能量值小于 27 J，但不小于 19 J。

5.5.3　拉杆用材料宜选用 20、35 钢，且应符合 GB/T 699 的规定。

5.5.4　固定气瓶用法兰应选用锻件或钢板。当选用钢板时应经不高于－20℃夏比冲击试验，其 3 个标准冲击试样的冲击吸收能量(KV_2)的平均值应不小于 27 J，允许 1 个试样的冲击吸收能量值小于 27 J，但不小于 19 J；当选用锻件材料时应符合 NB/T 47008 的规定，其锻件级别不低于Ⅱ级，且宜选用 16Mn、35 钢。

5.5.5　拉带或抱箍、拉杆等用材料应有良好的可焊性、足够的强度和韧性。

5.6　密封材料

5.6.1　密封材料的允许使用温度和密封性能应能够满足长管拖车的使用要求。

5.6.2　密封材料的使用寿命应满足长管拖车定期检验周期的要求。

5.6.3　端塞与气瓶的密封材料宜选用非金属材料，且符合下列规定：

a)　充装天然气、氢、氮、氩、氦、氖、氪等介质时，O 型密封圈宜选用氟橡胶、丁腈橡胶或三元乙丙橡胶；

b)　平垫片宜选用聚四氟乙烯；

c)　挡圈宜选用聚四氟乙烯。

5.6.4　管路与阀门、管路与仪表间的密封可采用金属密封和非金属密封。充装天然气、氢、氮、氩、氦、氖、氪等介质时，非金属密封材料宜选用丁腈橡胶、丁基橡胶、氟橡胶、乙丙橡胶、聚氨酯橡胶、氯丁二烯橡胶等。

5.6.5　充装氢和氦时应不单独选用聚四氟乙烯材料作为密封件。

5.6.6　充装氧和空气时，密封材料宜选用铜和铜合金等金属材料。

5.7　焊接材料

5.7.1　焊接材料的选择应考虑焊接接头力学性能与母材的匹配，且焊缝金属的拉伸性能应满足母材标准规定的下限值。

5.7.2　受压元件用焊接材料应符合 NB/T 47018.1～47018.4 的规定。

5.7.3　受压元件用焊接材料应按照 NB/T 47014 的要求进行焊接工艺评定，评定合格后方可使用。

5.7.4 制造单位应建立并执行焊接材料验收、复验、保管、烘干、发放和回收制度。

5.8 境外材料与新材料

气瓶和装卸管路选用境外牌号材料或新材料时应符合 TSG R0005 和 TSG R0006 的有关规定。

5.9 其他

5.9.1 外购件应符合相应国家标准或行业标准的规定,且有质量证明文件或产品合格证。

5.9.2 定型底盘应选用国务院汽车行业主管部门认可的定型产品,且有相应技术资料和质量证明文件。当选用进口底盘时应符合国家有关规定,且有相应的技术资料和质量证明文件。

5.9.3 半挂车行走机构应符合 GB/T 23336 的规定,且有相应技术文件和质量证明文件。

5.9.4 角件应符合 GB/T 1835 的规定,且经－40℃夏比冲击试验,其 3 个冲击试样的冲击吸收能量(KV_2)的平均值应不小于 21 J,允许其中 1 个试样的冲击吸收能量小于 21 J,但不小于 15 J。

5.9.5 手提灭火器应符合 GB 4351(所有部分)的规定,且在有效期内。

5.9.6 支撑端板与连接法兰等连接用螺栓、螺母应选用商品级或专用级紧固件。当选用商品级碳素钢或低合金钢时,螺栓强度应不低于 8.8 级,螺母强度应不低于 8 级。

5.9.7 阀门和仪表应符合相应标准的规定。

6 设计

6.1 一般要求

6.1.1 长管拖车的设计除应符合本标准的要求外,还应符合相关法律法规、安全技术规范、国家标准和行业标准的规定。

6.1.2 长管拖车的结构、气瓶与行走机构或定型底盘连接,以及管路、安全附件、仪表和装卸附件的布置等结构设计应安全可靠,且满足使用要求。

6.1.3 同一台长管拖车应选用相同材料、公称工作压力、公称直径和公称水容积的气瓶。

6.1.4 长管拖车外廓尺寸、轴荷及质量限值应符合 GB 1589 的规定,轴荷分配应合理,且轴荷及总质量应不大于定型底盘或半挂车的允许限值。

6.1.5 长管拖车在满载、静态状态下,向左侧和右侧倾斜最大侧倾稳定角应符合 GB 7258 的规定。

6.1.6 长管拖车的制动装置与制动性能应符合 GB 7258、GB 12676 和 GB/T 23336 的规定,且半挂车应采用双管路制动系统。

6.1.7 长管拖车的后悬应符合 GB 1589 的规定。

6.1.8 长管拖车设置的侧面防护装置和后下部防护装置应符合 GB 11567 的规定。后下部防护装置应具有足够的强度和刚度,在发生意外碰撞时,保护气瓶、管路、安全附件、仪表及装卸附件的安全,其内侧与承压部件最后端在长度方向垂直投影的距离应不小于 150 mm。

6.1.9 长管拖车操作仓应有足够的操作空间,且应连接牢固,其设置应满足车辆使用要求。

6.1.10 长管拖车外部照明和信号装置的数量、位置与光色应符合 GB 4785 的规定。

6.1.11 长管拖车两侧各应至少配备 1 只不小于 4 kg 的手提灭火器,安装牢固、取放方便。

6.1.12 定型底盘和半挂牵引车应安装限速装置、具有行驶记录功能的卫星定位装置、缓速器或其他辅助制动系统。

6.1.13 半挂车的前回转半径及后间隙半径应满足 GB/T 20070 的规定。

6.1.14 半挂车行走机构应符合 GB/T 23336 的规定。

6.1.15 半挂车的牵引销应符合 GB/T 4606 或 GB/T 4607 的规定。

6.1.16 半挂车车轴与悬挂装置应符合 GB/T 23336 的规定。

6.1.17 半挂车支撑装置的布置应不影响牵引车的转向行驶,半挂车支撑装置应符合 QC/T 310 的规定,其行车状态离地间隙应不小于 320 mm。

6.1.18 充装易燃易爆介质的长管拖车的排气管布置应符合 GB 7258 的规定,且安装符合 GB 13365规定的机动车排气火花熄灭器,同时应设置导静电装置。

6.1.19 气瓶设计使用年限应不少于 20 年。

6.2 设计文件

6.2.1 长管拖车设计文件至少包括风险评估报告、设计说明书、设计计算书、设计图样、制造技术条件、产品使用说明书以及气瓶设计文件鉴定文件等。设计文件的审批与签署应符合 TSG R0005的规定。

6.2.2 风险评估报告,包括设计、制造、检验试验及使用等各阶段的主要失效模式和风险控制等,其基本内容应符合附录 B 的规定。

6.2.3 设计说明书至少包括下列内容:

a) 设计委托方提出的设计条件或设计任务书规定的设计条件;

b) 设计、制造规范以及产品标准的选择依据;

c) 充装介质的编号(UN 编号或 CAS 编号)、名称、类别和项别、物理化学性质、危害性、混合介质的限制组分、有害杂质的限制含量,以及相应的化学品安全技术说明书(SDS)等;

d) 气瓶设计参数,主要包括许用应力的选取、公称工作压力、使用环境温度、公称直径、公称水容积等的确定依据;

e) 主要结构确定原则;

f) 气瓶、管路、支撑端板等材料选用说明;

g) 安全附件、仪表及装卸附件的型号、规格、性能参数、连接方式,以及数量等的选用说明;

h) 定型底盘或半挂车行走机构、角件等的选用说明。

6.2.4 设计计算书至少包括下列内容:

a) 气瓶强度计算;

b) 气瓶容积计算;

c) 最大充装量计算;

d) 气瓶弯曲应力校核计算;

e) 动载荷下气瓶弯曲应力校核计算;

f) 动载荷下气瓶的挠度计算;

g) 端塞螺纹强度校核计算;

h) 气瓶安全泄放量及超压泄放装置泄放面积计算;

i) 装卸管路的强度计算;

j) 管路安全阀排放量计算(需要时);

k) 惯性力载荷下拉杆、支撑端板、连接法兰用螺栓及框架的结构强度计算;

l） 整车轴荷分配和侧倾稳定性计算。

6.2.5 设计图样,至少包括设计总图、气瓶图、管路系统图及必要的零部件图等。

6.2.5.1 设计总图上至少应注明下列内容：

a） 产品名称、型号；

b） 设计、制造应遵循的安全技术规范和产品标准；

c） 主要工作条件,包括工作环境温度等；

d） 主要设计参数,包括气瓶的公称工作压力、使用环境温度,装卸管路的设计温度、设计压力、最低设计金属温度等；

e） 充装介质,包括介质的编号(UN 编号或 CAS 编号)、名称、类别(项别)、危害性,以及介质标准,需要时还应注明介质的质量等级或质量指标、组分、有害杂质含量等；

f） 主要特性参数,包括长管拖车总质量、整备质量、气瓶的单瓶公称水容积、总水容积等；

g） 气瓶的设计使用年限(必要时注明气瓶循环疲劳次数)；

h） 底盘型号或半挂车型号、前悬/后悬、接近角/离去角、设计限速、外形尺寸、轴距、满载轴荷分配、最大侧向稳定角等；

i） 装卸管路无损检测要求；

j） 气瓶水压试验要求、管路耐压试验要求、整体泄漏试验要求；

k） 气瓶内外表面处理及涂覆要求；

l） 特殊制造要求,如氮气或惰性气体置换等；

m） 安全附件、仪表、装卸附件的型号、规格、性能参数及连接方式等；

n） 产品铭牌和电子铭牌的设置位置；

o） 装卸管口方位、规格及连接方式；

p） 涂装以及标志、标识要求；

q） 国务院相关行业主管部门的规章或规范性文件规定的其他要求。

6.2.5.2 气瓶图应至少包括下列内容：

a） 气瓶设计文件鉴定编号；

b） 主要安全技术规范、标准；

c） 气瓶瓶体材料、瓶体设计壁厚、瓶体尺寸、瓶口螺纹规格及尺寸等；

d） 技术特性表、瓶体材料化学成分、热处理后气瓶材料力学性能等；

e） 无损检测、热处理、耐压试验、气瓶内外表面处理要求等；

f） 钢印标记(含制造单位代号)；

g） 设计使用年限(必要时注明气瓶循环疲劳次数)。

6.2.5.3 管路系统图应至少包括下列内容：

a） 管路系统设计、制造应遵循的标准；

b） 设计参数,包括设计温度、设计压力、腐蚀裕量、焊接接头系数等；

c） 管路材料标准、材料牌号、规格等；

d） 管路安全阀(需要时)、仪表、装卸附件的型号、规格、连接密封面型式、管口方位等；

e） 无损检测要求；

f） 耐压试验要求；

g） 泄漏试验要求。

6.2.6 制造技术条件,应包括主要制造工艺要求、检验试验方法等。

6.2.7 使用说明书应至少包括下列内容:

a) 主要技术性能参数;

b) 充装介质的编号(UN编号或CAS编号)、名称、类别(项别)、危害性等;

c) 主要用途及适用范围(必要时包括不适用的范围);

d) 使用环境条件及工作条件;

e) 安全附件、仪表、装卸附件等的型号、规格、性能参数及连接方式;

f) 气瓶设计使用年限;

g) 操作使用说明和注意事项;

h) 必要的警示性说明;

i) 维护保养要求及应急措施;

j) 备品和备件。

6.3 介质

6.3.1 介质的分类、品名及编号应符合GB 6944和GB 12268的规定,且介质还应符合相应标准的规定。

6.3.2 天然气应符合下列规定:

a) 车用压缩天然气应符合GB 18047的规定;

b) 天然气应符合GB 17820—2012中一、二类天然气的规定。

6.3.3 氢气应符合GB/T 3634(所有部分)的规定,燃料电池汽车用氢气应符合相应标准的规定。

6.4 气瓶与定型底盘的连接

6.4.1 单车设计时,应避免上装部分的布置对定型底盘车架造成集中载荷。

6.4.2 当定型底盘车架需加长时,加长部分用材料应考虑其可焊性。

6.4.3 应避免在车架应力集中区内钻孔或焊接。当在车架侧平面钻孔时,孔边缘距上、下平面至少25 mm。

6.4.4 上装部分纵向中心垂直面与定型底盘纵向中心垂直面应尽量重合,其允许偏差应不大于6 mm。

6.5 气瓶与半挂车行走机构的连接

6.5.1 半挂车车架应进行强度校核。

6.5.2 长管拖车的设计应满足GB/T 23336的规定,且气瓶应进行附加载荷下的弯曲应力校核。

6.5.3 上装部分的纵向中心垂直面与半挂车行走机构的纵向中心垂直面应尽量重合,其偏差应不大于6 mm。

6.6 载荷

6.6.1 长管拖车设计时应考虑下列载荷:

a) 内压或最大内外压力差;

b) 运输中包括惯性力载荷在内的动载荷;

c) 自重、正常工作或检验试验条件下充装介质的压力载荷;

d) 运输或吊装时的作用力;

e) 连接管路和其他部件的作用力;

f) 温度梯度或热膨胀量引起的作用力；

g) 充装或卸载时的压力；

h) 气瓶与支撑端板、抱箍连接时，支撑端板、拉杆、拉带或抱箍等支撑件或连接件的作用力。

6.6.2 长管拖车运行惯性力载荷按照以下要求转换成等效静态力：

a) 运动方向：最大质量的2倍乘以重力加速度；

b) 与运动方向垂直的水平方向：最大质量乘以重力加速度(当运动方向不明确时，为最大质量的2倍乘以重力加速度)；

c) 垂直向上：最大质量乘以重力加速度；

d) 垂直向下：最大质量的2倍乘以重力加速度。

注1：计算气瓶在运输工况中所承受的惯性力载荷时，最大质量为介质的最大允许充装量；

注2：计算气瓶管束与行走装置连接处在运输工况中所承受惯性力载荷时，最大质量为行走装置以外的上装部分质量和介质的最大允许充装量之和。

6.7 结构设计

6.7.1 基本要求

6.7.1.1 长管拖车按气瓶与定型底盘或行走机构的固定方式分为框架结构和捆绑结构。

6.7.1.2 气瓶与任何其他零部件的连接不允许采用焊接结构，且应采取可靠的措施防止气瓶在使用中发生周向转动和轴向窜动。

6.7.1.3 气瓶的支撑端板、拉杆等连接件应具有足够的刚性和强度，且应考虑气瓶可能产生的热胀冷缩的影响。

6.7.1.4 气瓶之间应有足够的间隙，必要时应有起保护作用的减震措施。

6.7.1.5 长管拖车前后端应设置支撑和固定气瓶的支撑端板。

6.7.1.6 长管拖车后端应设置操作仓。操作仓内的管路、仪表、阀门及装卸附件的设置应便于使用。充装天然气、氢气等易燃易爆介质时，操作仓门应设置缓冲胶条。

6.7.1.7 必要时长管拖车前端可设置安全仓，用于安装超压泄放装置或备用。

6.7.1.8 装卸系统的设计应保证每只气瓶能单独装卸。气瓶的装卸系统至少由三道相互独立并且串联在一起的装置组成，第一道为每只气瓶瓶口的根部阀门，第二道为装卸管路的控制总阀，第三道为装卸管路端部的快装接头或等效装置。

6.7.1.9 充装天然气、氢气等易燃易爆介质，其每只气瓶根部阀宜采用气动控制阀。

6.7.1.10 长管拖车应设置防止车辆意外启动的联锁驻车制动装置。

6.7.1.11 长管拖车应有防止运输过程中的横向和纵向撞击以及倾覆对气瓶及其附件造成损坏的结构。

6.7.2 框架结构

6.7.2.1 框架外部尺寸应不超出长管拖车的外廓尺寸，其公差应符合GB/T 1413的规定，且任何部分和附件应不超出框架外部尺寸。

6.7.2.2 框架应不设置叉槽。

6.7.2.3 框架的顶角件的顶面应至少比框架各部件的顶面高出6mm。

6.7.2.4 为保护角件附近免受冲击，对顶部和底部结构起到保护作用，在角件附近可设置加强复板。

6.7.2.5 框架应具备仅由底角件支撑的能力。

6.7.3 捆绑结构

6.7.3.1 后端支撑端板与连接件及行走机构一般采用焊接连接方式;前端支撑端板与连接件一般采用紧固连接方式,连接件与行走机构采用焊接连接方式。

6.7.3.2 气瓶与前、后支撑端板固定后,应设置拉杆、拉带或抱箍与行走机构连接。

6.8 气瓶

6.8.1 气瓶的设计及设计使用年限应符合 TSG R0006、GB/T 33145 及相关气瓶标准的规定。

6.8.2 弯曲应力校核应符合 GB/T 33145 的规定,还应考虑长管拖车组装后气瓶所承受的各种弯曲应力,且各种弯曲应力之和应不大于气瓶材料屈服强度的 80%。

6.8.3 气瓶弯曲应力校核计算时,总质量应取气瓶在空载、满载等工况下的最大质量。气瓶与支撑端板连接时,还应考虑支撑端板及拉杆、拉带或抱箍等对气瓶弯曲应力的影响。

6.8.4 气瓶长度中间位置处的最大挠度不应使气瓶相互直接接触。

6.8.5 瓶口应符合下列规定:

a) 气瓶两端与端塞的连接应采用螺纹连接,其螺纹应符合相关标准的规定;

b) 气瓶两端瓶颈的厚度,自螺纹的根径计算应不小于瓶体设计壁厚,且在承受端塞内压载荷和支撑附加力时不产生变形或损坏。

6.8.6 气瓶与端塞的连接应保证在各工况下密封可靠,宜选用端面(轴向)密封或端面(轴向)与径向组合密封等结构,密封圈结构应符合下列规定:

a) 端面(轴向)密封时,宜选用 O 型圈与挡圈的组合密封圈;

b) 端面(轴向)与径向组合密封时,端面宜选用平垫片或 O 型圈与挡圈的组合密封圈,环向宜选用 O 型密封圈。

6.9 许用应力

6.9.1 气瓶瓶体壁应力的许用值应符合下列规定:

a) 盛装氢气或天然气等有致脆性、应力腐蚀倾向气体的,计算瓶体设计壁厚所选用的瓶体壁应力的许用值应不大于材料最小抗拉强度的 67%,且应不大于 482 MPa;

b) 盛装其他非致脆性、非应力腐蚀倾向气体的,计算瓶体设计壁厚所选用的瓶体壁应力的许用值应不大于材料最小抗拉强度的 67%,且应不大于 624 MPa。

6.9.2 装卸管路用管子的许用应力按表 1 的规定。

表 1 管子许用应力

钢号	钢管标准	标准规定的最小强度值/MPa		在下列温度(℃)下的许用应力/MPa	
		R_m	R_{eL}	≤20	100
06Cr19Ni10 (S30408)	GB/T 14976	520	205	137	137
022Cr19Ni10 (S30403)	GB/T 14976	480	175	117	117
06Cr17Ni12Mo2 (S31608)	GB/T 14976	520	205	137	137
022Cr17Ni12Mo2 (S31603)	GB/T 14976	480	175	117	117

6.9.3 在允许的最大负荷下,承受运输过程中所产生的相应惯性力载荷下,框架、气体与框架

之间、瓶体与行走机构或底盘之间连接的支承受力构件的许用应力按下列要求确定：

a） 具有明确屈服强度的材料，其许用应力值为材料标准常温下屈服强度除以1.5；

b） 不具有明确屈服强度的材料，其许用应力值为材料标准常温下的0.2％规定塑性延伸强度除以1.5。

6.10 管路

6.10.1 一般要求

6.10.1.1 管路的设计温度、设计压力等设计参数的确定应充分考虑管路设计使用年限内各种工况条件下环境温度、工作温度、压力载荷、热应力载荷、疲劳载荷和充装介质的物理化学特性以及危害性等因素的影响。

6.10.1.2 管路结构设计应避免热胀冷缩、机械振动等所引起的损坏，必要时应设置温度补偿机构和紧固装置。

6.10.1.3 当管路各部件之间有相对运动时，应设置必要的支撑和紧固装置。

6.10.2 装卸管路

6.10.2.1 装卸管路设计参数应符合下列规定：

a） 设计压力应不小于1.3倍的气瓶公称工作压力；

b） 设计温度应不低于60℃，最低设计金属温度不高于－40℃。

6.10.2.2 管路壁厚计算应符合附录C的规定。

6.10.2.3 钢管设计厚度应为计算厚度、钢管负偏差、腐蚀裕量之和。

6.10.2.4 弯管的弯曲半径应不小于管子外径的5倍。

6.10.2.5 管件的公称压力应不低于管路的设计压力。

6.10.2.6 钢管与管件的连接优先采用对接焊接形式。当采用承插焊接形式时，焊脚高度应不小于钢管厚度的1.25倍，且不小于3.2 mm。

6.10.2.7 管路组件焊接后应进行100％无损检测。对接焊接接头应进行100％射线检测，合格质量等级应不低于NB/T 47013.2—2015中Ⅱ级的规定；角接焊接接头应进行100％渗透检测，合格质量等级应符合NB/T 47013.5—2015中Ⅰ级的规定。

6.10.2.8 当采用液压耐压试验时，其试验压力应不低于1.3倍管路设计压力；当采用气压耐压试验时，其试验压力应不低于1.15倍管路设计压力。

6.10.2.9 装卸管路应组装牢固、整齐，其连接接头应密封良好。

6.10.3 排污管路

6.10.3.1 充装天然气的长管拖车应设置排污管路。

6.10.3.2 排污管的结构和布置应能满足气瓶积液排出的需要，排污管应伸入瓶体至圆筒段，管口距瓶底的距离应不大于1 mm，且保证污物排净。

6.10.4 气动控制管路

6.10.4.1 紧急切断装置、气动阀用气动控制管路应优先选用非金属管，其公称压力应不小于0.8 MPa，且与使用环境温度相适应。

6.10.4.2 当紧急切断装置、气动阀用气动控制管路选用金属材料时应符合下列规定：

a） 具有良好的焊接性能；

b） 选用奥氏体不锈钢无缝钢管；

c） 管路应设置易熔合金塞，其融熔温度为75℃±5℃。

7 安全附件、仪表和装卸附件

7.1 一般要求

7.1.1 安全附件、仪表和装卸附件的设置除符合本标准规定外,还应满足设计文件的要求。

7.1.2 安全附件包括气瓶超压泄放装置、管路安全阀、紧急切断装置及导静电装置等。

7.1.3 仪表包括压力表、温度计等。

7.1.4 装卸附件包括装卸阀门、快装接头或等效装置等。

7.1.5 选用的安全附件、仪表及装卸附件应与充装介质相适应。

7.1.6 安全附件、仪表及装卸附件应随产品提供质量证明文件,且在产品的明显部位有永久性标识或装设金属铭牌。

7.1.7 管路安全阀和压力表安装前应进行校验和检定,合格后方可安装。

7.1.8 安全附件、仪表和装卸附件应合理布置,便于观察和操作。

7.2 气瓶超压泄放装置

7.2.1 每只气瓶应按长管拖车的失效模式、介质危特性、超压泄放装置技术特性等因素确定超压泄放装置的类型。当气瓶可能遭遇喷射火或气瓶在远低于公称工作压力时遭遇火灾情况下,由设计者在设计文件说明其安全防护措施。

7.2.2 超压泄放装置应选用爆破片装置或爆破片与易熔合金塞串联组合装置。

7.2.3 爆破片及爆破片装置应符合 GB/T 567(所有部分)及 GB/T 16918 的规定。

7.2.4 爆破片应不使用脆性材料制作,且爆破片在破裂时不应产生碎片、脱落或火花。爆破片用于氢气介质时应考虑氢脆失效。

7.2.5 爆破片夹持装置应选用锻件,且符合下列规定:

a) 当选用 30CrMo、35CrMo 时应符合 NB/T47008—2017 的规定,其级别不低于Ⅱ级;

b) 当选用 S30403、S30408、S31603 及 S31608 等奥氏体不锈钢锻件应符合 NB/T 47010—2017 的规定,其级别不低于Ⅱ级。

7.2.6 爆破片设计爆破温度为 60℃,爆破片的设计爆破压力为气瓶水压试验压力。

7.2.7 爆破片与易熔合金塞串联组合装置应保证在使用工况下安全,且应符合下列规定:

a) 在非泄放状态下与介质接触的为爆破片,应避免因背压影响爆破片的爆破压力,易熔合金塞不应妨碍和影响爆破片的正常泄放功能;

b) 易熔合金塞装置的公称动作温度应为 102.5℃±5℃;

c) 60℃时,爆破片与易熔合金塞串联组合装置的动作压力为气瓶水压试验压力;

d) 气瓶公称工作压力下易溶合金塞应不被挤出。

7.2.8 气瓶的安全泄放量计算应符合 GB/T 33215 的规定,且超压泄放装置的排放能力应不小于气瓶的安全泄放量。

7.2.9 超压泄放装置泄放管应符合下列规定:

a) 每个超压泄放装置均应设置泄放管,且牢固可靠,防止长管拖车运行中因振动等因素导致连接松动;

b) 泄放管口应向上且引出仓外,泄放口应设置防护盖且泄放时防护盖应能弹出,泄放管应有防冰堵措施;

c) 泄放管内截面积应不小于超压泄放装置所需的排放面积;

d） 当采用爆破片与易熔合金塞串联组合泄放装置时，泄放管应不妨碍易熔合金塞的顺利排出。

7.3 管路安全阀

7.3.1 当设计委托方需要时，装卸管路设置安全阀时应符合下列规定：

a） 选用全启式弹簧安全阀；

b） 安全阀应设置在气瓶根部阀门与控制总阀之间的汇总管路上，且靠近控制总阀处。

7.3.2 安全阀的整定压力应为管路设计压力的1.05倍～1.1倍，排放能力应不小于管路安全泄放量的要求。管路安全泄放量应按式(1)计算：

$$W_s = 2.83 \times 10^{-3} \rho v d^2 \quad \cdots\cdots\cdots\cdots (1)$$

式中：

W_s——管路安全泄放量，kg/h；

ρ——泄放条件下的气体密度，kg/m^3；

v——管路进气口内的气体流速，m/s；

d——管路进气口的内直径，mm。

7.4 紧急切断装置

7.4.1 当设计委托方需要时，充装易燃易爆、氧气及空气等介质的长管拖车在气瓶根部阀门与控制总阀之间的汇总管路应设置紧急切断装置。

7.4.2 紧急切断装置一般由紧急切断阀、远程气动控制系统及易熔合金塞等装置组成。

7.4.3 紧急切断阀应符合下列规定：

a） 动作灵活、性能可靠、便于检修；

b） 紧急切断阀阀体不应采用铸铁或非金属材料制造；

c） 紧急切断阀在非装卸工况时应处于闭合状态。

7.4.4 远程控制系统的关闭操作装置应安装在人员易于到达的位置。

7.5 导静电装置

7.5.1 充装易燃易爆、氧气及空气等介质的长管拖车应具有行车导静电功能，行车导静电方式至少选择下列一种：

a） 尾部安装行车导静电橡胶拖地带，拖地带应符合GB 7258和JT/T 230的规定；

b） 采用导静电轮胎，轮胎的导静电性能应符合相应标准的规定。

7.5.2 充装易燃易爆、氧气及空气等介质的长管拖车应装设可靠的驻车导静电装置，气瓶、管路、支撑端板、框架、阀门和车架等连接处的导电性应良好，且设置可靠的静电接地端子，其电阻值不大于5 Ω。

7.6 仪表

7.6.1 压力表

7.6.1.1 管路应至少装设一个抗震型压力表，压力表应符合JB/T 6804的规定。充装氧气和空气的气瓶应选用氧气专用压力表。

7.6.1.2 压力表选用应符合下列规定：

a） 精度等级不低于1.6级；

b） 表盘的刻度极限值为气瓶公称工作压力的1.5倍～3.0倍；

c) 表盘直径不小于 100 mm。

7.6.1.3 压力表安装应满足下列要求：

a) 装设位置应便于操作人员的观察，并且应避免受到辐射热、冻结或震动的不利影响；

b) 压力表与管路之间应装设三通旋塞阀或针形阀，且使用过程中始终处于开启状态。

7.6.2 温度计

7.6.2.1 长管拖车可在气瓶根部阀门与控制总阀之间的汇总管路中设置温度计。当选用双金属温度计时应符合 JB/T 8803 的规定。

7.6.2.2 温度计的选用应符合下列规定：

a) 精度等级不低于 2.5 级；

b) 测量范围为−50℃～80℃。

7.7 装卸附件

7.7.1 装卸附件的公称压力应不小于气瓶公称工作压力。装卸阀门阀体的耐压试验压力为气瓶的耐压试验压力，阀门的气密性试验压力为阀体公称压力。

7.7.2 长管拖车装卸附件的布置应便于维护与操作。

7.7.3 装卸阀门应符合下列规定：

a) 装卸阀门分为根部阀和控制总阀，一般选用球阀或截止阀；

b) 充装氢和氦的长管拖车，其根部阀和控制总阀宜选用截止阀；

c) 充装氧和空气的长管拖车，其根部阀和控制总阀与介质接触的阀门表面的油脂含量应不大于 100 mg/m^2；

d) 螺杆式截止阀应在顺时针方向转动时被关闭。对其他形式的截止阀，其开、关位置和关闭方向均应清楚标明；

e) 阀体应不选用铸造或非金属材料制造。

7.7.4 阀门在全开和全闭工作状态下的气密性试验应合格。

7.7.5 手动阀门应在阀门承受气密性试验压力下启闭操作自如，且不应有异常阻力、空转等。

7.7.6 充装氢、氦的长管拖车用快装接头应具有防止装卸软管脱落时气瓶内介质向外泄漏的功能。

8 制造

8.1 一般要求

8.1.1 长管拖车应按规定程序批准的设计文件及本标准的要求进行制造与检验。

8.1.2 定型底盘或半挂车行走机构、安全附件、仪表、装卸附件等外购件应符合国家标准、行业标准及设计文件的规定，且经检验合格后方可使用。

8.1.3 出厂时压力表应在检定周期内，并在刻度盘上划出指示最高工作压力的红线，注明下次检定日期。

8.1.4 充装氧气和空气的长管拖车，与介质接触的所有表面和零部件的油脂含量应不大于 100 mg/m^2。

8.1.5 焊接人员应按 TSG Z6002 的规定考核合格，且取得相应项目的“特种设备作业人员证”后，方可在有效期间内担任合格项目范围内的焊接工作。

8.1.6 无损检测应由持有相应方法的“特种设备检验检测人员证(无损检测人员)”且在有效期

内的人员担任。

8.1.7 长管拖车的外廓尺寸应符合设计图样规定。

8.1.8 长管拖车的最大总质量和轴载质量应符合设计图样规定。

8.1.9 长管拖车的行驶性能和制动性能应符合 GB 7258 的要求。

8.1.10 长管拖车各连接管路、附件与气瓶连接面、阀门等其工作状态应灵活可靠。

8.1.11 长管拖车的车架焊接件应符合 JB/T 5943 的规定。

8.1.12 长管拖车的零部件,安装应牢固可靠,外表面应平整美观,无压伤、裂纹、焊渣或漆层脱落等缺陷。

8.1.13 车辆识别代码应符合 GB 16735 的规定。

8.1.14 车架油漆涂层应符合 QC/T 484 的规定。

8.2 单车

8.2.1 定型底盘应进行进厂检验,检验项目至少包括下列内容:

a) 外观检查:表面应无缺损变形,油漆无脱落,电器设备及各种指示灯应完好可靠;

b) 行驶检查:汽车正常直行、转向行驶的平稳性,各机构(如转向、离合、变速、制动等)操作应灵活,各仪器、仪表等指示应正常,油、气管路无泄漏等;

c) 制动性能检查:空车的紧急制动距离应不超过原车改装手册规定的参数;

d) 随车文件及工具附件检查:合格证、使用说明书等文件应齐全,随车工具附件应齐备,车辆型号、车辆识别代号(VIN)、发动机号应与合格证一致。

8.3 半挂车

8.3.1 半挂车行走机构应进行进厂检验,检验项目至少包括下列内容:

a) 外观检查,包括表面无缺损变形,油漆无脱落,电器设备线路装卡应可靠,驻车装置、备胎升降器、制动装置等零部件应齐备且组装完好,轮胎型号应符合设计要求等;

b) 外形与几何尺寸检查,包括车架纵梁上平面离地高度、轴距、车架长度、纵梁间距应满足设计文件的要求;半挂车行走机构车架对角线的偏差、牵引销中心至半挂车第一轴左右轮中心线距离差、多轴半挂车相邻两轴轴端平面度等应符合 GB/T 23336 的规定。

8.3.2 储气筒气压为 637 kPa~735 kPa 时,检查制动管路、接头、各阀总成、储气筒等不应有明显漏气现象,气压制动系统压力下降速度应符合 GB 7258 的规定。

8.3.3 半挂车气制动管与牵引车制动管连接的连接器的型式、尺寸及安装位置应符合 GB/T 13881的规定。

8.3.4 半挂车支撑装置收起后最低点离地高度应不小于 320 mm。

8.3.5 半挂车的最小离地间隙应不小于牵引车的最小离地间隙。

8.4 气瓶

8.4.1 气瓶制造和合格验收项目及标准应符合 GB/T 33145 及相关气瓶标准的规定,并应符合设计图样和有关技术文件的规定。

8.4.2 同一台长管拖车用气瓶长度差应不大于 15 mm。

8.4.3 气瓶热处理后的力学性能应符合表 2 的要求。

8.4.4 瓶体金相组织应为回火索氏体,晶粒度应不低于 7 级。其测定方法应符合 GB/T 6394 的规定,内、外壁脱碳层深度分别不应超过 0.25 mm 和 0.3 mm。

8.4.5　充装氢气、天然气等有致脆、应力腐蚀倾向介质的气瓶试验环应进行压扁试验，压扁处应无裂纹。

表2　瓶体材料热处理后的力学性能

<table>
<tr><th colspan="2" rowspan="2">试验项目</th><th colspan="6">充装介质</th></tr>
<tr><th colspan="3">盛装致脆性或应力腐蚀倾向气体
(氢气、天然气等)的气瓶</th><th colspan="3">盛装非致脆性或非应力腐蚀
倾向气体的气瓶</th></tr>
<tr><td colspan="2">实测屈强比 R_{ea}/R_m</td><td colspan="3">≤0.86</td><td colspan="3">≤0.90</td></tr>
<tr><td colspan="2">实测抗拉强度 R_m/MPa</td><td colspan="3">≥制造单位热处理后的保证值，
且≤880 MPa</td><td colspan="3">≥制造单位热处理后的保证值，
且≤1 060 MPa</td></tr>
<tr><td colspan="2">实测屈服强度 R_{ea}/MPa</td><td colspan="3">≥制造单位热处理后的保证值</td><td colspan="3">≥制造单位热处理后的保证值</td></tr>
<tr><td colspan="2">断后伸长率 $A_{50\ mm}$/%</td><td colspan="3">≥20</td><td colspan="3">≥16</td></tr>
<tr><td rowspan="5">冲击吸收能量 KV_2</td><td>试样尺寸/mm</td><td>10×5×55</td><td>10×7.5×55</td><td>10×10×55</td><td>10×5×55</td><td>10×7.5×55</td><td>10×10×55</td></tr>
<tr><td>平均值/J</td><td>40</td><td>50</td><td>60</td><td>27</td><td>34</td><td>40</td></tr>
<tr><td>单个试样最小值/J</td><td>32</td><td>40</td><td>48</td><td>22</td><td>27</td><td>32</td></tr>
<tr><td>侧向膨胀量 LE</td><td colspan="3">≥0.53</td><td colspan="3">≥0.53</td></tr>
<tr><td>试验温度/℃</td><td colspan="3">−40</td><td colspan="3">−40</td></tr>
</table>

8.4.6　瓶体硬度值应在设计规定的最小和最大抗拉强度对应范围之内，并且同一环向截面上的硬度值偏差不应大于 30 HB。

8.4.7　瓶体外测法水压试验后的容积残余变形率应不大于5%。

8.4.8　瓶体应逐只在线进行100%超声检测和100%磁粉检测，其结果应符合 GB/T 33145 的规定。

8.4.9　气瓶内表面应清洁、干燥、无异物，且应符合下列规定：

a)　除充装氢气的气瓶外，其内表面质量应不低于 GB/T 8923.1—2011 中规定的 Sa2.5 级；

b)　充装氢气的气瓶，其瓶体内表面粗糙度应不大于 Ra6.3 μm。

8.4.10　瓶体直线度应不超过瓶体长度的0.2%，其长度允许偏差为±20 mm，且不大于设计图样规定值。

8.4.11　气瓶螺纹尺寸应采用相应的螺纹量规进行检验，且应符合相应标准的规定，螺纹表面按 NB/T 47013.4—2015 进行磁粉检测，合格质量等级为Ⅰ级。

8.4.12　气瓶组装前应进行静平衡测试，并对静平衡位置标记。

8.4.13　端塞应进行硬度检测，其结果应符合设计图样的要求，且低于瓶体的硬度值。

8.4.14　端塞螺纹尺寸应符合设计图样要求，且螺纹表面按 NB/T 47013.4—2015 进行磁粉检测，合格质量等级为Ⅰ级。

8.5　管路

8.5.1　钢管、管件应检验合格后方可组装。

8.5.2　钢管组装前应去除管端处飞边及毛刺。

8.5.3　钢管弯曲应采用冷弯，装卸钢管弯曲半径应符合 6.10.2.4 的规定。

8.5.4　弯管不圆度按式(2)计算，且不大于8%：

$$不圆度(\%)=\frac{2(D_{max}-D_{min})}{D_{max}+D_{min}}\times 100\% \quad \cdots\cdots (2)$$

式中：

D_{max}、D_{min}——同一截面的最大、最小实测外径，mm。

8.5.5 弯管的实测厚度应不小于设计厚度。

8.5.6 管路不允许强力组装。

8.5.7 装卸管路焊接

8.5.7.1 装卸管路应按 NB/T 47014 评定合格的焊接工艺规程施焊。

8.5.7.2 焊接接头的质量应符合下列要求：

a) 无裂纹、未焊透、未熔合、咬边、气孔、弧坑、未填满、夹渣(杂)和飞溅物等缺陷；

b) 焊缝应与母材圆滑过渡；

c) 角焊缝焊脚高度应符合设计文件的规定，外形为凹形圆滑过渡；

d) 对接接头焊缝的余高应不大于 2 mm。

8.5.7.3 不锈钢管路耐压试验合格后，表面应进行清洗和钝化处理。

8.5.8 无损检测

8.5.8.1 装卸管路焊接及检验合格后，其焊接接头应进行无损检测。

8.5.8.2 对接焊接接头应进行 100%射线检测，检测技术等级应不低于 AB 级，合格质量等级应不低于 NB/T 47013.2—2015 中Ⅱ级的规定。

8.5.8.3 角接焊接接头应进行 100%渗透检测，合格质量等级应符合 NB/T 47013.5—2015 中Ⅰ级的规定。

8.5.9 装卸管路无损检测合格后应进行耐压试验。

8.6 框架结构或捆绑结构

8.6.1 框架结构或捆绑结构应符合设计图样的要求。

8.6.2 框架结构

8.6.2.1 框架的角件与角柱焊接后应进行拉力试验，载荷应为总质量与最大充装质量之和与重力加速度乘积的 1/2，以不出现裂纹及可见变形为合格。

8.6.2.2 框架的外部尺寸和公差应符合 6.7.2.1 的规定，其他要求应符合设计图样的要求。

8.6.2.3 框架、支撑端板及连接件的焊接应符合下列规定：

a) 按经评定合格的焊接工艺规程和设计图样的要求施焊；

b) 角焊缝焊脚高度应符合设计图样的规定；

c) 支撑端板与框架焊接后应平整，无翘曲等变形。

8.6.2.4 角柱、横梁、侧梁的直线度应不大于构件长度的 1.5%。

8.6.3 捆绑结构

8.6.3.1 捆绑结构中拉杆、拉带或抱箍均不允许拼接。

8.6.3.2 捆绑结构中支撑端板及连接件与车架采用焊接连接方法时应符合下列规定：

a) 按评定合格的焊接工艺规程施焊；

b) 角焊缝焊脚高度应符合设计图样的规定；

c) 支撑端板与车架焊接后应平整，无翘曲等变形。

8.7 组装

8.7.1 气瓶的技术参数应与长管拖车设计文件相一致,并有产品合格证及批量监检证书。

8.7.2 管路结构、尺寸及公差应符合设计图样的规定。

8.7.3 气瓶与端塞组装时,端塞应通过密封件与瓶端密封,端塞安装时一般允许使用润滑剂。

8.7.4 气瓶应按静平衡标记进行组装,且重心应位于气瓶轴线的正下方。

8.7.5 气瓶与支撑端板间的连接应牢固,且有防止在运输过程中气瓶发生转动的措施。

8.7.6 气瓶之间应有足够的间隙,且不允许相互直接接触。

8.7.7 端塞与装卸阀门的连接应牢固可靠、密封良好,连接方位和安装扭矩应符合设计图样的规定。

8.7.8 紧固件的安装扭矩应符合设计图样的规定。

8.7.9 管路与气瓶阀门的连接应采用焊接或螺纹连接形式。

8.7.10 管路与安全附件、仪表及装卸附件的连接应采用焊接、螺纹或卡套式连接结构,且密封良好、牢固可靠。卡套式连接结构适用于直径不大于 15 mm 的管路。

8.7.11 当装卸附件与装卸管路采用螺纹连接时,装卸管路应经耐压试验合格后方可进行安全附件、装卸附件及仪表的安装。当装卸附件与装卸管路采用焊接连接时,装卸管路与装卸附件组装后应进行耐压试验,且耐压试验合格后方可仪表安装。

8.7.12 操作仓的组装应符合设计图样的要求,操作仓门应转动灵活,且仓门开启应不小于 270°。

8.7.13 操作仓内管路、安全附件、仪表及装卸附件等应安装牢固、连接可靠。

8.8 置换处理

8.8.1 充装易燃易爆介质的长管拖车出厂前,气瓶及管路应置换处理,合格后方可出厂。

8.8.2 除设计文件特殊规定外,置换处理后气瓶及管路的含氧量应小于 3%,并保留 0.05 MPa~0.1 MPa 的余压。

8.8.3 充装氢气介质的长管拖车,置换处理后气瓶及管路含氧量应小于 0.5%,保留 0.05 MPa~0.1 MPa的余压,且含水量不大于 50×10^{-6}(体积分数)。

8.9 涂敷

8.9.1 长管拖车的涂敷应符合 JB/T 4711 及设计图样的规定,气瓶、框架或捆绑结构宜喷涂白色面漆。

8.9.2 底漆、面漆成分及漆膜厚度应符合设计图样的要求。涂漆应均匀、牢固,不应有气泡、龟裂纹、流痕、剥落等缺陷存在。

9 试验方法

9.1 装卸管路耐压试验

9.1.1 基本要求

9.1.1.1 耐压试验前,装卸管路各连接部位应装配齐全,紧固妥当。

9.1.1.2 试验用压力表至少采用两个量程相同且经检定合格的压力表,压力表应安装在便于观察的位置,压力表应符合相应国家标准或行业标准的规定,压力表精度应不低于 1.6 级,表盘直径应不小于 100 mm,压力表的量程应为耐压试验压力的 1.5 倍~2.0 倍。

9.1.1.3 保压期间不允许采用连续加压来维持试验压力不变,耐压试验过程中不应带压紧固或向受压元件施加外力。

9.1.2 液压试验

9.1.2.1 试验介质应符合设计图样的规定，以水为介质进行液压试验时，水中氯离子含量应不大于 25 mg/L，试验合格后应将水排净，并将水渍去除干净。

9.1.2.2 装卸管路中应充满液体，滞留在管路内的气体应排净，管路外表面应保持干燥。

9.1.2.3 缓慢升压至设计压力，确认无泄漏后继续升压到规定的试验压力，保压足够长时间；然后降至设计压力，保压足够时间进行检查。检查期间压力应保持不变。

9.1.2.4 液压试验以无渗漏、无可见变形及试验过程中无异常响声为合格。

9.1.3 气压试验

9.1.3.1 气压试验时，制造单位应制定气压试验专项应急预案，并派人进行现场监督。

9.1.3.2 先缓慢升压至规定试验压力的 10%，保压足够长时间，并且对所有焊接和连接部位进行初次检查。

9.1.3.3 当无泄漏时，可继续升压到规定试验压力的 50%。

9.1.3.4 当无异常现象时，按规定试验压力的 10%逐级升压至试验压力，保压足够时间后降至设计压力进行检查，检查期间压力应保持不变。

9.1.3.5 气压试验以无异常响声、无可见变形，以及经过肥皂液或其他检漏液检查无泄漏为合格。

9.2 泄漏试验

9.2.1 装卸管路耐压试验合格后，且整车组装及安全附件、仪表、装卸附件安装齐全后，方可进行整车泄漏试验。

9.2.2 泄漏试验一般采用气密性试验，且符合下列规定：

a) 试验用气体应为干燥洁净的氮气或其他惰性气体；

b) 试验用气体的温度应符合设计图样的规定；

c) 试验时，气瓶壁金属温度应符合设计图样的规定，试验压力为气瓶的公称工作压力。压力应缓慢上升，达到试验压力后应保压足够长时间，采用肥皂液或其他检漏液对所有焊接接头和连接部位进行泄漏检查，无泄漏为合格；

d) 当有泄漏时，应修补后重新试验。

9.2.3 采用氦检漏等其他泄漏试验应符合设计图样的规定。

9.3 其他检查

9.3.1 长管拖车的外观质量检查采用目视方法。

9.3.2 长管拖车的主要尺寸测量方法应符合 GB/T 12673 的规定。

9.3.3 长管拖车的质量参数测定方法应符合 GB/T 12674 的规定。

9.3.4 长管拖车的外部照明和信号装置的数量、位置和光色按 GB 4785 的规定进行检查。

9.3.5 长管拖车的制动性能的试验方法应符合 GB 12676 的规定。

9.3.6 装运易燃易爆介质、氧气及空气等介质的长管拖车应进行接地电阻测量。

9.4 道路行驶和制动性能检查

长管拖车应进行道路行驶和制动性能的检查，检查气瓶与支撑端板连接处以及连接件有无变形、松动，附件固定是否牢固，所有设施应安全可靠。行驶中的故障经排除能行驶，则道路行驶和制动性能检查可继续进行，否则应回厂检修并重新进行检查。

9.5 定型试验和强制性检测

长管拖车定型试验应按 QC/T 252 的规定进行。强制性检验项目应按国务院汽车行业主管部门规定的强制性检验项目执行。

10 检验规则

10.1 检验分类

长管拖车的检验分为出厂检验、定型试验和强制性检验。

10.2 出厂检验

长管拖车经逐辆检验合格后方可出厂,检验项目按表 3 的规定。

表 3 出厂检验项目

序号	检验项目			技术要求
1	定型底盘或半挂车行走机构	外观质量		8.2 或 8.3
		尺寸参数		6.1.4
		质量参数		6.1.4
		制动性能		6.1.6
		道路运行试验		9.4
2	结构及外观检验	气瓶与定型底盘或半挂车连接		6.4 或 6.5
		侧面防护装置和后下部防护装置		6.1.8
		灭火器		5.9.5、6.1.11
		制动装置		6.1.6
		外部照明和信号装置		6.1.10
		支撑端板、拉带、拉杆		6.7、8.6
		框架或捆绑		6.7 或 8.6
3	气瓶	外观质量		5.2、8.4
		合格证及批量质量证明书		8.7.1
		气瓶安装		8.7
4	管路	装卸管路	钢管	5.3.1.1、6.10.2、8.5
			焊接	6.10.2、8.5.7
			焊工资格	8.1.5
			管件	5.3.1.2、6.10.2
			无损检测	6.10.2.7,8.5.8
			耐压试验	6.10.2.8、9.1
		排污管路		5.3.2、6.10.3
		气动控制管路		5.3.4、6.10.4

表 3　出厂检验项目(续)

序号	检验项目		技术要求
5	安全附件、仪表及装卸附件	气瓶超压泄放装置	7.2
		管路安全阀	7.3
		紧急切断装置	7.4
		导静电装置	7.5
		压力表	7.6.1、8.1.3
		温度计	7.6.2
		装卸附件	7.7
6	整车	置换处理	8.8
		泄漏试验	9.2
		标志、标识	11
		铭牌	11.3
7	道路行驶和制动性能检查	道路行驶和制动性能满足要求	9.4
8	出厂文件	出厂文件应齐全	12

10.3　定型试验

长管拖车应按照型号,由国务院汽车行业主管部门认可的试验机构进行定型试验,且取得试验合格证明文件。

10.4　强制性检验

10.4.1　长管拖车定型试验合格后,应进行车辆强制性项目的检验。

10.4.2　强制性检验的项目由国家汽车主管部门认可的检测机构确定和检测。

11　标志、标识

11.1　长管拖车的标志灯类型和标志牌规格尺寸应符合 GB 13392 的相关规定。

11.2　长管拖车的后仓门应有"安全告示"标示和介质危特性警示性标志。警示性标志应按充装介质的类别选用,其图形标志应符合 GB 190 的规定。

11.3　长管拖车产品铭牌应安装在车身易见部位,产品铭牌格式和内容应符合 TSG R0005 的规定。

11.4　长管拖车的标志应符合 GB 13392 及国家主管部门相关要求的规定。

11.5　长管拖车两侧的可视明显部位应注明充装介质名称,字高不小于 150 mm。

11.6　气瓶的可视明显部位应注明长管拖车"下次定期检验日期：　年　月"标志,字高不小于 100 mm。

12　出厂文件

12.1　长管拖车的制造厂应至少向使用单位提供下列技术文件和资料：

a)　竣工图样(总图、气瓶图和管路系统图)；

b)　产品质量证明文件；

c) 电子合格证;
d) 永久身份标识金属二维码;
e) 特种设备制造监督检验证书;
f) 气瓶强度计算书;
g) 气瓶容积和充装量计算;
h) 气瓶的安全泄放量和超压泄放装置泄放面积、管路安全阀(需要时)排放能力的计算书;
i) 产品使用说明书和风险评估报告;
j) 安全附件、仪表及装卸附件的产品质量证明文件;
k) 受压元件(锻件等)为外购或外协件时的产品质量证明文件;
l) 应力分析报告(需要时);
m) 其他必要的产品质量证明文件;
n) 随车工具及附件清单。

12.2 长管拖车产品质量证明文件应至少包含下列内容:
a) 气瓶的质量证明文件(产品合格证、批量检验质量证明书、批量监督检验证书);
b) 材料清单,以及气瓶瓶体、端塞材料质量证明书;
c) 管路及管件的材料质量证明书;
d) 安全附件、仪表、装卸附件的质量合格证明文件;
e) 质量计划或检验计划;
f) 管路无损检测报告;
g) 整车组装检验报告;
h) 主要尺寸检查报告;
i) 管路耐压试验报告;
j) 泄漏试验报告;
k) 产品铭牌和电子铭牌拓印件或复印件;
l) 置换检验报告;
m) 管路焊接记录;
n) 气瓶热处理报告及自动记录曲线;
o) 超声检测报告(需要时)。

13 储存、运输

13.1 储存

13.1.1 当长期存放时,应停放在防潮、通风和具有消防设施的专用场地。停放前应对整车进行仔细检查,包括各阀门仪表是否正常、装卸阀门是否闭止、导静电装置是否有效等。

13.1.2 存放期间,应按照其产品使用说明书进行维护与保养。

13.2 运输

13.2.1 应在空载情况下交付用户。

13.2.2 当采用铁路运输、水路运输时,可以自驶或拖曳方式上、下车或船。当用吊装方式装卸时,应使用专用吊具,且应卸掉燃料和冷却水,运输中车轮应固定。

13.2.3 可以自驶方式由公路运输交付用户。

附 录 A
(规范性附录)
压缩天然气液压式长管拖车专项技术要求

A.1 总则

A.1.1 本附录适用于压缩天然气(以下简称 CNG)液压式长管拖车(以下简称液压式长管拖车)的设计、制造和检验。

A.1.2 液压式长管拖车除满足本附录的要求外,还应符合本标准其他部分有关条款的规定。

A.2 设计、制造

A.2.1 设计

A.2.1.1 基本要求

A.2.1.1.1 液压式长管拖车为框架式结构。

A.2.1.1.2 液压式长管拖车设计时应考虑循环应力,且满足使用的要求。

A.2.1.1.3 每只气瓶均应设置充卸气手动阀和气动阀以及注回油手动阀和气动阀,且满足同时能注油与回油。

A.2.1.2 装卸系统

A.2.1.2.1 液压式长管拖车的装卸系统应由四道相互独立且串联在一起的装置组成,第一道为每只气瓶瓶端的根部阀门,第二道为气动控制阀门,第三道为装卸管路的控制总阀,第四道为管路端部的快装接头。

A.2.1.2.2 液压式长管拖车应设置使气瓶前端升降的液压机构,其升降液压机构应能控制气瓶管束前端的下降速度,且应保证长管拖车卸气时气瓶倾斜度在10°～12°范围内。

A.2.1.2.3 液压式长管拖车的气瓶支撑结构应有足够的强度。

A.2.1.3 液压系统

液压式长管拖车的油推压力应不大于气瓶公称工作压力的1.08倍。

A.2.1.4 前后仓管路

A.2.1.4.1 液压式长管拖车的后仓一般设置液压油进出管路系统;前仓一般设置压缩天然气进出气管路系统。

A.2.1.4.2 液压式长管拖车的管路系统包括注回油管路、充卸气管路及气动管路。

A.2.1.4.3 注回油快装接头及 CNG 快装接头的公称压力应不低于气瓶公称工作压力。

A.2.1.4.4 注回油连接件及 CNG 进出气连接件应选用锻件,并符合 NB/T 47008—2017 或 NB/T 47010—2017 中Ⅲ级锻件的要求。

A.2.1.4.5 气瓶内部的进出气弯管应管口向上,注回油弯管应管口向下。弯管应伸入瓶体至圆筒段,管口距瓶底的距离应不大于10 mm。

A.2.1.4.6 回油管路应保证回油速度大于注油速度。

A.2.1.4.7 充卸气管路应使每只气瓶能单独装卸,且逐瓶推入液压油。

A.2.1.4.8 气动管路应保证程控仪表风压源对气动控制阀门的控制。

A.2.1.4.9 除进出气、进出油管路系统外,每只气瓶后端应设置独立的抗震型压力表。

A.2.1.4.10 液压式长管拖车不设置排污管路。

A.2.2 制造

A.2.2.1 后仓管路系统

A.2.2.1.1 后仓设置的与子站连接的注回油连接件及注回油快装接头应安装正确、可靠连接。

A.2.2.1.2 后仓内每只气瓶的出口端均应安装气动球阀、手动球阀,每只气瓶的引出管路均应汇总至注回油连接件及快装接头。

A.2.2.1.3 气动球阀和手动球阀应逐只进行入厂检验,合格后方可使用。

A.2.2.1.4 后仓设置的CNG进出气连接件及快装接头,控制气路快装接头应安装正确、可靠连接。

A.2.2.1.5 注回油快装接头及CNG快装接头应密封可靠,插装方便。

A.2.2.1.6 控制气路快装接头应连接可靠,且密封良好,其公称压力应不小于0.8 MPa。

A.2.2.2 前仓管路系统

A.2.2.2.1 前仓内每只气瓶出口端应依次串联安装手动球阀、气动球阀。

A.2.2.2.2 每只气瓶的充卸气管路应汇总至充卸气汇总管上。

A.2.2.3 气动控制系统

A.2.2.3.1 控制系统的气动执行器,其工作介质应采用干燥、洁净的空气、氮气或其他惰性气体。

A.2.2.3.2 工作介质中固体微粒应小于30 μm,介质压力为0.6 MPa～0.8 MPa,介质工作温度为－40℃～80℃。

A.2.2.3.3 气动管路宜选用尼龙管或聚氨酯管等非金属材料。

A.2.2.3.4 用于气动管路的工作介质应为干燥的压缩空气或氮气,其工作压力下的水露点应低于环境温度至少5℃。

A.3 液压油

A.3.1 气瓶用液压油对气瓶充装的CNG质量不应产生不良影响。

A.3.2 液压油应与气瓶、管路等材料相容,且不会产生腐蚀。

A.3.3 液压油应具有抗氧化、抗乳化、抗泡及防锈的特性,其闪点大于150℃。

A.3.4 液压油量应按气瓶容积设定,且充卸时每只气瓶的液压油体积应不大于气瓶水容积,保证液压油不溢入卸气管。

附　录　B
（规范性附录）
风险评估报告

B.1　总则

B.1.1　本附录规定了风险评估报告的基本要求。

B.1.2　设计单位应根据相关法规或设计委托方要求，针对长管拖车建造阶段和使用阶段预期的风险编制风险评估报告。风险评估报告是其他设计文件的重要依据。

B.1.3　设计单位应按长管拖车型号，且充分考虑在各种工况条件下可能产生的失效模式，在材料选择、结构设计、制造检验、运输使用、充装卸载等方面提出安全防护措施，防止可能发生的失效。

B.2　制定原则和程序

B.2.1　设计阶段风险评估主要针对设计者需考虑的对设计阶段、制造阶段和使用阶段预期的失效模式进行的危害识别和风险控制，说明应采取的技术措施和依据。

B.2.2　设计阶段风险评估按以下程序进行：

a)　根据用户设计条件和其他设计输入信息（如设计任务书等），确定长管拖车的运输方式及各种使用工况；

b)　根据长管拖车的充装介质、环境因素、运输方式及条件，装卸方式及条件等进行危害识别，确定可能发生的危害及其后果；

c)　形成完整的风险评估报告。

B.3　风险评估报告内容

风险评估报告应至少包括下列内容：

a)　基本设计参数：运输方式、工作条件（如公称工作压力、工作温度、腐蚀环境等）、装卸条件（如装卸方式、装卸压力等）、充装介质（如编号、名称、危害特性等）、气瓶、气瓶材料；

b)　所有可能工况条件的描述；

c)　设计阶段时，应考虑所有工况条件下可能发生的失效模式，如爆炸、泄漏、破损、变形、追尾、侧翻等交通事故；

d)　对标准、安全技术规范或规范性文件中已有规定的失效模式，说明采用的条款；

e)　对标准、安全技术规范或规范性文件中没有规定的失效模式，说明设计中载荷、安全系数和相应计算方法的选取依据；

f)　对介质少量泄漏、大量涌出、爆炸、交通事故等状况的处置措施；

g)　根据可能发生事故情况，规定合适的随车人员、操作人员及其他相关人员的防护装备和措施；

h)　风险评估报告应具有与设计图样总图一致的签署。

附 录 C
(规范性附录)
装卸管路壁厚计算

C.1 奥氏体不锈钢直管壁厚计算

C.1.1 当 $t<D/6$ 时，直钢管的计算厚度按式(C.1)计算：

$$t=\frac{pD}{2(S\phi+pY)} \qquad \text{(C.1)}$$

式中：

t——钢管的计算厚度，mm；

p——管路的设计压力，MPa；

D——钢管的外直径，mm；

S——钢管材料的许用应力，MPa(见表1)；

ϕ——钢管的焊缝系数，无缝钢管取1；

Y——计算系数，当 $t<D/6$ 时，Y 取0.4，当 $t\geqslant D/\mathrm{t}$ 时，$Y=\frac{d+2C}{D+d+2C}$。

式中：

d——钢管的内直径，mm；

C——厚度附加量，mm。

C.1.2 当 $t\geqslant D/6$ 或 $p/S\phi>0.385$ 时，计算时还应考虑失效机理、疲劳影响和温差应力等因素。

C.2 奥氏体不锈钢弯管或弯头壁厚计算

C.2.1 弯管或弯头的计算厚度按式(C.2)计算：

$$t_{\mathrm{w}}=\frac{pD}{2[(S\phi/I)+pY]} \qquad \text{(C.2)}$$

式中：

t_{w}——弯管在内侧、外侧或弯管中心线处的计算厚度，mm；

I——计算系数，按下列条件计算：

1) 当计算弯管或弯头内侧厚度时：

$$I=\frac{4(R/D)-1}{4(R/D)-2}$$

2) 当计算弯管或弯头外侧厚度时：

$$I=\frac{4(R/D)+1}{4(R/D)+2}$$

3) 当计算弯管中心线处厚度时：$I=1.0$。

R——弯管在管子中心线处的弯曲半径，mm。

其余同式(C.1)。

C.2.2 钢管弯制成形后，弯管或弯头的内侧厚度、外侧厚度及中心线处的最小厚度应不小于直管设计厚度。

ICS 23.020.01
J 74

NB

中华人民共和国能源行业标准

NB/T 10355—2019

管束式集装箱

Tube skid container

2019-12-30 发布　　2020-07-01 实施

国家能源局 发布

前 言

本标准按 GB/T 1.1—2009《标准化工作导则　第1部分:标准的结构和编写》给出的规则起草。

本标准由全国锅炉压力容器标准化技术委员会(SAC/TC 262)提出并归口。

本标准由全国锅炉压力容器标准化技术委员会移动式压力容器分技术委员会(SAC/TC 262/SC4)组织起草。

本标准起草单位:新兴能源装备股份有限公司、上海市气体工业协会、上海华谊集团装备工程有限公司、石家庄安瑞科气体机械有限公司、浙江大学、中国特种设备检测研究院、浙江蓝能燃气设备有限公司、上海华理安全装备有限公司、大连理工大学、沈阳新光航宇安全系统有限公司、成都凯天电子股份有限公司郫都成航分公司、鲁西新能源装备集团有限公司、南亮压力容器技术(上海)有限公司、洛阳双瑞特种装备有限公司、液化空气(中国)投资有限公司、上海市特种设备监督检验技术研究院、沈阳特种设备检测研究院、徐州八方安全设备有限公司、机械工业上海蓝亚石化设备检测所有限公司。

本标准主要起草人:武常生、周伟明、杨利芬、魏勇彪、刘玉红、管坚、郑津洋、曹文红、杨超、韩文超、顾雪铭、喻健良、韩凤娟、刘璐、姜亮亮、邓欣、李方臣、刘鲁兵、汤晓英、牛振宇、舒远、卢娟、侍吉清。

本标准为首次发布。

管束式集装箱

1 范围

1.1 本标准规定了管束式集装箱的材料、设计、制造、试验方法、检验规则、标志标识、出厂文件及储存运输等要求。

1.2 本标准适用于下列大容积钢质无缝气瓶(以下简称气瓶)与框架连接构成的管束式集装箱:

a) 使用环境温度为-40℃~60℃;

b) 气瓶公称工作压力为10 MPa~30 MPa,充装氧气用气瓶的公称工作压力应不大于20 MPa;

c) 气瓶公称水容积为150 L~4 200 L;

d) 充装介质为天然气、氢、氧、空气、氮、氩、氦、氖、氪等压缩气体。

1.3 本标准适用于公路、铁路和水上运输以及用这些方式进行联运的管束式集装箱。

1.4 气瓶公称水容积为150 L~1 000 L,且每组气瓶的公称水容积之和不大于3 000 L的气瓶集装箱还应符合附录A的规定。

1.5 本标准不适用于下列管束式集装箱:

a) 充装液化气体、溶解气体以及毒性程度为极度危害介质;

b) 气瓶为纤维缠绕气瓶。

2 规范性引用文件

下列文件对于本文件的应用是必不可少的。凡是注日期的引用文件,仅注日期的版本适用于本文件。凡是不注日期的引用文件,其最新版本(包括所有的修改单)适用于本文件。

GB/T 567(所有部分) 爆破片安全装置

GB/T 699 优质碳素结构钢

GB/T 1413 系列1集装箱 分类、尺寸和额定质量

GB/T 1835 系列1集装箱 角件

GB/T 1836 集装箱 代码、识别和标记

GB/T 3634(所有部分) 氢气

GB/T 6394 金属平均晶粒度测定方法

GB 6944 危险货物分类和品名编号

GB/T 8923.1—2011 涂覆涂料前钢材表面处理 表面清洁度的目视评定 第1部分:未涂覆过的钢材表面和全面清除原有涂层后的钢材表面的锈蚀等级和处理等级

GB/T 10567.2 铜及铜合金加工材残余应力检验方法 氨熏试验法

GB 12268 危险货物品名表

GB/T 12771 流体输送用不锈钢焊接钢管

GB/T 13005 气瓶术语

GB/T 14976　流体输送用不锈钢无缝钢管

GB/T 16563　系列1集装箱　技术要求和试验方法液体、气体及加压干散货罐式集装箱

GB/T 16918　气瓶用爆破片安全装置

GB 17820—2012　天然气

GB 18047　车用压缩天然气

GB/T 29528　阀门用铜合金锻件技术条件

GB/T 33145　大容积钢质无缝气瓶

GB/T 33215　气瓶安全泄压装置

NB/T 47008—2017　承压设备用碳素钢和合金钢锻件

NB/T 47010—2017　承压设备用不锈钢和耐热钢锻件

NB/T 47013.2—2017　承压设备无损检测　第2部分:射线检测

NB/T 47013.3—2015　承压设备无损检测　第3部分:超声检测

NB/T 47013.4—2015　承压设备无损检测　第4部分:磁粉检测

NB/T 47013.5—2015　承压设备无损检测　第5部分:渗透检测

NB/T 47014　承压设备焊接工艺评定

NB/T 47018.1　承压设备用焊接材料订货技术条件　第1部分:采购通则

NB/T 47018.2　承压设备用焊接材料订货技术条件　第2部分:钢焊条

NB/T 47018.3　承压设备用焊接材料订货技术条件　第3部分:气体保护电弧焊钢焊丝和填充丝

NB/T 47018.4　承压设备用焊接材料订货技术条件　第4部分:埋弧焊钢焊丝和焊剂

JB/T 4711　压力容器涂敷与运输包装

JB/T 6804　抗震压力表

JB/T 8803　双金属温度计

TSG R0005　移动式压力容器安全技术监察规程

TSG R0006　气瓶安全技术监察规程

TSG Z6002　特种设备焊接操作人员考核细则

3　术语和定义

GB/T 13005、GB/T 16563、GB/T 33145、TSG R0005及TSG R0006界定的以及下列术语和定义适用于本文件。

3.1

管束式集装箱　tube skid container

由单只公称水容积为1 000 L～4 200 L的气瓶,通过支撑端板与框架采用永久性连接,且与管路、安全附件、仪表、装卸附件等部件组成的装运压缩气体的移动式压力容器。

3.2

气瓶集装箱　tube container

由单只公称水容积为150 L～1 000 L的气瓶,通过支撑板与框架采用永久性连接,且每组公称水容积之和不大于3 000 L,并与管路、安全附件、仪表、装卸附件等部件组成的装运压缩天然气的移动式压力容器。

4 资质与职责

4.1 资质

4.1.1 管束式集装箱的设计、制造、检验及验收除符合本标准外，还应遵守国家颁布的有关法律法规和安全技术规范的规定。

4.1.2 管束式集装箱和气瓶的生产单位应取得特种设备生产许可资质，且按许可范围设计、制造。

4.1.3 气瓶设计文件应通过经国家市场监督管理总局(以下简称市场监管总局)核准的特种设备型式试验机构的鉴定。

4.2 职责

4.2.1 设计委托方

设计委托方应以正式书面形式向设计单位提出设计条件，其设计条件应至少包含下列内容：

a) 运输方式，包括铁路、公路、水路或这些运输方式的联运等；

b) 工作条件，包括使用环境温度、工作温度、工作压力、装卸条件及方式、装卸压力、充装频率(次/年)，以及可能的附加载荷等；

c) 充装介质，包括介质的编号(UN 编号或 CAS 编号)、名称、类别(项别)、组分、物理与化学性质、危险特性、有害杂质含量以及相应的化学品安全技术说明书(SDS)等；

d) 单只气瓶公称水容积和总水容积；

e) 预期使用年限；

f) 集装箱尺寸规格；

g) 设计需要的其他必要条件(如气瓶表面处理、承压系统的含水量及漏率检测等要求)。

4.2.2 设计单位

4.2.2.1 设计单位应对管束式集装箱的设计质量负责。

4.2.2.2 设计专用章的使用管理应满足 TSG R0005 的要求。

4.2.2.3 设计单位应在产品设计使用年限内保存全部设计文件。

4.2.3 制造单位

4.2.3.1 制造单位应对管束式集装箱的制造质量负责。

4.2.3.2 气瓶制造单位应按经气瓶设计文件鉴定和型式试验合格后的设计文件进行气瓶制造，且对其制造质量负责。

4.2.3.3 制造单位应按设计文件的要求进行制造，制造单位需对原设计文件修改时，应取得原设计单位同意修改的书面批准文件，并对改动部位作详细记录。

4.2.3.4 制造单位在制造前应制定质量计划，其项目至少包括气瓶和管路等受压元件、外购件或外协件、制造工艺控制点、检验试验和合格要求等。

4.2.3.5 制造单位在制造过程中和完工后，应按本标准、设计图样和设计文件、质量计划的规定进行各项检验和试验，出具相应报告，且对报告的正确性、真实性和完整性负责。

4.2.3.6 每台管束式集装箱检验合格后，制造单位应出具产品合格证。

4.2.3.7 制造单位应接受特种设备检验检测机构对管束式集装箱制造过程的监督检验，且产品取得监检单位出具的特种设备制造监督检验证书。

4.2.3.8 管束式集装箱应按型号进行样箱型式试验，且取得国务院有关行业主管部门认可的合格证明文件。

4.2.3.9 制造单位对其制造的每台管束式集装箱，应在设计使用年限内至少保存下列技术文件备查：

a） 制造工艺图或制造工艺卡；

b） 焊接工艺文件；

c） 标准规定的检验、试验项目记录；

d） 制造过程及完工后的检查、检验、试验记录；

e） 出厂文件(符合第12章的规定)；

f） 原设计文件。

5 材料

5.1 一般要求

5.1.1 材料的选用应考虑其力学性能、弯曲性能、物理性能、工艺性能，与充装介质接触的材料还应与介质相容。

5.1.2 材料的性能、质量、规格与标志等应符合相应材料的国家标准或行业标准的规定。

5.1.3 需焊接的材料应具有良好的焊接性。

5.1.4 材料制造单位应在材料的明显部位作出清晰、牢固的钢印标志或采用其他可追溯的标志。

5.1.5 材料制造单位应向管束式集装箱制造单位提供材料质量证明书，材料质量证明书的内容应齐全、清晰，且印制可以追溯的信息化标识或标签，且加盖材料制造单位质量检验章。

5.1.6 当管束式集装箱制造单位从非材料制造单位取得材料时，应取得材料制造单位提供的材料质量证明书原件或加盖了材料经营单位公章和经办负责人签字(章)的复印件。

5.1.7 管束式集装箱制造单位应对取得的材料及材料质量证明书的真实性和一致性负责。

5.1.8 当采用进口压力管道元件时，应符合相应安全技术规范和标准的要求。首次进口的压力管道元件应由市场监管总局核准的压力管道元件型式试验机构进行型式试验。

5.2 气瓶

5.2.1 瓶体

5.2.1.1 瓶体用无缝钢管除应符合 TSG R0006 和 GB/T 33145 的规定，还应符合本标准的要求。

5.2.1.2 瓶体应选由整根无缝钢管制造，不允许拼接。

5.2.1.3 充装氢气或天然气等有致脆性、应力腐蚀倾向的介质用无缝钢管，其材料化学成分中碳(C)不大于0.350%、磷(P)不大于0.020%、硫(S)不大于0.010%，且硫和磷(S+P)的总含量不大于0.025%。

5.2.1.4 除充装5.2.1.3以外介质的无缝钢管，其材料化学成分中碳(C)不大于0.50%、磷(P)不大于0.020%、硫(S)不大于0.010%，且硫和磷(S+P)的总含量不大于0.025%。

5.2.1.5 钢管内、外表面应无裂纹、折叠、轧折、离层和结疤等缺陷。若有缺陷应完全清除，清除处应光滑过渡，清除后的实际壁厚不小于规定值。

5.2.1.6　钢管应按 NB/T 47013.3—2015 的规定逐根进行纵、横向的超声检测，合格质量等级应不低于Ⅰ级。

5.2.2　端塞

5.2.2.1　端塞应选用锻件。选用 30CrMo 或 35CrMo 的锻件时应符合 NB/T 47008—2017 的规定，其级别不低于Ⅲ级；选用 S30408、S30403、S31608、S31603 等奥氏体不锈钢锻件时应符合 NB/T 47010—2017 的规定，其级别不低于Ⅲ级。

5.2.2.2　30CrMo、35CrMo 锻件经调质热处理后的硬度应低于瓶体热处理后的硬度，且经 −40℃夏比冲击试验，其 3 个标准冲击试样冲击吸收能量(KV_2)平均值不小于 41 J，允许 1 个试样的冲击吸收能量值小于 41 J，但不小于 29 J。

5.3　管路

5.3.1　装卸管路

5.3.1.1　管子应选用 S30403、S30408、S31603、S31608 等奥氏体不锈钢无缝钢管，且应符合 GB/T 14976 的规定。充装氢气介质应选用 S31603、S31608 等奥氏体不锈钢无缝钢管。

5.3.1.2　管件应选用 S30403、S30408、S31603、S31608 等奥氏体不锈钢锻件，且应符合 NB/T 47010 的规定，其级别应不低于Ⅲ级。充装氢气介质应选用 S31603、S31608 等奥氏体不锈钢锻件。

5.3.2　排污管

排污管宜选用 S30403、S30408、S31603、S31608 等奥氏体不锈钢无缝钢管，且应符合 GB/T 14976 的规定。

5.3.3　泄放管

泄放管宜选用 S30403、S30408、S31603、S31608 等不锈钢管，且应符合 GB/T 14976 或 GB/T 12771等相关标准的规定。

5.3.4　气动管路

气动管宜选用满足使用要求的非金属材料，其公称压力应不低于 0.8 MPa，且符合相应标准的规定。当选用金属材料时应符合 5.3.3 的规定。

5.4　框架

5.4.1　框架用材料应有良好的可焊性、足够的强度和韧性。

5.4.2　角柱、端梁及侧梁等主要受力构件用材料，应经不高于 −20℃夏比冲击试验，其 3 个标准冲击试样的夏比冲击吸收能量(KV_2)的平均值应不小于 27 J，允许 1 个试样的冲击吸收能量值小于 27 J，但不小于 19 J。

5.4.3　框架材料应考虑外界环境的腐蚀作用和环境温度的影响。

5.5　支撑端板与连接件

5.5.1　支撑端板与连接件等用材料应具有足够的强度、刚度和韧性。

5.5.2　抱箍、拉杆、拉带等用材料应具有良好的可焊性、足够的强度和韧性。

5.5.3　支撑端板用钢板应经不高于 −20℃夏比冲击试验，其 3 个标准冲击试样的冲击吸收能量(KV_2)的平均值应不小于 27 J，允许 1 个试样的冲击吸收能量值小于 27 J，但不小于 19 J。

5.5.4　拉杆用材料宜选用 20、35 钢，且应符合 GB/T 699 的规定。

5.5.5　固定气瓶用法兰应选用锻件或钢板。当选用钢板时应经不高于 −20℃夏比冲击试验，

3 个标准冲击试样的冲击吸收能量(KV_2)的平均值应不小于 27 J,允许 1 个试样的冲击吸收能量值小于 27 J,但不小于 19 J;当选用锻件材料时应符合 NB/T 47008 的规定,其锻件级别不低于Ⅱ级,且宜选用 16Mn、35 钢。

5.6 密封材料

5.6.1 密封材料的允许使用温度和密封性能应满足管束式集装箱的使用要求。

5.6.2 密封材料使用寿命应满足管束式集装箱定期检验周期的要求。

5.6.3 端塞与气瓶的密封材料宜选用非金属材料,且符合下列规定:

a) 充装天然气、氢、氮、氩、氦、氖、氪等介质时,O 型密封圈宜选用氟橡胶、丁腈橡胶或三元乙丙橡胶;

b) 平垫片宜选用聚四氟乙烯;

c) 挡圈宜选用聚四氟乙烯。

5.6.4 管路与阀门、管路与仪表间的密封可采用金属密封和非金属密封。充装天然气、氢、氮、氩、氦、氖、氪等介质时,非金属密封材料宜选用丁腈橡胶、丁基橡胶、氟橡胶、乙丙橡胶、聚氨脂橡胶、氯丁二烯橡胶等。

5.6.5 充装氢和氦时,密封材料应不单独选用聚四氟乙烯材料作为密封件。

5.6.6 充装氧和空气时,密封材料宜选用铜和铜合金等金属材料。

5.7 焊接材料

5.7.1 焊接材料的选用应考虑焊接接头力学性能与母材的匹配,且焊缝金属的拉伸强度不低于母材标准规定的下限值。

5.7.2 受压元件用焊接材料应符合 NB/T 47018.1~NB/T 47018.4 的规定,且有清晰、牢固的标志。

5.7.3 受压元件用焊接材料应按 NB/T 47014 的要求进行焊接工艺评定,评定合格后方可使用。

5.7.4 制造单位应建立并执行焊接材料验收、复验、保管、烘干、发放和回收制度。

5.8 境外材料与新材料

气瓶和装卸管路选用境外牌号材料或新材料时应符合 TSG R0005 和 TSG R0006 的有关规定。

5.9 其他

5.9.1 外购件应符合相应国家标准或行业标准的规定,且有质量证明文件或产品合格证。

5.9.2 角件应符合 GB/T 1835 的规定,且经 −40℃ 夏比冲击试验,其 3 个标准冲击试样的冲击吸收能量(KV_2)平均值应不小于 21 J,允许其中 1 个试样的冲击吸收能量小于 21 J,但不小于 15 J。

5.9.3 支撑端板、连接法兰等连接用螺栓、螺母应选用商品级或专用级紧固件。当选用商品级碳素钢或低合金钢时,螺栓强度应不低于 8.8 级,螺母强度不低于 8 级。

5.9.4 阀门和仪表应符合相应标准的规定。

6 设计

6.1 一般要求

6.1.1 管束式集装箱设计除应符合本标准的要求外,还应符合相关法律法规、安全技术规范、国家标准和行业标准的规定。

6.1.2 管束式集装箱的结构、气瓶与框架的连接,以及管路、安全附件、仪表和装卸附件的布置应安全可靠,且满足使用要求。

6.1.3 同一台管束式集装箱应当采用相同材料、公称工作压力、公称直径、公称水容积的气瓶。

6.1.4 管束式集装箱设计时应考虑采取适当的防护措施,以防止在纵向、横向受到冲击或翻倒而造成的损坏或充装介质的泄漏。

6.1.5 管束式集装箱所承受的设计载荷应通过计算或试验来确定。

6.1.6 国际联运用管束式集装箱应符合相关国际公约的要求。

6.1.7 铁路运输用管束式集装箱,其原型箱的结构强度与刚度应能承受满载时在铁路运输中所经历典型的机械振动而产生的不小于 4 倍额定质量乘以重力加速度的冲击力。

6.1.8 气瓶设计使用年限应不少于 20 年。

6.2 设计文件

6.2.1 管束式集装箱的设计文件至少包括风险评估报告、设计说明书、设计计算书、设计图样、制造技术条件、产品使用说明书、试验大纲以及气瓶设计鉴定文件等。设计文件的审批与签署应符合 TSG R0005 的规定。

6.2.2 风险评估报告,包括设计、制造及使用等各阶段的主要失效模式和风险控制等,其基本内容应符合附录 B 的规定。

6.2.3 设计说明书至少包括下列内容:

a) 设计委托方提出的设计条件或设计任务书规定的设计条件;
b) 设计、制造规范,以及产品标准的选择依据;
c) 充装介质的编号(UN 编号或 CAS 编号)、名称、类别(项别)、物理化学性质、危害性、混合介质的限制组分、有害杂质的限制含量,以及相应的化学品安全技术说明书(SDS)等;
d) 气瓶设计参数,主要包括安全系数、公称工作压力、使用环境温度、公称直径、公称水容积等的确定依据;
e) 主要结构确定原则;
f) 气瓶、管路、密封材料、支撑端板等材料的选用说明;
g) 安全附件、仪表及装卸附件的型号、规格、性能参数、连接方式,以及数量等的选用说明;
h) 框架、角件等的选用说明。

6.2.4 设计计算书至少包括下列内容:

a) 气瓶强度计算;
b) 气瓶容积计算;
c) 气瓶最大充装量计算;
d) 气瓶弯曲应力校核计算;
e) 动载荷下气瓶弯曲应力校核计算;
f) 动载荷下气瓶的挠度计算;
g) 端塞螺纹强度校核计算;
h) 气瓶安全泄放量及超压泄放装置泄放面积计算;
i) 装卸管路的强度计算;
j) 管路安全阀排放量计算(需要时);
k) 框架应力分析计算;
l) 惯性力载荷下拉杆、支撑端板、连接法兰用螺栓或框架的结构强度计算。

6.2.5 设计图样,至少包括设计总图、气瓶图、管路系统图及必要的零部件图等。

6.2.5.1 设计总图上应至少注明下列内容:

a) 产品名称、型号及设计制造应遵循的主要安全技术规范和产品标准等;

b) 适用的运输方式,包括铁路、公路、水路或这些运输方式的联运等;

c) 主要工作条件,包括工作环境温度等;

d) 主要设计参数,包括气瓶的公称工作压力,装卸管路的设计温度、设计压力、最低设计金属温度等;

e) 充装介质,包括介质的编号(UN 编号或 CAS 编号)、名称、类别(项别)、危害性,以及介质标准,需要时还应注明介质的质量等级、组分、有害杂质含量等;

f) 主要技术特性参数,包括额定质量、空箱质量、充装质量、气瓶公称工作压力、单只气瓶公称水容积、总水容积等;

g) 气瓶的设计使用年限(必要时注明气瓶疲劳循环次数);

h) 装卸管路无损检测要求;

i) 气瓶水压试验要求、管路耐压试压要求、整体泄漏试验要求;

j) 气瓶内外表面处理及涂覆要求;

k) 特殊制造要求,如氮气或惰性气体置换要求等;

l) 安全附件、仪表、装卸附件的型号、规格、性能参数及连接方式等;

m) 产品铭牌和电子铭牌的设置位置;

n) 装卸口方位、规格及连接方式;

o) 涂装以及标志、标识要求;

p) 铁路、公路或水路等国务院行业主管部门的规章或规范性文件规定的其他有关要求。

6.2.5.2 气瓶图应至少包括下列内容:

a) 气瓶设计文件鉴定编号;

b) 主要安全技术规范、标准;

c) 气瓶瓶体材料、瓶体设计壁厚、瓶体尺寸、瓶口螺纹规格及尺寸等;

d) 技术特性表、瓶体材料化学成分、热处理后瓶体材料力学性能等;

e) 无损检测、热处理、耐压试验、气瓶内外表面处理要求等;

f) 钢印标记(含制造单位代号);

g) 设计使用年限(必要时注明气瓶循环疲劳次数)。

6.2.5.3 管路系统图应至少包括下列内容:

a) 管路系统设计、制造应遵循的标准;

b) 设计参数,包括设计温度、设计压力、腐蚀裕量、焊接接头系数等;

c) 管路材料标准、材料牌号、规格等;

d) 管路安全阀(需要时)、仪表、装卸附件的型号、规格、连接密封面型式、管口方位等;

e) 无损检测要求;

f) 耐压试验要求;

g) 泄漏试验要求。

6.2.6 制造技术条件,应包括主要制造工艺要求、检验试验方法等。

6.2.7 产品使用说明书,应至少包括下列内容:

a) 主要技术性能参数;

b) 充装介质的编号(UN编号或CAS编号)、名称、类别(项别)、危害性等;

c) 主要用途及适用范围(必要时包括不适用的范围);

d) 使用环境条件及工作条件;

e) 安全附件、仪表、装卸附件等的型号、规格、性能参数及连接方式;

f) 气瓶的设计使用年限;

g) 操作使用说明;

h) 使用注意事项和必要的警示性说明等;

i) 维护保养要求及应急措施;

j) 备品和备件。

6.2.8 试验大纲,包括主要试验方法和合格要求等。

6.3 尺寸、公差和额定质量

6.3.1 管束式集装箱的外部尺寸和公差应符合GB/T 1413的规定,且按气瓶布置可降低高度。当外部尺寸超出GB/T 1413规定的管束式集装箱(如超长、超宽等),应按国务院行业主管部门认可的标准进行设计、制造、检验和验收,并进行相应的标识。

6.3.2 管束式集装箱的任何部分和各种附件,应不超出规定的外部尺寸。

6.3.3 管束式集装箱的额定质量应符合GB/T 1413的规定。当额定质量超过GB/T 1413的规定值时,除应按该额定质量值进行设计、检验、试验和标记外,还应标记超重标志。

6.4 介质

6.4.1 介质的分类、品名及编号应符合GB 6944、GB 12268的规定,且介质还应符合相应标准的规定。

6.4.2 天然气应符合下列规定:

a) 车用压缩天然气应符合GB 18047的规定;

b) 商品天然气应符合GB 17820—2012中一、二类天然气的规定。

6.4.3 氢气应符合GB/T 3634(所有部分)的规定,燃料电池汽车用氢气应符合相应标准的规定。

6.5 载荷

6.5.1 管束式集装箱设计时应考虑下列载荷:

a) 内压或最大内外压力差;

b) 运输中包括惯性力载荷在内的动载荷;

c) 自重、正常工作或检验试验条件下充装介质的压力载荷;

d) 运输或吊装时的作用力;

e) 连接管路和其他部件的作用力;

f) 温度梯度或热膨量引起的作用力;

g) 充装或卸载时的压力;

h) 气瓶与支撑端板、抱箍连接时,支撑端板、拉杆、拉带或抱箍等支撑件或连接件的作用力;

i) 型式试验时的载荷。

6.5.2 管束式集装箱在运输工况中所承受的惯性力载荷应按下列要求转换成等效静态力:

a) 运动方向:最大质量的2倍乘以重力加速度;

b) 与运动方向垂直的水平方向：最大质量乘以重力加速度(当运动方向不明确时，为最大质量的 2 倍乘以重力加速度)；

c) 垂直向上：最大质量乘以重力加速度；

d) 垂直向下：最大质量的 2 倍乘以重力加速度。

注 1：计算气瓶在运输工况中所承受的惯性力载荷时，最大质量为介质的最大允许充装量。

注 2：计算气瓶与框架连接处在运输工况中所承受惯性力载荷时，最大质量为介质的最大允许充装量、气瓶及附件质量之和。

6.6 框架、起吊和系固件的设计

6.6.1 框架的强度、刚度应满足型式试验的要求。

6.6.2 框架的设计应考虑外界环境的腐蚀作用。

6.6.3 框架、支撑端板、抱箍以及起吊和系固件的设计应避免对管束式集装箱的任何部位造成不适当的应力集中。

6.6.4 管束式集装箱应不设置叉槽。

6.6.5 管束式集装箱应在框架上设置永久的起吊和系固部件。

6.6.6 角件(包括顶角件和底角件)所在的位置和定位尺寸应符合 GB/T 1413 的规定。

6.6.7 顶角件的顶面应至少比箱体各部件的顶面高出 6 mm。

6.6.8 为保护角件附近免受冲击，对顶部和底部结构起到保护作用，可设置加强复板，并符合以下规定：

a) 顶部加强复板：从集装箱的端部测量，该板沿箱长方向的尺寸应不超过 750 mm，厚度应不超过 6 mm，但在箱体的宽度方向并不受此限制。顶部加强复板及其固定设施均不应超出顶角件的顶面；

b) 底部加强复板：加强复板距底角件外端应不超过 550 mm，距底角件侧面应不超过 470 mm，其底平面应至少高于集装箱底角件底面 5 mm。

6.6.9 管束式集装箱应具备仅由底角件支撑的能力。除 1CC、1C、1CX、1D 和 1DX 等型号以外的管束式集装箱，还应具备仅由其底部结构的载荷传递区承受的能力。载荷传递区应符合相关标准的规定。

6.6.10 1CC、1C 和 1CX 等型号的管束式集装箱，载荷传递区应视为可选择性设施。

6.6.11 管束式集装箱达到额定质量时，气瓶的任何部位及管束式集装箱上的各个装置均应不低于底平面(底角件的底面)以上 25 mm。

6.6.12 在动态或相对静态的情况下，即相当于气瓶和框架自身质量与试验装载之和等于 1.8 倍额定质量时，集装箱箱底任何部位的变形均应不低于底角件的底平面。

6.6.13 除 1D 和 1DX 等型号以外的管束式集装箱应符合以下要求：

a) 整体横向刚性试验时，其顶部相对于底部的横向位移所引起的两个对角线长度变化之和应不超过 60 mm；

b) 整体纵向刚性试验时，其顶部相对底部纵向位移应不超出 25 mm。

6.6.14 管束式集装箱的步道、扶梯等可选择性设施应符合以下规定：

a) 步道的设计应能在 600 mm×300 mm 的面积上承受 3 kN 的均布载荷，其纵向步道的最小宽度为 400 mm；

b) 扶梯按每级梯板能够承受 2 kN 的载荷进行设计。

6.7 结构设计

6.7.1 气瓶与任何其他零部件的连接不允许采用焊接结构，且应采取可靠的措施防止气瓶在运输和使用过程中发生周向转动和轴向窜动。

6.7.2 气瓶的支撑端板、拉杆、拉带或抱箍等连接件应具有足够的刚性和强度，且应考虑气瓶可能产生的热胀冷缩的影响。

6.7.3 气瓶之间应有足够的间隙，必要时应有起保护作用的减震措施。

6.7.4 管束式集装箱应在两端的合适位置设置支撑和固定气瓶的支撑端板。

6.7.5 管束式集装箱后端应设置操作仓。操作仓内的管路、仪表及装卸附件的设置应便于使用。充装压缩天然气、氢气等易燃易爆介质时，操作仓门应设置缓冲胶条。

6.7.6 必要时管束式集装箱前端可设置安全仓，用于安装超压泄放装置或备用。

6.7.7 气瓶组装后，其纵向中心平面和框架的纵向平面应重合，其允许偏差为±6 mm。

6.7.8 管束式集装箱应采取相应的防护措施，防止运输过程中的横向和纵向撞击以及倾覆对气瓶及其附件造成损坏。

6.7.9 装卸系统的设计应保证每只气瓶能单独装卸。气瓶的装卸系统至少由三道相互独立并且串联在一起的装置组成，第一道为每只气瓶瓶口的根部阀门，第二道为装卸管路的控制总阀，第三道为装卸管路端部的快装接头或等效装置。

6.7.10 装运天然气、氢等易燃易爆介质，其每只气瓶根部阀宜选用气动控制阀。

6.8 气瓶

6.8.1 气瓶的设计及设计使用年限应符合 TSGR 0006、GB/T 33145 及相关气瓶标准的规定。

6.8.2 弯曲应力校核除应符合 GB/T 33145 的规定外，还应考虑管束式集装箱组装后气瓶所承受的各种弯曲应力，且各种弯曲应力之和应不大于气瓶材料屈服强度的 80%。

6.8.3 气瓶弯曲应力校核计算时，总质量应取气瓶在空载、满载等工况下的最大质量。气瓶与支撑端板连接时，还应考虑支撑端板及拉杆、拉带或抱箍等对气瓶弯曲应力的影响。

6.8.4 气瓶长度中间位置处的最大挠度不应使气瓶相互直接接触。

6.8.5 瓶口应符合下列规定：

a) 气瓶两端与端塞的连接应采用螺纹连接，其螺纹应符合相关标准的规定；

b) 气瓶两端瓶颈的厚度，自螺纹的根径计算应不小于瓶体设计壁厚，且在端塞承受内压载荷和支撑附加力时不产生变形或损坏。

6.8.6 气瓶与端塞的连接应保证在各工况下密封可靠，宜选用端面(轴向)密封或端面(轴向)与径向组合密封等结构，密封圈结构应符合下列规定：

a) 端面(轴向)密封时，宜选用 O 型圈与挡圈的组合密封圈；

b) 端面(轴向)与径向组合密封时，端面宜选用平垫片或 O 型圈与挡圈的组合密封圈，环向宜选用 O 型密封圈。

6.9 许用应力

6.9.1 气瓶瓶体壁应力的许用值应符合下列规定：

a) 盛装氢气或天然气等有致脆性、应力腐蚀倾向气体的，计算瓶体设计壁厚所选用的瓶体壁应力的许用值应不大于材料最小抗拉强度的 67%，且应不大于 482 MPa；

b) 盛装其他非致脆性、非应力腐蚀倾向气体的，计算瓶体设计壁厚所选用的瓶体壁应力的许用值应不大于材料最小抗拉强度的67%,且应不大于624 MPa。

6.9.2 装卸管路用管子的许用应力按表1的规定。

表1 管子许用应力

钢号	钢管标准	标准规定的最小强度值/MPa		在下列温度(℃)下的许用应力/MPa	
		R_m	R_{eL}	≤20	100
06Cr19Ni10 (S30408)	GB/T 14976	520	205	137	137
022Cr19Ni10 (S30403)	GB/T 14976	480	175	117	117
06Cr17Ni12Mo2 (S31608)	GB/T 14976	520	205	137	137
022Cr17Ni12Mo2 (S31603)	GB/T 14976	480	175	117	117

6.9.3 在允许的最大负荷下,承受运输工况中的惯性力载荷下,框架、气瓶与框架之间连接的支承受力构件的许用应力按下列要求确定:

a) 具有明确屈服强度的材料,其许用应力为材料标准常温下屈服强度除以1.5;

b) 不具有明确屈服强度的材料,其许用应力为材料标准常温下的0.2%规定塑性延伸强度除以1.5。

6.10 管路

6.10.1 一般要求

6.10.1.1 管路的设计温度、设计压力等设计参数的确定应充分考虑管路设计使用年限内各种工况条件下环境温度、工作温度、压力载荷、热应力载荷、疲劳载荷和充装介质的物理化学特性以及危害性等因素的影响。

6.10.1.2 管路结构设计应避免热胀冷缩、机械振动等所引起的损坏,必要时应设置温度补偿结构和紧固装置。

6.10.1.3 当管路各部件之间有相对运动时,应设置必要的支撑和紧固装置。

6.10.2 装卸管路

6.10.2.1 装卸管路设计参数应符合下列规定:

a) 设计压力应不小于1.3倍的气瓶公称工作压力;

b) 设计温度应不低于60℃,最低设计金属温度不高于-40℃。

6.10.2.2 管路壁厚计算应符合附录C的规定。

6.10.2.3 钢管设计厚度应为计算厚度、钢管负偏差、腐蚀裕量之和。

6.10.2.4 弯管的弯曲半径应不小于管子外径的5倍。

6.10.2.5 管件的公称工作压力应不低于管路的设计压力。

6.10.2.6 钢管与管件的连接应优先采用对接焊接形式。当采用承插焊接形式时,焊脚高度不小于钢管厚度的1.25倍,且不小于3.2 mm。

6.10.2.7 管路组件焊接后应进行100%无损检测。对接焊接接头应进行100%射线检测,合格质量等级应不低于 NB/T 47013.2—2015 中Ⅱ级的规定;角接焊接接头应进行100%渗透检测,合格质量等级应符合 NB/T 47013.5—2015 中Ⅰ级的规定。

6.10.2.8 当采用液压耐压试验时,其试验压力应不低于1.3倍管路设计压力;当采用气压耐压试验时,其试验压力应不低于1.15倍管路设计压力。

6.10.2.9 装卸管路的组装应牢固、整齐,其连接接头应密封良好。

6.10.3 排污管路

6.10.3.1 充装天然气的管束式集装箱应设置排污管路。

6.10.3.2 排污管的结构和布置应满足气瓶积液排出的需要,排污管应伸入瓶体至圆筒段,管口距瓶底的距离应不大于10 mm,且保证污物排净。

6.10.4 气动控制管路

6.10.4.1 紧急切断装置、气动阀用气动控制管路应优先选用非金属管,其公称压力应不小于0.8 MPa,且与使用环境温度相适应。

6.10.4.2 当紧急切断装置、气动阀用气动控制管路选用金属材料时应符合下列规定:

a) 具有良好的焊接性能;

b) 选用奥氏体不锈钢无缝钢管;

c) 管路应设置易熔合金塞,其融熔温度为75℃±5℃。

7 安全附件、仪表及装卸附件

7.1 一般要求

7.1.1 安全附件、仪表和装卸附件的设置除符合本标准规定外,还应满足设计文件的要求。

7.1.2 安全附件包括气瓶超压泄放装置、管路安全阀、紧急切断装置及导静电装置等。

7.1.3 仪表包括压力表、温度计等。

7.1.4 装卸附件包括装卸阀门、快装接头或等效装置等。

7.1.5 选用的安全附件、仪表及装卸附件应与充装介质相容。

7.1.6 安全附件、仪表及装卸附件应随产品提供质量证明文件,且在产品的明显部位有永久性标识或装设金属铭牌。

7.1.7 安全阀、压力表组装前应校验或检定,合格后方可安装。

7.1.8 安全附件、仪表和装卸附件应合理布置,便于观察和操作,并设有防护装置。该防护装置应具有防止相关附件被意外开启的功能,国际联运用管束式集装箱还应满足海关铅封的相关要求。

7.2 气瓶超压泄放装置

7.2.1 每只气瓶应按管束式集装箱的失效模式、介质危特性、超压泄放装置技术特性等因素确定超压泄放装置的类型。当气瓶可能遭遇喷射火、远低于公称工作压力时遭遇火灾的情况下,由设计者在设计文件说明其安全防护措施。

7.2.2 超压泄放装置应选用爆破片装置或爆破片与易熔合金塞串联组合装置。

7.2.3 爆破片及爆破片装置应符合 GB/T 567(所有部分)及 GB/T 16918 的规定。

7.2.4 爆破片应不使用脆性材料制作,且爆破片在破裂时不应产生碎片、脱落或火花。爆破片用于氢气介质时应有考虑氢脆失效。

7.2.5 爆破片夹持装置应选用锻件,且符合下列规定:

a) 当选用 30CrMo、35CrMo 时应符合 NB/T47008—2017 的规定,其级别不低于Ⅱ级;

b) 当选用 S30403、S30408、S30603 及 S30608 等奥氏体不锈钢锻件应符合 NB/T 47010—2017 的规定,其级别不低于Ⅱ级。

7.2.6 爆破片设计爆破温度为 60℃,爆破片的设计爆破压力为气瓶水压试验压力。

7.2.7 爆破片与易熔合金塞串联组合装置应保证在使用工况下安全,且应符合下列规定:

a) 在非泄放状态下与介质接触的为爆破片,应避免因背压影响爆破片的爆破压力,易熔合金塞不应妨碍和影响爆破片的正常泄放功能;

b) 易熔合金塞装置的公称动作温度应为 102.5℃±5℃;

c) 60℃时,爆破片与易熔合金塞串联组合装置的动作压力为气瓶水压试验压力;

d) 气瓶公称工作压力下易熔合金塞应不被挤出。

7.2.8 气瓶的安全泄放量计算应符合 GB/T 33215 的规定,且超压泄放装置的排放能力应不小于气瓶的安全泄放量。

7.2.9 超压泄放装置泄放管应符合下列规定:

a) 每个超压泄放装置均应设置泄放管,且牢固可靠,防止管束式集装箱运行中因振动等因素导致连接松动;

b) 泄放管口应向上且引出仓外,泄放口应设置防护盖且泄放时防护盖应能弹出,泄放管应有防冰堵措施;

c) 泄放管内截面积应不小于超压泄放装置所需的排放面积;

d) 当采用爆破片与易熔合金塞串联组合泄放装置时,泄放管应不妨碍易熔合金塞的顺利排出。

7.3 管路安全阀

7.3.1 当设计委托方需要时,管路设置安全阀时应符合下列规定:

a) 选用全启式弹簧安全阀;

b) 安全阀应设置在气瓶根部阀门与控制总阀之间的汇总管路上,且靠近控制总阀处。

7.3.2 安全阀的整定压力应为管路系统设计压力的 1.05 倍~1.1 倍,排放能力应不小于管路安全泄放量的要求。管路安全泄放量应按式(1)计算:

$$W_S = 2.83 \times 10^{-3} \rho v d^2 \quad \cdots\cdots (1)$$

式中:

W_S ——管路安全泄放量,kg/h;

ρ ——泄放条件下的气体密度,kg/m^3;

v ——管路进气口内的气体流速,m/s;

d ——管路进气口内直径,mm。

7.4 紧急切断装置

7.4.1 当设计委托方需要时,充装易燃易爆、氧气及空气等介质的管束式集装箱在气瓶根部阀门与控制总阀之间的汇总管路应设置紧急切断装置。

7.4.2 紧急切断装置一般由紧急切断阀、远程气动控制系统及易熔合金塞等装置组成。

7.4.3 紧急切断阀应符合下列规定:

a) 动作灵活、性能可靠、便于检修;

b) 紧急切断阀阀体不应采用铸铁或非金属材料制造;

c) 紧急切断阀在非装卸工况时应处于闭合状态。

7.4.4 远程气动控制系统的关闭操作装置应安装在人员易于到达的位置。

7.5 导静电装置

7.5.1 充装易燃易爆、氧及空气等介质的管束式集装箱,其气瓶、管路、支撑端板、框架和阀门等连接处的导电性应良好,且装设可靠的静电接地端子,其电阻值不大于 5Ω。

7.5.2 设有静电接地端子的管束式集装箱应在靠近静电接地端子位置处设置明显标志。

7.6 仪表

7.6.1 压力表

7.6.1.1 管路应至少装设一个抗震型压力表,压力表应符合 JB/T 6804 的规定。充装氧气和空气的应选用氧气专用压力表。

7.6.1.2 压力表选用应符合下列规定:

a) 精度等级不低于 1.6 级;

b) 表盘的刻度极限值为气瓶公称工作压力的 1.5 倍~3.0 倍;

c) 表盘直径不小于 100 mm。

7.6.1.3 压力表安装应满足下列要求:

a) 装设位置应便于操作人员的观察,并且应避免受到辐射热、冻结或震动的不利影响;

b) 压力表与管路之间,应装设三通旋塞阀或针形阀,且使用过程中始终处于开启状态。

7.6.2 温度计

7.6.2.1 管束式集装箱可在气瓶根部阀门与控制总阀之间的管路中设置温度计。当选用双金属温度计时,应符合 JB/T 8803 的规定。

7.6.2.2 温度计的选用应符合下列规定:

a) 精度等级不低于 2.5 级;

b) 测量范围为-50℃~80℃。

7.7 装卸附件

7.7.1 装卸附件的公称压力应不小于气瓶公称工作压力。其装卸阀门阀体的耐压试验压力为气瓶的耐压试验压力,阀门的气密性试验压力为阀体公称压力。

7.7.2 管束式集装箱装卸附件的布置应便于维护与操作。

7.7.3 装卸阀门应符合下列规定:

a) 装卸阀门分为根部阀和控制总阀,一般选用球阀或截止阀;

b) 充装氢气和氦气的管束式集装箱,其根部阀宜选用截止阀;

c) 充装氧气和空气的管束式集装箱,其根部阀和控制总阀与介质接触的阀门表面的油脂含量应不大于 100 mg/m^2;

d) 螺杆式截止阀应在顺时针方向转动时被关闭。对其他形式的截止阀,其开、关位置和关闭方向均应清楚标明;

e) 阀体应不选用铸造或非金属材料制造。

7.7.4 阀门在全开和全闭工作状态下的气密性试验应合格。

7.7.5 手动阀门应在阀门承受气密性试验压力下启闭操作自如,且不应有异常阻力、空转等。

7.7.6 充装氢气、氦气的管束式集装箱用快装接头应具有防止装卸软管脱落时气瓶内介质向外泄漏的功能。

8 制造

8.1 一般要求

8.1.1 管束式集装箱应按规定程序批准的设计文件及本标准的要求进行制造与检验。

8.1.2 角件、端塞、管件、安全附件、仪表、装卸附件等外购件应符合国家标准、行业标准及设计文件的规定,且经检验合格后方可使用。

8.1.3 管束式集装箱出厂时压力表应在检定周期内,并在刻度盘上划出指示最高工作压力的红线,注明下次检定日期。

8.1.4 充装氧气和空气的管束式集装箱,与介质接触的所有表面和零部件的油脂含量应不大于 100 mg/m^2。

8.1.5 焊接人员应按 TSG Z6002 的规定考核合格,且取得相应项目的“特种设备作业人员证”后,方可在有效期间内担任合格项目范围内的焊接工作。

8.1.6 无损检测应由持有相应项目的“特种设备检验检测人员证(无损检测人员)”,且在有效期内的人员担任。

8.1.7 管束式集装箱各连接管路、附件与气瓶连接面、阀门等其工作状态应灵活可靠。

8.1.8 管束式集装箱的零部件应安装牢固可靠,外表面应平整美观,无压伤、裂纹、焊渣或漆层脱落等缺陷。

8.2 气瓶

8.2.1 气瓶制造和合格验收项目及标准应符合 GB/T 33145 及相关气瓶标准的规定,并应符合设计图样和有关技术文件的规定。

8.2.2 同一台管束式集装箱用气瓶长度差应不大于 15 mm。

8.2.3 气瓶热处理后的力学性能应符合表 2 的要求。

表 2 瓶体材料热处理后的力学性能

试验项目		充装介质					
		盛装致脆性或应力腐蚀倾向气体(氢气、天然气等)的气瓶			盛装非致脆性或非应力腐蚀倾向气体的气瓶		
实测屈强比 R_{ea}/R_m		≤0.86			≤0.90		
实测抗拉强度 R_m/MPa		≥制造单位热处理后的保证值,且≤880 MPa			≥制造单位热处理后的保证值,且≤1 060 MPa		
实测屈服强度 R_{ea}/MPa		≥制造单位热处理后的保证值			≥制造单位热处理后的保证值		
断后伸长率 A_{50mm}/%		≥20			≥16		
冲击吸收能量 KV_2	试样尺寸/mm	10×5×55	10×7.5×55	10×10×55	10×5×55	10×7.5×55	10×10×55
	平均值/J	40	50	60	27	34	40
	单个试样最小值/J	32	40	48	22	27	32
	侧向膨胀量 LE	≥0.53			≥0.53		
	试验温度/℃	−40			−40		

8.2.4 瓶体金相组织应为回火索氏体,晶粒度应不低于 7 级,其测定方法应符合 GB/T 6394 的

规定,内、外壁脱碳层深度分别不应超过 0.25 mm 和 0.3 mm。

8.2.5 充装氢气、天然气等有致脆性、应力腐蚀倾向介质的气瓶试验环应进行压扁试验,压扁处应无裂纹。

8.2.6 瓶体硬度值应在设计规定的最小和最大抗拉强度对应范围之内,且同一环向截面上的硬度值偏差不应大于 30HB。

8.2.7 瓶体外测法水压试验后的容积残余变形率应不大于 5%。

8.2.8 瓶体应逐只在线进行 100%超声检测和 100%磁粉检测,其结果应符合 GB/T 33145 的规定。

8.2.9 气瓶内表面应清洁、干燥、无异物,且应符合下列规定:

a) 除充装氢气的气瓶外,其他内表面质量应不低于 GB/T 8923.1—2011 中规定的 Sa2.5 级;

b) 充装氢气的气瓶,其内表面粗糙度应不大于 $Ra6.3\ \mu m$。

8.2.10 瓶体直线度应不超过瓶体长度的 0.2%,其长度允许偏差为±20 mm,且不大于设计图样规定值。

8.2.11 气瓶螺纹尺寸应采用相应的螺纹量规进行检验,且应符合相应标准的规定,螺纹表面按 NB/T 47013.4—2015 进行磁粉检测,合格质量等级为Ⅰ级。

8.2.12 气瓶组装前应进行静平衡测试,并对静平衡位置标记。

8.2.13 端塞应进行硬度检测,其结果应符合设计图样要求,且低于瓶体硬度值。

8.2.14 端塞螺纹尺寸应符合设计图样要求,且螺纹表面应按 NB/T 47013.4—2015 进行磁粉检测,合格质量等级为Ⅰ级。

8.3 管路

8.3.1 钢管、管件应检验合格后方可组装。

8.3.2 钢管组装前应去除管端飞边及毛刺。

8.3.3 钢管弯曲应采用冷弯,装卸钢管弯曲半径应符合 6.10.2.4 的规定。

8.3.4 弯管不圆度按式(2)计算,且不大于 8%:

$$不圆度(\%)=\frac{2(D_{max}-D_{min})}{D_{max}+D_{min}}\times 100\% \quad \cdots\cdots (2)$$

式中:

D_{max}、D_{min}——同一截面的最大、最小实测外径,mm。

8.3.5 弯管的实测厚度应不小于设计厚度。

8.3.6 管路不允许强力组装。

8.3.7 装卸管路焊接

8.3.7.1 装卸管路应按 NB/T 47014 评定合格的焊接工艺规程施焊。

8.3.7.2 焊接接头的表面质量应符合下列要求:

a) 无裂纹、未焊透、未溶合、咬边、气孔、弧坑、未填满、夹渣(杂)和飞溅物等缺陷;

b) 焊缝应与母材圆滑过渡;

c) 角焊缝焊脚高度应符合设计文件的规定,外形为凹形圆滑过渡;

d) 对接接头焊缝的余高应不大于 2 mm。

8.3.8 不锈钢管路耐压试验合格后,表面应进行酸洗钝化处理。

8.3.9 无损检测

8.3.9.1 装卸管路焊接完毕及外观检验合格后,其焊接接头应进行无损检测。

8.3.9.2 对接焊接接头应进行100%射线检测，检测技术等级不低于AB级，合格质量等级应不低于NB/T 47013.2—2015中Ⅱ级的规定。

8.3.9.3 角接焊接接头应进行100%渗透检测，合格质量等级应符合NB/T 47013.5—2015中Ⅰ级的规定。

8.3.10 装卸管路无损检测合格后应进行耐压试验。

8.4 框架

8.4.1 框架外部尺寸和公差应符合GB/T 1413的规定，其他要求应符合设计图样的要求。

8.4.2 框架及连接件的焊接应按经评定合格的焊接工艺规程和设计图样的要求进行施焊。

8.4.3 角焊缝焊脚高度应符合设计图样的规定。

8.4.4 支撑端板与框架焊接后应平整，无翘曲等变形。

8.4.5 角柱、横梁、侧梁的直线度应不大于构件长度的1.5‰。

8.5 组装

8.5.1 气瓶的技术参数应与管束式集装箱设计文件相一致，并有产品合格证及批量监检证书。

8.5.2 管路的结构、尺寸及公差应符合设计图样的规定。

8.5.3 气瓶与端塞组装时，端塞应通过密封件与瓶端密封，端塞安装时一般允许使用润滑剂。

8.5.4 气瓶应按静衡标记进行组装，且重心位于气瓶轴线的正下方。

8.5.5 气瓶之间应有足够的间隙，且不允许相互直接接触。

8.5.6 气瓶与支撑端板间的连接应牢固，防止气瓶在运输过程中发生转动的防转结构应牢固可靠。

8.5.7 端塞与装卸阀门的连接应牢固可靠、密封良好，连接方位和安装扭矩应符合设计图样的规定。

8.5.8 紧固件的安装扭矩应符合设计图样的规定。

8.5.9 管路与气瓶阀门的连接应采用焊接或螺纹连接形式。

8.5.10 管路与安全附件、仪表及装卸附件的连接应采用焊接、螺纹或卡套式连接结构，且密封良好、牢固可靠。卡套式连接结构适用于直径不大于15 mm的管路。

8.5.11 当装卸附件与装卸管路采用螺纹连接时，装卸管路应经耐压试验合格后方可进行安全附件、仪表及装卸附件的安装。当装卸附件与装卸管路采用焊接连接时，装卸管路与装卸附件组装后应进行耐压试验，且耐压试验合格后方可仪表安装。

8.5.12 操作仓的组装应符合设计图样的要求，操作仓门应转动灵活，且仓门开启应不小于270°。

8.5.13 操作仓内管路、安全附件、仪表及装卸附件等应安装牢固、连接可靠。

8.6 置换处理

8.6.1 充装易燃易爆介质的管束式集装箱出厂前，气瓶及管路应置换处理，合格后方可出厂。

8.6.2 除设计文件特殊规定外，置换处理后气瓶及管路的含氧量应小于3%，并保留0.05 MPa～0.1 MPa的余压。

8.6.3 充装氢气介质的管束式集装箱，置换处理后气瓶及管路的含氧量应小于0.5%，保留0.05 MPa～0.1 MPa的余压，且含水量不大于50×10^{-6}(体积分数)。

8.7 涂敷

8.7.1 管束式集装箱的涂敷应符合JB/T 4711及设计文件的规定，气瓶和框架一般喷涂白色面漆。

8.7.2 底漆、面漆成分及漆膜厚度应符合设计图样的要求。涂漆应均匀、牢固，不应有气泡、龟裂纹、流痕、剥落等缺陷存在。

9 试验方法

9.1 装卸管路耐压试验

9.1.1 基本要求

9.1.1.1 耐压试验前,装卸管路各连接部位应装配齐全,紧固妥当。

9.1.1.2 试验用压力表至少采用两个量程相同且经检定合格的压力表,压力表应安装在便于观察的位置,压力表应符合相应国家标准或行业标准的规定,压力表精度应不低于1.6级,表盘直径应不小于100 mm,压力表的量程应为耐压试验压力的1.5倍~2.0倍。

9.1.1.3 保压期间不允许采用连续加压来维持试验压力不变,耐压试验过程中不允许带压紧固或向受压元件施加外力。

9.1.2 液压试验

9.1.2.1 试验介质应符合设计图样的规定,以水为介质进行液压试验时,水中氯离子含量应不大于25 mg/L,试验合格后应将水排净,并将水渍去除干净。

9.1.2.2 管路中应充满液体,滞留在管路内的气体应排净,管路外表面应保持干燥。

9.1.2.3 缓慢升压至设计压力,确认无泄漏后继续升压到规定的试验压力,保压足够时间,然后降至设计压力,保压足够时间进行检查,检查期间压力应保持不变。

9.1.2.4 液压试验以无渗漏、无可见变形及试验过程中无异常响声为合格。

9.1.3 气压试验

9.1.3.1 气压试验时,制造单位应制定气压试验专项应急预案,并派人进行现场监督。

9.1.3.2 先缓慢升压至规定试验压力的10%,保压足够时间,且对所有焊接和连接部位进行初次检查。

9.1.3.3 当无泄漏时,可继续升压到规定试验压力的50%。

9.1.3.4 当无异常现象时,按规定试验压力的10%逐级升压至试验压力,保压足够时间后降至设计压力进行检查,检查期间压力应保持不变。

9.1.3.5 气压试验以无异常响声、无可见变形,以及经过肥皂液或其他检漏液检查无泄漏为合格。

9.2 泄漏试验

9.2.1 装卸管路耐压试验合格后,且整体组装及安全附件、仪表、装卸附件安装齐全后,方可进行整体泄漏试验。

9.2.2 泄漏试验一般采用气密性试验,且符合下列规定:

a) 试验用气体应为干燥洁净的空气、氮气或其他惰性气体;

b) 试验用气体的温度应符合设计图样的规定;

c) 试验时,气瓶壁金属温度应符合设计图样和相应标准的规定,试验压力为气瓶的公称工作压力。压力应缓慢上升,达到试验压力后应保压足够长时间,采用肥皂液或其他检漏液对所有焊接接头和连接部位进行泄漏检查,无泄漏为合格;

d) 当有泄漏时,应翻修后重新试验。

9.2.3 采用氦检漏等其他泄漏试验时应符合设计图样的规定。

9.3 堆码试验

9.3.1 本试验是验证满载集装箱在海洋船舶运输条件下,在箱垛中出现偏码时的承载能力。

9.3.2 堆码试验的方法和要求应符合 GB/T 16563 的规定。

9.4 由四个顶角件起吊试验

9.4.1 本试验是验证除 1D 和 1DX 型以外的各型集装箱经受由四个顶角件竖向起吊的能力，同时验证管束式集装箱在起吊作业时承受气瓶内载荷在加速作用下所产生的各种力的试验。

9.4.2 由四个顶角件起吊试验的方法和要求应符合 GB/T 16563 的规定。

9.5 由四个底角件起吊试验

9.5.1 本试验是验证管束式集装箱由四个底角件起吊的能力，吊具与底角件承接并与箱顶上方居中的一根横梁连接。

9.5.2 由四个底角件起吊试验的方法和要求应符合 GB/T 16563 的规定。

9.6 外部纵向栓固试验

9.6.1 本试验是验证管束式集装箱在铁路上行车的动载情况下或操纵情况下，即在相当于 $2g$ 加速作用时，承受纵向栓固作用的能力。

9.6.2 外部纵向栓固试验的方法和要求应符合 GB/T 16563 的规定。

9.7 内部纵向栓固试验(动态)

9.7.1 本试验是验证管束式集装箱在铁路运行的动态条件下承受纵向内部约束的能力。

9.7.2 内部纵向栓固试验的方法和要求应符合 GB/T 16563 的规定。

9.8 内部横向栓固试验

9.8.1 本试验是验证管束式集装箱的气瓶本身以及瓶体与框架连接对充装介质所导致的横向惯性力的承受能力。

9.8.2 内部横向栓固试验的方法和要求应符合 GB/T 16563 的规定。

9.9 横向刚性试验

9.9.1 本试验是验证除 1D 和 1DX 型以外的各型管束式集装箱承受船舶在航行中所产生的横向推、拉的能力。

9.9.2 横向刚性试验的方法和要求应符合 GB/T 16563 的规定。

9.10 纵向刚性试验

9.10.1 本试验是验证除 1D 和 1DX 型以外的各型管束式集装箱承受船舶在航行中所产生的纵向推、拉的能力。

9.10.2 纵向刚性试验的方法和要求应符合 GB/T 16563 的规定。

9.11 载荷传递区试验

9.11.1 本试验是在静态状况下，模拟已知载荷传递区在动态作业时仅部分接触运输车辆，即底角件与旋锁间的空隙部分不传递载荷时的状况。

9.11.2 载荷传递区试验的方法和要求应符合 GB/T 16563 的规定。

9.12 扶梯试验(设有扶梯时)

9.12.1 本试验是验证扶梯承受工作人员在其上作业时产生载荷的能力。设有扶梯的管束式集装箱均应进行本项试验。

9.12.2 扶梯试验的要求和方法应符合 GB/T 16563 的规定。

10 检验规则

10.1 检验分类

管束式集装箱的检验分逐台检验和型式试验。

10.2 逐台检验

管束式集装箱制造完成后应经逐台检验合格后方可出厂，其检验项目按表3的规定。

10.3 型式试验

10.3.1 管束式集装箱制造厂在设计产品定型或停产2年以上再次恢复生产时，应试制至少1台样箱进行型式试验。

10.3.2 型式试验由国务院有关行业主管部门认可的机构进行。

10.3.3 每一种定型的产品型式在下列变化范围内，不需另外进行型式试验：

a) 额定质量减少；

b) 框架材料标准的改变，但允许其屈服强度达到或超过试验样箱材料；

c) 管口和附件的位置调整或改变。

10.3.4 型式试验的检验项目按表3的规定。

10.3.5 仅参与公路运输的管束式集装箱禁止进行堆码，其型式试验项目至少包括由四个顶角件起吊试验、由四个底角件起吊试验、外部纵向栓固试验和内部横向栓固试验。

表3 检验项目

<table>
<tr><th colspan="3" rowspan="2">检验项目</th><th rowspan="2">技术要求</th><th rowspan="2">逐台检验</th><th colspan="2">型式试验</th></tr>
<tr><th>限公路运输</th><th>联运</th></tr>
<tr><td colspan="3">几何尺寸</td><td>6.3、8.4</td><td>★</td><td>★</td><td>★</td></tr>
<tr><td colspan="3">外观表面质量</td><td>8.7</td><td>★</td><td>★</td><td>★</td></tr>
<tr><td rowspan="3">气瓶</td><td colspan="2">外观质量</td><td>5.2、8.2</td><td rowspan="3">★</td><td rowspan="3">★</td><td rowspan="3">★</td></tr>
<tr><td colspan="2">合格证及批量质量证明书</td><td>12.2</td></tr>
<tr><td colspan="2">气瓶安装</td><td>8.5</td></tr>
<tr><td rowspan="8">管路</td><td rowspan="6">装卸管路</td><td>钢管</td><td>5.3.1、6.10.2、8.3</td><td rowspan="8">★</td><td rowspan="8">★</td><td rowspan="8">★</td></tr>
<tr><td>焊接</td><td>8.3.7</td></tr>
<tr><td>焊工资格</td><td>8.1.5</td></tr>
<tr><td>管件</td><td>5.3.1.2、6.10.2.5、6.10.2.6</td></tr>
<tr><td>无损检测</td><td>6.10.2.7、8.3.9</td></tr>
<tr><td>耐压试验</td><td>6.10.2.8、9.1</td></tr>
<tr><td colspan="2">排污管路</td><td>5.3.2、6.10.3</td></tr>
<tr><td colspan="2">气动控制管路</td><td>5.3.4、6.10.4</td></tr>
</table>

表3 检验项目(续)

检验项目		技术要求	逐台检验	型式试验	
				限公路运输	联运
安全附件、仪表、装卸附件	气瓶超压泄放装置	7.2	★	—	—
	管路安全阀	7.3			
	紧急切断装置	7.4			
	导静电装置	7.5			
	压力表	7.6.1			
	温度计	7.6.2			
	装卸附件	7.7			
整体	置换处理	8.6	★	★	★
	泄漏试验	9.2	★	★	★
	标志、标识	11	★	★	★
	铭牌	11.4	★	★	★
堆码试验		9.3	—	—	★
由四个顶角件起吊试验		9.4	—	★	★
由四个底角件起吊试验		9.5	—	★	★
外部纵向栓固试验		9.6	—	★	★
内部纵向栓固试验(动态)*		9.7	—	—	★
内部横向栓固试验		9.8	—	★	★
横向刚性试验		9.9	—	—	★
纵向刚性试验		9.10	—	—	★
载荷传递区试验(可选择项)		9.11	—	—	★
扶梯试验(可选择项)		9.12	—	—	★
出厂文件		12	★	—	—

注:★为应检验或试验的项目。

* 当原型箱已进行动态纵向撞击试验,则可免除该试验

11 标志、标识

11.1 管束式集装箱的标志、标识应符合 GB/T 1836 的规定。

11.2 堆码低于 192 000 kg、横向刚性低于 150 kN 的管束式集装箱,应按相关标准进行标识。

11.3 仅参与公路运输的管束式集装箱应在箱体两侧或后门喷涂或粘贴“仅限公路运输”“禁止堆码”等警示性标志。

11.4 管束式集装箱的产品铭牌的格式和内容应符合 TSG R0005 的规定。

11.5 国际联运管束式集装箱标牌应符合国务院行业主管部门的要求。

11.6 管束式集装箱两侧的可视明显部位应注明充装介质名称，字高不小于150 mm。

11.7 气瓶的可视明显部位应注明管束式集装箱“下次定期检验日期： 年 月”标志，字高不小于100 mm。

12 出厂文件

12.1 管束式集装箱的制造厂应至少向使用单位提供下列技术文件和资料：

a) 竣工图样(总图、气瓶图和管路系统图)；
b) 产品质量证明文件；
c) 电子合格证；
d) 永久身份标识金属二维码；
e) 特种设备制造监督检验证书；
f) 气瓶强度计算书；
g) 气瓶的安全泄放量和超压泄放装置泄放面积、管路安全阀(需要时)排放能力的计算书；
h) 产品使用说明书和风险评估报告；
i) 安全附件、仪表及装卸附件的产品质量证明文件；
j) 受压元件(锻件等)为外购或外协件时的产品质量证明文件；
k) 应力分析报告(需要时)；
l) 其他必要的产品质量证明文件；
m) 备件、附件清单；
n) 可移动罐柜证书(需要时)。

12.2 管束式集装箱产品质量证明文件应至少包含下列内容：

a) 气瓶的质量证明文件(产品合格证、批量检验质量证明书、批量监督检验证书)；
b) 材料清单，以及气瓶瓶体、端塞材料质量证明书；
c) 主要受压元件、管路及管件的材料质量证明书；
d) 安全附件、仪表、装卸附件的质量证明文件；
e) 质量计划或检验计划；
f) 管路无损检测报告；
g) 整体组装检验报告；
h) 主要尺寸检查报告；
i) 管路耐压试验报告；
j) 泄漏试验报告；
k) 产品铭牌拓印件或复印件；
l) 置换检验报告；
m) 管路焊接记录；
n) 气瓶热处理报告及自动记录曲线；
o) 超声检测报告(需要时)。

13 储存、运输

13.1 当长期存放时，应停放在防潮、通风和有消防设施的专用场地。停放前应对管束式集装箱检查,包括各阀门仪表是否正常,装卸阀门是否安全闭止,静电接地装置是否有效等。

13.2 停放期间,管束式集装箱应按产品使用说明书进行正常的维护与保养。

13.3 当公路和铁路运输时,应将管束式集装箱放置在运输车辆或平板车上,并使用转锁或相应装置通过四个底角件紧固,堆码时应不超过设计允许的堆码质量。

13.4 管束式集装箱吊装应采用吊钩、卸扣或扭锁的专用吊具通过顶角件进行起吊,或利用适合于装卸的吊钩在标准或设计规定的角度内起吊。

附 录 A
(规范性附录)
压缩天然气气瓶集装箱专项技术要求

A.1 总则

A.1.1 本附录适用于仅限公路运输的压缩天然气气瓶集装箱(以下简称气瓶集装箱)的材料、设计、制造和检验。

A.1.2 气瓶集装箱除满足本附录的要求外,还应符合本标准其他部分有关条款的规定。

A.2 材料

A.2.1 端塞材料应符合下列规定:

a) 选用 S30403、S30408、S31603、S31608 等奥氏体不锈钢锻件应符合 NB/T 47010—2017 的规定,其级别应不低于Ⅲ级;

b) 选用 HPb59-1 锻件应符合 GB/T 29528 的规定,且按 GB/T 10567.2 的规定进行应力腐蚀试验,试验后应无裂纹。

A.2.2 上支撑板、支撑底板、顶梁、底梁及连接件等用材料应具有良好的可焊性、足够的强度、刚度和韧性,且应经不高于－20℃冲击试验,其 3 个标准冲击试样的冲击吸收能量(KV_2)的平均值应不小于 27 J,允许 1 个试样的冲击吸收能量值小于 27 J,但不小于 19 J。

A.2.3 防火隔离板不允许选用铝板或铝合金板,其选用的钢板应符合下列规定:

a) 在不低于 590℃时不变形,且有足够的刚性和强度;

b) 经不高于－20℃冲击试验,其 3 个标准冲击试样的冲击吸收能量(KV_2)的平均值应不小于 27 J,允许 1 个试样的冲击吸收能量值小于 27 J,但不小于 19 J;

c) 厚度应不小于 1 mm。

A.2.4 气瓶集装箱面板用钢板,经不高于－20℃冲击试验,其 3 个标准冲击试样的冲击吸收能量(KV_2)的平均值应不小于 27 J,允许 1 个试样的冲击吸收能量值小于 27 J,但不小于 19 J。

A.2.5 单只气瓶的公称水容积应为 150 L～1 000 L。

A.2.6 气瓶上部瓶口用气动控制阀门应选用球阀,其阀体符合下列规定:

a) 阀体用 HPb59-1 锻件应符合 GB/T 29528 的规定;

b) 阀体应锻压成型,阀体表面不应有裂纹、折皱、夹杂物、未充满、过烧等有损阀门性能的缺陷。

A.3 设计

A.3.1 一般要求

A.3.1.1 气瓶集装箱不允许堆码。

A.3.1.2 气瓶集装箱的操作仓内应设置可燃气体浓度报警装置。

A.3.2 结构设计

A.3.2.1 气瓶集装箱的气瓶布置方式应为立式,且应对气瓶分组,每组公称水容积应不大于 3 000 L,每组气瓶数应尽量均匀。

A.3.2.2 固定气瓶用上支撑板、支撑底板、顶梁、底梁、拉杆等连接件应具有足够的刚性和强度，且应考虑气瓶可能产生的热胀冷缩的影响。

A.3.2.3 气瓶集装箱应采取可靠的措施防止气瓶在运输和使用过程中发生周向转动和上下窜动。

A.3.2.4 气瓶之间应有足够的间隙，不允许气瓶间直接接触，必要时应有起保护作用的减震措施。

A.3.2.5 气瓶与上支撑板、支撑底板间应有起保护作用的减震材料。

A.3.2.6 底梁与支撑底板应采用焊接连接，顶梁与上支撑板采用螺栓连接。

A.3.2.7 防火隔离板应设置在气瓶集装箱的底部，与气瓶底部端口的距离应不小于 20 mm，且在任何情况下防火隔离板应不与气瓶、排污管路及超压泄放装置相接触。

A.3.2.8 当防火隔离板拼接时，其拼接处应不允许留有缝隙，以防火焰穿透。

A.3.2.9 气瓶集装箱面板与气瓶侧面的距离应不小于 20 mm，且面板应有百叶窗。

A.3.2.10 每只气瓶底部应设置排污装置。

A.3.3 气瓶

A.3.3.1 瓶口应符合下列规定：

a) 瓶口与阀门、端塞之间应选用螺纹连接，其螺纹应符合相应标准的规定；

b) 气瓶两端瓶颈的厚度，自螺纹的根径计算应不小于瓶体设计壁厚，且在承受端塞作用载荷和支撑附加力时不产生变形或损坏。

A.3.3.2 端塞结构应满足安装阀门、排污装置和超压泄放装置的要求。

A.3.4 装卸系统

A.3.4.1 气瓶集装箱的装卸系统应至少有四道相互独立且串联在一起的装置组成，第一道为每只气瓶上部瓶口的气动控制瓶阀，第二道为每组装卸管路的气动控制阀门，第三道为主装卸管路气动控制总阀，第四道为主装卸管路端部的快装接头或等效装置。

A.3.4.2 除操作仓内设置气动控制阀门外，在远离操作仓位置应设置气动远程控制装置。

A.3.5 管路

A.3.5.1 气瓶集装箱操作仓内应设置装卸管路、排污管路及气动控制管路。

A.3.5.2 装卸管路、排污管路应分组设置，分组应符合 A.3.2.1 的规定。

A.3.5.3 装卸管路、排污管路及气动控制管路应通过管夹与框架、上支撑板、支撑底板等固定，并采用螺栓等方式连接，且避免应力集中。

A.3.5.4 装卸管路应符合下列规定：

a) 每组应设置装卸管路；

b) 每组装卸管路应与主装卸管路连接。

A.3.5.5 排污管路应符合下列规定：

a) 每组应设置排污管路，且与气瓶上端进、出气管路的分组相对应；

b) 排污管路的结构和布置应能够满足气瓶积液排出的需要，且需考虑排污能力及油污排泄时流动阻力的影响；

c) 排污管路应至少设置二道阀门。

A.3.5.6 气动控制管路应符合下列规定：

a) 气动控制管路应选用通径不小于 3 mm 的非金属软管，其公称压力应不小于 0.8 MPa，且与使用环境温度相适应；

b) 与气动阀门用气动执行器的接头连接应可靠，密封良好；

c) 主装卸管路气动控制总阀门和每组装卸管路气动控制阀门用气动控制管路应具有远程控制阀门的启闭功能。

A.5 气瓶超压泄放装置、管路安全阀和装卸附件

A.5.1 气瓶超压泄放装置

气瓶的超压泄放装置除满足 TSG R0006 和 7.2.1～7.2.8 的要求外，还应符合下列规定：

a) 每只气瓶下部应选用爆破片与易熔合金塞装置并联组合装置；

b) 气瓶积液应不影响超压泄放装置的排放。

A.5.2 当主装卸管路设置安全阀时应符合 7.3 的规定。

A.5.3 装卸附件

A.5.3.1 每只气瓶上部瓶口设置的气动控制阀应选用截止阀。

A.5.3.2 每组装卸管路气动控制阀、主装卸管路气动控制总阀一般选用球阀。

A.5.3.3 气动控制阀用气动执行器应在 0.6 MPa～0.8 MPa 压力范围内准确、灵敏且可靠。

A.6 制造

A.6.1 气瓶

A.6.1.1 同一气瓶集装箱用气瓶长度差应不大于 10 mm。

A.6.1.2 气瓶的内表面质量应不低于 GB/T 8923.1—2011 中规定的 Sa2.5 级。

A.6.2 组装

A.6.2.1 底支撑板两相邻支撑瓶体通孔的中心距离应满足装配要求，中心距允许偏差为±1.0 mm。

A.6.2.2 上支撑板两相邻固定瓶体通孔的中心距离应与底板中相应的支撑瓶体通孔的中心距离保持一致，中心距允许偏差为±1.0 mm，每只气瓶的顶梁孔与底支撑板孔的同轴度允许偏差为±2.0 mm。

A.6.2.3 顶梁和底梁的直线度允差不应大于构件长度的 1.5‰。

A.6.2.4 上支撑板与顶梁组装后应平整，且应无明显翘曲等变形。

A.6.2.5 气瓶固定应牢固可靠，且在使用中气瓶与集装箱框架之间不产生相对位移。

A.6.2.6 气瓶间应有间隙，不应直接接触。

A.6.2.7 防火隔离板与管路、气瓶之间应保持足够的间距，任何工况下均不应直接接触。

A.6.2.8 气动管路应集束捆扎，且固定可靠，避免与其他构件产生摩擦损坏。

A.6.2.9 底支撑板与底梁、框架焊接时，应按经评定合格的焊接工艺施焊，且符合下列要求：

a) 支撑板与框架的连接焊缝表面应无裂纹、夹渣、气孔、弧坑和飞溅物等缺陷；

b) 焊接后，各部位应平整，且无明显翘曲等变形。

A.6.2.10 固定气瓶和底梁、顶梁用拉杆、拉带不允许拼接。

A.6.2.11 气瓶集装箱组装完毕，各零部件安装应牢固可靠，框架表面、气瓶外表面应平滑美观，无压伤、划痕、裂纹、焊渣等缺陷。

附 录 B
(规范性附录)
风险评估报告

B.1 总则

B.1.1 本附录规定了管束式集装箱风险评估报告的基本要求。

B.1.2 设计单位应根据相关法规或设计委托方要求,针对管束式集装箱建造阶段和使用阶段预期的风险编制风险评估报告,风险评估报告是其他设计文件的重要依据。

B.1.3 设计单位应按管束式集装箱型号,且充分考虑在各种工况条件下可能产生的失效模式,在材料选择、结构设计、制造检验、运输使用、充装卸载等方面提出安全防护措施,防止可能发生的失效。

B.2 制定原则和程序

B.2.1 设计阶段风险评估主要针对设计者需考虑的对设计阶段、制造阶段和使用阶段预期的失效模式进行的危害识别和风险控制,说明应采取的技术措施和依据。

B.2.2 设计阶段风险评估按以下程序进行:

a) 根据用户设计条件和其他设计输入信息(如设计任务书等),确定管束式集装箱的运输方式及各种使用工况;

b) 根据管束式集装箱的充装介质、环境因素、运输方式及条件,装卸方式及条件等进行危害识别,确定可能发生的危害及其后果;

c) 形成完整的风险评估报告。

B.3 风险评估报告的内容

风险评估报告至少应包括下列内容:

a) 基本设计参数:运输方式、工作条件(如公称工作压力、工作温度、腐蚀环境等)、装卸条件(如装卸方式、装卸压力等)、充装介质(如编号、名称、危害特性等)、气瓶结构、气瓶材料;

b) 所有可能工况条件的描述;

c) 设计阶段时,应考虑所有工况条件下可能发生的失效模式,如爆炸、泄漏、破损、变形、追尾、侧翻等交通事故;

d) 对标准、安全技术规范或规范性文件中已有规定的失效模式,说明采用的条款;

e) 对标准、安全技术规范或规范性文件中没有规定的失效模式,说明设计中载荷、安全系数和相应计算方法的选取依据;

f) 规定针对介质少量泄漏、大量涌出、爆炸状况以及交通事故等状况的处置措施;

g) 根据可能发生事故情况,规定合适的随车人员、操作人员及其他相关人员的防护装备和措施;

h) 风险评估报告应具有与管束式集装箱设计总图一致的签署。

附 录 C
(规范性附录)
装卸管路壁厚计算

C.1 奥氏体不锈钢直管壁厚计算

C.1.1 当 $t>D/6$ 时，直钢管的计算厚度按式(C.1)计算：

$$t=\frac{pD}{2(s\phi+pY)} \quad \text{(C.1)}$$

式中：

t——钢管的计算厚度，mm；

p——管路的设计压力，MPa；

D——钢管外径，mm；

S——钢管材料的许用应力，MPa(见表1)；

ϕ——钢管的焊缝系数，无缝钢管取1；

Y——计算系数，当 $t<D/6$ 时，Y 取0.4，当 $t\geqslant D/6$ 时，$Y=\frac{d+2C}{D+d+2C}$。

式中：

d——钢管内径，mm；

C——厚度附加量，mm。

C.1.2 当 $t\geqslant D/6$ 或 $p/S\phi>0.385$ 时，计算时还应考虑失效机理、疲劳影响和温差应力等因素。

C.2 奥氏体不锈钢弯管壁厚或弯头壁厚计算

C.2.1 弯管或弯头的计算厚度按式(C.2)计算：

$$t_w=\frac{pD}{2[(S\phi/I)+pY]} \quad \text{(C.2)}$$

式中：

t_w——弯管在内侧、外侧或弯管中心线处的计算厚度，mm；

I——计算系数，按下列条件计算：

1) 当计算弯管或弯头内侧厚度时：

$$I=\frac{4(R/D)-1}{4(R/D)-2}$$

2) 当计算弯管或弯头外侧厚度时：

$$I=\frac{4(R/D)+1}{4(R/D)+2}$$

3) 当计算弯管中心线处厚度时：$I=1.0$。

R——弯管在管子中心线处的弯曲半径，mm。

其余同式(C.1)。

C.2.2 钢管弯制成形后，弯管或弯头的内侧厚度、外侧厚度及中心线处的最小厚度应不小于直管的设计厚度。

ICS 23.020.30
CCS J 74

NB

中华人民共和国能源行业标准

NB/T 10558—2021

代替 JB/T 4711—2003

压力容器涂敷与运输包装

Coating and packing for pressure vessels transport

2021-01-07 发布 2021-07-01 实施

国家能源局 发布

前　言

本文件按照 GB/T 1.1—2020《标准化工作导则　第1部分:标准化文件的结构和起草规则》的规定起草。

本文件代替 JB/T 4711—2003《压力容器涂敷与运输包装》,与 JB/T 4711—2003 相比,主要技术变化如下:

a) 扩大了适用范围,即增加了第3章"表面处理",对压力容器及其零部件的表面处理作出了规定(见第1章、第3章);
b) 按正文需要,增加了必需的引用文件(见第2章);
c) 增加了推荐的保护膜材料(见4.3.1);
d) 增加了常用涂料涂敷前被涂敷表面应达到的除锈处理等级要求(见4.4.1);
e) 修改了对涂敷环境的要求(见4.5);
f) 增加了对涂料配制的要求(见4.6);
g) 增加了对涂敷操作的规定(见4.7);
h) 修改了对包装方式的规定(见5.3.1.1);
i) 增加了箱类包装中对包装箱的要求(见5.3.4.1、5.3.4.2、5.3.4.3);
j) 增加了对分段出厂容器预组装后的对应位置标识要求(见5.4.3.1);
k) 增加了对特殊要求包装的规定(见5.6.2)。

本文件由全国锅炉压力容器标准化技术委员会(SAC/TC 262)提出并归口。

本文件起草单位:合肥通用机械研究院有限公司、中国石化工程建设有限公司、中国特种设备检测研究院、兰州兰石重型装备股份有限公司、合肥通用特种材料设备有限公司。

本文件主要起草人:崔军、张迎恺、陈志伟、危书涛、类成龙、张义军。

本文件的历次版本发布情况为:

——Q/TH 53—64、JB 2536—1980、JB/T 4711—2003。

压力容器涂敷与运输包装

1 范围

1.1 本文件规定了压力容器及其零部件的表面处理、涂敷与运输包装的相关要求。

1.2 压力容器及其零部件的表面处理、涂敷与运输包装除应符合本文件的规定外,还应符合设计文件和订货技术条件的要求。

2 规范性引用文件

下列文件中的内容通过文中的规范性引用而构成本文件必不可少的条款。其中,注日期的引用文件,仅该日期对应的版本适用于本文件;不注日期的引用文件,其最新版本(包括所有的修改单)适用于本文件。

GB 146.1 标准轨距铁路限界 第1部分,机车车辆限界

GB 146.2 标准轨距铁路限界 第2部分:建筑限界

GB/T 150.4 压力容器 第4部分:制造、检验和验收

GB/T 191 包装储运图示标志

GB/T 197 普通螺纹 公差

GB/T 2934 联运通用平托盘主要尺寸及公差

GB/T 5048 防潮包装

GB 6514 涂装作业安全规程 涂漆工艺安全及其通风净化

GB/T 7284 框架木箱

GB/T 7350 防水包装

GB 7692 涂装作业安全规程 涂漆前处理工艺安全及其通风净化

GB/T 8923.1 涂覆涂料前钢材表面处理 表面清洁度的目视评定 第1部分:未涂覆过的钢材表面和全面清除原有涂层后的钢材表面的锈蚀等级和处理等级

GB/T 10610 产品几何技术规范(GPS) 表面结构 轮廓法 评定表面结构的规则和方法

GB/T 12464 普通木箱

GB/T 13144 包装容器 竹胶合板箱

GB/T 16470 托盘单元货载

GB/T 18924 钢丝捆扎箱

GB/T 18925 滑木箱

JT/T 385 水路、公路运输货物包装基本要求

MH/T 1028 航空运输集装货物外形轮廓尺寸

SH/T 3022 石油化工设备和管道涂料防腐蚀设计规范

3 表面处理

3.1 表面处理方法

压力容器或零部件的表面处理方法包括修磨、除锈、抛光、酸洗与钝化。

3.2 表面处理条件与时机

容器或零部件的表面处理应在进行过耐压试验(泄漏试验或热气循环试验)并完成表面清理后进行,且表面处理后不得再进行焊接、热处理等有损表面状态的操作,否则需重新进行表面处理。

3.3 修磨

3.3.1 对于 GB/T 150.4 中规定的容器表面修磨,应在耐压试验前完成。对于影响外观和涂敷的表面缺陷,如表面凹凸不平、划痕、刻槽等应采用修磨方法去除并使之圆滑过渡,不得以打腻子的方法代替修磨。

3.3.2 应根据被修磨件的材质选择适宜的修磨工具,不同材质的修磨工具不得混用。

3.4 除锈

3.4.1 对于碳素钢和低合金钢制容器或零部件的外表面、可以进行除锈操作的内表面以及其他需涂敷的表面应予清理除锈。

3.4.2 除锈可采用手工和动力工具、喷射或抛射方法进行,除锈过程中应防止对容器或零部件表面造成影响产品质量的损伤。

3.4.3 表面除锈前,应铲除厚的锈层,并清除可见的油脂和污物;表面除锈后,应清除浮灰和碎屑,并将容器或零部件内部的残留物清理干净。

3.4.4 除锈处理效果按 GB/T 8923.1 中规定的典型试样法进行评定,并应达到涂敷要求或设计文件规定的等级(见表 1)。

表 1 除锈处理等级

等级	处理方法	处理程度	清理要求
St2	人工和动力工具除锈	彻底	不借助放大镜目视检测时,表面应无可见的油、脂和污物,并且没有附着不牢的氧化皮、铁锈、涂层和外来杂质
St3	人工和动力工具除锈	非常彻底	不借助放大镜目视检测时,表面应无可见的油、脂和污物,并且没有附着不牢的氧化皮、铁锈、涂层和外来杂质,但比 St2 表面处理彻底得多,显露出母材的金属光泽
Sa2	喷射或抛射除锈	彻底	不借助放大镜目视检测时,表面应无可见的油、脂和污物,并且几乎没有氧化皮、铁锈、涂层和外来杂质;仅余附着牢固的残留污染物
Sa2.5	喷射或抛射除锈	非常彻底	不借助放大镜目视检测时,表面应无可见的油、脂和污物,并且几乎没有氧化皮、铁锈、涂层和外来杂质;任何残留痕迹应仅呈现为点状或条状的轻微色斑
Sa3	喷射或抛射除锈	使表观洁净	不借助放大镜目视检测时,表面应无可见的油、脂和污物,并且几乎没有氧化皮、铁锈、涂层和外来杂质,被处理表面显示出均匀的金属光泽

3.5 抛光

3.5.1 当设计文件有要求时,应按设计文件的规定对容器或零部件表面进行抛光。

3.5.2 抛光可采用手工、机械或电化学方法进行。

3.5.3 抛光前应对需抛光表面进行修磨和预处理,清除影响抛光操作的油、脂和污物等;抛光后,应将容器或零部件附着的残留物清理干净。

3.5.4 抛光效果按 GB/T 10610 中规定的采用与比较样块进行触觉和视觉比较的方法或仪器测量法评定,并应达到设计文件规定的要求。常用的抛光效果推荐于表 2。

表 2 抛光效果

抛光后的表面状况	微辨加工痕迹的方向	加工痕迹的方向不可辨	暗光泽面	亮光泽面	镜面光泽面
对应的粗糙度 $Ra/\mu m$	≤0.4	≤0.2	≤0.1	≤0.05	≤0.025
注:Ra 为轮廓的算术平均偏差。					

3.5.5 抛光后的表面应采取措施加以保护,并不得进行有损表面质量的作业。

3.6 酸洗与钝化

3.6.1 对于有表面酸洗与钝化处理要求的容器或零部件,应按设计文件的要求进行酸洗与钝化处理。

3.6.2 酸洗与钝化处理可选用酸洗液、钝化液浸泡或刷涂酸洗钝化膏的方法进行。

3.6.3 酸洗与钝化前,应先对被处理件进行修磨,并采取合适的方法去除被处理件表面的油、脂、氧化皮、污物等;酸洗与钝化处理后,被处理件的表面应用清水冲净,不得有残余的污物、液体等,必要时可用酚酞试纸检查冲净程度。

3.6.4 酸洗与钝化处理的效果可采用目视检查或蓝点法检查。目视检查被处理件,其表面色泽应基本均匀;蓝点法检查被处理件,可用 1 g 赤血盐+3 mL 65%~85%HNO_3+100 mL 水配成溶液,用滤纸浸渍溶液后贴附于待检查面,也可直接将溶液刷涂于待检查表面,10 s 内无蓝色斑点显示为合格。

3.6.5 酸洗与钝化处理后的表面应采取措施加以保护,并不得进行有损表面质量的作业。

4 涂敷

4.1 涂敷条件

容器制造单位质量检验部门对容器或零部件的各项制造质量检验(包括表面处理检验)合格后,方可进行涂敷作业。

4.2 涂敷范围

4.2.1 一般情况下,仅对容器或零部件外表面进行涂敷。除设计文件另有规定外,下列情况可不涂敷防腐涂料:

a) 容器的内表面;

b) 随容器整体出厂的内件表面;

c) 高合金钢、有色金属及其合金制容器或零部件表面。

若高合金钢、有色金属及其合金制容器或零部件需要海运或在沿海地区使用,是否涂敷及涂敷要求按设计文件的规定。

4.2.2 下列各坡口,在距坡口边缘至少 100 mm 范围内不涂敷涂料,如需要可涂敷对焊接质量无害且易去除的保护膜:

a) 分段出厂容器的切断面坡口;

b) 分片件的周边坡口;

c) 容器壳体上其他需要在使用现场组焊的焊接坡口。

4.2.3 螺纹、密封面等精加工表面不涂敷涂料,应涂敷易去除的保护膜。

4.3 保护膜和涂料

4.3.1 涂敷的保护膜可选用机油、油脂或清漆等,保护膜材料应对被保护件不产生有害影响。

4.3.2 涂敷的涂料应根据容器或零部件内介质的性质与温度、在工艺流程中的作用与造价、运输方式、存放与使用环境、涂料自身的性能及固化条件等因素,由设计文件确定。当设计文件对涂敷涂料未提出要求时,一般情况下,容器或零部件的外表面至少涂醇酸底漆两道,容器壳体外表面涂面漆一道,面漆的颜色宜浅淡。

4.3.3 涂料的质量应符合国家或行业有关标准的要求,并应有质量合格证书。

4.3.4 超过有效储存期的涂料,应经具备相应资质的检验机构检验合格并出具检验报告后方可使用。

4.3.5 新型涂料应先进行必要的试验,经具备相应资质的检验机构检验合格并出具检验报告后方可使用。

4.4 涂敷前的准备

4.4.1 涂敷保护膜前,应根据需要对被涂敷表面进行修磨、清理,彻底清除毛刺、油脂、污物;涂敷涂料前,应根据需要对被涂敷表面进行修磨、除锈,并应达到表 3 的要求。不使用喷射或抛射除锈的工件,可采用人工和动力工具除锈,除锈处理等级不得低于 St3 级。

表 3 常用涂料及其除锈处理等级要求

底层涂料种类	除锈等级		
	强腐蚀环境	中等腐蚀环境	弱腐蚀环境
醇酸底漆	Sa2.5	Sa2 或 St3	St3
环氧磷酸锌底漆	Sa2.5	Sa2	Sa2 或 St3
环氧酚醛底漆	Sa2.5	Sa2.5	Sa2.5
环氧富锌底漆	Sa2.5	Sa2.5	Sa2.5
无机富锌底漆	Sa2.5	Sa2.5	Sa2.5
厚浆型环氧漆	Sa2.5	Sa2.5	Sa2 或 St3
环氧树脂底漆	Sa2.5	Sa2.5	Sa2 或 St3
耐磨环氧漆	Sa2.5	Sa2.5	Sa2.5
环氧烷基胺底漆	Sa2.5	Sa2.5	Sa2.5
有机硅耐热漆	Sa3	Sa2.5	Sa2.5
惰性无机共聚物	Sa2.5	Sa2.5	Sa2.5
环氧云铁漆	Sa2.5	Sa2.5	Sa2.5
注 1:腐蚀环境的强弱按 SH/T 3022 的规定。 注 2:除锈处理等级按 GB/T 8923.1 的规定。			

4.4.2　表面除锈或清理后，应立即涂敷保护膜或涂料，间隔时间一般不宜超过 12 h。若表面除锈或清理后不能立即涂敷，则应对待涂敷表面妥善保护，防止再度锈蚀或污染。如涂敷前发现锈迹或污染，应重新进行表面除锈或清理。

4.5　涂敷环境

4.5.1　涂敷环境应符合 GB 6514、GB 7692 的要求，涂敷作业应避免在烈日、尘埃、风雪、浓雾等环境下进行，且应满足如下条件：

a)　施工环境温度为 5℃～35℃；

b)　相对湿度≤85%；

c)　待涂敷表面温度应高于露点 3℃(特殊要求涂料除外)。

4.5.2　当施工环境温度在－5℃～5℃时，应采用低温固化涂料或其他措施确保涂敷质量。

4.6　涂料配制

4.6.1　涂料应充分搅拌混合，并按产品说明书的规定熟化后再行使用。

4.6.2　涂料的使用时间应符合产品说明书的规定。

4.7　涂敷操作

4.7.1　容器或零部件的涂敷可采用手工刷涂、滚涂、浸涂或喷涂等方式进行。

4.7.2　涂敷两层以上的涂层，除有特殊工艺保证外，一般应在上一涂层干透后方可涂敷下一涂层。

4.7.3　每一道涂层的干膜厚度应控制在 30 μm～50 μm(对喷涂为 25 μm～40 μm)，厚浆型涂层可适当加厚。应对每一道涂层的厚度进行控制，确保 80%以上面积的涂层厚度达到或超过规定值，且余下面积的涂层厚度不得低于规定值的 80%，否则应予修补。

4.7.4　涂层表面应均匀、牢固，不应有起泡、龟裂、流挂、夹杂物、皱皮、露底、剥落和杂色等缺陷。必要时可采用专门仪器检测涂层的厚度及附着力。

4.7.5　容器或零部件在出厂前应保证涂层完好，因搬运、起吊等所造成的涂层损坏，应采用适当的工艺进行修补。

4.8　涂敷颜色

移动式压力容器的涂敷及面漆颜色应符合有关标准的要求。

5　运输包装

5.1　一般要求

5.1.1　容器应整体出厂，如因条件限制，也可分段、分片出厂。段、片的划分应根据容器的结构和有关运输要求在设计文件或供、需双方订货技术条件中注明。

5.1.2　包装应根据容器或零部件的使用要求、结构尺寸、重量大小、路程远近、运输方法以及气候条件等选用相适应的方式及结构。容器或零部件的包装应有足够的强度，以确保其能安全可靠地运抵目的地。对在运输和装卸过程中有严格防变形、防污染、防损伤、防潮、防水、防震及防腐蚀要求的容器或零部件应进行专门的包装设计。

5.1.3　若因装运空间要求而改变或去除接管口、支承构件、吊耳或其他类似附件时，制造厂应提供装载图，以示出所需重新定位或去除的附件位置，并得到买方书面认可。此种情况下，制造单位应提供重新装配、组焊的程序和现场焊接所需的检验方法。

5.1.4 国际运输的容器或零部件，其运输尺寸限制和包装设计等应符合国际相关运输规范、标准的规定。

5.1.5 容器及零部件在运输过程中所造成损伤的修补，由供、需双方协商确定。

5.2 运输方式

5.2.1 容器及零部件的运输方式一般包括铁路、公路、水路和航空4种。

5.2.2 铁路运输的容器或零部件，不论采用何种包装形式，包装后的外围尺寸不应超过GB 146.1和GB 146.2基本货物或最大级超限货物装载限界的规定。

5.2.3 公路、水路及航空运输的容器或零部件，其单件尺寸、重量与包装均应符合相关标准的要求。

5.2.4 对于超重或尺寸超限的容器或零部件，应由设计、制造、承运及安装单位共同制订运输包装方案，并事先与相关运输部门联系。

5.3 包装

5.3.1 通用要求

5.3.1.1 容器或零部件的包装可根据需要，选用裸装、捆扎包装、箱类包装、托盘包装、专用包装和特殊要求包装等方式。

5.3.1.2 包装件的外形尺寸、重量、标志和标记等应符合国内、外相关运输规范、标准的规定。

5.3.1.3 容器或零部件在包装内应固定牢固，不得发生蹿动、移位、倾倒、挤压、散绑。

5.3.1.4 包装时应尽量使容器或零部件的重心位置靠下。对重心偏高者宜采用卧式包装；对重心偏离中心较明显者应采取相应的平衡措施。

5.3.1.5 各种方式的包装均需根据容器或零部件的长度、高度、形状、质量和重心情况，合理设计起吊位置，准确标明起吊点。如直接吊装不安全，则应另行设置吊耳。

5.3.2 裸装

5.3.2.1 容器或大尺寸的零部件，在具备保证自身和其他货物的安全、方便运输和装卸作业的条件下可采用裸装。

5.3.2.2 采用裸装的容器或零部件，若依靠自身无法平稳放置于地面，则应设置支撑件使其与地面稳定接触。裸装具有足够刚性的、不可分拆的、大的或特大的容器或零部件时，应在其下部设置托架支承，在其上部采用拉紧箍拉紧，以防止滚翻和蹿动。

5.3.2.3 支撑件、托架的设计应保证其能够均衡受力、稳固牢靠、便于装卸。

5.3.3 捆扎包装

5.3.3.1 对运输和装卸中不易损伤与散失、细长(长度大于1 m)和相对规则的容器或零部件，可采用捆扎包装。

5.3.3.2 捆装包装应以型钢、螺栓结构等进行捆绑或以打包带、铁丝等进行捆扎。

5.3.3.3 捆绑(扎)间隔以确保货物在运输过程中不松散为宜，且应至少采用2道捆绑(扎)。

5.3.3.4 捆扎包装件的高度宜小于或等于宽度；不等长的容器或零部件捆扎在同一捆时，较短件宜放在上层。

5.3.3.5 捆扎包装件的重量参照JT/T 385的规定。

5.3.4 箱类包装

5.3.4.1 对精密度高、容易损伤和失散或有防潮、防水等要求的小尺寸零部件宜采用密闭箱类包装;对不需采用密闭箱类包装又不宜捆扎包装的零部件,可采用空格箱包装,必要时可在空格箱内衬油毡。

5.3.4.2 包装箱应根据被包装件的结构、尺寸、重量和包装要求选用。常用包装箱及其要求推荐见表 4。

表 4 常用包装箱及其标准

包装箱种类		标准
木箱	普通木箱	GB/T 12464
	滑木箱	GB/T 18925
	框架木箱	GB/T 7284
竹胶合板箱		GB/T 13144
钢丝捆扎箱		GB/T 18924

5.3.4.3 采用空运的包装箱应符合 MH/T 1028 的要求。

5.3.5 托盘包装

5.3.5.1 托盘的制作应符合 GB/T 2934 的要求。

5.3.5.2 使用托盘包装容器或零部件应符合 GB/T 16470 的规定。

5.3.6 专用包装

5.3.6.1 对于特长、特宽、特重、具有特殊形状或高精度的容器或零部件,宜设计专用包装装置。

5.3.6.2 专用包装装置宜采用型钢制成,其与容器或零部件的接触面应有衬垫物。

5.3.6.3 专用包装装置的外形尺寸和重量应满足相应运输方式的极限要求。

5.3.7 特殊要求包装

5.3.7.1 容器或零部件法兰接口的包装应符合如下要求:

a) 有配对法兰的,应采用配对法兰中间夹以橡胶或塑料制盖板封闭,盖板的厚度不宜小于 3 mm;

b) 无配对法兰的,应采用与法兰外径相同且足够厚的金属、塑料或木制盲板封闭,如用金属制盲板,则盲板中间应夹以橡胶或塑料制垫片,垫片厚度不宜小于 3 mm;

c) 配对法兰或盲板用螺栓紧固在容器法兰接口处,紧固螺栓不得少于 4 个且应分布均匀。

5.3.7.2 容器或零部件所有螺纹接口应采用六角头螺塞或螺帽堵上,外螺纹也可采用塑料罩保护。

5.3.7.3 容器或零部件上的带有待焊坡口的接管,应采用金属或塑料环形保护罩罩在接管端部,保护罩应采用适当方式固定。如设计文件允许,金属罩可点焊在接管外侧,但不应点焊在待焊坡口上。

5.3.7.4 当容器或零部件有防潮、防水要求时,其包装宜参照 GB/T 5048、GB/T 7350 的规定。

5.4 整体或分段出厂容器的运输包装

5.4.1 包装方式

整体或分段出厂的容器宜采用裸装。

5.4.2 整体出厂容器的运输包装

5.4.2.1 装运前应清除容器内的各种残留物。

5.4.2.2 制造单位应根据容器和运输的具体情况进行包装设计,设计时宜考虑如下要求:

a) 体积较小、重量不大于 1 t 的容器,宜用垫木作为支撑件固定在运载车辆或船舶上;

b) 体积较大、重量大于 1 t 的容器,宜用托架支承,并用拉紧箍将容器紧固在托架上,在拉紧箍与容器间需垫以柔性材料,托架应牢固地固定在运载车辆或船舶上。重量在 1 t～10 t 的容器,可采用木制托架;重量大于 10 t 或公称直径大于 3 000 mm 的容器,应采用钢制托架,托架与容器接触部分应以柔性材料隔开;

c) 公称直径大于或等于 2 600 mm 或长度大于 12 000 mm 的容器,应在包装件下方两侧设置固定的板钩;重量大于或等于 30 t 的容器,运输托架两侧应设置起吊用的支耳;

d) 托架的设置应严防容器变形。采用铁路运输的容器,其托架宽度一般为 2 900 mm,两个端部托架的外侧距离一般为 10 000 mm,且不应大于 12 000 mm。

5.4.2.3 公称直径大于或等于 3 000 mm 容器的运输位置设定时,应将接管(特别是人孔之类的大接管)调转在视图下方 140°范围内,若不可能,也可放在顶点径线上(见图 1),以免造成不合理的超限运输。

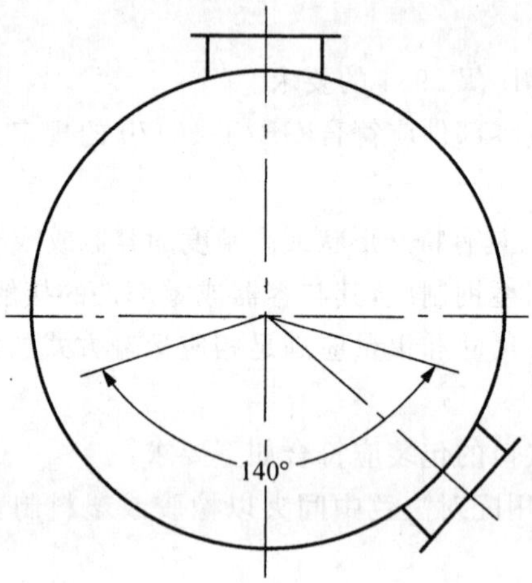

图 1 容器的运输位置

5.4.2.4 直立设备卧式运输时可设置临时鞍座。

5.4.2.5 重量大于或等于 30 t 的容器,在制造单位应试吊,并标出重心和起吊位置。

5.4.3 分段出厂容器的运输包装

5.4.3.1 分段出厂的容器,当敞口端刚性不足时,应设置加固支撑,且应以适当方式将敞口封闭。若制造单位在容器出厂前进行了预组装,则应对预组装确定的对应位置进行标识。

5.4.3.2 其他要求同 5.4.2.1～5.4.2.5。

5.5 分片出厂容器的运输包装

5.5.1 分片件在包装前应按排版图的顺序进行编号并做好标记。

5.5.2 每组分片件将凹面向下重叠放置于钢制或木制的凸形托架上,片与片之间应垫以木块(或其他缓冲件)并用扁钢与托架捆绑焊牢。对圆筒形容器,也可采用分片直立重叠放置,捆扎包装。

5.5.3 每组分片件与托架的总重量不宜超过 15 t。必要时,托架可设置吊耳供起吊用。禁止在分片件上直接起吊。

5.6 有特殊要求容器的运输包装

5.6.1 高合金钢、有色金属及其合金制压力容器,运输包装的特殊要求如下:

a) 装运前应将容器内各种残留物、油脂、水渍彻底清除干净;

b) 宜用尼龙吊带或有保护套管的钢丝绳起吊,禁用钢丝绳直接捆扎在容器上起吊;

c) 在运输包装过程中应采取其他措施防止可能产生的铁、铜等有害离子的污染;

d) 在运输包装过程中应采取措施防止耐蚀表面的各种损伤。如耐蚀表面的钝化(氧化)膜在运输包装过程中受到破坏,应采取措施予以恢复并达到原定技术要求。

5.6.2 需充装惰性气体保护容器的运输包装特殊要求如下:

a) 充装惰性气体的种类、浓度、压力,按设计文件要求的规定。

b) 如气密性试验所用介质与应充装的惰性气体不符,应先用惰性气体置换,合格后再开始升压,升至指定充装压力后将进气口阀门关闭,保压 30 min 压力不下降为充装合格;如气密性试验所用介质与充装的惰性气体一致,气密性试验合格后将压力调整到指定充装压力,将排气口阀门关闭,保压 30 min 压力不下降为充装合格。

c) 在压力表装置(包括压力表、连通管、三通旋塞或针型阀、锁紧装置)上加可清晰看到表盘读数的金属保护罩,保护罩用点焊或其他适宜的方式固定。压力表精度应不低于 1.6 级。

d) 需要充装不活泼气体保护的容器,制造单位应采取适当措施,确保容器运抵目的地后保护气体的压力不低于设计文件的规定。

5.6.3 多层、套合、钢带错绕等压力容器的泄放孔应以橡胶或塑料制的塞堵封闭。

5.6.4 带内件运输容器的运输包装按设计文件的要求进行。

5.7 内件、零部件、备品备件及专用工具的运输包装

5.7.1 单独交付的组装内件和较大型的不规则零部件(如膨胀节、人孔、大型接管等)一般采用空格箱包装,装箱时需注意防护。

5.7.2 较精密易散失的小零件(如浮阀、泡罩、螺栓、螺母等)采用暗箱包装。装箱时较精密零件间应相对固定,以防止装卸和搬运时产生滑动撞击。同台产品的零件应避免与其他产品的零件混装。必要时可先袋装,再将袋装入暗箱。

5.7.3 安全附件一般采用密闭箱或空格箱包装,如需装在容器上和容器一起运输,应采取必要的保护措施。

5.7.4 备品备件、专用工具宜单独装箱,箱外应标记“备品备件”“专用工具”字样。

5.7.5 螺纹精度等级达到 GB/T 197 规定的中等或精密的螺栓与螺柱,其螺纹部分除应按 4.2.3 涂敷保护膜外,还应加防护罩保护。

5.7.6 装箱时应把重的零部件装在箱的下部以降低包装重心,当无法做到这一点时,应采取适当措施确保重心不超过箱高的 1/2。

5.7.7 包装箱的每箱重量不宜超过 3 t。

5.8 文件资料的运输包装

5.8.1 文件资料包括产品出厂质量证明文件、装箱清单和 5.8.1.2 规定的有关文件。

5.8.1.1 每批装运货物内均须有一份装箱清单,说明每箱、每袋和每一台架货物位号所装运的

货物,并说明货物是完整的或是一部分。

5.8.1.2　根据容器交货、运输包装情况,必要时还应包括如下文件资料:

a)　安装图纸和安装说明书;

b)　5.1.3 所要求的装载图、现场重新装配组焊的程序文件及检验要求文件;

c)　分片出厂容器的排版图。

5.8.2　所有文件资料均应分类装订成册,并用塑料袋装好密闭,以便防水、防潮、防散失。

5.8.3　上述文件资料与货物一起发运时,宜装在最大的密闭箱内,箱外应有明显标志。质量证明文件也可另行邮寄。

6　图示标志

6.1　在裸装容器表面和包装箱的明显部位做如下标志:

a)　发货标志:

1)　出厂编号(或命令单号);

2)　总共箱(件)数及箱号或捆号;

3)　发货站(港);

4)　到货站(港);

5)　体积:长×宽×高;

6)　毛重及净重;

7)　发货单位;

8)　收货单位;

9)　出厂或装箱日期。

b)　运输包装图示标志,按 GB/T 191 的规定,并应包括:

1)　大型容器的重心点、起吊位置;

2)　防雨、防湿等作业标志;

3)　有禁焊要求的容器的禁焊标志;

4)　充惰性气体设备标志及其他特殊要求标志。

6.2　在空格箱或捆扎包装件上无法直接标注发货标志时,可采用薄铁皮或塑料标签将标志固定在适当部位。

ICS 23.020.30
CCS J 74

NB

中华人民共和国能源行业标准

NB/T 10619—2021

长管拖车、管束式集装箱定期检验与评定

Periodic inspection and evaluation of tube trailer and tube-bundle container

2021-04-26 发布 2021-08-26 实施

国家能源局 发布

前　言

本文件按照GB/T 1.1—2020《标准化工作导则　第1部分:标准化文件的结构和起草规则》的规定起草。

本文件由全国锅炉压力容器标准化技术委员会(SAC/TC 262)提出并归口。

本文件起草单位:中国特种设备检测研究院、河北省特种设备监督检验研究院、上海市特种设备监督检验技术研究院、沈阳特种设备检测研究院、武汉市锅炉压力容器检验研究所、新兴能源装备股份有限公司、浙江蓝能燃气设备有限公司、北京公共交通控股(集团)有限公司燃料供应分公司、新疆新捷股份有限公司、新奥能源物流有限公司。

本文件主要起草人:李军、韩文超、管坚、薄柯、杨顺平、耿雪峰、刘俊煊、胡滨、武常生、崔闻天、陈凡、黄国明、王磊、周鹏、秦树甲。

本文件为首次发布。

长管拖车、管束式集装箱定期检验与评定

1 范围

1.1 本文件规定了长管拖车与管束式集装箱定期检验与评定的基本方法和技术要求。

1.2 本文件适用于大容积钢质无缝气瓶(以下简称气瓶)与框架连接构成的管束式集装箱,或与定型底盘或半挂车行走机构永久性连接的长管拖车。

1.3 本文件适用于下列范围:

a) 使用环境温度为-40 ℃~60 ℃;

b) 气瓶公称工作压力为10 MPa~30 MPa,充装氧气的气瓶公称工作压力不大于20 MPa;

c) 单只气瓶公称水容积为1 000 L~4 200 L;

d) 气瓶充装介质为天然气、氢、氧、空气、氮、氩、氦、氖、氪等压缩气体,或三氟化氮、硅烷、氧化亚氮等高压液化气体。

1.4 本文件不适用于纤维缠绕气瓶的管束式集装箱、长管拖车的检验。

1.5 本文件不适用于长管拖车、管束式集装箱所属车辆部分的检验。

2 规范性引用文件

下列文件中的内容通过文中的规范性引用而构成本文件必不可少的条款。其中,注日期的引用文件,仅该日期对应的版本适用于本文件;不注日期的引用文件,其最新版本(包括所有的修改单)适用于本文件。

GB/T 230 金属材料 洛氏硬度试验

GB/T 231 金属材料 布氏硬度试验

GB/T 9251 气瓶水压试验方法

GB/T 12137 气瓶气密性试验方法

GB/T 13298 金属显微组织检验方法

GB/T 33145—2016 大容积钢质无缝气瓶

NB/T 47013.3 承压设备无损检测 第3部分:超声检测

NB/T 47013.4 承压设备无损检测 第4部分:磁粉检测

NB/T 47013.5 承压设备无损检测 第5部分:渗透检测

NB/T 47013.8 承压设备无损检测 第8部分:泄漏检测

NB/T 47013.9 承压设备无损检测 第9部分:声发射检测

3 术语和定义

3.1

拆卸检验 inspection with cylinder removed

将气瓶从长管拖车或管束式集装箱固定装置上拆卸下来后实施的检验。

3.2

不拆卸检验 inspection without cylinder removed

气瓶无需拆卸,在长管拖车或管束式集装箱固定装置上直接实施的检验。

3.3

全面积测厚 full-area wall thickness measurement

使用专用气瓶超声波检测设备对100%检测面实施壁厚测定并形成可记录图像的技术。

4 总则

4.1 资质和职责

4.1.1 进行长管拖车、管束式集装箱定期检验的单位,应具有相应的特种设备检验资质。

4.1.2 实施定期检验过程中,从事长管拖车、管束式集装箱拆卸和检验后组装等检验辅助工作的单位,应当具备相应特种设备的制造资质,并对其工作质量负责。

4.1.3 从事长管拖车、管束式集装箱定期检验和无损检测的人员应当取得相应资质证书。

4.2 检验周期

4.2.1 长管拖车、管束式集装箱的首次定期检验周期为3年。

4.2.2 长管拖车、管束式集装箱首次定期检验后,充装天然气(煤层气)、氢气等易燃、易爆、有毒及腐蚀性气体介质的,下次检验周期最长不超过5年;充装氮气、氦气、氩气、氖气、空气等惰性、无腐蚀性气体介质的,下次检验周期最长不超过6年。

4.2.3 在使用过程中,发现有下列情形之一的长管拖车、管束式集装箱,应当提前进行定期检验:

a) 有严重腐蚀、损伤或者对其安全使用有怀疑的;

b) 充装介质不符合国家相应标准规定的;

c) 发生过交通、火灾等事故,对安全使用有影响的;

d) 未进行年度检查或年度检查过程中发现问题,且影响安全使用的。

4.2.4 在定期检验过程中,发现有下列情形之一的长管拖车、管束式集装箱,应当缩短下次定期检验周期:

a) 超过设计使用寿命运行的;

b) 上一个定期检验周期内,未如期进行年度检查的;

c) 检验人员认为存在风险隐患,设备制造和管理水平等不足以支撑一个检验周期的;

d) 检验人员认为采用不拆卸检验方法无法满足一个检验周期安全使用,且无法采用拆卸检验方法进行检验的。

4.3 检验内容

长管拖车、管束式集装箱的定期检验内容包括资料审查、气瓶瓶体(以下简称瓶体)检验、附件(包括端塞、阀门、管路和快装接头等)检验、安全附件检验、气瓶固定装置(包括框架、捆绑带和多孔板等)检验和整车气密性试验。

4.4 检验结论

检验结论分为符合要求和不符合要求两种:

a) 符合要求:各项检验检测未发现影响安全使用的缺陷(情况),或者经过维修确认发现

影响安全使用的缺陷(情况)已消除,检验结论为符合要求;

b) 不符合要求:检验检测发现存在影响安全使用的缺陷(情况),并且缺陷(情况)未消除,检验结论为不符合要求。

检验结论为符合要求的,应当按照4.2.2和4.2.3的规定,确定下次定期检验日期。

5 定期检验前的准备工作

5.1 定期检验前,使用单位和检验辅助单位应当做好以下准备工作:

a) 使用单位应将长管拖车、管束式集装箱外表面有碍检验的杂物清除干净,并且将其相关技术档案资料随设备一并送至检验地点;

b) 检验辅助单位应在对长管拖车、管束式集装箱拆卸前,根据介质的不同性质,采取安全有效的方法将气瓶内的残气、残液排除,排放应当符合国家和当地的环境保护要求,瓶内(可燃、有毒)气体检测结果必须达到有关规范、标准的要求,方可进行拆卸。

5.2 检验中使用的设备、仪器和工具等,依照国家相关法规和标准要求需要检定或校准的,应当在有效的检定或者校准期内。

6 资料审查

资料审查至少包括以下内容:

a) 首次定期检验时,应查阅特种设备使用登记证、设计、制造资料,包括产品质量证明文件、竣工总图、监督检验证书等;

b) 改造、维修资料,包括方案、施工质量证明;

c) 检验、检查资料,包括以往年度检查报告、定期检验报告,重点查阅上次检验、检查报告中提出的问题是否已经解决;

d) 产品铭牌;

e) 长管拖车、管束式集装箱的使用记录。

对于已安装可实时采集温度、压力等物理参数的智能采集终端装置的长管拖车和管束式集装箱,可对终端装置中采集的运行状态等数据进行审查。

7 瓶体检验

7.1 总体要求

7.1.1 本文件规定的长管拖车、管束式集装箱的瓶体检验,分为拆卸检验和不拆卸检验,拆卸检验和不拆卸检验的检验项目如表1所示。

7.1.2 有以下情况之一的长管拖车、管束式集装箱的气瓶,应当进行拆卸检验:

a) 首次进行定期检验的;

b) 上一次定期检验采用不拆卸检验的;

c) 符合4.2.3规定的;

d) 瓶体外螺纹腐蚀严重,气瓶与固定法兰的连接松动,气瓶发生转动的;

e) 不拆卸检验时发现问题需要进行拆卸检验检修的。

对于充装纯度大于99.999%,且水含量小于1×10^{-6}的高纯气体长管拖车、管束式集装箱,对充装介质、充装记录等资料进行审查,并经气瓶内部宏观检查确认无腐蚀后,其首次定期检验可采用不拆卸检验,根据充装记录,可适当缩短下次检验周期。

7.1.3 对于已安装智能采集终端装置的长管拖车和管束式集装箱,可综合分析在线监测数据(压力、温度、充装次数、泄漏等)、使用和充装情况及检验结果数据,进行结果评定。

表1 长管拖车、管束式集装箱瓶体检验项目

序号	检验项目	拆卸检验	不拆卸检验
1	宏观检验	√	√
2	超声检测	√	√(必要时)
3	壁厚测定	√	√
4	磁粉检测	√	√(必要时)
5	渗透检测	√	—
6	外测法水压试验	√	—
7	声发射检测	—	√
8	金属显微组织检验	√(必要时)	—
9	硬度检测	√(必要时)	—
注:"√"为做,"—"为不做,"√(必要时)"为必要时做。			

7.2 宏观检验

7.2.1 宏观检验前,用不损伤瓶体金属的方法将气瓶表面的残渣、残液、氧化皮等有碍检验的杂物以及疏松漆膜清除干净。

7.2.2 采用目视方法(必要时利用放大镜或者其他辅助仪器设备、测量工具),检查瓶体外表面和内表面情况。宏观检验应包括以下内容:

a) 核对气瓶钢印标志内容,并且逐只登记其编号;

b) 检查气瓶外表面,是否存在裂纹、腐蚀、凹陷、鼓包、火焰灼伤、机械损伤和颈部折叠等;

c) 检查气瓶内表面,是否存在腐蚀、鼓包、皱折和碰伤等;

d) 检查瓶口内、外螺纹是否存在裂纹、腐蚀和机械损伤等。

对于气瓶端塞、附件、固定装置等材料、结构方面的宏观检验还应参照第8章~第10章的内容。

7.3 超声检测

7.3.1 当进行拆卸检验时,应采用全自动超声检测方法对气瓶筒体部分进行100%超声检测,超声检测设备应当具备C扫描记录和缺陷A形波记录的功能。对自动超声检测发现的缺陷,应当进行手动超声检测复验。

7.3.2 超声检测应依据NB/T 47013.3和GB/T 33145—2016附录C的相关要求进行,对比样管应满足GB/T 33145—2016附录C的要求。

7.4 壁厚测定

7.4.1 当进行拆卸检验时,应当对气瓶筒体部分进行全面积测厚,超声测厚设备应当具备C显示记录功能,检测设备应当具备对最小厚度进行自动记录的功能;除进行全面积测厚外,还应采用超声波测厚仪对有缺陷部位进行局部测厚。

7.4.2 当进行不拆卸检验时,应采用超声波测厚仪对易发生腐蚀或者怀疑减薄的部位进行重点测厚。

7.4.3 壁厚测定时,如发现瓶体存在分层缺陷,应对分层部位进行超声检测,查明分层分布以及与瓶体表面的倾斜度,并且作图记录。

7.5 磁粉检测

采用全感应非接触、非通电磁化技术对瓶体外表面(不包括外螺纹部位)进行100%磁粉检测,并记录检测部位、缺陷性质、尺寸和位置等信息。磁粉检测应按照NB/T 47013.4的相关规定进行。

7.6 渗透检测

按照NB/T 47013.5的相关规定,对瓶口及瓶颈部位内表面进行渗透检测。

7.7 水压试验

7.7.1 对有以下情况之一的长管拖车、管束式集装箱,应进行外测法水压试验:

a) 首次进行定期检验的;

b) 瓶体有严重腐蚀或者损伤的;

c) 拆卸检验发现瓶体有裂纹缺陷的;

d) 发生过交通、火灾等事故,对安全使用有影响的;

e) 使用单位或者检验机构对瓶体的安全状况有怀疑的。

7.7.2 水压试验应按以下要求进行:

a) 水压试验装置和试验方法等应当符合GB/T 9251的相关规定;

b) 水压试验压力为气瓶公称工作压力的5/3倍(或按照设计文件中试验压力的规定进行),保压时间不得少于2 min;

c) 水压试验时,应测定瓶体残余变形率;

d) 水压试验后应对气瓶内部进行干燥处理。

7.8 声发射检测

按照NB/T 47013.9的相关规定,对气瓶进行声发射检测与评价,对发现的有效声发射源应予以记录,并采用其他有效方法进行复验。

7.9 金属显微组织检验

必要时按照GB/T 13298的规定对气瓶相应部位进行金属显微组织检验。

7.10 硬度检测

必要时按照GB/T 230或GB/T 231的规定对气瓶相应部位进行硬度检测。

8 附件检验

8.1 气瓶端塞检验

8.1.1 检查气瓶端塞是否有腐蚀、裂纹及机械损伤等。

8.1.2 如果端塞上带有内伸式接管,检查接管有无变形、裂纹、凹陷及堵塞等。

8.2 管路和阀门检验

8.2.1 采用目视方法,对管路和阀门进行宏观检查:

a) 检查金属管路有无变形、裂纹、凹陷、扭曲和机械损伤等；

b) 检查阀门是否存在腐蚀、变形和泄漏现象；

c) 检查高压软管是否应进行更换。

8.2.2 按照 NB/T 47013.5 的相关规定对管路焊缝部位进行渗透检测。

8.2.3 检查阀门开闭是否正常。

8.2.4 应按以下要求逐只对阀门进行高压和低压密封试验：

a) 高压密封试验的试验压力为气瓶公称工作压力的 1.1 倍，低压密封试验的试验压力为 0.5 MPa～0.7 MPa；

b) 采用涂液法进行密封试验，试验的保压时间应满足观察所需时间，保压期间不允许有气泡逸出。

8.2.5 应按以下要求对管路和阀门进行整体水压试验：

a) 试验压力应为气瓶公称工作压力的 5/3 倍；

b) 保压时间不得少于 2 min，在保压期间管路不得有渗漏、变形及异常响声，且不得有压力回降现象。

8.3 快装接头检验

检查快装接头是否有腐蚀、变形、裂纹或其他损坏。

9 安全附件检验

9.1 安全阀检验

9.1.1 检查安全阀外观和铅封是否完好，是否满足相关安全技术规范的要求。

9.1.2 检查安全阀的检定或校准报告是否在检定或校准有效期内。

9.2 爆破片装置检验

检查爆破片装置外观是否完好，是否满足相关安全技术规范的要求。检查准备更换的爆破片型号、规格和爆破压力等是否适用，外观是否符合相关要求。组装前应检查是否按期更换全部爆破片。

9.3 易熔合金塞检验

检查易熔合金塞外观是否完好，是否存在表面裂纹、挤出等现象。

9.4 导静电装置检验

9.4.1 检查导静电带的安装是否正确。

9.4.2 采用万用表或电阻表等对瓶体、管路、阀门与导静电带接地端的电阻进行测量，测量设备的精度应满足相关要求。

10 气瓶固定装置(包括框架、捆绑带、多孔板等)检验

10.1 检查框架、多孔板有无裂纹及明显变形等，同时检查框架与车辆部分的连接是否完好。

10.2 检查气瓶捆绑带是否有损坏和腐蚀，斜拉杆紧固连接螺栓是否有腐蚀、松动和弯曲变形。

11 整体气密性试验

所有检验项目均检验合格，并在组装工作完成后进行气密性试验，气密性试验应满足以下

要求：

a) 试验压力应为气瓶公称工作压力。

b) 试验介质、装置和方法应满足GB/T 12137的相关要求，对于漏率要求小于或等于1.0×10^{-5}Pa·L/s的长管拖车、管束式集装箱可采用氦质谱仪泄漏检测方法，还应满足NB/T 47013.8的相关要求。

c) 采用涂液法进行气密性试验，在试验压力下的保压时间应满足观察所需时间，保压期间不允许有气泡逸出。采用氦质谱仪泄漏检测方法的，漏率应满足设计文件或相关标准的要求。

d) 试验过程中若因装配不当而引起密封部位泄漏，应立即停止试验，待维修或重新装配后再进行试验。维修或重新装配工作严禁带压进行。

12 检验结果评定

12.1 瓶体

12.1.1 气瓶内、外表面不得有裂纹，如有裂纹，应打磨消除，打磨后的剩余壁厚不得小于最小允许壁厚(气瓶两端瓶口最小允许壁厚为气瓶筒体设计壁厚的75%，除瓶颈外的气瓶瓶体最小允许壁厚为气瓶筒体设计壁厚的95%)，否则不得继续使用。

12.1.2 气瓶表面存在机械损伤，且损伤处的剩余壁厚小于最小允许壁厚的，不得继续使用。

12.1.3 瓶口内螺纹存在机械损伤或腐蚀，导致锥形螺纹有效螺纹长度小于规定值或直螺纹有效啮合螺纹数(螺纹牙高大于标准值80%为有效啮合)小于6个时，不得继续使用。

12.1.4 瓶体存在腐蚀的，应按以下要求进行评价：

a) 点腐蚀剩余壁厚小于最小允许壁厚时，不得继续使用；

b) 均匀腐蚀或者线腐蚀剩余壁厚小于最小允许壁厚时，不得继续使用；

c) 剩余壁厚大于最小允许壁厚的，需计算其腐蚀速率，以确定下次检验周期。

12.1.5 瓶体存在凹陷，且凹陷最大深度与瓶体直径之比大于0.7%或者凹陷长径与瓶体直径之比大于或等于20%时，不得继续使用或进行合于使用评价。合于使用评价应按有关规范的要求进行，通过合于使用评价的为符合要求，未通过或未进行的为不符合要求。对于通过合于使用评价的，负责长管拖车定期检验的检验机构应根据合于使用评价的结论和其他定期检验项目的结果，综合确定长管拖车的检验结论、允许使用参数和检验周期。

12.1.6 对于瓶体存在鼓包的，鼓包明显或鼓包部位硬度值不符合GB/T 33145相关要求的，不得继续使用。

12.1.7 气瓶遭受火焰灼烧等热损伤，硬度或金属显微组织不符合GB/T 33145相关要求的，不得继续使用。

12.1.8 气瓶水压试验存在以下情况之一时，不得继续使用：

a) 瓶体发生明显变形、鼓包或者保压期间出现压力回降现象(因试验装置或瓶口泄漏造成的压力回降除外)；

b) 瓶体容积残余变形率超过6%，并且剩余壁厚小于设计壁厚；

c) 瓶体容积残余变形率超过10%。

12.2 附件

12.2.1 气瓶端塞存在以下缺陷(情况)时，不得继续使用：

a) 密封面等重要部位存在裂纹、严重腐蚀或影响安全使用的机械损伤时；

b) 螺纹机械损伤或者腐蚀导致锥形螺纹有效螺纹长度小于规定值或直螺纹有效啮合螺纹数小于6个时。

12.2.2 管路、阀门存在以下缺陷(情况)时，不得继续使用：

a) 管路曾遭受火灾或者存在裂纹、明显变形及影响安全使用的机械损伤；

b) 高压软管未进行更换；

c) 管路、排污装置堵塞；

d) 阀门变形、腐蚀、泄漏，开闭不灵活；

e) 管路系统水压试验不合格。

12.2.3 快装接头存在腐蚀、变形、裂纹或其他损坏情况的，不得继续使用。

12.3 安全附件

安全附件存在以下缺陷(情况)时，不得继续使用：

a) 安全阀未按期校准或检定；

b) 易熔塞存在变形，表面出现裂纹；

c) 爆破片装置存在变形、裂纹和螺纹损坏；

d) 导静电装置安装错误、连接松动或者导静电带接地端的电阻超过10 Ω和接地导体不正确。

12.4 气瓶固定装置

气瓶固定装置存在以下缺陷(情况)时，不得继续使用：

a) 气瓶两端与支撑板、支撑板与框架的连接松动，气瓶发生转动；

b) 框架出现开裂、凹陷、扭曲或者其他机械损伤；

c) 框架与拖车底盘连接松动，紧固件损坏；

d) 捆绑带有损伤、严重腐蚀，紧固连接螺栓损坏；

e) 斜拉杆紧固连接螺栓腐蚀、松动或弯曲变形损坏。

12.5 整体气密性试验

整体气密性试验不合格的，不得继续使用。

13 检验后的工作

13.1 抽真空

必要时检验辅助单位应在气密性试验结束后对气瓶进行抽真空，抽真空后的真空度应小于或等于−0.086 MPa。

13.2 充氮保护

必要时检验辅助单位应对气瓶进行充氮保护(气体置换)，充氮压力为0.05 MPa～0.1 MPa。

13.3 涂敷、标志检验

检验合格的长管拖车、管束式集装箱的气瓶和固定装置应重新涂敷。气瓶涂敷的漆色、字样、字色应符合相关标准的规定，应喷涂“下次检验日期：××××年××月”字样。

14 检验记录和报告

14.1 检验记录

各单项检验实施过程中，检测人员应填写检验记录，检验记录的内容应符合执行标准的规定。

14.2 检验报告

定期检验工作完成后，检验人员应出具检验报告，各单项检验、检测报告的内容应符合执行标准的规定，检验结论报告格式参见附录A。

附　录　A

(资料性)

长管拖车、管束式集装箱定期检验报告格式

表 A.1 给出了定期检验结论报告模板。

表 A.1　定期检验结论报告

产品编号：　　　　　　　　　　　　　　报告编号：

<table>
<tr><td colspan="2">产品名称/承压设备类别</td><td></td><td>检验类别</td><td colspan="2">(首次、定期检验)</td></tr>
<tr><td colspan="2">设备代码</td><td></td><td>设备型号</td><td colspan="2"></td></tr>
<tr><td colspan="2">使用登记证编号</td><td></td><td>产品编号/挂车号</td><td colspan="2"></td></tr>
<tr><td colspan="2">检验检测地址</td><td colspan="4"></td></tr>
<tr><td colspan="2">整体制造单位</td><td colspan="4"></td></tr>
<tr><td colspan="2">使用单位</td><td colspan="4"></td></tr>
<tr><td colspan="2">单位地址</td><td colspan="4"></td></tr>
<tr><td colspan="2">使用单位组织机构代码</td><td></td><td>安全管理人员</td><td colspan="2"></td></tr>
<tr><td colspan="2">联系电话</td><td></td><td>运行状态</td><td colspan="2"></td></tr>
<tr><td rowspan="3">性能参数</td><td>气瓶数量</td><td>只</td><td>气瓶规格</td><td colspan="2">mm</td></tr>
<tr><td>单瓶容积</td><td>L</td><td>总容积</td><td colspan="2">m^3</td></tr>
<tr><td>公称工作压力</td><td>MPa</td><td>介质</td><td colspan="2"></td></tr>
<tr><td>检验依据</td><td colspan="5"></td></tr>
<tr><td>问题及其处理</td><td colspan="5">检验发现的缺陷位置、性质及处理意见(必要时附图或附页)：</td></tr>
<tr><td rowspan="4">检验结论</td><td rowspan="3">□符合要求
□不符合要求</td><td colspan="4">允许使用参数</td></tr>
<tr><td>压力</td><td>MPa</td><td>温度</td><td>℃</td></tr>
<tr><td>介质</td><td></td><td>其他</td><td></td></tr>
<tr><td colspan="2">下次检验日期</td><td colspan="3">年　　月</td></tr>
<tr><td>说明</td><td colspan="5">(包括变更情况，或者另附说明)</td></tr>
<tr><td colspan="6">检验检测人员：</td></tr>
<tr><td colspan="2">编制：</td><td>日期：</td><td colspan="3" rowspan="3">检验机构核准证号：
(检验机构检验专用章)
年　月　日</td></tr>
<tr><td colspan="2">审核：</td><td>日期：</td></tr>
<tr><td colspan="2">审批：</td><td>日期：</td></tr>
</table>

ICS 23.020.30
CCS J 74

NB

中华人民共和国能源行业标准

NB/T 10621—2021

储气井定期检验

Periodical inspection for gas storage wells

2021-04-26 发布

2021-08-26 实施

国家能源局 发布

前　言

本文件按照GB/T 1.1—2020《标准化工作导则　第1部分:标准化文件的结构和起草规则》的规定起草。

本文件由全国锅炉压力容器标准化技术委员会(SAC/TC 262)提出并归口。

本文件起草单位:中国特种设备检测研究院、山东海格石油工程有限公司、陕西省特种设备检验检测研究院、河南省锅炉压力容器安全检测研究院、甘肃省特种设备检验检测研究院、四川省特种设备检验研究院、上海蓝滨石化设备有限责任公司、新疆燃气集团有限公司、中国石油天然气股份有限公司天然气销售新疆分公司。

本文件主要起草人:石坤、刘三江、段志祥、李新民、王晓桥、周波、李沧、熊荣、党战伟、王笑梅、吕兰彩、夏锋社、张德均、娄旭耀、陈文杰、孙宝财。

本文件为首次发布。

储气井定期检验

1 范围

1.1 本文件规定了储气井定期检验的程序、项目和方法。

1.2 本文件适用于工作介质为天然气、空气、氮气或惰性气体的储气井。

1.3 本文件适用的储气井的通用参数为:

a) 设计压力不大于 35 MPa;

b) 设计温度为-40 ℃~60 ℃;

c) 竖埋深度不大于 300 m。

2 规范性引用文件

下列文件中的内容通过文中的规范性引用而构成本文件必不可少的条款。其中,注日期的引用文件,仅该日期对应的版本适用于本文件;不注日期的引用文件,其最新版本(包括所有的修改单)适用于本文件。

GB/T 19285—2014 埋地钢质管道腐蚀防护工程检验

GB/T 19624—2019 在用含缺陷压力容器安全评定

GB/T 20657 石油天然气工业套管、油管、钻杆和用作套管或油管的管线管性能公式及计算

GB/T 35013 承压设备合于使用评价

GB/T 36212 无损检测 地下金属构件水泥防护层胶结声波检测及结果评价

JB 4732—1995 钢制压力容器——分析设计标准(2005 年确认)

JGJ 94—2008 建筑桩基技术规范

NB/T 47013(适用部分) 承压设备无损检测

3 术语和定义、符号

3.1 术语和定义

下列术语和定义适用于本文件。

3.1.1

储气井 gas storage well

竖向置于地下用于储存压缩气体的井式管状设备,一般由井口装置、井筒、井底装置组成。

3.1.2

井筒 well bore

井管和接箍依靠螺纹连接依次串联而成的管状筒体。

3.1.3

井管 well pipe

用于制造储气井且两端带外螺纹的钢管。

3.1.4

接箍 coupling

用于连接井管或井管与其他部件的带有内螺纹的圆筒体。

3.1.5

井口装置 well head equipment

安装在储气井井筒上端部,起密闭井口及安装进、排气管和排液管作用的组合件。

3.1.6

井底装置 well bottom equipment

安装在储气井井筒下端部,起密闭井筒底部作用的封头或组合件。

3.1.7

水泥防护层胶结声波检测 cement bond acoustic testing

采用液浸式声波传感器自动检测水泥防护层胶结质量的方法。

3.1.8

井内视频检测 downhole video testing

利用数字图像传输和处理技术,对储气井井筒内表面状况进行观察,对缺陷和位置进行记录(拍照或录像),并进行数字化处理的一种检测方法。

3.1.9

加固 reinforcement

在储气井井口装置下部至地下一定深度范围内,采用所需重量和结构的钢筋混凝土对储气井进行加强固定的方法。

3.1.10

水浸超声检测 water immersion ultrasonic testing

在探头与工件之间填充一定厚度的水层,声波先经过水层再入射到试件中的一种非接触式的超声检测方法。

3.2 符号

下列符号适用于本文件。

C ——局部减薄腐蚀深度,mm;

D_i ——储气井的内直径,mm;

D_o ——储气井的外直径,mm;

T ——储气井计算厚度,应取实测壁厚减去至下次检验日期的腐蚀量,mm。

4 通用要求

4.1 储气井定期检验程序包括检验前的准备、检验实施、缺陷及问题的处理、安全状况等级评定、出具检验报告等。

4.2 储气井一般于投用后3年内进行首次定期检验。以后的检验周期由检验机构根据储气井的安全状况等级,按照以下要求确定:

a) 安全状况等级为1、2级的,一般每6年检验一次;

b) 安全状况等级为3级的,一般每3年~6年检验一次;

c) 安全状况等级为4级的,监控使用,其检验周期由检验机构确定,累计监控使用时间不

得超过3年,在监控使用期间,使用单位应当采取有效的监控措施;

d) 安全状况等级为5级的,应当对缺陷进行处理,否则不得继续使用。

4.3 制造完成后超过3年开始投用的,投用前应进行检验。

4.4 有以下情况之一的储气井,定期检验周期应适当缩短:

a) 介质及外部环境对储气井井管腐蚀情况不明或者腐蚀情况异常;

b) 当腐蚀速率大于0.2 mm/年时,检验周期不应超过3年;

c) 井筒内外表面存在明显腐蚀、机械损伤等缺陷;

d) 井筒相对地面有明显上冒或下沉;

e) 使用单位没有按规定进行年度检查;

f) 检验中对其他影响安全的因素有怀疑。

4.5 因情况特殊不能按期进行定期检验的储气井,由使用单位提出书面申请报告说明情况,经使用单位主要负责人批准,征得上次承担定期检验的检验机构同意(首次检验的延期除外),向使用登记机关备案后,可以延期检验。对无法进行定期检验或者不能按期进行定期检验的储气井,使用单位应采取有效的监控与应急管理措施。

4.6 检验机构应对定期检验报告的真实性、准确性、有效性负责。检验和检测人员(以下简称检验人员)应取得相应的特种设备检验检测人员证书,了解储气井损伤模式,具备材料、腐蚀等相关知识背景及检验检测相关的实践经验。现场检验人员至少应包括1名压力容器检验师。

5 检验前准备

5.1 检验方案制定

检验前,检验机构应根据储气井的资料审查、使用情况、损伤模式及失效模式制订检验方案。储气井的主要损伤包括土壤腐蚀、微生物腐蚀、大气腐蚀、湿硫化氢破坏、机械疲劳、腐蚀疲劳等;储气井潜在的失效模式包括韧性失效、脆性断裂、腐蚀、应力腐蚀开裂、接头泄漏、疲劳等。

5.2 资料审查

检验前,检验人员一般需要审查储气井的以下技术资料:

a) 设计资料,包括设计图样、应力分析报告、风险评估报告等;

b) 制造资料,包括产品合格证,质量证明文件,钻井记录、井管组装记录、固井记录、固井检测报告、监检证书(报告)等;

c) 改造或者重大修理资料,包括施工方案和竣工资料,以及改造、重大修理监检证书;

d) 使用管理资料,包括《使用登记证》《特种设备使用标志》和《使用登记表》,以及运行记录、开停车记录、介质中H_2S等杂质含量记录、运行条件变化以及运行中出现异常情况的记录等;

e) 检验、检查资料,包括定期检验周期内的年度检查报告和上次的定期检验报告。

其中第a)、b)、c)项的资料,在储气井首次检验时必须进行审查,以后的检验视需要(如发生改造及重大修理等)进行审查。

5.3 现场条件

5.3.1 使用单位和相关的辅助单位,应当按照要求做好停机后的技术性处理和检验前的安全检查,确认现场条件符合检验工作要求,做好有关的准备工作。检验前,现场至少具备以下条件:

a) 设置明显作业隔离区域,隔断储气井气源,排放、置换储气井内介质;

b) 检验场地应满足检验用车、检验设备及辅助机具(包括起吊设备等)停靠、摆放的要求,水、电齐全;

c) 现场进行易燃易爆气体含量测定和分析,分析结果应达到有关规范、标准的规定;

d) 影响检验的附属部件或者其他物体,应按检验要求进行清理或者拆除;

e) 储气井井筒内壁已经清洗完毕,井壁不得残留油污;

f) 需要进行检验的表面,特别是腐蚀部位和可能产生裂纹性缺陷的部位,必须彻底清理干净,露出金属本体;进行无损检测的表面达到 NB/T 47013(适用部分)的有关要求;

g) 现场配备必要的消防设备,并制定好应急救援预案。

5.3.2 检验用的设备、仪器和测量工具应具备防爆功能并在有效的检定或者校准期内。

5.3.3 检验人员确认现场条件符合检验工作要求后方可进行检验,并且执行使用单位有关动火、用电、安全防护、安全监护等的规定。

5.3.4 检验时,使用单位压力容器安全管理人员、作业和维护保养等相关人员应当到现场协助检验工作,及时提供有关资料,负责安全监护,并且设置可靠的联络方式。

6 检验实施

6.1 检验项目

储气井定期检验项目,以宏观检验、井筒腐蚀检测、水压试验为主,必要时增加螺柱检验、表面缺陷检测、材料分析、水泥防护层胶结声波检测、密封性试验、土壤腐蚀性检测、阴极保护检测、强度校核、加固校核等项目。

6.2 宏观检验

6.2.1 检验方式

宏观检验一般采用目视检测和井内视频检测相结合的方式进行。

6.2.2 结构检验

6.2.2.1 检查井口装置结构、井口装置与井筒的连接、井口是否可拆卸及打开通径等。

6.2.2.2 结构检验项目仅在首次检验时进行,以后的检验仅对发生变化的内容进行复查。

6.2.3 外观检验

6.2.3.1 检查井筒内表面和外部可见部位有无腐蚀、裂纹、变形、机械损伤或热损伤(如焊疤、电弧损伤等),排液管有无腐蚀、变形、断裂等,防腐漆是否完好等。

6.2.3.2 具备条件时,检查井管最上螺纹或最上接箍螺纹有无腐蚀、机械损伤、热损伤等。

6.2.3.3 必要时,采用水准仪、全站仪或其他有效方法测量储气井本体的垂直位移量,检查结果与之前的检查结果进行比较,分析储气井本体垂直方向位移的累积量。

6.3 井筒腐蚀检测

6.3.1 采用水浸超声检测或电磁检测方法对井筒的腐蚀情况进行检测。对怀疑有较严重腐蚀的部位应详细记录深度位置、腐蚀面积、腐蚀深度等。

6.3.2 检测前,应采用相同规格、相同材质、相同热处理状态、相同或相近表面状态的有人工缺陷的对比样管,对仪器进行校准和灵敏度调节。

6.3.3 具备外部检验条件的井筒段,当怀疑有腐蚀减薄缺陷时,应采用测厚仪进行壁厚检测确定腐蚀状况。

6.4 螺柱检验

井口结构为法兰式的,对M36以上(含M36)螺柱逐个清洗后,检验其损伤和裂纹情况,重点检验螺纹及过渡部位有无环向裂纹,必要时进行无损检测。

6.5 表面缺陷检测

应采用NB/T 47013(适用部分)中的磁粉检测或渗透检测方法(优先采用磁粉检测方法),对井筒和井口装置进行表面缺陷检测。

6.6 材料分析

6.6.1 材料分析根据具体情况,可以采用化学分析、光谱分析、硬度检测、金相分析等方法。

6.6.2 材质不明的,应查明主要受压元件的材质。

6.6.3 对于材质明确或已进行过此项检查,且已做出明确处理的,不再重复检验该项。

6.7 水泥防护层胶结声波检测

6.7.1 按照GB/T 36212对井筒进行水泥防护层胶结声波检测及评价。

6.7.2 如储气井在制造或定期检验中已进行过该项检测,以后检验中可不重复进行。

6.8 土壤腐蚀性检测

采用GB/T 19285—2014中4.2及附录A的方法对储气井附近土壤的腐蚀性进行检测与评价。

6.9 阴极保护检测

采用GB/T 19285—2014中6.1及附录I的方法,对已安装阴极保护防护装置的储气井进行阴极保护效果检测与评价。

6.10 强度校核

6.10.1 校核条件

储气井有以下情况之一的,应进行强度校核:

a) 腐蚀深度超过腐蚀裕量;

b) 名义厚度不明;

c) 结构不合理,并且已发现严重缺陷;

d) 检验人员对强度有怀疑。

6.10.2 校核原则

强度校核遵循如下原则:

a) 原设计已明确所用强度设计标准的,可以按该标准进行强度校核。

b) 原设计没有注明设计标准或者无强度计算书的,按照当时有关标准进行强度校核。

c) 剩余壁厚按实测最小值减去至下次检验日期的腐蚀量,作为强度校核的壁厚。

d) 校核用压力,应不小于本次定期检验确定的允许(监控)使用压力。

e) 强度校核时的壁温,取设计温度。

f) 井筒直径按实测最大值或公称直径选取。

g) 根据储气井实际工况条件,当储气井内压交变次数超过许用交变次数时,应进行疲劳强度校核;设计时未给出许用交变次数的,如果储气井的实际运行条件不满足疲劳分析免除准则,应进行疲劳强度校核。疲劳强度校核用 $S-N$ 曲线,可采用 JB 4732—1995(2005 年确认)附录 C 对应的曲线。

h) 强度校核由检验机构或者委托有相应资格的压力容器设计单位进行。

6.10.3 局部腐蚀减薄剩余强度校核

6.10.3.1 同时满足以下条件的储气井,可以进行局部腐蚀减薄剩余强度校核:

a) 在实际工况下,储气井材料具有良好的延性,未发现材质劣化或劣化倾向;

b) 储气井的最低工作温度不低于 -20 ℃;

c) $D_o/D_i \leqslant 1.4$;

d) 局部腐蚀减薄缺陷的周围无裂纹等面型缺陷;

e) 局部腐蚀减薄的深度 C 小于壁厚 T 的 50%,且缺陷底部剩余最小壁厚($T-C$)不小于 2 mm。

6.10.3.2 按照 GB/T 19624—2019 附录 H 对局部腐蚀减薄的剩余强度进行计算。

6.10.4 其他校核

当检验人员对井筒连接强度或井筒螺纹抗泄漏能力有怀疑时,可按照 GB/T 20657 的方法对井筒连接强度、井筒螺纹抗泄漏能力等进行校核。

6.11 加固校核

6.11.1 井筒相对地面有明显上冒或下沉的,应进行加固处理。检验之前或检验过程中对储气井进行加固处理后,应按照附录 A 的方法进行加固校核。校核可由检验机构进行,或者委托有相应资格的压力容器设计单位进行。

6.11.2 对于已经进行过该校核,并做出明确结论,且工况参数等未发生变化的,不需重复该项目。

6.12 水压试验

6.12.1 一般要求

水压试验应在全部检验项目合格后(除密封性试验外)进行。水压试验由使用单位负责或委托辅助单位实施,并做好相应的安全防护措施;由检验机构负责检验。

6.12.2 水温要求

水压试验时试验用水的温度应不低于 15 ℃。

6.12.3 压力表要求

试验时至少安装 2 块压力表。压力表精度不低于 1.6 级,表盘直径不小于 100 mm,量程应为试验压力的 1.5 倍~3 倍。

6.12.4 试验压力和保压时间

水压试验的压力不低于本次定期检验确定的允许(监控)使用压力的 1.25 倍,试验压力下保压时间应不少于 1 h。

6.12.5 水压试验过程

水压试验的操作应符合如下要求:

a) 储气井中充满清水,滞留在储气井中的气体应排净,储气井外表面应当保持干燥;

b) 当储气井壁温与水温接近时,缓慢升压至允许使用压力,保压足够时间(一般不少于10 min)进行检查,确认无异常后缓慢升压至规定的试验压力,保压1 h,然后降至允许使用压力,保压足够时间(一般不少于10 min)进行检查;

c) 检查期间压力应保持不变,不得采用连续加压来维持试验压力不变,水压试验过程中不得带压向受压元件施加外力;

d) 水压试验完毕,将储气井内部的水排放干净。

6.12.6 试验结果

试验过程中经检查无压降、无异常响声,可见部位无渗漏、无可见变形,则水压试验结果为合格。

6.13 密封性试验

6.13.1 进行密封性试验时,一般需要将安全附件配齐。

6.13.2 密封性试验应在全部检验项目合格后进行,由使用单位负责或委托辅助单位实施,并做好相应的安全防护措施;由检验机构负责检验。

6.13.3 试验压力为本次定期检验确定的允许(监控)使用压力,介质为氮气、惰性气体或天然气,稳压后保压时间不少于24 h。

6.13.4 试验用压力表精度不低于0.4级,表盘直径不小于100 mm,量程应为试验压力的1.5倍~3倍。

6.13.5 保压期间检查储气井及连接部位有无泄漏和异常现象。检查泄漏可采用气体泄漏报警仪或对连接部位、密封部位及附近地面涂刷或浇肥皂水的方法。

6.13.6 压降小于试验压力的1%,且未发现泄漏,则试验合格。

7 缺陷及问题的处理

监控使用期满的储气井,或者定期检验发现严重缺陷可能导致停止使用的储气井,应当对缺陷进行处理。缺陷处理的方式包括采用修理的方法消除缺陷,或者对于满足GB/T 35013、GB/T 19624要求的,按照GB/T 35013、GB/T 19624的要求进行合于使用评价。

8 安全状况等级评定

8.1 安全状况等级评定的基本原则如下:

a) 安全状况等级根据储气井检验结果综合评定,以其中项目等级最低者为评定等级;

b) 需要改造或者修理的储气井,按照改造或者修理结果进行安全状况等级评定;

c) 安全附件检验不合格的储气井不允许投入使用。

8.2 主要受压元件材料与原设计不符、材质不明或者材质劣化时,按照以下要求进行安全状况等级评定:

a) 用材与原设计不符,如果材质清楚,强度校核合格,经过检验未查出新生缺陷(不包括正常的均匀腐蚀),检验人员认为可以安全使用的,不影响定级;如果使用中产生缺陷,并且确认是用材不当所致,可以定为4级或者5级。

b) 材质不明,对于经过检验未查出新生缺陷(不包括正常的均匀腐蚀),强度校核合格的

(按照同类材料的最低强度进行),可以定为3级或者4级。

c) 发现存在材质劣化现象,并且已经产生不可修复的缺陷或者损伤时,根据损伤程度,定为4级或者5级;如果损伤程度轻微,能够确认在规定的操作条件下和检验周期内安全使用的,可以定为3级。

8.3 井口装置主要参数不符合相应产品标准,但是经过检验未查出新生缺陷(不包括正常的均匀腐蚀),可以定为2级或者3级;如果有缺陷,可以根据相应的条款进行安全状况等级评定。

8.4 水泥防护层胶结声波检测不合格或从未进行过该项检测,但经过加固处理且通过加固校核的,评为2级或3级;未加固或未通过加固校核的,评为4级。

8.5 内、外表面不允许有裂纹。如果有裂纹,经打磨消除后形成的凹坑在允许范围内的,或通过局部减薄剩余强度校核的,不影响定级;否则进行应力分析,经过应力分析结果表明不影响安全使用的,定为2级或者3级,否则,定为5级。

8.6 机械损伤、工卡具焊迹、电弧灼伤,以及变形的安全状况等级划分如下:

a) 机械损伤、工卡具焊迹和电弧灼伤,打磨后按照8.5的规定评定级别;

b) 井管或接箍螺纹存在损伤,经过应力分析表明不影响安全使用的,定为2级或者3级;否则,定为4级或5级;

c) 变形不处理不影响安全的,不影响定级;根据变形原因分析,不能满足强度和安全要求的,定为4级或者5级。

8.7 存在腐蚀减薄的储气井,按照以下要求划分安全状况等级:

a) 均匀减薄,如果按照剩余壁厚(实测壁厚最小值减去至下次检验期的腐蚀量)强度校核合格的,不影响定级。

b) 局部减薄,腐蚀深度超过壁厚腐蚀裕量,表面打磨光滑、平缓过渡的,应确定腐蚀坑形状和尺寸,并且充分考虑检验周期内腐蚀坑尺寸的变化,按8.5的规定评定级别。

c) 局部减薄,腐蚀深度超过壁厚腐蚀裕量,表面无法打磨光滑、平缓过渡,按均匀减薄强度校核通过的,不影响定级;否则应进行应力分析,结果表明不影响安全使用的,定为2级或者3级,否则,定为5级。

d) 计算至下次检验期的腐蚀量时,应综合考虑土壤腐蚀性检测及阴极保护测试结果,对腐蚀速率计算值进行修正。

8.8 井筒连接强度校核不通过的,定为5级。

8.9 井筒螺纹抗泄漏能力校核不通过的,定为5级。

9 检验报告

9.1 所有检验项目完成后,应根据综合安全状况等级评定结果确定定期检验结论和下次检验周期。

9.2 综合评定安全状况等级为1级～3级的储气井,检验结论为符合要求,可以继续使用;安全状况等级为4级的,检验结论为基本符合要求,有条件地监控使用;安全状况等级为5级的,检验结论为不符合要求,不得继续使用。

9.3 检验机构应根据检验记录出具检验报告,检验记录应详尽、真实、准确,检验记录记载的信息不得少于检验报告的信息量。检验报告的格式可参考附录B。

附　录　A
(规范性)
加固校核计算方法

A.1　符号

下列符号适用于本附录。

a ——混凝土加固池长度,m;

b ——混凝土加固池宽度,m;

D_3 ——裸眼井内径,mm;

D_i ——井筒内径,mm;

D_o ——井筒外径,mm;

d_s ——钢筋直径,mm;

F_0 ——井筒内气体上冲力,kN;

F_1 ——混凝土抗剪切力,kN;

F_2 ——混凝土、井筒、固井水泥环的重力与阻力之和,kN;

F_3 ——钢筋能承受的最大剪力,kN;

G_1 ——混凝土重力,kN;

G_2 ——井筒重力,kN;

G_3 ——混凝土与地层的摩阻力,kN;

G_4 ——固井水泥环重力,kN;

G_5 ——固井水泥环与地层的摩阻力,kN;

g ——重力加速度,m/s^2;

h ——混凝土加固池深度,m;

L_j ——本储气井外的第 j 口储气井深度,m;

l_i ——水泥环外第 i 层土的层厚,m;

n ——储气井数量;

n_s ——钢筋根数;

p ——工作压力,MPa;

q_s ——井下各层土 q_{sik} 的最小值,kPa;

q_{sik} ——水泥环外第 i 层土抗压极限侧阻力标准值,kPa;

z ——本储气井编号;

ε ——固井水泥填充系数;

ζ ——减弱系数;

η_j ——本储气井外的第 j 口储气井的固井水泥声幅检测(CBL)合格率;

λ ——井下各层土 λ_i 的最小值;

λ_i ——水泥环外土的抗拔系数;

ρ ——混凝土密度,kg/m^3;

ρ_c ——固井水泥密度,kg/m^3;

ρ_s——井筒材料密度,kg/m³;

$[\sigma]_s$——钢筋屈服强度,MPa;

$[\tau]$——混凝土容许剪应力,MPa;

$[\tau]_s$——钢筋抗剪切强度,MPa。

A.2 参数取值

主要参数按如下要求进行取值:

a) $[\tau]$按表A.1确定;

b) ρ 应根据加固竣工资料中混凝土配比报告中数据计算确定;

c) ρ_c 取实测值或固井施工记录中的水泥浆密度值;

d) L_j 取第 j 口井的检测深度或施工记录中的井筒深度值;

e) q_{sik}取实测数据或按JGJ 94—2008中表5.3.5-1取值,取各层土 q_{sik}的最小值 q_s 进行计算;

f) λ_i 按JGJ 94—2008中表5.4.6-2取值,取各层土 λ_i 的最小值λ进行计算;

g) n_s 一般取储气井连线方向钢筋数量;

h) p 一般取本次定期检验确定的允许(监控)使用压力;

i) ζ_{F1}、ζ_{F3}、ζ_{G1}、ζ_{G2}、ζ_{G3}、ζ_{G4}、ζ_{G5}具体取值根据实际情况确定,但不应大于0.9。

表A.1 混凝土容许剪应力取值

混凝土强度等级	C15	C20	C25	C30	C40	C50
容许剪应力[τ]/MPa	0.70	0.85	1.00	1.10	1.35	1.55

A.3 校核计算

A.3.1 混凝土对井筒的胶结校核

校核计算按如下要求进行:

a) 储气井工作时井筒内气体上冲力按式(A.1)计算:

$$F_0 = 0.25\pi 10^{-3} D_i^2 p \qquad \text{(A.1)}$$

b) 井筒与混凝土脱离需克服的剪切力(胶结力)按式(A.2)计算:

$$F_1 = \pi \zeta_{F1} [\tau] D_o h \qquad \text{(A.2)}$$

c) 分项校核:

若 $F_0 < F_1$,则该分项校核通过。

A.3.2 依靠重力和阻力抵消上冲力的校核

校核计算按如下要求进行:

a) 混凝土重力按式(A.3)计算:

$$G_1 = 10^{-3} \zeta_{G1} \rho g h (ab - 0.25\pi 10^{-6} n D_o^2) \qquad \text{(A.3)}$$

b) 井筒重力按式(A.4)计算:

$$G_2 = 0.25\pi 10^{-9} \zeta_{G2} \rho_s g (D_o^2 - D_i^2) \sum_{j\neq z} L_j \qquad \text{(A.4)}$$

c) 地层与混凝土之间的摩阻力按式(A.5)计算:

$$G_3 = \lambda \zeta_{G3} q_s (ah + bh) \qquad \text{(A.5)}$$

d) 固井水泥环重力按式(A.6)计算：

$$G_4 = 0.25\pi 10^{-9} \zeta_{G4} \rho_c g \varepsilon (D_3^2 - D_o^2) \sum_{j \neq z} \eta_j L_j \quad \cdots\cdots (A.6)$$

e) 固井水泥环与地层的摩阻力按式(A.7)计算：

$$G_5 = 0.5\pi 10^{-3} \zeta_{G5} \lambda q_s D_3 \sum_{j \neq z} \eta_j L_j \quad \cdots\cdots (A.7)$$

f) 重力和阻力总和按式(A.8)计算：

$$F_2 = G_1 + G_2 + G_3 + G_4 + G_5 \quad \cdots\cdots (A.8)$$

g) 分项校核：

若 $F_0 < F_2$，则该分项校核通过。

A.3.3 钢筋校核

钢筋能承受的最大剪力按式(A.9)计算：

$$F_3 = 0.125\pi 10^{-3} \zeta_{F3} [\sigma]_s d_s^2 n_s \quad \cdots\cdots (A.9)$$

若 $F_0 < F_3$，则该分项校核通过。

A.4 加固校核结果

如果 $F_0 < F_1$、$F_0 < F_2$、$F_0 < F_3$ 同时满足，则校核通过。否则，校核不通过。

附　录　B
（资料性）
储气井定期检验报告

表 B.1 给出了储气井定期检验报告。

表 B.1　储气井定期检验报告

报告编号：

<table>
<tr><td colspan="2">储气井编号</td><td colspan="2"></td><td>检验类别</td><td colspan="3">（首次、定期检验）</td></tr>
<tr><td colspan="2">制造单位</td><td colspan="6"></td></tr>
<tr><td colspan="2">使用单位</td><td colspan="6"></td></tr>
<tr><td colspan="2">使用单位地址</td><td colspan="6"></td></tr>
<tr><td colspan="2">储气井使用地点</td><td colspan="6"></td></tr>
<tr><td colspan="2">使用登记证编号</td><td colspan="2"></td><td>出厂编号</td><td colspan="3"></td></tr>
<tr><td colspan="2">使用单位统一社会信用代码</td><td colspan="2"></td><td>邮政编码</td><td colspan="3"></td></tr>
<tr><td colspan="2">安全管理人员</td><td colspan="2"></td><td>联系电话</td><td colspan="3"></td></tr>
<tr><td colspan="2">设计使用年限</td><td colspan="2">年</td><td>投入使用日期</td><td colspan="3">年　月</td></tr>
<tr><td colspan="2">主体结构型式</td><td colspan="2"></td><td>运行状态</td><td colspan="3"></td></tr>
<tr><td rowspan="4">性能参数</td><td>容积</td><td colspan="2">m³</td><td>内径</td><td colspan="3">mm</td></tr>
<tr><td>设计压力</td><td colspan="2">MPa</td><td>设计温度</td><td colspan="3">℃</td></tr>
<tr><td>使用压力</td><td colspan="2">MPa</td><td>使用温度</td><td colspan="3">℃</td></tr>
<tr><td>工作介质</td><td colspan="2"></td><td></td><td colspan="3"></td></tr>
<tr><td>检验依据</td><td colspan="7">1.TSG 21—2016《固定式压力容器安全技术监察规程》；
2.NB/T 10621—2021《储气井定期检验》</td></tr>
<tr><td>问题及其处理</td><td colspan="7"></td></tr>
<tr><td rowspan="5">检验结论</td><td colspan="7">储气井的安全状况等级评定：　级</td></tr>
<tr><td rowspan="3">（符合要求、基本符合要求、不符合要求）</td><td colspan="6">允许（监控）使用参数</td></tr>
<tr><td>压力/MPa</td><td colspan="2"></td><td>介质</td><td colspan="2"></td></tr>
<tr><td>温度/℃</td><td colspan="2"></td><td>其他</td><td colspan="2"></td></tr>
<tr><td colspan="7">下次定期检验日期：不超过　年　月　日</td></tr>
<tr><td>说明</td><td colspan="7">（包括变更情况）</td></tr>
<tr><td colspan="8">检验人员：</td></tr>
<tr><td colspan="4">编制：　　日期：</td><td colspan="4">检验机构核准证号：
（检验机构检验专用章或者公章）
年　月　日</td></tr>
</table>

ICS 45.060.20
CCS S 53

NB

中华人民共和国能源行业标准

NB/T 10787—2021

冷冻液化气体铁路罐车

Railway tank cars for refrigerated liquefied gases

2021-11-16 发布　　2022-02-16 实施

国家能源局　发布

前言

本文件按照GB/T 1.1—2020《标准化工作导则 第1部分:标准化文件的结构和起草规则》的规定起草。

请注意本文件的某些内容可能涉及专利。本文件的发布机构不承担识别专利的责任。

本文件由全国锅炉压力容器标准化技术委员会(SAC/TC 262)提出并归口。

本文件由全国锅炉压力容器标准化技术委员会移动式压力容器分技术委员会(SAC/TC 262/SC4)组织起草。

本文件起草单位:中车长江车辆有限公司、上海市气体工业协会、中车长江运输设备集团有限公司、中车西安车辆有限公司、北京市朝阳区特种设备检测所、武汉市锅炉压力容器检验研究所、中车青岛四方车辆有限公司、中车齐齐哈尔车辆有限公司、查特深冷工程系统(常州)有限公司、华中科技大学、机械工业上海蓝亚石化设备检测所有限公司、中国特种设备检测研究院、北京特种工程设计研究院、杭州富士达特种材料股份有限公司、上海华谊集团装备工程有限公司。

本文件主要起草人:何远新、周伟明、胡海滨、侯军、赵尔冰、徐亮、滕俊华、吕长乐、雷青平、金星、刘海鹏、陈文锋、张宁、沈铣、吉方、邱一男、郑育仁、魏勇彪。

本文件为首次发布。

冷冻液化气体铁路罐车

1 范围

1.1 本文件规定了冷冻液化气体铁路罐车(以下简称罐车)的材料、设计、安全附件、仪表、装卸附件、制造、试验方法、检验规则、标志、标识、出厂资料、储存和运输等要求。

1.2 本文件适用于罐体内容器的设计压力不小于 0.3 MPa、几何容积为 30 m^3～150 m^3,罐体采用真空粉末绝热、真空复合绝热或高真空多层绝热结构,用于充装冷冻液化气体,且与走行装置采用永久性连接的铁路罐车。

1.3 本文件不适用于下列范围的罐车:

a) 罐体材料为有色金属或非金属的;

b) 充装标准沸点低于－196℃的冷冻液化气体介质的;

c) 充装介质按 GB 12268 规定为毒性气体的;

d) 国防军事装备等有特殊要求的。

1.4 界定范围

1.4.1 本文件适用的罐车范围包括罐体、管路、安全附件、仪表、装卸附件、自增压器、操作箱、操作间、走行装置等。

1.4.2 罐体界定范围如下:

a) 罐体与管路焊接连接的第一道环向接头的坡口端面;

b) 罐体与管路、安全附件以及仪表螺纹连接的第一个螺纹接头端面,法兰连接的第一个法兰密封面,专用连接件或者管件连接的第一个密封面;

c) 罐体开孔部分的承压盖及其紧固件;

d) 罐体与非受压元件的连接焊缝。

1.4.3 管路包括所有与罐体相连接的管子与管件。

1.4.4 主要受压元件包括内容器的筒体、封头以及与充装介质接触的管座、凸缘、工艺人孔筒体、工艺人孔封头、法兰、法兰盖板和公称直径不小于 15 mm 的管子等。

2 规范性引用文件

下列文件中的内容通过文中的规范性引用而构成本文件必不可少的条款。其中,注日期的引用文件,仅该日期对应的版本适用于本文件;不注日期的引用文件,其最新版本(包括所有的修改单)

适用于本文件。

GB 146.1 标准轨距铁路限界 第 1 部分:机车车辆限界

GB/T 150.1—2011 压力容器 第 1 部分:通用要求

GB/T 150.2—2011 压力容器 第 2 部分:材料

GB/T 150.3—2011 压力容器 第 3 部分:设计

GB/T 150.4—2011 压力容器 第 4 部分:制造、检验和验收

GB/T 567.1　爆破片安全装置　第1部分:基本要求
GB/T 567.2　爆破片安全装置　第2部分:应用、选择与安装
GB/T 567.3　爆破片安全装置　第3部分:分类及安装尺寸
GB/T 713　锅炉和压力容器用钢板
GB/T 1804—2000　一般公差　未注公差的线性和角度尺寸的公差
GB/T 3531　低温压力容器用钢板
GB/T 4549(所有部分)　铁道车辆词汇
GB/T 5599　机车车辆动力学性能评定及试验鉴定规范
GB/T 5600　铁道货车通用技术条件
GB/T 5601　铁路货车检查与试验规则
GB/T 9969　工业产品使用说明书　总则
GB/T 10478　液化气体铁路罐车
GB 12268　危险货物品名表
GB/T 12241　安全阀一般要求
CB/T 12243　弹簧直接载荷式安全阀
GB/T 13350　绝热用玻璃棉及其制品
GB/T 13550　5A分子筛及其测定方法
GB/T 14976　流体输送用不锈钢无缝钢管
GB/T 17600(所有部分)　钢的伸长率换算
GB/T 18443.2　真空绝热深冷设备性能试验方法　第2部分:真空度测量
GB/T 18443.3　真空绝热深冷设备性能试验方法　第3部分:漏率测量
GB/T 18443.4　真空绝热深冷设备性能试验方法　第4部分:漏放气速率测量
GB/T 18443.5　真空绝热深冷设备性能试验方法　第5部分:静态蒸发率测量
GB/T 18443.7　真空绝热深冷设备性能试验方法　第7部分:维持时间测量
GB/T 18443.8　真空绝热深冷设备性能试验方法　第8部分:容积测量
GB/T 24511　承压设备用不锈钢和耐热钢钢板和钢带
GB/T 24918　低温介质用紧急切断阀
GB/T 25198　压力容器封头
GB/T 26929　压力容器术语
GB/T 28791　铁道车辆标志
GB/T 31480　深冷容器用高真空多层绝热材料
GB/T 31481　深冷容器用材料与气体的相容性判定导则
HG/T 2690　13X分子筛
JB 4732　钢制压力容器——分析设计标准(2005年确认)
JB/T 6804　抗震压力表
JB/T 4711　压力容器涂敷与运输包装
JB/T 6896　空气分离设备表面清洁度
JC/T 1020　低温装置绝热用膨胀珍珠岩
NB/T 47009　低温承压设备用合金钢锻件

NB/T 47010　承压设备用不锈钢和耐热钢锻件

NB/T 47013.1　承压设备无损检测　第1部分:通用要求

NB/T 47013.2　承压设备无损检测　第2部分:射线检测

NB/T 47013.3　承压设备无损检测　第3部分:超声检测

NB/T 47013.4　承压设备无损检测　第4部分:磁粉检测

NB/T 47013.5　承压设备无损检测　第5部分:渗透检测

NB/T 47013.10　承压设备无损检测　第10部分:衍射时差法超声检测

NB/T 47013.11　承压设备无损检测　第11部分:X射线数字成像检测

NB/T 47013.14　承压设备无损检测　第14部分:X射线计算机辅助成像检测

NB/T 47014—2011　承压设备焊接工艺评定

NB/T 47016　承压设备产品焊接试件的力学性能检验

NB/T 47018.1　承压设备用焊接材料订货技术条件　第1部分:采购通则

NB/T 47018.2　承压设备用焊接材料订货技术条件　第2部分:钢焊条

NB/T 47018.3　承压设备用焊接材料订货技术条件　第3部分:气体保护电弧焊丝和填充丝

NB/T 47018.4　承压设备用焊接材料订货技术条件　第4部分:埋弧焊钢焊丝和焊剂

TB/T 2977　铁道车辆金属部件的接地保护

TB/T 3443.3　机车车辆车种、车型和车号编码规则　第3部分:货车

TB/T 3550.2—2019　机车车辆强度设计及试验鉴定规范　车体　第2部分:货车车体

TG/HY 105　铁路危险货物运输管理规则

YS/T 599　超细氧化钯粉

3　术语和定义

GB/T 150.1、GB/T 150.4、GB/T 4549(所有部分)、GB/T 10478和GB/T 26929界定的以及下列术语和定义适用于本文件。

3.1

冷冻液化气体　refrigerated liquefied gas

在储运过程中由于温度低而部分呈液态的气体,临界温度一般不高于－50℃。

3.2

冷冻液化气体铁路罐车　railway tank cars for refrigerated liquefied gases

罐体内充装冷冻液化气体,且与走行装置采用永久性连接的铁路罐车。

3.3

高真空多层绝热　high vacuum multilayer insulation

罐体的真空夹层空间内设置多层交替组合的间隔材料和反射屏,并抽至高真空所形成的绝热方式。

3.4

真空粉末绝热　vacuum powder insulation

罐体的夹层空间内充填多孔微粒绝热材料并抽真空所形成的绝热方式。

3.5

真空复合绝热　vacuum composite insulation

夹层空间内除设置高真空多层绝热材料外，还局部充填超细玻璃纤维绝热材料，并抽至高真空所形成的绝热方式。

3.6

几何容积　geometric volume

按设计的几何尺寸确定的内容器内部体积，扣除内件所占体积。

3.7

有效容积　effective volume

在使用状态下，内容器允许充装冷冻液化气体的液体最大体积。

3.8

等效压力　equivalent pressure

罐体所承受的在正常运输工况中由于介质惯性力载荷的作用而引起的压力。

3.9

充满率　filling rate

罐车充装冷冻液化气体的液体体积与内容器的几何容积之比。

3.10

额定充满率　specified filling rate

罐车充装时，充装液体量达到设计规定最高液面时的液体体积与内容器几何容积之比。

3.11

基准钢　reference steel

设定标准抗拉强度下限值(R_m)为 370 MPa，断后伸长率(A)为 27%的基准钢材。

3.12

封结真空度　sealing-off vacuum degree

罐体抽真空封口结束后，在常温下真空夹层压力相对稳定时的真空度。

3.13

冷冲击试验　cold shock test

向内容器充注冷冻液化气体，使内容器及管路快速冷却到预定温度，以考察内容器耐受温差应力变化速度和幅度的能力。

4　资质与职责

4.1　资质

设计、制造单位应按 TSG 07 和 TSG R0005 的规定，取得国家有关主管机构颁发的相应资质证书。

4.2　职责

4.2.1　设计委托方的职责

罐车的设计委托方应以书面形式向设计单位提出罐车的设计条件，设计条件至少包含以下内容：

a)　设计和制造应遵循的安全技术规范和产品标准；

b) 工作条件，包括使用环境温度、工作温度范围、工作压力范围、装卸条件及方式、装卸压力和附加载荷等；

c) 充装介质，包括介质的编号、名称、类别、组分、物理与化学性质、危险特性、有害杂质含量及介质对罐体材料的腐蚀速率等；

d) 内容器几何容积或有效容积；

e) 预期的罐车使用年限和夹层真空使用年限；

f) 所需维持时间；

g) 对应波动压力的压力循环次数；

h) 整体结构形式及几何尺寸参数等要求；

i) 设计需要的其他必要条件(如罐体材料选择、结构型式、绝热方式、防腐、表面处理和特殊要求等)。

4.2.2 设计单位的职责

4.2.2.1 设计单位应基于设计阶段风险评估报告的内容完成罐车设计，且对设计文件的正确性和完整性负责。

4.2.2.2 设计文件的审批、设计专用印章的管理和使用应满足 TSGR0005 的要求。

4.2.2.3 设计单位应在罐车设计使用年限内保存全部设计文件。

4.2.3 制造单位的职责

4.2.3.1 制造单位应建立健全的压力容器质量保证体系，并有效运行，其要求应符合 TSG R0005 的规定。

4.2.3.2 制造单位应严格执行有关法规、安全技术规范及技术标准，按设计文件的技术要求制造罐车，当原设计文件需修改时，应取得原设计单位同意修改的书面证明文件，并对改动部位作详细记录。

4.2.3.3 罐车应为整车制造，制造单位对罐车的制造质量负责。

4.2.3.4 制造单位在制造前应制订质量计划，其内容应至少包括罐车的制造工艺控制点、检验项目和合格要求。

4.2.3.5 制造单位的检验部门在制造过程中和完工后，应按本文件、设计图样和设计文件、质量计划的规定进行各项检验和试验，出具相应报告，并对报告的正确性和完整性负责。

4.2.3.6 制造单位应按照 TSG R0005 的要求向使用单位提供产品出厂资料。

4.2.3.7 制造单位应在罐车的明显部位装设产品铭牌，其要求应符合 TSG R0005 的规定。

4.2.3.8 制造单位应约请特种设备监督检验机构对罐车制造过程进行监督检验，并取得“特种设备制造监督检验证书”。

4.2.3.9 罐车应按型号通过主管部门核准或批准的试验机构的型式试验和相关试验，且取得相应合格证明文件。

4.2.3.10 制造单位对其制造的每台罐车，应在其设计使用年限内至少保存下列技术文件备查：

a) 设计文件；

b) 制造工艺图或制造工艺卡；

c) 罐体的焊接工艺和热处理(必要时)工艺文件；

d) 标准规定的检验、试验项目记录；

e） 制造过程中及完工后的检查、检验、试验记录；

f） 出厂资料。

5 材料

5.1 一般要求

5.1.1 材料的选择应考虑材料的力学性能、物理性能、工艺性能和与介质的相容性。

5.1.2 罐体选用材料应符合 TSG R0005、GB/T 150.2 以及相应国家标准或行业标准的规定。

5.1.3 可能与氧气或富氧环境接触的材料，其与氧的相容性应符合 GB/T31481 的规定。

5.1.4 与受压元件相焊的非受压元件用材料应具有良好的韧性及焊接性，且与相焊的受压元件相匹配。

5.1.5 受压元件材料制造单位应在材料的明显部位做出清晰、牢固的出厂钢印或采用其他可追溯的标志。

5.1.6 受压元件材料制造单位应向罐车制造单位提供材料质量证明书。材料质量证明书的内容应齐全、清晰并印制有可以追溯的信息化标识，加盖材料制造单位质量检验章。

5.1.7 罐车制造单位从非材料制造单位取得罐体和管路用材料时，应取得材料制造单位提供的材料证明书原件，或加盖材料经营单位公章和经办(负责)人签字(章)的复印件。

5.1.8 罐车制造单位应对取得的材料、外购件的质量证明书的真实性和一致性负责。

5.1.9 境外牌号材料和新材料的使用应符合 TSG R0005 的有关规定。

5.2 罐体材料

5.2.1 一般要求

5.2.1.1 罐体受压元件的材料应符合相应材料标准和设计图样的规定。

5.2.1.2 罐体受压元件用钢应为氧气转炉或电炉冶炼的镇静钢，并应采用炉外精炼工艺。

5.2.1.3 罐体受压元件用钢板的断后伸长率应符合相应钢板标准的规定，钢板的断后伸长率应不小于 $10\,000/R_m$(%)，且奥氏体不锈钢的断后伸长率应不小于 40%，碳素钢和低合金钢的断后伸长率应不小于 20%。采用不同尺寸试样的断后伸长率指标，应按照 GB/T 17600(所有部分)进行换算，换算后的指标应符合本条规定。

5.2.2 钢板

5.2.2.1 内容器用钢板

5.2.2.1.1 内容器一般采用奥氏体型不锈钢钢板，并应符合 GB/T 24511 的规定。热乳钢板表面加工类型应不低于 1D 级，冷乳钢板表面加工类型应不低于 2B 级。

5.2.2.1.2 内容器受压元件用钢应具有良好的塑性，其标准室温屈服强度(或 0.2%规定塑性延伸强度)应不大于 460 MPa，标准抗拉强度上限值应不大于 725 MPa，材料质量证明书中室温屈服强度(或 0.2%规定塑性延伸强度)与室温抗拉强度之比应不大于 0.85。

5.2.2.1.3 内容器常用钢板材料的力学性能指标应符合表 1 的规定。

5.2.2.1.4 当采用表 1 以外的钢板时，应符合本文件和相应材料标准的规定。

表1 内容器常用钢板力学性能指标

钢号	钢板标准	交货状态	厚度/mm	室温强度指标/MPa			断后伸长率A(百分比)
				$R_{p0.2}$	$R_{p1.0}$	R_m	
S30408	GB/T 24511	固溶处理	3～25	≥220	≥250	≥520	≥40
S30403				≥210	≥230	≥490	
S31608				≥220	≥260	≥520	
S31603				≥210	≥260	≥490	

5.2.2.2 外壳用钢板

5.2.2.2.1 钢板应有良好的可焊性、足够的强度和冲击韧性,同时应考虑外界环境的腐蚀作用。当选用低合金钢板时,应符合 GB/T 713 或 GB/T 3531 的规定;当选用奥氏体型不锈钢钢板时,应符合 GB/T24511 的规定。

5.2.2.2.2 外壳用低合金钢板,常温下的屈服强度标准值应不大于 460 MPa,标准抗拉强度上限值应不大于 725 MPa,且能适应罐车在运输、使用中所遇到的环境条件,并符合设计图样的要求。

5.2.2.2.3 外壳用低合金钢钢材,材料质量证明书中室温下的屈服强度与抗拉强度之比应不大于 0.85。

5.2.2.2.4 外壳壳体常用钢板材料的力学性能指标应符合表 2 的规定。

5.2.2.2.5 当采用表 2 以外的钢板时,应符合本文件和相应材料标准的规定。

表2 外壳壳体常用钢板力学性能指标

钢号	钢板标准	交货状态	厚度/mm	室温强度指标/MPa		断后伸长率A(百分比)
				$R_{eL}(R_{p0.2})$	R_m	
Q245R	GB/T713	热轧,控轧或正火	3～16	≥245	400～520	≥25
Q345R				≥345	510～640	≥21
16MnDR	GB/T 3531	正火,正火加回火	6～16	≥315	490～620	≥21
S30408	GB/T 24511	固溶处理	3～16	≥220	≥520	≥40
S30403				≥210	≥490	

5.2.3 钢锻件

5.2.3.1 内容器用不锈钢锻件应符合 NB/T 47010 的规定,锻件级别应不低于Ⅲ级。

5.2.3.2 外壳常用低合金钢锻件和不锈钢锻件应分别符合 NB/T 47009、NB/T 47010 的规定。与罐内介质接触的锻件级别应不低于Ⅲ级,其余锻件级别应不低于Ⅱ级。

5.2.4 管子和管件

5.2.4.1 管子用材料应符合 GB/T 150.2 和设计图样的规定,且应符合 GB/T 14976 的规定。

5.2.4.2 管件应符合相应标准的规定。当管件采用钢锻件时,应符合 5.2.3 的规定。

5.2.4.3 与深冷介质接触的奥氏体不锈钢管件采用冷成形加工成形时,其成形后的铁素体测量值应不大于 15%。

5.2.5 绝热材料

5.2.5.1 膨胀珍珠岩(珠光砂)应符合 JC/T 1020 的规定,且含水率应不大于 0.3%(质量分数)。

5.2.5.2 阻光剂应具有良好的化学稳定性。

5.2.5.3 高真空多层绝热材料应符合 GB/T 31480 的规定,且应采用导热系数小、放气率低的脱脂纤维布或者脱脂纤维纸等材料。

5.2.5.4 复合绝热使用的超细玻璃纤维制品应符合 GB/T 13350 的规定,且符合下列要求:

a) 含水率<0.3%(质量分数);

b) 密度≤16 kg/m³;

c) 导热系数:在标准大气压力和常温下,导热系数≤0.033 W/(m·K);在真空度为 0.133 Pa(0.001 mmHg)和温度-196℃(77 K)~232℃(505 K)下,导热系数≤0.003 6 W/(m·K)。

5.2.6 吸附剂材料

5.2.6.1 5A 分子筛应符合 GB/T 13550 的规定,13X 分子筛应符合 HG/T 2690 的规定。

5.2.6.2 氧化钯应符合 YS/T 599 的规定。

5.2.6.3 采用其他吸附剂材料时,应能满足深冷容器使用要求,且符合相应产品标准的规定。

5.2.7 焊接材料

5.2.7.1 罐体用焊接材料应符合 NB/T 47018.1~47018.4 的规定,且有清晰、牢固的标志,并附有质量证明书。

5.2.7.2 焊接材料的选用应考虑焊接接头力学性能与罐体母材的匹配,且应符合 TSG R0005 的规定。

5.2.7.3 焊接材料应在焊接工艺评定合格后方可使用,焊接工艺评定应按 NB/T 47014 的要求进行。

5.2.8 夹层支撑材料

5.2.8.1 当采用金属支撑材料作为支撑元件时,应选用导热系数小、具有良好的低温冲击韧性的材料,使用温度应在材料允许使用温度范围内,且应符合相应材料的标准要求。

5.2.8.2 当采用非金属支撑材料作为支撑元件时,应满足以下要求:

a) 非金属支撑材料应尽可能采用导热系数小、使用温度在材料允许范围内、真空下表面放气率低和具有良好低温冲击韧性的材料;

b) 材料性能应符合相应产品标准的规定;

c) 材料制造单位应委托具有相应资质的试验机构进行材料性能测试,并取得试验机构出具的材料性能试验报告;

d) 采用玻璃钢作为支撑材料时,材料出厂文件应包含压缩强度、弯曲强度、抗拉强度、剪切强度、冲击韧性和弹性模量等力学性能指标和导热系数、线膨胀系数、允许使用温度范围等物理性能指标,以确保使用的玻璃钢满足罐车的绝热性能、结构强度、制造工艺和使用的要求。低温绝热用环氧玻璃钢管材料在室温和-196℃条件下的物理与力学性能指标应不低于表 3 的要求。

表3 低温绝热用环氧玻璃钢管材料物理与力学性能指标

加载方向	温度/℃	密度/(g/cm^3)	热导率/(W/m·K)	平均线膨胀系数/(10^{-6}/℃)	抗拉强度/MPa	压缩强度/MPa	剪切强度/MPa	弯曲强度/MPa	冲击韧性/(J/cm^2)
平行于布层方向	室温	1.70～1.90	≤0.50	≤16	≥210	≥250	≥30	—	—
	−196		≤0.42		≥280	≥360	≥35	—	—
垂直于布层方向	室温		≤0.43	≤40	—	≥310	≥80	≥340	≥22
	−196		≤0.35		—	≥420	≥100	≥420	≥35

5.3 其他

5.3.1 外购件应符合相应的国家标准或行业标准的规定，且有质量证明文件或产品合格证。

5.3.2 紧固件应符合相应国家标准或行业标准的规定。

5.3.3 密封垫片应根据充装介质、工作压力和温度正确选用，且符合相应标准的规定。当采用四氟乙烯垫片时，应选用膨胀型或填充改性型聚四氟乙烯垫片。

5.3.4 罐体支座材料应有足够的强度和冲击韧性，且符合相应支座标准的规定。

5.3.5 罐车用其他材料应符合设计图样、相应标准和铁路行业的规定。

6 设计

6.1 一般要求

6.1.1 罐车的设计除应符合本文件的要求外，还应符合相关法规、安全技术规范、国家标准和行业标准的规定。

6.1.2 罐体、管路、安全附件、仪表及装卸附件等的布置应合理可靠，且满足使用和安全的要求。

6.1.3 罐车强度设计及试验鉴定应符合本文件及 TB/T 3550.2 和铁路行业的规定。

6.1.4 罐车动力学性能应符合 GB/T 5599 的规定。

6.1.5 罐车的结构安全性应符合 GB/T 5600 的规定。

6.1.6 罐车的轮廓应符合 GB 146.1 的规定。

6.1.7 罐车重车重心限制高度应符合 TG/HY 105 的规定。

6.1.8 罐车的管路接头、装卸阀门、超压泄放装置、紧急切断装置、仪表和其他附件等装置应布局合理，相对集中，便于操作、检查和维护，并尽可能设置在操作箱或操作间内。管路、阀门等应有清晰标识，标明用途。

6.1.9 充装易燃、易爆介质的罐车，其罐体与走行装置连接处应采用导静电措施，保证其接地性能良好。

6.1.10 罐车操作箱或操作间应有足够的操作空间，且应连接牢固，其设置应满足车辆使用要求。

6.1.11 罐体设计使用年限应不少于 15 年。

6.2 设计文件

6.2.1 罐车的设计文件应至少包括下列各项：

a) 风险评估报告，包括设计、制造及使用等阶段的主要失效模式和风险控制等，其基本内容应符合 TSG R0005 的规定；

b) 设计说明书,包括对充装介质的主要物理、化学性质(编号、名称、类别及与工作温度相对应的饱和蒸气压与密度等)、危险特性、混合介质的限制组分以及有害杂质的限制含量要求、与罐体材料相容性等作出说明,还应对设计规范与标准的选择、主要设计结构的确定原则、主要设计参数的确定原则、材料的选择、安全附件的选择、仪表及装卸附件的选择、走行装置等的选用作出说明;

c) 设计计算书,包括罐体强度、刚度、外压稳定性、容积、传热、安全泄放量、超压泄放装置排放能力、内外支撑结构强度、重车重心高等计算,以及心盘承载能力、罐车静强度、动力学性能、曲线通过性能、制动性能等铁路车辆整车性能计算;

d) 设计图样,包括总图、罐体及部件图、管路系统及流程图等;

e) 制造技术条件,包括主要制造工艺要求、检验与试验方法等;

f) 使用维护说明书,包括主要技术性能参数、充装的介质特性、安全附件和仪表及装卸附件等的规格和连接方式、操作说明、维护说明、使用应注意的事项、必要的警示性告知以及应急措施等。

6.2.2 设计总图、罐体图、风险评估报告、设计计算书应由设计、校核、审核3级签署,并经设计单位技术负责人或其授权人批准。

6.2.3 设计总图上应至少注明下列内容:

a) 产品名称,型号,设计、制造依据的主要安全技术规范和标准;

b) 工作条件,包括使用环境温度、工作温度、工作压力、介质特性(爆炸危害程度、氧化性等)、介质密度等;

c) 设计条件,包括设计温度、最低设计金属温度、设计载荷(包含压力载荷和其他应考虑的载荷)、介质(组分)、焊接接头系数、腐蚀裕量等,介质有应力腐蚀倾向的还应注明腐蚀介质的限定含量;

d) 主要特性参数,包括罐车的轨距、最高运行速度、总重、自重、载重(最大允许充装量)、自重系数、轴重、每延米重、车辆定距、换长、车辆限界、通过最小曲线半径、内容器和真空夹层的几何容积、额定充满率等;

e) 设计使用年限;

f) 特殊制造要求(氮气或者惰性气体置换要求、外壳表面处理及涂覆要求等);

g) 耐压试验要求;

h) 泄漏试验要求;

i) 罐体真空绝热型式、真空性能指标、真空绝热性能指标、真空设计使用年限等;

j) 防腐蚀要求(必要时);

k) 安全附件、仪表及装卸附件的规格、性能参数及连接方式;

l) 管口的方位、规格、连接法兰标准等;

m) 铭牌位置。

6.2.4 罐体设计图应至少注明下列内容:

a) 主要受压元件材料牌号、规格、标准及要求;

b) 主要设计参数,包括设计温度、设计压力、最低设计金属温度、腐蚀裕量、介质密度、额定充满率、最大允许充装量、充装介质及介质的危害性、内容器和真空夹层的几何容积、焊接接头系数等,介质有应力腐蚀倾向的还需注明腐蚀介质的限定含量;

c) 内容器与外壳的圆筒、封头的计算厚度、名义厚度和最小成形厚度；

d) 无损检测要求；

e) 热处理要求(必要时)；

f) 耐压试验要求；

g) 罐体真空绝热型式、真空性能指标、真空绝热性能指标、真空设计使用年限等；

h) 防腐蚀要求(必要时)；

i) 罐体设计使用年限(疲劳罐体应标明循环次数)。

6.2.5 管路系统图应至少注明以下内容：

a) 管路系统设计、制造所依据的标准；

b) 设计参数，包括设计温度、设计压力、焊接接头系数等；

c) 管路受压元件材料牌号以及材料标准号、规格等；

d) 安全附件(包括管路超压泄放装置)、仪表及装卸附件的型号、规格、性能参数、连接方式、管口方位等；

e) 无损检测要求；

f) 耐压试验要求；

g) 泄漏试验要求。

6.3 罐体设计

6.3.1 一般要求

6.3.1.1 罐体应基于可能产生的失效模式进行设计。

6.3.1.2 罐体强度计算和外压稳定性校核时，采用规则设计的应符合 GB/T 150.3 的规定，采用分析设计的应符合 JB 4732 的规定。

6.3.1.3 当罐体强度按 GB/T 150.3 计算时，局部应力分析可按 GB/T 150.1—2011 附录 E 的规定进行。

6.3.2 载荷

6.3.2.1 罐体应能承受在正常装卸和运输过程中可能出现的工况条件下的内压、外压、内外压力差、纵向力、垂向力等静载荷以及相应的动载荷和热应力载荷等，并考虑这些载荷可能发生的最苛刻组合。同时，应考虑在设计使用年限内由于反复施加这些载荷而造成的疲劳失效。

6.3.2.2 罐体设计时应考虑下列载荷：

a) 内压、外压或最大压差；

b) 装载量达到最大充装质量时的液柱静压力；

c) 运输时的惯性力；

d) 支座、其他型式支撑件与罐体连接部位或支撑部位的作用力；

e) 连接管路和其他部件的作用力；

f) 罐体自重及正常工作条件下或试验条件下充装介质的重力载荷；

g) 附属设备及管路等的重力载荷；

h) 温度梯度或热膨胀量不同引起的作用力；

i) 压力急剧波动引起的冲击载荷；

j) 因压力或温度变化、安装在罐车或罐体上的设备以及机械载荷等产生的周期性动载荷。

6.3.2.3 罐车基本作用载荷及其组合应符合 TB/T 3550.2 的规定。

6.3.2.4 罐体设计时,应考虑下列温差载荷:

a) 内容器从环境温度冷却到工作温度过程中,内容器在支承点处承受的温差载荷。

b) 内容器、管道及外壳之间不同的热膨胀引起的管道反作用力,并至少考虑下列工况:

——进液冷却过程:内容器热状态,管路系统冷状态,外壳热状态;

——充装及卸料过程:内容器、管路系统均是冷状态,外壳热状态;

——运输过程:内容器冷状态,管路系统热状态,外壳热状态。

c) 罐体制造过程中夹层加热抽真空时,应考虑内容器在支撑点处、容器与外壳之间的管路及其与内容器连接处的温差载荷。

6.3.2.5 内容器满足 JB 4732 规定的疲劳分析免除条件时,无需进行疲劳分析。

6.3.3 设计温度

6.3.3.1 内容器的设计温度应不低于元件金属在正常工况下可能达到的最高工作温度。

6.3.3.2 外壳的设计温度应考虑环境温度的影响,且不低于50℃。

6.3.3.3 各元件进行稳定性校核时,其设计温度应考虑正常工作条件及罐体加热抽空时可能出现的最高温度。

6.3.4 最低设计金属温度

6.3.4.1 内容器的最低设计金属温度应考虑正常运输、使用、检验及试验中介质最低工作温度对内容器金属温度的影响,且应不高于介质的沸点。

6.3.4.2 外壳的最低设计金属温度,应考虑环境温度的影响,且不高于-40℃。

6.3.5 压力

6.3.5.1 设计压力

6.3.5.1.1 内容器设计压力按下列规定确定:

a) 内压应不小于下列情况中工作压力的最大值:

1) 充装、卸料工况的工作压力;

2) 设计温度下介质的饱和蒸汽压(表压)。

b) 外压应不小于在制造、运输、装卸、检验与试验或者其他工况中可能出现的最大内外压力差。

6.3.5.1.2 外壳设计压力按下列规定确定:

a) 内压应不小于外壳防爆装置设定的排放压力。当罐体绝热型式为真空粉末绝热时,应考虑粉末填充过程中可能出现的最大内压;

b) 外压不小于 0.1 MPa。

6.3.5.2 计算压力

6.3.5.2.1 内容器受压元件计算压力应不小于设计压力、液柱静压力、等效压力与 0.1 MPa 之和。

6.3.5.2.2 液柱静压力小于设计压力的5%时,可忽略不计。

6.3.5.2.3 等效压力应符合下列规定:

a) 确定等效压力时的介质惯性力载荷应符合 TB/T 3550.2 及铁路行业的规定;

b) 等效压力按相应方向的惯性力载荷(静态力)除以与该力的作用方向垂直的罐体截面的投影面积所得的商确定;

c) 等效压力应不小于各方向上按 b)项计算所得值中的最大值,且不小于 0.035 MPa。

6.3.6　焊接接头系数

6.3.6.1　内容器的焊接接头系数取1.0。

6.3.6.2　外壳的焊接接头系数取0.85。

6.3.7　许用应力

6.3.7.1　当罐体承受压力载荷时,采用规则设计以及分析设计的罐体,其材料许用应力应按GB/T 150.2选取。

6.3.7.2　采用规则设计的罐体,局部采用分析设计时,材料的许用应力应按GB/T 150.2的规定选取。

6.3.7.3　当罐体采用的材料在GB/T 24511中规定了$R_{p1.0}$的值,且在设计文件中提出了钢板附加检验$R_{p1.0}$值时,可使用$R_{p1.0}$来确定许用应力。

6.3.7.4　螺栓材料在不同温度下的许用应力应按GB/T 150.2和相应标准的规定选取。

6.3.7.5　当夹层支撑元件采用非金属材料时,确定材料许用应力的安全系数应不小于4.0。材料的抗拉强度、压缩强度与剪切强度值应取室温下对应施加载荷方向的标准规定下限值。

6.3.8　腐蚀裕量

6.3.8.1　罐体的腐蚀裕量应由用户提供或设计确定。

6.3.8.2　有均匀腐蚀或磨损的元件,应按预期的罐体设计使用年限和介质对材料的腐蚀速率(及磨损速率)确定腐蚀裕量。内容器为奥氏体型不锈钢材料时,一般不考虑均匀腐蚀。

6.3.8.3　罐体各组件受到的腐蚀程度不同时,可采用不同的腐蚀裕量。

6.3.8.4　碳素钢或低合金钢制外壳内表面一般不考虑腐蚀。当外壳外表面有可靠的防腐措施时,可不考虑腐蚀裕量;当外壳外表面无可靠的防腐措施时,其腐蚀裕量不小于1 mm。

6.3.9　罐体厚度

6.3.9.1　罐体最小厚度(不包括材料厚度负偏差、腐蚀裕量以及加工制造过程中的工艺减薄量)应符合下列规定:

a)　设定材料为基准钢时,罐体最小厚度δ_0应满足下列要求:

——当内容器直径不大于1 800 mm时,内容器最小厚度应不小于3 mm,内容器和外壳的厚度之和应不小于5 mm;

——当内容器直径大于1 800 mm时,内容器最小厚度应不小于4 mm,内容器和外壳的厚度之和应不小于6 mm。

b)　当选用其他钢材时,其最小厚度应按式(1)计算:

$$\delta_1=\frac{464\delta_0}{\sqrt[3]{(R_m A_1)^2}} \qquad \cdots\cdots (1)$$

式中:

δ_1——所用钢材的罐体最小厚度,mm;

δ_0——设定材料为基准钢时的罐体最小厚度,mm;

R_m——所用钢材的标准抗拉强度下限值,MPa;

A_1——所用钢材的断后伸长率(百分比)。

c)　无论使用何种材料,内容器的厚度应不小于3 mm。

6.3.9.2　罐体的设计厚度应不小于下列值的较大值:

a)　按GB/T 150(所有部分)或JB 4732确定的罐体计算厚度与腐蚀裕量之和;

b) 按 6.3.9.1 确定的罐体最小厚度与腐蚀裕量之和。

6.3.9.3 罐体受压元件成形后,应保证设计要求的最小厚度。

6.3.10 充满率

6.3.10.1 最大充满率应符合下列规定:

a) 充装非易燃、易爆介质的罐体,任何情况下可能达到的最大充满率应不大于 98%;

b) 充装易燃、易爆介质的罐体,任何情况下可能达到的最大充满率应不大于 95%。

6.3.10.2 额定充满率应符合下列规定:

a) 充装非易燃、易爆介质的罐体,额定充满率应不大于 95%;

b) 充装易燃、易爆介质的罐体,额定充满率应不大于 90%。

6.3.10.3 在确定初始充满率时,应考虑罐车运输预期所需的维持时间(包括可能遇到的任何延误)、最大充满率、最大允许充装量等因素,且应不超过额定充满率。

6.3.10.4 罐体应设置如溢流口等防超装的装置。溢流口应根据设计使用工况设置一个或多个,且符合 6.3.10.3 的规定。

6.3.11 最大允许充装量

6.3.11.1 罐车的最大允许充装量应满足罐车允许的承载能力,并满足 6.3.10 的要求。

6.3.11.2 当罐车运输过程中不能满足 6.3.10.1～6.3.10.3 的要求时,应降低初始充装量。

6.3.12 真空绝热性能

6.3.12.1 罐体静态蒸发率应符合表 4 的规定。

6.3.12.2 维持时间应满足罐车预期最长运输时间的要求,同时具有一定的安全裕量。

6.3.12.3 采用真空复合绝热方式的罐车,其静态蒸发率指标应满足表 4 中高真空多层绝热方式的指标要求。

表 4 静态蒸发率

内容器有效容积 V/m^3	静态蒸发率(上限值)/(%/d)							
	液氮		液氧		液氩		液化天然气(甲烷)	
	高真空多层绝热	真空粉末绝热	高真空多层绝热	真空粉末绝热	高真空多层绝热	真空粉末绝热	高真空多层绝热	真空粉末绝热
25	0.300	0.440	0.190	0.270	0.200	0.300	0.190	0.290
30	0.280	0.420	0.170	0.260	0.190	0.290	0.175	0.280
35	0.260	0.400	0.160	0.250	0.180	0.270	0.165	0.265
40	0.240	0.380	0.150	0.240	0.160	0.260	0.155	0.255
50	0.210	0.360	0.130	0.220	0.140	0.240	0.140	0.240
65	0.190	0.340	0.120	0.180	0.130	0.210	0.130	0.220
85	0.170	0.320	0.110	0.160	0.120	0.190	0.120	0.190
100	0.150	0.300	0.100	0.145	0.110	0.175	0.110	0.170
130	0.130	0.280	0.085	0.130	0.100	0.160	0.095	0.145
150	0.120	0.260	0.075	0.120	0.090	0.150	0.085	0.130
注:中间值采用内插法确定。								

6.3.13　夹层的真空性能

6.3.13.1　真空夹层漏气速率应符合表5的规定。

表5　真空夹层漏气速率

内容器几何容积 V/m^3	漏气速率/(Pa·m^3/s)	
	高真空多层绝热	真空粉末绝热
$30 \leqslant V \leqslant 50$	$\leqslant 5.0 \times 10^{-9}$	$\leqslant 1.0 \times 10^{-8}$
$50 < V \leqslant 100$	$\leqslant 1.0 \times 10^{-8}$	$\leqslant 5.0 \times 10^{-8}$
$100 < V \leqslant 150$	$\leqslant 5.0 \times 10^{-8}$	$\leqslant 1.0 \times 10^{-7}$

6.3.13.2　真空夹层漏放气速率应符合表6的规定。

表6　真空夹层漏放气速率

内容器几何容积 V/m^3	漏放气速率/(Pa·m^3/s)	
	高真空多层绝热	真空粉末绝热
$30 \leqslant V \leqslant 50$	$\leqslant 1.0 \times 10^{-6}$	$\leqslant 1.0 \times 10^{-5}$
$50 < V \leqslant 100$	$\leqslant 5.0 \times 10^{-6}$	$\leqslant 5.0 \times 10^{-5}$
$100 < V \leqslant 150$	$\leqslant 1.0 \times 10^{-5}$	$\leqslant 1.0 \times 10^{-4}$

6.3.13.3　常温下真空夹层的封结真空度应符合表7的规定。

表7　封结真空度

内容器几何容积 V/m^3	真空度/Pa	
	高真空多层绝热	真空粉末绝热
$30 \leqslant V \leqslant 50$	$\leqslant 0.03$	$\leqslant 3$
$50 < V \leqslant 100$	$\leqslant 0.05$	$\leqslant 5$
$100 < V \leqslant 150$	$\leqslant 0.08$	$\leqslant 8$

6.3.13.4　夹层真空性能应满足5年真空使用年限的要求。

6.3.13.5　采用真空复合绝热方式的罐车，夹层的真空性能要求应满足高真空多层绝热深冷容器的指标要求。

6.3.14　耐压试验

6.3.14.1　内容器耐压试验一般采用气压试验，真空夹层内的管路应尽可能与内容器一起进行耐压试验。

6.3.14.2　内容器与外壳组装前，内容器耐压试验压力最低值应按式(2)或式(3)确定：

a)　液压试验

$$p_T = 1.3(p + 0.1) \quad \cdots\cdots (2)$$

b)　气压试验

$$p_T = 1.15(p + 0.1) \quad \cdots\cdots (3)$$

式中：

p_T——试验压力，MPa；

p——内容器设计压力，MPa。

6.3.14.3 内容器与外壳组装完毕且建立夹层真空后，内容器耐压试验压力最低值应按式(4)或式(5)确定：

a) 液压试验

$$p_T = 1.3(p + 0.1) - 0.1 \quad (4)$$

b) 气压试验

$$p_T = 1.15(p + 0.1) - 0.1 \quad (5)$$

6.3.14.4 当采用大于上述规定的耐压试验压力时，应在内容器耐压试验前校核各受压元件在试验条件下的应力水平。内容器元件应按式(6)校核最大总体薄膜应力 δ_T：

$$\sigma_T = \frac{p_T(D_i + \delta_e)}{2\delta_e} \quad (6)$$

式中：

δ_T——试验压力下圆筒的最大总体薄膜应力，MPa；

p_T——试验压力，MPa；

D_i——圆筒的内直径，mm；

δ_e——圆筒的有效厚度，mm。

6.3.14.5 内容器最大总体薄膜应力 σ_T 应满足式(7)或式(8)：

a) 液压试验

$$\sigma_T \leqslant 0.9R_{eL}(R_{p0.2}) \quad (7)$$

b) 气压试验

$$\sigma_T \leqslant 0.8R_{eL}(R_{p0.2}) \quad (8)$$

式中：

$R_{eL}(R_{p2})$——内容器材料在试验温度下的屈服强度(或0.2%规定塑性延伸强度)，MPa。

6.3.15 泄漏试验

每辆罐车组装完毕应进行泄漏试验。泄漏试验可采用气密性试验，试验压力取内容器的设计压力，试验介质应为干燥清洁的空气、氮气或其他惰性气体。

6.3.16 结构设计

6.3.16.1 一般要求

6.3.16.1.1 充装液氧的罐车及可能与氧和滞留氧接触的管路、阀门等部件应不选用铝和铝合金材料。

6.3.16.1.2 设计时，应考虑内容器、外壳在制造和工作过程中因温度变化而引起的温差应力，必要时应设置补偿装置。

6.3.16.2 焊接结构

6.3.16.2.1 对接焊接接头应采用全截面焊透的对接接头型式。

6.3.16.2.2 管子、管座、凸缘等与内容器的焊接应采用全焊透结构。

6.3.16.2.3 尽量减少焊接件的变形和应力，如不同厚度的材料焊接时，应采用等厚度的接头型式。

6.3.16.2.4 焊接接头的连接应尽可能采用有较高静载荷及疲劳强度的接头型式。

6.3.16.2.5 焊缝应避免过于集中,尽量减少应力集中和接头变形。

6.3.16.2.6 两种不同材料焊接时,其焊接接头型式应考虑材料的热胀冷缩特性、熔化温度、导热系数等因素。

6.3.16.3 罐体设置

罐体一般不设置人孔或检查孔。

6.3.16.4 装卸口设置

6.3.16.4.1 充装易燃、易爆介质的罐体,装卸用及连接外部增压器的液相口和气相口应分别由三个相互独立并且串联在一起的关闭装置组成,第一个是尽可能靠近外壳的紧急切断阀或等效装置(如顶部进液口采用单向阀),第二个是截止阀,第三个是盲法兰或等效装置。

6.3.16.4.2 充装非易燃、易爆介质的罐体,装卸用及连接外部增压器的液相口和气相口应分别至少设置两个独立的串联在一起的关闭装置,第一个是靠近外壳的低温截止阀,第二个是盲法兰或等效装置。

6.3.16.4.3 装卸口均应标明其用途。

6.3.16.5 夹层支撑

6.3.16.5.1 支撑结构及受其反力作用的壳体局部应有足够的强度与刚度。

6.3.16.5.2 支撑结构在压、弯组合载荷下,应有足够的稳定性。

6.3.16.5.3 支撑结构应至少能够承受 6.3.2.3 规定的惯性力载荷。

6.3.16.6 绝热设计

6.3.16.6.1 充装标准大气压下沸点不高于−182℃介质的罐体,不应采用可能与氧气或富氧气氛发生危险性反应的绝热材料。

6.3.16.6.2 当夹层支撑的漏热量计算不能按经验公式计算时,宜采用有限元热分析计算。当夹层支撑材料的导热系数未知时,应采用试验方法确定。

6.3.16.6.3 真空多层绝热罐体的绝热层材料的漏热量可按绝热结构表观比热流 q(W/m^2)乘以绝热层的表面积进行计算,且应考虑绝热层包扎松紧度、夹层间隙和夹层真空度等的影响。

6.3.16.6.4 内容器引出的液相管路应设置气封液结构。

6.3.16.6.5 真空夹层中吸附剂的设置应符合下列规定:

a) 真空夹层中冷侧应放置在低温、真空状态下对极性分子的气体具有较强吸附性能的吸附剂,如5A分子筛、13X分子筛或活性炭等;

b) 高真空多层绝热和真空复合绝热的真空夹层热侧应放置具备吸氢能力的吸附剂,充装介质为液氧的罐体不应选用氧化钯;

c) 充装标准大气压下沸点不高于−182℃介质的罐体,不应使用在富氧环境下会产生爆炸的吸附剂;

d) 真空夹层内放置吸附剂的吸附用量,应能满足5年真空使用年限的要求。

6.3.16.6.6 采用真空粉末绝热结构时,可向粉末中添加阻光剂,其与粉末材料的质量比应不大于0.2%。充装液氧介质的真空绝热罐体不应选用铝粉等易燃阻光剂。

6.3.16.6.7 采用真空粉末绝热结构时,应采取防止粉末沉降的措施。

6.4 结构件的连接

6.4.1 重量较轻的结构件与罐体直接相连接应满足下列要求:

a） 结构件材料强度应不大于与其相连接的罐体材料的强度；

b） 结构件材料厚度应不大于与其相连接的罐体材料厚度的0.7倍。

6.4.2 当主要受力结构件通过垫板与罐体连接时，垫板材料应与罐体材料牌号相同，或垫板材料屈服强度标准值应为罐体材料屈服强度标准值的0.8倍～1.2倍，且应符合下列规定：

a） 垫板厚度应不大于圆筒或封头厚度的1.5倍，且不小于4 mm；

b） 垫板与罐体的焊接接头高度应不大于所在位置罐体材料的厚度；

c） 结构件在垫板上的焊脚距离垫板边缘的尺寸应不小于4倍的垫板厚度；

d） 垫板的边缘应为圆角形状，圆角半径应不小于4倍的垫板厚度；

e） 垫板上应设置一个透气孔；

f） 垫板与罐体应连续焊接；

g） 垫板宜避开A、B类焊缝。

6.4.3 夹层支撑、外壳支座等结构件的最大一次局部薄膜应力与一次弯曲应力之和应不超过0.75倍的材料标准常温屈服强度。

6.5 罐体与底架连接结构设计

6.5.1 罐体与底架连接应牢固、安全、可靠，有足够的刚度和强度。

6.5.2 无中梁罐车应将罐体与牵枕装置组焊成一体，牵枕装置的枕梁与筒体的连接包角应不小于120°。有中梁罐车的罐体与底架的连接可采用螺栓紧固结构，也可采用其他可靠的连接方式。

6.6 管路

6.6.1 管路系统的设计结构应避免热胀冷缩、机械颤动、振动或各附件之间存在相对运动等所引起的损坏，必要时应考虑补偿结构和紧固装置。

6.6.2 管路的设计压力应不低于内容器的设计压力。管路的公称压力应不小于内容器工作压力的2倍，且应在承受4倍管路系统工作压力时不致破裂。

6.6.3 管路的设计应能防止阀门被意外开启，在运输及装卸过程中不致脱卸或损坏。管路的设计应尽可能将需要操作的阀门、需要校验的仪表设置在易于操作、维修、更换的位置。

6.6.4 管子、管件之间的连接应采用焊接连接，焊接接头应优先采用全焊透对接接头型式。

6.6.5 仪表管路与主管路之间的连接应采用焊接连接，仪表与管路的连接可采用卡套或活套接头等连接方式。

6.6.6 真空夹层内的管路连接应为焊接结构，且宜采用等壁厚、全焊透的对接接头，也可采用承插焊结构。

6.6.7 管路部件中的法兰组件等的压力等级应与管路的压力等级相匹配。管路上应清楚标明各个接口和附件的用途。管路阀门应标明介质流向，截止阀应标明开启和关闭方向。

6.6.8 超压泄放管路应满足下列要求：

a） 泄放管路应与内容器气相空间直接相通，管路通径应满足内容器安全泄放的要求；

b） 泄放管进口应设置在内容器顶部气相空间不大于2%的位置，且尽可能靠近纵向和横向的中心；

c） 超压泄放装置进口连接管路应尽可能短而直，其内截面积应不小于超压泄放装置所需的内截面积；

d） 超压泄放装置连接管路出口应尽量集中布置，且引出操作箱或操作间，避免朝向操作箱、操作间、车体附件等部件。

6.6.9 顶部喷淋管(或装置)应能在充液时使内容器尽量被均匀冷却,喷淋孔截面积总和应不小于喷淋管截面积。

6.6.10 自增压器管路应满足下列要求:

a) 自增压器进液管路和气体回流管路应与自增压器增压能力和压力相匹配,且尽量减少其流通阻力;

b) 自增压器气体回流管路应避免形成气阻。

6.6.11 压力测量管路取压口,应设置在靠近封头的位置,且避免其他管口对其造成的冲击、扰动。

6.6.12 压差式液位测量管路应分别设置气相取压管和液相取压管。气相取压口可与压力测量管路的取压口共用。液相取压口的设置应避免底部进液及卸液时对其造成冲击、扰动。液相取压管路的设计,应能将管路中的液体充分气化,防止损坏液位测量装置。

6.6.13 溢流管路的设置应符合下列规定:

a) 入口高度应符合 6.3.10 的规定;

b) 出口端应设置截止阀;

c) 出口朝向应避免造成对操作人员和罐车的伤害。

6.6.14 管路的耐压试验要求如下:

a) 夹层内部管路以及与罐体无法截断的外部管路可与罐体一同进行耐压试验,管路耐压试验压力与罐体相同。

b) 无法与内容器一起进行耐压试验的管路,应单独进行耐压试验,其耐压试验压力不低于式(9)或式(10)的要求:

1) 液压试验

$$p_T = 1.5 p_p \quad \cdots\cdots (9)$$

2) 气压试验

$$p_T = 1.15 p_p \quad \cdots\cdots (10)$$

式中:

p_T——试验压力,MPa;

p_p——管路设计压力,MPa。

6.7 真空封结装置

6.7.1 真空夹层应设置真空隔离阀或自吸式堵头等真空封结装置。

6.7.2 真空封结装置的漏气速率应与罐体真空夹层的漏气速率相匹配。

6.7.3 真空封结装置应设置保护装置。

6.7.4 可根据罐体大小、抽真空速率要求等设置一个或多个真空封结装置,或者采用较大口径的真空封结装置。

6.8 自增压器

6.8.1 自增压器的压力等级应不低于内容器的设计压力,所选用的材料应与充装介质相容,且考虑使用工况中的震动和材料的热胀冷缩等影响。

6.8.2 自增压器的汽化能力应满足设计排液速率的要求。

6.8.3 自增压器的结构设计应避免液体或气体的偏流。

7 安全附件、仪表和装卸附件

7.1 一般要求

7.1.1 罐车的安全附件、仪表和装卸附件的设置，除应符合 TSG R0005 和本文件的规定外，还应满足设计文件的要求。

7.1.2 安全附件包括直接连接在罐体以及管路上的超压泄放装置（安全阀、爆破片装置、安全阀与爆破片组合装置）、外壳防爆装置、紧急切断装置以及导静电装置等。

7.1.3 仪表包括直接连接在罐体以及管路上的压力、液位、温度、真空度等测量装置。

7.1.4 装卸附件包括罐体的气相、液相管路中用于充装与卸载的阀门及快装接头等。

7.1.5 选用的安全附件、仪表和装卸附件应与充装介质相适应。

7.1.6 安全附件、仪表和装卸附件出厂时应随产品提供质量证明文件或合格证，且在产品的明显部位带有永久性标识或装设金属铭牌。

7.1.7 充装易燃、易爆介质的罐车，采用带有电气控制元件的安全附件、仪表和装卸附件时，应符合电气元件防爆设计相关标准的要求。

7.1.8 两端均可关闭且有可能存留液体的管路，应设置安全阀，其整定压力应不超过 1.5 倍的管路系统工作压力。

7.1.9 安全阀安装前应进行校验，压力表安装前应进行检定，合格后应重新铅封。

7.1.10 安全附件、仪表与管路之间的连接可采用焊接连接、法兰连接或螺纹连接等方式。

7.1.11 仪表应灵敏、可靠，并有足够的精度和牢固的结构。直接与罐内介质连通的仪表不应采用易碎、易损材料制造。

7.1.12 装卸附件与管路之间的连接应尽量采用焊接连接或法兰连接。

7.1.13 当附件之间存在相对运动时，应设置必要的支撑或紧固装置。

7.2 内容器超压泄放装置

7.2.1 内容器超压泄放装置的设置

7.2.1.1 内容器应至少设置两组相互独立的超压泄放装置。为满足安全泄放的要求，每一组超压泄放装置应设置一个全启式弹簧安全阀作为主泄放装置，且并联一个全启式弹簧安全阀或爆破片作为辅助泄放装置。充装易燃、易爆介质或液氧的罐车，辅助泄放装置应选用安全阀。

7.2.1.2 内容器按图 1 或图 2 设置超压泄放装置时，应满足下列要求：

a) 主安全阀的整定压力应为内容器设计压力的 1.05 倍～1.1 倍，回座压力应不低于整定压力的 0.9 倍；

b) 辅助泄放装置的动作压力应不小于主安全阀的整定压力，且应不大于内容器设计压力的 1.16 倍；

c) 主安全阀的排放能力应保证内容器在非火灾条件下的压力不超过其设计压力的 1.16 倍，每组超压泄放装置的总排放能力应保证内容器在火灾条件下的压力不超过其设计压力的 1.2 倍；

d) 任何情况下应保证至少有一组超压泄放装置与内容器保持连通，并且每一个安全阀或爆破片装置的排放能力均满足按非火灾条件考虑时内容器的安全泄放要求，每一组超压泄放装置的排放能力均满足按火灾条件考虑时内容器的安全泄放要求。

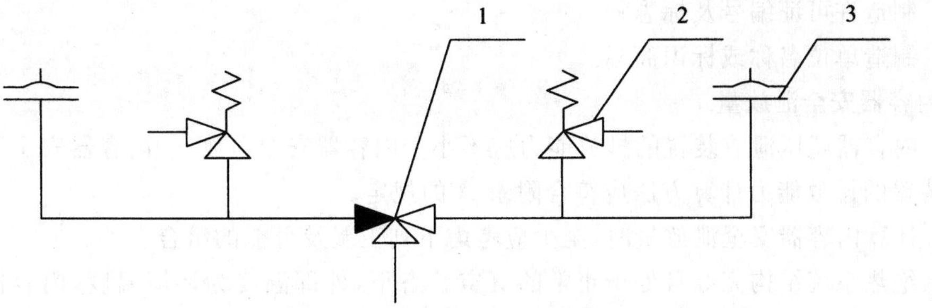

1——切换阀;2——主安全阀;3——爆破片装置

图1　安全阀与爆破片组合超压泄放装置设置示意

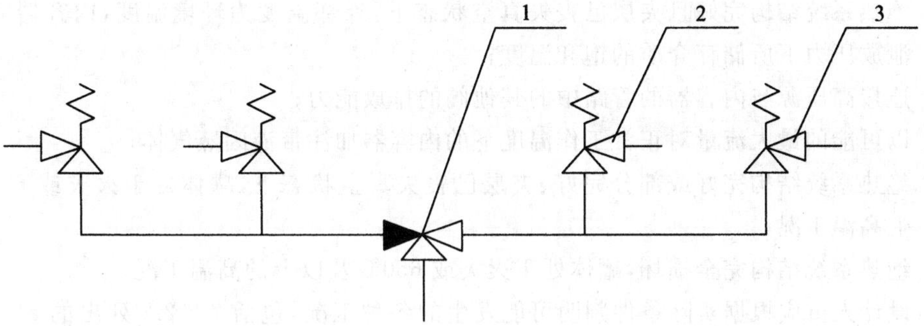

1——切换阀;2——主安全阀;3——辅助安全阀

图2　安全阀与安全阀组合超压泄放装置设置示意

7.2.1.3　安全阀应符合 GB/T 12241 和 GB/T 12243 的规定。

7.2.1.4　爆破片装置应符合 GB/T 567.1～567.3 的规定。

7.2.1.5　超压泄放装置的设置应满足下列要求：

a)　入口管应设置在内容器液面以上顶部空间小于 2%的地方,垂直于内容器的顶部,且尽可能靠近纵向和横向的中心;

b)　超压泄放装置应安装在介质冷冻效应不影响阀门有效动作的地方,且罐车意外翻倒、撞击时不易受到损坏;

c)　超压泄放装置的气体出口处应能防止雨水、杂物的积聚和异物的进入,气体排放应畅通无阻,排出的气体不应直接冲击容器和主要受力结构件;

d)　选用的爆破片在爆破时不应产生碎片、脱落或火花,宜采用 S31603 材料制的反拱刻槽型爆破片;

e)　超压泄放装置与罐体之间不应装设过渡连接阀门;

f)　超压泄放装置应有防止随意打开的措施,并能承受容器内部的压力、可能出现的超压及包括液体冲击力在内的动载荷;

g)　安全阀应铅直安装。

7.2.1.6　超压泄放装置应有清晰、永久的标记,标记内容应至少包括：

a)　超压泄放装置动作压力;

b) 额定的排气能力；

c) 制造许可证编号及标志；

d) 制造单位名称或标识商标。

7.2.2 内容器安全泄放量

7.2.2.1 内容器超压泄放装置的排放能力应不小于内容器安全泄放量，内容器安全泄放量及超压泄放装置的排放能力计算方法应符合附录 A 的规定。

7.2.2.2 计算内容器安全泄放量时，至少应考虑下列工况及可能的组合：

a) 绝热系统结构完好且处于正常的真空状态下，外部温度为环境温度，内容器的温度为泄放压力下所储存的介质的饱和温度；

b) 绝热系统结构完好且夹层处于正常的真空状态下，外部温度为环境温度，内容器的温度为泄放压力下所储存的介质的饱和温度，且增压系统处于全开工作状态；

c) 绝热系统结构完好且夹层已丧失真空状态下，外部温度为环境温度，内容器的温度为泄放压力下所储存介质的饱和温度；

d) 连接高压源与内容器的管路中的其他阀的排放能力；

e) 以可能的最大流量对正常工作温度下的内容器加注带液闪蒸气体；

f) 绝热系统结构完好或部分完好、夹层已丧失真空状态下，罐体处于火灾或 650℃及以上高温工况；

g) 绝热系统结构完全损坏，罐体处于火灾或 650℃及以上的高温工况。

7.2.2.3 设计人员应根据实际条件判明可能发生的各种工况，包括 7.2.2.2 列出的 a)～e)项以外的工况及可能的组合工况。

7.2.2.4 当罐体可能处于火灾或 650℃及以上的高温工况时，应按 7.2.2.2 中的工况 f)项计算安全泄放量，且应充分研究发生极端工况 g)项的可能。

7.3 外壳防爆装置

7.3.1 外壳防爆装置设置应满足下列要求：

a) 泄放压力应不大于 0.05 MPa，其排放能力足以使夹层的压力限制在不超过 0.1 MPa；

b) 能耐大气腐蚀，其材料应与环境温度相适应；

c) 能防止绝热材料的堵塞；

d) 自紧式防爆装置的盖板应有相应的保护措施。

7.3.2 外壳防爆装置的排放面积应不小于 16 130 mm^2。

7.4 紧急切断装置

7.4.1 紧急切断装置一般由紧急切断阀、远程控制系统以及易熔合金塞组成。紧急切断装置应动作灵活、性能可靠、便于检修，且不应兼作他用。

7.4.2 紧急切断装置应经耐压试验和气密性试验检验合格。

7.4.3 紧急切断阀应符合 GB/T 24918 的规定，且阀体不应采用铸铁或非金属材料制造。紧急切断阀的上阀杆不应安装手轮。在非装卸时，紧急切断阀应处于闭合状态，并能防止因冲击或意外动作所致的开启。在罐车遇火时，紧急切断阀应能自动关闭，并能进行远程控制关闭。

7.4.4 远程控制系统应满足下列要求：

a) 当远程控制系统采用气动控制系统时，所用气体宜采用外置式压缩空气源，且满足下列要求：

——压缩空气应无油且洁净、干燥；

——压缩空气的压力应与紧急切断阀的操作压力相匹配，且保持稳定；

——气动控制系统的管路应采用PVC或不锈钢材料。

b) 关闭操作装置应设置在人员易于到达的位置，并有明显指示标志。

7.4.5 当紧急控制系统管路采用不锈钢材料时，紧急切断装置应设置易熔合金塞。易熔合金塞应能在70℃±5℃温度范围内熔融。

7.5 导静电装置

罐车导静电接地保护应符合TB/T 2977的规定。

7.6 压力测量装置

7.6.1 罐体应装设一个或多个压力测量装置，如机械指针式压力表(以下简称压力表)或数字式压力显示仪器，用以显示罐体内的工作压力。

7.6.2 压力测量装置的选用和设置应符合以下要求：

a) 应与罐体内的介质相适应，且满足使用工况要求；

b) 应选用符合相应的国家标准或行业标准规定的抗震压力表；

c) 充装液氧的罐体不应采用与氧气发生危险性反应的压力表；

d) 压力表应符合JB/T 6804的规定，且表盘直径不小于100 mm，精度等级不小于1.6级，表盘刻度极限值应为工作压力的1.5倍～3.0倍；

e) 安装位置应便于操作人员观察和清洗，且应避免受到辐射热、冻结或震动等不利因素的影响；

f) 安装结构应牢固可靠，防止其脱落；

g) 压力测量装置与罐体之间应装设针型阀或其他切断阀门，阀门上应有开启标记和锁紧装置。

7.6.3 压力测量装置的检定应符合以下要求：

a) 应按照国家计量部门的有关规定进行定期检定；

b) 安装前应进行检定，检定合格后应加铅封锁定；

c) 压力表应在刻度盘上画出指示最高工作压力的红线，并注明下次检定日期。

7.7 液位测量装置

7.7.1 罐车应设置一个或多个液位测量装置，如机械指针式液位计(以下简称液位计)、数字式液位显示仪器等，用于罐体液位测量和充装量的辅助测量。

7.7.2 液位测量装置的选用和设置应符合以下要求：

a) 应根据充装介质、设计压力和设计温度等设计参数正确选用；

b) 指示应灵敏准确，安装结构牢固；

c) 液位计精度等级不低于2.5级；

d) 应设置在便于观察和操作的位置，其允许的最高安全液位应做出明显的标志；

e) 液位计应有液位指示刻度与容积的对应关系，且附有在工作温度上限和下限的介质密度、压力与体积对照表。

7.8 温度测量装置

7.8.1 罐车应按照设计文件的要求设置温度测量装置。

7.8.2 温度测量装置的测量范围应与充装介质的工作温度相适应。

7.8.3 温度测量装置应按照国家计量部门的有关规定进行定期检定。

7.9 真空度测量装置

7.9.1 真空度测量装置一般由真空隔离阀和真空规管组成，并与配套的真空计组合使用。罐体真空夹层应至少设置一套真空度测量装置。

7.9.2 真空度测量装置的选用和设置应满足以下要求：

a) 真空度测量装置的整体漏气速率和漏放气速率，应优于罐体真空夹层的漏气速率和漏放气速率；

b) 真空规管以及配套的真空计的测量范围应满足产品制造、使用和定期检验的测量要求；

c) 充装液氧或易燃、易爆介质的罐车，真空规管应满足防爆要求；

d) 真空度测量装置的安装结构应牢固可靠、便于测量，并且设置安全保护装置。

7.10 带传感器或电气控制元件的测量装置

7.10.1 带传感器或电气控制元件的测量装置，是为满足罐体内温度、压力、液位等参数的实时测量，用相应的传感器采集信号并转化为数据显示，必要时能实现远程传输功能的测量装置。

7.10.2 测量装置的测量范围以及精度等级应满足设计文件的要求。

7.10.3 测量装置的安装结构应牢固、可靠，其连接导线、导管等不应与相邻零部件干涉。

7.10.4 选用带电气控制元件的机械指针或数字式仪表，应选用符合电气元件防护设计标准规定的产品，其中充装易燃、易爆介质的深冷容器，还应选用符合电气元件防爆设计标准规定的产品。

7.11 装卸附件

7.11.1 装卸阀门

7.11.1.1 装卸阀门的公称压力应不低于管路的设计压力，阀门阀体的耐压试验压力为阀门公称压力的1.5倍，阀门的气密性试验压力为阀门公称压力。

7.11.1.2 阀门应在全开和全闭工作状态下经气密性试验合格。

7.11.1.3 装卸阀门的阀体材料不应选用铸铁或者非金属材料。

7.11.1.4 手动阀门应在阀门承受气密性试验压力下启闭操作自如，且不应有异常阻力、空转等。

7.11.2 快装接头

7.11.2.1 快装接头应符合相应产品标准和设计图样的规定。

7.11.2.2 快装接头与充装介质接触部分应有良好的耐腐蚀性能，且应无油污、杂物等。

7.11.2.3 快速装卸接头要有良好的密封结构，且快装接头在最低使用温度下应具备足够的韧性。

8 制造

8.1 一般要求

8.1.1 罐车应按经规定程序批准的设计文件及本文件的要求进行制造与检验。

8.1.2 罐车转向架、车钩、缓冲器、制动装置等零部件的制造单位，应按铁路行业的相关规定取得认可后，方能进行制造、检验及验收。

8.1.3 罐体受压元件(封头、锻件等)以及罐体的安全附件、仪表、装卸附件等为外购、外协件时，罐车制造单位应保证外购、外协件的质量满足设计文件及本文件的要求，且经检验合格后方可使用。

8.1.4 罐体施焊人员应按 TSG Z6002 的规定考核合格，且取得相应项目的《特种设备作业人员证》后，方可在有效期间内担任合格项目范围内的焊接工作。

8.1.5 罐体的无损检测应由持有相应项目特种设备检测人员资格证，且在有效期内的人员担任。

8.1.6 制造过程中不允许强力组装。

8.1.7 制造单位应建立并严格执行焊接材料验收、复验、保管、烘干、发放和回收制度。

8.1.8 罐车上的零部件，安装应牢固可靠，外表面应平整美观，无压伤、裂纹、焊渣或漆层脱落等缺陷。各连接管路、罐体与附件连接面、阀门和液位计等的工作状态应安全、灵活和可靠。

8.2 底架

底架的组装除符合 GB/T 5600 的规定外，还应符合设计图样要求。

8.3 罐体

8.3.1 焊接接头分类

8.3.1.1 内容器及外壳受压元件之间的焊接接头分为 A、B、C、D 四类(如图 3、图 4 所示)，分类规定如下：

a) 圆筒部分的纵向接头、球形封头与圆筒连接的环向接头、各类凸形封头中所有拼焊接头，均属 A 类焊接接头；

b) 壳体部分的环向接头，工艺人孔筒体与其封头的对接环向接头，管子、管件、管座等受压元件之间的对接环向接头，均属 B 类焊接接头，但已规定为 A 类的焊接接头除外；

c) 法兰与管子连接的非对接接头均属 C 类焊接接头，但已规定为 A、B 类的焊接接头除外；

d) 管子、工艺人孔筒体、管座、凸缘、补强圈、管帽、加强圈等与壳体连接的接头，管子、管座、管件、管帽、凸缘与管子连接的非对接接头均属于 D 类焊接接头，但已规定为 A、B、C 类的焊接接头除外。

8.3.1.2 非受压元件与受压元件的连接接头为 E 类焊接接头，如图 3、图 4 所示。

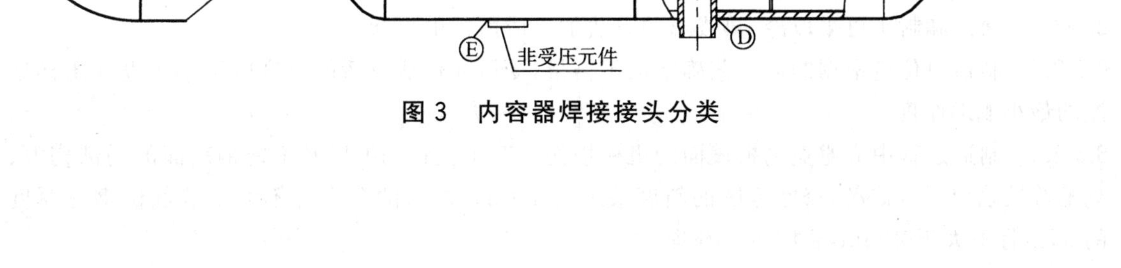

图 3 内容器焊接接头分类

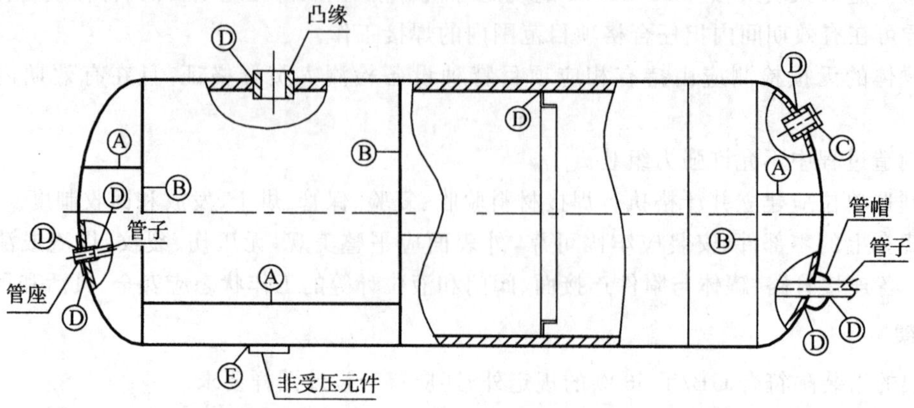

图4　外壳焊接接头分类

8.3.2　材料复验、分割与标志移植

8.3.2.1　符合下列条件之一的材料应按炉号复验化学成分，按批号复验力学性能，且复验结果应符合相应材料标准或设计文件的要求：

a)　罐体用Ⅳ级锻件；

b)　不能确定材料质量证明书的真实性或者对材料的性能和化学成分有怀疑的主要受压元件材料及外壳封头、筒体用材料；

c)　主要受压元件采用境外材料；

d)　设计文件要求进行复验的材料。

8.3.2.2　主要受压元件或外壳的封头、筒体采用奥氏体型不锈钢开平板时，应按批号复验力学性能，并符合下列规定：

a)　整卷使用的，应在开平操作后，分别在板卷的头部、中部和尾部所对应的开平板上各截取一组复验试样；

b)　非整卷使用的，应在开平板的端部截取一组复验试样。

8.3.2.3　制造受压元件的材料应有可追溯的标记。在制造过程中，如原有标记被裁掉或材料分割时，应在材料切割前完成标记移植。

8.3.2.4　材料分割可采用冷切割、热切割或其他适当的方法。当采用热切割方法分割材料时，应清除表面熔渣和影响制造质量的表面层。

8.3.2.5　主要受压元件不应采用硬印作为材料移植标记、焊工标记及其他标记。

8.3.3　冷热加工成形

8.3.3.1　筒体和封头可采取冷、热成形的方法加工成所需的形状。

8.3.3.2　制造单位应根据制造工艺确定加工裕量，受压元件成形后的厚度应不小于设计图样标注的最小成形厚度。

8.3.3.3　制造过程中应避免钢板表面的机械损伤。对于尖锐伤痕以及不锈钢表面的局部伤痕、刻槽等缺陷应予以修磨，修磨范围的斜度最大为1∶3。修磨的深度应不大于该部位钢材厚度的5%，且不大于2 mm，否则应予补焊。

8.3.3.4　坡口表面质量应符合下列规定：

a)　坡口表面不应有裂纹、分层、夹杂等缺陷；

b) 施焊前,应清除坡口及其两侧母材表面至少 20 mm 范围内(以离坡口边缘的距离计)的氧化物、油污、熔渣及其他有害杂质。

8.3.3.5 封头应符合 GB/T 25198 和设计图样的规定。

8.3.3.6 封头应尽量采用整体成形,并符合下列规定:

a) 先拼板后成形的封头,拼接焊缝一般不应超过 2 条,并应按图 5 布置,其焊缝距封头中心线应小于封头内径 D_i 的 1/4,中间板的宽度应不小于 300 mm,拼板的总块数应不多于 3 块。拼接焊缝的内表面以及影响成形质量的拼接焊缝的外表面,应在成形前打磨至与母材齐平。

b) 用带间隙的全尺寸的内样板检查封头内表面的形状公差时(见图 6),缩进尺寸为 3% D_i～5% D_i,其最大形状偏差外凸应不大于 1.25% D_i,内凹应不大于 0.625% D_i。检查时应使样板垂直于待测表面。

c) 内容器封头应采用适当的成形工艺,确保封头的质量,避免封头转角处和直边段出现裂纹。当采用温成形时,应避开奥氏体型不锈钢的敏化温度区。

d) 内容器封头成形后其过渡段和直边段的铁素体测量值应不大于 15%。

e) 碟形封头过渡区转角半径应不小于图样的规定值。

f) 封头直边部分不应存在纵向皱褶。

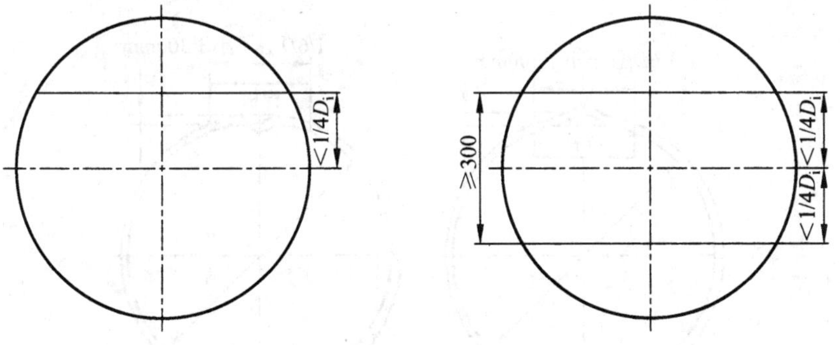

图 5 整体成形封头拼接焊缝布置图

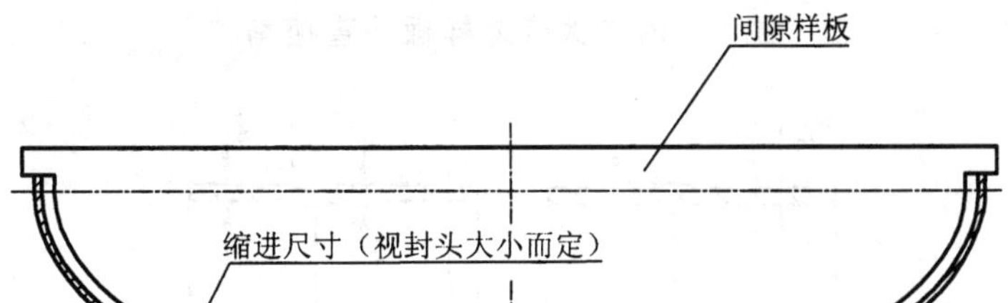

图 6 凸形封头内表面的形状偏差检查

8.3.4 圆筒与罐体

8.3.4.1 A、B 类焊接接头对口错边量 b(见图 7)应符合表 8 的规定。

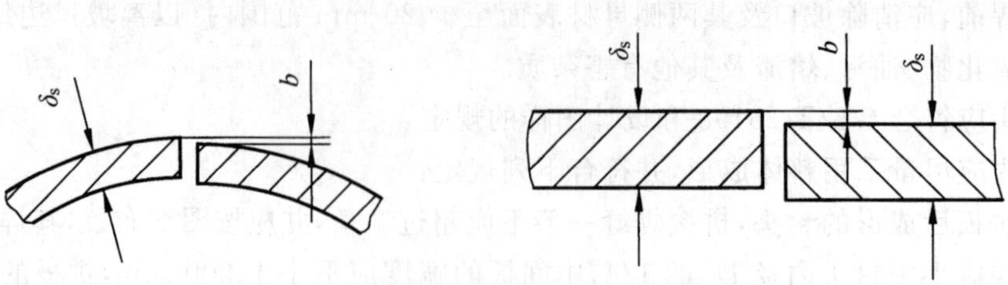

图 7　A、B 类焊接接头对口错边量 b

表 8　A、B 类焊接接头对口错边量

单位为 mm

对口处钢材厚度 δ_s	按焊接接头类别划分对口错边量 b	
	A	B
≤12	$\leqslant 1/4\delta_s$	$\leqslant 1/4\delta_s$
>12～20	≤3	$\leqslant 1/4\delta_s$
注：嵌入式管子与圆筒或封头对接连接 A 类接头，按 B 类焊接接头的对口错边量要求。		

8.3.4.2　在焊接接头环向、轴向形成的棱角 E，宜分别用弦长等于 $D_i/6$ 且不小于 300 mm 的内样板(或外样板)和直尺检查(见图 8、图 9)，其 E 值应不大于($\delta_s/10+2$)mm，且不大于 5 mm。

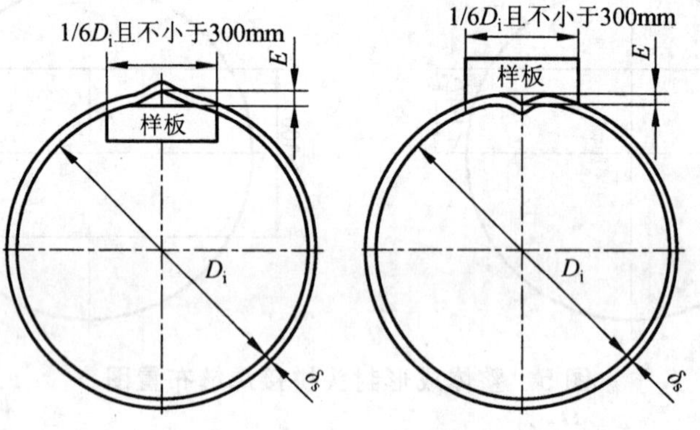

图 8　内样板或外样板检查棱角

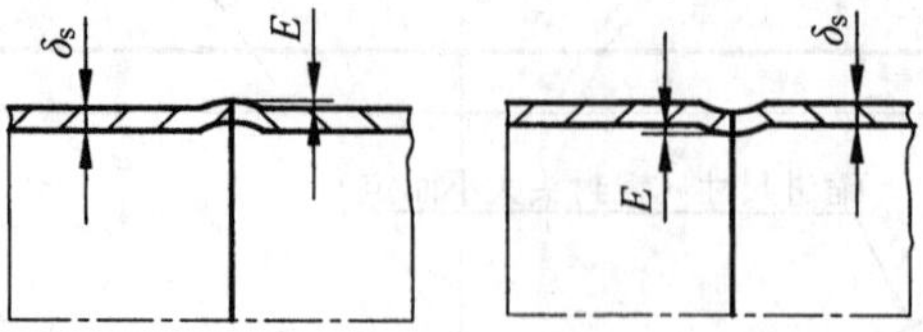

图 9　直尺检查棱角

8.3.4.3　B 类焊接接头以及圆筒与球形封头相连的 A 类焊接接头两侧钢材厚度不等时，当薄板厚度不大于 10 mm 且两板厚度差超过 3 mm，或者当薄板厚度大于 10 mm 且两板厚度差大于薄板厚度的 30%或超过 5 mm 时，均应按图 10 的要求单面削薄厚板边缘(但被削薄后的板厚，在 L_1 区域内任意处都应不小于设计厚度)，或按同样要求采用堆焊方法将薄板边缘焊成斜面。当两板厚度差小于上列数值时，则对口错边量 b 按 8.3.4.1 的要求，且对口错边量 b 以薄板厚度为基准确定。在测量对口错边量 b 时，不应计入两板厚度差值。

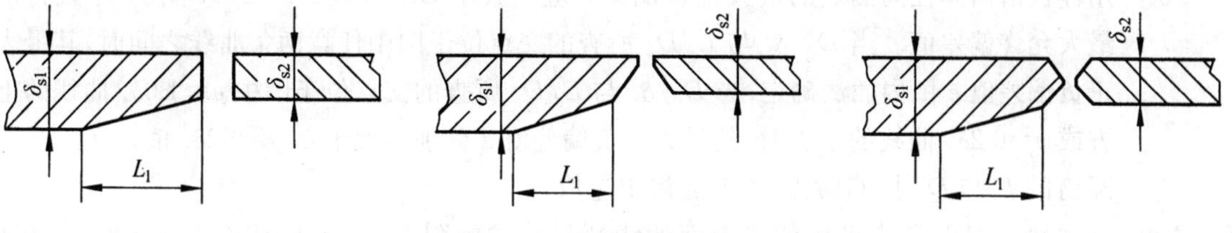

$L_1 \geqslant 3(\delta_{s1}-\delta_{s2})$

图 10　单面削薄厚板边缘

8.3.4.4　除图样另有规定外，圆筒直线度允差应不大于壳体长度的 1‰。

注：筒体直线度检查是通过中心线的水平或垂直面，即沿圆周 0°、90°、180°、270°四个部位进行测量。测量位置与筒体纵向接头焊缝中心线的距离不小于 100 mm。当壳体厚度不同时，计算直线度时应减去厚度差。

8.3.4.5　筒节组装时，焊接接头的布置应满足下列要求：

a)　组装圆筒中，任何单个筒节的长度应不小于 300 mm，环向拼板长度应不小于 500 mm。

b)　相邻筒节 A 类接头，封头 A 类拼接接头，与封头相邻筒节的 A 类接头焊缝中心之间的外圆弧长应大于板材厚度的 3 倍，并且不小于 200 mm。

c)　筒体纵焊缝不应布置在筒体横截面中心与最低点连接半径的左右两侧各 40°范围内。

d)　不应采用十字焊缝，开孔位置宜避开焊接接头。

e)　罐体上凡被补强圈、垫板等覆盖的焊缝，均应在覆盖前打磨至与母材齐平。

f)　内容器内部的加强圈等零部件与内容器焊接时，应尽量避开罐体的环焊缝，并且距离环焊缝边缘不小于 100 mm；当与纵焊缝交叉时，应开槽避让。

8.3.4.6　内容器及需要承受内压的外壳组焊完成后，按下列要求检查圆筒的直径，有开孔补强时应距补强圈边缘 100 mm 以外的位置测量：

a)　圆筒同一断面上最大内径与最小内径之差，应不大于该断面内径的 1%，且不大于 25 mm(见图 11)；

b)　当被检断面位于开孔中心 1 倍开孔直径范围内时，该断面最大内径与最小内径之差应不大于该断面内径的 1%与开孔内径的 2%之和，且不大于 25 mm。

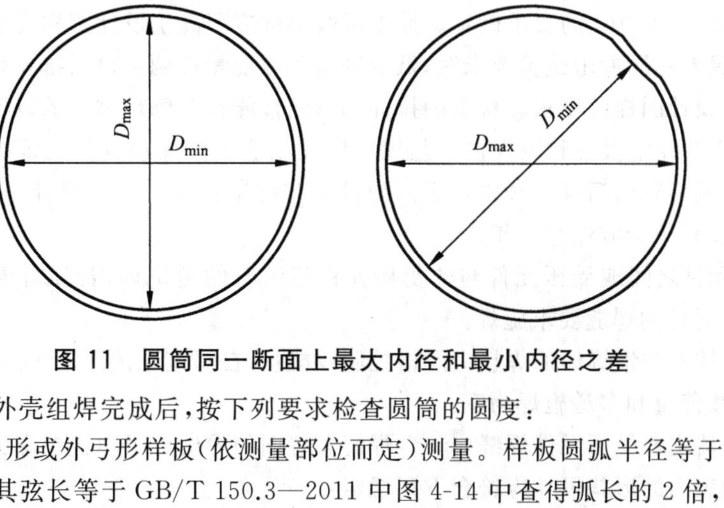

图 11　圆筒同一断面上最大内径和最小内径之差

8.3.4.7　内容器、外壳组焊完成后，按下列要求检查圆筒的圆度：

a)　采用内弓形或外弓形样板(依测量部位而定)测量。样板圆弧半径等于圆筒内半径或外半径，其弦长等于 GB/T 150.3—2011 中图 4-14 中查得弧长的 2 倍，测量点应避开焊接接头或其他凸起部位。

b) 用样板沿筒体径向测量的最大正负偏差 e 应不大于 GB/T 150.4—2011 图 10 中查得的最大允许偏差值。当 D_o/δ_e 与 L/D_o 所查的交点位于图中任意两条曲线之间时，其最大正负偏差值 e 由内插法确定；当 D_o/δ_e 与 L/D_o 所查的交点位于图中 $e=1.0\delta_e$ 曲线的上方或 $e=0.2\delta_e$ 曲线的下方时，其最大正负偏差值 e 分别不大于 δ_e 及 $0.2\delta_e$ 值。

c) 圆筒的 L 与 D_o 按 GB/T150.3 的规定选取。

8.3.4.8 机械加工表面和非机械加工表面的线性尺寸的极限偏差，分别按 GB/T 1804—2000 中的 m 级和 c 级的规定。

8.3.4.9 罐体的主要几何尺寸、管口方位应符合设计图样的要求。

8.3.4.10 紧固件应符合相应国家标准或行业标准的规定，承受拉伸或剪切力载荷的螺栓，其性能等级应不低于 8.8 级。

8.3.5 焊接

8.3.5.1 焊条、焊剂及其他焊接材料的储存库应保持干燥，相对湿度应不大于 60%。

8.3.5.2 坡口表面质量检查，应符合 8.3.3.4 的规定。

8.3.5.3 当施焊环境出现以下任一情况，且无有效防护措施时，应禁止施焊：

a) 焊条电弧焊时风速大于 10 m/s；

b) 气体保护焊时风速大于 2 m/s；

c) 相对湿度大于 90%；

d) 雨、雪环境；

e) 焊件温度低于－20℃。

8.3.5.4 当焊件温度低于 0℃但不低于－20℃时，应在施焊处 100 mm 范围内预热到 15℃以上。

8.3.5.5 内容器施焊前，受压元件焊缝、与受压元件相焊的焊缝、熔入永久焊缝内的定位焊缝、受压元件母材表面堆焊与补焊，以及上述焊缝的返修焊缝都应按 NB/T 47014 进行焊接工艺评定或具有经过评定合格的焊接工艺规程支持。

8.3.5.6 当焊接结构受压元件用境外材料(含填充材料)时，制造单位在首次使用前应按NB/T 47014 进行焊接工艺评定。

8.3.5.7 焊接工艺评定应包括焊缝和热影响区的低温夏比(V 型缺口)冲击试验。冲击试验的取样方法，按 NB/T 47014 的要求确定。冲击试验温度应不高于设计图样要求的试验温度。当焊缝两侧母材具有不同冲击试验要求时，低温冲击吸收能量按两侧母材抗拉强度的较低者符合 GB/T 150.2 或设计图样的要求。接头的拉伸和弯曲性能按两侧母材中的较低要求。

8.3.5.8 焊接工艺评定报告和预焊接工艺规程应经制造单位焊接责任人审核及技术负责人批准，由监检人员签字确认后存入技术档案。焊接工艺评定技术文件应保存至该工艺失效为止，焊接工艺评定试样至少应保存 5 年。

8.3.5.9 受压元件之间或受压元件与非受压元件组装时的定位焊，若保留成焊缝金属的一部分，则应按受压元件的焊缝要求施焊。

8.3.5.10 奥氏体不锈钢罐体的焊接应严格控制线能量，在焊接工艺评定所确认的范围内，以选用较小的焊接线能量和多道施焊为宜。

8.3.5.11 内容器主要受压元件焊缝应在含焊缝布置图的焊接记录中记录焊工代号。

8.3.5.12 焊缝表面的形状尺寸应符合下列规定：

a) A、B类接头焊缝的余高 e_1、e_2 按表9及图12的规定。

b) C、D、E类接头的焊脚尺寸,在图样无规定时,取焊件中较薄者的厚度。当补强圈的厚度不小于8 mm时,其焊脚尺寸等于补强圈厚度的70%,且不小于8 mm。

c) C、D、E类焊缝与母材呈圆滑过渡。

表9 A、B类接头焊缝的余高

单位为毫米

单面坡口		双面坡口	
e_1	e_2	e_1	e_2
(0%～15%)δ_s 且≤4	0～1.5	(0%～15%)δ_1 且<4	(0%～15%)δ_2 且≤4
注:表中百分数计算值小于1.5 mm时,按1.5 mm计。			

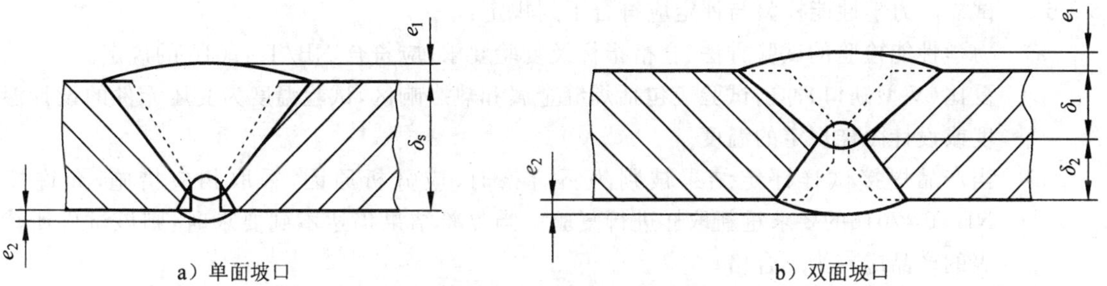

图12 A、B类接头焊缝的余高 e_1、e_2

8.3.5.13 焊接接头表面质量应符合下列规定:

a) 不应有表面裂纹、未焊透、未熔合、咬边、表面气孔、弧坑、未填满、焊瘤、夹渣和飞溅物等缺陷;

b) 对接焊缝应与母材圆滑过渡,角焊缝外形应呈凹形圆滑过渡;

c) 按照疲劳分析设计的罐体,应去除A、B类焊缝的余高,使焊缝表面与母材表面平齐;

d) 其他表面质量应符合设计图样的规定。

8.3.5.14 临时附件的焊接应符合下列规定:

a) 罐体上焊接的临时吊耳和拉筋的垫板等,应采用力学性能和焊接性能与罐体相同或相近的材料,并用相适应的焊材及焊接工艺进行焊接。

b) 临时吊耳和拉筋的垫板割除后,留下的焊疤应打磨光滑,并应按图样规定进行渗透检测或磁粉检测,确保表面无裂纹等缺陷。打磨后的厚度应不小于该部位的设计厚度或图样规定的最小厚度。

8.3.5.15 焊接接头返修及母材缺陷补焊应符合下列规定:

a) 焊接接头的返修和补焊都应进行焊接工艺评定或有经评定合格的焊接工艺支持,施焊时应有详尽的返修或补焊记录。

b) 焊缝同一部位的返修次数不宜超过2次。如超过2次,返修前应经制造单位技术负责人批准,并且应将返修的次数、部位和返修情况记入产品质量证明文件。

c) 返修部位应按原要求经无损检测合格。

d) 耐压试验后进行的返修,如返修深度大于1/2壁厚,则应重新进行耐压试验。

e) 氦质谱检漏后需返修的,返修部位应采用合适的检验方法检测合格,且重新进行氦质谱检漏。

8.3.6 产品焊接试件

8.3.6.1 内容器应按照设计文件的要求制备产品焊接试件。

8.3.6.2 制备产品焊接试件与试样,应符合下列规定:

a) 产品焊接试件应在罐体筒节 A 类纵向焊缝的延长部位与筒节同时施焊。

b) 试件应取合格的原材料,且与内容器材料具有相同标准、相同牌号、相同厚度和相同热处理状态。

c) 试件应由施焊内容器的焊工,采用与施焊内容器相同的条件、过程与焊接工艺施焊。有热处理要求的内容器,试件一般应随内容器一起热处理,否则应采取措施保证试件按照与内容器相同的工艺进行热处理。

d) 试件的尺寸和试样的截取应符合 NB/T 47016 的规定。

8.3.6.3 试样的力学性能检验与评定应符合下列规定:

a) 力学性能检验的试验方法、合格指标及复验要求,应符合 NB/T 47016 的规定。

b) 夏比(V 型缺口)冲击试验应包括焊缝金属和热影响区,试验温度为受压元件的设计温度或设计图样规定的温度。

c) 当产品焊接试样评定结果被判为不合格时,应分析原因,采取相应措施,允许按 NB/T 47016的要求重新取样进行复验。当复验结果仍达不到要求时,则该试件所代表的产品应判为不合格。

8.3.7 无损检测

8.3.7.1 无损检测方法

8.3.7.1.1 罐体的无损检测方法包括射线检测、超声检测、磁粉检测和渗透检测。射线检测应符合 NB/T 47013.2、NB/T 47013.11 或 NB/T 47013.14 的规定,超声检测应符合 NB/T 47013.3 或 NB/T 47013.10 的规定,磁粉检测应符合 NB/T 47013.4 的规定,渗透检测应按 NB/T 47013.5 的规定。

8.3.7.1.2 制造单位或无损检测机构应按设计图样要求和 NB/T 47013.1 的规定制定罐体的无损检测工艺。

8.3.7.2 无损检测方法的选择

8.3.7.2.1 内容器及外壳的 A、B 类焊接接头(内容器工艺人孔筒节与凸面受压的工艺人孔封头的合拢 B 类焊接接头和外壳的合拢 B 类焊接接头除外)、与内容器连接的管路对接接头,应进行射线检测或超声检测。

8.3.7.2.2 当采用不可记录的脉冲反射法超声检测时,应采用射线检测或者衍射时差法超声检测作 20%的附加局部检测。

8.3.7.2.3 罐体的不锈钢焊接接头表面无损检测应采用渗透检测,碳钢或低合金钢焊接接头的表面无损检测应当采用磁粉检测或者渗透检测。

8.3.7.2.4 铁磁性材料制罐体焊接接头的表面无损检测应优先采用磁粉检测。

8.3.7.3 内容器无损检测比例及技术要求

8.3.7.3.1 A、B 类对接接头应进行 100%射线检测或超声检测。

8.3.7.3.2 工艺人孔筒节与人孔封头的合拢 B 类焊接接头无损检测的检测方法和要求应符合设计图样的规定。

8.3.7.3.3 先拼板后成形的凸形封头上所有拼接接头还应进行100%表面检测。

8.3.7.3.4 内容器上C、、D、E类焊接接头应进行100%表面检测。

8.3.7.3.5 内容器上临时吊耳和拉筋垫板割除并修磨后留下的焊疤,应进行表面检测。

8.3.7.3.6 内容器无损检测的技术要求应符合下列规定:

a) 射线检测技术等级应不低于相应检测方法的AB级,其合格级别应不低于Ⅱ级;

b) 脉冲反射法超声检测技术等级应不低于B级,合格级别应不低于Ⅰ级;

c) 渗透检测合格级别应不低于Ⅰ级。

8.3.7.4 外壳无损检测比例及技术要求

8.3.7.4.1 A、B类焊接接头(外壳的合拢B类焊接接头除外),应进行局部射线检测,检测长度不小于各条焊接接头长度的20%,且不小于250 mm,其射线检测技术等级应不低于相应检测方法的AB级,合格级别不低于Ⅲ级。

8.3.7.4.2 外壳的合拢B类焊接接头以及以下项目的接头应经无损检测,检测方法和要求应符合设计图样的规定:

a) 先拼板后成形凸形封头上的所有拼接接头;

b) 凡被补强圈、垫板、支座、内件等覆盖的焊接接头;

c) 以开孔中心为圆心,1.5倍开孔直径为半径的圆中所包容的焊接接头。

8.3.7.4.3 先拼板后成形的凸形封头上所有拼接接头应进行100%射线检测及100%表面检测,其射线检测技术等级应不低于AB级,合格级别应不低于Ⅲ级,表面检测的合格级别应不低于Ⅰ级。

8.3.7.4.4 外壳上临时吊耳和拉筋垫板割除并修磨后留下的焊疤,应进行表面检测,表面检测的合格级别应不低于Ⅰ级。

8.3.7.4.5 外壳与底架连接部位的焊接接头应进行100%表面检测,表面检测的合格级别应不低于Ⅰ级。

8.3.7.5 管路无损检测比例及技术要求

8.3.7.5.1 真空夹层内部及外部的管路,其B类焊接接头应按NB/T 47013.2—2015进行100%射线检测,射线检测技术等级应不低于AB级,其合格级别应不低于Ⅱ级。

8.3.7.5.2 真空夹层内部及外部的管路,其C、D类焊接接头应按NB/T 47013.5—2015进行100%渗透检测,合格级别应不低于Ⅰ级。

8.3.7.6 重复检测

8.3.7.6.1 经无损检测的焊接接头,发现不允许的缺陷时,应在缺陷清除干净后进行补焊,并对该部位采用原无损检测方法和合格级别进行重新检测和评定。

8.3.7.6.2 进行局部无损检测的焊接接头,发现不允许的缺陷时,应在该缺陷两端的延伸部位增加检测长度,增加的长度不小于该焊接接头长度的10%,且两侧均不小于250 mm。若仍不合格,则对该条焊接接头进行100%无损检测。

8.3.7.6.3 渗透与磁粉检测发现不允许的缺陷时,应进行修磨及必要的补焊,并对该部位采用原无损检测方法重新检测。

8.3.7.7 无损检测的实施时机

8.3.7.7.1 焊接接头的无损检测,应在形状尺寸和外观质量检查合格后进行。

8.3.7.7.2 拼接封头应在成形后进行无损检测,若成形前进行无损检测,则成形后应当对圆弧过渡区至直边段再次进行无损检测。

8.3.7.8 无损检测记录、资料和报告

制造单位应如实填写无损检测记录,正确签发无损检测报告,妥善保管射线底片(或数字射线成像数据)和超声检测数据等检测资料(含缺陷返修前记录),并建立无损检测档案,其保存期限不少于罐车的设计使用年限。

8.3.8 热处理

8.3.8.1 罐体热处理要求应符合 GB/T 150.4 和设计文件的规定。

8.3.8.2 除图样另有规定外,外壳冷成形后不需热处理。

8.3.9 清洁要求

8.3.9.1 与氧接触的所有零部件表面,应进行脱脂与清洁处理,其油脂残留量应不大于125 mg/m^2。

8.3.9.2 与氧以外其他介质接触的零部件表面,除图样另有规定外,其油脂残留量应不大于500 mg/m^2。

8.3.9.3 真空夹层表面以及其内部的零部件表面,应进行脱脂、除锈、干燥等处理,合格指标应符合设计图样的规定。

8.3.9.4 对不设置工艺人孔的内容器,在最后一道环焊缝对焊前,应清除容器内杂物,其清洁度满足设计图样的要求。

8.3.9.5 清洁合格后,所有的零部件、管路和内容器的开口处都应立即用洁净的密封件密封好,防止污染物、灰尘、水进入。

8.3.10 组装要求

8.3.10.1 内容器在耐压试验合格后方可与外壳进行组装。

8.3.10.2 高真空多层绝热的绝热层应符合下列要求:

a) 多层绝热材料应进行干燥处理;

b) 层数、层密度应符合设计图样的规定;

c) 反射屏与间隔材料之间应相互封闭;

d) 尽量避免出现反射屏之间直接接触(短路)及局部无反射屏的现象;

e) 最外层应有防止绝热层松散和脱落的相应措施。

8.3.10.3 真空粉末绝热的绝热层应符合下列要求:

a) 粉末绝热材料应进行干燥处理;

b) 装填时,应控制粉末绝热材料的装填密度;

c) 应尽可能采取防止粉末绝热材料沉降的措施。

8.3.10.4 真空复合绝热的绝热层应符合下列要求:

a) 内容器外侧设置高真空多层绝热材料,并符合 8.3.10.2 中的相关要求;

b) 根据设计要求的方式和部位,填充超细玻璃纤维材料;

c) 超细玻璃纤维材料最外侧应采取防止绝热层松散和脱落的相应措施。

8.3.11 吸附剂的安装

8.3.11.1 低温吸附剂应安装在内容器外壁,其包装和填充应符合设计图样的规定。

8.3.11.2 常温吸附剂应安装在外壳内壁,其包装和安置应符合设计图样的规定。

8.4 管路制造

8.4.1 管路安装前,管子、管件、阀门等管路组成件内外表面应清理干净,无杂物、油污,且干燥。

8.4.2 真空夹层内的管路应与内容器一起进行耐压试验。

8.4.3 外部管路的法兰密封面及密封垫片,不应有影响密封性能的划痕、斑点等缺陷。

8.4.4 法兰面应垂直于管路的主轴中心线,且保证法兰面的水平或垂直,其偏差均应不超过法兰外径的1%(法兰外径小于100 mm时按100 mm计算)且不大于3 mm。法兰的螺栓孔应与管路主轴线或垂线跨中布置(见图13)。有特殊要求时,应在图样上注明。

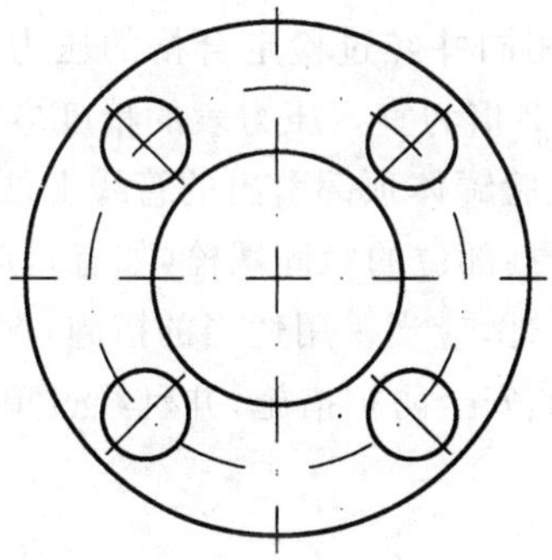

图13 法兰的螺栓孔与管路主轴线或铅垂线跨中布置

8.4.5 当管路装配间断施工时,应及时封闭敞开的管口。

8.4.6 阀门应按设计流程图确定其安装方向。螺杆式截止阀应在顺时针方向转动时被关闭。

8.4.7 管路上应清楚标明各个接口和附件的用途。管路阀门应标明介质流向,截止阀应标明开启和关闭方向。

8.4.8 安全阀、压力表应校验、检定合格后才能安装使用。

8.4.9 管路宜用管夹固定,管夹的固定应不限制管路热胀冷缩。

8.4.10 有导静电接地要求的设备,各段管子间应导电。当每对法兰或螺纹接头间电阻值超过0.03 Ω时,应设导线跨接。

8.4.11 外部管路应进行耐压试验和气密性试验。

8.5 氦质谱检漏

8.5.1 内容器与外壳组装后,应对真空夹层进行氦质谱检漏。漏率指标应符合6.3.13.1和设计图样的规定。

8.5.2 泄漏处应按焊接返修工艺进行修补,按原无损检测要求检测合格后,重新进行氦质谱检漏。

8.6 底架与罐体的组装

底架与罐体的组装除应符合GB/T 5600的规定外,还应符合设计图样的要求。

8.7 涂装

罐体的涂装应符合JB/T 4711和设计文件的规定。其他涂装要求符合图样和设计文件的规定。

9 试验方法

9.1 试验顺序

9.1.1 罐车在结构强度试验完成后,方可进行低温性能检测。

9.1.2 有热处理要求的内容器,耐压试验应在热处理完成后进行。

9.2 耐压试验

9.2.1 试验准备

9.2.1.1 内容器制成后应按图样的规定进行耐压试验,耐压试验包括液压试验和气压试验。

9.2.1.2 耐压试验应用两个量程相同并经过检定合格的压力表。压力表的量程应为1.5倍~3倍的试验压力,且以试验压力的2倍为宜。压力表的精度应不低于1.6级,表盘直径应不小于100 mm。压力表应安装在从被试验罐体顶部引出的管线上便于观察的位置。

9.2.1.3 耐压试验前,内容器各连接部位的紧固螺栓(如有),应当配置齐全,紧固妥当。耐压试验时,内容器上焊接的临时受压元件,应当采用适当的措施,保证其强度和安全性。

9.2.1.4 耐压试验场地应有可靠的安全防护措施,并且经过单位技术负责人和安全管理部门检查认可。

9.2.2 耐压试验基本要求

9.2.2.1 保压期间不应采用连续加压来维持试验压力不变,耐压试验过程中不应带压紧固螺栓或者向受压元件施加外力。

9.2.2.2 耐压试验过程中,不应进行与试验无关的工作,无关人员不应在试验现场停留。

9.2.2.3 内容器开孔补强圈应在耐压试验前通入0.4 MPa~0.5 MPa的压缩空气检查焊接接头质量。

9.2.3 液压试验

9.2.3.1 液压试验的试验介质一般采用水,必要时也可采用不会导致发生危险的其他液体。试验时,液体的温度应低于其闪点或沸点,且有可靠的安全措施。

9.2.3.2 液压试验温度应符合GB/T 150.4和设计图样的规定。

9.2.3.3 液压试验应符合下列规定:

a) 内容器顶部应设排气口,充液时应将罐内的空气排净。试验过程中,内容器外表面应保持干燥。

b) 当内容器壁温与液体温度接近时,才能缓慢升压至设计压力,确认无泄漏后继续升压到规定的试验压力。保压时间一般不少于30 min,然后将压力降至设计压力,保压足够长的时间以对所有焊接接头和连接部位进行检查。

c) 液压试验完毕,应将液体排尽,用压缩空气将内容器内部吹干,并清除杂物。当无法完全排净吹干时,奥氏体型不锈钢制罐体用水,应控制水中的氯离子不超过25 mg/L。

9.2.3.4 液压试验合格要求:液压试验过程中,内容器无渗漏、无可见的变形和异常的响声为合格。

9.2.4 气压试验

9.2.4.1 由于结构或支撑、介质等原因,不允许残留试验液体的罐体,一般采用气压试验。

9.2.4.2 试验所用的气体应为干燥洁净的空气、氮气或其他不溶性惰性气体。

9.2.4.3 气压试验应有安全防护措施。试验时,试验单位的安全管理部门应派人进行现场监督。

9.2.4.4 气压试验温度应符合 GB/T 150.4 和设计图样的规定。

9.2.4.5 试验时压力应缓慢上升,至规定试验压力的10%时,保压 5 min,并对所有焊接接头和连接部位进行泄漏检查;确认无泄漏后,继续升压到规定试验压力的50%,如无异常现象,其后按每级为规定试验压力的10%,逐级升压至规定试验压力,并保压 10 min;然后将压力降至设计压力,保压足够时间进行检查。检查期间压力应保持不变,不应采用连续加压的方式维持试验压力。气压试验过程中不应带压紧固螺栓或向受压元件施加外力。

9.2.4.6 气压试验过程中,内容器无异常响声、经肥皂液或其他可靠的检漏方法检查无漏气、无可见的变形为合格。

9.3 泄漏试验

9.3.1 罐体耐压试验合格,将所有管路、安全附件、仪表、装卸附件安装齐全后进行泄漏试验。

9.3.2 采用气密性试验时,应符合下列规定:

a) 试验用气体应为干燥、洁净的空气、氮气或其他惰性气体;
b) 试验温度应符合 GB/T 150.4 和设计图样的规定;
c) 试验时,压力应缓慢上升,达到规定的试验压力后保压足够长时间,同时检查罐体所有的焊接接头和各阀件、仪表及其连接面,无泄漏为合格;
d) 如有泄漏,应在修补后重新进行试验。

9.3.3 其他泄漏试验方法和要求应符合设计文件的规定。

9.4 冷冲击试验

9.4.1 冷冲击试验后的检验内容和要求应符合设计文件的规定。

9.4.2 冷冲击试验一般采用液氮作为试验介质。试验时,除进液口和排气口以外的其余管路管口封闭,内容器和管路应被液氮充分浸渍。

9.4.3 冷冲击试验后,应对内容器和夹层管路进行耐压试验和氦质谱检漏试验。其他检验内容和要求应符合图样的规定。

9.5 清洁度测量

9.5.1 与介质接触的零部件表面的清洁度的测量方法应符合 JB/T 6896 的规定。

9.5.2 真空夹层表面以及其内部零部件表面的脱脂、除锈、干燥等检测方法按设计文件的规定。

9.6 容积测量

9.6.1 内容器应进行几何容积、有效容积和真空夹层容积的测量,测量方法应符合 GB/T 18443.8的规定。

9.6.2 由于结构或介质的原因不允许残留试验液体的内容器,可用几何测量尺寸后计算容积代替实测容积。

9.7 真空度测量

封结真空度的测量方法应符合 GB/T 18443.2 的规定。

9.8 真空夹层漏气速率测量

真空夹层漏气速率的测量方法应符合 GB/T 18443.3 的规定。

9.9 真空夹层漏放气速率测量

真空夹层漏放气速率的测量方法应符合 GB/T 18443.4 的规定。

9.10　静态蒸发率测量

静态蒸发率的测量方法应符合 GB/T 18443.5 的规定。

9.11　维持时间测量

维持时间的测量方法应符合 GB/T 18443.7 的规定。

9.12　安全附件试验

安全附件性能试验应符合相应产品标准和设计图样的规定。

9.13　其他检查

9.13.1　罐车的外观检查、结构检查、装置的性能检查,.应符合 GB/T 5601 的规定进行。

9.13.2　具有电气装置的罐车,其电路接线正确、导电良好,接地可靠。车体与接地末端之间的电阻值可采用万用表测量。

9.13.3　各种电气设备、灯具、插头、插座及开关等的技术要求应符合相关的规定。

9.14　型式试验

铁路罐车的型式试验应符合 GB/T 5601、TSG R0005 以及本文件的规定。

10　检验规则

10.1　检验分类

罐车的检验分为逐台检验、批量检验、型式试验。

10.2　逐台检验

10.2.1　罐车应逐台检验,合格后方可出厂。

10.2.2　逐台检验的项目应符合表 10 的规定。

10.3　批量检验

10.3.1　同一定型设计的罐车,按生产顺序,以不多于 50 台为一批。每批中随机抽取一台为批量检验样车。

10.3.2　若批量检验样车检验不合格,则在该批中再抽取 2 台进行检验,仍不合格时应逐台进行检验。

10.3.3　批量检验的项目和要求应符合表 10 的规定。

10.4　型式试验

10.4.1　型式试验分为车辆型式试验和低温性能型式试验。

10.4.2　车辆型式试验是对车辆的基本参数、结构、性能等是否符合设计要求所做的全面考核。试验项目一般在同一辆罐车上进行,且应符合 GB/T 5601 的规定。

10.4.3　低温性能型式试验由国家特种设备安全监督管理部门核准的型式试验机构进行,并出具低温型式试验报告和证书。低温性能型式试验的项目应符合表 10 的规定。

10.4.4　凡具有以下情况之一者应做型式试验:

a)　依据 GB/T 5601 以及 TSG R0005 的要求需进行型式试验时;

b)　上级主管部门或国家特种设备安全监督管理部门提出进行型式试验时。

10.5　检验项目

罐车除按照 GB/T 5601 的规定进行车辆检验外,还应按表 10 的规定进行罐体出厂检验和批量检验。

表 10 逐台检验、批量检验和低温性能型式试验

序号	检验项目		逐台检验	批量检验	低温性能型式试验
1	相关技术文件		★	★	—
2	外观		★	★	—
3	几何尺寸		★	★	—
4	焊接质量		★	★	—
5	耐压试验		★	★	—
6	气密性试验		★	★	—
7	冷冲击试验(有要求时)		▲	▲	—
8	真空性能	真空夹层封结真空度	★	★	★
9	真空性能	真空夹层漏气速率	★	★	★
10	真空性能	真空夹层漏放气速率	★	★	★
11	真空性能	真空夹层冷态真空度	—	▲	★
12	绝热性能	静态蒸发率	—	▲	★
13	绝热性能	维持时间	—	—	★
14	附件		★	★	—
15	出厂资料		★	★	—

注 1:有“★”标记的项目,为需进行检验和试验的项目。

注 2:有“▲”标记的项目,由供需双方协商确定。

注 3:有“—”标记的项目,为无需进行检验和试验的项目。

11 标志、标识

11.1 标志

罐车的标志应符合 GB/T 28791、TB/T 3443.3 的规定。

11.2 标识

罐车的标识应满足铁路行业相关要求以及设计图样和技术文件的规定。

12 出厂资料

12.1 罐车的制造厂应向使用单位提供以下技术文件和资料:

a) 竣工图样(总图和罐体图)。竣工图样上应有设计专用印章(复印章无效),且加盖竣工图章(竣工图章上标注制造单位名称、制造许可证编号、审核人的签字和“竣工图”字样);当制造中发生了材料代用、无损检测方法改变、加工尺寸变更等时,制造单位应按照设计单位书面批准文件的要求在竣工图样上作出清晰标注,并有修改人的签字及修改日期。

b) 产品合格证(含产品数据表)。

c) 产品质量证明文件。

d) 产品铭牌的拓印件或者复印件。

e) 特种设备制造监督检验证书。

f) 强度计算书。

g) 应力分析报告(需要时)。

h) 罐体安全泄放量、超压泄放装置排量和爆破片泄放面积的计算书。

i) 产品使用说明书。

j) 风险评估报告。

k) 随车工具及附件清单。

l) 备件、附件清单和相应的质量合格证明。

12.2 罐车产品质量证明文件至少包含下列内容:

a) 主要受压元件材料质量证明书和材料清单;

b) 质量计划;

c) 受压元件(封头、锻件等)为外购或外协件时的产品质量证明文件;

d) 罐体外观及几何尺寸检验报告;

e) 罐体容积检定报告;

f) 罐体焊接记录;

g) 罐体无损检测报告;

h) 罐体焊后热处理报告及自动记录曲线(有热处理工序时);

i) 罐体耐压试验报告;

j) 气密性试验或其他泄漏试验报告;

k) 真空性能检测报告(含封结真空度检测、真空夹层漏放气速率检测);

l) 整车车体检验报告;

m) 罐体气体置换检验报告;

n) 产品制造变更报告;

o) 钢板、锻件超声检测报告(需要时);

p) 安全附件、仪表及装卸附件的质量证明文件;

q) 其他必要的产品质量证明文件。

12.3 罐车使用说明书除应符合 GB/T 9969 的规定外,还应至少包含下列内容:

a) 罐车主要技术性能参数;

b) 适用介质的编号(UN 编号或者 CAS 编号)、名称和品种、类别和项别、危害性等;

c) 罐体结构与管路图,至少应包括安全附件、阀件和仪表的型号和连接方式;

d) 操作使用说明,至少应有操作规程、最大允许充装量的控制要求;

e) 使用注意事项,至少应包括装卸过程中的注意事项;

f) 维护和保养要求;

g) 常见故障的排除方法;

h) 备品和备件清单;

i) 铁路主管部门要求的其他内容。

13 储存和运输

13.1 储存

13.1.1 充装易燃、易爆介质的罐车出厂前，其内容器和管路应用氮气置换后进行密封，密封压力一般不小于0.05 MPa，露点应低于−25℃，含氧量应小于2%。

13.1.2 充装非易燃介质的罐车，其内容器和管路的含氧量应小于3%。

13.1.3 充装液氧介质的罐车，与氧接触的零部件均应不存在与氧发生反应的物质。

13.1.4 罐车长期存放时，应停放在防潮、通风和具有消防设施的专用场地。停放前应对整车进行仔细检查，包括各阀门仪表是否正常、装卸阀门是否闭止、导静电装置是否有效等。

13.1.5 罐车存放期间，应按照产品使用说明书进行维护与保养。

13.2 运输

罐车应在空载情况下交付用户。

附　录　A
(规范性)
罐体安全泄放量及超压泄放装置排放能力计算

A.1　总则

A.1.1　本附录规定了罐体充装冷冻液化气体介质在通风条件良好、敞开空间中的非火灾工况和火灾工况(与外部油池火灾类似)罐体安全泄放量的计算方法。超出本附录工况(如罐体遭受喷射火、部分密闭或全部密闭空间内火灾等严重火灾工况)的罐体安全泄放量计算由设计者另行考虑。

A.1.2　本附录公式仅适用于临界温度远高于额定排放压力下饱和气体温度的冷冻液化气体。临界温度接近或低于额定排放压力下饱和气体温度的冷冻液化气体,罐体安全泄放量的计算应考虑气体的热力学特性。

A.2　从热壁(外壳)传入冷壁(内容器)的总热流量的计算

A.2.1　非火灾情况

A.2.1.1　绝热系统(夹层和绝热材料)完好且处于正常的真空状态下,外部为环境温度,内容器的温度为泄放压力下所储存的介质的饱和温度,需考虑的从热壁传入冷壁的热流量的计算方法如下:

a)　在正常的真空状态下,通过绝热材料传入的热流量按式(A.1)计算:

$$H_{i.v}=U_{i.v}\times A_{i.m}\times(T_a-T_d) \qquad \text{(A.1)}$$

$$U_{i.v}=\frac{\lambda_{i.v}}{t_i}$$

式中:

$H_{i.v}$——在正常的真空状态下,通过绝热材料传入的热流量,W;

$U_{i.v}$——在正常的真空状态下,夹层绝热材料总的传热系数,W/(m²·K);

$\lambda_{i.v}$——在正常的真空状态下,绝热材料在温度范围 T_a与 T_d之间的平均导热系数,W/(m·K);

t_i——绝热材料的名义厚度,m;

$A_{i.m}$——绝热层内外表面积的算术平均值,m²;

T_a——非火灾情况下绝热容器外部最高环境温度,K;

T_d——对应于某一深冷介质的容器或传热构件冷端表面温度,K;
对于亚临界流体,T_d是介质在泄放压力下的饱和温度,K;
对于临界或超临界流体,T_d的确定见注。

注:关于临界或超临界状态下介质的温度、比容积、焓及 q'的确定和计算可参考标准 ISO 21013-3,临界或超临界流体物性参数可参考参考文献[2]。

b)　通过内容器的吊带或其他支撑构件传入的热流量按式(A.2)计算:

$$H_{s.t}=N_{s.t}\frac{\lambda_{s.t}\times A_{s.t}(T_a-T_D)}{L_{s.t}} \qquad \text{(A.2)}$$

式中:

$H_{s.t}$——通过内容器的吊带或其他支撑构件传入的热流量,W;

$N_{s.t}$——内容器吊带或其他支撑构件的数量；

$\lambda_{s.t}$——内容器吊带或其他支撑构件材料在温度 T_a 与 T_d 之间平均导热系数,W/(m・K)；

$A_{s.t}$——内容器金属吊带或其他支撑构件的截面积,m^2；

$L_{s.t}$——内容器吊带或其他支撑构件材料的长度,m。

c) 通过为约束内容器发生轴向位移而设置的限位构件传入的热流量按式(A.3)计算：

$$H_{b.l}=N_{b.l}\frac{T_a-T_b}{R_{t.l}} \qquad \text{(A.3)}$$

$$R_{t.l}=\frac{L_{b.l}}{\lambda_b \cdot A_{b.l}}+\frac{L_{t.l}}{\lambda_{tu} \cdot A_{t.l}}$$

式中：

$H_{b.l}$ ——通过为约束内容器发生轴向位移而设置的限位构件传入的热流量,W；

$N_{b.l}$ ——内容器轴向限位构件数量；

$R_{t.l}$ ——轴向限位构件的总热阻,K/W；

$L_{b.l}$ ——内容器轴向非金属限位构件的长度,m；

$L_{t.l}$ ——内容器轴向金属限位构件的长度,m；

λ_b ——用于制作内容器轴向非金属限位构件的导热系数,W/(m・K)；

λ_{tu} ——用于制作内容器轴向金属限位构件的导热系数,W/(m・K)；

$A_{b.l}$ ——内容器轴向非金属限位构件的截面积,m^2；

$A_{t.l}$ ——内容器轴向金属限位构件的截面积,m^2。

d) 通过为约束内容器发生径向位移而设置的径向限位构件传入的热流量按式(A.4)计算：

$$H_{b.t}=N_{b.t}+\frac{T_a-T_d}{R_{t.t}} \qquad \text{(A.4)}$$

$$R_{t.t}=\frac{L_{b.t}}{\lambda_b \cdot A_{b.t}}+\frac{L_{t.t}}{\lambda_{tu} \cdot A_{t.t}}$$

式中：

$H_{b.t}$——通过为约束内容器发生径向位移而设置的径向限位构件传入的热流量,W；

$N_{b.t}$——内容器径向限位构件数量；

$R_{t.t}$——径向限位构件的总热阻,K/W；

$L_{b.t}$——内容器径向非金属限位构件的长度,m；

$L_{t.t}$——内容器径向金属限位构件的长度,m；

$A_{b.t}$——内容器径向非金属限位构件的截面积,m^2；

$A_{t.t}$——内容器径向金属限位构件的截面积,m^2。

e) 通过真空夹层的管路传入的热流量按式(A.5)计算：

$$H_{tube}=\sum_{i=1}^{n}\left[\frac{\lambda_t \cdot A_{tube\times i}(T_a-T_d)}{L_i}+\frac{\lambda_{gas} \cdot A_{tube\times i}(T_a-T_d)}{L_i}\right] \qquad \text{(A.5)}$$

式中：

H_{tube} ——通过真空夹层的管路传入的热流量,W；

λ_t ——通过真空夹层的管路材料在温度 T_a 与 T_d 之间的平均导热系数,W/(m・K)；

$A_{tube\times i}$ ——穿过真空夹层的内容器第 i 管的横截面积,$i=1, 2, \cdots, n$, m^2；

L_i ——第 i 管在真空夹层内的长度,m；

λ_{gas} ——所储存介质的气体导热系数,W/(m·K)。

A.2.1.2 绝热系统完好且处于正常的真空状态下,外部为环境温度,内容器的温度为泄放压力下所储存介质的饱和温度,由热壁传入冷壁的总热流量按式(A.6)计算:

$$H_1 = H_{i.v} + H_{s.t} + H_{tube} + H_{b.l} + H_{b.t} \quad \cdots\cdots (A.6)$$

式中:

H_1——在非火灾和绝热层完好且处于正常的真空状态下,由热壁传入冷壁的总热流量,W。

A.2.1.3 绝热系统完好且处于正常的真空状态下,外部为环境温度,内容器的温度为泄放压力下所储存介质的饱和温度,且增压系统处于全开工作状态下,热壁经由绝热系统,构件和增压汽化器输入内容器的总热流量按式(A.7)计算:

$$H_2 = H_1 + H_{P.B.C} \quad \cdots\cdots (A.7)$$

$$H_{P.B.C} = U_{P.B.C} \times A_{P.B.C} \times (T_a - T_d)$$

式中:

H_2 ——热壁经由绝热系统,构件和自增压器输入内容器的总热流量,W;

$H_{P.B.C}$ ——自增压器产生的热流量,W;

$U_{P.B.C}$ ——自增压器总的对流传热系数,W/(m²·K);

$A_{P.B.C}$ ——自增压器总的外部传热面积,m²;

T_a ——非火灾情况下绝热容器外部最高环境温度,K;

T_d ——对应于某一深冷介质的容器或传热构件冷端表面温度,K;
对于亚临界流体,T_d是介质在泄放压力下的饱和温度,k;
对于临界或超临界流体,T_d的确定见注。

A.2.1.4 绝热系统完好,但夹层已丧失真空状态下,外部温度为环境温度,内容器的温度为泄放压力下所储存介质的饱和温度,从热壁传入内容器的总热流量按式(A.8)计算:

$$H_3 = H_{i.l} + H_{s.t} + H_{tube} + H_{b.l} + H_{b.t} \quad \cdots\cdots (A.8)$$

$$H_{i.l} = U_{i.l} \times A_{i.m} \times (T_a - T_d)$$

$$U_{i.l} = \frac{\lambda_{i.l}}{t_i}$$

式中:

H_3 ——绝热系统完好,但夹层已丧失真空,外部温度为环境温度,内容器的温度为泄放压力下所储存介质的饱和温度,从热壁传入内容器的总热流量,W;

$H_{i.l}$ ——夹层丧失真空的状态下,通过绝热材料输入的漏热量,W;

$U_{i.l}$ ——在大气压力下和环境温度下,绝热材料总的传热系数,W/(m²·K);

$\lambda_{i.l}$ ——夹层已丧失真空,在大气压力下绝热材料充满或吸附空气或介质气体,在温度 T_a 与 T_d之间的平均导热系数,W/(m·K);

t_i ——绝热材料的名义厚度,m;

$A_{i.m}$——绝热层内外表面积的算术平均值,m²。

A.2.2 火灾情况

A.2.2.1 真空绝热罐体的绝热系统完好或部分完好,但夹层真空已丧失,且罐体处于火灾或650℃(922K)及以上高温工况下,由热壁传入内容器的总热流量按式(A.9)计算:

$$H_4 = 2.6 \times (922 - T_d) U_{i.f} \times A_r^{0.82} \quad \cdots\cdots (A.9)$$

$$U_{i,f}=\frac{\lambda_{i,f}}{t_i}$$

式中：

H_4——真空绝热罐体的绝热系统完整，但夹层真空已丧失，且罐体处于火灾或650℃(922 K)及以上高温工况下，由热壁传入内容器的总热流量，W。

$U_{i,f}$——在火灾条件下[外部温度为650℃(922 K)和大气压下]绝热层总的传热系数，W/(m^2·K)。

$\lambda_{i,f}$——真空绝热罐体处于火灾或650℃(922 K)及以上高温工况，夹层真空已丧失，在大气压力下，绝热材料充满介质气体或空气，但仍能有效地阻止热传导、热对流和热辐射；绝热材料在 T_d 与650℃(922 K)之间的平均导热系数，取两者(气体或空气)之中的较大值，W/(m·K)。

t_i——绝热材料的名义厚度，m。

A_r——内容器与外壳面积的平均值，m^2；

半球形封头的内容器，$A_r=\pi D_o L$；

椭圆形封头的内容器，$A_r=\pi D_o(L+0.3D_o)$。

式中：

L——外壳总长减去罐体中轴线处两端夹层厚度的平均值，m；

D_o——内容器与外壳直径的平均值，m。

A.2.2.2 真空绝热罐体处于火灾或650℃(922 K)及以上高温，且绝热系统已完全损坏的情况下，由热壁传入内容器的总热流量按式(A.10)计算：

$$H_5=7.1\times10^4\times A_r^{0.82} \quad\cdots\cdots\cdots\cdots(A.10)$$

式中：

H_5——真空绝热罐体处于火灾或650℃(922 K)及以上高温，且绝热系统已完全损坏的情况下，由热壁传入内容器的总热流量，W；

A_r——内容器外表面积，m^2；

半球形封头的内容器，$A_r=\pi D_o L$；

椭圆形封头的内容器，$A_r=\pi D_o(L+0.3D_o)$。

式中：

L——内容器总长，m；

D_o——内容器外直径，m。

A.3 内容器的安全泄放量(质量流量)的计算

A.3.1 当内容器的超压泄放装置的泄放压力 p_d 小于介质临界压力的40%时，上述各种状态下的内容器的安全泄放量(质量流量)按式(A.11)计算：

$$W_{s,i}=\frac{3.6H_i}{q} \quad\cdots\cdots\cdots\cdots(A.11)$$

式中：

$W_{s,i}$——当内容器的超压泄放装置的泄放压力 p_d 小于介质临界压力的40%时，内容器的安全泄放量，kg/h；

H_i——由热壁传入冷壁的总热流量，对应于 $i=1,2,3,4,5$，分别由式(A.6)、式(A.7)、式

(A.8)、式(A.9)、式(A.10)计算,W;

q ——在泄放压力下液体介质的汽化潜热,kJ/kg。

A.3.2 当超压泄放装置的气体泄放压力 p_d 小于介质的临界压力,但大于或等于临界压力的40%,即 $0.4p_{crit} \leqslant p_d < p_{crit}$ 时,需对式(A.11)中的罐体安全泄放质量流量计算式进行修正,即应按式(A.12)计算:

$$W'_{s.i} = 3.6 \times \left(\frac{\nu_g - \nu_e}{\nu_g}\right) \times \frac{H_i}{q} \quad \cdots\cdots (A.12)$$

式中:

$W'_{s.i}$——当超压泄放装置的气体泄放压力 p_d 小于介质的临界压力,但大于或等于临界压力的40%,即 $0.4p_{crit} < p_d < p_{crit}$ 时,内容器的安全泄放量,kg/h;

ν_g ——泄放压力下,饱和气体介质的比容积,m^3/kg;

ν_e ——泄放压力下,饱和液体介质的比容积,m^3/kg;

H_i ——由热壁(夹层)传入冷壁(内容器)的总热流量,对应于 $i=1,2,3,4,5$,分别由式(A.6)、式(A.7)、式(A.8)、式(A.9)、式(A.10)计算,W;

q ——在泄放压力下液体介质的汽化潜热,kJ/kg。

A.3.3 当超压泄放装置的气体泄放压力高于介质的临界压力时,亦需对式(A.11)中的内容器安全泄放质量流量计算公式进行修正,即应按式(A.13)计算:

$$W''_{s.i} = \frac{3.6H_i}{q'} \quad \cdots\cdots (A.13)$$

式中:

$W''_{s.i}$——当超压泄放装置的气体泄放压力高于介质的临界压力时,内容器的安全泄放量,kg/h;

H_i——由热壁(夹层)传入冷壁(内容器)的总热流量,对应于 $i=1,2,3,4,5$,分别由式(A.6)、式(A.7)、式(A.8)、式(A.9)、式(A.10)计算,W;

q' ——泄放压力 p_d 和温度 T_d(K)下,当 $\dfrac{\sqrt{\nu}}{\nu\left[\dfrac{\partial h}{\partial \nu}\right]_p}$ 取得最大值时的值 $\nu\left[\dfrac{\partial h}{\partial \nu}\right]_p$,kJ/kg。

ν ——临界或超临界介质在泄放压力 p_d 和操作温度范围内任一温度下的比容积,m^3/kg;

h ——临界或超临界液体在泄放压力 p_d 下和操作温度范围内任一温度下的焓值,kJ/kg。

A.4 泄放气体质量流量与标态空气体积流量的换算

将泄放气体的质量流量 $W_{s.i}$ 换算成标态空气流量按式(A.14)计算:

$$Q_i = \frac{92.34W_{s.i}}{C}\sqrt{\frac{ZT}{M}} \quad \cdots\cdots (A.14)$$

式中:

Q_i ——按泄放气体的质量流量 $W_{s.i}$ 换算成的标态空气流量,m^3/h;

$W_{s.i}$——当内容器的安全泄放装置的泄放压力 p_d 小于40%的介质临界压力时,上述各种状态下的真空绝热压力容器的安全泄放量,kg/h;

C ——气体特性系数，查表 A.1 或按下式计算：

$$C=520\sqrt{k\left(\frac{2}{k+1}\right)^{\frac{k+1}{k-1}}}$$

k ——气体绝热指数，$k=C_p/C_v$；

C_p——标准状态下气体定压比热，kJ/(kg·℃)；

C_v——标准状态下气体定容比热，kJ/(kg·℃)；

Z ——在泄放压力 p_d 下饱和气体的压缩系数；

T ——泄放装置进口侧的气体温度，K；

M ——气体的摩尔质量，kg/kmol。

表 A.1 气体特性系数

k	C	k	C	k	C	k	C
1.00	315	1.20	337	1.40	356	1.60	372
1.02	318	1.22	339	1.42	358	1.62	374
1.04	320	1.24	341	1.44	359	1.64	376
1.06	322	1.26	343	1.46	361	1.66	377
1.08	324	1.28	345	1.48	363	1.68	379
1.10	327	1.30	347	1.50	364	1.70	380
1.12	329	1.32	349	1.52	366	2.00	400
1.14	331	1.34	351	1.54	368	2.20	412
1.16	333	1.36	352	1.56	369	—	—
1.18	335	1.38	354	1.58	371	—	—

A.5 气体排放管长度对超压泄放装置入口的气体压力和温度的影响

当从内容器到泄放装置入口的气体排放管的长度超过 600 mm 时，必须考虑气体流过这段管子的压力降和热量损失，采取措施补偿由此减少的泄放系统的有效泄放能力，或对泄放装置入口的气体压力和温度进行修正，相关修正方法可参照 CGAS-1.2。

A.6 安全阀排放能力计算

当$\frac{p_o}{p_d}\leqslant\left(\frac{2}{k+1}\right)^{\frac{k}{k-1}}$时，属于临界流动状态，安全阀排放能力按式(A.15)计算：

$$W_s=7.6\times10^{-2}CKp_dA\sqrt{\frac{M}{ZT}} \quad\cdots\cdots(A.15)$$

当$\frac{p_o}{p_d}>\left(\frac{2}{k+1}\right)^{\frac{k}{k-1}}$时，属于亚临界流动状态，安全阀排放能力按式(A.16)计算：

$$W_s=55.85\times AKp_d\sqrt{\frac{M}{ZT}}\sqrt{\frac{k}{k-1}\left[\left(\frac{p_o}{p_d}\right)^{\frac{2}{k}}-\left(\frac{p_o}{p_d}\right)^{\frac{k+1}{k}}\right]} \quad\cdots\cdots(A.16)$$

式中：

k ——气体绝热指数，$k=C_p/C_v$；

C_p——标准状态下气体定压比热，kJ/(kg·℃)；

C_v——标准状态下气体定容比热,kJ/(kg·℃);

p_o——安全阀出口压力(绝压),MPa;

W_s——安全阀的排放能力,kg/h;

C——气体特性系数,查表 A.1 或按下式计算:

$$C=520\sqrt{k\left(\frac{2}{k+1}\right)^{\frac{k+1}{k-1}}}$$

K——全阀的额定泄放系数,与安全阀结构有关,应根据实验数据确定;无参考数据时,可按下列规定选取:

全启式安全阀:$K=0.60\sim0.70$。

p_d——安全阀的排放压力(绝压),对于主安全阀 $p_d=1.16p+0.1$,对于辅助安全阀 $p_d=1.2p+0.1$,MPa;

p——内容器的设计压力,MPa。

A——安全阀最小排气截面积,mm^2。

全启式安全阀,即 $h\geqslant\frac{1}{4}d_t$ 时:$A=\pi\frac{d_t^2}{4}$。

式中:

h——阀瓣的开启高度,mm;

d_t——安全阀的最小流道直径(阀座喉部直径),mm。

A.7 爆破片装置排放能力计算

当 $\frac{p_o}{p_b}\leqslant\left(\frac{2}{k+1}\right)^{\frac{k}{k-1}}$ 时,属于临界流动状态,爆破片装置排放能力按式(A.17)计算:

$$W_s=7.6\times10^{-2}CK'p_bA\sqrt{\frac{M}{ZT}} \qquad\text{(A.17)}$$

当 $\frac{p_o}{p_b}>\left(\frac{2}{k+1}\right)^{\frac{k}{k-1}}$ 时,属于亚临界流动状态,爆破片装置排放能力按式(A.18)计算:

$$W_s=55.85\times AK'p_b\sqrt{\frac{M}{ZT}}\sqrt{\frac{k}{k-1}\left[\left(\frac{p_o}{p_b}\right)^{\frac{2}{k}}-\left(\frac{p_o}{p_b}\right)^{\frac{k+1}{k}}\right]} \qquad\text{(A.18)}$$

式中:

p_o——爆破片装置出口侧压力(绝压),MPa;

W_s——爆破片装置的排放能力,kg/h;

C——气体特性系数,查表 A.1 或按下式计算:

$$C=520\sqrt{k\left(\frac{2}{k+1}\right)^{\frac{k+1}{k-1}}}$$

k——气体绝热指数,$k=C_p/C_v$;

C_p——标准状态下气体定压比热,kJ/(kg·℃);

C_v——标准状态下气体定容比热,kJ/(kg·℃);

A——爆破片装置的排放面积,mm^2;

p_b——爆破片装置的排放压力(绝压),$p_b=1.2p+0.1$,MPa;

p ——内容器的设计压力,MPa。

K'——爆破片装置的额定泄放系数,与爆破片装置入口管道形状有关,见图 A.1。

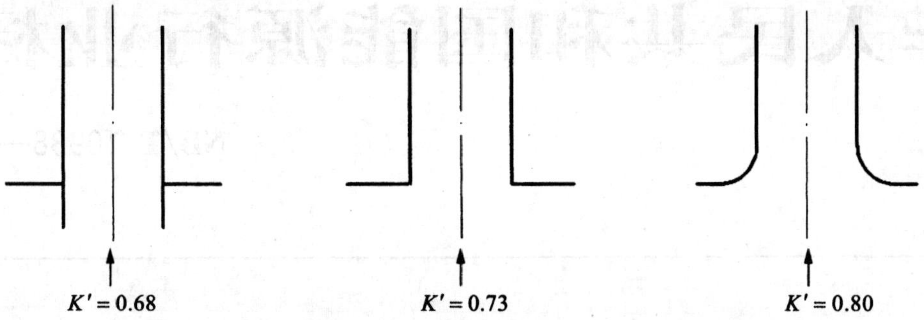

图 A.1 爆破片装置入口管道形状和额定泄放系数的关系

参 考 文 献

[1] ISO 21013-3：2006 Cryogenic vessels—Pressure-relief accessories for cryogenic service—Part 3:Sizing and capacity determination

[2] Lemmon EW，Huber ML，McLinden MO. Reference fluid thermodynamic and transport properties，NIST standard reference database 23 ，Version 9.0.Physical and Chemical Properties Division 2010

[3] CGA S-1.2—2005 Pressure relief device standards—Part 2：Cargo and portable tanks for compressed gases

NB

中华人民共和国能源行业标准

NB/T 10938—2022

绕管式热交换器

Coil-wound heat exchanger

2022-05-13 发布　　　　2022-11-13 实施

国家能源局　发布

前　言

本文件按照GB/T 1.1—2020《标准化工作导则　第1部分:标准化文件的结构和起草规则》的规定起草。

请注意本文件的某些内容可能涉及专利。本文件的发布机构不承担识别专利的责任。

本文件由全国锅炉压力容器标准化技术委员会(SAC/TC 262)提出并归口。

本文件由全国锅炉压力容器标准化技术委员会热交换器分技术委员会(SAC/TC 262/SC 5)组织起草。

本文件起草单位:上海蓝滨石化设备有限责任公司、中国特种设备检测研究院、中国石化工程建设有限公司、中石化洛阳工程有限公司、西安交通大学、合肥通用机械研究院有限公司、天津大学、开封空分集团有限公司、镇海石化建安工程股份有限公司、武汉东海石化重型装备有限公司、甘肃蓝科石化高新装备股份有限公司、上海核工程研究设计院有限公司、浙江久立特材科技股份有限公司、浙江中达特钢股份有限公司、无锡腾跃特种钢管有限公司、杭州弘泽新能源有限公司、上海石油化工换热设备工程技术研究中心、中特检验集团有限公司。

本文件主要起草人:马一鸣、陈志伟、张迎恺、顾月章、白博峰、陈永东、刘福录、谭蔚、于旺、张贤安、李明凯、赵国栋、矫明、邵羽、吴利阳、王志标、周洪达、苏厚德、邢玲、陈战杨、周文学、张延丰、张松松。

本文件为首次发布。

绕管式热交换器

1 范围

1.1 本文件规定了奥氏体不锈钢制绕管式热交换器(以下简称热交换器)的材料、设计、制造、检验、验收、安装、使用及维护的要求。

1.2 本文件适用于设计压力不高于 10 MPa 的热交换。

1.3 本文件适用的设计温度不应超过 CB/T 150.2—2011 列入奥氏体不锈钢的允许使用温度范围。

1.4 本文件不适用于下列场合:

a) 介质易结垢、结焦、沉淀,存在堵塞风险;

b) 存在晶间腐蚀风险。

1.5 热交换器界定范围

a) 热交换器本体及其外部管道连接

1) 焊接连接的第一道环向接头坡口端面;

2) 法兰连接的第一个法兰密封面;

3) 螺纹连接的第一个螺纹接头端面;

4) 专用连接件或管件连接的第一个密封面。

b) 接管、人孔、手孔等的承压封头、平盖及其紧固件。

c) 非受压元件与受压元件的连接焊缝。

d) 直接连接在热交换器上的非受压元件,如支座、垫板等。

e) 直接安装在热交换器上的超压泄放装置。

2 规范性引用文件

下列文件中的内容通过文中的规范性引用而构成本文件必不可少的条款。其中,注日期的引用文件,仅该日期对应的版本适用于本文件;不注日期的引用文件,其最新版本(包括所有的修改单)适用于本文件。

GB/T 150—2011(所有部分) 压力容器(含第1号修改单)

GB/T 151—2014 热交换器

GB/T 27698.1 热交换器及传热元件性能测试方法 第1部分:通用要求

GB/T 27698.8 热交换器及传热元件性能测试方法 第8部分:热交换器工业标定

NB/T 10558 压力容器涂敷与运输包装

NB/T 47010 承压设备用不锈钢和耐热钢锻件

NB/T 47019(所有部分) 锅炉、热交换器用管订货技术条件

NB/T47041 塔式容器

NB/T 47065(所有部分) 容器支座

JB 4732 钢制压力容器——分析设计标准(2005年确认)

3 术语和定义

GB/T 150.1—2011、GB/T 151—2014 界定的以及下列术语和定义适用于本文件。

3.1

绕管式热交换器 coil-wound heat exchanger

换热管螺旋缠绕在中心筒上,一股或多股管程介质在螺旋式缠绕的换热管内流动,通过换热管与壳程介质进行间壁换热的管壳式热交换器总称。

3.2

中心筒 mandrel

换热管缠绕的芯轴及其支承组成的部件。

3.3

芯体 core

由中心筒、换热管、定位元件及包扎筒等组成的部件。

3.4

定位元件 spacer

平垫条、异型垫条、管箍等用于固定换热管位置的零部件通称。

3.5

螺旋角 spiral angle

换热管螺旋线的切线与设备横截面的夹角。

3.6

包扎筒 bundles shell

管束最外层包扎的一层薄壁圆筒。

3.7

管束 bundle

由管板和芯体组成的结构。

3.8

单股流 single-flow

管程仅布置一股介质的流程。

3.9

多股流 multi-flow

管程布置两股及以上介质的流程。

3.10

整体管板热交换器 integrated tubesheet heat exchanger

管程为单股流,换热管管孔集中分布在整个管板上的热交换器。

3.11

分区布管的整体管板热交换器 integrated tubesheet heat exchanger with different tube layout areas

管程为多股流,各股介质换热管管孔集中分布在整块管板的不同区域的热交换器。

3.12

分体管板热交换器 separated tubesheet heat exchanger

管程各股介质换热管管孔集中分布在不同管板上的热交换器。

4 通用要求

4.1 一般规定

4.1.1 热交换器应符合本文件的规定,未做规定的应按 GB/T 151—2014 的有关规定。

4.1.2 热交换器的设计、制造单位应建立健全并有效运行质量保证体系。

4.1.3 对不能按照 GB/T 150.3—2011、本文件及相应标准规定进行设计计算的热交换器或受压元件,宜按 GB/T 150.1—2011 中 4.1.6 条规定的方法进行设计。

4.2 资格与职责

4.2.1 资格

《固定式压力容器安全技术监察规程》管辖范围内的热交换器的设计单位、制造单位应持有相应的特种设备生产许可证。

4.2.2 职责

4.2.2.1 需方或设计委托方的职责

热交换器的需方或设计委托方应以书面形式向设计单位提出应至少包含以下内容的设计条件(用户设计规范):

a) 设计所依据的主要标准和规范;
b) 操作参数(包括工作压力、工作温度范围、流量、液位高度、接管载荷以及循环载荷等);
c) 使用地及其自然条件(包括环境温度、抗震设防烈度、风载荷等);
d) 介质组分与特性;
e) 预期使用年限;
f) 几何参数和管口方位;
g) 设计需要的其他必要条件。

4.2.2.2 设计单位的职责

热交换器的设计单位至少应包含以下职责:

a) 应对设计文件的正确性和完整性负责;
b) 热交换器的设计文件至少应包括强度计算书、设计图样、制造技术条件、风险评估报告(相关法规或设计委托方要求时)、安装与使用维修说明;
c) 《固定式压力容器安全技术监察规程》管辖范围内的热交换器的设计总图应盖压力容器设计专用印章;
d) 应在设计使用年限内保存热交换器的全部设计文件。

4.2.2.3 制造单位的职责

热交换器的制造单位至少应包含以下职责:

a) 应按照设计文件要求进行制造,如需要对原设计进行修改,应取得原设计单位同意修改的书面文件,并且对改动部位作出详细记载。
b) 在热交换器制造前应制定完善的质量计划,其内容至少应包括热交换器或元件的制造工艺控制点、检验项目和合格指标。
c) 检查部门在热交换器制造过程中和完工后,应按标准、图样和质量计划的规定对热交换器进行各项检验和试验,出具相应报告,并对报告的正确性和完整性负责。
d) 在检验合格后,应出具产品质量合格证。

e) 对其制造的每台热交换器产品应在设计使用年限内至少保存下列技术文件：

1) 质量计划；

2) 制造工艺图或制造工艺卡；

3) 产品质量证明文件；

4) 焊接工艺和热处理工艺文件；

5) 标准中允许制造单位选择的检验、试验项目记录；

6) 制造过程中及完工后的检查、检验、试验记录；

7) 竣工图。

4.3 工艺计算

4.3.1 设计条件

4.3.1.1 热交换器的需方或设计委托方应以书面形式向设计单位提出工艺设计条件，且其应至少包含以下内容：

a) 不同工况下的操作数据，包括流量、气相分率、温度、压力、热负荷等；

b) 介质组分或物性数据；

c) 允许阻力降；

d) 安装要求(几何参数、管口方位)等。

4.3.1.2 热交换器工艺数据表参见附录A。

4.3.2 选型与计算

热交换器的选型与计算除考虑经济性外，还应满足下列要求：

a) 安全、传热及能效要求；

b) 安装、操作、维修等要求。

4.4 一般规定

4.4.1 载荷

4.4.1.1 设计时应考虑以下载荷：

a) 内压、外压或最大压差；

b) 液柱静压力，当液柱静压力小于设计压力的5%时可忽略不计。

4.4.1.2 需要时，还应考虑下列载荷：

a) 热交换器自重及正常工作条件下或耐压试验状态下内装介质的重力载荷；

b) 附属设备及隔热材料、衬里、管道、扶梯、平台等的重力载荷；

c) 风载荷、地震载荷；

d) 支座及其他型式支承件的反作用力；

e) 连接管道和其他部件的作用力；

f) 温度梯度引起的温差应力；

g) 冲击载荷，包括压力急剧波动引起的冲击载荷，流体冲击引起的反力等；

h) 制造、运输或吊装时的作用力。

4.4.2 设计压力或计算压力

设计压力或计算压力的确定应符合以下规定：

a) 热交换器上装有超压泄放装置时，应按GB/T 150.1—2011附录B的规定确定设计压力；

b) 热交换器各程(压力室)的设计压力应按各自最苛刻的工况分别确定;

c) 若热交换器存在负压操作,确定元件计算压力时应考虑在正常工作情况下可能出现的最大内外压力差;

d) 真空侧的设计压力按承受外压考虑;当装有安全控制装置(如真空泄放阀)时,设计压力取1.25倍的最大内外压力差,或0.1 MPa两者中的较低值;当无安全控制装置时,取0.1 MPa;

e) 对于同时受各程(压力室)压力作用的元件,且在全寿命期内均能保证不超过设定压差时,可按压差设计,否则应分别按各程(压力室)设计压力确定计算压力,并应考虑可能存在的最苛刻的压力组合;按压差设计时,压差的取值还应考虑在压力试验过程中可能出现的最大压差值,并应在设计文件中明确设计压差值,同时应提出在压力试验过程中保证压差的要求。

4.4.3 设计温度

设计温度的确定应符合以下规定:

a) 热交换器的各程(压力室)设计温度应按各自最苛刻的工况分别确定;各部分在工作状态下的金属温度不同时,可分别设定设计温度。

b) 设计温度不应低于元件金属在工作状态可能达到的最高温度;对于0℃以下的金属温度,设计温度不应高于元件金属可能达到的最低温度;在任何情况下,元件金属的表面温度不应超过材料的允许使用温度。

c) 对于同时受两侧介质温度作用的元件应按其金属温度确定设计温度。

d) 元件的金属温度可通过以下方法确定:

 1) 传热计算求得;

 2) 在已使用的同类热交换器上测定;

 3) 根据介质温度并结合外部条件确定。

5 材料

5.1 一般规定

5.1.1 热交换器材料的选择应考虑其使用条件(包括设计温度、设计压力和介质特性等)、材料的焊接性能、加工性能及经济合理性。

5.1.2 热交换器用材料的通用要求、钢材的技术要求、限定范围(牌号、压力和温度等),应符合本文件引用标准的规定。

5.1.3 热交换器用受压元件材料允许使用的钢号及其标准、附加技术要求、限定范围及许用应力应符合GB/T 150.2—2011的规定,高温性能参考值参见GB/T 150.2—2011附录B;低温压力容器材料应符合GB/T 150.3—2011附录E的规定。

5.1.4 热交换器用材料,除应符合相应规范、标准的规定外,还应符合设计技术文件的要求。

5.2 换热管

5.2.1 热交换器用换热管订货技术条件除应符合NB/T 47019的规定外,还应符合设计文件要求。

5.2.2 换热管不应有环向拼接焊缝。

5.2.3 焊接管母材硬度不应超过90 HRB或210 HV。

5.2.4 对于多次变形易导致换热管材料发生不可接受的冷作硬化或导致其在介质中的抗腐蚀能

力不足时,应选择直管供货。盘状供货的换热管,应视材质、规格及设计技术要求等对最小允许盘管圈径进行控制,盘管圈径一般不应小于 1 400 mm。直管和盘管圆度偏差不应超过 0.16 mm。

5.2.5 换热管应按照 NB/T 47019 逐根进行水压试验或水下气密性试验。

5.2.6 换热管在制造、运输及储存过程中应充分防护,避免污染。

5.3 锻件

5.3.1 热交换器用钢锻件应符合 NB/T 47010 的规定。

5.3.2 用于制造管板、筒体、法兰、接管等锻件应符合 GB/T 150.2—2011 第 6 章的规定,锻件级别不应低于Ⅱ级。

5.4 内件

热交换器非受压元件内件,包括中心筒、换热管定位元件和包扎筒等,应具有相应介质条件下的强度、刚度和耐腐蚀性,以满足设计使用年限要求。

6 设计

6.1 结构型式及主要零部件名称

6.1.1 根据管板的特征,热交换器分为 3 种结构型式,分类型式及代号见表 1,Ⅰ、Ⅱ、Ⅲ型热交换器结构型式、主要零部件及名称分别见图 1、图 2、图 3。

表 1 热交换器结构型式分类

热交换器结构型式	结构型式代号
整体管板热交换器	Ⅰ
分区布管的整体管板热交换器	Ⅱ
分体管板热交换器	Ⅲ

6.1.2 型号规定

热交换器型号由结构型式、公称直径、设备总高(卧式设备为总长,型号中总长前加“*L*”)、管程设计压力、壳程设计压力、管程流股数的数字表示。

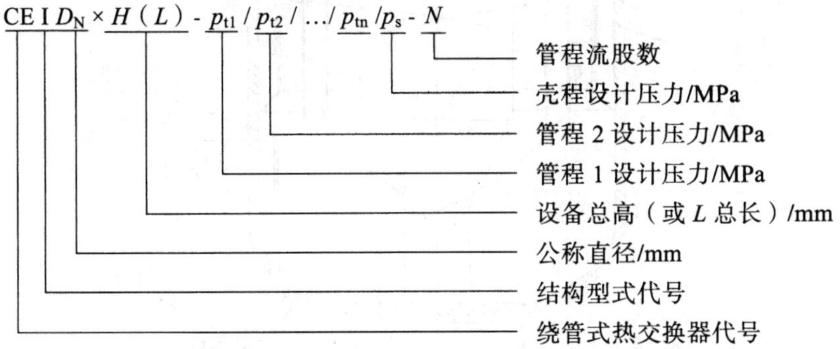

示例 1:整体管板热交换器,公称直径 2 200 mm,总高度 8 000 mm,管程设计压力 4.0 MPa,壳程设计压力 2.5 MPa,管程流股数 1。

CE Ⅰ 2 200×8 000-4.0/2.5-1

示例 2:整体管板热交换器,公称直径 2 200 mm,卧式布置,总长度 8 000 mm,管程设计压力 4.0 MPa,壳程设计压力 2.5 MPa,管程流股数 1。

CE Ⅰ 2 200×L8 000-4.0/2.5-1

示例 3:分区布管的整管板热交换器,公称直径 2 000 mm,总高度 9 000 mm,管程 1 设计压力 4.0 MPa,管程 2 设计压力 3.0 MPa,壳程设计压力 1.6 MPa,管程流股数 2。

CE Ⅱ 2 000×9 000-4.0/3.0/1.6-2

示例 4:分体管板热交换器,公称直径 1 600mm,总高度 10 000 mm,管程 1 设计压力 1.6 MPa,管程 2 设计压力 2.5 MPa,管程 3 设计压力 4.0 MPa,壳程设计压力 1.0 MPa,管程流股数 3。

CE Ⅲ 1 600×10 000-1.6/2.5/4.0/1.0-3

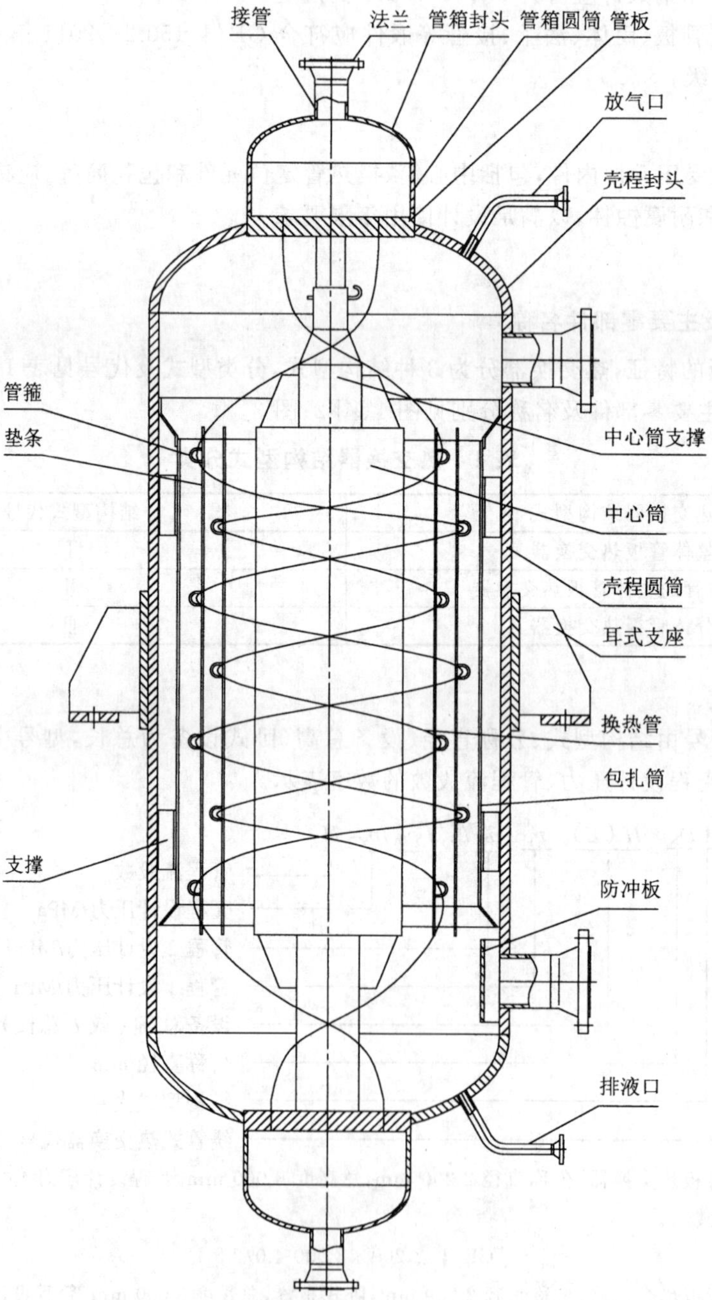

a) 立式整体管板热交换器(Ⅰ)

图 1 整体管板热交换器(Ⅰ)

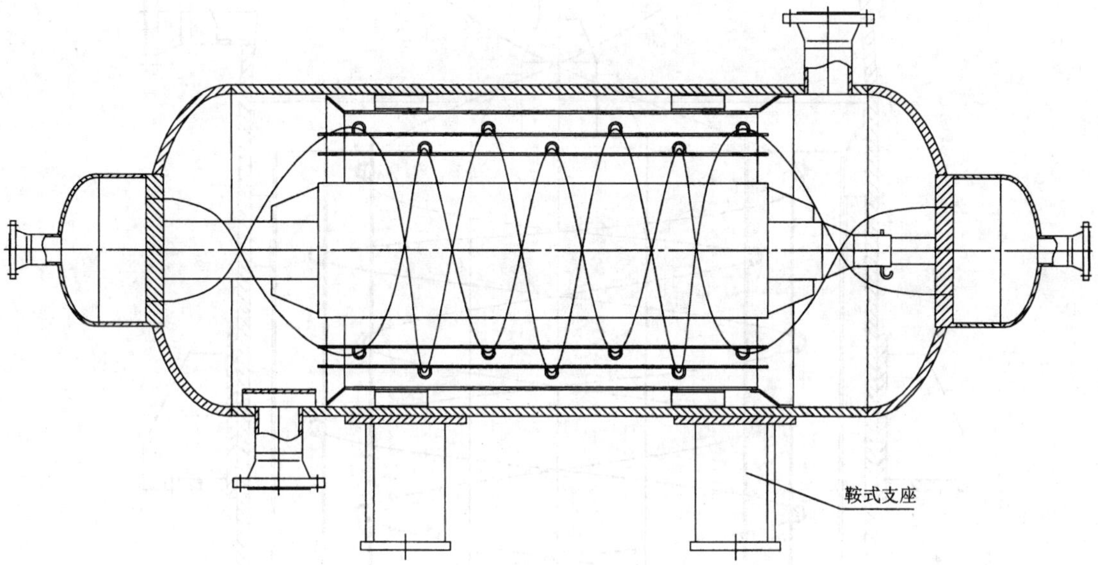

b） 卧式整体管板热交换器（Ⅰ）

图1 整体管板热交换器(Ⅰ)(续)

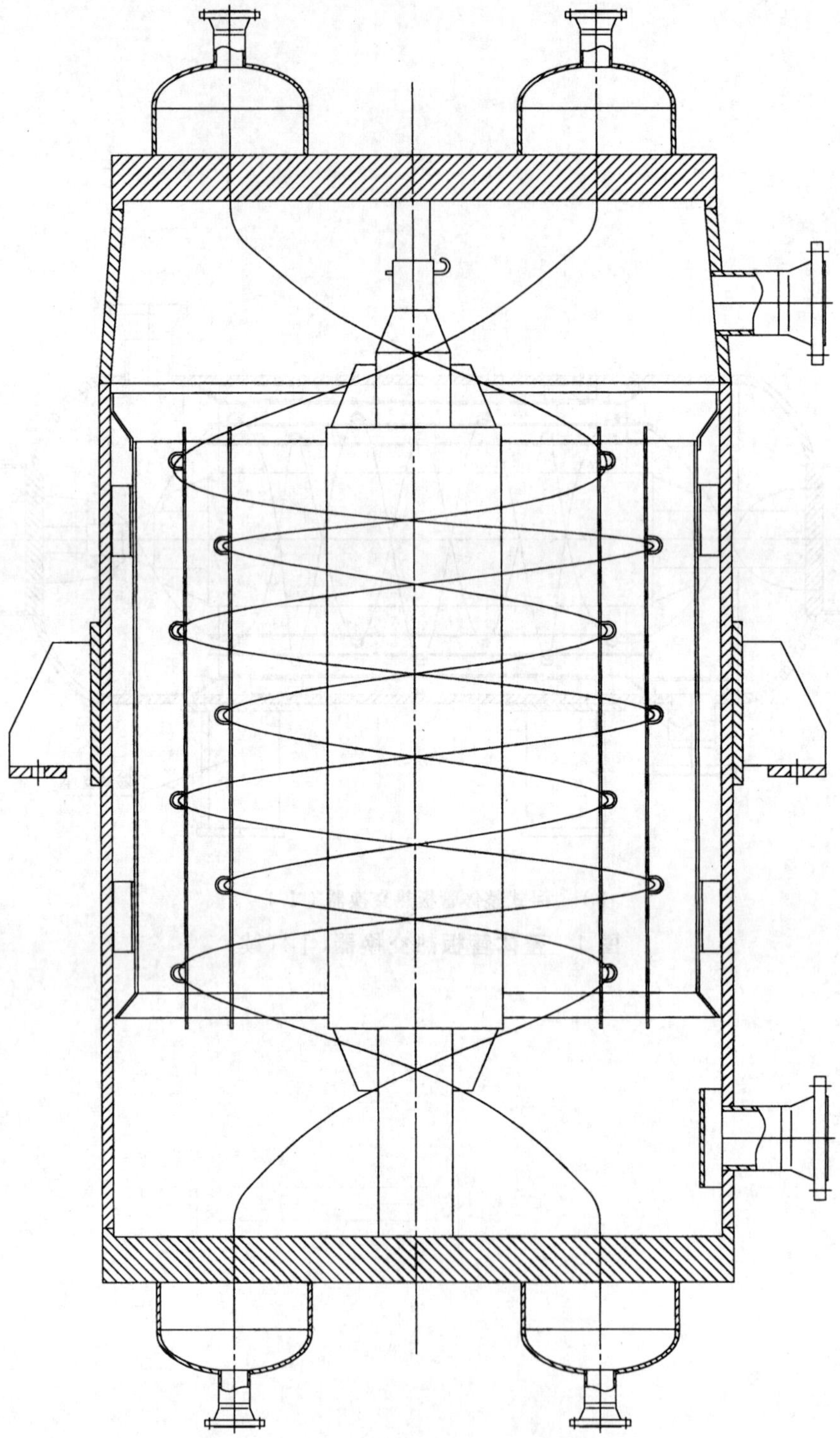

图2　分区布管的整体管板热交换器(Ⅱ)

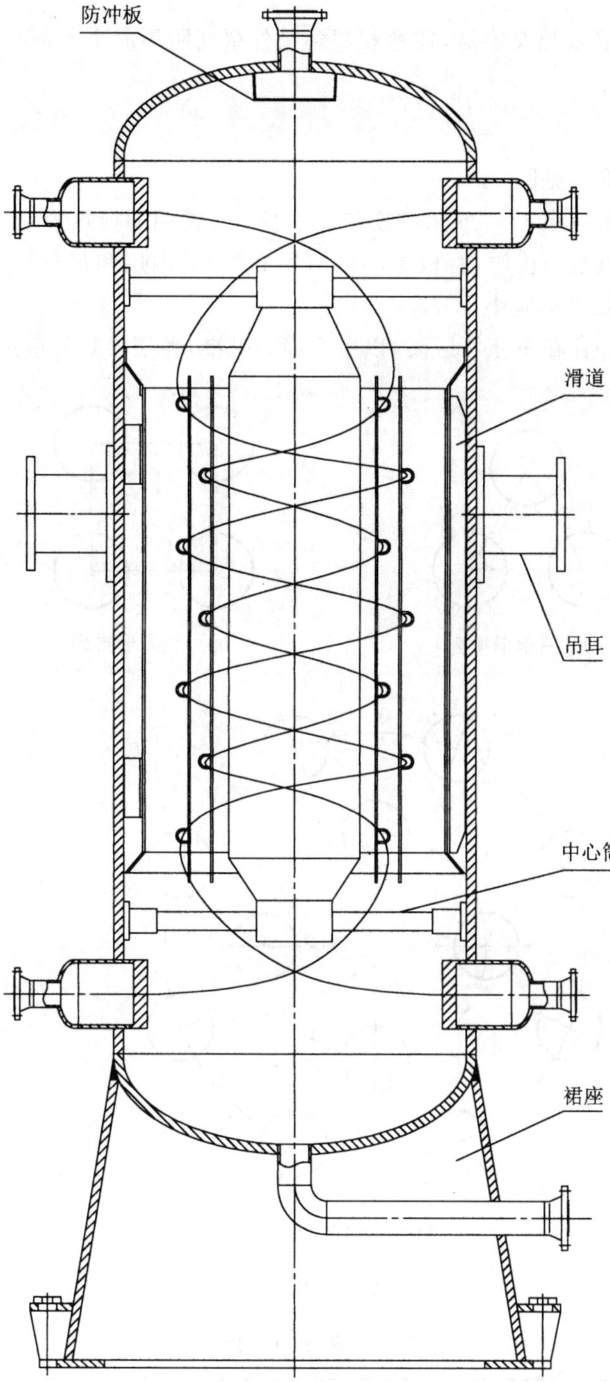

图3　分体管板热交换器(Ⅲ)

6.2　管箱圆筒及封头

6.2.1　管箱由管箱圆筒、封头及接管法兰等组成，封头宜采用凸型封头。管箱封头与管箱圆筒可采用焊接或法兰连接。

6.2.2　管箱圆筒和封头的厚度计算、管箱上的开孔补强计算应符合 GB/T 150.3—2011 的有关规定。

6.2.3　分区布管的整体管板热交换器，任意相邻管箱外壁间距不应小于100 mm。

6.3　管板

6.3.1　布管

6.3.1.1　管板常用布管形式见图4。

6.3.1.2　换热管中心距不应小于1.25倍的换热管外径 d。常用的换热管中心距 S 见表2。

6.3.1.3　中心筒与管板直接相连时，管板中心区域不布管，最内层和最外层换热管外表面至焊缝和倒角等不连续结构距离不应小于 d。

6.3.1.4　管板较小且中心存在不布管区时，以中心筒为基准，各层换热管应沿圆周均布排列。

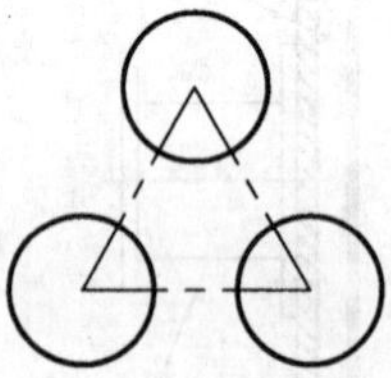

a）三角形排列

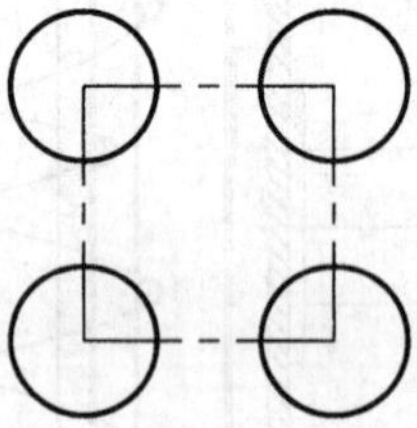

b）正方形排列

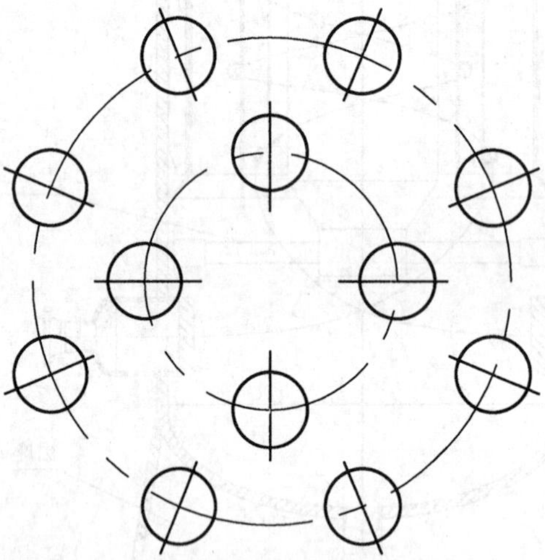

c）沿圆周均布排列

图4　换热管排列形式

表2　换热管中心距　　单位为毫米

换热管外径 d	10	12	15	19	22	25
换热管中心距 S	13	16	19	25	28	32

6.3.2　管孔

6.3.2.1　管板管孔直径及允许偏差应符合表3的要求。

表 3 管板管孔直径及允许偏差 单位为毫米

换热管外径 d	10	12	15	19	22	25
管孔直径	10.25	12.25	15.25	19.25	22.25	25.25
允许偏差		$^{+0.05}_{-0.10}$			$^{+0.10}_{-0.10}$	

6.3.2.2 胀接可采用柔性胀接或机械胀接,胀接时不应损伤换热管内壁。当换热管与管板采用强度胀接时,管板的管孔公称直径宜减小 0.05 mm~0.10 mm。

6.3.3 焊接接头

管板与壳体封头或管箱圆筒的接头形式参见附录 B。

6.3.4 管板计算

6.3.4.1 管板初始厚度可参照 GB/T 151—2014 中 U 形管式热交换器管板进行计算确定,再结合不同的管板位置和结构进行应力分析。管板结构的应力分析见附录 C。

6.3.4.2 管板计算应根据设计条件按表 4 中的计算工况进行应力校核。当管、壳程温差产生的应力忽略不计时,仅计算工况 1、2 和 3。

6.3.4.3 管板设计时应考虑管束重力载荷的影响。

表 4 计算工况

计算工况	1	2	3	4	5	6	7
壳程压力 p_s 作用	p_s	0	p_s	0	p_s	0	p_s
管程压力 p_t 作用	0	p_t	p_t	0	0	p_t	p_t
温度场 T 作用	0	0	0	T	T	T	T

6.4 换热管

6.4.1 换热管强度计算

6.4.1.1 换热管的厚度应按 GB/T 150.3—2011 中的相关公式进行计算,必要时应进行外压校核。

6.4.1.2 换热管缠绕前的最小厚度按公式(1)计算:

$$\delta_o = \delta_1 \times \left(1 + \frac{d_o}{4R}\right) \quad \cdots\cdots (1)$$

式中:

δ_o——缠绕前换热管的最小厚度,mm;

δ_1——按 GB/T 150.3—2011 强度或外压计算所需厚度,mm;

d_o——换热管外径,mm;

R——换热管缠绕半径,mm。

6.4.2 缠绕半径

6.4.2.1 换热管的缠绕半径 R 应保证换热管沿中心筒缠绕后的外壁变形率不应大于 10%,见图 5。

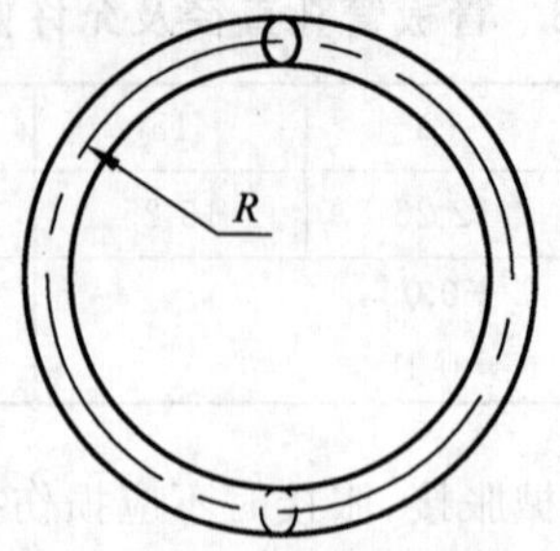

图5 换热管缠绕半径及

6.4.2.2 换热管缠绕后的外壁变形率按公式(2)计算：

$$\varepsilon=\frac{100r}{R} \qquad (2)$$

式中：

ε——外壁变形率，%；

r——换热管外半径，mm；

R——换热管缠绕半径，mm。

6.4.3 螺旋角

6.4.3.1 换热管缠绕的螺旋角 α 应根据工艺计算确定，且不宜大于 20°，见图 6。

6.4.3.2 同一股换热管缠绕的螺旋角宜保持一致，相邻两层缠绕方向相反。

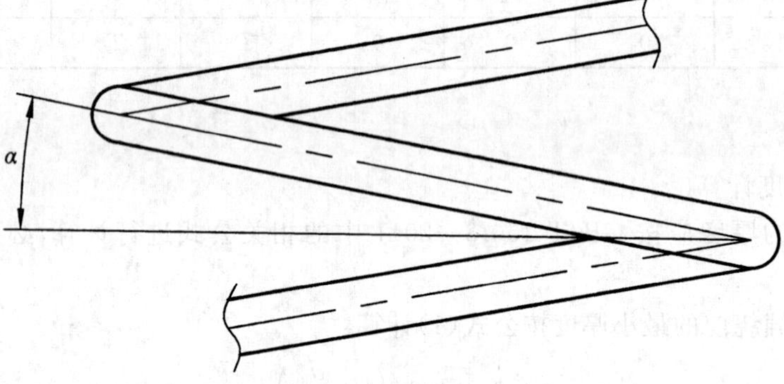

图6 螺旋角 α

6.4.4 管间隙及层间隙

6.4.4.1 换热管的管间隙 e_T 应根据工艺计算确定，见图 7a)。

6.4.4.2 换热管的层间隙红 e_L 应根据工艺计算确定，见图 7b)。

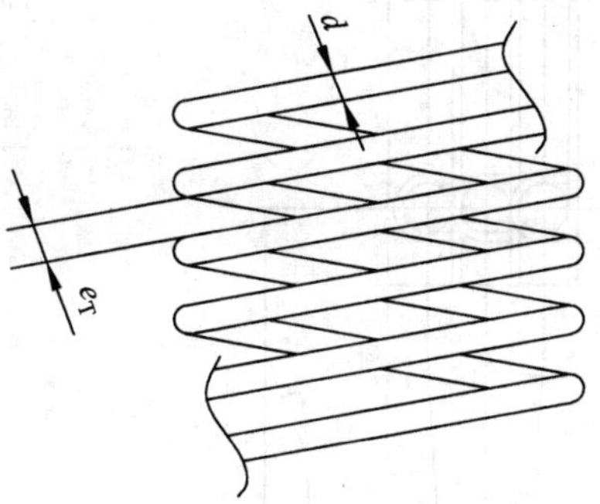

a） 管间隙e_T

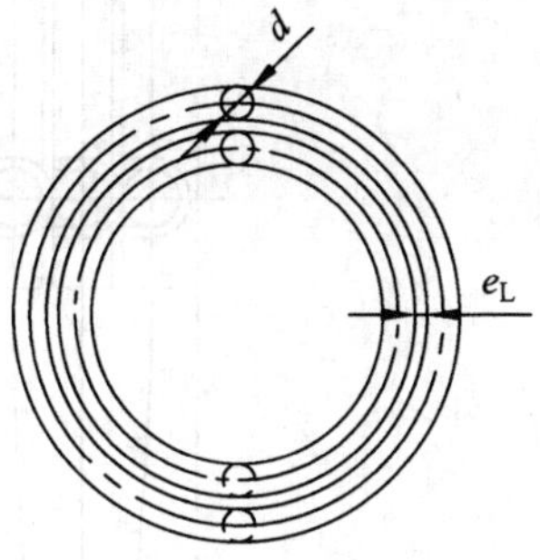

b） 层间隙e_L

图7　换热管管间隙 e_T 及层间隙 e_L

6.4.5　换热管引出

6.4.5.1　换热管引出形式有：

a）　整体管板热交换器管束从不同绕管层的相应位置就近引入管板上的环形布管区域；

b）　分区布管的整体管板热交换器管束中同一股换热管缠绕形成一个换热管管束引入对应股的布管区域；

c）　分体管板热交换器管束中同一股换热管缠绕形成一个换热管管束引入对应股的管板，见图8。

6.4.5.2　引出段最小长度 h 应根据换热管材料、换热管外径、管束外径等确定，应保证换热管变形平缓。管板背面的直管段长度 h_1 不应小于 100 mm。

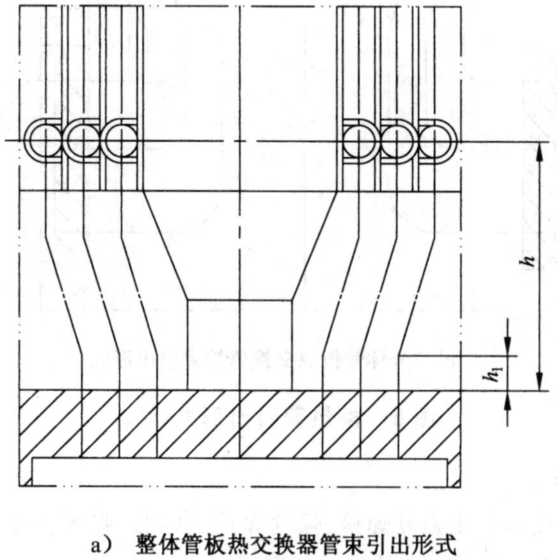

a）　整体管板热交换器管束引出形式

图8　换热管引出形式

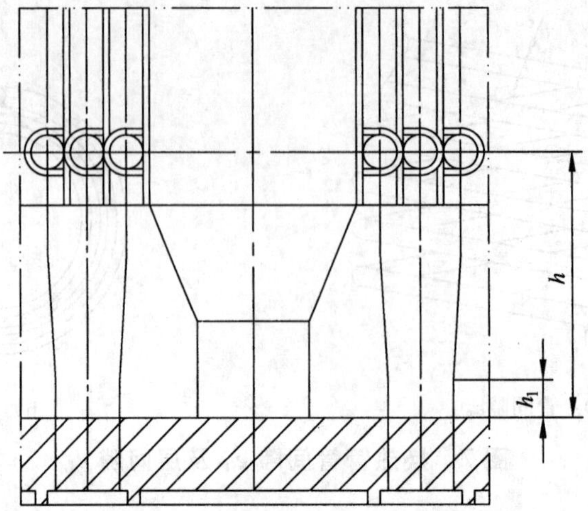

b） 分区布管的整体管板热交换器管束引出形式

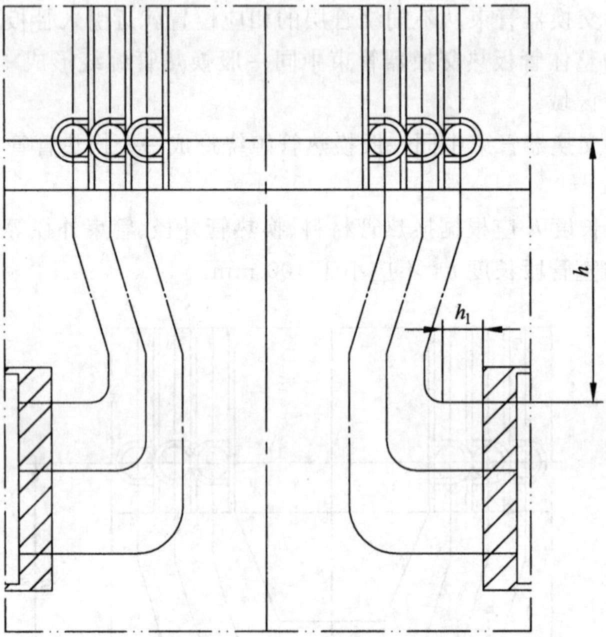

c） 分体管板热交换器管束引出形式

图 8 换热管引出形式(续)

6.5 换热管与管板连接

6.5.1 换热管与管板连接可采用强度焊接、强度焊接加贴胀、强度胀接加密封焊。各连接方式的适用范围应符合 GB/T 151—2014 的有关规定。

6.5.2 换热管与管板材料相同时,宜采用强度焊接加贴胀。

6.6 中心筒

6.6.1 中心筒直径小于等于 400 mm 时,宜采用无缝管;直径大于 400 mm 时,可采用焊接管或钢板卷制,焊缝应采用全焊透结构。

6.6.2 中心筒最小成形厚度不应小于 6 mm,且大于 2 倍的热交换器壳程腐蚀裕量。中心筒的强度校核及挠度计算参见附录 D。

6.6.3 中心筒固定方式分为与管板固定和与壳程圆筒固定,见图 9。

6.6.4 中心筒与管板固定时,中心筒一端采用嵌套筒体结构,通过销子连接,销子在芯体制造完成后应拔出或在嵌套筒体上开设长圆孔,支撑筒段与管板连接应采用承插焊的结构,见图 10。

6.6.5 中心筒与壳程圆筒固定时,采用导向筒结构,中心筒自由伸缩空间应大于中心筒与壳程圆筒之间的膨胀差。支撑宜采用圆管结构,其结构型式及数量应根据芯体质量确定。

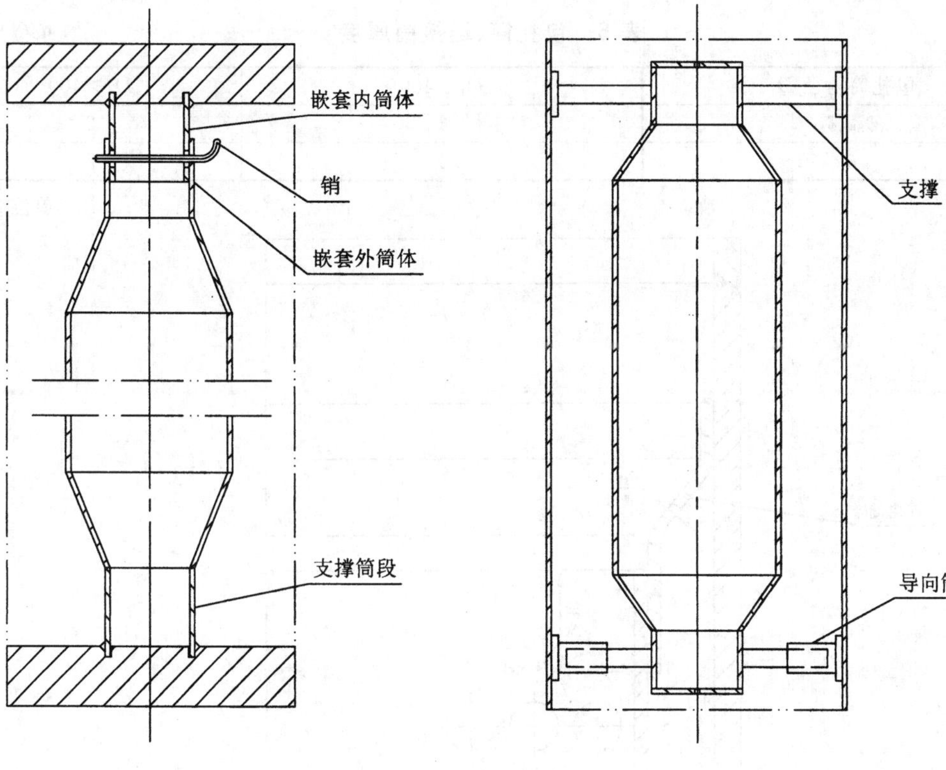

a) 与管板固定　　　　b) 与壳程圆筒固定

图 9 中心筒固定方式

单位为毫米

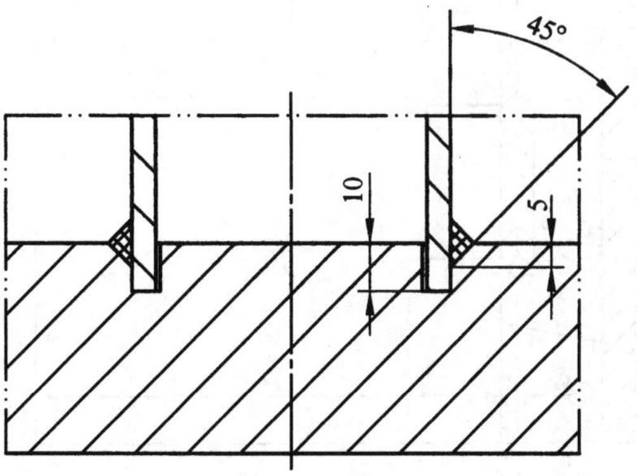

图 10 支撑筒与管板焊接接头形式

6.7 包扎筒

6.7.1 除换热管引出部分外,管束与壳程圆筒之间应设置包扎筒。

6.7.2 包扎筒与壳程圆筒之间应设置连接筒。连接筒一般设于壳程圆筒上部,与壳程圆筒焊接连接,见图11,依据包扎筒内径 D_t,连接筒厚度 δ_{S1} 和与连接筒直接焊接的包扎筒厚度 δ_{S2}、其他段包扎筒(包扎筒分段时)的厚度 δ_{S3} 宜按表5选取。

6.7.3 包扎筒可分成若干段,各段长度不应超过1 500 mm。包扎筒的纵向、环向焊缝应采用搭接形式,搭接长度不宜小于30 mm。

表5 包扎筒、连接筒厚度

单位为毫米

包扎筒内径 D_t	$D_t \leqslant 400$	$D_t > 400$
δ_{S1}、δ_{S2}	2	2
δ_{S3}	1	2

单位为毫米

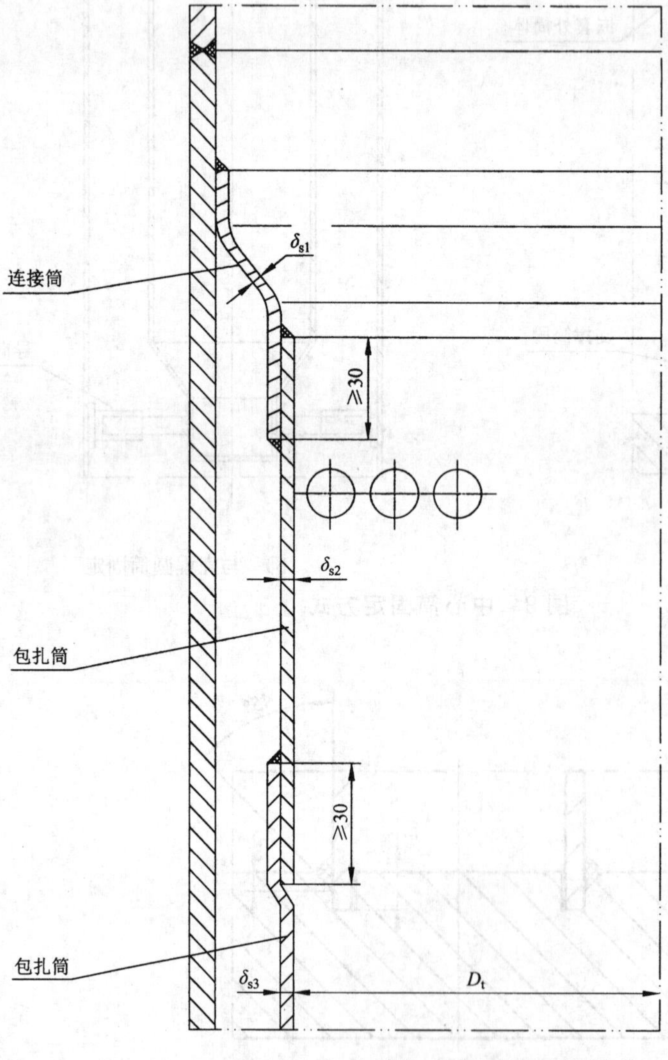

图11 包扎筒与壳程圆筒连接结构

6.8 定位元件

6.8.1 每根换热管应设置定位元件。

6.8.2 垫条可分为平垫条和异形垫条,常用结构见图12。平垫条、管箍采用焊接连接;异形垫条结构及尺寸可根据换热管外径及换热管缠绕螺旋角确定。

6.8.3 每层平垫条、异形垫条应沿圆周均布。垫条数量可根据每层管束的外径确定,任意相邻垫条的间距(弧长)不宜大于250 mm最外层换热管与包扎筒之间的垫条数量取中间层垫条数量的1/3。每层换热管垫条最小数量不宜少于表6的规定。

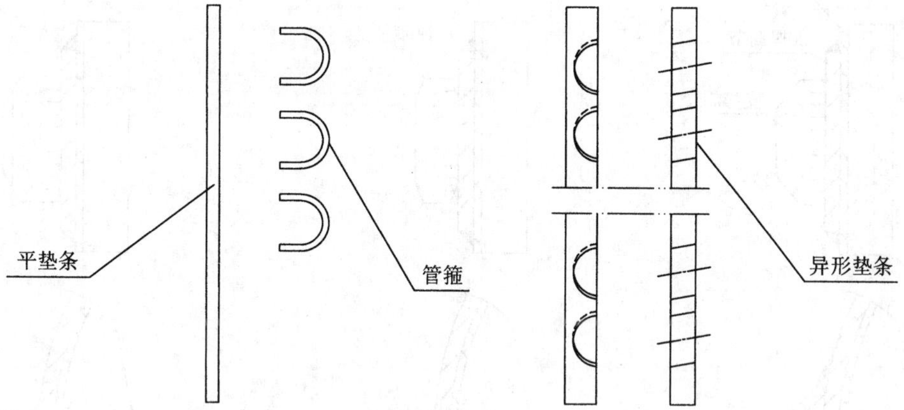

图12 平垫条、管箍、异形垫条

表6 每层换热管的塾条最小数量

管束外径 D_s/mm	每层换热管的垫条最小数量
$D_s \leqslant 400$	8
$400 < D_s \leqslant 750$	10
$750 < D_s \leqslant 1\ 100$	14
$1100 < D_s \leqslant 1\ 500$	20
$1500 < D_s \leqslant 2\ 300$	30
$2\ 300 < D_s \leqslant 3\ 100$	40
$3\ 100 < D_s \leqslant 3\ 400$	44

6.9 壳程圆筒及封头

6.9.1 壳程圆筒的厚度计算及开孔补强计算应符合GB/T 150.3—2011的有关规定,与管板或管箱连接的部分应结合应力分析确定。

6.9.2 壳程圆筒最小厚度应符合GB/T 151—2014的有关规定。

6.9.3 除分区布管的整体管板热交换器外,壳程封头宜采用凸型封头。

6.9.4 封头的厚度计算及开孔补强计算应符合GB/T 150.3—2011的有关规定,与管板连接时应结合应力分析确定。

6.10 防冲结构

6.10.1 管程、壳程防冲结构的设置应符合GB/T 151—2014的有关规定。

6.10.2 壳程防冲结构宜采用防冲板,防冲板应焊接在壳程圆筒上。

6.11 支撑结构

6.11.1 芯体宜设置支撑结构,支撑结构由加厚筒节与支撑组成,常用支撑型式见图 13。

6.11.2 相邻两组支撑结构间距(轴向)不应大于 2 000 mm,每组支撑结构的支撑数量不宜少于 4 个,相邻支撑的间距(周向弧长)不应大于 700 mm,沿圆周均布,支撑与壳程圆筒间隙宜按表 7 的规定选取。

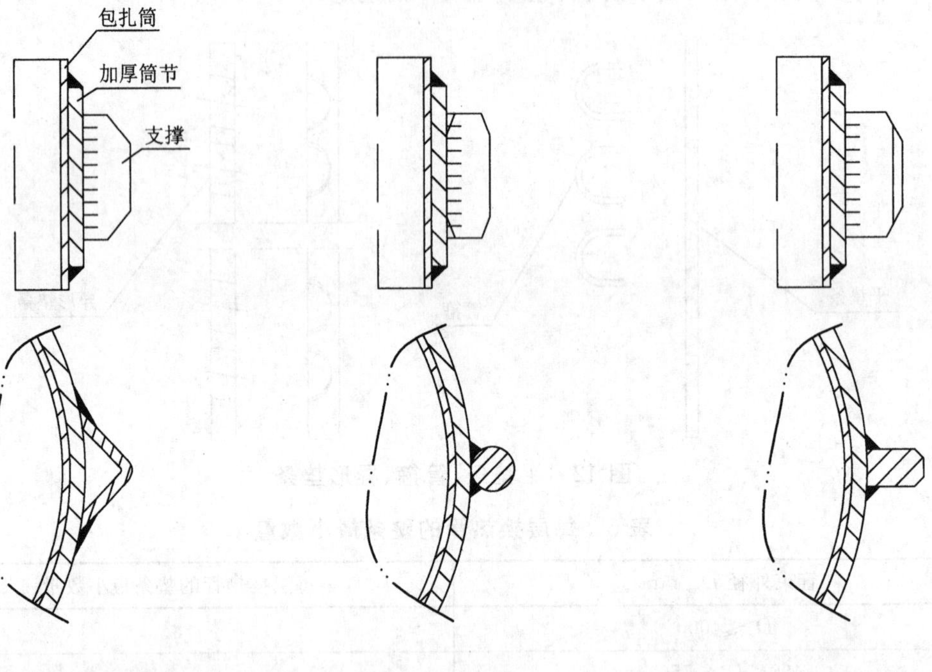

a) 角钢型支撑　　b) 圆钢型支撑　　c) 板型支撑

图 13 支撑结构

表 7 支撑与壳程圆筒间隙　　单位为毫米

壳体公称直径 D_N	间隙
D_N<500	1.5
500≤D_N<1 000	2.0
1 000≤D_N<1 500	2.5
1 500≤D_N<2 000	3.0
2 000≤D_N<2 500	3.5
2 500≤D_N< 3 000	4.0
3 000≤D_N<3 500	4.5
3 500≤D_N<4 000	5.0

6.12 滑道

6.12.1 当壳程圆筒公称直径不小于 2 000 mm 时,宜在包扎筒外部设置滑道。

6.12.2 滑道可采用板式、圆钢条等型式,滑道截面尺寸可根据热交换器直径、长度和芯体质量确定。滑道的连接与布置应符合下列要求,见图 14。

a) 板式、圆条形滑道应采用整体结构,并与垫板焊接;

b) 板式滑道底面应倒角或倒圆。

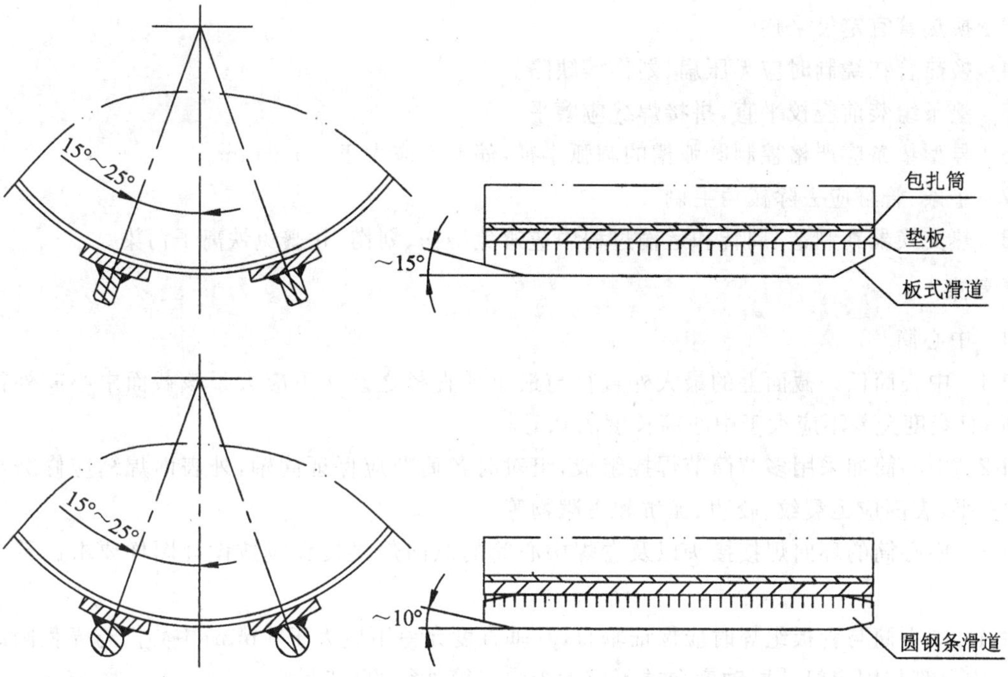

图 14 滑道

6.13 支座

6.13.1 热交换器应根据布置要求选择支座型式。

6.13.2 鞍式支座应按 NB/T 47065.1 的规定选用。

6.13.3 腿式支座应按 NB/T 47065.2 的规定选用。

6.13.4 耳式支座应按 NB/T 47065.3 的规定选用。

6.13.5 刚性环支座应按 NB/T 47065.5 的规定选用。

6.13.6 裙式支座应按 NB/T 47041 的规定进行设计。

6.13.7 其他结构支座应按相关标准进行结构强度校核,符合强度及稳定性要求。

6.13.8 应对支座与壳体间连接焊缝的强度及对壳体产生的局部应力进行校核。

6.13.9 采用耳式支座时,应计算热交换器径向热膨胀或收缩量,需要时,地脚螺栓孔应设计为径向长圆孔。

6.13.10 热交换器支座底板温度与基础间存在较大差异时,应在支座底板与基础间设置隔热或隔冷垫板,垫板应具有足够的强度和刚度。

6.14 吊耳

热交换器应设置吊耳,按吊装方式确定吊耳的结构、位置及数量。

7 制造与检验

7.1 一般要求

7.1.1 影响管束组装的壳体内壁焊缝余高均应修磨至与母材表面齐平。

7.1.2 管板的加工及公差应按 GB/T 151—2014 的规定执行,且应符合图样要求。

7.1.3 换热管宜定尺采购。

7.1.4 换热管在绕制时应无压扁、划伤等缺陷。

7.1.5 垫条组装前应校平直,拼接焊缝应磨平。

7.1.6 异型垫条应严格控制圆弧槽的圆弧半径,偏差不应大于+0.2 mm。

7.1.7 垫条、管箍应去除棱角毛刺。

7.1.8 热交换器在制造、周转和运输过程中应避免碰伤、划伤,并避免铁离子污染。

7.2 管束

7.2.1 中心筒

7.2.1.1 中心筒任一截面上的最大外直径与最小外直径之差 e 不应大于该截面中心筒外径的 0.8%;直线度允差不应大于中心筒长度的 0.5%。

7.2.1.2 中心筒如采用多节筒节焊接组成,组对时各筒节应保证同轴,外表面焊缝应修磨至与母材齐平,表面应无裂纹、咬边、弧坑和飞溅物等。

7.2.1.3 中心筒的环向焊接接头以及卷焊中心筒的纵向焊接接头应按设计图样要求进行无损检测。

7.2.1.4 中心筒与管板组焊时应保证垂直,其垂直度允差不应大于 5 mm;中心筒与壳程圆筒连接时,中心筒与固定筒节同轴度允差不应大于中心筒外径的 0.5%。

7.2.2 换热管绕制

7.2.2.1 换热管的绕制应在专用设备上进行。

7.2.2.2 换热管应采用整根绕制,绕制过程中换热管应圆滑过渡,不应强力组装。

7.2.2.3 每根换热管应紧密绕制,层间隙应均匀一致。

7.2.2.4 管箍与垫条焊接时,不应损伤换热管。

7.2.2.5 除与管板的焊接接头外,任何零件均不应与换热管相焊。

7.2.2.6 多股流热交换器不同管程的换热管应合理地引导至对应的管板区,端部换热管折弯要圆滑过渡,不应强行穿管。

7.2.2.7 换热管每层绕制完成后应测量管束外径,其直径偏差不应大于本层直径允许偏差值的 0.9 倍,且不宜大于 20 mm。

7.2.2.8 每层换热管绕制完成后,应按图样要求进行气密性试验。

7.2.2.9 换热管绕制完成后应进行外观检查。绕制成形的换热管表面不应出现凹瘪及划伤,进出管板部位的换热管不应有棱角。

7.3 组装

7.3.1 换热管与管板的连接接头形式以及胀接和焊接应符合设计图样及 GB/T 151—2014 的

相关规定。

7.3.2　组装前应检查管束以及对应的壳程圆筒、封头等的内表面,影响管束组装部位应修平磨光。

7.3.3　管束与壳程圆筒的组装宜采用专用工装。组装过程中不允许强力组装,避免磕碰、划伤或压扁换热管。

7.3.4　管束与壳程圆筒圆周间隙应均匀。

7.4　焊接、热处理及无损检测

7.4.1　热交换器的焊接、热处理及无损检测应符合设计图样要求及有关标准的规定。

7.4.2　热交换器焊接人员、无损检测人员应具有相应的资质。

7.4.3　壳体纵、环焊缝以及封头与管板、管箱圆筒与管板的焊缝应优先采用100%射线检测,检测技术等级AB级,不应低于Ⅱ级为合格。无法射线检测的B类焊缝应采用单面焊双面成型工艺焊接,并附加表面检测,且焊接接头系数取0.6。

7.4.4　对于无法射线检测的壳体环焊缝、封头与管板、管箱圆筒与管板及D类承压焊缝应100%渗透检测,合格级别不应低于Ⅰ级。

7.5　耐压试验和泄漏试验

7.5.1　热交换器制造完成后,应按图样及GB/T 151—2014对壳程、管程进行耐压试验及泄漏试验。

7.5.2　泄漏试验应在耐压试验合格后进行。

7.5.3　耐压试验合格后,应立即将水排净,并用干燥空气或氮气吹干。

7.6　表面处理

热交换器应按设计文件规定进行表面处理。当设计文件未作规定时,按NB/T 10558的规定进行表面处理。

7.7　返修

对有缺陷换热管的热交换器允许堵管,堵管损失面积不应大于热交换器换热面积设计裕量的50%。

8　出厂与验收

8.1　出厂资料和铭牌

8.1.1　热交换器的出厂资料除符合GB/T 151—2014及需方相关要求外,还应提供产品安装使用说明书。

8.1.2　热交换器铭牌的内容应按GB/T151—2014的规定执行。铭牌应固定于设备安装状态时便于观察的位置,伸出绝热层10 mm～20 mm;铭牌材料及其上文字应保证在安装环境的耐久性;设备带有裙座时,铭牌优先固定于裙座上。

8.2　运输包装

8.2.1　热交换器的运输包装,除应符合设计文件的规定外,还应符合NB/T 10558的规定。

8.2.2　热交换器在运输及储存过程中,内部应充分干燥,设计文件有充氮保护规定时应在干燥后充氮。

8.2.3　热交换器零配件宜装箱运输。

8.3 到货验收

8.3.1 热交换器的到货验收可分为到货预验收和安装试运行后的最终验收。

8.3.2 热交换器到达需方指定场地后,需方应按图样和技术协议(合同)等的规定进行预验收。预验收内容可包括:

a) 检查设备、附件包装和充氮保护是否完好;

b) 核对设备及附件的型号、标识是否符合采购文件的规定;

c) 按照装箱清单清点零部件、备品备件及工具;

d) 查验附件、合格证、说明书和图样等是否齐全;

e) 暂时不需要安装时,设备的临时支承及保护措施是否符合约定条款的规定。

8.3.3 热交换器的最终验收内容可包括:

a) 检查热交换器及附件的尺寸、方位等;

b) 调试和试运行过程中热交换器的强度、刚度、致密性和振动情况;

c) 必要时的热工性能。

8.3.4 需方认可时,热交换器验收的某些项目可以提前至制造阶段,结合工序检验过程进行,如有特殊要求的部件、致密性试验等。

8.3.5 热交换器预验收和最终验收后应形成记录,制造单位及需方代表或其代理签字确认。

9 安装、使用和维护

9.1 一般要求

热交换器的安装、使用和维护,除符合本文件的规定以及图样或安装使用说明书中的要求外,还应符合 GB/T 151—2014 的有关规定。

9.2 安装

9.2.1 设备现场应留有足够的安装和检验维修空间。与热交换器相连接管道不易拆除时,宜设置可拆卸管段。

9.2.2 基础应留有热交换器热膨胀的空间。卧式热交换器活动支座的基础面上宜预埋滑板,活动支座地脚螺栓应装有两个锁紧螺母,螺母与支座底板间应留有 1 mm～3 mm 的间隙。

9.2.3 热交换器可采用平垫铁与斜垫铁组进行找平,调整后的水平度和垂直度应符合设计文件和标准的规定。调整过程不应采用改变地脚螺栓紧固程度的方法,也不应影响支座的滑动。

9.2.4 热交换器附件设置要求:

a) 宜设置旁路和旁路阀;

b) 就近管道上安装温度计和压力表;

c) 配置排气阀和排液阀,避免直接排放;

d) 管道配置应避免流体冲击或将机械振动传递到热交换器上。

9.2.5 安装过程中应防止异物落入热交换器内。

9.2.6 热交换器的所有管线,应在彻底吹扫干净后方可与设备相连。

9.2.7 螺纹表面按需涂抹防咬合剂;避免强力装配。

9.2.8 管道吹扫及耐压试验时,应与热交换器隔离。

9.2.9 有绝热或防烫伤要求的热交换器,绝热层应按设计文件和规范规定施工。

9.3 使用

9.3.1 热交换器投用或停用过程中，除应符合设计文件和安装使用说明书的规定外，还应根据装置的操作规程、工艺介质特性与温度、压力等，安排管壳程介质的投料退料顺序，介质的温度和压力升降宜缓慢。

9.3.2 热交换器运行过程中应对工艺介质的温度、压力和有害成分(包括腐蚀性的、易结垢的或易结焦的成分或杂质，以及易造成堵塞的颗粒物等)进行监控，符合设计条件规定。颗粒物不可避免时，可在热交换器入口管线上设置过滤装置。

9.3.3 热交换器停用期间应保持干燥。耐压试验用水的氯离子质量浓度不应高于 25 mg/L。耐压试验结束后，应立即吹干，氮封待用。

9.4 维护

9.4.1 对热交换器的运行进行全程监控，记录热工参数和其他异常情况，评定热交换器的工艺性能和结垢程度。

9.4.2 当传热与阻力降偏离设计值过大，或不能满足工艺系统要求时，应根据介质特性和热交换器的结构和材质，选择有效的方法进行清洗，恢复热交换器的工艺性能。

10 能效评价

热交换器的能效评价和性能标定应按 GB/T 27698.1 和 GB/T 27698.8 的规定进行。

附 录 A
(资料性)
热交换器工艺数据表

A.1 热交换器数据表见表A.1和表A.2。

A.2 需方应提供完整、准确的设计条件,并经供需双方协商确认。

A.3 单股流热交换器数据表见表A.1;双股流热交换器数据表见表A.2,管程介质为两股以上的多股流热交换器可参照表A.2增加管程介质及相应参数。

表 A.1 单股流热交换器数据表

(制造单位名称)	绕管式热交换器 数据表	(工程承包商)
订单号:	文件号:	页码

用户:	工程项目:
项目号:	订单号:
地址:	型号:
安装方式: 立式□ 卧式□	连接方式: 串联□ 并联□
设备位号:	台数:
设备尺寸(直径×总长): mm	设备型式:

		管程		壳程	
01		管程		壳程	
02 介质名称					
03 流量	kg/h				
04		进口	出口	进口	出口
05 气体流量	kg/h				
06 液体流量	kg/h				
07 不凝性气体流量	kg/h				
08 操作温度	℃				
09 液体物性					
10 密度	kg/m^3				
11 比热容	kJ/(kg·K)				
12 黏度	mPa.s				
13 导热系数	W/(m·K)				
14 汽化潜热	kJ/kg				
15 表面张力	N/m				
16 气体物性					

表 A.1　单股流热交换器数据表(续)

17 密度	kg/m^3				
18 比热容	kJ/(kg·K)				
19 黏度	mPa·s				
20 导热系数	W/(m·K)				
21 千摩尔质量	kg/kmol				
22 不凝性气体千摩尔质量	kg/kmol				
23 以表压表示的操作压力	MPa				
24 允许阻力降/计算阻力降	kPa				
25 污垢系数	m^2·K/W				
26 热负荷	kW				
27 总传热系数	W/(m^2·K)				
28 对数平均温差 LMTD	℃				
29 有效换热面积	m^2				
30 设计裕量[a]	%				
31		壳程	管程	简图	
32 以表压表示的设计/试验压力	MPa				
33 设计温度	℃				
34 腐蚀裕量	mm				
35 进口接管尺寸	mm				
36 进口法兰压力等级/类型		/	/		
37 出口接管尺寸	mm				
38 出口法兰压力等级/类型		/	/		
39 换热管　数量：　;材质：　;外径：　mm;缠绕前最小厚度：　mm					
40 中心筒　直径：　mm;长度：　mm					
41 壳体规格：　壳程壳体/封头材质：					
42 管箱规格：　管箱圆筒/封头材质：					
43 规范要求：					
44 质量　设备质量：　kg;充水后总质量：　kg					
45 备注：					

[a] 设计裕量$=(U_{aetual}/U_{required}-1)\times 100$,式中 U_{aetual} 为实际总传热系数,$U_{rcquired}$ 为达到指定热负荷所需总传热系数。

版本号：	修订说明：	日期：	设计：	校核：	审核：

表 A.2 双股流热交换器数据表

(制造单位名称)			绕管式热交换器 数据表			(工程承包商)
订单号：			文件号：			页码：
用户：		工程项目：				
项目号：		订单号：				
地址：		型号：				
安装方式： 立式□ 卧式□		连接方式： 串联□ 并联□				
设备位号：		台数：				
设备尺寸(直径×总长)： mm		设备型式：				
01	管程		壳程			
02 介质名称						
03 流量 kg/h						
04	进口	出口	进口	出口	进口	出口
05 气体流量 kg/h						
06 液体流量 kg/h						
07 不凝性气体流量 kg/h						
08 操作温度 ℃						
09 液体物性						
10 密度 kg/m^3						
11 比热容 kJ/(kg·K)						
12 黏度 mPa·s						
13 导热系数 W/(m·K)						
14 汽化潜热 kJ/kg						
15 表面张力 N/m						
16 气体物性						
17 密度 kg/m^3						
18 比热容 kJ/(kg·K)						
19 黏度 mPa·s						
20 导热系数 W/(m·K)						
21 千摩尔质量 kg/kmol						
22 不凝性气体千摩尔质量 kg/kmol						
23 以表压表示的操作压力 MPa						
24 允许阻力降/计算阻力降 kPa	/		/			
25 污垢系数 $m^2·K/W$						

表 A.2　双股流热交换器数据表（续）

26 热负荷　kW				
27 总传热系数　W/(m²·K)				
28 对数平均温差 LMTD　℃				
29 有效换热面积　m²				
30 设计裕量[a]　%				
31	管程Ⅰ	管程Ⅱ	壳程	简图
32 以表压表示的设计/试验压力　MPa				
33 设计温度　℃				
34 腐蚀裕量　mm				
35 进口接管尺寸　mm				
36 进口法兰压力等级/类型	/	/		
37 出口接管尺寸　mm				
38 出口法兰压力等级/类型	/	/		
39 换热管(管程Ⅰ)　数量：　;材质：　;外径：　mm;缠绕前最小厚度：　mm				
40 换热管(管程Ⅱ)　数量：　;材质：　;外径：　mm;缠绕前最小厚度：　mm				
41 中心筒　直径：　mm;长度：　mm				
42 壳体　规格：　壳程壳体/封头材质：				
43 管箱　规格：　管箱圆筒/封头材质：				
44 规范要求：				
45 质量　设备质量：　kg;充水后总质量：　kg				
46 备注：				

[a] 设计裕量$=(U_{aetual}/U_{required}-1)\times 100$,式中 U_{aetual} 为实际总传热系数,$U_{rcquired}$ 为达到指定热负荷所需总传热系数。

[b] 存在相态变化的应给出露点或泡点温度下的物性数据。

版本号：	修订说明：	日期：	设计：	校核：	审核：

附 录 B
（资料性）
典型焊接接头形式

B.1 管板与壳程圆筒及壳程封头的连接如图 B.1 所示。图中 δ_s 为壳程圆筒或壳程封头厚度，δ_n 为管板与壳程圆筒及壳程封头连接端厚度。

单位为毫米

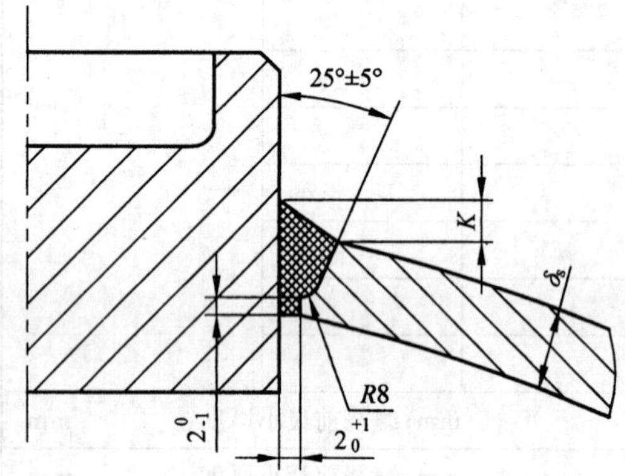

p_s<6.4 MPa，δ_s>16 mm

$K=\delta_s$

a） 采用氩弧焊打底或单面焊双面成型的焊接接头

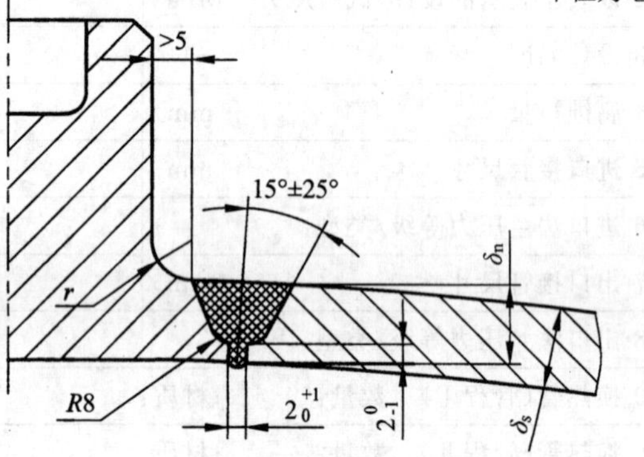

p_s≥6.4 MPa

$r \geq \frac{\delta_n}{4}$，且不应小于 5 mm

b） 采用氩弧焊打底或单面焊双面成型的焊接接头

单位为毫米

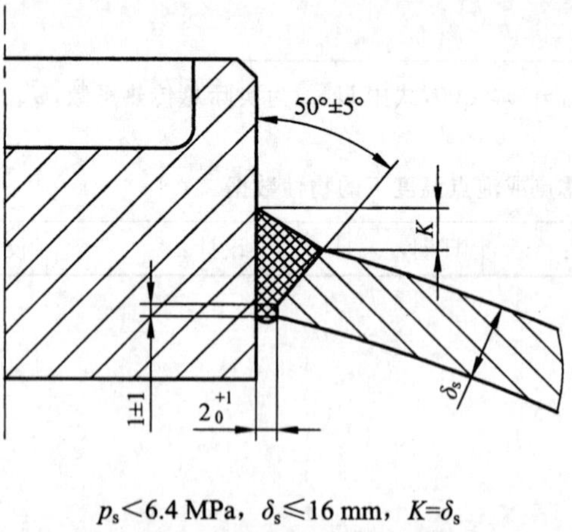

p_s<6.4 MPa，δ_s≤16 mm，$K=\delta_s$

c） 采用氩弧焊打底或单面焊双面成型的焊接接头

图 B.1 管板与壳程圆筒及壳程封头的焊接接头

B.2 管板与管箱圆筒的连接如图 B.2 所示，图中 δ_t 为管箱圆筒厚度。

单位为毫米

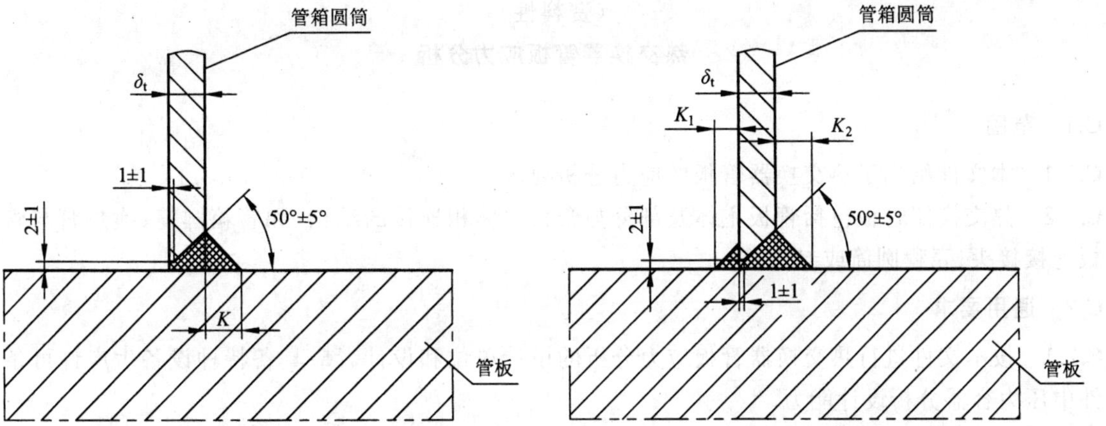

$p_t \leqslant 4.0$ MPa，$K=\delta_t$

a） 采用氩弧焊打底或单面焊双面成型

4.0 MPa $<p_t<$10.0 MPa

$K_2=\delta_t$，$K_1 \geqslant 6$ mm

b） 采用双面焊

图 B.2 管板与管箱圆筒的焊接接头

附 录 C
（资料性）
热交换器管板应力分析

C.1 范围

C.1.1 本文件给出了热交换器管板的应力分析要求。

C.1.2 热交换器管板包括管板主体及部分与管板主体相连接的结构(如管箱圆筒、换热管与管板连接接头、壳程圆筒或封头等)。

C.2 通用要求

C.2.1 按本文件进行热交换器管板应力分析的设计单位和设计者应具备特种设备生产许可条件中压力容器分析设计能力。

C.2.2 热交换器采用应力分析的局部结构应符合 GB/T 150.1—2011 附录 E 的相关规定。

C.2.3 应力分析报告应包括计算依据、设计及操作参数、材料性能、载荷工况、边界条件、计算模型和评定结果等,并分别符合下列要求:

a) 计算依据应包括在计算过程中所依据或参照的规范、标准以及委托方所提供的设计条件(UDS);

b) 设计及操作参数应包括管板结构设计图、管板材料、设计压力、设计温度、操作压力、操作温度(如有多个操作工况,还应包括多个操作压力和操作温度的组合)、介质质量、管束质量等;

c) 材料性能应包括计算过程中所需要的弹性模量、热膨胀系数、导热系数等,数据应取自现行有效的规范、标准或权威机构;

d) 载荷工况指对设计及操作参数的分析后所得到的在管板结构设计中需要考虑的载荷组合;

e) 边界条件指对应于每种载荷工况的加载在有限元计算模型上的具体压力、集中载荷、位移、温度场等;

f) 计算模型应完整涵盖 C.1.2 中定义的热交换器管板结构,必要时还应包含对管板结构计算产生影响的其他结构;

g) 应力计算和评定结果应包含管板计算结果的应力分布云图,并按 C.2.2 规定的方法进行评定后的结果。

C.3 算例 1 立式整体管板热交换器(Ⅰ型)管板

C.3.1 计算依据

计算依据如下:

a) NB/T 10938《绕管式热交换器》;

b) GB/T 150—2011《压力容器》;

c) JB 4732《钢制压力容器——分析设计标准(2005 年确认)》;

d) 产品设计图样及技术资料。

C.3.2 设计及操作参数

C.3.2.1 热交换器的主要设计参数

立式整体管板热交换器(Ⅰ型)设计参数见表 C.1,其他参数按照产品设计图样和技术资料确定。管板的布管形式见图 C.1。

单位为毫米

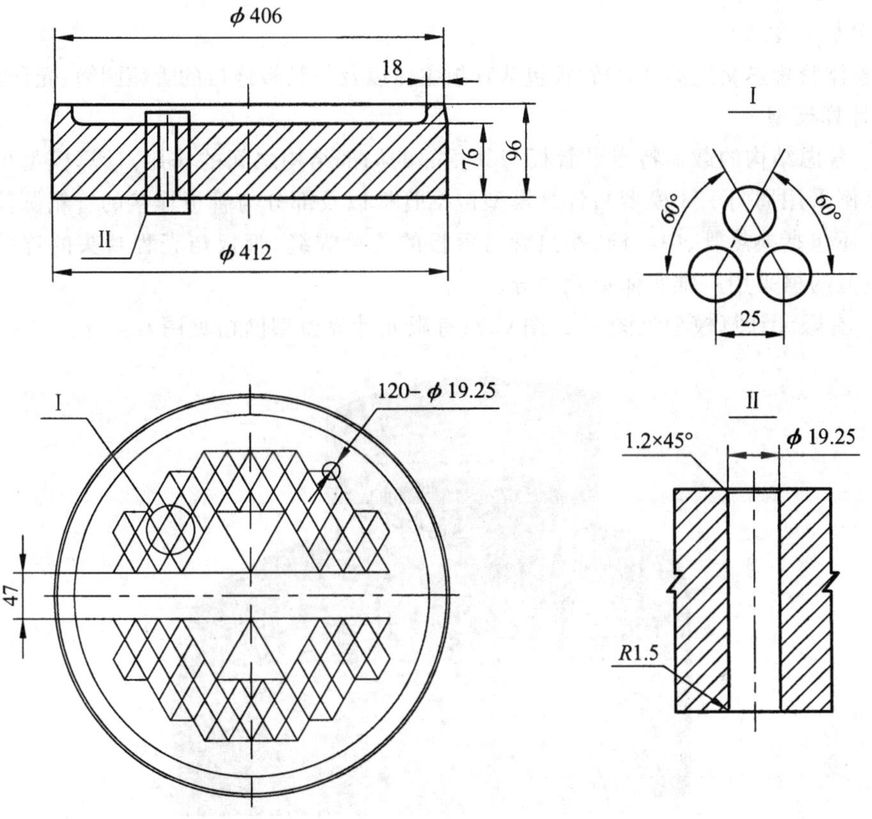

图 C.1 布管示意图

表 C.1 立式整体管板热交换器(Ⅰ型)的主要设计参数

设计参数	壳程	管程
介质名称	富甲醇	贫甲醇
工作温度(进/出)/℃	−62.25/−48.34	−33.18/−45.08
设计温度(最低/最高)/℃	−80/60	−80/60
工作压力/MPa	0.66	7.6
设计压力/MPa	1.0	10.0
焊接接头系数	1.0	1.0
主要受压元件材料	S30408	S30408
腐蚀裕量/mm	0	0

C.3.2.2　管板材料性能

管板所包含材料的力学性能应按 GB/T 150.2—2011 的规定选取。其中设计温度下管板许用应力为$[\sigma]_r^t$，设计温度下与管板连接的管程筒体的许用应力为$[\sigma]_{ts}^t$，设计温度下与管板连接的壳程圆筒或封头的许用应力为$[\sigma]_{ss}^t$。

C.3.3　管板应力分析计算

C.3.3.1　分析对象

立式整体管板热交换器(Ⅰ型)管板包括管板主体以及与管板连接的管箱圆筒、壳程封头结构。

C.3.3.2　计算模型

C.3.3.2.1　考虑结构的载荷特点及管板与其相邻的局部结构之间的作用，计算模型可进行适当简化(本算例采用周向 1/4 模型)；计算模型包括管板以及部分与管板连接的管箱圆筒和壳程封头，模型中还包括换热管、中心筒、换热管与管板的连接焊缝、管板与壳程封头的连接焊缝等结构；计算模型网格采用三维实体单元划分。

C.3.3.2.2　有限元计算模型见图 C.2、图 C.3；有限元计算模型网格见图 C.4。

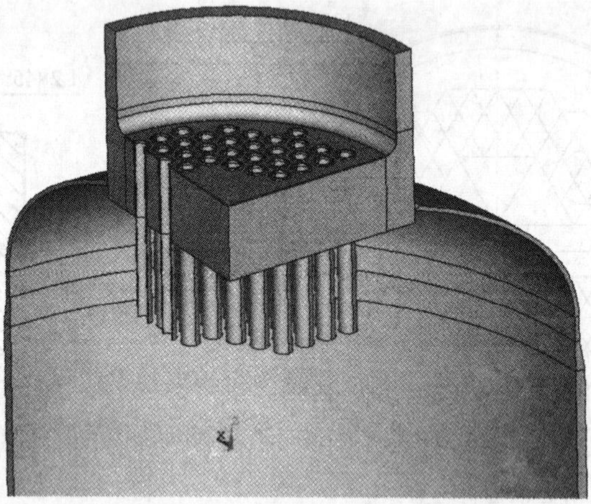

图 C.2　管板结构计算模型

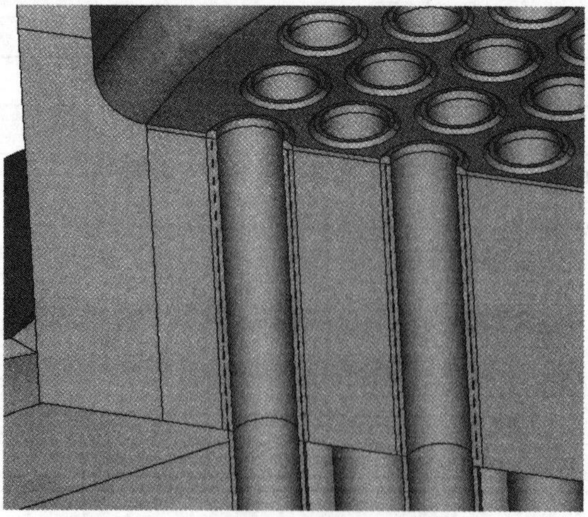

图 C.3　管板与换热管连接局部结构

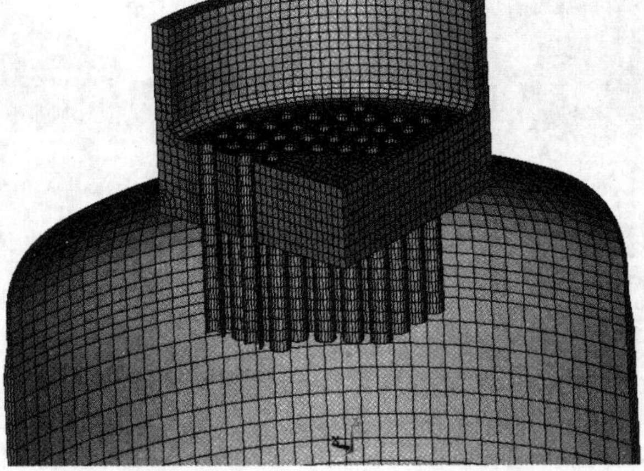

图 C.4 管板结构计算模型网格划分

C.3.3.3 载荷工况和边界条件

C.3.3.3.1 根据设计参数,算例计算载荷工况包括表 C.2 列出的 3 种载荷工况。

表 C.2 载荷工况设置

工况号	施加载荷
1	壳程设计压力+壳程介质静压+管束质量的等效压力
2	管程设计压力+管程介质静压+管束质量的等效压力
3	管、壳程设计压力+管、壳程介质静压+管束质量的等效压力

C.3.3.3.2 边界条件如下:

a) 计算模型对称面约束法向位移,壳程圆筒端面约束轴向位移;

b) 管程压力以均压方式加在管箱内部筒体、管板壁面及换热管内壁面,以等效压力的方式加在管箱圆筒截面;

c) 壳程压力以均压方式加在壳程内部筒体、管板壁面,换热管外壁面及换热管与管板连接间隙面;

d) 管束重量以等效压力的方式加在中心筒截面上。

C.3.4 管板结构应力计算结果与评定

C.3.4.1 应力计算结果

按照表 C.2 计算 3 种载荷工况下管板结构的当量应力,不同载荷工况下的应力云图如图 C.5~图 C.7 所示。

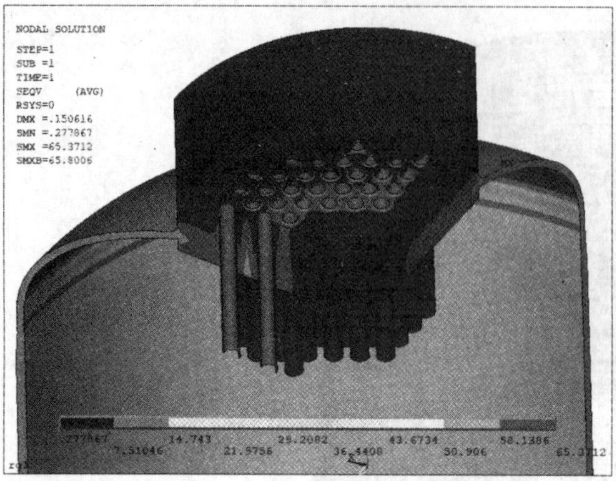

a） 工况 1 管板结构应力分布

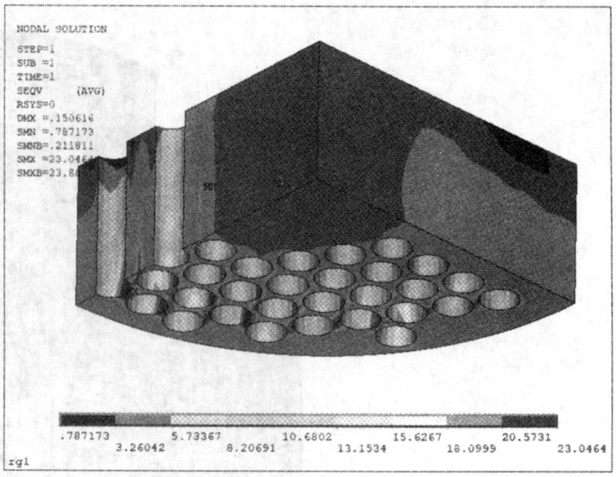

b） 工况 1 管板主体应力分布

图 C.5　工况 1 管板应力分布

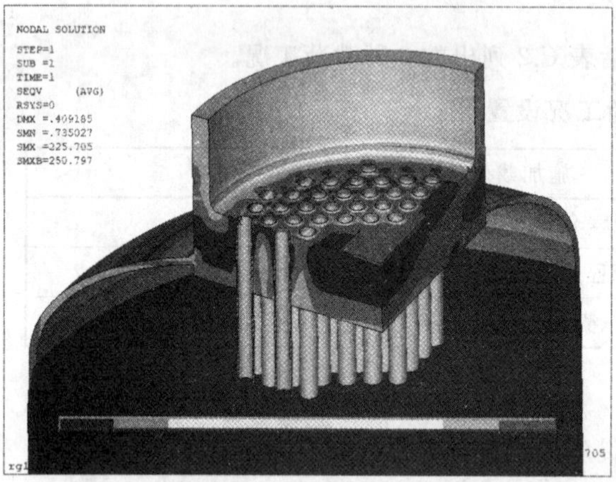

a） 工况 2 管板结构应力分布

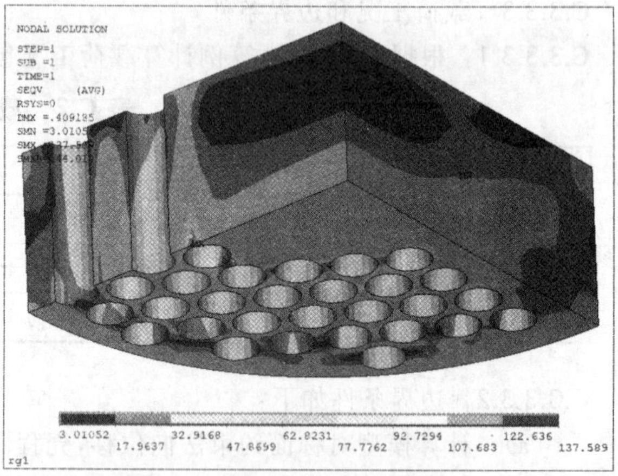

b） 工况 2 管板主体应力分布

图 C.6　工况 2 管板应力分布

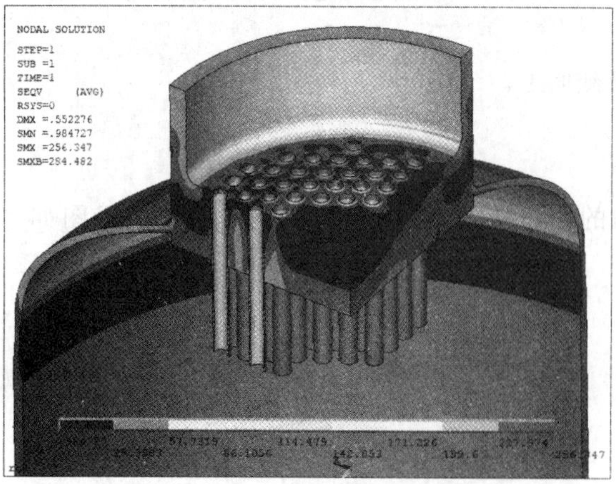

a） 工况 3 管板结构应力分布

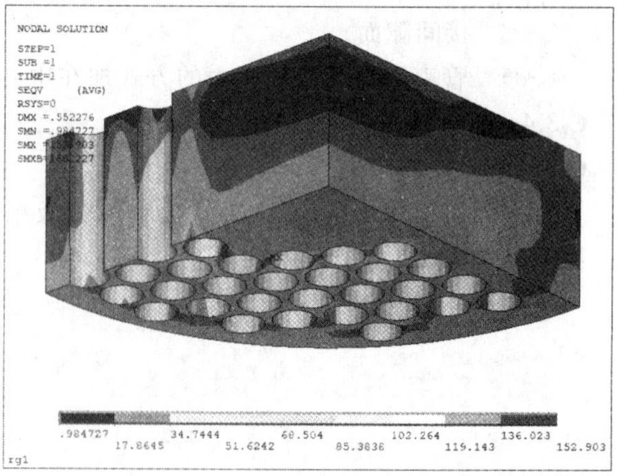

b） 工况 3 管板主体应力分布

图 C.7　工况 3 管板应力分布

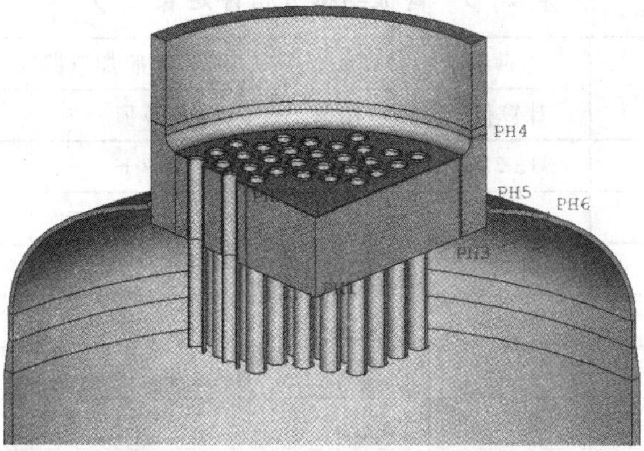

图 C.8 管板结构应力评定路径

C.3.4.2 应力分类与评定

C.3.4.2.1 应根据管板结构的最大应力位置以及可能存在的危险区域划分应力评定路径(本算例的应力评定路径如图 C.8 所示,PH1-管板中心;PH2-布管区内大应力区域的管桥;PH3-管板上管板与管箱连接处;PH4-管箱圆筒上与管板连接处;PH5-封头与管板连接的不连续区域;PH6-封头上远离结构不连续区的大应力区域)。

C.3.4.2.2 根据 JB 4732 中的应力分类定义,再结合立式整体管板热交换器(Ⅰ型)管板的结构特点、受载特性和应力分布特征等,对管板结构进行应力分类和评定:

a) 评定路径 PH1、PH2、PH3 位置上的薄膜应力归为一次局部薄膜应力,其许用值为 $1.5[\sigma]_r^t$;弯曲应力归为一次弯曲应力,薄膜加弯曲应力许用值为 $1.5[\sigma]_r^t$;

b) 管箱圆筒壁厚是根据规则设计或分析设计标准中的计算公式或图表确定的,该部位上的"一次总体薄膜应力"P_m不需要另外进行评定。评定路径 PH4 位置上的薄膜应力归为一次局部薄膜应力,其许用值为 $1.5[\sigma]_{ts}^t$,薄膜加弯曲应力归为二次应力,其许用值为 $3.0[\sigma]_{ts}^t$;

c) 评定路径 PH5 位置上的薄膜应力归为一次局部薄膜应力,其许用值为 $1.5[\sigma]_{ss}^t$,薄膜加弯曲应力归为二次应力,其许用值为 $3.0[\sigma]_{ss}^t$;评定路径 PH6 位置上的薄膜应力归为一次总体薄膜应力,其许用值为 $1.0[\sigma]_{ss}^t$。弯曲应力归为一次弯曲应力,薄膜加弯曲应力许用值为 $1.5[\sigma]_{ss}^t$;

d) 各评定路径不同工况下的应力评定结果见表 C.3。

表 C.3 管板结构分析评定表

评定路径	计算工况	薄膜应力/MPa		薄膜加弯曲应力/MPa		结论
		计算值	许用值	计算值	许用值	
PH1	工况 1	3.958	205.5	4.474	205.5	通过
	工况 2	13.76	205.5	55.0	205.5	通过
	工况 3	17.71	205.5	58.4	205.5	通过

表 C.3 管板结构分析评定表(续)

评定路径	计算工况	薄膜应力/MPa		薄膜加弯曲应力/MPa		结论
		计算值	许用值	计算值	许用值	
PH2	工况 1	13.73	205.5	24.01	205.5	通过
	工况 2	46.63	205.5	126.2	205.5	通过
	工况 3	54.31	205.5	140.2	205.5	通过
PH3	工况 1	6.336	205.5	10.57	205.5	通过
	工况 2	17.81	205.5	35.79	205.5	通过
	工况 3	21.27	205.5	43.69	205.5	通过
PH4	工况 1	2.078	205.5	2.604	411.0	通过
	工况 2	50.95	205.5	148.6	411.0	通过
	工况 3	50.23	205.5	149.1	411.0	通过
PH5	工况 1	25.75	205.5	29.12	411.0	通过
	工况 2	46.75	205.5	170.6	411.0	通过
	工况 3	69.39	205.5	198.4	411.0	通过
PH6	工况 1	39.46	137	63.91	205.5	通过
	工况 2	54.44	137	61.07	205.5	通过
	工况 3	92.54	137	121.2	205.5	通过

C.4 算例 2 分区布管的整体管板热交换器(Ⅱ型)管板

C.4.1 计算依据

计算依据如下：

a) NB/T 10938《绕管式热交换器》；

b) GB/T 150—2011《压力容器》；

c) JB 4732《钢制压力容器——分析设计标准(2005 年确认)》；

d) 产品设计图样及技术资料。

C.4.2 设计及操作参数

C.4.2.1 热交换器的主要设计参数

分区布管的整体管板热交换器(Ⅱ型)设计参数见表 C.4，其他条件按照产品设计图样和技术资料确定。管板的布管形式见图 C.9。

单位为毫米

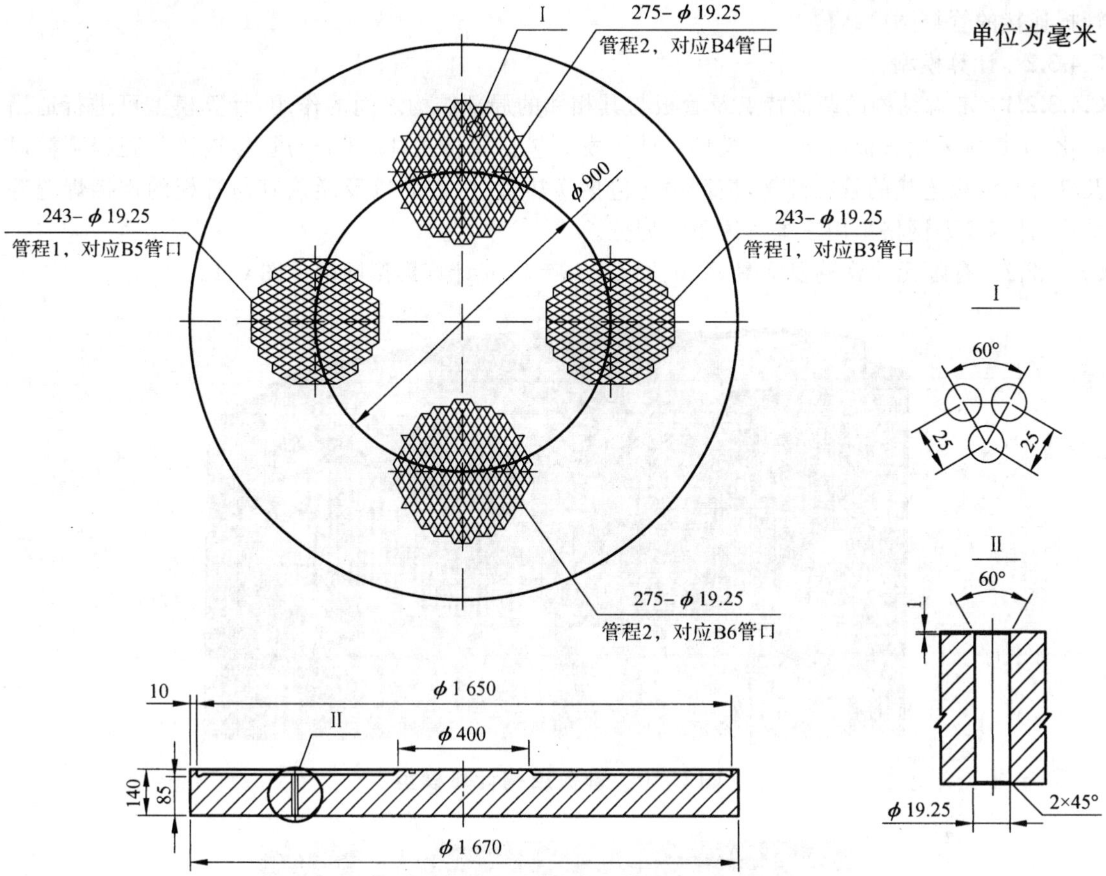

图 C.9　布管示意图

表 C.4　分区布管的整体管板热交换器(Ⅱ型)的主要设计参数

设计参数	壳程	管程 1	管程 2
介质名称	甲醇(AWST)	甲醇(OKST)	甲醇(UKST)
工作温度(进/出)/℃	−52.7/−34	30.6/−44	−16.2/−44
设计温度(最低/最高)/℃	−80/50	−80/50	−80/50
工作压力/MPa	0.481	7.649	7.659
设计压力/MPa	0.8	8.9	8.9
焊接接头系数	0.85	1.0	1.0
主要受压元件材料	S30408	S30408	S30408
腐蚀裕量/mm	0	0	0

C.4.2.2　管板材料性能

管板结构所包含材料的力学性能应按 GB/T 150—2011 的规定选取。

C.4.3　管板应力分析计算

C.4.3.1　分析对象

分区布管的整体管板热交换器(Ⅱ型)管板包括管板主体、与管板连接的壳程圆筒结构和与管板连接的管箱圆筒结构。

C.4.3.2 计算模型

C.4.3.2.1 考虑结构的载荷特点及管板与其相邻的局部结构之间的作用,计算模型可进行适当简化(本算例采用管板周向 1/4 模型);计算模型包括管板主体、部分与管板连接的壳程圆筒以及部分与管板连接的管箱圆筒,模型中还包括换热管、中心筒以及换热管与管板的连接焊缝等结构;计算模型网格采用三维实体单元划分。

C.4.3.2.2 有限元计算模型见图 C.10、图 C.11;有限元计算模型网格见图 C.12。

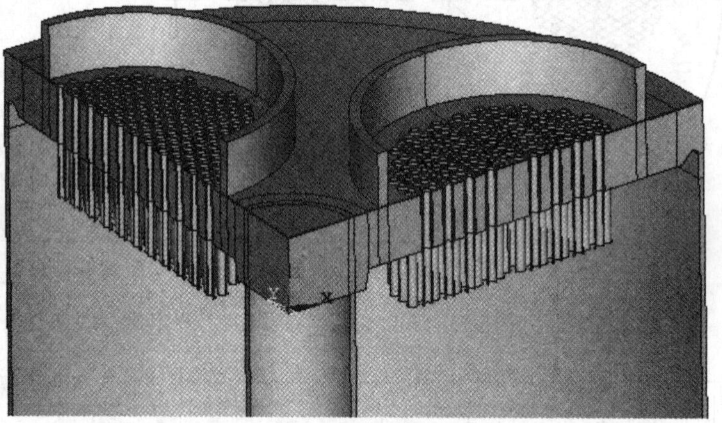

图 C.10 管板结构计算模型

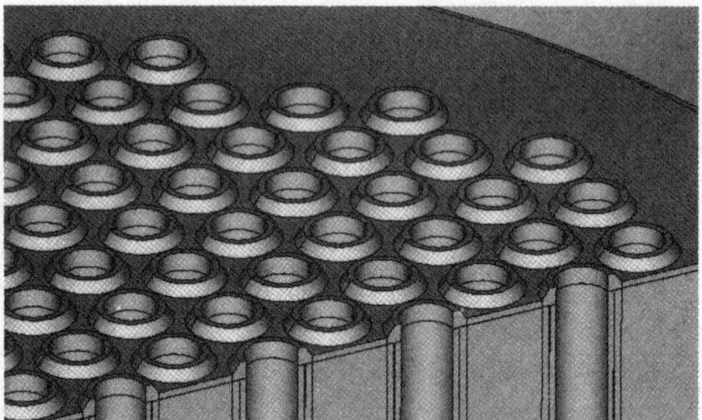

图 C.11 管板与换热管连接局部结构

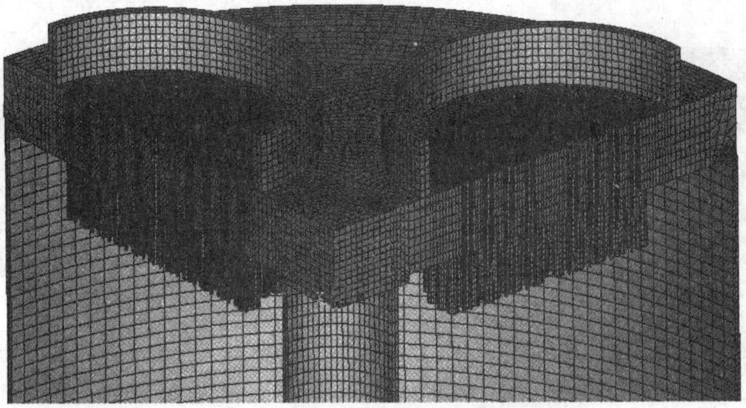

图 C.12 管板结构计算模型网格划分

C.4.3.3 载荷工况和边界条件

C.4.3.3.1 根据设计参数,计算载荷工况包括表 C.5 列出的 7 种载荷工况。

表 C.5 载荷工况设置

工况号	施加载荷
1	壳程设计压力+壳程介质静压+管束质量的等效压力
2	管程设计压力+管程介质静压+管束质量的等效压力
3	管、壳程设计压力+管、壳程介质静压+管束质量的等效压力
4	热载荷
5	热载荷+壳程设计压力+壳程介质静压+管束质量的等效压力
6	热载荷+管程设计压力+管程介质静压+管束质量的等效压力
7	热载荷+管、壳程设计压力+管、壳程介质静压+管束质量的等效压力

C.4.3.3.2 边界条件如下:

a) 计算模型对称面约束法相位移,壳程圆筒截面约束轴向位移;

b) 管程压力以均压方式加在管箱内部筒体、管板壁面及换热管内壁面,以等效压力的方式加在管箱圆筒截面;

c) 壳程压力以均压方式加在壳程内部筒体、管板壁面,换热管外壁面及换热管与管板连接间隙面;

d) 管束重量以等效压力的方式加在中心筒截面上;

e) 热载荷以温度场形式施加在计算模型上。

C.4.4 管板结构应力计算结果与评定

C.4.4.1 应力计算结果

按照表 C.5 计算 7 种载荷工况下管板结构的第四强度当量应力,不同载荷工况下的应力云图如图 C.13~图 C.19 所示。

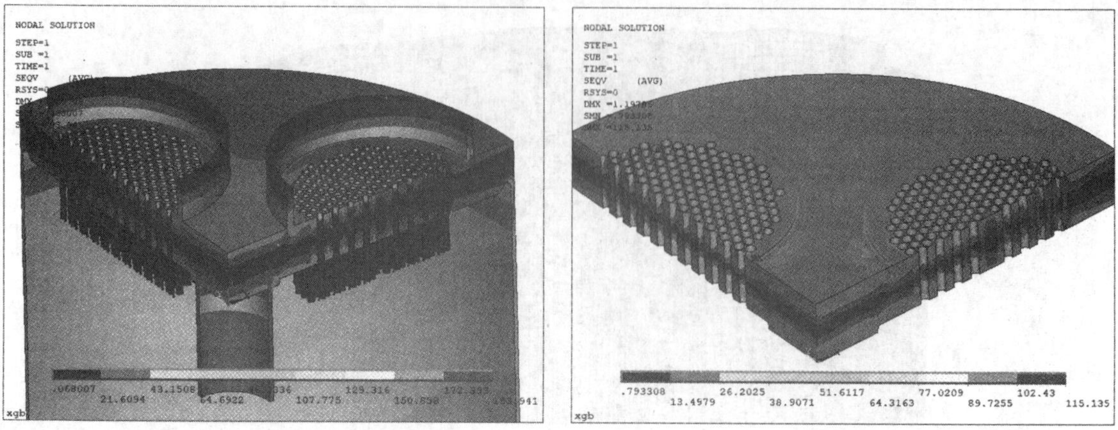

a） 工况1管板结构应力分布　　　　b） 工况1管板主体应力分布

图 C.13　工况1管板应力分布

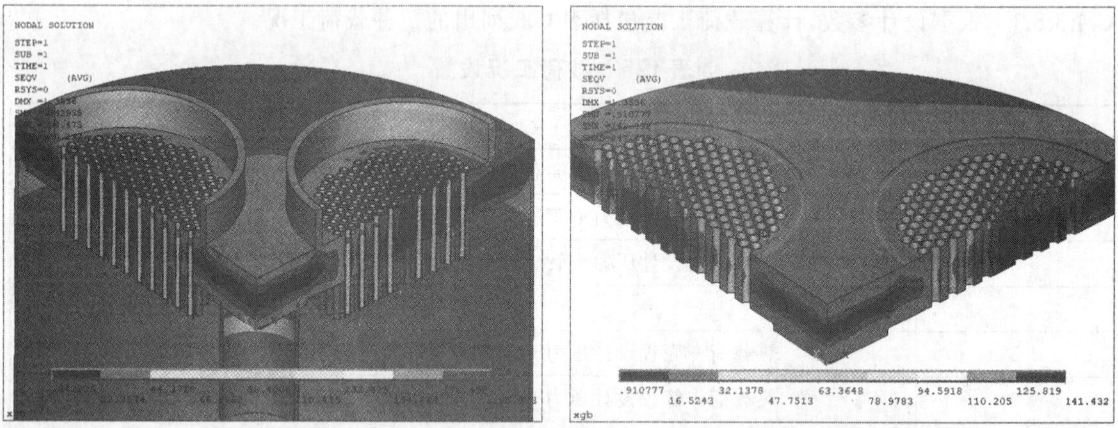

a） 工况2管板结构应力分布　　　　b） 工况2管板主体应力分布

图 C.14　工况2管板应力分布

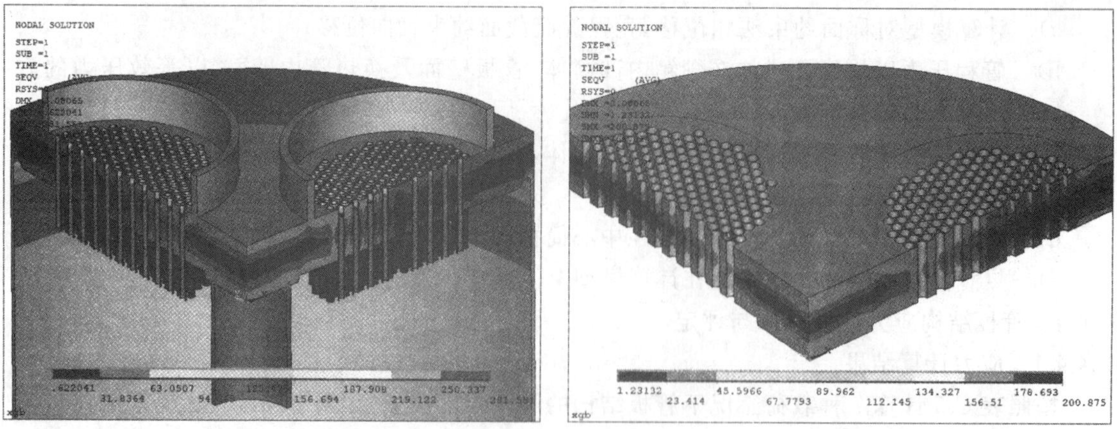

a） 工况3管板结构应力分布　　　　b） 工况3管板主体应力分布

图 C.15　工况3管板应力分布

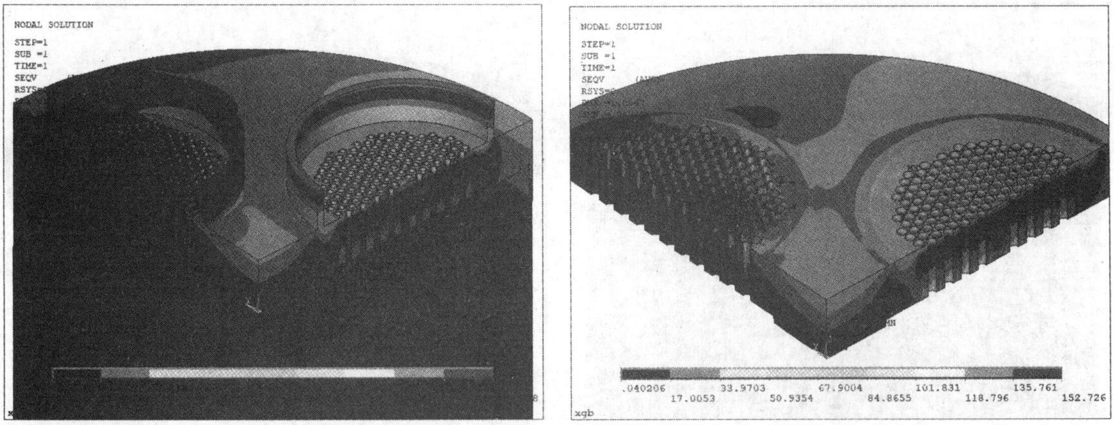

a） 工况4管板结构应力分布　　b） 工况4管板主体应力分布

图C.16　工况4管板应力分布

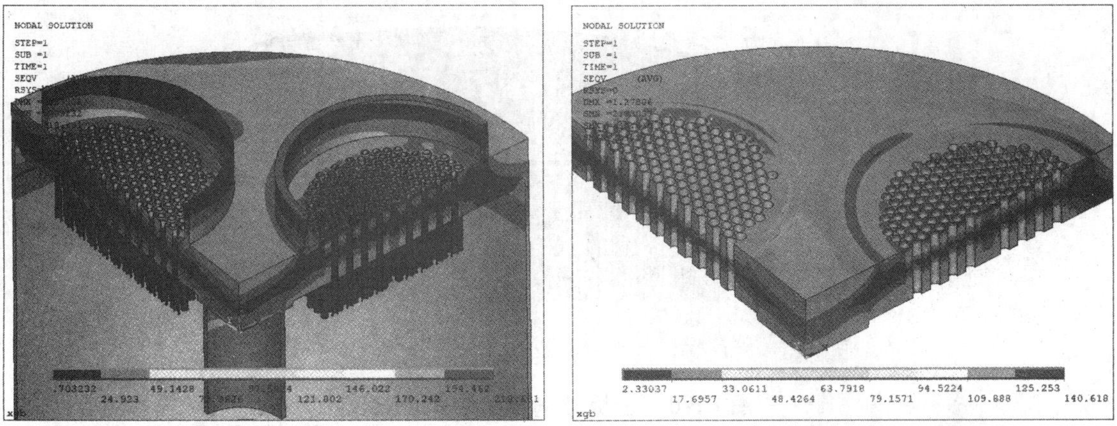

a） 工况5管板结构应力分布　　b） 工况5管板主体应力分布

图C.17　工况5管板应力分布

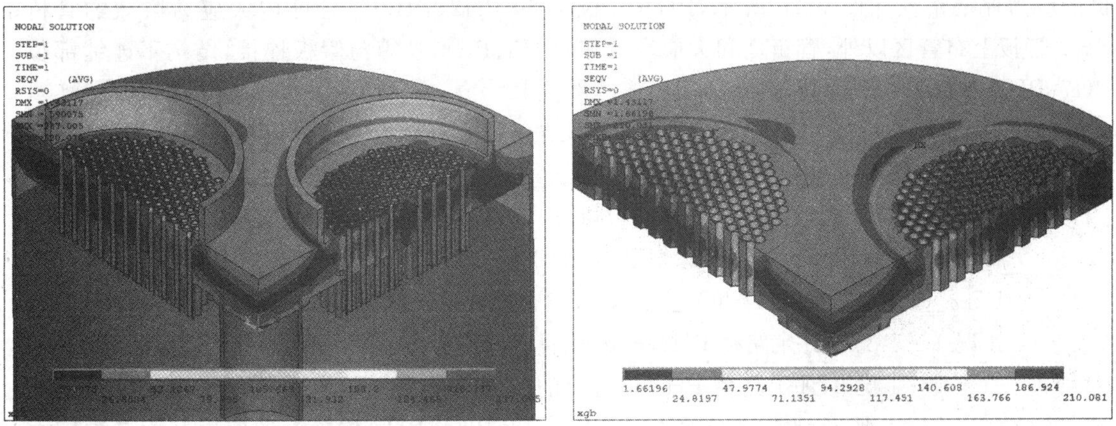

a） 工况6管板结构应力分布　　b） 工况6管板主体应力分布

图C.18　工况6管板应力分布

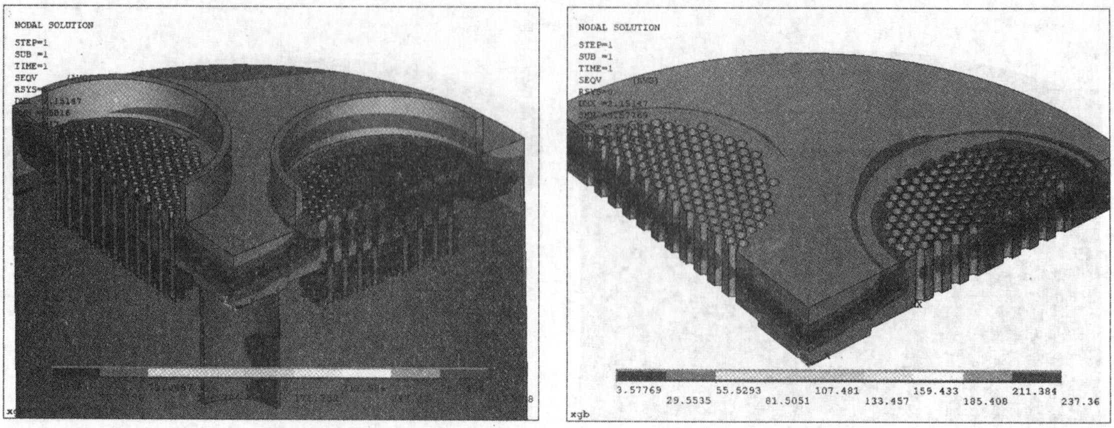

a） 工况 7 管板结构应力分布　　　　b） 工况 7 管板主体应力分布

图 C.19　工况 7 管板应力分布

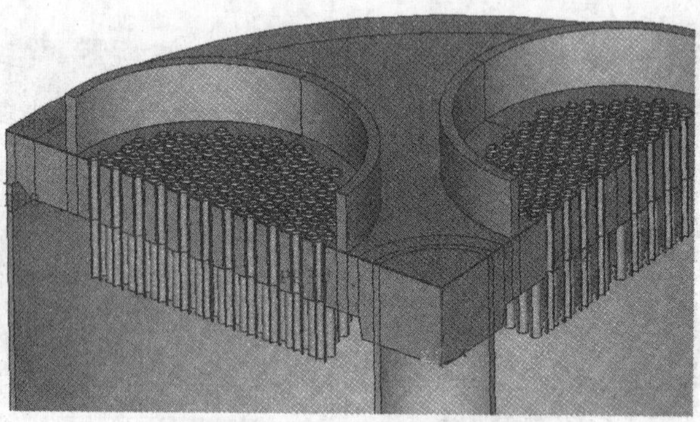

图 C.20　管板结构应力评定路径

C.4.4.2　应力分类与评定

C.4.4.2.1　应根据管板结构的最大应力位置以及可能存在的危险区域划分应力评定路径(本算例的应力评定路径如图 C.20 所示,PH1-管板中心;PH2、PH3-布管区内大应力区域的管桥;PH4-管板上布管区以外,管箱之间大应力区域;PH5、PH6-管箱与管板连接,结构不连续部位;PH7、PH8-管板与壳程圆筒连接,结构不连续部位)。

C.4.4.2.2　根据 JB 4732 中的应力分类定义,再结合分区布管的整体管板热交换器(Ⅱ型)管板的结构特点、受载特性和应力分布特征等,对管板结构进行应力分类和评定:

a） 工况 1～工况 3,评定路径 PH1、PH2、PH3、PH4 位置上的薄膜应力归为一次局部薄膜应力,其许用值为 $1.5[\sigma]_{r}^{t}$;弯曲应力归为一次弯曲应力,薄膜加弯曲应力许用值为 $1.5[\sigma]_{r}^{t}$;评定路径 PH7 位置上的应力归为二次应力,其许用值为 $3.0[\sigma]_{r}^{t}$;

b） 工况 1～工况 3,评定路径 PH5、PH6 位置上的应力归为二次应力,其许用值为 $3.0[\sigma]_{ts}^{t}$;

c） 工况 1～工况 3,评定路径 PH8 位置上的应力归为二次应力,其许用值为 $3.0[\sigma]_{ss}^{t}$;

d） 工况 4～工况 7,评定路径 PHI、PH2、PH3、PH4、PH7 位置上的应力归为二次应力,其许用值为 $3.0[\sigma]_{r}^{t}$;

e） 工况 4～工况 7,评定路径 PH5、PH6 位置上的应力归为二次应力,其许用值为 $3.0[\sigma]_{ts}^{t}$;

f） 工况 4～工况 7,评定路径 PH8 位置上的应力归为二次应力,其许用值为 $3.0[\sigma]_{ss}^{t}$;

g） 壳程圆筒结构上的总体薄膜应力应考虑管程压力的影响，其许用值为 $1.0[\sigma]^{t}_{ss}$；

h） 各评定路径不同工况下的应力评定结果见表 C.6。

表 C.6 管板结构分析评定表

评定路径	计算工况	薄膜应力/MPa		薄膜加弯曲应力/MPa		结论
		计算值	许用值	计算值	许用值	
PH1	工况 1	1.1	205.5	58.54	205.5	通过
	工况 2	1.533	205.5	66.92	205.5	通过
	工况 3	1.88	205.5	98.98	205.5	通过
	工况 4	—	—	50.61	411.0	通过
	工况 5	—	—	81.98	411.0	通过
	工况 6	—	—	87.22	411.0	通过
	工况 7	—	—	114.7	411.0	通过
PH2	工况 1	10.39	205.5	94.95	205.5	通过
	工况 2	44.98	205.5	132.1	205.5	通过
	工况 3	48.62	205.5	188.5	205.5	通过
	工况 4	—		36.59	411.0	通过
	工况 5	—	—	130.9	411.0	通过
	工况 6	—	—	165.1	411.0	通过
	工况 7	—	—	222.2	411.0	通过
PH3	工况 1	8.107	205.5	90.1	205.5	通过
	工况 2	40.19	205.5	132.5	205.5	通过
	工况 3	42.3	205.5	185.2	205.5	通过
	工况 4	—	—	35.77	411.0	通过
	工况 5	—	—	119.9	411.0	通过
	工况 6	—	—	166.2	411.0	通过
	工况 7	—	—	216.2	411.0	通过
PH4	工况 1	9.241	205.5	62.04	205.5	通过
	工况 2	8.952	205.5	71.46	205.5	通过
	工况 3	12.32	205.5	107.2	205.5	通过
	工况 4	—	—	43.17	411.0	通过
	工况 5	—	—	81.39	411.0	通过
	工况 6	—	—	89.11	411.0	通过
	工况 7	—	—	122.0	411.0	通过

表 C.6 管板结构分析评定表(续)

评定路径	计算工况	薄膜应力/MPa		薄膜加弯曲应力/MPa		结论
		计算值	许用值	计算值	许用值	
PH5	工况 1	0.43	205.5	119.7	411.0	通过
	工况 2	83.61	205.5	92.1	411.0	通过
	工况 3	113.1	205.5	150.7	411.0	通过
	工况 4	—	—	33.08	411.0	通过
	工况 5	—	—	100.4	411.0	通过
	工况 6	—	—	91.17	411.0	通过
	工况 7	—	—	149.7	411.0	通过
PH6	工况 1	57.08	205.5	113811	411.0	通过
	工况 2	80.03	205.5	85.15	411.0	通过
	工况 3	107.0	205.5	141.3	411.0	通过
	工况 4	—	—	100.4	411.0	通过
	工况 5	—	—	51.9	411.0	通过
	工况 6	—	—	86.42	411.0	通过
	工况 7	—	—	85.0	411.0	通过
PH7	工况 1	7.497	205,5	29.97	411.0	通过
	工况 2	9.581	205.5	33.37	411.0	通过
	工况 3	15.25	205.5	53.69	411.0	通过
	工况 4	—	—	23.45	411.0	通过
	工况 5	—	—	53.53	411.0	通过
	工况 6	—	—	56.86	411.0	通过
	工况 7	—	—	77.29	411.0	通过
PH8	工况 1	44.4	205.5	177.9	411.0	通过
	工况 2	48.74	205.5	111.9	411.0	通过
	工况 3	8131	205.5	258.4	411.0	通过
	工况 4	—	—	22.49	411.0	通过
	工况 5	—	—	200.5	411.0	通过
	工况 6	—	—	134.2	411.0	通过
	工况 7	—	—	281.2	411.0	通过

C.5 算例 3 分体管板热交换器(Ⅲ型)管板

C.5.1 计算依据

设计及计算依据如下：

a) NB/T 10938《绕管式热交换器》;

b) GB/T 150—2011《压力容器》;

c) JB 4732《钢制压力容器——分析设计标准(2005 年确认)》;

d) 产品设计图样及技术资料。

C.5.2 设计及操作参数

C.5.2.1 热交换器的主要设计参数

分体管板热交换器(Ⅲ型)设计参数见表 C.7,其他条件按照产品设计图样和技术资料确定。管板的布管形式见图 C.21。

单位为毫米

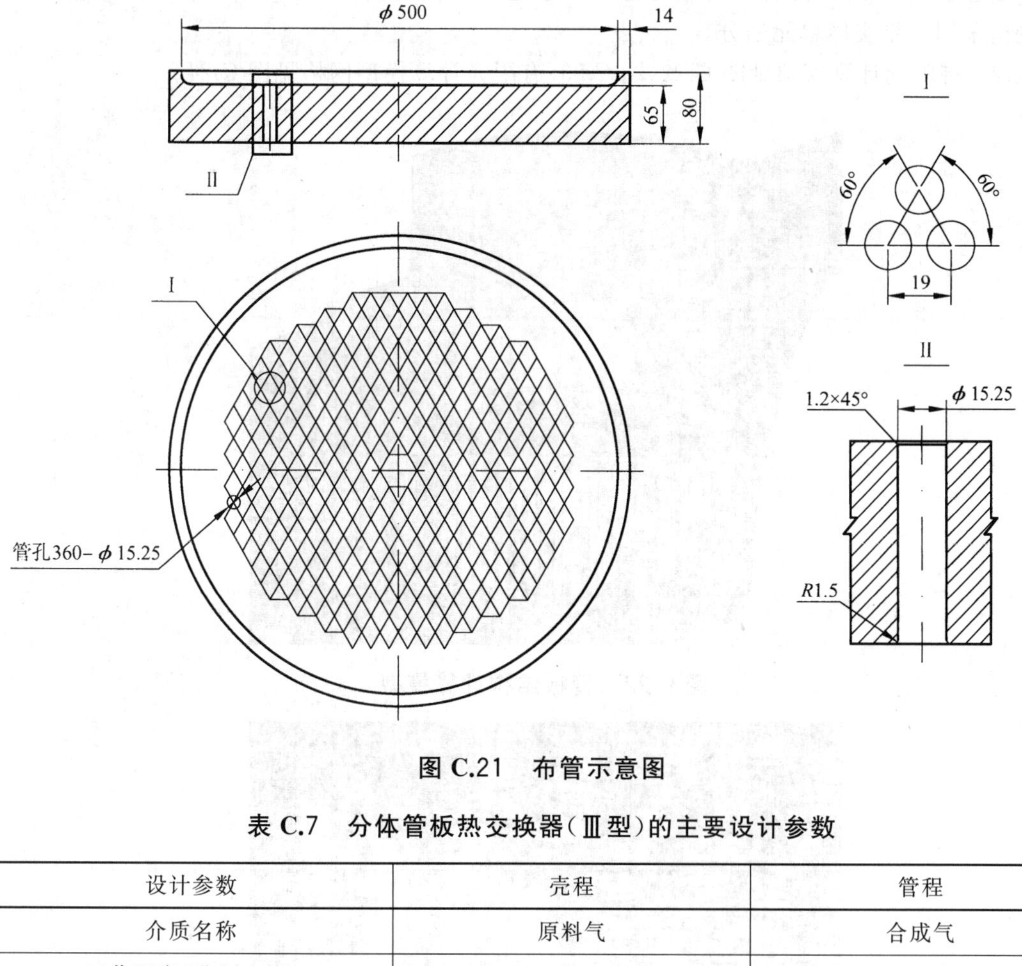

图 C.21 布管示意图

表 C.7 分体管板热交换器(Ⅲ型)的主要设计参数

设计参数	壳程	管程
介质名称	原料气	合成气
工作温度(进/出)/℃	11.3/−14.9	−38.7/2.0
设计温度(最低/最高)/℃	120	120
工作压力/MPa	3.359	3.244
设计压力/MPa	3.8	3.8
焊接接头系数	1.0	1.0
主要受压元件材料	S30408	S30408
腐蚀裕量/mm	0	0

C.5.2.2 管板材料性能

管板所包含材料的力学性能应按 GB/T 150—2011 的规定选取。

C.5.3 管板应力分析计算

C.5.3.1 分析对象

分体管板热交换器(Ⅲ型)管板包括管板主体以及与管板连接的管箱圆筒、壳程圆筒结构。

C.5.3.2 计算模型

C.5.3.2.1 考虑结构的载荷特点及管板与其相邻的局部结构之间的作用,计算模型可进行适当简化(本算例采用1/4模型);计算模型包括管板以及部分与管板连接的管箱圆筒和壳程圆筒,模型中还包括换热管、换热管与管板的连接焊缝、管箱圆筒与壳程圆筒的连接焊缝等结构;计算模型网格采用三维实体单元划分。

C.5.3.2.2 有限元计算模型见图 C.22、图 C.23;有限元计算模型网格见图 C.24。

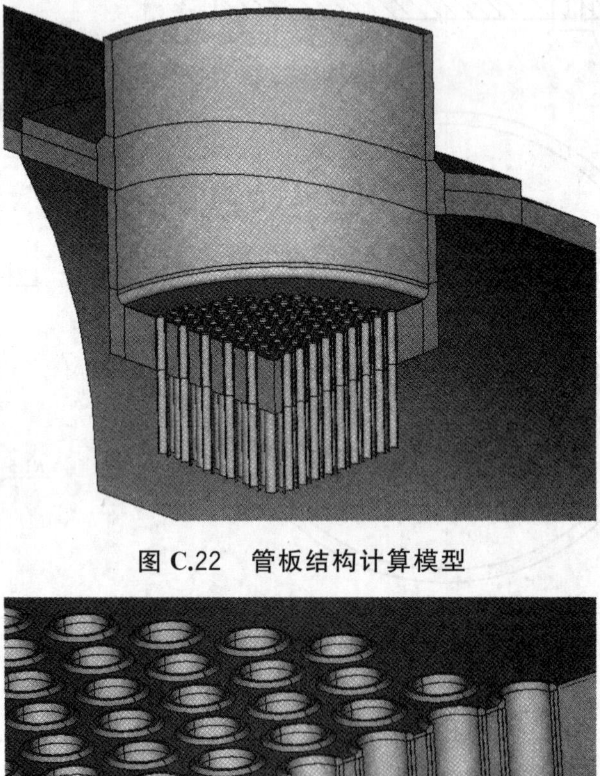

图 C.22 管板结构计算模型

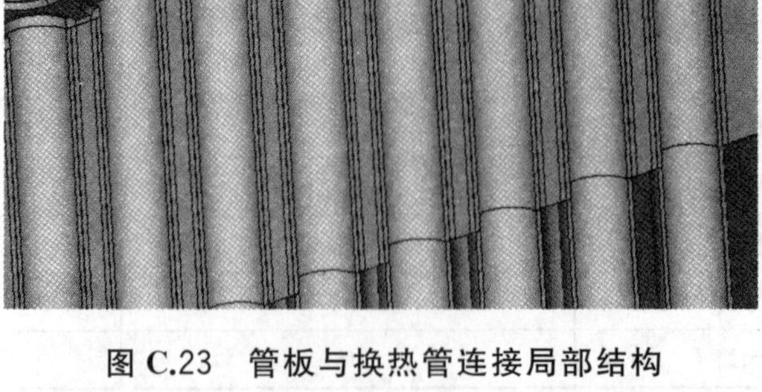

图 C.23 管板与换热管连接局部结构

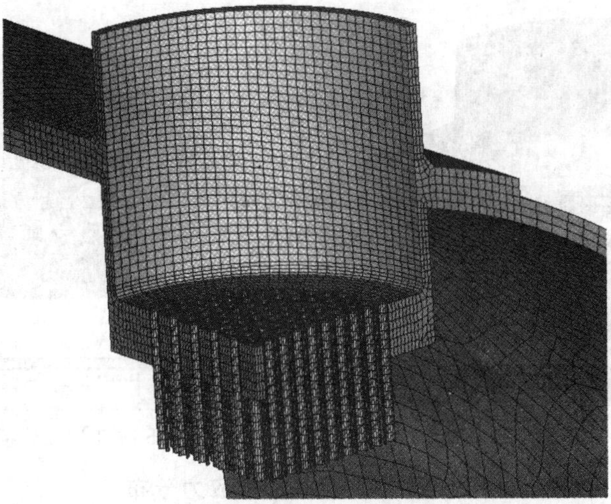

图 C.24 管板结构计算模型网格划分

C.5.3.3 载荷工况和边界条件

C.5.3.3.1 根据设计参数,计算载荷工况包括表 C.8 列出的 3 种载荷工况。

C.8 载荷工况设置

工况号	具体载荷
1	壳程设计压力+壳程介质静压
2	管程设计压力+管程介质静压
3	管、壳程设计压力+管、壳程介质静压

C.5.3.3.2 边界条件如下:

a) 计算模型对称面约束法向位移;

b) 管程压力以均压方式加在管箱内部筒体、管板壁面及换热管内壁面,以等效压力的方式加在管箱圆筒截面;

c) 壳程压力以均压方式加在壳程内部筒体、管板壁面,换热管外壁面及换热管与管板连接间隙面,以等效压力的方式加在壳程圆筒截面。

C.5.4 管板结构应力计算结果与评定

C.5.4.1 应力计算结果

按照表 C.8 计算 3 种载荷工况下管板结构的第四强度当量应力,不同载荷工况下的应力云图如图 C.25~图 C.27 所示。

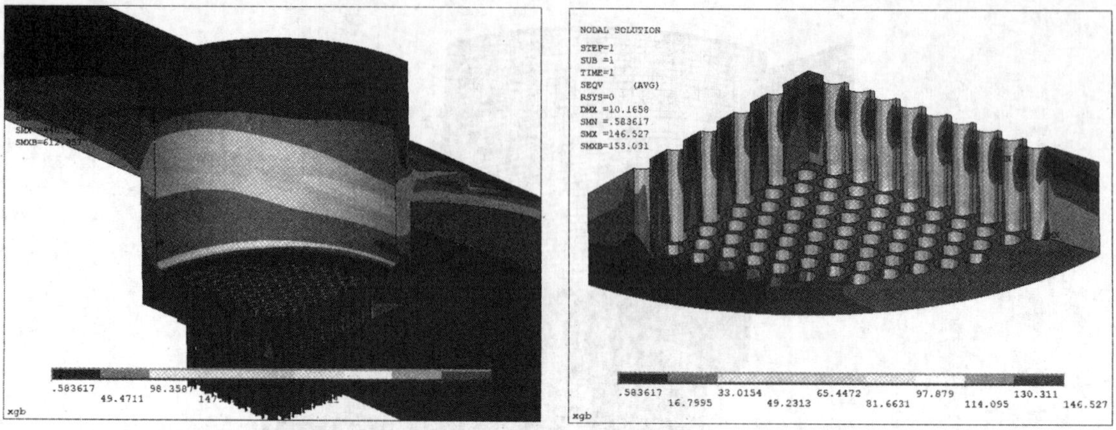

a） 工况 1 管板结构应力分布　　b） 工况 1 管板主体应力分布

图 C.25　工况 1 管板应力分布

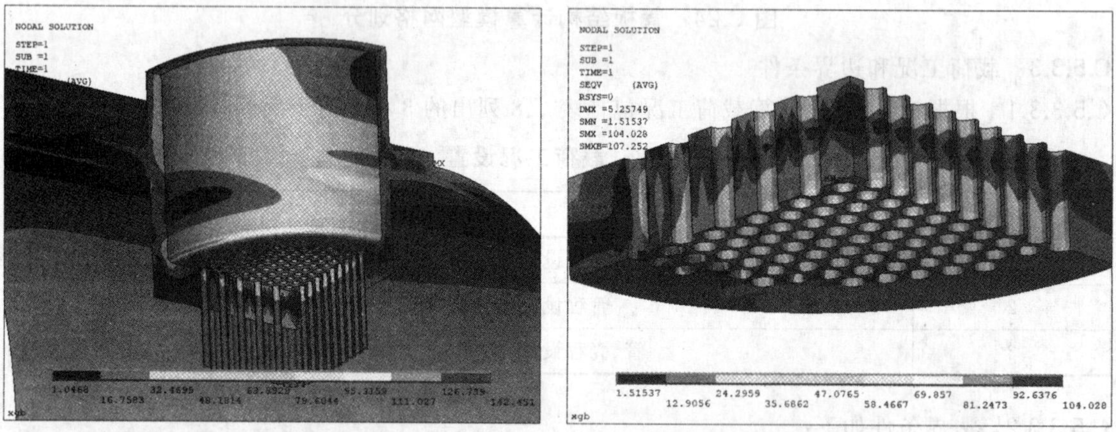

a） 工况 2 管板结构应力分布　　b） 工况 2 管板主体应力分布

图 C.26　工况 2 管板应力分布

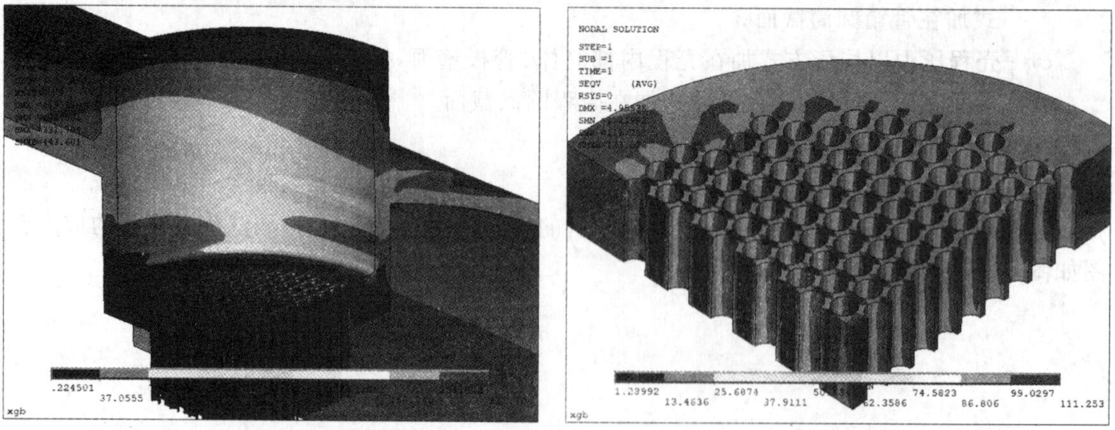

a） 工况 3 管板结构应力分布　　b） 工况 3 管板主体应力分布

图 C.27　工况 3 管板应力分布

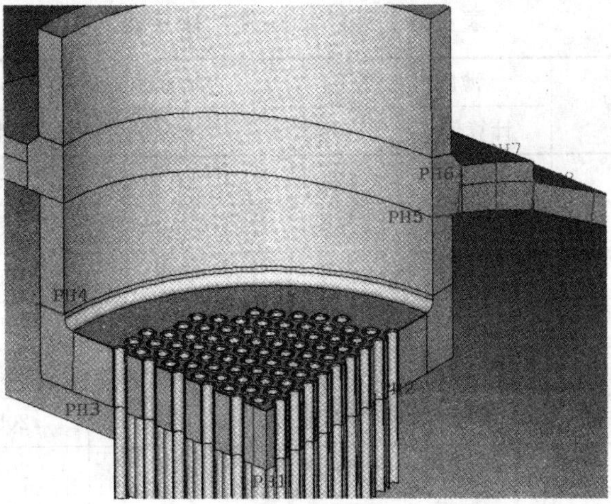

图 C.28　管板结构应力评定路径

C.5.4.2　应力分类与评定

C.5.4.2.1　应根据管板结构的最大应力位置以及可能存在的危险区域划分应力评定路径(本算例的应力评定路径如图 C.28 所示,PH1-管板中心;PH2-布管区内大应力区域的管桥;PH3-管板上管板与管箱连接处;PH4-管箱上管箱圆筒与管板连接处;PH5、PH6-管箱圆筒与壳程圆筒连接的不连续区域;PH7-壳程圆筒开孔补强主体部位;PH8-壳程圆筒补强圈与壳程圆筒连接的不连续区域;PH9-壳程圆筒补强圈与壳程圆筒连接位置附近的壳程圆筒主体部位)。

C.5.4.2.2　根据 JB 4732 中的应力分类定义,再结合分体管板热交换器(Ⅱ型)管板的结构特点、受载特性和应力分布特征等,对管板结构进行应力分类和评定:

a)　评定路径 PH1、PH2、PH3 位置上的薄膜应力归为一次局部薄膜应力,其许用值为 $1.5[\sigma]_r^t$ 弯曲应力归为一次弯曲应力,薄膜加弯曲应力许用值为 $1.5[\sigma]_r^t$;

b)　管箱圆筒壁厚是根据规则设计或分析设计标准中的计算公式或图表确定的,这些部位上的一次总体薄膜应力 P_m 及外压稳定性不需要另外进行评定。评定路径 PH4 位置上的薄膜应力归为一次局部薄膜应力,其许用值为 $1.5[\sigma]_{ts}^t$,薄膜加弯曲应力归为二次应力,其许用值为 $3.0[\sigma]_{ts}^t$;

c)　评定路径 PH5、PH6 位置上的的薄膜应力归为一次局部薄膜应力,其许用值为 $\min\{1.5[\sigma]_{ts}^t, 1.5[\sigma]_{ss}^t\}$,薄膜加弯曲应力归为二次应力,其许用值为 $\min\{3.0[\sigma]_{ts}^t, 3.0[\sigma]_{ss}^t\}$;

d)　评定路径 PH7 位置上的薄膜应力归为一次总体薄膜应力,其许用值为 $1.0[\sigma]_{ss}^t$;弯曲应力归为一次弯曲应力,薄膜加弯曲应力许用值为 $1.5[\sigma]_{ss}^t$;评定路径 PH8 位置上的薄膜应力归为一次局部薄膜应力,其许用值为 $1.5[\sigma]_{ss}^t$,薄膜加弯曲应力归为二次应力,其许用值为 $3.0[\sigma]_{ss}^t$;评定路径 PH9 位置上的薄膜应力归为一次总体薄膜应力,其许用值为 $1.0[\sigma]_{ss}^t$;弯曲应力归为一次弯曲应力,薄膜加弯曲应力许用值为 $1.5[\sigma]_{ss}^t$;

e)　各评定路径不同工况下的应力评定结果见表 C.9。

表 C.9 管板结构分析评定表

评定路径	计算工况	薄膜应力/MPa		薄膜加弯曲应力/MPa		结论
		计算值	许用值	计算值	许用值	
PH1	工况 1	36.29	205.5	120.9	205.5	通过
	工况 2	17.88	205.5	99.33	205.5	通过
	工况 3	40.3	205.5	48.81	205.5	通过
PH2	工况 1	61.72	205.5	78.92	205.5	通过
	工况 2	26.79	205.5	62.66	205.5	通过
	工况 3	59.42	205.5	103.3	205.5	通过
PH3	工况 1	27.81	205.5	70.76	205.5	通过
	工况 2	11.98	205.5	34.31	205.5	通过
	工况 3	21.42	205.5	42.97	205.5	通过
PH4	工况 1	39.87	205.5	95.09	411.0	通过
	工况 2	19.47	205.5	71.43	411.0	通过
	工况 3	26.99	205.5	114.6	411.0	通过
PH5	工况 1	130.2	205.5	396.8	411.0	通过
	工况 2	38.83	205.5	124.8	411.0	通过
	工况 3	94.38	205.5	272.1	411.0	通过
PH6	工况 1	58.15	205.5	243.0	411.0	通过
	工况 2	7.108	205.5	86.06	411.0	通过
	工况 3	53.08	205.5	158.3	411.0	通过
PH7	工况 1	49.11	205.5	202.8	205.5	通过
	工况 2	13.04	205.5	80.18	205.5	通过
	工况 3	60.92	205.5	181.4	205.5	通过
PH8	工况 1	114.2	205.5	357.4	411.0	通过
	工况 2	20.79	205.5	154.7	411.0	通过
	工况 3	98.05	205.5	200.4	411.0	通过
PH9	工况 1	107.9	205.5	143.8	205.5	通过
	工况 2	11.25	205.5	54.58	205.5	通过
	工况 3	114.5	205.5	139.0	205.5	通过

注:PH4、PH5 位置两个局部应力区之间应彼此隔开,沿管箱圆筒经线方向的间距不得小于 2.5 $\sqrt{R\delta_e}$ 其中,R 为管箱圆筒中面曲率半径,δ_e 为管箱圆筒有效厚度),否则应采用其他方法进行评定。

附 录 D
(资料性)
典型中心筒的计算

D.1 符号

A_1、A_2——中心筒左、右末端处的截面面积,mm^2;
D_c——中心筒中间段外直径,mm;
E——中心筒材料室温弹性模量,MPa;
F_1、F_2——支撑反力,N;
H_1、H_2——中心筒左、右侧过渡段长度,mm;
H_w——有效换热段长度,mm;
I_c——中心筒中间段截面的惯性矩,mm^4;
L——二块管板背面间的距离,$L=H_1+H_w+H_2$,mm;
L_i——中心筒左侧过渡段各危险截面离左侧管板背面间的距离,mm;
M_{max}——位于中心筒中间段某截面处的最大弯矩,N·mm;
M_{Li}——中心筒左侧过渡段各危险截面处的弯矩,N·mm;
M_{Ri}——中心筒右侧过渡段各危险截面处的弯矩,N·mm;
R_i——中心筒右侧过渡段各危险截面离右侧管板背面间的距离,mm;
W_c——中心筒中间段抗弯截面系数,mm^3;
W_{Li}——中心筒左侧过渡段各危险截面的抗弯截面系数,mm^3;
W_{Ri}——中心筒右侧过渡段各危险截面的抗弯截面系数,mm^3;
f——中心筒最大烧度,mm;
g——重力加速度,取 $g=9.81\ m/s^2$;
m——除管板外的管束质量,kg;
q——单位长度载荷,$g=mg//H_w$,N/mm;
δ_{ce}——中心筒中间段成形后的最小厚度,mm;
σ_{max}——中心筒中间段处的最大弯曲应力,MPa;
σ_{Li}——中心筒左侧过渡段各危险截面处的弯曲应力,MPa;
σ_{Ri}——中心筒右侧过渡段各危险截面处的弯曲应力,MPa;
$[\sigma]$——GB/T 150.2—2011 规定的 20℃下材料许用应力,MPa;
τ_1、τ_2——中心筒末端与左、右侧管板连接处的剪应力,MPa。

D.2 适用范围

本文件适用于热交换器典型结构中心筒的强度及挠度计算。

D.3 计算简化

D.3.1 本文件只考虑管束卧式绕制时的中心筒强度校核及挠度计算。一般情况下中心筒上设有平衡孔,故不考虑换交换器耐压试验、操作等工况,并忽略扭矩的影响。

D.3.2 将热交换器管束简化为二块管板处支撑的简支梁,把管束重力(不包含管板)作为均布载荷作用于中心筒中间部位(有效换热段)。

D.3.3 本文件不考虑疲劳校核。当考虑重型管束绕制过程中疲劳影响时,可参照 JB 4732 的规定对中心筒进行疲劳校核和评定。

D.3.4 中心筒典型过渡段型式,型式Ⅰ为变径结构,型式Ⅱ为加筋板结构,型式Ⅲ为等截面结构,如图 D.1 所示。

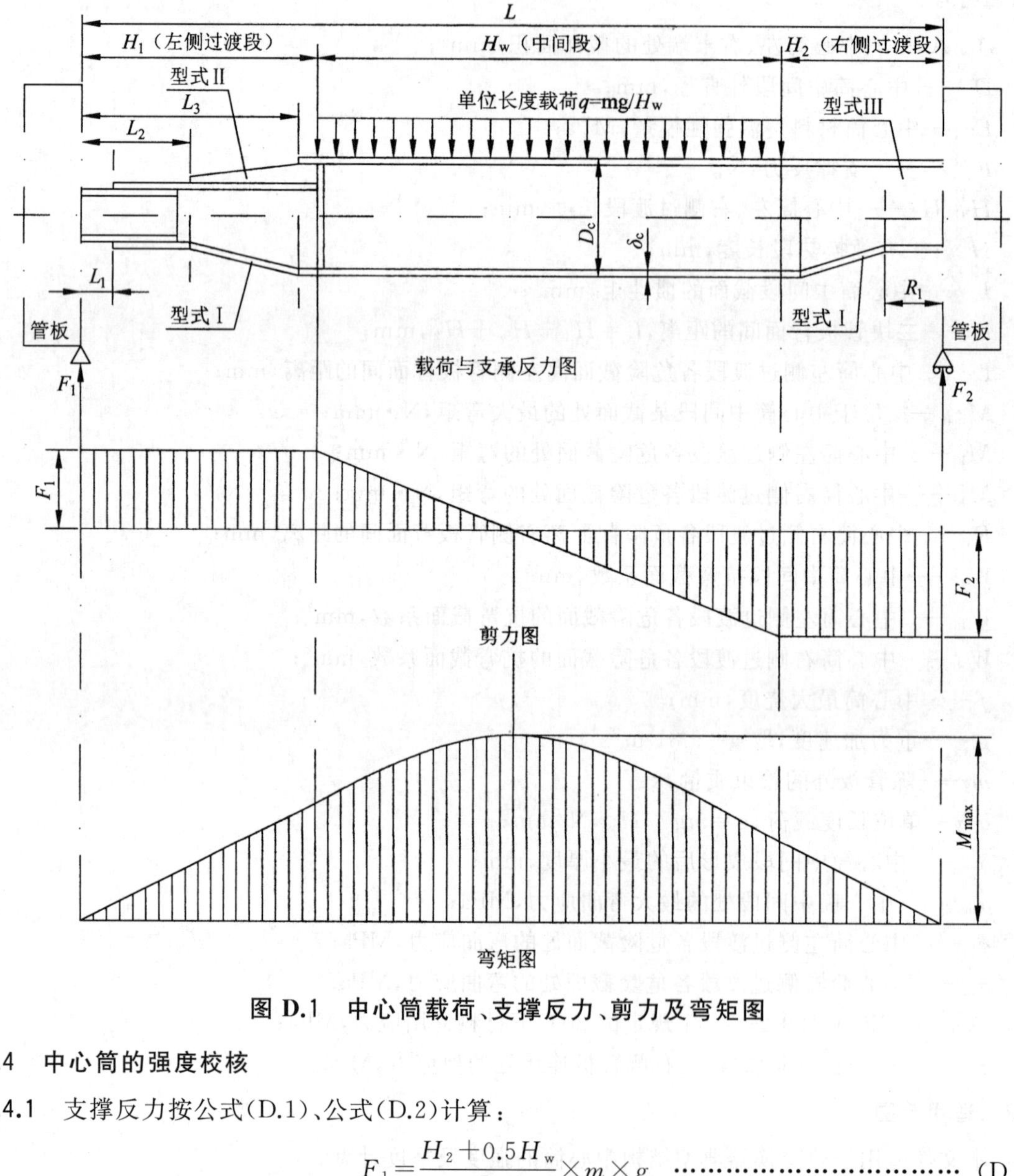

图 D.1 中心筒载荷、支撑反力、剪力及弯矩图

D.4 中心筒的强度校核

D.4.1 支撑反力按公式(D.1)、公式(D.2)计算:

$$F_1=\frac{H_2+0.5H_w}{L}\times m\times g \qquad \text{(D.1)}$$

$$F_2=\frac{H_1+0.5H_w}{L}\times m\times g \qquad \text{(D.2)}$$

D.4.2 位于中心筒中间段某截面处的最大弯矩按公式(D.3)计算:

$$M_{\max}=F_1H_1+\frac{F_1^2}{2q} \qquad \text{(D.3)}$$

D.4.3 中心筒左、右侧过渡段任意危险截面处的弯矩分别按公式(D.4)、公式(D.5)计算：

$$M_{Li}=F_1L_i \qquad \text{(D.4)}$$

$$M_{Ri}=F_2R_i \qquad \text{(D.5)}$$

D.4.4 中心筒中间段圆环形截面的抗弯截面系数按公式(D.6)计算：

$$W_c=\frac{\pi[D_c^4-(D_c-2\delta_{ce})^4]}{32D_c} \qquad \text{(D.6)}$$

D.4.5 中心筒中间段最大弯曲应力按公式(D.7)计算：

$$\sigma_{\max}=\frac{M_{\max}}{W_c} \qquad \text{(D.7)}$$

D.4.6 中心筒左、右侧过渡段任意危险截面弯曲应力按公式(D.8)、公式(D.9)计算：

$$\sigma_{Li}=\frac{M_{Li}}{W_{Li}} \qquad \text{(D.8)}$$

$$\sigma_{Ri}=\frac{M_{Ri}}{W_{Ri}} \qquad \text{(D.9)}$$

D.4.7 弯曲应力应满足：($\sigma_{\max}$、σ_{Li}、$\sigma_{Ri}\leqslant[\sigma]$。当中心筒由不同材料组成时，式中$[\sigma]$应与所在位置材料对应。

D.4.8 中心筒末端与左、右侧管板连接处的剪应力按公式(D.10)、公式(D.11)计算：

$$\tau_1=\frac{F_1}{A_1} \qquad \text{(D.10)}$$

$$\tau_2=\frac{F_2}{A_2} \qquad \text{(D.11)}$$

D.4.9 剪应力应满足：τ_1、$\tau_2\leqslant0.8[\sigma]$。当中心筒由不同材料组成时，式中$[\sigma]$应与所在位置材料对应。

D.5 中心筒的挠度计算

D.5.1 中心筒中间段圆环形截面的惯性矩按公式(D.12)计算：

$$I_c=\frac{\pi[D_c^4-(D_c-2\delta_{ce})^4]}{64} \qquad \text{(D.12)}$$

D.5.2 中心筒的挠度按公式(D.13)计算：

$$f=\frac{q\{H_w(H_2+0.5H_w)[2L^2-2(H_2+0.5H_w)^2-0.5H_w^2]+(0.5L-H_1)^4\}}{24EI_c} \qquad \text{(D.13)}$$

D.5.3 中心筒挠度一般按表 D.1 校核。

表 D.1 中心筒挠度

单位为毫米

L	$\leqslant 10\ 000$	$10\ 000 < L \leqslant 15\ 000$	$>15\ 000$
f	$\leqslant 0.001\ 25L$	$\leqslant 0.002L$	$\leqslant 0.002\ 5L$ 且不应大于 50

附 录 E
(资料性)
流体诱发振动

E.1 流体诱发振动的计算

在热交换器的壳程中,流体横向流过管束时,流体诱发振动的主要成因是:

a) 卡门旋涡激振;

b) 揣流抖振;

c) 流体弹性不稳定。

E.1.1 卡门旋涡频率

卡门旋祸频率按公式(E.1)确定:

$$f_V = St\frac{v}{d_0} \tag{E.1}$$

式中:

d_0——换热管外径,m;

f_V——卡门旋祸频率,Hz;

St——斯特罗哈数,可根据等效节径比由图E.1查得,对于曲管区域等效节径比可按照公式(E.2)与图E.2选取较大值,对于绕管区域等效节径比按照公式(E.3)与图E.2选取较大值;

v——横流速度,根据管间的最小自由截面计算,m/s。

等效节径比可以按公式(E.2)、公式(E.3)计算得到:

$$P_1 = \frac{\max(S, T)}{d_o} \tag{E.2}$$

$$P_2 = \frac{\max(S_a, S_r)}{d_o} \tag{E.3}$$

式中:

S——曲管区域周向间距,$S = 2\pi r_2/a$,m;

式中:

a——该层周向布管数;

T——曲管区域径向间距,$T = r_2 - r_1$,m;

S_a——同层管间距,m;

S_r——相邻层管间距,m;

P_1——曲管区域等效节径比;

P_2——绕管区域等效节径比;

P——等效节径比,对于曲管区域,$P = P_1$,对于绕管区域,$P = P_2$。

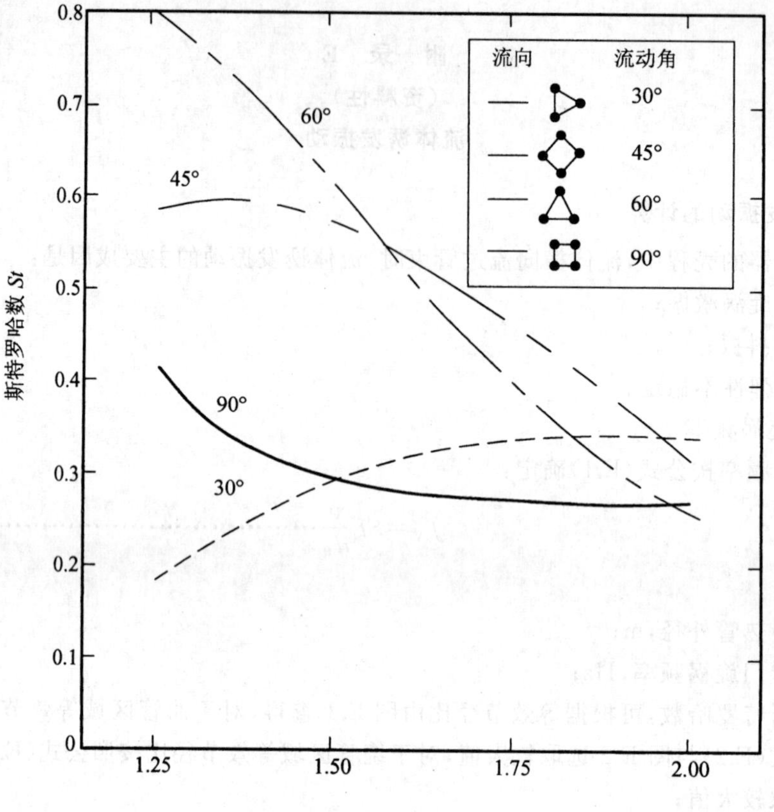

图 E.1 斯特罗哈数

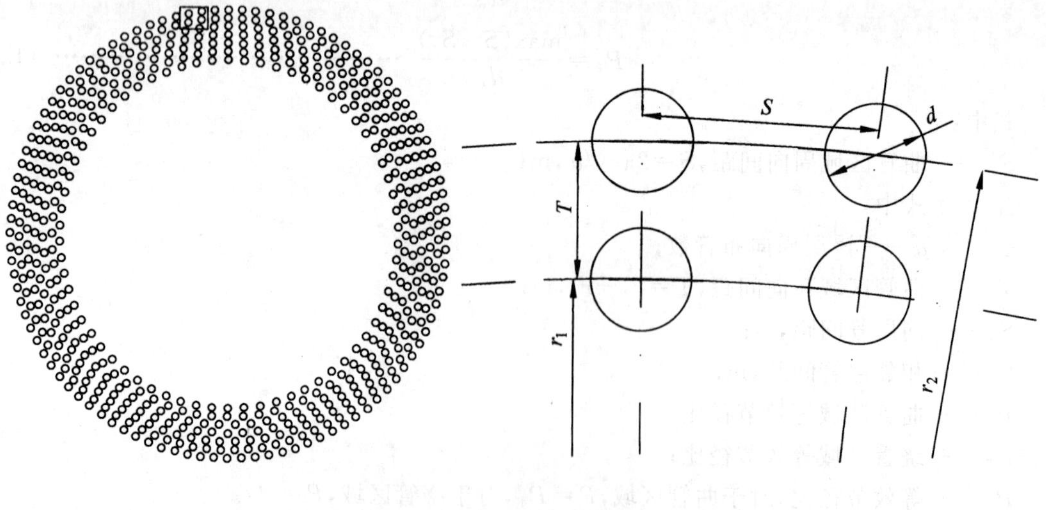

a) 缩口段曲管区域

图 E.2 Ⅰ型与Ⅱ型热交换器等效节径比计算

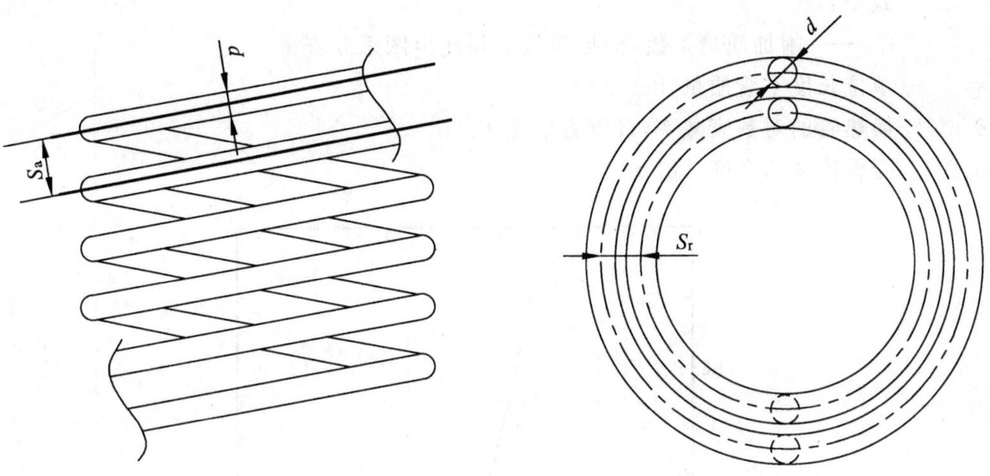

b） 绕管区域

图 E.2 Ⅰ型与Ⅱ型热交换器等效节径比计算(续)

E.1.2 揣流抖振主频率

湍流抖振主频率 f_t按公式(E.4)与公式(E.5)确定,且仅在流体为气体时计算:

对于曲管区域:

$$f_t=\frac{vd_o}{TS}\left[3.05\left(1-\frac{d_o}{S}\right)^2+0.28\right] \qquad \text{(E.4)}$$

对于绕管区域:

$$f_t=\frac{vd_o}{S_aS_r}\left[3.05\left(1-\frac{d_o}{S_r}\right)^2+0.28\right] \qquad \text{(E.5)}$$

E.1.3 临界横流速度

管束发生流体弹性不稳定时的临界横流速度 v_c 按公式(E.6)计算:

$$v_c=K_cf_nd_o\delta_s^b \qquad \text{(E.6)}$$

式中:

K_c——比例系数,取 $K_c=5.46$;

f_n——换热管的固有频率,Hz,计算方法见 E.2;

b——指数,取 $b=0.51$;

δ_s——质量阻尼参数。按公式(E.7)计算:

$$\delta_s=\frac{m\delta}{(\rho_od_o^2)} \qquad \text{(E.7)}$$

m——换热管单位长度的质量,$m=m_i+m_o+m_t$,kg/m;

式中:

m_i——换热管内单位长度流体的质量,$m_i=\pi d_i^2\rho_i/4$,kg/m;

式中:

d_i——换热管内径,m;

ρ_i——换热管内流体的密度,kg/m³。

m_o——被振动管排开的虚拟的管外单位长度流体的质量,$m_o=\pi d_o^2\rho_oC_M/4$,kg/m;

式中：

C_M——附加质量系数，根据等效节径比由图 E.3 查得。

m_t——单位长度空管质量，kg/m；

δ——换热管的对数衰减率，计算方法见 E.3；

ρ_o——壳程流体的密度，kg/m³。

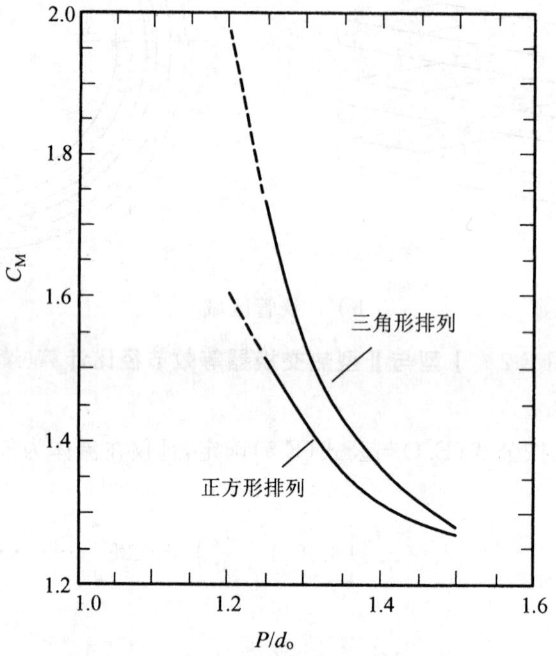

图 E.3 附加质量系数(静止流体)

E.2 换热管的固有频率

E.2.1 符号说明

d_i——换热管内径，m；

E——材料的弹性模量，MPa；

l——每跨绕管长度，$l=2\pi R_2/(n*\cos\alpha)$，m；

l_c——曲管总长度，m；

l_1——曲管中弯管部分在盘管半径截面上的长度，m；

H_1——曲管中直管长度，见图 E.4，m；

n——卡条/垫条数量；

R_1——管板上管孔中心线到管板中心距离，m；

R_2——绕管半径，m；

α——螺旋角，(°)；

η——构型相关参数，按表 E.1 选取；

θ——偏转角，(°)，$\theta\in[0,\arcsin(R_1/R_2)]$，$\theta$ 可按最大值计算；

λ_c——曲管的频率常数，当无中间筒支时 $\lambda_c=22.396$；

ρ_i——管内流体的密度，kg/m³；

ρ_o——管外流体的密度,kg/m³。

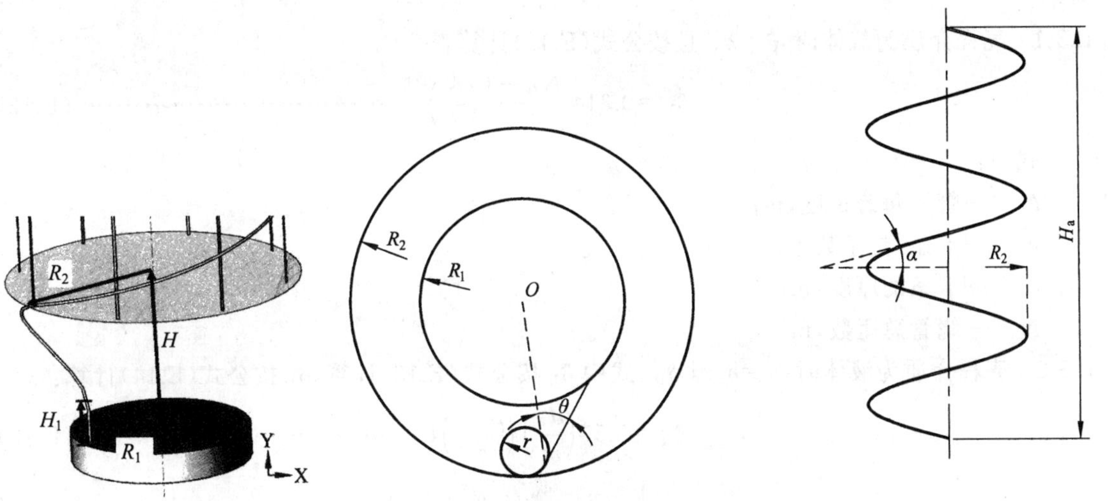

图 E.4　Ⅰ型与Ⅱ型热交换器几何参数

E.2.2　支承条件

一般情况下换热管的支承条件是在管板端为固定支承,在卡条/垫条约束处为简支。

E.2.3　热交换器收口段曲管基频计算

E.2.3.1　Ⅰ型与Ⅱ型绕管式换热器按公式(E.8)计算:

$$f_1=35.3\lambda_c\sqrt{\frac{E(d_o^4-d_i^4)}{ml_c^4}} \quad \cdots\cdots (E.8)$$

曲管总长度 l_c 按公式(E.9)计算:

$$l_c=0.1+H_1+\frac{H-H_1}{\cos\left(\arctan\frac{l_1}{(H-H_1)}\right)} \quad \cdots\cdots (E.9)$$

曲管中弯管部分在盘管半径截面上的长度 l_1 按公式(E.10)计算:

$$l_1=\begin{cases} R_2-R_1 & \theta=0 \\ \dfrac{R_1\times\sin[\arcsin(R_2\times\sin\theta/R_1)+\theta]}{\sin\theta} & \theta>0 \end{cases} \quad \cdots\cdots (E.10)$$

E.2.3.2　Ⅲ型热交换器曲管基频可按有限元方法计算。

E.2.4　等跨的绕管区换热管的基频可按公式(E.11)计算:

$$f_1=35.3\eta\sqrt{\frac{E(d_o^4-d_i^4)}{ml^4}} \quad \cdots\cdots (E.11)$$

表 E.1　参数 η 的取值

n	4	8	16
η	11.05	22.75	45.60

E.3　对数衰减率

换热管作衰减运动时,任意的两相邻周期的振幅,其比值的自然对数即为对数衰减率,以 δ

表示。以下所列的均为在理论分析与实验基础上获得的公式，可用来估算第一振型时的对数衰减率。

E.3.1 壳程介质为气体时，$\delta=\delta_V$ 且按公式(E.12)计算：

$$\delta_V=0.314\frac{Nn-1}{Nn}\left(\frac{t_b}{l}\right)^{0.5} \quad\cdots\cdots(E.12)$$

式中：

l ——管子每跨长度，m；

n ——卡条/垫条数量；

t_b——卡条的厚度，m；

N——绕管总匝数，m。

E.3.2 壳程介质为液体时，$\delta=\delta_{l_1}+\delta_{l_2}$，式中 δ_{l_1} 按公式(E.13)计算，δ_{l_2} 按公式(E.14)计算：

$$\delta_{l_1}=5.57\left(\frac{d_o}{m}\right)\left(\frac{\rho_1^2\nu_1}{f_1}\right)C_e \quad\cdots\cdots(E.13)$$

$$\delta_{l_2}=138.2\left(\frac{n-1}{n}\right)\left(\frac{\rho_1 d_o^2}{f_1 m}\right)\left(\frac{t_b}{l_m}\right)^{0.6} \quad\cdots\cdots(E.14)$$

式中：

C_e——界限函数，按表 E.2 选取；

f_1——换热管的基频，Hz；

ν_1——液体的运动黏度，m^2/s；

ρ_1——液体的密度，kg/m^3。

由公式(E.13)、(E.14)计算得出的 $\delta_{l_1}+\delta_{l_2}$ 小于 0.037 7 时，取为 0.037 7。

表 E.2 界限函数 C_e

P/d_0	C_e	
	正三角形排列	正方形排列
1.20	2.25	1.87
1.25	2.03	1.73
1.26	1.99	1.70
1.27	1.96	1.68
1.28	1.93	1.66
1.32	1.81	1.58
1.40	1.63	1.46
1.50	1.47	1.35

E.3.3 壳程介质为两相流体时，$\delta=\delta_{TP}$、δ_{TP_1} 按公式(E.15)计算，δ_{TP_2} 按公式(E.16)计算：

$$\delta_{TP_1}=5.57\left(\frac{d_o}{m}\right)\left(\frac{\rho_{TP}^2\nu_{TP}}{f_1}\right)C_e \quad\cdots\cdots(E.15)$$

$$\delta_{TP_2}=0.25\left(\frac{\rho_1 d_o^2}{m}\right)(f(\varepsilon_g))C_e \quad\cdots\cdots(E.16)$$

总的对数衰减率 δ_{TP} 按公式(E.17)计算：

$$\delta_{TP}=\delta_{TP_1}+\delta_{TP_2}+\delta_V \quad\cdots\cdots(E.17)$$

式中：

ε_g——体积含气率，按公式(E.18)计算：

$$\varepsilon_g=\frac{V_g}{V_g+V_l} \quad \text{(E.18)}$$

式中：

V_g ——通过流道截面时气相流体的体积流量，m^3/s；

V_l ——通过流道截面时液相流体的体积流量，m^3/s；

$f(\varepsilon_g)$——体积含气率函数；

当 $\varepsilon<0.4$ 时，$f(\varepsilon_g)=\varepsilon_g/0.4$；

$0.4\leqslant\varepsilon_g\leqslant0.7$ 时，$f(\varepsilon_g)=1$；

$\varepsilon_g>0.7$ 时，$f(\varepsilon_g)=1-\left(\frac{\varepsilon_g-0.7}{0.3}\right)$。

ρ_{TP}——两相流体的密度，按公式(E.19)计算，kg/m^3；

$$\rho_{TP}=\rho_l(1-\varepsilon_g)+\rho_g\varepsilon_g \quad \text{(E.19)}$$

式中：

ρ_g、ρ_l——依次为气相和液相流体的密度，kg/m^3。

ν_{TP} ——两相流体的运动黏度，按公式(E.20)计算，m^2/s；

$$\nu_{TP}=\frac{1}{\frac{(1-\varepsilon_g)}{\nu_l}+\frac{\varepsilon_g}{\nu_g}} \quad \text{(E.20)}$$

ν_g、ν_l——依次为气相和液相流体的运动黏度，m^2/s。

E.4 振幅

当卡门旋涡频率或揣流抖振主频率与管子的固有频率一致，且 f_n 小于 $2f_V$ 或 $2f_t$；时，应按公式(E.21)或(E.22)计算管子的振幅。

E.4.1 卡门漩涡激振时管子的振幅按公式(E.21)计算：

$$y_v=\frac{C_L\rho_o d_o V^2}{2\pi^2\delta f_1^2 m} \quad \text{(E.21)}$$

式中：

y_v——壳程流体为单相且在换热管第一振型时，中部管跨的最大振幅，m。因热交换器绕管区的换热管可通过增加卡条/垫条组数来减小无支撑跨距，最大振幅往往发生在最外排换热管管板与绕管区第一个支撑间的收口段区域；

C_L——升力系数，按表 E.3 选取，按节距取较大值；

f_1——换热管的基频，Hz；

ρ_0——壳程流体的密度，kg/m^3。

E.4.2 揣流抖振时管子的振幅按公式(E.22)计算：

$$y_t=\frac{C_F\rho_o d_o V^2}{8\pi\delta^{1/2} f_1^{3/2} m} \quad \text{(E.22)}$$

式中：

y_t——壳程流体为单相，管子的最大振幅，m；

C_F——流体力系数,按表E.4选取。

E.4.3 推荐的最大振幅按公式(E.23)校核:

$$\left.\begin{aligned} y_V &\leqslant 0.02d_o \\ y_t &\leqslant 0.02d_o \end{aligned}\right\} \qquad \text{(E.23)}$$

表E.3 升力系数 C_L

P/d_o	流动角(参见图E.1)			
	30°	45°	60°	90°
1.20	0.090	0.070	0.090	0.070
1.25	0.091	0.070	0.091	0.070
1.33	0.065	0.010	0.017	0.070
1.50	0.025	0.049	0.047	0.068

表E.4 流体力系数 C_F

位置	f_1	C_F
管束入口处的管子	$f_1 \leqslant 40$	0.022
	$40 < f_1 < 88$	$-0.000\,45f_1+0.04$
	$f_1 \geqslant 88$	0
管束深处的管子	$f_1 \leqslant 40$	0.012
	$40 < f_1 < 88$	$-0.000\,25f_1+0.022$
	$f_1 \geqslant 88$	0

E.5 振动的判据

壳程流体为气体或液体时,符合下列条件之一时,管束可能发生振动和破坏:

a) 卡门旋涡频率 f_v 与换热管最低固有频率 f_1 之比大于0.5;

b) 湍流抖振主频率 f_t 与换热管最低固有频率 f_1 之比大于0.5;

c) 换热管的最大振幅 $y_{max} > 0.02d_o$;

d) 横流速度 v 大于临界横流速度 v_c。

E.6 防振措施

E.6.1 改变流速,方法如下:

a) 减小壳程流量;

b) 降低横流速度。

E.6.2 改变换热管的固有频率,方法如下:

a) 增加垫条;

b) 在收口段处的曲管增加中间支撑;

c) 在现有约束处加固约束程度。

ICS 23.020.10
J 74

NB

中华人民共和国能源行业标准

NB/T 47001—2009(JB/T 4713)

钢制液化石油气卧式储罐型式与基本参数

Steel liquefied petroleum gas horizontal tanks type and data base

2009-12-01 发布　　2010-05-01 实施

国家能源局　发布

前　言

本标准为首次制定。

本标准由全国锅炉压力容器标准化技术委员会(SAC/TC 262)提出并归口。

本标准负责起草单位:甘肃蓝科石化高新装备股份有限公司。

本标准主要起草人:刘福录、朱保国、冀峰、张春贵、王为国、张延丰、吕超宽。

钢制液化石油气卧式储罐　型式与基本参数

1　范围

本标准规定了钢制液化石油气卧式储罐(以下简称卧罐)的型式与公称压力、公称容积、公称直径、筒体长度、筒体厚度、封头厚度、安装尺寸、管口名称、管口尺寸及卧罐质量等基本参数。

本标准适用于储存液化石油气且无保温设施的卧罐。

2　规范性引用文件

下列文件对于本文件的应用是必不可少的。凡是注日期的引用文件,仅注日期的版本适用于本文件。凡是不注日期的引用文件,其最新版本(包括所有的修改单)适用于本文件。

GB 150　钢制压力容器

JB/T 4731　钢制卧式容器

JB/T 4712　容器支座

JB/T 4746　钢制压力容器用封头

HG/T 20592～HG/T 20635—2009　钢制管法兰、垫片、紧固件

HG/T 21524—2005　水平吊盖带颈对焊法兰人孔

TSG R0004—2009　固定式压力容器安全技术监察规程

3　卧罐型式与型号

3.1　卧罐的型式

公称容积 3 m^3～5 m^3卧罐的型式如图 1,公称容积 8 m^3～50 m^3卧罐的型式如图 2,公称容积 80 m^3～150 m^3卧罐的型式如图 3,卧罐的安装尺寸如图 4。

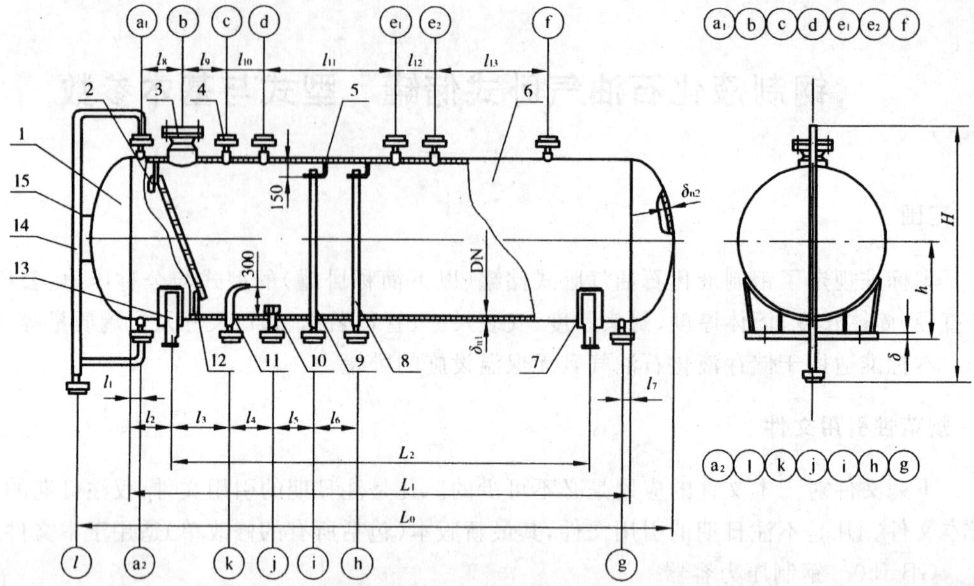

说明：

1——椭圆形封头；2——内梯；3——人孔；4——法兰接管；5——管托架；6——筒体；7——活动支座；8——气相平衡引入管；9——气相引入管；10——出液口防涡器；11——进液口引入管；12——支撑板；13——固定支座；14——液位计连通管；15——支撑。

图1　3 m³～5 m³卧罐

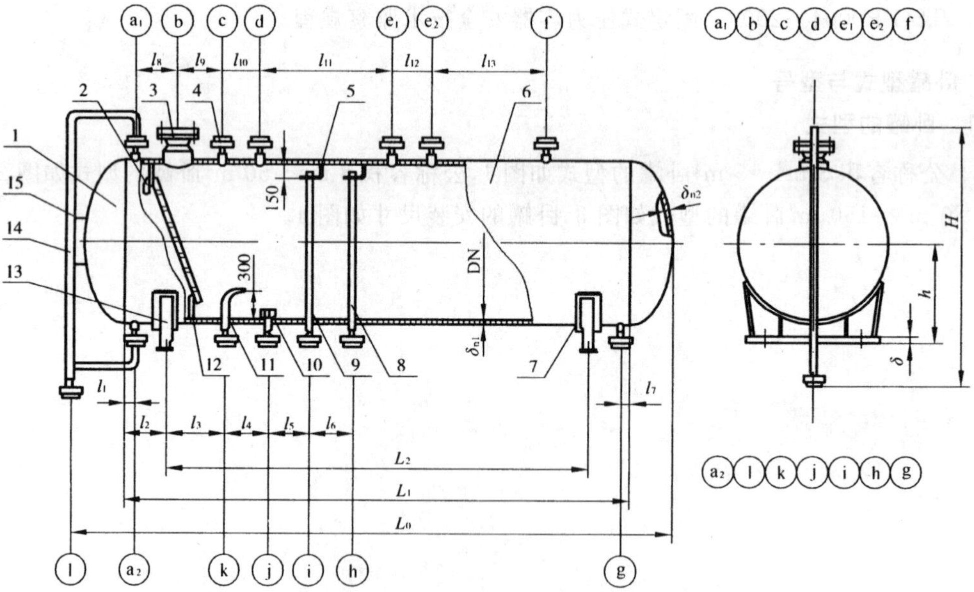

说明：

1——椭圆形封头；2——内梯；3——人孔；4——法兰接管；5——管托架；6——筒体；7——活动支座；8——气相平衡引入管；9——气相引入管；10——出液口防涡器；11——进液口引入管；12——支撑板；13——固定支座；14——液位计连通管；15——支撑。

图2　8 m³～50 m³卧罐

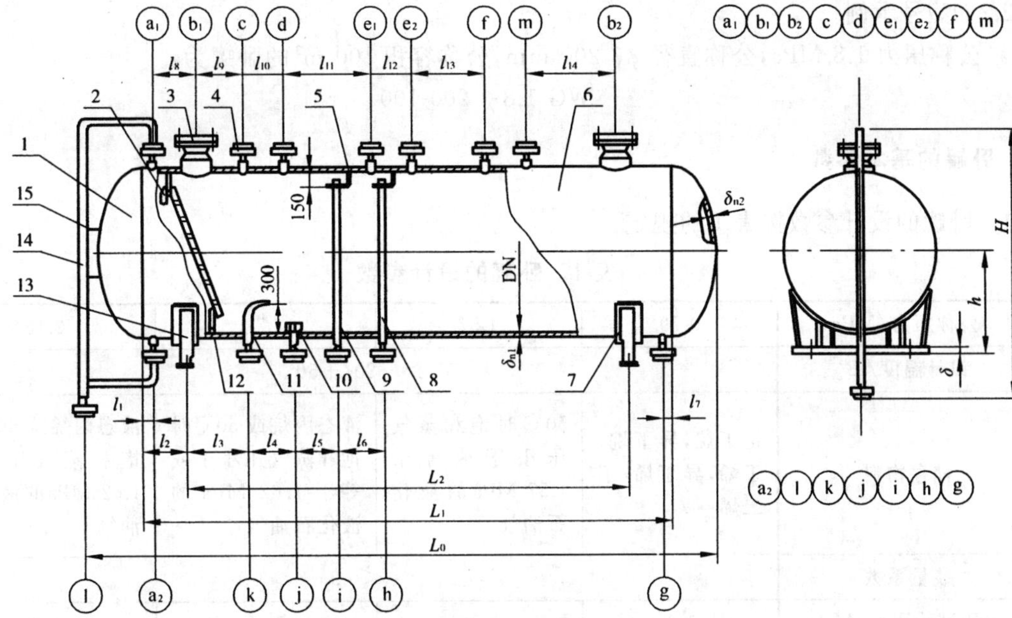

说明：

1——椭圆形封头；2——内梯；3——人孔；4——法兰接管；5——管托架；6——筒体；7——活动支座；8——气相平衡引入管；9——气相引入管；10——出液口防涡器；11——进液口引入管；12——支撑板；13——固定支座；14——液位计连通管；15——支撑。

图3　80 m^3～150 m^3卧罐

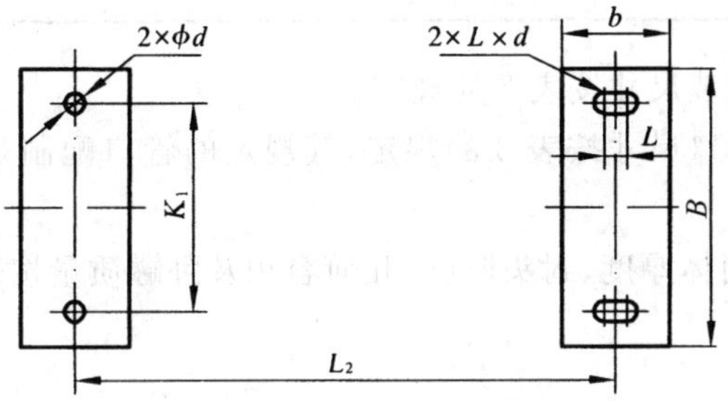

图4　安装尺寸图

3.2　卧罐的型号

3.2.1　卧罐型号表示方法：

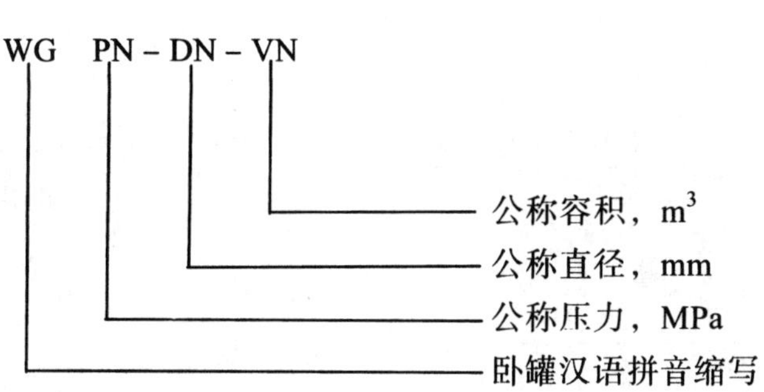

3.2.2 型号示例

公称压力 1.8 MPa,公称直径 ϕ3 200 mm,公称容积 100 m³的卧罐为:

WG 1.8-3 200-100

4 卧罐的基本参数

4.1 卧罐的设计参数按表 1 的规定。

表 1 卧罐的设计参数

公称压力/MPa	0.79	1.57	1.77	2.16
设计温度/℃	>−20/+50[a]			
储存物料	正丁烷,异丁烷,丁烯,异丁烯,丁二烯	50℃时饱和蒸气压小于或等于1.57 MPa的液化石油气	液态丙烷或50℃时饱和蒸气压小于或等于 1.62 MPa 的液化石油气	液态丙烯或 50℃时饱和蒸气压大于1.62 MPa的液化石油气
装量系数	≤0.9			
水压试验压力/MPa	1.0	1.96	2.22	2.7
气密性试验压力/MPa	0.79	1.57	1.77	2.16
安全阀开启压力/MPa	≤0.79	≤1.57	≤1.77	≤2.16
焊接接头系数	1.0			
腐蚀裕量/mm	≥1.0			
[a] 设计者确定。				

4.2 卧罐的规格系列和安装尺寸按表 2 的规定。

4.3 卧罐的管口名称和管口尺寸按表 3 的规定,其规定的管口配制是满足使用要求的最低限度要求。

4.4 Q345R 钢制卧罐的筒体厚度、封头厚度、几何容积及卧罐质量按表 4 的规定。

表 2　卧罐的规格系列和安装尺寸

规格系列			安装尺寸/mm															
公称容积 VN/m³	公称直径 DN/mm	筒体长度 L_1/mm	$\sim L_0$	L_2	$\sim H$	l_2	l_3	l_4	l_5	l_6	l_{12}	l_{13}	l_{14}	B	b	K_1	$2\times\phi d$	$2\times L\times d$
3	1 000	3 400	4 200	2 400	1 800	500	400	400	400	400	400	350	—	760	200	600	2×ϕ24	2×40×24
5	1 200	4 000	4 900	3 000	2 000									880	200	720	2×ϕ24	2×40×24
8	1 400	4 800	5 800	3 800	2 200									1 000	200	840	2×ϕ24	2×40×24
	1 600	3 500	4 600	2 500	2 400									1 120	220	960	2×ϕ24	2×40×24
10	1 600	4 400	5 500	3 400										1 120	220	960	2×ϕ24	2×40×24
	1 800	3 400	4 600	2 400	2 600									1 280	220	1 120	2×ϕ24	2×40×24
16	1 800	5 600	6 800	4 400		600					500	450		1 280	220	1 120	2×ϕ24	2×40×24
	2 000	4 400	5 700	3 200	2 800									1 420	220	1 260	2×ϕ24	2×40×24
20	2 000	5 700	7 000	4 500										1 420	220	1 260	2×ϕ24	2×40×24
	2 200	4 500	5 900	3 300	3 000									1 580	240	1 380	2×ϕ24	2×40×24
30	2 200	7 100	8 500	5 900										1 580	240	1 380	2×ϕ24	2×40×24
	2 400	5 800	7 300	4 600	3 200									1 720	240	1 520	2×ϕ28	2×60×28
40	2 400	8 000	9 500	6 500		750								1 720	240	1 520	2×ϕ28	2×60×28
	2 600	6 600	8 200	5 100	3 400									1 880	300	1 640	2×ϕ28	2×60×28
50	2 600	8 400	10 000	6 900										1 880	300	1 640	2×ϕ28	2×60×28
	2 800	7 100	8 800	5 600	3 600									2 040	300	1 800	2×ϕ28	2×60×28
80	2 800	12 000	13 700	10 500			500	500	500	500			1 000	2 040	300	1 800	2×ϕ28	2×60×28
	3 000	10 200	12 000	8 700	3 800									2 180	360	1 940	2×ϕ28	2×60×28
100	3 000	13 000	14 800	11 500										2 180	360	1 940	2×ϕ28	2×60×28
	3 200	11 300	13 200	9 800	4 000									2 340	360	2 100	2×ϕ28	2×60×28
150	3 200	17 500	19 400	16 000										2 340	360	2 100	2×ϕ28	2×60×28

注：$l_1=l_7=200$，$l_8=l_9=800$，$l_{10}=300$，$l_{11}=400\sim2\,000$，$h=\mathrm{DN}/2+(200\sim250)+\delta_{n1}$，$\delta_{n1}$由设计者确定。

表 3　卧罐的管口名称和管口尺寸

<table>
<tr><th rowspan="3">管口符号</th><th rowspan="3">管口名称</th><th colspan="4">卧罐公称压力 PN/MPa</th><th colspan="6">卧罐公称容积 VN/m³</th><th rowspan="3">法兰密封面型式</th><th rowspan="3">管口伸出高度/mm</th></tr>
<tr><th>0.79</th><th>1.57</th><th>1.77</th><th>2.16</th><th>3～5</th><th>8～50</th><th>80～150</th><th>3～5</th><th>8～50</th><th>80～150</th></tr>
<tr><th colspan="4">管口公称压力 PN/MPa</th><th colspan="3">管口公称直径 DN/mm</th><th colspan="3">管口数量</th></tr>
<tr><td>$a_{1\sim2}$</td><td>液位计口</td><td rowspan="14">1.6</td><td rowspan="14">2.5</td><td rowspan="14">2.5</td><td rowspan="14">4.0</td><td colspan="3">20</td><td colspan="3">2</td><td rowspan="14">凹面</td><td>100</td></tr>
<tr><td>b</td><td rowspan="2">人孔</td><td colspan="3" rowspan="2">500</td><td colspan="2">1</td><td>—</td><td rowspan="2">300</td></tr>
<tr><td>$b_{1\sim2}$</td><td colspan="2">—</td><td>2</td></tr>
<tr><td>c</td><td>温度计口</td><td colspan="3">G3/4″</td><td colspan="3" rowspan="2">1</td><td rowspan="2">100</td></tr>
<tr><td>d</td><td>压力计口</td><td colspan="3">M20×1.5</td></tr>
<tr><td>$e_{1\sim2}$</td><td>安全阀口</td><td>80</td><td>100</td><td>150</td><td colspan="3">2</td><td rowspan="7">150</td></tr>
<tr><td>f</td><td>排空口</td><td colspan="3" rowspan="2">50</td><td colspan="3" rowspan="2">1</td></tr>
<tr><td>g</td><td>排污口</td></tr>
<tr><td>h</td><td>气相平衡口</td><td colspan="2" rowspan="4">50</td><td rowspan="4">80</td><td colspan="3" rowspan="4">1</td></tr>
<tr><td>i</td><td>气相口</td></tr>
<tr><td>j</td><td>出液口</td></tr>
<tr><td>k</td><td>进液口</td></tr>
<tr><td>l</td><td>连通管排污口</td><td colspan="3">20</td><td colspan="3">1</td><td>100</td></tr>
<tr><td>m</td><td>二次液位计口</td><td colspan="2">—</td><td>100</td><td colspan="2">—</td><td>1</td><td>150</td></tr>
</table>

表 4　Q345R 卧罐的筒体厚度、封头厚度、几何容积及卧罐质量

公称容积 VN/m³	几何容积 Vj/m³	公称直径 DN/mm	设计压力 MPa	壁厚/mm[a]		卧罐质量 kg	充水质量 kg
				筒体 δ_{n1}	封头 δ_{n2}		
3	2.97	1 000	0.79	6	6	1 300	4 270
			1.57	8	8	1 500	4 470
			1.77	8	8		
			2.16	8	10	1 700	4 670
5	5.03	1 200	0.79	6	6	1 550	6 580
			1.57	8	10	1 950	6 980
			1.77	8	10	1 950	6 980
			2.16	10	12	2 350	7 380
8	8.18	1 400	0.79	6	6	1 950	10 130
			1.57	8	10	2 450	10 630
			1.77	10	10	2 800	10 980
			2.16	10	12	3 000	11 180
	8.21	1 600	0.79	6	8	2 020	10 230
			1.57	10	12	2 800	11 010
			1.77	10	12	2 800	11 010
			2.16	12	14	3 300	11 510
10	10.02		0.79	6	8	2 300	12 320
			1.57	10	12	3 200	13 220
			1.77	10	12	3 200	13 220
			2.16	12	14	3 700	13 720
	10.31	1 800	0.79	8	8	2 600	12 910
			1.57	10	12	3 200	13 510
			1.77	10	12	3 200	13 510
			2.16	12	14	3 700	14 010
16	15.90		0.79	8	8	3 400	19 300
			1.57	10	12	4 150	20 500
			1.77	10	12	4 150	20 500
			2.16	12	14	4 900	20 800
	16.07	2 000	0.79	8	8	3 300	19 370
			1.57	10	12	4 000	20 070
			1.77	12	14	4 600	20 670
			2.16	14	16	5 300	21 370

表 4 Q345R 卧罐的筒体厚度、封头厚度、几何容积及卧罐质量(续)

公称容积 VN/m³	几何容积 Vj/m³	公称直径 DN/mm	设计压力 MPa	壁厚/mm[a]		卧罐质量 kg	充水质量 kg
				筒体 δ_{n1}	封头 δ_{n2}		
20	20.16	2 000	0.79	8	8	3 800	23 960
			1.57	10	12	4 650	24 810
			1.77	12	14	5 400	25 560
			2.16	14	16	6 200	26 360
	20.20	2 200	0.79	8	8	3 650	23 850
			1.57	12	14	5 200	25 400
			1.77	14	14	5 700	25 900
			2.16	16	18	6 650	26 850
30	30.08	2 200	0.79	8	8	4 800	34 880
			1.57	12	14	6 900	36 980
			1.77	14	14	7 650	37 730
			2.16	16	18	8 900	38 980
	30.22	2 400	0.79	10	10	5 550	35 770
			1.57	12	14	6 650	36 870
			1.77	14	16	7 550	37 770
			2.16	18	20	9 450	39 670
40	40.17	2 400	0.79	10	10	6 850	47 020
			1.57	12	14	8 200	48 370
			1.77	14	16	9 400	49 570
			2.16	18	20	11 850	52 020
	40.07	2 600	0.79	10	10	6 700	46 770
			1.57	14	16	9 050	49 120
			1.77	14	16	9 050	49 120
			2.16	18	20	11 400	51 470
50	49.62	2 600	0.79	10	10	7 900	57 520
			1.57	14	16	10 700	60 320
			1.77	1	16	10 700	60 320
			2.16	18	20	13 500	63 120
	49.96	2 800	0.79	10	12	7 850	57 810
			1.57	14	16	10 350	60 310
			1.77	16	18	11 650	61 610
			2.16	20	22	14 300	64 260

表4 Q345R卧罐的筒体厚度、封头厚度、几何容积及卧罐质量(续)

公称容积 VN/m³	几何容积 Vj/m³	公称直径 DN/mm	设计压力 MPa	壁厚/mm[a]		卧罐质量 kg	充水质量 kg
				筒体 δ_{n1}	封头 δ_{n2}		
80	80.13	2 800	0.79	10	12	11 600	91 730
			1.57	14	16	15 500	95 630
			1.77	16	18	17 500	97 630
			2.16	20	22	21 650	101 780
	79.73	3 000	0.79	10	12	11 350	91 080
			1.57	16	20	17 200	96 930
			1.77	18	22	19 000	98 730
			2.16	20	24	21 100	100 830
100	99.53	3 000	0.79	10	12	13 400	112 930
			1.57	16	20	20 500	120 030
			1.77	18	22	22 800	122 330
			2.16	20	24	25 300	124 830
	100.10	3 200	0.79	12	14	15 200	115 300
			1.57	16	20	19 850	119 950
			1.77	18	22	22 000	122 100
			2.16	22	26	26 600	126 700
150	149.96	3 200	0.79	12	14	21 050	171 020
			1.57	16	20	27 700	177 670
			1.77	18	22	30 900	180 870
			2.16	22	26	37 400	187 370

[a] 腐蚀裕量取为1 mm。

国家质量技术基础应用系列丛书

特种设备
法规标准手册

承压类标准卷
压力容器（3）

国家市场监督管理总局特种设备安全监察局　编

中国标准出版社

北　京

图书在版编目（CIP）数据

特种设备法规标准手册. 承压类标准卷. 压力容器. 3/国家市场监督管理总局特种设备安全监察局编. —北京：中国标准出版社，2024. 3

ISBN 978-7-5066-6416-5

Ⅰ. ①特…　Ⅱ. ①国…　Ⅲ. ①设备管理—法规—中国　Ⅳ. ①D922. 292

中国国家版本馆 CIP 数据核字（2023）第 084829 号

中国标准出版社出版发行
北京市朝阳区和平里西街甲 2 号（100029）
北京市西城区三里河北街 16 号（100045）

网址 www. spc. net. cn
总编室：(010) 68533533　发行中心：(010) 51780238
读者服务部：(010) 68523946
北京联兴盛业印刷股份有限公司印刷
各地新华书店经销

*

开本 787×1092　1/16　印张 72. 5　字数 1 794　千字
2024 年 3 月第一版　　2024 年 3 月第一次印刷

*

定价(全三册)：920.00 元

《特种设备法规标准手册》

编委会

前　言

特种设备是经济社会发展的重要基础设施，关系国计民生，关系人民群众生命财产安全。守住特种设备安全底线，提高特种设备安全监管和节能环保水平，促进行业高质量发展，是切实增强人民群众安全感和幸福感的重要体现。

近年来，随着我国经济水平快速提高，人民群众对安全的需求越来越高，而在用特种设备数量快速增长，尤其是高参数、高危险性及高龄老旧设备日益增多，使特种设备安全风险和监管压力持续增大。要切实提高特种设备安全监管效能，不断释放特种设备促进节能环保潜能，充分发挥特种设备安全与节能对促进高质量发展的作用，其根本是要保证特种设备领域各项法规标准得到有效贯彻实施。为此，国家市场监督管理总局特种设备安全监察局组织编写了《特种设备法规标准手册》（以下简称《手册》），旨在对特种设备安全与节能法治体系进行全面、系统梳理，从而推动形成以科学监管、多元共治为特征的特种设备治理体系，推进特种设备治理标准化、现代化、国际化，为特种设备行业高质量发展提供重要保障。

《手册》收录了特种设备行业现行有效的法规标准，根据特种设备行业特点分为4卷13分册。其中，法律法规卷收录特种设备相关法律、行政法规、部门规章、地方性法规、规范性文件等；安全技术规范卷收录特种设备安全技术规范共43项；承压类标准卷收录现行有效的承压类特种设备标准，分为综合、锅炉与节能、压力容器、压力管道、气瓶、安全附件共6个分册；机电类标准卷收录现行有效的机电类特种设备标准，分为起重机械、电梯、游乐设施、客运索道、场（厂）内专用机动车辆共5个分册。限于成书篇幅、资料收集难度等原因，承压类标准和机电类标准两卷仅收录特种设备常用标准，其中国家标准及能源行业标准以全文形式收录，其余未收录的相关国家标准及行业标准以附件形式仅列出标准目录。

国家市场监督管理总局特种设备安全监察局高度重视《手册》的出版工作，对《手册》框架结构、分卷（册）等顶层设计给予了极大指导。同时，在《手册》编写过程中，中国特种设备检测研究院技术法规研究所、全国锅炉压力容器标准化技

术委员会（SAC/TC 262）、全国气瓶标准化技术委员会（SAC/TC 31）、全国电梯标准化技术委员会（SAC/TC 196）、全国起重机械标准化技术委员会（SAC/TC 227）、全国升降工作平台标准化技术委员会（SAC/TC 335）、全国索道与游乐设施标准化技术委员会（SAC/TC 250）、全国工业车辆标准化技术委员会（SAC/TC 332）等给予了大力支持，相关编写人员收集、查阅了大量资料，在此对他们的辛勤付出一并表示感谢！

期望通过《手册》的出版，为特种设备各类从业人员学习研究、依法监管提供详尽指导，从而进一步提升特种设备安全监管人员、作业人员、检验检测人员的素质能力，为特种设备行业高质量发展保驾护航。同时，希望在全社会的共同努力下，特种设备安全与节能状况能够不断改善，人民群众生命财产安全得到更多保障！

《特种设备法规标准手册》编委会

2023年6月

目 录

NB/T 47002.1—2019 压力容器用复合板 第1部分:不锈钢-钢复合板 …… 1
NB/T 47002.2—2019 压力容器用复合板 第2部分:镍-钢复合板 …… 11
NB/T 47002.3—2019 压力容器用复合板 第3部分:钛-钢复合板 …… 21
NB/T 47002.4—2019 压力容器用复合板 第4部分:铜-钢复合板 …… 29
NB/T 47004.1—2017 板式热交换器 第1部分:可拆卸板式热交换器 …… 39
NB/T 47004.2—2021 板式热交换器 第2部分:焊接板式热交换器 …… 73
NB/T 47005—2021 板式蒸发装置 …… 109
NB/T 47006—2019 铝制板翅式热交换器 …… 128
NB/T 47007—2018 空冷式热交换器 …… 212
NB/T 47012—2020 制冷装置用压力容器 …… 280
NB/T 47015—2011 压力容器焊接规程 …… 322
NB/T 47017—2011 压力容器视镜 …… 369
NB/T 47020—2012 压力容器法兰分类与技术条件 …… 381
NB/T 47021—2012 甲型平焊法兰 …… 398
NB/T 47022—2012 乙型平焊法兰 …… 408
NB/T 47023—2012 长颈对焊法兰 …… 421
NB/T 47024—2012 非金属软垫片 …… 441
NB/T 47025—2012 缠绕垫片 …… 447
NB/T 47026—2012 金属包垫片 …… 454
NB/T 47027—2012 压力容器法兰用紧固件 …… 460
NB/T 47028—2012 压力容器用镍及镍合金锻件 …… 466
NB/T 47029—2012 压力容器用铝及铝合金锻件 …… 476
NB/T 47036—2013 制冷装置用小型压力容器 …… 482
NB/T 47041—2014 塔式容器 …… 513
NB/T 47042—2014 卧式容器 …… 572
NB/T 47045—2015 钎焊板式热交换器 …… 618
NB/T 47048—2015 螺旋板式热换热器 …… 633
NB/T 47052—2016 简单压力容器 …… 692
NB/T 47057—2017 液化气体罐式集装箱 …… 719

NB/T 47058—2017 冷冻液化气体汽车罐车 …… 768
NB/T 47059—2017 冷冻液化气体罐式集装箱 …… 827
NB/T 47060—2017 回转式空气预热器 …… 883
NB/T 47064—2017 液体危险货物罐式集装箱 …… 899
NB/T 47065.1—2018 容器支座 第1部分:鞍式支座 …… 949
NB/T 47065.2—2018 容器支座 第2部分:腿式支座 …… 983
NB/T 47065.3—2018 容器支座 第3部分:耳式支座 …… 1008
NB/T 47065.4—2018 容器支座 第4部分:支承式支座 …… 1116
NB/T 47065.5—2018 容器支座 第5部分:刚性环支座 …… 1132

附件 未收录的压力容器相关标准 …… 1150

ICS 77.140.30
H 46

NB

中华人民共和国能源行业标准

NB/T 47002.1—2019
代替 NB/T 47002.1—2009

压力容器用复合板
第1部分:不锈钢-钢复合板

Clad plate for pressure vessel—
Part 1:Stainless steel-steel clad plate

2019-11-04 发布 2020-05-01 实施

国家能源局 发布

前　言

NB/T 47002—2019《压力容器用复合板》分为 4 个部分：

——第 1 部分：不锈钢-钢复合板；

——第 2 部分：镍-钢复合板；

——第 3 部分：钛-钢复合板；

——第 4 部分：铜-钢复合板。

本部分为 NB/T 47002—2019 的第 1 部分，与 NB/T 47002.1—2009 相比，主要变化如下：

——增加了轧制复合板的制造方法，并对轧制复合板的总厚度、基材厚度与覆材厚度之比、厚度允许偏差、级别和代号作出了规定；

——增加了对复合板消除应力热处理工艺和设备的相关要求；

——增加了对覆材为奥氏体-铁素体双相不锈钢的复合板交货状态下覆材相比例检验的相关要求；

——增加了侧弯曲试验；

——增加了 NB/T 47013.7《承压设备无损检测　第 7 部分：目视检测》检测方法；

——扩大了内弯曲试验的范围，由 1 级扩大到 1 级和 2 级；

——增加了可参照 GB/T 4334 进行复合板覆材晶间腐蚀的试验方法。

本部分由全国锅炉压力容器标准化技术委员会(SAC/TC 262)提出并归口。

本部分起草单位：中国特种设备检测研究院、合肥市市场监督管理局、四川惊雷科技股份有限公司、中国石化工程建设有限公司、宝山钢铁股份有限公司、舞钢神州重工金属复合材料有限公司、南京德邦金属装备工程股份有限公司、山东济钢鲍德金属复合板科技有限公司、南京钢铁股份有限公司、威海化工机械有限公司、首钢集团有限公司。

本部分主要起草人：杨国义、张勇、陈志伟、陈培新、段瑞、黄锦花、侯国亭、周景蓉、徐彤、郑晖、田保生、曾周熵、于洪亮、王小勇。

本部分所代替标准的历次版本发布情况为：

NB/T 47002.1—2009；

JB 4733—1996。

压力容器用复合板
第1部分:不锈钢-钢复合板

1 范围

1.1 本部分规定了以不锈钢为覆材,碳素钢、低合金钢或不锈钢为基材,用爆炸焊接法或轧制复合法制造的复合板术语和定义,订货内容,型式、尺寸及重量,级别、标记,技术要求,试验方法,检验规则,包装、标志及质量证明书等。

1.2 本部分适用于总厚度不小于8 mm的压力容器用不锈钢-钢复合板(以下简称复合板)。

2 规范性引用文件

下列文件对于本文件的应用是必不可少的。凡是注日期的引用文件,仅注日期的版本适用于本文件。凡是不注日期的引用文件,其最新版本(包括所有的修改单)适用于本文件。

GB/T 150 压力容器

GB/T 228.1 金属材料 拉伸试验 第1部分:室温试验方法

GB/T 229 金属材料 夏比摆锤冲击试验方法

GB/T 247 钢板和钢带包装、标志及质量证明书的一般规定

GB/T 709 热轧钢板和钢带的尺寸、外形、重量及允许偏差

GB/T 713 锅炉和压力容器用钢板

GB/T 3531 低温压力容器用钢板

GB/T 4334 金属和合金的腐蚀 不锈钢晶间腐蚀试验方法

GB/T 6396 复合钢板力学及工艺性能试验方法

GB/T 13305 不锈钢中α-相面积含量金相测定法

GB/T 24511 承压设备用不锈钢和耐热钢钢板和钢带

GB/T 30583 承压设备焊后热处理规程

NB/T 47008 承压设备用碳素钢和合金钢锻件

NB/T 47009 低温承压设备用合金钢锻件

NB/T 47010 承压设备用不锈钢和耐热钢锻件

NB/T 47013.3 承压设备无损检测 第3部分:超声检测

NB/T 47013.5—2015 承压设备无损检测 第5部分:渗透检测

NB/T 47013.7 承压设备无损检测 第7部分:目视检测

NB/T 47014 承压设备焊接工艺评定

JB 4732 钢制压力容器——分析设计标准

3 术语和定义

下列术语和定义适用于本文件。

3.1

复合界面　compound contact interface

复合板基材和覆材的结合面。

3.2

未结合率　percentage of unbounded area

复合界面未结合部分面积总和与复合板总面积的比值,以百分数表示。

3.3

基材　base metal

复合金属中的基体材料。

3.4

覆材　cladding metal

复合金属中的包覆材料。

3.5

屈服强度 R_e　yield strength

GB/T 228.1 中的上屈服强度 R_{eH}、下屈服强度 R_{eL}、规定塑性延伸强度 $R_{p0.2}$、规定总延伸强度 $R_{t0.5}$ 和规定残余延伸强度 $R_{r0.2}$ 的总称。在确定复合板屈服强度标准值时,基材和覆材分别按相应材料标准选取上述5项性能名称中的1项标准值作为计算的依据。

3.6

爆炸焊接　explosive welding

在爆炸过程中实现覆材和基材间焊接复合。

3.7

轧制复合　rolled compounding

在轧制过程中实现覆材和基材间的冶金结合。

4　订货内容

订货合同或订单应包括下列内容:

a)　标准编号;

b)　产品名称;

c)　覆材和基材钢号;

d)　制造方法与级别;

e)　交货状态;

f)　尺寸;

g)　重量;

h)　附加技术要求,如晶间腐蚀试验等。

5　型式、尺寸及重量

5.1　型式

5.1.1　覆材可在基材一面或两面包覆,形成单面或双面复合板。

5.1.2　复合板的形状由供需双方商定,可包括矩形、方形和圆形。

5.2 尺寸

5.2.1 覆材厚度宜为 2 mm～16 mm。

5.2.2 基材最小厚度应为 6 mm，且基材厚度与覆材厚度之比：轧制复合法不宜小于 2，爆炸焊接法不宜小于 3。

5.2.3 轧制复合法生产的复合板最大厚度一般不超过 100 mm，爆炸焊接法生产的复合板最大面积一般不宜超过 25 m^2。根据供需双方协议，可供应超出上述尺寸的复合板。

5.3 重量

复合板可按理论重量交货，覆材和基材的重量计算应符合钢材标准的规定。不锈钢各牌号的密度参见附录 A。

6 级别、标记

6.1 级别与代号

复合板的级别与代号应符合表 1 的规定。双面复合板应分别注明两面的级别。

表 1 级别与代号

级别	代号		未结合率/%
	爆炸焊接法	轧制复合法	
1 级	B1	R1	0
2 级	B2	R2	≤2
3 级	B3	R3	≤5

6.2 标记

产品标记应按覆材钢号、基材钢号、尺寸、制造方法及级别代号、标准号等顺序组成。不锈钢统一数字代号和旧牌号的近似对照可参照附录 A。

示例 1：覆材为 3 mm 厚的 S32168 板、基材为 16 mm 厚的 Q345R 板、宽度为 2 500 mm、长度为8 000 mm 的轧制复合法 2 级复合板标记为：

(S32168＋Q345R)-(3＋16)×2500×8000-R2-NB/T 47002.1—2019

示例 2：覆材为 8 mm 厚的 S30408 板、基材为 150 mm 厚的 16MnⅢ级锻件、直径为 4 000 mm 的爆炸焊接法 1 级复合板标记为：

(S30408＋16MnⅢ)-(8＋150)×D4000-B1-NB/T 47002.1—2019

示例 3：一面覆材为 3 mm 厚的 S31603 板、基材为 20 mm 厚的 Q345R 板，另一面覆材为 2 mm 厚的 S30408 板、宽度为 2 000 mm、长度为 6 000 mm 的爆炸焊接法 2 级复合板标记为：

(S31603＋Q345R＋S30408)-(3＋20＋2)×2000×6000-B2-NB/T 47002.1—2019

7 技术要求

7.1 覆材和基材

7.1.1 覆材和基材标准及钢号应符合表 2 的规定。基材的技术要求(如交货状态、力学性能检验、无损检测等)还应符合 GB/T 150 或 JB 4732 的规定。以锻件为基材时，应采用Ⅲ级或Ⅳ级锻件。

7.1.2 基材标准抗拉强度下限值大于 540 MPa 的复合板，应经技术评审后方可使用。

7.1.3 经供需双方协议，也可采用表 2 以外标准的覆材和基材，但其技术要求不得低于 7.1.1 的规定。当采用表 2 以外标准的基材时，所选用的钢号应与表 2 中的钢号具有相近的化学成分，钢材的技术要求(如钢中P、S含量,钢材的冲击试验温度和冲击吸收能量指标等)不得低于表2中相近钢号的有关规定。

表2 覆材和基材

<table>
<tr><th colspan="2">覆　材</th><th colspan="2">基　材</th></tr>
<tr><th>标准号</th><th>钢号示例</th><th>标准号</th><th>钢号示例</th></tr>
<tr><td rowspan="6">GB/T 24511</td><td rowspan="6">S11306,S11348,S30408,S30403,S32168,S31603,S31703,S39042,S22053,S25073</td><td>GB/T 713</td><td>Q245R, Q345R, 15CrMoR</td></tr>
<tr><td>NB/T 47008</td><td>16Mn, 20MnMo, 15CrMo</td></tr>
<tr><td>GB/T 3531</td><td>16MnDR, 09MnNiDR</td></tr>
<tr><td>NB/T 47009</td><td>16MnD, 09MnNiD</td></tr>
<tr><td>GB/T 24511</td><td>S30408, S31603</td></tr>
<tr><td>NB/T 47010</td><td>S30408, S31603</td></tr>
<tr><td colspan="4">注:覆材和基材也可采用表列各标准中的其他钢号。</td></tr>
</table>

7.1.4 覆材需进行拼焊时,有关技术要求由供需双方协议确定,并在合同中注明。

7.1.5 覆材和基材应附有材料生产厂的质量证明书(原件),材料质量证明书的内容应齐全、清晰,并盖有材料生产单位质量检验章。无质量证明书原件时,复合板生产厂应取得加盖材料经营单位检验公章和经办负责人签字(章)的复印件,且应对所用材料及材料质量证明书的真实性和一致性负责。

7.1.6 复合板消除应力热处理工艺和设备宜参考GB/T 30583的相关要求。

注:一般认为,复合板采用低于基材回火温度进行的消除应力热处理,不会改变基材的热处理供货状态。

7.2 交货状态

7.2.1 复合板应校平、剪切(或切割)后交货,复合板的热轧或热处理状态应符合GB/T 150或JB 4732中对相应基材的规定。

7.2.2 根据需方要求,经双方协商并在合同中规定,可以采用其他热处理状态供货。

7.2.3 根据需方要求,并在合同中注明,覆材表面可经喷砂、抛光或酸洗等处理。

7.3 结合状态

7.3.1 复合板应进行超声检测,采用100%扫查方式。其结合状态应符合表3的规定。

7.3.2 超出表3规定的未结合区允许进行焊补。焊补前应清除未结合区覆材并打磨至基材表面,进行渗透检测确认已清除未结合区,然后由持有效证件的焊工按NB/T 47014的规定,经评定合格的焊接工艺进行焊补。焊补后应进行超声和渗透检测,超声检测结果应符合表3的规定,渗透检测结果应符合NB/T 47013.5—2015规定的Ⅰ级。焊补记录(包括焊补区在复合板上的位置、各个焊补区的面积、焊接材料及焊接工艺参数)附在产品质量证明书中。

表3 结合状态

级　别	单个未结合指示长度/mm	单个未结合区面积/cm^2	未结合率/%
1级	0	0	0
2级	≤50	≤20	≤2
3级	≤75	≤45	≤5

7.4 力学性能

7.4.1 复合板复合界面的结合剪切强度应不小于 210 MPa。对于双面复合板，分别保留不同侧覆材进行剪切试验。

7.4.2 复合板拉伸试验结果应符合表 4 的规定。对于双面复合板，一般只保留一种覆材进行拉伸试验，需保留的覆材由需方在合同中注明。当基材厚度大于 40 mm 或需方指定时，只进行基材的拉伸试验，其试验结果应符合基材标准的规定。

表 4 拉伸试验结果

屈服强度 R_e/MPa	抗拉强度 R_m/MPa	断后伸长率 A/%
$R_e \geqslant \frac{R_{e1}t_1+R_{e2}t_2}{t_1+t_2}$	$R_m \geqslant \frac{R_{m1}t_1+R_{m2}t_2}{t_1+t_2}$	不小于基材标准值

注 1：R_{e1}——覆材材料标准屈服强度下限值，MPa；
R_{e2}——基材材料标准屈服强度下限值，MPa；
R_{m1}——覆材材料标准抗拉强度下限值，MPa；
R_{m2}——基材材料标准抗拉强度下限值，MPa；
t_1——覆材厚度，mm；
t_2——基材厚度，mm。

注 2：当覆材伸长率标准值小于基材伸长率标准值时，允许复合板伸长率小于基材标准值，但应不小于覆材标准值。此时还应补充 1 个基材试样的拉伸试验，其断后伸长率应不小于基材标准值。

7.4.3 复合板只进行基材的冲击试验，冲击试验温度和冲击吸收能量应符合基材标准的规定。如基材标准中无冲击试验的要求，复合板可不进行冲击试验。

7.5 弯曲性能

单面复合板内弯曲(覆材表面受压)和外弯曲(覆材表面受拉)试验，侧弯曲(复合板横截面受拉、受压)试验，双面复合板外弯曲(两种覆材表面分别受拉)试验，其结果应符合表 5 的规定。基材为锻件或不锈钢的复合板可不进行弯曲试验。

表 5 弯曲性能

弯曲角度	弯心直径	试验结果
180°	内弯曲按基材标准的规定，外弯曲 $d=4a$ (d 为弯心直径，a 为试样厚度)，侧弯曲 $d=40$ mm	在弯曲部分的外侧不得有裂纹，复合界面不得有分层

7.6 覆材为奥氏体-铁素体双相不锈钢的复合板，应对交货状态的覆材进行铁素体含量检测，铁素体含量应为 40%～60%。

7.7 晶间腐蚀试验

根据需方要求，经供需双方协议，供方可进行复合板覆材的晶间腐蚀试验，试验要求和合格标准由供需双方协议。

7.8 尺寸偏差及不平度

7.8.1 复合板厚度允许偏差应符合表 6 的规定。基材为锻件的复合板，基材厚度允许偏差由供需双方协议。

表6　厚度允许偏差

覆材厚度允许偏差	基材厚度允许偏差	总厚度允许偏差
覆材公称厚度的±10%,且在±1.0 mm 范围内[a]	基材标准正负偏差的数值各减 0.5 mm	覆材允许偏差 +基材允许偏差
[a] 对于轧制复合板,覆材厚度小于 5 mm 时,其正偏差不大于 1.0 mm。		

7.8.2　复合板长度及宽度的允许偏差按基材标准的相应规定,圆形复合板直径的允许偏差按供需双方协议。

7.8.3　复合板的不平度按 GB/T 709 的规定。基材屈服强度标准值大于 460 MPa 时,不平度为 GB/T 709规定值的 1.5 倍。用于换热器管板的复合板,其不平度由供需双方协议。

7.9　表面质量

复合板覆材表面不得有结疤、裂纹、夹杂、褶叠等缺陷。如有上述缺陷,则允许清除,但清除后应保证覆材最小厚度,否则应予以焊补,焊补应符合 7.3.2 的相应规定。基材表面质量应符合基材标准的规定。

8　试验方法

8.1　复合板的结合状态采用超声检测方法,检测方法按 NB/T 47013.3 的规定。

8.2　渗透检测按 NB/T 47013.5 的规定。

8.3　复合板的剪切试验、拉伸试验、弯曲试验按 GB/T 6396 的规定。

8.4　复合板基材的拉伸试验按 GB/T 228.1 的规定。

8.5　复合板基材的冲击试验按 GB/T 229 的规定。

8.6　双相钢复合板覆材的铁素体含量检测按 GB/T 13305 的规定。

8.7　复合板覆材的晶间腐蚀试验按供需双方协议的规定,可参考 GB/T 4334 的相关要求。

8.8　尺寸检验方法

8.8.1　复合板的总厚度在距钢板边缘不小于 40 mm 处用千分尺或卡尺测量。

8.8.2　复合板的覆材厚度按 GB/T 6396 的规定测量。

8.8.3　复合板的长度、宽度或直径用钢卷尺测量。

8.8.4　复合板的不平度按 GB/T 709 的规定测量。

8.9　复合板的表面质量一般目测检查,可参考 NB/T 47013.7 的相关要求。

9　检验规则

9.1　复合板由供方质量检验部门检验。

9.2　复合板应按批交货,每批应由同一材料组合(覆材和基材分别为同一钢号、同一厚度、同一交货状态)、同一爆炸焊接或轧制及热处理工艺生产的复合板组成。

9.3　复合板的检验项目按表 7 的规定。超声检测、尺寸(覆材厚度除外)和表面质量应逐张进行检验,其余项目均为按批检验。表中按需方要求检验的项目按合同的规定进行。经供需双方协议,可以进行其他项目的检验。

表7 检验项目

检验项目	级别		
	1级	2级	3级
超声检测	○	○	○
剪切试验	○	○	○
拉伸试验	○	○	○
冲击试验	○	○	○
内弯曲试验	○	○	△
外弯曲试验	△	△	△
侧弯曲试验	△	△	△
铁素体含量检测(双相不锈钢覆材)	○	○	○
晶间腐蚀试验	△	△	△
尺寸	○	○	○
表面质量	○	○	○
注:○——应检验的项目; △——按需方要求检验的项目。			

9.4 从每批产品中抽1张制取试样,也可以从与产品相同组批条件所制备的试验件上制取试样。取样方法按相应基材标准的规定。试样数量如下:剪切试样1个、拉伸试样1个、冲击试样3个、内弯曲试样1个、外弯曲试样1个、侧弯曲试样1个、铁素体含量试样1个、晶间腐蚀试样2个、覆材厚度试样1个。对于双面复合板,剪切、外弯曲、侧弯曲和覆材厚度为不同侧覆材各取1个试样。

9.5 按批检验的项目如不合格,则从同一批中再取双倍数量的试样对不合格项目进行复验,冲击试验的复验按基材标准的规定。复验结果(包括该项试验所要求的任一指标)如有1项指标不合格,则该批产品不得交货。此时,供方可逐张检验,按张交货;也可整批钢板进行热处理后,作为新的一批再提交检验。

10 包装、标志及质量证明书

10.1 每张复合板应在钢板端部的覆材表面标出产品标记、批号、制造厂名(或厂标)、生产日期等。

10.2 交货时应提供复合板产品质量证明书(原件),并同时提供外购的覆材和(或)基材质量证明书的复印件。

10.3 覆材表面应做有效的保护,以防止擦伤。

10.4 其余要求按GB/T 247的规定。

附 录 A
(资料性附录)
不锈钢密度

不锈钢的密度见表 A.1。

表 A.1 不锈钢密度

钢号		密度/(kg/dm^3)(20 ℃)
统一数字代号	牌号	
S11306	06Cr13	7.750
S11348	06Cr13Al	7.750
S11972	019Cr19Mo2NbTi	7.750
S30408	06Gr19Ni10	7.930
S30403	022Cr19Ni10	7.900
S32168	06Cr18Ni11Ti	8.000
S31603	022Cr17Ni12Mo2	8.000
S31608	06Cr17Ni12Mo2	8.000
S31668	06Cr17Ni12Mo2Ti	7.900
S31703	022Cr19Ni13Mo3	7.980
S39042	015Cr21Ni26Mo5Cu2	8.000
S22053	022Cr23Ni5Mo3N	7.800
S25073	022Cr25Ni7Mo4N	7.800

ICS 77.140.30,77.150.40
H 46

NB

中华人民共和国能源行业标准

NB/T 47002.2—2019
代替 NB/T 47002.2—2009

压力容器用复合板
第2部分:镍-钢复合板

Clad plate for pressure vessel—
Part 2:Nickel-steel clad plate

2019-11-04 发布　　2020-05-01 实施

国家能源局　发布

前　言

NB/T 47002—2019《压力容器用复合板》分为4个部分：

——第1部分：不锈钢-钢复合板；

——第2部分：镍-钢复合板；

——第3部分：钛-钢复合板；

——第4部分：铜-钢复合板。

本部分为NB/T 47002—2019的第2部分，与NB/T 47002.2—2009相比，主要变化如下：

——增加了轧制复合板的制造方法，并对轧制复合板的总厚度，基材厚度与覆材厚度之比、厚度允许偏差、级别和代号作出了规定；

——增加了对复合板消除应力热处理工艺和设备的相关要求；

——覆材应主要采用NB/T 47046《承压设备用镍及镍合金板》中各牌号镍及镍合金板；

——增加了侧弯曲试验；

——增加了NB/T 47013.7《承压设备无损检测　第7部分：目视检测》检测方法；

——扩大了内弯曲试验的范围，由1级扩大到1级和2级。

本部分由全国锅炉压力容器标准化技术委员会(SAC/TC 262)提出并归口。

本部分起草单位：中国特种设备检测研究院、合肥市市场监督管理局、中国石化工程建设有限公司、舞钢神州重工金属复合材料有限公司、威海化工机械有限公司、宝山钢铁股份有限公司、南京德邦金属装备工程股份有限公司、四川惊雷科技股份有限公司、郑州宇光复合材料有限公司、西安天力金属复合材料有限公司、南京宝泰特种材料股份有限公司。

本部分主要起草人：陈志伟、张勇、杨国义、段瑞、侯国亭、于洪亮、黄锦花、徐彤、周景蓉、薛小军、杨宇军、汪洋、王斌。

本部分所代替标准的历次版本发布情况为：

NB/T 47002.2—2009；

JB/T 4748—2002。

压力容器用复合板
第2部分:镍-钢复合板

1 范围

1.1 本部分规定了以镍及镍合金为覆材,碳素钢、低合金钢或不锈钢为基材,用爆炸焊接法或轧制复合法制造的复合板术语和定义,订货内容,型式、尺寸及重量,级别、标记,技术要求,试验方法,检验规则,包装、标志及质量证明书等。

1.2 本部分适用于总厚度不小于8 mm的压力容器用镍-钢复合板(以下简称复合板)。

2 规范性引用文件

下列文件对于本文件的应用是必不可少的。凡是注日期的引用文件,仅注日期的版本适用于本文件。凡是不注日期的引用文件,其最新版本(包括所有的修改单)适用于本文件。

GB/T 150 压力容器
GB/T 228.1 金属材料 拉伸试验 第1部分:室温试验方法
GB/T 229 金属材料 夏比摆锤冲击试验方法
GB/T 247 钢板和钢带包装、标志及质量证明书的一般规定
GB/T 709 热轧钢板和钢带的尺寸、外形、重量及允许偏差
GB/T 713 锅炉和压力容器用钢板
GB/T 2054 镍及镍合金板
GB/T 3531 低温压力容器用钢板
GB/T 6396 复合钢板力学及工艺性能试验方法
GB/T 15260 金属和合金的腐蚀 镍合金晶间腐蚀试验方法
GB/T 24511 承压设备用不锈钢和耐热钢钢板和钢带
GB/T 30583 承压设备焊后热处理规程
NB/T 47008 承压设备用碳素钢和合金钢锻件
NB/T 47009 低温承压设备用合金钢锻件
NB/T 47010 承压设备用不锈钢和耐热钢锻件
NB/T 47013.3 承压设备无损检测 第3部分:超声检测
NB/T 47013.5—2015 承压设备无损检测 第5部分:渗透检测
NB/T 47013.7 承压设备无损检测 第7部分:目视检测
NB/T 47014 承压设备焊接工艺评定
NB/T 47046 承压设备用镍及镍合金板
JB 4732 钢制压力容器——分析设计标准

3 术语和定义

下列术语和定义适用于本文件。

3.1

复合界面 compound contact interface

复合板基材和覆材的结合面。

3.2

未结合率 percentage of unbounded area

复合界面未结合部分面积总和与复合板总面积的比值,以百分数表示。

3.3

基材 base metal

复合金属中的基体材料。

3.4

覆材 cladding metal

复合金属中的包覆材料。

3.5

屈服强度 R_e yield strength

GB/T 228.1 中的上屈服强度 R_{eH}、下屈服强度 R_{eL}、规定塑性延伸强度 $R_{p0.2}$、规定总延伸强度 $R_{t0.5}$ 和规定残余延伸强度 $R_{r0.2}$ 的总称。在确定复合板屈服强度标准值时,基材和覆材分别按相应材料标准选取上述 5 项性能名称中的 1 项标准值作为计算的依据。

3.6

爆炸焊接 explosive welding

在爆炸过程中实现覆材和基材间焊接复合。

3.7

轧制复合 rolled compounding

在轧制过程中实现覆材和基材间的冶金结合。

4 订货内容

订货合同或订单应包括下列内容:

a) 标准编号;

b) 产品名称;

c) 覆材和基材牌号;

d) 制造方法与级别;

e) 交货状态;

f) 尺寸;

g) 重量;

h) 附加技术要求,如晶间腐蚀试验等。

5 型式、尺寸及重量

5.1 型式

5.1.1 覆材可在基材的一面或两面包覆,形成单面或双面复合板。

5.1.2 复合板形状应由供需双方商定,可包括矩形、方形和圆形。

5.2 尺寸

5.2.1 覆材厚度为 2 mm～16 mm。

5.2.2 基材最小厚度为 6 mm，且基材厚度与覆材厚度之比：轧制复合法不宜小于 2，爆炸焊接法不宜小于 3。

5.2.3 轧制复合法生产的复合板最大厚度一般不超过 100 mm，爆炸焊接法生产的复合板最大面积一般不宜超过 25 m^2。根据供需双方协议，可供应超出上述尺寸的复合板。

5.3 重量

复合板按理论重量交货，覆材和基材的重量计算按相应材料标准的规定。覆材各牌号的密度参见附录 A。

6 级别、标记

6.1 级别与代号

复合板的级别与代号应符合表 1 的规定。双面复合板应分别注明两面的级别。

表 1 级别与代号

级 别	代 号		未结合率/%
	爆炸焊接法	轧制复合法	
1 级	B1	R1	0
2 级	B2	R2	≤2
3 级	B3	R3	≤5

6.2 标记

产品标记应按覆材牌号、基材牌号、尺寸、制造方法及级别与代号、标准号等顺序组成。

示例 1：覆材为 3 mm 厚的 NCu30 板、基材为 16 mm 厚的 Q345R 板、宽度为 2 000 mm、长度为 6 000 mm 的轧制复合法 2 级复合板标记为：

(NCu30＋Q345R)-(3＋16)×2000×6000-R2-NB/T 47002.2—2019

示例 2：覆材为 8 mm 厚的 N5 板、基材为 150 mm 厚的 16MnⅢ级锻件、直径为 3 000 mm 的爆炸焊接法 1 级复合板标记为：

(N5＋16MnⅢ)-(8＋150)×D3000-B1-NB/T 47002.2—2019

7 技术要求

7.1 覆材和基材

7.1.1 覆材和基材的标准及牌号应符合表 2 的规定。覆材 N5、N7 和 NCu30 应为退火状态，基材的技术要求(如交货状态、力学性能检验、无损检测等)还应符合 GB/T 150 或 JB 4732 的规定。以锻件为基材时，应采用Ⅲ级或Ⅳ级锻件。

7.1.2 基材标准抗拉强度下限值大于 540 MPa 的复合板，应经技术评审后方可使用。

7.1.3 经供需双方协议，也可采用表 2 以外标准的覆材和基材，但其技术要求不得低于 7.1.1 的规定。当采用表 2 以外标准的基材时，所选用的牌号应与表 2 中的牌号具有相近的化学成分，钢材的技术要求(如钢中 P、S 含量，钢材的冲击试验温度和冲击吸收能量指标等)不得低于表 2 中相近牌号的有关规定。

表 2 覆材和基材

覆材		基材	
标准号	牌号示例	标准号	牌号示例
GB/T 2054 NB/T 47046	N5 N7 NCu30 NS1101 NS1102 NS1402 NS3102 NS3203 NS3304 NS3305	GB/T 713	Q245R,Q345R,15CrMoR
		NB/T 47008	16Mn,20MnMo,15CrMo
		GB/T 3531	16MnDR,09MnNiDR
		NB/T 47009	16MnD,09MnNiD
		GB/T 24511	S30408,S31603
		NB/T 47010	S30408,S31603
注:覆材和基材也可采用表列各标准中的其他牌号。			

7.1.4 覆材需进行拼焊时,有关技术要求由供需双方协议确定,并在合同中注明。

7.1.5 覆材和基材应附有材料生产厂的质量证明书(原件),材料质量证明书的内容应齐全、清晰,并盖有材料生产单位质量检验章。如无质量证明书原件,复合板生产厂应取得加盖经营单位检验公章和经办人签字(章)的复印件,且应对所用材料及材料质量证明书的真实性和一致性负责。

7.1.6 复合板的消除应力热处理工艺和设备宜参考 GB/T 30583 的相关要求。

注:一般认为,复合板采用低于基材回火温度进行的消除应力热处理,不会改变基材的热处理供货状态。

7.2 交货状态

7.2.1 复合板应校平、剪切(或切割)后交货,复合板的热轧或热处理状态应符合 GB/T 150 或 JB 4732 中对相应基材的规定。

7.2.2 根据需方要求,经双方协商并在合同中规定,可以采用其他热处理状态供货。

7.2.3 根据需方要求,并在合同中注明,覆材表面可经喷砂、抛光或酸洗等处理。

7.3 结合状态

7.3.1 复合板应经超声检测,采用 100%扫查方式。其结合状态应符合表 3 的规定。

7.3.2 超出表 3 规定的未结合区允许进行焊补。焊补前应清除未结合区覆材并打磨至基材表面,进行渗透检测确认已清除未结合区,然后由持有效证件的焊工按 NB/T 47014 的规定,经评定合格的焊接工艺进行焊补。焊补后应进行超声检测和渗透检测,超声检测结果应符合表 3 的规定,渗透检测结果应符合 NB/T 47013.5—2015 规定的Ⅰ级。焊补记录(包括焊补区在复合板上的位置,各个焊补区的面积、焊接材料及焊接工艺参数)附在产品质量证明书中。

表 3 结合状态

级别	单个未结合指示长度/mm	单个未结合区面积/cm^2	未结合率/%
1 级	0	0	0
2 级	≤50	≤20	≤2
3 级	≤75	≤45	≤5

7.4 力学性能

7.4.1 复合板复合界面的结合剪切强度应不小于 210 MPa。对于双面复合板,分别保留不同侧覆材进行剪切试验。

7.4.2 复合板拉伸试验结果应符合表 4 的规定。对于双面复合板,一般只保留一种覆材进行拉伸试验,需保留的覆材由需方在合同中注明。当基材厚度大于 40 mm 或需方指定时,只进行基材的拉伸试验,其试验结果应符合基材标准的规定。

表 4 拉伸试验结果

屈服强度 R_e/MPa	抗拉强度及 R_m/MPa	断后伸长率 A/%
$R_e \geqslant \dfrac{R_{e1}t_1 + R_{e2}t_2}{t_1 + t_2}$	$R_m \geqslant \dfrac{R_{m1}t_1 + R_{m2}t_2}{t_1 + t_2}$	不小于基材标准值

注:R_{e1}——覆材材料标准屈服强度下限值,MPa;
R_{e2}——基材材料标准屈服强度下限值,MPa;
R_{m1}——覆材材料标准抗拉强度下限值,MPa;
R_{m2}——基材材料标准抗拉强度下限值,MPa;
t_1——覆材厚度,mm;
t_2——基材厚度,mm。

7.4.3 复合板只进行基材的冲击试验,冲击试验温度和冲击吸收能量应符合基材标准的规定。如基材标准中无冲击试验的要求,则复合板不进行冲击试验。

7.5 弯曲性能

单面复合板内弯曲(覆材表面受压)试验和外弯曲(覆材表面受拉)试验,侧弯曲(复合板横截面受拉、受压)试验,双面复合板外弯曲(两种覆材表面分别受拉)试验,其结果应符合表 5 的规定。基材为锻件的复合板不进行弯曲试验。

表 5 弯曲性能

弯曲角度	弯心直径	试验结果
180°	内弯曲按基材标准的规定,外弯曲 $d=4a$ (d 为弯心直径,a 为试样厚度),侧弯曲 $d=40$ mm	在弯曲部分的外侧不得有裂纹, 复合界面不得有分层

7.6 晶间腐蚀试验

根据需方要求,经供需双方协议,供方可进行复合板覆材的晶间腐蚀试验,试验要求和合格标准由供需双方协议。

7.7 尺寸偏差及不平度

7.7.1 复合板厚度允许偏差应符合表 6 的规定。基材为锻件的复合板,基材厚度允许偏差由供需双方协议。

表 6 厚度允许偏差

覆材厚度允许偏差	基材厚度允许偏差	总厚度允许偏差
覆材公称厚度的±10%， 且在±1.0 mm 范围内[a]	基材标准正负偏差的数值 各减 0.5 mm	覆材允许偏差 + 基材允许偏差

[a] 对于轧制复合板，覆材厚度小于 5 mm 时，其正偏差不大于 1.0 mm。

7.7.2 复合板长度及宽度的允许偏差按基材标准的相应规定，圆形复合板直径的允许偏差按供需双方协议。

7.7.3 复合板的不平度按 GB/T 709 的规定。基材屈服强度标准值大于 460 MPa 时，不平度为 GB/T 709 规定值的 1.5 倍。用于换热器管板的复合板，其不平度由供需双方协议。

7.8 表面质量

复合板覆材表面不得有结疤、裂纹、夹杂、褶叠等缺陷。如有上述缺陷，则允许清除，但清除后应保证覆材最小厚度，否则应予以焊补，焊补应符合 7.3.2 的相应规定。基材表面质量应符合基材标准的规定。

8 试验方法

8.1 复合板的结合状态采用超声检测方法确定，检测方法按 NB/T 47013.3 的规定。
8.2 渗透检测按 NB/T 47013.5 的规定。
8.3 复合板的剪切试验、拉伸试验、弯曲试验按 GB/T 6396 的规定。
8.4 复合板基材的拉伸试验按 GB/T 228.1 的规定。
8.5 复合板基材的冲击试验按 GB/T 229 的规定。
8.6 复合板覆材的晶间腐蚀试验按 GB/T 15260 的有关规定。
8.7 尺寸检验方法
8.7.1 复合板的总厚度在距钢板边缘不小于 40 mm 处用千分尺或卡尺测量。
8.7.2 复合板的覆材厚度按 GB/T 6396 的规定测量。
8.7.3 复合板的长度、宽度或直径用钢卷尺测量。
8.7.4 复合板的不平度按 GB/T 709 的规定测量。
8.8 复合板的表面质量一般目测检查，可参考 NB/T 47013.7 的相关要求。

9 检验规则

9.1 复合板由供方质量检验部门检验。

9.2 复合板应按批交货，每批应由同一材料组合(覆材和基材分别为同一牌号、同一厚度、同一交货状态)、同一爆炸焊接或轧制复合及热处理工艺生产的复合板组成。

9.3 复合板的检验项目按表 7 的规定。超声检测、尺寸(覆材厚度除外)和表面质量应逐张进行检验，其余项目均为按批检验。表中按需方要求检验的项目按合同的规定进行。经供需双方协议，可以进行其他项目的检验。

表7 检验项目

检验项目	级别		
	1级	2级	3级
超声检测	○	○	○
剪切试验	○	○	○
拉伸试验	○	○	○
冲击试验	○	○	○
内弯曲试验	○	○	△
外弯曲试验	△	△	△
侧弯曲试验	△	△	△
晶间腐蚀试验	△	△	△
尺寸	○	○	○
表面质量	○	○	○
注:○——应检验的项目; △——按需方要求检验的项目。			

9.4 从每批产品中抽1张制取试样,也可以从与产品相同组批条件所制备的试验件上制取试样。取样方法按相应基材标准的规定。试样数量如下:剪切试样1个、拉伸试样1个、冲击试样3个、内弯曲试样1个、外弯曲试样1个、侧弯曲试样1个、晶间腐蚀试样2个、覆材厚度试样1个。对于双面复合板,剪切、外弯曲、侧弯曲和覆材厚度为不同侧覆材各取1个试样。

9.5 按批检验的项目如不合格,则从同一批中再取双倍数量的试样对不合格项目进行复验。冲击试验的复验按基材标准的规定。复验结果(包括该项试验所要求的任一指标)如有1项指标不合格,该批产品则不得交货。此时,供方可逐张检验,按张交货;也可整批钢板进行热处理后,作为新的一批再提交检验。

10 包装、标志及质量证明书

10.1 每张复合板应在钢板端部的覆材表面标出产品标记、批号、制造厂名(或厂标)、生产日期等。

10.2 交货时应提供复合板产品质量证明书(原件),同时提供外购的覆材和(或)基材质量证明书的复印件。

10.3 覆材表面应做有效的保护,以防止擦伤。

10.4 其余要求按GB/T 247的规定。

附 录 A
（资料性附录）
镍及镍合金密度

镍及镍合金密度见表 A.1。

表 A.1 镍及镍合金密度

中国牌号	美国 ASME 牌号	密度/（kg/dm^3）（20 ℃）
N5	N02201	8.890
N7	N02200	8.890
NCu30	N04400	8.830
NS1101	N08800	7.940
NS1102	N08810	7.940
NS1402	N08825	8.140
NS3102	N06600	8.420
NS3203	N10675	9.220
NS3304	N10276	8.870
NS3305	N06455	8.640
NS3311	N06059	8.800

ICS 77.140.30,77.150.99
H 46

NB

中华人民共和国能源行业标准

NB/T 47002.3—2019
代替 NB/T 47002.3—2009

压力容器用复合板 第3部分:钛-钢复合板

Clad plate for pressure vessel—Part 3:Titanium-steel clad plate

2019-11-04 发布　　2020-05-01 实施

国家能源局　发布

前　言

NB/T 47002—2019《压力容器用复合板》分为4个部分：

——第1部分：不锈钢-钢复合板；

——第2部分：镍-钢复合板；

——第3部分：钛-钢复合板；

——第4部分：铜-钢复合板。

本部分为NB/T 47002—2019的第3部分，与NB/T 47002.3—2009相比，主要变化如下：

——增加了轧制复合板的制造方法，并对轧制复合板的总厚度、基材厚度与覆材厚度之比、厚度允许偏差、级别和代号作出了规定；

——增加了对复合板消除应力热处理工艺和设备的相关要求；

——增加了侧弯曲试验；

——增加了NB/T 47013.7《承压设备无损检测　第7部分：目视检测》检测方法；

——扩大了内弯曲试验的范围，由1级扩大到1级和2级。

本部分由全国锅炉压力容器标准化技术委员会(SAC/TC 262)提出并归口。

本部分起草单位：中国特种设备检测研究院、合肥市市场监督管理局、中国石化工程建设有限公司、西安天力金属复合材料有限公司、舞钢神州重工金属复合材料有限公司、郑州宇光复合材料有限公司、南京宝泰特种材料股份有限公司、四川惊雷科技股份有限公司、宝山钢铁股份有限公司、南京钢铁股份有限公司、南京德邦金属装备工程股份有限公司、首钢集团有限公司。

本部分主要起草人：杨国义、张勇、陈志伟、段瑞、汪洋、侯国亭、杨宇军、王斌、薛小军、卢娟、黄锦花、王光磊、周景蓉、张先钤、罗家明。

本部分所代替标准的历次版本发布情况为：

NB/T 47002.3—2009。

压力容器用复合板
第3部分:钛-钢复合板

1 范围

1.1 本部分规定了以钛及钛合金为覆材,碳素钢、低合金钢或不锈钢为基材,用爆炸焊接法或轧制复合法制造的复合板术语和定义,订货内容,型式、尺寸及重量,级别、标记,技术要求,试验方法,检验规则,包装、标志及质量证明书等。

1.2 本部分适用于总厚度不小于8 mm的压力容器用钛-钢复合板(以下简称复合板)。

2 规范性引用文件

下列文件对于本文件的应用是必不可少的。凡是注日期的引用文件,仅注日期的版本适用于本文件。凡是不注日期的引用文件,其最新版本(包括所有的修改单)适用于本文件。

GB/T 150 压力容器

GB/T 228.1 金属材料 拉伸试验 第1部分:室温试验方法

GB/T 229 金属材料 夏比摆锤冲击试验方法

GB/T 247 钢板和钢带包装、标志及质量证明书的一般规定

GB/T 709 热轧钢板和钢带的尺寸、外形、重量及允许偏差

GB/T 713 锅炉和压力容器用钢板

GB/T 3531 低温压力容器用钢板

GB/T 3621 钛及钛合金板材

GB/T 6396 复合钢板力学及工艺性能试验方法

GB/T 24511 承压设备用不锈钢和耐热钢钢板和钢带

GB/T 30583 承压设备焊后热处理规程

NB/T 47008 承压设备用碳素钢和合金钢锻件

NB/T 47009 低温承压设备用合金钢锻件

NB/T 47010 承压设备用不锈钢和耐热钢锻件

NB/T 47013.3 承压设备无损检测 第3部分:超声检测

NB/T 47013.5—2015 承压设备无损检测 第5部分:渗透检测

NB/T 47013.7 承压设备无损检测 第7部分:目视检测

JB 4732 钢制压力容器——分析设计标准

3 术语和定义

下列术语和定义适用于本文件。

3.1

复合界面 compound contact interface

复合板基材和覆材的结合面。

3.2

未结合率 percentage of unbounded area

复合界面未结合部分面积总和与复合板总面积的比值,以百分数表示。

3.3

基材 base metal

复合金属中的基体材料。

3.4

覆材 cladding metal

复合金属中的包覆材料。

3.5

爆炸焊接 explosive welding

在爆炸过程中实现覆材和基材间焊接复合。

3.6

轧制复合 rolled compounding

在轧制过程中实现覆材和基材间的冶金结合。

4 订货内容

订货合同或订单应包括下列内容:

a) 标准编号;

b) 产品名称;

c) 覆材和基材牌号;

d) 制造方法与级别;

e) 交货状态;

f) 尺寸;

g) 重量;

h) 附加技术要求。

5 型式、尺寸及重量

5.1 型式

5.1.1 覆材可在基材一面或两面包覆,形成单面或双面复合板。

5.1.2 复合板形状应由供需双方商定,可包括矩形、方形和圆形。

5.2 尺寸

5.2.1 覆材厚度宜为 1.0 mm～12 mm。

5.2.2 基材最小厚度应为 6 mm,且基材厚度与覆材厚度之比:轧制复合法不宜小于 2,爆炸焊接法不宜小于 3。

5.2.3 轧制复合法生产的复合板最大厚度一般不超过 100 mm,爆炸焊接法生产的复合板最大面积一般不宜超过 25 m^2。根据供需双方协议,可供应超出上述尺寸的复合板。

5.3 重量

复合板可按理论重量交货,覆材和基材的重量计算分别按相应材料标准的规定。覆材各牌号的密度如下：TA1、TA2、TA3 和 TA9 为 4.51 g/cm³，TA10 为 4.54 g/cm³。

6 级别、标记

6.1 级别与代号

复合板级别与代号应符合表 1 的规定。双面复合板应分别注明两面的级别。

表 1 级别与代号

级 别	代 号		未结合率/%
	爆炸焊接法	轧制复合法	
1 级	B1	R1	0
2 级	B2	R2	≤2
3 级	B3	R3	≤5

6.2 标记

产品标记应按覆材牌号、基材牌号、尺寸、制造方法及级别代号、标准号等顺序组成。

示例 1：覆材为 3 mm 厚的 TA3 板、基材为 16 mm 厚的 Q345R 板、宽度为 1 500 mm、长度为 6 000 mm 的轧制复合法 2 级复合板标记为：

(TA3＋Q345R)-(3＋16)×1500×6000-R2-NB/T 47002.3—2019

示例 2：覆材为 8 mm 厚的 TA2 板、基材为 150 mm 厚的 16MnⅢ级锻件、直径为 2 000 mm 的爆炸焊接法 1 级复合板标记为：

(TA2＋16MnⅢ)-(8＋150) ×D2000-B1-NB/T 47002.3—2019

7 技术要求

7.1 覆材和基材

7.1.1 覆材和基材标准及牌号应符合表 2 的规定。覆材应为退火状态，基材的技术要求(如交货状态、力学性能检验、无损检测等)应符合 GB/T 150 或 JB 4732 的规定。以锻件为基材时，应采用Ⅲ级或Ⅳ级锻件。

7.1.2 基材标准抗拉强度下限值大于 540 MPa 的复合板，应经技术评审后方可使用。

7.1.3 经供需双方协议，也可采用表 2 以外标准的覆材和基材，但其技术要求不得低于 7.1.1 的规定。当采用表 2 以外标准的基材时，所选用的牌号应与表 2 中的牌号具有相近的化学成分，钢材的技术要求(如钢中 P、S 含量，钢材的冲击试验温度和冲击吸收能量指标等)不得低于表 2 中相近牌号的有关规定。

7.1.4 覆材需进行拼焊时，有关技术要求由供需双方协议确定，并在合同中注明。

7.1.5 覆材和基材应附有材料生产厂的质量证明书(原件)，材料质量证明书的内容应齐全、清晰，并盖有材料生产单位质量检验章。如无质量证明书原件，复合板生产厂应取得加盖材料经营单位检验公章和经办人签字(章)的复印件，且应对所用材料及材料质量证明书的真实性和一致性负责。

表2 覆材和基材

覆材		基材	
标准号	牌号	标准号	牌号示例
GB/T 3621	TA1 TA2 TA3 TA9 TA10	GB/T 713	Q245R，Q345R
		NB/T 47008	16Mn，20MnMo
		GB/T 3531	16MnDR，09MnNiDR
		NB/T 47009	16MnD，09MnNiD
		GB/T 24511	S30408，S31603
		NB/T 47010	S30408，S31603
注：基材也可采用表列各标准中的其他牌号。			

7.1.6 复合板的消除应力热处理工艺和设备宜参考 GB/T 30583 的相关要求。

注：一般认为，复合板采用低于基材回火温度进行的消除应力热处理，不会改变基材的热处理供货状态。

7.2 交货状态

7.2.1 复合板可经热轧或热处理、校平、剪切或切割及覆材表面去除氧化皮处理后交货，复合板的热轧或热处理状态应符合 GB/T 150 或 JB 4732 中对相应基材的规定。

7.2.2 根据需方要求，经双方协商并在合同中规定，可以采用其他热处理状态供货。

7.2.3 根据需方要求，并在合同中注明，覆材表面可经喷砂、抛光或酸洗等处理。

7.3 结合状态

复合板应经超声检测，采用100%扫查方式。其结合状态应符合表3的规定。

表3 结合状态

级别	单个未结合指示长度/mm	单个未结合区面积/cm^2	未结合率/%
1级	0	0	0
2级	≤50	≤20	≤2
3级	≤75	≤45	≤5

7.4 力学性能

7.4.1 复合板复合界面的结合剪切强度应不小于 140 MPa。对于双面复合板，分别保留不同侧覆材进行剪切试验。

7.4.2 复合板只进行基材拉伸试验，试验结果应符合基材标准的规定。

7.4.3 复合板只进行基材冲击试验，冲击试验温度和冲击吸收能量应符合基材标准的规定。如基材标准中无冲击试验的要求，则不进行冲击试验。

7.5 弯曲性能

单面复合板内弯曲（覆材表面受压）试验和外弯曲（覆材表面受拉）试验，侧弯曲（复合板横截面受拉、受压）试验，双面复合板外弯曲（两种覆材表面分别受拉）试验，其结果应符合表4的规定。基材为锻件的复合板不进行弯曲试验。

表4　弯曲性能

弯曲角度	弯心直径	试验结果
180°	内弯曲按基材标准的规定,外弯曲 $d=4a$ (d 为弯心直径,a 为试样厚度),侧弯曲 $d=40$ mm	在弯曲部分的外侧不得有裂纹, 复合界面不得有分层

7.6　尺寸偏差及不平度

7.6.1　复合板厚度允许偏差应符合表5的规定。基材为锻件的复合板,基材厚度允许偏差由供需双方协议。

表5　厚度允许偏差

覆材厚度允许偏差	基材厚度允许偏差	总厚度允许偏差
覆材公称厚度的±10%,且在±1.0 mm范围内[a]	基材标准正负偏差的数值各减0.5 mm	覆材允许偏差+ 基材允许偏差
[a] 对于轧制复合板,覆材厚度小于5 mm时,其正偏差不大于1.0 mm。		

7.6.2　复合板长度及宽度的允许偏差按基材标准的相应规定,圆形复合板直径的允许偏差按供需双方协议。

7.6.3　复合板的不平度按GB/T 709的规定。基材屈服强度标准值大于460 MPa时,不平度为GB/T 709规定值的1.5倍。用于换热器管板的复合板,其不平度由供需双方协议。

7.7　表面质量

复合板覆材表面不得有结疤、裂纹、夹杂、褶叠等缺陷。如有上述缺陷,则允许清除,但清除后应保证覆材最小厚度。超出覆材最小厚度但未贯穿到基材的表面缺陷允许进行焊补。焊补应由持有效证件的焊工按经评定合格的焊接工艺进行。修补后的表面应与覆材表面平齐,并经渗透检测,其结果应符合NB/T 47013.5—2015的Ⅰ级。基材表面质量应符合基材标准的规定。

8　试验方法

8.1　复合板的结合状态采用超声检测方法确定,检测方法按NB/T 47013.3的规定。

8.2　渗透检测按NB/T 47013.5的规定。

8.3　复合板剪切试验、弯曲试验按GB/T 6396的规定。

8.4　复合板基材拉伸试验按GB/T 228.1的规定。

8.5　复合板基材冲击试验按GB/T 229的规定。

8.6　尺寸检验方法

8.6.1　复合板的总厚度在距钢板边缘不小于40 mm处用千分尺或卡尺测量。

8.6.2　复合板覆材厚度按GB/T 6396的规定测量。

8.6.3　复合板长度、宽度或直径用钢卷尺测量。

8.6.4　复合板不平度按GB/T 709的规定测量。

8.7　复合板表面质量一般目测检查,可参考NB/T 47013.7的相关要求。

9 检验规则

9.1 复合板由供方质量检验部门检验。

9.2 复合板应按批交货,每批应由同一材料组合(覆材和基材分别为同一钢号、同一厚度、同一交货状态)、同一爆炸焊接或轧制及热处理工艺生产的复合板组成。

9.3 复合板的检验项目按表6的规定。超声检测、尺寸(覆材厚度除外)和表面质量应逐张进行检验,其余项目均为按批检验。表中按需方要求检验的项目遵照合同的规定进行。经供需双方协议,可以进行其他项目的检验。

表6 检验项目

检验项目	级别		
	1级	2级	3级
超声检测	○	○	○
剪切试验	○	○	○
拉伸试验	○	○	○
冲击试验	○	○	○
内弯曲试验	○	○	△
外弯曲试验	△	△	△
侧弯曲试验	△	△	△
尺寸	○	○	○
表面质量	○	○	○
注:○——应检验的项目; △——按需方要求检验的项目。			

9.4 从每批产品中抽1张制取试样,也可以从与产品相同组批条件所制备的试验件上制取试样。取样方法按相应基材标准的规定。试样数量如下:剪切试样1个、拉伸试样1个、冲击试样3个、内弯曲试样1个、外弯曲试样1个、侧弯曲试样1个、覆材厚度试样1个。对于双面复合板,剪切、外弯曲、侧弯曲和覆材厚度为不同侧覆材各取1个试样。

9.5 按批检验的项目如不合格,则从同一批中再取双倍数量的试样对不合格项目进行复验。冲击试验的复验按基材标准的规定。复验结果(包括该项试验所要求的任一指标)如有1项指标不合格,则该批产品不得交货。此时,供方可逐张检验,按张交货;也可整批钢板进行热处理后,作为新的一批再提交检验。

10 包装、标志及质量证明书

10.1 每张复合板应在钢板端部的覆材表面标出产品标记、批号、制造厂名(或厂标)、生产日期等。

10.2 交货时应提供复合板产品质量证明书(原件),并同时提供外购的覆材和(或)基材质量证明书的复印件。

10.3 覆材表面应做有效的保护,以防止擦伤。

10.4 其余要求按GB/T 247的规定。

ICS 77.140.30,77.150.30
H 46

NB

中华人民共和国能源行业标准

NB/T 47002.4—2019
代替 NB/T 47002.4—2009

压力容器用复合板 第4部分:铜-钢复合板

Clad plate for pressure vessel— Part 4:Copper-steel clad plate

2019-11-04 发布

2020-05-01 实施

国家能源局 发布

前　言

NB/T 47002—2019《压力容器用复合板》分为4个部分：

——第1部分：不锈钢-钢复合板；

——第2部分：镍-钢复合板；

——第3部分：钛-钢复合板；

——第4部分：铜-钢复合板。

本部分为NB/T 47002—2019的第4部分，与NB/T 47002.4—2009相比，主要变化如下：

——增加了轧制复合板的制造方法，并对轧制复合板的总厚度、基材厚度与覆材厚度之比、厚度允许偏差、级别和代号作出了规定；

——增加了对复合板消除应力热处理工艺和设备的相关要求；

——增加了侧弯曲试验；

——增加了NB/T 47013.7《承压设备无损检测　第7部分：目视检测》检测方法；

——扩大了内弯曲试验的范围，由1级扩大到1级和2级。

本部分由全国锅炉压力容器标准化技术委员会(SAC/TC 262)提出并归口。

本部分起草单位：中国特种设备检测研究院、合肥市市场监督管理局、中国石化工程建设有限公司、郑州宇光复合材料有限公司、舞钢神州重工金属复合材料有限公司、南京德邦金属装备工程股份有限公司、四川惊雷科技股份有限公司、山东济钢鲍德金属复合板科技有限公司、西安天力金属复合材料有限公司、南京宝泰特种材料股份有限公司。

本部分主要起草人：陈志伟、张勇、杨国义、段瑞、杨宇军、侯国亭、周景蓉、薛小军、冯健、田保生、卢娟、汪洋、王斌、张先铃。

本部分所代替标准的历次版本发布情况为：

NB/T 47002.4—2009。

压力容器用复合板
第4部分:铜-钢复合板

1 范围

1.1 本部分规定了以铜及铜合金为覆材,碳素钢、低合金钢或不锈钢为基材,用爆炸焊接法或轧制复合法制造的复合板术语和定义,订货内容,型式、尺寸及重量,级别、标记,技术要求,试验方法,检验规则,包装、标志及质量证明书等。

1.2 本部分适用于总厚度不小于8 mm的压力容器用铜-钢复合板(以下简称复合板)。

2 规范性引用文件

下列文件对于本文件的应用是必不可少的。凡是注日期的引用文件,仅注日期的版本适用于本文件。凡是不注日期的引用文件,其最新版本(包括所有的修改单)适用于本文件。

GB/T 150 压力容器

GB/T 228.1 金属材料 拉伸试验 第1部分:室温试验方法

GB/T 229 金属材料 夏比摆锤冲击试验方法

GB/T 247 钢板和钢带包装、标志及质量证明书的一般规定

GB/T 709 热轧钢板和钢带的尺寸、外形、质量及允许偏差

GB/T 713 锅炉和压力容器用钢板

GB/T 2040 铜及铜合金板材

GB/T 3531 低温压力容器用钢板

GB/T 6396 复合钢板力学及工艺性能试验方法

GB/T 24511 承压设备用不锈钢和耐热钢钢板和钢带

GB/T 30583 承压设备焊后热处理规程

NB/T 47008 承压设备用碳素钢和合金钢锻件

NB/T 47009 低温承压设备用合金钢锻件

NB/T 47010 承压设备用不锈钢和耐热钢锻件

NB/T 47013.3 承压设备无损检测 第3部分:超声检测

NB/T 47013.5—2015 承压设备无损检测 第5部分:渗透检测

NB/T 47013.7 承压设备无损检测 第7部分:目视检测

NB/T 47014 承压设备焊接工艺评定

JB 4732 钢制压力容器——分析设计标准

3 术语和定义

下列术语和定义适用于本文件。

3.1

复合界面　compound contact interface

复合板基材和覆材的结合面。

3.2

未结合率　percentage of unbounded area

复合界面未结合部分面积总和与复合板总面积的比值,以百分数表示。

3.3

基材　base metal

复合金属中的基体材料。

3.4

覆材　cladding metal

复合金属中的包覆材料。

3.5

爆炸焊接　explosive welding

在爆炸过程中实现覆材和基材间焊接复合。

3.6

轧制复合　rolled compounding

在轧制过程中实现覆材和基材间的冶金结合。

4　订货内容

订货合同或订单应包括下列内容:

a)　标准编号;
b)　产品名称;
c)　覆材和基材牌号;
d)　制造方法与级别;
e)　交货状态;
f)　尺寸;
g)　重量;
h)　附加技术要求。

5　型式、尺寸及重量

5.1　型式

5.1.1　覆材可在基材一面或两面包覆,形成单面或双面复合板。

5.1.2　复合板形状应由供需双方商定,可包括矩形、方形和圆形。

5.2　尺寸

5.2.1　覆材厚度宜为 2 mm～16 mm。

5.2.2　基材最小厚度应为 6 mm,且基材厚度与覆材厚度之比:轧制复合法不宜小于 2,爆炸焊接法不宜小于 3。

5.2.3　复合板尺寸应根据供需双方协议确定。轧制复合板最大厚度一般不超过 100 mm,爆炸焊接复合板最大面积一般不宜超过 25 m^2。

5.3 重量

复合板可按理论重量交货，覆材和基材的重量计算分别按相应材料标准的规定。覆材各牌号的密度参见附录 A。

6 级别、标记

6.1 级别与代号

复合板级别与代号应符合表 1 的规定。双面复合板应注明两面的级别。

表 1 级别与代号

级别	代号		未结合率/%
	爆炸焊接法	轧制复合法	
1 级	B1	R1	0
2 级	B2	R2	≤2
3 级	B3	R3	≤5

6.2 标记

产品标记应按覆材牌号、基材牌号、尺寸、制造方法及级别代号、标准号等顺序组成。

示例 1：覆材为 3 mm 厚的 T2 板、基材为 16 mm 厚的 Q345R 板、宽度为 1 500 mm、长度为 6 000 mm 的轧制复合法 2 级复合板标记为：

(T2＋Q345R)-(3＋16)×1500×6000-R2-NB/T 47002.4—2019

示例 2：覆材为 8 mm 厚的 BFe30-1-1 板、基材为 150 mm 厚的 16MnⅢ级锻件、直径为 2 000 mm 的爆炸焊接法1 级复合板标记为：

(BFe30-1-1＋16MnⅢ)-(8＋150)×D2000-B1-NB/T 47002.4—2019

7 技术要求

7.1 覆材和基材

7.1.1 覆材和基材标准及牌号应符合表 2 的规定。覆材应为退火状态，基材的技术要求(如交货状态、力学性能检验、无损检测等)应符合 GB/T 150 或 JB 4732 的规定。以锻件为基材时，应采用Ⅲ级或Ⅳ级锻件。

7.1.2 基材标准抗拉强度下限值大于 540 MPa 的复合板，应经技术评审后方可使用。

7.1.3 经供需双方协议，也可采用表 2 以外标准的覆材和基材，但其技术要求不得低于 7.1.1 的规定。当采用表 2 以外标准的基材时，所选用的牌号应与表 2 中的牌号具有相近的化学成分，钢材的技术要求(如钢中 P、S 含量，钢材的冲击试验温度和冲击吸收能量指标等)不得低于表 2 中相近牌号的有关规定。

7.1.4 覆材需进行拼焊时，有关技术要求由供需双方协议确定，并在合同中注明。

7.1.5 覆材和基材应附有材料生产厂的质量证明书(原件)，材料质量证明书的内容应齐全、清晰，并盖有材料生产单位质量检验章。如无质量证明书原件，复合板生产厂应取得加盖材料经营单位检验公章和经办人签字(章)的复印件，且应对所用材料及材料质量证明书的真实性和一致性负责。

7.1.6　复合板的消除应力热处理工艺和设备宜参考 GB/T 30583 的相关要求。

注：一般认为，复合板采用低于基材回火温度进行的消除应力热处理，不会改变基材的热处理供货状态。

表 2　覆材和基材

覆　材		基　材	
标准号	牌号示例	标准号	牌号示例
GB/T 2040	T2 TU1 H68 H62 HSn62-1 QSn6.5-0.1 QA19-2 B19 BFe10-1-1 BFe30-1-1	GB/T 713	Q245R，Q345R
		NB/T 47008	16Mn，20MnMo
		GB/T 3531	16MnDR，09MnNiDR
		NB/T 47009	16MnD，09MnNiD
		GB/T 24511	S30408，S31603
		NB/T 47010	S30408，S31603
注：覆材和基材也可采用表列各标准中的其他牌号。			

7.2　交货状态

7.2.1　复合板应经热处理、校平、剪切或切割及覆材表面去除氧化皮处理后交货，复合板热处理状态应符合 GB/T 150 或 JB 4732 中对相应基材的规定。

7.2.2　根据需方要求，经双方协商并在合同中规定，可以采用其他热处理状态供货。

7.3　结合状态

7.3.1　复合板应进行超声检测，采用 100％扫查方式。其结合状态应符合表 3 的规定。

7.3.2　超出表 3 规定的未结合区允许进行焊补。焊补前应清除未结合区覆材并打磨至基材表面，进行渗透检测确认已清除未结合区，然后由持有效证件的焊工按 NB/T 47014 的规定，经评定合格的焊接工艺进行焊补。焊补后应进行超声和渗透检测，超声检测结果应符合表 3 的规定，渗透检测结果应符合 NB/T 47013.5—2015 规定的Ⅰ级。焊补记录(包括焊补区在复合板上的位置、各个焊补区的面积、焊接材料及焊接工艺参数)附在产品质量证明书中。

表 3　结合状态

级　别	单个未结合指示长度/mm	单个未结合区面积/cm^2	未结合率/％
1 级	0	0	0
2 级	≤50	≤20	≤2
3 级	≤75	≤45	≤5

7.4　力学性能

7.4.1　复合板复合界面的结合剪切强度应不小于 100 MPa。对于双面复合板，分别保留不同侧覆材进行剪切试验。

7.4.2　复合板只进行基材拉伸试验，试验结果应符合基材标准的规定。

7.4.3　复合板只进行基材冲击试验，冲击试验温度和冲击吸收能量应符合基材标准的规定。如基材标准中无冲击试验的要求，则复合板不进行冲击试验。

7.5 弯曲性能

单面复合板内弯曲(覆材表面受压)试验和外弯曲(覆材表面受拉)试验,侧弯曲(复合板横截面受拉、受压)试验,双面复合板外弯曲(两种覆材表面分别受拉)试验,其结果应符合表4的规定。基材为锻件的复合板不进行弯曲试验。

表4 弯曲性能

弯曲角度	弯心直径	试验结果
180°	内弯曲按基材标准的规定,外弯曲 $d=4a$ (d 为弯心直径,a 为试样厚度),侧弯曲 $d=40$ mm	在弯曲部分的外侧不得有裂纹, 复合界面不得有分层

7.6 尺寸偏差及不平度

7.6.1 复合板厚度允许偏差应符合表5的规定。基材为锻件的复合板,基材厚度允许偏差由供需双方协议。

表5 厚度允许偏差

覆材厚度允许偏差	基材厚度允许偏差	总厚度允许偏差
覆材公称厚度的±10%, 且不大于±1.0 mm	基材标准正负偏差的数值 各减 0.5 mm	覆材允许偏差+ 基材允许偏差

7.6.2 复合板长度及宽度的允许偏差按基材标准的相应规定,圆形复合板直径的允许偏差按供需双方协议。

7.6.3 复合板的不平度按 GB/T 709 的规定。基材屈服强度标准值大于 460 MPa 时,不平度为 GB/T 709 规定值的 1.5 倍。用于换热器管板的复合板,其不平度由供需双方协议。

7.7 表面质量

复合板覆材表面不得有结疤、裂纹、夹杂、褶叠等缺陷。如有上述缺陷,则允许清除,但清除后应保证覆材最小厚度,否则应予以焊补,焊补应符合 7.3.2 的规定。基材表面质量应符合基材标准的规定。

8 试验方法

8.1 复合板的结合状态采用超声检测方法确定,检测方法按 NB/T 47013.3 的规定。

8.2 渗透检测按 NB/T 47013.5 的规定。

8.3 复合板的剪切试验、弯曲试验按 GB/T 6396 的规定。

8.4 复合板基材的拉伸试验按 GB/T 228.1 的规定。

8.5 复合板基材的冲击试验按 GB/T 229 的规定。

8.6 尺寸检验方法

8.6.1 复合板的总厚度在距钢板边缘不小于 40 mm 处用千分尺或卡尺测量。

8.6.2 复合板的覆材厚度按 GB/T 6396 的规定测量。

8.6.3 复合板的长度、宽度或直径用钢卷尺测量。

8.6.4 复合板的不平度按 GB/T 709 的规定测量。

8.7 复合板的表面质量一般目测检查,可参考 NB/T 47013.7 的相关要求。

9 检验规则

9.1 复合板由供方质量检验部门检验。

9.2 复合板应按批交货,每批应由同一材料组合(覆材和基材分别为同一牌号、同一厚度、同一交货状态)、同一爆炸焊接或轧制复合及热处理工艺生产的复合板组成。

9.3 复合板的检验项目按表 6 的规定。超声检测、尺寸(覆材厚度除外)和表面质量应逐张进行检验,其余项目均为按批检验。表中按需方要求检验的项目按合同的规定进行。经供需双方协议,可以进行其他项目的检验。

表 6 检验项目

检验项目	级别		
	B1	B2	B3
超声检测	○	○	○
剪切试验	○	○	○
拉伸试验	○	○	○
冲击试验	○	○	○
内弯曲试验	○	○	△
外弯曲试验	△	△	△
侧弯曲试验	△	△	△
尺寸	○	○	○
表面质量	○	○	○
注:○——应检验的项目; △——按需方要求检验的项目。			

9.4 从每批产品中抽 1 张制取试样,也可以从与产品相同组批条件所制备的试验件上制取试样。取样方法按相应基材标准的规定。试样数量如下:剪切试样 1 个、拉伸试样 1 个、冲击试样 3 个、内弯曲试样 1 个、外弯曲试样 1 个、侧弯曲试样 1 个、晶间腐蚀试样 2 个、覆材厚度试样 1 个。对于双面复合板,剪切、外弯曲、侧弯曲和覆材厚度为不同侧覆材各取 1 个试样。

9.5 按批检验的项目如不合格,则从同一批中再取双倍数量的试样对不合格项目进行复验。冲击试验的复验按基材标准的规定。复验结果(包括该项试验所要求的任一指标)如有 1 项指标不合格,则该批产品不得交货。此时,供方可逐张检验,按张交货;也可整批钢板进行热处理后,作为新的一批再提交检验。

10 包装、标志及质量证明书

10.1 每张复合板应在钢板端部的覆材表面标出产品标记、批号、制造厂名(或厂标)、生产日期等。

10.2 交货时应提供复合板产品质量证明书(原件),同时提供外购的覆材和(或)基材质量证明书的复印件。

10.3 覆材表面应做有效的保护,以防止擦伤。

10.4 其余要求按 GB/T 247 的规定。

附 录 A
(资料性附录)
铜及铜合金的密度

铜及铜合金的密度见表 A.1。

表 A.1 铜及铜合金的密度

牌 号	密度/(kg/dm^3) (20 ℃)
T2	8.930
TU1	8.930
H68	8.530
H62	8.430
HSn62-1	8.450
QSn6.5-0.1	8.800
QA19-2	7.600
B19	8.900
BFe10-1-1	8.900
BFe30-1-1	8.900

ICS 71.120.30
J 75

NB

中华人民共和国能源行业标准

NB/T 47004.1—2017
代替 NB/T 47004—2009

板式热交换器
第1部分：可拆卸板式热交换器

Plate heat exchangers—Part 1：Plate-and-frame heat exchangers

（ISO 15547-1：2005，Petroleum，petrochemical and natural gas industries—Plate-type heat exchangers—Part 1：Plate-and-frame heat exchangers，MOD）

2017-12-27 发布　　　　2018-06-01 实施

国家能源局　发布

前　言

NB/T 47004《板式热交换器》分为2个部分：

——第1部分：可拆卸板式热交换器；

——第2部分：焊接板式热交换器。

本部分为NB/T 47004的第1部分。

本部分按照GB/T 1.1—2009《标准化工作导则　第1部分：标准的结构和编写》给出的规则起草。

本部分修改采用ISO 15547-1：2005《石油、石油化工天然气用板框式热交换器　第1部分：板框式热交换器》(ISO 15547-1：2005，Petroleum，petrochemical and natural gas industries-Plate-type heat exchangers—Part 1：Plate-and-frame heat exchangers，MOD)。

考虑到我国国情，在采用ISO 15547-1时，本部分做了如下修改：

——修改了前言和引言；

——修改了产品范围；

——修改了术语定义；

——增加了部分设计、制造、检验、能效评价条款；

——调节了部分章节的顺序；

——修改了附录A、附录B、附录C；

——增加了材料条款。

本部分代替NB/T 47004—2009(JB/T 4752)《板式热交换器》。与NB/T 47004—2009(JB/T 4752)相比，主要技术变化如下：

——给出了设计压力适用范围；

——增加了部分板片、螺柱的材料及指标；

——增加了夹紧螺柱强度计算；

——提高了减薄量、波纹深度、垫片槽深度偏差指标；

——增加了能效评价方法；

——增加了垫片压缩永久变形测定规定；

——调整了垫片厚度制造偏差要求。

本部分的附录A为规范性附录；附录B、附录C为资料性附录。

本部分由全国锅炉压力容器标准化技术委员会(SAC/TC 262)提出并归口。

本部分由全国锅炉压力容器标准化技术委员会热交换器分技术委员会(SAC/TC 262/SC 5)组织起草。

本部分起草单位：上海蓝滨石化设备有限责任公司、西安交通大学、中国石化工程建设有限公司、清华大学、阿法拉伐(江阴)设备制造有限公司、四平市巨元瀚洋板式换热器有限公司、上海板换机械设备有限公司、中国特种设备检测研究院、上海蓝海科创检测有限公司、上海石油化工换热设备工程技术研究中心、美国国际铜专业协会(上海代表处)等。

本部分主要起草人：周文学、白博峰、张延丰、张迎恺、姜培学、金佛家、郭良健、刘凯、张永德、陈战杨、韩睿超、蒋琛、杨国义、陈志伟、高屹峰。

本部分所代替标准的历次版本发布情况为：

——NB/T 47004—2009(JB/T 4752)。

引　言

NB/T 47004 是全国锅炉压力容器标准化技术委员会(以下简称“委员会”)负责制定和归口的板式热交换器标准,用以规范在中国境内建造或使用的板式热交换器设计、制造、检验与性能测定及能效评价的相关技术要求。

本部分的技术条款包括可拆卸板式热交换器设计、制造、检验和验收、能效评价及安装使用中应遵循的技术要求。由于本部分不可能囊括适用范围内可拆卸板式热交换器的所有技术细节,因此,在满足基本安全要求的前提下,不应禁止本部分中没有特别提及的技术内容。本部分不能作为具体板式热交换器制造的技术手册,亦不能代替培训、工程经验和工程评价。

本部分不限制实际工程设计和制造中采用先进的技术方法,但工程技术人员采用先进的技术方法时应能做出可靠的判断,确保其满足本部分规定。

本文件的发布机构提请注意,声明符合本文件时,可能涉及 10.1“能效值”与“热交换器的一种能效定量评价方法”相关的专利的使用。

本文件的发布机构对于该专利的真实性、有效性和范围不持任何立场。

该专利持有人已向本文件的发布机构保证,他愿意同任何申请人在合理且无歧视的条款和条件下,就专利授权许可进行谈判。该专利持有人的声明已在本文件的发布机构备案。相关信息可以通过以下联系方式获得:

专利持有人姓名:张延丰(兰州冠宇传热与节能工程技术研究有限公司)、白博峰(西安交通大学)、周文学、蒋琛、寿比南。

地址:甘肃省兰州市安宁区蓝科路 8 号。

请注意除上述专利外,本文件的某些内容仍可能涉及专利。本文件的发布机构不承担识别这些专利的责任。

本部分既不要求也不禁止设计人员使用计算机程序实现板式热交换器的分析或设计,但采用计算机程序进行分析或设计时,除应满足本部分要求外,还应确认:

a) 所采用程序中技术假定的合理性;

b) 所采用程序对设计内容的适应性;

c) 所采用程序输入参数及输出结果用于工程设计的正确性。

对于标准技术条款的询问应以书面形式向委员会秘书处提交,并有义务提供可能需要的资料。与标准条款没有直接关系或不能被理解的询问将视为技术咨询的范畴,委员会有权拒绝回答。

对于未经委员会书面授权或认可的其他机构对标准的宣贯或解释所产生的理解歧义和由此产生的任何后果,委员会将不承担任何责任。

板式热交换器
第1部分:可拆卸板式热交换器

1 范围

1.1 本部分规定了可拆卸板式热交换器(简称板式热交换器)的材料、设计、制造、检验与性能测定及能效评价要求。

1.2 本部分适用于垫片式、半焊式可拆卸板式热交换器。其他形式的板式热交换器在参照本标准进行设计、制造与检验时,应得到需方的认可与同意。

1.3 本部分适用的设计压力:

a) 垫片式板式热交换器设计压力不高于3.0 MPa;

b) 半焊式板式热交换器设计压力不高于6.0 MPa。

1.4 本部分适用的设计温度范围应按垫片与其他元件材料允许的使用温度范围确定。

2 规范性引用文件

下列文件对于本文件的应用是必不可少的。凡是注日期的引用文件,仅注日期的版本适用于本文件。凡是不注日期的引用文件,其最新版本(包括所有的修改单)适用于本文件。

GB/T 150.2—2011 压力容器 第2部分:材料

GB/T 699 优质碳素结构钢

GB/T 700 碳素结构钢(ISO 630:1995,NEQ)

GB/T 713 锅炉和压力容器用钢板

GB/T 1220 不锈钢棒

GB/T 1591 低合金高强度结构钢

GB/T 2054 镍及镍合金板

GB/T 3077 合金结构钢

GB/T 3274 碳素结构钢和低合金结构钢热轧厚钢板和钢带(ISO 13976:2005,ISO 630:1995,NEQ)

GB/T 3280 不锈钢冷轧钢板和钢带

GB/T 3621 钛及钛合金板材

GB/T 3624 钛及钛合金管

GB/T 3625 换热器及冷凝器用钛及钛合金管

GB/T 4156 金属材料 薄板和薄带埃里克森杯突试验(ISO 20482:2003,IDT)

GB/T 4237 不锈钢热轧钢板和钢带

GB/T 8163 输送流体用无缝钢管

GB/T 13296 锅炉、热交换器用不锈钢无缝钢管

GB/T 14845 板式换热器用钛板

GB/T 14976 流体输送用不锈钢无缝钢管

GB/T 26299　耐蚀用铜合金板、带材

GB/T 27698.1　热交换器及传热元件性能测试方法　第1部分:通用要求

GB/T 27698.3　热交换器及传热元件性能测试方法　第3部分:板式热交换器

NB/T 47008　承压设备用碳素钢和合金钢锻件

NB/T 47009　低温承压设备用合金钢锻件

NB/T 47010　承压设备用不锈钢和耐热钢锻件

NB/T 47013(所有部分)　承压设备无损检测

NB/T 47014　承压设备焊接工艺评定

NB/T 47018　承压设备用焊接材料订货技术条件

YB/T 5354　耐蚀合金冷轧板

3　术语和定义

下列术语和定义适用于本部分。

3.1

板片　plate

经过精密压制形成有波纹的板。

3.2

单板换热面积　heat transfer area per plate

板片中参与换热的单侧表面积(图1中阴影部分),按式(1)计算:

$$a=\phi\cdot a_1 \tag{1}$$

式中:

a——单板换热面积,m^2;

a_1——板片中参与换热的投影面积,m^2;

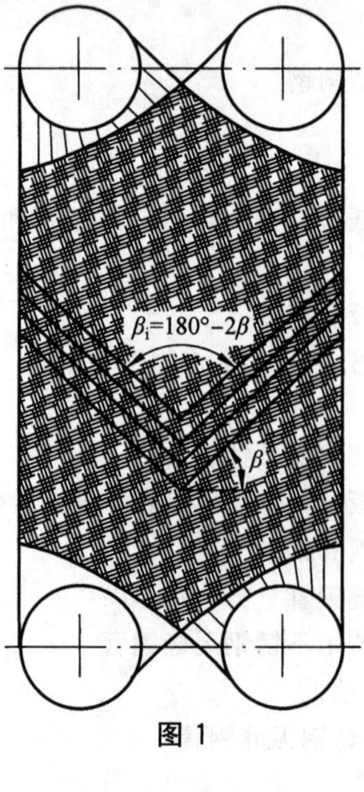

图1

ϕ——波纹展开系数,按式(2)计算:

$$\phi=\frac{t'}{t} \quad \cdots\cdots (2)$$

式中:

t'——波纹节距表面长度(如图 2 所示),mm;

t——波纹节距(如图 2 所示),mm。

注:当导流区与波纹区波纹节距相差较大时,应分别计算导流区与波纹区换热面积,二者相加。

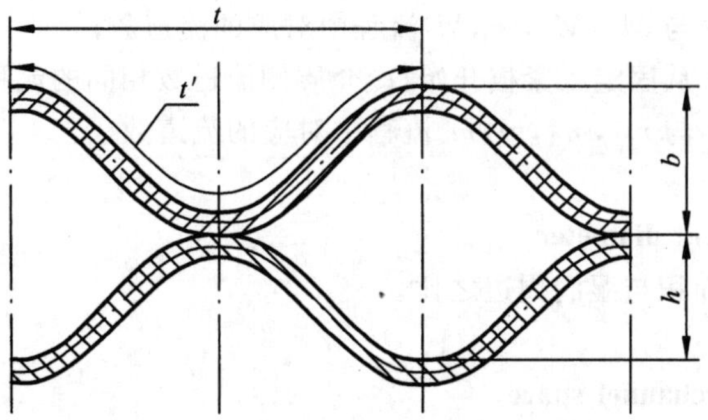

图 2

3.3

单板公称换热面积　the nominal heat transfer area per plate

经圆整后的单板换热面积。

3.4

中间隔板　connector plate

将一台板式热交换器分成两个或两个以上换热段的隔板。

3.5

端板　end plates

用于阻止流体与中间隔板或压紧板相接触的板片。

3.6

热交换器换热面积　heat transfer area

圆整后的整台板式热交换器中两侧均与介质相接触的所有板片单板换热面积之和。

3.7

框架　frame

构成板式热交换器结构支撑和压力密封的组装件。

3.8

流程板　pass plate

在多流程热交换器中用于改变介质流动方向的板。

3.9

流程　pass

板式热交换器内介质向同一方向流动的一组流道。

3.10

流道　channel

板式热交换器内相邻板片组成的介质流动通道。

3.11

流程组合 pass and channel arrangement

板式热交换器内流程与流道的配置方式,表示为:

$$\frac{M_1 \times N_1 + M_2 \times N_2 + \cdots + M_i \times N_i}{m_1 \times n_1 + m_2 \times n_2 + \cdots + m_i \times n_i} \quad \cdots\cdots (3)$$

式中:

$M_1, M_2, \cdots, M_i$——从固定压紧板开始,热介质侧流道数相同的流程数;

$N_1, N_2, \cdots, N_i$——与 $M_1, M_2, \cdots, M_i$ 流程中对应的流道数;

$m_1, m_2, \cdots, m_i$——从固定压紧板开始,冷介质侧流道数相同的流程数;

$n_1, n_2, \cdots, n_i$——与 $m_1, m_2, \cdots, m_i$ 流程中对应的流道数。

3.12

当量直径 equivalent diameter

4 倍的板间流道截面积与湿润周边之比。

3.13

流道间距 normal channel space

板式热交换器流道间的平均距离。

3.14

板间距 plate gap

板式热交换器相邻两板片间的平均距离 b,如图 2 所示。

3.15

波纹深度 chevron depth

板片波纹成形深度 h,如图 2 所示。

3.16

板片波纹角度 plate chevron angle

如图 1 所示的板片波纹与水平方向的夹角 β。

3.17

板片厚度 plate thickness

图样标注的板材标准规格厚度 S_0。

3.18

板片减薄量 plate thickness thinning

板片实际厚度减去成形板片减薄最大处厚度的差值。

3.19

角孔 port

板片的介质进、出口孔。

3.20

板束 plate pack

框架中所含全部板片的集合。

3.21

半焊板片对 semi-welded plate pair

两张板片焊接在一起所组成的板片对。

3.22

板式热交换器　plate heat exchanger

由板片(或半焊板片对)、密封垫片与支撑框架等组成。图3表示了一个典型板式热交换器的组成。

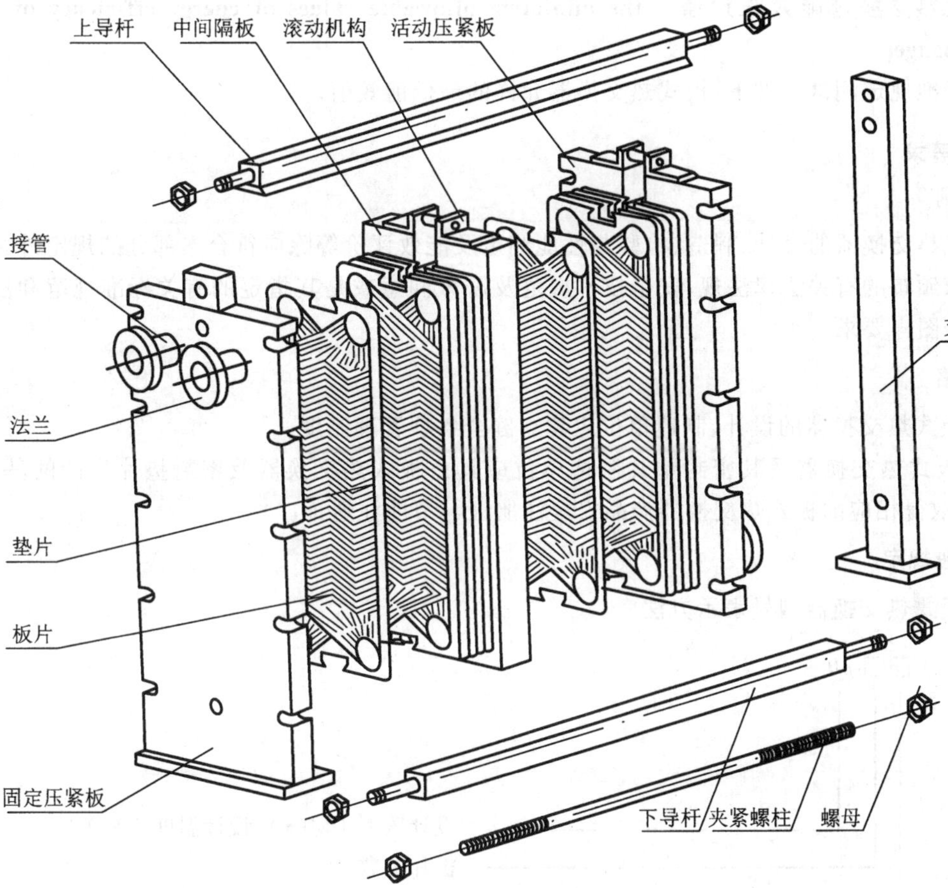

图3

3.23

压力　pressure

垂直作用于单位面积上的力。在本部分中,除注明者外,压力均指表压力。

3.24

工作压力　operating pressure

工作压力指在正常工作情况下,板式热交换器任何一侧可能出现的最高压力。

3.25

设计压力　design pressure

设计压力指设定的板式热交换器任何一侧的最高压力,与相应的设计温度一起作为设计载荷条件,其值不得低于工作压力。

3.26

设计温度　design temperature

板式热交换器在正常工作和相应的设计压力下,设定的元件温度。

3.27

板式热交换器能效值　energy efficiency index(EEI) of plate heat exchanger

在标准规定测试条件下，板式热交换器的能效计算值。

3.28

板式热交换器能效限定值　the minimum allowable values of energy efficiency of plate heat exchanger

在标准规定测试条件下，板式热交换器允许的最低能效值。

4 通用要求

4.1 总则

板式热交换器的设计、制造、检验与性能测定及能效评价等除应符合本部分的规定外，还应遵守国家颁布的有关法律法规、安全技术规范及需方同意或是其指定的有关标准规范和法规，且应符合图样要求。

4.2 资格

4.2.1　板式热交换器的设计、制造单位应建立健全各项管理制度。

4.2.2　板式热交换器及其密封垫片制造单位应具备板式热交换器及密封垫片生产的基本条件，且宜取得相应的板式热交换器产品安全注册证与节能注册证。

4.3 一般规定

4.3.1　板式热交换器型号表示方法

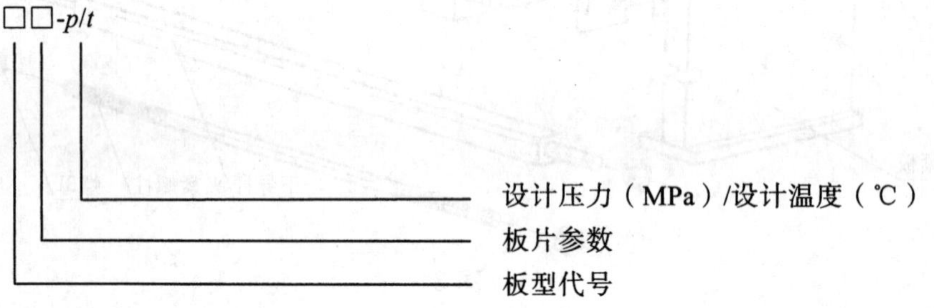

示例 1：板型为 M，板片角孔直径为 200 mm，设计压力为 1.6 MPa，设计温度为 100℃的板式热交换器表示为：M20-1.6/100。

示例 2：板型为 V，板片单板公称换热面积为 1.3 m^2，设计压力为 1.0 MPa，设计温度为 120℃的板式热交换器表示为：V13-1.0/120。

4.3.2　需方宜确认附录 B 中各条款的规定。

4.3.3　供需双方宜共同完成附录 C 中各条款的规定。

4.4 螺柱许用应力

钢制螺柱的安全系数按表 1 规定选取。

表 1

材料	螺栓直径/mm	热处理状态	设计温度下屈服点 R_{eL}^{t} 的安全系数 n_s
碳素钢	≤M22	正火	2.7
	M24～M48		2.5
低合金钢、马氏体高合金钢	≤M22	调质	3.5
	M24～M48		3.0
	≥M52		2.7
奥氏体高合金钢	≤M22	固溶	1.6
	M24～M48		1.5

4.5 耐压试验

4.5.1 耐压试验一般采用液压试验，液压试验压力的最低值按下列规定。

$$p_T = 1.3p \quad (4)$$

式中：

p_T——液压试验压力，MPa；

p——设计压力，MPa。

4.5.2 液压试验按 8.4 的要求进行。

4.5.3 对不宜进行液压试验的板式热交换器，可采用气压试验，试验压力应不低于设计压力。

4.6 设计温度

4.6.1 在任何情况下，元件表面温度不得超过元件材料的允许使用温度。设计温度不得低于元件表面在工作状态下可能达到的最高温度；对于 0℃以下工作的板式热交换器，其设计温度不得高于元件表面可能达到的最低温度。

4.6.2 对于 0℃以上工作的板式热交换器，其铭牌标志设计温度应是其最高值；对于 0℃以下工作的板式热交换器，其铭牌标志设计温度应是其最低值。

5 材料

5.1 板式热交换器主要零部件所用材料应符合本章的规定。选择板式热交换器用材料应考虑其使用条件(如设计温度、设计压力、介质特性等)、材料性能(力学性能、工艺性能、化学性能和物理性能)、制造工艺及经济合理性。

5.2 板式热交换器主要零部件材料应符合表 2 的规定。当采用表 2 以外的材料时应符合下列要求。

5.2.1 选用国外牌号材料时，应符合相应的国外最新材料规范和标准，其使用范围应不超出规范和标准的规定。

5.2.2 允许采用已列入国家标准中的奥氏体型钢材，但其技术要求应不低于本部分所列入相应钢材标准中化学成分相近钢号的规定。

5.2.3 选用新研制的材料，应经国家认可的评审机构审查备案。

表 2

序号	主要零部件名称	代号(牌号)	材料标准
1	板片	S30408(06Cr19Ni10)	GB/T 3280
		S32168(06Cr18Ni11Ti)	
		S30403(022Cr19Ni10)	
		S31608(06Cr17Ni12Mo2)	
		S31603(022Cr17Ni12Mo2)	
		S31782(015Cr21Ni26Mo5Cu2)	
		S22053(022Cr23Ni5Mo3N)	
		S25073(022Cr25Ni7Mo4N)	
		TA1	GB/T 14845
		TA9-1	
		C68700(HA177-2)	GB/T 26299
		T70590(BFe10-1-1)	
		N6	GB/T 2054
		NS3303	YB/T 5354
2	压紧板中间隔板	Q235B	GB/T 700
		Q235C	
		Q345R	GB/T 713
		Q345B	GB/T 1591
		S30408(06Cr19Ni10)	GB/T 4237
		S30403(022Cr19Ni10)	
3	接管	10	GB/T 8163
		20	
		S30408(06Cr19Ni10)	GB/T 13296 GB/T 14976
		S32168(06Cr18Ni11Ti)	
		S31608(06Cr17Ni12Mo2)	
		S31603(022Cr17Ni12Mo2)	
		TA1	GB/T 3624 GB/T 3625
		TA2	

表 2 (续)

序号	主要零部件名称	代号(牌号)	材料标准
4	法兰	Q235B	GB/T 3274
		Q235C	
		20	NB/T 47008
		16Mn	
		S30408(06Cr19Ni10)	NB/T 47010
		S32168(06Cr18Ni11Ti)	
		S31608(06Cr17Ni12Mo2)	
		S31603(022Cr17Ni12Mo2)	
		TA1	GB/T 3621
		TA2	
		16MnD	NB/T 47009
5	夹紧螺柱	20	GB/T 699
		35	
		45	
		40Cr	GB/T 3077
		35CrMo	
		30CrMo	
		43CrMo	
		20Cr13	GB/T 1220
		S30408	
		S32168	
		S31608	
6	垫片	丁腈橡胶	见附录 A
		三元乙丙橡胶	
		氟橡胶	
		聚四氟乙烯包覆垫	
注:压紧板、中间隔板可采用 S30408(06Cr19Ni10)、S31608(06Cr17Ni12Mo2)等不锈钢材料包覆。			

5.3 板式热交换器板片、压紧板、中间隔板、夹紧螺柱、法兰、接管、垫片等主要零部件用材料及承受内压的焊缝用焊接材料应具备材料质量证明书,材料质量证明书内容应齐全,且盖有材料制造单位质量检验公章。

5.4 板式热交换器制造单位从非材料生产单位获得材料时,应取得材料制造单位提供的材料质量证明书原件或加盖材料供应单位检验公章和经办人名章的有效复印件。

5.5 板式热交换器制造单位应对所取得的材料及材料质量证明书的真实性和一致性负责,且应对不能确定材料质量证明书的真实性或者对性能和化学成分有怀疑的主要受压元件材料进行复验。

5.6 当采用 HA177-2、BFe10-1-1 压制板片时,应按照 GB/T 4156 进行埃里克森杯突试验,其埃里克森杯突值应不小于 9.5 mm。

5.7 螺柱不同温度下的许用应力按表3选取。对表3以外的螺柱材料,其许用应力按钢材设计温度下的屈服强度 R^t_{eL} 除以表1中的安全系数 n_s 确定。

5.8 螺柱的使用状态及力学性能试验要求等应符合GB/T 150.2—2011第7章的规定。

表3

钢号	钢材标准	使用状态	螺柱规格/mm	常温强度指标		在下列温度(℃)下的许用应力/MPa		
				R_m/MPa	R_{eL}/MPa	≤20	100	150
20	GB/T 699	正火	≤M22	410	245	91	81	78
			M24~M27	400	235	94	84	80
35	GB/T 699	正火	≤M22	530	315	117	105	98
			M24~M27	510	295	118	106	100
45	GB/T 699	正火	≤M22	600	355	131	120	—
			M24~M48	600	335	134	126	—
40Cr	GB/T 3077	调质	≤M22	805	685	196	176	171
			M24~M36	765	635	212	189	183
30CrMo	GB/T 3077	调质	≤M22	700	550	157	141	137
			M24~M48	660	500	167	150	145
			M52~M56	660	500	185	167	161
35CrMo	GB/T 3077	调质	≤M22	835	735	210	190	185
			M24~M48	805	685	228	206	199
			M52~M80	805	685	254	229	221
S42020 (2Cr13)	GB/T 1220	调质	≤M22	640	440	126	117	111
			M24~M27	640	440	147	137	130
S30408	GB/T 1220	固溶	≤M22	520	205	128	107	97
			M24~M48	520	205	137	114	103
S32168	GB/T 1220	固溶	≤M22	520	205	128	107	97
			M24~M48	520	205	137	114	103
S31608	GB/T 1220	固溶	≤M22	520	205	128	109	101
			M24~M48	520	205	137	117	107

注1:中间温度的许用应力值,可按本表的数值用内插法求得。

注2:45号钢只用于夹紧螺柱。

5.9 板式热交换器用法兰采用碳素钢和低合金钢锻件及不锈钢锻件时,按NB/T 47008、NB/T 47009、NB/T 47010的规定选用,并在图样上注明锻件级别(在钢号后附上级别符号,如20Ⅱ)。

5.10 板式热交换器用焊接材料应符合NB/T 47018的规定。

5.11 板式热交换器所有铭牌应以适合使用环境的金属材料制作。

6 设计

6.1 符号

A——预紧状态下,需要的最小夹紧螺柱总截面积,以螺纹小径计算或以无螺纹部分的最

小直径计算,取小者,mm^2;

A_b——实际使用的夹紧螺柱总截面积,以螺纹小径计算或以无螺纹部分的最小直径计算,取小者,mm^2;

A_m——需要的夹紧螺柱总截面积,mm^2;

A_p——操作状态下,需要的最小夹紧螺柱总截面积,以螺纹小径计算或以无螺纹部分的最小直径计算,取小者,mm^2;

a_2——垫片槽中心线所包容的板片最大投影面积,mm^2;

B——垫片有效密封宽度(见图4),mm;

b——板间距,mm;

d——夹紧螺柱小径或无螺纹部分的最小直径,取小者,mm;

F_D——作用于a_2上的流体静压力,按式(9)计算,N;

F_p——操作状态下,需要的最小垫片压紧力,按式(10)计算,N;

H——上下导杆内侧间的距离,mm;

L——夹紧尺寸,固定压紧板内侧至活动压紧板内侧间的距离,按式(5)计算,mm;

$$L=N_p b+\sum S_2 \quad \cdots\cdots (5)$$

l——垫片中心线展开长度,mm;

L_1——导杆长度(固定压紧板内侧至支柱内侧间的距离),mm;

l_1——板片纵向长度,mm;

L_2——夹紧螺柱长度,mm;

M——垫片系数,橡胶:$m=1$;

N_g——中间隔板数;

N_p——板片总数;

p——设计压力,MPa;

S_0——板片厚度,mm;

S_1——压紧板厚度,mm;

S_2——中间隔板厚度,mm;

S_3——垫片名义厚度(见图4),mm;

W_a——预紧状态下,需要的最小夹紧螺柱载荷(即预紧状态下,需要的最小垫片压紧力),N;

W_p——操作状态下,需要的最小夹紧螺柱载荷,N;

y——垫片比压力,橡胶:$y=1.4$ MPa;

$[\sigma]_b$——常温下夹紧螺柱材料的许用应力,MPa;

$[\sigma]_b^t$——设计温度下夹紧螺柱材料的许用应力,MPa;

δ——夹紧螺柱上所有螺母与垫片厚度之和,mm。

6.2 板片

6.2.1 板片设计不考虑腐蚀裕量。

6.2.2 板片厚度应满足设计条件要求。对于易燃、易爆及其他有害介质的场合,板片厚度应不小于0.5 mm。

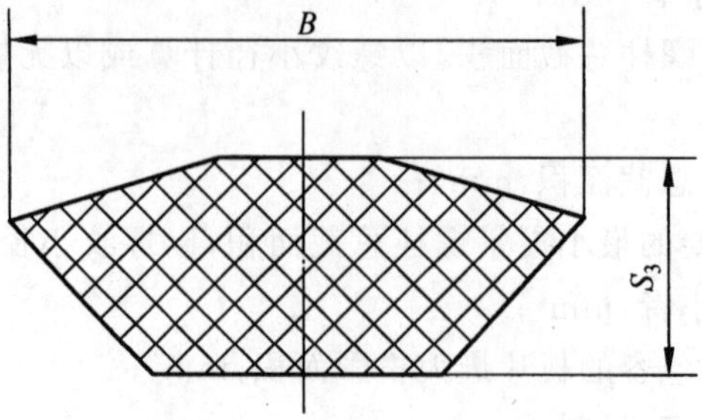

图 4

6.2.3 板片两端应有对称的定位悬挂结构。

6.3 压紧板

6.3.1 设计采用带加强筋的压紧板时,应得到需方同意。

6.3.2 板式热交换器的活动压紧板和中间隔板上宜设置滚动机构。

6.3.3 压紧板应有足够的刚性,以保证板式热交换器在正常操作状态不发生泄漏。

6.4 垫片

6.4.1 在垫片二道密封之间应设有通向大气的泄漏信号槽,信号槽深度应不小于垫片压缩量。

6.4.2 垫片应有保证密封的压缩量。

6.4.3 用于传热板片的密封垫片应是一个整体件。

6.4.4 当首次使用粘结式垫片时,制造单位应校验垫片材料、粘结剂与流体的适用性。

6.4.5 板式热交换器板片对之间角孔密封可采用包覆垫。

6.5 导杆

6.5.1 导杆长度 L_1 按式(6)计算:

$$L_1 \geqslant S_1 + N_g S_2 + (S_0 + S_3) N_p + \sqrt{l_1^2 - H^2} + 0.5 N_p \quad \cdots\cdots (6)$$

6.5.2 上导杆应满足承受上导杆自重、活动压紧板、中间隔板及最大面积下板片及所充介质(水或其他流体取密度大者)载荷的 1.5 倍以上。

6.5.3 上、下导杆与板片接触面宜用不锈钢材料制造。

6.6 夹紧螺柱

6.6.1 夹紧螺柱长度 L_2 按式(7)计算:

$$L_2 \geqslant 2S_1 + N_g S_2 + (S_0 + S_3) N_p + \delta + 1.5 N_p \quad \cdots\cdots (7)$$

6.6.2 夹紧螺柱载荷

a) 预紧状态下需要的最小夹紧螺柱载荷 W_a 按式(7)计算:

$$W_a = lBy \quad \cdots\cdots (8)$$

b) 操作状态下需要的最小夹紧螺柱载荷 W_p 按式(8)计算:

$$W_p = F_D + F_p \quad \cdots\cdots (9)$$

式中:

$$F_D = a_2 p \quad \cdots\cdots (10)$$

$$F_p = 2lBmp \quad \cdots\cdots (11)$$

c) 垫片有效密封宽度 B 应取垫片的最大宽度(见图 4)。

6.6.3 夹紧螺柱载荷面积

a) 预紧状态下需要的最小夹紧螺柱总截面积 A_a 按式(12)计算：

$$A_a=\frac{W_a}{[\sigma]_b} \qquad (12)$$

b) 操作状态下需要的最小夹紧螺柱总截面积 A_p 按式(13)计算：

$$A_p=\frac{W_p}{[\sigma]_b^t} \qquad (13)$$

c) 需要的夹紧螺柱总截面积 A_m 取 A_a 与 A_p 之大值；

d) 实际夹紧螺柱总截面积 A_b 应不小于需要的夹紧螺柱总截面积 A_m。

6.6.4 夹紧螺柱最小直径按式(14)计算：

$$d=\sqrt{\frac{4A_m}{\pi n}} \qquad (14)$$

6.6.5 夹紧螺柱光杆长度应不大于夹紧尺寸 L。

6.7 接管

6.7.1 接管应是双头螺柱连接或法兰连接或活接连接。

6.7.2 连接型式应在数据表(附录 C)中明确指出。

6.7.3 用于连接双头螺柱所开的孔不宜穿透压紧板体，孔内螺纹的最小长度应为双头螺柱直径值，未穿透部分厚度不小于压紧板厚度的 1/4。

6.7.4 多流程板式热交换器的流道布置应考虑能通过接管排空。

6.7.5 对有合金衬里的接管，衬里的最小厚度应不小于板片厚度。

6.7.6 法兰连接件伸出部分长度应使连接螺栓在法兰两侧都能安装与拆卸。

6.7.7 法兰螺栓孔或压紧板上的螺柱(栓)孔应与铅垂线跨中布置(见图 5)。

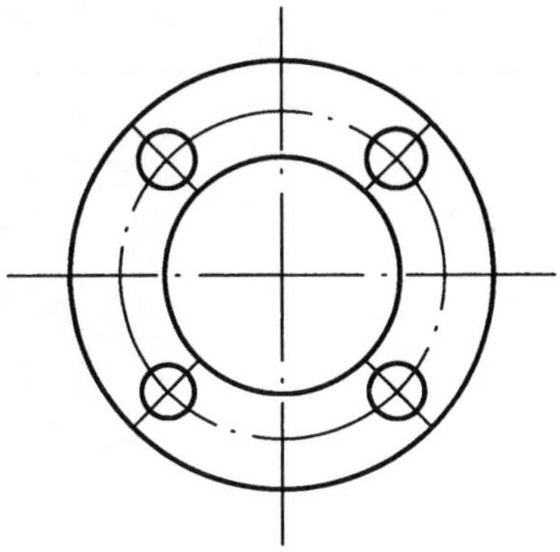

图 5

6.7.8 对于合金接管，需方对接管采用整体合金或合金衬里结构应有明确要求。

6.7.9 接管应能承受由管道所引起的力和力矩。表 4 和表 5 分别列出了标准用途和苛刻用途时接管应承受载荷的推荐值。如果需方没有规定，一般应采用表 4 中的标准接管载荷，力与力矩的方向如图 6 所示。

表 4

公称直径 DN/mm	接管载荷					
	PN20		PN50		PN110	
	F/N	M/(N·m)	F/N	M/(N·m)	F/N	M/(N·m)
25	90	0	119	1	167	2
40	159	37	209	40	293	44
50	208	76	273	80	383	88
80	365	230	480	246	673	274
100	477	358	628	388	879	438
150	776	750	1 022	840	1 430	990
200	1 096	1 236	1 443	1 431	2 020	1 758
250	1 433	1 809	1 886	2 167	2 640	2 763
300	1 784	2 471	2 347	3 056	3 286	4 032
350	2 146	3 220	2 824	4 108	3 953	5 587
400	2 519	4 060	3 314	5 333	4 640	7 454
450	2 901	4 993	3 818	6 742	5 345	9 658
500	3 292	6 021	4 332	8 346	6 065	12 221

注:以上数据由下列公式计算:

$$F=\frac{7.5\ DN^{1.2}+0.1PN\cdot DN^{1.2}}{5}$$

$$M=\frac{4\ (DN-25)^{1.4}+2\times10^{-5}\ PN\cdot DN^{2.7}}{5}$$

式中:

$F=F_X=F_Y=F_Z$;

$M=M_X=M_Y=M_Z$。

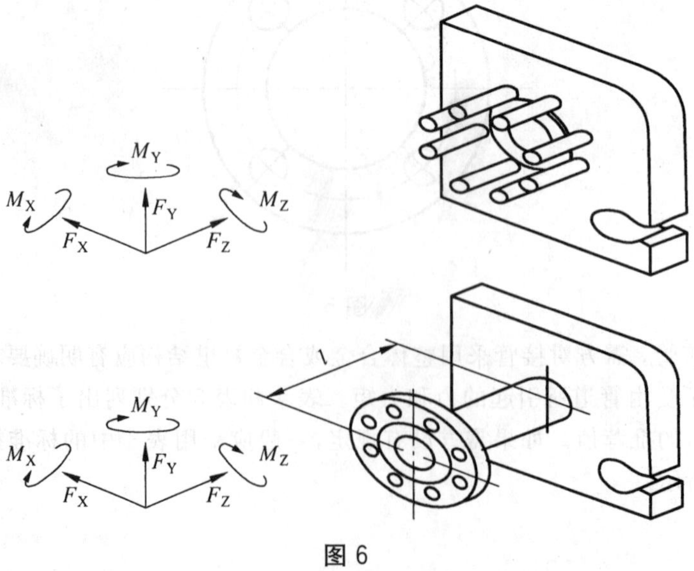

图 6

表 5

公称直径 DN/mm	接管载荷					
	PN20		PN50		PN110	
	F/N	M/(N·m)	F/N	M/(N·m)	F/N	M/(N·m)
25	452	2	595	6	833	12
40	795	186	1 046	198	1 464	220
50	1 039	378	1 367	401	1 913	440
80	1 826	1 148	2 402	1 230	3 363	1 368
100	2 386	1 788	3 140	1 938	4 396	2 189
150	3 882	3 750	5 108	4 200	7 151	4 951
200	5 482	6 178	7 213	7 157	10 099	8 789
250	7 166	9 047	9 428	10 836	13 200	13 817
300	8 918	12 253	11 734	15 280	16 428	20 158
350	10 730	16 101	14 119	20 539	19 766	27 935
400	12 595	20 301	16 572	26 665	23 201	37 271
450	14 507	24 965	19 088	33 711	26 723	48 288
500	16 462	30 107	21 661	41 732	30 325	61 106

注:以上数据由下列公式计算:

$$F=7.5DN^{1.2}+0.1PN \cdot DN^{1.2}$$

$$M=4(DN-25)^{1.4}+2\times10^{-5}PN \cdot DN^{2.7}$$

式中:

$F=F_X=F_Y=F_Z$;

$M=M_X=M_Y=M_Z$。

6.8 起吊

板式热交换器应有适当的起重吊耳、吊耳孔或类似的结构。

7 图样及质量证明文件

7.1 图样

7.1.1 制造单位应提交每台板式热交换器总装图供需方审查。总装图应至少包含下列内容:

a) 用途、项目号、工程名称、档案号;

b) 设计压力、最大允许工作压力、试验压力、设计温度及板式热交换器耐压试验和操作限制;

c) 框架、板片、垫片的预期设计使用寿命;

d) 产品型号、换热面积;

e) 支座尺寸与方位;

f) 外型尺寸;

g) 板束夹紧尺寸;

h) 板式热交换器净质量与充水质量；

i) 板式热交换器维修所需空间；

j) 板片与垫片数量以及框架允许的最大可装板片数；

k) 接管尺寸、法兰规格及方位、介质流向标志；

l) 所用标准、法规及规范；

m) 垫片材料及与板片的固定方式或所需黏结剂。

7.1.2 需方认可后，制造单位应提供最终的总装图。需方对总装图的确认，并不解除制造单位应满足订单要求的责任。

7.1.3 如果需方有要求，制造单位应提交焊接工艺和焊接节点图，供需方审查。

7.1.4 如果需方有要求，制造单位应提交计算书，供需方认可或保存。

7.2 质量证明文件

7.2.1 质量证明文件应至少包括下列内容：

a) 产品合格证；

b) 产品使用说明书；

c) 产品总装图；

d) 产品流程组合图；

e) 产品质量证明书；

f) 安全注册证书与节能注册证书复印件(获证企业)。

7.2.2 产品质量证明书应至少包括下列内容：

a) 产品技术特性；

b) 板片、压紧板、夹紧螺柱、法兰、接管、垫片及承受内压焊缝用焊接材料的材料名称与规格；

c) 外观及几何尺寸检验结果；

d) 压力试验检验报告；

e) 无损检测检验报告(需方有要求时)；

f) 焊接质量检查结果(包括超过 2 次的返修记录)。

7.2.3 产品使用说明书应至少包括下列内容：

a) 设备安装与维修宜采用的工具；

b) 设备安装注意事项；

c) 设备开、停车注意事项；

d) 设备拆卸注意事项；

e) 设备维修注意事项；

f) 设备及板片宜采用的清洗方法。

7.2.4 制造单位应将板式热交换器的生产质量证明记录文件至少保存 5 年。

8 制造

8.1 板片加工

8.1.1 板片减薄量应小于板片实际厚度的 23%。

8.1.2 板片周边及角孔应清除冲切毛刺。

8.1.3 加工后板片表面有超过板片厚度负偏差的凹坑、划伤、压痕等缺陷时,应进行修磨,并应满足 8.1.1 的要求。

8.1.4 成形板片不允许有微裂纹,且不得对板片表面微裂纹进行补焊。

8.1.5 板片波纹深度允许偏差及垫片槽深度允许偏差应符合表 6 的规定。

8.1.6 垫片的制造要求见附录 A。

表 6

单位为毫米

单板换热面积 a/m^2		≤0.5	>0.5~1.6	>1.6~2.4	>2.4
允许偏差	波纹深度	±0.10	±0.15	±0.20	±0.25
	垫片槽深度				

8.2 焊接

8.2.1 当施焊环境出现下列任一情况且无有效防护措施时,应禁止施焊:

a) 相对湿度大于 90%;

b) 焊件温度低于 15℃。

8.2.2 焊接工艺

8.2.2.1 受压元件焊接工艺评定可参见 NB/T 47014 和图样要求制定。

8.2.2.2 半焊式板式热交换器板片对的焊接可采用激光焊、氩气保护电弧焊或等离子弧焊等。

8.2.2.3 当半焊式板式热交换器板片对的焊接方法和焊接工艺超出 NB/T 47014 的规定时,其焊接工艺应报全国锅炉压力容器标准化技术委员会评定、认可。

8.2.3 焊缝质量

8.2.3.1 接管对接连接接头焊缝对口错边量应不大于 $\delta_s/4$(δ_s为对口处钢材厚度)。

8.2.3.2 焊缝余高应符合图样要求。

8.2.3.3 焊缝表面不得有裂纹、夹渣、气孔、未焊透、未熔合、弧坑和飞溅物。

8.2.4 焊缝返修

8.2.4.1 当焊缝需要返修时,其返修工艺应符合 8.2.2 的有关规定。

8.2.4.2 焊缝同一部位的返修次数不宜超过 2 次。如超过 2 次,返修前均应经制造单位技术总负责人批准,返修次数、部位和返修情况应记入产品质量证明书中。

8.3 组装

8.3.1 板式热交换器应按产品流程组合图进行组装。

8.3.2 装配前板片垫片槽和波纹表面不应有污物。

8.3.3 当垫片用黏结剂粘贴在板片垫片槽内时,垫片不应有扭曲与松脱;若采用其他非粘贴方法将垫片固定在板片垫片槽内时,亦不应有扭曲和偏离板片垫片槽等现象。

8.3.4 板束夹紧时,应均匀对称地拧紧夹紧螺柱(或顶杆),以保持板片的平行状态。组装后,当夹紧尺寸 L 小于 1 000 mm 时,两压紧板间的平行度偏差应不大于 2 mm;当夹紧尺寸 L 大于 1 000 mm 时,两压紧板间的平行度偏差应不大于夹紧尺寸 L 的 3‰,且不大于 4 mm。

8.3.5 夹紧尺寸 L 的偏差应不大于 L 的 1%且夹紧尺寸小于 100 mm 时,偏差应不大于 1 mm。

8.3.6 压紧板接管法兰密封面应垂直于接管中心线,其偏差不得超过法兰外径的 1%(法兰外径小于 100 mm 时,按 100 mm 计算),且不大于 3 mm(有特殊要求时应按图样规定)。

8.3.7 板式热交换器的碳素钢零、部件外露表面应采取防锈措施;法兰密封面宜涂油(脂)防护。

8.3.8 板式热交换器需涂漆的金属表面,涂漆前应干燥,对油污、铁锈、焊接飞溅物和其他影响涂漆质量的杂物应予清除。表面漆膜应均匀,不应有气泡、龟裂和削落等现象。

8.3.9 组装后,板式热交换器内腔应洁净、无杂物。

8.4 液压试验

8.4.1 板式热交换器制成后应逐台进行液压试验。试验场地应有安全可靠的防护设施。

8.4.2 液压试验介质一般采用水,奥氏体不锈钢板片组装的板式热交换器,用水进行液压试验后应将水渍清除干净,当无法达到这一要求时,应控制水的氯离子含量不超过 25 mg/L。

8.4.3 试验压力按 4.5.1 的规定。

8.4.4 液压试验应用两个精度等级不低于 1.6 级、量程相同并经过检定的压力表。压力表的量程应为设计压力的 1.5 倍～3 倍,表盘直径应不小于 100 mm。

8.4.5 板式热交换器应两侧分别进行单侧液压试验。一侧进行液压试验时,另一侧应同时处于无压力状态。

8.4.6 试验时应在适当位置设置排气口,充满水时应将板式热交换器内的空气排尽。试验过程中应保持板式热交换器观察面的干燥。

8.4.7 试验时应缓慢升压,达到规定的试验压力后,保压时间不少于 30 min,并对所有密封面和受压焊接部位进行检查。检查期间压力应保持不变,不得采用连续加压或拧紧夹紧螺柱(或顶杆)以维持压力不变的做法,试验过程中不得带压紧固或向受压元件施加外力。

8.4.8 液压试验过程中,板式热交换器应无渗漏,无异常响声和可见变形。

8.4.9 板式热交换器液压试验合格后,应排放流道内的积水。

8.5 气压试验

8.5.1 对不宜进行液压试验的板式热交换器,可采用气压试验。气压试验程序由供需双方商定。

8.5.2 气压试验压力按 4.5.3 的规定。

8.5.3 气压试验过程中,板式热交换器应无异常响声,经肥皂液或其他检漏检查无漏气,无可见变形。

8.5.4 气压试验场地应有可靠的安全防护设施。

9 检验与性能测定

9.1 板片

9.1.1 板片垫片槽深度用百分表进行检测,检测点应均匀分布,两端各 4 点,每侧直线部分每米长度检测 3 点(直线长度小于 1 m 时,按 1 m 计算)。

9.1.2 板片波纹深度用百分表进行检测,检测点分布应满足下列规定:

a) 从板片水平对称中心线起,沿板片纵向每米长度应不少于 3 排测点(含对称线点),纵向长度小于 1 m 时,按 1 m 计算;

b) 从板片纵向对称中心线起,沿板片横向检测点间距应不大于 200 mm,且不少于 2 点(含对称线点)。

9.1.3 每批板片抽 3‰,且不少于 3 片进行板片垫片槽深度和波纹深度尺寸检测。如发现有一张板片不合格,应逐张检测,对不合格者进行再加工后重新组批进行检测。同一生产班次、同一次装卡模具、同一炉批号材料压制的板片为一批。

9.1.4 有下列情况之一时,应抽取一张板片用切割解剖或无损测厚法对减薄较大处进行厚度检测:

a) 用新模具压制的板片;

b) 用新材料压制的板片;

c) 模具更换镶块后压制的板片。

9.1.5 传热板片应进行微裂纹检验。检验方法可按 NB/T 47013 的规定进行渗透检测,或采用荧光紫外线进行检测,且检测频次应符合下列规定。如发现有一张板片不合格,应逐张检测。

a) 不锈钢板片每批抽 3‰,且不少于 2 片;

b) 钛材及其他特殊材质板片每批抽 1%,且不少于 3 片;

c) 需方有特殊要求时,应按需方要求比例进行检测,但应不低于 a)与 b)的要求。

9.2 接管

9.2.1 公称直径不小于 250 mm 接管对接连接的焊接接头,应按 NB/T 47013.2 进行局部射线检测,不低于Ⅲ级为合格。检测长度应不小于焊接接头长度的 20%,且不小于 250 mm。

9.2.2 公称直径小于 250 mm 接管对接连接的焊接接头,应按 NB/T 47013.4~47013.5 和图样规定的方法对其表面进行磁粉或渗透检测,不低于Ⅰ级为合格。

9.3 性能测定

在下列情况之一时,应按 GB/T 27698.1 和 GB/T 27698.3 的要求对板式热交换器进行性能测定:

a) 制造单位认为有必要时;

b) 需方指定或要求制造单位进行测定时;

c) 产品进行能效评价时。

10 能效评价

10.1 能效值

板式热交换器的能效值按式(15)计算:

$$EEI = k/\nabla p^{0.31} \qquad (15)$$

式中:

k——在热流体定性温度为 50℃、冷流体定性温度为 30℃,冷、热流体流速均为 0.5 m/s 的标准状态(水-水热交换)下,根据所建立的努塞尔(Nu)准则关联式、板片厚度及其导热系数,计算出的总传热系数 k_{cal},W/(m² · K);

∇p——压力梯度,$\nabla p = \omega_c \Delta p_c / l_c + \omega_h \Delta p_h / l_h$,Pa/m。

式中:

ω_c、ω_h——冷、热流体压力梯度的权重系数,$\omega_c + \omega_h = 1$,对于常规等截面板式热交换器,满足 $\omega_c = \omega_h = 0.5$;

l_c、l_h——冷、热流体角孔纵向中心距,m;

Δp_c、Δp_h——在热流体定性温度为 50℃、冷流体定性温度为 30℃,冷、热流体流速均为 0.5 m/s的标准状态(水-水热交换)下,根据所建立的欧拉(Eu)准则关联式计算出的冷、热侧压力降 Δp_{cal},Pa。

10.2 能效等级

10.2.1 板式热交换器能效等级分为 4 级,各等级产品的能效值不低于表 7 的规定,其中 1 级为最高。

10.2.2 板式热交换器能效限定值为 168。

10.2.3 节能型板式热交换器能效值不低于 176。

表 7

级别	1	2	3	4
EEI	227	200	176	168

11 标志、运输包装、储存

11.1 标志

11.1.1 每台板式热交换器应有产品铭牌,产品铭牌应固定于产品明显位置。

11.1.2 产品铭牌至少应包含下列内容:

a) 设备名称;

b) 设备型号;

c) 设计压力;

d) 试验压力;

e) 设计温度;

f) 最大允许工作压力;

g) 换热面积;

h) 夹紧尺寸范围;

i) 设备质量;

j) 制造日期;

k) 制造单位名称;

l) 制造单位出厂编号;

m) 安全注册与节能注册证编号(获证企业)。

11.1.3 如产品有特殊警示说明,警示标志应可靠地固定于产品明显位置。

11.1.4 每台产品应有介质进、出口标志。

11.1.5 在产品明显位置或质量证明书中宜有表示产品铭牌内容及流程组合等信息的二维码。

11.2 运输包装

11.2.1 运输前板式热交换器应洁净,并封住所有开口,且应满足需方指定的其他特殊要求。

11.2.2 法兰密封面应带盖板进行防护。

11.2.3 板式热交换器宜整体运输,随产品发送的质量证明文件应妥善包装。

11.3 储存

11.3.1 板式热交换器宜在干燥通风的库房内存放,环境温度不得超过 40℃。

11.3.2 产品存放期超过半年时,应预先松开夹紧螺柱,使两压紧板间的尺寸达到 $1.2L$ 为宜,使用时,再夹紧到 L。

附　录　A
(规范性附录)
板式热交换器垫片

A.1　范围

本附录规定了板式热交换器密封垫片(简称垫片)的材料、制造、检验及验收等要求。

A.2　规范性引用文件

下列文件对于本文件的应用是必不可少的。凡是注日期的引用文件,仅注日期的版本适用于本文件。凡是不注日期的引用文件,其最新版本(包括所有的修改单)适用于本文件。

GB/T 528　硫化橡胶或热塑性橡胶　拉伸应力应变性能的测定

GB/T 529　硫化橡胶或热塑性橡胶撕裂强度的测定(裤形、直角形和新月形试样)

GB/T 531.1　硫化橡胶或热塑性橡胶　压入硬度试验方法　第1部分:邵氏硬度计法(邵尔硬度)

GB/T 531.2　硫化橡胶或热塑性橡胶　压入硬度试验方法　第2部分:便携式橡胶国际硬度计法

GB 4806.11　食品安全国家标准　食品接触用橡胶材料及制品

GB/T 7759.1　硫化橡胶或热塑性橡胶　压缩永久变形的测定　第1部分:在常温及高温条件下

A.3　定义

下列术语和定义适用于本附录。

A.3.1

垫片材料　gasket rubber compound

由橡胶主体配以硫化剂、填充物均匀混合而成的用于制造垫片的混炼胶。

A.3.2

主密封区域　critical area of the gasket

垫片顶部密封区域或与流体接触的密封区域。

A.3.3

非主密封区域　non-critical area of the gasket

不直接与流体接触的垫片区域。

A.3.4

泄漏信号槽　venting slot

在垫片两道密封连接位置开设的用以引导泄漏介质通向大气的小槽(如图A.1所示)。

A.3.5

包覆垫　covered gasket

在橡胶垫表面包覆聚四氟乙烯膜形成的耐腐蚀垫片。

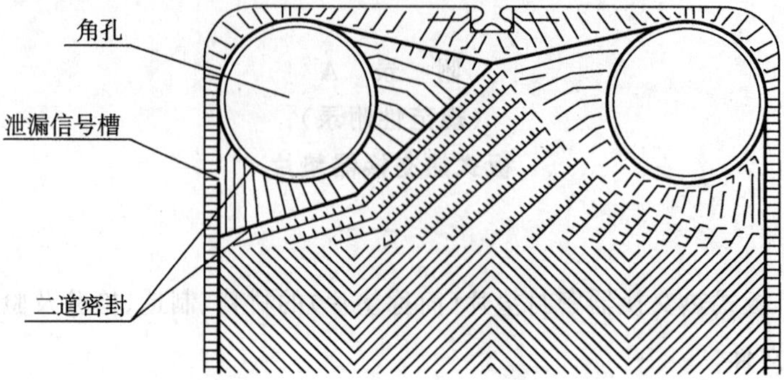

图 A.1

A.3.6

单边错位 sectional deviation

垫片横截面在合模处的左右不齐。

A.3.7

表面缺陷 surface defects

垫片表面的局部隆起或凹陷。

A.3.8

杂质 contamination

粘附或嵌入垫片的木屑、沙石、金属屑粒、橡胶飞边等杂质。

A.4 通用要求

A.4.1 垫片除应符合本附录规定外,还应满足图样要求。

A.4.2 垫片的应用应充分考虑到垫片与流体介质、工况、板片材料等的兼容性。

A.4.3 垫片的设计、制造单位应具备健全的质量管理体系。

A.5 材料

A.5.1 垫片材料的物理性能应符合表 A.1 的规定。

A.5.2 选用表 A.1 以外的密封材料时,应由供需双方商定。

A.5.3 食品、医药用垫片应符合 GB 4806.11 的规定。

A.5.4 垫片材料应明确所适用的介质及温度范围。

A.5.5 使用同一配方,采用相同的橡胶、混合物原料及混炼工艺所生产的混炼胶视为同一种垫片材料,应有其相应的名称或代号及成品识别标识。

A.6 制造

A.6.1 垫片主密封面应平整光滑,应无任何杂质、气泡、凹陷等影响密封的缺陷或错边。

A.6.2 垫片厚度应无负偏差,其允许正偏差值应符合表 A.2 的规定。

A.6.3 垫片单边长度应无正偏差,其负偏差绝对值应不大于单边直线长度的 3‰,且不大于 4 mm。

A.6.4 垫片横截面色泽应均一,应无机械杂质、气泡等缺陷。

A.6.5 垫片横截面单边错位应不大于 0.2 mm。表面缺陷的高度或深度应不超过 0.2 mm,长度应不超过 2 mm,宽度应不大于 1.5 mm。

表 A.1

项目	垫片材料		
	丁腈橡胶	三元乙丙橡胶	氟橡胶
硬度,邵尔或 IRHD(方法 N)	75±5	80±5	80±5
断裂拉伸强度/MPa	≥13	≥12	≥10
拉断伸长率/%	≥200	≥150	≥120
撕裂强度/(N/mm) (新月形,缺口 1 mm,或直角形)	≥30	≥20	—
压缩永久变形 B/%	≤25 压缩率:25% 热空气:110℃×24 h	≤25 压缩率:25% 热空气:150℃×24 h	≤35 压缩率:25% 热空气:180℃×24 h
注:垫片材料性能要求超出本规定时,应由供需双方商定,且应满足企业标准要求。			

表 A.2

单位为毫米

单边长度	≤1 000		1 000~1 500		>1 500
垫片厚度	≤4.0	>4.0	≤6.3	>6.3	—
厚度允许偏差	+0.20 0	+0.25 0	+0.25 0	+0.30 0	+0.30 0

A.7 检验

A.7.1 垫片材料

每批垫片材料应至少按下列标准进行物理性能检验;同一配方、同一次混炼加工的垫片材料为一批。

a) 断裂拉伸强度和扯断伸长率按 GB/T 528 的规定;

b) 撕裂强度按 GB/T 529 的规定;

c) 硬度按 GB/T 531.1 或 GB/T 531.2 的规定;

d) 压缩永久变形按 GB/T 7759.1 的规定。

A.7.2 垫片

垫片应进行下列项目检测:

a) 垫片硬度与压缩永久变形;

b) 垫片长度与厚度尺寸;

c) 垫片外观质量。

A.7.3 检验方法

A.7.3.1 垫片厚度用测厚仪进行检测,检测点应均匀分布,其中两端各 4 点,二道密封处各 2 点,每侧直线部分每米长度检测 3 点(小于 1 m 的直线,长度按 1 m 计算)。

A.7.3.2 垫片硬度用硬度计在整条垫片上检测,检测点应均匀分布,其中两端各 4 点,二道密封处各 2 点,每侧直线部分每米长度检测 3 点(小于 1 m 的直线,长度按 1 m 计算)。

A.7.3.3 垫片长度用相应的板片进行检测。将垫片平放入对应的板片垫片槽中,用游标卡尺测量其相对超差尺寸。

A.7.3.4 垫片外观质量目测检查，有缺陷时，应用相应的量具进行测定。

A.7.3.5 食品用垫片卫生指标按 GB 4806.11 的规定进行检验；医药用垫片按医药卫生要求可参照 GB 4806.11 的规定进行检验。

A.7.3.6 垫片横截面质量及截面尺寸用切割解剖法进行检验。

A.7.3.7 垫片应按 GB/T 7759.1 进行压缩永久变形的测定，压缩永久变形值符合表 A.1 的规定。

A.7.4 检验比例

A.7.4.1 每批垫片抽 1%，且不少于 1 条进行硬度、厚度与长度尺寸的检验。如有不合格者，则应进行二次加倍抽样检验；二次加倍抽样检验有不合格者，则判定该批垫片为不合格。同一批垫片材料、在同一模腔连续硫化加工的同一规格的垫片为一批。

A.7.4.2 每批垫片抽一条进行压缩永久变形的测定。

A.7.4.3 有下列情况之一时，应至少抽取 1 条垫片，对垫片两侧直线部位、端部与二道密封部位进行横截面质量及横截面尺寸的检验。

a） 用新模具硫化的垫片；

b） 用新垫片材料硫化的垫片；

c） 模具维修或更换镶块后硫化的垫片。

A.7.4.4 垫片外观质量应逐条进行检验。

A.7.4.5 同一胶种的每批垫片应有符合表 A.1 和表 A.2 的检验报告。

A.7.4.6 包覆垫的制造及检验项目、检验比例与检验方式由供需双方商定，且应满足企业标准要求。

A.7.4.7 每批垫片应有质量证明书。

A.8 标志、包装、运输与储存

A.8.1 标志

A.8.1.1 在每条垫片泄漏信号槽或非主密封区域应有下列标志内容：

a） 垫片材料；

b） 垫片硫化日期(年、季度或月)；

c） 板片型号；

d） 垫片制造单位。

注：对食品用垫片，应按图样要求有相应的标示。

A.8.1.2 同一批垫片的包装箱(或包装袋)中应有产品质量证明文件。质量证明文件应至少包含下列内容：

a） 产品合格证；

b） 垫片材料；

c） 垫片型号；

d） 投料批号；

e） 数量；

f） 硫化日期；

g） 检验结果；

h） 垫片储存方法及储存期限；

i） 垫片标志说明；

j） 制造单位名称；

k） 安全注册证编号(获证企业)。

A.8.2 包装

A.8.2.1 应采用对垫片无损害、无污染的包装材料进行包装。

A.8.2.2 不同垫片材料、型号的垫片应分别进行包装。

A.8.2.3 垫片的运输包装应保证包装被打开以后垫片能恢复原状。

A.8.3 运输

在运输过程中，应确保垫片不与有腐蚀、有损害于垫片的物质接触，避免光照与雨雪浸淋。

A.8.4 储存

A.8.4.1 垫片应在阴凉、干燥、避免阳光的环境中存放，不发生水汽凝结，其环境相对湿度宜低于70%，温度应为0℃～40℃。

A.8.4.2 垫片不应与酸、碱、油类、有机溶剂及损害垫片的物质接触，避免重压。

附　录　B
（资料性附录）
板式热交换器制造确认表

B.1　板式热交换器数据确认可帮助设计单位、制造单位和使用单位规定板式热交换器设计的必要数据。

B.2　该表由需方填写。对表 B.1 列出的规定要求，需方应给出明确答复。

表 B.1

章节	要求	选项
4.1	指定(或同意)的设计标准	数据表中明确
4.1	指定(或同意)的结构焊接标准	数据表中明确
7.1.3	提交审查的焊接工艺及评定的复印件	要□　不要□
7.1.4	提交评定或记录的计算书复印件	要□　不要□
6.7.5	合金接管采用整体结构或衬里结构	数据表中明确
7.2	制造单位质量控制系统及质量控制计划文件	要□　不要□
9.1.5	板片无损检测的要求和程度	数据表中明确
9.2	接管部位无损检测的要求	数据表中明确
10.2	能效等级	数据表中明确
11.3.1	干燥要求规定	数据表中明确

附 录 C
（资料性附录）
板式热交换器数据表

C.1 板式热交换器数据表可帮助设计单位、制造单位和使用单位规定板式热交换器设计的必要数据。

C.2 表 C.1、表 C.2 由需方与制造单位共同填写完成。

C.3 当热交换器制造完毕后，制造单位完成表 C.1、表 C.2，作为设备制造的长久记录。

表 C.1

<table>
<tr><td rowspan="3">制造单位名称：</td><td colspan="2" rowspan="3">板式热交换器工艺数据表</td><td colspan="2">项目号：</td></tr>
<tr><td colspan="2">文件号：　　修改：</td></tr>
<tr><td colspan="2">第　页　共　页</td></tr>
<tr><td>项目名称：</td><td colspan="2"></td><td colspan="2">用户：</td></tr>
<tr><td>设备名称：</td><td colspan="2">设备位号：</td><td colspan="2">订单号：</td></tr>
<tr><td>设备型号：</td><td colspan="2">系列号：</td><td colspan="2">台数：</td></tr>
<tr><td colspan="5">热交换器性能数据</td></tr>
<tr><td>01 工况</td><td colspan="2">热侧</td><td colspan="2">冷侧</td></tr>
<tr><td>02 流体</td><td colspan="2"></td><td colspan="2"></td></tr>
<tr><td>03 总流量 kg/s</td><td colspan="2"></td><td colspan="2"></td></tr>
<tr><td>04 每台流量 kg/s</td><td colspan="2"></td><td colspan="2"></td></tr>
<tr><td>05 设计温度 ℃</td><td colspan="2"></td><td colspan="2"></td></tr>
<tr><td>06 最低设计金属温度 ℃</td><td colspan="2"></td><td colspan="2"></td></tr>
<tr><td>07 设计压力 MPa(表压)</td><td colspan="2"></td><td colspan="2"></td></tr>
<tr><td>08 允许压降/计算压降 MPa</td><td colspan="2">—</td><td colspan="2">—</td></tr>
<tr><td>09 最大/最小壁温 ℃</td><td colspan="2">—</td><td colspan="2">—</td></tr>
<tr><td>10 结垢裕度[1)] %</td><td colspan="2"></td><td colspan="2"></td></tr>
<tr><td>11 操作数据</td><td>进</td><td>出</td><td>进</td><td>出</td></tr>
<tr><td>12 液体流量 kg/s</td><td></td><td></td><td></td><td></td></tr>
<tr><td>13 汽体流量 kg/s</td><td></td><td></td><td></td><td></td></tr>
<tr><td>14 不凝性气体流量 kg/s</td><td></td><td></td><td></td><td></td></tr>
<tr><td>15 操作温度 ℃</td><td></td><td></td><td></td><td></td></tr>
<tr><td>16 操作压力 MPa(表压)</td><td></td><td></td><td></td><td></td></tr>
<tr><td>17 流体特性</td><td></td><td></td><td></td><td></td></tr>
<tr><td>18 密度 kg/m³</td><td></td><td></td><td></td><td></td></tr>
<tr><td>19 比热容 kJ/(kg·K)</td><td></td><td></td><td></td><td></td></tr>
<tr><td>20 黏度 Pa·s</td><td></td><td></td><td></td><td></td></tr>
<tr><td>21 导热系数 W/(m·K)</td><td></td><td></td><td></td><td></td></tr>
<tr><td>22 表面张力 N/m</td><td></td><td></td><td></td><td></td></tr>
<tr><td colspan="5">23 气体特性</td></tr>
<tr><td>24 密度 kg/m³</td><td></td><td></td><td></td><td></td></tr>
</table>

表 C.1(续)

25 比热容	kJ/(kg·K)				
26 黏度	Pa·s				
27 导热系数	W/(m·K)				
28 摩尔质量	kg/kmol				
29 不凝性气体摩尔质量	kg/kmol				
30 露点/始沸点	℃				
31 颗粒最大尺寸	mm				
32 颗粒体积分数	%				
33 潜热	kJ/kg				
34 临界压力	MPa(绝压)				
35 临界温度	℃				
36 总热交换量	kW				
37 总传热系数[1]	$W/(m^2 \cdot K)$	洁净工况		结垢工况	
38 对数平均温差	℃				
39 传热面积	m^2				
40 单侧表面传热系数	$W/(m^2 \cdot K)$				
41 能效等级	EEI				

物理特性：

工况	温度	℃									
	压力	MPa(绝压)									
	热量	kW									
液相	气体质量分数	%									
	液相中水的质量分数	%									
	密度	kg/m^3									
	比热容	kJ/(kg·K)									
	黏度	Pa·s									
	导热系数	W/(m·K)									
	表面张力	N/m									
	蒸汽压力	kPa(绝压)									
气相	密度	kg/m^3									
	比热容	kJ/(kg·K)									
	黏度	Pa·s									
	导热系数	W/(m·K)									
	蒸气压	MPa(绝压)									
	摩尔质量	kg/kmol									
	潜热	kJ/kg									
	临界压力	MPa(绝压)									
	临界温度	℃									

注：

修订号：	修订：	日期：	制表人：	审核人：

[1] 结垢裕度 $=(U_{clean}/U_{service}-1)\times 100$，式中，$U$ 为总传热系数。

表 C.2

制造单位：	板式热交换器机械数据表		工程合同人：	
订单号：	文件号：		页数：	
01 板式热交换器和板片的布置				
02 并联板式热交换器数量		热交换器传热面积(每台)　m^2		
03 串联板式热交换器数量		单板换热面积　m^2		
04 热侧流程数		每台板片数量		
05 冷侧流程数		每台最大板片数量		
06 流动状态	并流/逆流	板片人字形角度		
07 波纹深度　mm		板片厚度　mm		
08 设计数据				
09 设计规范				
10 材质证明类别				
11 规范钢印	有		没有	
12 采用规范				
13 地方法规				
14	热侧		冷侧	
15 试验压力　MPa(表压)				
16 允许最大工作压力　MPa(表压)				
17 板间流速　m/s				
18 壁面剪应力　Pa				
19 每台热交换器液体容积　m^3				
20 长/宽/高　mm				
21 质量(空/充水)　kg	—			
22				
23 接管	进	出	进	出
24 接管尺寸(公称)				
25 法兰(规格/类型)	—	—	—	—
26 零、部件	材料			
27 板式热交换器类型	密封垫式(　)		半焊式(　)	
28 板片				
29 垫片固定方式	胶粘(　)		免粘(　)	
30 垫片(冷侧/热侧)	—			
31 压紧板(固定/活动)	—			
32 夹紧螺柱/螺母	—			
33 接管设计	双头螺栓(　)	法兰(　)	活接(　)	

表 C.2(续)

34 接管/法兰				
35 接管腐蚀裕量 mm				
36 双头螺栓/螺母				
37 防护罩	无( )	防喷溅( )	防火( )	
38 集液盘	要( )	不要( )	其他( )	
39 油漆要求	制造厂标准( )		需方规定( )	
40 保温	要( )	不要( )	其他( )	
41				
42 载荷				
43 接管载荷/力矩	标准( )	苛刻状况( )	需方规定( )	
44 风载荷				
45 爆炸冲击载荷				
46 地震载荷				
47 海上输送载荷				
48				
49 检查与试验				
50 规定干燥程序		有( )	没有( )	
51 空气吹干		有( )	没有( )	
52 标准以外的无损检测				
53 检查要求		需方( )	第三方( )	
54				
修订号:	修订:	日期:	制表人:	审核人:

ICS 27.060.30
CCS J 75

NB

中华人民共和国能源行业标准

NB/T 47004.2—2021

板式热交换器
第2部分:焊接板式热交换器

Plate heat exchangers—Part 2: Welded plate heat exchangers

2021-01-07 发布 2021-07-01 实施

国家能源局 发布

前　言

本文件按照GB/T 1.1—2020《标准化工作导则　第1部分：标准化文件的结构和起草规则》的规定起草。

NB/T 47004《板式热交换器》分为2个部分：

——第1部分：可拆卸板式热交换器；

——第2部分：焊接板式热交换器。

本文件是NB/T 47004《板式热交换器》的第2部分。

本文件由全国锅炉压力容器标准化技术委员会(SAC/TC 262)提出并归口。

本文件起草单位：上海蓝滨石化设备有限责任公司、中石化广州工程有限公司、中国石化工程建设有限公司、中国石油化工股份有限公司茂名分公司、中国船舶重工集团公司第七一一研究所、上海板换机械设备有限公司、兰州兰石换热设备有限责任公司、阿法拉伐(江阴)设备制造有限公司、西安交通大学。

本文件主要起草人：马一鸣、邹建东、张迎恺、张国信、常春梅、邱宏斌、张永德、栾辉宝、李治国、白博峰、汪言胜、徐成、陈战杨、赵亮。

本文件为首次发布。

板式热交换器
第2部分:焊接板式热交换器

1 范围

1.1 本文件规定了非回转壳焊接板式热交换器(以下简称热交换器)材料、设计、制造、检验与验收、安装、操作与维护的要求。

1.2 本文件适用的设计压力不大于4.0 MPa。

1.3 本文件适用的设计温度:

a) 钢材不应超过GB/T 150.2列入材料的允许使用温度范围;

b) 镍及镍合金不应超过JB/T 4756列入材料的允许使用温度范围;

c) 钛及钛合金不应超过JB/T 4745列入材料的允许使用温度范围。

1.4 本文件不适用于下列场合:

a) 承受循环载荷;

b) 需要完全解体清洗板片通道。

1.5 设计压力大于4.0 MPa时,由供需双方参照本文件协商确定保障安全的技术质量要求。

2 规范性引用文件

下列文件中的内容通过文中的规范性引用而构成本文件必不可少的条款。其中,注日期的引用文件,仅该日期对应的版本适用于本文件;不注日期的引用文件,其最新版本(包括所有的修改单)适用于本文件。

GB/T 150—2011(所有部分) 压力容器

GB/T 226 钢的低倍组织及缺陷酸蚀检验法

GB/T 228.1 金属材料 拉伸实验 第1部分:室温试验方法

GB/T 699 优质碳素结构钢

GB/T 700 碳素结构钢

GB/T 713 锅炉和压力容器用钢板

GB/T 1220 不锈钢棒

GB/T 1591 低合金高强度结构钢

GB/T 1954 铬镍奥氏体不锈钢焊缝铁素体含量测量方法

GB/T 2054 镍及镍合金板

GB/T 2653 焊接接头弯曲试验方法

GB/T 2882 镍及镍合金管

GB/T 3077 合金结构钢

GB/T 3274 碳素结构钢和低合金结构钢热轧钢板和钢带

GB/T 3280 不锈钢冷轧钢板和钢带

GB/T 3621 钛及钛合金板材

GB/T 3624　钛及钛合金无缝管
GB/T 3625　换热器及冷凝器用钛及钛合金管
GB/T 4237　不锈钢热轧钢板和钢带
GB/T 4334　金属和合金的腐蚀　奥氏体及铁素体-奥氏体(双相)不锈钢晶间腐蚀试验方法
GB/T 6479　高压化肥设备用无缝钢管
GB/T 8163　输送流体用无缝钢管
GB/T 9948　石油裂化用无缝钢管
GB/T 13296　锅炉、热交换器用不锈钢无缝钢管
GB/T 13298　金属显微组织检验方法
GB/T 14845　板式换热器用钛板
GB/T 14976　流体输送用不锈钢无缝钢管
GB/T 17897　金属和合金的腐蚀　不锈钢三氯化铁点腐蚀试验方法
GB/T 24511　承压设备用不锈钢和耐热钢钢板和钢带
GB/T 27698.1　热交换器及传热元件性能测试方法　第1部分:通用要求
GB/T 27698.3　热交换器及传热元件性能测试方法　第3部分:板式热交换器
HG/T 20582—2011　钢制化工容器强度计算规定
HG/T 20592　钢制管法兰(PN系列)
HG/T 20613　钢制管法兰用紧固件(PN系列)
HG/T 20615　钢制管法兰(Class系列)
HG/T 20634　钢制管法兰用紧固件(Class系列)
NB/T 10558　压力容器涂敷与运输包装
JB/T 4745　钛制焊接容器
JB/T 4756　镍及镍合金制压力容器
JB/T 7901　金属材料实验室均匀腐蚀全浸试验方法
NB/T 47002.1～47002.4—2009　压力容器用复合板
NB/T 47004.1—2017　板式热交换器　第1部分:可拆卸板式热交换器
NB/T 47008　承压设备用碳素钢和合金钢锻件
NB/T 47009　低温承压设备用合金钢锻件
NB/T 47010　承压设备用不锈钢和耐热钢锻件
NB/T 47013(所有部分)　承压设备无损检测
NB/T 47014　承压设备焊接工艺评定
NB/T 47015　压力容器焊接规程
NB/T 47018.1　承压设备用焊接材料订货技术条件　第1部分:采购通则
NB/T 47018.2　承压设备用焊接材料订货技术条件　第2部分:钢焊条
NB/T 47018.3　承压设备用焊接材料订货技术条件　第3部分:气体保护电弧焊钢焊丝和填充丝
NB/T 47018.7　承压设备用焊接材料订货技术条件　第7部分:钛及钛合金焊丝和填充丝
NB/T 47027　压力容器法兰用紧固件
YB/T 5354　耐蚀合金冷轧板
YB/T 5362　不锈钢在沸腾氯化镁溶液中应力腐蚀试验方法

3 术语和定义

NB/T 47004.1 界定的以及下列术语和定义适用于本文件。

3.1

板片 plate

经加工形成波纹的板。

3.2

板片对 plate pair

两张板片焊接连接成的一个流体通道。

3.3

板束 plate pack

所有的板片或板片对周边焊接连接成一体,构成的波纹板片组。

3.4

隔条 partition bar

用于分隔不同换热流体或分隔流体与外部环境的板条。

3.5

折流板 baffle

用于分隔或改变流体方向的板条或类似零件。

3.6

箱体 box

用于包裹板束或与板束相连接,其外壁与外界环境相接触的壳体的统称。

3.7

焊接板式热交换器 welded plate heat exchanger

波纹板片周边完全采用熔化焊或压力焊连接的板式热交换器的统称。

4 通用要求

4.1 总则

4.1.1 热交换器的材料、设计、制造、检验与验收除应符合本文件的规定外,还应遵守国家颁布的有关法律、法规的规定。

4.1.2 对于不能按照本文件进行设计计算的热交换器或受压元件,可按 GB/T 150.1—2011 中 4.1.6 规定的方法进行设计。

4.1.3 热交换器的制造单位应建立健全质量管理体系并有效运行。

4.1.4 对于本文件未作规定的技术要求,制造单位可另行制定企业标准或技术文件。

4.2 职责

4.2.1 用户或委托方

4.2.1.1 热交换器的用户或委托方应以书面形式向制造单位提出设计条件,并对设计条件的正确性和完整性负责。

4.2.1.2 用户或委托方可使用附录 A 的表格样式提出热交换器的设计条件。

4.2.2 制造单位

制造单位至少应承担以下职责:

a） 按照工艺设计条件进行热交换器选型和工艺计算，对工艺设计的正确性和完整性负责。

b） 按照机械设计条件进行机械设计计算、施工图设计，对机械设计的正确性和完整性负责。

c） 制订产品质量计划，其内容应包括热交换器或元件的制造质量控制点、检验项目和合格指标。

d） 按照产品标准、设计文件、质量计划的规定进行检验和试验，出具质量检查报告，对报告的真实性、正确性和完整性负责。

e） 产品制造完成并检验合格后，应出具产品质量合格证。

f） 制造单位应保留下列技术文件，保存期限应不低于设计使用年限：

1） 工艺设计文件；

2） 机械设计文件；

3） 质量计划；

4） 质量记录（焊接、检查、检验、试验记录）；

5） 竣工资料。

4.3 设计条件

4.3.1 工艺设计条件至少应包含以下内容：

a） 操作数据，包括流量、温度、压力、换热量等；

b） 物性数据，包括介质密度、比热容、黏度、导热系数或介质组成；

c） 允许的阻力降；

d） 其他，包括操作工况、操作弹性等。

4.3.2 机械设计条件至少应包含以下内容：

a） 设计所依据的主要标准；

b） 载荷数据（包括工作压力、工作温度范围、接管载荷等）；

c） 介质组分与特性；

d） 预期使用年限；

e） 几何参数和管口方位；

f） 使用地及其自然条件（包括环境温度、抗震设防烈度、风载荷等）。

4.4 设计压力或计算压力的确定

a） 热交换器不同换热流体侧的设计压力应按各自最苛刻的工作工况分别确定；冷、热侧设计压力应不低于换热流体作用于箱体的最高工作压力；

b） 对于同时受两侧换热流体压力作用的元件，只有在全寿命周期内均能保证不超过设计压差时，才可以按压差设计，否则应考虑最苛刻的压力组合。按压差设计时，压差的取值还应考虑在压力试验过程中可能出现的最大压差值，并应在设计文件、竣工资料、铭牌中明确设计压差，同时应提出在压力试验过程中保证压差的要求；

c） 如存在负压操作，确定元件计算压力时还应考虑在正常工作情况下可能出现的最大压差。

4.5 设计温度的确定

a） 热交换器不同换热流体侧的设计温度应按各自最苛刻的工作工况分别确定；冷、热侧设计温度应不低于元件金属在工作状态可能达到的最高温度；金属温度低于0℃时，设计温度不得高于元件金属可能达到的最低温度。

b） 对于同时受两侧介质温度作用的元件，应按金属温度确定设计温度，元件的金属温度通过以下方法确定：

1） 传热计算；

2） 在已使用的同类热交换器上测定；

3） 根据介质温度并结合外部条件确定。

c） 任何情况下，元件金属的表面温度不得超过材料的允许使用温度。

4.6 许用应力

4.6.1 金属材料的许用应力按 GB/T 150.1—2011 中表 1、表 2 的规定确定。

4.6.2 钢材的许用应力按 GB/T 150.2 选取。镍、钛及其合金的许用应力按照相应引用标准选取。

4.6.3 复合钢板的许用应力应按 GB/T 150.1—2011 中 4.4.3 的规定确定。

4.7 腐蚀裕量

4.7.1 板片可不考虑腐蚀裕量。

4.7.2 奥氏体型不锈钢、双相不锈钢、镍及镍合金、钛及钛合金制元件可不考虑腐蚀裕量。

4.7.3 对于采用碳素钢、低合金钢制元件，为防止由于腐蚀、机械磨损而导致厚度减薄，应考虑腐蚀裕量：

a） 受两侧介质作用的元件，应同时考虑两侧介质作用的腐蚀裕量；

b） 与介质接触的箱板内表面应考虑腐蚀裕量；

c） 不接触介质的拉杆、紧固件、压紧板可不考虑腐蚀裕量。

4.8 焊接接头及焊接接头系数

4.8.1 板片不允许拼接。

4.8.2 箱板允许拼接，拼接接头应采用双面焊对接接头或相当于双面焊的全焊透对接接头，焊接接头系数按如下要求选取：

a） 全部无损检测时，焊接接头系数 $\phi=1.0$；

b） 局部无损检测时，焊接接头系数 $\phi=0.85$。

4.9 耐压试验

4.9.1 耐压试验的要求和试验压力应符合 GB/T 150.1—2011 中 4.6 的要求。

4.9.2 耐压试验的种类、试验压力和要求应在图样上注明。

4.9.3 按压差设计的热交换器，应在图样、铭牌上注明耐压试验过程的具体要求和允许压差值。

4.10 泄漏试验

4.10.1 泄漏试验应符合 GB/T 150.1—2011 中 4.7 的要求。

4.10.2 需进行泄漏试验时，试验种类和要求应在图样上注明。

4.11 性能试验

热交换器的性能试验可参照 GB/T 27698.1 和 GB/T 27698.3 的要求进行。

5 材料

5.1 总则

5.1.1 热交换器用材料应考虑其使用条件（如温度、压力、介质特性）、焊接性能、加工性能及经济合理性。

5.1.2 热交换器用材料应符合相应引用标准及表 1 和表 2 的规定；应优先选用列入国家标准、行业标准的材料；选用境外牌号材料时，应符合相应材料规范和标准的规定，其使用范围不应超出该规范和标准的规定;选用新材料时,应符合 TSG 21—2016 中 2.1.3 的规定。

5.1.2.1 热交换器用钢材的钢号及其标准、附加技术要求、限定范围(压力和温度等)及许用应力应符合 GB/T 150.2—2011 及其附录 A、附录 D 的规定,高温性能参考值参见 GB/T 150.2—2011 中附录 B。

5.1.2.2 钛及钛合金、镍及镍基合金等其他金属材料,其技术要求、限定范围(牌号、压力和温度等)及许用应力,应符合 TSG 21—2016 及本文件引用标准的规定。

5.1.2.3 当采用表 1、表 2 以外的材料时,其力学性能不应低于表 1、表 2 相近成分材料和图样技术要求的规定。

5.1.3 热交换器制造单位应对所取得的材料及材料质量证明书的真实性和一致性负责。材料质量证明书内容应齐全、清晰,并且印制可以追溯的信息化标识,加盖材料制造单位质量检验章;可追溯信息及信息化标识应符合 TSG 21—2016 中 2.1.1 的规定。从非材料制造单位取得材料时,应取得材料制造单位提供的材料质量证明书原件或加盖了材料经营单位公章和经办负责人签字(章)的复印件。

5.1.4 法兰、接管等受压元件采用碳素钢和低合金钢锻件及不锈钢锻件时,应符合 NB/T 47008、NB/T 47009、NB/T 47010 的规定,并在图样上注明锻件级别(在钢号后注明锻件级别,如 20Ⅱ)。

5.1.5 Q355 的使用温度应不高于 200℃,其许用应力应不高于 GB 150.2—2011 中 Q345R 要求的数据。

5.2 板片、隔条及侧板

5.2.1 热交换器的板片、隔条及侧板应选用表 1 所列的材料。

5.2.2 板片材料应为冷乳状态,钢材的交货状态应符合 GB/T 150.2 的规定,其他金属材料的交货状态应符合 TSG 21—2016 及本文件引用标准的规定。

5.2.3 板片、隔条及侧板表面质量类型按相应材料标准的规定。

5.2.4 与板片焊接的隔条,其化学成分和力学性能应与板片材料相当。

表 1 板片、隔条及侧板常用材料

材料类型	材料牌号		材料标准
	统一数字代号	牌号	
奥氏体型	S30408	06Cr19Ni10	GB/T 3280
	S30403	022Cr19Ni10	
	S31608	06Cr17Ni12Mo2	
	S31603	022Cr17Ni12Mo2	
	S32168	06Cr18Ni11Ti	
	S31252	015Cr20Ni18Mo6CuN	
	S31782	015Cr21Ni26Mo5Cu2	
奥氏体-铁素体型	S22053	022Cr23Ni5Mo3N	
	S25073	022Cr25Ni7Mo4N	
钛及钛合金	—	TA1	GB/T 14845
	—	TA9-1	
镍及镍基合金	—	N6	GB/T 2054
	—	NS3303	YB/T 5354
	—	NS3304	

表2 其他零部件常用材料

<table>
<tr><th>序号</th><th>零部件名称</th><th colspan="2">材料类型及牌号</th><th>材料标准</th></tr>
<tr><td rowspan="9">1</td><td rowspan="9">压紧板、箱板、矩形法兰、盖板</td><td rowspan="3">碳素钢</td><td>Q235B</td><td rowspan="2">GB/T 700</td></tr>
<tr><td>Q235C</td></tr>
<tr><td>20</td><td>NB/T 47008</td></tr>
<tr><td rowspan="4">低合金钢</td><td>Q345R</td><td>GB/T 713</td></tr>
<tr><td>Q355</td><td>GB/T 1591</td></tr>
<tr><td>16Mn</td><td>NB/T 47008</td></tr>
<tr><td>16MnD</td><td>NB/T 47009</td></tr>
<tr><td rowspan="2">不锈钢</td><td>06Cr19Ni10</td><td rowspan="2">GB/T 4237、
GB/T 24511</td></tr>
<tr><td>022Cr19Ni10</td></tr>
<tr><td rowspan="7">2</td><td rowspan="7">拉杆、拉筋</td><td rowspan="3">碳素钢</td><td>Q235B</td><td rowspan="2">GB/T 700</td></tr>
<tr><td>Q235C</td></tr>
<tr><td>35</td><td>GB/T 699</td></tr>
<tr><td rowspan="2">低合金钢</td><td>Q345R</td><td>GB/T 713</td></tr>
<tr><td>Q355</td><td>GB/T 1591</td></tr>
<tr><td rowspan="2">不锈钢</td><td>S30408(06Cr19Ni10)</td><td rowspan="2">GB/T 4237、
GB/T 24511</td></tr>
<tr><td>S30403(022Cr19Ni10)</td></tr>
<tr><td rowspan="9">3</td><td rowspan="9">接管</td><td rowspan="2">碳素钢</td><td>10</td><td rowspan="2">GB/T 6479、GB/T 8163、
GB/T 9948</td></tr>
<tr><td>20</td></tr>
<tr><td rowspan="4">不锈钢</td><td>S30408(06Cr19Ni10)</td><td rowspan="4">GB/T 13296、
GB/T 14976</td></tr>
<tr><td>S32168(06Cr18Ni11Ti)</td></tr>
<tr><td>S31608(06Cr17Ni12Mo2)</td></tr>
<tr><td>S31603(022Cr17Ni12Mo2)</td></tr>
<tr><td rowspan="2">钛</td><td>TA1</td><td>GB/T 3624</td></tr>
<tr><td>TA2</td><td>GB/T 3625</td></tr>
<tr><td>镍</td><td>N6</td><td>GB/T 2882</td></tr>
<tr><td rowspan="11">4</td><td rowspan="11">接管法兰</td><td rowspan="3">碳素钢</td><td>Q235B</td><td rowspan="2">GB/T 3274</td></tr>
<tr><td>Q235C</td></tr>
<tr><td>20</td><td rowspan="2">NB/T 47008</td></tr>
<tr><td rowspan="2">低合金钢</td><td>16Mn</td></tr>
<tr><td>16MnD</td><td>NB/T 47009</td></tr>
<tr><td rowspan="4">不锈钢</td><td>S30408(06Cr19Ni10)</td><td rowspan="4">NB/T 47010</td></tr>
<tr><td>S32168(06Cr18Ni11Ti)</td></tr>
<tr><td>S31608(06Cr17Ni12Mo2)</td></tr>
<tr><td>S31603(022Cr17Ni12Mo2)</td></tr>
<tr><td rowspan="2">钛</td><td>TA1</td><td rowspan="2">GB/T 3621</td></tr>
<tr><td>TA2</td></tr>
<tr><td rowspan="7">5</td><td rowspan="7">螺柱
(夹紧螺柱)</td><td rowspan="3">碳素钢</td><td>20</td><td rowspan="3">GB/T 699</td></tr>
<tr><td>35</td></tr>
<tr><td>45</td></tr>
<tr><td rowspan="3">低合金钢</td><td>40Cr</td><td rowspan="3">GB/T 3077</td></tr>
<tr><td>30CrMoA</td></tr>
<tr><td>35CrMoA</td></tr>
<tr><td>不锈钢</td><td>S30408(06Cr19Ni10)</td><td>GB/T 1220</td></tr>
</table>

5.3 压紧板

5.3.1 压紧板用材料应符合表2的规定。与板片焊接的压紧板可采用堆焊或爆炸焊接复合板，当采用爆炸焊接复合板时，应符合NB/T 47002.1～47002.4—2009中B1级的要求。

5.3.2 不与板片焊接但接触介质的压紧板，应符合GB/T 150.2或相应材料引用标准的规定。

5.4 箱板

5.4.1 与介质接触的箱板，应符合GB/T 150.2或相应材料引用标准的规定。

5.4.2 与介质接触的箱板可采用爆炸焊、堆焊复合结构。

5.5 衬板

5.5.1 与板片焊接的内衬板，其材质应与板片材料相当。

5.5.2 真空场合，衬板应与箱板可靠连接。

5.6 紧固件

5.6.1 螺柱(含夹紧螺柱)和螺母用钢棒的标准、钢号、使用状态、许用应力及力学性能试验等，应符合GB/T 150.2—2011第7章的规定。

5.6.2 箱板、接管法兰的紧固件可按NB/T 47027(JB/T 4707)、HG/T 20613、HG/T 20634的要求选用。

5.7 拉杆、拉筋

5.7.1 与介质接触的拉杆、拉筋应选择压力容器专用材料。

5.7.2 采用焊接连接的拉杆、拉筋应具有良好的焊接性能。

5.8 焊接材料

5.8.1 受压元件用焊接材料应符合NB/T 47015和NB/T 47018的规定。

5.8.2 当采用境外牌号材料时，焊接材料应符合相应标准的规定。

6 设计

6.1 总则

热交换器应根据设计条件，进行工艺设计和机械设计。

6.2 型号表示

6.2.1 热交换器型号由结构型式、板片波纹类型、板片宽度×板片长度、设计压力等字母代号、数字组合表示。型号之后可后缀制造单位特征编号。

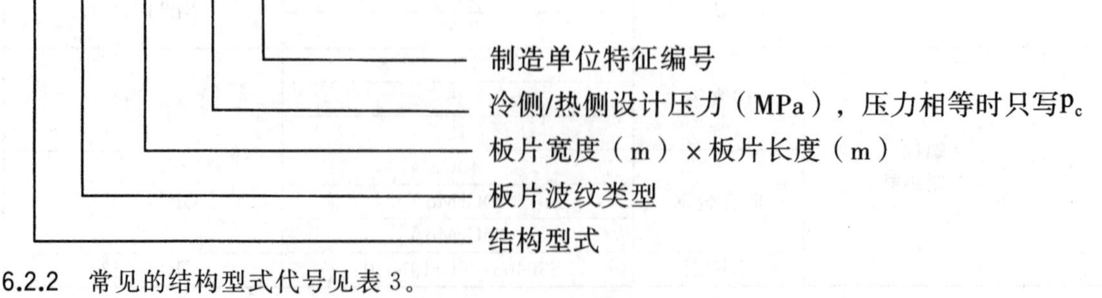

6.2.2 常见的结构型式代号见表3。

表3　结构型式代号

代号	结构型式说明
A	板框型:无箱体,板束被压紧板夹持,板束与压紧板不焊接连接
B	焊接箱体型:有箱体,板束与箱体焊接
C	可拆箱板型:有箱体,由盖板、立柱、紧固件组成可拆箱体,板束不与箱体焊接

6.2.3　常见的板片波纹类型代号可按表4编排,超出表4规定时制造单位可自行命名。

表4　板片波纹类型代号

代号	板片波纹类型	代号	板片波纹类型
R	人字形(斜波纹)	G	鼓泡形

6.2.4　示例

示例1:板框型热交换器

单人字形板型,板片宽度0.6 m,板片长度2 m,冷侧设计压力1.6 MPa,热侧设计压力1.0 MPa,制造单位A。其型号为:

HA-R0.6×2-1.6/1.0-A

示例2:焊接箱体型热交换器

鼓泡形板型,板片宽度1 m,板片长度5 m,冷侧设计压力1.6 MPa,热侧设计压力1.6 MPa,制造单位B,其型号为:

HB-G1×5-1.6-B

示例3:可拆箱板型热交换器

鼓泡形板型,板片宽度1 m,冷侧设计压力1.6 MPa,热侧设计压力1.6 MPa,制造单位C,其型号为:

HC-G1-1.6-C

6.3　工艺设计

6.3.1　热交换器的工艺设计应考虑下列因素:

a)　热交换器的型式、板片波纹类型及基本参数应满足安全可靠性及工艺性能要求;

b)　考虑制造工艺及经济性,合理选材;

c)　满足热交换器安装、操作、维修等要求。

6.3.2　波纹板周边焊缝泄漏后会发生介质外漏的HA型结构不应用于易燃、易爆、极度或高度危害介质场合。

6.3.3　热交换器工艺计算时应进行优化,提高换热效率,满足工艺设计条件的要求。

6.3.4　热交换器的设计条件,工艺设计数据、机械设计数据可按照附录A的表格样式填写。

6.4　零部件名称

热交换器的主要零部件名称见表5和图1～图3。

表5　热交换器主要零部件及名称

序号	名称	序号	名称
1	板片	12	盖板
2	压紧板	13	双头螺柱或螺栓
3	侧板	14	螺母
4	隔条	15	介质接口
5	箱板	16	垫片
6	拉杆(夹紧螺柱)	17	仪表接口
7	拉筋	18	放气口
8	折流板	19	排液口
9	立柱	20	吊耳
10	衬板	21	支座
11	矩形法兰		

注:表中序号与图1～图3中序号对应。

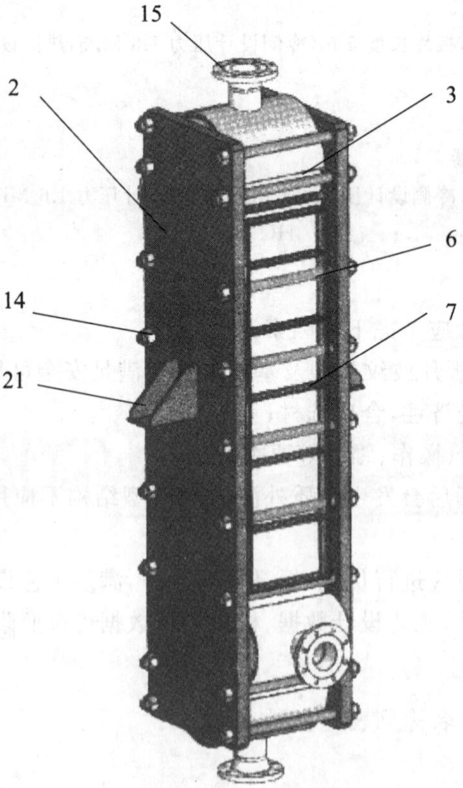

图1　HA版框型

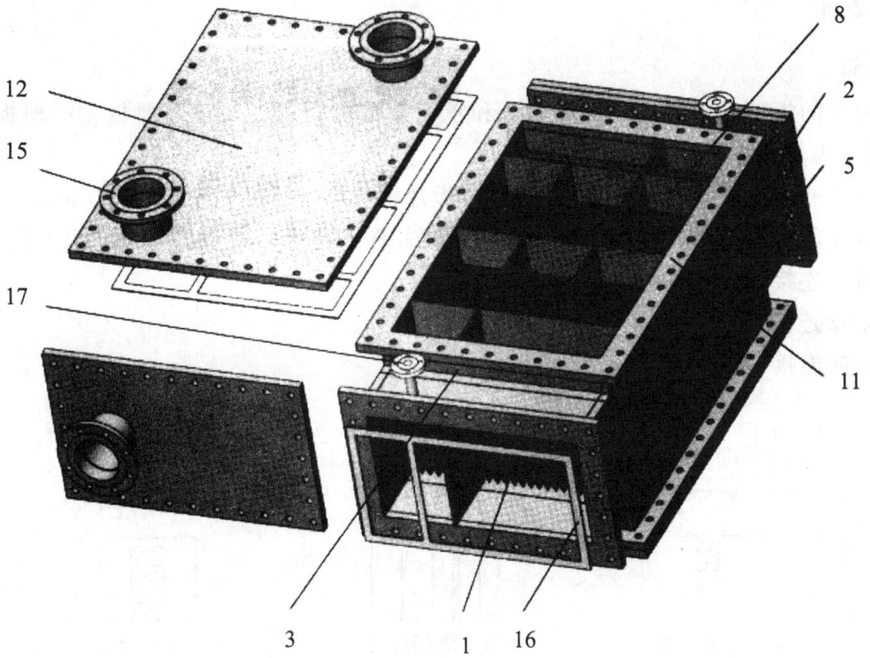

图 2　HB 焊接箱体型

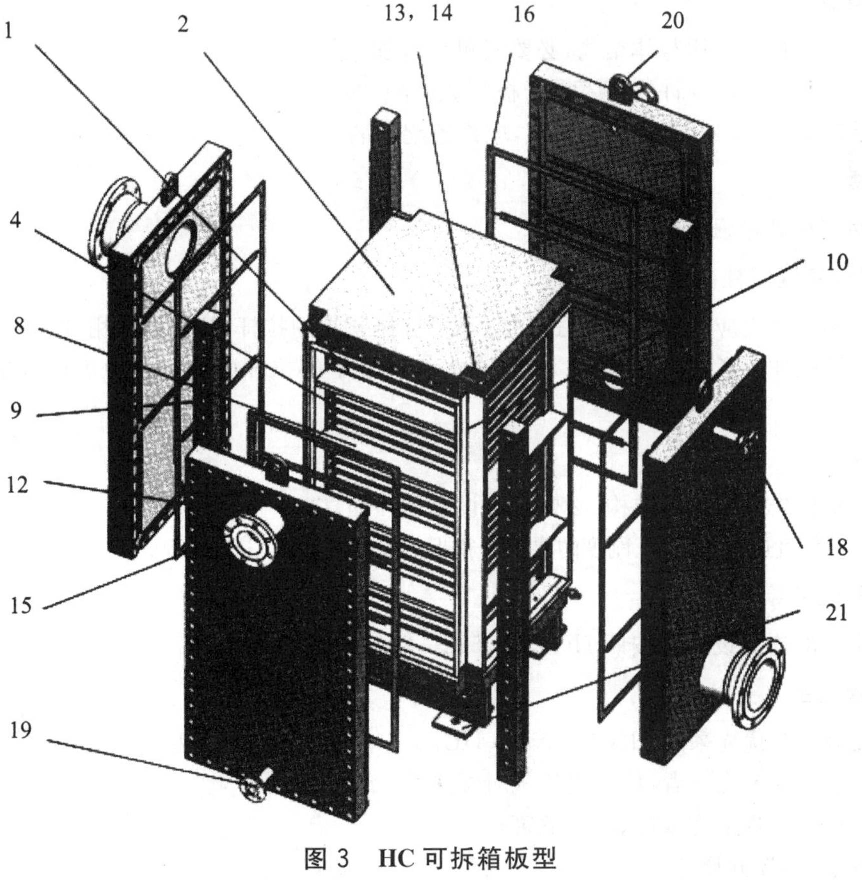

图 3　HC 可拆箱板型

6.5 机械设计

6.5.1 板片

6.5.1.1 板片的板型应适应工艺操作场合和承受载荷的需求。对于需要机械清理板间流道的场合,板型应为贯通流道。

6.5.1.2 板片的厚度应满足设计条件的要求,板片材料名义厚度应不小于0.6 mm。

6.5.1.3 板片周边连接结构应与使用场合相匹配并便于施焊。典型的连接结构可有:

a) 对接连接,见图4a);

b) 搭接连接,见图4b);

c) 端接连接,见图4c)。

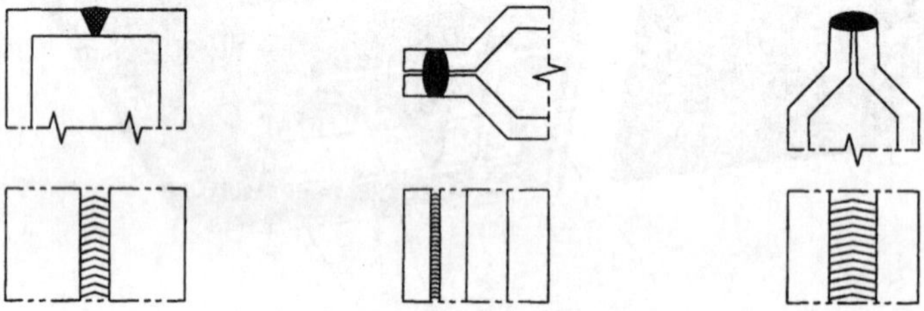

a)对接连接　　b)搭接连接　　c)端接连接

图4 板片周边连接结构

6.5.2 压紧板

6.5.2.1 压紧板优先采用整体结构,必要时可设置加强筋。

6.5.2.2 压紧板中心的允许挠度不大于板片宽度的2‰。

6.5.2.3 重量大于30 kg的可拆压紧板,应设置起吊装置。

6.5.3 侧板

侧板厚度应满足强度、刚度的要求。

6.5.4 拉杆(夹紧螺柱)、拉筋

6.5.4.1 可拆压紧板应采用夹紧螺柱连接,不可拆压紧板的拉杆、拉筋可采用焊接连接。

6.5.4.2 夹紧螺柱应考虑防松装置。裸露在大气环境中的拉杆(夹紧螺柱)表面应采取适当的防锈措施。

6.5.5 箱板

6.5.5.1 箱板优先采用整体结构,必要时可设置加强筋。

6.5.5.2 箱板厚度应满足强度、刚度的要求。箱板的厚度可参照GB/T 150.3—2011附录A计算。

6.5.6 矩形法兰

矩形法兰的连接设计可按照HG/T 20582—2011计算。

6.5.7 接管法兰

6.5.7.1 接管法兰优先采用HG/T 20592、HG/T 20615中的法兰类型。

6.5.7.2 有下列情况之一者,应采用带颈对焊法兰:

a) 介质毒性程度为极度、高度危害;

b) 易燃、易爆介质;

c) 强渗透性中度危害介质。

6.5.8 接管及其他开口

6.5.8.1 有冲蚀倾向的场合,应考虑防冲与导流结构。

6.5.8.2 当不能利用接管(或接口)进行放气或排液时,应在最高点设置放气口,在最低点设置排液口。

6.5.8.3 管口可承受管道引起的允许外载荷可参照 NB/T 47004.1 的规定。

6.5.8.4 必要时设置温度计、压力表等仪表接口,仪表接口可设置在靠近热交换器的管道上。

6.5.9 垫片

6.5.9.1 垫片材料应根据工作条件(温度、压力、介质特性)按相应标准选用,超出相应标准时,由供需双方协商确定。

6.5.9.2 垫片的材料与型式应与密封面相匹配。

6.5.9.3 盖板垫片采用柔性石墨金属复合增强垫时,金属骨架拼接宜采用模切燕尾槽式、模切纽扣式等可靠的拼接连接或焊接连接。

6.6 设计计算

6.6.1 符号

a——压紧板宽度,mm;

b——压紧板长度,mm;

d——单个圆截面拉杆直径,mm;

L——对拉杆、拉筋拉撑的压紧板,拉杆、拉筋中心连线的周长,mm;

L_G——拉杆、拉筋中心连线到板片周边的距离,mm;

a_b——单个拉杆、拉筋的横截面积,mm^2;

A_p——板片压力作用面积,mm^2;

A_y——压紧板介质压力作用面积,mm^2;

E——设计温度下压紧板材料的弹性模量,MPa;

F——拉杆(夹紧螺柱)、拉筋的总轴向力,N;

n——拉杆、拉筋数量;

p_c——计算压力,MPa;

δ——压紧板计算厚度,mm;

δ_e——压紧板有效厚度,mm;

y——压紧板中心处的挠度,mm;

$[\sigma]_L^t$——设计温度下拉杆、拉筋材料的许用应力,MPa;

$[\sigma]_Y^t$——设计温度下压紧板材料的许用应力,MPa。

6.6.2 板框式热交换器的拉杆、拉筋

a) 拉杆(夹紧螺柱)、拉筋的总轴向力按式(1)进行计算:

$$F = p_c A \qquad (1)$$

式中:

A——压力作用面积,取 A_p 与 A_y 中的大值,mm^2。

b) 单个拉杆、拉筋的横截面积按式(2)进行计算:

$$a_b=\frac{1.1F}{n\,[\sigma]_L^t} \quad \cdots\cdots (2)$$

c) 单个圆截面拉杆、拉筋的最小直径按式(3)进行计算：

$$d=\sqrt{\frac{4a_b}{3.14}} \quad \cdots\cdots (3)$$

6.6.3 压紧板

6.6.3.1 周边采用拉杆、拉筋的压紧板计算厚度按式(4)进行计算：

$$\delta=a\sqrt{\frac{0.3Zp_c+\dfrac{6FL_G}{La^2}}{1.5\,[\sigma]_Y^t}} \quad \cdots\cdots (4)$$

式中：

Z——压紧板形状系数，$Z=3.4-2.4a/b$，且 $Z\leqslant 2.5$。

6.6.3.2 周边采用箱型式板焊接连接的压紧板厚度按式(5)进行计算：

$$\delta=a\sqrt{\frac{KZp_c}{1.5\,[\sigma]_Y^t}} \quad \cdots\cdots (5)$$

式中：

K——特征系数，根据压紧板与箱板的焊接连接结构，按 GB/T 150.3—2011 中表 5-9 的要求选取。

6.6.4 压紧板中心的挠度

6.6.4.1 周边采用拉杆(夹紧螺柱)、拉筋连接的压紧板挠度按式(6)近似计算：

$$y=\frac{C_j p_c a^4}{E\delta_e^3} \quad \cdots\cdots (6)$$

C_j——平板系数，按表 6 选取。

6.6.4.2 周边与箱板采用焊接连接的压紧板挠度按式(7)进行计算：

$$y=\frac{C_g p_c a^4}{E\delta_e^3} \quad \cdots\cdots (7)$$

式中：

C_g——平板系数，按表 6 选取。

表 6 平板系数

平板参数 b/a	C_j	C_g	平板参数 b/a	C_j	C_g
1.0	0.044 3	0.013 8	1.7	0.096 4	0.026 0
1.1	0.053	0.016 5	1.8	0.101 7	0.026 7
1.2	0.061 6	0.019 1	1.9	0.106 4	0.027 2
1.3	0.069 7	0.021 0	2.0	0.110 6	0.027 7
1.4	0.077 0	0.022 7	3.0	0.133 6	—
1.5	0.084 3	0.024 1	4.0	0.14	—
1.6	0.090 6	0.025 1	5.0	0.141 6	—
注：平板参数 $b/a>5.0$ 时，C_j 可取 0.142 2；平板参数 $b/a>2.0$ 时，C_g 可取 0.028 4。					

7 制造、检验与验收

7.1 总则

7.1.1 热交换器的制造、检验与验收除应符合本文件的要求外,还应符合图样要求。

7.1.2 热交换器所有受压元件的焊接应有相应的焊接工艺评定。

7.1.3 板片焊接工艺评定可按照附录B的规则进行。有下列情况之一者,应对热交换器板片焊接接头进行焊接工艺评定:

a) 材料首次使用;

b) 新焊接结构;

c) 用户要求。

7.1.4 热交换器的承压焊缝焊接应由持有相应资格证的人员担任。

7.1.5 热交换器的无损检测,应由持有相应类别的无损检测人员资格证的人员担任。

7.1.6 热交换器制造前,应制订质量计划,包括材料检验、零件检验、组装、检验与试验要求。

7.1.7 热交换器制造完成后,应形成完整的质量记录、质量报告、竣工资料。

7.1.8 受压元件材料代用应征得设计人员同意。板片材料若需代用,应报用户或委托方确认并在竣工图上做详细记录。

7.2 材料复验与标志移植

7.2.1 板片、隔条、衬板、侧板、压紧板、夹紧螺柱、箱板、盖板、矩形法兰、接管法兰、接管等受压元件的材料及承压焊缝用焊接材料应具备质量证明书;无质量证明书的材料,制造单位应按相应标准对材料进行化学成分分析和力学性能试验。

7.2.2 材料复验应符合GB/T 150.4—2011中5.1的规定。

7.2.3 所有制造受压元件的材料在被分割前应进行标记移植。不得用硬印在有耐腐蚀要求的不锈钢以及复合钢板受压元件工作面作移植标记。

7.3 板片成形

7.3.1 成形方式

板片应采用模压等方式成形。

7.3.2 板片波纹深度

7.3.2.1 板片波纹深度的基本尺寸应符合设计文件的要求,其允许偏差应符合表7的规定。

表7 波纹深度允许偏差

单位为毫米

板片宽度	波纹深度允许偏差
≤1 000	±0.10
>1 000～2 000	±0.15

7.3.2.2 波纹深度的检测点分布应符合下列规定:

1) 单次成形的板片,任意200 mm×200 mm范围内应布置1点;

2) 分步成形的板片,一个成形步长内任意200 mm×200 mm范围内应布置2点,且至少包含1点连接处。

7.3.2.3 板片压制时,前3张(前3个步长)应逐张进行波纹深度检测,所有检测点均合格后方可进行批量成形。

7.3.2.4 每批板片应抽3‰,且不少于3片;如发现有1张板片不合格,应逐张进行检测。

7.3.2.5 同一次装配模具、同一轧制批号材料成形的板片组可为一批。

7.3.2.6 板片波纹深度用百分表检测。

7.3.3 成形减薄量

7.3.3.1 板片成形减薄量应小于板片材料实际厚度的20%。

7.3.3.2 单张板片沿宽度方向检查3点为一组,长度方向每500 mm检查一组。

7.3.3.3 有下列情况之一时,应抽取1张板片进行成形减薄量检测:

1) 材料首次使用;

2) 模具首次压制;

3) 模具更换模块。

7.3.3.4 新材料压制、新模具使用时,应切割解剖检测;对减薄较大处可用尖头千分尺进行厚度测量。产品质量检测可用厚度测量仪。

7.3.4 外形尺寸

7.3.4.1 长度及对角线偏差为±2 mm;宽度偏差为±0.50 mm;长边直线度偏差应不大于长边长度的1.5‰,且不大于2 mm。

7.3.4.2 每批板片的前3张应逐张检查,每批应抽3‰,且不少于3片。

7.3.4.3 同一次装配模具、同一轧制批号材料成形的板片组可为一批。

7.3.5 表面质量

7.3.5.1 板片成形后表面不允许有微裂纹,且不得对板片表面微裂纹进行补焊。

7.3.5.2 表面不得有超过材料厚度负偏差的凹坑、划伤、压痕缺陷,表面不得焊补。所有冲切毛刺应清除干净。板片周边不得有毛刺、接刀痕迹。

7.3.5.3 采用分步成形时,连接处不应有损伤和微裂纹。

7.3.5.4 板片应进行微裂纹检验,检验方法按NB/T 47013.5的规定;如发现1张不合格,抽样比例应加倍。抽样比例应符合下列规定:

1) 不锈钢板片每批抽3‰,且不少于2片;

2) 钛材及其他特殊材质板片每批抽1%,且不少于3片;

3) 用户要求。

7.4 零件加工

7.4.1 压紧板

7.4.1.1 压紧板的表面不应有任何影响板片接触的缺陷存在。

7.4.1.2 压紧板的尺寸及偏差应符合设计文件的要求。

7.4.2 侧板、盖板、箱板、矩形法兰、接管法兰

7.4.2.1 几何尺寸及偏差应符合设计文件的要求。

7.4.2.2 密封面不应有影响密封性能的缺陷存在。

7.5 板束组对

7.5.1 装配前板片表面不应有污物。

7.5.2 板束组对应在专用平台上进行。

7.5.3 板束组对后应检查板片对错边量,错边量允许偏差应符合表8的规定。

表8 错边量允许偏差

<table>
<tr><th colspan="2">检验项目</th><th>合格指标</th></tr>
<tr><td rowspan="3">板片对错边量</td><td>搭接接头</td><td rowspan="2">错边量不大于1倍板片名义厚度,且不大于1 mm</td></tr>
<tr><td>端接接头</td></tr>
<tr><td>对接接头</td><td>错边量不大于0.2倍板片名义厚度</td></tr>
</table>

7.6 板束焊接

7.6.1 板片的焊接可采用搭接连接、对接连接、端接连接结构,见图4。根据设计条件、板型、产品结构选择适宜的焊接方法;激光焊接方法不得用于双相不锈钢。

7.6.2 板片的焊接工艺评定应符合7.1的规定,焊接工艺评定技术档案应保存至该工艺评定失效为止,焊接工艺评定试样保存期不少于5年。

7.6.3 依据合格的焊接工艺评定编制相应的焊接工艺规程。焊接工艺规程应至少包含焊接方法、机械化程度、焊接位置、接头形式、焊接规范、焊接材料、施焊技术要求等内容。

7.6.4 施焊记录中应包含焊缝布置图并记录焊工代号。

7.6.5 焊前准备及施焊环境要求如下:

a) 板束的施焊环境应符合NB/T 47015的规定。

b) 所有材料的焊接表面应去除油污以及对焊接质量有害的物质(毛刺、杂质等)。

c) 当施焊环境出现下列任意情况,且无有效防护措施时,禁止施焊:

1) 相对湿度大于80%;

2) 环境风速大于2 m/s;

3) 焊件表面温度低于0℃。

7.6.6 焊缝外观要求如下:

a) 焊缝表面不得有裂纹、未熔合、气孔、夹钨、弧坑和飞溅物等缺陷。焊缝表面的咬边深度不应大于0.1 mm,咬边连续长度不应大于20 mm;焊缝两侧咬边的总长不应超过该焊缝长度的5%,焊缝总长度小于400 mm时,不应超过该焊缝长度的10%。

b) 钛板片在焊接过程中,应进行焊缝表面颜色检查,焊缝及热影响区的表面颜色呈银白色或金黄色为合格。

7.6.7 焊接返修要求如下:

a) 焊缝需要返修时,其返修焊接工艺应符合7.6.3的有关规定;

b) 返修时应彻底清理不合格的焊缝金属,每处返修部位仅允许重新焊接2次。

7.7 箱体焊接

7.7.1 热交换器箱体焊接前,应按NB/T 47014的规定进行焊接工艺评定。依据合格的焊接工艺评定编制相应的焊接工艺规程。

7.7.2 箱体的焊接应符合GB/T 150.4的有关规定。

7.7.3 板束与箱体的焊接按照NB/T 47015的有关要求进行。

7.7.4 板束与箱体焊接接头的形式应符合GB/T 150.3—2011附录D及相应材料引用标准的规定。

7.8 垫片

7.8.1 垫片表面应光滑平整,不应有贯通压痕或划痕、凸凹不平、空隙、锈斑等缺陷。

7.8.2 垫片几何尺寸及偏差应符合设计文件的要求。

7.9 组装

7.9.1 板束、箱体组装尺寸应符合图样要求。

7.9.2 对于板框型产品，板束夹紧时，应均匀、对称地紧固螺柱。两压紧板间距偏差应不大于间距的3‰，且不大于4 mm。

7.9.3 焊接箱板型产品，板束与箱板之间焊接连接时，缝隙不得大于2 mm。

7.9.4 接管法兰密封面应垂直或平行于设备中心线，其偏差不得超过法兰外径的1%(法兰外径小于100 mm时，按100 mm计算)，且不大于3 mm；有特殊要求时应按图样规定。

7.9.5 组装后，热交换器内腔应洁净，无杂物。

7.10 无损检测

7.10.1 箱体的对接焊接接头采用射线或超声检测，射线和超声检测应符合GB/T 150.4—2011中10.3的规定。

7.10.2 符合GB/T 150.4—2011中10.4规定的焊接接头应进行表面检测。

7.10.3 无损检测的技术要求应符合GB/T 150.4—2011中10.6的要求。

7.10.4 无损检测档案应完整，保存时间不得少于设计使用年限。

7.11 耐压试验

7.11.1 制造完工的热交换器应按设计文件的规定进行耐压试验。

7.11.2 热交换器耐压试验按GB/T 150.4的规定。

7.11.3 试验介质用水的氯离子含量不超过20 mg/L。

7.11.4 热交换器冷、热侧应分别进行耐压试验。按照压差设计的热交换器按照设计图样的要求。

7.12 泄漏试验

7.12.1 热交换器经耐压试验合格后方可进行泄漏试验。

7.12.2 泄漏试验应按设计文件规定的方法和要求进行。泄漏试验可采用气密性试验、氨检漏试验、卤素检漏试验和氦检漏试验。

7.12.3 气密性试验应符合下列要求：

a) 所用气体应为干燥洁净的空气、氮气或其他惰性气体；

b) 气密性试验压力为热交换器的设计压力；

c) 试验时压力应缓慢上升，达到规定压力后保持足够长的时间，对所有焊接接头和连接部位进行泄漏检查；

d) 试验过程中，无泄漏为合格；如有泄漏，应在修补后重新进行试验；

e) 必要时，热交换器可浸入水中检查。

7.12.4 气密性试验的其他要求按相关标准的规定。

7.12.5 其他泄漏试验方法和要求应符合相关标准的规定。

7.13 标志

7.13.1 应在易于观察到的位置设置产品铭牌，产品铭牌的样式见附录C。铭牌至少应包含如下内容：

a) 产品名称；

b) 制造单位名称；
c) 板片材料；
d) 介质名称；
e) 设计温度；
f) 设计压力；
g) 耐压试验压力；
h) 产品型号；
i) 换热面积；
j) 产品编号；
k) 制造日期。

7.13.2 有特殊要求(安装、使用)的热交换器，还应配置警示牌或在醒目位置标示警示要求。

7.13.3 热交换器应有冷、热侧介质进出口标识。

7.14 出厂资料

7.14.1 热交换器应随产品提交出厂资料。

7.14.2 出厂资料至少应包含下列内容：

a) 产品合格证。
b) 铭牌拓印件或复印件。
c) 使用说明书，至少应包含以下内容：
    1) 技术参数；
    2) 安装要求(管口载荷、介质流向)；
    3) 开、停车；
    4) 运行维护；
    5) 故障判断；
    6) 检修。
d) 数据表。
e) 竣工图样和安装图样。
f) 材料质量证明书：
    1) 板片；
    2) 箱板；
    3) 接管、法兰、紧固件；
    4) 垫片。
g) 材料复验资料(如果有)。
h) 结构尺寸检查报告。
i) 焊接记录。
j) 无损检测报告。
k) 耐压及泄漏试验报告。

7.15 涂敷和运输包装

7.15.1 涂敷

7.15.1.1 碳素钢、低合金钢的箱体外表面应涂敷油漆；如无设计要求，按 NB/T 10558 的规定。

涂漆表面应均匀,不应有气泡、龟裂和剥落等现象。

7.15.1.2 奥氏体不锈钢的箱体表面一般不涂敷油漆,需要涂敷时,表面应酸洗或除磷。

7.15.1.3 不接触介质的紧固件、拉杆应进行防锈处理,碳素钢可进行热浸锌处理,低合金钢可进行发蓝处理。

7.15.1.4 法兰密封面宜油(脂)防锈。

7.15.2 运输包装

7.15.2.1 所有开口接管应采用临时盲法兰封闭。

7.15.2.2 下列情况运输时应充氮保护:

a) 洁净场合;

b) 海运;

c) 用户或委托方要求。

8 安装、操作和维护

8.1 总则

8.1.1 制造单位应提供包含安装、操作、维护和故障处理的使用说明书。

8.1.2 安装单位应根据使用说明书的要求制订安装方案。

8.1.3 用户或委托方应根据使用说明书的要求制定操作、维护规程,按章作业。

8.1.4 禁止违规作业,严禁超温超压使用。

8.2 安装

8.2.1 应根据热交换器的结构特点、工艺操作和维修要求进行布置设计:

a) 应充分考虑留有盖板拆装及整体拆装的检修空间;

b) 热交换器的入口宜设置过滤器;

c) 宜就近在管道上设置温度计和压力表接口;

d) 管路配置应避免流体冲击或机械振动传递到热交换器上;

e) 管路配置应使热交换器在使用过程中作用于进出口管嘴上的力和力矩不大于所允许承受的力和力矩。

8.2.2 热交换器的基础和地脚螺栓应根据热交换器的重量、热膨胀要求进行设计、施工,并留有足够的裕量。

8.2.3 应按设计文件或规程要求调整、检查水平度和垂直度。

8.2.4 管道安装时,不应强力装配。

8.3 试车和操作

8.3.1 试车前使用单位应根据使用说明书制订试车方案或操作规程。

8.3.2 防止杂物进入热交换器。

8.3.3 按照压差设计的热交换器,开车、操作、停车过程中应保证不超过设计压差。

8.3.4 热交换器在启用时一般先使冷侧流体流满热交换器,排出腔内气体。当冷侧已经运行后,才逐步通入热侧流体。热交换器在停用时一般先关闭热侧,冷侧仍保持运行。待热交换器温度降至冷侧温度后可关闭冷侧流体。

8.3.5 热交换器启用及停用操作过程中应缓慢升温或降温,严格控制升温或降温速度,避免造成热冲击。不得冷态时快速导入热流体,或热态时快速导入冷流体。

8.3.6 热交换器长时间停用时,需排净内部残存工艺介质;对于有腐蚀防护要求的热交换器,还应充氮保护。

8.4 维护

8.4.1 当热交换器传热与阻力降偏离设计值过大,或不能满足工艺系统要求时,应根据介质特性和热交换器的结构,选择适当的方法进行清洗或清理,以恢复热交换器的工艺性能。

8.4.2 采用化学清洗方法时,应根据热交换器材质选择对热交换器无害的清洗剂。

附 录 A
(资料性)
数据表

A.1 供需双方可采用本附录的热交换器数据表格(见表 A.1 和表 A.2)规范记录热交换器的技术数据。

A.2 提供准确、确定的设计条件数据是用户或委托方的责任;与技术方案有关的技术数据由制造单位确定,经供需双方协商确认。

表 A.1 工艺数据表

(制造单位名称)	焊接板式热交换器工艺数据表		(工程承包商)	
订单号:	文件号:		页码:	
用户:	制造单位:			
工程项目:	订单号:			
地址:	型号:			
项目号:	系列号:			
用途:				
01	热侧		冷侧	
02 介质				
03 总流量/(kg/s)				
04 每台流量/(kg/s)				
05 设计温度/℃				
06 最低设计金属温度/℃				
07 设计压力/MPa(G)				
08 板间流速/(m/s)				
09 壁面剪应力/Pa				
10 允许压降/计算压降/kPa				
11 壁温最小/最大/℃				
12 设计裕度[a]/%				
13 操作数据	进口	出口	进口	出口
14 液体流量/(kg/s)				
15 气体流量/(kg/s)				
16 不凝性气体流量/(kg/s)				
17 操作温度/℃				
18 操作压力/MPa(G)				
19 液体物性				
20 密度/(kg/m³)				
21 比热容/[kJ/(kg·K)]				

表 A.1 工艺数据表(续)

22 黏度/(mPa·s)				
23 导热系数/[W/(m·K)]				
24 表面张力/(N/m)				
25 气体物性				
26 密度/(kg/m^3)				
27 比热容/[kJ/(kg·K)]				
28 黏度/(mPa·s)				
29 导热系数/[W/(m·K)]				
30 分子量/(kg/kmol)				
31 不凝性气体分子量/(kg/kmol)				
32 露点/沸点/℃	热侧		冷侧	
33 颗粒最大尺寸/mm				
34 颗粒百分比含量				
35 潜热/(kJ/kg)				
36 临界压力/[kPa(A)]				
37 临界温度/℃				
38 总换热量/kW				
39 总传热系数[a]/[W/(m^2·K)]	洁净工况：		结垢工况：	
40 LMTD/℃				
41 换热面积/m^2				
42 单侧表面传热系数/[W/(m^2·K)]				

[a] 设计裕度=($U_{clean}/U_{service}-1$)×100,式中,U_{clean}为洁净工况总传热系数,$U_{service}$为结垢工况总传热系数。

版本号		修订说明		日期		设计		审核	

表 A.2 机械数据表

(制造单位名称)	焊接板式热交换器机械数据表		(工程承包商)
订单号：	文件号：		页码：
01 热交换器型号			
02 热交换器和板片的配置			
03 并联热交换器数量		单台传热面积/m^2	
04 串联热交换器数量		单板换热面积/m^2	
05 热侧流程数		每台热交换器板片数	
06 冷侧流程数		板片波纹类型	
07 流动方向	□顺流□逆流□交错流	板片波纹角度	
08 板间距/mm		板片厚度/mm	
09 设计数据			

表 A.2　机械数据表(续)

10 设计规范				
11	热侧		冷侧	
12 设计压力/试验压力/MPa(G)				
13 设计压差/试验压差/MPa(G)				
14 设计温度/℃				
15 腐蚀裕量/mm				
16 容积/m³				
17 长/宽/高/mm				
18 净重/充水重/kg	/			
19 接管	进口	出口	进口	出口
20 接管尺寸				
21 法兰压力等级/类型	/	/	/	/
22 零部件	材料			
23 板片				
24 箱板				
25 压紧板				
26 垫片				
27 夹紧螺柱/螺母/拉杆				
28 接管/法兰				
29 双头螺栓/螺母				
30 防护罩	□无 □防喷溅 □防火			
31 集液盘	□要 □不要 □其他			
32 油漆要求	□制造单位标准 □用户规定			
33 绝热要求	□要 □不要 □其他			
34 载荷				
35 接管载荷/力矩	□标准 □苛刻 □用户规定			
36 风载荷				
37 地震载荷				
38 冲击载荷				
39 海上运输载荷				
40 检验与试验				
41 规定干燥程序	□有 □没有			
42 空气吹干	□有 □没有			
43 规范以外的无损检测				
44 检验要求	□用户 □第三方			

版本号		修订说明		日期		设计		审核	

附　录　B

（资料性）

板片焊接工艺评定

B.1　范围

B.1.1　本附录规定了热交换器板片焊接工艺评定的规则、试验方法和结果评定。

B.1.2　本附录适用于热交换器板片之间的对接接头、搭接接头、端接接头。

B.1.3　本附录适用的板片厚度为大于或等于 0.6 mm。

B.1.4　本附录适用于激光焊、电阻焊、等离子弧焊和钨极氩弧焊等焊接方法。

B.1.5　热交换器的板片与压紧板、箱板的焊接可参照本附录的规定。

B.2　通用要求

B.2.1　制造单位应依据板片材料的焊接性能、产品结构特点拟定预焊接工艺规程，施焊试件和制取试样，检验试件和试样，检测焊接接头是否符合规定的要求，对焊接工艺进行评价，并形成焊接工艺评定报告。

B.2.2　板片应按照材料进行组别划分，按组别进行工艺评定。

B.2.3　焊接材料应按照被焊接元件材料进行选取，焊接材料应符合相应标准的规定。

B.2.4　焊接工艺评定所用焊接设备应处于正常工作状态，仪器、仪表应在检定有效期内。

B.2.5　使用本单位焊接设备焊接试件。

B.3　焊接工艺评定因素及组别划分

B.3.1　焊缝形式

依据产品结构及焊接部位的不同，板片之间的焊缝形式可分为对接焊缝、搭接焊缝和端接焊缝。

B.3.2　焊接方法

焊接可采用激光焊、电阻焊、等离子弧焊和钨极氩弧焊等焊接方法。

B.3.3　焊接位置

依据产品结构及焊接位置的不同，将工艺评定试件的焊接位置分为平焊、横焊、向上立焊、向下立焊和仰焊。

B.3.4　母材

板片材料应按照化学成分、力学性能和焊接性能进行分组，见表 B.1。

表 B.1　板片材料分组

母材	母材组别号	母材牌号、级别、型号	标准
不锈钢	Fe-8-1	06Cr19Ni10(S30408)、022Cr19Ni10(S30403)、06Cr18Ni11Ti(S32168)、06Cr17Ni12Mo2(S31608)、022Cr17Ni12Mo2(S31603)	GB/T 3280
	Fe-8-2	015Cr20Ni18Mo6CuN(S31252)、015Cr21Ni26Mo5Cu2(S31782)	GB/T 3280

表 B.1 板片材料分组(续)

母材	母材组别号	母材牌号、级别、型号	标准
不锈钢	Fe-10H	022Cr23Ni5Mo3N(S22053)、022Cr25Ni7Mo4N(S25073)	GB/T 3280
钛及钛合金	Ti-1	TA1、TA9-1	GB/T 14845
镍及镍合金	Ni-1	N6	GB/T 2054
	Ni-3	NS3303、NS3304	YB/T 5354

B.3.5 焊后热处理

板片的焊缝一般不进行焊后热处理。

B.4 评定规则

B.4.1 焊缝形式

改变焊缝形式，应重新进行焊接工艺评定。

B.4.2 焊接方法

改变焊接方法或改变同一焊接方法的机动化程度，应重新进行焊接工艺评定。

B.4.3 焊接位置

B.4.3.1 当评定采用的焊接方法为手工焊时，横焊、向上立焊、向下立焊、仰焊位置的评定适用于平焊；其他位置改变时需要重新进行焊接工艺评定。

B.4.3.2 当评定采用的焊接方法为机械焊时，若其他焊接工艺要素不变，则焊接位置的改变不需要重新进行焊接工艺评定。

B.4.4 母材

B.4.4.1 改变母材的组别号，需重新进行焊接工艺评定。

B.4.4.2 任一牌号母材评定合格的焊接工艺可适用于同一组别号的其他牌号母材。

B.4.4.3 当不同组别号的母材组成焊接接头时，即使母材各自都已评定合格，其焊接接头仍应重新评定。

B.4.4.4 未列入表 B.1 而已列入国家标准或行业标准的板片材料，可根据其化学成分、力学性能和焊接性能归入相应组别；未列入表 B.1 也未列入国家标准或行业标准的板片母材，应重新进行焊接工艺评定。

B.4.4.5 未列入表 B.1 的境外牌号材料，首次使用时应按每个牌号进行焊接工艺评定，当已掌握该牌号焊接性能，其化学成分、力学性能与表 B.1 中的对应牌号材料相当，可将该牌号材料归入表 B.1 对应牌号所在组别内；当此牌号材料已进行过焊接工艺评定时，可免做焊接工艺评定。

B.4.5 填充材料

B.4.5.1 增加或取消填充金属，应重新进行焊接工艺评定。

B.4.5.2 改变单一保护气体种类或改变混合保护气体的混合比例，需重新进行焊接工艺评定。

B.4.6 试件、焊件厚度

B.4.6.1 对接焊缝、搭接焊缝试件评定合格的焊接工艺适用于焊件厚度的有效范围，按表 B.2 的规定。

B.4.6.2 端接焊缝试件评定合格的焊接工艺适用于焊件厚度的有效范围，按表 B.3 的规定。

表 B.2 对接焊缝、搭接焊缝试件厚度与焊件厚度规定

试件母材厚度	适用于焊件母材厚度的有效范围	
	最小值	最大值
T	$0.85T$	$1.15T$

表 B.3 端接焊缝试件厚度与焊件厚度规定

试件母材厚度	适用于焊件母材厚度的有效范围	
	最小值	最大值
T	T	$1.5T$

B.5 评定方法

B.5.1 试件形式

试件采用板状试件进行焊接，试件形式示意图如图 B.1 所示。

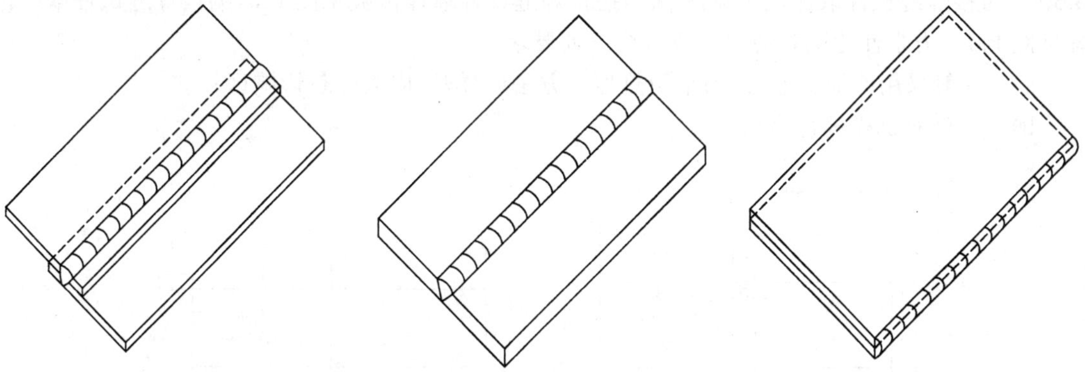

a）搭接接头试件　　b）对接接头试件　　c）端接接头试件

图 B.1 试件形式

B.5.2 试件制备

B.5.2.1 母材、焊缝形式和试件的焊接应符合拟定的预焊接工艺规程的要求。

B.5.2.2 试件的数量和尺寸应满足制备试样的要求，试样也可以直接在焊件上切取。

B.5.2.3 试件厚度应充分考虑适用于焊件厚度的有效范围。

B.6 试验要求和结果评价

B.6.1 试件检验项目有：

a） 无损检测；

b） 力学性能试验；

c） 纵向弯曲试验；

d） 金相检验(宏观)；

e） 附加试验。

B.6.2 依据 NB/T 47013 对试件进行目视检测和渗透检测，试件应满足下列要求：

a) 焊缝表面不应有裂纹、未熔合、未焊透、咬边；

b) 焊缝表面凹下量不得大于较薄板厚度的 20%，且不大于 0.2 mm；

c) 对于钛及钛合金材料，焊缝表面银白色、金黄色（致密）为合格，表面蓝色、紫色、灰色、暗灰色、灰白色及黄色粉状物均为不合格。

B.6.3 试件的检验项目和取样数量应符合表 B.4 的规定。

表 B.4 检验项目和取样数量

焊缝形式	力学性能试验/个		纵向弯曲试验/个		张口试验[a]/个	宏观金相检验/个		附加试验[b]		
	拉伸	剪切	面弯	背弯		横向剖面	纵向剖面	微观金相	铁素体含量测定	腐蚀试验
对接焊缝	4	—	2	2	—	4	4	1	1	1
搭接焊缝	—	4	2	2	—	4	4	1	1	1
端接焊缝	—	—	—	—	4	4	—	1	1	1

[a] 可采用对接焊缝试件试验代替。

[b] 由供需双方依据产品的使用条件确定相应的试验项目。

B.6.4 对接焊缝试件取样位置见图 B.2，搭接焊缝试件取样位置见图 B.3，端接焊缝试件取样位置见图 B.4。力学性能试验的取样应符合下列要求：

a) 一般采用冷加工方法，当采用热加工方法取样时，应去除热影响区；

b) 允许对试样进行冷校平。

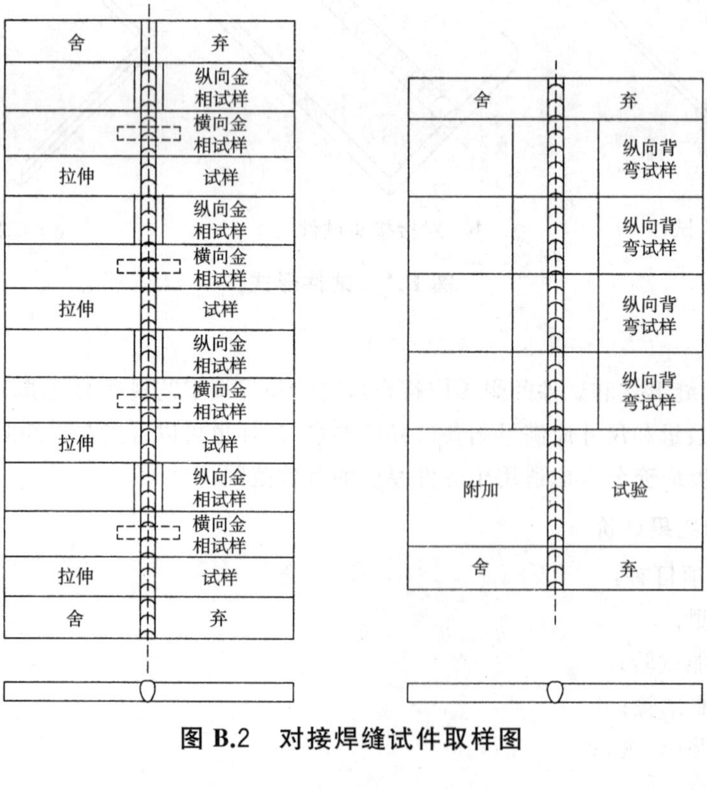

图 B.2 对接焊缝试件取样图

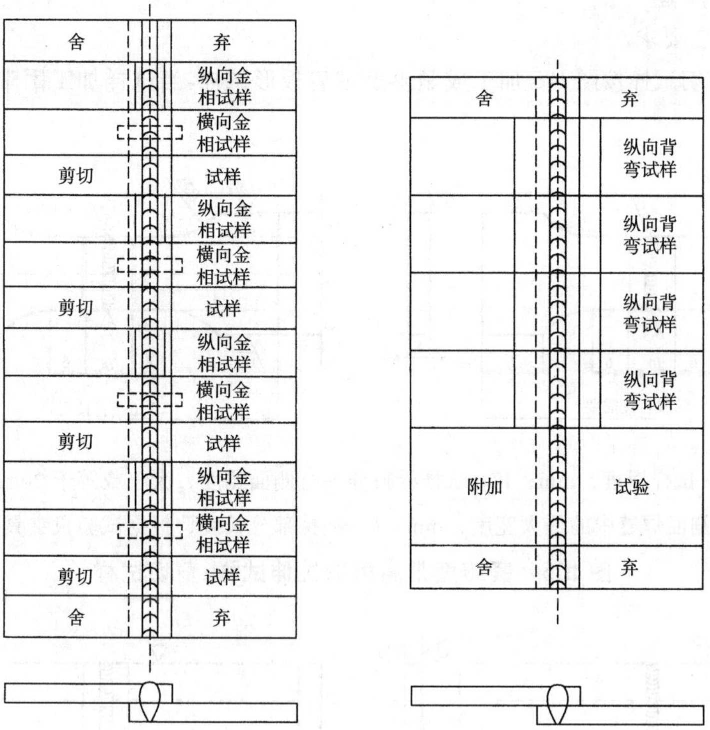

图 B.3 搭接焊缝试件取样图

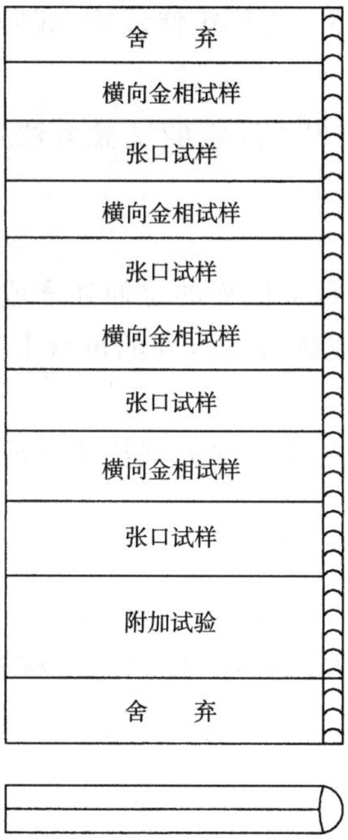

图 B.4 端接焊缝试件取样图

B.6.5　力学性能试验

B.6.5.1　试样加工要求

拉伸试样、剪切试样按图B.5加工成紧凑型带肩板形试样，当试样加工困难时，也可按图B.6加工成矩形试样。

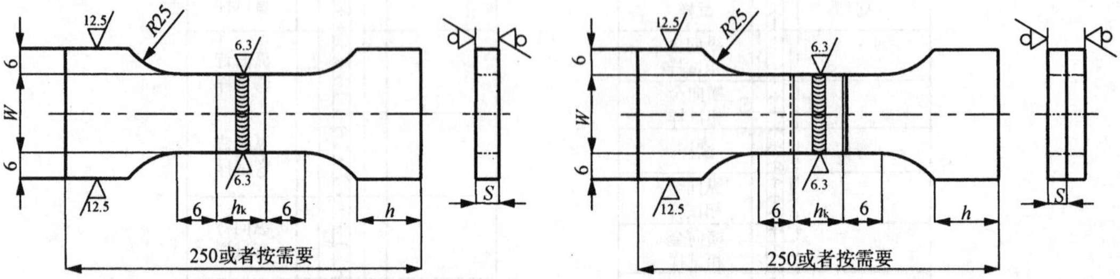

S—试样厚度，mm；W—试样受拉伸平行侧面宽度，大于或等于20mm；

h_k—S两侧面焊缝中的最大宽度，mm；h—夹持部分长度，根据试验机夹具而定，mm

图B.5　紧凑型带肩板形拉伸试样、剪切试样

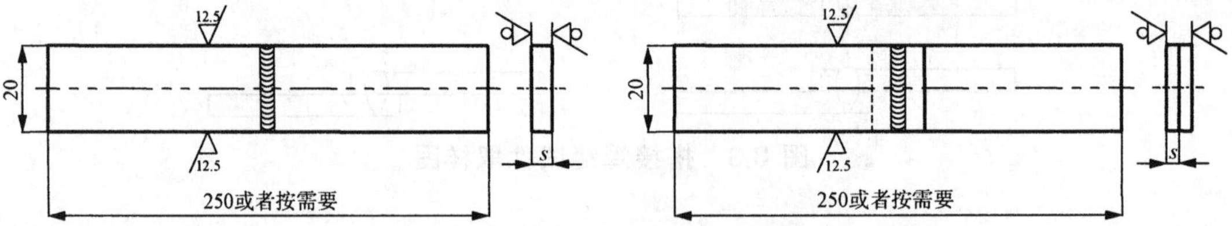

图B.6　矩形拉伸试样、剪切试样

B.6.5.2　试验方法

拉伸试验、剪切试验参照GB/T 228规定的试验方法进行试验并测定焊接接头的抗拉强度、剪切强度。

B.6.5.3　合格指标

B.6.5.3.1　试样母材为同一牌号时，每个试样的拉伸强度或剪切强度应不低于母材的标准抗拉强度最小值。当上述试样断在焊缝或熔合线以外的母材上时，其抗拉强度或剪切强度不低于母材的标准抗拉强度最小值的95%。

B.6.5.3.2　试样母材为两种牌号时，每个试样的抗拉强度或剪切强度应不低于两种母材标准抗拉强度最小值的较低值。

B.6.6　弯曲试验

B.6.6.1　试样加工要求

B.6.6.1.1　试样的焊缝余高以机械方法去除，使之与母材齐平，试样的受拉伸表面不得有划痕或损伤。

B.6.6.1.2　试样宽度为25 mm。

B.6.6.2　试验方法

B.6.6.2.1　弯曲试验按GB/T 2653和表B.5的规定进行。

B.6.6.2.2　试样的焊缝中心线应对准弯心轴线。

B.6.6.2.3　弯曲角度应以在试样承受载荷时测量为准。

表 B.5　弯曲试验条件及参数

序号	材料组别	试样厚度 S/mm	弯心直径 D/mm	支承辊之间距离/mm	弯曲角度/(°)
1	Ti-1	<1	8	13	180
		≥1	$8S$	$10S+3$	
2	其他组别	<1	4	9	
		≥1	$4S$	$6S+3$	

B.6.6.3　合格指标

弯曲试样弯曲到规定的角度后,其拉伸面上的焊缝和热影响区内不得有任何尺寸的开口缺陷。

B.6.7　张口试验

B.6.7.1　试样加工要求

B.6.7.1.1　试样的焊缝表面不得有划痕或损伤。

B.6.7.1.2　试样宽度为 20 mm,试样长度不小于 200 mm。

B.6.7.2　试验方法

在拉伸试验机上采用机械外力将试样向外展开,直至达到 $180^{\circ}{}_{-5^{\circ}}^{\ 0^{\circ}}$,如图 B.7 所示。

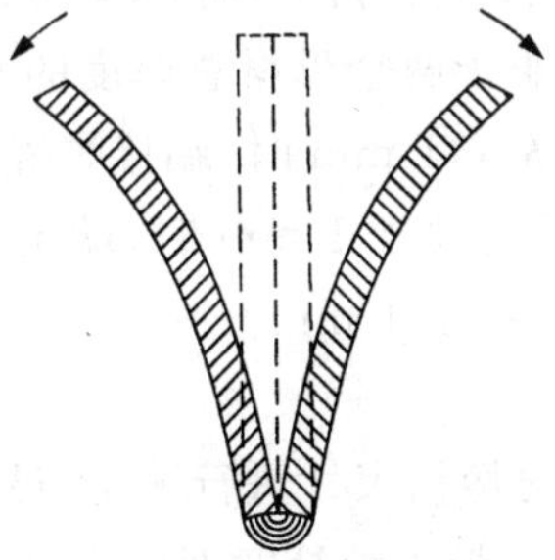

图 B.7　端接试样张口试验

B.6.7.3　结果评定

试样扩口至 $180^{\circ}{}_{-5^{\circ}}^{\ 0^{\circ}}$后,采用大于 10 倍的放大镜检查焊缝内外表面,不得有任何肉眼可见的开口缺陷。

B.6.8　金相试验

B.6.8.1　试样加工要求

B.6.8.1.1　焊缝表面应为未经过任何加工的原始表面。

B.6.8.1.2　横向剖面试样,焊缝长度为 25 mm,宽度应为包含焊缝和热影响区在内的整个截面且任意两检验面不应为同一切口的两个侧面。

B.6.8.1.3　纵向剖面试样,焊缝长度为 25 mm,在焊缝宽度约 1/3 处沿焊缝纵向切开,保留含有 2/3 宽度焊缝的试样用于检测。

B.6.8.1.4　金相试样均应在抛光后采用适当的浸蚀剂浸蚀以获得焊缝金属和热影响区的清晰界限。

B.6.8.2　试验方法

按照 GB/T 226 的要求浸蚀试样并采用不大于 10 倍的放大镜进行检测,金相检验内容见表 B.6。

表 B.6 金相检验内容

序号	焊缝形式	横向剖面试样					纵向剖面试样
		宏观检测	焊缝厚度[a]	熔核高度[b]	熔核宽度[b]	焊缝宽度[c]	宏观检测
1	对接焊缝	○	○	○	○	—	○
2	搭接焊缝	○	○	○	○	○	○
3	端接焊缝	○	○	—	—	—	—

注:符号"○"表示需要进行该检验,符号"—"表示不需要进行该检验。

[a] 该检测不适用于电阻焊。

[b] 该检测仅适用于电阻焊。

[c] 该检测仅适用于激光焊。

B.6.8.3 合格指标

B.6.8.3.1 宏观检测

所有剖面焊缝均应无裂纹、未熔合、喷溅、夹杂(钨)等缺陷,每件试样焊缝横向剖面上的气孔不应超过 1 个,纵向剖面上的气孔不应超过 3 个,且气孔最大尺寸不应超过焊缝厚度的 10%。

B.6.8.3.2 焊缝厚度

a) 对接焊缝的焊缝厚度不应小于较薄侧母材厚度的 90%;

b) 搭接焊缝的焊缝厚度不应小于两个母材总厚度的 90%;

c) 当较薄侧母材厚度小于或等于 1 mm 时,端接焊缝的焊缝厚度(熔深)不应小于较薄侧母材厚度;当较薄侧母材厚度大于 1 mm 时,端接焊缝的焊缝厚度(熔深)不应小于较薄侧母材厚度的 80%,且不小于 1 mm。

B.6.8.3.3 熔核高度、熔核宽度

在电阻缝焊的横向剖面试样上对熔核尺寸进行测定,最小熔核高度不得小于较薄侧板厚的 50%,最大不得大于板厚总和的 80%;最小熔核宽度应满足表 B.7 的要求。

表 B.7 最小熔核宽度要求

单位为毫米

较薄侧母材厚度 t	最小熔核宽度
$0.6 \leqslant t < 1.0$	$4t$
$t \geqslant 1.0$	$3t$

B.6.8.3.4 焊缝宽度

在激光焊的横向剖面试样上对搭接部位的焊缝宽度进行测定,最小搭接焊缝宽度不得小于较薄侧板厚的 80%。

B.6.9 附加试验

依据产品的使用条件,由供需双方确定是否需进行附加试验,附加试验可选其一,也可全部进行。

B.6.9.1 微观金相检验

B.6.9.1.1 试验方法

焊接接头的微观金相检验应包含焊缝金属、热影响区和母材。试样的制取、研磨、浸蚀及检验应符合 GB/T 13298 的要求。

B.6.9.1.2 合格指标

在电子微观显微镜下观察焊接接头焊缝金属、热影响区和母材的组织成分，所有区域的微观组织中均不得出现影响接头性能的有害组织及超标的异常组织。

B.6.9.2 铁素体含量测定

对于奥氏体不锈钢、奥氏体-铁素体双相不锈钢焊接接头，可对焊接接头进行焊缝铁素体含量测定。

B.6.9.2.1 试验方法

试样的制取及试验按照 GB/T 1954 的要求执行。

B.6.9.2.2 合格指标

a) 奥氏体不锈钢焊缝铁素体数应为 FN3～FN10。

b) 奥氏体-铁素体型双相不锈钢焊缝铁素体含量应为 35％～65％。

B.6.9.3 腐蚀试验

需要时，可对焊接接头进行晶间腐蚀、应力腐蚀、均匀腐蚀等试验来验证接头的抗腐蚀性能，腐蚀试样的制备及试验方法可参照以下标准执行：

GB/T 4334《金属和合金的腐蚀　奥氏体及铁素体-奥氏体(双相)不锈钢晶间腐蚀试验方法》

GB/T 17897《金属和合金的腐蚀　不锈钢三氯化铁点腐蚀试验方法》

JB/T 7901《金属材料实验室均匀腐蚀全浸试验方法》

YB/T 5362《不锈钢在沸腾氯化镁溶液中应力腐蚀试验方法》

附　录　C
(资料性)
铭牌样式

除非另有规定,铭牌可选用图 C.1 所示样式。

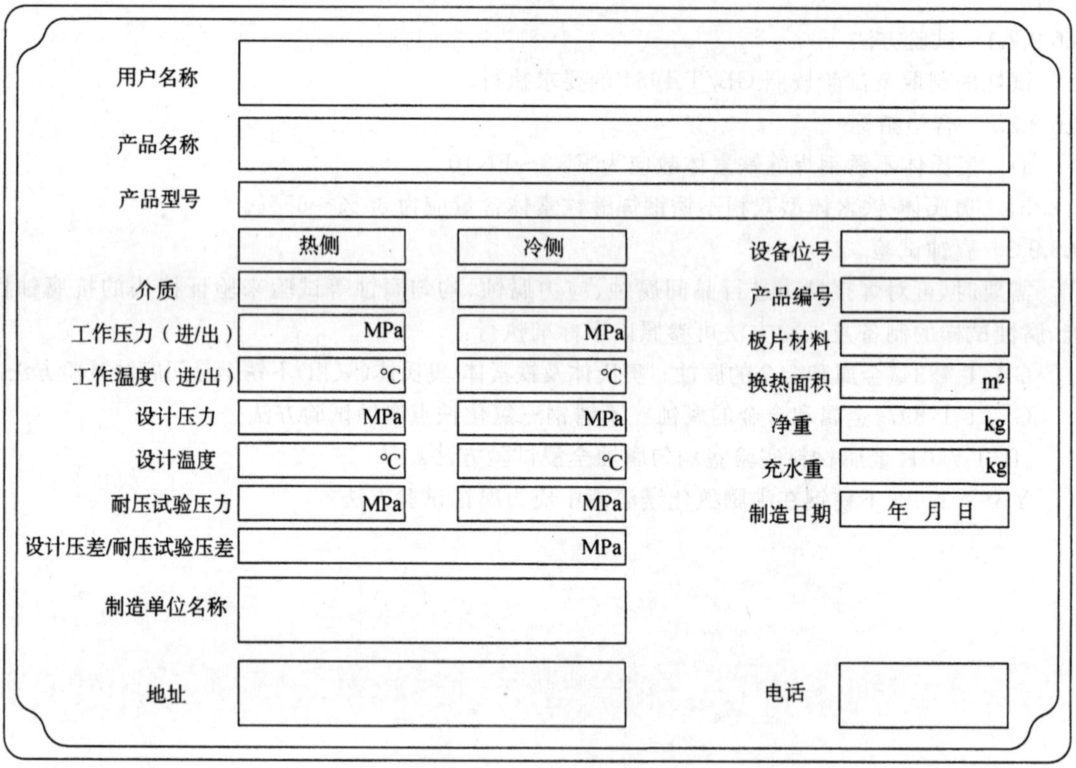

图 C.1　铭牌样式

ICS 71.120.30
CCS J 75

NB

中华人民共和国能源行业标准

NB/T 47005—2021
代替 NB/T 47005—2009

板式蒸发装置

Plate evaporator device

2021-11-16 发布　　2022-02-16 实施

国家能源局　发布

前　言

本文件按照 GB/T 1.1—2020《标准化工作导则　第 1 部分:标准化文件的结构和起草规则》的规定起草。

本文件是对 NB/T 47005—2009 的修订。

本文件代替 NB/T 47005—2009(JB/T 4753)《板式蒸发装置》,与 NB/T 47005—2009(JB/T 4753)相比,主要技术变化如下:

——增加了部分术语和定义;

——增加了热源形式,引入机械蒸汽再压缩(MVR)技术,增加了镍、钛材料标准,扩大了板式蒸发装置的应用领域;

——调整了板式蒸发装置的型号组成和含义,及板式蒸发装置的控制等级;

——调整了装置额定蒸发量的限值;

——调整了真空泵抽气量的计算公式;

——删除了附录中全焊式板式蒸发器图示;

——调整了氟橡胶垫片的使用温度范围并删除硅橡胶胶垫。

请注意本文件的某些内容可能涉及专利。本文件的发布机构不承担识别专利的责任。

本文件由全国锅炉压力容器标准化技术委员会(SAC/TC 262)提出并归口。

本文件主要起草单位:上海蓝滨石化设备有限责任公司、甘肃蓝科石化高新装备股份有限公司、河北工业大学、天津科技大学、日照金禾生化集团股份有限公司、乳山中诚果汁饮料有限公司、包头东宝生物技术股份有限公司、江苏宜宝设备制造有限公司、湖北派克密封件有限公司。

本文件主要起草人:宋金虎、李健、张少峰、宋继田、李昌涛、冷传祝、贾利明、金雪晶、王斌、陈战杨。

本文件的历次版本发布情况为:

——NB/T 47005—2009(JB/T 4753)。

板式蒸发装置

1 范围

本文件适用于蒸发生产过程中使用的板式蒸发装置(以下简称“装置”)。

本文件规定了装置的型号表示方法,基本参数,技术要求,安装要求,检验、调试和验收及标识、包装、运输、储存。

2 规范性引用文件

下列文件中的内容通过文中的规范性引用而构成本文件必不可少的条款。其中,注日期的引用文件,仅该日期对应的版本适用于本文件;不注日期的引用文件,其最新版本(包括所有的修改单)适用于本文件。

GB/T 150.1(所有部分) 压力容器

GB/T 151 热交换器

GB/T 983 不锈钢焊条(ISO 3581:2003,MOD)

GB/T 985.1 气焊、焊条电弧焊、气体保护焊和高能束焊的推荐坡口

GB/T 1226 一般压力表

GB/T 2054 镍及镍合金板

GB/T 3621 钛及钛合金板材

GB/T 3623 钛及钛合金丝

GB/T 4213 气动调节阀

GB/T 5117 非合金钢及细晶粒钢焊条(ISO 2560:2009,MOD)

GB/T 7251.1 低压成套开关设备和控制设备 第1部分:总则(IEC 61439-1:2011,IDT)

GB/T 8163 输送流体用无缝钢管

GB/T 12224 钢制阀门 一般要求

GB/T 12235 石油、石化及相关工业用钢制截止阀和升降式止回阀[BS 1873—1975(R1998),NEQ]

GB/T 12238 法兰和对夹连接弹性密封蝶阀

GB/T 12243 弹簧直接载荷式安全阀(JIS B 8210:1994,MOD)

GB 12348 工业企业厂界噪声排放标准

GB/T 12459 钢制对焊管件 类型与参数

GB/T 12706.1 额定电压1 kV(U_m=1.2 kV)到35 kV (U_m=40.5 kV)挤包绝缘电力电缆及附件 第1部分:额定电压1 kV(U_m=1.2 kV)和3 kV(U_m=3.6 kV)电缆

GB/T 12712 蒸汽供热系统凝结水回收及蒸汽疏水阀技术管理要求

GB/T 13384 机电产品包装通用技术条件

GB/T 13814 镍及镍合金焊条

GB/T 14845 板式换热器用钛板

GB/T 14976　流体输送用不锈钢无缝钢管

GB/T 16907　离心泵技术条件(Ⅰ类)

GB/T 19672　管线阀门　技术条件

GB/T 22654　蒸汽疏水阀　技术条件

GB/T 27698.1　热交换器及传热元件性能测试方法　第1部分:通用要求

GB/T 30121　工业铂热电阻及铂感温元件

GB 50236　现场设备、工业管道焊接工程施工规范

JB/T 5493　电阻应变式压力传感器

JB/T 7255　水环真空泵和水环压缩机

JB/T 8644　单螺杆泵

JB/T 8803　双金属温度计

JB/T 9248　电磁流量计

NB/T 47003.1　钢制焊接常压容器

NB/T 47004.1　板式热交换器　第1部分:可拆卸板式热交换器

HG/T 20592～20635　钢制管法兰、垫片、紧固件

HG/T 21620　带颈视镜

SH/T 3151　石油化工转子泵工程技术规范

SH/T 3557　石油化工大型设备运输施工规范

SY/T 5037　普通流体输送管道用埋弧焊钢管

3　术语和定义

下列术语和定义适用于本文件。

3.1

板式蒸发装置　plate evaporator device

由板式蒸发器、预热器、分离器、冷凝器、泵类、热力压缩(TVR)、机械压缩(MVR)、阀门管件、电器仪表及控制系统等组成的蒸发装置。

3.2

设备　equipment

组成板式蒸发装置的单体,如蒸发器、预热器、分离器、冷凝器、泵、热力压缩(TVR)、机械压缩(MVR)、单个阀门、单个仪表等。

3.3

压力　pressure

压力指单位面积上承受压力的大小,采用国际单位(MPa、kPa、Pa)或工程单位(bar、mbar)均可,除已注明外,均为表压。

3.4

工作压力　work pressure

在正常工作情况下,装置中任何一台设备可能出现的最高或最低工作压力。

3.5

设计压力　design pressure

设定的设备内部最高压力,与相应的设计温度一起作为设备的基本设计条件,其值不得低

于工作压力。

3.6

设计温度　design temperature

设备在正常工作情况下，设定的元件的工作面温度。设计温度和设计压力一起作为设计条件。

3.7

升膜蒸发器　rising film evaporator

料液在虹吸的作用下，被加热的液体在传热元件上流动上升过程中形成液膜，将这种流程的传热元件用于蒸发器即为升膜蒸发器。

3.8

降膜蒸发器　falling film evaporator

料液经过液体再分布后，在重力、真空诱导及气流共同作用下，以均匀的膜状自上而下流动过程中形成液膜，将这种流程的传热元件用于蒸发器即为降蒸发器。

3.9

升降膜蒸发器　rising & falling film evaporator

将升膜和降膜形式应用在同一流程中的传热元件用于蒸发器即为升降膜蒸发器。

3.10

物料　materials

本文件中所指物料为装置浓缩前后具有流动性的液体(常压下)，包括各类水溶液和无水常压液体。

3.11

介质　medium

本文件中所指介质为装置中除物料外的所有流体。

3.12

耗汽比　steam consumption ratio

本文件中所指耗汽比为蒸发单位质量的水消耗的新鲜蒸汽的量。

3.13

板式蒸发器　plate evaporator

用于蒸发工艺过程中以板片为主要传热元件的蒸发器。

3.14

流道　flow channel

板式蒸发器内相邻板片组成的物料流动通道。

3.15

流程　process

板式蒸发器内物料向一个方向流动的一组流道形式。

4　流程示意及型号表示方法

4.1　流程示意图

本示意图以三效(TVR)板式蒸发装置为例(见图1)。

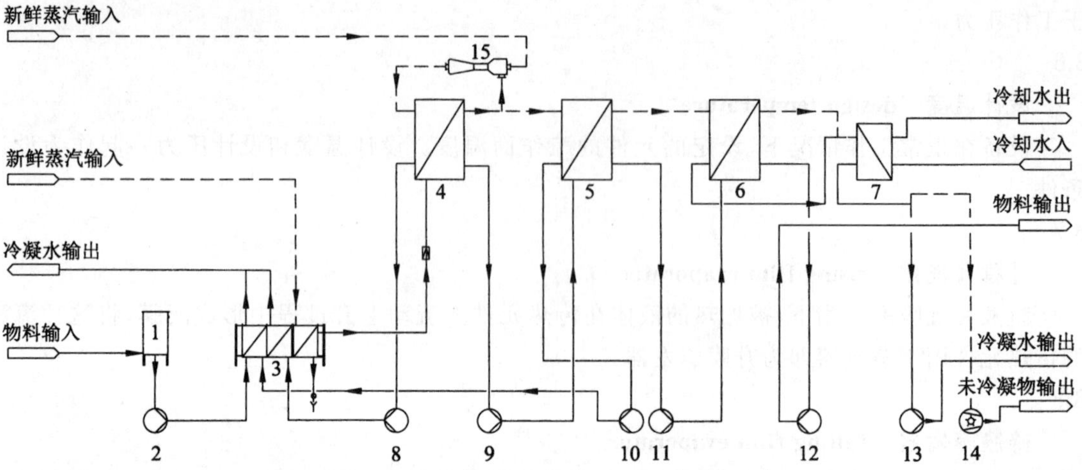

1——进料罐；2——进料泵；3——进料预热器；4——一效蒸发分离器；5——二效蒸发分离器；
6——三效蒸发分离器；7——冷凝器；8——一效冷凝水抽出泵；9——一效产品泵；10——二效冷凝水抽出泵；
11——二效产品泵；12——三效产品泵；13——冷凝器冷凝水抽出泵；14——真空泵；15——热力压缩装置

图1　三效(TVR)板式蒸发装置工艺流程示意图

4.2　型号组成及含义

型号组成及含义见图2。

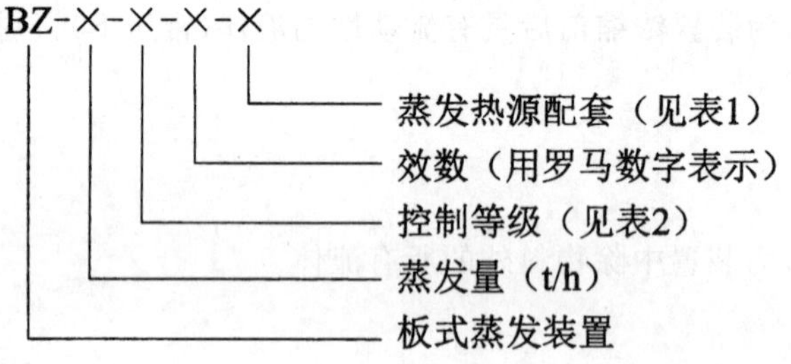

图2　型号组成及含义

示例：

以蒸发量为5 t/h,控制等级为B级的三效带热力压缩(TVR)板式蒸发装置为例,型号表示为BZ-5-B-Ⅲ-T。

表1　装置蒸发热源配套

代号	热源形式
S	单纯新鲜蒸汽
T	新鲜蒸汽＋热力压缩(TVR)
M	单纯机械压缩(MVR)

表2　装置控制等级

级别	控制功能
A	压力控制＋温度控制＋流量控制＋液位控制＋触摸屏
B	A＋浓度控制
C	B＋可编程逻辑控制器(PLC)或计算机或分散控制系统(DCS)

5 基本参数

5.1 装置的额定蒸发量

多效蒸发装置(含 TVR)的额定蒸发量应符合表 3 的规定，MVR 蒸发装置的额定蒸发量应符合表 4 的规定。

表 3 多效蒸发装置(含 TVR)的额定蒸发量 单位为 t/h

蒸发类别	一效蒸发	二效蒸发	三效蒸发	四效蒸发	五效蒸发	六效及以上蒸发
多效蒸发装置	≤20	≤38	≤55	≤70	≤80	>80
TVR	≤38	≤55	≤70	≤80	≤90	>90
注：表中数据以水为标定基础。						

表 4 MVR 装置的额定蒸发量 单位为 t/h

蒸发类别	一体蒸发	二体蒸发	三体蒸发	四体蒸发	五体及以上蒸发
MVR 蒸发装置	≤20	≤38	≤55	≤70	>70
注：表中数据以水为标定基础。					

5.2 装置中设备的设计温度和设计压力

装置中设备的设计温度和设计压力应符合表 5 的规定。

表 5 装置中设备的设计温度和设计压力

介质	设计温度/℃		设计压力/MPa
	进口	出口	
工作蒸汽	≤180	—	≤1.0
蒸汽冷凝水	—	—	≤0.1
物料	—	≥40	≤0.2
冷却水	≤35	≤50	≤0.6

5.3 装置的耗汽比

装置的耗汽比应符合表 6 的规定。

表 6 装置的耗汽比

装置类别	一效蒸发	二效蒸发	三效蒸发	四效蒸发	五效蒸发	六效及以上蒸发
	耗汽比(蒸汽/水)/(kg/kg)					
不带热力压缩	≤1	≤0.52	≤0.38	≤0.3	≤0.25	≤0.2
带热力压缩(基于引射比 1∶1)	≤0.52	≤0.38	≤0.3	≤0.25	≤0.2	≤0.18

5.4 装置其余基本设计参数

装置的其余基本设计参数参见附录 B“板式蒸发装置的基本参数”。

6 技术要求

6.1 总则

装置的设计、制造、检验与验收除应符合本文件的规定外，还应遵守需方同意或者其指定的、已得到认可的有关标准、规范和法规的规定，同时应符合图样要求。

6.2 板式蒸发器

6.2.1 板式蒸发器的制造、检验与验收应符合附录A的规定。

6.2.2 板式蒸发器的面积按式(1)计算：

$$A=\frac{D\times r}{3.6\times K\times \Delta t_{m}} \quad \cdots\cdots (1)$$

式中：

A——板式蒸发器的理论计算面积，m^2；

D——加热蒸汽量，kg/h；

r——汽化潜热，kJ/kg；

K——总传热系数，W/(m^2·℃)；

Δt_m——有效平均温差，℃。

6.2.3 板式蒸发器的物料流动方式有升膜、降膜、升降膜三种。

6.2.4 板式蒸发器的设计压力应不低于换热面两侧物料或介质中的最高工作压力。

6.2.5 板式蒸发器的设计温度应不低于换热面两侧物料或介质中的最高工作温度。

6.2.6 板式蒸发器的板片材质应根据所浓缩物料的性质选取。

6.2.7 带密封垫片的板式蒸发器的垫片可采用黏结式和非黏结式，垫片的设计、制造、检验与验收应符合 NB/T 47004.1 的规定。

6.3 预热器、冷凝器(直接混合式除外)

6.3.1 预热器、冷凝器的设计、制造、检验与验收应符合 NB/T 47004.1 或 GB/T 151 的规定。

6.3.2 预热器、冷凝器的面积按式(2)计算：

$$A=\frac{Q}{3.6\times K\times \Delta t_{m}} \quad \cdots\cdots (2)$$

式中：

A——预热器、冷凝器的理论计算面积，m^2；

Q——传热热量，W；

K——总传热系数，W/(m^2·℃)；

Δt_m——有效平均温差，℃。

6.3.3 预热器、冷凝器的换热宜采用逆流换热工艺。

6.3.4 预热器、冷凝器的设计压力应不低于换热面两侧物料或介质中的最高工作压力。

6.3.5 预热器、冷凝器的设计温度应不低于换热面两侧物料或介质中的最高工作温度。

6.3.6 预热器、冷凝器的板片或管束材质应根据所浓缩物料的性质选取。

6.4 分离器、联管及汽液分离罐

6.4.1 分离器、板式蒸发器、冷凝器的联管及冷凝水汽液分离罐的设计、制造除应符合 GB/T 150、NB/T 47003.1 和国家的有关法规外，还应符合图样的要求。

6.4.2 分离器在需要时可设置除沫、除雾和破涡器。

6.5 泵

6.5.1 进料泵、产品泵、冷凝水抽出泵宜采用符合 GB/T 16907、JB/T 8644 及 SH/T 3151 的要求。

6.5.2 离心泵的选取应根据装置的蒸发量确定。

6.5.3 进料泵可根据用户不同需求选型,应符合 GB/T 16907 的要求。

6.5.4 出料泵应根据出料工艺条件和物料特性选用密封可靠的离心泵、转子泵或单螺杆泵。

6.5.5 冷凝水抽出泵宜采用双端面机械密封离心泵。

6.5.6 真空泵的极限真空度应不高于 3.3 kPa,宜采用符合 JB/T 7255 要求的真空泵。

6.5.7 真空泵的抽气速率应根据蒸发量来选择确定,也可按式(3)计算:

$$S=2.303\ \frac{V}{t}\lg\left(\frac{p_1}{p_2}\right) \qquad (3)$$

式中:

S——真空系统的抽气速率,L/s;

V——真空室容积,L;

t——达到要求真空度所需时间,s;

p_1——初始真空度,Pa;

p_2——要求真空度,Pa。

6.5.8 上述泵所配电机防护等级应不低于 IP44。

6.6 阀门、管路、管件的要求

6.6.1 装置与外界工作蒸汽管路连接处使用的关断阀为截止阀或柱塞阀,截止阀或柱塞阀应符合 GB/T 12235 的规定。

6.6.2 装置的产品管路宜采用蝶阀和球阀。蝶阀和球阀应符合供需双方商定的要求和 GB/T 12238、GB/T 19672 的规定。

6.6.3 装置的冷凝水管路宜采用球阀和截止阀。球阀和截止阀应符合 GB/T 12224 和 GB/T 12235的规定。

6.6.4 装置的冷凝水泵的出口管路宜设置止回阀,止回阀应符合 GB/T 12235 的规定。

6.6.5 装置的工作蒸汽管路上应设置安全阀,安全阀的制造应符合 GB/T 12243 的规定。安全阀应按设计要求确定开启压力和回座压力。

6.6.6 装置的产品和冷凝水管路,应在适当的位置设置便于观察的玻璃视镜,玻璃视镜应符合 HG/T 21620 的规定。

6.6.7 装置的预热器的蒸汽冷凝水管路上应设置能够连续排水的疏水阀,疏水阀应符合 GB/T 12712及 GB/T 22654 的规定。

6.6.8 装置所用的不锈钢管应符合 GB/T 14976 的规定;所用的碳钢管应符合 GB/T 8163 的规定;所用螺旋焊管应符合 SY/T 5037 的规定。

6.6.9 装置所用碳钢和不锈钢管件接头和法兰应符合供需双方商定的要求和 GB/T 12459 和 HG/T 20592～20635 的规定。

6.7 控制和测量设备

6.7.1 控制和测量设备的基本要求

6.7.1.1 装置中控制部分组成及功能

装置中控制部分由具有测控功能的控制器、电控柜、传感器、执行机构组成。控制器通过与其相连的传感器和执行机构完成对装置的控制功能。

6.7.1.2 传感器和执行机构

传感器和执行机构应包括温度传感器、温度变送器、压力变送器、液位变送器、流量计、调节阀、电磁阀、换向阀、变频器、密度计、糖度仪等。

6.7.1.3 A 型装置控制系统

6.7.1.3.1 A 型装置控制系统的监控参数

a) 工作蒸汽进口压力和温度;
b) 预热器物料进口流量和累计流量;
c) 预热器物料及介质进口和出口的温度与压力;
d) 板式蒸发器各效的蒸发温度和压力;
e) 冷凝器二次蒸汽的温度和压力;
f) 冷凝器冷却水进口和出口的温度和压力;
g) 浓缩物料出口压力;
h) 进料平衡罐液位。

6.7.1.3.2 A 型装置控制系统的温度控制要求

a) 控制仪表上设置预热器物料出口温度,通过预热器物料出口上安装的温度传感器来控制在进料预热器蒸汽进口管线上安装的调节阀;
b) 温度控制的精度为 B 级。

6.7.1.3.3 A 型装置控制系统的压力控制要求

a) 智能调节仪设定蒸汽压力,通过在一效蒸发器的蒸汽联箱上安装的压力变送器来控制在蒸汽进口管线上安装的调节阀;
b) 压力控制的精度为不超过±10 kPa。

6.7.1.3.4 A 型装置控制系统的流量控制要求

a) 控制仪表上设置进料流量,通过在板式蒸发器物料进口管线上安装的流量计来控制物料进口管路上调节阀或者进料泵上的变频器;
b) 流量控制的精度为不超过±0.2%。

6.7.1.3.5 A 型装置控制系统的液位控制要求

a) 为实现设备的安全生产,防止断料,在控制柜上的液位智能控制仪表设置正常工作液位值,通过在进料平衡罐上安装的液位变送器控制进料液位;
b) 如果进料不足或断料导致液位低于第二设定值,控制仪表发出控制信号自动打开补水电磁阀向进料平衡罐补水;
c) 如果液位继续下降至第三设定值,控制仪表将发出报警信号进行声光报警,同时,发出关断信号自动关断蒸发器蒸汽入口调节阀,以防造成干烧、损坏设备。

6.7.1.4 B 型装置控制系统

6.7.1.4.1 B 型装置控制系统总体要求

B 型装置控制系统总体应符合 6.7.1.3 的要求。

6.7.1.4.2 B 型装置控制系统的浓缩物料浓度控制要求

a) 装置的浓缩物料出口管线上安装浓度测量仪器(密度计、糖度仪、波美度计等),其信号传至控制柜上的控制仪表,该调节仪与流量智能调节仪组成串级调节控制,来控制物料入口管路上的调节阀,实现装置的浓度自动控制;

b) 浓度控制的精度为不超过±1%。

6.7.1.5 C型装置控制系统

6.7.1.5.1 C型装置控制系统应符合6.7.1.4的要求。

6.7.1.5.2 可编程逻辑控制器(PLC)或计算机应具有人机数据交换操作界面功能,并可以对参数、报警设置等进行现场修改和设定。

6.7.2 控制柜

6.7.2.1 控制柜应符合GB/T 7251.1的规定。

6.7.2.2 控制柜柜体可用不锈钢或者碳钢制作,碳钢制作的柜体表面应进行喷塑或喷漆处理。

6.7.2.3 控制柜应构成完整的接地保护电路

6.7.2.4 柜体防护等级应不低于IP44。

6.7.2.5 绝缘电压应不小于1 000 V。

6.7.2.6 进出线宜采用下进下出,柜门配置的电气测量仪表(电压表、电流表)精度等级应不低于1.5级,同时应配置启/停、自动/手动的信号指示等装置。

6.7.3 仪表、执行机构和电器元件

6.7.3.1 调节阀

6.7.3.1.1 应选用具有线形或对数流量特性的阀门。

6.7.3.1.2 应按照装置浓缩物料的类型、温度和压力等级选取阀体的材料,以满足装置运行和安全的要求。

6.7.3.1.3 阀门的最大关闭压力应高于所控制环路可能出现的最大压力差值,否则应设置差压控制器。

6.7.3.1.4 以蒸汽为介质的调节阀应具有断电自动复原功能。

6.7.3.1.5 气动调节阀应符合GB/T 4213的规定。

6.7.3.2 变频器

6.7.3.2.1 变频器应采用晶体模块型,用于三相鼠笼异步电机的无级调速,应适合于电机和负载的要求。

6.7.3.2.2 变频器防护等级应不低于IP40。

6.7.3.2.3 变频器的控制系统应具有调节上升时间和下降时间的线性调节功能,上升和下降时间应可以单独调节。

6.7.3.2.4 变频器应具有下列保护功能:

a) 过载保护、过电压保护和过电流保护;

b) 瞬间停电保护、输出短路保护和接地故障保护;

c) 欠电压保护、欠相保护和内部温升保护;

d) 在故障状态下,应保护电路并报警,进料泵和变频器应停止工作;

e) 变频器应具有模拟量和数字量的输入/输出(I/O),所有模拟量的信号为4 mA~20 mA及1 V~5 V,变频器应符合电磁兼容的规定。

6.7.3.3 温度计和压力表

6.7.3.3.1 温度计和压力表制造应符合 JB/T 8803 和 GB/T 1226 的规定。

6.7.3.3.2 温度计和压力表选用应按照被测参数的测量要求和量程范围确定。

6.7.3.3.3 温度计和压力表的测量精度不得低于 1.5 级,最高测量值不得超过设计量程的 70%。

6.7.3.4 温度传感器或变送器

6.7.3.4.1 温度传感器或变送器应符合 GB/T 30121 的规定。

6.7.3.4.2 温度测量范围应满足被测参数要求,测量精度不得低于 B 级。

6.7.3.4.3 温度传感器部分时间常数不得大于 30 s。

6.7.3.5 压力传感器或变送器

6.7.3.5.1 压力传感器或变送器的制造应符合 JB/T 5493 的规定。

6.7.3.5.2 压力传感器或变送器的选用应按照被测参数的测量要求和量程范围确定。

6.7.3.5.3 压力传感器或变送器的测量精度不得低于 1.5 级。

6.7.3.6 流量计和浓度测量仪

6.7.3.6.1 电磁流量计的计量精度应不低于 1 级并符合 JB/T 9248 的相关要求。

6.7.3.6.2 浓度测量仪的计量精度应不低于 1 级。

6.7.3.6.3 流量计和浓度测量仪应具有断电自动保护数据功能。

6.7.3.7 电缆

6.7.3.7.1 电缆敷设应采用桥架和穿管,信号线应采用屏蔽线。

6.7.3.7.2 电缆应符合 GB/T 12706.1 的规定。

6.8 其他

选用本文件之外的元件,应参照相关的行业标准、国家标准和国外标准进行设计、制造、检验和验收,并满足需方指定的要求和规定。

7 安装要求

7.1 装置表面的漆膜应均匀、平整、无气泡、龟裂和剥落等缺陷,控制柜内应干燥、清洁、无杂物。

7.2 设备与管道的布置要做到外形美观、布局合理、管道接口流畅、阻力损失小、检修方便、便于操作和观察。

7.3 设备定位中心距误差应小于 5‰,设备安装螺栓孔与中心线误差应小于 2 mm,管道的水平偏差与垂直偏差应小于 5 mm。

7.4 安装法兰时,法兰的密封面与接管中心线平面垂直度偏差应不大于法兰外径的 1%,且不大于 3 mm。

7.5 温度表和压力表的安装位置应能够反映真实测量值,且易于读取和观察。

7.6 流量计宜垂直安装在产品管路上,以减少测量误差。

7.7 浓度测量仪器宜水平安装在产品出口管路上,并应设置带阀门的旁通管路,且应安装在离产品泵出口 2 m 以上的位置。

7.8 泵的底座或支腿应牢靠和稳定,以减少泵运行时引起的震动。适当时可采取必要的减震措施。

7.9 汽、水、物料流向及接管标记、设备的标志牌应完整和准确。

7.10 管道与设备、阀门的连接,当 DN≤50 mm 时,可以采用螺纹连接或卡箍连接;当 DN>50 mm 时,管道宜采用法兰连接;其他部分的连接均采用焊接连接。

7.11 装置的焊接焊缝坡口型式与尺寸应符合 GB/T 985.1 的规定;管道的焊接应符合 GB 50236的规定;焊接材料应符合 GB/T 5117 和 GB/T 983 的规定,还应遵守焊接材料订货要求及有关标准。

7.12 装置中除了工作蒸汽管路和连接真空泵的管路以外,其余所有管路上的焊缝内外表面均应保证光洁。

7.13 设备、管道、阀门的连接密封所用垫片除在蒸汽管路上可使用石棉橡胶垫片以外,其余部分的连接密封所用垫片可采用橡胶垫片。

8 检验、调试和验收

8.1 检验

8.1.1 外观检查

采用目测和尺寸测量检查,检查结果应符合装置设计图样说明书的要求。

8.1.2 电气和控制系统检验

8.1.2.1 检查所有电气元件的电源线和信号线的连接是否正确。

8.1.2.2 从电气控制柜面板上启动、停止装置中所有的泵,检查泵的运转方向。

8.1.2.3 必要时,可以增加或减少变频器的频率,以调整变频器的调节频率。

8.1.2.4 从电控柜面板上对电磁阀和调节阀进行开启、调节及关闭。

8.1.2.5 观察温度、压力、液位等参数在电控柜面板上的读数与现场表指示数是否一致,不一致时进行调整。

8.1.2.6 运行异常时,应有报警显示。

8.2 调试

8.2.1 初步调试

8.2.1.1 首先对系统抽真空或充入压缩空气进行检漏,系统真空度或压力不得低于设计值,并保持 15 min 以上带压检查。

8.2.1.2 用水对装置整机进行检漏和试运行,水温应不低于 5℃,试运行时间不得低于 30 min。

8.2.1.3 对于使用奥氏体不锈钢板片组装的蒸发、预热和冷凝用热交换器,其所用水中的氯离子含量应不超过 25 mg/L。

8.2.1.4 真空度检查和水检漏试运行完成后,应对整个装置内表面进行清洗。

8.2.1.5 清洗时宜用一定浓度的酸碱液或其他清洗液清洗一定时间,最后用清水清洗干净。

8.2.1.6 清洗完成后,宜以水代料进行整个装置的浓缩操作模拟运行,检查蒸发量,调整整个装置的运行参数。

8.2.1.7 每次试运行完成后,应及时将装置内的积水排放干净。

8.2.2 投料试生产

8.2.2.1 装置投料试生产前,应检查物料、水、电、蒸汽、压缩空气等是否能够满足试生产的要求。

8.2.2.2 检查完毕,开启真空泵对装置进行抽真空,装置的真空度不得低于设计值。

8.2.2.3 待系统真空度达到设计值后,将软水导入进料平衡罐,进行系统的循环操作,达到设计参数。

8.2.2.4 待水在系统中完全循环后,打开进料预热器蒸汽阀和调节阀,使工作蒸汽进入预热器,调节阀将根据仪表设定值自动调节阀门开度，使水的预热温度控制在设定值范围；再打开一效蒸发器加热蒸汽阀和调节阀，使新鲜蒸汽进入一效板式蒸发器，调节阀将根据仪表设定值自动调节阀门开度，使一效蒸汽联箱压力指示达到设定值。

8.2.2.5 依次启动各效冷凝水抽出泵。

8.2.2.6 切断水源并把物料送到进料平衡罐。为了加快浓缩速度，把浓缩产品出口管路上的阀门开到排水位置，把水排入地漏；当看到产品流出时，再把阀门开到循环管路位置。

8.2.2.7 从回流中取样品，并测量物料的浓度，当浓度接近设计浓度要求时停止回流，并将物料送到下一道工序。

8.2.2.8 当全部物料处理完毕后，应在软水中加入酸或碱，对系统进行清洗。清洗方法按照使用说明书进行。

8.3 验收

8.3.1 装置应连续正常运行 72 h 以上为合格。

8.3.2 装置中的泵在运转时应无异常现象。

8.3.3 装置中的仪表、阀门、电气元件在连续使用时应稳定可靠、数据测量准确。

8.3.4 装置在运行过程中不得有泄漏；装置的真空度应不低于设计值。

8.3.5 装置在运行过程中的噪声应符合 GB 12348 的规定。

8.3.6 浓缩产品质量应达到合同要求。

9 标识、包装、运输、储存

9.1 标识

应在板式蒸发装置的蒸发器明显位置设置清晰、牢固的金属材料型号铭牌，其内容应包括：

a) 名称；

b) 型号；

c) 设计压力，MPa；

d) 设计温度，℃；

e) 蒸发面积，m^2；

f) 质量，kg；

g) 制造日期：年、月；

h) 制造商；

i) 出厂编号。

9.2 包装及文件资料

9.2.1 包装

9.2.1.1 板式蒸发装置宜采用散件发货的包装形式，包装箱应妥善包装，并固定可靠，接管开口用盲板或其他措施封闭。包装箱应符合 GB/T 13384 的规定。

9.2.1.2 随装置送发的文件、资料用塑料袋包装。

9.2.2 文件资料

9.2.2.1 随装置送发的文件资料应包括装箱清单、产品合格证、产品使用说明书、产品质量文件等。

9.2.2.2 板式蒸发装置的文件资料应包括装置的工艺流程图、基础布置图、配管图、电气控制系统图及接线图、使用说明书、发货清单等。

9.3 运输

板式蒸发装置的设备、管件、阀门、泵、电气仪表等在运输过程中，应防止振动、日晒、雨淋及化学物品的侵蚀。大件设备运输还应满足 SH/T 3557 的规定。

9.4 储存

板式蒸发装置的设备、管件、阀门、泵、电气仪表等应储存在干燥通风，无易燃、易爆，无腐蚀性物质的库房内；临时存放应用防雨布盖严，环境温度不得超过 40℃。

附 录 A

（规范性）

板式蒸发器

A.1 总则

本附录规定了半焊式、可拆式板式蒸发器的范围、总则、设计、材料、制造、检验和性能测试要求。

本附录用于设计压力不大于1.0 MPa的板式蒸发器，其设计温度范围应不超过垫片材料的允许使用温度。

本附录包含升膜式(图A.1)、降膜式(图A.2)、升降膜式(图A.3)板式蒸发器。

板式蒸发器的设计、制造除应符合本附录外，还应符合NB/T 47004.1和国家有关法规的规定。

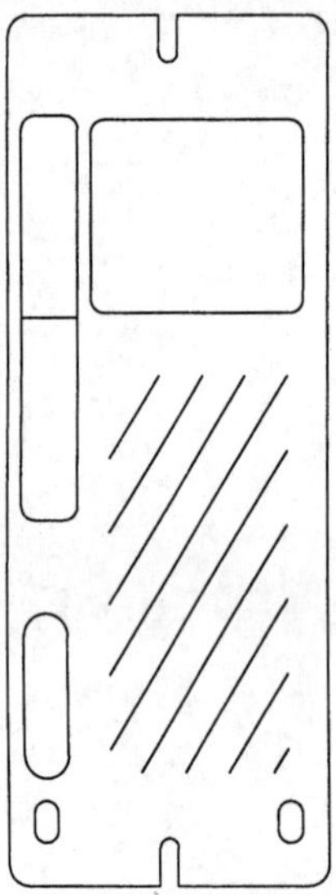

图A.1 升膜式板式蒸发器

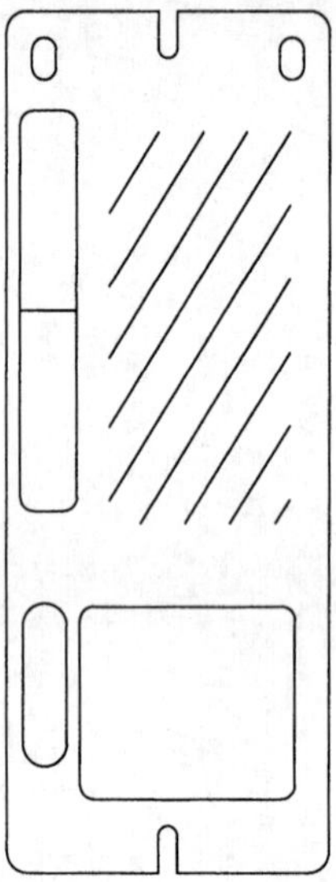

图A.2 降膜式板式蒸发器

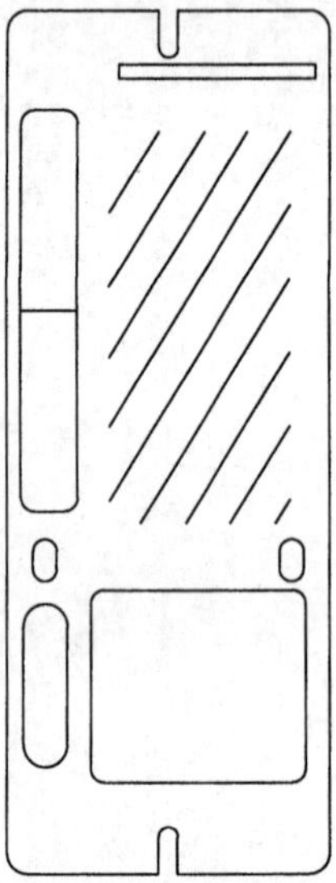

图A.3 升降膜式板式蒸发器

A.2 板式蒸发器主要结构形式

A.2.1 板式蒸发器传热元件的结构形式通常有半焊式、可拆式。

A.2.2 主要零、部件名称如图A.4所示。

A.2.3 板式蒸发器板片的波纹形式为球形波纹、水平波纹、竖直波纹、斜波纹、锯齿波纹、人字波纹等。

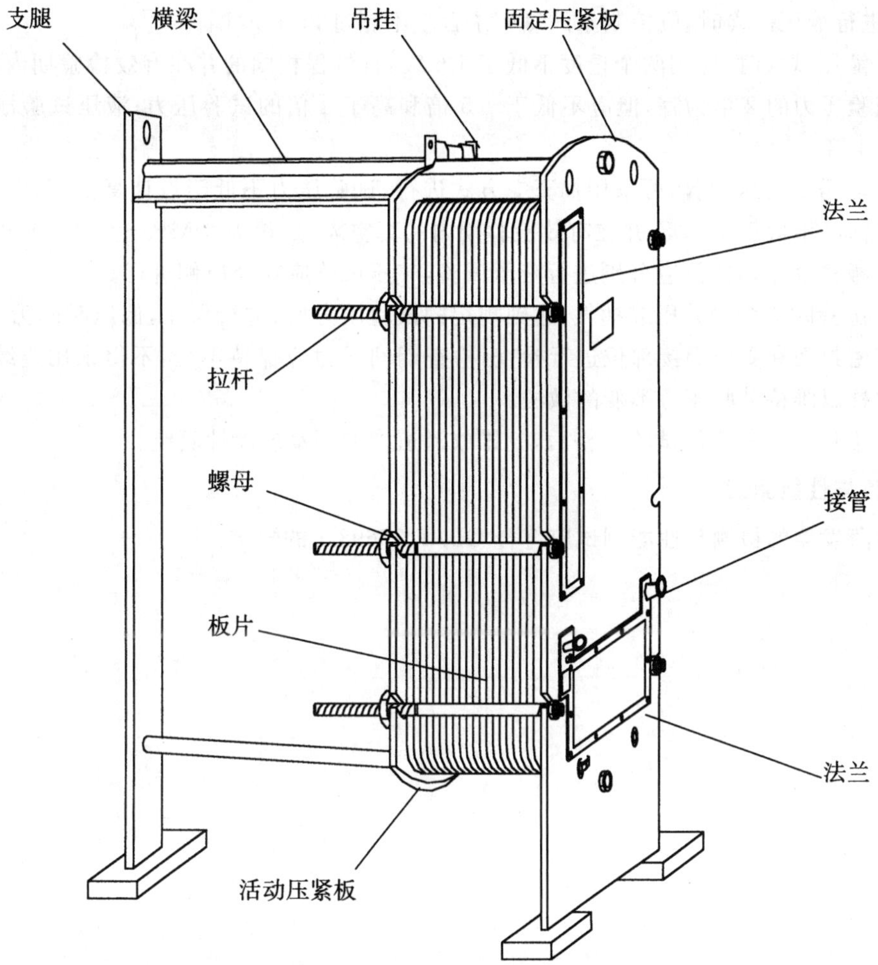

图 A.4 板式蒸发器主要零、部件名称

A.3 材料

A.3.1 板式蒸发器主要零、部件所用材料，必须考虑蒸发器的使用条件(如设计温度、设计压力、物料特性和操作特点等)、材料的焊接性能、加工性能及经济合理性。

A.3.2 板式蒸发器的主要零、部件的材料应符合 NB/T 47004.1 的规定。

A.3.3 板式蒸发器用焊接材料应符合 GB/T 983 或 GB/T 5117 的规定，在特殊行业领域应用的镍及镍合金、钛及钛合金板材及焊材应符合 GB/T 2054、GB/T 13814、GB/T 3621 以及 GB/T 3623 的要求，特别的用于压制钛板片的薄板应满足 GB/T 14845 的规定。

A.4 设计

板式蒸发器的设计应符合 NB/T 47004.1 的规定。

A.5 制造

A.5.1 加工和组装

板式蒸发器的加工和组装应符合 NB/T 47004.1 的规定。

A.5.2 液压试验和气压试验

A.5.2.1 液压试验介质一般采用水，且水温应不低于 5℃；奥氏体不锈钢板片组装的板式蒸发器,用水进行液压试验时,应控制水的氯离子含量不超过 25 mg/L。

A.5.2.2 液压试验时,应用两个精度不低于 1.6 级,且量程相同的并在有效检验期内的压力表;量程为试验压力的 2 倍为宜,但应不低于 1.5 倍和高于 4 倍的试验压力;液压试验压力为设计压力的 1.3 倍。

A.5.2.3 若需要气压试验,可采用抽真空方式进行,试验压力不低于设计真空度;气压试验时,应用一个精度不低于 1.5 级,并在有效检验期内的真空表,量程为 0 MPa～－0.1 MPa。

A.5.2.4 板式蒸发器两侧应分别进行液压试验,气压试验应在介质侧进行。

A.5.2.5 试验时应缓慢升压或抽气,达到规定的试验压力后,进行保压,保压时间为 30 min,然后对所有密封面和受压焊接部位进行检查,检查期间压力应保持不变,不得采用连续加压或拧紧夹紧螺柱以维持试验压力不变的做法。

A.5.2.6 液压试验和气压试验合格后,应排放流道内的积水或泄掉真空。

A.6 检验与性能测试

板式蒸发器的检测与性能测试应符合 GB/T 27698.1 的规定。

附 录 B
（资料性）
板式蒸发装置的基本参数

板式蒸发装置的基本参数见表 B.1。

表 B.1 板式蒸发装置的基本参数

基本参数	单位	装置效数					
		一效	二效	三效	四效	五效	六效
处理量	t/h						
进料浓度	%						
出料浓度	%						
蒸发水量	t/h						
蒸发温度	℃						
装机容量	kW						
所占空间(长×宽×高)	m×m×m						
备注							

ICS 71.120.30
J 75

NB

中华人民共和国能源行业标准

NB/T 47006—2019
代替 NB/T 47006—2009(JB/T 4757)

铝制板翅式热交换器

Aluminumplate-fin heat exchangers

2019-06-04 发布 2019-10-01 实施

国家能源局 发布

前言

本标准按 GB/T 1.1—2009《标准化工作导则 第1部分:标准的结构和编写》给出的规则起草。

本标准依据 GB/T 151—2014《热交换器》要求,在 NB/T 47006—2009《铝制板翅式热交换器》实施的基础上,充分参考了 ALPEMA 2010 等标准的内容修订而成。

本标准与 NB/T 47006—2009《铝制板翅式热交换器》相比,主要变化如下:

——提高设计压力范围,由原来不大于 8.0 MPa 提高到不大于 10.0 MPa;

——提高了开停车时冷却降温速率的要求;

——修改了氦质谱仪检漏的要求和检测方法;

——修改了附录 G 中常用焊接接头结构型式相关的内容,供设计及制造时参考选用;

——增加了附录 B、附录 C 常用铝材最大允许设计温度及材料许用应力;

——增加了附录 E 封头典型结构的应力分析案例;

——增加了附录 H、附录 I 干燥度及气阻试验的方法。

本标准由全国锅炉压力容器标准化技术委员会(SAC/TC 262)提出并归口。

本标准起草单位:上海蓝滨石化设备有限责任公司、杭州杭氧股份有限公司、杭州宏盛中弘新能源有限公司、中国石化工程建设有限公司、中石化广州工程有限公司、开封空分集团有限公司、杭州中泰深冷技术股份有限公司、西安交通大学、杭州电子科技大学、上海石油化工换热设备工程技术研究中心、兰州传热与节能工程技术研究中心、上海蓝海科创检测有限公司、中国特种设备检测研究院。

本标准主要起草人:周文学、赵亮、王金宏、毛央平、张迎恺、于旺、王晋、黄安庭、郝娟红、姜周曙、张国信、白博峰、陈志伟、陈战杨、周洪达。

本标准历次版本的发布情况为:

——JB/TQ 258—76、JB/T 7261—1994、NB/T 47006—2009。

铝制板翅式热交换器

1 范围

1.1 本标准规定了铝制板翅式热交换器(以下简称热交换器)的设计、制造、检验、验收、安装、使用和维护等要求。

1.2 本标准适用于设计压力不大于 10.0 MPa 的热交换器。

1.3 本标准适用的热交换器设计温度范围为－269℃～200℃。

1.4 本标准适用于空气的分离与液化、天然气加工及液化、石油化工及机械动力装置等场合使用的热交换器。

1.5 对不能采用本标准进行设计计算的热交换器受压元件,可按 GB/T 150.1—2011 中 4.1.6 条规定的方法进行设计。

1.6 热交换器界定范围

a) 热交换器本体及其与外部管道的连接:

1) 焊接连接的第一道环向接头坡口端面;

2) 法兰连接的第一个法兰密封面;

3) 螺纹连接的第一个螺纹接头端面;

4) 专用连接件或管件连接的第一个密封面。

b) 非受压元件与受压元件的连接焊缝。

c) 直接连接在热交换器的非受压元件,如支座、吊耳、垫板等。

d) 直接安装在热交换器上的超压泄放装置。

2 规范性引用文件

下列文件对于本文件的应用是必不可少的。凡是注日期的引用文件,仅注日期的版本适用于本文件。凡是不注日期的引用文件,其最新版本(包括所有的修改单)适用于本文件。

GB/T 150.1—2011 压力容器 第 1 部分:通用要求

GB/T 150.3 压力容器 第 3 部分:设计

GB/T 150.4 压力容器 第 4 部分:制造、检验和验收

GB/T 151—2014 热交换器

GB/T 1804—2000 一般公差 未注公差的线性和角度尺寸的公差

GB/T 2624.1—2006 用安装在圆形截面管道中的差压装置测量满管流体流量 第 1 部分:一般原理和要求(GB/T 2624.1—2006,ISO 5167-1:2003,IDT)

GB/T 2624.2—2006 用安装在圆形截面管道中的差压装置测量满管流体流量 第 2 部分:孔板

GB/T 2624.3—2006 用安装在圆形截面管道中的差压装置测量满管流体流量 第 3 部分:喷嘴和文丘里喷嘴(GB/T 2624.3—2006,ISO 5167-3:2003,IDT)

GB/T 2624.4—2006 用安装在圆形截面管道中的差压装置测量满管流体流量 第 4 部

分:文丘里管

GB/T 3198—2010 铝及铝合金箔

GB/T 3880.1—2012 一般工业用铝及铝合金板、带材 第1部分:一般要求

GB/T 3880.2—2012 一般工业用铝及铝合金板、带材 第2部分:力学性能

GB/T 3880.3—2012 一般工业用铝及铝合金板、带材 第3部分:尺寸偏差

GB/T 4436 铝及铝合金管材外形尺寸及允许偏差

GB/T 4437.1 铝及铝合金热挤压管 第1部分:无缝圆管

GB/T 6892—2015 一般工业用铝及铝合金挤压型材

GB/T 6893 铝及铝合金拉(轧)制无缝管

GB/T 13384 机电产品包装通用技术条件

GB/T 16474—2011 变形铝及铝合金牌号表示方法

GB/T 16475 变形铝及铝合金状态代号(GB/T 16475—2008,ISO 2107:2007,MOD)

NB/T 47013.2—2015 承压设备无损检测 第2部分:射线检测

NB/T 47013.3—2015 承压设备无损检测 第3部分:超声检测

NB/T 47013.5—2015 承压设备无损检测 第5部分:渗透检测

JB/T 4734—2002 铝制焊接容器

YS/T 69—2012 钎焊用铝及铝合金复合板

TSG 21—2016 固定式压力容器安全技术监察规程

3 术语和定义

GB/T 151—2014、JB/T 4734界定的以及下列术语和定义适用于本文件。

3.1

板翅式热交换器 plate-fin heat exchanger

本标准中的热交换器是由芯体、封头、接管及支座等附件组成。图1为板翅式热交换器,以下简称热交换器。

3.2

芯体 core

芯体由各流体的通道按设计要求依次叠置、钎焊成一体。每层通道由隔板(侧板)、翅片(导流片)、封条等零件组成,图2为单层通道结构图。

3.3

翅片 heat transfer fin

芯体中两隔板间实现传热强化与承压的波纹状元件。

3.3.1

翅片型式 fin type

翅片型式是指翅片的几何形状,主要有平直型翅片、锯齿型翅片、波纹型翅片等,其中平直型翅片和波纹型翅片可以根据需要打孔成为多孔型翅片。

3.3.2

开孔率 percentage of opening

多孔型翅片开孔后翅片表面积的减少量与开孔前翅片总表面积的比率。

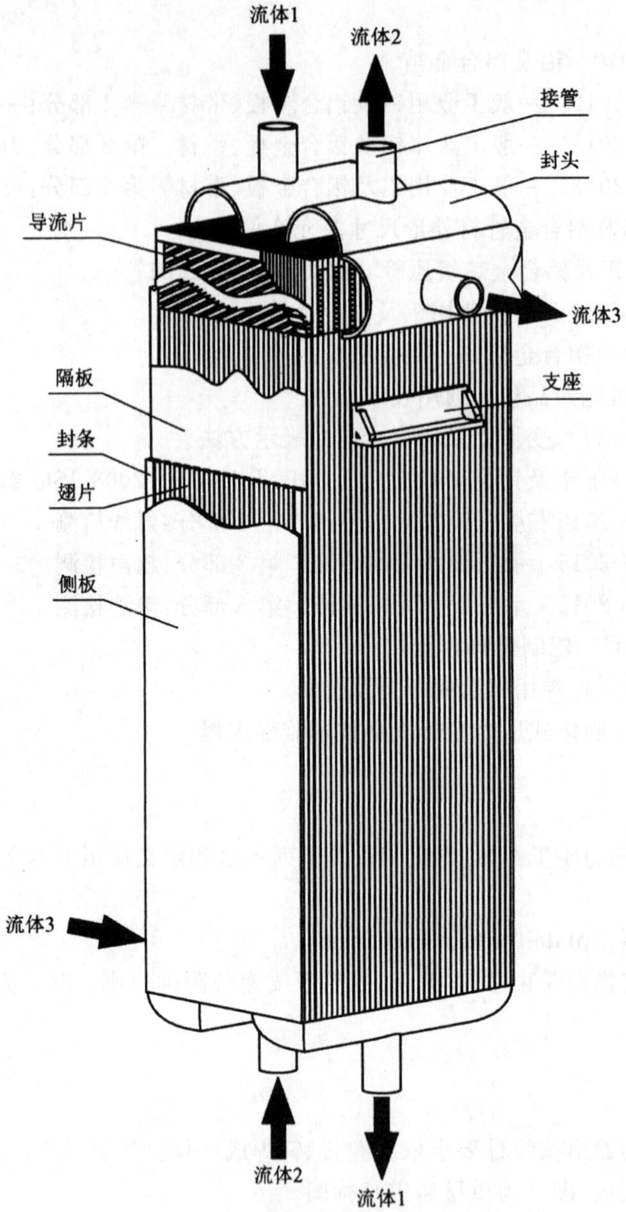

图 1 板翅式热交换器

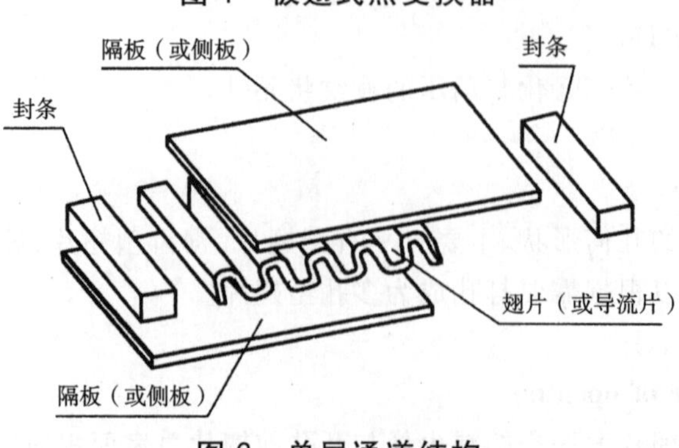

图 2 单层通道结构

3.4

导流片 distributor fin

在进出口引导流体进入芯体的翅片,一般为平直型(打孔或不打孔)翅片。

3.5

封条 side bar

在热交换器芯体中,起封闭和支撑各层通道作用的元件。

3.6

隔板 parting sheet

在热交换器芯体中,分隔两层翅片之间流体的平板,钎焊时与翅片、封条焊接成一体。

3.7

侧板 cap sheet

位于热交换器芯体最外侧的盖板。

3.8

强度层 dummy layer

设置在芯体顶部和底部与环境大气相通,不参与热交换的通道层。强度层(又称工艺层)仅满足强度、热绝缘和制造工艺等要求。

3.9

无效区域 dead area

通道中和翅片或导流片相连但无介质流动的区域。

3.10

通道排列 layer arrangement

实现冷热介质换热所需要的通道排列方式,可分为单叠排列、复叠排列、混叠排列。

3.10.1

单叠排列 single banking

每一热通道都与一冷通道相邻排列,通道单叠排列示意图见图 3 a)。

3.10.2

复叠排列 double banking

每一个热通道都与两个冷通道相间,或每一个冷通道和两个热通道相间,通道复叠排列图见图 3 b)。

3.10.3

混叠排列 single and multiple banking

在同一芯体中除有热通道与冷通道相邻排列外,在同一芯体中同时有单叠和复叠排列存在,通道混叠排列见图 3 c)。

3.11

封头 header

封头通常由封头体、接管、封头端板、法兰(或封盖)等零件经焊接而成。

3.11.1

封头体 header body

组成封头的半圆筒部分,又称封体。

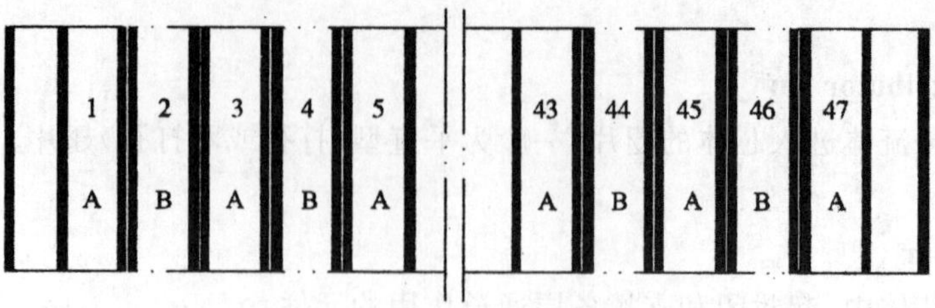

A—冷通道；B—热通道

a）通道单叠排列示意图

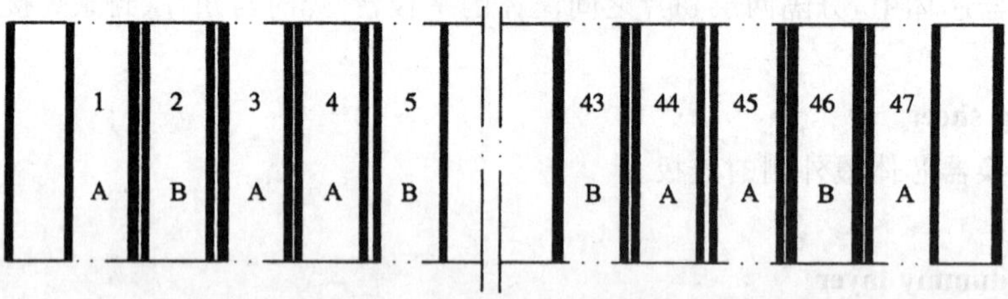

A—冷通道；B—热通道

b）通道复叠排列示意图

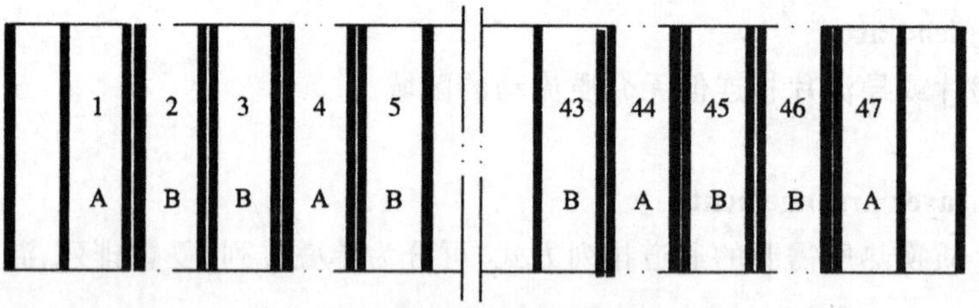

A—冷通道；B—热通道

c）通道混叠排列示意图

图3　通道排列图

3.11.2

封头端板　header with ends

半圆封头两端与封头体连接的板，又称封瓦或半圆板，简称“端板”。

3.11.3

接管　nozzle

连接外部管路与封头的管子。

3.11.4

封盖　nozzle cap

试压或氮封时封闭接管的零件，又称闷盖。

3.12

多芯体热交换器　composite block

多芯体热交换器是指由两个或两个以上的芯体，通过并联焊接的方式连接成一体所组成的芯体，图4为多芯体组成的热交换器结构图。

3.13

热交换器组　manifolded exchanger

热交换器组是由两台或两台以上的热交换器按不同的配管形式进行组合(并联或串联)而构成,如图 5 所示。

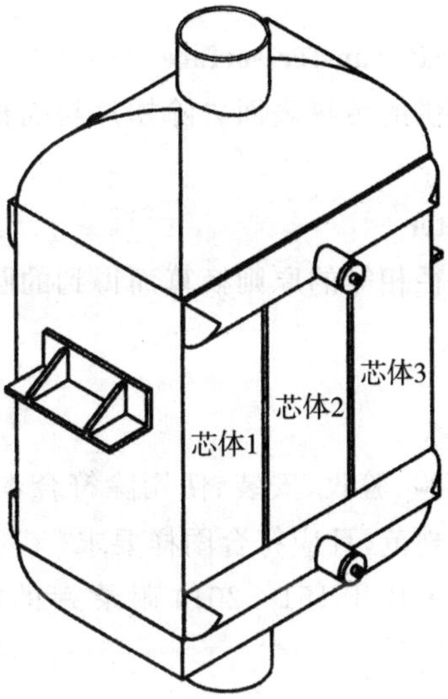

图 4　多芯体组成的热交换器结构图

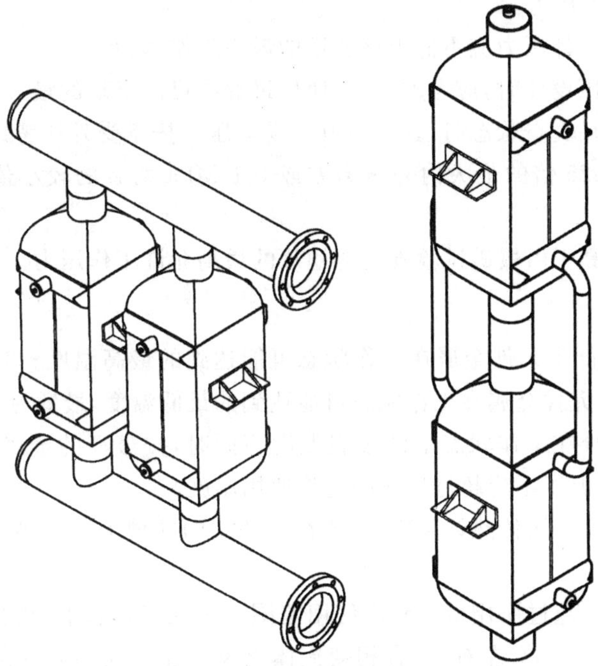

图 5　热交换器组的构成图

3.14

传热面积　heat transfer area

传热面积是指同一流体所有通道传热表面积之和,传热面积包括一次传热表面和二次传热表面的面积。

3.14.1

一次传热表面 primary heat transfer surface

一次传热表面是指由隔板提供的传热表面。

3.14.2

二次传热表面 secondary heat transfer surface

二次传热表面是指由翅片提供的传热表面去除翅片与隔板直接焊接部分的表面。

3.15

当量直径 equivalent diameter

将非圆形通道尺寸按水力半径相等的原则换算而得到的圆管直径。

4 通用要求

4.1 通则

4.1.1 热交换器的设计、制造、检验、验收、安装、使用除符合本标准的规定外，还应遵守需方要求或是其指定的有关法规和标准规范，且应符合图样要求。

4.1.2 本标准的符合性声明参见 GB/T 151—2014 附录 A 的规定。

4.2 压力

4.2.1 热交换器是由数个压力通道(相等或不等)组成。应按各通道操作时可能出现的危险工况分别确定各自的设计压力。

4.2.2 每一个通道的设计压力应不低于该通道的最高工作压力。

4.2.3 热交换器按外压设计时，应考虑制造、使用过程中可能出现的最大内外压力差。

4.2.4 热交换器工作在真空状态时，真空通道的设计压力按承受外压考虑，当设置有安全控制装置时，设计压力取 1.25 倍的最大内外压力差或 0.1 MPa 两者的较小值；当无安全控制装置时，取 0.1 MPa。

4.2.5 设计压力不应高于由爆破试验确定的翅片的最高允许工作压力。

4.3 温度

4.3.1 设计温度应不低于元件金属在工作状态可能达到的最高温度。对于 0℃以下的金属温度，设计温度应不高于元件金属在工作状态可能达到的最低温度，最低为－269℃。

4.3.2 热交换器各部分在工作状态下的金属温度不同时，按最高的金属温度设计。在任何情况下，元件金属的表面温度不应超过材料的允许使用温度。

4.3.3 元件的金属温度可用传热计算确定，或在已使用的同种工况的热交换器上测定，也可按介质温度确定。

4.3.4 内部热应力应不超过所用材料允许使用范围。在稳定状态下，热交换器通道之间(同一截面)的最大允许温差为 50℃左右；在有相变流体以及有在瞬间循环的条件下，最大允许温差不宜超过 30℃。

4.3.5 不同工况的热交换器，应在图样或相应技术条件中分别注明各工况的压力和温度值。

4.4 设计

4.4.1 流体介质应洁净，且对铝合金无腐蚀作用。

4.4.2 热交换器型号的编制方法参见附录A。

4.4.3 设计时应考虑以下载荷：

a) 内压、外压或最大压差；

b) 液体液柱静压力；

c) 热交换器的自重，以及正常工作条件下或压力试验状态下内装物料的重力载荷；

d) 附属设备及隔热材料、管道等的重力载荷；

e) 风载荷、地震载荷；

f) 支座、支耳及其他型式支撑的反作用力；

g) 连接管道和其他部件的作用力；

h) 温度梯度或热膨胀量不同引起的作用力；

i) 包括压力急剧波动的冲击载荷；

j) 冲击反力，如由流体冲击引起的反力等；

k) 运输或吊装时的作用力。

4.4.4 铝材厚度附加量按式(1)确定：

$$C=C_1+C_2 \quad \cdots\cdots (1)$$

式中：

C——铝材厚度附加量，mm；

C_1——铝材厚度负偏差，按照GB/T 3880.3和GB/T 4436的规定，mm；

C_2——腐蚀裕量，按4.4.1的规定，$C_2=0$。

4.5 焊接接头系数

4.5.1 焊接接头系数ϕ应根据焊接方法和受压元件的焊接接头型式及无损检测的长度比例确定。

4.5.2 热交换器焊接接头系数确定如下：

a) 双面焊对接接头和相当于双面焊的全焊透对接接头：

100%无损检测：$\phi=1.0$；

局部无损检测：$\phi=0.85$。

b) 单面焊对接接头(沿焊缝根部全长有紧贴基本金属的垫板)：

100%无损检测：$\phi=0.90$；

局部无损检测：$\phi=0.80$。

c) 焊接接头无法进行无损检测时，焊接接头应采用全焊透结构，其焊接接头系数一般不大于0.6。

4.6 耐压试验压力

4.6.1 耐压试验压力的最低值按下述规定，试验压力的上限应满足6.1.9.1应力校核的限制。

4.6.1.1 内压通道试验压力应按式(2)计算：

a) 液压试验压力：

$$p_T=1.3p\times\frac{[\sigma]}{[\sigma]^t} \quad \cdots\cdots (2)$$

b) 气压试验或气液组合试验压力：

$$p_T=1.25p\times\frac{[\sigma]}{[\sigma]^t} \quad \cdots\cdots (3)$$

式中：

p_T——试验压力，MPa；

p——设计压力，MPa；

$[\sigma]$——热交换器用材料在耐压试验温度下的许用应力，MPa；

$[\sigma]^t$——热交换器用材料在设计温度下的许用应力，MPa。

注1：热交换器铭牌上规定有最大允许工作压力时，式中应以最大允许工作压力代替设计压力 p。

注2：热交换器各元件所用材料不同时，应取各元件材料的$[\sigma]/[\sigma]^t$ 比值最小者。

4.6.1.2 外压通道的试验压力按下式计算：

液压试验压力：

$$p_T = 1.3p \quad \cdots\cdots (4)$$

气压试验或气液组合试验压力：

$$p_T = 1.25p \quad \cdots\cdots (5)$$

4.6.1.3 承受交变载荷以及在特殊场合使用的热交换器，其液压试验压力应适当提高，具体要求按照图样规定执行。

4.7 图样

4.7.1 制造厂应提供板翅式热交换器的总图(或技术文件)以供审核。

4.7.2 总图(或技术文件)至少应包含以下信息：

a) 项目代号；

b) 最大允许工作压力，设计压力(设备若在真空状态下工作，则还须包括真空度)，试验压力，最高设计温度，最低设计金属温度，板翅式热交换器的检验或操作的限制条件；

c) 板翅式热交换器外形尺寸及支座位置；

d) 板翅式热交换器所有的尺寸标注；

e) 耐压试验及泄漏试验；

f) 板翅式热交换器的质量，包括净重和带液重；

g) 板翅式热交换器分别在空置与工作条件下的重心；

h) 主要零部件的材料牌号及标准；

i) 与设备连接的接管或接管法兰所允许的力和力矩；

j) 所有接管的尺寸、法兰等级与法兰密封面形式、位置、方向、流体方向；

k) 相应的设计规范。

5 材料

5.1 一般要求

5.1.1 热交换器用铝材应考虑使用条件(如设计温度、设计压力、介质特性及操作特点等)、热交换器的制造工艺与检验要求以及经济合理性等因素，并应具有良好的耐蚀性能、力学性能、焊接性能、成形等其他工艺性能和物理性能。

5.1.2 热交换器的封头、封条和侧板等受压元件用铝材应附有生产单位的铝材质量证明书原件，热交换器制造单位应按照铝材质量证明书对铝材进行验收，必要时还应进行复验。如无铝材生产单位的铝材质量证明书原件时，则应按 TSG 21—2016 中 2.1 的规定执行。

5.1.3 热交换器采用境外牌号材料时，应按 TSG 21—2016 中 2.1.2 的规定执行。

5.1.4 首次使用于热交换器芯体的材料,应进行爆破试验。

5.1.5 设计温度大于65℃时,不得选用镁含量大于3%的铝合金。热交换器用铝制元件最大允许设计温度范围参见附录B。

5.2 热交换器零部件

5.2.1 热交换器常用铝材见附录C,同时可按照JB/T 4734、GB/T 3880、GB/T 6893、GB/T 4437.1及YS/T 69的相关规定执行。采用本标准附录C未列出的铝材时,应按照相应材料标准的规定执行。

5.2.2 热交换器用封头、封条和侧板等受压元件铝材的许用应力值按照附录C选取,超过附录C设计温度范围的许用应力值按JB/T 4734的有关规定选取。

5.2.3 热交换器用翅片、隔板等受压元件的许用应力,按GB/T 3198、GB/T 3880.2和YS/T 69规定的抗拉强度值除以TSG 21—2016规定的安全系数计算确定。

5.2.4 附录C所列材料可以是复合材料,如果采用复合材料,其最高设计温度、机械性能按照基体材料确定。

5.2.5 铝合金状态依据GB/T 16475的规定。

5.2.6 铝合金牌号见GB/T 16474—2011的规定。

6 设计

6.1 封头

6.1.1 封头的接管与外部铝合金管道连接采用焊接结构时,结构应按图6 a)。

6.1.2 封头的接管与外部管道连接采用法兰连接时,结构应按图6 b)。

6.1.3 封头的接管与外部异种金属管道(不锈钢或铜)连接采用焊接结构时,应按图6 c)。

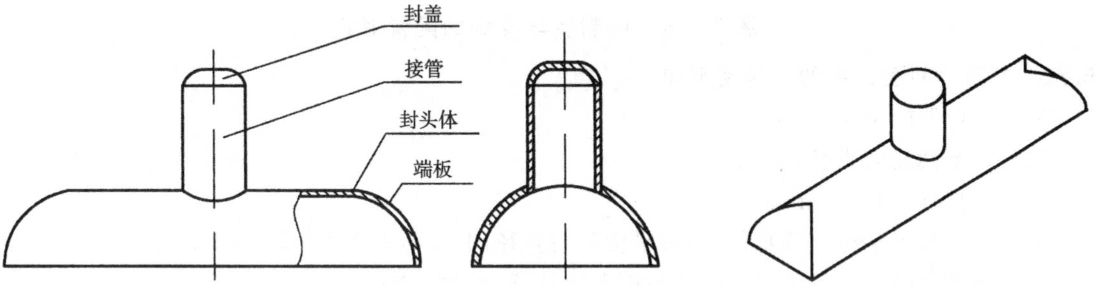

a)与外部管道焊接连接结构

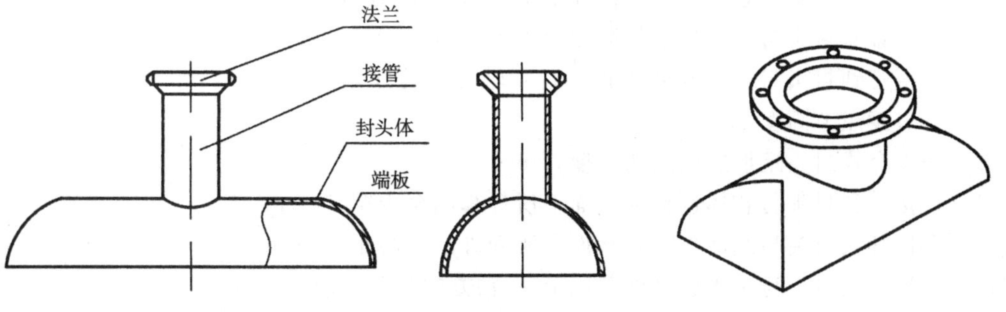

b)与外部管道法兰连接结构

图6 与管道连接结构图

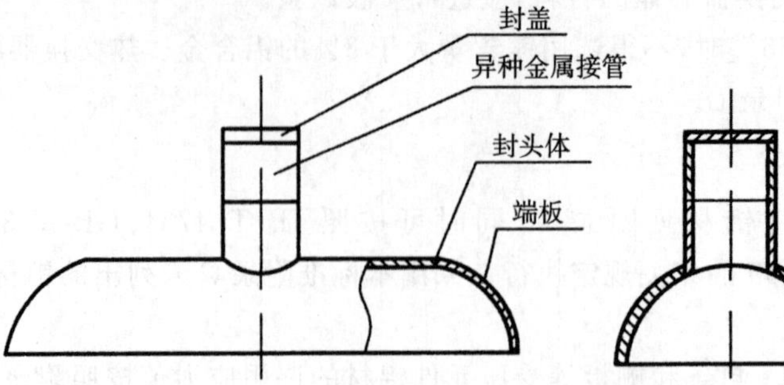

c）与外部异种金属管道焊接连接结构

图6　与管道连接结构图（续）

6.1.4　封头与接管的配置形式见图7。

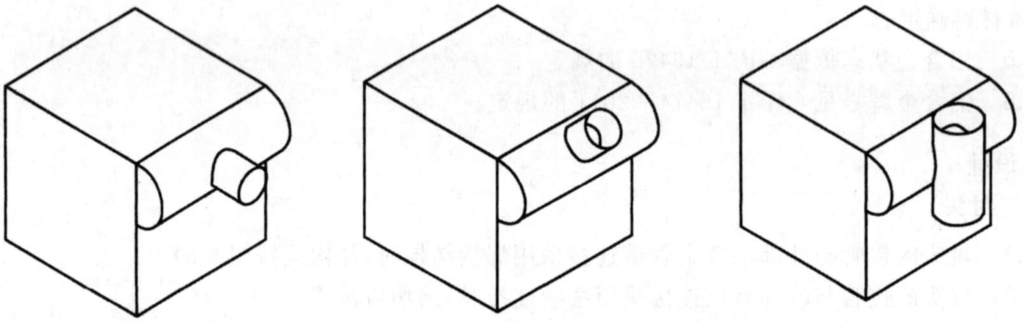

a）径向接管　　b）斜接管　　c）切向接管

图7　典型的封头与接管的配置形式

6.1.5　本章计算公式中的符号规定如下：

C——壁厚附加量，mm；

D_i——半圆筒内直径，mm；

d_i——接管内直径，mm；

D_p——平板形端板计算直径，圆形平板为内直径，非圆形平板为短轴，mm；

F——接管到封头与芯体连接处截面上所计算的合力，N；

F_r——接管到封头与芯体连接处截面上所允许的合力，N；

F_x——接管到封头与芯体连接处截面上 X 轴方向的分力，N；

F_y——接管到封头与芯体连接处截面上 Y 轴方向的分力，N；

F_z——接管到封头与芯体连接处截面上 Z 轴方向的分力，N；

h——过渡短节高度，mm；

L——组合式封头矩形底面纵向宽度，mm；

M——接管到封头与芯体连接处截面上所计算的合力矩，N·m；

M_r——接管到封头与芯体连接处截面上所允许的合力矩，N·m；

M_x——接管到封头与芯体连接处截面上 X 轴方向的分力矩，N·m；

M_y——接管到封头与芯体连接处截面上 Y 轴方向的分力矩，N·m；

M_z——接管到封头与芯体连接处截面上 Z 轴方向的分力矩，N·m；

p——设计压力,MPa;

R_i——封头体内半径,mm;

R_p——平板形端板计算半径,mm;

δ_p——平板形端板厚度(包括壁厚附加量),mm;

α——斜平板形端板的倾角,$45° \leqslant \alpha \leqslant 90°$,如图 10 所示;

δ——封头体壁厚,mm;

ϕ——焊接接头系数;

$[\sigma]^t$——设计温度下材料的许用应力,MPa。

6.1.6 热交换器封头结构形式见图 8~图 11。

6.1.7 封头与芯体的连接结构根据设计压力和封头厚度,可采用图 12 的结构形式。

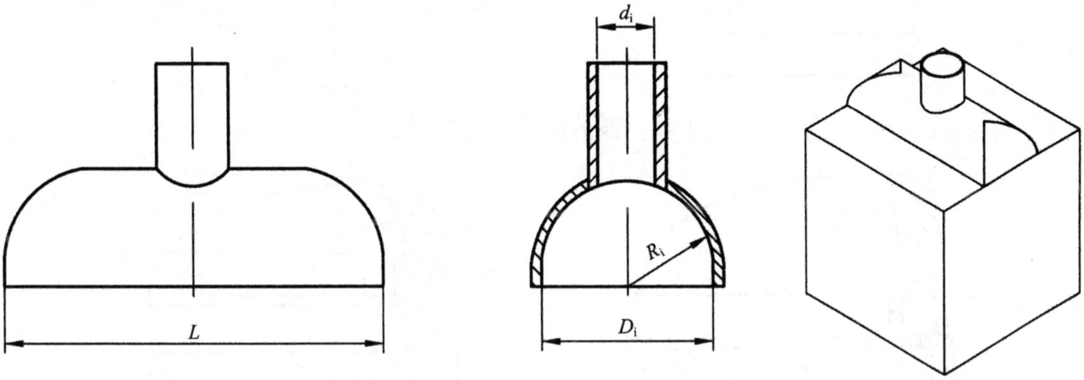

图 8 弧形端板封头

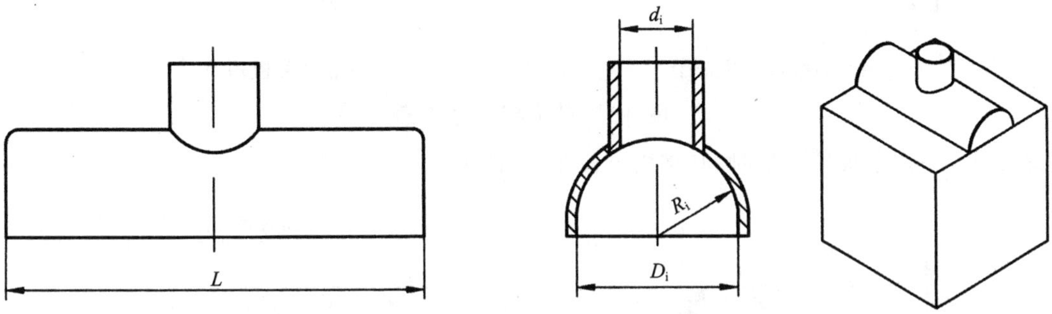

图 9 平板形端板封头

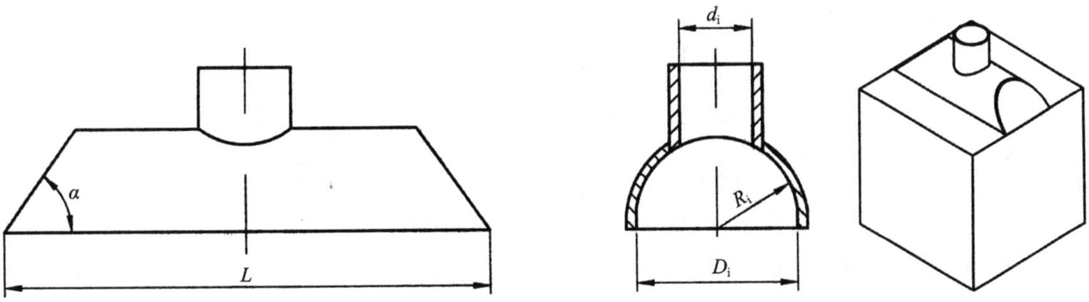

图 10 斜平板形端板封头

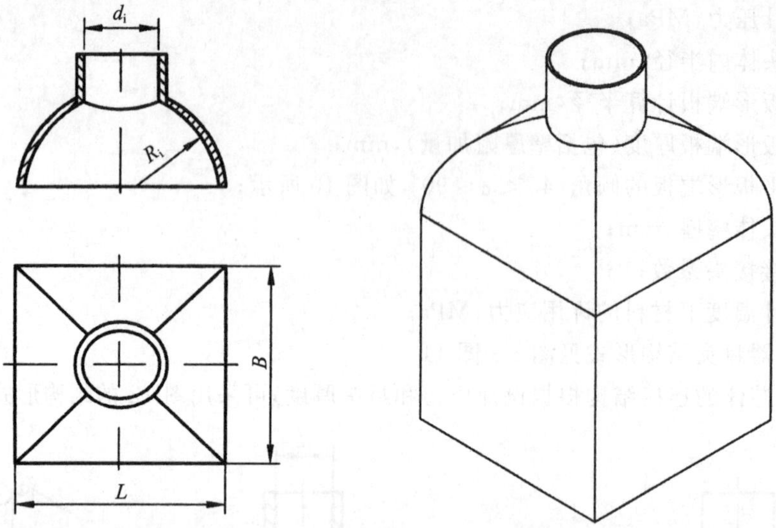

图 11　弧形端板组合式封头

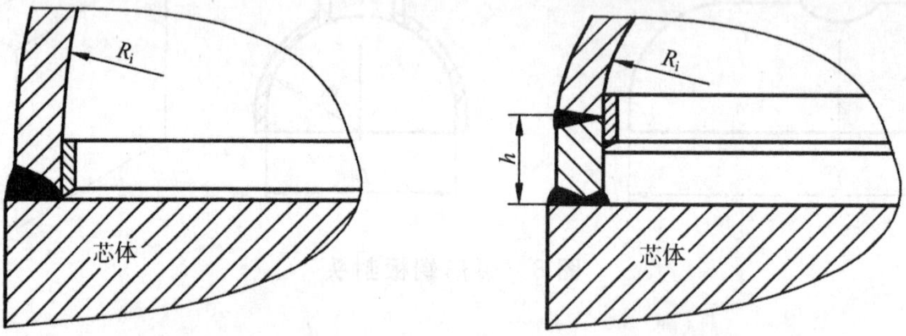

a）不带过渡板短节　　　　b）带过渡板短节

图 12　封头与芯体连接

6.1.8　当需采用平板形端板时，其结构可按图 13 选用。

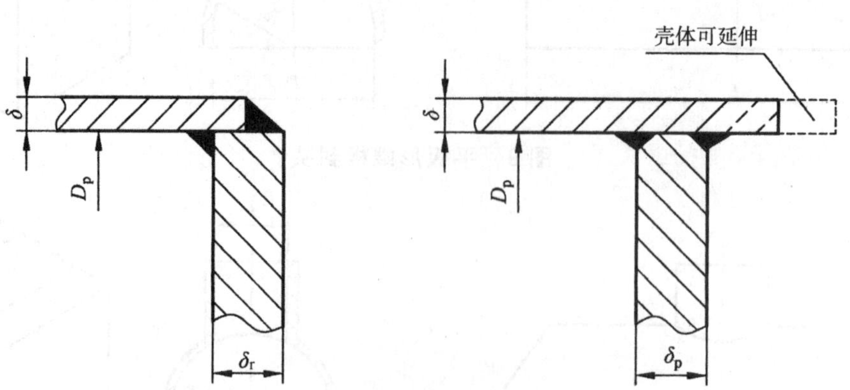

图 13　平板形端板结构

6.1.9　热交换器各部件壁厚计算与强度校核应符合以下规定：

6.1.9.1　端板及封头体的壁厚计算：

a）　当 $d_i/D_i \leqslant 0.5$ 时(图 8～图 11)，由式(6)计算：

$$\delta=\frac{p_c R_i}{[\sigma]^t\phi-0.6p_c}+C \quad \cdots\cdots (6)$$

其中 $\phi=0.6$。

b) 当 $d_i/D_i>0.5$ 时(图 12),可采用应力分析确定壁厚,或采用有实践经验的公式计算壁厚,否则应对每一设计尺寸按式(7)进行应力校核:

$$\sigma_T=\frac{p_T(R_i+0.5\delta_e)}{\delta_e} \quad \cdots\cdots (7)$$

式中:

σ_T——试验压力下圆筒的应力,MPa;

R_i——圆筒内直半径,mm;

p_T——试验压力,MPa;

δ_e——圆筒的有效厚度,mm。

σ_T 应满足下列条件:

液压试验时:

$$\sigma_T\leqslant 0.9\phi R_{p0.2}$$

气压试验时:

$$\sigma_T\leqslant 0.8\phi R_{p0.2}$$

式中:

$R_{p0.2}$——圆筒材料在试验温度下的规定非比例延伸强度,MPa;

ϕ——圆筒的焊接接头系数。

6.1.9.2 平板形端板的壁厚计算:

圆形平板最小厚度按式(8)计算:

$$\delta_p=D_p\sqrt{\frac{0.44p_c}{[\sigma]^t}}+C \quad \cdots\cdots (8)$$

半圆形平板最小厚度按式(9)计算:

$$\delta_p=R_p\sqrt{\frac{0.44p}{[\sigma]^t\sin\alpha}}+C \quad \cdots\cdots (9)$$

其中 $45°\leqslant\alpha\leqslant 90°$。

6.2 侧板、隔板

6.2.1 侧板应和所配用的封头厚度相适应,侧板厚度一般为 3 mm～6 mm。

6.2.2 隔板厚度的选择应考虑压力引起的来自侧封条的拉应力。隔板厚度一般为 0.8 mm～2.5 mm,由设计者根据应力选取。

6.3 翅片和导流片

6.3.1 翅片高度、厚度及翅片节距一般按下列规定选取:

a) 翅片高度 $h=2.5$ mm～20.0 mm;

b) 翅片材料厚度 $t=0.1$ mm～0.6 mm;

c) 翅片节距 $P=0.8$ mm～4.2 mm。

6.3.2 翅片的最高允许设计压力按附录 D 确定,安全系数范围为 4～6,可根据使用场合选取。

6.3.3 翅片分为锯齿型、多孔型、平直型、波纹型等,具体结构如图 14 所示。

a）锯齿型翅片

b）多孔型翅片

c）平直型翅片

d）波纹型翅片

图 14　主要翅片类型

6.3.4　不同结构形式的翅片，根据高度(h)、厚度(t)、节距(P)不同，可组成多种翅片规格尺寸，如图 15 所示。常用的规格尺寸见表 1～表 3。

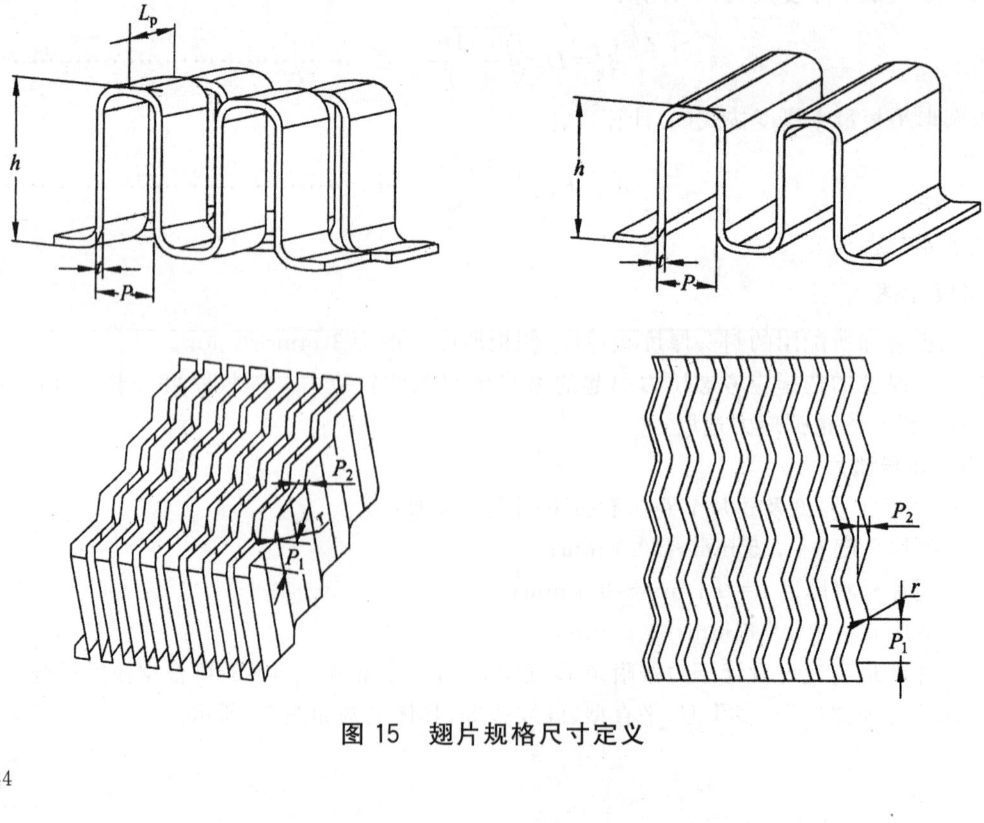

图 15　翅片规格尺寸定义

表 1　锯齿型翅片常用规格

翅高 h/mm	节距 P/mm	翅厚 t/mm	当量直径 D_e/mm	通道截面积 f_i/m^2	传热面积 F_i/m^2	二次换热面积所占比例
9.5	1.4	0.2	2.125	0.007 97	15.0	0.886
9.5	1.7	0.2	2.583	0.008 21	12.7	0.861
9.5	2.0	0.2	3.016	0.008 37	11.1	0.838
6.5	1.7	0.3	2.284	0.005 11	8.94	0.816
6.5	2.0	0.3	2.67	0.005 27	7.9	0.785
4.7	2.0	0.3	2.45	0.003 74	6.1	0.721
3.0	3.5	0.3	2.93	0.002 47	3.37	0.458

表 2　多孔型翅片、平直型翅片常用规格

翅高 h/mm	节距 P/mm	翅厚 t/mm	当量直径 D_e/mm	通道截面积 f_i/m^2	传热面积 F_i/m^2	二次换热面积所占比例
9.5	4.2	0.6	5.13	0.007 63	5.95	0.712
9.5	2.0	0.3	2.87	0.007 82	10.9	0.844
6.5	4.2	0.5	4.58	0.005 3	4.62	0.619
6.5	2.0	0.6	2.263	0.004 13	7.30	0.808
6.5	2.0	0.3	2.67	0.005 27	7.9	0.785
6.5	1.7	0.3	2.284	0.005 11	8.94	0.816
6.5	1.4	0.5	1.565	0.003 86	9.857	0.87
4.7	4.2	0.5	3.934	0.003 7	3.76	0.532
4.7	2.0	0.3	2.45	0.003 74	6.1	0.721
3.0	4.2	0.5	2.984	0.002 2	2.95	0.403

表 3　波纹型翅片常用规格

翅高 h/mm	节距 P/mm	翅厚 t/mm	当量直径 D_e/mm	通道截面积 f_i/m^2	传热面积 F_i/m^2	二次换热面积所占比例
10.0	5.0	0.4	7.07	0.010 75	6.08	0.676
9.5	3.0	0.3	4.17	0.008 28	7.933	0.773
6.5	3.0	0.3	3.76	0.005 58	5.933	0.697
4.7	2.5	0.3	2.933	0.003 87	5.28	0.667

6.3.5　选用表 1 中锯齿型翅片时还应标明锯齿齿长 l_p。

6.3.6　选用表 2 中开孔翅片时应扣除开孔所占有的传热面积,多孔型还应标明开孔率。

6.3.7　根据芯体的宽度及导流片在芯体内的开口位置和开口方向,导流片主要分为图 16 a)～j)所示的 10 种型式。

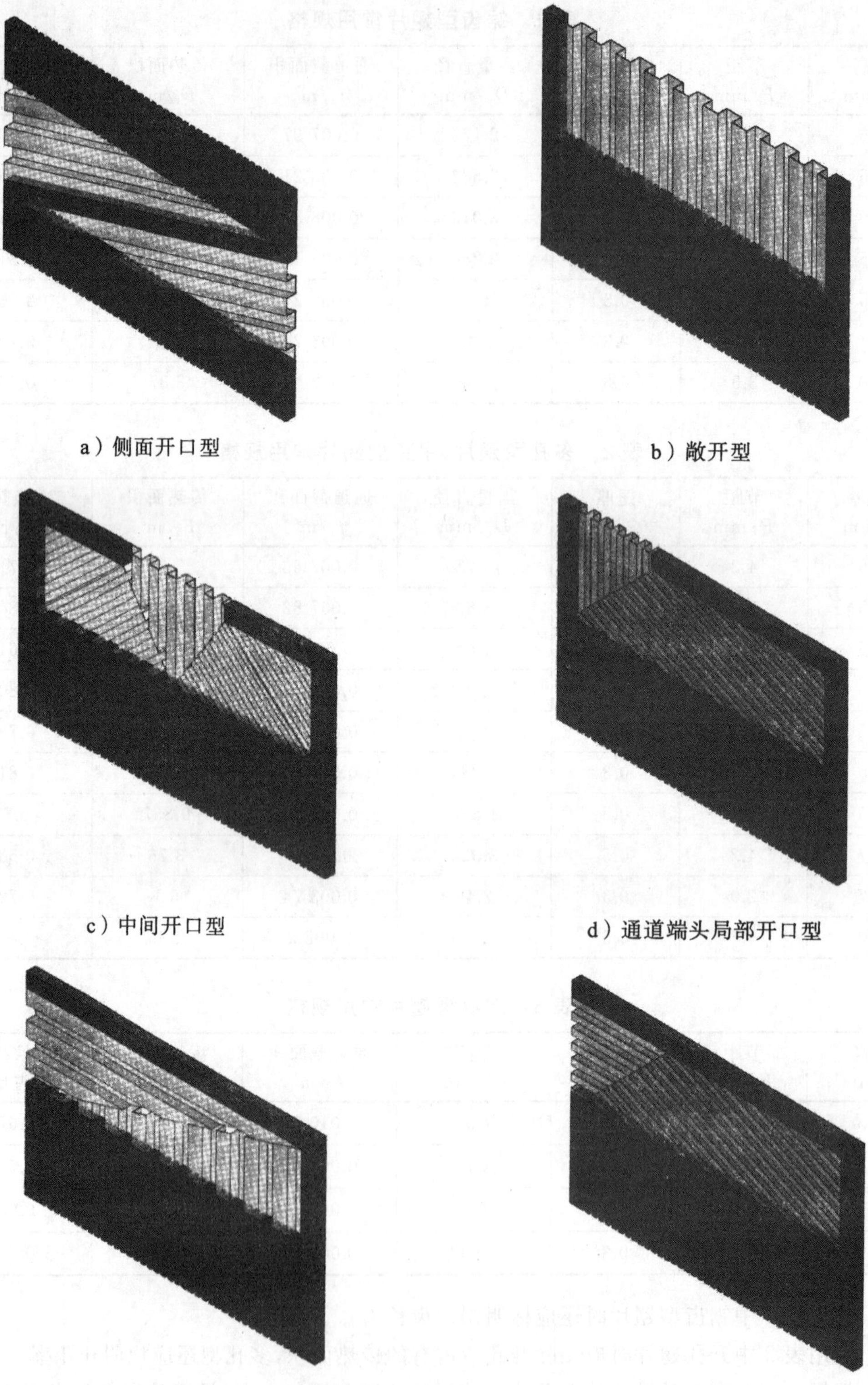

a）侧面开口型　b）敞开型

c）中间开口型　d）通道端头局部开口型

e）通道侧面开口型　f）通道侧面开口型（1）

图 16　常用导流片结构

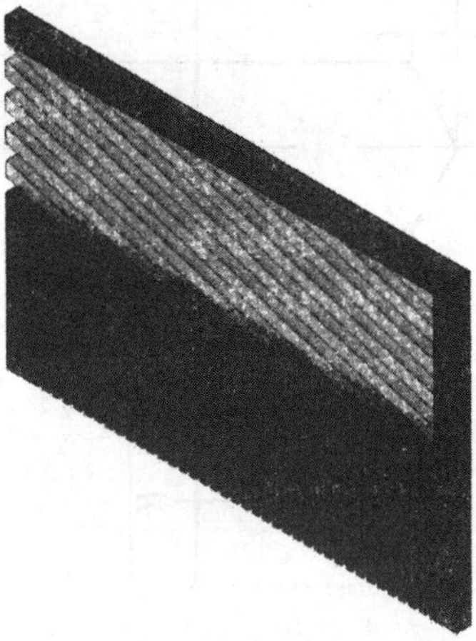

g）通道侧面开口型（2）

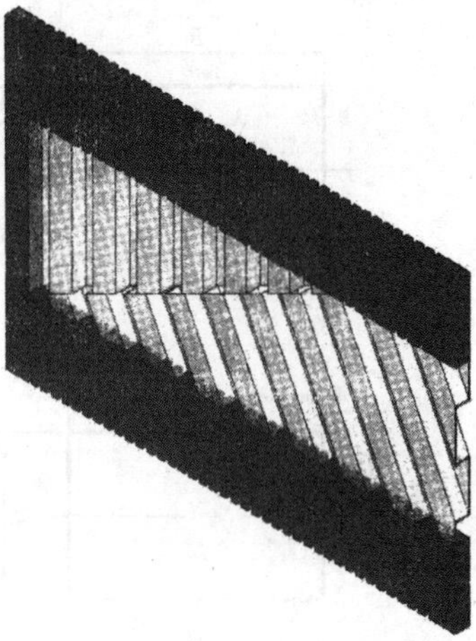

h）中部导流型（1）

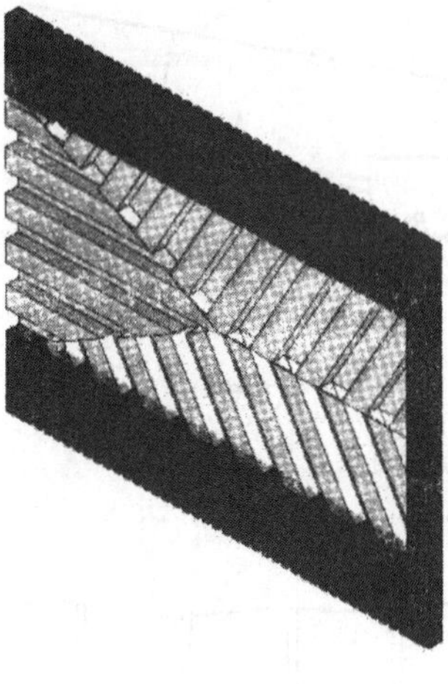

i）中部导流型（2）

j）芯体两侧开口型

图 16　常用导流片结构（续）

6.4　封条

6.4.1　封条宽度可根据封头的壁厚及焊接的合理性选择。

6.4.2　封条常用截面型式如图 17 a)所示，常用端部型式如图 17 b)所示。

6.5　通道排列

6.5.1　通道排列有两种典型的方式：

a）　单叠排列；

b）　复叠排列；

c）　还可根据热量传递及翅片需要单叠、复叠混合使用。

6.5.2　单叠、复叠排列如图 18 所示。

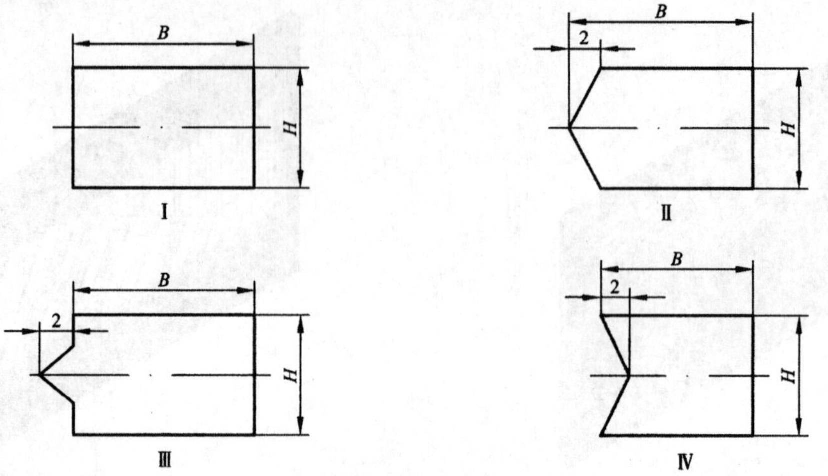

a）常用封条的截面型式

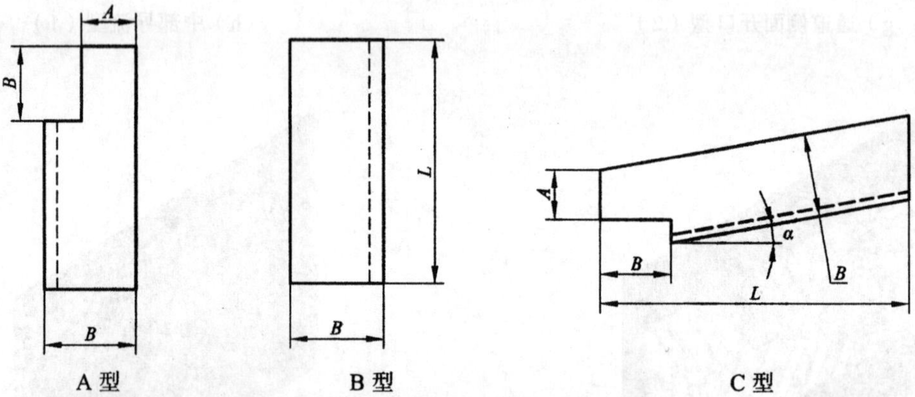

b）封条端部接口型式（以截面型式Ⅳ为例）

图 17　封条截面和端部结构型式

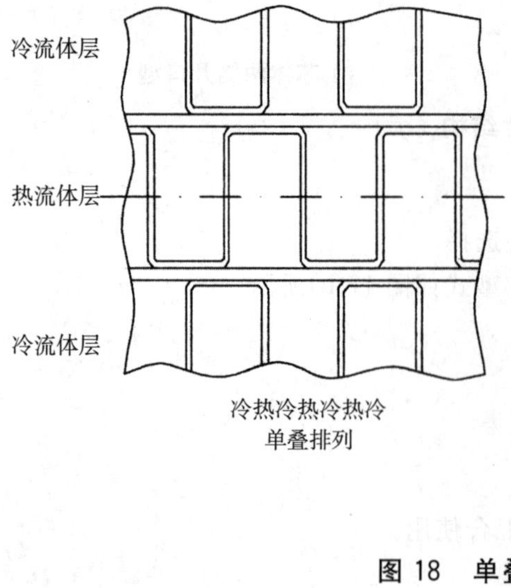

冷热冷热冷热冷
单叠排列

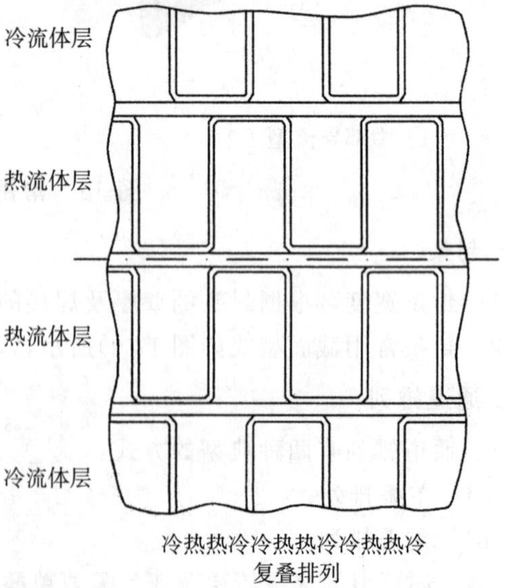

冷热热冷冷热热冷冷热热冷
复叠排列

图 18　单叠排列和复叠排列

6.6 法兰

6.6.1 法兰的设计计算参照 GB/T 150.3 的有关规定执行。

6.6.2 铝材的许用应力按照附录 C 选取。

6.7 开孔和开孔补强

6.7.1 本节规定适用于热交换器封头上开孔及其补强。开孔形状一般宜为圆形,必要时也可为椭圆形或长圆形。当为椭圆形和长圆形开孔时,其长径与短径之比不应大于 2,超过此值的开孔应采取特别的加强措施。

6.7.2 所有开孔宜避开焊缝,开孔边缘与焊缝的距离应大于 3 倍封头体的实际壁厚,并不小于 60 mm。若开孔需通过焊缝时,则开孔中心两侧各不小于 1.5 倍开孔直径范围内的焊缝应经 100%无损检验,合格标准满足 JB/T 4734 的相关要求。

6.7.3 封头的开孔补强应根据具体条件选用下列的补强型式。

6.7.3.1 采用全焊透和局部焊透将补强圈与封头、接管相焊时,应按图 19 和图 20 进行,其开孔补强设计计算参照 GB/T 150.3 的有关规定执行。当采用图 19 的补强圈结构进行开孔补强时,应满足下列规定:

a) 外加补强件材料的许用应力值宜等于或大于封头材料的许用应力值,当大于封头材料的许用应力值的时候,其增大部分不得利用作为附加的补强面积;

b) 当外加补强件材料的许用应力值小于封头部分材料的许用应力值时,所需补强的截面积须乘以两许用应力的反比值;

c) 补强圈厚度不得大于 1.5 倍封头厚度。

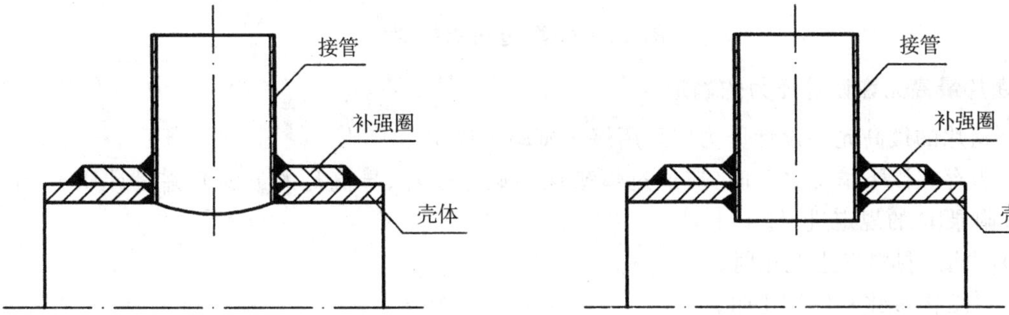

a) 平齐接管　　b) 内伸接管

图 19　补强圈补强

6.7.3.2 采用全焊透结构将厚壁接管与封头体相焊时,宜采用接管整体补强代替补强圈补强,如图 20 所示,尤其当封头半径较小时。

6.7.3.3 封头允许采用图 21 所示外翻边的结构形式,但开孔补强应通过应力分析计算。

6.7.3.4 整体补强应按照 JB/T 4734 的有关规定执行。

6.7.4 开孔范围超出 GB/T 150.3 的规定时,开孔的补强结构与计算应作特殊考虑。必要时应做验证性试验,以校核设计的可靠性,或用应力分析方法设计。典型结构的应力分析案例见附录 E。

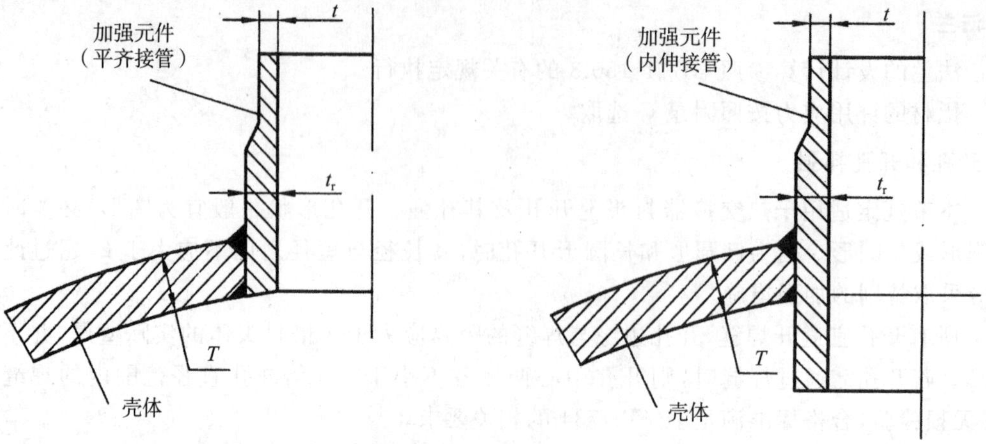

图 20　接管整体补强

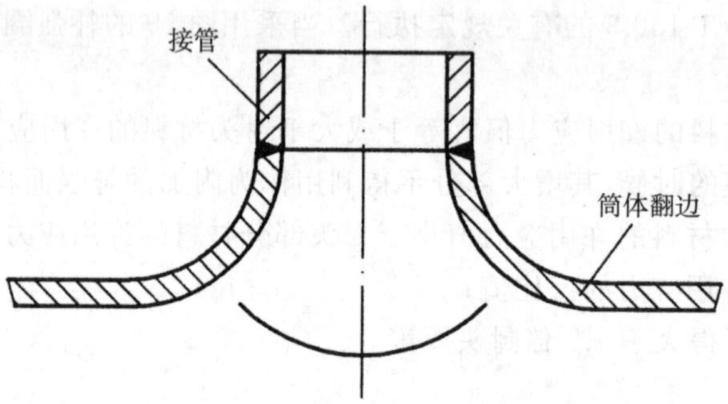

图 21　外翻边对焊接管

6.8　翅片最高允许设计压力的确定

6.8.1　翅片的最高允许设计压力应采用爆破试验来确定。

6.8.2　当存在以下情况之一时，应通过爆破试验确定翅片、导流片的最高允许设计压力，试验方法按附录 D 的规定进行。

a)　翅片材料发生变化时；

b)　结构参数发生变化时；

c)　钎焊方法发生变化时；

d)　应力分析确定最高允许设计压力时。

6.9　接管

6.9.1　接管一般与封头体的圆筒形部分焊接在一起，其连接形式如图 7 所示，其结构设计应考虑以下内容：

a)　接管可选用标准无缝管或锻制管，外径小于 40 mm 时，宜采用棒材加工成承插焊接接管的结构形式；

b)　同一封头上可焊接几个接管。对于切向接管，接管与封头之间的流通面积应不小于接管的横截面积。

6.9.2　接管安装时，应确保各个压力腔中的流体排放彻底。需要时，可在封头或连接管道上增设排放接头用于安装放净阀等。

6.9.3 当连接管道对热交换器的接管施加力与力矩时,制造厂应校核接管、封头等部件允许的最大力与力矩。总的合力 F 与合力矩 M 按照式(10)~式(12)计算确定:

$$M=\sqrt{M_x^2+M_y^2+M_z^2} \quad \cdots\cdots (10)$$

$$F=\sqrt{F_x^2+F_y^2+F_z^2} \quad \cdots\cdots (11)$$

$$(M/M_r)+(F/F_r)\leqslant 1 \quad \cdots\cdots (12)$$

式中 M_r 及 F_r 依据表 4 进行查询。

6.9.4 管道载荷方向三坐标轴的位置见图 22。

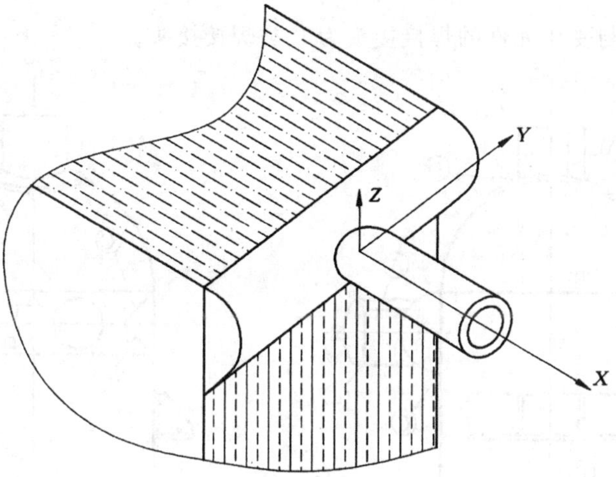

图 22 坐标轴的位置

表 4 接管允许承受的弯矩和力

接管公称直径		弯矩 M_r	力 F_r
DN	(NPS)	N·m	N
50	(2)	120	810
80	(3)	330	1 500
100	(4)	660	2 660
150	(6)	1 530	3 600
200	(8)	2 160	5 540
250	(10)	2 700	6 740
300	(12)	3 300	9 000
350	(14)	3 900	10 800
400	(16)	4 640	12 900
450	(18)	5 400	15 000
500	(20)	6 000	16 500
600	(24)	7 200	20 600

7 制造、检验与验收

7.1 一般规定

7.1.1 热交换器的制造、检验与验收除遵守本标准规定外,还应符合 GB/T 150.1、GB/T 150.4、GB/T 151 和 JB/T 4734 的有关规定及图样要求。

7.1.2　热交换器的焊接接头(钎焊缝除外),按其所在位置分为A、B、C、D、E五类,如图23所示。

a)　封头体、接管受压部分的纵向焊接接头均属A类焊接接头;

b)　封头体、接管受压部分的环向焊接接头及接管与法兰对接环向焊接接头等均属B类焊接接头;

c)　接管与法兰的角焊接接头,接管与封盖、封头体与端板、封头与芯体连接的焊接接头等均属C类焊接接头;

d)　接管与封头体或端板连接的焊接接头、补强圈与封头连接的焊接接头等均属D类焊接接头;

e)　非受压元件与受压元件的焊接接头为E类焊接接头。

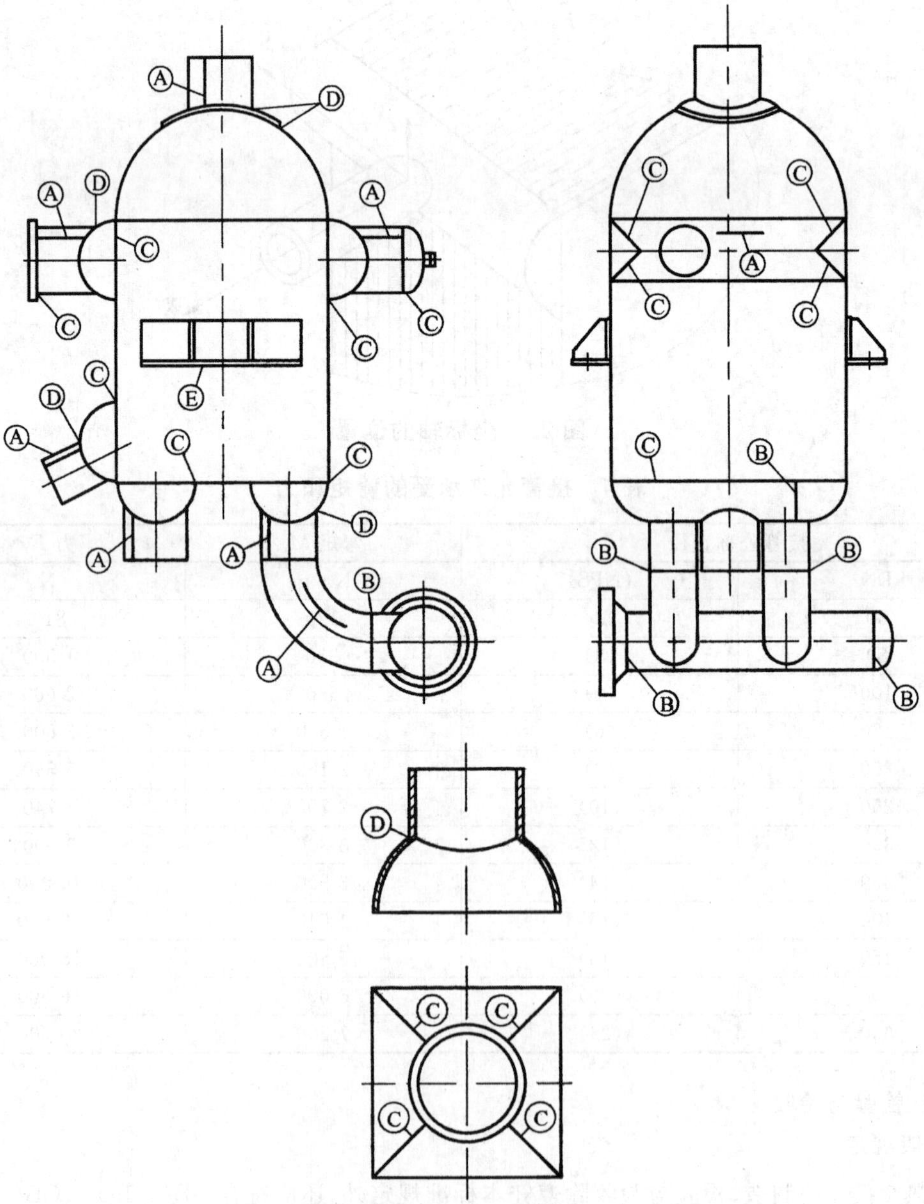

图23　主要受压焊接接头类别

7.2 芯体制造

7.2.1 芯体组装应符合如下要求：

a) 钎焊元件的尺寸偏差和形位公差应符合图样或相关技术文件的要求；组装前不得有毛刺，且表面不得有严重磕、划、碰伤等缺陷；组装前应进行清洗，以除去油迹、锈斑等杂质，清洗后应进行干燥处理；

b) 组装前的翅片和导流片的翅形应保持规整，不得被挤压、拉伸和扭曲；翅片、导流片和封条的几何形状有局部变形时，应进行整形；

c) 隔板应保持平整，不得有弯曲、拱起、小角翅起和无包覆层的白边存在；板面上的局部凹印深度不得超过板厚的10%，且最深不大于0.15 mm；

d) 组装时每一层的钎焊元件应互相靠紧，但不得重叠。设计压力：$p\leqslant 2.5$ MPa时，钎焊元件的拼接间隙应不大于3 mm；设计压力：$p>2.5$ MPa时，钎焊元件的拼接间隙应不大于2 mm。拼接间隙的特殊要求应在图样中注明。

7.2.2 钎焊要求

7.2.2.1 芯体应在钎焊炉内完成钎焊工作。

7.2.2.2 芯体钎焊前应具有评定合格的钎焊工艺支持，钎焊工艺指导书和钎焊工艺评定报告的推荐格式参见附录F。

7.2.2.3 钎焊工艺评定技术档案应保存至该工艺评定失效。产品钎焊工艺及记录应至少保存7年。

7.2.2.4 对钎焊缝泄漏应按照可靠的补焊工艺规程采用手工氩弧焊接进行补焊。

7.2.2.5 当隔板穿通导致通道相互间内漏时，应由设计部门确定纠正方法。一般可封闭某一通道，并作出封闭通道对热交换器换热性能和压力降影响程度的报告。

7.2.2.6 对于空分设备中的切换热交换器、主热交换器、冷凝蒸发器和设计压力大于2.5 MPa的热交换器，钎焊焊缝允许的补焊长度不宜大于外露隔板(包括封头内)总长度的0.5%；对于其他热交换器，钎焊焊缝允许的补焊长度不宜大于外露隔板(包括封头内)总长度的1.5%。当补焊比例超过以上规定时，应由原设计单位对使用性能和安全性能的影响作出评估，并取得书面评估报告。

7.2.3 钎焊后芯体外观要求

a) 芯体焊缝应饱满平滑，不应有钎料堵塞通道现象；

b) 导流片翅形应规整，不应露出于隔板之外；

c) 相邻上下层封条间的内凹、外弹量不应超过2 mm；

d) 芯体上下平面的错位量每100 mm高不大于1.5 mm，且总错位量不大于8 mm；

e) 当侧板的下凹总量超过芯体叠层总厚度的1%时，应对其使用性能和安全性能进行技术评估，并取得书面技术评估报告。

7.3 外形尺寸要求

7.3.1 热交换器接管的轴线位置和法兰面位置均以芯体各形面的几何轴线为基准，应在法兰平面和管端面进行检测。

7.3.2 热交换器组装后，外形尺寸偏差应符合图24～图26的规定，并应满足图样的要求。

7.3.3 管口或法兰面应垂直于接管或热交换器的主轴中心线，安装接管法兰应保证法兰面的水平或垂直(有特殊要求时应按图样规定),其偏差 ΔT 不应超过图 24～图 26 的规定。

7.3.4 法兰螺栓孔应与接管轴线或铅垂线跨中布置,如图 24～图 26 所示。有特殊要求时,应在图样上注明。

7.3.5 单台热交换器外形尺寸的允许偏差应按照图 24 和图 25 的规定,芯体中心线(见图 24)和支座基线(见图 26)作为外形尺寸的基准线。制造厂可使用其他的基准线。买方和制造厂双方同意后,可采用其他的公差值。

7.3.6 两台热交换器组装的外形尺寸的允许偏差应按照图 26 的规定,其支座基线也可作为外形尺寸的基准线。

7.3.7 机械加工表面和非机械加工表面的线性尺寸的极限偏差,应分别按 GB/T 1804—2000 中 m 级和 c 级的规定执行。

7.4 焊接(除钎焊外)

7.4.1 应根据介质温度和载荷条件选择焊接接头型式,选择焊接接头型式时应避免产生过大的应力集中和明显的外形突变,附录 G 提供了可供选择的焊接接头型式。

7.4.2 焊接工艺应符合下列规定:

a) 热交换器施工前的焊接工艺评定应按 JB/T 4731—2002 的附录 B 进行,热交换器的焊接工艺文件应按图样技术要求和评定合格的焊接工艺并参照 JB/T 4734—2002 的附录 B 制订;

b) 焊接接头表面的形状尺寸及外观要求、焊接接头返修要求应符合 JB/T 4734 的有关规定;

c) 热交换器的 A、B、C、D、E 类焊接接头及钎焊缝的补焊应采用钨极氩弧焊、熔化极氩弧焊或采用通过试验可保证焊接质量的其他焊接方法,并应符合 JB/T 4734 的有关规定。

7.4.3 焊工应符合下列要求:

a) 焊接应由持有技术监督部门颁发的相应类别焊工合格证的焊工担任,焊工考试按 JB/T 4734—2002 的附录 A 执行;

b) 焊工识别标记应打在规定的容器部位,或者在焊接记录(含焊缝布置图)中记录焊工代号,不得在耐腐蚀面打钢印,焊接记录应列入产品质量证明文件。

7.5 组装

7.5.1 成形后封头的壁厚减薄量不得大于图样规定厚度的 10%,且不大于 3 mm。

7.5.2 在不影响产品的使用性能和寿命的情况下,热交换器允许存在表面缺陷,但封头体和接管的表面缺陷深度不得大于 0.3 mm;芯体的表面缺陷深度不得大于 0.5 mm。

7.5.3 应对封头体和接管上的尖锐伤痕以及局部伤痕、刻槽等缺陷予以修磨,修磨范围的斜度至少为 1∶3。修磨的深度应不大于该部位铝材厚度 δ_s 的 5%且不大于 2 mm,否则应予焊补。

7.5.4 试压后发现焊缝有渗漏或无损检测不合格时,允许进行返修补焊。补焊时制造厂应制订补焊工艺规范,但同一部位补焊次数一般不宜超过 2 次,超过 2 次以上时,返修前应当经过制造单位技术负责人批准,并且将返修的次数、部位、返修情况记入产品质量证明文件。

7.5.5 补焊前应铲除缺陷部位的金属,并将焊接区重新清理,且不得带压施焊。

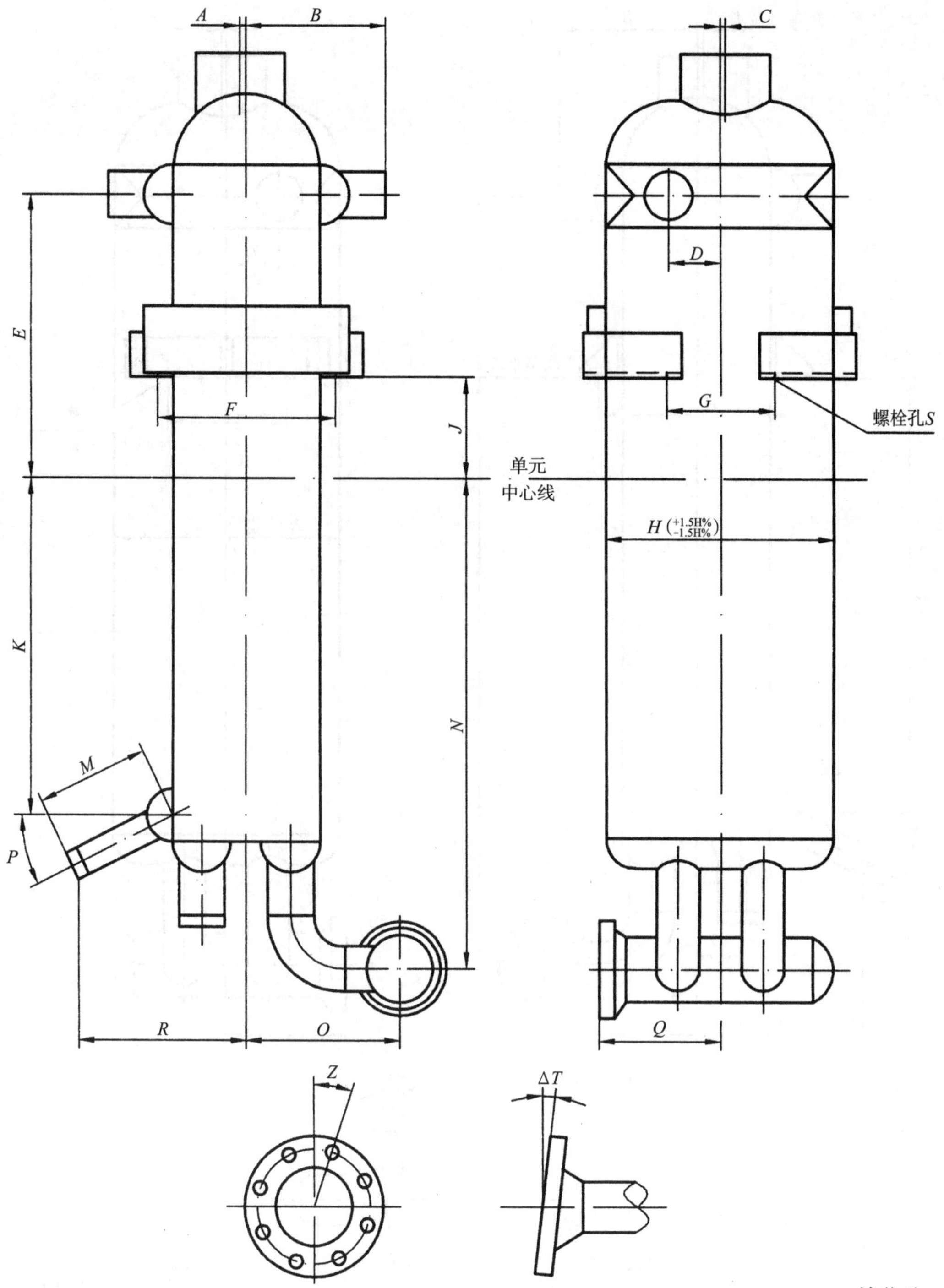

单位为 mm

符号	基本尺寸	允许偏差	符号	允许偏差	符号	允许偏差
B,E,K,N,Q,O	≤1 000	±6	A,C,D,M,R	±6	P	±3°
	>1 000 且≤2 000	±8	J,F,G	±3	ΔT	±1°在法兰最大外径≤5
	>2 000	±10	S	±1	Z	±1°在螺栓最大孔圆≤5

图 24　芯体中心线为基准线的允许偏差

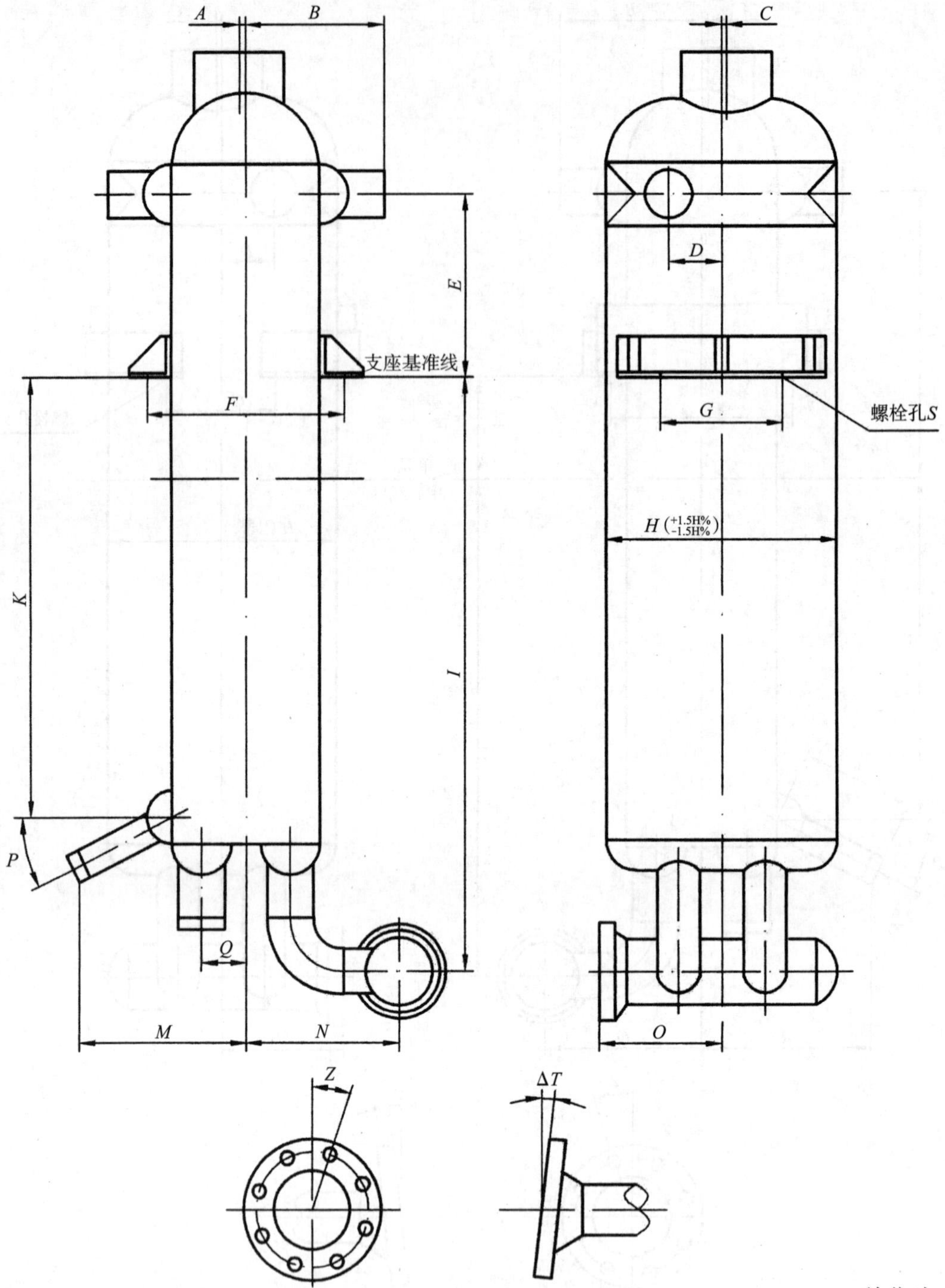

单位为 mm

符号	基本尺寸	允许偏差	符号	允许偏差	符号	允许偏差
B,I,K,E,M,N,O	≤1 000	±6	A,C,D,Q	±6	P	±3°
	>1 000 且≤2 000	±8	F,G	±3	ΔT	±1°在法兰最大外径≤5
	>2 000	±10	S	±1	Z	±1°在螺栓最大孔圆≤5

图 25 支座基线为基准线的允许偏差

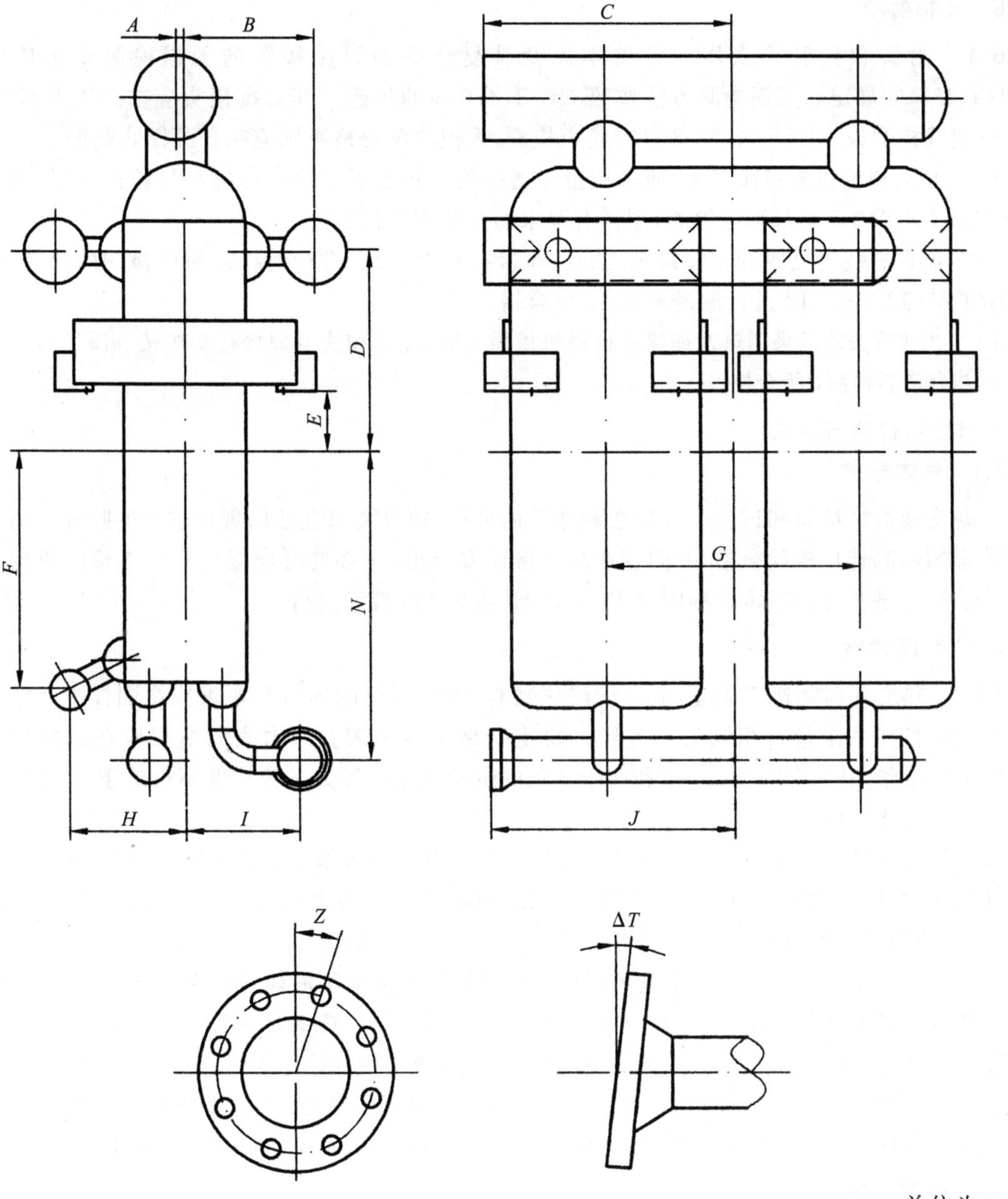

单位为 mm

符号	基本尺寸	允许偏差	符号	允许偏差
B,*C*,*D*, *F*,*G*,*H*, *I*,*J*,*N*	≤1 000	±6	*A*	±6
	>1 000 且≤2 000	±8	Δ*T*	±1°在法兰最大外径≤5
	>2 000	±10	*Z*	±1°在螺栓最大孔圆≤5
—	—		*E*	±3

图 26　两台热交换器组装的允许偏差

7.6 无损检测

7.6.1 封头和接管等受压元件的本体及其复合件的焊接接头的无损检测要求应符合JB/T 4734的规定。无损检测方法按照NB/T 47013的规定。其对接接头应按NB/T 47013.2进行射线检测或NB/T 47013.3进行超声检测，无损检测合格级别应符合图样的要求。

7.6.2 封头和芯体的焊接接头，应采用全焊透结构。封头采用热处理提高材料机械强度时，应按NB/T 47013.5进行渗透检测，图样有要求的按照图样执行。

7.6.3 需在总装时完成的相邻封头之间的对接接头，对无法进行射线或超声检测的部位，应按NB/T 47013.5—2015进行渗透检测，Ⅰ级合格。

7.6.4 当接管或法兰采用热处理提高材料机械强度时，接管和法兰焊接接头应按NB/T 47013.5—2015进行渗透检测，Ⅰ级合格。

7.7 试验、检验与验收

7.7.1 总体要求

热交换器的检验和试验一般应在制造厂内进行，项目要求在使用现场进行的除外。每台热交换器须经制造厂检验合格，并附有产品合格证方可出厂，必要时应提供第三方检验机构检验报告。部分试验方法按本标准附录D、附录H、附录I的规定进行。

7.7.2 耐压试验

7.7.2.1 热交换器制造完成后，应进行耐压试验，耐压试验的项目和要求应在图样中注明。耐压试验应使用两个量程相同的并且经过检定合格的压力表。压力表的量程应在试验压力的2倍左右为宜，但不应低于1.5倍和高于3倍的试验压力。压力表的精度不得低于1.6级，表盘直径不得小于100 mm。

7.7.2.2 耐压试验一般采用液压试验。液压试验一般采用水作为试验介质，试验介质应洁净且对工件无腐蚀。试验压力按4.4.1的规定。试验时，逐个通道进行，每一通道加压时，其余通道放空，检查要求按照图样规定。

7.7.2.3 对于不允许有微量残留液体或由于结构原因不能充满液体进行液压试验的热交换器，可采用气压试验或气液组合试验。气压试验或气液组合试验应满足7.7.2.4的要求。

7.7.2.4 气压试验应采用干燥无油洁净的空气、氮气或惰性气体作为试验介质，试验压力按4.6的规定。试验时，逐个通道进行，每一通道加压时，其余通道放空，检查要求按照图样规定。采用气压试验时，应有可靠的防护措施，并由制造单位的安全管理部门制定应急预案。

7.7.3 泄漏试验

7.7.3.1 气密性试验应在热交换器的所有压力腔干燥合格后进行，气密性试验采用干燥无油洁净的空气、氮气或惰性气体作试验介质，试验压力为设计压力；试验时，对所有通道同时充压到各自规定压力值，逐个通道进行检查并符合图样要求。

7.7.3.2 在热交换器设计图样上有要求时需进行氦质谱检漏，泄漏率应根据热交换器的技术参数、工质类别、纯度要求等，由设计者计算确定并标注于设计图样中。氦质谱检漏应符合以下规定：

a) 氦质谱检漏应在强度、气密性检验和干燥合格后进行；

b) 氦质谱检漏试验设备应选用合适精度的氦质谱检漏仪，并用标准漏孔定期对设备进行校准；

c) 检测时氦气浓度不低于20%；

d) 外漏检测:将氦气罩(可用塑料薄膜制作)套在被测工件上,排除罩内的空气并向罩内充入氦气,被测通道抽真空至仪器的工作真空度,根据氦质谱检漏仪的读数,检测该通道内微量氦气的泄漏值；

e) 内漏检测:被测通道抽真空至仪器的工作真空度,向被测通道的相邻通道充入氦气,压力不低于0.1 MPa,根据氦质谱检漏仪的读数,检测该通道内微量氦气的泄漏值；

f) 热交换器允许漏率应满足设计图样要求。

7.7.4 气阻试验

7.7.4.1 按设计图样的要求对热交换器有关通道进行气阻试验。试验条件和要求按本标准附录I或设计图样的规定。对空分设备中的切换热交换器的切换通道,除应检验其本身的阻力值外,还应满足两者之间相互阻力差的要求。换热交换器阻力差允许值应通过计算确定。

7.7.4.2 同一单元中(冷段或热段),两切换通道(A、B)的阻力偏差按式(13)计算:

$$(\Delta p_1/\Delta p_2-1)\times 100\%\leqslant 8\% \quad\cdots\cdots(13)$$

式中:

Δp_1——A、B通道中气阻值较大者(下同);

Δp_2——A、B通道中气阻值较小者(下同)。

7.7.4.3 冷、热段组合成一个小单元(含冷、热段串联的整体热交换器),小单元内两个切换通道总的阻力偏差按式(14)计算:

$$(\Delta p_1/\Delta p_2-1)\times 100\%\leqslant 2.4\% \quad\cdots\cdots(14)$$

7.7.4.4 由若干个热交换器组合成一个热交换器组后,该单元各通道的阻力值与相应通道的平均值的偏差按式(15)和式(16)计算。

$$\Delta p_{cp}=\left(\sum_{i=1}^{N}\Delta p_i/N\right) \quad\cdots\cdots(15)$$

$$|(\Delta p_i/\Delta p_{cp}-1)\times 100\%|\leqslant 4\% \quad\cdots\cdots(16)$$

式中:

N——冷热段组合的小组数;

Δp_i——被测某一通道气阻值;

Δp_{cp}——被测某一通道的平均阻力值。

7.7.5 荧光检验

7.7.5.1 热交换器设计图样或合同规定时,需进行本项试验。

7.7.5.2 荧光检验采用波长为3 200Å～4 000Å紫外线对该通道封头下面的热交换器表面、封头及接管的内侧进行。

7.7.6 干燥度测试

7.7.6.1 热交换器设计图样或合同规定时,需进行本项试验。

7.7.6.2 干燥度测试应按本标准附录H的规定进行。

7.8 质量证明书、标志、油漆、运输包装和储存

7.8.1 产品外表面应去除油污、脏物,以保持干净。涂漆和其他防腐处理应符合设计图样和有关技术文件的规定。

7.8.2 运输之前,制造厂应确保热交换器所有压力腔充分干燥,具体要求按附录 H 的规定进行。

7.8.3 法兰所有外露加工接触面均应加以适当的保护,以防止机械损伤,尤其是法兰密封面。

7.8.4 强度层及无效区域的开口以及封闭的无效区域的开口应加适当保护,以防止水分、灰尘侵入。

7.8.5 氮气密封应符合下列规定:

a) 经干燥合格后的热交换器压力腔应充入干燥无油氮气进行置换并氮封,氮封压力一般为 0.025 MPa～0.05 MPa,特殊要求按设计图样和有关技术文件的规定;

b) 氮封后应在管口处贴上压力警告标志,启封前应将压力腔卸压;

c) 对于无法进行氮封或供需双方同意不进行氮封的热交换器,应采用塑料薄膜包装并放置干燥剂或吸湿剂。

7.8.6 热交换器出厂质量证明文件应至少包括下列内容:

a) 产品合格证;

b) 产品说明书;

c) 产品质量证明书。

7.8.7 铭牌安装应符合下列规定:

a) 每台热交换器都应安装有制造厂的铭牌,铭牌应安装在该热交换器就位后容易接近的明显位置;铭牌应清晰、牢固、耐久。

b) 铭牌宜采用合适材料制成,如买方允许,铭牌可以安装在热交换器的托架上。如果热交换器要安装在壳体或容器之内,制造厂还应提供复制铭牌,并安装于壳体或容器外表面上。

c) 对热交换器处理多种流体并具有多个独立压力腔时,可使用多块铭牌。

7.8.8 铭牌至少应包括下列内容:

a) 产品型号;

b) 产品名称;

c) 主要技术特性参数:设计压力或最高允许的工作压力;试验压力;最高和最低允许的工作温度或设计金属温度;介质;换热面积;自重和容积、热交换器类别等;

d) 制造日期;

e) 制造厂名称;

f) 认可机构的检验标记。

7.8.9 热交换器包装应符合 GB/T 13384 的规定。

7.8.10 运输和储存应符合下列规定:

a) 热交换器的运输应符合铁路、公路、水运的要求;

b) 热交换器在运输中应防止碰撞、雨淋;

c) 热交换器应存放在清洁、干燥,没有酸、碱等腐蚀介质气氛的场所,不得存放在露天场地;

d) 对于氮封的热交换器,在存放期内各通道的氮封压力不得低于 0.02 MPa,否则应用干燥氮气补充至氮封压力;

e) 对于无法进行氮封或供需双方同意不进行氮封的热交换器,存放期内应采用塑料薄膜包装并放置干燥剂或吸湿剂。

8 安装与操作

8.1 起吊及搬运

8.1.1 热交换器应设置用于起吊的结构。

8.1.2 制造商应提供在起吊、搬运热交换器时的注意事项。

8.2 安装方式

8.2.1 热交换器的支座一般安装位于热交换器芯体的上半部,以减少角撑架与支撑横梁接合处在设备启动和停车时的振动。

8.2.2 除了主支座之外,当需要增设滑动导架时,应按图27与图28所示结构设置。

8.3 支承架

8.3.1 热交换器应安装于支承架上。选择支承架时,除了要考虑热交换器的自重外,还应考虑外部管道所施加的力和力矩。

8.3.2 热交换器安装于支承架后的垂直度允许偏差应不大于0.5°且不大于15 mm,可采用垫金属薄片的方式来调整垂直度,有特殊要求的热交换器除外。

8.3.3 支承架与热交换器配合面应绝热,绝热材料的强度应和承受的载荷与振动相适应,并根据工作条件确定绝热材料的厚度。

8.3.4 支承架推荐采用不锈钢或耐低温钢。

8.4 滑动导轨

8.4.1 如果风载、地震或管道负荷所施加的外力足以引起热交换器横向移动时,应设置滑动导向架以防止热交换器横向移动,但不能限制热交换器上下方向的移动。

8.4.2 典型的支撑系统和导向架如图27～图29所示。导向架与热交换器之间需用绝热材料隔开。绝热材料应压紧,且用不锈钢螺钉固定于导向架上,以防松动脱开。导架连接件应用合金钢制成,并固定于壳体的主结构件或支架上。

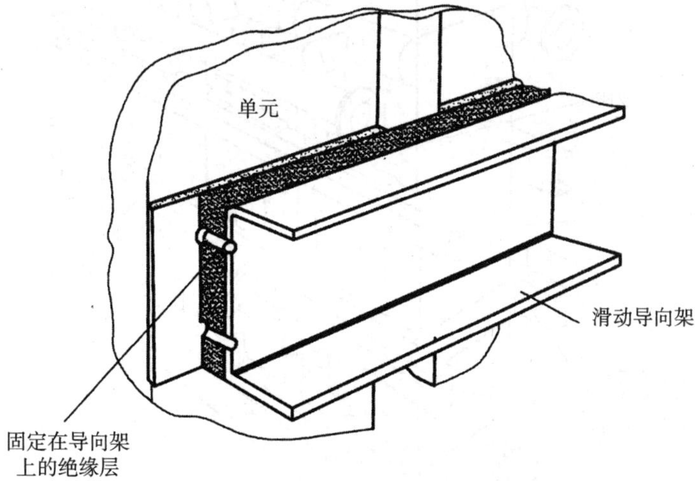

图27 典型的滑动导轨(滑动控制架)

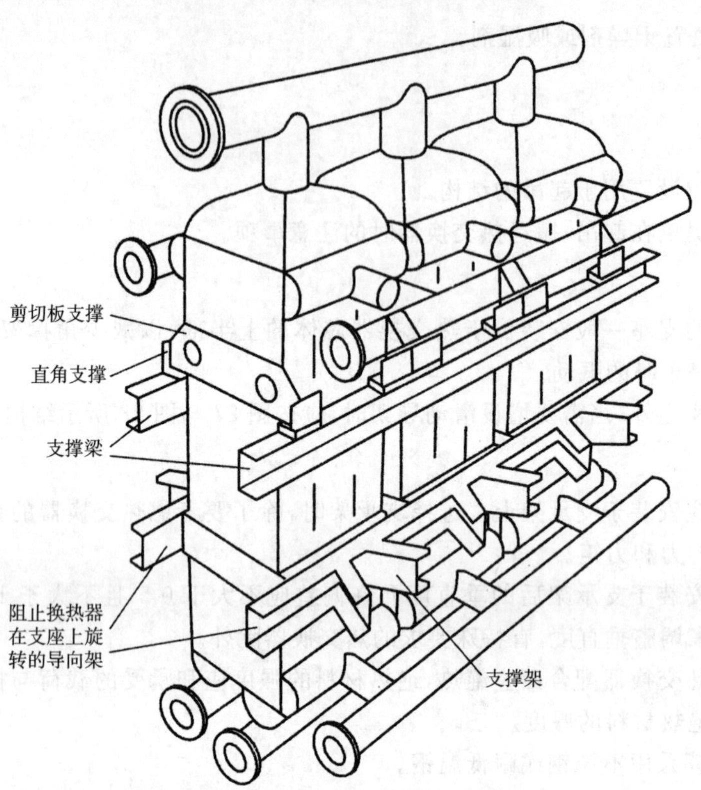

图 28　具有剪切边板支撑的三个热交换器组合装置

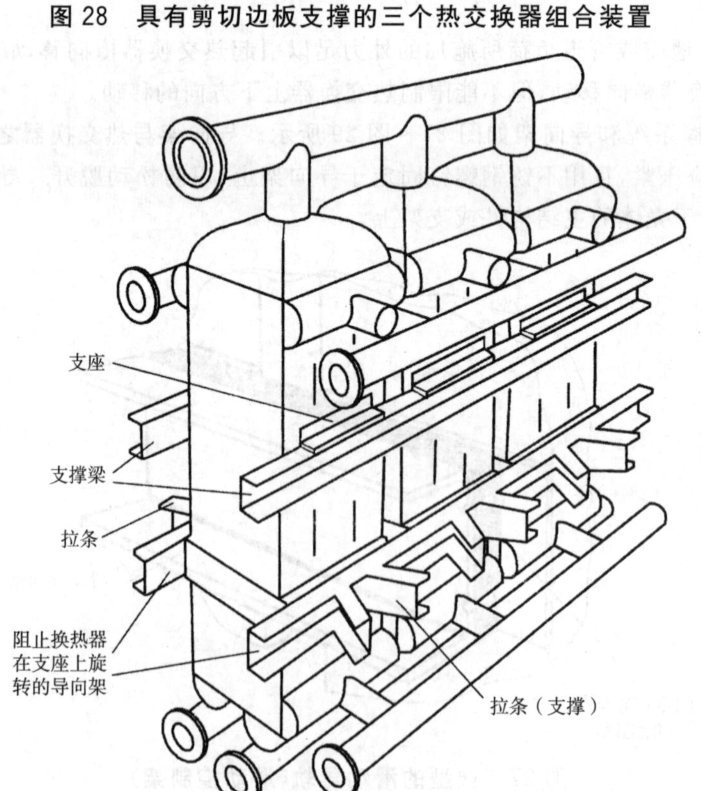

图 29　具有直角托架支撑的三个热交换器组合装置

8.5 固定螺栓

8.5.1 热交换器安装于支撑架上应采用螺栓固定，固定时应考虑工作状态下因热胀冷缩导致的力和力矩的增加。

8.5.2 当支撑位置和工作温度低于室温，固定螺母不宜锁死，建议螺母位于下方，并应采用双螺母等防松措施；对卧式固定的热交换器应特别注意热交换器长度方向的冷缩(热胀)。

8.5.3 低温热交换器的地脚螺栓和螺母宜采用不锈钢螺栓、螺母。

8.6 无效通道的开口

8.6.1 以下无效通道应设置开口：

a) 强度层，芯体最外层的工艺层；

b) 位于芯体侧面相邻两个封头之间的空间；

c) 端部导流片使用斜封条后形成的死角；

d) 两个芯体并联(焊接)在一起时形成的空间；

e) 其他特殊结构。

8.6.2 开口应有标记并应保证无用通道空腔的畅通，运输前应对开口进行干燥和封闭处理。

8.6.3 安装完成后，覆盖在开口上的封闭物(如螺钉、塞子或防水膜等)应在现场试验和运行前去除，并根据需要决定是否安装排放管路。

8.7 现场检验与试验

8.7.1 现场安装完成后，应对焊接接头进行目视检查和行渗透或射线检测，渗透和射线检测应符合相关标准的规定。

8.7.2 现场安装完成后系统应进行压力试验，压力试验应符合有关规范的要求并满足以下要求：

a) 压力试验的介质一般采用干燥、无油、无水的空气，必要时应采用干燥氮气；

b) 压力试验时应采取必要的安全措施；

c) 压力试验应按通道分别进行，一个通道进行压力试验时，其他通道就不能进行压力试验；

d) 压力试验完成后应降压，然后进行气密性试验；

e) 评价压力试验时，应考虑整个保压期间环境温度的变化，最终压力可按式(17)修正：

$$P_2 = P_1 \times \frac{T_2}{T_1} \qquad (17)$$

式中：

P_1——试验最初压力，MPa；

P_2——试验最终压力，MPa；

T_1——试验最初环境绝对温度，K；

T_2——试验最终环境绝对温度，K。

f) 各通道的压力试验合格后，系统应进行气密性试验，保压 30 min 无泄漏为合格。

8.8 绝热(隔热保冷)层施工

8.8.1 对于壳体内的热交换器，现场试验完毕后应进行绝热层施工，热交换器与壳体壁之间的最小绝热层不得小于图 30 规定的最小绝热厚度。绝热材料可采用珠光砂或矿渣棉。珠光砂的密度一般为 60 kg/m³～80 kg/m³。充填矿渣棉时应避免损坏热交换器接管。绝热层施工后，应采用干燥氮气吹除壳体绝热材料中残留的空气。

8.8.2 对于其他热交换器,现场试验完毕后应进行绝热层施工,绝热材料一般采用聚胺醋泡沫,最小绝热层厚度应满足图样的要求。绝热层施工后,绝热材料应加外壳封闭保护。

8.9 系统操作

8.9.1 系统启动前应采取以下措施:

a) 确认介质流动的脉动或振动(例如由压缩机、泵或不正确的配管等)不会传递到热交换器上;

b) 应对热交换器各通道的压力泄放装置进行检查;

c) 确保与热交换器联接的管道中没有氧化皮和沙粒等固体颗粒杂质;

d) 应采用露点不高于−40℃的氮气对系统内残余的水分和碳氢化合物进行吹除,直至满足系统图样的要求;

e) 应采用干燥气体进行系统冷却,为了防止冷热冲击,应缓慢进行,冷却时降温速率不得大于1℃/min,以避免对系统产生冷热冲击,冷却速度不得超过30℃/h,冷却气体应同时引入各通道;冷却气体温度与局部金属温度的温差不得超过30℃;

f) 系统启动数据应记录存档。

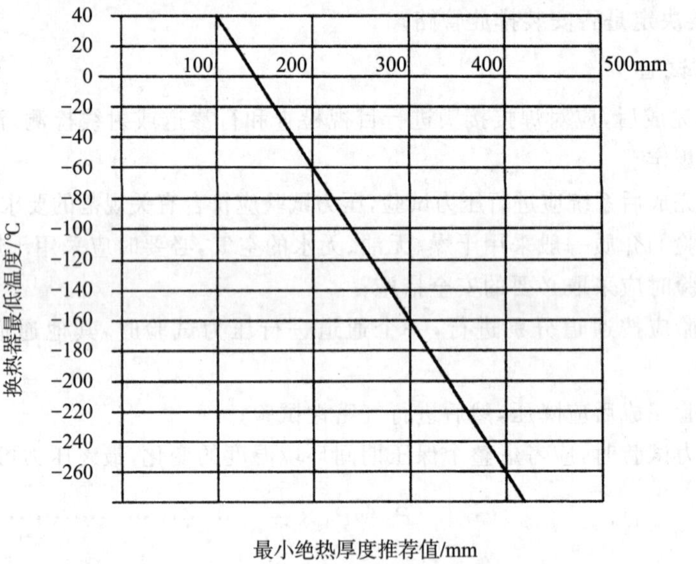

图30 热交换器与壳体壁之间的最小绝热厚度

8.9.2 运行时应符合如下要求:

a) 流体的入口处应设置过滤器,并设置一个旁通系统,过滤网的过滤精度由制造商提出要求,通常推荐至少应能清除直径大于0.18 mm的固体颗粒杂质;

b) 系统内流体的流动应保持稳定,以避免来自压缩机或泵的脉冲或喘振气流的直接冲击;

c) 压力泄放装置的泄放压力不得大于最大允许工作压力,泄放压力设定值和泄放量应符合有关标准的规定;

d) 调整控制工艺参数,确保各流道间的断面温差不超过热交换器图样要求或4.3.4的规定;操作温度不得高于热交换器图样要求;

e) 确保介质对铝合金没有腐蚀。

8.9.3 停车应符合如下要求：

a) 停车后应先排出系统中的液体，并应采用干燥气体使系统缓慢升温，升温速率不得大于1℃/min，升温速度不得超过30℃/h，并严格控制加温气体和系统之间的即时温度差不大于30℃；

b) 系统达到常温后应停止升温，并采用干燥气体或露点不大于－40℃的氮气进行吹除；

c) 吹除后，如果停车需要持续一段时间，应考虑对系统进行氮封。

8.10 维护保养

8.10.1 热交换器的维护保养应符合如下要求：

a) 应记录热交换器的运行情况，记录内容应包括启动、停车和故障时的详情及运行数据；

b) 当热交换器发生故障时，应向制造商咨询，咨询前不得自行处理；

c) 对于介质中含有碳氢化合物等有害物质的系统，进行检查前应采用必要的安全防护措施；

d) 对于低温系统，进入冷箱内检查前，应切断冷箱内保护氮气的气源。冷箱内氧气含量未达到19%之前，不得进入冷箱检查。进入壳体检查时，应采用报警式监测器连续监测氧气含量，至少应有两台监测器每隔1小时轮流使用；

e) 如需要移开冷箱内部分绝热材料检查时，应采取措施防止其余绝热材料垮塌，焊接时还应采取防火措施；

f) 检查用珠光砂绝热的冷箱时，不得在珠光砂完全移出前进入冷箱。

8.10.2 热交换器使用注意事项参见附录J。

8.11 泄漏检查

8.11.1 一般泄漏检查

a) 当热交换器发生外漏时，绝热外壳上局部会结冰(或霜)或冒出气体。若热交换器在壳体内泄漏时，壳体排气阀排出的气体的气味或组分含量会明显改变，或产生流体泄漏声音。

b) 当热交换器发生内部泄漏时，产品纯度会降低，如果泄漏量较大，相关流体的流量会发生明显变化。

8.11.2 现场试压检漏

8.11.2.1 现场试压工作开始之前，所有的通道应用干燥氮气或干燥空气吹除。应进行气体分析，以确保该系统没有残余的有害气体。如果热交换器装在壳体内，应维持壳体上下出气孔的出气并连续监控壳体内的氧含量，氧含量小于19%时，不允许进入工作；并监测壳体内的其他可燃气体或其他有毒、有害气体。

8.11.2.2 各通道用盲板封闭并装上合适的压力表，依次对各个通道进行加压；初期的试验压力不应大于0.5 MPa(表压)。根据泄漏的情况，可能还需用较高的压力进行试验，但试验压力不能超过该通道的工作压力。试验介质应采用干燥无油的氮气或空气。

8.11.2.3 充压后确认所有机械接头都没有泄漏。保压时间不少于10 h，观察压力是否有变化，并结合保压期间温度变化判定是否泄漏。所有的通道都应设置压力泄放装置。

8.11.2.4 现场试压检漏时，应满足8.7.2的规定，同时应采取预防措施，确保泄漏不会置换封闭空间里的氧气或形成可燃氛围。

8.11.2.5 记录的压力应按 8.7.2 所述方法进行修正,以补偿试验期间环境温度的变化。

8.11.2.6 外部泄漏可采用 8.7.2 所述的方法用肥皂水对新布管道焊接接头进行检验判定。

8.12 泄漏的修补

8.12.1 外部泄漏,按照补焊工艺进行补焊。

8.12.2 如果热交换器有内漏需修复,应与制造商协商提出修复的建议与方法。

8.12.3 与芯体相关的焊接应制定专用的焊接工艺。

附　录　A
（资料性附录）
热交换器型号的编制方法

A.1　热交换器型号的表示方法

A.2　符号规定说明

A.2.1　热交换器应用场合代号(采用汉语拼音的第一个拼音字母表示)表示如下：

J——加热器(JIAREQI)；

D——动力装置(DONGLI)；

H——化工设备(HUAGONG)；

K——空分装置(KONGFEN)；

L——冷却器(LENGQUE)；

R——热交换器(HUANRE)；

Z——制冷装置(ZHILENG)。

A.2.2　换热面积 F(m^2)表示方法按如下规定：

a)　$F \leqslant 10$,有效数字取小数后一位。如 10.0、0.8 等；

b)　$F \leqslant 100$,有效数字取个位整数。如 100、85 等；

c)　$F \leqslant 1\,000$,有效数字取十位整数。如 850、540 等；

d)　$F \leqslant 10\,000$,有效数字取百位整数。如 8 500、6 100 等。

注:换热面积(F)取热交换器单元总换热面积。

A.2.3　设计压力(MPa)表示如下：

a)　有效数字取小数点后一位。如 10.0、0.8、0.1 等；

b)　设计压力取热交换器单元中最高设计压力。

A.2.4　板翅式热交换器用字母 BC 表示。

A.3　型号表示示例

a)　设计压力为 4.6 MPa,换热面积 850 m^2,应用在化工设备乙烯装置中的板翅式热交换器型号表示为 BC-H-850/4.6 型板翅式热交换器；

b)　设计压力 0.9 MPa,换热面积 8 000 m^2,应用在空分装置中的板翅式热交换器型号表示为 BC-K-8000/0.9 型板翅式热交换器。

附　录　B
（资料性附录）
热交换器元件常用铝材最大允许设计温度

B.1　热交换器元件常用铝材最大允许设计温度见表 B.1。

表 B.1　热交换器元件常用铝材最大允许设计温度

标准	ASME		EN 标准		中国标准	
名称	合金编号(标准号)	温度/℃	合金编号	温度/℃	合金编号(标准号)	温度/℃
翅片	3003(SB-209)	204	AlMnCu	65	3003(GB/T 3880)	200
	3004(SB-209)	204			3004(GB/T 3880)	200
导流片	3003(SB-209)	204	AlMnCu	65	3003(GB/T 3880)	200
	3004(SB-209)	204			3004(GB/T 3880)	200
封条	3003(SB-221)	204	AlMnCu	65	3003(GB/T 6892)	200
隔板	3003(SB-209)	204	AlMnCu	65	3003(YS/T 69)	200
盖板	3003(SB-209)	204	AlMnCu	65	3003(GB/T 3880)	200
封头	3003(SB-209,221&241)	204	AlMg3 AlMg 4.5Mn	150 80	3003(GB/T 3880)	200
	5052(SB-209,221&241)	204			5052(GB/T 3880)	200
	5083(SB-209,221&241)	65			5083(GB/T 3880)	65
	5454(SB-209,221&241)	204			5454(GB/T 3880)	200
接管	3003(SB-209,221&241)	204	AlMg3 AlMg 4.5Mn	150 80	3003(GB/T 6893,GB/T 4437.1)	200
	5052(SB-209,221&241)	204			5052(GB/T 6893,GB/T 4437.1)	200
	5083(SB-209,221&241)	65			5083(GB/T 6893,GB/T 4437.1)	65
	5086(SB-209,221&241)	65			5086(GB/T 6893,GB/T 4437.1)	65
	5454(SB-209,221&241)	204			5454(GB/T 6893,GB/T 4437.1)	200
	6061(SB-209,221&241)	204			6061(GB/T 6893,GB/T 4437.1)	200
	6063(SB-209,221&241)	204			6063(GB/T 6893,GB/T 4437.1)	200
法兰	5083(SB-209&221)	65	AlMg 4.5Mn	80	5083(YS/T 479)	65
	6061(SB-209&221)	204	AlMg3	150	6061(YS/T 479)	200
支承件	5052(SB-209&221)	204	AlMg3	150	5052(GB/T 3880)	200
	5083(SB-209&221)	65	AlMg4.5	80	5083(GB/T 3880)	65

B.2　隔板、翅片、导流片可采用复合材料，其最高设计温度按照基体材料确定。

附　录　C
（资料性附录）
热交换器常用材料及其许用应力

热交换器常用材料及其许用应力见表 C.1。

表 C.1　热交换器常用材料及其许用应力

部件	标准	合金牌号	状态	抗拉强度 R_m/MPa	规定非比例延伸强度 $R_{p0.2}$/MPa	许用应力$[\sigma]^t$（设计温度 −269℃～65℃）
翅片	GB/T 3880	3003	O	95	35	不适用
翅片	GB/T 3198	3004	O	155	60	不适用
导流片	GB/T 3880	3003	O	95	35	不适用
导流片	GB/T 3880	3004	O	155	60	不适用
封条	GB/T 6892	3003	H112	115	70	不适用
隔板	YS/T 69	3003	H24	145	115	不适用
盖板	GB/T 3880	3003	O	95	35	23
封头	GB/T 3880	3003	O	95	35	23
封头	GB/T 3880	3003	H112	100～115	40～70	28
封头	GB/T 3880	5052	O	165～170	65	43
封头	GB/T 3880	5052	H112	170～190	70～80	46
封头	GB/T 3880	5083	O	270～345	115	76
封头	GB/T 3880	5083	H112	260～275	110～125	73
封头	GB/T 3880	6061	O	95	35	23
封头	GB/T 3880	6061	H112	95	35	23
接管	GB/T 6893	3003	O	95	35	23
接管	GB/T 6893	3003	H14	130	110	43
接管	GB/T 6893	5052	O	170	65	43
接管	GB/T 6893	5052	H14	230	180	76
接管	GB/T 6893	5083	O	270～350	110	73
接管	GB/T 6893	5083	H32	280	200	93
接管	GB/T 6893	5086	O	240	95	60
接管	GB/T 6893	5086	H112	240	95	60
接管	GB/T 6893	5454	O	215	85	54
接管	GB/T 6893	5454	H112	215	85	54
法兰	JB/T 4734	5083	H112	270	110	68
法兰	JB/T 4734	6061	T6 模锻	260	240	41
法兰	JB/T 4734	6061	T6 手工锻	240～255	220～230	41

附 录 D
(规范性附录)
翅片最高允许设计压力的确定

D.1 通过爆破试验确定翅片、导流片的最高允许设计压力。

D.1.1 试验设备和仪表

a) 试验使用的测量仪器、仪表应经计量部门检定合格并在有效期内;

b) 试压泵选用应满足测量试验翅片预测爆破压力的要求;

c) 压力表精度为1.6级,表盘刻度极限值应是试验压力的1.5倍~3倍,宜为试验压力的2倍,表盘直径不应小于100 mm。压力表至少2只,其中一只应带有记录功能。

D.1.2 爆破试验条件

a) 试验规定用洁净水作试压介质,当试件与介质大致处于相同的温度后,才能加压至试验压力;

b) 在进行爆破试验时应认真做好试验人员的安全工作;

c) 试件尺寸为300 mm×300 mm,共3层,第一、三层为强度层,第二层为实验翅片与隔板、封条组装的试验通道。试验中所用隔板厚度、封条规格、翅片型式均与产品要求相同,组装完成后按钎焊工艺要求钎焊成整体。

D.1.3 爆破试验程序

a) 将试验通道充满水,排净通道内的气体,强度层不做试验应通大气;

b) 缓慢加压,当压力逐渐增加到翅片拟定的最高允许设计压力的2倍后,按照0.5 MPa的增量缓慢加压直到爆破发生为止,及时记录爆破时的压力值;

c) 试件爆破后,应对试件进行切块检验,如爆破形式是翅片拉伸断裂,则计入爆破试件数量;

d) 同一翅片型式的爆破试件不少于3件,取平均值作为该翅片型式试件的爆破压力,最低值不应小于平均值的90%;

e) 试验过程中设计人员、检验人员应在试验现场,并在试验报告上签字认可(试验报告的推荐样表可按表D.1)。报告书作为技术文件存档保存。

D.1.4 设计压力的确定

a) 试验翅片的最高允许设计压力按式(D.1)计算:

$$[p]=\frac{p_b}{n_b}\times\frac{R_m}{R_{mp}} \qquad \text{(D.1)}$$

式中:

$[p]$——最高允许设计压力,MPa;

p_b——试件的爆破压力,MPa;

R_m——室温下该材料的标准规定最小抗拉强度,MPa;

R_{mp}——室温下被测翅片的材料实测平均抗拉强度,MPa;

n_b——安全系数。

b) 如果采用同一炉批号的材料制造一批翅片,并用这批翅片制作试件进行试验时,该批翅片最高允许设计压力为爆破压力除以安全系数。

c) 安全系数按下列规定选取：

1) 对于空分设备中承受交变应力的热交换器，其安全系数应取6；

2) 对于最高工作压力小于2.5MPa，但停车后压力或瞬时压力小于5MPa的热交换器，其安全系数可取4；

3) 对于设计压力大于或等于最高工作压力1.1倍的热交换器，其安全系数可取4；

4) 其余的热交换器安全系数取5。

D.2 通过应力分析确定翅片最高允许设计压力时，应满足下列要求：

a) 每一种新翅片都要进行应力分析，并提供应力分析报告；

b) 应力分析时，取翅片材料的最低抗拉强度作为破坏应力；

c) 当应力分析求得的 p_b 为翅片参数的函数时，则应力分析结果可通用于所有翅片。此时翅片的爆破压力可用计算的方法求得，再除以安全系数求得翅片最高允许设计压力。

表 D.1 制造厂翅片允许设计压力试验报告推荐样表

制造厂翅片允许设计压力试验报告 No：________
1.试验日期：
2.翅片型号：
3.试验依据：
4.试验条件： (1)试验是在设计人员、检验人员在场的情况下进行的。 (2)试件的试验通道充满清洁的水，强度层通大气。 (3)试验用设备、仪表及环境条件如下： **水泵** 型号：　　　　设备编号： 压力范围： **压力表** 型号：　　　　编号： 刻度范围：　　　　精度： 有效日期： **温度** 室温：　　℃　　　　水温：　　℃
5.试验规定： 拟定试件的最高允许设计压力值为______ MPa，预计试件的最大试验压力值为______ MPa，按规定第一次升压值为______ MPa，保持3min，确认试件无变形、无泄漏时继续按规定升压至爆破。
6.爆破压力：______ MPa。

表 D.1 制造厂翅片允许设计压力试验报告推荐样表（续）

7.破坏位置:见图
8.试验操作者:
9.试验检验人员:
10.试验记录: 钎焊的类型: 试件芯体尺寸(长)×(宽)×(高): 封条尺寸材料: 侧板厚度材料: 翅片类型: 翅片材料: 翅片高度: 翅片节距(每英寸翅数): 翅片材料厚度: 爆破的原因: 爆破试验压力: 拉伸试验平均抗拉强度: 修正后的爆破试验压力＝爆破试验压力×$\frac{\text{室温下材料的标准规定最小抗拉强度}}{\text{室温下试件材料实测平均抗拉试验强度}}$ 修正后的爆破试验压力＝　　×　　＝ 最高允许设计压力＝$\frac{\text{修正的爆破试验压力}}{\text{安全系数}}$＝ 参与试验的设计代表日期: 合格批准人日期:
检验或设计人员:

附　录　E
（资料性附录）
封头典型结构的应力分析案例

E.1　适用范围

本附录适用于板翅式热交换器封头的典型结构，依据 JB 4732—1995《钢制压力容器——分析设计标准》的计算结果。

E.2　封头开孔处应力分析(一)

E.2.1　封头主要几何参数及材料属性

E.2.1.1　几何参数见表 E.1，封头模型简图见图 E.1。

表 E.1　几何参数

部件	参数					
	外直径 ϕ/mm	名义厚度/mm	负偏差/mm	有效厚度/mm	材料	备注
封体	300	8	0.4	7.6	5083-H112（板材）	$R_1=142$ $t_1=8$ $t_2=10$ $L_1=1\ 000$ $L_2=300$ $L_3=300$ $L_4=600$ $D=168$ $H=160$
接管	168	10	1.5	8.5	5083-H112（管材）	

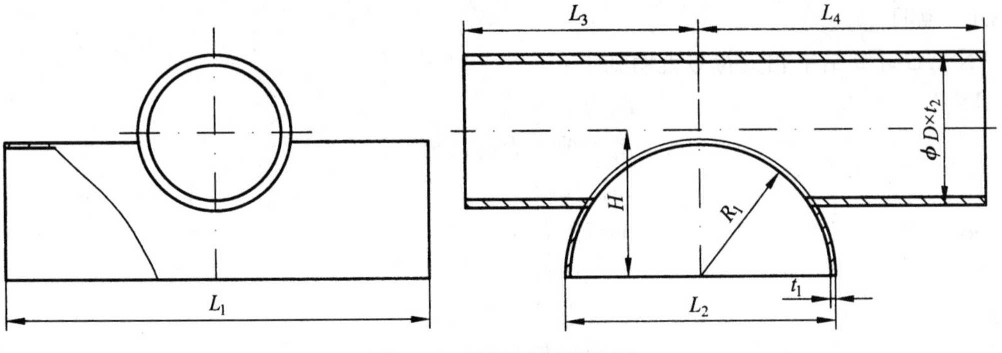

图 E.1　封头模型简图

E.2.1.2　材料属性

封头材料性能见表 E.2。

表 E.2 材料性能

材料	温度/℃	应力强度 S_m/MPa	屈服应力 σ_s/MPa	弹性模量 E/MPa	泊松比
5083-H112（板材）	−196	83	125	7.1×10^4	0.33
5083-H112（管材）	−196	73	110	7.1×10^4	0.33

E.2.2 应力分析

E.2.2.1 数学模型

因封头为对称结构，故取1/2建模。模型采用三维等参实体单元 SOLID 185 进行网格划分，此网格具有8个节点，每个节点具有3个方向自由度(X,Y,Z)。

E.2.2.2 载荷

E.2.2.2.1 设计压力下载荷

a) 设计压力：0.7 MPa；

b) 接管两端等效轴向力：−2.95 MPa；

c) 封体等效轴向力：−6.39 MPa。

E.2.2.2.2 液压试验下载荷

a) 液压试验压力：1.2 MPa；

b) 接管两端等效轴向力：−5.06 MPa；

c) 封体等效轴向力：−10.96 MPa。

E.2.2.2.3 边界条件

封头底面全约束($U_X=U_Y=U_Z=0$)。

E.2.3 应力分析结果

E.2.3.1 说明

ANSYS 计算结果相关符号说明如下：

SINT	=	应力强度	(MPa)
	=	最大剪应力的两倍	
	=	($\sigma_1-\sigma_3$)	
S_{MX}	=	节点的最大应力	(MPa)
S_{MN}	=	节点的最小应力	(MPa)
P_m	=	一次总体薄膜应力	(MPa)
P_L	=	一次局部薄膜应力	(MPa)
P_b	=	一次弯曲应力	(MPa)

E.2.3.2 开孔处局部应力分析结果

E.2.3.2.1 设计压力下开孔处局部应力分析

封头开孔处设计压力条件下，分析结果见表 E.3，取值依据附件1“封头应力分析路径及结果”。

表 E.3 设计压力条件下应力分析结果及强度校核

计算结果	计算项目				
	P_m/MPa	P_L/MPa		P_L+P_b/MPa	
	路径 1-1	路径 2-2	路径 3-3	路径 2-2	路径 3-3
许用值	$K^{1)}\times S_m^t$	$K^{1)}\times 1.5S_m^t$		—	
	73	109.5	109.5	—	—
计算值	13.71	19.00	20.13	19.00[2]	20.13[2]
结果	合格	合格	合格	—	—

[1] 由 JB 4732—1995《钢制压力容器——分析设计标准》表 3-3,$K=1$。

[2] 由 JB 4732—1995《钢制压力容器——分析设计标准》表 4-1,此处弯曲应力属于二次应力。

E.2.3.2.2 液压试验下开孔处局部应力分析

封头开孔处液压试验条件下,分析结果见表 E.4,取值依据附件 1"封头应力分析路径及结果"。

表 E.4 液压试验条件下应力分析结果及强度校核

计算结果	计算项目				
	P_m/MPa	P_m 区间/MPa		P_L+P_b/MPa	
	路径 1-1	路径 1-1		路径 2-2	路径 3-3
许用值	$0.9\sigma_s$	$(0,0.67\sigma_s]$	$(0.67\sigma_s,0.9\sigma_s]$	$1.35\sigma_s$	
	99	(0,73.7]	(73.7,99]	148.5	
计算值	23.51	23.51	—	32.58	34.51
结果	合格	符合	—	合格	

E.2.4 结论

在设计压力和液压试验压力下,此封头开孔处是安全的。

附件1 封头应力分析路径及结果

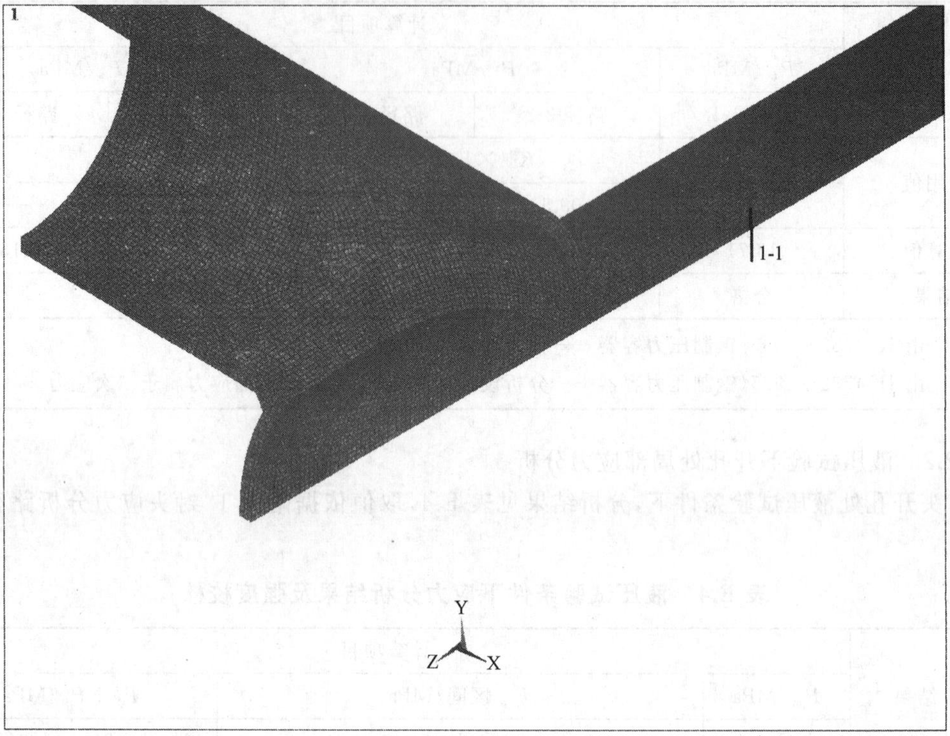

路径1-1示意图

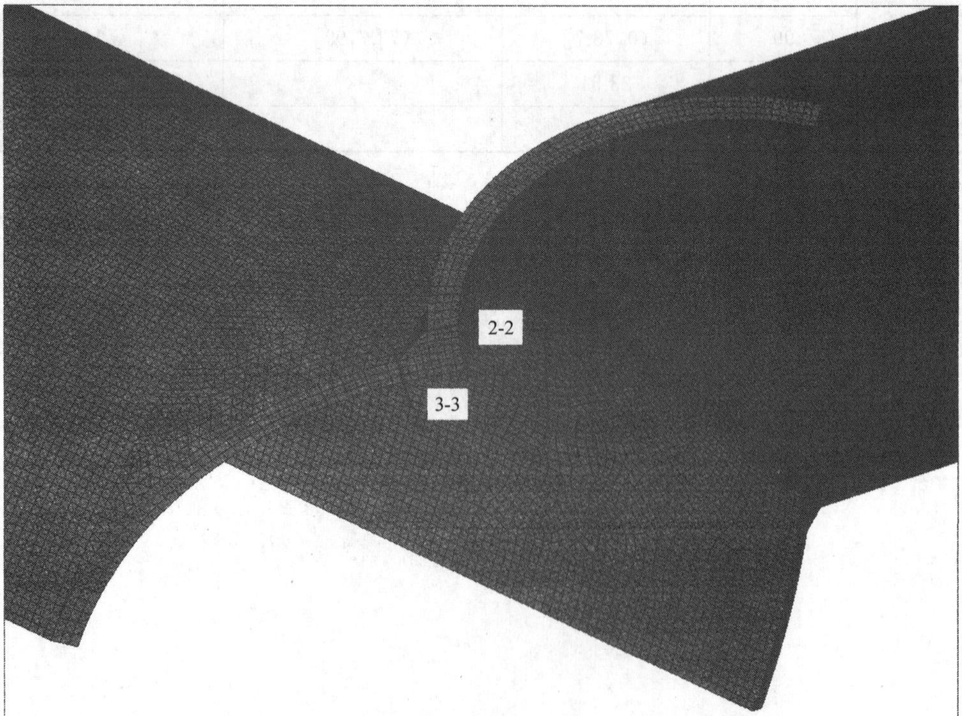

路径2-2、3-3示意图

设计压力条件下路径 1-1 分析：

PRINT LINEARIZED STRESS THROUGH A SECTION DEFINED BY PATH=1-1 DSYS= 0

***** POST1 LINEARIZED STRESS LISTING *****

INSIDE NODE= 27 038 OUTSIDE NODE= 19 821

LOAD STEP 1 SUBSTEP= 1

TIME= 1.000 0 LOAD CASE= 0

THE FOLLOWING X,Y,Z STRESSES ARE IN THE GLOBAL COORDINATE SYSTEM.

** MEMBRANE **

SX	SY	SZ	SXY	SYZ	SXZ
13.30	−0.327 5	1.490	0.702 2	−0.497 7E	−02−0.316 1
S1	S2	S3	SINT	SEQV	
13.35	1.482	−0.363 7	13.71	12.89	

** BENDING ** I=INSIDE C=CENTER O=OUTSIDE

	SX	SY	SZ	SXY	SYZ	SXZ
I	2.281	−0.278 1	1.977	0.137 6	0.245 0E-02	−0.458 9E-03
C	0.000	0.000	0.000	0.000	0.000	0.000
O	−2.281	0.278 1	−1.977	−0.137 6	−0.245 0E-02	0.458 9E-03
	S1	S2	S3	SINT	SEQV	
I	2.288	1.977	−0.285 5	2.574	2.433	
C	0.000	0.000	0.000	0.000	0.000	
O	0.285 5	−1.977	−2.288	2.574	2.433	

** MEMBRANE PLUS BENDING ** I=INSIDE C=CENTER O=OUTSIDE

	SX	SY	SZ	SXY	SYZ	SXZ
I	15.58	−0.605 6	3.467	0.839 9	−0.252 6E-02	−0.316 5
C	13.30	−0.327 5	1.490	0.702 2	−0.497 7E-02	0.316 1
O	11.02	−0.493 9E-01	−0.487 1	0.564 6	−0.742 7E-02	−0.315 6
	S1	S2	S3	SINT	SEQV	
I	15.64	3.459	−0.649 1	16.29	14.67	
C	13.35	1.482	−0.363 7	13.71	12.89	
O	11.06	−0.779 2E-01	−0.495 9	11.56	11.35	

** PEAK ** I=INSIDE C=CENTER O=OUTSIDE

	SX	SY	SZ	SXY	SYZ	SXZ
I	−0.841 4E-01	0.994 3E-01	−0.111 1	−0.150 5E-01	0.719 1E-01	−0.206 2E-01
C	0.113 9E-01	0.722 5E-01	0.349 5E-01	0.573 1E-02	−0.787 3E-01	0.179 8E-01
O	0.126 8	−0.423 0E-01	0.743 7E-01	0.244 4E-01	0.680 1E-01	−0.150 1E-01
	S1	S2	S3	SINT	SEQV	
I	0.123 7	−0.816 9E-01	−0.137 8	0.261 5	0.238 4	
C	0.134 9	0.179 1E-01	−0.341 8E-01	0.169 1	0.150 0	
O	0.131 2	0.105 2	−0.775 4E-01	0.208 8	0.197 0	

** TOTAL ** I=INSIDE C=CENTER O=OUTSIDE

	SX	SY	SZ	SXY	SYZ	SXZ
I	15.50	−0.506 2	3.356	0.824 8	0.693 9E-01	−0.337 2

C	13.32	−0.255 3	1.525	0.707 9	−0.837 1E-01	−0.298 1
O	11.15	−0.916 8E-01	−0.412 7	0.589 0	0.605 9E-01	−0.330 6
	S1	S2	S3	SINT	SEQV	TEMP
I	15.55	3.348	−0.550 5	16.10	14.55	0.000
C	13.36	1.520	−0.294 6	13.65	12.84	
O	11.19	−0.1035	−0.440 9	11.63	11.47	0.000

设计压力条件下路径 2-2 分析：

PRINT LINEARIZED STRESS THROUGH A SECTION DEFINED BY PATH=2-2 DSYS= 0

***** POST1 LINEARIZED STRESS LISTING *****

INSIDE NODE= 23 533 OUTSIDE NODE= 19 572

LOAD STEP 1 SUBSTEP= 1

TIME= 1.000 0 LOAD CASE= 0

THE FOLLOWING X,Y,Z STRESSES ARE IN THE GLOBAL COORDINATE SYSTEM.

** MEMBRANE **

SX	SY	SZ	SXY	SYZ	SXZ
6.889	11.06	5.133	5.843	−6.279	−5.008
S1	S2	S3	SINT	SEQV	
19.62	2.846	0.613 7	19.00	17.99	

** BENDING ** I=INSIDE C=CENTER O=OUTSIDE

	SX	SY	SZ	SXY	SYZ	SXZ
I	−2.707	−3.362	−0.242 6	3.030	−0.609 1	−0.718 1
C	0.000	0.000	0.000	0.000	0.000	0.000
O	2.707	3.362	0.242 6	−3.030	0.609 1	0.718 1
	S1	S2	S3	SINT	SEQV	
I	0.835 0	−1.065	−6.082	6.917	6.190	
C	0.000	0.000	0.000	0.000	0.000	
O	6.082	1.065	−0.835 0	6.917	6.190	

** MEMBRANE PLUS BENDING ** I=INSIDE C=CENTER O=OUTSIDE

	SX	SY	SZ	SXY	SYZ	SXZ
I	4.182	7.693	4.890	8.873	−6.888	−5.727
C	6.889	11.06	5.133	5.843	−6.279	−5.008
O	9.596	14.42	5.376	2.813	− 5.670	−4.290
	S1	S2	S3	SINT	SEQV	
I	20.22	−0.343 9	−3.109	23.33	22.07	
C	19.62	2.846	0.613 7	19.00	17.99	
O	19.24	8.538	1.608	17.64	15.39	

** PEAK ** I=INSIDE C=CENTER O=OUTSIDE

	SX	SY	SZ	SXY	SYZ	SXZ
I	0.365 9	0.773 1	0.152 6	−0.312 9	0.122 0E-01	−0.328 8
C	−0.220 4	−0.515 6	0.861 9E-01	0.319 1	0.267 4E-01	0.250 7
O	0.123 8	1.039	−0.673 1	−0.912 6	0.208 8	−0.475 6

	S1	S2	S3	SINT	SEQV	
I	0.981 4	0.434 3	−0.124 0	1.105	0.957 4	
C	0.274 1	−0.187 5	−0.736 4	1.011	0.876 2	
O	1.681	−0.267 0	−0.924 8	2.606	2.347	

** TOTAL ** I=INSIDE C=CENTER O=OUTSIDE

	SX	SY	SZ	SXY	SYZ	SXZ
I	4.548	8.466	5.043	8.560	−6.876	−6.055
C	6.668	10.54	5.219	6.162	−6.252	−4.758
O	9.720	15.46	4.703	1.901	−5.461	−4.766
	S1	S2	S3	SINT	SEQV	TEMP
I	20.66	−0.247 4	−2.351	23.01	22.03	0.000
C	19.41	2.155	0.860 1	18.55	17.94	
O	19.23	9.875	0.776 6	18.45	15.98	0.000

设计压力条件下路径 3-3 分析：

PRINT LINEARIZED STRESS THROUGH A SECTION DEFINED BY PATH=3-3 DSYS= 0

***** POST1 LINEARIZED STRESS LISTING *****

INSIDE NODE= 20 000 OUTSIDE NODE= 22 014

LOAD STEP 1 SUBSTEP= 1

TIME= 1.000 0 LOAD CASE= 0

THE FOLLOWING X,Y,Z STRESSES ARE IN THE GLOBAL COORDINATE SYSTEM.

** MEMBRANE **

SX	SY	SZ	SXY	SYZ	SXZ
7.978	12.57	4.941	8.546	−4.370	−4.161
S1	S2	S3	SINT	SEQV	
21.32	2.978	1.188	20.13	19.30	

** BENDING ** I=INSIDE C=CENTER O=OUTSIDE

	SX	SY	SZ	SXY	SYZ	SXZ
I	0.872 7	6.871	6.214	0.923 2	4.036	1.058
C	0.000	0.000	0.000	0.000	0.000	0.000
O	−0.872 7	−6.871	−6.214	−0.923 2	−4.036	−1.058
	S1	S2	S3	SINT	SEQV	
I	10.79	2.505	0.663 9	10.12	9.341	
C	0.000	0.000	0.000	0.000	0.000	
O	−0.663 9	−2.505	−10.79	10.12	9.341	

** MEMBRANE PLUS BENDING ** I=INSIDE C=CENTER O=OUTSIDE

	SX	SY	SZ	SXY	SYZ	SXZ
I	8.851	19.44	11.16	9.469	−0.333 6	−3.104
C	7.978	12.57	4.941	8.546	−4.370	−4.161
O	7.105	5.698	−1.273	7.622	−8.406	−5.219
	S1	S2	S3	SINT	SEQV	
I	25.24	11.65	2.552	22.69	19.78	
C	21.32	2.978	1.188	20.13	19.30	

O	18.68	−0.263 6	−6.888	25.57	22.99	

** PEAK ** I=INSIDE C=CENTER O=OUTSIDE

	SX	SY	SZ	SXY	SYZ	SXZ
I	−1.140	2.168	0.244 1	−0.536 0	1.383	−0.973 0
C	0.421 7	−1.417	−0.455 5	0.703 0E-01	−0.739 1	0.523 2
O	−0.594 6E-01	2.090	0.956 1	−0.316 5E-02	0.754 7	−0.456 5
	S1	S2	S3	SINT	SEQV	
I	3.098	−0.175 3	−1.651	4.749	4.210	
C	0.700 8	−0.289 3	−1.862	2.563	2.239	
O	2.484	0.772 3	−0.270 1	2.754	2.409	

** TOTAL ** I=INSIDE C=CENTER O=OUTSIDE

	SX	SY	SZ	SXY	SYZ	SXZ
I	7.711	21.61	11.40	8.933	1.049	−4.077
C	8.400	11.15	4.486	8.616	−5.109	−3.638
O	7.046	7.788	−0.3167	7.619	−7.651	−5.675
	S1	S2	S3	SINT	SEQV	TEMP
I	26.03	13.09	1.602	24.43	21.17	0.000
C	20.88	2.312	0.841 7	20.04	19.35	
O	19.56	0.627 3E-02	−5.047	24.61	22.51	0.000

液压试验条件下路径 1-1 分析：

PRINT LINEARIZED STRESS THROUGH A SECTION DEFINED BY PATH=1-1 DSYS= 0

***** POST1 LINEARIZED STRESS LISTING *****

INSIDE NODE= 27 038 OUTSIDE NODE= 19 821

LOAD STEP 1 SUBSTEP= 1

TIME= 1.000 0 LOAD CASE= 0

THE FOLLOWING X,Y,Z STRESSES ARE IN THE GLOBAL COORDINATE SYSTEM.

** MEMBRANE **

SX	SY	SZ	SXY	SYZ	SXZ
22.81	−0.561 5	2.555	1.204	−0.855 9E-02	−0.541 7
S1	S2	S3	SINT	SEQV	
22.88	2.541	−0.623 4	23.51	22.09	

** BENDING ** I=INSIDE C=CENTER O=OUTSIDE

	SX	SY	SZ	SXY	SYZ	SXZ
I	3.912	−0.476 7	3.391	0.236 1	0.419 9E-02	−0.831 6E-03
C	0.000	0.000	0.000	0.000	0.000	0.000
O	−3.912	0.476 7	−3.391	−0.236 1	−0.419 9E-02	0.831 6E-03
	SI	S2	S3	SINT	SEQV	
I	3.925	3.391	−0.489 4	4.414	4.173	
C	0.000	0.000	0.000	0.000	0.000	
O	0.489 4	−3.391	−3.925	4.414	4.173	

** MEMBRANE PLUS BENDING ** I=INSIDE C=CENTER O=OUTSIDE

SX	SY	SZ	SXY	SYZ	SXZ

I	26.72	−1.038	5.945	1.440	−0.436 1E-02	−0.542 5
C	22.81	−0.561 5	2.555	1.204	−0.855 9E-02	−0.541 7
O	18.89	−0.847 2E-01	−0.835 6	0.967 7	−0.127 6E-01	−0.540 9

	S1	S2	S3	SINT	SEQV
I	26.81	5.931	−1.113	27.92	25.15
C	22.38	2.541	−0.623 4	23.51	22.09
O	18.96	−0.133 6	−0.850 7	19.81	19.46

** PEAK ** I=INSIDE C=CENTER O=OUTSIDE

	SX	SY	SZ	SXY	SYZ	SXZ
1	−0.144 3	0.170 5	−0.190 6	−0.258 1E-01	0.123 4	−0.353 7E-01
C	0.195 4E-01	0.123 9	0.599 3E-01	0.983 4E-02	−0.135 0	0.308 4E-01
O	0.217 5	−0.725 2E-01	0.127 6	0.419 1E-01	0.116 7	−0.257 5E-01

	S1	S2	S3	SINT	SEQV
I	0.212 1	−0.140 1	−0.236 4	0.448 5	0.408 9
C	0.231 3	0.307 1E-01	−0.586 6E-01	0.290 0	0.257 2
O	0.225 1	0.180 4	−0.133 0	0.358 1	0.338 0

** TOTAL ** I=INSIDE C=CENTER O=OUTSIDE

	SX	SY	SZ	SXY	SYZ	SXZ
I	26.57	−0.867 7	5.755	1.414	0.119 0	−0.577 9
C	22.83	−0.437 6	2.615	1.214	−0.143 6	−0.510 9
O	19.11	−0.157 2	−0.708 0	1.010	0.103 9	−0.566 6

	S1	S2	S3	SINT	SEQV	TEMP
I	26.66	5.743	−0.943 7	27.61	24.94	0.000
C	22.90	2.606	−0.505 1	23.41	22.02	
O	19.18	−0.177 5	−0.756 3	19.94	19.65	0.000

液压试验条件下路径 2-2 分析：

PRINT LINEARIZED STRESS THROUGH A SECTION DEFINED BY PATH=2-2 DSYS= 0

***** POST1 LINEARIZED STRESS LISTING *****

INSIDE NODE= 23 533 OUTSIDE NODE= 19 572

LOAD STEP 1 SUBSTEP= 1

TIME= 1.000 0 LOAD CASE= 0

THE FOLLOWING X,Y,Z STRESSES ARE IN THE GLOBAL COORDINATE SYSTEM.

** MEMBRANE **

SX	SY	SZ	SXY	SYZ	SXZ
11.81	18.95	8.800	10.02	−10.76	−8.587

S1	S2	S3	SINT	SEQV
33.63	4.879	1.052	32.58	30.85

** BENDING ** I=INSIDE C=CENTER O=OUTSIDE

	SX	SY	SZ	SXY	SYZ	SXZ
I	−4.642	−5.763	−0.416 2	5.195	−1.044	−1.231
C	0.000	0.000	0.000	0.000	0.000	0.000

O	4.642	5.763	0.4162	−5.195	1.044	1.231
	S1	S2	S3	SINT	SEQV	
I	1.431	−1.825	−10.43	11.86	10.61	
C	0.000	0.000	0.000	0.000	0.000	
O	10.43	1.825	−1.431	11.86	10.61	

** MEMBRANE PLUS BENDING ** I=INSIDE C=CENTER O=OUTSIDE

	SX	SY	SZ	SXY	SYZ	SXZ
I	7.171	13.19	8.384	15.21	−11.81	−9.818
C	11.81	18.95	8.800	10.02	−10.76	−8.587
O	16.45	24.71	9.216	4.824	−9.720	−7.357
	S1	S2	S3	SINT	SEQV	
I	34.66	−0.5893	−5.329	39.99	37.84	
C	33.63	4.879	1.052	32.58	30.85	
O	32.99	14.64	2.757	30.23	26.38	

** PEAK ** I=INSIDE C=CENTER O=OUTSIDE

	SX	SY	SZ	SXY	SYZ	SXZ
I	0.6275	1.325	0.261 8	−0.536 5	0.209 0E-01	−0.563 8
C	−0.378 1	−0.883 8	0.147 7	0.547 2	0.458 2E-01	0.429 9
O	0.212 3	1.780	−1.154	−1.565	0.358 0	−0.815 7
	S1	S2	S3	SINT	SEQV	
I	1.683	0.744 7	−0.212 7	1.895	1.641	
C	0.470 0	0.321 6	−1.263	1.733	1.502	
O	2.882	−0.457 6	−1.586	4.468	4.024	

** TOTAL ** I=INSIDE C=CENTER O=OUTSIDE

	SX	SY	SZ	SXY	SYZ	SXZ
I	7.798	14.51	8.646	14.68	−11.79	−10.38
C	11.43	18.07	8.948	10.57	−10.72	−8.157
O	16.67	26.49	8.062	3.259	−9.362	−8.172
	S1	S2	S3	SINT	SEQV	TEMP
I	35.41	−0.424 1	−4.031	39.44	37.77	0.000
C	33.28	3.696	1.475	31.80	30.75	
O	32.96	16.93	1.331	31.63	27.39	0.000

液压试验条件下路径 3-3 分析：

PRINT LINEARIZED STRESS THROUGH A SECTION DEFINED BY PATH=3-3 DSYS= 0

***** POST1 LINEARIZED STRESS LISTING *****

INSIDE NODE= 20 000 OUTSIDE NODE= 22 014

LOAD STEP 1 SUBSTEP= 1

TIME= 1.000 0 LOAD CASE= 0

THE FOLLOWING X,Y,Z STRESSES ARE IN THE GLOBAL COORDINATE SYSTEM.

** MEMBRANE **

SX	SY	SZ	SXY	SYZ	SXZ
13.68	21.55	8.470	14.65	−7.491	−7.133

	S1	S2	S3	SINT	SEQV	
	36.55	5.104	2.037	34.51	33.09	

** BENDING **   I=INSIDE C=CENTER O=OUTSIDE

	SX	SY	SZ	SXY	SYZ	SXZ
I	1.496	11.78	10.65	1.583	6.919	1.813
C	0.000	0.000	0.000	0.000	0.000	0.000
O	−1.496	−11.78	−10.65	−1.583	−6.919	−1.813
	S1	S2	S3	SINT	SEQV	
I	18.49	4.295	1.139	17.36	16.01	
C	0.000	0.000	0.000	0.000	0.000	
O	−1.139	−4.295	−18.49	17.36	16.01	

** MEMBRANE PLUS BENDING **   I=INSIDE C=CENTER O=OUTSIDE

	SX	SY	SZ	SXY	SYZ	SXZ
I	15.17	33.32	19.12	16.23	−0.572 2	−5.321
C	13.68	21.55	8.470	14.65	−7.491	−7.133
O	12.18	9.768	−2.183	13.07	−14.41	−8.946
	S1	S2	S3	SINT	SEQV	
I	43.28	19.97	4.375	38.90	33.91	
C	36.55	5.104	2.037	34.51	33.09	
O	32.03	−0.452 0	−11.81	43.83	39.40	

** PEAK **   I=INSIDE C=CENTER O=OUTSIDE

	SX	SY	SZ	SXY	SYZ	SXZ
I	−1.955	3.717	0.418 4	−0.918 9	2.370	−1.668
C	0.723 0	−2.429	−0.780 8	0.120 5	−1.267	0.896 9
O	−0.102 0	3.583	1.639	−0.542 6E-02	1.294	−0.782 5
	S1	S2	S3	SINT	SEQV	
I	5.311	−0.300 5	−2.830	8.140	7.216	
C	1.201	−0.495 9	−3.192	4.394	3.838	
O	4.259	1.324	−0.463 1	4.722	4.129	

** TOTAL **   I=INSIDE C=CENTER O=OUTSIDE

	SX	SY	SZ	SXY	SYZ	SXZ
I	13.22	37.04	19.54	15.31	1.798	−6.989
C	14.40	19.12	7.689	14.77	−8.758	−6.236
O	12.08	13.35	−0.544 3	13.06	−13.12	−9.728
	S1	S2	S3	SINT	SEQV	TEMP
I	44.62	22.44	2.746	41.87	36.29	0.000
C	35.80	3.963	1.443	34.36	33.17	
O	33.53	0.107 7E-01	−8.653	42.18	38.58	0.000

E.3 封头开孔处应力分析(二)

E.3.1 封头主要几何参数及材料属性

E.3.1.1 几何参数见表 E.5,封头模型简图见图 E.2。

表 E.5 几何参数

部件	参数					
	外直径 ϕ/mm	名义厚度/mm	负偏差/mm	有效厚度/mm	材料	备注
封体	140	5	0.25	4.75	5083-O（板材）	$R_1=65$ $t_1=5$ $t_2=3$ $L_1=500$ $L_2=140$ $L_3=20$ $L_4=140$ $D=70$ $\alpha=60$
接管	70	3	0.23	2.77	5052-O（管材）	

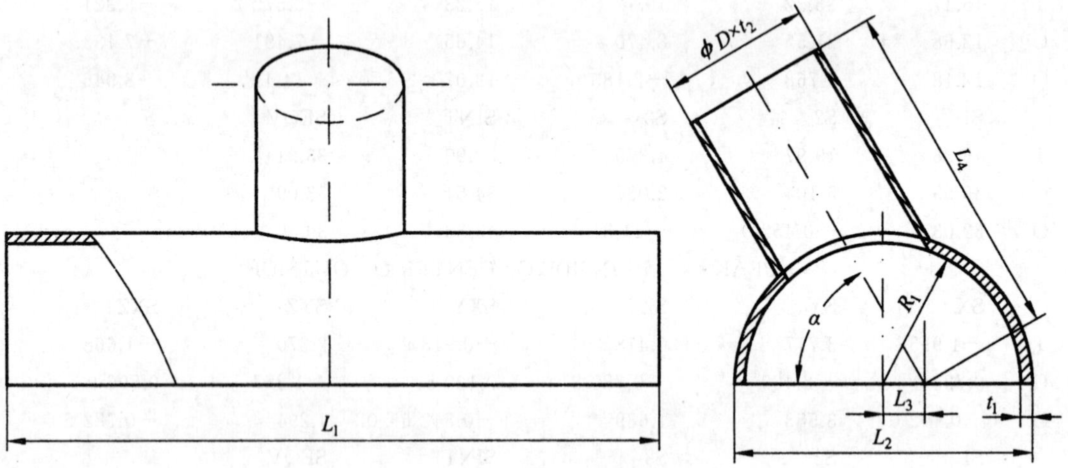

图 E.2 封头模型简图

E.3.1.2 材料属性

主要材料属性见表 E.6。

表 E.6 材料性能

材料	温度/℃	应力强度 S_m/MPa	屈服应力 σ_s/MPa	弹性模量 E/MPa	泊松比
5083-O（板材）	−196	83	125	7.1×10^4	0.33
5052-O（管材）	−196	46	70	7.1×10^4	0.33

E.3.2 应力分析

E.3.2.1 数学模型

因封头为对称结构，故取 1/2 建模。模型采用三维等参实体单元 SOLID 185 进行网格划分，此网格具有 8 个节点，每个节点具有三个方向自由度(X,Y,Z)。

E.3.2.2 载荷

E.3.2.2.1 设计压力下载荷

a) 设计压力:0.6 MPa;

b) 接管两端等效轴向力:−3.35 MPa;

c) 封体等效轴向力:−3.98 MPa。

E.3.2.2.2 液压试验下载荷

a) 液压试验压力:1.2 MPa;

b) 接管两端等效轴向力:−6.7 MPa;

c) 封体等效轴向力:−7.96 MPa。

E.3.2.3 边界条件

封头底面全约束($U_X=U_Y=U_Z=0$)。

E.3.3 应力分析结果

E.3.3.1 说明

ANSYS 计算结果相关符号说明如下:

SINT	=	应力强度	(MPa)
	=	最大剪应力的两倍	
	=	$(\sigma_1-\sigma_3)$	
S_{MX}	=	节点的最大应力	(MPa)
S_{MN}	=	节点的最小应力	(MPa)
P_m	=	一次总体薄膜应力	(MPa)
P_L	=	一次局部薄膜应力	(MPa)
P_b	=	一次弯曲应力	(MPa)

E.3.3.2 开孔处应力分析结果

E.3.3.2.1 设计压力下开孔处局部应力分析

封头开孔处设计压力条件下,分析结果见表 E.7,取值依据附件 2"封头应力分析路径及结果"。

表 E.7 设计压力条件下应力分析结果及强度校核

计算结果	计算项目				
	P_m/MPa	P_L/MPa		P_L+P_b/MPa	
	路径 1-1	路径 2-2	路径 3-3	路径 2-2	路径 3-3
许用值	K[1]$\times S_m^t$	K[1]$\times 1.5S_m^t$		—	
	46	69	69	—	—
计算值	8.45	15.45	18.99	15.45[2]	18.99[2]
结果	合格	合格	合格	—	—

[1] 由 JB 4732—1995《钢制压力容器——分析设计标准》表 3-3,$K=1$。

[2] 由 JB 4732—1995《钢制压力容器——分析设计标准》表 4-1,此处弯曲应力属于二次应力。

E.3.3.2.2 液压试验下开孔处局部应力分析

封头开孔处液压试验条件下,分析结果见表 E.8,取值依据附件 2"封头应力分析路径及结果"。

表 E.8 液压试验条件下应力分析结果及强度校核

计算结果	计算项目				
	P_m/MPa	P_m区间/MPa		P_L+P_b/MPa	
	路径 1-1	路径 1-1		路径 2-2	路径 3-3
许用值	$0.9\sigma_s$	$(0,0.67\sigma_s]$	$(0.67\sigma_s,0.9\sigma_s]$	$1.35\sigma_s$	
	63	(0,46.9]	(46.9,63]	94.5	
计算值	16.9	16.9	—	30.9	37.97
结果	合格	符合	—	合格	

E.3.4 结论

在设计压力和液压试验压力下,此封头开孔处是安全的。

附件 2 封头应力分析路径及结果

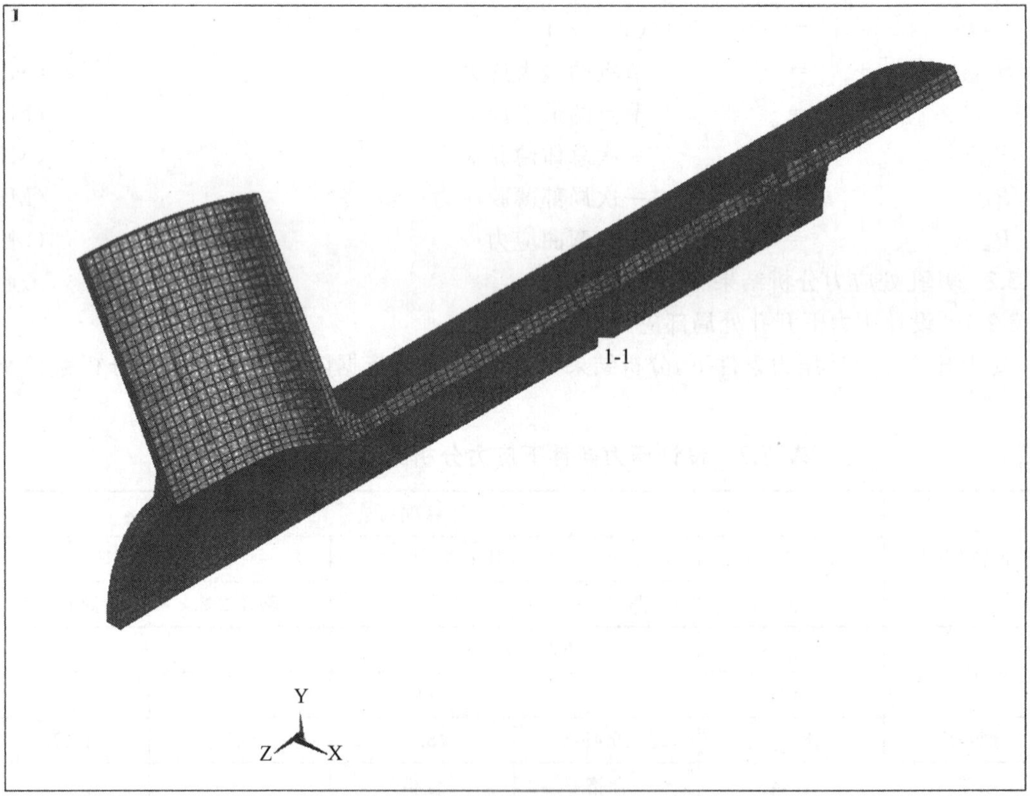

路径 1-1 示意图

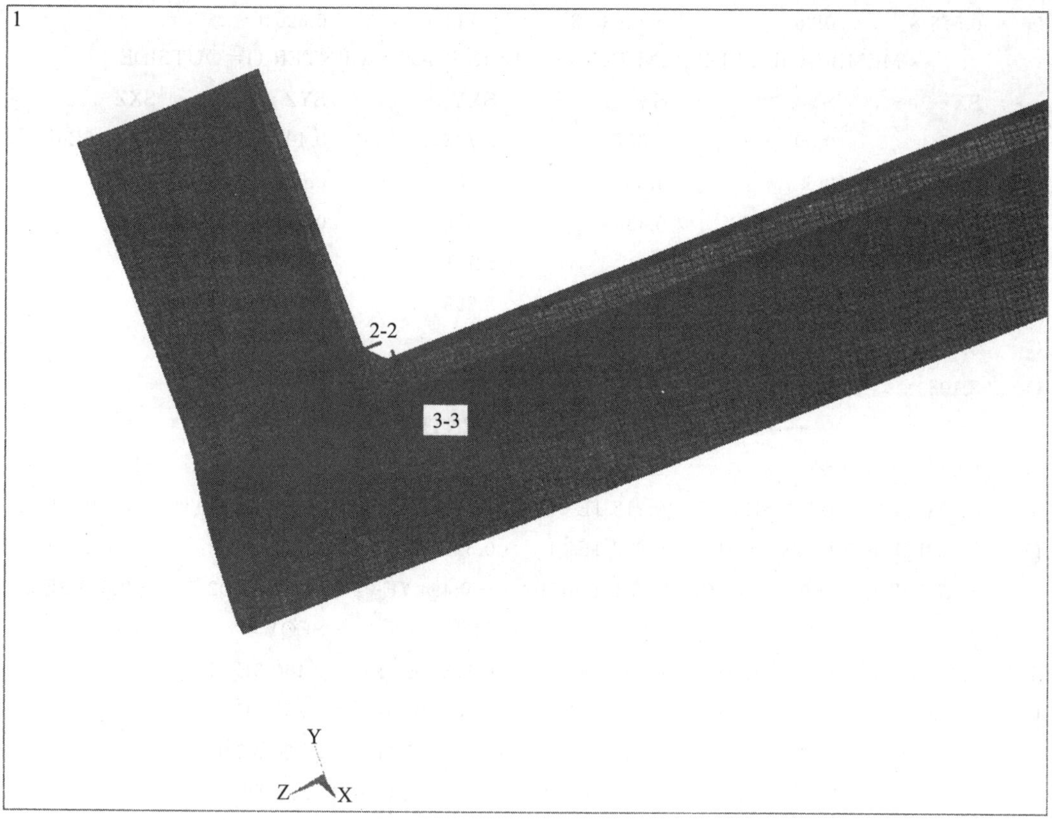

路径 2-2、3-3 示意图

设计压力条件下路径 1-1 分析：

PRINT LINEARIZED STRESS THROUGH A SECTION DEFINED BY PATH=1-1 DSYS= 0

***** POST1 LINEARIZED STRESS LISTING *****

INSIDE NODE= 60 515 OUTSIDE NODE= 29 422

LOAD STEP 1 SUBSTEP= 1

TIME= 1.000 0 LOAD CASE= 0

THE FOLLOWING X,Y,Z STRESSES ARE IN THE GLOBAL COORDINATE SYSTEM.

** MEMBRANE **

SX	SY	SZ	SXY	SYZ	SXZ
7.218	0.627 4	4.891	2.631	0.613 5E-01	0.222 3
S1	S2	S3	SINT	SEQV	
8.156	4.875	−0.294 3	8.450	7.379	

** BENDING ** I=INSIDE C=CENTER O=OUTSIDE

	SX	SY	SZ	SXY	SYZ	SXZ
I	0.563 7E-01	−0.232 1	−0.534 8	0.106 4	−0.572 6E-01	−0.161 8
C	0.000	0.000	0.000	0.000	0.000	0.000
O	−0.563 7E-01	0.232 1	0.534 8	−0.106 4	0.572 6E-01	0.161 8
	S1	S2	S3	SINT	SEQV	
I	0.135 3	−0.267 1	−0.578 8	0.714 1	0.620 1	
C	0.000	0.000	0.000	0.000	0.000	

O	0.578 8	0.267 1	−0.135 3	0.714 1	0.620 1	

** MEMBRANE PLUS BENDING ** I=INSIDE C=CENTER O=OUTSIDE

	SX	SY	SZ	SXY	SYZ	SXZ
I	7.274	0.395 3	4.357	2.738	0.409 5E-02	0.604 6E-01
C	7.218	0.627 4	4.891	2.631	0.613 5E-01	0.222 3
O	7.161	0.859 5	5.426	2.525	0.118 6	0.384 1
	S1	S2	S3	SINT	SEQV	
I	8.232	4.356	−0.561 3	8.793	7.633	
C	8.156	4.875	−0.294 3	8.450	7.379	
O	8.108	5.366	−0.273 7E-01	8.136	7.169	

** PEAK ** I=INSIDE C=CENTER O=OUTSIDE

	SX	SY	SZ	SXY	SYZ	SXZ
I	0.308 0E-01	0.319 6E-01	0.212 1E-01	−0.397 4E-02	−0.477 7E-02	−0.349 2E-02
C	−0.931 5E-02	0.178 8E-01	0.252 1E-01	0.622 9E-02	0.164 4E-02	0.658 2E-02
O	−0.716 3E-02	−0.522 6E-01	−0.179 6E-01	−0.494 7E-02	0.302 8E-02	−0.865 6E-03
	S1	S2	S3	SINT	SEQV	
I	0.355 7E-01	0.307 2E-01	0.176 7E-01	0.178 9E-01	0.160 3E-01	
C	0.273 0E-01	0.181 6E-01	−0.116 8E-01	0.389 9E-01	0.353 1E-01	
O	−0.650 2E-02	−0.178 4E-01	−0.530 4E-01	0.465 4E-01	0.420 3E-01	

** TOTAL ** I=INSIDE C=CENTER O=OUTSIDE

	SX	SY	SZ	SXY	SYZ	SXZ
I	7.305	0.427 2	4.378	2.734	−0.681 9E-03	0.569 7E-01
C	7.209	0.645 3	4.917	2.638	0.630 0E-01	0.228 9
O	7.154	0.807 2	5.408	2.520	0.121 6	0.383 2
	S1	S2	S3	SINT	SEQV	TEMP
I	8.260	4.377	−0.527 0	8.787	7.627	0.000
C	8.154	4.899	−0.283 3	8.438	7.371	
O	8.093	5.348	−0.716 1E-01	8.165	7.196	0.000

设计压力条件下路径 2-2 分析：

PRINT LINEARIZED STRESS THROUGH A SECTION DEFINED BY PATH=2-2 DSYS= 0

***** POST1 LINEARIZED STRESS LISTING *****

INSIDE NODE= 97 223 OUTSIDE NODE= 97 668

LOAD STEP 1 SUBSTEP= 1

TIME= 1.000 0 LOAD CASE= 0

THE FOLLOWING X,Y,Z STRESSES ARE IN THE GLOBAL COORDINATE SYSTEM.

** MEMBRANE **

SX	SY	SZ	SXY	SYZ	SXZ
14.43	6.321	0.267 2E-01	2.957	0.677 2	0.166 4
S1	S2	S3	SINT	SEQV	

	15.40	5.422	−0.469 8E-01	15.45	13.57	

** BENDING ** I=INSIDE C=CENTER O=OUTSIDE

	SX	SY	SZ	SXY	SYZ	SXZ
I	3.273	3.081	−0.649 0	−0.323 9	−0.347 7	−0.379 3E-01
C	0.000	0.000	0.000	0.000	0.000	0.000
O	−3.273	−3.081	0.649 0	0.323 9	0.347 7	0.379 3E-01
	S1	S2	S3	SINT	SEQV	
I	3.523	2.865	−0.682 2	4.205	3.918	
C	0.000	0.000	0.000	0.000	0.000	
O	0.682 2	−2.865	−3.523	4.205	3.918	

** MEMBRANE PLUS BENDING ** I=INSIDE C=CENTER O=OUTSIDE

	SX	SY	SZ	SXY	SYZ	SXZ
I	17.70	9.402	−0.622 2	2.633	0.329 5	0.128 5
C	14.43	6.321	0.267 2E-01	2.957	0.677 2	0.166 4
O	11.16	3.239	0.675 7	3.281	1.025	0.204 3
	S1	S2	S3	SINT	SEQV	
I	18.47	8.646	−0.633 2	19.10	16.55	
C	15.40	5.422	−0.469 8E-01	15.45	13.57	
O	12.36	2.491	0.216 4	12.15	11.19	

** PEAK ** I=INSIDE C=CENTER O=OUTSIDE

	SX	SY	SZ	SXY	SYZ	SXZ
I	−0.292 6	−0.165 3	−0.148 7	−0.668 5E-02	0.692 6E-02	0.819 0E-01
C	−0.937 7E-02	−0.969 7E-01	0.506 3E-01	0.448 4E-02	0.371 1E-01	−0.636 9E-01
O	0.137 8	0.339 8	−0.624 3E-01	−0.472 4E-01	0.303 4E-01	0.102 3
	S1	S2	S3	SINT	SEQV	
I	−0.111 4	−0.165 1	−0.330 2	0.218 7	0.197 4	
C	0.954 7E-01	−0.408 1E-01	−0.110 4	0.205 8	0.181 4	
O	0.350 4	0.175 0	−0.110 2	0.460 7	0.402 7	

** TOTAL ** I=INSIDE C=CENTER O=OUTSIDE

	SX	SY	SZ	SXY	SYZ	SXZ
I	17.41	9.237	−0.771 0	2.626	0.336 5	0.210 4
C	14.42	6.224	0.773 5E-01	2.961	0.714 3	0.102 7
O	11.29	3.579	0.613 2	3.234	1.055	0.306 6
	S1	S2	S3	SINT	SEQV	TEMP
I	18.19	8.473	−0.783 1	18.97	16.43	0.000
C	15.38	5.345	−0.883 1E-02	15.39	13.54	
O	12.51	2.762	0.218 8	12.29	11.23	0.000

设计压力条件下路径 3-3 分析：

PRINT LINEARIZED STRESS THROUGH A SECTION DEFINED BY PATH=3-3 DSYS= 0

***** POST1 LINEARIZED STRESS LISTING *****

INSIDE NODE= 28 922 OUTSIDE NODE= 98 665

LOAD STEP 1 SUBSTEP= 1

TIME= 1.000 0 LOAD CASE= 0

THE FOLLOWING X,Y,Z STRESSES ARE IN THE GLOBAL COORDINATE SYSTEM.

** MEMBRANE **

SX	SY	SZ	SXY	SYZ	SXZ
18.25	1.240	5.832	4.059	0.906 7	0.524 4
S1	S2	S3	SINT	SEQV	
19.20	5.900	0.215 4	18.99	16.88	

** BENDING ** I=INSIDE C=CENTER O=OUTSIDE

	SX	SY	SZ	SXY	SYZ	SXZ
I	−4.283	0.833 4	−0.900 8	−0.971 6	0.682 5	−0.387 5
C	0.000	0.000	0.000	0.000	0.000	0.000
O	4.283	−0.833 4	0.900 8	0.971 6	−0.682 5	0.387 5
	S1	S2	S3	SINT	SEQV	
I	1.267	−1.137	−4.480	5.747	4.999	
C	0.000	0.000	0.000	0.000	0.000	
O	4.480	1.137	−1.267	5.747	4.999	

** MEMBRANE PLUS BENDING ** I=INSIDE C=CENTER O=OUTSIDE

	SX	SY	SZ	SXY	SYZ	SXZ
I	13.96	2.074	4.932	3.087	1.589	0.136 9
C	18.25	1.240	5.832	4.059	0.906 7	0.524 4
O	22.53	0.406 8	6.733	5.031	0.224 1	0.911 9
	S1	S2	S3	SINT	SEQV	
I	14.74	5.456	0.768 6	13.97	12.32	
C	19.20	5.900	0.215 4	18.99	16.88	
O	23.67	6.681	−0.683 5	24.35	21.63	

** PEAK ** I=INSIDE C=CENTER O=OUTSIDE

	SX	SY	SZ	SXY	SYZ	SXZ
I	0.368 4	0.652 1E-01	1.005	−0.111 5	0.510 5	−0.350 9E-01
C	−0.960 5E-01	−0.355 0E-01	−0.230 8	0.338 8E-01	−0.577 4E-01	−0.371 1E-01
O	−0.179 6	0.856 7E-01	0.567 8E-01	0.455 0E-01	0.152 9	0.637 4E-01
	S1	S2	S3	SINT	SEQV	
I	1.236	0.375 9	−0.173 1	1.409	1.230	
C	−0.289 5E-03	−0.110 6	−0.251 5	0.251 2	0.218 1	
O	0.238 8	−0.800 2E-01	−0.195 9	0.434 7	0.389 9	

** TOTAL ** I=INSIDE C=CENTER O=OUTSIDE

	SX	SY	SZ	SXY	SYZ	SXZ
I	14.33	2.139	5.937	2.976	2.100	0.101 8
C	18.15	1.205	5.602	4.093	0.848 9	0.487 3
O	22.35	0.492 5	6.790	5.076	0.377 0	0.975 6
	S1	S2	S3	SINT	SEQV	TEMP
I	15.06	6.680	0.670 9	14.38	12.51	0.000
C	19.12	5.664	0.172 3	18.95	16.88	
O	23.53	6.730	−0.632 3	24.17	21.45	0.000

液压试验条件下路径 1-1 分析：

PRINT LINEARIZED STRESS THROUGH A SECTION DEFINED BY PATH=1-1 DSYS= 0

***** POST1 LINEARIZED STRESS LISTING *****

INSIDE NODE= 60 515 OUTSIDE NODE= 29 422

LOAD STEP 1 SUBSTEP= 1

TIME= 1.000 0 LOAD CASE= 0

THE FOLLOWING X,Y,Z STRESSES ARE IN THE GLOBAL COORDINATE SYSTEM.

** MEMBRANE **

	SX	SY	SZ	SXY	SYZ	SXZ
	14.44	1.255	9.783	5.263	0.122 7	0.444 6
	S1	S2	S3	SINT	SEQV	
	16.31	9.750	−0.588 7	16.90	14.76	

** BENDING ** I=INSIDE C=CENTER O=OUTSIDE

	SX	SY	SZ	SXY	SYZ	SXZ
I	0.112 7	−0.464 2	−1.070	0.212 8	−0.114 5	−0.323 6
C	0.000	0.000	0.000	0.000	0.000	0.000
O	−0.112 7	0.464 2	1.070	−0.212 8	0.114 5	0.323 6
	S1	S2	S3	SINT	SEQV	
I	0.270 6	−0.534 1	−1.158	1.428	1.240	
C	0.000	0.000	0.000	0.000	0.000	
O	1.158	0.534 1	−0.270 6	1.428	1.240	

** MEMBRANE PLUS BENDING ** I=INSIDE C=CENTER O=OUTSIDE

	SX	SY	SZ	SXY	SYZ	SXZ
I	14.55	0.790 6	8.713	5.475	0.819 0E-02	0.120 9
C	14.44	1.255	9.783	5.263	0.122 7	0.444 6
O	14.32	1.719	10.85	5.050	0.237 2	0.768 2
	S1	S2	S3	SINT	SEQV	
I	16.46	8.711	−1.123	17.59	15.27	
C	16.31	9.750	−0.588 7	16.90	14.76	
O	16.22	10.73	−0.547 4E-01	16.27	14.34	

** PEAK ** I=INSIDE C=CENTER O=OUTSIDE

	SX	SY	SZ	SXY	SYZ	SXZ
I	0.615 9E-01	0.639 2E-01	0.424 1E-01	−0.794 7E-02	−0.955 4E-02	−0.698 3E-02
C	−0.186 3E-01	0.357 7E-01	0.504 1E-01	0.124 6E-01	0.328 8E-02	0.131 6E-01
O	−0.143 3E-01	−0.104 5	−0.359 2E-01	−0.989 3E-02	0.605 7E-02	−0.173 1E-02
	S1	S2	S3	SINT	SEQV	
I	0.711 3E-01	0.614 4E-01	0.353 5E-01	0.357 8E-01	0.320 6E-01	
C	0.546 0E-01	0.363 1E-01	−0.233 7E-01	0.779 7E-01	0.706 2E-01	
O	−0.130 0E-01	−0.356 8E-01	−0.106 1	0.930 8E-01	0.840 7E-01	

** TOTAL ** I=INSIDE C=CENTER O=OUTSIDE

	SX	SY	SZ	SXY	SYZ	SXZ
I	14.61	0.854 5	8.755	5.467	−0.136 4E-02	0.113 9
C	14.42	1.291	9.833	5.275	0.126 0	0.457 7

O	14.31	1.614	10.82	5.040	0.243 3	0.766 5
	S1	S2	S3	SINT	SEQV	TEMP
I	16.52	8.754	−1.054	17.57	15.25	0.000
C	16.31	9.799	−0.566 7	16.88	14.74	
O	16.19	10.70	−0.143 2	16.33	14.39	0.000

液压试验条件下路径 2-2 分析：

PRINT LINEARIZED STRESS THROUGH A SECTION DEFINED BY PATH=2-2 DSYS= 0

***** POST1 LINEARIZED STRESS LISTING *****

INSIDE NODE= 97 223 OUTSIDE NODE= 97 668

LOAD STEP 1 SUBSTEP= 1

TIME= 1.000 0 LOAD CASE= 0

THE FOLLOWING X,Y,Z STRESSES ARE IN THE GLOBAL COORDINATE SYSTEM.

** MEMBRANE **

SX	SY	SZ	SXY	SYZ	SXZ
28.86	12.64	0.534 4E-01	5.914	1.354	0.332 8
S1	S2	S3	SINT	SEQV	
30.80	10.84	−0.939 6E-01	30.90	27.14	

** BENDING ** I=INSIDE C=CENTER O=OUTSIDE

	SX	SY	SZ	SXY	SYZ	SXZ
I	6.547	6.163	−1.298	−0.647 9	−0.695 4	−0.758 6E-01
C	0.000	0.000	0.000	0.000	0.000	0.000
O	−6.547	−6.163	1.298	0.647 9	0.695 4	0.758 6E-01
	S1	S2	S3	SINT	SEQV	
I	7.046	5.730	−1.364	8.411	7.836	
C	0.000	0.000	0.000	0.000	0.000	
O	1.364	−5.730	−7.046	8.411	7.836	

** MEMBRANE PLUS BENDING ** I=INSIDE C=CENTER O=OUTSIDE

	SX	SY	SZ	SXY	SYZ	SXZ
I	35.41	18.80	−1.244	5.266	0.659 1	0.257 0
C	28.86	12.64	0.534 4E-01	5.914	1.354	0.332 8
O	22.31	6.479	1.351	6.562	2.050	0.408 7
	S1	S2	S3	SINT	SEQV	
I	36.94	17.29	−1.266	38.21	33.09	
C	30.80	10.84	−0.939 6E-01	30.90	27.14	
O	24.73	4.981	0.432 9	24.30	22.37	

** PEAK ** I=INSIDE C=CENTER O=OUTSIDE

	SX	SY	SZ	SXY	SYZ	SXZ
I	−0.585 2	−0.330 7	−0.297 5	−0.133 7E-01	0.138 5E-01	0.163 8
C	−0.187 5E-01	−0.193 9	0.101 3	0.896 9E-02	0.742 2E-01	−0.127 4
O	0.275 7	0.679 5	−0.124 9	−0.944 7E-01	0.606 7E-01	0.204 6
	S1	S2	S3	SINT	SEQV	
I	−0.222 9	−0.330 2	−0.660 3	0.437 5	0.394 9	

C	0.190 9	−0.816 3E-01	−0.220 7	0.411 7	0.362 7	
O	0.700 8	0.350 0	−0.220 5	0.921 3	0.805 4	

** TOTAL ** I=INSIDE C=CENTER O=OUTSIDE

	SX	SY	SZ	SXY	SYZ	SXZ
I	34.82	18.47	−1.542	5.253	0.672 9	0.420 8
C	28.84	12.45	0.154 7	5.923	1.429	0.205 4
O	22.59	7.158	1.226	6.467	2.111	0.613 3
	S1	S2	S3	SINT	SEQV	TEMP
I	36.37	16.95	−1.566	37.94	32.86	0.000
C	30.77	10.69	−0.176 6E-01	30.79	27.07	
O	25.01	5.524	0.437 5	24.57	22.47	0.000

液压试验条件下路径 3-3 分析：

PRINT LINEARIZED STRESS THROUGH A SECTION DEFINED BY PATH=3-3 DSYS= 0

***** POST1 LINEARIZED STRESS LISTING *****

INSIDE NODE= 28 922 OUTSIDE NODE= 98 665

LOAD STEP 1 SUBSTEP= 1

TIME= 1.000 0 LOAD CASE= 0

THE FOLLOWING X,Y,Z STRESSES ARE IN THE GLOBAL COORDINATE SYSTEM.

** MEMBRANE **

SX	SY	SZ	SXY	SYZ	SXZ
36.49	2.480	11.66	8.118	1.813	1.049
S1	S2	S3	SINT	SEQV	
38.40	11.80	0.430 9	37.97	33.76	

** BENDING ** I=INSIDE C=CENTER O=OUTSIDE

	SX	SY	SZ	SXY	SYZ	SXZ
I	−8.566	1.667	−1.802	−1.943	1.365	−0.775 0
C	0.000	0.000	0.000	0.000	0.000	0.000
O	8.566	−1.667	1.802	1.943	−1.365	0.775 0
	S1	S2	S3	SINT	SEQV	
I	2.533	−2.273	−8.961	11.49	9.998	
C	0.000	0.000	0.000	0.000	0.000	
O	8.961	2.273	−2.533	11.49	9.998	

** MEMBRANE PLUS BENDING ** I=INSIDE C=CENTER O=OUTSIDE

	SX	SY	SZ	SXY	SYZ	SXZ
I	27.92	4.147	9.863	6.175	3.178	0.273 8
C	36.49	2.480	11.66	8.118	1.813	1.049
O	45.06	0.813 6	13.47	10.06	0.448 3	1.824
	S1	S2	S3	SINT	SEQV	
I	29.49	10.91	1.537	27.95	24.64	
C	38.40	11.80	0.430 9	37.97	33.76	
O	47.34	13.36	−1.367	48.71	43.27	

** PEAK **　I=INSIDE C=CENTER O=OUTSIDE

	SX	SY	SZ	SXY	SYZ	SXZ
I	0.736 7	0.130 4	2.010	−0.223 1	1.021	−0.701 9E-01
C	−0.192 1	−0.710 1E-01	−0.461 7	0.677 5E-01	−0.115 5	−0.742 1E-01
O	−0.359 2	0.171 3	0.113 6	0.910 0E-01	0.305 7	0.127 5

	S1	S2	S3	SINT	SEQV
I	2.472	0.751 9	−0.346 2	2.818	2.460
C	−0.578 9E-03	−0.221 2	−0.503 0	0.502 5	0.436 2
O	0.477 6	−0.160 0	−0.391 8	0.869 4	0.779 8

** TOTAL **　I=INSIDE C=CENTER O=OUTSIDE

	SX	SY	SZ	SXY	SYZ	SXZ
I	28.66	4.278	11.87	5.952	4.199	0.203 6
C	36.30	2.409	11.20	8.186	1.698	0.974 6
O	44.70	0.985 0	13.58	10.15	0.754 0	1.951

	S1	S2	S3	SINT	SEQV	TEMP
I	30.11	13.36	1.342	28.77	25.03	0.000
C	38.24	11.33	0.344 7	37.89	33.77	
O	47.07	13.46	−1.265	48.33	42.91	0.000

附　录　F
（资料性附录）
钎焊工艺规程和钎焊工艺评定报告

表 F.1　钎焊工艺规程

<table>
<tr><td colspan="2">编制单位：
钎焊工艺规程编号(BPS No.)：　　　　　　　　版本日期：
依据的钎焊工艺评定报告编号(PQR No.)：
钎焊方法：　　　　　　　　　　　　　　　　类型：</td></tr>
<tr><td>钎焊接头
接头型式类型：　　　　间隙：
搭接长度最小：　　　　最大：</td><td>接头简图</td></tr>
<tr><td rowspan="2">母材
标准号：
型号或等级：
与标准号：
型号或等级：　　　　相焊：
母材厚度：
最大：
最小：
其他：</td><td>钎料
标准号：
型号：
钎料形式：</td></tr>
<tr><td>钎焊温度
推荐的钎焊温度：
钎焊保温时间：</td></tr>
<tr><td>漫流位置
允许的位置：
漫流方向：
钎料填加方法：(表面填加、夹片、包覆等)</td><td>钎剂,气氛
钎剂类型或商标名称：
钎焊气氛类型：
其他：</td></tr>
<tr><td colspan="2">钎焊技巧和其他
零件清洗方法：
压紧方式及压紧力：
钎剂的施加：
钎焊完成后的冷却方法：
检查：</td></tr>
<tr><td colspan="2">编制：　　　　　　　　　　　　　　　　　　日期：
审核：　　　　　　　　　　　　　　　　　　日期：
批准：　　　　　　　　　　　　　　　　　　日期：</td></tr>
</table>

表 F.2 钎焊工艺评定报告(PQR)

编制单位：
钎焊工艺规程编号(BPS No.)：
钎焊工艺评定报告编号(PQR No.)：
使用的钎焊方法：
试件钎焊的日期：

母材
母材标准号：　　与母材标准号：
母材型号或等级：　　与母材型号或等级：
母材厚度：　　与母材厚度：
钎料
钎料标准号：　　型号：　　钎料产品形式：
接头
搭接长度：　　接头类型：　　接头间隙：
钎焊温度
钎焊温度范围：　　保温时间：
钎剂、气氛
钎剂类型或商标名称：　　气氛类型：
漫流位置
漫流的位置：　　漫流方向：
钎后炉内冷却方法：
钎焊技巧和其他
零件清洗方法：　　压紧方式及压紧力：
钎剂的施加方法：
其他：

拉伸试验试验报告编号：

试样编号	宽度	厚度	面积	极限总载荷	极限应力	失效位置

剥离或切片试验试验报告编号：

类型	结果	类型	结果

其他试验试验报告编号：

钎焊工姓名：　　钎焊工代号：
试样评价者(公司名称)：
编制：　　日期：
审核：　　日期：
批准：　　日期：

附　录　G
(资料性附录)
焊接接头型式

G.1　本附录给出了板翅式热交换器常用焊接接头型式,供设计及制造时参考选用,焊缝坡口的基本形式及尺寸仅为推荐内容,具体坡口的选择(坡口角、间隙、钝边)取决于接头厚度、焊接位置和焊接方法,较大的间隙(≥1.5 mm)可采用较小的坡口角。本附录中各类焊接接头的施焊工艺应按 NB/T 47014 评定合适后采用。

G.2　纵向及环向对接的焊接接头型式见图 G.1。

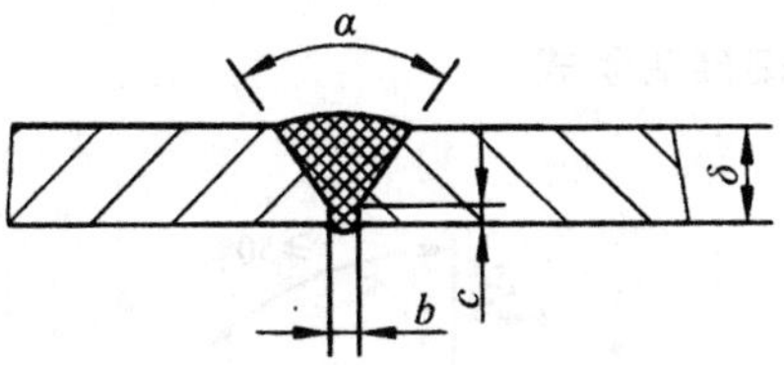

δ	α	b	c
≤4	—	0~1	—
≥5	60°~70°	1~3	1~3

a) V 型坡口

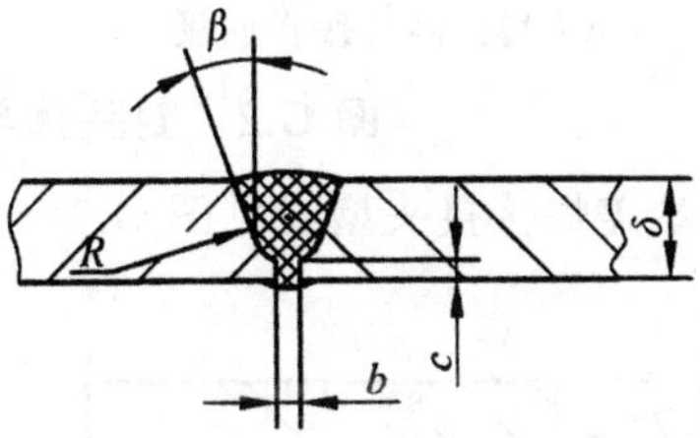

δ	β	b	c	R
≥12	15°~20°	1~3	1~3	4~6

b) U 型坡口

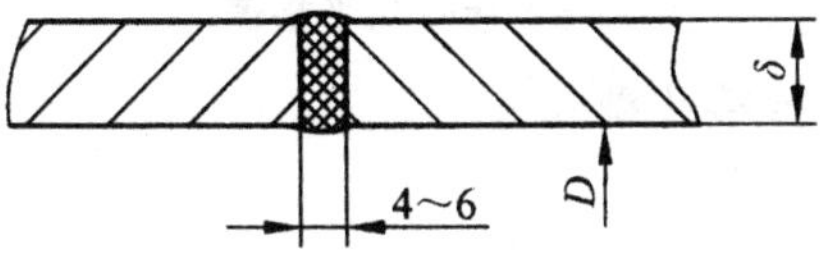

6mm≤ δ ≤12mm, D≥250mm

c) 接管双面立焊

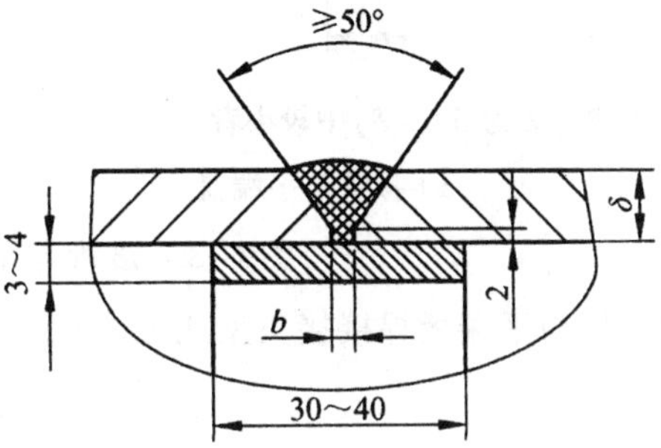

6mm≤ δ ≤25mm, 4mm≤b≤10mm

d) 无法进行双面焊且有焊透要求的环向焊缝

图 G.1　纵向及环向对接接头型式

G.3　封头体与接管焊接接头型式见图 G.2。

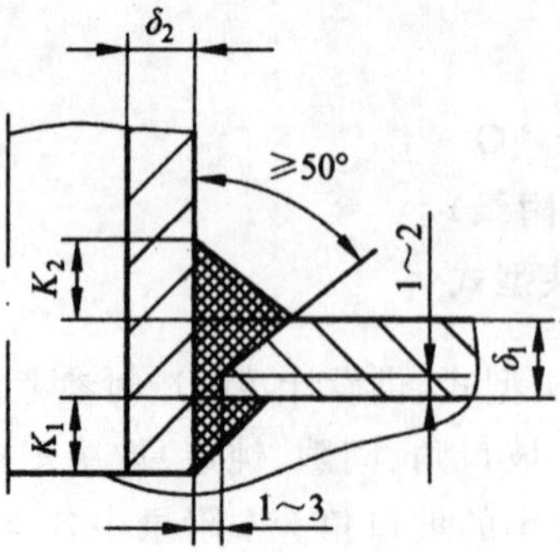

K_1、$K_2 \geqslant \delta$

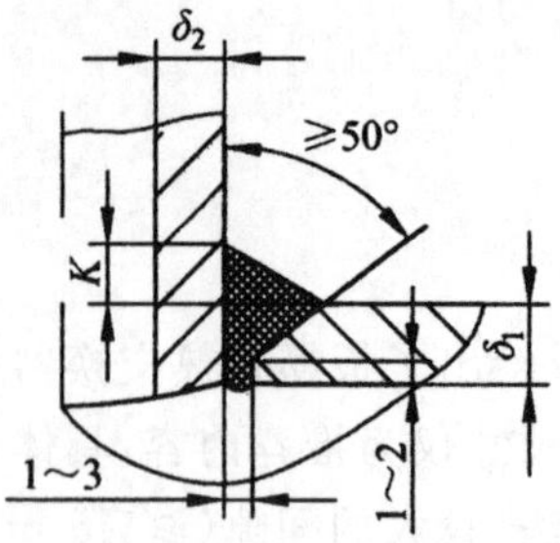

$K \geqslant \delta$

δ为δ_1、δ_2中较小者。

a)封头体与接管插接　　　　b)封头体与接管平接

图 G.2　封头体与接管焊接接头型式

G.4　接管与平端盖焊接接头型式见图 G.3。

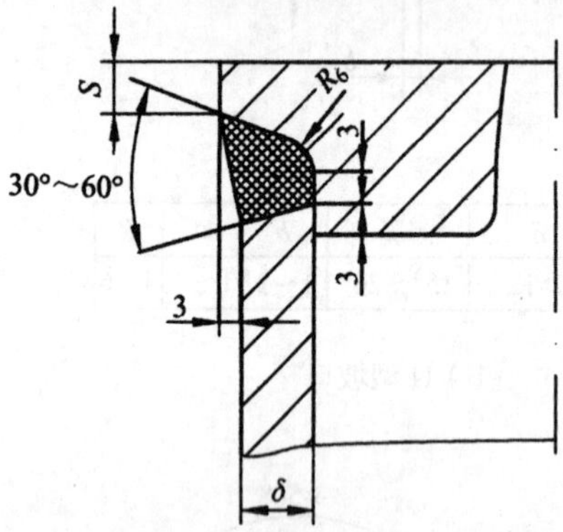

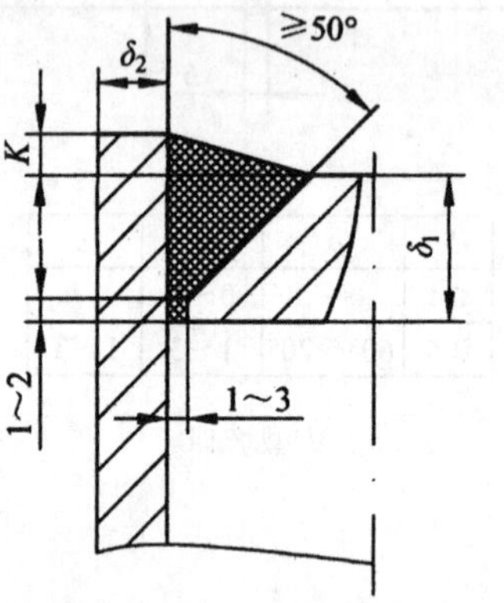

$S \geqslant \delta + 3$　$K \geqslant \delta$，δ为δ_1、δ_2中较小者。

a)接管与平端盖　　　　b)接管与平端盖

图 G.3　接管与平端盖焊接接头型式

G.5　封头体与平端板焊接接头型式见图 G.4。

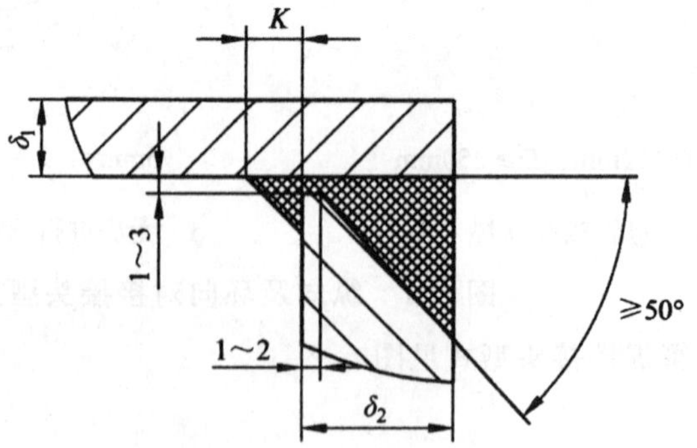

$K \geqslant \delta$，δ为δ_1、δ_2中较小者。

图 G.4　封头体与平端板焊接接头型式

G.6 封头体与芯体焊接接头型式见图 G.5。

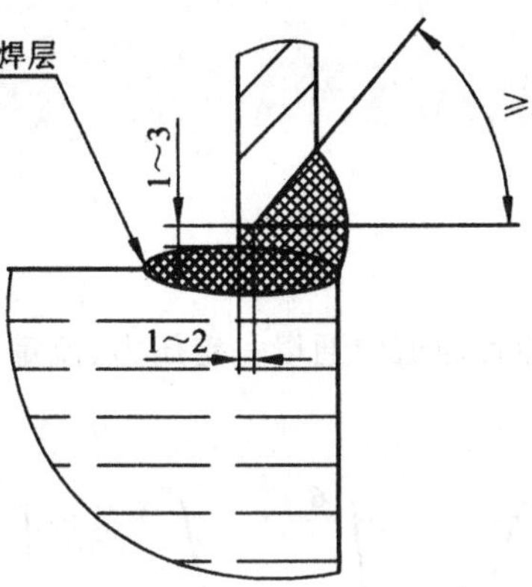

a）封头体与芯体

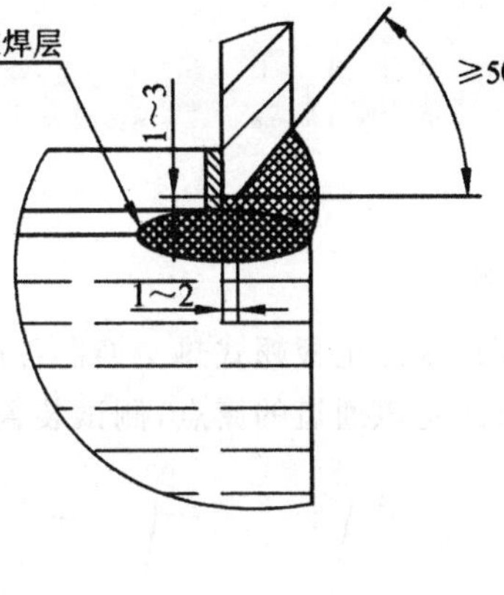

b）封头体与芯体（带垫板）

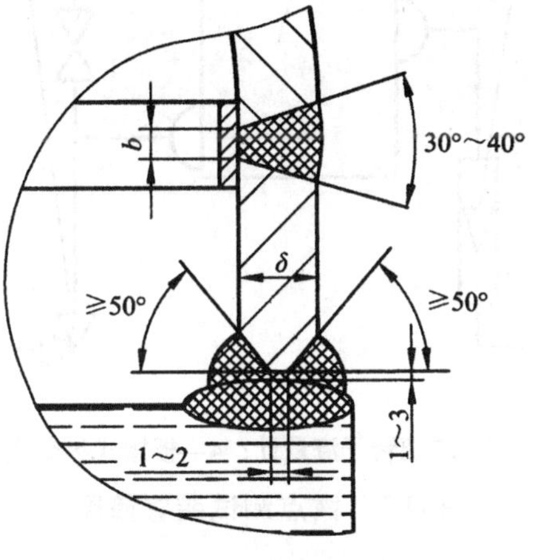

3mm≤b≤10mm

c）带短节的封头体与芯体

图 G.5 封头体与芯体焊接接头型式

G.7 中间隔板与封头体及芯体的焊接接头型式见图 G.6。

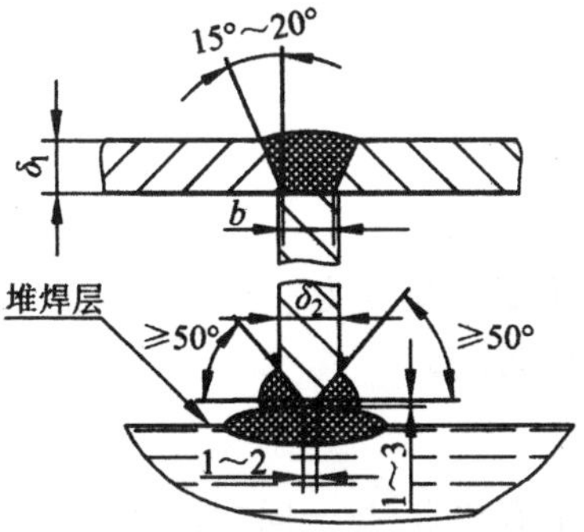

a）

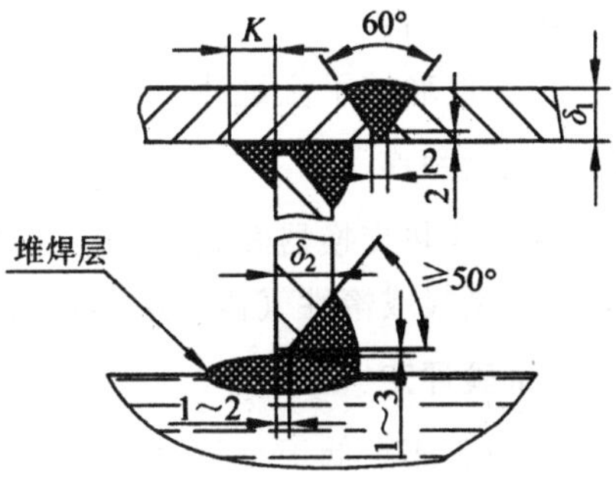

b）

$K \geq \delta$，δ为δ_1、δ_2中较小者，3mm≤b≤10mm。

图 G.6 中间隔板与封头体、芯体焊接接头型式

附　录　H
（规范性附录）
干燥度测试

H.1　概述

用露点仪测定板翅式热交换器各通道的干燥度。即各通道中通以一定压力、流量的气体流经露点仪测定该通道的露点，测试装置见图 H.1。

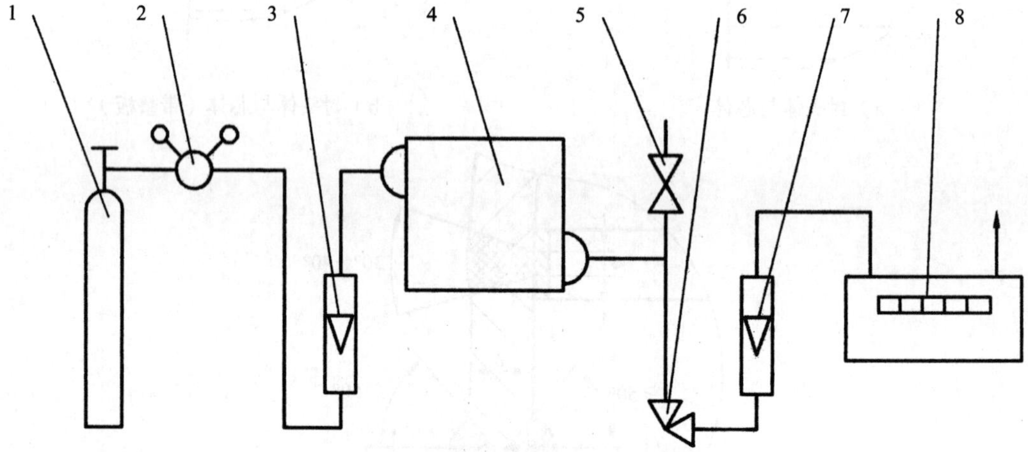

1—压缩气瓶；2—减压表；3、7—玻璃转子流量计；4—板翅式热交换器；5、6—阀；8—露点仪

图 H.1　露点测试装置简图

H.2　测试仪器和设备

测试仪器和设备如下：

a)　压缩气瓶；

b)　减压表；

c)　露点仪，±1℃；

d)　阀门；

e)　玻璃转子流量计。

H.3　试验程序

板翅式热交换器经试压合格并烘干后，向各通道通入露点为－30℃以下的干燥、无油洁净的空气、氮气或惰性气体。用露点仪测出排出气体的露点。

H.4　试验评定

各通道露点低于－5℃为合格。如合同对露点值有要求，按合同规定值执行。

附　录　I
（规范性附录）
热交换器气阻试验方法

I.1　范围

I.1.1　本标准适用于铝制板翅式热交换器的气阻性能测定。

I.1.2　本标准提出了采用高风压风机对现场环境条件下热交换器气阻值的精确测量方法。

I.2　概述

向被测通道通入规定流量的测试用气体，测定该通道实验工况下进出口的压差，从而评定实现该通道设计工况下气阻值的可能性。一般采用吸入法，气阻测试装置见图 I.1。

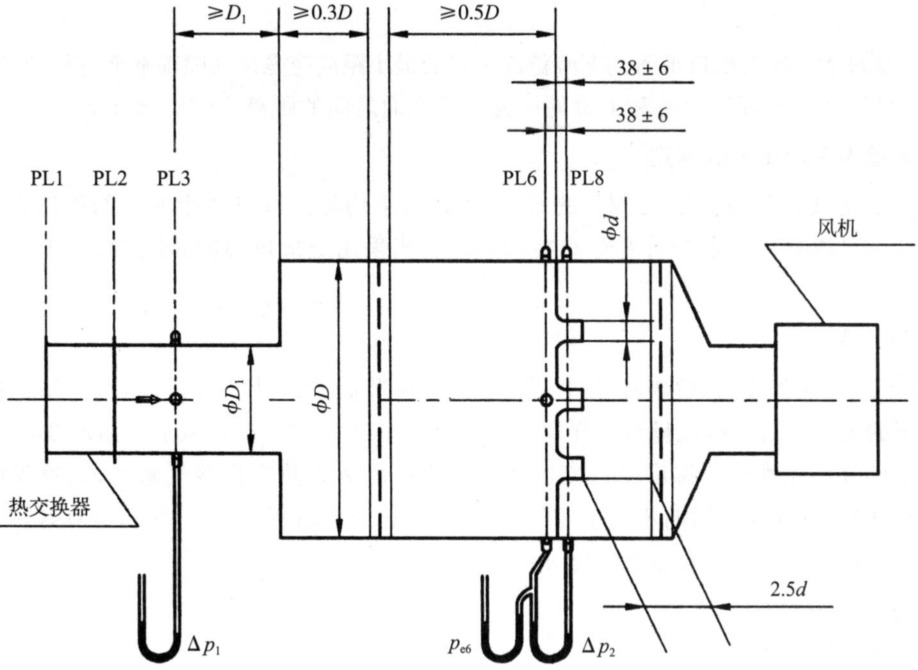

图 I.1　气阻试验装置简图

I.3　试验条件

I.3.1　试验用气体为无油洁净常温空气或惰性气体。

I.3.2　试件清洁度、干燥度应符合图样要求。

I.4　试验设备和仪器

a)　温度计：±0.2℃；

b)　压差计：±0.5%FS；

c)　气压计：±40Pa；

d)　湿度计：±2%RH；

e)　流量喷嘴：符合 GB/T 2624.1～2624.4 中的精度要求；

f) 标准化风室；

g) 风机：高压头罗茨风机或离心风机。

I.4.1 试验风室

标准化测试风室(图 I.1)横截面可以是 D 内径的圆形、$b\times b$ 的方形或 $h\times b$ 的矩形。

尺寸 D 是圆形风室的内径或带有内部尺寸 h 和 b 的矩形风室的当量直径，即

$$D=\sqrt{\frac{4hb}{\pi}} \quad \cdots\cdots (I.1)$$

在热交换器出口风管测量热交换器气阻 Δp_1。出口风室配备测量流量用的多喷嘴。流量测定方法见 I.6.3。

I.4.2 试验风室内多喷嘴安装位置

I.4.2.1 多喷嘴应尽可能对称地定位。每个喷嘴的中心线距风室壁至少应该 1.5 倍喷嘴喉部直径。在同时使用多个喷嘴时，任意两个喷嘴中心之间的最小距离应为最大喷嘴喉部直径的 3 倍。

I.4.2.2 从最大喷嘴的出口平面到下游稳流装置的最小距离应是最大喷嘴喉部直径的 2.5 倍。

I.4.2.3 喷嘴进口平面与上游和下游的压力测孔平面之间的距离为(38±6)mm。

I.4.3 风道内平均压力的测定

在标准化风道内，进行压力测量的每一截面上，平均静压取自 4 个壁孔的静压平均值。当采用圆柱形风道时，4 个孔应等距分布在圆周上。当采用矩形风道时，该孔应位于 4 个侧面的中心位置。

I.5 试验程序

按图 I.1 装接好设备、仪表和试件，启动风机，调节流过试件的气体流量，并将其换算为设计工况下的流量。当气体流量与图样规定的值相差小于 2%时，停止调节。稳定 3 min；记录喷嘴进口温度 T_1、喷嘴出口温度 T_2、流量计上游段压力 p_{e6}、热交换器气阻 Δp_1、喷嘴两端压差 Δp_2 等参数的数值(采集周期不大于 30 s，每个参数记录数值不小于 20 个)，计算各参数的平均值，并记录当时大气压 p_a 和相对湿度 h_u。

I.6 计算

I.6.1 风室内的测试温度

取上述记录的平均值作为测试值，即 $\overline{T}_1$、$\overline{T}_2$、$\Delta\overline{p}_1$、$\Delta\overline{p}_2$。

风室中流经喷嘴的空气温度按式(I.2)求得：

$$T_6=(\overline{T}_1+\overline{T}_2)/2 \quad \cdots\cdots (I.2)$$

I.6.2 空气密度

I.6.2.1 空气密度

风室内的空气密度按式(I.3)求得：

$$\rho_6=\frac{p_6-0.378p_v}{287\Theta_6} \quad \cdots\cdots (I.3)$$

式中：

Θ_6——绝对温度，开尔文度，$\Theta_6=T_6+273.15$；

p_v——空气中水蒸气分压,Pa,测定方法见 I.6.2.2;

287——干空气的气体常数 R,J/(kg·K);

$0.378=(R_v-R)/R_v$,$R_v=461$ 是水蒸气的气体常数;

p_6——风室内的压力,Pa。p_6 按式(I.4)求得:

$$p_6=p_{e6}+p_a \tag{I.4}$$

式中:

p_a——大气压,Pa。

I.6.2.2 水蒸气分压 p_v 的确定

直接测量空气相对湿度 h_u,按式(I.5)求得蒸汽分压 p_v:

$$p_v=h_u\cdot(p_{sat})_{Td} \tag{I.5}$$

式中,$(p_{sat})_{Td}$是干球温度 T_d 下的饱和蒸汽压力。表 I.1 所列为温度 0℃~100℃时的饱和蒸汽压力值 p_{sat}。

p_{sat}也可按下列表达式求得:

在 0℃~30℃之间:

$$(p_{sat})_{Td}=\exp\left(\frac{17.438T_d}{239.78+T_d}+6.414\ 7\right) \tag{I.6}$$

或者,在 0℃和 100℃之间:

$$(p_{sat})_{Td}=610.8+44.442T_d+1.413\ 3T_d^2+0.027\ 68T_d^3+2.556\ 67\times10^{-4}T_d^4+2.891\ 66\times10^{-6}T_d^5 \tag{I.7}$$

I.6.3 试验流量计算

I.6.3.1 质量流量

质量流量按式(I.8)求得:

$$q_m=\varepsilon\pi\sum_{j=1}^{n}\left[C_j\frac{d_j^2}{4}\right]\sqrt{2\rho_6\Delta p_2} \tag{I.8}$$

式中:

n——喷嘴数;

C_j——第 j 喷嘴的排出系数,取决于喷嘴喉部雷诺数 Re_{dj};

ε——膨胀系数,由表 I.2 中得到或按式(I.9)计算:

$$\varepsilon=\left[\frac{\kappa r_d^{2/\kappa}}{(\kappa-1)(1-r_d)}\right]^{0.5}\left[\frac{1-\beta^4}{1-r_d^{2/\kappa}\beta^4}\right]^{0.5} \tag{I.9}$$

式中:

$r_d=(p_u-\Delta p_2)/p_u=1-\Delta p_2/p_u$,$p_u$ 表示喷嘴上游的平均压力;κ 为等熵指数;

β——喷嘴内径与上游段直径之比,$\beta=d/D$。对于风室,β 可取 0,并且 $C_j=\alpha_j$。α_j 为喷嘴流出系数,由表 I.3 中得到或按式(I.10)、式(I.11)求得。

当喷嘴喉部长度 L 与喉部直径 d 的比值 $L/d=0.6$ 时:

$$\alpha=\left[0.998\ 6-\frac{7.006}{\sqrt{Re_d}}+\frac{134.6}{Re_d}\right]\left[\frac{1}{\sqrt{1-\beta^4}}\right]=\frac{C}{\sqrt{1-\beta^4}} \tag{I.10}$$

表 I.1 饱和水蒸气压力 p_{sat}

干球温度 T_d/℃	饱和水蒸气压力 $p_{sat}/10^5$ Pa	干球温度 T_d/℃	饱和水蒸气压力 $p_{sat}/10^5$ Pa	干球温度 T_d/℃	饱和水蒸气压力 $p_{sat}/10^5$ Pa
0	0.006 112	33	0.050 331	67	0.273 49
0.01	0.006 117	34	0.053 226	68	0.285 78
1	0.006 571	35	0.056 263	69	0.298 54
2	0.007 059	36	0.059 450	70	0.311 78
3	0.007 580	37	0.062 792	71	0.325 51
4	0.008 135	38	0.066 295	72	0.339 74
5	0.008 725	39	0.069 966	73	0.354 50
6	0.009 352	40	0.073 811	74	0.369 80
7	0.010 019	41	0.077 838	75	0.385 65
8	0.010 728	42	0.082 052	76	0.402 07
9	0.011 480	43	0.086 462	77	0.419 08
10	0.012 279	44	0.091 074	78	0.436 88
11	0.013 126	45	0.095 897	79	0.454 90
12	0.014 025	46	0.100 938	80	0.473 76
13	0.014 977	47	0.106 205	81	0.493 27
14	0.015 985	48	0.111 706	82	0.513 45
15	0.017 053	49	0.117 450	83	0.534 31
16	0.018 183	50	0.123 446	84	0.555 88
17	0.019 377	51	0.129 70	85	0.578 18
18	0.020 640	52	0.136 23	86	0.601 22
19	0.021 975	53	0.143 03	87	0.625 02
20	0.023 385	54	0.150 13	88	0.649 61
21	0.024 873	55	0.157 52	89	0.675 00
22	0.026 444	56	0.165 22	90	0.701 21
23	0.028 100	57	0.173 24	91	0.728 26
24	0.029 846	58	0.181 60	92	0.756 18
25	0.031 687	59	0.190 29	93	0.784 98
26	0.033 625	60	0.199 33	94	0.814 69
27	0.035 666	61	0.208 74	95	0.845 33
28	0.037 815	62	0.218 52	96	0.876 92
29	0.040 074	63	0.228 69	97	0.909 48
30	0.042 451	64	0.239 26	98	0.943 04
31	0.044 949	65	0.250 24	99	0.977 62
32	0.047 574	66	0.261 64	100	1.013 25

表 I.2 用于风室内喷嘴的膨胀系数 ε

静压比 r_d	直径比 β					
	0	0.20	0.25	0.30	0.40	0.50
	膨胀系数 ε					
1.00	1.000 00	1.000 00	1.000 00	1.000 00	1.000 00	1.000 00
0.98	0.989 23	0.989 21	0.989 17	0.989 11	0.988 86	0.988 29
0.96	0.978 34	0.978 29	0.978 23	0.978 11	0.977 61	0.976 50
0.94	0.967 32	0.967 26	0.967 16	0.966 99	0.966 25	0.964 61
0.92	0.956 19	0.956 10	0.955 98	0.955 75	0.954 78	0.952 63
0.90	0.944 92	0.944 81	0.944 66	0.944 38	0.943 19	0.940 55

表 I.3 用于风室内喷嘴的流量系数 α

喷嘴流出系数 α	雷诺数 Re_d		喷嘴流出系数 α	雷诺数 Re_d	
	$L/d=0.5$	$L/d=0.6$		$L/d=0.5$	$L/d=0.6$
0.950	12 961	14 720	0.973	57 519	63 948
0.951	13 657	15 491	0.974	62 766	69 736
0.952	14 401	16 314	0.975	68 713	76 295
0.953	15 196	17 195	0.976	75 488	83 765
0.954	16 047	18 137	0.977	83 249	92 320
0.955	16 961	19 148	0.978	92 195	102 180
0.956	17 942	20 234	0.979	102 576	113 620
0.957	18 998	21 402	0.980	114 715	126 992
0.958	20 136	22 661	0.981	129 024	142 753
0.959	21 365	24 021	0.982	146 048	161 500
0.960	22 695	25 492	0.983	166 513	184 032
0.961	24 137	27 086	0.984	191 401	211 428
0.962	25 703	28 817	0.985	222 073	245 182
0.963	27 407	30 701	0.986	260 450	287 409
0.964	29 268	32 758	0.987	309 324	341 172
0.965	31 303	35 006	0.988	372 865	411 057
0.966	33 535	37 472	0.989	457 538	504 164
0.967	35 989	40 184	0.990	573 788	631 966
0.968	38 697	43 174	0.991	739 389	813 986
0.969	41 693	46 482	0.992	986 593	1 085 643
0.970	45 018	50 153	0.993	1 378 954	1 516 727
0.971	48 723	54 242	0.994	2 056 291	2 260 760
0.972	52 866	58 815	0.995	3 377 887	3 712 194

当 $L/d=0.5$ 时

$$\alpha=\left[0.998\ 6-\frac{6.688}{\sqrt{Re_{\mathrm{d}}}}+\frac{131.5}{Re_{\mathrm{d}}}\right]\left[\frac{1}{\sqrt{1-\beta^4}}\right]=\frac{C}{\sqrt{1-\beta^4}} \quad \cdots\cdots (I.11)$$

其中,Re_{d} 为对应于喷嘴出口直径的雷诺数。对于每一个喷嘴,用式(I.12)估计喉道的雷诺数 Re_{dj}:

$$Re_{\mathrm{dj}}=\frac{\varepsilon C_j d_j\sqrt{2\rho_6\Delta p_2}}{17.1+0.048T_6}\times 10^6 \quad \cdots\cdots (I.12)$$

用 $C_j=0.95$,第一次估计质量流量之后,排出系数 C_j 可以计算和修正。

I.6.3.2 容积流量

容积流量按式(I.13)计算:

$$q_{\mathrm{v}}=\frac{q_{\mathrm{m}}}{\rho_6} \quad \cdots\cdots (I.13)$$

I.6.4 试验工况下的气阻 $\Delta h_{试}$

热交换器在试验工况下的气阻 Δh 由式(I.14)求得:

$$\Delta h_{试}=\Delta\overline{p}_1-p_{\mathrm{y}} \quad \cdots\cdots (I.14)$$

式中:

p_{y}——管路沿程压力损失,包含了变径管阻力、弯管的局部阻力和风管直管段的沿程阻力等。

I.6.5 设计图样工况下的气阻值 Δh

热交换器在设计图样工况下的气阻 Δh 由式(1.15)求得:

$$\Delta h=\frac{Q_{图}^2\times T_{试}\times p_{图}}{Q_{试}^2\times T_{图}\times p_{试}}\times\Delta h_{试} \quad \cdots\cdots (I.15)$$

式中:

Δh——设计图样规定的在实验条件下的气阻值,Pa;

$p_{图}$——设计图样规定的空气压力,Pa;

$Q_{图}$——设计图样规定的空气流量,m^3/h;

$T_{图}$——设计图样规定的空气压力,K;

$\Delta h_{试}$——试验工况下试件进出口压差,Pa;

$p_{试}$——试验工况下的空气压力,Pa;

$Q_{试}$——试验工况下转换成标况后的空气流量,m^3/h;

$T_{试}$——试验工况下的空气压力,K。

I.6.6 试验评定

Δh 应符合设计图样的规定。

附 录 J
(资料性附录)
热交换器使用注意事项

J.1 热交换器的热应力

J.1.1 总述

制造厂应根据预定设计压力来设计每台热交换器,并给买方提供现场可以施加在热交换器上的允许外加负荷的详细说明。热交换器应能适应它在工作时出现的所有负荷,包括压力负荷、外加负荷(即管路施加的力和力矩)和热致载荷产生的应力。

在标准和非标准使用工况时,为使总的综合应力维持在允许极限内,本附录推荐一些方法,在使用热交换器时采取一些措施。

J.1.2 失效机理

J.1.2.1 热交换器的各部件是以各方向紧密刚性相互连接的,因此,在热交换器各部件内和部件间产生的局部金属温差会引起这些部件很大的热应力。

J.1.2.2 局部金属温差是因这些部件或部分部件随热量的输入(变化)以不同速度变热或冷却而引起的。部件内或部件间会产生瞬间膨胀或收缩,而焊接连接限制了构件因热而产生的移动,导致部件内的热应力。如果局部金属温差大,则热应力和其他外部负荷应力就会超过材料的屈服应力,并有可能超过材料的强度极限应力。

J.1.2.3 热交换器相邻部件间的温差,由于下述原因有可能产生明显的热应力:

a) 连续不稳定工况:如流量波动大,沸腾通道中流量不稳定,设备控制系统配备不适当等;

b) 瞬变工况:如起动、停车、设备干扰、解冻、冷却和加温等。

J.1.2.3.1 连续的不稳定工况会产生超过屈服强度的循环应力,并会因疲劳可能产生失效后果。

J.1.2.3.2 瞬间变化工况时,如果综合应力超过材料的极限拉伸强度,部件就可能会出故障。

J.1.3 减少部件在使用时损坏或出故障的建议

a) 制造商应把压力和外加负荷限制在允许限度范围内。

b) 正如和其他任何热交换器一样,使用时也须使热交换器慢慢地进入使用工况或解冻工况,以避免过大热应力。尤其当导入热容量很大且传热迅速的液体或二相流时,这点非常重要,因此建议采用的起动速度、停车速度、冷却速度、加温解冻速度等要求可参见本标准第 8 章。

c) 把热交换器任何地方两相邻通道间的温差限制在第 3 章中推荐的温差范围内(或制造商推荐的温差范围内)。第 3 章中推荐的温差范围热交换器都通用。如需制造商提供专用热交换器,制造厂可提供其他温差范围。

d) 应特别注意的是对那些在热交换器内工质需完全蒸发的用法。蒸发到完全干燥的程度会产生很大温差,同时会引起流量的不稳定性。因此,应严格遵守制造厂对那些完全蒸发的热交换器所建议的允许温差,工艺设备的设计应确保流量的稳定。

e) 设计和操作工艺设备以及与热交换器连接的管道,都要防止流量偏差和不稳定(例如进入热交换器的液体出现间断性滞流等),这对沸腾流来说非常重要。

f) 限制任何流体周期的或经常交变的温度波动在±1℃/min 范围内。

J.1.4 热应力影响的总结

热交换器是一种能承受稳定流体间温差大的坚固耐用热交换器。由于热交换器是紧密刚性结构,因此,如果该热交换器处于间断性或连续性不稳定工况下,工作时则会产生过大热应力,损坏热交换器。过大热应力可遵循上述几项建议来避免,这有助于确保热交换器的使用寿命。

J.2 热交换器的污垢及堵塞问题

J.2.1 污垢问题

J.2.1.1 热交换器一般无污垢问题,因它通常用于空分、碳氢化合物分离和气体的液化。

J.2.1.2 如果产品压降无大变化而传热性能下降,则有可能是污垢问题。如出现这一问题,建议采用下述措施:

J.2.1.2.1 在决定使用热交换器前,应检查液体(工质)是否存在固体和外来物,以防使用时形成沉积,特别是低温区更应注意。

J.2.1.2.2 考虑可能因工艺液体的杂质存在而引起的污垢是很重要的,典型例子就是致冷剂中使用的密封油。它会以固状膜附着在翅片表面上,并降低热交换器的传热性能。

J.2.1.2.3 不得使用含有微量氧化氮(NO_x)的气体,它会聚积在设备的低温部分。经验表明,氧化氮不能从设备内排出,并有可能在设备加温时突然爆炸。

J.2.1.3 清除污垢

如果加温可以使污垢剂固/液转换,则通过改变热交换器的操作条件,加温污垢区就可以消除沉积物,如果采用加温法无效,则可采用溶剂清洁法。热交换器还可以通过改型或改变设计,和溶剂喷射系统结合在一起,从而冲洗被污染的表面。

J.2.2 固体物质堵塞问题

J.2.2.1 固体颗粒进入热交换器内部阻塞翅片流道。

J.2.2.2 热交换器如被堵塞,造成各通道的流体分布不均匀,同时被堵塞通道的压降增加。

J.2.2.3 热交换器的堵塞问题可通过下述方法加以预防:

a) 制造时,热交换器的接管或端部应保持封闭,直到接管或法兰与设备的管道工程连接完成;

b) 清扫连接管路检查其清洁度,确保铁锈、碎片和灰尘等不能进入热交换器;

c) 在可能会使工艺液体受污染的任何地方,在通道进口处安装过滤器。过滤器的孔径及排污可根据操作条件和技术要求由制造厂提出,网眼 177 μm(80 目)能够覆盖大多数使用场合。

J.2.2.4 堵塞的补救办法

J.2.2.4.1 如因某些原因而使热交换器堵塞(如没有安装过滤器,设备管路系统的清洗工艺错误,过滤设备失效等原因),将影响传热和压降(阻力)性能。

J.2.2.4.2 被堵塞的通道通常能很快鉴别出来,并制订维修计划,可在停车时实施。从热交换器中除去堵塞物,需要用空气或氮气吹除等机械方法。

a) 返吹被堵塞通道:在通道进口处装一爆破片,升高吹除空气(或氮气)压力,直至爆破片破裂(此操作应重复进行,直至吹除气中无微粒排出)。

b) 或在热交换器出口处设置"排堵器"。它是由一只快开阀和定量带压空气组成。操作时,在热交换器芯体内产生冲击波而清除堵塞物。

c) 当堵塞严重时,可在每通道口连接"排堵器",采用排堵法来排除堵塞物。

d) 采用溶剂和气体发泡法是利用充满装置的液体内产生的气所提供的机械能,来排除微粒。

J.3 腐蚀问题

J.3.1 含水工艺环境

操作在水的冰点以下的热交换器的那些部位,其主要由水或含水而引起的腐蚀现象,将会停止或不再进行。由于水的纯度变化及过冷现象,其冰点温度可能不是0℃。上述冰点应考虑其他因素,例如解冻时。水的影响可分为对中性环境的影响、对酸性环境的影响、对碱性环境的影响三类。

J.3.1.1 水在中性环境中的影响

J.3.1.1.1 热交换器可以被广泛应用于许多含水物的工艺过程中而存在水,这些水在热交换器中甚至在有卤素的环境中保持中性(pH 为 6～8),拥有中性水为工艺流体的热交换器,其适应性受工艺流体中含有重金属的多少及沉积程度的影响。

J.3.1.1.2 热交换器应避免和铜、铜合金、铁、镍和铅等重金属一起使用,除非使用防腐剂以保护热交换器部件。当那些重金属的可溶性离子减少时,使用含有重金属的工艺流体而引起的孔蚀一般没有多大问题,通常含有重金属的酸性或中性水,作为工艺流体使用的铝制热交换器,比碱性工艺流体更有害。奥氏体不锈钢非常适于与热交换器一起使用于中性水工艺流体中。

J.3.1.2 水在酸性环境中的影响

通常用于热交换器的铝合金对酸性工艺流体或局部 pH 在 4.5～6.0 范围的酸性工况都有抗蚀力。但如果在工艺流体中存在重金属或卤化物,则在上述 pH 范围内的工艺流体需使用防腐剂。当 pH 低于 4.5 以下时,就会因保护氧化膜的破裂而引起腐蚀。同时因铝制热交换器的零件或换热面和其他工艺装备中的贵金属之间产生电流偶合而产生电化腐蚀。在结构上重要的腐蚀是由于氧化膜破裂后,暴露的新生铝产生直接化学变化的结果。正如和中性环境一样,沉淀的形成会改变两方面的环境条件:腐蚀开始的条件和开始产生严重化学腐蚀的条件。

J.3.1.3 水在碱性环境中的影响

热交换器的合金铝材料在轻度碱性环境中(pH 为 8～9)具有非常好的抗腐蚀性。碱性工艺流体不会使铝制部件表面变色,表面上的变黑仅仅是外表上的变化,它不会影响热交换器的结构和整体性能。如将铝制热交换器用于强碱环境中(pH>9),则须仔细分析和考虑所涉及的化学工艺流体及其他因素,如流程和设备承受的操作环境的流体杂质浓度和温度等,也应考虑。

J.3.2 含汞的工艺环境

J.3.2.1 如果不允许汞与热交换器接触,汞通常不会与铝起反应。但如果汞以液态并含水存在于热交换器内,则汞杂质会引起很多问题。汞的侵蚀如和另一种腐蚀过程联在一起,则后果是非常严重的。

J.3.2.2 因工艺流体中存有汞而引起的问题就是:汞会与有高含量镁的铝合金起反应,汞能在无水情况下迅速与铝合金中的镁基第二相反应。如果设备的零件设计没有考虑这些问题和条件,将有助于汞的腐蚀破坏,并比无汞条件所需应力水平更低。

J.3.2.3 许多热交换器因采用了有效的保护措施,可成功地使用于含汞流体中的场合。买方可用市场上购买到的装置来清除原料气体中的汞。操作人员还可以使用规定的停机程序(氮封)来限制水分进入,因金属冶金性能原因应避免长时间将温度升高到100℃以上,例如在设备解冻操作期间。

J.3.2.4 制造商对用于含汞的设备可提供一些详细的供选择的方案,如设计部件时设法消除汞的形成和堆积,设法避免使用反应敏感的合金。如这些办法都无法实行,则可采用一些预防措施,以隔离或保护含镁合金不受汞的侵蚀。

J.3.3 大气或环境腐蚀

J.3.3.1 任何装置的热交换器一般没有明显的受大气腐蚀的迹象。但如果把热交换器放在有温度变化的潮湿环境中,热交换器表面就会有因湿汽的凝结而引起的轻微自然腐蚀。

J.3.3.2 如将热交换器暴露在含有盐分的水雾或含盐大气的环境中,例如将热交换器长期存放在位于沿海地区的现场期间或海上运输而没有适应海运的包装期间,则应采取特殊保护措施。如果成套海上运输热交换器,热交换器到达现场后,则应立即用低氯水(含氯量小于25 mg/L)冲洗热交换器的所有表面,制造厂应告知有关冲洗热交换器单元的详细方法。冲洗后,表面应彻底晾干。

J.3.3.3 由于很难确保任一热交换器的绝热部件不漏水,因此,使热交换器不暴露在海水或其他形式的盐水中是很重要的。这些盐水有可能被吸收积聚在热交换器绝热部件和金属面之间,从而引起暴露面的腐蚀。自来水在这些条件下也有可能产生腐蚀现象,因此买方应与制造商就芯体干燥的方法取得联系。

J.3.4 其他腐蚀对热交换器影响

就安全使用热交换器问题,还可能存有许多腐蚀环境,但本附录不可能阐明所有的腐蚀性。因此,就流体或工艺工况对热交换器的腐蚀作用存有什么不明之处,可与制造厂联系,以便获得特殊说明。

参 考 文 献

[1] GB/T 3190—2008 变形铝及铝合金化学成分

[2] GB/T 3191—2010 铝及铝合金挤压棒材

[3] GB/T 3195—2016 铝及铝合金拉制圆线材

[4] GB/T 3246.1 变形铝及铝合金制品组织检验方法 第1部分:显微组织检验方法

[5] GB/T 3246.2 变形铝及铝合金制品组织检验方法 第2部分:低倍组织检验方法

[6] GB/T 8063—2017 铸造有色金属及其合金牌号表示方法

[7] GB/T 9438—2013 铝合金铸件

[8] GB/T 10858—2008 铝及铝合金焊丝

[9] HG/T 20592~20635—2009 钢制管法兰、垫片、紧固件

[10] GB/T 228.1—2010 金属材料 拉伸试验 第1部分:室温试验方法

[11] GB/T 229 金属材料 夏比摆锤冲击试验方法

[12] GB/T 232 金属材料 弯曲试验方法

[13] GB/Z 33875—2017 GB/T 2624—2006 使用指南

[14] ISO 15547-2:2005 Petroleum, petrochemical and natural gas industries-plate-type heat exchangers—Part 2: Brazed aluminium plate-finheat exchangers

[15] API STANDARD 662:2006 Plate Heat Exchangers for GeneralRefmery Services—Part 2-Brazed Aluminum Plate-fin Heat Exchangers

[16] ALPEMA 2010 The standards of the brazed aluminium plate-finheat exchanger manufacturers' Association

ICS 71.120.30
J 75

NB

中华人民共和国能源行业标准

NB/T 47007—2018
代替 NB/T 47007—2010

空冷式热交换器

Air-cooled heat exchangers

2018-12-25 发布 2019-05-01 实施

国 家 能 源 局 发 布

前　言

本标准按照GB/T 1.1—2009《标准化工作导则　第1部分:标准的结构和编写》给出的规则起草。

本标准在修订过程中参考了ISO 13706:2011"Petroleum,petrochemical,and natural gas industries—Air-cooled heat exchangers",API 661—2013"Petroleum,petrochemical,and natural gas industries—Air-cooled heat exchangers"。

本标准代替NB/T 47007—2010《空冷式热交换器》,与NB/T 47007—2010相比,主要技术变化如下:

——修改、增加了部分术语;

——规定了翅片管单管传热性能试验要求;

——增加了"镶嵌式翅片管"的技术要求;

——增加了空冷式热交换器能效评价方法。

本标准由全国锅炉压力容器标准化技术委员会(SAC/TC 262)提出并归口。

本标准主要起草单位:上海蓝滨石化设备有限责任公司、中国石化工程建设有限公司、中石化广州工程有限公司、西安交通大学、哈尔滨空调股份有限公司、湖北长江石化设备有限公司、保定航技风机制造有限公司、凯络文热能技术(江苏)有限公司、上海市特种设备监督检验技术研究院、中国特种设备检测研究院、威海克莱特菲儿风机股份有限公司、上海河图石化工程有限公司。

本标准主要起草人:马军、韩卓、张延丰、张迎恺、李群生、白博峰、赵亮、尹继英、赵天波、周峰、韩睿超、蒯震海、王春晖、陈战杨、陈志伟、周文学、钟小平、鲁红亮、王新。

本标准所代替标准的历次版本发布情况为:

——NB/T 47007—2010。

空冷式热交换器

1 范围

本标准规定了鼓风和引风空冷式热交换器(以下简称“空冷器”)设计、材料、制造、检验和验收要求以及其能效评价方法。

1.1 本标准适用于设计压力不高于 35 MPa 的空冷器。

1.2 本标准适用的设计温度范围按材料允许的使用温度确定。

1.3 下列各类空冷器不属于本标准的范围:

a) 管箱材质为铝或其他有色金属的空冷器;

b) 已有专用行业(如制冷、空调行业)标准的空冷器。

1.4 空冷器界定范围

1.4.1 管束

a) 管箱与外管道连接的第一个法兰密封面;

b) 管箱与外管道连接的第一个螺纹接头。

1.4.2 构架

构架立柱底板以上的钢结构。

1.4.3 风机

电动机接线盒及风机气动控制气源的第一个接头。

1.4.4 百叶窗

百叶窗气动控制气源的第一个接头。

1.5 对不能用本标准来确定结构尺寸的空冷器受压元件,允许用以下方法设计,但需经全国锅炉压力容器标准化技术委员会评定认可:

a) 分析设计(已取得分析设计资格的单位除外);

b) 验证性液压试验;

c) 用具有可比性的且已投入使用的结构进行对比经验设计。

2 规范性引用文件

下列文件对于本文件的应用是必不可少的。凡是注日期的引用文件,仅注日期的版本适用于本文件。凡是不注日期的引用文件,其最新版本(包括所有的修改单)适用于本文件。

GB/T 150.1—2011 压力容器 第1部分:通用要求

GB/T 150.2—2011 压力容器 第2部分:材料

GB/T 150.3—2011 压力容器 第3部分:设计

GB/T 150.4—2011 压力容器 第4部分:制造、检验和验收

GB/T 151—2014 热交换器

GB/T 28712.6—2012 热交换器型式与基本参数 第6部分:空冷式热交换器

GB/T 27698.6—2011 热交换器及传热元件性能测试方法 第6部分:空冷器用翅片管

GB/T 16507.4—2013　水管锅炉　第4部分:受压元件强度计算

GB/T 196　普通螺纹　基本尺寸(GB/T 196—2003,ISO 724：1993,MOD)

GB/T 197　普通螺纹　公差(GB/T 197—2018,ISO 965-1:2013,MOD)

GB/T 230.1　金属材料　洛氏硬度试验　第1部分:试验方法

GB/T 231.1　金属材料　布氏硬度试验　第1部分:试验方法(GB/T 231.1—2018,ISO 6506-1:2014,MOD)

GB/T 699　优质碳素结构钢

GB/T 700　碳素结构钢(GB/T 700—2006,ISO 630:1995,NEQ)

GB/T 985.1　气焊、焊条电弧焊、气体保护焊和高能束焊的推荐坡口

GB/T 985.2　埋弧焊的推荐坡口

GB/T 1171　一般传动用普通V带

GB/T 1231　钢结构用高强度大六角头螺栓、大六角螺母、垫圈技术条件

GB/T 1566　薄型平键　键槽的剖面尺寸(GB/T 1566—2003,ASME B18.25.1M:1996,NEQ)

GB/T 1567　薄型　平键(GB/T 1567—2003,ASME B18.25.1M:1996,NEQ)

GB/T 3077　合金结构钢

GB/T 3190　变形铝及铝合金化学成分

GB/T 6892　一般工业用铝及铝合金挤压型材

GB/T 3767　声学　声压法测定噪声源声功率级和声能量级　反射面上方近似自由场的工程法(GB/T 3767—2016,ISO 3744:2010,IDT)

GB/T 3880.1　一般工业用铝及铝合金板、带材　第1部分:一般要求

GB/T 4437.1　铝及铝合金热挤压管　第1部分:无缝圆管

GB/T 4437.2　铝及铝合金热挤压管　第2部分:有缝管

GB/T 4662　滚动轴承　额定静载荷(GB/T 4662—2012,ISO 76:2006,IDT)

GB/T 5777　无缝钢管超声波探伤检验方法(GB/T 5777—2008,ISO 9303:1989,MOD)

GB/T 6391　滚动轴承　额定动载荷和额定寿命(GB/T 6391—2010,ISO 281:2007,IDT)

GB/T 6479　高压化肥设备用无缝钢管

GB/T 5310　高压锅炉用无缝钢管

GB/T 6893　铝及铝合金拉(轧)制无缝管

GB/T 9948　石油裂化用无缝钢管

GB/T 10412　普通和窄V带轮(基准宽度制)(GB/T 10412—2002 ,ISO 4183:1995,MOD)

GB/T 10413　窄V带轮(有效宽度制)(GB/T 10413—2002,ISO 5290:2001,MOD)

GB/T 12730　一般传动用窄V带

GB/T 10715　带传动　多楔带、联组V带及包括宽V带、六角带在内的单根V带　抗静电带的导电性:要求和试验方法(GB/T 10715—2002,ISO 1813:1998,MOD)

GB/T 13575.1　普通和窄V带传动　第1部分:基准宽度制

GB/T 13575.2　普通和窄V带传动　第2部分:有效宽度制

GB 19761—2009　通风机能效限定值及能效等级

GB/T 13296　锅炉、热交换器用不锈钢无缝钢管

GB/T 2882　镍及镍合金管

GB/T 3625　换热器及冷凝器用钛及钛合金管

GB/T 8890　热交换器用铜合金无缝管

GB/T 13306　标牌

GB/T 13487　一般传动用同步带

GB/T 8923.1　涂覆涂料前钢材表面处理　表面清洁度的目视评定　第1部分:未涂覆过的钢材表面和全面清除原有涂层后的钢材表面的锈蚀等级和处理等级

GB/T 13912　金属覆盖层　钢铁制件热浸镀锌层　技术要求及试验方法(GB/T 13912—2002,ISO 1461:1999,MOD)

GB 18613　中小型三相异步电动机能效限定值及能效等级

GB 50009　建筑结构荷载规范

GB 50011　建筑抗震设计规范(附条文说明)

GB 50017　钢结构设计标准(附条文说明)

GB 50018　冷弯薄壁型钢结构技术规范

GB 50205　钢结构工程施工质量验收规范

JB/T 4711　压力容器涂敷与运输包装

JB/T 10562　一般用途轴流通风机技术条件

NB/T 47013.1—2015　承压设备无损检测　第1部分:通用要求

NB/T 47013.2—2015　承压设备无损检测　第2部分:射线检测

NB/T 47013.3—2015　承压设备无损检测　第3部分:超声检测

NB/T 47013.4—2015　承压设备无损检测　第4部分:磁粉检测

NB/T 47013.5—2015　承压设备无损检测　第5部分:渗透检测

NB/T 47013.6—2015　承压设备无损检测　第6部分:涡流检测

NB/T 47014　承压设备焊接工艺评定

NB/T 47015　压力容器焊接规程

YB/T 050　冶金设备用YNK齿轮减速器

TSG Z6002　特种设备焊接操作人员考核细则

TSG Z8001　特种设备无损检测人员考核细则

TSG 21　固定式压力容器安全技术监察规程

3　术语和定义

下列术语和定义适用于本标准。

3.1

压力　pressure

除注明者外,均指表压力。

3.2

工作压力　working pressure

正常工作情况下,空冷器管束内可能达到的最高压力。

3.3

设计压力　design pressure

设定的空冷器管束内的最高压力与相应的设计温度一起作为设计载荷条件,其值不低于工作压力。

3.4

计算压力　calculated pressure

在相应的设计温度下,用以确定空冷器管束受压元件计算厚度的压力,其中包括液柱静压力。

3.5

试验压力　test pressure

进行耐压试验或泄漏试验时,管箱顶部的压力。

3.6

设计温度　design temperature

在正常工作情况下,设定的管束受压元件的金属温度。

3.7

最低空气设计温度　minimum design air temperature

规定用于冬季防冻的进口空气温度。

3.8

金属温度　metal temperature

空冷器管束受压元件沿截面厚度的平均温度。

3.9

最低设计金属温度　minimum design metal temperature

能够承受设计压力的承压元件,在运行过程中预期的各种可能条件下其金属温度的最低值。

3.10

临界工艺温度　critical process temperature

与工艺流体重要的物理性质相关的温度(如冰点、泡点、露点、浊点等)。

3.11

规定的最低管壁温度　specified minimum tube-wall temperature

临界工艺温度加安全裕量。

3.12

试验温度　test temperature

进行耐压试验或泄漏试验时,空冷器管箱的金属温度。

3.13

暴露温度　exposure temperature

外部热源施加在机械部件和仪表元件上的温度。

3.14

基管外表面积　bare tube surface

以两管板之间的管长为基准的基管外表面积。

3.15

翅片管表面积　finned surface

以两管板之间的管长为基准的与空气接触的翅片管外表面积。

3.16

计算厚度　calculated thickness

按本标准各章公式计算得到的厚度,不包括厚度附加量。需要时,尚应计入其他载荷(见4.3)所需厚度。

3.17

设计厚度　design thickness

计算厚度与腐蚀裕量之和。

3.18

名义厚度　nominal thickness

将设计厚度加上钢材厚度负偏差后向上圆整到钢材标准规格的厚度,即图样上标注的厚度。

3.19

有效厚度　available thickness

名义厚度减去腐蚀裕量和材料厚度负偏差。

3.20

密封焊接　seal-welded

仅保证换热管与管板连接不泄漏的焊接。

3.21

强度焊接　strength-welded

换热管与管板的焊接连接强度满足换热管轴向(拉或压)机械和温差载荷设计要求并保证密封性能的焊接。

3.22

强度胀接　strength-expansion

换热管与管板的胀接连接强度满足换热管轴向(拉或压)机械和温差载荷设计要求并保证密封性能的胀接。

3.23

贴胀　light-expansion

为消除换热管与管板管孔之间缝隙的轻度胀接。

3.24

组　unit

在一个连续构架上布置的一个或多个单元。

3.25

跨　bay

一片或多片管束,配备有一台或多台风机,同时包括构架、风箱和其他附属设备。

注:图1表示的是典型的跨的布置。

3.26

鼓风式空冷器　forced-draught air-cooled exchanger

管束置于风机排风侧的空冷器(见图1)。

3.27

引风式空冷器　induced-draught air-cooled exchanger

管束置于风机吸风侧的空冷器(见图2)。

3.28

单元　item

用于一个单独用途的一片或多片管束。

3.29

单元号　item number

用于一个单元的需方的识别编号。

3.30

含氢工况　hydrogen sercice

工艺介质中氢分压超过700 kPa(绝压)的工况。

4　总则

4.1　空冷器的设计、制造、检验和验收除符合本标准规定外,还应遵守国家颁布的有关法律、法规和规章的要求。

4.2　资格

4.2.1　空冷器的设计、制造单位应具备健全的质量管理体系。

4.2.2　空冷器产品的制造单位、空冷器用翅片管的制造单位、空冷器用风机的制造单位宜取得相应的“空冷式热交换器产品安全注册证”。

4.3　载荷

4.3.1　设计空冷器受压元件时应考虑以下载荷:

a)　设计压力;

b)　液柱静压力,当液柱静压力小于设计压力的5%时,可忽略不计。

4.3.2　设计空冷器钢结构时应考虑以下载荷:

a)　物料重力载荷;

b)　设备重力载荷;

c)　平台、梯子动载荷;

d)　动力载荷;

e)　热推力;

f)　地震载荷;

g)　风载荷;

h)　雪载荷;

i)　试验载荷。

4.4　受压元件的许用应力

钢材和螺柱材料在不同温度下的许用应力,按GB/T 150选取。

4.5　焊接接头系数

空冷器管箱中管板、丝堵板分别与顶、底板的焊缝(纵焊缝)以及端板与管板、丝堵板、顶、底板的焊缝(端面焊缝)均应按GB 150.1—2011中A类焊缝处理。

空冷器管箱焊缝采用双面焊或单面焊时,角接接头对接焊缝的焊接接头系数按下列规定选取:

a)　单面焊:

100%无损检测:$\phi=0.9$;

局部无损检测:$\phi=0.8$;

无法进行无损检测:$\phi=0.6$。

b) 双面焊：

100%无损检测：$\phi=1.0$；

局部无损检测：$\phi=0.85$；

无法进行无损检测：$\phi=0.6$。

4.6 设计温度的确定

a) 受压部件的最高和最低设计温度应由需方规定。设计温度不得低于元件金属在工作状态可能达到的最高温度。在任何情况下，元件金属的表面温度不得超过材料的允许使用温度。

b) 需方应单独规定最高操作温度(翅片管设计温度)以便用于翅片管类型选择。受压部件的设计温度不是用来决定翅片类型或确定机械元件及仪表元件的暴露温度。

4.7 厚度附加量

厚度附加量按式(1)确定：

$$C=C_1+C_2 \qquad (1)$$

式中：

C——厚度附加量，mm；

C_1——钢板或钢管的厚度负偏差，按4.7.1确定，mm；

C_2——腐蚀裕量，按4.7.2确定，mm。

4.7.1 材料厚度负偏差

板材或管材的厚度负偏差，按材料标准的规定。

4.7.2 腐蚀裕量

为防止管箱(含接管、法兰)由于腐蚀、机械磨损而导致厚度削弱、减薄，应考虑腐蚀裕量。与工作介质接触的受压元件的腐蚀裕量应由需方给定，如未给定，碳素钢和低合金钢一般取$C_2\geqslant3$ mm，腐蚀裕量的确定还应符合下列要求：

a) 换热管、垫片及与垫片接触的密封面均不取腐蚀裕量；

b) 管程隔板和加强板两侧应分别取腐蚀裕量；

c) 管板及盖板上开有隔板槽时，可把高出隔板槽底面的金属作为腐蚀裕量；当腐蚀裕量大于槽深时，应加上两者的差值。

4.7.3 加工余量

制造单位应根据制造工艺及钢材的实际厚度自行增加加工余量。

4.8 耐压试验

管束组装后必须进行耐压试验，耐压试验的项目和要求应符合图样及GB/T 150的规定。

4.9 泄漏试验

4.9.1 泄漏试验应符合GB/T 150.1—2011中4.7的要求。

4.9.2 泄漏试验的种类和要求应在图样上注明。

4.10 资料

空冷器设计、投标、制造过程的资料要求参照附录A。

5 型式、结构与型号

5.1 空冷器的型式

空冷器的型式分为鼓风式空冷器(见图1)和引风式空冷器(见图2)。空冷器型式选择可参照附录B。空冷器的型式与各部件的公称尺寸和基本参数应符合GB/T 28712.6—2012的规定。

5.2 空冷器部件组成及零、部件名称

5.2.1 空冷器主要包含以下部件:

a) 管束:管箱、换热管及管束侧梁、支持梁等的组装件(见图3);

b) 风机:轮毂、叶片、风筒、支架及驱动机构等的组装件(见图4);

c) 百叶窗:窗叶、调节机构及百叶窗侧梁等的组装件(见图5);

d) 构架:用于支撑管束、风机、百叶窗及其附属件的钢结构(见图1、图2);

e) 风箱:用于导流空气的组装件[对图1中a)风箱是构架的一部分]。

5.2.2 空冷器零、部件名称见表1及图1~图5。

表1 空冷器零、部件名称

序号	名称	序号	名称	序号	名称
1	构架(部件)	22	上横梁(部件)	43	管箱支架(部件)
2	风机(部件)	23	翅片管(部件)	44	L型弯管
3	风筒(部件)	24	支持梁(部件)	45	集合管箱(部件)
4	平台(部件)	25	管束侧梁	46	半圆管箱
5	风箱(部件)	26	管子支撑件	47	叶片
6	百叶窗(部件)	27	挡风梁	48	轮毂(部件)
7	管束(部件)	28	管箱挡风板	49	轴承(部件)
8	梯子(部件)	29	排气口(部件)	50	风机轴
9	管箱座(部件)	30	加强板	51	风机支架(部件)
10	丝堵	31	底板	52	传动带
11	丝堵垫片	32	排液口(部件)	53	带轮(部件)
12	端板	33	盖板垫片	54	电动机(部件)
13	丝堵板	34	盖板	55	减速器(部件)
14	法兰	35	螺柱	56	联轴器(部件)
15	接管	36	螺母	57	轴承套
16	仪表接头(部件)	37	帽盖(部件)	58	销轴
17	顶板	38	管程隔板	59	百叶窗侧梁
18	管板	39	U形弯管	60	窗叶
19	吊耳	40	支撑板	61	操纵器(部件)
20	挡风板	41	连接板	62	定位器(部件)
21	斜撑(部件)	42	加强接头	63	手柄

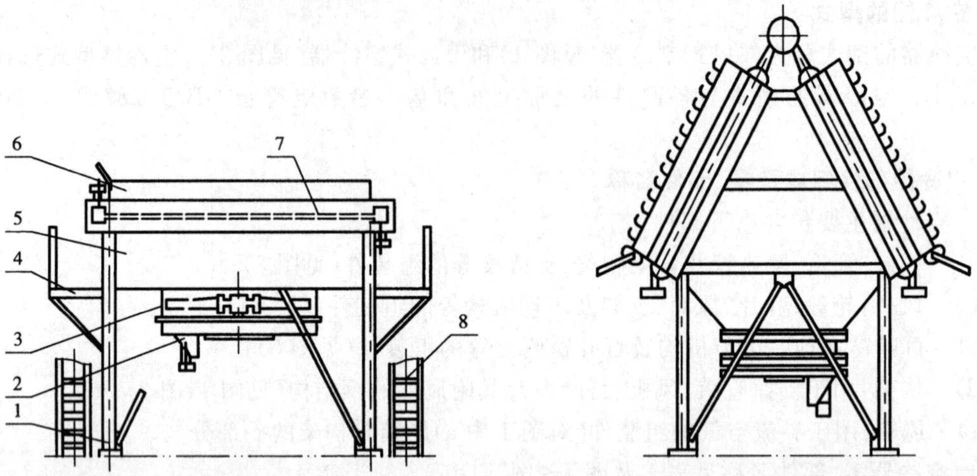

a）水平式　　　　b）斜顶式

图1　鼓风式空冷器

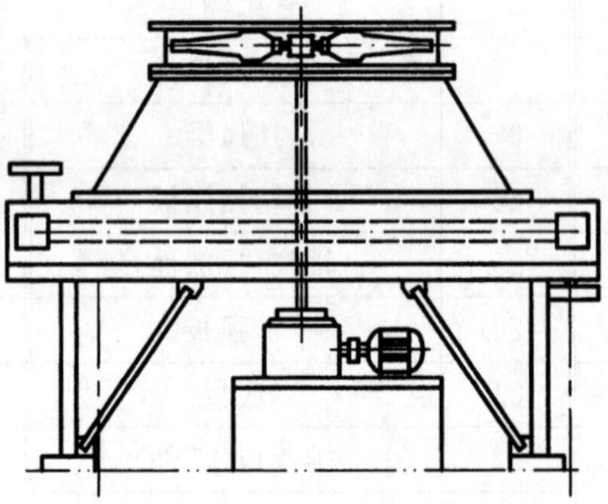

图2　引风式空冷器

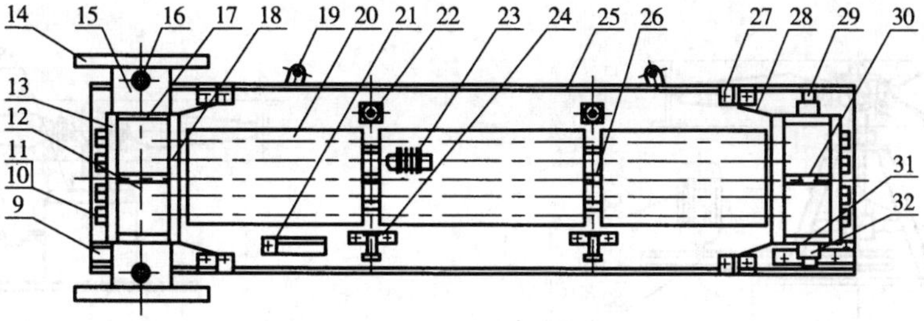

a）丝堵式管箱的管束

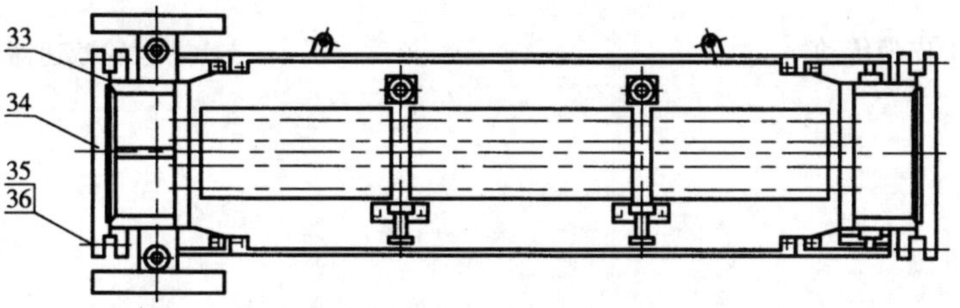

b）可卸盖板式管箱的管束

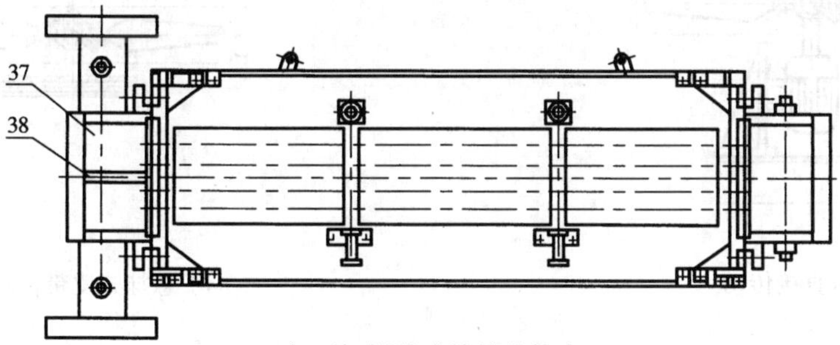

c）可卸帽盖式管箱的管束

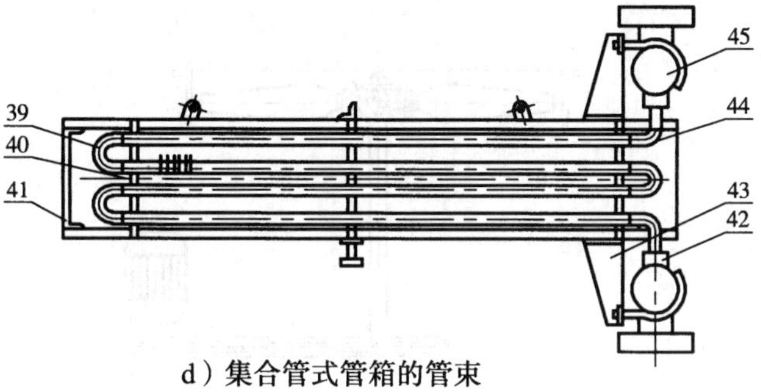

d）集合管式管箱的管束

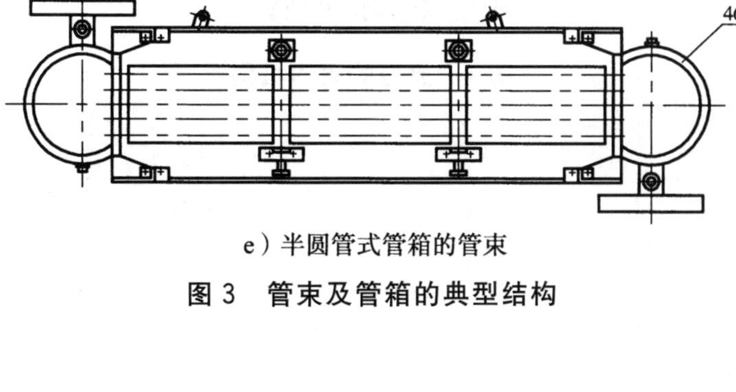

e）半圆管式管箱的管束

图3 管束及管箱的典型结构

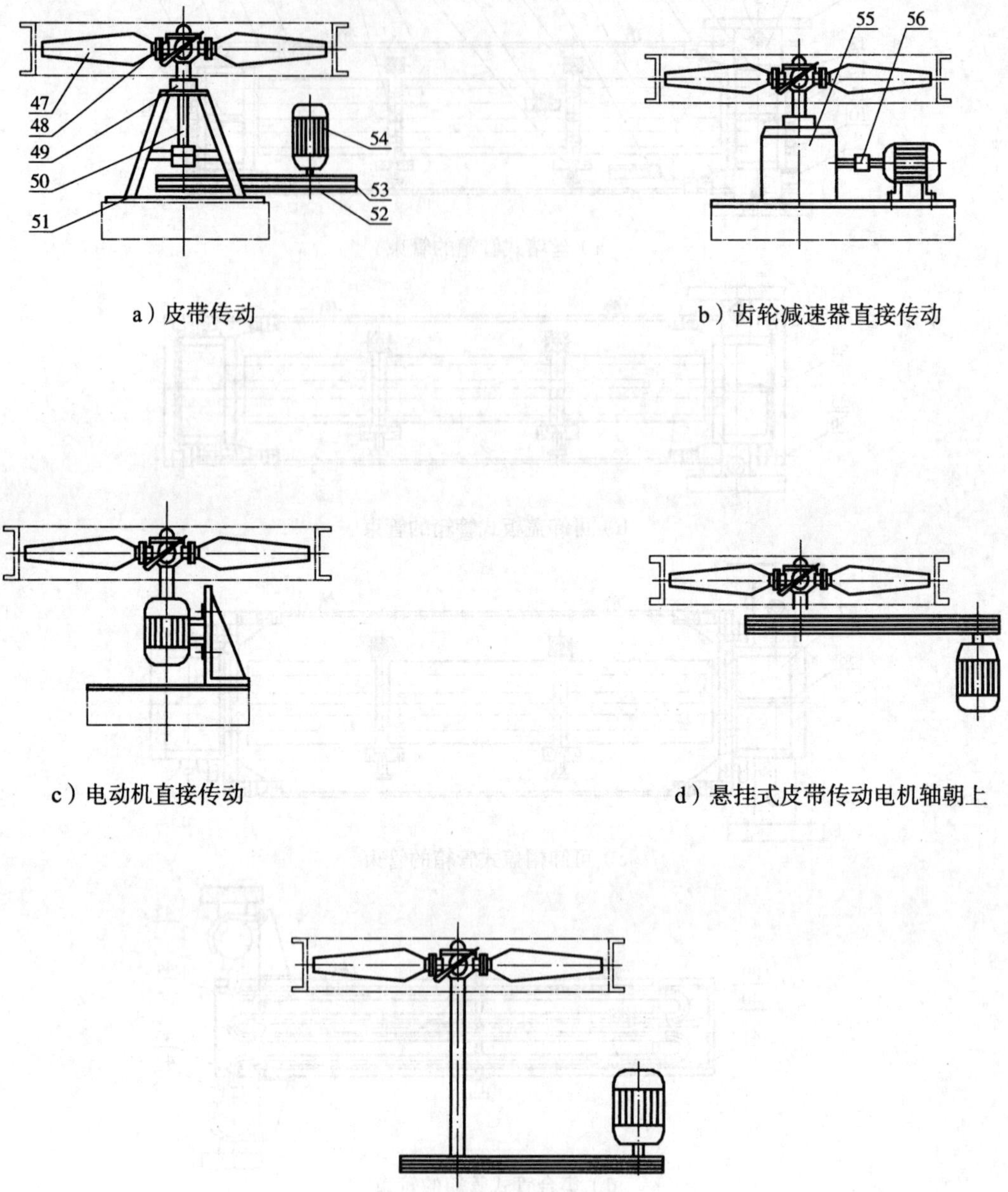

a）皮带传动　　b）齿轮减速器直接传动

c）电动机直接传动　　d）悬挂式皮带传动电机轴朝上

e）悬挂式皮带传动电机轴朝下

图4　典型的驱动机构

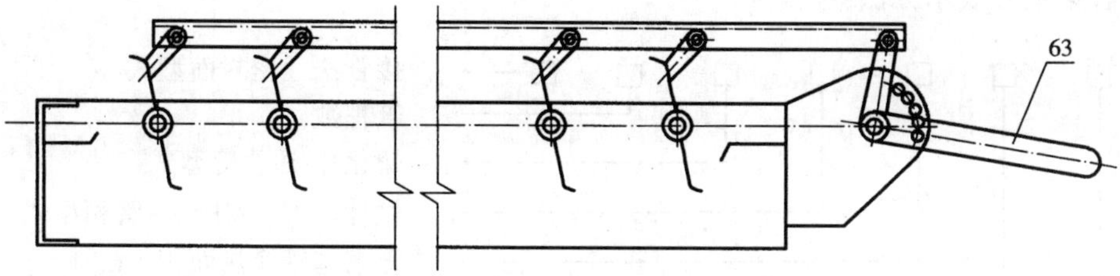

a）手动调节百叶窗

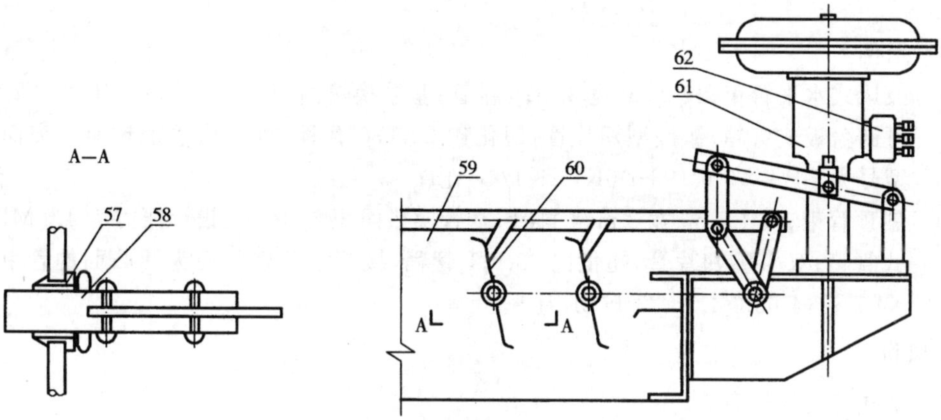

b）自动调节百叶窗

图 5　百叶窗的典型结构

5.3　型号的表示方法

5.3.1　管束

5.3.1.1　型式与代号见表 2。

表 2　管束型式与代号

管束型式（见图 1、图 2）	代号	管箱型式（见图 3）	代号	翅片管型式（见图 11）	代号	接管法兰密封面型式	代号
鼓风式水平管束	GP	丝堵式管箱	S	L 型翅片管	L	突面	a
斜顶管束	X	可卸盖板式管箱	K1	LL 型翅片管	LL	凹凸面	b
引风式水平管束	YP	可卸帽盖式管箱	K2	滚花型翅片管	KL	榫槽面	c
—	—	集合管式管箱	J	双金属轧制翅片管	DR	环连接面	d
—	—	半圆管式管箱	D	镶嵌型翅片管	G	—	—

5.3.1.2 管束型号表示方法：

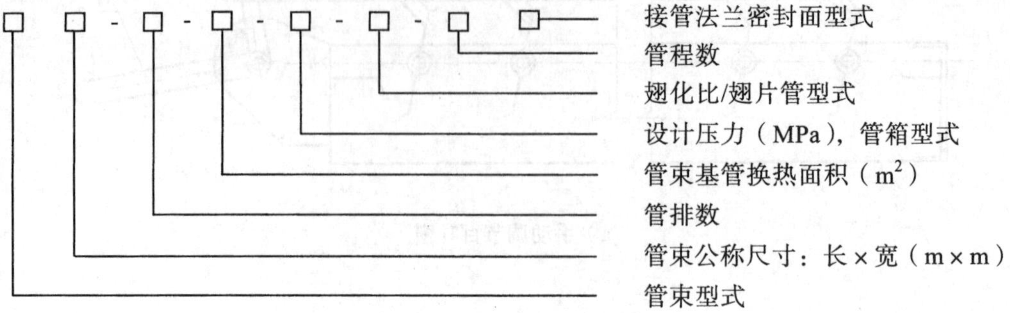

5.3.1.3 示例：

a) 鼓风式水平管束;长 9 m、宽 3 m;6 排管;基管换热面积 193 m^2;设计压力为 1.6 MPa;可卸盖板式管箱;镶嵌型翅片管,翅化比 23.1;6 管程,接管法兰密封面为突面的管束型号为 GP 9×3-6-193-1.6K1-23.1/G-Ⅵa;

b) 斜顶管束;长 4.5 m、宽 3 m;4 排管;基管换热面积 63.6 m^2;设计压力为 4.0 MPa;丝堵式管箱;双 L 型翅片管,翅化比 23.1;1 管程,接管法兰密封面为凹凸面的管束型号为 X4.5×3-4-63.6-4.0S-23.1/LL-Ⅰb。

5.3.2 **风机**

5.3.2.1 型式与代号见表 3。

表 3 风机型式与代号

通风方式	代号	风量调节方式	代号	叶片材料	代号	风机传动方式(见图 4)	代号
鼓风式	G	停机手动调角风机	TF	玻璃钢	B	V 带传动	V
引风式	Y	不停机手动调角风机	BF	铝合金	L	齿轮减速器传动	C
—	—	自动调角风机	ZFJ	—	—	电动机直接传动	Z
—	—	自动调速风机	ZFS	—	—	悬挂式带传动,电动机轴朝上	Vs
—	—	—	—	—	—	悬挂式带传动,电动机轴朝下	Vx

5.3.2.2 风机型号表示方法：

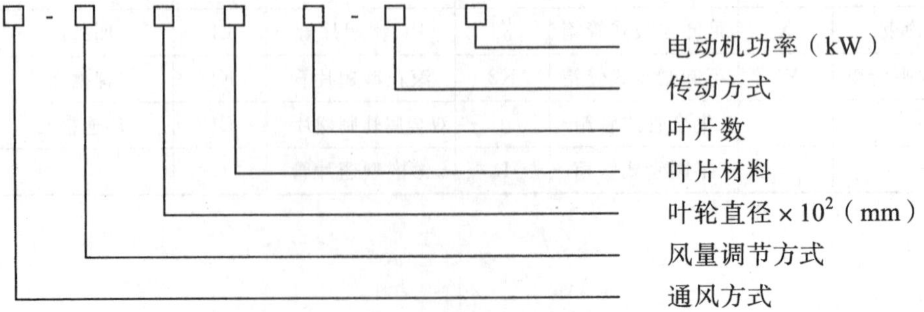

5.3.2.3 示例：

a) 鼓风式、停机手动调角风机、直径 2 400mm、铝合金叶片、叶片数 4 个；悬挂式电动机轴朝上 V 带传动、电动机功率 18.5 kW 的风机型号为 G-TF24L4-Vs18.5；

b) 引风式、自动调角风机、直径 3 000 mm、玻璃钢叶片、叶片数 6 个；带支架的直角齿轮传动、电动机功率 15 kW 的风机型号为 Y-ZFJ30B6-C15。

5.3.3 构架

5.3.3.1 型式与代号见表 4。

表 4 构架型式与代号

构架型式	代号	构架开(闭)型式	代号	风箱型式	代号
鼓风式水平构架	GJP	开式构架	K	方箱型	F
斜顶构架	JX	闭式构架	B	过渡锥型	Z
引风式水平构架	YJP	—	—	斜坡型	P
注：开式构架只能与闭式构架配合使用。					

5.3.3.2 构架型号表示方法：

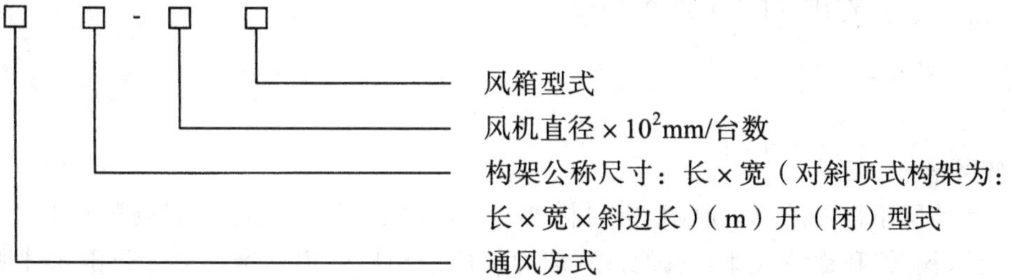

5.3.3.3 示例：

a) 鼓风式空冷器水平构架、长 9 m、宽 4 m；风机直径 3 300 mm、2 台、方箱型风箱；闭式构架，型号为 GJP9×4B-33/2F；

b) 鼓风式空冷器斜顶构架、长 5 m、宽 6 m；斜顶边长 4.5 m；风机直径 4 200 mm、1 台、过渡锥型风箱；闭式构架，型号为 JX5×6×4.5B-42/1Z。

5.3.4 百叶窗

5.3.4.1 型式与代号：手动调节代号 SC；自动调节代号 ZC（见图 5）。

5.3.4.2 百叶窗型号表示方法：

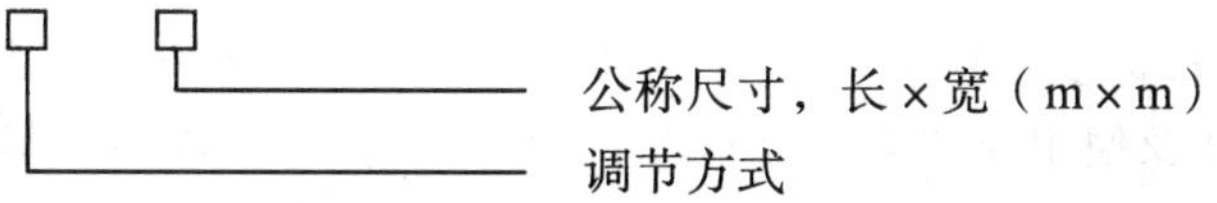

5.3.4.3 示例：

a) 手动调节百叶窗、长 9 m、宽 3 m，其型号为 SC9×3；

b) 自动调节百叶窗、长 6 m、宽 2 m，其型号为 ZC6×2。

5.3.5 空冷器

5.3.5.1 空冷器型号的表示方法：

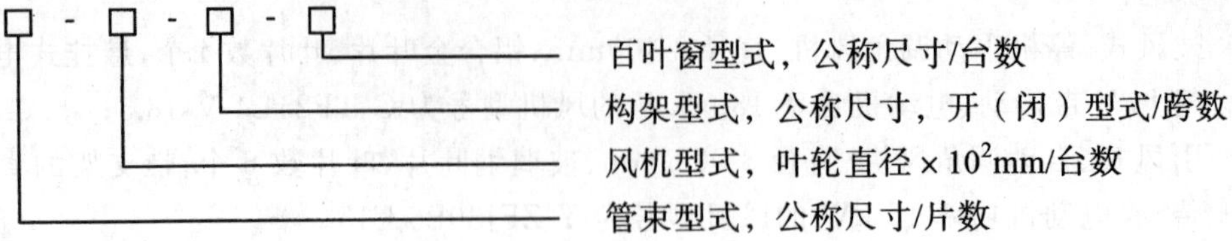

5.3.5.2 示例：

a) 鼓风式空冷器

鼓风式空冷器、水平式管束、长×宽为 9 m×3 m、4 片；停机手动调角风机、直径 3 600 mm、4 台；水平式构架、长×宽为 9 m×6 m、一跨闭式构架，一跨开式构架；手动调节百叶窗、4 台、长×宽为 9 m×3 m 的空冷器型号为 GP9×3/4-TF36/4-$\dfrac{\mathrm{GJP9\times 6B/1}}{\mathrm{GJP9\times 6K/1}}$-SC9×3/4。

b) 引风式空冷器

引风式空冷器、水平管束、长×宽为 9 m×3 m、2 片；自动调角风机、直径 3 600 mm、1 台，停机手动调角风机、直径 3 600 mm、1 台；水平式构架、长×宽为 9 m×6 m、一跨闭式构架；自动调节百叶窗、2 台、长×宽为 9 m×3 m 的空冷器型号为 YP9×3/2-$\dfrac{\mathrm{ZFJ36/1}}{\mathrm{TF36/1}}$-YJP9×6B/1-ZC9×3/2。

6 材料

6.1 一般要求

受压元件所用材料的选用原则、钢材标准、热处理状态及许用应力值应按 GB/T 150.2 的规定，铝、钛、铜、镍和锆等其他金属的许用应力值应按相应引用标准选取。受压元件所用材料应有可追溯的标志。

6.2 管箱

6.2.1 管程隔板(或加强板)的材料应与管板、丝堵板相同。

6.2.2 管箱元件采用锻件时，锻件的级别由设计者确定，并应在图样中注明。

6.2.3 选材时应考虑避免丝堵和丝堵板咬合。

6.2.4 与管箱焊接的外部承载部件材料应符合 GB/T 150.2—2011 的规定。

6.2.5 镀锌材料或含锌油漆等不宜用于或直接用于外露的奥氏体不锈钢或高镍合金钢受压部件上。

6.3 翅片管

6.3.1 基管用钢管选用标准 GB/T 6479、GB/T 9948，GB/T 5310 时，应选用标准中的较高级(或高级)：但钢管性能及使用条件应符合 GB/T 150.2—2011 的规定。基管用钢管选用标准亦包括 GB/T 13296、GB/T 2882、GB/T 3625、GB/T 8890。常用换热管特性参见 GB/T 151—2014 附录 G。

6.3.2 设计压力大于或等于 10 MPa 的基管用钢管应逐根进行超声检测及磁粉(或涡流)检测。

6.3.3 翅片用铝带应为工业纯铝，并应符合 GB/T 3880.1 的规定。

6.3.4 双金属轧制翅片管用铝管应符合 GB/T 4437.1、GB/T 6893 的规定。如果采用 GB/T 4437.2规定的有缝圆管，需对该铝管作相关试验(如扩口试验、压扁试验、拉伸试验等)，并采取相应措施以确保在轧制过程中不会出现翅片开裂现象。

6.3.5 翅片管管端防止翅片松动所用的固定件应采用不锈钢或镀锌处理的碳素钢。

6.4 螺柱、螺母、丝堵

6.4.1 螺柱及丝堵用钢材的使用状态及许用应力按 GB/T 150.2—2011 的规定。

6.4.2 螺柱和螺母材料组合可按表 5 选取,也可选用有使用经验的其他材料组合。螺柱的硬度宜比螺母稍高。

6.4.3 丝堵材料应和丝堵板材料相适应,丝堵的硬度应比丝堵板稍低。不应使用铸件做丝堵。

6.4.4 丝堵或螺纹连接材料的合金含量应至少等于结合件的合金含量。

6.4.5 设计压力大于或等于 10 MPa 的螺柱和丝堵的无损检测应由设计者在图样上确定。

表 5 螺柱和螺母材料组合

螺柱用钢	螺母用钢			
	钢号	钢材标准	使用状态	使用温度范围/℃
20	10、15	GB/T 699	正火	−20～350
35	20、25	GB/T 699	正火	0～350
40MnB、40MnVB、40Cr	45、40Mn	GB/T 699	正火	0～400
30CrMoA	30CrMoA	GB/T 3077	调质	−100～500
	40Mn、45	GB/T 699	正火	−10～400
35CrMoA	30CrMoA、35CrMoA	GB/T 3077	调质	−70～500
	40Mn、45	GB/T 699	正火	−10～400

6.5 垫片

6.5.1 丝堵垫片应为金属垫片,垫片硬度应低于丝堵和丝堵板的硬度。金属垫片的布氏硬度对于碳钢应不大于 120 HB,奥氏体不锈钢或双相钢应不大于 160 HB。

6.5.2 可卸盖板式及可卸帽盖式管箱的垫片可参照附录 B 的要求。

6.6 钢结构

6.6.1 钢结构件用材应按 GB 50017 的规定。

6.6.2 作为管束部分的结构支撑件,如侧梁、横梁应采用镀锌、热浸锌、涂漆等防腐措施。结构钢的镀锌、热浸锌应符合 GB/T 13912 的规定。

6.6.3 结构材料的组合应协调一致以便将电解电池作用减到最小。

6.7 风机

6.7.1 风机叶片材料宜选用铝合金或玻璃纤维增强复合材料(以下简称玻璃钢),并应符合下列规定:

a) 玻璃钢叶片的性能应符合表 6 的规定;

b) 铝合金叶片材料应符合 GB/T 3190 和 GB/T 6892 的规定,铝合金叶片的性能应符合表 7 的规定。

6.7.2 风箱、风机圈、风机底板、隔板和平台材料宜为碳钢。

6.7.3 对于用 U 型螺栓连接的叶片,U 型螺栓强度等级不低于 8.8 级。

表6 玻璃钢叶片的性能

弯曲强度	层间剪切强度	弹性模量	允许使用温度范围/℃
≥180 MPa	≥20 MPa	≥15 000 MPa	−40～90

表7 铝合金叶片的性能

抗拉强度	屈服强度	弹性模量	伸长率/%	允许使用温度/℃
≥260 MPa	≥240 MPa	≥70 000 MPa	≥7	−70～150

6.8 百叶窗

6.8.1 窗叶或框架宜采用镀锌钢板或铝合金。如采用轧制镀锌材料，所有切口和冲边应采用富锌涂层保护。

6.8.2 窗叶销轴宜采用奥氏体不锈钢或时效状态铝合金。

6.8.3 百叶窗轴承宜采用适合于百叶窗外露设计温度的聚四氟乙烯(PTFE)基复合材料。

7 设计

7.1 管束

7.1.1 一般规定

7.1.1.1 管束应为独立的，且便于整体装卸的组装件。

7.1.1.2 管束应有适应翅片管热膨胀的措施。

7.1.1.3 管束在构架上的横向位置，应至少在两边各有 6 mm 或一边有 13 mm 的移动量。

7.1.1.4 最低一排翅片管下面应设支持梁；支持梁间距应不大于 1.8 m，且与管束侧梁用螺栓(或焊接)固定；支持梁部位上的所有翅片管均应设支撑，以防翅片啮合、压坏和变形。

7.1.1.5 用于冷凝的单管程管束的翅片管应向流体出口方向倾斜，倾斜度最小为 10 mm/m；用于冷凝的多管程管束的最后一管程的翅片管应向流体出口方向倾斜，倾斜度最小为 10 mm/m。

7.1.1.6 管束中凡产生空气旁流的部位，当间隙大于 10 mm 时，均应设置密封件。密封件的厚度宜：管束侧梁内不小于 3 mm，管束侧梁外不小于 2.5 mm，且须固定在管束上。

7.1.1.7 用于固定密封件的螺栓的公称直径应至少为 10 mm。

7.1.1.8 管束应设计成能在需方规定的温度和压力下进行蒸汽吹扫。

7.1.2 管箱

7.1.2.1 一般要求

7.1.2.1.1 各种管箱的允许工作压力见表 8。

7.1.2.1.2 多管程管束流体进、出口之间温差大于表 9 的规定时，应采用分解管箱(见图 6)、U 形管结构或其他可以消除约束的措施。

7.1.2.1.3 对污垢热阻大于 0.000 34 $m^2 \cdot K/W$ 的介质或不能用化学方法除掉污垢的工况，宜采用可机械清理的管箱结构，如可卸盖板式、可卸帽盖式。

7.1.2.1.4 在起冷凝作用的空冷器中，冷凝流程宜分布到管束的全宽度。在全部冷凝工况下，出口接管的尺寸应能避免底排换热管发生倒流。

7.1.2.1.5 含氢工况不宜采用可卸盖板式、可卸帽盖式管箱结构。

表 8　各种管箱的允许工作压力

管箱型式	允许工作压力/MPa
可卸盖板式、可卸帽盖式、半圆管式	≤6.4
丝堵式	≤23
集合管式	≤35

表 9　多管程管束流体进、出口温差

钢材	进、出口温差/℃
碳素钢	>110
奥氏体钢	>80

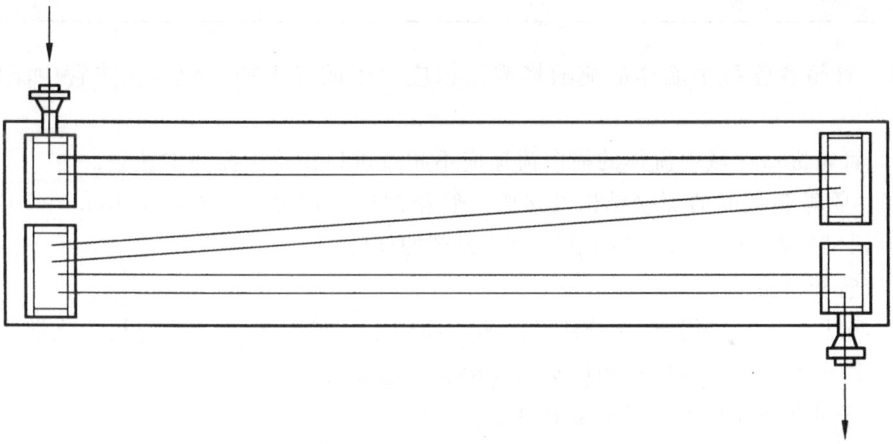

图 6　分解管箱管束

7.1.2.1.6　不管单管程或多管程管束流体进、出口间温差大小如何，是否需要进行约束消除应经过计算。设计者应提供计算书以证明设计是恰当的。计算书应考虑以下应力组合：

a)　对换热管应力和/或管子与管板连接接头应力：

1)　由压力引起的应力；

2)　由接管受力和力矩引起的应力；

3)　由盘管管束中管排/管程之间换热管的不均匀热膨胀引起的应力；

4)　由管箱横向位移引起的应力。

b)　对管箱和接管应力：

1)　由压力和温度引起的应力；

2)　由接管受力和力矩引起的应力(能够产生管箱位移的力和力矩)；

3)　由加热盘管中管排/管程之间换热管的不均匀热膨胀引起的应力。

c)　对管箱附件和支撑件应力：

1)　由充衡水的管箱质量引起的应力；

2)　由接管受力和力矩引起的应力(能够产生管箱位移的力和力矩)；

3)　由换热管膨胀引起的应力。

7.1.2.1.7　板焊式空冷器管箱各板的最小厚度应不小于表10的规定；表10中所列厚度，对碳素钢和低合金钢已包括3 mm的腐蚀裕量(对管程隔板和加强板已包括6 mm的腐蚀裕量)。高合金钢或其他材料不包括腐蚀裕量。表10中所列厚度是以开一个槽的胀接管子与管板接头为依据的。除管程隔板外，管箱其余各板不允许拼接。

表10　板焊式空冷器管箱各板的最小厚度

名称	碳素钢及低合金钢	高合金钢或其他材料
	厚度/mm	
管板	20	16
丝堵板	20	16
可卸盖板	25	22
顶板、底板、端板	12	10
管程隔板、加强板	12	6

7.1.2.1.8　管箱各管程中流体的流通横截面积应大于或等于相应管程换热管中流体的流通面积。

7.1.2.1.9　管箱进口区域中流体的横向流速应不超过进口接管中流体的流速。

7.1.2.1.10　管箱各板间的焊接结构及接管与管箱焊接结构可参考GB/T 150.3—2011附录D的规定；其尺寸应符合GB/T 985.1、GB/T 985.2的规定。

7.1.2.2　接管和接头

7.1.2.2.1　除非需方另有规定，接管法兰的密封面应水平布置；应根据需要设置化学清洗口。

7.1.2.2.2　符合下述要求的接管和接头应采用法兰连接：

a)　大于或等于DN40的接管和接头；

b)　在含氢工况操作条件下的接管和接头，不应采用平焊法兰和松套法兰；

c)　设计条件要求法兰等级大于或等于PN150时的所有接头。

7.1.2.2.3　碳钢和低合金钢法兰颈部的最小厚度应符合表11的规定。表11中接管壁厚是以10钢为基准计算的，且已包括3 mm腐蚀裕量。

表11　法兰颈部及接管最小厚度　　单位为mm

接管规格DN	法兰颈部最小厚度	接管最小厚度
20	5.56	—
25	6.35	—
40	7.14	—
50	8.74	9
80	11.13	12
100	13.49	14
150	10.97	11
200	12.70	13
250	15.09	16
300	17.48	18

7.1.2.2.4 与法兰连接的接管应为下列型式之一：

a) 锻造或离心浇铸的整体法兰焊接管颈；

b) 与锻造或离心浇铸带颈法兰焊接的管子；

c) 与锻造或离心浇铸带颈法兰连接的无缝过渡短节；

d) 如果买方允许，制造加工的过渡短节(例如通过对板进行卷制和焊接制造的接管管颈)；

e) 如果买方允许，可使用铸造件；

f) 如果买方允许，可使用搭接焊接管颈(碳钢和低合金钢除外)。

7.1.2.2.5 如果采用过渡短节，可采用加拉撑杆、较大厚度的管箱或较大厚度的接管，以提供足够的机械强度。

7.1.2.2.6 除在含氢工况操作条件下[参见 7.1.2.2.2 中 b)]以外，锻造碳钢平焊法兰可用于管箱上，但须符合以下条件：

a) 最大设计压力 2.1 MPa；

b) 最高设计温度 450℃；

c) 最大操作腐蚀裕量 3 mm。

7.1.2.2.7 除压力表接头不应小于 DN20 mm 外，其余螺纹接头不应小于 DN25 mm。这包括一些附属接口，如阀门、排液口、仪表接口和化学清洗口等。

7.1.2.2.8 螺纹连接接头应为下列形式之一：

a) 仅一端带有螺纹的锻造钢制管接头，并具有相适应的压力等级；

b) 整体补强的锻钢件；

c) 当管箱板厚允许时，排气和排液接头的螺孔可直接在管箱上加工；

d) 合适的凸台接头。

7.1.2.2.9 当要求带温度计接头时，此接头应设在接管上。除非当接管小于 DN100 mm 时，接头应位于邻近接管的管箱上。

7.1.2.2.10 当要求带压力表接头时，此接头应设在接管上。除非当接管小于 DN80 mm 时，接头应位于邻近接管的管箱上。

7.1.2.2.11 管螺纹应为锥形管螺纹。

7.1.2.2.12 除要求重叠式管束的中间接管不设仪表接头外，仪表接头应位于每一管束的至少一个进口和出口接管处。

7.1.2.2.13 所有螺纹连接的管接头应采用实心堵头封闭。法兰接管应采用盲板封闭，垫片及螺栓材料应适于规定的操作条件。

7.1.2.2.14 应在每一管箱的最高点和最低点分别设置排气和排液接头。安装在最高点和最低点的管箱接管可用作排气和排液。用作排气和排液管的接头不应伸出管箱的内表面。如果管箱板厚度不满足排气或排液管塞螺纹的最小啮合长度，应设置管接头或加凸台。

7.1.2.2.15 在重叠式管束接管之间的螺栓应在不移动管束的情况下可进行拆卸。

7.1.2.2.16 碳钢和低合金钢接管的最小壁厚见表 11。

7.1.2.2.17 管箱接管扣除腐蚀裕量后允许承受的弯矩和力见图 7 及表 12。

7.1.2.2.18 每个固定管箱或浮动管箱的设计、固定管箱与侧梁的连接件设计以及其他支撑构件的设计，均要确保所有接管载荷之和同时作用于单个管箱上时不会引起任何破坏，作用于单个管箱上的所有接管载荷之和不应超过表 13 的规定。

7.1.2.2.19 在一台多管束空冷器上,所有接管总载荷不应超过单个管箱上接管载荷允许值的3倍。

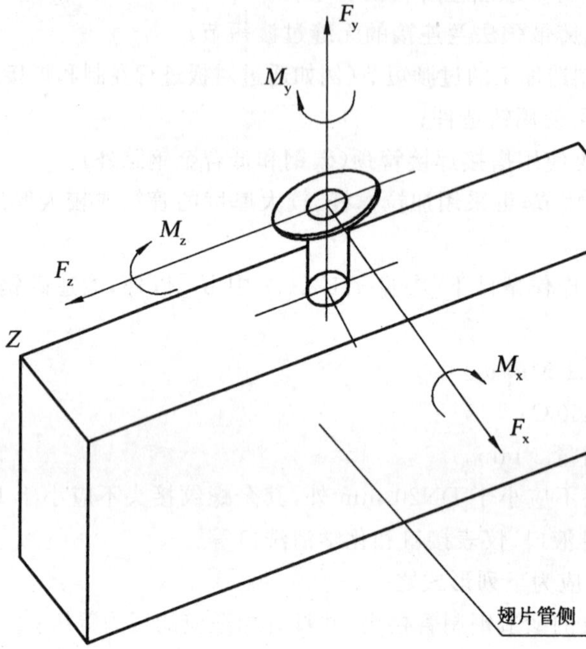

图7 接管受弯矩和力

表12 接管允许承受的弯矩和力

接管公称直径/mm	弯矩/(N·m)			力/N		
	M_x	M_y	M_z	F_x	F_y	F_z
50	150	240	150	1 020	1 330	1 020
80	410	610	410	2 000	1 690	2 000
100	810	1 220	810	3 340	2 670	3 340
150	2 140	3 050	1 630	4 000	5 030	5 030
200	3 050	6 100	2 240	5 690	13 340	8 010
250	4 070	6 100	2 550	6 670	13 340	10 010
300	5 080	6 100	3 050	8 360	13 340	13 340
350	6 100	7 120	3 570	10 010	16 680	16 680

表13 作用于单个管箱上的所有接管载荷之和的最大值

力矩/(N·m)			力/N		
M_x	M_y	M_z	F_x	F_y	F_z
6 100	8 130	4 070	10 010	20 020	16 680

7.1.2.3 丝堵式管箱

7.1.2.3.1 丝堵式管箱计算按GB/T 150.3—2011附录A“非圆形截面容器”的规定。端板按

GB/T 150.3—2011 平盖计算,其公式中系数 $K=0.33$。

7.1.2.3.2　丝堵孔和管孔应在同一中心线上。丝堵孔的螺纹加工应贯穿丝堵板厚度。

7.1.2.3.3　丝堵孔的垫片接触面应锪窝。锪窝边缘应无毛刺。

7.1.2.3.4　丝堵孔螺纹名义内直径应不小于翅片管基管外直径加 3 mm。

7.1.2.3.5　丝堵六角头部的尺寸 δ 应不小于翅片管基管外径的 50%,其两对边的间距应不小于丝堵的凸肩直径。丝堵结构(如自对中锥体)应能保证垫片准确地处于丝堵锪窝平面内(见图 8)。

7.1.2.3.6　不应使用空心丝堵。

7.1.2.3.7　丝堵螺纹应是连续的。丝堵应足够长以致能填满丝堵板螺纹。长度偏差为 ±1.5 mm(见图 8)。

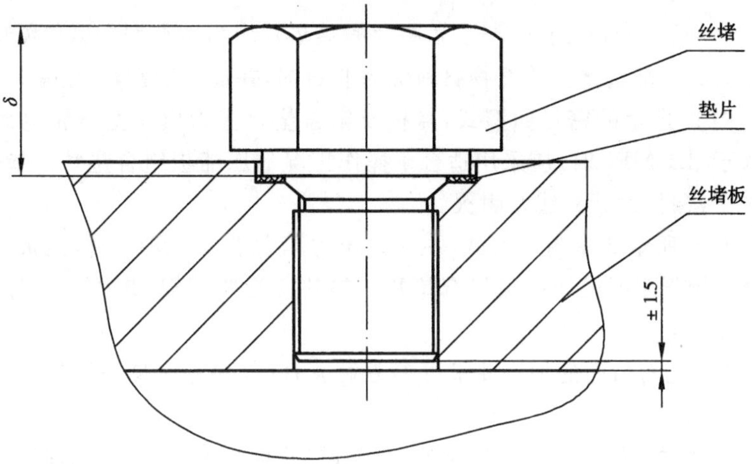

图 8　丝堵结构示例

7.1.2.3.8　公称直径小于或等于 30 mm 的丝堵的螺纹应为 GB/T 196 规定的普通细牙螺纹。其精度等级应符合表 14 的要求,公差与配合应符合 GB/T 197 的规定。

7.1.2.3.9　在丝堵和丝堵板之间应采用垫片进行压力密封。丝堵垫片应扁平并无毛刺。

7.1.2.3.10　丝堵垫片应是实心金属,丝堵垫片的厚度应不小于 1.5 mm。

表 14　丝堵螺纹精度等级

螺纹公称直径/mm	精度等级
≤40	中等
>40	精密级

7.1.2.4　集合管式管箱

7.1.2.4.1　集合管式管箱计算按 GB/T 16507.4—2013 的规定进行。

7.1.2.4.2　集合管式管箱适合于压力较高及介质较干净的工况。

7.1.2.5　可卸盖板式及可卸帽盖式管箱

7.1.2.5.1　可卸盖板式管箱应能在不拆卸管线的情况下打开盖板;可卸帽盖式管箱应在尽可能少拆卸管线的情况下卸下帽盖。

7.1.2.5.2　可卸盖板及可卸帽盖与管箱或管板法兰连接的密封结构见图 9。

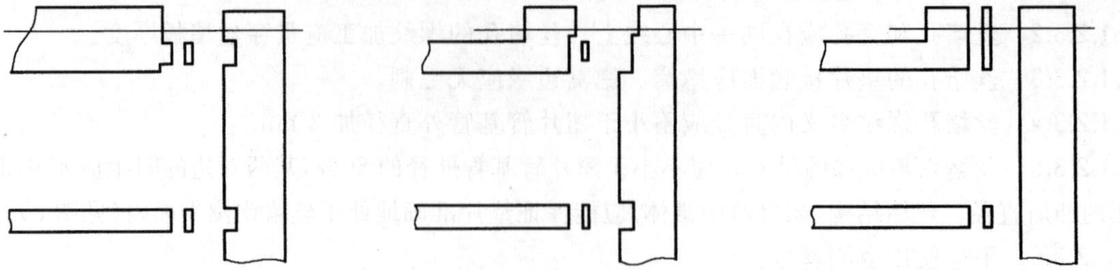

a）榫槽结构窄垫片　　b）凹凸结构窄垫片　　c）平面结构宽垫片

图9　垫片连接密封结构示例

a)　对图9中a)所示的密封面型式，盖板及帽盖垫片应为填充型金属包覆垫或具有软垫片密封面的实心金属垫。填充物材料应为非石棉，并适合于密封、耐紫外线及耐火。

b)　对图9中b)所示的密封面型式，盖板及帽盖垫片应为填充型金属包覆垫或在设计压力不大于2.1 MPa时，应采用适合于操作工况的压缩板组合垫片。垫片应为非石棉，并适合于密封、耐紫外线及耐火。

c)　对图9中c)所示的密封面型式，在设计压力不大于2.1 MPa时，盖板及帽盖垫片应采用适合于操作工况的压缩板组合垫片。垫片应为非石棉，并适合于密封、耐紫外线及耐火。

7.1.2.5.3　垫片及法兰密封面的加工要求可参考附录B.6。垫片应是一片整体的。在有焊缝的部位应满足下列要求：

a)　在垫片周边部分的焊缝应是连续的，全焊透的，这些焊缝区域的横截面、光洁度和平整度应与周边垫片的其余部分相一致；

b)　焊缝应不能影响周边垫片或加筋部分的密封或压缩。

7.1.2.5.4　对于含氢、含酸或湿硫化氢工况，只能使用窄垫片结构，见图9中a)或图9中b)。

7.1.2.5.5　采用榫槽结构时，槽深应不小于5 mm。

7.1.2.5.6　可卸盖板和可卸帽盖管箱的垫片宽度宜不小于10 mm。

7.1.2.5.7　在可卸盖板式管箱及可卸帽盖式管箱上应设置顶丝或在盖板(或管板)与箱体法兰之间至少留5 mm的间隙，以便拆卸。

7.1.2.5.8　管箱上的紧固件应采用全螺纹螺柱或双头螺柱。双头螺柱的公称直径应不小于M20。全螺纹螺柱的公称直径应不小于M16。不应采用拉杆螺栓。

7.1.2.5.9　相邻两螺柱孔中心最大间距按式(2)确定：

$$e_{max}=2d_B+6\delta_e/(m+0.5) \quad (2)$$

式中：

e_{max}——螺孔中心最大间距，mm；

d_B——螺柱公称直径，mm；

δ_e——法兰有效厚度，mm；

m——垫片系数，按GB/T 150选取。

7.1.2.5.10　相邻两螺柱孔间距与螺柱公称直径之比应不大于5。

7.1.2.5.11　相邻两螺柱孔中心最小间距e_{min}见表15。

表 15　相邻两螺柱孔中心最小间距　　单位为 mm

d_B	16	20	22	24	27	30	36	42	48	56
e_{min}	38	46	52	56	62	70	80	90	102	116

7.1.2.5.12　相邻跨角螺柱孔中心距 e、e'、e''(见图 10)应符合式(3)的规定:

$$e \leqslant e' \quad e \leqslant e'' \tag{3}$$

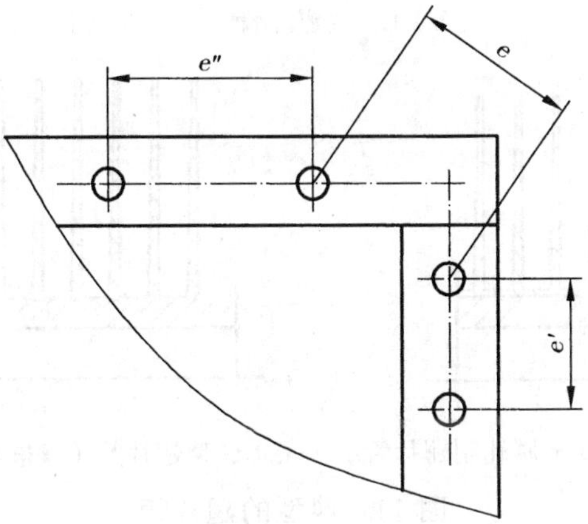

图 10　法兰上螺柱孔布置

7.1.2.5.13　可卸盖板式及可卸帽盖式管箱计算可参照附录 C 的规定。

7.1.2.6　半圆式管箱

7.1.2.6.1　半圆式管箱适合于压力较低,且介质较干净的场合。

7.1.2.6.2　半圆式管箱的管板计算参照附录 A。

7.1.3　换热管

7.1.3.1　换热管可为翅片管和非翅片管;换热管基管的厚度应按 GB/T 150.3—2011 中的外径公式进行计算,且换热管基管应以最小壁厚或平均壁厚供货。

7.1.3.2　常用翅片管型式有以下几种:

a)　L 型翅片管:L 型铝带在张力下,缠绕在基管的外表面上,基管部分被翅片间的弯脚所覆盖[见图 11 中 a)];

b)　LL 型翅片管:L 型铝带在张力下,缠绕在基管的外表面上,基管全部被翅片及翅片之间的搭接重叠弯脚所覆盖[见图 11 中 b)];

c)　KL 型翅片管:L 型铝带在张力下,缠绕并在压力下弯脚部分被嵌入带轴向槽的基管外表面上,基管部分被翅片间的弯脚所覆盖[见图 11 中 c)];

d)　DR 型翅片管:翅片由铝质外套管用挤压的方法成型,外套管用机械方法与基管结合或套入。管子全部严密地被翅片覆盖[见图 11 中 d)];

e)　G 型翅片管:将矩形截面的铝带用张力缠绕并以机械的方法嵌入基管外表面的螺旋槽内[见图 11 中 e)];

f)　H 型翅片管:翅片通过热浸锌、钎焊或高频焊连接到管子外表面。

7.1.3.3　圆形翅片管常用基管外径为 25 mm、32 mm、38 mm。常用翅片管的型式见图 11。

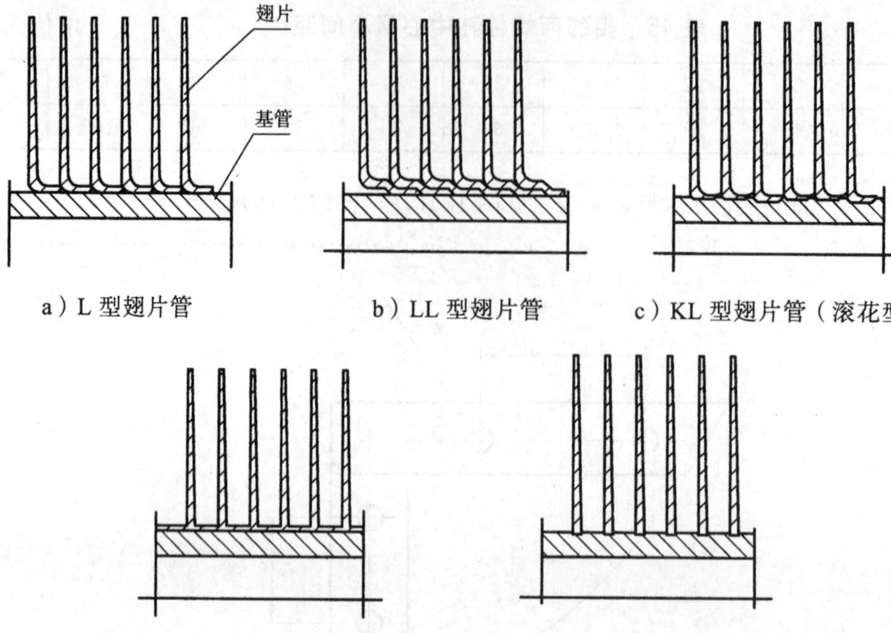

a) L 型翅片管　b) LL 型翅片管　c) KL 型翅片管(滚花型翅片管)

d) DR 型翅片管(双金属轧制翅片管)　e) G 型翅片管(镶嵌型翅片管)

图 11　典型的翅片管

7.1.3.4　各种翅片连接型式的最高允许使用温度宜按照表 16。除另有规定外,表 16 中的限制值以碳钢基管和铝翅片为依据。基管和翅片的材料不同,会有不同的温度限制。翅片的选择温度是指在最高正常工作条件下基管和翅片界面处的温度。最高允许使用温度相当于翅片选择温度。

表 16　各种翅片连接型式的最高允许使用温度

翅片连接型式	最高允许使用温度/℃
镶嵌式翅片 G	400
穿片式(热浸镀锌钢翅片)	360
双金属轧制翅片 DR	300
缠绕式翅片,单 L 型及双 L 型	130
滚花型/铝翅片、单 L 型或双 L 型	200
焊接式(焊接或钎焊)翅片	＞400℃(最大值宜经需方同意)

7.1.3.5　基管的常用长度宜为 3 m、4.5 m、6 m、9 m、12 m、15 m。

7.1.3.6　外径为 25 mm、32 mm、38 mm 基管的最小厚度应不小于表 17 的规定(对 G 型翅片管,壁厚应从开槽的底部测量起)。

表 17　外径为 25 mm、32 mm、38 mm 基管的最小厚度

材料	最小厚度/mm
碳素钢及铁素体低合金钢	2
高合金(奥氏体、铁素体、奥氏体/铁素体双相)钢	1.6
非铁基材料	1.6
钛	1.2

7.1.3.7　在张力下缠绕或镶嵌型翅片,其顶端最小厚度为 0.35 mm。

7.1.3.8　轧制型翅片,其翅尖下 1/4 处的翅片厚度不小于 0.35 mm,翅根厚度不小于 0.8 mm。

7.1.3.9　L、LL、KL、G 型缠绕翅片管管端应设防止翅片松动的固定件。

7.1.3.10　可以采用椭圆形换热管。有关椭圆形换热管的要求见附录 B。

7.1.3.11　翅片管带 U 形弯管时,弯管内径应与基管内径相同;U 形管弯曲处管子的最小壁厚按式(4)计算:

$$\delta_b = \delta \Big/ \left[1 + \left(\frac{d_o}{4R_m}\right)\right] \quad \cdots\cdots (4)$$

式中:

δ_b——弯曲处管子的最小壁厚,mm;计算壁厚 δ_b 不应小于表 17 中规定的最小壁厚;

δ——弯曲前管子壁厚,mm;

d_o——管子的名义外径,mm;

R_m——U 形弯曲处的平均半径,mm。

7.1.3.12　管束组装以后,两管板之间每根翅片管上无翅片部分的总长度 L 不应超过下列值:

a)　管长大于或等于 4.5 m 时,$L \leqslant 1.5$ 倍的管板厚度;

b)　管长小于 4.5 m 时,$L \leqslant 2$ 倍的管板厚度。

7.1.4　换热管与管板的连接

7.1.4.1　强度胀接

7.1.4.1.1　适用于设计压力不大于 4 MPa,设计温度不高于 300℃,操作中无振动,无过大温度波动及明显的应力腐蚀倾向的场合。

7.1.4.1.2　结构型式及尺寸按图 12 的规定,图中的伸出长度及槽深应符合表 18 的规定。最小胀接长度应取管板的名义厚度减去 3 mm 和 50 mm 中的较小值。

7.1.4.1.3　管孔槽的位置距离管板介质侧表面应至少为 3 mm 加上腐蚀裕量,且距离管板空气侧表面不应小于 6 mm。

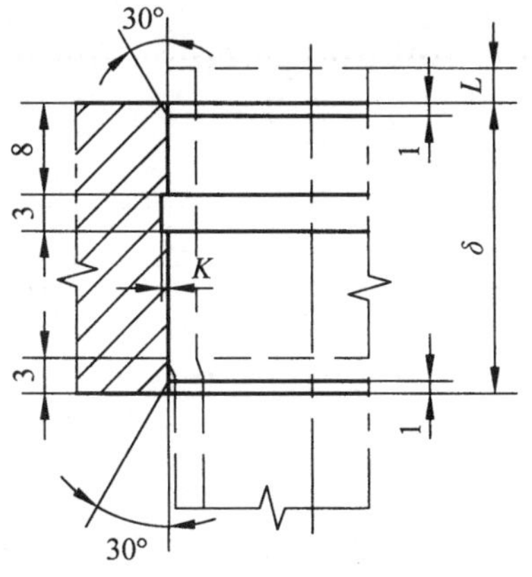

a) $\delta \leqslant 25$mm

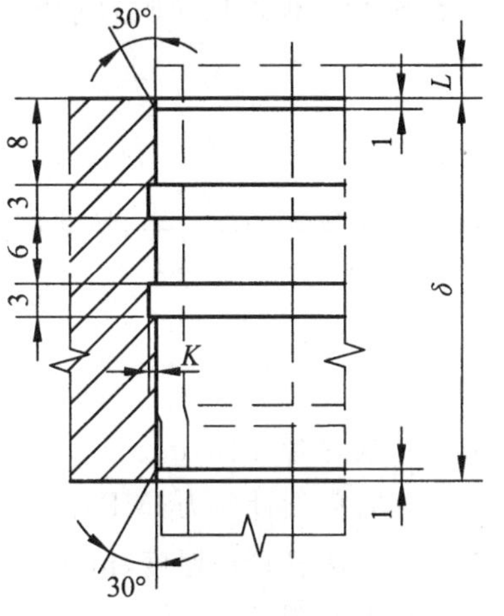

b) $\delta > 25$mm

图 12　强度胀接

表 18　伸出长度及槽深　　　　单位为 mm

基管外径	25	32	38
伸出长度 L	3^{+1}_{0}	4^{+1}_{0}	
槽深 K	0.5	0.6	

7.1.4.2　强度焊接

7.1.4.2.1　适用于本标准规定的设计压力，但不适用于有较大振动的场合。

7.1.4.2.2　强度焊接的结构型式及尺寸按图 13 的规定，图中的焊脚高度 L 应满足换热管与管板连接拉脱力的要求，且不小于基管壁厚 δ_t。

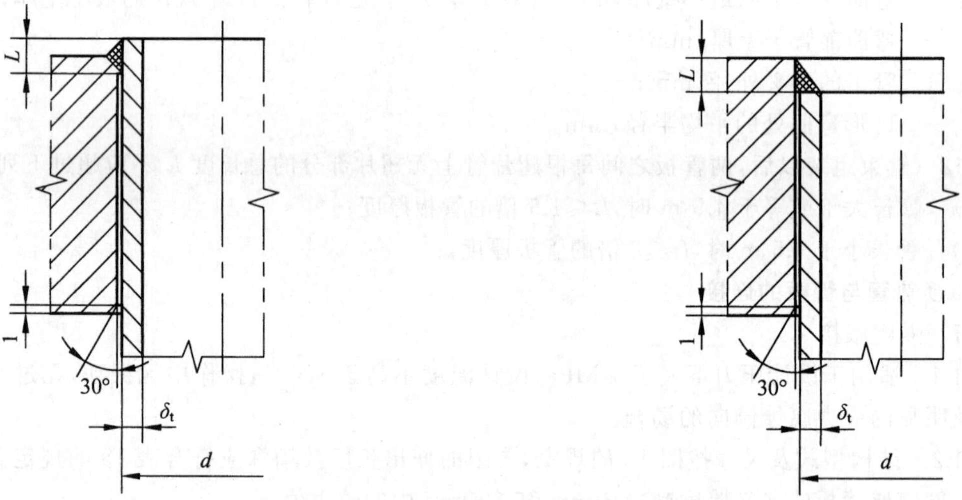

a)　　　　　　　　b)

图 13　强度焊接

换热管与管板连接拉脱力 q 按式(5)计算：

$$q=\frac{\sigma_t a}{\pi d L} \quad (5)$$

式中：

σ_t——换热管轴向应力，按式(6)计算：

$$\sigma_t=p_N\left(\frac{\pi d^2}{4a}-1\right) \quad (6)$$

$$a=\pi\delta_t(d-\delta_t) \quad (7)$$

d——换热管外径，mm；

p_N——管束设计压力，MPa；

δ_t——换热管管壁厚度，mm。

计算结果应满足 $q\leqslant[q]$

$[q]$应为设计温度下管板与换热管材料许用应力较小值的 0.5 倍。

7.1.4.3　胀焊并用

7.1.4.3.1　适用于密封性能要求较高且有振动的场合。

7.1.4.3.2 结构型式及尺寸按图 14 和图 15 的规定，强度胀接加密封焊、强度焊接加贴胀还应分别符合 7.1.4.1(其中当管板厚度 δ 大于或等于 32 mm 时开二道槽)和 7.1.4.2 的规定。

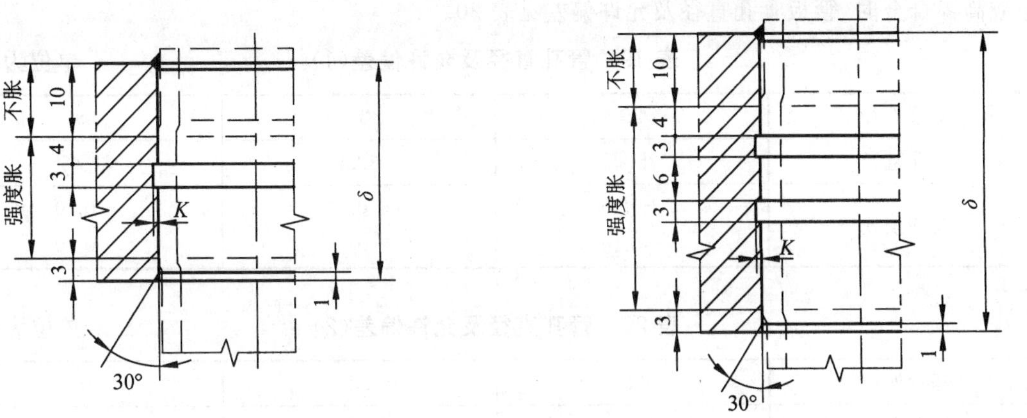

a) $\delta<32$mm　　b) $\delta\geqslant32$mm

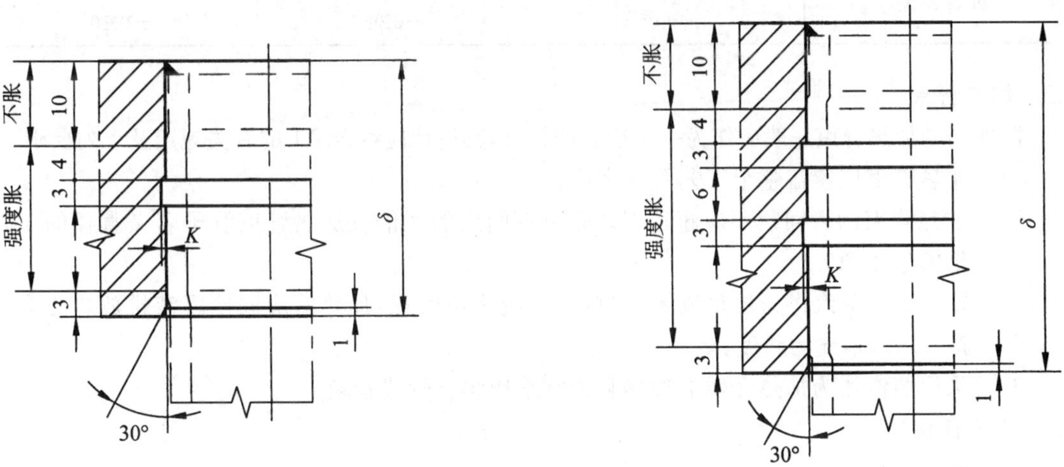

c) $\delta<32$mm　　d) $\delta\geqslant32$mm

图 14 强度胀接加密封焊

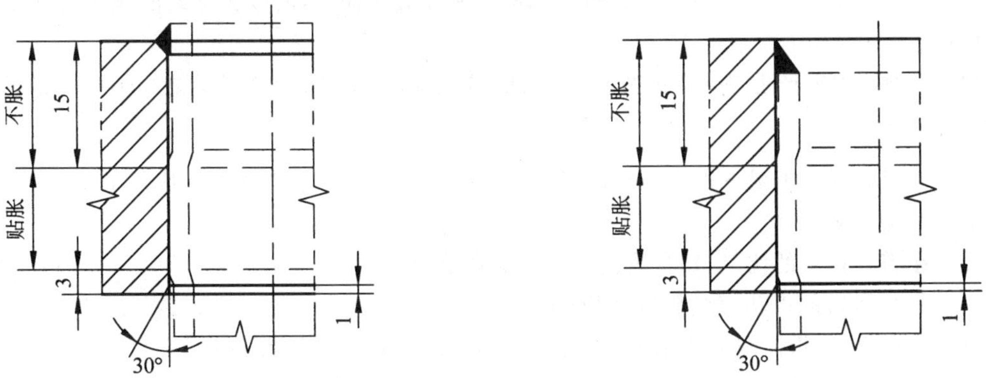

a)　　b)

图 15 强度焊接加贴胀

7.1.4.4 管孔偏差

管板管孔直径及允许偏差见表19。当换热管材质为奥氏体不锈钢、双相钢、钛、铜、铜镍合金或高镍合金时,管板管孔直径及允许偏差见表20。

表19 管孔直径及允许偏差(1)　　单位为 mm

基管外径	25	32	38
管孔直径	25.25	32.4	38.45
允许偏差	+0.10 −0.10	+0.10 −0.15	+0.10 −0.20

表20 管孔直径及允许偏差(2)　　单位为 mm

基管外径	25	32	38
管孔直径	25.25	32.32	38.35
允许偏差	+0.10 −0.05	+0.10 −0.08	+0.10 −0.10

7.2 加热管束

防冻用的加热管束一般应作为一个独立的管束,其设计应符合7.1的有关规定及下列要求:

a) 加热管束应覆盖整个工艺管束宽度;

b) 加热管束的管间距不应超过工艺管束管间距的2倍或加热管束管子名义直径的4.75倍的较小值;

c) 如果采用蒸汽作为加热流体,加热管束应为单管程,加热管应向冷凝液排放口方向倾斜10 mm/m的斜度;

d) 采用蒸汽作为加热介质的加热管束宜采用集合管式管箱。

7.3 空气侧设计

7.3.1 一般规定

7.3.1.1 在设计条件下选择的风机应确保风机在额定转速下,通过增大叶片角增加风压可增加10%的空气流量。由于该要求是为了防止风机失速和无效操作,所以驱动器的额定功率不必为此而增加。

7.3.1.2 为避免可能产生热空气再循环,鼓风式空冷器与引风式空冷器彼此之间不应相邻安装。

7.3.2 噪声控制

7.3.2.1 对于在规定工况下操作的空冷器,当其风机在设计转速和设计叶片角下操作时,需方应规定下列噪声限制:

a) 在需方指定的位置,每台风机的声压级数值(SPL);

b) 每台风机的声功率级数值(PWL);

c) 如有要求,供需双方应填写空冷器噪声数据表,见附录D表D.3。

供方应提交空冷器的声功率级和声压级,并且要考虑相关的因素,例如进风口的形状(喇叭口或锥型口的型式和尺寸)、障碍物等。涉及风机的部件包括驱动机、减速机等。

7.3.2.2 获得所需噪声数据的方法的顺序如下:

a) 实际测试应在一个有代表性的跨上进行,该跨可安装在一个远离其他噪声源(车间或试验现场)的环境中,也可安装在一个正在操作的装置中;

b) 通过测试一个类似的空冷器并调整数据适合于实际的空冷器尺寸和操作条件,从而推导出实测空冷器的噪声数据。测试数据和修正方法都应作记录。

7.3.2.3 确定噪声级的方法应按照 GB/T 3767 进行,并使用半球形的方法来确定声功率级。

7.3.2.4 单台风机的总声压级噪声值应不超过 85 dB。单台风机的总声功率级噪声值应不超过 110 dB,每台空冷器的总声功率级噪声值应不超过 116 dB。

7.3.3 风机与风机轮毂

7.3.3.1 在每一跨中,沿管长方向应配置两台或两台以上的风机。如果需方同意,也可以采用单台风机的布置。

7.3.3.2 风机应为轴流式。

7.3.3.3 每台风机的回转面积至少应占该风机所对应管束迎风面积的 40%(管束迎风面积为管束的名义宽度乘以管子的名义长度)。风机直径应不小于 1 m。

7.3.3.4 如图 16 所示,每台风机应位于使风机对其在管束中心线处的扩散角不超过 45°。

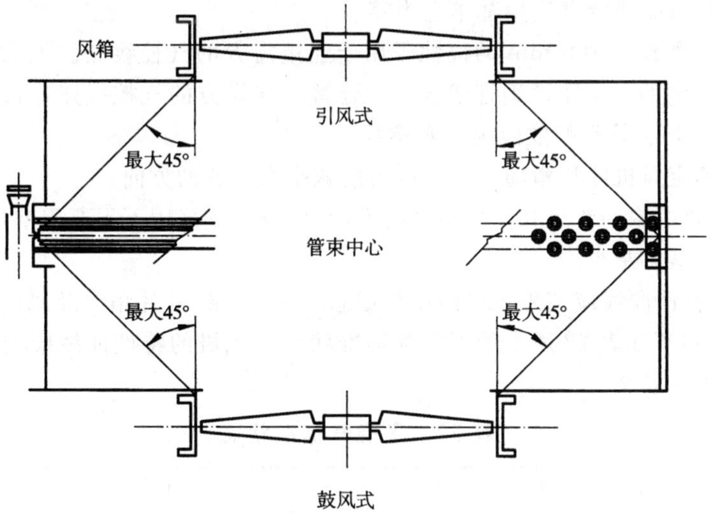

图 16 扩散角

7.3.3.5 风机叶尖速度不应超过风机制造商对所选择的风机类型规定的最大值。除经需方同意外,风机叶尖速度不应超过 60 m/s。任何情况下,风机叶尖速度不应超过 80 m/s,同时需满足噪声限制要求。

7.3.3.6 风机叶尖与风机圈之间的径向间隙如表 21 所示。

表 21 径向间隙

风机直径/m	径向间隙/mm	
	最小值	最大值
≥1.0 且≤3.0	6	13
>3.0 且≤3.5	6	16
>3.5	6	19

7.3.3.7 可拆卸风机叶片应对照标准叶片作力矩平衡。

7.3.3.8 每台风机组件都应按下列方法之一作平衡：

a) 整机作动平衡；

b) 轮毂作动平衡，叶片作静力矩平衡。

7.3.3.9 风机组件应被设计成能使轮毂处空气的倒流量最小。

7.3.3.10 对于直径大于1.5 m的风机，单台风机的叶片应能手动调节以便改变叶片角。采用自动控制调节叶片角应按需方规定进行。

7.3.3.11 装有气动、自控调角机构的风机应符合以下规定：

a) 如果单个控制器控制多个执行机构，需方应在每个执行机构的控制信号管线上安装一个隔离阀以便于维修。

b) 气动执行机构应装有定位器或偏压继电器。

c) 如果安装了定位器或偏压继电器，它们应被设计成能够在表压为20 kPa～100 kPa的气动控制信号下操作。控制信号的每一个变化应引起风机叶片角的相应变化。应调节定位器的操作范围，以使所获得的最大叶片角等于所选定的设计叶片安装角。风机制造商应设置最大叶片角和最小叶片角的限位挡块。除另有规定外，风机最小叶片角的极限位置应使空气流量基本上为零。

d) 应提供一条长约300 mm的挠性管用于连接需方的气控线路。该软管应与一端伸出风机壳外侧的一个刚性钢管或合金管连接。与需方的气控线路连接的终端接头应为DN8(R_p/4)。管端螺纹应为锥管螺纹。

e) 需方应给定风机叶片角随着气控压力的减小而改变的方向。

7.3.3.12 自动调角机构的轮毂和风机组件的润滑，应设计成采用不需要周期性润滑的轴承，从而使润滑维护工作减到最少。

7.3.3.13 风机的特性曲线应当表示出静压头或总压头、流量、叶片角以及风机输入轴功率的关系，该特性曲线适用于如表22所示的干空气标准状态。风机的特性曲线应能显示出规定的设计条件下的操作点和功率。

表22 干空气标准状态

干球温度	21.1℃
压力	101.3 kPa
密度	1.2 kg/m³

7.3.3.14 叶片运转频率不应在风机或风机部件的固有频率的10%以内。叶片运转频率(每秒钟叶片的通过次数)等于叶片数乘以风机转速(每秒钟的转数)。如果叶片的运转频率超过风机或风机部件的固有频率，当传动皮带打滑、低压供电或可变速风机的控制操作使风机转速低于设计值时，应考虑这些操作的影响。

7.3.3.15 无论风机运转与否，风机的叶片、轮毂和叶片定位器的暴露温度不应超过制造厂推荐的操作极限值。

7.3.3.16 风机的设计应考虑由于空气流过防虫网和纤维网的附加压力降，加上网上的污垢产生的附加阻力降。估计污垢产生的附加压力降为干净网的压力降的2倍。尽管由于防雹网的自身位置不需要额外增加污垢产生的附加压力降，但是空气通过防雹网引起的压力降也应考虑。

7.3.4 风机轴与轴承

7.3.4.1 在最大载荷和转速下，抗磨轴承应当有一个50 000 h的计算额定寿命值L_{10}。L_{10}是指在额定轴承载荷和转速下一组相同的轴承中，90%的轴承在出现第一次失效之前的时间值。

7.3.4.2 轴承的设计应包括用于防止润滑剂流失和外部介质进入的密封件。轴承载荷应符合GB/T 4662、GB/T 6391的规定。

7.3.4.3 风机轴的直径应与轴承匹配。键及键槽应符合GB/T 1566、GB/T 1567的规定。

7.3.4.4 暴露温度高于130℃的风机轴承需要一个或多个特殊元件，比如高温密封件、热稳定器、保持器或内部间隙调节器。润滑剂应适用于设计暴露温度加上由于摩擦和载荷引起的温升。

7.3.5 润滑设施

7.3.5.1 润滑接头应设在风机防护罩的外侧，以便在设备不停机的情况下给风机轴承加润滑剂。

7.3.5.2 加润滑剂的管线应使用外径至少为6 mm的不锈钢管。在梯子或工作平台上应很容易接近加润滑剂接头。

7.3.5.3 在确保方便操作情况下，加润滑剂的管线长度应尽量短。

7.3.6 风机防护罩

7.3.6.1 在鼓风式空冷器上应装备可拆卸的钢制风机防护罩。

7.3.6.2 风机叶片和风机防护罩的材料应为不起火花的组合件。

7.3.6.3 用于风机防护罩的多孔拉制金属网，其网孔的名义尺寸(网孔长节距)不应超过50 mm。

7.3.6.4 拉制多孔金属网所用板材的最小厚度不应小于表23中列出的值。

表23 拉制多孔金属网护罩板材的最小厚度 单位为mm

网孔公称尺寸(网孔长节距)	最小厚度
40	2
50	3

7.3.6.5 用于风机防护罩所编织的或焊接的金属网，如果其网丝间距在两个方向上都超过25 mm，则其开孔的平均面积不应超过2 600 mm^2。

7.3.6.6 焊接的或编织的金属网的网丝厚度至少应为2.8 mm。

7.3.6.7 风机防护罩应设有加强件，以保证在0.1 m^2的面积上作用1 000 N的集中载荷时不会引起紧固件失效或加强件的挠度大于$L/90$，这里L指两支撑点间的跨距。

7.3.6.8 风机在其最大操作叶片角时，风机防护罩与风机叶片边缘之间的最小距离应为150 mm或6倍网孔尺寸二者中的较小值。

7.3.6.9 风机防护罩与其相连接的设备之间的间隙或风机护罩的元件之间的间隙不应超过12 mm。

7.3.7 驱动装置

7.3.7.1 一般规定

7.3.7.1.1 需方应规定驱动系统的类型及供方的供货范围。

7.3.7.1.2 对于电动机驱动装置,在电动机轴处获得的额定轴功率应取式(8)、式(9)计算结果中的较大值:

$$N_E \geqslant \frac{1.05N_{f1}}{\eta} \quad\cdots\cdots(8)$$

$$N_E \geqslant 1.1N_{f2} \quad\cdots\cdots(9)$$

式中:

N_E——电动机的轴功率,kW;

N_{f1}——在允许使用最低温度下,风机以设计选定的叶片安装角运转时的轴功率,kW;

η——传动装置机械效率;

N_{f2}——在设计干球温度下风机以设计选定的叶片安装角运转时的轴功率,kW。

除非另有规定,这些要求适用于固定叶片角风机、调角风机和调速风机。

7.3.7.2 电动机驱动装置

7.3.7.2.1 电动机应为三相异步电动机,其封闭型式及绝缘等级按使用工况的要求选用。电动机应能够满电压启动、全相变流、连续工作,而且在铭牌上的额定值下能适合于在40℃的环境温度下有80℃的温升。需方应规定电动机的防爆等级、防护等级及绝缘级别。电动机的能效等级应不低于GB 18613—2012中规定的2级。

7.3.7.2.2 应通知电动机制造商,该电动机是否要用于空冷器、户外操作、无气候防护的环境。在电动机将竖直操作的场合,电动机制造商应书面证实该电动机适用于竖直操作,电动机轴或朝上或朝下。

7.3.7.2.3 除另有规定外,电动机座应由铸钢或耐腐蚀的铸铁制成,并具有整体铸造的支脚。

7.3.7.2.4 电动机设计载荷应不包括工况系数的容差。

7.3.7.2.5 电动机应具有润滑脂润滑的轴承,该轴承在额定载荷和转速下连续工作时其 L_{10} 寿命应至少为40 000 h(见7.3.4.1关于 L_{10} 的定义)。如果电动机要被竖直安装,则轴承润滑系统和密封件应适用于竖直安装的电动机。

7.3.7.2.6 如果电动机轴朝上安装,皮带轮的设计应兼有防护屏的作用,以防止当电动机停转或运行时积水并且防止积水沿电动机轴渗入。也可在电动机轴上安装一个外圆锥形甩水环以防止水沿电动机轴进入电动机内。

7.3.7.2.7 电动机安装在空冷器上时,电动机座的最低点应设有排水口。

7.3.7.2.8 标准电动机适用于40℃的环境温度和不超过1 000 m的海拔高度。较高的环境温度和(或)海拔高度(导致空气密度减小)会要求改进绝缘体或增大电动机机座尺寸。如果电动机需要适应的工况超出标准条件,应通知电动机制造商。

7.3.7.2.9 如果需方有规定,应安装一个自启动的制动装置,以防止由于工作风机产生的向下气流引起未工作的风机转动。

7.3.7.3 变速驱动系统

对于变速驱动系统的要求应由供需双方协商决定,其应包括所需的速度范围。

7.3.8 联轴器及动力传送

7.3.8.1 一般规定

7.3.8.1.1 轴套和联轴器应是开槽的圆锥配合或圆柱配合,并应用键固定。

7.3.8.1.2 动力传动部件应有一个连续工作的额定功率,该额定功率应至少等于实际驱动机的额定功率乘以该部件的工作系数。

7.3.8.1.3 风机轴与齿轮轴的联轴器应采用无润滑型,且其最小工作系数为1.5。

7.3.8.1.4 外露的运动部件应按照7.3.8.4设置防护罩。

7.3.8.1.5 典型的驱动机构如图4所示。

7.3.8.2 皮带传动

7.3.8.2.1 皮带传动装置应采用普通V带、窄V带,或采用同步带。V带应符合GB/T 1171、GB/T 13575.1～GB/T 13575.2、GB/T 12730和GB/T 10715的规定。同步带应符合GB/T 13487的规定。带轮应符合GB/T 10412、GB/T 10413的规定。

7.3.8.2.2 皮带传动装置不能处于热的空气流中(比如传动装置安装在空冷器顶部)。如果需方同意,确定皮带设计温度时,应考虑在所有条件下皮带附近的最高空气温度(或由于辐射可能产生的皮带的最高温度),也应考虑风机效率降低时的温度。供方应说明驱动装置是如何悬挂的,驱动机不能位于热空气流中(见7.3.7.2.8和7.3.8.2.12)。

7.3.8.2.3 按照7.3.8.4的规定,皮带传动装置应配有防护罩。

7.3.8.2.4 皮带传动装置应配有顶丝或采用一种等效的方法使皮带初始张紧或再张紧。

7.3.8.2.5 V带应由匹配的几个单根皮带组成或是单根皮带联排而形成的组合结构。

7.3.8.2.6 同步带可以是一根皮带,也可以是一对匹配的皮带。

7.3.8.2.7 V带的最小工作系数应为1.4,该工作系数是以驱动机的额定功率为基准的。

7.3.8.2.8 同步传动带的最小工作系数应为1.8,该工作系数是以驱动机的额定功率为基准的。

7.3.8.2.9 悬挂式安装在构架上的V带传动装置,其电动机的额定功率应不大于30 kW。

7.3.8.2.10 悬挂式安装在构架上的同步带传动装置,其电动机的额定功率应不大于45 kW。

7.3.8.2.11 传动皮带的外层应耐油。

7.3.8.2.12 标准传动皮带材料的暴露温度应被限制在60℃以下。

7.3.8.3 齿轮传动

7.3.8.3.1 额定功率大于45 kW的电动机应采用齿轮传动,额定功率不大于45 kW的电动机也可采用齿轮传动。

7.3.8.3.2 对于额定功率不大于45 kW的电动机,其齿轮传动装置可以悬挂于构架上。

7.3.8.3.3 齿轮应为螺旋伞齿型,其最小工作系数应为2.0,该工作系数是以驱动机的额定功率为基准的。

7.3.8.3.4 不应采用顶置安装的齿轮传动装置。

7.3.8.3.5 齿轮箱应配备一个从维护平台上可观察的外部油位指示计。

7.3.8.4 传动装置的防护

7.3.8.4.1 转动部件应设置防护罩。

7.3.8.4.2 防护罩应被制成易于接近的结构,以便维护设备。

7.3.8.4.3 防护罩与设备之间的间隙不应超过12 mm。

7.3.9 振动切断开关

7.3.9.1 如果需方要求,应为每台风机的驱动装置提供一个易接近的、双刀双掷的振动切断开关。

7.3.9.2 振动切断开关应为手动的外部复位型,不需要为了复位而拆除开关,并且应设有灵敏度调整器。

7.3.10 百叶窗

7.3.10.1 用平板制造的百叶窗叶片的厚度对碳钢至少应为 1.5 mm,对铝至少应为 2.3 mm。挤压成型的空心铝叶片的厚度至少应为 1.5 mm。

7.3.10.2 碳钢框架的厚度至少应为 3 mm;铝框架的厚度至少应为 4 mm。

7.3.10.3 百叶窗无支撑的叶片长度不应超过 2.1 m。

7.3.10.4 百叶窗叶片和侧梁的挠度不应超过表 24 中给出的值。表 24 中的 L 为两支撑点之间的跨距。

表 24 百叶窗的最大允许挠度

百叶窗叶片	最大允许挠度
具有 2 000 N/m^2 设计载荷,且处于关闭位置的百叶窗叶片	$L/180$
具有 1 000 N/m^2 均匀设计载荷的百叶窗侧梁	$L/360$

7.3.10.5 百叶窗叶片和侧梁的挠度应以等于下列较高值的金属温度进行计算:

a) 最大工艺进口温度减去 30℃;

b) 规定的空气进口干球温度。

7.3.10.6 在管箱端,百叶窗叶片与框架之间的间隙不应超过 6 mm。

7.3.10.7 在百叶窗侧面,百叶窗叶片与框架之间的间隙不应超过 3 mm。

7.3.10.8 百叶窗叶片的支点销轴应按其载荷设计,但是在任何情况下,其直径至少应为 10 mm。

7.3.10.9 在包括控制臂、扭转杆和叶片支点销轴的所有支点上都应设置轴承。轴承应不需要润滑。对于符合 6.8.3 规定的聚四氟乙烯基复合轴承材料,其暴露温度不能超过 150℃。只有在需方同意的情况下才可采用适合于更高温度的轴承材料。

7.3.10.10 百叶窗的连动装置应被设计成能通过操作机构位置的改变可使所有叶片作相同的位移。百叶窗的操作机构在叶片全关闭位置时,任意一组叶片间的间隙不超过 3 mm。百叶窗的操作机构与叶片之间的传力机构应能够承受操作机构在任何叶片位置和任何方向可能施加的最大的力而不会损坏。

7.3.10.11 在每平方米的迎风面上施加一个不大于 7 N·m 的转矩就能使百叶窗进行全行程操作。操作百叶窗的控制力不应超过 250 N。

7.3.10.12 百叶窗叶片从全关到全开的行程至少应为 70°。

7.3.10.13 应用键、花键或等效的方法把所有的联轴节连接在可调节的联动点处。不应采用定位螺钉连接。

7.3.10.14 如果使用自动控制,百叶窗的操作机构应设计成能用表压为 20 kPa~100 kPa 的气动控制信号进行操作。提供给执行机构的驱动空气压力的设计值至少应为百叶窗叶片转动全行程所需力的 150%。除另有规定外,驱动空气压力的设计值应为 410 kPa 表压。

7.3.10.15 除另有规定外,每个执行机构上都应设置定位器。

7.3.10.16 如果一个信号控制器操作多个执行机构,则需方应在每个执行机构的信号线路上提供一个隔离阀以便维修。

7.3.10.17 执行机构与定位器组件的安装位置应不妨碍接近管箱,而且它们应便于从操作平台

(如果有的话)上进行维修。如果在任何情况下空气的出口温度都超过 70℃,则执行机构与定位器组件不应处于热空气流中。对于更高的暴露温度,应选择耐高温材料。

7.3.10.18 当控制空气压力消失时,百叶窗的位置应由需方给定。

7.3.10.19 所有非自动操作的或用其他方法远程操作的百叶窗都应设置长柄或链条,以便能从梯子或平台上手动操作。如果长柄或链条的长度超过 6 m,则不能使用长柄或链条。在任何操作位置,手动操作器的手柄都不应伸进走道或通道内。

7.3.10.20 对手动操作机构应配置一个锁紧装置以便保持百叶窗位置,不能使用定位螺钉或蝶形螺钉锁紧装置。应设有一个指示百叶窗是"开"或"关"的指示器。

7.3.10.21 百叶窗的性能曲线应表示出空气流量的百分比与百叶窗叶片角之间的关系。

7.3.10.22 由于百叶窗的设计特点,百叶窗在操作时易被损坏。应采用支撑杆或抗挤压的措施。在百叶窗装配图中应包括具体的操作说明。应在百叶窗的一个起吊点上标出一个适合的操作步骤。

7.3.10.23 应当采用销形定位器将百叶窗的手动控制杆固定在一个设定位置,禁止使用蝶形锁紧螺母。

7.3.10.24 所有联动机构的接头都应用双头螺栓或销轴来固定,禁止使用摩擦型接头。在联动机构作了最终调节后,应用螺栓和销轴进行固定。

7.3.10.25 除另有规定外,上述要求适用于平行操作的百叶窗和相对操作的百叶窗。

7.3.11 护网

7.3.11.1 一般要求

护网型式(防冰雹网、防昆虫网和/或纤维布网)和数量由供需双方协商确定。

7.3.11.2 防昆虫纤维丝网罩

7.3.11.2.1 如有要求,网罩一般应设置在管束或风箱下面空气流速较低位置,且应得到需方确认。

7.3.11.2.2 网罩应该是可拆卸的,以便清洗、维护和淡季保存。其大小也应该是容易搬运的。

7.3.11.2.3 丝网应是非自燃的丝织物。网丝厚度应是 0.43 mm。镀锌丝网网眼尺寸应是每米开 315 个孔,不锈钢丝网网眼尺寸应是每米开 630 个孔。

7.3.11.3 防冰雹丝网罩

7.3.11.3.1 如有要求,鼓风式空冷器的防冰雹丝网罩应设在管束的管子上方,并且至少覆盖管子的翅片部分。引风式空冷器的防冰雹丝网罩应设在风机圈内的风机上。

7.3.11.3.2 丝网应是重量轻的镀锌格栅或镀锌的金属丝网。网眼尺寸应是每米开 315 个孔。金属丝厚度应为 0.43 mm。

7.4 钢结构

7.4.1 总则

7.4.1.1 钢结构(包括构架、管束侧梁、上横梁、支持梁,百叶窗侧、横梁,风箱,梯子平台等)的设计应符合本标准和 GB 50009、GB 50011、GB 50017、GB 50018 的规定。

7.4.1.2 钢结构各部件间宜采用 GB/T 1231 所列的高强度螺栓连接。

7.4.1.3 焊接金属的设计应力和连接螺栓的设计应力应符合 GB 50017 的规定。

7.4.1.4 钢结构各部件间宜设计成无需在用户现场焊接。

7.4.1.5　除另有规定外，对于引风式空冷器，更换管束时应不需要拆除平台；对于鼓风式空冷器，更换管束时应不需单独支撑或拆除风机、风箱或平台，而且不会影响构架或相邻的跨。

7.4.1.6　悬挂式驱动装置应采用双头螺柱连接到构架上以便拆卸。

7.4.2　振动试验

7.4.2.1　结构件应设计成能使振动最小。在风机设计转速下，当从主要结构件和机械设备支座上测量时，波峰到波峰之间的最大振幅应不超过 0.15 mm。

7.4.2.2　需方应规定是否需要用车间试验来验证与振动限制的符合性。

7.4.2.3　试验环境的风速不应超过 5 m/s。

7.4.3　结构设计载荷

7.4.3.1　一般要求

结构设计应考虑 7.4.3.2～7.4.3.13 中定义的载荷与作用力。

7.4.3.2　静载荷

静载荷应包括由供方提供的设备材料总质量加上消防设施的质量。如果采用防火材料，需方应说明其尺寸和质量。

7.4.3.3　动载荷

动载荷由移动载荷(包括人员、便携式机械、工具和设备)以及在设备和管线上的操作载荷组成。在平台、立柱和通道上的设计动载荷(来自已经就位的设备和管线的载荷除外)应按照表 25的规定。

表 25　平台、立柱和通道上的设计动载荷

项　目	平均载荷	集中载荷
平台铺板或格栅	4 900 N/m²	—
平台铺板框架	2 450 N/m²	2 250 N
立柱和托架	1 200 N/m²	2 250 N
梯子和踏板	—	2 250 N

7.4.3.4　冲击载荷

对于由供方提供的起吊设备，其垂直方向的设计冲击载荷应等于要被起吊的设备中最重一件质量的 2 倍。侧向冲击载荷应是要被起吊的质量的 0.35 倍。

7.4.3.5　热推力

热推力应包括由于管线或设备的局部固定或完全固定引起的力、由于设备的滑动摩擦或滚动摩擦引起的力以及由于结构的膨胀与收缩而引起的力。供需双方应商定允许的热推力。

7.4.3.6　试验载荷

试验载荷是由于设备充满试验用水而产生的载荷。

7.4.3.7　风载荷

设计风载荷应按 GB 50009 计算。

7.4.3.8　地震作用力

地震作用力按 GB 50011 计算。

7.4.3.9　接管载荷

接管载荷应包括作用于接管法兰面的所有力和力矩,比如管线的自重、热推力、管线内流体的质量等。除另有规定外,这些力和力矩的大小及方向都应符合7.1.2.2.17的规定。

7.4.3.10 风机动力载荷

悬挂在构架上的风机及驱动机构的转动部件重力载荷及由于风机叶片排风引起的气动反压力。

a) 单台风机水平方向的动力载荷按表26查取。

表26 单台风机水平方向的动力载荷

风机型号	F18-4	F24-4	F30-4	F36-4	F45-4
水平力/kN	1.5	3.0	4.0	5.5	7.5

多台风机水平方向的动力载荷按以下要求计算:

1) 当风机台数等于2台时,为其单台数值之和;

2) 当风机台数大于2台时,按式(10)计算:

$$\sum F_{x}=(F_{x1}^{2}+F_{x2}^{2}+\cdots+F_{xn}^{2})^{0.5} \quad\cdots\cdots(10)$$

式中:

$F_{x1},F_{x2},\cdots,F_{xn}$——第1,2,…,$n$台风机水平方向的动力载荷。

当$\sum F_{x}$的数值小于2台风机之和时,取2台风机之和。

b) 垂直方向的动力载荷按式(11)计算:

$$F=0.3mg+qnD_{f}^{2}\pi/4 \quad\cdots\cdots(11)$$

式中:

F——垂直方向的动力载荷,N;

m——悬挂在构架上的风机总质量,kg;

g——重力加速度,m/s^2;

q——单位面积上的气动反压力,取$q=250$ N/m^2;

D_{f}——风筒内直径,m;

n——计算构架内风机的台数。

风机推力应以最大推力为基础。如果不包括动压,则风机的推力应以数据表中所示的静压的1.25倍来考虑。

7.4.3.11 雪载荷

需方应规定雪载荷,如果有的话,雪载荷应被施加到空冷器全部占地面积上。

7.4.3.12 其他载荷

对于除了在7.4.3.2~7.4.3.11中所描述的那些载荷、力和力矩以外的并由空冷器承受的或作用在空冷器上的载荷、力和力矩,需方应规定其确切的类型、位置、大小和方向。这些载荷包括但不限于专用输送装置的载荷、由其他方提供的附属管线支架、梯子、通道以及临时脚手架。对于由于空冷器所在的结构或装置的移动(例如浮动生产系统)而施加的结构载荷和接管载荷,需方应规定其确切的类型、位置、大小和方向(例如倾斜、滚动、偏转、起伏、波动和摇摆)。

7.4.3.13 载荷组合

所有结构件都应设计成能够承受它们在设备安装、试验、冲洗或正常操作期间所承受的载荷与作用力的联合作用。在设计立柱、斜撑、地脚螺栓、基础以及校核抗倾倒的稳定性时，应考虑下列载荷与力的组合。自始至终应适当考虑具有特定性质的载荷工况(所有的载荷和力都是可叠加的)。

7.4.3.14　安装

a)　除消防设施外结构的静载荷。

b)　下列载荷中的较大者：

1)　除管线外设备的静载荷；

2)　由设备支撑的平台除外的设备的静载荷。

c)　全部风载荷或地震载荷，取较大者。

7.4.3.15　试验或冲洗设备

a)　包括消防设施在内的结构静载荷；

b)　包括由设备支撑的平台在内的设备静载荷；

c)　接管载荷；

d)　试验载荷；

e)　500 N/m^2的风载荷；

f)　由7.4.3.3规定的来自平台和通道的适当的动载荷。在地脚螺栓的设计中或在校核抗风载荷或抗地震载荷的稳定性时，这些载荷不必考虑。

7.4.3.16　设计工况下的操作

a)　结构的静载荷；

b)　包括由设备支撑的平台的设备静载荷；

c)　接管载荷；

d)　设备中流体的操作质量；

e)　冲击引起的不平衡作用力；

f)　由7.4.3.3规定的适当的动载荷。在地脚螺栓的设计中或在校核抗风载荷或抗地震载荷的稳定性时，这些载荷不必考虑；

g)　全部风载荷或地震载荷，取较大者。

7.4.4　风箱

7.4.4.1　典型的风箱布置如图1、图2所示。

7.4.4.2　采用板结构的方箱式风箱应设计成构架的一个组成部分。

7.4.4.3　同一跨上配有多台风机时，在相邻风箱之间的隔板应可共用。

7.4.4.4　同一管束上配有多台风机时，风机与管束之间的风箱应采用隔板隔开，以防止空气从操作风机流过不运行风机形成的空气再循环。

7.4.4.5　再循环系统的风箱分隔要求应由需方确认。

7.4.4.6　用于制造风箱的钢板材料的厚度，平板至少为1.9 mm，加筋板至少为1.5 mm。

7.4.4.7　风箱的最小高度应根据7.3.3.4和图16确定。

7.4.4.8　钢制风机底板应设计成能承受2 500 N/m^2的动载荷，但在任何情况下，其金属厚度至少应为2.7 mm。

7.4.5 机械检修设施

7.4.5.1 管箱检修平台、相互连接的通道和梯子的数量与位置应由需方确认。

7.4.5.2 如有规定,在紧靠驱动装置的下方应设置检修平台。

7.4.5.3 平台的净宽至少应为 0.75 m。

7.4.5.4 走道、平台等的铺板应采用带有排水孔的、有凸起花纹的实心板、拉制钢板网或格栅。如果使用凸起花纹钢板,其基本厚度至少应为 6 mm。采用玻璃钢应征得需方的同意。

7.4.5.5 梯子、护栏、踏脚板、安全笼等应当采用钢结构。采用其他金属或玻璃钢应征得需方的同意,并应符合以下要求:

a) 对于高度超过 3 m 的梯子应设置安全笼;

b) 在平台上梯子的开口处应设置带有安全钩的链条或安全门;

c) 除另有规定外,高度超过 2 m 的梯子应提供通向平台的侧梯。

7.4.5.6 在紧挨空冷器管箱侧,应设置带护脚板的平台。如果该平台与空冷器之间的间隙大于 150 mm,应设扶手。

7.4.5.7 如果护栏钢管没有镀锌或浸锌,则应将钢管端部密封以防内部腐蚀。

7.4.5.8 需方应对在较高的空气出口温度和热辐射情况下的人员保护提出要求。

7.4.6 吊耳

7.4.6.1 在管束和百叶窗的每个侧梁上,应至少设置 2 个吊耳。吊耳的位置应不影响相邻管束的安装。

7.4.6.2 可卸盖板式管箱的盖板上及可卸帽盖式管箱的帽盖上应设有 2 个吊耳。

7.4.6.3 吊耳应采用实心锻造或钢板制造,吊耳孔径不得小于 40 mm。

7.4 6.4 在每台驱动机和齿轮箱上应设置足够的吊孔,以便于安装和拆卸。

7.4.6.5 吊耳或吊环应按起吊重力载荷的 2 倍设计。

7.5 风量调节方式

应根据工艺介质要求控制的精度及经济性选择风量调节方式。常用风量调节方式有:

a) 单纯开——闭式控制;

b) 分级开——闭式控制(具有 2 台以上风机时);

c) 双速马达控制;

d) 变频调速控制;

e) 调节风机叶片角控制;

f) 采用百叶窗控制;

g) 热空气再循环控制。

8 制造

8.1 焊接

8.1.1 一般要求

8.1.1.1 施焊受压元件的焊工,必须按照 TSG Z6002《特种设备焊接操作人员考核细则》进行考试,取得焊工合格证书后才能在合格证的有效期间内担任合格项目范围内的焊接工作。施焊非受压元件的焊工也应是施焊单位评定合格的焊工。

8.1.1.2 管箱焊接应按照 GB/T 150 的有关规定和图样的技术要求进行。

8.1.1.3 管箱施焊前的焊接工艺评定应按 NB/T 47014 的规定进行。

8.1.1.4 焊接工艺可参照 NB/T 47015 和图样的要求制定。

8.1.1.5 管箱的所有受压焊缝和接管的所有受压焊缝都应是全焊透和全熔合。

8.1.1.6 对于不带垫板的单面焊接接头,应采用熔化极气体保护电弧焊(GMAW)、气体保护钨极电弧焊(GTAW)或低氢保护手工电弧焊(SMAW)来形成根部焊道。

8.1.1.7 在任何被焊接的元件与管箱之间若有封闭的空间,应钻一个直径为 3 mm 的孔来排气。

8.1.2 丝堵式管箱

8.1.2.1 隔板与相邻的管板和丝堵板的焊接应从两侧采用密封焊,也可以采用全焊透焊接。

8.1.2.2 如果分程隔板也用作加强板,应采用全焊透焊接。

8.1.3 可卸盖板式管箱与可卸帽盖式管箱

8.1.3.1 可卸盖板法兰与可卸帽盖管箱法兰应采用全焊透焊接。

8.1.3.2 分程隔板应沿着三条边缘的全长从双面焊接。

8.2 焊后热处理

8.2.1 除半圆管式管箱外,其余所有碳素钢和低合金钢管箱均应作焊后热处理。焊后热处理不包括管子与管板的焊接接头。

8.2.2 焊接制成的铁素体金属垫片需在焊接后作退火热处理。

8.3 管箱

8.3.1 矩形管箱平面纵向直线度每米为 2 mm,全长为其长度的 1.5/1 000。

8.3.2 奥氏体不锈钢管箱有防腐要求时,管箱内表面应进行钝化处理。

8.3.3 奥氏体不锈钢管箱有防腐要求时,管箱材料表面如有局部伤痕、刻槽等影响耐腐蚀性能的缺陷时,应予以修磨。修磨深度不应超过材料厚度负偏差。

8.3.4 丝堵式管箱上丝堵孔与管孔的同轴度为 0.5 mm。

8.3.5 管箱上相邻两孔的中心距允差为±0.5 mm,任意两孔中心距允差为±1 mm。

8.3.6 允许有不超过总管孔数量 4%的管孔直径上偏差超出表 19 和表 20 中的相应值,但不能超出相应上偏差的 50%。

8.3.7 丝堵孔的有效螺纹不允许有多于两扣的缺陷,否则须进行修补。累计缺陷孔数不应超过总丝堵孔数的 5%。

8.3.8 管箱上所有密封面不允许有表面斑痕和贯通的刻痕。

8.3.9 丝堵式管箱的丝堵螺纹及可卸盖板式和可卸帽盖式管箱法兰的螺柱螺纹应涂以适合于操作温度的润滑剂,以防咬死。

8.3.10 可卸盖板式管箱的垫片接触面的最终加工应在焊接热处理后进行。

8.3.11 可卸帽盖式管箱与可卸盖板式管箱的垫片接触面的平面度应在 0.8 mm 以内。管板上的垫片接触面的平面度应在管板与管子胀接或焊接后测量。

8.3.12 丝堵垫片接触面加工后其表面粗糙度的平均值应为 1.6 μm～3.2 μm。

8.4 翅片管

8.4.1 一般规定

8.4.1.1 基管外表面必须除锈至露出金属光泽,不得有锈痕。除锈后的管端圆度为 0.1 mm。

基管外径的允许偏差见表 27。

表 27　基管外径的允许偏差　　单位为 mm

基管外径	25	32	38
偏差	±0.1	±0.15	±0.15

8.4.1.2　基管应逐根以 2 倍的设计压力进行水压试验,但最大试验压力应符合所选用钢管标准的规定,在不少于 10 s 的保压时间内,不得有漏水和渗漏现象。

8.4.1.3　基管直管段不允许拼接。

8.4.1.4　翅片与基管的连接应紧密、无松弛。如需方要求,在翅片管生产过程中,制造厂应对翅片管的传热性能进行抽查测试,其测试方法及要求应符合 GB/T 27698.6—2011 的规定。

8.4.1.5　U 形管弯管弯曲部分的圆度偏差不应大于管子外径的 10%,弯管段的壁厚减薄量不应超过原壁厚的 17%。

8.4.1.6　U 形管弯管表面不允许有裂纹、波浪形皱折和压痕等缺陷。

8.4.1.7　U 形管弯管壁厚大于基管壁厚 1 mm 以上时,其弯管应按图 17 所示的结构削薄。

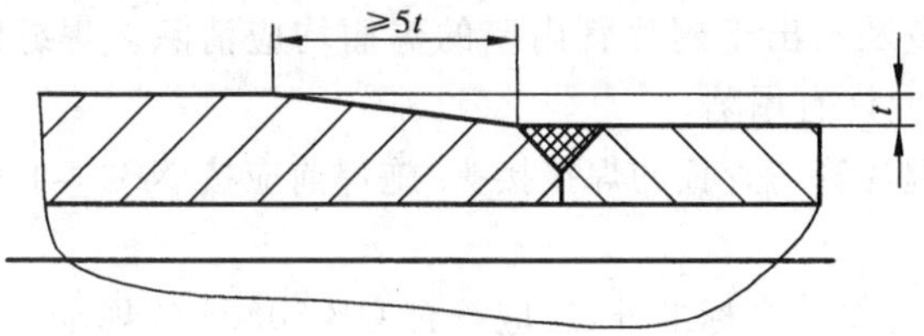

图 17　基管壁厚削薄示意

8.4.1.8　有抗晶间腐蚀要求的弯管应作消除应力的热处理;奥氏体不锈钢弯管按图样要求进行热处理。

8.4.2　缠绕式翅片管

8.4.2.1　翅片管的翅片上不得有裂纹、磕碰和倒塌等缺陷。

8.4.2.2　翅片管每米管长的片数允差为$^{+0.5}_{0}$%。翅片管外径的允差为$^{+0.5}_{0}$ mm。

8.4.2.3　每根翅片管的翅片接头数当管长大于 6 m 时,不应超过 2 个;当管长小于或等于 6 m 时,不应超过 1 个,但管束的总接头数不应超过翅片管的根数。翅片接头至管端的距离及翅片接头间的距离不应小于 1.5 m。接头处连接应牢固。

8.4.3　轧制式翅片管

8.4.3.1　翅片根部应完全包覆基管,且应紧密,不得有开裂现象。

8.4.3.2　翅片表面应清洁,翅片不得有磕碰、倒塌等缺陷。

8.4.3.3　翅片管两端剥去翅片后不得损伤基管。

8.4.3.4　翅片顶部不得有开裂现象。

8.4.3.5　翅片管每米管长的片数允差为$^{+2}_{0}$%。翅片管外径允差为$^{+0.5}_{0}$ mm,根径公差为±0.2 mm。

8.4.4　镶嵌式翅片管

8.4.4.1　翅片管的翅片应整齐、平直、间距均匀,不得有裂纹、磕碰、松动和倒塌等缺陷。

8.4.4.2　翅片管基管应笔直,不得有划痕、凹陷、扭结等缺陷。基管上的开槽深度应为(0.25±

0.05) mm,保证翅片嵌入槽内并在槽内牢固连接。

8.4.4.3 翅片管每米管长的片数允差为$^{+0.5}_{0}$%。翅片管外径的允差为$^{+0.5}_{0}$ mm。

8.4.4.4 每根翅片管的翅片接头数当管长大于6 m时,不应超过2个;当管长小于或等于6 m时,不应超过1个,但管束的总接头数不应超过翅片管的根数。翅片接头至管端的距离及翅片接头间的距离不应小于1.5 m接头处连接应牢固。

8.5 换热管与管板的连接

8.5.1 连接部位的基管和管板孔表面应清理干净,不得有影响连接质量的毛刺、铁屑、锈蚀、油污等。

8.5.2 翅片管应均匀地位于管束中,不得有弯曲现象。

8.5.3 翅片管之间间隙应均匀,翅片管两端与管板间无翅片部分的长度应基本相同。

8.5.4 胀接连接时,管板孔表面不得有影响胀接紧密性的缺陷,如贯通的纵向或螺旋状刻痕。

8.5.5 胀接连接时,胀接长度不得伸出管板空气侧表面。翅片管的胀接部分与非胀接部分应圆滑过渡,不得有急剧的棱角。

8.5.6 耐压试验时,胀接口如有渗漏,允许补胀,但补胀次数超过2次(含2次)时,应经制造单位技术负责人签字批准。

8.5.7 焊接连接时,焊渣及凸出于翅片管内壁的焊瘤均应清除。焊缝缺陷的返修应先清除缺陷后补焊。管端焊后不允许有塌陷。

8.5.8 强度焊连接时,翅片管与管板的焊接接头,施焊前应按NB/T 47014进行焊接工艺评定。

8.6 钢结构

8.6.1 钢结构的制造除应符合本标准外,还应符合GB 50205的规定。

8.6.2 钢结构的零部件应按部件装配图标明代号。

8.6.3 钢结构螺柱孔中心距允差为:相邻两孔±1.0 mm;任意两孔±2.0 mm。

8.6.4 管束和百叶窗的侧、横梁的直线度为2 mm/m,全长为5 mm,且不得下挠。

8.6.5 百叶窗叶片应开、闭灵活。

8.6.6 风筒各部位的允差不应超过表28的规定。

表28 风筒各部位的允差

单位为mm

叶轮直径	1 200~2 000	>2 000~3 000	>3 000~5 000
风筒内直径	$^{+4.5}_{0}$	$^{+5}_{0}$	$^{+5.5}_{0}$
风筒两端法兰面平行度	3.5	4	4.5
风筒圆柱度	2.25	2.5	2.75

8.7 风机

风机的制造除应符合本标准规定外,还应符合JB/T 10562的规定。

8.7.1 风机各转动部件允许的不平衡力矩按式(12)计算:

$$M = gGL \times 10^{-6} \quad \cdots\cdots (12)$$

式中:

M——允许的不平衡力矩,N·m;

G——转动部件的质量,kg;

L——允许偏心距,按表29的规定选取,μm;

g——重力加速度,m/s^2。

表29 偏心距

转速/(r/min)	≤100	>100~300	>300~500	>500~600	>600~800	>800~1 000	>1 000~1 500
允许偏心距/μm	150	115	93	76	58	47	25

8.7.2 风机叶片应对照标准叶片作力矩平衡。力矩平衡校正应在叶片纵轴(长度)方向进行。校正后允许的不平衡力矩应符合8.7.1的规定。

8.7.3 叶片叶型截面的前缘应为圆弧状,不得有尖角凸起、分模面错位等缺陷。叶片型线的允差见表30。

8.7.4 风机叶轮的跳动公差不得超过表31的规定。

表30 叶片型线的允差　　单位为mm

叶片型线	允　差
弦长	±2.0
弦高	±1.0
扭转角	±0.5°
沿纵轴方向的长度	$^{0}_{-1.5}$

表31 风机叶轮的跳动公差　　单位为mm

叶轮直径	1 200~2 000	>2 000~3 000	>3 000~5 000
叶轮外径径向圆跳动公差	3.0	3.5	4.0
叶轮外径端面圆跳动公差	5.0	6.0	10.0

8.7.5 任意三个相邻叶片于外圆处两个相应端点节距(弦长)之差不得超过表32的规定。

表32 叶片节距差值　　单位为mm

叶轮直径	1 200~2 000	>2 000~3 000	>3 000~5 000
叶片节距差值	8	10	12

8.7.6 叶尖部位叶型截面的旋转中心,相对于叶片根部轴线的跳动半径不得大于2 mm。

8.7.7 叶片表面必须光滑,不得有裂纹、气泡、缩孔和分层等缺陷。

8.7.8 叶根与轮毂的连接面应平整,不得有任何影响连接强度的缺陷。

8.7.9 玻璃钢叶片的玻璃纤维层间的涂胶层应薄而均匀,不得有起皱及树脂堆积现象。叶片的质量偏差不应超过设计质量的10%。

8.7.10 铝合金叶片应进行消除应力的热处理。叶片非加工表面允许打磨和补焊,补焊后应消除焊接应力。

8.7.11 自动调角轮毂上各个叶片座应同步转动,任意两个叶片座的转角偏差不应超过0.25°。

8.7.12 齿轮减速器应符合 YB/T 050 的规定。

8.8 组装

8.8.1 空冷器零、部件制造完毕后,每批(同一规格、同一批下料)中必须组装 1 台,其尺寸允差应符合图 18 的规定。

8.8.2 组装后,管束、构架、百叶窗各自的平面对角线之差应不大于 10 mm。管箱接管及法兰面的允差见图 19 及表 33。

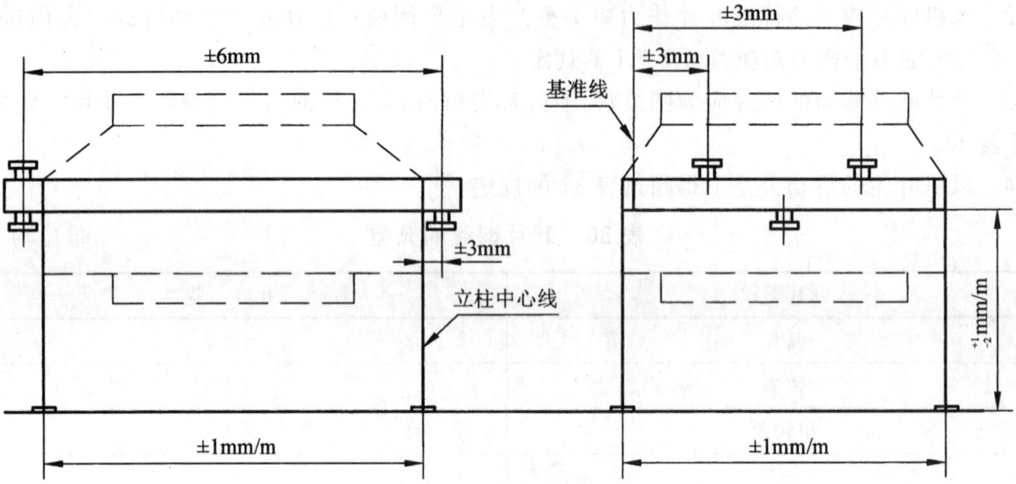

图 18 尺寸允差

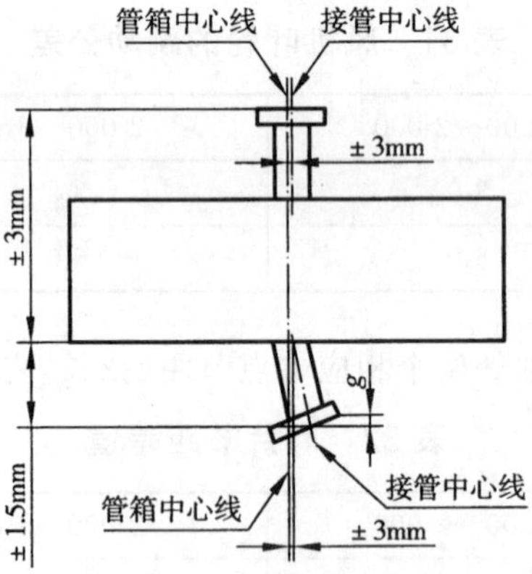

图 19 管箱接管的允差

表 33 法兰面的允差　　单位为 mm

接管公称直径	50～100	150～300	>300	重叠式各种直径
g 最大值	1.6	2.4	4.8	0.8

8.8.3 需重叠放置的管束应在制造厂进行重叠预组装。

8.8.4 名义尺寸和形状相同的零部件的制造偏差应控制在可互换的范围内。

8.8.5 风机叶片与轮毂须按 7.3.3.8 校验平衡。其不平衡力矩应符合 8.7.1 的规定。

8.8.6 如有要求,制造厂应给出百叶窗的性能曲线。

8.8.7 预组装后的各零部件应有明显可靠的标记,以利于现场安装。

9 检验与验收

9.1 一般规定

9.1.1 空冷器须经制造单位质量管理部门或与需方检查人员(或其代表)共同检查合格后方可出厂。

9.1.2 应允许需方代表进入制造空冷器的车间。制造单位应向该代表提供合理的资料以使其确信正在按照标准的规定进行制造。

9.1.3 应允许需方代表查看所有的材料合格证书、车间试验数据等用来验证标准要求是否得到满足的资料。

9.1.4 空冷器管箱无损检测人员应按照 TSG Z8001《特种设备无损检测人员考核规则》进行考核,取得资格证书方能承担与资格证书的种类和技术等级相应的无损检测工作。

9.2 焊接接头检查

9.2.1 焊缝表面的形状尺寸及外观按 GB/T 150.4 的规定检查。

9.2.2 在需进行 100%射线照相的部件上,按照 GB/T 150 不能用射线照相来检查的接管与管箱连接焊缝,则应在将其焊缝背部铲平或刨削(如适用)后,用磁粉或液体渗透的方法对其根部焊道和最终焊道进行全面检查。

9.2.3 在不要求进行 100%射线或超声检测的部件上,则至少应对每个管箱的纵向受压焊缝和端部焊缝作局部射线照相检查或超声检查。应采用磁粉或液体渗透的方法来检查工艺接管与管箱的连接焊缝,对于其根部焊道,应将焊缝背部铲平或火焰切割(如适用)后进行检查,并对其最后完工的焊缝进行检查。

9.2.4 局部射线照相检查或超声检测应包括用自动埋弧焊工艺所焊成的焊缝的起弧点、停弧点以及返修部位。

9.2.5 局部射线照相检查或超声检测覆盖的长度至少应为 250 mm,如果焊缝长度小于 250 mm,则应覆盖焊缝的全长。

9.2.6 对于不锈钢或铬含量大于 0.5%的铁素体合金钢,其没有受到 100%射线照相的焊缝的根部焊道和最终焊道,应用磁粉或液体渗透的方法进行检查。

9.2.7 满足下列条件之一者,工艺接管与法兰及管箱的连接焊缝应进行射线检测:

a) 管束设计压力大于或等于 10 MPa;

b) 含氢工况;

c) 工艺介质毒性危害程度为极度、高度危害的化学介质,易燃、易爆介质。

9.2.8 如果没有用超声检查的方法充分检查板的分层情况,且采用了安放式接管,则应采用磁粉或液体渗透的方法检查与接头连接的板上开孔的边缘的分层情况。发现的缺陷应被清除到无缺陷的金属,然后补焊。

9.2.9 无损检测方法、要求及其验收标准应符合 GB/T 150.4—2011 和 NB/T 47013.1～NB/T 47013.6的规定。

9.2.10 管箱焊缝采用射线或超声检测应在图样上规定。

9.2.11 焊缝硬度检查应按以下要求进行:

a) 对于由碳钢、Cr-Mo 钢、含铬量为 11%、13%、17%的铬钢和双相钢制成的部件,其承压焊缝应作硬度检查。

b) 应使用便携式布氏硬度计检查方法进行检查。如果买方同意,也可采用其他硬度测定技术。如果可行,应在焊缝与介质流体接触侧进行检查。

c) 焊缝硬度检查应在各种规定的热处理后进行。

d) 对于碳钢和含 Cr 量不超过 3%的 Cr-Mo 钢,硬度不应超过 225HBW(20HRC);对于含 Cr 量为 5%~17%的 Cr-Mo 钢,硬度不应超过 241HBW(22HRC);对于双相钢(含 Cr 量为 22%)和超级双相钢(含 Cr 量为 25%),其硬度值应与买方协商确定。

e) 应检查有代表性的焊缝,包括接管与管箱的焊缝。检查应在一条纵向焊缝、端板的一条焊缝及每个公称直径大于或等于 DN50 mm 的接管与管箱的焊缝上进行。同一炉热处理的管箱,每 10 个管箱至少应检查 1 个管箱。

f) 检查方法应符合 GB/T 230.1、GB/T 231.1 的规定。

9.2.12 对于翅片管基管与弯头的环焊缝,制造单位应通过合格的工装和方法来保证在管子内壁上焊缝根部的增厚不会超过 1.5 mm,不应使用永久性的衬环。

9.2.13 应按下列要求检查具有环焊缝的换热管:

a) 应任选至少 10%的焊接接头进行射线照相检查,对于每个接头,应采用一个双壁椭圆形曝光来获得双壁成像;

b) 在整个制造过程中,应随机作抽样检查。

9.2.14 应采用超声或射线照相的方法沿径向检查用于制造丝堵的棒料。不应有超过 10 mm 的线性缺陷存在。

9.2.15 对于单件锻制的管箱丝堵,无论是热锻或是冷锻,均不需要按照 9.2.14 进行检查。

9.2.16 对于由板材制成的接管及其过渡件,应在其最终成型后或热处理后对其焊缝进行 100%射线检查。

9.2.17 钢结构的焊缝质量应符合 GB 50205 的规定。

9.2.18 未注明尺寸焊缝的焊脚长度,在图样无规定时,取焊件中较薄者之厚度。

9.3 耐压试验

9.3.1 管束组装完毕后,应作耐压试验。耐压试验的方法和要求按 GB/T 150 的规定。

9.3.2 耐压试验的种类、要求和试验压力值应在图样上注明。

9.3.3 液压试验的保压时间应不少于 1 h。液压试验一般采用水,试验合格后应立即将水排净吹干。

9.3.4 对于奥氏体不锈钢或 Ni-Cu 合金材料制作的管束设备,其水压试验用水的氯离子含量应不超过 25 mg/L。

9.3.5 如无特殊要求,油漆或涂料可以在最终的压力试验之前被涂在焊缝上。

9.3.6 压力试验后被拆除的接头应重新装配新垫片。

9.3.7 其他类型的试验,如卤素试验,或用于设备干燥或防护的附加要求,应由需方规定。

9.3.8 气动执行机构与叶轮装配后,应以 0.4 MPa 的压缩空气检查其气密性。在持续 5 min 的时间内不得有渗漏现象。

9.3.9 齿轮减速器壳体须作煤油渗漏检查。在持续 45 min 时间内不得有渗漏现象。

9.4 运转试验

9.4.1 风机的运转试验应符合下列要求:

a) 风机应作空载运转试验。在轴承温升稳定后连续运转时间不少于 1 h;运转时应无不正常现象;轴承部位的温度和振幅(无消振措施时)不应超过表 34 的规定。

b) 风机叶轮须按 1.1 倍最大工作转速作空载超速试验。连续运转时间应不少于 10 min。试验后,应检查叶轮各部位,不得有裂纹、变形和损伤。

表 34 轴承部位的温度和振幅

主轴转速/(r/min)	≤500	>500～600	>600～750	>750
允许最大径向振幅(双向)/mm	0.15	0.14	0.12	0.10
滚动轴承表面温度/℃	70			

9.4.2 齿轮减速器装配后须做空载跑合试验,并应符合下列要求:

a) 注入规定的润滑油,按设计的旋转方向连续运转时间不应少于 4 h;

b) 试验后,减速器各部位不得有渗漏现象,轴承、循环油温升不应超过 40℃,最高温度不应超过 80℃。

9.4.3 如有要求,制造单位应按 GB/T 3767 规定的方法对空冷器进行噪声试验并填写噪声数据表(见表 D.3)。

9.5 气密性试验

9.5.1 应按图样要求进行气密性试验。

9.5.2 气密性试验的试验压力等于设计压力,保压时间不少于 20 min。

9.5.3 气密性试验应在最终耐压试验后进行,用肥皂溶液或整体潜入水槽中作渗漏检查。所有焊缝、管子与管板连接处、丝堵与丝堵板连接处及所有垫片连接处不得有渗漏现象。

10 铭牌、油漆、运输包装

10.1 铭牌

10.1.1 每片管束的固定管箱、每台风机的机架及百叶窗上应用托架各固定一块奥氏体不锈钢铭牌。

10.1.2 铭牌的规格可按 GB/T 13306 的规定。

10.1.3 管束铭牌应标明下列内容:

a) 名称及位号;

b) 图号及型号;

c) 设计温度,℃;

d) 设计压力,MPa;

e) 换热面积(翅片管/基管),m^2;

f) 外型尺寸(长×宽),m×m;

g) 管程数;

h) 试验压力,MPa;

i) 管束质量,kg;

j) 安全注册证书编号;

k) 制造单位出厂编号;

l) 制造日期;

m） 制造单位名称。

10.1.4 风机铭牌应标明下列内容：

a） 风机名称及型号；

b） 叶轮直径，m；

c） 设计风量(标准状况)，m^3/h；

d） 设计风压，Pa；

e） 转速，r/min；

f） 叶片安装角，(°)；

g） 电动机额定功率，kW；

h） 风机质量，kg；

i） 制造单位出厂编号；

j） 制造日期；

k） 制造单位名称。

10.1.5 百叶窗铭牌应标明下列内容：

a） 百叶窗名称及型号；

b） 外形尺寸(长×宽)，m×m；

c） 驱动压力，MPa；

d） 百叶窗质量，kg；

e） 制造单位出厂编号；

f） 制造日期；

g） 制造单位名称。

10.1.6 下列部件应打上供方的序列号标记：

a） 管箱；

b） 盖板式管箱的盖板法兰；

c） 帽盖式管箱的管板法兰。

10.2 油漆

10.2.1 需要油漆的表面应彻底除锈、除氧化皮、除油、除污并干燥。

10.2.2 在装运和随后的储存中裸露在大气中的机加工表面，应使用易于清除的防锈剂加以保护。

10.2.3 除另有规定外，碳钢管箱和低合金钢管箱应按 GB/T 8923.1 进行喷射清理，然后涂上无机富锌底漆，涂层的干膜厚度至少应为 50 μm。

10.2.4 除翅片管、接管法兰和管箱法兰的密封面及不锈钢管箱外，空冷器所有钢制零部件的外表面必须涂防锈漆，不锈钢管箱及接管表面应进行酸洗钝化。

10.2.5 管束侧梁内表面应涂黑色面漆。

10.2.6 管束(除翅片管外)、百叶窗(除窗叶外)的外表面、构架、风机的钢结构表面应涂一层防锈漆，一层银灰色面漆。

10.2.7 涂漆方法及要求应按 JB/T 4711 及所用油漆的涂刷要求进行。

10.3 运输包装

10.3.1 空冷器的运输应按部件进行，管束、百叶窗应整体发运，构架、风机应组装成最大的部件后分体发运。所有单独发运的零部件均应标志识别号。

10.3.2 运输包装应符合JB/T 4711及下列要求：

a) 包装前应将管束内的液体排放干净，暴露在大气中的机械加工表面应涂以易除去的防锈剂；

b) 管束应设有防止翅片磕碰和雨水漏入的保护措施；

c) 设备铭牌应有专门保护。

10.3.3 外露的法兰连接面应用下列方法之一进行保护：

a) 带有垫片的钢制盖板，固定盖板的螺栓数量取下列二者中的较大值：

1) 所需法兰螺栓总数的50%；

2) 4个螺栓。

b) 专门用于法兰保护的塑料盖板。

10.3.4 发运时，制造单位应随机提供下列技术文件：

a) 安装图，空冷器数据表(见表D.2，如由需方提供图纸时可不提供此表)及有关修改记录；

b) 翅片管管束及构架组装尺寸的检查记录；

c) 产品质量证明书，内容包括产品合格证，主要受压零部件的材料合格证；热处理检验报告，无损检测及压力试验检验报告；受压焊缝返修的部位、次数及检查报告；管孔胀接超过两次的报告；

d) 联轴器和带轮的轴孔、键槽尺寸；

e) 安装、操作、维护说明书(包括自控线路图、润滑油牌号)；

f) 空冷器及风机的噪声数据；

g) 零部件装箱清单；

h) 铭牌照片。

10.4 制造过程技术文件保存

制造单位对其制造的每片空冷器管束至少应具有下列技术文件备查，技术文件保存要求见附录A：

a) 制造工艺图或制造工艺卡；

b) 主要受压元件的材料证明文件及材料表；

c) 管箱的焊接工艺和除碳素钢之外的管箱的热处理记录；

d) 标准中允许制造单位选择的项目的记录；

e) 管箱制造过程中及完工后的检查记录；

f) 空冷器的竣工总图及管束的竣工图。

11 补充要求

11.1 总则

本章规定了空冷器的设计、制造和检查的补充要求，如需方要求，设计压力超过14 MPa的空冷器，则应满足11.2～11.4的补充要求。

11.2 设计

11.2.1 管箱焊接接头的无损检测应提出明确要求。供方的报价书中应包括所推荐的焊接接头的设计详图。

11.2.2 所有换热管与管板的连接型式应采用强度焊。当使用含 Cr 低合金钢管时，换热管与管板的焊接接头应进行焊后热处理。

11.3 检查

11.3.1 与其他元件焊接的板或锻件，如果其厚度超过 50 mm，应进行超声检测。

11.3.2 除用螺栓连接的平盖板和标准法兰外，对厚度超过 100 mm 的所有锻件，都应进行超声检测。

11.3.3 对所有的接管连接焊缝均应做超声检测。

11.3.4 在对板材、锻件和焊缝进行超声检测后，应向需方提供一份检测报告，该报告应包括查出的缺陷、返修的范围、返修缺陷的性质和所采用的返修工艺。

11.3.5 根部焊道和最终焊道应进行磁粉检测或渗透检测。管子与管板的焊缝除外。

11.3.6 管箱热处理后，所有返修焊缝应进行射线或超声检测。

11.3.7 焊接前，所有坡口和开孔部位都应进行磁粉或渗透检测，对发现的缺陷应清除。

11.3.8 所有与管箱本体连接的焊缝(如支架)都应进行磁粉或渗透检测。

11.3.9 去除临时吊耳的区域应进行磁粉或渗透检测，且这些区域在检测前应打磨平。

11.3.10 水压试验后，所有外部承压焊缝和接管内部焊缝应进行磁粉或渗透检测。

11.3.11 对集合管式管箱结构，所有加强短节与换热管焊缝及换热管与 U 形管焊缝应进行 100%射线或超声检测。加强短节与管箱焊缝应用磁粉或渗透法进行外部检测。

11.3.12 无损检测方法、要求及其验收标准应符合 GB/T 150.4—2011 的规定。

11.4 试验

11.4.1 在管子与管板焊接之后并在管子胀接之前，应以 0.1 MPa～0.17 MPa 的压力进行车间泄漏试验。用涂抹肥皂液的方法来检查管子与管板的接头是否泄漏。

11.4.2 在最终压力试验后，应用 0.1 MPa～0.17 MPa 的压力对所有的丝堵接头和所有带垫片的接头进行泄漏试验。用涂抹肥皂液的方法或者用整体浸入水槽的方法来检查接头是否泄漏。

12 空冷器能效评价方法

12.1 总则

本章规定了对于空冷器能效评价方法，应分别对空冷器的管束及空冷器的风机进行能效评价。

12.2 空冷器管束的能效评价

12.2.1 空冷器管束的能效评价应以其所采用翅片管的总传热系数的能效级别进行评价。

12.2.2 翅片管的总传热系数的测定按照 GB/T 27698.6—2011 进行。标准测试条件为管内介质 110℃的饱和水蒸气，空气入口温度为室温，最窄截面质量风速为 6 kg/(m^2·s)，翅片管(基管 ϕ25×2.5，材料：碳素钢；翅片间距 2.3 mm，材料：铝)。

12.2.3 翅片管总传热系数的能效级别分为 3 级，其中 1 级为最高。各种规格型式的翅片管在标准规定测试条件下的能效级别见表 35 的规定。

12.2.4 翅片管总传热系数的能效限定值应不低于表 35 中 3 级的数值。

12.2.5 翅片管总传热系数的节能评价值应不低于表 35 中 2 级的数值。

表 35 翅片管总传热系数的能效级别

能效级别		3 级	2 级	1 级
翅片型式	翅片外径 D/mm	翅片管总传热系数 W/（m^2·K）		
DR	57	735	780	820
	50	650	680	715
L	57	710	745	780
	50	600	630	660
LL	57	720	755	790
	50	610	640	670
KL	57	730	765	800
	50	640	670	700
G	57	750	785	820
	50	680	715	750

12.3 空冷器风机的能效评价

12.3.1 空冷器风机的能效评价应以风机效率的能效级别进行评价。

12.3.2 风机效率是指风机在使用区内的最高全风压风机效率。其测定按照 GB 19761—2009 进行。

12.3.3 风机效率的能效级别分为 3 级，其中 1 级为最高。各种规格型式的轴流风机在标准规定测试条件下的能效级别见表 36 的规定。其中风机出口面积按圆面积计算。

12.3.4 风机的能效限定值应不低于表 36 中 3 级的数值。

12.3.5 风机的节能评价值应不低于表 36 中 2 级的数值。

表 36 空冷器风机能效级别

能效级别		3 级	2 级	1 级	3 级	2 级	1 级	3 级	2 级	1 级
叶轮直径/mm		$1\,200 \leqslant D < 1\,800$			$1\,800 \leqslant D < 3\,800$			$3\,800 \leqslant D \leqslant 4\,500$		
风机效率/%	$\gamma < 0.3$	70	74	77	72	75	78	74	77	80
	$0.3 \leqslant \gamma < 0.4$	72	76	79	74	77	80	76	79	82
注：$\gamma = d/D$ 式中： γ——风机轮毂比； d——叶轮的轮毂外径； D——叶轮的叶片外径。										

附 录 A
(资料性附录)
报价书及资料

A.1 报价书

A.1.1 报价书应包括每台空冷器的完整数据表(见附录D表D.2)。

A.1.2 报价书应包括一份标明平面和高度方向的主要尺寸、接管规格及其方位的图纸。

A.1.3 报价书应说明垂直安装的电动机轴是朝上还是朝下。

A.1.4 报价书应充分说明车间组装的程度及需要在现场组装部件的说明。

A.1.5 未在本标准中充分说明的设计,应在报价书中给出详细说明(包括详细的结构附图)。

A.1.6 报价书应给出与标准规定不一致情况的详细说明。

A.1.7 如需方规定,报价书应包括一份噪声数据表(见附录D表D.3)。

A.1.8 报价书应包括风机的性能特征曲线,并把设计点标注在曲线上。

A.1.9 报价书应包括翅片管端部翅片固定方法的详细说明(见7.1.3.9)。

A.1.10 如果供方认为需方所规定的要求与该设备的操作或预计达到的目的有矛盾或不适合,应通知需方。

A.2 资料

A.2.1 资料的确认

A.2.1.1 对于每一设备位号,供方应完成以下资料。需方应规定以下哪些资料应提供及哪些资料应经过确认:

a) 需方的位号、项目名称、装置名称和地点,需方的定货单编号和供方的生产计划单编号;

b) 设计压力、最大允许工作压力、试验压力、最高和最低设计温度和腐蚀裕量;

c) 所有采用的规范及需方的采购技术资料;

d) 所有受压部件的材料明细表;

e) 总体尺寸;

f) 立柱的尺寸、位置及地脚螺栓的规格;

g) 接管法兰尺寸、压力等级、密封面形式、位置、伸出管箱表面的长度、许用载荷(力和力矩)及用途;

h) 驱动装置详图;

i) 管束的质量,空冷器的空重和充水重及最重部件的质量或整体搬运的一个起吊组合的质量;

j) 7.4.3中所列载荷的大小;

k) 焊后热处理要求;

l) 射线照相及其他无损检测要求;

m) 表面处理和油漆要求;

n) 机械部件和仪表部件的设计暴露温度;

o) 铭牌及其位置;

p) 管子与管板连接及管板坡口加工的详图。

A.2.1.2 供方应提供垫片详图、现场组装图及所有附属设备和控制系统图。图纸应表示出电气系统和控制系统的接线,包括气动百叶窗或风机的驱动和信号气的线路图。垫片详图应包括垫片的类型和材料,并应以单独的图纸表示。

A.2.1.3 对于受压件,包括管箱、接管、法兰的设计,应按照压力设计规范的要求进行计算。此外,对于非标准的受压部件,如锻造异型过渡接管,计算书应足够详细。如需方规定,计算书应提交需方确认。

A.2.1.4 如需方规定,焊缝布置图、所有推荐的焊接工艺(如适用,包括冲击试验结果)应在制造前提交需方确认。

A.2.1.5 对于由供方提供的有关安装、操作、维修或检查所要求的更详细的工程资料,应由供需双方协商解决。

A.2.2 资料保存

A.2.2.1 供方应将所用材料的记录及制造检验记录至少保存10年。

A.2.2.2 需方应规定以下资料中的哪些项应以电子版形式提供:

a) 一份竣工数据表,包括所有受压件的材料明细表;

b) 符合压力设计规范的制造厂数据报告;

c) 所有受压件材料的复检试验报告;

d) 风机和轮毂数据,包括轴孔和键槽尺寸及联轴器和皮带轮数据;

e) 如果供方提供控制器,则应提供风机叶片角和百叶窗叶片的自动控制调节简图;

f) 安装、使用和维护说明书,包括齿轮和轴承的润滑类型;

g) 零部件清单;

h) 风机在额定转速和设计工况下工作时空冷器的噪声数据表;

i) 标明操作点和轴功率消耗的风机性能曲线;

j) 百叶窗性能曲线;

k) 管箱焊后热处理的温度记录曲线;

l) 非破坏性试验记录。

附 录 B
(资料性附录)
推荐做法

B.1 基管和翅片

B.1.1 锯齿形、扇形和开有窗口形翅片及带有间隔板的翅片,具有较高的空气侧膜系数。但对空气侧结垢比较敏感,且由于不连续处的锐边导致清洗较困难,因此这些翅片仅适用于低垢阻情况。

B.1.2 在由于空气尘埃使翅片管的空气侧易于结垢的地区,所选用翅片管的最大翅片密度不能超过394片/m,同时为便于有效清洁翅片,相邻翅片管翅片的最小间隙应为6.4 mm。

B.1.3 换热管支撑件应设计成能将机械载荷传递到基管上。

B.1.4 椭圆形换热管

椭圆形换热管的最小厚度应符合7.1.3.6的规定。椭圆形换热管的最小尺寸应为短轴14 mm、长轴36 mm。各种翅片连接型式的最高允许温度应符合7.1.3.4和表16的规定。

B.2 风机和驱动机

B.2.1 变频调速(SFC)风机或自动调角风机(DVP)可用于工艺控制。

B.2.2 如果在夜间有严格的噪声限制或夜间空气进口温度较低,可采用变速风机。

B.3 走道和平台

为降低空气侧压降,应用敞开式格栅作风机进口下侧的维修底板。如果采用实体板,应考虑空气侧压降的影响。为尽可能减小该影响,可要求维修底板与风机进风口之间有较大的距离。

B.4 空气设计温度

B.4.1 对非苛刻工况,空气设计温度应取下列温度中的较高者:

a) 每年中超过400 h的最高空气温度;

b) 每年中超过40 h的最高空气温度减4℃。

B.4.2 对苛刻工况,空气设计温度应为每年中超过40 h的最高空气温度。

B.4.3 优化设计时,应规定下列温度:

a) 最低设计金属温度;

b) 设计金属温度;

c) 最低环境温度;

d) 设计环境温度;

e) 翅片选择温度。

B.5 轴承润滑

为了提供适当的润滑,应配备一个装置以确保最大限度地用新的润滑脂代替旧的润滑脂并且将多余部分自动排出。

B.6 可卸帽盖式或可卸盖板式管箱的垫片

表B.1给出了垫片型式,表B.2给出了要求的垫片接触表面粗糙度。垫片应不含石棉。

表B.3列出了操作条件,应根据表B.4选择垫片。

表 B.1 垫片型式

单位为 mm

型式	说明	最小宽度	最小厚度
1	耐油和酸的 aramid 纤维填充 NBR	9.5	2
2	耐油或酸的压制薄板	9.5	1.6
3	软钢包覆平金属垫	12.5	3.2
4	不锈钢包覆平金属垫	12.5	3.2
5	金属增强 PTFE 层	9.5	1.6
6	金属增强膨胀石墨	9.5	1.6
7	具有石墨层的波齿垫片	12	6 或 3.2
注:具有石墨层的波齿垫片的宽度与厚度之比为 4∶1 时,其最小厚度为 3.2 mm。			

表 B.2 垫片接触表面的粗糙度

垫片型式	$Ra/\mu m$
1、2、5、6、7	3.2～6.3
3、4	0.8～1.6

表 B.3 操作条件

操作条件	说明
Ⅰ	无腐蚀和轻度腐蚀
Ⅱ	含有硫化物且酸值超过 300 mg/kg KOH 的环氧酸的烃蒸气。最高操作温度超过 230℃
Ⅲ	含有硫化物且酸值超过 300 mg/kg KOH 的环氧酸的烃蒸气。最高操作温度超过 330℃
Ⅳ	含氢的烃
Ⅴ	低于 50℃的无腐蚀冷却水
Ⅵ	低于 50℃的轻度腐蚀冷却水
Ⅶ	低于 50℃的腐蚀性冷却水
Ⅷ	温度和压力经常变化(例如热冲洗、脱蜡、急冷)及频繁清扫(例如Ⅰ～Ⅶ工况下每年清扫多于 2 次)

表 B.4 垫片选择

操作工况	设计温度/℃	最大设计压力/kPa(表压)	推荐型式	替代型式
Ⅰ	−200～0	3 000	6	4
	0～150	2 000	1	2、5、6
	0～240	3 000	6	3
	240～450	3 000	6	3
Ⅱ	0～150	2 000	1	2、5、6
	0～240	3 000	6	3
	240～450	3 000	6	4
Ⅲ	330～450	3 000	6	
Ⅳ	0～450	3 000	6	
Ⅴ、Ⅵ、Ⅶ	0～450		1 (3.2 mm 厚)	2、5、6
Ⅷ	0～450	6 000	4	

B.7 引风式风机或鼓风式风机的选择

除下列情况可考虑用引风式风机外，其余应采用鼓风式风机：

a) 要求严格控制工艺介质温度，且突然降雨(即过度冷却)会导致操作不正常；

b) 为降低热风再循环危险，特别是对大的生产装置及工艺介质出口温度和空气进口温度比较接近的工况；

c) 在空气侧结垢对传热有较大影响的地方；

d) 在风机故障的情况下，须保持较高传热性能的工况(由于烟囱效应)；

e) 炎热天气下，需要风箱为管束遮住太阳的工况；

f) 对于介质出口温度与空气入口温度之差小于等于11℃的工况。

B.8 多管程冷凝器

具有下列情况的多管程冷凝器，每管程的管子(包括任何过冷管程)应沿工艺介质流动方向倾余斜10 mm/m：

a) 真空操作工况；

b) 工艺介质中含游离水相且最低环境温度低于0℃的工况。

B.9 材料

B.9.1 焊接式管头

当换热管与管板采用焊接连接时，换热管与管板应选择能够避免管端焊缝焊后热处理的材料。不推荐采用含Cr低的合金钢材料(1%Cr～9%Cr)。

B.9.2 换热管与管板的连接接头

a) 对于含氢工况，换热管与管板的连接应采用焊接加胀接；

b) 为了消除异种材料焊接的影响，如果规定管板为堆焊或复合板，其堆焊层或复合层最小厚度为4.8 mm，堆焊层或复合层应与换热管具有相同的金相组织。

B.10 运输保护

B.10.1 如果管束内不允许有水残留物，应采用下列方法之一进行干燥：

a) 采用相对湿度低于15%的干空气或氮气进行吹扫，经过管束后检查其出口空气的相对湿度应低于30%；

b) 用真空泵对管束抽真空达到0.4 kPa～0.5 kPa的绝压。

B.10.2 管束进行排液和干燥后，应采用下列方法之一对其内表面进行防腐保护：

a) 采用干燥剂(例如硅胶干燥剂)；

b) 采用挥发性防腐剂；

c) 采用一种惰性气体(表压为35 kPa～100 kPa的氮气)。

附　录　C
（资料性附录）
可卸盖板式及可卸帽盖式管箱计算

C.1　可卸盖板式管箱（见图 C.1）的盖板和法兰按表 C.1 计算，其他板的计算按 7.1.2.3.1 计算。

C.2　可卸帽盖式管箱（见图 C.2 ）的圆筒和管板按表 C.2 计算，法兰按表 C.1 计算。端板按 7.1.2.3.1 计算。

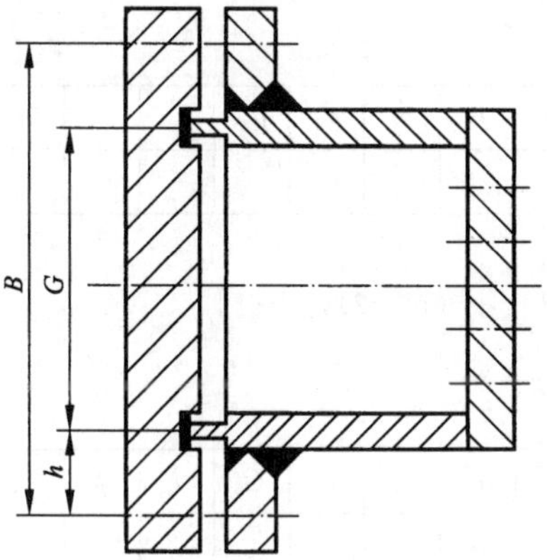

图 C.1　可卸盖板式管箱

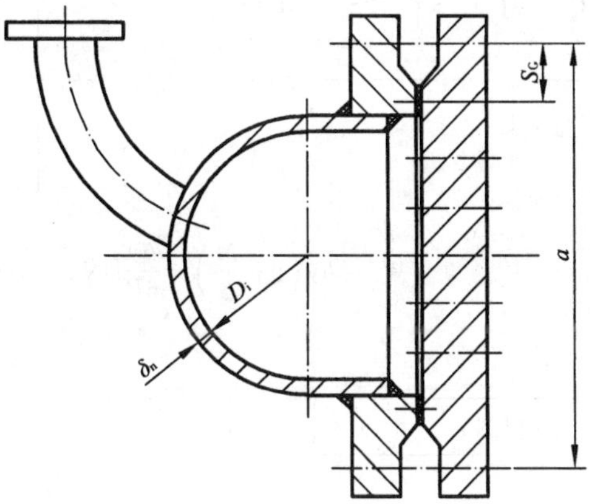

图 C.2　可卸帽盖式管箱

表 C.1　可卸盖板式管箱计算表

符号	单位	意　　义	符号	单位	意　　义
A_b	mm^2	单个螺柱的有效横截面积	m	—	垫片系数
b	mm	垫片的有效宽度	M_G	N	作用在盖板上的垫片力
B	mm	横跨管箱的螺柱间距	N	—	管箱内隔板个数
C_2	mm	腐蚀裕量	p	MPa	设计压力
d_n	mm	螺柱螺纹小径	$[\sigma]_b$	MPa	常温下螺柱材料的许用应力
e_1	mm	螺柱计算间距	$[\sigma]_b^t$	MPa	设计温度下螺柱材料的许用应力
$[\sigma]$	MPa	常温下材料的许用应力	δ_1,δ_2	mm	盖板及法兰的设计厚度
$[\sigma]^t$	MPa	设计温度下材料的许用应力	ϕ	—	焊接接头系数，取 $\phi=0.8$
$g_1,g_2,\cdots,g_n$	mm	隔板间距	y	MPa	垫片比压力
G	mm	横跨管箱的垫片间距	T	℃	设计温度
h	mm	螺柱中心线到垫片反力作用点间的距离	W_G	N/mm	垫片螺柱载荷
i	mm	$(B-G)/2$	δ_2	mm	盖板法兰的名义厚度
C_3	mm	加工余量	e	mm	螺柱名义间距

表 C.1 可卸盖板式管箱计算表(续)

设计数据			
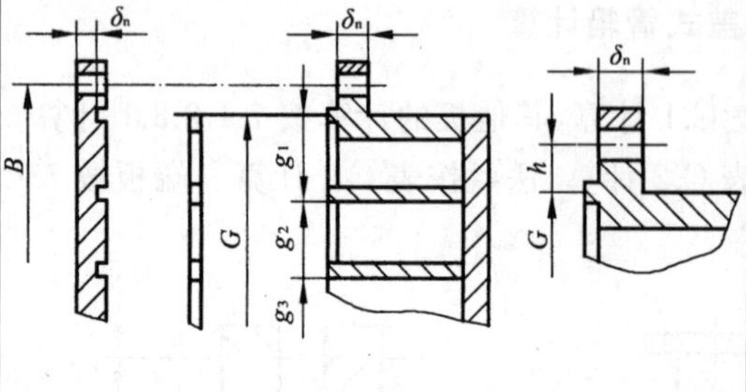	$p=$	$T=$	$C_2=$
	本表中已列出而未给出计算公式的参数按本标准及 GB/T 150.3—2011 的有关规定计算和查取		

载荷计算

h	b	y	B	N	g_1	g_2	g_3	g_4	…	g_n

$$W_G=by\left(1+\frac{N}{6}\right)-\frac{by}{6B}[N(g_1+h)+(N-1)g_2+(N-2)g_3+\cdots]$$

$$M_G=W_G(h+g_1)-byg_1$$

法兰厚度(材料:)

$[\sigma]$	$[\sigma]^t$	m	b	G	i	ϕ	C_3	

$$\delta_1=\sqrt{\frac{6W_G i}{[\sigma]\cdot\phi}}+C_3$$

$$\delta_2=\sqrt{\frac{6p_c(2mb+G/2)i}{[\sigma]^t\cdot\phi}}+C_3$$

法兰厚度 δ_n 取 δ_1、δ_2 之大值	取 $\delta_n=$

盖板厚度(材料:)

$[\sigma]$	$[\sigma]^t$	m	b	G	h	C_a

$$\delta_1=\sqrt{\frac{6M_G}{[\sigma]}}+C_a \qquad (C_a \text{ 取 } C_2、C_3 \text{ 中的较大值})$$

$$\delta_2=\sqrt{\frac{6p\{G^2/8+[(G/2+2mb)h]\}}{[\sigma]^t}}+C_a$$

盖板厚度 δ_n 取 δ_1、δ_2 之大值	取 $\delta_n=$

螺栓间距(材料:)

m	b	G	d_n	$[\sigma]_b^t$	

$$A_b=\frac{\pi}{4}d_n^2 \qquad e_1=\frac{A_b[\sigma]_b^t}{p(G/2+2mb)}$$

螺栓间距 $e\leqslant e_1$，且应满足 7.1.2.5.8～7.1.2.5.11 的要求	取 $e=$

表 C.2 可卸帽盖式管箱计算表

符号	单位	意义	符号	单位	意义
a	mm	螺柱中心线短轴长度	W	N	操作或预紧时的螺柱载荷
b	mm	螺柱中心线长轴长度	Z		矩形平板形状系数
C	mm	厚度附加量	δ	mm	半圆筒计算厚度
D_i	mm	半圆筒内径	δ_g	mm	管板计算厚度
K		结构特征系数	δ_{gn}	mm	管板名义厚度
L	mm	螺柱中心线总周长	δ_n	mm	半圆筒名义厚度
p_c	MPa	计算压力	ν		开孔削弱系数
S_G	mm	螺柱中心线到垫片反力作用点间的距离	ϕ		焊接接头系数取 $\phi=0.8$
T	℃	设计温度	$[\sigma]^t$	MPa	材料在设计温度下的许用应力

设计数据

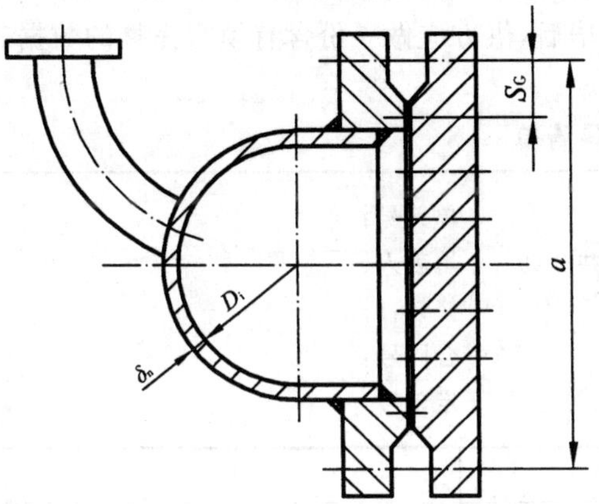

$p=$	$T=$	$C_2=$

本表中已列出而未给出计算公式的参数按本标准及 GB/T 150.3—2011 的有关规定计算和查取

系数计算

a	b	W	S_G	L

$$Z=3.4-2.4\frac{a}{b}\quad 且\ Z\leqslant 2.5\qquad K=0.3Z+\frac{6WS_G}{p_c La^2}$$

W 按 GB/T 150.3—2011 的规定取预紧或操作中的较大值

半圆筒厚度(材料：　　　　)

$[\sigma]^t$	D_i	

$$\delta=\frac{p_c D_i}{2[\sigma]^t\phi-p_c}\qquad \delta_n\geqslant\delta+C$$

取 $\delta_n=$

管板厚度(材料：　　　　)

$[\sigma]^t$	a	K	ν

$$\delta_{gn}=a\sqrt{\frac{Kp_c}{[\sigma]^t\nu}}\qquad \delta_{gn}\geqslant\delta_{gn}+C$$

取 $\delta_{gn}=$

附　录　D
(资料性附录)
清单和数据表

本附录的空冷器清单(表 D.1) 和空冷器数据表(表 D.2)为空冷器的描述和设计提供必要的数据。清单用以说明需方根据标准章节提出的特殊要求及对标准章节可选择内容必须做明确的选择。填写清单是需方的职责。填写数据表是供需双方的共同职责。需方负责数据表中的工艺参数。如果这些组分为均匀相的组分,传送参数应以每种相(水、蒸气、空气和氢气或其他惰性气体)的全部组分为依据。如果液体具有不溶相,应单独并全部规定每种相的液体性能。如果传送的参数不包括提到的组分(如果存在),应说明它们在工艺流程蒸气中的浓度。在一种确实无相变化的简单操作工况下,需方可采用数据表作为唯一的数据传送文件。需方也可以采用其他方式向供方提交清单和数据。空冷器制造完毕后,供方应做一份含有填写完整的数据表及设备准确说明的"竣工"记录。

表 D.1　空冷器清单

<table>
<tr><td colspan="2">空冷器清单</td><td colspan="2">工程号：
页数:第 1 页,共 2 页
日期
投标号：
查询号：</td><td>单元号：
填表人：
修订：
合同号：
定单号：</td></tr>
<tr><td>章、条号</td><td colspan="2"></td><td></td><td></td></tr>
<tr><td>3.3</td><td colspan="2">管束的设计压力：</td><td></td><td></td></tr>
<tr><td rowspan="2">3.6</td><td colspan="2">最高设计温度：</td><td></td><td></td></tr>
<tr><td colspan="2">用于选择翅片型式的最大操作温度：</td><td></td><td></td></tr>
<tr><td rowspan="2">4.1</td><td colspan="2">压力设计规范：</td><td></td><td></td></tr>
<tr><td colspan="2">可适用的地方法规：</td><td></td><td></td></tr>
<tr><td>4.7.2</td><td colspan="2">腐蚀裕量：</td><td></td><td></td></tr>
<tr><td>7.1.1.8</td><td colspan="2">装置内部蒸汽吹扫介质的温度、压力和操作条件：</td><td></td><td></td></tr>
<tr><td>7.1.2.5.8</td><td colspan="2">盖板螺柱类型：</td><td>全螺纹螺柱</td><td>双头螺柱</td></tr>
<tr><td rowspan="2">7.1.2.2.1</td><td colspan="2">工艺法兰面是否水平设置?</td><td>是</td><td>否</td></tr>
<tr><td colspan="2">化学清洗接头的尺寸、类型和位置：</td><td></td><td></td></tr>
<tr><td>7.1.3.4</td><td colspan="2">翅片管结构型式：</td><td></td><td></td></tr>
<tr><td>7.1.3.5</td><td colspan="2">最大管长：</td><td></td><td></td></tr>
<tr><td>7.3.2.1</td><td colspan="2">噪声测定值的位置：</td><td></td><td></td></tr>
<tr><td>7.3.3.1</td><td colspan="2">每跨允许布置一台风机吗?</td><td>允许</td><td>不允许</td></tr>
<tr><td>7.3.3.5</td><td colspan="2">允许风机叶尖速度在 60 m/s～80 m/s 吗?
允许速度：</td><td>允许</td><td>不允许</td></tr>
</table>

表 D.1　空冷器清单(续)

空冷器清单	工程号： 页数：第 2 页，共 2 页 日期 投标号： 查询号：	单元号： 填表人： 修订： 合同号： 定单号：	
7.3.3.10	是否采用自动控制叶片角？	是	否
7.3.3.11 c)	叶片角限位挡块的调节：		
7.3.7.2.1	驱动装置的供应：	需方	供方
	电动机的结构： 电源及类别：		
	需要屏蔽吗？ 类型：	需要	不需要
7.3.7.3	变速驱动系统的要求：		
7.3.9	是否需要振动切断开关？	是	否
7.3.10.18	当控制气源压力消失时百叶窗的位置：		
7.4.2.2	需要在车间作振动测试的试验吗？	需要	不需要
7.4.3.2	消防设施的重量及尺寸：		
7.4.3.11	雪载荷：		
7.4.3.12	其他设计载荷的类型、位置、大小及方向：		
7.4.4.5	再循环系统风箱分隔的要求：		
7.4.5.1	可接近管箱的平台、内部连接通道和梯子的数量及位置：		
7.4.5.8	空气出口温度较高时，是否有特殊的防护要求？如果有，请说明：	有	无
8.3.11	垫片接触表面是否需要特殊加工？ 如果有，请说明精度：	要	不要
9.3.7	对于干燥或防护是否需要特殊试验？ 详细内容：	要	不要
9.4	是否需要作车间运转试验？ 详细内容：	要	不要
10.2.3	防护涂层的厚度：		
11.1	补充要求：		
A.1.7	是否需要噪声数据表？	要(见表 D.3)	不要
A.1.8	是否需要风机性能特性曲线？	要	不要
A.2.1.1	需要提交哪些文件？ 哪些文件要得到需方的确认？		
A.2.1.3	计算书需要得到需方确认吗？	要	不要
A.2.1.4	焊接工艺需要得到需方确认吗？	要	不要
A.2.1.5	所需的附加工程资料：		
A.2.2.2	要完成的记录以及这些记录是否以电子表格的形式：	要	不要

表 D.2 空冷器数据表

空冷器数据表	工程号：　　　　　　单元号： 页数：第 1 页，共 3 页　填表人： 日期　　　　　　　　修订： 投标号：　　　　　　合同号： 查询号：　　　　　　定单号：
制造商 型号 用户 厂址 用途 通风型式：〇引风式　〇鼓风式	换热量，kW： 翅片管表面积/单元，m^2： 光管面积，m^2： 有效平均温差，℃： 翅片管传热系数，W/(m^2·K)： 光管操作时，W/(m^2·K)： 光管清洁时，W/(m^2·K)：
跨尺寸(宽×长)：　　跨数/单元	
设计基础数据	
压力设计规范： 管束规范的钢印：　　〇要　〇不 加热管束规范的钢印：　〇要　〇不	结构规范： 易燃工况：　　〇有　〇无 致命的/有毒性的工况：　〇有　〇无
管侧——性能数据	
流体名称： 流量，kg/s： 露点/泡点，℃：〇凝固点　〇冰点 潜热，kJ/kg： 进口压力：〇MPa(表)　〇MPa(绝) 压降(允许/计算)，MPa： 流速(允许/计算)，m/s： 管内污垢热阻，m^2·K/W：	温度，℃：　〇进口　〇出口 总流量(液/气)，kg/s： 水/蒸汽，kg/s： 不凝气，kg/s： 分子质量(气体/不凝气)： 密度(液/气)，kg/m^3： 比热容(液/气)，kJ/(kg·K)： 导热系数(液/气)，W/(m·K)： 黏度(液/气)，MPa·s：
空气侧——性能数据	
空气进口温度(设计干球温度)，℃： 空气流量/单元，(kg/s)(m^3/s)： 质量流速(净通风面积)，kg/(s·m^2)： 空气出口温度，℃： 空气流量/每台风机，m^2/s：	迎面风速，m/s： 最小设计环境温度，℃： 海拔高度，m： 静压，kPa：
设计、材料和结构	
设计压力，MPa(表压)： 试验压力，MPa(表压)： 设计温度，℃： 最小设计金属温度，℃：	加热管束： 管子数：　　外径，mm： 管子材料： 翅片材料及型式： 厚度，mm：

表 D.2 空冷器数据表(续)

<table>
<tr><td>空冷器数据表</td><td>工程号：　　单元号：
页数：第 2 页，共 3 页　　填表人：
日期　　修订：
投标号：　　合同号：
查询号：　　定单号：</td></tr>
<tr><td>管束
尺寸(宽×长)，m：
片数/每跨：　　管排数：
并联管束数：　　串联管束数：
构架安装：○基础　○管架　○其他
管架横梁(中心距)：
梯子、通道及平台：○有　○无
构架表面预处理/涂漆：
管箱表面预处理/除漆：
百叶窗
材料：
动作控制：　　○自动　○手动
动作型式：　　○相对　○平行</td><td>压力设计规范
是否打钢印？　　○要　○不
加热介质：　　流量，kg/s：
温度(进口/出口)，℃：
进口压力(允许/计算)，MPa：
压降(允许/计算)，MPa：
设计温度，℃：　　设计压力，MPa (表压)：
进/出口接管尺寸，DN：
管箱
型式：
材料：
腐蚀裕量，mm：
管程数*：</td></tr>
<tr><td colspan="2">* 当不规则时，应给出每管程的管子数</td></tr>
<tr><td>管箱
倾斜度，mm/m：
丝堵材料：
垫片材料：
接管数量/尺寸，DN：
压力级别和密封面形式，PN：
进口：
出口：
排气口：
排液口：
其他接头：温度计 TI：　　压力计 PI：
化学清洗：
最小壁厚，mm：
管子：
材料：
外径，mm：　　最小壁厚，mm：</td><td>管子数量/每片管束：　　长度，m：
管间距，mm：
布管型式：
翅片：
型式：
材料：
根部厚度，mm；
选择温度，C：
外径，mm：　　翅片数量/m：
需方技术要求：</td></tr>
<tr><td colspan="2">机械设备</td></tr>
<tr><td>风机
制造商与型号：
台数/跨：　　转速，r/min：
直径，m：　　叶片数：
角度：
调角方法：　○手调　○自调
叶片材料：　　轮毂材料：
功率/每台风机：
设计温度，℃：　　最低环境温度，℃：
最大(允许/计算)叶尖速度，m/s：</td><td>转速，r/min：　　工作系数：
附件：
电压：　相数：　频率：
风机噪声级(允许/计算)，dB (A)：
减速器：
型式：
制造厂与型号：
台数/跨：
工作系数：　　速度比：
支架：　○钢结构　○支座</td></tr>
</table>

表 D.2 空冷器数据表(续)

空冷器数据表	工程号：　　　　单元号： 页数:第 3 页,共 3 页　　填表人： 日期　　　　修订： 投标号：　　　　合同号： 查询号：　　　　定单号：
电动机 型式： 制造商与型号： 台数/每跨：　　电动机功率,kW：	振动开关：　　○要　○不要 附件：
空气侧控制	
空气再循环：　○无　○内部　○外部 上方：　○侧面　○端面 工艺介质出口温度的控制精度 (最大冷却),+/−℃： 当控制信号失败时的动作： 风机角度：　○最小　○最大　○锁住 百叶窗：　○开　○关　○锁住 执行机构空气气源： 风机：○无　○定位器　○偏压继电器	百叶窗：　○进口　○出口　○旁路 定位器：　○要　○不要 信号气压,MPa (表压)： 从　　到 从　　到 气源气压,MPa (表压)： 最大：　最小： 最大：　最小：
装运	
占地面积(宽×长), m×m： 管束质量,kg： 跨数：	总计装运质量,kg：

表 D.3 空冷器噪声数据表

空冷器噪声数据表	工程号：　　　　单元号： 页数:第 1 页,共 2 页　　填表人： 日期　　　　修订： 投标号：　　　　合同号： 查询号：　　　　定单号：

1	噪声数据	需方的要求	需方的要求	供方的保证	供方的保证
2	倍频程频带中心	在设计位置的声压级 SPL	每台风机的声功率级 PWL	在设计位置的声压级 SPL	每台风机的声功率级 PWL
3	63				
4	125				
5	250				
6	500				
7	1 000				
8	2 000				
9	4 000				
10	8 000				

表 D.3 空冷器噪声数据表(续)

<table>
<tr><td colspan="3">空冷器噪声数据表</td><td colspan="3">工程号:　　　　　　　单元号:
页数:第 2 页,共 2 页　填表人:
日期　　　　　　　　修订:
投标号:　　　　　　　合同号:
查询号:　　　　　　　定单号:</td></tr>
<tr><td>11</td><td>dB(A)</td><td></td><td></td><td></td><td></td></tr>
<tr><td>12</td><td>整个单元
声功率级</td><td></td><td></td><td></td><td></td></tr>
<tr><td>13</td><td>dB(A)</td><td></td><td></td><td></td><td></td></tr>
<tr><td>14</td><td colspan="5">注:除非另有规定外:
SPL 是指以 dB 为单位测得的声压级,以 2×10^{-5} N/m^2 为基准;
PWL 是指以 dB 为单位测得的声功率级,以 1×10^{-12} W 为基准;
SPL 是在巡检平台上方 1.5m～1.8m 高、空冷器构架外水平位置 1m 且与风机中心线直线距离最短处测量的;
设备的噪声应包括来自减速器和电动机的噪声;
噪声级的上偏差为+0dB(A);
如果存在音频噪声,则规定的总噪声级应认为是比 5dB (A)更严。</td></tr>
<tr><td>15</td><td colspan="5">有关设计位置的说明:</td></tr>
<tr><td>16</td><td colspan="5">特殊要求的详细内容(有/无消声措施,专用低噪声风机)</td></tr>
</table>

ICS 23.020.30
CCS J 74

NB

中华人民共和国能源行业标准

NB/T 47012—2020
代替 NB/T 47012—2010

制冷装置用压力容器

Pressure vessels for refrigerant device

2020-10-23 发布 2021-02-01 实施

国家能源局 发布

前　言

本文件按照 GB/T 1.1—2020《标准化工作导则　第 1 部分：标准化文件的结构和起草规则》的规定起草。

本文件代替 NB/T 47012—2010《制冷装置用压力容器》，与 NB/T 47012—2010 相比，主要技术内容有以下变化：

a) 第 1 章

——修改了文件所适用的压力范围和容积范围；

——增加了采用验证性试验分析方法进行设计的规定。

b) 增加了第 3 章“术语和定义”

c) 第 4 章

——增加了对用户或设计委托方职责的规定；

——在制造单位的职责中增加了对质量计划的要求；

——根据行业现状和发展需求，对制冷剂进行了调整；

——增加了 E 类焊接接头，并对应作出了相关规定；

——增加了热交换器载冷剂侧焊接接头系数的规定；

——按 TSG 21—2016《固定式压力容器安全技术监察规程》的规定修改了安全系数。

d) 第 5 章

——修改了 Q235 系列等材料的使用规定；

——修改了换热管材料的使用规定及其许用应力；

——增加了钛换热管的使用规定和许用应力；

——增加了铸钢、铸铁的使用规定。

e) 第 6 章

——修改了内压圆筒、外压圆筒的设计计算方法，均要求按 GB/T 150.3 的规定进行计算；

——增加了对外径为 ϕ6 mm 换热管的管孔中心距要求；

——修改了对换热管外径允许偏差和管板管孔直径允许偏差的要求，增加了对小直径换热管外径允许偏差和管板管孔直径允许偏差的规定；

——修改了对折流板、支承板管孔直径允许偏差的要求，增加了对小直径换热管用折流板、支承板管孔直径允许偏差的规定；

——增加了采用验证性外压试验方法进行铜及铜合金、钛合金制整体翅片换热管外压设计的规定。

f) 第 7 章

——修改了本章的编写方式，对于与 GB/T 150.1、GB/T 150.4、GB/T 151、JB/T 4734、JB/T 4745 和 JB/T 4755 要求相同的规定直接引用，不再重复表述；

——修改了管板孔桥宽度的相关尺寸；

——增加了对热交换器换热管堵管的规定。

g) 附录

——增加了规范性附录A“铜及铜合金、钛合金制整体翅片换热管的外压设计”;

——修改了安全阀计算方法,使其与GB/T 9237—2017《制冷系统及热泵 安全与环境要求》一致。

本文件由全国锅炉压力容器标准化技术委员会(SAC/TC 262)固定式压力容器分技术委员会提出并归口。

本文件起草单位:合肥通用机械研究院有限公司、合肥通用环境控制技术有限责任公司、中国制冷空调工业协会、江森自控楼宇设备科技(无锡)有限公司、珠海格力电器股份有限公司、冰山冷热科技股份有限公司、冰轮环境技术股份有限公司、上海一冷开利空调设备有限公司、麦克维尔空调制冷(武汉)有限公司。

本文件主要起草人:宋有强、陈敬良、肖青松、胡东兵、石显平、杜英芬、曹益民、罗雄、赵国强、周海峰、唐义胜、张朝晖、岳海兵。

本文件历次版本发布情况为:

——JB/T 6917—1993、JB 6917—1998、JB/T 4750—2003、NB/T 47012—2010。

制冷装置用压力容器

1 范围

1.1 本文件规定了以液化气体为制冷剂、设计压力不高于 5.0 MPa、设计温度不高于 200℃的制冷装置用压力容器(包括制冷装置用管壳式热交换器,以下简称"容器")的设计、制造、检验与验收要求。

1.2 制冷装置工作循环应采用蒸气压缩式制冷循环及热泵等类似循环。

1.3 本文件不适用于下列压力容器:

a) 内直径(对非圆形截面容器指截面内边界最大几何尺寸)小于 150 mm 或容积小于 0.03 m^3的容器;

b) 无壳体的套管式热交换器、冷却排管、板式热交换器等;

c) 直燃型吸收式制冷装置的发生器。

1.4 不能采用本文件确定结构尺寸的容器或受压元件,允许用以下方法进行设计:

a) 采用包括有限元法在内的应力分析计算和评定,具体要求应符合 GB/T 150.1—2011 附录 E 的规定;

b) 采用可比的已投入使用的结构进行对比经验设计,具体要求应符合 GB/T 150.1—2011 附录 D 的规定;

c) 采用验证性试验分析方法进行设计。其中,当采用验证性爆破试验方法进行设计时,具体要求应符合 GB/T 150.1—2011 附录 C 的规定;当采用验证性外压试验方法进行铜及铜合金、钛合金制整体翅片换热管的外压设计时,应符合附录 A 的规定。

2 规范性引用文件

下列文件中的内容通过文中的规范性引用而构成本文件必不可少的条款。其中,注日期的引用文件,仅该日期对应的版本适用于本文件;不注日期的引用文件,其最新版本(包括所有的修改单)适用于本文件。

GB/T 150.1—2011 压力容器 第 1 部分:通用要求

GB/T 150.2 压力容器 第 2 部分:材料

GB/T 150.3—2011 压力容器 第 3 部分:设计

GB/T 150.4 压力容器 第 4 部分:制造、检验和验收

GB/T 151 热交换器

GB/T 536 液体无水氨

GB/T 1226—2017 一般压力表

GB/T 1348—2019 球墨铸铁件

GB/T 1527 铜及铜合金拉制管

GB/T 3091 低压流体输送用焊接钢管

GB/T 3625 换热器及冷凝器用钛及钛合金管

GB/T 6893 铝及铝合金拉(轧)制无缝管
GB/T 7778 制冷剂编号方法与安全性分类
GB/T 8163—2018 输送流体用无缝钢管
GB/T 8890 热交换器用铜合金无缝管
GB/T 9439—2010 灰铸铁件
GB/T 9948 石油裂化用无缝钢管
GB/T 17791 空调与制冷设备用铜及铜合金无缝管
GB/T 20928 无缝内螺纹铜管
GB/T 25198 压力容器封头
HG/T 20592 钢制管法兰(PN系列)
HG/T 20613 钢制管法兰用紧固件(PN 系列)
HG/T 20615 钢制管法兰(Class 系列)
HG/T 20634 钢制管法兰用紧固件(Class 系列)
JB/T 4734 铝制焊接容器
JB/T 4745 钛制焊接容器
JB/T 4755 铜制压力容器
JB/T 6918—2017 制冷用金属与玻璃烧结液面计和视镜
JB/T 10503 空调与制冷用高效换热管
NB/T 47013.8 承压设备无损检测 第 8 部分:泄漏检测
NB/T 47014 承压设备焊接工艺评定
NB/T 47018(所有部分) 承压设备用焊接材料订货技术条件
NB/T 47020 压力容器法兰分类与技术条件
NB/T 47021 甲型平焊法兰
NB/T 47022 乙型平焊法兰
NB/T 47023 长颈对焊法兰
NB/T 47024 非金属软垫片
NB/T 47025 缠绕垫片
NB/T 47026 金属包垫片
NB/T 47027 压力容器法兰用紧固件
NB/T 47065.1—2018 容器支座 第 1 部分:鞍式支座
NB/T 47065.2—2018 容器支座 第 2 部分:腿式支座
NB/T 47065.3—2018 容器支座 第 3 部分:耳式支座
NB/T 47065.4—2018 容器支座 第 4 部分:支承式支座

3 术语和定义

GB/T 150.1 和 GB/T 151 界定的术语和定义适用于本文件。

3.1

制冷剂 refrigerant

在制冷系统中用于传递热量的流体,在低温低压环境吸收热量,在高温高压环境放出热量,通常伴有相变过程。

3.2

载冷剂　secondary refrigerant

在被冷却介质和制冷机组蒸发器之间起传递热量作用的流体。本文件涉及的载冷剂均为在工作过程中不发生相变的液体(如水、乙二醇等)。

4　总则

4.1　基本规定

4.1.1　容器的设计、制造、检验和验收除应符合本文件的规定外,还应遵守国家颁布的有关法律、法规和安全技术规范的有关规定。

4.1.2　容器的设计、制造单位应具有健全的质量保证体系并有效运行。

4.1.3　TSG 21 规定范围内的容器,其设计、制造应接受特种设备安全监察机构的监察。

4.2　资格和职责

4.2.1　资格

TSG 21 规定范围内的压力容器,其设计单位应取得对应的压力容器设计许可;制造单位应取得相应的特种设备制造许可。

4.2.2　职责

4.2.2.1　用户或设计委托方职责

容器的用户或设计委托方应以正式书面形式向设计单位提出设计条件,并应至少包括下列内容:

a)　容器设计所依据的主要标准和规范;

b)　操作参数(包括工作压力、工作温度范围、液位高度、接管载荷等);

c)　使用地及自然条件(包括环境温度、抗震设防烈度等);

d)　制冷剂编号及安全分组;

e)　设计使用年限;

f)　几何参数和管口方位;

g)　设计所需的其他必要条件。

4.2.2.2　设计单位职责

a)　对设计文件的准确性和完整性负责;

b)　容器的设计文件至少应包括强度计算书、设计图样、制造技术条件、风险评估报告(相关法规或设计委托方要求时),必要时还应当包括安装与使用维修说明;

c)　TSG 21 规定范围内压力容器的设计总图应盖有特种设备设计单位设计专用印章;

d)　出具的风险评估报告应符合 GB/T 150.1—2011 中附录 F 的要求;

e)　应在容器设计使用年限内保存全部容器设计文件。

4.2.2.3　制造单位职责

a)　应按照设计文件的要求进行制造,如需对原设计进行更改,应取得原设计单位同意更改的书面文件,并对改动部位作出详细记载。

b)　容器制造前应制定完善的质量计划,其内容至少包括容器或受压元件的制造工艺控制点、检验项目和合格指标。

c)　制造单位的检验部门在容器制造过程中和完工后,应按本文件、设计文件及质量计划的规定对容器进行各项检验和试验，出具相应报告，并对报告的准确性和完整性负责。

d) 对其制造的每台容器产品应在容器设计使用年限内至少保存下列技术文件备查(对于符合 TSG 21 规定、按批量制造的容器，可按批保存文件，并标明该批所有容器的编号)：

——质量计划；

——制造工艺图或制造工艺卡；

——产品质量证明文件；

——容器的焊接工艺和热处理工艺文件；

——标准中允许制造厂选择的检验、试验项目记录；

——制造过程及完工后的检查、检验、试验记录；

——容器原设计图和竣工图。

e) 在取得监检机构确认容器质量符合本文件和设计文件要求后，应填写产品质量证明书，并交付用户。

4.3 容器范围

4.3.1 本文件规定的制冷容器，是指壳体及与其连为整体的受压元件和非受压元件，具体划定范围按 4.3.2～4.3.5 的要求。

4.3.2 容器与外管道连接：

a) 焊接连接的第一道环向焊接接头坡口端面；

b) 螺纹连接的第一个螺纹接头端面；

c) 法兰连接的第一个法兰密封面；

d) 专用连接件或管件连接的第一个密封面。

4.3.3 接管、检查孔等承压盖及其紧固件、密封件。

4.3.4 非受压元件及与受压元件的连接焊缝。

4.3.5 直接安装在容器上的安全附件与仪表(见附录 B)。

4.4 设计参数

4.4.1 压力(除注明外均指表压)

4.4.1.1 工作压力

制冷装置在正常运转或停止运转时，容器顶部可能出现的最高压力。高压侧应为制冷装置在正常运转时，容器顶部可能出现的最高压力；低压侧应为制冷装置在停止运转时，容器顶部可能出现的最高压力。

4.4.1.2 设计压力

指设定的容器顶部的最高压力，与相应的设计温度一起作为设计载荷的条件，其值应不低于工作压力，确定时应考虑：

a) 容器由两个以上压力室构成且作用于各室的压力不同时，应按各室压力分别确定设计压力。

b) 为使其工作压力不超过容器的设计压力，制冷剂的充装量限制如下：

1) 储液器类容器：制冷剂液体充装量应不超过容器容积的 80%；

2) 复叠式制冷装置：通过计算确定低温侧的制冷剂充装量。

c) 高压侧设计压力：制冷循环系统中，由于压缩机的作用而承受冷凝压力的部分属于高压侧。高压侧设计压力应高于在正常运转条件下，制冷剂可能达到的最高冷凝温度相对应的饱和蒸气压力，冷凝温度与饱和压力的关系可按表1确定(该表为常用制冷剂性质，其他制冷剂的性质可参考有关制冷剂使用手册)。

d) 低压侧设计压力：制冷循环系统中高压侧以外的部分，双级压缩制冷装置的中间冷却器的中压部分和复叠式制冷装置中冷凝温度不高于－15℃的冷凝蒸发器亦属于低压侧。低压侧的设计压力应按下述规定：

1) 设计压力一般按38℃时制冷剂饱和蒸气压力确定，见表1；

2) 当环境温度超过38℃时，则按制冷剂达到的最高压力确定。

4.4.2 温度

4.4.2.1 设计温度

指在正常操作条件下，设定的元件金属温度(沿元件金属截面的温度平均值)。设计温度与设计压力一起作为设计载荷的条件。容器各工作室的温度不同时，应分别确定设计温度。当元件金属温度不低于0℃时，设计温度不得低于元件在正常操作状态下可能达到的最高金属温度；当元件金属温度低于0℃时，设计温度不得高于元件可能达到的最低金属温度。

4.4.2.2 高压侧设计温度

按高压侧在正常操作条件下各元件金属可能达到的最高温度选取。对不进行换热的容器，一般取制冷剂的最高工作温度为设计温度。当受压元件与两种不同温度的介质接触时，一般应按两者中较高温度选取。当环境温度低于0℃时，高压侧设计温度仍遵循上述原则，但应评估确定停机时温度低于0℃时容器一次总体薄膜应力和弯曲应力小于或等于材料常温屈服强度的1/6，且不大于50 MPa。若不满足，则应按GB/T 150.3—2011附录E的要求进行设计。

4.4.2.3 低压侧设计温度

当使用温度低于0℃时，若使用温度下一次总体薄膜应力和弯曲应力小于或等于材料常温屈服点的1/6，且不大于50 MPa，则设计温度取使用温度与50℃(对于不进行焊后热处理的容器为40℃)的代数和。当按上述办法得到的设计温度不低于－20℃时，其设计温度均按不低于38℃选取；当按上述办法得到的设计温度低于－20℃时，容器按GB/T 150.3—2011附录E的规定设计。

4.4.3 厚度

4.4.3.1 容器的厚度附加量为材料厚度负偏差与腐蚀裕量之和。其中，材料厚度负偏差按相应的材料标准确定；腐蚀裕量按4.4.3.2的规定。

4.4.3.2 容器各元件受到腐蚀程度不同时，可采用不同的腐蚀裕量。容器各元件可采用下列腐蚀裕量：

a) 碳素钢或低合金钢制容器外表面(内侧为制冷剂侧)直接经受风吹雨淋或接触空气、水蒸气和水等时，腐蚀裕量不小于1 mm；

b) 腐蚀环境与条件a)相同，但材料的外表面具有有效的耐腐蚀保护膜，并且容易进行维护时，腐蚀裕量不小于0.6 mm；

c) 在室内或有防风雨措施，材料外表面具有有效的耐腐蚀保护膜，并且使用于轻微腐蚀环境时，腐蚀裕量不小于0.4 mm；

d) 接触制冷剂一侧的容器和管壁，一般不计腐蚀裕量；

e) 介质为水蒸气或水的碳素钢或低合金钢制容器，腐蚀裕量不小于1 mm；

f) 换热管一般不计腐蚀裕量，其厚度应能保证设计使用年限的要求。

表 1　常用制冷剂在相应温度下的饱和蒸汽压力和安全分组

制冷剂名称（质量组分，百分比）	制冷剂编号	制冷剂组成前缀名[a]	饱和压力/MPa（绝对）蒸发/冷凝温度/℃[b] -50	-40	-30	-20	-10	0	38	43	45	50	55	60	65	安全分组
一氟二氯甲烷	R21	HCFC	5.2E−3	9.8E−3	1.8E−2	2.9E−2	4.7E−2	7.1E−2	2.8E−1	3.3E−1	3.5E−1	4.1E−1	4.7E−1	5.3E−1	6.1E−1	B1
二氟一氯甲烷	R22	HCFC	6.5E−2	1.1E−1	1.7E−1	2.5E−1	3.6E−1	5.0E−1	1.5	1.7	1.8	2	2.2	2.5	2.7	A1
三氟甲烷	R23	HFC	4.8E−1	7.1E−1	1.1	1.4	1.9	2.5	—	—	—	—	—	—	—	A1
二氟甲烷	R32	HFC	1.1E−1	1.8E−1	2.8E−1	4.1E−1	5.9E−1	8.2E−1	2.4	2.7	2.8	3.2	3.6	4.0	4.4	A2L
三氟二氯乙烷	R123	HCFC	1.8E−3	3.6E−3	6.8E−3	1.2E−2	2.1E−2	3.3E−2	1.5E−1	1.7E−1	1.8E−1	2.2E−1	2.5E−1	2.9E−1	3.3E−1	B1
2-氯-1,1,1,2-四氟乙烷	R124	HCFC	1.5E−2	2.7E−2	4.5E−2	7.2E−2	1.1E−1	1.7E−1	5.7E−1	6.4E−1	6.8E−1	7.8E−1	8.8E−1	1.0	1.1	A1
五氟乙烷	R125	HFC	9.3E−2	1.5E−1	2.3E−1	3.4E−1	4.9E−1	6.7E−1	2.0	2.2	2.3	2.6	2.9	3.2	3.6	A1
1,1,1,2-四氟乙烷	R134a	HFC	3.0E−2	5.2E−1	8.5E−2	1.4E−1	2.0E−1	3.0E−1	9.7E−1	1.1	1.2	1.4	1.5	1.7	1.9	A1
1,1，1-三氟乙烷	R143a	HFC	8.9E−2	1.5E−1	2.2E−1	3.2E−1	4.5E−1	6.2E−1	1.8	2.0	2.1	2.4	2.7	2.9	3.3	A2L
1,1-二氟乙烷	R152a	HFC	2.8E−2	4.8E−2	7.8E−2	1.2E−1	1.9E−1	2.7E−1	8.7E−1	9.8E−1	1.1	1.2	1.4	1.5	1.7	A2
乙烷	R170	HC	5.6E−1	7.8E−1	1.1	1.5	1.9	2.4	—	—	—	—	—	—	—	A3
1,1,1,3，3-五氟丙烷	R245fa	HFC	2.9E−3	5.9E−3	1.1E−2	2.0E−2	3.4E−2	5.4E−2	2.4E−1	2.7E−1	3.0E−1	3.5E−1	4.1E−1	4.7E−1	5.4E−1	B1
丙烷	R290	HC	7.1E−2	1.1E−1	1.7E−1	2.5E−1	3.5E−1	4.8E−1	1.3	1.5	1.6	1.8	1.9	2.2	2.4	A3
R22/R152a/R124 (61/11/28)	R401B	HCFC	4.8E−2	8.0E−2	1.2E−1	1.9E−1	2.7E−1	3.9E−1	1.2	1.3	1.3	1.4	1.6	1.8	2.0	A1/A1
R22/R152a/R124 (53/13/34)	R401A	HFC	4.4E−2	7.3E−2	1.2E−1	1.8E−1	2.6E−1	3.6E−1	1.1	1.2	1.2	1.3	1.5	1.7	1.9	
R125/R143a/R134a (44/52/4)	R404A	HFC	8.6E−2	1.4E−1	2.1E−1	3.1E−1	4.5E−1	6.2E−1	1.8	2.0	2.1	2.3	2.6	2.9	3.2	A1/A1
R32/R125/R134a (23/25/52)	R407C	HFC	7.5E−2	1.3E−1	1.9E−1	2.9E−1	4.1E−1	5.7E−1	1.7	1.9	1.9	2.0	2.2	2.5	2.8	A1/A1
R32/R125 (50/50)	R410A	HFC	1.2E−1	1.8E−1	2.7E−1	4.0E−1	5.8E−1	8.0E−1	2.3	2.6	2.7	3.1	3.5	3.9	4.3	A1/A1
R125/R143 (50/50)	R507A	HFC	8.8E−2	1.4E−1	2.2E−1	3.2E−1	4.6E−1	6.3E−1	1.8	2.1	2.2	2.4	2.7	3.0	3.3	A1/A1

表1 常用制冷剂在相应温度下的饱和蒸汽压力和安全分组(续)

制冷剂名称（质量组分，百分比）	制冷剂编号	制冷剂组成前缀名[a]	饱和压力/MPa（绝对） 蒸发/冷凝温度/℃[b]													安全分组
			−50	−40	−30	−20	−10	0	38	43	45	50	55	60	65	
丁烷	R600	HC	9.5E−3	1.7E−2	2.9E−2	4.6E−2	7.0E−2	1.1E−1	3.6E−1	4.2E−1	4.4E−1	5.0E−1	5.7E−1	6.4E−1	7.3E−1	A3
2-甲基丙烷（异丁烷）	R600a	HC	1.7E−2	2.9E−2	4.7E−2	7.2E−2	1.1E−1	1.6E−1	5.1E−1	5.8E−1	6.1E−1	6.9E−1	7.8E−1	8.7E−1	9.8E−1	A3
氨	R717	—	4.1E−2	7.2E−2	1.2E−1	1.9E−1	2.9E−1	4.3E−1	1.5	1.7	1.8	2.1	2.4	2.7	3.0	B2L
二氧化碳	R744		6.9E−1	1.0	1.5	2.0	2.7	3.5	—	—	—	—	—	—	—	A1
丙烯	R1270	HC	9.1E−2	1.5E−1	2.2E−1	3.1E−1	4.3E−1	5.9E−1	1.6	1.8	1.9	2.1	2.3	2.6	2.8	A3
八氟环丁烷	RC318	FC	1.1E−2	2.0E−2	3.4E−2	5.6E−2	8.7E−2	1.3E−1	4.7E−1	5.4E−1	5.7E−1	6.7E−1	7.6E−1	8.7E−1	9.8E−1	A1
2,3,3,3-四氟-1-丙烯	R1234yf	HFO	3.7E−2	6.2E−2	9.9E−2	1.5E−1	2.2E−1	3.2E−1	9.7E−1	1.1	1.2	1.3	1.5	1.6	1.8	A2L
1,3,3,3-四氟-1-丙烯	R1234ze (E)	HFO	2.1E−2	3.7E−2	6.1E−2	9.7E−2	1.5E−1	2.2E−1	7.3E−1	8.3E−1	8.8E−1	1.0	1.1	1.3	1.4	A2L
反式-1-氯-3,3,3-三氟丙烯	R1233zd (E)	HFO	2.8E−3	5.6E−3	1.0E−2	1.8E−2	3.0E−2	4.8E−2	2.0E−1	2.4E−1	2.5E−1	2.9E−1	3.4E−1	3.9E−1	4.5E−1	A1
HFO-1234yf/R134a (56.0/44.0)	R513A	HFO	3.4E−2	5.7E−2	9.3E−2	1.4E−1	2.1E−1	3.1E−1	9.7E−1	1.1	1.2	1.3	1.5	1.7	1.9	A1
HFO-R1336mzz (Z)/R1130 (E) (75.0/25.0)	R514A	HFO	1.7E−3	3.4E−3	6.4E−3	1.1E−2	1.9E−2	3.1E−2	1.4E−1	1.6E−1	1.8E−1	2.1E−1	2.4E−1	2.8E−1	3.2E−1	B1
顺式 1,1,1,4, 4,4-六氟-2-丁烯	R1336 mzz(Z)	HFO	1.2E−3	2.5E−3	4.8E−3	8.8E−3	1.5E−2	2.0E−2	1.2E−1	1.4E−1	1.5E−1	1.8E−1	2.1E−1	2.4E−1	2.8E−1	A1
其他制冷剂	—	参考有关制冷剂使用手册														

注：表中 R507A、R410A、R407C、R404A、R401A、R401B 为混合物制冷剂。

[a] 列出制冷剂组成前缀名，定性表示其对臭氧层的消耗。

[b] 对混合物制冷剂，冷凝温度（表中 45℃以上）为露点温度，蒸发温度（表中 43℃以下）为泡点温度。

4.4.3.3 壳体加工成形后不包括腐蚀裕量的最小厚度，对碳素钢、低合金钢制容器，为不小于3 mm；对高合金钢制容器，一般应不小于2 mm。

4.4.3.4 容器主要受压元件的名义厚度和最小成形厚度应标注在设计图样上。

4.4.4 制冷剂安全分组

4.4.4.1 制冷剂按照GB/T 7778的规定进行安全分组，具体规定见表2。

4.4.4.2 常用制冷剂的安全分组见表1。

4.4.4.3 混合物制冷剂的安全分组按照GB/T 7778的规定：在浓度滑移时其组分的浓度发生变化，燃烧性和毒性也可能变化，此时可能有两个安全分组。第一个是混合物在规定组分浓度下的分组，第二个是混合物在最大浓度滑移的组分浓度下的分组。

4.4.4.4 钢制氨制冷装置用压力容器对液氨的要求及其充装程序应符合附录C的规定。

表2 制冷剂安全分组

<table>
<tr><td colspan="4" rowspan="3">可燃性分组</td><td colspan="2">毒性分组</td></tr>
<tr><td>制冷剂的 TLV−TWA[a] $\geqslant 4\times10^{-4}$(V)时没有毒性</td><td>制冷剂的 TLV−TWA $<4\times10^{-4}$(V)时有毒性</td></tr>
<tr><td>无毒A组</td><td>有毒B组</td></tr>
<tr><td rowspan="4">制冷剂在60℃和101.3 kPa条件下试验时</td><td colspan="2">显示火焰快速蔓延，且LFL[b]$\leqslant$3.5%(V)、燃烧热量$\geqslant$19 000 kJ/kg</td><td>可燃易爆3组</td><td>A3</td><td>B3</td></tr>
<tr><td rowspan="2">有火焰产生，且LFL$>$3.5%(V)、燃烧热量$<$19 000 kJ/kg</td><td>—</td><td>可燃2组</td><td>A2</td><td>B2</td></tr>
<tr><td>最大燃烧速度$\leqslant$10 cm/s[c]</td><td>弱可燃2L组</td><td>A2L</td><td>B2L</td></tr>
<tr><td colspan="2">空气中无火焰产生</td><td>无火焰传播1组</td><td>A1</td><td>B1</td></tr>
<tr><td colspan="6">a TLV−TWA：表示一个标准工作日8 h，一周40 h的时间加权平均浓度，在此制冷剂浓度下，所有工作人员日复一日地工作，无不良影响。
b LFL：表示燃烧低限的容积最小浓度，即在规定试验条件下，能够在制冷剂和空气组成的均匀混合物中，火焰快速蔓延的制冷剂单位容积最小浓度。
c 在23℃和101.3 kPa的试验条件下。</td></tr>
</table>

4.4.5 焊接接头分类与焊接接头系数

4.4.5.1 容器受压元件之间焊接接头分为A、B、C、D四类，非受压元件与受压元件之间的焊接接头为E类焊接接头。容器上的各类焊接接头按GB/T 150.1、GB/T 151的规定进行分类。

4.4.5.2 焊接接头系数φ应根据对接接头的焊缝形式及无损检测的长度比例确定，见表3。

4.4.5.3 对于无法进行射线或超声检测的固定管板式热交换器壳程圆筒的最后一道环向焊接接头，应采用氩弧焊打底或沿焊缝根部全长有紧贴基本金属的垫板，其焊接接头系数$\varphi=0.6$。

表3 焊接接头系数φ

焊接接头形式	全部无损检测	局部无损检测
双面焊和相当于双面焊的全焊透对接接头	1.0	0.85
单面焊对接接头(沿焊缝根部全长有紧贴基本金属的垫板)	0.90	0.80

4.4.5.4 对于 TSG 21 规定范围外的容器(或腔室),若工作压力小于或等于 2.1 MPa,介质为水、盐水及乙二醇等载冷剂,当壳体不进行射线或超声检测时,焊接接头系数取值如下:

a) 双面焊对接接头和相当于双面焊的全焊透对接接头:$\varphi=0.70$;

b) 单面焊对接接头(沿焊缝根部全长有紧贴基本金属的垫板):$\varphi=0.65$。

4.5 安全系数

4.5.1 表 4、表 5 为确定容器材料许用应力的最小安全系数。

4.5.2 钢材、螺柱和螺栓、铜材、铝管和钛管等材料在不同温度下的许用应力按第 5 章的规定选取。

表 4 安全系数

材料(板、锻件、管)	室温下的抗拉强度 R_m	设计温度下的屈服强度 R_{eL}^t($R_{p0.2}^t$)
	n_b	n_s
碳素钢、低合金钢	2.7	1.5
高合金钢	2.7	1.5
铜及铜合金	3.0	1.5
铝及铝合金	3.0	1.5
钛及钛合金	2.7	1.5

表 5 螺柱(螺栓)的安全系数

材料	热处理状态	螺柱(螺栓)直径/mm	设计温度下屈服强度 R_{eL}^t($R_{p0.2}^t$)的 n_s
碳素钢	热轧、正火	≤M22	2.7
		M24～M48	2.5
低合金钢	调质	≤M22	3.5
		M24～M48	3.0
奥氏体高合金钢	固溶	≤M22	1.6
		M24～M48	1.5

4.6 耐压试验

4.6.1 容器制成后应经耐压试验。耐压试验的种类、要求和试验压力应在设计图样上注明。耐压试验一般采用液压试验。对于不适合液压试验的容器(不允许有微量残留液体或由于结构原因不能充满液体的容器)可采用气压试验。

4.6.2 试验压力 p_T 的最低值按式(1)、式(2)计算,试验压力的上限值应满足 GB/T 150.1 的规定。

液压试验:

$$p_T=1.25p\frac{[\sigma]}{[\sigma]^t} \quad\cdots\cdots(1)$$

气压试验:

$$p_T=1.10p\frac{[\sigma]}{[\sigma]^t} \quad\cdots\cdots(2)$$

式中:

p_T——试验压力,MPa;

p——设计压力(真空容器为0.1 MPa),MPa;

$[\sigma]$——容器元件材料在耐压试验温度下的许用应力,MPa;

$[\sigma]^t$——容器元件材料在设计温度下的许用应力,MPa。

注1:容器铭牌上规定有最高允许工作压力时,公式中应以最高允许工作压力代替设计压力 p。

注2:容器主要受压元件,如圆筒、封头、接管、管板、设备法兰(或人、手孔法兰)及其紧固件等所用材料不同时,应取各元件材料的$[\sigma]/[\sigma]^t$ 比值中最小者。

注3:外压容器和真空容器压力试验时,取$[\sigma]/[\sigma]^t=1$。

4.7 泄漏试验

泄漏试验应在耐压试验合格后进行,并应符合设计文件要求。

4.8 真空试验

当容器需做真空试验时,真空试验应在泄漏试验合格后进行,并在设计图样上注明试验压力(一般为绝对压力8 kPa)。

5 材料

5.1 一般规定

5.1.1 容器受压元件用材料应符合本章的规定。与受压元件焊接的非受压元件材料,应是焊接性能良好的材料。

5.1.2 容器用材料的技术要求应符合相关规范、标准的规定。

5.1.3 容器用材料应有材料生产单位的材质证明书(原件)或加盖材料经营单位公章和经办负责人签字(章)的复印件;容器制造单位应按材质证明书对材料进行验收,必要时应进行复验。

5.1.4 采用本章规定以外的其他牌号材料应符合相关法规和标准的规定。

5.2 钢板

5.2.1 本文件中容器受压元件使用的碳素钢和低合金钢钢板、高合金钢钢板及复合钢板(不锈钢-钢复合板、铜-钢复合板、钛-钢复合板)的级别、使用状态、限定范围、许用应力及力学性能试验等应符合 GB/T 150.2 和 GB/T 151 的相关规定。

5.2.2 Q235 系列钢板的使用应符合 GB/T 150.2 的规定。其中,Q235B 钢板不得用于 B3 组制冷剂容器。

5.3 钢管

5.3.1 碳素钢、低合金钢及高合金钢钢管的使用状态、限定范围、许用应力及力学性能等应符合 GB/T 150.2、GB/T 151 的相关规定。

5.3.2 选用 GB/T 8163—2018 中 10、20 钢管作换热管,除应满足 GB/T 150.2 的规定外,还应符合下列要求:

a) 应选用冷拔或冷轧钢管;

b) 尺寸精度不低于 GB/T 9948 高级精度钢管的要求。

5.3.3 对于 TSG 21 规定范围外的,工作压力小于或等于 2.1 MPa,介质为水、盐水及乙二醇等载冷剂的容器(或腔室)的壳体可用 GB/T 3091 焊接钢管,使用温度下限应不低于-20℃。

5.4 钢锻件

5.4.1 容器的法兰、管板、平盖等采用碳素钢、低合金钢及高合金钢锻件的使用状态、限定范围、许用应力及力学性能等应符合 GB/T 150.2 和 GB/T 151 的规定。

5.4.2 锻件的级别按使用要求由设计单位确定,并在设计图样上注明。

5.5 螺柱(含螺栓)和螺母

5.5.1 碳素钢、低合金钢、高合金钢螺柱(S30408、S31608)及配套使用的螺母用材料的使用状态、限定范围、许用应力及力学性能等应符合 GB/T 150.2 和 GB/T 151 的规定。

5.5.2 压力容器法兰用紧固件按 NB/T 47027 选用;接管法兰用紧固件按 HG/T 20613、HG/T 20634选用。

5.6 有色金属材料

5.6.1 铜及铜合金

5.6.1.1 纯铜的设计温度应不高于 150℃,铜合金应不高于 200℃。

5.6.1.2 铜及铜合金管材的标准、材料牌号、使用状态及许用应力见表 6。

5.6.1.3 按 GB/T 1527 订货的管材应进行扩口试验或压扁试验。

表 6 铜及铜合金管材许用应力

牌号	标准	状态	管外径/mm	室温力学性能下限保证值/MPa		下列温度时的许用应力/MPa			
				R_m	$R_{p0.2}$	20℃	100℃	150℃	200℃
T2,T3	GB/T 1527	O60	3～360	200	(45)	30	25	23	22
TP2		O60	3～360	200	(45)	30	25	23	22
		H02	<50	250	(120)	71	71	69	65
T2	GB/T 17791	O60	3～54	205	(45)	30	25	23	22
		H55		245	120	71	71	69	65
TP2		O60		205	(45)	30	25	23	22
		H55		245	120	71	71	69	65
HAs70-0.05	GB/T 8890	O60	10～35	295	(90)	60	60	60	28
		O82		320	(105)	70	70	70	33
HSn70-1		O60		295	(105)	70	70	70	31
		O82		320	(115)	77	77	77	34
HA177-2		O60		345	(120)	80	79	77	25
		O82		370	(140)	93	92	90	29
BFe10-1-1		O60		290	(100)	67	63	61	58
		O82		345	(250)	115	113	105	99
BFe30-1-1		O60		370	(150)	100	93	90	86
		O82		490	(340)	163	163	163	159

注 1:带括号的室温规定非比例延伸强度($R_{p0.2}$)下限保证值,系 JB/T 4755 的推荐值,铜管订货时应作为附加要求提出并得到保证。

注 2:达到表中室温力学性能下限保证值时,方可采用表中的许用应力值。

注 3:中间温度的许用应力用插值法计算。

注 4:冷成形非退火态(H02、H55、O82)的焊接构件应采用退火状态(O60)的许用应力值。

5.6.2 铝及铝合金

5.6.2.1 当设计温度高于 65℃时,不得选用镁含量大于或者等于 3%的铝合金。

5.6.2.2 铝及铝合金拉(轧)制无缝管应符合 GB/T 6893 的要求,使用状态及许用应力见表 7。

表 7 铝及铝合金无缝管的许用应力

牌号	状态	壁厚/mm	室温力学性能下限保证值/MPa		下列温度时的许用应力/MPa								
			R_m	$R_{p0.2}$	−269℃～20℃	40℃	65℃	75℃	100℃	125℃	150℃	175℃	200℃
1 060	O	0.5～5.0	60	(15)	10	10	10	10	9	8	7	6	5
1 050A			60	(20)	13	13	13	13	12	11	10	8	6
1 200			70	(25)	16	16	15	14	14	12	10	8	6
3 003			95	35	23	23	23	23	23	20	16	13	10
5 052			170	65	42	42	42	42	42	42	38	29	19
5A03			175	80	43	43	43	—	—	—	—	—	—
5A05			215	90	53	53	53	—	—	—	—	—	—
5 083			270	110	67	67	67	—	—	—	—	—	—

注 1:带括号的室温规定非比例延伸强度($R_{p0.2}$)下限保证值,系 JB/T 4734 的推荐值,铝管订货时应作为附加要求提出并得到保证。

注 2:达到表中室温力学性能下限保证值时,方可采用表中的许用应力值。

注 3:中间温度的许用应力用插值法计算。

5.6.3 钛及钛合金

钛及钛合金换热管应符合 GB/T 3625 的要求,使用状态及许用应力见表 8。

表 8 钛及钛合金管材许用应力

牌号	标准	状态	厚度/mm	室温力学性能/MPa		下列温度时的许用应力/MPa							
				R_m	$R_{p0.2}$	−269℃～20℃	40℃	75℃	100℃	125℃	150℃	175℃	200℃
TA1	GB/T 3625 无缝管	M	0.5～4.5	240	140	89	89	82	76	70	64	60	56
TA2				400	275	147	147	132	121	111	100	92	83
TA1	GB/T 3625 焊接管		0.5～2.5	240	140	76	76	70	65	60	54	51	48
TA2				400	275	125	125	112	103	94	85	78	71

注 1:焊接管的许用应力值已乘焊缝系数 0.85。

注 2:中间温度的许用应力用插值法计算。

5.6.4 有色金属材料使用的附加规定

接触制冷剂和载冷剂等介质的材料,按照介质种类限制如下:

a) R717 容器中不得使用铜及铜合金材料;

b) 表 1 中除使用 R717、R290、R600a、R600、RC318、R1270、R744 制冷剂的容器外,不得使用镁含量超过 2%的铝合金;

c) 长期接触水的零部件,不得使用纯度小于 99.7%的铝,但经耐腐蚀处理的可以使用。

5.6.5 使用表 6 铜材制作容器筒体时,应按 1.4c)的规定进行设计。

5.7 铸钢和铸铁

5.7.1 铸钢和铸铁的使用应符合 TSG 21 的规定。

5.7.2 GB/T 9439—2010 中规定的 HT200、HT250、HT300 和 HT350 材料仅可用于设计压力

不大于 0.8 MPa,设计温度为 10℃～200℃,本文件表 1 中 A1 和 B1、A2 和 B2 组制冷剂的腔室,其受压元件的许用应力为设计温度下抗拉强度除以安全系数 10.0。

5.7.3 GB/T 1348—2019 中规定的 QT400-18R、QT400-18L 材料仅可用于设计压力不大于 1.6 MPa,本文件表 1 中 A1 组制冷剂的低压部分设备,QT400-18R 的设计温度为 0℃～200℃,QT400-18L 的设计温度为－10℃～200℃,其受压元件的许用应力为设计温度下抗拉强度除以安全系数 8.0。

6 设计

6.1 设计要求

圆筒、封头、平盖及锥壳按 GB/T 150.3 的规定进行设计。

6.2 开孔与开孔补强

6.2.1 容器上的开孔与开孔补强按 GB/T 150.3 的规定进行设计。

6.2.2 对无法开设检查孔的容器,应增加制造过程中的无损检测比例,并在设计图样上对设备使用过程中定期检验的重点检验项目、检验方法等作出规定。

6.3 法兰

6.3.1 采用标准压力容器设备法兰时,应符合 NB/T 47020～NB/T 47027 的规定。

6.3.2 采用标准钢制管法兰时,应符合 HG/T 20592(PN 系列)、HG/T 20615(Class 系列)的规定。

6.3.3 螺栓法兰连接结构的设计符合 GB/T 150.3 的规定。

6.3.4 带有圆孔的非圆形管法兰(方形、腰形、椭圆形、梅花形)可按圆形法兰计算,但应符合以下规定:

a) 法兰外径 D 应取与圆孔同心且内截于法兰外缘的圆直径;

b) 以通过最外面螺栓孔中心圆的直径作为螺栓中心圆直径。

6.4 支座

6.4.1 卧式容器支座

6.4.1.1 一般要求

使用鞍式支座支承的容器,在确定鞍式支座位置时,宜使支座中心至封头切线的距离(A)尽量小于或等于 $R_m/2$(R_m 为筒体平均半径),且不大于 $0.2L$(L 为筒体切线长度),见图 1。

6.4.1.2 标准鞍式支座

选用标准鞍式支座时,应符合 NB/T 47065.1 的规定。

a) 当容器公称直径 DN≥168 mm～406 mm 时,鞍式支座的型式和尺寸可按 NB/T 47065.1—2018 表 5 中不带垫板的鞍座选定;

b) 当容器公称直径 DN≥300 mm～450 mm 时,鞍式支座的型式和尺寸可按 NB/T 47065.1—2018 表 6 中不带垫板的鞍座选定;

c) 当容器公称直径 DN≥500 mm～950 mm 时,鞍式支座的型式和尺寸应按 NB/T 47065.1—2018 中表 7 选定;

d) 当容器公称直径 DN≥1 000 mm～2 000 mm 时,鞍式支座的型式和尺寸应按 NB/T 47065.1—2018 中表 2 选定。

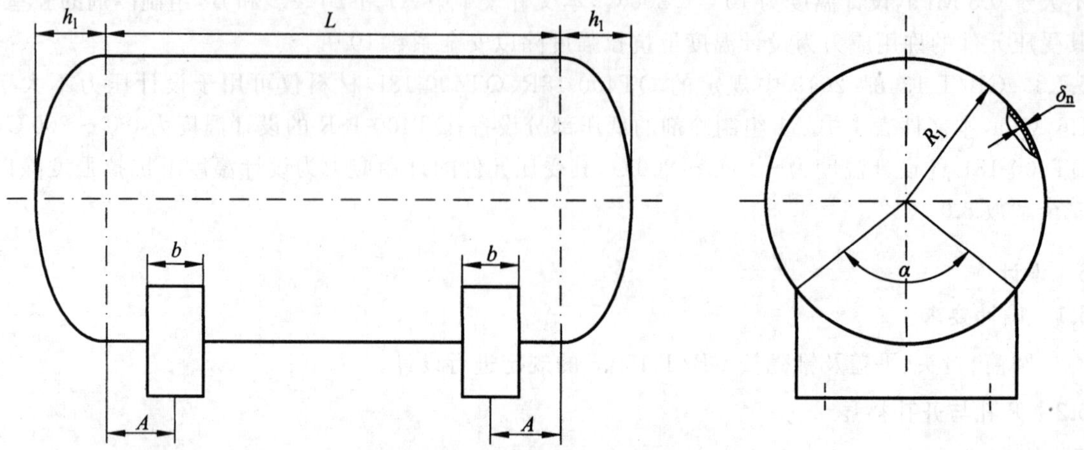

图1 卧式容器鞍式支座

6.4.1.3 简易鞍式支座

当容器公称直径 DN≤600 mm 时,可以采用简易鞍式支座。

a) 容器公称直径 DN≥150 mm～350 mm 的简易鞍式支座型式和尺寸应符合图 2 及表 9 的规定;

b) 容器公称直径 DN≥400 mm～600 mm 的简易鞍式支座型式和尺寸应符合图 3 及表 10 的规定。

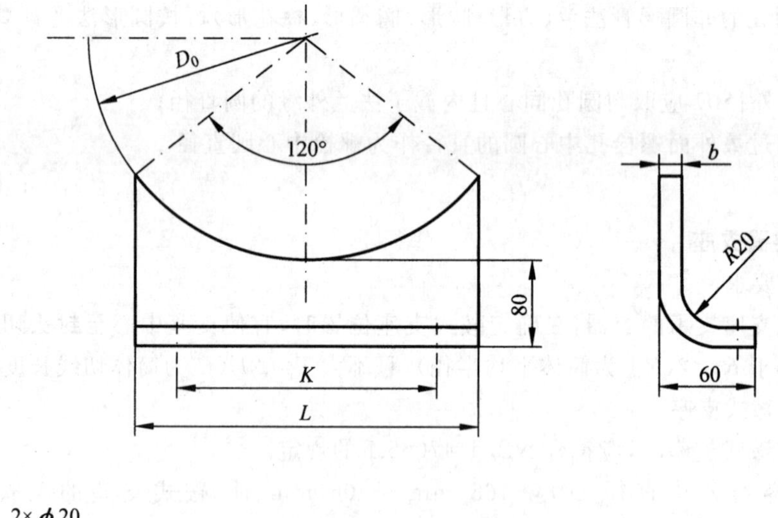

图2 简易鞍式支座(1)

表9　简易鞍式支座(1)　　单位为mm

容器公称直径DN	尺寸		
	L	*K*	*b*
150	140	90	6
200	190	120	
245[a]	210	140	
250	240	160	
300	280	200	
350	330	250	

[a] 容器外径。

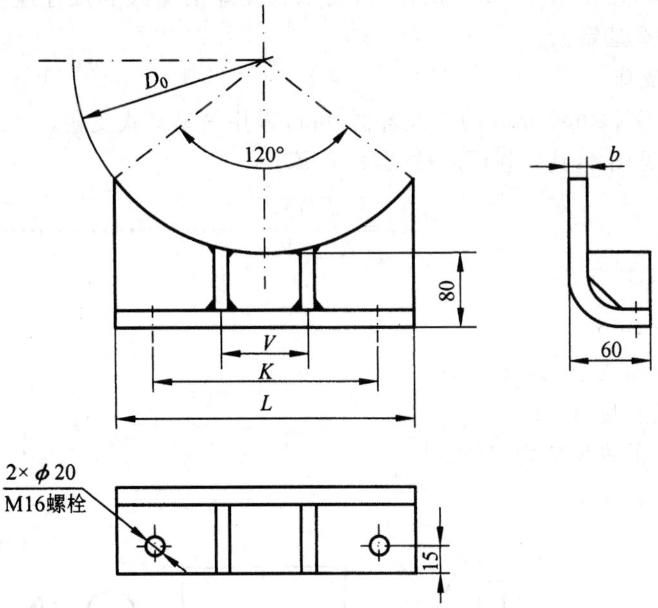

图3　简易鞍式支座(2)

表10　简易鞍式支座(2)　　单位为mm

容器公称直径DN	尺寸			
	L	*V*	*K*	*b*
400	370	160	270	8
450	390	180	290	
500	430	220	330	
600	540	320	420	

6.4.1.4　管板延长部分兼作支座

管板延长部分兼作支座时，其管板厚度及固定螺孔、紧固件尺寸等应参照NB/T 47065.1

的相应规定;必要时应采取措施减少活动支座底板与基础之间的摩擦力。

6.4.2 立式容器支座

6.4.2.1 一般要求

选用标准立式容器支座时,应分别符合 NB/T 47065.2、NB/T 47065.3 和 NB/T 47065.4 的规定。

a) 当容器公称直径 DN≥300 mm~600 mm 时,腿式支座的型式和尺寸可按 NB/T 47065.2—2018 表 2 中角钢支柱、不带垫板的 AN 型选定;当容器公称直径 DN≥600 mm~1 300 mm 时,腿式支座的型式和尺寸应按 NB/T 47065.2—2018 中表 2 选定;

b) 当容器公称直径 DN≥300 mm~600 mm 时,耳式支座的型式和尺寸可按 NB/T 47065.3—2018 表 2 中 A 型和表 3 中 B 型选定,若满足标准规定的条件,可不设置垫板;当容器公称直径 DN>600 mm 时,耳式支座的型式和尺寸应按 NB/T47065.3—2018 中表 2 和表 3 选定;

c) 当容器公称直径 DN≥800 mm 时,支承式支座的型式和尺寸应按 NB/T 47065.4—2018 中表 2 选定。

6.4.2.2 简易耳式支座

容器公称直径 DN≤600 mm 的立式容器,可以采用简易耳式支座。

简易耳式支座见图 4,其底板厚度按式(3)计算:

$$\delta=\sqrt{\frac{3Qb}{[\sigma]b_1}} \quad \cdots\cdots (3)$$

式中:

δ——底板厚度,mm;

Q——单个支耳所支承的载荷,N;

b——底板伸出长度,mm;

$[\sigma]$——底板材料的许用应力,MPa;

b_1——底板宽度,mm。

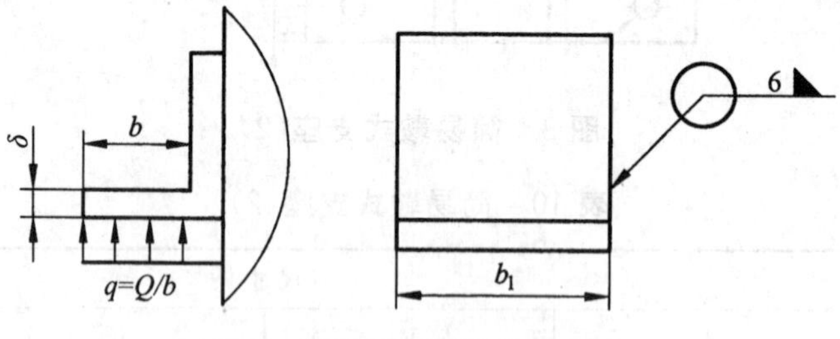

图 4 简易无筋板耳式支座

6.5 管板

6.5.1 一般规定

6.5.1.1 确定管板厚度时应考虑管板的强度、刚度和结构以及制造要求等因素。

6.5.1.2 管板的名义厚度应不小于下列三者之和:

a) 管板的计算厚度或 6.5.1.3 规定的最小厚度,取大者;

b) 壳程腐蚀裕量或结构开槽深度,取大者;

c) 管程腐蚀裕量或分程隔板槽深度,取大者。

6.5.1.3 应根据换热管与管板的连接型式,分别按表 11 或表 12 选定管板最小厚度(不包括腐蚀裕量)。

6.5.1.4 管板选用材料应符合本文件第 5 章和 GB/T 151 的规定。

6.5.1.5 管板与筒体的连接结构及适用的压力范围按 GB/T 151 的规定。

表 11 换热管采用胀接时管板最小厚度 单位为 mm

换热管外径 d_o		10	12	14	16	19	25	32	38	45	50	57
管板最小厚度	A1 组制冷剂	10		12	14	16	20	23	27	32	34	37
	A2、A3、B1、B2、B3 组制冷剂	20					25	32	38	45	50	57

表 12 换热管采用焊接时管板最小厚度 单位为 mm

管板外径 D	≤1 200	>1 200～1 600	>1 600
管板最小厚度	12	18	24

6.5.2 固定管板式热交换器管板计算

6.5.2.1 除 6.5.4 规定的情况外,当换热管采用胀接或焊接方法与管板连接时(管子外径 $d_o \leqslant$ 57 mm),管板的计算厚度确定如下:

a) 圆筒直径 $D \leqslant 600$ mm:

1) 钢制管板的计算厚度按式(4)确定:

$$\delta = 8 + \frac{d}{12} \quad \cdots\cdots(4)$$

2) 铜或铜合金制管板计算厚度按式(5)确定:

$$\delta = 15 + \frac{d}{6} \quad \cdots\cdots(5)$$

式中:

δ——管板计算厚度,mm;

d——管孔直径,mm。

此时,换热管孔中心距满足 6.5.2.2 的规定;换热管连接处的强度应满足 6.5.2.3 的规定;换热管轴向应力应满足 6.5.2.4 的规定。对于延长部分兼作法兰的管板,管板刚度应与法兰刚度相匹配,且管板厚度不得小于法兰厚度的 60%;对于非均匀布管的管板边缘部分,应按 6.5.3.2 计算管板厚度。

b) 圆筒直径 $D > 600$ mm:

1) GB/T 151 中作出规定的管板,应采用 GB/T 151 中相应的管板结构型式的计算方法进行计算;

2) GB/T 151 未作出规定的管板,可按 6.5.3 计算支撑结构和管板厚度,且换热管连接处的强度应满足 6.5.2.3 的规定,换热管轴向应力满足 6.5.2.4 的规定;或按 1.4 的规定进行设计。

6.5.2.2 换热管与管板采用胀接连接时,最小管孔中心距按材料的种类确定如下:

a) 钢制管板的最小管孔中心距按式(6)计算:

$$S=\left(1+\frac{4}{\delta_n}\right)d \quad \cdots\cdots (6)$$

但当管板材料的$[\sigma]>100$ MPa,且换热管为光亮退火铜管或具有同等性质的其他软质材料时,最小管孔中心距按式(7)计算:

$$S=\left(1+\frac{2.8}{\delta_n}\right)d \quad \cdots\cdots (7)$$

b) 铜及铜合金制管板的最小管孔中心距按式(8)计算:

$$S=\left(1+\frac{8}{\delta_n}\right)d \quad \cdots\cdots (8)$$

式中:

S——最小管孔中心距,mm;

δ_n——管板名义厚度,mm;

d——管孔直径,mm。

6.5.2.3 换热管与管板采用胀接或焊接方法连接时的拉脱应力计算如下:

a) 换热管与管板采用胀接方法连接时,按式(9)求得的换热管和管板接触面的拉脱应力,应不大于规定的接触面许用拉脱应力值:

$$\sigma_t=W/(3.14d_o\delta_n) \quad \cdots\cdots (9)$$

式中:

σ_t——接触面的拉脱应力,MPa;

W——一根换热管所支持的载荷,按图5和式(10)计算,取规则布管区和不规则布管区及周边缺区大值,N;

d_o——换热管外径,mm;

δ_n——管板名义厚度(应取胀接长度),mm。

$$W=p\times\text{面积} \quad \cdots\cdots (10)$$

式中:

p——设计压力,MPa。

面积为图5中 *abcdefghijkla* 所包容的面积(管程压力作用时,应包含换热管截面积)。

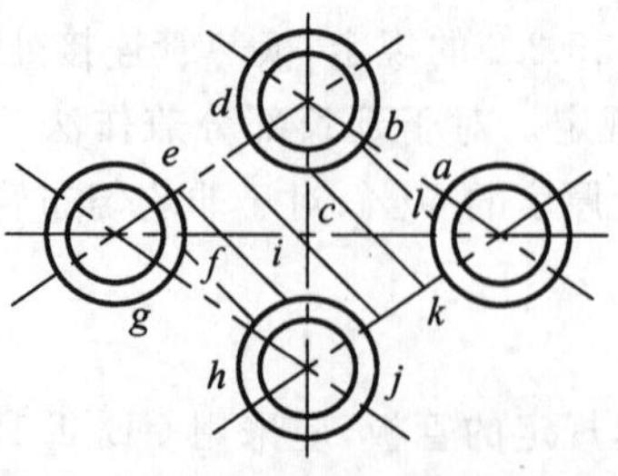

图5 一根换热管的支持截面积

接触面的许用拉脱应力:对钢制管板与钢制换热管时为2.5 MPa;对钢、铜或铜合金制管板与铜或铜合金制换热管时为1.2 MPa。

b) 换热管与管板采用焊接连接时,按式(11)求得的作用于焊缝截面上的剪切应力,应不大于规定的许用剪切应力值：

$$\sigma_t = W/(3.14 d_o k) \quad \cdots\cdots (11)$$

式中：

σ_t——换热管焊缝截面上的剪切应力，MPa；

W——一根换热管所支持的载荷，按 6.5.2.3a)计算，N；

d_o——换热管外径，mm；

k——换热管与管板焊缝有效高度，mm。

作用于换热管焊缝截面上的许用剪切应力：对钢制管板与钢制换热管为换热管许用应力的 40%；对钢、铜或铜合金制管板与铜或铜合金制换热管为换热管许用应力的 30%。

6.5.2.4 换热管轴向应力按式(12)计算，应不大于换热管的许用应力值(管程压力作用时，应按 GB/T 151 规定校核换热管的稳定性)：

$$\sigma = 1.1W/A \quad \cdots\cdots (12)$$

式中：

σ——换热管轴向应力，MPa；

W——一根换热管所支持的载荷，按 6.5.2.3a)计算，N；

A——换热管截面积，mm^2。

6.5.3 管板受支撑部分和管板无管束部分的计算

6.5.3.1 管板受支撑部分的计算

6.5.3.1.1 支撑杆和支撑管的支承载荷按如下规定计算：

a) 规则设置支撑杆的支承载荷：壳程压力作用下，由支撑杆中心连线围成的面积中减去支撑杆所占的面积，再乘以许用压力的值；管程压力作用下，支撑杆中心连线围成的面积，再乘以许用压力的值；

b) 不规则设置支撑杆的支承载荷：方法同 a)；

c) 支撑管的支承载荷：从一根支撑管所支承的面积中减去该面积中一根支撑管面积(壳程压力作用按外半径计算，管程压力作用按内半径计算)后的面积差，再乘以许用压力。

注：许用压力按式(15)计算。

6.5.3.1.2 支撑件的最小截面面积按如下规定计算：

支撑件最小截面面积按式(13)计算：

$$A_1 = 1.1W_1/(\varphi[\sigma]) \quad \cdots\cdots (13)$$

式中：

A_1——支撑件最小截面面积，mm^2；

W_1——支撑的支承载荷，对斜支撑应换算成轴向载荷，N；

$[\sigma]$——材料的许用应力，MPa。

注：采用焊接支撑件连接时，焊接接头系数 φ 取 0.60。

6.5.3.1.3 支撑杆采用焊接连接时，其结构按照图 6 的规定(焊缝强度应满足 6.5.2.3b)的要求，支撑管也可采用胀接连接，胀接强度应满足 6.5.2.3a)的要求)。焊接连接处不做射线检验，也不做焊后热处理。

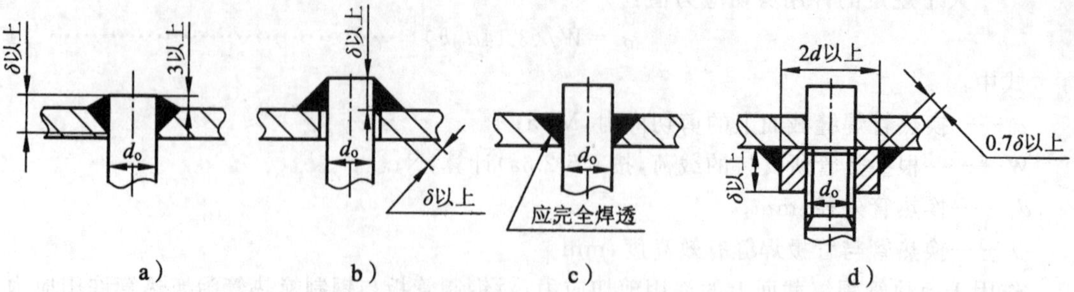

注：δ为被支撑的板中较薄板的厚度。

图6 支撑杆的固定结构

6.5.3.1.4 受支撑的板的实际厚度应大于 8 mm，但支撑杆用焊接方法连接，并满足下述规定时，可不受此限制。

a) 支撑杆采用图 7 的设置形式，且 $l=(l_1+l_2)/2$；

b) 支撑杆的间距应小于 500 mm。

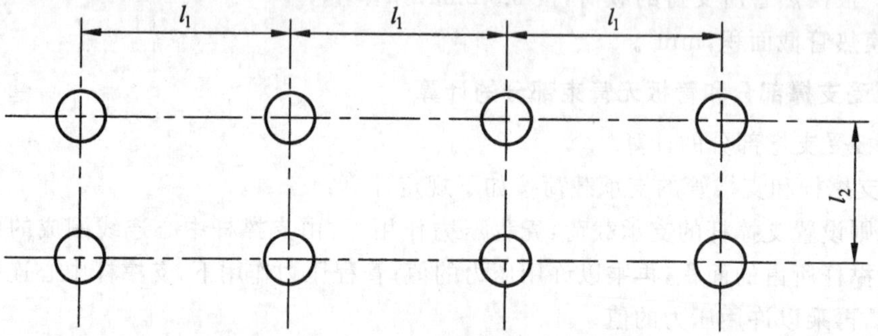

图7 支撑杆的配置

6.5.3.1.5 有规则设置支撑的平板强度：

a) 平板的计算厚度按式(14)计算：

$$\delta=l\times\sqrt{\frac{p}{C[\sigma]^t}} \qquad (14)$$

式中：

δ——平板计算厚度，mm；

l——支撑的间距，取支撑中心水平间距和垂直间距的平均值(见图 7)，mm；

p——设计压力，MPa；

C——系数，由支撑的连接方法确定，按表 13 选取；

$[\sigma]^t$——平板材料在设计温度下的许用应力，MPa。

b) 平板的许用压力校核按式(15)计算：

$$[p]=\frac{C[\sigma]^t(\delta_n-C_2)^2}{l^2} \qquad (15)$$

式中：

$[p]$——许用压力，MPa；

C——系数，由支撑的连接方法确定，按表 13 选取；

$[\sigma]^t$——平板材料在设计温度下的许用应力,MPa;

δ_n——平板名义厚度,mm;

C_2——腐蚀裕量,mm;

l——支撑的间距,取支撑中心水平间距和垂直间距的平均值(见图7),mm。

表13　有规则设置支撑的 C 值

C 值	支撑连接方法
2.1	板厚小于或等于11 mm,支撑插穿板中,其端部用角焊连接
2.2	板厚大于11 mm,支撑插穿板中,其端部用角焊连接
2.5	在板上开坡口,并在支撑端部施以V形或K形焊接连接
1.9	管子用胀接连接或者支撑端部由螺纹与管座接头等连接
3.2	角板支撑并用V形或K形焊接连接

6.5.3.1.6　不规则设置支撑平板的计算厚度用式(14)计算、许用压力用式(15)计算,但式中 l 和系数 C 按下述规定:

a)　取通过3个支撑点的内部没有支撑的最大圆直径为 d,则支撑的间距 $l=d/\sqrt{2}$(图8);

b)　按最大圆通过的相应支撑点类型,系数 C 取表14的平均值。

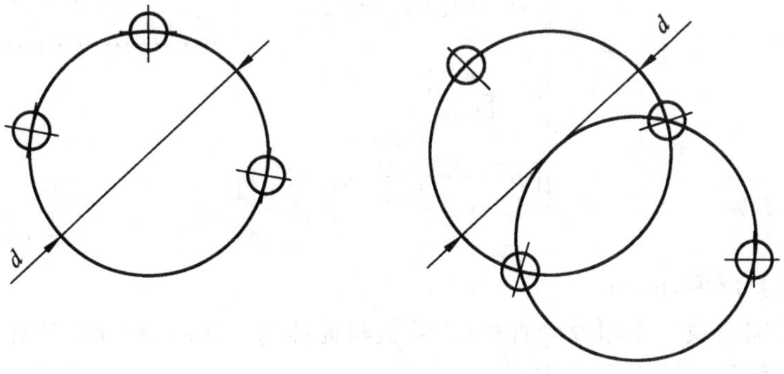

图8　不规则支撑设置

表14　无规则设置支撑的 C 值

C 值	支撑点种类
3.2	支撑点在封头圆弧过渡的起点
表13的其他值	其他支撑点类型

6.5.3.2　管板无管束部分的计算

6.5.3.2.1　管板的计算厚度和许用压力按式(14)和式(15)计算。

6.5.3.2.2　式(14)和式(15)中的 l 和 C 值规定如下:

a)　与筒体内径圆相切,且通过两根管子或支撑管子中心的最大圆,或者与筒体内径圆和外侧管列轴线同时相切的最大圆(其内部不包含管子或支撑管)直径为 d 时,取 $l=$

$d/\sqrt{2}$；

b） 根据最大圆通过的支撑点类型，按表 15 分别选取 C 值的平均值。

表 15 不同支撑点种类的 C 值

C	支撑点种类
1.9	管列轴线
2.6	管子或支撑管
3.2	筒体内径圆

6.5.3.3 管板厚度的计算

管板厚度取按 6.5.3.1 和 6.5.3.2 计算的大值。

6.5.4 无支撑管支撑的 U 形管式热交换器的管板计算

6.5.4.1 无支撑管支撑的热交换器及其他类似的平管板的计算厚度，可用以下两种方式计算：

a） U 形管式热交换器管板按 GB/T 151 计算；

b） 按式(16)计算后取大值：

$$\left\{\begin{array}{l}\delta=\dfrac{1.25}{2}D\times\sqrt{\dfrac{p}{[\sigma]_{\mathrm{w}}}}\\ [p]=4[\sigma]_{\mathrm{w}}\left(\dfrac{\delta_{\mathrm{n}}-C_2}{1.25D}\right)^2\end{array}\right. \qquad \left\{\begin{array}{l}\delta=\dfrac{pA_{\mathrm{D}}}{[\sigma]_{\tau}L_{\mathrm{D}}}\\ [p]=\dfrac{[\sigma]_{\tau}L_{\mathrm{D}}}{A_{\mathrm{D}}}(\delta_{\mathrm{n}}-C_2)\end{array}\right. \quad \cdots\cdots (16)$$

式中：

δ——管板计算厚度，mm；

D——管板外圆周载荷作用处的直径(当管板与筒体为一体时，取筒体计算内径)，mm；

p——管板各侧的设计压力，MPa；

$[\sigma]_{\mathrm{w}}$——管板材料的许用弯曲应力，对碳钢和低合金钢板取设计温度下 $0.5R_{\mathrm{eL}}^{t}$(或$0.5R_{\mathrm{p0.2}}^{t}$)、许用应力中的大值，MPa；

$[p]$——许用压力，MPa；

δ_{n}——管板名义厚度，mm；

C_2——腐蚀裕量，mm；

A_{D}——将管板最外圆管孔中心依次连接所得的多变形面积(见图 9)，mm^2；

$[\sigma]_{\tau}$——管板材料的许用剪切应力，取 $0.8[\sigma]$，MPa；

L_{D}——将管板最外圆管孔中心依次连接所得的多边形周边长与最外周所有管孔直径总和之差，mm。

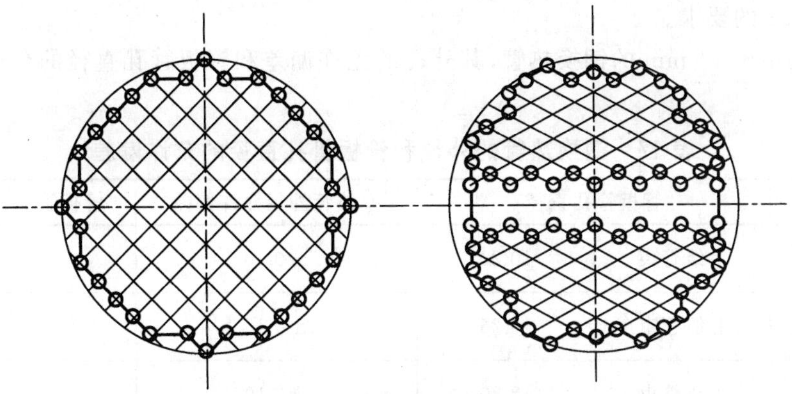

图9 计算管板的多边形

6.5.4.2 兼作法兰的管板计算

管板兼作法兰[图10a)和图10b)]时,管板计算厚度按6.5.4.1 b)的规定计算。但法兰部分的厚度δ_f,按GB/T 150.3规定的圆形平盖厚度计算公式确定。

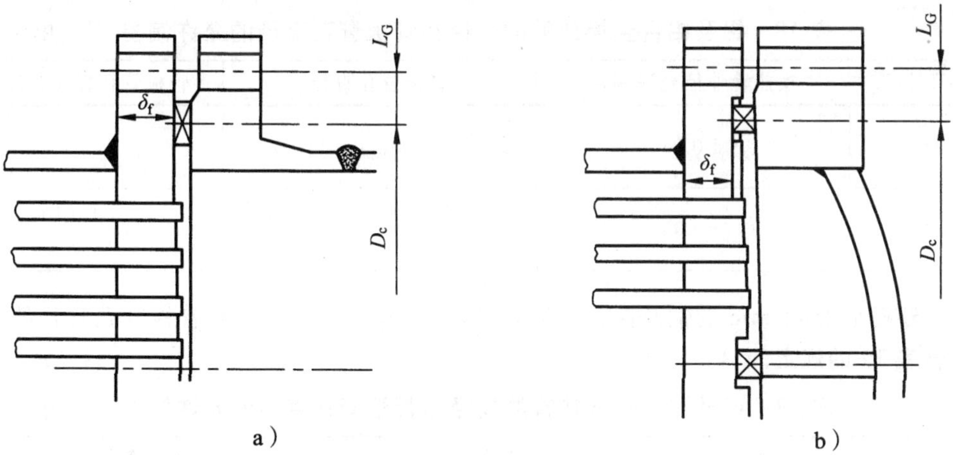

图10 管板兼作法兰

6.5.5 管板管孔中心距

6.5.5.1 管子管端与管板为胀接或焊接时,管孔中心距一般不小于管子外径的1.25倍,常用的中心距见表16。

表16 管孔中心距

单位为mm

换热管外径	6	10	12	14	16	19	25	32	38	45	50	57
换热管中心距	8.5～9.0	13.0～14.0	16.0	19.0	22.0	25.0	32.0	40.0	48.0	57.0	64.0	72.0

6.5.5.2 采用比表16小的管孔中心距时,应符合如下规定:

a) 应按式(6)或式(7)或式(8)进行验算,管孔中心距应大于验算值;

b) 应进行工艺评定,并证明能可靠、长期运转。

6.5.6 换热管与管板管孔尺寸偏差

6.5.6.1 GB/T 151中作出规定的换热管外形尺寸的允许偏差和管板管孔直径的允许偏差,应符合 GB/T 151 的要求。

6.5.6.2 外径小于 14 mm 的钢换热管,其外径的允许偏差和管板管孔直径的允许偏差应符合表 17 的规定。

表 17 钢换热管的外径和管板管孔直径的允许偏差 单位为 mm

换热管外径	管板管孔直径		换热管外径允许偏差	管板管孔直径允许偏差
10	Ⅰ级管束	10.20	±0.10	+0.10 −0.05
	Ⅱ级管束	10.25	±0.15	+0.10 −0.05
12	Ⅰ级管束	12.20	±0.10	+0.10 −0.05
	Ⅱ级管束	12.25	±0.15	+0.10 −0.05

6.5.6.3 外径小于 14 mm 的铝及铝合金换热管,其外径的允许偏差和管板管孔直径的允许偏差应符合表 18 的规定。

表 18 铝及铝合金换热管的外径和管板管孔直径的允许偏差 单位为 mm

换热管外径	换热管外径允许偏差	管板管孔直径	管板管孔直径允许偏差
10	±0.05	10.20	+0.10 0
12	±0.05	12.20	+0.10 0

6.5.6.4 外径小于 14 mm 的铜及铜合金换热管,其外径的允许偏差和管板管孔直径的允许偏差应符合表 19 的规定。

表 19 铜及铜合金换热管的外径和管板管孔直径的允许偏差 单位为 mm

换热管外径	换热管材料	换热管外径允许偏差	管板管孔直径	管板管孔直径允许偏差
6	铜	±0.05	6.18	+0.10 −0.02
	铜合金	−0.10	6.18	+0.10 0

6.6 折流板、支承板和挡板

6.6.1 折流板与支承板

6.6.1.1 折流板应符合 GB/T 151 的要求。

6.6.1.2 当热交换器不需要设置折流板,但换热管无支撑跨距超过 GB/T 151 的规定时,热交换器应设置支承板。支承板最小厚度应不小于 4 mm,支承板管孔和外径尺寸及允许偏差应满足 GB/T 151 的要求。

6.6.1.3 外径小于 14 mm 的钢换热管,其折流板与支承板管孔直径及允许偏差应符合表 20 的规定。

表 20　钢换热管用折流板与支承板管孔直径及允许偏差　　单位为 mm

换热管公称外径	管孔直径		管孔直径允许偏差	
	Ⅰ级管束	Ⅱ级管束	Ⅰ级管束	Ⅱ级管束
10	d(换热管外径)+0.30	d(换热管外径)+0.40	$^{+0.30}_{0}$	$^{+0.40}_{0}$
12	d(换热管外径)+0.30	d(换热管外径)+0.40	$^{+0.30}_{0}$	$^{+0.40}_{0}$

6.6.1.4　外径小于 14 mm 的铝及铝合金换热管,其折流板与支承板管孔直径及允许偏差应符合表 21 的规定。

表 21　铝及铝合金换热管用折流板与支承板管孔直径及允许偏差　　单位为 mm

换热管公称外径	材料	管孔直径	管孔直径允许偏差
10	铝	10.35	$^{+0.10}_{0}$
	铝合金		$^{+0.20}_{0}$
12	铝	12.35	$^{+0.10}_{0}$
	铝合金		$^{+0.20}_{0}$

6.6.1.5　外径小于 10 mm 的铜及铜合金换热管,其折流板与支承板管孔直径及允许偏差应符合表 22 的规定。

表 22　铜及铜合金换热管用折流板与支承板管孔直径及允许偏差　　单位为 mm

换热管公称外径	材料	管孔直径	管孔直径允许偏差
6	铜	6.18	$^{+0.10}_{0}$
	铜合金		$^{+0.10}_{0}$

6.6.1.6　折流板与支承板为有机材料时,管孔直径及允许偏差可按 GB/T 151 和表 21、表 22 选用。

6.6.1.7　折流板与支承板为有机材料时,折流板与支承板的外径可与圆筒公称直径 DN 相等或过盈。

6.6.1.8　公称外径为 6mm 的铜及铜合金换热管,其直管最大无支撑跨距不得大于 550 mm。

6.6.2　挡板

在热交换器进口单相流体的 $\rho\nu^2$ 值(ρ——流体密度,kg/m^3;ν——流体流速,m/s)大于 2 230 kg/(m·s^2)时,应设置挡板。

挡板表面到筒体内壁的距离一般为接管外径的 1/4～1/3,挡板直径(圆形)或长、宽(方形)应大于接管外径 50 mm,挡板的最小厚度应不小于 4 mm。挡板固定方式宜采用焊接或螺栓连接。

6.7 换热管和管束

6.7.1 换热管

6.7.1.1 换热管的厚度按 GB/T 151 的规定进行计算。

6.7.1.2 当换热管同时受内压和外压作用时，其管子壁厚应按内压、外压分别计算，取其中较大者。其中，铜及铜合金、钛合金制整体翅片换热管也可按附录 A 的规定进行外压设计。

6.7.1.3 U 形换热管弯管段的弯曲半径 R 一般不小于 2 倍的换热管外径，常用换热管的最小弯曲半径 R_{min} 可按表 23 选定。弯曲后 U 形换热管的壁厚应满足强度和使用要求。

表 23 常用 U 形换热管的最小弯曲半径 单位为 mm

换热管外径 d_o	6	10	12	14	16	19	25	32	38	45	50	57
最小弯曲半径足 R_{min}	12	20	24	30	32	40	50	65	76	90	100	115

6.7.1.4 高效换热管应参考 JB/T 10503 和 GB/T 20928 的参数与技术要求的规定，其管端光管外径及允许偏差应符合相应材料换热管的要求。

6.7.2 管束

6.7.2.1 管束外层换热管外表面与壳体内表面间的距离，应不小于换热管外径的 1/4 且不宜小于 8 mm。

6.7.2.2 换热管外表面与邻近挡板表面之间的距离，最小为 6 mm。

6.7.2.3 换热管与管板焊接时，管端伸出长度为 1 mm～3 mm，且同一平面上允许偏差应不超过 2 mm。管孔端部开 45°焊接坡口，以保证焊脚高度不小于 1.0 倍管壁厚度。

6.7.2.4 换热管与管板胀接连接时，管端伸出长度一般为 1 mm～5 mm(影响分程隔板密封的管端，允许削至与管板面齐平)，管板管孔可开胀接槽。胀接长度不小于管板名义厚度减去 3 mm 与 2 倍换热管外径两者中的较小值。

6.7.2.5 管子与管板连接方法可采用胀接、焊接及胀焊并用。

a) 设计压力小于或等于 4.0 MPa，管子外径 $d_o \leqslant 57$ mm 的管子与管板一般采用胀接连接；

b) 设计压力大于 4.0 MPa 且需要采用强度胀接时，应进行胀接工艺试验，换热管与管板连接的拉脱力应满足 GB/T 151 的要求；

c) 用于 B2、A3 和 B3 组的制冷剂用热交换器，管子与管板宜采用焊接连接。

6.8 拉杆、定距管和防短路构件

6.8.1 应设置拉杆和定距管或采用其他合适的方法固定折流板，拉杆和定距管等的材料应与折流板类似。

6.8.2 拉杆的数量和直径应符合 GB/T 151 的要求。

6.8.3 当需要防止流体沿管束周围或通过管束发生过度短路现象时，除装设折流板外，还应安装适当的构件，如旁路挡板、挡管、中间挡板等。防短路构件应符合 GB/T 151 的要求。

7 制造、检验与验收

7.1 总则

7.1.1 容器的制造、检验与验收除应符合 GB/T 150.1、GB/T 150.4、GB/T 151 和设计文件的

要求外,还应满足本章的要求。

7.1.2 容器的制造环境应与对容器的品质要求相适应。有色金属容器及零部件的制造环境应洁净,并分别符合 JB/T 4734、JB/T 4745 和 JB/T 4755 的相关规定。

7.1.3 容器制造过程中的风险预防和控制

7.1.3.1 对于设计单位出具了风险评估报告的压力容器,制造单位应当根据风险评估报告提出的主要失效模式、容器制造检验要求和建议,完成下述工作:

a) 合理地确定制造和检验工艺;

b) 风险评估报告中给出的预防失效措施应在制造过程中落实,并应在产品质量证明文件中予以体现。

7.1.3.2 对于设计单位没有出具风险评估报告的压力容器,制造单位应当根据压力容器的技术要求,制造、检验工艺评估制造风险,并进行有效控制。技术措施至少包括:

a) 评估压力容器制造工艺过程对材料的影响,合理确定材料订货技术条件中对材料相关性能的要求;

b) 评估压力容器后续制造、检验工艺过程对外购成品零部件的要求,合理制订外购成品零部件订货技术条件;

c) 评估压力容器技术要求、质量要求,制订合理的制造方法、制造工艺、检验方法。

7.2 材料分割与标志移植

7.2.1 推荐采用冷切割方法切割材料。当采用机械切割方法分割复合钢板时,应使复合钢板的覆层面对切割具;当采用火焰切割方法分割复合钢板时,应使复合钢板的基层面对切割具。

7.2.2 经热切割后的材料熔化产生的所有熔渣及有害变色部位应在下一道制造工序开始前或使用前采用机械方法予以清除,并消除锐边。

7.2.3 进行材料标志移植时,对截面厚度不大于 6 mm 的受压元件、预制或预成形的受压元件表面不得采用硬印标记。

7.3 冷、热加工成形与组装

7.3.1 成形

7.3.1.1 受压元件应优先采用冷成形或温成形。

7.3.1.2 受压元件的成形工艺应能保证容器制造完成后,成形件的性能仍满足设计文件的要求。其中,有色金属复合钢板、衬里件的成形应符合对应材料产品标准的规定。与成形工序衔接的相关制造单位(或部门)宜协商制订成形件投料材料的技术要求和成形件的技术要求,并加以控制。

7.3.1.3 成形件的加热、恢复性能热处理所使用的加热炉参照 GB/T 150.4 的规定。当成形件进行恢复性能热处理时,制造单位(或部门)应提供热处理工艺规范和热处理时间—温度记录曲线。

7.3.2 表面修磨

7.3.2.1 修磨不同金属的工具应各自专用,并不得与修磨钢的工具混用。

7.3.2.2 当复合钢板的覆层、堆焊层计入强度时,修磨后覆层或堆焊层的剩余厚度不得小于其计入强度所需要的厚度,否则应予焊补。

7.3.3 封头

封头应符合 GB/T 150.4 和 GB/T 25198 的规定。

7.3.4 圆筒与壳体

圆筒与壳体的错边量、棱角度、不等厚对接、圆度、直线度等的制造、检验，对于热交换器应符合 GB/T 151 的要求；对于非热交换器应根据材质对应符合 GB/T 150.4、JB/T 4734、JB/T 4745 或 JB/T 4755 的要求。

7.3.5 管板

7.3.5.1 管板(包括复合钢板的覆层)不允许拼接。

7.3.5.2 管板孔桥：

a) 使用钢制换热管的管板孔桥宽度按表 24 选定；

表 24 管板孔桥宽度(适用于钢管) 单位为 mm

换热管外径	换热管中心距	管孔直径	名义孔桥宽度	允许孔桥宽度			
				管板厚度			最小孔桥宽度
				20	40	60	
10	14	10.20	3.80	3.13	2.96	2.80	2.28
		10.25	3.75	3.08	2.91	2.75	2.25
12	16	12.20	3.80	3.15	3.02	2.88	2.28
		12.25	3.75	3.10	2.97	2.83	2.25
14	19	14.30	4.70	4.07	3.96	3.84	2.82
16	22	16.30	5.70	4.84	4.74	4.63	3.42
19	25	19.30	5.70	4.85	4.77	4.68	3.42
25	32	25.30	6.70	5.87	5.81	5.74	4.02
30	38	30.40	7.60	6.79	6.73	6.68	4.56
32	40	32.45	7.55	6.74	6.69	6.64	4.53
35	44	35.45	8.55	7.74	7.70	7.65	5.13
38	48	38.50	9.50	8.70	8.65	8.61	5.70
45	57	45.55	11.45	10.65	10.62	10.58	6.87
50	64	50.60	13.40	12.61	12.57	12.54	8.04
55	70	55.70	14.30	13.51	13.48	13.45	8.58
57	72	57.70	14.30	13.51	13.48	13.45	8.58
注：当管板厚度在 20、40 与 60 之间时，孔桥宽度用插值法计算。							

b) 换热管为铜及铜合金时，其管板孔桥宽度按表 25 选定。当孔桥宽度低于表 25 的选定值时，应保证密封性并进行胀接工艺评定。

表 25 管板孔桥宽度(适用于铜及铜合金管) 单位为 mm

换热管外径	换热管中心距	管孔直径	名义孔桥宽度	允许孔桥宽度应不小于下列值			
				管板厚度			
				20	30	40	60
6	8.5	6.18	2.32	2.05	1.95	—	—
	9.0		2.82	2.45	2.35	2.15	2.05
10	13	10.20	2.80	2.43	2.33	2.13	2.03
	14		3.80	3.43	3.23	3.03	2.83
12	15.5	12.20	3.30	3.05	2.85	2.65	2.45
	16		3.80	3.45	3.25	3.05	2.85
14	18	14.20	3.80	3.25	3.05	2.85	2.65
	19		4.80	4.15	3.85	3.55	3.25
16	20	16.25	3.75	3.20	3.00	2.80	2.60
	21		4.75	4.10	3.80	3.50	3.20
19	24	19.25	4.75	4.15	3.85	3.55	3.25
	25		5.75	5.15	4.85	4.55	4.25
	26		6.75	6.05	5.65	5.25	4.85
25	32	25.25	6.75	6.05	5.65	5.25	4.85
	33		7.75	7.05	6.65	6.25	5.85
32	40	32.35	7.65	6.80	6.30	5.80	5.40

注:1.当管板厚度在 20、30、40 与 60 之间时,孔桥宽度用插值法计算。
2."—"线表示不允许使用。

7.3.5.3 换热管为铝及铝合金时,其管板孔桥宽度可参考表 25 确定。

7.3.5.4 采用 6.5.5.2 中规定的小的管孔中心距时,孔桥宽度应符合式(17)的规定:

$$B_{\min} \geqslant B_g - (0.05 \sim 0.10) \tag{17}$$

式中:

$B_{\min}$——最小孔桥宽度,mm;

B_g——采用小的管孔中心距时的名义孔桥宽度,mm。

7.3.6 组装

7.3.6.1 热交换器应符合 GB/T 151 的组装要求;非热交换器应根据材质对应符合 GB/T 150.4、JB/T 4734、JB/T 4745 或 JB/T 4755 的组装要求。

7.3.6.2 管壳式热交换器组装前,还应满足下列要求:

a) 壳体内表面凡妨碍管束顺利装入或抽出的焊缝均应打磨至与母材齐平;

b) 在壳体上设置接管或其他附件导致壳体变形影响管束顺利安装时,应采取防止变形或预变形措施。

7.4 焊接

7.4.1 依据容器的材质，在对应 GB/T 150.4、GB/T 151、JB/T 4734、JB/T 4745 或 JB/T 4755 中规定需要焊接工艺评定支持的项目，应按 NB/T 47014 的规定进行焊接工艺评定。

7.4.2 受压元件用焊接材料应符合 NB/T 47018(所有部分)的规定，并应有质量证明书。

7.4.3 容器的施焊应在室内进行。

7.4.4 定位焊的终焊端和起焊端应用打磨或其他适宜的方法进行适当处理，以使它们能顺利熔入最终焊缝。

7.5 热处理

7.5.1 恢复性能热处理

7.5.1.1 分步冷成形时，若不进行恢复性能热处理，则成形件的变形率为各分步成形的变形率之和；若进行恢复性能热处理，则成形件的变形率为进行恢复性能热处理后的各分步成形的变形率之和。若投料钢板经过开平操作，进行变形率计算时应计入开平操作产生的变形率。

7.5.1.2 热成形件应进行恢复性能热处理。

7.5.1.3 采用复合钢板制造的成形件，应按基层材料确定成形后是否进行恢复性能热处理及其热处理参数。其中，计算变形率、确定热处理保温时间时，应取复合钢板总厚度；确定恢复性能热处理参数时，应同时保证覆层经热处理后的性能满足使用要求或设计文件的规定。

7.5.1.4 恢复性能热处理工艺宜按材料出厂热处理工艺的规范确定。

7.5.2 焊后热处理

7.5.2.1 介质为氨的 Q345R 及强度高于 Q345R 的低合金钢制容器、介质为 A3 和 B3 组制冷剂的钢制容器应进行焊后热处理。

7.5.2.2 焊后热处理应采用炉内加热的方式进行。

7.6 试件与试样

盛装 B3 组制冷剂的容器、A3 组制冷剂的第Ⅱ类和第Ⅲ类容器及设计文件要求的容器应制备产品焊接试件。

7.7 无损检测

第Ⅲ类容器、第Ⅱ类容器中储存 A3 和 B3 组制冷剂的容器及受压元件上的 A 类和 B 类焊接接头应进行 100%射线或超声检测。

7.8 耐压试验、泄漏试验和真空试验

7.8.1 制造完工的容器应先进行耐压试验(液压试验、气压试验)，耐压试验合格后方可进行泄漏试验。若容器需进行真空试验，真空试验应在泄漏试验合格后进行。

7.8.2 泄漏试验包括气密性试验、卤素检漏试验和氨检漏试验。

7.8.2.1 卤素检漏试验的介质为含有卤化物制冷剂(分压不小于 10%)的气体，检漏时的环境温度应在 25℃±10℃范围内，卤素检漏仪的灵敏度不低于 1×10^{-5} MPa·cm^3/s。试验时压力应缓慢上升，达到规定的试验压力后保压 10 min，对所有焊接接头和连接部位进行检查，以无异常现象和泄漏量符合设计文件规定为合格。

7.8.2.2 氨检漏试验参照 NB/T 47013.8 的规定，以无异常现象和泄漏量符合设计文件规定为合格。

7.8.2.3 制冷系统安装调试前进行泄漏试验时,应按设计文件要求检查安全附件及其与容器连接部位的密封性。

7.8.3 真空试验的压力按4.8确定。

试验方法如下:

a) 试验应使用有足够容量的真空泵及其配套件,当达到规定的试验压力后,使容器各部分处于密封状态,并保压放置4 h以上;

b) 试验时容器各部分应无异常变形,且压力上升值在0.68 kPa以下为合格。

若保压放置过程中温度发生变化,应按式(18)修正放置后的测定值:

$$p_0=\frac{273}{273+t}\times p_1 \qquad (18)$$

式中:

p_0——修正后的压力(绝对压力),kPa;

t——测定时容器内的温度,℃;

p_1——测定时容器内的压力(绝对压力),kPa。

7.8.4 若耐压试验、泄漏试验或真空试验不合格,应进行返修,并按原检测要求重新检验,直至合格。对于无法修理、更换换热管的热交换器,允许堵管,堵管根数不应超过2根,并应遵守如下规定:

a) 换热管堵管及其堵管方法应得到采购方的书面认可;

b) 应保证堵管后设备的安全性、换热性能满足使用要求;

c) 出厂资料中应标记堵管位置,并提供给采购方。

7.9 安全附件

安全附件应按附录B的有关规定选用。

附 录 A
（规范性）
铜及铜合金、钛合金制整体翅片换热管的外压设计

A.1 适用范围

A.1.1 本附录适用于确定铜及铜合金、钛合金制整体翅片管的最大许用工作外压。

A.1.2 本附录的规则包括确定铜及铜合金、钛合金制造的与管壁为一体的螺旋翅片冷凝管和换热管的最大许用工作外压的验证试验程序和准则，且螺旋翅片冷凝管和换热管的腐蚀裕量应为零。

A.2 材料

A.2.1 铜和铜合金制整体翅片管应符合 JB/T 10503《空调与制冷用高效换热管》的要求，成翅前的坯管应符合 GB/T 1527《铜及铜合金拉制管》、GB/T 8890《热交换器用铜合金无缝管》或 GB/T 17791《空调与制冷设备用铜及铜合金无缝管》的规定。

A.2.2 成翅前的钛合金管应符合 GB/T 3625 的要求。

A.3 试验程序

A.3.1 用三个整体翅片管全尺寸试样进行外压液压试验直至失效（可见的垮塌）。

A.3.2 最大许用压力 p 应按下式确定：

$$p=F\left(\frac{B}{3}\right)\times\left(\frac{R_{p0.2}}{R_{p0.2a}}\right)$$

式中：

B——最小失稳压力，MPa；

F——由于设计温度而引起强度变化的调整系数，$F=[\sigma]^t/[\sigma]$；

式中：

$[\sigma]^t$——设计温度下管子材料的许用应力，按表 6、表 8 选取，但不得超过$[\sigma]$，MPa；

$[\sigma]$——试验温度下管子材料的许用应力，按表 6、表 8 选取，MPa；

$R_{p0.2a}$——由三个无翅片管段试样在室温下试验实测的屈服强度的平均值，MPa；

$R_{p0.2}$——室温下规定的管子最低屈服强度，MPa。

A.4 准则

A.4.1 本附录铜及铜合金制整体翅片管的设计应符合下列要求：

a) 设计温度应当根据表 6 中与时间无关的许用应力对应的最大温度，或者是外压材料线算图上所表示的最高温度，取这两个温度的较小值；

b) 管子应具有外翅和(或)内整体螺旋翅片，并且内外翅片之和至少为每 25 mm 长度上有 10 个翅片；

c) 尺寸和允许偏差应符合 JB/T 10503 的要求。

A.4.2 本附录钛合金制翅片管的设计应符合下列要求：

a) 管子只能是外整体螺旋翅片管，翅片数至少为每 25 mm 长度上有 10 个翅片；

b) 尺寸和允许偏差应符合 JB/T 10503 的要求。

A.4.3 按本附录设计的铜及铜合金、钛合金制整体翅片管的附加要求如下：

a) 试样与产品用管的翅片几何形状和节距应相同;

b) 整体翅片管全尺寸试样的长度应大于等于50倍的管子外径;

c) 对取自端部或中间部分的一定长度无翅片管段的评定,可代表该取样长度以及短于取样长度的无翅片管段;

d) 对取自带翅片管段翅片下公称壁厚的试样的评定和取自无翅片管段公称壁厚的试样的评定,可代表管子上所有壁厚高于已评定的公称壁厚的部分,但最大许用压力不得增加;

e) 有翅片部分翅片下管子截面的外径不得大于无翅片部分管子截面的外径;

f) 试验应按照A.3的程序进行。

A.5 试验过程应有详细记录,并形成报告作为产品档案一并保存。

附　录　B
（规范性）
安全附件及仪表

B.1　总则

B.1.1　本文件范围内的容器，应按本附录的要求选用安全附件及仪表。若制冷系统中已有压力保护装置，保护装置与容器之间采用口径足够的管道连接，且未设置阀门，可确保容器不超压或满足容器安全泄放量要求，则可不选用安全附件。

B.1.2　安全附件指安装于容器上的超压泄放装置、紧急切断阀等；仪表指直接连接在容器上的液位计、压力表等。

B.1.3　超压泄放装置(以下简称泄放装置)包括安全阀、爆破片、易熔塞、安全阀与爆破片组合装置。

B.2　定义

B.2.1　最高允许工作压力

在指定的相应温度下，容器顶部所允许承受的最大压力。该压力是根据容器各受压元件的有效厚度，考虑了该元件承受的所有载荷而计算得到的，且取最小值。

B.2.2　动作压力

系指安全阀的整定压力或爆破片的设计爆破压力。

B.2.3　标定爆破压力

标注在爆破片铭牌上的，在规定的设计(或许可试验)爆破温度下，同一批次爆破片抽样爆破试验时，实测爆破压力的算术平均值。

B.3　泄放装置的选用

B.3.1　制冷装置用压力容器所配备的泄放装置规定如下：

a)　用于表1中A2、B2、A3和B3组制冷剂容器的泄放装置不应采用爆破片或易熔塞；

b)　管壳式冷凝器应配置安全阀，但容积在500 L以下的可用易熔塞代替；

c)　当低压侧容器带有截止阀而有可能被封闭住时，应安装安全阀或爆破片；

d)　离心式制冷机组中的管壳式蒸发器(或与管壳式蒸发器的气相直接连通的管路上)应安装安全阀或爆破片，但容积小于500 L的可用易熔塞代替；

e)　离心式制冷机组的冷凝器内不存留液体制冷剂，且蒸发器(或与蒸发器的气相直接连通的管路)上装有安全阀或爆破片时，该冷凝器可以不装设泄放装置。

B.3.2　满足下列条件的容器可视为一个容器系统，只在最危险位置安装安全阀或爆破片。

a)　容器间有连接管而无截止阀；

b)　容器间连接管的内径大于按B.4规定计算的安全阀或爆破片的口径。

B.4　泄放装置的计算

B.4.1　每个压力容器的泄放装置或易熔塞的额定泄放量不得小于式(B.1)和式(B.2)计算的数值：

对于圆筒形容器：

$$C=f\times D\times L \qquad \text{(B.1)}$$

对于非圆筒形容器：

$$C = f \times \frac{S}{3} \quad \cdots\cdots (B.2)$$

式中：

C——泄放装置最小要求泄放量(指空气质量流量),kg/s;

D——容器外径,m;

L——容器长度,m;

f——由制冷剂类型决定的系数,kg/(s·m²);

S——非圆筒形压力容器(如板式热交换器)的外表面积,m²。

注1：当在压力容器周围6.1 m范围内使用易燃材料时,f值要乘以2.5。

注2：上述公式是基于火灾情况泄压阀的设置。其他情况下更通用的计算,如存在内热源或不同泄压阀的设定,详见EN 13136。

表B.1给出了当用于有限充注的复叠式系统低温级时,制冷剂类型决定的f值。表B.2给出了其他情况下的f值。

当用一个泄放装置来保护多个压力容器时,所要求的泄放量应为每个压力容器要求泄放量的总和。

表B.1 制冷剂类型决定的f值(用于有限充注的复叠式系统低温级)

制冷剂	f值/[kg/(s·m²)]
R-23、R-170、R-744、R-1150、R-508A、R-508B	0.082
R-13、R-13B1、R-503	0.163
R-14	0.203

表B.2 制冷剂类型决定的f值(对于其他应用情形)

制冷剂	f值/[kg/(s·m²)]
R-717	0.041
R-32、R-123、R-152a、R-290、R-600、R-600a	0.082
R-1233zd(E)	0.094
R-22、R-124、R-134a、R-401A、R-401B、R-401C、R-405A、R-406A、R-407C、R-407D、R-407E、R-409A、R-409B、R-411A、R-411B、R-411C、R-412A、R-414A、R-414B、R-500、R-513A、R-1234ze(E)、R-1270	0.131
R-1336mzz(Z)	0.135
R-143a、R-402B、R-403A、R-407A、R-408A、R-413A	0.163
R-1234yf	0.165
R-402A、R-403B、R-404A、R-407B、R-410A、R-410B、R-502、R-507A、R-509A	0.203

B.4.2 在临界流动条件下,爆破片或排向大气的易熔塞的口径由式(B.3)计算:

$$d=958.7\ (C/p_1)^{0.5} \quad \cdots\cdots (B.3)$$

式中:

C——额定泄放量(指空气质量流量),kg/s。

d——入口管、夹持法兰、易熔塞和爆破片的最小内径,mm。

对于爆破片,p_1 是额定表压×1.1+101.33(kPa);

对于易熔塞,p_1 是易熔塞的标注熔点温度对应的绝对饱和压力,或制冷剂的临界压力两者中较小者,kPa。

B.5 安全阀或高压切断装置的动作压力

B.5.1 安全阀的型式通常采用直接载荷弹簧式安全阀。若采用非直接载荷式安全阀,则应做到即使副阀失灵,主阀仍能在规定的开启压力下自行开启并排出其额定泄放量。

B.5.2 安全阀的整定压力应不大于容器的设计压力,但应略高于容器的工作压力(1.05倍~1.1倍)。当容器时设计压力等于工作压力时,安全阀的动作压力不得高于容器的设计压力。

B.5.3 高压切断装置的动作压力应不大于安装在容器高压部分的安全阀的动作压力。

B.6 泄放装置的安装与选用

B.6.1 安全阀

B.6.1.1 容器与安全阀之间连接管的管件通孔,其截面面积应不小于安全阀的进口面积。

B.6.1.2 安全阀的整定压力调定后应加铅封。

B.6.1.3 安全阀的设计、制造和检验应符合有关标准的规定,使用单位应选用有制造许可证的单位生产的产品。

B.6.2 易熔塞

B.6.2.1 易熔塞的熔融温度一般为75℃±5℃(用于低压侧的除外)。

B.6.2.2 低压侧用的易熔塞熔融温度应低于与安装易熔塞容器的液压试验压力相对应的饱和温度。

B.6.2.3 易熔塞的安装位置应能正确地感受到容器内制冷剂的温度,且过热制冷剂不会影响其正确功能的部位。易熔塞不应被保温材料覆盖。

B.6.2.4 易熔塞的设置应保证当制冷剂排放时不会对人员、环境等造成危害。

B.6.2.5 若系统的制冷剂充注量大于2.5 kg,则易熔塞不得作为制冷剂容器和大气之间唯一的泄放装置。

B.6.3 爆破片

B.6.3.1 每一爆破片应有在指定温度下的标定爆破压力。当容器只装设爆破片时,其标定爆破压力加制造允许偏差不应超过容器的设计压力。

B.6.3.2 在容器上同时安装有爆破片和安全阀时,爆破片的标定爆破压力应略高于安全阀的整定压力,但不得超过容器设计压力的1.04倍。

B.6.3.3 爆破片标定爆破压力的允许偏差范围按表B.3的规定,或按设计要求。

表 B.3　标定爆破压力的允许偏差

爆破片型式	标定爆破压力/MPa	允许偏差
正拱型	<0.2	±0.01 MPa
	≥0.2	±5%
反拱型	<0.3	±0.015 MPa
	≥0.3	±5%

B.6.3.4　爆破片的结构型式可分为平板型、普通正拱型、开缝正拱型和反拱型,可根据需要合理选用。

B.6.3.5　爆破片材料应根据制冷剂种类、容器结构及性能的不同选择使用。

B.6.3.6　爆破片与容器的连接应为直管,管子通道截面面积应不小于膜片的排放面积。

B.6.3.7　爆破片夹持器用材料应符合第 4 章的规定。

B.6.3.8　爆破片的制造和检验应符合有关标准的规定,容器制造单位应选用有制造许可证的单位生产的产品。每片产品应有产品合格证,每批产品有监检部门的检验认可标志。

B.7　液位计

B.7.1　液位计的安装

a)　储液器(含冷凝储液器)应安装液位计,但液体在满液的状态下,即使有截止阀也不能封闭的结构除外;

b)　油分离器和其他液体分离器上需要监视时,应安装液位计;

c)　其他容器在满液的状态下,有可能封闭住或者需要监视液位时,应安装液位计。

注:满液状态是指液体制冷剂在容器内超过 80% 容积时的状态。

B.7.2　液位计的结构

a)　液位计可分为观察视镜、平行反射式玻璃液位计、平行透视式玻璃液位计、浮标式液位计及磁浮子液位计等。根据制冷剂种类、容器结构及性能的不同选择使用;

b)　容器与液位计连接的接管上应设置自动或手动截止阀,也可使用具备自动和手动关闭两种机能的截止阀;

c)　液位计应能方便、正确地观察液面;

d)　通过玻璃观察的液位计和视镜应选用 JB/T 6918—2017 中规定的金属与玻璃烧结型式。

B.8　压力表的选用与安装

B.8.1　选用的压力表应符合 GB/T 1226—2017 的规定并与容器内的介质相适应。

B.8.2　容器使用的压力表精度,当 $p<1.6$ MPa 时应不低于 2.5 级,当 $p\geq 1.6$ MPa 时应不低于 1.6 级。

B.8.3　压力表盘刻度极限值应为最高工作压力的 1.5 倍~3.0 倍(最好选用 2.0 倍),表盘直径应不小于 100 mm。

B.8.4　压力表的装设位置应便于操作者观察和清洁,且应避免受到热辐射、冻结或振动等不利影响。

B.8.5　压力表与容器之间应装设三通旋塞阀或针型阀。三通旋塞阀或针型阀上应有开启标记和锁紧装置,压力表与容器之间不应连接其他用途的配件或接管。

附 录 C
(规范性)
钢制氨制冷装置用压力容器对液氨的要求及其充装程序

C.1 一般规定

本文件所适用的钢制氨压缩制冷装置用压力容器(以下简称氨制冷容器),应使用符合本附录要求的液体氨。

C.2 钢制氨制冷容器用液氨的一般要求

C.2.1 本附录所要求的液体氨除应符合 GB/T 536 的规定外,为防止氨制冷容器的应力腐蚀开裂,还应满足下列要求之一:

a) 含氨量应大于 99.995%或含氨量应不小于 99.0%,且其中含水量应大于 0.2%。

b) 当液体氨中含水量不大于 0.2%时,氨制冷容器还应符合下列要求:

1) 材料要求及限制:

ⅰ.材料标注规定的下屈服强度 R_{eL}≤355 MPa。

ⅱ.材料实测的抗拉强度 R_m≤630 MPa。

ⅲ.材料使用状态应为正火或正火+回火、退火、调质状态。

ⅳ.碳当量限制(当碳当量限制超标时,应加大硬度限制的监测频度):

低碳钢和碳锰钢:$C_E \leqslant 0.43$ 时,$C_E = C + Mn/6$;

低合金钢(包括低温镍钢):$C_E \leqslant 0.45$ 时,$C_E = C + Mn/6 + (Cr + Mo + V)/5 + (Ni + Cu)/15$。

ⅴ.对于非焊接件或焊后经正火或回火处理的材料,硬度限制如下:

低碳钢 HV(10)≤220(单个值);

低合金钢 HV(10)≤245(单个值)。

2) 焊接:

ⅰ.所有焊缝均应经过焊接工艺评定,包括对焊、补焊、管子与管板焊接、堆焊、角焊等。

ⅱ.在满足强度要求的前提下,尽可能采用低强度焊接材料。

ⅲ.焊接接头(包括焊缝、热影响区及母材)的硬度限制同 C.2.1b)条第 1)款中第ⅴ项的要求。

ⅳ.焊接工艺评定、焊试试板及每一种焊接工艺焊的产品焊缝均应按本款第ⅲ项的要求进行硬度测定。产品上的硬度一个在接触介质一侧的表面。工艺评定及试板上的硬度测定应在横截面上测定(距表面 1.5 mm 处)。

ⅴ.焊缝处的起弧、打弧点(包括临时焊缝处)均应在焊后热处理前打磨 0.3 mm 以上,并做磁粉或着色检查。

3) 焊后热处理或采用硬度不大于 185 HB 的焊接工艺施焊。

C.2.2 钢制氨制冷容器内液氨要定期检查其含氨量、含水量。检查周期至少每半年一次。

C.3 充装钢制氨制冷容器用液氨的程序

C.3.1 运送钢制氨制冷容器用液氨的设备(如槽车、钢瓶等)需至少半年清洗一次。

C.3.2 充装液氨的设备、管道等金属材料应符合5.6.4的规定，且充装液氨的管道接口在氨制冷容器正常运行过程中应密封。

C.3.3 充装液氨前，应排除充装管道中空气与杂污物，充装时应防止空气、氯气等有害气体的进入。

C.3.4 充装液氨时，应按如下程序进行：

a) 将钢制氨制冷容器系统中低压区的充装液氨的管道接口上的密封件打开(如阀门)，迅速安装在储液氨设备的出氨口上，暂不拧紧，出氨口阀门也暂不打开；

b) 稍许打开氨制冷容器系统中低压力区和充装液氨管道间的阀门，在钢制氨制冷容器系统压力下，使钢制氨制冷容器系统中的液氨外流，以排出管道中的空气、污染物和杂质等；

c) 待管道和储氨设备的接口排出全部气体并流出少许氨气后，立即拧紧接口，并开启运送设备的出氨口阀门。在一定压力下(如用泵)将待充装的液氨输送到钢制氨制冷容器中去；

d) 一次充装完毕，先关闭钢制氨制冷容器系统低压区和充装管道间的阀门，再关闭运送设备出氨口的阀门，最后拆开运送设备出氨口和充装管道的连接并密封管道接口。

ICS 25.160.10
J 33

NB

中华人民共和国能源行业标准

NB/T 47015—2011(JB/T 4709)

代替 JB/T 4709—2000

压力容器焊接规程

Welding specification for pressure vessels

2011-07-01 发布　　　　2011-10-01 实施

国家能源局　发布

前 言

本标准与JB/T 4709—2000《钢制压力容器焊接规程》相比，主要变化如下：

——增加了：焊接方法；钛、铝、铜、镍材焊接规程；附录A“焊缝位置规定的方法与范围”；附录B“特种材料焊接坡口形式和尺寸”；

——将JB/T 4709—2000中附录A名称“不锈钢复合钢焊接规程”变更为“复合金属制压力容器焊接规程”，并从附录提升到标准正文中；

——与新增加的内容相适应，本标准的结构也作了调整；各种材料通用性焊接规程集中在第3章，每种材料的焊接规程分别在第4章至第9章中；

——第4章中修订了焊接材料选用原则、常用钢材预热温度、后热温度以及焊后热处理规定；

——第3章中增加了预热温度测量位置规定。

本标准附录A、附录B、附录C是资料性附录。

本标准由全国锅炉压力容器标准化技术委员会(SAC/TC 262)提出并归口。

本标准负责起草单位及起草人：

合肥通用机械研究院	戈兆文、窦万波、房务农
中国特种设备检测研究院	寿比南、谢铁军、杨国义

本标准参加起草单位及起草人：

国家质量监督检验检疫总局特种设备安全监察局	李　军
上海锅炉厂有限公司	杨佩良
哈尔滨锅炉厂有限责任公司	杨　松
兰州兰石机械设备有限责任公司	雷万庆
抚顺机械设备制造有限公司	胡希海
中航黎明锦西化工机械(集团)有限责任公司	王钰玮
大连冰山集团金州重型机器有限公司	战　奇
中国石油天然气管道科学研究院	隋永莉
中国化学工程第三建设公司	夏节文
金盾压力容器有限公司	马夏康
石油天然气兰州工程质量监督站	张建军

本标准由全国锅炉压力容器标准化技术委员会(SAC/TC 262)负责解释。

本标准所代替标准的历次版本发布情况为：

——JB/T 4709—1992；

——JB/T 4709—2000。

压力容器焊接规程

1 范围

本标准规定了钢制、铝制、钛制、铜制、镍制和复合金属制压力容器焊接的基本要求。

本标准适用于气焊、焊条电弧焊、埋弧焊、钨极气体保护焊、熔化极气体保护焊、等离子弧焊、气电立焊和螺柱焊焊接的压力容器。

本标准不适用于气瓶。

2 规范性引用文件

下列文件对于本文件的应用是必不可少的。凡是注日期的引用文件,仅注日期的版本适用于本文件。凡是不注日期的引用文件,其最新版本(包括所有的修改单)适用于本文件。

GB/T 985.3 铝及铝合金气体保护焊的推荐坡口

GB/T 3670 铜及铜合金焊条

GB/T 9460 铜及铜合金焊丝

NB/T 47002(所有部分) 压力容器用爆炸焊接复合板

NB/T 47014 承压设备焊接工艺评定

NB/T 47018(所有部分) 承压设备用焊接材料订货技术条件

JB/T 4745 钛制焊接容器

TSG Z6002—2010 特种设备焊接操作人员考核细则

3 通用焊接规程

3.1 一般规定

3.1.1 压力容器的焊接除应遵守本标准规定外,还应符合设计文件的技术要求。

3.1.2 除本标准规定外,凡通过试验研究和实践证明有效的成果,经相关各方认可并列入企业标准后,可用于压力容器焊接。

3.2 焊接材料

3.2.1 焊接材料包括焊条、焊丝、焊带、焊剂、气体、电极和衬垫等。

3.2.2 焊接材料选用原则:

a) 焊缝金属的力学性能应高于或等于母材规定的限值,当需要时,其他性能也不应低于母材相应要求;或力学性能和其他性能满足设计文件规定的技术要求;

b) 合适的焊接材料与合理的焊接工艺相配合,以保证焊接接头性能在经历制造工艺过程后,还满足设计文件规定和服役要求;

c) 制造(安装)单位应掌握焊接材料的焊接性能,用于压力容器的焊接材料应有焊接试验或实践基础。

3.2.3 压力容器用焊接材料应符合 NB/T 47018 的规定。

3.2.4 焊接材料应有产品质量证明书,并符合相应标准的规定。使用单位应根据质量管理体系规定按相关标准验收或复验,合格后方准使用。

3.3 焊缝位置分为:平焊缝、立焊缝、横焊缝与仰焊缝四种。焊缝位置规定的方法与范围见附录A。

3.4 焊接工艺评定和焊工

3.4.1 施焊下列各类焊缝的焊接工艺应按NB/T 47014评定合格:

a) 受压元件焊缝;

b) 与受压元件相焊的焊缝;

c) 上述焊缝的定位焊缝;

d) 受压元件母材表面堆焊、补焊。

3.4.2 施焊下列各类焊缝的焊工应按TSG Z6002规定考核合格:

a) 受压元件焊缝;

b) 与受压元件相焊的焊缝;

c) 熔入上述永久焊缝内的定位焊缝;

d) 受压元件母材表面堆焊、补焊。

3.5 焊前准备

3.5.1 场地

3.5.1.1 高合金钢制压力容器场地应与其他类别材料分开,地面应铺置防划伤垫。

3.5.1.2 有色金属压力容器应在专用场地或专用空间内制造,并采取相应保护措施,例如应铺置防划伤垫。

3.5.2 焊接坡口:焊接坡口应根据图样要求或工艺条件选用标准坡口或自行设计。坡口形式和尺寸应考虑下列因素:

a) 焊接方法;

b) 母材种类与厚度;

c) 焊缝填充金属尽量少;

d) 避免产生缺陷;

e) 减少焊接变形与残余应力;

f) 有利于焊接防护;

g) 焊工操作方便;

h) 复合材料的坡口应有利于减少过渡焊缝金属的稀释率。

3.5.3 特种材料焊接坡口的形式与尺寸见附录B。

3.5.4 坡口准备

3.5.4.1 制备坡口可采用冷加工法或热加工法。采用热加工方法制备坡口,需用冷加工法去除影响焊接质量的表面层。

3.5.4.2 焊接坡口表面应保持平整,不应有裂纹、分层、夹杂物等缺陷。

3.5.5 焊接设备、加热设备及辅助装备应确保工作状态正常,安全可靠,仪表应定期校准或检定。

3.5.6 组对定位

3.5.6.1 组对定位过程中要注意保护不锈钢和有色金属表面,防止发生机械损伤。

3.5.6.2 组对定位后,坡口间隙、错边量、棱角度等应符合图样规定或施工要求。

3.5.6.3 避免强力组装,定位焊缝长度及间距应符合焊接工艺文件的要求。

3.5.6.4 焊接接头拘束度大时,宜采用抗裂性能更好的焊材施焊。

3.5.6.5 定位焊缝不得有裂纹,否则应清除重焊。如存在气孔、夹渣时亦应去除。

3.5.6.6 熔入永久焊缝内的定位焊缝两端应便于接弧,否则应予修整。

3.5.7 预热

3.5.7.1 压力容器焊前预热及预热温度应根据母材交货状态、化学成分、力学性能、焊接性能、厚度及焊件的拘束程度等因素确定。

3.5.7.2 焊接接头的预热温度除参照相关标准外,一般通过焊接性能试验确定。实施的预热温度,还要考虑到环境温度、结构拘束度等因素的影响。

3.5.7.3 采取局部预热时,应防止局部应力过大。

3.5.7.4 预热的范围应大于测温点 A 所示区间(见图 1),在此区间内任意点的温度都要满足规定的要求。

3.5.7.5 需要预热的焊件接头温度在整个焊接过程中应不低于预热温度。

3.5.7.6 当用热加工法下料、开坡口、清根、开槽或施焊临时焊缝时,亦需考虑预热要求。

3.5.7.7 预热温度的测量

3.5.7.7.1 应在加热面的背面测定温度。如做不到,应先移开加热源,待母材厚度方向上温度均匀后测定温度。温度均匀化的时间按每 25 mm 母材厚度需 2 min 的比例确定。

3.5.7.7.2 测温点位置(见图 1):

a) 当焊件焊缝处母材厚度小于或等于 50 mm 时,A 等于 4 倍母材厚度 δ_s,且不超过 50 mm;

b) 当焊件焊缝处母材厚度大于 50 mm 时,$A \geqslant 75$ mm。

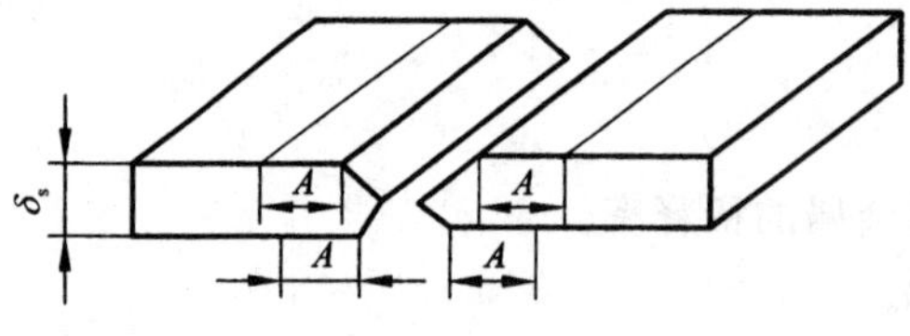

a) 对接接头

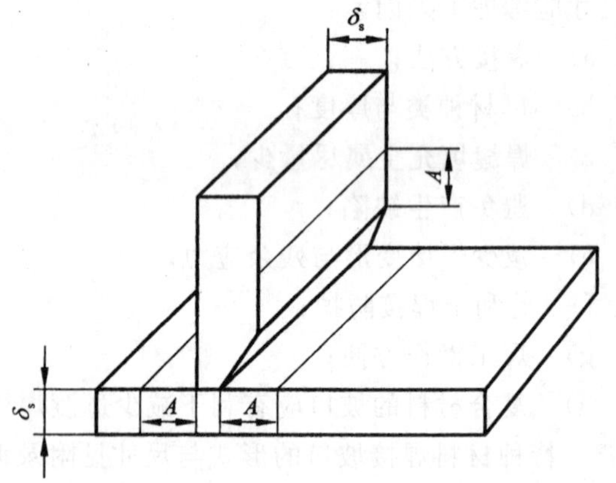

b) T 形接头

图 1 测温点 A 的位置

3.6 施焊

3.6.1 工艺人员应根据焊件设计文件、服役要求和制造现场条件,依据评定合格的焊接工艺,从实际情况出发,按每个焊接接头编制焊接工艺文件(推荐表格见附录 C)。

3.6.2 焊工应按图样、工艺文件和技术标准施焊。

3.6.3 焊接环境

3.6.3.1 焊接环境出现下列任一情况时,应采取有效防护措施,否则禁止施焊:

a) 风速:气体保护焊大于 2 m/s,其他焊接方法大于 10 m/s;

b) 相对湿度大于 90%;

c) 雨雪环境;

d) 焊件温度低于-20℃。

3.6.3.2 当焊件温度为-20℃~0℃时,应在始焊处 100 mm 范围内预热到 15℃以上。

3.6.4 应在引弧板或坡口内引弧,禁止在非焊接部位引弧。纵焊缝应在引出板上收弧,弧坑应填满。

3.6.5 防止地线、电缆线、焊钳等与焊件打弧。

3.6.6 电弧擦伤处需经修磨,使其均匀过渡到母材表面,修磨的深度应不大于该部位母材厚度 δ_s 的 5%,且不大于 2 mm,否则应进行补焊。

3.6.7 对有冲击试验要求的焊件应控制线能量,每条焊道的线能量都不超过评定合格的限值。

3.6.8 焊接管子、管件时,一般应采用多层焊,各焊道的接头应尽量错开。

3.6.9 角焊缝的根部应保证焊透。

3.6.10 多道焊或多层焊时,应注意道间和层间清理,将焊缝表面熔渣、有害氧化物、油脂、锈迹等清除干净后再继续施焊。

3.6.11 双面焊须清理焊根,显露出正面打底的焊缝金属。对于机动焊和自动焊,若经试验确认能保证焊透及焊接质量,亦可不作清根处理。

3.6.12 接弧处应保证焊透与熔合。

3.6.13 施焊过程中应控制道间温度不超过规定的范围。当焊件规定预热时,应控制道间温度不低于预热温度。

3.6.14 每条焊缝宜一次焊完。当中断焊接时,对冷裂纹敏感的焊件应及时采取保温、后热或缓冷等措施。重新施焊时,仍需按原规定预热。

3.6.15 可锤击的钢质焊缝金属和热影响区,采用锤击消除接头残余应力时,打底层焊缝和盖面层焊缝不宜锤击。

3.6.16 引弧板、引出板、产品焊接试件不应锤击拆除。

3.7 焊接返修

3.7.1 对需要焊接返修的缺陷应分析产生原因,提出改进措施,按评定合格的焊接工艺编制焊接返修工艺文件。

3.7.2 返修前需将缺陷清除干净,必要时可采用无损检测确认。

3.7.3 待返修部位应制备坡口,坡口形状与尺寸要防止产生焊接缺陷且便于焊工操作。

3.7.4 如需预热,预热温度应较原焊缝适当提高。

3.7.5 返修焊缝性能和质量要求应与原焊缝相同。

3.8 焊接检查与检验

3.8.1 焊前:

a) 母材、焊接材料;

b) 焊接设备、仪表、工艺装备;

c) 焊接坡口、接头装配及清理;

d) 焊工资质;

e) 焊接工艺文件。

3.8.2 施焊过程中：

a) 焊接规范参数；

b) 执行焊接工艺情况；

c) 执行技术标准情况；

d) 执行设计文件规定情况。

3.8.3 焊后：

a) 实际施焊记录；

b) 焊工钢印代号；

c) 焊缝外观及尺寸；

d) 后热、焊后热处理；

e) 产品焊接试件；

f) 无损检测。

4 钢制压力容器焊接规程

适用焊接方法范围：气焊、焊条电弧焊、埋弧焊、钨极气体保护焊、熔化极气体保护焊、等离子弧焊、气电立焊和螺柱焊。

4.1 焊接材料

各类钢材的焊接材料选用原则如下。

4.1.1 碳素钢相同钢号相焊

选用焊接材料应保证焊缝金属的力学性能高于或等于母材规定的限值，或符合设计文件规定的技术条件。

4.1.2 强度型低合金钢相同钢号相焊

选用焊接材料应保证焊缝金属的力学性能高于或等于母材规定的限值，或符合设计文件规定的技术条件。

4.1.3 耐热型低合金钢相同钢号相焊

a) 选用焊接材料应保证焊缝金属的力学性能高于或等于母材规定的限值，或符合设计文件规定的技术条件；

b) 焊缝金属中的 Cr、Mo 含量与母材规定相当，或符合设计文件规定的技术条件。

4.1.4 低温型低合金钢相同钢号相焊

选用焊接材料应保证焊缝金属的力学性能高于或等于母材规定的限值，或符合设计文件规定的技术条件。

4.1.5 高合金钢相同钢号相焊

选用焊接材料应保证焊缝金属的力学性能高于或等于母材规定的限值。当需要时，其耐腐蚀性能不应低于母材相应要求，或力学性能和耐腐蚀性能符合设计文件规定的技术条件。

4.1.6 用生成奥氏体焊缝金属的焊接材料焊接非奥氏体母材时，应慎重考虑母材与焊缝金属膨胀系数不同而产生的应力作用。

4.1.7 不同钢号钢材相焊

a) 不同强度等级钢号的碳素钢、低合金钢钢材之间相焊，选用焊接材料应保证焊缝金属的抗拉强度高于或等于强度较低一侧母材抗拉强度下限值，且不超过强度较高一侧母材标准规定的上限值；

b) 奥氏体高合金钢与碳素钢、低合金钢之间相焊，选用焊接材料应保证焊缝金属的抗裂性能和力学性能。当设计温度不超过370℃时，采用铬、镍含量可保证焊缝金属为奥氏体的不锈钢焊接材料；当设计温度高于370℃时，宜采用镍基焊接材料。

4.1.8 不锈钢复合钢基层相焊，选用焊接材料应保证焊缝金属的力学性能高于或等于母材规定的限值；覆层钢材选用焊接材料应保证焊缝金属的耐腐蚀性能，当有力学性能要求时，还应保证力学性能。

覆层焊缝与基层焊缝以及覆层焊缝与基层钢材的交界处宜采用过渡焊缝。

4.2 焊接材料的使用

4.2.1 焊材使用前，焊丝需去除油、锈；保护气体应保持干燥。

4.2.2 除真空包装外，焊条、焊剂应按产品说明书规定的规范进行再烘干，经烘干之后可放入保温箱内(100℃～150℃)待用。对烘干温度超过350℃的焊条，累计烘干次数不宜超过3次。

4.2.3 常用钢号推荐选用的焊接材料见表1，不同钢号相焊时，钢号分类分组见表2。不同类别、组别相焊推荐选用的焊接材料见表3。

表1 常用钢号推荐选用的焊接材料

<table>
<tr><th rowspan="2">钢号</th><th colspan="2">焊条电弧焊</th><th colspan="2">埋弧焊</th><th>CO_2 气保焊</th><th>氩弧焊</th></tr>
<tr><th>焊条型号</th><th>焊条牌号示例</th><th>焊剂型号</th><th>焊剂牌号及焊丝牌号示例</th><th>焊丝型号</th><th>焊丝牌号</th></tr>
<tr><td>10(管)
20(管)</td><td>E4303
E4316
E4315</td><td>J422
J426
J427</td><td rowspan="2">F4A0-H08A

F4A2-H08MnA</td><td rowspan="2">HJ431-H08A

HJ431-H08MnA</td><td rowspan="2">—</td><td rowspan="2">—</td></tr>
<tr><td>Q235B
Q235C
20G,
Q245R,20(锻)</td><td>E4316
E4315</td><td>J426
J427</td></tr>
<tr><td>09MnD</td><td>E5015-G</td><td>W607</td><td>—</td><td>—</td><td>—</td><td>—</td></tr>
<tr><td>09MnNiD
09MnNiDR</td><td>E5015-C1L</td><td>—</td><td>—</td><td>—</td><td>—</td><td>—</td></tr>
<tr><td rowspan="2">16Mn,Q345R</td><td rowspan="2">E5016
E5015
E5003</td><td rowspan="2">J506
J507
J502</td><td>F5A0-H10Mn2</td><td>HJ431-H10Mn2
HJ350-H10Mn2</td><td rowspan="2">ER49-1
ER50-6</td><td rowspan="2">—</td></tr>
<tr><td>F5A2-H10Mn2</td><td>SJ101-H10Mn2</td></tr>
<tr><td>16MnD
16MnDR</td><td>E5016-G
E5015-G</td><td>J506RH
J507RH</td><td>—</td><td>—</td><td>—</td><td>—</td></tr>
<tr><td>15MnNiDR</td><td>E5015-G</td><td>W607</td><td>—</td><td>—</td><td>—</td><td>—</td></tr>
<tr><td>Q370R</td><td>E5516-G
E5515-G</td><td>J556RH
J557</td><td>—</td><td>—</td><td>—</td><td>—</td></tr>
<tr><td>20MnMo</td><td>E5015
E5515-G</td><td>J507
J557</td><td>F5A0-H10Mn2A
F55A0-H08MnMoA</td><td>HJ431-H10Mn2A
HJ350-H08MnMoA</td><td>—</td><td>—</td></tr>
</table>

表1 常用钢号推荐选用的焊接材料(续)

钢号	焊条电弧焊		埋弧焊		CO_2 气保焊	氩弧焊
	焊条型号	焊条牌号示例	焊剂型号	焊剂牌号及焊丝牌号示例	焊丝型号	焊丝牌号
20MnMoD	E5016-G E5015-G E5516-G	J506RH J507RH J556RH	—	—	—	—
13MnNiMoR 18MnMoNbR 20MnMoNb	E6016-D1 E6015-D1	J606 J607	F62A2-H08Mn2MoA F62A2-H08Mn2MoVA	HJ350-H08Mn2MoA HJ350-H08Mn2MoVA SJ101-H08Mn2MoA SJ101-H08Mn2MoVA	—	—
07MnMoVR 08MnNiMoVD 07MnNiMoDR	E6015-G	J607RH	—	—	—	—
10Ni3MoVD	E6015-G	J607RH	—	—	—	—
12CrMo 12CrMoG	E5515-B1	R207	F48A0-H08CrMoA	HJ350-H08CrMoA SJ101-H08CrMoA	ER55-B2	H08CrMoA
15CrMo 15CrMoG 15CrMoR	E5515-B2	R307	F48P0-H08CrMoA	HJ350-H08CrMoA SJ101-H08CrMoA	ER55-B2	H08CrMoA
14Cr1MoR 14Cr1Mo	E5515-B2	R307H	—	—	—	—
12Cr1MoVR 12Cr1MoVG	E5515-B2-V	R317	F48P0-H08CrMoVA	HJ350-H08CrMoVA	ER55-B2-MnV	H08CrMoVA
12Cr2Mo 12Cr2Mo1 12Cr2MoG 12Cr2Mo1R	E6015-B3	R407	—	—	—	—
1Cr5Mo	E5MoV-15	R507	—	—	—	—
06Cr19Ni10	E308-16 E308-15	A102 A107	F308-H08Cr21Ni10	SJ601-H08Cr21Ni10 HJ260-H08Cr21Ni10	—	H08Cr21Ni10
06Cr18Ni11Ti	E347-16 E347-15	A132 A137	F347-H08Cr20Ni10Nb	SJ641-H08Cr20Ni10Nb	—	H08Cr19Ni10Ti
06Cr17Ni12Mo2	E316-16 E316-15	A202 A207	F316-H06Cr19Ni12Mo2	SJ601-H06Cr19Ni12Mo2 HJ260-H06Cr19Ni12Mo2	—	H06Cr19Ni12Mo2
06Cr17Ni12 Mo2Ti	E316L-16 E318-16	A022 A212	F316L-H03Cr19Ni12Mo2	SJ601-H03Cr19Ni12Mo2 HJ260-H03Cr19Ni12Mo2	—	H03Cr19Ni12Mo2
06Cr19Ni13Mo3	E317-16	A242	F317-H08Cr19Ni14Mo3	SJ601-H08Cr19Ni14Mo3 HJ260-H08Cr19Ni14Mo3	—	H08Cr19Ni14Mo3
022Cr19Ni10	E308L-16	A002	F308L-H03Cr21Ni10	SJ601-H03Cr21Ni10 HJ260-H03Cr21Ni10	—	H03Cr21Ni10
022Cr17Ni12Mo2	E316L-16	A022	F316L-H03Cr19Ni12Mo2	SJ601-H03Cr19Ni12Mo2	—	H03Cr19Ni12Mo2
022Cr19Ni13Mo3	E317L-16	—	—	—	—	H03Cr19Ni14Mo3
06Cr13	E410-16 E410-15	G202 G207	— —	— —	— —	— —

表2 钢号分类分组表

类别	组别	钢号示例
Fe-1	Fe-1-1	20,10
		Q245R
	Fe-1-2	Q345R,16MnDR,15MnNiDR,09MnNiDR,Q345D
		16Mn,16MnD,09MnNiD,09MnD
	Fe-1-3	Q370R,15MnNiNbDR
	Fe-1-4	08MnNiMoVD,12MnNiVR
		07MnMoVR,07MnNiMoDR,07MnNiVDR
Fe-2	—	—
Fe-3	Fe-3-1	12CrMo
	Fe-3-2	20MnMo,20MnMoD,10MoWVNb
		12SiMoVNb
	Fe-3-3	13MnNiMoR,18MnMoNbR,20MnMoNb,20MnNiMo
Fe-4	Fe-4-1	15CrMoR,15CrMo,14Cr1Mo,14Cr1MoR
	Fe-4-2	12Cr1MoVR,12Cr1MoVG
Fe-5A	—	12Cr2Mo1,12Cr2Mo,12Cr2Mo1R
		12Cr2MoG,08Cr2A1Mo
Fe-5B	Fe-5B-1	1Cr5Mo
Fe-6		06Cr13(S41008)
Fe-7	Fe-7-1	06Cr13(S11306),06Cr13A1
Fe-8	Fe-8-1	06Cr18Ni9,00Cr19Ni10,0Cr17Ni12Mo2,06Cr19Ni10,022Cr19Ni10,06Cr17Ni12Mo2
		00Cr17Ni14Mo2,0Cr18Ni10Ti,022Cr17Ni12Mo2,06Cr18Ni11Ti
		0Cr18Ni12Mo2Ti,0Cr19Ni13Mo3,06Cr17Ni12Mo2Ti,06Cr19Ni13Mo3
		00Cr19Ni13Mo3,022Cr19Ni13Mo3,06Cr17Ni12Mo2
	Fe-8-2	2Cr23Ni13,06Cr23Ni13,2Cr25Ni20,06Cr25Ni20
注:钢号分类、分组同 NB/T 47014。		

表3 不同类别、组别相焊推荐选用的焊接材料表

钢材种类	接头母材类别、组别代号	焊条电弧焊		埋弧焊		氩弧焊	备注
		型号	牌号示例	焊剂型号	焊剂牌号及焊丝牌号示例	焊丝牌号	
低碳钢与强度型低合金钢相焊	Fe-1-1与Fe-1-2、Fe-1-3、Fe-1-4相焊	E4315 E4316	J427 J426	F4A0-H08A F4A2-H08MnA	HJ431-H08A HJ431-H08MnA SJ101-H08A SJ101-H08MnA	—	—
		E5015 E5016	J507 J506				
含钼强度型低合金钢之间相焊	Fe-3-1与Fe-3-2、Fe-3-3、相焊	E5515-B1	R207	F48A0-H08CrMoA	HJ350-H08CMoA SJ101-H08CrMoA	—	—
	Fe-3-2与Fe-3-3相焊	E5515-G	J557	F55A0-H08MnMoA	HJ350-H08MnMoA SJ101-H08MnMoA	—	—
低碳钢与耐热型低合金钢相焊	Fe-1-1与Fe-4、Fe-5A、Fe-5B-1相焊	E4315	J427	F4A0-H08A	HJ431-H08A HJ350-H08A SJ101-H08A	—	—
强度型低合金钢与耐热型低合金钢相焊	Fe-1-2与Fe-4、Fe-5A、Fe-5B-1相焊	E5015 E5016	J507 J506	F5A0-H10Mn2	HJ431-H10Mn2	—	—
强度型钢与耐热型低合金钢相焊	Fe-3-2与Fe-4、Fe-5A相焊	E5515-G	J557	F55A0-H08MnMoA	HJ350-H08MnMoA	—	—
		E5516-G	J556				
	Fe-3-3与Fe-4、Fe-5A相焊	E6015-D1	J607	F62A0-H08Mn2MoA F62A2-H08Mn2MoA	HJ431-H08Mn2MoA HJ350-H08Mn2MoA SJ101-H08Mn2MoA	—	—
		E6016-D1	J606				
耐热型低合金钢与耐热型中合金钢相焊	Fe-4-1与Fe-5A相焊	E5515-B2	R307	—	—	—	—
		E309-15	A307	—	—	H12Cr24Ni13	不进行焊后热处理时采用
	Fe-4-2与Fe-5A相焊	E5515-B2-V	R317	—	—	—	—
		E309-15	A307	—	—	H12Cr24Ni13	不进行焊后热处理时采用
	Fe-4,Fe-5A与Fe-5B-1相焊	E310-15	A407	—	—	H12Cr26Ni21	不进行焊后热处理时采用
耐热型合金钢与铁素体马氏体不锈钢相焊	Fe-4、Fe-5A与Fe-6、Fe-7相焊	E309-16	A302	F309-H12Cr24Ni13	—	H12Cr24Ni13	不进行焊后热处理时采用
		E309-15	A307				
	Fe-4、Fe-5B-1与Fe-6、Fe-7相焊	E310-15	A407	F310-H12Cr26Ni21	—	H12Cr26Ni21	不进行焊后热处理时采用
强度型低合金钢与奥氏体不锈钢相焊	Fe-1-1、2、3、Fe-3-1、2与Fe-8-1相焊	E309-16	A302	F309-H12Cr24Ni13	—	H12Cr24Ni13	不进行焊后热处理时采用
		E309-15	A307				
		E309Mo-16	A312				
	Fe-1-4、Fe-3-3与Fe-8-1相焊	E310-16	A402	F310-H12Cr26Ni21	—	H12Cr26Ni21	不进行焊后热处理时采用
		E310-15	A407				
耐热型低合金钢与奥氏体不锈钢相焊	Fe-4、Fe-5A与Fe-8-1相焊	E309-16	A302	F309-H12Cr24Ni13	—	H12Cr24Ni13	不进行焊后热处理时采用
		E309-15	A307				
	Fe-5B-1与Fe-8-1相焊	E310-16	A402	F310-H12Cr26Ni21	—	H12Cr26Ni21	不进行焊后热处理时采用
		E310-15	A407				

4.3 坡口制备

4.3.1 碳素钢和标准抗拉强度下限值不大于540 MPa的强度型低合金钢可采用冷加工方法，也可采用热加工方法制备坡口。

4.3.2 耐热型低合金钢、高合金钢和标准抗拉强度下限值大于540 MPa的强度型低合金钢，宜采用冷加工方法。若采用热加工方法，对影响焊接质量的表面层，应用冷加工方法去除。

4.3.3 坡口表面及附近(以离坡口边缘的距离计，焊条电弧焊每侧约10 mm，埋弧焊、等离子弧焊、气体保护焊每侧约20 mm)应将水、锈、油污、积渣和其他有害杂质清理干净。

4.3.4 不锈钢坡口两侧应作必要防护，防止沾附焊接飞溅。

4.4 预热

4.4.1 常用钢材推荐的最低预热温度见表4。

4.4.2 当焊接两种不同类别的钢材组成的焊接接头时，预热温度应按要求高的钢材选用。

4.4.3 碳钢和低合金钢的最高预热温度和道间温度不宜大于300℃，奥氏体不锈钢最高道间温度不宜大于150℃。

表4 常用钢材推荐的最低预热温度

钢材类别	预热条件	最低预热温度,℃
Fe-1	①规定的抗拉强度下限值大于或等于490 MPa，且接头厚度大于25 mm	80
	②除①外的其他材料	15
Fe-2	—	—
Fe-3	①规定的抗拉强度下限值大于490 MPa，或接头厚度大于16 mm	80
	②除①外的其他材料	15
Fe-4	①规定的抗拉强度下限值大于410 MPa，或接头厚度大于13 mm	120
	②除①外的其他材料	15
Fe-5A Fe-5B-1	①规定的抗拉强度下限值大于410 MPa	200
	②规定最低铬含量大于6.0%且接头厚度大于13 mm	
	③除①、②外的其他材料	150
Fe-6	—	200
Fe-7	—	不预热
Fe-8	—	不预热
Fe-9B	—	150
注：钢材类别按NB/T 47014。		

4.5 后热

4.5.1 对冷裂纹敏感性较大的低合金钢和拘束度较大的焊件应采取后热措施。

4.5.2 后热应在焊后立即进行。

4.5.3 后热温度一般为200℃～350℃，保温时间与后热温度、焊缝金属厚度有关，一般不少于30 min。

4.5.4 若焊后立即进行热处理则可不进行后热。

4.6 焊后热处理

本标准内的焊后热处理是指为改善焊接区域的性能，消除焊接残余应力等有害影响，将焊接区域或其中部分在金属相变点以下加热到足够高的温度，并保持一定的时间，而后均匀冷却的热过程。

4.6.1 碳素钢和低合金钢低于490℃的热过程，高合金钢低于315℃的热过程，均不作为焊后热处理对待。

4.6.2 焊后热处理厚度(δ_{PWHT})

4.6.2.1 等厚度全焊透对接接头的δ_{PWHT}为其焊缝厚度(余高不计)，此时与母材厚度相同。

4.6.2.2 对接焊缝连接的焊接接头中，δ_{PWHT}等于焊缝厚度；角焊缝连接的焊接接头中，δ_{PWHT}等于角焊缝厚度；组合焊缝连接的焊接接头中，δ_{PWHT}等于对接焊缝和角焊缝厚度中较大者。

4.6.2.3 螺柱焊时的δ_{PWHT}等于螺柱的公称直径。

4.6.2.4 不同厚度受压元件相焊时的δ_{PWHT}：

a) 两相邻对接受压元件中取其较薄一侧母材厚度；

b) 如图2所示筒体内封头，则取壳体厚度或角焊缝厚度中较大者；

c) 在壳体上焊接管板、平封头、盖板、凸缘或法兰时，除图3所示$\delta_f>\delta$。这一类情况外，取壳体厚度；

d) 接管、人孔等连接件与壳体、封头相焊时，取连接件颈部焊缝厚度、壳体焊缝厚度、封头焊缝厚度，或补强板、连接件角焊缝厚度之中的较大者；

e) 接管与法兰相焊时，取接管颈在接头处的焊缝厚度；

f) 当非受压元件与受压件相焊，取焊接处的焊缝厚度；

g) 管子与管板焊接时，取其焊缝厚度；

h) 焊接返修时，取其所填充的焊缝金属厚度。

4.6.2.5 下列情况下，应按未经焊后热处理的压力容器或零部件中最大δ_{PWHT}，作为焊后热处理的计算厚度：

a) 压力容器整体焊后热处理；

b) 同炉内装入多台压力容器或零部件。

4.6.3 焊后热处理规范

4.6.3.1 焊后热处理推荐规范见表5，当低碳钢和某些低合金钢焊后热处理温度低于表5规定最低保温温度时，最短保温时间按表6规定。

4.6.3.2 在保温温度时，除另有规定外，各测温点的温度允许在热处理工艺规定温度的±20℃内波动，但最低温度不得低于表5或表6中规定的最低保温温度。

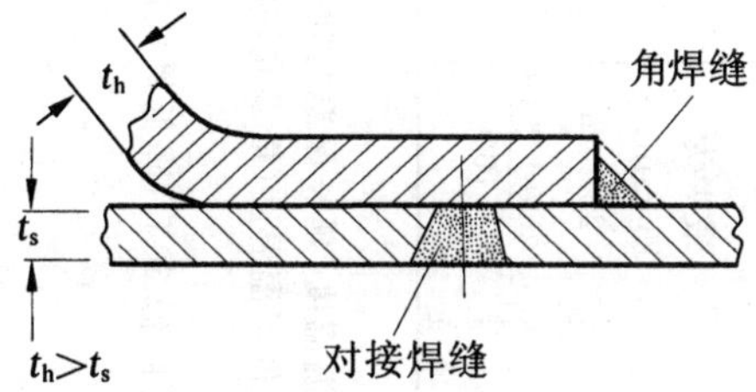

图2 内封头焊接结构图

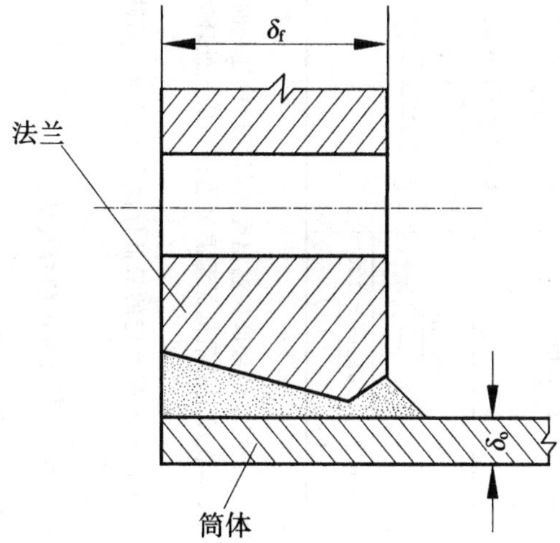

图3 壳体厚度小于管板、平封头、盖板、法兰时的焊接结构示例

表 5 焊后热处理推荐规范

钢质母材类别[1]		Fe-1[2]	Fe-2	Fe-3[2]	Fe-4	Fe-5A[3] Fe-5B-1[3] Fe-5C	Fe-5B-2[7]	Fe-6[4]	Fe-7[4][6]	Fe-8	Fe-9B[2]	Fe-10H	Fe-10I[6]
最低保温温度,℃		600	—	600	650	680	730（最高保温温度 775℃）	760	730	见注[5]	600	见注[5]	730
在相应焊后热处理厚度下,最短保温时间,h	≤50 mm	$\frac{\delta_{PWHT}}{25}$,最少为 15 min					≤125 mm $\frac{\delta_{PWHT}}{25}$,最少为 30 min;>125 mm $5+\frac{\delta_{PWHT}-125}{100}$	$\frac{\delta_{PWHT}}{25}$,最少为 15 min			≤25 mm $\frac{\delta_{PWHT}}{25}$,最少为 15 min;>25 mm $1+\frac{\delta_{PWHT}-25}{100}$		$\frac{\delta_{PWHT}}{25}$,最少为 15 min
	>50 mm ~125 mm	$2+\frac{\delta_{PWHT}-50}{100}$			$\frac{\delta_{PWHT}}{25}$			$2+\frac{\delta_{PWHT}-50}{100}$					$\frac{\delta_{PWHT}}{25}$
	>125 mm				$5+\frac{\delta_{PWHT}-125}{100}$								

1) 钢质母材类别按 NB/T 47014 规定。

2) Fe-1、Fe-3 类别的钢质母材,当不能按本表规定的最低保温温度进行焊后热处理时,可按表 6 的规定降低保温温度,延长保温时间;Fe-9B 类别的钢质母材保温温度不得超过 635℃,当不能按本表规定的最低保温温度进行焊后热处理时,可按表 6 的规定降低最低保温温度(最多允许降低 55℃),延长保温时间。

3) Fe-5A 类、Fe-5B-1 组的钢质母材,当不能按本表规定的最低保温温度进行焊后热处理时,最低保温温度可降低 30℃,降低最低保温温度焊后热处理最短保温时间:

① 当 $\delta_{PWHT}\leqslant 50$ mm 时,为 4 h 与($4\times\frac{\delta_{PWHT}}{25}$) h 中的较大值;

② 当 $\delta_{PWHT}>50$ mm 时,为表 5 中最短保温时间的 4 倍。

4) Fe-6、Fe-7 中的 06Cr13,06Cr13Al 型不锈钢,当同时具备下列条件时,无需进行焊后热处理:

① 钢材中碳含量不大于 0.08%;

② 用能产生铬镍奥氏体熔敷金属或非空气淬硬的镍-铬-铁熔敷金属的焊条施焊;

③ 焊接接头母材厚度不大于 10 mm,或母材厚度为 10 mm~38 mm 且保持 230℃预热温度;

④ 焊接接头 100%射线透照检测。

5) Fe-8、Fe-10H 类钢质母材焊接接头既不要求,也不禁止采用焊后热处理。

6) 焊件温度高于或等于 650℃时,冷却速度不应大于 55℃/h,低于 650℃后迅速冷却,冷却速度应足以防止脆化。

7) Fe-5B-2 类焊后热处理保温温度与焊缝金属成分密切相关,表中所列数值尚需调整。

表6 焊后热处理温度低于规定最低保温温度时的保温时间

比表5规定最低保温温度再降低温度数值,℃	降低温度后最短保温时间,h	备注
30	2	1)
55	4	1)
80	10	1),2)
110	20	1),2)

1) 最短保温时间适用于焊后热处理厚度 δ_{PWHT} 不大于25 mm的焊件,当 δ_{PWHT} 大于25 mm时,厚度每增加25 mm,最短保温时间则应增加15 min。

2) 适用于Fe-1-1和Fe-1-2组。

4.6.3.3 调质钢焊后热处理温度应低于调质处理时的回火温度,其差值至少为30℃。

4.6.3.4 不同钢号钢材相焊时,焊后热处理温度应按焊后热处理温度较高的钢号执行,但温度不应超过两者中任一钢号的下临界点 A_{c1}。

4.6.3.5 非受压元件与受压元件相焊时,应按受压元件的焊后热处理规范执行。

4.6.4 对于低碳钢和低合金钢,当采用气电立焊的任一焊道厚度大于38 mm时,焊接接头应进行细化晶粒热处理。

4.6.5 对有再热裂纹倾向的钢号,在焊后热处理时应防止产生再热裂纹。

4.6.6 奥氏体高合金钢制压力容器及其零部件一般不推荐进行焊后热处理。

4.6.7 焊后热处理应在压力试验前进行。

4.6.8 焊后热处理用加热设施,应保证焊件受热处理各部位均匀受热,温度可以调控。

4.6.9 焊后热处理前应提出焊后热处理方案,其中应包括加热源与焊件之间热平衡计算和防止焊件变形措施。

4.6.10 焊后热处理方式

4.6.10.1 整体焊后热处理有下列两种形式,条件许可时,应采用炉内整体加热法:

a) 将容器装人封闭炉的有效加热区内整体加热;

b) 在容器内部加热,外部保温。

4.6.10.2 整体分段焊后热处理

将容器分段装入炉内加热,加热各段重叠部分长度至少为1 500mm。炉外部分的容器采取保温措施,防止产生有害的温度梯度。

4.6.10.3 局部焊后热处理

4.6.10.3.1 局部焊后热处理包括:环焊缝焊后热处理、焊接返修后热处理、壳体或封头上施焊接管(或其他受压件)后热处理等。

4.6.10.3.2 局部焊后热处理的加热范围内的均温带应覆盖焊缝、热影响区及其相邻母材。均温带的最小宽度为焊缝最大宽度两侧各加 δ_{PWHT} 或50 mm,取两者较小值;在返修焊缝端部方向上加 δ_{PWHT} 或50 mm,取两者较小值。

4.6.10.3.3 筒体(管件)局部焊后热处理时,均温带应环绕包括返修焊缝在内的筒体(管件)全圆周。

4.6.10.3.4 接管或附件与筒体焊缝局部焊后热处理时,均温带应环绕包括接管或附件在内的筒体全圆周。

4.6.10.3.5 均温带内任意一点温度应不低于焊后热处理规定的温度。加热带宽度应保证覆盖范围内均温带的温度规范符合规定,绝热带则应保证热能效率,防止产生有害的温度梯度。

4.6.11 焊后热处理温度测定

4.6.11.1 热处理温度以在焊件上直接测量为准。

4.6.11.2 应将热电偶直接焊(如采用电容放电法)在焊件上。在热处理过程中应防止热电偶与焊件接触松动、脱落。

4.6.11.3 测温点布置

a) 在经受热处理压力容器的典型受热部位、产品焊接试件和特殊部位(如靠近炉门口、进风口、火焰喷口、烟道口、壁厚突变处以及分段加热的接合部等);

b) 当炉内有多于一件受热处理焊件时,应在炉内顶部、中部和底部的焊件上设置。

4.6.11.4 热处理温度测定方法

a) 应在焊件加热面的背面测定温度。

b) 应避免热源直接加热测温点时测量温度。当测温点与热源在焊件壁同一侧时,应先关闭(或移开)热源,待壁厚方向上温度均匀后,再测量记录温度。

c) 热处理温度在整个热处理过程中应当连续自动记录,记录图表上应能够区分每个测温点的数值。

4.6.11.5 在热处理报告中,应列出在保温期间各测温点所测得的保温时间。

4.6.12 焊后热处理工艺:

a) 焊件进炉时,炉内温度不得高于400℃;

b) 焊件升温至400℃后,加热区升温速度不应超过$\frac{5\ 500}{\delta_{\text{PWHT}}}$℃/h,且不应超过220℃/h,最小不低于55℃/h;

c) 焊件升温期间,加热区内任意长度为4 600 mm内的温差不得大于140℃;

d) 焊件保温期间,加热区内最高与最低温度之差不得大于80℃;

e) 升温和保温期间应控制加热区气氛,防止焊件表面过度氧化;

f) 焊件温度高于400℃时,加热区降温速度不应超过$\frac{7\ 000}{\delta_{\text{PWHT}}}$℃/h,且不应超过280℃/h,最小不低于55℃/h;

g) 焊件出炉时,炉温不得高于400℃,出炉后应在静止的空气中冷却。

4.7 焊接返修后,重新进行焊后热处理的规定

4.7.1 下列情况下,焊接返修后要求重新进行热处理:

a) 有应力腐蚀的压力容器;

b) 盛装毒性为极度或高度危害介质的压力容器;

c) 低温压力容器。

4.7.2 下列情况下,焊接返修后,可不再重新进行热处理:

a) 压力容器用钢材限于NB/T 47014中Fe-1和Fe-3两类。

b) 返修焊缝厚度小于钢材厚度δ_s的1/3,且不大于13 mm。位于焊缝同一横截面的两

处返修部位,返修焊缝厚度则为两处之和。

c) 焊接返修要得到业主的书面认可,返修部位应记录在产品质量证明书上。

d) 焊接返修技术要求:

1) 返修焊缝坡口,要进行表面无损检测,确认无缺陷;

2) 采用低氢型药皮焊条;

3) Fe-1 类钢材,预热温度高于或等于 100℃;

Fe-3 类钢材,预热温度高于或等于 180℃,道间温度不超过 230℃;

4) 焊道最大宽度为焊芯直径的 4 倍;

5) 对于 Fe-3 类钢,则需采用半焊道加回火焊道技术进行焊接返修:

① 采用最大直径为 3.2 mm 的焊条在坡口表面上堆焊一层;

② 在焊第二层之前,要将坡口表面层上的堆焊金属磨去一半厚度;

③ 采用最大直径为 4 mm 的焊条继续施焊;

④ 在返修焊缝表面施焊回火焊道;

⑤ 返修焊缝及回火焊道完成后进行后热:200℃～260℃保温 4 h;

⑥ 磨去回火焊道余高,使之与母材表面齐平;

⑦ 返修焊缝冷却到常温后进行表面无损检测,对于 Fe-3 类钢材,应在焊后至少 48 h 才允许进行检测。返修焊缝厚度大于 10 mm 时应进行射线检测。

e) 钢材表面的焊接修复:

1) 表面修复仅限于小面积,例如去除定位块时撕掉钢材表面的修复;

2) 可参照 d)中的规定;

3) 焊接修复的表面不能接触容器内介质。

5 铝制压力容器焊接规程

适用焊接方法范围:气焊、钨极气体保护焊、熔化极气体保护焊、等离子弧焊。

5.1 焊接材料

5.1.1 选用焊接材料应保证焊缝金属的力学性能高于或等于母材规定的限值,当需要时,其耐腐蚀性能不应低于母材相应要求;或力学性能和耐腐蚀性能满足设计文件规定的技术条件。

5.1.2 为保证焊缝金属的耐蚀性,母材为纯铝时,宜采用纯度不低于母材的焊丝;母材为铝镁合金或铝锰合金时,宜采用含镁量或含锰量不低于母材的焊丝。

5.1.3 常用铝材推荐选用的焊丝型号见表 7。

表7　常用铝材推荐选用焊丝和填充丝型号

母材	母材									
	6063 6061 6A02	5454	5086	5083	5052	5A05	5A03	3004	3003	1200	1060 1050A
	焊丝或填充丝										
1050A 1060	ER 4043[1)]	ER 4043[1),2)]	ER 5356[2)]	ER 5356[2)]	ER 4043[1),2)]	ER 5356[2)]	ER 5356[2),3)]	ER 4043[1),2)]	ER 1100[1),3)]	ER 1100[1),3)]	ER 1188[4)]
1200	ER 4043[1)]	ER 4043[1),2)]	ER 5356[2)]	ER 5356[2)]	ER 4043[1),2)]	ER 5356[2)]	ER 5356[2),3)]	ER 4043[1),2)]	ER 1100[1),3)]	ER 1100[1),3)]	—
3003	ER 4043[1)]	ER 4043[1),2)]	ER 5356[2)]	ER 5356[2)]	ER 4043[1),2)]	ER 5356[2)]	ER 5356[2),3)]	ER 4043[1),2)]	ER 1100[1),3)]	—	—
3004	ER 4043[1),5)]	ER 5356[5)]	ER 5356[2)]	ER 5356[2)]	ER 5356[3),5)]	ER 5356[2)]	ER 5356[5)]	ER 5356[3),5)]	—	—	—
5A03	ER 5356[5)]	ER 5356[5)]	ER 5356[2)]	ER 5356[2)]	ER 5356[2)]	ER 5356[5)]	ER 5654[5)]	—	—	—	—
5A05	ER 5356[2)]	ER 5356[5)]	ER 5356[2)]	ER 5183[2)]	ER 5356[5)]	ER 5556[2)]	—	—	—	—	—
5052	ER 5356[3),5)]	ER 5356[5)]	ER 5356[2)]	ER 5356[2)]	ER 5654[3),5)]	—	—	—	—	—	—
5083	ER 5356[2)]	ER 5356[2)]	ER 5356[2)]	ER 5183[2)]	—	—	—	—	—	—	—
5086	ER 5356[2)]	ER 5356[2)]	ER 5356[2)]	—	—	—	—	—	—	—	—
5454	ER 5356[3),5)]	ER 5554[3),5)]	—	—	—	—	—	—	—	—	—
6A02 6061 6063	ER 4043[1),5)]	—	—	—	—	—	—	—	—	—	—

注1:气焊通常仅使用 ER 1188、ER 1100、ER 4043、ER 4047 和 ER 4145。

注2:高温环境时,不推荐使用 Mg 含量大于3%的焊丝和填充丝。

注3:使用铝硅合金焊丝强度可能低于母材。

1) 有时可使用 ER 4047。

2) 可使用 ER 5183、ER 5356、ER 5556。

3) 有时可使用 ER 4043。

4) 有时可使用 ER 4043、ER 4047、ER 1100。

5) 可使用 ER 5183、ER 5356、ER 5554、ER 5556、ER 5654。

5.1.4 焊丝表面应光滑,无毛刺、划伤、气孔、裂纹、凹坑、皱纹等缺陷。

5.1.5 常用保护气体为氩气,也可用氦气或两者混合气体,氩气纯度不应低于99.9%,瓶装氩气压力低于0.5 MPa时不宜使用。

5.1.6 推荐选用铈钨极作为钨极气体保护焊用电极,也可选用纯钨极、钍钨极等作为电极。

5.2 坡口准备

5.2.1 气体保护焊用坡口形式和尺寸参照GB/T 985.3。

5.2.2 坡口加工应采用冷加工方法,也可以用等离子弧方法加工。焊前应对坡口进行打磨或冷加工以清除氧化物,直至露出金属光泽并打磨平整。

5.2.3 坡口表面及其两侧50 mm范围内应严格进行表面清理,去除水分、尘土、金属屑、油污、漆、氧化膜、含氢物质及所有附着物。可采用机械法或化学法进行表面清理,但不要使用砂轮或砂布。建议使用不锈钢制钢丝刷。

5.2.4 清理后的表面应加以保护,免遭沾污,并即时施焊。

5.3 焊丝表面清理

焊丝表面在焊前也要进行清理,其要求同5.2.3,5.2.4。

5.4 预热

5.4.1 符合下列条件的焊件,焊前宜进行预热。

a) 钨极氩弧焊时,焊件厚度大于10 mm;

b) 熔化极氩弧焊时,焊件厚度大于15 mm;

c) 钨极或溶化极氦弧焊时,焊件厚度大于25 mm。

5.4.2 未强化的铝及铝合金的预热温度一般为100℃~150℃;经强化的铝合金,包括镁含量4%~5%的铝镁合金,预热温度不应超过100℃。

5.5 施焊

5.5.1 铝及铝合金应在无污染、无灰尘和无金属粉尘的专用洁净环境内施焊。

5.5.2 施焊过程中,应控制道间温度不超过150℃。

5.5.3 钨极气体保护焊时,若发生钨极触及焊丝熔化端或熔池时,应停止焊接。待铲除触钨部分的焊缝金属并清理钨极后再继续施焊。

5.5.4 熄弧坑应填满并高于母材。

5.5.5 多层多道焊时,焊完一道后应用机械方法清除氧化膜。

5.5.6 气焊后应立即清除焊缝表面及两侧焊剂及熔渣。

5.5.7 当焊接过程中发现不锈钢垫板熔化时,应立即停止焊接,去除相应部位的焊缝金属,并将不锈钢垫板熔化位置和留在铝材上的痕迹做好记录。

5.6 后热、焊后热处理

铝制焊接压力容器,一般不要求后热和焊后热处理。

6 钛制压力容器焊接规程

适用焊接方法范围:钨极气体保护焊、熔化极气体保护焊、等离子弧焊。

6.1 焊接材料

6.1.1 焊接材料在焊态下焊缝金属应保证力学性能高于或等于母材规定的限值,需要时,其耐腐蚀性能不应低于母材相应要求,或力学性能和耐腐蚀性能满足设计文件规定的技术条件。

6.1.2 焊丝中的氮、氧、碳、氢、铁等杂质元素的标准规定上限值应低于母材中杂质元素的标准规定上限值。

6.1.3 常用钛材推荐选用焊丝型号见表8。

表8 常用钛材推荐选用焊丝和填充丝的型号

钛材牌号	焊丝、填充丝型号
TA1	ERTA1ELI
TA2	ERTA2ELI
TA3	ERTA3ELI
TA4	ERTA4ELI
TA9	ERTA9
TA10	ERTA10

6.1.4 不同牌号的钛材相焊时,按耐蚀性能较好和强度级别较低的母材选择焊丝和填充丝。

6.1.5 常用保护气体为氩气,也可用氦气或两者混合气体。氩气纯度不应低于99.99%,当瓶装氩气压力低于0.5 MPa时不宜使用。

6.1.6 推荐选用铈钨极作为钨极气体保护焊用电极。

6.2 坡口准备

6.2.1 气体保护焊用坡口形式和尺寸见附录B。

6.2.2 坡口加工应采用冷加工法,如采用热加工方法加工,则应去除坡口及两侧表面的氧化层、浮渣。坡口表面及两侧应呈银白色金属光泽。

6.2.3 坡口表面及两侧各25 mm范围内应进行表面清理,去除油污、氮化物、氧化皮、水分、有机杂质等。

6.2.4 表面清理可采用脱脂、机械清理和化学清理方法。表面清理时,不要使用氧化物溶剂和甲醇溶剂,应注意清除橡胶制品残留的增塑剂和防止含氯离子水的应力腐蚀危险。用磨削法去除表面氧化物时,应采用不锈钢丝刷或碳化硅砂轮。

6.2.5 焊丝和坡口表面清理后,若不能在干燥的环境中保存,则施焊前再经轻微酸洗。

6.3 焊丝和填充丝

焊丝、填充丝表面应光滑,无毛刺、凹陷、划痕、氧化皮、折叠和影响焊接过程、焊机操作及焊缝金属性能的外来物质,使用前应仔细去除表面油污、水分。

清理干净的焊丝和焊件,焊前严禁沾污,不要用手触摸焊接部位,否则应重新进行清理。

6.4 组对

6.4.1 使用钢制工具、器具或装置时,应防止铁离子对钛材的污染。

6.4.2 不得在承压零部件表面刻痕、打冲眼、打钢印。

6.4.3 充分利用夹具、定位焊等方法,保证焊件装配正确,防止回弹。

6.4.4 定位焊缝也要防止表面氧化,若表面出现除银白色和金黄色以外的氧化层,应清除后才能施焊永久焊缝。

6.4.5 焊接纵缝时,应在焊件两端放置引弧板和引出板。

6.5 施焊

6.5.1 钛及钛合金应在无污染、无灰尘、无烟、无金属粉尘和无铁离子污染的洁净专用环境内组装、施焊。

6.5.2 一般不进行预热。多层焊时,层间温度不应超过 120°。

6.5.3 禁止接触引弧,防止钛与钢、铝、铜之间起弧或熔焊。

6.5.4 防止空气进入焊接区,严格加强焊接区的惰性气体保护。

6.5.5 对温度在 400℃以上的焊缝和热影响区的正面、背面,均应进行保护,防止氧化。

6.5.6 焊接工艺参数在保证保护良好、熔深足够情况下,尽量采用小线能量施焊。

6.5.7 钨极气体保护焊时,钨极触及熔池或焊丝熔化端时,应停止焊接,铲除触钨部分的焊缝金属后再继续施焊。

6.5.8 焊接环缝时应有电流递增和衰减装置,避免产生弧坑。

6.6 焊后热处理

6.6.1 钛制承压设备一般不需要进行焊后热处理。当图样规定进行焊后热处理,应同时注明热处理方法、热处理的温度和保温时间。

6.6.2 焊后热处理时,应在真空或充氩环境下进行。

7 铜制压力容器焊接规程

适用焊接方法范围:气焊、焊条电弧焊、埋弧焊、钨极气体保护焊、熔化极气体保护焊、等离子弧焊。

7.1 焊接材料

7.1.1 焊接材料选用原则

7.1.1.1 应保证焊缝金属的力学性能高于或等于母材规定的限值,当需要时,其耐腐蚀性能不应低于母材相应要求;或力学性能和耐腐蚀性能满足设计文件规定的技术条件。

7.1.1.2 严格控制焊缝金属中氧、铅、铋、硫等杂质元素,保证焊接材料中有足够的脱氧元素如硅、锰、磷、铝和钛等。

7.1.2 常用铜及铜合金焊材的适用范围见表 9、表 10。

表 9 常用铜及铜合金焊条的适用范围

焊条类别	焊条型号 (GB/T 3670)	适用范围
纯铜	E Cu	焊接脱氧铜、无氧铜和电解铜,还可以用于这些材料的表面堆焊,以及钢的表面堆焊
硅青铜	E CuSi-A E CuSi-B	主要用于焊接铜-硅合金,也可用于焊接铜、铜合金和某些铁基金属。以及表面耐蚀堆焊
磷青铜	E CuSn-A E CuSn-B	焊接类似成分的磷青铜,也可焊接黄铜,以及黄铜与碳钢的焊接 E CuSn-B 熔敷金属比 E CuSn-A 具有更高的硬度和抗拉强度
白铜	E CuNi-A E CuNi-B	焊接铜镍合金板材、锻件或铸件

表 9　常用铜及铜合金焊条的适用范围(续)

焊条类别	焊条型号(GB/T 3670)	适用范围
铝青铜	E CuA1-A2	焊接类似成分的铝青铜、高强度铜-锌合金、硅青铜、锰青铜、部分镍基合金、多种钢材及异种金属。也可以用于耐磨、耐腐蚀堆焊
	E CuA1-B	补焊铝青铜和其他铜合金铸件,也用于耐磨、耐腐蚀表面堆焊与 E CuA1-A2 相比,熔敷金属抗拉强度较高,塑性较低
	E CuAlNi	焊接镍-铝青铜的锻件与铸件。熔敷金属在盐水和微碱中具有高耐腐蚀、浸蚀与气蚀能力
	E CuMnAlNi	焊接锰-镍-铝青铜的锻件与铸件。熔敷金属具有优良的耐腐蚀、耐浸蚀和抗气蚀能力

表 10　常用铜及铜合金焊丝的适用范围

焊丝类别	焊丝牌号(GB/T 9460)	适用范围
纯铜	HS Cu	焊接脱氧铜和电解铜
硅青铜	HS CuSi	焊接铜-硅、铜-锌合金,以及与这些铜合金与钢的焊接
磷青铜	HS CuSn	焊接青铜和黄铜,也可以焊接纯铜
白铜	HS CuNi	焊接铜-镍合金
铝青铜	HS CuAl	用于耐腐蚀(酸、盐、弱碱)表面堆焊和耐磨表面堆焊
镍铝青铜	HS CuAlNi	焊接镍-铝青铜的锻件或铸件

7.1.3　气体保护焊焊接铜及铜合金时,通常选用氩气保护。当焊接纯铜、或不允许预热、或要求较大熔深时,可采用氩和氦的混合保护气。

7.1.4　推荐选用铈钨极作为钨极气体保护焊用电极。

7.1.5　焊条烘干温度不得超过 200℃。

7.2　坡口、接头准备

7.2.1　铜及铜合金坡口特点是坡口角度大,根部间隙宽,坡口形式及尺寸可根据不同焊接方法和焊接工艺参数决定。纯铜手工钨极气体保护焊和熔化极气体保护焊的坡口形式及尺寸示例如图 4、图 5 所示。

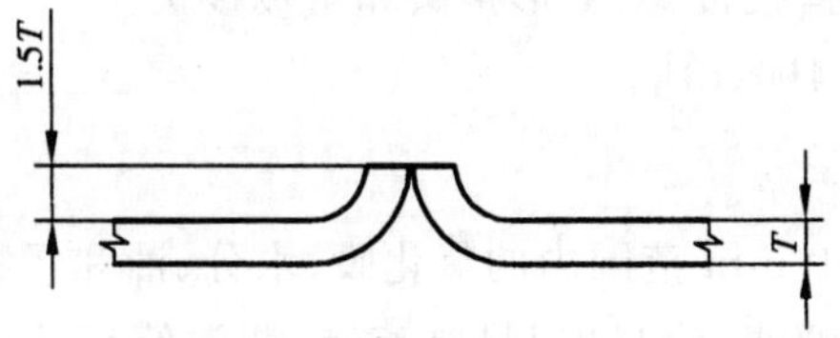

a) 卷边接头（氩气保护）T = 0.3mm~1.0mm

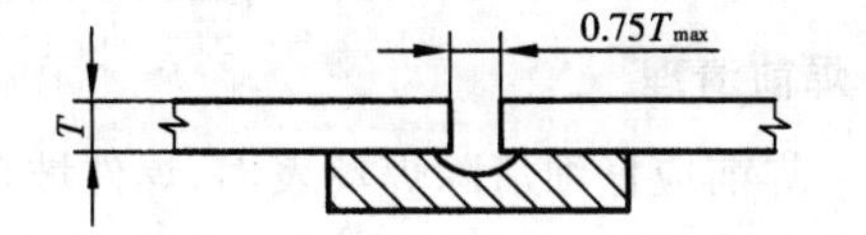

b) I 形坡口（氩气保护）T = 1.0mm~2.0mm

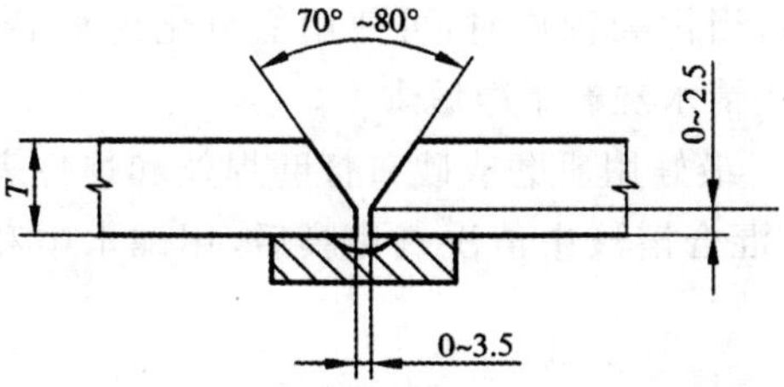

c) 单 V 形坡口（氦气保护）T = 2mm~6mm

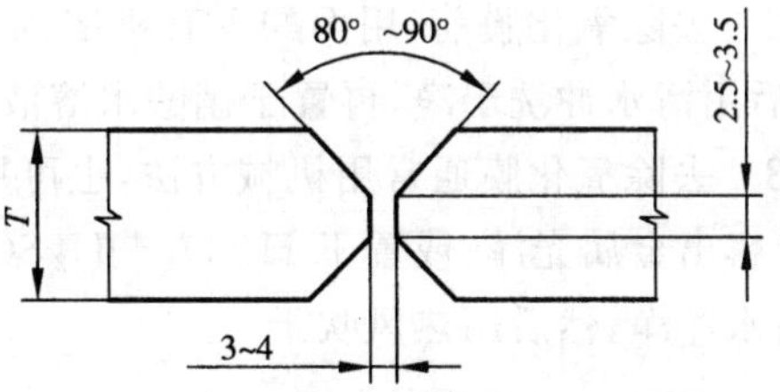

d) X 形坡口（氦气保护）T≤13mm

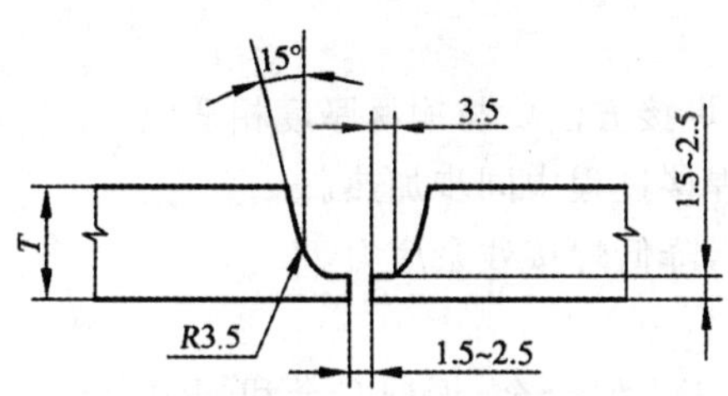

e) 单 U 形坡口（氦气保护）T≤10mm

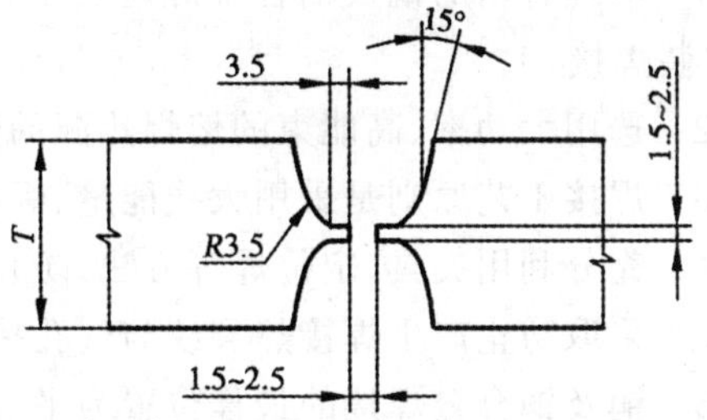

f) 双 U 形坡口（氦气保护）T≥16mm

图 4　纯铜手工钨极气体保护焊接头的坡口形式及尺寸

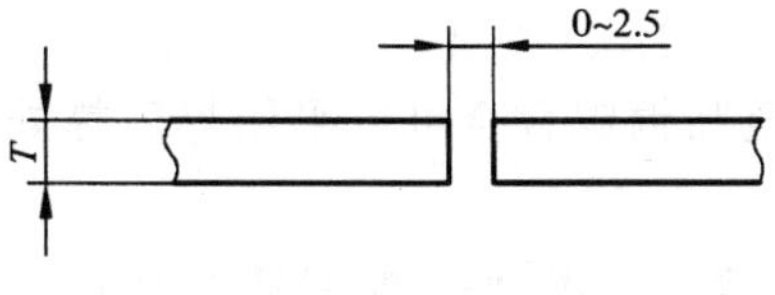

a) I 形坡口（氩气保护）T≤5mm

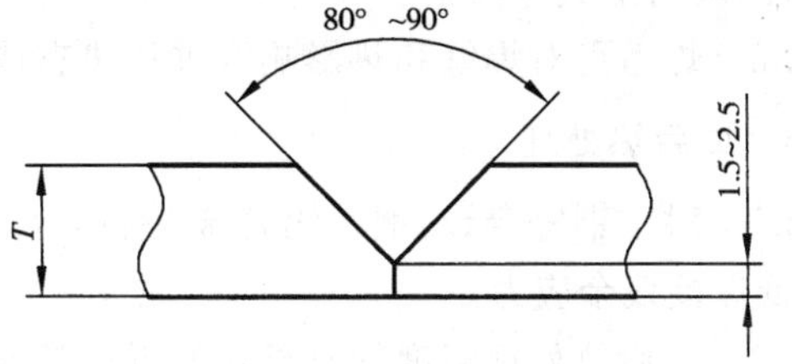

b) 单 V 形坡口（氩、氦混合气保护）T = 5mm~10mm

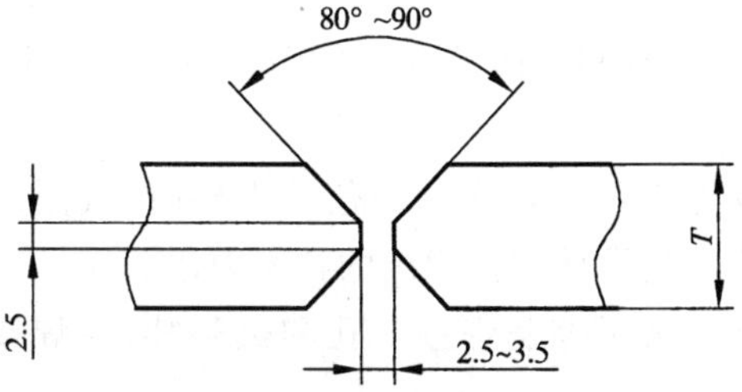

c) X 形坡口（氩、氦混合气保护）T = 11mm ~ 15mm

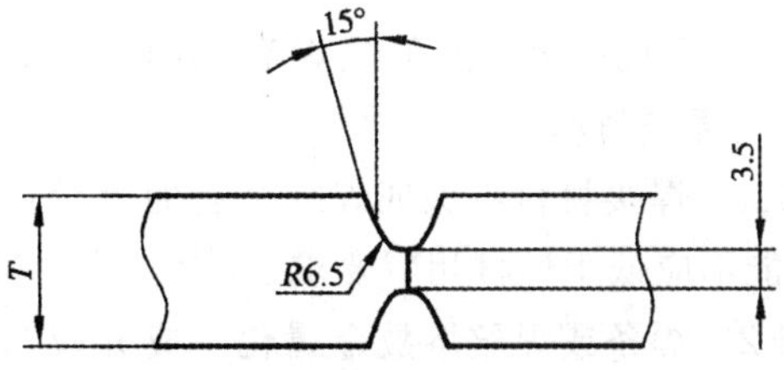

d) 双 U 形坡口（氩、氦混合气保护）T≥16mm

图 5　纯铜熔化极气体保护焊的坡口形式及尺寸

7.2.2 焊件尽量采用对接接头、端接接头,避免采用搭接接头、T形接头和角接接头。

7.2.3 单面焊接头,应在背面放置成形垫板[参见图4b)、c)]。

7.3 焊前清理

7.3.1 焊前应仔细清除焊丝表面、焊件坡口两侧各30 mm范围内的氧化膜、水分、油和污物,直至露出金属光泽。对于铜镍合金表面还要特别去除油漆、涂料、记号笔痕迹、测温笔痕迹、切削液等。

7.3.2 去除氧化膜前,用丙酮等有机溶剂去掉油污;当污染较重时,可使用氢氧化钠水溶液去除,后用清水冲洗干净,再置于硝酸水溶液中浸渍,用清水洗刷干净后烘干。

7.3.3 去除氧化膜通常用机械方法,也可用酸洗法。最好用研磨或砂布打磨焊丝和焊件表面,直至露出金属光泽;或置于 $HNO_3+H_2SO_4+HCl$ 混合溶液中清洗氧化膜后,用碱水中和,再用清水冲净,然后用热风吹干。

7.4 施焊

7.4.1 清理合格的铜及铜合金焊丝及工件应在无污染、无灰尘和无金属粉尘的专用洁净环境内组装焊接。

7.4.2 选用大功率、高能束的熔焊热源的焊接方法,焊接方法要与铜材厚度相适应。

7.4.3 焊接工艺原则是采用大线能量、焊前预热与焊接过程中同步加热。

7.4.4 充分利用夹具、定位焊等方法,防止焊接变形,降低焊接残余应力。

7.4.5 采取防止产生焊接热裂纹与气孔措施。

7.4.6 铜及铜合金焊接的最佳位置为平焊位置。对于铜铝合金、铜硅合金和铜镍合金,当采用钨极气体保护焊和熔化极气体保护焊时,也可以全位置焊接。

7.4.7 预热温度与铜及铜合金的热导率密切相关,应综合考虑焊接方法、保护气体种类、母材厚度、坡口形式等因素。

7.4.8 焊后可对焊缝和热影响区进行热态或冷态锤击。

7.5 焊后热处理

7.5.1 对于铜锌合金、铜锌锡合金、铜铝合金、铜硅合金和铜镍合金可以采用焊后热处理方法降低焊接残余应力。

7.5.2 焊后热处理温度低于母材的再结晶温度,升温速度要缓慢,保温时间最少为1 h。

8 镍制压力容器焊接规程

适用的焊接方法范围:焊条电弧焊、钨极气体保护焊、熔化极气体保护焊、埋弧焊和等离子弧焊。

8.1 焊接材料

8.1.1 焊接材料应保证焊缝金属的力学性能高于或等于母材规定的限值。需要时,其耐腐蚀性能不应低于母材相应要求;或力学性能和耐腐性能满足设计文件规定的技术要求。

8.1.2 焊条或焊丝熔敷金属化学成分应与母材相近。为了控制焊接气孔和热裂缝,在焊接材料中一般加入合金元素如钛、锰和铌。

8.1.3 焊接保护气体:钨极气体保护焊推荐选用氩气、氦气或两者混合气体;熔化极气体保护焊推荐选用氩气或氩-氦混合气体;等离子弧焊推荐选用氩气或氩-氢混合气体。

8.1.4 推荐铈钨极作为钨极气体保护焊用电极。

8.2 坡口、接头准备

8.2.1 镍及镍合金焊接坡口与钢相比,其特点是坡口角度大,根部间隙大,且钝边高度小。镍合金电弧焊对接接头推荐坡口见图6。

8.2.2 可采用机加工和等离子弧切割加工坡口,不能使用氧-乙炔切割。

8.2.3 单面焊接头,可采取背面放置成形衬垫并通以保护气体等措施,保证背面焊透并防止氧化。

8.2.4 焊前清理

8.2.4.1 清理时间:任何形式加热之前。

8.2.4.2 清理范围:焊丝、坡口、衬垫、离坡口两侧各 50 mm 范围内的材料表面,以及与接头相接触的刷子、凿子等工具。

8.2.4.3 清理内容:

a) 接头表面氧化物;

b) 凡能与 Ni 形成低熔点共晶的有害元素(如 S、P、Pb、Sn、Zn、Bi、Sb 和 As 等)以及生成物(油污、漆、涂料、标记笔痕迹、墨水、测温笔痕迹、切削液、车间灰尘等)。

8.2.4.4 清理方法:

a) 溶剂、盐酸溶液清洗;

b) 磨削、喷丸、打磨或机加工。

8.2.4.5 清理工具:不锈钢丝刷,氧化铝、碳化硅砂轮或硬质合金凿等。

8.2.4.6 清理要求:表面无异物。

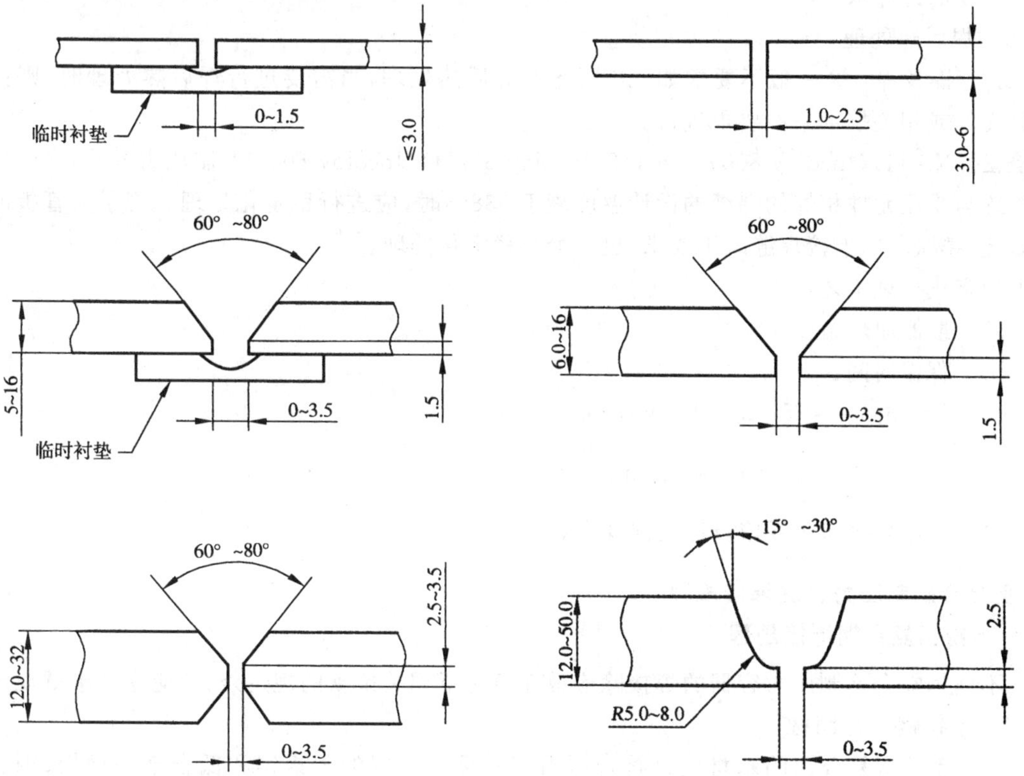

图6 镍合金电弧焊对接接头的坡口及尺寸

8.2.5　施焊

8.2.5.1　焊接镍及镍合金时,应采取防止产生热裂纹的措施。

8.2.5.2　清理合格的镍及镍合金工件及焊丝应在无污染、无烟、无金属粉尘和无灰尘的专用洁净环境内施焊。

8.2.5.3　焊条电弧焊时,针对所使用的焊条选择最佳焊接电流范围,严格控制焊接参数,保持尽量短的电弧。

8.2.5.4　钨极气体保护焊时,在焊缝金属中填充金属量应占一半以上。

8.2.5.5　熔化极气体保护焊时,推荐使用直流恒压电源。

8.2.5.6　埋弧焊时应注意防止焊缝金属耐腐蚀性能和塑性减低。不推荐使用埋弧焊焊接厚板镍钼合金。

8.2.5.7　焊前一般不要求预热,可以在焊接区周围 300 mm 范围内加热到 16℃左右,以去除湿气。

8.2.5.8　采用气体保护焊时,应注意焊缝背面保护及高温区焊缝的保护。

8.2.5.9　镍及镍合金液态焊缝金属流动性差,不容易润湿展开,应采取各种工艺措施使液态焊缝金属布满坡口,做到各接头特别是角接头的焊缝全熔合、全焊透。

8.2.5.10　施焊时限制热输入,如采用小线能量焊接、窄焊道、焊后急冷等。

8.2.5.11　控制道间温度小于或等于 150℃。

8.2.5.12　不得使用铅锤锤击焊接区,锤击应采用不锈钢锤,不使用带有油污的压缩空气和有矿物沉淀物的冷却水。

8.2.6　焊后热处理

8.2.6.1　镍及镍合金一般不要求如 4.6 所述的焊后热处理,当需要进行焊后热处理时,则按照设计文件或相关技术条件要求进行。

8.2.6.2　NS 111(Incoloy 800)、NS 112(Incoloy 800H)、Incoloy 800HT 制压力容器,当受压元件焊缝与受压元件相焊的焊缝的设计温度高于 538℃时,应进行稳定化处理。管子与管板的连接焊缝,膨胀节的连接焊缝既不要求,也不禁止稳定化处理。

稳定化处理工艺:

a)　最低加热温度:885℃。

b)　保温时间:

1)　$\delta_{PWHT} \leqslant 25$ mm 时,为 1.5 h;

2)　$\delta_{PWHT} > 25$ mm 时,$1.5\text{h} + \frac{\delta_{PWHT}}{25}$ h。

c)　加热与冷却速度按设计文件规定。

9　复合金属制压力容器焊接规程

9.1　不锈钢复合钢焊接规程

不锈钢复合钢制压力容器的焊接除应遵守第 4 章相关条款的规定外,还应遵守本章规定。

9.1.1　不锈钢复合钢材

9.1.1.1　不锈钢复合钢的基材应是符合压力容器标准规定的碳素钢和低合金钢钢板、钢管或锻件。

9.1.1.2　不锈钢复合钢的覆材应是符合压力容器标准规定的高合金钢钢板或堆焊金属。

9.1.1.3 不锈钢复合钢的技术要求除应符合压力容器标准规定外,还应符合 NB/T 47002 的规定。

9.1.2 焊接材料

9.1.2.1 基材和覆材的焊接材料选用原则按 4.1.8 规定。

9.1.2.2 覆层焊缝与基层焊缝之间,以及覆层焊缝与基层母材交界处宜采用过渡焊缝。

9.1.2.3 常用不锈钢复合钢推荐选用的焊接材料见表 11。

表 11 不锈钢复合钢常用焊接材料推荐表

<table>
<tr><th colspan="2">不锈钢复合钢</th><th rowspan="2">基层用焊材</th><th colspan="2">过渡焊缝用焊条</th><th colspan="2">覆层用焊条</th></tr>
<tr><th>覆材钢号</th><th>基层钢号</th><th>型号</th><th>对应牌号示例</th><th>型号</th><th>对应牌号示例</th></tr>
<tr><td>06Cr13</td><td rowspan="9">Q235B
Q235C
Q245R
16Mn
Q345R
20MnMo
15CrMoR</td><td rowspan="9">按本标准第 4 章选用</td><td>E309-16
E309-15</td><td>A302
A307</td><td>E347-16
E347-15
E309-16
E309-15</td><td>A132
A137
A302
A307</td></tr>
<tr><td>06Cr19Ni10</td><td rowspan="3">E309-16
E309-15</td><td rowspan="3">A302
A307</td><td>E308-16
E308-15</td><td>A102
A107</td></tr>
<tr><td>06Cr18Ni11Ti</td><td>E347-16
E347-15</td><td>A132
A137</td></tr>
<tr><td>022Cr19Ni10</td><td>E308L-16</td><td>A002</td></tr>
<tr><td>06Cr17Ni12Mo2</td><td rowspan="3">E309Mo-16</td><td rowspan="3">A312</td><td>E316-16
E316-15</td><td>A202
A207</td></tr>
<tr><td>06Cr17Ni12Mo2Ti</td><td>E316L-16
E318-16</td><td>A022
A212</td></tr>
<tr><td>06Cr19Ni13Mo3</td><td>E316L-16
E317-16</td><td>A022
A242</td></tr>
<tr><td>022Cr17Ni12Mo2</td><td rowspan="2">E309MoL-16</td><td rowspan="2">A042</td><td rowspan="2">E316L-16</td><td rowspan="2">A022</td></tr>
<tr><td>022Cr19Ni13Mo3</td></tr>
</table>

9.1.3 坡口形式

不锈钢复合钢制压力容器坡口应有利于减少过渡焊缝金属的稀释率,常用坡口形式和尺寸见表 B.1、表 B.2。

9.1.4 下料和坡口制备

9.1.4.1 不锈钢复合钢的切割和坡口加工宜采用冷加工方法。

9.1.4.2 剪床剪切不锈钢复合钢时,覆层朝上。

9.1.4.3 热加工法切割和加工坡口时,尽量采用等离子切割方法,对影响焊接质量的切割表面层应用冷加工方法去除。

9.1.4.4 等离子切割和加工坡口时,覆层朝上,从覆层侧开始切割;采用气割时,覆层朝下,从基层侧开始切割。

9.1.4.5 热加工法切割和加工坡口时,应避免将切割熔渣溅落在覆层表面上。

9.1.5 预热与定位焊

9.1.5.1 当基层或覆层需要预热时,应以复合钢的总厚度作为确定预热温度的厚度参数。

9.1.5.2　当基层或覆层需要预热时，施焊过渡焊缝也必须预热。

9.1.5.3　定位焊缝只允许焊在基层母材上。

9.1.6　焊接要求

9.1.6.1　不锈钢复合钢焊接时一般应采用先焊基层焊缝，然后焊过渡焊缝，最后焊覆层焊缝的焊接顺序。

9.1.6.2　不得用碳钢焊材、低合金钢焊材在覆层母材、过渡焊缝和覆层焊缝上施焊。

9.1.6.3　过渡焊缝应同时熔合基层焊缝、基层母材和覆层母材，且应盖满基层焊缝和基层母材。

9.1.6.4　过渡焊缝在不锈钢复合钢对接接头中的位置及焊接顺序如图7所示。推荐 a = 0.5 mm～1.5 mm，b = 1.5 mm～2.5 mm。

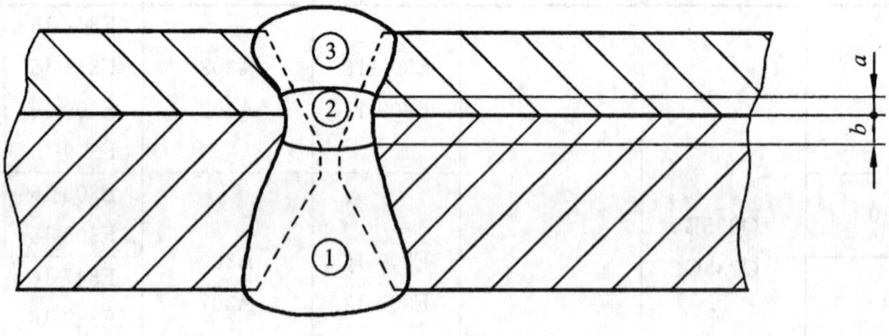

图7　焊接顺序图

9.1.7　不锈钢复合钢覆层修复

如图8所示，去掉覆层后将基层表面去掉1.0 mm～2.0 mm厚度，然后堆焊过渡层及覆层，焊后磨平修光堆焊表面，修复堆焊层上部的化学成分应在覆层钢号化学成分范围之内，或应满足使用要求。

9.1.8　焊后热处理

9.1.8.1　奥氏体不锈钢复合钢应尽量避免焊后热处理。当需要进行焊后热处理时，应避免覆层母材和焊接接头中铬碳化物析出和形成 σ 相。

9.1.8.2　应以复合钢总厚度确定焊后热处理的规范。

9.1.8.3　覆层为06Cr13不锈钢复合钢制压力容器，当使用奥氏体不锈钢焊材焊接覆层，和基层材料不要求焊后热处理时，可免做焊后热处理。否则应按覆层材料要求进行焊后热处理。

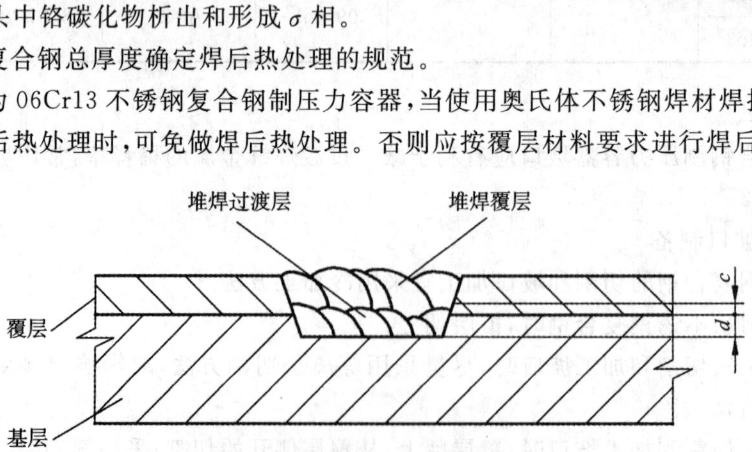

c = 0.5mm~1.0mm　　d = 1.0mm~2.0mm

图8　覆层焊接修复示意图

9.1.8.4　除9.1.8.3外，不锈钢复合钢制压力容器焊后热处理按基层材料要求进行。覆层为堆焊金属的不锈钢复合钢制压力容器，如果基层需要焊后热处理，则应在堆焊覆层后再进行。

对耐晶间腐蚀要求较高的设备,如果基层需要焊后热处理,则宜在热处理后再焊覆层的盖面层。

9.2 钛-钢复合板焊接规程

钛-钢复合板的焊接除应遵守第 4 章、第 6 章有关条款的规定外,还应遵守本章规定。

9.2.1 钛-钢复合板材料

9.2.1.1 钛-钢复合板的基材应是符合压力容器标准规定的钢材。

9.2.1.2 钛-钢复合板的覆材应是符合 JB/T 4745 规定的钛材。

9.2.1.3 钛-钢复合板的技术要求除符合 JB/T 4745 规定外,还应符合 NB/T 47002 的规定。

9.2.2 焊接材料

基材和覆材的焊接材料选用原则按第 4 章、第 6 章规定。

9.2.3 焊前准备

9.2.3.1 钛-钢复合板尽量采用冷加工法下料、切割、开坡口。

9.2.3.2 剪床剪切钛-钢复合板时,覆层朝上。

9.2.3.3 用热加工法切割和加工坡口时,尽量采用等离子切割方法。当用热加工法时,钛材朝下,从钢材一侧切割,切口及两侧的氧化层、残渣应在焊接前仔细清除。

9.2.3.4 设计或选用焊接接头和坡口时,应严格遵照钛、钢之间不能熔化焊接原则。

9.2.3.5 机械加工钛-钢复合板坡口时,不能采用油质润滑剂。

9.2.4 施焊

9.2.4.1 先焊接基层,待钢材焊缝经检验合格后,再焊接钛覆层。

9.2.4.2 当没有钛填板时,基层打底焊要防止焊透到覆层,同时也要避免覆层钛材的表面氧化以及钛覆层与基层钢界面剥离。

9.2.4.3 采用钛填板时(见表 B.4),钛填板宽度要适合放入凹槽内,避免留有间隙。再用定位焊连接钛覆层,固定钛填板。

9.2.4.4 钛填板与钛覆层之间的焊接,要认真控制焊接工艺规范,做到既不能焊透到基层钢材上,又能获得最大的熔深,焊接钛填板时要注意保护钛填板背面,防止氧化。

9.2.4.5 钛盖板(或钛半圆管)与钛覆层焊接时(见表 B.4 中Ⅳ、Ⅴ、Ⅵ),要选择较小规范,防止复合界面剥离,且要保证角焊缝根部焊透。

9.2.4.6 焊后应仔细清理焊件表面的焊渣、焊瘤、飞溅物以及沾污物。

附 录 A
(资料性附录)
焊缝位置规定的方法与范围

A.1 焊缝位置规定的方法

A.1.1 将对接焊缝或角焊缝置于水平参考面上方,如图 A.1,图 A.2 所示。

A.1.2 焊缝倾角:对接焊缝或角焊缝的轴线(图 A.1、图 A.2 中的 OP 线)与水平面的夹角。

当焊缝轴线与水平面重合时,焊缝倾角为 0°;焊缝轴线与垂直面重合时,焊缝倾角为 90°。

焊缝面转角:焊缝中心线(焊根与盖面层中心连线,即图 A.1、图 A.2 中垂直于焊缝轴线的箭头线)围绕焊缝轴线顺时针旋转角度。

当面对 P 点,焊缝中心线在 6 点钟时的焊缝面转角为 0°;焊缝中心线旋转再回到 6 点钟时的焊缝面转角为 360°。

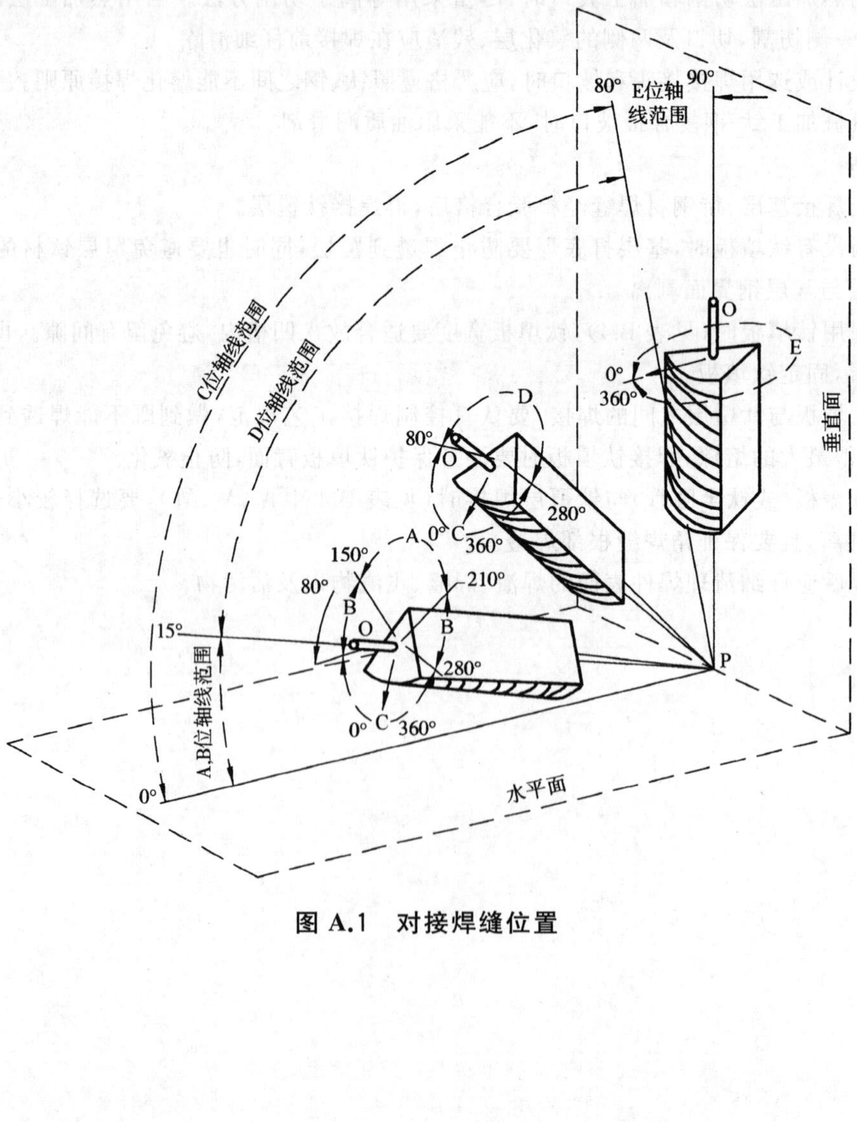

图 A.1 对接焊缝位置

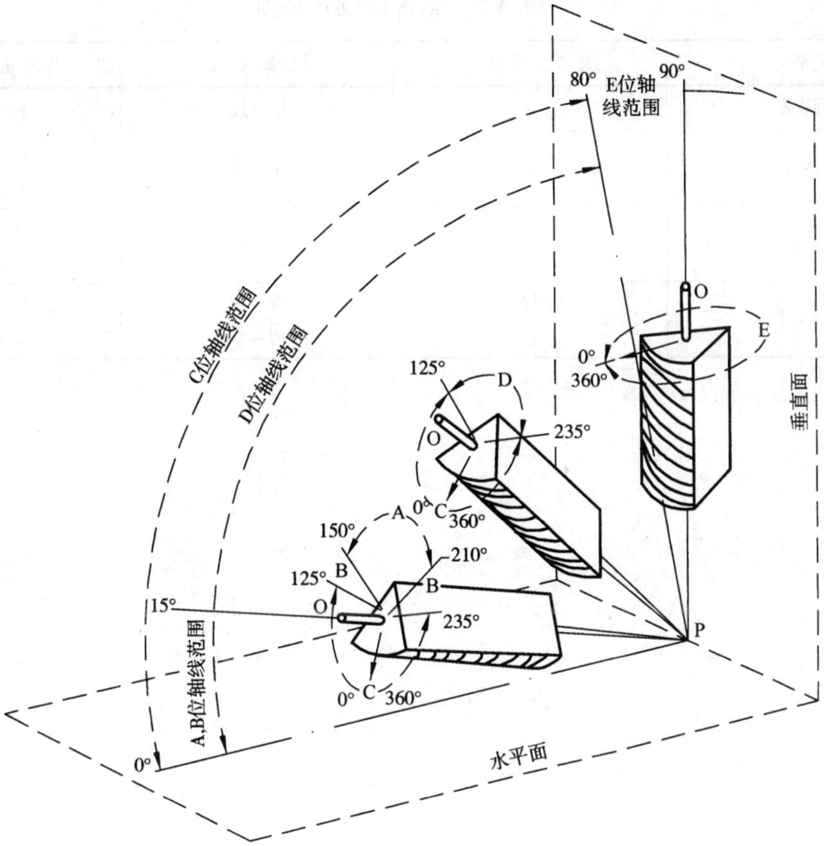

图 A.2 角焊缝位置

A.2 焊缝位置规定的范围

A.2.1 对接焊缝位置规定的范围见表 A.1 及图 A.1。

A.2.2 角焊缝位置规定的范围见表 A.2 及图 A.2。

表 A.1 对接焊缝位置范围

位置	图 A.1 中代号	焊缝倾角,(°)	焊缝面转角,(°)
平焊缝	A	0～15	150～210
横焊缝	B	0～15	80～150 210～280
仰焊缝	C	0～80	0～80 280～360
立焊缝	D E	15～80 80～90	80～280 0～360

表 A.2 角焊缝位置范围

位置	图 A.2 中代号	焊缝倾角,(°)	焊缝面转角,(°)
平焊缝	A	0～15	150～210
横焊缝	B	0～15	125～150 210～235
仰焊缝	C	0～80	0～125 235～360
立焊缝	D E	15～80 80～90	125～235 0～360

附 录 B
（资料性附录）
特种材料焊接坡口的形式和尺寸

B.1 不锈钢复合钢的坡口形式与尺寸

B.1.1 常用对接接头坡口形式与尺寸见表 B.1。

B.1.2 常用角接头坡口形式与尺寸见表 B.2。

B.2 钛材常用坡口形式与尺寸

B.2.1 钛材氩弧焊用坡口形式与尺寸见表 B.3。

B.2.2 钛-钢复合板对接接头坡口形式与尺寸见表 B.4。

B.2.3 钛-钢复合板角接接头坡口形式与尺寸见表 B.5。

表 B.1 不锈钢复合钢对接接头常用坡口形式与尺寸

母材厚度 δ_s＜18 mm	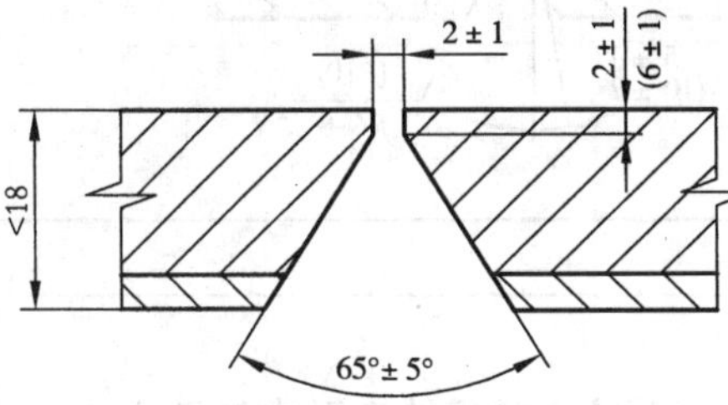 	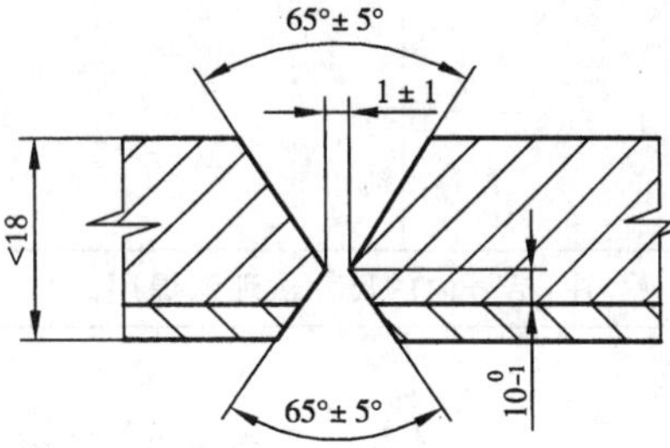
母材厚度 δ_s＝18 mm～32 mm	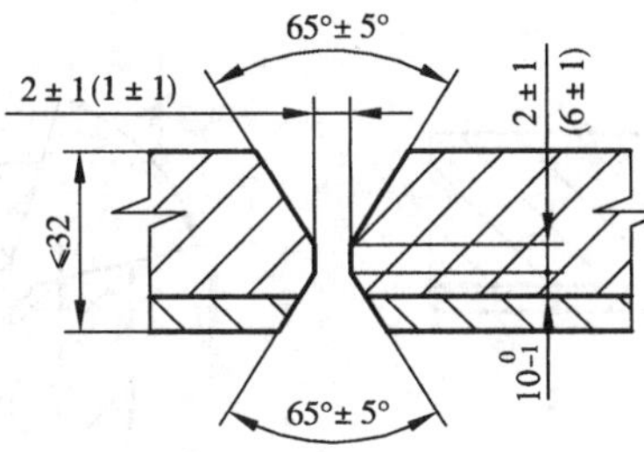 	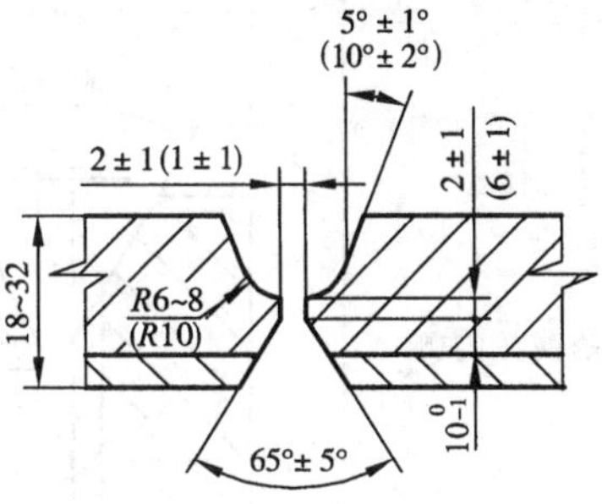
母材厚度 δ_s＞28 mm	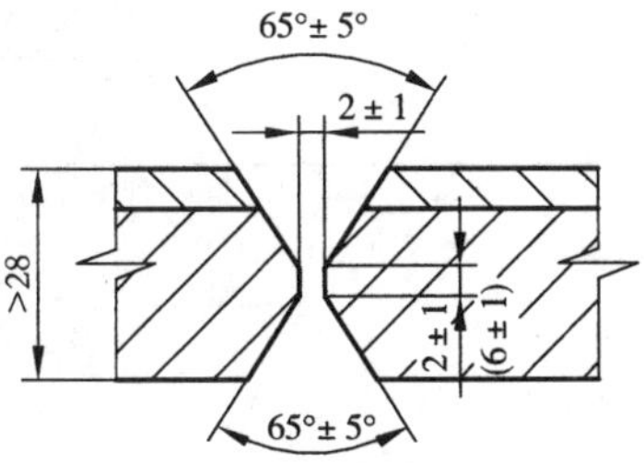 	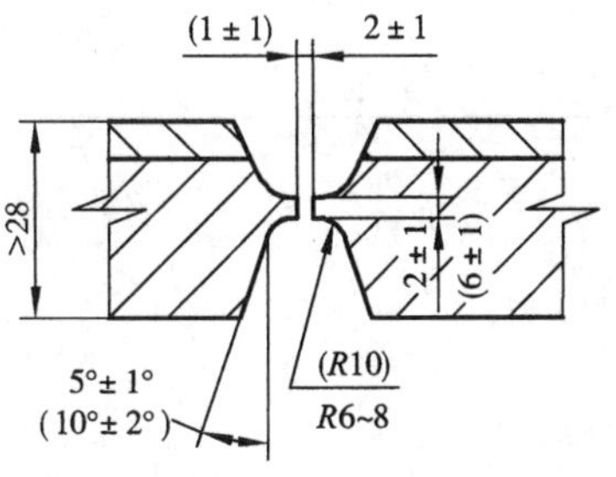

表 B.1　不锈钢复合钢对接接头常用坡口形式与尺寸(续)

<table>
<tr><td>仅能单面施焊</td><td>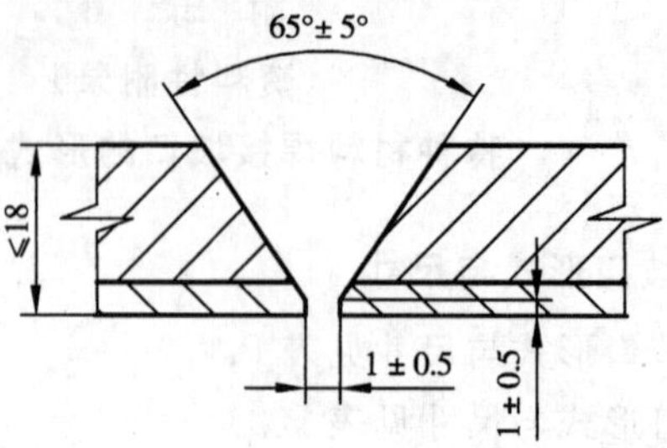
</td></tr>
<tr><td>复合比特别大或
预先开坡口
有困难时</td><td>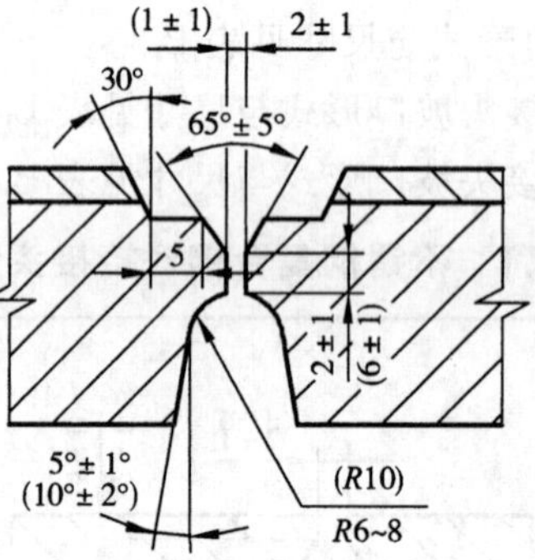
</td></tr>
<tr><td colspan="2">注:括号内的尺寸供埋弧焊用。</td></tr>
</table>

表 B.2　不锈钢复合钢角接头常用坡口形式与尺寸

<table>
<tr><td>不锈钢在内侧</td><td>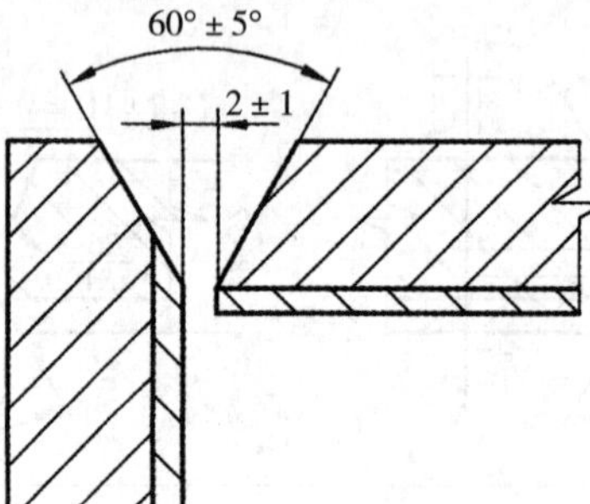

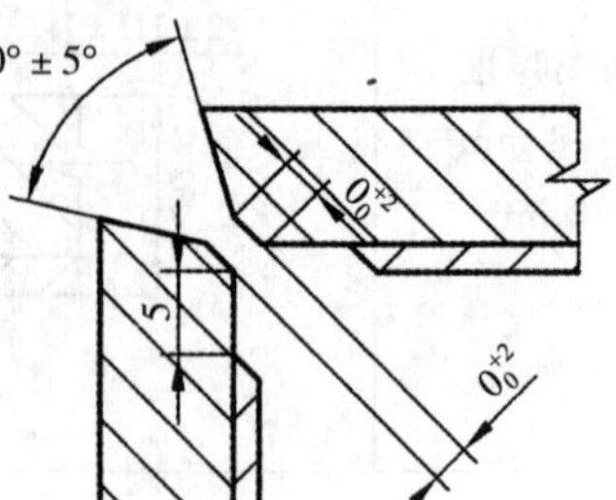
</td></tr>
</table>

表 B.2 不锈钢复合钢角接头常用坡口形式与尺寸(续)

不锈钢在外侧	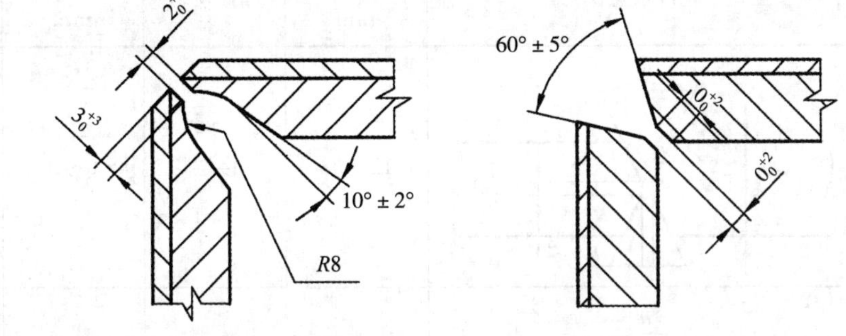
不锈钢复合钢板与接管	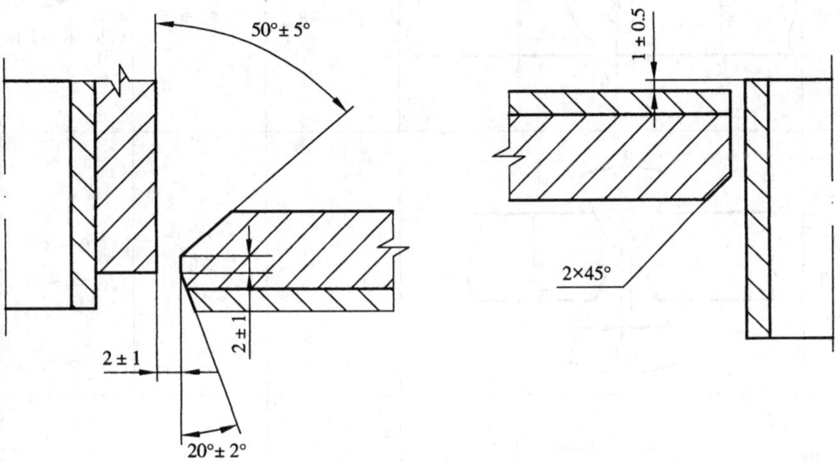

表 B.3 钛材氩弧焊坡口形式和尺寸

坡口形式	坡口示意图	母材厚度 δ mm	焊接层数	间隙 b mm	坡口角度 α (°)	钝边 p mm
I形	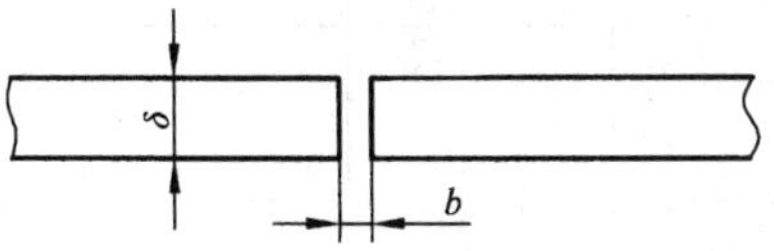	0.5～1.5	1	0	—	—
		1～2	1	0～0.1δ	—	—
			2(双面焊)	0～0.1δ	—	—
V形	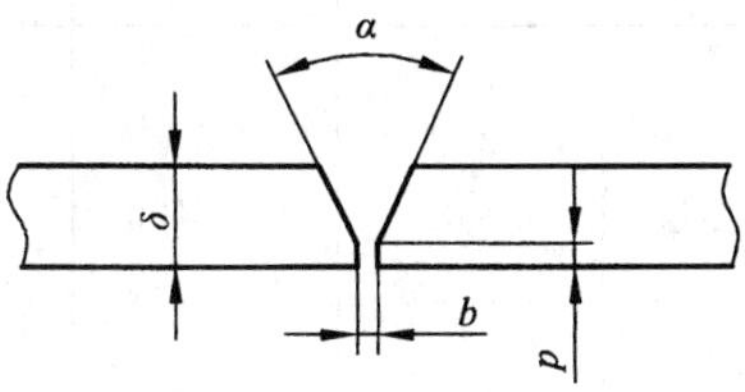	1.5～3	1	0～0.1δ	60～70	0.5～1
		3～16	2或多层	0～0.1δ	50～70	1～1.5

表 B.3 钛材氩弧焊坡口形式和尺寸(续)

坡口形式	坡口示意图	母材厚度 δ mm	焊接层数	间隙 b mm	坡口角度 α (°)	钝边 p mm
X形	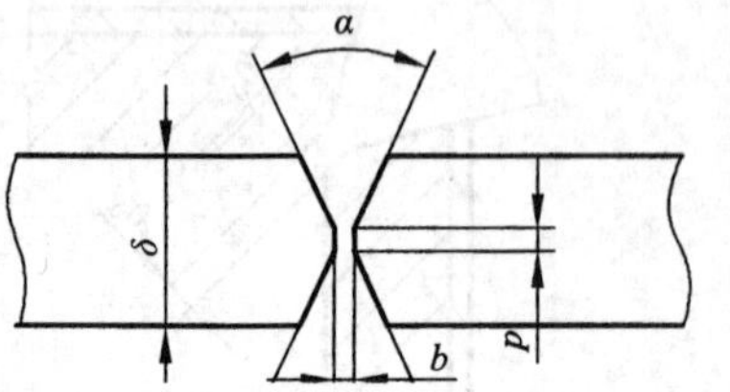	12～38	多层	0～2	50～60	1～1.5
U形	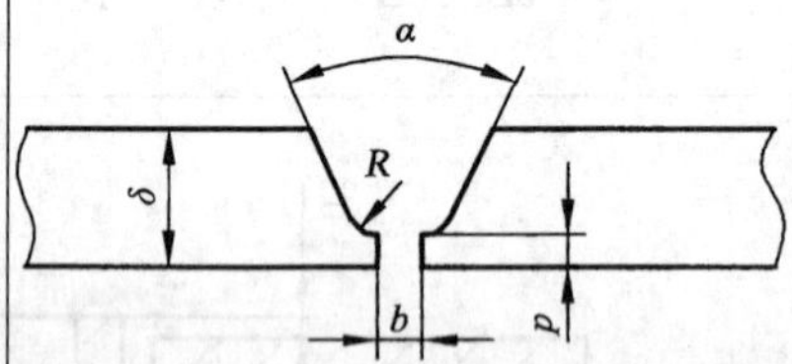	12～38	多层	0～2 (R=6～10)	10～20	1～1.5
双U形	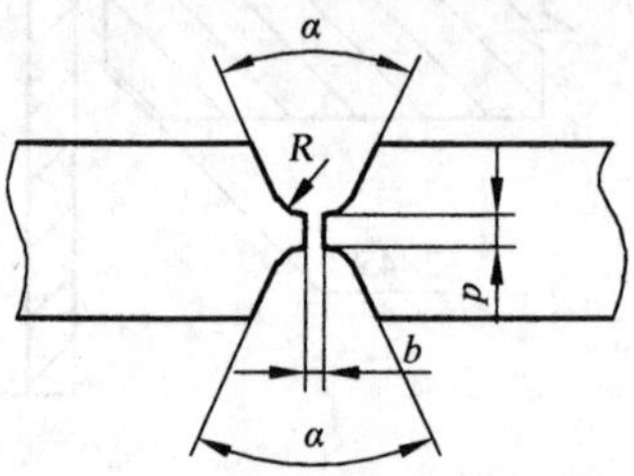	>19	多层	0～2 (R=6～10)	10～20	1～1.5
I形	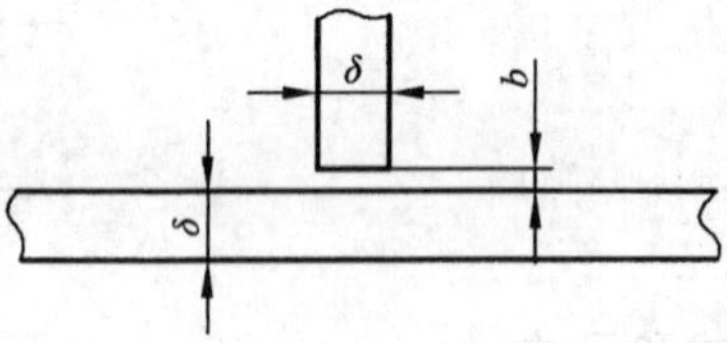	1～6	1～3	0～2	—	—
单V形	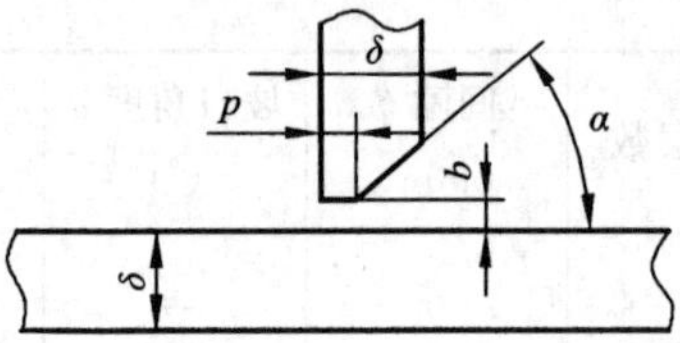	4～12	2～4	0～2	40～50	<2
K形	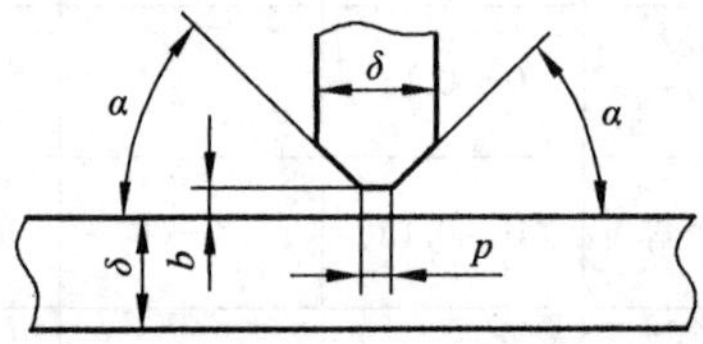	>10	2或多层	0～2	40～50	<2
I形	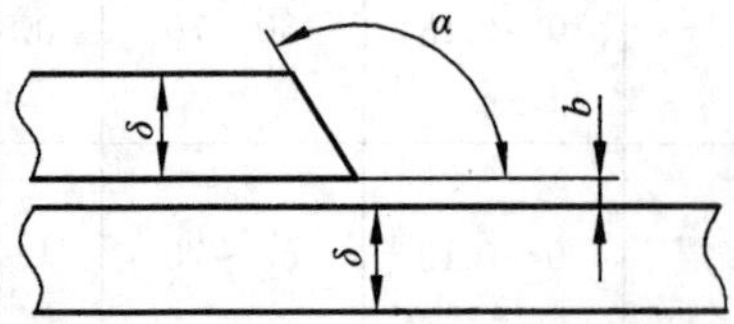	>0.5	1或多层	0～0.5	90～100	—

表 B.3　钛材氩弧焊坡口形式和尺寸(续)

坡口形式	坡口示意图	母材厚度 δ mm	焊接层数	间隙 b mm	坡口角度 α (°)	钝边 p mm
—	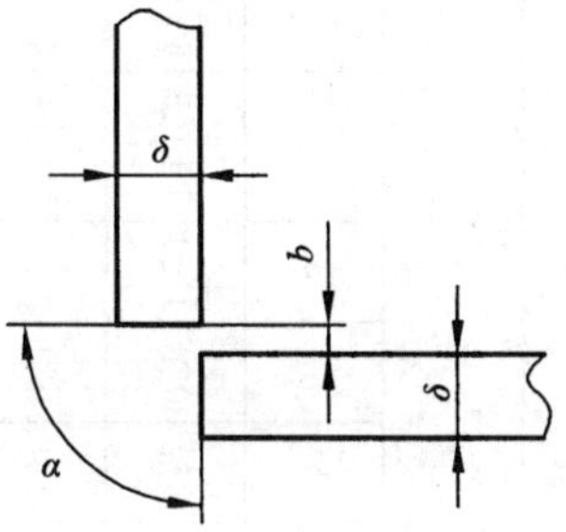	>2	多层	<0.5	50～90	—
—	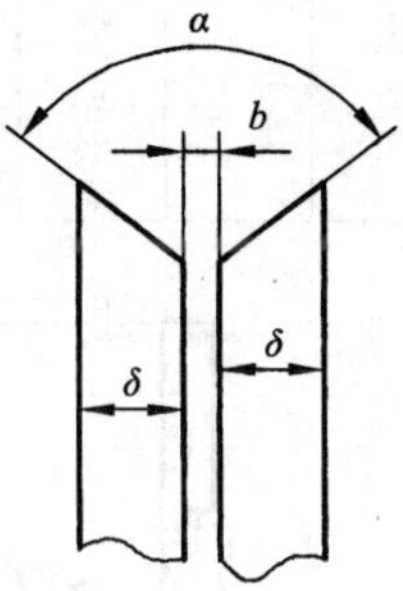	>1	多层	<0.5	90～180	—
V形	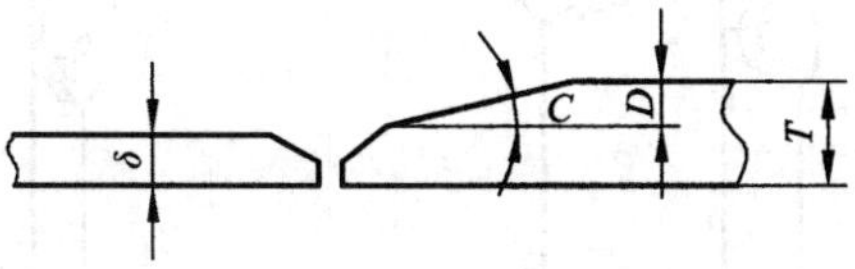 $D=(T-\delta)$，且 $D\geqslant4$ $C=30°\sim40°$					

表 B.4　钛-钢复合板对接接头坡口形式和尺寸

<table>
<tr><th>类别</th><th>坡口形式</th><th>焊缝形式</th><th>尺寸,mm(除角度外)</th></tr>
<tr><td>Ⅰ</td><td>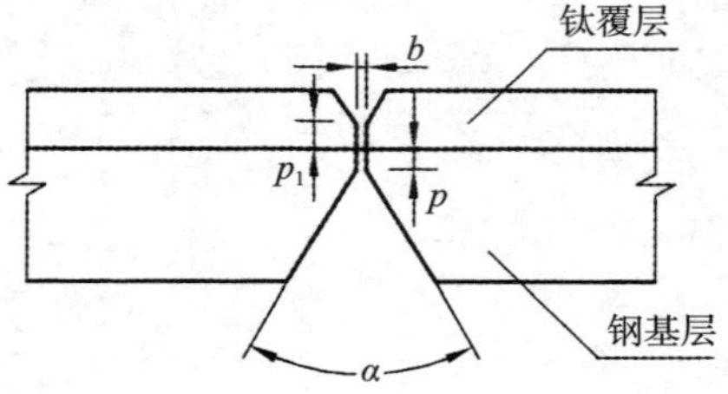</td><td>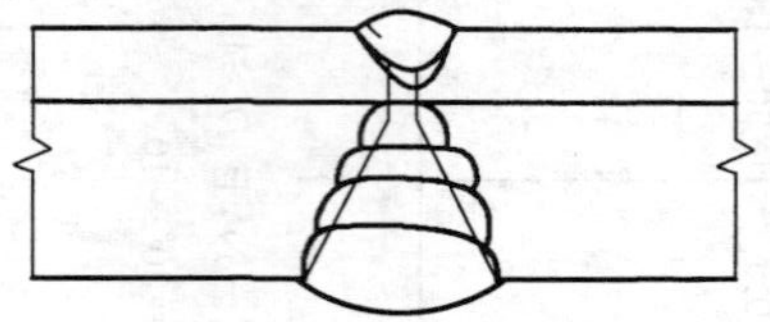</td><td>
<table>
<tr><th>b</th><th>p</th><th>p1</th><th>α</th></tr>
<tr><td>0^{+1}_{0}</td><td>1^{+1}_{0}</td><td>1±0.5</td><td>60°±5°</td></tr>
</table></td></tr>
<tr><td>Ⅱ</td><td>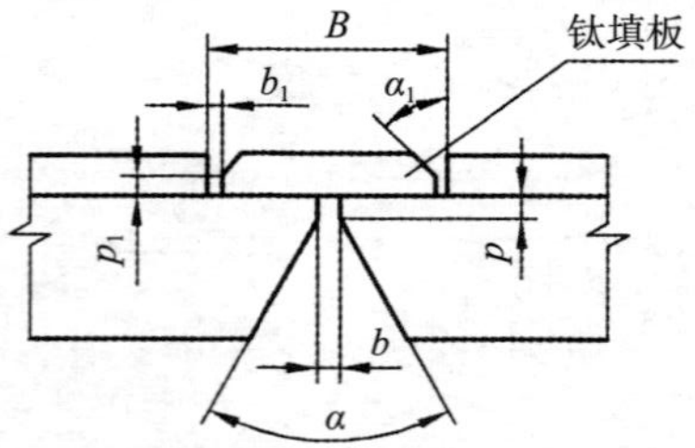</td><td>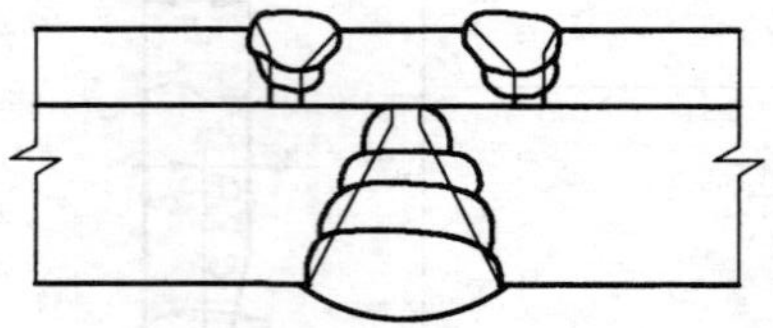</td><td>
<table>
<tr><th></th><th>B</th><th>b</th><th>b1</th><th>p</th><th>p1</th><th>α</th><th>α1</th></tr>
<tr><td>焊条电弧焊</td><td>20^{+1}_{0}</td><td>2^{+1}_{0}</td><td>0^{+1}_{0}</td><td>1±1</td><td>1±0.5</td><td>60°±5°</td><td>45°±5°</td></tr>
<tr><td>埋弧焊</td><td>20^{+1}_{0}</td><td>2^{+1}_{-2}</td><td>0^{+1}_{0}</td><td>6±1</td><td>1±0.5</td><td>60°±5°</td><td>45°±5°</td></tr>
</table></td></tr>
<tr><td>Ⅲ</td><td>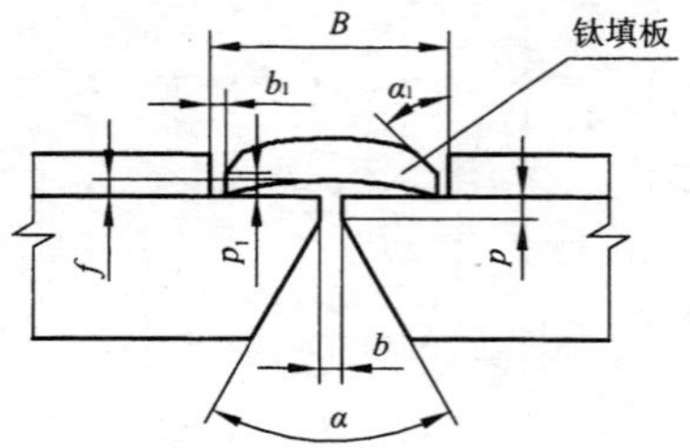</td><td>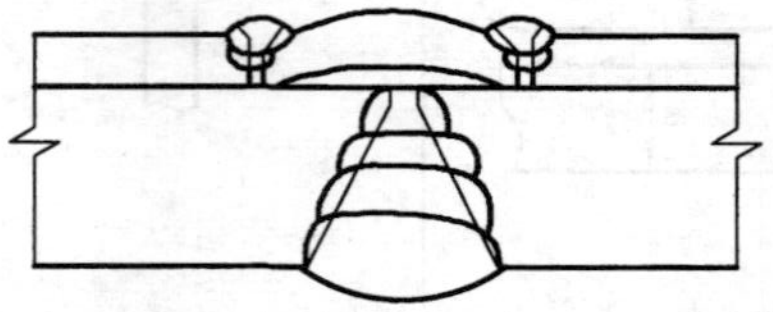</td><td>
<table>
<tr><th></th><th>B</th><th>b</th><th>b1</th><th>p</th><th>p1</th><th>α</th><th>α1</th><th>f</th></tr>
<tr><td>焊条电弧焊</td><td>20^{+1}_{0}</td><td>2^{+1}_{0}</td><td>0^{+1}_{0}</td><td>1±1</td><td>1±0.5</td><td>60°±5°</td><td>45°±5°</td><td>$1^{+0.5}_{0}$</td></tr>
<tr><td>埋弧焊</td><td>20^{+1}_{0}</td><td>2^{+1}_{-2}</td><td>0^{+1}_{0}</td><td>6±1</td><td>1±0.5</td><td>60°±5°</td><td>45°±5°</td><td>$1^{+0.5}_{0}$</td></tr>
</table></td></tr>
</table>

表 B.4 钛-钢复合板对接接头坡口形式和尺寸(续)

<table>
<tr><th>类别</th><th>坡口形式</th><th>焊缝形式</th><th>尺寸,mm(除角度外)</th></tr>
<tr><td>Ⅳ</td><td>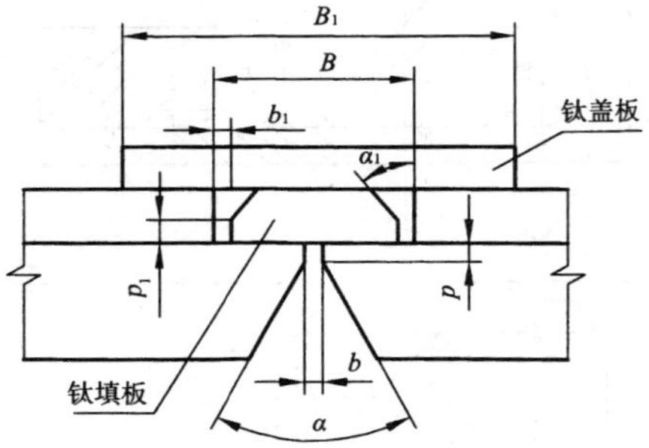
</td><td>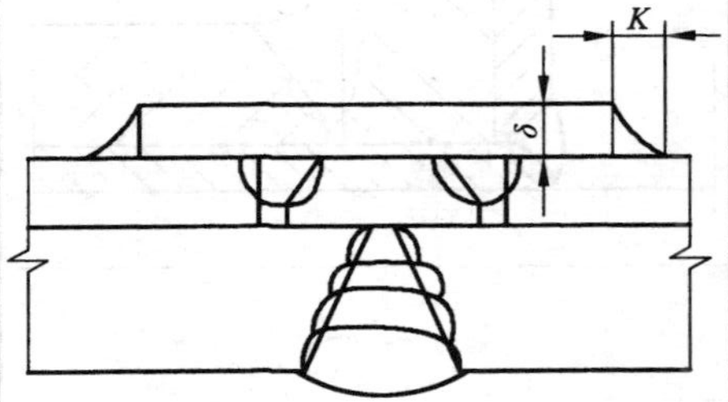
</td><td>
<table>
<tr><th></th><th>B_1</th><th>B</th><th>b</th><th>b_1</th><th>p</th><th>p_1</th><th>α</th><th>α_1</th><th>K</th></tr>
<tr><td>焊条电弧焊</td><td>50±1</td><td>20^{+1}_{0}</td><td>2^{+1}_{0}</td><td>0^{+1}_{0}</td><td>1±1</td><td>1±0.5</td><td>60°±5°</td><td>45°±5°</td><td>$\delta+1$</td></tr>
<tr><td>埋弧焊</td><td>50±1</td><td>20^{+1}_{0}</td><td>2^{+1}_{-2}</td><td>0^{+1}_{0}</td><td>6±1</td><td>1±0.5</td><td>60°±5°</td><td>45°±5°</td><td>$\delta+1$</td></tr>
</table>
</td></tr>
<tr><td>Ⅴ</td><td>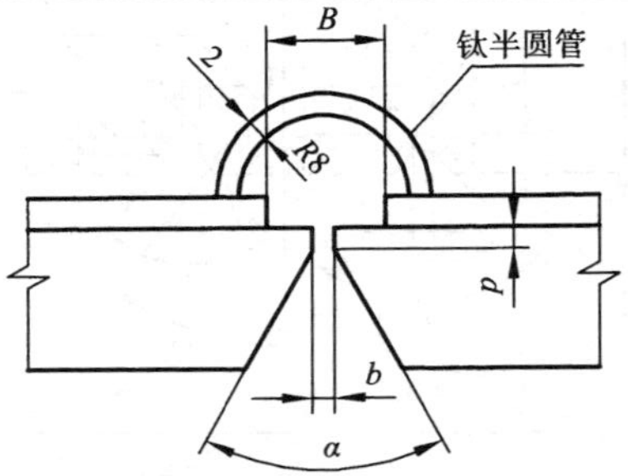
</td><td>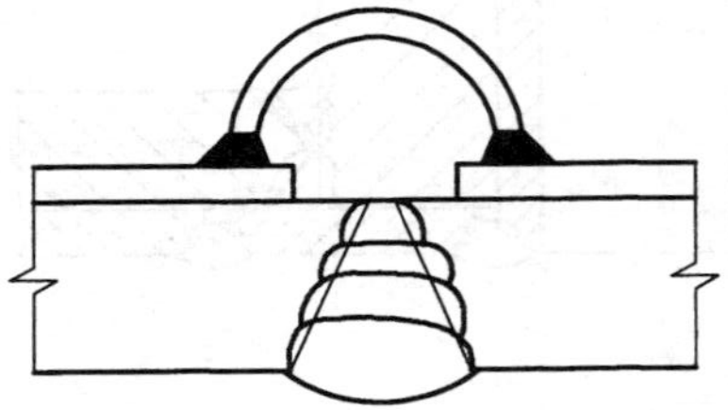</td><td>
<table>
<tr><th></th><th>B</th><th>b</th><th>p</th><th>α</th></tr>
<tr><td>焊条电弧焊</td><td>10±1</td><td>2^{+1}_{0}</td><td>1±1</td><td>60°±5°</td></tr>
<tr><td>埋弧焊</td><td>10±1</td><td>2^{+1}_{-2}</td><td>6±1</td><td>60°±5°</td></tr>
</table>
</td></tr>
<tr><td>Ⅵ</td><td>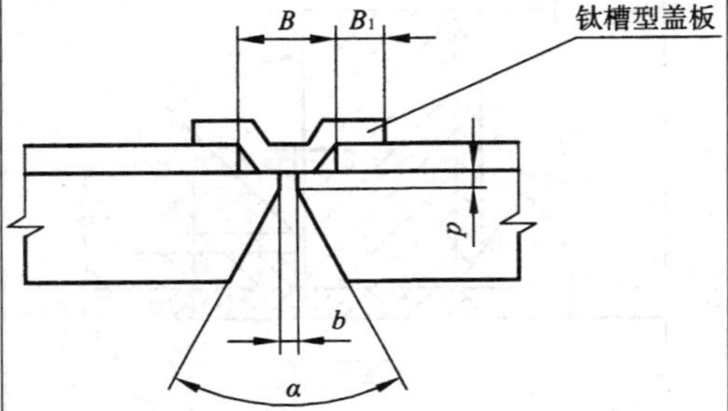
</td><td>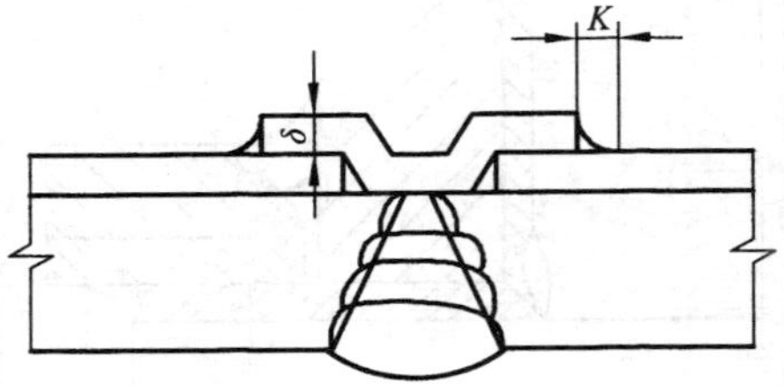
</td><td>
<table>
<tr><th></th><th>B</th><th>B_1</th><th>p</th><th>b</th><th>α</th><th>K</th></tr>
<tr><td>焊条电弧焊</td><td>30～50</td><td>15</td><td>1±1</td><td>2^{+1}</td><td>60°±5°</td><td>$\delta+1$</td></tr>
<tr><td>埋弧焊</td><td>30～50</td><td>15</td><td>6±1</td><td>2^{+1}_{-2}</td><td>60°±5°</td><td>$\delta+1$</td></tr>
</table>
</td></tr>
<tr><td colspan="4">注 1:焊条电弧焊,埋弧焊均指钢层的焊接方法。
注 2:根据钢层厚度,也可采用双面坡口。</td></tr>
</table>

表 B.5 钛-钢复合板角接接头坡口形式和尺寸

<table>
<tr><th>类别</th><th>坡口形式</th><th>焊缝形式</th><th>尺寸,mm(除角度外)</th></tr>
<tr><td>Ⅰ</td><td>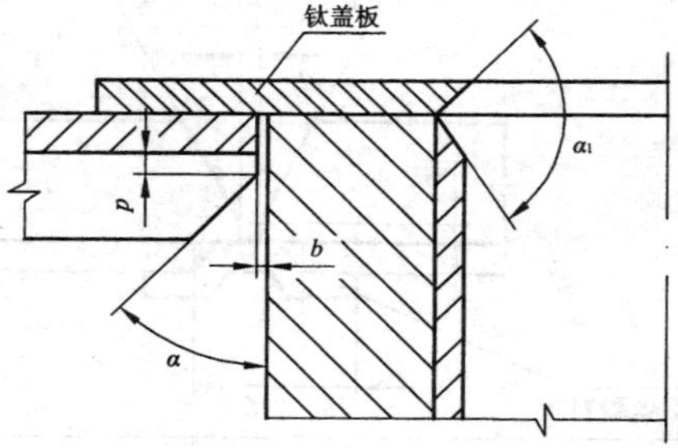
</td><td>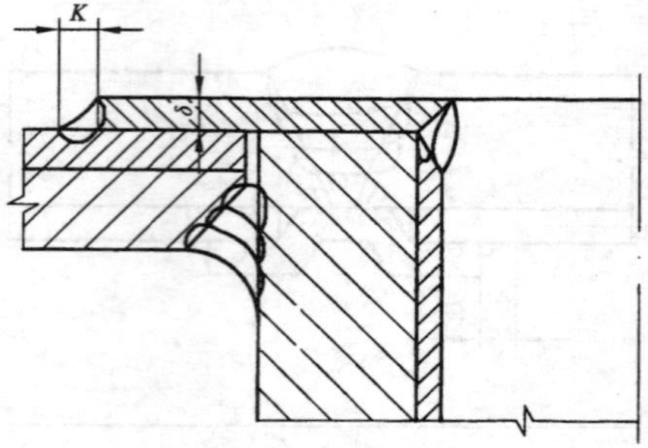
</td><td><table><tr><td>p</td><td>b</td><td>α</td><td>α_1</td><td>K</td></tr><tr><td>3^{+1}_{0}</td><td>2^{+1}_{0}</td><td>50°±5°</td><td>60°±5°</td><td>$\delta+1$</td></tr></table></td></tr>
<tr><td>Ⅱ</td><td>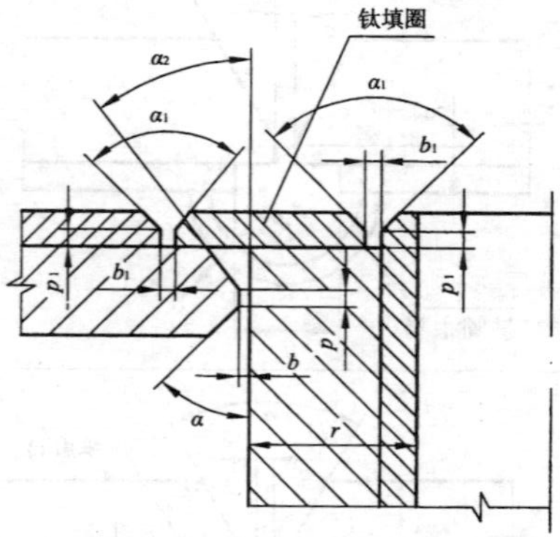
</td><td>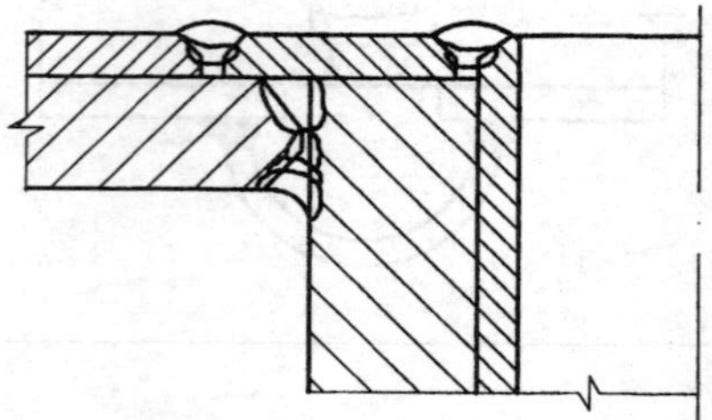</td><td><table><tr><td>p</td><td>p_1</td><td>α</td><td>α_1</td><td>α_2</td><td>b</td><td>b_1</td></tr><tr><td>2^{+1}_{0}</td><td>1±0.5</td><td>50°±5°</td><td>60°±5°</td><td>50°±5°</td><td>1^{+1}_{0}</td><td>0^{+1}_{0}</td></tr></table></td></tr>
<tr><td>Ⅲ</td><td>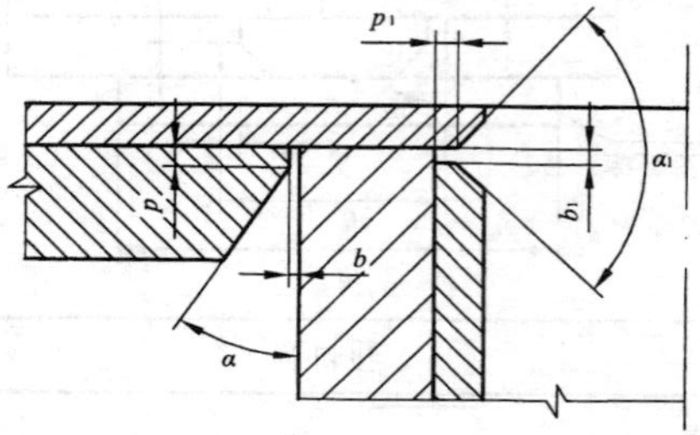
</td><td>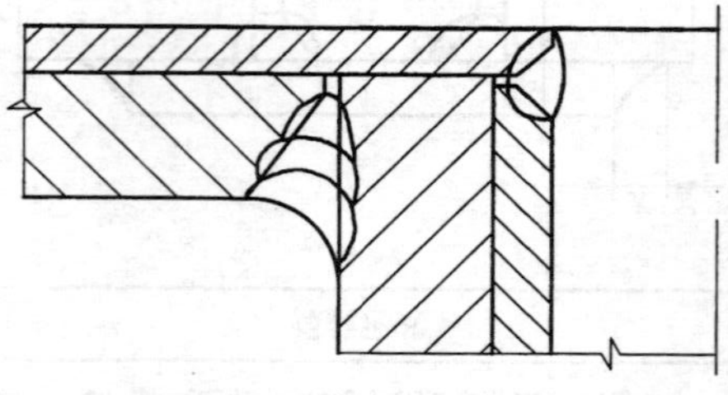</td><td><table><tr><td>p</td><td>p_1</td><td>α</td><td>α_1</td><td>b</td><td>b_1</td></tr><tr><td>3^{+1}_{0}</td><td>1±0.5</td><td>50°±5°</td><td>60°±5°</td><td>1±1</td><td>0^{+1}_{0}</td></tr></table></td></tr>
</table>

表 B.5 钛-钢复合板角接接头坡口形式和尺寸(续)

<table>
<tr><th>类别</th><th>坡口形式</th><th>焊缝形式</th><th colspan="5">尺寸,mm(除角度外)</th></tr>
<tr><td rowspan="2">Ⅳ</td><td rowspan="2">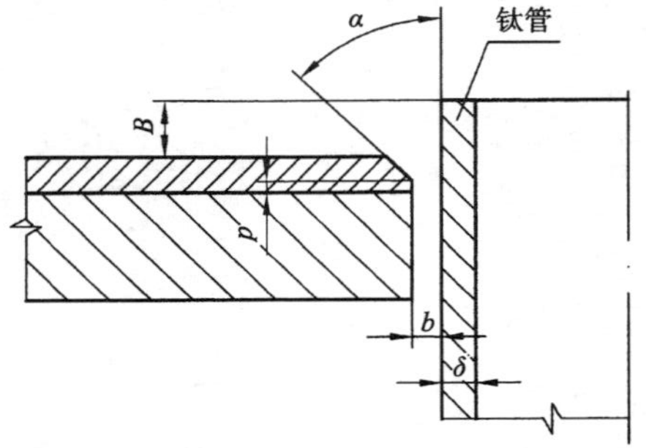</td><td rowspan="2">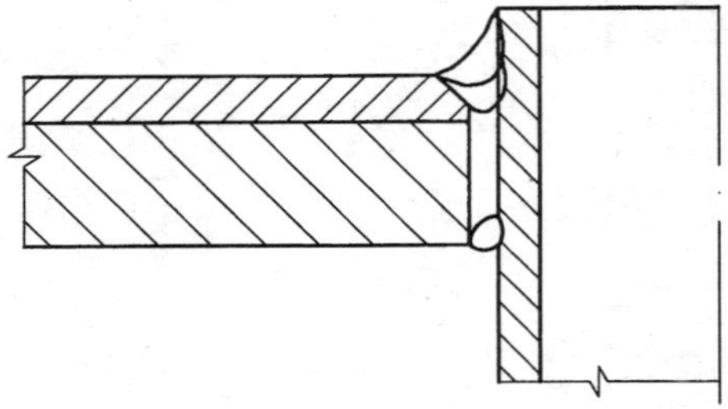</td><td>B</td><td>b</td><td colspan="2">p</td><td>α</td></tr>
<tr><td>≥δ</td><td>0^{+1}_{0}</td><td colspan="2">1±0.5</td><td>50°±5°</td></tr>
<tr><td rowspan="4">Ⅴ</td><td rowspan="4">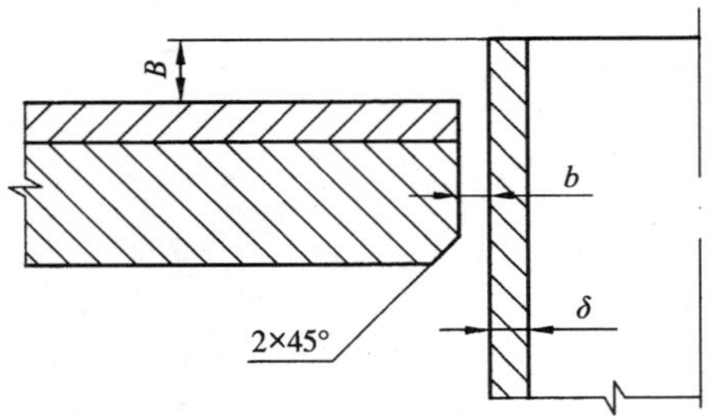</td><td rowspan="4">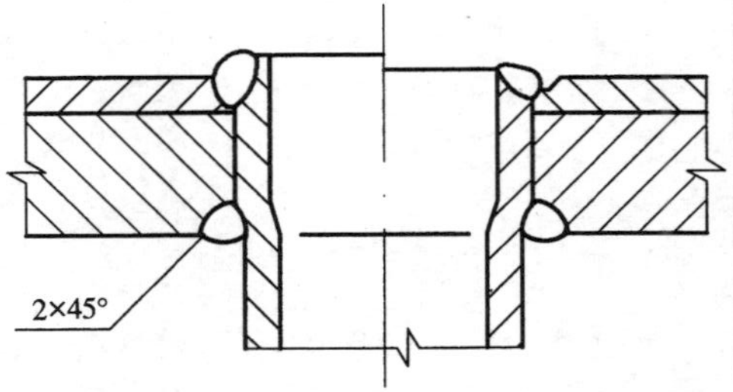</td><td colspan="2">b</td><td colspan="3">由设计图样定</td></tr>
<tr><td colspan="2">δ</td><td>0.5～1</td><td>1～1.5</td><td>2～2.5</td></tr>
<tr><td rowspan="2">B</td><td>无应力槽</td><td>0.5～1</td><td>1～1.5</td><td>2～2.5</td></tr>
<tr><td>有应力槽</td><td>0～0.5</td><td>0.5～1</td><td>1～1.5</td></tr>
</table>

附　录　C
（资料性附录）
焊接工艺规程推荐表格

焊接工艺规程表格包括封面、表 C.1“接头编号表”、表 C.2“焊接材料汇总表”和表 C.3“接头焊接工艺卡”，适用于焊条电弧焊、埋弧焊、气体保护焊。

（单 位 名 称）

焊 接 工 艺 规 程

编号______________

产品编号______________ 项　目______________

用　　户______________ 位　号______________

图　　号______________ 名　称______________

版次	阶段	说明	修改标记及处数	编制人及日期	审核人及日期	备注

表 C.1　接头编号表

接头编号示意图	接头编号	焊接工艺卡编号	焊接工艺评定报告编号	焊工持证项目	无损检测要求

注：如产品结构复杂，可另做一页不含表格的接头编号示意图。

表 C.2 焊接材料汇总表

母材	焊条电弧焊 SMAW		埋弧焊 SAW			气体保护焊 MIG/TIG		
	焊条牌号/规格	烘干温度/时间	焊丝牌号/规格	焊剂	烘干温度/时间	焊丝牌号/规格	保护气体	混合比

压力容器技术特性						
部位	设计压力,MPa	设计温度,℃	试验压力,MPa	焊接接头系数	容器类别	备注

表 C.3 接头焊接工艺卡

接头简图：	焊接工艺程序	焊接工艺卡编号	
		图号	
		接头名称	
		接头编号	
		焊接工艺评定报告编号	
		焊工持证项目	

母材		厚度 mm		检验	序号	本厂	监检单位	第三方或用户
焊缝金属		厚度 mm						

焊接位置		层-道	焊接方法	填充材料		焊接电流		电弧电压，V	焊接速度，cm/min	线能量 kJ/cm
施焊技术				牌号	直径	极性	电流，A			
预热温度(℃)										
道间温度(℃)										
焊后热处理										
后热										
钨极直径										
喷嘴直径										
脉冲频率										
脉宽比(%)										
气体成分	气体流量 正面									
	气体流量 背面									

ICS 23.020.30
J 74

NB

中华人民共和国能源行业标准

NB/T 47017—2011

压力容器视镜

Sightglass for pressure vessels

2011-07-01 发布 2011-10-01 实施

国家能源局 发布

前言

本标准与 HGJ 501～502—1986《压力容器视镜》、HG/T 21575—1994(2009)《带灯视镜》和 HG 21505—1992(2009)《组合式视镜》相比,主要变化如下:

——将现有的视镜标准中涉及的多种视镜型式合并为一种标准的视镜型式;

——依据 GB/T 23259《压力容器用视镜玻璃》,将视镜玻璃的使用温度提高到 250℃,最大急变温差提高至 230℃;

——增加了公称直径 DN200 的视镜规格;

——适当提高了现有视镜规格对应的公称压力;

——取消了现有标准中视镜冲洗孔的结构,参照国外标准采用增设冲洗装置的结构;

——增加了带射灯的视镜规格;

——增加了对视镜的标志、运输包装的要求。

本标准的附录 A～附录 C 为资料性附录。

本标准由全国锅炉压力容器标准化技术委员会固定式压力容器分技术委员会提出。

本标准由全国锅炉压力容器标准化技术委员会(SAC/TC 262)归口。

本标准起草单位:中国石化工程建设公司、合肥通用机械研究院、中国特种设备检测研究院。

本标准主要起草人:谢智刚、李世玉、姚佐权、陈朝晖、徐锋、段瑞、陈志伟。

本标准由全国锅炉压力容器标准化技术委员会(SAC/TC 262)负责解释。

压力容器视镜

1　范围

本标准规定了压力容器视镜的型式、基本参数、技术条件等。

本标准适用于公称压力不大于2.5 MPa、公称直径50 mm～200 mm、介质最高允许温度为250℃、最大急变温差为230℃的压力容器用视镜。

2　规范性引用文件

下列文件对于本文件的应用是必不可少的。凡是注日期的引用文件,仅注日期的版本适用于本文件。凡是不注日期的引用文件,其最新版本(包括所有的修改单)适用于本文件。

GB 150　压力容器

GB/T 897—1988　双头螺柱　bm=1 d

GB/T 1804—2000　一般公差　未注公差的线性和角度尺寸的公差

GB/T 6170—2000　1型六角螺母

GB/T 23259—2009　压力容器用视镜玻璃

HG/T 20592—2009　钢制管法兰(PN系列)

HG/T 20606—2009　钢制管法兰用非金属平垫片(PN系列)

JB/ZQ 4452—2006　圆柱头螺塞

3　规格及系列

压力容器视镜的规格及系列见表1。

表1

<table>
<tr><th rowspan="2">公称直径
DN,mm</th><th colspan="4">公称压力 PN,MPa</th><th rowspan="2">射灯组合形式</th><th rowspan="2">冲洗装置</th></tr>
<tr><th>0.6</th><th>1.0</th><th>1.6</th><th>2.5</th></tr>
<tr><td>50</td><td rowspan="3">—</td><td>√</td><td>√</td><td>√</td><td rowspan="2">不带射灯结构非防爆型射灯结构</td><td rowspan="3">不带冲洗装置</td></tr>
<tr><td>80</td><td>√</td><td>√</td><td>√</td></tr>
<tr><td>100</td><td>√</td><td>√</td><td>√</td><td>不带射灯结构</td></tr>
<tr><td>125</td><td>√</td><td>√</td><td>√</td><td rowspan="3">—</td><td rowspan="3">非防爆型射灯结构防爆型射灯结构</td><td rowspan="3">带冲洗装置</td></tr>
<tr><td>150</td><td>√</td><td>√</td><td>√</td></tr>
<tr><td>200</td><td>√</td><td>√</td><td></td></tr>
</table>

4　型式

4.1　视镜基本型式

视镜作为标准组合部件,由视镜玻璃、视镜座、密封垫、压紧环、螺母和螺柱等组成。其基本型式如图1所示。

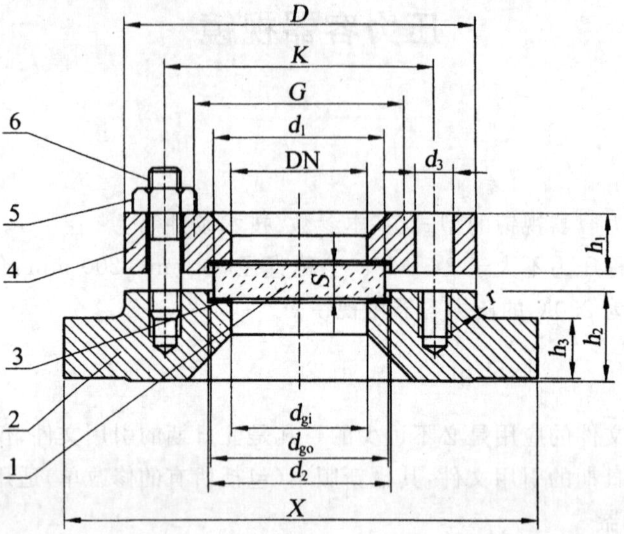

1—视镜玻璃；2—视镜座；3—密封垫；4—压紧环；5—螺母；6—双头螺柱

图1　视镜的基本型式

视镜与容器的连接形式有两种：一种是视镜座外缘直接与容器的壳体或封头相焊(见图2)；另一种是视镜座由配对管法兰(或法兰凸缘)夹持固定[见图3a)、b)]。

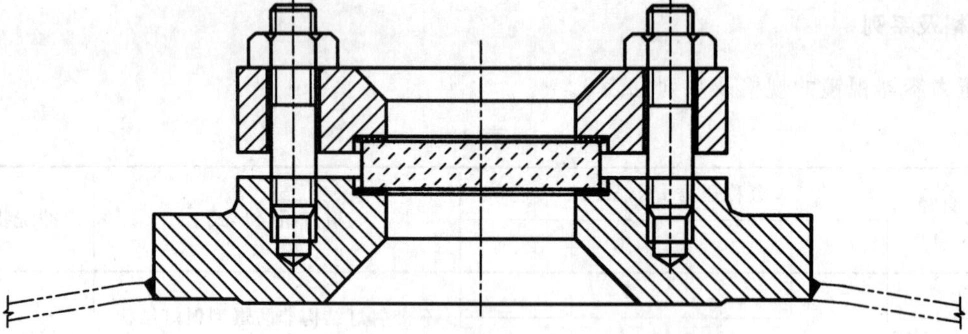

图2　与容器壳体直接相焊式

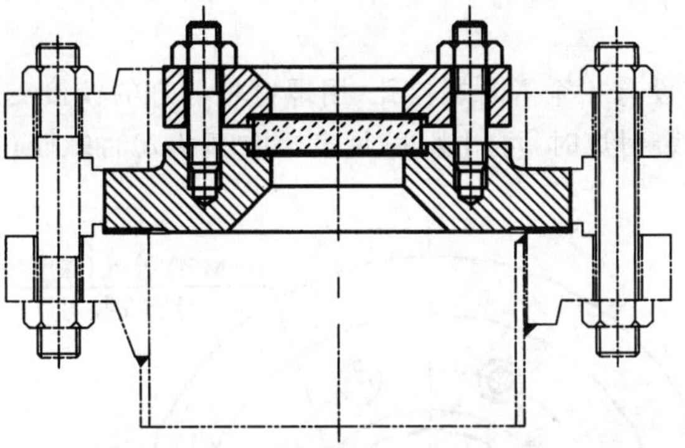

a)

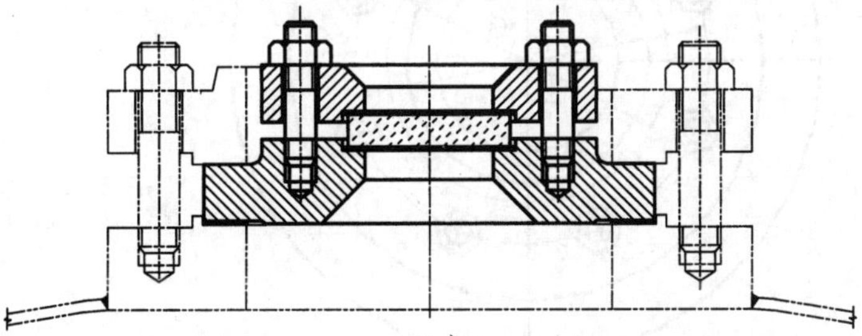

b)

图 3　由配对管法兰(或法兰凸缘)夹持固定式

4.2　冲洗装置

根据需要可以选配冲洗装置(见图 4),用于视镜玻璃内侧的喷射清洗。

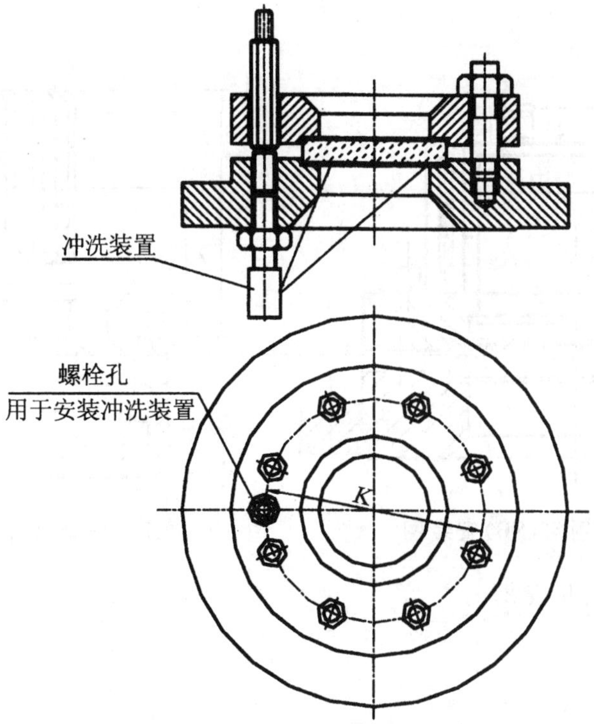

图 4　带冲洗装置的视镜

4.3 射灯

视镜压紧环上均布设有4个M6螺栓孔,用螺钉将射灯的铰接支架安装在视镜压紧环上,如图5所示。若不需安装射灯时,可用螺塞(见表3中序号7)将螺栓孔堵死。

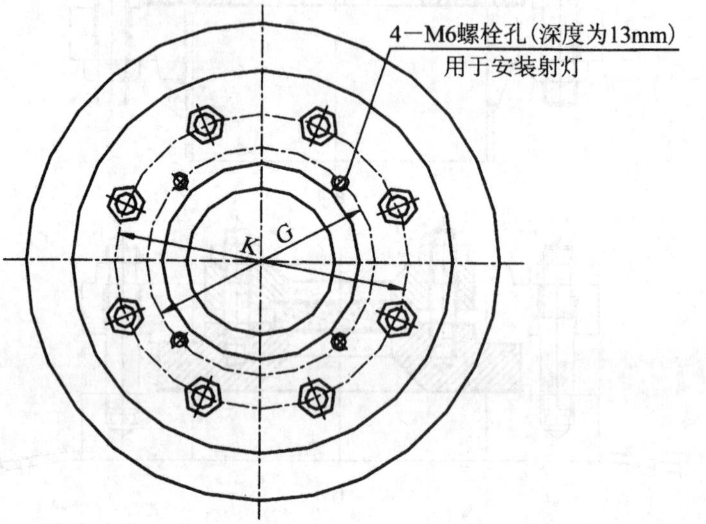

图5 视镜压紧环上射灯安装位置

与视镜组合使用的射灯分为非防爆SB型和防爆SF型两种(见图6、图7),具体参数规格见表2。当视镜单独作为光源孔时,容器需要另行安装一个不带灯视镜作为窥视孔。

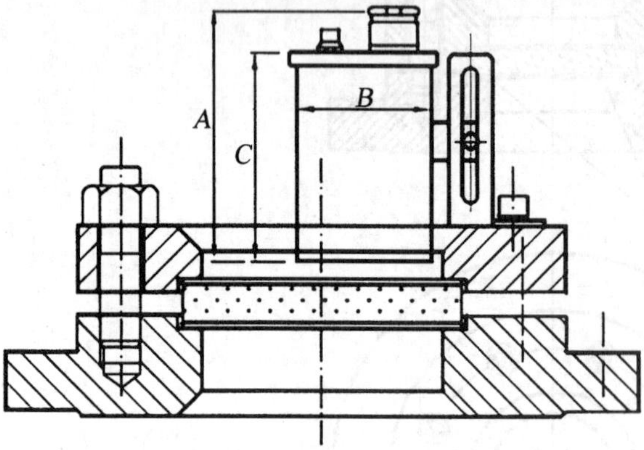

图6 非防爆射灯(SB)安装图

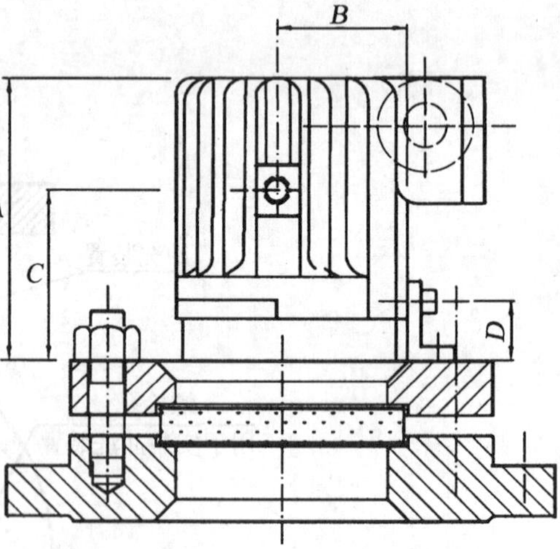

图7 防爆射灯(SF1,SF2)安装图

射灯和视镜的组合见表2。

表 2

射灯型号	所配视镜规格 DN,mm		电压 V	功率 W	防护等级	防爆等级
	单独光孔	光视组合				
SB	50	80、100、125、150、200	24	50	IP65	—
SF1	100、125	150、200	24	50	IP65	EEx d ⅡC T3
SF2	100、125	150、200	24	20	IP65	EEx d ⅡC T4

注 1:非防爆射灯(SB)的外壳为不锈钢材料,根据使用工况可带有按钮开关。
注 2:防爆射灯(SF1,SF2)的外壳为铸铝。供给电源 AC/DC。
注 3:若用户对射灯的参数有特别要求时,可以在订货时注明。

5 基本参数

5.1 材料明细表

视镜标准件(见图 1)的材料应符合表 3 的规定。

表 3

序号	名称	数量	材料		备注
			Ⅰ	Ⅱ	
1	视镜玻璃	1	钢化硼硅玻璃		GB/T 23259—2009
2	视镜座	1	Q245R	不锈钢(S30408 等)	—
3	密封垫	2	非石棉纤维橡胶板		HG/T 20606—2009
4	压紧环	1	Q245R	不锈钢(S30408 等)	—
5	螺母	见表 4	8 级	A2-70	GB/T 6170—2000
6	双头螺柱	见表 4	8.8 级	A2-70	GB/T 897—1988 B 型
7	螺塞 M6	4	35		JB/ZQ 4452—2006

注 1:若视镜座和压紧环选用不锈钢材料时,可直接选用 S30408,S30403,S31608,S31603 等不锈钢。其中,若选用 S30408 以外的其他不锈钢材料时,需在订货时注明。
注 2:若视镜座和压紧环采用本标准以外的材料,选用者应确保结构的强度和刚度的基本要求,并在订货时注明。
注 3:密封用的垫片材料可以根据操作条件及介质特性选用。选用本标准以外的材料时,应在订货时注明。

5.2 尺寸表

视镜的基本尺寸应符合表 4 的规定。

表 4

单位为 mm

公称直径 DN	公称压力 PN MPa	视镜							视镜片		密封垫		螺柱		质量 kg
		X	D	K	G	h_1	h_2	h_3	d_1	S	d_{gi}	d_{go}	数量 n	螺纹	
	1.0					16				10					5.4
50	1.6	175	115	85	80	16	25	20	65	10	50	67	4	M12	5.4
	2.5					20				12					5.6
	1.0					16				15					8.6
80	1.6	203	165	125	110	16	30	25	100	15	80	102	4	M16	8.6
	2.5					20				20					9.2

表 4(续)

公称直径 DN	公称压力 PN MPa	视镜							视镜片		密封垫		螺柱		质量 kg
		X	D	K	G	h_1	h_2	h_3	d_1	S	d_{gi}	d_{go}	数量 n	螺纹	
100	1.0	259	200	160	135	20	30	25	125	15	100	127	8	M16	14.1
	1.6					20				20					14.2
	2.5					25				25					15.1
125	0.6	312	220	180	160	18	30	25	150	20	125	152	8	M16	18.2
	1.0					22				20					18.7
	1.6					22				25					18.8
150	0.6	312	250	210	185	18	30	25	175	20	150	177	8	M16	18.2
	1.0					25				20					20.1
	1.6					25				25					20.3
200	0.6	363	315	270	240	20	36	30	225	25	200	227	8	M20	27.4
	1.0					35				30					33.2

6 标记

6.1 标记说明

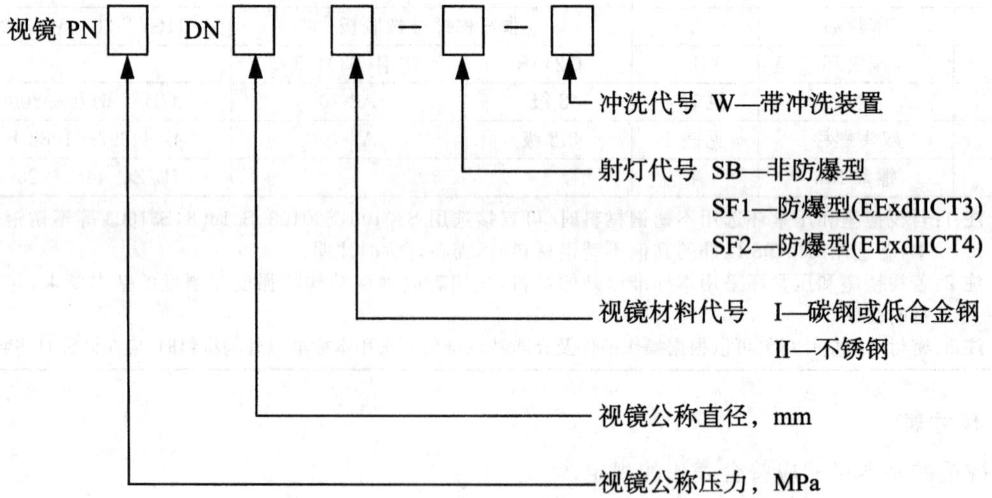

6.2 标记示例

示例 1：公称压力 2.5 MPa、公称直径 50 mm、材料为不锈钢 S30408、不带射灯、带冲洗装置的视镜。

其标记为：视镜 PN2.5DN50Ⅱ-W

示例 2：公称压力 1.6 MPa、公称直径 80 mm、材料为不锈钢 S30403、带非防爆型射灯组合、不带冲洗装置的视镜。其中选用 SB 型非防爆射灯，电压为 24 V，功率为 50 W。

其标记为：视镜 PN1.6DN80Ⅱ-SB

并在备注栏处注明材料为 S30403。

示例 3：公称压力 1.0 MPa、公称直径 150 mm、材料为低合金钢 Q345R、带防爆型射灯组合、不带冲洗装置的视镜。其中选用 SF1 型防爆射灯，输入电压为 24 V，光源功率为 50 W，防爆等级为 EExdⅡCT3。

其标记为：视镜 PN1.0DN150Ⅰ-SF1

并在备注栏处注明材料为Q345R。

示例4:公称压力0.6 MPa、公称直径200 mm、材料为不锈钢S31603、带防爆型射灯组合、带冲洗装置的视镜。其中选用SF2型防爆射灯,输入电压为24 V,光源功率为20 W,防爆等级为EExdⅡCT4。

其标记为:视镜 PN0.6DN200Ⅱ-SF2-W

并在备注栏处注明材料为S31603。

7 技术条件

7.1 视镜的材料、设计、制造与检验应满足GB 150等有关规范、标准的规定。

7.2 视镜玻璃的外观质量、形位公差、各项性能、制造、检验及验收等要求应符合GB/T 23259的规定。

7.3 密封垫片的制造应符合HG/T 20606的要求。

7.4 视镜座和压紧环的螺栓孔中心距离允许偏差如下:

a) 螺孔中心圆直径的允许偏差及相邻两孔间距允许偏差为±0.6 mm;

b) 任意两孔中心距允许偏差为±1 mm。

7.5 加工面未注尺寸的公差按GB/T 1804中m级精度要求。

7.6 组装时,应依次序十字对称均匀拧紧螺柱和螺母,确保密封垫片具有可靠的密封性能。

7.7 视镜组装后,按公称压力的1.5倍进行水压试验。

7.8 在进行冲洗操作时,应注意控制冲洗水的温度尽量接近视镜的工作温度,温差不应大于30℃;在任何情况下,不允许用冷水对热的视镜进行喷射冲洗,以免视镜玻璃破裂。

7.9 带射灯视镜的工作温度应考虑射灯照射所引起的升温。

7.10 视镜座直接与容器壁相焊时,应选择正确的焊接工艺,保证视镜玻璃、密封垫不至于过热,保证视镜不会产生扭曲变形。

8 标志、运输包装

8.1 视镜压紧环的圆柱侧面上应打印有产品标记、产品批号和生产厂代号。

8.2 视镜灯的铭牌应有下列内容:

a) “EX”标志和生产厂商标符号;

b) 产品名称、型号;

c) 安全注册号(如果有);

d) 额定电压、功率;

e) 防爆标志(用于防爆型射灯);

f) 防爆合格证编号(用于防爆型射灯);

g) 防护等级;

h) 制造厂名称;

i) 编号或出厂日期。

8.3 视镜包装应确保视镜玻璃两面不受损伤,包装外侧应标记“玻璃制品,小心轻放”的字样。

附 录 A
(资料性附录)
夹持固定视镜的配对管法兰选用

视镜采用标准正文中图3所示的连接形式时，其夹持配对管法兰采用现有欧洲体系的管法兰标准(HG/T 20592)，压力等级与视镜公称压力相一致。与视镜相对应的配对管法兰规格及型式见表A.1、表A.2。

表 A.1 配对管法兰规格

名称	公称直径 DN,mm					
视镜	50	80	100	125	150	200
配对管法兰	125	150	200	250	250	300

表 A.2 配对管法兰型式

视镜公称压力 PN,MPa	接管法兰(或法兰凸缘)		夹持配对法兰	
	密封面	法兰类型	密封面	法兰类型
0.6 1.0	凹面	带颈平焊	突面	板式平焊 带颈平焊
1.6 2.5	凹面	带颈对焊	突面 凹面	带颈平焊 带颈对焊

根据需要，设计人员也可以自己选择其他标准、其他型式的夹持配对法兰，但不能低于上述密封要求。

附 录 B
(资料性附录)
视镜射灯的选用

B.1 视镜射灯采用冷光束反射型卤钨灯泡,具有定向照明的性能,亮度远远高于散光型普通白炽灯,防水防尘性能达到IP65。

B.2 视镜射灯选用 24 V 低电压作为供给电压,既保证安全又可延长灯泡的使用寿命。配以 20 W/50 W 功率的冷光束反射型卤钨灯泡,发光效率高、亮度足。

B.3 非防爆射灯(SB)采用不锈钢外壳,整体结构小,表面光洁度高。配有可翻转的铰链支架,可根据物料的高度,反应过程进行调节,装配更灵活。

B.4 防爆射灯(SF1,SF2)外壳材质采用铝合金,同时具有耐腐蚀作用。配有 L 型固定安装支架。

B.5 视镜射灯的安装见正文中的图 6、图 7,其结构尺寸和基本参数见表 B.1。

表 B.1

射灯型号	基本尺寸,mm			电压,V	功率,W	防护等级	防爆等级
	A	B	C				
SB	90	53	73	24	50	IP65	—
SF1	133	56	81	24	50	IP65	EEx d ⅡC T3
SF2	133	56	81	24	20	IP65	EEx d ⅡC T4

附 录 C
(资料性附录)
视镜冲洗装置的选用

C.1 视镜的冲洗装置为1个标准件,包括1个喷头、锁紧螺母、2个密封垫及连接喷嘴(见图C.1)。除密封垫材料使用PTFE外,其余元件均选用S30408不锈钢。

图 C.1 冲洗装置元件

C.2 当用户选配冲洗装置时,需在压紧环的螺栓中心圆上2个相邻螺栓孔之间加工出ϕ21的光孔,在视镜座的螺栓中心圆上2个相邻螺栓孔之间对应加工出M14×1.5的螺纹孔。连接喷嘴通过压紧环上的光孔拧入视镜座上的螺纹孔,经密封垫和锁紧螺母分别密封和固定后,将喷头从视镜座的下部拧入。安装示意见图C.2。

C.3 与供水管线相连端的连接喷嘴规格为内径5 mm,外径10 mm。用户根据操作条件,可以考虑在供水线上安装一个单向阀。

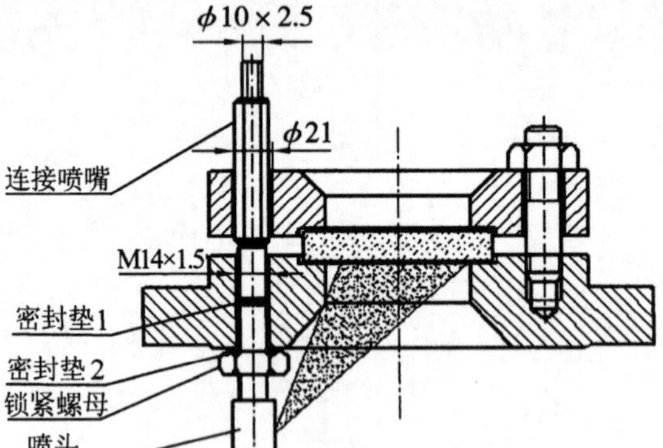

图 C.2 冲洗装置安装示意图

C.4 若不带冲洗装置,则不需在压紧环和视镜座上加工光孔和螺纹孔。

S 23.040.60
15

NB

中华人民共和国能源行业标准

NB/T 47020—2012(JB/T 4700)
代替 JB/T 4700—2000

压力容器法兰分类与技术条件

Type and specification for pressure vessel flanges

12-11-09 发布 2013-03-01 实施

国家能源局 发布

前　言

本标准与JB/T 4700—2000相比主要变化如下：

——引用标准进行了更新；

——材料牌号进行相应了的更新；

——取消了法兰用材料Q235-A和15MnVR；

——增加了长颈对焊法兰用锻件材料14Cr1Mo；

——长颈对焊法兰的尺寸作了进一步扩充；

——增加了垫片规格，与长颈对焊法兰系列规格相一致。

本标准的附录A为规范性附录。

本标准由全国锅炉压力容器标准化技术委员会(SAC/TC 262)提出并归口。

本标准起草单位：合肥通用机械研究院、中国石化工程建设有限公司、中石化洛阳工程有限公司。

本标准起草人：姚佐权、冯清晓、郭为民、秦宗川、谢智刚、胡庆均、潘建华、桑如苞、陈崇刚。

本标准由全国锅炉压力容器标准化技术委员会(SAC/TC 262)负责解释。

本标准所代替标准的历次版本发布情况为：

——JB 4700—1992；

——JB/T 4700—2000。

压力容器法兰分类与技术条件

1 范围

本标准规定了压力容器法兰的分类、规格,法兰、螺柱、螺母的材料及与垫片的匹配,各级温度下的最大允许工作压力、技术要求以及标记。

本标准适用于公称压力0.25 MPa～6.40 MPa,工作温度－70℃～450℃的碳钢、低合金钢制压力容器法兰。

2 规范性引用文件

下列文件对于本文件的应用是必不可少的。凡是注日期的引用文件,仅注日期的版本适用于本文件。凡是不注日期的引用文件,其最新版本(包括所有的修改单)适用于本文件。

GB 150 压力容器

GB/T 196 普通螺纹 基本尺寸

GB/T 197 普通螺纹 公差

GB/T 539 耐油石棉橡胶板

GB/T 699 优质碳素结构钢

GB/T 700 碳素结构钢

GB 713 锅炉和压力容器用钢板

GB/T 1801 产品几何技术规范(GPS) 极限与配合 公差带和配合的选择

GB/T 1804 一般公差 未注公差的线性和角度尺寸的公差

GB/T 3077 合金结构钢

GB/T 3098.2 紧固件机械性能 螺母 粗牙螺纹

GB/T 3274 碳素结构钢和低合金结构钢热轧厚钢板和钢带

GB/T 3985 石棉橡胶板

GB/T 5779.2 紧固件表面缺陷 螺母

GB/T 16938 紧固件 螺栓、螺钉、螺柱和螺母 通用技术条件

GB 24511 承压设备用不锈钢钢板及钢带

NB/T 47008 承压设备用碳素钢和合金钢锻件

NB/T 47009 低温承压设备用低合金钢锻件

NB/T 47021 甲型平焊法兰

NB/T 47022 乙型平焊法兰

NB/T 47023 长颈对焊法兰

NB/T 47024 非金属软垫片

NB/T 47025 缠绕垫片

NB/T 47026 金属包垫片

NB/T 47027 压力容器法兰用紧固件

JB/T 4730　承压设备无损检测

3　选用原则与标准适应的腐蚀裕量

3.1　压力容器法兰宜优先采用本标准法兰,按本标准选用的法兰可免除 GB 150 的有关计算。

3.2　本标准中乙型法兰的适用腐蚀裕量为不大于 2 mm,当腐蚀裕量超过 2 mm 但不大于 3 mm时,应加厚短节厚度 2 mm。长颈对焊法兰的适用腐蚀裕量不大于 3 mm。

4　法兰的分类、材料匹配、工作温度及最大允许工作压力、结构尺寸

4.1　法兰分类及系列参数见表 1 的规定。

4.2　法兰、垫片、螺柱、螺母材料的匹配

4.2.1　甲型平焊法兰、乙型平焊法兰和长颈对焊法兰(以下简称甲型、乙型、长颈法兰)、垫片、螺柱、螺母材料的匹配及工作温度范围应符合表 2 的规定。

4.2.2　螺柱的硬度(布氏硬度,HB)应比相配的螺母硬度高 20～30,相同强度级别的材料可以通过不同的热处理状态实现。

4.3　法兰的工作温度及最大允许工作压力、结构尺寸

4.3.1　甲型法兰的工作温度为高于－20℃～300℃,乙型法兰的工作温度为高于－20℃～350℃,其最大允许工作压力见表 6 的规定,结构尺寸分别按 NB/T 47021、NB/T 47022 的规定。衬环乙型法兰的使用温度由设计者根据情况决定。

4.3.2　长颈法兰的工作温度为－70℃～450℃,其最大允许工作压力见表 7 的规定,结构尺寸按 NB/T 47023 的规定。衬环法兰的使用温度由设计者根据实际情况决定。

4.3.3　选用标准法兰时,所选取法兰工作温度应不低于该法兰在使用条件下的设计温度;法兰最大允许工作压力应不小于该法兰在使用条件下的计算压力。当法兰承受轴向拉力或弯矩时,应另行考虑其作用。

4.4　垫片

垫片按 NB/T 47024、NB/T 47025、NB/T 47026 的规定。

4.5　紧固件

紧固件按 NB/T 47027 的规定。

5　代号、标记及标记示例

5.1　代号

法兰类型代号应符合表 8 的规定。

密封面型式代号应符合表 9 的规定。

表 1 法兰分类及参数表

类型	平焊法兰										对焊法兰					
	甲型				乙型						长颈					
标准号	NB/T 47021				NB/T 47022						NB/T 47023					
简图	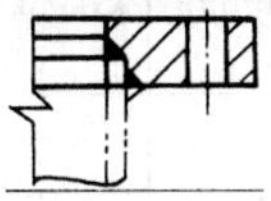				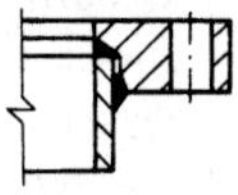						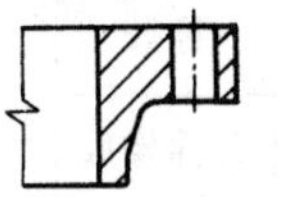					
公称直径 DN mm	公称压力 PN MPa															
	0.25	0.60	1.00	1.60	0.25	0.60	1.00	1.60	2.50	4.00	0.60	1.00	1.60	2.50	4.00	6.40
300																
350	按 PN=1.00															
400																
450								—								
500							—									
550	按 PN=1.00															
600						—					—					
650																
700																
800																
900					—											
1 000																
1 100																
1 200																
1 300				—												
1 400																
1 500			—							—						
1 600		—														—
1 700									—							
1 800																
1 900																
2 000								—								
2 200					按 PN=0.6											
2 400							—									
2 600		—													—	
2 800											—	—	—	—		
3 000																

表 2　法兰、垫片、螺柱、螺母材料匹配表

法兰类型	垫片	垫片种类	垫片适用温度范围，℃	匹配	法兰材料	法兰适用温度范围，℃	匹配	螺柱材料	螺母材料	螺柱与螺母适用温度范围，℃
甲型法兰	非金属软垫片	橡胶	按 NB/T 47024 表 1	可选配右列法兰材料	板材 GB/T 3274 Q235B、C	Q235B：20～300 Q235C：0 ～300	可选配右列螺柱螺母材料	GB/T 699 20	GB/T 700 15	−20～350
		石棉橡胶						GB/T 699 35	20	0 ～350
		聚四氟乙烯			板材 GB 713 Q245R Q345R	−20 ～450			GB/T 699 25	0～350
		柔性石墨								
乙型法兰与长颈法兰	非金属软垫片	橡胶	按 NB/T 47024 表 1	可选配右列法兰材料	板材 GB/T 3274 Q235B,C	Q235B：20～300 Q235C：0～300	按表 3 选定右列螺柱材料后选定螺母材料	35	20 25	0～350
		石棉橡胶								
		聚四氟乙烯			板材 GB 713 Q245R Q345R	−20～450		GB/T 3077 40MnB 40Cr 40MnVB	45 40Mn	0～400
		柔性石墨			锻件 NB/T 47008 20 16Mn	−20～450				
	缠绕垫片	石棉或石墨填充带	按 NB/T 47025 表 1、表 2	可选配右列法兰材料	板材 GB 713 Q245R Q345R	−20～450	按表 4 选定右列螺柱材料后选定螺母材料	40MnB 40Cr 40MnVB		
					锻件 NB/T 47008 20 16Mn	−20～450		GB/T 3077 35CrMoA	45 40Mn	−10～400
		聚四氟乙烯填充带			15CrMo 14Cr1Mo	0～450				
					锻件 NB/T 47009 16MnD	−40～350	选配右列螺柱螺母材料		GB/T 3077 30CrMoA 35CrMoA	−70～500
		非石棉纤维填充带			09MnNiD	−70～350				
	金属包垫片	铜、铝包覆材料	按 NB/T 47026 表 1、表 2		锻件 NB/T 47008 12Cr2Mo1	0～450	按表 5 选定右列螺柱材料后选定螺母材料	40MnVB	45 40Mn	0～400
								35CrMoA	45、40Mn	−10～400
									30CrMoA 35CrMoA	−70～500
								GB/T 3077 25Cr2MoVA	30CrMoA 35CrMoA	−20～500
									25Cr2MoVA	−20～550
		低碳钢、不锈钢包覆材料			锻件 NB/T 47008 20MnMo	0～450	PN≥2.5	25Cr2MoVA	30CrMoA 35CrMoA	−20～500
									25Cr2MoVA	−20～550
							PN<2.5	35CrMoA	30CrMoA	−70～500

注 1：乙型法兰材料按表列板材及锻件选用，但不宜采用 Cr-Mo 钢制作。相匹配的螺柱、螺母材料按表列规定。

注 2：长颈法兰材料按表列锻件选用，相匹配的螺柱、螺母材料按表列规定。

表 3 螺柱材料选用表

<table>
<tr><th rowspan="2">公称直径
DN
mm</th><th colspan="6">公称压力 PN
MPa</th></tr>
<tr><th>0.25</th><th>0.60</th><th>1.00</th><th>1.60</th><th>2.50</th><th>4.00</th></tr>
<tr><td>300</td><td rowspan="28">—</td><td rowspan="14">—</td><td colspan="2" rowspan="28">40MnB
40Cr</td><td rowspan="14"></td><td rowspan="15"></td></tr>
<tr><td>350</td></tr>
<tr><td>400</td></tr>
<tr><td>450</td></tr>
<tr><td>500</td></tr>
<tr><td>550</td></tr>
<tr><td>600</td></tr>
<tr><td>650</td></tr>
<tr><td>700</td></tr>
<tr><td>800</td></tr>
<tr><td>900</td></tr>
<tr><td>1 000</td></tr>
<tr><td>1 100</td></tr>
<tr><td>1 200</td></tr>
<tr><td>1 300</td><td rowspan="14">35[a]</td><td rowspan="14">40MnVB</td></tr>
<tr><td>1 400</td><td rowspan="7"></td></tr>
<tr><td>1 500</td></tr>
<tr><td>1 600</td></tr>
<tr><td>1 700</td></tr>
<tr><td>1 800</td></tr>
<tr><td>1 900</td></tr>
<tr><td>2 000</td></tr>
<tr><td>2 100</td><td rowspan="6"></td></tr>
<tr><td>2 200</td></tr>
<tr><td>2 300</td></tr>
<tr><td>2 400</td></tr>
<tr><td>2 500</td></tr>
<tr><td>2 600</td></tr>
<tr><td>2 800</td><td rowspan="2">35[a]</td><td colspan="5" rowspan="2">—</td></tr>
<tr><td>3 000</td></tr>
<tr><td colspan="7">[a] 对 16Mn、Q345R 法兰材料，当工作温度高于 200℃时，应改选 40MnB。</td></tr>
</table>

表 4 螺柱材料选用表

<table>
<tr><td rowspan="2">公称直径
DN
mm</td><td colspan="7">公称压力 PN
MPa</td></tr>
<tr><td>0.25</td><td>0.60</td><td>1.00</td><td>1.60</td><td>2.50</td><td>4.00</td><td>6.40</td></tr>
<tr><td>300</td><td rowspan="22">—</td><td rowspan="14">—</td><td colspan="4" rowspan="14">40MnB[a,b]
40Cr[b]</td><td rowspan="14">40MnVB[b]
35CrMoA</td></tr>
<tr><td>350</td></tr>
<tr><td>400</td></tr>
<tr><td>450</td></tr>
<tr><td>500</td></tr>
<tr><td>550</td></tr>
<tr><td>600</td></tr>
<tr><td>650</td></tr>
<tr><td>700</td></tr>
<tr><td>800</td></tr>
<tr><td>900</td></tr>
<tr><td>1 000</td></tr>
<tr><td>1 100</td></tr>
<tr><td>1 200</td></tr>
<tr><td>1 300</td><td rowspan="14">40MnB[a,b]
40Cr[b]</td><td colspan="2" rowspan="14"></td><td rowspan="14">40MnVB[b]
35CrMoA</td><td></td><td rowspan="16"></td></tr>
<tr><td>1 400</td><td rowspan="8"></td></tr>
<tr><td>1 500</td></tr>
<tr><td>1 600</td></tr>
<tr><td>1 700</td></tr>
<tr><td>1 800</td></tr>
<tr><td>1 900</td></tr>
<tr><td>2 000</td></tr>
<tr><td>2 100</td><td rowspan="8">40MnB[a,b]
40Cr[b]</td></tr>
<tr><td>2 200</td><td rowspan="7"></td></tr>
<tr><td>2 300</td></tr>
<tr><td>2 400</td></tr>
<tr><td>2 500</td></tr>
<tr><td>2 600</td></tr>
<tr><td>2 800</td><td colspan="4" rowspan="2">—</td></tr>
<tr><td>3 000</td></tr>
<tr><td colspan="8">a 对 15CrMo 法兰材料,当工作温度高于 350℃时,应改选 40MnVB。
b 当法兰工作温度高于 400℃或低于或等于－20℃时,螺柱材料应改选 35CrMoA。</td></tr>
</table>

表 5 螺柱材料选用表

公称直径 DN mm	公称压力 PN MPa 0.25	0.60	1.00	1.60	2.50	4.00	6.40
300	—	—	40MnB[a] 35CrMoA	40MnB[a] 35CrMoA	40MnB[a] 35CrMoA	40MnB[a] 35CrMoA	40MnB[a] 35CrMoA
350	—	—	40MnB[a] 35CrMoA	40MnB[a] 35CrMoA	40MnB[a] 35CrMoA	40MnB[a] 35CrMoA	40MnB[a] 35CrMoA
400	—	—	40MnB[a] 35CrMoA	40MnB[a] 35CrMoA	40MnB[a] 35CrMoA	40MnB[a] 35CrMoA	40MnB[a] 35CrMoA
450	—	—	40MnB[a] 35CrMoA	40MnB[a] 35CrMoA	40MnB[a] 35CrMoA	40MnB[a] 35CrMoA	40MnB[a] 35CrMoA
500	—	—	40MnB[a] 35CrMoA	40MnB[a] 35CrMoA	40MnB[a] 35CrMoA	40MnB[a] 35CrMoA	25Cr2MoA
550	—	—	40MnB[a] 35CrMoA	40MnB[a] 35CrMoA	40MnB[a] 35CrMoA	40MnB[a] 35CrMoA	25Cr2MoA
600	—	—	40MnB[a] 35CrMoA	40MnB[a] 35CrMoA	40MnB[a] 35CrMoA	40MnB[a] 35CrMoA	25Cr2MoA
650	—	—	40MnB[a] 35CrMoA	40MnB[a] 35CrMoA	40MnB[a] 35CrMoA	40MnB[a] 35CrMoA	25Cr2MoA
700	—	—	40MnB[a] 35CrMoA	40MnB[a] 35CrMoA	40MnB[a] 35CrMoA	40MnB[a] 35CrMoA	25Cr2MoA
800	—	—	40MnB[a] 35CrMoA	40MnB[a] 35CrMoA	40MnB[a] 35CrMoA	40MnB[a] 35CrMoA	25Cr2MoA
900	—	—	40MnB[a] 35CrMoA	40MnB[a] 35CrMoA	40MnB[a] 35CrMoA	40MnB[a] 35CrMoA	25Cr2MoA
1 000	—	—	40MnB[a] 35CrMoA	40MnB[a] 35CrMoA	40MnB[a] 35CrMoA	40MnB[a] 35CrMoA	25Cr2MoA
1 100	—	—	40MnB[a] 35CrMoA	40MnB[a] 35CrMoA	40MnB[a] 35CrMoA	40MnB[a] 35CrMoA	25Cr2MoA
1 200	—	—	40MnB[a] 35CrMoA	40MnB[a] 35CrMoA	40MnB[a] 35CrMoA	40MnB[a] 35CrMoA	25Cr2MoA
1 300	—	40MnB[a] 35CrMoA	40MnB[a] 35CrMoA	40MnB[a] 35CrMoA	40MnB[a] 35CrMoA	40MnB[a] 35CrMoA	—
1 400	—	40MnB[a] 35CrMoA	40MnB[a] 35CrMoA	40MnB[a] 35CrMoA	25Cr2MoVA	40MnB[a] 35CrMoA	—
1 500	—	40MnB[a] 35CrMoA	40MnB[a] 35CrMoA	40MnB[a] 35CrMoA	25Cr2MoVA	25Cr2MoVA	—
1 600	—	40MnB[a] 35CrMoA	40MnB[a] 35CrMoA	40MnB[a] 35CrMoA	25Cr2MoVA	25Cr2MoVA	—
1 700	—	40MnB[a] 35CrMoA	40MnB[a] 35CrMoA	40MnB[a] 35CrMoA	25Cr2MoVA	25Cr2MoVA	—
1 800	—	40MnB[a] 35CrMoA	40MnB[a] 35CrMoA	40MnB[a] 35CrMoA	25Cr2MoVA	25Cr2MoVA	—
1 900	—	40MnB[a] 35CrMoA	40MnB[a] 35CrMoA	40MnB[a] 35CrMoA	25Cr2MoVA	25Cr2MoVA	—
2 000	—	40MnB[a] 35CrMoA	40MnB[a] 35CrMoA	40MnB[a] 35CrMoA	25Cr2MoVA	25Cr2MoVA	—
2 100	40MnB[a] 35CrMoA	40MnB[a] 35CrMoA	40MnB[a] 35CrMoA	40MnB[a] 35CrMoA	25Cr2MoVA	—	—
2 200	40MnB[a] 35CrMoA	40MnB[a] 35CrMoA	40MnB[a] 35CrMoA	40MnB[a] 35CrMoA	25Cr2MoVA	—	—
2 300	40MnB[a] 35CrMoA	40MnB[a] 35CrMoA	40MnB[a] 35CrMoA	40MnB[a] 35CrMoA	25Cr2MoVA	—	—
2 400	40MnB[a] 35CrMoA	40MnB[a] 35CrMoA	40MnB[a] 35CrMoA	40MnB[a] 35CrMoA	25Cr2MoVA	—	—
2 500	40MnB[a] 35CrMoA	40MnB[a] 35CrMoA	40MnB[a] 35CrMoA	40MnB[a] 35CrMoA	25Cr2MoVA	—	—
2 600	40MnB[a] 35CrMoA	40MnB[a] 35CrMoA	40MnB[a] 35CrMoA	40MnB[a] 35CrMoA	25Cr2MoVA	—	—
2 800	40MnB[a] 35CrMoA	—	—	—	—	—	—
3 000	40MnB[a] 35CrMoA	—	—	—	—	—	—

[a] 当法兰工作温度高于 400℃时,螺柱材料应改选 35CrMoA。

表6　甲型、乙型法兰适用材料及最大允许工作压力

公称压力 PN MPa	法兰材料		工作温度,℃ >-20～200	250	300	350	备注
0.25	板材	Q235B	0.16	0.15	0.14	0.13	工作温度下限 20℃ 工作温度下限 0℃
		Q235C	0.18	0.17	0.15	0.14	
		Q245R	0.19	0.17	0.15	0.14	
		Q345R	0.25	0.24	0.21	0.20	
	锻件	20	0.19	0.17	0.15	0.14	
		16Mn	0.26	0.24	0.22	0.21	
		20MnMo	0.27	0.27	0.26	0.25	
0.60	板材	Q235B	0.40	0.36	0.33	0.30	工作温度下限 20℃ 工作温度下限 0℃
		Q235C	0.44	0.40	0.37	0.33	
		Q245R	0.45	0.40	0.36	0.34	
		Q345R	0.60	0.57	0.51	0.49	
	锻件	20	0.45	0.40	0.36	0.34	
		16Mn	0.61	0.59	0.53	0.50	
		20MnMo	0.65	0.64	0.63	0.60	
1.00	板材	Q235B	0.66	0.61	0.55	0.50	工作温度下限 20℃ 工作温度下限 0℃
		Q235C	0.73	0.67	0.61	0.55	
		Q245R	0.74	0.67	0.60	0.56	
		Q345R	1.00	0.95	0.86	0.82	
	锻件	20	0.74	0.67	0.60	0.56	
		16Mn	1.02	0.98	0.88	0.83	
		20MnMo	1.09	1.07	1.05	1.00	
1.60	板材	Q235B	1.06	0.97	0.89	0.80	工作温度下限 20℃ 工作温度下限 0℃
		Q235C	1.17	1.08	0.98	0.89	
		Q245R	1.19	1.08	0.96	0.90	
		Q345R	1.60	1.53	1.37	1.31	
	锻件	20	1.19	1.08	0.96	0.90	
		16Mn	1.64	1.56	1.41	1.33	
		20MnMo	1.74	1.72	1.68	1.60	
2.50	板材	Q235C	1.83	1.68	1.53	1.38	工作温度下限 0℃ DN<1 400 DN≥1 400
		Q245R	1.86	1.69	1.50	1.40	
		Q345R	2.50	2.39	2.14	2.05	
	锻件	20	1.86	1.69	1.50	1.40	
		16Mn	2.56	2.44	2.20	2.08	
		20MnMo	2.92	2.86	2.82	2.73	
		20MnMo	2.67	2.63	2.59	2.50	
4.00	板材	Q245R	2.97	2.70	2.39	2.24	DN<1 500 DN≥1 500
		Q345R	4.00	3.82	3.42	3.27	
	锻件	20	2.97	2.70	2.39	2.24	
		16Mn	4.09	3.91	3.52	3.33	
		20MnMo	4.64	4.56	4.51	4.36	
		20MnMo	4.27	4.20	4.14	4.00	

表7 长颈法兰适用材料及最大允许工作压力

公称压力 PN,MPa	法兰材料(锻件)	工作温度,℃								备注
		-70~<-40	-40~-20	>-20~200	250	300	350	400	450	
0.60	20			0.44	0.40	0.35	0.33	0.30	0.27	
	16Mn			0.60	0.57	0.52	0.49	0.46	0.29	
	20MnMo			0.65	0.64	0.63	0.60	0.57	0.50	
	15CrMo			0.61	0.59	0.55	0.52	0.49	0.46	
	14Cr1Mo			0.61	0.59	0.55	0.52	0.49	0.46	
	12Cr2Mo1			0.65	0.63	0.60	0.56	0.53	0.50	
	16MnD		0.60	0.60	0.57	0.52	0.49			
	09MnNiD	0.60	0.60	0.60	0.60	0.57	0.53			
1.00	20			0.73	0.66	0.59	0.55	0.50	0.45	
	16Mn			1.00	0.96	0.86	0.81	0.77	0.49	
	20MnMo			1.09	1.07	1.05	1.00	0.94	0.83	
	15CrMo			1.02	0.98	0.91	0.86	0.81	0.77	
	14Cr1Mo			1.02	0.98	0.91	0.86	0.81	0.77	
	12Cr2Mo1			1.09	1.04	1.00	0.93	0.88	0.83	
	16MnD		1.00	1.00	0.96	0.86	0.81			
	09MnNiD	1.00	1.00	1.00	1.00	0.95	0.88			
1.60	20			1.16	1.05	0.94	0.88	0.81	0.72	
	16Mn			1.60	1.53	1.37	1.30	1.23	0.78	
	20MnMo			1.74	1.72	1.68	1.60	1.51	1.33	
	15CrMo			1.64	1.56	1.46	1.37	1.30	1.23	
	14Cr1Mo			1.64	1.56	1.46	1.37	1.30	1.23	
	12Cr2Mo1			1.74	1.67	1.60	1.49	1.41	1.33	
	16MnD		1.60	1.60	1.53	1.37	1.30			
	09MnNiD	1.60	1.60	1.60	1.60	1.51	1.41			
2.50	20			1.81	1.65	1.46	1.37	1.26	1.13	
	16Mn			2.50	2.39	2.15	2.04	1.93	1.22	
	20MnMo			2.92	2.86	2.82	2.73	2.58	2.45	DN<1 400
	20MnMo			2.67	2.63	2.59	2.50	2.37	2.24	DN≥1 400
	15CrMo			2.56	2.44	2.28	2.15	2.04	1.93	
	14Cr1Mo			2.56	2.44	2.28	2.15	2.04	1.93	
	12Cr2Mo1			2.67	2.61	2.50	2.33	2.20	2.09	
	16MnD		2.50	2.50	2.39	2.15	2.04			
	09MnNiD	2.50	2.50	2.50	2.50	2.37	2.20			
4.00	20			2.90	2.64	2.34	2.19	2.01	1.81	
	16Mn			4.00	3.82	3.44	3.26	3.08	1.96	
	20MnMo			4.64	4.56	4.51	4.36	4.13	3.92	DN<1 500
	20MnMo			4.27	4.20	4.14	4.00	3.80	3.59	DN≥1 500
	15CrMo			4.09	3.91	3.64	3.44	3.26	3.08	
	14Cr1Mo			4.09	3.91	3.64	3.44	3.26	3.08	
	12Cr2Mo1			4.26	4.18	4.00	3.73	3.53	3.35	
	16MnD		4.00	4.00	3.82	3.44	3.26			
	09MnNiD	4.00	4.00	4.00	4.00	3.79	3.52			
6.40	20			4.65	4.22	3.75	3.51	3.22	2.89	
	16Mn			6.40	6.12	5.50	5.21	4.93	3.13	
	20MnMo			7.42	7.30	7.22	6.98	6.61	6.27	DN<400
	20MnMo			6.82	6.73	6.63	6.40	6.07	5.75	DN≥400
	15CrMo			6.54	6.26	5.83	5.50	5.21	4.93	
	14Cr1Mo			6.54	6.26	5.83	5.50	5.21	4.93	
	12Cr2Mo1			6.82	6.68	6.40	5.97	5.64	5.36	
	16MnD		6.40	6.40	6.12	5.50	5.21			
	09MnNiD	6.40	6.40	6.40	6.40	6.06	5.64			

表 8　法兰名称及代号

法兰类型	名称及代号
一般法兰	法兰
衬环法兰	法兰 C

表 9　法兰密封面代号

密封面型式		代号
平面密封面	平密封面	RF
凹凸密封面	凹密封面	FM
	凸密封面	M
榫槽密封面	榫密封面	T
	槽密封面	G

5.2　标记

法兰标记由 7 部分组成，如下图所示：

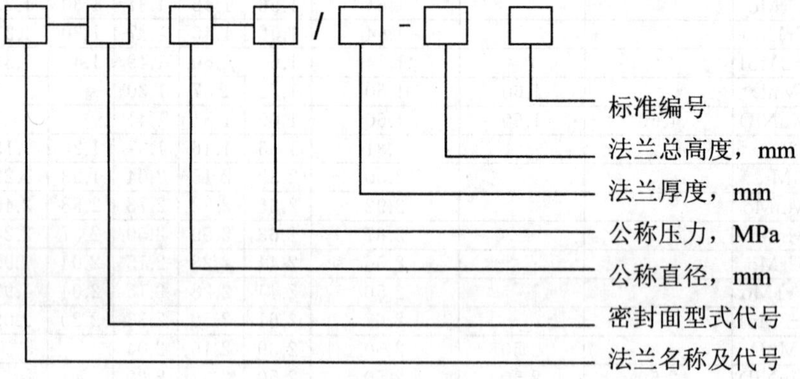

当法兰厚度及法兰总高度均采用标准值时，此两部分标记可省略。

为扩充应用标准法兰，允许修改法兰厚度 δ、法兰总高度 H，但必须满足 GB 150 中的法兰强度计算要求。如有修改，两尺寸均应在法兰标记中标明。

5.3　标记示例

5.3.1　标准法兰

公称压力 1.6 MPa、公称直径 800 mm 的衬环榫槽密封面乙型平焊法兰的榫面法兰，且考虑腐蚀裕量为 3 mm（即短节厚度应增加 2 mm，δ_t 改为 18 mm）：

标记：法兰 C-T　800-1.60/48-200　NB/T 47022—2012，并在图样明细表备注栏中注明：$\delta_t=18$。

5.3.2　修改尺寸的标准法兰

公称压力 2.5 MPa、公称直径 1 000 mm 的平面密封面长颈对焊法兰，其中法兰厚度改为 78 mm，法兰总高度仍为 155 mm：

标记：法兰—RF　1 000-2.5/78-155　NB/T 47023—2012

5.3.3 法兰衬环材料由设计者决定。衬环材料应用括号标注在法兰材料后或图样明细表备注栏中。如:16Mn (环 06Cr19Ni10)。

5.3.4 乙型法兰的短节材料应与法兰材料相同。如不相同,其强度级别应不低于法兰材料,且应与法兰材料间有良好的焊接性,并在图样明细栏中注明,标注方法同 5.3.3 的规定,如:Q245R(节 Q345R)。短节长度允许加长。加长后,法兰厚度 δ 及法兰总高度 H 均在法兰标记中标明。

6 技术条件

6.1 法兰的制造、检验与验收除应符合本标准的规定外,还应符合图样要求。

对用于工作温度等于或低于−20℃的长颈对焊法兰及其配套螺柱、螺母的材料的性能,锻件级别,低温冲击功指标及制造、检验等技术要求应符合 GB 150 的规定。

6.2 材料

6.2.1 钢板应符合 GB 150、GB/T 3274、GB 713 的规定。

6.2.2 Q235B 钢板不得用作毒性为高度或极度危害介质的压力容器法兰。

6.2.3 法兰用厚度大于 50 mm 的 Q245R、Q345R 钢板应在正火状态下使用。

6.2.4 长颈对焊法兰不允许拼焊,其余法兰允许用钢板拼焊。拼接法兰应进行焊后消除应力热处理。

6.2.5 锻件按 NB/T 47008 或 NB/T 47009 的Ⅱ级检验与验收,有特殊要求时按图样的规定。

6.2.6 衬环用不锈钢材料按 GB 24511 的规定。

6.2.7 轧制法兰应符合附录 A (规范性附录)的规定,并按表 A.1、A.2 选用。

6.3 机械加工

6.3.1 凹凸密封面法兰的凹面和凸面的外径公差、榫槽密封面法兰的榫面和槽面的外径公差按 GB/T 1801 的规定。孔为 H12,轴为 h12。

6.3.2 螺柱通孔中心圆直径和相邻两螺柱通孔弦长的允差为±0.6 mm,任意两螺柱通孔弦长的允差符合表 10 的规定。

表 10 任意两螺柱通孔弦长允差　　单位为毫米

公称直径 DN	<600	600~1 200	>1 200
允差	±1.0	±1.5	±2.0

6.3.3 上述规定外的未注公差尺寸的公差按 GB/T 1804 的 m 级的规定。

6.4 焊接

6.4.1 甲型、乙型法兰的法兰环与圆筒或短节的连接焊缝应全焊透。长颈法兰与圆筒的对接焊缝应为全焊透焊缝。焊缝应充满、完整,不得有凹坑等危及强度的缺陷。

6.4.2 法兰的焊接应依据可靠的焊接工艺评定,以确保焊接质量。

6.5 法兰与圆筒连接要求

6.5.1 乙型法兰的短节厚度或长颈法兰的直边厚度与其相连接的圆筒厚度不等时:若圆筒厚度不大于 10 mm,且与短节或长颈直边厚度差超过 3 mm;若圆筒厚度大于 10 mm,且与短节或长颈直边厚度差大于筒体厚度的 30%或超过 5 mm 时,乙型平焊法兰应按斜率 1∶3,长颈对焊法兰按图 1 虚线削薄,或者在对接焊缝的筒体端部按图 2 堆焊过渡。

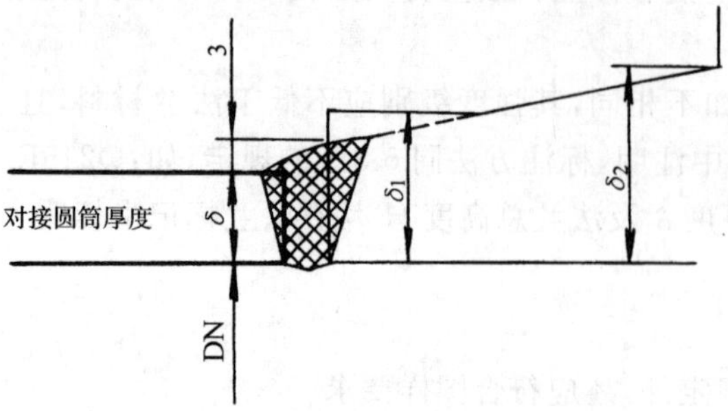

图 1

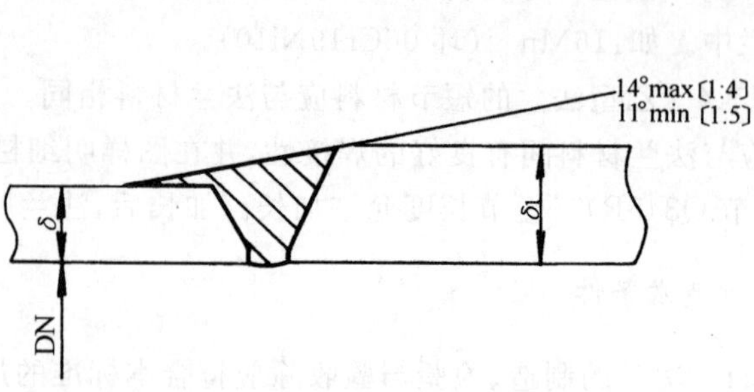

图 2

6.5.2　与长颈法兰相连接的圆筒厚度应不小于 NB/T 47023 中规定的对接筒体最小厚度 δ_0，且筒节长度不小于$\sqrt{DN \cdot \delta_0}$。当对接圆筒厚度小于最小对接圆筒厚度 δ_0时，应按 NB/T 47023 中的表 3 要求，调整法兰总高度 H(其他尺寸不变)，并连同法兰厚度在标记中标明。

6.6　检验与验收

6.6.1　法兰焊缝检测要求

6.6.1.1　法兰的拼接焊缝须经 100%射线或超声检测。

6.6.1.2　对长颈法兰，当工作压力大于或等于 0.8 倍本标准中规定的最大允许工作压力时，法兰与圆筒的对接焊缝必须进行 100%的射线或超声检测，检测方法按 JB/T 4730。射线检测，技术等级 AB 级，合格级别为Ⅱ级，超声检测，技术等级 B 级，合格级别为Ⅰ级。

当法兰所在容器图样对容器壳体的检测要求未能满足上述要求时，则该要求应在图样中标明。

6.6.1.3　对甲型平焊法兰、乙型平焊法兰，法兰与圆筒或短节间的连接焊缝表面应进行 100%磁粉或渗透检测，检测方法按 JB/T 4730，检测结果Ⅰ级合格(铁磁性材料制法兰焊接接头表面检测应当优先采用磁粉检测)。

6.6.2　法兰表面不得有裂纹及其他降低法兰强度或连接可靠性的缺陷。

6.6.3　乙型法兰短节的制造、检验与验收要求与对接的圆筒相同。

6.6.4　带衬环的法兰，检漏孔应通入 0.4 MPa～0.5 MPa 的压缩空气或 0.05 MPa 的氨气进行焊接接头质量的渗漏检查。检漏孔中心线应与两相邻两螺柱通孔跨中。

6.7　衬环法兰密封面的加工应在衬环焊接、检验合格后进行。

6.8　法兰加工完成后应在密封面上涂防锈油，并防止密封面碰伤。

6.9　法兰成品需在法兰盘外圆面上打上钢印标记：钢号、公称直径、公称压力；衬环材料、短节材料应用括号标注在法兰盘材料后。

示例：Q345R (环 06Cr19Ni10)(节 Q345R)DN1 000 PN 1.00

附 录 A
(规范性附录)
轧制法兰技术条件和选用

A.1 轧制法兰除应符合本附录的规定外，还应符合订货合同的要求。

A.2 断面型式及适用范围按表 A.1、表 A.2 的规定。

A.3 轧制法兰常用钢种为 16Mn 和 20 号钢。轧制其他钢种由供需双方另行商定。

A.4 化学成分和力学性能应符合 NB/T 47008 或 NB/T 47009Ⅱ级或订货合同的要求。

A.5 轧制法兰的取样与检验要求

A.5.1 同炉罐号、同尺寸规格、同热处理工艺的法兰组成一批，任选法兰一件，截取拉伸试样一个和冲击试样三个，取样部位由生产厂确定或按订货要求，但其方向均应为切向。

A.5.2 重复试验按 NB/T 47008 或 NB/T 47009 的规定。

A.6 外观检查

A.6.1 法兰外型尺寸和表面质量应逐件进行检查。

A.6.2 法兰的圆度、平面度应不影响精加工尺寸。

A.6.3 法兰表面允许有局部缺陷存在，但精加工后应能去除。

A.7 法兰如有局部缺陷，允许进行补焊，补焊要求按 NB/T 47008 或 NB/T 47009 的规定。

A.8 法兰以正火状态交货。

A.9 产品标志

轧制法兰除标注生产厂产品标志外，还应在轧制法兰外圆上标明材料及级别、公称直径和断面型式。

如：生产厂标志 16**Mn** Ⅱ　**DN**800 **M**20-Ⅱ

A.10 产品出厂应提供质量合格证明书，质量保证书上应填写化学成分、力学性能等项目的检查结果。

A.11 选用

已知标准法兰尺寸后，根据公称压力、公称直径和螺柱规格按表 A.1、表 A.2 可选出轧制法兰的断面型式。

举例：已知长颈对焊法兰，公称压力 1.60 MPa、公称直径 1 000 mm、螺柱规格 M24，首先由 M24 在表 A.2 中查出轧制法兰的断面，再由 1.60 MPa，1 000 mm 选出 M24-Ⅰ型轧制法兰毛坯。

表 A.1 轧制平焊(甲、乙)法兰断面型式

公称直径 DN mm	内径 mm	型式					
		M16 型	M20-Ⅰ型	M20-Ⅱ型	M24-Ⅰ型	M24-Ⅱ型	M24-Ⅲ型
		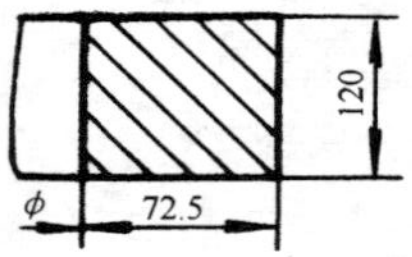	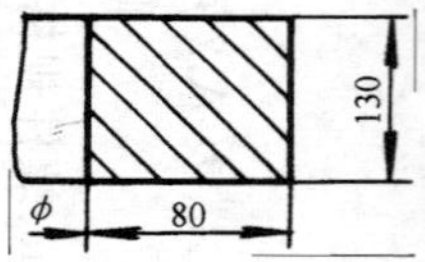	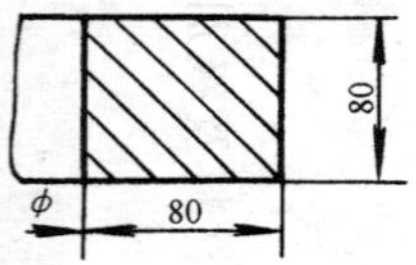	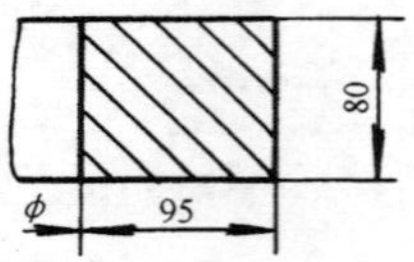	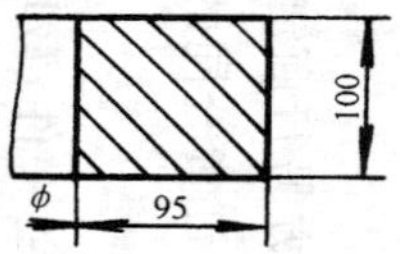	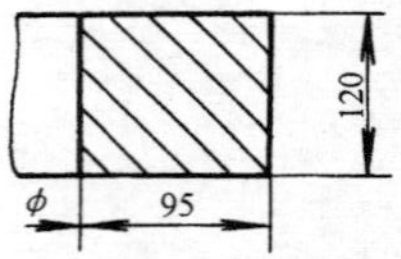
		适用公称压力,MPa					
500	480	0.6	1.0,1.6	—	2.5	4.0	—
550	530	0.6	1.0	1.6	2.5	4.0	—
600	580	0.6	1.0	1.6	2.5	4.0	—
650	630	0.25	1.0	1.6	2.5	—	—
700	680	0.25	0.6,1.0	—	1.6	2.5	—
800	780	0.25	0.6	1.0	1.6	2.5	—
900	880	—	0.6	1.0	1.6	—	—
1 000	980	—	0.25	0.6,1.0	—	1.6	—
1 100	1 080	—	0.25	0.6	—	1.0,1.6	—
1 200	1 180	—	0.25	0.6	—	1.0	1.6
1 300	1 280	—	0.25	—	—	0.6,1.0	1.6
1 400	1 380	—	2.5	—	—	0.6,1.0	1.6
1 500	1 480	—	—	0.25	—	0.6,1.0	—
1 600	1 580	—	—	0.25	—	0.6,1.0	—
1 700	1 680	—	—	0.25	—	0.6	1.0
1 800	1780	—	—	0.25	—	0.6	1.0
1 900	1 880	—	—	0.25	—	—	0.6

注:M16 型、M20—Ⅰ型中所有规格的断面系两个法兰在一起轧制。

表 A.2　轧制长颈对焊法兰断面型式

公称直径 DN mm	内径 mm	型式						
		M20 型	M24-Ⅰ型	M24-Ⅱ型	M27-Ⅰ型	M27-Ⅱ型	M30 型	M36 型
		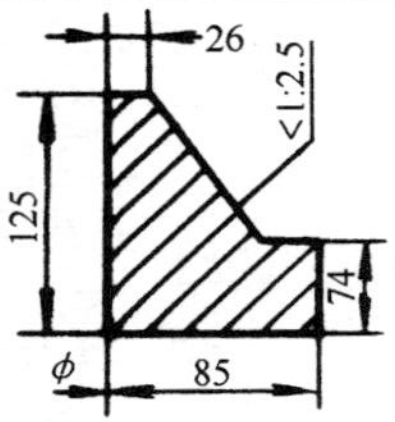	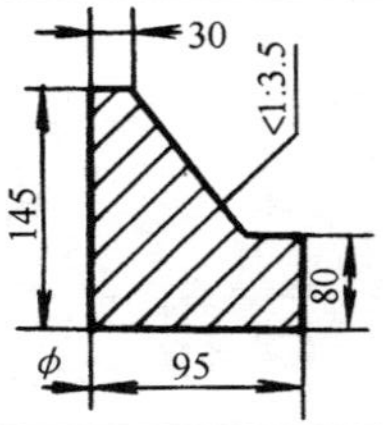	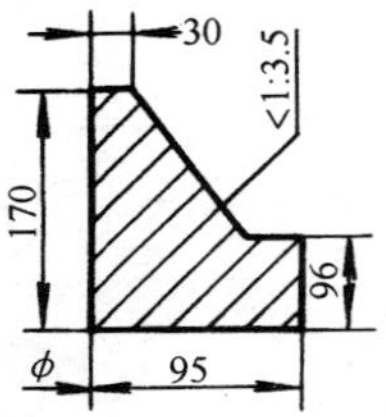	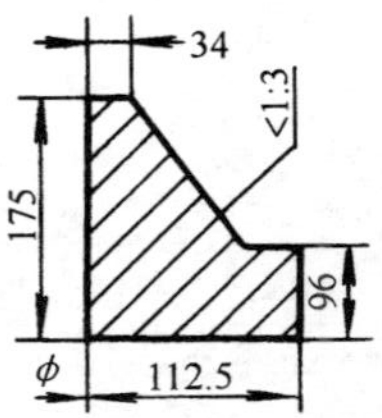	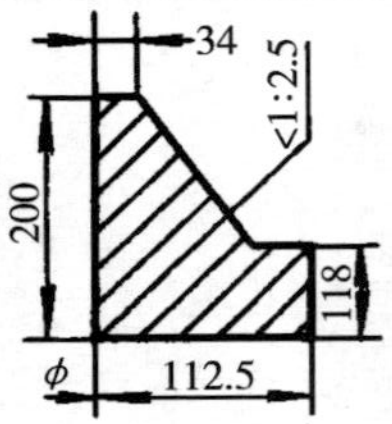	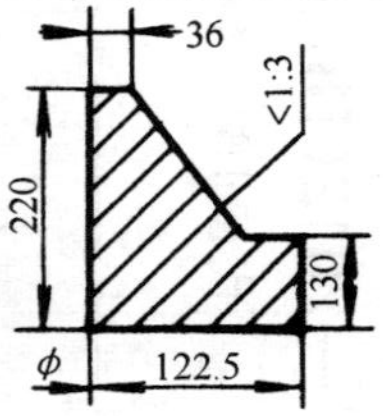	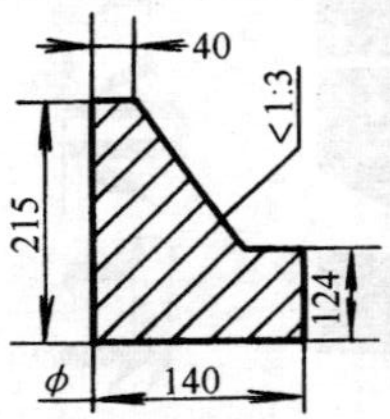
		适用公称压力,MPa						
500	480	1.0,1.6	2.5,4.0	—	6.4	—	—	—
550	530	1.0,1.6	2.5,4.0	—	6.4	—	—	—
600	580	1.0,1.6	2.5,4.0	—	—	—	6.4	—
650	630	1.0,1.6	2.5	—	4.0	—	6.4	—
700	680	1.0	1.6,2.5	—	4.0	—	—	6.4
800	780	1.0	1.6,2.5	—	4.0	—	—	6.4
900	880	1.0	1.6	—	2.5	—	4.0	—
1 000	980	—	1.6	—	2.5	—	4.0	—
1 100	1 080	—	1.0,1.6	—	2.5	—	—	4.0
1 200	1 180	—	1.0	1.6	—	2.5	—	—
1 300	1 280	—	0.6	1.0,1.6	—	2.5	—	—
1 400	1 380	—	—	0.6,1.0,1.6	—	2.5	—	—
1 500	1 480	—	—	0.6,1.0	1.6	—	2.5	—
1 600	1 580	—	—	0.6,1.0	—	1.6	2.5	—
1 700	1 680	—	—	0.6	1.0	1.6	—	—
1 800	1 780	—	—	0.6	1.0	1.6	—	—
1 900	1 880	—	—	0.6	1.0	—	1.6	—

ICS 23.040.60
J 15

NB

中华人民共和国能源行业标准

NB/T 47021—2012(JB/T 4701)
代替 JB/T 4701—2000

甲型平焊法兰

A-type socket-weld flange

2012-11-09 发布

2013-03-01 实施

国家能源局 发布

前　言

本标准与JB/T 4701—2000相比主要变化如下：

——引用标准进行了更新；

——材料牌号进行了相应的更新；

——将衬环平密封面(图3)的衬环外径由尺寸D_3增至尺寸D_2。

本标准由全国锅炉压力容器标准化技术委员会(SAC/TC 262)提出并归口。

本标准起草单位：中国石化工程建设有限公司、合肥通用机械研究院、中石化洛阳工程有限公司。

本标准起草人：冯清晓、谢智刚、桑如苞、姚佐权、潘建华、秦宗川、郭为民、胡庆均、陈崇刚。

本标准由全国锅炉压力容器标准化技术委员会(SAC/TC 262)负责解释。

本标准所代替标准的历次版本发布情况为：

——JB 4701—1992；

——JB/T 4701—2000。

甲型平焊法兰

1 范围

本标准规定了钢制压力容器用甲型平焊法兰的结构型式与系列尺寸。

本标准适用于公称压力为 0.25 MPa～1.6 MPa、工作温度高于－20℃～300℃的钢制压力容器甲型平焊法兰。

2 规范性引用文件

下列文件对于本文件的应用是必不可少的。凡是注日期的引用文件,仅注日期的版本适用于本文件。凡是不注日期的引用文件,其最新版本(包括所有的修改单)适用于本文件。

NB/T 47020 压力容器法兰分类与技术条件

NB/T 47024 非金属软垫片

NB/T 47027 压力容器法兰用紧固件

3 结构型式与尺寸

各类密封面的甲型平焊法兰的结构型式及系列尺寸应符合图 1～图 4 和表 1 的规定,法兰及衬环的质量列于表 2。

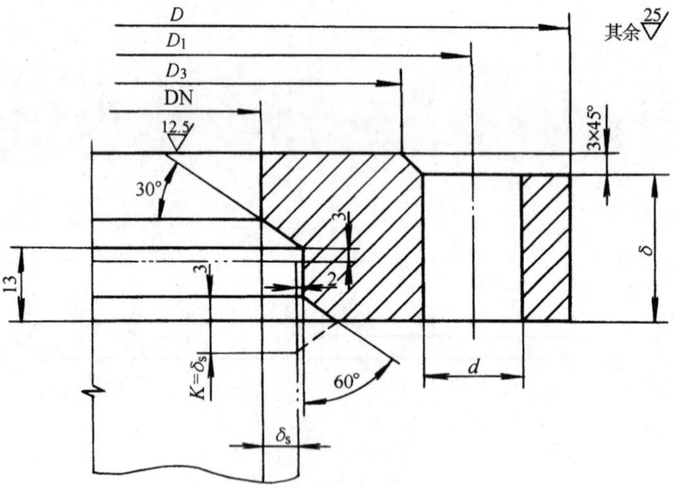

图 1 平密封面

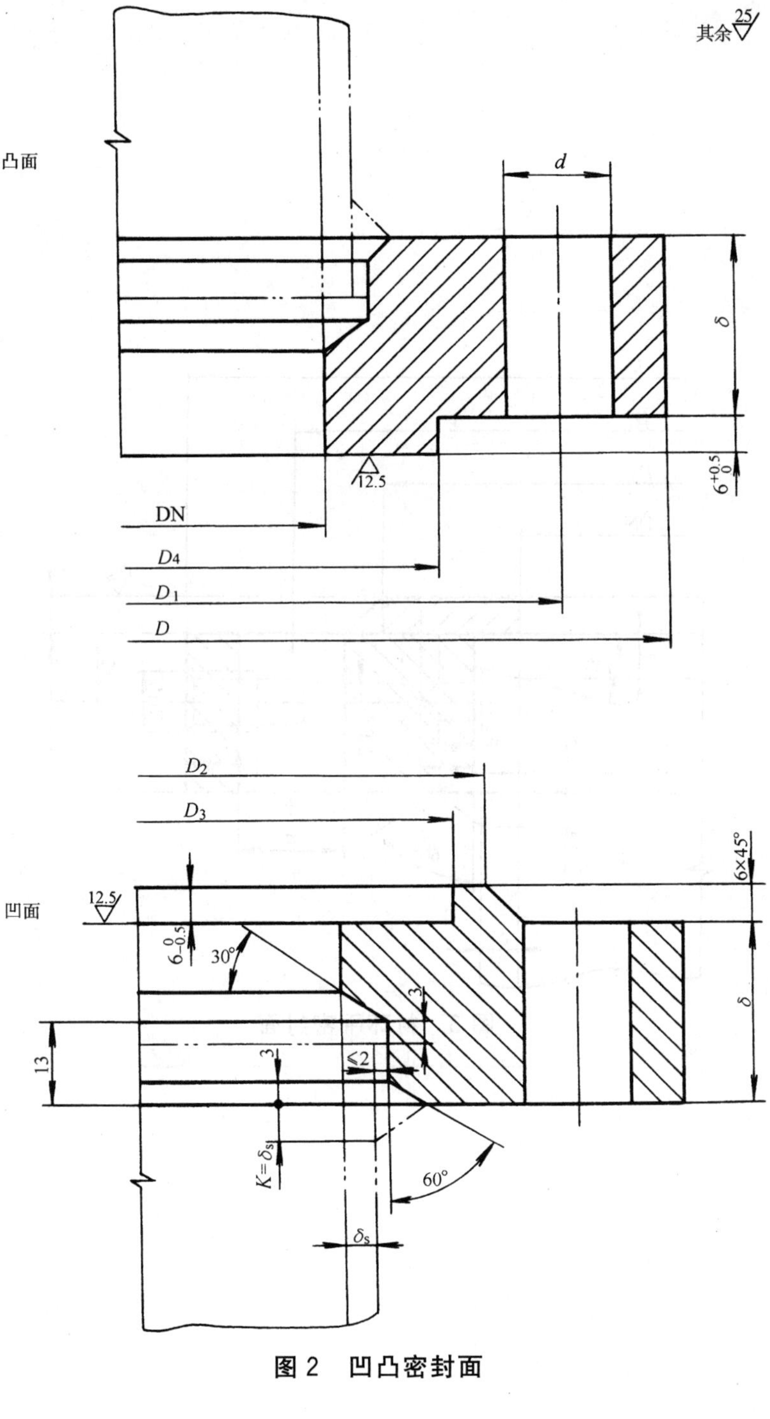
其余 25
凸面
d
δ
12.5
$6^{+0.5}_{0}$
DN
D_4
D_1
D
D_2
D_3
6×45°
凹面
12.5
$6^{0}_{-0.5}$
30°
3
13
3
≤2
δ
$K=\delta_s$
60°
δ_s

图 2　凹凸密封面

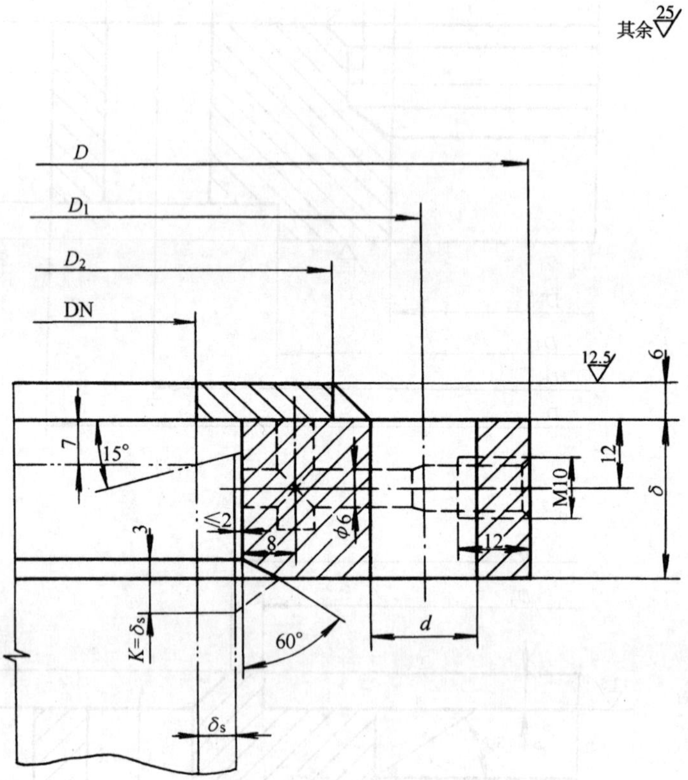

图 3　衬环平密封面

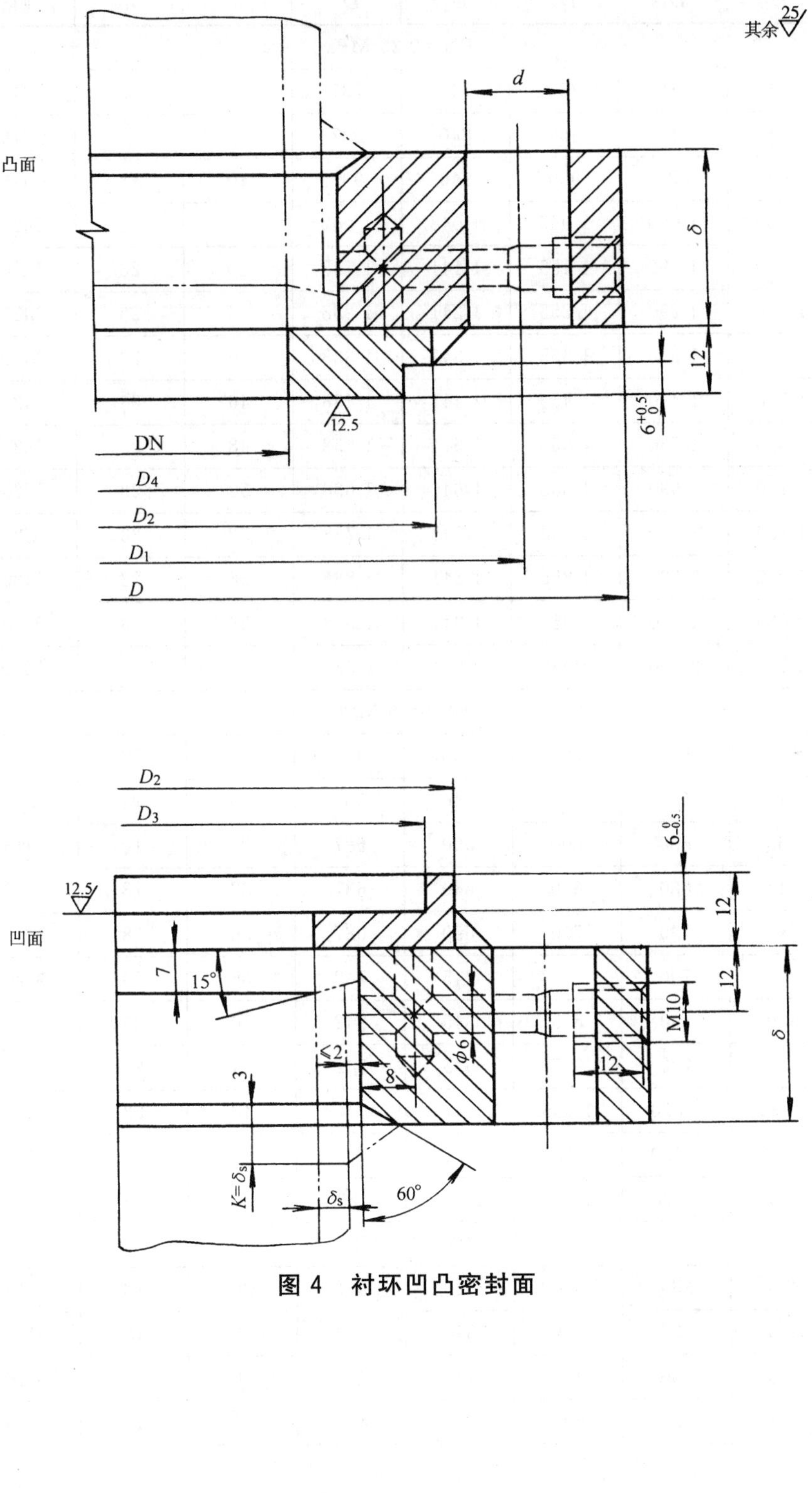
其余 25
d
凸面
δ
12
6 +0.5 0
12.5
DN
D4
D2
D1
D
D2
D3
6 0 -0.5
12.5
凹面
12
12
7
15°
M10
δ
≤2
φ6
8
12
3
K=δs
δs
60°

图4 衬环凹凸密封面

表 1　甲型平焊法兰的结构型式及系列尺寸

公称直径 DN,mm	法兰,mm							螺柱	
	D	D_1	D_2	D_3	D_4	δ	d	规格	数量
PN=0.25 MPa									
700	815	780	750	740	737	36	18	M16	28
800	915	880	850	840	837	36	18	M16	32
900	1 015	980	950	940	937	40	18	M16	36
1 000	1 130	1 090	1 055	1 045	1 042	40	23	M20	32
1 100	1 230	1 190	1 155	1 141	1 138	40	23	M20	32
1 200	1 330	1 290	1 255	1 241	1 238	44	23	M20	36
1 300	1 430	1 390	1 355	1 341	1 338	46	23	M20	40
1 400	1 530	1 490	1 455	1 441	1 438	46	23	M20	40
1 500	1 630	1 590	1 555	1 541	1 538	48	23	M20	44
1 600	1 730	1 690	1 655	1 641	1 638	50	23	M20	48
1 700	1 830	1 790	1 755	1 741	1 738	52	23	M20	52
1 800	1 930	1 890	1 855	1 841	1 838	56	23	M20	52
1 900	2 030	1 990	1 955	1 941	1 938	56	23	M20	56
2 000	2 130	2 090	2 055	2 041	2 038	60	23	M20	60
PN=0.6 MPa									
450	565	530	500	490	487	30	18	M16	20
500	615	580	550	540	537	30	18	M16	20
550	665	630	600	590	587	32	18	M16	24
600	715	680	650	640	637	32	18	M16	24
650	765	730	700	690	687	36	18	M16	28
700	830	790	755	745	742	36	23	M20	24
800	930	890	855	845	842	40	23	M20	24
900	1 030	990	955	945	942	44	23	M20	32
1 000	1 130	1 090	1 055	1 045	1 042	48	23	M20	36
1 100	1 230	1 190	1 155	1 141	1 138	55	23	M20	44
1 200	1 330	1 290	1 255	1 241	1 238	60	23	M20	52
PN=1.0 MPa									
300	415	380	350	340	337	26	18	M16	16
350	465	430	400	390	387	26	18	M16	16
400	515	480	450	440	437	30	18	M16	20
450	565	530	500	490	487	34	18	M16	24

表1 甲型平焊法兰的结构型式及系列尺寸(续)

公称直径 DN,mm	法兰,mm							螺柱	
	D	D_1	D_2	D_3	D_4	δ	d	规格	数量
500	630	590	555	545	542	34	23	M20	20
550	680	640	605	595	592	38	23	M20	24
600	730	690	655	645	642	40	23	M20	24
650	780	740	705	695	692	44	23	M20	28
700	830	790	755	745	742	46	23	M20	32
800	930	890	855	845	842	54	23	M20	40
900	1030	990	955	945	942	60	23	M20	48
PN=1.6 MPa									
300	430	390	355	345	342	30	23	M20	16
350	480	440	405	395	392	32	23	M20	16
400	530	490	455	445	442	36	23	M20	20
450	580	540	505	495	492	40	23	M20	24
500	630	590	555	545	542	44	23	M20	28
550	680	640	605	595	592	50	23	M20	36
600	730	690	655	645	642	54	23	M20	40
650	780	740	705	695	692	58	23	M20	44

表2 法兰及衬环的质量

公称直径 DN,mm	法兰质量,kg			衬环质量,kg		
	平面	凸面	凹面	平环	凸环	凹环
PN=0.25 MPa						
700	37.1	39.0	37.6	2.1	4.6	3.2
800	44.3	46.5	44.9	2.4	5.3	3.6
900	52.0	54.6	52.7	2.7	5.9	4.1
1 000	65.1	68.3	65.9	3.4	7.3	4.9
1 100	71.5	74.7	72.7	3.4	7.7	5.7
1 200	85.3	88.7	86.6	3.7	8.4	6.2
1 300	96.1	99.8	97.5	4.0	9.0	6.8
1 400	103.4	107.4	104.9	4.3	9.7	7.3
1 500	115.2	119.4	116.8	4.6	10.4	7.8
1 600	127.5	132.0	129.2	4.9	11.1	8.3
1 700	140.4	145.2	142.2	5.2	11.8	8.8
1 800	160.2	165.3	162.1	5.5	12.5	9.3

表2 法兰及衬环的质量(续)

公称直径 DN,mm	法兰质量,kg			衬环质量,kg		
	平面	凸面	凹面	平环	凸环	凹环
1 900	168.6	174.0	170.6	5.8	13.2	9.8
2 000	189.7	195.4	191.8	6.1	13.8	10.3
PN=0.6 MPa						
450	20.64	21.92	21.00	1.4	3.0	2.1
500	22.7	24.2	23.2	1.5	3.3	2.3
550	26.4	27.9	26.8	1.7	3.7	2.6
600	28.6	30.3	29.1	1.8	4.0	2.8
650	34.5	36.4	35.0	2.0	4.3	3.0
700	42.0	44.3	42.6	2.4	5.2	3.5
800	47.8	50.3	48.4	2.7	5.9	4.0
900	64.6	67.5	65.3	3.0	6.6	4.5
1 000	77.7	80.9	78.5	3.4	7.3	4.9
1 100	96.7	99.9	97.9	3.4	7.7	5.7
1 200	113.9	117.4	115.2	3.7	8.4	6.2
PN=1.0 MPa						
300	12.5	13.4	12.8	0.9	2.1	1.5
350	14.4	15.4	14.7	1.2	2.4	1.7
400	18.5	19.7	18.8	1.2	2.7	1.9
450	23.2	24.5	23.5	1.4	3.0	2.1
500	29.1	30.7	29.5	1.7	3.7	2.5
550	35.2	37.0	35.7	1.9	4.1	2.8
600	40.3	42.2	40.8	2.1	4.4	3.0
650	47.4	49.5	47.0	2.2	4.8	3.2
700	52.8	55.0	53.3	2.4	5.2	3.5
800	69.5	72.1	70.2	2.7	5.9	4.0
900	84.3	87.1	85.0	3.0	6.6	4.4
PN=1.6 MPa						
300	16.4	17.4	16.6	1.1	2.3	1.6
350	20.0	21.2	20.3	1.2	2.7	1.8
400	25.1	26.4	25.4	1.4	3.0	2.1
450	30.7	32.1	31.0	1.6	3.4	2.3
500	36.8	38.4	37.2	1.7	3.7	2.5
550	44.0	45.7	4.4	1.9	4.2	2.8
600	52.2	54.2	52.7	2.1	4.4	3.0
650	60.2	62.3	60.7	2.2	4.8	3.2
注:衬环法兰中法兰本体的质量可近似取平面法兰的质量。						

4 选用规定

4.1 法兰及相匹配的垫片、螺柱、螺母的材料、最大允许工作压力、技术条件及其标记按NB/T 47020的规定。

4.2 法兰用非金属软垫片应符合NB/T 47024的规定。

4.3 法兰用紧固件应符合NB/T 47027的规定。

ICS 23.040.60
J 15

NB

中华人民共和国能源行业标准

NB/T 47022—2012(JB/T 4702)
代替 JB/T 4702—2000

乙型平焊法兰

B-type socket-weld flange

2012-11-09 发布　　2013-03-01 实施

国家能源局　发布

前　言

本标准与JB/T 4702—2000相比主要变化如下：

——引用标准进行了更新；

——材料牌号进行了相应的更新；

——将衬环平密封面(图4)的衬环外径由尺寸D_3增至尺寸D_2。

本标准由全国锅炉压力容器标准化技术委员会(SAC/TC 262)提出并归口。

本标准起草单位:中国石化工程建设有限公司、合肥通用机械研究院、中石化洛阳工程有限公司。

本标准起草人:冯清晓、谢智刚、桑如苞、姚佐权、秦宗川、潘建华、郭为民、胡庆均、陈崇刚。

本标准由全国锅炉压力容器标准化技术委员会(SAC/TC 262)负责解释。

本标准所代替标准的历次版本发布情况为：

——JB 4702—1992；

——JB/T 4702—2000。

乙型平焊法兰

1 范围

本标准规定了钢制压力容器用乙型平焊法兰的结构型式与系列尺寸。

本标准适用于公称压力为0.25 MPa～4.0 MPa、工作温度高于－20℃～350℃的钢制压力容器乙型平焊法兰。

本标准适用腐蚀裕量≤2 mm。当腐蚀裕量为3 mm时，短节厚度应加厚2 mm。

2 规范性引用文件

下列文件对于本文件的应用是必不可少的。凡是注日期的引用文件，仅注日期的版本适用于本文件。凡是不注日期的引用文件，其最新版本(包括所有的修改单)适用于本文件。

NB/T 47020 压力容器法兰分类与技术条件

NB/T 47024 非金属软垫片

NB/T 47025 缠绕垫片

NB/T 47026 金属包垫片

NB/T 47027 压力容器法兰用紧固件

3 结构型式与尺寸

各类密封面的乙型平焊法兰的结构型式及系列尺寸应符合图1～图6和表1的规定，法兰及衬环的质量列于表2。

4 选用规定

4.1 法兰及相匹配的垫片、螺柱、螺母的材料、最大允许工作压力、技术条件及其标记按NB/T 47020的规定。

4.2 法兰用非金属软垫片、缠绕垫片、金属包垫片应分别符合NB/T 47024、NB/T 47025、NB/T 47026的规定。

4.3 法兰用紧固件应符合NB/T 47027的规定。

4.4 为适应腐蚀裕量要求，加厚的短节厚度应在图样明细表的备注栏中注明：如：δ_t＝××。

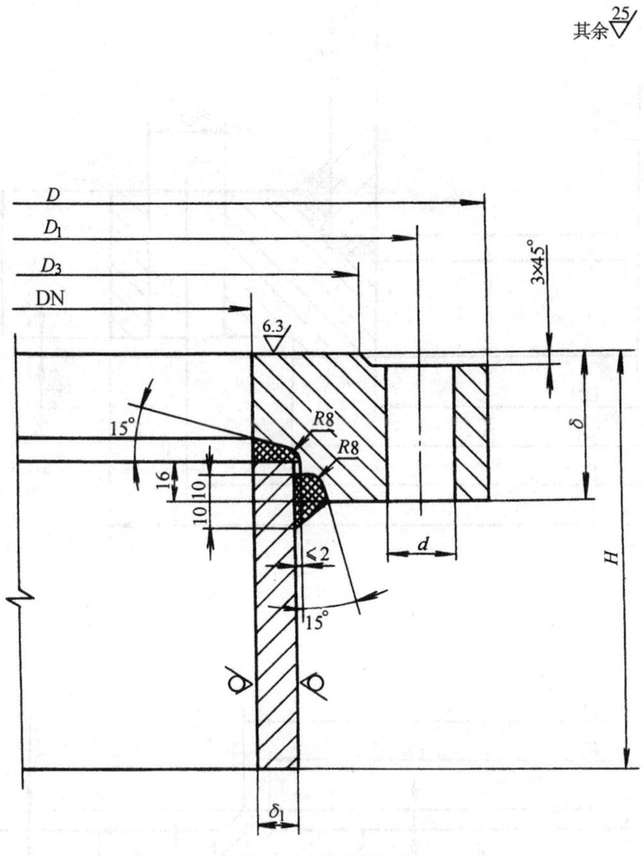

图 1　平密封面

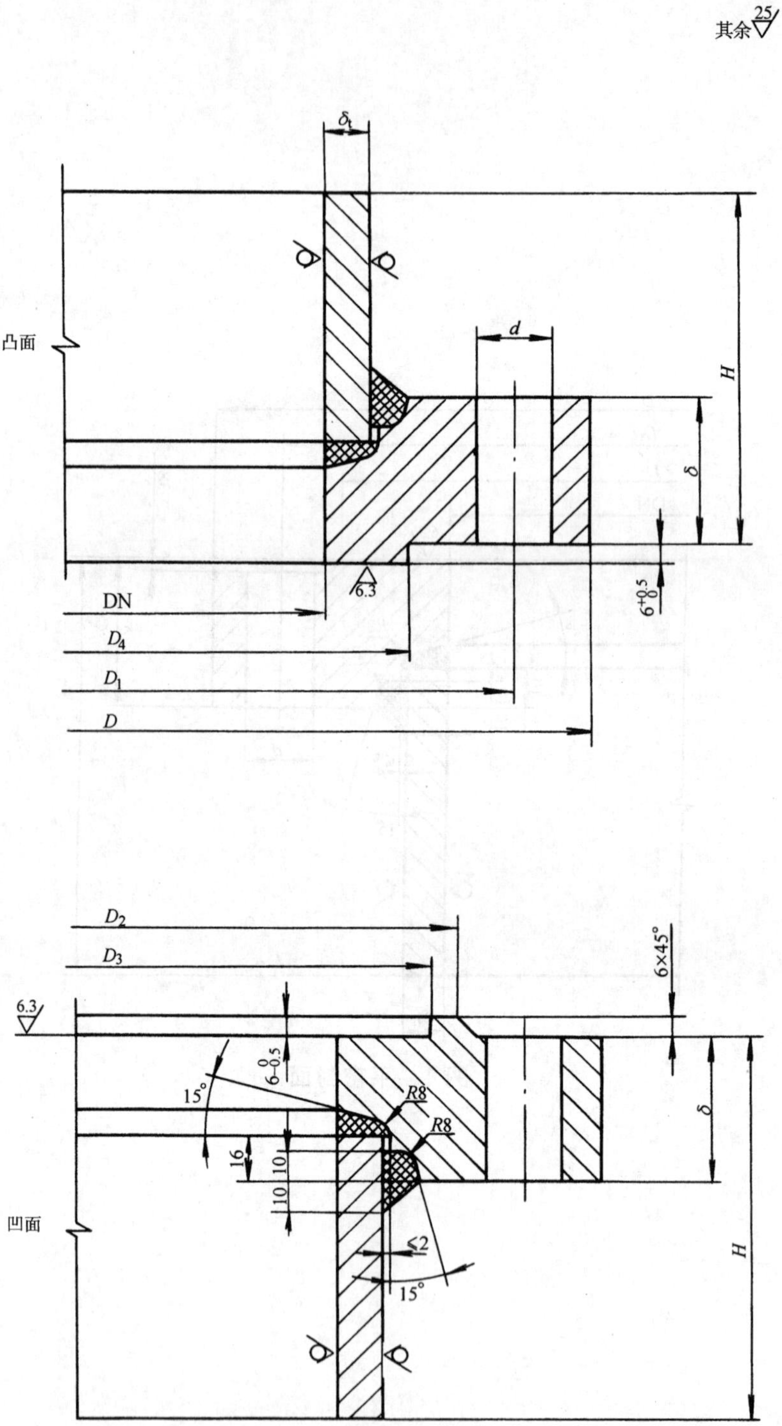
其余 25
δt
d
凸面
H
δ
6.3
6+0.5 0
DN
D4
D1
D
D2
D3
6×45°
6.3
6-0 -0.5
15°
R8
R8
16
10
10
δ
凹面
H
≤2
15°

图 2　凹凸密封面

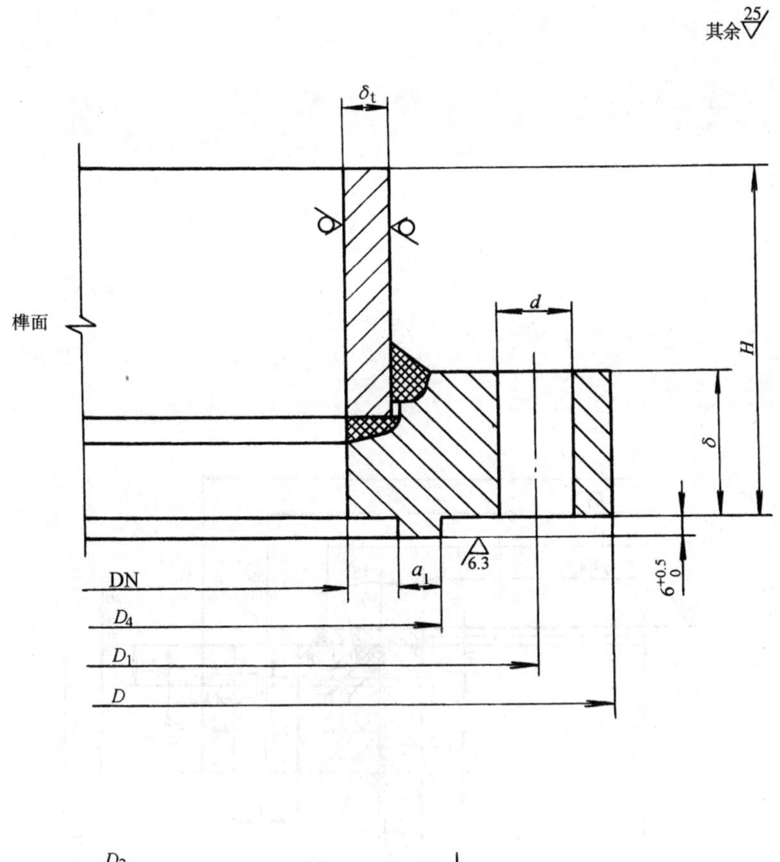
其余 25
δt
榫面
d
H
δ
6.3
a1
6 +0.5 0
DN
D4
D1
D
D2
D1
6.3
a
6×45°
6 0 -0.5
15°
R8
R8
16
10
10
≤2
15°
槽面

图 3 榫槽密封面

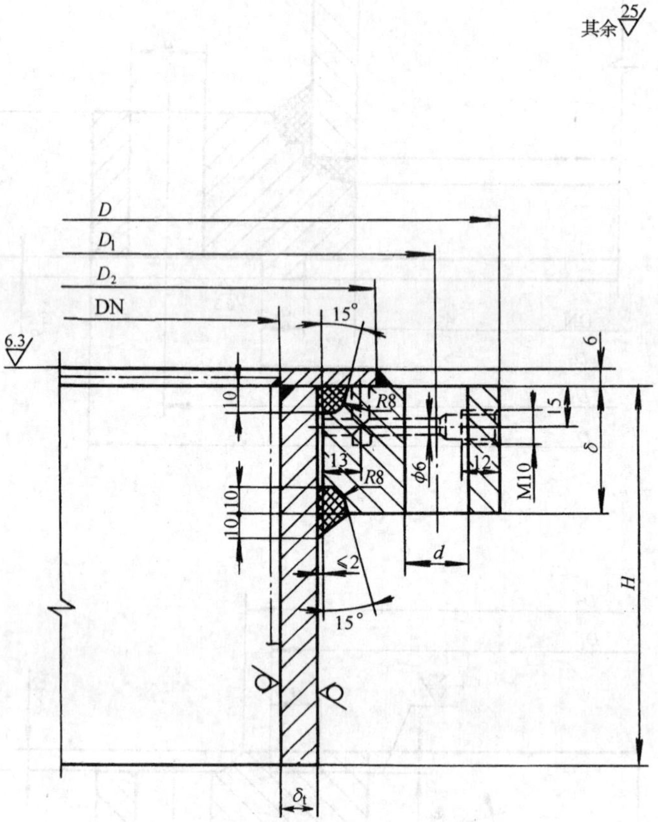
其余 25
D
D_1
D_2
DN
15°
6.3
6
10
R8
15
δ
13
R8
φ6
12
M10
10
10
10
d
≤2
H
15°
δ_t

图 4　衬环平密封面

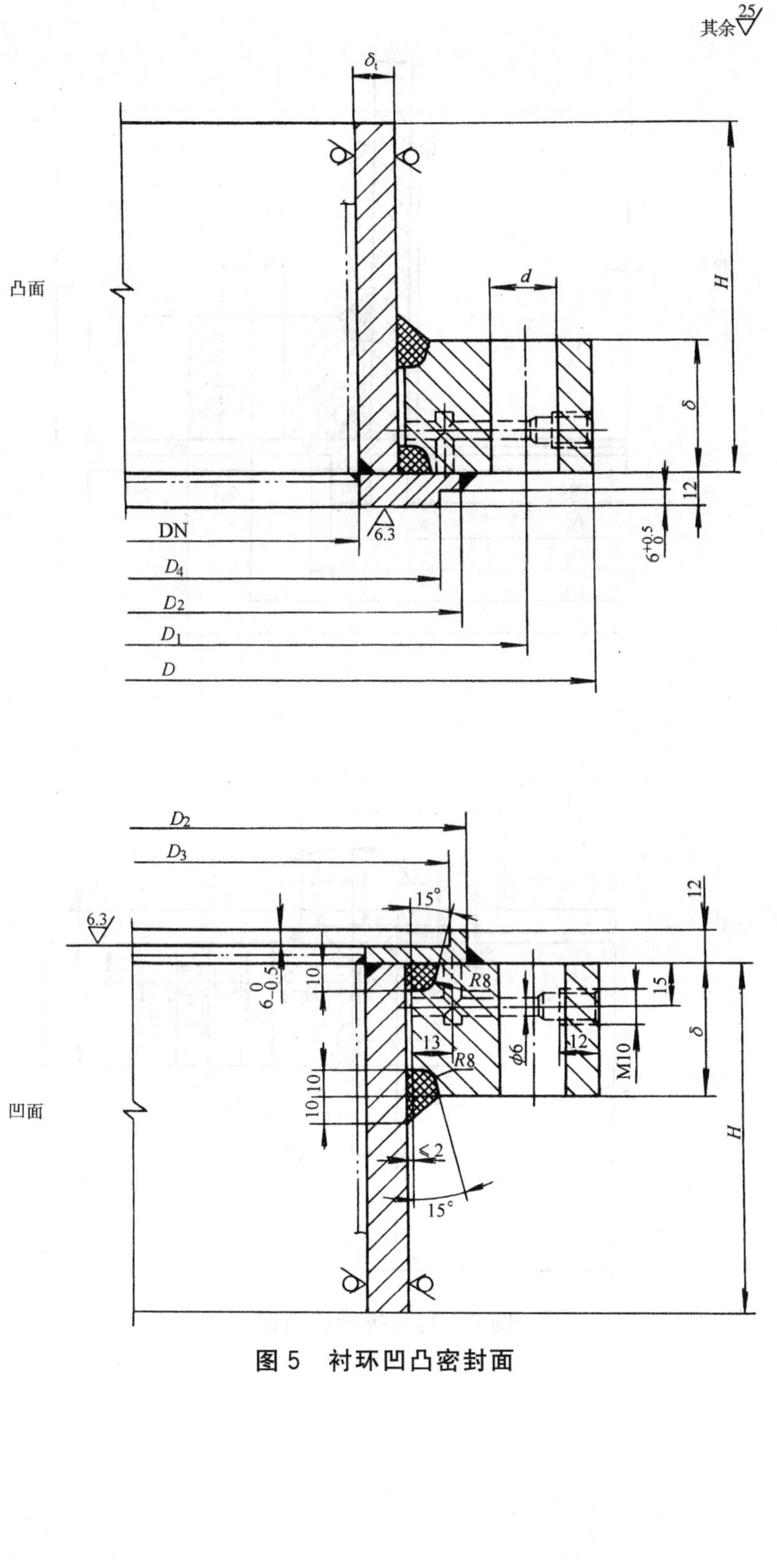
其余 25
δ_t
凸面
d
H
δ
12
$6^{+0.5}_{0}$
6.3
DN
D_4
D_2
D_1
D
D_2
D_3
6.3
15°
12
$6^{0}_{-0.5}$
10
R8
15
δ
13
R8
φ6
12
M10
10
10
10
凹面
H
≤2
15°

图5 衬环凹凸密封面

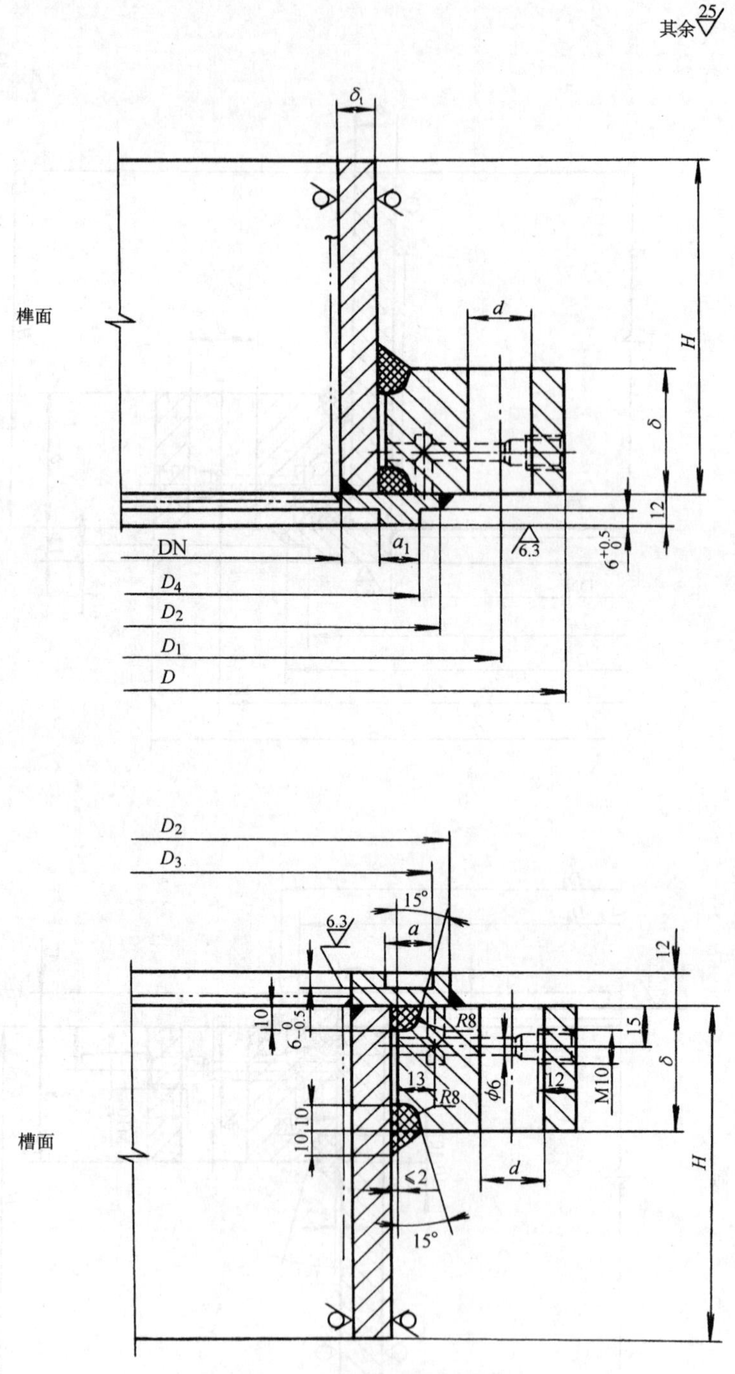
其余 25
δ_1
d
H
δ
12
$6^{+0.5}_{0}$
6.3
榫面
DN
a_1
D_4
D_2
D_1
D
D_2
D_3
15°
6.3
a
12
10
$6^{0}_{-0.5}$
R8
15
13
R8
$\phi 6$
12
M10
δ
10
10
槽面
≤2
d
H
15°

图 6 衬环榫槽密封面

表 1 乙型平焊法兰的结构型式及系列尺寸

公称直径 DN,mm	法兰,mm											螺柱	
	D	D_1	D_2	D_3	D_4	δ	H	δ_1	a	a_1	d	规格	数量
PN=0.25 MPa													
2 600	2 760	2 715	2 676	2 656	2 653	96	345	16	21	18	27	M24	72
2 800	2 960	2 915	2 876	2 856	2 853	102	350	16	21	18	27	M24	80
3 000	3 160	3 115	3 076	3 056	3 053	104	355	16	21	18	27	M24	84
PN=0.6 MPa													
1 300	1 460	1 415	1 376	1 356	1 353	70	270	16	21	18	27	M24	36
1 400	1 560	1 515	1 476	1 456	1 453	72	270	16	21	18	27	M24	40
1 500	1 660	1 615	1 576	1 556	1 553	74	270	16	21	18	27	M24	40
1 600	1 760	1 715	1 676	1 656	1 653	76	275	16	21	18	27	M24	44
1 700	1 860	1 815	1 776	1 756	1 753	78	280	16	21	18	27	M24	48
1 800	1 960	1 915	1 876	1 856	1 853	80	280	16	21	18	27	M24	52
1 900	2 060	2 015	1 976	1 956	1 953	84	285	16	21	18	27	M24	56
2 000	2 160	2 115	2 076	2 056	2 053	87	285	16	21	18	27	M24	60
2 200	2 360	2 315	2 276	2 256	2 253	90	340	16	21	18	27	M24	64
2 400	2 560	2 515	2 476	2 456	2 453	92	340	16	21	18	27	M24	68
PN=1.0 MPa													
1 000	1 140	1 100	1 065	1 055	1 052	62	260	12	17	14	23	M20	40
1 100	1 260	1 215	1 176	1 156	1 153	64	265	16	21	18	27	M24	32
1 200	1 360	1 315	1 276	1 256	1 253	66	265	16	21	18	27	M24	36
1 300	1 460	1 415	1 376	1 356	1 353	70	270	16	21	18	27	M24	40
1 400	1 560	1 515	1 476	1 456	1 453	74	270	16	21	18	27	M24	44
1 500	1 660	1 615	1 576	1 556	1 553	78	275	16	21	18	27	M24	48
1 600	1 760	1 715	1 676	1 656	1 653	82	280	16	21	18	27	M24	52
1 700	1 860	1 815	1 776	1 756	1 753	88	280	16	21	18	27	M24	56
1 800	1 960	1 915	1 876	1 856	1 853	94	290	16	21	18	27	M24	60
PN=1.6 MPa													
700	860	815	776	766	763	46	200	16	21	18	27	M24	24
800	960	915	876	866	863	48	200	16	21	18	27	M24	24
900	1 060	1 015	976	966	963	56	205	16	21	18	27	M24	28

表 1 乙型平焊法兰的结构型式及系列尺寸(续)

公称直径 DN,mm	法兰,mm											螺柱	
	D	D_1	D_2	D_3	D_4	δ	H	δ_1	a	a_1	d	规格	数量
1 000	1 160	1 115	1 076	1 066	1 063	66	260	16	21	18	27	M24	32
1 100	1 260	1 215	1 176	1 156	1 153	76	270	16	21	18	27	M24	36
1 200	1 360	1 315	1 276	1 256	1 253	85	280	16	21	18	27	M24	40
1 300	1 460	1 415	1 376	1 356	1 353	94	290	16	21	18	27	M24	44
1 400	1 560	1 515	1 476	1 456	1 453	103	295	16	21	18	27	M24	52
PN=2.5 MPa													
300	440	400	365	355	352	35	180	12	17	14	23	M20	16
350	490	450	415	405	402	37	185	12	17	14	23	M20	16
400	540	500	465	455	452	42	190	12	17	14	23	M20	20
450	590	550	515	505	502	43	190	12	17	14	23	M20	20
500	660	615	576	566	563	43	190	16	21	18	27	M24	20
550	710	665	626	616	613	45	195	16	21	18	27	M24	20
600	760	715	676	666	663	50	200	16	21	18	27	M24	24
650	810	765	726	716	713	60	205	16	21	18	27	M24	24
700	860	815	776	766	763	66	210	16	21	18	27	M24	28
800	960	915	876	866	863	77	220	16	21	18	27	M24	32
PN=4.0 MPa													
300	460	415	376	366	363	42	190	16	21	18	27	M24	16
350	510	465	426	416	413	44	190	16	21	18	27	M24	16
400	560	515	476	466	463	50	200	16	21	18	27	M24	20
450	610	565	526	516	513	61	205	16	21	18	27	M24	20
500	660	615	576	566	563	68	210	16	21	18	27	M24	24
550	710	665	626	616	613	75	220	16	21	18	27	M24	28
600	760	715	676	666	663	81	225	16	21	18	27	M24	32

注:法兰短节与容器筒体连接部位的焊接坡口型式和尺寸由设计或制造单位决定。

表 2 法兰及衬环的质量

公称直径 DN,mm	法兰质量,kg					衬环质量,kg				
	平面	凸面	凹面	榫面	槽面	平环	凸环	凹环	榫面	槽面
PN=0.25 MPa										
2 600	741.1	751.4	745.0	749.2	732.9	10.8	25.0	18.7	21.6	21.4
2 800	828.3	839.4	832.6	837.1	819.5	11.6	26.9	20.1	23.2	22.9
3 000	898.4	910.3	902.9	907.8	889.0	12.5	28.8	21.5	25.0	24.8
PN=0.6 MPa										
1 300	285.4	290.6	287.5	289.6	281.3	5.5	12.7	9.5	11.1	10.9
1 400	311.7	317.3	313.9	316.2	307.2	5.9	13.7	10.3	11.9	11.8
1 500	339.8	345.7	342.1	344.5	335.0	6.3	14.6	11.0	12.7	12.6
1 600	367.5	373.9	370.0	372.6	362.4	6.8	15.6	11.7	13.6	13.4
1 700	396.0	402.8	398.6	401.4	390.6	7.2	16.6	12.4	14.4	14.2
1 800	425.2	432.4	428.4	430.9	419.5	7.6	17.5	13.1	15.2	15.0
1 900	462.6	470.1	465.5	468.6	456.6	8.0	18.5	13.8	16.0	15.8
2 000	493.6	501.6	496.7	500.0	487.3	8.4	19.5	14.6	16.9	16.7
2 200	602.9	611.7	606.3	609.9	596.0	9.2	21.2	15.8	18.4	18.2
2 400	666.2	675.7	669.9	673.8	658.6	10.0	23.1	17.2	20.0	19.8
PN=1.0 MPa										
1 000	188.5	192.5	189.3	191.1	185.9	4.2	9.0	5.7	7.1	7.3
1 100	229.7	234.2	231.5	233.3	226.2	4.7	10.8	8.1	9.4	9.2
1 200	254.1	259.0	256.0	258.0	250.3	5.11	1.8	8.8	10.3	10.1
1 300	284.4	289.6	286.5	288.6	280.3	5.51	2.7	9.5	11.1	10.9
1 400	316.2	321.8	318.4	320.7	311.7	5.9	13.7	10.3	11.9	11.8
1 500	349.4	355.4	351.8	354.2	344.7	6.3	14.6	11.0	12.7	12.6
1 600	384.1	390.5	386.6	389.2	379.0	6.8	15.6	11.7	13.6	13.4
1 700	426.9	433.7	429.5	432.3	421.5	7.2	16.6	12.4	14.4	14.2
1 800	471.9	479.1	474.7	477.6	466.2	7.6	17.5	13.1	15.2	15.0
PN=1.6MPa										
700	109.2	112.6	109.8	111.5	106.9	3.6	7.6	4.7	6.1	6.0
800	127.5	131.4	128.1	130.1	124.9	4.1	8.6	5.4	7.1	6.8
900	156.9	161.2	157.6	159.8	153.9	4.6	9.6	6.0	7.8	7.6
1 000	213.3	218.1	214.1	216.5	210.0	5.0	10.6	6.6	8.6	8.4

表 2 法兰及衬环的质量(续)

公称直径 DN,mm	法兰质量,kg					衬环质量,kg				
	平面	凸面	凹面	榫面	槽面	平环	凸环	凹环	榫面	槽面
1 100	255.2	324.2	192.3	260.6	249.8	4.7	10.8	8.1	9.4	9.2
1 200	298.5	303.3	300.4	302.3	294.7	5.1	11.8	8.8	10.2	10.0
1 300	345.0	350.2	347.1	349.2	340.9	5.5	12.7	9.5	11.1	10.9
1 400	393.4	399.0	395.6	397.9	389.0	5.9	13.7	10.3	11.9	11.8
PN=2.5 MPa										
300	34.8	36.0	35.1	35.7	34.0	1.4	2.9	1.9	2.3	2.4
350	41.4	42.9	41.7	42.4	40.5	1.6	3.3	2.1	2.6	2.7
400	50.3	51.9	50.6	51.4	49.2	1.8	3.7	2.4	3.0	3.0
450	56.9	58.8	57.4	58.2	55.8	2.0	4.1	2.7	3.3	3.4
500	76.7	79.2	77.1	78.4	75.0	2.6	5.5	3.4	4.5	4.3
550	86.2	88.9	86.7	88.1	84.4	2.9	6.0	3.8	4.9	4.8
600	99.3	102.2	99.8	101.2	97.3	3.1	6.5	4.1	5.3	5.2
650	120.7	123.8	121.2	122.8	118.5	3.3	7.0	4.4	5.7	5.6
700	137.3	140.7	137.9	139.6	135.0	3.6	7.5	4.7	6.1	6.0
800	173.2	177.1	173.8	175.8	170.6	4.1	8.6	5.4	7.0	6.8
PN=4.0 MPa										
300	47.8	49.3	48.1	48.9	46.7	1.6	3.4	2.2	2.8	2.7
350	56.5	58.3	56.8	57.7	55.3	1.9	4.0	2.5	3.2	3.1
400	68.4	70.4	68.7	69.8	67.0	2.1	4.5	2.8	3.6	3.5
450	87.0	89.3	87.4	88.6	85.5	2.4	5.0	3.1	4.1	3.9
500	102.5	105.0	102.9	104.2	100.8	2.6	5.5	3.4	4.5	4.3
550	119.2	121.9	119.7	121.1	117.4	2.9	6.0	3.8	4.9	4.8
600	135.9	138.8	136.4	137.9	133.9	3.1	6.5	4.1	5.3	5.2

注:衬环法兰中法兰本体的质量,可近似取平面法兰的质量。

ICS 23.040.60
J 15

NB

中华人民共和国能源行业标准

NB/T 47023—2012（JB/T 4703）
代替 JB/T 4703—2000

长颈对焊法兰

Welding neck flange

2012-11-09 发布　　　　2013-03-01 实施

国家能源局　发布

前　言

本标准与 JB/T 4703—2000 相比主要变化如下：

——引用标准进行了更新；

——材料牌号进行了相应的更新；

——PN 0.6 MPa～2.5 MPa 的法兰直径规格增加至 DN2 600；

——PN 4.0 MPa 的法兰直径规格增加至 DN 2 000；

——PN 6.4 MPa 的法兰直径规格增加至 DN 1 200；

——相应增加了表 3 中的长颈对焊法兰高度 H 的修正值；

——将衬环平密封面(图 4)的衬环外径由尺寸 D_3 增至尺寸 D_2；

——对个别法兰尺寸进行了调整。

本标准由全国锅炉压力容器标准化技术委员会(SAC/TC 262)提出并归口。

本标准起草单位：中国石化工程建设有限公司、合肥通用机械研究院、中石化洛阳工程有限公司。

本标准起草人：冯清晓、谢智刚、桑如苞、姚佐权、秦宗川、潘建华、郭为民、胡庆均、陈崇刚。

本标准由全国锅炉压力容器标准化技术委员会(SAC/TC 262)负责解释。

本标准所代替标准的历次版本发布情况为：

——JB 4703—1992；

——JB/T 4703—2000。

长颈对焊法兰

1 范围

本标准规定了钢制压力容器用长颈对焊法兰的结构型式与系列尺寸。

本标准适用于公称压力为0.6 MPa～6.4 MPa、工作温度－70℃～450℃的钢制压力容器长颈对焊法兰。

本标准适用腐蚀裕量≤3 mm。

2 规范性引用文件

下列文件对于本文件的应用是必不可少的。凡是注日期的引用文件，仅注日期的版本适用于本文件。凡是不注日期的引用文件，其最新版本(包括所有的修改单)适用于本文件。

NB/T 47020 压力容器法兰分类与技术条件

NB/T 47024 非金属软垫片

NB/T 47025 缠绕垫片

NB/T 47026 金属包垫片

NB/T 47027 压力容器法兰用紧固件

3 结构型式与尺寸

各类密封面的长颈对焊法兰的结构型式及系列尺寸应符合图1～图6和表1的规定，法兰及衬环的质量列于表2。

4 选用规定

4.1 法兰及相匹配的垫片、螺柱、螺母的材料、最大允许工作压力、技术条件及其标记按NB/T 47020的规定。

4.2 法兰用非金属软垫片、缠绕垫片、金属包垫片应分别符合NB/T 47024、NB/T 47025、NB/T 47026的规定。

4.3 法兰用紧固件应符合NB/T 47027的规定。

4.4 当与法兰连接的对接圆筒厚度小于表1的最小对接圆筒厚度δ_0时，应按表3要求，调整法兰总高度H，并连同法兰厚度在法兰标记中注明。

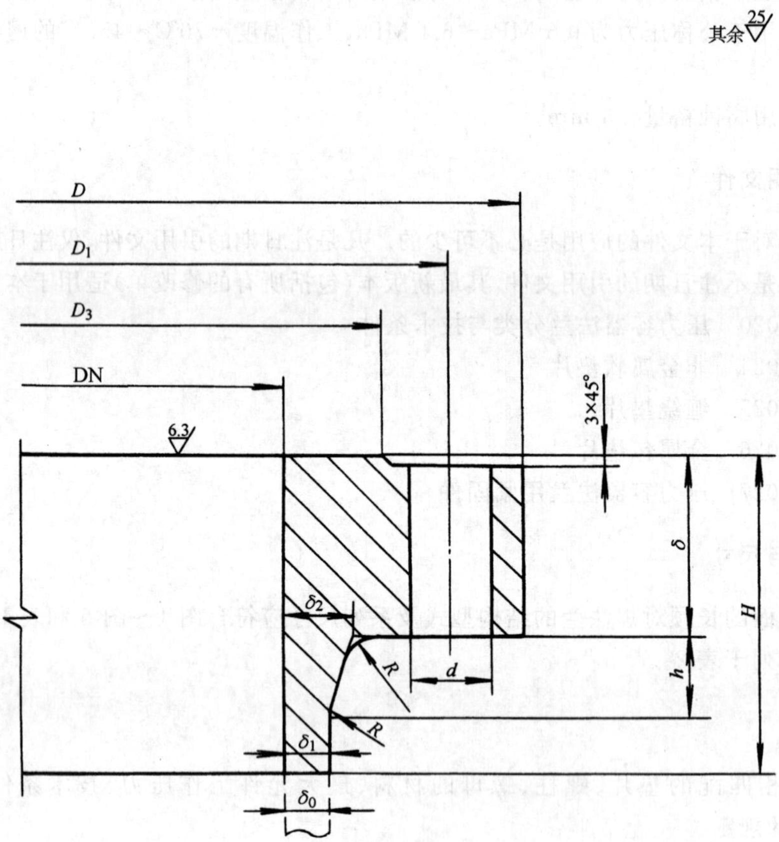

图1 平密封面

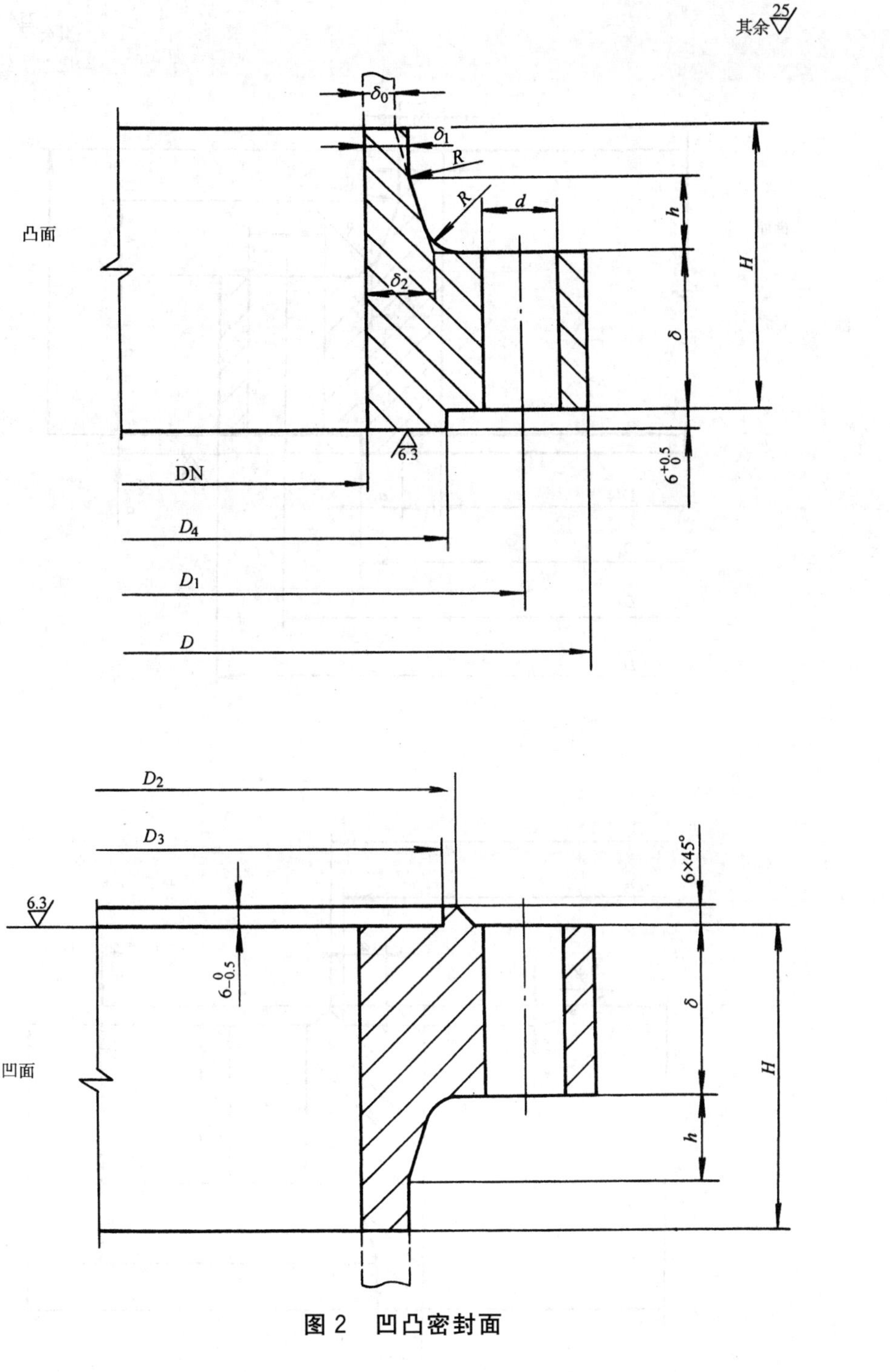

图2　凹凸密封面

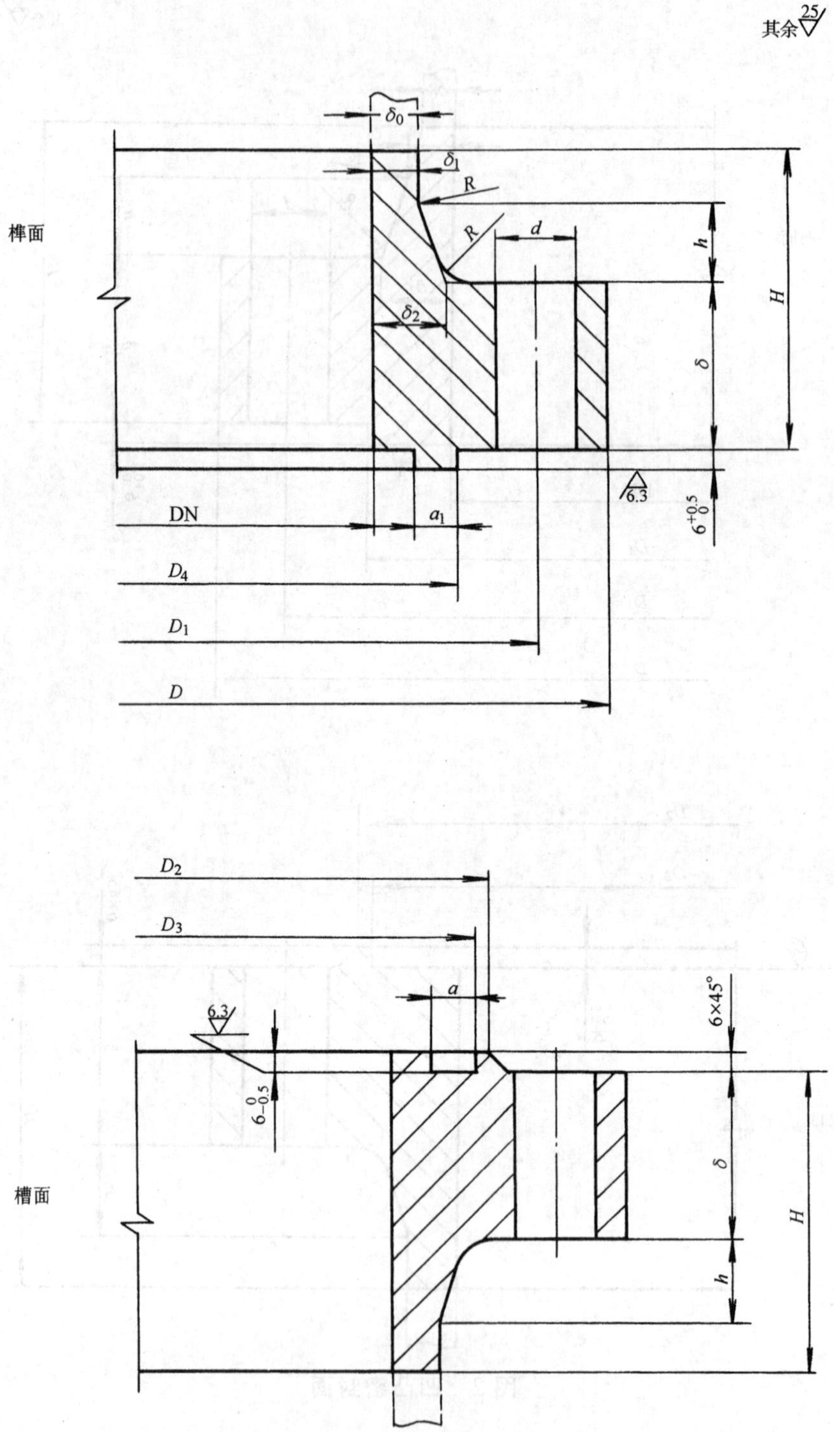
其余 25
δ0
δ1
R
R
d
h
H
δ2
δ
6.3
6 +0.5 0
榫面
DN
a1
D4
D1
D
D2
D3
a
6×45°
6.3
6 0 -0.5
δ
槽面
H
h

图 3　榫槽密封面

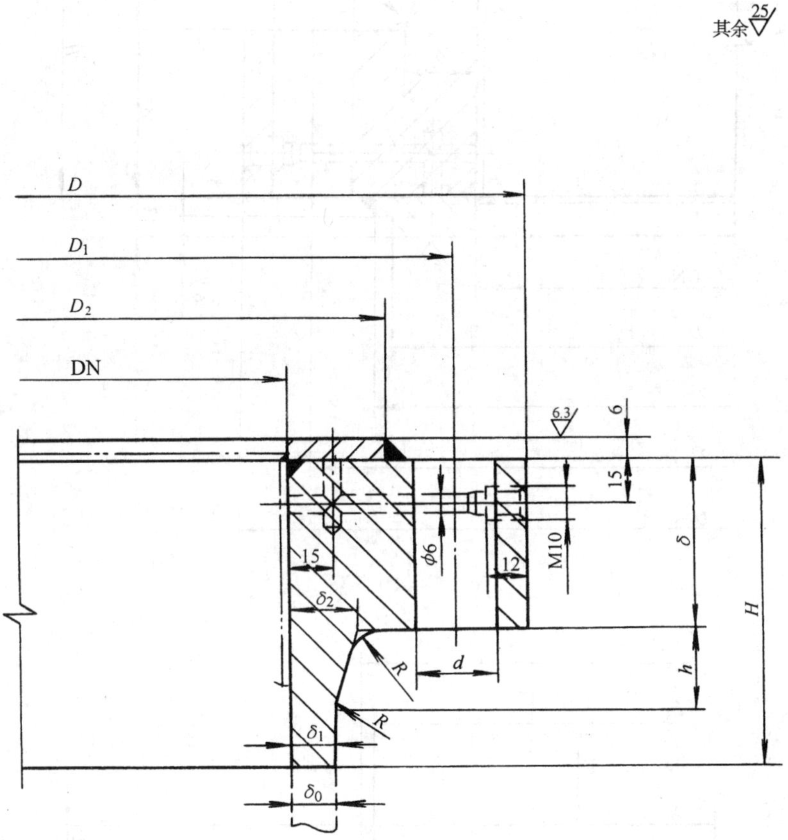

图 4　衬环平密封面

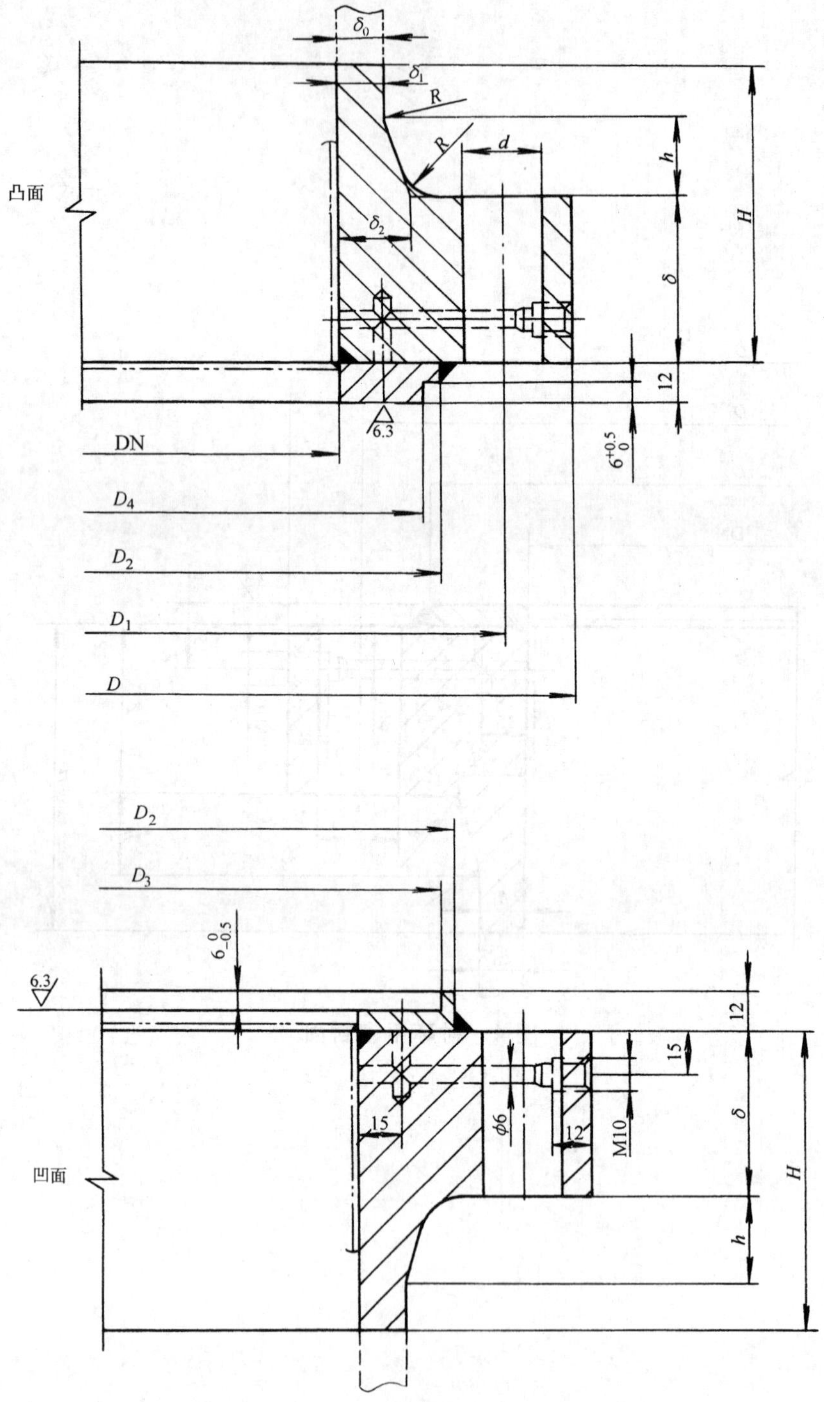

凸面
δ_0
δ_1
R
R
d
h
H
δ_2
δ
12
6.3
$6^{+0.5}_{0}$
DN
D_4
D_2
D_1
D
D_2
D_3
$6^{0}_{-0.5}$
6.3
12
15
15
$\phi 6$
12
M10
δ
H
凹面
h

图 5　衬环凹凸密封面

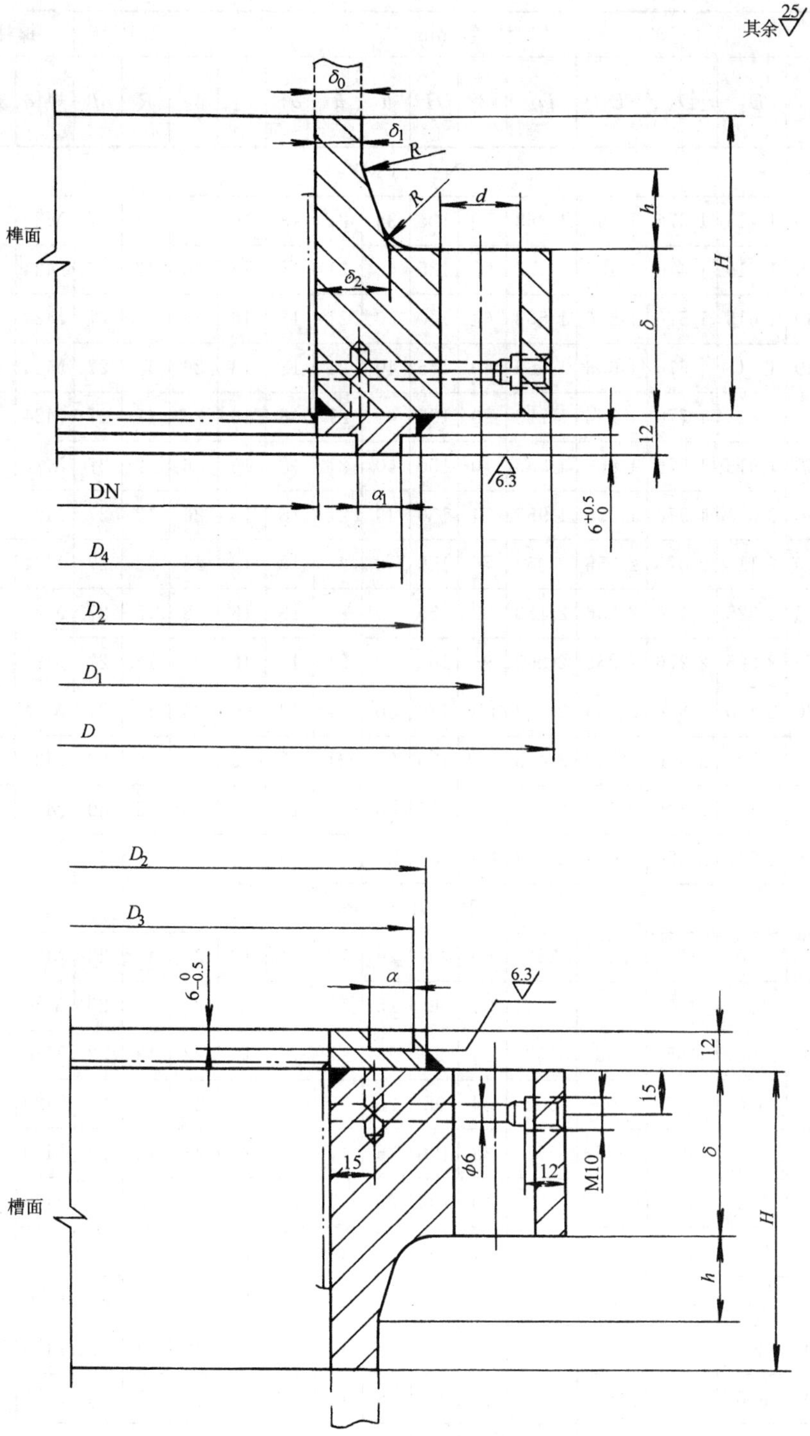
其余 25
δ0
δ1
R
R
d
h
H
δ
δ2
榫面
12
6.3
DN
α1
6+0.5 0
D4
D2
D1
D
D2
D3
6 0 -0.5
α
6.3
12
15
δ
15
φ6
12
M10
槽面
H
h

图 6　衬环榫槽密封面

表1 长颈对焊法兰的结构型式及系列尺寸

公称直径 DN,mm	法兰,mm														螺柱		对接筒体
	D	D_1	D_2	D_3	D_4	δ	H	h	a	a_1	δ_1	δ_2	R	d	规格	数量	最小厚度 δ_0,mm
PN=0.6 MPa																	
1 300	1 460	1 415	1 376	1 356	1 353	60	125	35	21	18	16	26	12	27	M24	40	12
1 400	1 560	1 515	1 476	1 456	1 453	62	135	40	21	18	16	26	12	27	M24	44	12
1 500	1 660	1 615	1 576	1 556	1 553	64	140	40	21	18	16	26	12	27	M24	48	12
1 600	1 760	1 715	1 676	1 656	1 653	66	145	40	21	18	16	26	12	27	M24	52	12
1 700	1 860	1 815	1 776	1 756	1 753	70	150	40	21	18	16	26	12	27	M24	52	12
1 800	1 960	1 915	1 876	1 856	1 853	70	150	40	21	18	16	26	12	27	M24	52	14
1 900	2 060	2 015	1 976	1 956	1 953	74	150	40	21	18	16	26	12	27	M24	56	14
2 000	2 160	2 115	2 076	2 056	2 053	76	150	40	21	18	16	26	12	27	M24	60	14
2 100	2 275	2 225	2 176	2 156	2 153	88	155	50	21	18	18	28	15	27	M24	60	16
2 200	2 375	2 325	2 276	2 256	2 253	96	165	50	21	18	18	28	15	27	M24	64	16
2 300	2 480	2 430	2 376	2 356	2 353	100	170	50	21	18	20	30	15	27	M24	68	18
2 400	2 590	2 535	2 476	2 456	2 453	104	175	50	21	18	20	30	15	30	M27	56	18
2 500	2 695	2 640	2 576	2 556	2 553	106	175	50	21	18	22	32	15	30	M27	60	20
2 600	2 795	2 740	2 676	2 656	2 653	110	180	50	21	18	22	32	15	30	M27	64	20
PN=1.0 MPa																	
300	440	400	365	355	352	30	85	25	17	14	12	22	12	23	M20	16	4
350	490	450	415	405	402	32	90	25	17	14	12	22	12	23	M20	16	4
400	540	500	465	455	452	34	95	25	17	14	12	22	12	23	M20	20	4
450	590	550	515	505	502	34	95	25	17	14	12	22	12	23	M20	20	6
500	640	600	565	555	552	38	100	25	17	14	12	22	12	23	M20	24	6
550	690	650	615	605	602	40	100	25	17	14	12	22	12	23	M20	24	6
600	740	700	665	655	652	44	105	25	17	14	12	22	12	23	M20	28	6
650	790	750	715	705	702	46	105	25	17	14	12	22	12	23	M20	28	8
700	840	800	765	755	752	50	105	25	17	14	12	22	12	23	M20	32	8
800	940	900	865	855	852	50	105	25	17	14	12	22	12	23	M20	32	8
900	1 040	1 000	965	955	952	54	110	25	17	14	12	22	12	23	M20	36	10
1 000	1 140	1 100	1 065	1 055	1 052	56	110	25	17	16	12	22	12	23	M20	40	10
1 100	1 260	1 215	1 176	1 156	1 153	56	120	35	21	18	16	26	12	27	M24	32	12

表1 长颈对焊法兰的结构型式及系列尺寸(续)

公称直径 DN,mm	法兰,mm														螺柱		对接筒体
	D	D_1	D_2	D_3	D_4	δ	H	h	a	a_1	δ_1	δ_2	R	d	规格	数量	最小厚度 δ_0,mm
PN=1.0 MPa																	
1 200	1 360	1 315	1 276	1 256	1 253	56	125	35	21	18	16	26	12	27	M24	36	12
1 300	1 460	1 415	1 376	1 356	1 353	60	130	35	21	18	16	26	12	27	M24	40	12
1 400	1 560	1 515	1 476	1 456	1 453	62	140	40	21	18	16	26	12	27	M24	44	12
1 500	1 660	1 615	1 576	1 556	1 553	64	140	40	21	18	16	26	12	27	M24	48	12
1 600	1 760	1 715	1 676	1 656	1 653	70	145	40	21	18	16	26	12	27	M24	52	12
1 700	1 870	1 815	1 776	1 756	1 753	76	150	40	21	18	18	26	12	30	M27	56	12
1 800	1 970	1 915	1 876	1 856	1 853	80	150	40	21	18	18	26	12	30	M27	56	14
1 900	2 095	2 040	1 998	1 978	1 973	86	155	40	21	18	20	32	15	30	M27	56	16
2 000	2 195	2 140	2 098	2 078	2 075	94	165	40	21	18	20	32	15	30	M27	60	16
2 100	2 295	2 240	2 198	2 178	2 175	102	190	50	21	18	20	32	15	30	M27	60	16
2 200	2 395	2 340	2 298	2 278	2 275	112	200	50	21	18	20	32	15	30	M27	64	16
2 300	2 515	2 455	2 398	2 378	2 375	120	210	50	21	18	22	34	15	33	M30	60	18
2 400	2 615	2 555	2 498	2 478	2 475	128	215	50	21	18	22	34	15	33	M30	64	18
2 500	2 720	2 660	2 598	2 578	2 575	130	215	50	21	18	24	36	15	33	M30	68	20
2 600	2 820	2 760	2 698	2 678	2 675	136	220	50	21	18	24	36	15	33	M30	72	20
PN=1.6 MPa																	
300	440	400	365	355	352	30	85	25	17	14	12	22	12	23	M20	16	6
350	490	450	415	405	402	32	90	25	17	14	12	22	12	23	M20	16	6
400	540	500	465	455	452	34	95	25	17	14	12	22	12	23	M20	20	6
450	590	550	515	505	502	34	95	25	17	14	12	22	12	23	M20	20	8
500	640	600	565	555	552	38	100	25	17	14	12	22	12	23	M20	24	8
550	690	650	615	605	602	40	100	25	17	14	12	22	12	23	M20	24	8
600	740	700	665	655	652	44	105	25	17	14	12	22	12	23	M20	28	10
650	790	750	715	705	702	46	105	25	17	14	12	22	12	23	M20	28	10
700	860	815	776	766	763	46	115	35	21	18	16	26	12	27	M24	24	10
800	960	915	876	866	863	48	115	35	21	18	16	26	12	27	M24	24	12
900	1 060	1 015	976	966	963	52	115	35	21	18	16	26	12	27	M24	28	12
1 000	1 160	1 115	1 076	1 066	1 063	56	120	35	21	18	16	26	12	27	M24	32	12

表1 长颈对焊法兰的结构型式及系列尺寸(续)

公称直径 DN,mm	法兰,mm														螺柱		对接筒体
	D	D_1	D_2	D_3	D_4	δ	H	h	a	a_1	δ_1	δ_2	R	d	规格	数量	最小厚度 δ_0,mm
PN=1.6 MPa																	
1 100	1 260	1 215	1 176	1 156	1 153	62	125	40	21	18	16	26	12	27	M24	36	14
1 200	1 360	1 315	1 276	1 256	1 253	64	130	40	21	18	16	26	12	27	M24	40	14
1 300	1 460	1 415	1 376	1 356	1 353	74	140	40	21	18	16	26	12	27	M24	44	14
1 400	1 560	1 515	1 476	1 456	1 453	84	150	40	21	18	16	26	12	27	M24	52	14
1 500	1 695	1 640	1 598	1 578	1 575	84	155	42	21	18	20	32	15	30	M27	48	16
1 600	1 795	1 740	1 698	1 678	1 675	86	165	48	21	18	20	32	15	30	M27	52	16
1 700	1 895	1 840	1 798	1 778	1 775	86	165	48	21	18	22	32	15	30	M27	56	18
1 800	1 995	1 940	1 898	1 878	1 875	94	170	48	21	18	22	32	15	30	M27	64	18
1 900	2 115	2 055	2 010	1 990	1 987	94	185	56	26	23	24	36	15	33	M30	56	20
2 000	2 215	2 155	2 110	2 090	2 087	102	190	56	26	23	24	36	15	33	M30	64	20
2 100	2 340	2 270	2 210	2 190	2 187	116	215	68	26	23	26	38	15	39	M36	56	22
2 200	2 440	2 370	2 310	2 290	2 287	130	230	68	26	23	26	38	15	39	M36	60	22
2 300	2 540	2 470	2 410	2 390	2 387	142	245	68	26	23	26	38	15	39	M36	64	22
2 400	2 650	2 575	2 510	2 490	2 487	150	250	68	26	23	28	40	15	39	M36	68	24
2 500	2 775	2 690	2 610	2 590	2 587	168	275	74	26	23	28	40	15	45	M42	60	24
2 600	2 875	2 790	2 710	2 690	2 687	180	290	74	26	23	28	40	15	45	M42	64	24
PN=2.5 MPa																	
300	440	400	365	355	352	32	85	25	17	14	12	22	12	23	M20	16	6
350	490	450	415	405	402	32	90	25	17	14	12	22	12	23	M20	16	6
400	540	500	465	455	452	36	95	25	17	14	12	22	12	23	M20	20	8
450	590	550	515	505	502	36	95	25	17	14	12	22	12	23	M20	20	8
500	660	615	576	566	563	40	105	35	21	18	16	26	12	27	M24	20	10
550	710	665	626	616	613	40	105	35	21	18	16	26	12	27	M24	20	10
600	760	715	676	666	663	42	110	35	21	18	16	26	12	27	M24	24	10
650	810	765	726	716	713	46	115	35	21	18	16	26	12	27	M24	24	10
700	860	815	776	766	763	50	120	35	21	18	16	26	12	27	M24	28	10
800	960	915	876	866	863	58	125	35	21	18	16	26	12	27	M24	32	12
900	1 095	1 040	998	988	985	60	145	42	21	18	20	32	15	30	M27	32	12

表1 长颈对焊法兰的结构型式及系列尺寸(续)

公称直径 DN,mm	法兰,mm														螺柱		对接筒体
	D	D_1	D_2	D_3	D_4	δ	H	h	a	a_1	δ_1	δ_2	R	d	规格	数量	最小厚度 δ_0,mm
PN=2.5 MPa																	
1 000	1 195	1 140	1 098	1 088	1 085	68	155	42	21	18	20	32	15	30	M27	36	14
1 100	1 295	1 240	1 198	1 178	1 175	72	165	42	21	18	22	32	15	30	M27	40	14
1 200	1 395	1 340	1 298	1 278	1 275	84	185	48	21	18	22	32	15	30	M27	48	14
1 300	1 495	1 440	1 398	1 378	1 375	88	185	48	21	18	22	32	15	30	M27	56	16
1 400	1 595	1 540	1 498	1 478	1 475	100	195	48	21	18	22	32	15	30	M27	60	16
1 500	1 715	1 655	1 610	1 590	1 587	102	200	56	26	23	24	36	15	33	M30	60	18
1 600	1 815	1 755	1 710	1 690	1 687	112	210	56	26	23	24	36	15	33	M30	64	20
1 700	1 950	1 880	1 829	1 809	1 806	112	230	64	26	23	28	42	18	39	M36	52	20
1 800	2 050	1 980	1 929	1 909	1 906	122	235	64	26	23	28	42	18	39	M36	56	22
1 900	2 150	2 080	2 029	2 009	2 006	132	235	64	26	23	28	42	18	39	M36	64	24
2 000	2 250	2 180	2 129	2 109	2 106	144	245	64	26	23	28	42	18	39	M36	68	24
2 100	2 390	2 305	2 229	2 209	2 206	158	270	72	26	23	32	48	18	45	M42	64	26
2 200	2 490	2 405	2 329	2 309	2 306	172	295	80	26	23	32	48	18	45	M42	78	26
2 300	2 590	2 505	2 429	2 409	2 406	182	315	86	26	23	32	48	18	45	M42	72	26
2 400	2 720	2 620	2 529	2 509	2 506	190	320	86	26	23	34	50	18	52	M48	60	28
2 500	2 820	2 720	2 629	2 609	2 606	200	335	90	26	23	34	50	18	52	M48	64	28
2 600	2 920	2 820	2 729	2 709	2 706	210	355	96	26	23	34	50	18	52	M48	68	28
PN=4.0 MPa																	
300	460	415	376	366	363	40	105	35	21	18	16	26	12	27	M24	16	8
350	510	465	426	416	413	42	110	35	21	18	16	26	12	27	M24	16	8
400	560	515	476	466	463	42	110	35	21	18	16	26	12	27	M24	20	12
450	610	565	526	516	513	46	110	35	21	18	16	26	12	27	M24	20	12
500	660	615	576	566	563	46	110	35	21	18	16	26	12	27	M24	24	12
550	710	665	626	616	613	52	115	35	21	18	16	26	12	27	M24	28	12
600	760	715	676	666	663	58	120	35	21	18	16	26	12	27	M24	32	12
650	845	790	748	738	735	60	135	42	21	18	20	32	15	30	M27	28	14
700	895	840	798	788	785	64	140	42	21	18	20	32	15	30	M27	32	14
800	995	940	898	888	885	70	150	42	21	18	22	32	15	30	M27	40	16

表1 长颈对焊法兰的结构型式及系列尺寸(续)

公称直径 DN,mm	法兰,mm														螺柱		对接筒体
	D	D_1	D_2	D_3	D_4	δ	H	h	a	a_1	δ_1	δ_2	R	d	规格	数量	最小厚度 δ_0,mm
PN=4.0 MPa																	
900	1 115	1 055	1 010	1 000	997	86	170	42	26	23	24	36	15	33	M30	40	16
1 000	1 215	1 155	1 110	1 100	1 097	100	175	42	26	23	24	36	15	33	M30	48	18
1 100	1 350	1 280	1 229	1 209	1 206	104	195	48	26	23	28	42	18	39	M36	40	20
1 200	1 450	1 380	1 329	1 309	1 306	120	205	48	26	23	28	42	18	39	M36	44	22
1 300	1 550	1 480	1 429	1 409	1 406	126	220	56	26	23	28	42	18	39	M36	52	22
1 400	1 650	1 580	1 529	1 509	1 506	130	235	64	26	23	28	42	18	39	M36	60	22
1 500	1 750	1 680	1 629	1 609	1 606	144	250	64	26	23	28	42	18	39	M36	64	22
1 600	1 850	1 780	1 729	1 709	1 706	158	265	64	26	23	28	42	18	39	M36	68	22
1 700	1 990	1 905	1 829	1 809	1 806	176	290	74	26	23	32	48	18	45	M42	60	26
1 800	2 110	2 015	1 929	1 909	1 906	196	310	74	26	23	32	48	18	52	M48	56	26
1 900	2 215	2 120	2 029	2 009	2 006	210	325	74	26	23	34	50	18	52	M48	64	28
2 000	2 315	2 220	2 129	2 109	2 106	222	340	74	26	23	34	50	18	52	M48	68	28
PN=6.4 MPa																	
300	460	415	376	366	363	46	110	35	21	18	16	26	12	27	M24	16	8
350	510	465	426	416	413	48	115	35	21	18	16	26	12	27	M24	20	8
400	560	515	476	466	463	56	120	35	21	18	16	26	12	27	M24	24	12
450	645	590	548	538	535	60	130	36	21	18	20	32	15	30	M27	24	12
500	695	640	598	588	585	68	140	36	21	18	20	32	15	30	M27	28	12
550	745	690	648	638	635	78	150	36	21	18	20	32	15	30	M27	32	12
600	815	755	710	700	697	82	160	42	26	23	22	36	15	33	M30	32	14
650	865	805	760	750	747	92	165	42	26	23	22	36	15	33	M30	36	16
700	950	880	829	819	816	92	185	48	26	23	26	42	18	39	M36	32	18
800	1 050	980	929	919	916	112	200	48	26	23	26	42	18	39	M36	36	18
900	1 195	1 110	1 029	1 019	1 016	132	230	58	26	23	30	48	18	45	M42	36	22
1 000	1 295	1 210	1 129	1 119	1 116	146	245	58	26	23	32	50	18	45	M42	40	24
1 100	1 420	1 325	1 229	1 219	1 216	160	265	66	26	23	34	52	18	52	M48	40	26
1 200	1 520	1 425	1 329	1 319	1 316	176	275	66	26	23	34	52	18	52	M48	44	28

表2 法兰及衬环的质量

公称直径 DN,mm	法兰质量,kg					衬环质量,kg				
	平面	凸面	凹面	榫面	槽面	平环	凸环	凹环	榫面	槽面
PN=0.6 MPa										
1 300	184.2	194.7	192.1	193.1	193.5	5.5	12.7	9.5	11.1	10.9
1 400	205.4	216.7	213.9	214.9	215.4	5.9	13.7	10.3	11.9	11.8
1 500	226.7	238.8	235.8	236.9	237.4	6.3	14.6	11.0	12.7	12.6
1 600	258.8	271.6	268.4	269.6	270.1	6.8	15.6	11.7	13.6	13.4
1 700	262.7	276.2	272.8	274.0	274.6	7.2	16.6	12.4	14.4	14.2
1 800	291.8	306.1	302.5	303.8	304.4	7.6	17.5	13.1	15.2	15.0
1 900	322.4	337.5	333.7	335.1	335.7	8.0	18.5	13.8	16.0	15.8
2 000	344.5	360.4	356.4	357.8	358.5	8.4	19.5	14.6	16.9	16.7
2 100	460.1	477.1	473.0	474.5	475.2	8.8	20.4	15.2	17.7	17.4
2 200	518.9	536.7	532.4	534.0	534.7	9.2	21.3	15.9	18.5	18.2
2 300	584.6	603.6	599.0	600.7	601.4	9.6	22.3	16.7	19.4	19.0
2 400	664.1	685.0	680.2	681.9	682.7	10.1	23.2	17.4	20.2	19.9
2 500	726.0	748.2	743.2	745.0	745.8	10.5	24.2	18.1	21.0	20.7
2 600	779.1	802.1	796.9	798.8	799.6	10.9	25.1	18.8	21.9	21.5
PN=1.0 MPa										
300	21.6	24.1	23.2	23.5	23.7	1.4	2.9	1.9	2.3	2.4
350	25.9	28.8	27.8	28.1	28.4	1.6	3.3	2.1	2.6	2.7
400	30.2	33.3	32.3	32.6	32.9	1.8	3.7	2.4	3.0	3.0
450	34.4	37.9	36.7	37.1	37.4	2.0	4.1	2.7	3.3	3.4
500	39.1	42.9	41.6	42.0	42.4	2.2	4.6	3.0	3.7	3.8
550	44.5	48.7	47.2	47.7	48.1	2.4	5.0	3.3	4.0	4.2
600	54.1	58.7	57.1	57.6	58.0	2.6	5.4	3.5	4.4	4.5
650	61.4	66.3	64.5	65.1	65.5	2.8	5.9	3.8	4.7	4.8
700	67.5	72.7	70.8	71.4	71.9	3.0	6.3	4.1	5.0	5.2
800	77.0	82.9	80.7	81.4	81.9	3.2	7.2	4.6	5.7	5.9
900	92.4	99.1	96.6	97.4	98.0	3.8	8.1	5.2	6.4	6.6
1 000	109.1	116.4	113.7	114.5	115.3	4.2	9.0	5.7	7.1	7.3
1 100	148.7	157.6	155.4	156.2	156.5	4.7	10.8	8.1	9.4	9.2
1 200	161.1	170.8	168.4	169.3	169.5	5.1	11.8	8.8	10.3	10.1

表2 法兰及衬环的质量(续)

公称直径 DN,mm	法兰质量,kg					衬环质量,kg				
	平面	凸面	凹面	榫面	槽面	平环	凸环	凹环	榫面	槽面
PN=1.0 MPa										
1 300	184.2	194.7	192.1	193.1	193.5	5.5	12.7	9.5	11.1	10.9
1 400	205.4	216.7	213.9	214.9	215.4	5.9	13.7	10.3	11.9	11.8
1 500	226.7	238.8	235.8	236.9	237.4	6.3	14.6	11.0	12.7	12.6
1 600	258.8	271.6	268.4	269.6	270.1	6.8	15.6	11.7	13.6	13.4
1 700	292.9	306.5	303.1	304.3	304.9	7.2	16.6	12.4	14.4	14.2
1 800	323.7	338.0	334.4	335.7	336.3	7.6	17.5	13.1	15.2	15.0
1 900	455.5	473.7	467.0	468.4	472.1	11.2	24.9	17.1	19.3	22.2
2 000	517.6	537.0	529.7	531.1	535.0	11.8	26.2	17.9	20.4	23.3
2 100	603.4	623.7	616.1	617.6	621.7	12.3	27.4	18.8	21.3	24.5
2 200	683.1	704.4	696.3	698.0	702.3	12.9	28.7	19.7	22.3	25.6
2 300	833.6	857.5	849.2	850.8	855.3	13.5	30.0	20.6	23.3	26.7
2 400	917.0	941.9	933.2	934.9	939.6	14.1	31.3	21.4	24.3	27.9
2 500	996.2	1 022.6	1 013.5	1 015.3	1 020.2	14.7	32.6	22.3	25.3	29.0
2 600	1074.6	1 101.9	1 092.5	1 094.4	1 099.4	15.2	33.8	23.2	26.3	30.2
PN=1.6 MPa										
300	21.6	24.1	23.2	23.5	23.7	1.4	2.9	1.9	2.3	2.4
350	25.9	28.8	27.8	28.1	28.4	1.6	3.3	2.1	2.6	2.7
400	30.2	33.3	32.3	32.6	32.9	1.8	3.7	2.4	3.0	3.0
450	34.4	37.9	36.7	37.1	37.4	2.0	4.1	2.7	3.3	3.4
500	39.1	42.9	41.6	42.0	42.4	2.2	4.6	3.0	3.7	3.8
550	45.3	48.7	47.2	47.7	48.1	2.4	5.0	3.3	4.0	4.2
600	54.1	58.7	57.1	57.6	58.0	2.6	5.4	3.5	4.4	4.5
650	61.4	66.3	64.5	65.1	65.5	2.8	5.9	3.8	4.7	4.8
700	82.9	89.1	86.6	87.7	87.9	3.6	7.6	4.7	6.1	6.0
800	98.7	105.6	102.7	104.0	104.1	4.1	8.6	5.4	7.0	6.8
900	115.6	123.3	120.1	121.5	121.7	4.6	9.6	6.0	7.8	7.6
1 000	135.6	144.2	140.7	142.2	142.5	5.0	10.6	6.6	8.6	8.4
1 100	163.1	172.1	169.9	170.7	171.0	4.7	10.8	8.1	9.4	9.2
1 200	183.0	192.7	190.3	191.2	191.5	5.1	11.8	8.8	10.2	10.0

表 2 法兰及衬环的质量(续)

公称直径 DN,mm	法兰质量,kg					衬环质量,kg				
	平面	凸面	凹面	榫面	槽面	平环	凸环	凹环	榫面	槽面
PN=1.6 MPa										
1 300	215.8	226.3	223.7	224.7	225.0	5.5	12.7	9.5	11.1	10.9
1 400	248.4	259.7	256.9	257.9	258.4	5.9	13.7	10.3	11.9	11.8
1 500	335.5	351.0	345.6	346.6	349.6	8.9	19.7	13.6	15.4	17.6
1 600	377.7	394.2	388.4	389.5	392.7	9.5	21.0	14.5	16.4	18.8
1 700	410.3	427.7	421.6	422.8	426.2	10.0	22.3	15.3	17.4	19.9
1 800	468.7	487.1	480.5	481.8	485.3	10.6	23.6	16.2	18.9	21.0
1 900	569.4	591.2	582.5	585.4	587.9	13.0	28.4	18.9	22.6	24.3
2 000	632.7	655.6	646.5	649.5	652.2	13.5	29.8	19.8	23.7	25.5
2 100	848.5	873.0	863.5	866.6	869.4	14.3	31.3	20.8	24.9	26.8
2 200	975.1	1 000.7	990.7	994.0	997.0	15.0	32.8	21.8	26.1	28.1
2 300	1 096.0	1 122.7	1 112.2	1 115.7	1 118.8	15.6	34.3	22.7	27.2	29.2
2 400	1 254.7	1 283.4	1 272.5	1 276.1	1 279.3	16.3	35.7	23.7	28.4	30.5
2 500	1 577.5	1 609.7	1 598.3	1 602.0	1 605.4	17.0	37.2	24.6	29.5	31.7
2 600	1 737.7	1 771.1	1 759.2	1 763.1	1 766.6	17.6	38.6	25.6	30.7	33.0
PN=2.5 MPa										
300	22.5	25.1	24.2	24.5	24.7	1.4	2.9	1.9	2.3	2.4
350	25.9	28.8	27.8	28.1	28.4	1.6	3.3	2.1	2.6	2.7
400	32.0	35.2	34.2	34.5	34.8	1.8	3.7	2.4	3.0	3.0
450	35.8	39.3	38.1	38.5	38.8	2.0	4.1	2.7	3.3	3.4
500	54.6	59.2	57.5	58.3	58.4	2.6	5.5	3.4	4.5	4.3
550	59.8	64.8	62.8	63.7	63.8	2.9	6.0	3.8	4.9	4.8
600	66.3	71.6	69.5	70.4	70.6	3.1	6.5	4.1	5.3	5.2
650	77.2	83.0	80.7	81.6	81.9	3.3	7.0	4.4	5.7	5.6
700	88.0	94.2	91.7	92.8	93.0	3.6	7.5	4.4	6.1	6.0
800	108.7	115.7	112.8	114.0	114.2	4.1	8.6	5.4	7.0	6.8
900	166.9	176.8	172.1	173.5	175.2	6.2	12.8	7.6	9.5	10.7
1 000	193.9	205.0	199.7	201.2	203.2	6.8	14.2	8.4	10.4	11.9
1 100	233.6	245.1	241.1	241.9	244.1	6.6	14.6	10.1	11.4	13.1
1 200	279.6	292.1	287.8	288.6	291.0	7.2	15.9	11.0	12.4	14.2

表 2 法兰及衬环的质量(续)

公称直径 DN,mm	法兰质量,kg					衬环质量,kg				
	平面	凸面	凹面	榫面	槽面	平环	凸环	凹环	榫面	槽面
PN=2.5 MPa										
1 300	322.0	335.5	330.8	331.7	334.3	7.7	17.2	11.8	13.4	15.3
1 400	383.0	397.6	392.5	393.5	396.3	8.3	18.5	12.7	14.4	16.5
1 500	473.8	491.2	484.4	486.6	488.7	10.3	22.6	15.0	18.0	19.3
1 600	544.4	562.9	555.6	558.0	560.2	11.0	24.1	16.0	19.1	20.6
1 700	702.1	720.9	710.6	713.2	717.9	14.2	30.6	19.5	22.9	26.8
1 800	788.0	812.7	801.9	804.6	809.6	15.0	32.3	20.6	24.2	28.3
1 900	886.1	912.2	900.8	903.6	908.9	15.8	34.0	21.7	25.5	29.8
2 000	997.6	1 024.9	1 012.9	1 015.9	1 021.4	16.6	35.8	22.8	26.8	31.3
2 100	1 353.8	1 383.4	1 370.8	1 374.0	1 379.8	17.4	37.5	23.9	28.1	32.9
2 200	1 537.3	1 568.3	1 555.1	1 558.4	1 564.5	18.2	39.3	25.0	29.4	34.4
2 300	1 695.3	1 727.5	1 713.7	1 717.1	1 723.5	19.1	41.0	26.1	30.7	36.0
2 400	2 021.5	2 057.9	2 043.5	2 047.1	2 053.7	20.1	42.8	27.2	32.0	37.5
2 500	2 202.9	2 240.6	2 225.6	2 229.3	2 236.3	20.6	44.5	28.4	33.3	39.0
2 600	2 397.2	2 436.3	2 420.7	2 424.6	2 431.8	21.4	16.2	29.5	34.6	40.5
PN=4.0 MPa										
300	34.7	37.6	36.5	37.0	37.1	1.6	3.4	2.2	2.8	2.7
350	41.1	44.5	43.2	43.8	43.8	1.9	4.0	2.5	3.2	3.1
400	45.7	49.4	48.0	48.6	48.7	2.1	4.5	2.8	3.6	3.5
450	55.0	59.2	57.5	58.2	58.3	2.4	5.0	3.1	4.1	3.9
500	59.9	64.5	62.7	63.4	63.6	2.6	5.5	3.4	4.5	4.3
550	69.6	74.5	72.5	73.4	73.5	2.9	6.0	3.8	4.9	4.8
600	81.8	87.1	85.0	85.9	86.1	3.1	6.5	4.1	5.3	5.2
650	121.6	128.9	125.4	126.4	127.6	4.5	9.0	5.6	7.0	7.9
700	138.0	145.9	142.1	143.2	144.6	4.8	10.1	6.0	7.5	8.5
800	165.5	174.4	170.2	171.4	173.0	5.5	11.5	6.8	8.5	9.6
900	246.1	257.4	251.8	253.9	255.1	7.0	14.6	8.5	11.1	11.8
1 000	305.8	318.1	311.9	314.2	315.5	7.8	16.1	9.4	12.2	13.0
1 100	420.3	435.9	429.3	430.9	434.1	9.3	20.1	12.9	15.1	17.7
1 200	512.3	528.5	521.3	523.1	526.4	10.1	21.9	14.0	16.4	19.2

表2 法兰及衬环的质量(续)

公称直径 DN,mm	法兰质量,kg					衬环质量,kg				
	平面	凸面	凹面	榫面	槽面	平环	凸环	凹环	榫面	槽面
PN=4.0 MPa										
1 300	579.4	597.7	589.8	591.8	595.4	10.9	23.6	15.1	17.7	20.7
1 400	639.8	659.3	650.8	652.9	656.8	11.7	25.4	16.2	19.0	22.2
1 500	744.9	765.7	756.3	758.9	763.0	12.5	27.1	17.3	20.3	23.7
1 600	857.7	879.8	870.1	872.5	877.0	13.3	28.9	18.4	21.6	25.3
1 700	1 199.4	1 223.4	1 213.2	1 215.8	1 220.5	14.2	30.6	19.5	22.9	26.8
1 800	1 462.0	1 488.5	1 477.6	1 480.3	1 485.3	15.0	32.3	20.6	24.2	28.3
1 900	1 655.3	1 683.3	1 671.8	1 674.7	1 680.0	15.8	34.1	21.7	25.5	29.9
2 000	1 822.0	1 851.3	1 839.3	1 842.3	1 847.8	16.6	35.8	22.8	26.8	31.4
PN=6.4 MPa										
300	38.6	41.5	40.4	40.9	41.0	1.6	3.4	2.2	2.8	2.7
350	45.5	48.9	47.6	48.2	48.2	1.9	4.0	2.5	3.2	3.1
400	56.8	60.6	59.2	59.8	59.9	2.1	4.5	2.8	3.6	3.5
450	86.4	91.8	89.4	90.1	91.0	3.2	6.7	4.0	5.0	5.6
500	99.4	105.2	102.5	103.3	104.3	3.5	7.4	4.4	5.5	6.2
550	121.1	127.5	124.5	125.4	126.5	3.9	8.0	4.8	6.0	6.7
600	159.8	167.5	163.7	165.2	165.9	4.8	9.9	5.8	7.6	8.0
650	180.6	189.0	184.9	186.5	187.3	5.2	10.7	6.3	8.2	8.7
700	246.8	257.5	252.0	253.7	255.6	6.7	13.8	7.9	10.0	11.5
800	314.4	326.6	320.3	322.2	324.2	7.6	15.7	8.9	11.3	12.8
900	516.5	530.4	523.4	525.6	5 238.0	8.5	17.4	10.0	12.6	14.6
1 000	623.9	639.3	631.5	633.9	636.6	9.3	19.2	11.0	13.9	16.1
1 100	800.1	817.8	809.3	811.9	814.9	10.2	21.1	12.0	15.2	17.6
1 200	927.3	946.3	937.1	939.9	943.2	11.1	22.9	13.1	16.5	19.2
注:衬环法兰中法兰本体的质量可近似取平面法兰的质量。										

表3　长颈对焊法兰总高度 *H* 修正表　　单位为 mm

公称直径 DN	公称压力 PN													
	PN=0.6 MPa		PN=1.0 MPa		PN=1.6 MPa			PN=2.5 MPa			PN=4.0 MPa		PN=6.4 MPa	
300							4/90				—			
350			—				4/90							
400							4/95				8/110	10/110		
450				4/100	—		6/95				8/115	10/110		
500				4/105			6/100			8/110	8/120	10/110	—	
550				4/108			6/100		—	8/115	8/125	10/120		
600			—	4/110		6/105	8/105			8/120	—	10/125		
650	—			6/110			8/105			8/125	10/150	12/145		
700				6/110		—	8/125			8/130	—	12/150		
800				6/115		8/130	10/120	—		10/130	12/160	14/155		
900			6/120	8/110	—	8/135	10/125			10/155	—	14/180	18/245	20/240
1 000			—	8/115		8/145	10/135		10/170	12/160	14/195	16/190	20/260	22/255
1 100			8/145	10/115		10/145	12/140		10/180	12/170	16/220	18/210	22/285	24/275
1 200			8/150	10/135		10/150	12/140		—	12/195	18/230	20/215	24/295	26/285
1 300	8/155	10/140	8/155	10/145		10/160	12/150		12/200	14/190	18/245	20/230		
1 400	8/165	10/150	8/165	10/150		10/170	12/160		—	14/205		20/245		
1 500	8/165	10/155	8/170	10/155	10/195	12/185	14/170		14/225	16/215	—	20/260		
1 600	8/170	10/160	—	10/165	10/205	12/195	14/185		16/225	18/210		22/265		
1 700	8/180	10/165		10/170	12/205	14/195	16/185		16/250	18/245	22/315	22/335		
1 800	10/165	12/155	10/175	12/165	12/215	14/205	16/195	16/265	18/260	20/245	22/335	24/350		
1 900	10/170	12/160	12/185	14/175	14/225	16/215	18/195	18/265	20/255	22/235	24/350	24/365	—	
2 000	10/175	12/165	12/195	14/180	14/235	16/225	18/205	18/280	20/270	22/245	24/365	26/350		
2 100	12/195	14/175	12/210	14/210	16/260	18/250	20/230		22/300	24/290				
2 200	12/205	14/185	12/220	14/220	16/275	18/265	20/245		22/325	24/310				
2 300	14/210	16/190	14/240	16/225	16/290	18/275	20/260	—	22/340	24/330	—			
2 400	14/215	16/195	14/250	16/235	18/300	20/285	22/265		24/350	26/335				
2 500	16/215	18/195	16/250	18/235	18/325	20/310	22/290		24/365	26/350				
2 600	16/220	18/200	16/260	18/240	18/335	20/320	22/305		24/385	26/370				

注:表中分数:分子标识对接圆筒厚度,分母表示法兰总高度 H。

ICS 21.060.30
J 13

NB

中华人民共和国能源行业标准

NB/T 47024—2012(JB/T 4704)
代替 JB/T 4704—2000

非金属软垫片

Nonmetallic gaskets

2012-11-09 发布　　2013-03-01 实施

国家能源局　发布

前 言

本标准与JB/T 4704—2000相比主要变化如下：

——规范性引用文件进行了更新；

——增加了橡胶、聚四氟乙烯、柔性石墨等非金属软件垫片材料；

——修改了部分技术要求；

——垫片的尺寸进行了扩充。

本标准由全国锅炉压力容器标准化技术委员会(SAC/TC 262)提出并归口。

本标准起草单位：合肥通用机械研究院、中国石化工程建设有限公司、中石化洛阳工程有限公司。

本标准起草人：姚佐权、潘建华、秦宗川、冯清晓、谢智刚、桑如苞、郭为民、胡庆均、陈崇刚。

本标准由全国锅炉压力容器标准化技术委员会(SAC/TC 262)负责解释。

本标准所代替标准的历次版本发布情况为：

——JB 4704—1992；

——JB/T 4704—2000。

非金属软垫片

1 范围

本标准规定了压力容器法兰用非金属软垫片的型式、尺寸、标记和技术要求。

本标准适用于 NB/T 47021《甲型平焊法兰》、NB/T 47022《乙型平焊法兰》和 NB/T 47023《长颈对焊法兰》用非金属软垫片。

注:含石棉材料的使用应遵守相关法律和法规的规定,当生产和使用含石棉材料垫片时,应采取防护措施,以确保不对人身健康构成危害。

2 规范性引用文件

下列文件对于本文件的应用是必不可少的。凡是注日期的引用文件,仅注日期的版本适用于本文件。凡是不注日期的引用文件,其最新版本(包括所有的修改单)适用于本文件。

GB/T 539 耐油石棉橡胶板

GB/T 3985 石棉橡胶板

GB/T 5574 工业用橡胶板

GB/T 5577 合成橡胶牌号规范

GB/T 9129 管法兰用非金属平垫片 技术条件

NB/T 47020 压力容器法兰分类与技术条件

JB/T 6628 柔性石墨复合增强(板)垫

JB/T 7758.2 柔性石墨板 技术条件

QB/T 3625 聚四氟乙烯板材

3 标记及标记示例

3.1 代号

非金属垫片的典型材料和代号按表 1 的规定。

表 1 非金属垫片的典型材料和代号

材料类别	名称	代号	使用压力,MPa	使用温度范围,℃
橡胶	氯丁橡胶	CR	≤1.6	−20～100
	丁腈橡胶	NBR	≤1.6	−20～110
	三元乙丙橡胶	EPDM	≤1.6	−30～140
	氟橡胶	FKM	≤1.6	−20～200
石棉橡胶	石棉橡胶板	XB350	≤2.5	−40～300
		XB450	≤2.5	−40～300
	耐油石棉橡胶板	NY400	≤2.5	−40～300
聚四氟乙烯	聚四氟乙烯板	PTFE	≤4.0	−50～100
柔性石墨	增强柔性石墨板	RSB	1.0～6.4	−240～650

3.2 标记

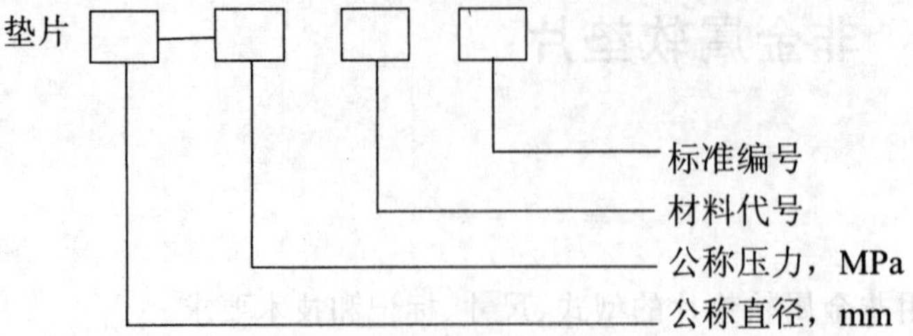

3.3 标记示例

公称直径 1 000 mm、公称压力 2.50 MPa 用石棉橡胶板垫片：

垫片　1 000—2.50　XB350　NB/T 47024—2012

4 结构型式与尺寸

平密封面、凹凸密封面、衬环平密封面和衬环凹凸密封面法兰用非金属软垫片按图 1 和表 2 的规定。

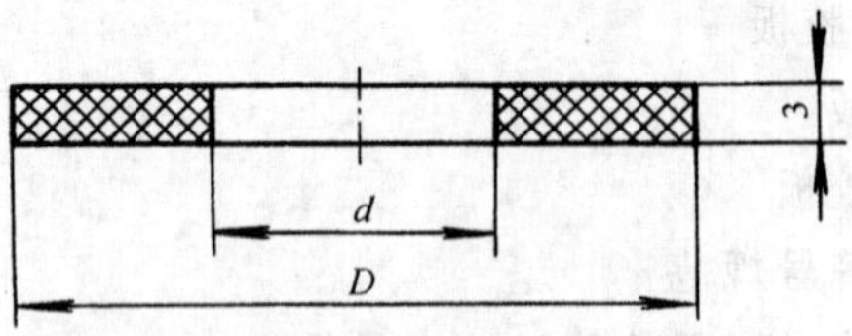

图 1　非金属软垫片的结构型式

表2 非金属软垫片的尺寸

公称压力 PN,MPa	0.25		0.6		1.0		1.6		2.5		4.0	
公称直径 DN,mm	*D*	*d*	*D*	*d*	*D*	*d*	*D*	*d*	*D*	*d*	*D*	*d*
300	按 PN=1.00				339/354	303/310	344/354	304/310	354	310	365	315
350					389/404	353/360	394/404	354/360	404	360	415	365
400					439/454	403/410	444/454	404/410	454	410	465	415
450	按 PN=1.00		489	453	489/504	453/460	494/504	454/460	504	460	515	465
500			539	503	544/554	504/510	544/554	504/510	565	515	565	515
550			589	553	594/604	554/560	594/604	554/560	615	565	615	565
600			639	603	644/654	604/610	644/654	604/610	665	615	665	615
650			689	653	694/704	654/660	694/704	654/660	715	665	737	687
700	739	703	744	704	744/754	704/710	765	715	765	715	887	737
800	839	803	844	804	844/854	804/810	865	815	865	815	787	837
900	939	903	944	904	944/954	904/910	965	915	987	937	999	939
1 000	1 044	1 044	1 044	1 004	1 054	1 010	1 065	1 015	1 087	1 037	1 099	1 039
1 100	1 140	1 100	1 140	1 100	1 155	1 105	1 155	1 105	1 177	1 127	1 208	1 148
1 200	1 240	1 200	1 240	1 200	1 255	1 205	1 255	1 205	1 277	1 227	1 308	1 248
1 300	1 340	1 300	1 355	1 305	1 355	1 305	1 355	1 305	1 377	1 327	1 408	1 348
1 400	1 440	1 400	1 455	1 405	1 455	1 405	1 455	1 405	1 477	1 427	1 508	1 448
1 500	1 540	1 500	1 555	1 505	1 555	1 505	1 577	1 527	1 589	1 529	1 608	1 548
1 600	1 640	1 600	1 655	1 605	1 655	1 605	1 677	1 627	1 689	1 629	1 708	1 648
1 700	1 740	1 700	1 755	1 705	1 755	1 705	1 777	1 727	1 808	1 748	1 808	1 748
1 800	1 840	1 800	1 855	1 805	1 855	1 805	1 877	1 827	1 908	1 848	1 908	1 848
1 900	1 940	1 900	1 955	1 905	1 977	1 927	1 989	1 929	2 008	1 948	2 008	1 948
2 000	2 040	2 000	2 055	2 005	2 077	2 027	2 089	2 029	2 108	2 048	2 108	2 048
2 100	2 155	2 105	2 155	2 105	2 177	2 127	2 189	2 129	2 208	2 148	—	
2 200	2 255	2 205	2 255	2 205	2 277	2 227	2 289	2 229	2 308	2 248		
2 300	2 355	2 305	2 355	2 305	2 377	2 327	2 389	2 329	2 408	2 348		
2 400	2 455	2 405	2 455	2 405	2 477	2 427	2 489	2 429	2 508	2 448		
2 500	2 555	2 505	2 555	2 505	2 577	2 527	2 589	2 529	2 608	2 548		
2 600	2 655	2 605	2 655	2 605	2 677	2 627	2 689	2 629	2 708	2 648		
2 800	2 855	2 805	—		—		—		—			
3 000	3 055	3 005										

注:表中粗实线范围内的数据(分母部分除外)为甲型平焊法兰用软垫片尺寸,分母部分为长颈对焊法兰用软垫片尺寸。

5 技术要求

5.1 垫片材料的各项物理性能指标按 GB/T 9129 的规定。

5.2 石棉橡胶板垫片材料应采用 GB/T 3985 和 GB/T 539 中规定的材料,其适用温度与压力范围应符合相应标准的规定;厚度允许偏差按 GB/T 3985 的规定,耐油石棉橡胶板垫片的厚度允许偏差按 GB/T 539 的规定。

5.3 聚四氟乙烯板材料按 QB/T 3625 中 SFB-2 的规定。聚四氟乙烯材料具有冷流倾向,选用时应注意其适用的操作条件和法兰的密封面型式。

5.4 增强柔性石墨板应符合 JB/T 6628 的规定,柔性石墨层材料应符合 JB/T 7758.2 的要求。

5.5 垫片尺寸的极限偏差应符合表 3 的规定。

表 3 垫片尺寸的极限偏差

公称直径 DN	≥300～1 200	>1 200～3 000
外径,mm	0 −1.5	0 −2.0
内径,mm	+1.5 0	+2.0 0

5.6 垫片表面应平滑,无翘曲变形,不允许有裂纹、气泡、分层、外来杂质以及其他对使用有影响的缺陷存在。垫片边缘应切割整齐。

ICS 21.060.30
J 13

NB

中华人民共和国能源行业标准

NB/T 47025—2012(JB/T 4705)
代替 JB/T 4705—2000

缠绕垫片

Spiral wound gaskets

2012-11-09 发布　　2013-03-01 实施

国家能源局　发布

前　言

本标准与 JB/T 4705—2000 相比主要变化如下：

——规范性引用文件进行了更新；

——取消了金属带的沸腾钢牌号；

——取消了金属带 0Cr18Ni12Mo2Ti 牌号，并对典型金属带牌号进行了更新；

——增加了填充带的材料“非石棉纤维”；

——增加了典型金属带材料和填充带材料的使用温度范围；

——垫片的尺寸进行了扩充。

本标准由全国锅炉压力容器标准化技术委员会(SAC/TC 262)提出并归口。

本标准起草单位：合肥通用机械研究院、中国石化工程建设有限公司、中石化洛阳工程有限公司。

本标准起草人：姚佐权、秦宗川、潘建华、冯清晓、谢智刚、桑如苞、郭为民、胡庆均、陈崇刚。

本标准由全国锅炉压力容器标准化技术委员会(SAC/TC 262)负责解释。

本标准所代替标准的历次版本发布情况为：

——JB 4705—1992；

——JB/T 4705—2000。

缠绕垫片

1 范围

本标准规定了压力容器法兰用缠绕垫片的尺寸和技术要求。

本标准适用NB/T 47022《乙型平焊法兰》和NB/T 47023《长颈对焊法兰》用缠绕垫片。

注：含石棉材料的使用应遵守相关法律和法规的规定，当生产和使用含石棉材料垫片时，应采取防护措施，以确保不对人身健康构成危害。

2 规范性引用文件

下列文件对于本文件的应用是必不可少的。凡是注日期的引用文件，仅注日期的版本适用于本文件。凡是不注日期的引用文件，其最新版本(包括所有的修改单)适用于本文件。

GB 912 碳素结构钢和低合金结构钢热轧薄钢板和钢带

GB/T 3280 不锈钢冷轧钢板和钢带

GB/T 4237 不锈钢热轧钢板和钢带

GB/T 11253 碳素结构钢冷轧薄钢板及钢带

GB/T 4622.3 缠绕式垫片 技术条件

NB/T 47020 压力容器法兰分类与技术条件

JB/T 6618 金属缠绕垫用聚四氟乙烯带 技术条件

JB/T 7758.2 柔性石墨板 技术条件

JC/T 69 石棉纸板

3 代号、标记及标记示例

3.1 代号

3.1.1 金属带的典型材料和代号按表1的规定。

表1 金属带的典型材料和代号

金属带材料	代号	使用温度范围,℃
碳素钢	1	−20～450
06Cr19Ni10	2	−196～700
06Cr17Ni12Mo2	3	−196～700
022Cr17Ni12Mo2	4	−196～450
06Cr13	5	−196～500
06Cr18Ni11Ti	6	−196～700
022Cr19Ni10	7	−196～450

3.1.2 填充带材料和代号按表2的规定。填充带材料应符合有关标准或规范的规定。

表 2　填充带材料和代号

填充带材料	代号	使用温度范围,℃
石棉	1	−50～500
柔性石墨	2	−196～800(氧化性介质不高于 600)
聚四氟乙烯	3	−196～260
非石棉纤维	4	−50～300[a]

[a] 不同种类的非石棉纤维带材料有不同的使用温度范围,按材料生产厂的规定。

3.1.3　垫片的结构型式和代号按表 3 的规定。内环材料同金属带材料,除用户另有规定外,定位环材料可采用碳钢。如采用其他材料,应在图样明细表备注栏中注明。

表 3　垫片的结构型式和代号

垫片型式	代号
基本型	A
带内环	B
带定位环	C
带内环和定位环	D

3.2　标记

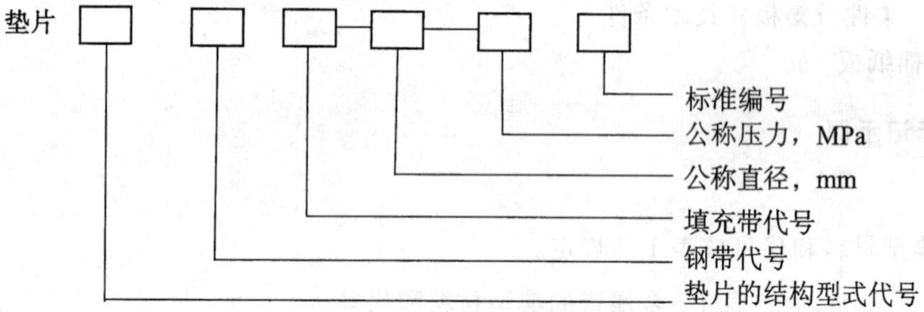

3.3　标记示例

公称直径 1 000 mm,公称压力 2.50 MPa,钢带为 06Cr13,填充带为石棉的带内环的缠绕垫:

垫片　B51-1 000-2.50　NB/T 47025—2012

4　结构型式和尺寸

平密封面、凹凸密封面、榫槽密封面、衬环平密封面、衬环凹凸密封面、衬环榫槽密封面法兰用缠绕垫片的结构型式和尺寸按图 1 和表 4 的规定。

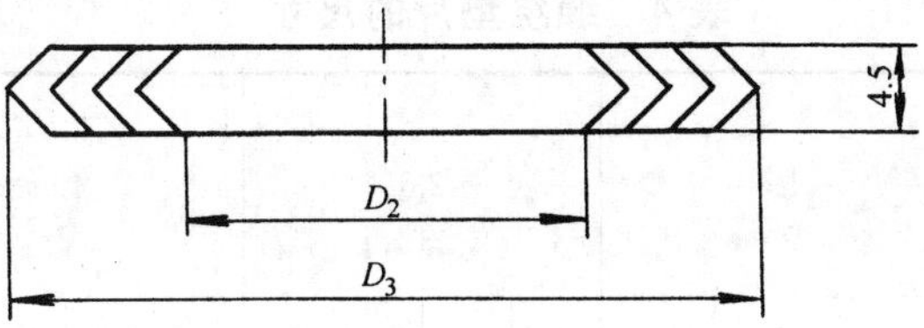

基本型（A型）

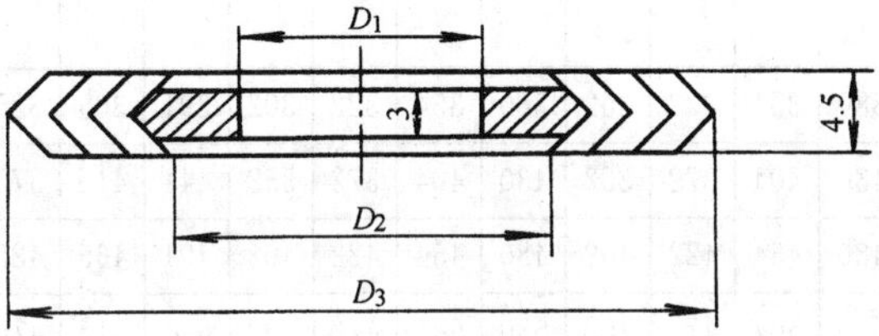

带内环（B型）

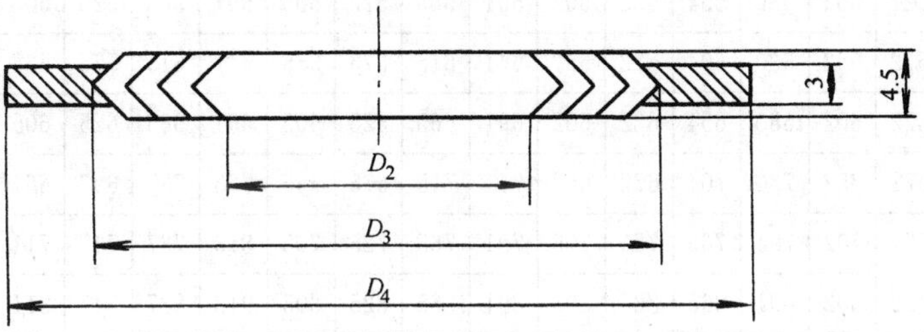

带定位环（C型）

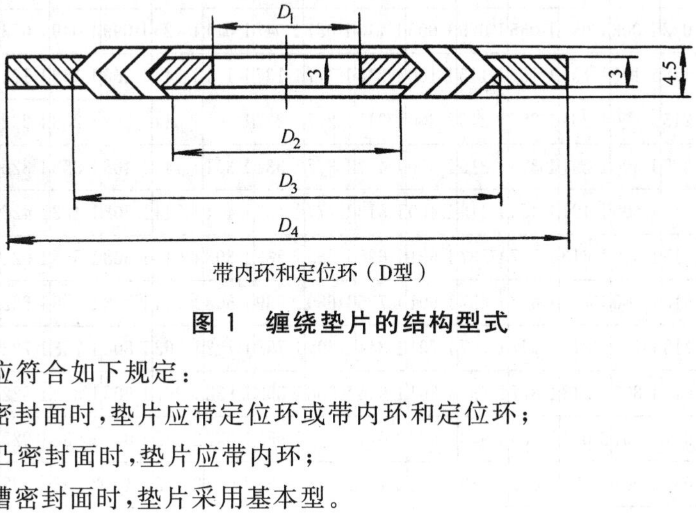

带内环和定位环（D型）

图1　缠绕垫片的结构型式

缠绕垫片还应符合如下规定：

a）　用于平密封面时，垫片应带定位环或带内环和定位环；

b）　用于凹凸密封面时，垫片应带内环；

c）　用于榫槽密封面时，垫片采用基本型。

表4 缠绕垫片的尺寸

公称压力 PN MPa	1.0				1.6				2.5				4.0				6.4			
公称直径 DN mm	D_4	D_3	D_2	D_1	D_4	D_3	D_2	D_1	D_4	D_3	D_2	D_1	D_4	D_3	D_2	D_1	D_4	D_3	D_2	D_1
300	380	354	322	302	380	354	322	302	380	354	322	302	391	365	325	305	391	365	325	305
350	430	404	372	352	430	404	372	352	430	404	372	352	441	415	375	355	441	415	375	355
400	480	454	422	402	480	454	422	402	480	454	422	402	491	465	425	405	491	465	425	405
450	530	504	472	452	530	504	472	452	530	504	472	452	541	515	475	455	563	537	497	461
500	580	554	522	502	580	554	522	502	591	565	525	505	591	565	525	505	613	587	547	511
550	630	604	572	552	630	604	572	552	641	615	575	555	641	615	575	555	663	637	597	561
600	680	654	622	602	680	654	622	602	691	665	625	605	691	665	625	605	725	699	649	613
650	730	704	672	652	730	704	672	652	741	715	675	655	763	737	697	661	775	749	699	663
700	780	754	722	702	791	765	725	705	791	765	725	705	813	787	747	711	844	818	768	732
800	880	854	822	802	891	865	825	805	891	865	825	805	913	887	847	811	944	918	868	832
900	980	954	922	902	991	965	925	905	1 013	987	947	911	1 025	999	949	913	1 068	1 018	968	932
1 000	1 080	1 054	1 022	1 002	1 091	1 065	1 025	1 005	1 113	1 087	1 047	1 011	1 125	1 099	1 049	1 013	1 168	1 118	1 068	1 032
1 100	1 191	1 155	1 115	1 100	1 191	1 155	1 115	1 100	1 213	1 177	1 137	1 101	1 244	1 208	1 158	1 122	1 277	1 218	1 168	1 132
1 200	1 291	1 255	1 215	1 200	1 291	1 255	1 215	1 200	1 313	1 277	1 237	1 201	1 344	1 308	1 258	1 222	1 377	1 318	1 268	1 232
1 300	1 391	1 355	1 315	1 300	1 391	1 355	1 315	1 300	1 413	1 377	1 337	1 301	1 444	1 408	1 358	1 322				
1 400	1 491	1 455	1 415	1 400	1 491	1 455	1 415	1 400	1 513	1 477	1 437	1 401	1 544	1 508	1 458	1 422				
1 500	1 591	1 555	1 515	1 500	1 613	1 577	1 537	1 501	1 625	1 589	1 539	1 503	1 644	1 608	1 558	1 522				
1 600	1 691	1 655	1 615	1 600	1 713	1 677	1 637	1 601	1 725	1 689	1 639	1 603	1 744	1 708	1 658	1 622				
1 700	1 791	1 755	1 715	1 700	1 813	1 777	1 737	1 701	1 844	1 808	1 758	1 722	1 863	1 808	1 758	1 722	—			
1 800	1 891	1 855	1 815	1 800	1 913	1 877	1 837	1 801	1 944	1 908	1 858	1 822	1 967	1 908	1 858	1 822				
1 900	2 013	1 977	1 937	1 901	2 025	1 989	1 939	1 903	2 044	2 008	1 958	1 922	2 072	2 008	1 958	1 922				
2 000	2 113	2 077	2 037	2 001	2 125	2 089	2 039	2 003	2 144	2 108	2 058	2 022	2 172	2 108	2 058	2 022				
2 100	2 213	2 177	2 137	2 101	2 234	2 189	2 139	2 103	2 263	2 208	2 158	2 122								
2 200	2 313	2 277	2 237	2 201	2 334	2 289	2 239	2 203	2 363	2 308	2 258	2 222								
2 300	2 425	2 377	2 337	2 301	2 434	2 389	2 339	2 303	2 463	2 408	2 358	2 322								
2 400	2 525	2 477	2 437	2 401	2 539	2 489	2 439	2 403	2 572	2 508	2 458	2 422	—				—			
2 500	2 630	2 577	2 537	2 501	2 648	2 589	2 539	2 503	2 672	2 608	2 558	2 522								
2 600	2 730	2 677	2 637	2 601	2 748	2 689	2 639	2 603	2 772	2 708	2 658	2 622								

5 垫片尺寸的极限偏差

垫片尺寸的极限偏差应符合表5的规定。

表5 垫片尺寸的极限偏差 单位为mm

公称直径 DN	定位环外径	垫片外径	垫片内径	内环内径	垫片厚度
	D_4	D_3	D_2	D_1	
300～1 200	0 −1.5	0 −1.2	+1.2 0	+1.2 0	±0.2
>1 200～2 600	0 −2.0	0 −2.0	+2.0 0	+2.0 0	±0.3

6 垫片的其他技术要求

6.1 缠绕垫片最高工作温度范围应低于金属带材料和填充带材料的最高工作温度的较低值；最低工作温度范围应高于金属带材料和填充带材料的最低工作温度的较高值。

6.2 垫片的其他技术要求按GB/T 4622.3的规定。

ICS 21.060.30
J 13

NB

中华人民共和国能源行业标准

NB/T 47026—2012(JB/T 4706)
代替 JB/T 4706—2000

金属包垫片

Double-jacketed gaskets

2012-11-09 发布　　　　2013-03-01 实施

国家能源局 发布

前言

本标准与JB/T 4706—2000相比主要变化如下：

——规范性引用文件进行了增加和更新；

——对典型金属板材牌号进行了更新；

——增加了典型金属板材的最高工作温度；

——增加了填充带材料的类型和最高工作温度；

——垫片的尺寸进行了扩充。

本标准由全国锅炉压力容器标准化技术委员会(SAC/TC 262)提出并归口。

本标准起草单位：合肥通用机械研究院、中国石化工程建设有限公司、中石化洛阳工程有限公司。

本标准起草人：姚佐权、潘建华、秦宗川、冯清晓、谢智刚、桑如苞、郭为民、胡庆均、陈崇刚。

本标准由全国锅炉压力容器标准化技术委员会(SAC/TC 262)负责解释。

本标准所代替标准的历次版本发布情况为：

——JB 4706—1992；

——JB/T 4706—2000。

金属包垫片

1 范围

本标准规定了压力容器法兰用金属包垫片的尺寸和技术要求。

本标准适用NB/T 47022《乙型平焊法兰》和NB/T 47023《长颈对焊法兰》用金属包垫片。

注：含石棉材料的使用应遵守相关法律和法规的规定，当生产和使用含石棉材料垫片时，应采取防护措施，以确保不对人身健康构成危害。

2 规范性引用文件

下列文件对于本文件的应用是必不可少的。凡是注日期的引用文件，仅注日期的版本适用于本文件。凡是不注日期的引用文件，其最新版本(包括所有的修改单)适用于本文件。

GB/T 232 金属材料 弯曲试验方法

GB/T 710 优质碳素结构钢热轧薄钢板和钢带

GB/T 2040 铜及铜合金板材

GB/T 2518 连续热镀锌钢板及钢带

GB/T 2520 冷轧电镀锡钢板及钢带

GB/T 3280 不锈钢冷轧钢板和钢带

GB/T 3880.1～3880.3 一般工业用铝及铝合金板、带材

GB/T 3985 石棉橡胶板

JB/T 7758.2 柔性石墨板 技术条件

3 代号、标记及标记示例

3.1 代号

3.1.1 金属板材的标准和代号按表1的规定。

表1 金属板材标准和代号

金属板材	材料标准	代号	最高工作温度/℃
镀锡薄钢板	GB/T 2520	A	400
镀锌薄钢板	GB/T 2518	B	400
碳钢	GB/T 710	C	400
铜 T2	GB/T 2040	D	300
1060(铝 L2)	GB/T 3880	E	200
06Cr13	GB/T 3280	F	500
06Cr19Ni10	GB/T 3280	G	600

3.1.2 填充材料的标准和最高工作温度按表2的规定。

表2　填充材料标准和最高工作温度

填充材料	材料标准	代号	最高工作温度/℃
石棉橡胶板	GB/T 3985	1	300
柔性石墨板	JB/T 7758.2	2	650

3.2　标记

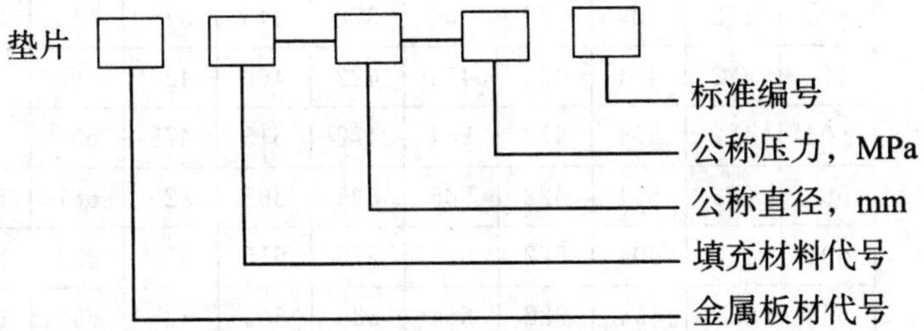

3.3　标记示例

公称直径 1 000 mm，公称压力 2.50 MPa，金属板材为 06Cr19Ni10，填充材料为石棉橡胶板的包垫片：

垫片　G1-1 000-2.50　NB/T 47026—2012

4　结构型式和尺寸

平密封面、凹凸密封面、榫槽密封面、衬环平密封面、衬环凹凸密封面、衬环榫槽密封面法兰用金属包垫片按图 1 和表 3 的规定。

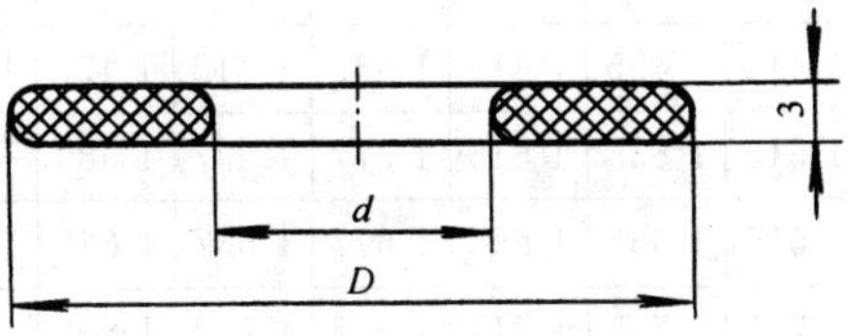

图1　金属包垫片的结构型式

表3 金属包垫片的尺寸

公称压力 PN,MPa	0.25		0.6		1.0		1.6		2.5		4.0		6.4	
公称直径 DN,mm	*D*	*d*	*D*	*d*	*D*	*d*	*D*	*d*	*D*	*d*	*D*	*d*	*D*	*d*
300	—		—		354	322	354	322	354	322	365	325	365	325
350					404	372	404	372	404	372	415	375	415	375
400					454	422	454	422	454	422	465	425	465	425
450					504	472	504	472	504	472	515	475	537	497
500					554	522	554	522	565	525	565	525	587	547
550					604	572	604	572	615	575	615	575	637	597
600					654	622	654	622	665	625	665	625	699	649
650					704	672	704	672	715	675	737	697	749	699
700					754	722	765	725	765	725	787	747	818	768
800					854	822	865	825	865	825	887	847	918	868
900					954	922	965	925	987	947	999	949	1 018	968
1 000					1 054	1 022	1 065	1 025	1 087	1 047	1 099	1 049	1 118	1 068
1 100					1 155	1 115	1 155	1 115	1 177	1 137	1 208	1 158	1 218	1 168
1 200					1 255	1 215	1 255	1 215	1 277	1 237	1 308	1 258	1 318	1 268
1 300			1 355	1 315	1 355	1 315	1 355	1 315	1 377	1 337	1 408	1 358	—	
1 400			1 455	1 415	1 455	1 415	1 455	1 415	1 477	1 437	1 508	1 458		
1 500			1 555	1 515	1 555	1 515	1 577	1 537	1 589	1 539	1 608	1 558		
1 600			1 655	1 615	1 655	1 615	1 677	1 637	1 689	1 639	1 708	1 658		
1 700			1 755	1 715	1 755	1 715	1 777	1 737	1 808	1 758	1 808	1 758		
1 800			1 855	1 815	1 855	1 815	1 877	1 837	1 908	1 858	1 908	1 858		
1 900			1 955	1 915	1 977	1 937	1 989	1 939	2 008	1 958	2 008	1 958		
2 000			2 055	2 015	2 077	2 037	2 089	2 039	2 108	2 058	2 108	2 058		
2 100	2 155	2 115	2 155	2 115	2 177	2 137	2 189	2 139	2 208	2 158	—			
2 200	2 255	2 215	2 255	2 215	2 277	2 237	2 289	2 239	2 308	2 258				
2 300	2 355	2 315	2 355	2 315	2 377	2 337	2 389	2 339	2 408	2 358				
2 400	2 455	2 415	2 455	2 415	2 477	2 437	2 489	2 439	2 508	2 458				
2 500	2 555	2 515	2 555	2 515	2 577	2 537	2 589	2 539	2 608	2 558				
2 600	2 655	2 615	2 655	2 615	2 677	2 637	2 689	2 639	2 708	2 658				
2 800	2 855	2 815	—		—		—		—					
3 000	3 055	3 015												

5 技术要求

5.1 垫片的最高工作温度应低于包覆金属板材和填充材料的最高工作温度的较低值。

5.2 垫片的金属板材厚度应符合表4的规定。填充材料为石棉橡胶板、柔性石墨板或其他非金属材料。

表4 垫片的金属板材厚度

金属板材	厚度/mm
镀锡薄钢板	0.25～0.40
镀锌薄钢板	0.25～0.40
碳钢	0.35～0.50
铜 T2	0.50
1060(铝 L2)	0.40,0.50
06Cr13	0.35～0.50
06Cr19Ni10	0.35～0.50

5.3 垫片尺寸的极限偏差应符合表5的规定。

表5 垫片尺寸的极限偏差

单位为毫米

公称直径 DN	外径	内径	垫片厚度
	D	*d*	
300～1 200	0 −1.5	+1.5 0	±0.2
>1 200～3 000	0 −2.0	+2.0 0	±0.3

5.4 垫片的反包宽度 L 按下述规定(见图2):

DN≤1 200 mm 时,$L=4$ mm;

DN>1 200 mm 时,$L=5$ mm。

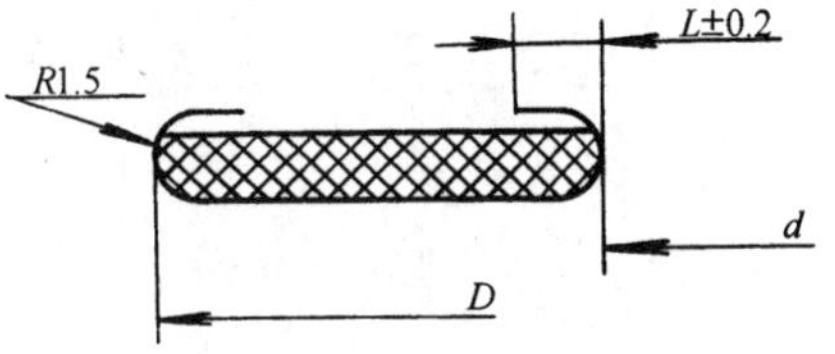

图2 垫片的反包宽度

5.5 金属表面不允许有影响密封性能的伤痕、锈斑等缺陷。

5.6 制作垫片时应尽量采用整张金属板。若因直径大、板宽度不够时允许拼接,其拼接数目一般以2～3个为宜。对接切口应切割成45°,采用氩弧焊或气焊。对接焊缝必须打磨与母材平齐,焊接接头应按 GB/T 232 的规定进行冷弯试验,其弯曲半径为1.5 mm,弯曲角度为180°,冷弯试样的焊缝处及相邻母材不得出现裂纹;金属板材表面不得有径向贯通刻痕。

5.7 填充材料在整个截面上厚度应均匀一致。

ICS 21.060
J 13

NB

中华人民共和国能源行业标准

NB/T 47027—2012(JB/T 4707)
代替 JB/T 4707—2000

压力容器法兰用紧固件

Stud bolts & nuts for body flange

2012-11-09 发布 2013-03-01 实施

国家能源局 发布

前　言

本标准与 JB/T 4707—2000 相比主要变化如下：

——规范性引用文件进行了更新；

——由螺柱扩充到紧固件；

——螺柱的尺寸进行了扩充；

——增加了全螺纹螺柱；

——修改了部分技术要求；

——增加了检验、验收和包装要求。

本标准由全国锅炉压力容器标准化技术委员会(SAC/TC 262)提出并归口。

本标准起草单位：中石化洛阳工程有限公司、合肥通用机械研究院、中国石化工程建设有限公司。

本标准起草人：郭为民、胡庆均、陈崇刚、姚佐权、冯清晓、谢智刚、桑如苞、潘建华、秦宗川。

本标准由全国锅炉压力容器标准化技术委员会(SAC/TC 262)负责解释。

本标准所代替标准的历次版本发布情况为：

——JB 4707—1992；

——JB/T 4707—2000。

压力容器法兰用紧固件

1 范围

本标准规定了压力容器法兰用紧固件的型式与尺寸、技术要求、检验、验收和包装、标记等。

本标准适用于 NB/T 47021《甲型平焊法兰》、NB/T 47022《乙型平焊法兰》和 NB/T 47023《长颈对焊法兰》,其他容器法兰或管法兰亦可参照使用。

2 规范性引用文件

下列文件对于本标准的应用是必不可少的。凡是注日期的引用文件,仅注日期的版本适用于本标准。凡是不注日期的引用文件,其最新版本(包括所有的修改单)适用于本标准。

GB 150 压力容器

GB/T 196 普通螺纹 基本尺寸

GB/T 197 普通螺纹 公差

GB/T 16938 紧固件 螺栓、螺钉、螺柱和螺母 通用技术条件

JB/T 4730.4 承压设备无损检测 第 4 部分:磁粉检测

NB/T 47020 压力容器法兰分类与技术条件

3 紧固件的型式与尺寸

3.1 螺柱的型式与尺寸按图 1～图 3 和表 1 的规定。

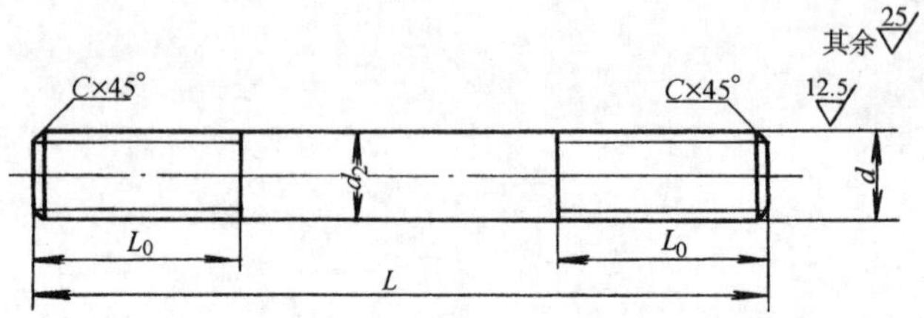

图 1 A 型螺柱

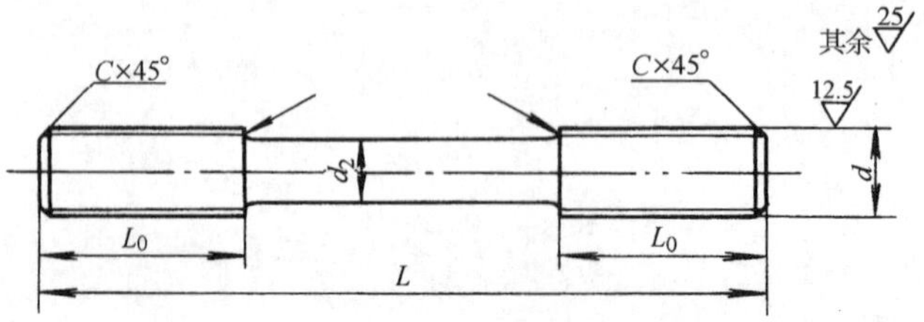

图 2 B 型螺柱

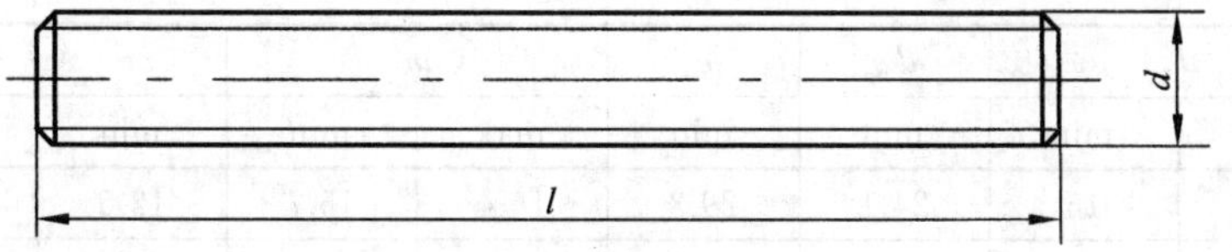

图3　C型螺柱

表1　螺柱尺寸

单位为毫米

d	L_0	C	r
M16	40	2	6
M20	50	2.5	8
M24	60	3	8
M27	70	3	8
M30	75	3.5	10
M36×3	90	3	10
M42×3	105	3	12
M48×3	120	3	14

注1:A型螺柱无螺纹部分直径 d_2 等于螺纹的基本大径(公称直径)d;B型螺柱无螺纹部分直径 d_2 等于螺纹的基本小径 d_1,且 d_2 与 d 的连接需用圆弧 r 过渡。

注2:A型螺柱和B型螺柱的螺纹长度 L_0 的允差为 $+2P$,P 为螺纹的螺距。

3.2　螺母的型式与尺寸按图4和表2的规定。

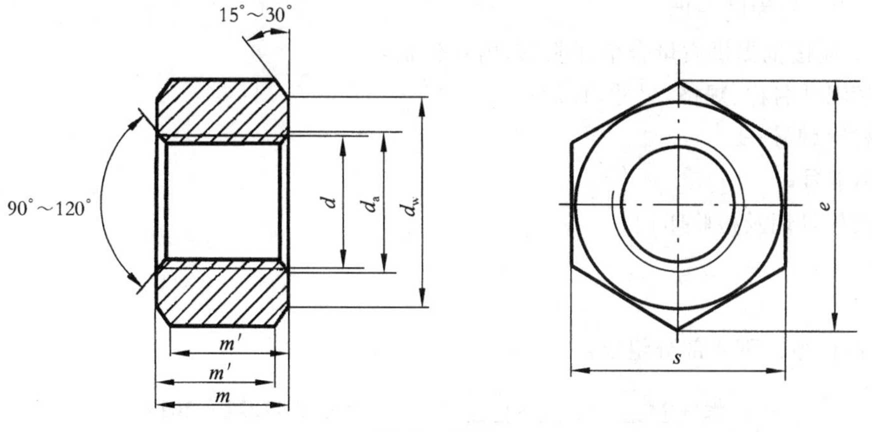

图4　螺母

表 2 螺母尺寸

单位为毫米

d	d_a		d_w	e	m		m'	s	
	max	min	min	min	max	min	min	max	min
M16	17.3	16	24.1	29.3	16.4	15.7	12.5	27	26.16
M20	21.6	20	30.5	36.96	20.4	19.1	13.9	34	33
M24	25.9	24	37.5	44.8	24.4	23.1	18.5	41	40
M27	29.1	27	42.5	50.4	27.4	26.1	20.9	46	45
M30	32.4	30	46.5	54.88	30.4	28.8	23.1	50	49
M36×3	38.9	36	55.8	65.86	36.5	34.9	27.9	60	58.8
M42×3	45.4	42	60.1	70.67	42.5	40.9	32.2	65	63.1
M48×3	51.8	48	70.1	81.87	48.5	46.9	37.5	75	73.1

4 技术要求

4.1 紧固件材料按 GB 150 和 NB/T 47020 的规定,紧固件用原材料应有钢厂合格证书。

4.2 紧固件技术条件按 GB/T 16938 表 1 的规定。

4.3 紧固件的螺纹基本尺寸按 GB/T 196 的规定,螺纹公差按 GB/T 197 规定的 6 g/6 H。

4.4 螺母的毛坯应按批进行硬度试验。

4.5 用于公称压力 PN≥4.0 MPa 法兰的螺柱,应逐根按 JB/T 4730.4 进行磁粉检测,并应符合Ⅱ级要求。

4.6 合金钢制紧固件应进行发蓝处理。

5 检验、验收和包装

5.1 紧固件的交货检验以批为单位,每批系指同一炉号、同一型式、同一规格且相同生产工艺生产的产品。螺柱长度小于或等于 100 mm 时,长度相差 25 mm;长度大于 100 mm 时,长度相差 50 mm,均可视为同一批。

5.2 制造厂应按批提供质量合格证明书,内容包括:

a) 紧固件名称、规格、尺寸、数量;

b) 材料牌号;

c) 标准号;

d) 出厂日期及检验印记。

6 标记

6.1 螺柱标记由以下 4 部分组成:

螺柱 M□×□×□-□ NB/T 47027—2012

- 螺柱型式
- 螺柱长度
- 螺距,粗牙时省略
- 螺柱公称直径

例:公称直径 24 mm,长 160 mm 的 A 型螺柱标记为:

螺柱 M24×160-A　NB/T 47027—2012

6.2　螺母标记由以下两部分组成:

螺母 M□×□　NB/T 47027—2012

螺距,粗牙时省略

螺母公称直径

例:公称直径 42 mm 的细牙螺母标记为:

螺母 M42×3　NB/T 47027—2012

6.3　在螺柱的一端应按表 3 的规定打印材料标记,在螺母侧面应按表 4 的规定打印材料标记,打印字体高 4 mm,字迹应清晰完整。

表 3　螺柱材料标记

螺柱材料牌号	20	35	40MnB	40MnVB	40Cr	35CrMoA	25Cr2MoVA
标记	H	T	B	V	R	C	D

表 4　螺母材料标记

螺母材料牌号	15	20	25	45	40Mn	30CrMoA	35CrMoA	25Cr2MoVA
标记	E	H	G	F	B	V	C	D

6.4　用于使用温度低于－20℃的 35CrMoA 螺柱材料,应在螺柱端部材料标记后,补充打印"D"字样。

ICS 77.150.40
H 62

NB

中华人民共和国能源行业标准

NB/T 47028—2012

压力容器用镍及镍合金锻件

Nickel and nickel alloy forgings for pressure vessels
（ASME SEC Ⅱ B SB-564:2003，Specification for nickel alloy forgings，MOD）

2012-11-09 发布　　2013-03-01 实施

国家能源局 发布

前　言

本标准主要参照美国 ASME (2010 年版)SB-564 标准制定。根据我国的生产和使用情况列入了 18 个牌号的镍及镍合金锻件。

本标准的附录 A 为资料性附录。

本标准由全国锅炉压力容器标准化技术委员会(SAC/TC 262)提出并归口。

本标准起草单位:合肥通用机械研究院、中国通用机械工程总公司、中国特种设备检测研究院、中国石化工程建设有限公司、南京德邦金属装备工程有限公司。

本标准主要起草人:章小浒、秦晓钟、顾先山、陈志伟、段瑞、邓家爱、连晓明。

本标准由全国锅炉压力容器标准化技术委员会(SAC/TC 262)负责解释。

压力容器用镍及镍合金锻件

1 范围

本标准规定了压力容器用镍及镍合金锻件的技术要求、试验方法及检验规则等。

本标准适用于设计压力小于 100 MPa 的压力容器用镍及镍合金锻件。

2 规范性引用文件

下列文件对于本文件的应用是必不可少的。凡是注日期的引用文件,仅注日期的版本适用于本文件。凡是不注日期的引用文件,其最新版本(包括所有的修改单)适用于本文件。

GB/T 228.1—2010 金属材料 拉伸试验 第1部分:室温试验方法

GB/T 6394 金属平均晶粒度测定法

GB/T 8647(所有部分) 镍化学分析方法

GB/T 8888 重有色金属加工产品的包装、标志、运输和贮存

GB/T 15007—2008 耐蚀合金牌号

GB/T 15260 镍基合金晶间腐蚀试验方法

JB/T 4730.3 承压设备无损检测 第3部分:超声检测

YS/T 325(所有部分) 镍铜合金化学分析方法

3 术语和定义

本标准采用下列术语和定义。

3.1

环形锻件 ring forging

轴向长度 L 小于或等于其外径 D 的轴对称空心锻件,如图 1a)所示。L 和 t 中的小者为公称厚度。

3.2

饼形锻件 disk forging

轴向长度 L 小于或等于其外径 D 的轴对称实心锻件,如图 1b)所示。L 为公称厚度。

3.3

长颈法兰锻件 neck flange forging

轴向有两个外径的轴对称空心锻件,如图 1c)所示。t_1 和 t_2 中的大者为公称厚度。

3.4

条形锻件 bar forging

横截面为圆形,轴向长度 L 大于其外径 D 的实心锻件,如图 1d)所示。D 为公称厚度。

横截面为矩形,轴向长度 L 均大于其两边长 a、b 的锻件,如图 1e)所示。a 和 b 中的小者为公称厚度。

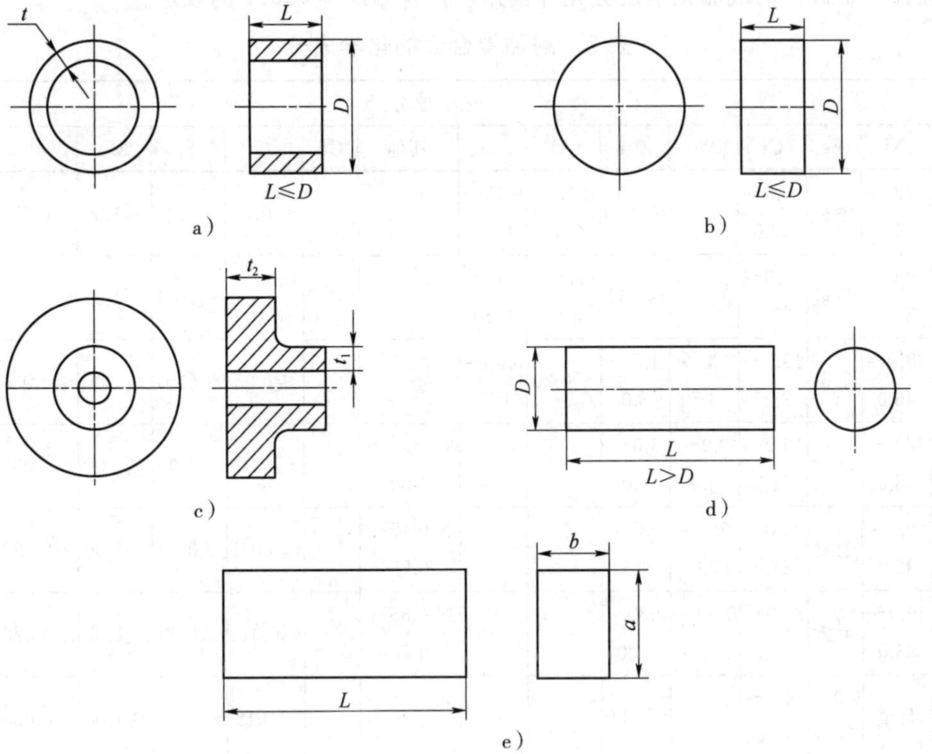

图 1

4 订货内容

4.1 需方应在订货合同中注明本标准编号、牌号、锻件级别、供货状态和数量等内容。

4.2 需方应提供订货图样。

4.3 对于超出或高于本标准规定的其他要求,需方应在订货合同中注明。

5 技术要求

5.1 化学成分

5.1.1 纯镍及镍铜合金锻件的化学成分(熔炼分析)应符合表 1 的规定。

表 1 纯镍及镍铜合金的化学成分

牌号	化学成分/%						
	Ni	Cu	Fe	Mn	Si	C	S
N5	≥99.0	≤0.25	≤0.40	≤0.35	≤0.35	≤0.02	≤0.010
N7	≥99.0	≤0.25	≤0.40	≤0.35	≤0.35	≤0.15	≤0.010
NCu30	≥63.0	28.0~34.0	≤2.50	≤2.00	≤0.50	≤0.30	≤0.024
注:镍含量系采用算术法减去表中其他元素实测值而确定。							

5.1.2 耐蚀镍合金锻件的化学成分(熔炼分析)应符合表 2 的规定。

5.1.3 需方如进行成品分析,纯镍及镍铜合金锻件的成品化学成分允许偏差应符合表 3 的规定,耐蚀镍合金锻件的成品化学成分允许偏差应符合 GB/T 15007 的规定。

表 2 耐蚀镍合金的化学成分

牌号	化学成分/%													
	Ni	Fe	Cr	Mo	Cu	Al	Ti	其他	Co	C	Si	Mn	P	S
NS1101	30.0~35.0	余量	19.0~23.0	—	≤0.75	0.15~0.60	0.15~0.60	—	—	≤0.10	≤1.00	≤1.50	≤0.030	≤0.015
NS1102	30.0~35.0	余量	19.0~23.0	—	≤0.75	0.15~0.60	0.15~0.60	—	—	0.05~0.10	≤1.00	≤1.50	≤0.030	≤0.015
NS1402	38.0~46.0	余量	19.5~23.5	2.5~3.5	1.5~3.0	≤0.20	0.60~1.20	—	—	≤0.05	≤0.50	≤1.00	≤0.030	≤0.030
NS1403	32.0~38.0	余量	19.0~21.0	2.0~3.0	3.0~4.0	—	—	Nb 8×c~1.00	—	≤0.07	≤1.00	≤2.00	≤0.030	≤0.030
NS1601	30.0~32.0	余量	26.0~28.0	6.0~7.0	0.5~1.5	—	—	N 0.15~0.25	—	≤0.015	≤0.30	≤2.00	≤0.020	≤0.010
NS1602	30.0~33.0	余量	31.0~35.0	0.50~2.0	0.30~1.20	—	—	N 0.35~0.60	—	≤0.015	≤0.50	≤2.00	≤0.020	≤0.010
NS3102	余量	6.0~10.0	14.0~17.0	—	≤0.50	—	—	—	—	≤0.15	≤0.50	≤1.00	≤0.030	≤0.015
NS3203	≥65.0	1.0~3.0	1.0~3.0	27.0~32.0	≤0.20	≤0.50	≤0.20	W≤3.0 Nb≤0.20 V≤0.20	≤3.0	≤0.010	≤0.10	≤3.00	≤0.030	≤0.010
NS3204	≥65.0	1.0~6.0	0.5~1.5	26.0~30.0	≤0.50	0.10~0.50	—	—	≤2.5	≤0.010	≤0.05	≤1.50	≤0.040	≤0.010
NS3304	余量	4.0~7.0	14.5~16.5	15.0~17.0	—	—	—	W 3.0~4.5 V≤0.35	≤2.5	≤0.010	≤0.08	≤1.00	≤0.040	≤0.030
NS3306	余量	≤5.0	20.0~23.0	8.0~10.0	—	≤0.40	≤0.40	Nb 3.15~4.15	≤1.0	≤0.10	≤0.50	≤0.50	≤0.015	≤0.015
NS3308	余量	2.0~6.0	20.0~22.5	12.5~14.5	—	—	—	W 2.5~3.5 V≤0.35	≤2.5	≤0.015	≤0.08	≤0.50	≤0.020	≤0.020
NS3309	余量	≤5.0	19.0~23.0	15.0~17.0	—	—	0.02~0.25	W3.0~4.4	—	≤0.010	≤0.08	≤0.75	≤0.040	≤0.020
NS3311	余量	≤1.5	22.0~24.0	15.0~16.5	≤0.50	0.10~0.40	—	—	≤0.3	≤0.010	≤0.10	≤0.50	≤0.015	≤0.005
NS3405	余量	≤3.0	22.0~24.0	15.0~17.0	1.3~1.9	≤0.50	—	—	≤2.0	≤0.010	≤0.08	≤0.50	≤0.025	≤0.010

表 3 成品化学成分允许偏差

牌号	化学成分允许偏差/%						
	Ni	Cu	Fe	Mn	Si	C	S
N5	−0.60	+0.03	+0.03	+0.03	+0.03	+0.005	+0.003
N7						+0.01	
NCu30	−0.45	+0.20 −0.15	+0.05	+0.04	+0.03	+0.02	+0.005

5.2 锻造

5.2.1 锻造使用的合金锭、坯或轧材应有熔炼单位的质量证明书。

5.2.2 锻造使用的合金锭,其头部和尾部应有足够的切除量,以确保锻件无缩孔及严重偏析等缺陷。

5.2.3 采用合金锭、坯锻造时,锻件主截面部分的锻造比不得小于 3。采用轧材锻造时,锻件主截面部分的锻造比不得小于 1.6。

5.3 锻件级别

锻件分为Ⅱ、Ⅲ两个级别,一般情况下均选用Ⅱ级锻件。每个级别锻件的检验项目及检验数量按表 4 的规定。

表 4 锻件级别

锻件级别	检验项目	检验数量
Ⅱ	拉伸(R_m、$R_{p0.2}$、A)	同冶炼炉号、同炉热处理的锻件组成一批,每批抽验一件
Ⅲ	拉伸(R_m、$R_{p0.2}$、A)	
	超声检测	逐件检验

5.4 热处理

锻件应按表 5 中规定的热处理状态交货。

5.5 力学性能

锻件交货状态的力学性能应符合表 5 的规定。

表 5 力学性能

牌号	公称厚度/mm	热处理状态	R_m/MPa	$R_{p0.2}$/MPa	A/%
	不大于		不小于		
N5	200	退火	340	65	40
N7	200	退火	380	105	40
NCu30	200	退火	480	170	35
NS1101	200	固溶	520	205	30
NS1102	200	固溶	450	170	30

表5(续)

牌号	公称厚度/mm	热处理状态	R_m/MPa	$R_{p0.2}$/MPa	A/%
	不大于		不小于		
NS1402	200	固溶	580	240	30
NS1403	200	固溶	550	240	30
NS1601	200	固溶	650	275	35
NS1602	200	固溶	750	380	35
NS3102	200	固溶	550	240	30
NS3203	200	固溶	760	350	35
NS3204	200	固溶	760	350	35
NS3304	200	固溶	690	280	35
NS3306	200	固溶	760	345	25
NS3308	200	固溶	690	310	40
NS3309	200	固溶	690	310	40
NS3311	200	固溶	690	310	40
NS3405	200	固溶	690	310	40

5.6 晶粒度

使用温度高于 600 ℃的 NS1102 锻件应按 GB/T 6394 测定平均晶粒度,5 级或更粗为合格。

5.7 耐腐蚀性能

根据需方要求,锻件按 GB/T 15260 进行晶间腐蚀试验。试验方法的选择,合金的处理制度以及结果的判据等由供需双方协商。

5.8 超声检测

Ⅲ级锻件应逐件进行超声检测。超声检测方法参照 JB/T 4730.3,合格等级由供需双方协商。

5.9 外观质量

5.9.1 锻件逐件进行外观检查,应无肉眼可见的裂纹、夹层、折叠、夹渣等缺陷。锻件表面缺陷允许清理,但修磨部分应圆滑过渡。

5.9.2 锻件形状、尺寸和表面质量应符合订货图样的要求。

5.10 焊补

5.10.1 锻件允许用相匹配的焊材进行焊补。

5.10.2 焊补允许的部位、深度和面积,采用的焊接材料、焊工资格和焊接工艺参数,焊补前后的无损检测方法和合格等级等事项由供需双方商定。

5.10.3 供方应向需方提供锻件焊补的部位、深度和面积的简图,焊接材料、焊接工艺参数及无损检测的报告。

6 试验方法

锻件的检验项目、检验数量、试验方法应符合表6的规定。

表6 试验方法

序号	检验项目	检验数量	试验方法	备注
1	化学成分(熔炼分析)	每炉一个试样	GB/T 8647 YS/T 325	由熔炼单位进行分析
2	拉伸试验	每批一个试样	GB/T 228.1	—
3	晶粒度	每批一个试样	GB/T 6394	仅对NS1102锻件
4	超声检测	每件	JB/T 4730.3	适用于Ⅲ级锻件

7 检验规则

7.1 锻件应由供方检验部门按订货合同进行检验。

7.2 拉伸试验

7.2.1 取样数量

每批取1个试样。

7.2.2 取样方向

锻件(不含条形)宜取切向试样,当不能制取切向试样时,则取纵向或径向试样。条形锻件宜取纵向试样。

7.2.3 取样部位

试样可从锻件上任何方便的位置切取。

7.2.4 试样

拉伸试样采用GB/T 228.1中的R7号(d_o=5 mm,L_o=25 mm)试样。

7.3 复验

7.3.1 需方需要复验时,供方应提供需方复验的试料,需方在收到锻件之日起3个月内为复验有效期。

7.3.2 拉伸试验不合格时,可从被检验锻件原取样部位附近再取2个拉伸试样进行复验,复验结果的所有数据均应符合表5的规定。

7.3.3 拉伸试验或复验不合格时,允许对该批锻件重新热处理后进行试验,但重新热处理的次数不得超过两次。

8 包装、标志和质量证明书

8.1 锻件的包装和标志应符合GB/T 8888的规定。

8.2 锻件交货时应附有质量证明书,其内容包括:

a) 锻件制造厂名;

b) 订货合同号;

c) 标准编号、牌号、锻件级别、批号、锻件数量；

d) 各项检验结果，检验单位和检验人员签章；

e) 热处理曲线图(复印件)；

f) 合同上所规定的特殊要求的检验结果。

附　录　A
（资料性附录）
本标准和ASME标准的牌号对照

表A.1　牌号对照表

本标准牌号	ASME标准牌号
N5	N02201
N7	N02200
NCu30	N04400
NS1101	N08800
NS1102	N08810
NS1402	N08825
NS1403	N08020
NS1601	N08031
NS1602	R20033
NS3102	N06600
NS3203	N10675
NS3204	N10629
NS3304	N10276
NS3306	N06625
NS3308	N06022
NS3309	N06686
NS3311	N06059
NS3405	N06200

ICS 77.150.10
H 61

NB

中华人民共和国能源行业标准

NB/T 47029—2012

压力容器用铝及铝合金锻件

Aluminium and aluminium alloy forgings for pressure vessels

（ASME SEC Ⅱ B SB-247：2002，Specification for aluminum-alloy die and hand forgings，MOD）

2012-11-09 发布 2013-03-01 实施

国家能源局 发布

前 言

本标准主要参照美国ASME(2010年版)SB-247标准制定。根据我国的生产和使用情况列入了5个牌号的铝及铝合金锻件。

本标准由全国锅炉压力容器标准化技术委员会(SAC/TC 262)提出并归口。

本标准起草单位:合肥通用机械研究院、中国通用机械工程总公司、中国特种设备检测研究院、中国石化工程建设有限公司。

本标准起草人:章小浒、秦晓钟、顾先山、陈志伟、段瑞、江慧丰。

本标准由全国锅炉压力容器标准化技术委员会(SAC/TC 262)负责解释。

压力容器用铝及铝合金锻件

1 范围

本标准规定了压力容器用铝及铝合金锻件(包括自由锻件和模锻件)的技术要求、试验方法及检验规则等。

本标准适用于设计压力不大于 16 MPa 的压力容器用铝及铝合金锻件。

2 规范性引用文件

下列文件对于本文件的应用是必不可少的。凡是注日期的引用文件,仅注日期的版本适用于本文件。凡是不注日期的引用文件,其最新版本(包括所有的修改单)适用于本文件。

GB/T 228.1—2010 金属材料 拉伸试验 第1部分:室温试验方法

GB/T 3190 变形铝及铝合金化学成分

GB/T 3199 铝及铝合金加工产品包装、标志、运输、贮存

GB/T 20975(所有部分) 铝及铝合金化学分析方法

JB/T 4730.5 承压设备无损检测 第5部分:渗透检测

3 术语和定义

本标准采用下列术语和定义。

3.1

环形锻件 ring forging

轴向长度 L 小于或等于其外径 D 的轴对称空心锻件,如图1a)所示。L 和 t 中的小者为公称厚度。

3.2

饼形锻件 disk forging

轴向长度 L 小于或等于其外径 D 的轴对称实心锻件,如图1b)所示。L 为公称厚度。

3.3

长颈法兰锻件 neck flange forging

轴向有两个外径的轴对称空心锻件,如图1c)所示。t_1 和 t_2 中的大者为公称厚度。

3.4

条形锻件 bar forging

横截面为圆形,轴向长度 L 大于其外径 D 的实心锻件,如图1d)所示。D 为公称厚度。

横截面为矩形,轴向长度 L 均大于其两边长 a、b 的锻件,如图1e)所示。a 和 b 中的小者为公称厚度。

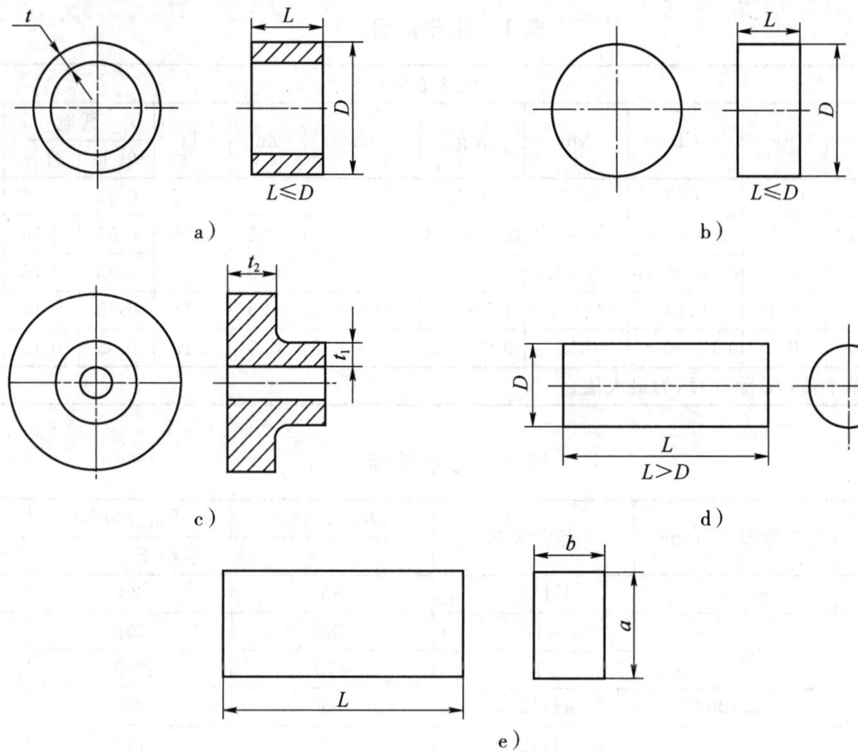

图 1

4 订货内容

4.1 需方应在订货合同中注明本标准编号、牌号、供货状态和数量等内容。

4.2 需方应提供订货图样。

4.3 对于超出或高于本标准规定的其他要求,需方应在订货合同中注明。

5 技术要求

5.1 化学成分

铝及铝合金锻件的化学成分应符合 GB/T 3190 的规定,具体数字如表 1 所示。

5.2 锻造

5.2.1 锻造使用的合金锭、坯或轧材应有熔炼单位的质量证明书。

5.2.2 锻造使用的合金锭,其头部和尾部应有足够的切除量,以确保锻件无缩孔及严重偏析等缺陷。

5.3 力学性能

锻件交货状态的力学性能应符合表 2 的规定。

5.4 外观质量

5.4.1 锻件逐件进行外观检查,应无肉眼可见的裂纹、夹层、折叠、夹渣等缺陷。锻件表面缺陷允许清理,但修磨部分应圆滑过渡。

5.4.2 锻件的形状、尺寸和表面质量应符合订货图样的要求。

表1 化学成分

牌号	化学成分/%										
	Si	Fe	Cu	Mn	Mg	Cr	Zn	Ti	其他		Al
									单个	合计	
1050A	0.25	0.40	0.05	0.05	0.05	—	0.07	0.05	0.03	—	≥99.50
2014	0.50～1.2	0.7	3.9～5.0	0.4～1.2	0.20～0.8	0.10	0.25	0.15	0.05	0.15	余量
3003	0.6	0.7	0.05～0.20	1.0～1.5	—	—	0.10	—	0.05	0.15	余量
5083	0.40	0.40	0.10	0.40～1.0	4.0～4.9	0.05～0.25	0.25	0.15	0.05	0.15	余量
6061	0.40～0.8	0.7	0.15～0.40	0.15	0.8～1.2	0.04～0.35	0.25	0.15	0.05	0.15	余量
注:表中单个值(Al除外)均为最大值。											

表2 力学性能

牌号	公称厚度/mm	交货状态	R_m/MPa	$R_{p0.2}$/MPa	A/%
			不小于		
1050A	≤100	H112、0	65	20	20
2014	≤100	T4	380	205	8
		T6	410	295	6
3003	≤100	H112、0	95	35	15
5083	≤100	H112、0	270	110	12
6061	≤100	T6	255	230	7

5.5 渗透检测

根据需方要求,锻件可逐件进行渗透检测。渗透检测方法按JB/T 4730.5,合格等级由供需双方协商。

5.6 焊补

5.6.1 锻件允许用相匹配的焊材进行焊补。

5.6.2 焊补允许的部位、深度和面积,采用的焊接材料、焊工资格和焊接工艺参数,焊补前后的无损检测方法和合格等级等事项由供需双方商定。

5.6.3 供方应向需方提供锻件焊补的部位、深度和面积的简图,焊接材料、焊接工艺参数及无损检测的报告。

6 试验方法

锻件的检验项目、检验数量、试验方法应符合表3的规定。

表3 试验方法

序号	检验项目	检验数量	试验方法	备注
1	化学成分(熔炼分析)	每炉一个试样	GB/T 20975	由熔炼单位进行分析
2	拉伸试验	每批一个试样	GB/T 228.1	—
3	渗透检测	每件	JB/T 4730.5	需方要求时进行

7 检验规则

7.1 锻件应由供方检验部门按订货合同进行检验。

7.2 拉伸试验

7.2.1 取样数量

同一冶炼炉号、同一交货状态的锻件组成一批,每批取1个拉伸试样。

7.2.2 取样方向

锻件(不含条形)宜取切向试样,当不能制取切向试样时,则取纵向或径向试样。条形锻件宜取纵向试样。

7.2.3 取样部位

试样可从锻件上任何方便的位置切取。

7.2.4 试样

拉伸试样采用GB/T 228.1中的R7号(d_o=5 mm,L_o=25 mm)试样。

7.3 复验

7.3.1 需方需要复验时,供方应提供需方复验的试料,需方在收到锻件之日起3个月内为复验有效期。

7.3.2 拉伸试验不合格时,可从被检验锻件原取样部位附近再取2个拉伸试样进行复验,复验结果的所有数据均应符合表2的规定。

7.3.3 拉伸试验或复验不合格时,允许对该批锻件进行热处理,然后作为新的一批重新进行试验,但重新热处理的次数不得超过两次。

8 包装、标志和质量证明书

8.1 锻件的包装和标志应符合GB/T 3199的规定。

8.2 锻件交货时应附有质量证明书,其内容包括:

a) 锻件制造厂名;

b) 订货合同号;

c) 标准编号、牌号、批号、锻件数量;

d) 各项检验结果,检验单位和检验人员签章;

e) 2014和6061锻件的热处理曲线图(复印件);

f) 合同上所规定的特殊要求的检验结果。

ICS 23.023.30
J 74

NB

中华人民共和国能源行业标准

NB/T 47036—2013

制冷装置用小型压力容器

Small pressure vessels for refrigerant equipment

2013-11-28 发布 2014-04-01 实施

国家能源局 发布

前 言

本标准按GB/T 1.1—2009《标准化工作导则 第1部分:标准的结构和编写》给出的规则起草。

本标准附录A和附录B是规范性附录,附录C和附录D是资料性附录。

本标准由全国锅炉压力容器标准化技术委员会(SAC/TC 262)提出并归口。

本标准由全国锅炉压力容器标准化技术委员会(SAC/TC 262)固定式压力容器分技术委员会(SC2)组织起草。

本标准起草单位:合肥通用机械研究院、中国制冷空调工业协会、东莞市庆新安制冷设备配件有限公司、浙江三花股份有限公司、浙江盾安人工环境股份有限公司、烟台冰轮股份有限公司、珠海格力电气股份有限公司、大金空调(上海)有限公司、上海三菱电机·上菱空调机电器有限公司、广东美的暖通设备有限公司、深圳麦克维尔空调有限公司、青岛海信日立空调系统有限公司、大连冷冻机股份有限公司、大连三洋压缩机股份有限公司。

本标准主要起草人:岳海兵、张朝晖、蔚菽秦、董菊珍、冯建江、姚佐权、高维丽、梁三星、史剑春、童杏生、刘宇春、潘李奎、孟建军、刘殿铭、秦海杰、梁增胜、张志军、高科峰、胡东兵、陈枫、彭伯彦、任金禄。

本标准为首次发布。

制冷装置用小型压力容器

1 范围

1.1 本标准规定了制冷装置用小型压力容器(以下简称容器)的术语、一般规定、材料、受压元件的设计、制造、检验和验收以及标志、包装、运输和贮存等。

1.2 本标准适用以液化气体为制冷剂、设计压力不高于5.0 MPa、设计温度不高于150℃、容积小于25 L或内直径(对非圆形截面,指截面内边界的最大几何尺寸,例如矩形为对角线,椭圆为长轴)小于150 mm的容器。

1.3 容积小于25 L的套管式换热器及汽车空调用压力容器,可以参照执行。

2 规范性引用文件

下列文件对于本文件的应用是必不可少的。凡是注日期的引用文件,仅注日期的版本适用于本文件。凡是不注日期的引用文件,其最新版本(包括所有的修改单)适用于本文件。

GB 536 液体无水氨

GB/T 710—2008 优质碳素结构钢热轧薄钢板和钢带

GB 713—2008 锅炉和压力容器用钢板

GB 912—2008 碳素结构钢和低合金结构钢热轧薄钢板和钢带

GB/T 1226 一般压力表

GB/T 1527—2006 铜及铜合金拉制管

GB/T 1800.2 产品几何技术规范(GPS)极限与配合 第2部分:标准公差等级和孔、轴极限偏差表

GB/T 1804 一般公差 未注公差的线性和角度尺寸的公差

GB/T 3274—2007 碳素结构钢和低合金结构钢热轧厚钢板和钢带

GB/T 4842—2006 氩

GB/T 6418 铜基钎料

GB/T 7778 制冷剂编号方法和安全性分类

GB/T 8110 气体保护电弧焊用碳钢、低合金钢焊丝

GB/T 8163—2008 输送流体用无缝钢管

GB/T 9286 色漆和清漆 漆膜的划格试验

GB/T 10046 银钎料

GB/T 10125 人造气氛腐蚀试验 盐雾试验

GB/T 11363 钎焊接头强度试验方法

GB 13237—2013 优质碳素结构钢冷轧钢板和钢带

GB/T 13452.2 色漆和清漆 漆膜厚度的测定

GB/T 13793—2008 直缝电焊钢管

GB/T 15765 房间空气调节器用全封闭型电动机-压缩机

GB/T 17791—2007　空调与制冷设备用无缝铜管

HGJ 223　铜及铜合金焊接及钎焊技术规程

JB/T 4755—2006　铜制压力容器

NB/T 47012　制冷装置用压力容器

NB/T 47014　承压设备焊接工艺评定

NB/T 47015　压力容器焊接规程

TSG R0004　固定式压力容器安全技术监察规程

TSG R1001　压力容器压力管道设计许可规则

制冷用小型压力容器制造许可条件

3　术语和定义

下列术语和定义适用于本标准。

3.1

工作压力　operating pressure

制冷装置在正常工作情况下,容器顶部可能出现的最高压力。本标准中,除注明者外,压力均指表压力。

3.2

设计压力　design pressure

指设定的容器顶部的最高压力,与相应的设计温度一起作为基本设计载荷的条件,其值应不低于工作压力。高压侧应考虑制冷装置在正常运转时,容器顶部可能出现的最高压力;低压侧应考虑制冷装置停止运转时,容器顶部可能出现的最高压力。

3.3

试验压力　test pressure

指在耐压试验或泄漏试验时,容器顶部的压力。

3.4

设计温度　design temperature

设计温度指容器在正常工作情况下,设定的元件金属温度(沿元件金属截面的温度平均值)。设计温度与相应设计压力一起作为设计载荷条件。

3.5

计算厚度　required thickness

按本标准中相应公式计算得到的厚度。

3.6

设计厚度　design thickness

计算厚度与腐蚀裕量之和。设计厚度应在图样上注明。

3.7

名义厚度　nominal thickness

将设计厚度加上材料厚度负偏差后向上圆整至材料标准规格的厚度。

3.8

最小成形厚度　minimum required fabrication thickness

受压元件成形后保证设计要求的最小厚度。

3.9

批量　batch

在同一设计结构条件下，具有相同公称直径和设计壁厚，在一定生产周期内用同一材料与制造工艺生产的容器限定的数量。

3.10

定型检验　setting test

容器批量投产前对设计结构、使用材料和制造工艺等进行的确认试验。

4　一般规定

4.1　基本要求

容器的设计、制造、检验和验收除应符合本标准的规定外，还应遵守国家颁布的有关法律、法规和安全技术规范。

4.2　资质与职责

4.2.1　资质

a) 容器的设计单位及设计人员应具有 TSG R1001 规定 D1 级或以上压力容器设计许可资质(小于或等于 1 L 的容器除外)；

b) 容器的制造单位应满足《制冷用小型压力容器制造许可条件》，具有 D1 级或以上压力容器制造许可资质。

4.2.2　职责

4.2.2.1　设计单位的职责：

a) 设计单位和设计人员应对设计文件的准确性和完整性负责；

b) 容器的设计文件至少应包括设计计算书和设计图样；

c) 容器设计总图和设计计算书应有设计单位相关人员的签字；

d) 提供设计许可资质证书的复印件。

4.2.2.2　制造单位的职责：

a) 制造单位应按照设计图样要求进行制造，如需对原设计进行修改，应取得原设计单位书面批准；

b) 制造单位的检验部门在容器制造过程中和完工后应按本标准及图样规定对容器进行各项具体检验和试验，提出检验报告，并对报告的准确性和完整性负责；

c) 制造单位对其制造的每批容器产品至少应具有下列技术文件备查，技术文件至少应保存 7 年：

——材料表及主要受压元件材料证明文件；

——容器的焊接工艺；

——制造过程及完工后的检验记录；

——容器设计文件。

4.3　容器范围

4.3.1　本标准适用范围内的容器是指壳体及其连接为整体的受压元件。

4.3.2　容器与外管道连接：

a) 焊接连接的第一个接管端面；

b) 螺纹连接的第一个螺纹接头端面；

c) 法兰连接的第一个法兰密封面；

d) 专用连接件或管件的第一个密封面。

4.3.3 支座、支耳等元件与筒体的焊缝。

4.4 设计压力

4.4.1 高压侧设计压力

制冷循环系统中，工作时由于压缩机的作用而承受冷凝压力的部分属于高压侧。高压侧设计压力应高于下述规定的冷凝温度(混合制冷剂为露点温度，下同)相对应的饱和蒸汽压力：

a) 在正常运转条件下，制冷剂可能达到的冷凝温度，见表1(该表为常用制冷剂性质，其他制冷剂的性质可参考有关制冷剂使用手册)；

b) 当冷凝温度高于65℃时，按制冷剂可能达到的最高冷凝温度确定。

4.4.2 低压侧设计压力

制冷循环系统中高压侧以外的部分属于低压侧。双级压缩制冷装置的中间冷却器的中压部分和复叠式制冷装置中冷凝温度不高于－15℃的冷凝蒸发器亦属于低压侧。

低压侧的设计压力应按下述规定：

a) 设计压力一般按38℃时制冷剂饱和蒸气压力确定，见表1；

b) 当环境温度超过38℃时，则按制冷剂可能达到的最高环境温度相对应的饱和压力确定。

4.4.3 容器由两个以上工作室构成且作用于各室的压力不同时，应按各室压力分别确定设计压力。

4.4.4 为使容器工作压力不超过其设计压力，制冷剂的装量限制如下：

a) 储液器类容器：制冷剂液体装量系数不应超过0.8；

b) 复叠式制冷装置：通过计算确定低温侧的制冷剂装量。

表1 常用制冷剂在相应温度下的饱和蒸汽压力和安全分组

制冷剂名称和质量组分%	制冷剂编号	制冷剂组成前缀名[a]	高压侧/MPa(绝对)					低压侧/MPa(绝对)							安全分组
			冷凝温度/℃[b]					蒸发温度/℃[b]						规定的环境温度/℃	
			43	50	55	60	65	－50	－40	－30	－20	－10	0	38	
二氟甲烷	R32	HFC	2.7	3.2	3.6	4.0	4.4	0.11	0.18	0.28	0.41	0.59	0.82	2.4	A2L
R32/R125(50/50)	R410A	HFC	2.6	3.1	3.5	3.9	4.2	0.11	0.18	0.27	0.40	0.58	0.80	2.3	A1/A1
五氟乙烷	R125	HFC	2.2	2.6	2.9	3.2	3.6	0.093	0.15	0.23	0.34	0.49	0.67	2.0	A1
R32/R125/R134a (23/25/52)	R407C	HFC	1.9	2.3	2.5	2.8	3.1	0.075	0.12	0.19	0.29	0.40	0.56	1.7	A1/A1
R125/R143(50/50)	R507A	HFC	2.0	2.4	2.7	3.0	3.3	0.088	0.14	0.22	0.32	0.46	0.63	1.8	A1/A1
R125/R143a/R134a (44/52/4)	R404A	HFC	2.0	2.4	2.6	2.9	3.3	0.086	0.14	0.21	0.31	0.45	0.62	1.7	A1/A1
1.1.1-三氟乙烷	R143a	HFC	2.0	2.4	2.7	2.9	3.3	0.089	0.15	0.22	0.32	0.45	0.62	1.8	A2L
氨	R717	—	1.7	2.1	2.4	2.7	3.0	0.04	0.07	0.12	0.19	0.29	0.43	1.5	B2L
二氟-氯甲烷	R22	HCFC	1.7	2.0	2.2	2.5	2.7	0.065	0.11	0.17	0.25	0.36	0.50	1.5	A1
丙烷	R290	HC	1.5	1.8	1.9	2.2	2.4	0.071	0.11	0.17	0.25	0.35	0.48	1.3	A3

表1 常用制冷剂在相应温度下的饱和蒸汽压力和安全分组(续)

制冷剂名称和质量组分%	制冷剂编号	制冷剂组成前缀名[a]	高压侧/MPa(绝对) 冷凝温度/℃[b]					低压侧/MPa(绝对) 蒸发温度/℃[b]						规定的环境温度/℃	安全分组
			43	50	55	60	65	−50	−40	−30	−20	−10	0	38	
R22/R152A/R124 (61/11/28)	R401B	HCFC	1.4	1.5	1.7	1.9	2.2	0.051	0.084	0.14	0.2	0.29	0.35	1.2	A1/A1
(53/13/34)	R401A	/HFC	1.3	1.6	1.7	2.0	2.2	0.048	0.079	0.13	0.19	0.27	0.39	1.1	
2,3,3,3-四氟-1-丙烯	R1234yf	HFC	1.1	1.3	1.5	1.7	1.9	0.030	0.052	0.085	0.14	0.20	0.30	0.97	A2L
1,1,1,2-四氟乙烷	R134a	HFC	1.1	1.4	1.5	1.7	1.9	0.030	0.052	0.085	0.14	0.20	0.30	0.97	A1
1.1-二氟乙烷	R152a	HFC	0.98	1.2	1.4	1.5	1.7	0.028	0.048	0.078	0.12	0.19	0.27	0.87	A2
2-甲基丙烷(异丁烷)	R600a	HC	0.58	0.69	0.78	0.87	0.98	0.017	0.028	0.046	0.072	0.11	0.16	0.51	A3
八氟环丁烷	RC318	HC	0.55	0.67	0.76	0.87	0.98	0.011	0.020	0.034	0.056	0.087	0.13	0.48	A1
丁烷	R600	HC	0.42	0.50	0.57	0.64	0.73	0.0095	0.017	0.029	0.046	0.070	0.11	0.36	A3
其他制冷剂	—	相当于各冷凝温度下饱和压力						相当于各蒸发温度下饱和压力						相当于38℃时饱和压力	—

[a] 列出制冷剂组成前缀名,定性表示其对臭氧层的消耗。
HCFC——将被限制的制冷剂;HFC、HC——臭氧消耗潜能值 ODP=0 的制冷剂。
[b] 混合制冷剂时,冷凝温度为露点温度,蒸发温度为泡点温度。

4.5 设计温度

设计温度不得低于元件金属在正常操作状态下可能达到的最高温度。对于0℃以下的金属温度,设计温度不得高于元件金属可能达到的最低温度。

4.5.1 高压侧设计温度:

a) 按高压侧在工作时各元件金属可能达到的最高温度选取;

b) 对不进行换热的容器,设计温度不低于制冷剂的最高工作温度。当受压元件与两种不同温度的介质接触时,应按两者中较高温度选取;

c) 当环境温度低于0℃时,高压侧设计温度仍按上述原则考虑。

4.5.2 低压侧设计温度:

a) 低压侧工作温度不低于0℃时,其设计温度按不低于38℃选取;

b) 当工作温度低于0℃时,设计温度可以取实际工作温度与50℃的代数和进行设计。但应满足:工作温度下一次总体薄膜应力小于或等于材料常温屈服点的1/6,且不大于50 MPa。当按上述办法得到的设计温度不低于0℃时,其设计温度按不低于38℃选取。

4.6 制冷剂安全分组

4.6.1 按 TSG R0004 的规定,制冷剂为液化气体属第一组介质。

4.6.2 附录C是参考 GB/T 7778 和有关规定对制冷剂的安全分组。本标准将所有制冷剂划分为四大类组:

a) 第一类组——无毒且不燃烧者:A1;

b) 第二类组——无毒低燃烧性:A2L;

c) 第三类组——较高燃烧性或有毒者:A2、B2、B2L、B1;

d) 第四类组——易燃易爆者:A3、B3。

4.6.3 表1中列出一些常用制冷剂的安全分组。其他制冷剂安全分组可参见GB/T 7778。

4.6.4 混合物制冷剂安全分组参考GB/T 7778的规定有两个安全分组。第一个是混合物在规定组分浓度下的分组,第二个是混合物在最大浓度滑移时组分浓度下的分组。表1中R410A、R507A、R407C、R404A、R401A和R401B为混合物制冷剂。

4.7 腐蚀裕量

4.7.1 容器各元件受到腐蚀程度不同时,可采用不同的腐蚀裕量。

4.7.2 接触制冷剂一侧的容器和管壁,一般不计腐蚀裕量。

4.7.3 在不同腐蚀环境下的腐蚀裕量可按表2选取。

4.7.4 用于房间空调器和单元式空调机以及类似设备的容器外表面具有有效的耐腐蚀保护膜,并经各种试验和考核,其腐蚀裕量取0。用户有特殊要求时按图样要求。

表2 腐蚀裕量

类别	材料名称		相应腐蚀环境条件下的腐蚀裕量/mm		
			条件A[a]	条件B[b]	条件C[c]
容器圆筒封头等	碳素钢、低合金钢		1.0	0.60	0.4
	铜		0.1	0.05	0
管材	碳素钢、低合金钢		1.0	0.60	0.4
	铜及其合金	直径>13	0.10	0.05	0
		直径≤13	0.05		

[a] 材料的外表面(内侧为制冷剂侧)直接经受风吹雨淋或接触空气、水蒸气和水等。
[b] 腐蚀环境与条件A相同,但材料的外表面具有有效的耐腐蚀保护膜,并且容易进行维护。
[c] 在室内或有防风雨措施,材料外表面具有有效的耐腐蚀保护膜,并且使用于良好的耐腐蚀环境中。

4.8 许用应力

4.8.1 本标准按表3确定材料的许用应力,具体数值按第5节。

表3 钢材和铜管的许用应力的取值

材料	许用应力 取下列各值中的最小值/MPa
碳素钢、低合金钢	$\frac{R_m}{2.7}$、$\frac{R_{eL}}{1.5}$、$\frac{R_{eL}^t}{1.5}$
铜管	$\frac{R_m}{3.0}$、$\frac{R_{p0.2}}{1.5}$、$\frac{R_{p0.2}^t}{1.5}$

注:R_m——材料标准抗拉强度下限值,MPa;
R_{eL}($R_{p0.2}$)——材料标准室温屈服强度(或0.2%非比例延伸强度),MPa;
R_{eL}^t($R_{p0.2}^t$)——材料在设计温度下的屈服强度(或0.2%非比例延伸强度),MPa。

4.8.2 当设计温度低于20℃时，取20℃时的许用应力值。

4.9 焊接接头分类和接头系数

4.9.1 电焊的焊接接头分类和焊接接头系数

4.9.1.1 容器受压元件之间的焊接接头按位置的不同分为A、B、C、D四类，见图1。

a) 圆筒部分的纵向接头和半球形封头安装至圆筒筒体的环向接头为A类；

b) 圆筒部分的环向接头和除半球形封头以外的成形封头与圆筒连接的环向接头为B类；

c) 法兰、平盖、管板等安装至圆筒、成形封头、接管上的环向接头为C类；

d) 将接管安装至圆筒、成形封头上的接头为D类。

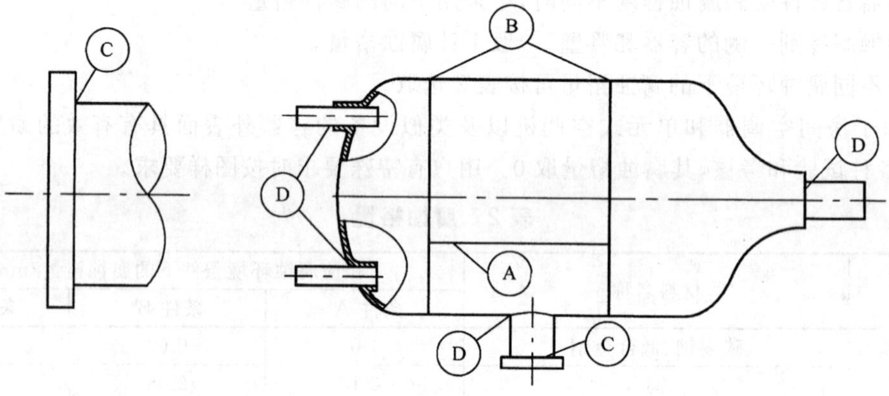

图1

4.9.1.2 电弧焊焊接接头系数

本标准涉及容器的焊接接头类型，不做无损检测，焊接接头系数见表4和图2。

表4 电弧焊的焊接接头系数

焊接接头型式	焊接接头位置分类	焊接接头系数
双面焊对接接头或相当于双面焊的全焊透对接接头	A、B	0.70
单面焊对接接头，焊后保留垫板	A、B	0.65
单面焊对接接头，焊后保留垫板，包括单折边压肩接头[见图2 a)]	A、B	0.65
单面焊对接接头，不用垫板[见图2b)]	A、B	0.60
双面满角焊搭接接头[见图2 c)]	A、B	0.55
进行塞焊的单面满角焊搭接接头[见图2d)]	B	0.5
不进行塞焊的单面满角焊搭接接头[见图2 e)]	B	0.45

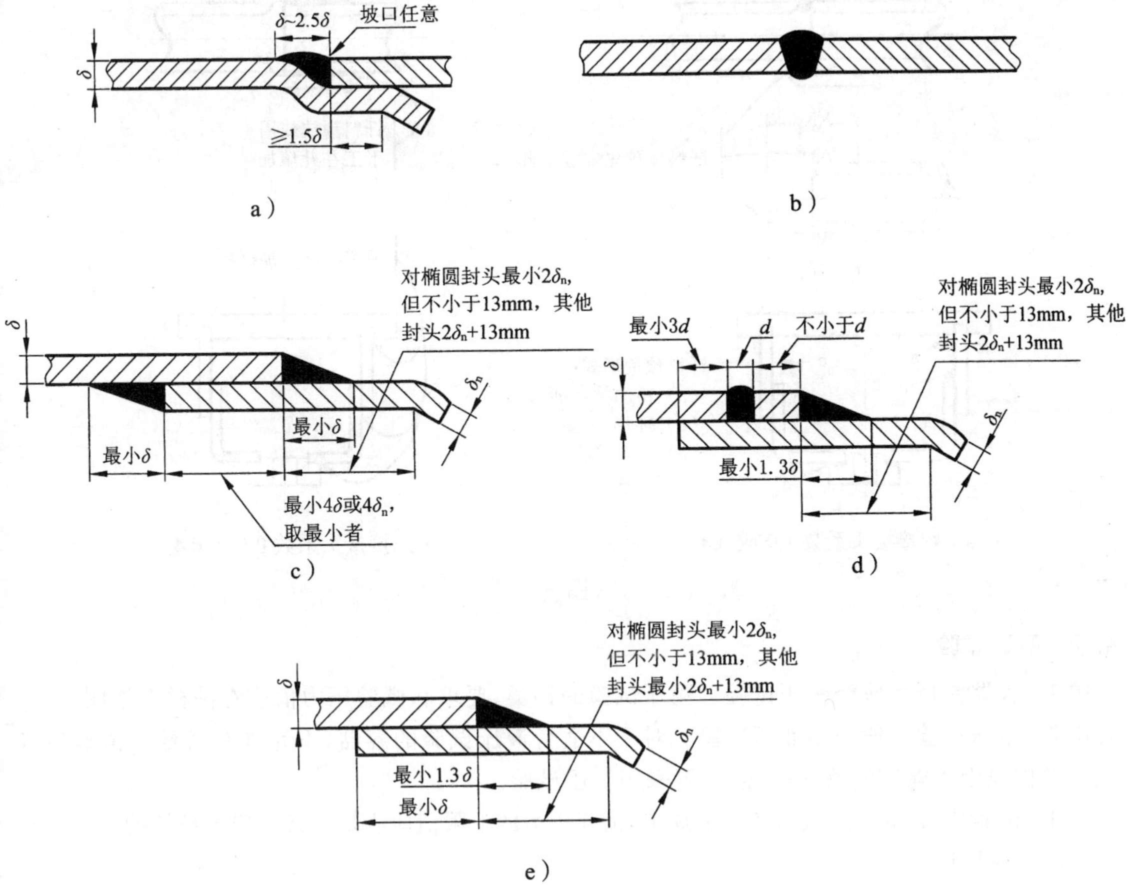

图 2

4.9.1.3 直缝电焊钢管的焊接接头系数

采用 GB/T 13793 规定的超声波检测时焊接接头系数为 1.0,采用涡流和漏磁方法检测时为 0.85,不采用上述检测时为 0.60。

4.9.2 钎焊的焊接接头系数

本标准使用的钎焊方法,按加热方式分为火焰钎焊和炉内钎焊。常用钎焊为搭接和接管嵌接接头,钎焊接头系数根据钎焊后能否目视检查钎缝状态选取:

a) 目视检查能确认钎料渗透到整个接头[见图 3 a)],则压力容器及零件适用的设计公式中钎焊接头系数分别取:炉内钎焊 1.0;火焰钎焊 0.8;

b) 目视不能确认钎料渗透到整个接头[见图 3 b)],则压力容器及零件适用的设计公式中钎焊接头系数分别取:炉内钎焊 0.5;火焰钎焊 0.4。

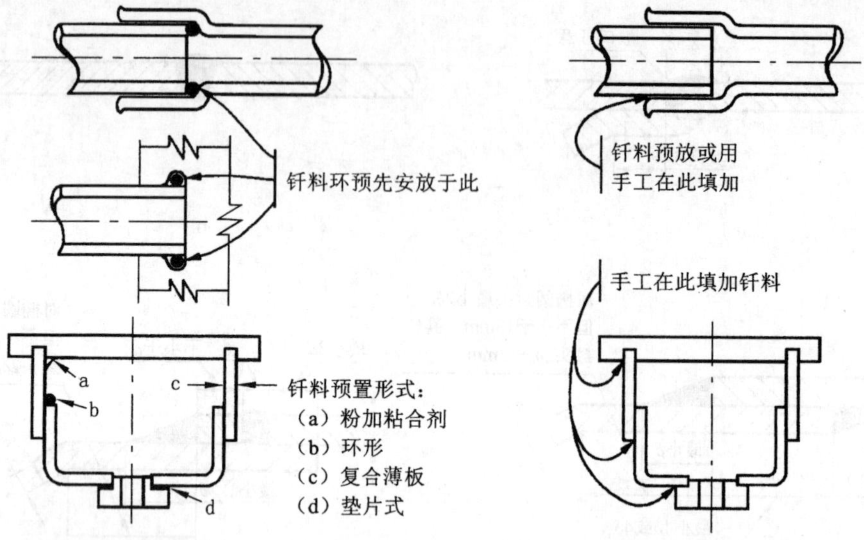

a）焊接接头系数 1.0 或 0.8　　　　b）焊接接头系数 0.5 或 0.4

图 3

4.10 耐压试验

4.10.1 容器制成后应经耐压试验。耐压试验的种类、要求和试验压力值应在图样上注明。

4.10.2 耐压试验一般采用液压试验。对于不适合液压试验的容器(不允许有微量残留液体或由于结构原因不能充满液体的容器)可采用气压试验。

4.10.3 试验压力 p_T 的最低值按如下规定,试验压力的上限值应满足 4.10.4 应力校核的限制：

a) 液压试验：

$$p_T = 1.25p\frac{[\sigma]}{[\sigma]^t} \quad \cdots\cdots (1)$$

b) 气压试验：

$$p_T = 1.10p\frac{[\sigma]}{[\sigma]^t} \quad \cdots\cdots (2)$$

式中：

p——设计压力,MPa；

p_T——试验压力,MPa；

$[\sigma]$——容器元件材料在试验温度下的许用应力,MPa；

$[\sigma]^t$——容器元件材料在设计温度下的许用应力,MPa。

注 1：容器规定有最高允许工作压力(见 NB/T 47012 中 B.2.1)时,公式中应以最高允许工作压力代替设计压力 p。

注 2：容器各元件(圆筒、封头等)所用材料不同时,应取各元件材料的$[\sigma]/[\sigma]^t$比值中最小者。

4.10.4 圆筒应力校核

耐压试验前,应按式(3)或(4)校核圆筒应力：

环向应力

$$\sigma_T = \frac{p_T(D_i + \delta_e)}{2\delta_e\phi_1} \quad \cdots\cdots (3)$$

轴向应力

$$\sigma_T=\frac{p_T(D_i+\delta_e)}{4\delta_e\phi_2} \quad \cdots\cdots(4)$$

式中：

σ_T——试验压力下圆筒的应力，MPa；

D_i——圆筒内直径，mm；

p_T——试验压力，MPa；

δ_e——圆筒的有效厚度，mm；

ϕ_1——圆筒的纵向焊接接头系数；

ϕ_2——圆筒的环向焊接接头系数。

a) 液压试验时，σ_T应分别小于或等于试验温度下材料屈服强度(或0.2%非比例延伸强度)的90%；

b) 气压试验时，σ_T应分别小于或等于试验温度下材料屈服强度(或0.2%非比例延伸强度)的80%。

4.11 泄漏试验

4.11.1 泄漏试验应在耐压试验合格后进行，并在图样上注明试验压力、试验介质和检验要求。

4.11.2 泄漏试验规则为根据容器使用制冷剂的安全类组分别进行泄漏试验：

a) 第一类组(无毒且不燃烧者)：1.0倍设计压力的干燥空气或氮气气密性试验、或按图样规定用氦气检漏仪试验；

b) 第二类组(无毒低燃烧性)：卤素检漏仪、或0.5倍设计压力氦气检漏仪试验；

c) 第三类组(较高燃烧性或有毒者)：0.8倍设计压力氦气检漏仪试验；

d) 第四类组(易燃易爆者)：1.0倍设计压力氦气检漏仪试验。

4.12 确认性验证试验

对容器的设计和制造过程进行确认，容器应能承受B.3.1极限强度试验(亦可根据图样要求的压力，但最小不应低于3.0倍设计压力)或B.3.2爆破试验(亦可根据图样要求的压力，但最小不应低于4.0倍设计压力)等两种试验方法中任选一种方法的试验。

4.13 漆膜厚度、结合力及耐腐蚀性

容器外表面漆膜的厚度、结合力、耐腐蚀性等要求按图样的规定。

4.14 杂质含量和残余水分含量

容器内部杂质含量和残余水分含量等要求按图样的规定。

5 材料

5.1 一般规定

5.1.1 容器受压元件用材料应符合本章的规定。非受压元件材料，当与受压元件焊接时，也应是焊接性能良好的材料。

5.1.2 容器用材料的技术要求应符合有关标准的规定。

5.1.3 容器用材料应附有材料制造单位的材质证明书或复印件，容器制造单位应按材质证明书对材料进行验收。

5.1.4 采用本章规定以外的其他牌号的材料时，还应符合附录A的相关规定。

5.1.5 直缝电焊钢管不得应用于第四类组(A3、B3)制冷剂的容器。

5.1.6 表7中铜管不应用于R717(氨)制冷剂的容器。

5.2 钢材

5.2.1 钢板的标准、使用状态及许用应力见表5。

表5 钢板许用应力

钢号		钢板标准	使用状态	厚度 mm	常温性能指标		在下列温度(℃)下的许用应力 MPa					备注
					R_m/MPa	断后伸长率 A/%	≤20	75	100	125	150	
Q235B		GB 912	热轧	<3	370～500	26	116	114	113	111	108	a、c
		GB/T 3274		3～16								
Q235C		GB 912	热轧	<3	370～500	26	123	121	120	117	114	b、c
		GB/T 3274		3～16								
Q245R		GB 713	热轧 控轧 正火	3～16	400～520	25	148	148	147	144	140	
Q345R		GB 713	热轧 控轧 正火	3～16	510～640	21	189	189	189	189	189	
08 08AL	Z	GB/T 710	热轧	≤3	275～400	36	102	102	102	—	—	
	S				≥300	35	111	111	111	—	—	
	P				≥300	34						
10	Z	GB/T 710	热轧	≤3	280～410	36	104	102	101	99	96	
	S				≥335	34	124	122	121	118	115	
	P				≥335	32						
20	Z				340～480	30	126	122	121	118	116	
	S				≥410	28	152	149	147	143	140	
	P				≥410	24						
08 08AL	Z	GB 13237	冷轧	≤4	275～390	32	102	102	102	102	102	
	S				275～410	30						
	P				275～410	28						
10	Z				295～410	30	109	107	106	103	101	
	S				295～430	29						
	P				295～430	28						
20	Z				355～490	26	131	127	125	122	120	
	S				355～500	25						
	P				355～500	24						

a 所列许用应力值已乘质量系数0.85。
b 所列许用应力值已乘质量系数0.9。
c Q235钢材P、S含量应分别≤0.035%。

5.2.2 钢管的标准及许用应力见表6。

表6 钢管许用应力

牌号	钢管标准	壁厚 mm	常温性能指标≥				在下列温度(℃)下的许用应力 MPa				
			R_m MPa	R_{eL} MPa	断后伸长率 A/%	焊缝 R_m/MPa	≤20	75	100	125	150
10	GB/T 8163	≤8	335～475	205	24	—	124	122	121	118	115
20			410～530	245	20	—	152	149	147	143	140
08、10	GB/T 13793	≤8	315	195	22	315	117	114	112	109	106
20			390	235	19	390	144	142	140	136	132
Q195			315	195	22	315	117	114	112	109	106
Q235 (A、B、C)			375	235	20	375	139	136	134	132	128

5.3 铜管的标准、使用状态及许用应力见表7。

表7 铜管许用应力

牌号	标准	状态[b,c]	管外径 mm	常温强度下限保证值 MPa		在下列温度℃下的许用应力 MPa				
				R_m	$R_{p0.2}$[a]	20	75	100	125	150
T2、TP2	GB/T 1527	Y2	3～360	248	207	83	83	83	83	80
	GB/T 1527	Y	<100	315	—	105	105	105	105	101
	GB/T 17791	M、M2	4～30	205	(45)	30	27	25	24	23
	GB/T 1527	M	3～360	205	(45)	30	27	25	24	23

[a] 加括号的 $R_{p0.2}$ 值在 GB/T 17791 和 GB/T 1527 中未规定，系 JB/T 4755 推荐值，满足推荐值要求，才能采用表中的许用应力值。

[b] 冷成型半硬状态 Y2 和硬态 Y 的焊接构件应采用退火状态 M 的许用应力。

[c] 状态 M 为退火状态，M2 为轻软退火，Y2 为 1/2 冷成型强化，Y 为硬态。

6 受压元件的设计

6.1 四种基本结构型式

6.1.1 无缝钢管或直缝电焊钢管做圆筒与两端深冲压制造封头采用单面满角搭接焊容器，见图4。

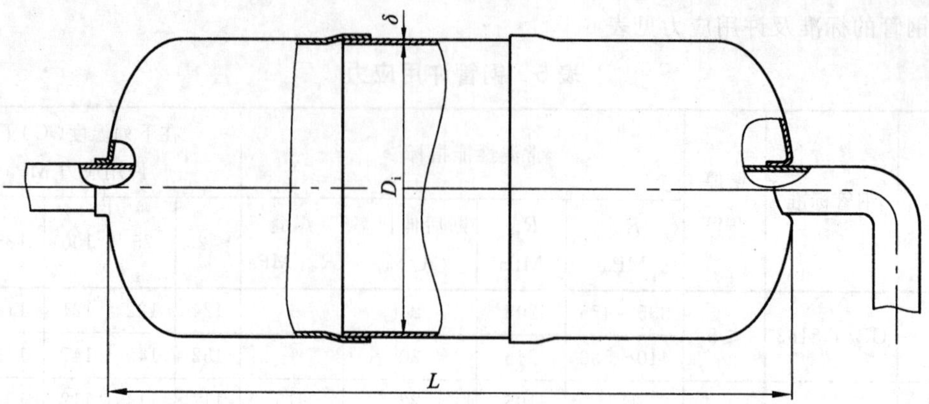

图 4

6.1.2　两个深冲压制造封头采用单面满角搭接焊(或者炉内钎焊)容器，见图 5。

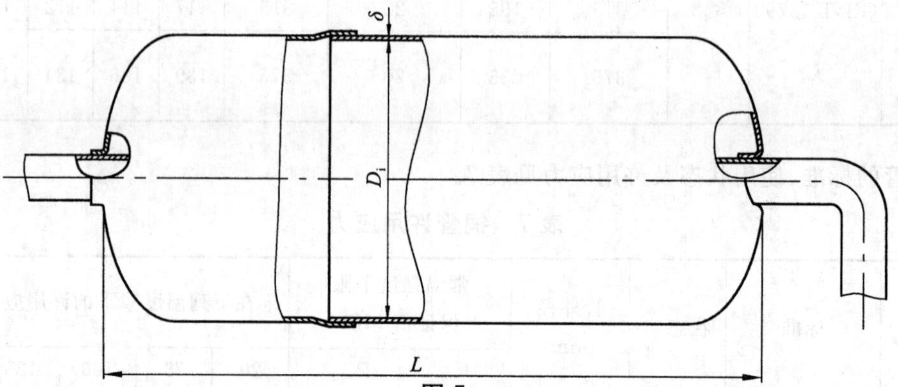

图 5

6.1.3　无缝钢管或直缝电焊钢管做圆筒与两端封头采用单面满角搭接焊容器，见图 6。

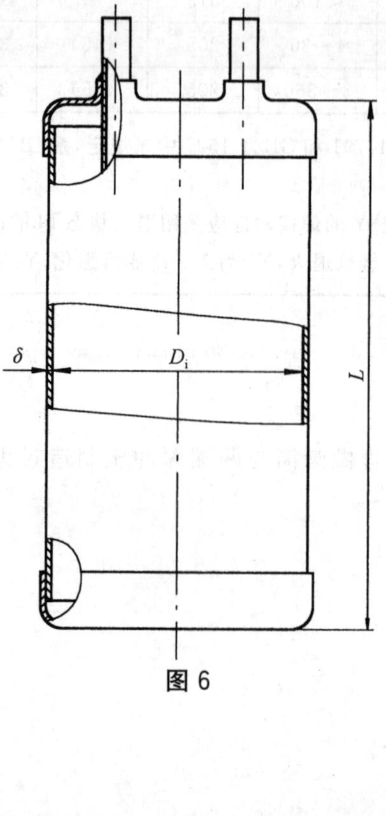

图 6

6.1.4 用无缝铜管、无缝钢管或直缝电焊钢管经旋压成容器,见图7。

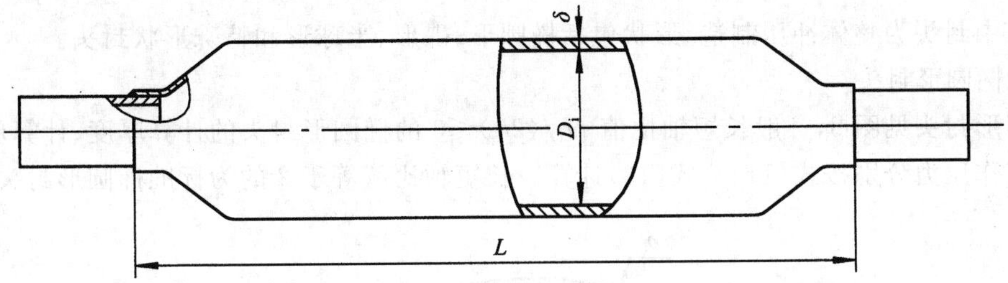

图7

6.2 受内压元件的设计计算

6.2.1 圆筒

设计温度下圆筒的计算厚度取式(5)和式(8)计算结果的较大值。最高允许工作压力应取式(7)和式(10)计算结果的较低值。

6.2.1.1 环向应力

当环向应力作用时,应按式(5)~式(7)计算厚度、应力和最高允许工作压力:

$$\delta=\frac{pD_i}{2[\sigma]^t\phi_1-p} \quad\cdots\cdots(5)$$

$$\sigma^t=\frac{p(D_i+\delta_e)}{2\delta_e} \quad\cdots\cdots(6)$$

$$[p_w]=\frac{2[\sigma]^t\phi_1\delta_e}{D_i+\delta_e} \quad\cdots\cdots(7)$$

式中:

p——设计压力,MPa;

D_i——筒体内径,mm;

δ——筒体计算厚度,mm;

δ_e——筒体有效厚度,mm;

ϕ_1——纵向焊接接头系数;

σ^t——筒体计算应力,MPa;

$[\sigma]^t$——设计温度下许用应力,MPa;

$[p_w]$——最高允许工作压力,MPa。

6.2.1.2 轴向应力

当轴向应力作用时,应按式(8)~式(10)得出计算厚度、应力和最高允许工作压力:

$$\delta=\frac{pD_i}{4[\sigma]^t\phi_2-p} \quad\cdots\cdots(8)$$

$$\sigma^t=\frac{p(D_i+\delta_e)}{4\delta_e} \quad\cdots\cdots(9)$$

$$[p_w]=\frac{4[\sigma]^t\phi_2\delta_e}{D_i+\delta_e} \quad\cdots\cdots(10)$$

式中:

ϕ_2——环向焊接接头系数。

6.2.2 内压封头

本节中封头为整体冲压制造,形状包括椭圆形、碟形、半球形和特殊形状封头。

6.2.2.1 椭圆形封头

椭圆形封头见图 8,一般长短轴比值 $D_i/(2h)\leqslant 3$ 的椭圆形封头的计算厚度、计算应力和最高允许工作压力分别按式(11)~式(13)计算。长短轴比值等于 2 的为标准椭圆形封头。

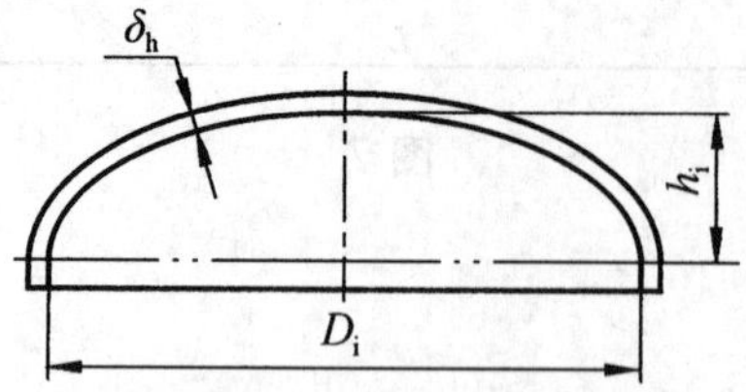

图 8

$$\delta_h=\frac{pD_iK}{2[\sigma]^t-0.5p} \quad \cdots\cdots (11)$$

$$\sigma^t=\frac{p(D_iK+0.5\delta_{eh})}{2\delta_{eh}} \quad \cdots\cdots (12)$$

$$[p_w]=\frac{2[\sigma]^t\delta_{eh}}{D_iK+0.5\delta_{eh}} \quad \cdots\cdots (13)$$

式中:

p——设计压力,MPa;

$[p_w]$——最高允许工作压力,MPa;

D_i——椭圆形封头的内长轴或封头直边段的内径,mm;

$[\sigma]^t$——设计温度下许用应力,MPa;

σ^t——封头计算应力,MPa;

δ_h——封头计算厚度;

δ_{eh}——封头有效厚度;

K——椭圆形封头的形状系数,用式(14)计算:

$$K=\frac{1}{6}\left[2+\left(\frac{D_i}{2h_i}\right)^2\right] \quad \cdots\cdots (14)$$

h_i——凸形封头内曲面深度,mm。

6.2.2.2 碟形封头

碟形封头见图 9,其形状需具备下述条件:$r\geqslant 3\delta_h$,$r\geqslant 0.1D_i$,$R_i\leqslant 1.0D_i$。

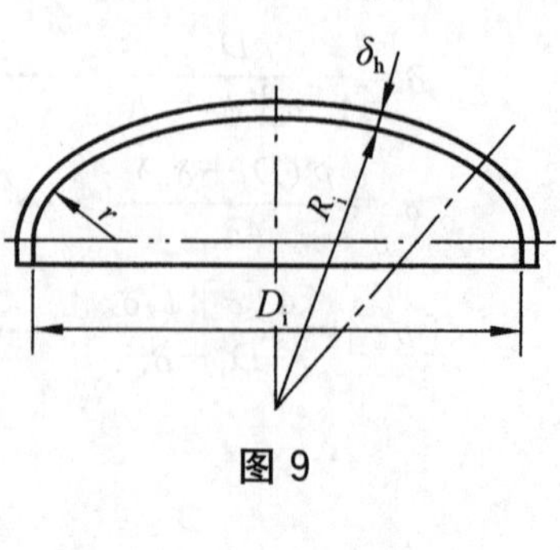

图 9

封头的计算厚度、计算应力和最高允许工作压力分别按式(15)~式(17)计算：

$$\delta_h=\frac{pR_iM}{2[\sigma]^t-0.5p} \quad (15)$$

$$\sigma^t=\frac{p(R_iM+0.5\delta_{eh})}{2\delta_{eh}} \quad (16)$$

$$[p_w]=\frac{2[\sigma]^t\delta_{eh}}{MR_i+0.5\delta_{eh}} \quad (17)$$

式中：

R_i——封头球面部分内半径,mm；

M——碟形封头形状系数,按式(18)计算：

$$M=\frac{1}{4}(3+\sqrt{R_i/r}) \quad (18)$$

r——过渡段转角内半径,mm。

6.2.2.3 半球形封头

本节公式的适用范围为 $p\leqslant 0.6[\sigma]^t$,封头的计算厚度、计算应力和最高允许工作压力分别按式(19)~式(21)计算：

$$\delta_h=\frac{pD_i}{4[\sigma]^t-p} \quad (19)$$

$$\sigma^t=\frac{p(D_i+\delta_{eh})}{4\delta_{eh}} \quad (20)$$

$$[p_w]=\frac{4[\sigma]^t\delta_{eh}}{D_i+\delta_{eh}} \quad (21)$$

6.2.2.4 特殊形状封头的设计：

a) 由于内压封头形状特殊,或开孔补强等原因没有合适计算方法时,该封头的有效厚度及最高允许工作压力可按附录 B 设计验证性试验方法求取；

b) 根据需要可选用 B.3.1 极限强度试验方法或 B.3.2 爆破试验方法进行确认,满足:最小成形厚度应大于试样的厚度,最高允许工作压力应高于试样的设计压力。

6.2.3 筒体和封头上的接管开孔

6.2.3.1 筒体上的开孔：

a) 不补强两个单独开孔,其中心距应不小于 2.5 倍两个开孔直径之和；

b) 不补强三个以上的开孔孔群,它们中任意两孔中心距应不小于 3.0 倍两个开孔直径之和。

6.2.3.2 封头上的开孔：

a) 不补强两个单独开孔,其中心距应不小于两个开孔直径之和。

b) 不补强三个以上的开孔孔群,它们中任意两个中心距应不小于 2.5 倍两个开孔直径之和。

c) 开孔中心距小于上述规定时,可以采用下述方法之一确定：

1) 按 NB/T 47012 进行开孔补强计算确定；

2) 按附录 B 中规定,采用 B.3.2 爆破方法进行确认。

6.3 安全附件

按图样要求若设置安全附件时,则应符合 NB/T 47012 附录 B 的有关规定。

7 制造、检验和验收

7.1 一般规定

7.1.1 容器的制造、检验与验收除应符合本章规定外,还应符合图样要求。

7.1.2 容器主要部件的焊接应由持有"特种设备作业人员证"的焊工担任。

7.1.3 容器应按同型号规格组成一批,同一批次的数量和生产周期按如下规定:

a) 大于或等于 20 L 的容器:同一批次的生产周期不应超过 6 个月,数量不超过 2 500 只;

b) 大于或等于 10 L 且小于 20 L 的容器:同一批次的生产周期不应超过 3 个月,数量不超过5 000只;

c) 大于或等于 1 L 且小于 10 L 的容器:同一批次的生产周期不应超过 2 个月,数量不超过10 000只;

d) 小于 1 L 的容器:同一批次的生产周期不应超过 1 个月,数量不超过 30 000 只。

7.2 冷加工成形

7.2.1 一般规定:

a) 根据制造工艺确定加工裕量,以确保封头、筒体的最小成形厚度不小于该部件的设计厚度;

b) 封头和筒体部件中,线性尺寸和倒角高度的极限偏差按 GB/T 1804 中 C 级的规定;

c) 拉伸件形状尽可能为圆形,且简单、对称,避免多次拉伸成形。

7.2.2 坡口:

a) 坡口表面不得有裂纹、夹渣、分层等缺陷;

b) 施焊前应清除坡口及其母材表面至少 2 倍厚度(不小于 5 mm)范围内(以离坡口边缘的距离计)的氧化物、油污及其他有害杂质。

7.2.3 封头:

a) 封头直边部分不允许有纵向皱折,直边部分高度允差±2 mm。

b) 封头直边部分的直径公差可按 GB/T 1800.2 的规定要求如下(亦可按图样要求):

1) 外侧配合时:h12(手工钎焊时为 h11;炉内钎焊时按图样要求);

2) 内侧配合时:C12(手工钎焊时为 C11;炉内钎焊时按图样要求)。

c) 接管开孔处可采用深度不小于 2 倍母材厚度的内翻边 L 进行补强(图 10),外翻边开孔不限制其翻边深度。不翻边的开孔应配用管座(小于 6.5 mm 孔可除外)。其管孔直径公差按 GB/T 1800.2 的规定为 C11。

d) 碟形封头过渡区转角半径不得小于图样的规定。

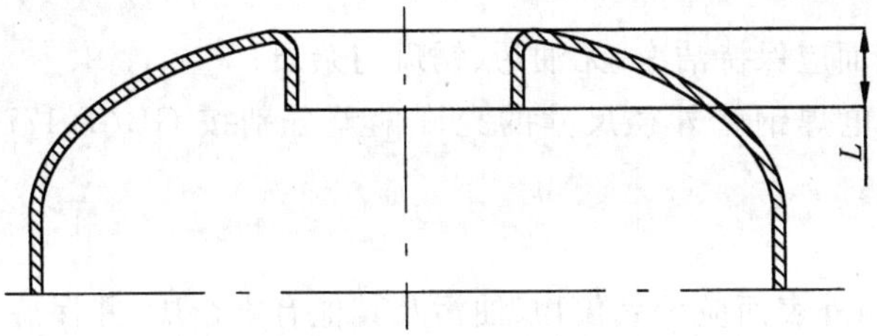

图 10

7.2.4 筒体:

a) 用无缝钢管做筒体时,内、外表面不得有裂纹、折叠、轧折、分层和结疤。

b) 用直缝电焊钢管做筒体时,内、外表面应光滑,不允许有裂缝、折叠、分层和搭焊等缺陷,表面划道、刮伤、烧伤和结疤等轻微缺陷不应超过壁厚负偏差且不可影响容器使用安全。根据配合要求其焊缝内侧面或外侧面不得有焊缝凸起,如有凸起则需磨平。

c) 用深冲件做筒体时,壁厚的最小成形厚度应不小于设计厚度,内外表面不得有纵向皱褶。

d) 用旋压法制作筒体时,应确定适宜加工裕量,使成形端最小成形厚度不小于设计厚度。

e) 组装配合深度,当图样中没要求时,满足如下规定:

1) 采用气体保护电弧焊时:搭焊时,搭接部分应分别按图 2 的要求;

2) 采用钎焊时:配合深度不小于 4.0 倍筒体厚度,但最小不得少于 7 mm。

f) 组装配合深度直径公差,当图样中没要求时,可按 GB/T 1800.2 的规定,要求如下:

1) 采用气体保护电弧焊时:外侧配合时为 h12,内侧配合时为 C12;

2) 采用手工钎焊时:外侧配合时为 h11,内侧配合时为 C11。炉内钎焊时按图样要求。

g) 筒体上开孔时翻边管孔和管孔直径公差按 7.2.3 c)的规定。内翻边深度的测量见图 11,在对着翻边开孔的外侧沿长轴线方向置一直尺,则翻边开孔边缘至直尺的距离,即为翻边深度 L。

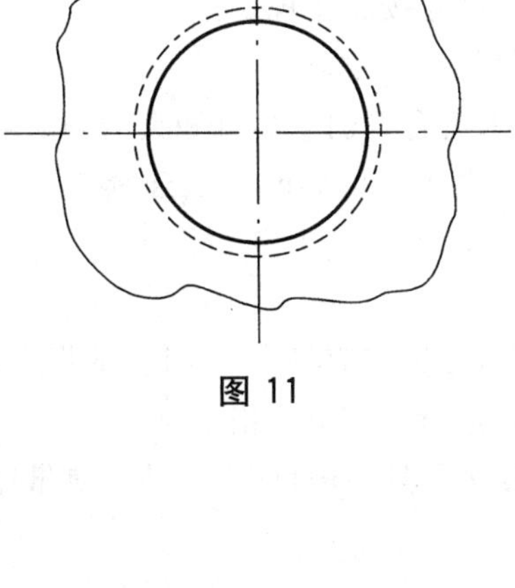

图 11

7.2.5 接管：

a) 接管内、外表面应保持洁净,无油污、锈斑与杂质；

b) 铜管和直缝电焊钢管外径尺寸的允许偏差分别按 GB/T 17791 和 GB/T 13793 的规定。

7.2.6 组装：

a) 组装零件的内外表面应无氧化物、油污及其他有害杂质,并保持清洁、干燥；

b) 采用气体保护电弧焊时的组装件四周间隙应均匀,不应采用强力组装；

c) 采用钎焊时,封头与圆筒、圆筒与圆筒以及接管与管孔之间应采用压力箍紧方法使其基本固定,其手工钎焊单侧间隙一般控制在 0.05 mm～0.13 mm(间隙越小越好),炉内钎焊时过盈量一般控制在 0.02 mm～0.5 mm,以保证组装尺寸、钎料均匀填缝和钎缝强度。

7.3 焊接

7.3.1 电弧焊

7.3.1.1 焊前准备及施焊环境：

a) 本标准中主要选择自动或半自动气体保护电弧焊和手工气体保护电弧焊；

b) 容器的施焊应在室内进行；

c) 当环境温度低于 0℃时,应使焊件及其周围温度达到 15℃左右；

d) 气体保护电弧焊碳钢钢丝应符合 GB/T 8110 的规定或有关标准要求,保护气体氩气(Ar)应符合 GB/T 4842 标准规定。二氧化碳气体(CO_2)应符合有关标准规定。

7.3.1.2 焊接工艺：

a) 根据图样要求,对受压元件相焊的焊缝可按 NB/T 47015 规定,制定相应焊接工艺规程。

b) 容器施焊前,受压元件相焊的焊缝可按下述方法之一进行焊接工艺评定,或者具有进行过评定合格的焊接工艺支持：

1) 按附录 B 中规定,用 B.3.2 爆破试验方法进行检验,试样容器主破口不在焊缝区域为合格；

2) 可按 NB/T 47014 规定,制备满角搭接焊缝试样;或用机械法截取试样容器焊缝位置处部分筒体制备试样。试验结果以试样断口不在焊缝位置处为合格。

7.3.1.3 焊缝表面的形状尺寸和外观要求：

a) 搭接接头的焊缝及相关尺寸按图 2 规定；

b) 搭接接头的焊缝与母材呈圆滑过渡；

c) 焊缝表面不应有裂纹、未熔合、气孔、弧坑和夹渣等缺陷；

d) 焊缝表面咬边深度应不大于 0.5 mm,咬边连续长度应不大于 50 mm,咬边总长度应不超过焊缝长度的 10%。

7.3.1.4 焊接返修：

a) 若焊接需要返修时,其返修工艺应符合 7.3.1.2 的规定；

b) 返修后容器按照原要求进行检测应合格；

c) 焊缝在同一部位的返修次数只能进行一次,并经质量保证工程师同意。

7.3.2 钎焊

7.3.2.1 焊前准备及施焊环境：

a) 本标准中主要选择炉内预置钎焊和手工火焰钎焊；

b) 火焰钎焊的施焊环境应符合 7.3.1.1 中 b)、c)的规定，根据图样要求施焊时可采用氮气保护；

c) 钎焊用铜基钎料和银基钎料的性能可按 GB/T 6418 和 GB/T 10046 的规定，炉内钎焊用氛围气体氨应符合 GB 536 的规定。

7.3.2.2 焊接工艺：

a) 根据图样要求，分别制定火焰钎焊和炉内钎焊钎缝的焊接工艺规程。

b) 容器施焊前，受压元件相焊的焊缝可按下述方法之一进行焊接工艺评定，或者具有进行过评定合格的焊接工艺支持：

1) 按附录 B 中规定，用 B.3.2 爆破试验方法进行检验，试样容器主破口不在钎缝区域为合格；

2) 按 GB/T 11363 的规定检验搭接钎缝强度；

3) 焊接工艺评定可参照 HGJ 223 的有关规定进行。

c) 被钎焊的两表面间的间隙应保持工艺评定的公差范围内，如在生产中要用较大公差值，则对较大间隙公差的接头需重新进行评定。

d) 若需在同一容器上进行包括钎焊在内的两种焊接工艺方式时，钎焊应该放在后面进行，当能够确认其他焊接方式所产生的热量对先进行的钎焊没有影响时，则钎焊可以放在前面进行。

e) 采用钎焊的筒体的搭接钎缝搭接宽度为板厚的 8 倍以上，环形搭接钎缝搭接宽度为板厚的 4 倍以上。

f) 铜材之间的钎缝接头的强度不应小于母材的强度，钢材之间的钎缝强度不应小于母材的屈服强度，异种金属的钎缝强度不应小于两种母材中强度较低者的强度。

g) 工艺规程中应考虑填加钎料的方式，钎料应以铺展或填缝到(毛细作用)接头里面的方式填加，并且能目视确认钎料已渗透到接头之中：

1) 火焰钎焊：手工填加钎料应从一侧填入，而在接头的另一侧用目视可以观察钎料是否渗透到接头另一侧。钎焊之后在另一侧可目视检查到钎料渗透到全部钎缝，则钎焊接头系数按 4.9.2 的规定为 0.8；如钎料渗透情况不能在另一侧用目视检查[见图 3 b)]，则钎焊接头系数按 4.9.2 的规定为 0.4。

2) 炉内钎焊：本标准采用预置环状钎料，钎焊之后，在接头两侧能目视检查钎料渗透状况。如果钎料预置在接头内部，钎焊之后在另一侧可目视检查到钎料渗透到全部钎缝，且均匀光洁，则钎焊接头系数按 4.9.2 的规定为 1.0。若钎料预置于接头外侧，而另一侧不能用目视检查到渗透情况，按 4.9.2 的规定接头系数为 0.5[见图 3 b)]。

7.3.2.3 焊缝表面的形状尺寸和外观要求：

a) 在可能的情况下，清除焊剂残渣后目视检查每个钎焊接头的两侧面，焊缝应均匀、饱满且光亮；如在钎焊接头的一个侧面不能进行检查时，应确认预置钎料填加方法[见 7.3.2.2中 g)]与设计选用的钎焊接头系数是否互相对应；

b） 焊缝钎料不允许出现裂纹、可见气孔、夹渣、凹坑或外露缺陷；

c） 在邻近钎焊接头的母材上不允许出现裂缝，即使该裂缝内填满了钎料合金；

d） 钎缝表面不允许钎料填充粗糙，尤其是外形凸起的钎缝。

7.3.2.4 焊接返修：

a） 发现有缺陷的钎焊接头应重新钎焊，可能时，接头应彻底清理后，用与原来钎焊相同的工艺重新钎焊；

b） 返修时若要采用不同的钎焊工艺，如以火焰钎焊来修理炉内钎焊零件，则需制定相应钎焊修理工艺，并按 7.3.2.2 中 b)的规定进行工艺评定；

c） 焊缝在同一部位返修次数只能进行一次，并经质量保证工程师同意；

d） 返修后容器应按照原要求进行检测应合格。

7.4 试验方法

7.4.1 耐压试验和泄漏试验

7.4.1.1 制造完工的容器应按图样规定进行耐压试验（液压试验或气压试验）和泄漏试验。

7.4.1.2 耐压试验应用两个量程相同并经校正且在有效期内的压力表。压力表的量程在试验压力的 2 倍左右为宜，且不应低于 1.5 倍和高于 3 倍的试验压力。压力表应符合 GB/T 1226 的规定，表盘直径不小于 100 mm，精度不低于 1.6 级。

7.4.1.3 液压试验规定如下：

a） 试验液体一般为洁净的水。

b） 试验压力按 4.10 的规定。

c） 容器液压试验时的介质温度应不低于 5℃。

d） 试验方法：

1） 试验时容器顶部应设排气口，充水时应将容器内的空气排尽。试验过程中观察容器表面应保持干燥；

2） 试验时压力应缓慢上升，达到规定试验压力后，保压时间足够长。然后降至设计压力，并保持足够长的时间对所有焊接接头和连接部位进行检查，以无渗漏、无可见变形和无异常声响为合格。

7.4.1.4 气压试验规定如下：

a） 气压试验应有安全措施，安全措施应经单位技术总负责人批准，并由本单位安全部门监督检查；

b） 气压试验用气体应为干燥、洁净的空气、氮气或惰性气体，严禁使用氧气和其他可燃性气体；

c） 试验压力按 4.10 的规定；

d） 容器试验时介质温度应不低于 15℃；

e） 试验方法：升压至规定的试验压力时，保压足够时间（亦可将容器浸入水中），然后对所有焊接接头和连接部位进行泄漏检查，检查期间压力应当保持不变，试验过程中以无异常声响、无可见变形和无泄漏为合格；

f） 制造单位在进行产品耐压试验时，若有安全附件时则可不带安全附件，但应保证安全附件符合要求。在制冷系统安装调试前的泄漏试验时，还应按设计要求检查安全附件连接部位的密封性能。

7.4.1.5　泄漏试验规定如下：

a）容器经液压或气压试验合格后方可进行泄漏试验，也可在气压试验同时进行泄漏试验；

b）容器试验时的介质温度应不低于5℃，若用制冷剂气体检测时，环境温度应在25℃±10℃范围内；

c）泄漏试验用气体应符合7.4.1.4中b)的规定。用卤素、氦气或其他同等效果检漏仪进行泄漏试验时，方法和要求按图样规定；

d）试验压力按4.11或图样规定；

e）试验方法：升压达到规定的试验压力后保压足够时间(用洁净空气或氮气检验时亦可将容器浸入水中)，对所有焊接接头和连接部位进行检查，以无泄漏为合格。

7.4.2　其他检验

7.4.2.1　确认性验证试验规定如下：

a）按B.3.1极限强度试验规定的方法进行试验，试样容器不应有异常变形和破坏；

b）或按B.3.2爆破试验规定的方法进行试验，试样容器主破口为塑性断裂且不在焊缝区域，无碎片产生，断口处不得有明显的金属缺陷。

7.4.2.2　漆膜厚度、结合力及耐腐蚀性检验规定如下：

a）根据图样要求对容器外表面进行喷涂，漆膜应均匀、光滑、色泽一致，不应有影响外观的缺陷；

b）外表面漆膜厚度、结合力和耐腐蚀性等分别按GB/T 13452.2、GB/T 9286和GB/T 10125的规定进行试验，应符合图样要求；

c）外表面漆膜结合力和耐腐蚀性也可采用相同工艺条件的样板代替。

7.4.2.3　杂质含量和残余水分含量检验规定如下：

a）容器内部应清洁、干燥；

b）可按GB/T 15765中规定的“整机内部杂质含量检测”和“整机残余水分含量测定”方法或按照图样规定的方法检测容器内部杂质含量和残余水分含量。

7.5　检验规则

7.5.1　出厂检验

7.5.1.1　容器在出厂前应按表8的规定进行检验。

7.5.1.2　应按批次随机抽出不少于3只进行检验，并应符合以下规定：

a）容器的按批次抽检项目若有一只不合格，应对不合格项目进行加倍数量的复验。若复验结果合格，则该批检验合格；若复验仍不合格，则应对该批产品进行不合格项重新处理。

b）若封头或筒体的最小成形厚度与定型检验的厚度有较大差别时，则对该批产品按附录B规定的B.3.2进行爆破试验确认。

c）经重新处理的该批容器，应按新批次对待并重新进行检验。

7.5.2　定型检验

7.5.2.1　每种规格容器凡有下列情况之一者，应按表8的规定进行定型检验：

a）按6.2规则设计的图4、图5、图7结构类型容器在新产品投产前；

b）结构、材料和工艺有较大改变时；

c）容器转厂生产或生产线变更时；

d) 生产间隔一年以上恢复生产时；

e) 出厂检验结果与定型检验有较大差异时；

f) 国家质量监督机构或用户提出进行定型检验时。

表 8 检验项目表

序号	检验项目		检验方法	出厂检验		定型检验	判定依据
				逐只检验	批量检验		
1	封头厚度		量具		√	√	7.2.1 a)
2	筒体厚度		量具		√	√	7.2.4
3	焊缝间隙		目视检测		√	√	7.2.6
4	焊缝外观	电弧焊	目视	√		√	7.3.1.3
		钎焊	目视	√		√	7.3.2.3
5	耐压试验		4.10.3 7.4.1.4	√		√	7.4.1.4
6	泄漏试验		4.11.1 或 4.11.2 7.4.1.5	√		√	7.4.1.5
7	极限强度试验		4.12 附录 B,B.3.1			√	7.4.2.1 a)
	爆破试验		4.12 附录 B,B.3.2		√[a]	√	7.4.2.1 b)
8	漆膜[b]	厚度	GB/T 13452.2		√	√	7.4.2.2
		结合力	GB/T 9286		√	√	7.4.2.2
		耐腐蚀性	GB/T 10125		√	√	7.4.2.2
9	内部质量[b]	杂质含量	GB/T 15765			√	7.4.2.3
		残余水分含量	GB/T 15765			√	7.4.2.3

a 见 7.5.1.2 中 b)的规定。

b 亦可按图样要求。

7.5.2.2 定型检验根据检验项目随机从同批次容器中抽取数只，其中应有 1 只做极限强度试验或爆破试验，还应有 1 只备用，用于在极限强度试验或爆破试验不合格时解剖进行厚度测量分析(仅限图 4、图 5 和图 7 结构)。

8 标志、包装、运输和贮存

8.1 标志

a) 每台容器在明显位置上应有耐久性铭牌，其内容见附录 D 中 D.1 的规定；

b) 供给同一用户的同型号、同批次产品合格证 1 份，其内容见附录 D 中 D.2 的规定。

8.2 包装和运输

容器的包装和运输，按订货合同的规定。

8.3 贮存

出厂检验合格后的每台容器需充入 0.01 MPa～0.05 MPa 的氮气封存，并贮存在干燥、通风良好的场所。

附　录　A
（规范性附录）
材料补充规定

A.1　总则

A.1.1　本附录作为第5章的补充，对下列材料提出要求：

a）选用未列入第5章的钢材；

b）代用第5章的钢材或铜材；

c）企业标准的钢材；

d）其他材料。

A.1.2　代用钢材应符合第5章和本附录规定。

A.1.3　选用境外钢材和铜材时，应是境外相应小型压力容器最新标准所允许使用的钢材和铜材，其使用范围不应超过该标准的规定，同时也不应超出第5章中相近成分和技术要求的钢材和铜材规定。

A.1.4　代用图样规定的钢材和铜材时，应取得原设计单位的书面同意，代用钢材和铜材应与被代用材料具有相同或相近的化学成分，交货状态、检验项目、性能指标和检验率以及尺寸公差和外形质量等。

A.1.5　钢材和铜材的许用应力应按4.8规定的原则确定。

A.2　钢材代用

A.2.1　GB/T 710中规定的08A1、08等相关钢材可按宝钢Q/BQB 302—2003《冷成型用热连轧钢板及钢带》和武钢Q/WG(LZ) 09—2008《热连轧酸洗钢板及钢带》相应牌号使用。

A.2.2　GB 13237中规定的08A1、08等相关钢材可按宝钢Q/BQB 403—2009《冷连轧低碳钢板及钢带》和武钢Q/WG(LZ) 20—2008《冷成形用冷轧低碳钢板及钢带》相应牌号使用。

附 录 B
(规范性附录)
验证试验方法

B.1 概述

B.1.1 内压封头由于形状特殊或开孔等原因没有合适计算方法时,该封头的设计厚度及最高允许工作压力可按以下验证试验方法求取。但其他元件、部件的最高允许工作压力不应超过按相应设计规则所求得的值。

B.1.2 试样

试样一般制作2件,1件做试验,1件备用:

a) 按照受压封头相同的形状,尺寸、材料和厚度,以及相同制造工艺制作试样封头2件;

b) 按照设计要求制作带有受压封头的压力容器2件。

B.1.3 进行试验时,应注意安全防护。并应预先判别在进行加压的过程中是否会出现异常情况。尤其B.3.1和B.3.2试验时应在试验设备周围配置防护措施,并予以标示。

B.1.4 试验分类

B.1.4.1 设计验证试验方法——测量变形试验方法(适用于屈强比≤0.625的材料),其分类如下:

a) 涂覆石灰乳试验方法;

b) 使用电阻应变片测量应变试验方法;

c) 测量位移试验方法。

B.1.4.2 确认验证试验方法——适用于产品定型试验,其分类如下:

a) 极限强度试验方法;

b) 爆破试验方法。

B.2 测量变形的试验方法——设计验证试验方法

B.2.1 试验规定

B.2.1.1 进行试验时,先向试样中充满温度高于5℃的水,在完全排除试样内空气后,按下列要求进行加压。

B.2.1.2 试验压力应不低于下述倍数乘以设计压力之后的值,当使用两种以上制冷剂时取其中最高设计压力:

a) 用受压封头试样做试验时,为判别封头材料的屈服强度或者0.2%非比例延伸强度时,其倍数为2.5;

b) 用压力容器试样做试验时,其倍数为2.0。

B.2.1.3 试样先缓慢加压至1/5试验压力,卸压至零;随后再缓慢加压至2/5试验压力,卸压至零,直至最后再缓慢加压至试验压力,在该压力下保压足够时间进行各项检查。

B.2.1.4 在试样强度最薄弱部位的变形方向上,对按B.2.1.3规定的每个试验阶段的变形可用下述B.2.2、B.2.3和B.2.4的方法进行测量与记录,且加压过程只能进行一次。

B.2.1.5 在试验中试样不产生局部膨胀变形、拉伸或泄漏等异常现象为合格。

B.2.2 涂刷石灰乳试验方法——确认碳钢类试样压力容器的变形。

B.2.2.1 在试样估计最薄弱部位预先涂刷石灰乳并使之干透，当缓慢加压使石灰乳膜出现点状剥落时，即可认为该处试样材料已达屈服变形。记录这时的试验液压压力，即为试样屈服变形对应的压力。根据式(B.1)求出试样最薄弱部位的最高允许工作压力，则设计压力应小于该压力$[p_w]$。

$$[p_w]=\frac{p_s[\sigma]}{R_{eL}} \quad \cdots\cdots (B.1)$$

式中：

p_s——试样最薄弱部位达到屈服变形时的试验液压压力，MPa；

$[\sigma]$——许用应力，MPa；

R_{eL}——屈服强度，MPa。缺少屈服强度值时，取抗拉强度的60%。

B.2.2.2 注意事项：

a) 在1 L水中加入约0.4 kg的石灰搅拌后即为石灰乳，用刷子一次涂刷于清洁的试样表面并使其充分干燥；

b) 试样在达到局部变形时，不再继续加压；

c) 当加液压达到预计的试验压力，而最薄弱部位没有出现屈服变形时，不再继续增高压力，取这时的压力为公式中的 p_s 进行计算。

B.2.3 电阻应变片试验方法——确认铜材类试样压力容器的变形。

B.2.3.1 在试样估计最薄弱部位选择数点，并贴上电阻应变片，缓慢加液压至预计试验压力，将测量的各点应变换算成应力值，取其中的最大值(绝对值)，代入式(B.2)中求出最高允许工作压力，则设计压力 p 应小于最高允许工作压力$[p_w]$：

$$[p_w]=\frac{p_s[\sigma]}{\sigma_{max}} \quad \cdots\cdots (B.2)$$

式中：

$[\sigma]$——许用应力，MPa。若用于钢材试样，且该部位受弯曲作用时，则取1.5$[\sigma]$。

σ_{max}——作用于试样最薄弱部位的最大应力值，MPa。

B.2.3.2 注意事项：

a) 在试样估计最薄弱部位贴电阻应变片直接测量该处产生的应变时，不需要加压至产生局部变形；

b) 知道主应力作用方向时，可以只测量两个方向的应变。不知道主应力作用方向时，应测定三个方向上的应变，求出主应力。

B.2.4 测量位移试验方法

B.2.4.1 在试样估计最薄弱部位的数点之间或这些点与固定点之间，安装千分表或能测量0.025 mm变形的测量仪表。

B.2.4.2 缓慢加液压至预计试验压力的0.5倍，保压、观察、测量并记录各点的变形及压力后则泄压至零，测量并记录各点变形。然后以1/10预计试验压力的增量叠加在0.5倍压力的基础上再次加压，再次保压、观察、测量并记录各点的变形及压力后，卸压至零。以同样的压力增量重复上述加液压直至达到预先设定的压力。

B.2.4.3 试验中，无论哪个点产生永久变形，或者描述压力——变形过程的线图在加压过程中出现拐点时，则应停止试验。

B.2.4.4 设计压力 p 由式(B.3)求取：

$$p=0.4p_s\frac{[\sigma]^t}{[\sigma]} \quad \text{(B.3)}$$

式中：

p_s——试验停止时的液压力，MPa；

$[\sigma]^t$——材料使用温度的许用应力，MPa；

$[\sigma]$——材料试验温度的许用应力，MPa。

另外，碳素钢抗拉强度最小保证值小于 540 MPa 以下时，设计压力 p 由式(B.4)计算：

$$p=0.5p_s\left(\frac{R_m}{R_m+34}\right)\frac{[\sigma]^t}{[\sigma]} \quad \text{(B.4)}$$

式中：

R_m——抗拉强度最小保证值，MPa。

B.3 确认验证试验方法

B.3.1 极限强度试验方法

B.3.1.1 将试样压力容器充满水，在完全排除试样内空气后，缓慢加压。

B.3.1.2 首次加压至设计压力的 1.25 倍，保压观察后若无泄漏等异常现象，则继续缓慢加压至 3 倍设计压力，若试样无破裂，则认为试样合格。

B.3.1.3 由式(B.5)计算试验压力：

$$p_s>3p\frac{[\sigma]}{[\sigma]^t} \quad \text{(B.5)}$$

B.3.1.4 对于试压要连接的接管和为试压而临时封闭的接管可能发生泄漏是允许的。

B.3.1.5 也可按图样要求的试验压力进行试验。

B.3.2 爆破试验方法

B.3.2.1 试验压力为最小不低于 4 倍的设计压力。

B.3.2.2 试验程序按 B.3.1.2 进行，直至试样破裂为止。

B.3.2.3 最高允许工作压力由式(B.6)求取：

$$[p_w]\leqslant\frac{1}{4}p_b\frac{[\sigma]^t}{[\sigma]} \quad \text{(B.6)}$$

式中：

p_b——爆破压力，MPa。

B.3.2.4 对于试压要连接的接管和为试压而临时封闭的接管发生泄漏是允许的。

B.3.2.5 也可按图样要求的试验压力进行试验。

B.4 确定厚度

进行确认设计验证实验时，有效厚度应不小于试样的厚度。

附 录 C
(资料性附录)
制冷剂安全分组

C.1 参考 GB/T 7778 和 ISO/DIS 5149-1:2009《Refrigerating systems and heat pumps-safety and environmental requirements-Part Ⅰ: Definitions, classification and selection criteria》以及 ISO/DIS 817:2010《Refrigerants-Designation and safety classification》等资料,根据制冷剂的毒性和可燃性程度,将制冷剂进行安全类分组,其规定见表 C.1。

表 C.1 制冷剂安全分组

<table>
<tr><td colspan="5" rowspan="3">试验条件</td><td colspan="2">毒性分组</td></tr>
<tr><td>制冷剂的 TLV-TWA[a] ≥400×10^{-6}(V)时没有毒性</td><td>制冷剂的 TLV-TWA[a] <400×10^{-6}(V)时有毒性</td></tr>
<tr><td>无毒 A 组</td><td>有毒 B 组</td></tr>
<tr><td rowspan="4">可燃性分组</td><td rowspan="4">制冷剂在 60℃和 101.3 kPa 条件下试验时</td><td colspan="2">显示火焰快速蔓延,且 LFL[b]≤3.5%(V)、燃烧热量≥19 000 kJ/kg</td><td>易燃易爆 3 组</td><td>A3</td><td>B3</td></tr>
<tr><td rowspan="2">有火焰产生,且 LFL[b]>3.5%(V) 燃烧热量 <19 000 kJ/kg</td><td>—</td><td>较高燃烧性 2 组</td><td>A2</td><td>B2</td></tr>
<tr><td>最大燃烧速度 ≤10 cm/s[c]</td><td>低燃烧性 2L 组</td><td>A2L</td><td>B2L</td></tr>
<tr><td colspan="2">空气中无火焰产生</td><td>不燃烧 1 组</td><td>A1</td><td>B1</td></tr>
</table>

[a] TLV-TWA:表示一个标准工作日 8 h,一周 40 h 的时间加权平均浓度,在此制冷剂浓度下,所有工作人员日复一日地工作,无不良影响。

[b] LFL:表示燃烧低限的容积最小浓度,即在规定试验条件下,能够在制冷剂和空气组成的均匀混合物中,火焰快速蔓延的制冷剂单位容积最小浓度。

[c] 在 23℃和 101.3 kPa 的试验条件下。

附　录　D
(资料性附录)
铭牌与合格证

D.1　容器产品铭牌

每一只产品上贴铭牌一枚,其内容规定如下:

——产品名称;

——产品型号;

——制造许可证编号;

——产品流水号码(识别标志)及年月;

——产品设计压力;

——制造单位。

D.2　小型制冷容器合格证

供给同一用户的同型号、同批次产品合格证1份,其内容规定见图D.1。

D.3　客户有特殊要求时按客户要求执行

产品合格证

<table>
<tr><td>制造单位</td><td colspan="2"></td><td>制造许可证编号</td><td colspan="4"></td></tr>
<tr><td>产品名称</td><td></td><td>产品型号</td><td></td><td>产品数量</td><td colspan="3">只</td></tr>
<tr><td>制冷剂</td><td></td><td>产品图号</td><td></td><td>产品内容积 L</td><td colspan="3"></td></tr>
<tr><td rowspan="3">设计压力
MPa</td><td rowspan="3"></td><td rowspan="3">外形尺寸/mm
(直径×高)</td><td rowspan="3"></td><td rowspan="3">接管尺寸
mm</td><td>进口管</td><td></td><td></td></tr>
<tr><td>出口管</td><td></td><td></td></tr>
<tr><td>其他管</td><td></td><td></td></tr>
<tr><td>生产日期</td><td></td><td>产品批号</td><td></td><td>每只重量/kg</td><td colspan="3"></td></tr>
</table>

本产品在制造过程中经过质量检验,符合NB 47036—2013《制冷装置用小型压力容器》及其设计图样、相关技术标准和订货合同的要求。

检验责任工程师(签章):　　　　　日期:

质量保证工程师(签章):　　　　　日期:

产品质量检验专用章

年　　月　　日

图 D.1

ICS 23.020.10
J 74

NB

中华人民共和国能源行业标准

NB/T 47041—2014
代替 JB/T 4710—2005

塔式容器

Vertical vessels supported by skirt

2014-06-29 发布　　2014-11-01 实施

国家能源局　发布

前　言

本标准按 GB/T 1.1—2009《标准化工作导则　第 1 部分:标准的结构和编写》给出的规则起草。

本标准是依据 JB/T 4710—2005《钢制塔式容器》实施以来所取得的经验,吸取国际同类标准的先进内容,结合相关法规标准的变化,加以充实、完善和提高。

本标准与 JB/T 4710—2005 相比,主要变化如下:

——根据 TSG R0004—2009《固定式压力容器安全技术监察规程》,修改了相关内容;

——根据 GB 150.1～150.4—2011《压力容器》,修改了相关内容;

——增加耐压试验技术要求;

——将横风向风振计算引入正文;

——增加了塔体与裙座连接处材料的要求;

——增加了符合性声明;

——增加了地震载荷的底部剪力法。

本标准由全国锅炉压力容器标准化技术委员会(SAC/TC 262)提出并归口。

本标准起草单位:甘肃蓝科石化高新装备股份有限公司、中国特种设备检测研究院、中国石化宁波工程有限公司、中国石化工程建设有限公司、天津大学、天津冠杰石化工程有限公司、上海市特种设备监督检验技术研究院。

本标准主要起草人:张延丰、杨国义、王者相、陈志伟、宋启祥、冯清晓、段新群、田英、聂清德、谭蔚、谢培军、陈朝晖、刘福录、罗晓明、周文学、张思文。

本标准所代替标准的历次版本发布情况为:

——JB/T 4710—1992;

——JB/T 4710—2005。

引　言

本标准是全国锅炉压力容器标准化技术委员会(以下简称"委员会")负责制定和归口的通用技术标准之一,用以规范在中国境内建造或使用的塔式容器设计、制造、检验和验收的相关技术要求。

本标准的技术条款包括了塔式容器建造过程(即指设计、制造、检验和验收工作)中应遵循的推荐性条款。由于本标准没有必要、也不可能囊括适用范围内塔式容器建造中的所有技术细节,因此,在满足法规所规定的基本安全要求的前提下,不应禁止本标准中没有特别提及的技术内容。本标准不能作为具体塔式容器建造的技术手册,亦不能替代培训、工程经验和工程评价。工程评价是指由知识渊博、娴于规范应用的技术人员所做出针对具体产品的技术评价。工程应用一旦采用了本标准,其工程评价应符合本标准的相关技术要求,不得违反本标准中的禁用规定。

本标准不限制实际工程设计和建造中采用先进的技术方法,但工程技术人员采用先进的技术方法时应能做出可靠的判断,确保其满足本标准规定,特别是关于强度、稳定性计算公式等的设计规定。

本标准规定的技术方法和技术要求不涉及任何专利。但注意本标准的工程应用可能会涉及特定专利,本标准的发布机构不承担识别这些专利的责任。

本标准既不要求也不禁止设计人员使用计算机程序实现压力容器的分析或设计,但采用计算机程序进行分析或设计时,除应满足本标准要求外,还应确认:

1)　所采用程序中技术假定的合理性;

2)　所采用程序对设计内容的适应性;

3)　所采用程序输入参数及输出结果用于工程设计的正确性。

对于标准技术条款的询问应以书面形式向委员会秘书处提交,并有义务提供可能需要的资料。与标准条款没有直接关系或不能被理解的询问将视为技术咨询的范畴,委员会有权拒绝回答。

对于未经委员会书面授权或认可的其他机构对标准的宣贯或解释所产生的理解歧义和由此产生的任何后果,委员会将不承担任何责任。

塔式容器

1 范围

1.1 本标准规定了金属制塔式容器的设计、制造、检验与验收等要求。

1.2 本标准适用范围如下:

a) 钢制塔式容器设计压力不大于 35 MPa,其他金属材料制塔式容器设计压力按相关标准规定;

b) 设计温度范围按金属材料允许的使用温度范围;

c) 高度 H 与平均直径 D 之比大于 5 的裙座自支承金属制塔式容器。

1.3 对于高度 H 与平均直径 D 之比小于或等于 5 的裙座自支承金属制塔式容器,可以参照附录 E 设计。

1.4 本标准不适用于下列塔式容器:

a) 带有拉牵装置的塔式容器;

b) 由操作平台联成一体的排塔或塔群;

c) 带有夹套的塔式容器;

d) 铸铁和非金属制塔式容器。

2 规范性引用文件

下列文件对于本文件的应用是必不可少的。凡是注日期的引用文件,仅注日期的版本适用于本文件。凡是不注日期的引用文件,其最新版本(包括所有的修改单)适用于本文件。

GB 150.1 压力容器 第1部分:通用要求

GB 150.2 压力容器 第2部分:材料

GB 150.3 压力容器 第3部分:设计

GB 150.4 压力容器 第4部分:制造、检验和验收

GB/T 700 碳素结构钢

GB/T 1591 低合金高强度结构钢

GB/T 26929 压力容器术语

GB 50009(2006 版) 建筑结构荷载规范

GB 50011—2010 建筑抗震设计规范

JB/T 4730.1 承压设备无损检测 第1部分:通用要求

JB/T 4730.2 承压设备无损检测 第2部分:射线检测

JB/T 4730.3 承压设备无损检测 第3部分:超声检测

JB/T 4730.4 承压设备无损检测 第4部分:磁粉检测

JB/T 4730.5 承压设备无损检测 第5部分:渗透检测

JB/T 4730.6 承压设备无损检测 第6部分:涡流检测

JB/T 4734　铝制焊接容器

JB/T 4745　钛制焊接容器

JB/T 4755　铜制压力容器

JB/T 4756　镍及镍合金制压力容器

NB/T 47002(所有部分)　压力容器用爆炸焊接复合板

NB/T 47011　锆制压力容器

TSG R0004　固定式压力容器安全技术监察规程

3　术语和定义

GB/T 26929 界定的以及下列术语和定义适用于本标准。

3.1

压力　pressure

垂直作用在塔式容器单位表面积上的力。在本标准中,除注明者外,压力均指表压力。

3.2

工作压力　operating pressure

在正常工作情况下,塔式容器顶部可能达到的最高压力。

3.3

设计压力　design pressure

设定的塔式容器顶部的最高压力,与相应的设计温度一起作为塔式容器的基本设计载荷条件,其值不低于工作压力。

3.4

计算压力　calculation pressure

在相应设计温度下,用以确定塔式容器元件厚度的压力,包括液柱静压力等附加载荷。

3.5

试验压力　test pressure

进行耐压试验或泄漏试验时,塔式容器顶部的压力。

3.6

最高允许工作压力　maximum allowable working pressure;MAWP

在指定的相应温度下,塔式容器顶部所允许承受的最大压力。该压力是根据塔式容器各受压元件的有效厚度,考虑了该元件承受的所有载荷而计算得到的,且取最小值。

注:当塔式容器的设计文件没有给出最高允许工作压力时,则可以认为该容器的设计压力即是最高允许工作压力。

3.7

设计温度　design temperature

塔式容器在正常工作情况下,设定的元件的金属温度(沿元件金属截面的温度平均值)。设计温度与设计压力一起作为设计载荷条件。

3.8

试验温度　test temperature

进行耐压试验或泄漏试验时,塔式容器壳体的金属温度。

3.9

计算厚度　required thickness

按本标准相应公式计算得到的厚度。需要时,尚应计入其他载荷(见 4.2.4)所需厚度。对于外压元件,系指满足稳定性要求的最小厚度。

3.10

设计厚度 design thickness

计算厚度与腐蚀裕量之和。

3.11

名义厚度 nominal thickness

设计厚度加上金属材料厚度负偏差后向上圆整至金属材料标准规格的厚度。

3.12

有效厚度 effective thickness

名义厚度减去腐蚀裕量和金属材料厚度负偏差。

3.13

最小成形厚度 minimum required fabrication thickness

受压元件成形后保证设计要求的最小厚度。

4 通用要求

4.1 资格与职责

4.1.1 塔式容器的设计、制造单位应建立健全的质量管理体系并有效运行。在《固定式压力容器安全技术监察规程》(TSG R0004)管辖范围内的塔式容器,设计单位应持有相应的特种设备设计许可证,制造单位应持有相应的特种设备制造许可证。

4.1.2 在《固定式压力容器安全技术监察规程》(TSG R0004)管辖范围内的塔式容器设计、制造应接受特种设备安全监察机构的监察。

4.1.3 设计单位的职责

4.1.3.1 设计单位应对设计文件的正确性和完整性负责。

4.1.3.2 塔式容器的设计文件至少应包括强度计算书或应力分析报告、设计图样、制造技术条件、风险评估报告(相关法规或设计委托方要求时),必要时,还应当包括安装与使用维修说明。

4.1.3.3 设计图样的技术文件中,应写明所盛装介质的名称、成分组成、适用的国家标准(行业标准)、介质毒性和爆炸危害程度,以及设计采用的腐蚀裕量、焊接接头系数,对有应力腐蚀倾向的塔式容器应当注明腐蚀介质的限定含量、主要工艺参数、特殊要求等。

4.1.3.4 在《固定式压力容器安全技术监察规程》(TSG R0004)管辖范围内的塔式容器设计总图应盖有特种设备设计许可印章。

4.1.3.5 设计单位向塔式容器用户出具的风险评估报告应符合 GB 150.1 附录 F 的要求。

4.1.3.6 设计单位应在塔式容器设计使用年限内保存全部设计文件。

4.1.4 制造单位的职责

4.1.4.1 制造单位应按照设计文件要求进行制造,如需要对原设计进行修改,应当取得原设计单位同意修改的书面文件,并且对改动部位作出记载。

4.1.4.2 制造单位在塔式容器制造前应制定完善的质量计划,其内容至少应包括塔式容器或元件的制造工艺、控制点、检验项目和合格指标。

4.1.4.3 制造单位的检查部门在塔式容器制造过程中和完工后,应按本标准和设计文件规定对塔式容器进行各项检验和试验,出具相应报告,并对报告的正确性和完整性负责。

4.1.4.4 制造单位对其制造的每台塔式容器产品应在设计使用年限内至少保存下列技术文件备查:

a) 质量计划;

b） 制造工艺图或制造工艺卡；

c） 产品质量证明文件；

d） 塔式容器的焊接工艺和热处理工艺文件；

e） 标准中允许制造单位选择的检验、试验项目记录及报告；

f） 塔式容器制造、组焊过程中及完工后的检查、检验、试验记录及报告；

g） 塔式容器的原设计文件和竣工图。

4.1.4.5 制造、组焊单位在取得检验机构确认塔式容器质量符合本标准和设计文件的要求后，应填写产品质量合格证并交付用户。

4.1.4.6 制造单位对每台塔式容器应向使用单位至少提供以下技术文件和出厂资料：

a） 竣工图样，竣工图样上应当有设计单位许可印章(复印章无效)，并且加盖竣工图章(竣工图章上标注制造单位名称、制造许可证编号、审核人的签字和“竣工图”字样)；如果制造中发生了材料代用、无损检测方法改变、加工尺寸变更等，制造单位按照设计单位书面批准文件的要求在竣工图样上作出清晰标注，标注处有修改人的签字及修改日期；

b） 压力容器产品合格证(含产品数据表，式样见附件 B)、产品质量证明文件(包括主要受压元件材质证明书、材料清单、质量计划或者检验计划、结构尺寸检查报告、焊接记录、无损检测报告、热处理报告及自动记录曲线、耐压试验报告及泄漏试验报告等)和产品铭牌的拓印件或者复印件；

c） 特种设备制造监督检验证书；

d） 设计单位提供的压力容器设计文件。

4.2 设计的一般规定

4.2.1 设计压力的确定：

a） 塔式容器的设计压力不应低于其工作压力；

b） 对于工作压力小于 0.1 MPa 的内压塔式容器，设计压力取不小于 0.1 MPa；

c） 塔式容器上装有超压泄放装置时，应按 GB 150.1 附录 B 的规定确定塔式容器的设计压力；

d） 真空塔式容器的设计压力按承受外压考虑，当有安全控制装置时，设计压力取 1.25 倍的最大内外压力差或 0.1 MPa 两者中的低值；当无安全控制装置时，取 0.1 MPa；

e） 有两个或两个以上压力室组成的塔式容器，应分别确定各室的设计压力；确定公用元件的计算压力时，应考虑相邻室之间的最大压力差。

4.2.2 设计温度的确定：

a） 设计温度不应低于元件金属在工作状态可能达到的最高温度。对于 0℃以下的金属温度，设计温度不应高于元件金属可能达到的最低温度；

b） 塔式容器各部分在工作状态下的金属温度不同时，可分别设定每部分的设计温度；

c） 元件金属温度可用传热计算求得，或在已使用的同类塔式容器上测定，以及根据塔式容器内部介质温度并结合外部条件确定；

d） 裙座壳(不含过渡段)和地脚螺栓的设计温度应取使用地区历年来月平均最低气温的最低值加 20℃。

4.2.3 对有不同工况的塔式容器，应按最苛刻的工况设计，必要时还需考虑不同工况的组合，并在图样或相应技术文件中注明各工况操作条件和设计条件的压力和温度值。

4.2.4 载荷

设计时应考虑以下载荷：

a） 内压、外压或最大压差；

b) 液柱静压力，当液柱静压力小于设计压力的5%时，可忽略不计；

c) 塔式容器的自重(包括内件和填料等)，以及正常工作条件下或耐压试验状态下内装介质的重力载荷；

d) 附属设备及隔热材料、衬里、管道、扶梯、平台等的重力载荷；

e) 风载荷(包括顺风向载荷和横风向载荷)和地震载荷；

需要时，还应考虑下列载荷：

f) 连接管道和其他部件的作用力；

g) 温度梯度或热膨胀量不同引起的作用力；

h) 冲击载荷，包括压力急剧波动引起的冲击载荷、流体冲击引起的反力等；

i) 运输或吊装时的作用力。

4.2.5 厚度附加量

金属材料厚度附加量按式(1)确定：

$$C=C_1+C_2 \qquad (1)$$

式中：

C——厚度附加量，mm；

C_1——金属材料厚度负偏差，mm；

C_2——腐蚀裕量，mm。

4.2.5.1 金属材料厚度负偏差

板材或管材的厚度负偏差按金属材料标准的规定。

4.2.5.2 腐蚀裕量

塔式容器元件由于腐蚀、机械磨损等而导致厚度减薄时，应考虑腐蚀裕量，具体规定如下：

a) 对有均匀腐蚀或磨损的元件，应根据预期的塔式容器设计使用年限和介质对金属材料的腐蚀速率(及磨蚀速率)确定腐蚀裕量；

b) 塔式容器各元件受到的腐蚀程度不同时，可采用不同的腐蚀裕量；

c) 介质为压缩空气、水蒸气或水的碳素钢或低合金钢制塔式容器，腐蚀裕量应不小于1 mm；

d) 对碳素钢、低合金钢制裙座壳取 C_2 不小于2 mm；地脚螺栓 C_2 不小于3 mm。

4.2.6 塔壳加工成形后不包括腐蚀裕量的最小厚度：

a) 对碳素钢、低合金钢制塔式容器为 $2D_i/1\,000$，且不小于3 mm；

b) 对高合金钢制塔式容器，一般应不小于2 mm；

c) 对其他金属制塔式容器按相应引用标准的规定。

4.2.7 塔式容器元件的名义厚度和最小成形厚度一般应标注在设计图样上。

4.2.8 塔式容器内件及附件均应符合相关标准。

4.3 许用应力

4.3.1 受压元件金属材料和螺栓材料的许用应力按GB 150.2和相应引用标准选取，确定许用应力的取值依据为：金属材料(除螺栓材料外)按表1，钢制螺栓材料按表2。

表 1 金属材料(除螺栓材料外)许用应力的取值

材料	许用应力取下列各值中的最小值/MPa
碳素钢、低合金钢	$\frac{R_m}{2.7},\frac{R_{eL}}{1.5},\frac{R_{eL}^t}{1.5},\frac{R_D^t}{1.5},\frac{R_n^t}{1.0}$
高合金钢	$\frac{R_m}{2.7},\frac{R_{eL}(R_{p0.2})}{1.5},\frac{R_{eL}^t(R_{p0.2}^t)}{1.5},\frac{R_D^t}{1.5},\frac{R_n^t}{1.0}$
钛及钛合金	$\frac{R_m}{2.7},\frac{R_{p0.2}}{1.5},\frac{R_{p0.2}^t}{1.5},\frac{R_D^t}{1.5},\frac{R_n^t}{1.0}$
镍及镍合金	$\frac{R_m}{2.7},\frac{R_{p0.2}}{1.5},\frac{R_{p0.2}^t}{1.5},\frac{R_D^t}{1.5},\frac{R_n^t}{1.0}$
铝及铝合金	$\frac{R_m}{3.0},\frac{R_{p0.2}}{1.5},\frac{R_{p0.2}^t}{1.5}$
铜及铜合金	$\frac{R_m}{3.0},\frac{R_{p0.2}}{1.5},\frac{R_{p0.2}^t}{1.5}$
锆及锆合金	$\frac{R_m}{3.0},\frac{R_{p0.2}}{1.5},\frac{R_{p0.2}^t}{1.5}$

注 1:对奥氏体高合金钢制受压元件,当设计温度低于蠕变范围,且允许有微量的永久变形时,可适当提高许用应力至 0.9 $R_{p0.2}^t$,但不超过 $R_{p0.2}^t/1.5$。此规定不适用于法兰或其他有微量永久变形就产生泄漏或故障的场合。

注 2:如果引用标准允许采用 $R_{p1.0}$ 或 $R_{p1.0}^t$,则可以选用该值计算其许用应力。

注 3:根据设计使用年限选用 1.0×10^5 h、1.5×10^5 h、2.0×10^5 h 等持久强度限值。

表 2 钢制螺栓材料许用应力的取值

材料	螺栓直径/mm	热处理状态	许用应力/MPa 取下列各值中最小值	
碳素钢	≤M22	热轧、正火	$\frac{R_{eL}^t}{2.7}$	$\frac{R_D^t}{1.5}$
	M24～M48		$\frac{R_{eL}^t}{2.5}$	
低合金钢、马氏体高合金钢	≤M22	调质	$\frac{R_{eL}^t(R_{p0.2}^t)}{3.5}$	
	M24～M48		$\frac{R_{eL}^t(R_{p0.2}^t)}{3.0}$	
	≥52		$\frac{R_{eL}^t(R_{p0.2}^t)}{2.7}$	
奥氏体高合金钢	≤M22	固溶	$\frac{R_{eL}^t(R_{p0.2}^t)}{1.6}$	
	M24～M48		$\frac{R_{eL}^t(R_{p0.2}^t)}{1.5}$	

表中：

R_m——金属材料标准抗拉强度下限值，MPa；

$R_{eL}(R_{p0.2})$——金属材料标准常温屈服强度(或0.2%非比例延伸强度)，MPa；

$R_{eL}^t(R_{p0.2}^t)$——金属材料在设计温度下的屈服强度(或0.2%非比例延伸强度)，MPa；

R_D^t——金属材料在设计温度下经10万小时断裂的持久强度极限的平均值，MPa；

R_n^t——金属材料在设计温度下经10万小时蠕变率为1%的蠕变极限的平均值，MPa。

4.3.2 设计温度低于20℃时，取20℃时的许用应力。

4.3.3 复合钢板的许用应力

4.3.3.1 对于覆层与基层结合率达到NB/T 47002中B2级以上的复合钢板，在设计计算中，如需计入覆层材料的强度时，其设计温度下的许用应力按式(2)确定：

$$[\sigma]_F^t=\frac{[\sigma]_1^t\delta_1+[\sigma]_2^t\delta_2}{\delta_1+\delta_2} \quad \cdots\cdots (2)$$

式中：

δ_1——复合钢板基层钢板的名义厚度，mm；

δ_2——复合钢板覆层金属材料的厚度，不计入腐蚀裕量，mm；

$[\sigma]_F^t$——设计温度下复合钢板的许用应力，MPa；

$[\sigma]_1^t$——设计温度下基层钢板的许用应力，MPa；

$[\sigma]_2^t$——设计温度下覆层金属材料的许用应力，MPa。

4.3.3.2 当地震载荷或风载荷与4.2.4中其他载荷相组合时，允许元件的设计应力不超过许用应力的1.2倍，其组合要求按相应标准的规定。

4.3.4 许用轴向压缩应力

塔式容器圆筒或锥壳B值按下列步骤求取：

a) 按式(3)计算系数A：

$$A=\frac{0.094\delta_e}{R_o} \quad \cdots\cdots (3)$$

式中：

δ_e——圆筒或锥壳的有效厚度，mm；

R_o——圆筒或锥壳的外半径，mm。

b) 根据材料，查GB 150.3中对应外压圆筒应力系数曲线图。若A值落在设计温度下金属材料线的右方，则过此点垂直上移，与设计温度下金属材料线相交(中间温度用内插法)，再过此交点水平方向右移，得到B值；若系数A落在设计温度金属材料线的左方，则按式(4)计算B值：

$$B=\frac{2}{3}AE^t \quad \cdots\cdots (4)$$

式中：

B——应力系数，MPa；

E^t——设计温度下金属材料的弹性模量，MPa。

c) 许用轴向压缩应力$[\sigma]_{cr}^t$取B值，且不得大于$[\sigma]^t$。

4.4 焊接接头系数

4.4.1 焊接接头系数ϕ应根据对接接头的焊缝形式及无损检测的长度比例确定。

4.4.2 钢制塔式容器的焊接接头系数规定如下：

a) 双面焊对接接头和相当于双面焊的全焊透对接接头：

1) 全部无损检测，取 $\phi=1.0$；

2) 局部无损检测，取 $\phi=0.85$。

b) 单面焊对接接头(沿焊缝根部全长有紧贴基本金属的垫板)：

1) 全部无损检测，取 $\phi=0.9$；

2) 局部无损检测，取 $\phi=0.8$。

4.4.3 其他金属材料的焊接接头系数按相应引用标准的规定。

4.5 耐压试验

4.5.1 通用要求

4.5.1.1 耐压试验包括：液压试验、气压试验和气液组合压力试验。

4.5.1.2 塔式容器制成后应进行耐压试验，试验的种类、要求和试验压力值应在图样上注明。

4.5.1.3 耐压试验一般采用液压试验。试验液体应符合 GB 150.4 或相关引用标准的要求。

4.5.1.4 对于不适宜进行液压试验的塔式容器，可采用气压试验或气液组合压力试验。进行气压试验或气液组合压力试验的塔式容器应满足 GB 150.4 或相关引用标准的要求。

4.5.1.5 采用气液组合压力试验时，试验用液体和气体应分别满足 4.5.1.3 和 4.5.1.4 的要求，试验压力按气压试验的规定。

4.5.1.6 真空塔式容器以内压进行耐压试验，试验压力按 4.5.2.3 的规定。

4.5.1.7 对于由 2 个或 2 个以上压力室组成的多腔塔式容器，每个压力室的试验压力按其设计压力确定，各压力室分别进行耐压试验：

a) 校核公用元件在试验压力下的稳定性。

b) 如不能满足稳定性要求，则应先进行泄漏检查，合格后进行耐压试验。在进行耐压试验时，相邻压力室内应保持一定压力，以使整个试验过程(包括升压、保压和卸压)中的任一时刻，各压力室的压力差不超过允许压差，图样上应注明这一要求和允许压差值。

c) 如需提高某腔试验压力，应满足 4.5.3 的规定。

4.5.2 耐压试验压力

4.5.2.1 耐压试验压力的最低值按 4.5.2.2 和 4.5.2.3 的规定，并考虑：

a) 塔式容器采用卧置进行液压试验时，试验压力应计入立置试验时的液柱静压力；

b) 工作条件下内装介质的液柱静压力大于液压试验的液柱静压力时，应适当考虑相应增加试验压力。

4.5.2.2 内压塔式容器

a) 液压试验：

$$p_T=1.25p\frac{[\sigma]}{[\sigma]^t} \quad\cdots\cdots(5)$$

b) 气压试验或气液组合压力试验：

$$p_T=1.1p\frac{[\sigma]}{[\sigma]^t} \quad\cdots\cdots(6)$$

式中：

p——设计压力，MPa；

p_T——耐压试验压力,MPa;

$[\sigma]$——试验温度下塔式容器各主要受压元件金属材料的许用应力,MPa;

$[\sigma]^t$——设计温度下塔式容器各主要受压元件金属材料的许用应力,MPa。

注1:塔式容器铭牌上规定有最大允许工作压力时,公式中应以最大允许工作压力代替设计压力 p。

注2:塔式容器各主要受压元件,如圆筒、封头、接管、设备法兰(或人手孔法兰)及其紧固件等所用金属材料不同时,应取各元件金属材料 $[\sigma]/[\sigma]^t$ 比值中最小者。

注3:$[\sigma]^t$ 不应低于金属材料受抗拉强度和屈服强度控制的许用应力最小值。

4.5.2.3 真空塔式容器

a) 液压试验:

$$p_T = 1.25p \quad \cdots\cdots (7)$$

b) 气压试验或气液组合压力试验:

$$p_T = 1.1p \quad \cdots\cdots (8)$$

4.5.3 耐压试验应力校核

4.5.3.1 如果采用液压、气液组合压力试验,或者采用大于 4.5.2.2 b)、4.5.2.3 b)所规定的气压试验压力,在耐压试验前,应校核各受压元件在试验条件下的应力水平,例如对壳体元件应校核最大总体薄膜应力 σ_T。

$$\sigma_T = \frac{(p_T + \rho H_w \times 9.81 \times 10^{-9})(D_i + \delta_e)}{2\delta_e} \quad \cdots\cdots (9)$$

式中:

σ_T——耐压试验压力下圆筒的周向应力,MPa;

p_T——耐压试验压力,MPa;

ρ——耐压试验时试验介质的密度(当介质为水时,ρ=1 000),kg/m^3;

H_w——液柱高度,气压试验时 H_w=0,mm;

D_i——塔壳内直径,mm;

δ_e——塔式容器圆筒或锥壳的有效厚度,mm。

4.5.3.2 σ_T 应满足下列条件:

a) 液压试验时:

$$\sigma_T \leqslant 0.9R_{eL}(\text{或}\ R_{p0.2})\phi \quad \cdots\cdots (10)$$

b) 气压试验或气液组合压力试验:

$$\sigma_T \leqslant 0.8R_{eL}(\text{或}\ R_{p0.2})\phi \quad \cdots\cdots (11)$$

式中:

R_{eL}(或 $R_{p0.2}$)——塔壳金属材料在试验温度下的屈服强度(或0.2%非比例延伸强度),MPa;

ϕ——焊接接头系数。

4.5.4 耐压试验的免除

不能按上述规定进行耐压试验的塔式容器,设计单位应提出在确保塔式容器安全运行的前提下免除耐压试验所应采取的安全措施,经设计单位技术负责人批准后在图样上注明。

4.6 泄漏试验

4.6.1 泄漏试验包括气密性试验以及氨检漏试验、卤素检漏试验和氦检漏试验等。

4.6.2 介质毒性程度为极度或高度危害的或者不允许有微量泄漏的塔式容器,应在耐压试验合格后进行泄漏试验。

注:介质毒性程度按《固定式压力容器安全技术监察规程》(TSG R0004)的相关规定确定。

4.6.3 设计单位应当提出塔式容器泄漏试验的方法和技术要求。

4.6.4 需进行泄漏试验时,试验压力、试验介质和相应的检验要求应在图样上或设计文件中注明。

4.6.5 气密性试验压力等于设计压力。

5 材料

5.1 受压元件

塔式容器受压元件用金属材料的选用原则、热处理状态及许用应力等均按 GB 150.2、JB/T 4734、JB/T 4745、JB/T 4755、JB/T 4756、NB/T 47011 中的有关规定。

5.2 非受压元件

5.2.1 塔式容器非受压元件用金属材料应是已列入材料标准的金属材料。当与受压元件焊接时,应是焊接性能良好的金属材料。

5.2.2 裙座壳用金属材料分为过渡段用金属材料和裙座壳本体用金属材料,其中过渡段用金属材料的选材应与相焊的塔壳金属材料一致。

5.2.3 地脚螺栓宜选用符合 GB/T 700 规定的 Q235 或符合 GB/T 1591 规定的 Q345。Q235 的许用应力$[\sigma]_{bt}=147$ MPa;Q345 的许用应力$[\sigma]_{bt}=170$ MPa。如采用其他碳素钢,则 $n_s=1.6$;如采用其他低合金钢,则 $n_s\geqslant 2.0$。

5.2.4 基础环、盖板及筋板材料的许用应力:碳素钢取 147 MPa;低合金钢取 170 MPa。

6 结构

塔式容器的结构和名称如图 1 所示。

6.1 塔体

塔壳及接管等元件的结构型式和要求应满足 GB 150.3 的有关规定。

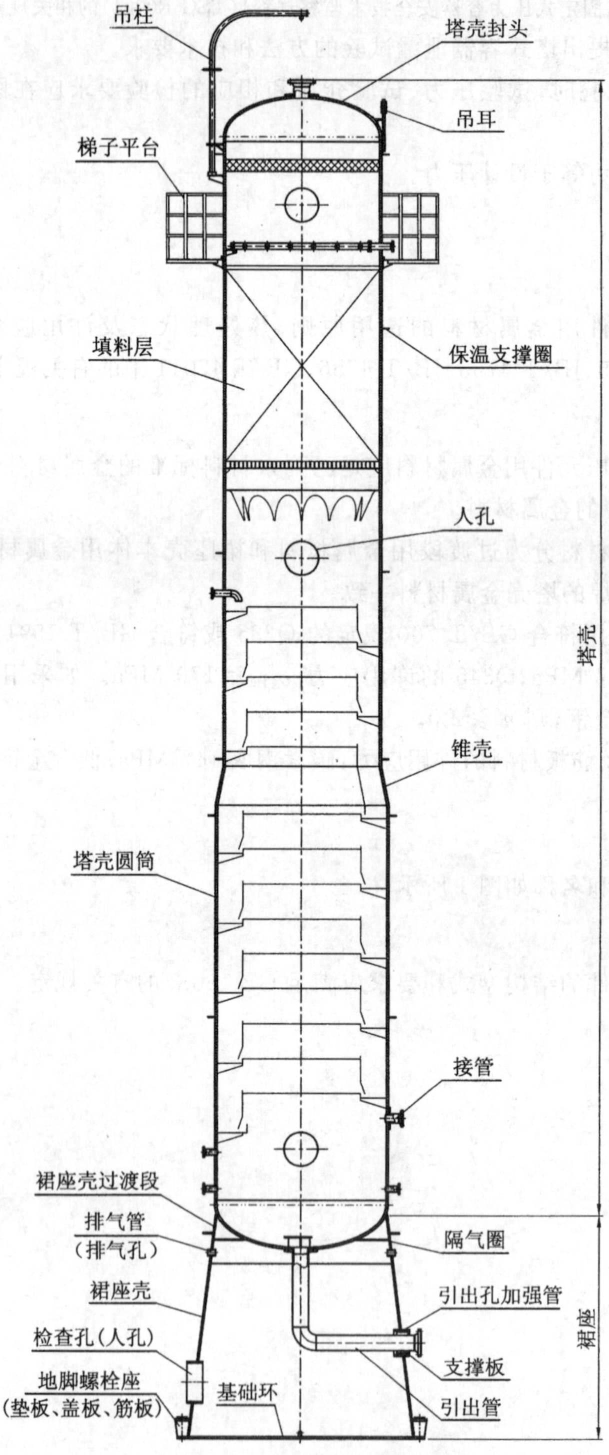

图 1　塔式容器结构示意图

6.2 裙座壳

6.2.1 裙座壳分为圆筒形和圆锥形两种型式。圆锥形裙座壳的半锥顶角 θ 不宜超过 15°,裙座壳的名义厚度不应小于 6 mm。

6.2.2 当塔壳下封头与裙座壳用金属材料不同时,裙座壳应设置过渡段,过渡段的设置由设计人员自行确定。

6.3 裙座壳与塔壳的连接

6.3.1 裙座壳与塔壳的连接一般采用对接或搭接型式。

6.3.2 采用对接型式[图 2a)和图 2b)]时,裙座壳的内径宜与相连塔壳封头内径相等,裙座壳与相连塔壳封头的连接焊缝应为连续焊,且应采用全焊透结构。其焊接形式及尺寸见图 2。

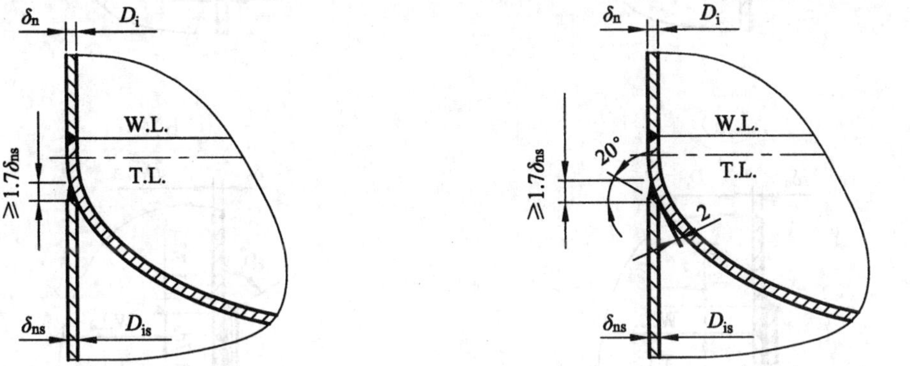

a)

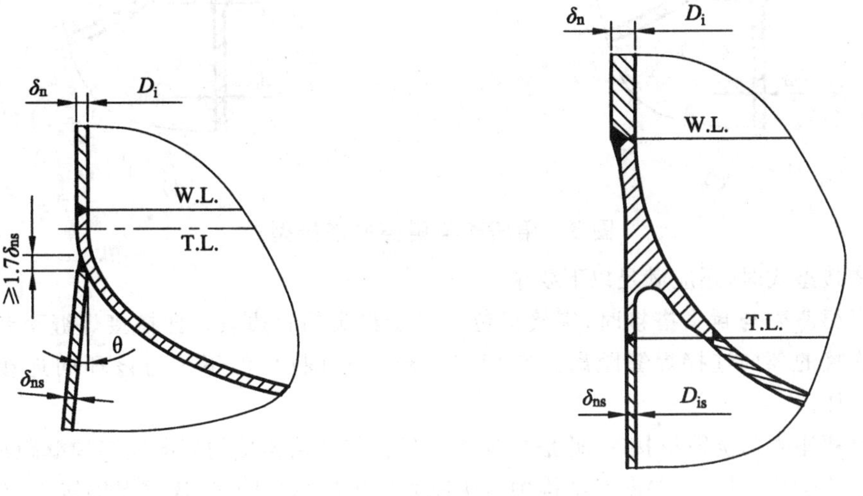

b)

图 2 裙座壳与塔壳的对接型式

6.3.3 采用搭接型式时,搭接部位可在塔壳封头上,见图 3 a)、b),也可在塔壳圆筒上,见图 3 c)、d)。

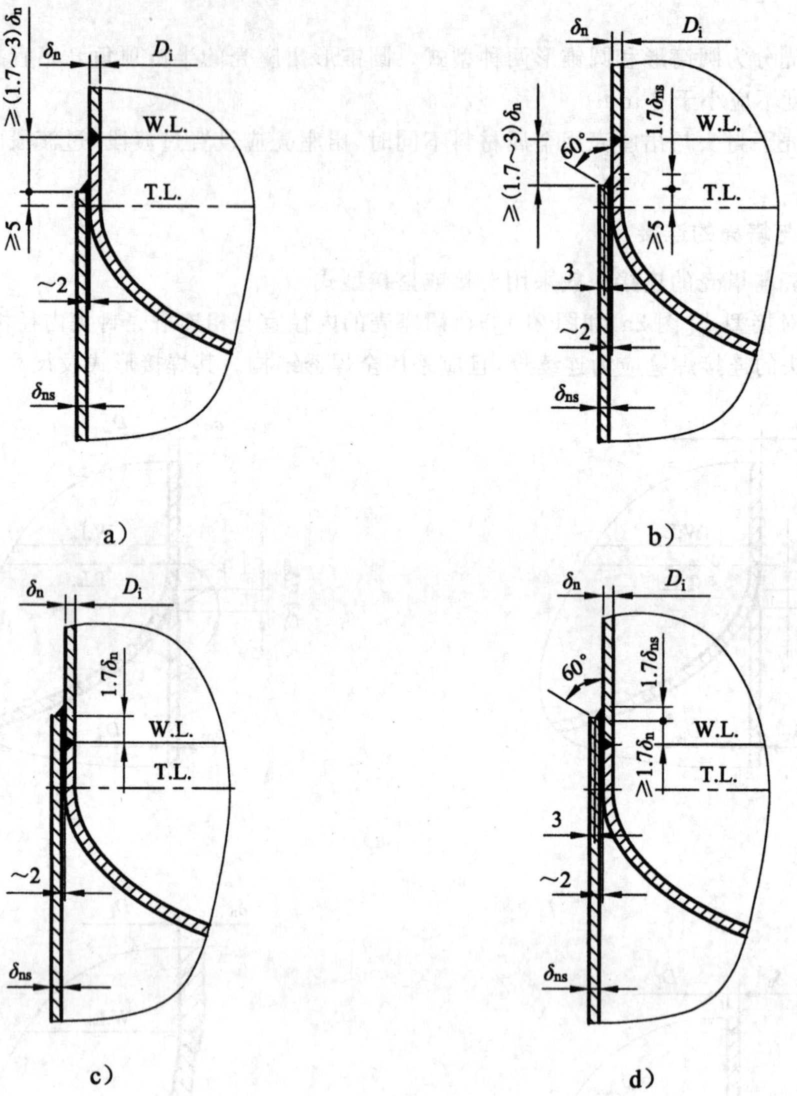

图 3 裙座壳与塔壳的搭接型式

采用搭接型式时，还应满足以下要求：

a) 当裙座壳与封头搭接时，搭接部位应位于封头的直边段。此搭接焊缝至封头与圆筒连接的环向连接焊缝距离宜在$(1.7\sim3)\delta_n$范围内，但不得与该环向连接焊缝连成一体。

b) 当裙座壳与圆筒搭接时，此搭接焊缝至封头与圆筒连接的环向连接焊缝距离不应小于$1.7\delta_n$，图 3 中 c)、d)所示结构中被裙座壳覆盖的塔壳的 A、B 类焊接接头应磨平，且应进行 100%的射线或超声检测。

c) 搭接接头的角焊缝应全焊透，焊脚尺寸应不小于较薄件的厚度。

6.4 当塔壳下封头由多块板拼接制成时，拼接焊缝处的裙座壳宜开缺口，缺口型式及尺寸见图 4和表 3。

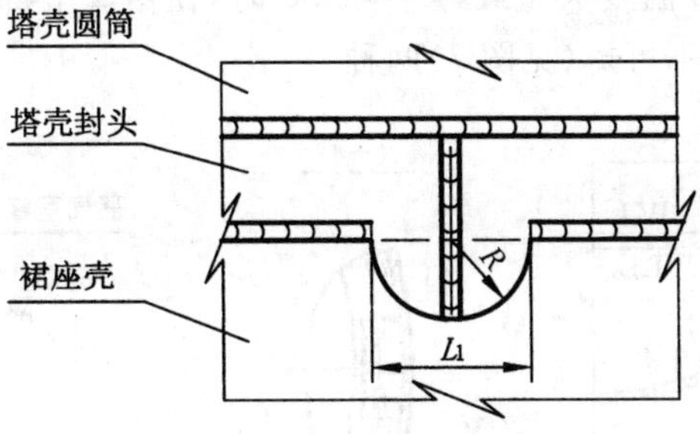

图 4　裙座壳开缺口型式

表 3　裙座壳开缺口尺寸

单位为毫米

塔壳封头名义厚度 δ_n	≤8	>8～8	>18～28	>28～38	>38
宽度 L_1	70	100	120	140	≥160
缺口半径 R	35	50	60	70	≥80

6.5　排气孔(管)和隔气圈

6.5.1　无保温(保冷)层、防火层的裙座上部应均匀设置排气孔,见图 5 a),排气孔规格和数量按表 4 规定。当裙座上部开有图 4 所示缺口时,可不开设排气孔。

表 4　排气孔(管)规格和数量

单位为毫米

塔壳圆筒内直径 D_i	600～1 200	1 400～2 400	>2 400
排气孔尺寸	ϕ80	ϕ80	ϕ100
排气孔数量/个	2	4	≥4
排气孔中心线至裙座壳顶端的距离	140	180	220
排气管规格	ϕ89×4	ϕ89×4	ϕ108×4
排气管数量/个	2	4	≥4

6.5.2　有保温(保冷)层、防火层的裙座上部应按如图 5 b)、c)所示均匀设置排气管,排气管规格和数量按表 4 规定。

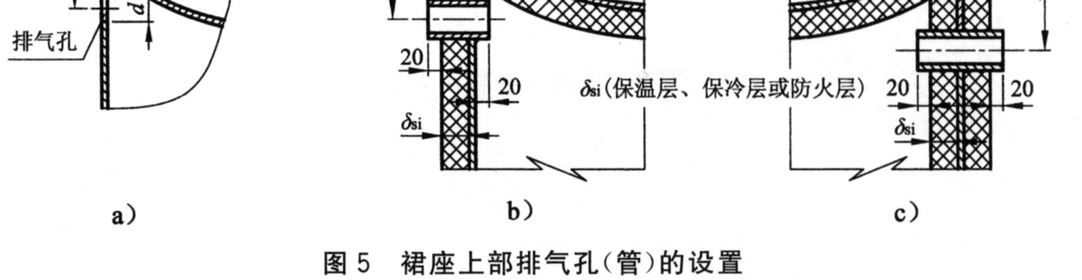

图 5　裙座上部排气孔(管)的设置

6.5.3　当塔壳下封头的设计温度大于或等于400℃时，在裙座上部靠近封头处应设置隔气圈。隔气圈分为可拆(见图6)和不可拆(见图7)两种。

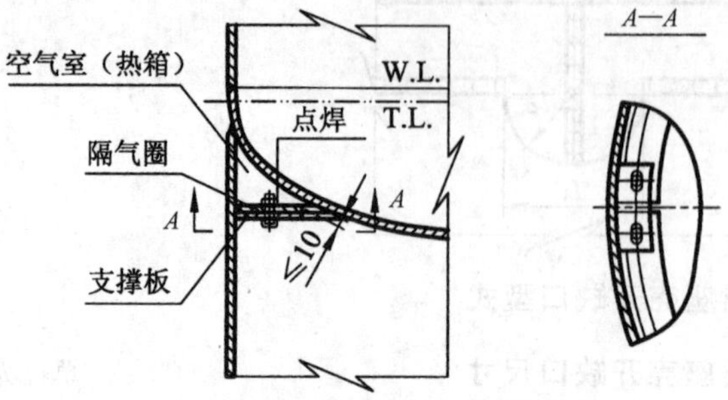

图6　可拆式隔气圈结构示意图

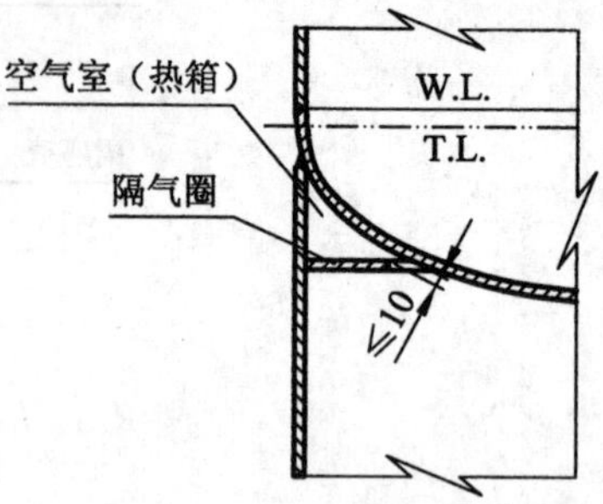

图7　不可拆式隔气圈结构示意图

6.6　引出孔

塔式容器底部引出管宜伸出裙座壳外，如图8a)所示。引出孔加强管尺寸参见表5。

引出管或引出孔加强管上应焊支承板支撑[当介质温度低于−20℃时，宜采用木垫，如图8b)]，且应预留有间隙 c 按式(12)计算。

$$c \geqslant \alpha \times \Delta t \times L_s/2+1 \quad \cdots\cdots (12)$$

式中：

α——介质温度与20℃间的平均线膨胀系数；

Δt——介质温度与20℃之差。

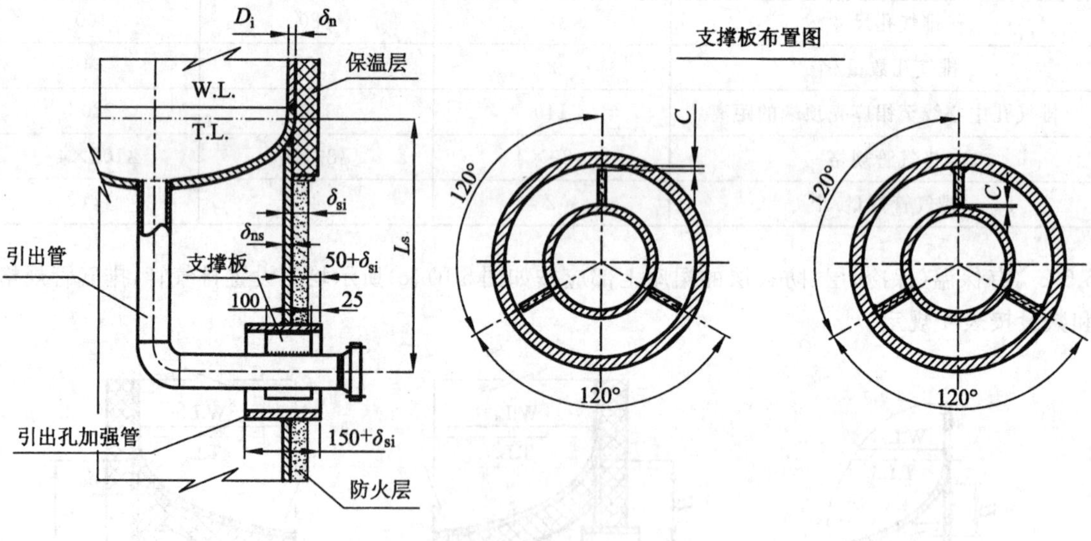

a)

图8　引出孔结构示意图

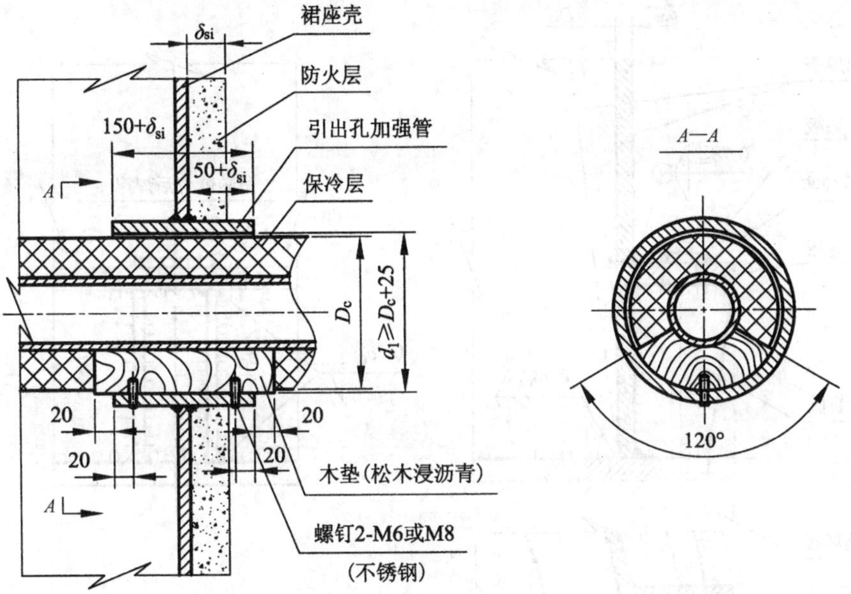

b)

图 8(续)

表 5 引出孔加强管尺寸

单位为毫米

引出管直径 d		20、25	32、40	50、70	80、100	125、150	200	250	300	350	>350
引出孔加强管	无缝钢管	$\phi133\times4$	$\phi159\times4.5$	$\phi219\times6$	$\phi273\times8$	$\phi325\times8$	—	—	—	—	—
	焊管内径	—	—	200	250	300	350	400	450	500	$d+150$

注 1:引出管在裙座内用法兰连接时,加强管通道内径应大于法兰外径。

注 2:引出管保温(冷)后的外径加上 25 mm 大于表中的加强管通道内径时,应适当加大加强管通道内径。

注 3:引出孔加强管采用焊管时,壁厚一般等于裙座壳厚度,但不大于 16 mm。

6.7 检查孔

6.7.1 裙座应开设检查孔,检查孔分圆形和长圆形两种,其结构、尺寸和数量参见表 6。

6.7.2 引出孔和检查孔的加强管与裙座壳的连接应采用全焊透结构。

表 6 检查孔尺寸

单位为毫米

塔式容器内径 D_i			≤700	800～1 600	>1 600
圆形		d_i	250	450	500
长圆形	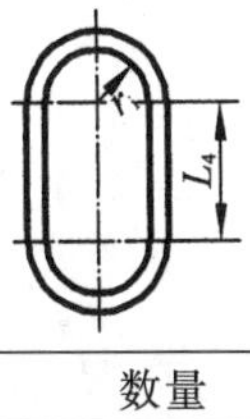	r_i	—	200	225
		L_4	—	400	450
数量			1	1	1～2

6.8 地脚螺栓座

地脚螺栓座是指盖板、垫板和筋板的组合体,结构参见图 9 a)、b)。

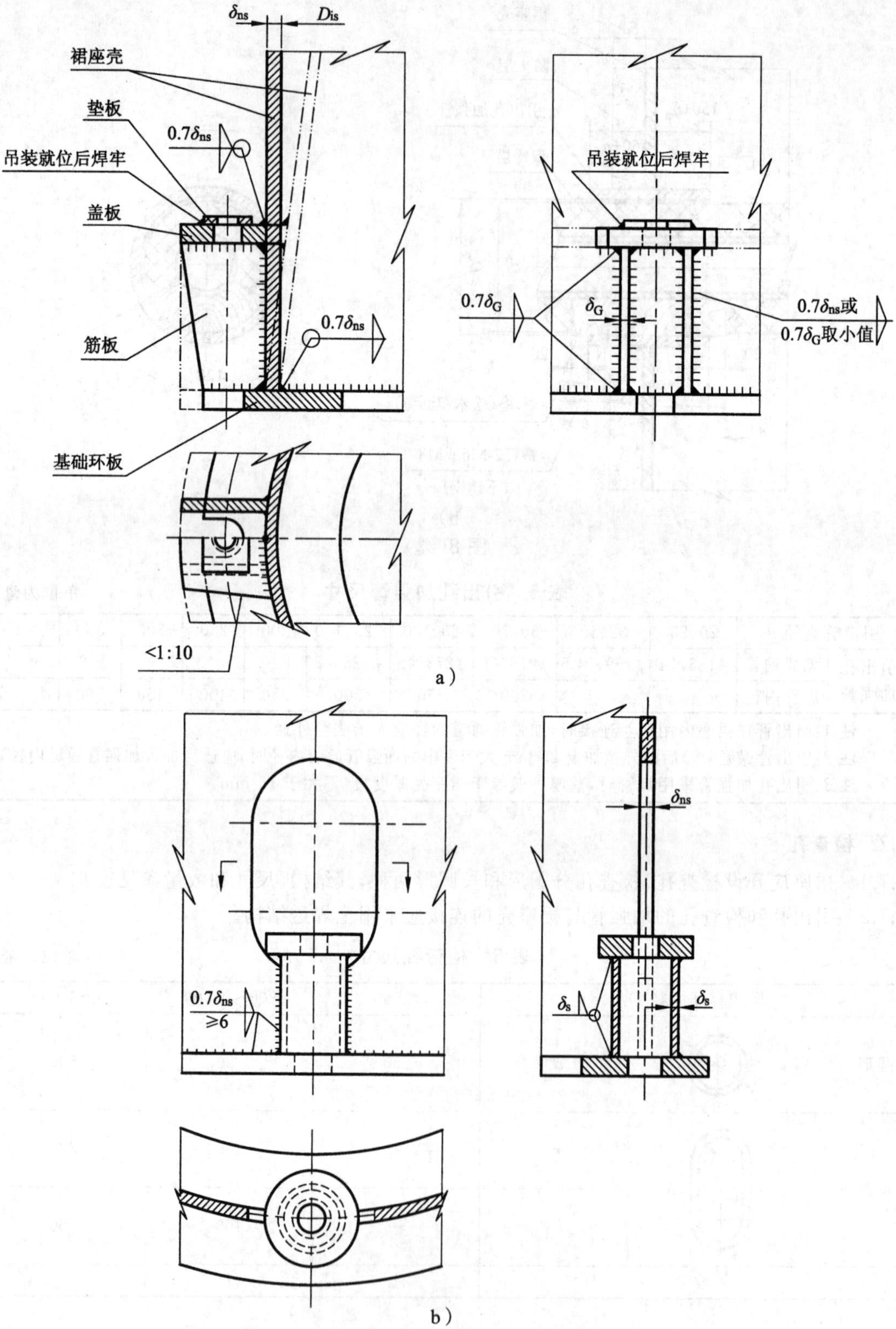

图 9　地脚螺栓座结构示意图

6.8.1 盖板宜采用分块结构,也可是整块结构。

6.8.2 盖板上设置垫板时,应在现场吊装就位后将盖板与垫板焊牢。

6.9 吊柱及吊耳

6.9.1 吊柱

塔顶吊柱的设置和设计由设计人员在设计文件或图纸中确定。

6.9.2 吊耳

塔式容器设置吊耳时,吊耳的结构、位置及数量应考虑吊装方式及塔式容器的质量,由设计单位和施工单位协同确定,且应考虑塔壳的局部应力。

7 计算

7.1 符号

下列符号适用于本标准:

A_b——基础环面积,mm^2;

$$A_b=\frac{\pi}{4}(D_{ob}^2-D_{ib}^2)$$

A_{bt}——地脚螺栓截面积,mm^2;

$$A_{bt}=n\ \frac{\pi}{4}d_1^2$$

A_{sb}——裙座圆筒或锥壳的底部截面积,mm^2;

$$A_{sb}=\pi D_{is}\delta_{es}$$

A_{sm}——h-h 截面处裙座的截面积,mm^2;

$$A_{sm}=\pi D_{im}\delta_{es}-\sum[(b_m+2\delta_m)\delta_{es}-A_m]$$

$$A_m=2l_m\delta_m$$

A_w——焊缝抗剪断面面积,mm^2;

$$A_w=0.7\pi D_{ot}\delta_{es}$$

$\sum A$——第 i 段内平台构件的投影面积(不计空档投影面积),mm^2;

b——基础环外直径与裙座壳体外直径之差的 1/2,mm;

b_m——h-h 截面处裙座壳人孔或较大管线引出孔接管水平方向最大宽度,mm;

C_x——系数,按表 15 选取;

C_y——系数,按表 15 选取;

D——塔式容器的平均直径,对等直径塔式容器为其公称直径;对不等直径的塔式容器取其各段公称直径的加权平均值,mm;

$$D=D_1\frac{l_1}{H}+D_2\frac{l_2}{H}+\cdots$$

D_1、D_2——不等直径各段的塔体公称直径,mm;

$D_{e1},D_{e2}\cdots D_{ei}$——塔式容器各计算段的有效直径,mm;

D_i——塔壳圆筒内直径,mm;

D_{ib}——基础环内直径,mm;

D_{ie}——锥壳大端内直径,mm;

D_{if}——锥壳小端内直径,mm;

D_{ih}——锥壳任意截面内直径,mm;

D_{im}——h-h 截面处裙座壳的内直径,mm;

D_{is}——裙座壳底部内直径,mm;

D_{it}——裙座顶截面的内直径,mm;

D_G——垫片压紧力作用中心圆直径,按 GB 150.3 确定,mm;

D_o——塔壳的外直径,对于敷设保温层的塔式容器,取保温层外表面处的直径;对于变截面塔计算横风向载荷时,取顶部塔壳外直径加 2 倍保温层厚度,mm;

D_{ob}——基础环外直径,mm;

D_{oi}——第 i 段塔式容器外直径,mm;

D_{os}——裙座壳底部截面的外直径,mm;

D_{ot}——裙座壳顶部截面的外直径,mm;

d_o——塔顶管线外直径,mm;

d_1——地脚螺栓螺纹小径,mm;

d_2——垫板上地脚螺栓孔直径,mm;

d_3——盖板上地脚螺栓孔直径,mm;

E^t——设计温度下金属材料的弹性模量,MPa;

E_i^t, E_{i-1}^t——第 i 段、第 $i-1$ 段壳体的设计温度下金属材料的弹性模量,MPa;

F_{vi}——任意质量 i 处所分配到的垂直地震力,N;

$F_v^{h\text{-}h}$——h-h 截面处的垂直地震力。但仅在最大弯矩为地震弯矩参与组合时计入此项,N;

$F_v^{I\text{-}I}$——塔式容器任意计算截面 I-I 处的垂直地震力,N;

F_v^{0-0}——塔式容器底截面处垂直地震力,N;

F_1——一个地脚螺栓承受的最大拉力,N;

$$F_1 = \frac{\sigma_B A_{bt}}{n}$$

F_{1k}——集中质量 m_k 引起的基本振型水平地震力,N;

F_z——轴向外载荷,当折算法兰当量压力时,拉伸时计入,压缩时不计,N;

f_i——风压高度变化系数,高度取各计算段顶截面的高度;

g——重力加速度,取 $g=9.81\ m/s^2$;

H——塔式容器高度(见图 15),mm;

H_i——塔式容器顶部至第 i 段底截面的距离(见图 11),mm;

H_{it}——塔式容器第 i 段顶截面距地面的高度,mm;

h——计算截面距地面的高度(见图 12),mm;

h_i——第 i 段集中质量距地面的高度(见图 14),mm;

h_{it}——塔式容器第 i 段顶截面距塔底截面的高度,mm;

h_k——任意计算截面以上各段的集中质量 m_k 距地面高度(见图 12),mm;

I_i, I_{i-1}——第 i 计算段和第 $i-1$ 计算段的截面惯性矩,mm^4;

K——载荷组合系数,$K=1.2$;

K_1——体型系数,取 $K_1=0.7$;

$K_{21}, K_{22} \cdots K_{2i}$——塔式容器各计算段的风振系数，当塔高 $H \leqslant 20$ m 时取 $K_{2i}=1.7$；当 $H>20$ m 时，可按下式计算：

$$K_{2i}=1+\frac{\zeta \upsilon_i \phi_{zi}}{f_i}$$

K_3——笼式扶梯当量宽度，当无确切数据时可取 $K_3=400$ mm；

K_4——操作平台当量宽度，mm；

$$K_4=\frac{2\sum A}{l_0}$$

l_1、l_2——不等直径各段塔体的长度，mm；

l_e——偏心质点重心至塔式容器中心线的距离，mm；

l_i——第 i 计算段长度，mm；

l_k——筋板长度，mm；

l_m——检查孔或较大管线引出孔加强管长度，mm；

l_0——操作平台所在计算段长度，mm；

l_2'——筋板宽度，mm；

l_3'——筋板内侧间距，mm；

l_4'——垫板宽度，mm；

M——外力矩，应计入法兰截面处的最大力矩 $M_{max}^{I\text{-}I}$、管线推力引起的力矩和其他机械载荷引起的力矩，N·mm；

$M_{ca}^{I\text{-}I}$——任意计算截面 I-I 处的共振弯矩，N·mm；

$M_{cw}^{I\text{-}I}$——任意计算截面 I-I 处的共振时的顺风向弯矩，N·mm；

$M_E^{I\text{-}I}$——任意计算截面 I-I 处的地震弯矩，N·mm；

$M_{E1}^{I\text{-}I}$——任意计算截面 I-I 处的基本振型地震弯矩，N·mm；

$M_E^{0\text{-}0}$——底部截面 0-0 处的地震弯矩，N·mm；

$M_{E1}^{0\text{-}0}$——底部截面 0-0 处的基本振型地震弯矩，N·mm；

M_e——偏心质量引起的弯矩，N·mm；

$M_{ew}^{I\text{-}I}$——任意计算截面 I-I 处共振时的组合风弯矩，N·mm；

$M_{max}^{h\text{-}h}$——计算截面 h-h 处的最大弯矩，N·mm；

$M_{max}^{I\text{-}I}$——任意计算截面 I-I 处的最大弯矩，N·mm；

$M_{max}^{J\text{-}J}$——搭接焊缝 J-J 截面处的最大弯矩，N·mm；

$M_{max}^{0\text{-}0}$——底部截面 0-0 处的最大弯矩，N·mm；

$M_w^{h\text{-}h}$——计算截面 h-h 处的风弯矩，N·mm；

$M_w^{I\text{-}I}$——任意计算截面 I-I 处的风弯矩，N·mm；

$M_w^{0\text{-}0}$——底部截面 0-0 处的风弯矩，N·mm；

M_s——矩形板的计算力矩，取矩形板 X、Y 轴的弯矩 M_x、M_y 中绝对值较大者，N·mm；

m_a——人孔、接管、法兰等附属件质量，kg；

m_e——偏心质量，kg；

m_{eq}——计算垂直地震力时，塔式容器的当量质量，取 $m_{eq}=0.75m_0$，kg；

m_i——塔式容器第 i 计算段的操作质量，kg；

m_k——距地面 h_k 处的集中质量,kg;

m_{max}——塔式容器液压试验状态时的最大质量,kg;

$m_{max}^{h\text{-}h}$——计算截面 h-h 以上塔式容器液压试验状态时的最大质量,kg;

$m_{max}^{J\text{-}J}$——搭接焊缝截面 J-J 以上塔式容器液压试验状态时的最大质量,kg;

m_{min}——塔式容器安装状态时的最小质量,kg;

$m_T^{I\text{-}I}$——耐压试验时,计算截面 I-I 以上的质量(只计入塔壳、内构件、偏心质量、保温层、扶梯及平台质量),kg;

m_w——耐压试验时,塔式容器内充液质量,kg;

m_0——塔式容器的操作质量,kg;

$m_0^{h\text{-}h}$——计算截面 h-h 以上塔式容器的操作质量,kg;

$m_0^{I\text{-}I}$——任意计算截面 I-I 以上塔式容器的操作质量,kg;

$m_0^{J\text{-}J}$——搭接焊缝 J-J 截面以上塔式容器的操作质量,kg;

m_{01}——塔壳和裙座壳质量,kg;

m_{02}——内件质量,kg;

m_{03}——保温材料质量,kg;

m_{04}——平台、扶梯质量,kg;

m_{05}——操作时塔式容器内介质质量,kg;

n——地脚螺栓个数,一般取 4 的倍数,对小直径塔式容器可取 $n=6$,个;

n_1——对应于一个地脚螺栓的筋板个数,个;

p_c——计算压力,MPa;

p_e——法兰的当量设计压力,MPa;

$P_1,P_2\cdots P_i$——塔式容器各计算段的水平风力,N;

q_0——基本风压值,各地区的基本风压值见 GB 50009 中有关规定,但均不应小于 300 N/m²;

R_{eL}——材料屈服强度,MPa;

St——斯特罗哈数,取 St=0.2;

T_1——基本振型自振周期,s;

T_2、T_3——第二、第三振型自振周期,s;

T_g——各类场地土的特征周期(见表 9),s;

T_i——第 i 振型的自振周期,s;

v_{ci}——第 i 振型共振时的临界风速,m/s;

Z_b——基础环的抗弯截面系数(见图 19、图 20 和 7.13.1),mm³;

$$Z_b=\frac{\pi(D_{ob}^4-D_{ib}^4)}{32D_{ob}}$$

Z_{sb}——裙座圆筒或锥壳底部抗弯截面系数,mm³;

$$Z_{sb}=\frac{\pi}{4}D_{is}^2\delta_{es}$$

Z_{sm}——h-h 截面处的裙座壳的抗弯截面系数(见图 18),mm³;

$$Z_{sm}=\frac{\pi}{4}D_{im}^2\delta_{es}-\sum\left(b_m D_{im}\frac{\delta_{es}}{2}-Z_m\right)$$

$$Z_{m}=2\delta_{m}l_{m}\sqrt{\left(\frac{D_{im}}{2}\right)^{2}-\left(\frac{b_{m}}{2}\right)^{2}}$$

Z_w——搭接焊缝抗剪截面系数(见图 22),mm^3;

$$Z_{w}=0.55D_{ot}^{2}\delta_{es}$$

α——地震影响系数,按图 13 确定;

α_1——对应于塔式容器基本振型自振周期 T_1 的地震影响系数;

α_{max}——地震影响系数的最大值,见表 8;

α_{vmax}——垂直地震影响系数最大值;

$$\alpha_{vmax}=0.65\alpha_{max}$$

β——锥壳半锥顶角,(°);

γ——地震影响系数曲线下降段的衰减系数(见图 13);

θ——锥形裙座壳半锥顶角,(°);

δ_b——基础环计算厚度,mm;

δ_c——盖板厚度,mm;

δ_e——塔壳圆筒或锥壳的有效厚度,mm;

δ_{eh}——封头的有效厚度,mm;

δ_{ei}——各计算截面的圆筒或锥壳的有效厚度,mm;

δ_{es}——裙座壳的有效厚度,mm;

δ_G——筋板厚度,mm;

δ_m——h-h 截面处加强管的厚度(见图 18),mm;

δ_n——塔壳圆筒或封头的名义厚度,mm;

δ_{ns}——裙座壳的名义厚度,mm;

δ_{ps}——管线保温层厚度,mm;

δ_{si}——塔壳圆筒或锥壳保温层或防火层厚度,mm;

δ_z——垫板厚度,mm;

δ_1——复合钢板基层钢板的名义厚度,mm;

δ_2——复合钢板覆层材料的厚度,不计入腐蚀裕量,mm;

υ_i——脉动影响系数,见表 12;

ξ——脉动增大系数,见表 11;

ζ_i——第 i 阶振型阻尼比;

η_{1k}——基本振型参与系数,按式(24)计算;

η_1——地震影响系数曲线直线下降段下降斜率的调整系数,按式(22)计算;

η_2——地震影响系数曲线的阻尼调整系数,按式(23)计算;

ρ——耐压试验时试验介质的密度(当介质为水时,$\rho=1\ 000$),kg/m^3;

ρ_i——惯性半径,对长方形截面的筋板取 $0.289\delta_G$,mm;

σ_B——地脚螺栓的最大拉应力,MPa;

σ_{bmax}——混凝土基础上的最大压应力,按式(87)计算,MPa;

σ_G——筋板的压应力,按式(93)计算,MPa;

σ_z——盖板的最大应力,按式(98)、式(99)计算,MPa;

σ_1——由压力(内压或外压)引起的轴向应力,MPa;

σ_2——由垂直载荷引起的轴向应力,MPa;

σ_3——由弯矩引起的轴向应力,MPa;

$[\sigma]$——试验温度下塔式容器元件金属材料的许用应力,MPa;

$[\sigma]^t$——设计温度下塔式容器元件金属材料的许用应力,MPa;

$[\sigma]_b$——基础环材料的许用应力,MPa;

$[\sigma]_{bt}$——地脚螺栓材料的许用应力,MPa;

$[\sigma]_c$——筋板的临界许用压应力,MPa;

$[\sigma]_{cr}$——设计温度下塔壳或裙座壳的许用轴向压应力,MPa;

$[\sigma]_F^t$——设计温度下复合钢板的许用应力,MPa;

$[\sigma]_G$——筋板材料的许用应力,MPa;

$[\sigma]_s^t$——设计温度下裙座材料的许用应力,MPa;

$[\sigma]_w^t$——焊接接头许用应力,MPa;

ϕ——焊接接头系数;

ϕ_{zi}——振型系数;

λ——细长比;

$$\lambda=\frac{0.5l_k}{\rho_i}$$

λ_c——临界细长比;

$$\lambda_c=\sqrt{\frac{\pi^2E^t}{0.6[\sigma]_G}}$$

7.2 计算步骤

a) 根据 GB 150.3,按计算压力确定塔壳圆筒、锥壳及封头的有效厚度 δ_e 和 δ_{eh};

b) 根据地震载荷或风载荷计算的需要,选取若干计算截面(包括所有危险截面),并考虑制造、运输、安装的要求,设定各计算截面处的有效厚度;

c) 按 7.3~7.11 的规定依次进行校核计算,并应满足各相应要求,否则需重新设定有效厚度,直至满足全部校核条件为止。

塔式容器各种载荷示意见图 10。

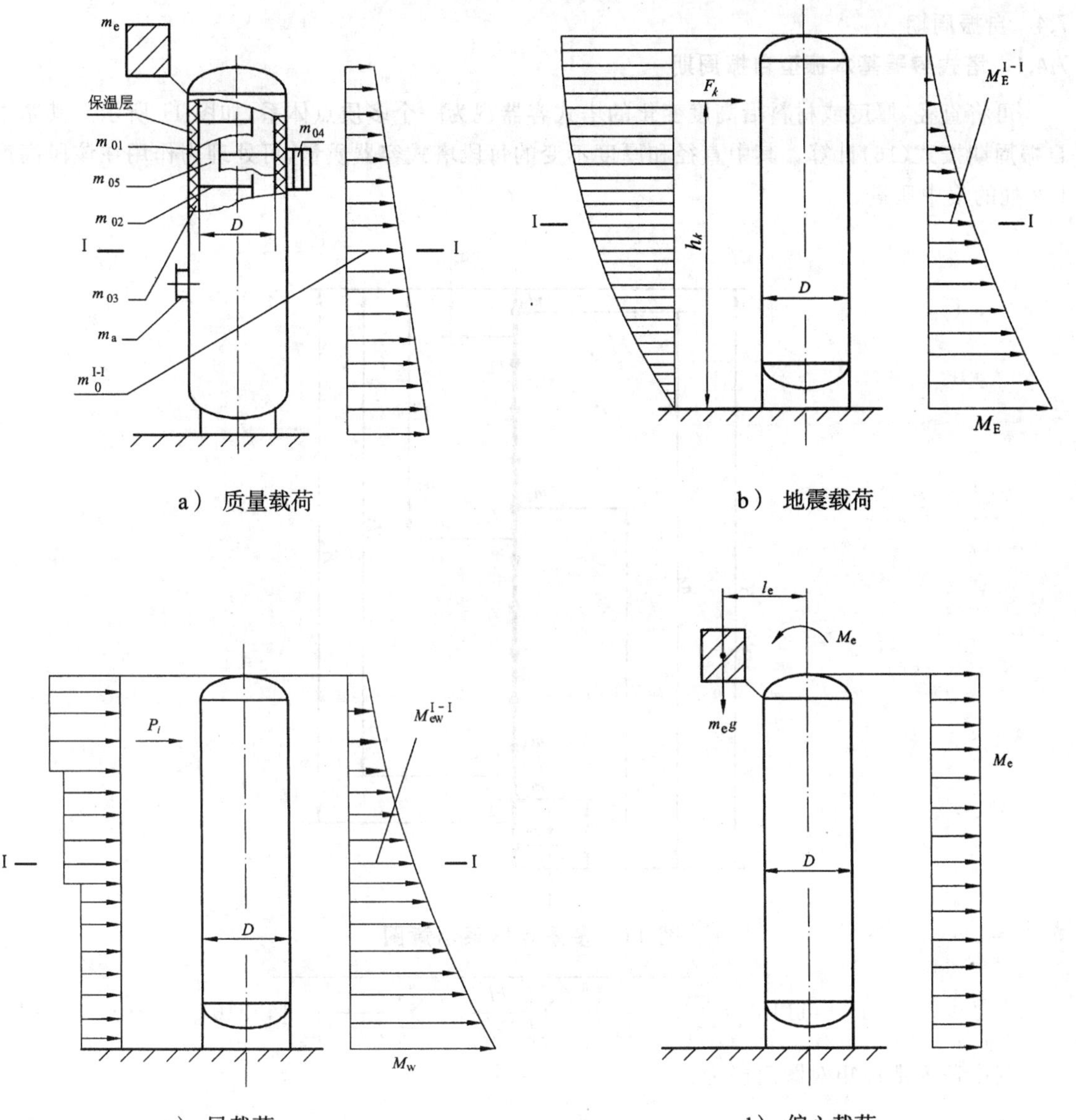

a） 质量载荷　　b） 地震载荷

c） 风载荷　　d） 偏心载荷

图 10　塔式容器各种载荷示意图

7.3　塔式容器质量

塔式容器的操作质量：

$$m_0 = m_{01} + m_{02} + m_{03} + m_{04} + m_{05} + m_a + m_e \quad \cdots\cdots (13)$$

塔式容器的最大质量：

$$m_{max} = m_{01} + m_{02} + m_{03} + m_{04} + m_a + m_w + m_e \quad \cdots\cdots (14)$$

塔式容器的最小质量：

$$m_{min} = m_{01} + 0.2m_{02} + m_{03} + m_{04} + m_a \quad \cdots\cdots (15)$$

注：$0.2m_{02}$ 系焊在塔壳上的内件质量，如塔盘支持圈、降液板等。当空塔吊装时，如未装保温层、平台和扶梯，则式(15)中不计 m_{03} 和 m_{04}。

7.4 自振周期

7.4.1 塔式容器基本振型自振周期

可将直径、厚度或材料沿高度变化的塔式容器视为一个多质点体系，如图11所示。其基本自振周期按式(16)计算。其中直径和厚度不变的每段塔式容器质量，可处理为作用在该段高度1/2处的集中质量。

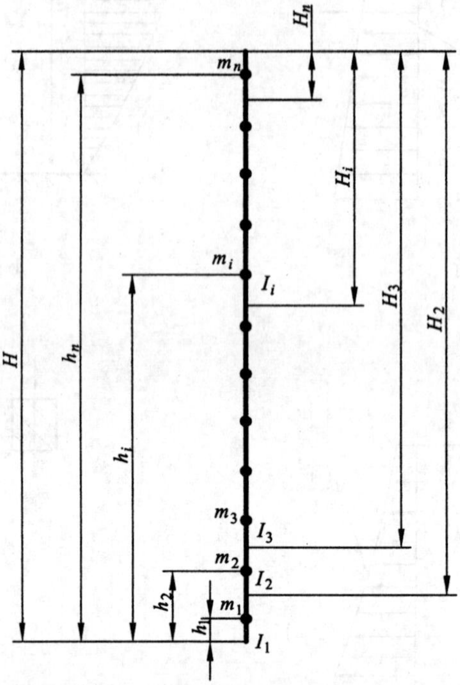

图11 多质点体系示意图

$$T_1=114.8\sqrt{\sum_{i=1}^{n}m_i\left(\frac{h_i}{H}\right)^3\left(\sum_{i=1}^{n}\frac{H_i^3}{E_i^tI_i}-\sum_{i=2}^{n}\frac{H_i^3}{E_{i-1}^tI_{i-1}}\right)}\times10^{-3} \quad\cdots\cdots\cdots\cdots(16)$$

其中截面惯性矩对圆筒段为：

$$I_i=\frac{\pi}{8}(D_i+\delta_{ei})^3\delta_{ei} \quad\cdots\cdots\cdots\cdots(17)$$

圆锥段为：

$$I_i=\frac{\pi D_{ie}^2D_{if}^2\delta_{ei}}{4(D_{ie}+D_{if})} \quad\cdots\cdots\cdots\cdots(18)$$

直径、厚度相等的塔式容器其基本自振周期也可按式(19)计算：

$$T_1=90.33H\sqrt{\frac{m_0H}{E^t\delta_eD_i^3}}\times10^{-3} \quad\cdots\cdots\cdots\cdots(19)$$

7.4.2 直径、厚度相等的塔式容器的第二振型与第三振型自振周期可分别近似取 $T_2=T_1/6$，$T_3=T_1/18$。

7.4.3 对直径、厚度或材料沿高度变化的塔式容器高振型自振周期可按附录B计算。

7.4.4 对 $H/D\leqslant5$ 的塔式容器自振周期可按附录E计算。

7.5 地震载荷

7.5.1 水平地震力

7.5.1.1 任意高度 h_k(见图 12)处的集中质量 m_k 引起的基本振型水平地震力应按式(20)计算：

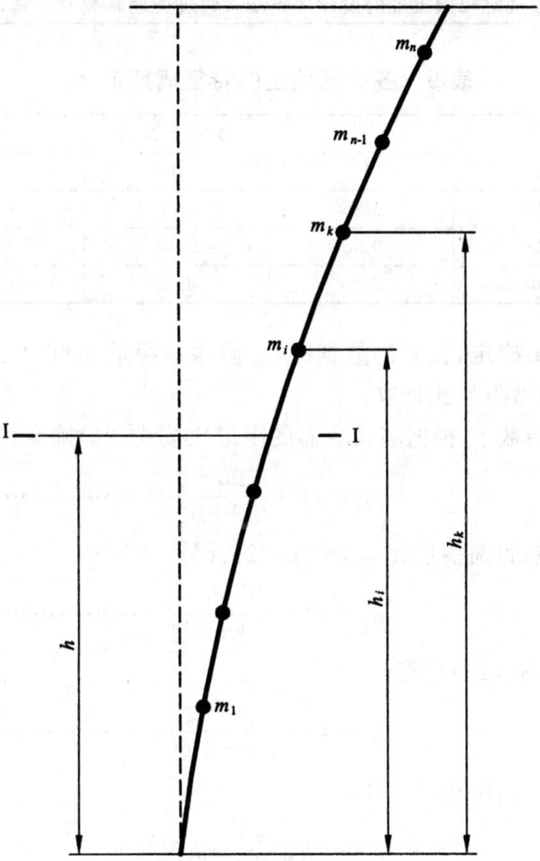

图 12 多质点体系基本振型示意图

$$F_{1k}=\alpha_1\eta_{1k}m_kg \quad \cdots\cdots (20)$$

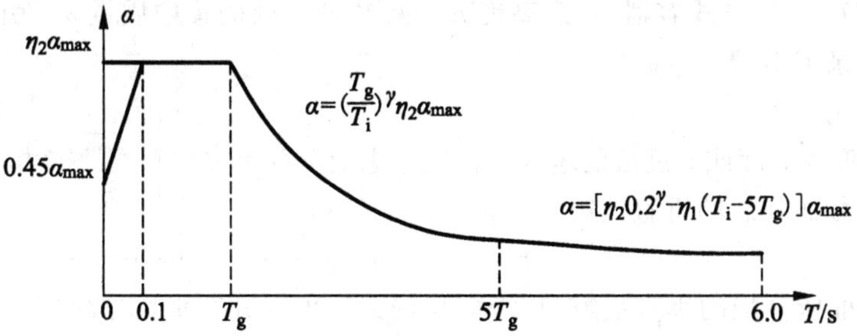

图 13 地震影响系数曲线

表 7 对应于设防地震的设计基本地震加速度

设防烈度	7		8		9
设计基本地震加速度	0.1g	0.15g	0.2g	0.3g	0.4g

表 8　地震影响系数最大值 α_{max}

设防烈度	7		8		9
对应于多遇地震的 α_{max}	0.08	0.12	0.16	0.24	0.32
注：如有必要，可按国家规定权限批准的设计地震动参数进行地震载荷计算。					

表 9　各类场地土的特征周期值 T_g

设计地震分组	场地土类别				
	I_0	I_1	Ⅱ	Ⅲ	Ⅳ
第一组	0.20	0.25	0.35	0.45	0.65
第二组	0.25	0.30	0.40	0.55	0.75
第三组	0.30	0.35	0.45	0.65	0.90

阻尼比应根据实测值确定，无实测数据时，一阶振型阻尼比可取 $\zeta_1=0.01\sim0.03$。高阶振型阻尼比，可参照第一振型阻尼比选取。

曲线下降段的衰减指数 γ，根据塔式容器的阻尼比按式(21)确定：

$$\gamma=0.9+\frac{0.05-\zeta_i}{0.3+6\zeta_i} \quad\cdots\cdots(21)$$

直线下降段下降斜率的调整系数 η_1，按式(22)计算：

$$\eta_1=0.02+\frac{0.05-\zeta_i}{4+32\zeta_i} \quad\cdots\cdots(22)$$

阻尼调整系数 η_2，按式(23)计算：

$$\eta_2=1+\frac{0.05-\zeta_i}{0.08+1.6\zeta_i} \quad\cdots\cdots(23)$$

基本振型参与系数 η_{1k}，按式(24)计算：

$$\eta_{1k}=\frac{h_k^{1.5}\sum_{i=1}^{n}m_ih_i^{1.5}}{\sum_{i=1}^{n}m_ih_i^3} \quad\cdots\cdots(24)$$

7.5.1.2　对 $H/D\leqslant5$ 的塔式容器，任意高度 h_k(见图 E.1)处的集中质量 m_k 引起的基本振型水平地震力应按附录 E 计算。

7.5.2　垂直地震力

7.5.2.1　设防烈度为 8 度或 9 度区的塔式容器应考虑上下两个方向垂直地震力，如图 14 所示。

塔式容器底截面处总的垂直地震力应按式(25)计算：

$$F_v^{0\text{-}0}=\alpha_{vmax}m_{eq}g \quad\cdots\cdots(25)$$

任意质量 i 处所分配的垂直地震力(沿塔高按倒三角形分布重新分配)按式(26)计算：

$$F_{vi}=\frac{m_ih_i}{\sum_{k=1}^{n}m_kh_k}F_v^{0\text{-}0}\ (i=1,2,\cdots\cdots n) \quad\cdots\cdots(26)$$

任意计算截面 I-I 处的垂直地震力按式(27)计算：

$$F_v^{\text{I-I}}=\sum_{k=i}^{n}F_{vk}\ (i=1,2,\cdots\cdots n) \quad\cdots\cdots(27)$$

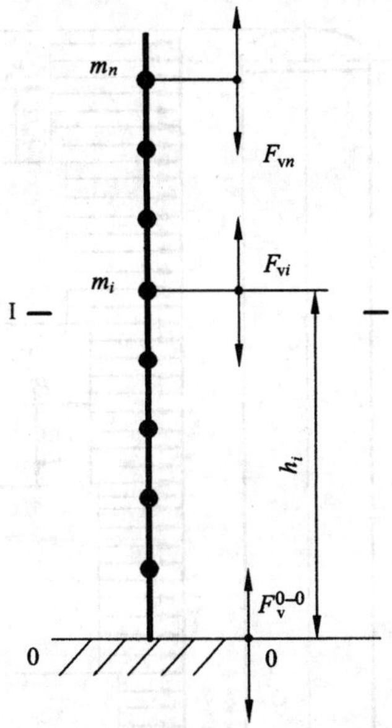

图 14　垂直地震力示意图

7.5.2.2　对 $H/D \leqslant 5$ 的塔式容器，不计入垂直地震力的影响。

7.5.3　地震弯矩

塔式容器任意计算截面 I-I 的基本振型地震弯矩按式(28)计算(见图 12)：

$$M_{E1}^{I-I} = \sum_{k=i}^{n} F_{1k}(h_k - h) \quad \cdots\cdots (28)$$

对于等直径、等厚度塔式容器的任意截面 I-I 和底截面 0-0 的基本振型地震弯矩也可分别按式(29)和式(30)计算：

$$M_{E1}^{I-I} = \frac{8\alpha_1 m_0 g}{175H^{2.5}}(10H^{3.5} - 14H^{2.5}h + 4h^{3.5}) \quad \cdots\cdots (29)$$

$$M_{E1}^{0-0} = \frac{16}{35}\alpha_1 m_0 g H \quad \cdots\cdots (30)$$

7.5.4　当塔式容器 $H/D > 15$ 且 $H > 20$ m 时，还应考虑高振型的影响(见附录 B)。

7.6　风载荷

7.6.1　顺风向风载荷计算

7.6.1.1　每计算段的顺风向水平风力按式(31)计算：

$$\begin{aligned} P_1 &= K_1 K_{21} q_0 f_1 l_1 D_{e1} \times 10^{-6} \\ P_2 &= K_1 K_{22} q_0 f_2 l_2 D_{e2} \times 10^{-6} \\ &\vdots \\ P_i &= K_1 K_{2i} q_0 f_i l_i D_{ei} \times 10^{-6} \end{aligned} \quad \cdots\cdots (31)$$

当笼式扶梯与塔顶管线布置成 180°时，各计算段有效直径按(32)计算：

$$D_{ei} = D_{oi} + 2\delta_{si} + K_3 + K_4 + d_o + 2\delta_{ps} \quad \cdots\cdots (32)$$

当笼式扶梯与塔顶管线布置成 90°，各计算段有效直径取下列式中较大者：

$$D_{ei} = D_{oi} + 2\delta_{si} + K_3 + K_4 \quad \cdots\cdots (33)$$

$$D_{ei} = D_{oi} + 2\delta_{si} + K_4 + d_o + 2\delta_{ps} \quad \cdots\cdots (34)$$

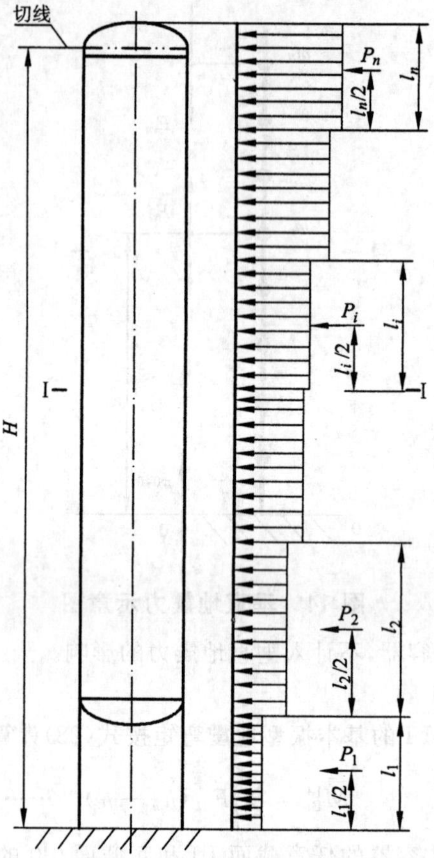

图 15 风弯矩计算简图

表 10 风压高度变化系数 f_i

距地面高度 H_{it}	地面粗糙度类别			
	A	B	C	D
5	1.17	1.00	0.74	0.62
10	1.38	1.00	0.74	0.62
15	1.52	1.14	0.74	0.62
20	1.63	1.25	0.84	0.62
30	1.80	1.42	1.00	0.62
40	1.92	1.56	1.13	0.73
50	2.03	1.67	1.25	0.84
60	2.12	1.77	1.35	0.93
70	2.20	1.86	1.45	1.02
80	2.27	1.95	1.54	1.11
90	2.34	2.02	1.62	1.19
100	2.40	2.09	1.70	1.27
150	2.64	2.38	2.03	1.61

注 1:A 类系指近海海面及海岛、海岸、湖岸及沙漠地区;
B 类系指田野、乡村、丛林、丘陵以及房屋比较稀疏的乡镇和城市郊区;
C 类系指有密集建筑群的城市市区;
D 类系指有密集建筑群且房屋较高的城市市区。

注 2:中间值可采用线性内插法求取。

表 11 脉动增大系数 ξ

$q_1T_1^2/(N\cdot s^2/m^2)$	10	20	40	60	80	100
ξ	1.47	1.57	1.69	1.77	1.83	1.88
$q_1T_1^2/(N\cdot s^2/m^2)$	200	400	600	800	1 000	2 000
ξ	2.04	2.24	2.36	2.46	2.53	2.80
$q_1T_1^2/(N\cdot s^2/m^2)$	4 000	6 000	8 000	10 000	20 000	30 000
ξ	3.09	3.28	3.42	3.54	3.91	4.14

注 1:计算 $q_1T_1^2$ 时,对 B 类可直接代入基本风压,即 $q_1=q_0$,而对 A 类以 $q_1=1.38q_0$、C 类以 $q_1=0.62q_0$、D 类以 $q_1=0.32q_0$ 代入。
注 2:中间值可采用线性内插法求取。

表 12 脉动影响系数 ν_i

地面粗糙度类别	高度 H_{it}/m									
	10	20	30	40	50	60	70	80	100	150
A	0.78	0.83	0.86	0.87	0.88	0.89	0.89	0.89	0.89	0.87
B	0.72	0.79	0.83	0.85	0.87	0.88	0.89	0.89	0.90	0.89
C	0.64	0.73	0.78	0.82	0.85	0.87	0.90	0.90	0.91	0.93
D	0.53	0.65	0.72	0.77	0.81	0.84	0.89	0.89	0.92	0.97

注:中间值可采用线性内插法求取。

表 13 振型系数 ϕ_{zi}

相对高度 h_{it}/H	振型序号	
	1	2
0.10	0.02	−0.09
0.20	0.06	−0.30
0.30	0.14	−0.53
0.40	0.23	−0.68
0.50	0.34	−0.71
0.60	0.46	−0.59
0.70	0.59	−0.32
0.80	0.79	0.07
0.90	0.86	0.52
1.00	1.00	1.00

注:中间值可采用线性内插法求取。

7.6.1.2 顺风向风弯矩

塔式容器任意计算截面 I-I 处的风弯矩应按式(35)计算:

$$M_w^{I-I}=P_i\frac{l_i}{2}+P_{i+1}\left(l_i+\frac{l_{i+1}}{2}\right)+P_{i+2}\left(l_i+l_{i+1}+\frac{l_{i+2}}{2}\right)+\cdots \qquad (35)$$

塔式容器底截面0-0处的风弯矩应按式(36)计算：

$$M_{\mathrm{w}}^{0\text{-}0}=P_1\frac{l_1}{2}+P_2\left(l_1+\frac{l_2}{2}\right)+P_3\left(l_1+l_2+\frac{l_3}{2}\right)+\cdots \tag{36}$$

7.6.2 横风向风载荷计算

当 $H/D>15$ 且 $H>30$ m时，还应计算横风向风振，以下给出了自支承式塔式容器横风向共振时的塔顶振幅和风弯矩的计算方法。

7.6.2.1 临界风速

塔式容器共振时的风速称为临界风速。临界风速应按式(37)计算：

$$v_{ci}=\frac{D_{\mathrm{o}}}{T_i\mathrm{St}}\times10^{-3} \tag{37}$$

7.6.2.2 共振的判别

若 $v<v_{c1}$，不需考虑塔式容器的共振；

若 $v_{c1}\leqslant v<v_{c2}$，应考虑塔式容器的第一振型的振动；

若 $v\geqslant v_{c2}$，除考虑塔式容器的第一振型外还应考虑第二振型的振动。

判别时，取 v 为塔式容器顶部风速 v_{H}，即 $v=v_{\mathrm{H}}$。按塔式容器顶部风压值，由式(38)计算：

$$v_{\mathrm{H}}=1.265\sqrt{f_{\mathrm{t}}q_0} \tag{38}$$

式中：

f_{t}——塔式容器顶部风压高度变化系数。

7.6.2.3 横风向塔顶振幅

共振时，对等截面塔，塔顶振幅应按式(39)计算：

$$Y_{\mathrm{T}i}=\frac{C_{\mathrm{L}}D_{\mathrm{o}}\rho_{\mathrm{a}}v_{ci}{}^{2}H^4\lambda_i}{49.4G\zeta_iE^{\mathrm{t}}I}\times10^{-9} \tag{39}$$

式中：

$Y_{\mathrm{T}i}$——第 i 振型的横风向塔顶振幅，m；

G——系数，$G=\left(\frac{T_1}{T_i}\right)^2$；

C_{L}——升力系数；

当 $5\times10^4<Re\leqslant2\times10^5$ 时，$C_{\mathrm{L}}=0.5$；

当 $Re>4\times10^5$ 时，$C_{\mathrm{L}}=0.2$；

当 $2\times10^5<Re\leqslant4\times10^5$ 时，按线性插值法确定；

Re——雷诺数，无因次，由式(40)计算：

$$Re=69vD_{\mathrm{o}} \tag{40}$$

ρ_{a}——空气密度，常温时可取为1.25，$\mathrm{kg/m^3}$；

λ_i——计算系数，按表14确定。

表14 计算系数 λ_i

H_{ci}/H	0	0.1	0.2	0.3	0.4	0.5	0.6	0.7	0.8	0.9	1.0
第一振型 λ_1	1.56	1.55	1.54	1.49	1.42	1.31	1.15	0.94	0.68	0.37	0
第二振型 λ_2	0.83	0.82	0.76	0.60	0.37	0.09	−0.16	−0.33	−0.38	−0.27	0

H_{ci}——第 i 振型共振区起始高度，可按式(41)计算：

$$H_{ci}=H\left(\frac{v_{ci}}{v_H}\right)^{1/a} \quad \cdots\cdots (41)$$

a——地面粗糙度系数，当地面粗糙度类别为 A、B、C、D 时分别取 0.12、0.16、0.22 和 0.30；

I——塔截面惯性矩，mm^4。

对于变截面塔，式(39)中的 I 应按式(42)计算：

$$I=\frac{H^4}{\sum_{i=1}^{n}\frac{H_i^4}{I_i}-\sum_{i=2}^{n}\frac{H_i^4}{I_{i-1}}} \quad \cdots\cdots (42)$$

式中：

I_i——第 i 段的截面惯性矩，mm^4。

7.6.2.4 塔体共振时横风向弯矩

塔式容器任意计算截面 J-J 处第 i 振型的共振弯矩(见图 16)由式(43)计算：

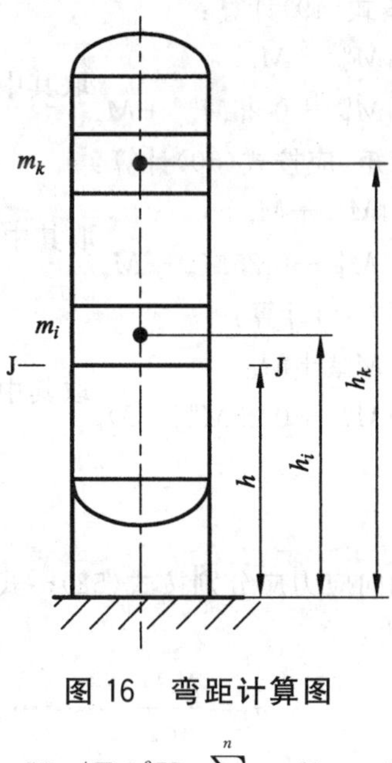

图 16 弯距计算图

$$M_{ca}^{J\text{-}J}=(2\pi/T_i)^2 Y_{Ti}\sum_{k=j}^{n} m_k(h_k-h)\phi_{ki} \quad \cdots\cdots (43)$$

式中：

ϕ_{ki}——振型系数，见表 13。

7.6.2.5 塔体共振时组合风弯矩

作用在塔式容器计算截面 I-I 处的组合风弯矩取式(44)和式(45)中较大者。

$$M_{ew}^{I\text{-}I}=M_w^{I\text{-}I} \quad \cdots\cdots (44)$$

$$M_{ew}^{I\text{-}I}=\sqrt{(M_{ca}^{I\text{-}I})^2+(M_{cw}^{I\text{-}I})^2} \quad \cdots\cdots (45)$$

式中：

塔式容器任意计算截面 I-I 处的顺风向弯矩 $M_{cw}^{I\text{-}I}$ 计算方法同 7.6.1，但其中的基本风压 q_0 应改取为塔器共振时离地 10 m 处顺风向的风压值 q_{co}。若无此数据，可先利用式(37)计算出 v_{ci}，再利用式(46)进行换算：

$$q_{co}=\frac{1}{2}\rho_a v_{ci}^2 \quad\cdots\cdots(46)$$

式中：q_{co}——塔器共振时离地 10 m 处顺风向的风压值，N/m。

7.7 偏心弯矩

塔式容器偏心质量引起的弯矩应按式(47)计算，见图 10 d)：

$$M_e=m_e g l_e \quad\cdots\cdots(47)$$

7.8 最大弯矩

仅考虑顺风向最大弯矩时按式(48)、式(49)计算，若同时考虑横风向风振时的最大弯矩按式(50)、式(51)计算。

任意计算截面 I-I 处的最大弯矩应按式(48)计算：

$$M_{max}^{I\text{-}I}=\begin{cases}M_w^{I\text{-}I}+M_e\\M_E^{I\text{-}I}+0.25M_w^{I\text{-}I}+M_e\end{cases}\text{取其中较大值}\quad\cdots\cdots(48)$$

底截面 0-0 处的最大弯矩应按式(49)计算：

$$M_{max}^{0\text{-}0}=\begin{cases}M_w^{0\text{-}0}+M_e\\M_E^{0\text{-}0}+0.25M_w^{0\text{-}0}+M_e\end{cases}\text{取其中较大值}\quad\cdots\cdots(49)$$

任意计算截面 I-I 处的最大弯矩，应按式(50)计算：

$$M_{max}^{I\text{-}I}=\begin{cases}M_{ew}^{I\text{-}I}+M_e\\M_E^{I\text{-}I}+0.25M_w^{I\text{-}I}+M_e\end{cases}\text{取其中较大值}\quad\cdots\cdots(50)$$

底截面 0-0 处最大弯矩应按式(51)计算：

$$M_{max}^{0\text{-}0}=\begin{cases}M_{ew}^{0\text{-}0}+M_e\\M_E^{0\text{-}0}+0.25M_w^{0\text{-}0}+M_e\end{cases}\text{取其中较大值}\quad\cdots\cdots(51)$$

7.9 塔壳轴向应力校核

7.9.1 圆筒形塔壳轴向应力校核

圆筒任意计算截面 I-I 处的轴向应力应分别按式(52)～式(54)计算：

由内压或真空引起的轴向应力：

$$\sigma_1=\frac{p_c D_i}{4\delta_{ei}}\quad\cdots\cdots(52)$$

其中计算压力 p_c 取绝对值。

由操作或非操作时重力及垂直地震力引起的轴向应力：

$$\sigma_2=\frac{m_0^{I\text{-}I}g\pm F_v^{I\text{-}I}}{\pi D_i\delta_{ei}}\quad\cdots\cdots(53)$$

其中 $F_v^{I\text{-}I}$ 仅在最大弯矩为地震弯矩参与组合时计入此项。

弯矩引起的轴向应力：

$$\sigma_3=\frac{4M_{max}^{I\text{-}I}}{\pi D_i^2\delta_{ei}}\quad\cdots\cdots(54)$$

7.9.2 圆筒轴向稳定性校核

圆筒许用轴向压应力应按式(55)确定：

$$[\sigma]_{cr}=\begin{cases}KB\\K[\sigma]^t\end{cases}\text{取其中较小值}\quad\cdots\cdots(55)$$

圆筒最大组合压应力应按式(56)或式(57)计算：

对内压塔式容器：

$$\sigma_2+\sigma_3\leqslant[\sigma]_{cr} \quad\cdots\cdots(56)$$

对真空塔式容器：

$$\sigma_1+\sigma_2+\sigma_3\leqslant[\sigma]_{cr} \quad\cdots\cdots(57)$$

7.9.3 圆筒拉应力校核

圆筒最大组合拉应力应按式(58)或式(59)计算：

对内压塔式容器：

$$\sigma_1-\sigma_2+\sigma_3\leqslant K[\sigma]^t\phi \quad\cdots\cdots(58)$$

对真空塔式容器：

$$-\sigma_2+\sigma_3\leqslant K[\sigma]^t\phi \quad\cdots\cdots(59)$$

7.9.4 如不能满足7.9.2和7.9.3条件时，应重新设定塔式容器圆筒的有效厚度δ_{ei}，重复上述计算，直至满足要求。

7.10 圆锥形塔壳轴向应力校核

7.10.1 锥壳轴向应力

锥壳任意计算截面I-I处的轴向应力应分别按式(60)～式(62)计算。

由内压或真空引起的轴向应力：

$$\sigma_1=\frac{p_c D_{ih}}{4\delta_{ei}}\times\frac{1}{\cos\beta} \quad\cdots\cdots(60)$$

其中计算压力p_c取绝对值。

由操作或非操作时重力及垂直地震力引起的轴向应力：

$$\sigma_2=\frac{m_0^{I\text{-}I}g\pm F_v^{I\text{-}I}}{\pi D_{ih}\delta_{ei}}\times\frac{1}{\cos\beta} \quad\cdots\cdots(61)$$

其中$F_v^{I\text{-}I}$仅在最大弯矩为地震弯矩参与组合时计入此项。

由弯矩引起的轴向应力：

$$\sigma_3=\frac{4M_{max}^{I\text{-}I}}{\pi D_{ih}^2\delta_{ei}}\times\frac{1}{\cos\beta} \quad\cdots\cdots(62)$$

7.10.2 锥壳稳定校核

锥壳许用轴向压应力应按式(63)确定：

$$[\sigma]_{cr}=\begin{cases}KB\cos^2\beta\\K[\sigma]^t\end{cases}\text{取其中较小值} \quad\cdots\cdots(63)$$

求取锥壳的B值时，式(3)中的R_o应为锥壳小端曲率外半径r_o，见图17。

锥壳最大组合压应力应按式(64)或式(65)计算：

对内压塔式容器：

$$\sigma_2+\sigma_3\leqslant[\sigma]_{cr} \quad\cdots\cdots(64)$$

对真空塔式容器：

$$\sigma_1+\sigma_2+\sigma_3\leqslant[\sigma]_{cr} \quad\cdots\cdots(65)$$

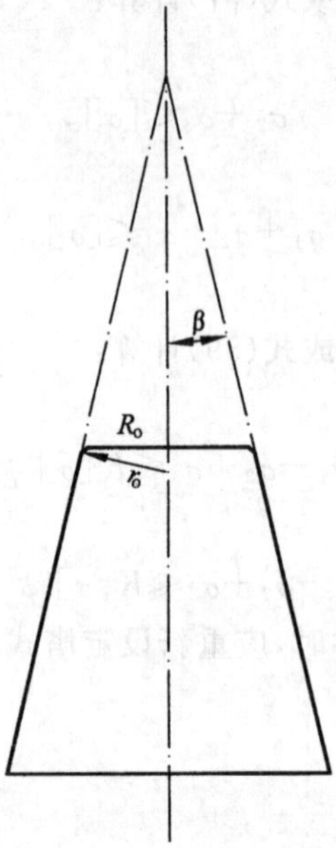

图17 锥壳曲率半径示意图

7.10.3 锥壳拉应力校核

锥壳最大组合拉应力应按式(58)或式(59)校核。

7.10.4 如不能满足7.10.2和7.10.3条件时,应重新设定塔式容器锥壳的有效厚度 δ_{ei},重复上述计算,直至满足要求。

7.11 耐压试验时应力校核

7.11.1 圆筒应力校核

7.11.1.1 圆筒应力

对选定的塔式容器各计算截面轴向应力应按式(66)～式(68)计算:

耐压试验压力引起的轴向应力:

$$\sigma_1=\frac{p_T D_i}{4\delta_{ei}} \quad \cdots\cdots(66)$$

重力引起的轴向应力:

$$\sigma_2=\frac{m_T^{I\text{-}I} g}{\pi D_i \delta_{ei}} \quad \cdots\cdots(67)$$

式中:

$m_T^{I\text{-}I}$——耐压试验时,塔式容器计算截面I-I以上的质量(只计入塔壳、内构件、偏心质量、保温层、扶梯及平台质量),kg。

弯矩引起的轴向应力:

$$\sigma_3=\frac{4(0.3M_w^{I\text{-}I}+M_e)}{\pi D_i^2 \delta_{ei}} \quad \cdots\cdots(68)$$

7.11.1.2 圆筒应力校核

耐压试验时,圆筒金属材料的许用轴向压应力应按式(69)确定:

$$[\sigma]_{cr}=\begin{cases}B\\0.9R_{eL}(或R_{p0.2})\end{cases}取其中较小值 \quad\cdots\cdots(69)$$

耐压试验时,圆筒的最大组合轴向应力应按式(70)～式(72)校核:

a) 圆筒轴向拉应力

液压试验时:

$$\sigma_1-\sigma_2+\sigma_3\leqslant 0.9R_{eL}(或R_{p0.2})\phi \quad\cdots\cdots(70)$$

气压试验或气液组合试验时:

$$\sigma_1-\sigma_2+\sigma_3\leqslant 0.8R_{eL}(或R_{p0.2})\phi \quad\cdots\cdots(71)$$

b) 圆筒轴向压应力

$$\sigma_2+\sigma_3\leqslant[\sigma]_{cr} \quad\cdots\cdots(72)$$

7.11.2 锥壳应力校核

7.11.2.1 锥壳应力

对选定的塔式容器锥壳各计算截面轴向应力应按式(73)～式(75)计算:

耐压试验压力引起的轴向应力:

$$\sigma_1=\frac{p_T D_{ih}}{4\delta_{ei}}\times\frac{1}{\cos\beta} \quad\cdots\cdots(73)$$

重力引起的轴向应力:

$$\sigma_2=\frac{m_T^{I\text{-}I}g}{\pi D_{ih}\delta_{ei}}\times\frac{1}{\cos\beta} \quad\cdots\cdots(74)$$

式中:

$m_T^{I\text{-}I}$——耐压试验时,塔式容器锥壳计算截面I-I以上的质量(只计入塔壳、内构件、偏心质量、保温层、扶梯及平台质量),kg。

弯矩引起的轴向应力:

$$\sigma_3=\frac{4(0.3M_w^{I\text{-}I}+M_e)}{\pi D_{ih}^2\delta_{ei}}\times\frac{1}{\cos\beta} \quad\cdots\cdots(75)$$

7.11.2.2 锥壳应力校核

耐压试验时,锥壳金属材料的许用轴向压应力应按式(76)确定:

$$[\sigma]_{cr}=\begin{cases}B\cos^2\beta\\0.9R_{eL}(或R_{p0.2})\end{cases}取其中较小值 \quad\cdots\cdots(76)$$

耐压试验时,锥壳的最大组合轴向应力应按式(77)～式(79)校核:

a) 锥壳轴向拉应力

液压试验时:

$$\sigma_1-\sigma_2+\sigma_3\leqslant 0.9R_{eL}(或R_{p0.2})\phi \quad\cdots\cdots(77)$$

气压试验或气液组合试验时:

$$\sigma_1-\sigma_2+\sigma_3\leqslant 0.8R_{eL}(或R_{p0.2})\phi \quad\cdots\cdots(78)$$

b) 锥壳轴向压应力

$$\sigma_2+\sigma_3\leqslant[\sigma]_{cr} \quad\cdots\cdots(79)$$

7.11.3 如不能满足上述条件时,应重新设定圆筒和锥壳的有效厚度 δ_{ei},重复上述计算,直至满足要求。

7.12 裙座壳轴向应力校核

7.12.1 裙座壳底截面

裙座壳底截面的组合应力应按式(80)和式(81)校核：

操作时：

$$\frac{1}{\cos\theta}\left(\frac{M_{max}^{0\text{-}0}}{Z_{sb}}+\frac{m_0 g+F_v^{0\text{-}0}}{A_{sb}}\right)\leqslant\begin{cases}KB\cos^2\theta\\K[\sigma]_s^t\end{cases}\text{取其中较小值} \quad \cdots\cdots\cdots\cdots (80)$$

其中 $F_v^{0\text{-}0}$ 仅在最大弯矩为地震弯矩参与组合时计入此项。

耐压试验时：

$$\frac{1}{\cos\theta}\left(\frac{0.3M_W^{0\text{-}0}+M_e}{Z_{sb}}+\frac{m_{max}g}{A_{sb}}\right)\leqslant\begin{cases}B\cos^2\theta\\0.9R_{eL}(\text{或}R_{p0.2})\end{cases}\text{取其中较小值} \quad \cdots\cdots\cdots\cdots (81)$$

7.12.2 裙座壳检查孔或较大管线引出孔(见图 18)h-h 截面

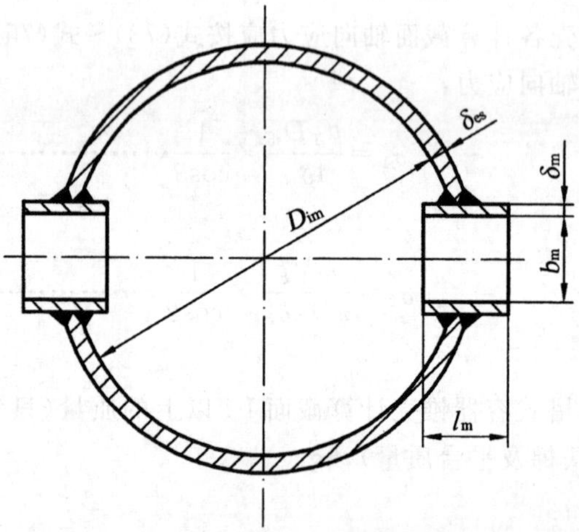

图 18 裙座壳检查孔或较大管线引出孔 h-h 截面示意图

裙座壳检查孔或较大管线引出孔 h-h 截面处组合应力应按式(82)和式(83)校核：

操作时：

$$\frac{1}{\cos\theta}\left(\frac{M_{max}^{h\text{-}h}}{Z_{sm}}+\frac{m_0^{h\text{-}h} g+F_v^{h\text{-}h}}{A_{sm}}\right)\leqslant\begin{cases}KB\cos^2\theta\\K[\sigma]_s^t\end{cases}\text{取其中较小值} \quad \cdots\cdots\cdots\cdots (82)$$

其中 $F_v^{h\text{-}h}$ 仅在最大弯矩为地震弯矩参与组合时计入此项。

耐压试验时：

$$\frac{1}{\cos\theta}\left(\frac{0.3M_w^{h\text{-}h}+M_e}{Z_{sm}}+\frac{m_{max}^{h\text{-}h}g}{A_{sm}}\right)\leqslant\begin{cases}B\cos^2\theta\\0.9R_{eL}(\text{或}R_{p0.2})\end{cases}\text{取其中较小值} \quad \cdots\cdots\cdots\cdots (83)$$

7.12.3 如不能满足上述条件时，应重新设定裙座壳有效厚度 δ_{es}，重复上述计算，直至满足要求。

7.13 地脚螺栓座

7.13.1 基础环设计：

a) 基础环内、外径(见图 19、图 20)可按式(84)、式(85)选取。

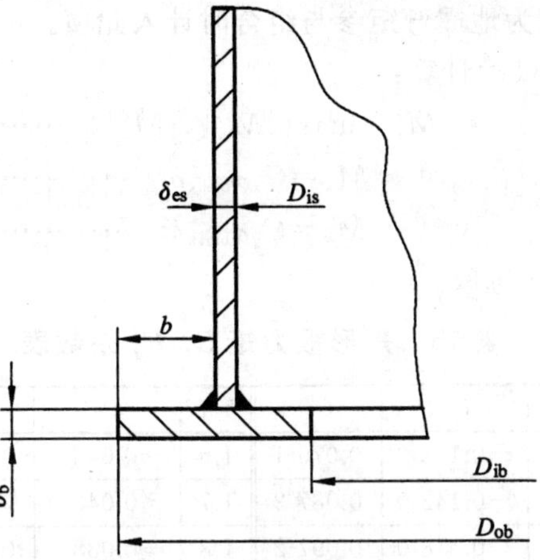

图 19　无筋板基础环

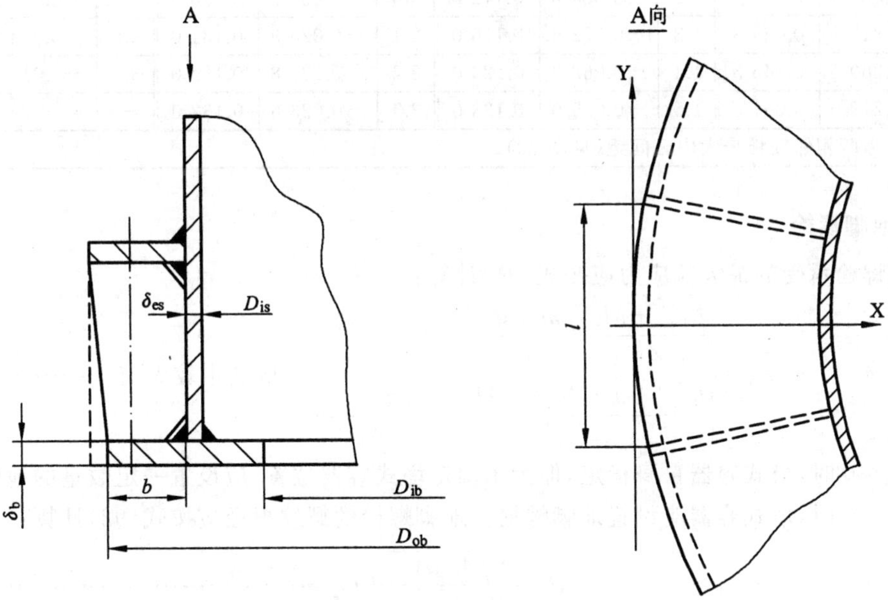

图 20　有筋板基础环

$$D_{ib}=D_{is}-(160\sim400) \qquad (84)$$

$$D_{ob}=D_{is}+(160\sim400) \qquad (85)$$

b)　基础环厚度在无筋板时应按式(86)计算,在有筋板时应按式(87)计算。

$$\delta_b=1.73b\sqrt{\sigma_{bmax}/[\sigma]_b} \qquad (86)$$

$$\delta_b=\sqrt{\frac{6M_s}{[\sigma]_b}} \qquad (87)$$

式中:

$$\sigma_{bmax}=\begin{cases}\dfrac{M_{max}^{0-0}}{Z_b}+\dfrac{m_o g+F_v^{0-0}}{A_b}\\[2ex]\dfrac{0.3M_w^{0-0}+M_e}{Z_b}+\dfrac{m_{max}g}{A_b}\end{cases}$$ 取其中较大值。

其中 F_v^{0-0} 仅在最大弯矩为地震弯矩参与组合时计入此项。

矩形板的计算力矩按式(88)计算：

$$M_s = \max\{|M_x|, |M_y|\} \quad\cdots\cdots (88)$$

$$M_x = C_x \sigma_{bmax} b^2 \quad\cdots\cdots (89)$$

$$M_y = C_y \sigma_{bmax} l^2 \quad\cdots\cdots (90)$$

其中系数 C_x、C_y 按表 15 选取。

表 15 矩形板力矩 C_x、C_y 系数表

b/l	C_x	C_y	b/l	C_x	C_y	b/l	C_x	C_y	b/l	C_x	C_y
0	−0.500 0	0	0.8	−0.173 0	0.075 1	1.6	−0.048 5	0.126 0	2.4	−0.021 7	0.132 0
0.1	−0.500 0	0.000 0	0.9	−0.142 0	0.087 2	1.7	−0.043 0	0.127 0	2.5	−0.020 0	0.133 0
0.2	−0.490 0	0.000 6	1.0	−0.118 0	0.097 2	1.8	−0.038 4	0.129 0	2.6	−0.018 5	0.133 0
0.3	−0.448 0	0.005 1	1.1	−0.099 5	0.105 0	1.9	−0.034 5	0.130 0	2.7	−0.017 1	0.133 0
0.4	−0.385 0	0.015 1	1.2	−0.084 6	0.112 0	2.0	−0.031 2	0.130 0	2.8	−0.015 9	0.133 0
0.5	−0.319 0	0.029 3	1.3	−0.072 6	0.116 0	2.1	−0.028 3	0.131 0	2.9	−0.014 9	0.133 0
0.6	−0.260 0	0.045 3	1.4	−0.062 9	0.120 0	2.2	−0.025 8	0.132 0	3.0	−0.013 9	0.133 0
0.7	−0.212 0	0.061 0	1.5	−0.055 0	0.123 0	2.3	−0.023 6	0.132 0	—	—	—
注：l 为两相邻筋板最大内侧间距(见图 20)。											

7.13.2 地脚螺栓

地脚螺栓承受的最大拉应力应按式(91)计算：

$$\sigma_B = \begin{cases} \dfrac{M_w^{0-0} + M_e}{Z_b} - \dfrac{m_{min} g}{A_b} \\ \dfrac{M_E^{0-0} + 0.25 M_w^{0-0} + M_e}{Z_b} - \dfrac{m_0 g - F_v^{0-0}}{A_b} \end{cases} \text{取其中较大值} \quad\cdots\cdots (91)$$

当 $\sigma_B \leqslant 0$ 时，塔式容器自身稳定，但为了固定塔式容器位置，应设置一定数量的地脚螺栓。

当 $\sigma_B > 0$ 时，塔式容器应设置地脚螺栓。地脚螺栓的螺纹根径应按式(92)计算：

$$d_1 = \sqrt{\frac{4\sigma_B A_b}{\pi n [\sigma]_{bt}}} + C_2 \quad\cdots\cdots (92)$$

7.13.3 筋板

筋板的压应力应按式(93)计算：

$$\sigma_G = \frac{F_1}{n_1 \delta_G l'_2} \quad\cdots\cdots (93)$$

筋板的许用压应力应按式(94)或式(95)计算：

当 $\lambda \leqslant \lambda_c$ 时：

$$[\sigma]_c = \frac{\left[1 - 0.4\left(\dfrac{\lambda}{\lambda_c}\right)^2\right][\sigma]_G}{v} \quad\cdots\cdots (94)$$

式中：

$v = 1.5 + \dfrac{2}{3}\left(\dfrac{\lambda}{\lambda_c}\right)^2$。

当 $\lambda > \lambda_c$ 时：

$$[\sigma]_c = \frac{0.277[\sigma]_G}{(\lambda/\lambda_c)^2} \quad \cdots\cdots (95)$$

筋板的压应力应满足 $\sigma_G \leqslant [\sigma]_c$。

7.13.4 盖板

7.13.4.1 分块盖板

分块盖板最大应力应按式(96)或式(97)计算：

无垫板时：

$$\sigma_z = \frac{F_1 l_3'}{(l_2' - d_3)\delta_c^2} \quad \cdots\cdots (96)$$

有垫板时：

$$\sigma_z = \frac{F_1 l_3'}{(l_2' - d_3)\delta_c^2 + (l_4' - d_2)\delta_z^2} \quad \cdots\cdots (97)$$

7.13.4.2 环形盖板

环形盖板的最大应力应按式(98)或式(99)计算：

无垫板时：

$$\sigma_z = \frac{3F_1 l_3'}{4(l_2' - d_3)\delta_c^2} \quad \cdots\cdots (98)$$

有垫板时：

$$\sigma_z = \frac{3}{4}\left[\frac{F_1 l_3'}{(l_2' - d_3)\delta_c^2 + (l_4' - d_2)\delta_z^2}\right] \quad \cdots\cdots (99)$$

盖板最大应力应等于或小于盖板材料的许用应力。盖板材料的许用应力按 5.2.4 选取。

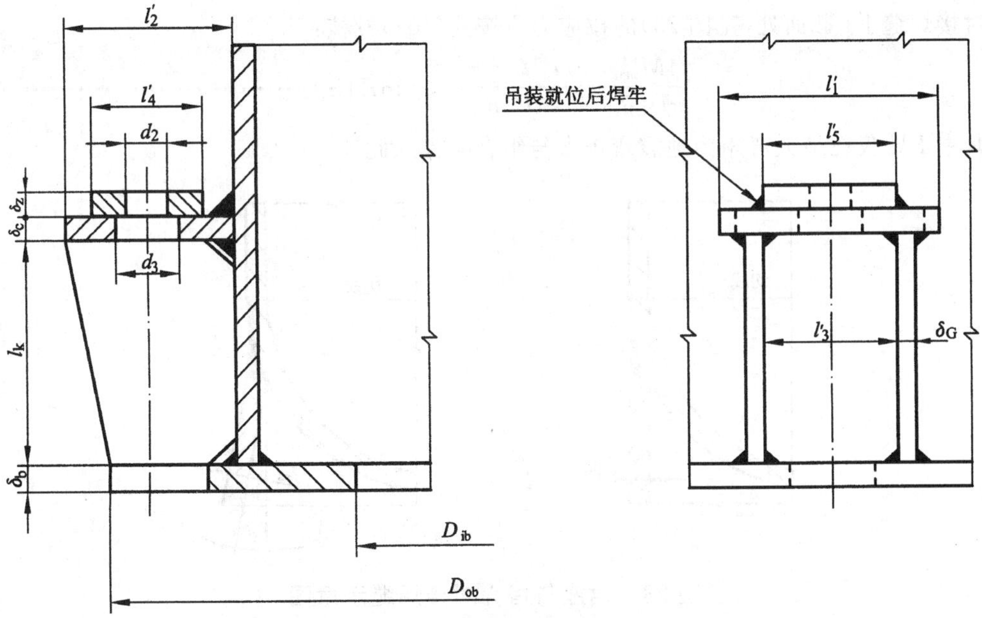

图 21 地脚螺栓座尺寸

7.14 裙座与塔壳连接焊缝

7.14.1 裙座与塔壳搭接焊缝

J-J 截面处搭接焊缝(见图 22)的剪应力应按式(100)和式(101)校核:

$$\frac{M_{max}^{J\text{-}J}}{Z_w}+\frac{m_0^{J\text{-}J}g+F_v^{J\text{-}J}}{A_w}\leqslant 0.8K[\sigma]_w^t \quad\cdots\cdots(100)$$

其中 $F_v^{J\text{-}J}$ 仅在最大弯矩为地震弯矩参与组合时计入此项。

$$\frac{0.3M_w^{J\text{-}J}+M_e}{Z_w}+\frac{m_{max}^{J\text{-}J}g}{A_w}\leqslant 0.72KR_{eL}(\text{或 }R_{p0.2})\quad\cdots\cdots(101)$$

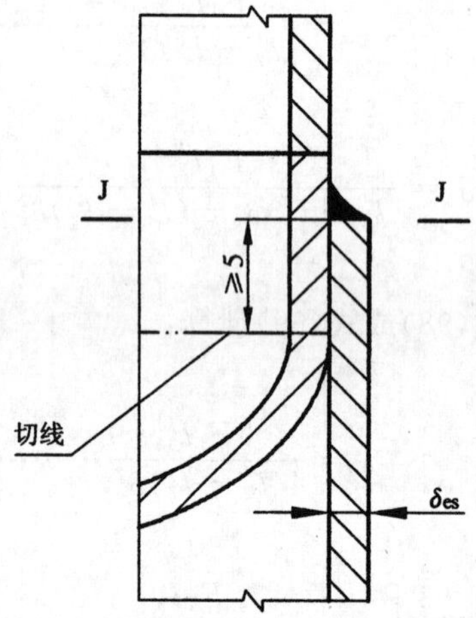

图 22 裙座与塔壳搭接焊缝示意图

7.14.2 裙座与塔壳的对接焊缝

对接焊缝 J-J 截面处(见图 23)的拉应力应按式(102)校核:

$$\frac{4M_{max}^{J\text{-}J}}{\pi D_{it}^2\delta_{es}}-\frac{m_o^{J\text{-}J}g-F_v^{J\text{-}J}}{\pi D_{it}\delta_{es}}\leqslant 0.6K[\sigma]_w^t \quad\cdots\cdots(102)$$

其中 $F_v^{J\text{-}J}$ 仅在最大弯矩为地震弯矩参与组合时计入此项。

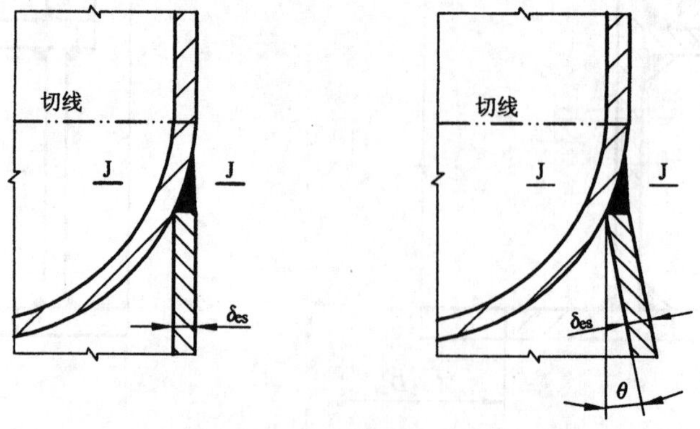

图 23 裙座与塔壳对接焊缝示意图

7.15 塔式容器法兰当量设计压力

塔壳各段采用法兰连接时,法兰应同时考虑内压、轴向力和外力矩的作用,其当量设计压力应按式(103)计算:

$$p_e=\frac{16M}{\pi D_G^3}+\frac{4F_z}{\pi D_G^2}+p_c \quad \cdots\cdots (103)$$

8 制造、检验与验收

8.1 本章规定了钢制塔式容器的外形尺寸偏差和分片、分段交货的塔式容器的技术要求,有关制造、检验和验收的其他要求应符合 GB 150.4 的有关规定。其他金属材料制塔式容器的制造、检验和验收要求按相关标准。

8.2 外形尺寸偏差应符合图 24 和表 16 的规定。

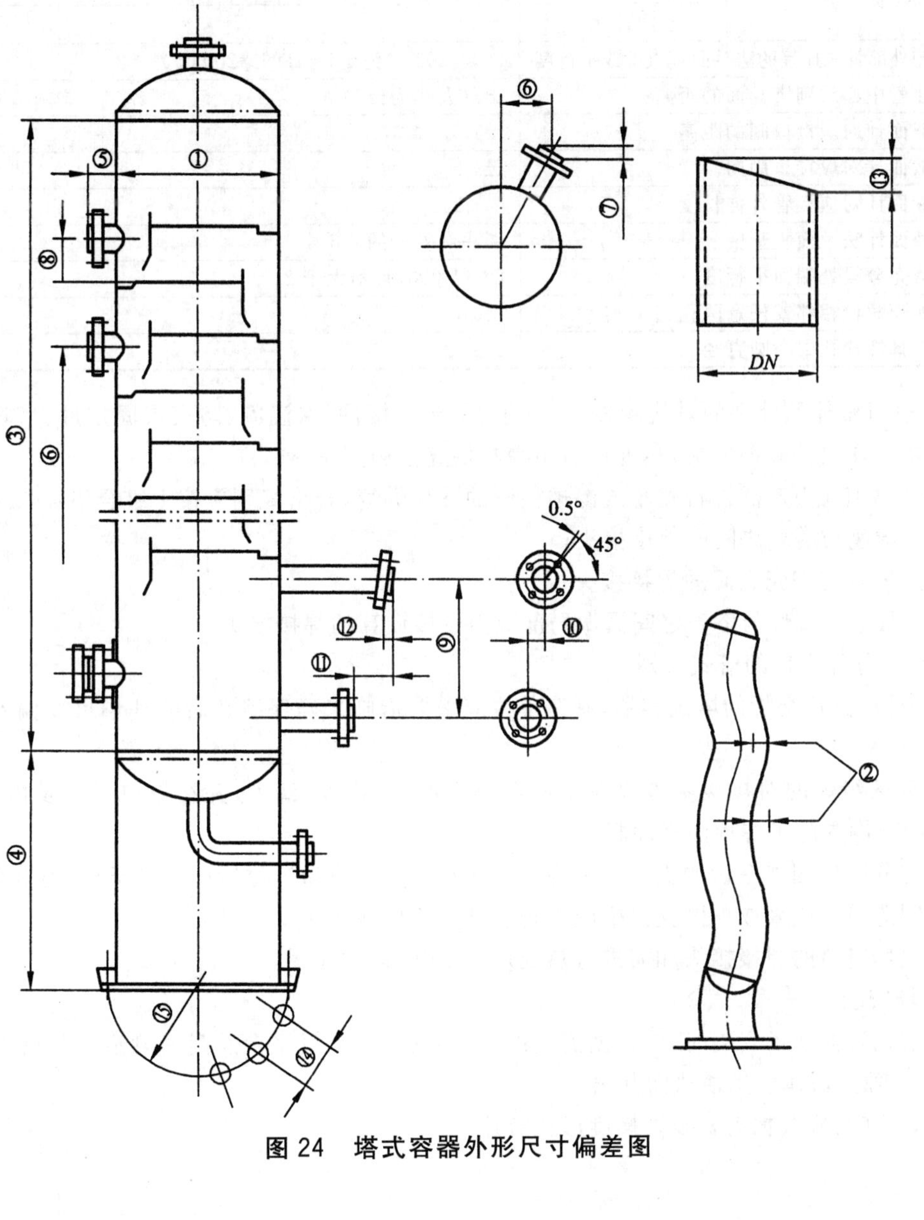

图 24 塔式容器外形尺寸偏差图

表 16　外形尺寸公差表　　单位为 mm

符号	检验项目		允许偏差
①	筒体圆度		按照 GB 150 相关规定
②	筒体直线度		1.任意 3 000 长度筒体直线度偏差≤3; 2.筒体总长度 L≤30 000 时,总偏差≤L/1 000;L>30 000 时,总偏差≤0.5L/1 000+15
③	上下两封头焊缝之间的距离		每长度为 1 000 时为±1.3,当 L≤30 000 时,不超过±20;L>30 000 时,不超过±40
④	基础环底面至塔釜封头与塔壳连接焊缝的距离		每长度 1 000 为±2.5,且不超过±6
⑤	接管法兰面至塔壳外壁距离		±2.5
⑥	设备开口中心标高及轴向位置	接管	±5
		人孔	±10
		液面计接口	±3
⑦	与外部管线连接的法兰面垂直度或平行度		DN≤200 时为±1.5;DN>200 时为±2.5
⑧	接管中心线到塔盘面的距离		±3(人孔为±6)
⑨	液面计对应接口间的距离		±1.5
⑩	液面计对应接口周向位置		±1.5
⑪	液面计对应接管外伸长度差		≤1.5
⑫	液面计法兰面垂直度		≤法兰外径的 0.5%
⑬	塔壳分段处端面平行度		DN/1 000,且不大于 2
⑭	地脚螺栓相邻或任意两孔弦长		±3
⑮	地脚螺栓孔中心圆直径		±3

8.3　需进行整体热处理的塔式容器,如梯子、平台连接件、保温圈、防火层固定件、吊耳等与塔壳的焊接应在热处理前完成,热处理后不得在塔壳上施焊。

8.4　按 GB 150 规定需进行磁粉或渗透检测的下列焊缝,合格级别应按Ⅰ级合格:

a)　裙座与塔壳之间的焊接接头;

b)　吊耳与塔壳之间的焊接接头;

c)　其他连接件与塔壳之间需做局部应力校核计算的焊接接头。

8.5　分段、分片交货的塔式容器

8.5.1　分段、分片交货的塔式容器,制造单位应采取措施来确保组装后的外形尺寸偏差应符合 8.2 规定。

8.5.2　现场组焊的对接接头坡口应由制造单位加工、检验、清理,并在坡口表面及内、外边缘 50 mm的范围内涂可焊性防锈涂料。

8.5.3　与分段处相邻塔盘的支持圈和降液板应在制造单位做定位标记,以便于现场组装。

8.5.4　制造单位应采取加固支撑措施以防止分段筒体在运输中变形。

8.5.5　现场组装的焊接接头如需进行热处理,应在图样中注明。

8.6　现场安装

8.6.1　塔式容器现场安装时,应根据需要设置独立的平台,且平台及附塔管道应与塔器同期安装,以防止独立塔体发生横风向共振。

8.6.2　必要时,应根据需要设置螺旋形扰流片。

附　录　A
(规范性附录)
符合性声明

本标准的制定遵循了国家颁布的压力容器安全法规所规定的安全基本要求，其设计准则、材料要求、制造、组焊、检验技术要求和验收标准均符合《固定式压力容器安全技术监察规程》(TSG R0004)的相应规定。本标准为协调标准，即按本标准要求建造的塔式容器可以满足《固定式压力容器安全技术监察规程》(TSG R0004)的安全基本要求。

附 录 B
(资料性附录)
塔式容器高振型计算

B.1 本附录给出了裙座自支承的塔式容器考虑高振型时的自振周期和地震弯矩的计算方法。

B.2 自振周期

把多自由度体系塔式容器沿轴向分成若干单元，且每个单元应具有连续分布的刚度和质量。

B.2.1 多自由度体系自由振动方程

$$[U_N]\{X_N\}^{(r-1)}=\lambda_N^{(r)}\{X_N\}^{(r)} \quad\cdots\cdots\text{(B.1)}$$

式中：

$[U_N]$——第 N 阶振型的动力矩阵；

$\{X_N\}$——第 N 阶振型的振型向量；

λ_N——第 N 阶振型的特征值；

$(r-1),(r)$——上标，迭代次数。

B.2.2 质量矩阵

每个单元的连续分布质量按静力等效原则分别集中于该单元的两端，一端点处相邻单元的集中质量应予叠加，如图 B.1 所示。

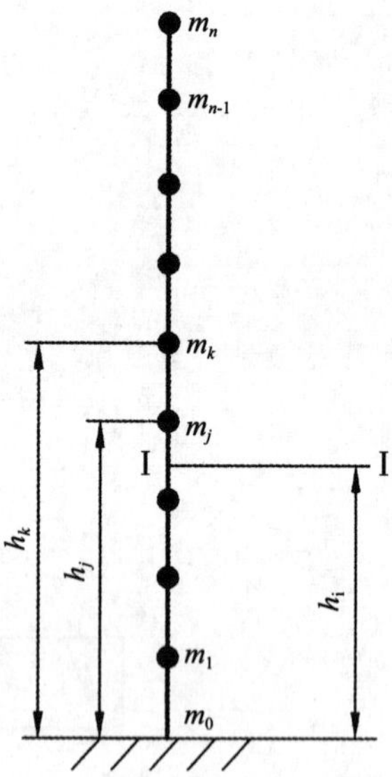

图 B.1 多自由度体系示意图

体系的质量矩阵如式(B.2)所示：

$$[m]=\begin{bmatrix} m_1 & & & & \\ & m_2 & & 0 & \\ & & m_j & & \\ & 0 & & m_{n-1} & \\ & & & & m_n \end{bmatrix} \quad\cdots\cdots\text{(B.2)}$$

式中:

[m]——质量矩阵;

m_j——第 j 质点的质量,$j=1,2,\cdots\cdots n$,kg。

B.2.3 柔度矩阵

体系的柔度矩阵如式(B.3)所示:

$$[\delta]=\begin{bmatrix}\delta_{11} & \delta_{12} & \cdots & \cdots & \cdots & \delta_{1n}\\ \delta_{21} & \delta_{22} & \cdots & \cdots & \cdots & \delta_{2n}\\ \vdots & \vdots & & & & \vdots\\ \vdots & \vdots & & \delta_{ij} & & \vdots\\ \vdots & \vdots & & & & \vdots\\ \delta_{n1} & \delta_{n2} & \cdots & \cdots & \cdots & \delta_{nn}\end{bmatrix} \quad\cdots\cdots\cdots\cdots(B.3)$$

式中:

[δ]——柔度矩阵;

δ_{ij}——柔度矩阵元素,即单位载荷作用于 i 点时在 j 点产生的位移,mm/N。

视塔式容器为底端固定的悬臂梁,不考虑地基的影响,用静力学的图乘法求取 δ_{ij},如图B.2所示。

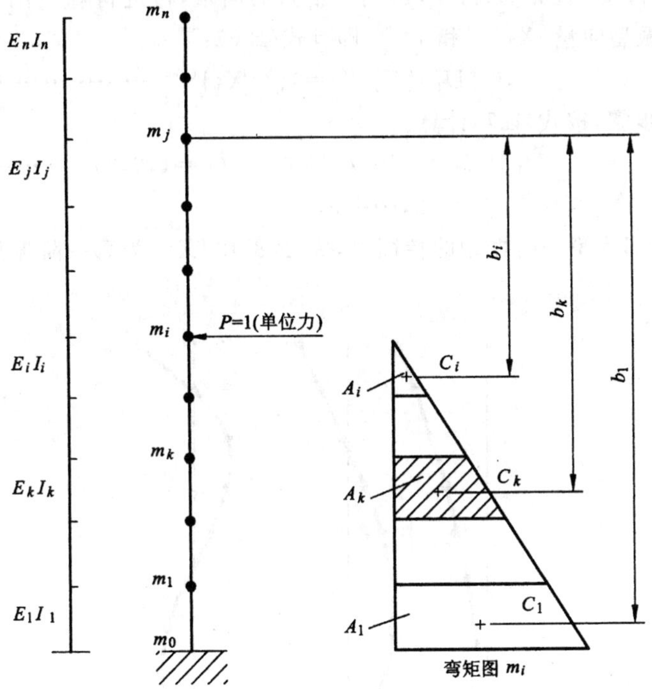

图 B.2 位移计算图

将单位力作用于悬臂梁的质点 m_i 上,画出弯矩图 M_i,再以质点 $m_k(k=1,2,\cdots,i)$ 所在位置,在弯矩图上划分出 i 个区段,得到1个三角形和 $(i-1)$ 个梯形,最后确定出这些图形的形心位置 $C_k(k=1,2,\cdots,i)$。

柔度矩阵元素应按式(B.4)计算:

$$\delta_{ij}=\delta_{ji}=\sum_{k=1}^{i}\frac{A_k b_k}{E_k^t I_k} \quad \cdots\cdots(B.4)$$

式中：

A_k——弯矩图 M_i 上的第 k 区段面积，mm^2；

b_k——形心 C_k 至质点 m_j 的距离，mm；

E_k^t——设计温度下第 k 单元材料的弹性模量，MPa；

I_k——第 k 单元的截面惯性矩，mm^4。

B.2.4 第一阶振型的特征值 λ_1：

a) 动力矩阵如式(B.5)所示：

$$[U_1]=[\delta][m]=\begin{bmatrix} m_1\delta_{11} & m_2\delta_{12} & \cdots & \cdots & m_n\delta_{1n} \\ m_1\delta_{21} & m_2\delta_{22} & \cdots & \cdots & m_n\delta_{2n} \\ \vdots & \vdots & & m_j\delta_{ij} & \vdots \\ \vdots & \vdots & & & \vdots \\ m_1\delta_{n1} & m_2\delta_{n2} & \cdots & \cdots & m_n\delta_{nn} \end{bmatrix} \quad \cdots\cdots(B.5)$$

b) 选取一个规一化的初始振型向量 $\{X_1\}^{(0)}$，即规定其中的元素 X_{1n} 为 1，根据第一阶振型的振幅可近似定出其他元素 $X_{1j}(j=1,2,\cdots,n-1)$；

c) 以动力矩阵 $[U_1]$ 左乘 $\{X_1\}^{(0)}$，得到一个新的向量，再进行规一化处理，就得到一个规一化后的振型向量 $\{X_1\}^{(1)}$ 和 $\lambda_1^{(1)}$，即有式(B.6)：

$$[U_1]\{X_1\}^{(0)}=\lambda_1^{(1)}\{X_1\}^{(1)} \quad \cdots\cdots(B.6)$$

d) 重复上述步骤，按式(B.7)计算：

$$[U_1]\{X_1\}^{(r-1)}=\lambda_1^{(r)}\{X_1\}^{(r)}(r=1,2,3) \quad \cdots\cdots(B.7)$$

直至 $|X_{1j}^{(r)}-X_{1j}^{(r-1)}|\leqslant 10^{-5}$，$j=1,2,\cdots\cdots,n$。

此时得到的 λ_1 即为第一阶振型的特征值，式(B.8)中 $\{X_1\}$ 为第一阶振型时的振型向量(见图 B.3)。

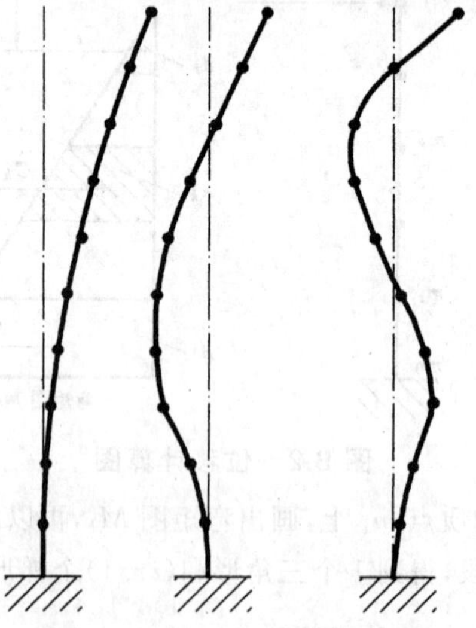

图 B.3 第一、二、三阶振型曲线

$$\{X_1\}=\begin{Bmatrix} X_{11} \\ X_{12} \\ \vdots \\ \vdots \\ X_{1n} \end{Bmatrix} \qquad \text{(B.8)}$$

B.2.5 第二阶振型的特征值 λ_2：

a) 动力矩阵如式(B.9)所示：

$$[U_2]=\begin{bmatrix} m_1\alpha_{11} & m_2\alpha_{12} & \cdots & m_{n-1}\alpha_{1,n-1} & 0 \\ m_1\alpha_{21} & m_2\alpha_{22} & \cdots & m_{n-1}\alpha_{2,n-1} & 0 \\ \vdots & \vdots & m_j\alpha_{ij} & \vdots & \vdots & \vdots \\ \vdots & \vdots & & \vdots & \vdots & \vdots \\ m_1\alpha_{n1} & m_2\alpha_{n2} & \cdots & m_{n-1}\alpha_{n,n-1} & 0 \end{bmatrix} \qquad \text{(B.9)}$$

其中 α_{ij} 按式(B.10)计算：

$$\alpha_{ij}=\delta_{ij}-\delta_{in}X_{1j}(i=1,2,\cdots\cdots,n;j=1,2,\cdots\cdots,n-1) \qquad \text{(B.10)}$$

b) 选取一个规一化的初始振型向量$\{X_2\}^{(0)}$，即规定其中的元素 X_{2n} 为 1，根据第二阶振型的振幅可近似定出其他元素 $X_{2j}(j=1,2,\cdots,n-1)$；

c) 以动力矩阵$[U_2]$左乘$\{X_2\}^{(0)}$，得到一个新的向量，再进行规一化处理，就得到一个规一化后的振型向量$\{X_2\}^{(1)}$和 $\lambda_2^{(1)}$，即有(式 B.11)：

$$[U_2]\{X_2\}^{(0)}=\lambda_2^{(1)}\{X_2\}^{(1)} \qquad \text{(B.11)}$$

d) 重复上述步骤，按式(B.12)计算：

$$[U_2]\{X_2\}^{(r-1)}=\lambda_2^{(1)}\{X_2\}^{(r)}(r=1,2,3) \qquad \text{(B.12)}$$

直至$|X_{2j}^{(r)}-X_{2j}^{(r-1)}|\leqslant 10^{-5}$，$j=1,2,\cdots\cdots,n$。

此时得到的 λ_2 即为第二阶振型的特征值，式(B.13)中$\{X_2\}$为第二阶振型时的振型向量(见图 B.3)。

$$\{X_2\}=\begin{Bmatrix} X_{21} \\ X_{22} \\ \vdots \\ \vdots \\ X_{2n} \end{Bmatrix} \qquad \text{(B.13)}$$

B.2.6 第三阶振型的特征值 λ_3：

a) 动力矩阵如式(B.14)所示：

$$[U_3]=\begin{bmatrix} m_1\beta_{11} & m_2\beta_{12} & \cdots & m_{n-2}\beta_{1,n-2} & 0 & 0 \\ m_1\beta_{21} & m_2\beta_{22} & \cdots & m_{n-2}\beta_{2,n-2} & 0 & 0 \\ & \cdots & m_j\beta_{ij} & \cdots & & \\ & & \vdots & & & \\ \vdots & \vdots & & & \vdots & \vdots \\ m_1\beta_{n1} & m_2\beta_{n2} & \cdots & m_{n-2}\beta_{n,n-2} & 0 & 0 \end{bmatrix} \qquad \text{(B.14)}$$

式中 β_{ij} 按式(B.15)计算：

$$\beta_{ij}=\alpha_{i,n-1}r_{ij} \quad \cdots\cdots \quad (B.15)$$

其中 r_{ij} 按式(B.16)计算:

$$r_{ij}=\frac{X_{1j}-X_{2j}}{X_{1,n-1}-X_{2,n-1}} \quad (i=1,2,3\cdots\cdots,n \quad j=1,2,3\cdots\cdots,n-2) \quad \cdots\cdots \quad (B.16)$$

b) 选取一个规一化的初始振型向量 $\{X_3\}^{(0)}$,即规定其中的元素 X_{3n} 为 1,根据第三阶振型的振幅可近似定出其他元素 $X_{3j}(j=1,2,\cdots,n-1)$;

c) 以动力矩阵 $[U_3]$ 左乘 $\{X_3\}^{(0)}$,得到一个新的向量,再进行规一化处理,就得到一个规一化后的振型向量 $\{X_3\}^{(1)}$ 和 $\lambda_3^{(1)}$,即有式(B.17):

$$[U_3]\{X_3\}^{(0)}=\lambda_3^{(1)}\{X_3\}^{(1)} \quad \cdots\cdots \quad (B.17)$$

d) 重复上述步骤,按式(B.18)计算:

$$[U_3]\{X_3\}^{(r-1)}=\lambda_3^{(r)}\{X_3\}^{(r)} \quad (r=1,2,3) \quad \cdots\cdots \quad (B.18)$$

直至 $|X_{3j}^{(r)}-X_{3j}^{(r-1)}|\leqslant 10^{-5}, j=1,2,\cdots\cdots,n$。

此时得到的 λ_3 即为第三阶振型的特征值,式(B.19)中 $\{X_3\}$ 为第三阶振型时的振型向量(见图 B.3)。

$$\{X_3\}=\begin{Bmatrix} X_{31} \\ X_{32} \\ \vdots \\ \vdots \\ X_{3n} \end{Bmatrix} \quad \cdots\cdots \quad (B.19)$$

B.3 地震弯矩计算

B.3.1 自振周期计算

第 $N(N=1,2,3)$ 阶振型的自振周期应按式(B.20)计算:

$$T_N=2\pi\sqrt{\lambda_N} \quad \cdots\cdots \quad (B.20)$$

式中:

T_N——第 N 阶振型的自振周期,s;

λ_N——第 N 阶的特征值。

B.3.2 水平地震力

第 $N(N=1,2,3)$ 阶振型时,在高度 h_k 处的集中质量 m_k 所引起的水平地震力应按式(B.21)计算,见图 B.1。

$$F_{Nk}=\alpha_N\eta_{Nk}m_k g \quad \cdots\cdots \quad (B.21)$$

式中:

F_{Nk}——k 质点处第 N 阶振型的水平地震力,N;

g——重力加速度,取 $g=9.81\ m/s^2$;

m_k——距地面高度 h_k 处的集中质量,kg;

α_N——第 N 阶振型时的地震影响系数,根据图 13 查取,取 $T=T_N$ 时查得的 α_N;

η_{Nk}——第 N 阶振型时的振型参与系数;按式(B.22)计算:

$$\eta_{Nk}=\frac{X_{Nk}\sum_{j=1}^{n}m_j X_{Nj}}{\sum_{j=1}^{n}m_j X_{Nj}^2} \quad \cdots\cdots \quad (B.22)$$

m_j——第 j 个质点的集中质量,kg;

X_{Nj}——第 N 阶振型向量中第 j 个元素的值,mm;

X_{Nk}——第 N 阶振型向量中第 k 个元素的值,mm。

B.3.3 地震弯矩

第 $N(N=1,2,3)$阶振型时,任意计算截面 I-I 处的地震弯矩按式(B.23)计算,见图 B.1:

$$M_{EN}^{I\text{-}I}=\sum_{k=1}^{n}F_{Nk}(h_k-h) \quad \cdots\cdots (B.23)$$

式中:

$M_{EN}^{I\text{-}I}$——计算截面 I-I 在第 N 阶振型时的地震弯矩,N·mm;

h——计算截面 I-I 距地面的高度,mm;

h_k——计算截面 I-I 以上集中质量 m_k 距地面高度,mm。

B.3.4 组合弯矩

由于第三阶振型以上各阶振型对塔式容器的影响甚微,可不考虑。工程上计算组合弯矩时一般只计算前三个振型的地震弯矩即可。

计算截面 I-I 处的组合地震弯矩应按式(B.24)计算:

$$M_E^{I\text{-}I}=\sqrt{(M_{E1}^{I\text{-}I})^2+(M_{E2}^{I\text{-}I})^2+(M_{E3}^{I\text{-}I})^2} \quad \cdots\cdots (B.24)$$

式中:

$M_{E1}^{I\text{-}I}$——计算截面 I-I 处第一阶振型的地震弯矩,N·mm;

$M_{E2}^{I\text{-}I}$——计算截面 I-I 处第二阶振型的地震弯矩,N·mm;

$M_{E3}^{I\text{-}I}$——计算截面 I-I 处第三阶振型的地震弯矩,N·mm。

附 录 C
(资料性附录)
塔式容器挠度计算

C.1 符号说明

$$A_1=\sum_{j=1}^{n}\frac{H'_j}{I_j}-\sum_{j=2}^{n}\frac{H'_j}{I_{j-1}};$$

$$A_2=\sum_{j=1}^{n}\frac{H'^2_j}{I_j}-\sum_{j=2}^{n}\frac{H'^2_j}{I_{j-1}};$$

$$A_3=\sum_{j=1}^{n}\frac{H'^3_j}{I_j}-\sum_{j=2}^{n}\frac{H'^3_j}{I_{j-1}};$$

$$B_1=\sum_{i=1}^{m}\frac{h_i^3}{I_i}-\sum_{i=2}^{m}\frac{h_i^3}{I_{i-1}};$$

$$B_2=\sum_{i=1}^{m}\frac{h_i^4}{I_i}-\sum_{i=2}^{m}\frac{h_i^4}{I_{i-1}};$$

D_{ei}——第 i 段塔式容器有效直径,mm;

D_i——塔式容器内径,mm;

E^t——材料在设计温度下的弹性模量,MPa;

H——塔式容器的总高度(见图 C.1),mm;

H_i——塔式容器顶部距第 i 段底截面的距离(见图 C.2),mm;

H'_j——均布载荷底边至第 j 段底截面的距离(见图 C.3),mm;

h_i——在均布载荷作用区内各段底截面至载荷作用区顶面距离(见图 C.3);

K_1——体形系数,取 $K_1=0.7$;

m——塔体在载荷作用区内分段数;

n——塔体在载荷作用区外分段数;

P_i——塔式容器第 i 段顶截面处单位长度的风载荷,N/mm;

$$P_i=K_1 f_i q_0 D_{ei}\times 10^{-6} \qquad \text{(C.1)}$$

P_0——距地面 10 m 高度处单位长度的风载荷,N/mm;

$$P_0=K_1 q_0 D_{ei}\times 10^{-6} \qquad \text{(C.2)}$$

P_t——塔式容器顶部单位长度的风载荷,N/mm;

$$P_t=K_1 f_t q_0 D_{ei}\times 10^{-6} \qquad \text{(C.3)}$$

I——塔式容器截面惯性矩,mm^4;

$$I=\frac{\pi}{8}(D_i+\delta_{ei})^3\delta_{ei} \qquad \text{(C.4)}$$

I_i——塔式容器第 i 段截面惯性矩(见图 C.2),mm^4;

I'_i——均布载荷作用于塔中部或上部时塔式容器第 i 段截面惯性矩(见图 C.3),mm^4;

a——塔式容器顶部距均布载荷作用区顶截面的距离,mm;

f_i——第 i 段顶截面处风压高度变化系数,见表 10;

f_t——顶部风压高度变化系数,按表 10 选取;

q_0——基本风压值。各地区的基本风压值见 GB 50009 中有关规定,但应不小于 300 N/m^2;

l_i——塔式容器第 i 段的长度,mm;

Y——塔式容器顶部挠度,mm;

δ_{ei}——第 i 段的有效厚度,mm;

δ_{ej}——第 j 段的有效厚度,mm。

C.2 挠度计算

等直径等壁厚的塔式容器顶部挠度(见图 C.1)应按式(C.5)计算:

$$Y=\left[\frac{11\times(P_t-P_0)}{120}+\frac{P_0}{8}\right]\frac{H^4}{E^tI} \quad\cdots\cdots\cdots\cdots(C.5)$$

等直径不等厚度塔式容器顶部挠度(见图 C.2)应按式(C.6)计算:

$$Y=\left[\frac{11\times(P_t-P_0)}{120E^t}+\frac{P_0}{8E^t}\right]\times\left[\sum_{i=1}^{n}\frac{H_i^4}{I_i}-\sum_{i=2}^{n}\frac{H_i^4}{I_{i-1}}\right] \quad\cdots\cdots\cdots\cdots(C.6)$$

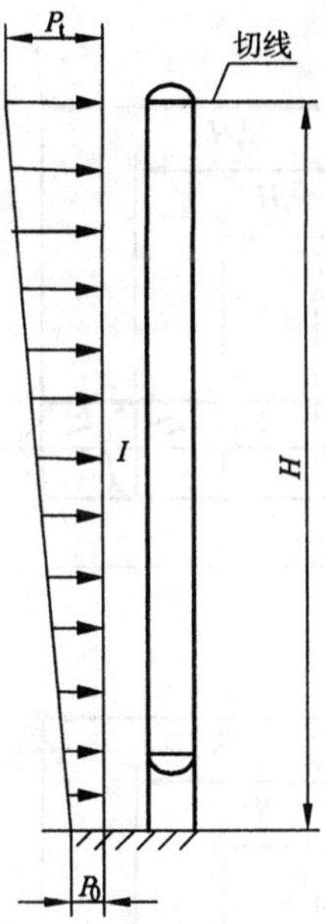

图 C.1 等直径等壁厚塔式容器挠度计算图

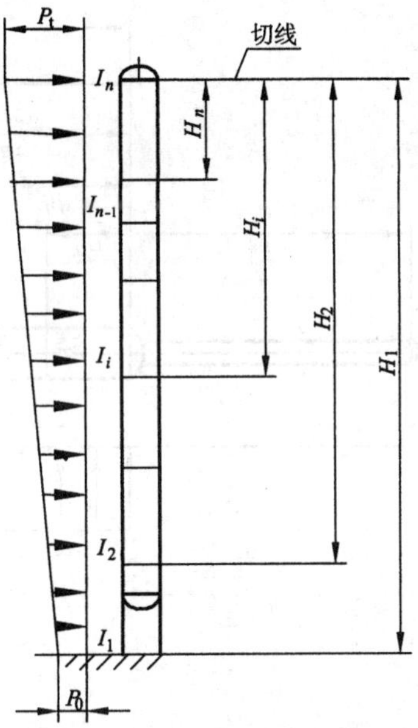

图 C.2 等直径不等壁厚塔式容器挠度计算图

不等直径、不等厚度塔式容器顶部挠度(见图 C.3)应按式(C.7)计算:

$$Y=Y_1+Y_2+Y_3 \quad\cdots\cdots\cdots\cdots(C.7)$$

式中:

$$Y_1=\frac{P_1}{8E^t}\left[B_2+\frac{4\times(H-h_1)B_1}{3}\right];$$

$$Y_2=\frac{P_2}{8E^t}\left(B_2+\frac{4a}{3}B_1\right)+\frac{P_2h_1}{12E^t}[4A_3+3\times(3h_1+2a)A_2+6h_1(h_1+a)A_1];$$

$$Y_3=\frac{P_3B_2}{8E^t}+\frac{P_3h_1}{12E^t}(4A_3+9h_1A_2+6h_1^2A_1)。$$

若仅有一次变直径,则令 $Y_2=0$。

C.3 塔式容器顶部挠度控制值

塔式容器顶部挠度控制值按工程设计要求确定。

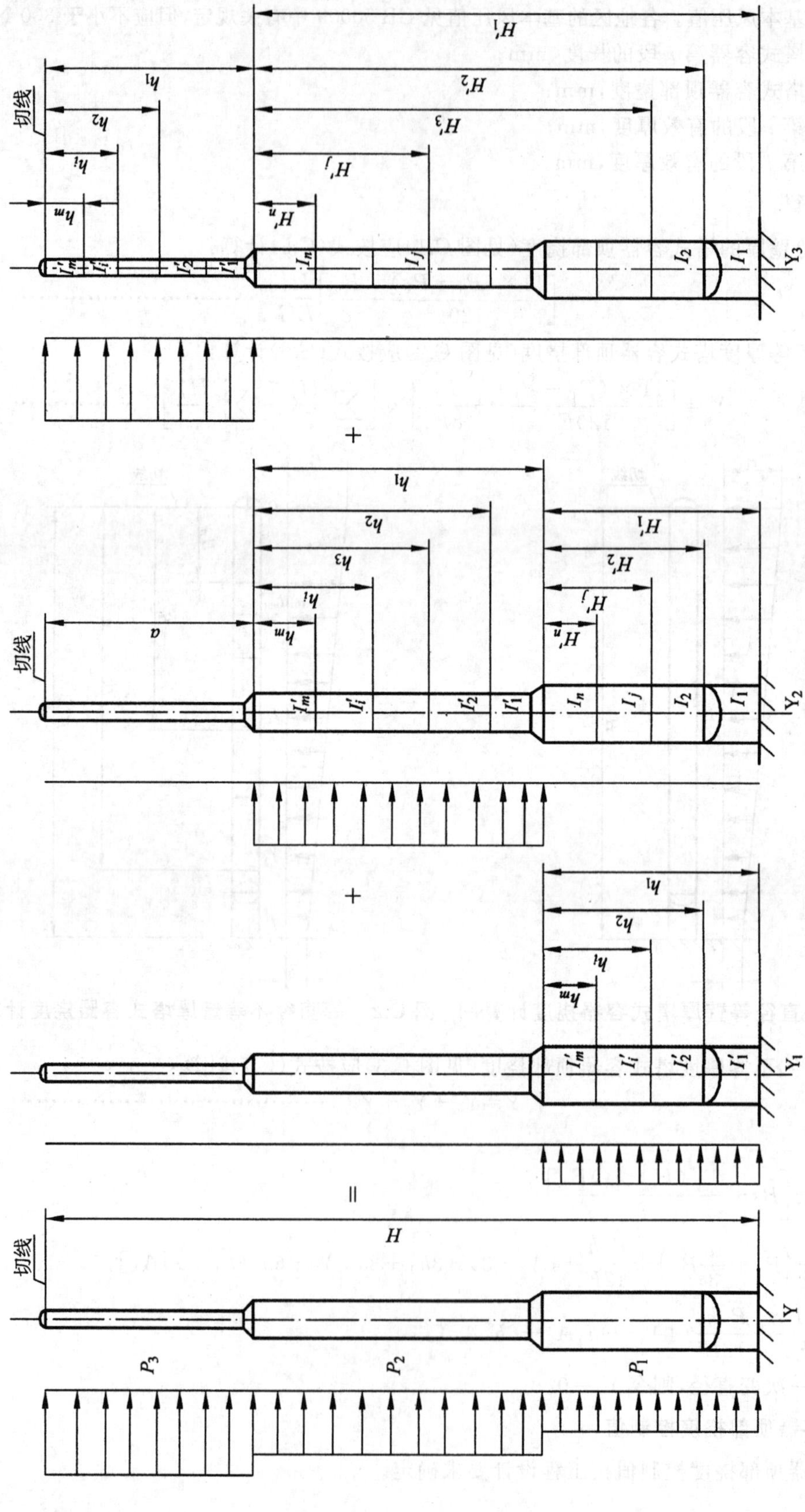

图 C.3 不等直径不等壁厚塔式容器挠度计算图

附 录 D
(资料性附录)
计算数据

D.1 质量参考值见表 D.1。

表 D.1 质量参考值

名称	笼式扶梯	开式扶梯	钢制平台	圆泡罩塔盘	条形泡罩塔盘
单位质量	40 kg/m	(15～24)kg/m	150 kg/m^2	150 kg/m^2	150 kg/m^2
名称	舌形塔盘	筛板塔盘	浮阀塔盘	塔盘充液重	—
单位质量	75 kg/m^2	65 kg/m^2	75 kg/m^2	70 kg/m^2	—

D.2 当量直径参考值如下：

笼式扶梯：K_3＝400 mm；

操作平台：K_4＝600 mm。

附 录 E
(资料性附录)
地震载荷的底部剪力法

E.1 本附录给出了采用底部剪力法时地震载荷的计算方法。

E.2 自振周期

基本自振周期按式(E.1)计算。

$$T_1 = 0.56 + 0.40 \times 10^{-3} \frac{H^2}{D} \quad \cdots\cdots (E.1)$$

E.3 水平地震力

当采用底部剪力法时,设备水平地震力计算简图可按图 E.1。

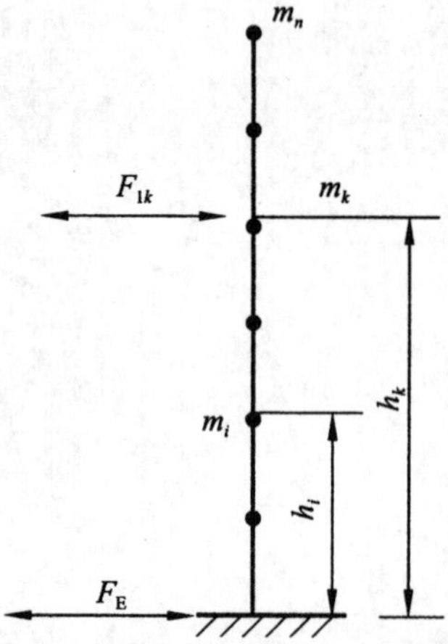

图 E.1 设备水平地震力计算简图

设备基本自振周期,按第 7 章规定确定地震影响系数。

设备总水平地震力,应按式(E.2)、式(E.3)确定:

$$F_E = 0.85 a_1 m_o g \quad \cdots\cdots (E.2)$$

$$F_{1k} = \frac{m_k h_k}{\sum_{i=1}^{n} m_i h_i} F_E (k = 1, 2 \cdots\cdots n) \quad \cdots\cdots (E.3)$$

式中:

F_E——设备总水平地震力,N;

m_i、m_k——分别为集中于质点 i、k 的操作状态下的质量为 kg;

h_i、h_k——分别为质点 i、k 的计算高度为 mm;

n——质点数;

α_1——相应于设备基本自振周期的水平地震影响系数。

E.4 地脚螺栓剪应力

当设备总水平地震力大于底板与基础间的静摩擦力($F_E > m_o g f$)时,由地震力引起的地脚螺栓剪应力按式(E.4)计算:

$$\tau_B=\frac{F_E}{n'A_{bt}} \quad \cdots\cdots (E.4)$$

式中：

f——底板与基础间的静摩擦系数(钢-钢，$f=0.3$；钢-水泥，$f=0.4$)；

n'——承受剪应力的地脚螺栓个数(可按地脚螺栓个数的85%并圆整至整数)。

ICS 23.020.10
J 74

NB

中华人民共和国能源行业标准

NB/T 47042—2014
代替 JB/T 4731—2005

卧 式 容 器

Horizontal vessels on saddle supports

2014-06-29 发布　　2014-11-01 实施

国 家 能 源 局 发布

前　　言

本标准按 GB/T 1.1—2009《标准化工作导则　第1部分:标准的结构和编写》给出的规则起草。

本标准代替 JB/T 4731—2005《钢制卧式容器》,与 JB/T 4731—2005 相比,主要变化如下:

——增加了引言;

——适用范围增加了有色金属制卧式容器;

——增加了规范性附录"符合性声明";

——增加资料性附录"非对称设置双鞍座卧式容器的强度与稳定性校核计算";

——增加资料性附录"对称设置三鞍座卧式容器的强度与稳定性校核计算";

——相关技术内容按照 TSG R0004—2009《固定式压力容器安全技术监察规程》、GB 150.1～150.4《压力容器》的要求进行了调整。

本标准由全国锅炉压力容器标准化技术委员会(SAC/TC 262)提出并归口。

本标准起草单位:中国特种设备检测研究院、全国化工设备设计技术中心站、华陆工程科技有限责任公司、中国石化工程建设有限公司、中国寰球工程公司、中国天辰工程公司、甘肃蓝科石化高新装备股份有限公司。

本标准主要起草人:陈朝晖、秦叔经、杨国义、李世玉、尹立军、段瑞、王新京、张迎恺、刘福录、黄正林、张学恭、曲建平、常平江、邹建东。

本标准由全国锅炉压力容器标准化技术委员会(SAC/TC 262)负责解释。

本标准所代替标准的历次版本发布情况:

——GB 150—1989《钢制压力容器》第8章;

——JB/T 4731—2005。

引　言

本标准是全国锅炉压力容器标准化技术委员会(以下简称“委员会”)负责制定和归口的通用技术标准之一,用以规范在中国境内建造或使用的卧式容器设计、制造、检验和验收的相关技术要求。

本标准的技术条款包括了卧式容器建造过程(即指设计、制造、检验和验收工作)中应遵循的推荐性条款。由于本标准没有必要、也不可能囊括适用范围内卧式容器建造中的所有技术细节,因此,在满足法规所规定的基本安全要求的前提下,不应禁止本标准中没有特别提及的技术内容。本标准不能作为具体卧式容器建造的技术手册,亦不能替代培训、工程经验和工程评价。工程评价是指由知识渊博、娴于规范应用的技术人员所做出针对具体产品的技术评价。工程应用一旦采用了本标准,其工程评价应符合本标准的相关技术要求,不得违反本标准中的禁止性条款。

本标准不限制实际工程设计和建造中采用先进的技术方法,但工程技术人员采用先进的技术方法时应能做出可靠的判断,确保其满足本标准的基本安全要求,特别是关于强度、稳定性计算公式等的设计规定。

本标准规定的技术方法和技术要求不涉及任何专利。但注意本标准的工程应用可能会涉及特定专利,本标准的发布机构不承担识别这些专利的责任。

本标准既不要求也不禁止设计人员使用计算机程序实现压力容器的分析或设计,但采用计算机程序进行分析或设计时,除应满足本标准要求外,还应确认:

1) 所采用程序中技术假定的合理性;

2) 所采用程序对设计内容的适应性;

3) 所采用程序输入参数及输出结果用于工程设计的正确性。

对于标准技术条款的询问应以书面形式向委员会秘书处提交,并有义务提供可能需要的资料。与标准条款没有直接关系或不能被理解的询问将视为技术咨询的范畴,委员会有权拒绝回答。

对于未经委员会书面授权或认可的其他机构对标准的宣贯或解释所产生的理解歧义和由此产生的任何后果,委员会将不承担任何责任。

卧式容器

1 范围

1.1 本标准规定了金属制卧式容器(以下简称容器)的设计、制造、检验和验收等要求。

1.2 本标准适用的设计压力

1.2.1 钢制容器设计压力不大于 35 MPa。

1.2.2 其他金属材料制容器按相应引用标准的规定。

1.3 本标准适用的设计温度范围

1.3.1 设计温度范围:－269℃～900℃。

1.3.2 容器的设计温度按本标准相应引用标准中列入材料的允许使用温度确定。

1.4 本标准适用的结构形式

1.4.1 承受均布载荷和附加载荷的双鞍座支承的卧式容器。

1.4.2 承受均布载荷的对称布置的三鞍座支承的卧式容器。

1.4.3 本标准适用范围内的特定结构容器以及铝、钛、铜、镍及镍合金、锆制容器,其结构形式和适用范围还应满足下述标准的相应要求:

a) JB/T 4734《铝制焊接容器》;

b) JB/T 4745《钛制焊接容器》;

c) JB/T 4755《铜制压力容器》;

d) JB/T 4756《镍及镍合金制压力容器》;

e) NB/T 47011《锆制压力容器》。

1.5 不适用本标准的容器

1.5.1 《移动式压力容器安全技术监察规程》管辖的容器。

1.5.2 核能装置中存在中子辐射损伤失效风险的容器。

1.5.3 直接火焰加热的容器。

1.5.4 搪玻璃容器和制冷空调行业中另有国家标准或行业标准的容器。

1.5.5 带夹套的容器。

1.6 容器界定范围

1.6.1 容器与外部管道连接:

a) 焊接连接的第一道环向接头坡口端面;

b) 螺纹连接的第一个螺纹接头端面;

c) 法兰连接的第一个法兰密封面;

d) 专用连接件或管件连接的第一个密封面。

1.6.2 接管、人孔、手孔等的承压封头、平盖及其紧固件。

1.6.3 非受压元件与受压元件的连接焊缝。

1.6.4 直接连接在容器上的非受压元件如鞍式支座、支座加强圈等。

1.6.5 容器的超压泄放装置。

2 规范性引用文件

下列文件对于本文件的应用是必不可少的。凡是注日期的引用文件,仅注日期的版本适用于本文件。凡是不注日期的引用文件,其最新版本(包括所有的修改单)适用于本文件。

GB 150.1 压力容器 第1部分:通用要求
GB 150.2 压力容器 第2部分:材料
GB 150.3 压力容器 第3部分:设计
GB 150.4 压力容器 第4部分:制造、检验和验收
GB/T 700 碳素结构钢
GB/T 1591 低合金高强度结构钢
GB/T 1804—2000 一般公差 未注公差的线性和角度尺寸的公差
JB/T 4712.1 容器支座 第1部分:鞍式支座
JB/T 4734 铝制焊接容器
JB/T 4745 钛制焊接容器
JB/T 4755 铜制压力容器
JB/T 4756 镍及镍合金制压力容器
NB/T 47002(所有部分) 压力容器用爆炸焊接复合板
NB/T 47003.1 钢制焊接常压容器
NB/T 47011 锆制压力容器
TSG R0004 固定式压力容器安全技术监察规程

3 术语和定义

GB 150.1 界定的术语和定义适用于本标准。

4 通用要求

4.1 通则

4.1.1 容器的设计、制造、检验和验收除应符合本标准规定外,还应遵守国家颁布的有关法律、法规和安全技术规范。

4.1.2 容器的设计、制造单位应建立健全的质量管理体系并有效运行。

4.1.3 《固定式压力容器安全技术监察规程》管辖范围内的压力容器设计和制造应接受特种设备安全监察机构的监察。

4.2 资质与职责

4.2.1 资质

4.2.1.1 《固定式压力容器安全技术监察规程》管辖范围内的压力容器,其设计单位应持有相应特种设备设计许可证,制造单位应持有相应特种设备制造许可证。

4.2.1.2 常压卧式容器的设计、制造单位的资质要求应符合 NB/T 47003.1 的有关规定。

4.2.2 职责

4.2.2.1 用户或设计委托方的职责

容器的用户或设计委托方应当以正式书面形式向设计单位提出容器设计条件,其中至少包

含以下内容：

a） 容器设计所依据的主要标准和规范；

b） 操作参数(包括工作压力、工作温度范围、交变载荷条件、液位高度、接管载荷等)；

c） 容器使用地及自然条件(包括环境温度、抗震设防烈度、风和雪载荷等)；

d） 介质组分与特性；

e） 预期使用年限；

f） 几何参数和管口方位；

g） 设计需要的其他必要条件。

4.2.2.2 设计单位的职责：

a） 设计单位应对设计文件的正确性和完整性负责；

b） 设计文件中至少应包括强度计算书、设计图样、制造技术条件、风险评估报告(相关法规或设计委托方要求时)，必要时还应包括安装与使用维修说明书；

c） 《固定式压力容器安全技术监察规程》管辖范围内压力容器的设计总图应盖有特种设备设计许可印章；

d） GB 150.1 适用范围内的压力容器，设计单位应在容器设计使用年限内保存全部容器设计文件。

4.2.2.3 制造单位的职责：

a） 制造单位应按照设计文件要求进行制造，如需对原设计进行修改，应当取得原设计单位同意修改的书面文件，并且对改动部位作出详细记载；

b） 制造单位在容器制造前应制定完善的质量计划，其内容至少应包括容器或元件的制造工艺控制点、检验项目和合格指标；

c） 制造单位的检查部门在容器制造过程中和完工后，应按本标准、图样和质量计划的规定对容器进行各项检验和试验，出具相应报告，并对报告的正确性和完整性负责；

d） 制造单位在检验合格后，出具产品质量合格证；

e） GB 150.1 适用范围内的容器，每台容器产品应在容器设计使用年限内至少保存下列技术文件备查：

1） 质量计划；

2） 制造工艺图或制造工艺卡；

3） 产品质量证明文件；

4） 容器的焊接工艺和热处理工艺文件；

5） 标准中允许制造厂选择的检验、试验项目记录；

6） 容器制造过程中及完工后的检查、检验、试验记录和报告；

7） 容器的原设计图和竣工图；

f） 常压卧式容器制造单位的职责按 NB/T 47003.1 的规定。

4.3 设计一般规定

4.3.1 载荷

设计时应考虑以下载荷以及载荷的组合：

a） 内压、外压或最大压差；

b） 液柱静压力，当液柱静压力小于设计压力的 5%时，可忽略不计；

c) 支座的反作用力；

d) 容器自重(包括内件等)以及正常工作条件下或耐压试验状态下内装介质的重力载荷；

e) 地震载荷；

需要时，还应考虑下列载荷：

f) 附属设备及隔热材料、衬里、管道、扶梯、平台等重力载荷；

g) 风载荷、雪载荷；

h) 连接管道和其他部件的作用力；

i) 温度梯度或热膨胀量不同引起的作用力；

j) 冲击载荷包括压力急剧波动的冲击载荷、流体冲击引起的反力等；

k) 在运输或吊装时的作用力。

4.3.2 设计压力和计算压力的确定

4.3.2.1 设计压力的取值应不小于工作压力。

4.3.2.2 容器装有超压泄放装置时，应按 GB 150.1 中的相应规定确定设计压力。

4.3.2.3 对于盛装液化气体的容器，如果具有可靠的保冷设施，在规定的装置系数范围内，设计压力应根据工作条件下容器内介质可能达到的最高温度确定；否则按相关法规确定。

4.3.2.4 真空容器的设计压力按承受外压考虑。当装有安全控制装置(如真空泄放阀)时，设计压力取 1.25 倍的最大内外压力差或 0.1 MPa 两者中的低值；当无安全控制装置时，取0.1 MPa。

4.3.2.5 由 2 个或 2 个以上压力室组成的容器，应分别确定各压力室的设计压力。确定共用元件的计算压力时，应考虑相邻室之间的最大压力差。

4.3.2.6 对于承受外压载荷的容器元件，确定计算压力时应考虑在正常工作情况下可能出现的最大内外压力差。

4.3.3 设计温度的确定

4.3.3.1 设计温度不得低于元件金属在工作状态可能达到的最高温度。对于 0℃以下的金属温度，设计温度不应高于元件金属可能达到的最低温度。

4.3.3.2 当容器各部分在工作状态下的金属温度不同时，可分别设定每部分的设计温度。

4.3.3.3 元件的金属温度通过以下方法确定：

a) 可用传热计算求得；

b) 在已使用的同类容器上测定；

c) 根据容器内部介质温度并结合外部条件确定。

4.3.3.4 在确定最低设计金属温度时，应当充分考虑在运行过程中，大气环境低温条件对容器壳体金属温度的影响。大气环境低温条件系指历年来月平均最低气温(指当月各天的最低气温值之和除以当月天数)的最低值。

4.3.3.5 对有不同工况的容器，应按最苛刻的工况设计，必要时还需考虑不同工况的组合，并在图样或相应技术文件中注明各工况的操作条件和设计条件下的压力和温度值。

4.3.4 厚度附加量

厚度附加量按式(1)确定：

$$C = C_1 + C_2 \qquad (1)$$

式中：

C——厚度附加量，mm；

C_1——材料厚度负偏差,mm;

C_2——腐蚀裕量,mm。

4.3.4.1 材料厚度负偏差

板材或管材的厚度负偏差按相应材料标准规定。

4.3.4.2 腐蚀裕量

为防止容器元件由于腐蚀、机械磨损而导致厚度削弱减薄,应考虑腐蚀裕量。具体规定如下:

a) 对有均匀腐蚀或磨损的元件,应根据预期的容器设计使用年限和介质对金属材料的腐蚀速率(及磨损速率)确定腐蚀裕量;

b) 容器各元件受到的腐蚀程度不同时,可采用不同的腐蚀裕量;

c) 介质为压缩空气、水蒸气或水的碳素钢或低合金钢制容器,腐蚀裕量不小于 1 mm。

4.3.5 壳体加工成形后不包括腐蚀裕量的最小厚度:

a) 碳素钢、低合金钢制容器,不小于 3 mm;

b) 高合金钢制容器,一般应不小于 2 mm;

c) 其他金属制容器按相应标准的规定。

4.3.6 容器元件的名义厚度和最小成形厚度一般应标注在设计图样上。

4.4 许用应力

4.4.1 压力容器的受压元件和螺栓材料在不同温度下的许用应力按 GB 150.2 和相应引用标准规定选取。常压卧式容器材料的许用应力按 NB/T 47003.1 确定。

4.4.2 设计温度低于 20℃时,取 20℃时的许用应力。

4.4.3 复合钢板的许用应力应按 GB 150.1 相应规定确定。

4.4.4 对于地震载荷或风载荷与 4.3.1 中其他外载荷相组合时,允许元件的设计应力不超过许用应力的 1.2 倍。

4.4.5 圆筒许用轴向压缩应力应按 GB 150.1 相应规定确定。

4.4.6 非受压元件材料的许用应力

4.4.6.1 鞍式支座按 5.4.2 选取。

4.4.6.2 焊于受压壳体上的重要内件、加强圈等元件按相近材料的受压元件选取。

4.5 焊接接头系数

4.5.1 焊接接头系数 ϕ 应根据对接接头的焊缝形式及无损检测的长度比例确定。

4.5.2 钢制压力容器的焊接接头系数应按 GB 150.1 的规定。

4.5.3 钢制常压容器的焊接接头系数应按 NB/T 47003.1 的规定。

4.5.4 其他金属材料的焊接接头系数按相应引用标准的规定。

4.6 耐压试验

4.6.1 通用要求

4.6.1.1 容器制成后应经耐压试验,耐压试验包括:液压试验、气压试验或气液组合试验。试验的种类、要求和试验压力值应在图样上注明。

4.6.1.2 压力容器的耐压试验:

a) 压力容器的耐压试验一般采用液压试验,液压试验应满足 GB 150 或相关引用标准的要求;

b) 对于不适宜进行液压试验的压力容器,可采用气压试验或气液组合压力试验。进行气压试验或气液组合试验的容器应满足 GB 150 的相关要求;

c) 外压容器以内压进行耐压试验。

4.6.1.3 常压卧式容器的耐压试验

常压卧式容器耐压试验的具体要求应符合 NB/T 47003.1 的相应规定。

4.6.2 耐压试验压力

4.6.2.1 压力容器的耐压试验压力的最低值按 GB 150.1 的规定。工作条件下内装介质的液柱静压力大于液压试验的液柱静压力时,应适当考虑相应增加试验压力。

4.6.2.2 常压卧式容器耐压试验压力应按 NB/T 47003.1 的规定。

4.6.2.3 耐压试验应力校核按 GB 150.1 或 NB/T 47003.1 的规定。

4.6.3 耐压试验的免除

对不能按上述规定进行耐压试验的压力容器,设计文件应提出确保容器安全运行的前提下免除耐压试验所应采取的安全措施,经设计单位技术负责人批准后在图样上注明。

4.7 泄漏试验

4.7.1 泄漏试验包括气密性试验以及氨检漏试验、卤素检漏试验和氦检漏试验等。

4.7.2 盛装介质毒性程度为极度、高度危害或设计上不允许有微量泄漏的容器,应在耐压试验合格后进行泄漏试验。

注:介质毒性程度按《固定式压力容器安全技术监察规程》的规定确定。

4.7.3 设计单位应当提出容器泄漏试验的方法和技术要求。

4.7.4 需进行泄漏试验时,试验压力、试验介质和相应的检验要求应在图样上和设计文件中注明。

4.7.5 气密性试验压力等于设计压力。

4.8 焊接接头结构设计要求

4.8.1 对于钢制压力容器,焊接接头的结构设计参照 GB 150.3 的要求。

4.8.2 对于常压卧式容器和其他金属制容器,焊接接头的结构设计参照引用标准的要求。

4.9 超压泄放装置

容器在操作过程中有可能出现超压时,应按照 GB 150.1 的要求设置超压泄放装置。

5 材料

5.1 钢制卧式压力容器受压元件用材料的选用原则、标准、热处理状态及许用应力值等均应符合 GB 150.2 的规定。其他金属制卧式压力容器材料的选用按本标准相应引用标准的规定。

5.2 常压卧式容器壳体元件用钢的选用原则、钢材标准、热处理状态及许用应力值等均应符合 NB/T 47003.1 的规定。

5.3 非受压元件用材料应是已列入国家标准的材料。当作为焊件时,应采用焊接性能良好且不会导致被焊件性能降低的材料。对焊接在受压壳体上的重要内件、加强圈等非受压元件用板、管、锻件材料应符合 5.1 的规定。

5.4 鞍座材料

5.4.1 选材原则:

a) 选择鞍座材料时应考虑容器的设计温度(尤其是低温工况)和环境温度以及经济合理

性等;

b) 鞍座的设计温度应根据容器的设计温度和环境温度综合考虑确定;

c) 与圆筒相焊接的鞍座垫板应与圆筒材料相匹配。

5.4.2 许用应力确定:

a) 通常情况下,碳素钢和低合金钢鞍座材料许用应力的最小安全系数为:$n_s=1.5$;

b) 鞍座常用材料的许用应力按照表1确定。

表1 鞍座常用材料的许用应力

材 料	设计温度/℃	许用应力$[\sigma]_{sa}$/MPa
Q235A、Q235B	−10~100	160
	>100~200	120
Q345A、Q345B	−20~100	200
	>100~200	170
Q345R	−40~100	200
	100~200	170

5.5 地脚螺栓宜选用符合 GB/T 700 规定的 Q235 或符合 GB/T 1591 规定的 Q345。Q235 的许用应力$[\sigma]_{bt}=147$ MPa;Q345 的许用应力$[\sigma]_{bt}=170$ MPa。如采用其他碳素钢,则$n_s\geqslant1.6$;如采用其他低合金钢,则$n_s\geqslant2.0$。

6 结构

6.1 支座

6.1.1 支座的型式

卧式容器采用鞍式支座(见图1)。当支座焊接在容器上时,其中的一个支座应可在基础上滑动或滚动。

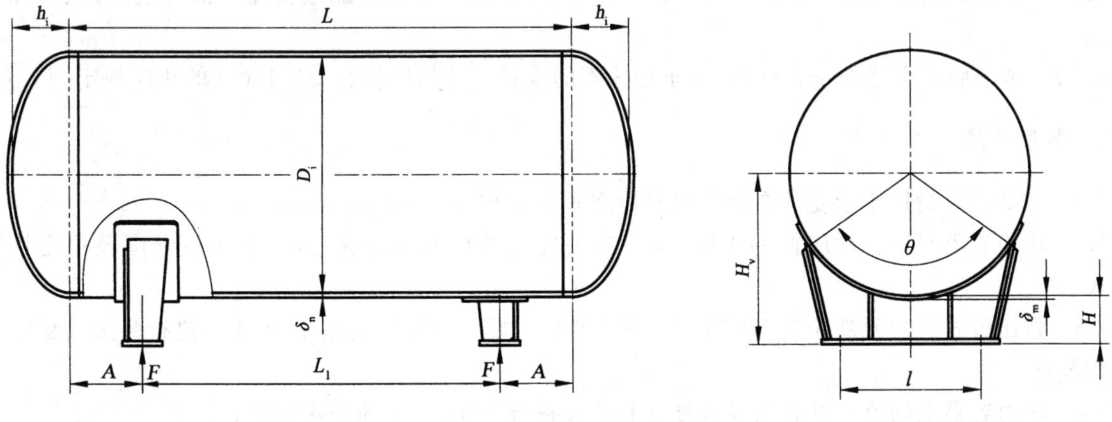

图1 鞍式支座支承的卧式容器

6.1.2 支座的设置

支座中心到封头切线的距离 A 尽量小于或等于 $0.5R_a$,且不宜大于 $0.2L$。

6.1.3 鞍式支座的选取与设计

鞍式支座宜按 JB/T 4712.1 选取,在满足 JB/T 4712.1 所规定的条件下,可免除对鞍式支座的强度校核;否则,应按第 7 章进行强度校核。

6.1.4 鞍座的设置:

a) 鞍座设置时应考虑容器整体受力情况,并综合考虑筒体的长度、直径、壁厚等因素;

b) 当筒体的长度 L 过长时,可考虑采用 3 个或 3 个以上鞍座支承的结构;

c) 当采用 3 个鞍座支承时,应中间鞍座固定,两端鞍座可以滑动或滚动。

6.2 开孔及接管

6.2.1 卧式容器除设置必需的工艺管口外,还应根据需要设置人孔、手孔或检查孔。

6.2.2 当筒体的长度 L 超过 8 m 时,人孔数量不宜少于 2 个。

6.2.3 容器排净口宜在底部最低点设置。不能在筒体底部设排净口时,可设置插底管,其结构见图 2。插底管端部最小排液间隙 B_1 应能保证足够的排净空间。

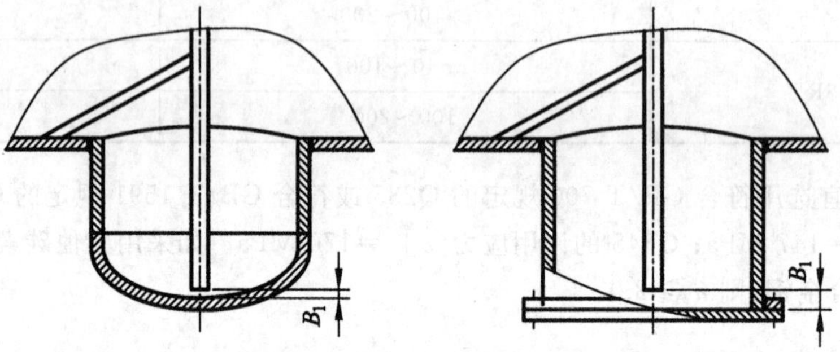

图 2 插底管排液口结构

6.3 加强圈的设置

6.3.1 容器的加强圈应是整圈或相当于整圈的结构,加强圈与壳体的连接结构应符合 GB 150.3的有关规定。

6.3.2 考虑卧式容器支座处局部应力影响时,可在鞍座平面上或靠近支座平面处设置内、外加强圈。

6.3.3 考虑卧式容器外压失稳时,外压加强圈的设置及计算应符合 GB 150.3 的相应规定。

7 强度计算

7.1 本章计算适用于承受均布载荷且对称布置的双鞍座支承的卧式容器。

7.2 压力容器受压元件应按 GB 150.3 的有关规定进行强度计算,按本章进行强度及稳定性校核。

7.3 常压卧式容器元件应按 NB/T 47003.1 的有关规定进行强度计算,按本章进行强度及稳定性校核。

7.4 压力容器上的所有开孔及其补强计算均应符合 GB 150.3 的相应规定。

7.5 常压卧式容器上的所有开孔及其补强计算均应符合 NB/T 47003.1 的相应规定。

7.6 符号说明

A——鞍座中心线至封头切线的距离(见图 1),mm;

注 1:一个鞍座底板上只有两个地脚螺栓孔时,鞍座中心线即地脚螺栓孔的中心线;一个鞍座底板上有 4 个地脚螺栓孔时,鞍座中心线为沿筒体轴线方向的两个螺栓孔间距的中心线。

A_0——一个支座的所有加强圈与圆筒起加强作用有效段的组合截面积之和,mm^2;

B——设计温度下,按 GB 150.3 确定的外压应力系数,MPa;

B^0——常温下,按 GB 150.3 确定的外压应力系数,MPa;

D_i——圆筒内直径,mm;

D_o——圆筒外直径,mm;

F——每个支座的反力,N;

I_0——一个支座的所有加强圈与圆筒起加强作用的有效段的组合截面对该截面形心轴 X-X的惯性矩之和(见图 8、图 9),mm^4;

K_0——载荷组合系数,$K_0=1.2$;

$K_1 \sim K_9$——系数,查表 2、表 4~6、表 8;

L——封头切线间距离(见图 1),mm;

M_1——圆筒中间处的轴向弯矩,N·mm;

M_2——支座处圆筒的轴向弯矩,N·mm;

R_a——圆筒的平均半径,$R_a=R_i+\delta_n/2$,mm;

R_h——碟形封头球面部分内半径,mm;

R_i——圆筒内半径,mm;

b——支座的轴向宽度(见图 10),mm;

b_1——加强圈的宽度(见图 8、图 9),mm;

b_2——圆筒的有效宽度,取 $b_2=b+1.56\sqrt{R_a\delta_n}$,mm;

b_3——计算圆筒与加强圈形成组合截面时,圆筒的有效宽度,$b_3=b_1+1.56\sqrt{R_a\delta_n}$,mm;

b_4——支座垫板宽度(见图 10),mm;

g——重力加速度,取 $g=9.81\ m/s^2$;

h_i——封头曲面深度,mm;

k——系数。当容器不焊在支座上时,取 $k=1$;当容器焊在支座上时,取 $k=0.1$;

m——容器质量(包括容器自身质量、充满水或充满介质的质量、所有附件质量及隔热层等质量), kg;

m_o——容器空质量(包括容器自身质量、所有附件质量及隔热层等质量),kg;

p——设计压力,MPa;

p_c——计算压力,MPa;

q——单位长度载荷,N/mm;

r——碟形封头过渡段转角内半径,mm;

δ_e——圆筒有效厚度,mm;

δ_{he}——封头有效厚度,mm;

δ_n——圆筒名义厚度,mm;

δ_{hn}——封头名义厚度,mm;

δ_{re}——鞍座垫板有效厚度,mm;

δ_{rn}——鞍座垫板名义厚度,一般取 $\delta_{rn}=\delta_n$,mm;

θ——鞍座包角,(°);

$[\sigma]^t$——设计温度下容器壳体材料的许用应力,MPa;

$[\sigma]_{ac}^t$——设计温度下容器圆筒材料的轴向许用压缩应力,$[\sigma]_{ac}^t=\min\{[\sigma]^t、B\}$,MPa;

$[\sigma]_{ac}$——常温下容器圆筒材料的轴向许用压缩应力,取$[\sigma]_{ac}=\min\{0.9R_{eL},R_{p0.2},B^0\}$,MPa;

$[\sigma]_r^t$——设计温度下加强圈材料的许用应力,MPa;

$[\sigma]_{sa}$——鞍座材料的许用应力,MPa;

$[\sigma]_{bt}$——地脚螺栓材料的许用应力,MPa;

σ_1,σ_2——圆筒中间处横截面内最高、最低点处的轴向应力,MPa;

σ_3,σ_4——支座处圆筒横截面内最高、最低点处的轴向应力,MPa;

注2:$\sigma_{T1}\sim\sigma_{T4}$表示水压试验工况时的圆筒轴向应力。

σ_5——支座处圆筒横截面最低点的周向应力(见图7),MPa;

σ_6——无加强圈时鞍座边缘处的圆筒周向应力(见图7),MPa;

σ_6'——无加强圈时鞍座垫板边缘处的圆筒周向应力(见图7),MPa;

σ_7——加强圈与圆筒组合截面上圆筒表面的最大周向应力(见图7),MPa;

σ_8——加强圈与圆筒组合截面上加强圈边缘处的最大周向应力(见图7),MPa;

σ_9——鞍座腹板水平方向上的平均拉应力,MPa;

σ_{sa}——由水平地震力引起的支座腹板与筋板组合截面的压应力,MPa;

σ_{sa}^t——由温度变化引起的支座腹板与筋板组合截面的压应力,MPa;

τ——圆筒切向剪应力,MPa;

τ_h——封头应力,MPa;

ρ——加强圈靠近鞍座平面时,σ_7和σ_8的方位角[见图7c)],(°);

Δ——圆筒未被加强时,σ_3的方位角[见图4 b)],(°);

α——圆筒剪应力的方位角[见图5b)],(°)。

7.7 卧式容器的强度计算

7.7.1 支座反力按式(2)计算:

$$F=\frac{mg}{2} \qquad (2)$$

7.7.2 圆筒轴向应力及校核

7.7.2.1 圆筒轴向弯矩计算

圆筒轴向最大弯矩位于圆筒中间截面或鞍座平面内(见图3)。

圆筒中间横截面内的轴向弯矩,按式(3)计算:

$$M_1=\frac{FL}{4}\left[\frac{1+\frac{2(R_a^2-h_i^2)}{L^2}}{1+\frac{4h_i}{3L}}-\frac{4A}{L}\right] \qquad (3)$$

鞍座平面内的轴向弯矩,按式(4)计算:

$$M_2=-FA\left[1-\frac{1-\frac{A}{L}+\frac{R_a^2-h_i^2}{2AL}}{1+\frac{4h_i}{3L}}\right] \qquad (4)$$

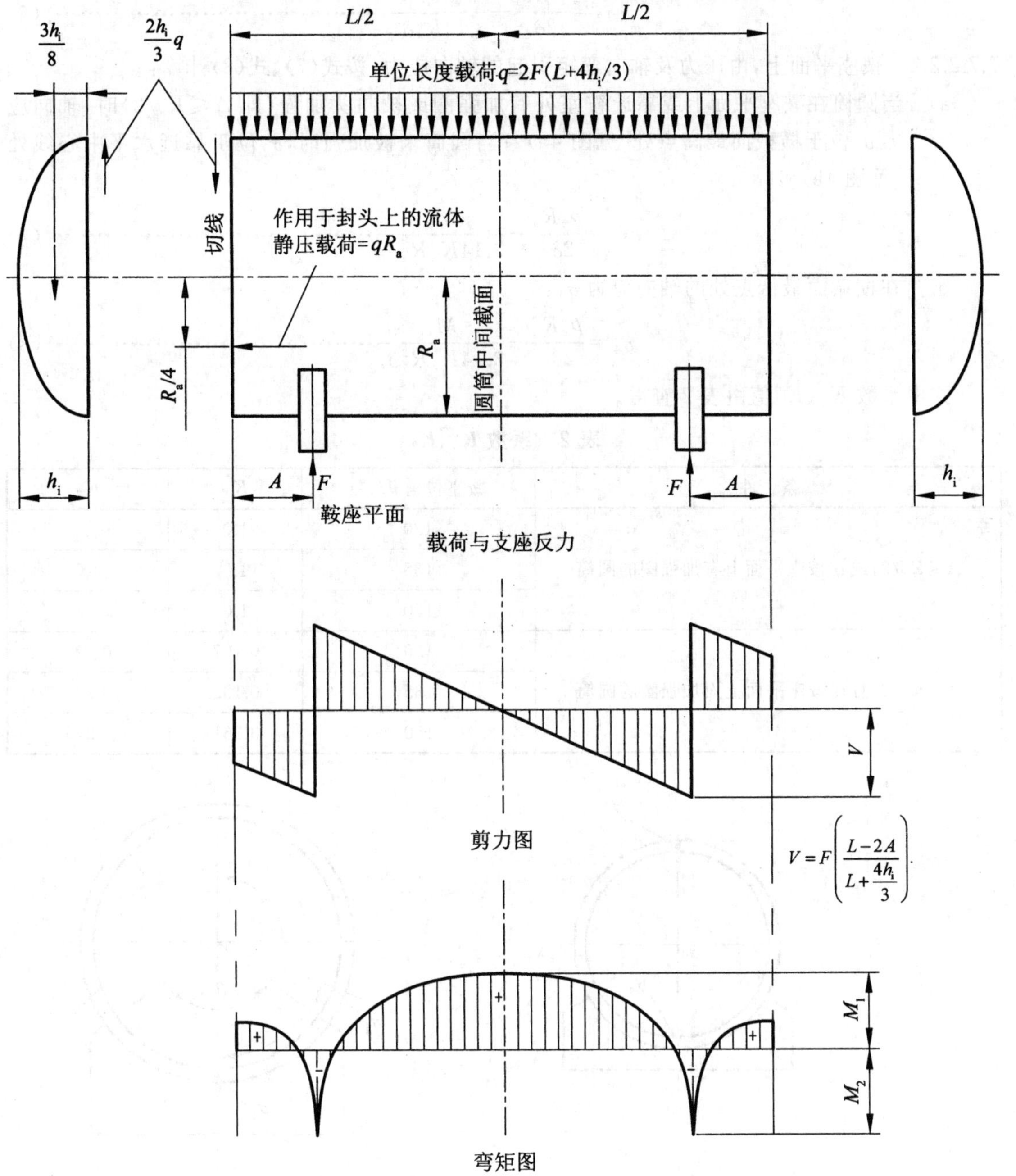

图 3　卧式容器载荷、支座反力、剪力及弯矩图

7.7.2.2　圆筒轴向应力计算

7.7.2.2.1　圆筒中间横截面上，由压力及轴向弯矩引起的轴向应力，按式(5)、式(6)计算：

最高点处：

$$\sigma_1=\frac{p_c R_a}{2\delta_e}-\frac{M_1}{3.14R_a^2\delta_e} \quad \cdots\cdots (5)$$

最低点处：

$$\sigma_2=\frac{p_c R_a}{2\delta_e}+\frac{M_1}{3.14R_a^2\delta_e} \quad\cdots\cdots\quad (6)$$

7.7.2.2.2 鞍座平面上,由压力及轴向弯矩引起的轴向应力,按式(7)、式(8)计算:

a) 当圆筒在鞍座平面上或靠近鞍座处有加强圈或被封头加强(即 $A\leqslant R_a/2$)时,轴向应力 σ_3 位于横截面最高点处[见图 4a)];当圆筒未被加强时,σ_3 位于靠近水平中心线处[见图 4b)]:

$$\sigma_3=\frac{p_c R_a}{2\delta_e}-\frac{M_2}{3.14K_1R_a^2\delta_e} \quad\cdots\cdots\quad (7)$$

b) 在横截面最低点处的轴向应力 σ_4:

$$\sigma_4=\frac{p_c R_a}{2\delta_e}+\frac{M_2}{3.14K_2R_a^2\delta_e} \quad\cdots\cdots\quad (8)$$

式中系数 K_1、K_2 值由表 2 查得。

表 2 系数 K_1、K_2

条 件	鞍座包角 θ/(°)	K_1	K_2
$A\leqslant R_a/2$,或在鞍座平面上有加强圈的圆筒	120	1.0	1.0
	135	1.0	1.0
	150	1.0	1.0
$A>R_a/2$,且在鞍座平面上无加强圈的圆筒	120	0.107	0.192
	135	0.132	0.234
	150	0.161	0.279

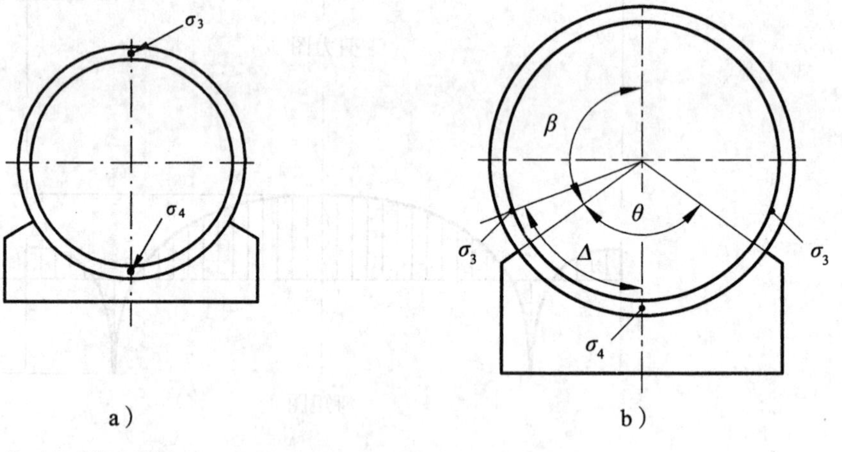

注:$\beta=180°-\theta/2$, $\Delta=\theta/2+\beta/6$。

图 4 鞍座平面圆筒轴向应力位置

7.7.2.2.3 按式(2)~(8)分别计算操作工况轴向应力 $\sigma_1\sim\sigma_4$ 和水压试验工况时轴向应力 $\sigma_{T1}\sim\sigma_{T4}$。

7.7.2.3 圆筒轴向应力的校核

圆筒轴向应力应满足表 3 的要求。

表 3　圆筒轴向应力的校核条件

工况	内压设计	外压设计	最大应力校核条件
操作工况（盛装物料）	加压	未加压	拉应力：$\max\{\sigma_1,\sigma_2,\sigma_3,\sigma_4\}\leqslant\phi[\sigma]^t$
	未加压	加压	压应力：$\lvert\min\{\sigma_1,\sigma_2,\sigma_3,\sigma_4\}\rvert\leqslant[\sigma]_{ac}^t$
水压试验工况（充满水）	加压		拉应力：$\max\{\sigma_{T1},\sigma_{T2},\sigma_{T3},\sigma_{T4}\}\leqslant 0.9\phi R_{eL}(R_{p0.2})$
	未加压		压应力：$\lvert\min\{\sigma_{T1},\sigma_{T2},\sigma_{T3},\sigma_{T4}\}\rvert\leqslant[\sigma]_{ac}$

7.7.3　圆筒切向剪应力及封头应力计算校核

7.7.3.1　圆筒切向剪应力计算

在圆筒支座横截面上的剪应力，按式(9)和式(10)计算。

7.7.3.1.1　圆筒未被封头加强(即 $A>R_a/2$)时：

当圆筒在鞍座平面内有加强圈时[见图 7b)]，其最大剪应力 τ 位于截面的水平中心线处 A、B 点[见图 5 a)]；当在鞍座平面上无加强圈[见图 7a)]或靠近鞍座截面有加强圈[见图 7c)]时，其最大剪应力 τ 位于靠近鞍座边角处 C、D 点[见图 5b)]。

$$\tau=\frac{K_3F}{R_a\delta_e}\left(\frac{L-2A}{L+\frac{4}{3}h_i}\right) \quad\cdots\cdots(9)$$

7.7.3.1.2　圆筒被封头加强(即 $A\leqslant R_a/2$)时：

最大剪应力 τ 位于圆筒上靠近鞍座边角处 C、D 点[见图 5b)]。

$$\tau=\frac{K_3F}{R_a\delta_e} \quad\cdots\cdots(10)$$

式中系数 K_3 值由表 4 查得。

7.7.3.2　圆筒切向剪应力校核

圆筒的切向剪应力应满足：$\tau\leqslant 0.8[\sigma]^t$

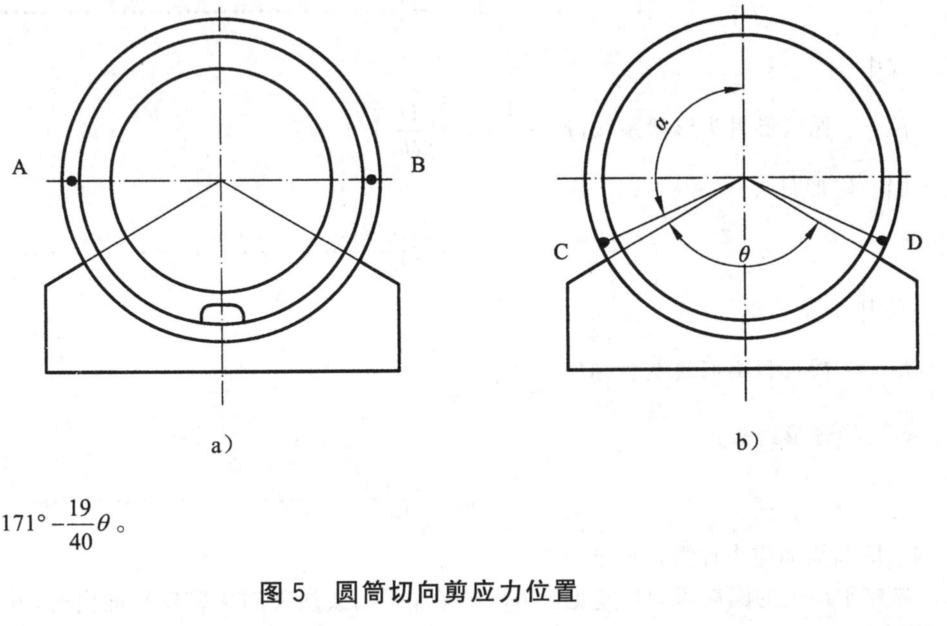

注：$\alpha=171°-\frac{19}{40}\theta$。

图 5　圆筒切向剪应力位置

7.7.3.3　封头应力计算

圆筒被封头加强(即 $A \leqslant R_a/2$)时,封头的最大应力 τ_h 按式(11)计算:

$$\tau_h = \frac{K_4 F}{R_a \delta_{he}} \quad \cdots\cdots (11)$$

式中系数 K_4 值由表 4 查得。

表 4　系数 K_3、K_4

条件		鞍座包角 θ/(°)	K_3	K_4
圆筒在鞍座平面上有加强圈		120	0.319	—
		135	0.319	—
		150	0.319	—
圆筒在鞍座平面上无加强圈	$A > R_a/2$,或靠近鞍座处有加强圈	120	1.171	—
		135	0.958	—
		150	0.799	—
	$A \leqslant R_a/2$,圆筒被封头加强	120	0.880	0.401
		135	0.654	0.344
		150	0.485	0.295

7.7.3.4　封头应力的校核

封头的应力,应满足式(12)的要求:

$$\tau_h \leqslant 1.25[\sigma]^t - \sigma_h \quad \cdots\cdots (12)$$

式中:

σ_h——由内压在封头中引起的应力。按式(13)～(15)计算。

a)　椭圆封头:

$$\sigma_h = \frac{K p_c D_i}{2\delta_{he}} \quad \cdots\cdots (13)$$

式中:

K——椭圆形封头形状系数,$K = \frac{1}{6}\left[2 + \left(\frac{D_i}{2h_i}\right)^2\right]$。

b)　碟形封头:

$$\sigma_h = \frac{M p_c R_h}{2\delta_{he}} \quad \cdots\cdots (14)$$

式中:

M——碟形封头形状系数,$M = \frac{1}{4}\left(3 + \sqrt{\frac{R_i}{r}}\right)$。

c)　半球形封头:

$$\sigma_h = \frac{p_c D_i}{4\delta_{he}} \quad \cdots\cdots (15)$$

7.7.4　圆筒周向应力计算及校核

鞍座平面上的圆筒周向弯矩见图 6。当无加强圈或加强圈在鞍座平面内时,其最大弯矩点在鞍座边角处[见图 6 a)]。当加强圈靠近鞍座平面时，其最大弯矩点在靠近横截面水平中心线处[见图 6 b)]。

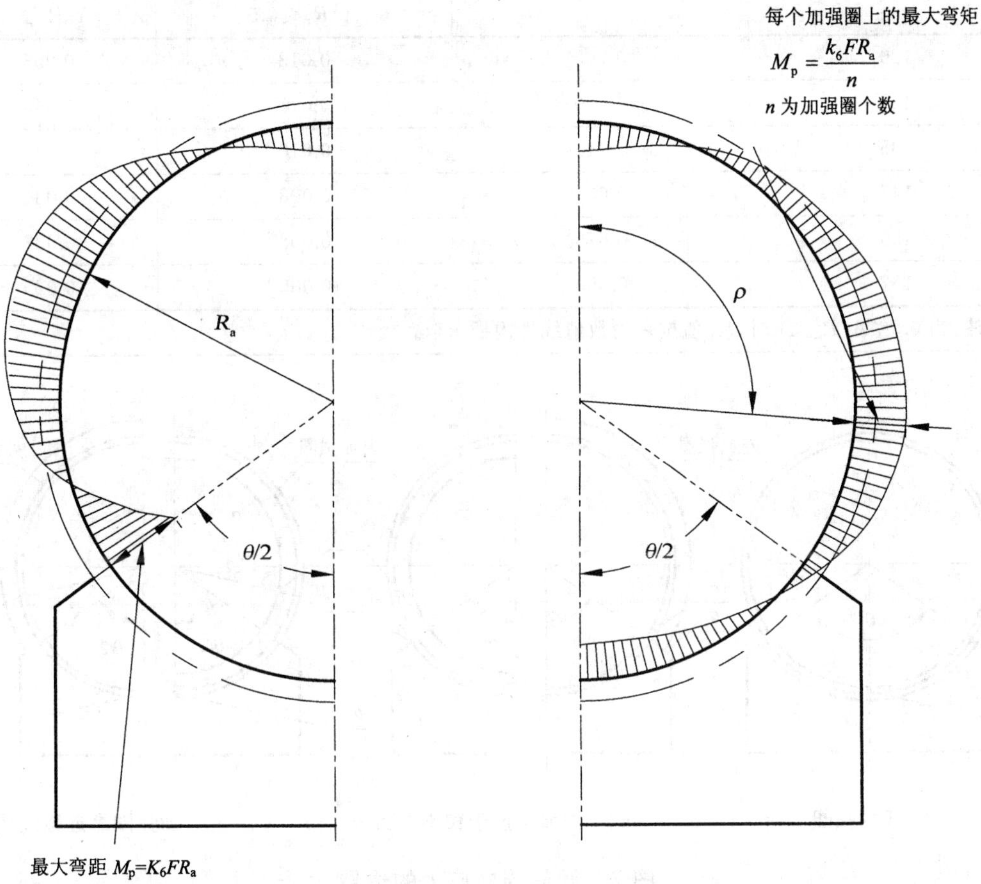

a）无加强圈或加强圈位于鞍座平面内时　　b）加强圈靠近鞍座平面时

图 6　周向弯矩图

7.7.4.1　无加强圈圆筒

7.7.4.1.1　无垫板或垫板不起加强作用时，其周向应力[见图 7a)]按式(16)～(18)计算：

a)　横截面的最低点处：

$$\sigma_5=-\frac{kK_5F}{\delta_e b_2} \qquad (16)$$

b)　鞍座边角处：

当 $L/R_a \geqslant 8$ 时：

$$\sigma_6=-\frac{F}{4\delta_e b_2}-\frac{3K_6F}{2\delta_e^2} \qquad (17)$$

当 $L/R_a<8$ 时：

$$\sigma_6=-\frac{F}{4\delta_e b_2}-\frac{12K_6FR_a}{L\delta_e^2} \qquad (18)$$

式中系数 K_5、K_6 值由表 5 查得。

注：垫板起加强作用，应同时满足：$\delta_m \geqslant 0.6\delta_n$；$b_4 \geqslant b_2$；垫板包角应不小于($\theta+12^\circ$)。一般情况下取 $\delta_m=\delta_n$。

表 5 系数 K_5、K_6

鞍座包角 θ/(°)	K_5	K_6	
		$A/R_a \leqslant 0.5$	$A/R_a \geqslant 1$
120	0.760	0.013	0.053
132	0.720	0.011	0.043
135	0.711	0.010	0.041
147	0.680	0.008	0.034
150	0.673	0.008	0.032
162	0.650	0.006	0.025
注：当 $0.5 < A/R_a < 1$ 时，K_6 值按表内数值线性内插求取。			

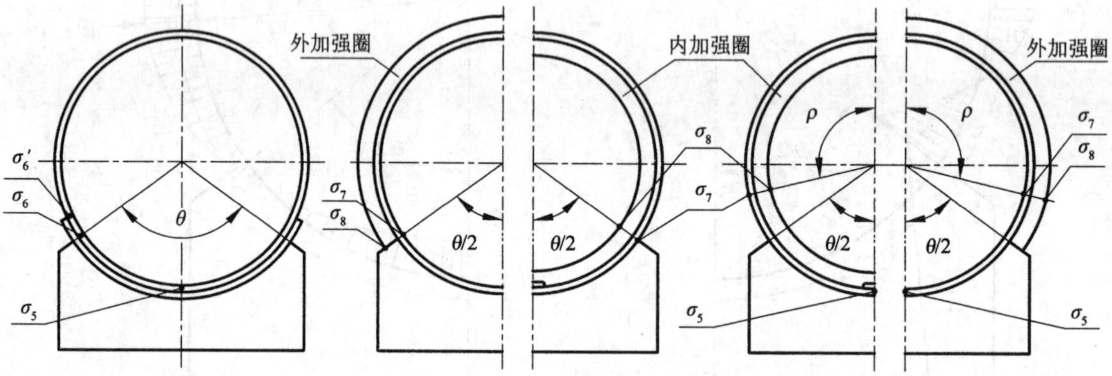

a） 无加强圈　　b） 加强圈位于鞍座平面内　　c） 加强圈靠近鞍式平面

图 7 圆筒周向应力的位置

7.7.4.1.2 垫板起加强作用时，其周向应力[见图 7a)]，按式(19) ～式(23)计算。

a） 横截面的最低点处：

$$\sigma_5 = -\frac{kK_5F}{(\delta_e + \delta_{re})b_2} \quad \cdots\cdots (19)$$

b） 鞍座边角处：

当 $L/R_a \geqslant 8$ 时：

$$\sigma_6 = -\frac{F}{4(\delta_e + \delta_{re})b_2} - \frac{3K_6F}{2(\delta_e^2 + \delta_{re}^2)} \quad \cdots\cdots (20)$$

当 $L/R_a < 8$ 时：

$$\sigma_6 = -\frac{F}{4(\delta_e + \delta_{re})b_2} - \frac{12K_6FR_a}{L(\delta_e^2 + \delta_{re}^2)} \quad \cdots\cdots (21)$$

c） 鞍座垫板边缘处：

当 $L/R_a \geqslant 8$ 时：

$$\sigma_6' = -\frac{F}{4\delta_e b_2} - \frac{3K_6F}{2\delta_e^2} \quad \cdots\cdots (22)$$

当 $L/R_a < 8$ 时：

$$\sigma_6' = -\frac{F}{4\delta_e b_2} - \frac{12K_6FR_a}{L\delta_e^2} \quad \cdots\cdots (23)$$

式中系数 K_5、K_6 值查表 5 而得，其中式(22)、式(23)应按鞍座垫板包角(θ+12°)查得。

7.7.4.2　有加强圈的圆筒

7.7.4.2.1　当加强圈位于鞍座平面内[见图 7b)、图 8],其周向应力按式(24)～式(25)计算

a)　鞍座边角处圆筒周向应力：

$$\sigma_7=-\frac{K_8F}{A_0}+\frac{C_4K_7FR_ae}{I_0} \quad \cdots\cdots (24)$$

式中：

e——对内加强圈,为加强圈与圆筒组合截面形心距圆筒外表面距离[见图 8a)、b)],mm；
对外加强圈,为加强圈与圆筒组合截面形心距圆筒内表面距离[见图 8c)],mm。

b)　鞍座边角处加强圈边缘表面周向应力：

$$\sigma_8=-\frac{K_8F}{A_0}+\frac{C_5K_7FR_ad}{I_0} \quad \cdots\cdots (25)$$

式中：

d——对内加强圈,为加强圈与圆筒组合截面形心距加强圈内缘表面之距离[见图 8a)、b)],mm；
对外加强圈,为加强圈与圆筒组合截面形心距加强圈外缘表面之距离[见图 8c)],mm。

式中系数 C_4、C_5、K_7、K_8 值由表 6 查取。

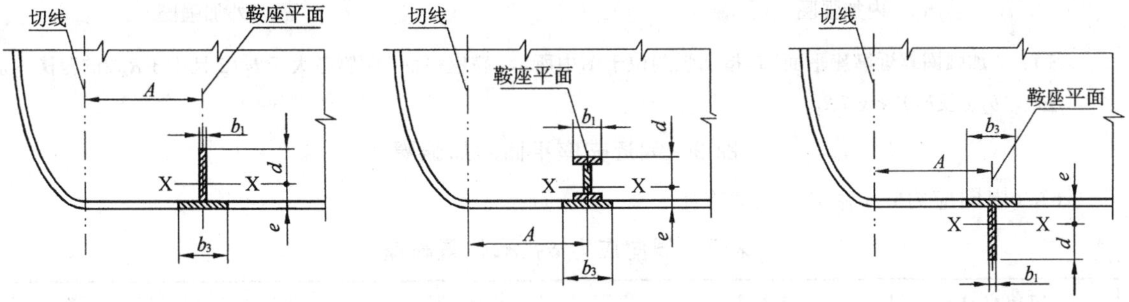

a) 内加强圈　　b) 内加强圈　　c) 外加强圈

注："加强圈位于鞍座平面内"是指加强圈位于图中所示"鞍座平面"两侧各小于或等于 $b_2/2$ 的范围内。

图 8　鞍座平面内加强圈

表 6　系数 C_4、C_5、K_7、K_8

加强圈位置		位于鞍座平面上[图 8b)、图 9]						靠近鞍座[图 8c)、图 10]		
θ/(°)		120	132	135	147	150	162	120	135	150
C_4	内加强圈	−1	−1	−1	−1	−1	−1	+1	+1	+1
	外加强圈	+1	+1	+1	+1	+1	+1	−1	−1	−1
C_5	内加强圈	+1	+1	+1	+1	+1	+1	−1	−1	−1
	外加强圈	−1	−1	−1	−1	−1	−1	+1	+1	+1
K_7		0.053	0.043	0.041	0.034	0.032	0.025	0.058	0.047	0.036
K_8		0.341	0.327	0.323	0.307	0.302	0.283	0.271	0.248	0.219

7.7.4.2.2　当加强圈靠近鞍座平面内时[见图 7c)、图 9]：

a） 横截面最低点的圆筒周向应力σ_5：

——对无垫板或垫板不起加强作用的，按式(16)计算；

——对垫板起加强作用的，按式(19)计算。

b） 横截面上靠近水平中心线处的圆筒周向应力σ_7，按式(24)计算。

c） 横截面上靠近水平中心线处的加强圈边缘表面的周向应力σ_8，按式(25)计算。

d） 鞍座边角处圆筒周向应力σ_6，还应按式(17)、式(18)、式(20)、式(21)分别计算。其中K_6值按表5中$A/R_a \leqslant 0.5$查取。

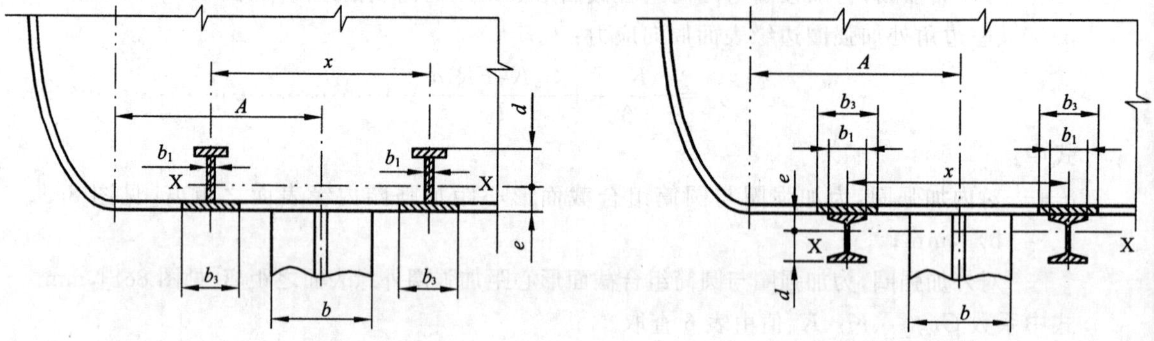

注1："加强圈靠近鞍座平面"是指加强圈位于图中所示"鞍座平面"两侧各大于$b_2/2$且小于$R_a/2$的范围内。

注2：b_2（及b_3）$< x \leqslant R_a$。

图9 靠近鞍座平面的加强圈

e） 周向应力σ_7、σ_8位置见表7：

表7 周向应力$\boldsymbol{\sigma}_7$、$\boldsymbol{\sigma}_8$位置鞍座

包角/(°)	120	135	150
ρ	93°40′	89°32′	84°13′

7.7.4.3 周向应力校核

周向应力应满足下列条件：

$$|\sigma_5| \leqslant [\sigma]^t$$
$$|\sigma_6| \leqslant 1.25[\sigma]^t$$
$$|\sigma'_6| \leqslant 1.25[\sigma]^t$$
$$|\sigma_7| \leqslant 1.25[\sigma]^t$$
$$|\sigma_8| \leqslant 1.25[\sigma]^t_r$$

7.8 鞍座设计

鞍式支座及鞍座垫板如图10所示。

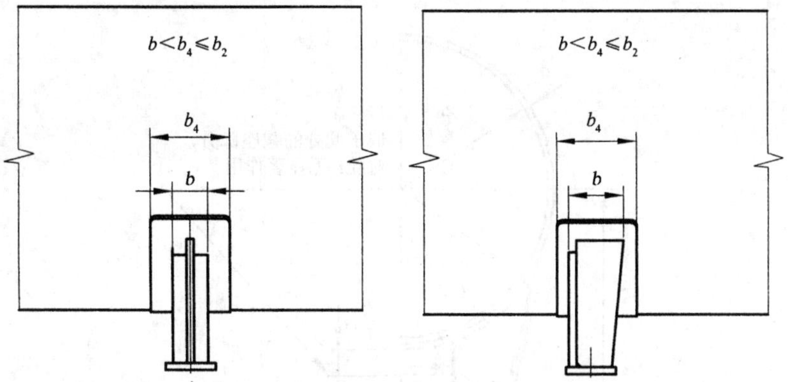

图 10 鞍式支座

鞍座包角一般取 120°～150°。钢制鞍座宽度一般取 $b\geqslant 8\sqrt{R_a}$。当采用 JB/T 4712 的鞍座时，b 值应取筋板大端宽度与腹板厚度之和(见图 10)。

垫板宽度 b_4 取值：垫板宽度 b_4 应大于 b；垫板不作为加强板时，可取 $b_4\leqslant b_2$；垫板作为加强板时，还应满足 $b_4>b_2$。

7.8.1 腹板水平拉应力及校核

7.8.1.1 支座腹板的水平分力 F_s 按式(26)计算：

$$F_s=K_9F \tag{26}$$

式中 K_9 系数值按表 8 查取。

表 8 系数 K_9

鞍座包角 θ/(°)	120	135	150
K_9	0.204	0.231	0.259

7.8.1.2 鞍座腹板有效截面内的水平方向平均拉应力 σ_9，按式(27)或式(28)计算。

a) 无垫板或垫板不起加强作用时：

$$\sigma_9=\frac{F_s}{H_sb_0} \tag{27}$$

b) 垫板起加强作用时：

$$\sigma_9=\frac{F_s}{H_sb_0+b_r\delta_{re}} \tag{28}$$

式中：

H_s——计算高度，取 $\min\{H,\frac{1}{3}R_a\}$(见图 11)，mm；

b_0——鞍座腹板厚度，mm；

b_r——鞍座垫板有效宽度，取 $b_r=b_2$，mm。

7.8.1.3 应力校核

应力应满足式(29)：

$$\sigma_9\leqslant\frac{2}{3}[\sigma]_{sa} \tag{29}$$

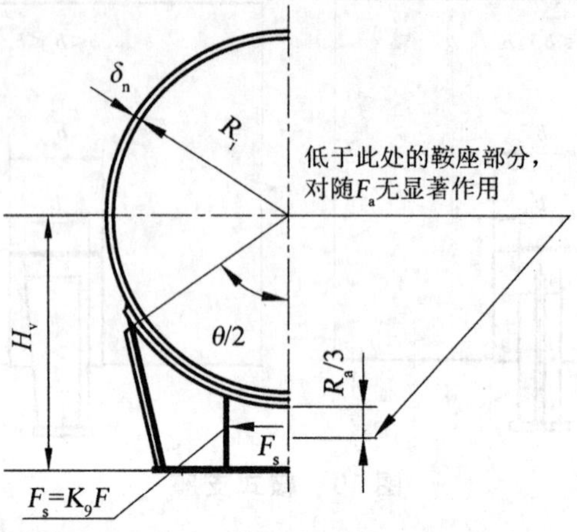

图 11　鞍座应力位置

7.8.2　鞍座压缩应力及校核

7.8.2.1　地震载荷引起的，支座腹板与筋板组合截面内产生的压应力按式(30)～式(31)计算：

a)　水平地震力小于或等于鞍座底板与基础间静摩擦力($F_{Ev}\leqslant mgf$)时：

$$\sigma_{sa}=-\frac{F}{A_{sa}}-\frac{F_{Ev}H}{2Z_r}-\frac{F_{Ev}H_v}{A_{sa}(L-2A)} \quad \cdots\cdots (30)$$

b)　水平地震力大于底板与基础的静摩擦力($F_{Ev}>mgf$)时：

$$\sigma_{sa}=-\frac{F}{A_{sa}}-\frac{(F_{Ev}-Ff_s)H}{Z_r}-\frac{F_{Ev}H_v}{A_{sa}(L-2A)} \quad \cdots\cdots (31)$$

式中：

F_{Ev}——考虑地震载荷时，作用在容器上的水平地震力，$F_{Ev}=\alpha_1 mg$，N；

α_1——水平地震影响系数，按表 9 选取；

表 9　对应设防地震的水平地震影响系数 α_1

抗震设防烈度/度	7		8		9
设计基本地震加速度（对应设防地震）	0.10g	0.15g	0.20g	0.30g	0.40g
α_1(对应多遇地震)	0.08	0.12	0.16	0.24	0.32
注：如有必要，可按国家规定权限批准的设计地震动参数进行地震载荷计算。					

H_v——圆筒中心至基础表面的距离(见图 11)，mm；

H——圆筒最低表面至基础表面的距离，即鞍座高度，mm；

A_{sa}——腹板与筋板(筒体或垫板最低处)组合截面积，mm^2；

Z_r——腹板与筋板(筒体或垫板最低处)组合截面的抗弯截面系数，mm^3；

f——鞍座底板与基础间静摩擦系数：

——钢底板对钢基础垫板 $f=0.3$；

——钢底板对水泥基础 $f=0.4$；

——钢底板对特氟隆垫板 $f=0.1$。

f_s——鞍座底板对基础垫板的动摩擦系数：

——钢底板对钢基础垫板 $f_s=0.15$；

——钢底板对特氟隆垫板 $f_s=0.05$。

7.8.2.2　由温度变化引起的支座腹板与筋板组合截面的压应力，按式(32)计算：

$$\sigma_{sa}^{t}=-\frac{F}{A_{sa}}-\frac{FfH}{Z_r} \qquad (32)$$

式中符号同7.8.2.1。

7.8.2.3　应力校核：

应力应满足式(33)：

$$|\sigma_{sa}|\leqslant K_0[\sigma]_{sa}$$
$$|\sigma_{sa}^{t}|\leqslant[\sigma]_{sa} \qquad (33)$$

7.8.3　地震引起的地脚螺栓应力及校核

7.8.3.1　倾覆力矩按式(34)计算：

$$M_{Ev}^{0-0}=F_{Ev}H_v-m_0 g\frac{l}{2} \qquad (34)$$

7.8.3.2　由倾覆力矩引起的地脚螺栓拉应力按式(35)计算：

$$\sigma_{bt}=\frac{M_{Ev}^{0-0}}{nlA_{bt}} \qquad (35)$$

式中：

A_{bt}——每个地脚螺栓的横截面面积，mm^2；

l——筒体轴线两侧的螺栓间距，mm；

n——承受倾覆力矩的地脚螺栓个数，个。

7.8.3.3　拉应力校核：

拉应力校核应满足式(36)：

$$\sigma_{bt}\leqslant k_0[\sigma]_{bt} \qquad (36)$$

7.8.3.4　由水平地震力引起的地脚螺栓剪应力

当地震载荷引起的水平地震力大于底板与基础的静摩擦力($F_{Ev}>mgf$)时，由地震力引起的地脚螺栓剪应力按式(37)进行计算：

$$\tau_{bt}=\frac{F_{Ev}-2Ff_s}{n'A_{bt}} \qquad (37)$$

式中：

n'——承受剪应力的地脚螺栓个数(仅计固定端)，个。

7.8.3.5　剪应力校核：

剪应力的校核应满足式(38)：

$$\tau_{bt}\leqslant 0.8k_0[\sigma]_{bt} \qquad (38)$$

7.9 卧式容器强度计算表(见表 10)

表 10 卧式容器强度计算表

参数名称	数值	单位	参数名称	数值	单位
设计压力 p		MPa	圆筒内直径 D_i		mm
计算压力 p_c		MPa	圆筒平均半径 R_a		mm
圆筒材料			圆筒名义厚度 δ_n		mm
封头材料			圆筒有效厚度 δ_e		mm
鞍座材料			封头名义厚度 δ_{hn}		mm
圆筒材料常温许用应力$[\sigma]$		MPa	封头有效厚度 δ_{he}		mm
封头材料常温许用应力$[\sigma]_h$		MPa	鞍座垫板名义厚度 δ_{rn}		mm
圆筒材料设计温度下许用应力$[\sigma]^t$		MPa	鞍座垫板有效厚度 δ_{re}		mm
封头材料设计温度下许用应力$[\sigma]^t_h$		MPa	鞍座腹板名义厚度 b_o		mm
鞍座材料许用应力$[\sigma]_{sa}$		MPa	两封头切线间距离 L		mm
地脚螺栓材料许用应力$[\sigma]_{bt}$		MPa	圆筒长度 L_c		mm
圆筒材料常温屈服强度 R_{eL}		MPa	封头曲面深度 h_i		mm
圆筒材料常温弹性模量 E		MPa	鞍座轴向宽度 b		mm
圆筒材料设计温度下弹性模量 E^t		MPa	鞍座包角 θ		(°)
圆筒材料密度 ρ_s		kg/mm^3	鞍座底板中心至封头切线距离 A		mm
封头材料密度 ρ_h		kg/mm^3	焊接接头系数 φ		
操作时物料密度 ρ_o		kg/mm^3	设计温度		℃
物料充装系数 ϕ_o			试验压力 p_T		MPa
液压试验介质密度 ρ_T		kg/mm^3			

<table>
<tr><td colspan="6">支座反力计算</td></tr>
<tr><td>筒体质量(两切线间)m_1</td><td colspan="4">$m_1=\pi(D_i+\delta_n)L\delta_n\rho_s$</td><td>kg</td></tr>
<tr><td>封头质量(曲面部分)m_2</td><td colspan="4">$m_2=$</td><td>kg</td></tr>
<tr><td>附件质量 m_3</td><td colspan="4">$m_3=$</td><td>kg</td></tr>
<tr><td>封头容积(曲面部分)V_H</td><td>$V_H=$ mm^3</td><td>容器容积(两切线间)V</td><td colspan="2">$V=\frac{\pi}{4}D_i^2L+2V_H$</td><td>$mm^3$</td></tr>
<tr><td rowspan="2">容器内充液质量 m_4</td><td colspan="4">操作工况 $m_4=V\rho_o\phi_o=$</td><td>kg</td></tr>
<tr><td colspan="4">液压试验 $m'_4=V\rho_T=$</td><td>kg</td></tr>
<tr><td>隔热层质量 m_5</td><td colspan="4">$m_5=$</td><td>kg</td></tr>
<tr><td rowspan="2">总质量 m</td><td>操作时</td><td colspan="3">$m=m_1+m_2+m_3+m_4+m_5=$</td><td>kg</td></tr>
<tr><td>压力试验</td><td colspan="3">$m'=m_1+m_2+m_3+m'_4=$</td><td>kg</td></tr>
<tr><td rowspan="3">支座反力 F</td><td>操作时</td><td colspan="3">$F'=\frac{1}{2}mg=$</td><td>N</td></tr>
<tr><td>压力试验</td><td colspan="3">$F''=\frac{1}{2}m'g=$</td><td>N</td></tr>
<tr><td colspan="4">$F=\max\{F',F''\}=$</td><td>N</td></tr>
</table>

表 10　卧式容器强度计算表(续)

<table>
<tr><td colspan="6">系数确定</td></tr>
<tr><td colspan="3">系数确定条件</td><td colspan="2">$A\leqslant R_a/2$　或$(A>R_a/2)$</td><td>$\theta=$</td></tr>
<tr><td colspan="3" rowspan="4">系数</td><td>查表 2 得:$K_1=$</td><td>查表 2 得:$K_2=$</td><td>查表 4 得:$K_3=$</td></tr>
<tr><td>查表 4 得:$K_4=$</td><td>查表 5 得:$K_5=$</td><td>查表 5 得:$K_6=$</td></tr>
<tr><td>查表 6 得:$K_7=$</td><td>查表 6 得:$K_8=$</td><td>查表 8 得:$K_9=$</td></tr>
<tr><td>查表 6 得:$C_4=$</td><td>查表 6 得:$C_5=$</td><td></td></tr>
<tr><td colspan="6">圆筒轴向应力及校核</td></tr>
<tr><td rowspan="4">轴向弯矩</td><td rowspan="2">圆筒中间横截面</td><td colspan="2">操作工况</td><td>$M_1=\frac{F'L}{4}\left[\frac{1+2(R_a^2-h_i^2)/L^2}{1+\frac{4}{3}\cdot\frac{h_i}{L}}-\frac{4A}{L}\right]=$</td><td>N·mm</td></tr>
<tr><td colspan="2">水压试验工况</td><td>$M_{T1}=\frac{F''L}{4}\left[\frac{1+2(R_a^2-h_i^2)/L^2}{1+\frac{4}{3}\cdot\frac{h_i}{L}}-\frac{4A}{L}\right]=$</td><td>N·mm</td></tr>
<tr><td rowspan="2">鞍座平面</td><td colspan="2">操作工况</td><td>$M_2=-F'A\left[1-\frac{1-\frac{A}{L}+\frac{R_a^2-h_i^2}{2AL}}{1+\frac{4}{3}\cdot\frac{h_i}{L}}\right]=$</td><td>N·mm</td></tr>
<tr><td colspan="2">水压试验工况</td><td>$M_{T2}=-F''A\left[1-\frac{1-\frac{A}{L}+\frac{R_a^2-h_i^2}{2AL}}{1+\frac{4}{3}\cdot\frac{h_i}{L}}\right]=$</td><td>N·mm</td></tr>
<tr><td rowspan="12">轴向应力</td><td rowspan="8">操作工况(盛装物料)</td><td rowspan="2">内压未加压</td><td>圆筒中间横截面最高点处</td><td>$\sigma_1=-\frac{M_1}{3.14R_a^2\delta_e}=$</td><td>MPa</td></tr>
<tr><td>鞍座平面最低点处</td><td>$\sigma_4=\frac{M_2}{3.14K_2R_a^2\delta_e}=$</td><td>MPa</td></tr>
<tr><td rowspan="2">内压加压</td><td>圆筒中间横截面最低点处</td><td>$\sigma_2=\frac{p_cR_a}{2\delta_e}+\frac{M_1}{3.14R_a^2\delta_e}=$</td><td>MPa</td></tr>
<tr><td>鞍座平面最高点处</td><td>$\sigma_3=\frac{p_cR_a}{2\delta_e}-\frac{M_2}{3.14K_1R_a^2\delta_e}=$</td><td>MPa</td></tr>
<tr><td rowspan="2">外压加压</td><td>圆筒中间横截面最高点处</td><td>$\sigma_1=\frac{p_cR_a}{2\delta_e}-\frac{M_1}{3.14R_a^2\delta_e}=$</td><td>MPa</td></tr>
<tr><td>鞍座平面最低点处</td><td>$\sigma_4=\frac{p_cR_a}{2\delta_e}+\frac{M_2}{3.14K_2R_a^2\delta_e}=$</td><td>MPa</td></tr>
<tr><td rowspan="2">外压未加压</td><td>圆筒中间横截面最低点处</td><td>$\sigma_2=-\frac{M_1}{3.14R_a^2\delta_e}=$</td><td>MPa</td></tr>
<tr><td>鞍座平面最高点处</td><td>$\sigma_3=-\frac{M_2}{3.14K_1R_a^2\delta_e}=$</td><td>MPa</td></tr>
<tr><td rowspan="4">水压试验工况(充满水)</td><td rowspan="2">未加压</td><td>圆筒中间横截面最高点处</td><td>$\sigma_{T1}=-\frac{M_{T1}}{3.14R_a^2\delta_e}=$</td><td>MPa</td></tr>
<tr><td>鞍座平面最低点处</td><td>$\sigma_{T4}=-\frac{M_{T2}}{3.14K_2R_a^2\delta_e}=$</td><td>MPa</td></tr>
<tr><td rowspan="2">加压</td><td>圆筒中间横截面最低点处</td><td>$\sigma_{T2}=\frac{p_TR_a}{2\delta_e}+\frac{M_{T1}}{3.14R_a^2\delta_e}=$</td><td>MPa</td></tr>
<tr><td>鞍座平面最高点处</td><td>$\sigma_{T3}=\frac{p_TR_a}{2\delta_e}-\frac{M_{T2}}{3.14K_1R_a^2\delta_e}=$</td><td>MPa</td></tr>
</table>

表 10 卧式容器强度计算表(续)

应力校核	许用压缩应力 $[\sigma]_{ac}$	外压应力系数 B	$A=0.094\delta_e/R_o=$ 根据圆筒材料,按 GB 150.3 规定求取 B、B_0 值	
		操作工况	$[\sigma]_{ac}^t=\min\{[\sigma]^t, B\}=$	MPa
		充满水未加压状态	$[\sigma]_{ac}=\min\{0.9R_{eL}(R_{p0.2}), B^0\}=$	MPa
	操作工况	内压加压(外压未加压)	$\max\{\sigma_1,\sigma_2,\sigma_3,\sigma_4\}\leqslant\phi[\sigma]^t$	
		内压未加压(外压加压)	$\lvert\min\{\sigma_1,\sigma_2,\sigma_3,\sigma_4\}\rvert\leqslant[\sigma]_{ac}^t$	
	水压试验工况(充满水)	加压	$\max\{\sigma_{T1},\sigma_{T2},\sigma_{T3},\sigma_{T4}\}\leqslant 0.9\phi R_{eL}(R_{p0.2})$	
		未加压	$\lvert\min\{\sigma_{T1},\sigma_{T2},\sigma_{T3},\sigma_{T4}\}\rvert\leqslant[\sigma]_{ac}$	
圆筒切向剪应力及封头应力及校核				
圆筒切向剪应力	圆筒未被封头加强($A>\frac{R_a}{2}$时)	$\tau=\frac{K_3F}{R_a\delta_e}\left(\frac{L-2A}{L+4h_i/3}\right)=$		MPa
	圆筒被封头加强($A\leqslant\frac{R_a}{2}$时)	$\tau=\frac{K_3F}{R_a\delta_e}=$		MPa
封头应力	圆筒被封头加强($A\leqslant\frac{R_a}{2}$时)	$\tau_h=\frac{K_4F}{R_a\delta_{he}}=$		MPa
应力校核	圆筒切向剪应力	$\tau\leqslant 0.8[\sigma]^t$		
	封头应力	椭圆形	$\sigma_h=\frac{Kp_cD_i}{2\delta_{he}}=$ MPa	其中 $K=1/6\left[2+\left(\frac{D_i}{2h_i}\right)^2\right]$
		碟形	$\sigma_h=\frac{Mp_cR_h}{2\delta_{he}}=$ MPa	其中 $M=1/4\left[3+\sqrt{\frac{R_i}{r}}\right]$
		半球形	$\sigma_h=\frac{p_cD_i}{4\delta_{he}}=$ MPa	
		$\tau_h\leqslant 1.25[\sigma]^t-\sigma_h$		
圆筒周向应力及校核				
无加强圈圆筒	圆筒的有效宽度	$b_2=b+1.56\sqrt{R_a\delta_n}=$		mm
	鞍座垫板厚度	$\delta_{re}=$		mm
	鞍座垫板包角	(°)$\geqslant\theta+12°$	取 $k=$	
	无垫板或垫板不起加强作用 $b\leqslant b_4\leqslant b_2$	横截面最低点处	$\sigma_5=-\frac{kK_5F}{\delta_eb_2}=$	MPa
		鞍座边角处 当 $L/R_a\geqslant 8$ 时	$\sigma_6=-\frac{F}{4\delta_eb_2}-\frac{3K_6F}{2\delta_e^2}=$	MPa
		鞍座边角处 当 $L/R_a<8$ 时	$\sigma_6=-\frac{F}{4\delta_eb_2}-\frac{12K_6FR_a}{L\delta_e^2}=$	MPa
	垫板起加强作用 $b_4>b_2$ $\delta_m\geqslant 0.6\delta_n$	横截面最低点处	$\sigma_5=-\frac{kK_5F}{(\delta_e+\delta_{re})b_2}=$	MPa
		鞍座垫板边角处 当 $L/R_a\geqslant 8$ 时,	$\sigma_6=-\frac{F}{4(\delta_e+\delta_{re})b_2}-\frac{3K_6F}{2(\delta_e^2+\delta_{re}^2)}=$	MPa
		鞍座垫板边角处 当 $L/R_a<8$ 时,	$\sigma_6=-\frac{F}{4(\delta_e+\delta_{re})b_2}-\frac{12K_6FR_a}{L(\delta_e^2+\delta_{re}^2)}=$	MPa
		鞍座垫板边缘处 当 $L/R_a\geqslant 8$ 时,	$\sigma_6'=-\frac{F}{4\delta_eb_2}-\frac{3K_6F}{2\delta_e^2}=$	MPa
		鞍座垫板边缘处 当 $L/R_a<8$ 时,	$\sigma_6'=-\frac{F}{4\delta_eb_2}-\frac{12K_6FR_a}{L\delta_e^2}=$	MPa

表 10　卧式容器强度计算表(续)

有加强圈圆筒	加强圈参数	材料			
		$e=$ mm, $d=$ mm			加强圈位置参照图 8、图 9
		加 $n=$ 个			
		组合截 $A_0=$ mm^2			
		组合截面 $I_o=$ mm^4			
		设计温度下 $[\sigma]_r^t$ MPa			
	加强圈位于鞍座平面内	鞍座边角处	圆筒周向应力		$\sigma_7=\dfrac{C_4K_7FR_ae}{I_0}-\dfrac{K_8F}{A_0}=$ MPa
			加强圈边缘周向应力		$\sigma_8=\dfrac{C_5K_7FR_ad}{I_0}-\dfrac{K_8F}{A_0}=$ MPa
	加强圈靠近鞍座平面	无垫板或垫板不起加强作用	横截面最低点		$\sigma_5=-\dfrac{kK_5F}{\delta_eb_2}=$ MPa
			鞍座边角处	当 $L/R_a\geqslant8$ 时	$\sigma_6=-\dfrac{F}{4\delta_eb_2}-\dfrac{3K_6F}{2\delta_e^2}=$ MPa
				当 $L/R_a<8$ 时	$\sigma_6=-\dfrac{F}{4\delta_eb_2}-\dfrac{12K_6FR_a}{L\delta_e^2}=$ MPa
		垫板起加强作用	横截面最低点		$\sigma_5=-\dfrac{kK_5F}{(\delta_e+\delta_{re})b_2}=$ MPa
			鞍座边角处	当 $L/R_a\geqslant8$ 时	$\sigma_6=-\dfrac{F}{4(\delta_e+\delta_{re})b_2}-\dfrac{3K_6F}{2(\delta_e+\delta_{re}^2)}=$ MPa
				当 $L/R_a<8$ 时	$\sigma_6=-\dfrac{F}{4(\delta_e+\delta_{re})b_2}-\dfrac{12K_6FR_a}{L(\delta_e+\delta_{re}^2)}=$ MPa
		靠近水平中心线	圆筒周向应力		$\sigma_7=\dfrac{C_4K_7FR_ae}{I_0}-\dfrac{K_8F}{A_0}=$ MPa
			加强圈边缘周向应力		$\sigma_8=\dfrac{C_5K_7FR_ad}{I_0}-\dfrac{K_8F}{A_0}=$ MPa
应力校核	$\lvert\sigma_5\rvert\leqslant[\sigma]^t$				
	$\lvert\sigma_6\rvert$, $\lvert\sigma_6'\rvert$, $\lvert\sigma_7\rvert\leqslant1.25[\sigma]^t$				
	$\lvert\sigma_8\rvert\leqslant1.25[\sigma]_r^t$				
鞍座设计计算					
结构参数	鞍座实际高度	$H=$ mm	鞍座计算高度	$H_s=\min\left\{H,\dfrac{1}{3}R_a\right\}=$ mm	
	鞍座腹板厚度	$b_0=$ mm	鞍座垫板实际宽度	$b_4=$ mm	
	圆筒有效宽度	$b_2=b+1.56\sqrt{R_a\delta_n}=$ mm			
	鞍座垫板有效宽度	$b_r=b_2$ mm	圆筒中心至基础表面距离	$H_v=$ mm	
	腹板与筋板(小端)组合截面积	$A_{sa}=$ mm^2	腹板与筋板(小端)组合截面系数	$Z_r=$ mm^3	

表 10 卧式容器强度计算表(续)

腹板水平拉应力及校核				
腹板水平力	$F_s = K_9 F =$			N
水平拉应力	无垫板或垫板不起加强作用	$\sigma_9 = \frac{F_s}{H_s b_0} =$		MPa
	垫板起加强作用	$\sigma_9 = \frac{F_s}{H_s b_0 + b_r \delta_{re}} =$		MPa
应力校核	$\sigma_9 \leqslant \frac{2}{3}[\sigma]_{sa}$			
鞍座压缩应力及校核				
地震引起的腹板与筋板组合截面应力	水平地震影响系数	查表 9 得 $\alpha_1 =$	抗震设防烈度	
	水平地震力	$F_{Ev} = \alpha_1 mg =$		N
	当 $F_{Ev} \leqslant mgf$ 时：	$\sigma_{sa} = -\frac{F'}{A_{sa}} - \frac{F_{Ev} H}{2Z_r} - \frac{F_{Ev} H_v}{A_{sa}(L-2A)} =$		MPa
	当 $F_{Ev} > mgf$ 时：	$\sigma_{sa} = -\frac{F'}{A_{sa}} - \frac{(F_{Ev} - Ff_s)H}{Z_r} - \frac{F_{Ev} H_v}{A_{sa}(L-2A)} =$		MPa
温差引起的腹板与筋板组合截面应力		$\sigma_{sa}^{t} = -\frac{F'}{A_{sa}} - \frac{F'fH}{Z_r} =$		MPa
应力校核	$\sigma_{sa} \leqslant K_0[\sigma]_{sa}$，　$K_0 = 1.2$			
	$\lvert\sigma_{sa}^{t}\rvert \leqslant [\sigma]_{sa}$			
地震引起的地脚螺栓应力及校核				
地脚螺栓参数	筒体轴线两侧螺栓间距	$l =$		mm
	承受倾覆力矩螺栓个数	$n =$	承受剪应力螺栓个数	$n' =$
倾覆力矩	$M_{Ev}^{0-0} = F_{Ev} H_v - m_o g \frac{l}{2} =$			N·mm
地脚螺栓拉应力	$\sigma_{bt} = \frac{M_{Ev}^{0-0}}{nlA_{bt}}$			MPa
地脚螺栓剪应力	当 $F_{Ev} > mgf$ 时：$\tau_{bt} = \frac{F_{Ev} - 2Ff_s}{n'A_{bt}} =$			MPa
应力校核	拉应力	$\sigma_{bt} \leqslant K_0[\sigma]_{bt}$		
	剪应力	$\tau_{bt} \leqslant K_0 0.8[\sigma]_{bt}$		

8 制造、检验与验收

8.1 卧式压力容器的制造、检验与验收要求应符合 GB 150.4 的规定；卧式常压容器的制造、检验与验收要求应符合 NB/T 47003.1 的规定。

8.2 除图样另有规定外，容器及其相连接的非受压元件的尺寸极限偏差、形状和位置公差应满足表 11 及图 12 的要求。

8.3 容器外形尺寸极限偏差、形状和位置公差除了满足本标准的规定外，其他应符合 GB/T 1804中的 m 级要求。

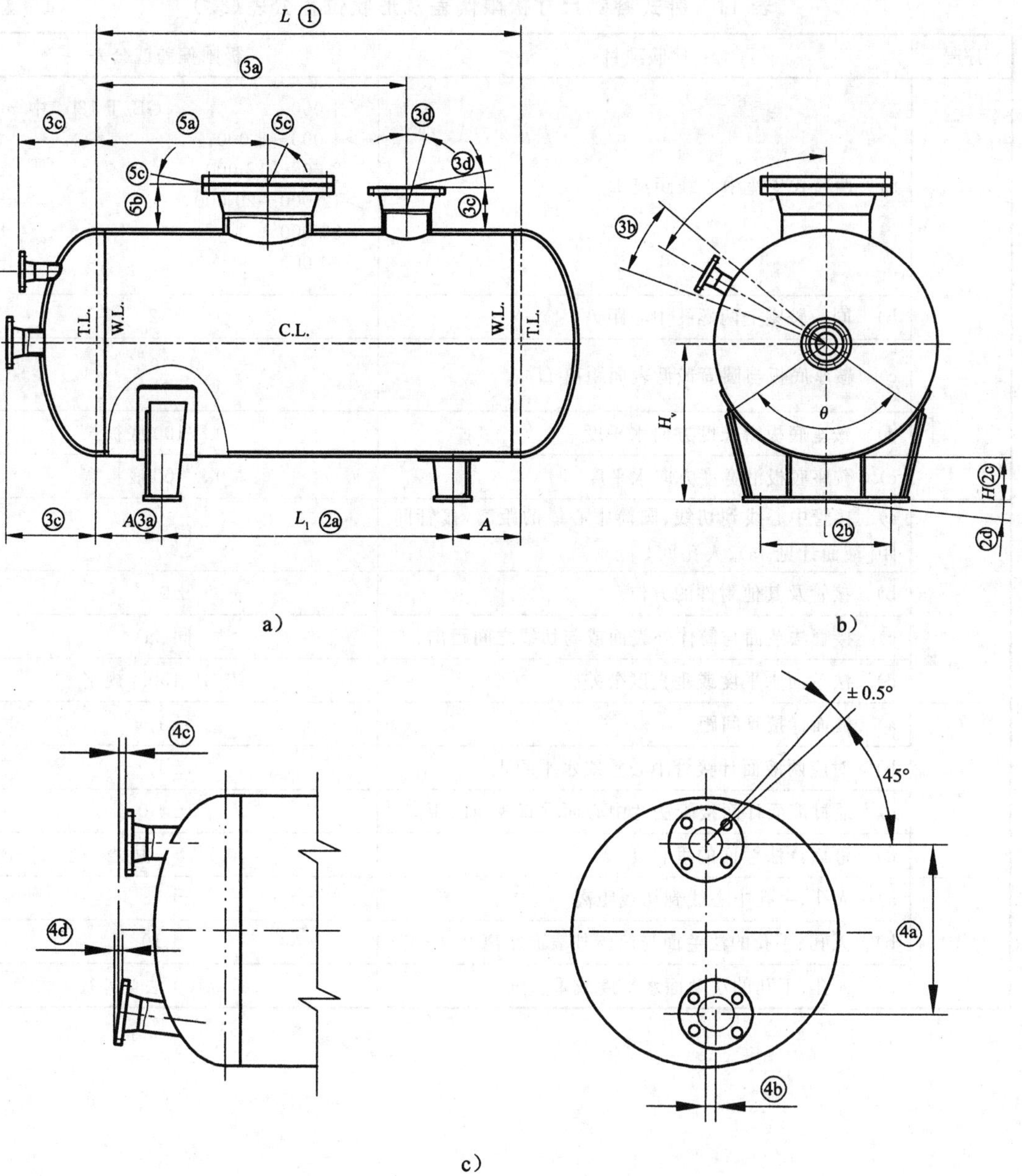

图 12 卧式容器尺寸极限偏差及形状位置公差检验项目

表 11 卧式容器尺寸极限偏差及形状位置公差

单位为 mm

序号	检验项目	极限偏差或公差					
1	封头切线之间的距离 L	长度 L m	≤5	>5 ~10	>10 ~20	>20 ~40	>40
		极限偏差	±8	±10	±20	±30	±40

表 11　卧式容器尺寸极限偏差及形状位置公差(续)　　单位为毫米

序号	检验项目	极限偏差或公差
2	a)　两鞍式支座中心线距离 L_1	≤4 000　GB/T 1804 中 m 级 >4 000～8 000　±8 >8 000～12 000　±10 >12 000～20 000　±12 >30 000　±14 >40 000　±16
	b)　同一鞍座上两螺孔中心距 l	±2
	c)　鞍座底板与圆筒最低表面距离 H	$^{0}_{-6}$
	d)　鞍座底板沿长度方向水平度	≤0.8/100 底板长
	e)　鞍座底板沿宽度方向水平度	≤0.8/100 底板宽
3	a)　接管中心线到切线、圆筒中心线的距离，接管间距[液面计见 4a)、人孔见 5]	同 2a)
	b)　接管及其他附件的方位	±0.5°
	c)　接管法兰面与筒体外表面或与切线之间距离	同 2a)
	d)　法兰面水平度或垂直度公差	按 GB 150.4 规定
4	a)　液面计接管间距	±1.5
	b)　对应两液面计接管中心垂线水平间距	±1.0
	c)　通过液面计两接管法兰中心面垂直线间的距离	±1.0
	d)　液面计法兰面的垂直度	≤0.5/100 法兰外径
5	a)　人孔、手孔中心线到切线距离	±13
	b)　人孔、手孔的法兰面与筒体外表面距离	±10
	c)　人孔、手孔的法兰面水平度或垂直度	≤1/100 法兰外径

附 录 A
(规范性附录)
符合性声明

A.1 本标准中卧式压力容器部分的制定遵循了国家颁布的压力容器安全法规所规定的基本安全要求,其设计准则、材料要求、制造检验技术要求和验收标准均符合《固定式压力容器安全技术监察规程》和 GB 150.1～150.4《压力容器》的相应规定。本标准为协调标准,即按本标准要求建造的卧式压力容器可以满足《固定式压力容器安全技术监察规程》和 GB 150.1～150.4《压力容器》的基本安全要求。卧式常压容器的建造要求与 NB/T47003.1《钢制焊接常压容器》相协调。

A.2 本标准的修订采用提案审查制度。任何单位和个人均有权利对本标准的修订提出建议,修订建议应采用"表 A.1 标准提案/问询表"的方式提交全国锅炉压力容器标准化技术委员会(以下简称"委员会")。委员会对收到的标准修订提案进行审查,根据审查结果,将采纳的技术内容纳入下一版标准。

表 A.1 标准提案/问询表 总第 号

<table>
<tr><td colspan="2">□标准提案 □标准问询</td><td>标准名称</td><td colspan="2"></td></tr>
<tr><td>单 位</td><td colspan="2"></td><td>姓 名</td><td></td></tr>
<tr><td>联系地址</td><td colspan="2"></td><td>邮政编码</td><td></td></tr>
<tr><td>电话/传真</td><td colspan="2"></td><td>电子信箱</td><td></td></tr>
<tr><td>标准条款</td><td colspan="4"></td></tr>
<tr><td colspan="5">提案/问询内容(可另附页)</td></tr>
<tr><td colspan="5"></td></tr>
<tr><td colspan="5">技术依据与相关资料(可另附页)</td></tr>
<tr><td colspan="5"></td></tr>
<tr><td colspan="5">附加说明:</td></tr>
<tr><td colspan="3">单位图章或提案(问询)人签字:</td><td colspan="2">提交日期:
年 月 日</td></tr>
</table>

全国锅炉压力容器标准化技术委员会

地址:北京市朝阳区和平街西苑 2 号楼 D 座三层 邮政编码:100013

电子邮箱:chenzh1969@163.com

附　录　B
(资料性附录)
附加载荷作用时对称双鞍座卧式容器强度及稳定性校核计算

B.1　范围

B.1.1　本附录规定了带附属设备的对称双鞍座支撑卧式容器的强度及稳定性校核计算方法。本附录的计算方法适用于总高不大于 10 m 的带附属设备的容器。

B.1.2　附属设备(精馏塔、除氧头和搅拌设备)的轴线应与容器筒体轴线正交且与地面垂直;与容器连接的附属设备在容器筒体上的开孔直径与筒体直径之比不大于 0.5(见图 B.2)。

B.2　本附录的计算方法所考虑的载荷包括由附属设备的重力及地震载荷。

B.3　符号

A_{bt}——一个地脚螺栓的横截面面积,mm^2;

F_{Ea}——水平地震作用产生的垂直于附属设备轴线的力,N;

$F_{Ⅰ}$、$F_{Ⅱ}$——由均布载荷、附属设备重力和地震载荷在支承处引起的支座反力,分别取操作或水压试验状态的值,N;

H——鞍座的高度,即鞍座底板下表面至圆筒体外表面的距离,mm;

H_v——鞍座底板下表面至卧式容器中心的高度,mm;

K_0——载荷组合系数,无地震载荷作用时 $K_0=1.0$,有地震载荷作用时 $K_0=1.2$;

K_{10}、K_{11}——计算筒体截面 A-A 处轴向应力的系数,查图 B.2b);

$M_q^{A\text{-}A}$——由均布载荷作用,在筒体截面 A-A 处产生的最大轴向弯矩,N·mm;

$M_w^{A\text{-}A}$——由附属设备重力作用,在筒体截面 A-A 处产生的最大轴向弯矩,N·mm;

$M_{Ea}^{0\text{-}0}$——附属设备由地震作用,相对于 0-0 截面引起的倾覆力矩,N·mm;

$M_{Ev}^{0\text{-}0}$——卧式容器由地震作用,相对于 0-0 截面引起的倾覆力矩,N·mm;

$M_{Ea}^{1\text{-}1}$——附属设备由地震作用,相对于 1-1 截面引起的筒体轴向弯矩,N·mm;

$M_{max}^{A\text{-}A}$——由均布载荷和附属设备重力作用,在筒体截面 A-A 处产生的最大组合轴向弯矩,N·mm;

$M_{Emax}^{A\text{-}A}$——考虑地震影响时,由均布载荷、附属设备重力和地震作用,在筒体截面 A-A 处产生的最大组合轴向弯矩,N·mm;

a——集中载荷作用截面与支承Ⅰ之间的距离,mm;

b——集中载荷作用截面与支承Ⅱ之间的距离,mm;

h——附属设备地震力作用中心到圆筒体外表面的距离,见图 B.1;

l——两鞍座中心线之间的距离,mm;

l_1——鞍座轴线两侧的螺栓间距,mm;

m_a——附属设备的质量,kg;

n——一个鞍座上地脚螺栓个数,个;

n'——承受剪应力的地脚螺栓个数(固定端鞍座的地脚螺栓个数),个;

β——附属设备开孔与截面 A-A 筒体中心的夹角,见图 B.2;

$\sigma_1^{Ⅰ\text{-}Ⅰ}$——在筒体截面 A-A 处最高点的轴向应力,MPa;

$\sigma_2^{\text{I-I}}$——在筒体截面 A-A 处最低点的轴向应力,MPa。

注:$\sigma_1^{\text{I-I}}$,$\sigma_2^{\text{I-I}}$加脚标 T 表示水压试验工况。

本附录使用的其他符号见第 7 章的符号说明。

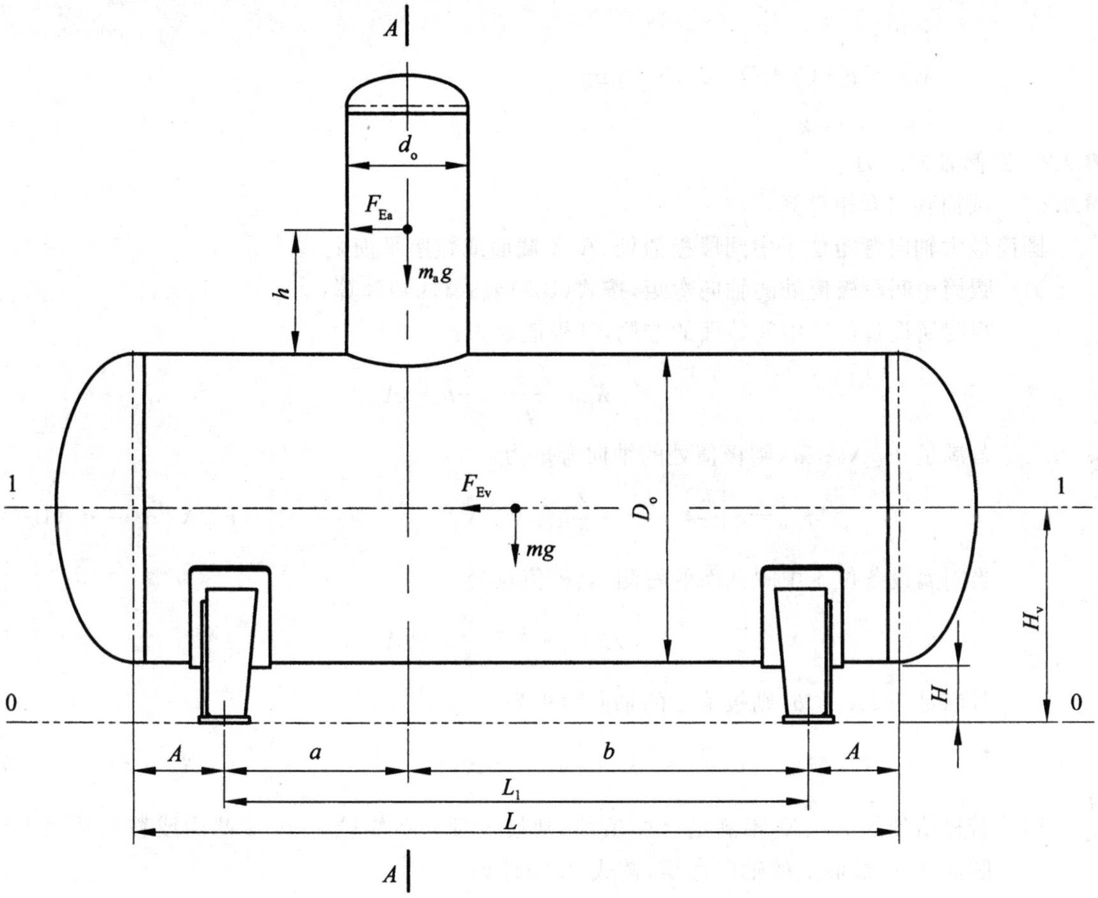

图 B.1 载荷示意图

B.4 强度及稳定性校核

本节对容器的强度和稳定性校核应分别考虑正常操作、压力试验工况以及有地震载荷和无地震载荷组合的工况。

B.4.1 均布载荷和附属设备重力引起的支座反力

支座反力按式(B.1)、式(B.2)计算:

Ⅰ支座处:

$$F_{\text{I}} = F + F_{\text{wI}} + F_{\text{ER}} \quad \cdots\cdots\cdots\cdots (B.1)$$

Ⅱ支座处:

$$F_{\text{II}} = F + F_{\text{wII}} + F_{\text{ER}} \quad \cdots\cdots\cdots\cdots (B.2)$$

式中:

F——由均布载荷在支承处引起的支座反力,$F = \dfrac{mg}{2}$,N;

$F_{w\,\mathrm{I}}$、$F_{w\,\mathrm{II}}$——由附属设备重力在支承处引起的支座反力，$F_{w\mathrm{I}}=\dfrac{b}{L_1}m_a g$，$F_{w\mathrm{II}}=\dfrac{a}{L_1}m_a g$，N；

F_{ER}——附属设备由地震作用在支承处引起的支座反力，$F_{ER}=\dfrac{M_{Ea}^{1\text{-}1}}{L_1}$，N。

其中：

$M_{Ea}^{1\text{-}1}=F_{Ea}(h+D_o/2)$，N·mm；

$F_{Ea}=\alpha_1 m_a g$。

B.4.2 圆筒轴向应力

B.4.2.1 圆筒轴向弯矩计算

圆筒最大轴向弯矩位于中间段极值处、A-A截面或鞍座平面上

a) 圆筒中间段极值处的轴向弯矩，按式(B.3)或式(B.4)计算：

当附属设备位于中间截面的左侧，其极值点为：

$$X_1=\frac{F_{\mathrm{I}}}{q}-\frac{2}{3}h_i-A$$

若满足 $0<X_1<a$，则极值处的轴向弯矩为：

$$M_{max}=q\left[\frac{R_a^2-h_i^2}{4}-\frac{2}{3}h_i(A+X_1)-\frac{(A+X_1)^2}{2}\right]+F_{\mathrm{I}}X_1 \quad\cdots\cdots\cdots(B.3)$$

当附属设备位于中间截面的右侧，其极值点为：

$$X_2=\frac{F_{\mathrm{II}}}{q}-\frac{2}{3}h_i-A$$

若满足 $0<X_2<b$，则极值处的轴向弯矩为

$$M_{max}=q\left[\frac{R_a^2-h_i^2}{4}-\frac{2}{3}h_i(A+X_2)-\frac{(A+X_2)^2}{2}\right]+F_{\mathrm{II}}X_2 \quad\cdots\cdots\cdots(B.4)$$

b) 若极值处的 X_1、X_2 不满足上述条件，则最大轴向弯矩位于A-A截面或鞍座平面上。

圆筒A-A截面上的轴向弯矩，按式(B.5)计算：

$$M_{max}^{A\text{-}A}=M_q^{A\text{-}A}+M_w^{A\text{-}A}+\frac{a}{L_1}M_{Ea}^{1\text{-}1} \quad\cdots\cdots\cdots(B.5)$$

式中：

$$M_q^{A\text{-}A}=\frac{2F}{L+\frac{4}{3}h_i}\left[\frac{R_a^2-h_i^2}{4}-\frac{2h_i}{3}A-\frac{A^2}{2}+\frac{aL_1}{2}\left(1-\frac{a}{L_1}\right)\right];$$

$$M_w^{A\text{-}A}=\frac{ab}{L_1}m_a g。$$

c) 鞍座平面上的轴向弯矩，按式(4)计算。

B.4.2.2 圆筒轴向应力计算

B.4.2.2.1 圆筒A-A截面上，由压力及轴向弯矩引起的轴向应力，按式(B.6)、式(B.7)计算：圆筒最高点处：

$$\sigma_1^{\mathrm{I}\text{-}\mathrm{I}}=\frac{p_c R_a}{2\delta_e}-\frac{M_{max}^{A\text{-}A}}{3.14K_{10}R_a^2\delta_e} \quad\cdots\cdots\cdots(B.6)$$

圆筒最低点处：

$$\sigma_2^{\text{I-I}}=\frac{p_c R_a}{2\delta_e}+\frac{M_{max}^{\text{A-A}}}{3.14K_{11}R_a^2\delta_e} \quad\cdots\cdots\cdots\cdots\cdots\cdots\cdots\cdots \text{(B.7)}$$

注：该轴向应力仅为简化为简支梁计算时得到的该截面的薄膜应力，局部应力的计算需要采用其他方法（如有限元数值分析）进行。

B.4.2.2.2 若极值处的 X_1、X_2 满足 B.4.2.1 a)的条件，则在极值处，由压力及轴向弯矩引起的轴向应力，按式(5)、式(6)计算，式中的 M_1 由 M_{max} 代替。

B.4.2.2.3 若极值处的 X_1、X_2 满足 B.4.2.1 b)上述条件，则最大轴向弯矩位于圆筒鞍座截面或 A-A 截面上，圆筒鞍座截面上由压力及轴向弯矩引起的轴向应力，按式(7)、式(8)计算，式中的 M_2 由 M_{max} 代替。

B.4.2.3 圆筒轴向应力校核

圆筒轴向应力应满足表 B.1 的要求。

表 B.1 圆筒轴向应力的校核条件

工况	内压设计	外压设计	最大应力校核条件
操作工况（盛装物料）	加压	未加压	拉应力：$\max\{\sigma_1,\sigma_2,\sigma_1^{\text{I-I}},\sigma_2^{\text{I-I}},\sigma_3,\sigma_4\}\leqslant K_0\phi[\sigma]^t$
	未加压	加压	压应力：$\lvert\min\{\sigma_1,\sigma_2,\sigma_1^{\text{I-I}},\sigma_2^{\text{I-I}},\sigma_3,\sigma_4\}\rvert\leqslant[\sigma]_{ac}^t$
水压试验工况（充满水）	加压		拉应：$\max\{\sigma_{T1},\sigma_{T2},\sigma_{T1}^{\text{I-I}},\sigma_{T}^{\text{I-I}}{}_2,\sigma_{T3},\sigma_{T4}\}\leqslant 0.9\phi R_{eL}(R_{p0.2})$
	未加压		压应：$\lvert\min\{\sigma_{T1},\sigma_{T2},\sigma_{T1}^{\text{I-I}},\sigma_{T}^{\text{I-I}}{}_2,\sigma_{T3},\sigma_{T4}\}\rvert\leqslant[\sigma]_{ac}$

B.4.3 圆筒切向剪应力及封头应力

B.4.3.1 应力计算

应力 τ、τ_h 按式(9)～式(11)进行计算，式中的 F 由 F_{I}、F_{II} 中较大值代替。

B.4.3.2 应力校核

应力的校核按 7.7.3.2、7.7.3.4 的规定进行，其中$[\sigma]^t$由 $K_0[\sigma]^t$代替。

B.4.4 圆筒周向应力

B.4.4.1 圆筒周向应力计算

圆筒周向应力 σ_5～σ_8 按式(16)～式(25)进行计算，式中的 F 由 F_{I}、F_{II} 中较大值代替。

B.4.4.2 圆筒周向应力校核

圆筒周向应力的校核按 7.7.4.3 的规定进行，其中$[\sigma]^t$由 $K_0[\sigma]^t$代替。

B.4.5 鞍座应力

B.4.5.1 腹板水平拉应力及强度校核

腹板水平分力 F_s 按式(26)进行计算，式中的 F 由 F_{I}、F_{II} 中较大值代替。

腹板水平方向的拉应力 σ_9 按式(27)、式(28)进行计算。应力的校核按式(29)进行，其中，$[\sigma]_{sa}$由 $K_0[\sigma]_{sa}$代替。

B.4.5.2 鞍座压缩应力及强度校核

a) 由温度变化引起筒体伸缩时产生的支座腹板与筋板组合截面内产生的压应力 σ_{sa}^t 按式(32)进行计算，式中的 F 由 F_{I}、F_{II} 中较大值代替。应力的校核按式(33)进行。

b) 地震载荷工况下，由轴向弯矩及重力载荷作用支座腹板与筋板组合截面内产生的压应力 σ_{sa} 按式(B.8)～式(B.9)计算：

当地震载荷引起的水平地震力之半不大于两鞍座中任意一个鞍座底板与基础静摩擦

力($F_E/2 \leqslant Ff$)时：

$$\sigma_{sa}=-\frac{F'}{A_{sa}}-\frac{F_E H}{2Z_r}-\frac{M_{Ev}^{0-0}+M_{Ea}^{0-0}}{A_{sa}L_1} \qquad (B.8)$$

当地震载荷引起的水平地震力之半大于任意一个鞍座底板与基础静摩擦力：

$$\sigma_{sa}=-\frac{F'}{A_{sa}}-\frac{(F_E-F''f_s)H}{Z_r}-\frac{M_{Ev}^{0-0}+M_{Ea}^{0-0}}{A_{sa}L_1} \qquad (B.9)$$

式中：

$F_E=F_{Ea}+F_{Ev}$；

$F'=\max\{F_{\mathrm{I}},F_{\mathrm{II}}\}$；

$F''=\min\{F_{\mathrm{I}},F_{\mathrm{II}}\}$；

$M_{Ea}^{0-0}=F_{Ea}(h+D_o+H)$；

$M_{Ev}^{0-0}=F_{Ev}H_v$。

应力校核应满足

$$|\sigma_{sa}|\leqslant K_0[\sigma]_{sa}$$

B.4.5.3 地震引起的地脚螺栓应力

B.4.5.3.1 横向倾覆力矩按式(B.10)进行计算：

$$M_E^{0-0}=M_{Ev}^{0-0}+M_{Ea}^{0-0} \qquad (B.10)$$

B.4.5.3.2 由倾覆力矩引起的地脚螺栓拉应力

地脚螺栓拉应力按式(B.11)进行计算：

$$\sigma_{bt}=\frac{M_E^{0-0}-\dfrac{mg\cdot l_1}{2}}{n\cdot L_1\cdot A_{bt}} \qquad (B.11)$$

应力校核应满足：$\sigma_{bt}\leqslant K_0[\sigma]_{bt}$。

B.4.5.3.3 由水平地震力引起的地脚螺栓剪应力

当地震载荷引起的水平地震力大于底板与基础的静摩擦力，即 $F_E>(F_{\mathrm{I}}+F_{\mathrm{II}})f$ 时，地脚螺栓剪应力按式(B.12)进行计算：

$$\tau_{bt}=\frac{F_E-(F_{\mathrm{I}}+F_{\mathrm{II}})f_s}{n'A_{bt}} \qquad (B.12)$$

应力校核应满足：$\tau_{bt}\leqslant 0.8K_0[\sigma]_{bt}$。

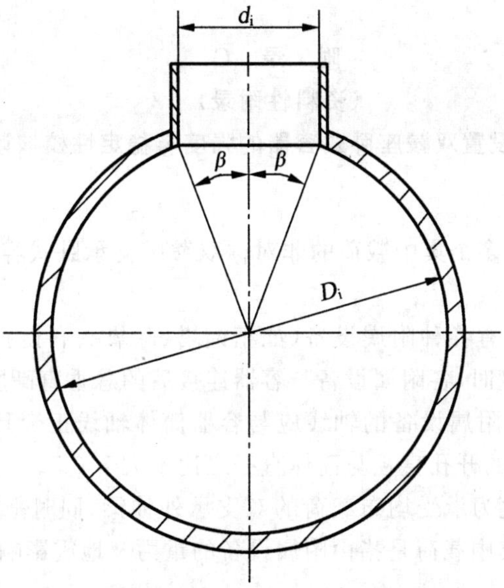

a） 附属设备的开孔结构图

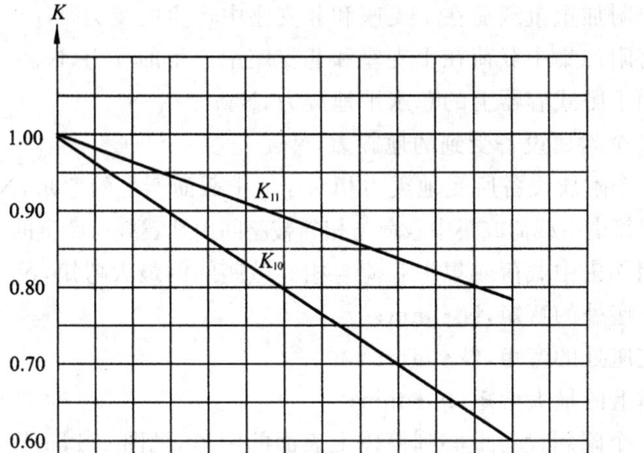

b） 系数 K_{10}、K_{11} 与夹角 β 的关系曲线图

图 B.2　系数 K_{10}、K_{11}

附 录 C
(资料性附录)
非对称设置双鞍座卧式容器的强度与稳定性校核计算

C.1 范围

C.1.1 本附录规定了可承受多个集中载荷的非对称双鞍座支承卧式容器的强度及稳定性校核计算方法。

C.1.2 容器上可设有或不设有各种附属设备(如精馏塔、除氧头和搅拌设备)。如设有附属设备,当地震设防烈度大于6度时,各附属设备与容器连接后的总垂直高度应不大于10 m。

C.1.3 集中载荷的作用线及附属设备的轴线应与容器筒体轴线正交且与地面垂直;与容器连接的附属设备在容器筒体上的开孔直径与筒体直径之比不大于0.5。

C.2 计算时将卧式容器简化为承受均布载荷的双支承外伸梁,同时把各附属设备视为作用在梁上的附加集中载荷,附加集中载荷是指由附属设备的重力及地震影响所产生的作用在梁上的集中载荷。

C.3 符号

F_{Iq}、F_{IIq}——均布附加重量载荷在Ⅰ支座和Ⅱ支座中产生的反力,N;

F_{If},F_{IIf}——垂直附加集中载荷在Ⅰ支座和Ⅱ支座中产生的反力,N;

F_{E}——作用于卧式容器上的总水平地震力,N;

$F_{\mathrm{Ea}k}$——第 k 个附属设备受到的地震力,N;

$M_{\mathrm{Ea}i}^{1\text{-}1}$——第 i 个附属设备所受地震力相对于1-1截面产生的弯矩,N·mm;

M_{Emax}——两相邻集中载荷或集中载荷与相邻鞍座间由地震载荷产生的最大弯矩,N·mm;

$M_{i(\max)}$——两相邻集中载荷或集中载荷与相邻鞍座间的最大弯矩,N·mm;

M_{I}——Ⅰ支座处的弯矩,N·mm;

M_{II}——Ⅱ支座处的弯矩,N·mm;

$M_{\max}$——筒体上的最大弯矩,N·mm;

e_k——第 k 个附属设备重心到筒体上表面的距离,见图C.1,mm;

f_i——作用在筒体上的第 i 个垂直集中载荷,向下为正,向上为负,N;

k——第 k 个附属设备,$k=1,2\cdots\cdots$;

l_i——第 i 个垂直集中载荷力离Ⅰ支座的距离,集中载荷 f_i 在Ⅰ支座右边时,l_i 正值,否则 l_i 取负值,mm。

本附录使用的其他符号见第7章和附录B的符号说明。

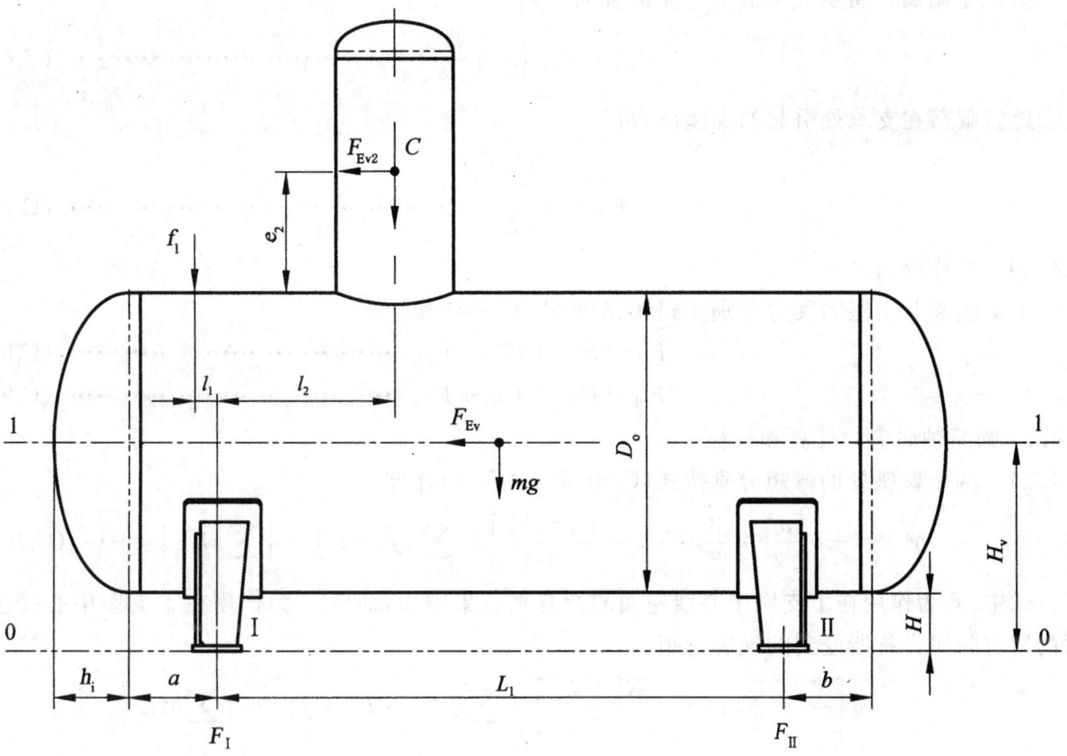

图 C.1

C.4　强度及稳定性校核

本节对卧式容器的强度和稳定性校核应分别考虑正常操作、压力试验工况以及有地震载荷作用和无地震载荷作用的工况。

C.4.1　鞍座反力的计算

C.4.1.1　均布重量载荷产生的鞍座反力

容器中均布重量载荷在Ⅰ支座处产生的反力为：

$$F_{\mathrm{I}q}=q\left[\frac{2h_i}{3}\left(1+\frac{a}{L_1}-\frac{b}{L_1}\right)+\frac{L_1}{2}\left(1+\frac{a}{L_1}\right)^2-\frac{b^2}{2L_1}\right] \quad\cdots\cdots\cdots\cdots\cdots\cdots (C.1)$$

容器中均布重量载荷在Ⅱ支座处产生的反力为：

$$F_{\mathrm{II}q}=q\left[\frac{2h_i}{3}\left(1+\frac{b}{L_1}-\frac{a}{L_1}\right)+\frac{L_1}{2}\left(1+\frac{b}{L_1}\right)^2-\frac{a^2}{2L_1}\right] \quad\cdots\cdots\cdots\cdots\cdots\cdots (C.2)$$

C.4.1.2　垂直集中载荷产生的鞍座反力

为平衡所有集中载荷而需要的Ⅰ支座处的支反力为：

$$F_{\mathrm{I}f}=\sum_i f_i\left(1-\frac{l_i}{L_1}\right) \quad\cdots\cdots\cdots\cdots\cdots\cdots\cdots\cdots\cdots\cdots\cdots\cdots (C.3)$$

为平衡所有集中载荷而需要的Ⅱ支座处的支反力为：

$$F_{\mathrm{II}f}=\sum_i f_i\frac{l_i}{L_1} \quad\cdots\cdots\cdots\cdots\cdots\cdots\cdots\cdots\cdots\cdots\cdots\cdots\cdots\cdots (C.4)$$

C.4.1.3　作为集中载荷的第 k 个附属设备所受地震力：

$$F_{Eak}=\alpha_1\cdot m_{ak}\cdot g \quad\cdots\cdots\cdots\cdots\cdots\cdots\cdots\cdots\cdots\cdots\cdots\cdots\cdots\cdots (C.5)$$

第 k 个附属设备所受地震力产生的轴向弯矩：

$$M_{Eak}^{1\text{-}1}=F_{Eak}\left(e_k+\frac{D_o}{2}\right) \quad \cdots\cdots\cdots\cdots (C.6)$$

地震载荷在支承处引起的支座反力：

$$F_{ER}=\frac{\sum\limits_k M_{Eak}^{1\text{-}1}}{L_1} \quad \cdots\cdots\cdots\cdots (C.7)$$

C.4.1.4 鞍座反力

Ⅰ支座和Ⅱ支座的反力分别按式(C.8)和式(C.9)计算。

$$F_{\mathrm{I}}=F_{\mathrm{I}q}+F_{\mathrm{I}f}+F_{ER} \quad \cdots\cdots\cdots\cdots (C.8)$$

$$F_{\mathrm{II}}=F_{\mathrm{II}q}+F_{\mathrm{II}f}+F_{ER} \quad \cdots\cdots\cdots\cdots (C.9)$$

C.4.2 圆筒轴向应力计算和校核

C.4.2.1 两个鞍座处的弯矩分别按式(C.10)和式(C.11)计算：

$$M_{\mathrm{I}}=-q\left[\frac{a^2}{2}+\frac{2}{3}h_i\cdot a-\frac{R_a^2-h_i^2}{4}\right]+\sum_i(f_i\cdot l_i)-\left|\sum_i M_{Eai}\right| \quad \cdots\cdots (C.10)$$

式中，f_i 为作用在Ⅰ支座中心线左面的所有垂直集中力，而 M_{Eai} 为作用在Ⅰ支座中心线左面的所有附属设备所受到的地震弯矩。

$$M_{\mathrm{II}}=-q\left[\frac{b^2}{2}+\frac{2}{3}h_i\cdot b-\frac{R_a^2-h_i^2}{4}\right]+\sum_i[(L_1\cdot l_i)\cdot f_i]-\left|\sum_i M_{Eai}\right| \quad \cdots\cdots\cdots\cdots (C.11)$$

式中，f_i 为作用在Ⅱ支座中心线右面(见图 C.1)的所有垂直集中力，而 M_{Eai} 为作用在Ⅰ支座中心线右面的所有附属设备所受到的地震弯矩。

C.4.2.2 两鞍座间的最大弯矩为：

$$M_{max}=\max_i\{M_{i(max)}\} \quad \cdots\cdots\cdots\cdots (C.12)$$

其中，$M_{i(max)}$ 对所有集中载荷，求得的与之相邻的集中载荷或鞍座之间的最大弯矩。

C.4.2.3 两鞍座间最大弯矩处筒体上的轴向应力按式(C.13)、式(C.14)计算：

圆筒最高点处：

$$\sigma_1=\frac{p_c R_a}{2\delta_e}-\frac{M_{max}}{3.14K_{10}R_a^2\delta_e} \quad \cdots\cdots\cdots\cdots (C.13)$$

圆筒最低点处：

$$\sigma_2=\frac{p_c R_a}{2\delta_e}+\frac{M_{max}}{3.14K_{11}R_a^2\delta_e} \quad \cdots\cdots\cdots\cdots (C.14)$$

C.4.2.4 Ⅰ支座处筒体上的轴向应力按式(C.15)、式(C.16)计算：

圆筒最高点处：

$$\sigma_3^{\mathrm{I\text{-}I}}=\frac{p_c R_a}{2\delta_e}-\frac{M_{\mathrm{I}}}{3.14K_1R_a^2\delta_e} \quad \cdots\cdots\cdots\cdots (C.15)$$

圆筒最低点处：

$$\sigma_4^{\mathrm{I\text{-}I}}=\frac{p_c R_a}{2\delta_e}+\frac{M_{\mathrm{I}}}{3.14K_2R_a^2\delta_e} \quad \cdots\cdots\cdots\cdots (C.16)$$

C.4.2.5 Ⅱ支座处筒体上的轴向应力按式(C.17)、式(C.18)计算：

圆筒最高点处：

$$\sigma_3^{\text{Ⅱ-Ⅱ}}=\frac{p_c R_a}{2\delta_e}-\frac{M_{\text{Ⅱ}}}{3.14K_1 R_a^2\delta_e} \quad \cdots\cdots (C.17)$$

圆筒最低点处：

$$\sigma_4^{\text{Ⅱ-Ⅱ}}=\frac{p_c R_a}{2\delta_e}+\frac{M_{\text{Ⅱ}}}{3.14K_2 R_a^2\delta_e} \quad \cdots\cdots (C.18)$$

C.4.2.6 圆筒轴向应力校核

圆筒轴向应力应满足表 C.1 的要求。

表 C.1 圆筒轴向应力的校核条件

工况	内压设计	外压设计	最大应力校核条件
操作工况（盛装物料）	加压	未加压	拉应力：$\max\{\sigma_1,\sigma_2,\sigma_3^{\text{Ⅰ-Ⅰ}},\sigma_4^{\text{Ⅰ-Ⅰ}},\sigma_3^{\text{Ⅱ-Ⅱ}},\sigma_4^{\text{Ⅱ-Ⅱ}}\}\leqslant K_0\phi[\sigma]^t$
	未加压	加压	压应力：$\lvert\min\{\sigma_1,\sigma_2,\sigma_3^{\text{Ⅰ-Ⅰ}},\sigma_4^{\text{Ⅰ-Ⅰ}},\sigma_3^{\text{Ⅱ-Ⅱ}},\sigma_4^{\text{Ⅱ-Ⅱ}}\}\rvert\leqslant[\sigma]_{ac}^t$
水压试验工况（充满水）	加压		拉应力：$\max\{\sigma_{T1},\sigma_{T2},\sigma_{T}^{\text{Ⅰ-Ⅰ}}{}_3,\sigma_{T}^{\text{Ⅰ-Ⅰ}}{}_4,\sigma_{T}^{\text{Ⅱ-Ⅱ}}{}_3,\sigma_{T}^{\text{Ⅱ-Ⅱ}}{}_4\}\leqslant 0.9\phi R_{eL}(R_{p0.2})$
	未加压		压应力：$\lvert\min\{\sigma_{T1},\sigma_{T2},\sigma_{T}^{\text{Ⅰ-Ⅰ}}{}_3,\sigma_{T}^{\text{Ⅰ-Ⅰ}}{}_4,\sigma_{T}^{\text{Ⅱ-Ⅱ}}{}_3,\sigma_{T}^{\text{Ⅱ-Ⅱ}}{}_4\}\rvert\leqslant[\sigma]_{ac}$

C.4.3 圆筒切向剪应力及封头应力

C.4.3.1 应力计算

圆筒切向剪应力及封头剪应力 τ、τ_h 按式(9) ～式(11)进行计算，式中的 F 分别按 $F_{\text{Ⅰ}}$、$F_{\text{Ⅱ}}$ 代替，相应地以 a 值和 b 值替代表 4 中的 A 值后确定系数 K_3 和 K_4。

C.4.3.2 应力校核

圆筒切向剪应力及封头应力的校核按 7.7.3.2 和 7.7.3.4 的规定进行，其中 $[\sigma]^t$ 由 $K_0[\sigma]^t$ 代替。

C.4.4 圆筒周向应力

C.4.4.1 圆筒周向应力计算

圆筒周向应力 σ_5～σ_8 按式(16) ～式(25)进行计算，式中的 F 由 $F_{\text{Ⅰ}}$、$F_{\text{Ⅱ}}$ 中较大值代替。

C.4.4.2 圆筒周向应力校核

圆筒周向应力的校核按 7.7.4.3 的规定进行，其中 $[\sigma]^t$ 由 $K_0[\sigma]^t$ 代替。

C.4.5 鞍座应力

C.4.5.1 腹板水平分力及强度校核

腹板水平分力 F_s 按式(26)进行计算，式中的 F 由 $F_{\text{Ⅰ}}$、$F_{\text{Ⅱ}}$ 中较大值代替。

腹板水平方向的拉应力 σ_9 按式(27)、式(28)进行计算。应力的校核按式(29)进行，其中 $[\sigma]_{sa}$ 由 $K_0[\sigma]_{sa}$ 代替。

C.4.5.2 鞍座压缩应力及强度校核：

a) 由温度变化引起筒体伸缩时，支座腹板与筋板组合截面内所产生的压应力 σ_{sa}^t 按式(32)进行计算，式中的 F 由 $F_{\text{Ⅰ}}$、$F_{\text{Ⅱ}}$ 中较大值代替。应力的校核按式(33)进行；

b) 地震载荷工况下，由轴向弯矩及重力载荷作用，在支座腹板及筋板组合截面内产生的压应力 σ_{sa} 按式(C.19)、式(C.20)计算：

当地震载荷引起的水平地震力之半不大于两鞍座任意一个鞍座底板与基础静摩擦力

$(F_E/2 \leqslant Ff)$时：

$$\sigma_{sa}=-\frac{F'}{A_{sa}}-\frac{F_E H}{2Z_r}-\frac{M_{Ev}^{0-0}+M_{Ea}^{0-0}}{A_{sa}L_1} \quad \text{(C.19)}$$

当地震载荷引起的水平地震力之半大于任意一个鞍座底板与基础静摩擦力：

$$\sigma_{sa}=-\frac{F'}{A_{sa}}-\frac{(F_E-Ff_s)H}{Z_r}-\frac{M_{Ev}^{0-0}+M_{Ea}^{0-0}}{A_{sa}L_1} \quad \text{(C.20)}$$

式中：

$F_E=\sum_i F_{Eai}+F_{Ev}$；

$F'=\max\{F_{\mathrm{I}},F_{\mathrm{II}}\}$；

$F=\min\{F_{\mathrm{I}},F_{\mathrm{II}}\}$；

$M_{Ea}^{0-0}=\sum_k F_{Eak}(e_k+D_o+H)$；

$M_{Ev}^{0-0}=F_{Ev}H_v$。

应力校核应满足条件：

$$|\sigma_{sa}|\leqslant K_0[\sigma]_{sa} \quad \text{(C.21)}$$

C.4.5.3 地震引起的地脚螺栓应力

a) 横向倾覆力矩按式(C.22)进行计算：

$$M_E^{0-0}=M_{Ev}^{0-0}+M_{Ea}^{0-0} \quad \text{(C.22)}$$

b) 由倾覆力矩引起的地脚螺栓拉应力

地脚螺栓拉应力按式(C.23)进行计算：

$$\sigma_{bt}=\frac{M_E^{0-0}-\frac{mg\cdot l}{2}}{n\cdot l\cdot A_{bt}} \quad \text{(C.23)}$$

应力校核应满足：

$$\sigma_{bt}\leqslant K_0[\sigma]_{bt}$$

c) 由水平地震力引起的地脚螺栓剪应力

$F_E>(F_{\mathrm{I}}+F_{\mathrm{II}})f$ 时，应校核地脚螺栓的剪切强度，地脚螺栓剪应力按式(C.24)计算：

$$\tau_{bt}=\frac{F_E-(F_{\mathrm{I}}+F_{\mathrm{II}})f_s}{n'A_{bt}} \quad \text{(C.24)}$$

地脚螺栓的剪应力应满足：

$$\tau_{bt}\leqslant 0.8K_0[\sigma]_{bt} \quad \text{(C.25)}$$

附　录　D
（资料性附录）
对称设置三鞍座卧式容器的强度与稳定性校核计算

D.1　本附录规定了相对于跨中截面对称布置的三鞍座卧式容器的强度及稳定性校核计算方法。

D.2　本附录的计算方法中，仅考虑了承受均布载荷的卧式容器。

D.3　符号

l_1——筒体轴线两侧的鞍座地脚螺栓间距，mm；

l——相邻两鞍座中心线间距，见图 D.1，mm；

M_{I}——Ⅰ支座处的弯矩，N·mm；

M_{II}——Ⅱ支座处的弯矩，N·mm；

M_{max}——两鞍座间筒体上的最大弯矩，N·mm；

X_a——最大弯矩作用点到支座Ⅰ的距离，mm。

本附录使用的其他符号见第 7 章、附录 B 和附录 C 的符号说明。

D.4　强度及稳定性校核

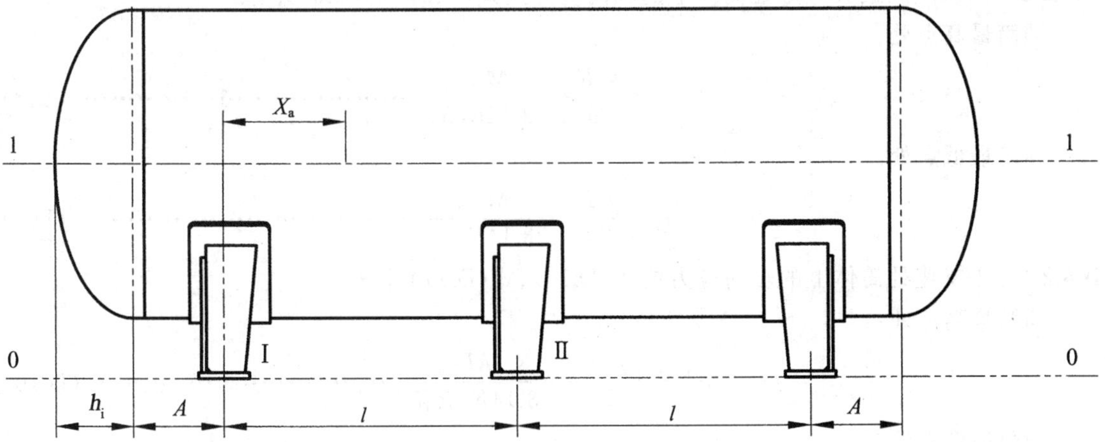

图 D.1

D.4.1　鞍座反力的计算

容器中均布重量载荷在Ⅰ支座处产生的反力为：

$$F_{\mathrm{I}}=\frac{mg}{2(l+A)+\frac{4}{3}h_i}\left[\frac{A}{l}\left(\frac{3}{4}A+h_i\right)+\frac{3}{8l}(h_i^2-R_a^2)+A+\frac{2}{3}h_i+\frac{3}{8}l\right] \quad \cdots\cdots (D.1)$$

容器中均布重量载荷在Ⅱ支座处产生的反力为：

$$F_{\mathrm{II}}=\frac{mg}{2(l+A)+\frac{4}{3}h_i}\left[\frac{5l}{4}-\frac{3A^2}{2l}-\frac{2h_iA}{l}-\frac{3}{4l}(h_i^2-R_a^2)\right] \quad \cdots\cdots (D.2)$$

D.4.2　圆筒轴向应力计算和校核

D.4.2.1　Ⅰ支座和Ⅱ支座处的弯矩分别按式(D.3)和式(D.4)计算：

$$M_{\mathrm{I}}=-\frac{mg}{2(l+A)+\frac{4}{3}h_{\mathrm{i}}}\left[\frac{A^{2}}{2}+\frac{2}{3}h_{\mathrm{i}}A-\frac{R_{\mathrm{a}}^{2}-h_{\mathrm{i}}^{2}}{4}\right] \quad\cdots\cdots\cdots\cdots (D.3)$$

$$M_{\mathrm{II}}=\frac{mg}{2(l+A)+\frac{4}{3}h_{\mathrm{i}}}\left[\frac{Ah_{i}}{3}+\frac{A^{2}}{4}-\frac{l^{2}}{8}-\frac{R_{\mathrm{a}}^{2}-h_{\mathrm{i}}^{2}}{8}\right] \quad\cdots\cdots\cdots\cdots (D.4)$$

D.4.2.2 在Ⅰ支座和Ⅱ支座之间的最大弯矩

按式(D.5)计算 X_{a}:

$$X_{\mathrm{a}}=\frac{A}{l}\left(\frac{3}{4}A+h_{\mathrm{i}}\right)+\frac{3}{8l}(h_{\mathrm{i}}^{2}-R_{\mathrm{a}}^{2})+\frac{3l}{8} \quad\cdots\cdots\cdots\cdots (D.5)$$

若 $0<X_{\mathrm{a}}<l$,按式(D.6)计算Ⅰ支座和Ⅱ支座之间的最大弯矩:

$$M_{\max}=\frac{mg}{2(l+A)+\frac{4}{3}h_{\mathrm{i}}}\left[\frac{1}{4}(R_{\mathrm{a}}^{2}-h_{\mathrm{i}}^{2})-\frac{2h_{\mathrm{i}}}{3}(A+X_{\mathrm{a}})-\frac{(A+X_{\mathrm{a}})^{2}}{2}\right]+F_{\mathrm{I}}X_{\mathrm{a}} \quad\cdots\cdots\cdots\cdots (D.6)$$

若 $X_{\mathrm{a}}<0$ 或 $X_{\mathrm{a}}>l$,则:

$$M_{\max}=\max\{M_{\mathrm{I}},M_{\mathrm{II}}\} \quad\cdots\cdots\cdots\cdots (D.7)$$

D.4.2.3 两鞍座间最大弯矩处筒体上的轴向应力按式(D.8)、式(D.9)计算:

圆筒最高点处:

$$\sigma_{1}=\frac{p_{\mathrm{c}}R_{\mathrm{a}}}{2\delta_{\mathrm{e}}}-\frac{M_{\max}}{3.14R_{\mathrm{a}}^{2}\delta_{\mathrm{e}}} \quad\cdots\cdots\cdots\cdots (D.8)$$

圆筒最低点处:

$$\sigma_{2}=\frac{p_{\mathrm{c}}R_{\mathrm{a}}}{2\delta_{\mathrm{e}}}+\frac{M_{\max}}{3.14R_{\mathrm{a}}^{2}\delta_{\mathrm{e}}} \quad\cdots\cdots\cdots\cdots (D.9)$$

D.4.2.4 Ⅰ支座处筒体上的轴向应力按式(D.10)、式(D.11)计算:

圆筒最高点处:

$$\sigma_{3}^{\mathrm{I-I}}=\frac{p_{\mathrm{c}}R_{\mathrm{a}}}{2\delta_{\mathrm{e}}}-\frac{M_{\mathrm{I}}}{3.14K_{1}R_{\mathrm{a}}^{2}\delta_{\mathrm{e}}} \quad\cdots\cdots\cdots\cdots (D.10)$$

圆筒最低点处:

$$\sigma_{4}^{\mathrm{I-I}}=\frac{p_{\mathrm{c}}R_{\mathrm{a}}}{2\delta_{\mathrm{e}}}+\frac{M_{\mathrm{I}}}{3.14K_{2}R_{\mathrm{a}}^{2}\delta_{\mathrm{e}}} \quad\cdots\cdots\cdots\cdots (D.11)$$

D.4.2.5 Ⅱ支座处筒体上的轴向应力按式(D.12)、式(D.13)计算:

圆筒最高点处:

$$\sigma_{3}^{\mathrm{II-II}}=\frac{p_{\mathrm{c}}R_{\mathrm{a}}}{2\delta_{\mathrm{e}}}-\frac{M_{\mathrm{II}}}{3.14K_{1}R_{\mathrm{a}}^{2}\delta_{\mathrm{e}}} \quad\cdots\cdots\cdots\cdots (D.12)$$

圆筒最低点处:

$$\sigma_{4}^{\mathrm{II-II}}=\frac{p_{\mathrm{c}}R_{\mathrm{a}}}{2\delta_{\mathrm{e}}}+\frac{M_{\mathrm{II}}}{3.14K_{2}R_{\mathrm{a}}^{2}\delta_{\mathrm{e}}} \quad\cdots\cdots\cdots\cdots (D.13)$$

注:Ⅱ支座处轴向应力计算中的系数 K_{1} 和 K_{2} 均按 $A>R_{\mathrm{a}}/2$ 查取。

D.4.2.6 圆筒轴向应力校核

圆筒轴向应力应满足表 D.1 的要求。

表 D.1 圆筒轴向应力的校核条件

工况	内压设计	外压设计	最大应力校核条件
操作工况（盛装物料）	加压	未加压	拉应力：$\max\{\sigma_1,\sigma_2,\sigma_3^{\text{I-I}},\sigma_4^{\text{I-I}},\sigma_3^{\text{II-II}},\sigma_4^{\text{II-II}}\}\leqslant\phi[\sigma]^t$
	未加压	加压	压应力：$\min\{\sigma_1,\sigma_2,\sigma_3^{\text{I-I}},\sigma_4^{\text{I-I}},\sigma_3^{\text{II-II}},\sigma_4^{\text{II-II}}\}\leqslant[\sigma]_{ac}^t$
水压试验工况（充满水）	加压		拉应力：$\max\{\sigma_{T1},\sigma_{T2},\sigma_{T3}^{\text{I-I}},\sigma_{T4}^{\text{I-I}},\sigma_{T3}^{\text{II-II}},\sigma_{T4}^{\text{II-II}}\}\leqslant0.9\phi R_{eL}(R_{p0.2})$
	未加压		压应力：$\lvert\min\{\sigma_{T1},\sigma_{T2},\sigma_{T3}^{\text{I-I}},\sigma_{T4}^{\text{I-I}},\sigma_{T3}^{\text{II-II}},\sigma_{T4}^{\text{II-II}}\}\rvert\leqslant[\sigma]_{ac}$

D.4.3 圆筒切向剪应力及封头应力

D.4.3.1 圆筒切向剪应力及封头应力计算

圆筒切向剪应力及封头应力计算 τ、τ_h 按式(9) ～式(11)进行计算，式中的 F 由 F_{I} 代替。

D.4.3.2 圆筒及封头切向剪应力校核

圆筒及封头切向剪应力的校核按 7.7.3.2、7.7.3.4 的规定进行。

D.4.4 圆筒周向应力

D.4.4.1 圆筒周向应力计算

圆筒周向应力 σ_5～σ_8 按式(16) ～式(25)进行计算，式中的 F 由 F_{I}、F_{II} 中较大值代替。

D.4.4.2 圆筒周向应力校核

圆筒周向应力的校核按 7.7.4.3 的规定进行。

D.4.5 鞍座应力

D.4.5.1 腹板水平分力及强度校核：

a) 腹板水平分力 F_s 按式(26)进行计算，式中的 F 由 F_{I}、F_{II} 中较大值代替；

b) 腹板水平方向的拉应力 σ_9 按式(27)、式(28)进行计算。应力校核按式(29)进行。

D.4.5.2 由温度变化引起圆筒体伸缩时产生的支座腹板与筋板组合截面的压应力 σ_{sa}^t 按式(32)计算。式中，F 取 F_{I}。计算得到的应力按式(33)进行校核。

D.4.6 对于本附录所述的三鞍座卧式容器，应限制地基的不平度以及两相邻鞍座在安装时存在的垂直误差或非均匀沉降，以避免由此产生的附加支座反力以及在容器中所产生的附加弯矩。两相邻鞍座的允许垂直偏移量可由式(D.14)计算得到：

$$[e]=1.5\times10^{-11}\frac{l^2(l^2-2a^2)}{D_i\cdot\delta}c \qquad \text{(D.14)}$$

式中，

c——系数，其值可取为 0.2～0.5；

其他符号说明同 D.3。

ICS 71.120.30
J 75

NB

中华人民共和国能源行业标准

NB/T 47045—2015

钎焊板式热交换器

Brazed plate heat exchangers

2015-04-02 发布 2015-09-01 实施

国家能源局 发布

前　言

本标准按GB/T 1.1—2009《标准化工作导则　第1部分:标准的结构和编写》给出的规则起草。

本标准由全国锅炉压力容器标准化技术委员会热交换器分技术委员会(SAC/TC 262/SC5)提出。

本标准由全国锅炉压力容器标准化技术委员会(SAC/TC 262)归口。

本标准起草单位:上海蓝滨石化设备有限责任公司、阿法拉伐(江阴)设备制造有限公司、苏州舒瑞普科技有限公司、上海市特种设备监督检验技术研究院、甘肃蓝科石化高新装备股份有限公司、四平市巨元瀚洋板式换热器有限公司、江苏宝德换热设备有限公司、中国特种设备检测研究院。

本标准主要起草人:周文学、郭良健、陈冬东、金佛家、汤晓英、刘凯、陈战杨、赵亮、杨国义、陈志伟、薛小龙、王为国。

本标准为首次发布。

引　言

本标准是全国锅炉压力容器标准化技术委员会(SAC/TC 262)(以下简称委员会)负责制定和归口的钎焊板式热交换器标准,用以规范在中国境内制造或使用的钎焊板式热交换器设计、制造、检验和验收、安装使用的相关技术要求。

本标准的技术条款包括了钎焊板式热交换器的通用要求、设计、制造、检验和验收、安装使用中应遵循的技术要求。由于本标准不可能囊括适用范围内钎焊板式热交换器的所有技术细节,因此,在满足基本安全要求的前提下,不禁止本标准中没有特别提及的技术内容。本标准不能作为具体钎焊板式热交换器制造的技术手册,亦不能代替培训、工程经验和工程评价。

本标准不限制实际工程设计和制造中采用先进的技术方法,但工程技术人员采用先进的技术方法时应能做出可靠的判断,确保其满足本标准规定。

本标准规定的技术方法和技术要求不涉及任何专利。本标准的工程应用可能涉及特定专利,本标准的发布机构不承担识别这些专利的责任。

对于本标准技术条款的询问应以书面形式向委员会秘书处提交,并有义务提供可能需要的资料。与标准条款没有直接关系或不能被理解的询问将视为技术咨询的范畴,委员会有权拒绝回答。

对于未经委员会书面授权或认可的其他机构对本标准的宣贯或解释所产生的理解歧义和由此产生的任何后果,本委员会将不承担任何责任。

钎焊板式热交换器

1 范围

1.1 本标准规定了钎焊板式热交换器的设计、材料、制造、检验、验收、标志和包装等技术要求。

1.2 本标准适用于工作温度为－196℃～225℃,工作压力为－0.1 MPa～14 MPa 的钎焊板式热交换器。

1.3 对于超出本标准范围的钎焊板式热交换器需通过技术评审机构评定来确定。

2 规范性引用文件

下列文件对于本文件的应用是必不可少的。凡是注日期的引用文件,仅注日期的版本适用于本文件。凡是不注日期的引用文件,其最新版本(包括所有的修改单)适用于本文件。

GB/T 1220 不锈钢棒

GB/T 3280 不锈钢冷轧钢板和钢带

GB/T 4237 不锈钢热轧钢板和钢带

GB/T 5187 铜及铜合金箔材

GB 13296 锅炉、热交换器用不锈钢无缝钢管

GB 24511 承压设备用不锈钢钢板及钢带

NB/T 47013.5 承压设备无损检测 第5部分:渗透检测

NB/T 47004 板式热交换器

NB/T 47008 承压设备用碳素钢和合金钢锻件

NB/T 47010 承压设备用不锈钢和耐热钢锻件

NB/T 47014 承压设备焊接工艺评定

NB/T 47018 承压设备用焊接材料订货技术条件

3 定义和术语

NB/T 47004 界定的以及下列术语和定义适用于本文件。

3.1

压力 pressure

垂直作用在单位面积上的力。在本标准中,除注明者外,压力均指表压力。

3.2

工作压力 working pressure

工作压力指在正常工作情况下,钎焊板式热交换器任何一侧可能出现的最高压力。

3.3

设计压力 design pressure

设计压力指设定的钎焊板式热交换器任何一侧的最高压力,与相应的设计温度一起作为设计载荷条件,其值不得低于工作压力。

3.4

设计温度 design temperature

钎焊板式热交换器在正常工作和相应的设计压力下,设定的元件温度。

在任何情况下,元件表面温度不得超过元件材料的允许使用温度。对于0℃以上工作的钎焊板式热交换器,其设计温度不得低于元件表面在工作状态下可能达到的最高温度;对于0℃以下工作的钎焊板式热交换器,其设计温度不得高于元件表面可能达到的最低温度。

3.5

爆破压力 bursting pressure

钎焊板式热交换器在爆破试验过程中达到的最高压力。

3.6

板片 plate

经过精密压制形成有波纹的金属板。

3.7

端板 end plate

钎焊板式热交换器端面侧起加强作用的板。

3.8

板束 plate pack

端板间所含全部板片的集合。

3.9

钎焊板式热交换器 brazed plate heat exchanger

由板片、端板、接管或法兰在高温下经焊接形成一体的热交换器,如图1所示。

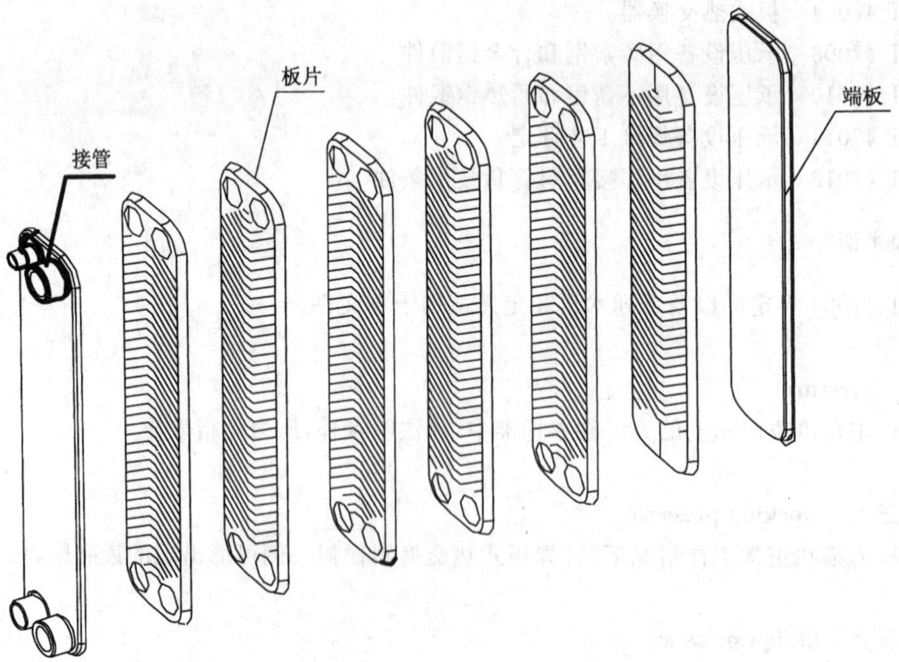

图1

3.10

钎焊板式热交换器型号表示方法：

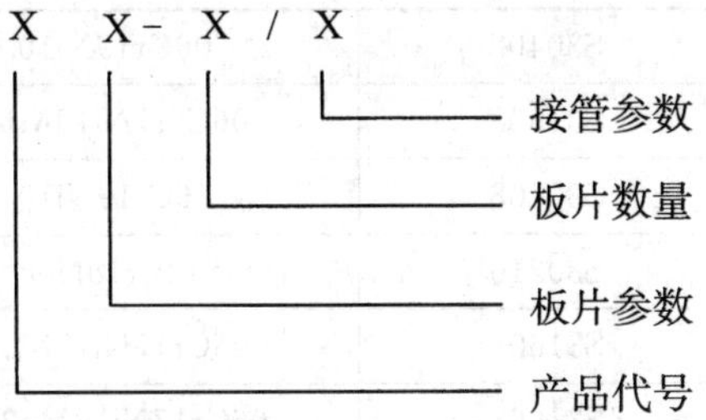

示例：产品代号为 B，板片单板公称换热面积为 0.2m^2，板片数量 80 片，正面两个 Rc3/4"接管，反面两个 Rc1/2"接管的钎焊板式热交换器表示为：B200-80/2x Rc3/4"-2x Rc1/2"。

4 通用要求

4.1 钎焊板式热交换器的设计、制造、检验与验收除应符合本标准的规定外，还应遵守需方同意或是其指定的有关标准规范和法规，且应符合图样要求。

4.2 钎焊板式热交换器的设计、制造单位应具备健全的质量保证体系。

4.3 钎焊板式热交换器制造单位应具备钎焊板式热交换器生产的基本条件，宜取得相应的钎焊板式热交换器产品安全注册证书。

5 材料

5.1 钎焊板式热交换器主要零部件所用材料应符合本章的规定。选择钎焊板式热交换器用材料应考虑其使用条件（如：设计温度、设计压力、介质特性和操作特点等）、钎焊性能、制造工艺及经济合理性。

5.2 钎焊板式热交换器主要零部件所用材料应符合表 1 的规定。当采用表 1 以外的材料时应符合下列要求。

5.2.1 选用国外材料时，应符合相应的国外最新材料规范和标准，其使用范围不应超出该规范和标准的规定。

5.2.2 选用新研制的材料或未列入本标准的材料时，产品制造单位在试用前应进行相应的技术评审。

表 1

序号	主要零部件名称	材料统一编号	材料牌号	材料标准
1	板片	S30408	06Cr19Ni10	GB/T 3280
		S30403	022Cr19Ni10	
		S31608	06Cr17Ni12Mo2	
		S31603	022Cr17Ni14Mo2	
2	铜泊	—	T1	GB/T 5187
		—	T2	

表 1(续)

序号	主要零部件名称	材料统一编号	材料牌号	材料标准
3	端板	S30408	06Cr19Ni10	GB/T 3280,GB/T 4237 GB 24511
		S31608	06Cr17Ni12Mo2	
4	接管	S30408	06Cr19Ni10	GB 13296 GB/T 1220
		S30210	12Cr18Ni9	
		S31608	06Cr17Ni12Mo2	
		S31668	06Cr17Ni12Mo2Ti	
5	法兰	S30210	12Cr18Ni9	NB/T 47010
		S31608	06Cr17Ni12Mo2	
		S31668	06Cr17Ni12Mo2Ti	

5.3 钎焊板式热交换器板片、法兰、接管、端板等主要零部件用材料及承受内压的焊缝用焊接材料应具备质量证明书。钎焊板式热交换器制造单位从非材料制造单位取得材料时，应取得材料制造单位提供的质量证明书原件或者加盖材料供应单位检验公章和经办人章的复印件，并应对所取得的材料及材料质量证明书的真实性和一致性负责。

5.4 当钎焊板式热交换器制造单位获得的板片材料无质量证明书原件时，应对材料的化学成分进行复验。

5.5 钎焊板式热交换器用法兰采用碳素钢和低合金钢锻件及不锈钢锻件时，应符合NB/T 47008或 NB/T 47010 的规定，锻件级别不低于Ⅱ级。

5.6 钎焊板式热交换器焊接用铜箔应符合 GB/T 5187 的规定，同时满足钎焊的工艺要求。

5.7 承压焊缝用焊接材料应符合 NB/T 47018 的规定。

6 设计

6.1 钎焊板式热交换器设计压力应按下列验证性试验方法之一进行确定：

a) 爆破试验：爆破试验的压力值应不小于 5 倍的预期设计压力；

b) 结合机械疲劳试验的爆破试验：爆破试验的压力值应不小于 3 倍的预期设计压力。在爆破试验前，应先进行循环压力为 0 至设计压力的机械疲劳试验，压力循环次数不小于 5 500 次。

6.2 板片设计一般不考虑腐蚀裕量。

6.3 板片厚度应满足设计条件要求。

6.4 端板要有足够的刚性，以满足用户的安装使用要求。

7 制造

7.1 板片加工

7.1.1 板片不允许有微裂纹。

7.1.2 板片波纹深度偏差应不大于±0.05 mm。

7.1.3 板片减薄量应不大于板片厚度的 25%。

7.1.4 板片应无超过厚度负偏差的凹坑、划痕、压痕等缺陷，冲切毛刺应清除干净。

7.2 组装

7.2.1 钎焊板式热交换器板片和铜箔的排列应按照流程组合图进行组装。

7.2.2 组装应在干燥、清洁的环境中进行，在组装前零部件表面不应有污物。

7.2.3 组装后的板束应排列整齐、无倾斜。

7.3 钎焊

7.3.1 钎焊板式热交换器应在钎焊炉内完成钎焊。

7.3.2 钎焊板式热交换器钎焊前应具有经过评定合格的钎焊工艺支持，钎焊工艺指导书和钎焊工艺评定报告的推荐格式参见附录A。

7.3.3 钎焊工艺评定技术档案应保存至该工艺评定失效为止。

7.3.4 钎焊工艺曲线(温度与压力)应至少保存7年。

7.3.5 产品出炉后，应清理产品内外的灰尘，确保清洁。接管开口应封盖。

7.4 焊接

7.4.1 法兰焊接

7.4.1.1 法兰与钎焊板式热交换器接管连接的焊接接头，应按NB/T 47014进行焊接工艺评定或者具有经过评定合格的焊接工艺支持。

7.4.1.2 法兰应按照经过评定合格的焊接工艺与钎焊板式热交换器接管实施焊接。

7.4.1.3 焊接工艺评定技术档案应保存至该焊接工艺评定失效为止。

7.4.2 螺柱焊接

7.4.2.1 根据用户和图样要求在端板上焊接螺柱，应按NB/T 47014进行焊接工艺评定或者具有经过评定合格的焊接工艺支持。

7.4.2.2 螺柱焊缝应无气孔、凹陷、咬边等缺陷。

7.5 返修

7.5.1 泄漏的钎焊板式热交换器只允许在钎焊炉内进行一次返修。

7.5.2 返修后的钎焊板式热交换器应逐台进行压力试验和泄漏试验。

8 检验与验收

8.1 板片检验

8.1.1 板片成形后按每批抽样不低于1.5‰，且不少于3张(含首、末板片)进行波纹深度检查，检测点数量和位置应符合板片检测图样要求。如发现有一张板片不合格，应逐张检测，对不合格的板片进行再加工后重新组批进行检测。同一次装卡模具、同一炉批号材料、同一生产班次压制的板片为一批。

8.1.2 板片成形后按每批抽样不低于1.5‰，且不少于3张(含首、末板片)，用低倍放大镜检查进行微裂纹检测，必要时应按NB/T 47013.5的规定对板片进行渗透检测，如发现有微裂纹，应对该批次板片进行100%检测。

8.1.3 下列过程中压制的首张板片应进行渗透检测：

a) 开机压制；

b) 更换模具；

c) 更换板片材料批次。

8.1.4 对于下列情况,应抽取一张板片用切割解剖法或无损测厚法对减薄较大处进行厚度检测:

a) 用新模具压制的板片;

b) 用新材料压制的板片。

8.2 成品检验

8.2.1 根据产品图样对钎焊板式热交换器成品进行尺寸检查,端板间距偏差应满足设计文件要求。

8.2.2 钎焊板式热交换器侧面与端板所在平面的垂直角度偏差应不大于2°。

8.2.3 钎焊后的板式热交换器外观应满足以下要求:

a) 产品表面不应有严重的碰伤或划痕;

b) 钎焊板式热交换器内部不应有异物;

c) 产品铭牌位置和内容符合要求。

8.3 耐压试验

8.3.1 钎焊板式热交换器制成后应逐台进行耐压试验。

8.3.2 耐压试验介质一般采用洁净的氮气或干燥的压缩空气。

8.3.3 耐压试验设施应有可靠的安全防护措施。

8.3.4 耐压试验时,应使用两个精度不低于1.6级,且量程相同的并在有效检定期内的压力表,压力表的量程在试验压力的2倍为宜,但应不低于1.5倍和高于3倍的试验压力。

8.3.5 钎焊板式热交换器应分别进行单侧耐压试验。试验时,其余侧应同时处于无压力状态。

8.3.6 耐压试验时应缓慢升压,达到规定的试验压力后,保压进行检查,保压时间不低于5 s。检查期间压力应保持稳定,压力释放后钎焊板式热交换器应无渗漏现象或可见变形。

8.3.7 耐压试验的压力值应不小于1.43倍的设计压力。

8.3.8 当介质为液-液非危险性介质,经供需双方协商一致时,可用液压试验代替气压试验和泄漏试验,液压试验的压力值应不小于1.3倍的设计压力,保压时间不少于30 min。如果用水进行试验,应控制水中的氯离子含量不超过25 mg/L。

8.3.9 耐压试验的结果应记录并至少保存7年。

8.4 泄漏试验

8.4.1 耐压试验合格后的钎焊板式热交换器应逐台进行泄漏试验。

8.4.2 泄漏试验推荐使用氦气为示踪气体,氦气浓度应不低于20%,压力应不低于0.1 MPa。经供需双方协商一致时,也可使用其他合适的示踪气体。

8.4.3 泄漏试验设备应使用合适精度的氦质谱检漏仪,并用标准漏孔定期对设备进行校准。

8.4.4 钎焊板式热交换器应分别进行外漏和内漏试验。外漏试验时应采用内压法或外压法进行;内漏试验时应采用在热交换器的流道一侧充入氦气,其余侧抽真空的方法进行。根据氦质谱检漏仪的读数,检测抽真空侧腔室内的微量氦气的泄漏值,以判断热交换器是否符合要求。

8.4.5 钎焊板式热交换器允许泄漏率应满足设计文件要求。

8.4.6 泄漏试验的结果应记录并至少应保存7年。

8.5 爆破试验

8.5.1 在下列情况之一时,钎焊板式热交换器应按6.1要求进行爆破试验:

a） 新产品设计验证；

b） 制造工艺或制造设备发生重要变化；

c） 同一型号热交换器累计生产 1 500 台；

d） 供需双方认为有必要时。

8.5.2 爆破试验介质为水。

8.5.3 爆破试验设施应有可靠的安全防护措施。

8.5.4 爆破试验时，应使用两个精度不低于 1.6 级，且量程相同、并在有效检定期内的压力表，压力表的量程在试验压力的 2 倍为宜，但应不低于 1.5 倍和高于 3 倍的试验压力。

8.5.5 爆破试验的钎焊板式热交换器板片数应不少于设计规定的最小板片数。

8.5.6 钎焊板式热交换器应分别进行单侧爆破试验。试验时，其余侧应同时处于无压力状态。

8.5.7 在试验过程中承压部件不得承受外力作用。

8.5.8 爆破试验时应缓慢升压，直至钎焊板式热交换器出现泄漏为止，记录泄漏发生时的表压力值。

8.5.9 爆破试验不合格时，应对钎焊板式热交换器的设计、材料、制造、检验等重新进行技术评定直至满足相应的技术要求。

8.5.10 爆破试验结果应记录并至少应保存 7 年。

8.6 机械疲劳试验

8.6.1 在下列情况之一时，钎焊板式热交换器应按 6.1 b)的要求，在常温下进行机械疲劳试验：

a） 新产品设计验证；

b） 制造工艺或制造设备发生重要变化；

c） 供需双方认为有必要时。

8.6.2 机械疲劳试验应在专用的机械疲劳试验设备上进行，介质一般采用水或油。

8.6.3 机械疲劳试验设备应有可靠的安全防护措施。

8.6.4 机械疲劳试验设备应使用两个精度等级不低于 1.6 级、量程相同并经过校正的压力表。压力表的量程应控制在设计压力的 1.5 倍～3 倍。

8.6.5 机械疲劳试验用钎焊热交换器的板片数应不小于设计规定的最小板片数。

8.6.6 设计验证时，应选取不少于 6 台试验样机进行机械疲劳试验。

8.6.7 钎焊板式热交换器进行机械疲劳试验时，压力循环频率应保持恒定，另一侧应处于 0.2 MPa～0.3 MPa 的恒定静压水平。

8.6.8 试验设备需设置排气装置，充满水或油时应保证钎焊板式热交换器内空气排尽。

8.6.9 进行机械疲劳试验后，如发现泄漏，应查找漏点进行分析，并重新进行验证。

8.6.10 机械疲劳试验结果应记录，并至少保存 7 年。

8.6.11 机械疲劳试验记录报告内容及格式见附录 B。

9 标志和包装

9.1 标记

9.1.1 每台钎焊板式热交换器应有产品铭牌，其内容至少应包括：

a） 名称；

b） 型号；

c） 设计压力及试验压力；

d） 设计温度；

e） 进、出口标记；

f） 制造单位名称及产品编号；

g） 产品制造日期(年,月)；

h） 用户其他要求。

9.1.2 每台产品表面应蚀刻产品编号,以确保追溯性。

9.2 包装

9.2.1 钎焊板式热交换器接管及法兰应有密封措施,以防杂物进入。用户有要求时,钎焊板式热交换器内部可充氮气进行保护。

9.2.2 钎焊板式热交换器应妥善包装,固定可靠并满足客户要求。

9.2.3 随产品发送的文件、资料至少应包括：

a） 装箱单；

b） 产品质量证明文件；

c） 产品安装和使用说明书；

d） 用户其他要求。

10 安装和使用

10.1 安装方式

10.1.1 当钎焊板式热交换器用于相变工艺条件时,应按钎焊板式热交换器标示的箭头方向,进行垂直安装。

10.1.2 焊接螺柱在安装时不得超过其可承受的最大载荷。焊接螺柱安装时可承受的最大载荷参见表 2。

表 2

螺栓规格	直径/mm	力/N	扭矩/(N·m)	备注
M6	5.1	1 500	3	外螺纹
M8	6.9	2 700	7	外螺纹
M12	10.3	6 000	18	外螺纹

10.2 减振要求

10.2.1 钎焊板式热交换器不应安装在有强烈的振动、循环压力或温度变化的地方。安装应保证没有振动传递到钎焊板式热交换器上。

10.2.2 如安装存在潜在的振动风险,应增加减振装置。对于大管径连接的热交换器,建议在管道中增加缓冲装置。

10.3 承受载荷

在低振动疲劳下,管道连接接口可承受的最大载荷如图 2 与表 3 所示。

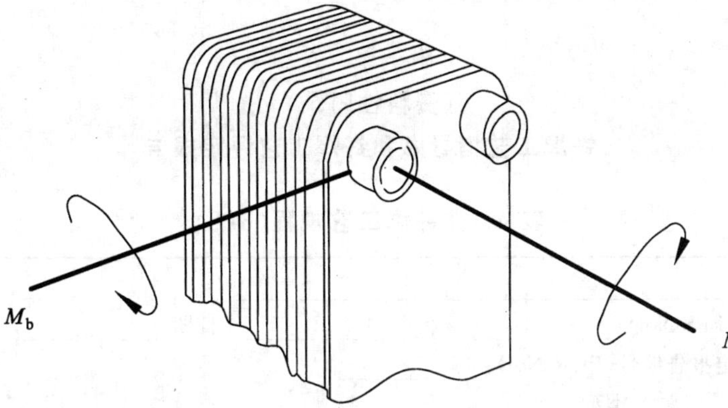

图 2

表 3

管径	剪切力 F_s		张力 F_t		弯矩 M_b		扭矩 M_t	
	kN	kp	kN	kp	N·m	kpm	N·m	kpm
12.7 mm (½″)	3.5	357	2.5	255	20	2	35	3.5
19.05 mm (¾″)	12	1 224	2.5	255	20	2	115	11.5
25.4 mm (1″)	11.2	1 142	4	408	45	4.5	155	16
31.75 mm (1¼″)	14.5	1 479	6.5	663	87.5	9	265	27
38.1 mm (1½″)	16.5	1 683	9.5	969	155	16	350	35.5
50.8 mm (2″)	21.5	2 193	13.5	1 377	255	26	600	61
63.5 mm (2½″)	44.5	4 538	18	1 836	390	40	1 450	148
101.6 mm(4″)	73	7 444	41	4 181	1 350	138.5	4 050	413.5
注:在高振动疲劳下,应对具体情况进行分析。								

10.4 防氧化及过热保护

10.4.1 在与钎焊板式热交换器接管焊接过程中,应用氮气保护钎焊板式热交换器内部,以防止热交换器内部被氧化。

10.4.2 在与钎焊板式热交换器接管焊接过程中,不可直接将火焰对准钎焊板式热交换器,应使用湿布冷却接管与热交换器连接处,以防止钎焊板式热交换器钎焊区域因过热而受到损坏。

10.5 防冻要求

当使用工况蒸发温度接近制冷侧液体温度时,需采取相应的防冻措施。

附 录 A

(资料性附录)

钎焊工艺指导书和钎焊工艺评定报告

表 A.1 钎焊工艺规程(BPS)

编制单位:____________________

钎焊工艺规程编号(BPS No.):__________ 版本__________ 日期:__________

依据的钎焊工艺评定报告编号(PQR No.):__________

钎焊方法:__________ 类型:__________

钎焊接头

接头型式 类型:__________ 间隙:__________

搭接长度 最小:__________ 最大:__________

接头简图

母材

标准号:__________

型号或等级:__________

与标准号:__________

型号或等级:__________相焊

母材厚度

最大:__________

最小:__________

其他:__________

钎料

标准号:__________

型 号:__________

钎料形式:__________

____

____

钎焊温度

钎焊温度范围:__________

钎后热处理

温度范围:__________

时间范围:__________

钎剂,气氛

钎剂类型或商标名称:__________

气氛类型:__________

其他:__________

漫流位置

允许的位置:__________

漫流方向:__________

钎焊技巧和其他

预清理方法:____________________

____

钎剂的施加:____________________

钎焊后的清理:____________________

检查:____________________

编制:__________ 日期:__________

审核:__________ 日期:__________

批准:__________ 日期:__________

表 A.2　钎焊工艺评定报告(PQR)

编制单位：________________________

试件钎焊遵循的钎焊工艺规程编号(BPS No.)：________

钎焊工艺评定报告编号(PQR No.)：________

使用的钎焊方法：________　钎焊试件的日期：________

母材

母材标准号：________　与母材标准号________

母材型号或等级：________　与母材型号或等级：________

母材厚度：________　与母材厚度：________

板或管子：________

钎料　钎料标准　标准号：________　型号：________　钎料产品形式：________

接头　搭接长度：________　接头类型：________接头间隙：________

钎焊温度　钎焊温度范围：________

钎剂,气氛

钎剂类型或商标名称：________________

气氛类型：________　其他：________________

漫流位置　漫流的位置：________　漫流方向：________

钎后热处理　温度：________　时间：________

钎焊技巧和其他

预清理方法：________________________

钎焊后的清理：________________________

其他：________________________

拉伸试验　试验报告编号：________

试样	宽度/直径	厚度	面积	极限总载荷	极限应力	断裂位置

弯曲试验　试验报告编号：________

类型	结果

剥离或切片试验　试验报告编号：________

类型	结果

其他试验　试验报告编号：________

____

____

钎焊工姓名：________　焊工代号：________

结论：________________________________

评定结果：________________________________

编制：________　日期：________　审核：________　日期：________

批准：________　日期：________

附　录　B
（资料性附录）
疲劳试验报告

表 B.1　机械疲劳试验报告

试验报告编号：________________

<table>
<tr><td colspan="6">产品型号：</td><td colspan="6">产品制造号：</td></tr>
<tr><td colspan="6">制造单位：</td><td colspan="6">委托部门：</td></tr>
<tr><td colspan="3">板片材料</td><td colspan="3"></td><td colspan="3">板片厚度/mm</td><td colspan="3"></td></tr>
<tr><td colspan="3">板片数量</td><td colspan="3"></td><td colspan="3">流道形式</td><td colspan="3"></td></tr>
<tr><td colspan="3">钎焊材料</td><td colspan="3"></td><td colspan="3">钎焊材料厚度/mm</td><td colspan="3"></td></tr>
<tr><td colspan="3">设计压力/MPa</td><td colspan="3"></td><td colspan="3">试验压力/MPa</td><td colspan="3"></td></tr>
<tr><td colspan="3">试验装置名称和编号</td><td colspan="3"></td><td colspan="3">试验介质</td><td colspan="3"></td></tr>
<tr><td colspan="3">试验环境温度/℃</td><td colspan="3"></td><td colspan="3">试验介质温度/℃</td><td colspan="3"></td></tr>
<tr><td colspan="3">试验开始时间</td><td colspan="3"></td><td colspan="3">试验结束时间</td><td colspan="3"></td></tr>
<tr><td colspan="2">升压时间/s</td><td colspan="2"></td><td colspan="2">上限压力/MPa</td><td colspan="2"></td><td colspan="2">保压时间/s</td><td colspan="2"></td></tr>
<tr><td colspan="2">降压时间/s</td><td colspan="2"></td><td colspan="2">下限压力/MPa</td><td colspan="2"></td><td colspan="2">保压时间/s</td><td colspan="2"></td></tr>
<tr><td colspan="2">加载波形</td><td colspan="2"></td><td colspan="2">压力循环频率/(次/min)</td><td colspan="2"></td><td colspan="2">另一侧压力/MPa</td><td colspan="2"></td></tr>
<tr><td colspan="12">压力循环-时间曲线</td></tr>
<tr><td colspan="6">循环次数</td><td colspan="6">循环次数</td></tr>
<tr><td colspan="6">泄漏位置：</td><td colspan="6">泄漏位置：</td></tr>
<tr><td colspan="6">□内漏　　□外漏</td><td colspan="6">□内漏　　□外漏</td></tr>
<tr><td colspan="6">分析：</td><td colspan="6">分析：</td></tr>
<tr><td colspan="6">备注：</td><td colspan="6">备注：</td></tr>
</table>

试验者/日期：________________

质量保证部负责人/日期：________________

技术部负责人/日期：________________

ICS 71.120.30
J 75

NB

中华人民共和国能源行业标准

NB/T 47048—2015
代替 JB/T 4751—2003

螺旋板式热交换器

Spiral plate heat exchanger

2015-10-27 发布　　2016-03-01 实施

国 家 能 源 局　发 布

前　言

本标准按 GB/T 1.1—2009《标准化工作导则　第 1 部分:标准的结构和编写》给出的规则起草。

本标准代替 JB/T 4751—2003《螺旋板式换热器》,与 JB/T 4751—2003 相比,主要技术变化如下:

a) 增加奥氏体-铁素体双相不锈钢、钛(钛合金)制螺旋板式热交换器;

b) 螺旋板式热交换器分为Ⅰ型、Ⅱ型和Ⅲ型;

c) 螺旋板式热交换器最高的设计压力由 2.5 MPa 提高至 3.0 MPa;

d) 修改螺旋板式热交换器型号的表示方法;

e) 在"螺旋板式热交换器强度设计和稳定性校核"章节中,增加定距柱采用矩形方式布置的有关螺旋板设计计算,增加倒锥平盖的设计计算,增加上、下卡的设计要求;

f) 增加泄漏试验。

本标准由全国锅炉压力容器标准化技术委员会(SAT/TC 262)提出并归口。

本标准起草单位:合肥通用机械研究院、甘肃蓝科石化高新装备股份有限公司、中国特种设备检测研究院、广西大学、苏州市锦翔压力容器制造有限公司、兰州兰洛炼化设备有限公司、苏州新苏化工机械有限公司、睿能(四平)北方能源技术有限公司、江苏中圣高科技产业有限公司、无锡东盛石化装备有限公司。

本标准主要起草人:顾永干、陈永东、刘国栋、周文学、马一鸣、陈战杨、杨国义、陈志伟、林清宇、林榕端、王晓元、刘汉城、柳兰生、苏知良、陆苏生、许红钻、武增平、陈枫、刘丰、田朝阳、肖正威。

本标准由全国锅炉压力容器标准化技术委员会(SAT/TC 262)负责解释。

本标准所代替标准的历次版本发布情况为:

——JB/T 4751—2003。

螺旋板式热交换器

1 范围

1.1 本标准规定了螺旋板式热交换器的材料、设计、制造、检验和验收要求。

1.2 本标准适用于可拆和不可拆螺旋板式热交换器。Ⅰ型螺旋板式热交换器为不可拆螺旋板式热交换器；Ⅱ型(封堵型)和Ⅲ型(贯通型)螺旋板式热交换器为可拆螺旋板式热交换器。

1.3 本标准适用于碳素钢、低合金钢、奥氏体不锈钢、奥氏体-铁素体双相不锈钢以及钛(钛合金)制螺旋板式热交换器。

1.4 本标准适用的公称直径和设计压力：

a) Ⅰ型螺旋板式热交换器

1) 公称直径 DN≤2 800 mm；

2) 设计压力 P≤3.0 MPa；

3) 公称直径(mm)和设计压力(MPa)的乘积不大于 3 600。

b) Ⅱ型螺旋板式热交换器

1) 公称直径 DN≤1 800 mm；

2) 设计压力 P≤1.6 MPa；

3) 公称直径(mm)和设计压力(MPa)的乘积不大于 2 400。

c) Ⅲ型螺旋板式热交换器

1) 公称直径 DN≤2 500 mm；

2) 设计压力 P≤3.0 MPa；

3) 公称直径(mm)和设计压力(MPa)的乘积不大于 3 200。

1.5 超出 1.2、1.3 或 1.4 范围的螺旋板式热交换器可参照本标准执行。

1.6 本标准适用的设计温度范围按金属材料有关标准所允许的使用温度确定。当存在垫片密封时，其使用温度的确定应当满足垫片允许的使用温度。

2 规范性引用文件

下列文件对于本文件的应用是必不可少的。凡是注日期的引用文件，仅注日期的版本适用于本标准。凡是不注日期的引用文件，其最新版本(包括所有的修改单)适用于本文件。

GB 150—2011(所有部分) 压力容器

GB/T 151 热交换器

GB/T 699 优质碳素结构钢

GB/T 702 热轧钢棒尺寸、外形、重量及允许偏差

GB 713 锅炉和压力容器用钢板

GB 912 碳素结构钢和低合金结构钢热轧薄钢板和钢带

GB/T 3077 合金结构钢

GB/T 3274 碳素结构钢和低合金结构钢热轧厚钢板和钢带

GB/T 3280　不锈钢冷轧钢板和钢带

GB 3531　低温压力容器用钢板

GB/T 3621　钛及钛合金板材

GB/T 3623　钛及钛合金丝

GB/T 3624　钛及钛合金无缝管

GB/T 3625　换热器及冷凝器用钛及钛合金管

GB/T 4237　不锈钢热轧钢板和钢带

GB/T 8163　输送流体用无缝钢管

GB 9948　石油裂化用无缝钢管

GB/T 13149　钛及钛合金复合钢板焊接技术要求

GB 13296　锅炉、热交换器用不锈钢无缝钢管

GB/T 14845　板式换热器用钛板

GB/T 14976　流体输送用不锈钢无缝钢管

GB/T 15823　无损检测　氦泄漏检验方法

GB/T 16253　承压钢铸件

GB/T 16598　钛及钛合金饼和环

GB/T 21833　奥氏体-铁素体型双相不锈钢无缝钢管

GB 24511　承压设备用不锈钢钢板及钢带

GB/T 25198　压力容器封头

NB/T 47002(所有部分)　压力容器用爆炸焊接复合板

NB/T 47008　承压设备用碳素钢和合金钢锻件

NB/T 47009　低温承压设备用低合金钢锻件

NB/T 47010　承压设备用不锈钢和耐热钢锻件

NB/T 47013.1—2015　承压设备无损检测　第1部分:通用要求

NB/T 47013.2—2015　承压设备无损检测　第2部分:射线检测

NB/T 47013.3—2015　承压设备无损检测　第3部分:超声检测

NB/T 47013.4—2015　承压设备无损检测　第4部分:磁粉检测

NB/T 47013.5—2015　承压设备无损检测　第5部分:渗透检测

NB/T 47013.6—2015　承压设备无损检测　第6部分:涡流检测

NB/T 47013.8—2012　承压设备无损检测　第8部分:泄漏检测

NB/T 47013.10—2015　承压设备无损检测　第10部分:衍射时差法超声检测

NB/T 47014　承压设备焊接工艺评定

NB/T 47015　压力容器焊接规程

NB/T 47016　承压设备产品焊接试件的力学性能检验

NB/T 47018(所有部分)　承压设备用焊接材料订货技术条件

NB/T 47020　压力容器法兰分类与技术条件

NB/T 47021　甲型平焊法兰

NB/T 47022　乙型平焊法兰

NB/T 47023　长颈对焊法兰

NB/T 47024　非金属软垫片

NB/T 47025　缠绕垫片

NB/T 47026　金属包垫片

NB/T 47027　压力容器法兰用紧固件

JB/T 4711　压力容器涂敷与运输包装

JB 4732　钢制压力容器——分析设计标准(2005 年确认)

JB/T 4745—2002　钛制焊接容器

HG/T 2054—2007　搪玻璃设备　卡子

HG/T 2806—2009　奥氏体不锈钢压力容器制造管理细则

HG/T 20582—2011　钢制化工容器强度计算规定

HG/T 20592　钢制管法兰(PN 系列)

TSG R1001—2008　压力容器压力管道设计许可规则

TSG R0004—2009　固定式压力容器安全技术监察规程

TSG Z6002—2010　特种设备焊接操作人员考核细则

3　术语和定义

GB 150 界定的以及下列术语和定义适用于本文件。

3.1

工作压力　operating pressure

在正常工作情况下,螺旋板式热交换器顶部可能达到的最高压力。

3.2

设计压力　design pressure

设定的螺旋板式热交换器顶部的最高压力,与相应的设计温度一起作为螺旋板式热交换器的基本设计载荷条件,其值不低于工作压力。

3.3

计算压力　calculation pressure

在相应的设计条件下,用于确定元件厚度的压力,包括液柱静压力等附加载荷。

3.4

试验压力　test pressure

进行耐压试验或泄漏试验时,螺旋板式热交换器顶部的压力。

3.5

金属温度　metal temperature

螺旋板式热交换器沿元件金属截面的温度平均值。

3.6

设计温度　design temperature

螺旋板式热交换器在正常工作情况下,设定的元件的金属温度。设计温度和设计压力一起作为设计载荷条件。

3.7

试验温度　test temperature

进行耐压试验或泄漏试验时,螺旋板式热交换器壳体元件等的金属温度。

3.8

计算厚度　required thickness

按本标准或 GB 150、JB/T 4745 中相应公式计算得到的厚度。必要时,尚应计入其他载荷(见 4.3.2)确定的厚度。对于承受外压的元件,应为满足稳定性要求的最小厚度;对于密封元件,应为满足刚度(变形)要求的厚度。

3.9

设计厚度　design thickness

计算厚度与腐蚀裕量之和。

3.10

名义厚度　nominal thickness

设计厚度加上材料厚度负偏差后向上圆整至材料标准规格的厚度。

3.11

有效厚度　effective thickness

名义厚度减去腐蚀裕量和材料厚度负偏差。

3.12

螺旋体　spiral body

具有定距柱(或定距泡等)的螺旋板与中心隔板(或类似功能部件)经卷制形成螺旋通道的柱体,其中的螺旋通道构成介质分隔流动和热量交换的腔。

3.13

Ⅰ型螺旋板式热交换器　type Ⅰ of the spiral plat heat exchanger

螺旋体所有螺旋通道端面采用焊接方式密封,使得不同介质按螺旋通道以逆流或顺流的流动形式完成热量交换的不可拆螺旋板式热交换器,参考图 1 和图 2,且图中螺旋板式热交换器各零部件序号所表征的名称见表 1。

3.14

Ⅱ型螺旋板式热交换器　type Ⅱ of the spiral plat heat exchanger

螺旋体所有或部分螺旋通道端面采用倒锥平盖(或类似功能部件)方式密封,使得不同介质按螺旋通道以逆流或顺流的流动形式完成热量交换的可拆螺旋板式热交换器,参考图 3,且图中螺旋板式热交换器各零部件序号所表征的名称见表 1。

3.15

Ⅲ型螺旋板式热交换器　type Ⅲ of the spiral plat heat exchanger

采用椭圆(锥形)封头和(或)筒体短节的结构,使得一种介质按螺旋体轴向流经部分螺旋通道,另一种介质在其他两端面焊接或翻边焊接的螺旋通道里沿螺旋通道方向流动,而介质是在错流状态下实现热量交换的可拆螺旋板式热交换器,参考图 4,且图中螺旋板式热交换器各零部件序号所表征的名称见表 1。

3.16

螺旋体长轴直径　long axial diameter of spiral body

通过螺旋板终点与中心隔板的中心点所形成的螺旋体最大外径。

3.17

螺旋体通道长度　passage length of spiral body

以螺旋通道中心线为轨迹,由计算得出的一侧介质流经同一螺旋体通道的路径长度。

3.18

螺旋体通道圈数 passage coils of spiral body

由同一螺旋通道的起点至终点所累计的总圈数。对于由两张螺旋板形成的螺旋体,同一螺旋通道每转过 180°,通道圈数就增加一圈。

3.19

螺旋板长度 length of spiral plate

以螺旋板厚度的中性面为基准,由计算得出的形成螺旋体所需的一张螺旋板的总长度。

3.20

螺旋板圈数 coils of spiral plate

对于由两张螺旋板形成的螺旋体,以中心隔板与螺旋板连接处为起点,沿同一张螺旋板每转过 180°,螺旋板圈数便增加一圈,直至该螺旋板终点所得出的总圈数。

3.21

有效换热面积 effective heat transfer area

螺旋板两侧均与处于连续流动状态的介质接触的所有螺旋板中性面的面积之和。

3.22

公称换热面积 nominal heat transfer area

有效换热面积经圆整后的换热面积。

3.23

偏心距 eccentricity

螺旋板内圈弧心与中心隔板中心之间的距离。

3.24

公用元件 common element

构成压力腔且与两侧流动介质都有接触的元件,例如:螺旋板、中心隔板等。

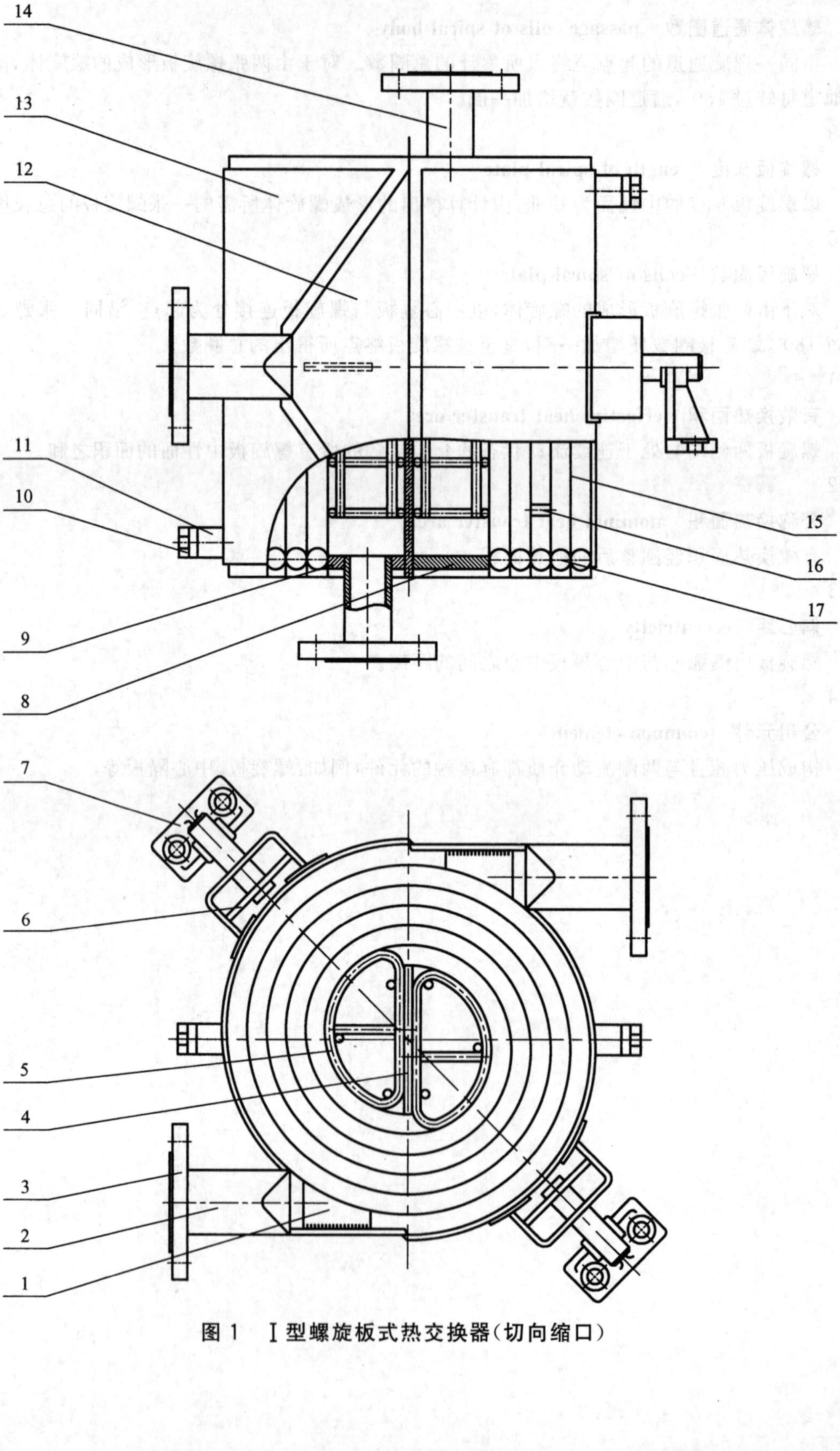

图 1　Ⅰ型螺旋板式热交换器(切向缩口)

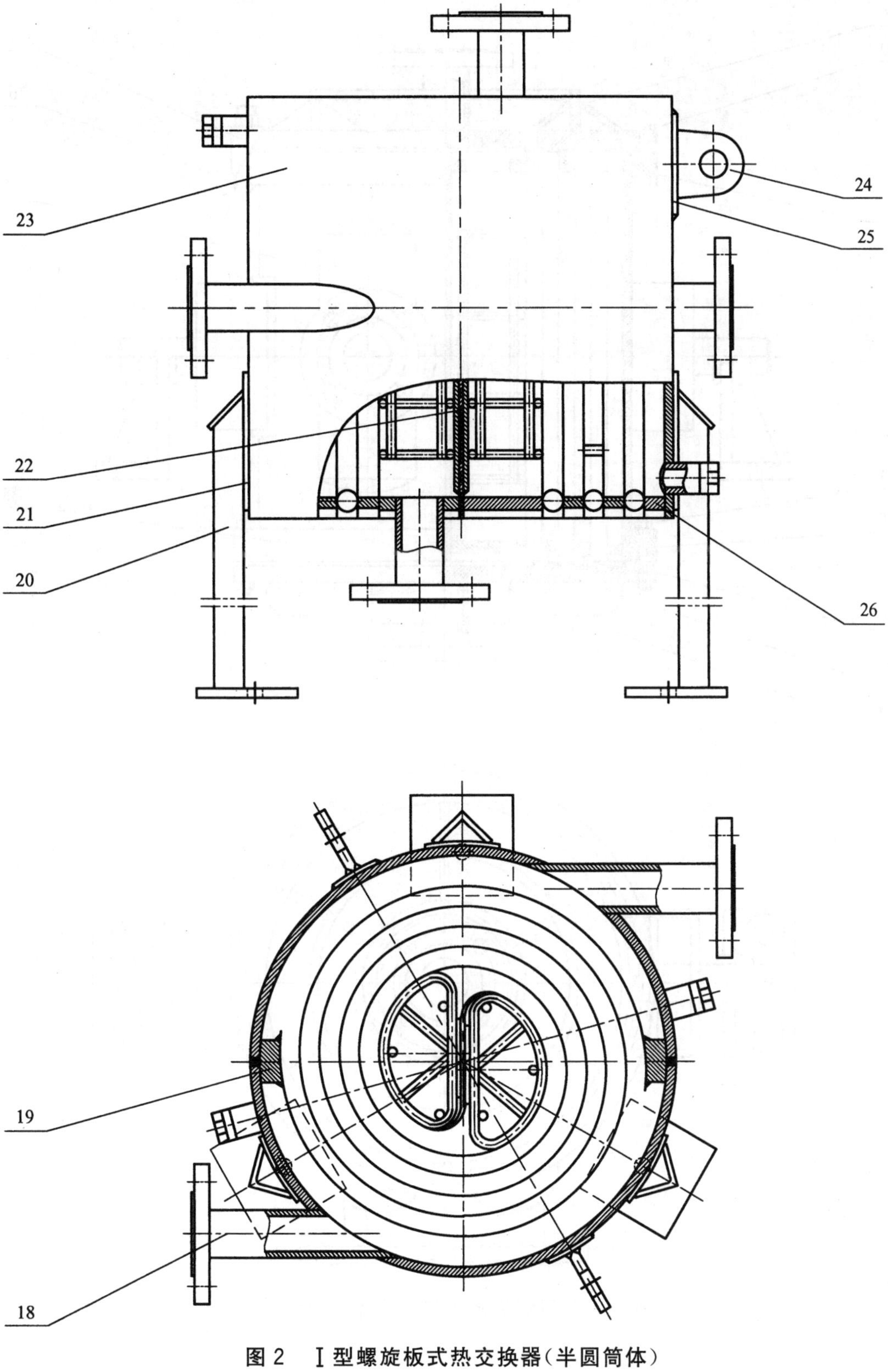

图2　Ⅰ型螺旋板式热交换器(半圆筒体)

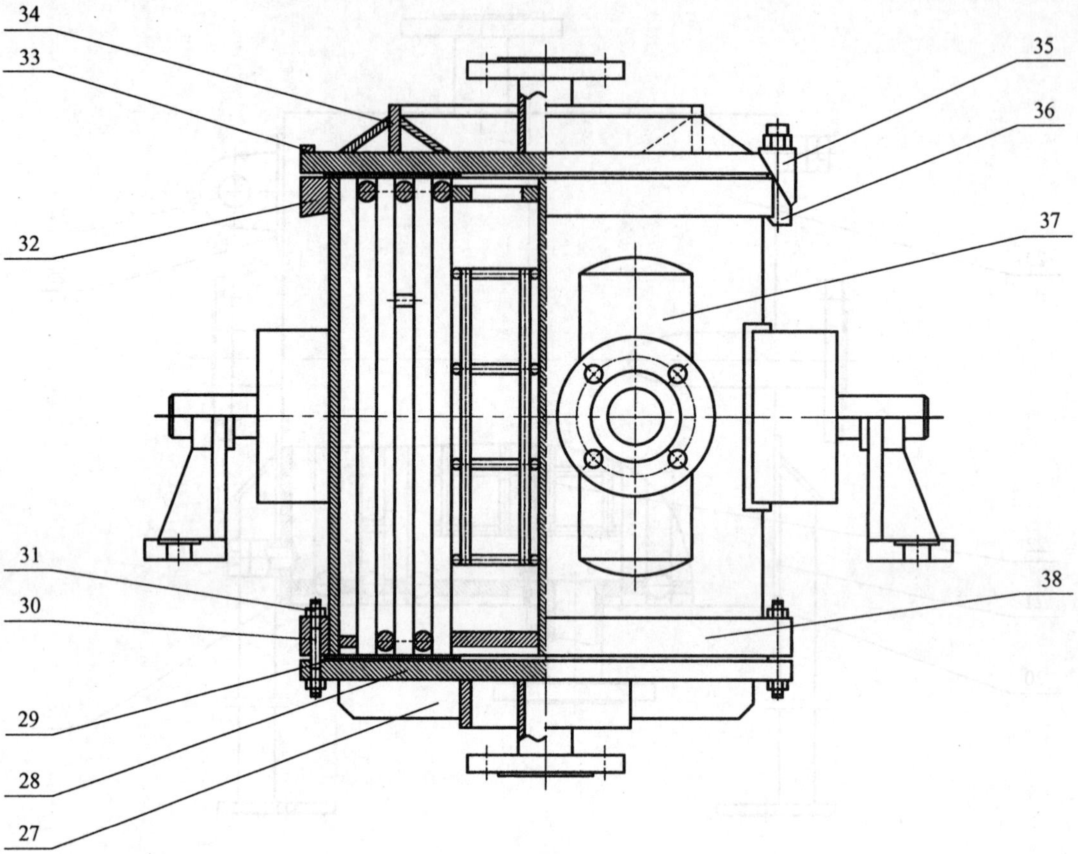

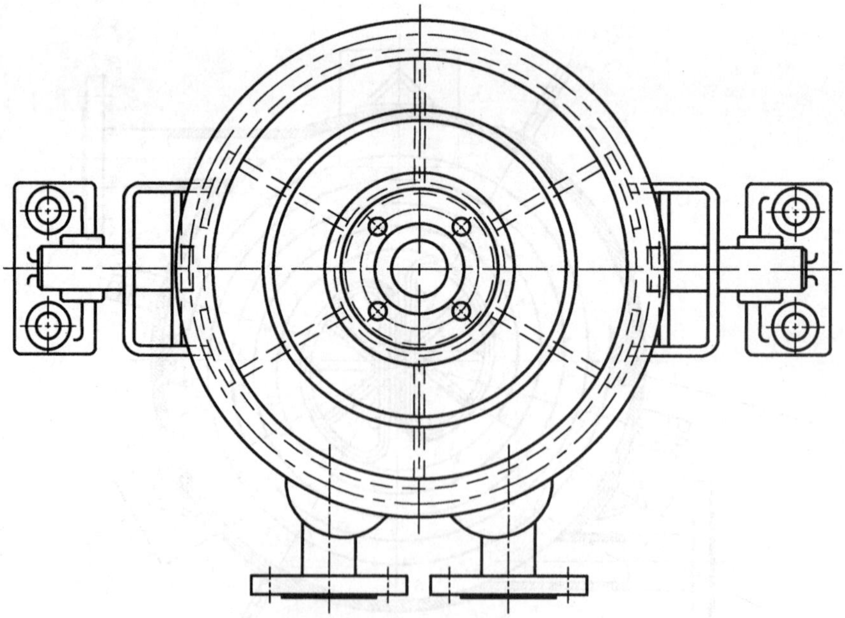

图3 Ⅱ型螺旋板式热交换器(封堵型)

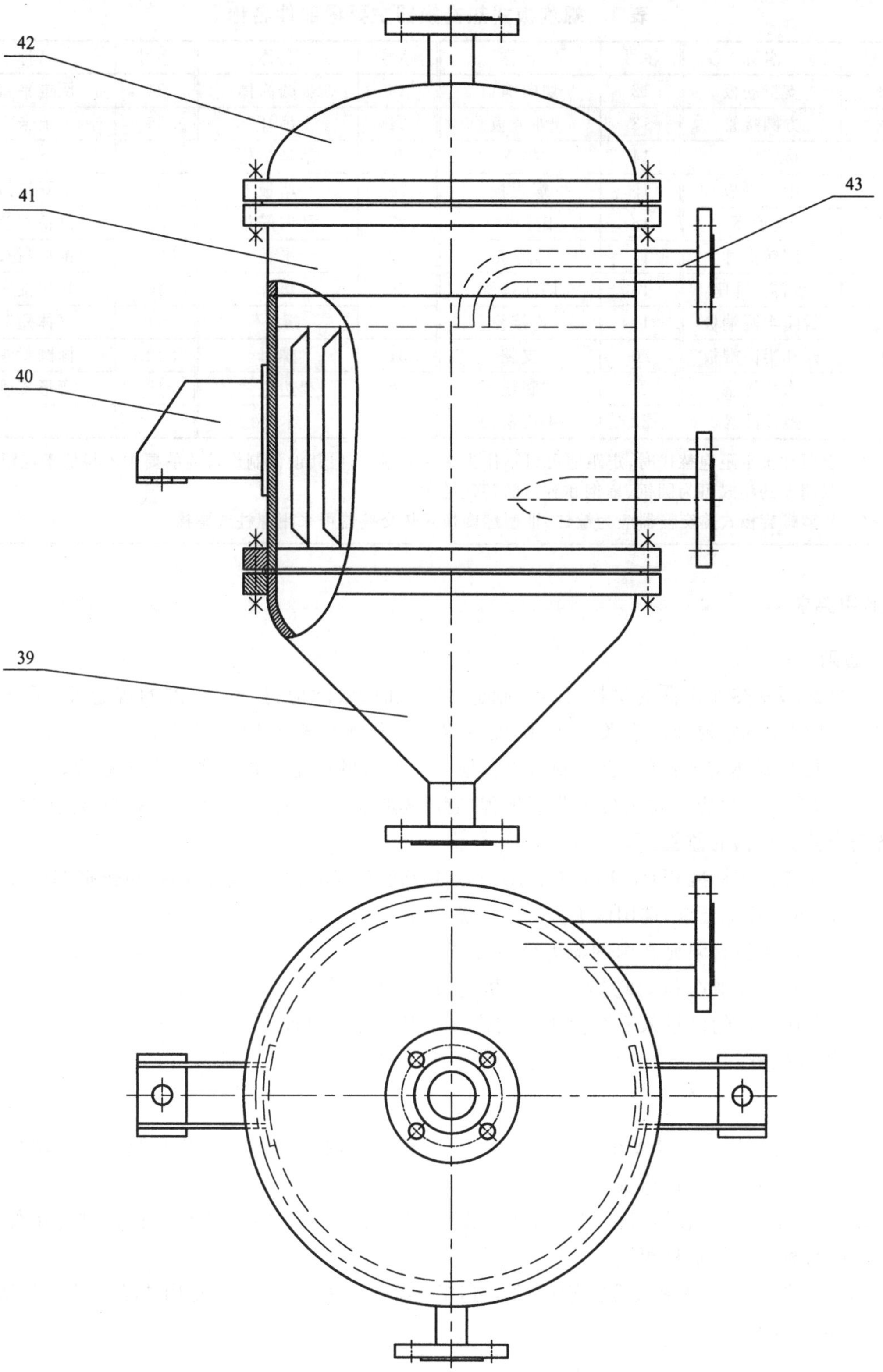

图 4　Ⅲ型螺旋板式热交换器(贯通型)

表 1　螺旋板式热交换器主要零部件名称

序号	名称	序号	名称	序号	名称	序号	名称
1	支持筋板	12	切向缩口	23	半圆筒体	34	倒锥平盖
2	方圆接管	13	外覆板	24	吊耳	35	上卡
3	接管法兰	14	接管	25	吊耳垫板	36	下卡
4	中心隔板	15	螺旋板	26	堵板	37	半圆箱体
5	支承环	16	定距柱[a]	27	径向筋板	38	设备法兰
6	回转支耳	17	封闭条[b]	28	平盖	39	锥形封头
7	回转支耳座	18	切向接管	29	垫片	40	耳式支座
8	封闭半圆端板	19	连接板	30	螺柱[c]	41	筒体短节
9	开孔半圆端板	20	支腿	31	螺母	42	椭圆封头
10	六角螺塞	21	支腿垫板	32	窄边法兰	43	弯形接管
11	螺纹凸缘	22	中心覆板	33	卡环		

[a] 定距柱被定距泡替代时，定距泡可以不作为独立的零件，但其设计制作检验的要求不得低于定距柱。

[b] 封闭条的型式可为圆钢、扁钢和翻边的替代结构。

[c] Ⅱ型螺旋板式热交换器应为螺柱，Ⅲ型螺旋板式热交换器可采用螺柱或螺栓。

4　通用要求

4.1　通则

4.1.1　螺旋板式热交换器的材料、设计、制造、检验和验收除应符合本标准的规定外，还应遵守 GB/T 151 等由国家颁布的有关法律、法规、规章、安全技术规范和标准。

4.1.2　螺旋板式热交换器的设计、制造单位应建立健全的质量管理体系并有效运行。

4.1.3　《固定式压力容器安全技术监察规程》管辖范围内的螺旋板式热交换器制造应接受特种设备安全监督机构的监检。

4.1.4　对不能用本标准和 GB 150.3(或 JB/T 4745)确定结构尺寸的受压元件，可依据 GB 150.1—2011 中 4.1.6 的相应要求，选用以下方法之一进行设计：

a)　采用包括有限元在内的应力分析计算和评定；

b)　验证性实验分析，如实验应力分析、验证性液压试验；

c)　利用可比的已投入安全使用的结构进行对比经验设计。

4.2　资格与职责

4.2.1　资格

4.2.1.1　《固定式压力容器安全技术监察规程》管辖范围内的螺旋板式热交换器设计单位应持有相应的特种设备设计许可证。

4.2.1.2　《固定式压力容器安全技术监察规程》管辖范围内的螺旋板式热交换器制造单位应持有相应的特种设备制造许可证。

4.2.1.3　钛(钛合金)制螺旋板式热交换器的制造单位需有不少于 200 m^2 的专用洁净车间(或厂房)。

4.2.2　职责

4.2.2.1　用户或设计委托方的职责

螺旋板式热交换器的用户或设计委托方应以书面形式提出设计条件，且至少包括以下内容：

a) 螺旋板式热交换器设计依据的主要标准和规范；

b) 操作参数(包括工作压力范围、工作温度范围、液位高度、接管载荷等)；

c) 螺旋板式热交换器使用的环境条件；

d) 介质组分与特性；

e) 预期使用年限；

f) 几何参数或介质运行参数(如介质进出口温度、流量等)以及管口方位的限制条件，必要时，参数的提供应满足传热和流阻工艺设计的要求；

g) 设计需要的其他必要条件。

4.2.2.2 设计单位的职责：

a) 设计单位应对设计文件的正确性和完整性负责；

b) 螺旋板式热交换器设计文件至少应包括设计图样和设计计算书，必要时还应当给出制造技术条件、安装和使用说明书；

c) 《固定式压力容器安全技术监察规程》管辖范围内的螺旋板式热交换器设计总图(包括单独的制造技术条件文件)和设计计算书应盖有特种设备设计许可印章；

d) 设计单位应在螺旋板式热交换器设计使用年限内保存全部螺旋板式热交换器的设计文件。

4.2.2.3 制造单位的职责：

a) 制造单位应按照设计文件的要求进行制造，如需要对原设计文件进行修改，应当取得原设计单位同意修改的书面文件，并且对改动部位予以详细记载或标识。

b) 制造单位在制造前应制定完善的质量计划，其内容至少应包括螺旋板式热交换器及其零部件的制造工艺控制点、检验项目和合格指标。

c) 制造单位的检验部门在螺旋板式热交换器制造过程中和完工后，应按本标准、设计图样和质量计划的规定对螺旋板式热交换器进行各项检验和试验，出具相应报告，并对报告的正确性和完整性负责。

d) 制造单位在检验合格后，出具产品质量合格证，对于《固定式压力容器安全技术监察规程》管辖范围内的螺旋板式热交换器，应有通过监检的标识和文件。

e) 制造单位对其制造的每台螺旋板式热交换器产品在设计使用年限内至少保存下列技术文件备查：

1) 质量计划；

2) 制造工艺图或制造工艺卡；

3) 原材料质量证明文件；

4) 产品质量证明文件；

5) 螺旋板式热交换器的焊接工艺；

6) 热处理工艺文件(若有)；

7) 螺旋板式热交换器制造过程中和完工后的检查、检验、试验记录；

8) 螺旋板式热交换器原设计图和竣工图。

4.3 一般规定

4.3.1 设计一般规定

a) 螺旋板式热交换器设计单位(设计人员)应严格依据用户或设计委托方所提供的设计

条件进行螺旋板式热交换器的设计,螺旋板式热交换器受压元件的强度、刚度和稳定性计算或校核应符合本标准、GB 150.3(或 JB/T 4745)及其规范性引用文件的规定;

b) 螺旋板式热交换器的设计应考虑其运行时最高处、最低处的排气、排液;

c) 螺旋板式热交换器的设计应考虑结垢的产生及其清除:对于含固体颗粒介质宜采用卧式安装结构;对于需要机械除垢的应用,定距柱宜采用矩形(含正方形)的布置形式。

4.3.2 载荷

4.3.2.1 设计时应考虑以下载荷:

a) 内压、外压或最大压力差;

b) 液柱静压力,当液柱静压力小于设计压力的5%时,可忽略不计。

4.3.2.2 需要时,还应考虑下列载荷:

a) 螺旋板式热交换器自重,附属设备以及管道、扶梯、平台等的重力载荷;

b) 支座、底座圈、支耳及其他型式支承件的反作用力;

c) 连接管道和其他部件的作用力;

d) 运输和吊装时的作用力。

4.3.3 压力

4.3.3.1 确定设计压力或计算压力时,应考虑:

a) 螺旋板式热交换器两个(或全部)螺旋通道的工作压力大于大气压力时,设计压力应不小于各螺旋通道的工作压力,或不小于各螺旋通道工作压力的较大者。按各螺旋通道分别确定设计压力时,公用元件的计算压力的确定,应考虑相邻螺旋通道之间的最大压力差。

b) 当仅有一个螺旋通道为真空时,公用元件的计算压力取不小于相邻两个螺旋通道工作压力的差值。

c) 当两个(或全部)螺旋通道都为真空时,设计压力按承受外压考虑:当装有安全控制装置(如真空泄放阀)时,取1.25倍的相邻两个(或多个两两相邻差值的较大值)螺旋通道工作压力的差值或0.1 MPa两者中的低值;无安全控制装置时,取0.1 MPa。

4.3.3.2 Ⅱ型螺旋板式热交换器的窄边法兰、倒锥平盖、上卡、下卡等,宜分别按各自螺旋通道确定设计压力;确定公用元件的计算压力时,应考虑相邻螺旋通道之间的最大压力差。

4.3.4 设计温度的确定

4.3.4.1 设计温度不得低于元件金属在工作状态可能达到的最高金属温度。对于0℃以下的金属温度,设计温度不得高于元件金属可能达到的最低金属温度。

4.3.4.2 螺旋板式热交换器各部分在工作状态下的金属温度不同时,可分别设定每部分的设计温度。在任何情况下,螺旋板式热交换器元件的表面温度不得超出金属材料的允许使用温度。

4.3.4.3 元件的金属温度确定的一般方法:

a) 传热计算;

b) 环境温度的影响;

c) 已使用类似螺旋板式热交换器元件温度的实际测定。

4.3.4.4 确定螺旋板式热交换器元件金属温度的最低值时,应考虑大气环境低温条件对元件金属温度的影响。大气环境低温条件是指历年来月平均最低气温(指当月各天的最低气温值之和除以当月天数)的最低值。

4.3.5 厚度附加量

厚度附加量按式(1)确定：

$$C=C_1+C_2 \qquad (1)$$

式中：

C——厚度附加量,mm；

C_1——材料厚度负偏差,mm；

C_2——腐蚀裕量,mm。

4.3.5.1 材料厚度负偏差

金属材料厚度负偏差应符合相应标准的规定,螺旋板的卷筒板(薄板)被用作传热元件时,宜采用厚度为正偏差的板材;若采用厚度有负偏差的板材时,螺旋板名义厚度与其负偏差绝对值的差值不得小于采用本标准设计校核得出的螺旋板(计算)厚度。

4.3.5.2 腐蚀裕量

腐蚀裕量的选取应考虑下列因素：

a) 对有均匀腐蚀或磨损的元件,应根据预期的螺旋板式热交换器设计使用年限和介质对金属材料的腐蚀(及磨蚀)速率确定腐蚀裕量。

b) 螺旋板式热交换器各受压元件的腐蚀程度不同时,可采用不同的腐蚀裕量。

c) 对于碳素钢和低合金钢螺旋板式热交换器,除传热用螺旋板外,取腐蚀裕量不小于1 mm。

d) 螺旋板式热交换器应考虑腐蚀裕量的受压元件至少包括：

1) 平盖(倒锥平盖)、封头(锥形、椭圆等)、筒体短节、半圆筒体、半圆箱体、半圆端板或外圈板(不包括外覆板)等的内表面；

2) 壳体法兰、窄边法兰和接管法兰的直径面；

3) 中心隔板两侧面。

4.3.6 许用应力

4.3.6.1 金属材料和螺栓确定材料许用应力的系数以及其在不同温度下的许用应力按各自的标准选取,且应符合 GB 150.2 或 JB/T 4745 的规定。

4.3.6.2 设计温度低于 20℃时,取 20℃时的许用应力。

4.3.6.3 复合金属板材的许用应力：

a) 对于衬板复合结构,金属衬板厚度不应包括在衬板复合结构螺旋板式热交换器的计算厚度内；

b) 除钛(钛合金)覆层外,对于覆层与基层结合率达到 NB/T 47002 中 B2 级以上的复合金属板材,在设计计算中,如需计入覆层材料的强度时,其设计温度下的许用应力按式(2)确定：

$$[\sigma]^t=\frac{\delta_1[\sigma]_1^t+\delta_2[\sigma]_2^t}{\delta_1+\delta_2} \qquad (2)$$

式中：

$[\sigma]^t$——设计温度下复合金属板材的许用应力,MPa；

$[\sigma]_1^t$——设计温度下基层材料的许用应力,MPa；

$[\sigma]_2^t$——设计温度下覆层材料的许用应力,MPa；

δ_1——基层材料的名义厚度,mm;

δ_2——覆层材料的厚度,不计入腐蚀裕量,mm。

4.3.7 焊接接头系数

4.3.7.1 焊接接头系数 ϕ 应根据对接接头的焊缝形式及无损检测的长度比例确定。

4.3.7.2 螺旋板式热交换器的受压元件焊接接头系数规定如下:

a) 双面焊对接接头和相当于双面焊的全焊透对接接头:

1) 100%无损检测,取 $\phi=1.0$(碳素钢、低合金钢、奥氏体不锈钢、奥氏体-铁素体双相不锈钢)或 $\phi=0.95$(钛及钛合金);

2) 局部无损检测,取 $\phi=0.85$。

b) 单面焊的对接接头(沿焊缝根部全长有紧贴基本金属的垫板):

1) 100%无损检测,取 $\phi=0.9$;

2) 局部无损检测,取 $\phi=0.8$。

4.3.8 耐压试验

4.3.8.1 螺旋板式热交换器制成后,各螺旋通道应分别进行耐压试验。耐压试验的种类、要求和试验压力值应在设计图样上注明,且螺旋板式热交换器的设计制造应保证其满足:

a) 公用元件(螺旋板、中心隔板等)在耐压试验时,应满足稳定性要求。

b) 如因结构、尺寸或材料性能等限制而使公用元件不能满足稳定性要求时,应先进行泄漏检查,合格后再进行耐压试验。在进行耐压试验时,相邻螺旋通道都应保持一定压力,以使整个试验过程(包括升压、保压和卸压)中的任一时刻,其压力差不超过允许压差,设计图样上应注明这一要求和允许的压差值。

c) 如需提高某螺旋通道试验压力,应满足 4.3.8.4 的规定。

4.3.8.2 耐压试验一般采用液压试验。试验液体应符合 GB 150.4 或 JB/T 4745 的要求。

4.3.8.3 试验压力的最低值应符合下述规定。如试验压力高于下述规定时,其试验压力的采用上限值应满足 4.3.8.4 螺旋板式热交换器强度校核的限制。

a) 只要有一个螺旋通道的工作压力大于大气压力时,试验压力 p_T 应按式(3)确定:

$$p_T=1.25p\frac{[\sigma]}{[\sigma]^t} \quad\cdots\cdots(3)$$

b) 当两个(或全部)螺旋通道都为真空时,试验压力 p_T 应按式(4)确定:

$$p_T=1.25p \quad\cdots\cdots(4)$$

以上各式中:

p_T——试验压力,MPa;

p——设计压力,MPa;

$[\sigma]$——螺旋板式热交换器元件材料在试验温度下的许用应力,MPa;

$[\sigma]^t$——螺旋板式热交换器元件材料在设计温度下的许用应力,MPa。

注1:螺旋板式热交换器铭牌上规定最高允许工作压力时,式中应以最高允许工作压力代替设计压力 p。

注2:螺旋板式热交换器各元件(半圆筒体、筒体短节、外圈板、封头、接管、法兰及紧固件等)所用材料或设计温度不同时,应取各元件材料 $[\sigma]/[\sigma]^t$ 比值中的最小者。

注3:$[\sigma]^t$ 不应低于材料受抗拉强度和屈服强度控制的许用应力最小值。

4.3.8.4 耐压试验前的螺旋板式热交换器的应力校核

耐压试验前,应校核螺旋板式热交换器各受压元件在试验条件下的应力水平,例如半圆筒体(外圈板)等元件应校核最大总体薄膜应力,总体薄膜应力应符合式(5)计算:

$$\sigma_T = \frac{p_T(D_i + \delta_e)}{2\delta_e} \quad \cdots\cdots (5)$$

式中:

σ_T——试验压力下,半圆筒体(外圈板)等的总体薄膜应力,MPa;

p_T——试验压力,MPa;

D_i——半圆筒体(外圈板)等的内直径,mm;

δ_e——半圆筒体(外圈板)等的有效厚度,mm。

耐压试验应力校核时,壳体元件的总体薄膜应力σ_T,在液压试验时应满足式(6):

$$\sigma_T \leqslant 0.9 R_{eL} \phi \quad \cdots\cdots (6)$$

式中:

R_{eL}——半圆筒体(外圈板)等用材料在试验温度下屈服强度(或0.2%非比例延伸强度),MPa;

ϕ——半圆筒体(外圈板)等的焊接接头系数。

4.3.8.5 对于不适宜进行液压试验的螺旋板式热交换器,可采用气压试验。气压试验应符合GB 150或JB/T 4745的相应规定,且设计文件应提出采用气压试验的理由并明确气压试验的技术要求。

4.4 螺旋板式热交换器型号的表示方法

4.4.1 螺旋板式热交换器型号的表示方法由字母和数字组成,其方法如下:

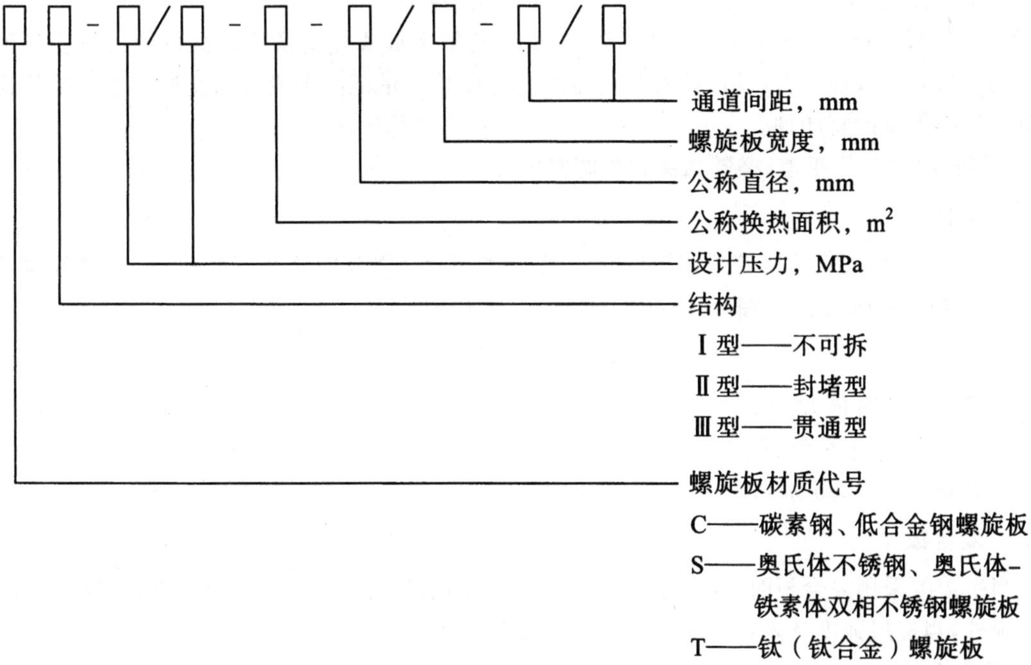

4.4.2 型号表示的示例：

a) 螺旋板材质为碳素钢，不可拆螺旋板式热交换器，设计压力 1.6 MPa，公称换热面积 50 m²，公称直径 1 000 mm，螺旋板宽度 1 000 mm，两个螺旋通道间距分别为 10 mm 和 14 mm，其型号为：

CⅠ-1.6-50-1 000/1 000-10/14

b) 螺旋板材质为奥氏体不锈钢或奥氏体-铁素体双相不锈钢，封堵型螺旋板式热交换器，通道 1 设计压力 0.6 MPa，通道 2 设计压力 1.6 MPa，公称换热面积 50 m²，公称直径 950 mm，螺旋板宽度 1 200 mm，两个螺旋通道间距都为 14 mm，其型号为：

SⅡ-0.6/1.6-50-950/1 200-14

c) 螺旋板材质为钛(钛合金)，贯通型螺旋板式热交换器，通道 1 设计压力 0.6 MPa，通道 2 设计压力 1.0 MPa，公称换热面积 50 m²，公称直径 850 mm，螺旋板宽度 1 500 mm，两个螺旋通道间距分别为 6 mm 和 14 mm，其型号为：

TⅢ-0.6/1.0-50-850/1 500-6/14

5 材料

5.1 选材原则

5.1.1 螺旋板式热交换器受压元件材料的选用应考虑螺旋板式热交换器的使用条件(如设计温度、设计压力、介质特性和操作特性等)、材料性能(力学性能、工艺性能、化学性能和物理性能等)、制造工艺性以及经济合理性。

5.1.2 钢制螺旋板式热交换器的受压元件应选用 GB 150.2 中规定的材料；钛(钛合金)制螺旋板式热交换器的受压元件应选用 JB/T 4745 中规定的材料。

5.1.3 螺旋板式热交换器制造单位应当对所取得的螺旋板式热交换器用材料及材料质量证明书的真实性和一致性负责，并应附有材料生产企业原始质量证明书或者加盖材料供应单位检验公章和经办人章的复印件。

5.2 受压元件(包括平盖、椭圆封头和半圆筒体等)

5.2.1 锻件

平盖(倒锥平盖)、法兰等采用锻件时，除另有要求外，应分别符合下列规定：钢锻件应符合 GB 150.2 规定；钛(钛合金)锻件应符合 JB/T 4745 规定。

5.2.2 板材

平盖、法兰、筒体短节、封头(椭圆、锥形)和半圆筒体(外圈板)等采用钢板时，应符合 GB 150.2的规定；采用钛(钛合金)板时，应符合 JB/T 4745 的规定。Ⅱ型螺旋板式热交换器倒锥平盖需要采用 Q235 系列钢板时，应符合 GB 150.2—2011 附录 D 的要求。

5.2.3 复合板

当平盖等采用复合板时，应不低于 NB/T 47002.1、NB/T 47002.3 的 B3 级；除钛(钛合金)复合板外，当覆层强度计入计算时，则应达到 B2 级以上。

5.3 螺旋板(薄板)

5.3.1 螺旋板(薄板)被用作受压元件部分，应按 GB 713、GB 3531、GB 24511、GB/T 3621、GB/T 14845等标准的规定选用。

5.3.2 螺旋板(薄板)被用作传热元件部分,可按 GB 912、GB/T 3274、GB/T 3280、GB/T 4237、GB/T 3621 等标准的规定选用。

5.4 接管

接管材料应按 GB/T 8163、GB 9948、GB 13296、GB/T 14976、GB/T 21833、GB/T 3624(或 GB/T 3625)等标准的规定选用。

5.5 封闭条

封闭条用圆钢、扁钢应符合 GB/T 699、GB/T 702、GB/T 3077 等标准的相关规定。

5.6 螺栓、螺母

5.6.1 钢棒的标准、螺栓(柱)的使用状态及许用应力等应符合 GB 150.2—2011 中第 7 章的规定。

5.6.2 螺栓(柱)和螺母的力学性能、检验要求,应根据用途按有关标准确定或在设计图样上注明。

5.6.3 螺栓(柱)和螺母的组合应按 GB 150.2—2011 中表 15～17 选取,螺栓(柱)的硬度应高于螺母。

5.7 焊接材料

5.7.1 选用的焊接材料(焊丝、焊条等)应使在正常焊接工艺下形成的焊缝在焊后状态下的抗拉强度不低于母材供货状态下的标准抗拉强度的下限值,焊缝的塑性和耐蚀性能(当焊接构件要求耐蚀性能时)不低于供货状态下的母材或与母材相当,焊接性能良好,能满足制造和使用要求。

5.7.2 承压件焊接材料订货应符合 NB/T 47018 的规定。

6 设计

6.1 典型螺旋体(两个螺旋通道)的几何设计

6.1.1 符号说明

a——螺旋板宽度方向两端换热介质未润湿的宽度之和,mm;

$b(b_1,b_2)$——螺旋通道间距($b_2 \geqslant b_1$),mm;

D_o——螺旋体长轴外径,mm;

$d(d_1,d_2)$——卷辊直径($d_2 \geqslant d_1$),mm;

$r(r_1,r_2)$——卷辊半径($r_2 \geqslant r_1$),mm;

$e(e_1,e_2)$——偏心距($e_2 \geqslant e_1$),mm;

A_Y——有效换热面积,m^2;

$A_T(A_{T1},A_{T2})$——螺旋通道截面积,m^2;

H——螺旋板宽度,mm;

H_Y——螺旋板有效换热宽度,mm;

$L_Y(L_{Y1},L_{Y2})$——螺旋板($L_{Y2} \geqslant L_{Y1}$)有效换热长度,mm;

$L_B(L_{B1},L_{B2})$——螺旋板($L_{B2} \geqslant L_{B1}$)计算长度,mm;

N_Y——螺旋体有效换热圈数(在数值上与螺旋板式热交换器螺旋通道圈数相同);

N_B——螺旋板圈数;

W——中心隔板宽度,mm;

δ——螺旋板(计算)厚度,mm。

6.1.2 中心隔板宽度 W

中心隔板与螺旋板焊接结构符合图5时,则:

$$W = d_1 - b_1 + \delta \text{ 或 } W = d_2 - b_2 + \delta \quad \cdots\cdots (7)$$

6.1.3 偏心距 e:

$$e_1 = \frac{b_1 + \delta}{2} \quad \cdots\cdots (8)$$

$$e_2 = \frac{b_2 + \delta}{2} \quad \cdots\cdots (9)$$

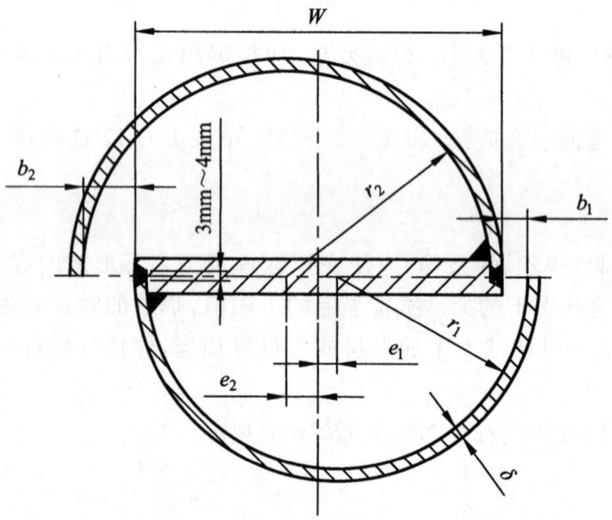

图5 中心隔板与螺旋体内圈的几何结构关系

6.1.4 有效换热面积 A_Y:

$$A_Y = (L_{Y1} + L_{Y2}) H_Y \times 10^{-6} \quad \cdots\cdots (10)$$

式中,$H_Y = H - a$

当等螺旋通道间距时,即 $b_1 = b_2 = b$ 时,$L_{Y1} = L_{Y2} = L_Y$,则:

$$A_Y = 2 \times L_Y H_Y \times 10^{-6} \quad \cdots\cdots (11)$$

6.1.5 螺旋通道截面积 A_T:

$$A_{T1} = b_1 H_Y \times 10^{-6} \quad \cdots\cdots (12)$$

$$A_{T2} = b_2 H_Y \times 10^{-6} \quad \cdots\cdots (13)$$

6.1.6 螺旋体有效换热圈数(螺旋板式热交换器螺旋通道圈数)N_Y 及螺旋板圈数 N_B

6.1.6.1 螺旋体有效换热圈数(螺旋板式热交换器螺旋通道圈数)N_Y

螺旋体有效换热圈数在数值上与螺旋板式热交换器螺旋通道圈数相等。

$$N_Y = \frac{\left(\frac{b_1 + b_2}{2} - d_1\right) + \left[\left(d_1 - \frac{b_1 + b_2}{2}\right)^2 + \frac{4L_{Y1}}{\pi}(b_1 + b_2 + 2\delta)\right]^{\frac{1}{2}}}{b_1 + b_2 + 2\delta} \quad \cdots\cdots (14)$$

当等螺旋通道间距时，即 $b_1=b_2=b$ 时：

$$N_Y=\frac{(b-d)+\left[(d-b)^2+\frac{8L_Y}{\pi}(b+\delta)\right]^{\frac{1}{2}}}{2(b+\delta)} \quad \cdots\cdots (15)$$

6.1.6.2 螺旋板圈数 N_B：

a) 无外圈板、无半圆筒体时：

$$N_B=N_Y+1 \quad \cdots\cdots (16)$$

注：《固定式压力容器安全技术监察规程》管辖范围内的螺旋板式热交换器，非容器用钢(材)的卷筒板不能直接用作螺旋板式热交换器的最外壳体。当存在最外壳体容器用钢(材)时，而螺旋板又为非容器用钢(材)，则 $N_B=N_Y$。

b) 有半圆筒体时(对于不等通道间距时，N_B 的整数部分宜取为偶数)：

$$N_B=N_Y+0.5 \quad \cdots\cdots (17)$$

c) 有外圈板时：

$$N_B=N_Y \quad \cdots\cdots (18)$$

6.1.7 螺旋板($L_{Y2}\geqslant L_{Y1}$)有效换热长度 L_Y 及螺旋板($L_{B2}\geqslant L_{B1}$)计算长度 L_B

6.1.7.1 螺旋板($L_{Y2}\geqslant L_{Y1}$)有效换热长度 L_Y：

$$L_{Y1}=\frac{\pi}{2}N_Y\left[(d_1+\delta)+(N_Y-1)\left(\frac{b_1+b_2+2\delta}{2}\right)\right] \quad \cdots\cdots (19)$$

$$L_{Y2}=L_{Y1}+\frac{\pi}{2}N_Y(b_2-b_1) \quad \cdots\cdots (20)$$

当等通道间距，即 $b_1=b_2=b$ 时：

$$L_Y=\frac{\pi}{2}N_Y[(d+\delta)+(N_Y-1)(b+\delta)] \quad \cdots\cdots (21)$$

6.1.7.2 螺旋板($L_{B2}\geqslant L_{B1}$)计算长度 L_B：

$$L_{B1}=\frac{\pi}{2}N_B\left[(d_1+\delta)+(N_B-1)\left(\frac{b_1+b_2+2\delta}{2}\right)\right] \quad \cdots\cdots (22)$$

$$L_{B2}=L_{B1}+\frac{\pi}{2}N_B(b_2-b_1) \quad \cdots\cdots (23)$$

当等通道间距，即 $b_1=b_2=b$ 时：

$$L_B=\frac{\pi}{2}N_B[(d+\delta)+(N_B-1)(b+\delta)] \quad \cdots\cdots (24)$$

6.1.8 螺旋通道长度 L_T：

$$L_T=L_{Y1}+\frac{\pi}{2}N_Y(b_2+\delta)=L_{Y2}+\frac{\pi}{2}N_Y(b_1+\delta) \quad \cdots\cdots (25)$$

当等通道间距，即 $b_1=b_2=b$ 时：

$$L_T=L_Y+\frac{\pi}{2}N_Y(b+\delta) \quad \cdots\cdots (26)$$

6.1.9 螺旋体长轴外径 D_o

a) 螺旋板终端的截面法线垂直于中心隔板平面，即长轴在中心隔板所构成的平面内(见图 6)时：

$$D_o=(d_1-b_1+\delta)+N_B(b_1+b_2+2\delta) \quad \cdots\cdots\cdots\cdots\cdots\cdots (27)$$

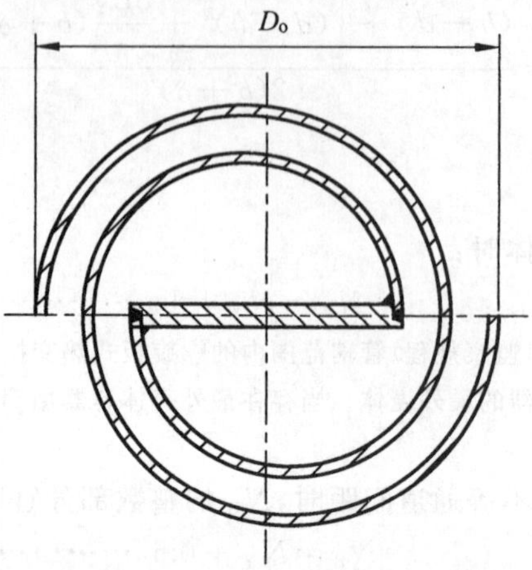

图6 螺旋板终端的截面法线垂直于中心隔板平面

b) 螺旋板终端的截面法线平行于中心隔板平面,即长轴垂直于中心隔板所构成的平面内(见图7)时:

1) 若 $N_B-0.5$ 为奇数:

$$D_o=\left\{\left[\left(\frac{d_1}{2}+\delta\right)+\frac{N_B+0.5}{2}(b_2+\delta)+\frac{N_B-1.5}{2}(b_1+\delta)\right]^2-e_1^2\right\}^{\frac{1}{2}}$$
$$+\left\{\left[\left(\frac{d_2}{2}+\delta\right)+\frac{N_B+0.5}{2}(b_1+\delta)+\frac{N_B-1.5}{2}(b_2+\delta)\right]^2-e_2^2\right\}^{\frac{1}{2}} \quad \cdots\cdots (28)$$

2) 若 $N_B-0.5$ 为偶数:

$$D_o=2\left\{\left[\left(\frac{d_1}{2}+\delta\right)+\frac{N_B+0.5}{2}(b_1+b_2+2\delta)\right]^2-e_1^2\right\}^{\frac{1}{2}} \quad \cdots\cdots\cdots\cdots\cdots (29)$$

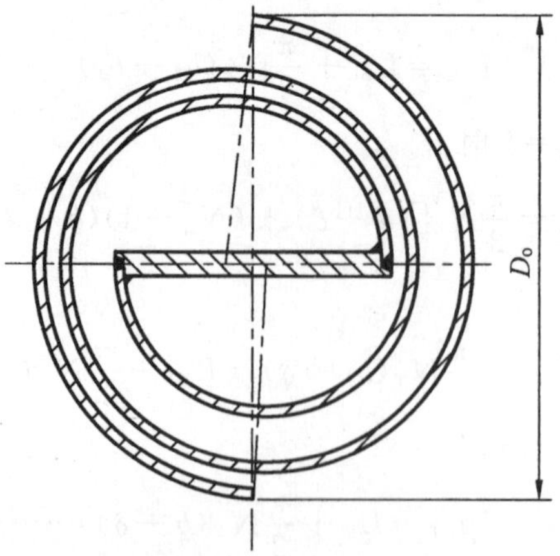

图7 螺旋板终端的截面法线平行于中心隔板平面

6.1.10 部分非典型螺旋体几何设计的相关内容见附录A(资料性附录)。

6.1.11 部分焊接结构型式见附录 B(资料性附录)。

6.2 螺旋板式热交换器强度设计和稳定性校核

6.2.1 符号说明

A——外压应变系数;

B——外压应力系数;

E^t——螺旋板材料设计温度下弹性模量,MPa;

h——半圆端板高度,mm;

H——螺旋板宽度,mm;

I——a) 当支承环与中心隔板或内圈板未贴紧,或支承环刚性不足时,I 为两半圆端板之间的距离,mm;

b) 当支承环与中心隔板或内圈板贴紧,且满足 GB 150.3—2011 中 4.5 的要求,I 值取下列者中的较大值:

1) 两支承环之间的距离,mm;

2) 两侧半圆端板与相邻支承环之间的距离,mm;

J——系数,根据 I/W 的比值按表 2 或图 12 查取;

K——系数,参见式(32);

p_c——计算压力,MPa;

$[p]$——计算许用外压力,MPa;

R——螺旋板曲率半径,mm,螺旋板位于螺旋体不同螺旋圈数上,其曲率半径为不同的数值;

R_i——半圆筒体或外圈板的曲率内半径,mm;

R_o——半圆筒体或外圈板的曲率外半径,mm;

t——相邻两定距柱(泡)的间距;定距柱为矩形排列时,定距柱在螺旋板板长方向上的间距为 t_1,定距柱在轴向(螺旋板宽度方向)上的间距为 t_2,规定 t 为 t_1 与 t_2 两者中的较小值,mm;不同螺旋板上的定距柱间距可以有所不同,一张螺旋板上的定距柱间距也可以多于一种尺寸,间距尺寸的变化应符合设计文件的规定,且满足本标准关于螺旋板外压设计的要求;

W——中心隔板宽度,mm;

δ——螺旋板(计算)厚度,mm,螺旋板的名义厚度 δ_n 应大于螺旋板(计算)厚度 δ 与其标准允许负偏差绝对值之和;

δ_B——半圆端板计算厚度,mm;

δ_W——半圆筒体或外圈板的计算厚度,mm;

δ_Z——中心隔板计算厚度,mm;

$[\sigma]^t$——半圆筒体或外圈板(包括螺旋板、中心隔板、倒锥平盖基础板等)材料在设计温度下的许用应力,MPa;

ϕ——焊接接头系数。

6.2.2 半圆筒体或外圈板

半圆筒体或外圈板计算厚度按式(30)或式(31)计算。

$$\delta_W = \frac{2p_c R_i}{2[\sigma]^t \phi - p_c} \quad \cdots\cdots (30)$$

$$\delta_W = \frac{2p_c R_o}{2[\sigma]^t \phi + p_c} \quad \cdots\cdots (31)$$

注:螺旋板直接延伸作为壳体时,作为壳体部分也必须符合式(30)或式(31)的计算结果。

6.2.3 螺旋板

6.2.3.1 螺旋板与螺旋板之间用定距柱(泡)支撑,或采用其他经实际证明有效的可靠的支撑结构,定距柱的间距按式(32)进行初步估算,其中 $K=1+0.96\times(1.28-R/500)$,且 $K\geqslant1$,K 计算式中的 R 为螺旋板曲率半径(mm)。

$$t=\delta\left(\frac{4.7K[\sigma]^t}{p_c}\right)^{\frac{1}{2}} \quad \cdots\cdots (32)$$

6.2.3.2 螺旋板计算压力 p_c 应小于按式(39)求得的计算许用外压力$[p]$,否则通过减小定距柱的间距或增加螺旋板的厚度使得$[p]$大于 p_c。

6.2.3.3 有定距柱支撑的螺旋板凸面受压的计算许用外压力$[p]$,其计算步骤如下:

6.2.3.3.1 确定外压应变系数 A

根据定距柱的不同排列方式,分别按以下各式计算系数 A。

a) 定距柱按等边三角形排列,4 个定距柱组成菱形,长对角线在螺旋板板长方向,见图 8。

$$A=2.14\left(\frac{\delta}{t}\right)^2+0.761\times10^{-2}\left(\frac{t^6}{R^2H^4}\right) \quad \cdots\cdots (33)$$

b) 定距柱按等边三角形排列,4 个定距柱组成菱形,短对角线在螺旋板板长方向,见图 9。

$$A=2.26\left(\frac{\delta}{t}\right)^2+0.142\times10^{-2}\left(\frac{t}{R}\right)^2 \quad \cdots\cdots (34)$$

c) 定距柱按正方形排列,见图 10。

$$A=1.6\left(\frac{\delta}{t}\right)^2+1.8\times10^{-2}\left(\frac{t^6}{R^2H^4}\right) \quad \cdots\cdots (35)$$

d) 定距柱按矩形排列,见图 11。

1) 当 $t_1<t_2$,且 $\frac{t_1^4}{H^2R\delta}\leqslant1.72$ 时:

$$A=0.904\left(\frac{\delta}{t_1}\right)^2+0.101\left(\frac{t_1^6}{R^2H^4}\right) \quad \cdots\cdots (36)$$

2) 当 $t_1>t_2$,且 $\frac{t_1^4}{H^2R\delta}\leqslant5.43$ 时:

$$A=1.6\left(\frac{\delta}{t_1}\right)^2+1.8\times10^{-2}\left(\frac{t_1^6}{R^2H^4}\right) \quad \cdots\cdots (37)$$

3) 当 $t_1<t_2$,且 $\frac{t_1^4}{H^2R\delta}>1.72$ 时;或当 $t_1>t_2$,且 $\frac{t_1^4}{H^2R\delta}>5.43$ 时:

$$A=0.92\left(\frac{\delta}{R}\right)^{\frac{3}{2}}\left(\frac{R}{H}\right) \quad \cdots\cdots (38)$$

6.2.3.3.2 确定外压应力系数 B

当螺旋板所用材料是钢材时,根据所用钢材查 GB 150.3—2011 第 4 章中表 4-1,确定对应

的外压应力系数 B 曲线图(GB 150.3—2011 图 4-3～图 4-11),由 A 值查取 B 值(遇中间温度值用内插法)。当螺旋板所用材料是钛(钛合金)时,从 JB/T 4745 中外压应力系数 B 曲线图,由 A 值查取 B 值。

6.2.3.3.3 计算许用外压力 $[p]$:

$$[p]=\frac{B\delta}{R}$$

$$[p]=\frac{AE^{t}\delta}{3R}$$

取两者中的较小值 ……………………… (39)

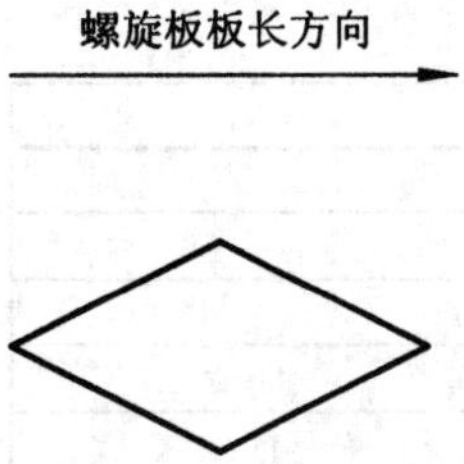

图 8 定距柱组成等边菱形(长轴在板长方向)

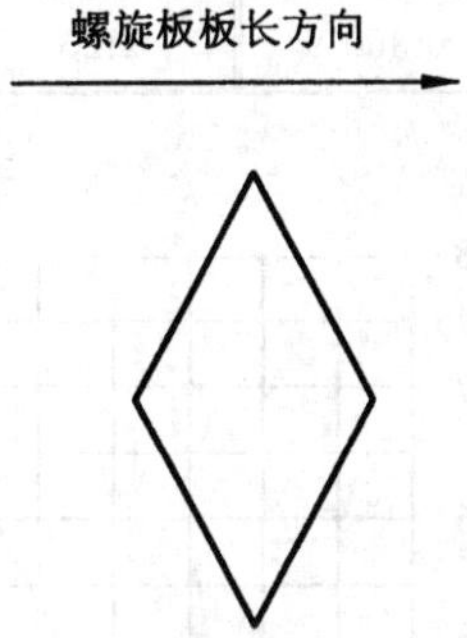

图 9 定距柱组成等边菱形(短轴在板长方向)

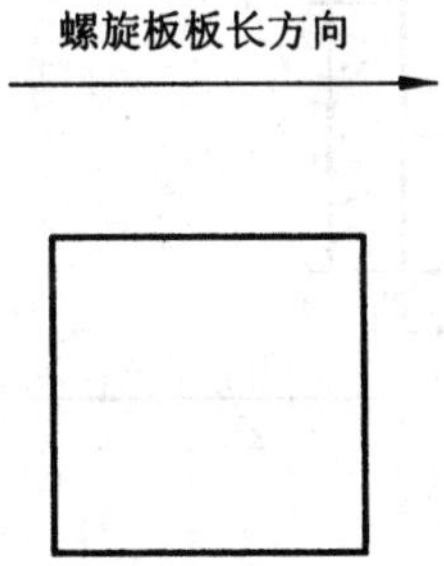

图 10 定距柱组成正方形

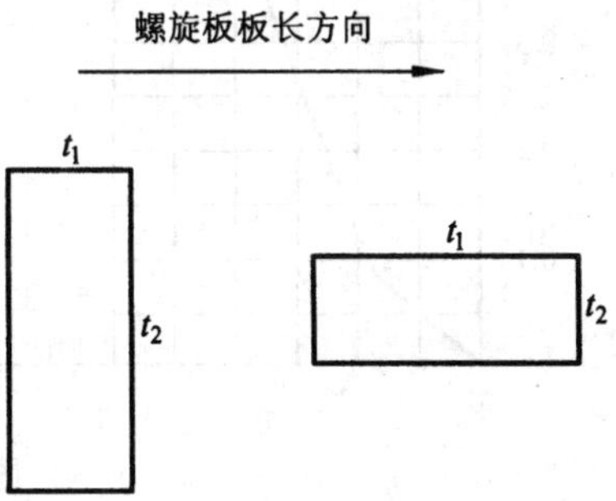

图 11 定距柱组成矩形

6.2.4 内圈板

内圈板厚度应不小于螺旋板厚度。内圈板计算厚度,应依据与之相关的支承环结构等条件,满足 GB 150.3—2011 第 4 章中外压圆筒所规定的有关设计计算。

6.2.5 支承环

支承环应有足够刚性。支承环符合 GB 150.3—2011 中 4.5 外压圆筒加强圈的设计所作出的有关规定。

6.2.6 中心隔板

中心隔板计算厚度 δ_Z 按式(40)确定,且不小于 12 mm 为宜。

$$\delta_Z=W\left(\frac{Jp_c}{1.5[\sigma]^t}\right)^{\frac{1}{2}} \qquad (40)$$

表2 J 系数

I/W	J	I/W	J	I/W	J	I/W	J
0.4	0.080 4	1.00	0.418 8	2.50	0.740 4	4.00	0.749 6
0.5	0.126 2	1.25	0.542 3	2.75	0.745 1	4.25	0.749 7
0.6	0.180 0	1.50	0.628 9	3.00	0.747 4	4.50	0.749 8
0.7	0.239 0	1.75	0.683 1	3.25	0.748 6	4.75	0.749 8
0.8	0.300 2	2.00	0.714 3	3.50	0.749 2	5.00	0.749 8
0.9	0.360 9	2.25	0.731 4	3.75	0.749 5	>5.00	0.750 0

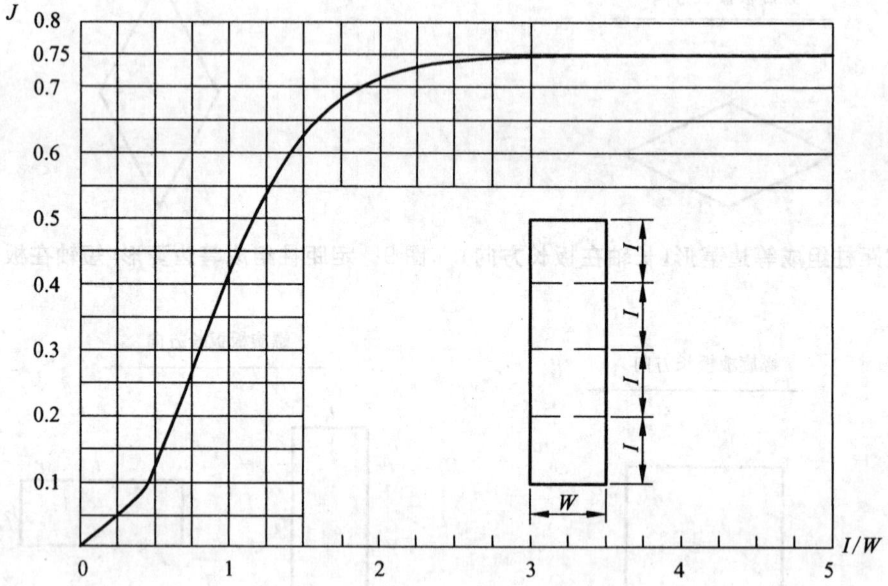

图12 J 系数

6.2.7 半圆端板

半圆端板与中心隔板的连接应采用全熔透焊接接头。半圆端板计算厚度 δ_B 按式(41)确定：

$$\delta_B = h\left(\frac{0.65p_c}{[\sigma]^t}\right)^{\frac{1}{2}} \quad \cdots\cdots (41)$$

6.2.8 倒锥平盖

6.2.8.1 符号说明：

D_c——基础板计算直径，mm，一般应为螺柱(栓)或上、下卡的受力中心线的直径。对于上、下卡的紧固结构，通常可取基础板的实际外径尺寸；

E^t——设计温度下材料的弹性模量，MPa；

F——与倒锥平盖结构及尺寸相关的系数，由图15查得；

H——圆环筋高度，mm；

H_h——内、外锥与圆环筋焊接点的高度,mm;

H_2——与倒锥平盖结构及尺寸相关的系数,当满足条款 6.2.8.2 时,$\frac{[p_j]}{[\sigma]^t}$与 H_2 的关系符合式(46);

k——与圆环筋的柱体中心面离基础板中心点的距离相关的系数,见表 3 和图 13;

l——与内、外锥宽度位置(在基础板上投影宽度)相关的系数,一般取值范围为 0.25～0.3;内锥和外锥可以分别取不同的 l 值,且各自尽可能地取其较大值,见图 13;

p_c——计算压力,MPa;

p_{cj}——仅限于基础板厚度设计时所采用的计算压力,MPa,原则上符合下述要求:

a) 当 $p_c \leqslant 0.4$ MPa 时,$p_{cj}=1.2p_c$;

b) 当 $0.4<p_c \leqslant 0.7$ MPa 时,$p_{cj}=p_c$;

c) 当 $0.7<p_c \leqslant 1.0$ MPa 时,$p_{cj}=0.8p_c$;

d) 当 $p_c>1.0$ MPa 时,$p_{cj}=0.7p_c$;

$[p_j]$——基础板许用压力,MPa,当$[p_j]$大于计算压力 p_c 时,则基础板已满足螺旋板式热交换器强度设计的要求;

$[p_Z]$——外锥板许用压力,MPa,当$[p_Z]$大于计算压力 p_c 时,则外锥已满足螺旋板式热交换器强度设计的要求;

R_c——基础板计算半径,mm,符合 D_c 释义;

S_t——内、外锥宽度位置尺寸(在基础板上的投影宽度),mm;

t_H——圆环筋的板厚度,mm;

t_{Z1}——内锥板的厚度,mm;

t_{Z2}——外锥板的厚度,mm;

W——基础板的刚度,mm^3MPa,且 $W=\frac{E^t t_B^3}{12(1-\mu^2)}$;

y_o——倒锥平盖中心最大变形量,mm;本标准将 y_o 小于或等于 1.0 mm 视为倒锥平盖的刚度满足螺旋板式热交换器的设计要求;

Y_o——与倒锥平盖结构和尺寸有关的刚度系数,由图 16 查得;

δ_p——基础板的计算厚度,mm;

δ_n——基础板的名义厚度,mm;

μ——材料的泊松比;

$[\sigma]^t$——基础板在设计温度下材料的许用应力,MPa;

$[\sigma_Z]^t$——外锥板在设计温度下材料的许用应力,MPa;

ω——与基础板及内、外锥尺寸有关的系数,且 $\omega=\frac{2(t_{Z1}+1.7t_{Z2})}{D_c}$。

6.2.8.2 倒锥平盖基本构成件的尺寸及其相互位置的确定

6.2.8.2.1 倒锥平盖结构见图 13

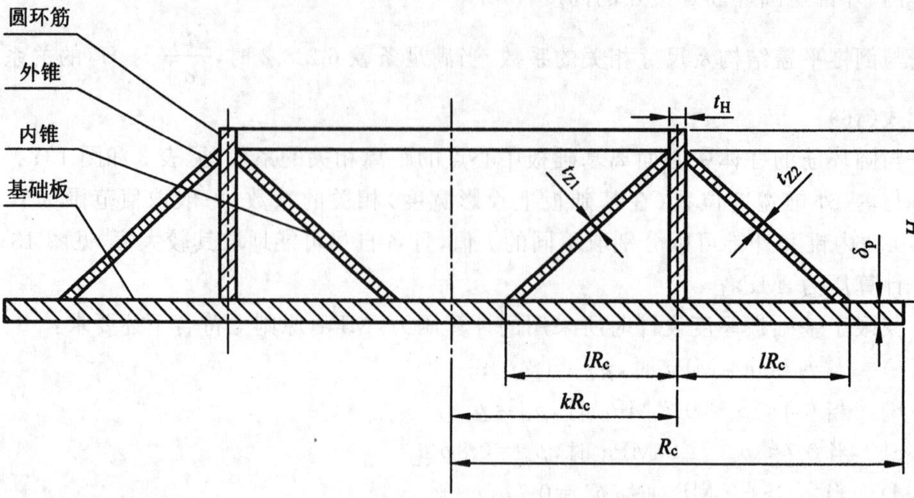

图13 倒锥平盖结构

6.2.8.2.2 基础板

基础板的计算厚度按式(42)计算,且应不小于24 mm。

$$\delta_p = R_c\sqrt{\frac{p_{cj}}{[\sigma]^t}} \quad \cdots\cdots(42)$$

6.2.8.2.3 圆环筋

在圆环筋材料的强度级别与基础板相近的条件下,圆环筋的柱形中心面离基础板中心点的距离应符合表3,圆环筋的板厚度应符合表4,圆环筋的高度应符合式(43),内、外锥的焊接点的高度符合式(44)。

表3 圆环筋的柱体中心面离基础板中心点的距离

计算直径 D_c/mm	$D_c \leqslant 800$	$800 < D_c \leqslant 1\,500$	$D_c > 1\,500$
系数 k	0.55	0.6	0.64
圆环筋的柱体中心面离基础板中心点的距离($k \times R_c$)/mm	$k \times R_c \leqslant 220$	$220 < k \times R_c \leqslant 450$	$k \times R_c > 450$
注:系数 k 一般应保持在0.55～0.64的范围内。			

表4 圆环筋的板厚度

基础板的计算厚度 δ_p/mm	24	28	32	36	40	44	48	>48
圆环筋的板厚度 t_H/mm	16	18	20	22	24	26	28	>0.55δ_p,且不小于28
注:$\frac{t_H}{\delta_p}$的取值范围一般为0.55～0.67。								

圆环筋柱体的高度按式(43)计算,其值一般应视为最小值。

$$H = 1.8\sqrt{k \times R_c \times t_H} \quad \cdots\cdots(43)$$

内、外锥与圆环筋柱体焊接点的高度按式(44)计算,其值一般应视为最小值。当实际取值大于计算结果时,则其增加幅度应与圆环筋高度 H 的增加幅度保持一致。

$$H_h = 1.5\sqrt{k \times R_c \times t_H} \quad \cdots\cdots (44)$$

6.2.8.2.4　内、外锥

内、外锥与圆环筋柱体的焊接点的高度与式(44)计算结果 H_h 一致时，且内、外锥宽度位置(在基础板上的投影宽度)尺寸符合式(45)的条件下，内、外锥的厚度应符合表5。

$$S_t = lR_c \quad \cdots\cdots (45)$$

表5　内外锥厚度

D_c/mm	p_c/MPa									
	≤0.4		≤0.6		≤0.8		≤1.0		>1.0	
	t_{Z1}/t_{Z2}, mm									
	t_{Z1}	t_{Z2}	t_{Z1}	t_{Z2}	t_{Z1}	t_{Z2}	t_{Z1}	t_{Z2}	t_{Z1}	t_{Z2}
≤600	6	6	6	6	6	8	6	8	8	10
>600～800	6	6	6	8	6	8	6	10	8	10
>800～1 000	6	8	6	8	6	10	6	12	10	12
>1 000～1 200	6	8	6	10	6	12	6	12	10	14
>1 200	8	10	8	12	10	14	10	14	12	16

注1：内、外锥材料的强度级别与基础板近似相等。

注2：$t_{Z2} = t_{Z1} \sim 2t_{Z1}$。

6.2.8.3　倒锥平盖强度设计

6.2.8.3.1　基础板和外锥板的强度设计

基础板上的最大应力发生在基础板与外锥板的焊接接头处，该处的基础板许用压力与基础板设计温度下材料许用应力之比 $\frac{[p_j]}{[\sigma]^t}$ 由图14直接查得，其与 H_2 的关系符合式(46)；该处的外锥板许用压力与外锥板设计温度下材料许用应力之比符合式(47)，且系数 F 可由图15查得。

$$\frac{[p_j]}{[\sigma]^t} = \frac{\left(\frac{\delta_p}{R_c}\right)^2}{4H_2} \quad \cdots\cdots (46)$$

$$\frac{[p_Z]}{[\sigma_Z]^t} = F(1+l)\left(\frac{t_{Z2}}{R_c}\right) \quad \cdots\cdots (47)$$

6.2.8.3.2　圆环筋和内锥板的强度设计

当圆环筋和内锥板满足条款6.2.8.2规定的相应结构和尺寸，且采用材料的强度级别不低于基础板和外锥板材料的强度级别，则其强度总能满足螺旋板式热交换器的强度设计的要求。

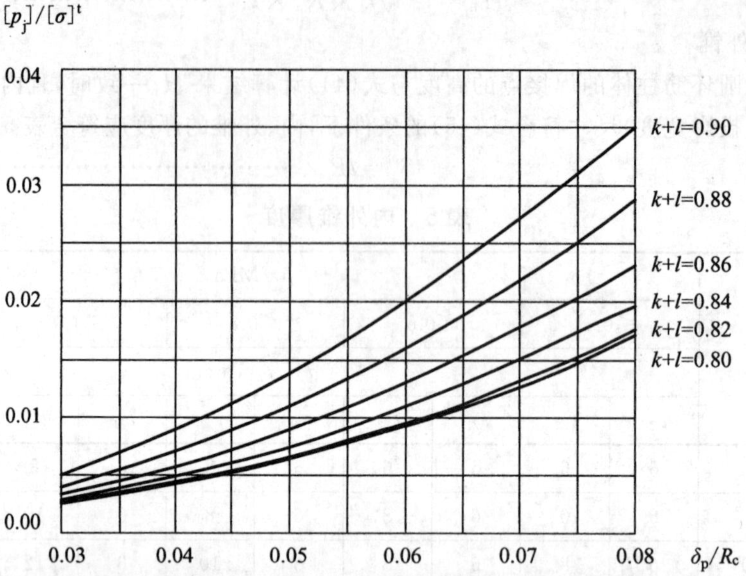

图 14 基础板许用压力与基础板设计温度下材料许用应力之比

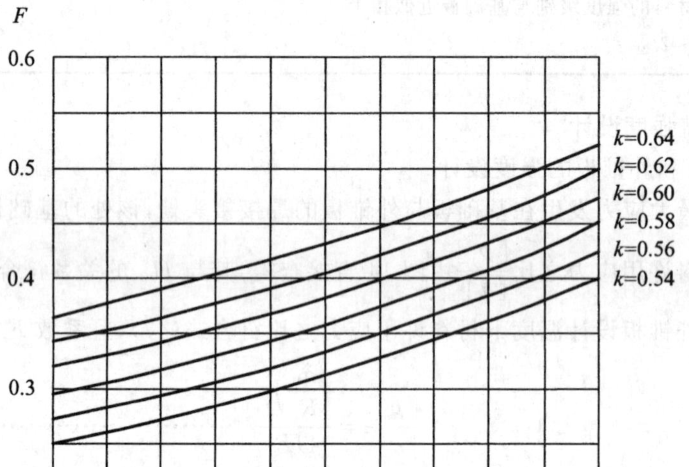

图 15 与倒锥平盖结构及尺寸相关的系数 F

6.2.8.4 倒锥平盖的刚度校核

倒锥平盖中心最大变形量 y_o 由式(48)计算得出，式中的系数 Y_o 可由图 16 查得，而 $y_o \leqslant [y]$，推荐 $[y]$ 的取值范围为 0.5 mm～1.0 mm。

$$y_o = Y_o e^{-12.5\omega} \times \frac{p_c D_c^4}{16W} \qquad (48)$$

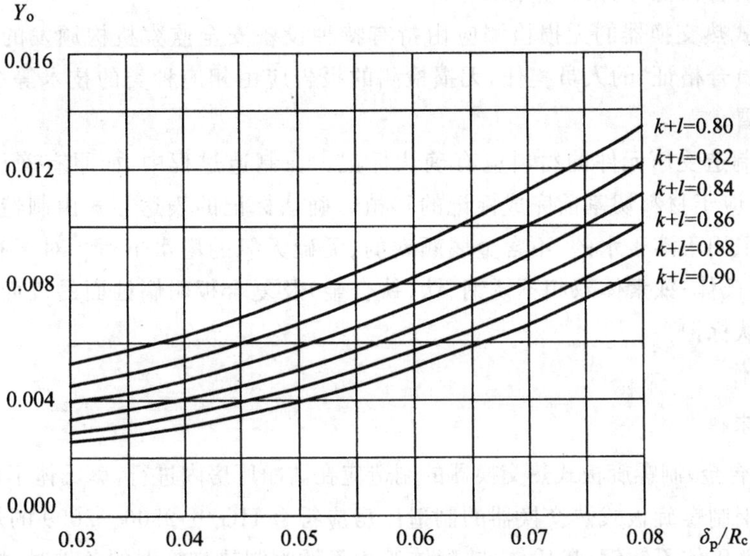

图 16　与倒锥平盖结构和尺寸有关的刚度系数 Y_o

6.2.9　上、下卡

6.2.9.1　上、下卡宜采用 JB 4732 中的分析设计方法进行设计。

6.2.9.2　螺旋板式热交换器设计压力不大于 1.0 MPa 时，上、下卡的尺寸、制造验收可遵从标准 HG/T 2054—2007，且满足下述要求：

a)　只允许采用 HG/T 2054 中的 A 型卡子；

b)　下卡只允许采用锻件，且符合标准 GB/T 3077 规定的高级优质钢；

c)　除满足条款 6.2.9.1 外，依据操作工况条件，卡子总的横截面积(卡子数量与单个卡子规格直径的计算横截面积之乘积)应大于普通穿孔螺柱总的横截面积的 1.3 倍。

6.2.9.3　螺旋板式热交换器设计压力大于 1.0 MPa 时，上、下卡必须按条款 6.2.9.1 进行设计，宜采用穿孔螺柱结构，在符合 GB 150.3 的相关要求基础上，应增大螺柱总的横截面积或选择强度级别高的螺柱。

6.3　接管承受的外载荷

设计条件给出接管的外载荷时，设计单位应依据 HG/T 20582—2011 第 28 章的规定，对接管和与之连接的筒体进行局部应力的计算和校核，并满足相关要求；钛(钛合金)制螺旋板式热交换器的接管承受的外载荷也可参照执行。

6.4　工艺计算

螺旋板式热交换器工艺计算见附录 C(资料性附录)。

7　制造、检验与验收

7.1　总则

7.1.1　螺旋板式热交换器的制造、检验与验收除应符合本章规定外，还应符合设计图样(文件)及相关标准规范的要求。

7.1.2　螺旋板式热交换器的焊接人员应由持有特种设备安全监察机构颁发的相应项目的"特

种设备作业人员合格证”的人员担任。

7.1.3 螺旋板式热交换器的无损检测应由持有特种设备安全监察机构颁发的相应项目的“特种设备检验人员合格证”的人员担任，无损检测的报告应由相应种类的技术等级Ⅱ级以上的无损检测人员签署。

7.1.4 凡用于制造受压元件的材料应有确认标记。在制造过程中，如原有确认标记被裁掉或材料分成几块，应于材料切割前完成标记的移植。确认标记的表达方式由制造单位规定，对于钛(钛合金)可采用不溶于水的、不含金属颜料的、无硫无氯的墨水书写。对于有防腐要求的奥氏体不锈钢、奥氏体-铁素体双相不锈钢、钛(钛合金)及复合板耐腐蚀面的表面，禁止采用硬印作为材料的确认标记。

7.2 零部件制作

7.2.1 一般要求

7.2.1.1 钛(钛合金)制螺旋板式热交换器的制造应在洁净厂房内进行，奥氏体不锈钢、奥氏体-铁素体双相不锈钢制螺旋板式热交换器的制造厂房应符合 HG/T 2806—2009 的规定。不具备洁净厂房内制造奥氏体不锈钢、奥氏体-铁素体双相不锈钢制热交换器的条件时，场地应铺垫软质材料，以免碰伤、擦伤奥氏体不锈钢、奥氏体-铁素体双相不锈钢表面。任何生产场地中，都不允许存在会影响奥氏体不锈钢、奥氏体-铁素体双相不锈钢或钛(钛合金)制螺旋板式热交换器制造质量的其他作业。

7.2.1.2 当奥氏体不锈钢、奥氏体-铁素体双相不锈钢或钛(钛合金)的切割和成形设备非专用时，切割和成形前，必须清除器具和设备上的其他金属材料等杂物，以免异物划伤或嵌入奥氏体不锈钢、奥氏体-铁素体双相不锈钢或钛(钛合金)，造成铁离子污染等危害。

7.2.1.3 奥氏体不锈钢、奥氏体-铁素体双相不锈钢或钛(钛合金)及其零部件应设置专门存放区，不应与碳素钢、低合金钢等钢制零部件混放。

7.2.1.4 奥氏体不锈钢、奥氏体-铁素体双相不锈钢或钛(钛合金)的切割和坡口加工一般应采用机械切割、水力切割等冷切割方法。采用热切割时，应避免火花溅落在奥氏体不锈钢、奥氏体-铁素体双相不锈钢或钛(钛合金)表面上，且切割边缘和坡口仍应使用机械方法加工，去除污染层。

7.2.1.5 焊接坡口尺寸应符合设计文件(图样)，焊接坡口表面不应有裂纹、分层、夹杂及影响焊接质量的其他缺陷。任何下料留存的毛刺、割瘤等应清除干净。

7.2.1.6 铁离子检验程序见附录D(资料性附录)。钛(钛合金)制螺旋板式热交换器应按相关要求执行，奥氏体不锈钢、奥氏体-铁素体双相不锈钢制螺旋板式热交换器可参照执行。

7.2.1.7 螺旋体成形张紧程度的控制应采用压紧轮的方式，不允许通过钢丝绳卷扬机拉紧螺旋板来实现螺旋体成形张紧程度的控制。

7.2.2 螺旋板、定距柱、封闭条、中心隔板

7.2.2.1 螺旋板：

a) 螺旋板的下料长度和宽度应考虑工艺余量；

b) 螺旋板表面的硬折波纹应校平，局部存在的硬折波纹，其程度不得影响定距柱的焊接和螺旋体的成形，避免利用螺旋体成形过程消除螺旋板局部存在的硬折波纹；

c) 以含有余量的板宽尺寸为基础，螺旋板的宽度允许偏差为±3 mm；对于Ⅱ型螺旋板式热交换器，螺旋板的宽度允许余量以满足螺旋体端面密封面(机加工)要求得到保证为前提；

d) 螺旋板的镰刀弯,每米小于 3 mm;

e) 螺旋板只允许横向对接,且对接焊缝必须采用全熔透的结构形式,焊缝打磨后的余高小于 0.5 mm,焊接而成的螺旋板也应同时符合 a)~d)的具体规定。

f) 螺旋板对接焊缝两端在长度不小于 60 mm 处应磨平至螺旋板厚度,且焊缝两侧表面与螺旋板厚度的高度差各自不得大于 0.3 mm;

g) 螺旋板对接焊缝应按 NB/T 47013.2 的规定进行 100%射线检测,技术等级为 AB 级,合格级别不低于Ⅱ级;钛(钛合金)螺旋板对接焊缝和热影响区还应进行 100%渗透检测,Ⅰ级合格;

h) 螺旋板切割下料的毛刺、割瘤等应清除干净,表面存在的划痕、锈斑等缺陷也应消除干净。钛(钛合金)螺旋板还应进行 100%渗透检测,Ⅰ级合格;

i) 《固定式压力容器安全技术监察规程》管辖范围内的螺旋板式热交换器,当螺旋板延伸作为壳体时,壳体部分的材料应符合 5.2.2 的规定;

j) 奥氏体不锈钢、奥氏体-铁素体双相不锈钢或钛(钛合金)螺旋板表面应进行酸洗钝化处理。钛(钛合金)表面应进行铁离子污染检查。

7.2.2.2 定距柱:

a) 定距柱两端应有 1×45°~2×45°的倒角,高度允许偏差±0.1 mm;

b) 相邻定距柱划线位置允许偏差为±2.0 mm;

c) 定距柱边缘与拼板焊缝的边缘间距不得小于 20 mm;当焊缝区域附近的定距柱依据设计要求布置出现离焊缝边缘的间距小于 20 mm 时,应在保证定距柱离焊缝的边缘间距不小于 20 mm 的前提下,允许焊缝两侧第一排定距柱采用特殊的布置方式,使得该处的定距柱间距尺寸满足螺旋板刚强度要求;

d) 一张螺旋板(包括对焊而成的螺旋板)上的定距柱宜为同一规格,但定距柱间距尺寸可以多于一种尺寸,且符合设计图样的要求;

e) 定距柱与螺旋板的连接,应优先采用电容储能式(或拉弧式)螺柱焊接方法;

f) 相邻定距柱点焊后的位置允许偏差为±4.0 mm。实际高度与定距柱高度之差不得大于 0.3 mm;

g) 对定距柱的尺寸,应进行不少于 10%的抽样检查,发现不合格时,应加倍抽样检查,若再次发现不合格时,则该批定距柱必须进行 100%检查,且在确保剔除不合格定距柱后,方可使用;

h) 对定距柱的点焊质量,应进行 100%的目视检验;若目视检验发现烧穿时,应在补焊后经渗透检测合格。钛(钛合金)定距柱的焊点和热影响区应进行 100%渗透检测;

i) 卷制螺旋体前,应清除定距柱点焊时在螺旋板表面上留下的焊渣、飞溅以及其他杂物;

j) 对于采用定距泡(或类似结构)替代定距柱,定距泡(或类似结构)的尺寸和位置要求应不低于对定距柱的相应要求,其高度不宜大于 6 mm,且任意两个定距泡(或类似结构)的高度差应小于 0.3 mm;

k) 卷制螺旋体时,定距柱不得有脱落;若发现脱落,必须清除原焊点后,方可进行该定距柱的重新补焊。

7.2.2.3 封闭条:

a) 封闭条采用圆钢制作时:直径<14 mm 的封闭条,对接可以不施焊,但每一个端头在

长度不小于 30 mm 处应磨平校直或切除不直段；直径≥14 mm 的封闭条，对接时要先施焊，对接部位应开 30°的坡口，焊后表面应磨平校直。封闭条接头处的两侧各60 mm 范围内的外径不得大于圆钢的名义直径；

b） 封闭条也可采用扁钢或翻边结构型式替代；

c） 卷制螺旋体前，封闭条硬折处应校直，不得利用螺旋体成形过程消除封闭条硬折；

d） 封闭条表面的浮锈必须清除；

e） 除翻边结构型式外，螺旋体开始卷制时的封闭条始端的退火长度宜大于 500 mm。

7.2.2.4 中心隔板：

a） 中心隔板高度余量应与螺旋板宽度余量相同；

b） 中心隔板的宽度的允许偏差为 $W^{+0.5}_{0}$ mm；

c） 中心隔板刨削前应校平，平面度应不大于 1/1 000；

d） 中心隔板宽度尺寸的检查应不少于 3 处(中心隔板的两端和中间)；

e） 其他结构起到中心隔板作用的零部件，其制造检验应符合设计图样的具体要求。

7.2.3 螺旋体

7.2.3.1 螺旋体实际圈数应与设计圈数相同。当螺旋板长度(含螺旋板长度允许的裕量)符合设计要求时，一旦螺旋体的实际圈数小于设计圈数，则该螺旋体部件不合格。

注：螺旋板长度允许的裕量与相应的螺旋体长轴外径 D_o 允许偏差一致。

7.2.3.2 螺旋体在满足 7.2.3.1 的条件下，其长轴外径的允许偏差应小于或等于表 6 的规定。螺旋板式热交换器螺旋体卷制成形后，应在任意 90°十字坐标上对螺旋体的任一直径进行检查，其结果也应符合表 6 的规定。

7.2.3.3 当螺旋通道间距 b 小于或等于 14 mm 时，局部允许偏差为 $b^{+2.5}_{0}$ mm。当 b 大于 14 mm 时，局部允许偏差为 $b^{+4.0}_{0}$ mm。

7.2.3.4 Ⅰ、Ⅲ型螺旋板式热交换器螺旋体两侧端面的平面度应符合表 7 规定；Ⅱ型螺旋板式热交换器螺旋体端面的平面度，除满足端面密封的要求外，两侧端面的平面度应分别不大于 0.2 mm。

7.2.3.5 螺旋体通道内圆钢(扁钢)顶部至通道端面距离的允许偏差为±2 mm。

7.2.3.6 螺旋体成形后内圈半径与支承环半径之差应不大于 1.0 mm。

7.2.3.7 螺旋体内圆与支承环组(或支承环)及中心隔板之间紧贴，其局部的最大间隙不得大于 2 mm。

表 6 螺旋体长轴外径 D_o 允许偏差

单位为毫米

螺旋通道间距 b				6	8	10	12	14	16	18	20	22	24	26	28	30
螺旋体长轴直径 D_o	≤700	卷辊轴直径 d	200	41	34	30	26	29	27	—	—	—	—	—	—	—
			300	33	28	24	22	23	21	—	—	—	—	—	—	—
	>700～1 100		200	73	62	52	46	51	47	—	—	—	—	—	—	—
			300	65	54	47	41	46	41	38	35	33	31	29	27	25
	>1 100～1 600		300	—	87	76	66	73	67	61	55	51	48	45	42	40
	>1 600～2 800		400	—	—	—	86	96	87	79	73	67	63	59	55	51

表7 Ⅰ、Ⅲ型螺旋板式热交换器螺旋体两侧端面的平面度 单位为毫米

设计(公称)直径	≤600	>600～1 000	>1 000～1 600	>1 600
平面度	≤6	≤8	≤10	≤12

7.2.4 外圈板、切向缩口、半圆筒体、连接板、半圆箱体

7.2.4.1 外圈板：

a) 外圈板与螺旋体的对接接头应采用全焊透的结构型式；

b) 外圈板与螺旋体的对接焊缝应按 NB/T 47013.2 的规定进行 100%射线检测，技术等级为 AB 级，合格级别不低于Ⅱ级；

c) 外圈板与螺旋体的对接焊缝不得存在裂纹等表面缺陷，且应按 NB/T 47013.4 或 NB/T 47013.5 的规定进行 100%磁粉或渗透检测，合格级别不低于Ⅰ级。

7.2.4.2 切向缩口：

a) 切向缩口优先采用扳边结构；

b) 切向缩口应放样成形，且与螺旋体焊接端的坡口角度应不小于 45°；

c) 切向缩口与螺旋板(外圈板)的对接焊缝以及切向缩口与接管的对接焊缝应采用全焊透的结构型式，且应按 NB/T 47013.4 或 NB/T 47013.5 的规定进行 100%磁粉或渗透检测，合格级别不低于Ⅰ级。

7.2.4.3 半圆筒体：

a) 半圆筒体的焊缝采用全焊透的结构型式，且符合设计图样要求；

b) 半圆筒体的对接焊缝应按 NB/T 47013.3 的规定进行 100%超声检测，技术等级为 B 级，合格级别为Ⅰ级；或者应按 NB/T 47013.10 的规定进行 100%衍射时差法超声检测，合格级别为Ⅰ级；

c) 半圆筒体的对接焊缝不得存在裂纹等表面缺陷，且应按 NB/T 47013.4 或 NB/T 47013.5的规定进行 100%磁粉或渗透检测，合格级别不低于Ⅰ级。

7.2.4.4 连接板：

a) 连接板与螺旋板、半圆筒体接触面宜加工成曲率相同的弧面；

b) 连接板与螺旋板的角接焊缝应打磨成凹形弧面，且按 NB/T 47013.4 或 NB/T 47013.5 的规定进行 100%磁粉或渗透检测，合格级别不低于Ⅰ级。

7.2.4.5 半圆箱体：

a) 半圆箱体与螺旋体焊接端的坡口角度应不小于 45°；

b) 半圆箱体与螺旋体的角接焊缝应打磨成凹形弧面，且按 NB/T 47013.4 或 NB/T 47013.5的规定进行 100%磁粉或渗透检测，合格级别不低于Ⅰ级。

7.2.5 倒锥平盖

a) 基础板、内锥、外锥和圆环筋等的制造应符合设计文件(图样)的要求。由其组成的倒锥平盖部件在完成全部组装焊接后，方可进行基础板上的密封面的加工；若存在退火(消除残余应力)热处理，则应在热处理后方可进行密封面的加工。

b) 制造前基础板的厚度(包括复合结构的覆层厚度)应留有密封面的加工余量，且其加工后的基础板厚度(包括复合结构的覆层厚度)应满足设计文件(图样)的要求。

c） 内、外锥宜放样加工成形。除基础板的复合结构外，内锥、外锥、圆环筋等的对接焊缝以及其与基础板的连接焊缝都应采用全焊透的结构型式。

d） 基础板与衬板的焊接，可采用塞焊结构型式。当采用钛(钛合金)衬板结构时，应符合JB/T 4745—2002中图G.5要求。

7.2.6 封头

封头的制造按GB/T 25198的要求进行，且符合设计文件(图样)的要求。

7.2.7 法兰

设备法兰的制造按NB/T 47020～47027的要求进行，且符合设计文件(图样)的要求。钛(钛合金)设备法兰采用活套结构时，应符合JB/T 4745的规定。

7.2.8 接管、管法兰

7.2.8.1 接管：

a） 方圆接管的过渡段应平滑，其对接焊缝应采用全焊透的结构型式；

b） 方圆接管的矩形部分的长、宽允许偏差为±2 mm；

c） 接管与法兰、半圆端板、半圆箱体等受压元件的焊接结构应采用全焊透结构形式。

7.2.8.2 管法兰

管法兰按HG/T 20592～20635的规定。钛(钛合金)制螺旋板式热交换器法兰宜采用活套结构。

7.2.9 上卡、下卡

7.2.9.1 上卡允许采用铸钢件材料制造，铸钢件材料应不低于GB/T 16253的规定和要求。

7.2.9.2 上卡须提供材料质量证明书(包括化学成分，力学性能)，且按批进行力学性能的复验(至少应有拉伸复验报告)。

7.2.9.3 下卡采用碳素钢、合金钢锻件材料。

7.2.9.4 下卡须按NB/T 47008的规定，提供材料质量证明书，且按批进行力学性能的复验(至少应有拉伸复验报告)。

7.2.9.5 上、下卡外形尺寸按图样要求加工、验收。

7.2.9.6 当螺纹公称直径大于M36时，下卡螺纹、螺母应符合GB 150.4—2011中6.7.3的规定。

7.3 装配

7.3.1 外圈板与螺旋体的对接错边量应不大于10%δ，且不大于1 mm，见图17。

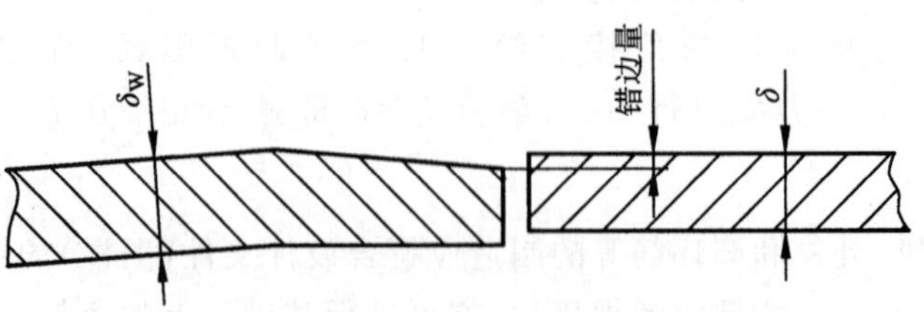

图17 外圈板与螺旋体的对接错边量

7.3.2 半圆筒体的对接错边量应不大于10%δ_w，且不大于1 mm，见图18。

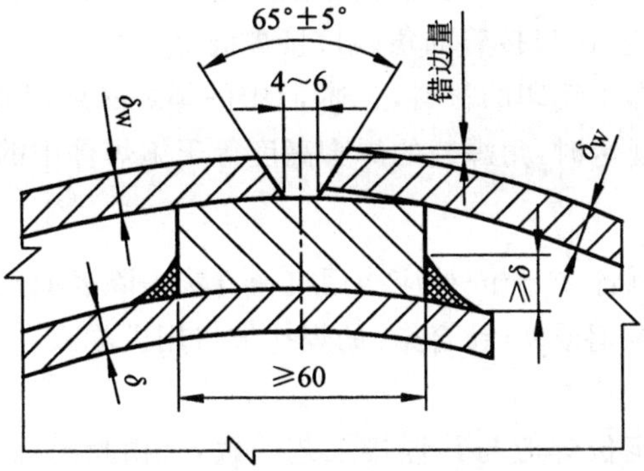

图 18　半圆筒体的对接错边量

7.3.3　切向缩口与螺旋体对接错边量应不大于 1 mm。

7.3.4　方圆接管与切向缩口对接错边量应不大于 1.5 mm。

7.3.5　法兰面应与其轴线垂直,不垂直度应小于 2 mm。

7.3.6　接管法兰螺栓孔应跨中均布,见图 19。

7.3.7　螺旋板表面的损伤应进行修磨,修磨深度不得大于板厚 10%,且不大于 1 mm;否则补焊后修磨。非螺旋板的表面修磨深度不得大于板厚 5%,且不大于 2 mm;否则补焊后修磨。

图 19　接管法兰螺栓孔应跨中均布

7.4　焊接

7.4.1　焊接工艺

7.4.1.1　螺旋板式热交换器施工前的焊接工艺评定应符合 NB/T 47014 的规定。螺旋板式热交换器的焊接工艺文件应符合 NB/T 47015 以及设计文件(图样)的要求。

7.4.1.2　焊接工艺评定报告、焊接工艺规程以及施焊记录的保存期应符合相关的法规和标准规定。螺旋板式热交换器受压元件的施焊应由持有特种设备作业证的焊工承担,并在焊缝附近规定部位打上焊工钢印或留有原始记录:

a)　应有焊工识别记号的焊缝:螺旋板与外圈板间焊缝,半圆筒体间焊缝,半圆端板与内圈板焊缝,封头与筒体短节或设备法兰间焊缝等;

b) 应留有原始记录的焊缝:螺旋板横向对接焊缝,中心隔板与螺旋板间焊缝,螺旋通道内的焊缝以及所有进、出口接管的角(对)接焊缝等;

c) 对于不适宜打上焊工钢印的材料,上述 a)中的焊缝必须留有原始记录。

7.4.1.3 在设计图样没有规定时,角焊缝的焊脚高度等于施焊件中的较薄者厚度。

7.4.2 焊前准备

7.4.2.1 焊接坡口及其两侧各 25 mm 处应当用机械方法去除表面氧化膜及杂质。奥氏体不锈钢、奥氏体-铁素体双相不锈钢或钛(钛合金)的焊接坡口用丙酮或乙醇清洗脱脂。如清洗后 4 h 未焊,则焊前应重新清洗。

7.4.2.2 受压元件装配的定位焊应与其焊接工艺一致,且由持有特种设备作业证的焊工进行点焊。

7.4.2.3 奥氏体不锈钢、奥氏体-铁素体双相不锈钢或钛(钛合金)制螺旋板式热交换器制造过程用临时附件的焊接,应采用与螺旋板式热交换器受压元件焊缝相同的焊接材料和焊接工艺进行施焊,附件去除后留下的凹坑和焊疤应经修补和打磨至与母材平齐,并按 NB/T 47013.5 进行渗透检测,Ⅰ级合格。

7.4.2.4 奥氏体不锈钢、奥氏体-铁素体双相不锈钢或钛(钛合金)焊接前,焊接处两侧各 100 mm 范围内应涂敷白垩粉或其他防飞溅涂剂。

7.4.2.5 钛(钛合金)焊接必须采用双面气体(氩气)保护的方式进行,钛(钛合金)复合结构的焊接符合 GB/T 13149 的相关规定。奥氏体不锈钢、奥氏体-铁素体双相不锈钢的焊接也应采用双面气体保护方式,但保护气体可适当调整。

7.4.3 焊缝成形和外观

7.4.3.1 焊缝和热影响区表面不得有裂纹、未熔合、气孔、夹杂、弧坑、飞溅物以及连续咬边等缺陷。碳素钢、低合金钢制螺旋板式热交换器的切向缩口、半圆筒体、外圈板及螺旋板等对接焊缝的咬边深度不得大于 0.5 mm。

7.4.3.2 焊缝打磨后的厚度不应小于母材的厚度。角焊缝与母材应凹形圆滑过渡。

7.4.3.3 钛(钛合金)焊缝和热影响区的焊后态的原始表面颜色应按表 8 的规定进行检验并判定是否合格或采取处理措施。凡判定为不合格,则必须清除原焊缝,严格按其焊接工艺重新施焊和检验验收。奥氏体不锈钢、奥氏体-铁素体双相不锈钢的焊缝和热影响区的焊后态的原始表面颜色的检验和判定也可参照执行。

表 8 钛(钛合金)焊缝和热影响区表面颜色的规定

焊缝表面和热影响区表面颜色	氩气保护情况	合格判定	处理方法
银白色	良好	合格	不用其他处理
金黄色(致密)	尚好	合格	可不用处理
蓝色	稍差	只可用于非重要的部位	去除蓝色
紫色	较差	只可用于非承压部件	去除紫色,去不掉应返修
灰色	差	不合格	返修
暗灰色	差	不合格	返修
灰白色	很差	不合格	返修
黄色粉状物	极差	不合格	返修

7.4.4 铁素体含量

7.4.4.1 对于奥氏体-铁素体双相不锈钢,螺旋板式热交换器的所有可检测的焊接接头应采用铁素体测量仪检测铁素体含量。

7.4.4.2 焊缝铁素体含量检测要求如下:

a) 对于最外部的受压元件的焊接接头,每 1.5 m 焊缝长度应进行不少于三处的检测;对于其他焊缝,则每条环向焊缝,每条纵向焊缝,每条接管焊缝都应进行不少于三处的检测;

b) 除螺旋通道密封焊缝外的所有内部焊缝,每条焊缝应进行不少于三处的检测;

c) 螺旋通道密封焊缝,每 15 m 焊缝长度应进行不少于三处的检测;

d) 定距柱的焊接不做检测。

7.4.4.3 最小和最大铁素体含量应符合设计或相关标准的规定。

7.4.5 焊缝返修

7.4.5.1 焊缝返修前应分析缺陷产生的原因,并据此提出相应的返修方案。

7.4.5.2 焊接返修工艺应与焊缝的原焊接工艺一致。

7.4.5.3 焊缝返修应由持有特种设备作业证的焊工承担。

7.4.5.4 焊缝和热影响区的表面缺陷经打磨后,若母材厚度仍能满足设计要求,可不必补焊。

7.4.5.5 焊缝返修处应按原检验(包括无损检验)要求重新检验合格。

7.4.5.6 焊缝同一部位的返修次数不宜超过两次。如超过两次,返修前应经制造单位技术总负责人批准。返修次数、部位和返修情况应记入螺旋板式热交换器的质量证明书。

7.5 无损检测

7.5.1 能够实施内部和表面无损检测的螺旋板式热交换器的焊接接头,应优先按照 NB/T 47013.2 和 NB/T 47013.4 的规定进行 100%射线和磁粉检测,合格级别分别为Ⅱ级和Ⅰ级。

7.5.2 无法实施内部无损检测但可以实施表面无损检测的螺旋板式热交换器的焊接接头,应优先按照 NB/T 47013.4 规定进行 100%的磁粉检测,合格级别为Ⅰ级;对于无磁性材料,应按照 NB/T 47013.5 规定进行 100%的渗透检测,合格级别为Ⅰ级。

7.5.3 对于厚度较大的母材或焊接接头,如需采用超声检测(或衍射时差法超声)检验内部存在的缺陷,则应遵从螺旋板式热交换器的设计文件(图样)的规定。

7.6 焊后热处理

7.6.1 除设计文件另有规定外,螺旋板式热交换器一般不进行焊后整体热处理。

7.6.2 螺旋板式热交换器焊后整体热处理应在焊接返修和无损检测合格且检漏通过后方可进行。热处理前应用压缩空气将内部的液体(若存在)吹净、吹干。

7.6.3 热处理完毕后,螺旋板式热交换器还应进行液压试验。若出现泄漏经补焊修复,则补焊处仍应进行局部热处理,直至最终的液压试验合格。

7.7 耐压试验和泄漏试验

7.7.1 螺旋板式热交换器应按设计文件(图样)的规定进行耐压试验及泄漏试验。

7.7.2 耐压试验应当至少采用两个量程相同且经过校验的压力表。压力表的量程应不低于 1.5 倍和不高于 3 倍的试验压力。

7.7.3 必要时,耐压试验前应进行附加试验:

a) 螺旋板式热交换器的开孔补强圈在耐压试验前应通入 0.4 MPa～0.5 MPa 的压缩空气检查焊接接头质量并合格；

b) 当需要时，钛(钛合金)衬里和钛(钛合金)复合板螺旋板式热交换器在耐压试验以前，可通入 0.02 MPa～0.05 MPa 氦气，采用氦质谱仪检查使用时与介质有接触的焊接接头质量并合格；

c) 对于采用压差方式的耐压试验，在耐压试验前，应对低压一侧以压力不低于压差的压力值进行泄漏试验。无泄漏时，方可进行压差方式的耐压试验。压差方式的耐压试验应符合设计文件的规定。

7.7.4 耐压试验

7.7.4.1 试验液体一般采用清洁水，需要时也可采用不会导致发生危险的其他液体作为试验介质，试验时液体的温度应不高于其沸点。

7.7.4.2 试验压力按 4.3.8.3 的规定。

7.7.4.3 试验温度按 GB 150.4 或设计文件(图样)规定。当有试验数据支持时，可采用较低的试验温度进行试验，但试验时应保证试验温度比外壳等金属无塑性转变温度至少高 30℃。

7.7.4.4 奥氏体不锈钢、奥氏体-铁素体双相不锈钢制螺旋板式热交换器用水进行耐压试验后，应立即将水渍去除干净。无法达到这一要求时，则应控制水中的氯离子含量不超过 25 mg/L。

7.7.4.5 试验方法：

a) 试验时螺旋板式热交换器顶部应设排气口，滞留在螺旋板式热交换器内的气体应当排净，使其腔体充满液体；

b) 当螺旋板式热交换器的壁温与液体温度接近时，才能缓慢升压至设计压力，确认无泄漏后继续升压达到规定的试验压力，保压时间一般不少于 30 min。然后将压力降至设计压力，保持压力足够长的时间以对所有焊接接头和连接部位进行检查。无渗漏、无可见的变形且试验全过程无异常响声为合格；

c) 试验过程中的 b)阶段，必须保持螺旋板式热交换器表面干燥，不得采用连续加压维持试验压力不变，不得带压紧固螺栓(柱)等紧固件；

d) 螺旋板式热交换器耐压试验合格并排尽液体后，应当用压缩空气将其内部吹干。

7.7.5 泄漏试验

7.7.5.1 凡属下列情况之一的螺旋板式热交换器应进行泄漏试验：

a) 设计上不允许有微量介质泄漏的螺旋板式热交换器；

b) 衬钛(钛合金)及钛(钛合金)复合板螺旋板式热交换器(覆层焊接接头与基层间的间隙)；

c) 设计规定进行泄漏试验的螺旋板式热交换器。

7.7.5.2 泄漏试验根据试验介质不同，可分为气密性试验、氨检漏试验、卤素检漏试验和氦检漏试验等，应根据需要，按设计图样规定采用。

7.7.5.3 气密性试验

7.7.5.3.1 单层螺旋板式热交换器试验介质为干燥清洁的空气、氮气或惰性气体。试验压力为螺旋板式热交换器设计压力。试验温度一般为室温，也可按设计文件(图样)或其规定的标准的相应要求。试验时压力应缓慢上升，达到试验压力后保压不少于 30 min，对所有焊接接头和连接部位进行泄漏检查。小型螺旋板式热交换器亦可浸入水中检查，无泄漏为合格。如有泄漏，修补后重新进行液压试验和气密性试验。

7.7.5.3.2 衬钛(钛合金)螺旋板式热交换器的衬层与基层间隙空间可进行气密性试验，试验压力按设计文件(图样)规定。钛(钛合金)复合板螺旋板式热交换器如覆层焊接接头与基层间有间隙(如覆层焊接接头采用盖板结构)时也应进行气密性试验，试验压力可为 0.1 MPa～0.5 MPa，所用试验压力应保证衬层和覆层不起鼓泡。

7.7.5.4 氨检漏试验

7.7.5.4.1 在室温下试验。可采用氨-空气法、氨-氮气法、100%氨气法等氨检漏方法。氨检漏方法的选择、通入检测空间氨的浓度、气体压力、保压时间等应根据氨检漏灵敏度要求，由设计文件（图样）规定。

7.7.5.4.2 采用氨检漏时，应考虑螺旋板式热交换器或衬里层(或覆层盖板等)检测空间的结构稳定性。氨检漏按 NB/T 47013.8 的规定将检测空间内抽成负压，再缓慢送入检漏气体。达到规定试验压力后，保压足够时间。在被检测焊缝两边各 50 mm 范围内及被检测密封口附近贴上石蕊试纸，或涂上酚酞溶液，以试纸或酚酞不变色为合格。

7.7.5.5 氦检漏试验

氦检漏试验时螺旋板式热交换器的真空度要求、氦气的浓度、试验压力、保压时间以及试验工作程序和试验方法应按有关标准(可参考 GB/T 15823)或设计图样与技术文件的规定进行。

7.7.5.6 卤素检漏试验

卤素检漏试验时螺旋板式热交换器的真空度要求、采用的卤素气体的种类、试验压力、保压时间以及试验操作程序应按设计图样与技术文件的规定进行。

7.8 标志、运输包装

7.8.1 螺旋板式热交换器的油漆、运输包装应符合 JB/T 4711 的规定。

7.8.2 螺旋板式热交换器应在明显部位装设产品铭牌。产品铭牌至少应有以下内容：

a) 产品名称；

b) 制造单位名称；

c) 制造单位许可证书编号和许可级别；

d) 产品标准；

e) 主体材料；

f) 各通道介质名称；

g) 各通道设计温度，℃；

h) 各通道设计压力、最高允许工作压力(必要时)，MPa；

i) 耐压试验压力，MPa；

j) 产品编号及型号；

k) 设备代码；

l) 制造日期；

m) 容器类别；

n) 换热面积，m^2；

o) 各通道的推荐(额定)流量，kg/s (m^3/h)；

p) 设备净质量，kg。

附 录 A
(资料性附录)
部分非典型螺旋体几何设计的相关内容

A.1 四通道螺旋板结构

A.1.1 卷制芯体结构见图 A.1。

A.1.2 隔板胎模结构见图 A.2。

A.1.3 隔板胎模结构(两介质四通道)的几何设计计算,供参考。

A.1.3.1 计算应满足以下要求:

a) 无特殊说明,正文中几何设计符号的含义普遍适用。

b) 中心隔板(包括其他隔板)不作为有效换热部分,其连接起点被假设为螺旋板的起点。若由于制造工艺的需要,内圈部分为非螺旋板构成的模板,则可采用本附录公式计算后,去除模板的相应长度。此外,若模板厚度与螺旋板厚度相差较大时,还应考虑厚度差对螺旋体外径等产生的影响。

c) 在计及螺旋板圈数 N_B 时,为统一起见,通过虚拟延长使得每张螺旋板都始于中心隔板的端部在公式导出过程中成立,且螺旋板在假定以中心隔板的端部为起点的状态下,仍按每转过 180°增加一圈。

d) 规定所有螺旋板的终点位置都落在中心隔板的平面扩展面内,且最外圈为 r_1 和 r_2 所在的螺旋板,为满足对称性的要求,螺旋板的圈数最好为偶数(以 r_1 和 r_2 所在螺旋板为依据)。若任何一张螺旋板的终点位置不落在中心隔板的平面扩展面内,可单独计算该张螺旋板最后一段螺旋板多出(或少出)部分的相关参数并入螺旋体的最终计算结果。

A.1.3.2 符号说明:

β_n——第 n 块螺旋板的起点角(°),且 $0° \leqslant \beta_n \leqslant 180°$,参见图 A.2。假设点 P、Q、M、N 分别为第 1 块、第 2 块、第 3 块、第 4 块螺旋板与以中心点为 O 的想象胎模直径 $d(d=2R)$ 所构成的中心圆的交点,且点 P、Q、M、N 表征各自所在螺旋板的起点,线段 $\overline{O_1P}$ 表征 r_1,线段 $\overline{O_1M}$ 表征 r_3,起始圆心皆为 O_1;线段 $\overline{O_2Q}$ 表征 r_2,线段 $\overline{O_2N}$ 表征 r_4,起始圆心皆为 O_2。此时,角度($\angle PO_1P$、$\angle QO_2Q$、$\angle MO_1P$、$\angle NO_2Q$)定义为 β_n,参见图 A.2。此外,规定 $\beta_1=\beta_2=0$;$\beta_3=\beta'$;$\beta_4=\beta''$。

$b_n(b_n=b_1,b_2,b_3,b_4)$——螺旋通道间距,mm;

$L_{Bn}(L_{Bn}=L_{B1},L_{B2},L_{B3},L_{B4})$——螺旋板长度,mm;

$L_{Tn}(L_{Tn}=L_{T1},L_{T2},L_{T3},L_{T4})$——螺旋通道长度,mm。

A.1.3.3 几何设计计算:

a) 螺旋板的起点角度按式(A.1)~(A.3)计算:

$$\beta_1=\beta_2=0 \quad \cdots\cdots (A.1)$$

$$\beta_3=\beta'=\cos^{-1}\frac{r_3^2+e_1^2-R^2}{2r_3e_1} \quad \cdots\cdots (A.2)$$

$$\beta_4=\beta''=\cos^{-1}\frac{r_4^2+e_2^2-R^2}{2r_4e_2} \quad \cdots\cdots (A.3)$$

b) 偏心距按式(A.4)、式(A.5)计算：

$$e_1=\frac{b_1+b_3+2\delta}{2} \quad\cdots\cdots (A.4)$$

$$e_2=\frac{b_2+b_4+2\delta}{2} \quad\cdots\cdots (A.5)$$

c) 螺旋板第一圈(或第一圈部分)的内半径按式(A.6)～式(A.9)计算：

$$r_1=R+e_1 \quad\cdots\cdots (A.6)$$

$$r_2=R+e_2 \quad\cdots\cdots (A.7)$$

$$r_3=r_1-b_1-\delta \quad\cdots\cdots (A.8)$$

$$r_4=r_2-b_2-\delta \quad\cdots\cdots (A.9)$$

d) 螺旋板有效换热面积按式(A.10)计算

$$A_Y=(L_{Y1}+L_{Y2}+L_{Y3}+L_{Y4})H_Y\times 10^{-6} \quad\cdots\cdots (A.10)$$

e) 螺旋板长度按式(A.11)计算：

$$L_{BN}=\frac{\pi}{2}N_B\left[(2r_n+\delta)+(N_B-1)\left(\frac{b_1+b_2+b_3+b_4+4\delta}{2}\right)\right]-\frac{\pi\beta_n}{180}\left(r_n+\frac{\delta}{2}\right) \quad\cdots\cdots (A.11)$$

f) 螺旋板圈数[为简便起见，利用 $\beta_n=0$ 的 L_{B1} 得出式(A.12)]：

$$N_B=\frac{\left(\frac{b_1+b_2+b_3+b_4+4\delta}{2}-2r_1-\delta\right)+\sqrt{\left(2r_1+\delta-\frac{b_1+b_2+b_3+b_4+4\delta}{2}\right)^2+\frac{4(b_1+b_2+b_3+b_4+4\delta)L_{B1}}{\pi}}}{b_1+b_2+b_3+b_4+4\delta} \quad\cdots\cdots (A.12)$$

g) 螺旋通道长度按式(A.13)～式(A.16)计算：

$$L_{T1}=\frac{\pi}{2}N_B\left[(2r_1-b_1)+(N_B-1)\left(\frac{b_1+b_2+b_3+b_4+4\delta}{2}\right)\right]-\frac{\pi\beta_3}{180}\left(r_1-\frac{b_1}{2}\right) \quad\cdots\cdots (A.13)$$

$$L_{T2}=\frac{\pi}{2}N_B\left[(2r_2-b_2)+(N_B-1)\left(\frac{b_1+b_2+b_3+b_4+4\delta}{2}\right)\right]-\frac{\pi\beta_4}{180}\left(r_2-\frac{b_1}{2}\right) \quad\cdots\cdots (A.14)$$

$$L_{T3}=\frac{\pi}{2}(N_B-1)\left[(2r_3+b_1+b_2+b_4+4\delta)+(N_B-2)\left(\frac{b_1+b_2+b_3+b_4+4\delta}{2}\right)\right] \quad\cdots\cdots (A.15)$$

$$L_{T4}=\frac{\pi}{2}(N_B-1)\left[(2r_4+b_1+b_2+b_3+4\delta)+(N_B-2)\left(\frac{b_1+b_2+b_3+b_4+4\delta}{2}\right)\right] \quad\cdots\cdots (A.16)$$

h) 螺旋长轴外径按式(A.17)计算：

$$D_o=2(R+\delta)+N_B(b_1+b_2+b_3+b_4+4\delta) \quad\cdots\cdots (A.17)$$

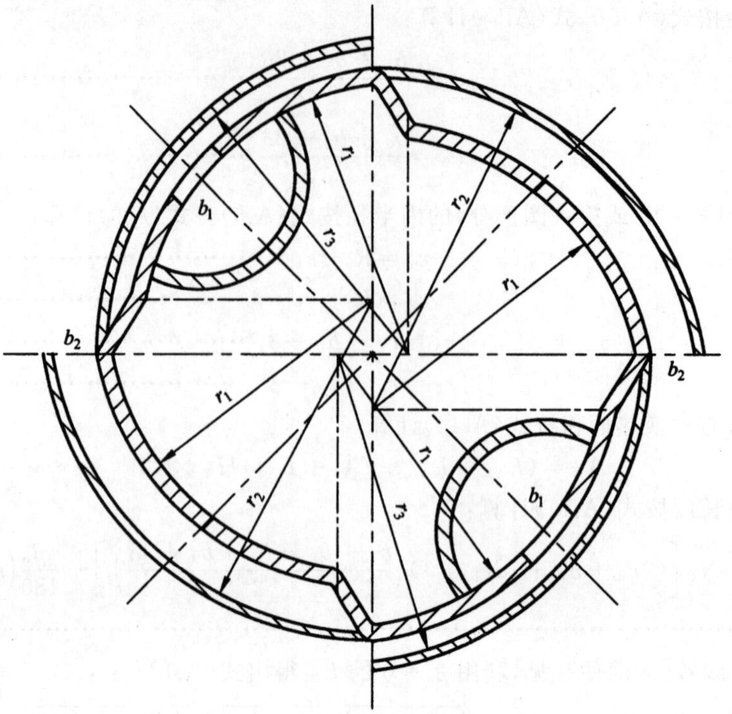

图 A.1 卷制芯体结构

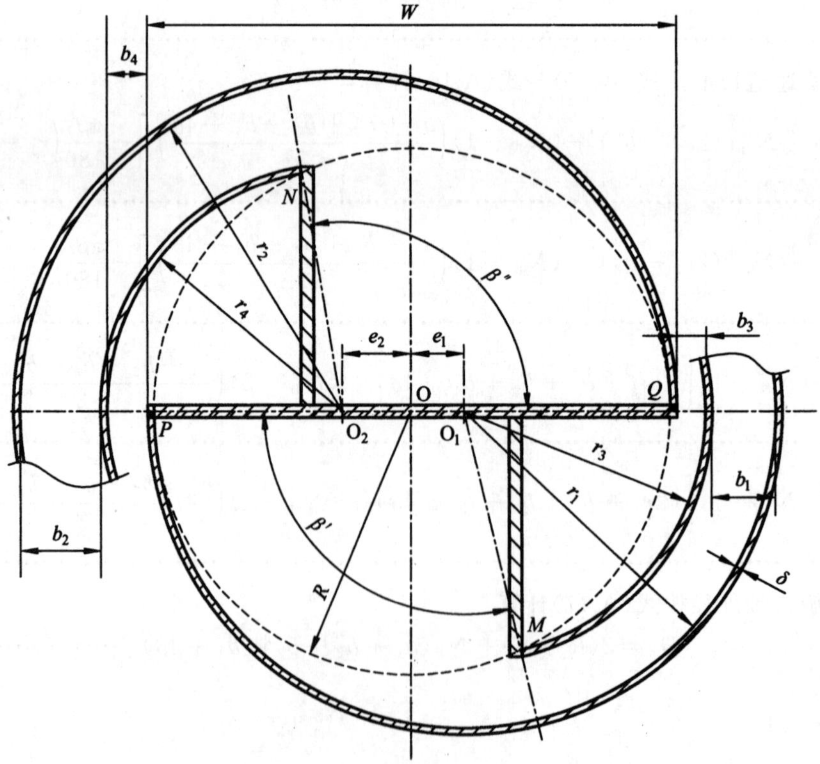

图 A.2 隔板胎模结构

A.2 无缝管芯体结构

除本标准正文和 A.1 中的螺旋体的芯体结构外，还有如下芯体结构：

a) 无缝管加强芯体结构参见图 A.3；

b) 无缝管轴向流芯体结构参见图 A.4。

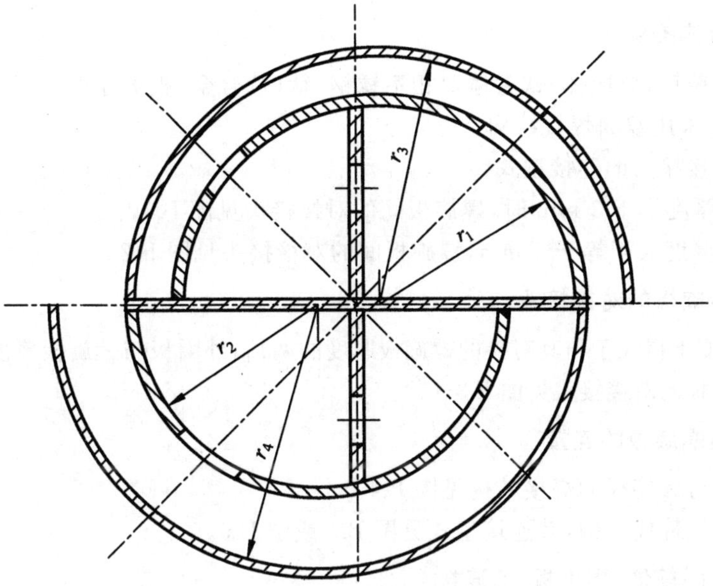

图 A.3 无缝管加强芯体结构

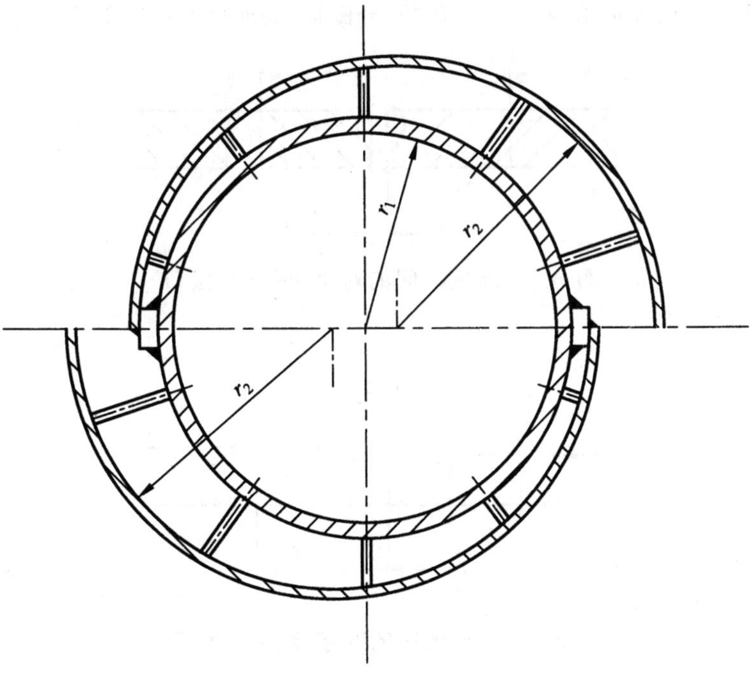

图 A.4 无缝管轴向流芯体结构

附 录 B
(资料性附录)
部分焊接结构型式

B.1 螺旋板的对接接头

B.1.1 奥氏体不锈钢、奥氏体-铁素体双相不锈钢、钛(钛合金)板的厚度小于 3 mm 时,对接接头不开坡口,但应采用双面焊接结构。

B.1.2 螺旋板对接接头的连接型式:

a) 螺旋板厚度小于 3 mm 时,螺旋板间的对接接头见图 B.1;

b) 螺旋板厚度大于等于 3 mm,螺旋板间的对接接头见图 B.2。

B.2 外圈板与螺旋板的对接接头

外圈板的厚度不得大于与其对接的螺旋板厚度的两倍,外圈板与螺旋板厚度之差大于 3 mm 时,外圈板与螺旋板的对接接头见图 B.3。

B.3 中心隔板与螺旋板的连接

B.3.1 中心隔板与螺旋板的焊接结构见图 B.4。

B.3.2 中心隔板的替代结构,其连接型式见图 B.5 或图 B.6。

B.4 连接板与半圆筒体(螺旋板)的连接

连接板与半圆筒体(螺旋板)的焊接结构见图 B.7 或图 B.8。

B.5 切向缩口与螺旋板(外圈板)的连接

切向缩口优先采用扳边结构,它与螺旋板(外圈板)的连接型式见图 B.9。

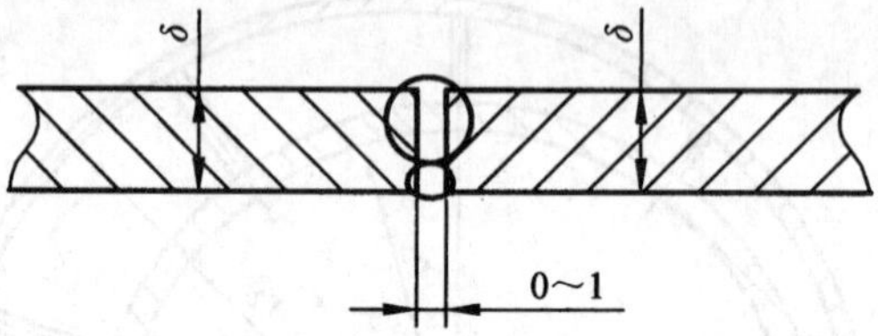

图 B.1 螺旋板间的对接接头(无坡口)

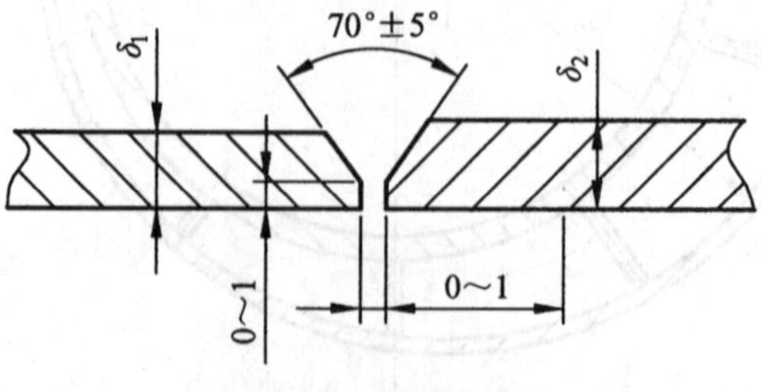

图 B.2 螺旋板间的对接接头(有坡口)

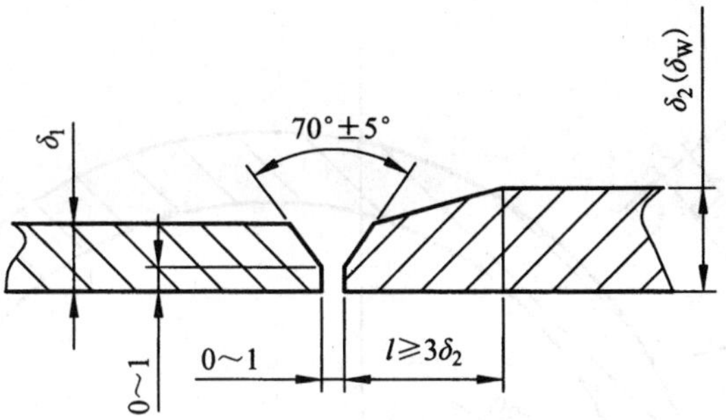

图 B.3 外圈板与螺旋板的对接接头

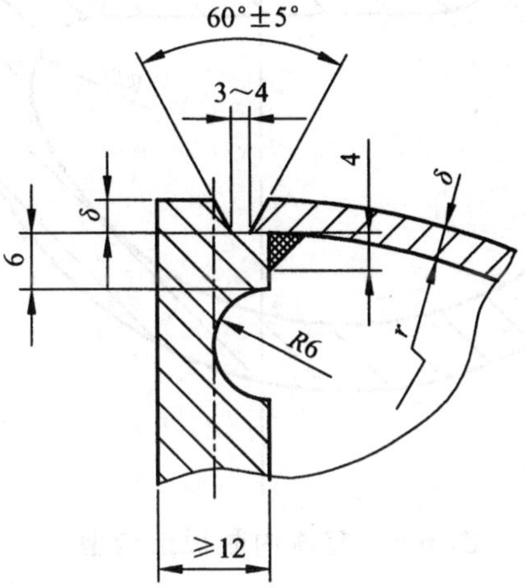

图 B.4 中心隔板与螺旋板的焊接结构

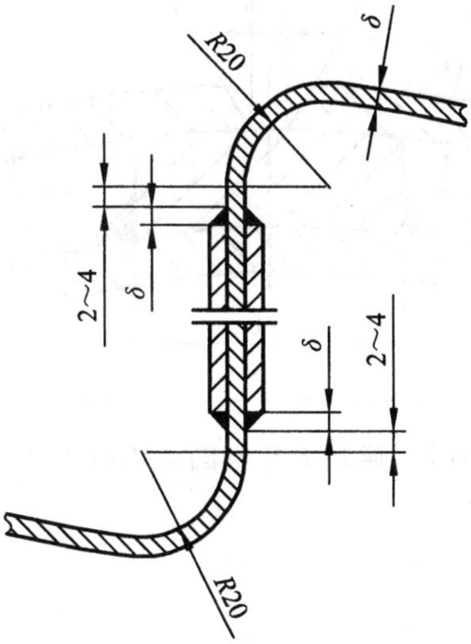

图 B.5 中心覆板结构型式

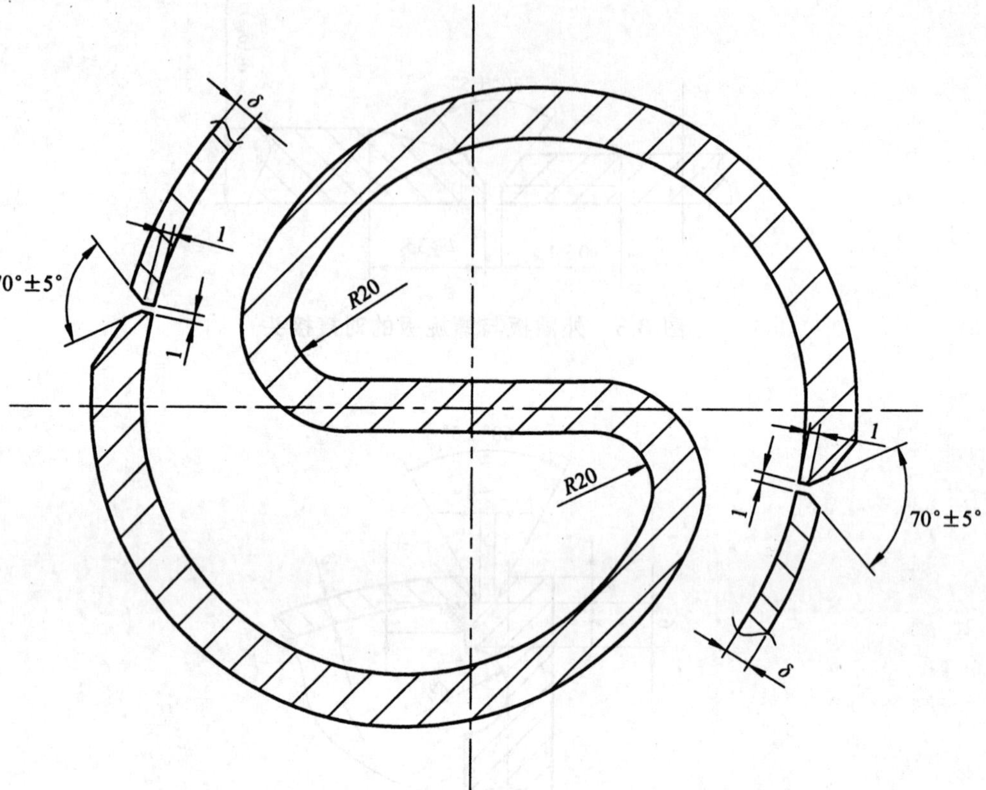

图 B.6 整体内圈板结构型式

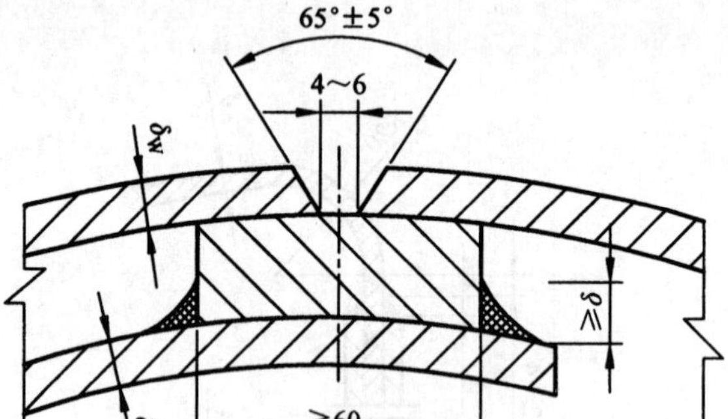

图 B.7 连接板与半圆筒体结构型式

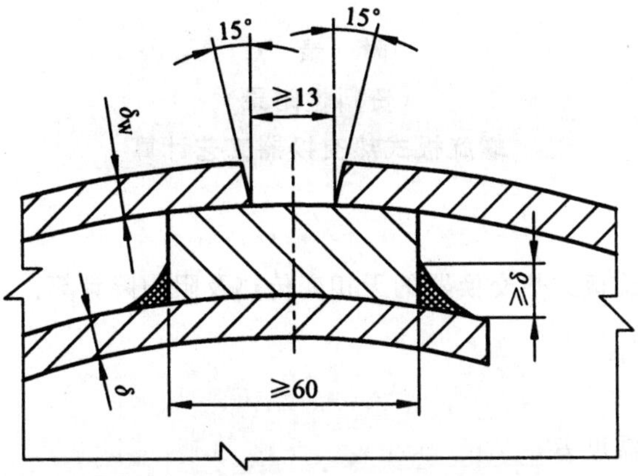

图 B.8　连接板与半圆筒体结构型式

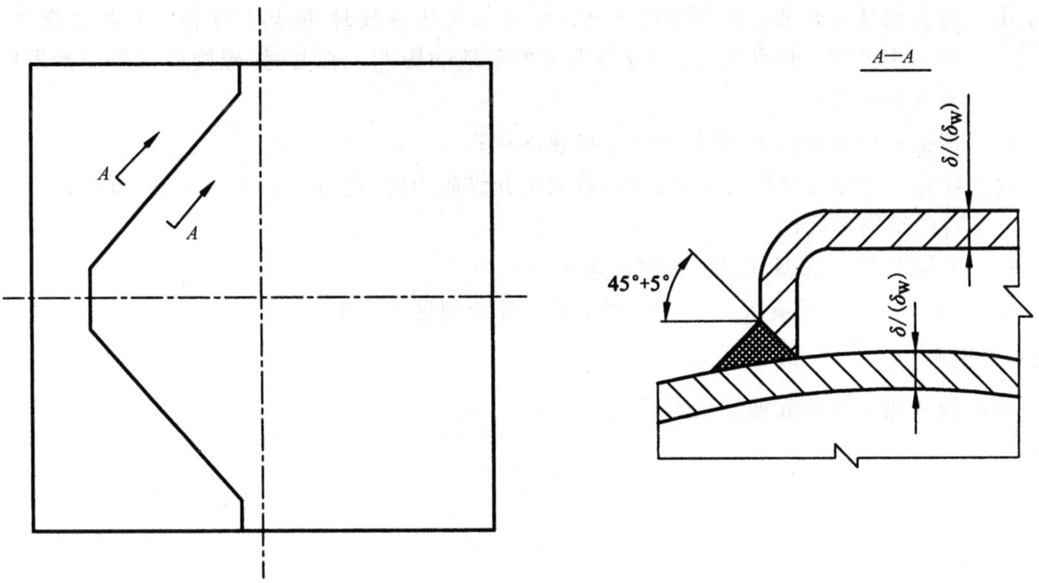

图 B.9　切向缩口扳边结构型式

附　录　C
（资料性附录）
螺旋板式热交换器工艺计算

C.1　范围

本附录仅适用于螺旋板式热交换器的无相变传热及阻力降计算。

C.2　计算流程

a)　计算热负荷；
b)　计算对数平均温度差；
c)　选择螺旋板式热交换器的一组结构参数，至少包括螺旋体通道数、螺旋板宽度、各螺旋通道的间隙以及定距柱排列方式等，并给出介质物性：如密度、比热、导热系数和黏度等；
d)　计算流体流速和总传热系数 K 值；计算总传热系数时，除热交换器无污垢工况外，还应依据使用条件和要求，充分考虑污垢系数的影响。必要时，螺旋板式热交换器应留有换热裕量；
e)　根据总传热系数 K 值得出所需换热面积；
f)　计算阻力降与允许阻力降比较，若大于允许阻力降，应重复 c)～f)步骤；直到计算完所有的结构参数；
g)　在有结果的选型方案中确定最适合的一个；
h)　从 a)～g)的螺旋板式热交换器工艺计算流程见图 C.1。

C.3　数据表

螺旋板式热交换器数据表见表 C.1。

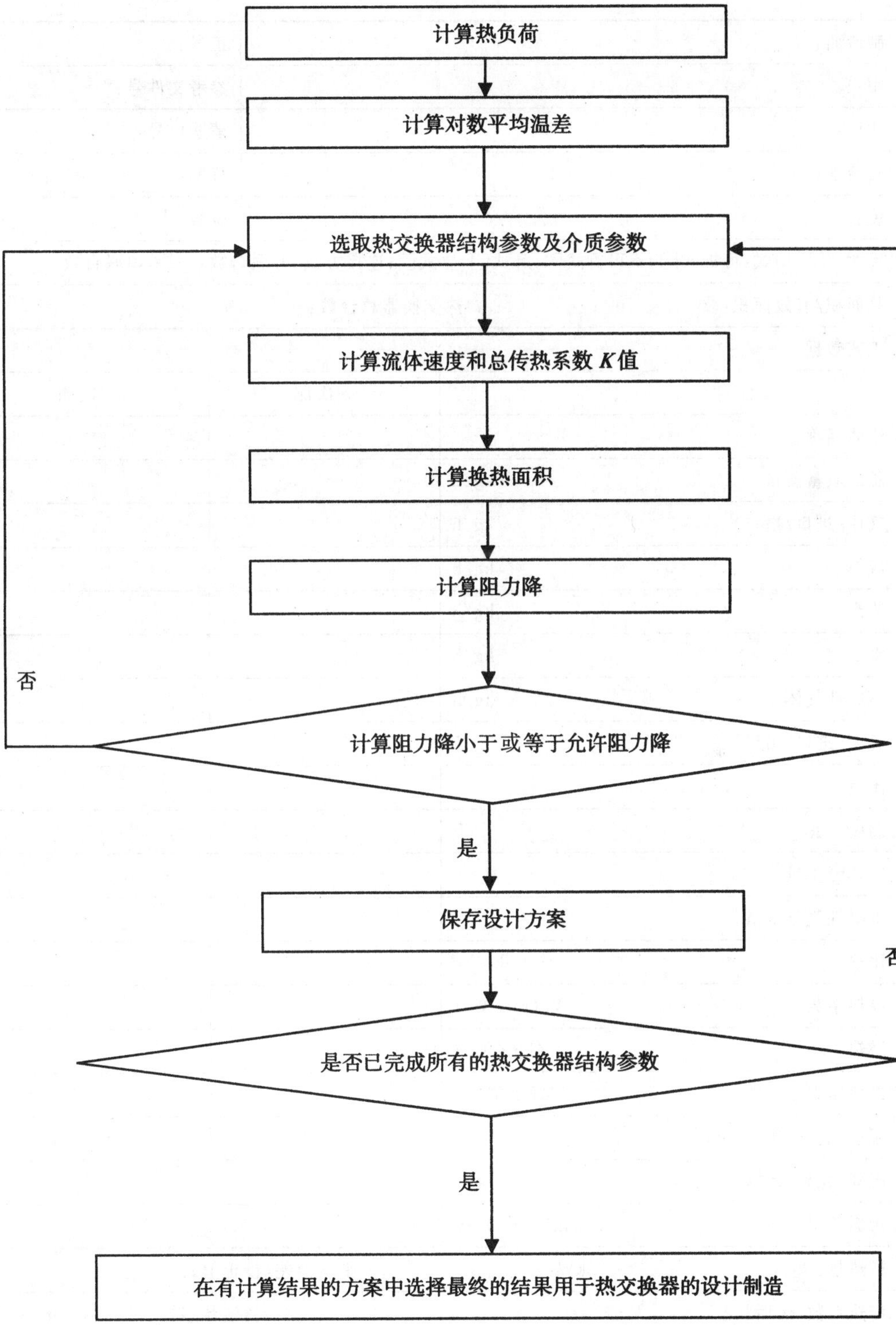

图 C.1　螺旋板式热交换器工艺计算流程

表 C.1 螺旋板式热交换器数据表

1	制造商:		工号:
2	用户:		参考文件号:
3	地址:		请购单号:
4	安装地:		日期: 版次:
5	装置:		位号:
6	尺寸: 型式:可拆式□,不可拆式□,卧式□,立式□;连接方式:并联台数: ,串联台数:		
7	总面积/有效面积: / m^2; 热交换器总台数:		
8	工艺数据		
9		一次侧	二次侧
10	流体名称		
11	总的质量流量 kg/h		
12	气体(进口/出口) kg/h		
13	液体 kg/h		
14	蒸汽 kg/h		
15	水 kg/h		
16	不凝性气体 kg/h		
17	温度(进口/出口) ℃		
18	比重		
19	黏度 cP		
20	气体分子量		
21	不凝性气分子量		
22	比热 kJ/kg		
23	导热系数 W/(m·℃)		
24	潜热 J/(kg·℃)		
25	进口压力 MPa(绝压)		
26	流速(进口/通道/出口) m/s	/ /	/ /
27	压降,允许/计算 kPa	/	/
28	污垢热阻 (m^2·℃)/W		
29	换热量: kW; 平均温差(校正值): ℃		
30	传热系数,污垢状态: 清洁状态: W/(m^2·℃)		
31	机械数据		
32	单台热交换器结构		简图

表 C.1 螺旋板式热交换器数据表(续)

33			一次侧	二次侧	
34	设计压力	MPa(表压)	/	/	
35	设计温度	最高/最低℃	/	/	
36	腐蚀裕量	mm			
37	流动形式				
38	接管公称直径及压力等级	入口			
39		出口			
40	法兰公称直径及压力等级	入口			
41		出口			
42	法兰类型	入口/出口	/	/	
43	法兰密封面	入口/出口	/	/	
44	法兰标准	入口/出口	/	/	
45	螺旋板材质: ;宽度: mm;厚度: mm;				
46	螺旋板式热交换器外径: mm;				
47	螺旋通道间距: / mm; 端面密封: (整体) (可拆)				
48	中心孔直径: mm;				
49	壳体材质:				
50	设计规范:				
51	质量——净质量: 充水后质量: kg				
52	备注:				

C.4 基本传热方程

传热系数 K 值固定不变时,按式(C.1)计算:

$$Q=K\cdot A\cdot \Delta t_{m} \qquad \text{(C.1)}$$

式中:

Q——热负荷,W;

A——有效换热面积,即两侧都接触流动流体的螺旋板面积,m^2;

K——以有效换热面积 A_Y 为基准计算的总传热系数,W/(m^2·℃);

Δt_m——整个换热面积 A_Y 上的有效平均温差,℃。

C.5 螺旋板式热交换器对数平均温差

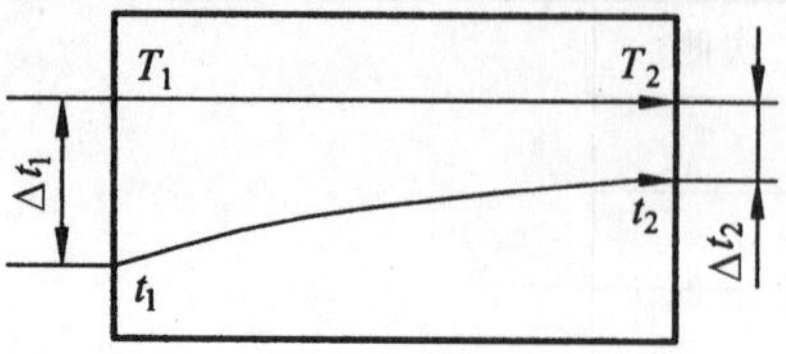

a）用饱和蒸汽加热无相变的流体

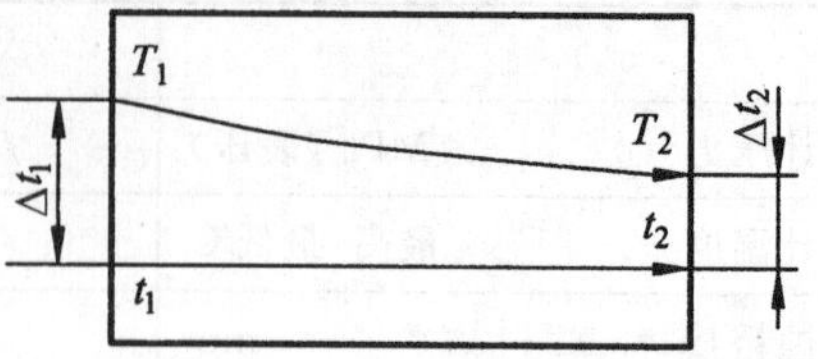

b）用显热加热液体，使之沸腾

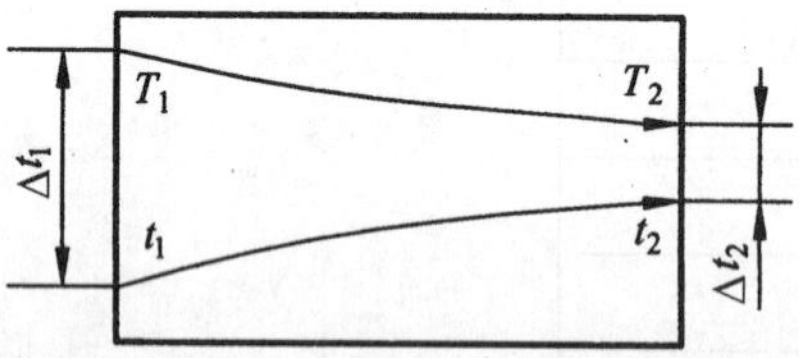

c）冷、热流体均无相变的顺流操作情况

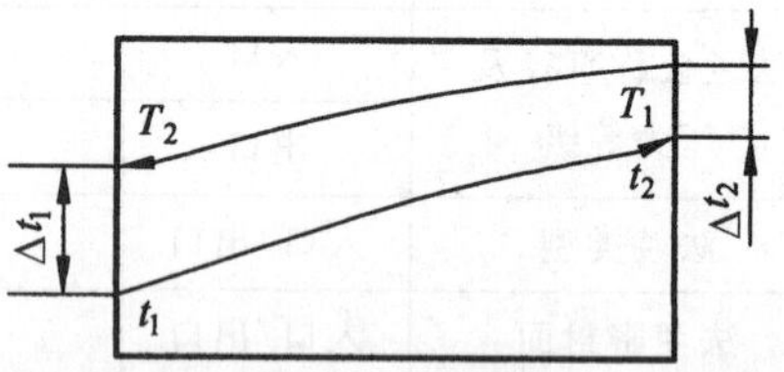

d）冷、热流体均无相变的逆流操作情况

图 C.2 纯顺流和纯逆流的端温差

C.5.1 顺流和逆流方式

顺流和逆流流动时的对数平均温差，按式(C.2)计算：

$$\Delta t_{\mathrm{m}}=\frac{\Delta t_1-\Delta t_2}{\ln \Delta t_1/\Delta t_2} \quad \cdots\cdots (C.2)$$

式中：

Δt_1——螺旋板式热交换器大温差端的流体温差，℃，见图 C.2；

Δt_2——螺旋板式热交换器小温差端的流体温差，℃，见图 C.2。

注：式(C.2)不适用于过热蒸汽(气)，多组分蒸汽(气)的冷凝以及含有大量不凝气的蒸汽(气)冷却过程。

C.5.2 错流方式

错流流动时的对数平均温差，按式(C.3)进行修正：

$$\Delta t_{\mathrm{m}}=F\cdot\Delta t_{\mathrm{m,ctf}} \quad \cdots\cdots (C.3)$$

式中：

$\Delta t_{\mathrm{m,ctf}}$——逆流流动时的对数平均温差，℃；

F——温差校正系数。

注：式(C.3)也不适用于过热蒸汽(气)，多组分蒸汽(气)的冷凝以及含有大量不凝气的蒸汽(气)冷却过程。

温差校正系数 F 用无量纲参数 P 和 R 由曲线图 C.3 查得，无量纲参数 P 按式(C.4)计算；R 按式(C.5)计算：

$$P=\frac{t_2-t_1}{T_1-t_1}=\frac{\text{冷介质的加热程度}}{\text{两介质的最初温度差}} \quad \cdots\cdots (C.4)$$

$$R=\frac{T_1-T_2}{t_2-t_1}=\frac{\text{热介质的冷却程度}}{\text{冷介质的加热程度}} \quad \cdots\cdots (C.5)$$

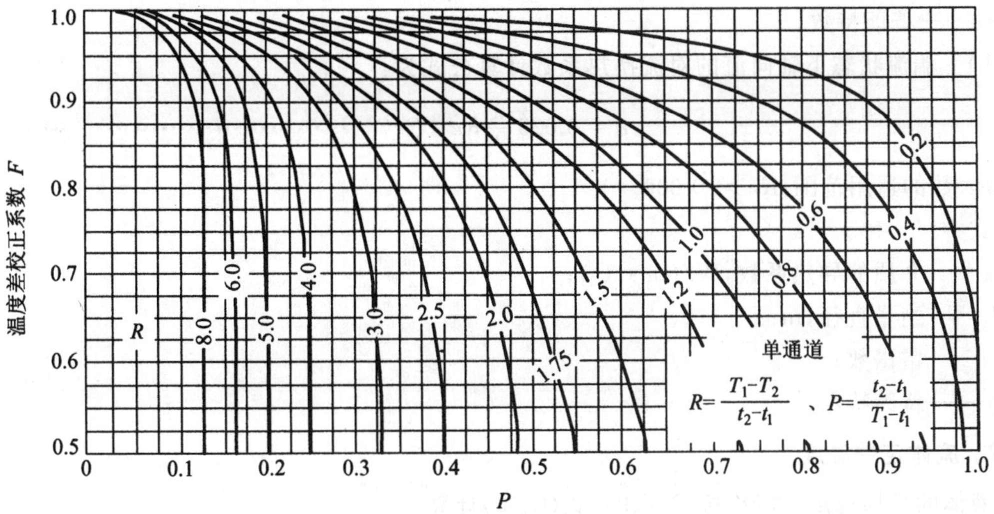

图 C.3 F 与 P 和 R 的关系

C.6 总传热系数

螺旋板式热交换器的总传热系数 K 按式(C.6)计算：

$$K=\frac{1}{\frac{1}{\alpha_h}+r_h+r_c+\frac{\delta_w}{\lambda_w}+\frac{1}{\alpha_c}} \quad \cdots\cdots (C.6)$$

式中：

α_h,α_c——热，冷通道的对流换热系数，W/(m^2·℃)；

r_h,r_c——热，冷侧的污垢热阻，(m^2·℃)/W；

$\frac{\delta_w}{\lambda_w}$——板材热阻，(m^2·℃)/W。

C.7 传热计算

C.7.1 湍流状态

式(C.7)～式(C.10)仅适用于液体在湍流状况下的螺旋流(和轴向流动)工况，任何气体，冷凝和蒸发、层流工况不在此列。

a) 湍流状态下螺旋流的对流换热系数计算公式为：

$$\alpha=0.023\left(1+3.54\frac{d_e}{D_m}\right)\frac{\lambda}{d_e}Re^{0.8}Pr^m \quad \cdots\cdots (C.7)$$

Re 数的适用范围：$Re\geqslant 6\ 000$

式中：

m——指数，对被加热的液体，$m=0.4$，对被冷却的液体 $m=0.3$；介质为气体时，无论被加热或被冷却 $m=0.4$；

λ——介质的导热系数，W/(m·℃)；

d_e——当量直径，m；

D_m——螺旋通道的平均直径，m；

Re——雷诺数；

Pr——普朗特数。

b) 湍流状态下轴向流的对流换热系数计算公式为：

$$\alpha = 0.023\frac{\lambda}{d_e}Re^{0.8}Pr^{1/3} \quad \cdots\cdots (C.8)$$

Re 数的适用范围：$Re > 10\ 000$。

式中：

λ——介质的导热系数，W/(m·℃)；

d_e——当量直径，m；

Re——雷诺数；

Pr——普朗特数。

C.7.2 流体定性温度

液体的平均温度(湍流)按式(C.9)、式(C.10)计算：

$$T_m = 0.5T_1 + 0.5T_2 \quad \cdots\cdots (C.9)$$

$$t_m = 0.5t_1 + 0.5t_2 \quad \cdots\cdots (C.10)$$

C.8 压降计算

C.8.1 湍流状态

a) 湍流状态下螺旋流的压降计算公式为：

$$\Delta p = \left[0.365Re^{-0.25}\left(\frac{L}{d_e}\right) + 0.015\ 3Ln_0 + 4\right] \times \rho\frac{u^2}{2} \quad \cdots\cdots (C.11)$$

注：Re 数的适用范围：$4\ 000 < Re < 200\ 000$。

式中：

Re——雷诺数；

L——螺旋通道的长度，m；

d_e——当量直径，m；

n_0——单位面积上定距柱数目(一侧通道具有不同密度定距柱布置时，则近似为以区域长度为权的加权平均值)，个/m²；

ρ——介质的密度，kg/m³；

u——介质的流速，m/s。

b) 湍流状态下轴向流的压降计算公式为：

$$\Delta p = \left[0.184\frac{H}{d_e}Re^{-0.2} + 4\right] \times \rho\frac{u^2}{2} \quad \cdots\cdots (C.12)$$

注：Re 数的适用范围：$Re > 10\ 000$。

式中：

Re——雷诺数；

H——有效板宽，m；

d_e——当量直径，m；

ρ——介质的密度，kg/m³；

u——介质的流速,m/s。

C.8.2 流体定性温度

液体的平均温度(湍流)按式(C.13)、式(C.14)计算:

$$T_m = 0.5T_1 + 0.5T_2 \quad \cdots\cdots \quad (C.13)$$

$$t_m = 0.5t_1 + 0.5t_2 \quad \cdots\cdots \quad (C.14)$$

C.9 壁温计算

C.9.1 螺旋板壁温

a) 热流体侧的壁温按式(C.15)计算:

$$t_h = T_m - K\left(\frac{1}{\alpha_h} + r_h\right)\Delta t_m = T_m - \frac{Q}{A}\left(\frac{1}{\alpha_h} + r_h\right) \quad \cdots\cdots \quad (C.15)$$

式中:

t_h——热流体侧的壁温,℃;

α_h——热流体侧的对流传热系数,W/(m^2·℃);

r_h——热流体侧的污垢热阻,(m^2·℃)/W。

b) 冷流体侧的壁温按式(C.16)计算:

$$t_c = t_m + K\left(\frac{1}{\alpha_c} + r_c\right)\Delta t_m = t_m + \frac{Q}{A}\left(\frac{1}{\alpha_c} + r_c\right) \quad \cdots\cdots \quad (C.16)$$

式中:

t_c——冷流体侧的壁温,℃;

α_c——冷流体侧的对流传热系数,W/(m^2·℃);

r_c——冷流体侧的污垢热阻,(m^2·℃)/W。

c) 一般情况下,螺旋板平均温度按式(C.17)计算:

$$t_t = \frac{1}{2}(t_h + t_c) \quad \cdots\cdots \quad (C.17)$$

式中:

t_t——螺旋板平均温度,℃。

C.9.2 外壳圆筒壁温

当不考虑外界条件影响时,外壳圆筒壁温可以取与外壳相接触的流体的温度。

C.10 污垢热阻

在正常操作条件下和两次清洗之间的正常操作周期内,为了保证螺旋板式热交换器的传热性能,在设计中应考虑污垢热阻裕量。

在缺少具体数据时,污垢热阻可参照表C.2。

表 C.2　水污垢热阻　　单位为 $\times 10^{-5}$(m²·℃)/W

水的种类		加热介质温度			
		≤115℃		116℃～205℃	
		水的温度			
		≤52℃		>52℃	
		水　速		水　速	
		≤1 m/s	>1 m/s	≤1 m/s	>1 m/s
海水		6.2	6.2	12.3	12.3
微咸水		24.6	12.3	37	24.6
冷却塔和人工喷淋池	处理过的补给水	12.3	12.3	24.6	24.6
	未处理过的补给水	37	37	62	49.3
自来水、地下水、湖水		12.3	12.3	24.6	24.6
河水	最小值	24.6	12.3	37	24.6
	平均值	37	24.6	49.3	37
泥水		37	24.6	49.3	37
硬水(>257 μL/L)		37	37	62	62
发动机夹套水		12.3	12.3	12.3	12.3
蒸馏水		6.2	6.2	6.2	6.2
处理过的锅炉给水		12.3	6.2	12.3	12.3
锅炉排污水		24.6	24.6	24.6	24.6

注：特殊材料的污垢热阻请参考文献：秦叔经，叶文邦等.化工设备设计全书—换热器[M].北京：化学工业出版社，2002.12：238-239。

附 录 D
(资料性附录)
铁离子检验程序

D.1 范围

本附录适用于钛(钛合金)制螺旋板式热交换器的钛(钛合金)表面(酸洗或抛光后)的铁离子检验。

D.2 铁离子检测试剂成分

D.2.1 试剂的主要成分为:蒸馏水、65%～70%硝酸和铁氰化钾等。

D.2.2 试剂配制:500 mL蒸馏水和30 mL硝酸混合搅拌,混合均匀后,再加入10 g铁氰化钾,并不停地搅拌,铁氰化钾溶解后即成。

D.2.3 试剂有效期:配制后的试剂液体放置于带盖的玻璃瓶,有效期为2 h。

D.3 检测部位

铁离子检测的部位可由制造商的检验员指定,也可由用户代表指定。首选的测试点应在明显的、有潜在污染的地方,如沟、划痕、接管、支持件、焊接、内外表面等地方。铁离子检验最低要求如下:

a) 壳体:圆周4点(均布间隔),容器最少取两周(至少8点),从靠近壳体与封头焊缝起;

b) 封头:均布6点,至少有3点在过渡区;

c) 接管:大接管(内径≥300 mm):内部测试2点;小接管(内径<300 mm):圆周测试1点;

d) 焊缝:在焊缝以及焊接接头两侧150 mm处100%的测试。

D.4 检测工具

铁离子检测使用喷雾器进行检测,喷雾器为塑料或玻璃制成,不能使用有铁制零部件的喷雾器。

D.5 检验评定

从试剂液体喷涂开始的15 s内,被检查表面无蓝色点出现,则合格。若被检查表面出现蓝色点,则被检查部位存在铁离子污染。应在同一检测区域应进行加倍的检测,若加倍检测没有发现新的污染点,则只要在指定区域重新清洗和再进行铁离子检测通过即可。若加倍检测发现新的污染点,清洗整个表面,重新检测直至通过。

D.6 冲洗、干燥

在检测试验合格后,应尽快用软水(氯离子含量小于25×10^{-6}的水)、冲洗试剂(若试剂冲洗不净,使用5%～20%质量浓度的醋酸清洗试剂)冲洗,并用洁净棉布擦干或洁净空气吹干表面。

D.7 检验报告

铁离子检测检验合格后,出具由检验员签字认可的铁离子检测检验合格报告。

ICS 23.020.30
J 74

NB

中华人民共和国能源行业标准

NB/T 47052—2016

简单压力容器

Simple pressure vessels

2016-08-16 发布　　2016-12-01 实施

国家能源局 发布

前　言

本标准按 GB/T 1.1—2009《标准化工作导则　第 1 部分:标准的结构和编写》给出的规则起草。

本标准由全国锅炉压力容器标准化技术委员会(SAC/TC 262)提出并归口。

本标准由全国锅炉压力容器标准化技术委员会(SAC/TC 262)固定式压力容器分技术委员会组织起草。

本标准起草单位:台州市特种设备监督检验中心、合肥通用机械研究院、中国特种设备检测研究院、浙江工业大学、浙江开山压力容器有限公司、温岭市鑫磊空压机有限公司、浙江临东压力容器制造有限公司、浙江红五环机械股份有限公司、台州中威空压机制造有限公司、浙江省特种设备检验研究院、衢州市特种设备检验中心。

本标准主要起草人:李隆骏、崔军、寿比南、陈学东、朱国栋、许林滔、卢明技、危书涛、卢志明、傅燕铭、黎俊、阮浩波、俞建平、李宏良、谢力民、方正中。

本标准由全国锅炉压力容器标准化技术委员会(SAC/TC 262)负责解释。

本标准为首次发布。

简单压力容器

1 范围

1.1 本标准规定了简单压力容器(以下简称“容器”)的型式及材料、设计、制造、检验和验收等方面的建造要求。

1.2 本标准适用于同时满足以下条件的批量生产的容器:

a) 设计压力小于或等于 1.6 MPa;

b) 设计温度大于或等于 −20℃,最高工作温度小于或等于 150℃;

c) 容积小于或等于 1.0 m^3;

d) 工作压力与容积的乘积小于或等于 1.0 MPa·m^3;

e) 介质为空气、氮气、二氧化碳、惰性气体、医用蒸馏水蒸发而成的水蒸气或上述气(汽)体的混和气体;允许介质中含有不足以改变介质特性的油等其他成分,但其闪点或燃点均应高于容器的最高工作温度 30℃以上、且不影响与材料的相容性;

f) 结构满足 4.1.1 的要求。

1.3 下列产品不属于本标准的范围:

a) 军事装备、核设施、航空航天器、海上设施和船舶使用的容器;

b) 机器上非独立的承压部件(如压缩机缸体等);

c) 灭火器;

d) 快开门式容器;

e) 移动式容器;

f) 需进行疲劳分析设计的容器;

g) 直接火焰加热的容器;

h) 真空容器;

i) 危险化学品包装物。

1.4 容器界定范围

1.4.1 容器与外部管道连接:

a) 焊接连接的第一道环向接头的坡口面;

b) 螺纹连接的第一个螺纹接头端面;

c) 法兰连接的第一个法兰密封面;

d) 专用连接件或管件连接的第一个密封面。

1.4.2 接管、手孔等的承压封头、平盖及其紧固件。

1.4.3 非受压元件与受压元件的焊接接头。

1.4.4 直接连接在容器上的非受压元件,如支座等。

1.4.5 直接连接在容器上的超压泄放装置。

2 规范性引用文件

下列文件对于本文件的应用是必不可少的。凡是注日期的引用文件,仅注日期的版本适用于本文件。凡是不注日期的引用文件,其最新版本(包括所有的修改单)适用于本文件。

GB 150.1 压力容器 第1部分:通用要求

GB 150.2—2011 压力容器 第2部分:材料

GB 150.3 压力容器 第3部分:设计

GB/T 699 优质碳素结构钢

GB 713 锅炉和压力容器用钢板

GB 912 碳素结构钢和低合金结构钢热轧薄钢板和钢带

GB/T 985.1 气焊、焊条电弧焊、气体保护焊和高能束焊的推荐坡口

GB/T 985.2 埋弧焊的推荐坡口

GB/T 1220 不锈钢棒

GB/T 3274 碳素结构钢和低合金结构钢热轧厚钢板和钢带

GB/T 8163 输送流体用无缝钢管

GB 9948 石油裂化用无缝钢管

GB/T 12243 弹簧直接载荷式安全阀

GB 13296 锅炉、热交换器用不锈钢无缝钢管

GB/T 14976 流体输送用不锈钢无缝钢管

GB 24511 承压设备用不锈钢钢板及钢带

GB/T 25198 压力容器封头

NB/T 47008 承压设备用碳素钢和合金钢锻件

NB/T 47010 承压设备用不锈钢和耐热钢锻件

NB/T 47013.2 承压设备无损检测 第2部分:射线检测

NB/T 47014 承压设备焊接工艺评定

JB/T 4711 压力容器涂敷与运输包装

JB/T 4736 补强圈

JB/T 6441 压缩机用安全阀

HG/T 20592～20635 钢制管法兰 垫片 紧固件

TSG 21 固定式压力容器安全技术监察规程

3 术语、定义和符号

3.1 术语和定义

GB 150.1 界定的以及下列术语和定义适用于本文件。

3.1.1

机械化焊接 mechanized welding

机械化焊接包括自动焊和机动焊,其中自动焊指焊机自动进行调节与控制工艺参数而完成的焊接;机动焊指焊工操作焊机进行调节与控制工艺参数而完成的焊接。

3.1.2

手工焊 manual welding

焊工手工进行操作和控制工艺参数而完成的焊接。

注:在本标准中,同一条焊缝采用手工焊(不含局部缺陷的手工焊修补)加机械化焊接共同完成的,视为手工焊。

3.1.3

同型号　same type

同时满足以下要求的容器为同型号：

a) 设计方法(指计算方法或试验方法)相同；

b) 设计压力、设计温度相同；

c) 结构相似；

d) 焊接工艺规程(WPS)相同；

e) 检查孔的类型相同。

注：检查孔类型分类见附录B。

3.1.4

主体焊接接头　main welded joint

筒体纵向A类焊接接头、筒体与凸形封头B类焊接接头、筒体与平盖或法兰对接的B类焊接接头或带锁边结构的C类焊接接头。

3.1.5

主要受压元件　main pressure parts

容器的主要受压元件包括筒节、凸形封头、平盖、公称直径DN≥250的接管与管法兰、设备法兰(含反向法兰)。

3.2 符号

C——壁厚附加量,mm；

C_1——钢板或钢管的厚度负偏差,mm；

C_2——腐蚀裕量,mm；

D_i——壳体内直径,mm；

DN——公称直径,mm；

d_o——接管外直径,mm；

d_{op}——开孔直径,mm；

p——设计压力,MPa；

p_T——试验压力,MPa；

p_w——工作压力,MPa；

p_b——爆破压力规定值,MPa；

p_z——安全阀整定压力,MPa；

R_m——金属材料标准抗拉强度值的下限,MPa；

R_{ma}——金属材料常温下的抗拉强度实测值,MPa；

$R_{eL}(R_{p0.2})$——金属材料标准常温屈服强度(或0.2%非比例延伸强度),MPa；

$R_{p0.2a}$——金属材料常温下的屈服强度实测值,MPa；

W_0——试验前圆筒中部的周长,mm；

W_a——试验压力达4倍设计压力,卸载后圆筒中部的周长,mm；

δ——计算厚度,mm；

δ_a——试验前主要受压元件的实测壁厚,mm；

δ_d——设计厚度,mm；

δ_n——壳体的名义厚度,mm;

δ_{nt}——接管的名义厚度,mm;

δ_s——钢材厚度,当相焊部件不等厚时,为较薄件厚度,mm;

η——周向永久变形率;

σ_T——试验压力下受压元件的应力,MPa。

4 产品型式与产品型式代号

4.1 产品型式

4.1.1 容器应为单层结构,由筒体与凸形封头(限椭圆形、碟形、球形,不包括球冠形)或平盖焊接组成,或由两个凸形封头焊接组成。当圆筒内直径 D_i 小于或等于 550 mm 时,允许采用平盖与设备法兰螺栓连接的型式,或平盖与反向法兰螺栓连接的型式(见图1)。

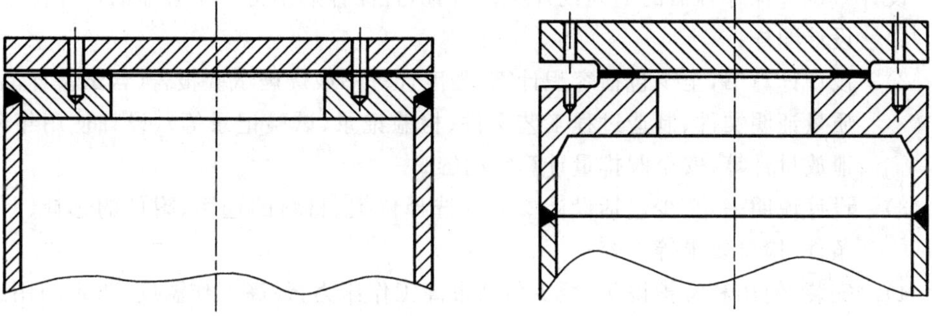

a) 平盖与反向法兰螺栓连接型式1　　b) 平盖与反向法兰螺栓连接型式2

图1 平盖与反向法兰连接型式

4.1.2 容器筒体和凸形封头名义壁厚不大于 10 mm;且只允许单筒节或无筒节、纵向焊接接头不超过一条。

4.1.3 凸形封头和平盖不允许拼接。

4.1.4 容器上所有用焊接保证本体强度的受压元件材料应同类别(材料类别分类依据 NB/T 47014的规定)。

4.2 产品型式代号

产品型式代号推荐采用附录B的形式。

5 一般规定

5.1 通则

容器的材料、设计、制造、检验和验收除必须符合本标准的规定外,还应遵守国家颁布的有关法律、法规、规章和安全技术规范。

5.2 资质与职责

5.2.1 资质

TSG 21 管辖范围内的容器建造相关单位应持有相应的特种设备许可证书。

5.2.2 职责

5.2.2.1 用户或设计委托方的职责

容器的用户或设计委托方应当以书面形式向设计单位提出容器的设计条件，至少包含以下内容：

a) 容器受压元件的设计方法(指本标准中的计算方法或试验方法)；

b) 操作参数(工作压力、工作温度范围等)；

c) 介质；

d) 预期使用年限；

e) 几何参数和管口方位；

f) 设计需要的其他必要条件。

5.2.2.2 设计单位的职责：

a) 容器的设计单位必须有健全的质量保证体系。

b) 设计单位应对设计文件的正确性和完整性负责。

c) 设计单位应保存容器的下列设计文件备查，且保存期不得少于容器的设计使用年限：

1) 设计图样；

2) 设计计算书，至少包括容积计算、强度计算书或爆破试验报告(含试验样品材料的质量证明文件、制造过程工艺文件、检验记录、试验记录等)、设计使用年限、安全泄放量计算、安全阀排量计算等内容；

3) 设计说明书，至少包括设计参数的选择依据、材料的选用、附件的选择、制造技术条件、检验要求等内容；

4) 安装、使用和维护说明，至少包括最高工作压力、最高工作温度、指定的用途、安装要求、设计使用年限、安全维护要点等内容。

5.2.2.3 制造单位的职责：

a) 制造单位应按设计图样进行制造；如需要对原设计进行修改，应取得原设计单位的同意修改的书面文件，并且对改动部位作出详细记载。

b) 制造单位在容器批量制造前应制定完善的质量计划，其内容至少包括制造工艺控制点、检验项目与合格指标。

c) 在制造过程中，制造单位应保证制造工艺的稳定性；应按本标准及图样规定对容器进行各项具体检验和试验，出具检验报告，并对报告的准确性和完整性负责；在检验合格后，出具产品合格证。

d) 制造单位对容器的型式试验报告及证书应长期保存备查；对其生产的每批容器应至少具有下列有关技术文件备查，技术文件的保存期不得少于容器的设计使用年限，且不少于五年：

1) 受压元件材料质量证明书；

2) 通用制造工艺文件；

3) 焊接工艺文件；

4) 容器制造过程中及完工后的检查、检验、试验记录；

5) 容器的原设计图和竣工图。

5.2.2.4 检验机构的职责

对 TSG 21 管辖范围内的容器实施监督检验的机构及其监检员，在监检工作中应当按照该规程的规定履行相应的工作职责；对出具的检验报告的完整性和正确性负责。

5.3 设计的一般规定

5.3.1 设计方法分为计算方法和试验方法。容器受压元件的壁厚按照 GB 150.3 相应章节规则设计的方法为计算方法;容器的筒体、凸形封头、平盖等主要受压元件保证强度要求的壁厚采用容器实物样品进行爆破试验来确定的方法为试验方法。奥氏体不锈钢容器不允许采用试验方法进行设计。

5.3.2 容器的设计总图上至少注明以下内容:

a) 依据的规范、标准名称;

b) 容器名称;

c) 设计方法;

d) 受压元件材料牌号及材料要求;

e) 设计条件,包括设计温度、设计压力、工作压力、设计使用年限、介质、腐蚀裕量等;

f) 主要特性参数,包括容积、重量等;

g) 焊接方法和要求;计算方法设计时受压元件纵向对接接头焊接方法的机械化程度、非全截面焊透管座焊接方法的机械化程度;

h) 防腐蚀要求(必要时);

i) 耐压试验要求,包括试验压力、介质等;

j) 射线检测或爆破试验要求;

k) 安全附件的规格和订购的特殊要求;

l) 铭牌样式和位置;

m) 运输包装和安装的要求(必要时);

n) 其他特殊要求。

5.3.3 厚度附加量

厚度附加量 C 按式(1)确定:

$$C=C_1+C_2 \qquad (1)$$

5.3.3.1 材料厚度负偏差

板材或管材的厚度负偏差按相应材料标准的规定。

5.3.3.2 腐蚀裕量

为防止容器由于腐蚀、机械磨损而导致厚度削弱减薄,应考虑腐蚀裕量,具体规定如下:

a) 设计单位应根据腐蚀速率和设计使用年限确定腐蚀裕量;

b) 当各元件受到的腐蚀程度不同时,可采用不同的腐蚀裕量;

c) 一般取碳素钢或低合金制容器的腐蚀速率为不小于 0.05 mm/年。

5.3.4 容器主要受压元件成形后的最小厚度:

a) 碳素钢、低合金制容器,应当不小于 2 mm;

b) 奥氏体不锈钢制容器,应当不小于 1 mm。

5.4 焊接接头分类和焊接接头系数

5.4.1 焊接接头分类

焊接接头的分类按 GB 150.1 的规定。

5.4.2 焊接接头系数

对本标准中采用计算方法设计的容器,按 GB 150.3 中相关公式确定计算厚度时,取焊接接头系数等于 1.0。

5.5 耐压试验

5.5.1 容器制成后应经耐压试验，试验的种类、要求和试验压力值应在图样上注明。

5.5.2 容器的耐压试验压力：

$$p_T = 1.5p \quad \cdots\cdots (2)$$

5.5.3 耐压试验压力校核

如果采用超过5.5.2所规定的试验压力，在耐压试验前，应校核各受压元件在试验条件下的应力水平，例如对壳体元件应校核最大总体薄膜应力 σ_T：

$$\sigma_T \leqslant 0.9R_{eL}(R_{p0.2}) \quad \cdots\cdots (3)$$

6 材料

6.1 用于制造容器受压元件的钢板、钢管、钢棒、锻件及焊材等应有质量证明书，制造单位应按材料生产单位提供的材料质量证明书(原件)或加盖材料供应单位公章及经办人章的有效质量证明书复印件进行验收。

6.2 用于制造容器受压元件的钢材的标准、使用状态、壁厚、许用应力及使用温度下限按表1的规定。

表1 钢材的标准、使用状态、壁厚、许用应力及使用温度下限

类型	钢号	标准	使用状态	用于筒体或凸形封头的壁厚 δ_n/mm	用于其他受压元件的壁厚 δ_n 或直径 ϕ/mm	许用应力 MPa	使用温度下限 ℃
钢板	Q235B	GB 912、GB/T 3274	热轧	<6	≤30	100[a]	−20
		GB/T 3274		$6 \leqslant \delta_n \leqslant 10$			0[b]
	Q235C	GB 912、GB/T 3274	热轧	≤10	≤40	111[a]	−20
	Q245R	GB 713	热轧、控轧、正火	≤10	≤60	120[a]	−20
	Q345R	GB 713	热轧、控轧、正火	≤10	≤60	153[a]	−20
	S30408	GB 24511	固溶	≤10	≤80	123[a]	—
钢管	10	GB/T 8163	热轧	<6.5	≤10	—	−20
				$6.5 \leqslant \delta_n \leqslant 10$		—	−10[b]
	10	GB 9948	正火	≤10	≤16	—	−20
	20	GB/T 8163	热轧	<6.5	≤10	—	−20
				$6.5 \leqslant \delta_n \leqslant 10$		—	0[b]
	Q345D	GB/T 8163	正火	≤10	≤10	—	−20
	0Cr18Ni9 (S30408)	GB 13296	固溶	≤10	≤14	—	—
	0Cr18Ni9 (S30408)	GB/T 14976	固溶	≤10	≤28	—	—
钢棒	20	GB/T 699	正火、热轧或热锻	—	≤ϕ60	78[c]	−20
	S30408	GB/T 1220	固溶	—	≤ϕ60	97[c]	—

表 1 钢材的标准、使用状态、壁厚、许用应力及使用温度下限(续)

类型	钢号	标准	使用状态	用于筒体或凸形封头的壁厚 δ_n/mm	用于其他受压元件的壁厚 δ_n 或直径 ϕ/mm	许用应力 MPa	使用温度下限 ℃
锻件	20	NB/T 47008	正火、正火+回火	—	≤100	123[a]	0[d]
	S30408	NB/T 47010	固溶	—	≤150	123[a]	—

注:符号"—"表示不适用或无规定。

a 适用于组成 A、B 类焊接接头的受压元件;无规定或用于其他受压元件时,Q235B、Q235C 的许用应力按 CB 150.2—2011 中附录 D 的规定选取,其他材料的许用应力按 GB 150.2 的规定。

b 使用温度下限可为-20℃,但制造单位应按材料的批次附加进行使用温度下限的的冲击试验,钢板取横向试样,钢管取纵向试样,3 个标准冲击试样的冲击功平均值不应小于 27 J,1 个试样的冲击功最低值以及小尺寸冲击试样的冲击功数值按 CB 150.2—2011 中 3.8.2 的规定,并在设计文件中规定。

c 适用于机加工的管接头。

d 使用温度下限可为-20℃,但应按材料的批次附加进行使用温度下限的冲击试验,冲击试验合格指标应符合 NB/T 47008 的规定,并在设计文件中规定。

6.3 钢板、钢管材料的负偏差应符合相应材料标准的规定。

6.4 螺柱、螺母等非焊接件的材料、使用状态及许用应力按 GB 150 相应章节的规定。

6.5 永久性垫板材料材质应与焊件钢号相同或相近。

6.6 所采用的焊接材料应保证焊接接头性能符合设计要求。

7 设计

7.1 壁厚设计

7.1.1 计算方法设计

7.1.1.1 容器的设计压力不应低于其工作压力。

7.1.1.2 对设置安全阀的容器,设计压力按以下步骤确定:

a) 根据容器的工作压力 p_w 确定安全阀整定压力 p_z,取 $p_z=(1.05\sim1.1)p_w$;

b) 取容器的设计压力 p 等于或稍大于整定压力 p_z。

7.1.1.3 受压元件的计算厚度 δ 应按 GB 150.3 相关公式进行计算,许用应力按表 1 的规定。

7.1.1.4 如果受压元件的纵向对接焊接接头采用手工焊,则该元件的计算厚度应当增加 15%。

7.1.1.5 取计算方法设计的容器受压元件设计厚度 $\delta_d=\delta+C_2$。

7.1.1.6 法兰、法兰盖等其他受压元件可参照其他相关标准进行设计或选用。

7.1.2 试验方法设计

7.1.2.1 设计单位对委托单位试制的容器实物样品进行爆破试验,按 7.1.2.2 规定的步骤进行。

7.1.2.2 试验步骤:

a) 试验前先测量主要受压元件的实测壁厚 δ_a 并作出记录;其中凸形封头至少沿中心截面测 4 点,圆筒至少沿中部圆周部位测 4 点取平均值,至少精确到小数点后一位数;并测量圆筒中部的周长 W_0,精确到小数点后一位数;

b) 爆破试验介质一般为水,介质的温度一般不小于 5℃;

c) 爆破试验在室温下进行,加压速率不应当超过 0.1 MPa/s;

d) 先缓慢加压至 4 倍设计压力,保压时间不少于 5 min,确认无泄漏后卸压至压力为零,

测量圆筒中部周长 W_a，精确到小数点后一位数；

e) 按照式(4)，计算周向永久变形率 η(式中 δ_a、δ_n 应取自圆筒)：

$$\eta=100\left[\frac{W_a-W_0}{W_0}\right]\left[\frac{R_{p0.2a}}{R_{eL}}\right]\left[\frac{\delta_a}{\delta_n-C}\right]\% \quad\cdots\cdots(4)$$

f) 再缓慢加压直至样品爆破。

7.1.2.3 同时满足本条 a)、b)款的要求，方可认为样品爆破试验合格。

a) 周向永久变形率不超过 1%；

b) 爆破压力 P_b 不低于式(5)的规定值：

$$p_b=4p\left[\frac{R_{ma}}{R_m}\right]\left[\frac{\delta_a}{\delta_n-C}\right] \quad\cdots\cdots(5)$$

当无法计算周向永久变形率时，可只需满足本条 b)款的规定(此时式中的 δ_a、δ_n 应取自破口相对应的同截面完好部位)。

7.1.2.4 依据爆破试验合格样品上所测得的各主要受压元件的实测壁厚确定设计厚度 δ_d。

7.1.2.5 设计单位应充分考虑爆破试验结果的可重复性，以及同钢号不同批次材料的力学性能差异。

7.1.3 厚度的标注

7.1.3.1 计算方法设计的容器：

a) 凸形封头的最小成形厚度应标注在设计图样上，凸形封头的名义厚度是否标注在设计图样上由设计单位决定；

b) 其他受压元件的名义厚度和最小成形厚度一般应标注在设计图样上；对于部分小型容器，只要保证最小成形厚度满足 5.3.4，即能保证强度的要求，筒体、平盖等主要受压元件可以只标注最小成形厚度。

7.1.3.2 试验方法设计的容器

试验方法设计的容器的主要受压元件其最小成形厚度应标注在设计图样上；主要受压元件的名义厚度是否标注在设计图样上由设计单位决定。

7.2 开孔和开孔补强

7.2.1 容器除必要的工艺接管开孔外，可根据需要设置观察孔、手孔等检查孔。容器的底部最低点应设置排净口。

7.2.2 容器壳体上开孔的最大允许直径 $d_{op}\leqslant D_i/2$，除 7.2.3 外，所有开孔及其补强的其他规定均应符合 GB 150.3 的相应章节。

7.2.3 所有开孔均应避开对接焊接接头，开孔部位焊缝边缘与其他焊缝边缘的距离应不小于开孔部位实测壁厚的 4 倍且不小于 20 mm。

7.3 焊接结构

7.3.1 主体焊接接头均须采用全熔透型式。

7.3.2 常用的焊接接头结构见附录 C。

7.4 支座和托板

7.4.1 支座的设计应遵循相关标准或设计文件的规定。

7.4.2 支座、托板等部件设计时应考虑直接安装在容器壳体上的压缩机等设备产生的应力；若壳体与之相焊部位的有效厚度小于或等于 3 mm,则必须加垫板或先折边成与容器壳体相匹配的圆弧,推荐采用图 2a) ～e)的结构型式。垫板或折边处与容器壳体的连接焊缝应平缓过渡。

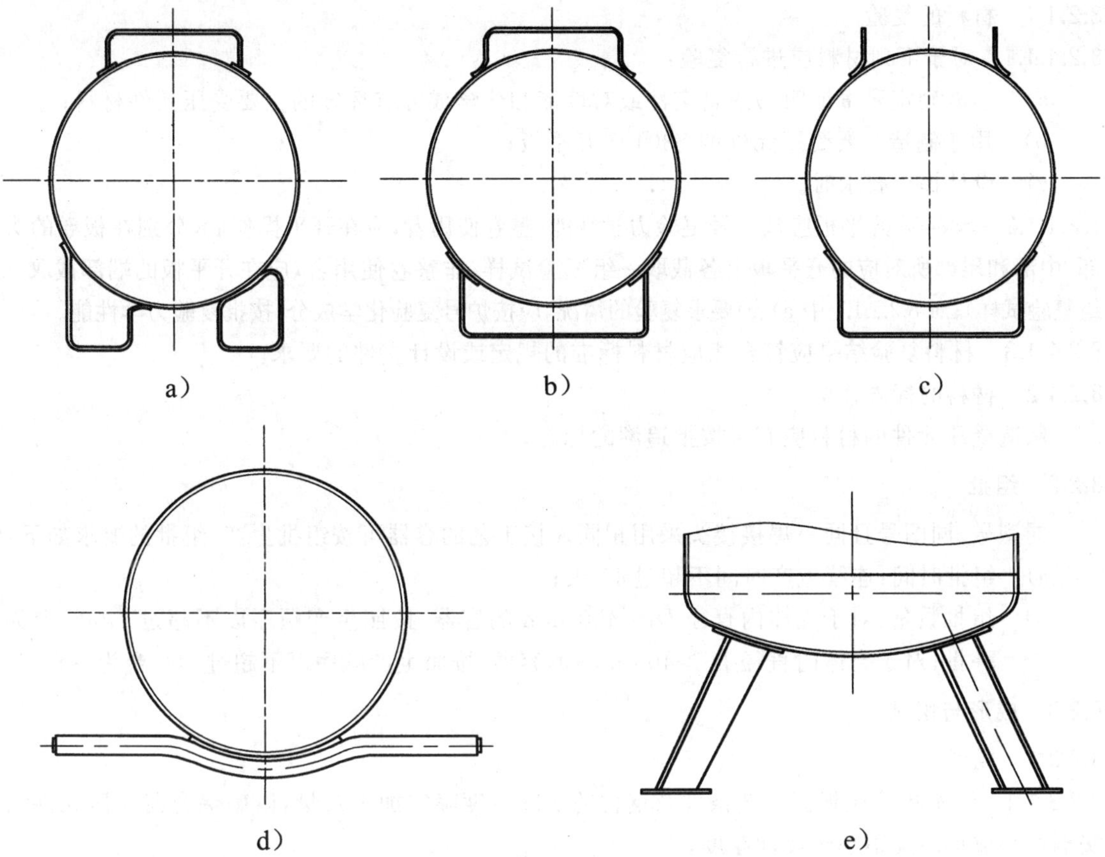

图 2 支座、托板与容器连接型式

8 制造、检验与验收

8.1 总则

8.1.1 制造、检验与验收的依据

容器的制造、检验与验收应符合本标准的规定和设计文件的要求,TSG 21 管辖范围内的容器必须同时满足该规程的规定。在下列标准的适用范围内,如无附加规定一般应满足如下要求:

a) 封头符合 GB/T 25198 的规定;

b) 补强圈符合 JB/T 4736 的规定;

c) 管法兰符合 HG/T 20592～20635 的规定。

8.1.2 型式试验

容器应由具备相应资质的型式试验机构进行型式试验;型式试验按 8.4 的规定。

8.1.3 材料代用

制造单位对受压元件的材料代用,应当事先取得原设计单位的书面批准。材料代用需在竣工图上做出详细记录。

8.2　制造

8.2.1　材料复验与标志移植

8.2.1.1　材料的复验

8.2.1.1.1　对于下列材料应进行复验：

a)　不能确定质量证明书的真实性或对性能和化学成分有怀疑的主要受压元件材料；

b)　用于制造主要受压元件的 S30408 开平板；

c)　设计提出要求时。

8.2.1.1.2　S30408 开平板应按批号复验力学性能(整卷使用者,应在开平操作后,分别在板卷的头部、中部和尾部所对应的开平板上各截取一组复验试样;非整卷使用者,应在开平板的端部截取一组复验试样);对 8.2.1.1.1 中 a)、c)要求复验的情况,应按炉号复验化学成分,按批复验力学性能。

8.2.1.1.3　材料复验结果应符合相应材料标准的规定或设计文件的要求。

8.2.1.2　材料的标志移植

制造受压元件的材料应有可按批追溯的标志。

8.2.2　组批

同型号、同图号且同一焊接接头采用相同焊接工艺的容器可按组批生产,组批的要求如下：

a)　组批时间:连续生产时间不超过 15 天；

b)　组批数量:对于壳体内直径 $D_i \leqslant 400$ mm 的容器,按照生产顺序以不超过 1 000 台为一批;对于壳体内直径 $D_i > 400$ mm 的容器,按照生产顺序以不超过 500 台为一批。

8.2.3　成形与组装

8.2.3.1　成形

8.2.3.1.1　制造单位应根据工艺条件及钢材的实际厚度确定加工余量,以确保容器受压元件的实测最小成形厚度不小于设计厚度。

8.2.3.1.2　当选择的名义厚度不能保证最小成形厚度时,制造单位应考虑选择合适的钢材厚度。

8.2.3.2　坡口

坡口应符合下列要求：

a)　坡口表面不得有裂纹、分层、夹杂等缺陷；

b)　施焊前,应清除坡口及两侧母材表面至少各 20 mm 范围内(以离坡口边缘的距离计)的氧化皮、油污、熔渣及其他有害杂质。

8.2.3.3　封头

8.2.3.3.1　用带间隙的全尺寸的内样板检查封头内表面的形状偏差,缩进尺寸为 $3\%D_i \sim 5\% D_i$,其最大形状偏差外凸不得大于 $1.25\%D_i$,内凹不得大于 $0.625\%D_i$。检查时应使样板垂直于待测表面。

8.2.3.3.2　封头直边部分不得存在纵向皱折。

8.2.3.4　圆筒与壳体的组装

8.2.3.4.1　A、B 类焊接接头的对口错边量不得大于对口处钢材厚度 δ_s 的 1/4 与 0.5 mm 两者的较大值。

8.2.3.4.2　焊接接头环向、轴向形成的棱角,宜分别采用弦长等于 $D_i/6$ 且不小于 300 mm 的内样板(或外样板)或直尺检查,其棱角度值不得大于$(0.1\delta_s+2)$mm。

8.2.3.4.3 组焊完成后,实测的圆筒同一横截面最大最小直径差不大于圆筒内直径的1%。

8.2.3.4.4 容器受压元件的组装中不得强力进行对中、找平等。

8.2.3.4.5 应对容器的主要几何尺寸、管口方位进行检查,并应符合图样要求。

8.2.4 焊接

8.2.4.1 焊前准备和焊接环境

8.2.4.1.1 焊条、焊剂及其他焊接材料的贮存库应保持干燥,相对湿度不得大于60%。

8.2.4.1.2 焊材使用前,焊丝需去除油、锈,保护气体应保持干燥,焊条焊剂应按产品说明书规定的规范进行再烘干。

8.2.4.1.3 焊接应在室内进行,当施焊环境出现下列任一情况,且无有效防护措施时,应禁止施焊:

a) 焊条电弧焊时风速大于10 m/s;

b) 气体保护焊时风速大于2 m/s;

c) 相对湿度大于90%。

8.2.4.1.4 当焊件温度低于0℃时,应在始焊处预热。

8.2.4.2 焊接工艺

8.2.4.2.1 容器施焊前,受压元件焊缝、与受压元件相焊的焊缝、熔入永久焊缝内的定位焊缝、受压元件母材的补焊,以及上述焊缝的返修焊缝都应当按照NB/T 47014进行焊接工艺评定或具有经过评定合格的焊接工艺规程(WPS)支持。

8.2.4.2.2 施焊8.2.4.2.1所述焊缝的焊工应具备相应的资质,并在有效期内。

8.2.4.2.3 应在含焊缝布置图的焊接记录中记录焊工代号,必要时可在受压元件焊接接头附近的指定部位打上焊工代号钢印。

8.2.4.3 焊缝

焊缝表面质量应符合下列规定:

a) 焊缝和热影响区不得有裂纹、气孔、弧坑、未填满、未熔合、夹渣和飞溅物;焊缝与母材应圆滑过渡,角焊缝外形应凹形圆滑过渡;

b) 对接焊缝的余高为0 mm~2 mm;同一焊缝宽度差不得大于4 mm;

c) C、D类接头的焊脚尺寸按设计图样的规定;

d) 咬边深度不大于0.5 mm,咬边连续长度不得大于100 mm,焊缝两侧咬边的总长度不得超过该焊缝长度的10%;奥氏体不锈钢容器不允许有咬边。

8.2.4.4 焊缝的返修

焊缝的缺陷应清除彻底,且同一部位只允许返修一次;返修应记录。

8.2.5 热处理

8.2.5.1 当热成形或温成型改变了材料的供货热处理状态,应重新进行热处理,恢复材料的供货热处理状态。

8.2.5.2 当制造单位确保凸形封头冷成形后,材料性能符合设计、使用要求时,可不进行热处理。

8.2.5.3 容器其他需要进行热处理的情况,应遵循设计文件的规定。

8.3 检验和试验

8.3.1 外观检验

制造完工的每台容器的外观应符合下列规定:

a） 容器的外形尺寸、壁厚等采用适宜的量具进行检测，应符合设计图样的规定；

b） 容器表面应光滑，不得有裂纹、重皮、夹渣和深度超过 0.5 mm 的凹坑以及深度超过 0.3 mm 的划伤、腐蚀等缺陷；

c） 焊缝外观及余高、同一焊缝宽度差、焊脚高、咬边等应符合 8.2.4.3 的规定。

8.3.2 抽样检验与试验

按试验方法设计的容器，制造单位在制造中，应当按批抽样进行爆破试验；按计算方法设计的容器，应当按批抽样进行射线检测。

8.3.2.1 抽样

由制造单位检验人员从已经组批完工的同一批成品中选取试验样品，样品数量按 8.3.2.2、8.3.2.3的规定。抽样必须保证随机性、样品的代表性。

8.3.2.2 爆破试验

8.3.2.2.1 容器的爆破试验按照以下要求进行：

a） 主体焊接接头采用机械化焊接的容器，按批抽 1 台样品进行爆破试验；

b） 主体焊接接头采用手工焊接的，在每个焊工每天焊接的容器中，至少抽 1 台样品进行爆破试验；

c） 爆破试验按 7.1.2.2 规定的步骤进行。

8.3.2.2.2 满足以下要求方可认为产品的爆破试验合格：

a） 周向永久变形率不超过 1%；

b） 爆破压力 P_b 不低于式(5)的规定值；

c） 无碎片产生；

d） 破口起裂点不在焊接接头上。

对无法计算周向永久变形率的容器，只需满足本条 b)、c)、d)款的规定。

8.3.2.2.3 爆破试验不合格时，允许从该批产品中再抽取 2 台样品进行复验，2 台均合格后则该批产品合格。主体焊接接头采用手工焊接的，在该焊工当天焊接的产品中，再抽 2 台样品进行复验，2 台均合格后则该焊工当天焊接的产品合格。

8.3.2.2.4 爆破试验不合格的，则该批产品判定为不合格。

8.3.2.3 射线检测

8.3.2.3.1 容器的射线检测按照以下要求进行：

a） A、B 类对接接头采用机械化焊接时，调整焊接工艺后，应当对首台产品进行射线检测；

b） 制造过程中，每批产品至少抽 1 台进行射线检测，日产量不足 1 批时，也必须抽 1 台进行射线检测；

c） A、B 类对接接头采用手工焊接的，在每个焊工每天焊接的产品中，至少抽 1 台产品进行射线检测；

d） 射线检测位置为各 A 类接头；有交叉焊接接头的，应至少包含一个交叉焊接接头；每台产品各 A 类接头的射线检测长度均不得小于 200 mm，A 类接头长度小于 200 mm 的，射线检测长度为该 A 类接头全长。对于无 A 类接头的，需检测 B 类接头；每台产品 B 类接头的射线检测长度不得小于 200 mm；

e） 产品无 A、B 类对接接头的，免除射线检测。

8.3.2.3.2 射线检测按 NB/T 47013.2 进行，射线底片技术等级应不低于 AB 级，焊接接头质量等级应不低于Ⅲ级。

8.3.2.3.3　射线检测不合格时，允许从该批产品中再抽取2台样品进行射线检测复验，2台均合格后则该批产品合格；A、B类对接接头采用手工焊接的，在该焊工当天焊接的产品中，再抽2台样品进行射线检测，2台均合格后则该焊工当天焊接的产品合格。

8.3.2.3.4　经复验后仍不合格的，该批产品为不合格。但允许对该批产品或该焊工当天焊接的产品逐台进行射线检测后判定合格与否，射线检测的位置按8.3.2.3.1d)的要求，合格要求按8.3.2.3.2的规定。

8.3.2.3.5　射线检测不合格的容器允许返修，但应在返修前进行补充射线检测，检测部位为超标缺陷两端延伸的未检测部位，补充检测长度为不少于该条焊接接头长度的10%(已全部检测的除外)；返修后应重新进行射线检测，合格要求按8.3.2.3.2的规定。

8.3.2.3.6　抽样及局部检测后，制造单位对未检查部分的质量仍需负责。

8.3.3　耐压试验

8.3.3.1　制造完工的每台容器应按图样规定进行耐压试验。

8.3.3.2　耐压试验时，被试验容器或试验装置的顶部应安装两个量程相同、并在检定有效期内的压力表，压力表的量程应为试验压力的1.5倍～3倍，压力表精度不得低于1.6级，表盘直径不得小于100 mm。

8.3.3.3　开孔补强圈应在耐压试验前通入0.4 MPa～0.5 MPa的压缩空气检查焊接接头质量。

8.3.3.4　耐压试验压力不得低于5.5.2的规定。

8.3.3.5　耐压试验前，容器各连接部位的紧固件应装配齐全，并紧固妥当；为进行耐压试验而装配的临时受压元件，应采取适当的措施，保证安全性。

8.3.3.6　试验前，应当排净滞留在容器内的所有残留物和气体。

8.3.3.7　耐压试验时，试验介质的温度一般不低于5℃。试验介质一般为水，对奥氏体不锈钢容器，应控制水中氯离子含量不超过25 mg/L。升至试验压力后，保压足够时间，以便所有的表面和连接处都能由肉眼检查。

8.3.3.8　在确保安全的前提下，试验介质也可以采用空气、氮气或其他惰性气体，气压试验应当以不超过0.1 MPa/s的升压速度缓慢升压至试验压力，保压时间不少于30 s。

8.3.3.9　耐压试验保压期间不得采用连续加压以维持试验压力不变，试验过程中不得带压拧紧紧固件或对受压元件施加外力。

8.3.3.10　水压试验后应将容器内存水及时排尽吹干。

8.3.3.11　制造单位应当采取安全技术措施，确保耐压试验安全。

8.3.3.12　耐压试验的合格要求如下：

a)　液压试验时无渗漏；气压试验时应经过肥皂液或其他检漏液检查(或浸入水中检查)无漏气；

b)　无肉眼可见变形；

c)　无异常响声。

8.3.3.13　允许对耐压试验不合格的容器进行修理，但应在修理后重新进行耐压试验。

8.4　型式试验

8.4.1　同型号的容器首批生产前应进行型式试验。

8.4.2　每种型号的容器型式试验时供抽样的数量为至少一批，组批数量不少于10台。型式试验机构到制造现场随机抽取容器样品1台,进行设计资料审查、制造工艺审查和相应的检测、试验。

8.4.3 型式试验项目、试验方法与技术要求按表2的规定。

表2 型式试验项目、试验方法与技术要求

序号	项目		试验方法	技术要求
1	材料		6.1、8.2.1.1	6.1
2	外形尺寸、受压元件的壁厚		8.3.1 a)	8.2.3.1.1
3	封头	形状偏差	8.2.3.3.1	8.2.3.3.1
4		纵向皱折	8.2.3.3.2	8.2.3.3.2
5	圆筒、公称直径DN≥250的接管	A类接头错边量	8.2.3.4.1	8.2.3.4.1
6		环向棱角度	8.2.3.4.2	8.2.3.4.2
7		最大最小直径差	8.2.3.4.3	8.2.3.4.3
8	容器外观		8.3.1 b)	8.3.1 b)
9	焊缝外观		8.3.1 c)	8.2.4.3 a)
10	对接接头余高、焊缝宽度差		8.3.1 c)	8.2.4.3 b)
11	C、D类接头焊脚高		8.3.1 c)	8.2.4.3 c)
12	咬边		8.3.1 c)	8.2.4.3 d)
13	B类接头错边量		8.2.3.4.1	8.2.3.4.1
14	轴向棱角度		8.2.3.4.2	8.2.3.4.2
15	抽样爆破试验[a]		8.3.2.2	8.3.2.2
16	抽样射线检测[b]		8.3.2.3	8.3.2.3
17	主体焊接接头结构		局部解剖目视	7.3.1
18	耐压试验		8.3.3	8.3.3.12
19	标志		8.6.1	8.6.1
20	出厂资料		8.7	8.7

[a] 试验方法设计时的型式试验项目。

[b] 计算方法设计时的型式试验项目。

8.4.4 型式试验中,抽样产品的受压元件的实测壁厚、爆破试验或射线检测、耐压试验结果必须符合表2中相应技术要求的规定,其余试验项目不合格时允许从供抽样的同批产品中再抽取2台,再次试验时该2台产品全部试验项目必须符合表2中技术要求的规定,否则,判定该批产品型式试验为不合格。

8.4.5 有下列情况之一时,应重新进行型式试验:

a) 停产6个月以上后又重新生产时;

b) 改变设计文件导致型号改变时;

c) 设计所采用的计算模型、标准、安全系数等发生改变,需要进行设计验证时;

d) 改变主要制造工艺时;

e) 国家相应的安全技术规范中提出要求时。

8.5 安全附件及仪表

8.5.1 安全附件

8.5.1.1 容器在操作过程中可能出现超压时,应设置安全泄放装置。

8.5.1.2 安全阀一般应选用全启式弹簧直接载荷式安全阀，且符合 GB/T 12243 或 JB/T 6441 的要求。

8.5.1.3 安全阀的额定泄放量应不小于容器的安全泄放量。

8.5.1.4 安全阀应铅直安装，容器与安全阀之间连接管件的通孔，其截面积不得小于安全阀的进口面积。

8.5.1.5 选择其他型式的安全附件应符合设计图样及有关文件的规定。

8.5.2 仪表

8.5.2.1 压力表

8.5.2.1.1 压力表应安装在容器上易于观察的部位。

8.5.2.1.2 压力表精度不应低于 2.5 级。

8.5.2.1.3 压力表盘量程应为工作压力的 1.5 倍～3.0 倍。

8.5.2.2 选择其他型式的仪表应符合设计图样及有关文件的规定。

8.6 标志、涂敷与运输包装

8.6.1 标志

容器出厂应有铭牌或标牌，对 TSG 21 管辖范围内的容器，制造单位应当在设计确定的明显部位用铆接或焊接等永久固定的方法安装金属制作的容器铭牌或标牌。铭牌或标牌上应有“简单压力容器”的明显标识，且至少应当包括以下内容：

a) 制造单位名称；

b) 制造许可证编号和许可级别(对 TSG 21 管辖范围内的容器)；

c) 产品名称；

d) 产品标准；

e) 主体材料；

f) 产品编号或产品批号；

g) 工作介质；

h) 设计压力，MPa；

i) 设计温度，℃；

j) 耐压试验压力，MPa；

k) 设计使用年限；

l) 制造日期；

m) 容积与自重。

8.6.2 容器内表面在焊接前、外表面在焊接后，应清除铁锈、油污等物，可涂敷对受压元件材料不产生腐蚀、不存在积碳可能的防锈底漆。

8.6.3 容器的涂敷与运输包装除应符合 JB/T 4711 的规定外，还应符合设计文件的要求。

8.7 出厂资料

8.7.1 容器出厂资料至少应当包括以下内容：

a) 容器竣工总图；

b) 产品合格证；

c) 安装、使用和维护说明；

d) 特种设备监督检验证书(对需监督检验的容器)。

8.7.2 竣工总图

同型号且同规格的容器产品的竣工总图可复印,应加盖制造单位竣工图章。

8.7.3 产品合格证

产品合格证上应注明“简单压力容器”字样。

附　录　A
(规范性附录)
标准的符合性声明及修订

A.1　本标准所有部分的制定遵循了国家颁布的压力容器安全法规所规定的基本安全要求，其设计准则、材料要求、制造检验技术要求和验收标准均符合 TSG 21 的相应规定。本标准所有部分均为协调标准，即按本标准所有部分要求建造的简单压力容器可以满足 TSG 21 的基本安全要求。

A.2　标准的修订采用提案审查制度。任何单位和个人均有权利对本标准的修订提出建议，修订建议应采用“表 A.1 标准提案/问询表”的方式提交全国锅炉压力容器标准化技术委员会(以下简称“委员会”)。委员会对收到的标准修订提案进行审查，根据审查结果，将采纳的技术内容纳入下一版标准。

表 A.1　标准提案/问询表　　　　总第　　号

□标准提案　□标准问询		标准名称	
单　　位		姓　　名	
联系地址		邮政编码	
电话/传真		电子信箱	
标准条款			
提案/问询内容(可加附页)			
技术依据与相关资料(可另附页)			
附加说明：			
单位图章或提案(问询)人签字：		提交日期： 年　　月　　日	

全国锅炉压力容器标准化技术委员会

地址：北京市朝阳区和平街西苑 2 号楼 D 座三层　邮政编码：100029

电子邮箱：NB/T 47052@cscbpv.org

附 录 B
(资料性附录)
产品型式代号

B.1 本附录给出了简单压力容器产品型式代号的表示形式。

B.2 简单压力容器的产品型式代号由拼音字母和数字组成：

J □ □ □—□ □

- 第六位：设计方法代号；
- 第五位：设计压力；
- 第四位：焊接工艺规程（WPS）代号；
- 第三位：检查孔类型代号；
- 第二位：结构形式代号；
- J：特指简单压力容器。

B.2.1 结构形式代号

结构形式代号用一位大写的英文字母表示，按表B.1的规定表示。

表B.1 结构形式代号

结构形式	代号
由一个筒节和两个凸形封头组成	H
由一个筒节和一个设备法兰、一个凸形封头组成	K
由一个筒节和两个设备法兰组成	L
由一个筒节和一个平盖、一个凸形封头组成	M
由一个筒节和一个平盖、一个设备法兰组成	N
由一个筒节和两个平盖组成	P
仅由两个凸形封头组成，无单独筒节	Q
由一个(深拉伸)凸形封头和一个设备法兰组成	R
由一个(深拉伸)凸形封头和一个平盖组成	S
其他结构形式	T或自定

B.2.2 检查孔类型代号

检查孔类型代号用阿拉伯数字表示，按表B.2的规定表示。

表B.2 检查孔类型代号

检查孔类型	代号
无检查孔	代号省略
有检查孔	1

B.2.3 焊接工艺规程(WPS)代号

以小写的一位英文字母表示某制造单位某同一型号产品的焊接工艺规程(WPS)代号,由制造单位自行规定。

B.2.4 设计压力

以 MPa 为单位的设计压力的数值。

B.2.5 设计方法代号

计算方法设计时,该代号可以省略;试验方法设计时,代号为"S"。

附　录　C

(资料性附录)

常用的焊接接头结构

C.1　本附录仅给出一些简单压力容器常用的焊接接头结构,供设计及制造时参考选用。焊接接头坡口的基本形式及尺寸仅为推荐内容,本附录中各类焊接接头的施焊工艺必须按 NB/T 47014 评定合格后采用。

在保证焊接质量的前提下,焊接接头设计应遵循以下原则:

a) 焊缝填充金属尽量少;

b) 焊接工作量应尽量少,且操作方便;

c) 合理选择坡口角度、钝边高、根部间隙等结构尺寸,使之有利于坡口加工及焊透,以减少各种缺陷产生的可能;

d) 有利于焊接防护;

e) 合理选择焊材,至少应保证对接焊接接头的抗拉强度不低于母材标准规定的下限值;

f) 焊缝外形应尽量连续、圆滑,减少应力集中。

C.2　常用的焊接接头结构见表 C.1。

C.3　本附录未给出的焊缝坡口的基本形式及尺寸可参照 GB 150.3、GB/T 985.1 和 GB/T 985.2 的规定,或由设计者给定。

表 C.1　常用的焊接接头结构

序号	母材厚度 δ_n/mm	母材厚度 δ_{nt}/mm	坡口/接头种类	横截面示意图	尺寸：坡口角 α 或坡口面角 β	尺寸：间隙 b mm	尺寸：钝边 p mm	尺寸：坡口深度 H/mm	尺寸：焊脚高度 K/mm	焊缝示意图	适用范围
1	$\delta_n \leqslant 10$	—	Ⅰ型坡口	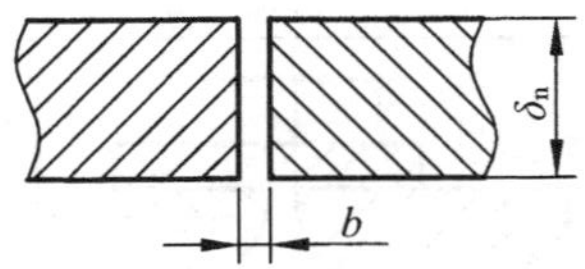	—	0～2	—	—	—	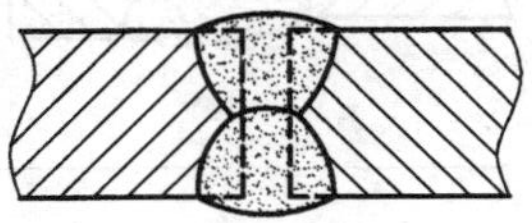	A、B 类双面焊接接头
	$\delta_n \leqslant 5$									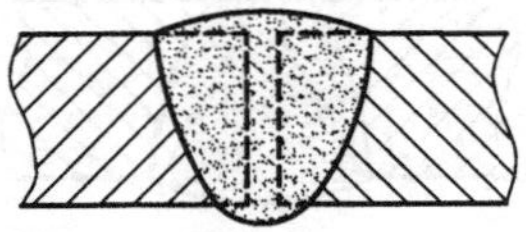	A、B 类焊接接头非永久性衬垫，或等离子小孔焊
2	$3 < \delta_n \leqslant 10$	—	V 型坡口	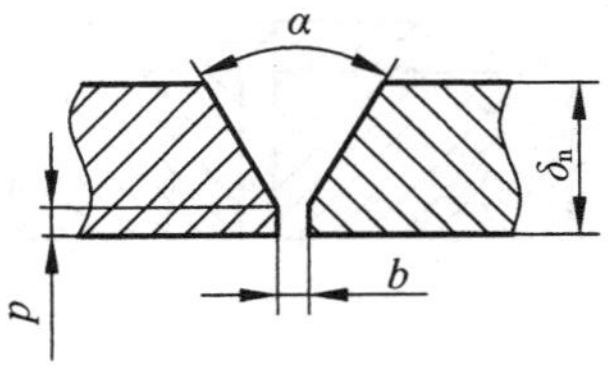	50°～60°	0～2	0～3	—	—	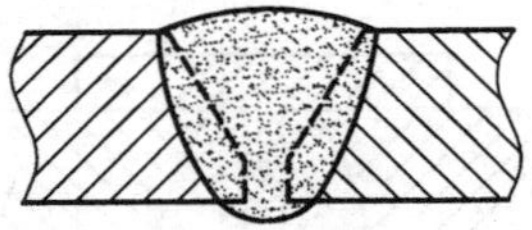	A、B 类焊接接头非永久性衬垫，或氩弧焊，或类似焊接方法打底的单面焊
										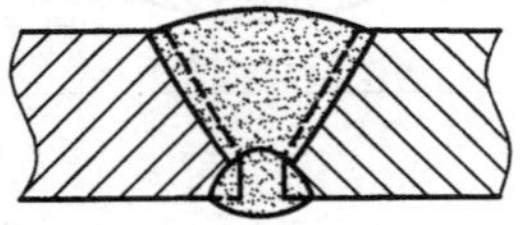	A、B 类焊接接头，背面能清根的双面焊
3	$\delta_n \leqslant 4$	—	单板折边坡口	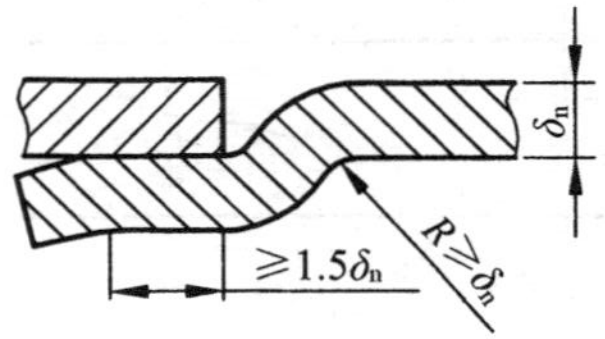	—	—	—	—	—	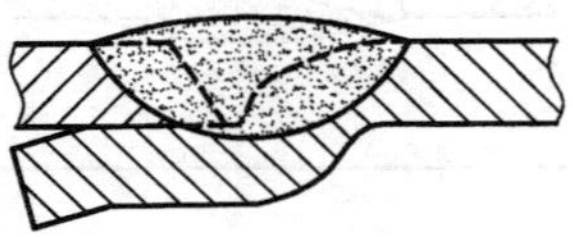	B 类焊接接头

表 C.1 常用的焊接接头结构（续）

序号	母材厚度 δ_n/mm	母材厚度 δ_{nt}/mm	坡口/接头种类	横截面示意图	尺寸：坡口角 α 或坡口面角 β	尺寸：间隙 b mm	尺寸：钝边 p mm	尺寸：坡口深度 H/mm	尺寸：焊脚高度 K/mm	焊缝示意图	适用范围
4	$\delta_n \leqslant 10$	—	V型折边坡口	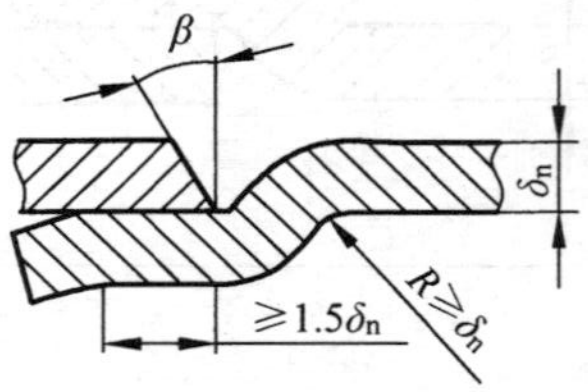	30°～45°	—	—	—	—	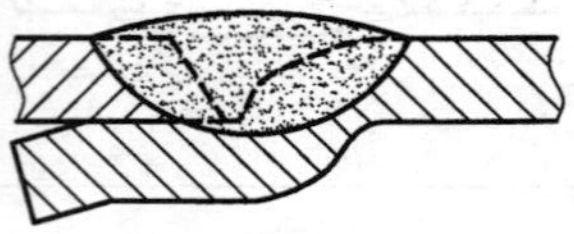	中厚板需焊透的B类焊接接头
5	$\delta_n \leqslant 5$	—	Ⅰ型坡口（永久衬垫）	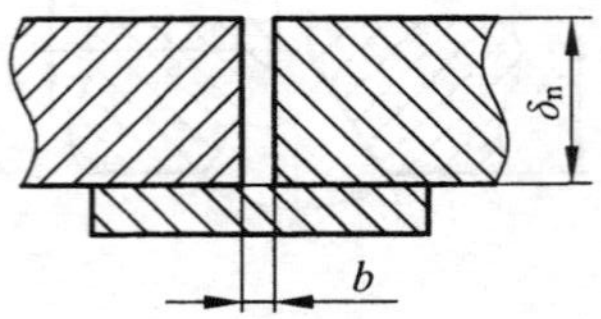	—	0～2	—	—	—	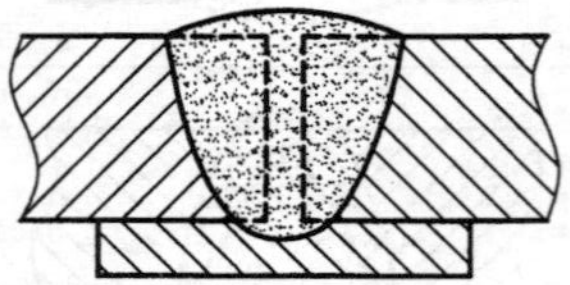	B类焊接接头
6	$3 < \delta_n \leqslant 10$	—	V型坡口（永久衬垫）	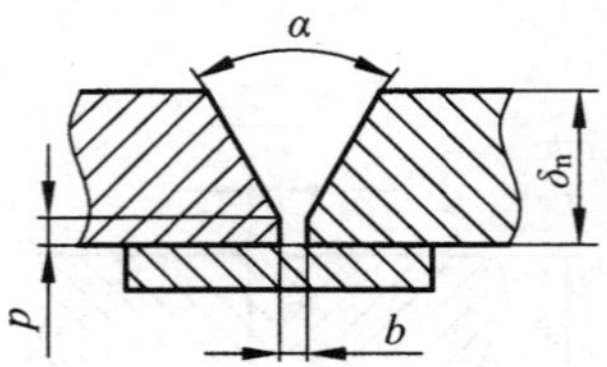	50°～60°	0～2	0～3	—	—	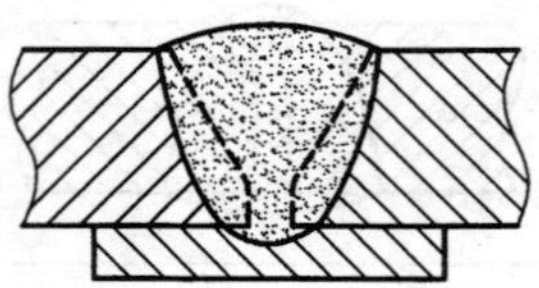	中厚板需焊透的B类焊接接头
7	$\delta_n \leqslant 10$	—	V型坡口	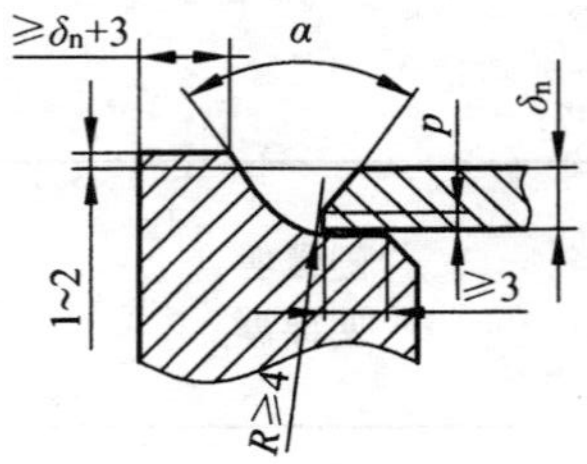	30°～60°	—	0～δ_n	—	—	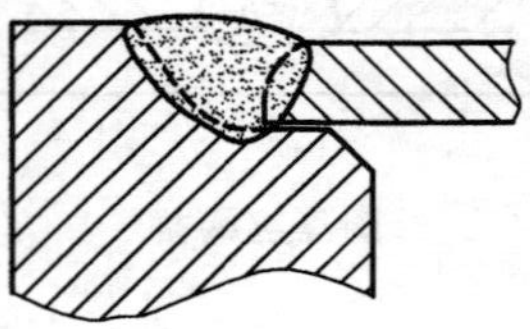	筒体与平盖、反向法兰焊接的C类接头

表 C.1　常用的焊接接头结构（续）

序号	母材厚度 δ_n/mm	母材厚度 δ_{nt}/mm	坡口/接头种类	横截面示意图	尺寸：坡口角 α 或坡口面角 β	尺寸：间隙 b mm	尺寸：钝边 p mm	尺寸：坡口深度 H/mm	尺寸：焊脚高度 K/mm	焊缝示意图	适用范围
8	$\delta_n \leqslant 10$	—	V 型坡口	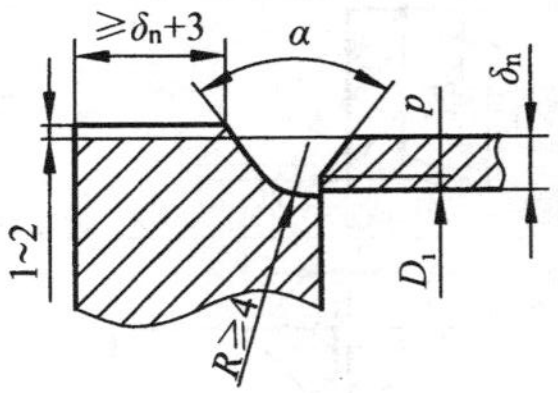	30°～60°	—	0～δ_n	—	当 $D_i \geqslant 300$ 时，$K \geqslant \delta_n$	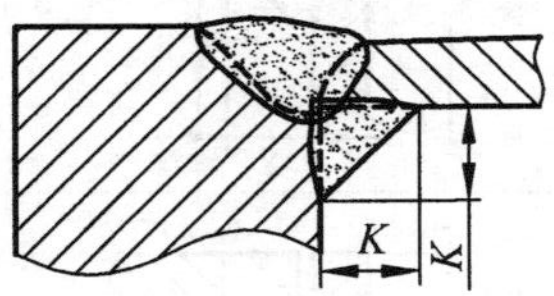	筒体与平盖、反向法兰焊接的 C 类接头
9	$\delta_n \leqslant 10$	—	双 V 型坡口	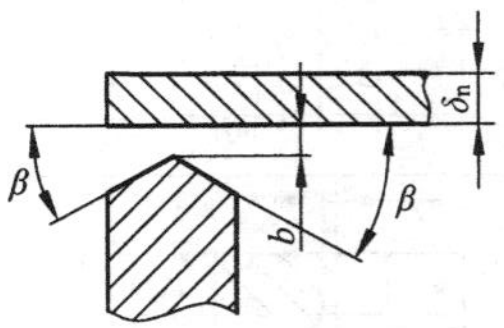	30°～60°	0～2	—	—	$\geqslant \delta_n$	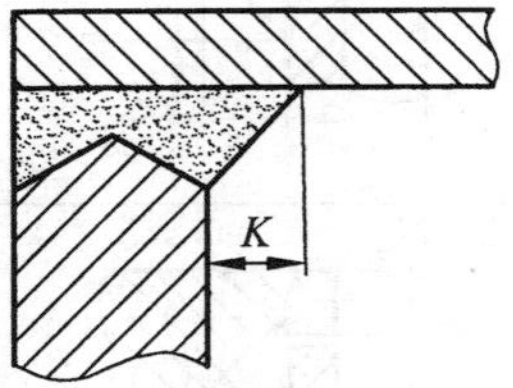	筒体与平盖、反向法兰焊接的 C 类接头
10	$\delta_n \leqslant 10$	—	T 型接头	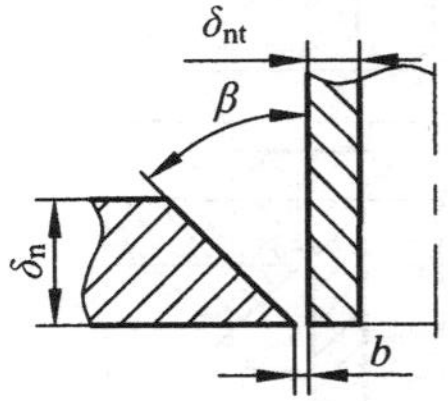	45°～50°	0～3	—	—	$\geqslant 1/3\delta_n$，且 $\geqslant 2.5$	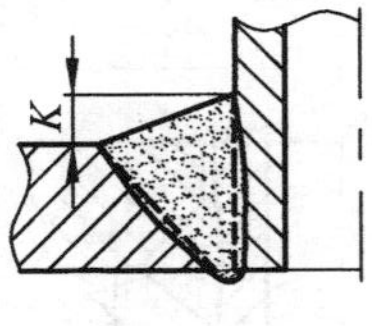	全焊透插入式接管
11	$\delta_n \leqslant 10$	—	T 型接头	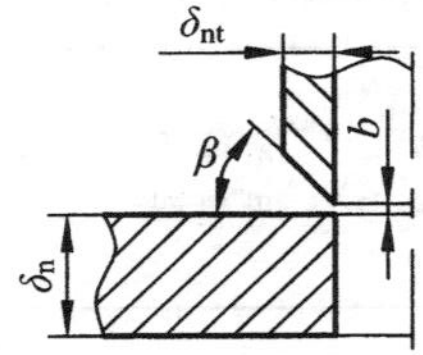	45°～50°	0～3	—	—	$\geqslant 1/3\delta_n$，且 $\geqslant 2.5$	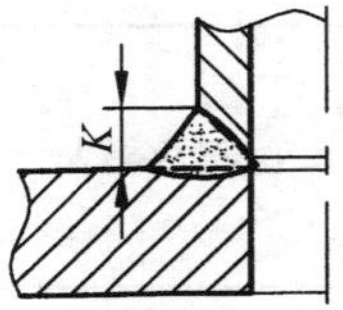	全焊透安放式接管

表 C.1 常用的焊接接头结构（续）

序号	母材厚度 δ_n/mm	母材厚度 δ_{nt}/mm	坡口/接头种类	横截面示意图	尺寸：坡口角 α 或坡口面角 β	尺寸：间隙 b mm	尺寸：钝边 p mm	尺寸：坡口深度 H/mm	尺寸：焊脚高度 K/mm	焊缝示意图	适用范围
12	$\delta_n \leqslant 10$	—	T 型接头	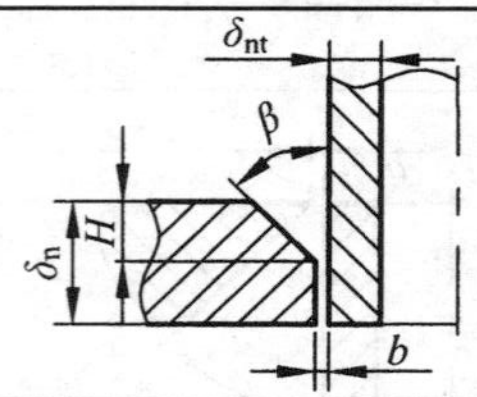	45°～50°	0～3	—	$\geqslant 0.5\delta_n$	$\geqslant \min\{\delta_n、\delta_{nt}\}$，且 $\geqslant 4$	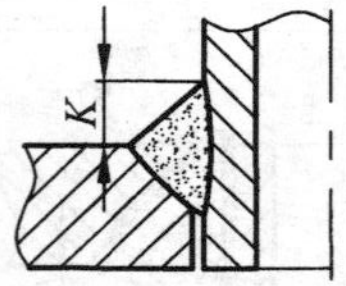	插入式接管，限机械化焊接且接管 $d_o \leqslant 76$
13	$\delta_n \leqslant 10$	—	T 型接头	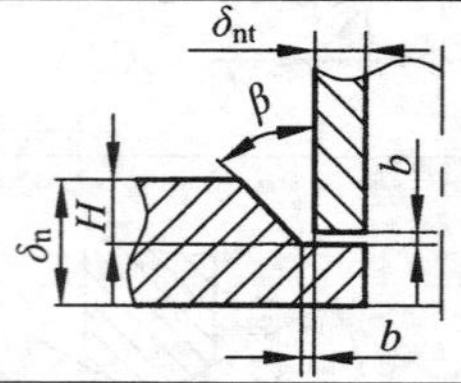	45°～50°	0～1	—	$\geqslant 0.5\delta_n$	$\geqslant \min\{\delta_n、\delta_{nt}\}$，且 $\geqslant 4$	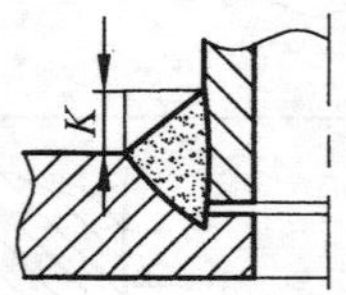	安放式接管，限机械化焊接且接管 $d_o \leqslant 76$
14	$\delta_n \leqslant 10$	—	T 型接头	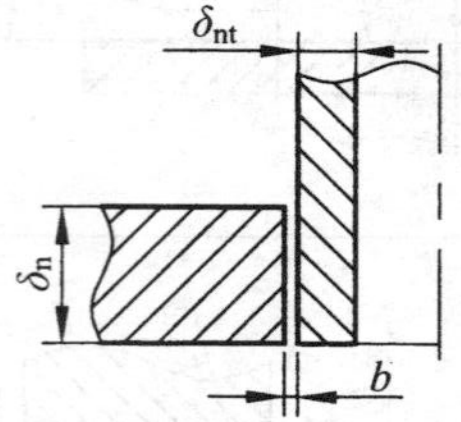	—	0～3	—	—	$\geqslant \min\{2\delta_n、2\delta_{nt}\}$，且 $\geqslant 4$	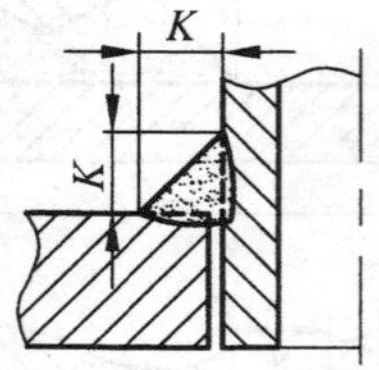	插入式接管，限机械化焊接且接管 $d_o \leqslant 48$
15	$\delta_n \leqslant 10$	—	T 型接头	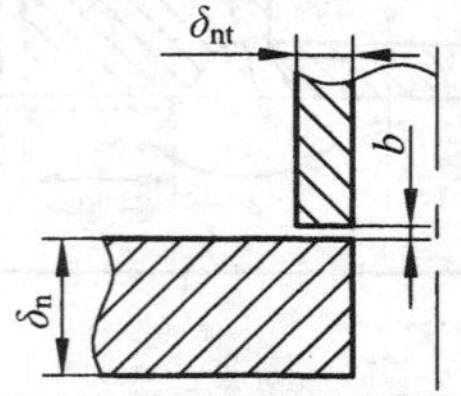	—	0～3	—	—	$\geqslant \min\{2\delta_n、2\delta_{nt}\}$，且 $\geqslant 4$	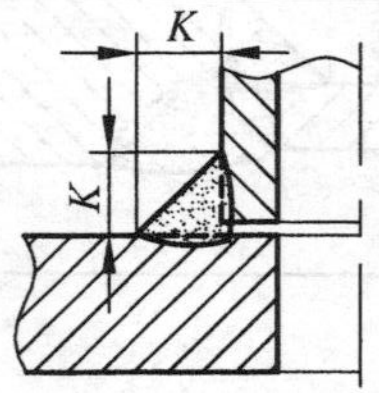	安放式接管，限机械化焊接且接管 $d_o \leqslant 48$

ICS 23.020.01
J 74

NB

中华人民共和国能源行业标准

NB/T 47057—2017
代替 JB/T 4781—2005

液化气体罐式集装箱

Tank containers for liquefied gases

2017-03-28 发布 2017-08-01 实施

国家能源局 发布

前　言

本标准按 GB/T 1.1—2009《标准化工作导则　第 1 部分:标准的结构和编写》给出的规则起草。

本标准代替 JB/T 4781—2005《液化气体罐式集装箱》,与 JB/T 4781—2005 相比,其主要技术变化如下:

a) 范围:

——取消了设计温度的要求,增加了罐体容积不小于 1 m^3 罐体界定等内容。

b) 术语和定义:

——取消了工作压力、设计压力等 7 个术语,增加了液化气体等 4 个术语。

c) 资格与职责:

——原“总论”改为“资质与职责”,增加了用户或设计委托方的职责,修改了设计单位和制造单位的资格与职责的要求。

d) 材料:

——修改了罐体用钢板、钢锻件、钢管与管件、堆积绝热材料、焊接材料等要求,增加了框架材料的−20℃低温冲击要求。

e) 设计:

——修改了最大允许充装量、最低设计金属温度等要求,增加了分析设计方法、二甲醚等四种介质和泄漏试验等要求。

f) 安全附件、仪表及装卸附件:

——修改了安全附件、仪表及装卸附件的要求。

g) 制造:

——修改了焊接接头、材料复验、冷热加工、组装、焊接、无损检测、热处理等要求,增加了 E 类焊接接头。

h) 试验方法:

——增加了氨检漏、卤素检漏及氦检漏等试验方法。

i) 检验规则:

——取消了批量检验的要求,增加了免除型式试验的条件。

j) 附录

——增加了“标准的符合性声明及修订”和“风险评估报告”2 个附录;

——取消了原“产品质量证明书的格式和内容”和“试验报告格式”2 个附录;

——原“安全泄放装置的设计计算”改为“罐体安全泄放量及安全泄放装置排放能力的计算”,并且修改了罐体安全泄放量及安全泄放装置排放能力的要求。

本标准由全国锅炉压力容器标准化技术委员会(SAC/TC 262)提出并归口。

本标准由全国锅炉压力容器标准化技术委员会移动式压力容器分技术委员会(SAC/TC 262/SC4)组织起草。

本标准起草单位:江西制氧机有限公司、上海市气体工业协会、中国特种设备检测研究院、哈尔滨建成机械设备有限公司、南通中集罐式储运设备制造有限公司、上海华谊集团装备工程有限公司、上海华理安全装备有限公司、石家庄安瑞科气体机械有限公司、上海市特种设备监督检验研究院、中国船级社质量认证公司、常州蓝翼飞机制造装备有限公司。

本标准主要起草人:陈燕山、周伟明、张七斤、魏勇彪、张杰、陈朝晖、寿比南、谢铁军、罗永欣、吴全龙、汤晓英、陈小虎、翟兰惠、张建娣。

本标准所代替标准的历次版本发布情况为:

——JB/T 4781—2005。

液化气体罐式集装箱

1 范围

1.1 本标准规定了液化气体罐式集装箱(以下简称罐箱)的材料、设计、制造、试验方法、检验规则、标志标识、出厂文件和储存运输等要求。

1.2 本标准适用于设计压力不小于0.1 MPa,罐体容积不小于1 m^3的钢制罐箱。

1.3 本标准不适用于下列罐箱:

——罐体材料为有色金属或非金属的;

——罐体为真空绝热结构的;

——国防军事装备等有特殊要求的。

1.4 界定范围

1.4.1 本标准适用的罐箱范围包括罐体、管路、安全附件、仪表、装卸附件以及框架、支座等。

1.4.2 罐体界定范围如下:

a) 罐体与管路焊接连接的第一道环向接头的坡口面;

b) 罐体与管路、安全附件螺纹连接的第一个螺纹接头端面、法兰连接的第一个法兰密封面;

c) 罐体开孔部分的端盖、端塞及其紧固件;

d) 罐体与非受压元件的连接焊缝。

1.4.3 主要受压元件包括筒体、封头以及公称直径不小于50 mm的接管(承压)、凸缘、法兰、法兰盖板等。

1.4.4 管路包括所有与罐体相连接的管子与管件。

2 规范性引用文件

下列文件对于本文件的应用是必不可少的。凡是注日期的引用文件,仅注日期的版本适用于本文件。凡是不注日期的引用文件,其最新版本(包括所有的修改单)适用于本文件。

GB/T 150.1 压力容器 第1部分:通用要求

GB/T 150.2 压力容器 第2部分:材料

GB/T 150.3 压力容器 第3部分:设计

GB/T 150.4—2011 压力容器 第4部分:制造、检验和验收

GB/T 196 普通螺纹 基本尺寸

GB/T 197 普通螺纹 公差

GB/T 567.1 爆破片安全装置 第1部分:基本要求

GB/T 567.2 爆破片安全装置 第2部分:选择与安装

GB/T 567.3 爆破片安全装置 第3部分:分类及安装尺寸

GB/T 713 锅炉和压力容器用钢板

GB/T 1413 系列1集装箱 分类、尺寸和额定质量

GB/T 1804—2000　一般公差　未注公差的线性和角度尺寸的公差
GB/T 1835　系列1集装箱　角件
GB/T 1836　集装箱代码、识别和标记
GB/T 3531　低温压力容器用钢板
GB/T 6479—2000　高压化肥设备用无缝钢管
GB 6944　危险货物分类和品名编号
GB/T 8163　输送流体用无缝钢管
GB/T 9948　石油裂化用无缝钢管
GB/T 12241　安全阀一般要求
GB/T 12243　弹簧直接载荷式安全阀
GB 12268　危险货物品名表
GB/T 14976　流体输送用不锈钢无缝钢管
GB/T 16563　系列1液体、气体及加压干散货罐式集装箱　技术要求和试验方法
GB/T 17393　覆盖奥氏体不锈钢用绝热材料规范
GB/T 17600(所有部分)　钢的伸长率换算
GB/T 22653　液化气体设备用紧急切断阀
GB/T 24511　承压设备用不锈钢钢板及钢带
GB/T 25198　压力容器封头
GB/T 26929　压力容器术语
GB 50126　工业设备及管道绝热工程施工规范
GBZ 230　职业性接触毒物危害程度分级
NB/T 47008　承压设备用碳素钢和合金钢锻件
NB/T 47009　低温承压设备用低合金钢锻件
NB/T 47010　承压设备用不锈钢和耐热钢锻件
NB/T 47013.1　承压设备无损检测　第1部分:通用要求
NB/T 47013.2　承压设备无损检测　第2部分:射线检测
NB/T 47013.3　承压设备无损检测　第3部分:超声检测
NB/T 47013.4　承压设备无损检测　第4部分:磁粉检测
NB/T 47013.5　承压设备无损检测　第5部分:渗透检测
NB/T 47013.10　承压设备无损检测　第10部分:衍射时差法超声检测
NB/T 47013.11　承压设备无损检测　第11部分:X射线数字成像检测
NB/T 47013.14　承压设备无损检测　第14部分:X射线计算机辅助成像检测
NB/T 47014　承压设备焊接工艺评定
NB/T 47016　承压设备产品焊接试件的力学性能检验
NB/T 47018(所有部分)　承压设备用焊接材料订货技术条件
JB/T 4711　压力容器涂敷与运输包装
JB 4732—1995　钢制压力容器—分析设计标准(2005年确认)
HG/T 20592　钢制管法兰(PN系列)
HG/T 20610　钢制管法兰用缠绕式垫片(PN系列)

HG/T 20614 钢制管法兰、垫片、紧固件选配规定(PN 系列)
HG/T 20615 钢制管法兰(Class 系列)
HG/T 20631 钢制管法兰用缠绕式垫片(Class 系列)
HG/T 20635 钢制管法兰、垫片、紧固件选配规定(Class 系列)
HG 20660 压力容器中化学介质毒性危害和爆炸危险程度分类
TSG R0005 移动式压力容器安全技术监察规程
TSG Z6002 特种设备焊接操作人员考核细则

3 术语和定义

GB/T 150.1、GB/T 150.4、GB/T 16563 及 GB/T 26929 界定的以及下列术语和定义适用于本文件。

3.1

液化气体 liquefied gas

指在温度高于－50℃下加压时部分是液态的气体，包括临界温度在－50℃～65℃的高压液化气体和临界温度高于 65℃的低压液化气体。

3.2

液化气体罐式集装箱 tank containers for liquefied gases

由两个基本部分即罐体以及框架组成的用于充装液化气体的移动式压力容器。

3.3

额定质量 rating

罐箱的总质量，在作业时为最高值，在试验时为最低值，通常以字母“R”表示。

3.4

几何容积 geometric volume

按设计的几何尺寸确定(不考虑制造公差，但扣除内件所占体积)的罐体内部体积。

3.5

等效压力 equivalent pressure

罐体所承受的在正常运输工况中因介质惯性力载荷作用而引起的压力。

3.6

基准钢 reference steel

指设定的标准抗拉强度下限值(R_m)为 370 MPa、断后伸长率(A)为 27%的基准材料。

4 资质与职责

4.1 资质

4.1.1 罐箱的设计、制造、检验及验收除符合本标准的规定外，还应遵守国家颁布的有关法律、规章和安全技术规范。

4.1.2 罐箱的设计、制造单位的资质应符合 TSG R0005 的有关规定，且持有相应的特种设备的设计、制造许可证。

4.2 职责

4.2.1 用户或设计委托方

用户或设计委托方应以正式书面形式向设计单位提出罐箱设计条件。其设计条件应至少包含下列内容：

a） 设计和制造应遵循的主要标准和安全技术规范；

b） 运输方式，包括铁路、公路、水路或这些运输方式的联运等；

c） 工作条件，包括使用环境温度、工作温度范围、工作压力范围、装卸条件及方式、装卸压力、附加载荷等；

d） 充装介质，包括介质的编号、名称、类别、物理与化学性质、有害杂质含量以及介质对罐体材料的腐蚀速率等；

e） 罐体容积；

f） 集装箱尺寸规格；

g） 预期使用年限；

h） 对应波动压力的压力循环次数；

i） 尺寸要求和管口方位；

j） 设计需要的其他必要条件(如罐体材料选择、防腐、表面处理及特殊试验等)。

4.2.2 设计单位

4.2.2.1 设计单位应基于风险评估报告的内容完成罐箱整体设计，且对设计文件的正确性和完整性负责。

4.2.2.2 设计许可印章的管理和使用应满足 TSG R0005 的要求。

4.2.2.3 设计单位应在罐箱设计使用年限内保存全部设计文件。

4.2.3 制造单位

4.2.3.1 罐箱应为整体制造，制造单位对罐箱制造质量负责。

4.2.3.2 制造单位应按设计文件的要求进行制造，当对原设计进行修改时，应取得原设计单位同意修改的书面证明文件，且对改动部位作出详细记录。

4.2.3.3 制造单位在制造前应制定质量计划，其内容应至少包括罐箱的制造工艺控制点、检验项目及合格要求。

4.2.3.4 制造单位的检验部门在制造过程中和完工后，应按本标准、设计图样和技术文件、质量计划的规定进行各项检验和试验，出具相应报告，并对报告的正确性和完整性负责。

4.2.3.5 每台罐箱检验合格后，制造单位应出具产品合格证。

4.2.3.6 制造单位应接受特种设备检验检测机构对其制造过程的监督检验，并取得监督检验单位出具的"特种设备制造监督检验证书"。

4.2.3.7 罐箱制造单位应按型号进行样箱型式试验，且取得主管部门认可的合格证明文件。

4.2.3.8 制造单位对其制造的每台罐箱应在其设计使用年限内至少保存以下技术文件备查：

a） 制造工艺图或制造工艺卡；

b） 罐体的焊接工艺和热处理工艺文件；

c） 标准规定的检验、试验项目记录；

d） 制造过程中及完工后的检查、检验、试验记录；

e） 出厂文件(符合第 12 章的规定)；

f） 原设计图。

5 材料

5.1 一般要求

5.1.1 与充装介质接触的材料应与介质相容。

5.1.2 与受压元件相焊接的非受压元件用材料应具有良好的焊接性。

5.1.3 材料制造单位应在材料的明显部位作出清晰、牢固的钢印标志或采用其他可追溯的标志。

5.1.4 材料制造单位应向罐箱制造单位提供材料质量证明书,材料质量证明书的内容应齐全、清晰,且印制可以追溯的信息化标志以及质量检验章。

5.1.5 罐箱制造单位从非材料制造单位取得罐体材料时,应取得材料制造单位提供的材料质量证明书原件或加盖材料经营单位公章和经办负责人章的复印件。

5.1.6 罐箱制造单位应对取得的材料、外购件的质量证明书的真实性和一致性负责。

5.2 罐体材料

5.2.1 罐体选用的材料应符合相应国家标准或行业标准的规定。罐体受压元件选材时,应考虑罐体的使用条件(如设计温度、设计压力、介质特性和操作特点等)、材料的性能(力学性能、工艺性能、化学性能和物理性能)、罐体的制造工艺以及经济合理性。

5.2.2 境外牌号材料或新材料的使用应符合 TSG R0005 的有关规定。

5.2.3 熔炼方法

5.2.3.1 罐体受压元件用钢应为镇静钢。

5.2.3.2 标准抗拉强度下限值不小于 540 MPa 的低合金钢钢板、用于设计温度低于－20℃的低温钢板和低温钢锻件,还应采用炉外精炼工艺。

5.2.4 化学成分(熔炼分析)

5.2.4.1 焊接用碳素钢和低合金钢,碳含量不大于 0.250%、磷含量不大于 0.035%、硫含量不大于 0.035%。

5.2.4.2 压力容器专用钢中的碳素钢和低合金钢钢材(钢板、钢管和钢锻件),其磷、硫含量应符合下列规定:

a) 标准抗拉强度下限值不大于 540 MPa 的钢材,磷含量不大于 0.030%、硫含量不大于 0.020%;

b) 标准抗拉强度下限值大于 540 MPa 的钢材,磷含量不大于 0.025%、硫含量不大于 0.015%;

c) 用于设计温度低于－20℃且标准抗拉强度下限值不大于 540 MPa 的钢材,磷含量不大于 0.025%、硫含量不大于 0.012%;

d) 用于设计温度低于－20℃且标准抗拉强度下限值大于 540 MPa 的钢材,磷含量不大于 0.020%、硫含量不大于 0.010%。

5.2.5 力学性能

5.2.5.1 罐体用碳素钢或低合金钢钢材,常温下的屈服强度标准值应不大于 460 MPa,抗拉强度上限标准值应不大于 725 MPa,且能适应罐箱在运输、使用中所遇到的环境条件要求,并符合设计图样要求。

5.2.5.2 罐体用碳素钢或低合金钢钢材,材料质量证明书中常温下的屈服强度与抗拉强度之比应不大于0.85。

5.2.5.3 罐体用碳素钢或低合金钢(钢板、钢管、钢锻件)的冲击吸收能量试验应符合下列规定:

a) 冲击试验温度应按设计文件的要求;

b) 夏比冲击吸收能量(KV_2)指标应符合表1的规定;

c) 当钢材标准中夏比冲击吸收能量指标高于表1规定时,还应符合相应钢材标准的规定;

d) 厚度小于6 mm的钢板可免除冲击夏比吸收能量试验。

5.2.5.4 夏比冲击吸收能量试样的取样部位和试样方向应符合相应钢材标准的规定。冲击吸收能量试验每组取3个标准试样(宽度为10 mm),允许1个试样的冲击吸收能量数值低于表1的规定值,但不低于表1规定值的70%。当钢材尺寸无法制备标准试样时,则应依次制备宽度为7.5 mm或5 mm的小尺寸冲击试样,其冲击吸收能量指标分别为标准试样冲击吸收能量指标的75%或50%。

表1 碳素钢或低合金钢钢板、钢管和钢锻件的夏比冲击吸收能量

钢材标准抗拉强度下限值 R_m/MPa	3个标准试样夏比冲击吸收能量平均值 KV_2/J
≤510	≥27
>510~570	≥34
>570~630	≥38 (且侧向膨胀量 LE≥0.53 mm)
对 R_m 随厚度增大而降低的钢材,按该钢材最小厚度范围的 R_m 确定夏比冲击吸收能量指标。	

5.2.5.5 断后伸长率(A)指标的规定:

a) 罐体用钢板,其断后伸长率(A)应不小于10 000/R_m(%),且应满足下列要求:

——当标准抗拉强度下限值(R_m)不小于540 MPa时,A不小于17%;

——当标准抗拉强度下限值(R_m)小于540 MPa时,A不小于20%。

b) 当相应钢板标准中规定的断后伸长率(A)高于a)时,还应符合相应钢板标准的规定。

c) 其他受压元件用钢板、钢管和钢锻件的断后伸长率应符合相应钢材标准的规定。

d) 采用不同尺寸试样的断后伸长率指标,应按照GB/T 17600(所有部分)进行换算,换算后的指标应符合a)或b)、c)的规定。

5.2.6 钢板超声检测

罐体用碳素钢和低合金钢钢板应逐张进行超声检测,钢板超声检测应按NB/T 47013.3的规定进行,其合格等级不低于Ⅱ级。

5.2.7 钢板

5.2.7.1 罐体常用钢板的性能指标应符合表2的规定。

5.2.7.2 当采用表2以外的钢板时,除满足本标准要求外,还应符合相关材料标准的规定。

表2 罐体常用钢板性能指标

钢号	钢板标准	交货状态	厚度/mm	室温强度指标/MPa R_m	室温强度指标/MPa $R_{eL}(R_{p0.2})$	断后伸长率 A/%
Q245R	GB/T 713	热乳,控轧或正火	5～16	400～520	≥245	≥25
			>16～36		≥235	
Q345R			5～16	510～640	≥345	≥21
			>16～36	500～630	≥325	
Q370R		正火	10～16	530～630	≥370	≥20
			>16～36		≥360	
16MnDR	GB/T 3531	正火,正火加回火	6～16	490～620	≥315	≥21
			>16～36	470～600	≥295	
S30408	GB/T 24511	固溶处理	4～30	≥520	≥220	≥40
S30403				≥490	≥210	
S31608				≥520	≥220	
S31603				≥490	≥210	

5.2.8 钢锻件

5.2.8.1 罐体用碳素钢和合金钢钢锻件应符合 NB/T 47008 的规定,低温罐体用低合金钢钢锻件应符合 NB/T 47009 的规定。

5.2.8.2 罐体用不锈钢钢锻件应符合 NB/T 47010 的规定。

5.2.8.3 与罐体内介质接触且公称直径不小于 50 mm 的钢锻件级别应不低于Ⅲ级,其余钢锻件应不低于Ⅱ级。

5.2.9 钢管和管件

5.2.9.1 钢管应符合 GB/T 150.2 及设计图样的规定,且满足下列要求:

a) 碳素钢、低合金钢钢管应符合 GB/T 6479—2000、GB/T 9948 或 GB/T 8163 的规定。与毒性程度为极度、高度危害的介质接触的钢管,应符合 GB/T 6479—2000 或 GB/T 9948 的规定,且应按相关标准逐根进行压力试验,试验压力不低于 1.6 MPa 或按设计图样的规定。

b) 不锈钢钢管应符合 GB/T 14976 的规定。

5.2.9.2 管件应符合相应标准的规定,当管件采用钢锻件时其要求应符合 5.2.8 的规定。

5.2.10 焊接材料

5.2.10.1 罐体受压元件用焊接材料应符合 NB/T 47018(所有部分)的规定,且有清晰、牢固的标志。

5.2.10.2 焊接材料选用应考虑焊接接头力学性能与罐体母材的匹配,且焊缝金属的拉伸强度不低于母材标准规定的下限值,冲击吸收能量应符合表1的规定,当需要时,其他性能也应不低于母材的相应要求。

5.2.10.3 焊接材料应按 NB/T 47014 的要求进行焊接工艺评定,评定合格后方可使用。

5.2.10.4 制造单位应建立并严格执行焊接材料验收、复验、保管、烘干、发放和回收制度。

5.3 堆积绝热材料

堆积绝热材料应符合下列规定:

a) 应有良好的化学稳定性,对设备和管路无腐蚀作用,且在遭受火灾时不大量逸散有毒气体;

b) 有良好的绝热性能和阻火功能;

c) 与奥氏体不锈钢表面接触的,其氯离子含量应符合 GB/T 17393 的规定。

5.4 遮阳材料

5.4.1 遮阳材料应具有良好的化学稳定性,遭受火灾时不会产生大量有毒气体。

5.4.2 遮阳材料应选用无机非易燃材料。

5.5 框架材料

5.5.1 角柱、端梁、侧梁及支撑用钢板、型材等应具有良好的可焊性、足够的强度和韧性,且符合相应钢材标准的规定。

5.5.2 框架的角柱、端梁及侧梁等主要受力构件,在-20℃时应具备足够的冲击韧性,进行夏比冲击吸收能量试验时,试验温度为-20℃,3 个标准试样冲击吸收能量平均值(KV_2)应不小于 27 J。

5.5.3 框架和支撑等材料应考虑到外界环境的腐蚀作用和环境温度的影响。

5.6 其他

5.6.1 外购件应符合相应国家标准或行业标准的规定,且有质量证明文件或产品合格证。

5.6.2 角件应符合 GB/T 1835 的规定。

5.6.3 紧固件应符合相应国家标准或行业标准的规定。

5.6.4 密封垫片应符合相应标准的规定,且应不含有石棉。

6 设计

6.1 一般要求

6.1.1 罐箱设计除应符合本标准的要求外,还应符合相关法规、安全技术规范的规定,罐体、管路、安全附件、仪表及装卸附件等的布置应满足使用和安全的要求。

6.1.2 罐箱所承受的设计载荷应通过计算或试验来确定。

6.1.3 国际联运用罐箱应符合相关国际公约的要求。

6.1.4 罐箱设计时应考虑采取适当的防护措施,以防止在纵向、横向受到冲击或翻倒而造成的损坏或充装介质的泄漏。

6.1.5 铁路运输用罐箱,其原型箱的结构强度与刚度应能承受满载时在铁路运输中所经历典型的机械振动而产生的不小于 4 倍额定质量乘以重力加速度的冲击力。

6.1.6 采用堆积绝热结构罐体的设计应满足设计文件的规定。

6.1.7 采用上装上卸的罐箱,当在非专用平台上进行装卸时,应在罐箱顶部设置必要的安全防护装置。

6.1.8 罐箱设计使用年限应不少于 15 年。

6.2 设计文件

6.2.1 罐箱的设计文件至少包括下列文件:

a) 风险评估报告，包括设计、制造及使用等阶段的主要失效模式和风险控制等，其基本内容应符合附录B的规定；

b) 设计说明书，包括对充装介质的主要物理与化学性质（编号、名称、类别及与工作温度相对应的饱和蒸气压和密度等）、危险特性、混合介质的限制组分以及有害杂质的限制含量要求、与罐体材料相容性等作出说明，还应对设计规范与标准的选择、主要设计结构的确定原则、主要设计参数的确定原则、罐体材料及框架材料的选择、安全附件、仪表及装卸附件的选择等作出说明；

c) 设计计算书，包括罐体的强度、刚度、外压稳定性、容积、安全泄放量和安全泄放装置泄放能力等计算，结构强度分析计算，需要时还包括传热计算等；

d) 设计图样，包括总图、罐体图、管路系统及流程图等；

e) 制造技术条件，包括主要制造工艺要求、检验试验方法等；

f) 使用说明书，包括主要技术性能参数、适用介质、安全附件、仪表及装卸附件等的规格和连接方式、操作使用说明、使用注意事项和必要的安全警示性要求，以及应急措施等；

g) 试验大纲，包括主要试验方法和合格要求等。

6.2.2 设计总图、罐体图、风险评估报告、设计计算书应由设计、校核、审核3级签署以及经设计单位技术负责人或其授权人批准。

6.2.3 设计总图上至少应注明下列内容：

a) 产品名称、型号及设计制造依据的主要安全技术规范、标准；

b) 适用的铁路、公路、水路运输方式或这些运输方式的联运；

c) 工作条件，包括使用环境温度、工作温度、工作压力、介质特性（毒性和爆炸危害程度等）等；

d) 设计参数，包括设计温度、最低设计金属温度、设计载荷（含压力载荷和其他必要的载荷）、介质（组分）、腐蚀裕量等，介质有应力腐蚀倾向的需注明介质的限定含量；

e) 主要特性参数，包括罐箱的额定质量、空箱质量、罐体几何容积、单位容积充装量和最大允许充装量等；

f) 设计使用年限；

g) 需绝热的罐体，提出绝热措施；

h) 特殊制造要求，如氮气或惰性气体置换要求等；

i) 泄漏试验要求；

j) 特殊耐腐蚀要求（必要时）；

k) 安全附件、仪表及装卸附件的规格、性能参数及连接方式；

l) 装卸管口方位、规格、连接法兰标准等；

m) 当运输中需气体保护要求，如氮气或其他不溶性气体的封罐压力限制等要求；

n) 铁路、公路或者水路等交通运输管理部门规定的其他有关要求；

o) 允许的堆码质量；

p) 铭牌位置。

6.2.4 罐体设计图应至少注明下列内容：

a) 主要受压元件材料牌号与材料标准；

b) 主要设计参数,包括设计温度、设计压力、最低设计金属温度、腐蚀裕量、单位容积充装量、最大允许充装量、充装介质及介质的危害性、几何容积、焊接接头系数等,介质有应力腐蚀倾向的还需注明介质的限定含量;

c) 圆筒、封头的设计厚度和最小成形厚度;

d) 无损检测要求;

e) 热处理要求(必要时);

f) 耐压试验要求;

g) 设计使用年限(当疲劳罐体时应标明循环次数)。

6.3 尺寸、公差和额定质量

6.3.1 罐箱的外部尺寸和公差应符合 GB/T 1413 的规定,1AX、1BX、1CX 和 1DX 等型号的罐箱可降低高度。对外部尺寸超出 GB/T 1413 规定的罐箱(如超长、超宽等),应按主管部门认可的标准进行设计、制造、检验和验收,并进行相应的标识。

6.3.2 罐箱的任何部分和各种附件,应不超出规定的外部尺寸。

6.3.3 罐箱的额定质量应符合 GB/T 1413 的规定。当 1EEE、1EE、1AAA、1AA、1A、1BBB、1BB、1B、1CC 和 1C 型罐箱按额定质量进行设计、试验时,其额定质量可允许超过 GB/T 1413 的规定值。当额定质量超过 GB/T 1413 的规定值时,除应按该额定质量值进行设计、检验、试验和标记外,还应标上超重标记。

6.4 罐体

6.4.1 一般要求

6.4.1.1 强度计算和外压稳定性校核时,采用规则设计的应符合 GB/T 150.3 的规定,采用分析设计的应符合 JB 4732 的规定。

6.4.1.2 当罐体强度计算采用 GB/T 150.3 计算时,局部应力分析可按 JB 4732 的规定进行,其材料许用应力按 GB/T 150.2 选取。

6.4.1.3 罐体应基于可能产生的失效模式进行设计。

6.4.2 载荷

6.4.2.1 罐体设计时,应能承受在正常装卸和运输使用过程中可能出现的各种工况条件下的内压、外压、内外压力差等静载荷以及动载荷和热应力载荷等,以及这些载荷组合。同时还应考虑在设计使用年限内由于反复施加这些载荷而造成的疲劳失效。

6.4.2.2 罐体设计时应考虑下列载荷以及可能发生的最苛刻的组合:

a) 内压、外压或最大压差;

b) 装载量达到额定质量时的液柱静压力;

c) 运输或吊装时的惯性力;

d) 支座、框架及其他型式支撑件与罐体连接部位或支承部位的作用力;

e) 连接管道和其他部件的作用力;

f) 罐体自重及正常工作条件下或试验条件下的重力载荷;

g) 附属设备及管道、扶梯、平台等的重力载荷;

h) 温度梯度或热膨胀量不同引起的作用力;

i) 压力急剧波动引起的冲击载荷;

j) 冲击力,如由液体冲击引起的作用力等;

k) 因压力或温度变化,或与罐体相连的设备和框架,以及机械载荷等产生的周期性动载荷;

l) 型式试验时的载荷。

6.4.2.3 罐箱及其系固装置在运输工况中所承受的惯性力载荷应按下列要求考虑:

a) 运动方向:最大质量的2倍乘以重力加速度;

b) 与运动方向垂直的水平方向,最大质量乘以重力加速度(当运动方向不明确时,为最大质量的2倍乘以重力加速度);

c) 垂直向上:最大质量乘以重力加速度;

d) 垂直向下:最大质量的2倍乘以重力加速度。

注1:计算罐体在运输工况中所承受的惯性力载荷时,最大质量为介质的最大允许充装量;计算罐体与框架连接处在运输工况中所承受惯性力载荷时,最大质量为介质的最大允许充装量、罐体及附件质量之和。

注2:上述载荷施加于罐体的形心,且不造成罐体内气相空间的升高。

6.4.2.4 罐体外压载荷的确定应符合下列规定:

a) 一般不小于0.04 MPa外压;

b) 在制造、运输、装卸、检验试验、使用或其他工况中,可能经受大于0.04 MPa外压时应取最大可能的实际外压,无法确定时取0.1 MPa外压。

6.4.2.5 罐体满足下列条件之一的,可免除疲劳分析:

a) 设计的罐体与已有成功使用经验的罐体有可类比的形状和载荷条件,且根据其经验能证明不需要做疲劳分析者。但对以下情况所产生不利影响应特别注意:

——非整体结构,如开孔采用补强圈补强或角焊缝连接件;

——相邻部件之间有显著的厚度变化;

——框架、支座、加强圈与罐体连接等应力集中处。

b) 采用常温抗拉强度 R_m 不大于540 MPa的钢材时,以下各项循环次数的总和不超过1 000次:

——包括充装与卸液在内的全范围压力循环的预计(设计)循环次数;

——压力波动范围超过设计压力20%的工作压力环循的预计(设计)次数;

——包括接管在内的任意相邻两点之间金属温差波动的有效次数;该有效次数的计算方法是金属温差波动的预计次数乘以表3所列的相应系数,再将所得次数相加得到总次数;

——由热膨胀系数不同的材料组成的部件包括焊缝,当 $(\alpha_1-\alpha_2)\Delta T>0.000\ 34$ 时的温度波动循环次数,α_1、α_2 是两种材料各自的平均热膨胀系数,ΔT 为工作温度波动范围。

c) JB 4732—1995中3.10.2.2规定的全部条件。

表3 金属温差波动系数

金属温差波动幅度/℃	系 数
≤25	0
26~50	1
51~100	2

6.4.3　设计温度

6.4.3.1　设计温度应考虑环境温度的影响，且不高于液化气体的临界温度。

6.4.3.2　设计温度应不低于元件金属在工作状态可能达到的最高温度，对临界温度高于65℃的低压液化气体罐体设计温度应不低于50℃，但介质特性不允许的除外。

6.4.4　最低设计金属温度

6.4.4.1　根据正常运输、使用及检验试验过程中介质最低工作温度以及大气环境低温条件对罐体金属温度的影响，确定罐体最低设计金属温度，且最低设计金属温度不高于－40℃。

6.4.4.2　采用规则设计的罐体，当最低设计金属温度低于－20℃时，且考虑低温低应力工况时，罐体设计应满足GB/T 150.3的要求。

6.4.5　最大允许充装量

6.4.5.1　充装低压液化气体介质的罐箱最大允许充装量应符合下列规定，且应满足罐箱允许的承载能力：

a)　最大允许充装量按式(1)计算：

$$W = \Phi_m V \tag{1}$$

式中：

W——罐体最大允许充装量，kg；

Φ_m——单位容积充装量，kg/m^3；

V——罐体几何容积，m^3。

b)　充装低压液化气体介质罐体的单位容积充装量，除按介质在50℃时罐体内至少留有5%气相空间及该温度下的介质密度、罐箱允许承载能力进行确定外，还应保证罐体在60℃时不应充满液体。

6.4.5.2　充装液态高压液化气体介质的罐车最大允许充装量应符合下列规定，且应满足罐箱允许的承载能力：

a)　充装非易燃易爆介质，当介质温度升至其蒸气压气达到安全阀的整定压力的温度时，在此温度下液体体积应不大于罐体几何容积的98%；

b)　充装易燃易爆介质，当介质温度升至其蒸气压达到安全阀的整定压力的温度时，在此温度下液体体积应不大于罐体几何容积的95%。

6.4.6　设计压力

罐体的设计压力应不小于下列任一工况中工作压力的最大值，且罐体设计压力应不小于0.7 MPa：

a)　充装、卸料工况的工作压力。

b)　设计温度下介质的饱和蒸气压(表压)，当临界温度高于65℃的低压液化气体，还应满足下列温度下介质饱和蒸气压(表压)：

1)　直径不大于1 500 mm的罐体为65℃。

2)　直径大于1 500 mm的罐体，按下列要求确定：

——无绝热层或遮阳装置的为60℃；

——具有遮阳装置的为55℃；

——具有完整绝热层的为50℃。

c)　正常运输使用中，罐体内采用不溶性气体保护时，由介质在设计温度下的饱和蒸气压(表压)与罐体内顶部气相空间不溶性气体(如氮气或其他惰性气体等)分压力之和确定的工作压力。

6.4.7 计算压力

6.4.7.1 罐体受压元件的计算压力应不小于设计压力与液柱静压力、等效压力的之和。

6.4.7.2 等效压力应不小于 6.4.2.3 规定的各方向上的惯性力除以所对应方向的罐体有效横截面的所得值中的最大值,且不小于 0.035 MPa。

6.4.7.3 当罐体的液柱静压力小于设计压力的 5%时,可忽略不计。

6.4.8 焊接接头系数

罐体焊接接头系数取 1.0。

6.4.9 许用应力

6.4.9.1 当罐体承受压力载荷时,采用规则设计的罐体,其材料的许用应力按 GB/T 150.2 选取;采用分析设计的罐体,其材料设计应力强度按 JB 4732 选取。

6.4.9.2 采用规则设计的罐体,当局部采用分析设计时,其材料许用应力按 GB/T 150.2 选取。

6.4.9.3 当罐体采用材料在 GB/T 24511 中规定了 $R_{p1.0}$ 的值,且在设计文件中提出了钢板附加检验 $R_{p1.0}$ 值时,可使用 $R_{p1.0}$ 来确定许用应力。

6.4.9.4 在运输工况中的惯性力载荷作用下,框架和支撑件材料的许用应力可按下列要求确定:

a) 具有明确屈服强度的材料,其许用应力为材料标准常温下的屈服强度除以 1.5;

b) 不具有明确屈服强度的材料,其许用应力为材料标准常温下的 0.2%规定塑性延伸强度除以 1.5。

6.4.9.5 螺栓材料在不同温度下的许用应力按 GB/T 150.2 和相应标准的规定选取。

6.4.10 腐蚀裕量

6.4.10.1 罐体的腐蚀裕量应由用户提供或设计确定。

6.4.10.2 有均匀腐蚀或磨损的罐体元件,应按预期的罐体设计使用寿命和介质对材料的腐蚀速率(及磨损速率)确定腐蚀裕量。

6.4.10.3 罐体各元件受到的腐蚀程度不同时,可采用不同的腐蚀裕量。

6.4.10.4 碳素钢或低合金钢制罐体,其腐蚀裕量应不小于 1 mm。

6.4.11 罐体主要设计参数

6.4.11.1 常见充装液化气体介质的罐体主要设计参数见表 4 的规定。

6.4.11.2 当充装介质超出表 4 的规定时,其罐体主要设计参数应按 TSG R0005 的有关规定进行技术评审。

表 4　常见充装液化气体的罐体主要设计参数

GB 12268 编号	名　称	设计压力/MPa				腐蚀裕量 mm	单位容积充装量 t/m^3
		小型[a]	无遮蔽型[b]	遮阳型[c]	绝热型[d]		
1005	无水氨	2.90	2.57	2.20	1.97	≥2	≤0.53
1017	氯	1.90	1.70	1.50	1.35	≥4	≤1.25
1033	二甲醚	1.55	1.38	1.20	1.06	≥1.5	≤0.58
1079	二氧化硫	1.16	1.03	0.85	0.76	≥4	≤1.23
1077	丙烯	2.80	2.45	2.20	2.00	≥1	≤0.43
1978	丙烷	2.25	2.04	1.80	1.65	≥1	≤0.42
1075	混合液化石油气　$p_b^e > 1.60$ MPa	2.80	2.45	2.2	2.0	≥1	≤0.43
	混合液化石油气　0.58 MPa $< p_b \leqslant$ 1.60 MPa	2.25	2.04	1.80	1.65	≥1	≤0.42
	混合液化石油气　$p_b \leqslant 0.58$ MPa	0.80	0.70	0.70	0.70	≥1	≤0.49
1011	丁烷	0.70	0.70	0.70	0.70	≥1	≤0.51
1969	异丁烷	0.85	0.75	0.70	0.70	≥1	≤0.49
1055	异丁烯	0.81	0.70	0.70	0.70	≥1	≤0.52
1012	丁烯	0.80	0.70	0.70	0.70	≥1	≤0.53
1010	丁二烯,稳定的	0.75	0.70	0.70	0.70	≥1	≤0.55
3159	1,1,1,2-四氟乙烷(制冷气体 R134a)	1.77	1.57	1.38	1.21	≥1	≤1.04
3220	五氟乙烷(制冷气体 R125)	3.44	3.08	2.75	2.45	≥1	≤0.87
3252	二氟甲烷(制冷气体 R32)	4.30	3.90	3.44	3.05	≥1	≤0.78

[a] 小型——罐体直径不大于 1 500 mm 的罐箱。

[b] 无遮蔽型——罐体直径大于 1 500 mm,且不具备阳光遮蔽装置或绝热层的罐箱。

[c] 遮阳型——罐体直径大于 1 500 mm,具备阳光遮蔽装置的罐箱。

[d] 绝热型——罐体直径大于 1 500 mm,具备绝热层的罐箱。

[e] p_b为混合液化石油气 50℃时的饱和蒸气压。

6.4.12　罐体的最小厚度(不包括材料厚度负偏差、腐蚀裕量以及加工制造过程中的工艺减薄量)应符合下列要求:

a)　设定材料为基准钢时:当罐体内直径不超过 1 800 mm 时,最小厚度 δ_0 应不小于 5 mm;当罐体内直径大于 1 800 mm 时,最小厚度 δ_0 应不小于 6 mm;

b)　罐体最小厚度按式(2)计算,且不小于 4 mm。

$$\delta_1=\frac{21.4\times\delta_0}{\sqrt[3]{R_m\times A}} \quad\cdots\cdots(2)$$

式中：

A——所用钢材的断后伸长率,%；

δ_1——所用钢材的罐体最小厚度,mm；

δ_0——设定材料为基准钢时的罐体最小厚度,mm；

R_m——所用钢材的标准抗拉强度下限值,MPa。

6.4.13 罐体的设计厚度应不小于下列值中的较大者：

a) 按 GB/T 150 或 JB 4732 确定的罐体计算厚度与腐蚀裕量之和；

b) 按 6.4.13 确定的罐体最小厚度与腐蚀裕量之和。

6.4.14 最小成形厚度

受压元件成形后保证设计要求的最小厚度。

6.4.15 介质的分类及危害性

6.4.15.1 液化气体介质的分类、品名及编号应符合 GB 6944 和 GB 12268 的规定。

6.4.15.2 液化气体介质的毒性危害程度和爆炸危险程度应符合 HG 20660 的规定。

6.4.15.3 未列入 HG 20660 的介质由用户或设计单位参照 GBZ 230 确定其毒性程度。

6.4.16 焊接接头

6.4.16.1 对接焊接头应采用全截面焊透的对接接头形式。

6.4.16.2 接管、凸缘等与罐体之间的焊接接头应采用不带垫板的全焊透结构。

6.4.17 罐体用管法兰

6.4.17.1 罐体用管法兰、垫片、紧固件的设计应符合相应标准的规定。

6.4.17.2 充装液化石油气、毒性程度为极度、高度危害介质以及强渗透性中度危害介质的罐体,其管法兰应符合 HG/T 20592、HG/T 20610、HG/T 20614、HG/T 20615、HG/T 20631 和 HG/T 20635 的规定,法兰应采用高颈对焊法兰型式,密封结构应采用带加强环的金属缠绕垫片和专用级高强度螺栓组合;无法采用以上管法兰密封组合的,应由设计人员根据介质、压力与温度特性确定法兰连接结构,且应考虑火灾情况下保证该结构不失效。

6.4.18 人孔

罐箱应设置至少 1 个人孔,其公称直径应不小于 500 mm。

6.4.19 装卸系统设置及开口的设置与要求

6.4.19.1 充装毒性程度为高度、极度危害介质的罐箱,其罐体不允许有液面以下开口。

6.4.19.2 除安全泄放装置开口、人孔、检查孔、仪表孔及排污孔等形成封闭的开孔外,罐体上所有直径大于 1.5 mm 的开口均应配备至少三道相互独立且串联在一起的关闭装置,第一道是内置紧急切断装置,第二道阀是外部装卸阀,第三道是在装卸口处设置的盲法兰或等效装置,且应有能防止意外开启的功能。

6.4.19.3 装卸口均应标明其用途。

6.4.20 结构件的连接

6.4.20.1 如铭牌架等质量较小的结构件应满足下列要求：

a) 结构件材料强度应不大于与其相连接的罐体材料的强度；

b) 结构件材料厚度一般不大于与其相连接的罐体材料厚度的 0.70 倍。

6.4.20.2 当支撑等主要受力结构件通过垫板与罐体连接时，垫板材料尽量与罐体材料牌号相同，或垫板材料屈服强度标准值一般为罐体材料屈服强度标准值的0.8倍～1.2倍，同时应符合下列规定：

a) 垫板厚度不大于筒体或封头厚度的1.5倍，且不小于5 mm；

b) 垫板与罐体的焊接接头高度应不大于罐体厚度；

c) 结构件在垫板上的焊脚距离垫板边缘的尺寸应不小于4倍的垫板厚度；

d) 垫板的边缘应为圆角形状，圆角半径应不小于4倍的垫板厚度；

e) 垫板上应设置1个透气孔；

f) 垫板与罐体应连续焊接；

g) 垫板宜避开A、B类焊缝。

6.5 管路

6.5.1 管路系统设计结构应避免热胀冷缩、机械振动等所引起的损坏，必要时应考虑设置温度补偿结构和紧固装置。

6.5.2 管路的公称压力应不小于系统工作压力的2倍，且所有管路应能承受4倍系统工作压力时不破裂。

6.5.3 管路布置时，应尽量减少弯道，缩短总长度，且满足下列规定：

a) 管路连接应采用法兰或焊接结构，不应采用螺纹连接，焊接接头设计应优先采用全焊透结构；

b) 管路与安全附件、仪表及装卸附件的连接应满足使用要求。

6.5.4 管路焊接完毕后应根据焊接接头型式及管路材料按NB/T 47013.2、NB/T 47013.4、NB/T 47013.5的要求进行无损检测，合格后以罐体耐压试验压力进行耐压试验。

6.6 特殊耐腐蚀要求

有特殊耐腐蚀要求的罐体或受压元件，当存在晶间腐蚀、应力腐蚀、点腐蚀、缝隙腐蚀等腐蚀介质环境时，应在设计图样上提出相应的耐腐蚀试验方法以及必要时的热处理等技术要求。

6.7 耐压试验要求

6.7.1 罐体耐压试验一般采用液压试验。由于结构原因或支撑、介质等原因，以及运行条件不允许残留试验液体的罐箱，可按设计图样要求采用气压试验。

6.7.2 罐体耐压试验压力按式(3)或式(4)确定：

a) 液压试验：

$$p_T = 1.3p\frac{[\sigma]}{[\sigma]^t} \qquad (3)$$

b) 气压试验：

$$p_T = 1.15p\frac{[\sigma]}{[\sigma]^t} \qquad (4)$$

以上各式中：

p——设计压力，MPa；

p_T——试验压力最低值，MPa；

$[\sigma]$——罐体元件材料在耐压试验温度下的许用应力(或设计应力强度)，MPa；

$[\sigma]^t$——罐体元件材料在设计温度下的许用应力(或设计应力强度),MPa。

c) 罐体各主要受压元件所用材料不同时,应取各元件材料的$[\sigma]/[\sigma]^t$比值中的最小值;

d) $[\sigma]^t$应不低于材料受抗拉强度和屈服强度控制的许用应力(或设计应力强度)最小值。

6.7.3 当采用大于6.7.2规定的耐压试验压力时,罐体在耐压试验前校核各受压元件在试验条件下的应力水平,罐体元件应按式(5)在耐压试验前进行校核最大总体薄膜应力σ_T。

$$\sigma_T=\frac{p_T(D_i+\delta_e)}{2\delta_e} \quad (5)$$

式中:

σ_T——试验压力下圆筒的周向薄膜应力,MPa;

p_T——试验压力,MPa;

D_i——圆筒的内直径,mm;

δ_e——圆筒的有效厚度,mm。

6.7.4 罐体元件最大总体薄膜应力σ_T应满足以下条件:

a) 液压试验:

$$\sigma_T \leqslant 0.9R_{eL}(R_{p0.2}) \quad (6)$$

b) 气压试验:

$$\sigma_T \leqslant 0.8R_{eL}(R_{p0.2}) \quad (7)$$

式中:

$R_{eL}(R_{p0.2})$——罐体材料在试验温度下的屈服强度(或0.2%规定塑性延伸强度),MPa。

6.8 支座、框架、起吊和系固附件的设计

6.8.1 框架的强度、刚度应满足型式试验要求。

6.8.2 支座和框架的设计应考虑外界环境的腐蚀作用。

6.8.3 支座、框架以及起吊和系固件的设计应避免对罐箱的任何部位造成不适当的应力集中。

6.8.4 支座的形式可以是支架、框架、低支撑平台或其他的类似设施,且能满足使用要求。

6.8.5 罐箱不应设置叉槽。

6.8.6 罐箱应在支架或框架上设置永久的起吊和系固部件,否则应通过加强板再固定到罐体上。

6.8.7 角件(包括顶角件和底角件)所在位置和定位尺寸应符合GB/T 1413的规定。

6.8.8 顶角件的顶面应至少比箱体各部件的顶面高出6 mm。

6.8.9 为保护角件附近免受冲击,对顶部和底部结构起到保护作用,可设置增强腹板,并符合以下规定:

a) 顶部增强腹板:从集装箱的端部测量,该板沿箱长方向的尺寸应不超过750 mm,厚度应不超过6 mm。顶部增强腹板及其固定设施均不应超出顶角件的顶面;

b) 底部增强腹板:增强复板距底角件外端应不超过550 mm,距底角件侧面应不超过470 mm,其底平面应至少高于集装箱底角件底面5 mm。

6.8.10 罐箱应具备仅由底角件支撑的能力。除1CC、1C、1CX、1D和1DX等型号以外的罐箱,还应具备仅由其底部结构的载荷传递区承受的能力。载荷传递区应符合相关标准的规定。

6.8.11 1CC、1C和1CX等型号的罐箱,载荷传递区应视为可选择性设施。

6.8.12 罐箱达到额定质量时,罐体的任何部位及罐体上的各个装置均不应低于底平面(底角件的底面)以上 25 mm。

6.8.13 在动态或相对静态的情况下,即相当于罐体和框架自身质量与试验装载之和等于 1.8 倍额定质量时,集装箱箱底任何部位的变形均不应低于底角件的底平面。

6.8.14 除 1D 和 1DX 等型号以外的罐箱应符合以下要求:

a) 整体横向刚性试验时,其顶部相对于底部的横向位移所引起的两个对角线长度变化之和应不超过 60 mm;

b) 整体纵向刚性试验时,其顶部相对底部纵向位移应不超出 25 mm。

6.8.15 罐箱的步道、扶梯等可选择性设施应符合以下规定:

a) 步道的设计应能在 600 mm×300 mm 的面积上承受 3 kN 的均布载荷,其纵向步道的最小宽度为 400 mm;

b) 扶梯按每级梯板能够承受 2 kN 的载荷进行设计。

6.9 遮阳装置或绝热层

当罐体上设有遮阳装置或绝热层时,应满足下列要求:

a) 遮阳装置应覆盖罐箱上部 1/3 以上但不超过 1/2 的面积,遮阳装置与罐体之间应有约 40 mm 的通气空间;

b) 绝热层应由保护完好、有足够厚度的绝热材料组成,并将罐体完全覆盖,绝热层应设置防潮层和防护层以防止在正常运输条件下进入水分或遭受损害,且保证导热率不大于 0.67 W/(m·K);

c) 当绝热层外壳密闭且不透气时应有保护装置,以防止因罐体或其各个装置的气密性不够,在绝热层内产生任何危险压力;

d) 遮阳装置或绝热层应不妨碍附件和装卸装置的操作。

6.10 泄漏试验要求

6.10.1 每台罐箱组装完毕应进行泄漏试验,其试验方法包括气密性试验、氨检漏试验、卤素检漏试验及氦检漏试验等。

6.10.2 当采用气密性试验时,气密性试验压力为罐体设计压力,其试验压力和试验介质等试验相关要求应在设计文件中注明。

6.10.3 当采用氨检漏试验时,可采用氨-空气法、氨-氮气法或 100%氨气法等氨检漏方法,其氨检漏方法、氨的浓度和试验压力等试验相关要求应在设计文件中注明。

6.10.4 当采用卤素检漏试验时,其真空度、卤素气体种类和试验压力等试验相关要求等内容应在设计文件中注明。

6.10.5 当采用氦检漏试验时,其漏气速率指标等试验相关要求应在设计文件中注明。

7 安全附件、仪表及装卸附件

7.1 一般要求

7.1.1 罐体的安全附件、装卸附件及仪表,其配置要求除符合本标准规定外,还需满足设计文件的要求。

7.1.2 罐体的安全附件包括安全泄放装置、紧急切断装置及静电接地装置等。

7.1.3 罐体仪表包括压力表、液位计及温度计等。

7.1.4 罐体装卸附件包括装卸阀门、快速装卸接头(以下简称快装接头)等。

7.1.5 选用的相关附件应与充装介质相适应。

7.1.6 安全附件、仪表、装卸附件应随产品提供质量证明文件,且在产品的明显部位有永久性标识或装设金属铭牌。

7.1.7 安全阀、压力表与罐体组装前应进行调试和校验,合格后应重新铅封。

7.1.8 罐体在耐压试验合格后方可进行安全附件、仪表及装卸附件的安装,其附件与罐体或管路的连接方式可采用法兰、螺纹或焊接结构。

7.1.9 紧急切断装置的操作开关、压力表、温度计、装卸阀门和快装接头等附件宜集中布置,并设有防护装置,该装置应具有防止相关附件被意外开启的功能,国际联运用罐箱还应满足海关铅封的相关要求。

7.1.10 当附件之间存在有相对运动时,应设置必要的支撑或采取紧固措施。

7.2 安全泄放装置

7.2.1 罐体应设置一个或多个安全泄放装置,不应单独设置不可复位类安全泄放装置,包括其与安全阀的并联。

7.2.2 安全泄放装置应选用全启式弹簧安全阀或全启式弹簧安全阀与爆破片的串联组合装置。

7.2.3 安全泄放装置应能防止任何异物的进入和防止液体的渗出,并能承受罐体内部的压力、可能出现的危险超压及包括液体流动力在内的动载荷。

7.2.4 安全阀应符合 GB/T 12241 和 GB/T 12243 的规定,爆破片装置应符合 GB/T 567.1～567.3 的规定。

7.2.5 充装下列介质的罐体应设置安全阀与爆破片串联组合安全泄放装置:

a) 充装毒性程度为极度、高度危害的介质;

b) 充装强腐蚀性的介质。

7.2.6 充装强腐蚀性介质或有应力腐蚀倾向介质的罐体,选用的全启式弹簧安全阀的弹性元件应有与罐体内介质隔离的措施。

7.2.7 安全泄放装置的设置应符合下列规定:

a) 应安装在罐体的顶部,尽量铅直安装;

b) 安全泄放装置的入口应设置在罐体液面以上的气相空间;

c) 气体的排放应畅通无阻,排放口朝向与水平线夹角应大于 0°,且不应指向罐体和操作位置。

7.2.8 罐体安全泄放装置单独采用安全阀时,安全阀的整定压力应为罐体设计压力的 1.05 倍～1.10 倍,额定排放压力应不大于罐体设计压力的 1.20 倍,回座压力应不小于整定压力的 0.90 倍。

7.2.9 采用全启式弹簧安全阀与爆破片串联组合装置应符合下列规定:

a) 在非泄放状态下与介质接触的是爆破片;

b) 组合装置的排放能力应不小于罐体的安全泄放量;

c) 爆破片的设计爆破压力应高于安全阀整定压力,且应不超过安全阀整定压力的 1.10 倍;

d) 组合装置中爆破片最小泄放面积应大于安全阀的流道面积;

e) 爆破片不应使用脆性材料制作,且爆破片在破裂时应不产生碎片、脱落物和火花;

f) 安全阀与爆破片之间的腔体应设置排气阀、压力表或其他合适的指示器等,用以检查

爆破片是否渗漏或破裂,并及时排放腔体内蓄积的压力,避免因背压而影响爆破片的爆破压力;

g) 安全阀的排放能力应按照安全阀单独作用时的排放能力乘以修正系数0.90。

7.2.10 安全泄放装置的排放能力应符合下列规定:

a) 当罐箱完全处于火灾环境时或接近不能预料的外来热源而酿成危险时,以及压力出现异常情况时均能迅速排放;

b) 各个安全泄放装置的组合排放能力应能足以将罐体内的压力(包括积累的压力)限制在不超过设计压力的1.2倍;

c) 多用途的罐箱,其安全泄放装置的排放能力应能满足该罐箱运输的介质中所需的最大排放量的要求;

d) 多个安全泄放装置的排放能力为各个安全泄放装置排放能力之和。

7.2.11 安全泄放装置排放能力的计算按附录C的规定。

7.2.12 在罐体与安全泄放装置之间不应装设过渡连接阀门。充装毒性程度为极度、高度危害介质的罐体,为便于安全阀的清洗与更换,经使用单位主管压力容器安全技术负责人批准,且正常使用期间采取保证全开(加铅封或锁定)的可靠防范措施,方可在安全泄放装置与罐体之间装设过渡连接阀门,过渡连接阀门的结构和通径不应妨碍安全阀的安全泄放。

7.2.13 通往安全泄放装置的开口处,不应有任何限制或阻碍气体排放的障碍。

7.2.14 当使用泄放管时,应保证安全泄放装置能在最小阻力的条件下进行排放。

7.3 紧急切断装置

7.3.1 紧急切断装置由紧急切断阀、远程控制系统、过流控制阀以及易熔合金塞等装置组成,紧急切断阀应符合GB/T 22653的规定,且应动作灵活、性能可靠、便于检修。紧急切断阀阀体不应采用铸铁或非金属材料制造。

7.3.2 紧急切断阀在非装卸时应处于闭合状态,能防止任何因冲击或意外动作所致的打开。紧急切断阀操纵装置的设计应能防止任何由于冲击或其他疏忽而引起的意外开启,在操纵装置一旦损坏的情况下,紧急切断阀应继续有效,紧急切断阀及其安装基座应得到保护,以防被外力损坏,或设计成可抵抗这些意外情况的结构(如阀体设计成剪式结构)。

7.3.3 紧急切断阀应内置,其安装凸缘应直接与罐体相焊,且不应兼作他用。

7.3.4 远程控制系统的关闭操作装置应装在人员易于到达的位置。

7.4 导静电装置

7.4.1 充装易燃、易爆介质的罐箱,其罐体、管道、阀门和框架等连接处导电性应良好,且装设可靠的静电接地端子。

7.4.2 罐体金属与静电接地端子之间的电阻值应不超过5 Ω。

7.4.3 设有静电接地端子的罐箱应在靠近静电接地端子位置处设置明显标志。

7.5 仪表

7.5.1 一般规定

7.5.1.1 直接与罐内介质连通的仪表不应采用易碎、易损材料制造。

7.5.1.2 仪表应灵敏、可靠,并有足够的精度和牢固的结构。

7.5.1.3 仪表露出罐体外的部分应设置能防止受到意外撞击的保护装置。

7.5.2 压力表

7.5.2.1 罐体应至少装设 1 只压力表。

7.5.2.2 应选用符合相应国家标准或行业标准要求的压力表。

7.5.2.3 压力表精度等级不低于 1.6 级。

7.5.2.4 压力表表盘刻度的范围应为工作压力的 1.5 倍～3.0 倍。

7.5.2.5 压力表的装设位置应便于操作人员观察和清洗，且应避免受到辐射热、冻结或震动等不利因素的影响。

7.5.2.6 压力表和罐体之间应装设切断阀，且切断阀应有开启标记和锁紧装置。

7.5.2.7 充装腐蚀性介质的罐体，应采用隔膜式压力表或在压力表和罐体之间装设能隔离介质的缓冲装置。

7.5.2.8 压力表的校准应符合国家计量部门的有关规定，在刻度盘上划出指示工作压力的红线，注明下次校验日期。压力表校验后应加铅封。

7.5.3 液位计

7.5.3.1 罐体应设置 1 个或多个液位计，通过称重来控制最大充装量的罐箱除外。

7.5.3.2 液位计应根据充装介质、设计压力及设计温度等设计参数正确选用。

7.5.3.3 液位计应灵活准确、结构牢固，精度等级应不低于 2.5 级。

7.5.3.4 充装毒性程度为极度、高度危害类介质的罐箱应通过称重来控制其最大充装量，一般不设置液位计。

7.5.3.5 充装毒性程度为中度危害或中度危害以上介质的罐箱，且设有液位计时，液位计应设有防止泄漏的密封式保护装置。

7.5.3.6 液位计应安装在便于观察的位置，其允许最高和最低安全液位应作出明显的标记。

7.5.3.7 液位计应有液面指示刻度与容积的对应关系，且附有不同温度下，介质密度、压力和体积对照表。

7.5.4 温度计

7.5.4.1 罐体应至少设置 1 个温度计。

7.5.4.2 温度计的测量范围应与介质的工作温度相适应，并在设计温度处涂以红色警戒标记。

7.5.4.3 温度计测温元件应在液相，且与介质不直接接触。

7.6 装卸附件

7.6.1 装卸阀门

7.6.1.1 装卸阀门的公称压力应高于罐体设计压力，其阀体的耐压试验压力为阀体公称压力的 1.5 倍，阀门的气密性试验压力为阀体公称压力。

7.6.1.2 螺杆式截止阀应在顺时针方向转动时被关闭。对其他形式的截止阀，其开、关位置和关闭方向均应清楚标明。

7.6.1.3 阀门应能防止被意外开启。

7.6.1.4 阀门在全开和全闭工作状态下的气密性试验应合格。

7.6.1.5 阀体不应选用铸铁或非金属材料制造。

7.6.1.6 手动阀门应在阀门承受气密性试验压力下启闭操作自如，且不应有异常阻力、空转等。

7.6.2 快装接头

7.6.2.1 快装接头与充装介质接触部分应有良好的耐腐蚀性能。

7.6.2.2 快装接头的公称压力应不小于装卸系统工作压力的2倍。

8 制造

8.1 一般要求

8.1.1 罐箱应按经规定程序批准的设计文件及本标准的要求进行制造与检验。

8.1.2 角件、罐体受压元件(封头、锻件等)以及罐体的安全附件、仪表、装卸附件等为外购、外协件时,罐箱制造单位应保证外购、外协件的质量满足设计文件及本标准的要求,且经检验合格后方可使用。

8.1.3 罐体施焊人员应按 TSG Z6002 的规定考核合格,取得相应项目的"特种设备作业人员证"后,方可在有效期间内担任合格项目范围内的焊接工作。

8.1.4 罐体无损检测应由持有相应项目的"特种设备检验检测人员证(无损检测人员)",且在有效期内的人员担任。

8.2 罐体

8.2.1 焊接接头分类

8.2.1.1 罐体受压元件之间的焊接接头分为 A、B、C、D 四类(如图 1 所示),且符合下列规定:

a) 圆筒部分(包括接管)纵向拼焊接头、各类凸形封头中所有拼焊接头以及嵌入式接管或凸缘与罐体对接连接的接头,均属 A 类焊接接头;

b) 罐体部分的环向接头、长颈法兰与接管连接的接头,以及接管间的对接环向接头,均属 B 类焊接接头,但已规定为 A 类的焊接接头除外;

c) 法兰与接管非对接连接的接头均属 C 类焊接接头,但已规定为 A、B 类的焊接接头除外;

d) 接管、人孔、凸缘、补强圈等与圆筒和封头连接的接头均属于 D 类焊接接头,但已规定为 A、B、C 类的焊接接头除外。

8.2.1.2 非受压元件与受压元件的连接接头为 E 类焊接接头(如图 1 所示)。

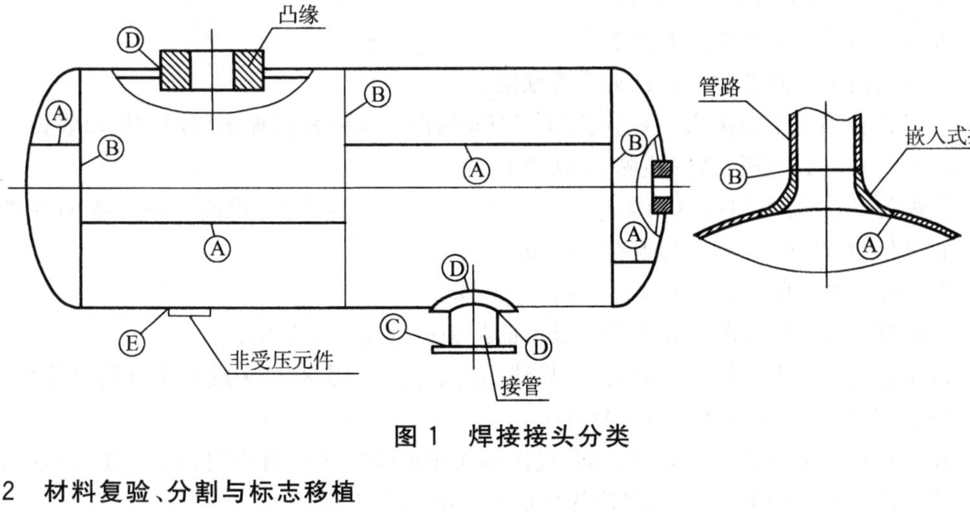

图 1 焊接接头分类

8.2.2 材料复验、分割与标志移植

8.2.2.1 符合下列条件之一的材料按炉号复验其化学成分,按批号复验力学性能,且符合相应材料标准或设计文件的要求：

a) 罐体用Ⅳ级锻件；

b) 不能确定质量证明书真实性或对性能和化学成分有怀疑的主要受压元件材料；

c) 主要受压元件用境外材料；

d) 设计文件要求进行复验的材料。

8.2.2.2 主要受压元件用奥氏体不锈钢开平板复验力学性能时应符合下列规定：

a) 整卷使用的，应在开平操作后，分别在板卷的头部、中部和尾部所对应的开平板上各截取一组复验试样；

b) 非整卷使用的，应在开平板的端部截取一组复验试样。

8.2.2.3 低温罐体用焊条应按批进行药皮含水量或熔敷金属扩散氢含量的复验，其检验方法按相应的焊条标准或设计文件。

8.2.2.4 材料分割可采用冷切割或热切割方法。当采用热切割方法分割材料时，应清除表面熔渣和影响制造质量的表面层。

8.2.2.5 凡制造受压元件的材料应有可追溯的标记。在制造过程中，如原有的确认标记被裁掉或材料分割，应于材料切割前完成标记的移植。

8.2.2.6 符合下列条件的，不应采用硬印进行材料标记的移植：

a) 有耐腐蚀要求的不锈钢钢板的耐腐蚀面；

b) 低温罐体受压元件。

8.2.3 冷热加工成形

8.2.3.1 制造单位应根据制造工艺确定加工余量，受压元件成形后的厚度不小于设计图样标注的最小成形厚度。

8.2.3.2 采用经正火、正火加回火或调质处理的钢材制造的受压元件，宜采用冷成形或温成形。当采用温成形时，应避开钢材的回火脆性温度区。

8.2.3.3 制造中应避免钢板表面的机械损伤。对尖锐伤痕以及不锈钢罐体防腐表面的局部伤痕、刻槽等缺陷应予修磨，修磨范围的斜度至少为1∶3。修磨的深度应不大于该部位钢材厚度的5%，且不大于2 mm，否则应予焊补。

8.2.3.4 坡口表面质量应符合以下要求：

a) 坡口表面不应有裂纹、分层、夹杂等缺陷；

b) 标准抗拉强度下限值 R_m 不小于540 MPa的低合金钢材经火焰切割的坡口表面，应按NB/T 47013.4进行磁粉检测，Ⅰ级合格；

c) 施焊前，应清除坡口及其两侧母材表面至少20 mm范围内（以离坡口边缘的距离计）的氧化物、油污、熔渣及其他有害杂质。

8.2.3.5 封头应符合GB/T 25198和设计图样的规定。

8.2.3.6 封头应尽量整体成形。先拼板后成形的封头应符合以下规定：

a) 拼接焊缝一般不应超过2条，拼接焊缝的内表面以及影响封头成形质量的拼接焊缝外表面，在成形前应打磨至与母材齐平；

b) 封头拼接焊缝应按图2布置，其焊缝距封头中心线应小于封头内径 D_i 的1/4，中间板的宽度应不小于300 mm，拼板的总块数应不多于3块。

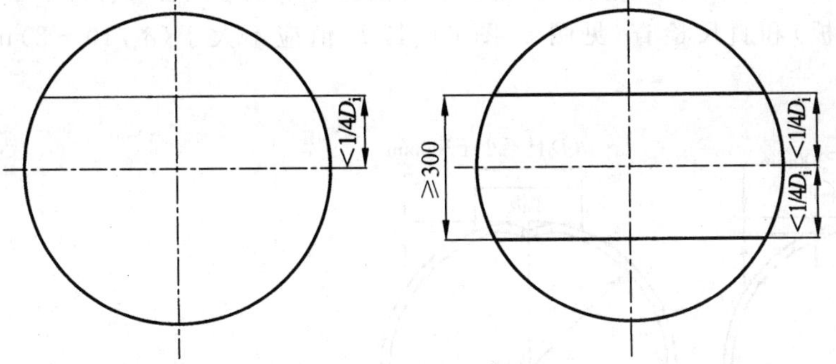

图2　封头拼接焊缝布置图

8.2.3.7　用带间隙的全尺寸的内样板检查椭圆形、碟形内表面的形状偏差(见图3),缩进尺寸为1%D_i～2%D_i,其最大形状偏差外凸不得大于1.25%D_i,内凹不得大于0.625%D_i。检查时应使样板垂直于待测表面。对图2所示的先成形后拼接制成的封头,允许样板避开焊缝进行测量。碟形封头的过渡区转角半径应不小于图样的规定值。

8.2.3.8　封头直边部分不应存在纵向皱褶。

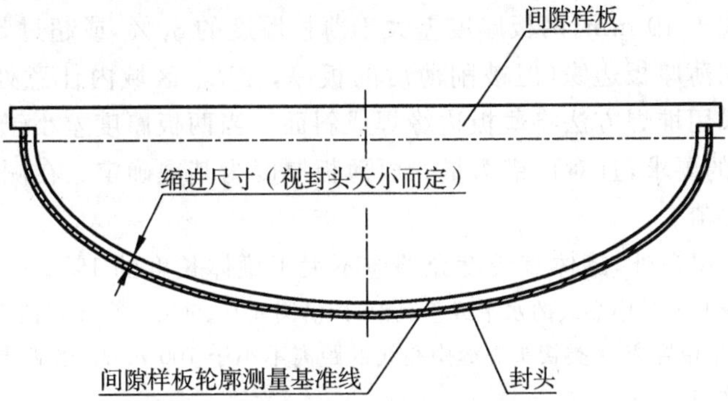

图3　凸形封头的形状偏差检查

8.2.4　圆筒与罐体

8.2.4.1　A、B类焊接接头对口错边量b(见图4),应符合表5的规定。

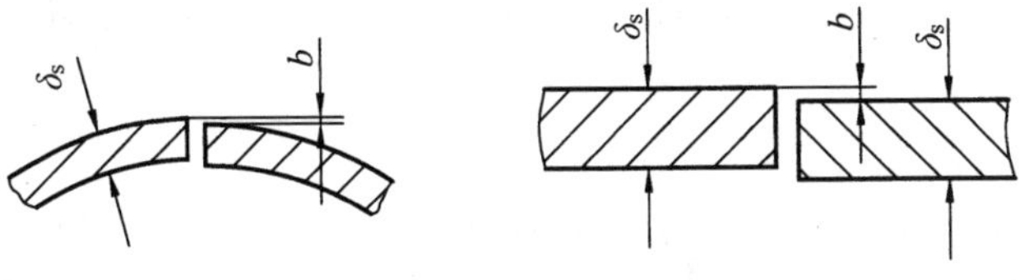

图4　A、B类焊接接头对口错边量b

表5　A、B类焊接接头对口错边量　　单位为mm

对口处钢材厚度δ_s	按焊接接头类别划分对口错边量b	
	A类	B类
≤12	≤1/4δ_s	≤1/4δ_s
>12～20	≤3	≤1/4δ_s
>20～40	≤3	≤5

8.2.4.2　在焊接接头环向形成的棱角 E，宜分别用弦长等于 1/6 内径 D_i，且不小于 300 mm 的内样板(或外样板)和直尺检查(见图 5、图 6)，其 E 值应不大于(δ_s/10＋2)mm，且不大于 5 mm。

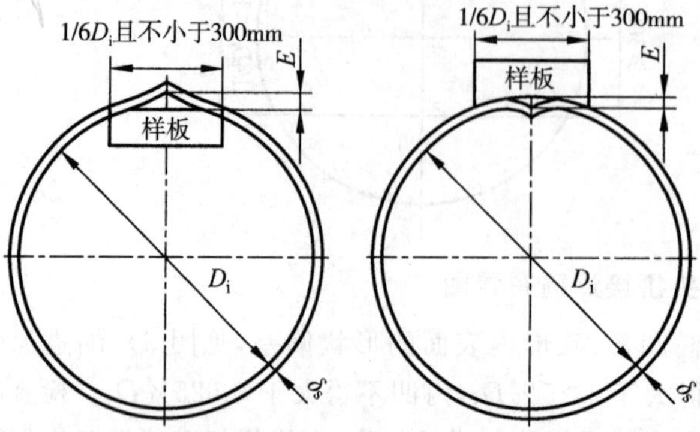

图 5　内样板或外样板检查棱角

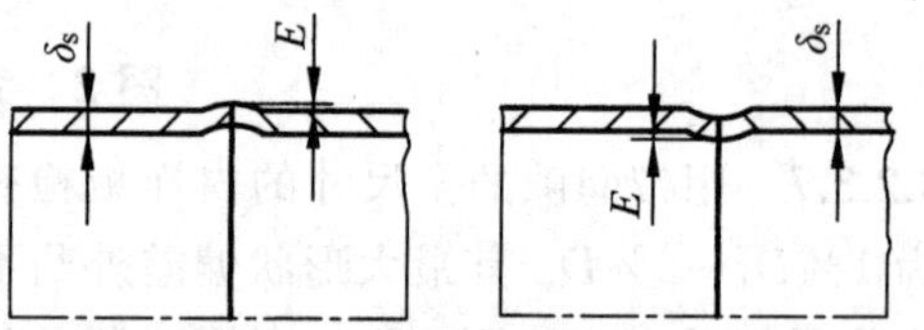

图 6　直尺检查棱角

8.2.4.3　B 类焊接接头，当两侧钢材厚度不等时，若薄板厚度不大于 10 mm，两板厚度差超过 3 mm；当薄板厚度大于 10 mm，两板厚度差大于薄板厚度的 30%，或超过 5 mm 时，均应按图 7 的要求单面或双面削薄厚板边缘(但被削薄后的板厚，在 L_1 区域内任意处都不得小于设计厚度)，或按同样要求采用堆焊方法将薄板边缘焊成斜面。当两板厚度差小于上列数值时，则对口错边量 b 按 8.2.4.1 的要求，且对口错边量 b 以薄板厚度为基准确定。在测量对口错边量 b 时，不应计入两板厚度差值。

8.2.4.4　除图样另有规定外，罐体直线度允差应不大于罐体长度的 1‰。

注：罐体直线度检查是通过中心线的水平或垂直面，即沿圆周 0°、90°、180°、270°四个部位拉 ϕ0.5 mm 的细钢丝测量，其测量位置离 A 类接头焊缝中心线的距离不小于 100 mm。当罐体厚度不同时，计算直线度时应减去厚度差。

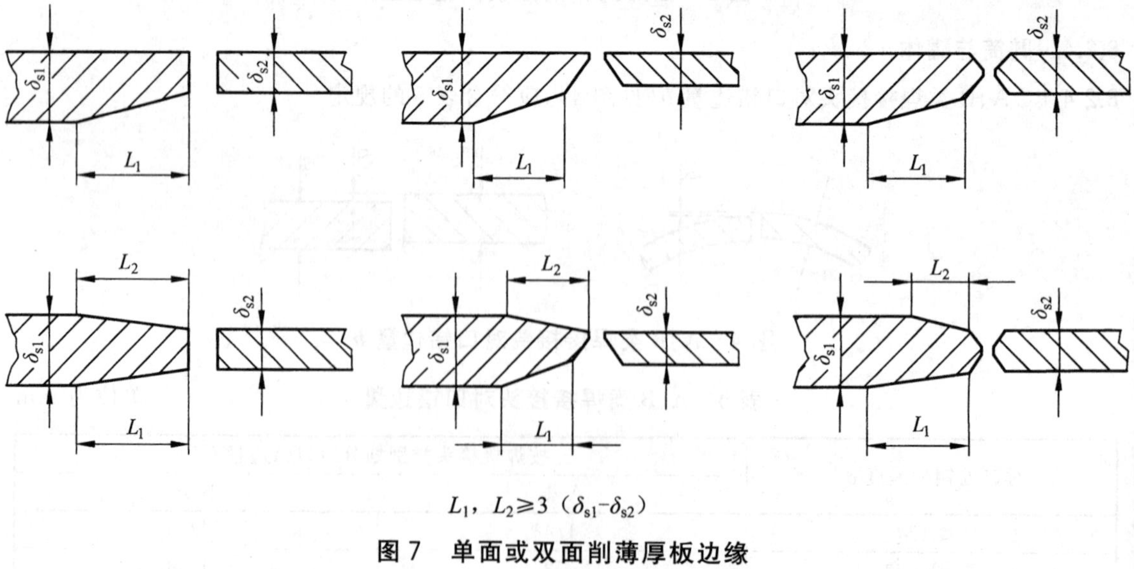

L_1，$L_2 \geqslant 3$ (δ_{s1}-δ_{s2})

图 7　单面或双面削薄厚板边缘

8.2.4.5　任何单个筒节长度应不小于 300 mm。环向拼板长度应不小于 500 mm。组装时不应采用十字焊缝，相邻筒节A类接头焊缝中心线间外圆弧长以及封头A类拼板接头、封头上嵌入式接管(或凸缘)焊缝中心线与相邻筒节A类接头焊缝中心线间外圆弧长应大于钢材厚度δ_s的3倍，且不小于200 mm。

8.2.4.6 法兰面应垂直于接管或罐体的主轴中心线，接管法兰应保证法兰面的水平或垂直(有特殊要求的应按图样规定)，其偏差均不应超过法兰外径的1%(法兰外径小于100 mm时按100 mm计算)且不大于3.0 mm。法兰(含凸缘)的螺栓孔应与罐体主轴线或铅垂线跨中布置(见图8)，有特殊要求时，应在图样上注明。

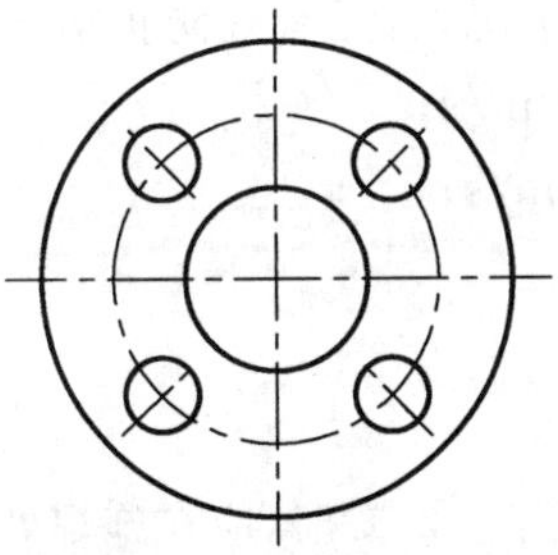

图8 法兰、凸缘的螺栓孔与罐体主轴线或铅垂线跨中布置

8.2.4.7 罐体内件和罐体焊接的焊缝应尽量避开罐体的环焊缝，且距离环焊缝边缘不小于100 mm；当与纵缝交叉时，应当开槽避让。

8.2.4.8 罐体上凡被补强圈、支承垫板等覆盖的焊缝，均应打磨至与母材齐平。

8.2.4.9 罐体组装后，按下列要求检查罐体的圆度：

a) 圆筒同一断面上最大内径与最小内径之差e应不大于该断面内径D_i的1%，且不大于25 mm(见图9)；

b) 当被检断面位于开孔中心的距离小于开孔直径时，则该断面最大内径与最小内径之差e，应不大于该断面内径D_i的1%与开孔内径的2%之和，且不大于25 mm。

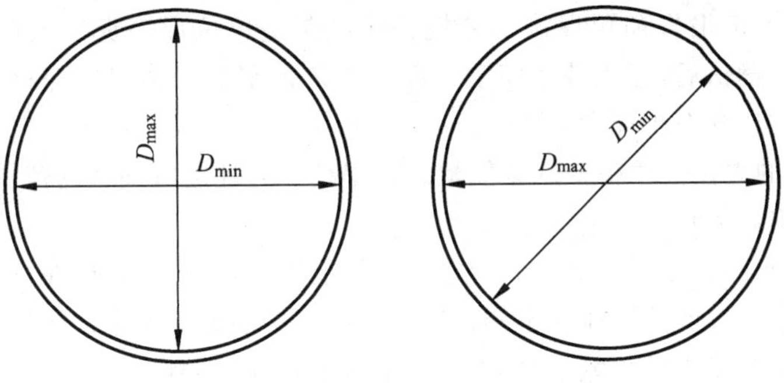

图9 圆筒同一断面上最大内径与最小内径之差e

8.2.4.10 法兰、平盖与凸缘按相应标准或设计图样要求进行制造、检验及验收，并应满足以下要求：

a) 螺柱孔或通孔的中心圆直径以及相邻两孔弦长极限偏差为±0.6 mm，任意两孔弦长极限偏差为±1.0 mm；

b) 螺孔中心线与端面的垂直度公差应为螺孔直径的0.25%；

c) 螺纹基本尺寸与公差分别按GB/T 196、GB/T 197的规定；

d) 螺孔的螺纹精度按相应国家标准选取，一般为中等精度。

8.2.4.11 机械加工表面和非机械加工表面的线性尺寸的极限偏差,分别按 GB/T 1804—2000 中的 m 级和 c 级的规定。

8.2.4.12 紧固件应符合相应国家标准或行业标准的规定,承受拉伸或剪切力载荷的螺栓,其性能等级应不低于 8.8 级。

8.2.4.13 罐体的主要几何尺寸、管口方位应符合设计图样的要求。

8.2.5 焊接

8.2.5.1 焊条、焊剂及其他焊接材料的储存库应保持干燥,相对湿度不得大于 60%。

8.2.5.2 当施焊环境出现以下任一情况,且无有效防护措施时,禁止施焊:

a) 焊条电弧焊时风速大于 10 m/s;

b) 气体保护焊时风速大于 2 m/s;

c) 相对湿度大于 90%;

d) 雨、雪环境;

e) 焊件温度低于 -20℃。

8.2.5.3 当焊件温度低于 0℃但不低于 -20℃时,应在施焊处 100 mm 范围内预热到 15℃以上。

8.2.5.4 罐体施焊前,受压元件焊缝、与受压元件相焊的焊缝、熔入永久焊缝内的定位焊缝、受压元件母材表面堆焊与补焊,以及上述焊缝的返修焊缝都应按 NB/T 47014 进行焊接工艺评定或者具有经过评定合格的焊接工艺支持。

8.2.5.5 当焊接结构受压元件用境外材料(含填充材料)时,制造单位在首次使用前应按 NB/T 47014进行焊接工艺评定。

8.2.5.6 低温罐体的焊接工艺评定,包括焊缝和热影响区的低温夏比冲击吸收能量试验。冲击吸收能量试验的取样方法,按 NB/T 47014 要求确定。冲击吸收能量试验温度应不高于设计图样要求的试验温度,且不高于 -20℃。当焊缝两侧母材具有不同冲击试验要求时,低温冲击吸收能量按两侧母材抗拉强度的较低值应符合 GB/T 150.2 或设计图样的要求。接头的拉伸和弯曲性能按两侧母材中的较低要求。

8.2.5.7 焊接工艺评定报告和预焊接工艺规程应经制造单位焊接责任人审核,技术负责人批准,由监检人员签字确认后,存入技术档案。焊接工艺评定技术档案应保存至该工艺评定失效为止,焊接工艺评定试样至少保存 5 年。

8.2.5.8 低温罐体的焊接应严格控制线能量。在焊接工艺评定所确认的范围内,选用较小的焊接线能量,以多道施焊为宜。

8.2.5.9 应在受压元件焊接接头附近的指定部位打上焊工代号钢印,或在含焊缝布置图的焊接记录中记录焊工代号,对低温罐体和不锈钢罐体的耐腐蚀表面应不采用硬印标记。

8.2.5.10 A、B 类焊接接头的焊缝余高 e_1、e_2 按表 6 和图 10 的规定。

表 6 A、B 类接头焊缝余高

单位为毫米

标准抗拉强度值 $R_m \geqslant 540$ MPa 的钢材				其他钢材			
单面坡口		双面坡口		单面坡口		双面坡口	
e_1	e_2	e_1	e_2	e_1	e_2	e_1	e_2
$0 \sim 10\%\delta_s$ 且 $\leqslant 3$	$0 \sim 1.5$	$0 \sim 10\%\delta_1$ 且 $\leqslant 3$	$0 \sim 10\%\delta_2$ 且 $\leqslant 3$	$0 \sim 15\%\delta_s$ 且 $\leqslant 4$	$0 \sim 1.5$	$0 \sim 15\%\delta_1$ 且 $\leqslant 4$	$0 \sim 15\%\delta_2$ 且 $\leqslant 4$
注:表中百分数计算值小于 1.5 时按 1.5 计。							

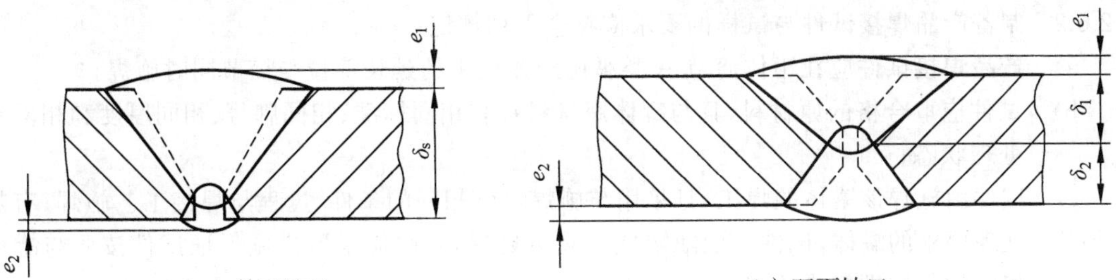

a）单面坡口　　　　b）双面坡口

图 10　A、B 类焊接接头的余高 e_1、e_2

8.2.5.11　罐体 C、D 类接头的焊角尺寸，当图样无规定时，取焊件中较薄者的厚度。当补强圈的厚度不小于 8 mm 时，其焊角等于补强圈厚度的 70%，且不小于 8 mm。

8.2.5.12　焊接接头表面应按相关标准进行外观检查，不应有表面裂纹、未焊透、未熔合、咬边、表面气孔、弧坑、未填满、夹渣(杂)和飞溅物。焊缝与母材应圆滑过渡，角焊缝的外形应凹形圆滑过渡。

8.2.5.13　罐体上焊接的临时吊耳和拉筋的垫板等，应采用力学性能和焊接性能与罐体相近的材料，并用相适应的焊材及焊接工艺进行焊接。临时吊耳和拉筋的垫板割除后，留下的焊疤应打磨光滑，并应按图样规定进行渗透检测或磁粉检测，确保表面无裂纹等缺陷。打磨后的厚度应不小于该部位的设计厚度。

8.2.5.14　罐体不应强力组装。

8.2.5.15　罐体不应采用十字焊缝。

8.2.5.16　罐体上开孔位置宜避开焊接接头。

8.2.5.17　当焊缝需返修时，其焊接返修工艺符合 8.2.5.4～8.2.5.8 的规定。

8.2.5.18　焊缝同一部位的返修次数不宜超过 2 次。当超过 2 次时，返修前均应经制造单位技术负责人批准，返修次数、部位和返修情况应记入产品质量证明书。

8.2.5.19　当下列碳钢和低合金钢制罐体在焊后热处理后进行任何焊接返修的，应对返修部位重新进行热处理：

a）　充装毒性程度为极度、高度危害介质的罐体；

b）　低温罐体；

c）　设计图样注明有应力腐蚀的罐体。

8.2.5.20　除 8.2.5.19 外要求焊后热处理的罐体，如在热处理后进行返修，当返修深度小于钢材厚度 δ_s 的 1/3，且不大于 13 mm 时，可不进行焊后热处理。返修焊接时，应先预热并控制每一焊层厚度不大于 3 mm，且应采用回火焊道。在同一截面两面返修时，返修深度为两面返修的深度之和。

8.2.5.21　特殊耐腐蚀要求的罐体或受压元件，返修部位仍需保证不低于原有耐腐蚀性能。

8.2.6　产品试件和试样

8.2.6.1　需制备产品焊接试件的条件：

a）　碳钢、低合金钢制低温罐体；

b）　材料标准抗拉强度下限值不小于 540 MPa 的低合金钢制罐体；

c）　需要经过热处理改善或恢复材料性能的钢制罐体；

d）　充装毒性程度为极度、高度危害介质的罐体；

e）　设计图样要求制备产品焊接试件的罐体。

8.2.6.2 制备产品焊接试件与试样的要求应符合下列规定：

a） 产品焊接试件应在罐体筒节A类纵向焊接接头的延长部位与筒节同时施焊；

b） 试件应取合格的原材料，且与罐体用材料具有相同标准、相同牌号、相同厚度和相同热处理状态；

c） 试件由施焊该罐体的焊工，且采用与施焊罐体相同的条件、过程与焊接工艺施焊；有热处理要求的罐体，试件一般随罐体一起热处理，否则应采取措施保证试件按照与罐体相同的工艺进行热处理；

d） 每台罐体需制备产品焊接试件的数量，由制造单位根据罐体的材料、厚度、结构与焊接工艺，按设计图样要求确定；

e） 试件的尺寸和试样的截取按NB/T 47016规定。当有冲击试验要求时，应从试件上同时截取冲击试样，进行冲击试验。

8.2.6.3 产品焊接试件与试样的检验与评定应符合下列规定：

a） 试样的检验与评定按NB/T 47016和设计文件要求进行；

b） 当需进行耐腐蚀性能检验时，应按照相关标准和设计文件规定制备试样进行试验；

c） 低温罐体，除另有规定外，冲击试验应包括焊缝金属和热影响区，并按NB/T 47016和设计文件规定的试验温度和合格指标进行检验和评定；

d） 当试样评定结果不满足要求时，允许按NB/T 47016的要求取样进行复验。当复验结果仍达不到要求时，则该试件所代表的产品应判为不合格。

8.2.6.4 符合下列条件之一者，应制备母材热处理试件：

a） 要求材料的使用热处理状态与供货热处理状态应一致，在制造中若发生改变供货的热处理状态，需重新进行热处理的；

b） 制造中需采用热处理改善材料力学性能的；

c） 冷成形或温成形的受压元件，成形后需热处理恢复材料性能的。

8.2.6.5 制备母材热处理试件与试样的要求应符合下列规定：

a） 母材热处理试件应与母材同炉热处理，当无法同炉时应模拟与母材相同的热处理状态；

b） 母材热处理试件的尺寸参照NB/T 47016的规定，其试件应切取拉伸试样1件，弯曲试样1件，冲击试样3个。

8.2.6.6 母材热处理试样的检验与评定应符合GB/T 150.4的规定。

8.2.6.7 要求做耐腐蚀性能检验的罐体或受压元件，应按设计文件的要求制备耐腐蚀性能检验试件，且进行试验与评定。

8.2.7 无损检测

8.2.7.1 无损检测方法

8.2.7.1.1 罐体的无损检测方法包括射线检测、超声检测、磁粉检测和渗透检测。

8.2.7.1.2 制造单位或无损检测机构应当按设计图样要求和NB/T 47013.1的规定制定罐体的无损检测工艺。

8.2.7.2 无损检测方法的选择

8.2.7.2.1 罐体对接接头应采用射线检测或超声检测，超声检测包括衍射时差法超声检测（TOFD）、可记录的脉冲反射法超声检测和不可记录的脉冲反射法超声检测。当采用不可记录的脉冲反射法超声检测时，应采用射线检测或衍射时差法超声检测作为附加局部检测。

8.2.7.2.2 罐体焊接接头的表面无损检测应采用磁粉检测或渗透检测。

8.2.7.2.3 铁磁性材料制罐体焊接接头的表面无损检测应优先采用磁粉检测。

8.2.7.3 无损检测比例

8.2.7.3.1 罐体对接接头的无损检测比例为100%。

8.2.7.3.2 符合下列情况之一的罐体对接接头，按8.2.7.2.1规定的方法进行全部射线检测或超声检测：

a) 罐体的A、B类对接接头；

b) 与罐体连接的承压管路的对接接头；

c) 材料标准抗拉强度下限值不小于540 MPa的罐体，其厚度大于20 mm时，其对接接头还应采用8.2.7.2.1规定的与原无损检测方法不同的检测方法进行局部检测(不少于20%)，该局部检测应包括所有的焊缝交叉部位。

8.2.7.3.3 凡符合下列条件之一的罐体焊接接头，应对其表面进行磁粉或渗透检测：

a) 罐体的C、D、E类焊接接头；

b) 充装毒性程度为极度、高度危害介质的罐体；

c) 先拼板后成形的凸形封头上所有拼接接头；

d) 设计温度低于−40℃的低合金钢制罐体；

e) 标准抗拉强度下限值大于540 MPa的低合金钢制罐体的A、B类焊接接头；

f) 异种钢焊接接头、具有再热裂纹倾向或延迟裂纹倾向的焊接接头；

g) 罐体垫板与支座或鞍座的焊接接头；

h) 设计文件要求时。

8.2.7.4 无损检测的实施时机

8.2.7.4.1 罐体的焊接接头应经形状、尺寸及外观检查，合格后再进行无损检测。

8.2.7.4.2 拼接封头应在成形后进行无损检测。成形前已进行无损检测的，成形后还应对圆弧过渡区到直边段再进行无损检测。

8.2.7.4.3 有延迟裂纹倾向的材料时应当至少在焊接完成24h后进行无损检测。

8.2.7.4.4 有再热裂纹倾向的材料应在热处理后增加一次无损检测。

8.2.7.4.5 标准抗拉强度下限值不小于540 MPa的低合金钢制罐体，在耐压试验后还应对焊接接头进行表面无损检测。

8.2.7.5 无损检测技术要求

8.2.7.5.1 射线检测应按NB/T 47013.2或NB/T 47013.11、NB/T 47013.14的规定执行，检测技术等级不低于AB级，合格级别不低于Ⅱ级。

8.2.7.5.2 超声检测应按NB/T 47013.3或NB/T 47013.10的规定执行，检测技术等级和合格级别如下：

a) 脉冲反射法超声检测技术等级不低于B级，合格级别为Ⅰ级；

b) 采用衍射时差法超声检测的焊接接头，合格级别不低于Ⅱ级。

8.2.7.5.3 罐体所有焊接接头的表面无损检测均应按NB/T 47013.4或NB/T 47013.5的规定执行，磁粉或渗透检测合格级别均为Ⅰ级。

8.2.7.6 组合检测技术要求

当组合采用射线检测和超声检测时，检测技术等级和合格级别按照各自执行的标准确定，且均应为合格。

8.2.7.7　无损检测记录、资料和报告

制造单位应如实填写无损检测记录,正确签发无损检测报告,妥善保管射线底片和超声检测数据等检测资料(含缺陷返修前记录),建立无损检测档案,其保存期限不少于罐箱的设计使用年限。

8.2.8　热处理

8.2.8.1　钢板冷成形受压元件,当符合下列任意条件之一,且变形率超过表7的范围时,成形后应进行相应热处理恢复材料的性能:

a)　充装毒性程度为极度、高度危害介质的罐体;

b)　图样注明有应力腐蚀的罐体;

c)　碳钢、低合金钢,成形前厚度大于16 mm的;

d)　碳钢、低合金钢,成形后减薄量大于10%的。

表7　冷成形件变形率控制指标

材　　料	碳钢、低合金钢及其他材料	奥氏体不锈钢
变形率/%	5	15

变形率计算:

单向拉伸(如圆筒成形,见图11):变形率(%) $=50\delta[1-(R_f/R_o)]/R_f$;

双向拉伸(如封头成形,见图11):变形率(%) $=75\delta[1-(R_f/R_o)]/R_f$。

式中:

δ——板材厚度,mm;

R_f——成形后中面半径,mm;

R_o——成形前中面半径(对于平板为∞),mm。

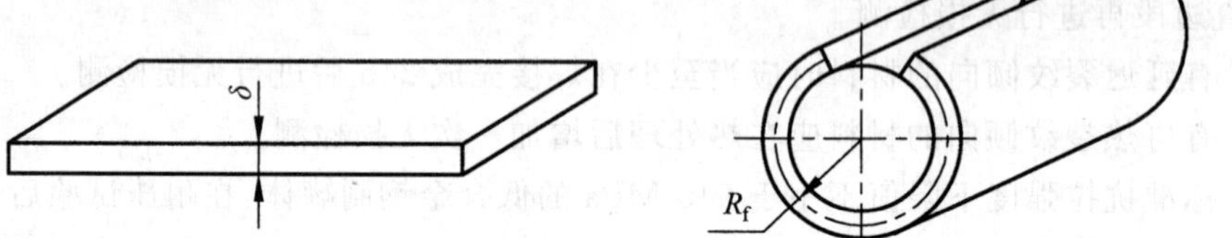

单向拉伸

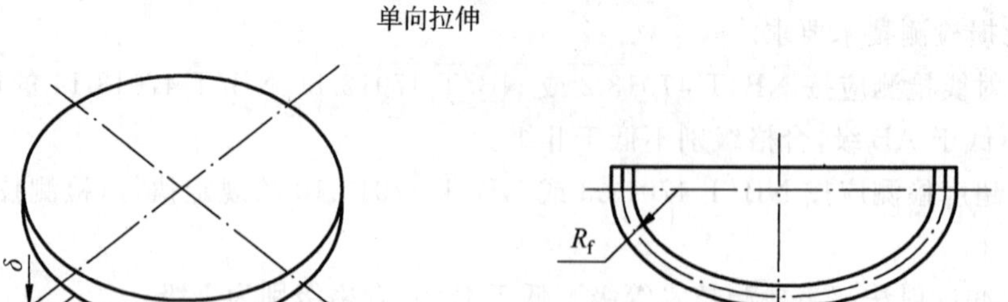

双向拉伸

图11　单向拉伸和双向拉伸成形

8.2.8.1.1　分步冷成形时,不进行中间热处理,则成形件的变形率为各分步成形变形率之和。当进行中间热处理时,则计算成形件在中间热处理前、后的变形率之和。

8.2.8.1.2　需消除温成形工件的变形残余应力,可参照8.2.8.1对冷成形工件的热处理条件和要求进行热处理。

8.2.8.1.3　当热成形或温成形改变材料供货热处理状态时应重新热处理,恢复材料供货热处理状态。

8.2.8.1.4　当对成形温度、恢复材料供货热处理状态的热处理有特殊要求时,应符合相关标准、规范或设计文件的规定。

8.2.8.2　焊后热处理(PWHT)

8.2.8.2.1　罐体及其受压元件按材料、焊接接头厚度(即焊后热处理厚度,δ_{PWHT})和设计要求确定是否进行焊后热处理。

8.2.8.2.2　焊接接头厚度应按下列规定确定:

a)　等厚全焊透对接接头为钢材厚度。

b)　对接焊缝和角焊缝为焊缝厚度。

c)　组合焊缝为对接焊缝与角焊缝厚度中较大者。

d)　当不同厚度元件焊接时:

——不等厚对接接头取较薄元件的钢材厚度;

——罐体与平封头、盖板及其他类似元件的B类焊接接头,取罐体厚度;

——接管与罐体焊接时,取罐体厚度、补强圈厚度和连接角焊缝厚度中较大者;

——接管与法兰焊接时,取接头处接管颈厚度;对图12所示结构取法兰厚度;

——非受压元件与受压元件焊接时,取焊缝厚度;

——凸缘与罐体的焊接结构取坡口深度与角焊缝厚度中较大者。

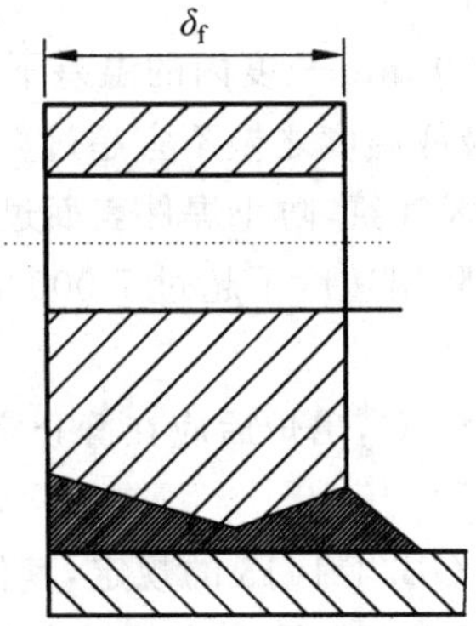

图12　接管与法兰焊接结构

8.2.8.2.3　罐体及其受压元件符合下列条件之一者,应进行焊后热处理,焊后热处理应包括受压元件间及其与非受压元件的连接焊缝。当制定热处理技术要求时,除满足下列要求外,还应采取必要的措施,避免因焊后热处理导致的再热裂纹。

a)　焊接接头厚度符合GB/T 150.4—2011中表5的规定;

b)　图样注明有应力腐蚀的罐体;

c)　充装毒性程度为极度、高度危害介质的碳素钢、低合金钢制罐体;

d)　当相关标准或图样另有规定时。

8.2.8.2.4　异种钢材之间的焊接接头,按热处理要求高者确定是否进行焊后热处理。

8.2.8.2.5 当需对奥氏体不锈钢进行焊后热处理时,按设计文件规定。

8.2.8.2.6 除设计文件另有规定,奥氏体不锈钢的焊接接头可不进行热处理。

8.2.8.3 焊后热处理要求

8.2.8.3.1 制造单位应按设计文件和标准的要求在热处理前编制热处理工艺。

8.2.8.3.2 不应使用燃煤炉进行焊后热处理。

8.2.8.3.3 热处理装置(炉)应配有自动记录温度曲线的测温仪表,并能自动绘制热处理的时间与工件壁温关系曲线。

8.2.8.3.4 应采用整体炉内消除应力热处理。

8.2.8.3.5 缺陷焊补部位,允许采用局部热处理。局部热处理有效加热范围应符合以下规定:

a) 焊缝最大宽度两侧各加 δ_{PWHT} 或 50 mm,取两者中的较小者;

b) 返修焊缝端部方向上加 δ_{PWHT} 或 50 mm,取两者中的较小者;

c) 接管与罐体相焊时,应环绕包括接管在内的圆筒全圆周加热,且在垂直于焊缝方向上自焊缝边缘加 δ_{PWHT} 或 50 mm,取两者中的较小者。

8.2.8.3.6 局部热处理的有效加热范围应确保不产生有害变形,当无法有效控制变形时,应扩大加热范围,例如对圆筒全周长范围进行加热时;对靠近加热区的部位应采取保温措施,使温度梯度不致影响材料的组织和性能。

8.2.8.4 焊后热处理操作

碳素钢、低合金钢的焊后热处理操作应符合下列规定:

a) 焊件进炉时炉内温度不应高于 400℃;

b) 焊件升温至 400℃后,加热区升温速度应不超过 5 500/δ_{PWHT} ℃/h,且不应超过 220℃/h,一般情况下不低于 55℃/h;

c) 升温时,加热区内任意 4 600 mm 长度内的温差不大于 140℃;

d) 保温时,加热区内最高与最低温度之差不宜超过 80℃;

e) 升温及保温时应控制加热区气氛,防止焊件表面过度氧化;

f) 炉温高于 400℃时,加热区降温速度不超过 7 000/δ_{PWHT} ℃/h,且不应超过 280℃/h,一般情况下不低于 55℃/h;

g) 焊件出炉时,炉温不高于 400℃,出炉后应在静止空气中继续冷却。

8.3 框架制造

8.3.1 框架外部尺寸和公差应符合 GB/T 1413 的规定,其他要求按图样规定。

8.3.2 每根角柱与角件焊后,需进行额定质量 R 与重力加速度 g 的乘积的 1/2($Rg/2$)的拉力试验,以不出现裂纹及明显变形为合格。

8.3.3 角柱、横梁、侧梁允许的直线度应不大于构件长度的 1.5‰。

8.4 堆积绝热结构

8.4.1 堆积绝热材料及其制品经检验或验收合格后方可使用。

8.4.2 堆积绝热结构应按设计图样和工艺施工,且不存在接缝不严、充填不均、膨胀处理不当、防腐处理不善、捆扎不牢等缺陷。

8.4.3 堆积绝热结构应保证其严密性和牢固性。

8.4.4 堆积绝热结构其他要求(材料、施工的准备和要求、绝热层的施工、防潮层的施工、保护层的施工等)应符合 GB 50126 的规定。

8.5 置换处理

充装易燃、易爆介质的罐箱出厂前,罐体应按下列要求进行置换,合格后方可出厂。

a) 采用氮气置换处理时,处理后的含氧量小于3%,并保留0.05 MPa~0.1 MPa的余压;

b) 采用抽真空处理时,处理后的真空度不低于0.086 MPa;

c) 设计文件有特殊规定时,按设计文件执行。

8.6 罐体涂覆

罐体的涂覆应符合JB/T 4711的规定。

9 试验方法

9.1 耐压试验

9.1.1 耐压试验前准备工作

9.1.1.1 罐体制成后,应进行耐压试验,耐压试验包括液压试验和气压试验。

9.1.1.2 进行热处理的罐体,在热处理合格后进行耐压试验。

9.1.1.3 堆积绝热结构的罐箱,应在堆积绝热结构施工前进行罐体的耐压试验。

9.1.1.4 耐压试验前,罐体各连接部位的紧固螺栓应当配置齐全,紧固妥当。

9.1.1.5 试验应用两个量程相同、精度不低于1.6级并经过校验合格的压力表。压力表的刻盘极限值为试验压力的1.5倍~3倍。压力表应安装在被试验罐体顶部便于观察的位置。

9.1.1.6 耐压试验场地应有可靠的安全防护措施,且经过单位技术负责人和安全管理部门检查认可。

9.1.2 耐压试验基本要求

9.1.2.1 保压期间不应采用连续加压来维持试验压力不变,耐压试验过程中不应带压紧固螺栓或者向受压元件施加外力。

9.1.2.2 耐压试验过程中,不应进行与试验无关的工作,无关人员不应在试验现场停留。

9.1.2.3 罐体开孔补强圈应在耐压试验前通入0.4 MPa~0.5 MPa的压缩空气检查焊接接头质量。

9.1.2.4 耐压试验后,由于焊接接头或者接管泄漏而进行返修的,或者返修深度大于1/2厚度的罐体,应重新进行耐压试验。

9.1.3 液压试验

9.1.3.1 试验液体一般采用水,需要时也可采用不会产生危险的其他介质,但试验时液体的温度应低于其沸点或闪点,并有可靠的安全措施。

9.1.3.2 Q345R、Q370R钢板制罐体液压试验时,液体温度应不低于5℃,其他碳钢和低合金钢制罐体,液体温度应不低于15℃。低温罐体液压试验的温度应不低于罐体材料和焊接接头的冲击试验温度(取其高者)加20℃,且不低于5℃。如果由于板厚等因素造成材料无塑性转变温度升高,则需相应提高试验温度。当有试验数据支持时,可使用较低温度液体进行试验,但试验时应保证试验温度(罐体罐壁金属温度)比罐体罐壁金属无塑性转变温度至少高30℃。

9.1.3.3 罐体中应充满液体,滞留在罐体内的气体应排除干净,罐体外表面应保持干燥。

9.1.3.4 试验合格后应立即将水排净吹干。当无法完全排净吹干时,奥氏体不锈钢罐体用水应控制水中氯离子的含量不超过25 mg/L。

9.1.3.5 液压试验步骤如下：

a) 试验时罐体顶部应设排气口，充液时应将罐内的空气排净。试验过程中，应保持罐体表面干燥。

b) 当罐体壁温与液体温度接近时，才能缓慢升压至设计压力，确认无泄漏后继续升压到规定的试验压力，保压时间一般不少于 30 min。然后将压力降至设计压力，保压足够长的时间以对所有焊接接头和连接部位进行检查。

c) 液压试验完毕，应将液体排尽并用压缩空气将内部吹干。

9.1.3.6 液压试验合格要求

液压试验过程中，罐体无渗漏、无可见的变形和异常的响声为合格。

9.1.3.7 试验合格后，应排尽罐内液体，检查罐内有无积液、杂物，如有应及时清除。

9.1.4 气压试验

9.1.4.1 试验所用气体应为干燥洁净的空气、氮气或其他惰性气体。

9.1.4.2 碳素钢和低合金钢制罐体的试验用气体温度应不低于 15℃。其他材料制罐体，其试验用气体温度应符合设计图样规定。

9.1.4.3 气压试验应有安全防护措施，试验单位的安全部门应派人进行现场监督。

9.1.4.4 试验时应先缓慢升压至规定试验压力的 10%，保压 5 min～10 min，并对所有焊接接头和连接部位进行初次检查；确认无泄漏后，继续升压到规定试验压力的 50%；如无异常现象，然后按规定试验压力的 10%逐级升压，直至达到试验压力，保压 10 min；然后降到设计压力，保压足够时间进行检查，检查期间压力应保持不变。

9.1.4.5 气压试验合格要求

气压试验过程中，罐体无异常响声，经肥皂液或其他可靠的检漏方法检查无漏气、无可见的变形为合格。

9.2 泄漏试验

9.2.1 罐体耐压试验合格，所有安全附件、管路安装齐全后进行罐体泄漏试验。

9.2.2 罐体气密性试验应符合下列规定：

a) 试验用气体应为干燥、洁净的空气、氮气或其他惰性气体；

b) 试验用气体温度按 9.1.4.2 的规定；

c) 试验时，压力应缓慢上升，达到规定的试验压力后保压足够长时间，同时检查罐体焊接接头和各阀件及连接面，无泄漏为合格；

d) 如有泄漏，应在修补后重新进行试验。

9.2.3 氨检漏、卤素检漏及氦检漏等试验方法应符合设计文件的规定。

9.3 堆码试验

9.3.1 本试验旨在验证满载罐箱在海洋船舶运输条件下，在箱垛中出现偏码时的承载能力。

9.3.2 堆码试验的要求和方法应符合 GB/T 16563 的规定。

9.4 吊顶试验

9.4.1 本试验是验证罐箱经受由四个顶角件竖向起吊的能力，同时验证罐箱在起吊作业时承受罐内载荷在加速作用下所产生的各种力的试验。

9.4.2 吊顶试验的要求和方法应符合 GB/T 16563 的规定。

9.5 吊底试验

9.5.1 本试验是验证罐箱由四个底角件起吊的能力。

9.5.2 吊底试验的要求和方法应符合 GB/T 16563 的规定。

9.6 外部纵向栓固试验

9.6.1 本试验是验证罐箱在额定质量乘以 2 倍重力加速度作用下($2Rg$),承受外部纵向栓固作用的能力。

9.6.2 外部纵向栓固试验的要求和方法应符合 GB/T 16563 的规定。

9.7 内部纵向栓固试验

9.7.1 本试验是验证罐箱的罐体和框架对充装介质所导致的纵向惯性力的承受能力。

9.7.2 内部纵向栓固试验的要求和方法应符合 GB/T 16563 的规定。

9.7.3 对于原型箱进行了碰撞试验的罐箱,则内部纵向栓固试验可免除。

9.8 内部横向栓固试验

9.8.1 本试验是验证罐箱的罐体和框架对充装介质所导致的横向惯性力的承受能力。

9.8.2 内部横向栓固试验的要求和方法应符合 GB/T 16563 的规定。

9.9 横向刚性试验

9.9.1 本试验是验证除 1D 和 1DX 型以外的罐箱承受船舶在航行中所产生的横向推、拉的能力。

9.9.2 横向刚性试验的要求和方法应符合 GB/T 16563 的规定。

9.10 纵向刚性试验

9.10.1 本试验是验证除 1D 和 1DX 型以外的罐箱承受船舶在航行中所产生的纵向推、拉的能力。

9.10.2 纵向刚性试验的要求和方法应符合 GB/T 16563 的规定。

9.11 载荷传递区试验(可选择项)

9.11.1 本试验是在静态状况下,模拟罐箱已知载荷传递区在动态作业时仅部分接触运输车辆,底角件与旋锁间的空隙部分不传递载荷时的状况。

9.11.2 载荷传递区试验的要求和方法应符合 GB/T 16563 的规定。

9.12 步道试验(可选择项)

9.12.1 本试验是验证由工作人员在步道上作业所产生载荷的承受能力的试验。

9.12.2 步道试验的要求和方法应符合 GB/T 16563 的规定。

9.13 扶梯试验(可选择项)

9.13.1 本试验是验证扶梯对工作人员在其上作业时产生载荷的承受能力的试验。

9.13.2 设有扶梯的罐箱均应进行本项试验。

9.13.3 扶梯试验的要求和方法应符合 GB/T 16563 的规定。

9.14 碰撞试验

罐箱的碰撞试验方法、评定标准应符合主管部门的有关规定。

10 检验规则

10.1 检验分类

罐箱的检验分为逐台检验和型式试验。

10.2 逐台检验

罐箱制造完成后还应经逐台检验合格后方可出厂,检验项目按表8的规定。

10.3 型式试验

10.3.1 罐箱制造厂在设计产品定型或停产两年以上再次恢复生产时,应试制至少1台样箱进行型式试验。

10.3.2 型式试验由主管部门认可的机构进行。

10.3.3 每一种定型的产品型式在下列变化范围内,不需另外进行型式试验:

a) 额定总质量减小;

b) 不因设计压力和温度变化而导致的厚度相同或增加;

c) 制造材料标准的改变,但其允许的屈服强度达到或超过试验样箱材料;

d) 管口和人孔的调整或位置改变。

10.3.4 型式试验的检验项目按表8的规定。

10.3.5 仅参与公路运输的罐箱禁止进行堆码,其型式试验项目至少包括吊顶试验、吊底试验、外部纵向栓固试验、内部横向栓固试验和内部纵向栓固试验。

表8 检验项目

检验项目	检验内容	逐台检验	型式试验
几何尺寸检查	框架尺寸、罐体外形尺寸、罐体及其附件与框架装配尺寸	★	★
外观表面质量检查	油漆、涂装、标记、标识、铭牌	★	★
附件检验	安全附件、仪表、阀门等装卸附件	★	—
罐体容积测定	测量罐体水容积	—	★
空箱称重	样箱空重应在设计值的±3%范围内	—	★
堆码试验	9.3	—	★
吊顶试验	9.4	—	★
吊底试验	9.5	—	★
外部纵向栓固试验	9.6	—	★
内部纵向栓固试验*	9.7	—	★
内部横向栓固试验	9.8	—	★
横向刚性试验	9.9	—	★
纵向刚性试验	9.10	—	★
载荷传递区试验(可选择项)	9.11	—	★
步道试验(可选择项)	9.12	—	★
扶梯试验(可选择项)	9.13	—	★
碰撞试验(可选择项)	9.14	—	★

注:★——应进行检验的项目;

*——如果进行碰撞试验,则可以代替内部纵向栓固试验。

11 标志标识

11.1 罐箱标志标识应符合 GB/T 1836 的规定。

11.2 堆码低于 192 000 kg,横向刚性低于 150 kN 的罐箱,应按相关标准进行标识。

11.3 仅参与公路运输的罐箱应在罐体两侧喷涂或粘贴“仅限公路运输”“禁止堆码”等警示性标志。

11.4 罐箱产品铭牌的格式与内容按 TSG R0005 的规定。

11.5 国际联运罐箱标牌应符合主管部门的要求。

12 出厂文件

12.1 罐箱的制造厂应至少向使用单位提供下列技术文件和资料:

a) 竣工图样(总图和罐体图),竣工图样上应有设计单位许可印章(复印印章无效),且加盖竣工图章(竣工图章上标注制造单位名称、制造许可证编号、审核人的签字和“竣工图”字样);当制造中发生了材料代用、无损检测方法改变、加工尺寸变更等,制造单位应按设计单位书面批准文件的要求在竣工图样上作出清晰标注,标注处有修改人的签字及修改日期;
b) 产品合格证(含产品数据表);
c) 产品质量证明文件;
d) 产品铭牌的拓印件或者复印件;
e) 特种设备制造监督检验证书;
f) 强度计算书;
g) 应力分析报告(需要时);
h) 安全泄放量、安全阀排量和爆破片泄放的计算书;
i) 产品使用说明书;
j) 风险评估报告;
k) 其他必要的产品质量证明文件;
l) 备件、附件清单和相应的质量合格证明;
m) 可移动罐柜证书(需要时)。

12.2 罐箱产品质量证明文件应至少包含下列内容:

a) 质量计划;
b) 主要受压元件材料质量证明书和材料清单;
c) 受压元件(封头、锻件等)为外购或外协件时的产品质量证明文件;
d) 罐体外观及几何尺寸检验报告;
e) 焊接记录;
f) 无损检测报告;
g) 罐体焊后热处理报告及自动记录曲线;
h) 罐体耐压试验报告;
i) 气密性试验报告或其他泄漏试验;
j) 框架检验报告;

k） 罐体气体置换检测报告；

l） 产品制造变更报告；

m） 钢板、锻件超声检测报告(需要时)；

n） 安全附件、仪表及装卸附件的质量证明文件。

13 储存运输

13.1 罐箱如长期存放时，应停放在防潮、通风和有消防设施的专用场地。停放前应对罐箱进行仔细检查，包括各阀门仪表是否正常，装卸阀门是否安全闭止，静电接地装置是否有效等。

13.2 停放期间，罐箱应按产品使用说明书进行正常的维护与保养。

13.3 公路和铁路运输时，应将罐箱放置在平板车或底盘挂车上，并使用转锁或相应装置通过四个底角件紧固，堆码时应不超过设计允许的堆码质量。

13.4 罐箱吊装应采用吊钩、卸扣或扭锁的专用吊具通过顶角件进行起吊，或利用适合于装卸的吊钩在标准或设计规定的角度内起吊。

附 录 A
(规范性附录)
标准的符合性声明及修订

A.1 本标准的制定遵循国家颁布的压力容器安全法规所规定的基本安全技术要求，其设计准则、材料要求、制造检验技术要求和验收标准等符合 TSG R0005 的规定。本标准为协调标准，即按本标准建造的液化气体汽车罐车可满足 TSG R0005 的基本安全要求。

A.2 标准的修订采用提案审查制度。任何单位和个人有权对本标准的修订提出建议，修订建议采用“表 A.1 标准提案/问询表”的方式提交全国锅炉压力容器标准化技术委员会(以下简称委员会)。委员会对收到的标准修订提案审查，按审查结果将采纳的技术内容列入下版标准。

表 A.1 标准提案/问询表 总第 号

<table>
<tr><td colspan="2">□标准提案 □标准问询</td><td>标准名称</td><td></td></tr>
<tr><td>单 位</td><td></td><td>姓 名</td><td></td></tr>
<tr><td>联系地址</td><td></td><td>邮政编码</td><td></td></tr>
<tr><td>电话/传真</td><td></td><td>电子邮箱</td><td></td></tr>
<tr><td colspan="4">提案/问询内容(可另附页)</td></tr>
<tr><td colspan="4"></td></tr>
<tr><td colspan="4">技术依据与相关资料(可另附页)</td></tr>
<tr><td colspan="4"></td></tr>
<tr><td colspan="4">附加说明：</td></tr>
<tr><td colspan="2">单位公章或提案(问询)人签字：</td><td colspan="2">提交日期：
年 月 日</td></tr>
</table>

全国锅炉压力容器标准化技术委员会

地址：北京市朝阳区和平街西苑 2 号 D 座三层 邮政编码：100029

电子邮箱：NB-T47057@cscbpv.org

附 录 B
(规范性附录)
风险评估报告

B.1 总则

B.1.1 本附录规定了风险评估报告的基本要求。

B.1.2 设计单位应根据相关法规或设计委托方要求编制针对罐箱建造阶段和使用阶段预期的风险编制风险评估报告。风险评估报告是编制其他设计文件的重要依据。

B.1.3 设计单位应按罐箱型号,且充分考虑在各种工况条件下可能产生的失效模式,在材料选择、结构设计、制造检验、运输使用、充装卸载等方面提出安全防护措施,防止可能发生的失效。

B.2 制定原则和程序

B.2.1 设计阶段风险评估主要针对设计者需考虑的对设计阶段、制造阶段和使用阶段预期的危害识别和风险控制,且说明应采取的安全防护措施和依据。

B.2.2 设计阶段按以下程序进行风险评估:

a) 根据用户设计条件和其他设计输入信息(如设计任务书等),确定罐箱的运输方式及各种使用工况;

b) 根据罐箱的充装介质、环境因素、运输方式及条件、装卸方式及条件等进行危害识别,确定可能发生的危害及其后果;

c) 形成完整的风险评估报告。

B.3 风险评估报告内容

风险评估报告至少应包括如下内容:

a) 罐箱的基本设计参数:运输方式、工作条件(如工作压力、工作温度、腐蚀环境等)、装卸条件(如装卸方式、装卸压力等)、充装介质(如编号、名称、危害特性等)、基本结构(如单层罐、堆积绝热罐)、材料等;

b) 所有可能工况条件的描述;

c) 设计阶段时,应考虑所有工况条件下可能发生的失效模式,如爆炸、泄漏、破损、变形以及倾覆等事故;

d) 对标准、安全技术规范或规范性文件已经有规定的失效模式,说明采用的条款;

e) 对标准、安全技术规范或规范性文件没有规定的失效模式,说明设计中载荷、安全系数和相应设计计算方法的选取依据;

f) 规定针对介质少量泄漏、大量涌出、爆炸状况以及交通事故的处置措施;

g) 根据可能发生事故情况,规定合适的人员、操作人员及其他相关人员的防护装备和措施;

h) 风险评估报告应具有与罐箱设计图样总图一致的签署。

附 录 C
(规范性附录)
罐体安全泄放量及安全泄放装置排放能力的计算

C.1 总则

C.1.1 本附录规定了罐体充装介质为液化气体在通风条件良好、敞开空间着火的火灾工况(与外部油池火灾类似)罐体安全泄放量的计算方法。超出本附录工况(如罐体遭受喷射火、部分密闭或全部密闭空间内火灾等严重火灾工况)的罐体安全计算由设计者另行考虑。

C.1.2 本附录公式仅适用于临界温度远高于额定排放压力下饱和气体温度的液化气体。临界温度接近或低于额定排放压力下饱和气体温度的液化气体,罐体安全泄放量的计算还应考虑气体的热力学特性。

C.1.3 根据安全泄放装置铭牌上的标示值,罐体安全泄放量的计算应按 C.2 或 C.3 的规定,爆破片排放面积的计算应按 C.4 计算。

C.2 按介质质量计算罐体安全泄放量及安全阀排放能力

C.2.1 当安全阀铭牌上标示安全阀的最小流道直径(或流道面积)及安全阀的额定泄放系数时,按 C.2.2～C.2.4 的规定计算罐体安全泄放量及安全阀排放能力。

C.2.2 罐体的安全泄放量的计算

C.2.2.1 无绝热层罐体的安全泄放量按式(C.1)计算:

$$W_s=\frac{2.55\times10^5A_r^{0.82}}{q} \qquad \text{(C.1)}$$

C.2.2.2 当完整的绝热层符合 C.2.2.3 的规定时,罐体的安全泄放量按式(C.2)计算:

$$W_s=\frac{2.61(650-t)\lambda A_r^{0.82}}{\delta q} \qquad \text{(C.2)}$$

式中:

W_s——罐体的安全泄放量,kg/h;

q——在泄放压力下液化气体的汽化潜热,kJ/kg;

λ——常温下绝热材料的导热系数,kJ/ (m·h·℃);

δ——绝热层厚度,m;

t——泄放压力下介质的饱和温度,℃;

A_r——罐体外表面积,m²。

A_r 按下式计算:

椭圆形封头的卧式罐体:$A_r=3.14D_o(L+0.3D_o)$;

半球形封头的卧式罐体:$A_r=3.14D_oL$。

式中:

L——罐体的总长,m;

D_o——罐体的外直径,m。

C.2.2.3 在任何情况下,用于减少罐体安全泄放量的绝热层应在不超过 650℃下始终保持完好有效,其外保护层应采用熔点不低于 700℃的材料。

C.2.3 安全阀的排放能力(额定泄放量)的计算:

a) 临界条件$\frac{p_o}{p_d} \leqslant \left(\frac{2}{k+1}\right)^{\frac{k}{k-1}}$时:

$$W = 7.6 \times 10^{-2} CKp_d A\sqrt{\frac{M}{ZT}} \quad \text{(C.3)}$$

b) 亚临界条件$\frac{p_o}{p_d} > \left(\frac{2}{k+1}\right)^{\frac{k}{k-1}}$时:

$$W = 55.84Kp_d A\sqrt{\frac{k}{k-1}\left[\left(\frac{p_o}{p_d}\right)^{\frac{2}{k}} - \left(\left(\frac{p_o}{p_d}\right)^{\frac{k+1}{k}}\right)\right]}\sqrt{\frac{M}{ZT}} \quad \text{(C.4)}$$

式中:

W——安全阀的排放能力(额定泄放量),kg/h;

K——安全阀的额定泄放系数,与安全阀结构有关,应根据实验数据确定。无参考数据时,可按下述规定选取:

全启式安全阀 $K=0.60\sim0.70$;

当采用安全阀与爆破片串联组合装置时,安全阀的额定泄放系数 K 应乘以修正系数 0.9;

A——安全阀流道面积,mm^2;

对全启式安全阀,即 $h \geqslant \frac{1}{4}d_1$ 时:$A=0.785d_1^2$。

h——阀瓣开启高度,mm;

d_1——安全阀的最小流道直径(阀座喉部直径),mm;

C——气体特性系数,可查表 C.1 或按下式求取:

当 $K>1$ 时:

$$C = 520\sqrt{k\left(\frac{2}{k+1}\right)^{\frac{k+1}{k-1}}}$$

当 $K=1$ 或未知时:

$$C = \frac{520}{\sqrt{e}} = 315$$

k——气体绝热指数,$k=C_p/C_v$;

C_p——标准状态下气体定压比热;

C_v——标准状态下气体定容比热;

数学常数 $e=2.7183$;

M——气体的摩尔质量,kg/kmol;

T——额定排放压力下饱和气体绝对温度,K;

Z——额定排放压力下饱和气体的压缩系数(查图 C.1),无法确定时取 1;

p_d——安全阀的排放压力(绝压),$p_d=1.2p+0.1$,MPa;

p——罐体设计压力,MPa;

p_o——安全阀出口侧压力(绝压),MPa。

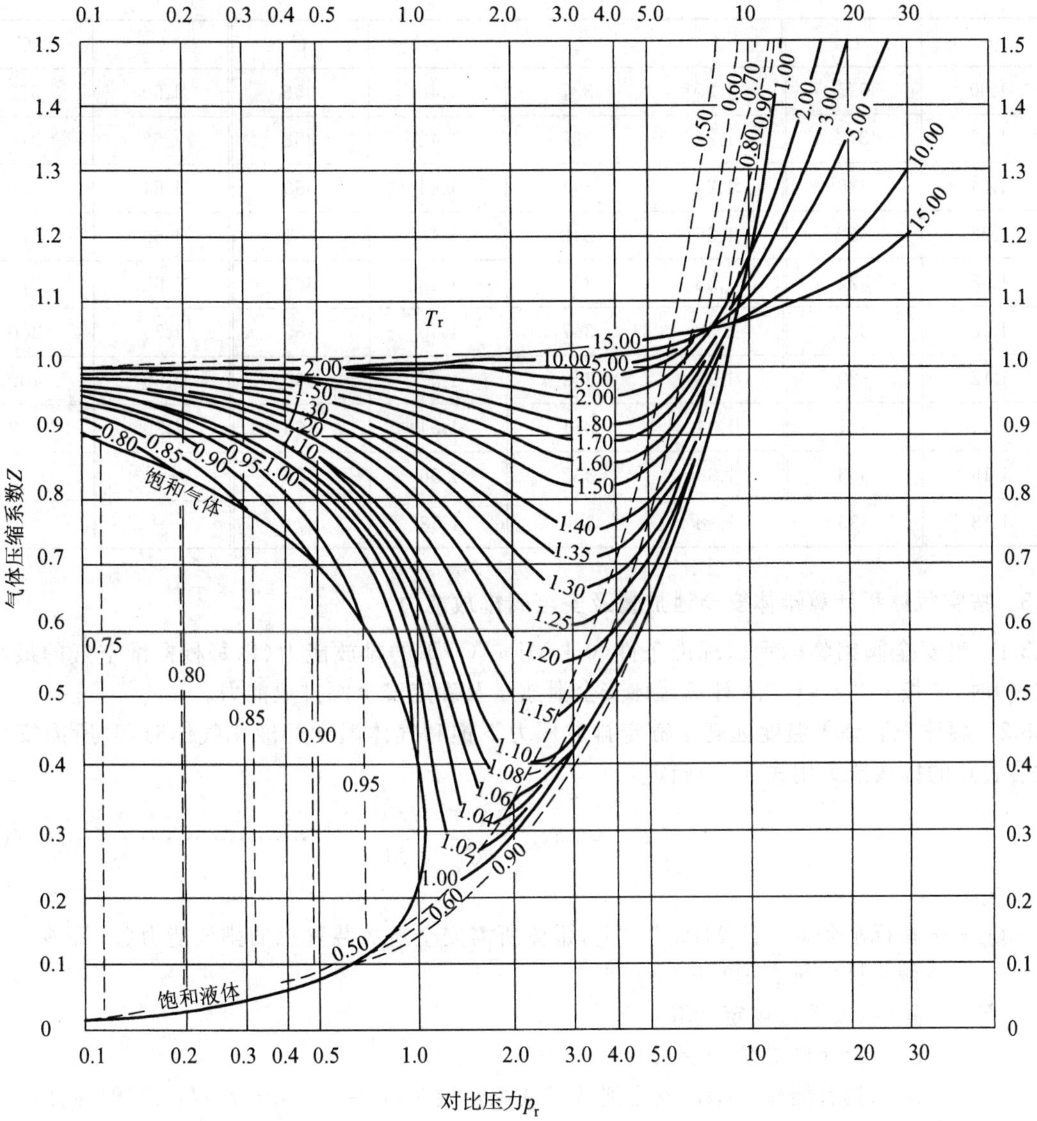

对比温度T_r＝$\frac{\text{介质的泄放温度（K）}}{\text{介质的临界温度（K）}}$　　对比压力p_r＝$\frac{\text{介质的泄放压力（MPa）}}{\text{介质的临界压力（MPa）}}$（绝压）

图 C.1　气体压缩系数

C.2.4　选用的各个安全阀额定泄放量 W 的总和应该大于罐体需要的安全泄放量 W_s，各个安全阀额定泄放量 W 按 C.2.2 及其铭牌标示值进行计算。

表 C.1 气体特性系数

k	C	k	C	k	C	k	C
1.00	315	1.20	337	1.40	356	1.60	372
1.02	318	1.22	339	1.42	358	1.62	374
1.04	320	1.24	341	1.44	359	1.64	376
1.06	322	1.26	343	1.46	361	1.66	377
1.08	324	1.28	345	1.48	363	1.68	379
1.10	327	1.30	347	1.50	365	1.70	380
1.12	329	1.32	349	1.52	366	2.00	400
1.14	331	1.34	351	1.54	368	2.20	412
1.16	333	1.36	352	1.56	369	—	—
1.18	335	1.38	354	1.58	371	—	—

C.3 按空气体积计算罐体安全泄放量及安全阀排放能力

C.3.1 当安全阀铭牌标示以标准条件(0.1 MPa/℃)下的排放能力(以每秒标准空气的最小排放量)时,应按 C.3.2~C.3.4 计算罐体安全泄放量及确定安全阀排放能力。

C.3.2 罐体充装临界温度远高于额定排放压力下饱和气体温度的液化气体时,其所需安全泄放装置总的排放能力用式(C.5)确定:

$$Q_s = 6\,448\,\frac{FA_r^{0.82}}{qC}\sqrt{\frac{ZT}{M}} \quad \cdots\cdots (C.5)$$

式中:

Q_s——在标准条件(0.1 MPa/℃)下,罐体所需安全泄放装置总的排放能力(以每秒空气的最小排放量表示),m^3/s;

F——系数,按下述规定选取:

a) 无绝热层时:$F=1.0$;

b) 具有能减小罐体安全泄放量的绝热层时:$F=U(650-t_1)/13.6$,但在任何情况下均不应小于 0.25,绝热层应符合 C.2.2.3 的规定。

U——绝热层在 38℃时的导热率,$kW/(m^2 \cdot K)$;

t_1——液化气体在充装过程中的实际温度,℃,当这一温度未知时,取$t_1=15$℃。

C.3.3 各个安全阀排放能力 Q 应为其铭牌上标示的排放能力。

C.3.4 选用的各个安全阀排放能力 Q 的总和应大于罐体的安全泄放量 Q_s。

C.4 爆破片装置排放面积的计算

C.4.1 爆破片排放面积的计算

a) 临界条件$\frac{p_o}{p_b} \leqslant \left(\frac{2}{k+1}\right)^{\frac{k}{k-1}}$时:

$$A_s \geqslant \frac{W_s}{7.6 \times 10^{-2} CK' p_b \sqrt{\frac{M}{ZT}}} \quad \cdots\cdots (C.6)$$

b） 亚临界条件$\frac{p_o}{p_b}>\left(\frac{2}{k+1}\right)^{\frac{k}{k-1}}$时：

$$A_s \geqslant \frac{W_s}{55.84K'p_b\sqrt{\frac{k}{k-1}\left[\left(\frac{p_o}{p_b}\right)^{\frac{2}{k}}-\left(\frac{p_o}{p_b}\right)^{\frac{k+1}{k}}\right]}\sqrt{\frac{M}{ZT}}} \quad\cdots\cdots\cdots\cdots\cdots (C.7)$$

式中：

A_s——爆破片排放面积，mm^2；

K'——爆破片的额定泄放系数，与爆破片装置入口管道形状（见图C.2）有关；

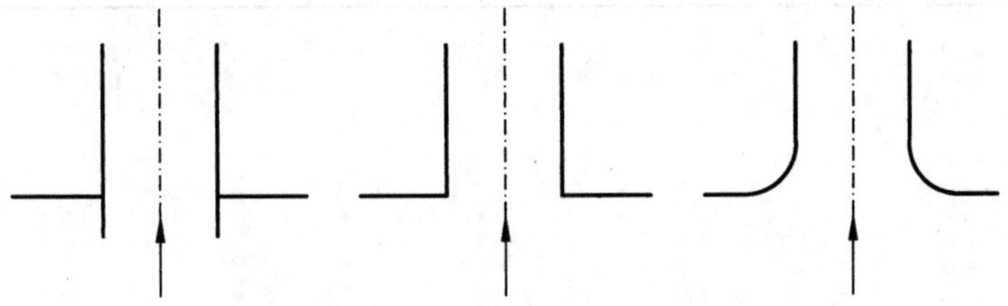

图C.2 爆破片装置入口管道形状

W_s——罐体的安全泄放量，kg/h；

p_b——爆破片的设计爆破压力（绝压），MPa；

p_o——泄放侧压力（绝压），MPa。

C.4.2 选用的爆破片最小泄放面积的总和应大于罐体所需的爆破片排放面积A_s，各个爆破片最小泄放面积根据其铭牌标示值进行选取或计算。

ICS 43.160
T 58

NB

中华人民共和国能源行业标准

NB/T 47058—2017
代替 JB/T 4783—2007

冷冻液化气体汽车罐车

Road tankers for refrigerated liquefied gas

2017-11-15 发布　　2018-03-01 实施

国家能源局　发布

前　言

本标准按 GB/T 1.1—2009《标准化工作导则　第 1 部分：标准的结构和编写》给出的规则起草。

本标准代替 JB/T 4783—2007《低温液体汽车罐车》。本标准与 JB/T 4783—2007 相比，主要技术变化如下：

a) 标准名称：

——由原“低温液体汽车罐车”改为“冷冻液化气体汽车罐车”；

b) 范围：

——增加了不适用范围、罐车与罐体范围的界定及主要受压元件的界定等内容；

c) 术语和定义：

——取消了低温液体、绝热层等 19 个术语和定义，修订和增加了高真空多层绝热、冷冻液化气体等 11 个术语和定义；

d) 资质与职责：

——将原“职责”改为“资质与职责”，增加了用户或设计委托方的职责，修改和完善了设计和制造单位职责要求的内容；

e) 材料：

——修改了罐体用钢板、钢锻件、钢管与管件、焊接材料、绝热材料、吸附剂材料及夹层支撑材料的要求，增加了密封垫片材料的要求；

f) 设计：

——修改了整车、载荷、设计温度、设计压力、管路等的设计要求，并增加了分析设计方法、最低设计金属温度、罐体最小厚度、最大允许充装量等要求；

g) 安全附件、仪表和装卸附件：

——明确列出了安全附件、仪表和装卸附件的种类，修改了相关技术要求；

h) 制造：

——修改了焊接接头分类、材料复验、冷热加工、组装、焊接、无损检测等要求，并增加了 E 类焊接接头、罐体涂敷等要求；

i) 试验方法：

——增加了氨检漏、卤素检漏及氦检漏等试验方法；

j) 检验规则：

——修改了检验规则的要求，增加了检验项目内容及技术要求表；

k) 标志、标识：

——修改了标志、标识的具体要求；

l) 附录：

——增加了“标准的符合性声明及修订”“风险评估报告”两个附录；

——取消了原“产品铭牌格式与内容”“产品质量证明书格式与内容”和“常见低温液体

物性参数”三个附录；

——原附录A“安全泄放装置的设计计算”改为附录C“罐体安全泄放量及超压泄放装置排放能力的计算”，修改了罐体安全泄放量和超压泄放装置排放能力计算的内容。

本标准由全国锅炉压力容器标准化技术委员会(SAC/TC 262)提出并归口。

请注意本文件的某些内容可能涉及专利。本文件的发布机构不承担识别这些专利的责任。

本标准由全国锅炉压力容器标准化技术委员会移动式压力容器分技术委员会(SAC/TC 262/SC4)组织起草。

本标准起草单位：张家港中集圣达因低温装备有限公司、上海市气体工业协会、中国特种设备检测研究院、上海华谊集团装备工程有限公司、江苏省特种设备安全监督检验研究院张家港分院、查特中汽深冷特种车(常州)有限公司、南通中集能源装备有限公司、张家港韩中深冷科技有限公司、江西制氧机有限公司、荆门宏图特种飞行器制造有限公司、上海市特种设备监督检验技术研究院、航天晨光股份有限公司、常州博朗低温设备有限公司、北京建安特西维欧特种设备制造有限公司、铁岭黄海专用车制造有限公司。

本标准主要起草人：高洁、周伟明、罗晓钟、滕俊华、陈朝晖、王飞、何华、陈文锋、蒋平安、殷劲松、陈燕山、肖学文、丁建勋、王芳、朱艳梅、叶彦元、陈丽艳。

本标准所代替标准的历次版本发布情况为：

——JB/T 4783—2007。

冷冻液化气体汽车罐车

1 范围

1.1 本标准规定了冷冻液化气体汽车罐车(以下简称罐车)的材料、设计、制造、试验方法、检验规则、标志标识、出厂文件、储存运输等要求。

1.2 本标准适用于罐体内容器的设计压力不小于0.1 MPa,几何容积不小于1 m^3,采用真空粉末绝热或高真空多层绝热结构,且罐体与定型底盘或半挂车行走机构采用永久性连接的罐车。

1.3 本标准不适用于下列范围的罐车:

a) 罐体材料为有色金属或非金属的;

b) 充装标准沸点低于-196℃的冷冻液化气体介质的;

c) 充装有毒介质的;

d) 国防军事装备等有特殊要求的。

1.4 界定范围

1.4.1 本标准适用的罐车,范围包括罐体、管路、安全附件、仪表、装卸附件以及定型底盘或半挂车行走机构、支座、操作箱、自增压器等。

1.4.2 罐体界定范围如下:

a) 罐体与管路焊接连接的第一道环向接头的坡口端面;

b) 罐体与管路、安全附件螺纹连接的第一个螺纹接头端面,法兰连接的第一个法兰密封面;

c) 罐体开孔部分的端盖及其紧固件;

d) 罐体与非受压元件的连接焊缝。

1.4.3 管路包括所有与罐体相连接的管子与管件。

1.4.4 主要受压元件包括内容器的筒体、封头以及与充装介质接触的公称直径不小于15 mm的管子和管座、法兰、法兰盖板等。

2 规范性引用文件

下列文件对于本文件的应用是必不可少的。凡是注日期的引用文件,仅注日期的版本适用于本文件。凡是不注日期的引用文件,其最新版本(包括所有的修改单)适用于本文件。

GB/T 150.1 压力容器 第1部分:通用要求

GB/T 150.2 压力容器 第2部分:材料

GB/T 150.3—2011 压力容器 第3部分:设计

GB/T 150.4—2011 压力容器 第4部分:制造、检验与验收

GB/T 567.1 爆破片安全装置 第1部分:基本要求

GB/T 567.2 爆破片安全装置 第2部分:应用、选择与安装

GB/T 567.3 爆破片安全装置 第3部分:分类及安装尺寸

GB/T 713 锅炉和压力容器用钢板

GB 1589　汽车、挂车及汽车列车外廓尺寸、轴荷及质量限值

GB/T 1804—2000　一般公差未注公差的线性和角度尺寸的公差

GB/T 3531　低温压力容器用低合金钢钢板

GB/T 3730.2　道路车辆质量词汇和代码

GB/T 3730.3　汽车和挂车的术语及其定义车辆尺寸

GB/T 4351(所有部分)　手提式灭火器

GB/T 4606　道路车辆半挂车牵引座50号牵引销的基本尺寸和安装、互换性尺寸

GB/T 4607　道路车辆半挂车牵引座90号牵引销的基本尺寸和安装、互换性尺寸

GB 4785　汽车及挂车外部照明和光信号装置的安装规定

GB 7258　机动车运行安全技术条件

GB/T 9969　工业产品使用说明书总则

GB 11567　汽车及挂车侧面和后下部防护要求

GB/T 12241　安全阀一般要求

GB/T 12243　弹簧直接载荷式安全阀

GB 12676　商用车辆和挂车制动系统技术要求及试验方法

GB/T 13296　锅炉、热交换器用不锈钢无缝钢管

GB 13365　机动车排气火花熄灭器

GB 13392　道路运输危险货物车辆标志

GB/T 13550　5A分子筛及其测定方法

GB/T 13881　牵引车与挂车之间气制动管连接器

GB/T 14525　波纹金属软管通用技术条件

GB/T 14976　流体输送用不锈钢无缝钢管

GB 16735　道路车辆车辆识别代号(VIN)

GB/T 17600(所有部分)　钢的伸长率换算

GB/T 18443(所有部分)　真空绝热深冷设备性能试验方法

GB/T 20070　道路车辆牵引车与半挂车之间机械连接互换性

GB 20300　道路运输爆炸品和剧毒化学品车辆安全技术条件

GB 21668　危险货物运输车辆结构要求

GB/T 23336　半挂车通用技术条件

GB/T 24511　承压设备用不锈钢钢板及钢带

GB/T 24918　低温介质用紧急切断阀

GB/T 25198　压力容器封头

GB/T 26929　压力容器术语

GB/T 31480　深冷容器用高真空多层绝热材料

GB/T 31481　深冷容器用材料与气体的相容性判定导则

NB/T 47009　低温承压设备用低合金钢锻件

NB/T 47010　承压设备用不锈钢和耐热钢锻件

NB/T 47013.1　承压设备无损检测　第1部分:通用要求

NB/T 47013.2　承压设备无损检测　第2部分:射线检测

NB/T 47013.3　承压设备无损检测　第3部分:超声检测

NB/T 47013.4　承压设备无损检测　第4部分:磁粉检测

NB/T 47013.5　承压设备无损检测　第5部分:渗透检测

NB/T 47013.10　承压设备无损检测　第10部分:衍射时差法超声检测

NB/T 47013.11　承压设备无损检测　第11部分:X射线数字成像检测

NB/T 47013.14　承压设备无损检测　第14部分:X射线计算机辅助成像检测

NB/T 47014　承压设备焊接工艺评定

NB/T 47016　承压设备产品焊接试件的力学性能检验

NB/T 47018.1　承压设备用焊接材料订货技术条件　第1部分:采购通则

NB/T 47018.2　承压设备用焊接材料订货技术条件　第2部分:钢焊条

NB/T 47018.3　承压设备用焊接材料订货技术条件　第3部分:气体保护电弧焊钢焊丝和填充丝

NB/T 47018.4　承压设备用焊接材料订货技术条件　第4部分:埋弧焊钢焊丝和焊剂

HG/T 2690　13X分子筛

JB/T 4711　压力容器涂敷与运输包装

JB 4732—1995　钢制压力容器——分析设计标准(2005年确认)

JB/T 5943　工程机械焊接件通用技术条件

JB/T 6804　抗震压力表

JB/T 6896　空气分离设备表面清洁度

JT 230　汽车导静电橡胶拖地带

QC/T 252　专用汽车定型试验规程

QC/T 310　半挂车支承装置

QC/T 484　汽车油漆涂层

YS/T 599　超细氧化钯粉

TSG R0005　移动式压力容器安全技术监察规程

TSG Z6002　特种设备焊接操作人员考核细则

3　术语和定义

GB/T 150.1、GB/T 150.4、GB/T 3730.2、GB/T 3730.3、GB/T 18443和GB/T 26929界定的以及下列术语和定义适用于本文件。

3.1

冷冻液化气体　refrigeratedliquefied gas

在运输过程中由于温度低而部分呈液态的气体,临界温度一般不高于−50℃。

3.2

冷冻液化气体汽车罐车　road tankers for refrigeratedliquefied gas

由真空绝热罐体与定型底盘或半挂行走机构永久性连接的、用于充装冷冻液化气体的道路运输罐式车辆。

3.3

单车 tank truck

罐体安装在定型底盘上的道路运输罐式车辆。

3.4

半挂车 semi-trailer

罐体安装在无动力半挂行走机构上的道路运输罐式车辆。

3.5

高真空多层绝热 high vacuum multilayer insulation

罐体的真空夹层空间内设置多层由绝热材料间隔的防热辐射屏,并抽高真空所形成的绝热方式。

3.6

真空粉末绝热 vacuum powder insulation

罐体的真空夹层空间内充填多孔微粒绝热材料,并抽真空所形成的绝热方式。

3.7

几何容积 geometric volume

按设计的几何尺寸确定的内容器内部体积,扣除内件所占体积。

3.8

有效容积 effective volume

在使用状态下,内容器允许充装冷冻液化气体的液体最大体积。

3.9

等效压力 equivalent pressure

罐体所承受的在正常运输工况中由于介质惯性力载荷的作用而引起的压力。

3.10

充满率 filling rate

罐车充装冷冻液化气体的液体体积与内容器的几何容积之比。

3.11

额定充满率 specified filling rate

罐车充装时,充装液体量达到设计规定最高液面时的液体体积与内容器几何容积之比。

3.12

基准钢 reference steel

设定标准抗拉强度下限值(R_m)为 370 MPa,断后伸长率(A)为 27%的基准钢材。

3.13

封结真空度 sealing-off vacuum degree

罐体抽真空结束封口后,在常温下真空夹层压力相对稳定时的真空度。

4 资质与职责

4.1 资质

4.1.1 罐车的设计、制造、检验及验收除应符合本标准的规定外,还应遵守国家颁布的有关法律、规章和安全技术规范的规定。

4.1.2 罐车的设计、制造单位应按 TSG R0005 的规定取得相应的特种设备设计、制造许可证。

4.1.3 罐车的制造单位除应持有相应的特种设备制造许可证外,还应按国务院汽车行业主管部门的规定取得相应的产品制造资质。

4.2 职责

4.2.1 用户或设计委托方

用户或设计委托方应以正式书面形式向设计单位提出罐车设计条件。设计条件至少包含下列内容:

a) 设计和制造应遵循的主要标准和安全技术规范;

b) 工作条件,包括使用环境温度、工作温度范围、工作压力范围、装卸条件及方式、装卸压力、附加载荷、路况等;

c) 充装介质,包括介质的编号、名称、类别、组分、物理与化学性质、危险特性、有害杂质含量及介质对罐体材料的腐蚀速率等;

d) 内容器几何容积或有效容积;

e) 预期的罐车使用年限和夹层真空使用年限;

f) 所需维持时间;

g) 对应波动压力的压力循环次数;

h) 定型底盘或牵引车的型号和必要的技术参数;

i) 设计需要的其他必要条件(如罐体材料选择、防腐、表面处理及特殊试验等)。

4.2.2 设计单位

4.2.2.1 设计单位应基于风险评估报告的内容完成整车设计,且对设计文件的正确性和完整性负责。

4.2.2.2 设计专用印章的管理和使用应满足 TSG R0005 的要求。

4.2.2.3 设计单位应在罐车设计使用年限内保存全部设计文件。

4.2.3 制造单位

4.2.3.1 罐车应为整车制造,制造单位对罐车的制造质量负责。

4.2.3.2 制造单位应按设计文件的要求进行制造,当原设计文件需修改时,应取得原设计单位同意修改的书面证明文件,并对改动部位作详细记录。

4.2.3.3 制造单位在制造前应制定质量计划,其内容至少包括罐车的制造工艺控制点、检验项目和合格要求。

4.2.3.4 制造单位的检验部门在制造过程中和完工后,应按本标准、设计图样和设计文件、质量计划的规定进行各项检验和试验,出具相应报告,且对报告的正确性和完整性负责。

4.2.3.5 每台罐车检验合格后,制造单位应出具产品合格证。

4.2.3.6 制造单位应接受特种设备检验检测机构对其制造过程的监督检验,且取得监检单位出具的“特种设备制造监督检验证书”。

4.2.3.7 罐车应按型号通过主管部门核准或批准的试验机构的型式试验和相关试验,且取得相应合格证明文件。

4.2.3.8 制造单位对其制造的每台罐车,应在其设计使用年限内至少保存下列技术文件备查:

a) 制造工艺图或制造工艺卡;

b） 罐体的焊接工艺和热处理工艺文件；

c） 标准规定的检验、试验项目记录；

d） 制造过程及完工后的检查、检验、试验记录；

e） 出厂文件(符合第 12 章的规定)；

f） 原设计文件。

5 材料

5.1 一般要求

5.1.1 材料的选择应考虑材料的力学性能、物理性能、工艺性能和与介质的相容性。

5.1.2 可能与氧气或富氧环境接触的材料，其与氧的相容性应符合 GB/T 31481 的规定。

5.1.3 与受压元件相焊的非受压元件用材料应具有良好的韧性及焊接性，且与相焊的受压元件相匹配。

5.1.4 材料制造单位应在材料的明显部位作出清晰、牢固的出厂钢印标志或采用其他可追溯的标志。

5.1.5 材料制造单位应向罐车制造单位提供材料质量证明书，材料质量证明书的内容应齐全、清晰，且印制可追溯的信息化标志以及质量检验章。

5.1.6 制造单位从非材料制造单位取得罐体用材料时，应取得材料制造单位提供的材料质量证明书原件或加盖材料经营单位公章和经办负责人章的复印件。

5.1.7 制造单位应对取得的材料、外购件的质量证明书的真实性和一致性负责。

5.2 罐体材料

5.2.1 罐体选用材料应符合 GB/T 150.2 以及相应国家标准、行业标准的规定。罐体受压元件选材时，应考虑材料的使用条件(如设计温度、设计压力、介质特性和操作特点等)、材料的性能(力学性能、工艺性能、化学性能和物理性能)、罐体的制造工艺及经济合理性。

5.2.2 境外牌号材料或新材料的使用应符合 TSG R0005 的有关规定。

5.2.3 内容器

5.2.3.1 内容器受压元件的材料应符合相应材料标准和设计图样的规定。

5.2.3.2 内容器受压元件用钢一般应选用奥氏体不锈钢材料。

5.2.3.3 内容器用材料的力学性能应满足下列要求：

a） 内容器受压元件用钢应具有良好的塑性，其常温下的屈服强度标准值(或 0.2%规定塑性延伸强度)应不大于 460 MPa，抗拉强度上限标准值应不大于 725 MPa；

b） 材料质量证明书中室温屈服强度(或 0.2%规定塑性延伸强度)与室温抗拉强度之比应不大于 0.85；

c） 钢板的断后伸长率不小于 10 000/R_m(%)，奥氏体型不锈钢的断后伸长率应不小于 40%。采用不同尺寸试样的断后伸长率指标，应按照 GB/T 17600 进行换算，换算后的指标应符合本条规定。

5.2.4 外壳

5.2.4.1 熔炼方法

5.2.4.1.1 外壳用钢应为镇静钢。

5.2.4.1.2 用于设计温度低于－20℃的低温钢板和低温钢锻件，还应采用炉外精炼工艺。

5.2.4.2　化学成分(熔炼分析)

5.2.4.2.1　焊接用低合金钢材,碳含量不大于0.250%、磷含量不大于0.035%、硫含量不大于0.035%。

5.2.4.2.2　低合金钢钢材(钢板和钢锻件),其磷、硫含量应符合下列规定:

a)　磷含量不大于0.030%、硫含量不大于0.020%;

b)　用于设计温度低于－20℃且标准抗拉强度下限值不大于540 MPa的钢材,磷含量不大于0.025%、硫含量不大于0.012%。

5.2.4.3　力学性能

5.2.4.3.1　外壳用低合金钢钢材,常温下的屈服强度标准值应不大于460 MPa,抗拉强度上限标准值应不大于725 MPa,并能适应罐车在运输、使用中所遇到的环境条件,且符合设计图样的要求。

5.2.4.3.2　外壳用低合金钢钢材,材料质量证明书中常温下的屈服强度与抗拉强度之比应不大于0.85。

5.2.4.3.3　外壳用低合金钢钢板和钢锻件的冲击试验应符合下列规定:

a)　冲击试验温度应按设计文件的要求;

b)　V型缺口试样夏比冲击吸收能量(KV_2)最低值应符合表1的规定;

c)　当钢材标准中冲击吸收能量指标高于表1规定时,还应符合相应钢材标准的规定;

d)　厚度小于6 mm的钢板可免除冲击试验。

表1　低合金钢钢板和钢锻件的冲击吸收能量

钢材标准抗拉强度下限值 R_m/MPa	3个标准试样冲击吸收能量平均值 KV_2/J
≤510	≥27
>510～540	≥34
注:对 R_m 随厚度增大而降低的钢材,按该钢材最小厚度范围的 R_m 确定冲击吸收能量指标。	

5.2.4.3.4　夏比冲击试样的取样部位和试样方向应符合相应钢材标准的规定。冲击试验每组取3个标准试样(宽度为10 mm),允许1个试样的冲击吸收能量数值低于表1的规定值,但不低于表1规定值的70%。当钢材尺寸无法制备标准试样时,则应依次制备宽度为7.5 mm或5 mm的小尺寸冲击试样,其冲击吸收能量指标分别为标准试样冲击吸收能量指标的75%或50%。

5.2.4.3.5　断后伸长率(A)应符合下列规定:

a)　外壳封头、筒体用钢板的断后伸长率(A)应不小于10 000/R_m(%),且不小于20%;

b)　当相应钢板标准规定的断后伸长率(A)高于a)的规定时,还应符合钢板标准的规定;

c)　外壳其他受压元件用钢板和钢锻件的断后伸长率(A)应符合相应钢材标准的规定;

d)　采用不同尺寸试样的断后伸长率指标,应按GB/T 17600进行换算,换算后的指标应符合a)、b)、c)的规定。

5.2.5　钢板

5.2.5.1　内容器用钢板

5.2.5.1.1　奥氏体型不锈钢钢板应符合GB/T 24511的规定,且以固溶状态交货。热轧钢板表面加工类型不低于1D级,冷轧钢板表面加工类型不低于2B级。

5.2.5.1.2　内容器常用钢板材料的力学性能指标按表2的规定。

5.2.5.1.3　当采用表2以外的钢板时，应符合本标准和相应材料标准的规定。

表2　内容器常用钢板力学性能指标

钢号	钢板标准	交货状态	厚度/mm	室温强度指标/MPa			断后伸长率 A/%
				$R_{p0.2}$	$R_{p1.0}$	R_m	
S30408	GB/T 24511	固溶处理	3～25	≥220	≥250	≥520	≥40
S30403				≥210	≥230	≥490	
S31608				≥220	≥260	≥520	
S31603				≥210	≥260	≥490	

5.2.5.2　外壳用钢板

5.2.5.2.1　钢板应有良好的可焊性、足够的强度和冲击韧性，同时应考虑外界环境的腐蚀作用。当选用低合金钢板时，应符合GB/T 713或GB/T 3531的规定；当选用奥氏体型不锈钢钢板时，应符合GB/T 24511的规定。

5.2.5.2.2　外壳常用钢板材料的力学性能指标按表3的规定。

5.2.5.2.3　当采用表3以外的钢板时，应符合本标准和相应材料标准的规定。

表3　外壳常用钢板力学性能指标

钢　号	钢板标准	交货状态	厚度/mm	室温强度指标/MPa		断后伸长率 A/%
				R_{eL}($R_{p0.2}$)	R_m	
Q245R	GB/T 713	热轧，控轧或正火	3～16	≥245	400～520	≥25
Q345R				≥345	510～640	≥21
16 MnDR	GB/T 3531	正火，正火加回火	6～16	≥315	490～620	≥21
S30408	GB/T 24511	固溶处理	3～25	≥220	≥520	≥40
S30403				≥210	≥490	

5.2.6　钢锻件

5.2.6.1　内容器用不锈钢锻件应符合NB/T 47010的规定，锻件级别应不低于Ⅲ级。

5.2.6.2　外壳用低合金钢锻件和不锈钢锻件应分别符合NB/T 47009、NB/T 47010的规定，与罐内介质接触的锻件级别应不低于Ⅲ级，其余锻件级别应不低于Ⅱ级。

5.2.7　钢管和管件

5.2.7.1　钢管用材料应符合GB/T 150.2和设计图样的规定，且应符合GB/T 13296或GB/T 14976的规定。

5.2.7.2　管件应符合相应标准的规定。当管件采用钢锻件时，应符合5.2.6的规定。

5.2.7.3　管件采用冷成形加工成形时，其成形后的铁素体测量值应不大于15%。

5.2.8　绝热材料

5.2.8.1　真空粉末绝热用膨胀珍珠岩(珠光砂)应符合下列规定：

a) 粒度:0.1 mm～1.2 mm;

b) 堆积密度:30 kg/m^3～60 kg/m^3;

c) 含水率:不大于0.3%(质量比);

d) 导热系数(在常压下、温度77 K～310 K时的平均值):不大于0.03 W/(m·K)。

5.2.8.2 阻光剂应具有良好的化学稳定性。

5.2.8.3 高真空多层绝热材料应符合GB/T 31480的规定,且应采用导热系数小、放气率低的脱脂纤维布或者脱脂纤维纸等材料。

5.2.9 吸附剂材料

5.2.9.1 5A分子筛应符合GB/T 13550的规定,13X分子筛应符合HG/T 2690的规定。

5.2.9.2 氧化钯应符合YS/T 599的规定。

5.2.10 焊接材料

5.2.10.1 罐体用焊接材料应符合NB/T 47018.1～47018.4的规定,且有清晰、牢固的标志。

5.2.10.2 焊接材料的选用应考虑焊接接头力学性能与罐体母材的匹配。焊缝金属的抗拉强度不低于母材标准规定的下限值,低合金钢焊接材料的冲击吸收能量符合表1的规定。当需要时,其性能也应不低于母材的相应要求。

5.2.10.3 焊接材料应按NB/T 47014的要求进行焊接工艺评定,评定合格后方可使用。

5.2.11 夹层支撑材料

5.2.11.1 非金属支撑材料应尽可能选用导热系数小、真空下表面放气率低和具有良好低温冲击韧性的材料,且使用温度应在材料允许使用温度范围内。

5.2.11.2 金属支撑材料应选用导热系数小、具有良好的低温冲击韧性的材料,使用温度应在材料允许使用温度范围内,且符合相应材料的标准要求。

5.2.12 其他

5.2.12.1 外购件应符合相应的国家标准或行业标准的规定,且有质量证明文件或产品合格证。

5.2.12.2 定型底盘应选用国务院汽车主管部门认可的定型产品,且有相应的技术资料和质量证明文件。当选用进口汽车底盘时,应符合国家主管部门的相关规定,且有相应的技术资料和质量证明文件。

5.2.12.3 半挂车行走机构应满足GB/T 23336的要求,且有相应的技术资料和质量证明文件。

5.2.12.4 手提灭火器应符合GB 4351的规定,且在有效期内。

5.2.12.5 进口阀门等压力管道元件还应符合国家质量监督检验检疫总局的相关规定。

5.2.12.6 紧固件应符合相应国家标准或行业标准的规定。

5.2.12.7 密封垫片应根据充装介质、工作压力和温度正确选用,且符合相应标准的规定。当采用四氟乙烯垫片时,应选用膨胀或填充改性的聚四氟乙烯垫片。

5.2.12.8 支座材料应有足够的强度和冲击韧性。

5.2.12.9 罐车用其他材料应符合设计图样的要求。

6 设计

6.1 一般要求

6.1.1 罐车的设计除应符合本标准的要求外,还应符合相关法规、安全技术规范、国家标准和行业标准的规定。罐体、管路、安全附件、仪表及装卸附件等的布置应满足使用和安全的要求。

6.1.2 罐车的外廓尺寸、轴荷及质量限值应符合 GB 1589 的规定,轴荷分配合理,且轴荷及总质量应不大于定型底盘或半挂车允许限值。

6.1.3 罐车在满载、静态状态下,向左侧和右侧倾斜最大侧倾稳定角应符合 GB 7258 的规定。

6.1.4 罐车的制动装置与制动性能应符合 GB 7258、GB 12676 和 GB/T 23336 的规定,且半挂车应采用双管路制动系统。

6.1.5 罐车的后悬应符合 GB 1589 的规定。

6.1.6 罐车应设置侧面防护装置,且符合 GB/T 11567 的规定。罐体及罐体上的管路、安全附件、仪表及装卸附件应不超出侧面防护装置。

6.1.7 罐车应设置后下部防护装置,且符合 GB/T 11567 的规定。后下部防护装置应具有足够的强度和刚度,在罐车发生意外碰撞时,保护罐体、管路、安全附件、仪表及装卸附件的安全,其内侧与罐体后封头及罐体后部的管路、安全附件、仪表及装卸附件外端面在长度方向垂直投影的距离应不小于 150 mm。

6.1.8 罐车的管路接头、装卸阀门、超压泄放装置、紧急切断装置、仪表和其他附件等装置应布局合理,相对集中,便于操作、检查和维护,并尽可能设置在操作箱内加以保护。管路、阀门等应有清晰标识,标明用途。

6.1.9 罐车操作箱应有足够的操作空间,且连接牢固、设置满足车辆使用要求。

6.1.10 当罐车设置自增压器时,应安装在安全可靠的部位。

6.1.11 罐车的外部照明和信号装置的数量、位置与光色应符合 GB 4785 的规定。

6.1.12 罐车两侧应至少各配备一只不小于 4 kg 的手提式灭火器,且固定牢靠、取放方便。

6.1.13 单车和半挂牵引车应安装限速装置、具有行驶记录功能的卫星定位装置、缓速器或其他辅助制动系统。

6.1.14 半挂车的前回转半径及后间隙半径应满足 GB/T 20070 的规定。

6.1.15 半挂车行走机构应符合 GB/T 23336 的规定。

6.1.16 半挂车的牵引销应符合 GB/T 4606 或 GB/T 4607 的规定。

6.1.17 半挂车车轴与悬挂装置应符合 GB/T 23336 的规定。

6.1.18 半挂车支撑装置的布置应不影响牵引车的转向行驶,半挂车支撑装置应符合 QC/T 310 的规定,其行车状态离地间隙应不小于 320 mm。

6.1.19 充装易燃、易爆介质的罐车应符合下列规定:

a) 罐车的排气火花熄灭器应设置在罐体前端面之前且不高于车辆纵梁上平面的区域内,排气火花熄灭器应符合 GB 13365 的规定;

b) 罐体及其附加设备的结构及安全技术要求应符合 GB 21668 和 GB 20300 的有关规定。

6.1.20 罐体的设计使用年限应不小于 10 年。

6.2 设计文件

6.2.1 罐车的设计文件至少包括下列文件:

a) 风险评估报告,包括设计、制造及使用等阶段的主要失效模式和风险控制等,其基本内容应符合附录B的要求;

b) 设计说明书,包括充装介质的主要物理化学性质(编号、名称、类别及与工作温度相对应的饱和蒸气压和密度等)、危险特性、混合介质的限制组分以及有害杂质的限制含量要求、与罐体材料相容性等说明,还应对设计规范与标准的选择、主要设计结构的确定原则、主要设计参数的确定原则、材料的选择、安全附件的选择、仪表及装卸附件的选择、主要外购部件(如定型底盘或行走机构等)等的选用作出说明;

c) 设计计算书,包括罐体强度、刚度、外压稳定性、容积、传热、安全泄放量、超压泄放装置泄放能力、内外支撑结构强度等计算,罐体与行走机构或定型底盘连接处的应力校核,罐车的轴荷分配、侧倾稳定性和重心的计算,需要时还包括罐车结构强度应力分析计算;

d) 设计图样,包括总图、罐体及部件图、管路系统及流程图等;

e) 制造技术条件,包括主要制造工艺要求、检验与试验方法等;

f) 使用说明书,包括主要技术性能参数、适用的介质、安全附件和仪表及装卸附件等的规格和连接方式、操作使用说明、使用注意事项、必要的警示性要求以及应急措施等。

6.2.2 设计总图、罐体图、风险评估报告和设计计算书应由设计、校核、审核3级签署并经设计单位技术负责人或其授权人批准。

6.2.3 设计总图上应至少注明下列内容:

a) 产品名称、型号及设计制造依据的主要安全技术规范、标准;

b) 工作条件,包括使用环境温度、工作温度、工作压力、介质特性(爆炸危害程度等)等;

c) 设计条件,包括设计温度、最低设计金属温度、设计载荷(含压力载荷和其他必要的载荷)、介质(组分)、腐蚀裕量等,介质有应力腐蚀倾向的需注明腐蚀介质的限定含量;

d) 主要特性参数,包括罐车的最大设计总质量、整备质量、内容器和真空夹层的几何容积、额定充满率、最大允许充装量等;

e) 设计使用年限;

f) 特殊制造要求(氮气或者惰性气体置换要求等);

g) 耐压试验要求;

h) 泄漏试验要求;

i) 罐体真空绝热型式、真空性能指标、真空绝热性能指标、真空设计使用年限等;

j) 防腐蚀要求(必要时);

k) 安全附件、仪表和装卸附件的规格、性能参数及连接方式;

l) 装卸管口方位、规格、连接法兰标准等;

m) 定型底盘型号、类别及发动机功率,半挂车行走机构型号;

n) 罐车的前悬/后悬、接近角/离去角、设计限速、外形尺寸、轴距、满载时轴荷分配、最小转弯半径、最大侧倾稳定角等;

o) 铭牌位置。

6.2.4 罐体设计图应至少注明下列内容:

a) 主要受压元件材料牌号、规格、标准及要求;

b) 主要设计参数,包括设计温度、设计压力、最低设计金属温度、腐蚀裕量、介质密度、额定充满率、最大允许充装量、充装介质及介质的危害性、内容器和真空夹层的几何容积、焊接接头系数等，介质有应力腐蚀倾向的还需注明腐蚀介质的限定含量；

c) 内容器与外壳的圆筒、封头的计算厚度、名义厚度和最小成形厚度；

d) 无损检测要求；

e) 热处理要求(必要时)；

f) 耐压试验要求；

g) 罐体真空绝热型式、真空性能指标、真空绝热性能指标、真空设计使用年限等；

h) 防腐蚀要求(必要时)；

i) 罐体设计使用年限(疲劳罐体应标明循环次数)。

6.3 罐体与定型底盘的连接

6.3.1 罐车上装部分的布置，应避免对定型底盘车架造成集中载荷。

6.3.2 当定型底盘车架需加长时，加长部分用材料应考虑与原车架材料的可焊性。

6.3.3 应避免在罐车车架应力集中区内进行钻孔或者焊接。当车架侧平面钻孔时，其孔边缘至少距上、下平面 25 mm 以上。

6.3.4 罐体纵向中心平面应与定型底盘纵向中心平面重合，其允许偏差不大于 6 mm，罐体与定型底盘的连接应合理、牢固。

6.4 罐体与半挂车行走机构的连接

6.4.1 半挂车按罐体受力情况及连接方式可分为半承载式和承载式两种。

6.4.2 半挂车车架应进行结构强度校核。

6.4.3 承载式半挂车的罐体结构设计应满足 GB/T 23336 的要求，且罐体应进行附加重力载荷下的强度校核。

6.4.4 罐体纵向中心平面应与半挂车行走机构的纵向中心平面重合，其允许偏差不大于 6 mm。

6.5 罐体设计

6.5.1 一般要求

6.5.1.1 罐体应基于可能产生的失效模式进行设计。

6.5.1.2 罐体强度计算和外压稳定性校核时，采用规则设计的应符合 GB/T 150.3 的规定，采用分析设计的应符合 JB 4732 的规定。

6.5.1.3 当罐体强度按 GB/T 150.3 计算时，局部应力分析可按 JB 4732 的规定进行。

6.5.2 载荷

6.5.2.1 罐体应能承受在正常装卸和运输过程中可能出现的各种工况条件下的内压、外压、内外压力差等静载荷、动载荷和热应力载荷等，并考虑这些载荷可能发生的最苛刻的组合。同时，还应考虑在设计使用年限内由于反复施加这些载荷而造成的疲劳失效。

6.5.2.2 罐体设计时应考虑下列载荷：

a) 内压、外压或最大压差；

b) 装载量达到最大充装质量时的液柱静压力；

c) 运输时的惯性力；

d) 支座、其他型式支撑件与罐体连接部位或支撑部位的作用力；

e) 连接管路和其他部件的作用力；

f) 罐体自重及正常工作条件下或试验条件下充装介质的重力载荷；

g) 附属设备及管路等的重力载荷；

h) 温度梯度或热膨胀量不同引起的作用力；

i) 压力急剧波动引起的冲击载荷；

j) 冲击力，如由流体冲击罐体引起的作用力等；

k) 因压力或温度变化、安装在罐车或罐体上的设备以及机械载荷等产生的周期性动载荷。

6.5.2.3 罐体设计时，应考虑下列温差载荷：

a) 内容器从环境温度冷却到工作温度的过程中，内容器在支承点处承受的温差载荷。

b) 内容器、管道及外壳之间不同的热膨胀引起的管道反作用力，并至少考虑下列工况：

1)进液冷却过程：内容器热状态，管路系统冷状态，外壳热状态；

2)充装及卸料过程：内容器、管路系统均是冷状态，外壳热状态；

3)运输过程：内容器冷状态，管路系统热状态，外壳热状态。

c) 罐体制造过程中夹层加热抽真空时，应考虑内容器在支撑点处、容器与外壳之间的管路及其与内容器连接处的温差载荷。

6.5.2.4 罐体及其紧固装置在运输工况中承受的惯性力载荷按下列要求转换成等效静态力：

a) 运动方向：最大质量的 2 倍乘以重力加速度；

b) 与运动方向垂直的水平方向，最大质量乘以重力加速度(当运动方向不明确时，为最大质量的 2 倍乘以重力加速度)；

c) 垂直向上：最大质量乘以重力加速度；

d) 垂直向下：最大质量的 2 倍乘以重力加速度。

注 1：计算内容器在运输工况中所承受的惯性力载荷时，最大质量为介质的最大允许充装量；计算夹层支撑或夹层支撑与外壳的连接处在运输工况中所承受的惯性力载荷时，最大质量为介质的最大允许充装量、内容器及其附件质量之和；计算罐体与底盘或行走机构的连接处在运输工况中所承受的惯性力载荷时，最大质量为介质的最大允许充装量、罐体及附件质量之和。

注 2：上述载荷施加于罐体的形心，且不造成罐内气相空间压力的升高。

6.5.2.5 满足下列条件之一时，可免除疲劳分析：

a) 设计的罐体与已具有成功使用经验的罐体有符合 GB/T 150.1 附录 D 规定的可类比的条件，且根据其经验能证明不需做疲劳分析的。但对下列情况所产生的不利影响应特别注意：

1) 内容器采用非整体结构，如开孔采用补强圈补强或角焊缝连接件；

2) 内容器相邻部件之间有显著的厚度变化；

3) 夹层支撑、外壳牵引销座、条形梁或支座、防波板与加强圈或内容器连接处等应力集中处。

b) 内容器采用奥氏体型不锈钢材料时，下列各项循环次数的总和不超过 10 000 次：

1) 包括充装与卸液在内的全范围压力循环的预计(设计)循环次数；

2) 内容器压力波动范围超过 50% 设计压力的工作压力循环的预计(设计)循环次数；

3) 包括管路在内的任意相邻两点之间金属温差波动的有效次数，该有效次数的计算方法是金属温差波动的预计次数乘以表4所列的相应系数，再将所得次数相加得到总次数；

注：相邻两点是指：

1） 对于表面温差，指回转壳的经线方向 $L=2.5\sqrt{R\delta}$（如 $R\delta$ 是变化的，则 L 取两点的平均值）。

式中：

L——相邻两点之间最小距离，mm；

R——垂直于表面，从壳体中面量到回转轴的半径，mm；

δ——所考虑点处部件的厚度，mm。

2） 对于沿厚度方向的温差，指垂直于表面方向的任意两点。

4） 由热膨胀系数不同的材料组成的部件（包括焊缝），当 $(\alpha_1-\alpha_2)\Delta T>0.000\,34$ 时的温度波动循环次数，α_1、α_2 是两种材料各自的平均热膨胀系数，ΔT 为工作温度波动范围。

c） JB 4732—1995 中 3.10.2.2 规定的全部条件。

表4 金属温差波动系数

金属温差波动幅度/℃	系数
≤25	0
26～50	1
51～100	2
101～150	4

6.5.3 设计温度

6.5.3.1 内容器的设计温度应不低于元件金属在正常工况下可能达到的最高工作温度。

6.5.3.2 外壳的设计温度应考虑环境温度的影响，且不低于50℃。

6.5.3.3 各元件进行稳定性校核时，其设计温度应考虑正常工作情况及加热抽空时的最高温度。

6.5.4 最低设计金属温度

6.5.4.1 内容器的最低设计金属温度应考虑正常运输、使用、检验及试验中介质最低工作温度对内容器金属温度的影响，且应不高于介质的沸点。

6.5.4.2 外壳的最低设计金属温度，应考虑环境温度的影响，且不高于－40℃。

6.5.5 设计压力

6.5.5.1 内容器设计压力按下列规定确定：

a） 内压应不小于下列情况中工作压力的最大值：

1） 充装、卸料工况的工作压力；

2） 设计温度下介质的饱和蒸汽压（表压）。

b） 外压应不小于在制造、运输、装卸、检验与试验或者其他工况中可能出现的最大内外压力差，且不小于0.04 MPa。

6.5.5.2 外壳设计压力按下列规定确定：

a） 内压应不小于外壳防爆装置设定的排放压力，当罐体绝热型式为真空粉末绝热时，还应考虑粉末填充过程中可能出现的最大内压；

b） 外压不小于0.1 MPa。

6.5.6 计算压力

6.5.6.1 内容器受压元件计算压力应不小于设计压力、液柱静压力、等效压力与0.1 MPa之和。

6.5.6.2 液柱静压小于设计压力的5%时，可忽略不计。

6.5.6.3 等效压力应不小于介质在6.5.2.4规定的各个方向上的惯性力除以所对应方向的内容器有效横截面积所得值的最大值，且不小于0.035 MPa。

6.5.7 焊接接头系数

6.5.7.1 内容器的焊接接头系数取1.0。

6.5.7.2 外壳的焊接接头系数取0.85。

6.5.8 许用应力

6.5.8.1 当罐体承受压力载荷时，采用规则设计的罐体，其材料许用应力按GB/T 150.2的规定选取。采用分析设计的罐体，其材料设计应力强度按JB 4732的规定选取。

6.5.8.2 采用规则设计的罐体，局部采用分析设计时，材料的许用应力按GB/T 150.2的规定选取。

6.5.8.3 当罐体采用的材料在GB/T 24511中规定了$R_{p1.0}$的值，且在设计文件中提出了钢板附加检验$R_{p1.0}$值时，可使用$R_{p1.0}$来确定许用应力。

6.5.8.4 考虑罐体承受运输工况中的惯性力载荷时，车架与罐体连接处材料的许用应力按下列要求确定：

a） 具有明确屈服点的材料，其许用应力为材料标准常温下的屈服强度除以1.5；

b） 不具有明确屈服点的材料，其许用应力为材料标准常温下0.2%规定塑性延伸强度除以1.5。

6.5.8.5 螺栓材料在不同温度下的许用应力按GB/T 150.2和相应标准的规定选取。

6.5.9 腐蚀裕量

6.5.9.1 罐体的腐蚀裕量应由用户提供或设计确定。

6.5.9.2 有均匀腐蚀或磨损的元件，应按预期的罐体设计使用年限和介质对材料的腐蚀速率(及磨损速率)确定腐蚀裕量。内容器为奥氏体型不锈钢材料时，一般不考虑均匀腐蚀。

6.5.9.3 罐体各组件受到的腐蚀程度不同时，可采用不同的腐蚀裕量。

6.5.9.4 碳素钢或低合金钢制外壳内表面一般不考虑腐蚀。当外壳外表面有可靠的防腐措施时，可不考虑腐蚀裕量；当外壳外表面无可靠的防腐蚀措施时，其腐蚀裕量不小于1 mm。

6.5.10 罐体厚度要求

6.5.10.1 罐体最小厚度(不包括材料厚度负偏差、腐蚀裕量以及加工制造过程中的工艺减薄量)应符合下列规定：

a） 设定材料为基准钢时，罐体最小厚度δ_0应满足下列要求：

1） 当内容器直径不大于1 800 mm时，内容器最小厚度应不小于3 mm，内容器和外壳的厚度之和应不小于5 mm；

2） 当内容器直径大于1 800 mm时，内容器最小厚度应不小于4 mm，内容器和外壳的厚度之和应不小于 6 mm。

b） 当选用其他钢材时，其最小厚度应按式(1)计算：

$$\delta_1=\frac{464\times\delta_0}{\sqrt[3]{(R_m\times A_1)^2}} \quad \cdots\cdots\cdots\cdots (1)$$

式中：

δ_1——所用钢材的罐体最小厚度，mm；

δ_0——设定材料为基准钢时的罐体最小厚度，mm；

R_m——所用钢材的标准抗拉强度下限值，MPa；

A_1——所用钢材的断后伸长率，%。

c） 无论使用何种材料，内容器的厚度应不小于 3 mm。

6.5.10.2 罐体的设计厚度应不小于下列值的较大值：

a） 按 GB/T 150 或 JB 4732 确定的罐体计算厚度与腐蚀裕量之和；

b） 按 6.5.10.1 确定的罐体最小厚度与腐蚀裕量之和。

6.5.10.3 罐体受压元件成形后，应保证设计要求的最小厚度。

6.5.11 充满率

6.5.11.1 最大充满率应符合下列规定：

a） 充装非易燃、易爆介质的罐体，任何情况下可能达到的最大充满率应不大于 98%；

b） 充装易燃、易爆介质的罐体，任何情况下可能达到的最大充满率应不大于 95%。

6.5.11.2 额定充满率应符合下列规定：

a） 充装非易燃、易爆介质的罐体，额定充满率应不大于 95%；

b） 充装易燃、易爆介质的罐体，额定充满率应不大于 90%。

6.5.11.3 在确定初始充满率时，应考虑罐车运输预期所需的维持时间(包括可能遇到的任何延误)、最大充满率、最大允许充装量等因素，且应不超过额定充满率。

6.5.11.4 罐体应设置溢流口。溢流口应根据设计使用工况设置一个或多个，且符合 6.5.11.3 的规定。

6.5.12 最大允许充装量

6.5.12.1 罐车的最大允许充装量应满足罐车允许的承载能力，并满足 6.5.11 的要求。

6.5.12.2 当罐车运输过程中不能满足 6.5.11.1～6.5.11.3 的要求时，应降低初始充装量。

6.5.13 真空绝热性能

6.5.13.1 静态蒸发率应符合表 5 的规定。

6.5.13.2 维持时间应满足罐车预期最大运输时间的要求。

表5 静态蒸发率

内容器有效容积 V/m^3	静态蒸发率(上限值)/(%/d)					
	液氮		液氧		液氩	
	高真空多层绝热	真空粉末绝热	高真空多层绝热	真空粉末绝热	高真空多层绝热	真空粉末绝热
1	1.15	1.22	0.72	0.76	0.78	0.83
5	0.63	0.72	0.39	0.45	0.43	0.49
10	0.47	0.58	0.29	0.36	0.32	0.39
15	0.39	0.51	0.24	0.32	0.27	0.35
20	0.34	0.47	0.21	0.29	0.23	0.32
25	0.30	0.44	0.19	0.27	0.20	0.30
30	0.28	0.42	0.17	0.26	0.19	0.29
35	0.26	0.40	0.16	0.25	0.18	0.27
40	0.24	0.38	0.15	0.24	0.16	0.26
50	0.21	0.36	0.13	0.22	0.14	0.24
注:中间值采用内插法确定。						

6.5.14 夹层的真空性能

6.5.14.1 真空夹层漏气速率应符合表6的规定。

表6 真空夹层漏气速率

内容器几何容积 V/m^3	漏气速率/($Pa \cdot m^3/s$)	
	高真空多层绝热	真空粉末绝热
$1 \leqslant V \leqslant 10$	$\leqslant 1.0 \times 10^{-9}$	$\leqslant 5.0 \times 10^{-9}$
$10 \leqslant V \leqslant 52.6$	$\leqslant 5.0 \times 10^{-9}$	$\leqslant 1.0 \times 10^{-8}$

6.5.14.2 真空夹层漏放气速率应符合表7的规定。

表7 真空夹层漏放气速率

内容器几何容积 V/m^3	漏放气速率/($Pa \cdot m^3/s$)	
	高真空多层绝热	真空粉末绝热
$1 \leqslant V \leqslant 10$	$\leqslant 5.0 \times 10^{-7}$	$\leqslant 5.0 \times 10^{-6}$
$10 \leqslant V \leqslant 52.6$	$\leqslant 1.0 \times 10^{-6}$	$\leqslant 1.0 \times 10^{-5}$

6.5.14.3 常温下真空夹层封结真空度应符合表8的规定。

6.5.14.4 夹层真空性能应满足5年真空使用年限的要求。

表8 封结真空度

内容器几何容积 V/m^3	真空度/Pa	
	高真空多层绝热	真空粉末绝热
$1 \leqslant V \leqslant 10$	$\leqslant 5.0 \times 10^{-2}$	$\leqslant 2.0$
$10 \leqslant V \leqslant 52.6$	$\leqslant 8.0 \times 10^{-2}$	$\leqslant 3.0$

6.5.15 耐压试验

6.5.15.1 内容器耐压试验一般采用气压试验。真空夹层内的管路应尽可能与内容器一起进行耐压试验。

6.5.15.2 内容器与外壳组装前,内容器耐压试验压力最低值按式(2)或式(3)确定:

a) 液压试验

$$p_T = 1.3(p + 0.1) \qquad (2)$$

b) 气压试验

$$p_T = 1.15(p + 0.1) \qquad (3)$$

式中:

p_T——试验压力,MPa;

p——内容器设计压力,MPa。

6.5.15.3 内容器与外壳组装完毕且建立夹层真空后,内容器耐压试验压力最低值按式(4)或式(5)确定:

a) 液压试验

$$p_T = 1.3(p + 0.1) - 0.1 \qquad (4)$$

b) 气压试验

$$p_T = 1.15(p + 0.1) - 0.1 \qquad (5)$$

6.5.15.4 当采用大于上述规定的耐压试验压力时,应在内容器耐压试验前校核各受压元件在试验条件下的应力水平。内容器元件应按式(6)校核最大总体薄膜应力 σ_T。

$$\sigma_T = \frac{p_T(D_i + \delta_e)}{2\delta_e} \qquad (6)$$

式中:

σ_T——试验压力下圆筒的最大总体薄膜应力,MPa;

p_T——试验压力,MPa;

D_i——圆筒的内直径,mm;

δ_e——圆筒的有效厚度,mm。

6.5.15.5 内容器最大总体薄膜应力 σ_T 应满足式(7)或式(8):

a) 液压试验

$$\sigma_T \leqslant 0.9R_{eL}(R_{p0.2}) \qquad (7)$$

b) 气压试验

$$\sigma_T \leqslant 0.8R_{eL}(R_{p0.2}) \qquad (8)$$

式中:

$R_{eL}(R_{p0.2})$——内容器材料在试验温度下的屈服强度(或0.2%规定塑性延伸强度),MPa。

6.5.16 泄漏试验

6.5.16.1 每台罐车组装完毕后应进行泄漏试验,试验方法包括气密性试验和氦检漏试验等。

6.5.16.2 采用气密性试验时,试验压力等于内容器设计压力。

6.5.16.3 当采用氦质谱检漏试验时,其漏气速率指标等试验相关要求应在设计文件中注明。

6.5.17 结构设计

6.5.17.1 充装液氧的罐车,可能与氧和滞留氧接触的管路、阀门等部件不应选用铝和铝合金材料。

6.5.17.2 设计时,应考虑内容器、外壳在制造和工作过程中因温度变化而引起的温差应力,必要时应设置补偿装置。

6.5.17.3 焊接结构

6.5.17.3.1 对接焊接接头应采用全截面焊透的对接接头型式。

6.5.17.3.2 管子、管座等与内容器的焊接应采用全焊透结构。

6.5.17.3.3 尽量减少焊接件的变形和应力,如不同厚度的材料焊接时,应尽量采用等厚度的接头型式。

6.5.17.3.4 焊接接头的连接应尽可能采用能承受较高静载荷及疲劳强度的接头型式。

6.5.17.3.5 焊缝应避免过于集中,尽量减少应力集中和接头变形。

6.5.17.3.6 两种不同材料焊接时,其焊接接头型式应考虑材料的热胀冷缩特性、熔化温度、导热系数等因素。

6.5.17.4 罐体一般不设置人孔或检查孔。

6.5.17.5 防波板设置

6.5.17.5.1 内容器应设置防波板。

6.5.17.5.2 相邻防波板、防波板与相邻封头之间的容积应不大于 7.5 m^3。

6.5.17.5.3 每个防波板的有效面积应不小于内容器横截面积的 70%。

6.5.17.5.4 防波板与罐体的连接应牢固可靠,且能承受 6.5.2.4 规定的介质惯性力载荷的作用。防波板的厚度应不小于 2 mm。

6.5.17.5.5 防波板的结构应考虑各间隔段之间的通气和排液。

6.5.17.6 装卸口的设置

6.5.17.6.1 充装易燃、易爆介质的罐体,装卸用或连接外部增压器的液相口和气相口应分别由三个相互独立并且串联在一起的关闭装置组成,第一个是尽可能靠近外壳的紧急切断阀或等效装置(如顶部进液口采用单向阀),第二个是球阀或截止阀,第三个是盲法兰或等效装置。

6.5.17.6.2 充装非易燃、易爆介质的罐体,装卸用及连接外部增压器的液相口和气相口应分别至少设置两个独立的串联在一起的关闭装置,第一个是靠近外壳的低温截止阀,第二个是盲法兰或等效装置。

6.5.17.6.3 装卸口均应标明其用途。

6.5.17.7 夹层支撑

6.5.17.7.1 支撑结构及受其反力作用的壳体局部应有足够的强度与刚度。

6.5.17.7.2 支撑结构在压、弯组合载荷作用下,应有足够的稳定性。

6.5.17.7.3 支撑结构应至少能承受 6.5.2.4 规定的惯性力载荷。

6.5.17.8 绝热设计

6.5.17.8.1 充装标准大气压下沸点不高于－182℃介质的罐体，不应采用可能与氧气或富氧气氛发生危险性反应的绝热材料。

6.5.17.8.2 当夹层支撑的漏热量计算不能按经验公式计算时，宜采用有限元热分析计算。当夹层支撑材料的导热系数未知时，应采用试验方法确定。

6.5.17.8.3 高真空多层绝热罐体采用的绝热层材料的漏热量可按绝热结构表观比热流 q(W/m^2)乘以绝热层的表面积进行计算，且应考虑绝热层包扎松紧度、夹层间隙和夹层真空度等的影响。

6.5.17.8.4 内容器引出的液相管路应设置气封液结构。

6.5.17.8.5 真空夹层中吸附剂的设置应符合下列规定：

a) 真空夹层的冷侧应放置在低温、真空状态下对极性分子的气体具有较强吸附性能的吸附剂，如选用5A分子筛、13A分子筛或活性炭等；

b) 高真空绝热夹层的热侧应放置具备吸氢能力的吸附剂，充装介质为液氧的罐体不应选用氧化钯；

c) 充装标准大气压下沸点不高于－182℃介质的罐体，不应使用在富氧环境下会产生爆炸的吸附剂；

d) 真空夹层内放置吸附剂的吸附用量，应能满足5年真空使用年限的要求。

6.5.17.8.6 采用真空粉末绝热结构时，可向粉末中添加阻光剂，其与粉末材料的质量比不大于0.2%。充装液氧介质的真空绝热罐体不应选用铝粉等易燃阻光剂。

6.6 结构件的连接

6.6.1 重量较轻的结构件与罐体直接相连接应满足下列要求：

a) 结构件材料强度应不大于与其相连接的罐体材料的强度；

b) 结构件材料厚度应不大于与其相连接的罐体材料厚度的0.7倍。

6.6.2 当支座、牵引销座等主要受力结构件通过垫板与罐体连接时，垫板材料应与罐体材料牌号相同，或垫板材料屈服强度标准值应为罐体材料屈服强度标准值的0.8倍～1.2倍，且应符合下列规定：

a) 垫板厚度不大于圆筒或封头厚度的1.5倍，且不小于4 mm；

b) 垫板与罐体的焊接接头高度应不大于所在位置的罐体材料的厚度；

c) 结构件在垫板上的焊脚距离垫板边缘的尺寸应不小于4倍的垫板厚度；

d) 垫板的边缘应为圆角形状，圆角半径应不小于4倍的垫板厚度；

e) 垫板上应设置一个透气孔；

f) 垫板与罐体应连续焊接；

g) 垫板宜避开A、B类焊缝。

6.6.3 夹层支撑、外壳支座等结构件的最大一次局部薄膜应力与一次弯曲应力之和应不超过0.75倍的材料常温屈服强度。

6.7 罐体与定型底盘或行走机构连接

6.7.1 罐体支座形式可采用条形支座、鞍式支座等，罐体与定型底盘或行走机构的连接可采用螺栓、焊接等方式。

6.7.2 罐体与定型底盘或行走机构连接应牢固可靠，有足够的刚度和强度，且应能承受6.5.2.4规定的惯性力载荷的作用。

6.7.3 罐体与定型底盘或行走机构的连接应按 JB 4732 进行局部应力校核，其许用应力应符合 6.5.8 的要求。

6.8 管路

6.8.1 管路系统的设计结构应能避免热胀冷缩、机械颤动、振动或各附件之间的相对运动等所引起的损坏，必要时应考虑设置补偿结构和紧固装置。

6.8.2 管路的设计压力应不小于管路系统的工作压力，且不小于内容器的设计压力。管子与管件的公称压力应不小于管路的设计压力。管路应在承受 4 倍管路系统工作压力时不致破裂。

6.8.3 管路的设计应能防止阀门被意外开启，在运输及装卸过程中不致脱卸或损坏。管路的设计应尽可能将需要操作的阀门、需要校验的仪表设置在易于操作、维修、更换的位置。

6.8.4 管子、管件之间的连接应采用焊接连接，焊接接头应优先采用全焊透对接接头型式。

6.8.5 仪表管路与主管路之间的连接应采用焊接连接，仪表与管路的连接可采用卡套或活套接头等连接方式。

6.8.6 真空夹层内的管路连接应为焊接结构，且宜采用等壁厚、全焊透的对接接头，也可采用承插焊结构。

6.8.7 管路部件中的法兰组件等的压力等级应与管路的压力等级相匹配。管路上应清楚标明各个接口和附件的用途。管路阀门应标明介质流向，截止阀应标明开启和关闭方向。

6.8.8 超压泄放管路应满足下列要求：

a) 泄放管路应与内容器气相空间直接相通，管路通径应满足内容器安全泄放的要求；

b) 泄放管进口应设置在内容器顶部气相空间不大于 2%的位置，且尽可能靠近纵向和横向的中心；

c) 超压泄放装置进口连接管路应尽可能短而直，其内截面积应不小于超压泄放装置所需的内截面积；

d) 超压泄放装置连接管路出口应尽量集中布置，且引出操作箱，避免朝向操作箱、车体附件、定型底盘或行走机构等部件。

6.8.9 顶部喷淋管(或装置)应能在充液时使内容器尽量被均匀冷却，喷淋孔截面积总和不小于喷淋管截面积。

6.8.10 自增压器管路应满足下列要求：

a) 自增压器进液管路和气体回流管路应与自增压器增压能力和压力相匹配，且尽量减少其流通阻力；

b) 自增压器气体回流管路应避免形成气阻。

6.8.11 压力测量管路的取压口，应设置在靠近封头的位置，且避免其他管口对其造成的冲击、扰动。

6.8.12 压差式液位测量管路应分别设置气相取压管和液相取压管。气相取压口可与压力测量管路的取压口共用。液相取压口应设置在靠近后封头的位置，且应避免底部进液、卸液时对其造成的冲击、扰动。液相取压管路的设计，应能将管路中的液体充分气化，防止损坏液位测量装置。

6.8.13 溢流管路的设置应符合下列规定：

a) 入口高度应符合 6.5.11.4 的规定；

b) 出口端应设置截止阀；

c) 出口朝向应避免造成对操作人员和罐车的伤害。

6.8.14 管路的耐压试验

6.8.14.1 夹层内部管路以及与罐体无法截断的外部管路可与罐体一同进行耐压试验，管路耐压试验压力与罐体相同。

6.8.14.2 无法与内容器一起进行耐压试验的管路，应单独进行耐压试验，其耐压试验压力不低于式(9)或式(10)的要求：

a) 液压试验

$$p_T = 1.5p \tag{9}$$

b) 气压试验

$$p_T = 1.15p \tag{10}$$

式中：

p_T——试验压力，MPa；

p——管路设计压力，MPa。

6.9 抽真空与真空度检测装置

6.9.1 真空阀门和真空接头的漏气速率应与罐体真空夹层的漏气速率相匹配。

6.9.2 真空阀门和真空接头应采用保护装置。

6.9.3 充装易燃、易爆介质的罐体，应采用不会产生火花的真空规管，并设置保护装置。

6.9.4 真空规管的测量范围应与设计图样要求相匹配，且有质量证明书和合格证。

6.10 自增压汽化器

6.10.1 自增压汽化器的压力等级应与内容器的设计压力相匹配，所选用的材料应与充装介质相容，且考虑使用工况中的震动和材料的热胀冷缩等影响。

6.10.2 自增压汽化器的汽化量应能满足设计排液速率的要求。

6.10.3 自增压汽化器的结构设计应避免液体或气体的偏流。

7 安全附件、仪表和装卸附件

7.1 一般要求

7.1.1 罐车的安全附件、仪表和装卸附件的设置，除应符合本标准的规定外，还应满足设计文件的要求。

7.1.2 安全附件包括：超压泄放装置(安全阀、爆破片装置、安全阀与爆破片组合装置)、外壳防爆装置、紧急切断装置及导静电装置等。

7.1.3 仪表包括：压力表、液位计等。

7.1.4 装卸附件包括：装卸阀门、装卸软管及快速装卸接头(以下简称快装接头)等。

7.1.5 选用的安全附件、仪表和装卸附件应与充装介质相适应。

7.1.6 安全附件、仪表和装卸附件出厂时应随产品提供质量证明文件或合格证，且在产品的明显部位有永久性标识或装设金属铭牌。

7.1.7 两端均可关闭且有可能存留液体的管路，应设置安全阀，其整定压力应不超过1.5倍的管路系统工作压力。

7.1.8 充装易燃、易爆介质的罐车，采用带有电气控制元件的安全附件、仪表和装卸附件时，应符合电气元件防爆设计的相关标准的要求。

7.1.9 安全阀、压力表与罐体组装前，应进行调试和检定，合格后应重新铅封。

7.1.10 安全附件、仪表与管路之间的连接可采用焊接连接、法兰连接或螺纹连接等方式。

7.1.11 装卸附件与管路之间的连接应尽量采用焊接连接或法兰连接。

7.1.12 当附件之间存在有相对运动时，应设置必要的支撑或紧固装置。

7.2 内容器超压泄放装置

7.2.1 内容器超压泄放装置的设置

7.2.1.1 内容器应至少设置两组相互独立的超压泄放装置。为满足安全泄放的要求，每一组超压泄放装置应设置一个全启式弹簧安全阀作为主泄放装置，且并联一个全启式弹簧安全阀或爆破片作为辅助泄放装置。充装易燃、易爆介质或液氧的罐车，辅助泄放装置应选用安全阀。

7.2.1.2 内容器按图1或图2设置超压泄放装置时，应满足下列要求：

a) 主安全阀的整定压力应为内容器设计压力的1.05倍～1.1倍，回座压力应不低于整定压力的0.90倍；

b) 辅助泄放装置的动作压力应不小于主安全阀的整定压力，且不大于内容器设计压力的1.16倍；

c) 主安全阀的排放能力应保证内容器在非火灾条件下的压力不超过其设计压力的1.16倍，每组超压泄放装置的总排放能力应保证内容器在火灾条件下的压力不超过其设计压力的1.2倍；

d) 任何情况下应保证至少有一组超压泄放装置与内容器保持连通，并且每一个安全阀或爆破片装置的排放能力均满足按非火灾条件考虑时内容器的安全泄放要求，每一组超压泄放装置的排放能力均满足按火灾条件考虑时内容器的安全泄放要求。

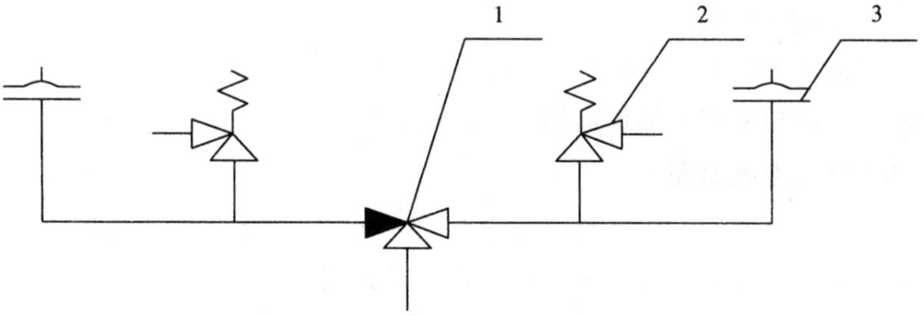

说明：

1——切换阀；2——主安全阀；3——爆破片装置。

图1 安全阀与爆破片组合超压泄放装置设置示意

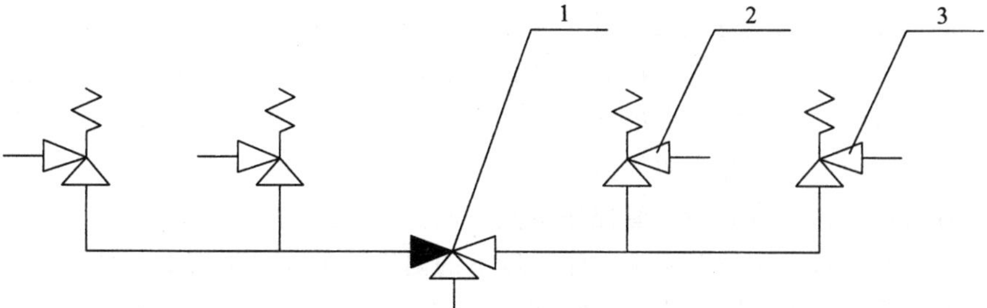

说明：

1——切换阀；2——主安全阀；3——辅助安全阀。

图2 安全阀与安全阀组合超压泄放装置设置示意

7.2.1.3 安全阀应符合 GB/T 12241 和 GB/T 12243 的规定。

7.2.1.4 爆破片装置应符合 GB/T 567.1～567.3 的要求。

7.2.1.5 超压泄放装置的设置应符合下列要求：

a) 入口管应设置在内容器液面以上顶部空间小于 2% 的地方，垂直于内容器的顶部，且尽可能靠近纵向和横向的中心。

b) 超压泄放装置应安装在介质冷冻效应不影响阀门有效动作的地方，且当罐车意外翻倒、撞击时不易受到损坏。

c) 超压泄放装置的气体出口处应能防止雨水、杂物的积聚和异物的进入，气体排放应畅通无阻，排出的气体不应直接冲击容器和主要受力结构件。

d) 选用的爆破片在爆破时不应产生碎片、脱落或火花，宜采用 S31603 材料的反拱刻槽型爆破片。

e) 超压泄放装置与罐体之间不宜装设过渡连接阀门。为便于超压泄放装置的校验、维修与更换，经使用单位主管压力容器安全技术负责人批准，且采取可靠的防范措施，方可在安全阀与罐体之间装设过渡连接阀门。在罐车正常使用、装卸和运行期间，过渡连接阀门必须保证全开(加铅封或者锁定)，过渡连接阀门的结构和通径应不妨碍超压泄放装置的安全泄放。

f) 超压泄放装置应有防止随意打开的措施，并能承受容器内部的压力、可能出现的超压及包括液体冲击力在内的动载荷。

7.2.1.6 超压泄放装置应有清晰、永久的标记，标记内容应至少包括：

a) 超压泄放装置动作压力；

b) 额定的排气能力；

c) 制造许可证编号及标志；

d) 制造单位名称或标识商标。

7.2.2 内容器安全泄放量

7.2.2.1 内容器超压泄放装置的排放能力应不小于内容器安全泄放量，内容器安全泄放量及超压泄放装置的排放能力计算方法应符合附录 C 的规定。

7.2.2.2 内容器安全泄放量计算时，至少应考虑下列工况及可能的组合：

a) 绝热系统结构完好且处于正常的真空状态下，外部温度为环境温度，内容器的温度为泄放压力下所储存的介质的饱和温度；

b) 绝热系统结构完好且夹层处于正常的真空状态下，外部温度为环境温度，内容器的温度为泄放压力下所储存的介质的饱和温度，且增压系统处于全开工作状态；

c) 绝热系统结构完好且夹层已丧失真空状态下，外部温度为环境温度，内容器的温度为泄放压力下所储存介质的饱和温度；

d) 连接高压源与内容器的管路中的其他阀的排放能力；

e) 以可能的最大流量对正常工作温度下的内容器加注带液闪蒸气体；

f) 绝热系统结构完好或部分完好、夹层已丧失真空状态下，罐体处于火灾或 650℃及以上高温工况；

g) 绝热系统结构完全损坏，罐体处于火灾或 650℃及以上的高温工况。

7.2.2.3 设计人员应根据实际条件判明可能发生的各种工况，包括 7.2.2.2 列出的 a)～e)以外的工况及可能的组合工况。

7.2.2.4 当罐体可能处于火灾或650℃及以上的高温工况时,应按7.7.2.2中的工况f)计算安全泄放量,且应充分研究发生极端工况g)的可能。

7.3 外壳防爆装置

7.3.1 外壳防爆装置设置应满足下列要求:

a) 泄放压力应不大于0.05 MPa,其排放能力足以使夹层的压力限制在不超过0.1 MPa;

b) 所用材料应能耐大气腐蚀,且与环境温度相适应;

c) 能防止绝热材料的堵塞;

d) 自紧式防爆装置的盖板应有相应的保护措施。

7.3.2 外壳防爆装置的排放面积一般不小于内容器几何容积(m^3)与340 mm^2/m^3的乘积,且可不大于5 000 mm^2。

7.4 紧急切断装置

7.4.1 紧急切断装置一般由紧急切断阀、远程控制系统以及易熔合金塞组成。紧急切断装置应动作灵活、性能可靠、便于检修,且不应兼作他用。

7.4.2 紧急切断装置应经耐压试验和气密性试验检验合格。

7.4.3 紧急切断阀应符合GB/T 24918的规定,且阀体不应采用铸铁或非金属材料制造。在非装卸时,紧急切断阀应处于闭合状态,并能防止因冲击或意外动作所致的开启。在罐车遇火时,紧急切断阀应能自动关闭,并能进行远程控制操作。

7.4.4 远程控制系统应满足下列要求:

a) 当远程控制系统采用气动控制系统时,所用气体宜采用外置式压缩空气源,且满足下列要求:

1) 压缩空气应无油且洁净、干燥;

2) 压缩空气的压力应与紧急切断阀的操作压力相匹配,且保持稳定;

3) 气动控制系统的管路应采用PVC或不锈钢材料。

b) 关闭操作装置应设置在人员易于到达的位置,并有明显指示标志。

7.4.5 当紧急控制系统管路采用不锈钢材料时,紧急切断装置应设置易熔合金塞。易熔合金塞的易熔元件熔融温度不高于70℃±5℃。

7.5 导静电装置

7.5.1 罐车应设置可靠的行车状态和驻车状态导静电装置。

7.5.2 行车导静电装置至少选择下列一种:

a) 罐车尾部安装行车导静电橡胶拖地带,拖地带应符合GB 7258及JT 230的规定;

b) 罐车采用导静电轮胎,轮胎的导静电性能应符合相应标准的规定。

7.5.3 驻车导静电装置应符合下列规定:

a) 罐体、管路、阀门和车架等连接处的导电性应良好;

b) 充装易燃、易爆介质的罐车罐体金属与接地导线末端之间的导静电接地装置电阻值应不超过5 Ω。

7.6 仪表

7.6.1 一般规定

7.6.1.1 直接与罐内介质连通的仪表不应采用易碎、易损材料制造。

7.6.1.2 仪表应灵敏、可靠,并有足够的精度和牢固的结构。

7.6.1.3 仪表露出罐体外的部分应有相应的保护措施。

7.6.2 压力表

7.6.2.1 罐体应装设至少一只压力表。

7.6.2.2 压力表应符合 JB/T 6804 的规定,且满足下列要求:

a) 精度等级不应低于 1.6 级;

b) 测量量程范围为罐体工作压力的 1.5 倍~3.0 倍;

c) 表盘直径应不小于 100 mm。

7.6.2.3 充装液氧的罐体不应采用与氧气发生危险性反应的压力表。

7.6.2.4 压力表应设置在便于操作人员观察和清洗的位置,且应避免受到辐射热、冻结或振动等不利因素的影响。

7.6.2.5 压力表和罐体之间应装设三通旋塞或针形阀,三通旋塞或针形阀上应有启闭标记和锁紧装置。

7.6.2.6 压力表的校验应符合国家计量部门的有关规定,在刻度盘上应有工作压力的标记。压力表检定后应加铅封,并注明下次校验日期。

7.6.3 液位计

7.6.3.1 罐体应装设至少一只液位计。

7.6.3.2 液位计应根据充装介质、设计压力和设计温度等设计参数正确选用。

7.6.3.3 液位计应灵活准确、结构牢固,精度等级不应低于 2.5 级。

7.6.3.4 液位计应设置在便于观察和操作的位置,其允许的最高安全液位应有明显的标记。

7.6.3.5 液位计应有液位指示刻度与容积的对应关系,且附有在工作温度上限和下限的介质密度、压力与体积对照表。

7.7 装卸附件

7.7.1 装卸阀门

7.7.1.1 装卸阀门的公称压力应不低于罐体的设计压力,阀门阀体的耐压试验压力为阀门公称压力的 1.5 倍,阀门的气密性试验压力为阀门公称压力。

7.7.1.2 装卸阀门的阀体材料不应选用铸铁或者非金属材料。

7.7.1.3 阀门应在全开和全闭工作状态下经气密性试验合格。

7.7.1.4 手动阀门应在阀门承受气密性试验压力下启闭操作自如,且不应有异常阻力、空转等。

7.7.2 装卸软管及快装接头

7.7.2.1 装卸软管应采用金属波纹软管,且符合 GB/T 14525 的规定。

7.7.2.2 快装接头应符合相应产品标准和设计图样的规定。

7.7.2.3 装卸软管和快装接头与充装介质接触部分应有良好的耐腐蚀性能,且应无油污、杂物等。

7.7.2.4 装卸软管的公称压力应不小于装卸系统工作压力的 2 倍,其最小爆破压力应大于 4 倍的公称压力,且快速装卸接头要有良好的密封结构。

7.7.2.5 装卸软管和快装接头在最低使用温度下应具备足够的韧性。

7.7.2.6 装卸软管和快装接头组装完成后应逐根进行耐压试验和气密性试验,耐压试验压力为装卸软管公称压力的1.5倍,气密性试验压力为装卸软管的公称压力。

7.7.2.7　易燃、易爆介质和液氧用装卸软管的电阻应小于4 Ω。

7.7.2.8　装卸软管应注明软管的设计使用寿命。

7.7.2.9　罐车应安装防止充装过程中因意外启动罐车造成装卸软管拉断或装备损坏的装置。

8　制造

8.1　一般要求

8.1.1　罐车应按经规定程序批准的设计文件及本标准的要求进行制造与检验。

8.1.2　定型底盘或行走机构、罐体受压元件(封头、锻件等)以及罐体的安全附件、仪表、装卸附件等为外购、外协件时,罐车制造单位应保证外购、外协件的质量满足设计文件及本标准的要求,且经检验合格后方可使用。

8.1.3　罐体施焊人员应按TSG Z6002的规定考核合格,且取得相应项目的《特种设备作业人员证》后,方可在有效期间内担任合格项目范围内的焊接工作。

8.1.4　罐体的无损检测应由持有相应项目的《特种设备检验检测人员证(无损检测人员)》,且在有效期内的人员担任。

8.1.5　制造过程中不应强力组装。

8.1.6　制造单位应建立并严格执行焊接材料验收、复验、保管、烘干、发放和回收制度。

8.1.7　罐车的外廓尺寸应符合设计图样规定。

8.1.8　罐车的设计总质量和轴载质量应符合设计图样规定。

8.1.9　罐车上的零部件、安装应牢固可靠,外表面应平整美观,无压伤、裂纹、焊渣或漆层脱落等缺陷,各连接管路、附件与罐体连接面、阀门和液位计等其工作状态应安全、灵活和可靠。

8.1.10　车架焊接件应符合JB/T 5943的规定。

8.1.11　车辆识别代号应符合GB 16735的规定。

8.1.12　车架油漆涂层应符合QC/T 484的规定。

8.2　单车

8.2.1　定型底盘应进行入库检验,并至少包括下列内容:

a)　外观检查:外廓尺寸符合规定,表面应无缺损变形,油漆无脱落,电器设备及各种指示灯应完好可靠等;

b)　行驶检查:汽车正常直道、转向行驶的平稳性,各机构(如离合器、变速器、取力器等)操作应灵活,各仪器、仪表等指示应正常,各连接管路无泄漏等;

c)　制动性能检查:空车的紧急制动距离应不超过原车改装手册规定的参数等;

d)　随车文件及工具附件检查:包括合格证、使用说明书等文件应齐全,随车工具附件应齐备,车辆识别代码编号、发动机编号与合格证内容相一致。

8.2.2　罐体与定型底盘的连接支座应符合设计图样规定,结构合理,连接可靠。

8.2.3　罐体重心位置应符合设计图样规定。

8.2.4　罐体与定型底盘连接螺栓应用扭矩扳手均匀拧紧,保证联接力矩且有有效防松措施。

8.3　半挂车

8.3.1　半挂车用行走机构应进行入库检验,检验至少包括下列内容:

a)　外观检查:表面无缺损变形,油漆无脱落,电器设备线路装卡应可靠,驻车装置、备胎升

降器、制动装置等零部件应齐备且组装完好,轮胎型号应符合设计要求等;

b) 外形与几何尺寸检查:车架纵梁上平面与地面的垂直距离及高度差、相邻车轴轴距等几何尺寸应满足设计文件或采购说明书的要求,行走机构车架对角线的偏差、车架纵梁上平面的平面度公差、多轴行走机构相邻两轴之间的距离差、轴端平面度等应满足 GB/T 23336 的规定;

c) 随车文件及工具附件检查:合格证、使用说明书等文件应齐全,随车工具附件应齐备,合格证内容应与实物相一致。

8.3.2 半挂车车轴对车架纵向中心平面,在水平方向的垂直度公差应不大于 6 mm。

8.3.3 半挂车储气筒的额定压力应符合 GB 7258 的规定。

8.3.4 半挂车制动系按额定气压通入压缩空气,检查管路接头、各阀总成、储气罐等不应有漏气现象。停止供气后处于非制动状态,在 3 min 内气压降不大于 10 kPa;处于全制动状态,待气压稳定后观察,在 3 min 内气压降不大于 20 kPa。

8.3.5 半挂车气制动管与牵引车气制动管连接的连接器的型式、尺寸及安装位置应符合 GB/T 13881的规定。

8.3.6 半挂车的实测最小离地间隙应不小于牵引车的最小离地间隙。

8.4 罐体

8.4.1 焊接接头分类

8.4.1.1 内容器及外壳受压元件之间的焊接接头分为 A、B、C、D 四类(如图 3、图 4 所示),分类规定如下:

a) 圆筒部分(包括管子)的纵向接头、球形封头与圆筒连接的环向接头、各类凸形封头中所有拼焊接头,均属 A 类焊接接头;

b) 壳体部分的环向接头、长颈法兰或厚壁管接头与管子的对接环向接头,均属 B 类焊接接头,但已规定为 A 类的焊接接头除外;

c) 法兰或厚壁管接头与管子连接的非对接接头均属 C 类焊接接头,但已规定为 A、B 类的焊接接头除外;

d) 管子、人孔、管座、补强圈、管帽等与壳体连接的接头以及管帽与管子连接的非对接接头均属于 D 类焊接接头,但已规定为 A、B、C 类的焊接接头除外。

8.4.1.2 非受压元件与受压元件的连接接头为 E 类焊接接头,如图 3、图 4 所示。

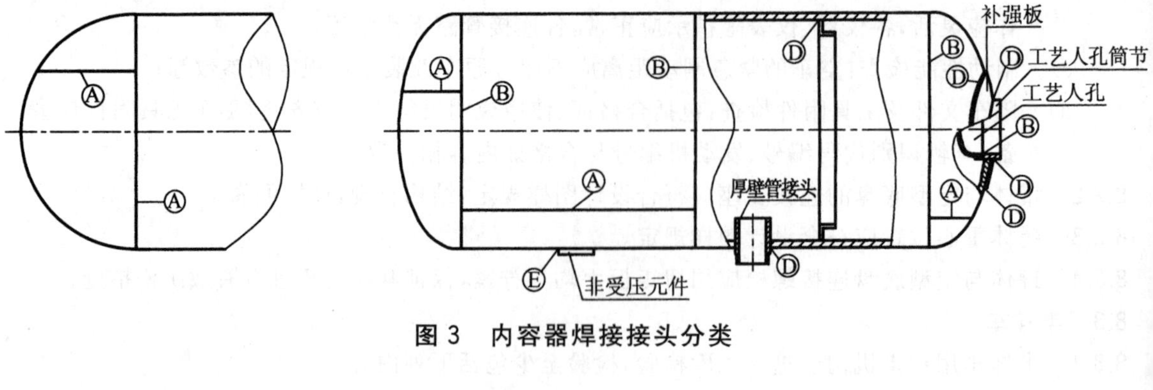

图 3 内容器焊接接头分类

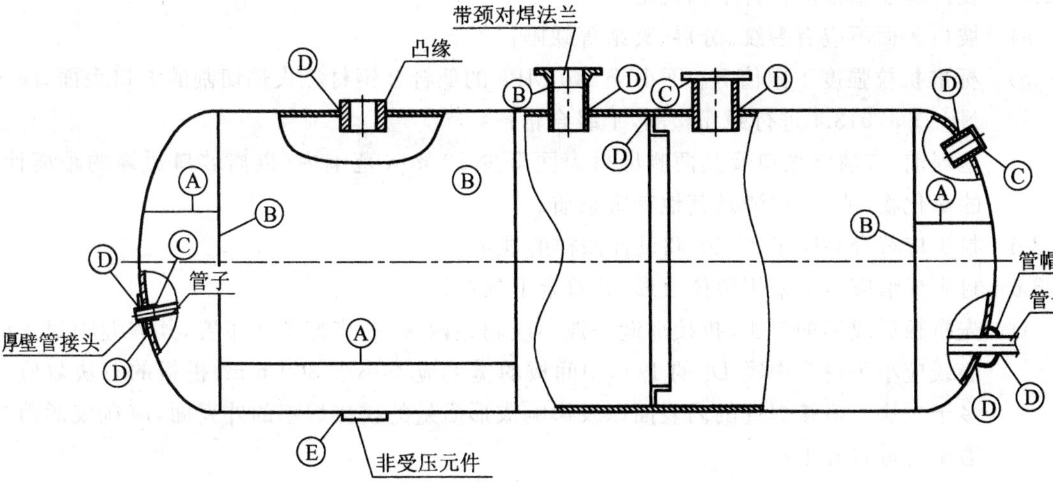

图4　外壳焊接接头分类

8.4.2　材料复验、分割与标志移植

8.4.2.1　符合下列条件之一的材料应按炉号复验化学成分,按批号复验力学性能,且复验结果应符合相应材料标准或设计文件的要求:

a)　罐体用Ⅳ级锻件;

b)　不能确定材料质量证明书的真实性或者对材料的性能和化学成分有怀疑的内容器主要受压元件材料及外壳封头、筒体用材料;

c)　主要受压元件采用境外材料;

d)　设计文件要求进行复验的材料。

8.4.2.2　内容器主要受压元件或外壳的封头、筒体采用奥氏体型不锈钢开平板时,应按批号复验力学性能,并符合下列规定:

a)　整卷使用的,应在开平操作后,分别在板卷的头部、中部和尾部所对应的开平板上各截取一组复验试样;

b)　非整卷使用的,应在开平板的端部截取一组复验试样。

8.4.2.3　制造受压元件的材料应有可追溯的标记。在制造过程中,如原有标记被裁掉或材料分割时,应在材料切割前完成标记移植。

8.4.2.4　材料分割可采用冷切割、热切割或其他适当的方法。当采用热切割方法分割材料时,应清除表面熔渣和影响制造质量的表面层。

8.4.2.5　内容器主要受压元件不应采用硬印作为材料移植标记、焊工标记及其他标记。

8.4.3　冷热加工成形

8.4.3.1　筒体和封头可采取冷、热成形方法加工成所需形状。

8.4.3.2　制造单位应根据制造工艺确定加工余量,受压元件成形后的厚度应不小于设计图样标注的最小成形厚度。

8.4.3.3　制造过程中应避免钢板表面的机械损伤。对于尖锐伤痕以及不锈钢罐体防腐蚀表面的局部伤痕、刻槽等缺陷应予以修磨,修磨范围的斜度最大为1∶3。修磨的深度应不大于该部位钢材厚度的5%,且不大于2 mm,否则应予补焊。

8.4.3.4　坡口表面质量应符合下列规定：

a)　坡口表面不应有裂纹、分层、夹杂等缺陷；

b)　标准抗拉强度下限值 R_m 不小于 540 MPa 的低合金钢材经火焰切割的坡口表面，应按 NB/T 47013.4 进行磁粉检测，Ⅰ级合格；

c)　施焊前，应清除坡口及其两侧母材表面至少 20 mm 范围内（以离坡口边缘的距离计）的氧化物、油污、熔渣及其他有害杂质。

8.4.3.5　封头应符合 GB/T 25198 和设计图样的规定。

8.4.3.6　封头成形应尽量采用整体成形，并符合下列规定：

a)　先拼板后成形的封头，拼接焊缝一般不应超过两条，并应按图 5 布置，其焊缝距封头中心线应小于封头内径 D_i 的 1/4，中间板的宽度应不小于 300 mm，拼板的总块数应不多于 3 块。拼接焊缝的内表面以及影响成形质量的拼接焊缝的外表面，应在成形前打磨至与母材齐平；

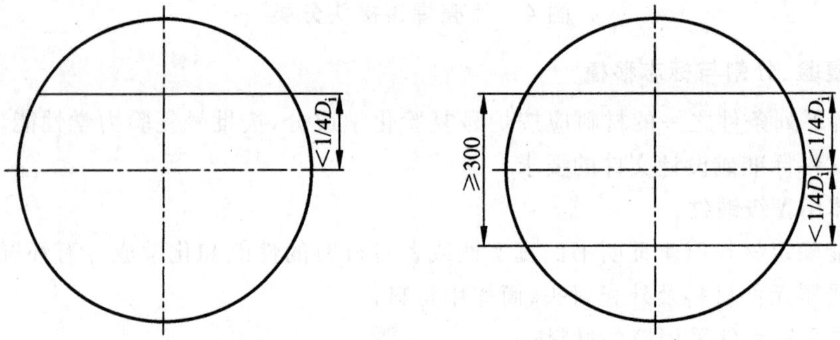

图 5　整体成形封头拼接焊缝布置图

b)　封头由成形的瓣片和顶圆板拼接制成时，瓣片间的焊缝方向宜是径向和环向的（见图 6）。封头各种不相交的拼接焊缝中心线间距离至少应为封头钢材厚度 δ_s 的 3 倍，且不小于 200 mm；

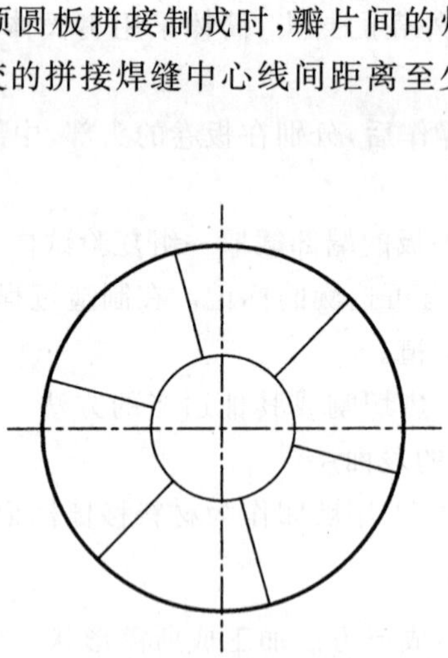

图 6　分瓣成形封头的拼接焊缝布置图

c)　分瓣成形后再组焊的封头，其对口错边量同 A 类焊缝，应符合表 9 的规定；

d)　用带间隙的全尺寸的内样板检查封头内表面的形状偏差时（见图 7），缩进尺寸为 3% D_i～5% D_i，其最大形状偏差外凸应不大于 1.25% D_i，内凹应不大于 0.625% D_i，检查时应使样板垂直于待测表面；对图 6 所示的先成形后拼接制成的封头，可避开焊缝进行测量；

e) 内容器封头应采用适当的成形工艺，确保封头的质量，避免封头过渡段和直边段出现裂纹；当采用温成形时，应避开奥氏体型不锈钢的敏化温度区；

f) 封头成形后其过渡段和直边段的铁素体测量值应不大于15%；

g) 碟形封头过渡区转角半径应不小于图样的规定值；

h) 封头直边部分不应存在纵向皱褶。

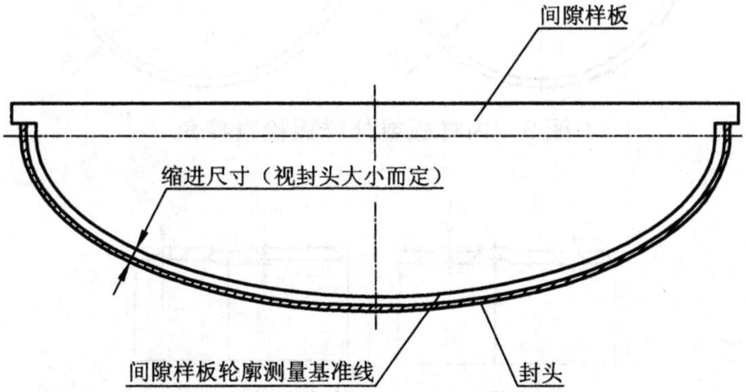

图7 凸形封头的形状偏差检查

8.4.4 圆筒与罐体

8.4.4.1 A、B类焊接接头对口错边量b(见图8)应符合表9的规定。

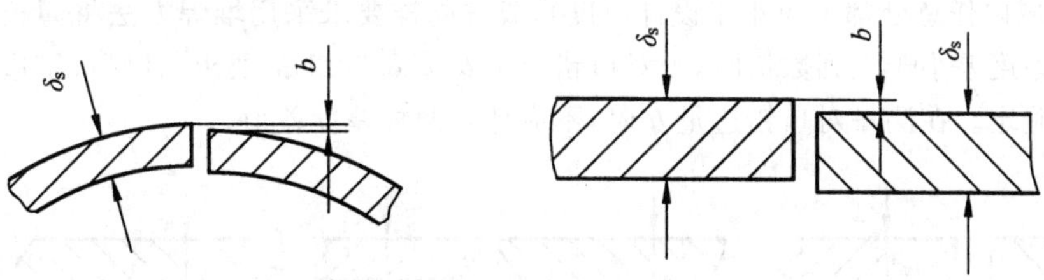

图8 **A、B类焊接接头对口错边量**

表9 **A、B类焊接接头对口错边量**

对口处钢材厚度δ_s/mm	按焊接接头类别划分对口错边量b/mm	
	A	B
≤12	$\leqslant 1/4\delta_s$	$\leqslant 1/4\delta_s$
>12～20	≤3	$\leqslant 1/4\delta_s$
注：球形封头与圆筒连接的环向A类接头，按B类焊接接头的对口错边量要求。		

8.4.4.2 在焊接接头环向、轴向形成的棱角E，宜分别用弦长等于$D_i/6$且不小于300 mm的内样板（或外样板）和直尺检查（见图9、图10），其E值应不大于$(\delta_s/10+2)$mm，且不大于5 mm。

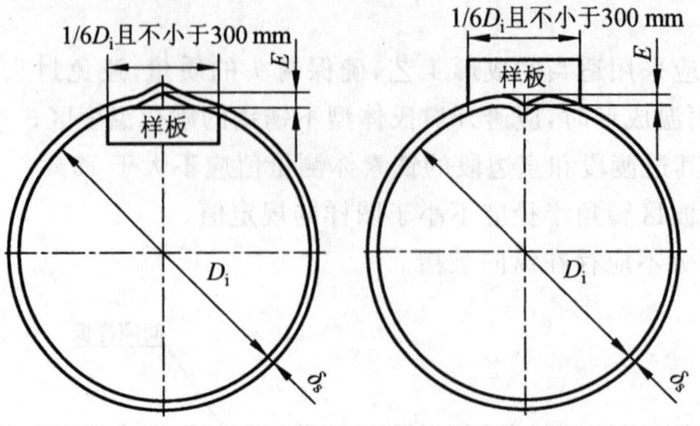

图 9　内样板或外样板检查棱角

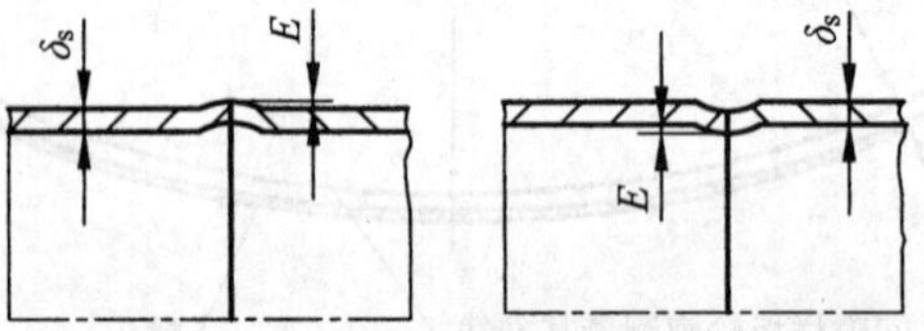

图 10　直尺检查棱角

8.4.4.3　B 类焊接接头以及圆筒与球形封头相连的 A 类焊接接头的两侧钢材厚度不等时，当薄板厚度不大于 10 mm、两板厚度差超过 3 mm 以及薄板厚度大于 10 mm、两板厚度差大于薄板厚度的 30%或超过 5 mm 时，均应按图 11 的要求单面或双面削薄厚板边缘(但被削薄后的板厚，在 L_1 区域内任意处都不应小于设计厚度)，或按同样要求采用堆焊方法将薄板边缘焊成斜面。当两板厚度差小于上列数值时，则对口错边量 b 按 8.4.4.1 的要求，且对口错边量 b 以薄板厚度为基准确定。在测量对口错边量 b 时，不应计入两板厚度差值。

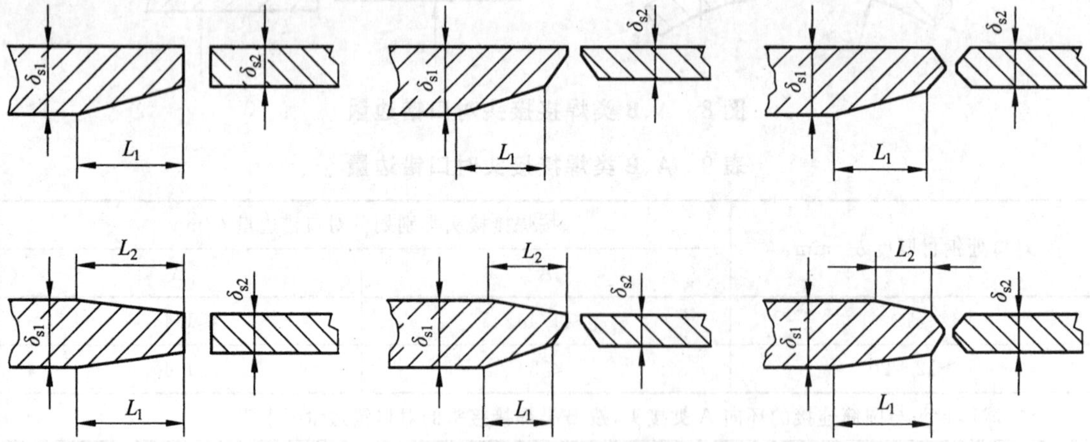

$$L_1,\ L_2 \geqslant 3\ (\delta_{s1}-\delta_{s2})$$

图 11　单面或双面削薄厚板边缘

8.4.4.4　除图样另有规定外，圆筒直线度允差应不大于壳体长度的 1‰。

注：筒体直线度检查是通过中心线的水平和垂直面，即沿圆周 0°、90°、180°、270°四个部位进行测量。测量位置与筒体纵向接头焊缝中心线的距离不小于 100 mm。当壳体厚度不同时，计算直线度时应减去厚度差。

8.4.4.5 筒节组装时，焊接接头的布置应满足下列要求：

a) 组装圆筒中，任何单个筒节的长度应不小于 300 mm，环向拼板长度应不小于 500 mm；

b) 相邻筒节 A 类接头、封头 A 类拼接接头、与封头相邻筒节的 A 类接头焊缝中心之间的外圆弧长应大于板材厚度的 3 倍，且不小于 200 mm；

c) 圆筒纵焊缝不允许布置在罐体横截面中心与罐体最低点连接半径左右各 20°范围内；

d) 不应采用十字焊缝，开孔位置宜避开焊接接头；

e) 罐体上凡被补强圈、垫板等覆盖的焊缝，均应在覆盖前打磨至与母材齐平；

f) 内容器附件和内容器间的焊接应尽量避开内容器上的 A、B 类焊接接头，且距离环焊缝边缘不小于 100 mm；当与纵焊缝交叉时，应开槽避让。

8.4.4.6 内容器及需要承受内压的外壳组焊完成后，按下列要求检查圆筒的直径，有开孔补强时应距补强圈边缘 100 mm 以外的位置测量：

a) 圆筒同一断面上最大内径与最小内径之差，应不大于该断面内径 D_i 的 1%，且不大于 25 mm(见图 12)；

b) 当被检断面位于开孔中心 1 倍开孔直径范围内时，则该断面最大内径与最小内径之差，应不大于该断面内径 D_i 的 1%与开孔内径的 2%之和，且不大于 25 mm。

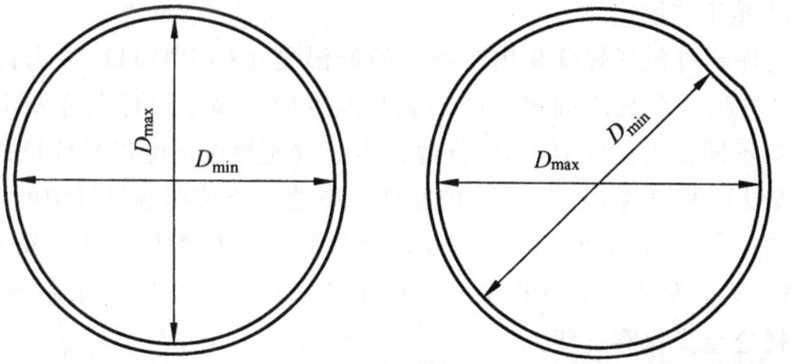

图 12 圆筒同一断面上最大内径和最小内径之差

8.4.4.7 内容器、外壳组焊完成后，按下列要求检查圆筒的圆度：

a) 采用内弓形或外弓形样板(依测量部位而定)测量。样板圆弧半径等于圆筒内半径或外半径，其弦长等于 GB/T 150.3—2011 中图 4-14 中查得弧长的 2 倍，测量点应避开焊接接头或其他凸起部位。

b) 用样板沿筒体径向测量的最大正负偏差 e 应不大于 GB/T 150.4—2011 图 10 中查得的最大允许偏差值。当 D_o/δ_e 与 L/D_o 所查的交点位于图中任意两条曲线之间时，其最大正负偏差值 e 由内插法确定；当 D_o/δ_e 与 L/D_o 所查的交点位于图中 $e=1.0\delta_e$ 曲线的上方或 $e=0.2\delta_e$ 曲线的下方时，其最大正负偏差值 e 分别不大于 δ_e 及 $0.2\delta_e$ 值。

c) 圆筒、球壳的 L 与 D_o 按 GB/T 150.3 的规定选取。

8.4.4.8 机械加工表面和非机械加工表面的线性尺寸的极限偏差，分别按 GB/T 1804—2000 中的 m 级和 c 级的规定。

8.4.4.9 紧固件应符合相应国家标准或行业标准的规定，承受拉伸或剪切力载荷的螺栓，其性能等级应不低于 8.8 级。

8.4.4.10 罐体的主要几何尺寸、管口方位应符合设计图样的要求。

8.4.5 焊接

8.4.5.1 焊条、焊剂及其他焊接材料的贮存库应保持干燥,相对湿度应不大于60%。

8.4.5.2 坡口表面质量检查,应符合8.4.3.4的规定。

8.4.5.3 当施焊环境出现以下任一情况,且无有效防护措施时,应禁止施焊:

a) 焊条电弧焊时,风速大于10 m/s;

b) 气体保护焊时,风速大于2 m/s;

c) 相对湿度大于90%;

d) 雨、雪环境;

e) 焊件温度低于-20℃。

8.4.5.4 当焊件温度低于0℃但不低于-20℃时,应在施焊处100 mm范围内预热到15℃以上。

8.4.5.5 内容器施焊前,受压元件焊缝、与受压元件相焊的焊缝、熔入永久焊缝内的定位焊缝、受压元件母材表面堆焊与补焊,以及上述焊缝的返修焊缝都应按NB/T 47014进行焊接工艺评定或具有经过评定合格的焊接工艺规程支持。

8.4.5.6 当焊接结构受压元件用境外材料(含填充材料)时,制造单位在首次使用前应按NB/T 47014进行焊接工艺评定。

8.4.5.7 焊接工艺评定应包括焊缝和热影响区的低温夏比(V型缺口)冲击试验。冲击试验的取样方法按NB/T 47014的要求确定。冲击试验温度应不高于设计图样要求的试验温度。当焊缝两侧母材具有不同冲击试验要求时,低温冲击吸收能量按两侧母材抗拉强度的较低值应符合GB/T 150.2或设计图样的要求。接头的拉伸和弯曲性能按两侧母材中的较低要求。

8.4.5.8 焊接工艺评定报告和预焊接工艺规程应经制造单位焊接责任人审核,技术负责人批准,由监检人员签字确认后存入技术档案。焊接工艺评定技术文件应保存至该工艺失效为止,焊接工艺评定试样应至少保存5年。

8.4.5.9 受压元件之间或受压元件与非受压元件组装时的定位焊,若保留成焊缝金属的一部分,应按受压元件的焊缝要求施焊。

8.4.5.10 罐体的焊接应严格控制线能量。在焊接工艺评定所确认的范围内,选用较小的焊接线能量,以多道施焊为宜。

8.4.5.11 焊缝表面的形状尺寸应符合下列规定:

a) A、B类接头焊缝的余高 e_1、e_2 按表10和图13的规定;

b) C、D、E类接头的焊脚尺寸,在图样无规定时,取焊件中较薄者的厚度;当补强圈的厚度不小于8 mm时,其焊脚尺寸等于补强圈厚度的70%,且不小于8 mm;

c) C、D、E类焊缝与母材呈圆滑过渡。

表10 A、B类接头焊缝的余高 单位为mm

单面坡口		双面坡口	
e_1	e_2	e_1	e_2
$0\sim15\%\delta_s$ 且≤4	≤1.5	$0\sim15\%\delta_1$ 且≤4	$0\sim15\%\delta_2$ 且≤4
注:表中百分数计算值小于1.5 mm时,按1.5 mm计。			

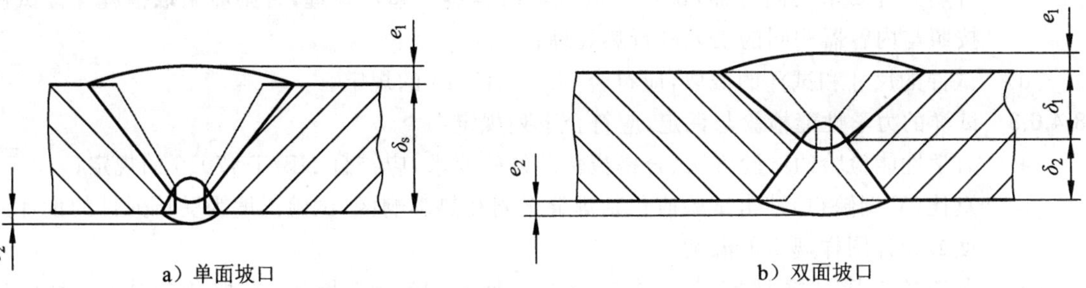

a）单面坡口　　　　b）双面坡口

图 13　A、B 类接头焊缝的余高 e_1、e_2

8.4.5.12　焊接接头表面质量应符合下列规定：

a）不应有表面裂纹、咬边、表面气孔、弧坑、未填满、焊瘤和飞溅物等缺陷；

b）对接焊缝应与母材圆滑过渡，角焊缝外形应呈凹形圆滑过渡；

c）按照疲劳分析设计的罐体，应去除 A、B 类焊缝的余高，使焊缝表面与母材表面平齐；

d）其他表面质量应符合设计图样的规定。

8.4.5.13　临时附件的焊接应符合下列规定：

a）罐体上焊接的临时吊耳和拉筋的垫板等，应采取力学性能和焊接性能与罐体相同或相近的材料，并用相适应的焊材及焊接工艺进行焊接；

b）临时吊耳和拉筋的垫板割除后，留下的焊疤应打磨光滑，并按图样规定进行渗透检测或磁粉检测，表面应无裂纹等缺陷。打磨后的厚度应不小于该部位的设计厚度或图样规定的最小厚度。

8.4.5.14　内容器主要受压元件焊缝应采用简图记录焊工代号。

8.4.5.15　焊接接头返修及母材缺陷补焊应符合下列规定：

a）焊接接头的返修和补焊都应进行焊接工艺评定或有经评定合格的焊接工艺支持，施焊时应有详尽的返修或补焊记录；

b）焊缝同一部位的返修次数不宜超过 2 次，如超过 2 次，返修前应经制造单位技术负责人批准，且应将返修的次数、部位和返修情况记入产品质量证明文件；

c）返修部位应按原要求经无损检测合格；

d）耐压试验后进行的返修，如返修深度大于 1/2 壁厚，应重新进行耐压试验；

e）氦质谱检漏后需返修的，返修部位应采用合适的检验方法检测合格，且重新进行氦质谱检漏。

8.4.6　产品焊接试件

8.4.6.1　凡符合以下条件之一的、有 A 类纵向焊接接头的内容器，应逐台制备产品焊接试件：

a）需经过热处理改善或者恢复材料力学性能的内容器；

b）设计图样要求制备产品焊接试件的内容器。

8.4.6.2　制备产品焊接试件与试样，应符合下列规定：

a）产品焊接试件应在内容器筒节 A 类纵向焊缝的延长部位与筒节同时施焊；

b）试件应取合格的原材料，且与内容器用材具有相同标准、相同牌号、相同厚度和相同热处理状态；

c）试件应由施焊内容器的焊工，采用与施焊内容器相同的条件、过程与焊接工艺施焊。

有热处理要求的内容器，试件一般应随内容器一起热处理，否则应采取措施保证试件按照与内容器相同的工艺进行热处理；

d) 试件的尺寸和试样的截取，应符合 NB/T 47016 的规定。

8.4.6.3 试样的力学性能检验与评定，应符合下列规定：

a) 力学性能检验的试验方法、合格指标及复验要求，应符合 NB/T 47016 的规定；

b) 夏比(V 型缺口)冲击试验应包括焊缝金属和热影响区，试验温度为受压元件的设计温度或设计图样规定的温度；

c) 当产品焊接试样评定结果被判为不合格时，应分析原因，采取相应措施，允许按 NB/T 47016要求重新取样进行复验。当复验结果仍达不到要求时，则该试件所代表产品应判为不合格。

8.4.7 无损检测

8.4.7.1 无损检测方法

8.4.7.1.1 罐体的无损检测方法包括射线检测、超声检测、磁粉检测和渗透检测。射线检测应符合 NB/T 47013.2、NB/T 47013.11 或 NB/T 47013.14 的规定；超声检测应符合 NB/T 47013.3 或 NB/T 47013.10 的规定；磁粉检测应符合 NB/T 47013.4 的规定；渗透检测应按NB/T 47013.5的规定。

8.4.7.1.2 制造单位或无损检测机构应按设计图样要求和 NB/T 47013.1 的规定制定罐体的无损检测工艺。

8.4.7.2 无损检测方法的选择

8.4.7.2.1 内容器及外壳的 A、B 类焊接接头(内容器工艺人孔筒节与人孔封头的合拢 B 类焊接接头和外壳的合拢 B 类焊接接头除外)、与内容器连接的管路对接接头，应进行射线检测或超声检测。超声检测包括衍射时差法超声检测(TOFD)、可记录的脉冲反射法超声检测和不可记录的脉冲反射法超声检测。

8.4.7.2.2 当采用不可记录的脉冲反射法超声检测时，应采用射线检测或者衍射时差法超声检测作为附加局部检测。

8.4.7.2.3 罐体的不锈钢焊接接头表面无损检测应采用渗透检测，碳钢或低合金钢焊接接头的表面无损检测应当采用磁粉检测或者渗透检测。

8.4.7.2.4 铁磁性材料制罐体焊接接头的表面无损检测应优先采用磁粉检测。

8.4.7.3 内容器无损检测比例及技术要求

8.4.7.3.1 A、B 类焊接接头应进行 100％射线检测或超声检测。

8.4.7.3.2 工艺人孔筒节与人孔封头的合拢 B 类焊接接头无损检测的检测方法和要求应符合设计图样的规定。

8.4.7.3.3 先拼板后成形的凸形封头上所有拼接接头还应进行 100％表面检测。

8.4.7.3.4 内容器上 C、D、E 类焊接接头应进行 100％表面检测。

8.4.7.3.5 内容器上临时吊耳和拉筋垫板割除并修磨后留下的焊疤，应进行表面检测。

8.4.7.3.6 内容器无损检测的技术要求应符合下列规定：

a) 射线检测技术等级应不低于相应检测方法的 AB 级，其合格级别应不低于Ⅱ级；

b) 脉冲反射法超声检测技术等级应不低于 B 级，合格级别应不低于Ⅰ级；

c) 衍射时差法超声检测合格级别应不低于Ⅱ级；

d) 渗透检测合格级别应不低于Ⅰ级。

8.4.7.4 外壳无损检测比例及技术要求

8.4.7.4.1 A、B类焊接接头(外壳的合拢B类焊接接头除外)应进行局部射线检测,检测长度不小于各条焊接接头长度的20%,且不小于250 mm,其射线检测技术等级应不低于相应检测方法的AB级,合格级别不低于Ⅲ级。

8.4.7.4.2 外壳的合拢B类焊接接头以及如下项目的接头应经无损检测,检测方法和要求应符合设计图样的规定:

a) 凡被补强圈、垫板、支座、内件等覆盖的焊接接头;

b) 以开孔中心为圆心,1.5倍开孔直径为半径的圆中所包容的焊接接头。

8.4.7.4.3 先拼板后成形的凸形封头上所有拼接接头应进行100%射线检测及100%表面检测,其射线检测技术等级不应低于AB级,合格级别不低于Ⅲ级,表面检测的合格级别应不低于Ⅰ级。

8.4.7.4.4 外壳上临时吊耳和拉筋垫板割除并修磨后留下的焊疤,应进行表面检测,表面检测的合格级别应不低于Ⅰ级。

8.4.7.4.5 外壳与行走机构或者定型底盘连接部位的焊接接头应进行100%表面检测,表面检测的合格级别应不低于Ⅰ级。

8.4.7.5 重复检测

8.4.7.5.1 经无损检测的焊接接头,发现不允许的缺陷时,应在缺陷清除干净后进行补焊,并对该部位采用原无损检测方法和合格级别进行重新检测与评定。

8.4.7.5.2 进行局部无损检测的焊接接头,发现不允许的缺陷时,应在该缺陷两端的延伸部位增加检查长度,增加的长度为该焊接接头长度的10%,且两侧均不小于250 mm。若仍有不允许的缺陷,则对该条焊接接头进行100%无损检测。

8.4.7.5.3 渗透与磁粉检测发现不允许的缺陷时,应进行修磨及必要的补焊,并对该部位采用原无损检测方法进行重新检测。

8.4.7.6 无损检测的实施时机

8.4.7.6.1 焊接接头的无损检测,应在形状尺寸和外观质量检查合格后进行。

8.4.7.6.2 拼接封头应在成形后进行无损检测。若成形前已进行无损检测,则成形后还应对圆弧过渡区至直边段再进行无损检测。

8.4.7.7 无损检测记录、资料和报告

制造单位应如实填写无损检测记录,正确签发无损检测报告,妥善保管射线底片和超声检测数据等检测资料(含缺陷返修前记录),并建立无损检测档案,其保存期限不少于罐车的设计使用年限。

8.4.8 热处理

8.4.8.1 罐体热处理要求应符合GB/T 150.4和设计文件的规定。

8.4.8.2 除图样另有规定外,外壳冷成形后不需热处理。

8.4.9 清洁要求

8.4.9.1 与氧接触的所有零部件表面,应进行脱脂与清洁处理,其油脂残留量应不大于125 mg/m^2。

8.4.9.2 与氧以外其他介质接触的零部件表面,除图样另有规定外,其油脂残留量应不大于500 mg/m^2。

8.4.9.3 真空夹层表面以及其内部的零部件表面,应进行脱脂、除锈、干燥等处理。

8.4.9.4 对不设置工艺人孔的内容器，在最后一道环焊缝对焊前，应清除容器内杂物，其清洁度满足设计图样的要求。

8.4.10 组装要求

8.4.10.1 内容器在耐压试验合格后方可与外壳进行组装。

8.4.10.2 高真空多层绝热的绝热层应符合下列要求：

a) 多层绝热材料应经干燥处理；

b) 层数、层密度应符合设计图样的规定；

c) 反射屏与间隔材料之间应相互封闭；

d) 尽量避免出现反射屏之间直接接触(短路)及局部无反射屏的现象；

e) 最外层应有防止绝热层松散和脱落的相应措施。

8.4.10.3 真空粉末绝热的绝热层应符合下列要求：

a) 粉末绝热材料应经干燥处理；

b) 装填时，应控制粉末绝热材料的装填密度；

c) 应尽可能采取防止粉末绝热材料沉降的措施。

8.4.11 吸附剂的安装

8.4.11.1 低温吸附剂应安装在内容器外壁，其包装和填充应符合设计图样的规定。

8.4.11.2 常温吸附剂应安装在外壳内壁，其包装和安置应符合设计图样的规定。

8.5 管路制造

8.5.1 管路安装前，管子、管件、阀门等管路组成件内外表面应清理干净，无杂物、油污且干燥。

8.5.2 管路无损检测应符合下列要求：

a) 真空夹层内及外部的管路，其对接接头应按 NB/T 47013.2 进行 100%射线检测，射线检测技术等级应不低于 AB 级，其合格级别应不低于Ⅱ级；

b) 真空夹层内及外部的管路，其角接接头应按 NB/T 47013.5 进行 100%渗透检测，合格级别应不低于Ⅰ级。

8.5.3 真空夹层内的管路应与内容器一起进行耐压试验。

8.5.4 外部管路的法兰密封面及密封垫片，应无影响密封性能的划痕、斑点等缺陷。

8.5.5 法兰面应垂直于管路的主轴中心线，且保证法兰面的水平或垂直，其偏差均应不超过法兰外径的 1%(法兰外径小于 100 mm 时按 100 mm 计算)且不大于 3.0 mm。法兰的螺栓孔应与管路主轴线或铅垂线跨中布置(见图 14)。有特殊要求时，应在图样上注明。

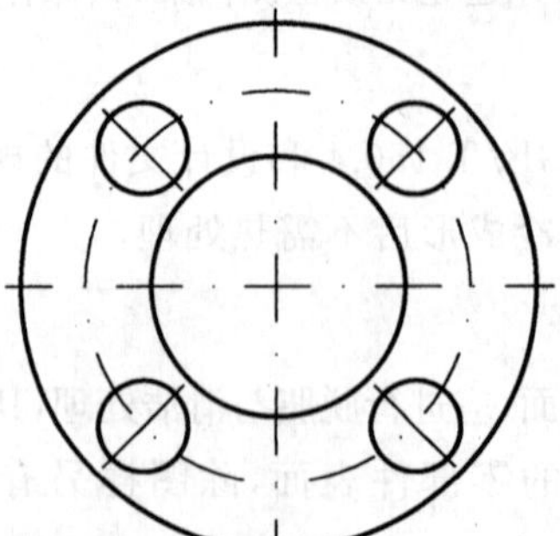

图 14 法兰的螺栓孔与管路主轴线或铅垂线跨中布置

8.5.6 当管路装配间断施工时,应及时封闭敞开的管口。

8.5.7 阀门应按设计流程图确定其安装方向。螺杆式截止阀应在顺时针方向转动时被关闭。

8.5.8 管路上应清楚标明各个接口和附件的用途。管路阀门应标明介质流向,截止阀应标明开启和关闭方向。

8.5.9 管路宜用管夹固定,管夹的固定不应限制管路的热胀冷缩。

8.5.10 有导静电接地要求的设备,各段管子间应导电。当每对法兰或螺纹接头间电阻值超过0.03 Ω时,应设导线跨接。

8.5.11 外部管路应进行耐压试验。

8.6 氦质谱检漏

8.6.1 内容器与外壳组装后,应对真空夹层进行氦质谱检漏。漏气速率指标应符合6.5.14.1和设计图样的规定。

8.6.2 泄漏处应按焊接返修工艺进行修补,按原无损检测要求检测合格后,再重新进行氦质谱检漏。

8.7 罐体涂敷

罐体的涂敷应符合JB/T 4711和设计图样的规定。

9 试验方法

9.1 试验顺序

9.1.1 罐车在结构强度试验完成后,方可进行低温性能检测。

8.1.2 定型试验的罐车,其低温性能检测应在定型试验完成后进行。

9.1.3 有热处理要求的内容器,耐压试验应在热处理完成后进行。

9.2 耐压试验

9.2.1 内容器制成后应按图样的规定进行耐压试验,耐压试验包括液压试验和气压试验。

9.2.2 耐压试验应用两个量程相同的并经过检定合格的压力表。压力表的量程应为1.5倍~3倍的试验压力,且以试验压力的2倍为宜。压力表的精度应不低于1.6级,表盘直径应不小于100 mm。压力表应安装在从被试验罐体顶部引出的管线上便于观察的位置。

9.2.3 耐压试验前,内容器各连接部位的紧固螺栓(如有),应当配置齐全,紧固妥当。耐压试验时,内容器上焊接的临时受压元件,应当采用适当的措施,保证其强度和安全性。

9.2.4 耐压试验场地应有可靠的安全防护措施,并且经过单位技术负责人和安全管理部门检查认可。

9.2.5 耐压试验基本要求

9.2.5.1 保压期间不应采用连续加压来维持试验压力不变,耐压试验过程中不应带压紧固螺栓或者向受压元件施加外力。

9.2.5.2 耐压试验过程中,不应进行与试验无关的工作,无关人员不应在试验现场停留。

9.2.5.3 内容器开孔补强圈应在耐压试验前通入0.4 MPa~0.5 MPa的压缩空气检查焊接接头质量。

9.2.6 液压试验

9.2.6.1 液压试验的介质一般采用水,必要时也可采用不会导致发生危险的其他液体。试验时,液体的温度应低于其闪点或沸点,且有可靠的安全措施。

9.2.6.2 液压试验温度应符合 GB/T 150.4 和设计图样的规定。

9.2.6.3 液压试验应符合下列规定:

a) 内容器顶部应设排气口,充液时应将罐内的空气排净。试验过程中,内容器外表面应保持干燥;

b) 当内容器壁温与液体温度接近时,才能缓慢升压至设计压力,确认无泄漏后继续升压到规定的试验压力。保压时间一般不少于 30 min,然后将压力降至设计压力,保压足够长的时间以对所有焊接接头和连接部位进行检查;

c) 液压试验完毕后,应将液体排尽,用压缩空气将内容器内部吹干,并清除杂物。当无法完全排净吹干时,奥氏体型不锈钢制罐体用水,应控制水中的氯离子不超过 25 mg/L。

9.2.6.4 液压试验合格要求

液压试验过程中,内容器无渗漏、无可见的变形和异常的响声为合格。

9.2.7 气压试验

9.2.7.1 由于结构或支撑、介质等原因,不允许残留试验液体的罐体,一般采用气压试验。

9.2.7.2 试验所用的气体应为干燥洁净的空气、氮气或其他惰性气体。

9.2.7.3 气压试验应有安全防护措施。试验时,试验单位的安全管理部门应派人进行现场监督。

9.2.7.4 内容器气压试验温度一般为常温。

9.2.7.5 试验时压力应缓慢上升,至规定试验压力的 10%,保压 5 min,并对所有焊接接头和连接部位进行泄漏检查;确认无泄漏后,再继续升压到规定试验压力的 50%,如无异常现象,其后按每级为规定试验压力的 10%,逐级升压至规定试验压力,并保压 10 min;然后将压力降至设计压力,保压足够时间进行检查。检查期间压力应保持不变,不应采用连续加压的方式维持试验压力。气压试验过程中不应带压紧固螺栓或向受压元件施加外力。

9.2.7.6 气压试验合格要求

气压试验过程中,内容器无异常响声,经肥皂液或其他可靠的检漏方法检查无漏气、无可见的变形为合格。

9.3 泄漏试验

9.3.1 罐体耐压试验合格后,将所有管路、安全附件、仪表、装卸附件安装齐全后进行泄漏试验。

9.3.2 采用气密性试验时,应符合下列规定:

a) 试验用气体应为干燥、洁净的空气、氮气或其他惰性气体;

b) 试验用气体温度一般为常温;

c) 试验时,压力应缓慢上升,达到规定的试验压力后保压足够长时间,同时检查罐体所有的焊接接头和各阀件、仪表及其连接面,无泄漏为合格;

d) 如有泄漏,应在修补后重新进行试验。

9.3.3 其他泄漏试验方法和要求应符合设计文件的规定。

9.4 冷冲击试验

9.4.1 冷冲击试验后的检验内容和要求应符合设计文件的规定。

9.4.2 试验时,除进液口和排气口以外的其余管路管口封闭,内容器和管路应被液氮充分浸渍。

9.5　清洁度测量

清洁度的测量方法按 JB/T 6896 的规定。

9.6　容积测量

9.6.1　内容器应进行几何容积、有效容积和真空夹层容积的测量,测量方法按 GB/T 18443.8 的规定。

9.6.2　由于结构或介质的原因不允许残留试验液体的内容器,可用几何测量尺寸后计算容积代替实测容积。

9.7　真空度测量

真空夹层封结真空度的测量方法按 GB/T 18443.2 的规定。

9.8　真空夹层漏气速率测量

真空夹层漏气速率的测量方法按 GB/T 18443.3 的规定。

9.9　真空夹层漏放气速率测量

真空夹层漏放气速率的测量方法按 GB/T 18443.4 的规定。

9.10　静态蒸发率测量

静态蒸发率的测量方法按 GB/T 18443.5 的规定。

9.11　维持时间测量

维持时间的测量方法按 GB/T 18443.7 的规定。

9.12　安全附件试验

安全附件性能试验应符合相应产品标准和设计图样的规定。

9.13　其他检查

9.13.1　罐车总装完成后的检验项目至少包括下列内容,其合格要求应满足本标准和设计图样的规定:

a）罐车的几何尺寸;

b）罐体纵向中心平面与定型底盘或者行走机构纵向中心平面的偏差;

c）罐体与支撑装置连接的可靠性;

d）罐体装卸系统、紧急切断装置、防溜车装置的完整性及可靠性;

e）罐车的表面涂装、标志、铭牌以及必要的警示性标志等,其中标志至少包括介质名称(限 1 种介质)、下次全面检验日期等。

9.13.2　罐车应进行导静电装置电阻测量,可采用万用表测量。

9.13.3　罐车的外部照明和信号装置的数量、位置和光色按 GB 4785 的规定进行检查。

9.13.4　罐车的外观质量检查采用目视方法。

9.14　道路行驶和制动性能检查

罐车应进行道路行驶和制动性能检查,检查罐体以及连接件有无变形和松动、附件固定是否牢固,所有设施应安全可靠。行驶中的故障经检修能行驶,则道路行驶检查可继续进行,否则应回厂检修并重新进行检查。

9.15　型式试验

罐车的定型试验应按 QC/T 252 的规定进行。罐车的强制性检验项目应按国务院汽车主管部门的规定执行。低温绝热性能型式试验应按 TSG R0005 和本标准的规定进行。

10 检验规则

10.1 检验分类

罐车的检验分为逐台检验、批量检验、型式试验。

10.2 逐台检验

罐车完成后应经逐台检验合格后方可出厂。逐台检验项目按表11、表12的规定。

10.3 批量检验

10.3.1 同一定型设计的罐车,按生产顺序,以不多于50台为一批。每批中随机抽取1台为批量检验样车。

10.3.2 若批量检验样车检验不合格,则在该批中再抽取2台进行检验,仍不合格时应逐台进行检验。

10.3.3 批量检验的项目和要求按表11、表12的规定。

10.4 车辆定型试验

罐车应按照型号由主管部门核准或批准的试验机构进行定型试验。

10.5 强制性检验

罐车在定型试验合格后,应由国家认可的检测机构进行车辆强制性检验项目的检验。

10.6 低温性能型式试验

车辆定型试验和强制性检验项目完成后,应进行真空绝热罐体低温性能型式试验。低温性能型式试验应由国家特种设备安全监督管理部门核准的型式试验机构进行,并出具低温性能型式试验报告和证书。低温性能型式试验项目要求按表11、表12的规定。

表11 逐台检验、批量检验和型式试验的项目

<table>
<tr><th>序号</th><th colspan="2">检验项目</th><th>逐台检验</th><th>批量检验</th><th>低温性能型式试验</th></tr>
<tr><td>1</td><td colspan="2">相关技术文件检查</td><td>★</td><td>★</td><td>—</td></tr>
<tr><td>2</td><td colspan="2">外观检查</td><td>★</td><td>★</td><td>—</td></tr>
<tr><td>3</td><td colspan="2">几何尺寸检验</td><td>★</td><td>★</td><td>—</td></tr>
<tr><td>4</td><td colspan="2">耐压试验及气密性试验</td><td>★</td><td>★</td><td>—</td></tr>
<tr><td>5</td><td colspan="2">冷冲击试验(有要求时)</td><td>▲</td><td>▲</td><td>—</td></tr>
<tr><td>6</td><td rowspan="3">真空性能</td><td>真空夹层封结真空度</td><td>★</td><td>★</td><td>★</td></tr>
<tr><td>7</td><td>真空夹层漏气速率</td><td>★</td><td>★</td><td>★</td></tr>
<tr><td>8</td><td>真空夹层漏放气速率</td><td>★</td><td>★</td><td>★</td></tr>
<tr><td>9</td><td rowspan="2">绝热性能</td><td>静态蒸发率</td><td>▲</td><td>★</td><td>★</td></tr>
<tr><td>10</td><td>维持时间</td><td>—</td><td>—</td><td>★</td></tr>
<tr><td>11</td><td colspan="2">附件检验</td><td>★</td><td>★</td><td>—</td></tr>
<tr><td>12</td><td colspan="2">道路行驶和制动性能检查</td><td>▲</td><td>▲</td><td>—</td></tr>
<tr><td>13</td><td colspan="2">出厂文件</td><td>★</td><td>★</td><td>—</td></tr>
<tr><td colspan="6">注:罐车的车辆定型试验已包含的相关内容,此处不再重复。</td></tr>
<tr><td colspan="6">有"★"标记的项目,为需进行检验和试验的项目;
有"▲"标记的项目,由供需双方协商确定。</td></tr>
</table>

表 12 检验项目内容及技术要求

序号	检验项目	检验内容	技术要求
1	相关技术文件检查	产品名称、型号、标准	6.2.3
		设计压力、设计温度、介质	6.2.3、6.5.3、6.5.5
		总质量、整备质量、内容器的几何容积、真空夹层的几何容积、充满率、最大允许充装量	6.2.3、6.5.11、6.5.12
		罐体材料	5.2、6.2.4
		罐体真空绝热型式	6.2.3、6.2.4
		设计使用年限	6.1.20、6.2.3
2	外观检查	铭牌	6.2.3、11.2.3
		标志、标识	11
		车辆识别代号(VIN)	8.1.11
		涂敷	8.1.12、8.7
		焊接接头及母材外表面缺陷	6.5.7、8.4.3.3、8.4.5.12
		罐体与行走机构或定型底盘连接	6.7
		结构件的连接	6.6
		制动装置	6.1.4
		罐体焊缝布置	8.4.3.5、8.4.4.5
		装卸系统的设置及要求	6.5.17.6、7.7
		侧面防护装置	6.1.6
		后下部防护装置	6.1.7
3	几何尺寸检验	罐体外形尺寸	6.1.2、6.2.3
		罐体直线度	8.4.4.4
		单个筒节的最小长度	8.4.4.5
		法兰	8.5.5
4	耐压试验及气密性试验	内容器耐压试验	6.5.15、9.2
		罐体气密性试验	6.5.16、9.3
		管路耐压试验	6.8.14、9.2
		管路气密性试验	6.5.16、9.3
5	冷冲击试验(适用时)	冷冲击试验	9.4
6	清洁度	清洁度测量	8.4.9、9.5
7	真空性能	真空夹层封结真空度	6.5.14.4、9.7
		真空夹层漏气速率	6.5.14.1、9.8
		真空夹层漏放气速率	6.5.14.2、9.9

表12 检验项目内容及技术要求(续)

序号	检验项目	检验内容	技术要求
8	绝热性能	静态蒸发率	6.5.13.1、9.10
		维持时间	6.5.13.2、9.11
9	附件检验	超压泄放装置	7.2
		外壳防爆装置	7.3
		紧急切断装置	7.4
		导静电装置	7.5
		仪表	7.6
		装卸附件	7.7
		外部照明和信号装置	6.1.11
		其他附件(灭火器、火花熄火器等)	6.1.12、6.1.19
10	道路行驶和制动性能检查	道路行驶和制动性能满足要求	9.14
11	出厂文件	出厂文件应齐全	12

11 标志、标识

11.1 标志

罐车的标志应符合 GB 13392、GB 7258 及国家主管部门相关要求的规定。

11.2 标识

11.2.1 在罐体两侧后部色带的上方书写充装介质的名称,字色为大红(R03),字高不小于300 mm,字样宜为仿宋体。

11.2.2 在罐体两侧后部色带的下方书写"罐体下次全面检验日期:××××年××月",字色为黑色,字高不小于100 mm。

11.2.3 罐车的产品铭牌应安装在罐体一侧的易见部位,产品铭牌的格式与内容按 TSG R0005 的规定。

12 出厂文件

12.1 罐车的制造厂应向使用单位提供以下技术文件和资料:

a) 竣工图样(总图和罐体图)、竣工图样上应有设计单位许可印章(复印章无效)且加盖竣工图章(竣工图章上标注制造单位名称、制造许可证编号、审核人的签字和"竣工图"字样),当制造中发生了材料代用、无损检测方法改变、加工尺寸变更等,制造单位应按照设计单位书面批准文件的要求在竣工图样上作出清晰标注,标注处有修改人的签字及修改日期;

b) 产品合格证(含产品数据表);

c) 产品质量证明文件;

d) 产品铭牌的拓印件或者复印件;

e) 特种设备制造监督检验证书;
f) 强度计算书;
g) 应力分析报告(需要时);
h) 罐体安全泄放量、超压泄放装置排量和爆破片泄放面积的计算书;
i) 产品使用说明书;
j) 风险评估报告;
k) 定型底盘使用说明书、合格证;
l) 随车工具及附件清单;
m) 备件、附件清单和相应的质量合格证明。

12.2 罐车产品质量证明文件至少包含下列内容:
a) 主要受压元件材料质量证明书和材料清单;
b) 质量计划;
c) 受压元件(封头、锻件等)为外购或外协件时的产品质量证明文件;
d) 罐体外观及几何尺寸检验报告;
e) 罐体焊接记录;
f) 罐体无损检测报告;
g) 罐体焊后热处理报告及自动记录曲线;
h) 罐体耐压试验报告;
i) 气密性试验或其他泄漏试验报告;
j) 真空性能检测报告(含封结真空度检测、真空夹层漏放气速率检验);
k) 整车车体检验报告;
l) 罐体气体置换检验报告;
m) 产品制造变更报告;
n) 钢板、锻件超声检测报告(需要时);
o) 安全附件、仪表及装卸附件的质量证明文件;
p) 其他必要的产品质量证明文件。

12.3 罐车使用说明书除应符合 GB/T 9969 的规定外,还应至少包含下列内容:
a) 罐车主要技术性能参数;
b) 罐体结构与管路图,至少应包括安全附件、阀件和仪表的型号与连接方式;
c) 操作使用说明,至少有操作规程、最大允许充装量的控制要求;
d) 使用注意事项,至少包括装卸过程和充装过程中的注意事项;
e) 维护和保养要求;
f) 常见故障的排除方法;
g) 备品和备件清单。

13 储存、运输

13.1 储存

13.1.1 充装易燃、易爆介质的罐车出厂前,其内容器和管路应用氮气密封,密封压力应不小于 0.05 MPa,露点应低于−25℃,含氧量应小于 2%。

13.1.2 充装非易燃介质的罐车,其内容器和管路的含氧量应小于3%。

13.1.3 充装液氧介质的罐车,与氧接触的零部件均应不存在与氧发生反应的物质。

13.1.4 罐车长期存放时,应停放在防潮、通风和具有消防设施的专用场地。停放前应对整车进行仔细检查,包括各阀门仪表是否正常、装卸阀门是否闭止、导静电装置是否有效等。

13.1.5 罐车存放期间,应按产品使用说明书进行正常的维护与保养。

13.2 运输

13.2.1 罐车应在空载情况下交付用户。

13.2.2 罐车当采用铁路运输、水路运输,可自驶或拖曳方式上下车或船。当用吊装方式装卸时,应使用专用吊具,且应卸掉燃料和冷却水,运输中车轮应固定。

13.2.3 罐车可以自驶方式由公路运输交付用户。

附　录　A
(规范性附录)
标准的符合性声明及修订

A.1　本标准的制定遵循了国家颁布的压力容器安全法规所规定的基本安全技术要求,其设计准则、材料要求、制造检验技术要求和验收标准等符合《移动式压力容器安全技术监察规程》的相应规定。本标准为协调标准,即按本标准建造的冷冻液化气体汽车罐车可以满足《移动式压力容器安全技术监察规程》的基本安全要求。

A.2　标准的修订采用提案审查制度。任何单位和个人有权对本标准的修订提出建议,修订建议采用"表 A.1　标准提案/问询表"的方式提交全国锅炉压力容器标准化技术委员会(以下简称"委员会")。委员会对收到的标准修订提案进行审查,根据审查结果,将采纳的技术内容纳入下一版标准。

表 A.1　标准提案/问询表　　　　总第　　号

<table>
<tr><td colspan="2">□标准提案　□标准问询</td><td>标准名称</td><td colspan="2"></td></tr>
<tr><td>单　　位</td><td colspan="2"></td><td>姓　　名</td><td></td></tr>
<tr><td>联系地址</td><td colspan="2"></td><td>邮政编码</td><td></td></tr>
<tr><td>电话/传真</td><td colspan="2"></td><td>电子邮箱</td><td></td></tr>
<tr><td>标准条款</td><td colspan="4"></td></tr>
<tr><td colspan="5">提案/问询内容(可另附页)</td></tr>
<tr><td colspan="5"></td></tr>
<tr><td colspan="5">技术依据与相关资料(可另附页)</td></tr>
<tr><td colspan="5"></td></tr>
<tr><td colspan="5">附加说明:</td></tr>
<tr><td colspan="3">单位盖章或提案(问询)人签字:</td><td colspan="2">提交日期:
年　　月　　日</td></tr>
</table>

全国锅炉压力容器标准化技术委员会

地址:北京市朝阳区和平街西苑 2 号 D 座三层　邮政编码:100013

电子邮箱:NB-T47058@cscbpv.org

附 录 B
（规范性附录）
风险评估报告

B.1 总则

B.1.1 本附录规定了风险评估报告的基本要求。

B.1.2 设计单位应根据相关法规或设计委托方要求，针对罐车建造阶段和使用阶段预期的风险编制风险评估报告。风险评估报告是编制其他设计文件的重要依据。

B.1.3 设计单位应按罐车型号，且充分考虑在各种工况条件下可能产生的失效模式，在材料选择、结构设计、制造检验、运输使用、充装卸载等方面提出安全防护措施，防止可能发生的失效。

B.2 制定原则和程序

B.2.1 设计阶段风险评估主要针对设计者需考虑的对设计阶段、制造阶段和使用阶段预期的失效模式进行的危害识别和风险控制，说明应采取的技术措施和依据。

B.2.2 设计阶段风险评估按以下程序进行：

a） 根据用户设计条件和其他设计输入信息（如设计任务书等），确定罐车的运输方式及各种使用工况；

b） 根据罐车的充装介质、环境因素、运输方式及条件、装卸方式及条件等进行危害识别，确定可能发生的危害及其后果；

c） 形成完整的风险评估报告。

B.3 风险评估报告内容

风险评估报告至少应包括如下内容：

a） 罐车的基本设计参数：运输方式、工作条件（如工作压力、工作温度、腐蚀环境等）、装卸条件（如装卸方式、装卸压力等）、充装介质（如编号、名称、危害特性等）、基本结构（如单层罐、堆积绝热罐）、材料等；

b） 所有可能工况条件的描述；

c） 设计阶段时，应考虑所有工况条件下可能发生的失效模式，如爆炸、泄漏、破损、变形，以及追尾、倾覆等交通事故；

d） 对标准、安全技术规范或规范性文件已经有规定的失效模式，说明采用的条款；

e） 对标准、安全技术规范或规范性文件没有规定的失效模式，说明设计中载荷、安全系数和相应设计计算方法的选取依据；

f） 规定针对介质少量泄漏、大量涌出、爆炸状况以及交通事故情况下如何处置的措施；

g） 根据可能发生事故情况，规定合适的随车人员、操作人员及其他相关人员的防护装备和措施；

h） 风险评估报告应具有与罐车设计图样总图一致的签署。

附　录　C
(规范性附录)
罐体安全泄放量及超压泄放装置排放能力的计算

C.1　总则

C.1.1　本附录规定了罐体充装冷冻液化气体介质在通风条件良好、敞开空间中的非火灾工况和火灾工况(与外部油池火灾类似)罐体安全泄放量的计算方法。

C.1.2　本附录公式仅适用于临界温度远高于额定排放压力下饱和气体温度的冷冻液化气体。临界温度接近或低于额定排放压力下饱和气体温度的冷冻液化气体,罐体安全泄放量的计算还应考虑气体的热力学特性。

C.2　从热壁(外壳)传入冷壁(内容器)的总热流量的计算

C.2.1　非火灾情况

C.2.1.1　绝热系统(夹层和绝热材料)完好且处于正常的真空状态下,外部为环境温度,内容器的温度为泄放压力下所储存的介质的饱和温度,需考虑的从外壳传入内容器的热流量的计算方法如下:

a)　在正常的真空状态下,通过绝热材料传入的热流量按式(C.1)计算:

$$H_{i,v}=U_{i,v}\times A_{i,m}\times(T_a-T_d) \qquad \text{(C.1)}$$

式中:

$H_{i,v}$——在正常的真空状态下,通过绝热材料传入的热流量,W;

$U_{i,v}$——在正常真空状态下,夹层绝热材料总的传热系数,$W/(m^2\cdot K)$;

$$U_{i,v}=\frac{\lambda_{i,v}}{t_i}$$

式中:

$\lambda_{i,v}$——在正常真空状态下,绝热材料在温度范围 T_a 与 T_d之间的平均热导率,$W/(m\cdot K)$;

t_i——绝热材料的名义厚度,m。

$A_{i,m}$——绝热层内外表面积的算术平均值,m^2;

T_a——非火灾情况下绝热容器外部最高环境温度,K;

T_d——对应于某一深冷介质的容器或传热构件冷端表面温度,K。

对于亚临界流体,T_d是介质在泄放压力下的饱和温度,K;

对于临界或超临界流体,T_d的确定见注说明。

注:关于临界或超临界状态下介质的温度、比容积、焓及 q'值的确定和计算可参考标准 ISO 21013-3《Cryogenic vessels—Pressure-relief accessories for cryogenic service—Part 3:Sizing and capacity determination》,临界或超临界流体物性参数可参考 National Institute of Science and Technology Tables of Fluid Properties(美国科学与技术学会出版的流体特性表)。

b)　通过内容器的吊带或其他支撑构件传入的热流量按式(C.2)计算:

$$H_{s,t}=N_{s,t}\frac{\lambda_{s,t}\times A_{s,t}(T_a-T_d)}{L_{s,t}} \qquad \text{(C.2)}$$

式中：

$H_{s.t}$——通过内容器的吊带或其他支撑构件传入的热流量，W；

$N_{s.t}$——内容器吊带或其他支撑构件的数量；

$\lambda_{s.t}$——内容器吊带或其他支撑构件材料在温度 T_a 与 T_d之间平均热导率，W/（m·K）；

$A_{s.t}$——内容器金属吊带或其他支撑构件的截面积，m^2；

$L_{s.t}$——内容器吊带或其他支撑构件材料的长度，m。

c） 通过为约束内容器发生轴向位移而设置的限位构件传入的热流量按式(C.3)计算：

$$H_{b.l}=N_{b.l}\frac{T_a-T_d}{R_{t.l}} \qquad \text{(C.3)}$$

式中：

$H_{b.l}$——通过为约束内容器发生轴向位移而设置的限位构件传入的热流量，W；

$N_{b.l}$——内容器轴向限位构件数量；

$R_{t.l}$——轴向限位构件的总热阻，K/W。

$$R_{t.l}=\frac{L_{b.l}}{\lambda_b\cdot A_{b.l}}+\frac{L_{t.l}}{\lambda_{tu}\cdot A_{t.l}}$$

式中：

$L_{b.l}$——内容器轴向非金属限位构件的长度，m；

$L_{t.l}$——内容器轴向金属限位构件的长度，m；

λ_b——用于制作内容器轴向非金属限位构件的热导率，W/(m·K)；

λ_{tu}——用于制作内容器轴向金属限位构件的热导率，W/(m·K)；

$A_{b.l}$——内容器轴向非金属限位构件的截面积，m^2；

$A_{t.l}$——内容器轴向金属限位构件的截面积，m^2。

d） 通过为约束内容器发生径向位移而设置的径向限位构件传入的热流量按式(C.4)计算：

$$H_{b.t}=N_{b.t}\frac{T_a-T_d}{R_{t.t}} \qquad \text{(C.4)}$$

式中：

$H_{b.t}$——通过为约束内容器发生径向位移而设置的径向限位构件传入的热流量，W；

$N_{b.t}$——内容器径向限位构件数量；

$R_{t.t}$——径向限位构件的总热阻，K/W。

$$R_{t.t}=\frac{L_{b.t}}{\lambda_b\cdot A_{b.t}}+\frac{L_{t.t}}{\lambda_{tu}\cdot A_{t.t}}$$

式中：

$L_{b.t}$——内容器径向非金属限位构件的长度，m；

$L_{t.t}$——内容器径向金属限位构件的长度，m；

$A_{b.t}$——内容器径向非金属限位构件的截面积，m^2；

$A_{t.t}$——内容器径向金属限位构件的截面积，m^2。

e） 通过真空夹层的管道传入的热流量按式(C.5)计算：

$$H_{tube}=\sum_{i=1}^{n}\left[\frac{\lambda_t\cdot A_{tube\times i}(T_a-T_d)}{L_i}+\frac{\lambda_{gas}\cdot A_{tube\times i}(T_a-T_d)}{L_i}\right] \qquad \text{(C.5)}$$

式中：

H_{tube}——通过真空夹层的管道传入的热流量，W；

λ_t——通过真空夹层的管道的材料在温度 T_a 与 T_d之间平均热导率，W/(m·K)；

$$\lambda_t = \frac{\lambda_a - \lambda_c}{T_a - T_d}$$

式中：

λ_c——真空夹层的管道材料在冷端(深冷介质在泄放压力下的饱和温度)的热导率，W/(m·K)；

λ_a——真空夹层的管道材料在热端的热导率，W/(m·K)。

$A_{tube \times i}$——穿过真空夹层的内容器第 i 管的横截面积，$i=1,2,\cdots,n$，m^2；

L_i——第 i 管在真空夹层内的长度，m；

λ_{gas}——所储存介质的气体热导率，W/(m·K)。

C.2.1.2 在非火灾和绝热层完好且处于正常的真空状态下，由外壳传入内容器的总热流量按式(C.6)计算：

$$H_1 = H_{i.v} + H_{s.t} + H_{tube} + H_{b.l} + H_{b.t} \quad \cdots\cdots\cdots\cdots \quad (C.6)$$

式中：

H_1——在非火灾和绝热层完好且处于正常的真空状态下，由外壳传入内容器的总热流量，W。

C.2.1.3 绝热系统完好且处于正常的真空状态下，外部为环境温度，内容器的温度为泄放压力下所储存的介质的饱和温度，且增压系统处于全开工作状态下，外壳经由绝热系统、构件和增压器输入内容器的总热流量按式(C.7)计算：

$$H_2 = H_1 + H_{P.B.C} \quad \cdots\cdots\cdots\cdots \quad (C.7)$$

式中：

H_2——外壳经由绝热系统、构件和自增压器输入内容器的总热流量，W；

$H_{P.B.C}$——自增压器产生的热流量，W。

$$H_{P.B.C} = U_{P.B.C} \times A_{P.B.C} \times (T_a - T_d)$$

式中：

$U_{P.B.C}$——自增压器总的对流传热系数，W/(m²·K)；

$A_{P.B.C}$——自增压器总的外部传热面积，m²；

T_a——非火灾情况下绝热容器外部最高环境温度，K；

T_d——对应于某一深冷介质的容器或传热构件冷端表面温度，K。

对于亚临界流体，T_d是介质在泄放压力下的饱和温度，K；

对于临界或超临界流体，T_d的确定见 C.2.1.1 a)中注的说明。

C.2.1.4 绝热系统完好，但夹层已丧失真空状态下，外部温度为环境温度，内容器的温度为泄放压力下所储存介质的饱和温度，从外壳传入内容器的总热流量按式(C.8)计算：

$$H_3 = H_{i.l} + H_{s.t} + H_{tube} + H_{b.l} + H_{b.t} \quad \cdots\cdots\cdots\cdots \quad (C.8)$$

式中：

H_3——绝热系统完好，但夹层已丧失真空，外部温度为环境温度，内容器的温度为泄放压力下所储存介质的饱和温度，从外壳传入内容器的总热流量，W；

$H_{i.1}$——夹层丧失真空的状态下，通过绝热材料输入的漏热量，W；

$$H_{i.1}=U_{i.1}\times A_{i.m}\times(T_a-T_d)$$

$U_{i.1}$——在大气压力下和环境温度下，绝热材料总的传热系数，W/(m²·K)。

$$U_{i.1}=\frac{\lambda_{i.1}}{t_i}$$

式中：

$\lambda_{i.1}$——夹层已丧失真空，在大气压力下绝热材料充满或吸附空气或介质气体，在温度 T_a 与 T_d 之间的平均热导率，W/(m·K)；

t_i——绝热材料的名义厚度，m。

C.2.2 火灾情况

C.2.2.1 真空绝热罐体的绝热系统完好或部分完好，但夹层真空已丧失，且罐体处于火灾或650℃(922 K)及以上高温工况下，由外壳传入内容器的总热流量按式(C.9)计算：

$$H_4=2.6\times(922-T_d)U_{i.f}\times A_r^{0.82} \quad\cdots\cdots\cdots\cdots(C.9)$$

式中：

H_4——真空绝热罐体的绝热系统完整，但夹层真空已丧失，且罐体处于火灾或650℃(922 K)及以上高温工况下，由外壳传入内容器的总热流量，W；

$U_{i.f}$——在火灾条件下[外部温度为650℃(922 K)和大气压下]绝热材料总的传热系数，W/(m²·K)；

$$U_{i.f}=\frac{\lambda_{i.f}}{t_i}$$

式中：

$\lambda_{i.f}$——真空绝热罐体处于火灾或650℃(922 K)及以上高温工况，夹层真空已丧失，在大气压力下，绝热材料充满介质气体或空气，但仍能有效地阻止热传导、热对流和热辐射；绝热材料在 T_d 与650℃(922 K)之间的平均热导率，取两者(气体或空气)之中的较大值，W/(m·K)；

t_i——绝热材料的名义厚度，m。

A_r——内容器与外壳面积的平均值，m²。

半球形封头的内容器：$A_r=\pi D_o L$；

椭圆形封头的内容器：$A_r=\pi D_o(L+0.3D_o)$。

式中：

L——外壳总长减去罐体中轴线处两端夹层厚度的平均值，m；

D_o——内容器与外壳直径的平均值，m。

C.2.2.2 真空绝热罐体处于火灾或650℃(922 K)及以上高温，且绝热系统已完全损坏的情况下，由外壳传入内容器的总热流量按式(C.10)计算：

$$H_5=7.1\times10^4\times A_r^{0.82} \quad\cdots\cdots\cdots\cdots(C.10)$$

式中：

H_5——真空绝热罐体处于火灾或650℃(922 K)及以上高温，且绝热系统已完全损坏的情况下，由外壳传入内容器的总热流量，W；

A_r——内容器外表面积，m²。

半球形封头的内容器：$A_r=\pi D_o L$；

椭圆形封头的内容器：$A_r=\pi D_o(L+0.3D_o)$。

式中：

L——内容器总长，m；

D_o——内容器外直径，m。

C.3 内容器的安全泄放量(质量流量)的计算

C.3.1 当内容器的超压泄放装置的泄放压力 p_d 小于介质临界压力的 40%时，上述各种状态下的真空绝热压力容器的安全泄放量(质量流量)按式(C.11)计算：

$$W_{s,i}=\frac{3.6H_i}{q} \quad \cdots\cdots (C.11)$$

式中：

$W_{s,i}$——当内容器的超压泄放装置的泄放压力 p_d 小于介质临界压力的 40%时，真空绝热罐体的安全泄放量，kg/h；

H_i——由外壳传入内容器的总热流量，对应于 $i=1,2,3,4,5$ 分别由式(C.6)～式(C.10)计算，W；

q——在泄放压力下液体介质的汽化潜热，kJ/kg。

C.3.2 当安全泄放装置的气体泄放压力 p_d 小于介质的临界压力，但大于或等于临界压力的 40%，即 $0.4p_{crit}\leqslant p_d<p_{crit}$ 时，需对式(C.11)中的罐体安全泄放质量流量计算式进行修正，即应按式 (C.12)计算：

$$W'_{s,i}=3.6\times\left(\frac{\nu_g-\nu_e}{v_g}\right)\times\frac{H_i}{q} \quad \cdots\cdots (C.12)$$

式中：

$W'_{s,i}$——当安全泄放装置的气体泄放压力 p_d 小于介质的临界压力，但大于或等于临界压力的 40%，即 $0.4p_{crit}\leqslant p_d<p_{crit}$ 时，罐体的安全泄放量，kg/h；

ν_g——泄放压力下，饱和气体介质的比容积，m^3/kg；

ν_e——泄放压力下，饱和液体介质的比容积，m^3/kg；

H_i——由外壳传入内容器的总热流量，对应于 $i=1,2,3,4,5$ 分别由式(C.6)～式(C.10)计算，W；

q——在泄放压力下液体介质的汽化潜热，kJ/kg。

C.3.3 当超压泄放装置的气体泄放压力高于介质的临界压力时，亦需对式(C.11)中的内容器安全泄放质量流量计算公式进行修正，即应按式(C.13)计算：

$$W''_{s,i}=\frac{3.6H_i}{q'} \quad \cdots\cdots (C.13)$$

式中：

$W''_{s,i}$——当超压泄放装置的气体泄放压力高于介质的临界压力时，罐体的安全泄放量，kg/h；

H_i——由外壳传入内容器的总热流量，对应于 $i=1,2,3,4,5$ 分别由式(C.6)～式(C.10)计算，W；

q'——泄放压力 p_d 和温度 T_d(K)下,当 $\dfrac{\sqrt{\nu}}{\nu\left[\dfrac{\partial h}{\partial \nu}\right]_p}$ 取得最大值时的值 $\nu\left[\dfrac{\partial h}{\partial \nu}\right]_p$,kJ/kg。

式中:

ν——临界或超临界介质在泄放压力 p_d 和操作温度范围内任一温度下的比容积,m^3/kg;

h——临界或超临界液体在泄放压力 p_d 下和操作温度范围内任一温度下的焓值,kJ/K。

C.4 将泄放气体的质量流量 $W_{s,i}$ 换算成标态空气流量按式(C.14)计算。

$$Q_i = \frac{92.34W_{s,i}}{C}\sqrt{\frac{ZT}{M}} \quad \cdots\cdots (C.14)$$

式中:

Q_i——按泄放气体的质量流量 $W_{s,i}$ 换算成的标态空气流量,$N \cdot m^3/h$;

$W_{s,i}$——当内容器的安全泄装置的泄放压力 p_d 小于40%的介质临界压力时,上述各种状态下的真空绝热压力容器的安全泄放量,kg/h;

C——气体特性系数,查表C.1或按下式计算:

$$C = 520\sqrt{k\left(\frac{2}{k+1}\right)^{\frac{k+1}{k-1}}}$$

式中:

k——气体绝热指数,$k=C_p/C_v$。

C_p——标准状态下气体定压比热;

C_v——标准状态下气体定容比热;

Z——在泄放压力 p_d 下饱和气体的压缩系数;

T——泄放装置进口侧的气体温度,K;

M——气体的摩尔质量,kg/kmol。

C.5 气体排放管长度对超压泄放装置入口的气体压力和温度的影响

当从内容器到泄放装置入口的气体排放管的长度超过600 mm时,必须考虑气体流过这段管子的压力降和热量损失,采取措施补偿由此减少的泄放系统的有效泄放能力,或对泄放装置入口的气体压力和温度进行修正,相关修正方法可参照CGA S-1.2。

C.6 安全阀排放能力计算

当 $\dfrac{p_o}{p_d} \leqslant \left(\dfrac{2}{k+1}\right)^{\frac{k}{k-1}}$ 时,属于临界流动状态,安全阀排放能力按式(C.15)计算:

$$W_s = 7.6\times 10^{-2}CKp_dA\sqrt{\frac{M}{ZT}} \quad \cdots\cdots (C.15)$$

当 $\dfrac{p_o}{p_d} > \left(\dfrac{2}{k+1}\right)^{\frac{k}{k-1}}$ 时,属于亚临界流动状态,安全阀排放能力按式(C.16)计算:

$$W_s = 55.85\times AKp_d\sqrt{\frac{M}{ZT}}\sqrt{\frac{k}{k-1}\left[\left(\frac{p_o}{p_d}\right)^{\frac{2}{k}} - \left(\frac{p_o}{p_d}\right)^{\frac{k+1}{k}}\right]} \quad \cdots\cdots (C.16)$$

式中:

k——气体绝热指数,$k=C_p/C_v$;

C_p——标准状态下气体定压比热；

C_v——标准状态下气体定容比热；

p_o——安全阀出口压力，MPa；

W_s——安全阀的排放能力，kg/h；

C——气体特性系数，查表 C.1 或按下式计算：

$$C = 520\sqrt{k\left(\frac{2}{k+1}\right)^{\frac{k+1}{k-1}}}$$

K——安全阀的额定泄放系数，与安全阀结构有关，应根据实验数据确定。无参考数据时，可按下列规定选取：全启式安全阀 $K=0.60\sim0.70$；

p_d——安全阀的排放压力，$p_d=1.2p+0.1$，MPa；

p——内容器的设计压力，MPa；

A——安全阀最小排气截面积，mm^2；

全启式安全阀，即 $h \geqslant \frac{1}{4}d_t$ 时，$A=\pi\frac{d_t^2}{4}$。

式中：

h——阀瓣的开启高度，mm；

d_t——安全阀的最小流道直径(阀座喉部直径)，mm。

C.7 爆破片装置排放能力计算

当 $\frac{p_o}{p_b} \leqslant \left(\frac{2}{k+1}\right)^{\frac{k}{k-1}}$ 时，属于临界流动状态，爆破片装置排放能力按式(C.17)计算：

$$W_s = 7.6\times10^{-2}CK'p_bA\sqrt{\frac{M}{ZT}} \quad \cdots\cdots\cdots\cdots (C.17)$$

当 $\frac{p_o}{p_b} > \left(\frac{2}{k+1}\right)^{\frac{k}{k-1}}$ 时，属于亚临界流动状态，爆破片装置排放能力按式(C.18)计算：

$$W_s = 55.85\times AK'p_b\sqrt{\frac{M}{ZT}}\sqrt{\frac{k}{k-1}\left[\left(\frac{p_o}{p_b}\right)^{\frac{2}{k}} - \left(\frac{p_o}{p_b}\right)^{\frac{k+1}{k}}\right]} \quad \cdots\cdots\cdots\cdots (C.18)$$

式中：

k——气体绝热指数，$k=C_p/C_v$；

p_o——爆破片装置出口侧压力，MPa；

W_s——爆破片装置的排放能力，kg/h；

C——气体特性系数，查表 C.1 或按下式计算：

$$C = 520\sqrt{k\left(\frac{2}{k+1}\right)^{\frac{k+1}{k-1}}}$$

式中：

k——气体绝热指数，$k=C_p/C_v$；

C_p——标准状态下气体定压比热；

C_v——标准状态下气体定容比热；

A——爆破片装置的排放面积，mm^2；

p_b——爆破片装置的排放压力，$p_b=1.2p+0.1$，MPa；

p——内容器的设计压力，MPa；

K'——爆破片装置的额定泄放系数，与爆破片装置入口管道形状有关，见图C.1。

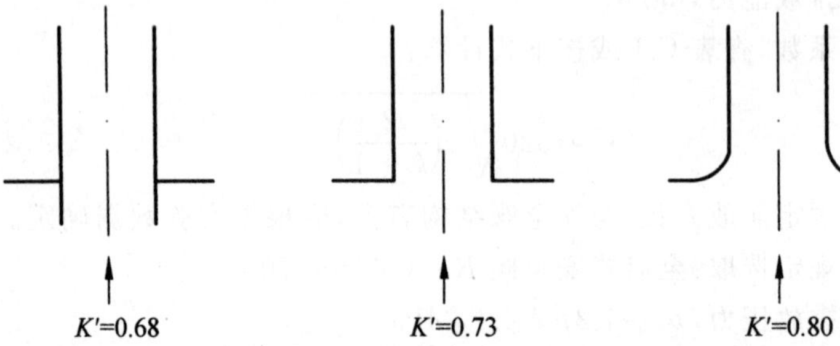

图C.1 爆破片装置入口管道形状和额定泄放系数的关系

表C.1 气体特性系数

k	C	k	C	k	C	k	C
1.00	315	1.20	337	1.40	356	1.60	372
1.02	318	1.22	339	1.42	358	1.62	374
1.04	320	1.24	341	1.44	359	1.64	376
1.06	322	1.26	343	1.46	361	1.66	377
1.08	324	1.28	345	1.48	363	1.68	379
1.10	327	1.30	347	1.50	364	1.70	380
1.12	329	1.32	349	1.52	366	2.00	400
1.14	331	1.34	351	1.54	368	2.20	412
1.16	333	1.36	352	1.56	369	—	—
1.18	335	1.38	354	1.58	371	—	—

参 考 文 献

[1] ISO 21013-3:2006 Cryogenic vessels—Pressure-relief accessories for cryogenic service—Part 3:Sizing and capacity determination

[2] National Institute of Science and Technology Tables of Fluid Properties

[3] CGA S-1.2—2005 Pressure relief device standards Part2—cargo and portable tanks for compressed gases

ICS 23.020.01
J 74

NB

中华人民共和国能源行业标准

NB/T 47059—2017
代替 JB/T 4784—2007

冷冻液化气体罐式集装箱

Tank containers for refrigerated liquefied gas

2017-11-15 发布　　2018-03-01 实施

国家能源局　发布

前　言

本标准按 GB/T 1.1—2009《标准化工作导则　第 1 部分:标准的结构和编写》给出的规则起草。

本标准代替 JB/T 4784—2007《低温液体罐式集装箱》。本标准与 JB/T 4784—2007 相比,主要技术变化如下:

a) 标准名称:
——由原“低温液体罐式集装箱”改为“冷冻液化气体罐式集装箱”;

b) 范围:
——增加了不适用范围、罐箱与罐体范围的界定及主要受压元件的界定等内容;

c) 术语和定义:
——取消了低温液体、绝热层等 16 个术语和定义,修订和增加了高真空多层绝热、冷冻液化气体等 10 个术语和定义;

d) 资质与职责:
——将原“职责”改为“资质与职责”,增加了用户或设计委托方的职责,修改和完善了设计和制造单位职责要求的内容;

e) 材料:
——修改了罐体用钢板、钢锻件、钢管与管件、焊接材料、绝热材料、吸附剂材料及夹层支撑材料的要求,增加了密封垫片材料的要求;

f) 设计:
——修改了载荷、设计温度、设计压力、框架、管路等的设计要求,并增加了分析设计方法、最低设计金属温度、罐体最小厚度、最大允许充装量等要求;

g) 安全附件、仪表和装卸附件:
——明确列出了安全附件、仪表和装卸附件的种类,修改了相关技术要求;

h) 制造:
——修改了焊接接头分类、材料复验、冷热加工、组装、焊接、无损检测等要求,并增加了 E 类焊接接头、罐体涂敷等要求;

i) 试验方法:
——增加了氦检漏、卤素检漏及氨检漏等试验方法;

j) 检验规则:
——修改了检验规则的要求,增加了检验项目内容及技术要求表;

k) 标志、标识:
——修改了标志、标识的具体要求;

l) 附录:
——增加了“标准的符合性声明及修订”“风险评估报告”两个附录;
——取消了原“维持时间测试方法”“产品质量证明书格式与内容”和“常见低温液体物

性参数”三个附录;

——原附录A“安全泄放装置的设计计算”改为附录C“罐体安全泄放量及超压泄放装置排放能力的计算”,修改了罐体安全泄放量和超压泄放装置排放能力计算的内容。

本标准由全国锅炉压力容器标准化技术委员会(SAC/TC 262)提出并归口。

请注意本文件的某些内容可能涉及专利。本文件的发布机构不承担识别这些专利的责任。

本标准由全国锅炉压力容器标准化技术委员会移动式压力容器分技术委员会(SAC/TC 262/SC4)组织起草。

本标准起草单位:南通中集能源装备有限公司、上海市气体工业协会、中国特种设备检测研究院、上海华谊集团装备工程有限公司、江苏省特种设备安全监督检验研究院张家港分院、江西制氧机有限公司、中国船级社、张家港中集圣达因低温装备有限公司、上海市特种设备监督检验技术研究院、石家庄安瑞科气体机械有限公司、宁波明欣化工机械有限责任公司、张家港韩中深冷科技有限公司、铁岭黄海专用车制造有限公司。

本标准主要起草人:杨阳、周伟明、罗永欣、滕俊华、陈朝晖、王飞、何华、陈燕山、赖永才、刘根仓、汤晓英、王红霞、闻庆、秦峰、陈丽艳。

本标准所代替标准的历次版本发布情况为:

——JB/T 4784—2007。

冷冻液化气体罐式集装箱

1 范围

1.1 本标准规定了冷冻液化气体罐式集装箱(以下简称罐箱)的材料,设计,制造,试验方法,检验规则,标志、标识,出厂文件、储存、运输等要求。

1.2 本标准适用于罐体内容器的设计压力不小于 0.1 MPa、几何容积不小于 1 m^3、采用真空粉末绝热或高真空多层绝热结构且罐体与框架进行永久性连接的罐箱。

1.3 本标准不适用下列范围的罐箱:

a) 罐体材料为有色金属或非金属的;

b) 充装标准沸点低于－196℃冷冻液化气体介质的;

c) 充装有毒介质的;

d) 国防军事装备等有特殊要求的。

1.4 界定范围

1.4.1 本标准适用的罐箱,范围包括罐体、管路、安全附件、仪表、装卸附件、自增压器、框架、支座和操作箱等。

1.4.2 罐体界定范围如下:

a) 罐体与外管路焊接连接的第一道环向接头的坡口端面;

b) 罐体与外管路、安全附件螺纹连接的第一个螺纹接头端面、法兰连接的第一个法兰密封面;

c) 罐体开孔部分的端盖及其紧固件;

d) 罐体与非受压元件的连接焊缝。

1.4.3 管路包括所有与罐体相连接的管子与管件。

1.4.4 主要受压元件包括内容器的筒体、封头以及与充装介质接触的公称直径不小于 15 mm 的管子和管座、法兰、法兰盖板等。

1.5 本标准所提出的要求是基本安全技术要求,符合本标准的罐箱可适用于公路、铁路或水路运输,以及这些运输方式的联运。

2 规范性引用文件

下列文件对于本文件的应用是必不可少的。凡是注日期的引用文件,仅注日期的版本适用于本文件。凡是不注日期的引用文件,其最新版本(包括所有的修改单)适用于本文件。

GB/T 150.1 压力容器 第1部分:通用要求

GB/T 150.2 压力容器 第2部分:材料

GB/T 150.3—2011 压力容器 第3部分:设计

GB/T 150.4—2011 压力容器 第4部分:制造、检验与验收

GB/T 567.1 爆破片安全装置 第1部分:基本要求

GB/T 567.2 爆破片安全装置 第2部分:应用、选择与安装

GB/T 567.3 爆破片安全装置 第3部分:分类及安装尺寸

GB/T 713 锅炉和压力容器用钢板

GB/T 1413 系列1集装箱 分类、尺寸和额定质量

GB/T 1804—2000 一般公差 未注公差的线性和角度尺寸的公差

GB/T 1835 系列1集装箱 角件

GB/T 1836 集装箱代码、识别和标记

GB/T 3531 低温压力容器用钢板

GB/T 12241 安全阀一般要求

GB/T 12243 弹簧直接载荷式安全阀

GB/T 13296 锅炉、热交换器用不锈钢无缝钢管

GB/T 13550 5A分子筛及其测定方法

GB/T 14525 波纹金属软管通用技术条件

GB/T 14976 流体输送用不锈钢无缝钢管

GB/T 16563 系列1液体、气体及加压干散货罐式集装箱 技术要求和试验方法

GB/T 17600(所有部分) 钢的伸长率换算

GB/T 18443(所有部分) 真空绝热深冷设备性能试验方法

GB/T 24511 承压设备用不锈钢钢板及钢带

GB/T 24918 低温介质用紧急切断阀

GB/T 25198 压力容器封头

GB/T 26929 压力容器术语

GB/T 31480 深冷容器用高真空多层绝热材料

GB/T 31481 深冷容器用材料与气体的相容性判定导则

NB/T 47009 低温承压设备用低合金钢锻件

NB/T 47010 承压设备用不锈钢和耐热钢锻件

NB/T 47013.1 承压设备无损检测 第1部分:通用要求

NB/T 47013.2 承压设备无损检测 第2部分:射线检测

NB/T 47013.3 承压设备无损检测 第3部分:超声检测

NB/T 47013.4 承压设备无损检测 第4部分:磁粉检测

NB/T 47013.5 承压设备无损检测 第5部分:渗透检测

NB/T 47013.10 承压设备无损检测 第10部分:衍射时差法超声检测

NB/T 47013.11 承压设备无损检测 第11部分:X射线数字成像检测

NB/T 47013.14 承压设备无损检测 第14部分:X射线计算机辅助成像检测

NB/T 47014 承压设备焊接工艺评定

NB/T 47016 承压设备产品焊接试件的力学性能检验

NB/T 47018.1 承压设备用焊接材料订货技术条件 第1部分:采购通则

NB/T 47018.2 承压设备用焊接材料订货技术条件 第2部分:钢焊条

NB/T 47018.3 承压设备用焊接材料订货技术条件 第3部分:气体保护电弧焊钢焊丝和填充丝

NB/T 47018.4 承压设备用焊接材料订货技术条件 第4部分:埋弧焊钢焊丝和焊剂

HG/T 2690　13X分子筛

JB/T 4711　压力容器涂敷与运输包装

JB 4732—1995　钢制压力容器——分析设计标准(2005年确认)

JB/T 6804　抗震压力表

JB/T 6896　空气分离设备表面清洁度

YS/T 599　超细氧化钯粉

TSG R0005　移动式压力容器安全技术监察规程

TSG Z6002　特种设备焊接操作人员考核细则

3　术语和定义

GB/T 150.1、GB/T 150.4、GB/T 16563、GB/T 18443 和 GB/T 26929 界定的以及下列术语和定义适用于本文件。

3.1

冷冻液化气体　refrigerated liquefied gas

在运输过程中由于温度低而部分呈液态的气体,临界温度一般不高于−50℃。

3.2

冷冻液化气体罐式集装箱　tank containers for refrigerated liquefied gas

由真空绝热罐体和框架等组成的、用于充装冷冻液化气体的罐式集装箱。

3.3

高真空多层绝热　high vacuum multilayer insulation

罐体的真空夹层空间内设置多层由绝热材料间隔的防热辐射屏,并抽高真空所形成的绝热方式。

3.4

真空粉末绝热　vacuum powder insulation

罐体的真空夹层空间内充填多孔微粒绝热材料,并抽真空所形成的绝热方式。

3.5

几何容积　geometric volume

按设计的几何尺寸确定的内容器内部体积,扣除内件所占体积。

3.6

有效容积　effective volume

在使用状态下,内容器允许充装冷冻液化气体的液体最大体积。

3.7

等效压力　equivalent pressure

罐体承受的在正常运输工况中由于介质惯性力载荷的作用而引起的压力。

3.8

充满率　filling rate

罐箱充装冷冻液化气体的液体体积与内容器的几何容积之比。

3.9

额定充满率　specified filling rate

罐箱充装时,充装液体量达到设计规定最高液面时的液体体积与内容器几何容积之比。

3.10

额定质量 *R* rating mass

罐箱的总质量。在作业时为最大值,在试验时为最小值。

3.11

基准钢 reference steel

设定的标准抗拉强度下限值(R_m)为 370 MPa,断后伸长率(A)为 27%的基准材料。

3.12

封结真空度 sealing-off vacuum degree

罐体抽真空封口结束后,在常温下真空夹层压力相对稳定时的真空度。

4 资质与职责

4.1 资质

4.1.1 罐箱的设计、制造、检验及验收除应符合本标准的规定外,还应遵守国家颁布的有关法律、规章和安全技术规范的规定。

4.1.2 罐箱的设计、制造单位应按 TSG R0005 的规定取得相应的特种设备设计、制造许可证。

4.2 职责

4.2.1 用户或设计委托方

用户或设计委托方应以正式书面形式向设计单位提出罐箱设计条件,设计条件应至少包含下列内容:

a) 设计和制造应遵循的主要标准和安全技术规范;

b) 运输方式,包括铁路、公路、水路或这些运输方式的联运等;

c) 工作条件,包括使用环境温度、工作温度范围、工作压力范围、装卸条件及方式、装卸压力、附加载荷等;

d) 充装介质,包括介质的编号、名称、类别、组分、物理化学性质、危险特性、有害杂质含量及介质对罐体材料的腐蚀速率等;

e) 内容器几何容积或有效容积;

f) 集装箱尺寸规格;

g) 预期的罐箱使用年限和夹层真空使用年限;

h) 所需维持时间;

i) 对应波动压力的压力循环次数;

j) 主要尺寸要求和管口方位;

k) 设计需要的其他必要条件(如罐体材料选择、防腐、表面处理和特殊试验等)。

4.2.2 设计单位

4.2.2.1 设计单位应基于风险评估报告的内容完成罐箱整体设计,且对设计文件的正确性和完整性负责。

4.2.2.2 设计专用印章的管理和使用应满足 TSG R0005 的要求。

4.2.2.3 设计单位应在罐箱设计使用年限内保存全部设计文件。

4.2.3 制造单位

4.2.3.1 罐箱应为整箱制造,制造单位对罐箱的制造质量负责。

4.2.3.2 制造单位应按设计文件的要求进行制造,当对原设计进行修改时,应取得原设计单位同意修改的书面证明文件,并对改动部位作详细记录。

4.2.3.3 制造单位在制造前应制订质量计划,其内容至少应包括罐箱的制造工艺控制点、检验项目及合格要求。

4.2.3.4 制造单位的检验部门在制造过程中和完工后,应按本标准、设计图样、设计文件、质量计划的规定进行各项检验和试验,出具相应报告,并对报告的正确性和完整性负责。

4.2.3.5 每台罐箱检验合格后,制造单位应出具产品合格证。

4.2.3.6 制造单位应接受特种设备检验检测机构对其制造过程的监督检验,并取得监检单位出具的"特种设备制造监督检验证书"。

4.2.3.7 罐箱应按型号进行样箱型式试验和低温性能型式试验,并取得主管部门认可的合格证明文件。

4.2.3.8 制造单位对其制造的每台罐箱,应在其设计使用年限内至少保存下列技术文件备查:

a) 制造工艺图或制造工艺卡;
b) 罐体的焊接工艺和热处理工艺文件;
c) 标准规定的检验、试验项目记录;
d) 制造过程中及完工后的检查、检验、试验记录;
e) 出厂文件(符合第12章的规定);
f) 原设计文件。

5 材料

5.1 一般要求

5.1.1 材料的选择应考虑材料的力学性能、物理性能、工艺性能和与介质的相容性。

5.1.2 可能与氧气或富氧环境接触的材料,其与氧的相容性应符合 GB/T 31481 的规定。

5.1.3 与受压元件相焊的非受压元件用材料应具有良好的韧性及焊接性,且与相焊的受压元件相匹配。

5.1.4 材料制造单位应在材料的明显部位作出清晰、牢固的出厂钢印标志或采用其他可追溯的标志。

5.1.5 材料制造单位应向罐箱制造单位提供材料质量证明书,材料质量证明书的内容应齐全、清晰,且印制可以追溯的信息化标志以及质量检验章。

5.1.6 制造单位从非材料制造单位取得罐体用材料时,应取得材料制造单位提供的材料质量证明书原件或加盖材料经营单位公章和经办负责人章的复印件。

5.1.7 制造单位应对取得的罐体用材料、外购件的质量证明书的真实性和一致性负责。

5.2 罐体材料

5.2.1 罐体选用的材料应符合 GB/T 150.2 以及相应国家标准、行业标准的规定。罐体受压元件选材时,应考虑材料的使用条件(如设计温度、设计压力、介质特性和操作特点等)、材料的性能(力学性能、工艺性能、化学性能和物理性能)、罐体的制作工艺及经济合理性。

5.2.2 境外牌号材料和新材料的使用应符合 TSG R0005 的有关规定。

5.2.3 内容器

5.2.3.1 内容器受压元件的材料应符合相应材料标准和设计图样的规定。

5.2.3.2　内容器受压元件用钢一般应选用奥氏体不锈钢材料。

5.2.3.3　内容器用材料的力学性能应满足下列要求：

a)　内容器受压元件用钢应具有良好的塑性，其常温下的屈服强度标准值(或0.2%规定塑性延伸强度)应不大于460 MPa，抗拉强度上限标准值应不大于725 MPa；

b)　材料质量证明书中室温屈服强度(或0.2%规定塑性延伸强度)与室温抗拉强度之比应不大于0.85；

c)　钢板的断后伸长率不小于10 000/R_m(%)，奥氏体型不锈钢的断后伸长率应不小于40%。采用不同尺寸试样的断后伸长率指标，应按照GB/T 17600进行换算，换算后的指标应符合本条规定。

5.2.4　外壳

5.2.4.1　熔炼方法

5.2.4.1.1　外壳用钢应为镇静钢。

5.2.4.1.2　用于设计温度低于－20℃的低温钢板和低温钢锻件，还应采用炉外精炼工艺。

5.2.4.2　化学成分(熔炼分析)

5.2.4.2.1　焊接用低合金钢材，碳含量不大于0.250%、磷含量不大于0.035%、硫含量不大于0.035%。

5.2.4.2.2　低合金钢钢材(钢板和钢锻件)，其磷、硫含量应符合下列规定：

a)　磷含量不大于0.030%、硫含量不大于0.020%；

b)　用于设计温度低于－20℃且标准抗拉强度下限值不大于540 MPa的钢材，磷含量不大于0.025%、硫含量不大于0.012%。

5.2.4.3　力学性能

5.2.4.3.1　外壳用低合金钢钢材常温下的屈服强度标准值应不大于460 MPa，抗拉强度上限标准值应不大于725 MPa，并能适应罐箱在运输、使用中所遇到的环境条件，且符合设计图样的要求。

5.2.4.3.2　外壳用低合金钢钢材，材料质量证明书中常温下的屈服强度与抗拉强度之比应不大于0.85。

5.2.4.3.3　外壳用低合金钢钢板和钢锻件的冲击试验应符合下列规定：

a)　冲击试验温度应按设计文件的要求；

b)　V型缺口试样夏比冲击吸收能量(KV_2)最低值应符合表1的规定；

c)　钢材标准中冲击吸收能量指标高于表1规定的，还应符合相应钢材标准的规定；

d)　厚度小于6 mm的钢板可免除冲击试验。

表1　低合金钢钢板和钢锻件的冲击吸收能量

钢材标准抗拉强度下限值 R_m/MPa	3个标准试样冲击吸收能量平均值 KV_2/J
≤510	≥27
>510～540	≥34

注：对 R_m 随厚度增大而降低的钢材，按该钢材最小厚度范围的 R_m 确定冲击吸收能量指标。

5.2.4.3.4　夏比冲击试样的取样部位和试样方向应符合相应钢材标准的规定。冲击试验每组取3个标准试样(宽度为10 mm)，允许1个试样的冲击吸收能量数值小于表1的规定值，但不小于表1规定值的70%。当钢材尺寸无法制备标准试样时，则应依次制备宽度为7.5 mm或

5 mm的小尺寸冲击试样,其冲击吸收能量指标分别为标准试样冲击吸收能量指标的75%或50%。

5.2.4.3.5 断后伸长率(A)应符合下列规定:

a) 外壳封头、筒体用钢板的断后伸长率(A)应不小于10 000/R_m(%),且不小于20%;

b) 相应钢板标准规定的断后伸长率(A)高于a)的规定时,还应符合钢板标准的规定;

c) 外壳及其他受压元件用钢板、钢管和钢锻件的断后伸长率(A)应符合相应钢材标准的规定;

d) 采用不同尺寸试样的断后伸长率指标,应按GB/T 17600进行换算,换算后的指标应符合a)、b)和c)的规定。

5.2.5 钢板

5.2.5.1 内容器用钢板

5.2.5.1.1 奥氏体型不锈钢钢板应符合GB/T 24511的规定,且以固溶状态交货。热轧钢板表面加工类型不低于1D级,冷轧钢板表面加工类型不低于2B级。

5.2.5.1.2 内容器常用钢板材料的力学性能指标按表2的规定。

5.2.5.1.3 采用表2以外的钢板时,应符合本标准和相应材料标准的规定。

表2 内容器常用钢板力学性能指标

钢号	钢板标准	交货状态	厚度/mm	室温强度指标/MPa			断后伸长率 A/%
				$R_{p0.2}$	$R_{p1.0}$	R_m	
S30408	GB/T 24511	固溶处理	3~25	≥220	≥250	≥520	≥40
S30403				≥210	≥230	≥490	
S31608				≥220	≥260	≥520	
S31603				≥210	≥260	≥490	

5.2.5.2 外壳用钢板

5.2.5.2.1 钢板应有良好的可焊性、足够的强度和冲击韧性,同时还应考虑外界环境的腐蚀作用。当选用低合金钢板时,应符合GB/T 713或GB/T 3531的规定;当选用奥氏体型不锈钢钢板时,应符合GB/T 24511的规定。

5.2.5.2.2 外壳常用钢板材料的力学性能指标按表3的规定。

5.2.5.2.3 采用表3以外的钢板时,应符合本标准和相应材料标准的规定。

表3 外壳常用钢板材料的力学性能指标

钢号	钢板标准	交货状态	厚度/mm	室温强度指标/MPa		断后伸长率 A/%
				R_{eL}($R_{p0.2}$)	R_m	
Q245R	GB/T 713	热轧,控轧或正火	3~16	≥245	400~1 520	≥25
Q345R				≥345	510~1 640	≥21
16MnDR	GB/T 3531	正火,正火加回火	6~16	≥315	490~1 620	≥21
S30408	GB/T 24511	固溶处理	3~25	≥220	≥520	≥40
S30403				≥210	≥490	

5.2.6 钢锻件

5.2.6.1 内容器用不锈钢锻件应符合NB/T 47010的规定,锻件级别应不低于Ⅲ级。

5.2.6.2 外壳用低合金钢锻件和不锈钢锻件应分别符合 NB/T 47009、NB/T 47010 的规定，与罐内介质接触的锻件级别应不低于Ⅲ级，其余锻件级别应不低于Ⅱ级。

5.2.7 钢管和管件

5.2.7.1 钢管用材料应符合 GB/T 150.2 和设计图样的规定，且应符合 GB/T 13296 或 GB/T 14976 的规定。

5.2.7.2 管件应符合相应标准的规定，当管件采用钢锻件时，应符合 5.2.6 的规定。

5.2.7.3 管件采用冷成形加工成形时，其成形后的铁素体测量值应不大于 15%。

5.2.8 绝热材料

5.2.8.1 真空粉末绝热用膨胀珍珠岩应满足下列规定：

a) 粒度：0.1 mm～1.2 mm；

b) 堆积密度：30 kg/m^3～60 kg/m^3；

c) 含水率：不大于 0.3%(质量比)；

d) 导热系数(在常压下、温度 77 K～310 K 时的平均值)：不大于 0.03 W/(m·K)。

5.2.8.2 阻光剂应具有良好的化学稳定性。

5.2.8.3 高真空多层绝热材料应符合 GB/T 31480 的规定，且采用导热系数小、放气率低的脱脂纤维布或者脱脂纤维纸等材料。

5.2.9 吸附剂材料

5.2.9.1 5A 分子筛应符合 GB/T 13550 的规定，13X 分子筛应符合 HG/T 2690 的规定。

5.2.9.2 氧化钯应符合 YS/T 599 的规定。

5.2.10 焊接材料

5.2.10.1 罐体用焊接材料应符合 NB/T 47018.1～47018.4 的规定，且应有清晰、牢固的标志。

5.2.10.2 焊接材料的选用应考虑焊接接头力学性能与罐体母材的匹配。焊缝金属的抗拉强度不低于母材标准规定的下限值，低合金钢焊接材料的冲击吸收能量符合表 1 的规定。当需要时，其他性能也应不低于母材的相应要求。

5.2.10.3 焊接材料应按 NB/T 47014 的要求进行焊接工艺评定，评定合格后方可使用。

5.2.11 夹层支撑材料

5.2.11.1 非金属支撑材料应选用导热系数小、真空下表面放气率低和具有良好低温冲击韧性的材料，且使用温度应在材料允许的使用温度范围内。

5.2.11.2 金属支撑材料应选用导热系数小、具有良好的低温冲击韧性的材料，使用温度应在材料允许的使用温度范围内，且符合相应材料的标准要求。

5.2.12 框架材料

5.2.12.1 角柱、端梁、侧梁及支撑等用钢板、型材应有良好的可焊性、足够的强度和冲击韧性，且符合相应材料标准的规定。

5.2.12.2 框架的角柱、端梁及侧梁等主要受力构件，在－20℃时应具备足够的冲击韧性。进行夏比 V 型缺口冲击试验时，试验温度为－20℃，3 个标准试样冲击吸收能量平均值(KV_2)应不小于 27 J。

5.2.12.3 框架和支撑等材料应考虑到外界环境的腐蚀作用和环境温度的影响。

5.2.13 其他

5.2.13.1 外购件应符合相应的国家标准或行业标准的规定，且有质量证明文件或产品合格证。

5.2.13.2　进口压力管道元件应符合国家质量监督检验检疫总局的相关规定。

5.2.13.3　紧固件应符合相应国家标准或行业标准的规定。

5.2.13.4　角件应符合 GB/T 1835 的规定。

5.2.13.5　密封垫片应根据充装介质、工作压力和温度正确选用，且符合相应标准的规定。当采用四氟乙烯垫片时，应选用膨胀或填充改性型聚四氟乙烯垫片。

5.2.13.6　支座材料应有足够的强度和冲击韧性。

5.2.13.7　罐箱用其他材料应符合设计图样的要求。

6　设计

6.1　一般要求

6.1.1　罐箱的设计除应满足本标准的要求外，还应符合相关法规、安全技术规范、国家标准和行业标准的规定。

6.1.2　罐体、管路、安全附件、仪表及装卸附件等的布置应满足使用和安全的要求。

6.1.3　罐箱所承受的设计载荷应通过计算或试验来确认。

6.1.4　国际联运用罐箱应符合有关国际公约的规定。

6.1.5　罐箱设计时应考虑采取适当的防护措施，以防止在纵向、横向受到冲击或翻倒而造成的损坏或充装介质的泄漏。

6.1.6　铁路运输用罐箱，其原型箱的结构强度与刚度应能承受满载时在铁路运输中所经历的典型机械振动而产生的不小于 4 倍额定质量乘以重力加速度的冲击力。

6.1.7　罐箱设计使用年限应不少于 15 年。

6.2　设计文件

6.2.1　罐箱的设计文件应至少包括下列文件：

a)　风险评估报告，包括设计、制造及使用等阶段的主要失效模式和风险控制等内容，其基本内容应符合附录 B 的规定；

b)　设计说明书，包括充装介质的主要物理与化学性质（编号、名称、类别及与工作温度相对应的饱和蒸气压和密度等）、危险特性、混合介质的限制组分以及有害杂质的限制含量要求、与罐体材料相容性等说明，还应对设计规范与标准的选择、主要设计结构的确定原则、主要设计参数的确定原则、材料的选择、安全附件的选择、仪表及装卸附件的选择等作出说明；

c)　设计计算书，包括罐体强度、刚度、外压稳定性、容积、传热、安全泄放量、超压泄放装置泄放能力、内外支撑结构强度等计算，需要时还包括罐体与框架连接处的应力校核等；

d)　设计图样，包括总图、罐体及部件图、管路系统及流程图等；

e)　制造技术条件，包括主要制造工艺要求、检验与试验方法等；

f)　使用说明书，包括主要技术性能参数、适用的介质、安全附件和仪表及装卸附件等的规格和连接方式、操作使用说明、使用注意事项、必要的警示性要求以及应急措施等；

g)　样箱试验大纲，包括主要试验方法和合格要求等。

6.2.2　设计总图、罐体图、风险评估报告和设计计算书等应由设计、校核、审核 3 级签署并经设计单位技术负责人或其授权人批准。

6.2.3　设计总图上至少应注明以下内容：

a)　产品名称、型号及设计制造依据的主要安全技术法规、标准；

b) 运输方式,包括适用的铁路、公路、水路运输方式或这些运输方式的联运;

c) 工作条件,包括使用环境温度、工作温度、工作压力、介质特性(爆炸危害程度等)等;

d) 设计条件,包括设计温度、最低设计金属温度、设计载荷(含压力载荷和其他必要的载荷)、介质(组分)、腐蚀裕量等,介质有应力腐蚀倾向的需注明腐蚀介质的限定含量;

e) 主要特性参数,包括罐箱的额定质量、空箱质量、内容器及真空夹层的几何容积、额定充满率、最大允许充装量等;

f) 设计使用年限;

g) 特殊制造要求(氮气或惰性气体置换要求等);

h) 耐压试验要求;

i) 泄漏试验要求;

j) 罐体真空绝热型式、真空性能指标、真空绝热性能指标、真空设计使用年限等;

k) 防腐蚀要求(必要时);

l) 安全附件、仪表和装卸附件的规格、性能参数及连接方式;

m) 装卸管口方位、规格、连接法兰标准等;

n) 运输中的气体保护要求(氮气或其他不溶性气体的封罐压力限制等);

o) 允许的堆码质量;

p) 铭牌位置;

q) 铁路、公路和水路等主管部门规定的其他有关要求。

6.2.4 罐体设计图应至少注明以下内容:

a) 主要受压元件材料牌号、规格、标准及要求;

b) 主要设计参数,包括设计温度、设计压力、最低设计金属温度、腐蚀裕量、介质密度、额定充满率、最大允许充装量、充装介质及介质的危害性、内容器和真空夹层的几何容积、焊接接头系数等,介质有应力腐蚀倾向的还需注明腐蚀介质的限定含量;

c) 内容器与外壳的圆筒、封头的计算厚度、名义厚度和最小成形厚度;

d) 无损检测要求;

e) 热处理要求(必要时);

f) 耐压试验要求;

g) 罐体真空绝热型式、真空性能指标、真空绝热性能指标、真空设计使用年限等;

h) 防腐蚀要求(必要时);

i) 罐体设计使用年限(疲劳罐体标明循环次数)。

6.3 尺寸、公差和额定质量

6.3.1 罐箱的外部尺寸和公差应符合 GB/T 1413 的规定,1AX、1BX、1CX 和 1DX 等型号的罐箱可降低高度。外部尺寸超出 GB/T 1413 规定的罐箱(如超长、超宽等),应按主管部门认可的标准进行设计、制造、检验、验收,并做相应的标识。

6.3.2 罐箱的任何部分和各种附件,不应超出规定的外部尺寸。

6.3.3 罐箱的额定质量应符合 GB/T 1413 的规定。当 IEEE、1EE、1AAA、1AA、1A、1BBB、1BB、1B、1CC 和 1C 型罐箱按额定质量进行设计、试验时,其额定质量可允许超过 GB/T 1413 的规定值。额定质量超出 GB/T 1413 规定的罐箱,应按该额定质量值进行设计、检验、试验和标记,并标上超重标记。

6.4 罐体设计

6.4.1 一般要求

6.4.1.1 罐体应基于可能产生的失效模式进行设计。

6.4.1.2 罐体强度计算和外压稳定性校核采用规则设计的应符合 GB/T 150.3 的规定，采用分析设计的应符合 JB 4732 的规定。

6.4.1.3 罐体强度计算采用 GB/T 150.3 计算时，局部应力分析设计可按 JB 4732 的规定进行。

6.4.2 载荷

6.4.2.1 罐体应能承受在正常装卸和运输过程中可能出现的各种工况条件下的内压、外压、内外压力差等静载荷、动载荷和热应力载荷等，并考虑这些载荷可能发生的最苛刻的组合。同时，还应考虑在设计使用年限内由于反复施加这些载荷而造成的疲劳失效。

6.4.2.2 罐体设计时应考虑下列载荷：

a) 内压、外压或最大压差；
b) 装载量达到额定质量时的液柱静压力；
c) 运输或吊装时的惯性力；
d) 支座、框架及其他型式支撑件与罐体连接部位或支承部位的作用力；
e) 连接管路和其他部件的作用力；
f) 罐体自重及正常工作条件下或试验条件下充装介质的重力载荷；
g) 附属设备及管路、扶梯、平台等的重力载荷；
h) 温度梯度或热膨胀量不同引起的作用力；
i) 压力急剧波动引起的冲击载荷；
j) 冲击力，如由液体冲击罐体引起的作用力等；
k) 因压力或温度变化、安装在罐箱或罐体上的设备以及机械载荷等产生的周期性动载荷；
l) 型式试验时的载荷。

6.4.2.3 罐体设计时应考虑下列温差载荷：

a) 内容器从环境温度冷却到工作温度过程中，内容器在支承点处承受的温差载荷。
b) 内容器、管道及外壳之间不同的热膨胀引起的管道反作用力，并至少考虑下列工况：
   1) 进液冷却过程：内容器热状态，管路系统冷状态，外壳热状态；
   2) 充装及卸料过程：内容器、管路系统均是冷状态，外壳热状态；
   3) 运输过程：内容器冷状态，管路系统热状态，外壳热状态。
c) 罐体制造过程中夹层加热抽真空时，应考虑内容器在支撑点处、内容器与外壳之间的管路及其与内容器连接处的温差载荷。

6.4.2.4 罐体及其系固装置在运输工况中承受的惯性力载荷应按下列要求转换成等效静态力：

a) 运动方向：最大质量的 2 倍乘以重力加速度；
b) 与运动方向垂直的水平方向：最大质量乘以重力加速度（当运动方向不明确时，为最大质量的 2 倍乘以重力加速度）；
c) 垂直向上：最大质量乘以重力加速度；
d) 垂直向下：最大质量的 2 倍乘以重力加速度。

注 1：计算内容器在运输工况中所承受的惯性力载荷时，最大质量为介质的最大允许充装量；计算夹层支撑或夹层支撑与外壳的连接处在运输工况中所承受惯性力载荷时，最大质量为介质的最大允许充装量、内容器及其附件质量之和;计算罐体与框架的连接处在运输工况中所承受惯性力载荷时,最大质量为介质的最大允许充装量、罐体及其附件质量之和。

注2:上述载荷施加于罐体的形心,且不造成罐内气相空间压力的升高。

6.4.2.5 满足下列条件之一时,可免除疲劳分析:

a) 设计的罐体与已有成功使用经验的罐体有符合 GB/T 150.1 附录 D 规定的可类比的条件,且根据其经验能证明不需要做疲劳分析者。但对下列情况所产生的不利影响应特别注意:

1) 内容器采用了非整体结构,如开孔采用补强圈补强或角焊缝连接件;

2) 内容器相邻部件之间有显著的厚度变化;

3) 夹层支撑、框架、条形梁或支座、防波板与加强圈或内容器连接处等应力集中处。

b) 内容器采用奥氏体型不锈钢材料时,下列各项循环次数的总和不超过 10 000 次:

1) 包括充装与卸液在内的全范围压力循环的预计(设计)循环次数;

2) 内容器压力波动范围超过 50%设计压力的工作压力循环的预计(设计)循环次数;

3) 包括管路在内的任意相邻两点之间金属温差波动的有效次数,该有效次数的计算方法是金属温差波动的预计次数乘以表 4 所列的相应系数,再将所得次数相加得到总次数;

注:相邻两点是指:

1)对于表面温差,指回转壳的经线方向 $L=2.5\sqrt{R\delta}$(如 $R\delta$ 是变化的,则 L 取两点的平均值)。

式中:

L——相邻两点之间最小距离,mm;

R——垂直于表面,从壳体中面量到回转轴的半径,mm;

δ——所考虑点处部件的厚度,mm。

2)对于沿厚度方向的温差,指垂直于表面方向的任意两点。

4) 由热膨胀系数不同的材料组成的部件(包括焊缝),当$(\alpha_1-\alpha_2)\Delta T>0.000\ 34$时的温度波动循环次数,$\alpha_1$、$\alpha_2$ 是两种材料各自的平均热膨胀系数,ΔT 为工作温度波动范围。

c) JB 4732—1995 中 3.10.2.2 规定的全部条件。

表4 金属温差波动系数

金属温差波动幅度/℃	系 数
≤25	0
26~50	1
51~100	2
101~150	4

6.4.3 设计温度

6.4.3.1 内容器的设计温度应不低于元件金属在正常工作情况下可能达到的最高工作温度。

6.4.3.2 外壳的设计温度应考虑环境温度的影响,且不低于 50℃。

6.4.3.3 各元件进行稳定性校核时,其设计温度应考虑正常工作情况及加热抽空时的最高温度。

6.4.4 最低设计金属温度

6.4.4.1 内容器的最低设计金属温度应考虑正常运输、使用、检验及试验中介质最低工作温度对内容器金属温度的影响,且应不高于介质(包括试验介质)的沸点。

6.4.4.2 外壳的最低设计金属温度应考虑环境温度的影响,且不高于−40℃。

6.4.5 设计压力

6.4.5.1 内容器的设计压力按下列规定确定:

a) 内压应不小于下列情况中工作压力的最大值:

1) 充装、卸料工况的工作压力;

2) 设计温度下介质的饱和蒸气压(表压)。

b) 外压应不小于在制造、运输、装卸、检验、试验或者其他工况中,可能出现的最大内外压力差,且不小于0.04 MPa。

6.4.5.2 外壳的设计压力按下列规定确定:

a) 内压应不小于外壳防爆装置设定的排放压力,当罐体绝热型式为真空粉末绝热时,还应考虑粉末填充过程中可能出现的最大内压;

b) 外压不小于0.1 MPa。

6.4.6 计算压力

6.4.6.1 内容器受压元件计算压力应不小于设计压力、液柱静压力、等效压力与0.1 MPa之和。

6.4.6.2 液柱静压小于设计压力的5%时,可忽略不计。

6.4.6.3 等效压力应不小于介质在6.4.2.4规定的各个方向上的惯性力除以对应方向的内容器有效横截面积所得值的最大值,且不小于0.035 MPa。

6.4.7 焊接接头系数

6.4.7.1 内容器的焊接接头系数取1.0。

6.4.7.2 外壳的焊接接头系数取0.85。

6.4.8 许用应力

6.4.8.1 当罐体承受压力载荷时,采用规则设计的罐体,其材料的许用应力按GB/T 150.2的规定选取。采用分析设计的罐体,其材料的设计应力强度按JB 4732的规定选取。

6.4.8.2 采用规则设计的罐体,局部采用分析设计时,其材料的许用应力按GB/T 150.2的规定选取。

6.4.8.3 当罐体采用的材料在GB/T 24511中规定了$R_{p1.0}$的值,且在设计文件中提出了钢板附加检验$R_{p1.0}$值时,可使用$R_{p1.0}$来确定许用应力。

6.4.8.4 考虑罐体承受运输工况中的惯性力载荷时,框架、罐体与框架连接的支撑件材料的许用应力按下列要求确定:

a) 具有明确屈服点的材料,其许用应力为材料标准常温下的屈服强度除以1.5;

b) 不具有明确屈服点的材料,其许用应力为材料标准常温下的0.2%规定塑性延伸强度除以1.5。

6.4.8.5 螺栓材料在不同温度下的许用应力按GB/T 150.2和相应材料标准的规定选取。

6.4.9 腐蚀裕量

6.4.9.1 罐体的腐蚀裕量应由用户提供或设计确定。

6.4.9.2 有均匀腐蚀或磨损的元件,应按预期的罐体设计使用年限和介质对材料的腐蚀速率

(及磨损速率)确定腐蚀裕量。内容器为奥氏体型不锈钢材料时,一般不考虑均匀腐蚀。

6.4.9.3 罐体各组件受到的腐蚀程度不同时,可采用不同的腐蚀裕量。

6.4.9.4 碳素钢或低合金钢制外壳内表面一般不考虑腐蚀。当外壳外表面有可靠的防腐措施时,可不考虑腐蚀裕量;当外壳外表面无可靠的防腐蚀措施时,其腐蚀裕量不小于1 mm。

6.4.10 罐体厚度要求

6.4.10.1 罐体的最小厚度(不包括材料厚度负偏差、腐蚀裕量以及加工制造过程中的工艺减薄量)应满足下列要求:

a) 设定材料为基准钢时,罐体最小厚度 δ_0 应满足下列要求:

1) 当内容器直径不大于1 800 mm时,内容器最小厚度应不小于3 mm,内容器和外壳的厚度之和应不小于5 mm;

2) 当内容器直径大于1 800 mm时,内容器最小厚度应不小于4 mm,内容器和外壳的厚度之和应不小于6 mm。

b) 当选用其他钢材时,其最小厚度应按式(1)计算:

$$\delta_1=\frac{21.4\times\delta_0}{\sqrt[3]{R_m\times A}} \qquad (1)$$

式中:

δ_1——所用钢材的罐体最小厚度,mm;

δ_0——设定材料为基准钢时的罐体最小厚度,mm;

R_m——所用钢材的标准抗拉强度下限值,MPa;

A——所用钢材的断后伸长率,%。

c) 无论使用何种材料,内容器的厚度应不小于3 mm。

6.4.10.2 罐体的设计厚度应不小于下列值的较大值:

a) 按GB/T 150或JB 4732确定的罐体计算厚度与腐蚀裕量之和;

b) 按6.4.10.1确定的罐体最小厚度与腐蚀裕量之和。

6.4.10.3 罐体受压元件成形后,应保证设计要求的最小厚度。

6.4.11 充满率

6.4.11.1 最大充满率应符合下列规定:

a) 充装非易燃、易爆介质的罐体,任何情况下可能达到的最大充满率应不大于98%;

b) 充装易燃、易爆介质的罐体,任何情况下可能达到的最大充满率应不大于95%。

6.4.11.2 额定充装率应符合下列规定:

a) 充装非易燃、易爆介质的罐体,额定充满率应不大于95%;

b) 充装易燃、易爆介质的罐体,额定充满率应不大于90%。

6.4.11.3 在确定初始充满率时,应考虑罐箱运输预期所需的维持时间(包括可能遇到的任何延误)、最大充满率、最大允许充装量等因素,且应不超过额定充满率。

6.4.11.4 罐体应设置溢流口。溢流口应根据设计使用工况设置一个或多个,且符合6.4.11.3的规定。

6.4.12 最大允许充装量

6.4.12.1 罐箱的最大允许充装量应满足罐箱允许的承载能力,并满足6.4.11的要求。

6.4.12.2 当罐箱运输过程中不能满足6.4.11.1～6.4.11.3的要求时,应降低初始充装量。

6.4.13 真空绝热性能

6.4.13.1 静态蒸发率应符合表5的规定。

6.4.13.2 维持时间应满足罐箱预期最大运输时间的要求。

表5 静态蒸发率

内容器有效容积 V/m^3	静态蒸发率(上限值)/(%/d)					
	液氮		液氧		液氩	
	高真空多层绝热	真空粉末绝热	高真空多层绝热	真空粉末绝热	高真空多层绝热	真空粉末绝热
1	1.15	1.22	0.72	0.76	0.78	0.83
5	0.63	0.72	0.39	0.45	0.43	0.49
10	0.47	0.58	0.29	0.36	0.32	0.39
15	0.39	0.51	0.24	0.32	0.27	0.35
20	0.34	0.47	0.21	0.29	0.23	0.32
25	0.30	0.44	0.19	0.27	0.20	0.30
30	0.28	0.42	0.17	0.26	0.19	0.29
35	0.26	0.40	0.16	0.25	0.18	0.27
40	0.24	0.38	0.15	0.24	0.16	0.26
50	0.21	0.36	0.13	0.22	0.14	0.24
注:中间值采用内插法确定。						

6.4.14 夹层的真空性能

6.4.14.1 真空夹层漏气速率应符合表6的规定。

表6 真空夹层漏气速率

内容器几何容积 V/m^3	漏气速率/(Pa·m³/s)	
	高真空多层绝热	真空粉末绝热
$1\leqslant V\leqslant 10$	$\leqslant 1.0\times 10^{-9}$	$\leqslant 5.0\times 10^{-9}$
$10<V\leqslant 50$	$\leqslant 5.0\times 10^{-9}$	$\leqslant 1.0\times 10^{-8}$

6.4.14.2 真空夹层漏放气速率应符合表7的规定。

表7 真空夹层漏放气速率

内容器几何容积 V/m^3	漏放气速率/(Pa·m³/s)	
	高真空多层绝热	真空粉末绝热
$1\leqslant V\leqslant 10$	$\leqslant 5.0\times 10^{-7}$	$\leqslant 5.0\times 10^{-6}$
$10<V\leqslant 50$	$\leqslant 1.0\times 10^{-6}$	$\leqslant 1.0\times 10^{-5}$

6.4.14.3 常温下真空夹层封结真空度应符合表8的规定。

6.4.14.4 夹层真空性能应满足5年真空使用年限的要求。

表8 封结真空度

内容器几何容积 V/m^3	真空度/Pa	
	高真空多层绝热	真空粉末绝热
$1 \leqslant V \leqslant 10$	$\leqslant 5.0 \times 10^{-2}$	$\leqslant 2.0$
$10 < V \leqslant 50$	$\leqslant 8.0 \times 10^{-2}$	$\leqslant 3.0$

6.4.15 耐压试验

6.4.15.1 内容器耐压试验一般采用气压试验。真空夹层内的管路应尽可能与内容器一起进行耐压试验。

6.4.15.2 内容器与外壳组装前,内容器的耐压试验压力最低值应按式(2)或式(3)确定。

a) 液压试验

$$p_T = 1.3(p + 0.1) \qquad (2)$$

b) 气压试验

$$p_T = 1.15(p + 0.1) \qquad (3)$$

式中:

p_T——试验压力,MPa;

p——内容器设计压力,MPa。

6.4.15.3 内容器与外壳组装完毕且建立夹层真空后,内容器的耐压试验压力应按式(4)或式(5)确定。

a) 液压试验

$$p_T = 1.3(p + 0.1) - 0.1 \qquad (4)$$

b) 气压试验

$$p_T = 1.15(p + 0.1) - 0.1 \qquad (5)$$

6.4.15.4 当采用大于上述规定的耐压试验压力,应在内容器耐压试验前校核各受压元件在试验条件下的应力水平。内容器元件应按式(6)校核最大总体薄膜应力 σ_T。

$$\sigma_T = \frac{p_T(D_i + \delta_e)}{2\delta_e} \qquad (6)$$

式中:

σ_T——试验压力下圆筒的最大总体薄膜应力,MPa;

p_T——试验压力,MPa;

D_i——圆筒的内直径,mm;

δ_e——圆筒的有效厚度,mm。

6.4.15.5 内容器最大总体薄膜应力 σ_T 应满足式(7)和式(8)的条件:

a) 液压试验

$$\sigma_T \leqslant 0.9R_{eL}(R_{p0.2}) \qquad (7)$$

b) 气压试验

$$\sigma_T \leqslant 0.8R_{eL}(R_{p0.2}) \qquad (8)$$

式中：

$R_{eL}(R_{p0.2})$——内容器材料在试验温度下的屈服强度(或0.2%规定塑性延伸强度)，MPa。

6.4.16 泄漏试验

6.4.16.1 每台罐箱组装完毕后应进行泄漏试验，试验方法包括气密性试验及氦检漏试验等。

6.4.16.2 采用气密性试验时，试验压力等于内容器的设计压力。

6.4.16.3 采用氦质谱检漏试验时，其漏气速率指标等试验相关要求应在设计文件中注明。

6.4.17 结构设计

6.4.17.1 充装液氧的罐箱，可能与氧和滞留氧接触的管路、阀门等部件不应选用铝和铝合金材料。

6.4.17.2 设计时，应考虑内容器、外壳在制造和工作过程中因温度变化而引起的温差应力，必要时应设置补偿装置。

6.4.17.3 焊接结构

6.4.17.3.1 对接焊接接头应采用全截面焊透的对接接头型式。

6.4.17.3.2 管子、管座等与内容器的焊接应采用全焊透结构。

6.4.17.3.3 尽量减少焊接件的变形和应力，如不同厚度的材料焊接时，应尽量采用等厚度的接头型式。

6.4.17.3.4 焊接接头的连接应尽可能采用能承受较高静载荷及疲劳强度的接头型式。

6.4.17.3.5 焊缝应避免过于集中，尽量减少应力集中和接头变形。

6.4.17.3.6 两种不同材料焊接时，其焊接接头型式应考虑材料的热胀冷缩特性、熔化温度、导热系数等因素。

6.4.17.4 罐体一般不设置人孔或检查孔。

6.4.17.5 防波板设置

6.4.17.5.1 当罐箱运输过程中可能出现充满率为20%～80%的情况时，内容器应设置防波板。

6.4.17.5.2 相邻防波板、防波板与相邻封头之间的容积应不大于7.5 m^3。

6.4.17.5.3 每个防波板的有效面积应不小于内容器横截面积的70%。

6.4.17.5.4 防波板与内容器的连接应牢固可靠，且能承受6.4.2.4规定的介质惯性力载荷的作用。防波板的厚度应不小于2 mm。

6.4.17.5.5 防波板的结构应考虑各间隔段之间的通气和排液。

6.4.17.6 装卸口的设置

6.4.17.6.1 充装易燃、易爆介质的罐体，装卸用及连接外部增压器的液相口和气相口，应分别由三个相互独立并且串联在一起的关闭装置组成，第一个是尽可能靠近外壳的紧急切断阀或等效装置(如顶部进液口采用单向阀)；第二个是球阀或截止阀；第三个是盲法兰或等效装置。

6.4.17.6.2 充装非易燃、易爆介质的罐体，装卸用及连接外部增压器的液相口和气相口应分别至少设置两个独立的串联在一起的关闭装置，第一个是靠近外壳的低温截止阀，第二个是盲法兰或等效装置。

6.4.17.6.3 装卸口均应标明其用途。

6.4.17.7 夹层支撑

6.4.17.7.1 夹层支撑及受其反力作用的壳体局部有足够的强度与刚度。

6.4.17.7.2 支撑结构在压、弯组合载荷下，应有足够的稳定性。

6.4.17.7.3 夹层支撑至少能够承受6.4.2.4规定的惯性力载荷。

6.4.17.8 绝热设计

6.4.17.8.1 充装标准大气压下沸点不高于－182℃介质的罐体,不应采用可能与氧气或富氧气氛发生危险性反应的绝热材料。

6.4.17.8.2 当夹层支撑的漏热量计算不能按经验公式计算时,宜采用有限元热分析计算。当夹层支撑材料的导热系数未知时,应采用试验方法确定。

6.4.17.8.3 高真空多层绝热罐体采用的绝热层材料的漏热量可按绝热结构表观比热流q(W/m^2)乘以绝热层的表面积进行计算,且应考虑绝热层包扎松紧度、夹层间隙和夹层真空度等的影响。

6.4.17.8.4 内容器引出的液相管路应设置气封液结构。

6.4.17.8.5 真空夹层中吸附剂的放置应符合下列规定:

a) 真空夹层的冷侧应放置在低温、真空状态下对极性分子的气体具有较强吸附性能的吸附剂,如选用5A分子筛、13A分子筛或活性炭等;
b) 高真空绝热夹层的热侧应放置具备吸氢能力的吸附剂,充装介质为液氧的罐箱不应选用氧化钯;
c) 充装标准大气压下沸点不高于－182℃介质的罐体,不应使用在富氧环境下会产生爆炸的吸附剂;
d) 真空夹层内放置的吸附剂用量,应能满足5年真空使用年限的要求。

6.4.17.8.6 采用真空粉末绝热结构时,可向粉末中添加阻光剂,其与粉末材料的质量比应不大于0.2%。充装液氧介质的真空绝热罐体不应选用铝粉等易燃阻光剂。

6.5 支座、框架、起吊和系固件以及附件的设计

6.5.1 框架设计应考虑以下载荷以及可能的最苛刻的组合:

a) 在6.4.2.4惯性载荷工况下,罐体、附属设备等对框架的作用力;
b) GB/T 16563规定的试验载荷;
c) 仅参与公路运输且不进行堆码的罐箱,按TSG R0005附录C中C1.2(2)规定的试验载荷。

6.5.2 框架、框架与罐体连接件的强度、刚度应满足型式试验要求。

6.5.3 支座和框架的设计应考虑外界环境的腐蚀作用。

6.5.4 支座、框架以及起吊和系固件的设计应避免对罐箱的任何部位造成不适当的应力集中。

6.5.5 支座(支架、框架和低支撑平台等类似设施)应能满足使用要求。

6.5.6 罐箱不应设置叉槽。

6.5.7 罐箱应在支架或框架上设置永久的起吊和系固部件,否则应通过加强板再固定到罐体上。

6.5.8 罐箱的角件所在位置和定位尺寸应符合GB/T 1413的规定。

6.5.9 顶角件的顶面应至少比箱体各部件的顶面高出6 mm。

6.5.10 为保护角件附近免受冲击,对顶部和底部结构起到保护作用,可设置增强腹板,并符合以下规定:

a) 顶部增强腹板:从框架的端部测量,该板沿箱长方向的尺寸应不超过750 mm,厚度应不超过6 mm。顶部增强腹板及其固定设施均应不超出顶角件的顶面;
b) 底部增强腹板:增强腹板距底角件外端不应超过550 mm,距底角件侧面应不超过

470 mm,其底平面应至少高于框架底角件底面 5 mm。

6.5.11 罐箱应具备仅由底角件支撑的能力。

6.5.12 载荷传递区的设置应符合 GB/T 16563 的规定。

6.5.13 罐箱达到额定质量时,罐体的任何部位及罐体上的各个装置均应不低于底平面(底角件的底面)以上 25 mm。

6.5.14 在动态或相对静态的情况下,相当于罐体和框架自身质量与试验载荷之和等于 1.8 倍额定质量时,罐底任何部位的变形均应不低于底角件的底平面。

6.5.15 除 1D 和 1DX 等型号以外的罐箱应满足下列要求:

a) 整体横向刚性试验时,其顶部相对于底部的横向位移所引起两个对角线长度变化之和应不超过 60 mm;

b) 整体纵向刚性试验时,其顶部相对底部纵向位移应不超出 25 mm。

6.5.16 操作平台、扶梯等可选择性设施的设置应符合以下规定:

a) 罐体顶部可设操作平台,平台的设计应能在 600 mm×300 mm 的面积上承受 3 kN 的均布载荷,其平台宽度不小于 400 mm;

b) 扶梯按每级梯板能够承受 2 kN 的载荷进行设计。

6.5.17 罐箱应设置文件筒。

6.5.18 自增压器、金属软管箱等附件应设置在罐箱安全、可靠的部位。

6.6 结构件的连接

6.6.1 重量较轻的结构件与罐体相连接应满足下列要求:

a) 结构件材料强度应不大于与其相连接的罐体材料的强度;

b) 结构件材料厚度应不大于与其相连接的罐体材料厚度的 0.70 倍。

6.6.2 主要受力结构件通过垫板与罐体连接时,垫板材料应与罐体材料牌号相同,或垫板材料屈服强度标准值应为罐体材料屈服强度标准值的 0.8 倍~1.2 倍,且应符合下列规定:

a) 垫板厚度不大于筒体或封头厚度的 1.5 倍,且不小于 4 mm;

b) 垫板与罐体的焊接接头高度应不大于所在位置罐体材料的厚度;

c) 结构件在垫板上的焊脚距离垫板边缘的尺寸应不小于 4 倍的垫板厚度;

d) 垫板的边缘应为圆角形状,圆角半径应不小于 4 倍的垫板厚度;

e) 垫板上应设置一个透气孔;

f) 垫板与罐体应连续焊接;

g) 垫板宜避开 A、B 类焊缝。

6.6.3 夹层支撑、外壳支座等结构件的最大一次局部薄膜应力与一次弯曲应力之和应不大于 0.75 倍的材料常温屈服强度。

6.7 管路

6.7.1 管路系统的设计结构应能避免热胀冷缩、机械振动、振动或各附件之间的相对运动等所引起的损坏,必要时应考虑设置温度补偿结构和紧固装置。

6.7.2 管路的设计压力应不小于管路系统的工作压力,且不小于内容器的设计压力。管子与管件的公称压力应不小于管路的设计压力。管路应在承受 4 倍管路系统工作压力时不致破裂。

6.7.3 管路的设计应能防止阀门被意外开启,在运输及装卸过程中不致脱卸或损坏。管路的设计应尽可能将需要操作的阀门、需要校验的仪表设置在易于操作、维修、更换的位置。

6.7.4 管子、管件之间的连接应采用焊接连接,焊接接头应优先采用全焊透对接接头型式。

6.7.5 仪表管路与主管路之间的连接应采用焊接连接,仪表与管路的连接可采用卡套或活套接头等连接方式。

6.7.6 真空夹层内的管路连接应为焊接结构,且宜采用等壁厚、全焊透的对接接头,也可采用承插焊结构。

6.7.7 管路部件中的法兰组件等的压力等级应与管路的压力等级相匹配。

6.7.8 管路上应清楚标明各个接口和附件的用途。管路阀门应标明介质流向,截止阀应标明开启和关闭方向。

6.7.9 超压泄放管路应满足下列要求:

a) 泄放管路应与内容器气相空间直接相通,管路通径应满足内容器安全泄放的要求;

b) 泄放管进口应设置在内容器顶部气相空间不大于2%的位置,且尽可能靠近纵向和横向的中心;

c) 超压泄放装置进口连接管路应尽可能短而直,其内截面积应不小于超压泄放装置所需的内截面积;

d) 超压泄放装置连接管路出口应尽量集中布置,且引出操作箱,避免朝向操作箱、框架等部件。

6.7.10 顶部喷淋管(或装置)应能在充液时使内容器尽量被均匀冷却,喷淋孔截面积总和不小于喷淋管截面积。

6.7.11 自增压管路应满足下列要求:

a) 自增压器进液管路和气体回流管路应与自增压器增压能力和压力相匹配,且尽量减少其流通阻力;

b) 自增压器气体回流管路应避免形成气阻。

6.7.12 压力测量管路的取压口应设置在靠近封头的位置,且避免其他管口对其造成的冲击、扰动。

6.7.13 压差式液位测量管路应分别设置气相取压管和液相取压管。气相取压口可与压力测量管路的取压口共用。液相取压口宜设置在靠近后封头的位置,且应避免底部进液、卸液时对其造成的冲击、扰动。液相取压管路的设计应能将管路中的液体充分气化,防止损坏液位测量装置。

6.7.14 溢流管路的设置应符合下列规定:

a) 入口高度应符合6.4.11.4的规定;

b) 出口端应设置截止阀;

c) 出口朝向应避免造成对操作人员和罐箱的伤害。

6.7.15 管路的耐压试验

6.7.15.1 夹层内部管路以及与罐体无法截断的外部管路可与罐体一同进行耐压试验,耐压试验压力与罐体相同。

6.7.15.2 无法与内容器一起进行耐压试验的管路,应单独进行耐压试验,其耐压试验压力不低于式(9)或式(10)的要求:

1) 液压试验

$$p_T = 1.5p \qquad (9)$$

2) 气压试验

$$p_T = 1.15p \quad \cdots\cdots (10)$$

式中：

p_T——试验压力,MPa；

p——管路设计压力,MPa。

6.8 抽真空与真空度检测装置

6.8.1 真空阀门和真空接头的漏气速率应与罐体真空夹层的漏气速率相匹配。

6.8.2 真空阀门和真空规管应设置保护装置。

6.8.3 充装易燃、易爆介质的罐体,应选用不会产生火花的真空规管,并设置保护装置。

6.8.4 真空规管的测量范围应与设计图样要求相匹配,且有质量证明书和合格证。

6.9 自增压汽化器

6.9.1 自增压汽化器的压力等级应与内容器的设计压力相匹配,所用材料应与充装介质相容,且考虑使用工况中的震动和材料的热胀冷缩等影响。

6.9.2 自增压汽化器的汽化量应能满足设计排液速率的要求。

6.9.3 自增压汽化器的结构设计应避免液体或气体的偏流。

7 安全附件、仪表和装卸附件

7.1 一般要求

7.1.1 罐箱的安全附件、仪表和装卸附件的设置,除应符合本标准的规定外,还应满足设计文件的要求。

7.1.2 安全附件包括超压泄放装置(安全阀、爆破片装置、安全阀与爆破片组合装置)、外壳防爆装置、紧急切断装置及导静电装置等。

7.1.3 仪表包括压力表、液位计和温度测量装置(需要时)等。

7.1.4 装卸附件包括装卸阀门、装卸软管和快速装卸接头(以下简称快装接头)等。

7.1.5 选用的安全附件、仪表和装卸附件应与充装介质相适应。

7.1.6 安全附件、仪表和装卸附件应随产品提供质量证明文件或合格证,且在产品的明显部位有永久性标识或金属铭牌。

7.1.7 两端均可关闭且有可能存留液体的管路,应设置安全阀,其整定压力应不超过1.5倍的管路系统工作压力。

7.1.8 充装易燃、易爆介质的罐箱,采用带有电气控制元件的安全附件、仪表和装卸附件时,应符合电气元件防爆设计的相关标准的要求。

7.1.9 安全阀、压力表与罐体组装前,应进行调试和检定,合格后应重新铅封。

7.1.10 安全附件、仪表与管路之间的连接可采用焊接连接、法兰连接或螺纹连接等方式。

7.1.11 装卸附件与管路之间的连接应尽量采用焊接连接或法兰连接。

7.1.12 当附件之间存在相对运动时,应设置必要的支撑或紧固装置。

7.1.13 国际联运的罐箱应满足海关铅封的要求。

7.2 内容器超压泄放装置

7.2.1 内容器超压泄放装置的设置

7.2.1.1 内容器应至少设置两组相互独立的超压泄放装置。为满足安全泄放的要求,每一组超压泄放装置应设置一个全启式弹簧安全阀作为主泄放装置，且并联一个全启式弹簧安全阀或爆破片作为辅助泄放装置。充装易燃、易爆介质或液氧的罐箱，辅助泄放装置应选用安全阀。

7.2.1.2 内容器按图1或图2设置超压泄放装置时，应满足下列要求：

a) 主安全阀的整定压力应为内容器设计压力的1.05倍～1.1倍，回座压力应不低于整定压力的0.90倍；

b) 辅助泄放装置的动作压力应不小于主安全阀的整定压力，且不大于内容器设计压力的1.16倍；

c) 主安全阀的排放能力应保证内容器在非火灾条件下的压力不超过其设计压力的1.16倍，每组超压泄放装置的总排放能力应保证内容器在火灾条件下的压力不超过其设计压力的1.2倍；

d) 任何情况下应保证至少有一组超压泄放装置与内容器保持连通，并且每一个安全阀或爆破片装置的排放能力均满足按非火灾条件考虑时内容器的安全泄放要求，每一组超压泄放装置的排放能力均满足按火灾条件考虑时内容器的安全泄放要求。

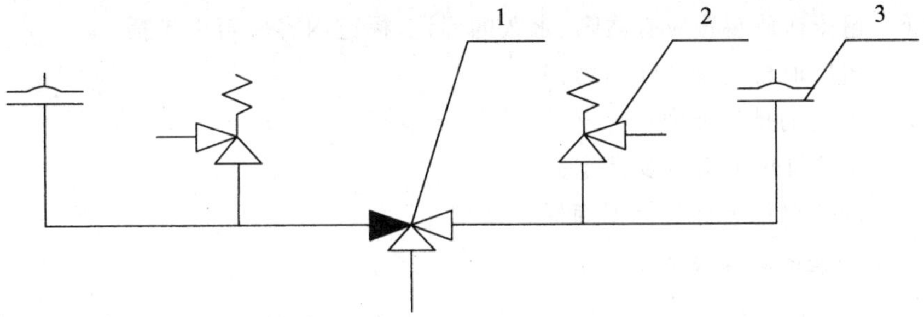

说明：

1——切换阀；2——主安全阀；3——爆破片装置。

图1 安全阀与爆破片组合超压泄放装置设置示意

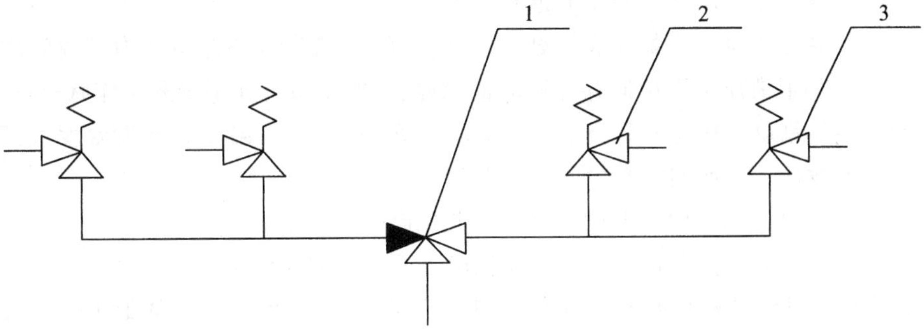

说明：

1——切换阀；2——主安全阀；3——辅助安全阀。

图2 安全阀与安全阀组合超压泄放装置设置示意

7.2.1.3 安全阀应符合GB/T 12241和GB/T 12243的规定。

7.2.1.4 爆破片装置应符合GB/T 567.1～567.3的规定。

7.2.1.5 超压泄放装置的设置应满足下列要求：

a) 入口管应设置在内容器顶部气相空间小于2%的地方，垂直于内容器的顶部，且尽可能靠近纵向和横向的中心；

b) 超压泄放装置应安装在介质冷冻效应不影响阀门有效动作的地方；

c) 超压泄放装置的气体出口处应能防止雨水、杂物的积聚和异物的进入，气体排放应畅通无阻，排出的气体不应直接冲击容器和主要受力结构件；

d) 选用的爆破片在爆破时不应产生碎片、脱落或火花，宜采用S31603材料的反拱刻槽型爆破片；

e) 超压泄放装置与罐体之间不宜装设过渡连接阀门，为便于超压泄放装置的校验、维修与更换，经使用单位主管压力容器安全技术负责人批准，且采取可靠的防范措施，方可在安全阀与罐体之间装设过渡连接阀门；在罐箱正常使用、装卸和运行期间，过渡连接阀门必须保证全开(加铅封或者锁定)，过渡连接阀门的结构和通径应不妨碍超压泄放装置的安全泄放；

f) 超压泄放装置应有防止随意打开的措施，并能承受容器内部的压力、可能出现的超压及包括液体冲击力在内的动载荷。

7.2.1.6 超压泄放装置应有清晰、永久的标记，标记内容应至少包括：

a) 超压泄放装置动作压力；

b) 额定的排气能力；

c) 制造许可证编号及标志；

d) 制造单位名称或标识商标。

7.2.2 内容器安全泄放量

7.2.2.1 内容器超压泄放装置的排放能力应不小于内容器安全泄放量，内容器安全泄放量及超压泄放装置的排放能力计算方法应符合附录C的规定。

7.2.2.2 内容器安全泄放量计算时，至少应考虑下列工况及可能的组合：

a) 绝热系统结构完好且处于正常的真空状态下，外部温度为环境温度，内容器的温度为泄放压力下所储存介质的饱和温度；

b) 绝热系统结构完好且夹层处于正常的真空状态下，外部温度为环境温度，内容器的温度为泄放压力下所储存介质的饱和温度，增压系统处于全开工作状态；

c) 绝热系统结构完好且夹层已丧失真空状态下，外部温度为环境温度，内容器的温度为泄放压力下所储存介质的饱和温度；

d) 连接高压源与内容器的管路中的其他阀的排放能力；

e) 以可能的最大流量对正常工作温度下的内容器加注带液闪蒸气体；

f) 绝热系统结构完好或部分完好、夹层已丧失真空状态下，罐体处于火灾或650℃及以上高温工况；

g) 绝热系统结构完全损坏，罐体处于火灾或650℃及以上高温工况。

7.2.2.3 设计人员应根据实际条件判明可能发生的各种工况，包括7.2.2.2列出的a)～e)以外的工况及可能的组合工况。

7.2.2.4 当罐体可能处于火灾或650℃及以上的高温工况时，应按7.2.2.2中的工况f)计算安全泄放量，且应充分研究发生极端工况g)的可能。

7.3 外壳防爆装置

7.3.1 外壳防爆装置的设置应满足下列要求：

a) 泄放压力应不大于 0.05 MPa,其排放能力足以使夹层的压力限制在不超过 0.1 MPa；

b) 所用材料应能耐大气腐蚀,且与环境温度相适应；

c) 能防止绝热材料的堵塞；

d) 自紧式防爆装置的盖板应有相应的保护措施。

7.3.2 外壳防爆装置的排放面积一般不小于内容器几何容积(m^3)与 340 mm^2/m^3 的乘积,且可不大于 5 000 mm^2。

7.4 紧急切断装置

7.4.1 紧急切断装置一般由紧急切断阀、远程控制系统以及易熔合金塞等组成。紧急切断装置应动作灵活、性能可靠、便于检修,且不应兼作他用。

7.4.2 紧急切断装置应经耐压试验和气密性试验检验合格。

7.4.3 紧急切断阀应符合 GB/T 24918 的规定,且阀体不应采用铸铁或非金属材料制造。在非装卸时,紧急切断阀应处于闭合状态,并能防止因冲击或意外动作所致的开启。在罐箱遇火时,紧急切断阀应能自动关闭,并能进行远程控制操作。

7.4.4 远程控制系统应满足下列要求：

a) 当远程控制系统采用气动控制系统时,所用气体宜采用外置式压缩空气源,且满足下列要求：

  1) 压缩空气应无油且洁净、干燥；

  2) 压缩空气的压力应与紧急切断阀的操作压力相匹配,且保持稳定；

  3) 气动控制系统的管路应采用 PVC 或不锈钢材料。

b) 远程控制系统的关闭操作装置应设置在人员易于到达的位置,并有明显指示标志。

7.4.5 当紧急控制系统管路采用不锈钢材料时,紧急切断装置应设置易熔合金塞。易熔合金塞的易熔元件熔融温度不高于 70℃±5℃。

7.5 导静电装置

7.5.1 充装易燃、易爆介质的罐箱,其罐体、管道、阀门和框架等连接处的导电性应良好,并设置可靠的导静电连接端子。

7.5.2 充装易燃、易爆介质的罐体与导静电连接端子之间的电阻值应不超过 5Ω。

7.5.3 设有静电接地端子的罐箱应在尽可能靠近静电接地端子位置处设置明显标志。

7.6 仪表

7.6.1 一般规定

7.6.1.1 直接与罐内介质连通的仪表不应采用易碎、易损材料。

7.6.1.2 仪表应灵敏、可靠,并有足够的精度和牢固的结构。

7.6.1.3 仪表露出罐体外的部分应有相应的保护措施。

7.6.2 压力表

7.6.2.1 罐体应装设至少一只压力表。

7.6.2.2 压力表应符合 JB/T 6804 的规定,且满足下列要求：

a) 精度等级不应低于1.6级；

b) 测量量程范围应为罐体工作压力的1.5倍～3.0倍；

c) 表盘直径应不小于100 mm。

7.6.2.3 充装液氧的罐体不应采用与氧气发生危险性反应的压力表。

7.6.2.4 压力表应设置在便于操作人员观察和清洗的位置，且应避免辐射热、冻结或振动等不利因素的影响。

7.6.2.5 压力表和罐体之间应装设三通旋塞或针形阀，三通旋塞或针形阀上应有启闭标记和锁紧装置。

7.6.2.6 压力表的检定应符合国家计量部门的有关规定，在刻度盘上应有工作压力的标记。压力表检定后应加铅封，并注明下次校验日期。

7.6.3 液位计

7.6.3.1 罐体应装设至少一只液位计。

7.6.3.2 液位计应根据充装介质、设计压力及设计温度等设计参数正确选用。

7.6.3.3 液位计应灵活准确、结构牢固，精度等级不应低于2.5级。

7.6.3.4 充装易爆介质的罐箱，其液位计防爆等级应符合设计图样的规定。

7.6.3.5 液位计应设置在便于观察和操作的位置，其允许最高安全液位处应有明显的标记。

7.6.3.6 液位计应有液位指示刻度与容积的对应关系，且附有在工作温度上限和下限的介质密度、压力与体积对照表。

7.6.4 温度测量装置(需要时)

7.6.4.1 温度测量装置的设置应符合设计图样的规定。

7.6.4.2 温度测量装置的测量范围应与充装介质的工作温度、工作压力等相匹配，且设计温度处应涂以红色警戒标记。

7.7 装卸附件

7.7.1 装卸阀门

7.7.1.1 装卸阀门的公称压力应不低于罐体的设计压力，阀门阀体的耐压试验压力为阀门公称压力的1.5倍，阀门的气密性试验压力为阀门公称压力。

7.7.1.2 装卸阀门的阀体材料不应选用铸铁或者非金属材料。

7.7.1.3 阀门应在全开和全闭工作状态下经气密性试验合格。

7.7.1.4 手动阀门应在阀门承受气密性试验压力下启闭操作自如，且不应有异常阻力、空转等。

7.7.2 装卸软管和快装接头

7.7.2.1 装卸软管应采用金属波纹软管，且符合GB/T 14525的规定。

7.7.2.2 快装接头应符合相应产品标准和设计图样的规定。

7.7.2.3 装卸软管和快装接头与介质接触部分应有良好的耐腐蚀性能，且应无油污、杂物等。

7.7.2.4 装卸软管的公称压力应不小于装卸系统工作压力的2倍，其最小爆破压力应大于4倍的公称压力，且快装接头应有良好的密封结构。

7.7.2.5 装卸软管和快装接头在最低使用温度下应具备足够的韧性。

7.7.2.6 装卸软管和快装接头组装完成后应逐根进行耐压试验和气密性试验，耐压试验压力为装卸软管公称压力的1.5倍，气密性试验压力为装卸软管的公称压力。

7.7.2.7 易燃、易爆介质和液氧用装卸软管的电阻应小于4Ω。

7.7.2.8 装卸软管应注明软管的设计使用寿命。

8 制造

8.1 一般要求

8.1.1 罐箱应按经规定程序批准的设计文件及本标准的要求进行制造与检验。

8.1.2 角件、罐体受压元件(封头、锻件等)以及罐体的安全附件、仪表、装卸附件等为外购、外协件时,罐箱制造单位应保证外购、外协件的质量满足设计文件及本标准的要求,且经检验合格后方可使用。

8.1.3 罐体施焊人员应按 TSG Z6002 的规定考核合格,取得相应项目的《特种设备作业人员证》,方可在有效期间内担任合格项目范围内的焊接工作。

8.1.4 罐体无损检测应由持有相应项目的《特种设备检验检测人员证(无损检测人员)》,且在有效期内的人员担任。

8.1.5 罐体制造过程中不应强力组装。

8.1.6 制造单位应建立并严格执行焊接材料验收、复验、保管、烘干、发放和回收制度。

8.2 罐体

8.2.1 焊缝分类

8.2.1.1 内容器及外壳受压元件之间的焊接接头分为A、B、C、D四类(如图3、图4所示),分类规定如下:

a) 圆筒部分(包括管子)的纵向接头、球形封头与圆筒连接的环向接头、各类凸形封头中所有拼焊接头,均属A类焊接接头;

b) 壳体部分的环向接头、长颈法兰或厚壁管接头与管子的对接环向接头,均属B类焊接接头,但已规定为A类的焊接接头除外;

c) 法兰或厚壁管接头与管子连接的非对接接头均属C类焊接接头,但已规定为A、B类的焊接接头除外;

d) 管子、人孔、管座、补强圈、管帽等与壳体连接的接头以及管帽与管子连接的非对接接头均属于D类焊接接头,但已规定为A、B、C类的焊接接头除外。

8.2.1.2 非受压元件与受压元件的连接接头为E类焊接接头,如图3、图4所示。

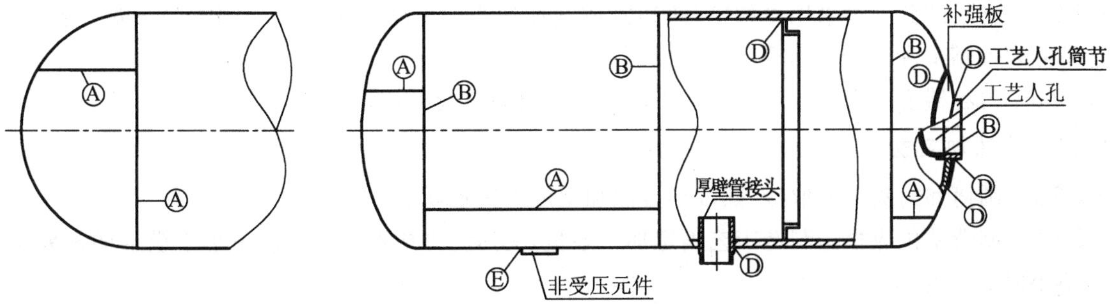

图3 内容器焊接接头分类

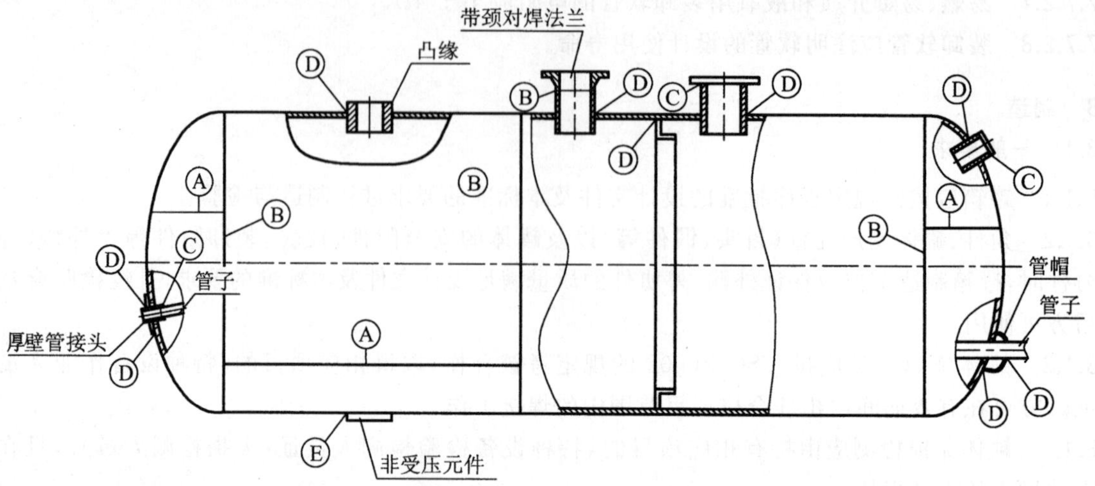

图4 外壳焊接接头分类

8.2.2 材料复验、分割与标志移植

8.2.2.1 符合下列条件之一的材料应按炉号复验化学成分,按批号复验力学性能,且复验结果应符合相应材料标准或设计文件的要求:

a) 罐体用Ⅳ级锻件;

b) 不能确定材料质量证明书真实性或对材料性能和化学成分有怀疑的内容器主要受压元件材料及外壳封头、筒体用材料;

c) 主要受压元件采用境外材料;

d) 设计文件要求进行复验的材料。

8.2.2.2 内容器主要受压元件或外壳的封头、筒体采用奥氏体型不锈钢开平板时,应按批号复验力学性能,且符合下列规定:

a) 整卷使用的,应在开平操作后,分别在板卷的头部、中部和尾部所对应的开平板上各截取一组复验试样;

b) 非整卷使用的,应在开平板的端部截取一组复验试样。

8.2.2.3 制造受压元件的材料应有可追溯的标记。在制造过程中,原有的确认标记被裁掉或材料分割时,应在材料切割前完成标记的移植。

8.2.2.4 材料的分割可采用冷切割、热切割或其他适当的方法。采用热切割方法分割材料时,应清除表面熔渣和影响制造质量的表面层。

8.2.2.5 内容器主要受压元件不应采用硬印作为材料移植标记、焊工标记及其他标记。

8.2.3 冷热加工成形

8.2.3.1 圆筒和封头可采取冷、热成形方法加工成所需形状。

8.2.3.2 制造单位应根据制造工艺确定加工余量,受压元件成形后的厚度不小于设计图样要求的最小成形厚度。

8.2.3.3 制造中应避免钢板表面的机械损伤。对于尖锐伤痕以及不锈钢罐体防腐蚀表面的局部伤痕、刻槽等缺陷应予修磨,修磨范围的斜度最大为1∶3。修磨的深度不应大于该部位钢板厚度的5%,且不大于2 mm,否则应予焊补。

8.2.3.4 坡口表面质量应满足以下要求：

a) 坡口表面不应有裂纹、分层和夹杂等缺陷；

b) 标准抗拉强度下限值 R_m 不小于 540 MPa 的低合金钢板经火焰切割的坡口表面，应按 NB/T 47013.4 进行磁粉检测，Ⅰ级合格；

c) 施焊前，应清除坡口及其两侧母材表面至少 20 mm 范围内（以离坡口边缘的距离计）的氧化物、油污、熔渣及其他有害杂质。

8.2.3.5 封头应符合 GB/T 25198 和设计图样的规定。

8.2.3.6 封头应尽量整体成形，并符合以下规定：

a) 先拼板后成形的封头，拼接焊缝一般不应多于 2 条，并应按图 5 布置，其焊缝距封头中心线应小于封头内径 D_i 的 1/4，中间板的宽度应不小于 300 mm，拼板的总块数应不多于 3 块。拼接焊缝的内表面以及影响封头成形质量的拼接焊缝的外表面，应在成形前打磨至与母材齐平。

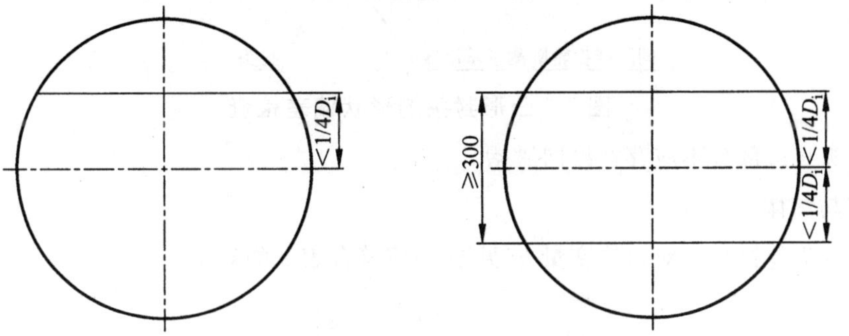

图 5 整体成形封头拼接焊缝布置图

b) 封头由成形的瓣片和顶圆板拼接制成时，瓣片间的焊缝方向宜是径向和环向的（见图 6）。封头各种不相交的拼接焊缝中心线间距离应大于封头钢材厚度 δ_s 的 3 倍，且不小于 200 mm。

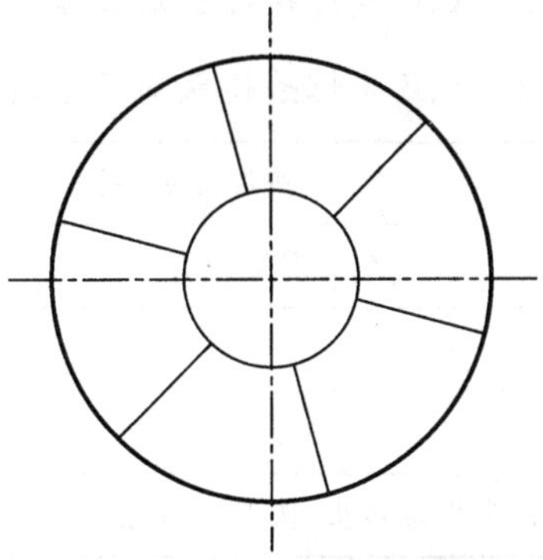

图 6 分瓣成形封头的拼接焊缝布置图

c) 分瓣成形后再组焊的封头，其对口错边量同 A 类焊缝，应符合表 9 的规定。

d) 用带间隙的全尺寸的内样板，检查封头内表面的形状偏差（见图 7），缩进尺寸为 3%D_i～5%D_i，其最大形状偏差外凸应不大于 1.25%D_i，内凹应不大于 0.625%D_i。检查时应使样板垂直于待测表面。对图 6 所示的先成形后拼接制成的封头，可避开焊缝进行测量。

e) 内容器封头应采用适当的成形工艺,确保封头的质量,避免封头过渡段和直边段出现裂纹。当采用温成形时,应避开奥氏体型不锈钢的敏化温度区。

f) 封头成形后过渡段和直边段的铁素体测量值应不大于15%。

g) 碟形封头过渡区转角半径应不小于图样的规定值。

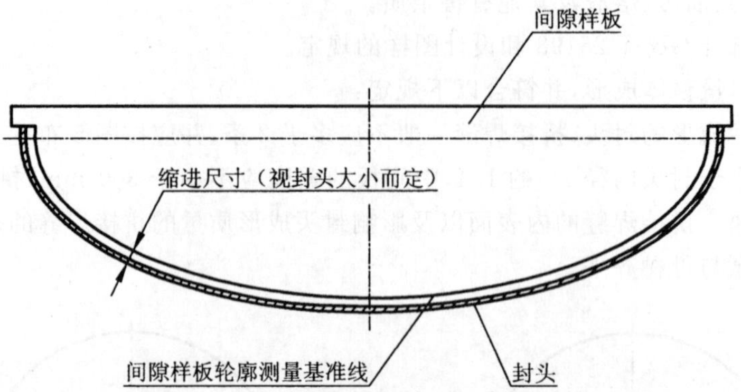

图7 凸形封头的形状偏差检查

h) 封头直边部分不应存在纵向皱褶。

8.2.4 圆筒与筒体

8.2.4.1 A、B类焊接接头对口错变量 b(见图8)应符合表9的规定。

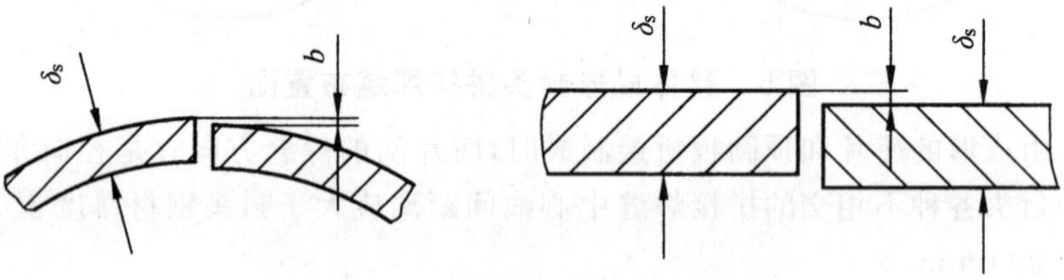

图8 A、B类焊接接头对口错边量

表9 A、B类焊接接头对口错边量

对口处钢材厚度 δ_s/mm	按焊接接头类别划分对口错边量 b/mm	
	A类焊接接头	B类焊接接头
≤12	≤1/4δ_s	≤1/4δ_s
>12～20	≤3	≤1/4δ_s
注:球形封头与圆筒连接的环向A类焊接接头,按B类焊接接头的对口错边量要求。		

8.2.4.2 在焊接接头环向、轴向形成的棱角 E,宜分别用弦长等于 $D_i/6$,且不小于300 mm的内样板(或外样板)和直尺检查(见图9、图10),其 E 值应不大于(δ_s/10+2)mm,且不大于5 mm。

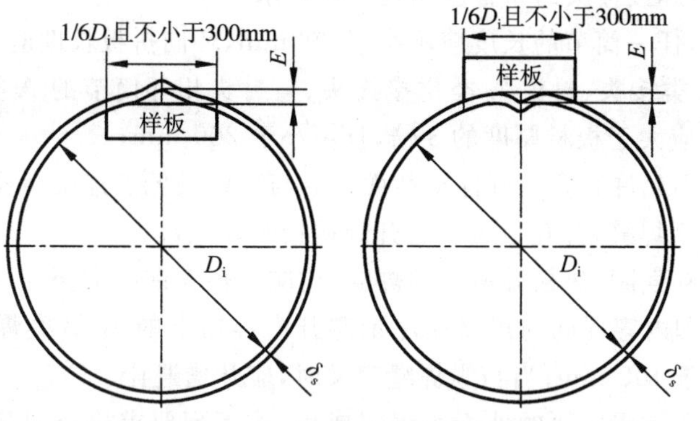

图 9　内样板或外样板检查棱角

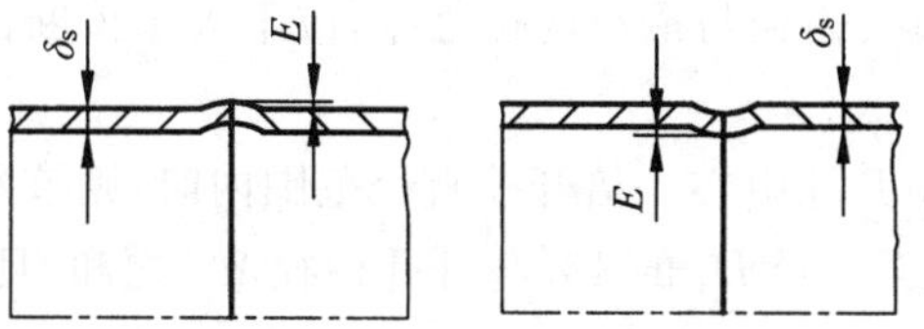

图 10　直尺检查棱角

8.2.4.3　B 类焊接接头以及圆筒与球形封头相连的 A 类焊接接头的两侧钢材厚度不等时,当薄板厚度不大于 10 mm、两板厚度差超过 3 mm 以及薄板厚度大于 10 mm、两板厚度差大于薄板厚度的 30%或超过 5 mm 时,均应按图 11 的要求单面或双面削薄厚板边缘(但被削薄后的板厚,在 L_1 区域内任意处都不应小于设计厚度),或按同样要求采用堆焊方法将薄板边缘焊成斜面。当两板厚度差小于上列数值时,则对口错边量 b 按 8.2.4.1 的要求,且对口错边量 b 以薄板厚度为基准确定。在测量对口错边量 b 时,不应计入两板厚度差值。

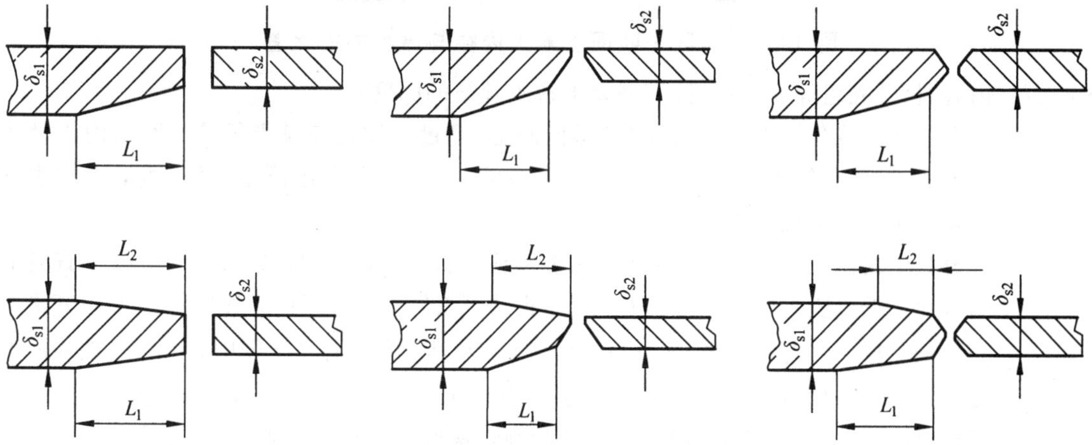

L_1, $L_2 \geqslant 3\ (\delta_{s1}-\delta_{s2})$

图 11　单面或双面削薄厚板边缘

8.2.4.4　除图样另有规定外,筒体直线度允差应不大于筒体长度的 1‰。

注:筒体直线度检查是通过中心线的水平或垂直面,即沿圆周 0°、90°、180°、270°四个部位进行测量。测量位置与筒体纵向接头焊缝中心线的距离不小于 100 mm。当壳体厚度不同时,计算直线度时应减去厚度差。

8.2.4.5 筒节组装时,焊接接头的布置应满足下列要求:

a) 组装圆筒中,任一筒节的长度应不小于300mm,环向拼板长度应不小于500 mm;

b) 相邻筒节A类接头、封头A类拼接接头、与封头相邻筒节的A类接头焊缝中心之间的外圆弧长应大于板材厚度的3倍,且不小于200 mm;

c) 圆筒纵焊缝不允许布置在罐体横截面中心与罐体最低点连接半径左右各20°范围内;

d) 不应采用十字焊缝,开孔位置宜避开焊接接头;

e) 罐体上凡被补强圈、垫板等覆盖的焊缝,均应在覆盖前打磨至与母材齐平;

f) 内容器附件和内容器间的焊接应尽量避开内容器上的A、B类焊接接头,且距离环焊缝边缘不小于100 mm;当与纵焊缝交叉时,应开槽避让。

8.2.4.6 内容器及需要承受内压的外壳组焊完成后,按下列要求检查圆筒的直径,有开孔补强时应距补强圈边缘100 mm以外的位置测量:

a) 圆筒同一断面上最大内径与最小内径之差,应不大于该断面内径 D_i 的1%,且不大于25 mm(见图12);

b) 当被检断面位于距开孔中心1倍开孔直径范围内时,则该断面最大内径与最小内径之差,应不大于该断面内径 D_i 的1%与开孔内径2%之和,且不大于25 mm。

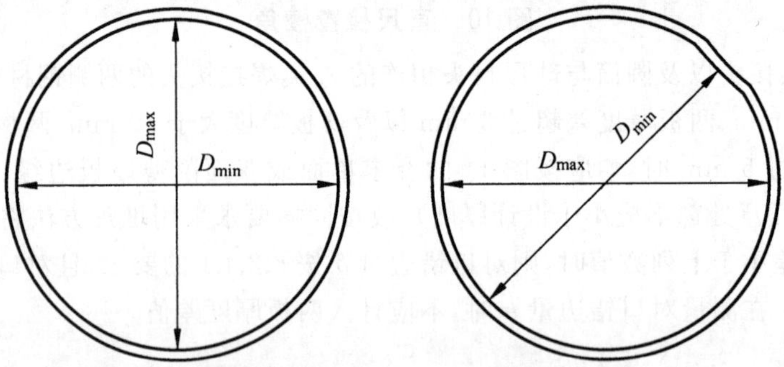

图12 圆筒同一断面上最大内径与最小内径之差

8.2.4.7 内容器、外壳组焊完成后,按下列要求检查圆筒的圆度:

a) 采用内弓形或外弓形样板(依测量部位而定)测量。样板圆弧半径等于圆筒内半径或外半径,其弦长等于GB/T 150.3—2011中图4-14中查得弧长的2倍,测量点应避开焊接接头或其他凸起部位。

b) 用样板沿筒体径向测量的最大正负偏差 e 应不大于GB/T 150.4—2011图10中查得的最大允许偏差值。当 D_o/δ_e 与 L/D_o 所查的交点位于图中任意两条曲线之间时,其最大正负偏差值 e 由内插法确定;当 D_o/δ_e 与 L/D_o 所查的交点位于图中 $e=1.0\delta_e$ 曲线的上方或 $e=0.2\delta_e$ 曲线的下方时,其最大正负偏差值 e 分别不大于 δ_e 及 $0.2\delta_e$ 值。

c) 圆筒、球壳的 L 与 D_o 按GB/T 150.3的规定选取。

8.2.4.8 机械加工表面和非机械加工表面的线性尺寸的极限偏差,分别按GB/T 1804—2000中的m级和c级的规定。

8.2.4.9 紧固件应满足相应国家标准或行业标准的规定。承受拉伸或剪切力载荷的螺栓,其性能等级应不低于8.8级。

8.2.4.10 罐体的主要几何尺寸、管口方位应满足设计图样的要求。

8.2.5 焊接

8.2.5.1 焊条、焊剂及其他焊接材料的贮存库应保持干燥,相对湿度不应大于60%。

8.2.5.2 坡口表面质量检查,应符合8.2.3.4的规定。

8.2.5.3 当施焊环境出现以下任一情况,且无有效防护措施时,应禁止施焊:

a) 焊条电弧焊时,风速大于10 m/s;

b) 气体保护焊时,风速大于2 m/s;

c) 相对湿度大于90%;

d) 雨、雪环境;

e) 焊件温度低于−20℃。

8.2.5.4 焊件温度处于0℃~−20℃时,应在施焊处100 mm范围内预热到15℃以上。

8.2.5.5 内容器施焊前,受压元件焊缝、与受压元件相焊的焊缝、熔入永久焊缝内的定位焊缝、受压元件母材表面堆焊与补焊,以及上述焊缝的返修焊缝都应按NB/T 47014进行焊接工艺评定或具有经过评定合格的焊接工艺规程支持。

8.2.5.6 当焊接结构受压元件用境外材料(含填充材料)时,制造单位在首次使用前应按NB/T 47014进行焊接工艺评定。

8.2.5.7 焊接工艺评定应包括焊缝和热影响区的低温夏比(V型缺口)冲击试验。冲击试验的取样方法,按NB/T 47014的要求确定。冲击试验温度应不高于设计图样要求的试验温度。当焊缝两侧母材具有不同冲击试验要求时,低温冲击吸收能量按两侧母材抗拉强度的较低值符合GB/T 150.2或设计图样的要求。接头的拉伸和弯曲性能按两侧母材中的较低要求。

8.2.5.8 焊接工艺评定报告和预焊接工艺规程应经制造单位焊接责任人审核,技术负责人批准,由监检人员签字确认后存入技术档案。焊接工艺评定技术档案应保存至该工艺评定失效为止,焊接工艺评定试样应至少保存5年。

8.2.5.9 受压元件之间或受压元件与非受压元件组装时的定位焊,若保留成焊缝金属的一部分,应按受压元件的焊缝要求施焊。

8.2.5.10 罐体的焊接应严格控制线能量。在焊接工艺评定所确认的范围内,选用较小的焊接线能量,以多道施焊为宜。

8.2.5.11 焊缝表面的形状尺寸应符合下列规定:

a) A、B类接头焊缝的余高e_1、e_2按表10和图13的规定;

b) C、D、E类接头的焊脚尺寸,在图样无规定时,取焊件中较薄者的厚度。补强圈的厚度不小于8mm时,其焊脚尺寸等于补强圈厚度的70%,且不小于8 mm;

c) C、D、E类焊缝与母材呈圆滑过渡。

表10 A、B类接头焊缝的余高

单位为毫米

单面坡口		双面坡口	
e_1	e_2	e_1	e_2
0~15%δ_s且≤4	≤1.5	0~15%δ_1且≤4	0~15%δ_2且≤4
注:表中百分数计算值小于1.5 mm时,按1.5 mm计。			

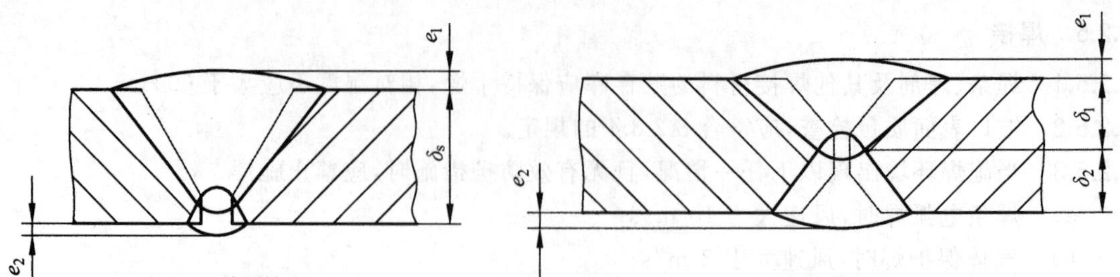

a）单面坡口　　　　　　　　b）双面坡口

图 13　A、B 类接头焊缝的余高 e_1、e_2

8.2.5.12　焊接接头表面质量应符合下列规定：

a）　不应有表面裂纹、咬边、表面气孔、弧坑、未填满、焊瘤和飞溅物等缺陷；

b）　对接焊缝与母材应圆滑过渡，角焊缝的外形应凹形圆滑过渡；

c）　按疲劳分析设计的罐体，应去除 A、B 类焊缝的余高，使焊缝表面与母材表面平齐；

d）　其他表面质量应符合设计图样的规定。

8.2.5.13　临时附件的焊接应符合下列规定：

a）　罐体上焊接的临时吊耳和拉筋的垫板等，应采取力学性能和焊接性能与罐体相同或相近的材料，并用相适应的焊材及焊接工艺进行焊接；

b）　临时吊耳和拉筋的垫板割除后，留下的焊疤应打磨光滑，并按图样规定进行渗透检测或磁粉检测，表面应无裂纹等缺陷。打磨后的厚度应不小于该部位的设计厚度或图样规定的最小厚度。

8.2.5.14　内容器主要受压元件焊缝应采用简图记录焊工代号。

8.2.5.15　焊接接头返修及母材缺陷补焊应符合下列规定：

a）　焊接接头的返修和补焊都应进行焊接工艺评定或有经评定合格的焊接工艺支持，施焊时应有详尽的返修或补焊记录；

b）　焊缝同一部位的返修次数不宜超过 2 次，如超过 2 次，返修前应经制造单位技术负责人批准，且将返修的次数、部位和返修情况记入产品质量证明文件；

c）　返修部位应按原要求经无损检测合格；

d）　耐压试验后进行的返修，如返修深度大于 1/2 壁厚，应重新进行耐压试验；

e）　氦质谱检漏后需返修的，返修部位应采用合适的检验方法检测合格，且重新进行氦质谱检漏。

8.2.6　产品焊接试件

8.2.6.1　凡符合以下条件之一的、有 A 类纵向焊接接头的内容器，应逐台制备产品焊接试件：

a）　需经过热处理改善或者恢复材料力学性能的内容器；

b）　设计图样要求制备产品焊接试件的内容器。

8.2.6.2　制备产品焊接试件与试样，应符合下列规定：

a）　产品焊接试件应在内容器筒节 A 类纵向焊接接头的延长部位与筒节同时施焊；

b）　试件应取自合格原材料，且与内容器钢板具有相同标准、相同牌号、相同厚度和相同热处理状态；

c）　试件由施焊内容器的焊工，且采用与施焊内容器相同的条件、过程与焊接工艺施焊。有热处理要求的内容器，试件一般随内容器一起热处理，否则应采取措施保证试件按照与内容器相同的工艺进行热处理；

d） 试样的尺寸和试样的截取，应符合 NB/T 47016 的规定。

8.2.6.3 试样的力学性能检验与评定，应符合下列规定：

a） 力学性能检验的试验方法、合格指标及复验要求，应符合 NB/T 47016 的规定；

b） 夏比（V 型缺口）冲击试验应包括焊缝金属和热影响区，试验温度为受压元件的设计温度或设计图样规定的温度；

c） 当产品焊接试样评定结果被判为不合格时，应分析原因，采取相应措施，允许按 NB/T 47016 要求重新取样进行复验。当复验结果仍达不到要求时，则该试件所代表的产品应判为不合格。

8.2.7 无损检测

8.2.7.1 无损检测方法

8.2.7.1.1 无损检测方法包括射线检测、超声检测、磁粉检测和渗透检测等。射线检测应符合 NB/T 47013.2、NB/T 47013.11 或 NB/T 47013.14 的规定；超声检测应符合 NB/T 47013.3 或 NB/T 47013.10 的规定；磁粉检测应符合 NB/T 47013.4 的规定；渗透检测应按 NB/T 47013.5 的规定。

8.2.7.1.2 制造单位或无损检测机构应按设计图样要求和 NB/T 47013.1 的规定制定罐体的无损检测工艺。

8.2.7.2 无损检测方法的选择

8.2.7.2.1 内容器及外壳的 A、B 类焊接接头（内容器工艺人孔筒节与人孔封头的合拢 B 类焊接接头和外壳的合拢 B 类焊接接头除外）、与内容器连接的管路对接接头，应进行射线检测或超声检测。超声检测包括衍射时差法超声检测（TOFD）、可记录的脉冲反射法超声检测和不可记录的脉冲反射法超声检测。

8.2.7.2.2 采用不可记录的脉冲反射法超声检测时，应采用射线检测或衍射时差法超声检测作为附加局部检测。

8.2.7.2.3 罐体的不锈钢焊接接头表面无损检测应采用渗透检测，碳钢或低合金钢焊接接头的表面无损检测应采用磁粉检测或者渗透检测。

8.2.7.2.4 铁磁性材料制罐体焊接接头的表面无损检测应优先采用磁粉检测。

8.2.7.3 内容器无损检测比例及技术要求

8.2.7.3.1 A、B 类焊接接头应进行 100％射线检测或超声检测。

8.2.7.3.2 工艺人孔筒节与人孔封头的合拢 B 类焊接接头的无损检测方法和要求应符合设计图样的规定。

8.2.7.3.3 先拼板后成形的凸形封头上所有拼接接头应进行 100％表面检测。

8.2.7.3.4 内容器上 C、D、E 类焊接接头应进行 100％表面检测。

8.2.7.3.5 内容器上临时吊耳和拉筋垫板割除并修磨后留下的焊疤，应进行表面检测。

8.2.7.3.6 内容器无损检测的技术要求应符合下列规定：

a） 射线检测技术等级应不低于相应检测方法的 AB 级，其合格级别应不低于Ⅱ级；

b） 脉冲反射法超声检测技术等级应不低于 B 级，合格级别应不低于Ⅰ级；

c） 衍射时差法超声检测合格级别应不低于Ⅱ级；

d） 渗透检测合格级别应不低于Ⅰ级。

8.2.7.4 外壳无损检测比例及技术要求

8.2.7.4.1 A、B类焊接接头(外壳的合拢B类焊接接头除外)应进行局部射线检测,检测长度不小于各条焊接接头长度的20%,且不小于250 mm,其射线检测技术等级应不低于相应检测方法的AB级,合格等级不低于Ⅲ级。

8.2.7.4.2 外壳的合拢B类焊接接头以及下列项目的接头应经无损检测,检测方法和要求应符合设计图样的规定:

a) 凡被补强圈、垫板、支座、内件等覆盖的焊接接头;

b) 以开孔中心为圆心,1.5倍开孔直径为半径的圆中所包容的焊接接头。

8.2.7.4.3 先拼板后成形的凸形封头上所有拼接接头应进行100%射线检测及100%表面检测,其射线检测技术等级不应低于AB级,合格级别不低于Ⅲ级,表面检测的合格级别应不低于Ⅰ级。

8.2.7.4.4 外壳上临时吊耳和拉筋垫板割除并修磨后留下的焊疤,应进行表面检测,表面检测的合格级别应不低于Ⅰ级。

8.2.7.4.5 外壳与框架连接部位的焊接接头应进行100%表面检测,表面检测的合格级别应不低于Ⅰ级。

8.2.7.5 重复检测

8.2.7.5.1 经无损检测的焊接接头,发现不允许的缺陷时,应在缺陷清除干净后进行补焊,并对该部位采用原无损检测方法和合格等级进行重新检测和评定。

8.2.7.5.2 进行局部无损检测的焊接接头,发现不允许的缺陷时,应在该缺陷两端的延伸部位增加检查长度,增加的长度为该焊接接头长度的10%,且两侧均不小于250 mm。若仍有不允许的缺陷,则对该条焊接接头进行100%无损检测。

8.2.7.5.3 渗透与磁粉检测发现不允许的缺陷时,应进行修磨及必要的补焊,并对该部位采用原无损检测方法重新检测。

8.2.7.6 无损检测的实施时机

8.2.7.6.1 焊接接头的无损检测,应在形状尺寸及外观检查合格后进行。

8.2.7.6.2 拼接封头应在成形后进行无损检测。若成形前已进行无损检测,则成形后还应对圆弧过渡区至直边段再进行无损检测。

8.2.7.7 无损检测的记录、资料和报告

制造单位应填写无损检测记录,正确签发无损检测报告,妥善保管射线底片和超声检测数据等检测资料(含缺陷返修前记录),并建立无损检测档案,其保存期限应不少于罐箱的设计使用年限。

8.2.8 热处理

8.2.8.1 罐体热处理要求应符合GB/T 150.4和设计文件的规定。

8.2.8.2 除图样另有规定外,外壳冷成形后不需热处理。

8.2.9 清洁要求

8.2.9.1 与氧接触的所有零部件表面,应进行脱脂与清洁处理,其油脂残留量应不大于125 mg/m²。

8.2.9.2 与氧以外介质接触的零部件表面,除图样另有规定,其油脂残留量应不大于500 mg/m²。

8.2.9.3 真空夹层表面以及其内部的零部件表面,应进行脱脂、除锈、干燥等处理。

8.2.9.4 对不设置工艺人孔的内容器,在最后一道合拢焊缝对焊前,应清除内容器中的杂物,清洁度应满足设计图样的要求。

8.2.10 组装要求

8.2.10.1 内容器在耐压试验合格后方可与外壳进行组装。

8.2.10.2 高真空多层绝热的绝热层应满足下列要求：

a) 多层绝热材料应经干燥处理；

b) 层数、层密度应符合设计图样的规定；

c) 反射屏与间隔材料之间应相互封闭；

d) 尽量避免出现反射屏之间直接接触(短路)及局部无反射屏的现象；

e) 最外层应有防止绝热层松散和脱落的相应措施。

8.2.10.3 真空粉末绝热的绝热层应满足下列要求：

a) 粉末绝热材料应经干燥处理；

b) 装填时，应控制粉末绝热材料的装填密度；

c) 应尽可能采取防止粉末绝热材料沉降的措施。

8.2.11 吸附剂安装

8.2.11.1 低温吸附剂应安装在内容器外壁，其包装和填充应符合设计图样的规定。

8.2.11.2 常温吸附剂应安装在外壳内壁，其包装和安置应符合设计图样的规定。

8.3 管路制造

8.3.1 管路安装前，管子、管件、阀门等管路组成件内外表面应清理干净，无杂物、油污且干燥。

8.3.2 管路的无损检测应符合下列要求：

a) 真空夹层内及外部的管路，其对接接头应按 NB/T 47013.2 进行 100％射线检测，射线检测技术等级不应低于 AB 级，其合格级别不应低于Ⅱ级；

b) 真空夹层内及外部的管路，其角接接头应按 NB/T 47013.5 进行 100％渗透检测，合格等级应不低于Ⅰ级。

8.3.3 真空夹层内的管路应与内容器一起进行耐压试验。

8.3.4 外部管路的法兰密封面及密封垫片，应无影响密封性能的划痕、斑点等缺陷。

8.3.5 法兰面应垂直于接管或圆筒的主轴中心线，且保证法兰面的水平或垂直，其偏差均应不大于法兰外径的 1％(法兰外径小于 100 mm 时按 100 mm 计算)且不大于 3 mm。法兰的螺栓孔应与管路主轴线或铅垂线跨中布置(见图 14)。有特殊要求时，应在图样上注明。

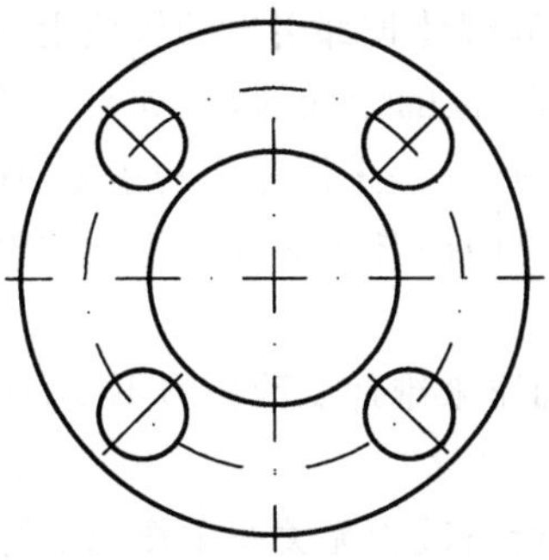

图 14 法兰的螺栓孔与管路主轴线或铅垂线跨中布置

8.3.6 当管路装配间断施工时，应及时封闭敞开的管口。

8.3.7 阀门应按设计流程图确定其安装方向。螺杆式截止阀应在顺时针方向转动时被关闭。

8.3.8　管路上应清楚标明各个接口和附件的用途。管路阀门应标明介质流向，截止阀应标明开启和关闭方向。

8.3.9　管路宜采用管夹固定，管夹的固定不应限制管路的热胀冷缩。

8.3.10　有导静电接地要求的设备，各段管子间应导电。当每对法兰或螺纹接头间电阻值超过 0.03Ω 时，应设置导线跨接。

8.3.11　外部管路应进行耐压试验。

8.4　框架

8.4.1　框架外部尺寸和公差按照 GB/T 1413，其他要求按照图样规定。

8.4.2　每根角柱与角件焊接后，应进行额定质量 R 与重力加速度 g 乘积的 1/2($Rg/2$)的拉力试验，以不出现裂纹及明显变形为合格。

8.4.3　角柱、横梁、侧梁的直线度应不大于构件长度的 1.5‰。

8.5　氦质谱检漏

8.5.1　内容器与外壳组装后，应对真空夹层进行氦质谱检漏。漏率指标应符合 6.4.14.1 和设计图样的规定。

8.5.2　泄漏处应按焊接返修工艺进行修补，按原无损检测要求检测合格后，再重新进行氦质谱检漏。

8.6　罐体涂敷

罐体的涂敷应符合 JB/T 4711 和设计图样的规定。

9　试验方法

9.1　试验顺序

9.1.1　罐箱在结构强度试验完成后，方可进行低温性能检测。

9.1.2　有碰撞试验要求的罐箱，其低温性能检测应在碰撞试验完成后进行。

9.1.3　有热处理要求的内容器，耐压试验应在热处理完成后进行。

9.2　耐压试验

9.2.1　内容器制成后应按图样的规定进行耐压试验，耐压试验包括液压试验和气压试验。

9.2.2　耐压试验应用两个量程相同并经过检定合格的压力表。压力表的量程应为 1.5 倍～3 倍的试验压力，且以试验压力的 2 倍为宜。压力表的精度应不低于 1.6 级，表盘直径应不小于 100 mm。压力表应安装在从被试验罐体顶部引出的管线上便于观察的位置。

9.2.3　耐压试验前，内容器各连接部位的紧固螺栓(如有)，应当配置齐全，紧固妥当。耐压试验时，内容器上焊接的临时受压元件，应当采用适当的措施，保证其强度和安全性。

9.2.4　耐压试验场地应有可靠的安全防护措施，并且经过单位技术负责人和安全管理部门检查认可。

9.2.5　耐压试验基本要求

9.2.5.1　保压期间不应采用连续加压来维持试验压力不变，耐压试验过程中不应带压紧固螺栓或者向受压元件施加外力。

9.2.5.2　耐压试验过程中，不应进行与试验无关的工作，无关人员不应在试验现场停留。

9.2.5.3　内容器开孔补强圈应在耐压试验前通入 0.4 MPa～0.5 MPa 的压缩空气检查焊接接头质量。

9.2.6　液压试验

9.2.6.1　液压试验的介质一般采用水，必要时也可采用不会导致发生危险的其他液体。试验时,液体的温度应低于其闪点或沸点,且有可靠的安全措施。

9.2.6.2 液压试验温度应符合 GB/T 150.4 和设计图样的规定。

9.2.6.3 液压试验应符合下列规定:

a) 内容器顶部应设排气口,充液时应将罐内的空气排净;试验过程中,内容器外表面应保持干燥;

b) 当内容器壁温与液体温度接近时,才能缓慢升压至设计压力,确认无泄漏后继续升压到规定的试验压力;保压时间一般不少于 30 min,然后将试验压力降至设计压力,保压足够长的时间以对所有焊接接头和连接部位进行检查;

c) 液压试验完毕后,应将液体排尽并用压缩空气将内容器内部吹干,并清除杂物。当无法完全排净吹干时,奥氏体型不锈钢制罐体用水,应控制水中的氯离子不超过 25 mg/L。

9.2.6.4 液压试验的合格要求

液压试验过程中,内容器无渗漏、无可见的变形和异常的响声为合格。

9.2.7 气压试验

9.2.7.1 由于结构或支撑、介质等原因,不允许残留试验液体的罐体,一般采用气压试验。

9.2.7.2 试验所用的气体应为干燥洁净的空气、氮气或其他惰性气体。

9.2.7.3 气压试验应有安全防护措施。试验时,试验单位的安全管理部门应派人进行现场监督。

9.2.7.4 试验用气体温度一般为常温。

9.2.7.5 试验时压力应缓慢上升,至规定试验压力的 10%,保压 5 min,并对所有焊接接头和连接部位进行泄漏检查;确认无泄漏后,再继续升压到规定试验压力的 50%,如无异常现象,其后按每级为规定试验压力的 10%,逐级升压至规定试验压力,并保压 10 min;然后将压力降至设计压力,保压足够时间进行检查。检查期间压力应保持不变,不应采用连续加压的方式维持试验压力。气压试验过程中不应带压紧固螺栓或向受压元件施加外力。

9.2.7.6 气压试验合格要求

气压试验过程中,内容器无异常响声,经肥皂液或其他可靠的检漏方法检查无漏气,无可见的变形为合格。

9.3 泄漏试验

9.3.1 罐体耐压试验合格,将所有管路、安全附件、仪表、装卸附件安装齐全后进行泄漏试验。

9.3.2 采用气密性试验时,应符合下列规定:

a) 试验用气体应为干燥、洁净的空气、氮气或其他惰性气体;

b) 试验用气体温度一般为常温;

c) 试验时,压力应缓慢上升,达到规定的试验压力后保压足够长时间,同时检查罐体所有的焊接接头和各阀件、仪表及其连接面,无泄漏为合格;

d) 如有泄漏,应在修补后重新进行试验。

9.3.3 其他泄漏试验方法和要求应符合设计文件的规定。

9.4 冷冲击试验

9.4.1 冷冲击试验后的检验内容和要求应符合设计文件的规定。

9.4.2 试验时,除进液口和出气口以外的所有管口应封闭,内容器和管路接头应被液氮充分浸渍。

9.5 清洁度测量

清洁度的测量方法按 JB/T 6896 的规定。

9.6 空箱质量测定

样箱应进行空箱质量测定,且测定质量在设计值的±3%范围内为合格。

9.7 容积测量

9.7.1 内容器应进行几何容积、有效容积、真空夹层容积的测定,测定方法按 GB/T 18443.8 的规定。

9.7.2 由于结构或介质的原因不允许残留试验液体的内容器,可用几何测量尺寸后计算容积代替实测容积。

9.8 真空度测量

真空夹层封结真空度的测量方法按 GB/T 18443.2 的规定。

9.9 真空夹层漏气速率测量

真空夹层漏气速率的测量方法按 GB/T 18443.3 的规定。

9.10 真空夹层漏放气速率测量

真空夹层漏放气速率的测量方法按 GB/T 18443.4 的规定。

9.11 静态蒸发率测量

静态蒸发率的测量方法按 GB/T 18443.5 的规定。

9.12 维持时间测量

维持时间的测量方法按 GB/T 18443.7 的规定。

9.13 安全附件试验

安全附件性能试验应符合相应产品标准和设计图样的规定。

9.14 堆码试验

9.14.1 本试验是验证满载罐箱在海洋船舶运输条件下,在箱垛中出现偏码时的承载能力。

9.14.2 堆码试验的要求和方法应符合 GB/T 16563 的规定。

9.15 吊顶试验

9.15.1 本试验是验证罐箱经受由四个顶角件垂直起吊的能力和在起吊作业时承受罐内载荷在加速作用下所产生的各种力的能力。

9.15.2 吊顶试验的要求和方法应符合 GB/T 16563 的规定。

9.16 吊底试验

9.16.1 本试验是验证罐箱经受由四个底角件起吊的能力。

9.16.2 吊底试验的要求和方法应符合 GB/T 16563 的规定。

9.17 外部纵向栓固试验

9.17.1 本试验是验证罐箱在额定质量乘以两倍重力加速度作用下($2Rg$)承受外部纵向栓固作用的能力。

9.17.2 外部纵向栓固试验的要求和方法应符合 GB/T 16563 的规定。

9.18 内部纵向栓固试验

9.18.1 本试验是验证罐箱的罐体和框架对充装介质所导致的纵向惯性力的承受能力。

9.18.2 内部纵向栓固试验的要求和方法应符合 GB/T 16563 的规定。

9.18.3 对于原型箱进行了铁路碰撞试验的罐箱，其内部纵向栓固试验可免除。

9.19 内部横向栓固试验

9.19.1 本试验是验证罐箱的罐体和框架对充装介质所导致的横向惯性力的承受能力。

9.19.2 内部横向栓固试验的要求和方法应符合 GB/T 16563 的规定。

9.20 横向刚性试验

9.20.1 本试验是验证除 1D 和 1DX 型以外的罐箱承受船舶在航行中所产生的横向推、拉的能力。

9.20.2 横向刚性试验的要求和方法应符合 GB/T 16563 的规定。

9.21 纵向刚性试验

9.21.1 本试验是验证除 1D 和 1DX 型以外的罐箱承受船舶在航行中所产生的纵向推、拉的能力。

9.21.2 纵向刚性试验的要求和方法应符合 GB/T 16563 的规定。

9.22 载荷传递区试验(可选择项)

9.22.1 本试验是在静态状况下，模拟罐箱已知载荷传递区在动态作业时仅部分接触运输车辆，底角件与旋锁间的空隙部分不传递载荷时的承受能力。

9.22.2 载荷传递区试验的要求和方法应符合 GB/T 16563 的规定。

9.23 步道试验(可选择项)

9.23.1 本试验是验证工作人员在步道上作业所产生载荷的承受能力。

9.23.2 步道试验的要求和方法应符合 GB/T 16563 的规定。

9.24 扶梯试验(可选择项)

9.24.1 本试验是验证扶梯对工作人员在其上作业时所产生载荷的承受能力。

9.24.2 扶梯试验的要求和方法应符合 GB/T 16563 的规定。

9.25 碰撞试验

罐箱的碰撞试验方法、评定标准应符合主管部门的有关规定。

10 检验规则

10.1 检验分类

罐箱的检验分为逐台检验、批量检验和型式试验。

10.2 逐台检验

罐箱制造完成后应经逐台检验合格方可出厂。逐台检验项目按表 11 的规定。

10.3 批量检验

10.3.1 同一定型设计的罐箱，按生产顺序，以不多于 50 台为一批。每批中随机抽取 1 台为批量检验样箱。

10.3.2 若批量检验样箱检验不合格，则在该批中再抽取 2 台进行检验，仍不合格时应逐台进行检验。

10.3.3 批量检验的项目和要求按表 11 的规定。

10.4 样箱型式试验

10.4.1 罐箱制造单位在设计产品定型或停产两年以上再次恢复生产时，应试制至少 1 台样箱进行型式试验。

10.4.2 样箱型式试验由主管部门核准或者批准的试验机构进行。样箱型式试验的项目要求按表11的规定。

10.4.3 仅参与公路运输的罐箱禁止进行堆码，其型式试验项目至少包括吊顶试验、吊底试验、外部纵向栓固试验、内部横向栓固试验和内部纵向栓固试验。

10.5 低温性能型式试验

样箱型式试验项目完成后，应进行真空绝热罐体低温性能型式试验。低温性能型式试验应由国家特种设备安全监督管理部门核准的型式试验机构进行，并出具低温性能型式试验报告和证书。低温性能型式试验项目要求按表11的规定。

表11 逐台检验、批量检验和型式试验的项目

检验项目	检验内容	逐台检验	批量检验	型式试验
几何尺寸检测	框架尺寸、罐体外形尺寸、罐体及其附件与框架装配尺寸	★	★	★
外观表面质量检查	油漆、涂装、标记、标识、铭牌	★	★	★
附件检查	安全附件、仪表、装卸附件	★	★	★
冷冲击试验(适用时)	9.4	▲	▲	▲
清洁度测量	9.5	▲	▲	▲
空箱质量检测	9.6	—	—	★
内容器几何容积检测	9.7	—	—	★
封结真空度测量	9.8	★	★	★
漏气速率测量	9.9	★	★	★
漏放气速率测量	9.10	★	★	★
静态蒸发率测量	9.11	▲	★	★
维持时间测试	9.12	—	—	★
安全附件试验	9.13	—	—	★
堆码试验	9.14	—	—	★
吊顶试验	9.15	—	—	★
吊底试验	9.16	—	—	★
外部纵向栓固试验	9.17	—	—	★
内部纵向栓固试验	9.18	—	—	★
内部横向栓固试验	9.19	—	—	★
横向刚性试验	9.20	—	—	★
纵向刚性试验	9.21	—	—	★
载荷传递区试验(可选择项)	9.22	—	—	★
步道试验(可选择项)	9.23	—	—	★
扶梯试验(可选择项)	9.24	—	—	★
碰撞试验(可选择项)	9.25	—	—	★
有"★"标记的项目为需检验或试验的项目； 有"▲"标记的项目为由供需双方协商确定的项目。				

11 标志、标识

11.1 罐箱的代码、识别和标记应符合 GB/T 1836 的规定。

11.2 堆码小于 192 000 kg,横向刚性小于 150 kN 的罐箱,应按相关标准进行标识。

11.3 仅参与公路运输的罐箱的两侧应有“仅限公路运输”“禁止堆码”等警示性标记。

11.4 罐箱产品铭牌的格式与内容应符合 TSG R0005 的规定。

11.5 国际联运罐箱的标牌应满足主管部门的要求。

12 出厂文件

12.1 罐箱的制造单位至少应向使用单位提供下列技术文件和资料:

a) 竣工图样(总图和罐体图)、竣工图样上应有设计单位许可印章(复印章无效)且加盖竣工图章(竣工图章上标注制造单位名称、制造许可证编号、审核人的签字和“竣工图”字样),当制造中发生了材料代用、无损检测方法改变、加工尺寸变更等,制造单位应按设计单位书面批准文件的要求在竣工图样上作出清晰标注,标注处有修改人的签字及修改日期;

b) 产品合格证(含产品数据表);

c) 产品质量证明文件;

d) 产品铭牌的拓印件或者复印件;

e) 特种设备制造监督检验证书;

f) 强度计算书;

g) 应力分析报告(需要时);

h) 罐体安全泄放量、超压泄放装置排量和爆破片泄放面积的计算书;

i) 产品使用说明书;

j) 风险评估报告;

k) 备件、附件清单和相应的质量合格证明;

l) 可移动罐柜证书(需要时)。

12.2 罐箱产品质量证明书至少包含下列内容:

a) 主要受压元件材料质量证明书和材料清单;

b) 质量计划;

c) 受压元件(封头、锻件等)为外购或外协件时的产品质量证明文件;

d) 罐体外观及几何尺寸检验报告;

e) 罐体焊接记录;

f) 罐体无损检测报告;

g) 罐体焊后热处理报告及自动记录曲线;

h) 罐体耐压试验报告;

i) 气密性试验或其他泄漏试验报告;

j) 真空性能检测报告(含封结真空度检测、真空夹层漏放气速率检验);

k) 框架检验报告;

l) 罐体气体置换检测报告;

m) 产品制造变更报告；

n) 钢板、锻件超声检测报告(需要时)；

o) 安全附件、仪表及装卸附件的质量证明文件；

p) 其他必要的产品质量证明文件。

13 储存、运输

13.1 储存

13.1.1 充装易燃介质的罐箱出厂前，其内容器和管路应采用氮气密封，密封压力应不小于0.05 MPa，露点应低于－25℃，含氧量应小于2%。

13.1.2 充装非易燃介质的罐箱，其内容器和管路的含氧量应小于3%。

13.1.3 充装液氧介质的罐箱，与氧接触的零部件均应不存在与氧发生反应的物质。

13.1.4 罐箱长期存放时，应放置在防潮、通风和具有消防设施的专用场地。放置前应对罐箱进行仔细检查，包括各阀门仪表是否正常、装卸阀门是否安全闭止、静电接地装置是否有效等。

13.1.5 罐箱存放期间，应按产品使用说明书进行正常的维护与保养。

13.2 运输

13.2.1 罐箱应在空载情况下交付用户。

13.2.2 所有管路和阀门的开放端应用塑料盖、金属盖或堵头等保护。

13.2.3 罐箱运输时，其四个底角件应与平板车或甲板上的专用转锁或相应装置进行有效紧固。

13.2.4 罐箱堆码时，应不大于设计图样允许的堆码质量。

13.2.5 罐箱的吊装应采用吊钩、卸扣或扭锁等专用吊具通过四个顶角件进行起吊，或利用适合于装卸的吊钩在标准或设计规定的角度内起吊。

附 录 A
(规范性附录)
标准的符合性声明及修订

A.1 本标准的制定遵循了国家颁布的压力容器安全法规所规定的基本安全技术要求,其设计准则、材料要求、制造检验技术要求和验收标准等符合《移动式压力容器安全技术监察规程》的相应规定。本标准为协调标准,即按本标准建造的冷冻液化气体罐式集装箱可以满足《移动式压力容器安全技术监察规程》的基本安全要求。

A.2 标准的修订采用提案审查制度。任何单位和个人有权对本标准的修订提出建议,修订建议采用"表A.1 标准提案/问询表"的方式提交全国锅炉压力容器标准化技术委员会(以下简称"委员会")。委员会对收到的标准修订提案进行审查,根据审查结果,将采纳的技术内容纳入下一版标准。

表 A.1 标准提案/问询表 总第 号

<table>
<tr><td colspan="2">□标准提案 □标准问询</td><td>标准名称</td><td></td></tr>
<tr><td>单 位</td><td></td><td>姓 名</td><td></td></tr>
<tr><td>联系地址</td><td></td><td>邮政编码</td><td></td></tr>
<tr><td>电话/传真</td><td></td><td>电子信箱</td><td></td></tr>
<tr><td>标准条款</td><td colspan="3"></td></tr>
<tr><td colspan="4">提案/问询内容(可另附页)</td></tr>
<tr><td colspan="4"></td></tr>
<tr><td colspan="4">技术依据与相关资料(可另附页)</td></tr>
<tr><td colspan="4"></td></tr>
<tr><td colspan="4">附加说明:</td></tr>
<tr><td colspan="2">单位盖章或提案(问询)人签字:</td><td colspan="2">提交日期:
年 月 日</td></tr>
</table>

全国锅炉压力容器标准化技术委员会

地址:北京市朝阳区和平街西苑2号D座三层 邮政编码:100013

电子邮箱:NB-T47059@cscbpv.org

附　录　B
（规范性附录）
风险评估报告

B.1　总则

B.1.1　本附录规定了风险评估报告的基本要求。

B.1.2　设计单位应根据相关法规或设计委托方要求，针对罐箱建造阶段和使用阶段预期的风险编制风险评估报告。风险评估报告是编制其他设计文件的重要依据。

B.1.3　设计单位应按罐箱型号，且充分考虑在各种工况条件下可能产生的失效模式，在材料选择、结构设计、制造检验、运输使用、充装卸载等方面提出安全防护措施，防止可能发生的失效。

B.2　制定原则和程序

B.2.1　设计阶段风险评估主要针对设计者需考虑的对设计阶段、制造阶段和使用阶段预期的失效模式进行的危害识别和风险控制，说明应采取的技术措施和依据。

B.2.2　设计阶段风险评估按以下程序进行：

a）根据用户设计条件和其他设计输入信息（如设计任务书等），确定罐箱的运输方式及各种使用工况；

b）根据罐箱的充装介质、环境因素、运输方式及条件、装卸方式及条件等进行危害识别，确定可能发生的危害及其后果；

c）形成完整的风险评估报告。

B.3　风险评估报告内容

风险评估报告至少应包括如下内容：

a）罐箱的基本设计参数：运输方式、工作条件（如工作压力、工作温度、腐蚀环境等）、装卸条件（如装卸方式、装卸压力等）、充装介质（如编号、名称、危害特性等）、基本结构（如单层罐、堆积绝热罐）、材料等；

b）所有可能工况条件的描述；

c）设计阶段时，应考虑所有工况条件下可能发生的失效模式，如爆炸、泄漏、破损、变形以及倾覆等事故；

d）对标准、安全技术规范或规范性文件已经有规定的失效模式，说明采用的条款；

e）对标准、安全技术规范或规范性文件没有规定的失效模式，说明设计中载荷、安全系数和相应设计计算方法的选取依据；

f）规定针对介质少量泄漏、大量涌出、爆炸状况以及交通事故情况下如何处置的措施；

g）根据可能发生事故情况，规定合适的操作人员及其他相关人员的防护装备和措施；

h）风险评估报告应具有与罐箱设计图样总图一致的签署。

附　录　C
（规范性附录）
罐体安全泄放量及超压泄放装置排放能力的计算

C.1　总则

C.1.1　本附录规定了罐体充装冷冻液化气体介质在通风条件良好、敞开空间中的非火灾工况和火灾工况(与外部油池火灾类似)罐体安全泄放量的计算方法。

C.1.2　本附录公式仅适用于临界温度远高于额定排放压力下饱和气体温度的冷冻液化气体。临界温度接近或低于额定排放压力下饱和气体温度的冷冻液化气体，罐体安全泄放量的计算还应考虑气体的热力学特性。

C.2　从热壁(外壳)传入冷壁(内容器)的总热流量的计算

C.2.1　非火灾情况

C.2.1.1　绝热系统(夹层和绝热材料)完好且处于正常的真空状态下，外部为环境温度，内容器的温度为泄放压力下所充装的介质的饱和温度，需考虑的从外壳传入内容器的热流量的计算方法如下：

a)　在正常的真空状态下，通过绝热材料传入的热流量按式(C.1)计算：

$$H_{i,v}=U_{i,v}\times A_{i,m}\times(T_a-T_d) \qquad \text{(C.1)}$$

式中：

$H_{i,v}$——在正常的真空状态下，通过绝热材料传入的热流量，W；

$U_{i,v}$——在正常真空状态下，夹层绝热材料总的传热系数，W/(m^2·K)；

$$U_{i,v}=\frac{\lambda_{i,v}}{t_i}$$

式中：

$\lambda_{i,v}$——在正常真空状态下，绝热材料在温度范围 T_a 与 T_d 之间的平均热导率，W/(m·K)；

t_i——绝热材料的名义厚度，m。

$A_{i,m}$——绝热层内外表面积的算术平均值，m^2；

T_a——非火灾情况下绝热容器外部最高环境温度，K；

T_d——对应于某一深冷介质的容器或传热构件冷端表面温度，K。

对于亚临界流体，T_d 是介质在泄放压力下的饱和温度，K；

对于临界或超临界流体，T_d 的确定见注说明。

注：关于临界或超临界状态下介质的温度、比容积、焓及 q' 值的确定和计算可参考标准 ISO 21013-3《Cryogenic vessels—Pressure-relief accessories for cryogenic service—Part 3：Sizing and capacity determination》，临界或超临界流体物性参数可参考 National Institute of Science and Technology Tables of Fluid Properties（美国科学与技术学会出版的流体特性表）。

b)　通过内容器的吊带或其他支撑构件传入的热流量按式(C.2)计算：

$$H_{s,t}=N_{s,t}\frac{\lambda_{s,t}\times A_{s,t}(T_a-T_d)}{L_{s,t}} \qquad \text{(C.2)}$$

式中：

$H_{s.t}$——通过内容器的吊带或其他支撑构件传入的热流量，W；

$N_{s.t}$——内容器吊带或其他支撑构件的数量；

$\lambda_{s.t}$——内容器吊带或其他支撑构件材料在温度 T_a 与 T_d 之间平均热导率，W/(m·K)；

$A_{s.t}$——内容器金属吊带或其他支撑构件的截面积，m^2；

$L_{s.t}$——内容器吊带或其他支撑构件材料的长度，m。

c) 通过为约束内容器发生轴向向位移而设置的限位构件传入的热流量按式(C.3)计算：

$$H_{b.1}=N_{b.1}\frac{T_a-T_d}{R_{t.1}} \quad \cdots\cdots (C.3)$$

式中：

$H_{b.1}$——通过为约束内容器发生轴向位移而设置的限位构件传入的热流量，W；

$N_{b.1}$——内容器轴向限位构件数量；

$R_{t.1}$——轴向限位构件的总热阻，K/W。

$$R_{t.1}=\frac{L_{b.1}}{\lambda_b \cdot A_{b.1}}+\frac{L_{t.1}}{\lambda_{tu} \cdot A_{t.1}}$$

式中：

$L_{b.1}$——内容器轴向非金属限位构件的长度，m；

$L_{t.1}$——内容器轴向金属限位构件的长度，m；

λ_b——用于制作内容器轴向非金属限位构件的热导率，W/(m·K)；

λ_{tu}——用于制作内容器轴向金属限位构件的热导率，W/(mK)；

$A_{b.1}$——内容器轴向非金属限位构件的截面积，m^2；

$A_{t.1}$——内容器轴向金属限位构件的截面积，m^2。

d) 通过为约束内容器发生径向位移而设置的径向限位构件传入的热流量按式(C.4)计算：

$$H_{b.t}=N_{b.t}\frac{T_a-T_d}{R_{t.t}} \quad \cdots\cdots (C.4)$$

式中：

$H_{b.t}$——通过为约束内容器发生径向位移而设置的径向限位构件传入的热流量，W；

$N_{b.t}$——内容器径向限位构件数量；

$R_{t.t}$——径向限位构件的总热阻，K/W。

$$R_{t.t}=\frac{L_{b.t}}{\lambda_b \cdot A_{b.t}}+\frac{L_{t.t}}{\lambda_{tu} \cdot A_{t.t}}$$

式中：

$L_{b.t}$——内容器径向非金属限位构件的长度，m；

$L_{t.t}$——内容器径向金属限位构件的长度，m；

$A_{b.t}$——内容器径向非金属限位构件的截面积，m^2；

$A_{t.t}$——内容器径向金属限位构件的截面积，m^2。

e) 通过真空夹层的管道传入的热流量按式(C.5)计算：

$$H_{tube}=\sum_{i=1}^{n}\left[\frac{\lambda_t \cdot A_{tube\times i}(T_a-T_d)}{L_i}+\frac{\lambda_{gas} \cdot A_{tube\times i}(T_a-T_d)}{L_i}\right] \quad \cdots\cdots (C.5)$$

式中：

H_{tube}——通过真空夹层的管道传入的热流量，W；

λ_t——通过真空夹层的管道的材料在温度 T_a 与 T_d 之间平均热导率，W/(m·K)；

$$\lambda_t = \frac{\lambda_a - \lambda_c}{T_a - T_d}$$

式中：

λ_c——真空夹层的管道材料在冷端（深冷介质在泄放压力下的饱和温度）的热导率，W/(m·K)；

λ_a——真空夹层的管道材料在热端的热导率，W/(m·K)

$A_{tube \times i}$——穿过真空夹层的内容器第 i 管的横截面积，$i=1,2,\cdots,n$，m^2；

L_i——第 i 管在真空夹层内的长度，m；

λ_{gas}——所充装介质的气体热导率，W/(m·K)。

C.2.1.2　在非火灾和绝热层完好且处于正常的真空状态下，由外壳传入内容器的总热流量按式(C.6)计算：

$$H_1 = H_{i.v} + H_{s.t} + H_{tube} + H_{b.1} + H_{b.t} \quad \cdots\cdots (C.6)$$

式中：

H_1——在非火灾和绝热层完好且处于正常的真空状态下，由外壳传入内容器的总热流量，W。

C.2.1.3　绝热系统完好且处于正常的真空状态下，外部为环境温度，内容器的温度为泄放压力下所充装的介质的饱和温度，且增压系统处于全开工作状态，外壳经由绝热系统，构件和增压汽化器输入内容器的总热流量按式(C.7)计算：

$$H_2 = H_1 + H_{P.B.C} \quad \cdots\cdots (C.7)$$

式中：

H_2——外壳经由绝热系统，构件和自增压器输入内容器的总热流量，W；

$H_{P.B.C}$——自增压器产生的热流量，W。

$$H_{P.B.C} = U_{P.B.C} \times A_{P.B.C} \times (T_a - T_d)$$

式中：

$U_{P.B.C}$——自增压器总的对流传热系数，$W/(m^2 \cdot K)$；

$A_{P.B.C}$——自增压器总的外部传热面积，m^2；

T_a——非火灾情况下绝热容器外部最高环境温度，K；

T_d——对应于某一深冷介质的容器或传热构件冷端表面温度，K。

对于亚临界流体，T_d 是介质在泄放压力下的饱和温度，K。

对于临界或超临界流体，T_d 的确定见 C.2.1.1a)中注的说明。

C.2.1.4　绝热系统完好，但夹层已丧失真空状态下，外部温度为环境温度，内容器的温度为泄放压力下所充装介质的饱和温度，从外壳传入内容器的总热流量按式(C.8)计算：

$$H_3 = H_{i.1} + H_{s.t} + H_{tube} + H_{b.1} + H_{b.t} \quad \cdots\cdots (C.8)$$

式中：

H_3——绝热系统完好，但夹层已丧失真空，外部温度为环境温度，内容器的温度为泄放压力下所储存介质的饱和温度，从外壳传入内容器的总热流量，W；

$H_{i.1}$——夹层丧失真空的状态下,通过绝热材料输入的漏热量,W;

$$H_{i.1}=U_{i.1}\times A_{i,m}\times(T_a-T_d)$$

$U_{i.1}$——在大气压力下和环境温度下,绝热材料总的传热系数,W/(m²·K)。

$$U_{i.1}=\frac{\lambda_{i.1}}{t_i}$$

式中:

$\lambda_{i.1}$——夹层已丧失真空,在大气压力下绝热材料充满或吸附空气或介质气体,在温度 T_a 与 T_d 之间的平均热导率,W/(m·K);

t_i——绝热材料的名义厚度,m。

C.2.2 火灾情况

C.2.2.1 真空绝热容器的绝热系统完好或部分完好,但夹层真空已丧失,且罐体处于火灾或650℃(922K)及以上高温工况下,由外壳传入内容器的总热流量按式(C.9)计算:

$$H_4=2.6\times(922-T_d)U_{i.f}\times A_r^{0.82} \qquad (C.9)$$

式中:

H_4——真空绝热罐体的绝热系统完整,但夹层真空已丧失,且罐体处于火灾或650℃(922K)及以上高温工况下,由外壳传入内容器的总热流量,W;

$U_{i.f}$——在火灾条件下[外部温度为650℃(922K)、大气压下]绝热材料总的传热系数,W/(m²·K);

$$U_{i.f}=\frac{\lambda_{i.f}}{t_i}$$

式中:

$\lambda_{i.f}$——真空绝热罐体处于火灾或650℃(922K)及以上高温工况,夹层真空已丧失,在大气压力下,绝热材料充满介质气体或空气,但仍能有效地阻止热传导、热对流和热辐射;绝热材料在 T_d 与650℃(922K)之间的平均热导率,取两者(气体或空气)之中的较大值,W/(m·K);

t_i——绝热材料的名义厚度,m;

A_r——内容器与外壳面积的平均值,m²。

半球形封头的内容器:$A_r=\pi D_o L$;

椭圆形封头的内容器:$A_r=\pi D_o(L+0.3D_o)$。

式中:

L——外壳总长减去罐体中轴线处两端夹层厚度的平均值,m;

D_o——内容器与外壳直径的平均值,m。

C.2.2.2 真空绝热罐体处于火灾或650℃(922K)及以上高温,且绝热系统已完全损坏的情况下,由外壳传入内容器的总热流量按式(C.10)计算:

$$H_5=7.1\times10^4\times A_r^{0.82} \qquad (C.10)$$

式中:

H_5——真空绝热罐体处于火灾或650℃(922K)及以上高温工况,且绝热系统已完全损坏的情况下,由外壳传入内容器的总热流量,W;

A_r——内容器外表面积,m²。

半球形封头的内容器：$A_r=\pi D_o L$；

椭圆形封头的内容器：$A_r=\pi D_o(L+0.3D_o)$。

式中：

L——内容器总长，m；

D_o——内容器外直径，m。

C.3 内容器安全泄放量的计算

C.3.1 当内容器的超压泄放装置的泄放压力 p_d 小于介质临界压力的40%时，上述各种状态下的真空绝热罐体的安全泄放量(注：质量流量)按式(C.11)计算：

$$W_{s.i}=\frac{3.6H_i}{q} \quad\cdots\cdots\cdots\cdots (C.11)$$

式中：

$W_{s.i}$——当内容器的超压泄放装置的泄放压力 p_d 小于介质临界压力的40%时，真空绝热罐体的安全泄放量，kg/h；

H_i——由外壳传入内容器的总热流量，对应于 $i=1,2,3,4,5$ 分别由式(C.6)～式(C.10)计算，W；

q——在泄放压力下冷冻液体介质的汽化潜热，kJ/kg。

C.3.2 当超压泄放装置的气体泄放压力 p_d 小于介质的临界压力，但大于或等于临界压力的40%，即 $0.4p_{crit}\leqslant p_d<p_{crit}$ 时，需对式(C.11)中的容器安全泄放质量流量计算式进行修正，即应按式(C.12)计算：

$$W'_{s.i}=3.6\times\left(\frac{\nu_g-\nu_e}{\nu_g}\right)\times\frac{H_i}{q} \quad\cdots\cdots\cdots\cdots (C.12)$$

式中：

$W'_{s.i}$——当超压泄放装置的气体泄放压力 p_d 小于介质的临界压力，但大于或等于临界压力的40%，即 $0.4p_{crit}\leqslant p_d<p_{crit}$ 时，真空绝热罐体的安全泄放量，kg/h；

ν_g——泄放压力下，饱和气体介质的比容积，m^3/kg；

ν_e——泄放压力下，饱和液体介质的比容积，m^3/kg；

H_i——由外壳传入内容器的总热流量，对应于 $i=1,2,3,4,5$ 分别由式(C.6)～式(C.10)计算，W；

q——在泄放压力下液体介质的汽化潜热，kJ/kg。

C.3.3 当超压泄放装置的气体泄放压力高于介质的临界压力时，也需对式(C.11)中的内容器安全泄放质量流量计算公式进行修正，即应按式(C.13)计算：

$$W''_{s.i}=\frac{3.6H_i}{q'} \quad\cdots\cdots\cdots\cdots (C.13)$$

式中：

$W''_{s.i}$——当超压泄放装置的气体泄放压力高于介质的临界压力时，真空绝热罐体的安全泄放量，kg/h；

H_i——由外壳传入内容器的总热流量，对应于 $i=1,2,3,4,5$ 分别由式(C.6)～式(C.10)计算，W；

q'——泄放压力 p_d 和温度 T_d(K)下，当 $\dfrac{\sqrt{\nu}}{\nu\left[\dfrac{\partial h}{\partial \nu}\right]_p}$ 取得最大值时的值 $\nu\left[\dfrac{\partial h}{\partial \nu}\right]_p$，kJ/kg。

式中：

ν——临界或超临界介质在泄放压力 p_d 和操作温度范围内任一温度下的比容积，m^3/kg；

h——临界或超临界液体在泄放压力 p_d 下和操作温度范围内任一温度下的焓值，kJ/K。

C.4 泄放气体的质量流量 $W_{s.i}$ 换算成标态空气流量按式(C.14)计算。

$$Q_i=\frac{92.34W_{s.i}}{C}\sqrt{\frac{ZT}{M}} \quad \cdots\cdots\cdots (C.14)$$

式中：

Q_i——按泄放气体的质量流量 $W_{s.i}$ 换算成的标态空气流量，$N\cdot m^3/h$；

$W_{s.i}$——当内容器的安全泄放装置的泄放压力 p_d 小于40%的介质临界压力时，上述各种状态下的真空绝热罐体的安全泄放量，kg/h；

C——气体特性系数，查表C.1或按下式计算：

$$C=520\sqrt{k\left(\frac{2}{k+1}\right)^{\frac{k+1}{k-1}}}$$

式中：

k——气体绝热指数，$k=C_p/C_v$。

C_p——标准状态下气体定压比热；

C_v——标准状态下气体定容比热；

Z——在泄放压力 p_d 下饱和气体的压缩系数；

T——泄放装置进口侧的气体温度，K；

M——气体的摩尔质量，kg/kmol。

C.5 气体排放管长度对超压泄放装置入口的气体压力和温度的影响

当从内容器到泄放装置入口的气体排放管的长度超过600 mm时，必须考虑气体流过这段管子的压力降和热量损失，采取措施补偿由此减少的泄放系统的有效泄放能力，或对泄放装置入口的气体压力和温度进行修正，相关修正方法可参照CGA S-1.2。

C.6 安全阀排放能力计算

当 $\frac{p_o}{p_d}\leqslant\left(\frac{2}{k+1}\right)^{\frac{k}{k-1}}$ 时，属于临界流动状态，安全阀排放能力按式(C.15)计算：

$$W_s=7.6\times10^{-2}CKp_dA\sqrt{\frac{M}{ZT}} \quad \cdots\cdots\cdots (C.15)$$

当 $\frac{p_o}{p_d}>\left(\frac{2}{k+1}\right)^{\frac{k}{k-1}}$ 时，属于亚临界流动状态，安全阀排放能力按式(C.16)计算：

$$W_s=55.85\times AKp_d\sqrt{\frac{M}{ZT}}\sqrt{\frac{k}{k-1}\left[\left(\frac{p_o}{p_d}\right)^{\frac{2}{k}}-\left(\frac{p_o}{p_d}\right)^{\frac{k+1}{k}}\right]} \quad \cdots\cdots\cdots (C.16)$$

式中：

k——气体绝热指数，$k=C_p/C_v$；

C_p——标准状态下气体定压比热；

C_v——标准状态下气体定容比热；

p_o——安全阀出口压力，MPa；

W_s——安全阀的排放能力，kg/h；

C——气体特性系数,查表 C.1 或按下式计算:

$$C=520\sqrt{k\left(\frac{2}{k+1}\right)^{\frac{k+1}{k-1}}}$$

K——安全阀的额定泄放系数,与安全阀结构有关,应根据实验数据确定。无参考数据时,可按下列规定选取:全启式安全阀 $K=0.60\sim0.70$;

p_d——安全阀的排放压力,$p_d=1.2p+0.1$,MPa;

p——容器的设计压力,MPa;

A——安全阀最小排气截面积,mm^2。

全启式安全阀,即 $h\geqslant\frac{1}{4}d_t$ 时,$A=\pi\frac{d_t^2}{4}$。

式中:

h——阀瓣的开启高度,mm;

d_t——安全阀的最小流道直径(阀座喉部直径),mm。

C.7 爆破片装置排放能力计算

当 $\frac{p_o}{p_b}\leqslant\left(\frac{2}{k+1}\right)^{\frac{k}{k-1}}$ 时,属于临界流动状态,爆破片装置排放能力按式(C.17)计算:

$$W_s=7.6\times10^{-2}CK'p_bA\sqrt{\frac{M}{ZT}} \quad\cdots\cdots\text{(C.17)}$$

当 $\frac{p_o}{p_b}>\left(\frac{2}{k+1}\right)^{\frac{k}{k-1}}$ 时,属于亚临界流动状态,爆破片装置排放能力按式(C.18)计算:

$$W_s=55.85\times AK'p_b\sqrt{\frac{M}{ZT}}\sqrt{\frac{k}{k-1}\left[\left(\frac{p_o}{p_b}\right)^{\frac{2}{k}}-\left(\frac{p_o}{p_b}\right)^{\frac{k+1}{k}}\right]} \quad\cdots\cdots\text{(C.18)}$$

式中:

k——气体绝热指数,$k=C_p/C_v$;

p_o——爆破片装置出口侧压力,MPa;

W_s——爆破片装置的排放能力,kg/h;

C——气体特性系数,查表 C.1 或按下式计算:

$$C=520\sqrt{k\left(\frac{2}{k+1}\right)^{\frac{k+1}{k-1}}}$$

式中:

k——气体绝热指数,$k=C_p/C_v$。

　　C_p——标准状态下气体定压比热;

　　C_v——标准状态下气体定容比热;

A——爆破片装置的排放面积,mm^2;

p_b——爆破片装置的排放压力,$p_b=1.2p+0.1$,MPa;

　　p——容器的设计压力,MPa;

K'——爆破片装置的额定泄放系数,与爆破片装置入口管道形状有关,见图 C.1。

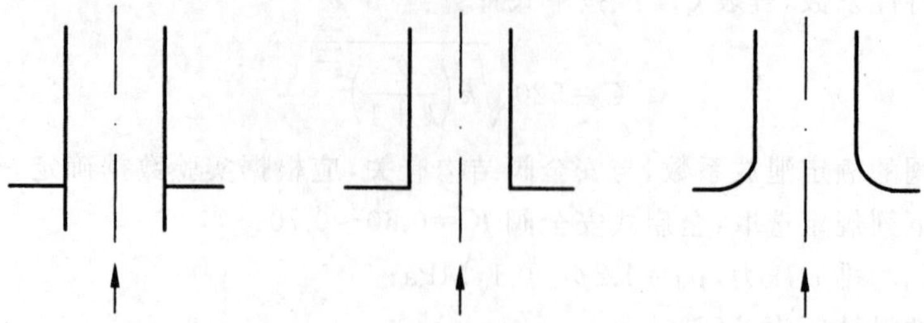

图 C.1 爆破片装置入口管道形状和额定泄放系数的关系

表 C.1 气体特性系数

k	C	k	C	k	C	k	C
1.00	315	1.20	337	1.40	356	1.60	372
1.02	318	1.22	339	1.42	358	1.62	374
1.04	320	1.24	341	1.44	359	1.64	376
1.06	322	1.26	343	1.46	361	1.66	377
1.08	324	1.28	345	1.48	363	1.68	379
1.10	327	1.30	347	1.50	364	1.70	380
1.12	329	1.32	349	1.52	366	2.00	400
1.14	331	1.34	351	1.54	368	2.20	412
1.16	333	1.36	352	1.56	369	—	—
1.18	335	1.38	354	1.58	371	—	—

参 考 文 献

［1］ ISO 1496-3:1995/amd.1:2006 Series 1 freight containers—Specification and testing—part 3: tank containers for liquids, gases and pressurized dry bulk

［2］ ISO 21013-3:2006 Cryogenic vessels—Pressure-relief accessories for cryogenic service—Part 3: Sizing and capacity determination

［3］ National Institute of Science and Technology Tables of Fluid Properties

［4］ CGA S-1.2—2005 Pressure relief device standards Part2—cargo and portable tanks for compressed gases

ICS 27.060
J 98

NB

中华人民共和国能源行业标准

NB/T 47060—2017

回转式空气预热器

The rotary air preheater

2017-12-27 发布　　2018-06-01 实施

国 家 能 源 局 发 布

前　言

本标准按 GB/T 1.1—2009《标准化工作导则　第1部分:标准的结构和编写》给出的规则起草。

本标准由全国锅炉压力容器标准化技术委员会(SAC/TC 262)提出并归口。

本标准起草单位:上海发电设备成套设计研究院有限责任公司、上海锅炉厂有限公司、哈尔滨锅炉厂有限责任公司、东方电气集团东方锅炉股份有限公司、北京巴布科克·威尔科克斯有限公司。

本标准主要起草人:沈建新、陈秀彬、王长霞、黄雪飞、骆声、张瑞、张建国、袁红、陈国忠、张健、陆毅、王勇、石回回。

本标准为首次发布。

回转式空气预热器

1 范围

1.1 本标准规定了回转式空气预热器的型号及参数,材料,设计,制造,检验和验收,涂装、包装和标识,运输、起吊与存放,工地安装,性能测试等要求。

1.2 本标准适用于烟气进口温度低于或等于 450℃,转子直径大于 4 000 mm 且小于或等于 24 000 mm的回转式空气预热器。

2 规范性引用文件

下列文件对于本文件的应用是必不可少的。凡是注日期的引用文件,仅所注日期的版本适用于本文件。凡是不注日期的引用文件,其最新版本(包括所有的修改单)适用于本文件。

GB/T 700 碳素结构钢

GB/T 706 热轧型钢

GB/T 1348 球墨铸铁件

GB/T 1804 一般公差 未注公差的线性和角度尺寸的公差

GB/T 3087 低中压锅炉用无缝钢管

GB/T 9437 耐热铸铁件

GB/T 9439 灰铸铁件

GB/T 10184 电站锅炉性能试验规程

GB/T 11352 一般工程用铸造碳钢件

GB/T 12467.4 金属材料熔焊质量要求 第 4 部分:基本质量要求

GB/T 13237 优质碳素结构钢冷轧钢板和钢带

GB/T 13790 搪瓷用冷轧低碳钢板及钢带

GB/T 31567 用于空气-烟气、烟气-烟气再生式热交换器的搪瓷换热元件

GB/T 34348 电站锅炉技术条件

JB/T 5000.8 重型机械通用技术条件 第 8 部分:锻件

JB/T 10045.3 热切割 气割质量和尺寸偏差

NB/T 47013.3 承压设备无损检测 第 3 部分:超声检测

NB/T 47013.4 承压设备无损检测 第 4 部分:磁粉检测

NB/T 47013.5 承压设备无损检测 第 5 部分:渗透检测

NB/T 47014 承压设备焊接工艺评定

NB/T 47043 锅炉钢结构制造技术规范

NB/T 47055 锅炉涂装和包装通用技术条件

3 型号及参数

3.1 型号

3.1.1 型号编制方法

回转式空气预热器的型号由制造单位代号、类别代号、型号代号和分仓数号四部分组成，各部分之间用短横线相连，形式如下：

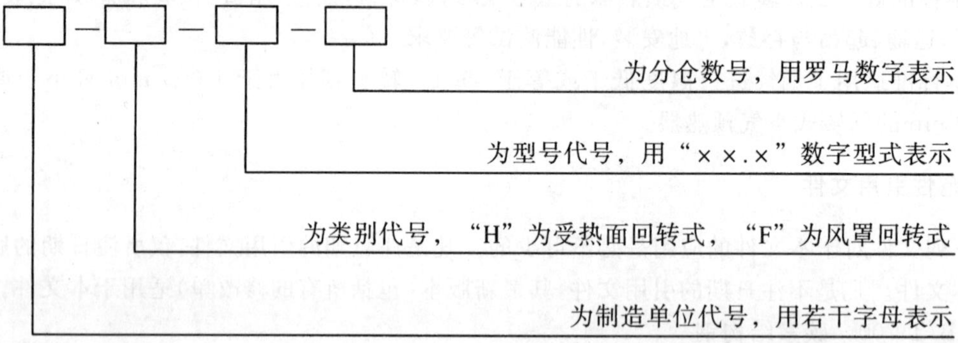

3.1.2 型号编制示例

某制造单位，其单位代号为××，生产的型号代号为24.0、分仓数号为Ⅲ分仓的受热面回转式空气预热器，其型号为××-H-24.0-Ⅲ。

3.2 参数

回转式空气预热器型号代号及常见的参数系列见表1。

表1 型号代号及常见的参数系列表

序号	型号代号	参考仓数	转子直径参考值/mm
1	19.0	24	4 200
2	19.5	24	4 350
3	20.0	24	4 550
4	20.5	24	4 800
5	21.0	24	5 000
6	21.5	24	5 200
7	22.0	24	5 500
8	22.5	24	5 800
9	23.0	24	6 100
10	23.5	24	6 300
11	24.0	36、48	6 600
12	24.5	36、48	6 900
13	25.0	36、48	7 200

表 1 型号代号及常见的参数系列表(续)

序号	型号代号	参考仓数	转子直径参考值/mm
14	25.5	36、48	7 600
15	26.0	36、48	7 900
16	26.5	36、48	8 300
17	27.0	36、48	8 650
18	27.5	36、48	9 000
19	28.0	36、48	9 500
20	28.5	36、48	10 000
21	29.0	48	10 400
22	29.5	48	11 000
23	30.0	48	11 300
24	30.5	48	11 800
25	31.0	48	12 400
26	31.5	48	13 000
27	32.0	48	13 500
28	32.5	48	14 300
29	33.0	48	15 000
30	33.5	48	15 700
31	34.0	48	16 400
32	34.5	48	17 300
33	35.0	48、60	18 100
34	35.5	48、60	19 000
35	36.0	48、60、96	19 900
36	36.5	48、60、96	21 000
37	37	48、60、96	22 000
38	37.5	48、60、96	23 000
39	38	48、60、96	24 000

4 材料

4.1 用于制造回转式空气预热器的材料,碳钢应符合 GB/T 700 和 GB/T 706 的规定,薄钢板应符合 GB/T 13237 的规定,管类材料应符合 GB/T 3087 的规定,铸铁件应符合 GB/T 1348、GB/T 9437 和 GB/T 9439 的规定,铸钢件应符合 GB/T 11352 的规定,锻件应符合 JB/T 5000.8 的规定。

4.2 当回转式空气预热器进口烟气温度高于 430℃时,其热端构件应使用低合金钢材料(Q345 等级),冷端传热元件框架应根据燃料、烟气特性的需要采用耐腐蚀的低合金钢。

4.3 涂搪瓷传热元件的基材应符合 GB/T 13790 的规定。

4.4 原材料应经过入厂验收合格后方可用于制造,并按有关规定作材料标记移植以防止材料混用。材料代用应有规范程序审批。

5 设计

5.1 回转式空气预热器设计应包括下列基本条件:

a) 安装的海拔;

b) 烟气进口的流量、温度和压力;

c) 一次风和二次风的进口温度、出口流量和出口压力;

d) 进入磨煤机的一次风流量、混合温度;

e) 每台锅炉配置回转式空气预热器的台数,布置方式(立式或卧式),分仓数(一般为Ⅱ分仓、Ⅲ分仓或Ⅳ分仓);

f) 对回转式空气预热器参数的限值要求:考核工况下的排烟温度(未经漏风修正)、烟气侧阻力和回转式空气预热器漏风率;

g) 设计和校核燃料的工业分析、元素分析和灰特性分析数据,回转式空气预热器烟气侧进口过量空气系数,或进入回转式空气预热器的烟气成分;

h) 采用的回转式空气预热器冷端保护手段,如采用暖风器或热风再循环。

需要时,还应考虑脱硝系统 SO_2/SO_3 转化率、氨逃逸浓度及空气预热器烟气、空气进口流场分布情况。

5.2 依据基本条件进行回转式空气预热器的选型设计,确定回转式空气预热器的直径、换热面积及传热元件波形、冷端涂搪瓷传热元件高度等参数。

5.3 在选型设计的基础上进行回转式空气预热器的结构设计,确定空气预热器的外形尺寸、驱动或传动方式和控制系统等。

5.4 当一台锅炉配置两台回转式空气预热器时,单台回转式空气预热器出力应满足锅炉 60% 最大连续负荷的要求。

5.5 回转式空气预热器可采用中心驱动方式或围带传动。每台回转式空气预热器的驱动装置包含一套主电机及一套辅电机,采用软启动方式。驱动电机的功率应有裕量,不应超载。主电机工作时,辅电机不跟转。主电机退出工作时,应能联锁投入辅电机;当主电机或辅电机出现故障时,报警装置应报警。

5.6 回转式空气预热器的转子应采用模数仓格结构。蓄热组件宜制成较小的组件,以便检修和更换,且冷端蓄热元件应考虑脱硝的影响。

5.7 回转式空气预热器应采用径向、轴向和环向密封系统。

5.8 回转式空气预热器的设计应满足在各工况下传热元件不结露、不堵灰,且配置有效的吹灰装置。吹灰汽源温度宜在 300℃~350℃,单根枪管蒸汽流量一般大于或等于 5 t/h;高压水出口压力一般为 10 MPa~30 MPa,单根枪管水流量一般为 8 t/h~10 t/h。

5.9 回转式空气预热器应配置手动盘车。若用户需要,可配置气动马达,距传动装置设备 1 m 处的噪声不应超过 85 dB。

5.10 回转式空气预热器应设置带有照明的窥视孔和有效可靠的火灾报警装置、停转报警装置、消防系统及清洗系统,也可配置露点测量装置。

5.11 在回转式空气预热器停运时,应有防止变形和漏烟的措施。双列布置时,应在烟气、空气侧进口合适位置设置隔离挡板,且挡板的动作灵活可靠。

6 制造

6.1 备料

6.1.1 因原材料长度或宽度所限需要拼接时,应按图样要求或 NB/T 47043 的规定进行拼接。对合金钢材料,下料前应进行光谱检验。

6.1.2 气割下料的边缘要求应符合 JB/T 10045.3 的规定。

6.1.3 切割边缘应符合零件图样要求,且不应有分层、毛刺、撕裂和较深的剪切压痕。

6.1.4 弯制后的表面不应有裂缝、撕裂和深凹坑等缺陷。

6.1.5 用钢板和型钢制造的零件应予以校平或校正,并经检查合格后再进入下道工序。

6.1.6 传热元件在轧制后不应出现开裂、毛刺和锈蚀等缺陷。

6.2 装配

6.2.1 回转式空气预热器各部组件的装配应在装配平台或专用装配平台上进行,平台的平整度应符合产品图样的要求。

6.2.2 回转式空气预热器各部组件在装配时,在上、下、中间梁等部组件装配中要以十字中心线为基准,并将十字中心线延伸至梁的两端及两侧,用样冲等明显标记显示出。

6.2.3 模块结构的转子装配应考虑工地安装的互换性,保证等分的模块在工地能完整地组成一个转子,且各部分尺寸符合产品图样要求。

6.2.4 产品焊接后应进行校正,消除因焊接等原因造成的变形。

6.2.5 传热元件框架应采用模具进行装配,确保传热元件准确装入转子中。

6.2.6 传热元件框架的装配模具应按图样和本标准的要求检验合格。

6.2.7 当没有规定传热元件装入框架的压紧力且不需要特别的装填时,应将传热元件尽量紧密地装填在框架中,装填过程中,不应损坏传热元件的边缘,也不应使框架变形。

6.2.8 传热元件装入框架后,两侧间隙应均匀分布,以免形成气流旁路区域。

6.2.9 传热元件涂搪瓷及涂搪瓷的传热元件与框架的装配应按 GB/T 31567 的规定进行。

6.3 焊接

6.3.1 施焊人员应取得焊工合格证书,方可在有效期内从事合格项目范围内的焊接工作。

6.3.2 回转式空气预热器各部组件的焊接应依据 GB/T 12467.4 的规定进行,且应有相应的焊接工艺文件。

6.3.3 焊材应与母材匹配,低合金钢、合金钢材料的焊接应按 NB/T 47014 的规定进行工艺评定,形成焊接工艺评定报告(PQR),并有焊接工艺规程(WPS)指导作业。

6.3.4 焊工在施工中应采取防变形的焊接措施。采用手工焊时,焊缝连续焊接的长度应不超过 500 mm,转子等易变形组件应采用对称焊接。

6.3.5 当符合下列条件之一时,在焊接前还应对钢板进行预热,预热温度由相关工艺文件确定:

a) 碳钢板厚度大于 50 mm;

b) 低合金钢板厚度大于 32 mm;

c) 环境温度低于 0℃;

d) 相对湿度高于 85%。

6.3.6 转子、上下连接板、转子外壳等部件应尽量减少钢板拼接,且不应采用“十”字形接头,可采用“T”形方式拼接。

6.3.7 钢板、型钢拼接后应校正,必要时焊缝还需磨平,碳钢板厚度大于 50 mm 或低合金钢板厚度大于 32 mm 的,拼接后焊缝应进行去应力处理。

6.3.8 合金钢板的焊接热处理由工艺文件确定。

6.3.9 转子、上下连接板、转子外壳等关键部件、组件的钢板拼接和重要的对接焊缝应按图样要求进行无损检测,无损检测按 NB/T 47013.3～47013.5 的规定执行。

6.3.10 仓格径向隔板的拼接只允许有一条拼缝(图样结构设计需要除外),且拼缝应磨平,拼后钢板应校平,任一平方米内的平面度应不超过 2 mm,总的平面度不超过 6 mm。焊缝应作无损检测。

6.3.11 焊缝不应有裂纹、夹渣和气孔等缺陷,咬边的深度应小于 1 mm。

6.3.12 传热元件框架外侧所有焊缝应磨平。

6.4 制造公差

6.4.1 一般要求

回转式空气预热器主要部件的制造公差应符合本章的规定,未作规定的应符合 GB/T 1804 的 m 级。

6.4.2 转子中心筒

6.4.2.1 转子中心筒示意见图 1,中心筒的高度 h 公差为±2 mm。

6.4.2.2 中心筒两端面机加工后的平行度应小于或等于 0.13 mm。

6.4.2.3 中心筒两端面与中心线的垂直度应小于或等于 0.15 mm。

6.4.2.4 中心筒上下端板上对应的两孔中心线应在同一截面上,且两中心线垂直相交,偏差应小于或等于 0.1 mm。

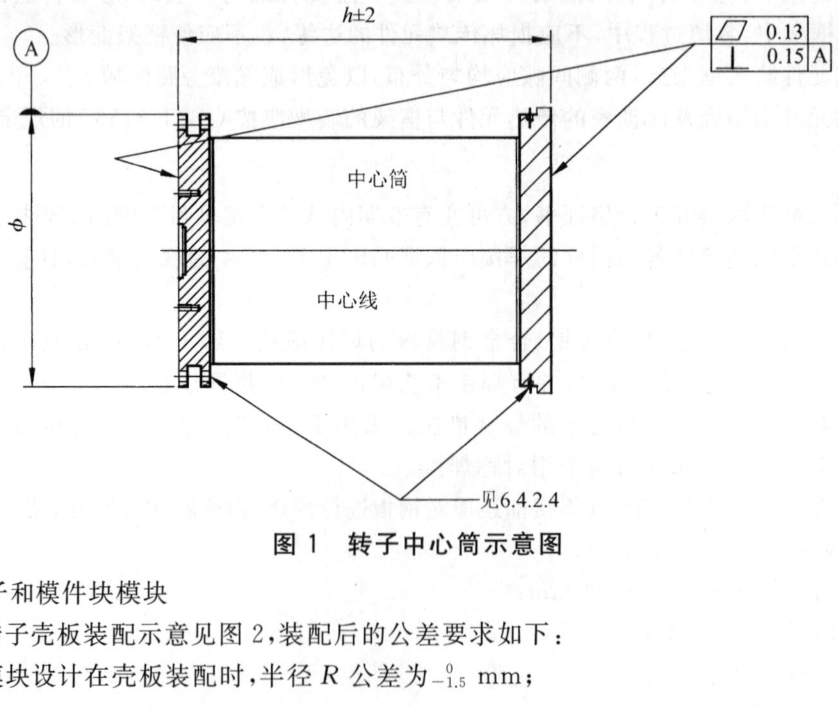

图 1 转子中心筒示意图

6.4.3 转子和模件块模块

6.4.3.1 转子壳板装配示意见图 2,装配后的公差要求如下:

a) 模块设计在壳板装配时,半径 R 公差为 $_{-1.5}^{\ 0}$ mm;

b) 安装后壳板累计的半径 R_1 公差为 $^{+3.5}_{-5}$ mm,非模块设计半径 R_2 公差为±6 mm。

6.4.3.2 相邻两块径向隔板示意见图 2,其外侧弦长尺寸公差要求如下:

a) 全模块 L_1 为 $^{0}_{-5}$ mm;

b) 半模块转子的模块 L_2 为±1.5 mm。

6.4.3.3 横向隔板示意见图 2,其定位尺寸的公差要求如下:

a) 模块设计的装配公差为±1.5 mm;

b) 非模块设计的装配公差为±3 mm。

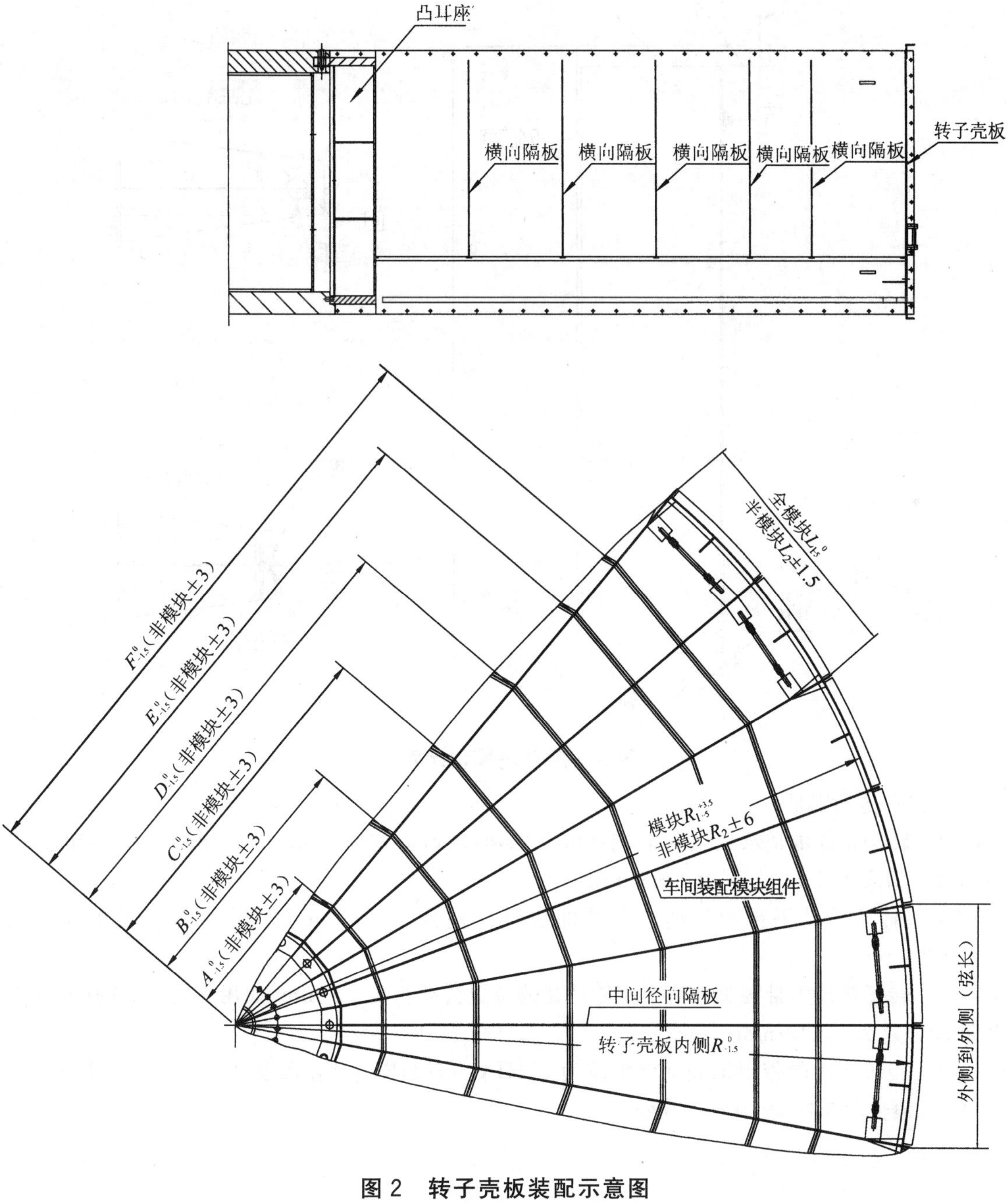

图 2 转子壳板装配示意图

6.4.3.4 模块设计的凸耳座示意见图3,其高度 h 公差为 $_{-1.5}^{\ 0}$ mm。

6.4.3.5 模块设计的上、下凸耳板示意见图3,组装焊接后,两侧面的平行度应小于或等于1 mm,外侧端面的平行度应小于或等于1.5 mm。

6.4.3.6 模件块模块示意见图3,模块设计的上部凸耳板销孔中心线与下部凸耳板槽孔中心线的平行度为±0.4 mm。

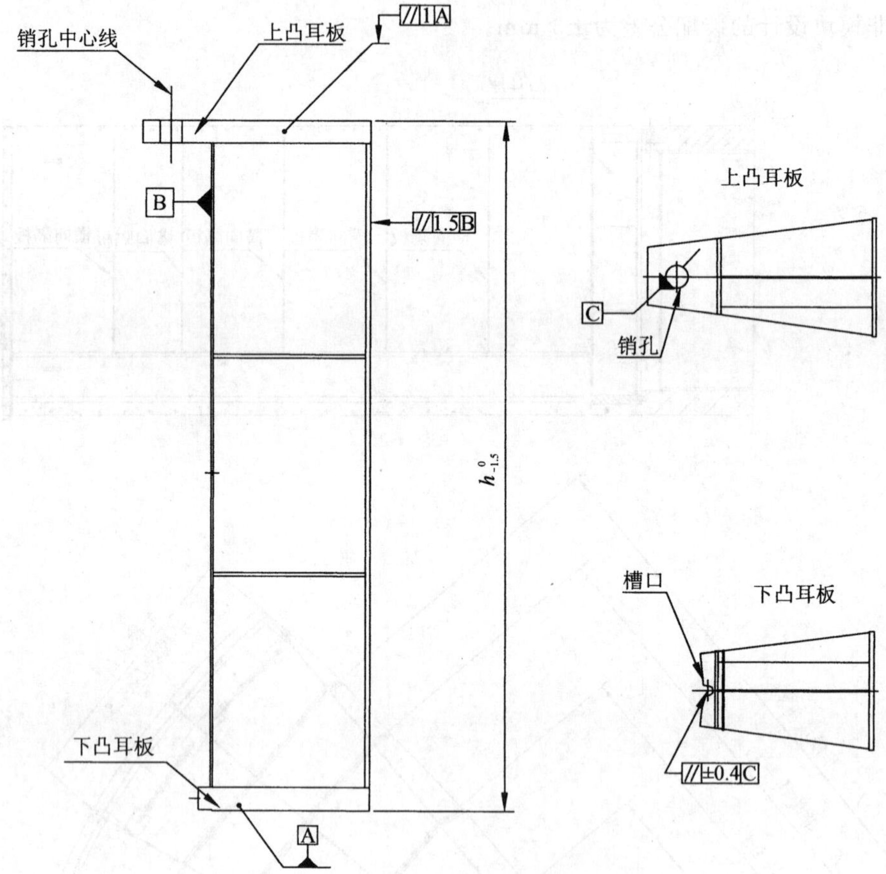

图3 模件块模块示意图

6.4.4 转子传动围带

6.4.4.1 转子传动围带示意见图4,销孔的节圆半径 R_1 公差为±0.8 mm,组装成围带节后,围带销轴外周圆半径 R_2 公差为±0.8 mm。

6.4.4.2 转子传动围带相邻两个销孔的位置公差为±0.13 mm,任意两个销孔的位置公差为±0.2 mm。

6.4.4.3 转子传动围带接头处两个相邻销孔的位置公差为±0.5 mm,如用板连接,连接板孔的节距 L 公差为±0.13 mm。

6.4.4.4 转子传动围带销轴表面硬度应为55HRC~60HRC,且在深度2.5 mm处最小硬度为55HRC,销轴两端各20 mm不淬硬。

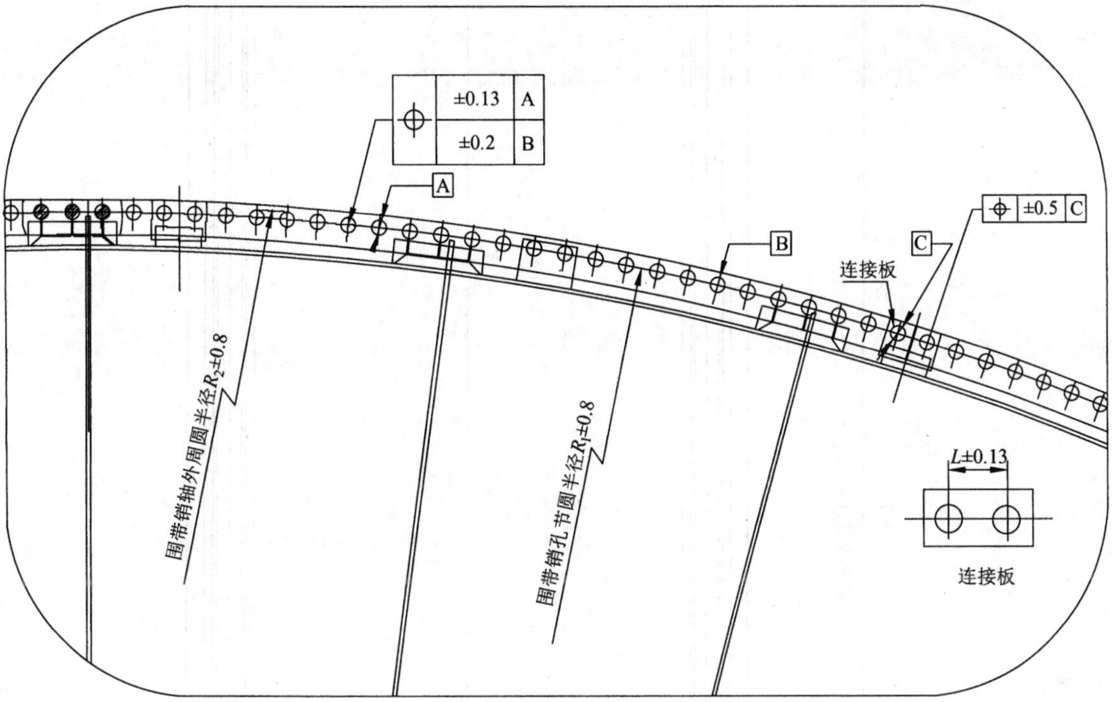

图4 转子传动围带示意图

6.4.5 转子外壳

6.4.5.1 主支座板示意见图5,其高度 h 公差为±1.5 mm。

6.4.5.2 副支座板示意见图6,其高度 h 公差为±3 mm,模件块设计的副支座板的中心板高度 h_1 公差为±3 mm。

6.4.5.3 转子外壳除主、副支座板外,其余整体出厂外壳板的高度公差均为±3 mm。

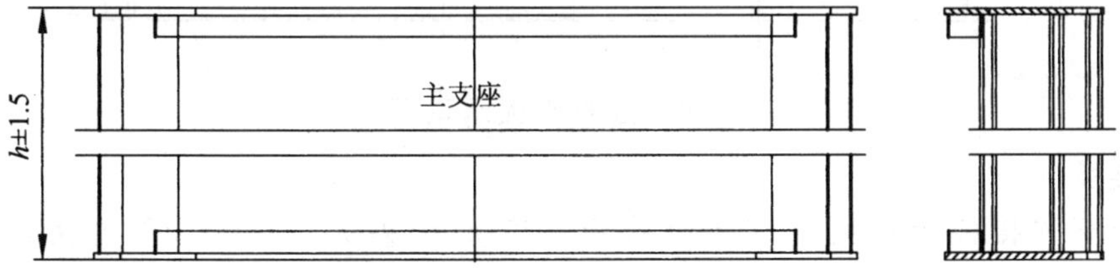

图5 主支座板示意图

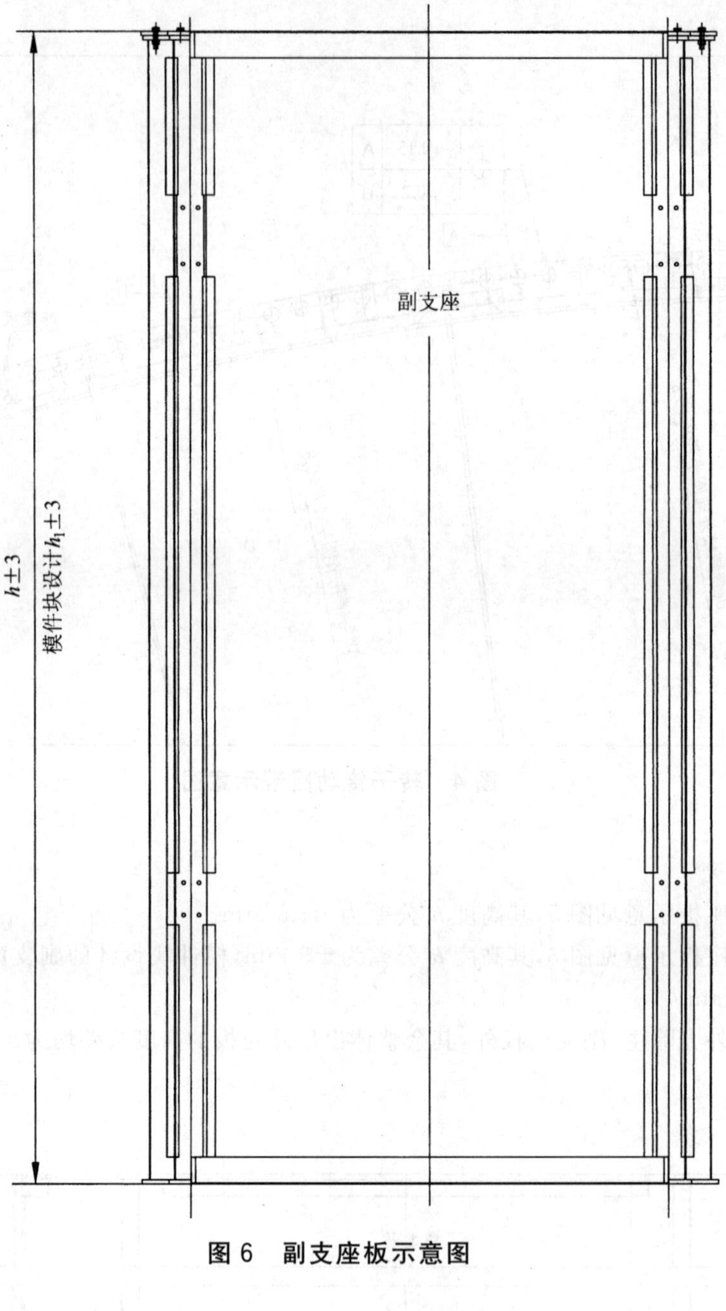

图 6　副支座板示意图

6.4.6　连接板

6.4.6.1　上下连接板示意见图 7，上连接板高度 h_1 公差为±3 mm，下连接板高度 h_2 公差为±5 mm。

6.4.6.2　上下连接板烟风道法兰开口的尺寸 L_1、L_2 公差为±3 mm。

6.4.6.3　上下连接板与外壳相接法兰的半径 R 公差为±2 mm。

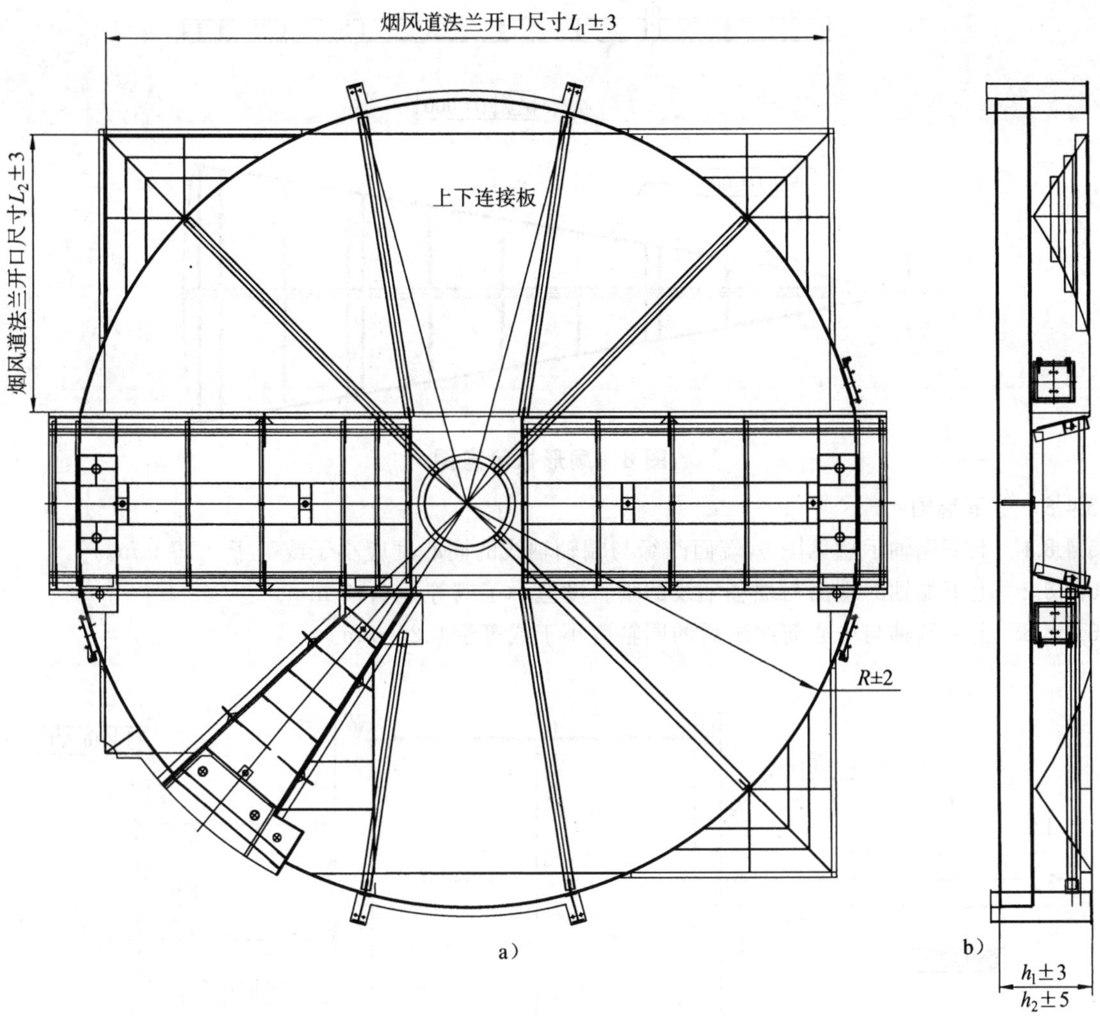

图7　上下连接板示意图

6.4.7　扇形板

6.4.7.1　扇形板示意见图8,平面度每平方米应小于或等于1 mm,总平面度应小于或等于3 mm。

6.4.7.2　扇形板侧板的直线度在1 000 mm以内应小于或等于1 mm,总长的直线度应小于或等于4 mm。

6.4.7.3　安装有扇形板提升装置的两吊杆间距公差小于或等于±1 mm。

6.4.7.4　扇形板外侧圆弧板 R 公差小于或等于2.5 mm。

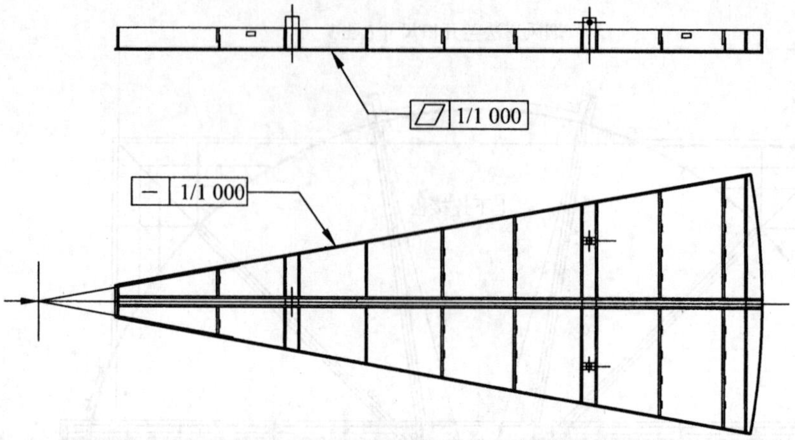

图8 扇形板示意图

6.4.8 上下端轴

6.4.8.1 上下端轴示意见图9,端面凸缘与端轴轴线的同心度应小于或等于0.10 mm。

6.4.8.2 上下端轴的端面与端轴轴线的垂直度应小于或等于0.10 mm。

6.4.8.3 上下端轴与中心筒组装后的同轴度小于或等于0.20 mm。

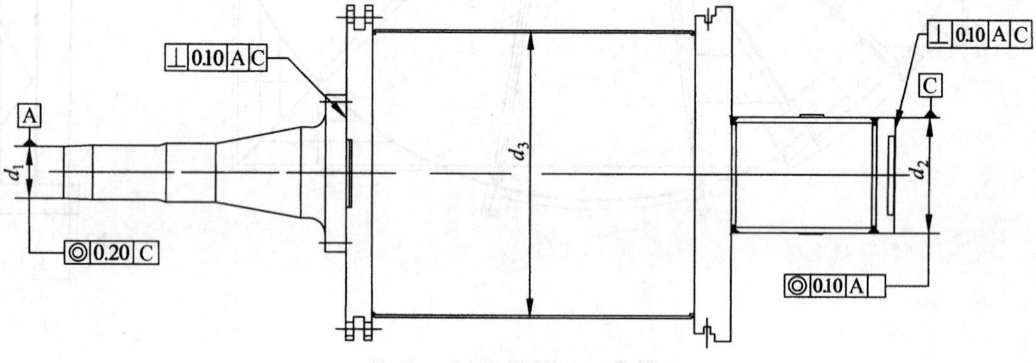

图9 上下端轴示意图

6.4.9 框架和传热元件

6.4.9.1 波形板对高公差为±0.2 mm。

6.4.9.2 框架量规应按框架图样标注的最大尺寸制造,公差为$^{+1}_{0}$ mm。

6.4.9.3 在传热元件两侧,每块传热元件片和框架壳板之间的最大间隙为3 mm。个别传热元件片和框架壳板之间的间隙可为9.5 mm,但该间隙在每10对传热元件中应不超过1块传热片,且应不同时出现在同一片传热元件的两侧,这种状况在整个框架中均匀分布,则该状态是合格的。

6.4.9.4 所有传热元件应切割成方形,对角线最大公差为6 mm。每个框架传热元件包中的传热元件对数数量公差应符合如下规定:

a) 36对及以下时,为0对;

b) 37对到72对时,为±1对;

c) 72对以上时,为±2对。

7 检验和验收

7.1 回转式空气预热器及其零部件的制造与检验应按5.3和5.4的要求进行。

7.2 铸钢类轴承座粗加工后应按照NB/T 47013.3对承载面进行100%超声检测，Ⅰ级合格。

7.3 转子壳板、轴向密封板等圆弧面应用专用圆弧样板进行检测，仓格径向隔板、模块的平面度应用专用直尺(直尺长度大于或等于2 000 mm)进行检测。

7.4 框架每端应用量规测量，要求如下：

a) 测量深度大于或等于25 mm，量规内侧高度应大于或等于25 mm，且具有一定的刚性；

b) 框架壳板与量规之间每侧允许最大间隙为3 mm。

7.5 涂搪瓷的传热元件的质量应按GB/T 31567的规定进行验收。

7.6 转子传动围带销轴的硬度应符合6.4.4.4的要求。

7.7 回转式空气预热器传动部分应在厂内进行试运转，试运转时应注意观察，并检查下列项目：

a) 传动机构工作正常，运转平稳，无异常噪声；

b) 电流波动值小于±0.5 A；

c) 传动部分所有电动机和轴承的温升低于允许值，且无漏油现象；

d) 传动部分制造厂内试转时间不低于30 min；

e) 试运转时发现的缺陷应进行修正，直至符合本技术要求为止。

7.8 回转式空气预热器所有部组件应在制造厂内检查合格后方可发往工地。

7.9 所有需到工地组装的部组件，应按图样规定做好匹配标记并打好钢印，以利于工地总装。

8 涂装、包装和标识

8.1 回转式空气预热器的涂装和包装应符合NB/T 47055的规定，特殊要求除外。

8.2 机加工配合面均应涂防锈油。

8.3 传热元件出厂前，需对传热元件表面作防锈处理，防锈方式可采用淋油或浸油。当采用淋油方式时，应确保元件所有表面均涂有防锈油。

8.4 装有传热元件的转子模块应作防雨、防潮处理。

8.5 现场安装的传热元件，应作防雨、防潮处理，并包装牢固可靠，保证在正常运输途中和现场临时堆放时不松散或损坏。

8.6 经检验合格后，应逐件进行标识。包装和储运标识应符合NB/T 47055的规定，特殊要求除外。

9 运输、起吊与存放

9.1 空气预热器部组件的起吊、运输和储运应符合相关法规和标准的规定。

9.2 有专用起吊工具的，应采用专用的起吊工具起吊。

9.3 设备或其包装装置有吊耳的要吊于吊耳上。

9.4 产品的堆放场地应不积水，轴承、减速箱等机加工件应堆放在通风的室内。

10 工地安装

10.1 安装前，应根据制造厂提供的回转式空气预热器设备图样(包括配套件图样、资料)、安装技术要求和安装说明书等相关资料,制定安装施工方案、质量控制计划。

10.2 安装时,根据供货清单、装箱单和图样清点数量,做好机加工零组件的清洗工作,还应对主要部件进行二次复检,外形尺寸应符合图样设计要求,并着重进行下列检查:

a) 下梁的挠度:在未受力情况下,偏差±3 mm,检查时应保证梁处于水平放置状态;

b) 传热元件加工质量:包括元件包的充满度、边角缺陷;

c) 模块径向隔板的变形情况:其总的平面度变形量小于6 mm;

d) 扇型板、弧形板的加工质量:扇形板密封面的平面度和弧形板的圆弧度应达到图样设计要求,且无扭曲状况;

e) 外观质量:空气预热器各零部件表面无锈蚀、重皮和裂纹等缺陷,运输过程中无碰伤、损坏等现象。

10.3 严格按安装说明书给定的安装程序进行,若需变更应征得制造厂的同意。

10.4 安装过程应依据安装说明书要求做好各项数据记录,真实反映回转式空气预热器安装的实际情况。

10.5 回转式空气预热器冷态启动前应做如下检查:

a) 检查膨胀节和烟风道的安装情况,是否有空气预热器以外的负荷作用在空气预热器上;

b) 冷端连接板中间梁下的膨胀滑动垫板是否按说明书要求装妥,定位工字钢是否焊妥,支承脚是否能自由膨胀;

c) 密封片是否安装正确,密封间隙的设置是否符合要求,各类密封是否装妥;

d) 减速箱、支承轴承和导向轴承等是否都已注好合适的润滑油;

e) 油标杆组件是否装妥,油标杆上的油位设置标记是否刻好,油循环系统是否正常;

f) 传动装置的转向是否正确;

g) 火灾报警装置和消防管路是否装妥和具备投运条件;

h) 预热器内部杂物、易燃物清理干净。

完成检查并确信一切安装工作结束后,盘车1周,如无异常,封人孔门后,便可进入冷态试运转。

10.6 回转式空气预热器试运行时,应注意观察并检查下列项目,试运行时发现的缺陷应进行修正,直至符合本技术要求为止:

a) 传动机构工作正常,运转平稳,无异常噪声;

b) 电机电流不超过额定值,电流波动小于±3 A;

c) 传动部分所有电动机和轴承的温升正常,温升低于允许值,且无漏油现象;

d) 主辅电机驱动切换正常。

11 性能测试

验收测试方法按 GB/T 10184 的规定,并在投入商业运行1年内进行,合格标准按照 GB/T 34348执行。

ICS 23.020.01;13.300
J 74

NB

中华人民共和国能源行业标准

NB/T 47064—2017
代替 JB/T 4782—2007

液体危险货物罐式集装箱

Tank container for dangerous liquid goods

2017-12-27 发布　　2018-06-01 实施

国家能源局 发布

前　言

本标准按 GB/T 1.1—2009《标准化工作导则　第1部分:标准的结构和编写》给出的规则起草。

本标准代替 JB/T 4782—2007《液体危险货物罐式集装箱》。本标准与 JB/T 4782—2007 相比,除编辑性修改外,其主要技术变化如下:

a) 增加了承压液体危险货物罐式集装箱的专项技术要求。

b) 范围:

——修改了罐体容积范围,增加了不适用范围等内容。

c) 术语和定义:

——取消了压力、工作压力等5个术语,增加了几何容积、承压液体危险货物罐式集装箱2个术语。

d) 资质与职责:

——原"总论"改为"资质与职责",增加了用户或设计委托方职责。

e) 材料:

——增加了罐体材料等要求,修改了框架材料要求。

f) 设计:

——设计文件增加了风险评估报告等内容,取消了技术评审的要求。

g) 安全附件、仪表及装卸附件:

——修改了安全附件的要求。

h) 制造:

——修改了罐体制造要求。

i) 试验方法:

——修改了内部纵向栓固(动态)试验的内容。

j) 检验规则:

——取消了批量检验的要求,增加了免除型式试验的箱型的要求。

k) 增加了附录C"风险评估报告"。

本标准由全国锅炉压力容器标准化技术委员会(SAC/TC 262)提出并归口。

本标准由全国锅炉压力容器标准化技术委员会移动式压力容器分技术委员会(SAC/TC 262/SC4)组织起草。

本标准起草单位:南通中集罐式储运设备制造有限公司、上海市气体工业协会、上海华谊集团装备工程有限公司、中国特种设备检验研究院、江西制氧机有限公司、中集安瑞科控股有限公司、中国船级社质量认证公司南京分公司、必维船级社(中国)有限公司、上海思尔博化工物流有限公司、江苏海特(上海)租赁有限公司。

本标准主要起草人:姚春荣、周伟明、陈朝晖、陈燕山、施锋萍、李坤、罗永欣、汪洋、钱严、郝贵锁、杨晓虎。

本标准所代替标准的历次版本发布情况为:

——JB/T 4782—2007。

引　言

标准的符合性声明及修订

本标准有关承压液体危险货物罐式集装箱的技术要求的制定遵循了国家颁布的压力容器安全法规所规定的基本安全技术要求，其设计准则、材料要求、制造检验技术要求和验收标准等符合 TSG R0005 的规定。本标准为协调标准，即按本标准建造的承压液体危险货物罐式集装箱可满足 TSG R0005 的基本安全要求。

标准的修订采用提案审查制度。任何单位和个人都有权对本标准的修订提出建议，修订建议采用“标准提案/问询表”的方式提交全国锅炉压力容器标准化技术委员会(以下简称委员会)。委员会对收到的标准修订提案审查，按审查结果将采纳的技术内容纳入下版标准。

标准提案/问询表　　　　总第　　号

□标准提案　□标准问询		标准名称	
单　　位		姓　　名	
联系地址		邮政编码	
电话/传真		电子邮箱	
提案/问询内容(可另附页)			
技术依据与相关资料(可另附页)			
附加说明：			
单位公章或提案(问询)人签字：		提交日期： 年　　月　　日	

全国锅炉压力容器标准化技术委员会

地址：北京市朝阳区和平街西苑 2 号 D 座三层　邮政编码：100029

电子邮箱：NB-T47064@cscbpv.org

液体危险货物罐式集装箱

1 范围

1.1 本标准规定了液体危险货物罐式集装箱(以下简称液体罐箱)的材料、设计、制造、试验方法、检验规则、标志标识、出厂文件、储存运输等要求。

1.2 本标准适用于罐体容积不小于 1 m^3,且罐体与框架采用永久性连接的液体罐箱,其中承压液体危险货物罐式集装箱(以下简称承压液体罐箱)还应满足专项要求。

1.3 本标准不适用于下列范围的液体罐箱:

——罐体为有色金属材料或非金属材料的;

——罐体为真空绝热结构的;

——国防军事装备等有特殊要求的。

1.4 罐体界定范围如下:

a) 罐体与管路、附件焊接连接的第一道环向接头的坡口面;

b) 罐体与管路、附件螺纹连接的第一个螺纹接头端面、法兰连接的第一个法兰密封面、专用连接件或管件连接的第一个密封面;

c) 罐体开孔部分的承压盖、端塞及其紧固件:

d) 罐体与非受压元件的连接焊缝。

1.5 管路包括所有与罐体相连接的管子与管件。

1.6 附件包括所有安全附件、仪表及装卸附件。

1.7 承压液体罐箱罐体,其主要受压元件包括筒体、封头以及公称直径不小于 50 mm 的接管、凸缘、法兰、法兰盖板等。

2 规范性引用文件

下列文件对于本文件的应用是必不可少的。凡是注日期的引用文件,仅注日期的版本适用于本文件。凡是不注日期的引用文件,其最新版本(包括所有的修改单)适用于本文件。

GB/T 150.1 压力容器 第 1 部分:通用要求

GB/T 150.2 压力容器 第 2 部分:材料

GB/T 150.3 压力容器 第 3 部分:设计

GB/T 150.4 压力容器 第 4 部分:制造、检验和验收

GB/T 713 锅炉和压力容器用钢板

GB/T 1413 系列 1 集装箱 分类、尺寸和额定质量

GB/T 1835 系列 1 集装箱 角件

GB/T 1836 集装箱代码、识别和标记

GB/T 3531 低温压力容器用钢板

GB/T 6479 高压化肥设备用无缝钢管

GB 6944 危险货物分类和品名编号

GB/T 8163　输送流体用无缝钢管

GB/T 8923.1　涂覆涂料前钢材表面处理　表面清洁度的目视评定　第1部分:未涂覆过的钢材表面和全面清除原有涂层后的钢材表面的锈蚀等级和处理等级

GB/T 9948　石油裂化用无缝钢管

GB 12268　危险货物品名表

GB/T 14976　流体输送用不锈钢无缝钢管

GB/T 16563　系列1液体、气体及加压干散货罐式集装箱　技术要求和试验方法

GB/T 17382　系列1集装箱　装卸和栓固

GB/T 17393　覆盖奥氏不锈钢用绝热材料规范

GB/T 17600(所有部分)　钢的伸长率换算

GB/T 21433　不锈钢压力容器晶间腐蚀敏感性检验

GB/T 24511　承压设备用不锈钢钢板及钢带

GB/T 25198　压力容器封头

GB/T 26929　压力容器术语

GB/T 30583　承压设备焊后热处理规程

GBZ 230　职业性接触毒物危害程度分级

NB/T 47003.1　钢制焊接常压容器

NB/T 47008　承压设备用碳素钢和合金钢锻件

NB/T 47009　低温承压设备用合金钢锻件

NB/T 47010　承压设备用不锈钢和耐热钢锻件

NB/T 47013(所有部分)　承压设备无损检测

NB/T 47014　承压设备焊接工艺评定

NB/T 47018(所有部分)　承压设备用焊接材料订货技术条件

JB/T 4711　压力容器涂覆与运输包装

JB 4732　钢制压力容器　分析设计标准(2005年确认)

HG/T 20592　钢制管法兰(PN系列)

HG/T 20610　钢制管法兰用缠绕式垫片(PN系列)

HG/T 20614　钢制管法兰、垫片、紧固件选配规定(PN系列)

HG/T 20615　钢制管法兰(Class系列)

HG/T 20631　钢制管法兰缠绕式垫片(Class系列)

HG/T 20635　钢制管法兰、垫片、紧固件选用配合规定(Class系列)

HG 20660　压力容器中化学介质毒性危害和爆炸危险程度分类

HG/T 20678　衬里钢壳设计技术规定

TSG R0005　移动式压力容器安全技术监察规程

3　术语和定义

GB/T 150.1、GB/T 150.4、GB/T 1413、GB/T 16563、GB/T 26929 和 NB/T 47003.1 界定的以及下列术语和定义适用于本文件。

3.1

液体 liquid

在50℃时饱和蒸气压不大于0.3 MPa(绝压),且20℃时0.101 3 MPa(绝压)压力下不完全是气态,0.101 3 MPa(绝压)压力下熔点或起始熔点不大于20℃的物质。

3.2

液体危险货物 dangerous liquid goods

具有爆炸、易燃、毒害、感染、腐蚀、氧化等危险特性,在运输、储存、生产、经营、使用和处置中,容易造成人身伤亡、财产损毁或环境污染而需特别防护的液体货物。

3.3

液体危险货物罐式集装箱 tank container for dangerous liquid goods

由罐体和框架组成的用于充装液体危险货物的移动式容器。

3.4

承压液体危险货物罐式集装箱 pressurized tank container for dangerous liquid goods

罐体工作压力不小于0.1 MPa,充装介质的最高工作温度不低于标准沸点,或最高工作温度低于其标准沸点但气相空间的容积不小于0.03 m^3 的液体危险货物罐式集装箱。

3.5

几何容积 geometric volume

按设计的几何尺寸确定(不考虑制造公差,但扣除内件体积)的罐体内部容积。

3.6

基准钢 reference steel

设定的标准抗拉强度下限值(R_m)为370 MPa,断后伸长率(A)为27%的基准材料。

3.7

额定质量 rating

罐箱的总质量,在作业时为最大值,在试验时为最小值,通常以字母“R”表示。

4 资质与职责

4.1 资质

液体罐箱的设计、制造、检验与验收及标志标识除符合本部分的规定外,还应遵守国家颁布的有关法律、法规和规章的规定。

4.2 职责

4.2.1 用户或设计委托方

用户或设计委托方应以书面形式向设计单位提出液体罐箱设计条件,至少应包含以下内容:

a) 设计和制造应遵循的主要法规、标准和技术规范;

b) 运输方式,包括铁路、公路、水路或这些运输方式的联运;

c) 工作条件,包括使用环境温度、工作温度范围、工作压力范围、装卸条件及方式、装卸压力、附加载荷、运输载体的条件和状况等;

d) 液体罐箱导则或充装介质。当液体罐箱按导则设计时,至少应包括适用导则和腐蚀裕度等;当按介质设计时,至少应包括介质的编号、名称、类别、浓度、物理与化学性质、危险特性、有害杂质含量以及介质对罐体材料的腐蚀速率等；

e） 罐体容积；

f） 集装箱尺寸规格；

g） 预期使用年限；

h） 几何尺寸要求和管口方位；

i） 设计需要的其他必要条件，如罐体材料选择、防腐、表面处理及特殊试验等。

4.2.2 设计单位

4.2.2.1 设计单位应基于风险评估报告的内容完成液体罐箱的整体设计，且对设计文件的正确性和完整性负责。

4.2.2.2 设计单位应在液体罐箱的设计使用年限内保存全部设计文件。

4.2.2.3 承压液体罐箱的设计单位应持有相应的特种设备设计许可证，其设计专用章的管理和使用应满足 TSG R0005 的要求。

4.2.3 制造单位

4.2.3.1 罐箱应为整体制造，制造单位对罐箱制造质量负责。

4.2.3.2 承压液体罐箱的制造单位应持有相应的特种设备制造许可证。

4.2.3.3 制造单位应按设计文件的要求进行制造，当对原设计进行修改时，应取得原设计单位同意修改的书面证明文件，且对改动部位作详细记录。

4.2.3.4 制造单位在制造前应制定质量计划，其内容应至少包括液体罐箱的制造工艺控制点、检验项目和合格指标。

4.2.3.5 制造单位在制造过程中和完工后，应按本标准、设计图样、技术文件和质量计划的规定进行各项检验和试验，出具相应报告，并对报告的正确性和完整性负责。

4.2.3.6 液体罐箱检验合格后，制造单位应出具产品合格证。

4.2.3.7 承压液体罐箱制造单位应接受特种设备检验检测机构对其制造过程的监督检验，其产品应取得监督检验单位出具的“特种设备制造监督检验证书”。

4.2.3.8 液体罐箱应进行样箱型式试验，且取得主管部门认可机构认可的合格证明文件。

4.2.3.9 制造单位对其制造的每台液体罐箱应在其设计使用年限内保存以下技术文件备查：

a） 原设计图；

b） 制造工艺图或制造工艺卡；

c） 罐体的焊接工艺和热处理工艺文件；

d） 标准规定的检验、试验项目记录；

e） 制造过程中及完工后的检查、检验、试验记录；

f） 出厂文件(符合第 12 章的规定)。

5 材料

5.1 一般要求

5.1.1 与充装介质接触的材料应与介质相容。

5.1.2 焊接结构用材料应具有良好的焊接性。

5.1.3 材料制造单位应在材料的明显部位作出清晰、牢固的钢印标志或采用其他可追溯的标志。

5.1.4 材料制造单位应向材料使用单位提供材料质量证明书，材料质量证明书的内容应齐全、清晰，并且印制有可以追溯的信息化标识。

5.1.5 罐箱制造单位从非材料制造单位取得罐体材料时，应取得材料制造单位提供的材料质量证明书原件或加盖材料经营单位公章和经办负责人章的复印件。

5.1.6 罐箱制造单位应对取得的材料、外购件的质量证明书的真实性和一致性负责。

5.2 罐体材料

5.2.1 罐体选用的材料应符合相应国家标准或行业标准的规定，应考虑罐体的使用条件(如设计温度、设计压力、介质特性和操作特点等)、材料的性能(力学性能、工艺性能、化学性能和物理性能)、罐体的制造工艺以及经济合理性。

5.2.2 使用境外牌号的材料时应符合下列规定：

a) 境外牌号材料应是境外压力容器现行标准规范允许使用且境外已有在相似工作条件下使用实例的材料，其使用范围应符合境外相应标准规范的规定；

b) 境外牌号材料的磷含量、硫含量、冲击吸收能量、断后伸长率应不低于本标准的要求。

5.2.3 未列入规范性引用文件的材料以及材料制造单位首次制造的钢材，其使用需经主管部门认可机构的认可。

5.2.4 罐体材料与充装介质的相容性可参见附录A，或按用户的相容性数据。

5.2.5 熔炼方法

罐体受压元件用钢应为镇静钢。

5.2.6 化学成分(熔炼分析)

焊接用碳素钢和低合金钢，碳含量不大于0.250%、磷含量不大于0.035%、硫含量不大于0.035%。

5.2.7 力学性能

5.2.7.1 罐体用钢材，常温下的屈服强度标准值应不大于460 MPa，抗拉强度上限标准值应不大于725 MPa，且能适应罐体在运输、使用中所遇到的环境条件，并符合设计图样的要求。

5.2.7.2 罐体用钢材，材料质量证明书标明的常温下屈服强度与抗拉强度之比应小于或等于0.85。

5.2.7.3 罐体用碳素钢或低合金钢(钢板、钢管、钢锻件)的冲击吸收能量试验应符合下列规定：

a) 冲击试验温度应按设计文件的要求；

b) 夏比冲击吸收能量(KV_2)指标应符合表1的规定；

c) 当钢材标准中冲击吸收能量指标高于表1规定时，还应符合相应钢材标准的规定；

d) 厚度小于6mm的钢板可免除冲击试验。

表1 碳素钢和低合金钢钢板、钢管和钢锻件的夏比冲击吸收能量

钢材标准抗拉强度下限值 R_m/MPa	3个标准试样夏比冲击吸收能量平均值 KV_2/J
≤510	≥27
>510～570	≥34
>570～630	≥38 (且侧向膨胀量 LE≥0.53 mm)
对 R_m 随厚度增大而降低的钢材，按该钢材最小厚度范围的 R_m 确定夏比冲击吸收能量指标。	

5.2.7.4 夏比冲击吸收能量试样的取样部位和方向应符合相应钢材标准的规定。冲击吸收能量试验每组取3个标准试样(宽度为10 mm),允许1个试样的冲击吸收能量数值低于表1的规定值,但不低于表1规定值的70%。当钢材尺寸无法制备标准试样时,则应依次制备宽度为7.5 mm或5 mm的小尺寸冲击试样,其冲击吸收能量指标分别为标准试样冲击吸收能量指标的75%和50%。

5.2.7.5 断后伸长率(A)指标的规定:

a) 罐体用钢板,其断后伸长率(A)应大于或等于10 000/R_m(%),且应满足下列要求:

——当标准抗拉强度下限值(R_m)不小于540 MPa时,A不小于17%;

——当标准抗拉强度下限值(R_m)小于54 MPa时,A不小于20%。

b) 罐体用钢管和钢锻件的断后伸长率(A)应符合相应钢材标准的规定。

c) 当相应钢板中规定的断后伸长率(A)高于a)时,还应符合相应钢材标准的规定。

d) 采用不同尺寸试样的断后伸长率指标,应按照GB/T 17600(所有部分)进行换算,换算后的指标应符合a)或b)、c)的规定。

5.2.8 罐体常用钢板

5.2.8.1 罐体常用钢板的性能指标见表2。

5.2.8.2 当采用表2外的钢板时,除满足本标准要求外,还应符合相应材料标准的规定。

表2 罐体常用钢板性能指标

牌号	钢板标准	交货状态	厚度/mm	室温下强度指标/MPa		断后伸长率 A/%
				R_m	$R_{eL}(R_{p0.2})$	
Q245R	GB/T 713	热轧、控扎或正火	3～16	400～520	≥245	≥25
Q345R			3～16	510～640	≥345	≥21
Q370R		正火	10～16	530～630	≥370	≥20
16MnDR	GB/T 3531	正火,正火加回火	6～16	490～620	≥315	≥21
S30408	GB/T 24511	固溶处理	≤14	≥520	≥220	≥40
S30403				≥490	≥210	
S31608				≥520	≥220	
S31603				≥490	≥210	
注:当材料标准中规定了$R_{p1.0}$的值,可使用$R_{p1.0}$来确定许用应力。						

5.2.9 钢锻件

5.2.9.1 罐体用碳素钢和合金钢钢锻件应符合NB/T 47008的规定,低温用低合金钢钢锻件应符合NB/T 47009的规定。

5.2.9.2 不锈钢钢锻件应符合NB/T 47010的规定。

5.2.9.3 与罐体内介质接触的钢锻件的级别应不低于Ⅱ级。

5.2.10 钢管与管件

5.2.10.1 碳素钢、低合金钢钢管应符合GB/T 6479、GB/T 9948、GB/T 8163的规定。与毒性程度为极度、高度危害的介质接触的钢管,应符合GB/T 6479、GB/T 9948的规定,且应按相应标准逐根进行压力试验,试验压力应不低于 1.6 MPa 或按设计图样的规定。

5.2.10.2 不锈钢钢管应符合 GB/T 14976 的规定。

5.2.10.3 管件应符合相应标准的规定,当管件采用钢锻件时,其要求应符合 5.2.9 的规定。

5.2.11 非金属衬里材料

5.2.11.1 非金属衬里材料应均匀、无气孔与穿透性针孔。

5.2.11.2 非金属衬里材料的选用应考虑罐体结构和使用要求。

5.2.12 焊接材料

5.2.12.1 罐体受压元件用焊接材料应符合 NB/T 47018(所有部分)的规定。

5.2.12.2 焊接材料选用应考虑焊接接头力学性能与罐体母材的匹配,且焊缝金属的抗拉强度不低于母材标准规定的下限值,设计文件规定的试验温度下的冲击吸收能量应符合表 1 的规定。当需要时,其他性能也应不低于母材的相应要求。

5.2.12.3 焊接材料应按 NB/T 47014 的要求进行焊接工艺评定,评定合格后方可使用。

5.2.12.4 制造单位应建立并执行焊接材料验收、复验、保管、烘干、发放和回收制度。

5.2.12.5 当选用国外焊接材料时,除满足本标准要求外,还应符合相应焊接材料标准的规定。

5.3 堆积绝热材料

堆积绝热材料应符合下列规定:

a) 对罐体和管路无腐蚀作用,且在遭受火灾时不大量逸散有毒气体;

b) 有良好的绝热性能和阻火功能;

c) 堆积绝热材料与奥氏体不锈钢表面直接接触的,其氯离子含量应符合 GB/T 17393 的规定;

d) 当加温状态运输物质时,与罐体直接接触的堆积绝热材料,其燃点应至少比罐体设计温度高 50℃。

5.4 框架材料

5.4.1 角柱、端梁、侧梁及支撑用钢板、型材等应具有良好的可焊性、足够的强度和韧性,且符合相应钢材标准的规定。

5.4.2 框架的角柱、端梁及侧梁等主要受力构件,在−20℃时应具备足够的冲击韧性。进行夏比冲击吸收能量试验时,试验温度为−20℃,3 个标准试样冲击吸收能量平均值(KV_2)应不小于 27 J。

5.4.3 框架和支撑等材料应考虑到外界环境的腐蚀作用和环境温度的影响。

5.5 其他

5.5.1 外购件应符合相应标准的规定,并有相应的质量证明文件,且应满足液体罐箱对性能的要求。

5.5.2 角件应符合 GB/T 1835 的规定。

5.5.3 密封垫片应符合相应标准的规定,且不含石棉。

5.5.4 紧固件应符合相应标准的规定。

5.6 承压液体罐箱的罐体材料专项要求

5.6.1 材料标志及材料质量证明书的要求应符合 5.1 的规定。

5.6.2 罐体材料的使用应符合 TSG R0005 的有关规定。

5.6.3 标准抗拉强度下限值不小于 540 MPa 的低合金钢钢板、用于设计温度低于−20℃的低温钢板和低温钢锻件,应采用炉外精炼工艺。

5.6.4 压力容器专用钢中的碳素钢和低合金钢钢材(钢板、钢管和钢锻件),其磷、硫含量应符合下列规定:

a) 标准抗拉强度下限值不大于 540 MPa 的钢材,磷含量不大于 0.030%、硫含量不大于 0.020%;

b) 标准抗拉强度下限值大于 540 MPa 的钢材,磷含量不大于 0.025%、硫含量不大于 0.015%;

c) 用于设计温度低于－20℃且标准抗拉强度下限值不大于 540 MPa 的钢材,磷含量不大于 0.025%、硫含量不大于 0.012%;

d) 用于设计温度低于－20℃且标准抗拉强度下限值大于 540 MPa 的钢材,磷含量不大于 0.020%、硫含量不大于 0.010%。

5.6.5 罐体用碳素钢和低合金钢钢板应逐张进行超声检测,钢板超声检测应按 NB/T 47013.3 的规定进行,其合格等级应不低于Ⅱ级。

5.6.6 罐体用钢锻件应符合 5.2.9.1、5.2.9.2 的规定,与罐体内介质接触且公称直径不小于 50 mm的钢锻件级别应不低于Ⅲ级。

6 设计

6.1 一般要求

6.1.1 液体罐箱设计除应符合本标准的要求外,还应符合相关法规、主管部门的规定,罐体、管路及附件等的布置应满足使用和安全要求。

6.1.2 液体罐箱所承受的设计载荷应在设计条件中明确规定。

6.1.3 国际联运用液体罐箱应符合相关国际公约的要求。

6.1.4 液体罐箱设计时应考虑采取适当的防护措施,以防止在纵向、横向受到冲击或翻倒而造成的损坏或充装介质的泄漏。

6.1.5 液体罐箱应防止不同金属材料之间产生电化学腐蚀。

6.1.6 液体罐箱在装卸及运输时,其裸罐时的罐体或堆积绝热层外壳的表面温度应不高于 70℃。

6.1.7 液体罐箱设计中应考虑由内压、静态、动态及温度交变等循环载荷所引起的疲劳失效问题。

6.1.8 铁路运输用液体罐箱,其原型箱的结构强度与刚度应能承受满载时在铁路运输中所经历典型的机械振动而产生的不小于 4 倍额定质量乘以重力加速度的冲击力。

6.1.9 罐体采用堆积绝热结构的设计应满足设计文件的规定。

6.1.10 罐箱设计使用年限一般不小于 15 年。

6.1.11 常见液体危险货物的主要设计参数见表 B.1,允许使用的液体罐箱导则见表 B.2,液体罐箱导则见表 B.3,液体罐箱特殊规定见表 B.4。

6.2 设计文件

6.2.1 设计文件至少应包括下列内容:

a) 风险评估报告,包括设计、制造及使用等阶段的主要失效模式和风险控制等内容,其基本内容应符合附录 C 的规定;

b) 设计说明书，当按导则设计的液体罐箱，需说明适用导则和腐蚀裕度；若是按介质名称设计的液体罐箱，需说明充装介质的主要物理与化学性质(编号、名称、类别及与工作温度相对应的饱和蒸气压和密度等)、危险特性、混合介质的限制组分以及有害杂质的限制含量要求、与罐体材料相容性等；按导则设计或按介质名称设计的液体罐箱，均应对设计规范与标准的选择、主要设计结构的确定原则、主要设计参数的确定原则、材料的选择、安全附件、仪表及装卸附件的选择等作出说明；

c) 设计计算书，包括罐体计算(强度、刚度和外压稳定性等)、整体结构强度分析报告(需要时)、容积计算、安全泄放量计算、超压泄放装置泄放能力计算、传热计算(需要时)等；

d) 设计图样，包括总图、罐体图、管路系统图(需要时)等；

e) 制造技术条件，包括主要制造工艺要求、检验试验方法等；

f) 使用说明书，包括主要技术性能参数、适用的介质、装卸附件、安全附件和仪表等的规格和连接方式、操作使用说明、使用注意事项及必要的警示性要求，以及应急措施等；

g) 试验大纲，包括主要试验方法和合格要求等。

6.2.2 设计总图至少应注明下列内容：

a) 产品名称、型号及设计制造依据的主要法规、标准；

b) 工作条件，包括使用环境温度、工作温度、工作压力，对专用介质罐箱还应说明介质名称、介质的危险特性以及特殊的腐蚀条件等；

c) 设计参数，包括设计温度、设计载荷、介质(组分、浓度)、腐蚀裕量、无损检测比例等；

d) 主要特性参数，包括液体罐箱的额定质量、空箱质量、罐体容积等；

e) 设计使用年限；

f) 特殊制造要求，如氮气或者惰性气体置换要求等；

g) 试验要求；

h) 特殊耐腐蚀要求(必要时)；

i) 装卸附件、安全附件和仪表等附件的规格、性能参数及连接方式；

j) 装卸管口方位、规格、连接方式及标准等；

k) 堆积绝热的要求；

l) 铭牌位置；

m) 运输方式，包括适用的铁路、公路、水路或这些运输方式的联运；

n) 允许的堆码质量；

o) 运输中的气体保护要求，如氮气或者其他不溶性气体的封罐压力限制等要求；

p) 其他要求。

6.2.3 罐体设计图至少应注明下列内容：

a) 设计制造依据的主要法规、标准；

b) 罐体材料牌号、规格、标准及要求；

c) 主要设计参数，包括设计温度、设计压力、腐蚀裕量、容积等；

d) 筒体、封头的名义厚度和最小成形厚度；

e) 装卸口位置、规格及连接方式等；

f) 无损检测要求；

g) 热处理要求(需要时);

h) 耐压试验要求;

i) 有特殊耐腐蚀要求的罐体或受压元件,如存在晶间腐蚀、应力腐蚀、点腐蚀、缝隙腐蚀等腐蚀介质环境时,应在设计图样上提出相应的耐腐蚀试验方法以及必要时的热处理等技术要求。

6.3 尺寸、公差和额定质量

6.3.1 液体罐箱的外部尺寸和公差应符合 GB/T 1413 的规定,1AX、1BX、1CX 和 1DX 等型号的液体罐箱可降低高度。外部尺寸超出 GB/T 1413 规定的罐箱(如超长、超宽等),应按主管部门认可的标准进行设计、制造、检验和验收,并进行相应的标识。

6.3.2 液体罐箱的任何部分和各种附件,应不超出外部尺寸。

6.3.3 罐箱的额定质量应符合 GB/T 1413 的规定。当 1EEE、1EE、1AAA、1AA、1A、1BBB、1BB、1B、1CC 和 1C 型罐箱按额定质量进行设计、试验时,其额定质量可允许超过 GB/T 1413 的规定值。当额定质量超过 GB/T 1413 的规定值时,除应按该额定质量值进行设计、检验、试验和标记外,还应标上超重标记。

6.4 罐体

6.4.1 一般要求

6.4.1.1 设计压力低于 0.1 MPa 且真空度低于 0.02 MPa 的罐体应符合 NB/T 47003.1 的规定。

6.4.1.2 设计压力不小于 0.1 MPa,或真空度不低于 0.02 MPa 的罐体强度计算和外压稳定性校核时,采用规则设计的应符合 GB/T 150.3 的规定,采用分析设计的应符合 JB 4732 的规定;当罐体强度计算采用 GB/T 150.3 计算时,局部应力分析可按 JB 4732 的规定进行,其材料许用应力按 GB/T 150.2 选取。

6.4.1.3 罐体应基于可能产生的失效模式进行设计。

6.4.2 载荷

6.4.2.1 罐体设计时,应能承受在正常装卸和运输过程中可能出现的各种工况条件下的内压、外压、内外压力差等静载荷以及动载荷和热应力载荷等,以及这些载荷组合。同时应考虑在设计使用年限内由于反复施加这些载荷而造成的疲劳失效。

6.4.2.2 罐体设计时应考虑下列载荷以及可能发生的最苛刻的组合:

a) 内压、外压或最大压差;

b) 装载量达到最大充装质量时的液柱静压力;

c) 液压试验时的液柱静压力;

d) 运输或吊装时的惯性力;

e) 支座、框架及其他型式支撑件与罐体连接部位或支承部位的作用力;

f) 连接管道和其他部件的作用力;

g) 罐体自重及正常工作条件下或试验条件下的重力载荷;

h) 附件及管道、扶梯、平台等的重力载荷;

i) 温度梯度或热膨胀量不同引起的作用力;

j) 冲击力,如由流体冲击引起的作用力等;

k) 因压力或温度变化,或与罐体相连的设备和框架,以及机械载荷等产生的周期性动载荷;

l) 型式试验时的载荷。

6.4.2.3 罐箱及其系固装置在运输工况中所承受的惯性力载荷应按下列要求考虑:

a) 运行方向:最大质量的2倍乘以重力加速度;

b) 与运行方向垂直的水平方向:最大质量乘以重力加速度(运动方向不明确时,为最大质量的2倍乘以重力加速度);

c) 垂直向上:最大质量乘以重力加速度;

d) 垂直向下:最大质量的2倍乘以重力加速度。

注1:计算罐体在运输工况中所承受的惯性力载荷时,最大质量为介质的最大允许充装量;计算罐体与框架连接处在运输工况中所承受惯性力载荷时,最大质量为介质的最大允许充装量、罐体及附件质量之和。

注2:上述载荷施加于罐体的形心,且不造成罐体内气相空间压力的升高。

6.4.3 设计温度

6.4.3.1 设计温度应考虑环境温度的影响,罐体设计温度应不低于50℃,但介质特性不允许的除外。

6.4.3.2 在50℃以上条件下充装、卸液或运输的其他介质,其罐体的设计温度应高于该介质充装、卸液或运输可能达到的最高温度。

6.4.4 最低设计金属温度

6.4.4.1 根据正常运输、使用及检验试验过程中介质最低工作温度以及大气环境低温条件对罐体金属温度的影响,确定罐体最低设计金属温度,且最低设计金属温度不高于-40℃。

6.4.4.2 采用规则设计的罐体,当最低设计金属温度低于-20℃,且考虑低温低应力工况时,罐体设计应满足GB/T 150.3的要求。

6.4.5 最大充装率

6.4.5.1 液体罐箱的最大充装率的计算应按6.4.5.2~6.4.5.5进行确定,常用介质应符合附录B中表B.1和表B.4中的相关规定。

6.4.5.2 运输过程中充装一般介质时,最大充装率按式(1)计算:

$$\phi_V = \frac{97}{1+\alpha(t_r - t_f)} \quad \cdots\cdots (1)$$

式中:

ϕ_V——最大充装率,%;

α——介质在充装与运输中的平均体积膨胀系数,在环境温度下运输时按下式计算:

$$\alpha = \frac{d_{15} - d_{50}}{35 d_{50}}$$

d_{15}——介质在15℃时的密度,kg/m^3;

d_{50}——介质在50℃时的密度,kg/m^3;

t_f——充装时介质的平均温度,℃;

t_r——运输过程中最高平均整体温度,取50℃。但在温和气候条件下或极端气候条件下运输时,主管部门认可机构可酌情同意取较低或要求取较高的温度值,℃。

6.4.5.3 符合下列条件之一的介质，最大充装率按式(2)计算。

a) 充装 GB 12268 中第 6.1 类毒性介质或第 8 类腐蚀性介质，包装类别为Ⅰ、Ⅱ级(见附录 B 中表 B.1)；

b) 65℃饱和蒸气压高于 0.175 MPa (绝压)的介质；

c) 识别为海洋污染物的介质。

$$\phi_V = \frac{95}{1+\alpha(t_r - t_f)} \quad \cdots\cdots (2)$$

6.4.5.4 6.4.5.2～6.4.5.3 不适用充装在运输过程中保持温度高于 50℃(例如使用加温装置)的介质的罐箱。

6.4.5.5 装有加温装置的罐箱应使用温度调节器，其最大充装率在运输过程中的任何时候都应不大于几何容积的 95%。

在加温状态下运输液体时，最大充装率接式(3)计算：

$$\phi_V = \frac{95 d_r}{d_f} \quad \cdots\cdots (3)$$

式中：

d_f——充装温度下的密度，kg/m^3；

d_r——运输中加热使介质达到最高温度下的密度，kg/m^3。

其余同式(1)。

6.4.5.6 液体罐箱最大允许充装量应按罐体容积与相应介质的最大充装率及充装温度下该介质密度确定。

6.4.5.7 液体罐箱充装介质后的总质量应不大于额定质量。

6.4.6 工作压力和设计压力

6.4.6.1 工作压力

罐体的工作压力应取下列工况中的较大值：

a) 充装、卸料时气相空间的压力；

b) 65℃时气相空间的压力，包括介质的饱和蒸气压、封罐压力以及液体膨胀引起的压力之和等。

6.4.6.2 设计压力

设计压力应取不低于工作压力。

6.4.7 计算压力

计算压力应不小于下列压力的较大值：

a) 充装、卸料时气相空间的压力。

b) 下列压力之和：

——65℃时气相空间的压力，包括介质的饱和蒸气压、封罐压力以及液体膨胀引起的压力之和等；

——6.4.2.3 所列的静态力确定的压力，且不小于 0.035 MPa。

c) 附录 B 中表 B.3 规定的最低试验压力值的 2/3。

6.4.8 计算外压

6.4.8.1 罐体未装真空减压阀时，其计算外压应不小于 0.04 MPa。

6.4.8.2 罐体装有真空减压阀时,其计算外压应不小于 0.021 MPa。

6.4.8.3 罐体计算外压应不低于在最低设计金属温度下罐体可能的最大外压。

6.4.9 罐体焊接接头系数

罐体双面焊或相当于双面焊的全熔透的焊接接头系数确定应按下列规定:

——100%无损检测,取 $\phi=1.0$;

——局部无损检测,取 $\phi=0.85$。

6.4.10 许用应力

6.4.10.1 当罐体承受压力载荷时,其材料的许用应力应符合下列规定:

a) 设计压力低于 0.1 MPa 且真空度低于 0.02 MPa 的罐体,其材料许用应力应符合 NB/T 47003.1的规定;

b) 设计压力不小于 0.1 MPa,或真空度不低于 0.02 MPa 的罐体,当采用规则设计的,其材料许用应力应符合 GB/T 150.2 的规定;当采用分析设计的,其材料许用应力应符合 JB 4732 的规定。

6.4.10.2 当承受 6.4.2.3 的载荷时,罐体、框架及连接件材料的许用应力按下列要求确定:

a) 具有明确屈服点的材料,其许用应力为材料相应温度下的屈服强度除以 1.5;

b) 不具有明确屈服点的材料,其许用应力为材料相应温度下的 0.2%规定塑性延伸强度和对奥氏体钢 1.0%规定塑性延伸强度除以 1.5。

6.4.10.3 屈服强度(或 0.2%规定塑性延伸强度,对奥氏体钢 1.0%规定塑性延伸强度)和抗拉强度的下限值应按相应材料的标准值确定。

6.4.11 腐蚀裕量

6.4.11.1 罐体的腐蚀裕量应由用户提供或设计确定。

6.4.11.2 有均匀腐蚀或磨损的零件,应根据罐体设计使用寿命和介质对材料的腐蚀速率(及磨损速率)确定。

6.4.11.3 罐体各组件的腐蚀程度不同时,可采用不同的腐蚀裕量。

6.4.11.4 介质及环境对材料无腐蚀作用,或者材料表面有可靠的防腐蚀措施,可不考虑材料的腐蚀裕量。

6.4.12 罐体计算厚度

罐体计算厚度应按本标准规定的许用应力和计算压力,以及 NB/T 47003.1 或 GB/T 150.3、JB 4732 的规定进行计算。

6.4.13 罐体的最小厚度要求

6.4.13.1 罐体的最小厚度(不包括材料厚度负偏差、腐蚀裕量以及加工制造过程中的工艺减薄量)应不小于 6.4.13.2~6.4.13.5 所确定的值。

6.4.13.2 设定材料为基准钢的罐体的最小厚度应符合下列规定:

a) 当罐体内直径不大于 1 800 mm 时,罐体及人孔盖的最小厚度应不小于 5 mm;

b) 当罐体内直径大于 1 800 mm 时,罐体及人孔盖的最小厚度应不小于 6 mm。

6.4.13.3 为防止损坏,罐体具有附加保护装置的,则试验压力低于 0.265 MPa 的液体罐箱,经主管部门认可机构认可后按提供保护成比例减小罐体的最小厚度。直径不大于 1 800 mm 的罐体,按基准钢确定的厚度应不小于 3 mm;直径大于 1 800 mm 的罐体,按基准钢确定厚度应不小于 4 mm。附加保护装置可采用全外部结构保护的装置,如外保护层固定于筒体上的夹层结构、双层壁结构,或将筒体支撑于具有纵向和横向构件的完整构架内。

6.4.13.4 采用非基准钢材料的罐体,其最小厚度应满足下列要求:

a) 按式(4)计算:

$$\delta_1=\frac{21.4\delta_0}{\sqrt[3]{(R_{m1}A_1)}} \quad \cdots\cdots (4)$$

b) 附录 B 中表 B.3 确定基准钢的最小厚度为 8 mm、10 mm 或 12 mm,且罐体内直径大于 1 800 mm 时,最小厚度按式(5)计算:

$$\delta_1=\frac{21.4\delta_0 d_1}{1.8\sqrt[3]{(R_{m1}A_1)}} \quad \cdots\cdots (5)$$

式中:

δ_1——罐体最小厚度,mm;

δ_0——6.4.13.2 或 6.4.13.3、附录 B 中表 B.2 所列的基准钢的罐体最小厚度,mm;

R_{m1}——所用材料标准抗拉强度下限值,MPa;

A_1——所用材料的标准断后伸长率,%;

d_1——罐体内直径,且不小于 1.8 m,m。

c) 当使用标准抗拉强度 360 MPa～440 MPa 碳素钢,且材料的标准最小断后伸长率(%)不小于 $10\,000/R_{m1}$ 时,不需按式(4)和式(5)计算。

6.4.13.5 任何材料制造的罐体,其筒体、封头及人孔盖的最小厚度均应不小于 3 mm。

6.4.14 罐体设计厚度

罐体设计厚度应取下列情况的较大值:

a) 罐体计算厚度与腐蚀裕量之和;

b) 罐体最小厚度与腐蚀裕量之和。

6.4.15 介质的分类及危害性

6.4.15.1 介质分类、品名及编号应符合 GB 6944 和 GB 12268 的规定。

6.4.15.2 介质的毒性危害程度和爆炸危险程度应符合 HG 20660 的规定。

6.4.15.3 未列入 HG 20660 的介质由设计单位参照 GBZ 230 确定其毒性程度。

6.4.16 焊接接头

6.4.16.1 设计压力低于 0.1 MPa 且真空度低于 0.02 MPa 的罐体的焊接接头设计应符合 NB/T 47003.1的规定。

6.4.16.2 设计压力不小于 0.1 MPa,或真空度不低于 0.02 MPa 的罐体的焊接接头设计应符合 GB/T 150.3 或 JB 4732 的规定。

6.4.17 隔仓板

6.4.17.1 隔仓板应有足够的强度和刚度,且逐仓耐压试验时应保持稳定。

6.4.17.2 隔仓板应能承受所隔开的液体质量的 2 倍乘以重力加速度的静态力。

6.4.18　防波板

6.4.18.1　同时符合下列情况的应设置防波板：

a)　在20℃或加热运输中最高工作温度下，充装介质的黏度小于2 680 mm^2/s；

b)　罐体在充装和运输过程中液体体积在罐体容积的20%～80%之间。

6.4.18.2　设置的防波板应满足下列要求：

a)　防波板与罐体的连接应牢固可靠；

b)　相邻两防波板所在罐体横截面之间的罐体几何容积不超过7.5 m^3；

c)　每个防波板的有效面积应不小于罐体横断面积的70%；

d)　防波板应能承受所隔开的液体质量的2倍乘以重力加速度的静态力，应考虑在这种动载荷作用下的筒体、防波板及其连接部位的疲劳问题；

e)　防波板的设置应考虑操作或检修人员方便进出。

6.4.19　衬里结构罐体

6.4.19.1　当罐体为衬里结构时，衬里应满足下列要求：

a)　罐体、管接头(包括法兰)、接管的衬里应为连续的，且延伸到整个翻边连接面；

b)　当凸缘与罐体焊接连接时，衬里应连续地通过接头并覆盖整个法兰连接面；

c)　衬里的连接接头、接缝应通过融化的形式或其他等效的方式进行连接。

6.4.19.2　衬里结构罐体的设计除符合本标准外，还应符合HG/T 20678的规定。

6.4.20　人孔

6.4.20.1　罐体至少应设置一个公称直径不小于500 mm的人孔(经主管部门认可机构同意减免或变更尺寸的除外)，一般设在罐体顶部。

6.4.20.2　多仓罐体的人孔设置还应考虑检修人员方便地进出各仓。

6.4.21　装卸系统设置及开口的设置与要求

6.4.21.1　罐体底部开口的要求应符合附录B中表B.3的规定要求。

6.4.21.2　当运输高粘度或有可能结晶的液体时，底部卸料口应至少设计成两道串联的、相互独立的关闭装置且满足下列要求：

a)　第一道，尽量靠近罐体的外部截流阀；

b)　第二道，卸料口处设置的密封关闭装置，可为一个带螺栓的盲法兰、螺旋帽或类似的装置。

6.4.21.3　除6.4.21.2规定以外的情况，底部卸料口应至少设计成三道串联的、相互独立的关闭装置且满足下列要求：

a)　第一道阀门应为自闭式内部截流阀，位于罐体内或与罐体焊接的凸缘内，且符合下列规定：

——阀门控制器件的设计应能防止任何因冲击或其他疏忽行为而引起的意外开启；

——阀门调节定位(开启或关闭)一般应能从地上加以判断；

——应能从远离阀门本身在液体罐箱易接近的位置关闭阀门；

——在外部控制装置损坏的情况下，内部截流装置应能继续有效。

b)　第二道为外部截流阀，安装在尽量靠近罐体的地方。

c)　第三道为在卸料口处设置的密封关闭装置，宜采用盲板法兰、螺纹连接的端盖或等效装置。

6.4.21.4 衬里结构的液体罐箱,其内部截流阀可用一个附加的外部截流阀代替。该外部截流阀应满足主管部门认可机构的要求。

6.4.21.5 底部开孔应设置防止意外碰撞的保护装置。

6.4.21.6 当不允许底部开孔时,装卸口应设置在罐体的顶部液面以上部位。

6.4.22 结构件的连接

6.4.22.1 重量较轻的结构件宜满足下列要求:

a) 结构件材料强度小于或等于与其相连接的罐体材料的强度;

b) 结构件材料厚度一般小于或等于与其相连接的罐体材料厚度的0.70倍。

6.4.22.2 当支撑等主要受力结构件通过垫板与罐体连接时,垫板材料尽量与罐体材料牌号相同,或垫板材料屈服强度标准值一般为罐体材料屈服强度标准值的0.8倍~1.2倍,同时满足下列要求:

a) 垫板厚度不大于筒体或封头厚度的1.5倍;

b) 垫板与罐体的焊接接头高度不大于罐体厚度;

c) 结构件在垫板上的焊脚距离垫板边缘的尺寸不小于4倍的垫板厚度;

d) 垫板的边缘为圆角形状,圆角半径不小于4倍的垫板厚度;

e) 垫板与罐体连续焊接;

f) 垫板尽量避开A、B类焊缝。

6.5 支座、框架、起吊和系固附件的设计

6.5.1 框架的强度、刚度应满足型式试验的要求。

6.5.2 框架在设计时,应考虑外界环境的腐蚀作用。

6.5.3 支座、框架以及起吊和系固件设计应避免对液体罐箱的任何部位造成不适当的应力集中。

6.5.4 角件(包括顶角件和底角件)所在位置和定位尺寸应符合GB/T 1413的规定,并满足预定的设计要求。

6.5.5 液体罐箱的框架应符合GB/T 16563的规定。

6.5.6 液体罐箱载荷传递区的设置应符合GB/T 16563的规定。

6.5.7 液体罐箱(包括阀门等所有附件)应采取足够的防护措施防止因受到横向、纵向的碰撞及翻倒导致罐体及附件损坏。当罐体及附件本身的结构能经受碰撞和翻倒的,可不采取防护措施。阀件也需加以防护避免在罐箱受到碰撞和翻倒时脱落。所采取的防护措施为:

a) 防止横向撞击,采用中间侧梁;

b) 防止翻倒破坏,采用加强环或在框架上设置加强梁;

c) 对后部撞击,采用防撞梁或后部框架;

d) 符合GB/T 16563规定的框架。

6.5.8 液体罐箱一般不设置叉槽。罐体长度小于3.65 m的单一罐体可设置叉槽,且满足下列要求:

a) 罐体及所有附件均应被保护;

b) 叉槽中心间距至少等于罐体最大长度的一半。

6.6 管路

6.6.1 管路系统在设计和安装上应能防止被意外开启及在运输及装卸过程中被卸掉或损坏。

6.6.2 液面以上充装及排放的进出口,均应设置手动截流阀,并应尽量靠近罐体,截流阀外侧端部接口用盲板法兰或螺纹连接的端盖密闭。除压力释放口外,其他开孔也应设置截流阀或类似装置并尽可能靠近罐体。

6.6.3 液体罐箱的外部接口尽量分组集中布置,且有相关的保护措施。

6.6.4 液体罐箱每一个接口处应清楚标明其用途。

6.6.5 每个截流阀或其他形式关闭装置的公称压力应不小于液体罐箱的设计压力,并考虑运输中可能遇到的温度。螺杆式截流阀应在顺时针方向转动时被关闭。对其他形式的截流阀,其开、关位置和关闭方向均应清楚标明,并能防止意外开启。

6.6.6 管路的设计、制造和安装应避免热胀冷缩、机械颤动或振动等所引起的损坏,必要时应考虑补偿结构,并满足下列要求:

a) 管路之间连接宜采用焊接结构;

b) 所有管路应在承受4倍管路系统工作压力时不破裂。

6.6.7 管路和阀门应采用延展性良好的金属制造,并与充装的介质相容。

6.7 加热或冷却系统

6.7.1 加热或冷却系统的设计和控制应保证所运物质的温度不会导致罐内的压力超过所允许的最大工作压力,或导致其他危险性(例如危险性热分解)。

6.7.2 加热系统的设计或控制应保证内部元件在未完全浸没下不应加热;内部加热设备的加热元件的表面温度或外部加热设备的罐体温度应不超过充装介质的自燃温度的80%。

6.7.3 电气装置的安装应考虑其安全可靠性,并做好相应的安全保护措施。

6.8 其他要求

6.8.1 堆积绝热层的设置应不妨碍装卸系统及安全附件的正常工作及维修。

6.8.2 液体罐箱应在适当位置设置文件筒,用于放置液体罐箱使用过程中的相关文件,如使用说明书、罐内清洁证书等。

6.9 耐压试验要求

6.9.1 罐体耐压试验一般采用液压试验。

6.9.2 罐体耐压试验压力确定应符合6.9.2.1和6.9.2.2的规定。

6.9.2.1 罐体耐压试验压力的下限值按式(6)确定。

$$p_T = 1.5 p_d \tag{6}$$

式中:

p_T——试验压力,MPa;

p_d——设计压力,MPa。

6.9.2.2 罐体耐压试验压力应不低于附录B中表B.3规定的最低试验压力值。

6.9.3 耐压试验前,应按罐体采用的设计标准或规范进行罐体应力校核,应力应不大于按式(7)和式(8)计算所得的较小值:

$$\sigma_T \leqslant 0.75 R_{eL} \tag{7}$$

$$\sigma_T \leqslant 0.5 R_m \tag{8}$$

式中:

σ_T——试验压力下筒体的应力,MPa;

R_{eL}——罐体材料在试验温度下的屈服强度(或0.2%规定塑性延伸强度,对奥氏体不锈钢1%规定塑性延伸强度),MPa;

R_m——材料的标准抗拉强度下限值,MPa。

6.10 泄漏试验要求

6.10.1 每台罐箱组装完毕应进行泄漏试验,其试验方法包括气密性试验、氨检漏试验、卤素检漏试验及氦检漏试验等。

6.10.2 当采用气密性试验时,气密性试验压力至少为罐体设计压力的1/4,其试验压力和试验介质等试验相关要求应在设计文件中注明。

6.10.3 当采用氨检漏试验时,可采用氨-空气法、氨-氮气法或100%氨气法等氨检漏方法,其氨检漏方法、氨的浓度和试验压力等试验相关要求应在设计文件中注明。

6.10.4 当采用卤素检漏试验时,其真空度、卤素气体种类、试验压力和试验相关要求等内容应在设计文件中注明。

6.10.5 当采用氦检漏试验时,其漏气速率指标等试验相关要求应在设计文件中注明。

6.11 承压液体罐箱的设计专项要求

6.11.1 承压液体罐箱的设计文件内容应符合TSG R0005的要求。

6.11.2 当罐体承受压力载荷时,采用规则设计的罐体,其材料许用应力按GB/T 150.2选取;采用分析设计的罐体,其材料设计应力强度按JB 4732选取。

6.11.3 采用规则设计的罐体,当局部采用分析设计时,其材料许用应力按GB/T 150.2选取。

6.11.4 当罐体采用材料在GB/T 24511中规定了$R_{p1.0}$的值,且在设计文件中提出了钢板附加检验$R_{p1.0}$值时,可使用$R_{p1.0}$来确定许用应力。

6.11.5 结构设计

6.11.5.1 焊接接头

6.11.5.1.1 筒体纵向接头、筒节与筒节(封头)连接的环向接头、封头的拼接接头,应采用全截面焊透的对接接头形式。

6.11.5.1.2 接管或凸缘与罐体、封头之间的接头应采用全焊透结构。

6.11.5.2 罐体用管法兰

6.11.5.2.1 罐体用管法兰、垫片、紧固件的设计应符合相应标准的规定。

6.11.5.2.2 充装毒性程度为极度、高度危害介质以及强渗透性中度危害介质的罐体,其管法兰应符合HG/T 20592、HG/T 20610、HG/T 20614、HG/T 20615、HG/T 20631和HG/T 20635的规定,法兰应采用高颈对焊法兰型式,密封结构应采用带加强环的金属缠绕垫片和专用级高强度螺栓组合;无法采用以上管法兰密封组合的,应由设计人员根据介质、压力与温度特性确定法兰连接结构,且应考虑火灾情况下保证该结构不失效。

6.11.6 充装毒性程度为极度、高度危害类介质的罐体应采用上装上卸的装卸方式,液面以下不允许开口。

6.11.7 罐体泄漏试验采用气密性试验时,气密性试验压力应为罐体设计压力。

7 安全附件、仪表及装卸附件

7.1 一般要求

7.1.1 罐体的安全附件、装卸附件及仪表,其配置要求除符合本标准规定外,还需满足设计文件的要求。

7.1.2 安全附件包括超压泄放装置、真空减压阀、底出料阀紧急关闭装置、导静电装置等,配置要求根据导则和设计要求确定。

7.1.3 仪表包括压力表、液位计及温度计等。

7.1.4 装卸附件包括装卸阀门、快速装卸接头(以下简称快装接头)等。

7.1.5 选用的相关附件应与充装介质相适应。

7.1.6 超压泄放装置的设计、结构和标记应符合主管部门认可机构的规定。

7.1.7 安全附件、仪表、装卸附件应随产品提供质量证明文件,且在产品的明显部位有永久性标识或装设金属铭牌。

7.1.8 罐体在耐压试验合格后,方可安装安全附件、仪表及装卸附件。

7.1.9 压力表、温度计、装卸阀门和快装接头等附件宜集中布置,并设有防护装置,国际联运用罐箱还应满足海关铅封的相关要求。

7.1.10 当附件之间存在有相对运动时,应设置必要的支撑或采取紧固措施。

7.2 安全附件

7.2.1 超压泄放装置

7.2.1.1 超压泄放装置包括安全阀、爆破片装置、安全阀与爆破片串联组合装置、易熔元件及真空减压阀等。

7.2.1.2 液体罐箱应设置一个或多个超压泄放装置,选用的超压泄放装置应与充装介质相容。

7.2.1.3 液体罐箱容积或独立隔仓的容积不小于1 900 L时,按附录B中表B.3的规定,罐体或独立隔仓应按照下列方式之一设置超压泄放装置:

a) 弹簧式安全阀;

b) 弹簧安全阀与爆破片或易熔元件并联组合;

c) 安全阀与爆破片串联组合。

7.2.1.4 超压泄放装置的设置应满足下列要求:

a) 超压泄放装置的入口应始终设置在罐体液面以上的气相空间,尽量靠近纵向和横向的中心;

b) 气体的排放应畅通无阻,泄压排出的气体不可直接冲击罐体;

c) 在不降低安全泄放量的情况下,可使用保护装置使泄压排放气体转向;

d) 充装易燃、易爆类介质的液体罐箱,排放气体的出口应集中,当罐体可能出现负压工况时,出口应具有有效的阻火装置。阻火装置的设置应满足7.2.1.11的要求。

7.2.1.5 超压泄放装置应能防止任何异物进入和防止液体渗出,并能承受罐体内部的压力、可能出现的危险超压及包括液体流动力在内的动载荷。

7.2.1.6 弹簧安全阀的性能参数应满足下列要求:

a) 安全阀的整定压力:

——罐体的耐压试验压力不大于0.45 MPa时,安全阀的整定压力应等于罐体耐压试验压力的5/6;

——罐体的耐压试验压力大于0.45 MPa时,安全阀的整定压力应等于罐体耐压试验压力的2/3的110%。

b) 安全阀的回座压力应不低于整定压力的0.90倍。

7.2.1.7 爆破片的性能参数应满足下列要求：

a) 罐体独立设置爆破片或爆破片与安全阀并联设置时，爆破片在设计温度下的设计爆破压力等于罐体的耐压试验压力；

b) 采用爆破片与安全阀串联组合装置时，爆破片的设计爆破压力应符合7.2.1.8中d)的规定；

c) 无论何种设置均应考虑爆破片应能承受可能产生的罐体外压载荷的作用。

7.2.1.8 安全阀与爆破片串联组合装置应满足下列要求：

a) 爆破片应与安全阀串联组合，且在非泄放状态下与介质接触的是爆破片；

b) 组合装置的排放能力应不小于罐体的安全泄放量；

c) 爆破片应不使用脆性材料制作，且爆破片在破裂时应不产生碎片、脱落和火花；

d) 爆破片的设计爆破压力应高于安全阀整定压力10%，且不高于20%；

e) 组合装置中爆破片排放面积应大于安全阀喉径截面积；

f) 安全阀与爆破片之间的腔体应设置压力表或其他合适的指示器等，用以检查爆破片是否渗漏或破裂，避免因背压而影响爆破片的爆破压力；

g) 安全阀的排放能力应不小于安全阀单独作用时的排放能力乘以修正系数0.90。

7.2.1.9 易熔元件的设置应符合下列要求：

a) 易熔元件适用于耐压试验压力不大于0.265 MPa的罐体；

b) 易熔元件不应用于装运有机过氧化物(第5.2类)和自反应物质(第4.1类)的罐体；

c) 易熔元件的入口位于罐体顶部气相空间，不能被任何设置隔绝外部热源；

d) 易熔元件熔融温度应在110℃～149℃之间，且罐内压力应限制在罐体耐压试验压力以下；

e) 在加温状态下运输物质时，易熔元件的熔融温度应不低于在操作、运输过程中罐体的最高工作温度，并满足主管部门认可机构的要求。

7.2.1.10 超压泄放装置的排放能力应满足下列要求：

a) 每个安全阀的喉部直径应不小于31.75 mm；

b) 当液体罐箱完全处于火灾环境时或接近不能预料的外来热源而酿成危险时，以及压力出现异常情况时均能迅速排放；

c) 当罐体完全处于火灾环境中时，各个超压泄放装置的组合排放能力应足以将罐体内的压力(包括积累的压力)限制在不超过安全阀整定压力的120%；有完善堆积绝热层罐体安全泄放量计算时，堆积绝热材料及其外壳材料的性能应满足附录中D.2.3的要求；

d) 多用途的液体罐箱，其超压泄放装置的排放能力应能满足该液体罐箱所运输的介质中所需的最大排放量的要求；

e) 并联的多个超压泄放装置的排放能力是各个超压泄放装置排放能力之和；

f) 超压泄放装置排放能力的设计计算应符合附录D的规定。

7.2.1.11 阻火装置应满足下列要求：

a) 满足对介质阻燃阻爆的要求；

b) 满足对安全泄放量的要求；

c) 在排放及非排放状态下均不产生堵塞等现象，不影响其正常功能。

7.2.1.12 在罐体与超压泄放装置之间不应安装截止阀。为便于安全阀的清洗与更换，经使用单位主管压力容器安全技术负责人批准，且正常使用期间采取保证全开(加铅封或锁定)的可靠防范措施，方可在安全泄放装置与罐体之间装设过渡连接阀门，过渡连接阀门的结构和通径不应妨碍安全阀的安全泄放。

7.2.1.13 通往超压泄放装置的开口处，不应有任何限制或阻碍气体从罐体内通往超压泄放装置的障碍。

7.2.1.14 当使用泄放管时，应保证超压泄放装置能在最小阻力的条件下将排出的气体排放到空气中。

7.2.1.15 超压泄放装置应设置能防止受到意外撞击的保护装置。

7.2.1.16 安全附件的连接应采用螺纹或焊接、法兰的连接形式，连接部位应具有足够的强度。

7.2.1.17 真空减压阀应满足下列要求：

a) 真空减压阀应在外压不大于 0.021 MPa，且在不大于液体罐箱设计外压下开启；

b) 每个真空减压阀应有不小于 284 mm^2 的流通截面积；

c) 易燃、易爆介质用真空减压阀应具有有效的阻火装置。阻火装置的设置应满足7.2.1.11的要求。

7.2.2 底出料阀紧急关闭装置

7.2.2.1 底出料阀紧急关闭装置一般由紧急关闭阀、远程控制系统等组成。

7.2.2.2 紧急关闭阀设在罐体或法兰的内部，应动作灵活、性能可靠、便于检修。紧急关闭阀的阀体应设计成剪式结构，剪断槽应紧靠阀体与罐体的连接处。

7.2.2.3 远程控制系统的关闭操作装置应装在人员易于到达的位置。

7.2.3 静电接地装置

7.2.3.1 液体罐箱的罐体、管道、阀门和框架等连接处导电性能应良好，并应设置可靠的导静电接地端子。

7.2.3.2 罐体金属与接地导线末端之间的导静电接地装置电阻值应不大于 5 Ω。

7.2.3.3 设有导静电接地装置的液体罐箱应在尽可能靠近静电接地装置位置处设置明显标志。

7.3 仪表

7.3.1 一般规定

7.3.1.1 液体罐箱应按需配有压力表、液位计和温度计等仪表。

7.3.1.2 直接与罐内介质连通的仪表不应采用易碎、易损材料制造。

7.3.1.3 仪表应灵敏、可靠，并有足够的精度和牢固的结构。

7.3.1.4 仪表露出罐体外的部分应设置能防止受到意外撞击的保护装置。

7.3.2 压力表

7.3.2.1 选用的压力表应与液体罐箱内的介质相适应。

7.3.2.2 应选用符合相应标准要求的抗震压力表。

7.3.2.3 压力表精度等级应不低于 1.6 级。

7.3.2.4 压力表表盘刻度的极限值应为罐体工作压力的 1.5 倍～3.0 倍，表盘直径应不小于 70 mm。

7.3.2.5 压力表的设置位置应便于操作人员观察和清洗，且应避免受到辐射热、冻结或振动等不利因素的影响。

7.3.2.6 压力表的安装应采用可靠的固定结构，防止在运输过程中压力表发生相对运动。

7.3.3 液位计

7.3.3.1 罐体应设置1个或多个液位计,通过称重来控制最大充装量的罐箱除外。

7.3.3.2 液位计应根据液体罐箱的介质、工作压力和温度正确选用。

7.3.3.3 液位计应灵活准确、结构牢固,精度等级应不低于2.5级。

7.3.3.4 充装毒性程度为极度、高度危害类介质的液体罐箱应通过称重来控制其最大充装量,一般不设置液位计。

7.3.3.5 当毒性程度为中度危害以下介质(含中度危害介质)或易燃、易爆介质,且设有液位计时,液位计应设有防止泄漏的密封式保护装置。

7.3.3.6 液位计应安装在便于观察的位置。

7.3.3.7 液位计应有液面指示刻度与容积的对应关系,且附有在工作温度上限和下限的介质密度、压力与体积对照表。

7.3.3.8 不应使用与罐内物质直接相通的玻璃液位计和其他易碎材料制成的液位计。

7.3.4 温度计

7.3.4.1 罐体应至少设置1个温度计。

7.3.4.2 温度计的测量范围应与充装介质的工作温度相适应。

7.3.4.3 温度计测温元件应在液相,且与介质不直接接触。

7.4 装卸附件

7.4.1 装卸阀门

7.4.1.1 充装易燃、易爆介质的罐体,应采用不产生火花的钢质阀门。

7.4.1.2 阀门在全开和全闭工作状态下的气密性试验应合格。

7.4.1.3 手动阀门应在阀门承受气密性试验压力下全开、全闭操作自如,并且应不感到有异常阻力、空转等。

7.4.1.4 装卸阀门的明显部位带有永久性标识或装设牢固的金属铭牌。

7.4.2 快装接头

7.4.2.1 快装接头的设置应符合设计图样的规定。

7.4.2.2 快装接头与充装介质接触部分应有良好的耐腐蚀性能。

7.4.2.3 快装接头的公称压力应不小于装卸系统工作压力的2倍。

7.5 承压液体罐箱的安全附件、仪表及装卸附件专项要求

7.5.1 罐体应设置1个或多个安全泄放装置,不应单独设置不可复位类安全泄放装置,或不可复位类安全泄放装置与安全阀的并联。

7.5.2 充装毒性程度为极度、高度危害类介质或强腐蚀性介质的罐体应设置安全阀与爆破片串联组合装置。

8 制造

8.1 一般要求

8.1.1 罐体的制造、检验和验收应符合本章的规定。

8.1.2 罐体应按设计图样、技术条件及制造单位的质量计划进行制造与检验。

8.1.3 罐体材料在分割前应进行标志移植。

8.2 罐体

8.2.1 冷热加工成形

8.2.1.1 应根据制造工艺确定加工裕量,罐体成形后的厚度应大于或等于罐体的最小设计厚度。

8.2.1.2 坡口表面质量应满足下列要求:

a) 坡口表面应无裂纹、分层、夹杂等缺陷;

b) 施焊前,应清除坡口两侧表面 20 mm 范围内(以离坡口边缘的距离计)的氧化物、油污、熔渣及其他有害杂质。

8.2.1.3 封头的制造应符合 GB/T 25198 的要求,并满足设计图样的规定。

8.2.1.4 封头应尽量整体成形。

8.2.1.5 先拼板后成形的封头,在成形前应将妨碍成形的拼接焊接接头打磨至与母材齐平。

8.2.1.6 封头拼板对口错边量与成形后的形状误差应符合 GB/T 25198 的规定。

8.2.1.7 罐体对接焊接接头的对口错边量 b(见图 1)应符合表 3 的规定。对口错边量 b 以较薄板厚度为基准确定。在测量对口错边量时,应不计入两板厚度差值。

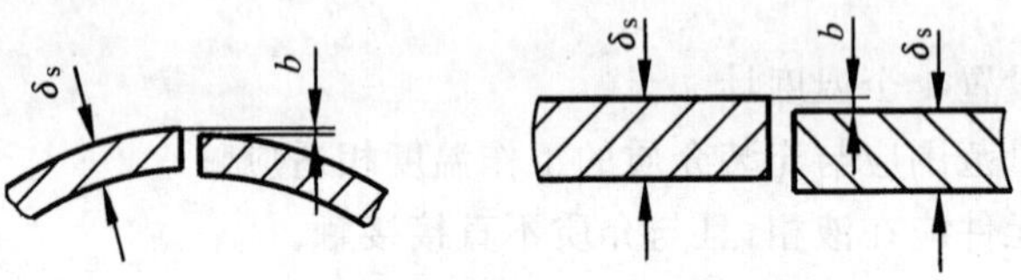

图 1 对接焊接接头对口错边量 b

表 3 对接焊接接头对口错边量

单位为毫米

对口处钢材厚度 δ_s	对口错边量 b	
	纵向焊接接头	环向焊接接头
≤12	≤$1/4\delta_s$	≤$1/4\delta_s$
注:嵌入式接管与筒体或封头对接连接焊接接头,按环向焊接接头的对口错边量要求。		

8.2.1.8 在焊接接头环向形成的棱角 E,用弦长等于 1/6 内径 D_i,且不小于 300 mm 的内样板或外样板检查(见图 2),当筒体厚度大于 6 mm 时,其 E 值应不大于($\delta_s/10+2$)mm,且不大于 5 mm;当筒体厚度不大于 6 mm 时,其 E 值应不大于 5 mm。在焊接接头轴向形成的棱角 E(见图 3),用长度不小于 300 mm 的直尺检查,当筒体厚度大于 6 mm 时,其 E 值应不大于($\delta_s/10+2$)mm,且不大于 5 mm;当筒体厚度不大于 6 mm 时,其 E 值应不大于 5 mm。

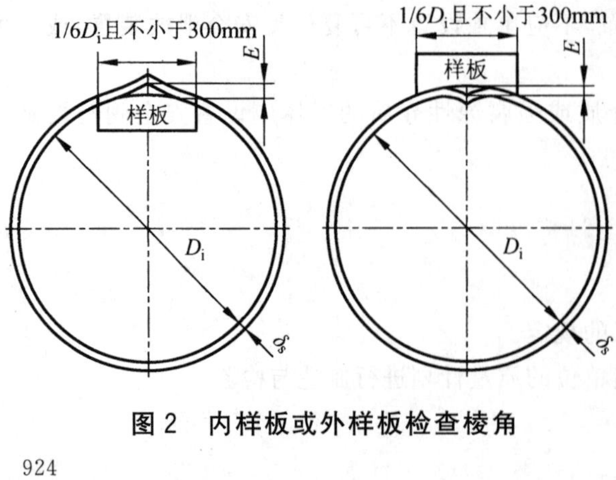

图 2 内样板或外样板检查棱角

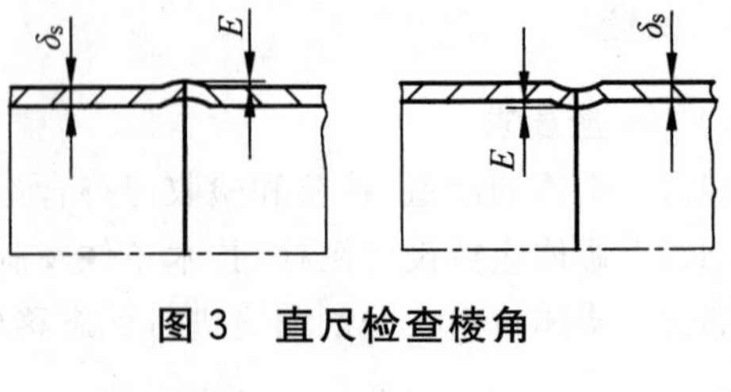

图 3 直尺检查棱角

8.2.1.9 罐体的直线度允差应不大于其长度的1‰。

注：罐体直线度检查是通过中心线的水平和垂直面，即沿圆周0°、90°、180°、270°四个位置进行测量，测量时避开焊接处100 mm以上。

8.2.1.10 筒节长度应不小于300 mm，同一筒节上两纵向焊接接头之间的距离应不小于100 mm。组装时不应采用十字焊缝，相邻筒节纵向焊接接头中心线间外圆弧长应不小于100 mm；封头拼接焊接接头中心线与相邻筒节纵向焊接接头中心线间外圆弧长应不小于100 mm，或按设计及工艺要求确定，且至少为较厚板的5倍。

8.2.1.11 法兰(含凸缘)的螺栓孔宜与罐体主轴线或铅垂线跨中布置(见图4)，特殊要求应在图样中注明。

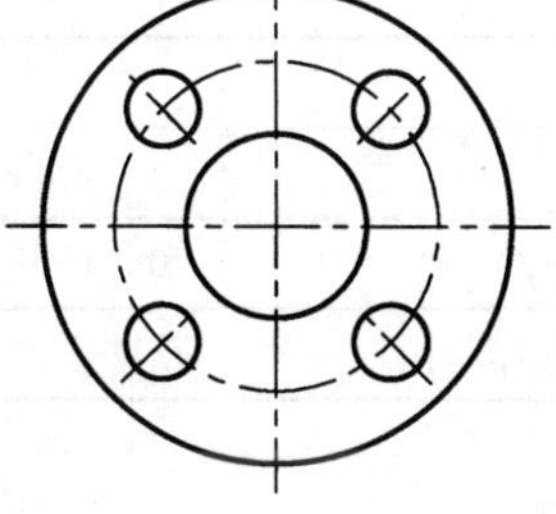

图4 法兰(含凸缘)的螺栓孔与壳体主轴线或铅垂线跨中布置

8.2.1.12 罐体内件和罐体焊接的焊接接头应尽量避开筒节间对接焊接接头及筒体与封头的对接焊接接头。

8.2.1.13 罐体上凡被补强圈、支承垫板等覆盖的焊接接头，组对时应保证补强圈、支承垫板与罐体贴合，必要时对焊接接头进行打磨。

8.2.1.14 罐体组装后，应按下列要求检查罐体的圆度：

a) 同一断面上最大与最小内径之差 e，应不大于该断面内径 D_i 的1%，且不大于25 mm(见图5)；

b) 当被检断面位于开孔中心1倍开孔内径范围时，则该断面最大与最小内径之差 e，应不大于该断面内径 D_i 的1%与开孔内径2%之和，且不大于25 mm。

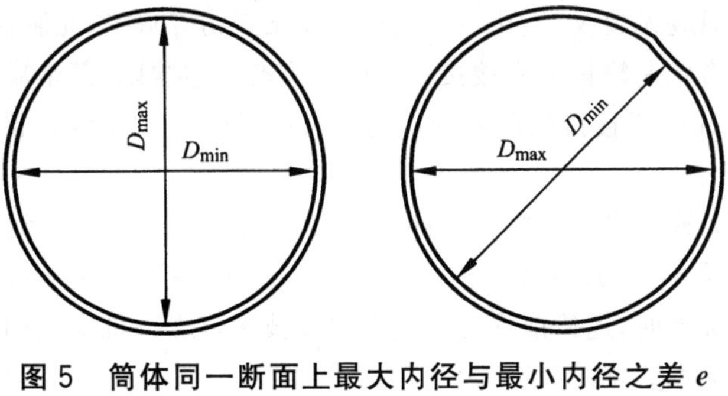

图5 筒体同一断面上最大内径与最小内径之差 e

8.2.2 焊接

8.2.2.1 罐体施焊前，应按NB/T 47014的规定进行焊接工艺评定或具有经过评定合格的焊接工艺支持。

8.2.2.2 施焊环境出现下列任一情况且无有效防护措施时，不应施焊：

a) 手工焊，风速大于 10 m/s；

b) 气体保护焊，风速大于 2 m/s；

c) 相对湿度大于 90%；

d) 雨、雪环境；

e) 焊件温度低于 −20℃。

8.2.2.3 当焊件温度低于 0℃ 且不低于 −20℃ 时，应在施焊处 100 mm 范围内预热到 15℃ 以上。

8.2.2.4 罐体对接焊接接头的余高 e_1、e_2 应符合表 4 及图 6 的规定。

表 4 对接焊接接头焊缝余高 单位为 mm

单面坡口		双面坡口	
e_1	e_2	e_1	e_2
0～15%δ_s 且≤4	≤1.5	0～15%δ_1 且≤4	0～15%δ_2 且≤4
注：表中百分数计算值小于 1.5 时按 1.5 计。			

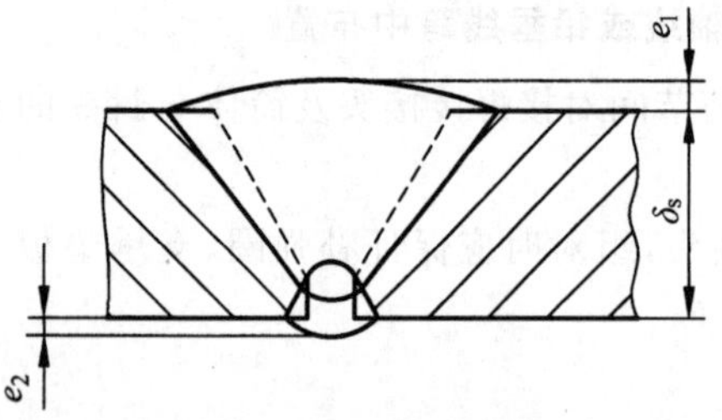

a) 单面坡口

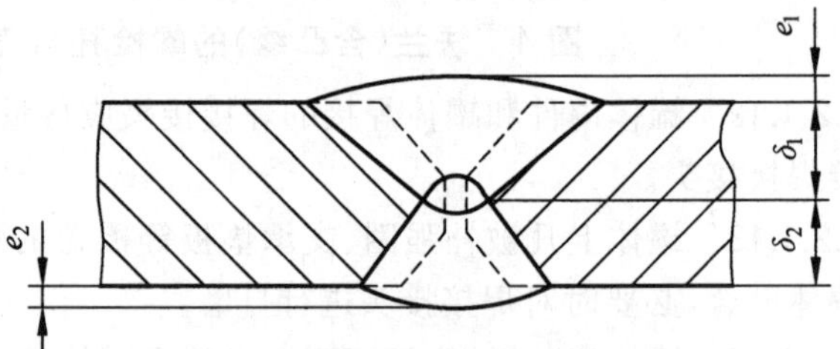

b) 双面坡口

图 6 对接焊接接头的余高 e_1、e_2

8.2.2.5 角焊接接头的焊脚，在图样无规定时，取焊件中较薄者之厚度。角焊接接头与母材应呈平滑过渡。

8.2.2.6 焊接接头表面应无裂纹、气孔、弧坑、夹渣和飞溅物等缺陷，充装毒性程度为极度、高度危害介质罐体及高合金钢制罐体的焊接接头表面不应有咬边缺陷，其余罐体焊接接头咬边的连续长度应不大于 100 mm，焊接接头两侧咬边的总长应不超过该条焊接接头总长的 10%，咬边深度应不大于 0.5 mm。

8.2.2.7 焊接接头表面缺陷或机械损伤经打磨后，其厚度应不小于母材的厚度。

8.2.2.8 需返修的焊接接头，其返修工艺应符合 8.2.2.1 的规定。焊缝同一部位的返修次数不宜超过 2 次。当超过 2 次时，返修前均应经制造单位技术负责人批准，返修次数、部位和返修情况应记入产品质量证明书。

8.2.2.9 需焊后热处理的罐体，应在热处理前进行焊接返修。当在热处理之后进行焊接返修时，则返修部位应重新进行热处理。

8.2.2.10 有抗晶间腐蚀要求的奥氏体不锈钢制罐体，返修部位仍需保证原有的抗晶间腐蚀性能。

8.2.2.11 耐压试验后需返修的，返修部位应按原要求进行无损检测。焊接接头或接管泄漏而进行返修的，或返修深度大于1/2壁厚的罐体，还应重新进行耐压试验。

8.2.2.12 罐体上焊接临时吊耳和拉筋的垫板时，应采用力学性能和焊接性能与罐体相近的材料，并采用相适应的焊材及焊接工艺。临时吊耳和拉筋的垫板割除后，留下的焊疤应打磨光滑并应按设计图样规定进行检查或检测，表面应无裂纹等缺陷。打磨后的厚度应不小于该部位的设计厚度，当小于设计厚度时，应允许采用补焊的方法修复，直至合格。

8.2.2.13 罐体上开孔位置宜避开焊接接头。

8.2.2.14 罐体不应强力组装。

8.2.3 热处理

8.2.3.1 罐体的热处理要求应由设计者在设计文件中注明。

8.2.3.2 符合下列条件的罐体应进行热处理：

a) 充装毒性程度为极度、高度危害介质的碳素钢和低合金钢罐体；

b) 封头冷成形对材料力学性能有影响的罐体；

c) 充装有应力腐蚀倾向介质的罐体；

d) 需要恢复材料力学性能的罐体。

8.2.3.3 除设计文件另有规定，采用奥氏体不锈钢材料制罐体不需热处理。

8.2.3.4 焊后热处理应按GB/T 30583的规定进行，在耐压试验前实施。

8.2.4 无损检测

8.2.4.1 制造单位应按设计图样要求和NB/T 47013的规定制定罐体的无损检测工艺。

8.2.4.2 应对罐体焊接接头形状尺寸和外观质量进行目视检查，经检查合格后方可进行无损检测。

8.2.4.3 无损检测方法的选择应符合下列规定：

a) 罐体对接接头应采用射线检测或超声检测；

b) 罐体焊接接头的表面无损检测应采用磁粉检测或渗透检测。铁磁性材料制罐体焊接接头的表面无损检测应优先采用磁粉检测。

8.2.4.4 射线检测或超声检测的比例应符合下列规定：

a) 充装毒性程度为极度、高度危害介质的罐体的对接接头，应进行100%射线检测或超声检测；

b) 充装其他介质且满足6.4.1.1的罐体的焊接接头，应进行局部射线检测或超声检测，其检测长度应不小于每条焊接接头长度的10%；

c) 充装其他介质且满足6.4.1.2的罐体的焊接接头，应进行局部射线检测或超声检测，其检测长度应不小于每条焊接接头长度的20%，且不小于250 mm。

8.2.4.5 充装毒性程度为极度、高度危害介质罐体的人孔、接管、凸缘等处的焊接接头，应按NB/T 47013.4或NB/T 47013.5的规定进行磁粉或渗透检测。

8.2.4.6 进行局部无损检测的焊接接头，当检测部位发现超标缺陷时，应在已检测部位两端的延伸部位各进行不少于250 mm的局部检测，经检测后仍存在不允许的缺陷时，则对该焊接接头进行全部检测。

8.2.4.7 磁粉与渗透检测发现超标缺陷时，应进行修磨及必要的补焊，并对该部位采用原检测方法重新进行检测,直至合格。

8.2.4.8 无损检测技术要求

8.2.4.8.1 射线检测应按 NB/T 47013.2 或 NB/T 47013.11 的规定执行,检测技术等级不低于AB级,全部检测的合格级别不低于Ⅱ级,局部检测的合格级别不低于Ⅲ级。

8.2.4.8.2 超声检测应按 NB/T 47013.3 或 NB/T 47013.10 的规定执行,且符合下列规定:

a) 采用脉冲反射法超声检测的技术等级不低于B级,全部检测合格级别不低于Ⅰ级,局部检测合格级别不低于Ⅱ级;

b) 衍射时差法(TOFD)的合格级别不低于Ⅱ级。

8.2.4.8.3 表面检测应按 NB/T 47013.4 或 NB/T 47013.5 的规定执行,其合格级别不低于Ⅰ级。

8.2.4.9 无损检测记录、资料和报告

制造单位应填写无损检测记录,签发无损检测报告,保管射线底片和超声检测数据等检测资料(含缺陷返修前记录),建立无损检测档案,其保存期限不少于液体罐箱的设计使用年限。

8.3 框架制造

8.3.1 每根角柱与角件焊接后,需进行额定质量 R 与重力加速度 g 的乘积的1/2($Rg/2$)的拉力试验(液体罐箱的宽度超过 2 438 mm 的除外),以不出现裂纹及明显变形为合格。

8.3.2 框架外部尺寸和公差应符合 GB/T 1413 的规定,其他要求按设计图样的规定。

8.3.3 角柱、横梁、侧梁允许的直线度应小于或等于构件长度的1.5‰。

8.4 涂装

罐体的涂装及外观质量应符合 JB/T 4711 的规定,且应满足下列要求:

a) 所有外露碳素钢或低合金钢表面均应进行除锈处理,除锈后钢材表面的清洁度等级至少为 GB/T 8923.1 中的 Sa2.5 级或 St2 级或按所选用标准的规定;

b) 液体罐箱各部分的底漆、面漆、漆膜厚度应按设计图样规定;

c) 油漆应色泽鲜明、分界整齐,无皱皮、脱漆、污痕等。

8.5 承压液体罐箱罐体的制造专项要求

8.5.1 试件(板)与试样

8.5.1.1 需要制备产品焊接试件的条件

a) 材料标准抗拉强度下限值不小于 540 MPa 的低合金钢制罐体;

b) 需要经过热处理改善或恢复材料力学性能的钢制罐体;

c) 设计图样注明充装毒性程度为极度、高度危害介质的罐体;

d) 设计图样和引用标准要求制备产品焊接试件的罐体。

8.5.1.2 产品焊接试件的制备要求

a) 产品焊接试件应当在罐体筒节纵向焊缝的延长部位与筒节同时施焊;

b) 试件的原材料应合格,并且与罐体用材具有相同标准、相同牌号、相同厚度和相同热处理状态;

c) 试件应由施焊罐体的焊工采用与施焊罐体相同的条件及焊接工艺施焊,有热处理要求的罐体,试件一般随罐体一起热处理,否则需要采取措施保证试件按与罐体相同的工艺进行热处理;

d) 每台罐体需要制备产品焊接试件的数量,由制造单位根据罐体的材料、厚度、结构与焊

接工艺，按照设计图样和引用标准要求确定。

8.5.1.3 需要制备母材热处理试件的条件

a) 当要求材料的使用热处理状态与供货热处理状态一致时，在制造过程中若破坏了供货的热处理状态，需要重新进行热处理的；

b) 在制造过程中，需要经过热处理改善材料力学性能的；

c) 制备母材热处理试件时，同时要求制备产品焊接试件，允许将两种试件合并制备的。

8.5.1.4 焊接试件与母材热处理试件的力学性能检验要求

罐体产品焊接试件与母材热处理试件的试样，按下列要求进行力学性能检验：

a) 试样的种类、数量、截取与制备，按照设计图样和引用标准的规定；

b) 力学性能检验的试验方法、试验温度、合格指标及其复验要求，按设计图样和引用标准的规定；

c) 当试件被判为不合格时，按照引用标准的规定处理。

8.5.1.5 耐腐蚀性能试件和试样的制备要求

a) 要求做耐腐蚀性能检验的罐体或者受压元件，应制作耐腐蚀性能试件，其试样的截取与试样的数量、型式、尺寸、加工和检验方法以及检验结果的评定，应符合设计图样和引用标准的规定；

b) 要求做晶间腐蚀敏感性检验的不锈钢制罐体，其试件与试样应符合 GB/T 21433 的规定，且满足设计图样规定。

8.5.2 焊后热处理

充装易燃、易爆或者毒性程度为极度、高度危害以及有应力腐蚀倾向介质的碳素钢或者低合金钢制罐体，制成并且检验合格后，应进行整体炉内消除应力热处理。

8.5.3 无损检测

8.5.3.1 符合下列条件之一的罐体焊接接头，其表面进行无损检测：

a) 充装毒性程度为极度、高度危害以及易燃、易爆介质的罐体上除 A、B 类之外的焊接接头；

b) 设计温度低于－40℃的低合金钢制罐体上的焊接接头；

c) 标准抗拉强度下限值不小于 540 MPa 的低合金钢、铁素体型不锈钢、奥氏体-铁素体型不锈钢制罐体上的焊接接头；

d) 复合钢板的覆层焊接接头、异种钢焊接接头、具有再热裂纹倾向或者延迟裂纹倾向的焊接接头；

e) 先拼板后成形的凸形封头上所有拼接接头；

f) 设计图样和引用标准要求时。

8.5.3.2 无损检测的实施时机

a) 有延迟裂纹倾向的材料时应在焊接完成 24 h 后进行无损检测，有再热裂纹倾向的材料应在热处理后增加一次无损检测；

b) 标准抗拉强度下限值不小于 540 MPa 的低合金钢制罐体，在耐压试验后还应对焊接接头进行表面无损检测。

9 试验方法

9.1 一般要求

9.1.1 罐体制造完成后,应按设计图样的要求进行耐压试验及泄漏试验。

9.1.2 耐压试验场地应有可靠的安全防护措施。

9.2 耐压试验

9.2.1 需热处理的罐体,耐压试验应在热处理后进行。

9.2.2 有堆积绝热层的罐体,应在堆积绝热层安装前进行耐压试验。

9.2.3 耐压试验前,罐体各连接部位的紧固螺栓应配置齐全,紧固妥当。

9.2.4 耐压试验时,应采用两个量程相同的并经过校验的压力表。压力表的量程应为试验压力的 1.5 倍～3.0 倍,以试验压力的 2 倍为宜,压力表的精度不低于 1.6 级。

9.2.5 液压试验

9.2.5.1 Q345R、Q370R 钢板制罐体液压试验时,液体温度应不低于 5℃,其他碳钢和低合金钢制罐体,液体温度应不低于 15℃。其他材料制罐体的液压试验液体温度应符合设计图样的规定。

9.2.5.2 罐体充液时,应将罐内气体排尽,并应保持罐体外表面干燥。当罐体壁温与液体温度接近时,才能缓慢升压至设计压力,确认无泄漏后继续升压到规定的试验压力,保压时间一般不少于 30 min。然后将压力降至设计压力,保压足够长的时间以对所有焊接接头和连接部位进行检查。检查期间的压力应保持不变,应不采用加压的方式维持压力不变,也应不带压紧固螺栓或向受压元件施加外力。

9.2.5.3 液压试验的整个过程,应以无渗漏、无可见的变形、无异常的响声为合格。

9.2.5.4 液压试验合格后,应排尽罐内液体并使之干燥。

9.2.5.5 内设隔仓的罐体,当设计为独立操作时,应对每个分隔区间分别进行耐压试验,并要求与试验仓相邻的仓室排空,且与大气相通。

9.3 泄漏试验

9.3.1 罐体耐压试验合格,所有安全附件、管路安装齐全后进行罐体泄漏试验。

9.3.2 罐体泄漏试验采用气密性试验时,应符合下列规定:

a) 试验用气体应为干燥、洁净的空气、氮气或其他惰性气体;

b) 试验温度按 9.2.5.1 的规定;

c) 试验时,压力应缓慢上升,达到规定的试验压力后保压足够长时间,同时检查罐体焊接接头和各阀件及连接面,无泄漏为合格;

d) 当有泄漏时,应在修补后重新进行试验。

9.3.3 氨检漏、卤素检漏及氦检漏等试验方法应符合设计文件的规定。

9.4 容积测定

9.4.1 每台罐体均应进行水容积的测定,并可与液压试验同步进行。

9.4.2 经主管部门认可机构同意后可用计算容积代替实测水容积。

9.5 堆码试验

9.5.1 本试验是验证满载液体罐箱在船舶运输条件下,在箱垛中出现偏码时的承载能力。

9.5.2 堆码试验的要求和方法应符合 GB/T 16563 的规定。

9.6 吊顶试验

9.6.1 本试验是验证满载液体罐箱经受由4个顶角件垂直起吊的能力,同时验证满载液体罐箱在起吊作业时承受罐内载荷在加速作用下所产生的各种力的试验。

9.6.2 吊顶试验的要求和方法应符合GB/T 16563的规定。

9.7 吊底试验

9.7.1 本试验是验证满载液体罐箱经受由4个底角件起吊的能力,同时验证满载液体罐箱在起吊作业时承受罐内载荷在加速作用下所产生的各种力的试验。

9.7.2 吊底试验的要求和方法应符合GB/T 16563的规定。

9.8 外部纵向栓固试验

9.8.1 本试验是验证罐箱在额定质量乘以2倍重力加速度作用下($2Rg$),承受外部纵向栓固作用的能力。

9.8.2 纵向栓固试验的要求和方法应符合GB/T 16563的规定。

9.9 内部纵向栓固试验

9.9.1 本试验是验证液体罐箱在铁路运行的动态条件下承受纵向内部约束的能力。

9.9.2 内部纵向栓固试验的要求和方法应符合GB/T 16563的规定。

9.10 内部横向栓固试验

9.10.1 本试验是验证满载液体罐箱的罐体和框架对充装介质所导致的横向惯性力的承受能力。

9.10.2 内部横向栓固试验的要求和方法应符合GB/T 16563的规定。

9.11 横向刚性试验

9.11.1 本试验是验证除1D和1DX型以外的液体罐箱承受船舶在航行中所产生的横向推、拉的能力。

9.11.2 横向刚性试验的要求和方法应符合GB/T 16563的规定。

9.12 纵向刚性试验

9.12.1 本试验是验证除1D和1DX型以外的液体罐箱承受船舶在航行中所产生的纵向推、拉的能力。

9.12.2 纵向刚性试验的要求和方法应符合GB/T 16563的规定。

9.13 载荷传递区试验(可选择项)

9.13.1 本试验是在静态状况下,模拟已知载荷传递区在动态作业时仅部分接触运输车辆,底角件与旋锁间的空隙部分不传递时的状况。本试验仅验证液体罐箱结构的静载承受能力。

9.13.2 载荷传递区试验的要求和方法应符合GB/T 16563的规定。

9.14 步道试验(可选择项)

9.14.1 本试验是验证由工作人员在步道上作业所产生载荷的承受能力的试验。

9.14.2 步道试验的要求和方法应符合GB/T 16563的规定。

9.15 扶梯试验(可选择项)

9.15.1 本试验是验证扶梯对工作人员在其上作业时所产生载荷的承受能力的试验。

9.15.2 扶梯强度试验的要求和方法应符合GB/T 16563的规定。

9.16 称重

液体罐箱当需验证空箱质量值是否符合设计要求时,应在制造完工(包括所有附件安装完毕)后进行称重。

9.17 **其他检查**

9.17.1 应进行罐体外观质量检查和外廓尺寸测量。

9.17.2 衬里罐体可根据需要采用电火花或测涂层厚度的办法进行检测。如有必要,可采用切开断面进行衬里或涂层质量检测。

10 检验规则

10.1 检验分类

10.1.1 液体罐箱的检验分为型式试验和制造检验。

10.1.2 型式试验和制造检验项目除按表5的规定外,还应满足有关标准的要求。检验项目包括,但不限于表中所列的项目。

表5 检验项目

检验项目	制造检验	型式试验
几何尺寸检查	★	★
外观表面质量检查	★	★
角柱拉力试验	★	★
耐压试验	★	★
泄漏试验	★	△
容积测定	★	★
罐内清洁	★	△
堆码试验	—	★
吊顶试验	—	★
吊底试验	—	★
外部纵向栓固试验	—	★
内部纵向栓固试验(动态)	—	★
内部横向栓固试验	—	★
横向刚性试验	—	★
纵向刚性试验	—	★
载荷传递区试验(可选择项)	—	★
步道试验(可选择项)	—	★
扶梯试验(可选择项)	—	★

注:★——表示应进行检验的项目。
△——表示按设计要求进行。
——表示不需进行的项目。

10.2 型式试验

10.2.1 液体罐箱制造厂在设计产品定型或停产2年以上再次恢复生产时,应试制至少1台样箱进行型式试验。

10.2.2 液体罐箱应通过主管部门认可机构的型式试验(含碰撞试验)和检验,并取得主管部门认可机构颁发的相关证书。

10.2.3 每一种定型的产品型式在下列变化范围内,不需另外进行型式试验:

a) 额定总质量减小;

b) 不因设计压力和温度变化而导致的厚度相同或增加;

c) 制造材料标准的改变,但其允许的屈服强度达到或超过试验样箱材料;

d) 管口和人孔的调整或位置改变。

10.3 制造检验

液体罐箱经制造检验合格后方可出厂。

11 标志标识

11.1 罐箱标记、标识应符合 GB/T 1836 的规定。

11.2 国际联运罐箱标牌应符合主管部门的要求。

11.3 承压液体罐箱的产品铭牌的格式与内容还应符合 TSG R0005 的规定。

12 出厂文件

12.1 液体罐箱出厂时,制造单位至少应向用户提供下列技术文件和资料:

a) 产品证书(正本);

b) 产品竣工资料(按照合同要求);

c) 产品使用说明书(按照合同要求)。

12.2 液体罐箱产品使用说明书应至少包含下列内容:

a) 主要技术性能参数;

b) 安全附件、阀件和仪表的型号和说明;

c) 操作规程、最大允许充装量的控制要求;

d) 使用注意事项,至少应包括装卸料和充装过程中的注意事项;

e) 维护和保养要求;

f) 备品和备件清单。

12.3 承压液体罐箱的出厂文件专项要求

12.3.1 液体罐箱出厂时,制造单位至少向使用单位提供以下技术文件和资料:

a) 竣工图样(总图和罐体图),竣工图样上应有设计单位专用印章(复印章无效),且加盖竣工图章(竣工图章上标注制造单位名称、制造许可证编号、审核人的签字和“竣工图”字样);当制造中发生了材料代用、无损检测方法改变、加工尺寸变更等,制造单位应按设计单位书面批准文件的要求在竣工图样上作出清晰标注,标注处有修改人的签字及修改日期;

b) 产品合格证(含产品数据表);

c) 产品质量证明文件;

d) 特种设备制造监督检验证书;

e) 强度计算书;

f) 应力分析报告(需要时);

g） 安全泄放量、安全阀排量和爆破片泄放面积的计算书；

h） 产品使用说明书；

i） 风险评估报告；

j） 其他必要的产品质量证明文件；

k） 备件、附件清单和相应的质量合格证明；

l） 可移动罐柜证书(需要时)。

12.3.2 产品质量证明文件应至少包含下列内容：

a） 质量计划；

b） 主要受压元件材料质量证明书和材料清单；

c） 受压元件(封头、锻件等)为外购或外协件时的产品质量证明文件；

d） 罐体外观及几何尺寸检验报告；

e） 焊接记录；

f） 无损检测报告；

g） 罐体焊后热处理报告及自动记录曲线；

h） 罐体耐压试验报告；

i） 气密性试验报告或其他泄漏试验；

j） 框架检验报告；

k） 罐体气体置换检测报告；

l） 产品制造变更报告；

m） 钢板、锻件超声检测报告(需要时)；

n） 安全附件、仪表及装卸附件的质量证明文件。

13 储存运输

13.1 液体罐箱如长期存放，应停放在防潮、通风和具有消防设施的专用场地。停放前应对罐箱进行仔细检查，包括各阀门仪表是否正常，装卸阀门是否安全闭止，静电接地装置是否有效等。

13.2 停放期间，液体罐箱应按产品使用说明书进行正常的维护与保养。

13.3 公路和铁路运输时，应将液体罐箱放置在满足其安全运输要求的车辆上，使用转锁或相应装置通过 4 个底角件紧固。并按使用说明书的要求选择车辆和运输方式。

13.4 液体罐箱堆码时应不超过设计载荷允许的层数。

13.5 液体罐箱吊装应按 GB/T 17382 的要求进行起吊。

附　录　A
（资料性附录）
常见液体危险货物与罐体材料的相容性

常见液体危险货物与罐体材料的相容性见表A.1。

表A.1　常见液体危险货物与罐体材料的相容性

序号	GB 12268 编号	介质名称和说明	浓度 %	碳素钢和低合金钢				S30408/S30403				S31608/S31603			
				温度/℃											
				25	50	80	100	25	50	80	100	25	50	80	100
1	1090	丙酮	<100	√	√	√	√	︾	︾	︾	︾	︾	︾	︾	︾
			100	︾	︾	︾	︾	︾	︾	︾	︾	︾	︾		
			湿	×				×							
2	1114	苯	—	√	√	√	√	︾	︾	︾	︾	︾	︾	︾	︾
3	1120	丁醇	—	︾	︾	︾	︾	︾	︾	︾	︾	︾	︾	︾	︾
4	1123	乙酸丁酯	—	︾	︾	√	√	︾	︾			︾	︾	︾	︾
5	1129	丁醛	<100	︾	︾	︾	︾	︾	︾	︾	︾	︾	︾	︾	︾
			100												
6	1131	二硫化碳	—	√	√	√	√	√	√	√	√	√	√	√	√
7	1134	氯苯	干	√	√	√	√	︾	︾	︾	︾	√	√	√	√
			湿		○	○		×	×	×	×	×	×	×	
8	1145	环己烷	—	√	√	√	√	√	√	√	√	√	√	√	√
9	1170	乙醇或乙醇溶液	—	︾	︾	︾	︾	︾	√	√	√	︾	︾	︾	︾
10	1173	乙酸乙酯	—	︾	︾			︾	︾	︾	︾	︾	︾	︾	︾
11	1175	乙苯	干	︾			○	√	√	√	√	√	√	√	√
12	1193	乙基甲基酮	<100	√	√	√	√	√	√	√	√	√	√	√	√
			100												
13	1198	甲醛溶液	<40	×				︾	︾	︾	︾	︾	︾	︾	︾
			50	○				︾	︾	√	√	︾	︾	√	√
14	1202	柴油	—	√	√	√		√	√	√		√	√	√	
15	1203	车用汽油或汽油	—	√	√	√		︾	︾	︾	︾	︾	︾	︾	︾
16	1208	己烷	—	︾	︾	︾	︾	︾	︾	︾	︾	︾	︾	︾	︾
17	1212	异丁醇	—	︾	︾			︾	︾	︾	︾	︾	︾	︾	︾
18	1219	异丙醇	—	︾	︾	︾	︾	√	√	√	√	√	√	√	√

表 A.1 常见液体危险货物与罐体材料的相容性(续)

序号	GB 12268 编号	介质名称和说明	浓度 %	碳素钢和低合金钢				S30408/S30403				S31608/S31603			
				温度/℃											
				25	50	80	100	25	50	80	100	25	50	80	100
19	1223	煤油	—	√	√	√		︾	︾	︾	︾	︾	︾	︾	︾
20	1230	甲醇	<100	√	√			︾	︾	︾	︾	︾	︾	︾	︾
			100	︾	︾			︾	︾	︾	○	︾	︾	︾	︾
21	1231	乙酸甲酯	湿	√								︾	︾		
			干	︾				︾	︾						
22	1234	甲缩醛	—	︾	︾	︾	︾	︾	︾	︾	︾	︾	︾	︾	︾
23	1245	甲基异丁基酮	—	√	√	√	√	√	√	√	√	√	√	√	√
24	1265	戊烷	—	√	√	√	√	√	√	√	√	√	√	√	√
25	1267	石油原油	—	√	√			√	√	√	√	√	√	√	√
26	1274	正丙醇	湿 干	︾	︾	︾	︾	︾	︾	︾	︾	︾	︾	︾	︾
27	1275	丙醛	—	︾	︾			︾				︾			
28	1276	乙酸正丙酯	—	︾				︾	︾			︾	︾		
29	1279	1,2-二氯丙烷	90					○				√			
			100	︾				√				︾			
30	1280	氧化丙烯	—	︾	︾	√	√	︾	︾	︾	︾	︾	︾	︾	︾
31	1294	甲苯	—	︾	︾	︾	︾	︾	︾	︾	︾	︾	︾	︾	︾
32	1307	二甲苯	—	√	√	√	√	︾	︾	︾	︾	︾	︾	︾	︾
33	1541	丙酮合氰化氢(稳定的)	—	√	√	√		√	√	√	√	√	√	√	√
34	1547	苯胺	10	︾				√				√			
			100					︾	︾	︾	︾	︾	︾	︾	︾
35	1662	硝基苯	—	︾	︾	︾	︾	︾	︾	︾	︾	︾	︾	︾	︾
36	1708	液态甲苯胺	—	︾	︾	︾	︾	︾	︾	︾	︾	︾	︾	︾	︾
37	1715	乙酸酐	10～70	○			×	√			√	︾	︾	︾	︾
			80					√			︾				
			90					√	√	√	√				
			100					√	√	√	√				
38	1787	氢碘酸	<50	×				×				×			
			100	√				√				√			
39	1809	三氯化磷	—	︾				︾	︾	︾	︾	︾			

表 A.1 常见液体危险货物与罐体材料的相容性(续)

序号	GB 12268 编号	介质名称和说明	浓度 %	碳素钢和低合金钢				S30408/S30403				S31608/S31603			
				温度/℃											
				25	50	80	100	25	50	80	100	25	50	80	100
40	1814	氢氧化钾	＜50	√	√	√	√	√	√	√	√	︾	︾	︾	︾
			50					√	√	√	×	√	√	√	×
			60～70	√				√	√	√	○	√	√	√	○
			80	√				√				√			
			100	√				︾				︾			
41	1824	氢氧化钠溶液	＜30	︾	√	√	√	︾	○	○	×	︾	︾	√	√
			30～40	︾	√	√	○	︾	○	○	×	︾	︾	√	×
			50～60	√	√	×	×	︾	○	○	×	︾	︾	√	×
42	1830	硫酸（含酸高于 51%）	65～75	○	○	×	×	×	×			×			
			75～100	√	○	×	×	√	○	×		√	×		
43	1831	发烟硫酸	＞102	√	√	√	√	×				×			
44	1848	丙酸	＜100	×								√	√	√	√
			100	︾											
45	1849	水合硫化钠(含水大于或等于 30%)	10	○	×	×	×	√	√	√		︾	︾	︾	√
			20	×	×	×	×	√	√	√	√	√	√	√	
			30～50	○	○	○	○	√	√	√	√				
46	1915	环己酮	—	√	√	√	√	√	√	√	√	√	√	√	√
47	2014	过氧化氢水溶液	20～60	×				√	√	√	√	√	√	√	√
48	2031	硝酸（发红烟的除外）	＜30	×	×			︾	︾	︾	︾	︾	︾	︾	︾
			40～60	×				︾	︾	√	√	︾	√	√	√
			70	×				︾	√	√	○	︾	√	√	
			80～100	×				︾				︾	×		
49	2055	单体苯乙烯（稳定的）	—	︾	︾			︾	︾	︾	︾	︾	︾	︾	︾
50	2075	无水氯醛（稳定的）		×				×				×			
51	2215	马来酸酐	100（干）	√	√	√	√	︾	︾	︾	︾	︾	︾	︾	︾

表 A.1 常见液体危险货物与罐体材料的相容性(续)

序号	GB 12268 编号	介质名称和说明	浓度 %	碳素钢和低合金钢				S30408/S30403				S31608/S31603			
				温度/℃											
				25	50	80	100	25	50	80	100	25	50	80	100
52	2253	N,N-二甲基苯胺	干	︾	︾	︾	︾	√	√	√	√	√	√	√	√
53	2265	N,N-二甲基甲酰胺	60	○	○	○	○								
			90	︾	︾	︾	︾	︾	︾			︾	︾	︾	︾
			100	︾	︾	︾	︾								
54	2282	己醇	—	︾	︾	︾	︾	︾	︾	︾	︾	︾	︾	︾	︾
55	2312	苯酚	80	︾	︾	︾	○					√	√	√	√
			90	︾	︾	︾	○	√	√	√	√				
			100	︾	︾	︾	︾	︾	︾	︾	︾				
56	2325	1,3,5-三甲基苯	—	︾	︾	︾	︾	︾	︾	︾	︾	︾	︾	︾	︾
57	2348	丙烯酸丁酯	—					︾	︾	︾	︾	︾	︾	︾	︾
58	2357	环己胺	—	√	√	√	√	√	√	√	√	√	√	√	√
59	2491	乙醇胺	<90	√	√	√	√	√	√	√	√	√	√	√	√
			100												
60	2581	氯化铝溶液	<10	×				×				√	√	√	
			>10									○	○	○	×
61	2672	氨水(15℃时水溶液中的相对密度范围为0.88~0.957)	<30	︾	√	√	√	︾	︾	︾	︾	︾	︾	︾	︾
			<40	︾				︾	︾	︾	︾	︾	︾	︾	︾
62	2789	冰醋酸	>80	×	×			︾	︾	√	○	︾	︾	︾	√
63	2790	乙酸溶液	10~50	×				︾	︾		○	︾	√	√	○
			50~80	×				︾	√	√	○	︾	√	√	√
			90								︾				

注 1:本表腐蚀性能仅供设计选材时参考,详细的腐蚀数据可查有关的腐蚀性能手册或根据试验数据确定。

注 2:"浓度%"标记的是介质在水溶液中的浓度,"浓度%"为"—"的,则表示适用于 0~100%的任意浓度。

注 3:本表符号说明(耐腐蚀情况、腐蚀速率)如下:

︾——优良,<0.05,mm/年;

√——良好,0.05~0.5,mm/年;

○——腐蚀较重,0.5~1.5,mm/年;

×——腐蚀严重,>1.5,mm/年;

空白——在现有条件下,尚缺少试验数据。

附 录 B
(规范性附录)
常见液体危险货物的主要设计参数及液体罐箱导则

B.1 常见液体危险货物的主要设计参数见表B.1。

表B.1 常见液体危险货物的主要设计参数

序号	GB 12268 编号	介质名称和说明	介质危险性分类	包装类别(注)	液体罐箱导则	液体罐箱特殊规定
1	1090	丙酮	易燃	Ⅱ	T4	TP1
2	1114	苯	易燃	Ⅱ	T4	TP1
3	1120	丁醇	易燃	Ⅱ	T4	TP1,TP29
4	1123	乙酸丁酯	易燃	Ⅱ	T4	TP1
5	1123	乙酸丁酯	易燃	Ⅲ	T2	TP1
6	1129	丁醛	易燃	Ⅱ	T4	TP1
7	1131	二硫化碳	易燃、毒性中度危害	Ⅰ	T14	TP2,TP7,TP13
8	1134	氯苯	易燃	Ⅲ	T2	TP1
9	1145	环己烷	易燃	Ⅱ	T4	TP1
10	1170	乙醇或乙醇溶液	易燃	Ⅱ	T4	TP1
11	1170	乙醇或乙醇溶液	易燃	Ⅲ	T2	TP1
12	1173	乙酸乙酯	易燃	Ⅱ	T4	TP1
13	1175	乙苯	易燃	Ⅱ	T4	TP1
14	1193	乙基甲基酮	易燃	Ⅱ	T4	TP1
15	1198	甲醛溶液	易燃、腐蚀	Ⅲ	T4	TP1
16	1202	柴油	易燃	Ⅲ	T2	TP1
17	1203	车用汽油或汽油	易燃	Ⅱ	T4	TP1
18	1208	己烷	易燃	Ⅱ	T4	TP2
19	1212	异丁醇	易燃	Ⅲ	T2	TP1
20	1219	异丙醇	易燃	Ⅱ	T4	TP1
21	1223	煤油	易燃	Ⅲ	T2	TP2
22	1230	甲醇	易燃、毒性中度危害	Ⅱ	T7	TP2
23	1231	乙酸甲酯	易燃	Ⅱ	T4	TP1
24	1234	甲缩醛	易燃	Ⅱ	T7	TP2
25	1245	甲基异丁基酮	易燃	Ⅱ	T4	TP1
26	1265	戊烷	易燃	Ⅰ	T11	TP2
27	1265	戊烷	易燃	Ⅱ	T4	TP1
28	1267	石油原油	易燃	Ⅰ	T11	TP1,TP8

表 B.1 常见液体危险货物的主要设计参数(续)

序号	GB 12268编号	介质名称和说明	介质危险性分类	包装类别(注)	液体罐箱导则	液体罐箱特殊规定
29	1267	石油原油	易燃	Ⅱ	T4	TP1,TP8
30	1267	石油原油	易燃	Ⅲ	T2	TP1
31	1274	正丙醇	易燃	Ⅱ	T4	TP1
32	1274	正丙醇	易燃	Ⅲ	T2	TP1
33	1275	丙醛	易燃	Ⅱ	T7	TP1
34	1276	乙酸正丙酯	易燃	Ⅱ	T4	TP1
35	1279	1,2-二氯丙烷	易燃	Ⅱ	T4	TP1
36	1280	氧化丙烯	易燃	Ⅰ	T11	TP2,TP7
37	1294	甲苯	易燃	Ⅱ	T4	TP1
38	1307	二甲苯	易燃	Ⅱ	T4	TP1
39	1307	二甲苯	易燃	Ⅲ	T2	TP1
40	1541	丙酮合氰化氢(稳定的)	剧毒	Ⅰ	T20	TP2,TP13
41	1547	苯胺	毒性高度危害	Ⅱ	T7	TP2
42	1662	硝基苯	毒性中度危害	Ⅱ	T7	TP2
43	1708	液态甲苯胺	毒性中度危害	Ⅱ	T7	TP2
44	1715	乙酸酐	腐蚀、易燃	Ⅱ	T7	TP2
45	1787	氢碘酸	腐蚀	Ⅱ	T7	TP2
46	1787	氢碘酸	腐蚀	Ⅲ	T4	TP1
47	1789	氢氯酸	腐蚀	Ⅱ	T8	TP2
48	1789	氢氯酸	腐蚀	Ⅲ	T4	TP1
49	1791	次氯酸盐溶液	腐蚀	Ⅱ	T7	TP2,TP24
50	1791	次氯酸盐溶液	腐蚀	Ⅲ	T4	TP2,TP24
51	1805	磷酸溶液	腐蚀	Ⅲ	T4	TP1
52	1809	三氯化磷	毒性高度危害、腐蚀	Ⅰ	T20	TP2,TP13
53	1814	氢氧化钾溶液	腐蚀	Ⅱ	T7	TP2
54	1814	氢氧化钾溶液	腐蚀	Ⅲ	T4	TP1
55	1824	氢氧化钠溶液	腐蚀	Ⅱ	T7	TP2
56	1824	氢氧化钠溶液	腐蚀	Ⅲ	T4	TP1
57	1830	硫酸(含酸高于51%)	腐蚀	Ⅱ	T8	TP2
58	1831	发烟硫酸	腐蚀、毒性中度危害	Ⅰ	T20	TP2,TP13
59	1832	硫酸废液	腐蚀	Ⅱ	T8	TP2
60	1848	丙酸	腐蚀	Ⅲ	T4	TP1
61	1906	淤渣硫酸	腐蚀	Ⅱ	T8	TP2,TP28
62	1915	环己酮	易燃	Ⅲ	T2	TP1
63	1999	沥青	易燃	Ⅲ	T1	TP3
64	1999	沥青	易燃	Ⅱ	T3	TP3,TP29

表 B.1 常见液体危险货物的主要设计参数(续)

序号	GB 12268 编号	介质名称和说明	介质危险性分类	包装类别(注)	液体罐箱导则	液体罐箱特殊规定
65	2014	过氧化氢水溶液	氧化剂、腐蚀	Ⅱ	T7	TP2,TP6,TP24
66	2031	硝酸,含硝酸大于70%(发红烟的除外)	腐蚀、氧化性	Ⅰ	T10	TP2,TP13
67	2031	硝酸,含硝酸65%～70%(发红烟的除外)	腐蚀、氧化性	Ⅱ	T8	TP2
68	2031	硝酸,含硝酸小于65%(发红烟的除外)	腐蚀	Ⅱ	T8	TP2
69	2055	单体苯乙烯(稳定的)	易燃	Ⅲ	T2	TP1
70	2075	无水氯醛(稳定的)	毒性	Ⅱ	T7	TP2
71	2215	熔融马来酸酐	腐蚀	Ⅲ	T4	TP3
72	2253	N,N-二甲基苯胺	毒性中度危害	Ⅱ	T7	TP2
73	2265	N,N-二甲基甲酰胺	易燃、毒性中度危害	Ⅲ	T2	TP2
74	2282	己醇	易燃	Ⅲ	T2	TP1
75	2312	熔融苯酚	毒性中度危害	Ⅱ	T7	TP3
76	2325	1,3,5-三甲基苯	易燃	Ⅲ	T2	TP2
77	2348	丙烯酸丁酯(稳定的)	易燃	Ⅲ	T2	TP1
78	2357	环己胺	腐蚀、易燃	Ⅱ	T7	TP2
79	2491	乙醇胺	腐蚀	Ⅲ	T4	TP1
80	2581	氯化铝溶液	腐蚀	Ⅲ	T4	TP1
81	2672	氨水(15℃时水溶液中的相对密度范围为0.88～0.957)	腐蚀	Ⅲ	T7	TP2
82	2789	冰醋酸	腐蚀、易燃	Ⅱ	T7	TP2
83	2790	乙酸溶液(按质量计,含酸不小于50%但不大于80%)	腐蚀	Ⅱ	T7	TP2
84	2790	乙酸溶液(按质量计,含酸大于10%但小于50%)	腐蚀	Ⅲ	T4	TP1
85	3256	高温液体,易燃,未另作规定的,闪点高于60℃,温度等于或高于其闪点	易燃	Ⅲ	T3	TP3,TP29
注:"包装类别"系根据 GB 12268 进行分类。						

B.2 允许使用的液体罐箱导则

危险货物在液体罐箱导则栏内标明了某一特定液体罐箱导则，具有更高试验压力、更大罐壳厚度、更坚固底出料开口和压力释放装置的其他液体罐箱导则也可使用。在确定可用于运输特定物质的液体罐箱的适用导则见表B.2。

表B.2 允许使用的液体罐箱导则

标明的液体罐箱导则	允许使用的液体罐箱导则
T1	T2,T3,T4,T5,T6,T7,T8,T9,T10,T11,T12,T13,T14,T15,T16,T17,T18,T19,T20,T21,T22
T2	T4,T5,T7,T8,T9,T10,T11,T12,T13,T14,T15,T16,T17,T18,T19,T20,T21,T22
T3	T4,T5,T6,T7,T8,T9,T10,T11,T12,T13,T14,T15,T16,T17,T18,T19,T20,T21,T22
T4	T5,T7,T8,T9,T10,T11,T12,T13,T14,T15,T16,T17,T18,T19,T20,T21,T22
T5	T10,T14,T19,T20,T22
T6	T7,T8,T9,T10,T11,T12,T13,T14,T15,T16,T17,T18,T19,T20,T21,T22
T7	T8,T9,T10,T11,T12,T13,T14,T15,T16,T17,T18,T19,T20,T21,T22
T8	T9,T10,T13,T14,T19,T20,T21,T22
T9	T10,T13,T14,T19,T20,T21,T22
T10	T14,T19,T20,T22
T11	T12,T13,T14,T15,T16,T17,T18,T19,T20,T21,T22
T12	T14,T16,T18,T19,T20,T22
T13	T14,T19,T20,T21,T22
T14	T19,T20,T22
T15	T16,T17,T18,T19,T20,T21,T22
T16	T18,T19,T20,T22
T17	T18,T19,T20,T21,T22
T18	T19,T20,T22
T19	T20,T22
T20	T22
T21	T22
T22	无
T23	无

B.3 液体罐箱导则见表 B.3

表 B.3 液体罐箱导则

液体罐箱导则	最低试验压力/MPa	基准钢罐体最小厚度	超压泄放装置要求	罐体液面以下开孔要求
T1	0.15	见 6.4.13.2	正常要求	见 6.4.21.2
T2	0.15	见 6.4.13.2	正常要求	见 6.4.21.3
T3	0.265	见 6.4.13.2	正常要求	见 6.4.21.2
T4	0.265	见 6.4.13.2	正常要求	见 6.4.21.3
T5	0.265	见 6.4.13.2	见 7.2.1.3 c)及 7.2.1.8	不允许
T6	0.4	见 6.4.13.2	正常要求	见 6.4.21.2
T7	0.4	见 6.4.13.2	正常要求	见 6.4.21.3
T8	0.4	见 6.4.13.2	正常要求	不允许
T9	0.4	6 mm	正常要求	不允许
T10	0.4	6 mm	见 7.2.1.3 c)及 7.2.1.8	不允许
T11	0.6	见 6.4.13.2	正常要求	见 6.4.21.3
T12	0.6	见 6.4.13.2	见 7.2.1.3 c)及 7.2.1.8	见 6.4.21.3
T13	0.6	6 mm	正常要求	不允许
T14	0.6	6 mm	见 7.2.1.3 c)及 7.2.1.8	不允许
T15	1.0	见 6.4.13.2	正常要求	见 6.4.21.3
T16	1.0	见 6.4.13.2	见 7.2.1.3 c)及 7.2.1.8	见 6.4.21.3
T17	1.0	6 mm	正常要求	见 6.4.21.3
T18	1.0	6 mm	见 7.2.1.3 c)及 7.2.1.8	见 6.4.21.3
T19	1.0	6 mm	见 7.2.1.3 c)及 7.2.1.8	不允许
T20	1.0	8 mm	见 7.2.1.3 c)及 7.2.1.8	不允许
T21	1.0	10 mm	正常要求	不允许
T22	1.0	10 mm	见 7.2.1.3 c)及 7.2.1.8	不允许

注:在超压泄放装置要求一列中的"正常要求"是指 7.2.1 中除 7.2.1.3 c)、7.2.1.8 和 7.2.1.9 以外的要求。

B.4 液体罐箱特殊规定见表 B.4

表 B.4 液体罐箱特殊规定

特殊规定	要 求
TP1	应不超过 6.4.5.2 中式(1)规定的最大充装率
TP2	应不超过 6.4.5.3 中式(2)规定的最大充装率
TP3	在其熔点以上温度运输的固体和在加温状态下运输的液体,其最大充装率应根据 6.4.5.5 确定
TP6	为防止罐体在发生任何情况(包括被火焰吞没)下爆裂,应设置与罐体容量及所充装的介质性质相称的超压泄放装置。该装置应与所充装介质相容
TP7	应用氮气置换或其他方法去除罐体内气相空间中的空气
TP8	如果所充装介质的闪点高于 0℃,罐体的耐压试验压力可以降到 0.15 MPa
TP13	运输时需要提供自给式呼吸器用于操作人员使用
TP24	液体罐箱可在最大装载条件下的气相空间位置配置一个装置,防止由于所充装的介质缓慢分解而造成的压力过度升高,该装置也能防止在罐体翻倒时液体过量渗漏或异物进入罐体。这种装置应经主管部门或主管部门认可机构同意
TP28	按 6.9.2 确定的耐压试验压力不超过 0.265 MPa 时,当耐压试验压力 0.265 MPa 或更低的试验压力是可接受的,则可使用最低耐压试验压力为 0.265 MPa 的液体罐箱
TP29	按 6.9.2 确定的耐压试验压力不超过 0.15 MPa 时,当耐压试验压力 0.15 MPa 或更低的试验压力是可接受的,则可使用最低耐压试验压力为 0.15 MPa 的液体罐箱

附　录　C
（规范性附录）
风险评估报告

C.1　总则

C.1.1　本附录规定了风险评估报告的基本要求。

C.1.2　设计单位应根据相关法规或设计委托方要求，针对罐箱建造阶段和使用阶段预期的风险编制风险评估报告。风险评估报告是编制其他设计文件的重要依据。

C.1.3　设计单位应按罐箱型号，且充分考虑在各种工况条件下可能产生的失效模式，在材料选择、结构设计、制造检验、运输使用、充装卸载等方面提出安全防护措施，防止可能发生的失效。

C.2　制定原则和程序

C.2.1　设计阶段风险评估主要针对设计者需考虑的对设计阶段、制造阶段和使用阶段预期的失效模式进行的危害识别和风险控制，说明应采取的技术措施和依据。

C.2.2　设计阶段风险评估按以下程序进行：

a）根据用户设计条件和其他设计输入信息（如设计任务书等），确定罐箱的运输方式及各种使用工况；

b）根据罐箱的充装介质、环境因素、运输方式及条件、装卸方式及条件等进行危害识别，确定可能发生的危害及后果；

c）形成完整的风险评估报告。

C.3　风险评估报告内容

风险评估报告至少应包括如下内容：

a）罐箱的基本设计参数：运输方式、工作条件（如工作压力、工作温度、腐蚀环境等）、装卸条件（如装卸方式、装卸压力等）、液体罐箱导则、充装介质（如编号、名称、危害特性等）、基本结构（如单层罐、堆积绝热罐）、材料等；

b）所有可能工况条件的描述；

c）设计阶段时，应考虑所有工况条件下可能发生的失效模式，如爆炸、泄漏、破损、变形以及倾覆等事故；

d）对标准或规范性文件已经有规定的失效模式，说明采用的条款；

e）对标准或规范性文件没有规定的失效模式，说明设计中载荷、安全系数和相应设计计算方法的选取依据；

f）规定针对介质少量泄漏、大量涌出、爆炸状况以及交通事故情况下的处置措施；

g）根据可能发生事故的情况，规定合适的操作人员及其他相关人员的防护装备和措施；

h）风险评估报告应具有与罐箱设计图样总图一致的签署。

附 录 D
(规范性附录)
罐体安全泄放量的计算

D.1 本附录规定了充装介质为液体且在通风条件良好、敞开空间着火的火灾工况或其他外来热源下罐体安全泄放量的计算方法。超出本附录工况(如罐体遭受喷射火、部分密封或全部密闭空间内火灾等严重火灾工况)的罐体安全泄放量计算由设计者另行考虑。

D.2 非自反应或有机过氧化物液体介质的罐体安全泄放量的计算

D.2.1 无堆积绝热层罐体的安全泄放量按式(D.1)计算:

$$Q=\frac{12.4A^{0.82}\sqrt{ZT}}{LC\sqrt{M}} \quad \cdots\cdots (D.1)$$

式中:

A——罐体的受热面积,m^2;

C——气体的特性系数,当 $k>1$ 时可查表 D.1 或按下式计算:

$$C=\sqrt{k\left(\frac{2}{k+1}\right)^{\frac{k+1}{k-1}}}$$

k——气体绝热指数,$k=C_p/C_v$;

C_p——标准状态下气体定压比热;

C_v——标准状态下气体定容比热;

当 $k=1$ 或未知时,$C=\frac{1}{\sqrt{e}}=0.607$,式中的 e 取常数,$e=2.718\,3$;

L——泄放压力下液体介质的汽化潜热,kJ/kg;

M——介质蒸气的摩尔质量,kg/kmol;

Q——标准状态下(0.1 MPa,0℃),罐体的安全泄放量(用每秒空气的排放量表示),m^3/s;

T——泄放压力下饱和气体绝对温度,K;

Z——泄放压力下介质饱和蒸气的压缩系数(如果未知,设定为 1)。

D.2.2 有完善堆积绝热层罐体的安全泄放量按式(D.2)计算:

$$Q_t=FQ_1 \quad \cdots\cdots (D.2)$$

式中:

F——系数,按下式计算,且应不小于 0.25:

$$F=\frac{U(650-t)}{13.6}$$

U——38℃时堆积绝热层材料的导热率,$kW/(m^2 \cdot K)$,且堆积绝热层材料及堆积绝热外壳的要求应符合 D.2.3 的规定;

t——充装介质时的实际温度(当无法确定实际温度时,取 $t=15$℃),℃;

Q_1——按式(D.1)计算的罐体安全泄放量,m^3/s;

Q_t——有完善堆积绝热层罐体的安全泄放量,m^3/s。

D.2.3 堆积绝热层用于减少安全阀排放量时,需经主管部门认可机构的认可,且堆积绝热材料应满足在不超过650℃时保持有效,堆积绝热层外壳应采用熔点不低于700℃的材料。

D.2.4 罐体安全泄放量除按式(D.1)或式(D.2)计算外,无堆积绝热层罐体最小安全泄放量的确定还可查表D.2确定,且 $M=86.7$,$T=394$ K,$L=334.94$ kJ/kg,$C=0.607$,$Z=1.0$;有完善堆积绝热层罐体的安全泄放量可查表D.2后按式(D.2)进行相应的调整。

表 D.1 气体特性系数

k	C	k	C	k	C
1.00	0.607	1.26	0.660	1.52	0.704
1.02	0.611	1.28	0.664	1.54	0.707
1.04	0.615	1.30	0.667	1.56	0.710
1.06	0.620	1.32	0.671	1.58	0.713
1.08	0.624	1.34	0.674	1.60	0.716
1.10	0.628	1.36	0.678	1.62	0.719
1.12	0.633	1.38	0.681	1.64	0.722
1.14	0.637	1.40	0.685	1.66	0.725
1.16	0.641	1.42	0.688	1.68	0.728
1.18	0.645	1.44	0.691	1.70	0.731
1.20	0.649	1.46	0.695	2.00	0.770
1.22	0.652	1.48	0.698	2.20	0.793
1.24	0.656	1.50	0.701		

表 D.2 罐体最小安全泄放量速查表

罐体外表面积/m^2	最小安全泄放量/(m^3/s)	罐体外表面积/m^2	最小安全泄放量/(m^3/s)
2	0.230	37.5	2.539
3	0.320	40	2.677
4	0.405	42.5	2.814
5	0.487	45	2.949
6	0.565	47.5	3.082
7	0.641	50	3.215
8	0.715	52.5	3.346
9	0.788	55	3.476
10	0.859	57.5	3.605
12	0.998	60	3.733
14	1.132	62.5	3.860
16	1.263	65	3.987
18	1.391	67.5	4.112
20	1.517	70	4.236
22.5	1.670	75	4.483
25	1.821	80	4.726
27.5	1.969	85	4.967
30	2.115	90	5.206
32.5	2.258	95	5.442
35	2.400	100	5.676
注:表中数值为标准状态下(0.1 MPa,0℃)要求的罐体最小安全泄放量(用每秒空气的排放量表示)。			

ICS 23
J 74

NB

中华人民共和国能源行业标准

NB/T 47065.1—2018
代替 JB/T 4712.1—2007

容器支座 第1部分：鞍式支座

Vessel support—Part 1: Saddle support

2018-04-03 发布 2018-07-01 实施

国家能源局 发布

前 言

NB/T 47065—2018《容器支座》分为以下5个部分：

——第1部分：鞍式支座(NB/T 47065.1—2018)；

——第2部分：腿式支座(NB/T 47065.2—2018)；

——第3部分：耳式支座(NB/T 47065.3—2018)；

——第4部分：支承式支座(NB/T 47065.4—2018)；

——第5部分：刚性环支座(NB/T 47065.5—2018)。

本部分是NB/T 47065—2018的第1部分：鞍式支座。

本部分按GB/T 1.1—2009《标准化工作导则　第1部分：标准的结构和编写》给出的规则起草。

本部分代替JB/T 4712.1—2007《容器支座　第1部分：鞍式支座》，与JB/T 4712.1—2007相比，主要技术变化如下：

——按照NB/T 47042—2014《卧式容器》中的相关规定，作为本部分内容的设计依据；

——按照GB/T 9019—2015《压力容器公称直径》的规定将鞍式支座的直径上限扩大到DN6 000 mm，并增加DN4 100 mm～DN6 000 mm直径系列的轻型鞍式支座、重型鞍式支座和150°包角的鞍式支座系列；

——核算并调整了垫板、底板及相应筋板的尺寸；

——鞍式支座的材料调整为可以采用Q235B、Q345B和Q345R；

——鞍式支座的使用温度调整为可以在－40℃～200℃的工况使用，使用温度低于－40℃时，也给出材料选用的途径；

——取消了JB/T 4712.1—2007中的地震设防烈度8度的限制。

本部分由全国锅炉压力容器标准化技术委员会(SAC/TC 262)提出并归口。

本部分由全国锅炉压力容器标准化技术委员会固定式压力容器分技术委员会组织起草。

本部分起草单位：东华工程科技股份有限公司。

本部分主要起草人：刘吉祥、谢萌、刘晓林。

本部分由全国锅炉压力容器标准化技术委员会(SAC/TC 262)负责解释。

本部分所代替标准的历次版本发布情况为：

——JB/T 4712—1992；

——JB/T 4712.1—2007。

容器支座　第1部分:鞍式支座

1　范围

1.1　本部分规定了鞍式支座的型式特征、系列参数及尺寸、材料、标记、制造技术要求及选用方法。

1.2　本部分适用于双支点支承的钢制卧式容器的鞍式支座。对多支点支承的卧式容器鞍式支座,其结构型式和结构尺寸亦可参照本标准使用。

1.3　本部分鞍式支座设计条件:

鞍式支座设计温度:−40℃～200℃。

2　规范性引用文件

下列文件对于本文件的应用是必不可少的。凡是注日期的引用文件,仅注日期的版本适用于本文件。凡是不注日期的引用文件,其最新版本(包括所有的修改单)适用于本文件。

GB/T 985.1　气焊、焊条电弧焊、气体保护焊和高能束焊的推荐坡口

GB/T 1804　一般公差　未注公差的线性和角度尺寸的公差

3　型式特征

鞍式支座分为轻型(代号A)、重型(代号B)两种。

重型鞍式支座按制作方式、包角及附带垫板情况分为5种型号,各种型号的鞍式支座结构特征见表1。

鞍式支座分固定式(代号F)和滑动式(代号S)两种安装形式。

表1　型式特征

型式			包角	垫板	筋板数	适用公称直径 DN/mm	支座尺寸(见图、表)
轻型	焊制	A	120°	有	4	1 000～2 000	图1、表2
					6	2 100～4 000	图2、表3
						4 100～6 000	图3、表4
重型	焊制	BⅠ	120°	有	1	168～406	图4、表5
						300～450	图4、表6
					2	500～950	图5、表7
					4	1 000～2 000	图6、表8
					6	2 100～4 000	图7、表9
						4 100～6 000	图8、表10

表 1　型式特征(续)

型式			包角	垫板	筋板数	适用公称直径 DN/mm	支座尺寸(见图、表)
重型	焊制	BⅡ	150°	有	4	1 000～2 000	图 9、表 11
					6	2 100～4 000	图 10、表 12
						4 100～6 000	图 11、表 13
		BⅢ	120°	无	1	168～406	图 4、表 5
						300～450	图 4、表 6
					2	500～950	图 5、表 7
	弯制	BⅣ	120°	有	1	168～406	图 4、表 5
						300～450	图 4、表 6
					2	500～950	图 5、表 7
		BⅤ	120°	无	1	168～406	图 4、表 5
						300～450	图 4、表 6
					2	500～950	图 5、表 7

4　系列参数及尺寸

4.1　轻型(A 型)鞍式支座

4.1.1　DN1 000 mm～DN2 000 mm、120°包角轻型带垫板鞍式支座的结构和尺寸应符合图 1 和表 2 的规定。

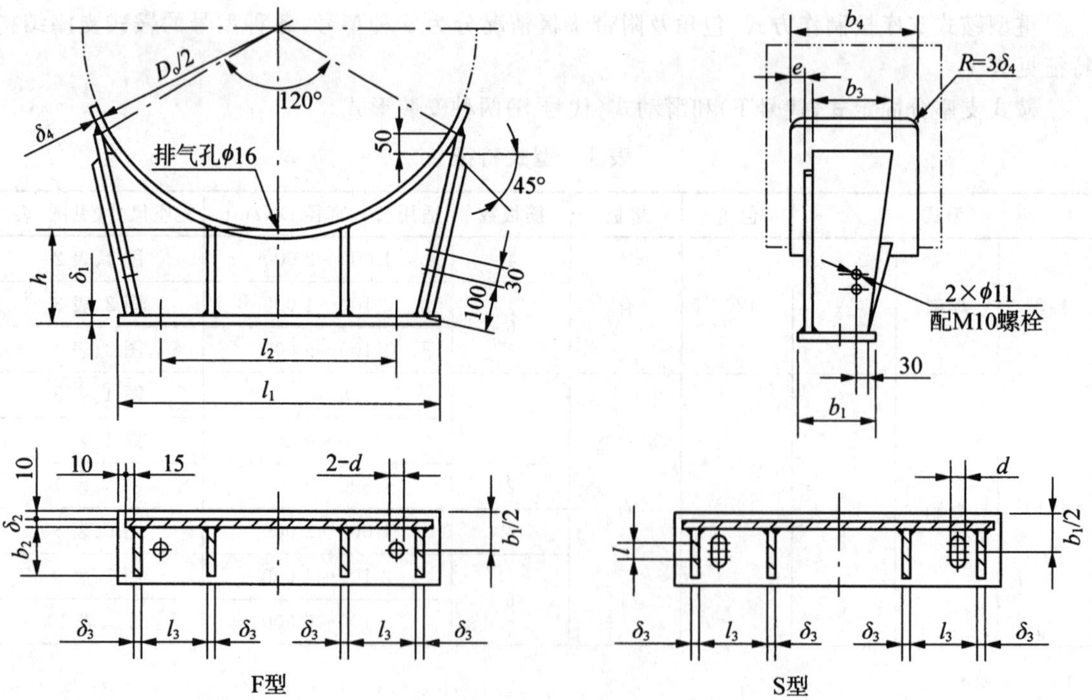

图 1

表 2

单位为毫米

公称直径 DN	允许载荷 Q/kN	鞍式支座高度 h	底板			腹板	筋板				垫板				螺栓间距				鞍式支座质量/kg	增加 100 mm 高度增加的质量/kg
			l_1	b_1	δ_1	δ_2	l_3	b_2	b_3	δ_3	弧长	b_4	δ_4	e	间距 l_2	螺孔 d	螺纹 M	孔长 l		
1 000	158	200	760	170	10	6	170	140	200	6	1 160	320	6	57	600	24	M20	40	48	6.1
1 100	160	200	820	170	10	6	185	140	200	6	1 280	330	6	62	660	24	M20	40	52	6.4
1 200	162	200	880	170	10	6	200	140	200	6	1 390	350	6	72	720	24	M20	40	58	6.7
1 300	174	200	940	170	10	8	215	140	220	6	1 510	380	8	76	780	24	M20	40	79	8.4
1 400	175	200	1 000	170	10	8	230	140	220	6	1 620	400	8	86	840	24	M20	40	87	8.8
1 500	257	250	1 060	200	12	8	242	170	240	8	1 740	410	8	81	900	27	M24	45	113	10.8
1 600	259	250	1 120	200	12	8	257	170	240	8	1 860	420	8	86	960	27	M24	45	121	11.2
1 700	262	250	1 200	200	12	8	277	170	240	8	1 970	440	8	96	1 040	27	M24	45	130	11.7
1 800	334	250	1 280	220	12	10	296	190	260	8	2 090	470	10	100	1 120	27	M24	45	171	14.7
1 900	338	250	1 360	220	12	10	316	190	260	8	2 200	480	10	105	1200	27	M24	45	182	15.3
2 000	340	250	1 420	220	12	10	331	190	260	8	2 320	490	10	110	1 260	27	M24	45	194	15.8

4.1.2 DN2 100 mm～DN4 000 mm、120°包角轻型带垫板鞍式支座的结构和尺寸应符合图 2 和表 3 的规定。

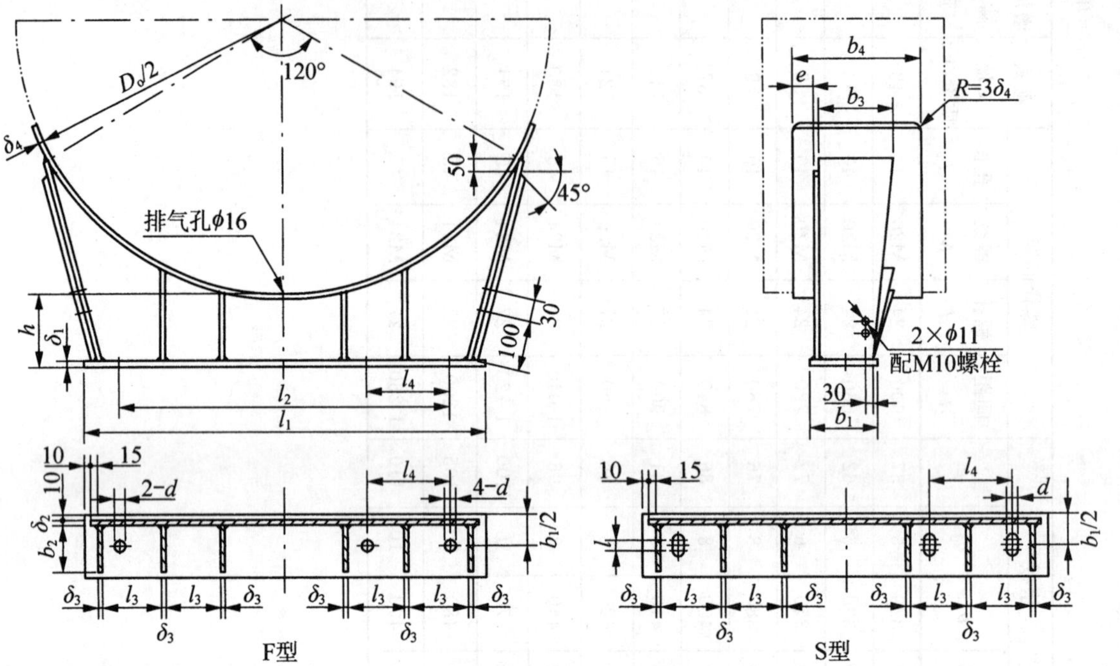

图 2

4.1.3 DN4 100 mm～DN6 000 mm、120°包角轻型带垫板鞍式支座的结构和尺寸应符合图 3 和表 4 的规定。

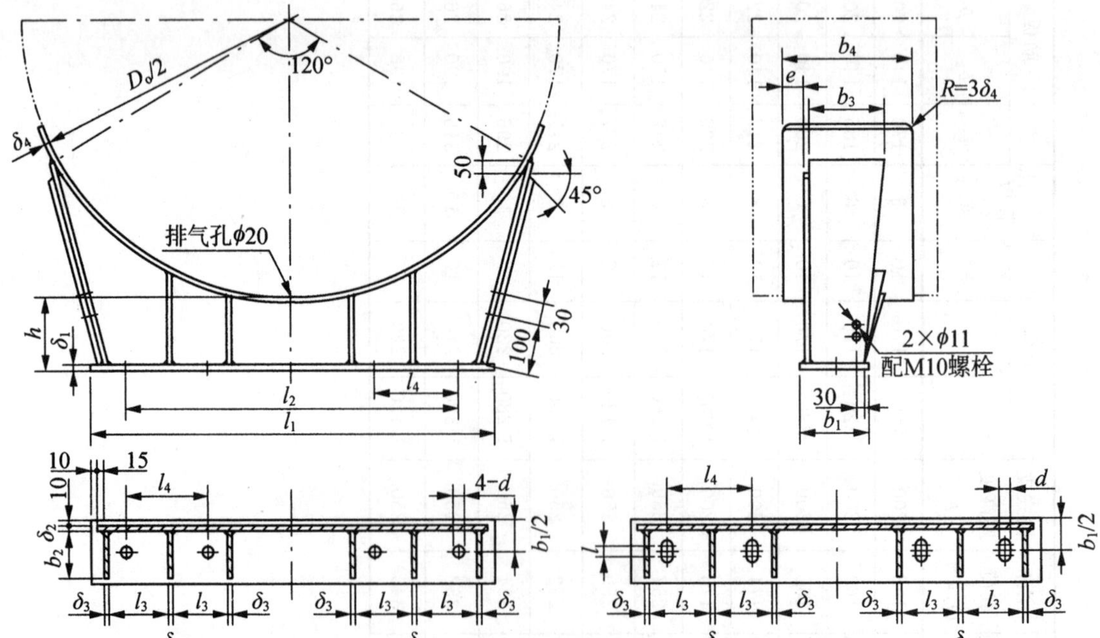

图 3

表 3

单位为毫米

公称直径 DN	允许载荷 Q/kN	鞍式支座高度 h	底板			腹板	筋板				垫板				螺栓间距					鞍式支座质量/kg	增加 100 mm 高度增加的质量/kg
			l_1	b_1	δ_1	δ_2	l_3	b_2	b_3	δ_3	弧长	b_4	δ_4	e	间距 l_2	间距 l_4	螺孔 d	螺纹 M	孔长 l		
2 100	559	250	1 500	240	14	10	230	208	290	8	2 440	500	10	100	1 300	—	35	2-M30	50	227	19.5
2 200	564	250	1 580	240	14	10	243	208	290	8	2 550	520	10	100	1 380	—	35	2-M30	50	242	20.1
2 300	569	250	1 660	240	14	10	256	208	290	8	2 670	530	10	100	1 460	—	35	2-M30	50	255	20.7
2 400	573	250	1 720	240	14	10	266	208	290	8	2 780	540	10	100	1 520	—	35	2-M30	50	267	21.2
2 500	871	250	1 800	300	14	10	280	268	360	8	2 900	570	12	120	1 580	—	35	2-M30	50	337	24.1
2 600	878	250	1 880	300	14	10	293	268	360	8	3 020	580	12	120	1 640	—	35	2-M30	50	354	24.7
2 700	886	250	1 960	300	14	10	307	268	360	8	3 130	590	12	120	1 720	—	35	2-M30	50	371	25.3
2 800	893	250	2 040	300	14	10	320	268	360	8	3 250	600	12	120	1 800	—	35	2-M30	50	388	26.0
2 900	1 388	250	2 110	360	16	10	331	316	410	10	3 360	650	16	120	1 870	468	35	4-M30	60	526	31.3
3 000	1 398	250	2 180	360	16	10	341	316	410	10	3 480	660	16	120	1 940	485	35	4-M30	60	564	31.8
3 100	1 410	250	2 260	360	16	10	355	316	410	10	3 600	670	16	120	2 020	505	35	4-M30	60	588	32.5
3 200	1 420	250	2 340	360	16	10	368	316	410	10	3 710	680	16	120	2 100	525	35	4-M30	60	613	33.1
3 300	1 430	250	2410	360	16	10	380	316	410	10	3 830	700	16	120	2 150	538	35	4-M30	60	640	33.6
3 400	1 645	250	2 480	380	16	12	391	335	430	10	3 940	710	16	140	2 200	550	35	4-M30	60	696	39.0
3 500	1 656	250	2 560	380	16	12	405	335	430	10	4 060	720	16	140	2 280	570	35	4-M30	60	723	39.7
3 600	1 667	250	2 640	380	16	12	418	335	430	10	4 180	730	16	140	2 360	590	35	4-M30	60	751	40.5
3 700	1 677	250	2 710	380	18	12	429	335	430	10	4 290	760	18	140	2 430	608	35	4-M30	60	854	41.1
3 800	1 945	250	2 780	380	18	12	440	335	430	12	4 410	770	18	140	2 500	625	35	4-M30	60	908	44.9
3 900	1 958	250	2 860	380	18	12	454	335	430	12	4 520	780	18	140	2 580	645	35	4-M30	60	939	45.7
4 000	1 969	250	2 940	380	18	12	467	335	430	12	4 640	790	18	140	2 660	665	35	4-M30	60	971	46.4

表 4

单位为毫米

公称直径 DN	允许载荷 Q/kN	鞍式支座高度 h	底板			腹板	筋板				垫板				螺栓间距					鞍式支座质量/kg	增加 100 mm 高度增加的质量/kg
			l_1	b_1	δ_1	δ_2	l_3	b_2	b_3	δ_3	弧长	b_4	δ_4	e	间距 l_2	间距 l_4	螺孔 d	螺纹 M	孔长 l		
4 100	2 365	250	3 040	400	18	18	567	352	460	12	4 760	800	18	161	2 740	685	41	M36	80	1 096	62.6
4 200	2 374	250	3 100	400	18	18	579	352	460	12	4 870	800	18	161	2 800	700	41	M36	80	1 121	63.4
4 300	2 385	250	3 170	400	18	18	593	352	480	12	4 990	810	18	156	2 870	718	41	M36	80	1 161	64.4
4 400	2 397	250	3 250	400	18	18	608	352	480	12	5 100	820	18	161	2 950	738	41	M36	80	1 197	65.5
4 500	3 021	250	3 330	420	20	20	622	370	500	14	5 220	850	20	165	3 030	758	41	M36	80	1 417	76.4
4 600	3 036	250	3 410	420	20	20	637	370	500	14	5 340	860	20	170	3 110	778	41	M36	80	1 461	77.6
4 700	3 049	250	3 480	420	20	20	651	370	500	14	5 450	870	20	175	3 180	795	41	M36	80	1 501	78.7
4 800	3 061	250	3 550	420	20	20	665	370	500	14	5 570	880	20	180	3 250	813	41	M36	80	1 543	79.8
4 900	3 068	250	3 590	420	20	20	673	370	500	14	5 680	890	20	185	3 290	823	41	M36	80	1 580	80.4
5 000	3 539	250	3 690	450	22	22	692	398	530	14	5 800	920	22	184	3 390	848	54	M48	100	1 824	89.6
5 100	3 553	250	3 760	450	22	22	706	398	530	14	5 920	930	22	189	3 460	865	54	M48	100	1 874	90.8
5 200	3 567	250	3 830	450	22	22	719	398	530	14	6 030	940	22	194	3 530	883	54	M48	100	1 922	92.0
5 300	3 580	250	3 900	450	22	22	733	398	530	14	6 150	950	22	199	3 600	900	54	M48	100	1 973	93.3
5 400	4 083	250	3 980	480	24	24	749	426	570	14	6 260	980	24	193	3 680	920	54	M48	100	2 250	102.7
5 500	4 098	250	4 050	480	24	24	762	426	570	14	6 380	990	24	198	3 750	938	54	M48	100	2 307	104.0
5 600	4 113	250	4 120	480	24	24	776	426	570	14	6 500	990	24	198	3 820	955	54	M48	100	2 352	105.3
5 700	4 490	250	4 190	500	26	26	790	444	580	14	6 610	1 000	24	197	3 880	970	54	M48	100	2 505	114.4
5 800	4 505	250	4 260	500	26	26	803	444	580	14	6 730	1 010	24	202	3 950	988	54	M48	100	2 565	115.8
5 900	4 901	250	4 340	520	28	28	819	462	600	14	6 840	1 060	28	216	4 030	1 008	54	M48	100	3 018	125.4
6 000	4918	250	4 410	520	28	28	833	462	600	14	6 960	1 070	28	221	4 100	1 025	54	M48	100	3 090	127.0

4.2 重型(B型)鞍式支座

4.2.1 DN168 mm～DN406 mm、120°包角重型带垫板或不带垫板鞍式支座的结构和尺寸应符合图4和表5的规定。

4.2.2 DN300 mm～DN450 mm、120°包角重型带垫板或不带垫板鞍式支座的结构和尺寸应符合图4和表6的规定。

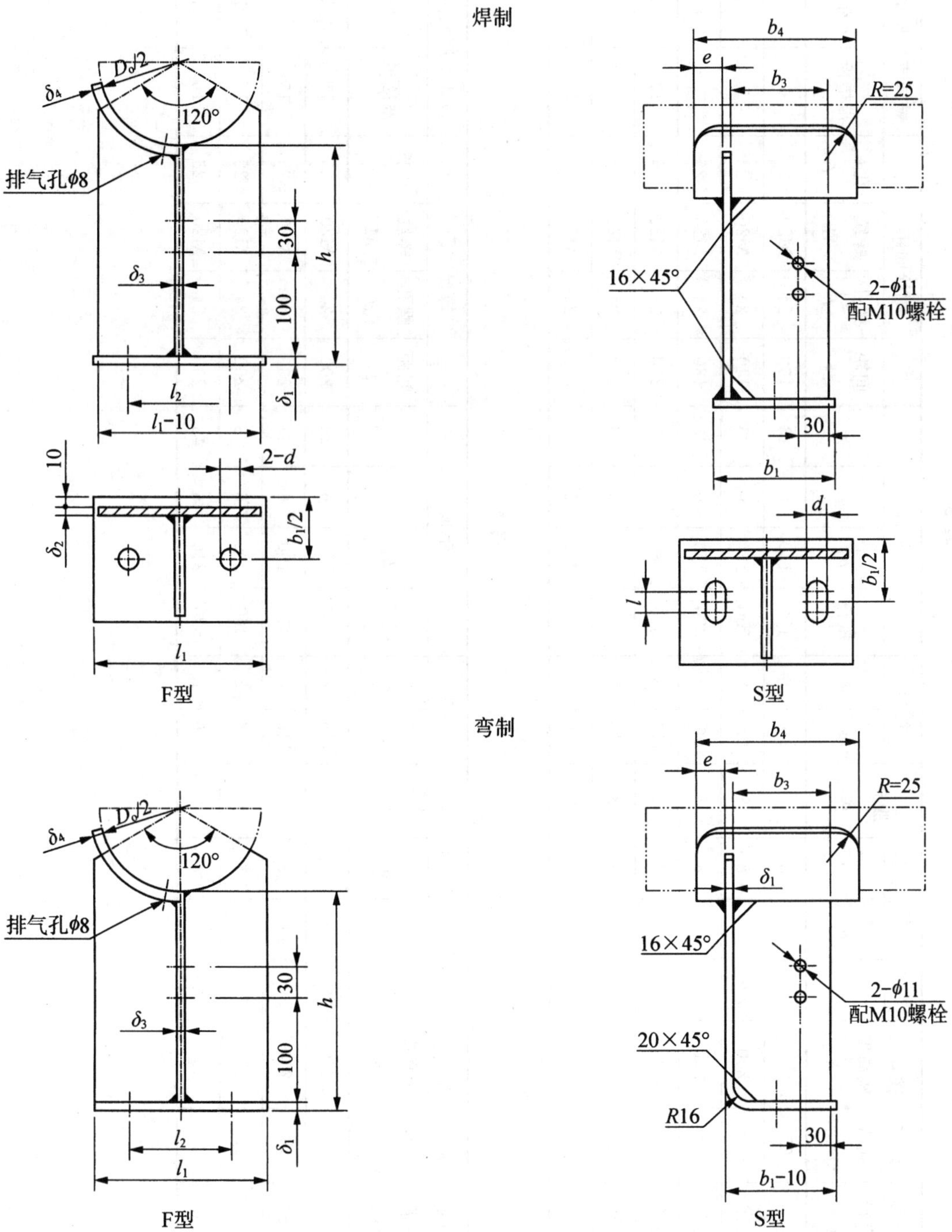

图4

表 5

单位为毫米

公称直径 DN	允许载荷 Q/kN	鞍式支座高度 h	底板			腹板	筋板		垫板				螺栓间距				鞍式支座质量/kg		增加 100 mm 高度增加的质量/kg
			l_1	b_1	δ_1	δ_2	b_3	δ_3	弧长	b_4	δ_4	e	间距 l_2	螺孔 d	螺纹 M	孔长 l	带垫板	不带垫板	
168	27	200	180	120	8	8	96	8	180	130	6	13	100	24	M20	25	6	5	1.6
219	28	200	220	120	8	8	96	8	250	150	6	23	140	24	M20	25	7	6	1.9
273	29	200	270	120	8	8	96	8	320	170	6	33	180	24	M20	25	9	7	2.2
325	41	200	310	140	8	8	116	8	380	180	6	28	210	24	M20	25	12	8	2.6
356	42	200	340	140	8	8	116	8	440	200	6	38	250	24	M20	25	14	10	2.9
406	43	200	380	140	8	8	116	8	490	210	6	43	280	24	M20	25	15	11	3.2

表 6

单位为毫米

公称直径 DN	允许载荷 Q/kN	鞍式支座高度 h	底板			腹板	筋板		垫板				螺栓间距				鞍式支座质量/kg		增加 100 mm 高度增加的质量/kg
			l_1	b_1	δ_1	δ_2	b_3	δ_3	弧长	b_4	δ_4	e	间距 l_2	螺孔 d	螺纹 M	孔长 l	带垫板	不带垫板	
300	72	200	290	140	8	8	116	8	350	170	6	23	200	24	M20	25	11	8	2.5
350	74	200	330	140	8	8	116	8	410	190	6	33	230	24	M20	25	13	9	2.7
400	76	200	380	140	8	8	116	8	460	200	6	38	260	24	M20	25	14	10	3.1
450	77	200	420	140	8	8	116	8	520	210	6	43	290	24	M20	25	16	11	3.3

4.2.3 DN500 mm～DN950 mm、120°包角重型带垫板或不带垫板鞍式支座的结构和尺寸应符合图 5 和表 7 的规定。

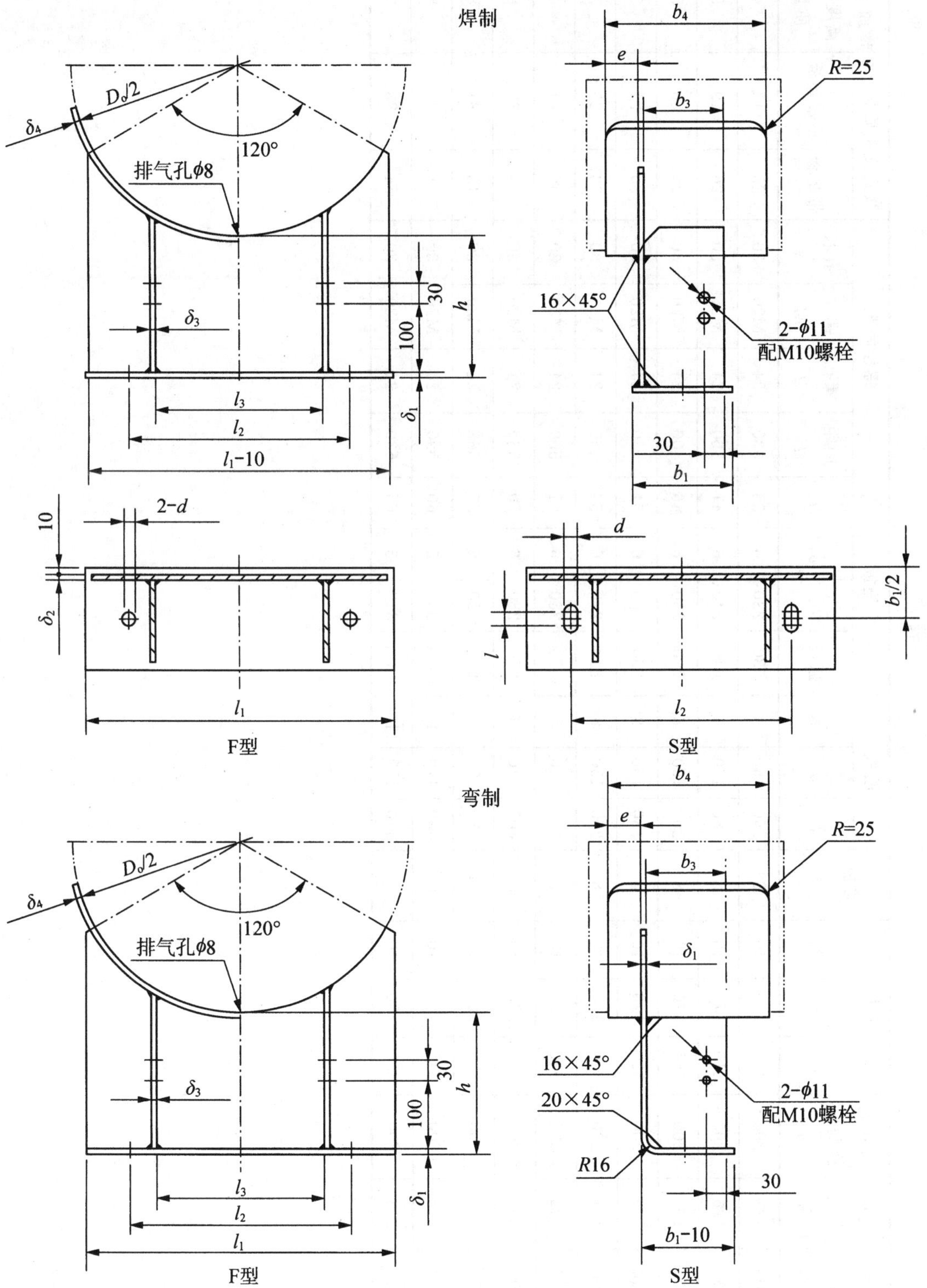

图 5

表 7

单位为毫米

公称直径 DN	允许载荷 Q/kN	鞍式支座高度 h	底板			腹板	筋板			垫板				螺栓间距				鞍式支座质量/kg		增加 100 mm 高度增加的质量/kg
			l_1	b_1	δ_1	δ_2	l_3	b_3	δ_3	弧长	b_4	δ_4	e	间距 l_2	螺孔 d	螺纹 M	孔长 l	带垫板	不带垫板	
500	123	200	460	170	10	8	250	150	8	580	230	6	36	330	24	M20	30	23	17	4.7
550	126	200	510	170	10	8	280	150	8	640	240	6	41	360	24	M20	30	26	19	5.0
600	127	200	550	170	10	8	300	150	8	700	250	6	46	400	24	M20	30	28	20	5.3
650	129	200	590	170	10	8	330	150	8	750	260	6	51	430	24	M20	30	30	21	5.5
700	131	200	640	170	10	8	350	150	8	810	270	6	56	460	24	M20	30	33	23	5.8
750	132	200	680	170	10	8	380	150	8	870	280	6	61	500	24	M20	30	36	24	6.1
800	207	200	720	200	10	10	400	170	10	930	280	6	50	530	24	M20	30	44	32	8.2
850	210	200	770	200	10	10	430	170	10	990	290	6	55	558	24	M20	30	48	34	8.6
900	212	200	810	200	10	10	450	170	10	1 040	300	6	60	590	24	M20	30	51	36	8.9
950	213	200	850	200	10	10	470	170	10	1 100	310	6	65	630	24	M20	30	54	38	9.3

4.2.4 DN1 000 mm～DN2 000 mm、120°包角重型带垫板鞍式支座的结构和尺寸应符合图 6 和表 8 的规定。

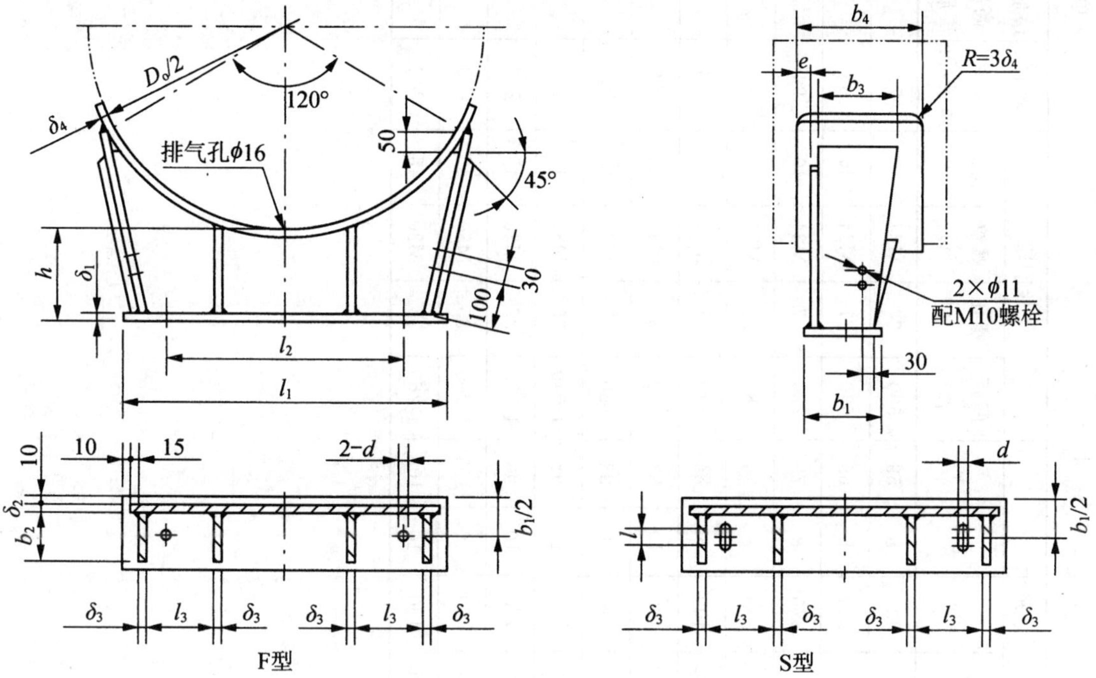

图 6

4.2.5 DN2 100 mm～DN4 000 mm、120°包角重型带垫板鞍式支座的结构和尺寸应符合图 7 和表 9 的规定。

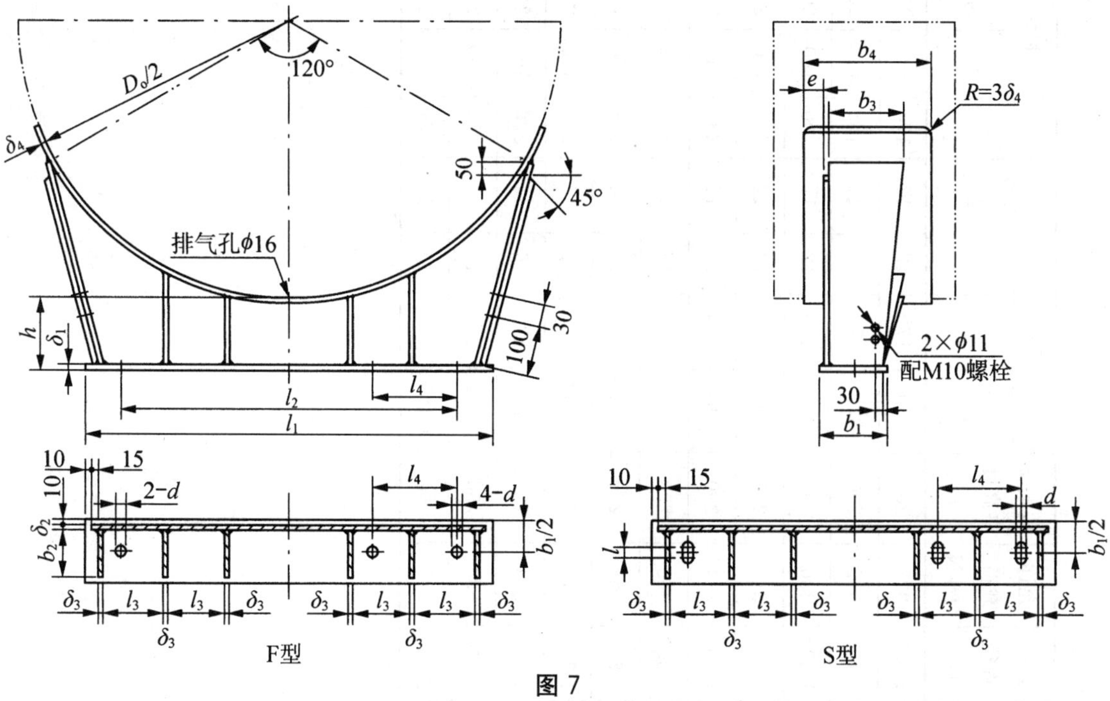

图 7

表 8

单位为毫米

公称直径 DN	允许载荷 Q/kN	鞍式支座高度 h	底板			腹板	筋板				垫板				螺栓间距				鞍式支座质量/kg	增加 100 mm 高度增加的质量/kg
			l_1	b_1	δ_1	δ_2	l_3	b_2	b_3	δ_3	弧长	b_4	δ_4	e	间距 l_2	螺孔 d	螺纹 M	孔长 l		
1 000	327	200	760	170	12	12	170	140	200	12	1 160	330	8	59	600	27	M24	40	77	12.2
1 100	332	200	820	170	12	12	185	140	200	12	1 280	350	8	69	660	27	M24	40	85	12.8
1 200	336	200	880	170	12	12	200	140	200	12	1 390	370	8	79	720	27	M24	40	94	13.4
1 300	340	200	940	170	12	12	215	140	220	12	1 510	380	8	74	780	27	M24	40	103	13.9
1 400	344	200	1 000	170	12	12	230	140	220	12	1 620	400	8	84	840	27	M24	40	111	14.5
1 500	463	250	1 060	200	16	14	242	170	240	14	1 740	430	10	88	900	35	M30	45	169	18.9
1 600	468	250	1 120	200	16	14	257	170	240	14	1 860	440	10	93	960	35	M30	45	180	19.6
1 700	473	250	1 200	200	16	14	277	170	240	14	1 970	450	10	98	1 040	35	M30	45	193	20.4
1 800	574	250	1 280	220	16	14	296	190	260	14	2 090	470	10	98	1 120	35	M30	45	215	22.2
1 900	580	250	1 360	220	16	14	316	190	260	14	2 200	480	10	103	1 200	35	M30	45	230	23.1
2 000	585	250	1 420	220	16	14	331	190	260	14	2 320	490	10	108	1 260	35	M30	45	242	23.7

表 9

单位为毫米

公称直径 DN	允许载荷 Q/kN	鞍式支座高度 h	底板			腹板	筋板				垫板				螺栓间距					鞍式支座质量/kg	增加 100 mm 高度增加的质量/kg
			l_1	b_1	δ_1	δ_2	l_3	b_2	b_3	δ_3	弧长	b_4	δ_4	e	间距 l_2	间距 l_4	螺孔 d	螺纹 M	孔长 l		
2 100	1 090	250	1 500	240	16	16	230	208	290	16	2 440	550	16	122	1 300	—	41	2-M36	50	378	34.3
2 200	1 100	250	1 580	240	16	16	243	208	290	16	2 550	570	16	132	1 380	—	41	2-M36	50	403	35.3
2 300	1 110	250	1 660	240	16	16	256	208	290	16	2 670	580	16	137	1 460	—	41	2-M36	50	424	36.3
2 400	1 120	250	1 720	240	16	16	266	208	290	16	2 780	590	16	142	1 520	—	41	2-M36	50	445	37.0
2 500	1 910	250	1 800	300	18	18	280	268	360	18	2 900	620	18	121	1 580	—	41	2-M36	50	562	47.9
2 600	1 930	250	1 880	300	18	18	293	268	360	18	3 020	630	18	126	1 640	—	41	2-M36	50	604	49.0
2 700	1 940	250	1 960	300	18	18	307	268	360	18	3 130	650	18	136	1 720	—	41	2-M36	50	636	50.1
2 800	1 960	250	2 040	300	18	18	320	268	360	18	3 250	660	18	141	1 800	—	41	2-M36	50	665	51.3
2 900	2 830	250	2 110	360	20	20	331	316	410	20	3 360	700	22	135	1 870	468	41	4-M36	60	848	62.6
3 000	2 860	250	2 180	360	20	20	341	316	410	20	3 480	710	22	140	1 940	485	41	4-M36	60	904	63.7
3 100	2 880	250	2 260	360	20	20	355	316	410	20	3 600	720	22	145	2 020	505	41	4-M36	60	941	64.9
3 200	2 900	250	2 340	360	20	20	368	316	410	20	3 710	740	22	155	2 100	525	41	4-M36	60	984	66.2
3 300	2 920	250	2 410	360	20	20	380	316	410	20	3 830	750	22	160	2 150	538	41	4-M36	60	1 022	67.3
3 400	3 550	250	2 480	380	22	22	391	335	430	22	3 940	770	24	159	2 200	550	41	4-M36	60	1 187	77.2
3 500	3 570	250	2 560	380	22	22	405	335	430	22	4 060	790	24	169	2 280	570	41	4-M36	60	1 240	78.6
3 600	3 600	250	2 640	380	22	22	418	335	430	22	4 180	800	24	174	2 360	590	41	4-M36	60	1 285	80.0
3 700	3 620	250	2 710	380	22	22	429	335	430	22	4 290	810	24	179	2 430	608	41	4-M36	60	1 328	81.2
3 800	4 160	250	2 780	380	25	25	440	335	430	25	4 410	840	26	193	2 500	625	41	4-M36	60	1 540	93.6
3 900	4 190	250	2 860	380	25	25	454	335	430	25	4 520	850	26	198	2 580	645	41	4-M36	60	1 591	95.2
4 000	4 220	250	2 940	380	25	25	467	335	430	25	4 640	860	26	203	2 660	665	41	4-M36	60	1 646	96.8

4.2.6 DN4 100 mm～DN6 000 mm、120°包角重型带垫板鞍式支座的结构和尺寸应符合图 8 和表 10 的规定。

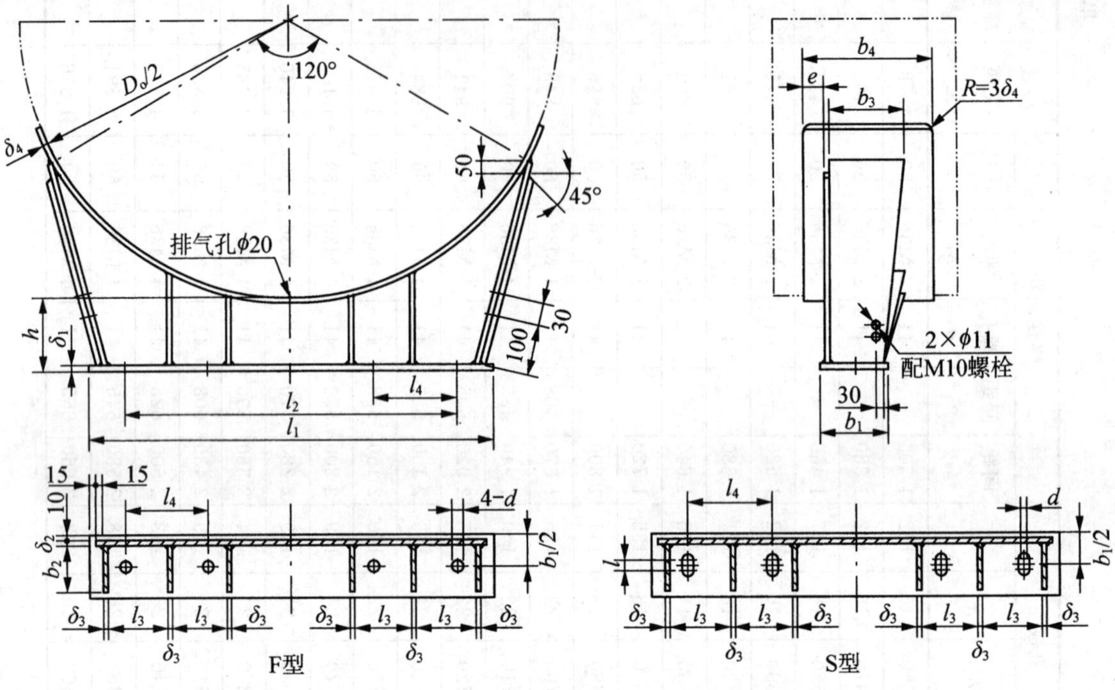

图 8

4.2.7 DN1 000 mm～DN2 000 mm、150°包角重型带垫板鞍式支座的结构和尺寸应符合图 9 和表 11 的规定。

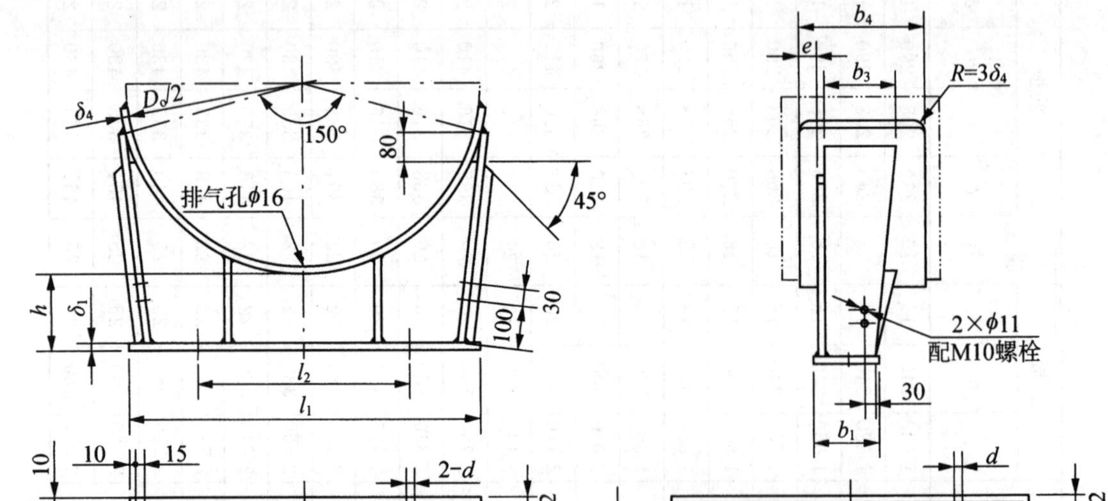

图 9

表 10

单位为毫米

公称直径 DN	允许载荷 Q/kN	鞍式支座高度 h	底板			腹板	筋板				垫板				螺栓间距					鞍式支座质量/kg	增加 100 mm 高度增加的质量/kg
			l_1	b_1	δ_1	δ_2	l_3	b_2	b_3	δ_3	弧长	b_4	δ_4	e	间距 l_4	间距 l_2	螺孔 d	螺纹 M	孔长 l		
4 100	4 330	250	3 040	400	26	26	553	344	460	24	4 760	870	26	192	690	2 740	47	M42	80	1 731	100.5
4 200	4 350	250	3 100	400	26	26	565	344	460	24	4 870	880	26	197	700	2 800	47	M42	80	1 753	101.7
4 300	4 370	250	3 170	400	26	26	579	344	480	24	4 990	890	26	192	720	2 870	47	M42	80	1 814	103.2
4 400	4 400	250	3 250	400	26	26	594	344	480	24	5 100	900	26	197	740	2 950	47	M42	80	1 869	104.8
4 500	5 030	250	3 330	420	28	28	609	362	500	25	5 220	930	28	201	760	3 030	54	M48	80	2 102	115.4
4 600	5 060	250	3 410	420	28	28	625	362	500	25	5 340	940	28	206	780	3 110	54	M48	80	2 166	117.1
4 700	5 080	250	3 480	420	28	28	638	362	500	25	5 450	950	28	211	800	3 180	54	M48	80	2 224	118.7
4 800	5 100	250	3 550	420	28	28	652	362	500	25	5 570	960	28	216	810	3 250	54	M48	80	2 285	120.2
4 900	5 120	250	3 590	420	28	28	660	362	500	25	5 680	970	28	221	820	3 290	54	M48	80	2 338	121.1
5 000	6 050	250	3 690	450	30	30	678	390	530	26	5 800	1 010	32	225	850	3 390	62	M56	100	2 742	134.2
5 100	6 070	250	3 760	450	30	30	692	390	530	26	5 920	1 020	32	230	870	3 460	62	M56	100	2 815	135.8
5 200	6 100	250	3 830	450	30	30	705	390	530	26	6 030	1 030	32	235	880	3 530	62	M56	100	2 884	137.5
5 300	6 120	250	3 900	450	30	30	719	390	530	26	6 150	1 040	32	240	900	3 600	62	M56	100	2 958	139.1
5 400	6 870	250	3 980	480	30	30	735	420	570	26	6 260	1 080	36	240	920	3 680	62	M56	100	3 360	144.7
5 500	6 900	250	4 050	480	30	30	748	420	570	26	6 380	1 090	36	245	940	3 750	62	M56	100	3 443	146.3
5 600	6 920	250	4 120	480	30	30	762	420	570	26	6 500	1 100	36	250	960	3 820	71	M64	100	3 527	148.0
5 700	7 970	250	4 190	500	32	32	773	438	580	28	6 610	1 150	40	269	970	3 880	71	M64	100	4 074	162.5
5 800	8 000	250	4 260	500	32	32	787	438	580	28	6 730	1 160	40	274	990	3 950	71	M64	100	4 170	164.3
5 900	8 380	250	4 340	520	32	32	803	458	600	28	6 840	1 170	40	269	1 010	4 030	71	M64	100	4 311	168.9
6 000	8 440	250	4 410	520	32	32	816	458	600	28	6 960	1 180	40	274	1 030	4 100	71	M64	100	4 410	170.7

表 11

单位为毫米

公称直径 DN	允许载荷 Q/kN	鞍式支座高度 h	底板			腹板	筋板				垫板				螺栓间距				鞍式支座质量/kg	增加 100 mm 高度增加的质量/kg
			l_1	b_1	δ_1	δ_2	l_3	b_2	b_3	δ_3	弧长	b_4	δ_4	e	间距 l_2	螺孔 d	螺纹 M	孔长 l		
1 000	340	200	940	170	14	12	213	140	200	12	1 410	330	8	59	600	27	M24	40	89	13.9
1 100	344	200	1 000	170	14	12	233	140	200	12	1 550	350	8	69	660	27	M24	40	98	14.5
1 200	348	200	1 060	170	14	12	253	140	200	12	1 690	370	8	79	720	27	M24	40	106	15.1
1 300	352	200	1 140	170	14	12	273	140	220	12	1 830	380	8	74	780	27	M24	40	116	15.8
1 400	356	200	1 220	170	14	12	293	140	220	12	1 970	400	8	84	840	27	M24	40	127	16.6
1 500	480	250	1 300	200	16	14	313	170	240	14	2 110	430	10	88	900	35	M30	45	188	21.5
1 600	484	250	1 380	200	16	14	333	170	240	14	2 250	440	10	93	960	35	M30	45	201	22.4
1 700	489	250	1 460	200	16	14	353	170	240	14	2 390	450	10	98	1 040	35	M30	45	214	23.3
1 800	593	250	1 540	220	16	14	373	190	260	14	2 540	470	10	98	1 120	35	M30	45	238	25.1
1 900	597	250	1 600	220	16	14	388	190	260	14	2 680	480	10	103	1 200	35	M30	45	251	25.7
2 000	602	250	1 680	220	16	14	408	190	260	14	2 820	490	10	108	1 260	35	M30	45	265	26.6

4.2.8 DN2 100 mm～DN4 000 mm、150°包角重型带垫板鞍式支座的结构和尺寸应符合图 10 和表 12 的规定。

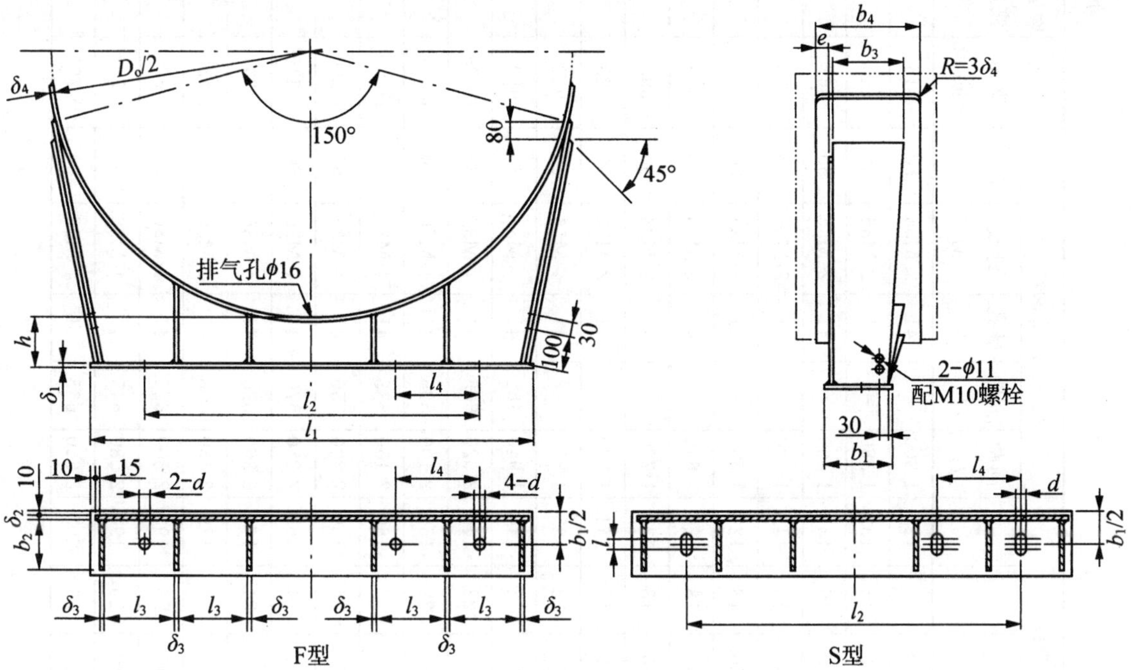

图 10

4.2.9 DN4 100 mm～DN6 000 mm、150°包角重型带垫板鞍式支座的结构和尺寸应符合图 11 和表 13 的规定。

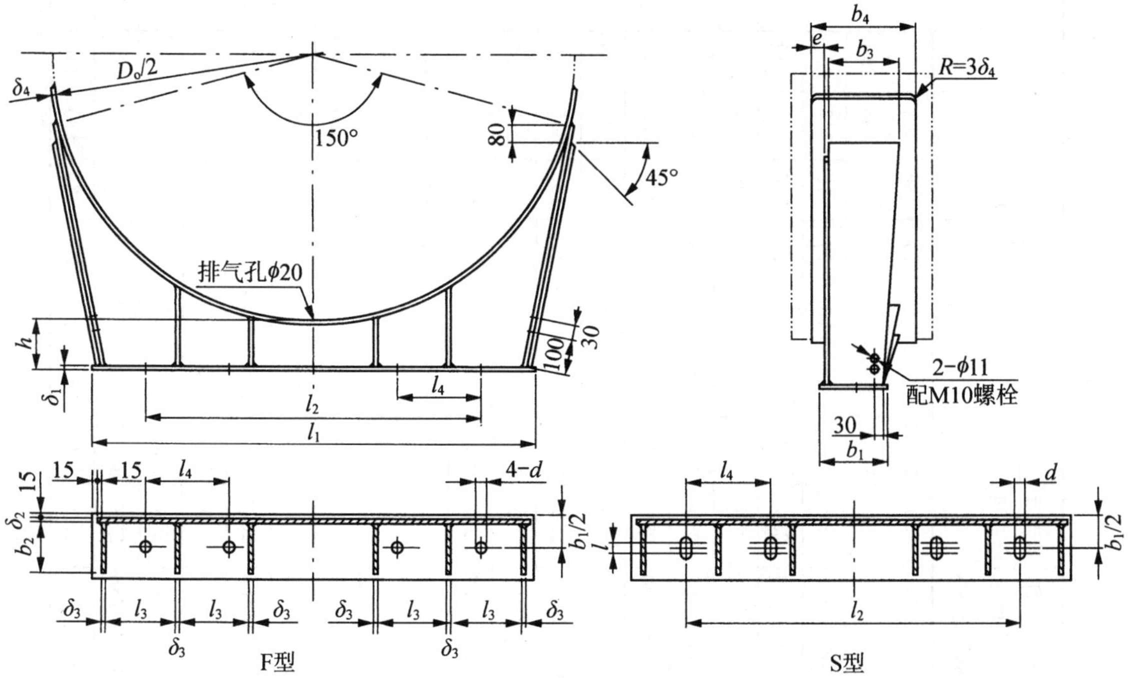

图 11

表 12

单位为毫米

公称直径 DN	允许载荷 Q/kN	鞍式支座高度 h	底板			腹板	筋板				垫板				螺栓间距					鞍式支座质量/kg	增加 100 mm 高度增加的质量/kg
			l_1	b_1	δ_1	δ_2	l_3	b_2	b_3	δ_3	弧长	b_4	δ_4	e	间距 l_2	间距 l_4	螺孔 d	螺纹 M	孔长 l		
2 100	1 131	250	1 760	240	16	16	286	208	290	16	2 960	550	16	122	1 300	—	41	2-M36	50	418	37.5
2 200	1 141	250	1 840	240	16	16	299	208	290	16	3 100	570	16	132	1 380	—	41	2-M36	50	445	38.5
2 300	1 150	250	1 920	240	16	16	312	208	290	16	3 240	580	16	137	1 460	—	41	2-M36	50	467	39.5
2 400	1 159	250	2 000	240	16	16	326	208	290	16	3 380	590	16	142	1 520	—	41	2-M36	50	489	40.5
2 500	1 971	250	2 070	300	18	18	338	268	360	18	3 520	620	18	121	1 580	—	41	2-M36	50	614	51.7
2 600	1 985	250	2 140	300	18	18	349	268	360	18	3 660	630	18	126	1 640	—	41	2-M36	50	659	52.7
2 700	2 000	250	2 220	300	18	18	363	268	360	18	3 800	650	18	136	1 720	—	41	2-M36	50	693	53.8
2 800	2 015	250	2 300	300	18	18	376	268	360	18	3 940	660	18	141	1 800	—	41	2-M36	50	723	54.9
2 900	2 918	250	2 380	360	20	20	389	316	410	20	4 090	700	22	135	1 870	468	41	4-M36	60	928	66.8
3 000	2 939	250	2 460	360	20	20	402	316	410	20	4 230	710	22	140	1 940	485	41	4-M36	60	989	68.1
3 100	2 958	250	2 530	360	20	20	414	316	410	20	4 370	720	22	145	2 020	505	41	4-M36	60	1 025	69.2
3 200	2 976	250	2 600	360	20	20	426	316	410	20	4 510	740	22	155	2 100	525	41	4-M36	60	1 071	70.3
3 300	2 996	250	2 680	360	20	20	439	316	410	20	4 650	750	22	160	2 150	538	41	4-M36	60	1 110	71.5
3 400	3 639	250	2 760	380	22	22	452	335	430	22	4 790	770	24	159	2 200	550	41	4-M36	60	1 290	82.0
3 500	3 663	250	2 840	380	22	22	466	335	430	22	4 930	790	24	169	2 280	570	41	4-M36	60	1 345	83.4
3 600	3 686	250	2 920	380	22	22	479	335	430	22	5 070	800	24	174	2 360	590	41	4-M36	60	1 391	84.8
3 700	3 705	250	2 990	380	22	22	491	335	430	22	5 210	810	24	179	2 430	608	41	4-M36	60	1 436	86.0
3 800	4 261	250	3 060	380	25	25	502	335	430	25	5 350	840	26	193	2 500	625	41	4-M36	60	1 660	99.1
3 900	4 285	250	3 140	380	25	25	516	335	430	25	5 490	850	26	198	2 580	645	41	4-M36	60	1 713	100.7
4 000	4 309	250	3 220	380	25	25	529	335	430	25	5 630	860	26	203	2 660	665	41	4-M36	60	1 767	102.2

表 13

单位为毫米

公称直径 DN	允许载荷 Q/kN	鞍式支座高度 h	底板			腹板	筋板				垫板				螺栓间距					鞍式支座质量/kg	增加 100 mm 高度增加的质量/kg
			l_1	b_1	δ_1	δ_2	l_3	b_2	b_3	δ_3	弧长	b_4	δ_4	e	间距 l_2	间距 l_4	螺孔 d	螺纹 M	孔长 l		
4 100	4 440	250	3 410	400	26	26	626	344	460	24	5 780	870	26	192	2 740	685	47	M42	80	1 873	108.1
4 200	4 470	250	3 490	400	26	26	641	344	460	24	5 920	880	26	197	2 800	700	47	M42	80	1 909	109.7
4 300	4 470	250	3 520	400	26	26	647	344	480	24	6 060	890	26	192	2 870	718	47	M42	80	1 962	110.3
4 400	4 500	250	3 600	400	26	26	663	344	480	24	6 200	900	26	197	2 950	738	47	M42	80	2 019	112.0
4 500	5 130	250	3 680	420	30	30	677	360	500	25	6 340	930	28	200	3 030	758	54	M48	80	2 295	128.6
4 600	5 170	250	3 760	420	30	30	693	360	500	25	6 480	940	28	205	3 110	778	54	M48	80	2 359	130.5
4 700	5 210	250	3 830	420	30	30	707	360	500	25	6 620	950	28	210	3 180	795	54	M48	80	2 420	132.1
4 800	5 260	250	3 930	420	30	30	726	360	500	25	6 760	960	28	215	3 250	813	54	M48	80	2 491	134.5
4 900	5 300	250	4 010	420	30	30	742	360	500	25	6 900	970	28	220	3 290	823	54	M48	80	2 557	136.4
5 000	6 240	250	4 090	450	34	34	756	386	530	26	7 040	1 010	32	223	3 390	848	62	M56	100	3 033	155.9
5 100	6 290	250	4 170	450	34	34	772	386	530	26	7 180	1 020	32	228	3 460	865	62	M56	100	3 110	158.0
5 200	6 340	250	4 260	450	34	34	789	386	530	26	7 320	1 030	32	233	3 530	883	62	M56	100	3 192	160.4
5 300	6 390	250	4 330	450	34	34	803	386	530	26	7 470	1 040	32	238	3 600	900	62	M56	100	3 270	162.3
5 400	7 190	250	4 410	480	34	34	819	416	570	26	7 610	1 080	36	238	3 680	920	62	M56	100	3 741	168.1
5 500	7 220	250	4 500	480	34	34	836	416	570	26	7 750	1 090	36	243	3 750	938	62	M56	100	3 834	170.5
5 600	7 250	250	4 580	480	34	34	852	416	570	26	7 890	1 100	36	248	3 820	955	71	M64	100	3 925	172.6
5 700	8 350	250	4 670	500	36	36	867	434	580	28	8 030	1 150	40	267	3 880	970	71	M64	100	4 549	188.6
5 800	8 380	250	4 750	500	36	36	883	434	580	28	8 170	1 160	40	272	3 950	988	71	M64	100	4 654	190.9
5 900	8 530	250	4 830	520	36	36	898	454	600	28	8 310	1 170	40	267	4 030	1 008	71	M64	100	4 809	195.8
6 000	8 590	250	4 910	520	36	36	914	454	600	28	8 450	1 180	40	272	4 100	1 025	71	M64	100	4 916	198.1

4.3 鞍式支座的允许载荷

4.3.1 表2～表13给出了鞍式支座主体材料为Q345R的、在标准高度下的允许载荷Q，当鞍式支座高度增加时，鞍式支座允许载荷应按附录A确定。

4.3.2 鞍式支座主体材料为Q235B时，公称直径DN≤4 000 mm的容器的鞍式支座在标准高度下的允许载荷Q按表14确定。当鞍式支座高度增加时，鞍式支座允许载荷值按附录A确定后并应乘以0.86的修正系数。

表14

单位为千牛

公称直径 DN	120°包角轻型带垫板鞍式支座 允许载荷 Q	120°包角重型鞍式支座 允许载荷 Q	150°包角重型带垫板鞍式支座 允许载荷 Q
168	—	23	—
219		24	
273		25	
325		35	
356		36	
406		37	
300		62	
350		63	
400		65	
450		66	
500		106	
550		108	
600		109	
650		111	
700		113	
750		114	
800		178	
850		181	
900		183	
950		184	
1 000	136	282	294
1 100	138	287	297
1 200	140	290	300
1 300	150	294	304
1 400	151	297	307
1 500	222	400	415

表 14(续)

公称直径 DN	120°包角轻型带垫板鞍式支座允许载荷 Q	120°包角重型鞍式支座允许载荷 Q	150°包角重型带垫板鞍式支座允许载荷 Q
1 600	223	404	418
1 700	226	409	422
1 800	288	496	512
1 900	292	501	516
2 000	294	505	520
2 100	483	977	977
2 200	487	986	986
2 300	492	994	994
2 400	495	1 002	1 002
2 500	753	1 704	1 704
2 600	759	1 716	1 716
2 700	766	1 729	1 729
2 800	772	1 742	1 742
2 900	1 200	2 523	2 523
3 000	1 208	2 541	2 541
3 100	1 219	2 557	2 557
3 200	1 227	2 573	2 573
3 300	1 236	2 590	2 590
3 400	1 422	3 146	3 146
3 500	1 431	3 167	3 167
3 600	1 441	3 187	3 187
3 700	1 450	3 203	3 203
3 800	1 681	3 684	3 684
3 900	1 693	3 705	3 705
4 000	1 702	3 726	3 726

5 材料

5.1 鞍式支座主体材料包括筋板、腹板和底板,鞍式支座主体材料常用的材料牌号、使用温度范围和许用应力见表 15。

表 15

材料	设计温度/℃	许用应力/MPa
Q235B	−20～200	147
Q345B	−20～200	170
Q345R	−40～200	170

5.2　当鞍式支座设计温度低于−40℃时，应根据实际设计工况，对鞍式支座主体材料提出附加低温检验要求或选用其他合适的材料，并根据实际使用材料的许用应力修正按表 2～表 13 中给出的鞍式支座的允许载荷 Q。

5.3　垫板材料一般应与容器筒体材料相同。

6　标记

6.1　标记方法

NB/T 47065.1—2018，支座 ××—×

- 第三个 ×：固定鞍式支座 F，滑动鞍式支座 S
- 第二个 ×：公称直径，mm
- 第一个 ×：型号（A，BI，BⅡ，BⅢ，BⅣ，BV）

注 1：若鞍式支座高度 h、垫板宽度 b_4、垫板厚度 δ_4、底板滑动长孔长度 l 与标准尺寸不同，则应在设备图纸零件名称栏或备注栏注明。

如：$h=450$，$b_4=200$，$\delta_4=12$，$l=30$

注 2：鞍式支座材料应在设备图样的材料栏内填写，表示方法为：支座材料/垫板材料。无垫板时只注支座材料。

6.2　标记示例

示例 1：DN325 mm，120°包角，重型不带垫板的标准尺寸的弯制固定式鞍式支座，鞍式支座材料为 Q345R。

标记：NB/T 47065.1—2018，鞍式支座 BV325-F

材料栏内注：Q345R

示例 2：DN1 600 mm，150°包角，重型滑动鞍式支座，鞍式支座材料 Q235B，垫板材料 S30408，鞍式支座高度为 400 mm，垫板厚度为 12 mm，滑动长孔长度为 60 mm。

标记：NB/T 47065.1—2018，鞍式支座 BⅡ 1600—S，$h=400$，$\delta_4=12$，$l=60$

材料栏内注：Q235B/S30408

7　制造技术要求

7.1　焊接可采用电弧焊或气体保护焊(使用药芯焊丝除外)，焊材应根据支座材料参照有关标准选用。焊接接头型式和尺寸应符合 GB/T 985.1 的规定。

7.2　鞍式支座本体的焊接，采用双面连续角焊。鞍式支座与容器圆筒焊接采用连续焊。焊缝腰高取较薄板厚度的 0.4 倍～0.6 倍，且不小于 5 mm。

7.3　焊缝表面不得有裂纹、夹渣、气孔和弧坑等缺陷，并不得残留有熔渣和飞溅物。

7.4　垫板应与容器壁贴合。

7.5 鞍式支座螺栓孔间距 l_2 允许偏差值为±2 mm。

7.6 鞍式支座的螺栓孔和其他部分的制造公差分别按 GB/T 1804 中 m 级与 GB/T 1804 中 c 级精度。

7.7 与腹板相接侧的筋板两端应切成 25×45°的倒角(图中注明者除外)。

7.8 鞍式支座所有组焊零件周边粗糙度为 Ra50 μm。

7.9 若容器壳体有热处理要求,鞍式支座垫板应在热处理前焊于容器上。

7.10 鞍式支座组焊完毕,各部件应平整,不得翘曲。

8 选用方法

8.1 鞍式支座型式选定

a) 按鞍式支座实际承载的大小确定选用轻型或重型鞍式支座;

b) 按容器圆筒强度的需要确定选用 120°包角或 150°包角的鞍式支座;

c) 换热器优先选用 120°包角或 150°包角的重型鞍式支座。

8.2 鞍式支座允许载荷

第 4 章中给出了标准高度下鞍式支座的允许载荷,当鞍式支座高度高于标准高度时,鞍式支座允许载荷随之降低,应予以修正。

8.3 垫板选用

公称直径 DN≤900 mm 的容器,鞍式支座分为带垫板和不带垫板两种结构型式;当符合下列条件之一时,必须设置垫板:

a) 容器圆筒有效厚度小于或等于 3 mm;

b) 容器圆筒鞍式支座处的周向应力大于规定值;

c) 容器圆筒有热处理要求;

d) 容器圆筒与鞍式支座间温差大于 200℃;

e) 当容器圆筒材料与鞍式支座材料不具有相同或相近化学成分和性能指标。

8.4 鞍式支座安装要求

8.4.1 当容器操作壁温与安装环境有较大差异时,应根据容器圆筒金属温度、两鞍式支座间距,按附录 B 核算螺栓孔长度 l。

8.4.2 鞍式支座螺栓孔应根据容器不同膨胀形式,按图 12 要求进行布置和安装。

8.5 基础垫板

当容器基础为钢筋混凝土时,滑动鞍式支座底板下面必须安装基础垫板,基础垫板必须保持平整光滑,垫板尺寸参照附录 C 确定。基础垫板由设计者在图样上规定其供货关系。

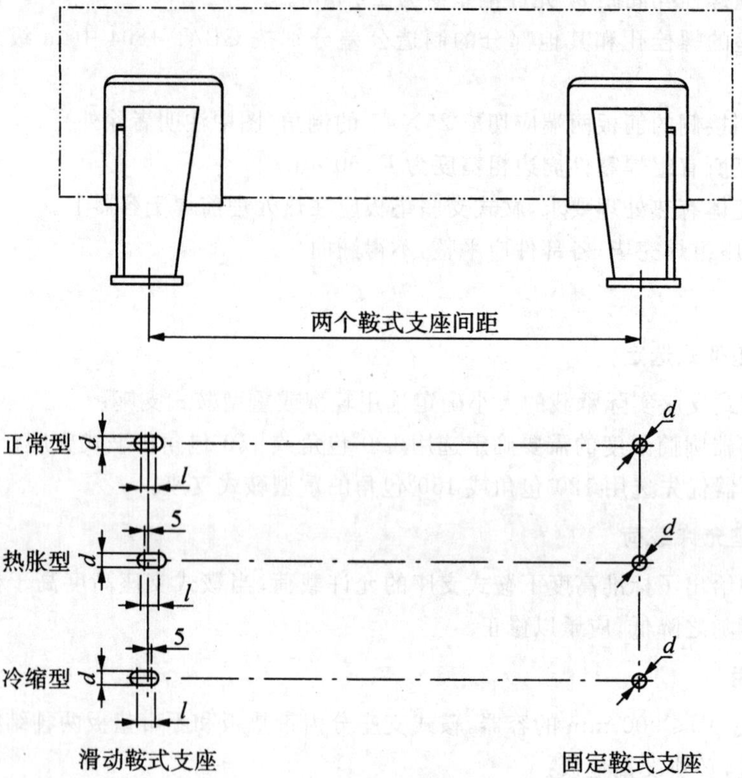

图 12　鞍式支座安装间距

附　录　A
（资料性附录）
超过标准高度的鞍式支座允许载荷

A.1　轻型鞍式支座的允许载荷按表 A.1 查取。

表 A.1　轻型鞍式支座的允许载荷　　单位为千牛

容器直径/mm	支座高度/mm													
	200	250	300	350	400	450	500	600	700	800	900	1 000	1 100	1 200
1 000	158	—	110	96	85	76	69	58	50	44	39	35	32	30
1 100	160	—	111	97	85	77	69	58	50	44	40	36	33	30
1 200	162	—	113	98	86	77	70	59	51	45	40	36	33	30
1 300	174	—	120	104	92	82	74	62	54	47	42	38	35	32
1 400	175	—	121	105	92	82	75	63	54	47	42	38	35	32
1 500	—	257	219	190	168	151	137	115	100	88	78	71	64	59
1 600	—	259	220	192	169	152	138	116	100	88	79	71	65	60
1 700	—	262	223	194	171	153	139	117	101	89	79	72	65	60
1 800	—	334	284	247	218	196	177	149	129	114	101	92	83	77
1 900	—	338	287	250	221	198	179	151	130	115	102	92	84	77
2 000	—	340	289	251	222	199	180	151	131	115	103	93	85	78
2 100	—	559	478	417	370	332	302	255	221	194	174	157	143	132
2 200	—	564	482	420	373	335	304	257	222	196	175	158	144	133
2 300	—	569	486	424	376	337	306	258	223	197	176	159	145	133
2 400	—	573	489	426	378	339	308	260	225	198	177	160	146	134
2 500	—	871	749	657	585	527	480	407	353	312	279	253	231	213
2 600	—	878	755	662	589	531	483	409	355	314	281	254	232	214
2 700	—	886	761	667	594	535	487	412	358	316	283	256	234	215
2 800	—	893	767	672	598	538	490	415	360	318	284	257	235	216
2 900	—	1 388	1 202	1 060	948	858	783	667	581	514	461	418	383	353
3 000	—	1 398	1 210	1 067	954	863	788	671	584	517	464	421	385	355
3 100	—	1 410	1 220	1 076	962	869	793	675	588	520	467	423	387	357
3 200	—	1 420	1 228	1 082	967	875	798	679	591	523	469	425	389	358
3 300	—	1 430	1 237	1 089	973	880	803	683	594	526	471	427	391	360
3 400	—	1 645	1 422	1 253	1 119	1 011	922	785	683	604	542	491	449	414
3 500	—	1 656	1 431	1 260	1 125	1 017	927	788	686	607	544	493	451	415
3 600	—	1 667	1 440	1 267	1 132	1 022	932	792	689	610	547	495	453	417

表 A.1 轻型鞍式支座的允许载荷(续)

容器直径/mm	支座高度/mm													
	200	250	300	350	400	450	500	600	700	800	900	1 000	1 100	1 200
3 700	—	1 677	1 448	1 274	1 137	1 027	937	796	692	612	549	497	455	419
3 800	—	1 945	1 683	1 483	1 326	1 199	1 094	931	810	717	644	583	534	492
3 900	—	1 958	1 694	1 492	1 334	1 206	1 100	936	814	721	647	586	536	494
4 000	—	1 969	1 703	1 500	1 340	1 211	1 105	940	818	724	649	588	538	496
4 100	—	2 365	2 037	1 788	1 594	1 438	1 309	1 111	965	853	764	692	632	582
4 200	—	2 374	2 044	1 794	1 599	1 442	1 313	1 114	967	855	766	693	634	583
4 300	—	2 385	2 053	1 801	1 605	1 447	1 318	1 118	970	857	768	695	635	585
4 400	—	2 397	2 062	1 809	1 612	1 453	1 323	1 122	974	860	770	697	637	587
4 500	—	3 021	2 606	2 291	2 044	1 845	1 681	1 428	1 241	1 097	983	891	814	750
4 600	—	3 036	2 618	2 300	2 052	1 852	1 687	1 433	1 245	1 101	986	893	817	752
4 700	—	3 049	2 628	2 309	2 059	1 858	1 693	1 437	1 248	1 104	989	896	819	754
4 800	—	3 061	2 637	2 317	2 066	1 864	1 698	1 441	1 252	1 106	991	898	820	755
4 900	—	3 068	2 643	2 321	2 069	1 867	1 700	1 443	1 253	1 108	993	899	822	756
5 000	—	3 539	3 052	2 683	2 394	2 161	1 969	1 672	1 453	1 285	1 152	1 043	954	878
5 100	—	3 553	3 063	2 692	2 401	2 167	1 975	1 677	1 457	1 288	1 154	1 046	956	880
5 200	—	3 567	3 074	2 701	2 409	2 174	1 980	1 681	1 461	1 291	1 157	1 048	958	882
5 300	—	3 580	3 085	2 710	2 416	2 180	1 986	1 685	1 464	1 294	1 159	1 050	960	884
5 400	—	4 083	3 522	3 097	2 763	2 495	2 273	1 931	1 678	1 484	1 330	1 205	1 102	1 014
5 500	—	4 098	3 534	3 107	2 771	2 501	2 279	1 936	1 682	1 487	1 333	1 208	1 104	1 016
5 600	—	4 113	3 546	3 116	2 779	2 508	2 285	1 941	1 686	1 491	1 336	1 210	1 106	1 018
5 700	—	4 490	3 872	3 403	3 036	2 740	2 496	2 120	1 842	1 629	1 460	1 322	1 209	1 113
5 800	—	4 505	3 883	3 412	3 043	2 746	2 502	2 124	1 846	1 632	1 462	1 325	1 211	1 115
5 900	—	4 901	4 225	3 713	3 312	2 989	2 724	2 313	2 009	1 776	1 592	1 442	1 318	1 214
6 000	—	4 918	4 239	3 724	3 321	2 997	2 730	2 318	2 014	1 780	1 595	1 445	1 321	1 216

A.2 重型鞍式支座的允许载荷按表 A.2 查取。

表 A.2 重型鞍式支座的允许载荷

单位为千牛

容器直径/mm	支座高度/mm													
	200	250	300	350	400	450	500	600	700	800	900	1 000	1 100	1 200
168	27	—	19	16	14	13	11	10	8	7	6	6	5	5
219	28	—	19	17	15	13	12	10	8	7	7	6	5	5
273	29	—	20	17	15	13	12	10	9	8	7	6	6	5
325	41	—	28	24	21	19	17	14	12	11	10	9	8	7
356	42	—	29	25	22	19	18	15	13	11	10	9	8	7

表 A.2 重型鞍式支座的允许载荷(续)

容器直径/mm	支座高度/mm													
	200	250	300	350	400	450	500	600	700	800	900	1 000	1 100	1 200
406	43	—	29	25	22	20	18	15	13	11	10	9	8	8
300	72	—	51	44	39	35	32	27	23	20	18	16	15	14
350	74	—	52	45	40	36	32	27	23	21	18	17	15	14
400	76	—	53	46	41	36	33	28	24	21	19	17	15	14
450	77	—	53	46	41	37	33	28	24	21	19	17	16	14
500	123	—	86	75	66	59	54	45	39	34	31	28	25	23
550	126	—	88	76	67	60	55	46	40	35	31	28	26	24
600	127	—	88	77	68	61	55	46	40	35	31	28	26	24
650	129	—	90	78	69	61	56	47	40	35	32	29	26	24
700	131	—	91	79	69	62	56	47	41	36	32	29	26	24
750	132	—	91	79	70	63	57	48	41	36	32	29	26	24
800	207	—	144	125	111	99	90	76	65	57	51	46	42	39
850	210	—	146	127	112	100	91	76	66	58	52	47	43	39
900	212	—	147	128	113	101	91	77	66	58	52	47	43	39
950	213	—	148	128	113	101	92	77	66	58	52	47	43	39
1 000	327	—	228	199	176	157	143	120	104	91	81	73	67	62
1 100	332	—	232	201	178	159	144	121	105	92	82	74	68	62
1 200	336	—	234	203	180	161	146	123	106	93	83	75	68	63
1 300	340	—	237	205	181	162	147	124	107	94	84	76	69	63
1 400	344	—	239	207	183	164	148	125	108	95	84	76	69	64
1 500	—	463	394	343	304	272	247	208	180	158	141	128	117	107
1 600	—	468	398	346	307	275	249	210	181	160	143	129	118	108
1 700	—	473	402	350	309	277	251	212	183	161	144	130	118	109
1 800	—	574	489	426	378	339	307	259	224	197	176	159	145	134
1 900	—	580	494	430	381	342	310	261	226	199	178	161	146	135
2 000	—	585	498	434	384	344	312	263	227	200	179	162	147	135
2 100	—	1 090	934	817	726	653	594	502	435	384	344	311	284	261
2 200	—	1 100	942	824	732	658	598	506	438	387	346	313	286	263
2 300	—	1 110	950	830	738	663	603	510	441	389	348	315	287	264
2 400	—	1 120	958	837	744	669	607	513	445	392	351	317	289	266
2 500	—	1 910	1 648	1 449	1 293	1 167	1 064	904	786	695	623	564	516	475
2 600	—	1 930	1 664	1 463	1 305	1 178	1 074	912	792	700	628	569	520	479
2 700	—	1 940	1 672	1 469	1 310	1 183	1 077	915	795	703	630	570	521	480

表 A.2　重型鞍式支座的允许载荷(续)

容器直径/mm	支座高度/mm													
	200	250	300	350	400	450	500	600	700	800	900	1 000	1 100	1 200
2 800	—	1 960	1 689	1 483	1 323	1 193	1 087	923	801	708	635	575	525	484
2 900	—	2 830	2 454	2 165	1 938	1 754	1 601	1 364	1 189	1 053	945	857	784	723
3 000	—	2 860	2 479	2 187	1 957	1 770	1 616	1 377	1 199	1 062	953	864	791	729
3 100	—	2 880	2 495	2 200	1 968	1 780	1 625	1 384	1 205	1 067	958	868	794	732
3 200	—	2 900	2 511	2 214	1 980	1 790	1 634	1 391	1 211	1 072	962	872	798	735
3 300	—	2 920	2 527	2 228	1 992	1 801	1 643	1 399	1 217	1 078	967	877	802	739
3 400	—	3 550	3 079	2 719	2 434	2 203	2 013	1 715	1 495	1 324	1 189	1 078	987	910
3 500	—	3 570	3 096	2 732	2 445	2 213	2 021	1 722	1 500	1 329	1 193	1 082	990	913
3 600	—	3 600	3 120	2 753	2 464	2 229	2 035	1 734	1 510	1 338	1 200	1 089	996	918
3 700	—	3 620	3 136	2 767	2 475	2 239	2 044	1 741	1 516	1 343	1 205	1 093	1 000	921
3 800	—	4 160	3 604	3 179	2 844	2 572	2 348	2 000	1 742	1 542	1 384	1 255	1 148	1 058
3 900	—	4 190	3 628	3 200	2 862	2 588	2 362	2 011	1 751	1 551	1 391	1 262	1 154	1 063
4 000	—	4 220	3 653	3 220	2 879	2 604	2 376	2 023	1 761	1 559	1 398	1 268	1 160	1 069
4 100	—	4 330	3 747	3 302	2 951	2 668	2 434	2 072	1 803	1 596	1 432	1 298	1 187	1 094
4 200	—	4 350	3 763	3 315	2 963	2 678	2 443	2 079	1 809	1 601	1 436	1 302	1 191	1 097
4 300	—	4 370	3 779	3 328	2 974	2 688	2 452	2 086	1 815	1 606	1 440	1 306	1 194	1 100
4 400	—	4 400	3 803	3 349	2 992	2 703	2 466	2 097	1 824	1 614	1 447	1 312	1 200	1 105
4 500	—	5 030	4 354	3 838	3 432	3 103	2 832	2 411	2 098	1 858	1 667	1 511	1 382	1 274
4 600	—	5 060	4 378	3 859	3 449	3 118	2 845	2 422	2 108	1 866	1 674	1 517	1 388	1 279
4 700	—	5 080	4 394	3 872	3 460	3 128	2 854	2 428	2 113	1 870	1 677	1 521	1 391	1 281
4 800	—	5 100	4 410	3 885	3 471	3 137	2 862	2 435	2 118	1 875	1 681	1 524	1 394	1 284
4 900	—	5 120	4 427	3 899	3 483	3 148	2 871	2 442	2 125	1 880	1 686	1 529	1 398	1 288
5 000	—	6 050	5 244	4 627	4 141	3 746	3 421	2 914	2 538	2 248	2 018	1 830	1 674	1 543
5 100	—	6 070	5 260	4 640	4 151	3 755	3 429	2 920	2 543	2 252	2 021	1 833	1 677	1 546
5 200	—	6 100	5 284	4 660	4 169	3 771	3 442	2 931	2 552	2 260	2 028	1 839	1 683	1 550
5 300	—	6 120	5 300	4 673	4 179	3 780	3 450	2 937	2 557	2 264	2 032	1 842	1 685	1 553
5 400	—	6 870	5 967	5 274	4 726	4 280	3 912	3 337	2 909	2 579	2 316	2 102	1 924	1 773
5 500	—	6 900	5 992	5 295	4 743	4 295	3 925	3 347	2 918	2 586	2 322	2 107	1 929	1 778
5 600	—	6 920	6 007	5 307	4 753	4 304	3 932	3 353	2 923	2 590	2 326	2 110	1 931	1 780
5 700	—	7 970	6 933	6 134	5 501	4 986	4 559	3 893	3 396	3 012	2 706	2 456	2 249	2 074
5 800	—	8 000	6 957	6 154	5 517	5 000	4 572	3 903	3 404	3 019	2 712	2 462	2 254	2 078
5 900	—	8 380	7 300	6 467	5 805	5 266	4 818	4 118	3 595	3 191	2 868	2 604	2 385	2 200
6 000	—	8 440	7 351	6 510	5 842	5 299	4 848	4 143	3 616	3 209	2 884	2 619	2 398	2 212

A.3 150°包角重型鞍式支座的允许载荷按表A.3查取。

表A.3 150°包角重型鞍式支座的允许载荷 单位为千牛

容器直径/mm	支座高度/mm													
	200	250	300	350	400	450	500	600	700	800	900	1000	1 100	1 200
1 000	340	—	237	205	181	162	147	124	107	94	84	76	69	63
1 100	344	—	239	207	183	164	148	125	108	95	84	76	69	64
1 200	348	—	242	209	185	166	150	126	109	95	85	77	70	64
1 300	352	—	244	211	187	167	151	127	110	96	86	77	71	65
1 400	356	—	246	214	188	169	152	128	110	97	87	78	71	65
1 500	—	480	408	354	313	281	255	214	185	163	145	131	120	110
1 600	—	484	411	357	316	283	256	216	186	164	146	132	120	111
1 700	—	489	415	360	318	285	258	217	188	165	147	133	121	111
1 800	—	593	504	439	388	348	316	266	230	202	181	163	149	137
1 900	—	597	508	441	391	350	317	267	231	203	181	164	149	137
2 000	—	602	512	445	393	353	320	269	232	204	183	165	150	138
2 100	—	1 131	967	845	750	675	613	518	449	396	354	320	292	269
2 200	—	1 141	976	852	756	680	617	522	452	398	356	322	294	270
2 300	—	1 150	983	858	761	684	621	525	454	400	358	324	295	272
2 400	—	1 159	990	864	767	689	625	528	457	403	360	326	297	273
2 500	—	1 971	1 698	1 491	1 329	1 199	1 092	927	805	712	638	577	528	486
2 600	—	1 985	1 709	1 501	1 338	1 206	1 099	932	810	715	641	580	530	488
2 700	—	2 000	1 721	1 511	1 346	1 214	1 105	938	814	719	644	583	533	491
2 800	—	2 015	1 734	1 521	1 355	1 222	1 112	943	819	723	648	587	536	493
2 900	—	2 918	2 526	2 227	1 991	1 800	1 643	1 399	1 218	1 078	967	877	802	739
3 000	—	2 939	2 543	2 241	2 003	1 811	1 653	1 406	1 224	1 083	972	881	806	743
3 100	—	2 958	2 559	2 254	2 015	1 821	1 661	1 413	1 230	1 089	976	885	810	746
3 200	—	2 976	2 573	2 266	2 025	1 830	1 669	1 420	1 235	1 093	981	889	813	749
3 300	—	2 996	2 589	2 280	2 037	1 840	1 678	1 427	1 242	1 099	985	893	817	752
3 400	—	3 639	3 152	2 780	2 487	2 249	2 053	1 748	1 522	1 348	1 210	1 097	1 004	925
3 500	—	3 663	3 172	2 796	2 501	2 261	2 064	1 757	1 530	1 355	1 215	1 102	1 008	929
3 600	—	3 686	3 190	2 812	2 514	2 273	2 074	1 766	1 537	1 360	1 220	1 107	1 012	933
3 700	—	3 705	3 206	2 825	2 525	2 283	2 083	1 772	1 542	1 365	1 225	1 110	1 016	936
3 800	—	4 261	3 686	3 248	2 903	2 625	2 395	2 038	1 773	1 570	1 408	1 276	1 167	1 076
3 900	—	4 285	3 706	3 264	2 917	2 636	2 405	2 046	1 780	1 576	1 413	1 281	1 172	1 079
4 000	—	4 309	3 725	3 281	2 931	2 648	2 416	2 055	1 787	1 582	1 419	1 286	1 176	1 083

表 A.3　150°包角重型鞍式支座的允许载荷(续)

容器直径/mm	支座高度/mm													
	200	250	300	350	400	450	500	600	700	800	900	1000	1 100	1 200
4 100	—	4 440	3 835	3 375	3 014	2 722	2 482	2 110	1 835	1 623	1 455	1 319	1 206	1 111
4 200	—	4 470	3 859	3 396	3 031	2 738	2 496	2 121	1 844	1 631	1 463	1 325	1 212	1 116
4 300	—	4 470	3 859	3 395	3 030	2 737	2 495	2 120	1 843	1 630	1 462	1 324	1 211	1 115
4 400	—	4 500	3 884	3 416	3 048	2 752	2 509	2 131	1 853	1 639	1 469	1 331	1 217	1 120
4 500	—	5 130	4 428	3 895	3 477	3 140	2 862	2 432	2 114	1 870	1 676	1 519	1 389	1 279
4 600	—	5 170	4 461	3 923	3 501	3 161	2 881	2 448	2 128	1 882	1 687	1 528	1 397	1 287
4 700	—	5 210	4 494	3 952	3 526	3 183	2 901	2 464	2 141	1 894	1 697	1 538	1 406	1 294
4 800	—	5 260	4 536	3 987	3 556	3 210	2 925	2 483	2 158	1 908	1 710	1 549	1 416	1 304
4 900	—	5 300	4 569	4 015	3 580	3 231	2 944	2 499	2 171	1 920	1 720	1 558	1 424	1 311
5 000	—	6 240	5 387	4 739	4 230	3 820	3 482	2 959	2 573	2 275	2 040	1 848	1 690	1 556
5 100	—	6 290	5 428	4 774	4 261	3 847	3 506	2 979	2 590	2 290	2 053	1 860	1 700	1 566
5 200	—	6 340	5 469	4 809	4 291	3 873	3 530	2 998	2 606	2 304	2 065	1 871	1 710	1 575
5 300	—	6 390	5 511	4 844	4 322	3 901	3 555	3 019	2 623	2 319	2 079	1 883	1 721	1 585
5 400	—	7 190	6 219	5 479	4 897	4 426	4 038	3 436	2 990	2 646	2 373	2 152	1 968	1 813
5 500	—	7 220	6 243	5 499	4 913	4 440	4 050	3 445	2 997	2 653	2 379	2 157	1 972	1 817
5 600	—	7 250	6 267	5 518	4 930	4 454	4 063	3 455	3 006	2 660	2 385	2 162	1 977	1 821
5 700	—	8 350	7 232	6 378	5 705	5 160	4 710	4 011	3 492	3 092	2 775	2 516	2 302	2 121
5 800	—	8 380	7 256	6 398	5 721	5 174	4 722	4 020	3 500	3 099	2 780	2 521	2 306	2 125
5 900	—	8 530	7 399	6 533	5 848	5 294	4 835	4 121	3 591	3 181	2 856	2 591	2 371	2 185
6 000	—	8 590	7 449	6 575	5 885	5 326	4 864	4 145	3 611	3 199	2 871	2 605	2 383	2 196

附　录　B
（资料性附录）
滑动鞍式支座螺栓孔长度

滑动鞍式支座所需螺栓孔长度根据容器圆筒金属壁温和鞍式支座间距按表 B.1 查取。

表 B.1　　单位为毫米

两鞍式支座间距	圆筒金属温度/℃						
	50	100	150	200	250	300	325
2 000	20	20	20	20	20	20	20
3 000	20	20	20	20	20	40	40
4 000	20	20	20	40	40	40	40
5 000	20	20	20	40	40	40	40
6 000	20	20	40	40	40	40	55
7 000	20	20	40	40	40	55	55
8 000	20	40	40	40	55	55	55
9 000	20	40	40	40	55	55	70
10 000	20	40	40	55	55	70	70
11 000	20	40	40	55	55	70	70
12 000	20	40	40	55	70	85	85
13 000	20	40	55	55	70	85	85
14 000	20	40	55	70	70	85	95
15 000	20	40	55	70	85	95	95

注：计算基准：

1）　材料按奥氏体不锈钢；

2）　环境温度为 25℃。

附 录 C
(资料性附录)
鞍式支座基础垫板尺寸

C.1 鞍式支座基础垫板尺寸及结构如图 C.1 所示。

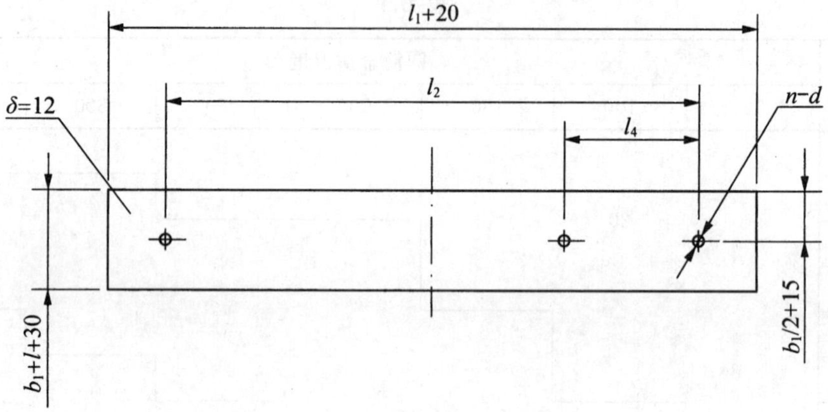

图 C.1

C.2 鞍式支座基础垫板尺寸图中的伸长方向应为容器支座的移动方向。

C.3 鞍式支座基础垫板尺寸图中螺孔直径 d 按式(C.1)取值：

$$d = M + 2\ \text{mm} \quad \text{(C.1)}$$

式中：

M——螺纹公称直径。

ICS 23
J 74

NB

中华人民共和国能源行业标准

NB/T 47065.2—2018
代替 JB/T 4712.2—2007

容器支座 第2部分：腿式支座

Vessel support—Part2：Leg support

2018-04-03 发布

2018-07-01 实施

国家能源局 发布

前　言

NB/T 47065—2018《容器支座》分为以下5个部分：
——第1部分：鞍式支座(NB/T 47065.1—2018)；
——第2部分：腿式支座(NB/T 47065.2—2018)；
——第3部分：耳式支座(NB/T 47065.3—2018)；
——第4部分：支承式支座(NB/T 47065.4—2018)；
——第5部分：刚性环支座(NB/T 47065.5—2018)。

本部分是NB/T 47065—2018的第2部分：腿式支座。

本部分按GB/T 1.1—2009《标准化工作导则　第1部分：标准的结构和编写》给出的规则起草。

本部分代替JB/T 4712.2—2007《容器支座　第2部分：腿式支座》，与JB/T 4712.2—2007相比，主要技术变化如下：
——对引用文件进行了更新；
——对腿式支座的适用范围及壳体最大切线距、规格、材料和制造技术要求进行了增减及修订；
——增加了“设计”章节，给出了设计温度、腐蚀裕量、材料、许用应力、工况及载荷组合的要求；
——修改了其他相关技术要求；
——将附录A(资料性附录)腿式支座计算方法参照GB/T 50761《石油化工钢制设备抗震设计标准》进行了修订。

本部分由全国锅炉压力容器标准化技术委员会(SAC/TC 262)提出并归口。

本部分由全国锅炉压力容器标准化技术委员会固定式压力容器分技术委员会组织起草。

本部分起草单位：中国石化集团洛阳工程有限公司、洛阳卓达石化设备有限公司。

本部分主要起草人：赵建新、胡庆均、许超洋、李占国。

本部分由全国锅炉压力容器标准化技术委员会(SAC/TC 262)负责解释。

本部分所代替标准的历次版本发布情况为：
——JB/T 4712—1992；
——JB/T 4712.2—2007。

容器支座　第2部分:腿式支座

1　范围

1.1　本部分规定了钢制立式容器(以下简称“容器”)腿式支座(以下简称“支腿”)的结构型式、系列参数尺寸、允许载荷、材料、制造技术要求及选用方法。

1.2　本部分适用于直接安装在刚性地基上,公称直径为DN300 mm～DN2 000 mm的容器。

1.3　本部分不适用于有脉动疲劳失效的场合。

1.4　本部分未考虑外部管线或其他设备所产生的附加弯矩。

2　规范性引用文件

下列文件对于本文件的应用是必不可少的。凡是注日期的引用文件,仅注日期的版本适用于本文件。凡是不注日期的引用文件,其最新版本(包括所有的修改单)适用于本文件。

GB/T 700　碳素结构钢

GB/T 706　热轧型钢

GB/T 985.1　气焊、焊条电弧焊、气体保护焊和高能束焊的推荐坡口

GB/T 1591　低合金高强度结构钢

GB/T 1804—2000　一般公差　未注公差的线性和角度尺寸的公差

GB/T 8162　结构用无缝钢管

GB/T 50761　石油化工钢制设备抗震设计标准

NB/T 47015　压力容器焊接规程

NB/T 47018　承压设备用焊接材料订货技术条件

YB/T 3301　焊接H型钢

3　符号说明

A_{ϕ}——垫板宽度,mm;

A_X——垫板长度,mm;

B——支柱底板边长,mm;

D——地脚螺栓孔中心圆参数,mm;

D_b——地脚螺栓孔中心圆直径(见图1),mm;

DN——壳体公称直径,mm;

H——容器总高度(见图1),mm;

H_0——支承高度(见图1),mm;

H_{0max}——最大支承高度,mm;

H_1——支柱底板下表面至支柱顶端距离(见图2),mm;

K_L——载荷组合系数,取1.25;

L——壳体切线距(见图1),mm;

L_0——支柱地脚螺栓孔孔距,mm;

L_H——支柱长度,mm;

L_{max}——壳体最大切线距,mm;

Q_0——单根支腿所允许的最大载荷(在 H_{0max} 高度下),kN;

$R_{eL}^t(R_{p0.2}^t、R_{p1.0}^t)$——材料在设计温度下的屈服强度(或0.2%、1.0%非比例延伸强度),MPa;

W——H型钢支柱高度或宽度,mm;

b——角钢边长,mm;

d_0——钢管支柱外径,mm;

d_b——地脚螺栓孔孔径,mm;

h_f——焊缝长度,mm;

l——盖板边长,mm;

l_1——盖板边长,mm;

l_2——盖板宽度,mm;

n_s——确定材料许用应力的安全系数,$n_s \geqslant 1.5$;

q_0——设计基本风压值,Pa;

t——支腿设计温度,℃;

t_1——H型钢支柱腹板厚度,mm;

t_2——H型钢支柱翼板厚度,mm;

δ_1——角钢厚度,mm;

δ_2——钢管厚度,mm;

δ_a——垫板厚度,mm;

δ_b——底板厚度,mm;

δ_e——支腿连接处的圆筒有效厚度,mm;

δ_{min}——支腿连接处的圆筒不设置垫板所需的最小厚度,mm;

δ_n——容器名义厚度,mm;

$[\sigma]_e^t$——支腿设计温度下其材料的许用应力,MPa;

$[\sigma]_{bt}^t$——地脚螺栓设计温度下其材料的许用拉应力,MPa;

$[\tau]^t$——支腿设计温度下其焊缝的许用剪切应力,MPa;

$[\tau]_{bt}^t$——地脚螺栓设计温度下其材料的许用剪切应力,MPa。

4 型式特征

腿式支座的型式特征见表1。

表1 型式特征

型式		支座号	垫板	适用容器公称直径 DN/mm	支座尺寸
角钢支柱	AN	1~6	无	300~1 300	见表2、图2、图3
	A		有		
钢管支柱	BN	1~6	无	600~1 600	见表3、图4、图5
	B		有		
H型钢支柱	CN	1~6	无	1 000~2 000	见表4、图6、图7
	C		有		

5 系列参数及尺寸

容器结构简图及支腿布置见图 1。

AN 型、A 型腿式支座的结构尺寸按图 2、图 3 和表 2 的规定。

BN 型、B 型腿式支座的结构尺寸按图 4、图 5 和表 3 的规定。

CN 型、C 型腿式支座的结构尺寸按图 6、图 7 和表 4 的规定。

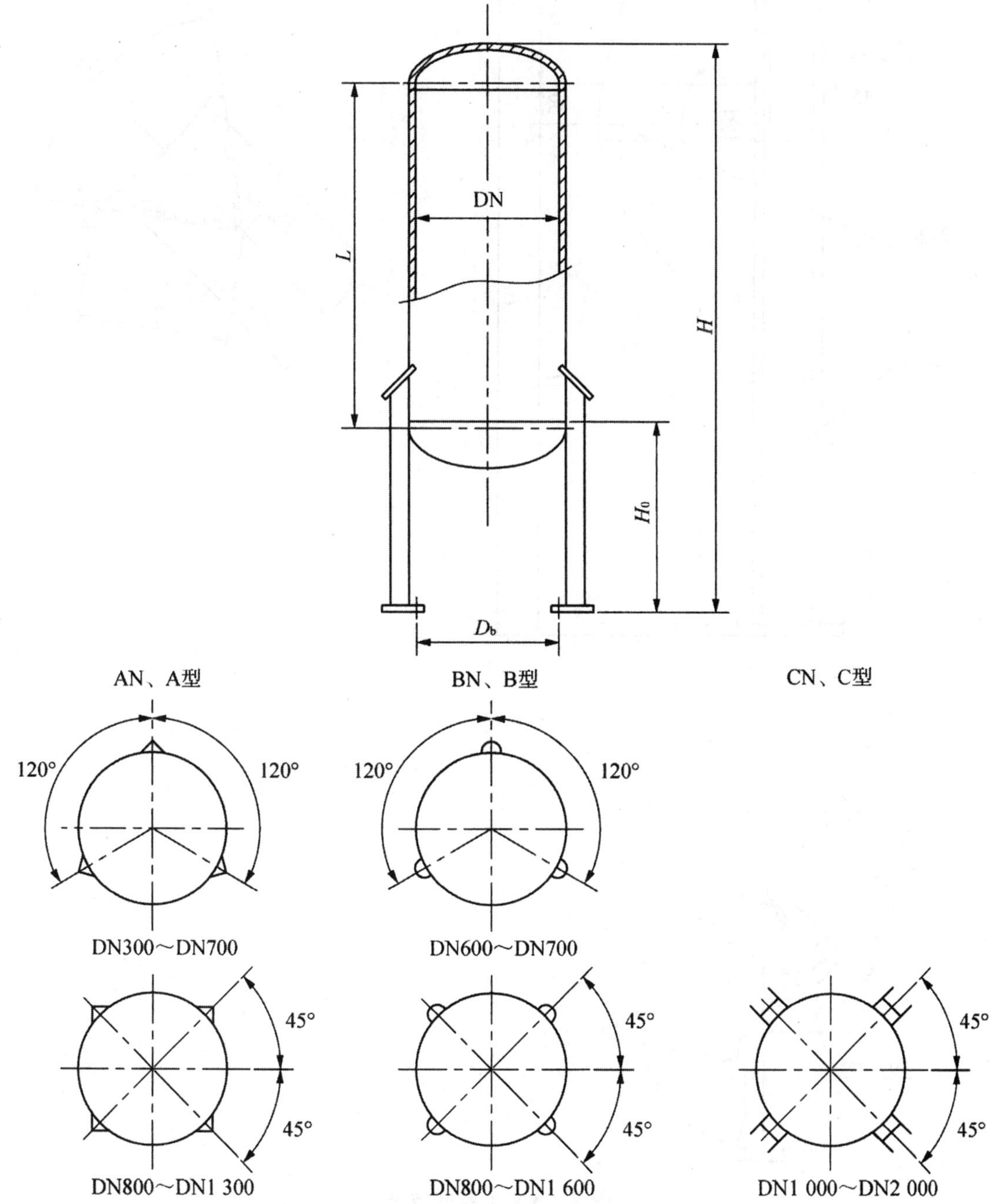

图 1 支腿布置

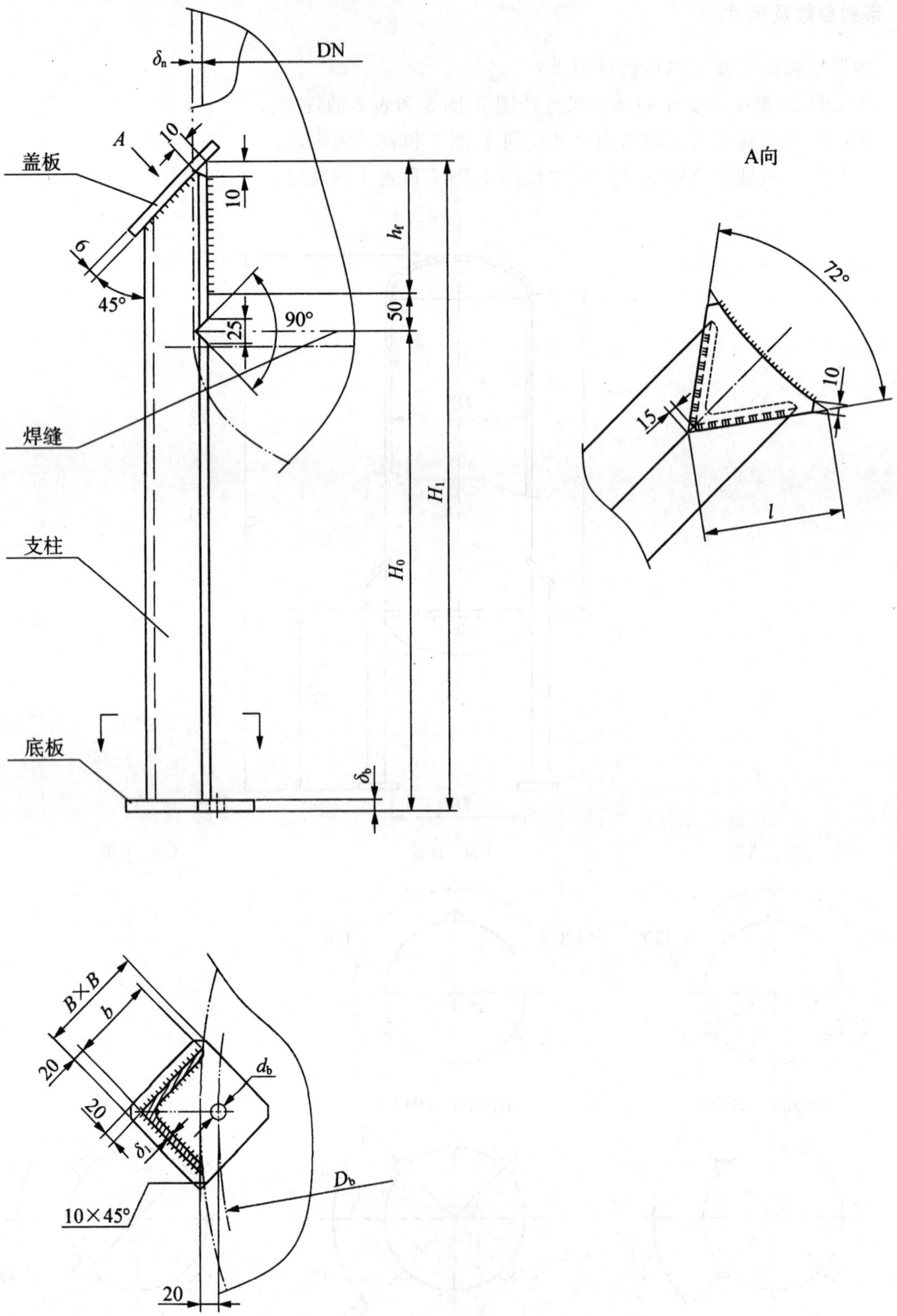
DN
A
10
盖板
10
6
45°
h_f
90°
50
25
焊缝
H_1
支柱
H_0
底板
δ_b
A向
72°
10
15
l
B×B
b
20
d_b
20
δ_1
D_b
10×45°
20

图2 AN型腿式支座

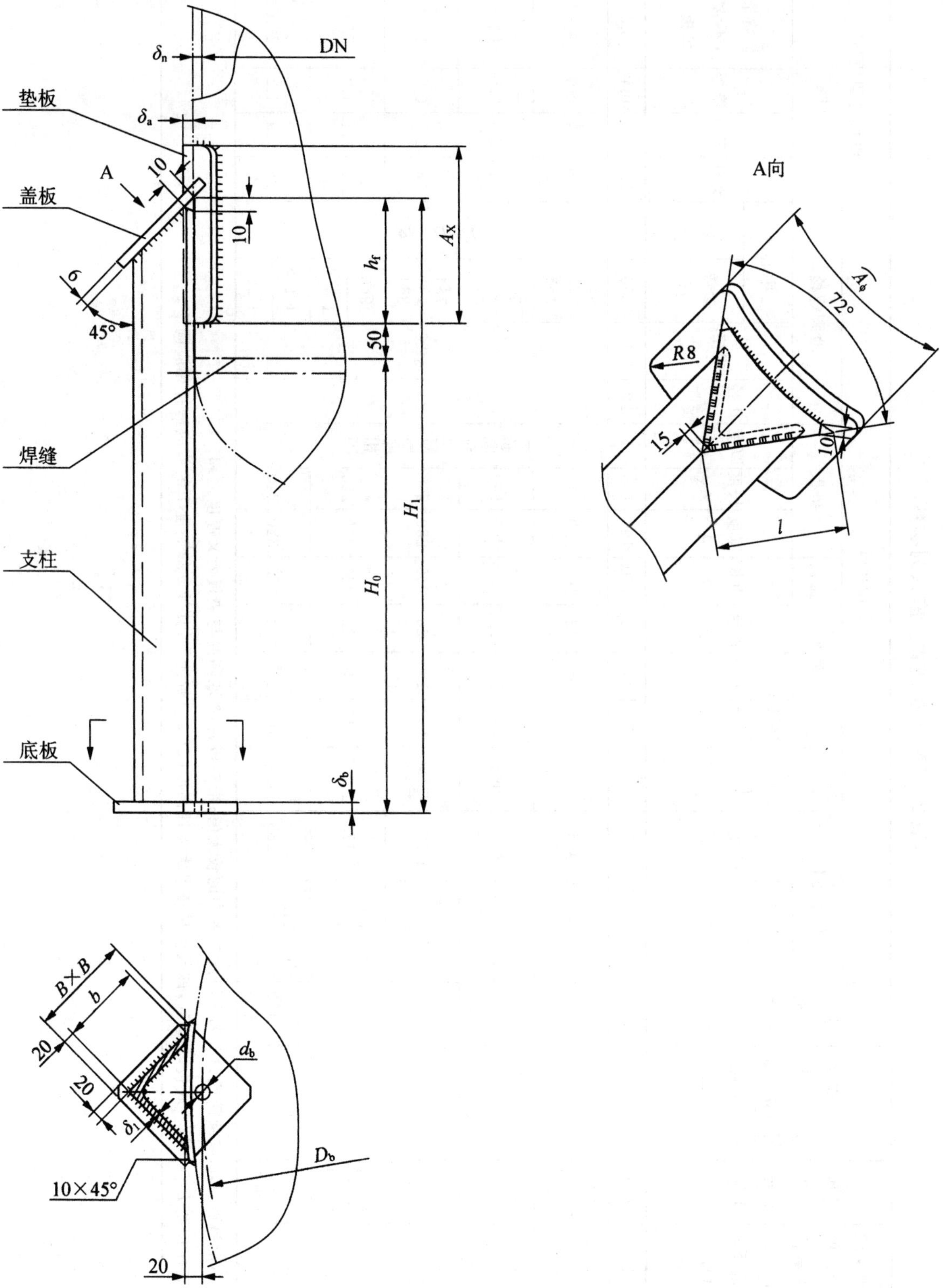
DN
δ_n
δ_a
垫板
A
10
盖板
10
h_f
A_X
6
45°
50
焊缝
H_1
H_0
支柱
底板
δ_b
A向
A_ϕ
72°
R8
15
10
l
B×B
b
20
20
δ_1
d_b
D_b
10×45°
20

图 3　A 型腿式支座

表 2　AN、A 型腿式支座系列参数

支座号	单根支腿所允许的最大载荷（H_{0max}高度下）Q_0 kN	适用公称直径 DN mm	支腿数量	壳体最大切线距 L_{max} mm	最大支承高度 H_{0max} mm	尺寸/mm 角钢支柱 规格 $b \times b \times d$	角钢支柱 长度[b] L_H	H_1[b]	焊缝长度 h_f	底板 边长 B	底板 厚度 δ_b	盖板 边长 l	垫板 宽度 A_ϕ	垫板 长度 A_X	垫板 厚度 δ_a	地脚螺栓 孔径 d_b	地脚螺栓 规格	地脚螺栓 中心圆 参数 D	地脚螺栓 中心圆 直径 D_b	单根支腿质量[b] kg 支柱	底板	盖板	总质量（不含垫板）
1	4	300	3	1 500	600	50×50×5	708	720	70	90	12	130	190	105	一般取与圆筒厚度相等	20	M16	260	$D_b=D+2\delta^a$	2.7	0.8	0.4	3.9
2	5	400			800	63×63×8	924	940	90	103	16	160	220	140		24	M20	362		6.9	1.3	0.6	8.8
	6	500		2 000														463					
3	8	600				80×80×10	945	965	115	120	20	190	260	180				563		11	2.3	0.8	14.3
	9	700																665					
4	10	800	4	2 500	1 000	90×90×10	1 160	1 180	130	130	20	200	280	200				764		16	2.7	0.9	19.2
	11	900																864					
5	15	1 000		3 000		100×100×12	1 173	1 195	145	140	22	220	300	220				966		21.0	3.4	1.0	25.4
	17	1 100																1 067					
6	23	1 200		3 500	1 100	110×110×12	1 288	1 310	160	150	22	230	320	240				1 166		26	3.9	1.2	30.6
	26	1 300																1 266					

[a] 不带垫板时，δ 取圆筒或封头名义厚度二者中的较大值；带垫板时，δ 取圆筒与垫板名义厚度之和。

[b] 支柱长度 $L_H=H_1-$底板厚度 δ_b，该数值是按最大支撑高度（H_{0max}）所计算，其他支撑高度下的值应进行相应调整。

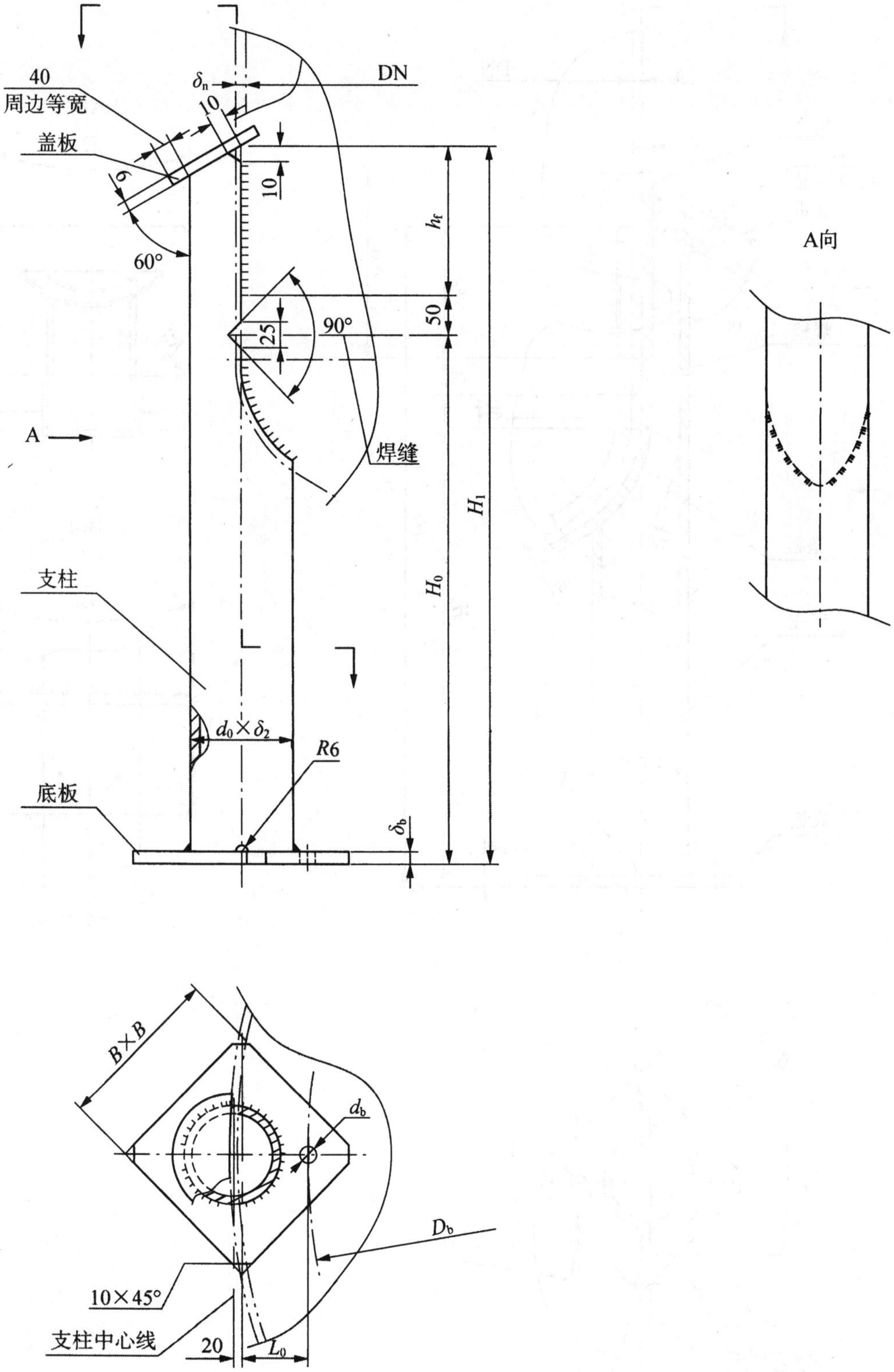

40
周边等宽
盖板
10
DN
10
6
60°
h_f
50
25
90°
A
焊缝
H_1
H_0
支柱
$d_0\times\delta_2$
R6
底板
δ_b
A向
B×B
d_b
D_b
10×45°
支柱中心线
20
L_0

图4 BN型腿式支座

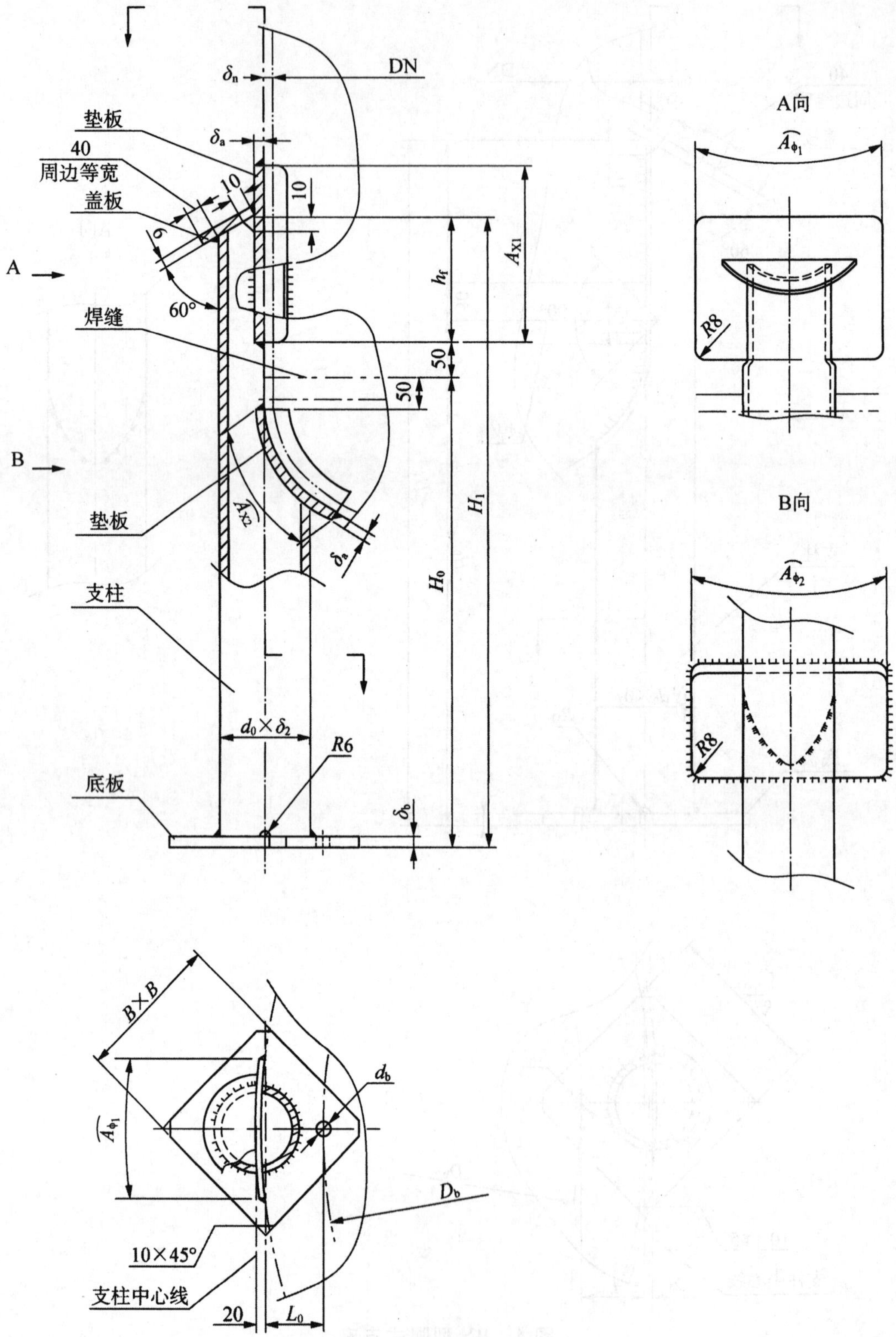
DN
δn
垫板
δa
40
周边等宽
10
10
盖板
6
A
60°
焊缝
50
50
hf
AX1
B
AX2
垫板
δa
支柱
H1
H0
d0×δ2
R6
底板
δb
A向
Aφ1
R8
B向
Aφ2
R8
B×B
Aφ1
db
Db
10×45°
支柱中心线
20
L0

图 5 **B** 型腿式支座

表 3　BN、B 型腿式支座系列参数

支座号	单根支腿所允许的最大载荷(在 H_{0max} 高度下) Q_0 kN	适用公称直径 DN mm	支腿数量	壳体最大切线距 L_{max} mm	最大支承高度 H_{0max} mm	尺寸/mm 钢管支柱 规格 $d_0\times\delta$	钢管支柱 长度[a] L_H	H_1[a]	焊缝长度 h_f	底板 边长 B	底板 厚度 δ_b	底板 孔距 L_0	垫板 宽度 $A_{\phi1}$	垫板 长度 A_{X1}	垫板 宽度 $A_{\phi2}$	垫板 长度 A_{X2}	垫板 厚度 δ_a	地脚螺栓 孔径 d_b	地脚螺栓 规格	地脚螺栓 螺栓孔中心圆直径 D_b	单根支腿质量[a] kg 支柱	底板	盖板	总质量(不含垫板)
1	9	600	3	2 500	1 000	76×7	1 103	1 125	75	150	22	50	140	120	140	150	一般取与圆筒厚度相等	24	M20	$D_b=DN+2\delta^b-2L_0-40$	13	3.8	0.5	17.3
	11	700																						
2	11	800	4	3 000		89×7	1 114	1 140	90	160	26	55	150	140	150	180					16	5.2	0.6	21.5
	12	900																						
3	15	1 000				108×7	1 132	1 160	110	170	28	65	170	160	170	200					20	6.3	0.7	26.7
	19	1 100		3 500																				
4	23	1 200			1 100	114×7	1 237	1 265	115	190		70	180	170	180	220		26	M22		23	7.9	0.8	31.5
	26	1 300																						
5	33	1 400		4 000		140×7	1 260	1 290	140	200	30	85	200	210	200	260					29	9.4	1.0	39.3
	37	1 500			1 200		1 360	1 390													31			41.6
6	42	1 600				168×7	1 388	1 420	170	220	32	100	230	250	230	300					39	12	1.3	51.8

[a] 支柱长度 $L_H=H_1-$底板厚度 δ_b，该数值最大支撑高度(H_{0max})所计算，其他支撑高度下的值应进行相应调整。

[b] 不带垫板时，δ 取圆筒或封头名义厚度二者中的较大值；带垫板时，δ 取圆筒与垫板名义厚度之和。

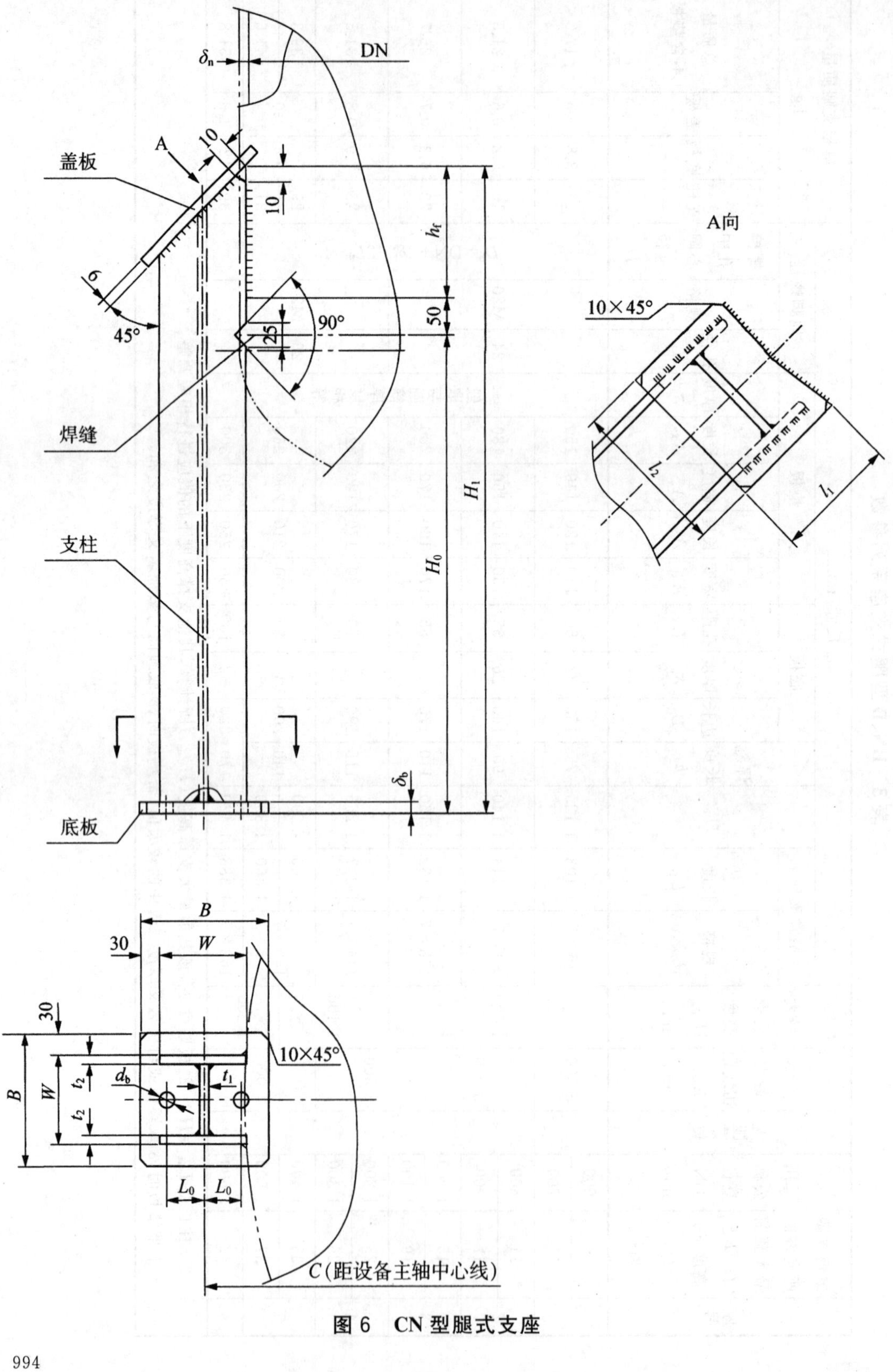
DN
δ_n
A
10
盖板
10
h_f
δ
45°
50
25
90°
焊缝
H_1
支柱
H_0
δ_b
底板
A向
10×45°
l_2
l_1
B
30
W
30
10×45°
t_2
d_b
t_1
L_0
L_0
C(距设备主轴中心线)

图6 CN型腿式支座

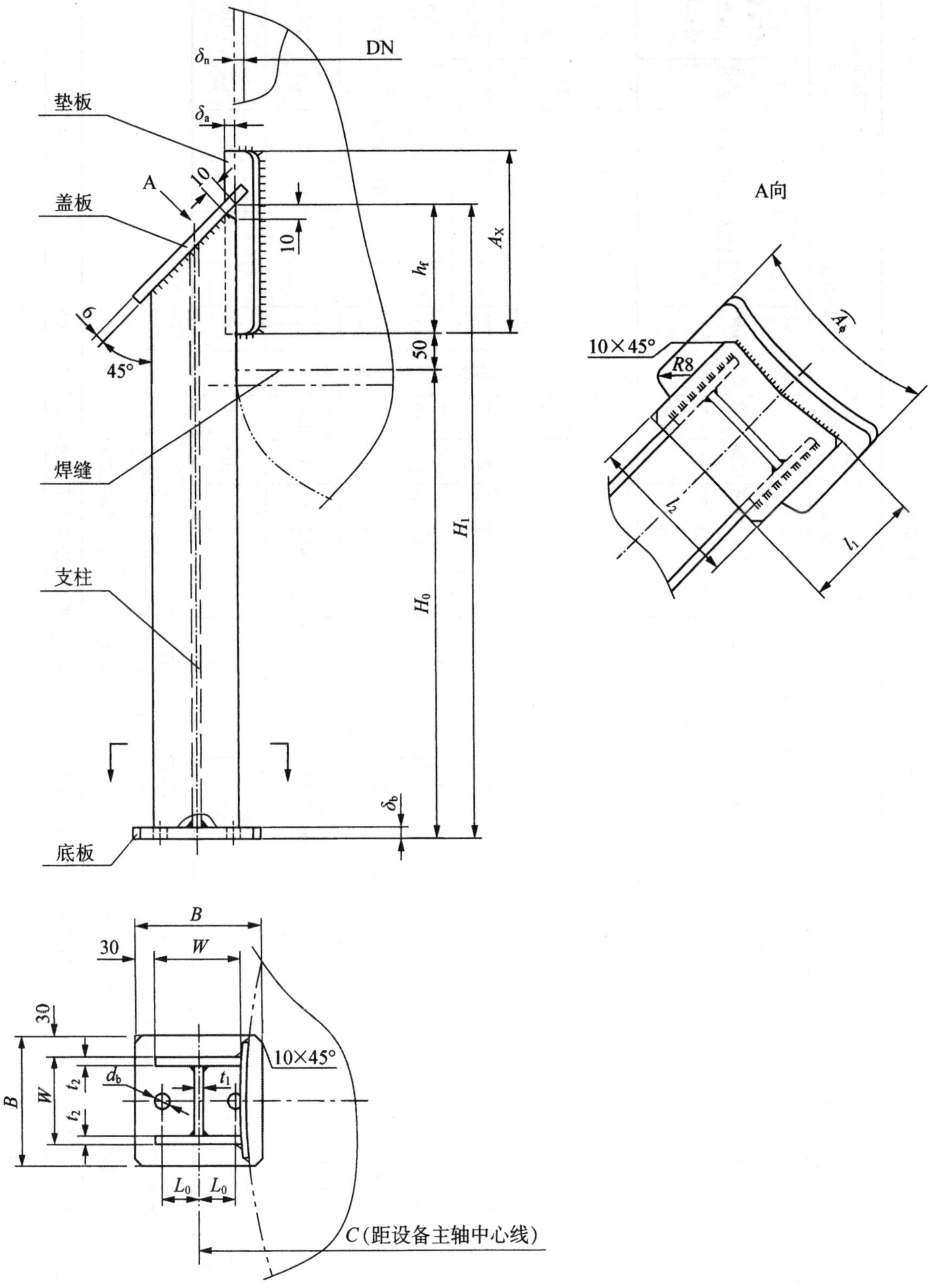

DN
δ_n
δ_a
垫板
A
10
盖板
10
h_f
A_X
6
45°
50
焊缝
H_1
H_0
支柱
δ_b
底板
A向
A_ϕ
10×45°
R8
l_2
l_1
B
30
W
30
B
W
t_2
d_b
t_1
t_2
10×45°
L_0
L_0
C(距设备主轴中心线)

图 7　C 型腿式支座

表 4 CN、C 型腿式支座系列参数

支座号	单根支腿所允许的最大载荷(在 H_{0max} 高度下) Q_0 kN	适用公称直径 DN mm	支腿数量	壳体最大切线距 L_{max} mm	最大支承高度 H_{0max} mm	尺寸/mm H 型钢支柱 规格 $W\times W\times t_1/t_2$	H 型钢支柱 腹板厚度 t_1	H 型钢支柱 翼板厚度 t_2	H 型钢支柱 长度[a] L_H	H_1[a]	焊缝长度 h_f	底板 边长 B	底板 厚度 δ_b	盖板 边长 l_1	盖板 板宽 l_2	垫板 宽度 A_ϕ	垫板 长度 A_X	垫板 厚度 δ_a	地脚螺栓 孔距 L_0	地脚螺栓 孔径 d_b	地脚螺栓 规格	每根支腿质量[a] kg 支柱	底板	盖板	总质量(不含垫板)
1	16	1 000	4	3 000	1 200	150×150×8/10	8	10	1 528	1 550	300	210	22	270	220	260	350	一般取与圆筒厚度相等	55	28	M24	46.1	7.6	2.8	56.5
2	20	1 100		3 500		150×150×8/12		12														52.6			63.0
	24	1 200			1 400				1 728	1 750												59.8			70.2
3	27	1 300				180×180×8/12			1 788	1 810	360	240		310	250	290	410		60			74.2	9.9	3.7	87.8
	33	1 400		4 000					1 786				24							34	M30	74.1	10.8		88.6
4	38	1 500			1 600	180×180×8/14		14	1 984	2 010			26									93	11.7		108.4
	42	1 600																							
5	48	1 700		4 500	1 800	200×200×8/14			2 224	2 250	400	260		340	270	310	450		65			116.3	13.7	4.3	134.3
	57	1 800																							
6	65	1 900			2 000	250×250×8/14			2 524	2 250	500	310		410	320	360	550		80			165.3	19.6	6.2	191.1
	71	2 000																							

注：H 型钢支柱中心距设备主轴中心线的距离 $C=\frac{W}{2}+\sqrt{\left(\frac{DN}{2}+\delta\right)^2-\left(\frac{W-2t_2}{2}\right)^2}$，式中 δ 取值如下：

不带垫板时，δ 取圆筒或封头名义厚度二者中的较大值；带垫板时，δ 取圆筒与垫板名义厚度之和。

[a] 支柱长度 $L_H=H_1-$底板厚度 δ_b，该数值是按最大支撑高度(H_{0max})所计算，其他支撑高度下的值应进行相应调整。

6 设计

6.1 设计温度

支腿元件设计温度应根据容器的操作温度、绝热情况和环境温度综合考虑确定。

6.2 腐蚀裕量

支腿元件的腐蚀裕量应满足下列要求：

a) 地脚螺栓的腐蚀裕量取 3 mm；

b) 底板的腐蚀裕量取 2 mm；

c) 其他元件的腐蚀裕量取 0。

6.3 材料

支柱、盖板、底板、垫板等支腿元件材料应采用列入相应材料标准且焊接性能优良的钢材。材料选用应符合下列规定：

a) 与设备壳体直接相焊的支柱或垫板，应采用与壳体相同或相匹配的材料；

b) 地脚螺栓宜选用符合 GB/T 700 规定的 Q235 或符合 GB/T 1591 的 Q345；

c) 支腿用钢板材料应符合 GB/T 700 的规定，支腿用钢管应符合 GB/T 8162 的规定；

d) 支腿用角钢应符合 GB/T 706 的规定，支腿用 H 型钢可参照 YB/T 3301 执行；

e) 焊接材料应符合 NB/T 47015、NB/T 47018 的规定；

f) 支柱、盖板、底板等支腿元件材料宜根据支腿元件设计温度按表 5 选取，亦可根据需要选取其他材料，但其力学性能不得低于表 5 对应的材料；

g) 当支腿元件设计温度不在表 5 范围时，用户可根据实际设计温度选取合适的材料。

表 5　支腿材料选择表

支腿元件设计温度 t/℃	支腿材料	地脚螺栓材料
$-20 \leqslant t < 0$	Q235D，Q345D	Q235C，Q345C
$0 \leqslant t < 20$	Q235C，Q345C	Q235B，Q345B
$20 \leqslant t < 200$	Q235B，Q345B	Q235A，Q345A

6.4 许用应力

6.4.1 支腿元件材料的许用应力按式(1)确定：

$$[\sigma]_e^t = \frac{R_{eL}^t(R_{p0.2}^t、R_{p1.0}^t)}{n_s} \quad \cdots\cdots (1)$$

其中，n_s 确定支腿元件材料许用应力的最小安全系数，一般取 $n_s=1.5$。

6.4.2 支腿(不包括垫板和地脚螺栓)常用材料的许用应力可按表 6 取值。

表6 支腿常用材料的许用应力

支腿材料	板厚/mm	支腿元件设计温度 t/℃				
		$-20\leqslant t<0$	$0\leqslant t<20$	100	150	200
Q235B、Q235C	≤16	—	156	132	126	116
	>16～40	—	150	126	120	110
Q235D	≤16	157	156	132	126	116
	>16～40	150	150	126	120	110
Q345B、Q345C、Q345D	≤16	230	230	210	196	183
	>16～36	216	216	196	183	170

6.4.3 地脚螺栓许用应力

地脚螺栓许用应力应符合下列规定：

a) 室温下，Q235 的许用应力$[\sigma]_{bt}^{20}=147$ MPa，Q345 的许用应力$[\sigma]_{bt}^{20}=170$ MPa；

b) 若地脚螺栓的设计温度高于室温，或采用其他材料时，按 6.4.1 确定许用应力，其中 n_s 按以下要求选取：采用碳素钢制地脚螺栓时，取 $n_s\geqslant1.6$；采用其他低合金钢制地脚螺栓时，则取 $n_s\geqslant2.0$。

6.4.4 许用剪切应力

许用剪切应力应符合下列规定：

a) 支腿与设备连接处焊缝的许用剪切应力，可按式(2)计算：

$$[\tau]_w^t=0.8[\sigma]_w^t \quad\cdots\cdots(2)$$

式中：

$[\tau]_w^t$——支腿与设备连接处焊缝的许用剪切应力，MPa；

$[\sigma]_w^t$——取设计温度下支柱材料的许用应力$[\sigma]_e^t$和容器或垫板材料的许用应力较小值，MPa。

b) 地脚螺栓材料许用剪应力可按式(3)计算：

$$[\tau]_{bt}^t=0.8[\sigma]_{bt}^t \quad\cdots\cdots(3)$$

6.5 工况及载荷组合

支腿计算时宜考虑的工况及相应载荷组合见表7。

表7 工况及载荷组合

工况		重力载荷			压力载荷		地震载荷	风载荷		备注
		操作重量[a]	试验重量[b]	安装重量[c]	试验压力	设计压力		33%	100%	
压力试验	工况1		√		√			√		现场
安装	工况2			√					√	
操作	工况3	√				√	√			
	工况4	√				√			√	

[a] 正常操作时操作重量包括设备自重，内部、外部附件重量以及操作介质重量。

[b] 在用户现场的压力试验重量包括设备自重，内部、外部附件和试验介质重量（当气压试验时可忽略）。

[c] 安装时重量为设备自重。

7 标记

7.1 标记方法

NB/T 47065.2—2018，支腿 × ×-×-×

- 垫板厚度 δ_a，mm（对于 A、B、C 型支腿，标注此项）
- 支承高度 H，mm
- 支座号
- 型号（A、AN、B、BN、C、CN）

7.2 标记示例

示例 1：容器公称直径 DN 为 800 mm，角钢支柱支腿，不带垫板，支承高度 H 为 900 mm，其标记为：

NB/T 47065.2—2018，支腿 AN4-900

示例 2：容器公称直径 DN 为 1 200 mm，钢管支柱支腿，带垫板，垫板厚度 δ_a 为 10 mm，支承高度 H 为 1 000 mm，其标记为：

NB/T 47065.2—2018，支腿 B4-1000-10

示例 3：容器公称直径 DN 为 1 600 mm，H 型钢支柱支腿，不带垫板，支承高度 H 为 2 000 mm，其标记为：NB/T 47065.2—2018，支腿 CN4-2000

8 制造

8.1 焊接采用电弧焊，焊材型号应根据支座材料参照有关标准选用。焊接接头型式和尺寸应符合 GB/T 985.1 的规定。

8.2 支柱应平直，且无凹坑和损伤等明显缺陷。支柱直线度允差应不大于 $H_0/1\ 000$。

8.3 盖板与圆筒(或垫板)外壁的连接弧线应按样板切割，钢管支柱与封头(或垫板)连接部分应与封头外壁相吻合。零件加工边缘的表面粗糙度不得大于 $Ra50\ \mu m$，地脚螺栓孔加工后表面粗糙度应为 $Ra25\ \mu m$。垫板与容器壳体应紧密贴合，最大组装间隙不得大于 1 mm。

8.4 除另有规定外，尺寸的极限偏差应符合 GB/T 1804—2000 表 1、表 2 及表 3 中公差等级 C 级的规定。

8.5 焊接应采用连续焊。所有角焊缝其焊脚高度应不小于较薄件厚度。焊缝表面不得有未焊满、咬边、裂纹、气孔、弧坑和夹渣等缺陷，焊渣和飞溅物应清除干净，焊缝与母材应圆滑过渡。

8.6 支柱(或垫板)与容器壳体的组焊应符合容器设计、制造的有关规定。凡被其覆盖的壳体焊缝均应打磨至与壳体母材齐平，经检验合格后方可进行支柱(或垫板)与容器壳体组焊。有焊后热处理要求的容器，支柱(或垫板)与容器壳体的焊接应在容器焊后热处理前进行。垫板与容器壳体的焊接应在垫板最低处留 10 mm 不焊。

8.7 底板地脚螺栓孔直径允差为 $^{+1}_{\ 0}$ mm，螺栓孔中心圆直径的允差为 ±2 mm。支腿应均匀布置，任意两底板地脚螺栓孔弦长的允差为 ±2 mm。

8.8 各支腿底板底面应位于同一水平面上，其最高与最低相差不得超过 3 mm。

8.9 支腿与容器焊接后，应与容器中心轴线平行，其平行度应小于 $H_0/500$，且不得大于 2 mm。

9 选用方法

9.1 当设计条件满足以下条件时，可直接按本部分进行容器支腿的选取：

a) 支腿设计温度高于−20℃且不高于200℃；

b) 设计基本风压值不大于800 Pa；

c) 地面粗糙度类别为A类；

d) 设计抗震设防烈度为8度，场地土类别为Ⅱ类，设计基本地震加速度为0.2g，设计地震分组为第三组；

e) 单根支腿所允许的最大重力载荷在表2～表4所示范围内。

9.2 对超出9.1范围的支腿，可参考本部分附录A腿式支座计算方法进行设计。

9.3 具备下列情况之一者，宜选用带垫板的支腿：

a) 合金钢制容器；

b) 有焊后热处理要求的容器；

c) 与支腿连接处的圆筒有效厚度 δ_e 小于表8给出的最小厚度 δ_{min}。

9.4 支承高度 H_0 及垫板厚度 δ_a 可根据需要确定，δ_a 宜与筒体厚度相同。

表8 支腿连接处的圆筒不设置垫板所需的最小厚度 δ_{min}

容器公称直径 DN/mm		300	400	500	600	700	800	900	1 000	1 100	1 200	1 300	1 400	1 500	1 600	1 700	1 800	1 900	2 000
圆筒材料	设计压力/MPa	δ_{min}/mm																	
Q235A Q235B Q235C	0	3	3	3	3	3	3	3	3.5	3.5	4	4.5	4.5	4.5	5	5.5	5.5	5.5	6
	>0～0.2	3	3	3	3	3.5	3.5	3.5	4	4.5	5	5	5.5	5.5	6	6.5	6.5	7	7
	>0.2～0.4	3	3	3	3	4	4	4	4.5	5	5.5	6	6	6	7	7.5	7.5	8	8
	>0.4～0.6	3	3	3.5	3.5	4	4.5	4.5	5	5.5	6	6.5	7	7	7.5	8	8.5	9	9
	>0.6～0.8	3	3.5	3.5	4	4.5	5	5	5.5	6.5	7	7.5	7.5	8	8.5	9	9.5	10	10.5
	>0.8～1.0	3.5	3.5	4	4	5	5	5.5	6.5	7	7.5	8	8.5	8.5	9.5				
	>1.0～1.2	3.5	3.5	4	4.5	5.5	5.5	6	6.5	7	8	8.5							
	>1.2～1.4	3.5	3.5	4.5	4.5	5.5													
	>1.4～1.6	3.5	3.5	4.5								可不设置垫板							
	>1.6	3.5																	
Q245R	0	3	3	3	3	3	3	3	3	3.5	3.5	4	4	4	4.5	5	5	5	5.5
	>0～0.2	3	3	3	3	3	3	3.5	3.5	4	4.5	5	5	5	5.5	6	6	6	6.5
	>0.2～0.4	3	3	3	3	3.5	3.5	4	4	4.5	5	5.5	5.5	5.5	6	6.5	6.5	7	7.5
	>0.4～0.6	3	3	3	3	3.5	4	4.5	4.5	5	5.5	6.5	6.5	6.5	7	7.5	8	8	8.5
	>0.6～0.8	3	3	3	3.5	4	4.5	5	5	5.5	6	7	7	7	7.5	8	8.5	9	9.5

表8　支腿连接处的圆筒不设置垫板所需的最小厚度 $\boldsymbol{\delta}_{\min}$(续)

容器公称直径 DN/mm		300	400	500	600	700	800	900	1 000	1 100	1 200	1 300	1 400	1 500	1 600	1 700	1 800	1 900	2 000
圆筒材料	设计压力/MPa	$\delta_{\min}$/mm																	
Q245R	>0.8~1.0	3	3	3.5	3.5	4.5	4.5	5.5	5.5	6	6.5	7.5	7.5	8	8.5	9	9.5	10	10.5
	>1.0~1.2	3	3	3.5	4	4.5	5	6	6	6.5	7	8	8	8	8.5	9	9.5	10.5	11
	>1.2~1.4	3	3.5	4	4	5	5	6	6	6.5	7	8	8						
	>1.4~1.6	3.5	3.5	4	4	5													
	>1.6~1.8	3.5	3.5	可不设置垫板															
	>1.8	3.5																	
Q345R	0	3	3	3	3	3	3	3	3	3	3	3	3.5	3.5	4	4.5	4.5	4.5	5
	>0~0.2	3	3	3	3	3	3	3	3	3.5	3.5	3.5	4	4	4.5	5	5	5	5.5
	>0.2~0.4	3	3	3	3	3	3	3	3	4	4	4	4.5	4.5	5	5.5	5.5	5.5	6
	>0.4~0.6	3	3	3	3	3	3	3.5	3.5	4	4.5	4.5	5	5	5.5	6	6	6	6.5
	>0.6~0.8	3	3	3	3	3	3.5	3.5	4	4.5	5	5	5.5	5.5	6	6.5	7	7	7.5
	>0.8~1.0	3	3	3	3	3.5	3.5	4	4	5	5.5	5.5	6	6	7	7.5	8	8.5	8.5
	>1.0~1.2	3	3	3	3	3.5	4	4.5	4.5	5.5	5.5	6	6.5	6.5	7.5	8	8.5	9	9
	>1.2~1.4	3	3	3	3.5	4	4	4.5	4.5	5.5	6	6	6.5	6.5	7.5	8	8.5	9	9.5
	>1.4~1.6	3	3	3.5	3.5	4	4	4.5	4.5	5.5	6								
	>1.6~1.8	3	3	3.5	3.5	4													
	>1.8~2.0	3	3	3.5	可不设置垫板														
	>2.0	3																	

附 录 A
(资料性附录)
腿式支座计算方法

A.1 适用范围

本附录适用于容器总高 H 与公称直径 DN 之比小于或等于 5 的钢制焊接立式圆筒形容器的腿式支座计算。

A.2 支腿计算

A.2.1 水平风载荷

$$p_w = 1.2 f_i q_0 D_o H_2 \times 10^{-6} \quad \text{(A.1)}$$

式中：

p_w——水平风载荷，N；

f_i——风压高度变化系数，按设备质心所处高度取值，本部分取 $f_i = 1.0$；

D_o——容器外径，有保温层时取保温层外径(见图 A.1)，mm；

H_2——容器壳体总长度，mm。

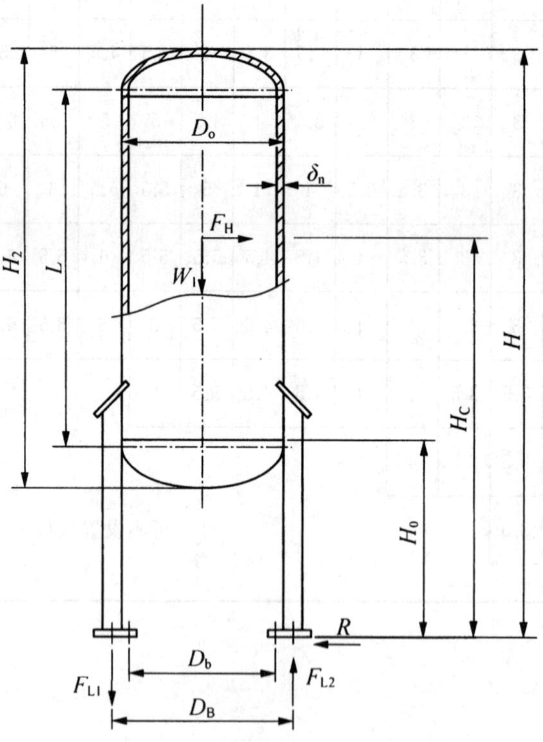

图 A.1

A.2.2 地震载荷

地震载荷计算方法详见 GB/T 50761。

A.2.3 支腿水平反力

单根支腿的水平反力按式(A.2)计算：

$$R=\frac{F_H}{N} \tag{A.2}$$

式中：

R——单根支腿的水平反力,N；

F_H——作用于容器上的水平载荷,按 6.5 中不同工况下的载荷组合分别计算,N；

N——支腿的个数。

A.2.4 支腿垂直反力

单根支腿的垂直反力按式(A.3)计算：

$$F_L=\pm\frac{4F_H\cdot H_C}{ND_B}-\frac{W_1}{N} \tag{A.3}$$

式中：

F_L——单根支腿的垂直反力,N；

H_C——基础顶面至设备质心的高度,mn。按式(A.4)计算：

$$H_C=H_0-h+\frac{L}{2} \tag{A.4}$$

h——封头直边高度,mm；

D_B——底板中心圆直径,mm。按式(A.5)、式(A.6)、式(A.7)计算：

a) A、AN 型支腿：

$$D_B=D_o+2\delta_a \tag{A.5}$$

b) B、BN 型支腿：

$$D_B=D_o+2\delta_a-40 \tag{A.6}$$

c) C、CN 型支腿：

$$D_B=W+2\sqrt{\left(\frac{D_o}{2}+\delta_a\right)^2-\left(\frac{W-2t_2}{2}\right)^2} \tag{A.7}$$

式中：

D_o——壳体外直径,mm；

W——重力载荷,按 6.5 中不同工况下的载荷组合分别计算,N。

A.2.5 支腿强度及稳定计算

A.2.5.1 支腿的弯曲应力

单根支腿的最大弯曲压应力按式(A.8)、式(A.9)、式(A.10)计算：

a) A、AN 型支腿：

$$\sigma_b=\frac{RL_1+F_Le}{Z} \tag{A.8}$$

b) B、BN 型支腿：

$$\sigma_b=\frac{RL_1+20F_L}{Z} \tag{A.9}$$

c) C、CN型支腿：

$$\sigma_b=\frac{RL_1}{Z} \quad \cdots\cdots (A.10)$$

式中：

σ_b——单根支腿的最大弯曲压应力，MPa；

L_1——基础板下表面至支腿装配焊缝中心的距离长度，mm；

$$L_1=H_0+\frac{h_f}{2}+50 \quad \cdots\cdots (A.11)$$

e——底板形心至支柱横截面形心的距离(见图A.2)，mm；

Z——单根支腿的抗弯截面模量，mm^3。

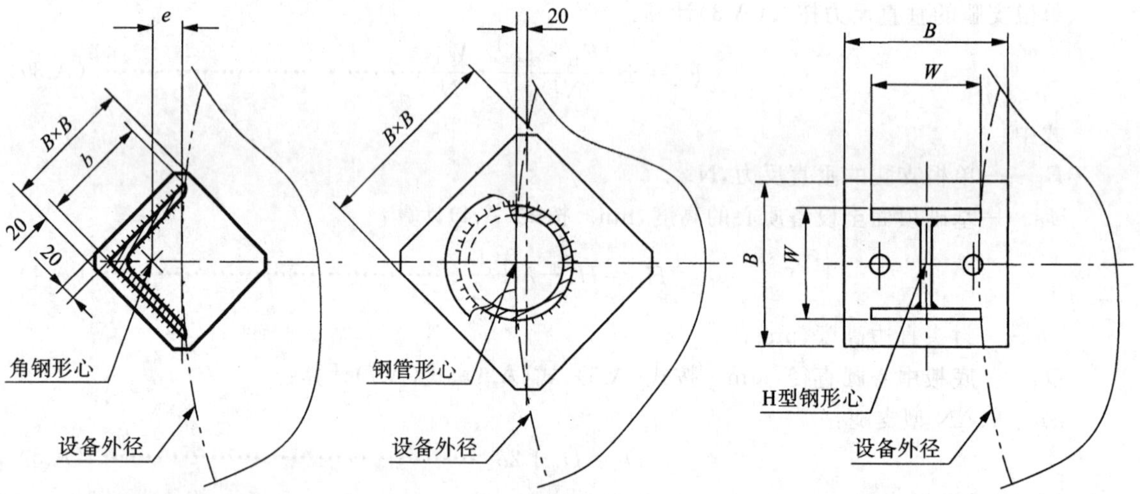

图 A.2

A.2.5.2 支腿的轴向应力

单根支腿的轴向压缩应力按式(A.12)计算：

$$\sigma_c=\frac{F_L}{A} \quad \cdots\cdots (A.12)$$

式中：

σ_c——单根支腿的轴向应力，MPa；

A——支腿的横截面积，mm^2。

A.2.5.3 支腿的许用临界压应力

支腿的有效长细比按式(A.13)计算：

$$\lambda=\frac{0.7L_2}{i} \quad \cdots\cdots (A.13)$$

支腿的临界长细比按式(A.14)计算：

$$\bar{\lambda}=\sqrt{\frac{\pi^2 E^t}{0.6[\sigma]_e^t}} \quad \cdots\cdots (A.14)$$

式中：

λ——支腿的有效长细比；

$\bar{\lambda}$——支腿的临界长细比；

E^t——支腿设计温度下的支腿材料的纵向弹性模量,MPa;

i——支腿截面的最小回转半径,mm;

L_2——支腿长度($L_2=H_0+50$),mm。

支腿的许用临界压应力:

a) 当 $\lambda\leqslant\bar{\lambda}$ 时,可按式(A.15)、式(A.16)计算:

$$[\sigma]_{cr}^{t}=\frac{\left[1-0.4\left(\frac{\lambda}{\bar{\lambda}}\right)^{2}\right][\sigma]_{e}^{t}}{v} \quad\cdots\cdots\cdots\cdots\cdots\cdots (A.15)$$

$$v=\frac{3}{2}+\frac{2}{3}\left(\frac{\lambda}{\bar{\lambda}}\right)^{2} \quad\cdots\cdots\cdots\cdots\cdots\cdots (A.16)$$

b) 当 $\lambda>\bar{\lambda}$ 时,可按式(A.17)计算:

$$[\sigma]_{cr}^{t}=\frac{0.277[\sigma]_{e}^{t}}{\left(\frac{\lambda}{\bar{\lambda}}\right)^{2}} \quad\cdots\cdots\cdots\cdots\cdots\cdots (A.17)$$

式中:

$[\sigma]_{cr}^{t}$——支腿设计温度下的许用临界压应力,MPa。

A.2.5.4 支腿截面组合验算

支腿截面组合验算应满足式(A.18)的要求:

$$\left|\frac{\sigma_c}{[\sigma]_{cr}^{t}}\right|+\left|\frac{\sigma_b}{[\sigma]_{e}^{t}}\right|\leqslant 1 \quad\cdots\cdots\cdots\cdots\cdots\cdots (A.18)$$

A.2.6 支腿与筒体连接处焊缝的强度计算

a) 焊缝处的剪切应力可按式(A.19)、式(A.20)计算:

$$\tau=\frac{F_L}{A_f} \quad\cdots\cdots\cdots\cdots\cdots\cdots (A.19)$$

$$\tau\leqslant\phi[\tau]_{w}^{t} \quad\cdots\cdots\cdots\cdots\cdots\cdots (A.20)$$

式中:

τ——连接焊缝处的剪切应力,MPa;

A_f——连接焊缝的抗剪面积,mm^2;

$$A_f=\frac{2h_f\delta_w}{\sqrt{2}} \quad\cdots\cdots\cdots\cdots\cdots\cdots (A.21)$$

δ_w——连接焊缝的焊脚高度,mm;

ϕ——焊接接头系数,取 $\phi=0.6$;

$[\tau]_{w}^{t}$——支腿与设备连接处焊缝的许用剪切应力,MPa。其值按式(2)确定。

b) 焊缝的弯曲应力可按式(A.22)、式(A.23)计算:

$$\sigma=\frac{RL_1}{Z_f} \quad\cdots\cdots\cdots\cdots\cdots\cdots (A.22)$$

$$\sigma\leqslant K_L\phi[\sigma]_{w}^{t} \quad\cdots\cdots\cdots\cdots\cdots\cdots (A.23)$$

式中:

σ——连接焊缝处的弯曲应力,MPa;

Z_f——焊缝的抗弯截面模量,mm^3;

$$Z_f=2\times\frac{h_f{}^2}{6}\times\frac{\delta_w}{\sqrt{2}} \quad\cdots\cdots\quad (A.24)$$

$[\sigma]_w^t$——取设计温度下支柱材料的许用应力$[\sigma]_e^t$ 和容器或垫板材料的许用应力较小值,MPa。

A.2.7 地脚螺栓的强度计算

a) 当 $F_L>0$ 时,地脚螺栓的拉应力应按式(A.25)、式(A.26)计算:

$$\sigma_{bt}=\frac{F_L}{n_b A_{bt}} \quad\cdots\cdots\quad (A.25)$$

$$\sigma_{bt}\leqslant[\sigma]_{bt} \quad\cdots\cdots\quad (A.26)$$

式中:

σ_{bt}——单个地脚螺栓的拉应力,MPa;

n_b——单个支腿的地脚螺栓数量;

A_{bt}——单个地脚螺栓的有效截面积,mm^2。

b) 地脚螺栓的剪切应力可按式(A.27)、式(A.28)计算:

$$\tau_{bt}=\frac{R}{n_b A_{bt}} \quad\cdots\cdots\quad (A.27)$$

$$\tau_{bt}\leqslant[\tau]_{bt} \quad\cdots\cdots\quad (A.28)$$

式中:

τ_{bt}——单个地脚螺栓的剪应力,MPa。

A.2.8 支腿底板的强度计算

a) 支腿底板的压应力可按式(A.29)、式(A.30)计算:

$$\sigma_{cb}=\frac{F_L}{B^2} \quad\cdots\cdots\quad (A.29)$$

$$\sigma_{cb}=[\sigma]_{cb} \quad\cdots\cdots\quad (A.30)$$

式中:

σ_{cb}——支腿底板的压应力,MPa;

$[\sigma]_{cb}$——支腿底板的许用压应力,MPa。其值取混凝土基础载荷的许用压应力。

b) 支腿底板的厚度可按式(A.31)计算:

$$\delta_b=B_1\sqrt{\frac{3\sigma_{cb}}{K_L[\sigma]_e^t}}+C_1+C_2 \quad\cdots\cdots\quad (A.31)$$

式中:

B_1——支腿到底板边缘的最大距离,mm;

C_1——支腿底板负偏差,mm;

C_2——支腿底板腐蚀裕度,mm。

A.3 支腿连接处的筒体局部应力计算

与支腿相连接的筒体处,由于支腿反力作用,会产生力 F_x、F_y、F_z 及力矩 M_x、M_y、M_z(见图 A.3),应根据具体支腿布置位置,对支腿连接处的筒体进行局部应力计算。

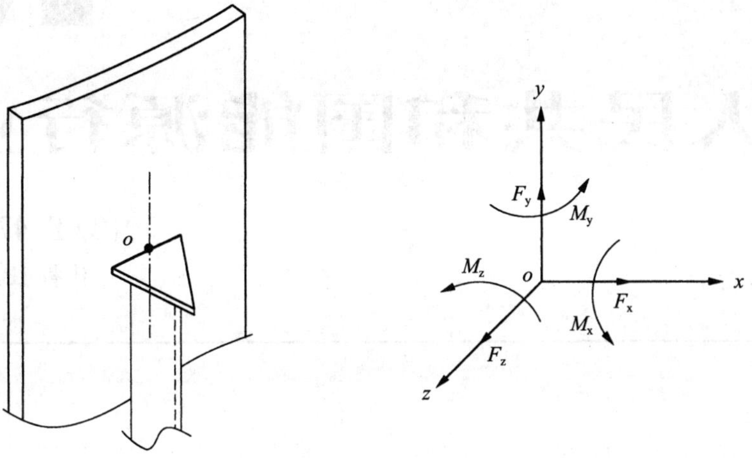

说明：

$F_x=R$，$M_x=0$；

$F_y=F_L$，$M_y=0$；

$F_z=0$，$M_z=RL_1$；

F_x、F_y、F_z——与支腿相连接的筒体处，因支腿反力引起的力，N；

M_x、M_y、M_z——与支腿相连接的筒体处，因支腿反力引起的力矩，N·mm。

图 A.3

注：在局部应力评价时，应考虑以上载荷与容器内压的共同作用。

ICS 23
J 74

NB

中华人民共和国能源行业标准

NB/T 47065.3—2018
代替 JB/T 4712.3—2007

容器支座
第 3 部分：耳式支座

Vessel support—Part 3：Lug support

2018-04-03 发布　　　　2018-07-01 实施

国家能源局　发布

前　言

NB/T 47065—2018《容器支座》分为以下5个部分：

——第1部分：鞍式支座(NB/T 47065.1—2018)；

——第2部分：腿式支座(NB/T 47065.2—2018)；

——第3部分：耳式支座(NB/T 47065.3—2018)；

——第4部分：支承式支座(NB/T 47065.4—2018)；

——第5部分：刚性环支座(NB/T 47065.5—2018)。

本部分是NB/T 47065—2018的第3部分：耳式支座。

本部分按GB/T 1.1—2009《标准化工作导则　第1部分：标准的结构和编写》给出的规则起草。

本部分代替JB/T 4712.3—2007《容器支座　第3部分：耳式支座》，与JB/T 4712.3—2007相比，主要技术变化如下：

——耳式支座主体材料采用Q235B、S30408、15CrMoR；

——给出了耳式支座的－100℃～300℃允许使用的温度范围；

——给出了设备筒体的许用应力在[σ]＝120 MPa、140 MPa、167 MPa、185 MPa时，支座处壳体的允许弯矩[M_L]；

——增加了对管道推力、竖向地震力的载荷叠加要求。

本部分由全国锅炉压力容器标准化技术委员会(SAC/TC 262)提出并归口。

本部分由全国锅炉压力容器标准化技术委员会固定式压力容器分技术委员会组织起草。

本部分起草单位：东华工程科技股份有限公司。

本部分主要起草人：刘吉祥、孟永祥、刘晓林。

本部分由全国锅炉压力容器标准化技术委员会(SAC/TC 262)负责解释。

本部分所代替的历次版本发布情况为：

——JB/T 4725—1992；

——JB/T 4712.3—2007。

容器支座　第3部分:耳式支座

1　范围

1.1　本部分规定了耳式支座的结构型式、系列参数及尺寸、材料、标记、制造技术要求及选用说明。

1.2　本部分适用于:

a)　公称直径不大于4 000 mm的立式圆筒形容器;

b)　允许使用温度－100℃～300℃。

2　规范性引用文件

下列文件对于本文件的应用是必不可少的。凡是注日期的引用文件,仅注日期的版本适用于本文件。凡是不注日期的引用文件,其最新版本(包括所有的修改单)适用于本文件。

GB/T 985.1　气焊、焊条电弧焊、气体保护焊和高能束焊的推荐坡口

GB/T 1804　一般公差　未注公差的线性和角度尺寸的公差

NB/T 47013.1　承压设备无损检测　第1部分:通用要求

NB/T 47013.4　承压设备无损检测　第4部分:磁粉检测

NB/T 47013.5　承压设备无损检测　第5部分:渗透检测

NB/T 47015　压力容器焊接规程

3　型式特征

耳式支座的型式特征见表1。

表1　型式特征

型式		支座号	垫板	盖板	适用公称直径DN/mm	支座尺寸(见图、表)
短臂	A	1～5	有	无	300～2 600	图1、表2
		6～8		有	1 500～4 000	图2、表2
长臂	B	1～5	有	无	300～2 600	图3、表3
		6～8		有	1 500～4 000	图4、表3
加长臂	C	1～3	有	有	300～1 400	图5、表4
		4～8			1 000～4 000	图6、表4

4　系列参数及尺寸

4.1　A型耳式支座,按图1、图2及表2的规定;B型耳式支座,按图3、图4及表3的规定;C型耳式支座,按图5、图6及表4的规定。

4.2　支座的垫板厚度应满足本部分的规定,一般应与筒体厚度相等,也可根据实际需要增加厚度。

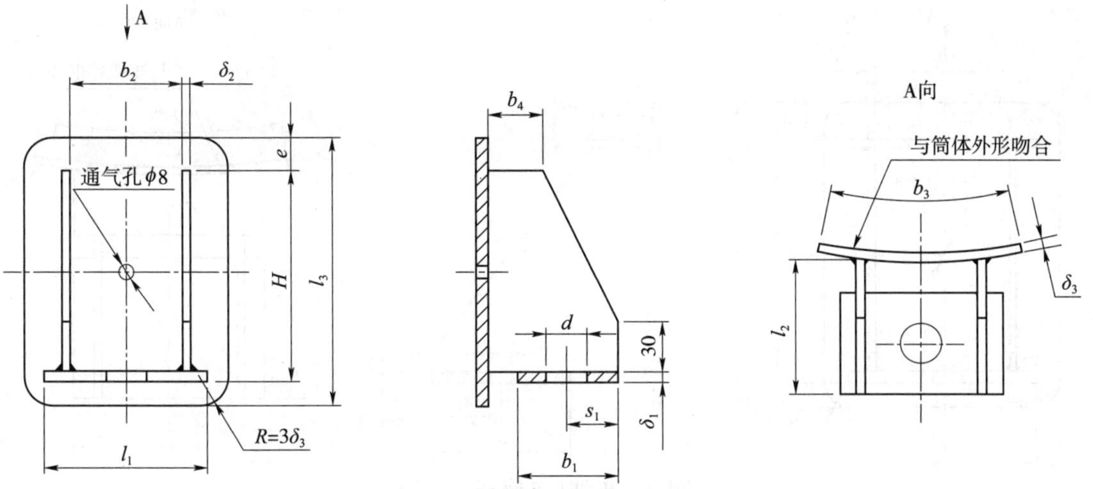

图 1　A 型(支座号 1～5)

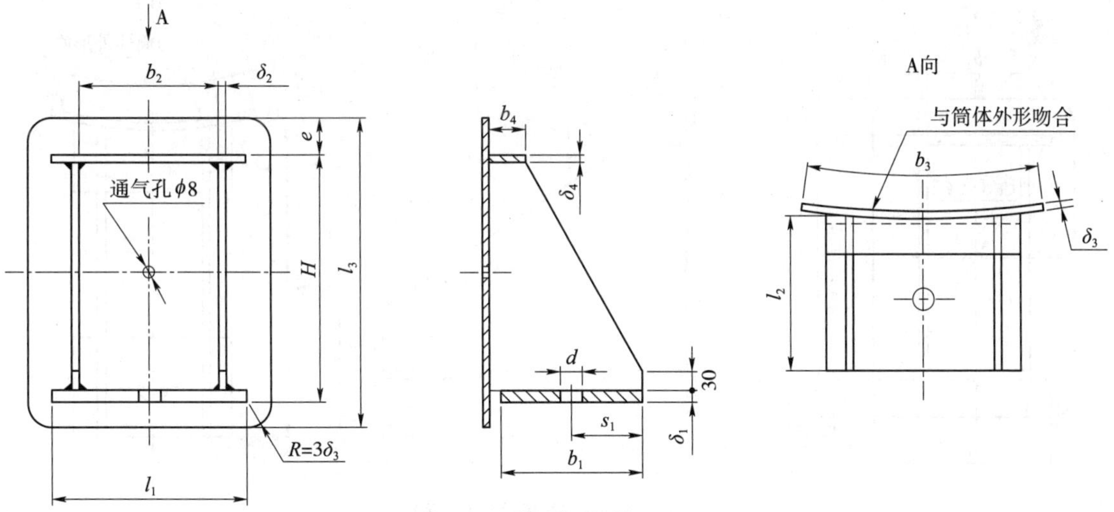

图 2　A 型(支座号 6～8)

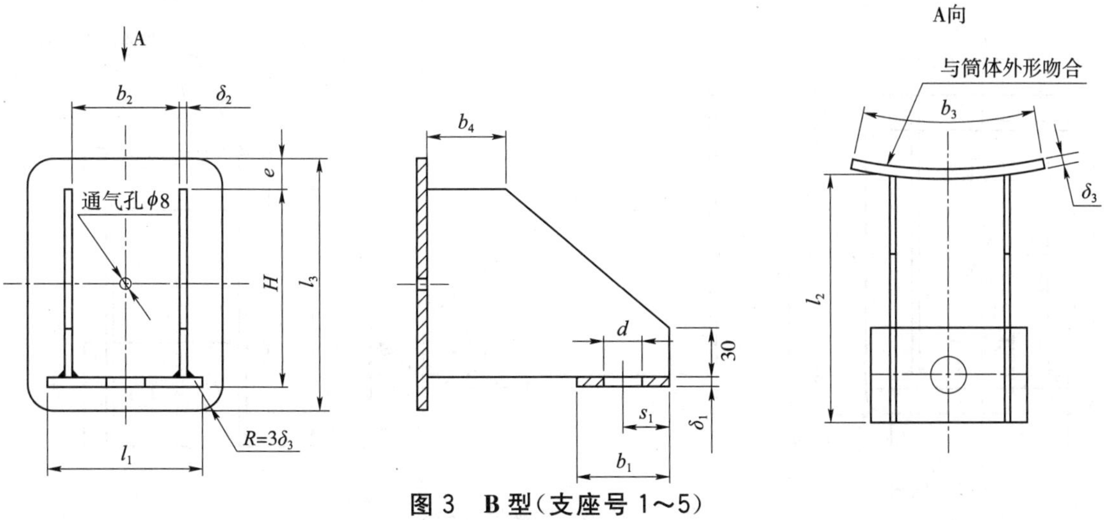

图 3　B 型(支座号 1～5)

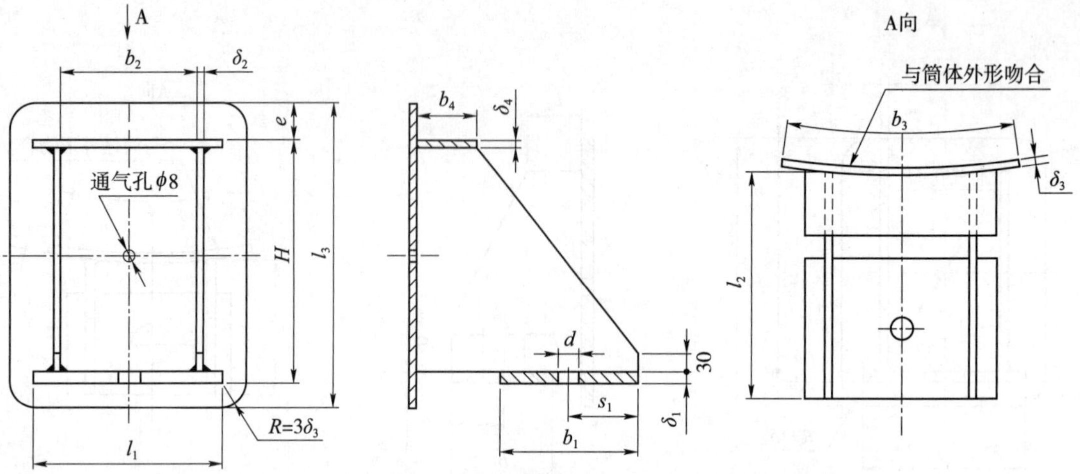

图 4　B 型(支座号 6～8)

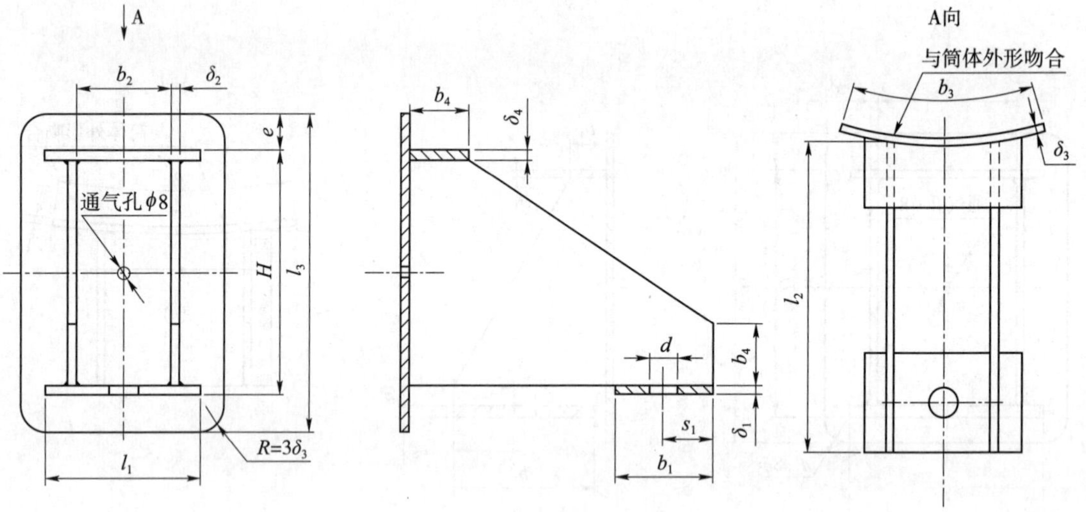

图 5　C 型(支座号 1～3)

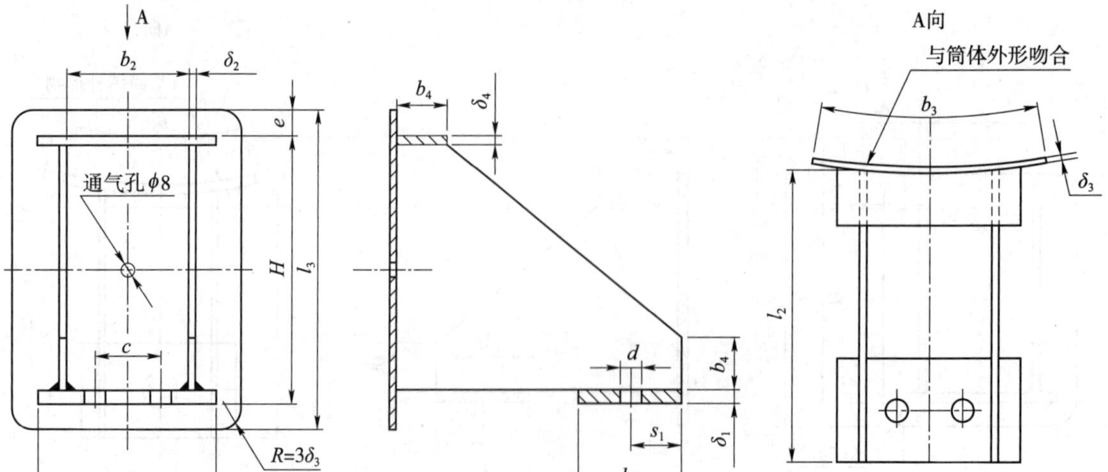

图 6　C 型(支座号 4～8)

表2 A型支座系列参数尺寸 单位为毫米

支座号	支座本体允许载荷[Q]/kN			适用容器公称直径 DN	高度 H	底板				筋板			垫板				盖板		地脚螺栓		支座质量/kg
	Ⅰ	Ⅱ	Ⅲ			l_1	b_1	δ_1	s_1	l_2	b_2	δ_2	l_3	b_3	δ_3	e	b_4	δ_4	d	规格	
1	12	11	14	300～600	125	100	60	6	30	80	70	4	160	125	6	20	30	—	24	M20	1.7
2	21	19	24	500～1 000	160	125	80	8	40	100	90	5	200	160	6	24	30	—	24	M20	3.0
3	37	33	43	700～1 400	200	160	105	10	50	125	110	6	250	200	8	30	30	—	30	M24	6.0
4	75	67	86	1 000～2 000	250	200	140	14	70	160	140	8	315	250	8	40	30	—	30	M24	11.1
5	95	85	109	1 300～2 600	320	250	180	16	90	200	180	10	400	320	10	48	30	—	30	M24	21.6
6	148	134	171	1 500～3 000	400	320	230	20	115	250	230	12	500	400	12	60	50	12	36	M30	42.7
7	173	156	199	1 700～3 400	480	375	280	22	130	300	280	14	600	480	14	70	50	14	36	M30	69.8
8	254	229	292	2 000～4 000	600	480	360	26	145	380	350	16	720	600	16	72	50	16	36	M30	123.9

注:表中支座质量是以表中的垫板厚度为 δ_3 计算的,如果 δ_3 的厚度改变,则支座的质量应相应改变。

表3 B型支座系列参数表 单位为毫米

支座号	支座本体允许载荷[Q]/kN			适用容器公称直径 DN	高度 H	底板				筋板			垫板				盖板		地脚螺栓		支座质量/kg
	Ⅰ	Ⅱ	Ⅲ			l_1	b_1	δ_1	s_1	l_2	b_2	δ_2	l_3	b_3	δ_3	e	b_4	δ_4	d	规格	
1	12	11	14	300～600	125	100	60	6	30	160	70	5	160	125	6	20	50	—	24	M20	2.5
2	21	19	24	500～1 000	160	125	80	8	40	180	90	6	200	160	6	24	50	—	24	M20	4.3
3	37	33	43	700～1 400	200	160	105	10	50	205	110	8	250	200	8	30	50	—	30	M24	8.3
4	75	67	86	1 000～2 000	250	200	140	14	70	290	140	10	315	250	8	40	70	—	30	M24	15.7
5	95	85	109	1 300～2 600	320	250	180	16	90	330	180	12	400	320	10	48	70	—	30	M24	28.7
6	148	134	171	1 500～3 000	400	320	230	20	115	380	230	14	500	400	12	60	100	14	36	M30	53.9
7	186	167	214	1 700～3 400	480	375	280	22	130	430	270	16	600	480	14	70	100	16	36	M30	85.2
8	254	229	292	2 000～4 000	600	480	360	26	145	510	350	18	720	600	16	72	100	18	36	M30	146.0

注:表中支座质量是以表中的垫板厚度为 δ_3 计算的,如果 δ_3 的厚度改变,则支座的质量应相应改变。

表4　C型支座系列参数表

单位为毫米

支座号	支座本体允许载荷[Q]/kN			适用容器公称直径DN	高度H	底板					筋板			垫板				盖板		地脚螺栓		支座质量/kg
	Ⅰ	Ⅱ	Ⅲ			l_1	b_1	δ_1	s_1	c	l_2	b_2	δ_2	l_3	b_3	δ_3	e	b_4	δ_4	d	规格	
1	28	25	32	300～600	200	130	80	8	40	—	250	80	6	260	170	6	30	50	8	24	M20	6.2
2	49	44	57	500～1 000	250	160	80	12	40	—	280	100	6	310	210	6	30	50	10	30	M24	9.0
3	65	58	75	700～1 400	300	200	105	14	50	—	300	130	8	370	260	8	35	50	12	30	M24	16.1
4	105	94	120	1 000～2 000	360	250	140	18	70	90	390	170	10	430	320	8	35	70	12	30	M24	28.9
5	158	142	182	1 300～2 600	430	300	180	22	90	120	430	210	12	510	380	10	40	70	14	30	M24	47.8
6	188	169	216	1 500～3 000	480	360	230	24	115	160	480	260	14	570	450	12	45	100	14	36	M30	74.8
7	268	241	308	1 700～3 400	540	440	280	28	130	200	530	310	16	630	540	14	45	100	16	36	M30	114.6
8	292	262	335	2 000～4 000	650	540	360	30	140	280	600	400	18	750	650	16	50	100	18	36	M30	181.3
注：表中支座质量是以表中的垫板厚度为δ_3计算的，如果δ_3的厚度改变，则支座的质量应相应改变。																						

5　材料

5.1　垫板材料一般应与容器材料相同。

5.2　支座的筋板和底板材料分为3种，其代号见表5。

表5　材料代号

材料代号	Ⅰ	Ⅱ	Ⅲ
支座的筋板和底板材料	Q235B	S30408	15CrMoR
允许使用温度/℃	−20～200	−100～200	−20～300

6　标记

6.1　标记方法

NB/T 47065.3—2018，耳式支座××-×

- 第一个×：型号（A，B，C）
- 第二个×：支座号（1～8）
- -×：材料（Ⅰ、Ⅱ、Ⅲ）

注1：若垫板厚度δ_3与部分尺寸不同，则在设备图纸中零件名称或备注栏注明。

注2：支座及垫板的材料应在设备图样的材料栏内标注，表示方法如下：支座材料/垫板材料。

6.2　标记示例

示例1：A型，3号耳式支座，支座材料为Q235B，垫板材料为Q245R：

NB/T 47065.3—2018，耳式支座 A3-Ⅰ

材料：Q235B/Q245R

示例 2:B 型,3 号耳式支座,支座材料为 Q235B,垫板材料为 S30408,垫板厚 12 mm:

NB/T 47065.3—2018,耳式支座 B3-Ⅰ,$\delta_3=12$

材料:Q235B/S30408

示例 3:C 型,3 号耳式支座,支座材料为 S30408,垫板材料为 S30408:

NB/T 47065.3—2018,耳式支座 C3-Ⅱ

材料:S30408/S30408

7 制造技术要求

7.1 焊接可采用电弧焊或气体保护焊(使用药芯焊丝除外),焊材应根据支座材料参照有关标准选用。焊接接头型式和尺寸应符合 GB/T 985.1 的规定。

7.2 耳式支座本体的焊接,采用双面连续填角焊;支座与容器壳体的焊接采用连续焊。焊缝腰高约等于 0.7 倍的较薄板厚度,且不小于 4 mm。

7.3 焊后焊缝金属表面不得有裂纹、夹渣、气孔和弧坑等缺陷,并不得残留有熔渣和飞溅物。

7.4 垫板应与容器壁贴合。

7.5 支座螺栓孔的加工极限偏差与其他部分的制造公差分别按 GB/T 1804 中的第 m 级与 c 级精度。

7.6 支座所有组焊件周边粗糙度为 $Ra50\ \mu m$。

7.7 支座组焊完毕后,各部件应平整,不得翘曲。

7.8 支座本体材料为 15CrMoR 时,焊接工艺应符合 NB/T 47015 中的要求;若容器壳体有热处理要求时,支座垫板应在热处理前焊于容器壁上。

7.9 材料标准抗拉强度下限值 $R_m \geqslant 540$ MPa 的材料和 Cr-Mo 钢制的垫板和支座等的连续焊接接头表面应进行 100%磁粉或渗透检验,按 NB/T 47013.4 和 NB/T 47013.5 中的Ⅰ级合格。

8 选用说明

8.1 根据公称直径 DN 及附录 A 规定的方法计算出耳式支座承受的实际载荷 Q(kN),按此实际载荷 Q 值在标准中选取一标准耳式支座,并使 $Q \leqslant [Q]$。

8.2 一般情况下,应校核耳式支座处圆筒所受的支座弯矩 M_L,按式(1)和式(2)计算:

$$M_L \leqslant [M_L] \quad \cdots\cdots (1)$$

对衬里容器:

$$M_L \leqslant \frac{[M_L]}{1.5} \quad \cdots\cdots (2)$$

式中:

M_L——耳式支座处圆筒所受的支座弯矩,kN·m;

$$M_L = \frac{Q \cdot (l_2 - S_1)}{10^3}$$

$[M_L]$——耳式支座处圆筒的许用弯矩,查附录 B,kN·m;

符号 l_2,S_1 见表 2、表 3、表 4。

8.3 耳式支座通常应设置垫板,当 DN≤900 mm 时,可不设置垫板但必须满足下列条件:

a) 容器壳体的有效厚度大于 3 mm;

b) 容器壳体材料与支座材料具有相同或相近化学成分和机械性能。

8.4 支座的安装尺寸 D 可按附录 C 计算。

附 录 A
(资料性附录)
耳式支座实际承受载荷的近似计算

A.1 立式容器承受的载荷如图A.1所示,耳式支座实际承受的载荷Q可按式(A.1)近似计算:

$$Q=\left[\frac{m_0 g+G_e}{kn}+\frac{2(ph+G_e S_e)}{nD}\right]\times 10^{-3} \quad \cdots\cdots\cdots\cdots\cdots\cdots\cdots\cdots \text{(A.1)}$$

式中:

Q——支座实际承受的载荷,kN;

D——支座安装尺寸,mm;

g——重力加速度,取$g=9.81\ m/s^2$;

G_e——偏心载荷(包括管道推力引起的当量荷载),N;

S_e——偏心距(包括管道推力引起的当量偏心距),mm;

h——水平力作用点至底板高度,mm;

k——不均匀系数,安装3个支座时,取$k=1$;安装3个以上支座时,取$k=0.83$;

m_0——设备总质量(包括壳体及其附件,内部介质及保温层的质量),kg;

n——支座数量;

p——水平力,取p_w和$p_e+0.25p_w$的大值,N。

p_e——水平地震力,N;

p_w——水平风载荷,N。

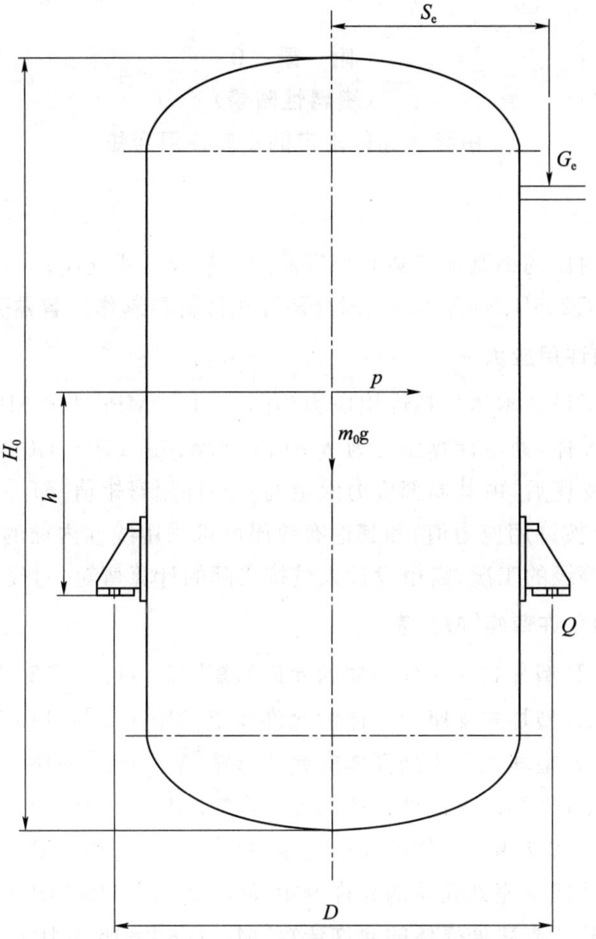

图 A.1 立式容器承受的载荷

A.2 当容器管道的推力较大时,应按推力的方向、大小以及耳式支座的布置方位进行耳式支座承受管道推力的计算,确定受力最大的耳式支座的载荷值,并将该载荷值与式(A.1)的计算载荷值相加。

A.3 当需要考虑竖向地震载荷时,应计入耳式支座受力的不均匀系数,并依此确定耳式支座承受的竖向地震载荷值,并将该载荷值与式(A.1)的计算载荷值相加。

附　录　B
(资料性附录)
由容器壳体限定的支座许用弯矩

B.1　适用范围

a)　适用于承受内压的钢制焊接圆筒形容器的带垫板耳式支座;

b)　适用于采用 Q235B、S30408、15CrMoR 等相似材料制作的容器壳体。

B.2　容器壳体材料的许用应力

a)　本附录给出了设备本体材料许用应力为[σ]=120 MPa、140 MPa、167 MPa、185 MPa 时的圆筒形壳体,处与计算压力为 p=0.0 MPa、0.6 MPa、1.0 MPa、1.6 MPa 工况时,在安装耳式支座后,由其局部应力限定的支座许用弯矩值[M_L];

b)　对其他材料(按许用应力值)和其他有效厚度可采用线性内插的方法确定[M_L];

c)　对其他压力等级的工况,需由设计人员按实际的计算弯矩,对壳体强度进行核算。

B.3　附支座处壳体的允许弯矩[M_L]表

a)　表 B.1:A 型、B 型耳式支座处壳体的允许弯矩[M_L]([σ]=120 MPa);

b)　表 B.2:A 型、B 型耳式支座处壳体的允许弯矩[M_L]([σ]=140 MPa);

c)　表 B.3:A 型、B 型耳式支座处壳体的允许弯矩[M_L]([σ]=167 MPa);

d)　表 B.4:A 型、B 型耳式支座处壳体的允许弯矩[M_L]([σ]=185 MPa);

e)　表 B.5:C 型耳式支座处壳体的允许弯矩[M_L]([σ]=120 MPa);

f)　表 B.6:C 型耳式支座处壳体的允许弯矩[M_L]([σ]=140 MPa);

g)　表 B.7:C 型耳式支座处壳体的允许弯矩[M_L]([σ]=167 MPa);

h)　表 B.8:C 型耳式支座处壳体的允许弯矩[M_L]([σ]=185 MPa)。

表 B.1　A 型、B 型耳式支座处壳体的允许弯矩[M_L]([σ]=120 MPa)

单位为千牛米

筒体有效厚度 mm	耳式 支座号	直径 mm	p=0.0 MPa	p=0.6 MPa	p=1.0 MPa	p=1.6 MPa
4	1	300	2.65	2.36	2.16	1.84
		350	2.19	1.90	1.69	1.37
		400	1.82	1.53	1.33	1.01
		500	1.87	1.50	1.24	0.81
		600	1.84	1.40	1.08	—
	2	500	3.04	2.46	2.03	1.35
		600	2.96	2.27	1.77	—
		700	2.81	2.01	1.43	—
		800	2.52	1.66	1.05	—
		900	2.34	1.43	0.79	—
		1 000	2.18	1.23	—	—

表 B.1 A 型、B 型耳式支座处壳体的允许弯矩$[M_L]$($[\sigma]$=120 MPa)(续)

筒体有效厚度 mm	耳式 支座号	直径 mm	p=0.0 MPa	p=0.6 MPa	p=1.0 MPa	p=1.6 MPa
4	3	700	4.45	3.24	2.34	—
		800	4.05	2.70	1.73	—
		900	3.75	2.32	1.28	—
		1 000	3.49	1.98	—	—
		1 100	3.27	1.70	—	—
		1 200	3.07	1.44	—	—
		1 300	2.91	1.21	—	—
		1 400	2.76	1.01	—	—
	4	1 000	5.67	3.28	—	—
		1 100	5.31	2.79	—	—
		1 200	5.00	2.36	—	—
		1 300	4.71	1.98	—	—
		1 400	4.46	1.64	—	—
		1 500	4.23	—	—	—
		1 600	4.04	—	—	—
		1 700	3.84	—	—	—
		1 800	3.66	—	—	—
		2 000	3.31	—	—	—
	5	1 300	7.89	3.40	—	—
		1 400	7.45	2.80	—	—
		1 500	7.06	—	—	—
		1 600	6.70	—	—	—
		1 700	6.39	—	—	—
		1 800	6.09	—	—	—
		2 000	5.54	—	—	—
		2 200	5.02	—	—	—
	6	1 500	11.43	—	—	—
		1 600	10.83	—	—	—
		1 700	10.30	—	—	—
		1 800	9.81	—	—	—
		2 000	8.94	—	—	—
		2 200	8.15	—	—	—

表 B.1 A型、B型耳式支座处壳体的允许弯矩$[M_L]$($[\sigma]$=120 MPa)(续)

筒体有效厚度 mm	耳式支座号	直径 mm	p=0.0 MPa	p=0.6 MPa	p=1.0 MPa	p=1.6 MPa
4	7	1 700	15.37	—	—	—
		1 800	14.60	—	—	—
		2 000	13.28	—	—	—
		2 200	12.13	—	—	—
	8	2 000	20.48	—	—	—
		2 200	18.69	—	—	—
6	1	300	4.81	4.47	4.24	3.87
		350	4.23	3.88	3.64	3.26
		400	3.91	3.54	3.28	2.87
		500	3.32	2.89	2.59	2.12
		600	2.81	2.35	2.03	1.54
	2	500	5.36	4.69	4.21	3.46
		600	4.33	3.64	3.15	2.38
		700	4.44	3.60	3.01	2.08
		800	4.43	3.47	2.79	1.72
		900	4.35	3.27	2.52	—
		1 000	4.17	3.01	2.19	—
	3	700	6.98	5.68	4.77	3.32
		800	6.96	5.48	4.43	2.74
		900	6.86	5.20	4.02	—
		1 000	6.59	4.78	3.48	—
		1 100	6.35	4.39	2.99	—
		1 200	5.77	3.78	2.38	—
		1 300	5.48	3.42	1.96	—
		1 400	5.23	3.10	—	—
	4	1 000	10.57	7.75	5.70	—
		1 100	10.22	7.12	4.89	—
		1 200	9.33	6.15	3.88	—
		1 300	8.85	5.54	3.18	—
		1 400	8.42	5.00	—	—
		1 500	8.03	4.50	—	—
		1 600	7.67	4.04	—	—
		1 700	7.34	3.62	—	—
		1 800	7.04	3.22	—	—
		2 000	6.55	2.53	—	—

表 B.1　A 型、B 型耳式支座处壳体的允许弯矩[M_L]([σ]=120 MPa)(续)

筒体有效厚度 mm	耳式 支座号	直径 mm	p=0.0 MPa	p=0.6 MPa	p=1.0 MPa	p=1.6 MPa
6	5	1 300	14.76	9.37	5.44	—
		1 400	14.04	8.42	—	—
		1 500	13.39	7.57	—	—
		1 600	12.79	6.78	—	—
		1 700	12.24	6.06	—	—
		1 800	11.73	5.39	—	—
		2 000	10.84	4.19	—	—
		2 200	10.09	—	—	—
		2 400	9.44	—	—	—
		2 600	8.78	—	—	—
	6	1 500	21.48	12.39	—	—
		1 600	20.54	11.09	—	—
		1 700	19.68	9.89	—	—
		1 800	18.88	8.79	—	—
		2 000	17.39	6.80	—	—
		2 200	16.11	—	—	—
		2 400	15.00	—	—	—
		2 600	13.98	—	—	—
		2 800	13.02	—	—	—
		3 000	12.12	—	—	—
	7	1 700	28.97	14.91	—	—
		1 800	27.81	13.23	—	—
		2 000	25.66	10.22	—	—
		2 200	23.72	—	—	—
		2 400	22.01	—	—	—
		2 600	20.53	—	—	—
		2 800	19.16	—	—	—
		3 000	17.85	—	—	—
		3 200	16.62	—	—	—
		3 400	15.44	—		—

表 B.1 A 型、B 型耳式支座处壳体的允许弯矩[M_L]([σ]=120 MPa)(续)

筒体有效厚度 mm	耳式 支座号	直径 mm	p=0.0 MPa	p=0.6 MPa	p=1.0 MPa	p=1.6 MPa
6	8	2 000	39.20	16.12	—	—
		2 200	36.30	—	—	—
		2 400	33.61	—	—	—
		2 600	31.28	—	—	—
		2 800	29.19	—	—	—
		3 000	27.25	—	—	—
		3 200	25.41	—	—	—
		3 400	23.66	—	—	—
8	1	300	7.30	6.90	6.62	6.20
		350	6.37	5.97	5.70	5.27
		400	5.82	5.40	5.12	4.67
		500	5.27	4.80	4.47	3.94
		600	4.84	4.30	3.91	3.31
	2	500	8.48	7.73	7.20	6.38
		600	7.62	6.77	6.17	5.23
		700	6.74	5.81	5.16	4.14
		800	6.00	5.03	4.35	3.29
		900	6.08	4.97	4.19	2.97
		1 000	6.05	4.82	3.95	2.58
	3	700	10.52	9.08	8.08	6.50
		800	9.06	7.60	6.57	4.97
		900	9.24	7.55	6.37	4.51
		1 000	9.27	7.38	6.05	3.95
		1 100	9.19	7.12	5.66	3.34
		1 200	9.01	6.78	5.20	—
		1 300	8.74	6.37	4.68	—
		1 400	8.48	5.98	4.20	—
	4	1 000	14.63	11.69	9.61	6.31
		1 100	14.55	11.32	9.03	5.36
		1 200	14.35	10.85	8.35	—
		1 300	13.92	10.17	7.50	—
		1 400	13.52	9.53	6.70	—
		1 500	13.12	8.92	5.94	—
		1 600	12.02	7.84	4.89	—
		1 700	11.56	7.27	4.22	—
		1 800	11.14	6.74	3.60	—
		2 000	10.38	5.77	—	—

表 B.1　A 型、B 型耳式支座处壳体的允许弯矩[M_L]([σ]=120 MPa)(续)

筒体有效厚度 mm	耳式 支座号	直径 mm	p=0.0 MPa	p=0.6 MPa	p=1.0 MPa	p=1.6 MPa
8	5	1 300	22.90	16.91	12.57	—
		1 400	22.28	15.84	11.21	—
		1 500	21.69	14.83	9.92	—
		1 600	19.95	13.06	8.17	—
		1 700	19.15	12.06	7.03	—
		1 800	18.41	11.14	5.96	—
		2 000	17.10	9.48	—	—
		2 200	15.96	8.02	—	—
		2 400	14.94	6.69	—	—
		2 600	14.11	5.54	—	—
	6	1 500	34.52	23.97	16.22	—
		1 600	31.99	21.21	13.39	—
		1 700	30.70	19.55	11.48	—
		1 800	29.51	18.02	9.71	—
		2 000	27.39	15.28	—	—
		2 200	25.54	12.87	—	—
		2 400	23.88	10.71	—	—
		2 600	22.44	8.79	—	—
		2 800	21.18	—	—	—
		3 000	20.06	—	—	—
	7	1 700	45.17	29.25	17.40	—
		1 800	43.43	26.93	14.69	—
		2 000	40.33	22.78	—	—
		2 200	37.63	19.14	—	—
		2 400	35.21	15.91	—	—
		2 600	33.00	13.00	—	—
		2 800	31.05	—	—	—
		3 000	29.31	—	—	—
		3 200	27.74	—	—	—
		3 400	26.18	—	—	—

表 B.1 A 型、B 型耳式支座处壳体的允许弯矩[M_L]([σ]=120 MPa)(续)

筒体有效厚度 mm	耳式 支座号	直径 mm	p=0.0 MPa	p=0.6 MPa	p=1.0 MPa	p=1.6 MPa
8	8	2 000	61.18	35.35	—	—
		2 200	57.16	29.66	—	—
		2 400	53.56	24.59	—	—
		2 600	50.20	20.05	—	—
		2 800	47.13	—	—	—
		3 000	44.35	—	—	—
		3 200	41.83	—	—	—
		3 400	39.53	—	—	—
		3 600	37.33	—	—	—
		3 800	35.22	—	—	—
		4 000	33.19	—	—	—
10	1	300	10.09	9.63	9.32	8.84
		350	8.90	8.44	8.13	7.65
		400	8.15	7.68	7.36	6.86
		500	7.29	6.77	6.41	5.84
		600	6.86	6.27	5.85	5.20
	2	500	11.55	10.73	10.16	9.27
		600	10.63	9.71	9.08	8.07
		700	9.97	8.95	8.23	7.10
		800	9.22	8.09	7.29	6.04
		900	8.52	7.30	6.45	5.12
		1 000	7.97	6.69	5.79	4.38
	3	700	15.61	14.04	12.93	11.18
		800	14.17	12.44	11.22	9.32
		900	12.82	10.98	9.70	7.69
		1 000	11.71	9.81	8.48	6.40
		1 100	11.84	9.72	8.23	5.91
		1 200	11.84	9.52	7.90	5.33
		1 300	11.74	9.24	7.48	4.70
		1 400	11.56	8.90	7.02	4.03

表 B.1　A 型、B 型耳式支座处壳体的允许弯矩[M_L]([σ]=120 MPa)(续)

筒体有效厚度 mm	耳式 支座号	直径 mm	p=0.0 MPa	p=0.6 MPa	p=1.0 MPa	p=1.6 MPa
10	4	1 000	17.86	14.97	12.94	9.78
		1 100	18.16	14.91	12.63	9.06
		1 200	18.26	14.69	12.17	8.22
		1 300	18.21	14.34	11.60	7.28
		1 400	18.04	13.88	10.94	6.27
		1 500	17.74	13.33	10.20	—
		1 600	17.30	12.66	9.37	—
		1 700	16.87	12.03	8.59	—
		1 800	16.46	11.42	7.83	—
		2 000	14.82	9.66	5.99	—
	5	1 300	29.55	23.36	18.97	11.97
		1 400	29.35	22.70	17.96	10.37
		1 500	29.00	21.90	16.83	—
		1 600	28.29	20.78	15.42	—
		1 700	27.61	19.70	14.08	—
		1 800	26.95	18.68	12.80	—
		2 000	24.25	15.75	9.75	—
		2 200	22.75	13.89	7.59	—
		2 400	21.44	12.23	—	—
		2 600	20.27	10.72	—	—
	6	1 500	45.91	35.09	27.20	—
		1 600	44.81	33.27	24.89	—
		1 700	43.80	31.55	22.70	—
		1 800	42.84	29.90	20.61	—
		2 000	38.71	25.24	15.67	—
		2 200	36.23	22.15	12.12	—
		2 400	34.05	19.41	—	—
		2 600	32.10	16.93	—	—
		2 800	30.34	14.66	—	—
		3 000	28.72	12.57	—	—

表 B.1　A 型、B 型耳式支座处壳体的允许弯矩$[M_L]$($[\sigma]$=120 MPa)(续)

筒体有效厚度 mm	耳式 支座号	直径 mm	p=0.0 MPa	p=0.6 MPa	p=1.0 MPa	p=1.6 MPa
10	7	1 700	63.85	46.64	33.91	—
		1 800	62.54	44.23	30.78	—
		2 000	56.94	37.47	23.44	—
		2 200	53.27	32.80	18.05	—
		2 400	50.04	28.66	—	—
		2 600	47.14	24.94	—	—
		2 800	44.52	21.55	—	—
		3 000	42.11	18.43	—	—
		3 200	39.98	15.60	—	—
		3 400	38.07	12.96	—	—
	8	2 000	86.37	57.85	36.68	—
		2 200	80.85	50.54	28.15	—
		2 400	75.97	44.06	—	—
		2 600	71.61	38.26	—	—
		2 800	67.64	32.99	—	—
		3 000	64.00	28.17	—	—
		3 200	60.62	23.74	—	—
		3 400	57.54	19.63	—	—
		3 600	54.74	—	—	—
		3 800	52.16	—	—	—
		4 000	49.76	—	—	—
12	1	350	11.70	11.19	10.84	10.30
		400	10.77	10.25	9.89	9.34
		500	9.69	9.12	8.72	8.10
		600	9.06	8.41	7.96	7.25
	2	500	15.20	14.29	13.67	12.70
		600	13.82	12.83	12.14	11.07
		700	13.08	11.98	11.21	10.01
		800	12.48	11.26	10.41	9.07
		900	11.84	10.51	9.57	8.09
		1 000	11.21	9.78	8.77	7.18

表 B.1 A 型、B 型耳式支座处壳体的允许弯矩[M_L]([σ]=120 MPa)(续)

筒体有效厚度 mm	耳式 支座号	直径 mm	p=0.0 MPa	p=0.6 MPa	p=1.0 MPa	p=1.6 MPa
12	3	700	20.16	18.49	17.32	15.47
		800	19.07	17.23	15.93	13.90
		900	17.90	15.88	14.47	12.24
		1 000	16.71	14.54	13.02	10.64
		1 100	15.60	13.31	11.72	9.23
		1 200	14.73	12.35	10.68	8.07
		1 300	14.79	12.20	10.38	7.52
		1 400	14.74	11.96	10.00	6.91
	4	1 000	25.95	22.59	20.24	16.55
		1 100	23.73	20.25	17.82	14.01
		1 200	21.96	18.38	15.88	11.99
		1 300	22.19	18.27	15.52	11.22
		1 400	22.26	18.01	15.03	10.35
		1 500	22.18	17.64	14.44	9.38
		1 600	21.98	17.16	13.76	8.36
		1 700	21.69	16.61	13.01	7.30
		1 800	21.30	15.99	12.22	—
		2 000	20.43	14.72	10.63	—
	5	1 300	35.07	28.89	24.56	17.77
		1 400	35.31	28.59	23.87	16.44
		1 500	35.34	28.11	23.02	14.98
		1 600	35.19	27.49	22.04	13.41
		1 700	34.89	26.73	20.95	11.75
		1 800	34.42	25.83	19.74	—
		2 000	32.97	23.66	17.04	—
		2 200	31.60	21.63	14.54	—
		2 400	28.65	18.57	11.42	—
		2 600	27.22	16.76	9.28	—
	6	1 500	55.49	44.36	36.45	23.85
		1 600	55.27	43.41	34.95	21.40
		1 700	54.90	42.31	33.31	18.84
		1 800	54.31	41.02	31.50	—
		2 000	52.09	37.49	27.09	—

表 B.1 A 型、B 型耳式支座处壳体的允许弯矩[M_L]([σ]=120 MPa)(续)

筒体有效厚度 mm	耳式支座号	直径 mm	p=0.0 MPa	p=0.6 MPa	p=1.0 MPa	p=1.6 MPa
12	6	2 200	50.00	34.22	23.00	—
		2 400	45.31	29.30	18.00	—
		2 600	42.88	26.29	14.53	—
		2 800	40.69	23.56	—	—
		3 000	38.72	21.04	—	—
	7	1 700	80.03	62.27	49.36	28.26
		1 800	79.06	60.34	46.69	—
		2 000	75.93	55.13	40.08	—
		2 200	73.08	50.32	33.98	—
		2 400	66.44	43.13	26.57	—
		2 600	62.79	38.58	21.35	—
		2 800	59.49	34.45	—	—
		3 000	56.50	30.67	—	—
		3 200	53.76	27.17	—	—
		3 400	51.21	23.91	—	—
	8	2 000	113.63	83.76	61.59	—
		2 200	109.61	76.48	52.18	—
		2 400	100.77	66.07	41.03	—
		2 600	95.19	58.95	32.83	—
		2 800	90.17	52.53	—	—
		3 000	85.59	46.65	—	—
		3 200	81.38	41.23	—	—
		3 400	77.48	36.20	—	—
		3 600	73.83	31.49	—	—
		3 800	70.53	27.13	—	—
		4 000	67.51	—	—	—
16	1	500	15.27	14.59	14.12	13.40
		600	14.42	13.67	13.14	12.33
	2	500	23.60	22.52	21.78	20.64
		600	21.61	20.45	19.65	18.42
		700	20.37	19.10	18.22	16.86
		800	19.46	18.06	17.09	15.58
		900	18.84	17.32	16.26	14.59
		1 000	18.28	16.64	15.48	13.66

表 B.1 A 型、B 型耳式支座处壳体的允许弯矩[M_L]([σ]=120 MPa)(续)

筒体有效厚度 mm	耳式 支座号	直径 mm	p=0.0 MPa	p=0.6 MPa	p=1.0 MPa	p=1.6 MPa
16	3	700	30.78	28.85	27.52	25.45
		800	28.97	26.89	25.45	23.19
		900	27.86	25.60	24.02	21.55
		1 000	26.90	24.45	22.74	20.05
		1 100	26.01	23.38	21.53	18.63
		1 200	25.02	22.20	20.22	17.10
		1 300	24.07	21.09	18.99	15.68
		1 400	23.20	20.07	17.86	14.37
	4	1 000	41.26	37.54	34.93	30.83
		1 100	39.72	35.73	32.92	28.50
		1 200	37.87	33.58	30.57	25.84
		1 300	36.06	31.52	28.34	23.35
		1 400	34.33	29.58	26.26	21.06
		1 500	32.73	27.81	24.37	18.99
		1 600	31.52	26.43	22.86	17.27
		1 700	31.58	26.17	22.36	16.36
		1 800	31.51	25.79	21.76	15.38
		2 000	31.05	24.79	20.34	13.23
	5	1 300	57.19	50.01	44.98	37.09
		1 400	53.68	46.22	41.02	32.87
		1 500	50.32	42.69	37.37	29.06
		1 600	47.76	39.94	34.50	25.99
		1 700	48.12	39.74	33.89	24.72
		1 800	48.26	39.35	33.11	23.31
		2 000	47.99	38.11	31.14	20.14
		2 200	47.13	36.38	28.77	16.69
		2 400	45.83	34.33	26.15	—
		2 600	44.38	32.23	23.52	—
	6	1 500	77.20	65.56	57.42	44.69
		1 600	72.07	60.31	52.10	39.27
		1 700	72.87	60.20	51.34	37.45
		1 800	73.33	59.79	50.31	35.41

表 B.1 A型、B型耳式支座处壳体的允许弯矩$[M_L]$($[\sigma]$=120 MPa)(续)

筒体有效厚度 mm	耳式支座号	直径 mm	p=0.0 MPa	p=0.6 MPa	p=1.0 MPa	p=1.6 MPa
16	6	2 000	73.43	58.28	47.62	30.80
		2 200	72.66	56.04	44.29	25.67
		2 400	71.12	53.17	40.45	—
		2 600	68.76	49.69	36.17	—
		2 800	66.51	46.40	32.10	—
		3 000	64.31	43.25	28.21	—
	7	1 700	104.46	86.48	73.85	53.99
		1 800	105.22	85.99	72.45	51.12
		2 000	105.51	83.97	68.73	44.59
		2 200	104.73	81.02	64.18	37.35
		2 400	102.99	77.24	58.91	—
		2 600	99.59	72.06	52.50	—
		2 800	96.35	67.17	46.45	—
		3 000	93.21	62.49	40.69	—
		3 200	85.17	54.59	32.99	—
		3 400	81.63	50.21	27.90	—
	8	2 000	157.99	126.46	103.93	67.86
		2 200	156.32	121.81	96.99	56.94
		2 400	153.77	116.27	89.21	—
		2 600	148.82	108.37	79.33	—
		2 800	144.15	100.92	70.02	—
		3 000	139.62	93.80	61.18	—
		3 200	128.27	82.27	49.77	—
		3 400	122.72	75.44	41.92	—
		3 600	117.60	69.07	—	—
		3 800	112.83	63.10	—	—
		4 000	108.38	57.48	—	—

表 B.2 A型、B型耳式支座处壳体的允许弯矩[M_L]([σ]=140 MPa)

单位为 kN·m

筒体有效厚度 mm	耳式支座号	直径 mm	p=0.0 MPa	p=0.6 MPa	p=1.0 MPa	p=1.6 MPa
4	1	300	3.09	2.81	2.61	2.29
		350	2.56	2.27	2.06	1.74
		400	2.12	1.84	1.64	1.32
		500	2.19	1.82	1.56	1.14
		600	2.15	1.71	1.40	0.90
	2	500	3.55	2.97	2.56	1.89
		600	3.46	2.78	2.29	1.49
		700	3.28	2.48	1.92	—
		800	2.95	2.10	1.50	—
		900	2.73	1.83	1.20	—
		1 000	2.55	1.61	0.94	—
	3	700	5.20	4.00	3.12	—
		800	4.73	3.40	2.44	—
		900	4.38	2.96	1.95	—
		1 000	4.09	2.59	1.52	—
		1 100	3.83	2.27	—	—
		1 200	3.60	1.98	—	—
		1 300	3.41	1.73	—	—
		1 400	3.24	1.50	—	—
	4	1 000	6.63	4.27	2.53	—
		1 100	6.22	3.73	—	—
		1 200	5.86	3.25	—	—
		1 300	5.53	2.82	—	—
		1 400	5.23	2.44	—	—
		1 500	4.98	2.10	—	—
		1 600	4.75	1.78	—	—
		1 700	4.52	1.49	—	—
		1 800	4.31	—	—	—
		2 000	3.92	—	—	—
	5	1 300	9.25	4.82	—	—
		1 400	8.75	4.15	—	—
		1 500	8.29	3.55	—	—

表 B.2 A 型、B 型耳式支座处壳体的允许弯矩$[M_L]$($[\sigma]$=140 MPa)(续)

筒体有效厚度 mm	耳式 支座号	直径 mm	p=0.0 MPa	p=0.6 MPa	p=1.0 MPa	p=1.6 MPa
4	5	1 600	7.88	3.00	—	—
		1 700	7.52	2.50	—	—
		1 800	7.18	—	—	—
		2 000	6.54	—	—	—
		2 200	5.96	—	—	—
	6	1 500	13.42	5.91	—	—
		1 600	12.73	4.98	—	—
		1 700	12.12	4.14	—	—
		1 800	11.56	—	—	—
		2 000	10.56	—	—	—
		2 200	9.65	—	—	—
	7	1 700	18.08	6.40	—	—
		1 800	17.20	—	—	—
		2 000	15.68	—	—	—
		2 200	14.36	—	—	—
	8	2 000	24.17	—	—	—
		2 200	22.12	—	—	—
6	1	300	5.61	5.27	5.04	4.68
		350	4.93	4.59	4.35	3.98
		400	4.56	4.20	3.94	3.54
		500	3.88	3.45	3.15	2.69
		600	3.28	2.83	2.51	2.02
	2	500	6.26	5.59	5.12	4.38
		600	5.06	4.37	3.88	3.13
		700	5.18	4.35	3.77	2.86
		800	5.18	4.22	3.55	2.50
		900	5.08	4.01	3.27	2.08
		1 000	4.88	3.73	2.91	1.63
	3	700	8.15	6.86	5.96	4.54
		800	8.13	6.66	5.63	3.98
		900	8.01	6.37	5.20	3.34
		1 000	7.71	5.90	4.63	2.60
		1 100	7.43	5.47	4.10	—
		1 200	6.76	4.78	3.39	—
		1 300	6.42	4.37	2.93	—
		1 400	6.12	4.01	2.51	—

表 B.2　A 型、B 型耳式支座处壳体的允许弯矩[M_L]([σ]=140 MPa)(续)

筒体有效厚度 mm	耳式 支座号	直径 mm	p=0.0 MPa	p=0.6 MPa	p=1.0 MPa	p=1.6 MPa
6	4	1 000	12.36	9.56	7.55	4.30
		1 100	11.95	8.88	6.68	—
		1 200	10.92	7.75	5.52	—
		1 300	10.36	7.07	4.75	—
		1 400	9.86	6.46	4.05	—
		1 500	9.41	5.91	3.42	—
		1 600	9.00	5.40	—	—
		1 700	8.62	4.92	—	—
		1 800	8.27	4.49	—	—
		2 000	7.70	3.73	—	—
	5	1 300	17.28	11.93	8.08	—
		1 400	16.44	10.88	6.87	—
		1 500	15.69	9.92	5.77	—
		1 600	15.00	9.05	—	—
		1 700	14.37	8.24	—	—
		1 800	13.78	7.49	—	—
		2 000	12.75	6.17	—	—
		2 200	11.89	5.02	—	—
		2 400	11.15	3.98	—	—
		2 600	10.39	—	—	—
	6	1 500	25.17	16.19	9.55	—
		1 600	24.09	14.74	—	—
		1 700	23.09	13.42	—	—
		1 800	22.16	12.19	—	—
		2 000	20.45	9.98	—	—
		2 200	18.98	8.06	—	—
		2 400	17.72	6.35	—	—
		2 600	16.55	—	—	—
		2 800	15.46	—	—	—
		3 000	14.42	—	—	—
	7	1 700	33.98	20.14	—	—
		1 800	32.65	18.28	—	—
		2 000	30.17	14.96	—	—

表 B.2 A 型、B 型耳式支座处壳体的允许弯矩$[M_L]$（$[\sigma]$=140 MPa）（续）

筒体有效厚度 mm	耳式支座号	直径 mm	p=0.0 MPa	p=0.6 MPa	p=1.0 MPa	p=1.6 MPa
6	7	2 200	27.95	12.02	—	—
		2 400	25.99	9.42	—	—
		2 600	24.30	—	—	—
		2 800	22.73	—	—	—
		3 000	21.25	—	—	—
		3 200	19.85	—	—	—
		3 400	18.51	—	—	—
	8	2 000	46.07	23.45	—	—
		2 200	42.75	18.83	—	—
		2 400	39.66	14.70	—	—
		2 600	37.01	—	—	—
		2 800	34.62	—	—	—
		3 000	32.42	—	—	—
		3 200	30.34	—	—	—
		3 400	28.36	—	—	—
8	1	300	8.52	8.12	7.85	7.43
		350	7.44	7.04	6.77	6.35
		400	6.79	6.38	6.09	5.65
		500	6.15	5.68	5.35	4.84
		600	5.65	5.11	4.73	4.14
	2	500	9.89	9.15	8.63	7.82
		600	8.89	8.05	7.46	6.54
		700	7.87	6.94	6.30	5.30
		800	7.01	6.04	5.37	4.32
		900	7.10	5.99	5.22	4.02
		1 000	7.07	5.85	4.99	3.65
	3	700	12.28	10.85	9.85	8.30
		800	10.58	9.12	8.11	6.53
		900	10.79	9.11	7.94	6.11
		1 000	10.83	8.95	7.64	5.58
		1 100	10.74	8.68	7.24	4.97
		1 200	10.54	8.32	6.76	4.30
		1 300	10.22	7.86	6.21	3.59
		1 400	9.92	7.44	5.69	—

表 B.2 A 型、B 型耳式支座处壳体的允许弯矩[M_L]([σ]=140 MPa)(续)

筒体有效厚度 mm	耳式 支座号	直径 mm	p=0.0 MPa	p=0.6 MPa	p=1.0 MPa	p=1.6 MPa
8	4	1 000	17.09	14.17	12.12	8.89
		1 100	17.00	13.80	11.54	7.95
		1 200	16.78	13.30	10.84	6.92
		1 300	16.28	12.55	9.92	5.75
		1 400	15.81	11.85	9.06	—
		1 500	15.36	11.19	8.25	—
		1 600	14.08	9.93	7.01	—
		1 700	13.55	9.28	6.28	—
		1 800	13.06	8.69	5.60	—
		2 000	12.19	7.61	4.36	—
	5	1 300	26.78	20.84	16.58	9.72
		1 400	26.07	19.68	15.13	—
		1 500	25.39	18.58	13.75	—
		1 600	23.36	16.52	11.70	—
		1 700	22.44	15.40	10.44	—
		1 800	21.59	14.37	9.27	—
		2 000	20.07	12.51	7.15	—
		2 200	18.75	10.88	—	—
		2 400	17.58	9.42	—	—
		2 600	16.64	8.15	—	—
	6	1 500	40.39	29.95	22.38	—
		1 600	37.46	26.77	19.11	—
		1 700	35.97	24.91	17.00	—
		1 800	34.60	23.20	15.05	—
		2 000	32.15	20.14	11.55	—
		2 200	30.01	17.46	—	—
		2 400	28.11	15.06	—	—
		2 600	26.46	12.95	—	—
		2 800	25.03	11.04	—	—
		3 000	23.74	9.28	—	—
	7	1 700	52.91	37.17	25.63	—
		1 800	50.90	34.58	22.66	—
		2 000	47.33	29.96	17.33	—

表 B.2 A 型、B 型耳式支座处壳体的允许弯矩$[M_L]$($[\sigma]=140$ MPa)(续)

筒体有效厚度 mm	耳式支座号	直径 mm	$p=0.0$ MPa	$p=0.6$ MPa	$p=1.0$ MPa	$p=1.6$ MPa
8	7	2 200	44.22	25.93	—	—
		2 400	41.44	22.34	—	—
		2 600	38.91	19.12	—	—
		2 800	36.68	16.23	—	—
		3 000	34.70	13.58	—	—
		3 200	32.91	11.14	—	—
		3 400	31.14	—	—	—
	8	2 000	71.77	46.32	27.20	—
		2 200	67.15	40.03	—	—
		2 400	63.02	34.44	—	—
		2 600	59.17	29.42	—	—
		2 800	55.66	24.86	—	—
		3 000	52.49	20.71	—	—
		3 200	49.63	16.90	—	—
		3 400	47.01	—	—	—
		3 600	44.52	—	—	—
		3 800	42.13	—	—	—
		4 000	39.83	—	—	—
10	1	300	11.77	11.32	11.00	10.53
		350	10.38	9.93	9.62	9.14
		400	9.51	9.04	8.72	8.23
		500	8.51	7.99	7.63	7.07
		600	8.01	7.42	7.00	6.36
	2	500	13.48	12.66	12.10	11.22
		600	12.40	11.50	10.86	9.88
		700	11.64	10.62	9.91	8.80
		800	10.76	9.64	8.85	7.62
		900	9.95	8.74	7.90	6.59
		1 000	9.31	8.03	7.14	5.76
	3	700	18.22	16.66	15.56	13.84
		800	16.55	14.82	13.62	11.74
		900	14.97	13.14	11.87	9.89
		1 000	13.68	11.78	10.47	8.43

表 B.2 A 型、B 型耳式支座处壳体的允许弯矩[M_L]([σ]=140 MPa)(续)

筒体有效厚度 mm	耳式 支座号	直径 mm	p=0.0 MPa	p=0.6 MPa	p=1.0 MPa	p=1.6 MPa
10	3	1 100	13.83	11.72	10.25	7.96
		1 200	13.83	11.53	9.92	7.40
		1 300	13.72	11.24	9.50	6.77
		1 400	13.51	10.87	9.02	6.09
	4	1 000	20.86	17.98	15.98	12.87
		1 100	21.21	17.98	15.73	12.22
		1 200	21.34	17.78	15.30	11.42
		1 300	21.29	17.43	14.74	10.50
		1 400	21.09	16.96	14.06	9.49
		1 500	20.76	16.37	13.28	8.42
		1 600	20.24	15.64	12.40	7.28
		1 700	19.75	14.94	11.55	—
		1 800	19.28	14.27	10.74	—
		2 000	17.37	12.25	8.64	—
	5	1 300	34.54	28.39	24.06	17.22
		1 400	34.32	27.72	23.05	15.64
		1 500	33.92	26.87	21.88	13.94
		1 600	33.10	25.64	20.37	12.00
		1 700	32.32	24.47	18.93	—
		1 800	31.56	23.34	17.56	—
		2 000	28.43	19.98	14.06	—
		2 200	26.70	17.90	11.70	—
		2 400	25.19	16.05	9.57	—
		2 600	23.84	14.39	—	—
	6	1 500	53.69	42.97	35.24	22.74
		1 600	52.42	40.98	32.77	19.54
		1 700	51.27	39.12	30.44	—
		1 800	50.16	37.33	28.20	—
		2 000	45.38	31.99	22.57	—
		2 200	42.52	28.54	18.67	—
		2 400	40.01	25.47	15.18	—
		2 600	37.77	22.72	—	—
		2 800	35.74	20.21	—	—
		3 000	33.89	17.90	—	—

表 B.2 A型、B型耳式支座处壳体的允许弯矩$[M_L]$($[\sigma]$=140 MPa)(续)

筒体有效厚度 mm	耳式支座号	直径 mm	p=0.0 MPa	p=0.6 MPa	p=1.0 MPa	p=1.6 MPa
10	7	1 700	74.72	57.69	45.28	—
		1 800	73.22	55.10	41.96	—
		2 000	66.74	47.43	33.66	—
		2 200	62.51	42.20	27.73	—
		2 400	58.79	37.59	22.48	—
		2 600	55.46	33.45	—	—
		2 800	52.45	29.69	—	—
		3 000	49.69	26.24	—	—
		3 200	47.26	23.12	—	—
		3 400	45.08	20.25	—	—
	8	2 000	101.21	73.02	52.39	—
		2 200	94.84	64.87	43.04	—
		2 400	89.23	57.67	34.77	—
		2 600	84.22	51.22	—	—
		2 800	79.68	45.39	—	—
		3 000	75.51	40.06	—	—
		3 200	71.64	35.17	—	—
		3 400	68.14	30.66	—	—
		3 600	64.96	26.48	—	—
		3 800	62.04	22.56	—	—
		4 000	59.33	—	—	—
12	1	350	13.65	13.14	12.79	12.26
		400	12.57	12.05	11.69	11.15
		500	11.31	10.74	10.34	9.73
		600	10.57	9.93	9.48	8.78
	2	500	17.74	16.83	16.21	15.25
		600	16.12	15.14	14.46	13.40
		700	15.27	14.17	13.41	12.23
		800	14.57	13.36	12.51	11.20
		900	13.83	12.50	11.57	10.12
		1 000	13.10	11.66	10.67	9.10
	3	700	23.53	21.87	20.71	18.90

表 B.2　A 型、B 型耳式支座处壳体的允许弯矩 $[M_L]$（$[\sigma]=140$ MPa）（续）

筒体有效厚度 mm	耳式 支座号	直径 mm	p=0.0 MPa	p=0.6 MPa	p=1.0 MPa	p=1.6 MPa
12	3	800	22.26	20.42	19.15	17.15
		900	20.90	18.89	17.49	15.30
		1 000	19.52	17.35	15.85	13.51
		1 100	18.22	15.94	14.37	11.91
		1 200	17.21	14.84	13.19	10.62
		1 300	17.28	14.70	12.91	10.10
		1 400	17.22	14.47	12.53	9.50
	4	1 000	30.30	26.96	24.63	21.01
		1 100	27.72	24.25	21.84	18.10
		1 200	25.65	22.09	19.62	15.78
		1 300	25.94	22.03	19.31	15.08
		1 400	26.02	21.79	18.85	14.25
		1 500	25.94	21.42	18.26	13.30
		1 600	25.71	20.92	17.56	12.27
		1 700	25.37	20.32	16.78	11.19
		1 800	24.92	19.65	15.93	10.06
		2 000	23.92	18.26	14.24	7.85
	5	1 300	40.98	34.83	30.55	23.88
		1 400	41.27	34.59	29.93	22.63
		1 500	41.32	34.13	29.11	21.22
		1 600	41.16	33.50	28.12	19.67
		1 700	40.82	32.71	27.01	18.02
		1 800	40.29	31.75	25.75	16.26
		2 000	38.62	29.36	22.85	12.56
		2 200	37.04	27.14	20.16	—
		2 400	33.62	23.61	16.56	—
		2 600	31.98	21.60	14.24	—
	6	1 500	64.87	53.82	46.03	33.71
		1 600	64.63	52.86	44.53	31.32
		1 700	64.22	51.72	42.87	28.79
		1 800	63.55	50.36	41.00	26.08
		2 000	61.00	46.51	36.28	20.01
		2 200	58.61	42.94	31.90	—

表 B.2 A 型、B 型耳式支座处壳体的允许弯矩[M_L]([σ]=140 MPa)(续)

筒体有效厚度 mm	耳式 支座号	直径 mm	p=0.0 MPa	p=0.6 MPa	p=1.0 MPa	p=1.6 MPa
12	6	2 400	53.17	37.27	26.12	—
		2 600	50.37	33.90	22.31	—
		2 800	47.86	30.86	18.83	—
		3 000	45.59	28.07	15.61	—
	7	1 700	93.61	76.01	63.36	42.95
		1 800	92.51	73.96	60.60	38.96
		2 000	88.91	68.30	53.54	29.81
		2 200	85.66	63.08	47.03	—
		2 400	77.96	54.81	38.51	—
		2 600	73.75	49.72	32.77	—
		2 800	69.97	45.12	27.55	—
		3 000	66.54	40.92	22.74	—
		3 200	63.39	37.04	—	—
		3 400	60.48	33.44	—	—
	8	2 000	133.04	103.51	81.91	46.36
		2 200	128.45	95.66	71.93	—
		2 400	118.23	83.83	59.27	—
		2 600	111.80	75.88	50.27	—
		2 800	106.03	68.72	42.12	—
		3 000	100.78	62.19	34.67	—
		3 200	95.96	56.19	—	—
		3 400	91.50	50.61	—	—
		3 600	87.33	45.41	—	—
		3 800	83.59	40.64	—	—
		4 000	80.16	36.17	—	—
16	1	500	17.82	17.14	16.67	15.96
		600	16.83	16.08	15.56	14.76
	2	500	27.54	26.46	25.72	24.59
		600	25.22	24.06	23.27	22.05
		700	23.77	22.51	21.64	20.29
		800	22.71	21.32	20.36	18.87
		900	22.00	20.48	19.43	17.79
		1 000	21.34	19.71	18.56	16.78
	3	700	35.92	34.00	32.68	30.64

表 B.2 A 型、B 型耳式支座处壳体的允许弯矩$[M_L]$ ($[\sigma]$=140 MPa)(续)

筒体有效厚度 mm	耳式 支座号	直径 mm	p=0.0 MPa	p=0.6 MPa	p=1.0 MPa	p=1.6 MPa
16	3	800	33.81	31.74	30.31	28.09
		900	32.52	30.27	28.71	26.28
		1 000	31.40	28.97	27.27	24.63
		1 100	30.36	27.75	25.93	23.07
		1 200	29.21	26.41	24.46	21.39
		1 300	28.12	25.15	23.07	19.83
		1 400	27.11	23.99	21.81	18.38
	4	1 000	48.16	44.46	41.88	37.86
		1 100	46.38	42.40	39.63	35.29
		1 200	44.22	39.95	36.98	32.33
		1 300	42.12	37.60	34.45	29.55
		1 400	40.11	35.38	32.10	26.98
		1 500	38.24	33.35	29.95	24.65
		1 600	36.85	31.77	28.25	22.74
		1 700	36.92	31.53	27.77	21.89
		1 800	36.85	31.16	27.18	20.93
		2 000	36.33	30.11	25.73	18.78
	5	1 300	66.80	59.65	54.68	46.92
		1 400	62.71	55.29	50.14	42.12
		1 500	58.80	51.20	45.94	37.75
		1 600	55.82	48.04	42.65	34.27
		1 700	56.25	47.92	42.13	33.11
		1 800	56.43	47.57	41.40	31.77
		2 000	56.14	46.32	39.45	28.67
		2 200	55.18	44.50	37.00	25.18
		2 400	53.70	42.27	34.22	21.47
		2 600	52.03	39.97	31.42	17.81
	6	1 500	90.21	78.62	70.57	58.05

表 B.2 A 型、B 型耳式支座处壳体的允许弯矩[M_L]([σ]=140 MPa)(续)

筒体有效厚度 mm	耳式 支座号	直径 mm	p=0.0 MPa	p=0.6 MPa	p=1.0 MPa	p=1.6 MPa
16	6	1 600	84.24	72.53	64.41	51.77
		1 700	85.19	72.58	63.82	50.16
		1 800	85.75	72.28	62.91	48.27
		2 000	85.92	70.86	60.33	43.83
		2 200	85.07	68.55	56.96	38.74
		2 400	83.32	65.48	52.95	33.18
		2 600	80.62	61.68	48.36	27.31
		2 800	78.04	58.09	44.01	—
		3 000	75.53	54.64	39.85	—
	7	1 700	122.12	104.24	91.76	72.25
		1 800	123.03	103.91	90.55	69.61
		2 000	123.44	102.03	87.01	63.38
		2 200	122.60	99.05	82.47	56.27
		2 400	120.65	95.08	77.04	48.45
		2 600	116.76	89.43	70.17	39.69
		2 800	113.06	84.09	63.69	—
		3 000	109.48	78.99	57.52	—
		3 200	100.15	69.78	48.48	—
		3 400	96.09	64.90	42.94	—
	8	2 000	184.83	153.53	131.36	96.19
		2 200	182.97	148.74	124.38	85.47
		2 400	180.11	142.94	116.40	73.83
		2 600	174.45	134.34	105.84	60.28
		2 800	169.14	126.25	95.88	—
		3 000	163.99	118.51	86.43	—
		3 200	150.82	105.15	73.11	—
		3 400	144.46	97.52	64.52	—
		3 600	138.59	90.44	56.50	—
		3 800	133.15	83.82	48.96	—
		4 000	128.06	77.61	—	—

表 B.3 A 型、B 型耳式支座处壳体的允许弯矩[M_L]([σ]=167 MPa)

单位为 kN·m

筒体有效厚度 mm	耳式 支座号	直径 mm	p=0.0 MPa	p=0.6 MPa	p=1.0 MPa	p=1.6 MPa
4	1	300	3.69	3.41	3.21	2.90
		350	3.05	2.76	2.56	2.25
		400	2.54	2.25	2.05	1.74
		500	2.61	2.24	1.99	1.58
		600	2.57	2.13	1.82	1.34
	2	500	4.24	3.66	3.26	2.61
		600	4.13	3.46	2.97	2.20
		700	3.92	3.13	2.57	1.69
		800	3.52	2.68	2.08	1.16
		900	3.27	2.38	1.75	—
		1 000	3.05	2.12	1.46	—
	3	700	6.22	5.02	4.17	2.77
		800	5.65	4.33	3.39	1.90
		900	5.24	3.83	2.83	—
		1 000	4.89	3.41	2.36	—
		1 100	4.58	3.04	1.94	—
		1 200	4.32	2.71	1.57	—
		1 300	4.09	2.42	—	—
		1 400	3.89	2.17	—	—
	4	1 000	7.93	5.59	3.90	—
		1 100	7.44	4.98	3.20	—
		1 200	7.02	4.43	2.58	—
		1 300	6.62	3.95	—	—
		1 400	6.28	3.52	—	—
		1 500	5.98	3.13	—	—
		1 600	5.71	2.77	—	—
		1 700	5.44	2.44	—	—
		1 800	5.19	2.14	—	—
		2 000	4.73	1.57	—	—
	5	1 300	11.08	6.71	—	—
		1 400	10.49	5.96	—	—
		1 500	9.95	5.27	—	—

表 B.3 A型、B型耳式支座处壳体的允许弯矩[M_L]([σ]=167 MPa)(续)

筒体有效厚度 mm	耳式支座号	直径 mm	p=0.0 MPa	p=0.6 MPa	p=1.0 MPa	p=1.6 MPa
4	5	1 600	9.47	4.65	—	—
		1 700	9.04	4.10	—	—
		1 800	8.64	3.58	—	—
		2 000	7.90	2.64	—	—
		2 200	7.21	—	—	—
	6	1 500	16.11	8.74	—	—
		1 600	15.30	7.68	—	—
		1 700	14.57	6.74	—	—
		1 800	13.92	5.88	—	—
		2 000	12.75	4.34	—	—
		2 200	11.69	—	—	—
	7	1 700	21.74	10.34	—	—
		1 800	20.70	8.99	—	—
		2 000	18.92	6.61	—	—
		2 200	17.38	—	—	—
	8	2 000	29.14	10.57	—	—
		2 200	26.75	—	—	—
6	1	300	6.69	6.36	6.13	5.78
		350	5.89	5.54	5.31	4.94
		400	5.45	5.08	4.83	4.43
		500	4.63	4.20	3.91	3.45
		600	3.91	3.46	3.15	2.67
	2	500	7.47	6.80	6.34	5.61
		600	6.04	5.35	4.87	4.13
		700	6.19	5.36	4.78	3.89
		800	6.18	5.23	4.57	3.54
		900	6.07	5.01	4.27	3.12
		1 000	5.83	4.69	3.89	2.63
	3	700	9.73	8.45	7.56	6.16
		800	9.71	8.25	7.23	5.62
		900	9.57	7.94	6.79	4.98
		1 000	9.21	7.42	6.16	4.19
		1 100	8.88	6.94	5.58	3.46
		1 200	8.08	6.11	4.74	2.60
		1 300	7.68	5.65	4.23	—
		1 400	7.33	5.23	3.76	—

表 B.3 A 型、B 型耳式支座处壳体的允许弯矩[M_L]([σ]=167 MPa)(续)

筒体有效厚度 mm	耳式支座号	直径 mm	p=0.0 MPa	p=0.6 MPa	p=1.0 MPa	p=1.6 MPa
6	4	1 000	14.77	12.00	10.02	6.88
		1 100	14.29	11.24	9.08	5.66
		1 200	13.06	9.92	7.72	4.26
		1 300	12.40	9.13	6.85	—
		1 400	11.81	8.43	6.06	—
		1 500	11.27	7.80	5.35	—
		1 600	10.79	7.21	4.69	—
		1 700	10.34	6.68	4.08	—
		1 800	9.93	6.18	3.52	—
		2 000	9.26	5.33	—	—
	5	1 300	20.67	15.38	11.61	—
		1 400	19.69	14.17	10.25	—
		1 500	18.79	13.08	9.01	—
		1 600	17.98	12.08	7.89	—
		1 700	17.23	11.16	6.85	—
		1 800	16.54	10.31	5.89	—
		2 000	15.33	8.81	—	—
		2 200	14.32	7.52	—	—
		2 400	13.45	6.37	—	—
		2 600	12.57	5.29	—	—
	6	1 500	30.15	21.27	14.82	—
		1 600	28.87	19.63	12.94	—
		1 700	27.69	18.13	11.21	—
		1 800	26.60	16.74	9.62	—
		2 000	24.58	14.23	—	—
		2 200	22.86	12.06	—	—
		2 400	21.38	10.15	—	—
		2 600	20.02	8.43	—	—
		2 800	18.74	6.85	—	—
		3 000	17.54	—	—	—

表 B.3 A 型、B 型耳式支座处壳体的允许弯矩$[M_L]$（$[\sigma]$=167 MPa）(续)

筒体有效厚度 mm	耳式支座号	直径 mm	p=0.0 MPa	p=0.6 MPa	p=1.0 MPa	p=1.6 MPa
6	7	1 700	40.74	27.11	16.98	—
		1 800	39.18	25.02	14.55	—
		2 000	36.27	21.26	—	—
		2 200	33.65	17.95	—	—
		2 400	31.36	15.02	—	—
		2 600	29.39	12.48	—	—
		2 800	27.56	10.14	—	—
		3 000	25.84	—	—	—
		3 200	24.20	—	—	—
		3 400	22.64	—	—	—
	8	2 000	55.35	33.17	—	—
		2 200	51.46	27.98	—	—
		2 400	47.84	23.32	—	—
		2 600	44.74	19.29	—	—
		2 800	41.96	15.66	—	—
		3 000	39.40	—	—	—
		3 200	36.99	—	—	—
		3 400	34.69	—	—	—
8	1	300	10.16	9.76	9.49	9.08
		350	8.87	8.48	8.21	7.79
		400	8.10	7.69	7.41	6.97
		500	7.34	6.87	6.55	6.05
		600	6.75	6.20	5.83	5.25
	2	500	11.80	11.07	10.55	9.76
		600	10.62	9.78	9.19	8.29
		700	9.39	8.47	7.83	6.85
		800	8.37	7.41	6.74	5.71
		900	8.48	7.38	6.62	5.44
		1 000	8.45	7.23	6.39	5.07
	3	700	14.66	13.23	12.25	10.72
		800	12.64	11.18	10.18	8.63
		900	12.88	11.21	10.06	8.26
		1 000	12.93	11.07	9.77	7.75

表 B.3　A 型、B 型耳式支座处壳体的允许弯矩$[M_L]$（$[\sigma]$=167 MPa）（续）

筒体有效厚度 mm	耳式 支座号	直径 mm	p=0.0 MPa	p=0.6 MPa	p=1.0 MPa	p=1.6 MPa
8	3	1 100	12.83	10.79	9.36	7.14
		1 200	12.60	10.39	8.85	6.44
		1 300	12.22	9.88	8.25	5.68
		1 400	11.86	9.40	7.67	4.96
	4	1 000	20.41	17.51	15.49	12.33
		1 100	20.32	17.13	14.90	11.40
		1 200	20.06	16.60	14.17	10.36
		1 300	19.47	15.76	13.17	9.10
		1 400	18.92	14.98	12.23	7.92
		1 500	18.38	14.24	11.34	6.80
		1 600	16.86	12.73	9.86	5.37
		1 700	16.23	11.99	9.03	—
		1 800	15.65	11.31	8.27	—
		2 000	14.62	10.09	6.89	—
	5	1 300	32.01	26.12	21.95	15.30
		1 400	31.18	24.84	20.37	13.28
		1 500	30.38	23.62	18.87	11.37
		1 600	27.97	21.17	16.42	8.98
		1 700	26.88	19.89	15.00	—
		1 800	25.87	18.70	13.68	—
		2 000	24.09	16.58	11.31	—
		2 200	22.53	14.72	9.21	—
		2 400	21.15	13.06	7.33	—
		2 600	20.05	11.65	—	—
	6	1 500	48.33	37.99	30.59	18.68
		1 600	44.84	34.24	26.73	14.77
		1 700	43.08	32.11	24.35	—
		1 800	41.46	30.16	22.16	—
		2 000	38.57	26.66	18.24	—
		2 200	36.06	23.61	14.79	—
		2 400	33.82	20.89	11.72	—
		2 600	31.89	18.51	—	—
		2 800	30.21	16.37	—	—
		3 000	28.72	14.42	—	—

表 B.3 A型、B型耳式支座处壳体的允许弯矩[M_L]([σ]=167 MPa)(续)

筒体有效厚度 mm	耳式支座号	直径 mm	p=0.0 MPa	p=0.6 MPa	p=1.0 MPa	p=1.6 MPa
8	7	1 700	63.36	47.79	36.55	—
		1 800	60.99	44.85	33.22	—
		2 000	56.78	39.59	27.26	—
		2 200	53.11	35.01	22.05	—
		2 400	49.85	30.95	17.43	—
		2 600	46.89	27.31	—	—
		2 800	44.28	24.05	—	—
		3 000	41.97	21.09	—	—
		3 200	39.89	18.38	—	—
		3 400	37.83	15.83	—	—
	8	2 000	86.07	60.98	42.49	—
		2 200	80.64	53.88	34.30	—
		2 400	75.80	47.58	27.04	—
		2 600	71.28	41.91	—	—
		2 800	67.17	36.77	—	—
		3 000	63.47	32.10	—	—
		3 200	60.14	27.85	—	—
		3 400	57.11	23.98	—	—
		3 600	54.22	20.33	—	—
		3 800	51.45	—	—	—
		4 000	48.80	—	—	—
10	1	300	14.05	13.59	13.28	12.81
		350	12.39	11.94	11.63	11.16
		400	11.35	10.88	10.56	10.08
		500	10.15	9.64	9.28	8.73
		600	9.56	8.97	8.56	7.93
	2	500	16.08	15.27	14.71	13.85
		600	14.80	13.90	13.27	12.30
		700	13.89	12.88	12.18	11.08
		800	12.85	11.73	10.95	9.74
		900	11.88	10.67	9.84	8.55
		1 000	11.11	9.84	8.97	7.61

表 B.3 A 型、B 型耳式支座处壳体的允许弯矩[M_L]([σ]=167 MPa)(续)

筒体有效厚度 mm	耳式支座号	直径 mm	p=0.0 MPa	p=0.6 MPa	p=1.0 MPa	p=1.6 MPa
10	3	700	21.74	20.19	19.11	17.42
		800	19.75	18.03	16.85	15.00
		900	17.87	16.05	14.79	12.85
		1 000	16.34	14.45	13.15	11.13
		1 100	16.52	14.42	12.97	10.72
		1 200	16.53	14.24	12.65	10.18
		1 300	16.40	13.93	12.22	9.54
		1 400	16.15	13.53	11.70	8.84
	4	1 000	24.91	22.04	20.06	17.00
		1 100	25.34	22.12	19.90	16.44
		1 200	25.49	21.96	19.51	15.69
		1 300	25.44	21.61	18.94	14.79
		1 400	25.22	21.11	18.25	13.77
		1 500	24.82	20.46	17.42	12.66
		1 600	24.22	19.64	16.44	11.44
		1 700	23.64	18.86	15.52	10.28
		1 800	23.08	18.11	14.63	9.16
		2 000	20.82	15.73	12.17	6.59
	5	1 300	41.27	35.17	30.90	24.21
		1 400	41.03	34.47	29.87	22.64
		1 500	40.56	33.56	28.65	20.91
		1 600	39.59	32.18	26.99	18.83
		1 700	38.67	30.88	25.42	16.86
		1 800	37.78	29.62	23.92	14.97
		2 000	34.07	25.67	19.83	10.71
		2 200	32.03	23.29	17.18	—
		2 400	30.25	21.19	14.81	—
		2 600	28.67	19.30	12.66	—
	6	1 500	64.19	53.57	46.00	33.91
		1 600	62.70	51.36	43.31	30.49
		1 700	61.34	49.29	40.77	27.25
		1 800	60.05	47.32	38.35	24.16
		2 000	54.38	41.08	31.80	17.24

表 B.3 A型、B型耳式支座处壳体的允许弯矩$[M_L]$（$[\sigma]$=167 MPa）（续）

筒体有效厚度 mm	耳式 支座号	直径 mm	p=0.0 MPa	p=0.6 MPa	p=1.0 MPa	p=1.6 MPa
10	6	2 200	51.01	37.12	27.41	—
		2 400	48.05	33.62	23.50	—
		2 600	45.41	30.49	19.98	—
		2 800	43.04	27.64	16.76	—
		3 000	40.87	25.03	13.79	—
	7	1 700	89.39	72.55	60.43	40.86
		1 800	87.65	69.70	56.86	36.21
		2 000	79.96	60.82	47.30	25.85
		2 200	74.98	54.84	40.63	—
		2 400	70.59	49.57	34.74	—
		2 600	66.68	44.86	29.45	—
		2 800	63.15	40.59	24.64	—
		3 000	59.92	36.69	20.22	—
		3 200	57.09	33.19	—	—
		3 400	54.55	29.98	—	—
	8	2 000	121.24	93.36	73.26	40.67
		2 200	113.73	84.08	62.79	—
		2 400	107.13	75.90	53.53	—
		2 600	101.25	68.59	45.26	—
		2 800	95.93	61.99	37.78	—
		3 000	91.05	55.96	30.94	—
		3 200	86.53	50.44	—	—
		3 400	82.45	45.38	—	—
		3 600	78.75	40.71	—	—
		3 800	75.37	36.36	—	—
		4 000	72.25	32.28	—	—
12	1	350	16.29	15.78	15.43	14.91
		400	15.00	14.48	14.12	13.58
		500	13.50	12.92	12.53	11.93
		600	12.62	11.97	11.53	10.84
	2	500	21.16	20.26	19.65	18.70

表 B.3　A 型、B 型耳式支座处壳体的允许弯矩$[M_L]$（$[\sigma]$=167 MPa）（续）

筒体有效厚度 mm	耳式 支座号	直径 mm	p=0.0 MPa	p=0.6 MPa	p=1.0 MPa	p=1.6 MPa
12	2	600	19.24	18.26	17.58	16.54
		700	18.22	17.13	16.38	15.21
		800	17.39	16.18	15.35	14.05
		900	16.51	15.18	14.27	12.84
		1 000	15.64	14.21	13.22	11.69
	3	700	28.09	26.43	25.28	23.50
		800	26.56	24.74	23.48	21.52
		900	24.95	22.95	21.57	19.41
		1 000	23.30	21.15	19.66	17.36
		1 100	21.75	19.49	17.93	15.52
		1 200	20.55	18.19	16.56	14.04
		1 300	20.64	18.08	16.31	13.55
		1 400	20.58	17.84	15.93	12.96
	4	1 000	36.17	32.85	30.55	26.99
		1 100	33.10	29.65	27.27	23.58
		1 200	30.64	27.09	24.65	20.87
		1 300	30.99	27.10	24.41	20.25
		1 400	31.09	26.89	23.98	19.46
		1 500	31.00	26.51	23.39	18.52
		1 600	30.74	25.98	22.66	17.48
		1 700	30.34	25.33	21.83	16.36
		1 800	29.82	24.58	20.92	15.18
		2 000	28.64	23.02	19.07	12.84
	5	1 300	48.96	42.84	38.61	32.04
		1 400	49.32	42.67	38.07	30.90
		1 500	49.39	42.24	37.28	29.55
		1 600	49.21	41.60	36.29	28.02
		1 700	48.83	40.76	35.14	26.34
		1 800	48.20	39.72	33.80	24.53
		2 000	46.24	37.04	30.63	20.57
		2 200	44.39	34.56	27.68	16.89
		2 400	40.33	30.38	23.44	—
		2 600	38.40	28.10	20.87	—
	6	1 500	77.54	66.56	58.88	46.84

表 B.3 A 型、B 型耳式支座处壳体的允许弯矩$[M_L]$($[\sigma]=167$ MPa)(续)

筒体有效厚度 mm	耳式支座号	直径 mm	p=0.0 MPa	p=0.6 MPa	p=1.0 MPa	p=1.6 MPa
12	6	1 600	77.28	65.58	57.38	44.48
		1 700	76.80	64.40	55.69	41.96
		1 800	76.03	62.94	53.73	39.21
		2 000	73.03	58.65	48.57	32.72
		2 200	70.23	54.67	43.80	26.73
		2 400	63.78	47.98	36.98	—
		2 600	60.48	44.13	32.71	—
		2 800	57.53	40.66	28.83	—
		3 000	54.87	37.50	25.26	—
	7	1 700	111.94	94.50	82.10	62.33
		1 800	110.66	92.28	79.19	58.27
		2 000	106.44	86.00	71.53	48.53
		2 200	102.64	80.23	64.47	39.54
		2 400	93.52	70.52	54.46	—
		2 600	88.56	64.70	48.01	—
		2 800	84.11	59.45	42.16	—
		3 000	80.08	54.67	36.81	—
		3 200	76.39	50.28	31.87	—
		3 400	72.99	46.20	27.26	—
	8	2 000	159.23	130.03	108.97	74.87
		2 200	153.89	121.42	98.22	60.94
		2 400	141.79	107.68	83.59	—
		2 600	134.23	98.61	73.47	—
		2 800	127.44	90.45	64.35	—
		3 000	121.29	83.04	56.04	—
		3 200	115.64	76.23	48.38	—
		3 400	110.42	69.92	41.28	—
		3 600	105.57	64.05	34.66	—
		3 800	101.21	58.70	—	—
		4 000	97.23	53.71	—	—
16	1	500	21.26	20.58	20.12	19.41
		600	20.08	19.33	18.82	18.02
	2	500	32.86	31.78	31.05	29.93

表 B.3　A 型、B 型耳式支座处壳体的允许弯矩$[M_L]$（$[\sigma]$＝167 MPa）（续）

筒体有效厚度 mm	耳式支座号	直径 mm	p＝0.0 MPa	p＝0.6 MPa	p＝1.0 MPa	p＝1.6 MPa
16	2	600	30.09	28.94	28.15	26.94
		700	28.36	27.11	26.24	24.91
		800	27.10	25.72	24.77	23.30
		900	26.25	24.74	23.70	22.09
		1 000	25.47	23.84	22.72	20.96
	3	700	42.86	40.95	39.64	37.63
		800	40.35	38.29	36.87	34.68
		900	38.81	36.57	35.02	32.63
		1 000	37.48	35.06	33.38	30.79
		1 100	36.25	33.65	31.85	29.04
		1 200	34.88	32.09	30.16	27.15
		1 300	33.58	30.62	28.58	25.39
		1 400	32.37	29.27	27.12	23.76
		1 000	57.49	53.80	51.26	47.30
	4	1 100	55.37	51.41	48.67	44.41
		1 200	52.80	48.55	45.61	41.04
		1 300	50.30	45.80	42.69	37.86
		1 400	47.90	43.20	39.96	34.92
		1 500	45.69	40.82	37.46	32.24
		1 600	44.03	38.98	35.49	30.08
		1 700	44.13	38.77	35.06	29.28
		1 800	44.05	38.40	34.47	28.34
		2 000	43.45	37.28	32.96	26.18
	5	1 300	79.77	72.66	67.74	60.11
		1 400	74.91	67.52	62.42	54.53
		1 500	70.25	62.68	57.47	49.41
		1 600	66.70	58.96	53.63	45.37
		1 700	67.24	58.94	53.21	44.34
		1 800	67.46	58.65	52.55	43.08
		2 000	67.16	57.39	50.61	40.03
		2 200	66.04	55.43	48.04	36.47
		2 400	64.31	52.96	45.03	32.58
		2 600	62.36	50.39	41.99	28.73
	6	1 500	107.77	96.23	88.28	75.95

表 B.3　A 型、B 型耳式支座处壳体的允许弯矩[M_L]([σ]=167 MPa)(续)

筒体有效厚度 mm	耳式 支座号	直径 mm	p=0.0 MPa	p=0.6 MPa	p=1.0 MPa	p=1.6 MPa
16	6	1 600	100.66	89.01	80.98	68.53
		1 700	101.83	89.28	80.61	67.17
		1 800	102.52	89.12	79.85	65.46
		2 000	102.77	87.79	77.40	61.21
		2 200	101.82	85.40	73.97	56.12
		2 400	99.79	82.07	69.72	50.38
		2 600	96.62	77.82	64.70	44.12
		2 800	93.61	73.80	59.95	38.19
		3 000	90.68	69.95	55.41	32.52
	7	1 700	145.96	128.17	115.84	96.67
		1 800	147.08	128.07	114.87	94.32
		2 000	147.64	126.37	111.56	88.41
		2 200	146.73	123.34	107.00	81.39
		2 400	144.49	119.10	101.34	73.44
		2 600	139.94	112.80	93.84	64.08
		2 800	135.63	106.85	86.76	55.25
		3 000	131.45	101.17	80.03	46.88
		3 200	120.38	90.20	69.21	—
		3 400	115.61	84.65	63.03	—
	8	2 000	221.05	189.98	168.18	133.85
		2 200	218.96	185.01	161.07	123.22
		2 400	215.67	178.82	152.78	111.46
		2 600	209.06	169.28	141.27	96.99
		2 800	202.88	160.31	130.46	83.39
		3 000	196.89	151.74	120.17	70.53
		3 200	181.28	135.91	104.33	—
		3 400	173.81	127.20	94.70	—
		3 600	166.93	119.15	85.74	—
		3 800	160.56	111.64	77.36	—
		4 000	154.63	104.61	69.48	—

表 B.4　A 型、B 型耳式支座处壳体的允许弯矩$[M_L]$（$[\sigma]$＝185 MPa）

单位为千牛米

筒体有效厚度 mm	耳式支座号	直径 mm	p＝0.0 MPa	p＝0.6 MPa	p＝1.0 MPa	p＝1.6 MPa
4	1	300	4.08	3.80	3.61	3.31
		350	3.38	3.09	2.89	2.58
		400	2.81	2.52	2.33	2.02
		500	2.90	2.53	2.27	1.87
		600	2.85	2.41	2.11	1.62
	2	500	4.70	4.13	3.72	3.08
		600	4.58	3.91	3.43	2.67
		700	4.35	3.56	3.01	2.13
		800	3.91	3.06	2.48	1.56
		900	3.63	2.74	2.11	1.14
		1 000	3.39	2.45	1.80	—
	3	700	6.89	5.71	4.86	3.49
		800	6.27	4.95	4.02	2.56
		900	5.81	4.41	3.42	1.86
		1 000	5.42	3.95	2.91	—
		1 100	5.09	3.55	2.46	—
		1 200	4.79	3.19	2.06	—
		1 300	4.54	2.88	1.71	—
		1 400	4.32	2.61	1.39	—
	4	1 000	8.80	6.47	4.80	—
		1 100	8.26	5.81	4.05	—
		1 200	7.79	5.22	3.39	—
		1 300	7.36	4.69	2.80	—
		1 400	6.98	4.23	2.26	—
		1 500	6.64	3.81	—	—
		1 600	6.35	3.43	—	—
		1 700	6.06	3.07	—	—
		1 800	5.78	2.74	—	—
		2 000	5.27	2.14	—	—
	5	1 300	12.31	7.97	4.80	—
		1 400	11.66	7.15	3.87	—
		1 500	11.06	6.41	—	—
		1 600	10.53	5.74	—	—

表 B.4　A 型、B 型耳式支座处壳体的允许弯矩$[M_L]$($[\sigma]$=185 MPa)(续)

筒体有效厚度 mm	耳式 支座号	直径 mm	p=0.0 MPa	p=0.6 MPa	p=1.0 MPa	p=1.6 MPa
4	5	1 700	10.06	5.15	—	—
		1 800	9.62	4.60	—	—
		2 000	8.80	3.59	—	—
		2 200	8.05	2.68	—	—
	6	1 500	17.90	10.60	—	—
		1 600	17.01	9.46	—	—
		1 700	16.21	8.45	—	—
		1 800	15.49	7.53	—	—
		2 000	14.20	5.88	—	—
		2 200	13.04	4.42	—	—
	7	1 700	24.17	12.91	—	—
		1 800	23.03	11.46	—	—
		2 000	21.07	8.92	—	—
		2 200	19.39	6.71	—	—
	8	2 000	32.46	14.19	—	—
		2 200	29.83	10.67	—	—
6	1	300	7.41	7.08	6.85	6.50
		350	6.52	6.18	5.95	5.58
		400	6.03	5.67	5.42	5.03
		500	5.13	4.70	4.41	3.96
		600	4.34	3.89	3.58	3.10
	2	500	8.28	7.61	7.15	6.43
		600	6.69	6.00	5.53	4.79
		700	6.86	6.03	5.46	4.57
		800	6.86	5.91	5.25	4.23
		900	6.73	5.67	4.94	3.80
		1 000	6.47	5.32	4.53	3.29
	3	700	10.78	9.51	8.62	7.24
		800	10.77	9.31	8.30	6.71
		900	10.61	8.98	7.85	6.06
		1 000	10.21	8.43	7.18	5.23
		1 100	9.85	7.91	6.57	4.47
		1 200	8.97	7.00	5.64	3.53
		1 300	8.53	6.50	5.09	2.88
		1 400	8.14	6.04	4.58	—

表 B.4　A 型、B 型耳式支座处壳体的允许弯矩[M_L]([σ]=185 MPa)(续)

筒体有效厚度 mm	耳式 支座号	直径 mm	p=0.0 MPa	p=0.6 MPa	p=1.0 MPa	p=1.6 MPa
6	4	1 000	16.38	13.61	11.66	8.57
		1 100	15.85	12.81	10.67	7.30
		1 200	14.49	11.36	9.17	5.75
		1 300	13.76	10.50	8.23	4.68
		1 400	13.10	9.74	7.39	—
		1 500	12.51	9.05	6.63	—
		1 600	11.98	8.42	5.92	—
		1 700	11.49	7.84	5.27	—
		1 800	11.03	7.30	4.67	—
		2 000	10.30	6.39	3.61	—
	5	1 300	22.94	17.66	13.93	8.00
		1 400	21.85	16.35	12.47	—
		1 500	20.86	15.17	11.15	—
		1 600	19.97	14.09	9.94	—
		1 700	19.15	13.10	8.83	—
		1 800	18.38	12.18	7.80	—
		2 000	17.05	10.57	5.97	—
		2 200	15.94	9.18	—	—
		2 400	14.99	7.95	—	—
		2 600	14.02	6.79	—	—
	6	1 500	33.46	24.64	18.28	—
		1 600	32.05	22.87	16.27	—
		1 700	30.76	21.25	14.43	—
		1 800	29.56	19.75	12.73	—
		2 000	27.34	17.05	9.68	—
		2 200	25.45	14.71	—	—
		2 400	23.83	12.66	—	—
		2 600	22.33	10.82	—	—
		2 800	20.93	9.12	—	—
		3 000	19.61	7.56	—	—

表 B.4 A 型、B 型耳式支座处壳体的允许弯矩[M_L]([σ]=185 MPa)(续)

筒体有效厚度 mm	耳式 支座号	直径 mm	p=0.0 MPa	p=0.6 MPa	p=1.0 MPa	p=1.6 MPa
6	7	1 700	45.25	31.72	21.77	—
		1 800	43.53	29.47	19.18	—
		2 000	40.33	25.43	14.57	—
		2 200	37.46	21.86	—	—
		2 400	34.94	18.72	—	—
		2 600	32.78	15.99	—	—
		2 800	30.78	13.49	—	—
		3 000	28.89	11.18	—	—
		3 200	27.10	—	—	—
		3 400	25.40	—	—	—
	8	2 000	61.54	39.57	23.02	—
		2 200	57.26	34.00	—	—
		2 400	53.29	28.99	—	—
		2 600	49.89	24.68	—	—
		2 800	46.85	20.80	—	—
		3 000	44.05	17.24	—	—
		3 200	41.41	—	—	—
		3 400	38.90	—	—	—
8	1	300	11.26	10.86	10.59	10.18
		350	9.83	9.44	9.17	8.75
		400	8.97	8.57	8.29	7.85
		500	8.14	7.67	7.35	6.85
		600	7.48	6.94	6.56	5.99
	2	500	13.08	12.34	11.83	11.04
		600	11.76	10.92	10.35	9.45
		700	10.41	9.49	8.85	7.88
		800	9.28	8.31	7.65	6.63
		900	9.40	8.30	7.54	6.37
		1 000	9.37	8.15	7.31	6.01
	3	700	16.24	14.82	13.85	12.33
		800	14.00	12.55	11.56	10.01
		900	14.28	12.61	11.46	9.68
		1 000	14.34	12.48	11.19	9.19

表 B.4 A型、B型耳式支座处壳体的允许弯矩$[M_L]$（$[\sigma]$=185 MPa）（续）

筒体有效厚度 mm	耳式 支座号	直径 mm	p=0.0 MPa	p=0.6 MPa	p=1.0 MPa	p=1.6 MPa
8	3	1 100	14.23	12.19	10.77	8.57
		1 200	13.97	11.77	10.24	7.86
		1 300	13.56	11.22	9.60	7.06
		1 400	13.16	10.70	8.99	6.32
	4	1 000	22.63	19.74	17.73	14.60
		1 100	22.53	19.35	17.14	13.68
		1 200	22.24	18.79	16.39	12.62
		1 300	21.59	17.90	15.33	11.30
		1 400	20.98	17.06	14.33	10.07
		1 500	20.40	16.26	13.39	8.90
		1 600	18.72	14.60	11.74	7.30
		1 700	18.01	13.79	10.86	6.27
		1 800	17.37	13.05	10.04	—
		2 000	16.24	11.73	8.56	—
	5	1 300	35.51	29.64	25.50	18.96
		1 400	34.59	28.27	23.84	16.85
		1 500	33.71	26.97	22.26	14.86
		1 600	31.04	24.27	19.55	12.19
		1 700	29.84	22.87	18.02	10.44
		1 800	28.73	21.59	16.60	—
		2 000	26.76	19.29	14.06	—
		2 200	25.05	17.28	11.81	—
		2 400	23.54	15.48	9.80	—
		2 600	22.32	13.97	8.04	—
	6	1 500	53.62	43.33	36.01	24.32
		1 600	49.76	39.21	31.77	20.00
		1 700	47.82	36.90	29.21	17.06
		1 800	46.03	34.78	26.86	—
		2 000	42.85	31.00	22.65	—
		2 200	40.09	27.70	18.97	—
		2 400	37.63	24.76	15.68	—
		2 600	35.51	22.19	12.77	—
		2 800	33.67	19.90	—	—
		3 000	32.04	17.82	—	—

表 B.4 A 型、B 型耳式支座处壳体的允许弯矩[M_L]([σ]=185 MPa)(续)

筒体有效厚度 mm	耳式支座号	直径 mm	p=0.0 MPa	p=0.6 MPa	p=1.0 MPa	p=1.6 MPa
8	7	1 700	70.32	54.85	43.75	25.88
		1 800	67.71	51.66	40.17	—
		2 000	63.07	45.98	33.79	—
		2 200	59.04	41.04	28.23	—
		2 400	55.46	36.65	23.29	—
		2 600	52.20	32.73	18.88	—
		2 800	49.34	29.22	—	—
		3 000	46.81	26.06	—	—
		3 200	44.55	23.17	—	—
		3 400	42.30	20.43	—	—
	8	2 000	95.60	70.70	52.51	—
		2 200	89.63	63.06	43.78	—
		2 400	84.31	56.28	36.04	—
		2 600	79.36	50.18	29.14	—
		2 800	74.85	44.64	—	—
		3 000	70.79	39.63	—	—
		3 200	67.16	35.07	—	—
		3 400	63.84	30.93	—	—
		3 600	60.68	27.05	—	—
		3 800	57.67	23.38	—	—
		4 000	54.77	19.91	—	—
10	1	300	15.56	15.11	14.80	14.33
		350	13.73	13.27	12.97	12.50
		400	12.57	12.11	11.79	11.31
		500	11.25	10.73	10.38	9.83
		600	10.59	10.00	9.59	8.97
	2	500	17.82	17.01	16.45	15.59
		600	16.40	15.50	14.88	13.91
		700	15.39	14.38	13.68	12.60
		800	14.24	13.12	12.35	11.15
		900	13.16	11.96	11.14	9.86
		1 000	12.32	11.05	10.18	8.83

表 B.4　A 型、B 型耳式支座处壳体的允许弯矩[M_L]([σ]=185 MPa)(续)

筒体有效厚度 mm	耳式 支座号	直径 mm	p=0.0 MPa	p=0.6 MPa	p=1.0 MPa	p=1.6 MPa
10	3	700	24.09	22.54	21.47	19.80
		800	21.89	20.18	18.99	17.17
		900	19.80	17.99	16.74	14.81
		1 000	18.11	16.22	14.93	12.93
		1 100	18.31	16.22	14.78	12.54
		1 200	18.33	16.04	14.46	12.01
		1 300	18.18	15.72	14.02	11.37
		1 400	17.91	15.30	13.48	10.65
	4	1 000	27.61	24.75	22.78	19.74
		1 100	28.09	24.88	22.67	19.24
		1 200	28.26	24.74	22.30	18.52
		1 300	28.21	24.39	21.74	17.63
		1 400	27.97	23.87	21.03	16.60
		1 500	27.53	23.18	20.16	15.45
		1 600	26.86	22.30	19.13	14.18
		1 700	26.23	21.47	18.15	12.97
		1 800	25.61	20.66	17.21	11.81
		2 000	23.12	18.05	14.51	9.00
	5	1 300	45.76	39.68	35.44	28.83
		1 400	45.50	38.96	34.40	27.26
		1 500	44.99	38.01	33.14	25.50
		1 600	43.92	36.54	31.39	23.33
		1 700	42.91	35.14	29.73	21.27
		1 800	41.93	33.80	28.14	19.30
		2 000	37.83	29.46	23.66	14.64
		2 200	35.58	26.88	20.81	11.34
		2 400	33.62	24.60	18.28	—
		2 600	31.89	22.56	15.99	—
	6	1 500	71.19	60.62	53.13	41.24
		1 600	69.55	58.26	50.29	37.67
		1 700	68.06	56.06	47.62	34.30
		1 800	66.64	53.96	45.07	31.08

表 B.4 A 型、B 型耳式支座处壳体的允许弯矩$[M_L]$($[\sigma]=185$ MPa)(续)

筒体有效厚度 mm	耳式 支座号	直径 mm	$p=0.0$ MPa	$p=0.6$ MPa	$p=1.0$ MPa	$p=1.6$ MPa
10	6	2 000	60.38	47.13	37.91	23.53
		2 200	56.67	42.83	33.19	18.11
		2 400	53.41	39.04	29.00	—
		2 600	50.51	35.65	25.23	—
		2 800	47.90	32.57	21.80	—
		3 000	45.52	29.76	18.64	—
	7	1 700	99.17	82.42	70.45	51.26
		1 800	97.26	79.40	66.71	46.44
		2 000	88.78	69.71	56.32	35.20
		2 200	83.29	63.23	49.16	26.97
		2 400	78.46	57.53	42.84	—
		2 600	74.17	52.44	37.17	—
		2 800	70.28	47.83	32.03	—
		3 000	66.74	43.62	27.32	—
		3 200	63.64	39.86	23.06	—
		3 400	60.86	36.43	—	—
	8	2 000	134.60	106.88	87.03	55.12
		2 200	126.33	96.84	75.80	42.08
		2 400	119.07	88.00	65.90	—
		2 600	112.60	80.11	57.06	—
		2 800	106.75	73.00	49.06	—
		3 000	101.41	66.50	41.77	—
		3 200	96.45	60.56	35.10	—
		3 400	91.98	55.12	—	—
		3 600	87.94	50.12	—	—
		3 800	84.26	45.48	—	—
		4 000	80.86	41.13	—	—
12	1	350	18.05	17.54	17.19	16.67
		400	16.62	16.10	15.74	15.21
		500	14.95	14.38	13.99	13.39
		600	13.98	13.34	12.89	12.22
	2	500	23.45	22.55	21.93	20.99

表 B.4　A 型、B 型耳式支座处壳体的允许弯矩$[M_L]$（$[\sigma]$=185 MPa）（续）

筒体有效厚度 mm	耳式支座号	直径 mm	p=0.0 MPa	p=0.6 MPa	p=1.0 MPa	p=1.6 MPa
12	2	600	21.32	20.34	19.67	18.63
		700	20.19	19.10	18.35	17.20
		800	19.27	18.07	17.24	15.95
		900	18.29	16.97	16.06	14.65
		1 000	17.33	15.91	14.93	13.41
	3	700	31.12	29.46	28.32	26.56
		800	29.43	27.62	26.36	24.42
		900	27.65	25.66	24.28	22.15
		1 000	25.83	23.68	22.20	19.92
		1 100	24.11	21.86	20.30	17.91
		1 200	22.78	20.43	18.81	16.30
		1 300	22.89	20.33	18.57	15.84
		1 400	22.82	20.09	18.19	15.25
	4	1 000	40.09	36.77	34.49	30.95
		1 100	36.69	33.24	30.87	27.22
		1 200	33.97	30.43	28.00	24.24
		1 300	34.35	30.48	27.80	23.68
		1 400	34.48	30.28	27.39	22.91
		1 500	34.38	29.90	26.80	21.98
		1 600	34.10	29.35	26.05	20.93
		1 700	33.66	28.66	25.19	19.78
		1 800	33.08	27.86	24.23	18.56
		2 000	31.79	26.19	22.27	16.12
	5	1 300	54.28	48.18	43.97	37.46
		1 400	54.68	48.06	43.48	36.38
		1 500	54.76	47.64	42.71	35.05
		1 600	54.58	46.99	41.72	33.53
		1 700	54.16	46.12	40.54	31.84
		1 800	53.48	45.02	39.15	29.98
		2 000	51.32	42.15	35.79	25.84
		2 200	49.29	39.49	32.67	22.00
		2 400	44.81	34.89	28.00	17.25
		2 600	42.67	32.42	25.25	14.00
	6	1 500	85.98	75.04	67.42	55.51

表 B.4 A 型、B 型耳式支座处壳体的允许弯矩$[M_L]$（$[\sigma]$=185 MPa）（续）

筒体有效厚度 mm	耳式支座号	直径 mm	p=0.0 MPa	p=0.6 MPa	p=1.0 MPa	p=1.6 MPa
12	6	1 600	85.70	74.05	65.91	53.17
		1 700	85.19	72.83	64.19	50.64
		1 800	84.35	71.31	62.18	47.85
		2 000	81.06	66.72	56.73	41.07
		2 200	77.98	62.47	51.68	34.82
		2 400	70.86	55.10	44.18	27.20
		2 600	67.22	50.93	39.60	21.91
		2 800	63.98	47.17	35.44	—
		3 000	61.05	43.76	31.63	—
	7	1 700	124.16	106.80	94.53	75.07
		1 800	122.75	104.47	91.52	70.95
		2 000	118.13	97.77	83.44	60.80
		2 200	113.96	91.64	76.02	51.44
		2 400	103.89	80.97	65.03	40.15
		2 600	98.43	74.66	58.10	32.20
		2 800	93.54	68.98	51.83	—
		3 000	89.11	63.81	46.11	—
		3 200	85.06	59.06	40.83	—
		3 400	81.33	54.67	35.92	—
	8	2 000	176.69	147.66	126.87	93.46
		2 200	170.84	138.55	115.61	79.02
		2 400	157.50	123.54	99.68	62.00
		2 600	149.18	113.71	88.81	49.54
		2 800	141.72	104.89	79.04	—
		3 000	134.95	96.88	70.14	—
		3 200	128.76	89.53	61.96	—
		3 400	123.04	82.73	54.38	—
		3 600	117.72	76.41	47.32	—
		3 800	112.96	70.66	40.82	—
		4 000	108.61	65.33	—	—
16	1	500	23.56	22.88	22.41	21.71
		600	22.25	21.50	20.99	20.20
	2	500	36.41	35.33	34.60	33.48

表 B.4 A 型、B 型耳式支座处壳体的允许弯矩[M_L]([σ]=185 MPa)(续)

筒体有效厚度 mm	耳式 支座号	直径 mm	p=0.0 MPa	p=0.6 MPa	p=1.0 MPa	p=1.6 MPa
16	2	600	33.34	32.19	31.40	30.20
		700	31.43	30.17	29.31	27.99
		800	30.03	28.65	27.70	26.24
		900	29.09	27.59	26.55	24.95
		1 000	28.23	26.60	25.48	23.75
	3	700	47.49	45.58	44.28	42.27
		800	44.71	42.65	41.24	39.06
		900	43.00	40.77	39.23	36.86
		1 000	41.53	39.12	37.45	34.88
		1 100	40.17	37.58	35.79	33.01
		1 200	38.66	35.88	33.96	30.98
		1 300	37.22	34.27	32.24	29.08
		1 400	35.89	32.79	30.65	27.33
	4	1 000	63.71	60.03	57.50	53.57
		1 100	61.36	57.41	54.69	50.46
		1 200	58.52	54.28	51.36	46.83
		1 300	55.75	51.26	48.17	43.39
		1 400	53.10	48.41	45.18	40.19
		1 500	50.65	45.80	42.45	37.28
		1 600	48.82	43.78	40.32	34.95
		1 700	48.93	43.59	39.90	34.17
		1 800	48.85	43.22	39.32	33.25
		2 000	48.20	42.05	37.76	31.06
	5	1 300	88.42	81.32	76.43	68.87
		1 400	83.04	75.66	70.60	62.77
		1 500	77.88	70.33	65.15	57.15
		1 600	73.96	66.23	60.93	52.74
		1 700	74.56	66.28	60.59	51.79
		1 800	74.82	66.03	59.97	50.58
		2 000	74.50	64.76	58.02	47.55
		2 200	73.28	62.71	55.37	43.92
		2 400	71.38	60.08	52.21	39.91
		2 600	69.24	57.33	48.99	35.91
	6	1 500	119.47	107.97	100.05	87.83

表 B.4 A 型、B 型耳式支座处壳体的允许弯矩$[M_L]$ ($[\sigma]$=185 MPa)(续)

筒体有效厚度 mm	耳式支座号	直径 mm	p=0.0 MPa	p=0.6 MPa	p=1.0 MPa	p=1.6 MPa
16	6	1 600	111.61	99.99	92.00	79.65
		1 700	112.91	100.40	91.78	78.45
		1 800	113.69	100.33	91.12	76.85
		2 000	114.00	99.07	88.75	72.72
		2 200	112.98	96.61	85.27	67.61
		2 400	110.77	93.11	80.85	61.73
		2 600	107.29	88.56	75.53	55.20
		2 800	103.99	84.26	70.51	49.02
		3 000	100.78	80.13	65.71	43.12
	7	1 700	161.85	144.11	131.86	112.87
		1 800	163.11	144.16	131.05	110.69
		2 000	163.78	142.58	127.87	104.96
		2 200	162.82	139.51	123.29	97.98
		2 400	160.39	135.09	117.47	89.91
		2 600	155.39	128.35	109.53	80.13
		2 800	150.67	121.99	102.06	70.93
		3 000	146.10	115.93	94.95	62.19
		3 200	133.86	103.79	82.94	50.51
		3 400	128.63	97.78	76.33	42.84
	8	2 000	245.20	214.25	192.62	158.73
		2 200	242.95	209.13	185.42	148.09
		2 400	239.38	202.68	176.89	136.19
		2 600	232.14	192.51	164.76	121.11
		2 800	225.37	182.97	153.37	106.93
		3 000	218.82	173.84	142.52	93.51
		3 200	201.58	156.36	125.01	76.20
		3 400	193.38	146.94	114.68	64.37
		3 600	185.83	138.23	105.09	—
		3 800	178.84	130.12	96.14	—
		4 000	172.34	122.55	87.73	—

表 B.5　C 型耳式支座处壳体的允许弯矩[M_L]([σ]=120 MPa)

单位为 kN·m

筒体有效厚度 mm	耳式支座号	直径 mm	p=0.0 MPa	p=0.6 MPa	p=1.0 MPa	p=1.6 MPa
4	1	300	6.96	6.13	5.56	4.67
		350	5.39	4.64	4.11	3.29
		400	4.23	3.57	3.10	2.36
		500	4.70	3.82	3.18	2.14
		600	4.47	3.50	2.76	—
	2	500	7.12	5.80	4.83	3.24
		600	6.65	5.28	4.21	—
		700	6.22	4.61	3.38	—
		800	5.63	3.82	2.48	—
		900	5.20	3.27	1.83	—
		1 000	4.85	2.79	—	—
	3	700	9.13	6.92	5.15	—
		800	8.39	5.84	3.85	—
		900	7.78	5.00	2.85	—
		1 000	7.26	4.27	—	—
		1 100	6.81	3.63	—	—
		1 200	6.41	3.07	—	—
		1 300	6.04	2.58	—	—
		1 400	5.71	2.13	—	—
	4	1 000	10.41	6.28	—	—
		1 100	9.78	5.35	—	—
		1 200	9.22	4.52	—	—
		1 300	8.71	3.78	—	—
		1 400	8.23	3.12	—	—
		1 500	7.80	—	—	—
		1 600	7.40	—	—	—
		1 700	7.05	—	—	—
		1 800	6.72	—	—	—
		2 000	6.12	—	—	—

表 B.5　C型耳式支座处壳体的允许弯矩$[M_L]$（$[\sigma]$=120 MPa）（续）

筒体有效厚度 mm	耳式 支座号	直径 mm	p=0.0 MPa	p=0.6 MPa	p=1.0 MPa	p=1.6 MPa
4	5	1 300	12.57	5.63	—	—
		1 400	11.92	4.64	—	—
		1 500	11.29	—	—	—
		1 600	10.70	—	—	—
		1 700	10.17	—	—	—
		1 800	9.69	—	—	—
		2 000	8.83	—	—	—
		2 200	8.05	—	—	—
	6	1 500	15.10	—	—	—
		1 600	14.33	—	—	—
		1 700	13.58	—	—	—
		1 800	12.91	—	—	—
		2 000	11.75	—	—	—
		2 200	10.73	—	—	—
	7	1 700	18.12	—	—	—
		1 800	17.19	—	—	—
		2 000	15.60	—	—	—
		2 200	14.25	—	—	—
	8	2 000	23.15	—	—	—
		2 200	21.11	—	—	—
6	1	300	16.14	15.02	14.25	13.03
		350	12.79	11.76	11.04	9.90
		400	10.73	9.74	9.04	7.93
		500	8.29	7.26	6.53	5.38
		600	6.44	5.42	4.70	3.57
	2	500	12.69	11.10	9.97	8.19
		600	9.44	7.97	6.93	5.27
		700	9.84	8.06	6.79	4.75
		800	9.77	7.76	6.30	3.94
		900	9.59	7.35	5.72	—
		1 000	9.26	6.77	4.96	—

表 B.5 C型耳式支座处壳体的允许弯矩$[M_L]$（$[\boldsymbol{\sigma}]$=120 MPa）（续）

筒体有效厚度 mm	耳式支座号	直径 mm	p=0.0 MPa	p=0.6 MPa	p=1.0 MPa	p=1.6 MPa
6	3	700	14.86	12.22	10.32	7.24
		800	14.62	11.73	9.59	6.07
		900	14.16	11.01	8.65	—
		1 000	13.63	10.11	7.49	—
		1 100	13.22	9.30	6.43	—
		1 200	11.96	7.94	5.04	—
		1 300	11.34	7.15	4.12	—
		1 400	10.78	6.43	—	—
	4	1 000	19.26	14.52	10.89	—
		1 100	18.66	13.35	9.35	—
		1 200	17.19	11.57	7.42	—
		1 300	16.29	10.39	6.05	—
		1 400	15.49	9.34	—	—
		1 500	14.77	8.39	—	—
		1 600	14.12	7.52	—	—
		1 700	13.51	6.71	—	—
		1 800	12.95	5.97	—	—
		2 000	11.95	4.64	—	—
	5	1 300	23.39	15.21	9.00	—
		1 400	22.26	13.66	—	—
		1 500	21.23	12.25	—	—
		1 600	20.30	10.97	—	—
		1 700	19.44	9.78	—	—
		1 800	18.65	8.69	—	—
		2 000	17.18	6.73	—	—
		2 200	15.92	—	—	—
		2 400	14.83	—	—	—
		2 600	13.82	—	—	—
	6	1 500	28.05	16.47	—	—
		1 600	26.84	14.73	—	—
		1 700	25.73	13.14	—	—
		1 800	24.69	11.66	—	—
		2 000	22.76	9.01	—	—

表 B.5　C 型耳式支座处壳体的允许弯矩$[M_L]$($[\sigma]=120$ MPa)(续)

筒体有效厚度 mm	耳式支座号	直径 mm	$p=0.0$ MPa	$p=0.6$ MPa	$p=1.0$ MPa	$p=1.6$ MPa
6	6	2 200	21.05	—	—	—
		2 400	19.56	—	—	—
		2 600	18.24	—	—	—
		2 800	17.01	—	—	—
		3 000	15.84	—	—	—
	7	1 700	33.81	17.60	—	—
		1 800	32.49	15.62	—	—
		2 000	30.03	12.06	—	—
		2 200	27.75	—	—	—
		2 400	25.71	—	—	—
		2 600	23.98	—	—	—
		2 800	22.37	—	—	—
		3 000	20.86	—	—	—
		3 200	19.43	—	—	—
		3 400	18.06	—	—	—
	8	2 000	44.12	18.34	—	—
		2 200	40.93	—	—	—
		2 400	37.89	—	—	—
		2 600	35.21	—	—	—
		2 800	32.84	—	—	—
		3 000	30.66	—	—	—
		3 200	28.61	—	—	—
		3 400	26.65	—	—	—
8	1	300	25.73	24.34	23.39	21.92
		350	20.17	18.93	18.07	16.73
		400	16.67	15.53	14.72	13.46
		500	13.23	12.09	11.28	10.00
		600	11.55	10.29	9.41	8.00
	2	500	21.08	19.27	17.99	15.95
		600	17.62	15.73	14.39	12.26
		700	14.79	12.81	11.41	9.20
		800	12.44	10.45	9.06	6.86
		900	12.73	10.43	8.81	6.26
		1 000	12.80	10.23	8.40	5.51

表 B.5 C 型耳式支座处壳体的允许弯矩[M_L]([σ]=120 MPa)(续)

筒体有效厚度 mm	耳式 支座号	直径 mm	p=0.0 MPa	p=0.6 MPa	p=1.0 MPa	p=1.6 MPa
8	3	700	22.38	19.40	17.30	13.97
		800	18.26	15.39	13.36	10.15
		900	18.80	15.46	13.09	9.33
		1 000	18.85	15.13	12.48	8.23
		1 100	18.72	14.65	11.72	7.00
		1 200	18.48	14.06	10.87	—
		1 300	17.96	13.19	9.76	—
		1 400	17.47	12.37	8.72	—
	4	1 000	26.99	21.81	18.06	12.00
		1 100	26.60	21.00	16.91	10.21
		1 200	26.12	20.08	15.64	—
		1 300	25.38	18.82	14.03	—
		1 400	24.73	17.65	12.52	—
		1 500	24.10	16.53	11.08	—
		1 600	22.01	14.45	9.05	—
		1 700	21.12	13.34	7.78	—
		1 800	20.31	12.31	6.59	—
		2 000	18.85	10.47	—	—
	5	1 300	36.11	27.16	20.47	—
		1 400	35.19	25.47	18.26	—
		1 500	34.38	23.89	16.17	—
		1 600	31.62	20.97	13.25	—
		1 700	30.34	19.33	11.35	—
		1 800	29.17	17.82	9.60	—
		2 000	27.07	15.11	—	—
		2 200	25.23	12.73	—	—
		2 400	23.59	10.60	—	—
		2 600	22.18	8.70	—	—
	6	1 500	44.83	31.57	21.59	—
		1 600	41.81	28.05	17.87	—
		1 700	40.12	25.83	15.30	—
		1 800	38.58	23.79	12.92	—
		2 000	35.81	20.13	—	—

表 B.5 C型耳式支座处壳体的允许弯矩$[M_L]$（$[\sigma]$=120 MPa）(续)

筒体有效厚度 mm	耳式支座号	直径 mm	p=0.0 MPa	p=0.6 MPa	p=1.0 MPa	p=1.6 MPa
8	6	2 200	33.40	16.93	—	—
		2 400	31.24	14.08	—	—
		2 600	29.31	11.52	—	—
		2 800	27.60	—	—	—
		3 000	26.07	—	—	—
	7	1 700	52.68	34.40	20.60	—
		1 800	50.68	31.67	17.38	—
		2 000	47.10	26.77	—	—
		2 200	43.97	22.48	—	—
		2 400	41.16	18.66	—	—
		2 600	38.56	15.23	—	—
		2 800	36.24	—	—	—
		3 000	34.16	—	—	—
		3 200	32.29	—	—	—
		3 400	30.49	—	—	—
	8	2 000	68.64	39.98	—	—
		2 200	64.17	33.54	—	—
		2 400	60.17	27.80	—	—
		2 600	56.43	22.65	—	—
		2 800	52.96	—	—	—
		3 000	49.79	—	—	—
		3 200	46.92	—	—	—
		3 400	44.34	—	—	—
		3 600	41.88	—	—	—
		3 800	39.53	—	—	—
		4 000	37.26	—	—	—
10	1	300	35.78	34.16	33.06	31.38
		350	27.59	26.16	25.18	23.67
		400	22.94	21.62	20.71	19.30
		500	18.03	16.77	15.89	14.52
		600	15.97	14.62	13.68	12.19

表 B.5　C 型耳式支座处壳体的允许弯矩[M_L]([σ]=120 MPa)(续)

筒体有效厚度 mm	耳式 支座号	直径 mm	p=0.0 MPa	p=0.6 MPa	p=1.0 MPa	p=1.6 MPa
10	2	500	29.44	27.40	25.98	23.75
		600	24.47	22.44	21.00	18.74
		700	22.07	19.90	18.36	15.91
		800	19.73	17.36	15.69	13.05
		900	17.57	15.07	13.32	10.58
		1 000	15.76	13.20	11.42	8.63
	3	700	34.05	30.75	28.39	24.64
		800	29.70	26.19	23.71	19.77
		900	25.87	22.24	19.69	15.67
		1 000	22.66	19.02	16.47	12.46
		1 100	23.09	18.99	16.11	11.58
		1 200	23.26	18.74	15.56	10.52
		1 300	23.24	18.34	14.86	9.35
		1 400	23.09	17.81	14.07	8.09
	4	1 000	31.85	26.80	23.24	17.63
		1 100	32.58	26.88	22.84	16.46
		1 200	32.78	26.51	22.06	14.98
		1 300	32.71	25.92	21.07	13.32
		1 400	32.50	25.20	19.97	11.56
		1 500	32.13	24.33	18.73	—
		1 600	31.36	23.08	17.16	—
		1 700	30.63	21.90	15.67	—
		1 800	29.92	20.77	14.25	—
		2 000	26.72	17.36	10.75	—
	5	1 300	46.80	37.35	30.52	19.46
		1 400	46.29	36.20	28.87	16.89
		1 500	45.67	34.92	27.08	—
		1 600	44.60	33.13	24.79	—
		1 700	43.62	31.43	22.63	—
		1 800	42.68	29.81	20.55	—
		2 000	38.26	24.96	15.50	—
		2 200	35.81	21.90	11.99	—
		2 400	33.65	19.19	—	—
		2 600	31.72	16.74	—	—

表 B.5 C型耳式支座处壳体的允许弯矩[M_L]([σ]=120 MPa)(续)

筒体有效厚度 mm	耳式支座号	直径 mm	p=0.0 MPa	p=0.6 MPa	p=1.0 MPa	p=1.6 MPa
10	6	1 500	59.71	46.08	35.97	—
		1 600	58.23	43.65	32.89	—
		1 700	56.95	41.40	30.00	—
		1 800	55.77	39.26	27.23	—
		2 000	50.57	33.16	20.69	—
		2 200	47.31	29.05	15.95	—
		2 400	44.44	25.40	—	—
		2 600	41.88	22.12	—	—
		2 800	39.55	19.13	—	—
		3 000	37.41	16.37	—	—
	7	1 700	73.83	54.27	39.64	—
		1 800	72.30	51.45	35.97	—
		2 000	66.47	43.97	27.61	—
		2 200	62.20	38.45	21.23	—
		2 400	58.44	33.57	—	—
		2 600	55.06	29.18	—	—
		2 800	52.00	25.19	—	—
		3 000	49.18	21.53	—	—
		3 200	46.64	18.18	—	—
		3 400	44.36	15.08	—	—
	8	2 000	96.88	65.29	41.59	—
		2 200	90.74	57.04	31.92	—
		2 400	85.30	49.72	—	—
		2 600	80.42	43.15	—	—
		2 800	75.99	37.19	—	—
		3 000	71.91	31.73	—	—
		3 200	68.08	26.71	—	—
		3 400	64.58	22.06	—	—
		3 600	61.38	—	—	—
		3 800	58.45	—	—	—
		4 000	55.72	—	—	—
12	1	350	35.38	33.78	32.70	31.05
		400	29.67	28.19	27.18	25.63
		500	23.55	22.15	21.18	19.68
		600	20.56	19.11	18.10	16.52

表 B.5　C 型耳式支座处壳体的允许弯矩$[M_L]$（$[\sigma]$=120 MPa）（续）

筒体有效厚度 mm	耳式 支座号	直径 mm	p=0.0 MPa	p=0.6 MPa	p=1.0 MPa	p=1.6 MPa
12	2	500	38.24	35.96	34.39	31.95
		600	31.55	29.34	27.80	25.39
		700	28.33	26.01	24.39	21.83
		800	26.46	23.95	22.18	19.39
		900	24.62	21.87	19.94	16.90
		1 000	22.74	19.80	17.74	14.51
	3	700	43.93	40.39	37.89	33.95
		800	39.93	36.22	33.60	29.42
		900	36.53	32.53	29.71	25.24
		1 000	33.24	28.99	26.00	21.30
		1 100	30.08	25.69	22.62	17.81
		1 200	27.51	23.04	19.92	15.04
		1 300	27.89	22.97	19.52	14.12
		1 400	28.05	22.71	18.96	13.05
	4	1 000	47.60	41.60	37.36	30.67
		1 100	42.36	36.24	31.94	25.19
		1 200	38.05	31.91	27.61	20.87
		1 300	38.66	31.88	27.12	19.63
		1 400	38.95	31.57	26.37	18.18
		1 500	39.00	31.06	25.45	16.58
		1 600	38.87	30.39	24.39	14.86
		1 700	38.58	29.59	23.21	13.05
		1 800	38.11	28.63	21.90	—
		2 000	36.53	26.22	18.90	—
	5	1 300	54.77	45.30	38.60	28.03
		1 400	55.17	44.87	37.57	26.00
		1 500	55.19	44.13	36.27	23.73
		1 600	54.99	43.20	34.78	21.31
		1 700	54.63	42.12	33.16	18.77
		1 800	54.06	40.85	31.37	—
		2 000	51.89	37.37	27.00	—
		2 200	49.84	34.13	22.95	—
		2 400	44.80	28.98	17.81	—
		2 600	42.38	26.01	14.37	—

表 B.5　C 型耳式支座处壳体的允许弯矩$[M_L]$($[\sigma]$=120 MPa)(续)

筒体有效厚度 mm	耳式 支座号	直径 mm	p=0.0 MPa	p=0.6 MPa	p=1.0 MPa	p=1.6 MPa
12	6	1 500	72.41	58.15	47.93	31.52
		1 600	71.93	56.80	45.90	28.30
		1 700	71.31	55.31	43.74	24.94
		1 800	70.52	53.63	41.38	—
		2 000	67.71	49.01	35.55	—
		2 200	65.12	44.73	30.16	—
		2 400	59.05	38.27	23.55	—
		2 600	55.81	34.26	18.94	—
		2 800	52.90	30.62	—	—
		3 000	50.26	27.28	—	—
	7	1 700	92.82	72.52	57.65	33.17
		1 800	91.50	70.16	54.46	—
		2 000	87.80	64.02	46.70	—
		2 200	84.53	58.40	39.54	—
		2 400	77.53	50.45	31.15	—
		2 600	73.26	45.08	24.99	—
		2 800	69.40	40.23	—	—
		3 000	65.89	35.77	—	—
		3 200	62.67	31.66	—	—
		3 400	59.68	27.83	—	—
	8	2 000	126.84	93.95	69.33	—
		2 200	122.32	85.76	58.72	—
		2 400	113.13	74.47	46.39	—
		2 600	106.88	66.41	37.09	—
		2 800	101.24	59.14	—	—
		3 000	96.11	52.49	—	—
		3 200	91.38	46.37	—	—
		3 400	87.00	40.69	—	—
		3 600	82.90	35.37	—	—
		3 800	79.14	30.44	—	—
		4 000	75.69	—	—	—
16	1	500	36.04	34.36	33.21	31.46
		600	31.74	30.03	28.85	27.02

表 B.5　C 型耳式支座处壳体的允许弯矩[M_L]([σ]=120 MPa)(续)

筒体有效厚度 mm	耳式 支座号	直径 mm	p=0.0 MPa	p=0.6 MPa	p=1.0 MPa	p=1.6 MPa
16	2	500	57.52	54.80	52.94	50.11
		600	48.13	45.51	43.71	40.93
		700	42.80	40.13	38.29	35.42
		800	39.56	36.74	34.78	31.73
		900	37.69	34.66	32.54	29.22
		1 000	36.24	32.96	30.67	27.07
	3	700	66.28	62.16	59.30	54.87
		800	59.23	55.06	52.15	47.61
		900	55.27	50.88	47.81	42.98
		1 000	52.57	47.89	44.60	39.41
		1 100	50.45	45.43	41.90	36.32
		1 200	47.84	42.46	38.67	32.72
		1 300	45.31	39.61	35.62	29.36
		1 400	42.86	36.91	32.76	26.26
	4	1 000	75.30	68.69	64.03	56.67
		1 100	71.59	64.59	59.65	51.81
		1 200	67.23	59.75	54.49	46.18
		1 300	63.09	55.20	49.67	40.98
		1 400	59.05	50.87	45.15	36.20
		1 500	55.17	46.81	40.98	31.87
		1 600	52.19	43.66	37.70	28.40
		1 700	52.64	43.48	37.07	27.04
		1 800	52.85	43.10	36.26	25.52
		2 000	52.67	41.82	34.17	22.10
	5	1 300	89.93	78.84	71.05	58.74
		1 400	83.25	71.82	63.82	51.24
		1 500	76.75	65.18	57.10	44.45
		1 600	71.69	60.00	51.84	39.07
		1 700	72.50	59.90	51.09	37.28
		1 800	72.96	59.51	50.07	35.25
		2 000	73.09	58.03	47.42	30.67
		2 200	72.35	55.81	44.12	25.58
		2 400	70.83	52.97	40.31	—
		2 600	68.51	49.54	36.07	—

表 B.5　C 型耳式支座处壳体的允许弯矩[M_L]([σ]=120 MPa)(续)

筒体有效厚度 mm	耳式 支座号	直径 mm	p=0.0 MPa	p=0.6 MPa	p=1.0 MPa	p=1.6 MPa
16	6	1 500	99.78	84.86	74.41	57.99
		1 600	92.26	77.31	66.85	50.44
		1 700	93.42	77.28	65.96	48.18
		1 800	94.08	76.82	64.69	45.60
		2 000	94.36	75.02	61.36	39.76
		2 200	93.63	72.34	57.26	33.26
		2 400	91.98	68.88	52.48	—
		2 600	88.93	64.30	46.81	—
		2 800	86.03	59.96	41.46	—
		3 000	83.21	55.82	36.35	—
	7	1 700	120.78	100.10	85.53	62.59
		1 800	121.66	99.54	83.94	59.29
		2 000	121.86	97.13	79.59	51.72
		2 200	120.89	93.69	74.32	43.35
		2 400	118.94	89.38	68.27	—
		2 600	115.00	83.32	60.76	—
		2 800	111.25	77.59	53.68	—
		3 000	107.62	72.13	46.95	—
		3 200	99.05	63.45	38.34	—
		3 400	94.87	58.28	32.37	—
	8	2 000	176.95	141.90	116.77	76.40
		2 200	174.68	136.45	108.85	64.10
		2 400	171.60	130.14	100.07	—
		2 600	166.05	121.24	88.93	—
		2 800	160.89	112.87	78.44	—
		3 000	155.88	104.87	68.47	—
		3 200	143.86	92.37	55.93	—
		3 400	137.62	84.64	47.07	—
		3 600	131.84	77.45	—	—
		3 800	126.46	70.71	—	—
		4 000	121.42	64.36	—	—

表 B.6 C 型耳式支座处壳体的允许弯矩$[M_L]$（$[\sigma]$=140 MPa）

单位为 kN·m

筒体有效厚度 mm	耳式支座号	直径 mm	p=0.0 MPa	p=0.6 MPa	p=1.0 MPa	p=1.6 MPa
4	1	300	8.12	7.30	6.73	5.85
		350	6.29	5.54	5.02	4.21
		400	4.94	4.28	3.82	3.10
		500	5.48	4.62	3.99	2.98
		600	5.23	4.26	3.54	2.35
	2	500	8.32	7.01	6.06	4.52
		600	7.77	6.41	5.38	3.63
		700	7.27	5.68	4.49	—
		800	6.58	4.79	3.48	—
		900	6.09	4.17	2.77	—
		1 000	5.67	3.64	2.16	—
	3	700	10.67	8.49	6.79	—
		800	9.81	7.29	5.37	—
		900	9.10	6.35	4.28	—
		1 000	8.49	5.54	3.33	—
		1 100	7.97	4.84	—	—
		1 200	7.51	4.21	—	—
		1 300	7.08	3.66	—	—
		1 400	6.70	3.16	—	—
	4	1 000	12.17	8.12	4.96	—
		1 100	11.44	7.09	—	—
		1 200	10.80	6.17	—	—
		1 300	10.21	5.36	—	—
		1 400	9.66	4.62	—	—
		1 500	9.16	3.95	—	—
		1 600	8.70	3.33	—	—
		1 700	8.30	2.78	—	—
		1 800	7.92	—	—	—
		2 000	7.23	—	—	—
	5	1 300	14.73	7.94	—	—
		1 400	13.98	6.85	—	—
		1 500	13.25	5.85	—	—

表 B.6 C型耳式支座处壳体的允许弯矩$[M_L]$($[\sigma]$=140 MPa)(续)

筒体有效厚度 mm	耳式支座号	直径 mm	p=0.0 MPa	p=0.6 MPa	p=1.0 MPa	p=1.6 MPa
4	5	1 600	12.58	4.93	—	—
		1 700	11.97	4.10	—	—
		1 800	11.42	—	—	—
		2 000	10.43	—	—	—
		2 200	9.54	—	—	—
	6	1 500	17.73	7.99	—	—
		1 600	16.83	6.73	—	—
		1 700	15.97	5.59	—	—
		1 800	15.21	—	—	—
		2 000	13.88	—	—	—
		2 200	12.71	—	—	—
	7	1 700	21.31	7.63	—	—
		1 800	20.24	—	—	—
		2 000	18.42	—	—	—
		2 200	16.87	—	—	—
	8	2 000	27.30	—	—	—
		2 200	24.98	—	—	—
6	1	300	18.83	17.72	16.95	15.76
		350	14.92	13.90	13.19	12.07
		400	12.52	11.54	10.85	9.76
		500	9.68	8.65	7.94	6.80
		600	7.52	6.50	5.80	4.68
	2	500	14.81	13.23	12.12	10.37
		600	11.03	9.56	8.53	6.91
		700	11.49	9.72	8.47	6.48
		800	11.41	9.41	7.98	5.69
		900	11.21	8.99	7.39	4.80
		1 000	10.82	8.35	6.58	3.74
	3	700	17.36	14.74	12.86	9.87
		800	17.08	14.21	12.13	8.73
		900	16.54	13.43	11.13	7.34
		1 000	15.93	12.44	9.89	5.70
		1 100	15.46	11.58	8.77	—

表 B.6　C 型耳式支座处壳体的允许弯矩[M_L]([σ]=140 MPa)(续)

筒体有效厚度 mm	耳式 支座号	直径 mm	p=0.0 MPa	p=0.6 MPa	p=1.0 MPa	p=1.6 MPa
6	3	1 200	14.00	10.01	7.16	—
		1 300	13.27	9.11	6.15	—
		1 400	12.63	8.31	5.23	—
	4	1 000	22.51	17.83	14.32	8.40
		1 100	21.81	16.57	12.69	—
		1 200	20.11	14.54	10.49	—
		1 300	19.07	13.23	8.99	—
		1 400	18.14	12.05	7.64	—
		1 500	17.31	10.99	6.41	—
		1 600	16.55	10.02	—	—
		1 700	15.85	9.12	—	—
		1 800	15.21	8.30	—	—
		2 000	14.06	6.82	—	—
	5	1 300	27.37	19.30	13.28	—
		1 400	26.06	17.57	11.27	—
		1 500	24.87	16.00	9.44	—
		1 600	23.80	14.58	—	—
		1 700	22.81	13.27	—	—
		1 800	21.89	12.05	—	—
		2 000	20.20	9.88	—	—
		2 200	18.76	7.98	—	—
		2 400	17.51	6.29	—	—
		2 600	16.36	—	—	—
	6	1 500	32.86	21.45	12.81	—
		1 600	31.46	19.53	—	—
		1 700	30.18	17.76	—	—
		1 800	28.99	16.13	—	—
		2 000	26.77	13.20	—	—
		2 200	24.80	10.62	—	—
		2 400	23.09	8.34	—	—
		2 600	21.59	—	—	—
		2 800	20.19	—	—	—
		3 000	18.86	—	—	—

表 B.6 C 型耳式支座处壳体的允许弯矩$[M_L]$($[\sigma]$=140 MPa)(续)

筒体有效厚度 mm	耳式 支座号	直径 mm	p=0.0 MPa	p=0.6 MPa	p=1.0 MPa	p=1.6 MPa
6	7	1 700	39.66	23.73	—	—
		1 800	38.13	21.54	—	—
		2 000	35.31	17.63	—	—
		2 200	32.69	14.14	—	—
		2 400	30.36	11.06	—	—
		2 600	28.38	—	—	—
		2 800	26.55	—	—	—
		3 000	24.83	—	—	—
		3 200	23.20	—	—	—
		3 400	21.65	—	—	—
	8	2 000	51.85	26.63	—	—
		2 200	48.19	21.40	—	—
		2 400	44.71	16.69	—	—
		2 600	41.66	—	—	—
		2 800	38.95	—	—	—
		3 000	36.47	—	—	—
		3 200	34.15	—	—	—
		3 400	31.93	—	—	—
8	1	300	30.02	28.64	27.69	26.23
		350	23.54	22.30	21.45	20.13
		400	19.46	18.31	17.52	16.28
		500	15.44	14.30	13.51	12.26
		600	13.48	12.23	11.36	9.98
	2	500	24.60	22.80	21.53	19.54
		600	20.56	18.69	17.37	15.28
		700	17.27	15.30	13.91	11.75
		800	14.53	12.55	11.17	9.01
		900	14.87	12.58	10.98	8.48
		1 000	14.96	12.40	10.60	7.77
	3	700	26.12	23.16	21.09	17.82
		800	21.32	18.47	16.46	13.31
		900	21.95	18.64	16.31	12.62
		1 000	22.02	18.33	15.72	11.57

表 B.6 C型耳式支座处壳体的允许弯矩[M_L]([σ]=140 MPa)(续)

筒体有效厚度 mm	耳式支座号	直径 mm	p=0.0 MPa	p=0.6 MPa	p=1.0 MPa	p=1.6 MPa
8	3	1 100	21.88	17.84	14.96	10.37
		1 200	21.61	17.22	14.08	9.06
		1 300	21.01	16.27	12.90	7.52
		1 400	20.44	15.38	11.79	—
	4	1 000	31.53	26.39	22.72	16.82
		1 100	31.08	25.53	21.53	15.05
		1 200	30.54	24.55	20.21	13.14
		1 300	29.68	23.18	18.49	10.88
		1 400	28.93	21.91	16.88	—
		1 500	28.21	20.70	15.35	—
		1 600	25.78	18.27	12.96	—
		1 700	24.75	17.02	11.55	—
		1 800	23.81	15.87	10.25	—
		2 000	22.13	13.81	7.90	—
	5	1 300	42.21	33.38	26.86	16.07
		1 400	41.16	31.55	24.52	—
		1 500	40.23	29.85	22.31	—
		1 600	37.03	26.47	18.90	—
		1 700	35.55	24.63	16.81	—
		1 800	34.19	22.94	14.88	—
		2 000	31.77	19.91	11.43	—
		2 200	29.65	17.27	—	—
		2 400	27.77	14.90	—	—
		2 600	26.15	12.81	—	—
	6	1 500	52.46	39.36	29.67	—
		1 600	48.95	35.33	25.41	—
		1 700	47.00	32.86	22.58	—
		1 800	45.21	30.58	19.96	—
		2 000	42.03	26.51	15.28	—
		2 200	39.25	22.95	—	—
		2 400	36.78	19.78	—	—
		2 600	34.55	16.95	—	—
		2 800	32.60	14.40	—	—
		3 000	30.87	12.07	—	—

表 B.6　C 型耳式支座处壳体的允许弯矩$[M_L]$($[\sigma]$=140 MPa)(续)

筒体有效厚度 mm	耳式 支座号	直径 mm	p=0.0 MPa	p=0.6 MPa	p=1.0 MPa	p=1.6 MPa
8	7	1 700	61.70	43.65	30.27	—
		1 800	59.40	40.62	26.75	—
		2 000	55.27	35.18	20.43	—
		2 200	51.66	30.42	—	—
		2 400	48.44	26.19	—	—
		2 600	45.46	22.39	—	—
		2 800	42.80	18.96	—	—
		3 000	40.44	15.83	—	—
		3 200	38.31	12.96	—	—
		3 400	36.27	—	—	—
	8	2 000	80.51	52.31	30.89	—
		2 200	75.38	45.21	—	—
		2 400	70.79	38.88	—	—
		2 600	66.50	33.21	—	—
		2 800	62.54	28.04	—	—
		3 000	58.93	23.32	—	—
		3 200	55.66	18.94	—	—
		3 400	52.73	—	—	—
		3 600	49.95	—	—	—
		3 800	47.28	—	—	—
		4 000	44.72	—	—	—
10	1	300	41.74	40.13	39.03	37.36
		350	32.20	30.76	29.79	28.30
		400	26.77	25.45	24.55	23.16
		500	21.04	19.79	18.92	17.56
		600	18.64	17.30	16.37	14.90
		500	34.35	32.32	30.92	28.72
	2	600	28.56	26.53	25.12	22.90
		700	25.76	23.60	22.08	19.69
		800	23.04	20.67	19.02	16.43
		900	20.51	18.03	16.30	13.60
		1 000	18.41	15.86	14.10	11.35

表 B.6　C 型耳式支座处壳体的允许弯矩[M_L]([σ]=140 MPa)(续)

筒体有效厚度 mm	耳式支座号	直径 mm	p=0.0 MPa	p=0.6 MPa	p=1.0 MPa	p=1.6 MPa
10	3	700	39.75	36.46	34.14	30.48
		800	34.68	31.18	28.73	24.87
		900	30.21	26.60	24.07	20.13
		1 000	26.47	22.84	20.32	16.38
		1 100	26.98	22.90	20.05	15.60
		1 200	27.18	22.69	19.54	14.61
		1 300	27.17	22.29	18.87	13.47
		1 400	27.00	21.76	18.06	12.23
	4	1 000	37.20	32.18	28.66	23.15
		1 100	38.07	32.39	28.41	22.16
		1 200	38.30	32.07	27.69	20.76
		1 300	38.24	31.49	26.72	19.16
		1 400	38.00	30.75	25.61	17.42
		1 500	37.58	29.84	24.33	15.55
		1 600	36.69	28.48	22.65	13.38
		1 700	35.85	27.19	21.06	—
		1 800	35.04	25.95	19.54	—
		2 000	31.32	22.03	15.51	—
	5	1 300	54.70	45.33	38.62	27.88
		1 400	54.12	44.12	36.93	25.34
		1 500	53.41	42.76	35.08	22.65
		1 600	52.18	40.81	32.64	19.47
		1 700	51.05	38.97	30.33	—
		1 800	49.98	37.21	28.12	—
		2 000	44.85	31.64	22.32	—
		2 200	42.02	28.22	18.46	—
		2 400	39.54	25.19	15.02	—
		2 600	37.32	22.47	—	—
	6	1 500	69.82	56.34	46.49	30.30
		1 600	68.11	53.69	43.19	26.01
		1 700	66.65	51.25	40.11	—
		1 800	65.30	48.94	37.17	—
		2 000	59.27	42.00	29.74	—

表 B.6 C 型耳式支座处壳体的允许弯矩$[M_L]$($[\sigma]$=140 MPa)(续)

筒体有效厚度 mm	耳式 支座号	直径 mm	p=0.0 MPa	p=0.6 MPa	p=1.0 MPa	p=1.6 MPa
10	6	2 200	55.52	37.40	24.53	—
		2 400	52.21	33.33	19.90	—
		2 600	49.26	29.68	—	—
		2 800	46.59	26.35	—	—
		3 000	44.14	23.30	—	—
	7	1 700	86.39	67.06	52.84	—
		1 800	84.64	64.02	48.95	—
		2 000	77.90	55.61	39.59	—
		2 200	72.98	49.44	32.58	—
		2 400	68.65	44.00	26.36	—
		2 600	64.77	39.13	—	—
		2 800	61.26	34.70	—	—
		3 000	58.03	30.64	—	—
		3 200	55.14	26.96	—	—
		3 400	52.53	23.56	—	—
	8	2 000	113.51	82.32	59.30	—
		2 200	106.44	73.15	48.72	—
		2 400	100.18	65.01	39.32	—
		2 600	94.58	57.72	—	—
		2 800	89.51	51.13	—	—
		3 000	84.84	45.10	—	—
		3 200	80.47	39.56	—	—
		3 400	76.48	34.45	—	—
		3 600	72.84	29.71	—	—
		3 800	69.52	25.29	—	—
		4 000	66.44	—	—	—
12	1	350	41.28	39.69	38.61	36.97
		400	34.62	33.14	32.13	30.60
		500	27.48	26.08	25.12	23.64
		600	24.00	22.55	21.55	19.99
	2	500	44.62	42.35	40.79	38.38
		600	36.82	34.62	33.10	30.73
		700	33.07	30.76	29.15	26.64

表 B.6 C 型耳式支座处壳体的允许弯矩[M_L]([σ]=140 MPa)(续)

筒体有效厚度 mm	耳式 支座号	直径 mm	p=0.0 MPa	p=0.6 MPa	p=1.0 MPa	p=1.6 MPa
12	2	800	30.88	28.39	26.65	23.91
		900	28.74	26.01	24.10	21.12
		1 000	26.56	23.63	21.59	18.41
	3	700	51.28	47.75	45.28	41.41
		800	46.61	42.93	40.33	36.25
		900	42.65	38.67	35.89	31.51
		1 000	38.82	34.58	31.63	27.01
		1 100	35.14	30.76	27.73	22.99
		1 200	32.14	27.69	24.60	19.79
		1 300	32.59	27.69	24.28	18.97
		1 400	32.79	27.47	23.77	17.97
	4	1 000	55.59	49.61	45.43	38.87
		1 100	49.48	43.38	39.14	32.50
		1 200	44.45	38.34	34.09	27.46
		1 300	45.18	38.43	33.72	26.37
		1 400	45.52	38.18	33.05	25.02
		1 500	45.60	37.70	32.17	23.48
		1 600	45.46	37.03	31.12	21.79
		1 700	45.14	36.20	29.92	19.99
		1 800	44.60	35.19	28.56	18.06
		2 000	42.78	32.55	25.34	13.93
	5	1 300	64.00	54.58	47.97	37.60
		1 400	64.48	54.25	47.05	35.72
		1 500	64.52	53.54	45.79	33.54
		1 600	64.30	52.59	44.31	31.18
		1 700	63.90	51.49	42.68	28.67
		1 800	63.26	50.15	40.84	25.98
		2 000	60.77	46.35	36.16	19.96
		2 200	58.42	42.82	31.82	—
		2 400	52.57	36.86	25.84	—
		2 600	49.79	33.53	22.07	—
	6	1 500	84.65	70.49	60.45	44.46
		1 600	84.11	69.10	58.40	41.29

表 B.6 C型耳式支座处壳体的允许弯矩[M_L]([σ]=140 MPa)(续)

筒体有效厚度 mm	耳式支座号	直径 mm	p=0.0 MPa	p=0.6 MPa	p=1.0 MPa	p=1.6 MPa
12	6	1 700	83.41	67.55	56.20	37.97
		1 800	82.51	65.77	53.77	34.45
		2 000	79.30	60.75	47.54	26.38
		2 200	76.33	56.10	41.77	—
		2 400	69.29	48.65	34.14	—
		2 600	65.56	44.16	29.08	—
		2 800	62.22	40.11	24.47	—
		3 000	59.18	36.40	20.23	—
	7	1 700	108.56	88.46	73.92	50.32
		1 800	107.05	85.93	70.60	45.62
		2 000	102.80	79.25	62.30	34.85
		2 200	99.07	73.17	54.67	—
		2 400	90.97	64.09	45.10	—
		2 600	86.05	58.09	38.33	—
		2 800	81.62	52.67	32.18	—
		3 000	77.60	47.73	26.53	—
		3 200	73.90	43.16	—	—
		3 400	70.48	38.92	—	—
	8	2 000	148.49	116.00	92.07	52.40
		2 200	143.34	107.18	80.83	—
		2 400	132.72	94.42	66.93	—
		2 600	125.52	85.43	56.71	—
		2 800	119.05	77.33	47.48	—
		3 000	113.16	69.95	39.05	—
		3 200	107.75	63.17	—	—
		3 400	102.74	56.88	—	—
		3 600	98.06	51.01	—	—
		3 800	93.79	45.60	—	—
		4 000	89.87	40.53	—	—
16	1	500	42.06	40.38	39.24	37.49
		600	37.04	35.33	34.16	32.36

表 B.6　C型耳式支座处壳体的允许弯矩[M_L]([σ]=140 MPa)(续)

筒体有效厚度 mm	耳式 支座号	直径 mm	p=0.0 MPa	p=0.6 MPa	p=1.0 MPa	p=1.6 MPa
16	2	500	67.12	64.40	62.56	59.74
		600	56.16	53.55	51.76	49.01
		700	49.95	47.29	45.46	42.63
		800	46.17	43.36	41.43	38.41
		900	44.00	40.98	38.88	35.62
		1 000	42.30	39.05	36.78	33.24
	3	700	77.35	73.24	70.41	66.04
		800	69.13	64.98	62.10	57.62
		900	64.52	60.15	57.11	52.36
		1 000	61.37	56.71	53.46	48.37
		1 100	58.90	53.91	50.42	44.95
		1 200	55.87	50.51	46.77	40.93
		1 300	52.92	47.25	43.30	37.15
		1 400	50.07	44.15	40.05	33.65
	4	1 000	87.91	81.33	76.73	69.51
		1 100	83.59	76.63	71.75	64.07
		1 200	78.51	71.07	65.87	57.73
		1 300	73.68	65.83	60.37	51.83
		1 400	68.99	60.84	55.19	46.38
		1 500	64.46	56.14	50.37	41.41
		1 600	61.00	52.51	46.61	37.46
		1 700	61.54	52.43	46.09	36.22
		1 800	61.80	52.10	45.34	34.79
		2 000	61.63	50.84	43.29	31.45
	5	1 300	105.03	94.01	86.31	74.24
		1 400	97.25	85.89	77.97	65.61
		1 500	89.68	78.17	70.18	57.73
		1 600	83.79	72.16	64.08	51.51
		1 700	84.75	72.22	63.51	49.92
		1 800	85.32	71.93	62.61	48.05
		2 000	85.51	70.54	60.07	43.65
		2 200	84.70	68.27	56.74	38.60
		2 400	82.98	65.24	52.77	33.08
		2 600	80.32	61.49	48.22	27.24

表 B.6 C型耳式支座处壳体的允许弯矩[M_L]([σ]=140 MPa)(续)

筒体有效厚度 mm	耳式 支座号	直径 mm	p=0.0 MPa	p=0.6 MPa	p=1.0 MPa	p=1.6 MPa
16	6	1 500	116.59	101.75	91.42	75.28
		1 600	107.83	92.96	82.61	66.47
		1 700	109.22	93.16	81.97	64.50
		1 800	110.02	92.85	80.87	62.12
		2 000	110.40	91.17	77.70	56.54
		2 200	109.61	88.46	73.60	50.15
		2 400	107.75	84.82	68.67	43.12
		2 600	104.26	79.80	62.59	35.37
		2 800	100.95	75.07	56.85	—
		3 000	97.74	70.55	51.39	—
	7	1 700	141.19	120.63	106.25	83.73
		1 800	142.25	120.27	104.87	80.70
		2 000	142.56	118.00	100.72	73.46
		2 200	141.51	114.51	95.45	65.24
		2 400	139.33	110.00	89.24	56.24
		2 600	134.83	103.38	81.18	45.98
		2 800	130.55	97.13	73.59	—
		3 000	126.41	91.17	66.38	—
		3 200	116.48	81.11	56.35	—
		3 400	111.68	75.36	49.84	—
	8	2 000	207.00	172.22	147.52	108.20
		2 200	204.46	166.57	139.49	96.09
		2 400	200.98	159.91	130.46	83.00
		2 600	194.65	150.23	118.54	67.70
		2 800	188.78	141.15	107.34	—
		3 000	183.08	132.47	96.69	—
		3 200	169.16	118.03	82.13	—
		3 400	162.00	109.41	72.42	—
		3 600	155.37	101.41	63.37	—
		3 800	149.22	93.93	54.86	—
		4 000	143.47	86.91	—	—

表 B.7 C型耳式支座处壳体的允许弯矩[M_L]([σ]=167 MPa)

单位为 kN·m

筒体有效厚度 mm	耳式支座号	直径 mm	p=0.0 MPa	p=0.6 MPa	p=1.0 MPa	p=1.6 MPa
4	1	300	9.69	8.87	8.30	7.44
		350	7.51	6.76	6.24	5.45
		400	5.90	5.24	4.79	4.08
		500	6.54	5.69	5.07	4.09
		600	6.24	5.28	4.58	3.44
	2	500	9.93	8.63	7.70	6.21
		600	9.27	7.94	6.94	5.28
		700	8.68	7.12	5.96	4.04
		800	7.86	6.09	4.82	2.74
		900	7.28	5.38	4.01	—
		1 000	6.79	4.77	3.32	—
	3	700	12.74	10.60	8.97	6.19
		800	11.72	9.24	7.39	4.29
		900	10.88	8.17	6.16	—
		1 000	10.16	7.24	5.10	—
		1 100	9.54	6.44	4.18	—
		1 200	8.99	5.74	3.36	—
		1 300	8.49	5.11	—	—
		1 400	8.04	4.54	—	—
	4	1 000	14.56	10.57	7.54	—
		1 100	13.69	9.41	6.18	—
		1 200	12.93	8.37	4.97	—
		1 300	12.24	7.46	—	—
		1 400	11.59	6.62	—	—
		1 500	10.99	5.86	—	—
		1 600	10.45	5.17	—	—
		1 700	9.98	4.55	—	—
		1 800	9.54	3.98	—	—
		2 000	8.72	2.94	—	—
	5	1 300	17.65	10.99	—	—
		1 400	16.76	9.77	—	—
		1 500	15.91	8.64	—	—

表 B.7 C 型耳式支座处壳体的允许弯矩[M_L]([σ]=167 MPa)(续)

筒体有效厚度 mm	耳式 支座号	直径 mm	p=0.0 MPa	p=0.6 MPa	p=1.0 MPa	p=1.6 MPa
4	5	1 600	15.11	7.60	—	—
		1 700	14.39	6.68	—	—
		1 800	13.75	5.83	—	—
		2 000	12.59	4.30	—	—
		2 200	11.55	—	—	—
	6	1 500	21.27	11.76	—	—
		1 600	20.22	10.34	—	—
		1 700	19.20	9.05	—	—
		1 800	18.30	7.88	—	—
		2 000	16.75	5.80	—	—
		2 200	15.38	—	—	—
	7	1 700	25.61	12.30	—	—
		1 800	24.35	10.68	—	—
		2 000	22.22	7.83	—	—
		2 200	20.41	—	—	—
	8	2 000	32.92	12.06	—	—
		2 200	30.20	—	—	—
6	1	300	22.47	21.36	20.60	19.42
		350	17.81	16.79	16.09	14.99
		400	14.94	13.97	13.29	12.22
		500	11.55	10.53	9.82	8.71
		600	8.97	7.97	7.27	6.18
	2	500	17.67	16.10	15.00	13.29
		600	13.16	11.71	10.69	9.10
		700	13.72	11.96	10.73	8.78
		800	13.62	11.64	10.24	8.01
		900	13.39	11.19	9.62	7.12
		1 000	12.93	10.48	8.74	5.98
	3	700	20.72	18.12	16.28	13.37
		800	20.39	17.56	15.52	12.23
		900	19.75	16.68	14.44	10.80
		1 000	19.04	15.58	13.09	9.07
		1 100	18.48	14.63	11.89	7.48
		1 200	16.74	12.78	9.98	5.54
		1 300	15.88	11.76	8.84	—
		1 400	15.12	10.84	7.82	—

表 B.7　C 型耳式支座处壳体的允许弯矩[M_L]([σ]=167 MPa)(续)

筒体有效厚度 mm	耳式 支座号	直径 mm	p=0.0 MPa	p=0.6 MPa	p=1.0 MPa	p=1.6 MPa
6	4	1 000	26.90	22.27	18.87	13.25
		1 100	26.07	20.90	17.12	10.93
		1 200	24.04	18.54	14.58	8.19
		1 300	22.81	17.03	12.89	—
		1 400	21.72	15.69	11.37	—
		1 500	20.74	14.47	10.00	—
		1 600	19.84	13.37	8.74	—
		1 700	19.02	12.35	7.59	—
		1 800	18.26	11.41	6.52	—
		2 000	16.90	9.74	—	—
	5	1 300	32.74	24.78	18.93	—
		1 400	31.19	22.81	16.69	—
		1 500	29.79	21.03	14.65	—
		1 600	28.52	19.41	12.79	—
		1 700	27.35	17.92	11.09	—
		1 800	26.28	16.55	9.52	—
		2 000	24.29	14.08	—	—
		2 200	22.59	11.94	—	—
		2 400	21.13	10.05	—	—
		2 600	19.78	8.36	—	—
	6	1 500	39.35	28.11	19.76	—
		1 600	37.70	25.94	17.25	—
		1 700	36.19	23.94	14.93	—
		1 800	34.79	22.10	12.80	—
		2 000	32.17	18.78	—	—
		2 200	29.87	15.87	—	—
		2 400	27.87	13.31	—	—
		2 600	26.11	11.05	—	—
		2 800	24.47	8.99	—	—
		3 000	22.93	—	—	—

表 B.7 C型耳式支座处壳体的允许弯矩[M_L]([σ]=167 MPa)(续)

筒体有效厚度 mm	耳式支座号	直径 mm	p=0.0 MPa	p=0.6 MPa	p=1.0 MPa	p=1.6 MPa
6	7	1 700	47.54	31.88	20.10	—
		1 800	45.75	29.42	17.21	—
		2 000	42.43	25.02	—	—
		2 200	39.36	21.09	—	—
		2 400	36.63	17.61	—	—
		2 600	34.31	14.61	—	—
		2 800	32.19	11.86	—	—
		3 000	30.19	—	—	—
		3 200	28.29	—	—	—
		3 400	26.49	—	—	—
	8	2 000	62.28	37.59	—	—
		2 200	58.00	31.74	—	—
		2 400	53.92	26.44	—	—
		2 600	50.35	21.83	—	—
		2 800	47.20	17.70	—	—
		3 000	44.32	—	—	—
		3 200	41.62	—	—	—
		3 400	39.06	—	—	—
8	1	300	35.82	34.43	33.49	32.05
		350	28.09	26.85	26.01	24.70
		400	23.22	22.08	21.29	20.07
		500	18.42	17.29	16.51	15.28
		600	16.09	14.85	13.98	12.63
	2	500	29.36	27.56	26.32	24.36
		600	24.54	22.68	21.37	19.34
		700	20.62	18.65	17.29	15.16
		800	17.35	15.38	14.02	11.90
		900	17.76	15.48	13.90	11.44
		1 000	17.87	15.32	13.55	10.77
	3	700	31.18	28.24	26.19	22.99
		800	25.46	22.62	20.64	17.55
		900	26.22	22.92	20.62	17.02
		1 000	26.30	22.64	20.07	16.02

表 B.7　C 型耳式支座处壳体的允许弯矩$[M_L]$（$[\sigma]$=167 MPa）（续）

筒体有效厚度 mm	耳式 支座号	直径 mm	p=0.0 MPa	p=0.6 MPa	p=1.0 MPa	p=1.6 MPa
8	3	1 100	26.14	22.13	19.30	14.83
		1 200	25.82	21.47	18.39	13.51
		1 300	25.11	20.41	17.10	11.87
		1 400	24.45	19.42	15.89	10.32
	4	1 000	37.66	32.56	28.95	23.22
		1 100	37.13	31.63	27.71	21.44
		1 200	36.49	30.57	26.32	19.50
		1 300	35.48	29.04	24.44	17.09
		1 400	34.60	27.64	22.70	14.84
		1 500	33.75	26.30	21.05	12.72
		1 600	30.86	23.40	18.18	9.95
		1 700	29.65	21.97	16.59	—
		1 800	28.53	20.66	15.12	—
		2 000	26.55	18.30	12.49	—
	5	1 300	50.46	41.73	35.38	25.05
		1 400	49.22	39.71	32.86	21.74
		1 500	48.14	37.85	30.49	18.63
		1 600	44.33	33.86	26.43	14.61
		1 700	42.58	31.75	24.08	—
		1 800	40.97	29.82	21.91	—
		2 000	38.11	26.36	18.04	—
		2 200	35.62	23.35	14.64	—
		2 400	33.41	20.66	11.60	—
		2 600	31.51	18.31	—	—
	6	1 500	62.75	49.82	40.39	24.97
		1 600	58.59	45.12	35.43	19.78
		1 700	56.29	42.29	32.24	—
		1 800	54.18	39.68	29.31	—
		2 000	50.42	35.05	24.07	—
		2 200	47.15	31.01	19.49	—
		2 400	44.24	27.42	15.42	—
		2 600	41.64	24.22	—	—
		2 800	39.35	21.35	—	—
		3 000	37.33	18.75	—	—

表 B.7　C型耳式支座处壳体的允许弯矩$[M_L]$($[\sigma]=167$ MPa)(续)

筒体有效厚度 mm	耳式支座号	直径 mm	$p=0.0$ MPa	$p=0.6$ MPa	$p=1.0$ MPa	$p=1.6$ MPa
8	7	1 700	73.88	56.05	43.05	—
		1 800	71.16	52.61	39.12	—
		2 000	66.30	46.43	32.08	—
		2 200	62.05	41.04	25.92	—
		2 400	58.27	36.26	20.46	—
		2 600	54.77	31.96	—	—
		2 800	51.67	28.09	—	—
		3 000	48.91	24.59	—	—
		3 200	46.44	21.39	—	—
		3 400	44.07	18.41	—	—
	8	2 000	96.54	68.78	48.13	—
		2 200	90.51	60.78	38.84	—
		2 400	85.13	53.67	30.60	—
		2 600	80.11	47.27	—	—
		2 800	75.47	41.44	—	—
		3 000	71.26	36.13	—	—
		3 200	67.45	31.29	—	—
		3 400	64.05	26.93	—	—
		3 600	60.83	22.83	—	—
		3 800	57.74	—	—	—
		4 000	54.78	—	—	—
10	1	300	49.80	48.19	47.10	45.44
		350	38.41	36.98	36.01	34.53
		400	31.94	30.63	29.73	28.35
		500	25.11	23.86	23.00	21.66
		600	22.24	20.91	19.99	18.55
	2	500	40.99	38.97	37.57	35.42
		600	34.07	32.06	30.67	28.49
		700	30.75	28.60	27.10	24.75
		800	27.50	25.15	23.52	20.98
		900	24.49	22.02	20.31	17.65
		1 000	21.98	19.45	17.70	15.00

表 B.7 C型耳式支座处壳体的允许弯矩$[M_L]$($[\sigma]$=167 MPa)(续)

筒体有效厚度 mm	耳式支座号	直径 mm	p=0.0 MPa	p=0.6 MPa	p=1.0 MPa	p=1.6 MPa
10	3	700	47.44	44.17	41.88	38.30
		800	41.39	37.92	35.50	31.72
		900	36.07	32.47	29.98	26.10
		1 000	31.61	28.00	25.50	21.63
		1 100	32.22	28.17	25.35	20.98
		1 200	32.47	28.01	24.90	20.06
		1 300	32.47	27.62	24.24	18.96
		1 400	32.28	27.07	23.43	17.72
	4	1 000	44.42	39.43	35.95	30.54
		1 100	45.47	39.83	35.90	29.76
		1 200	45.76	39.57	35.25	28.47
		1 300	45.69	38.99	34.29	26.91
		1 400	45.42	38.22	33.16	25.19
		1 500	44.94	37.25	31.84	23.29
		1 600	43.89	35.74	30.01	20.97
		1 700	42.91	34.30	28.27	18.78
		1 800	41.95	32.92	26.61	16.68
		2 000	37.54	28.30	21.87	11.82
	5	1 300	65.36	56.06	49.48	39.04
		1 400	64.68	54.77	47.73	36.50
		1 500	63.86	53.31	45.79	33.76
		1 600	62.41	51.14	43.13	30.37
		1 700	61.09	49.11	40.63	27.16
		1 800	59.83	47.16	38.23	24.09
		2 000	53.75	40.62	31.45	17.05
		2 200	50.41	36.71	27.10	—
		2 400	47.48	33.25	23.24	—
		2 600	44.88	30.15	19.76	—
	6	1 500	83.47	70.14	60.52	44.97
		1 600	81.46	67.19	56.93	40.40
		1 700	79.74	64.50	53.60	36.10
		1 800	78.16	61.96	50.43	31.99
		2 000	71.02	53.89	41.83	22.80

表 B.7 C 型耳式支座处壳体的允许弯矩[M_L]([σ]=167 MPa)(续)

筒体有效厚度 mm	耳式 支座号	直径 mm	p=0.0 MPa	p=0.6 MPa	p=1.0 MPa	p=1.6 MPa
10	6	2 200	66.60	48.62	35.97	—
		2 400	62.70	43.97	30.78	—
		2 600	59.23	39.81	26.11	—
		2 800	56.10	36.04	21.86	—
		3 000	53.23	32.59	17.96	—
	7	1 700	103.35	84.25	70.40	47.85
		1 800	101.30	80.91	66.21	42.39
		2 000	93.34	71.24	55.55	30.50
		2 200	87.53	64.20	47.67	—
		2 400	82.43	58.00	40.71	—
		2 600	77.88	52.46	34.47	—
		2 800	73.75	47.44	28.81	—
		3 000	69.98	42.85	23.62	—
		3 200	66.60	38.70	—	—
		3 400	63.57	34.90	—	—
	8	2 000	135.97	105.16	82.77	46.21
		2 200	127.63	94.73	70.94	—
		2 400	120.27	85.49	60.46	—
		2 600	113.70	77.24	51.08	—
		2 800	107.75	69.79	42.61	—
		3 000	102.30	62.98	34.87	—
		3 200	97.18	56.72	—	—
		3 400	92.53	50.97	—	—
		3 600	88.31	45.67	—	—
		3 800	84.46	40.74	—	—
		4 000	80.91	36.13	—	—
12	1	350	49.25	47.66	46.58	44.95
		400	41.30	39.83	38.82	37.30
		500	32.79	31.39	30.44	28.98
		600	28.63	27.19	26.20	24.67
	2	500	53.24	50.97	49.42	47.05
		600	43.93	41.74	40.24	37.90
		700	39.46	37.17	35.58	33.11

表 B.7 C型耳式支座处壳体的允许弯矩[M_L]([σ]=167 MPa)(续)

筒体有效厚度 mm	耳式 支座号	直径 mm	p=0.0 MPa	p=0.6 MPa	p=1.0 MPa	p=1.6 MPa
12	2	800	36.86	34.38	32.66	29.97
		900	34.31	31.59	29.71	26.78
		1 000	31.71	28.79	26.78	23.65
	3	700	61.19	57.68	55.24	51.44
		800	55.63	51.96	49.41	45.41
		900	50.90	46.95	44.20	39.91
		1 000	46.34	42.13	39.21	34.68
		1 100	41.96	37.61	34.60	29.94
		1 200	38.39	33.96	30.90	26.17
		1 300	38.94	34.06	30.69	25.46
		1 400	39.18	33.90	30.23	24.53
	4	1 000	66.36	60.42	56.29	49.86
		1 100	59.08	53.02	48.82	42.30
		1 200	53.09	47.01	42.81	36.29
		1 300	53.97	47.26	42.61	35.38
		1 400	54.40	47.10	42.03	34.14
		1 500	54.50	46.65	41.19	32.67
		1 600	54.35	45.98	40.14	31.01
		1 700	53.98	45.11	38.91	29.20
		1 800	53.36	44.01	37.47	27.23
		2 000	51.22	41.06	33.96	22.82
	5	1 300	76.46	67.09	60.57	50.40
		1 400	77.05	66.88	59.78	48.69
		1 500	77.12	66.20	58.57	46.60
		1 600	76.88	65.25	57.10	44.28
		1 700	76.42	64.10	55.44	41.78
		1 800	75.68	62.67	53.51	39.05
		2 000	72.75	58.44	48.41	32.62
		2 200	70.01	54.52	43.69	26.67
		2 400	63.06	47.45	36.58	—
		2 600	59.78	43.64	32.35	—

表 B.7 C型耳式支座处壳体的允许弯矩[M_L]([σ]=167 MPa)(续)

筒体有效厚度 mm	耳式 支座号	直径 mm	p=0.0 MPa	p=0.6 MPa	p=1.0 MPa	p=1.6 MPa
12	6	1 500	101.17	87.12	77.24	61.65
		1 600	100.55	85.67	75.15	58.51
		1 700	99.75	84.02	72.88	55.19
		1 800	98.70	82.11	70.34	51.61
		2 000	94.93	76.53	63.56	43.01
		2 200	91.47	71.38	57.29	35.07
		2 400	83.11	62.61	48.31	—
		2 600	78.73	57.48	42.63	—
		2 800	74.79	52.85	37.47	—
		3 000	71.23	48.63	32.74	—
	7	1 700	129.81	109.91	95.68	72.87
		1 800	128.04	107.14	92.15	68.07
		2 000	123.06	99.73	83.13	56.60
		2 200	118.71	93.01	74.87	46.06
		2 400	109.12	82.42	63.74	—
		2 600	103.32	75.57	56.13	—
		2 800	98.12	69.39	49.24	—
		3 000	93.39	63.76	42.94	—
		3 200	89.06	58.59	37.13	—
		3 400	85.07	53.79	31.72	—
	8	2 000	177.71	145.62	122.33	84.39
		2 200	171.71	135.94	110.23	68.67
		2 400	159.17	121.21	94.28	—
		2 600	150.69	110.96	82.82	—
		2 800	143.08	101.74	72.49	—
		3 000	136.18	93.36	63.08	—
		3 200	129.85	85.68	54.43	—
		3 400	124.00	78.56	46.41	—
		3 600	118.54	71.93	38.93	—
		3 800	113.56	65.86	—	—
		4 000	109.02	60.20	—	—
16	1	500	50.18	48.50	47.37	45.64
		600	44.20	42.49	41.33	39.54

表 B.7　C 型耳式支座处壳体的允许弯矩[M_L]([σ]=167 MPa)(续)

筒体有效厚度 mm	耳式 支座号	直径 mm	p=0.0 MPa	p=0.6 MPa	p=1.0 MPa	p=1.6 MPa
16	2	500	80.08	77.37	75.53	72.73
		600	67.01	64.40	62.63	59.91
		700	59.60	56.95	55.14	52.35
		800	55.09	52.30	50.38	47.41
		900	52.51	49.51	47.43	44.22
		1 000	50.49	47.25	45.01	41.53
	3	700	92.30	88.20	85.39	81.08
		800	82.50	78.36	75.51	71.10
		900	77.00	72.65	69.64	64.98
		1 000	73.26	68.62	65.40	60.40
		1 100	70.31	65.35	61.90	56.53
		1 200	66.71	61.37	57.68	51.94
		1 300	63.20	57.55	53.65	47.60
		1 400	59.80	53.91	49.85	43.56
	4	1 000	104.92	98.38	93.84	86.76
		1 100	99.78	92.86	88.04	80.52
		1 200	93.73	86.33	81.20	73.21
		1 300	87.99	80.18	74.78	66.39
		1 400	82.40	74.29	68.70	60.03
		1 500	77.01	68.73	63.02	54.19
		1 600	72.89	64.44	58.61	49.59
		1 700	73.56	64.48	58.22	48.51
		1 800	73.89	64.23	57.55	47.18
		2 000	73.71	62.99	55.54	43.93
	5	1 300	125.42	114.46	106.85	95.00
		1 400	116.16	104.85	97.02	84.87
		1 500	107.14	95.69	87.78	75.53
		1 600	100.13	88.55	80.56	68.19
		1 700	101.30	88.83	80.21	66.85
		1 800	102.00	88.69	79.47	65.16
		2 000	102.29	87.40	77.06	60.96
		2 200	101.37	85.04	73.68	55.91
		2 400	99.38	81.76	69.47	50.22
		2 600	96.27	77.57	64.50	44.01

表 B.7　C 型耳式支座处壳体的允许弯矩[M_L]([σ]=167 MPa)(续)

筒体有效厚度 mm	耳式支座号	直径 mm	p=0.0 MPa	p=0.6 MPa	p=1.0 MPa	p=1.6 MPa
16	6	1 500	139.29	124.52	114.30	98.44
		1 600	128.85	114.05	103.82	87.95
		1 700	130.54	114.56	103.50	86.33
		1 800	131.52	114.45	102.62	84.21
		2 000	132.05	112.94	99.65	78.91
		2 200	131.19	110.17	95.52	72.58
		2 400	129.04	106.27	90.36	65.41
		2 600	124.96	100.67	83.71	57.13
		2 800	121.09	95.40	77.45	49.31
		3 000	117.35	90.35	71.49	41.88
	7	1 700	168.75	148.30	134.10	111.99
		1 800	170.06	148.20	133.01	109.30
		2 000	170.52	146.11	129.08	102.41
		2 200	169.36	142.55	123.78	94.29
		2 400	166.86	137.74	117.32	85.16
		2 600	161.59	130.36	108.52	74.19
		2 800	156.60	123.41	100.24	63.86
		3 000	151.78	116.78	92.36	54.09
		3 200	140.00	104.86	80.44	—
		3 400	134.37	98.30	73.16	—
	8	2 000	247.57	213.06	188.77	150.46
		2 200	244.66	207.09	180.52	138.37
		2 400	240.65	199.95	171.08	125.12
		2 600	233.26	189.22	158.12	108.80
		2 800	226.42	179.17	145.96	93.47
		3 000	219.80	169.57	134.38	78.97
		3 200	203.31	152.53	117.16	—
		3 400	194.90	142.70	106.27	—
		3 600	187.15	133.59	96.15	—
		3 800	179.95	125.10	86.69	—
		4 000	173.24	117.16	77.79	—

表 B.8　C 型耳式支座处壳体的允许弯矩[M_L]([σ]=185 MPa)

单位为 kN·m

筒体有效厚度 mm	耳式 支座号	直径 mm	p=0.0 MPa	p=0.6 MPa	p=1.0 MPa	p=1.6 MPa
4	1	300	10.74	9.92	9.35	8.49
		350	8.32	7.57	7.06	6.27
		400	6.53	5.88	5.43	4.73
		500	7.25	6.40	5.79	4.83
		600	6.92	5.96	5.28	4.16
	2	500	11.00	9.71	8.79	7.33
		600	10.28	8.95	7.97	6.35
		700	9.62	8.07	6.93	5.06
		800	8.71	6.96	5.70	3.66
		900	8.07	6.18	4.83	2.66
		1 000	7.53	5.53	4.09	—
	3	700	14.12	12.00	10.40	7.71
		800	12.99	10.53	8.71	5.70
		900	12.06	9.37	7.40	4.15
		1 000	11.27	8.37	6.26	—
		1 100	10.58	7.51	5.28	—
		1 200	9.98	6.75	4.41	—
		1 300	9.43	6.07	3.64	—
		1 400	8.93	5.46	2.94	—
		1 000	16.14	12.20	9.23	—
		1 100	15.19	10.94	7.77	—
	4	1 200	14.35	9.83	6.49	—
		1 300	13.59	8.84	5.35	—
		1 400	12.87	7.94	4.32	—
		1 500	12.22	7.12	—	—
		1 600	11.62	6.37	—	—
		1 700	11.10	5.71	—	—
		1 800	10.62	5.10	—	—
		2 000	9.72	3.99	—	—
	5	1 300	19.59	13.00	7.98	—
		1 400	18.61	11.69	6.45	—
		1 500	17.68	10.48	—	—

表 B.8　C型耳式支座处壳体的允许弯矩[M_L]([σ]=185 MPa)(续)

筒体有效厚度 mm	耳式 支座号	直径 mm	p=0.0 MPa	p=0.6 MPa	p=1.0 MPa	p=1.6 MPa
4	5	1 600	16.80	9.36	—	—
		1 700	16.01	8.36	—	—
		1 800	15.30	7.45	—	—
		2 000	14.03	5.83	—	—
		2 200	12.89	4.39	—	—
	6	1 500	23.63	14.23	—	—
		1 600	22.48	12.71	—	—
		1 700	21.36	11.32	—	—
		1 800	20.37	10.06	—	—
		2 000	18.66	7.84	—	—
		2 200	17.16	5.90	—	—
	7	1 700	28.48	15.35	—	—
		1 800	27.09	13.61	—	—
		2 000	24.75	10.56	—	—
		2 200	22.77	7.94	—	—
	8	2 000	36.66	16.18	—	—
		2 200	33.67	12.15	—	—
6	1	300	24.89	23.78	23.03	21.86
		350	19.73	18.72	18.01	16.93
		400	16.55	15.58	14.91	13.85
		500	12.80	11.78	11.08	9.98
		600	9.94	8.94	8.24	7.16
	2	500	19.58	18.01	16.92	15.23
		600	14.59	13.14	12.13	10.55
		700	15.21	13.46	12.23	10.31
		800	15.10	13.13	11.74	9.54
		900	14.84	12.65	11.10	8.64
		1 000	14.34	11.90	10.18	7.46
	3	700	22.97	20.38	18.55	15.68
		800	22.60	19.78	17.76	14.54
		900	21.90	18.84	16.63	13.07
		1 000	21.11	17.67	15.21	11.26
		1 100	20.49	16.67	13.95	9.62

表 B.8 C 型耳式支座处壳体的允许弯矩[M_L]([σ]=185 MPa)(续)

筒体有效厚度 mm	耳式支座号	直径 mm	p=0.0 MPa	p=0.6 MPa	p=1.0 MPa	p=1.6 MPa
6	3	1 200	18.57	14.63	11.85	7.48
		1 300	17.62	13.51	10.63	6.07
		1 400	16.78	12.52	9.52	—
	4	1 000	29.82	25.23	21.88	16.39
		1 100	28.91	23.77	20.04	14.00
		1 200	26.67	21.19	17.28	11.02
		1 300	25.31	19.56	15.46	8.91
		1 400	24.11	18.10	13.83	—
		1 500	23.02	16.79	12.36	—
		1 600	22.03	15.59	11.02	—
		1 700	21.13	14.49	9.79	—
		1 800	20.29	13.48	8.64	—
		2 000	18.80	11.68	6.61	—
	5	1 300	36.33	28.41	22.66	13.26
		1 400	34.61	26.29	20.25	—
		1 500	33.07	24.36	18.07	—
		1 600	31.67	22.61	16.09	—
		1 700	30.39	21.01	14.27	—
		1 800	29.20	19.53	12.59	—
		2 000	27.01	16.86	9.58	—
		2 200	25.14	14.56	—	—
		2 400	23.55	12.54	—	—
		2 600	22.07	10.72	—	—
	6	1 500	43.68	32.52	24.32	—
		1 600	41.86	30.19	21.64	—
		1 700	40.20	28.04	19.17	—
		1 800	38.65	26.05	16.90	—
		2 000	35.78	22.48	12.83	—
		2 200	33.24	19.34	—	—
		2 400	31.05	16.58	—	—
		2 600	29.13	14.17	—	—
		2 800	27.33	11.96	—	—
		3 000	25.64	9.91	—	—

表 B.8　C 型耳式支座处壳体的允许弯矩[M_L]([σ]=185 MPa)(续)

筒体有效厚度 mm	耳式支座号	直径 mm	p=0.0 MPa	p=0.6 MPa	p=1.0 MPa	p=1.6 MPa
6	7	1 700	52.80	37.27	25.72	—
		1 800	50.83	34.63	22.66	—
		2 000	47.18	29.91	17.20	—
		2 200	43.81	25.68	—	—
		2 400	40.81	21.93	—	—
		2 600	38.27	18.71	—	—
		2 800	35.94	15.78	—	—
		3 000	33.76	13.08	—	—
		3 200	31.69	—	—	—
		3 400	29.71	—	—	—
	8	2 000	69.24	44.80	26.20	—
		2 200	64.53	38.54	—	—
		2 400	60.06	32.84	—	—
		2 600	56.15	27.90	—	—
		2 800	52.70	23.49	—	—
		3 000	49.55	19.46	—	—
		3 200	46.61	—	—	—
		3 400	43.81	—	—	—
8	1	300	39.68	38.30	37.36	35.93
		350	31.12	29.88	29.04	27.75
		400	25.72	24.58	23.80	22.59
		500	20.41	19.29	18.51	17.29
		600	17.83	16.59	15.73	14.39
	2	500	32.52	30.74	29.50	27.57
		600	27.19	25.33	24.04	22.02
		700	22.85	20.89	19.53	17.42
		800	19.23	17.26	15.91	13.81
		900	19.68	17.41	15.84	13.41
		1 000	19.81	17.27	15.51	12.76
	3	700	34.55	31.62	29.58	26.42
		800	28.21	25.38	23.42	20.36
		900	29.06	25.77	23.49	19.92
		1 000	29.15	25.50	22.95	18.96

表 B.8 C 型耳式支座处壳体的允许弯矩$[M_L]$（$[\sigma]$=185 MPa）(续)

筒体有效厚度 mm	耳式 支座号	直径 mm	p=0.0 MPa	p=0.6 MPa	p=1.0 MPa	p=1.6 MPa
8	3	1 100	28.98	24.98	22.18	17.77
		1 200	28.63	24.30	21.25	16.44
		1 300	27.85	23.17	19.89	14.72
		1 400	27.13	22.11	18.61	13.11
	4	1 000	41.75	36.67	33.09	27.44
		1 100	41.16	35.69	31.81	25.64
		1 200	40.46	34.56	30.37	23.67
		1 300	39.35	32.93	28.39	21.16
		1 400	38.38	31.44	26.56	18.82
		1 500	37.45	30.03	24.82	16.61
		1 600	34.25	26.82	21.63	13.51
		1 700	32.91	25.26	19.92	11.56
		1 800	31.68	23.83	18.35	—
		2 000	29.50	21.28	15.52	—
	5	1 300	55.96	47.27	41.01	30.90
		1 400	54.59	45.14	38.37	27.48
		1 500	53.40	43.17	35.89	24.25
		1 600	49.19	38.77	31.42	19.78
		1 700	47.26	36.48	28.89	16.87
		1 800	45.49	34.38	26.56	—
		2 000	42.34	30.64	22.40	—
		2 200	39.60	27.38	18.76	—
		2 400	37.17	24.49	15.52	—
		2 600	35.08	21.95	12.64	—
	6	1 500	69.61	56.76	47.47	32.40
		1 600	65.02	51.61	42.04	26.70
		1 700	62.48	48.55	38.62	22.74
		1 800	60.15	45.73	35.48	—
		2 000	56.01	40.72	29.86	—
		2 200	52.42	36.35	24.97	—
		2 400	49.22	32.48	20.61	—
		2 600	46.36	29.03	16.73	—
		2 800	43.85	25.95	—	—
		3 000	41.64	23.17	—	—

表 B.8 C 型耳式支座处壳体的允许弯矩[M_L]([σ]=185 MPa)(续)

筒体有效厚度 mm	耳式支座号	直径 mm	p=0.0 MPa	p=0.6 MPa	p=1.0 MPa	p=1.6 MPa
8	7	1 700	81.99	64.28	51.47	30.64
		1 800	79.00	60.56	47.27	—
		2 000	73.64	53.90	39.73	—
		2 200	68.98	48.09	33.16	—
		2 400	64.82	42.93	27.33	—
		2 600	60.98	38.29	22.12	—
		2 800	57.58	34.13	—	—
		3 000	54.56	30.37	—	—
		3 200	51.86	26.95	—	—
		3 400	49.26	23.77	—	—
	8	2 000	107.22	79.69	59.41	—
		2 200	100.60	71.09	49.52	—
		2 400	94.69	63.45	40.75	—
		2 600	89.18	56.56	32.93	—
		2 800	84.09	50.29	—	—
		3 000	79.48	44.59	—	—
		3 200	75.31	39.40	—	—
		3 400	71.60	34.74	—	—
		3 600	68.08	30.37	—	—
		3 800	64.72	26.24	—	—
		4 000	61.49	22.35	—	—
10	1	300	55.17	53.56	52.47	50.82
		350	42.56	41.13	40.16	38.69
		400	35.39	34.07	33.18	31.81
		500	27.82	26.57	25.72	24.39
		600	24.64	23.31	22.40	20.97
	2	500	45.41	43.39	42.01	39.87
		600	37.75	35.75	34.36	32.21
		700	34.07	31.93	30.44	28.12
		800	30.47	28.13	26.51	23.99
		900	27.14	24.67	22.97	20.34
		1 000	24.37	21.84	20.10	17.42

表 B.8　C型耳式支座处壳体的允许弯矩[M_L]([σ]=185 MPa)(续)

筒体有效厚度 mm	耳式 支座号	直径 mm	p=0.0 MPa	p=0.6 MPa	p=1.0 MPa	p=1.6 MPa
10	3	700	52.56	49.30	47.04	43.49
		800	45.87	42.41	40.00	36.26
		900	39.97	36.39	33.91	30.07
		1 000	35.03	31.44	28.95	25.11
		1 100	35.72	31.67	28.88	24.54
		1 200	36.00	31.55	28.46	23.67
		1 300	36.00	31.17	27.82	22.59
		1 400	35.80	30.60	26.99	21.34
	4	1 000	49.24	44.25	40.80	35.45
		1 100	50.40	44.78	40.88	34.80
		1 200	50.73	44.56	40.27	33.57
		1 300	50.66	43.99	39.33	32.03
		1 400	50.37	43.20	38.18	30.31
		1 500	49.84	42.18	36.82	28.38
		1 600	48.69	40.57	34.88	25.97
		1 700	47.61	39.03	33.05	23.68
		1 800	46.56	37.56	31.29	21.49
		2 000	41.68	32.47	26.08	16.14
	5	1 300	72.47	63.21	56.69	46.40
		1 400	71.73	61.86	54.89	43.83
		1 500	70.83	60.32	52.88	41.06
		1 600	69.23	58.01	50.09	37.53
		1 700	67.78	55.85	47.45	34.19
		1 800	66.40	53.78	44.93	30.99
		2 000	59.68	46.60	37.50	23.27
		2 200	56.00	42.35	32.82	17.91
		2 400	52.78	38.60	28.68	—
		2 600	49.91	35.25	24.96	—
	6	1 500	92.56	79.31	69.82	54.56
		1 600	90.36	76.16	66.03	49.81
		1 700	88.47	73.30	62.52	45.34
		1 800	86.74	70.61	59.20	41.08
		2 000	78.86	61.79	49.84	31.06

表 B.8　C 型耳式支座处壳体的允许弯矩[M_L]([σ]=185 MPa)(续)

筒体有效厚度 mm	耳式 支座号	直径 mm	p=0.0 MPa	p=0.6 MPa	p=1.0 MPa	p=1.6 MPa
10	6	2 200	73.98	56.07	43.54	23.83
		2 400	69.70	51.04	37.97	—
		2 600	65.88	46.54	32.97	—
		2 800	62.44	42.47	28.43	—
		3 000	59.29	38.75	24.27	—
	7	1 700	114.65	95.67	82.00	59.94
		1 800	112.41	92.13	77.62	54.29
		2 000	103.63	81.63	66.10	41.47
		2 200	97.23	74.01	57.64	31.73
		2 400	91.62	67.30	50.18	—
		2 600	86.61	61.31	43.51	—
		2 800	82.09	55.89	37.45	—
		3 000	77.94	50.94	31.91	—
		3 200	74.24	46.48	26.88	—
		3 400	70.92	42.41	—	—
	8	2 000	150.94	120.32	98.25	62.52
		2 200	141.76	109.05	85.58	47.73
		2 400	133.66	99.08	74.37	—
		2 600	126.44	90.19	64.35	—
		2 800	119.91	82.16	55.31	—
		3 000	113.93	74.82	47.05	—
		3 200	108.32	68.08	39.50	—
		3 400	103.24	61.91	—	—
		3 600	98.62	56.23	—	—
		3 800	94.42	50.96	—	—
		4 000	90.55	46.05	—	—
12	1	350	54.56	52.97	51.90	50.27
		400	45.76	44.28	43.28	41.77
		500	36.32	34.93	33.98	32.53
		600	31.72	30.29	29.30	27.78
	2	500	58.98	56.72	55.18	52.81
		600	48.67	46.49	44.99	42.67
		700	43.72	41.43	39.85	37.41

表 B.8　C型耳式支座处壳体的允许弯矩$[M_L]$($[\sigma]=185$ MPa)(续)

筒体有效厚度 mm	耳式 支座号	直径 mm	$p=0.0$ MPa	$p=0.6$ MPa	$p=1.0$ MPa	$p=1.6$ MPa
12	2	800	40.84	38.37	36.66	34.00
		900	38.02	35.31	33.44	30.53
		1 000	35.14	32.23	30.23	27.13
	3	700	67.80	64.30	61.87	58.11
		800	61.64	57.99	55.45	51.49
		900	56.41	52.47	49.74	45.49
		1 000	51.36	47.16	44.26	39.76
		1 100	46.51	42.16	39.18	34.56
		1 200	42.55	38.13	35.09	30.40
		1 300	43.17	38.30	34.95	29.77
		1 400	43.45	38.17	34.53	28.89
	4	1 000	73.55	67.62	63.52	57.15
		1 100	65.49	59.44	55.27	48.80
		1 200	58.85	52.79	48.61	42.14
		1 300	59.84	53.14	48.52	41.36
		1 400	60.32	53.04	48.00	40.19
		1 500	60.44	52.61	47.19	38.75
		1 600	60.28	51.93	46.14	37.11
		1 700	59.88	51.03	44.88	35.28
		1 800	59.20	49.88	43.40	33.27
		2 000	56.85	46.72	39.67	28.66
	5	1 300	84.77	75.42	68.95	58.88
		1 400	85.43	75.29	68.25	57.27
		1 500	85.51	74.64	67.06	55.23
		1 600	85.26	73.68	65.59	52.92
		1 700	84.77	72.49	63.90	50.42
		1 800	83.96	71.00	61.92	47.66
		2 000	80.74	66.49	56.54	40.95
		2 200	77.73	62.30	51.55	34.74
		2 400	70.05	54.49	43.70	26.90
		2 600	66.45	50.36	39.16	21.67

表 B.8 C型耳式支座处壳体的允许弯矩[M_L]([σ]=185 MPa)(续)

筒体有效厚度 mm	耳式支座号	直径 mm	p=0.0 MPa	p=0.6 MPa	p=1.0 MPa	p=1.6 MPa
12	6	1 500	112.18	98.19	88.39	73.00
		1 600	111.52	96.69	86.27	69.86
		1 700	110.64	94.97	83.94	66.51
		1 800	109.50	92.97	81.32	62.88
		2 000	105.36	87.03	74.17	53.92
		2 200	101.56	81.55	67.57	45.65
		2 400	92.33	71.89	57.70	35.58
		2 600	87.50	66.33	51.59	28.57
		2 800	83.17	61.32	46.06	—
		3 000	79.26	56.76	41.01	—
	7	1 700	143.97	124.17	110.10	87.69
		1 800	142.04	121.24	106.43	82.78
		2 000	136.57	113.34	96.92	70.84
		2 200	131.80	106.21	88.24	59.87
		2 400	121.22	94.62	76.08	47.06
		2 600	114.84	87.19	67.90	37.69
		2 800	109.11	80.50	60.52	—
		3 000	103.92	74.42	53.78	—
		3 200	99.17	68.83	47.57	—
		3 400	94.79	63.66	41.80	—
	8	2 000	197.19	165.30	142.33	105.22
		2 200	190.62	155.05	129.66	88.93
		2 400	176.79	139.02	112.37	70.11
		2 600	167.47	127.92	100.06	55.96
		2 800	159.11	117.95	88.99	—
		3 000	151.52	108.91	78.92	—
		3 200	144.58	100.61	69.68	—
		3 400	138.16	92.95	61.12	—
		3 600	132.18	85.81	53.16	—
		3 800	126.74	79.28	45.80	—
		4 000	121.78	73.22	—	—
16	1	500	55.59	53.92	52.79	51.06
		600	48.96	47.26	46.10	44.33

表 B.8　C 型耳式支座处壳体的允许弯矩$[M_L]$($[\sigma]$=185 MPa)(续)

筒体有效厚度 mm	耳式支座号	直径 mm	p=0.0 MPa	p=0.6 MPa	p=1.0 MPa	p=1.6 MPa
16	2	500	88.72	86.01	84.18	81.39
		600	74.24	71.64	69.87	67.16
		700	66.04	63.39	61.59	58.81
		800	61.04	58.26	56.35	53.40
		900	58.19	55.19	53.12	49.94
		1 000	55.95	52.72	50.49	47.04
	3	700	102.26	98.17	95.38	91.09
		800	91.41	87.28	84.44	80.07
		900	85.32	80.98	77.99	73.36
		1 000	81.18	76.55	73.36	68.40
		1 100	77.92	72.97	69.54	64.23
		1 200	73.93	68.61	64.94	59.25
		1 300	70.05	64.42	60.54	54.54
		1 400	66.29	60.42	56.38	50.14
	4	1 000	116.26	109.74	105.23	98.22
		1 100	110.57	103.67	98.89	91.44
		1 200	103.88	96.50	91.40	83.48
		1 300	97.53	89.74	84.37	76.05
		1 400	91.34	83.26	77.69	69.09
		1 500	85.38	77.12	71.44	62.68
		1 600	80.82	72.39	66.59	57.64
		1 700	81.57	72.52	66.29	56.66
		1 800	81.94	72.31	65.67	55.39
		2 000	81.77	71.08	63.68	52.18
	5	1 300	139.02	128.08	120.52	108.79
		1 400	128.77	117.48	109.70	97.66
		1 500	118.78	107.35	99.49	87.34
		1 600	111.02	99.47	91.52	79.25
		1 700	112.33	99.89	91.32	78.07
		1 800	113.12	99.84	90.68	76.50
		2 000	113.47	98.62	88.36	72.41
		2 200	112.48	96.21	84.92	67.35
		2 400	110.32	92.75	80.56	61.52
		2 600	106.90	88.26	75.30	55.05

表 B.8　C 型耳式支座处壳体的允许弯矩[M_L]([σ]=185 MPa)(续)

筒体有效厚度 mm	耳式支座号	直径 mm	p=0.0 MPa	p=0.6 MPa	p=1.0 MPa	p=1.6 MPa
16	6	1 500	154.41	139.69	129.53	113.81
		1 600	142.86	128.10	117.93	102.19
		1 700	144.75	128.82	117.83	100.80
		1 800	145.86	128.84	117.08	98.84
		2 000	146.48	127.43	114.23	93.70
		2 200	145.57	124.63	110.08	87.40
		2 400	143.24	120.54	104.75	80.10
		2 600	138.76	114.56	97.73	71.45
		2 800	134.52	108.92	91.11	63.31
		3 000	130.42	103.52	84.81	55.56
	7	1 700	187.12	166.73	152.63	130.73
		1 800	188.59	166.81	151.71	128.25
		2 000	189.15	164.83	147.92	121.55
		2 200	187.92	161.21	142.59	113.46
		2 400	185.21	156.20	135.95	104.20
		2 600	179.43	148.32	126.65	92.74
		2 800	173.97	140.90	117.90	81.97
		3 000	168.68	133.81	109.58	71.77
		3 200	155.68	120.66	96.41	58.70
		3 400	149.49	113.56	88.61	49.71
	8	2 000	274.61	240.24	216.16	178.35
		2 200	271.46	234.05	207.74	166.20
		2 400	267.10	226.58	198.01	152.78
		2 600	259.00	215.15	184.35	135.76
		2 800	251.51	204.46	171.54	119.79
		3 000	244.28	194.24	159.35	104.67
		3 200	226.08	175.48	140.36	85.64
		3 400	216.84	164.83	128.68	72.27
		3 600	208.32	154.98	117.84	—
		3 800	200.43	145.81	107.73	—
		4 000	193.08	137.24	98.23	—

附　录　C
（资料性附录）
耳式支座安装尺寸

耳式支座安装尺寸可根据图 C.1，按式(C.1)计算：

$$D=\sqrt{(D_i+2\delta_n+2\delta_3)^2-b_2^2}+2(l_2-s_1) \quad \cdots\cdots (C.1)$$

式中：

D——尺寸，mm；

D_i——容器内径，mm；

δ_n——壳体名义厚度，mm；

b_2、l_2、s_1、δ_3——耳式支座尺寸，见表 2～表 4。

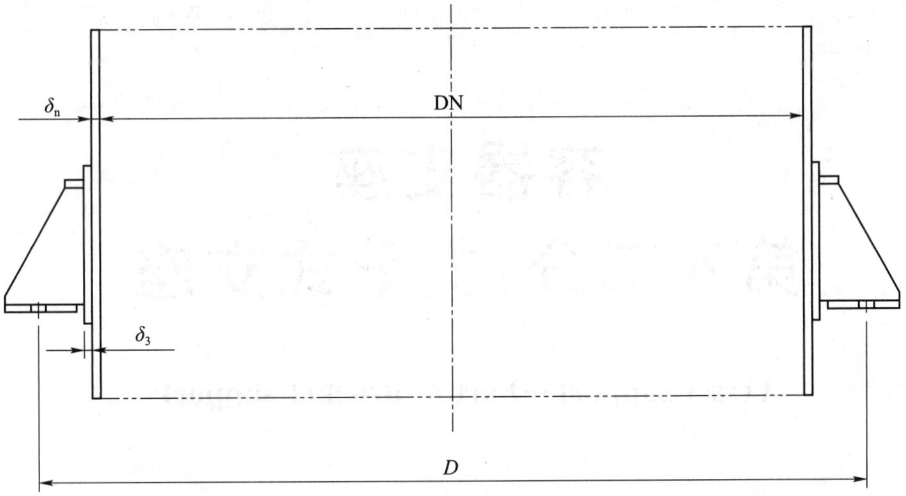

图 C.1　耳式支座安装尺寸

ICS 23
J 74

NB

中华人民共和国能源行业标准

NB/T 47065.4—2018

代替 JB/T 4712.4—2007

容器支座
第4部分：支承式支座

Vessel support—Part 4: Bracket support

2018-04-03 发布　　2018-07-01 实施

国家能源局 发布

前 言

NB/T 47065—2018《容器支座》分为以下5个部分：

——第1部分：鞍式支座(NB/T 47065.1—2018)；

——第2部分：腿式支座(NB/T 47065.2—2018)；

——第3部分：耳式支座(NB/T 47065.3—2018)；

——第4部分：支承式支座(NB/T 47065.4—2018)；

——第5部分：刚性环支座(NB/T 47065.5—2018)。

本部分是NB/T 47065—2018的第4部分：支承式支座。

本部分按GB/T 1.1—2009《标准化工作导则　第1部分：标准的结构和编写》给出的规则起草。

本部分代替JB/T 4712.4—2007《容器支座　第4部分：支承式支座》，与JB/T 4712.4—2007相比，主要技术变化如下：

——支承式支座主体材料：板材采用Q235B、管材采用10＃钢；支承式支座本体的材料许用应力分别为[σ]＝200 MPa、180 MPa；

——给出了B型支座当设备封头材料的许用应力在[σ]＝120 MPa、140 MPa、167 MPa、185 MPa时，由封头限定的B型支座的允许载荷[F]值；

——增加了对管道推力、竖向地震力的载荷叠加要求；

——封头的厚度适用范围为6 mm～24 mm。

本部分由全国锅炉压力容器标准化技术委员会(SAC/TC 262)提出并归口。

本部分由全国锅炉压力容器标准化技术委员会固定式压力容器分技术委员会组织起草。

本部分起草单位：东华工程科技股份有限公司。

本部分主要起草人：刘吉祥、殷道纯、刘晓林。

本部分由全国锅炉压力容器标准化技术委员会(SAC/TC 262)负责解释。

本部分所代替标准的历次版本发布情况为：

——JB/T 4724—1992；

——JB/T 4712.4—2007。

容器支座　第4部分:支承式支座

1　范围

1.1　本部分规定了支承式支座的型式特征、系列参数及尺寸、材料、标记、制造技术要求及选用说明。

1.2　本部分适用于下列条件件的钢制立式圆筒形容器:

a）公称直径 DN800 mm～DN4 000 mm;

b）圆筒长度 L 与公称直径 DN 之比 L/DN 不大于 5;

c）容器总高度 H_0 不大于 10 m;

d）允许使用温度－20℃～200℃。

2　规范性引用文件

下列文件对于本文件的应用是必不可少的。凡是注日期的引用文件,仅注日期的版本适用于本文件。凡是不注日期的引用文件,其最新版本(包括所有的修改单)适用于本文件。

GB/T 985.1　气焊、焊条电弧焊、气体保护焊和高能束焊的推荐坡口

GB/T 1804　一般公差　未注公差的线性和角度尺寸的公差

3　型式特征

支承式支座的型式特征见表 1。

表 1　型式特征

型式		支座号	垫板	适用公称直径 DN/mm	支座尺寸(见图、表)
钢板焊制	A	1～4	有	800～2 200	图 1、表 2
		5～6		2 400～3 000	图 2、表 2
钢管制作	B	1～8	有	800～4 000	图 3、表 3

4　系列参数及尺寸

4.1　A 型支承式支座的结构及尺寸按图 1、图 2 及表 2 的规定,B 型支承式支座的结构及尺寸按图 3 及表 3 的规定。

4.2　支座的垫板厚度可根据实际需要进行调整。B 型支座的高度可以改变,但应不大于支座高度上限值。

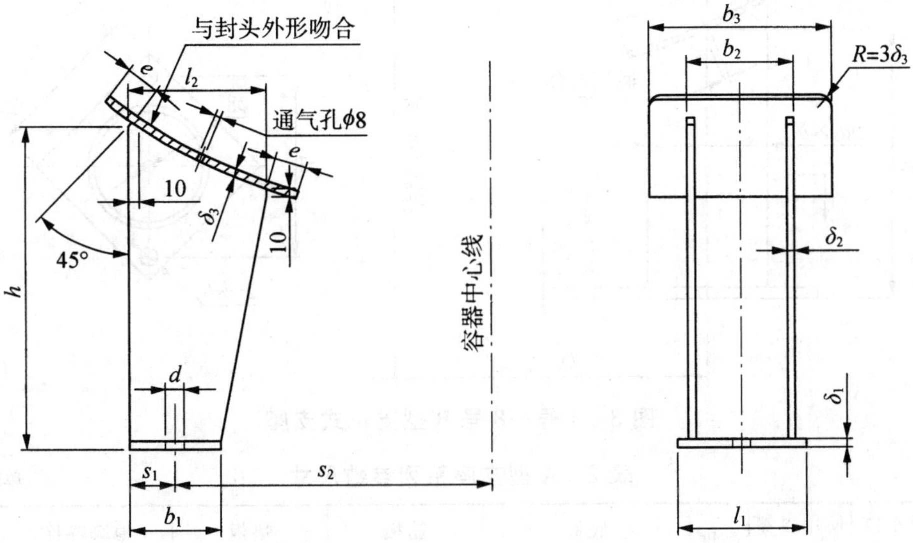

图 1　1 号～4 号 A 型支承式支座

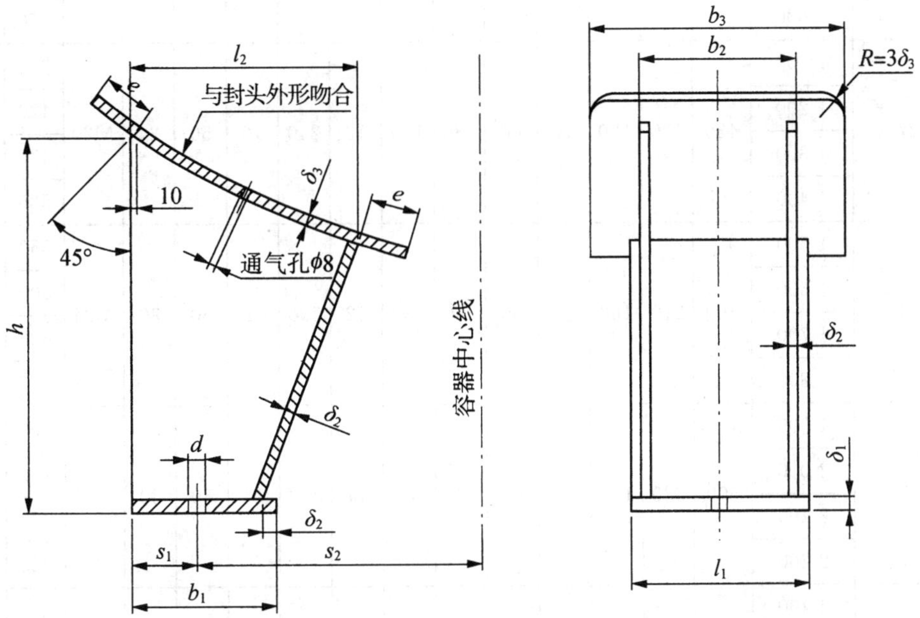

图 2　5 号～6 号 A 型支承式支座

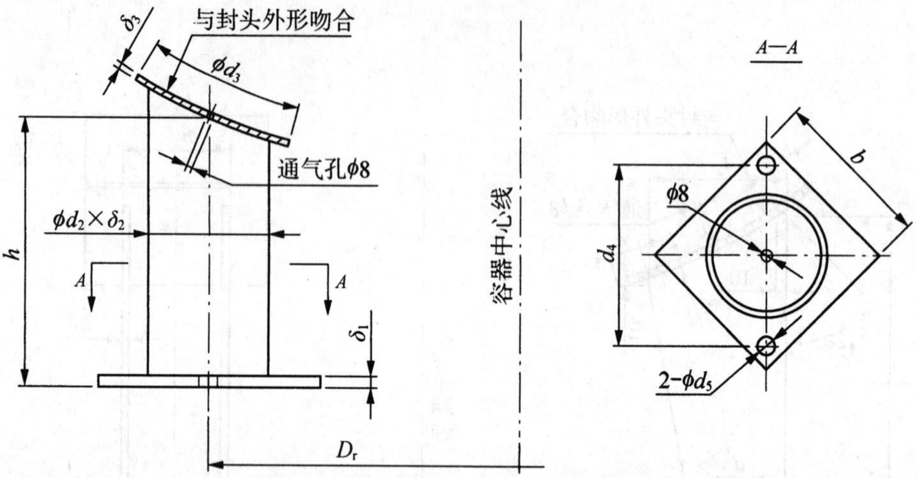

图3　1号～8号B型支承式支座

表2　A型支座系列参数尺寸

单位为毫米

支座号	支座本体允许载荷[Q]/kN	使用容器公称直径DN	高度 h	底板				筋板			垫板			地脚螺栓			支座质量/kg
				l_1	b_1	δ_1	S_1	l_2	b_2	δ_2	b_3	δ_3	e	d	规格	S_2	
1	16	800 900 1 000	350	130	90	8	45	150	110	8	190	8	40	24	M20	280 315 350	8.2
2	27	1 100 1 200 1 300 1 400	420	170	120	10	60	180	140	10	240	10	50	24	M20	370 420 475 525	15.8
3	54	1 500 1 600 1 700 1 800	460	210	160	14	80	240	180	12	300	12	60	30	M24	550 600 625 675	28.9
4	70	1 900 2 000 2 100 2 200	500	230	180	16	90	270	200	14	320	14	60	30	M24	700 750 775 825	40.3
5	180	2 400 2 600	540	260	210	20	95	330	230	14	370	16	70	36	M30	900 975	67.2
6	250	2 800 3 000	580	290	240	24	110	360	250	16	390	18	70	36	M30	1 050 1 125	90.1

表 3　B 型支座系列参数尺寸

单位为毫米

支座号	支座本体允许载荷[Q]/kN	使用容器公称直径 DN	高度 h	底板		钢管		垫板		地脚螺栓			D_r	支座质量/kg	每增加 100 mm 高度的质量/kg	支座高度上限值 h_{max}
				b	δ_1	d_2	δ_2	d_3	δ_3	d_4	d_5	规格				
1	32	800	310	150	10	89	4	120	6	160	20	M16	500	4.8	0.8	500
		900											580			
2	49	1 000	330	160	12	108	4	150	8	180	20	M16	630	6.8	1	550
		1 100											710			
		1 200											790			
3	95	1 300	350	210	16	159	4.5	220	8	235	24	M20	810	13.8	1.7	750
		1 400											900			
		1 500											980			
		1 600											1 050			
4	173	1 700	400	250	20	219	6	290	10	295	24	M20	1 060	26.6	2.9	800
		1 800											1 150			
		1 900											1 230			
		2 000											1 310			
		2 100											1 390			
		2 200											1 470			
5	220	2 400	420	300	22	273	8	360	12	350	24	M20	1 560	47	5.2	850
		2 600											1 720			
6	270	2 800	460	350	24	325	8	420	14	405	24	M20	1 820	67.3	6.3	950
		3 000											1 980			
		3 200											2 140			
7	312	3 400	490	410	26	377	9	490	16	470	24	M20	2 250	95.5	8.2	1 000
		3 600											2 420			
8	366	3 800	510	460	28	426	9	550	18	530	30	M24	2 520	124.2	9.3	1 050
		4 000											2 680			

5　材料

5.1　支座垫板材料一般应与容器封头材料相同。

5.2　支座底板的材料为 Q235B。

5.3　A 型支座筋板的材料为 Q235B，B 型支座钢管材料为 10＃钢，使用性能见表 4。

表 4 支座使用性能

支座类型	A 型支座	B 型支座
材料牌号	Q235B	10
允许使用温度/℃	−20～200	

5.4 根据需要也可选用其他支座材料,但应根据选用材料的性能修正支座的允许载荷。

6 标记

6.1 标记方法

NB/T 47065.4—2018，支座××

支座号（1～8）

支座型号（A、B）

注 1:若支座高度 h,垫板厚度 δ_3 与标准尺寸不同,则应在设备图纸零件名称或备注栏中注明。

注 2:支座及垫板材料应在设备图样的材料栏内标注,表示方法如下:支座材料/垫板材料。

6.2 标记示例

示例 1:钢板焊制的 3 号支承式支座,支座材料和垫板材料为 Q235B 和 Q245R:

NB/T 47065.4—2018,支座 A3

材料:Q235B 和 Q245R

示例 2:钢管制做的 4 号支承式支座,支座高度为 600 mm。垫板厚度为 12 mm。钢管材料为 10＃钢,底板为 Q235B,垫板为 S30408:

NB/T 47065.4—2018,支座 B4,$h=600$,$\delta_3=12$

材料:10,Q235B/S30408

7 制造技术要求

7.1 焊接可采用电弧焊或气体保护焊(使用药芯焊丝除外),焊材应根据支座各部件的材料按有关标准选用。焊接接头型式和尺寸应符合 GB/T 985.1 的规定。

7.2 支承式支座本体的焊接,A 型支座采用双面连续焊;B 型支座采用单面连续焊。支座与容器壳体的焊接采用连续焊。焊缝腰高约等于 0.7 倍的较薄板厚度,且不小于 4 mm。

7.3 焊缝表面不得有裂纹、夹渣、气孔和弧坑等缺陷,并不得残留有熔渣和飞溅物。

7.4 垫板应与容器壁贴合。

7.5 螺栓孔的加工极限偏差与其他部分的制造公差分别按 GB/T 1804 中 m 级与 c 级精度。

7.6 支座所有组焊件周边粗糙度为 $Ra50$ μm。

7.7 支座组焊完毕,各部件应平整,不得翘曲。

7.8 若容器壳体有热处理要求时,支座垫板应在热处理前焊于容器壁上。

8 选用说明

8.1 根据公称直径 DN 选取相应的支座,按附录 A 的方法计算支座承受的实际载荷 Q,满足 $Q<[Q]$的要求。

8.2 对于 B 型支座,应校核由容器封头限定的允许垂直载荷,即要求 $Q<[F]$;但对于衬里容器,则要求 $Q<[F]/1.5$。由附录 B 可以查得$[F]$值。

8.3 支座的安装高度可参见附录 C。

附　录　A
(资料性附录)
支承式支座实际承受载荷的近似计算

A.1　适用范围

本附录适用于高、径比不大于5,且总高度 H_0(见图A.1)不大于10 m的钢制立式圆筒形焊接容器的支承式支座实际承受载荷计算。

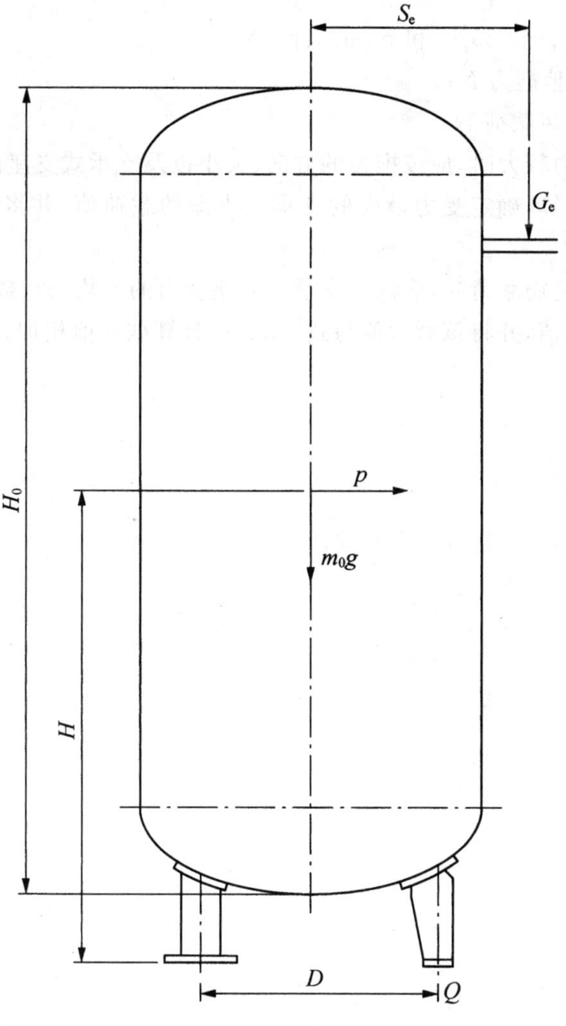

图 A.1　支座承受载荷示意图

A.2　支承式支座实际承受载荷按式(A.1)近似计算:

$$Q=\left[\frac{m_0g+G_e}{kn}+\frac{2(pH+G_eS_e)}{nD}\right]\times10^{-3} \quad\cdots\cdots\cdots\cdots(A.1)$$

式中:

Q——支座承受的载荷,kN;

D——支座安装尺寸，对A型支座，$D=2S_2$；对B型支座，$D=D_r$，mm；

S_2，D_r——见表2，表3；

g——重力加速度，取$g=9.81\ m/s^2$；

G_e——偏心载荷(包括管道推力引起的当量荷载)，N；

S_e——偏心距(包括管道推力引起的当量偏心距)，mm；

H——水平力作用点至底板高度，mm；

k——不均匀系数，安装3个支座时取$k=1$，安装3个以上时，取$k=0.83$；

m_0——设备总质量(包括壳体及其附件，内部介质及保温层的质量)，kg；

n——支座数量；

p——水平力，取$p_e+0.25p_w$和p_w的大值，N；

p_e——水平地震力N；

p_w——水平风载荷N。

A.3 当容器管道的推力较大时，应按推力的方向、大小以及支承式支座的布置方位进行支承式支座承受管道推力的计算，确定受力最大的支承式支座的载荷值，并将该荷载值与式(A.1)的计算荷载值相加。

A.4 当需要考虑竖向地震载荷时，应计入支承式支座受力的不均匀系数，并依此确定支承式支座承受的竖向地震载荷值，并将该载荷值与式(A.1)的计算载荷值相加。

附　录　B
（资料性附录）
由容器封头限定的 B 型支座的允许垂直载荷[F]

B.1　本附录适用于承受内压的标准椭圆封头上安装带垫板的 B 型支座。

B.2　本附录给出了容器标准椭圆形封头材料许用应力[σ]为 120 MPa、140 MPa、167 MPa、185 MPa时 B 型支座的许用垂直载荷[F]见表 B.1～表 B.4。

B.3　对其他许用应力值的材料和其他有效厚度可采用线性内插的方法确定[F]。

表 B.1　椭圆形封头[σ]=120 MPa 的允许垂直载荷[F]　　单位为千牛

支座号	DN/mm	封头有效厚度/mm							
		6	8	10	12	16	20	22	24
1	800	174	195	215	234	270	303	318	333
	900	163	183	203	222	257	289	304	319
2	1 000	194	215	236	255	293	328	345	361
	1 100	183	204	224	244	281	315	331	347
	1 200	173	194	214	234	270	304	320	336
3	1 300	274	299	322	343	384	423	442	460
	1 400	261	285	307	328	369	408	427	445
	1 500	249	273	294	316	356	395	413	431
	1 600	238	262	283	304	345	383	401	419
4	1 700	354	387	413	437	481	523	543	563
	1 800	341	372	398	421	465	506	526	546
	1 900	329	359	384	407	450	491	511	531
	2 000	317	346	371	394	437	478	498	518
	2 100	307	335	360	382	425	466	486	505
	2 200	297	325	349	371	414	455	474	494
5	2 400	379	414	443	469	515	557	578	599
	2 600	359	392	420	445	490	532	553	573
6	2 800	435	474	507	536	586	631	652	673
	3 000	414	452	484	512	560	604	626	647
	3 200	396	433	463	490	537	581	602	623
7	3 400	469	509	545	576	629	676	698	720
	3 600	450	489	524	554	606	652	674	695
8	3 800	519	558	597	632	690	739	762	785
	4 000	499	539	577	610	666	715	738	760

表 B.2 椭圆形封头[σ]=140 MPa 的允许垂直载荷[F]

单位为千牛

支座号	DN/mm	封头有效厚度/mm							
		6	8	10	12	16	20	22	24
1	800	203	228	251	273	315	353	371	389
	900	190	214	237	258	299	337	355	372
2	1 000	226	251	275	298	342	382	402	421
	1 100	213	238	262	284	327	368	387	405
	1 200	202	227	250	273	315	355	373	392
3	1 300	319	349	375	400	448	493	515	537
	1 400	304	332	358	383	430	476	498	519
	1 500	290	318	344	368	415	460	482	503
	1 600	278	305	330	355	402	447	468	489
4	1 700	413	451	482	510	561	610	633	656
	1 800	397	434	464	492	542	591	614	637
	1 900	383	418	448	475	525	573	597	620
	2 000	370	404	433	460	510	558	581	604
	2 100	358	391	419	446	496	543	567	589
	2 200	347	379	407	433	483	530	553	576
5	2 400	442	483	517	547	600	650	675	698
	2 600	419	458	490	519	571	621	645	669
6	2 800	507	553	592	625	683	736	761	785
	3 000	483	527	565	597	653	705	730	755
	3 200	462	505	541	572	627	678	703	727
7	3 400	547	594	636	672	734	788	814	840
	3 600	524	571	612	647	707	760	786	811
8	3 800	605	651	697	737	805	862	889	915
	4 000	582	629	673	712	777	834	860	886

表 B.3 椭圆形封头[σ]=167 MPa 的允许垂直载荷[F]

单位为千牛

支座号	DN/mm	封头有效厚度/mm							
		6	8	10	12	16	20	22	24
1	800	232	260	287	312	359	403	424	444
	900	217	244	270	295	342	385	406	425
2	1 000	258	287	314	341	390	437	459	481
	1 100	244	272	299	325	374	420	442	463
	1 200	231	259	286	312	360	405	427	447

表 B.3　椭圆形封头[σ]=167 MPa 的允许垂直载荷[F](续)

支座号	DN/mm	封头有效厚度/mm							
		6	8	10	12	16	20	22	24
3	1 300	365	399	429	457	512	564	589	613
	1 400	347	380	409	438	492	544	569	593
	1 500	332	363	393	421	475	526	551	575
	1 600	318	349	378	406	459	510	535	559
4	1 700	472	515	551	583	641	697	723	750
	1 800	454	496	531	562	620	675	702	728
	1 900	438	478	512	543	600	655	682	708
	2 000	423	462	495	525	583	637	664	690
	2 100	409	447	479	509	566	621	647	674
	2 200	397	433	465	495	552	606	632	658
5	2 400	505	552	591	625	686	743	771	798
	2 600	479	523	560	593	653	709	737	764
6	2 800	579	631	676	715	781	841	869	898
	3 000	552	603	645	682	747	806	834	862
	3 200	528	577	618	653	716	775	803	831
7	3 400	625	678	727	768	839	901	931	959
	3 600	599	652	699	739	808	869	898	927
8	3 800	692	744	796	842	920	985	1 016	1 046
	4 000	665	718	769	814	888	953	983	1 013

表 B.4　椭圆形封头[σ]=185 MPa 的允许垂直载荷[F]　　单位为千牛

支座号	DN/mm	封头有效厚度/mm							
		6	8	10	12	16	20	22	24
1	800	262	293	322	351	404	454	477	500
	900	244	275	304	332	385	433	456	478
2	1 000	291	323	354	383	439	492	517	541
	1 100	274	306	336	366	421	473	497	521
	1 200	260	291	322	351	405	456	480	503
3	1 300	411	448	482	514	575	634	662	690
	1 400	391	427	461	492	553	612	640	667
	1 500	373	409	442	473	534	592	620	647
	1 600	357	392	425	456	517	574	602	629

表 B.4 椭圆形封头[σ]=185 MPa 的允许垂直载荷[F](续)

支座号	DN/mm	封头有效厚度/mm							
		6	8	10	12	16	20	22	24
4	1 700	531	580	620	656	722	784	814	844
	1 800	511	558	597	632	697	759	789	819
	1 900	493	538	576	610	675	737	767	797
	2 000	476	519	557	591	655	717	747	776
	2 100	460	503	539	573	637	699	728	758
	2 200	446	487	523	557	621	682	711	741
5	2 400	569	621	665	703	772	836	867	898
	2 600	538	588	630	667	734	798	829	860
6	2 800	652	710	761	804	879	946	978	1 010
	3 000	621	678	726	767	840	906	939	970
	3 200	594	649	695	735	806	872	904	935
7	3 400	703	763	817	864	944	1 014	1 047	1 079
	3 600	674	734	786	831	909	978	1 010	1 043
8	3 800	778	838	896	948	1035	1 109	1 143	1 177
	4 000	748	808	865	915	999	1 072	1 106	1 139

附　录　C
(资料性附录)
支承式支座安装高度

C.1　支承式支座安装高度是指支座底板至封头切线的距离,见图 C.1。

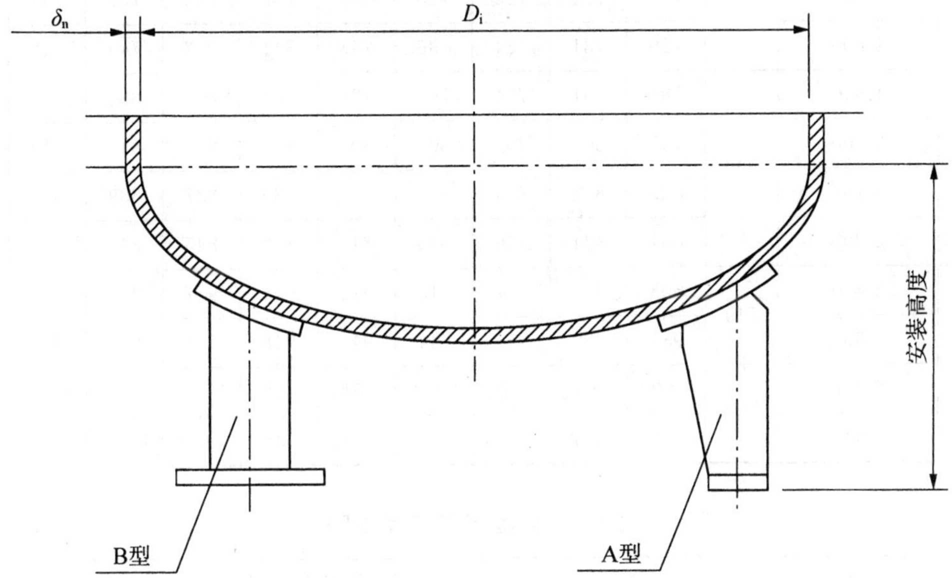

图 C.1　支座底板至封头切线的距离

C.2　标准椭圆形封头上的支承式支座安装高度见表 C.1 和表 C.2。

C.3　本附录安装高度系基于表 2、表 3 的支座尺寸计算所得;若垫板厚度和支座高度变化,则安装高 度须另行计算。

表 C.1　A 型支座安装高度　　　单位为毫米

支座号	使用容器公称直径 DN	高度 h	容器封头名义厚度									
			6	8	10	12	14	16	18	20	22	24
1	800	350	485	488	490	492	494	497	499	501	503	506
	900		504	506	508	511	513	515	517	519	522	524
	1 000		522	524	527	529	531	533	535	538	540	542
2	1 100	420	611	613	616	618	620	622	624	627	629	631
	1 200		621	623	625	627	630	632	634	636	638	641
	1 300		626	629	631	633	635	638	640	642	644	647
	1 400		635	637	639	642	644	646	649	651	653	655

表 C.1 A 型支座安装高度(续)

支座号	使用容器公称直径 DN	高度 h	容器封头名义厚度									
			6	8	10	12	14	16	18	20	22	24
3	1 500	460	687	689	691	694	696	698	701	703	705	708
	1 600		695	697	699	702	704	707	709	711	714	716
	1 700		721	723	725	728	730	732	735	737	739	742
	1 800		729	731	734	736	738	741	743	745	748	750
4	1 900	500	789	791	794	796	798	801	803	805	808	810
	2 000		797	800	802	804	807	809	811	814	816	818
	2 100		823	825	828	830	832	835	837	839	841	844
	2 200		831	834	836	838	841	843	845	848	850	852
5	2 400	540	903	905	907	910	912	914	917	919	921	924
	2 600		937	939	941	944	946	948	951	953	955	957
6	2 800	580	1 002	1 004	1 006	1 009	1 011	1 013	1 015	1 018	1 020	1 022
	3 000		1 035	1 038	1 040	1 042	1 045	1 047	1 049	1 052	1 054	1 056

表 C.2 B 型支座安装高度

单位为毫米

支座号	使用容器公称直径 DN	高度 h	容器封头名义厚度									
			6	8	10	12	14	16	18	20	22	24
1	800	310	479	481	483	485	487	489	491	493	495	497
	900		494	497	499	501	503	505	507	509	511	513
2	1 000	330	539	541	543	545	547	549	551	553	555	557
	1 100		555	557	559	561	563	565	567	569	571	573
	1 200		570	572	575	577	579	581	583	585	587	589
3	1 300	350	619	621	623	625	627	629	631	633	635	637
	1 400		633	635	637	639	641	643	645	647	649	651
	1 500		648	651	653	655	657	659	661	663	665	667
	1 600		666	668	671	673	675	677	679	681	683	685
4	1 700	400	749	751	753	755	757	759	761	763	765	767
	1 800		763	765	767	769	771	773	775	777	779	781
	1 900		779	781	783	785	787	789	791	793	795	797
	2 000		794	797	799	801	803	805	807	809	811	813
	2 100		810	812	814	816	819	821	823	825	827	829
	2 200		826	828	830	832	834	836	838	841	843	845

表 C.2 B型支座安装高度(续)

支座号	使用容器公称直径 DN	高度 *h*	容器封头名义厚度									
			6	8	10	12	14	16	18	20	22	24
5	2 400	420	895	897	899	901	903	905	907	909	911	913
	2 600		926	928	930	932	935	937	939	941	943	945
6	2 800	460	1 013	1 015	1 017	1 019	1 021	1 023	1 025	1 027	1 029	1 031
	3 000		1 044	1 046	1 048	1 051	1 053	1 055	1 057	1 059	1 061	1 063
	3 200		1 076	1 078	1 080	1 082	1 084	1 086	1 088	1 090	1 092	1 094
7	3 400	490	1 150	1 152	1 154	1 156	1 159	1 161	1 163	1 165	1 167	1 169
	3 600		1 179	1 181	1 184	1 186	1 188	1 190	1 192	1 194	1 196	1 198
8	3 800	510	1 246	1 248	1 250	1 252	1 254	1 257	1 259	1 261	1 263	1 265
	4 000		1 277	1 280	1 282	1 284	1 286	1 288	1 290	1 292	1 294	1 296

ICS 23
J 74

NB

中华人民共和国能源行业标准

NB/T 47065.5—2018

容器支座
第5部分:刚性环支座

Vessel support—Part 5: Support lugs with rigid rings

2018-04-03 发布 2018-07-01 实施

国家能源局 发布

前　言

NB/T 47065—2018《容器支座》分为以下5个部分：

——第1部分：鞍式支座(NB/T 47065.1—2018)；

——第2部分：腿式支座(NB/T 47065.2—2018)；

——第3部分：耳式支座(NB/T 47065.3—2018)；

——第4部分：支承式支座(NB/T 47065.4—2018)；

——第5部分：刚性环支座(NB/T 47065.5—2018)。

本部分是NB/T 47065—2018的第5部分：刚性环支座。

本部分按GB/T 1.1—2009《标准化工作导则　第1部分：标准的结构和编写》给出的规则起草。

本部分由全国锅炉压力容器标准化技术委员会(SAC/TC 262)提出并归口。

本部分由全国锅炉压力容器标准化技术委员会固定式压力容器分技术委员会组织起草。

本部分起草单位：中国石化工程建设有限公司、中国特种设备检测研究院、合肥通用机械研究院有限公司、洛阳卓达石化设备有限公司。

本部分主要起草人：元少昀、朱国栋、冯清晓、崔军、杨旭。

本部分由全国锅炉压力容器标准化技术委员会(SAC/TC 262)负责解释。

本部分为首次发布。

容器支座　第5部分:刚性环支座

1　范围

1.1　本部分规定了刚性环支座的结构型式、型号及选用、设计、标记、制造技术要求。

1.2　本部分适用于满足下列条件的立式圆筒形容器:

a)　筒体公称直径不小于600且不大于8 000 mm的容器;

b)　筒体设计温度不超过200℃且不低于-20℃的容器;

c)　容器计算高度 h_c 与直径 D_i 之比不大于10的容器。

1.3　本部分不适用于要求作疲劳分析的容器。

2　规范性引用文件

下列文件对于本文件的应用是必不可少的。凡是注日期的引用文件,仅注日期的版本适用于本文件。凡是不注日期的引用文件,其最新版本(包括所有的修改单)适用于本文件。

GB/T 700　碳素结构钢

GB/T 985.1　气焊、焊条电弧焊、气体保护焊和高能束焊的推荐坡口

GB/T 1591　低合金高强度结构钢

GB/T 1804　一般公差　未注公差的线性和角度尺寸的公差

GB/T 50761　石油化工钢制设备抗震设计标准

NB/T 47041　塔式容器

3　术语、定义和符号

3.1　术语和定义

下列术语适用于本文件。

3.1.1

刚性环支座　support lugs with stiffening rings

由顶环、底环、底板和筋板组成的结构。

注:刚性环支座在必要时可设置垫板。

3.1.2

顶环　top ring

刚性环支座的顶部环形板,焊接于容器筒体或垫板外壁。

3.1.3

底环　bottom ring

刚性环支座的底部环形板,焊接于容器筒体或垫板外壁。

3.1.4

底板　base plate

与底环焊接、设置有螺栓孔的平板。

3.1.5

支耳 support lug

由 1 块底板和 2 块～3 块筋板组成的结构,底板与筋板间连续焊接。

3.1.6

垫板 backing plate

紧贴筒体外壁并与筒体连续焊接的圆筒短节。

3.2 符号

下列符号适用于本文件。

a——顶环宽度(不含垫板厚度)(见图 2),mm;

b——底环宽度(不含垫板厚度)(见图 2),mm;

B_0——底板外缘到筒体或垫板(如有)外壁的距离(见图 2),mm;

C——底板的宽度(见图 2),mm;

D_b——支座与基础接触面中心圆直径,mm。可按地脚螺栓中心圆直径计算:

$$D_b = D_i + 2(\delta_s + \delta_b) + 2d$$

D_i——筒体内直径(见图 2),mm;

D_o——筒体外直径,有保温层时取保温层外径,mm;

d——地脚螺栓孔中心到筒体或垫板(如有)外壁距离(见图 2),mm;

$$d = L + b - S_1$$

d_1——地脚螺栓孔直径(见图 1),mm;

F_b——作用在支耳处的支承反力(见图 2),N;

G——两筋板内侧间距(见图 2),mm;

G_e——偏心载荷的大小(见图 1),N;

H——支座高度,包括顶环和底环的厚度(见图 2),mm;

H_x——容器底部到刚性环支座底板下表面(基础上表面)的距离,mm;

H_0——容器总高度(见图 1),mm;

h_c——容器计算高度,取 H_x 和 $H_0 - H_x$ 的较大值,mm;

L——底板外缘到底环外缘的距离(见图 2),mm;

L_s——加强垫板的高度(见图 2),mm;

M——地脚螺栓的公称直径,mm;

M_0——由水平地震作用、水平风力和偏心载荷、管道载荷等附加载荷作用在容器支座处的总外力矩,N·mm;

$[M_0]$——支座允许承受的最大外力矩,N·mm;

n——支耳数量;

n_1——每个支耳的螺栓数量;

n_s——确定材料许用应力的安全系数,$n_s \geqslant 1.5$;

p——容器所受的设计水平力,N;

R_{eL}^t——材料在设计温度下的屈服强度下限值,MPa;

S_1——螺栓孔中心至底板外缘距离(见图 2),mm;

S_e——偏心载荷的偏心距(见图 1),mm;

T_d——容器的设计温度,℃;

t_s——支座的设计温度,℃;

W——支座承受的设计竖向载荷,包括壳体、管口、内件、支座、介质、附件(如梯子平台等)和保温层的质量,以及垂直地震作用和管道载荷(使支座受压时计入)等引起的附加载荷,N;

$[W]$——支座允许承受的最大竖向载荷,N;

α——筋板斜边倾角(见图 2),(°);

δ_b——支座垫板名义厚度(见图 1),mm;当无垫板时,取 $\delta_b=0$;

δ_s——支座处筒体名义厚度(见图 1),mm;

δ_c——顶(底)环的厚度(见图 2),mm;

δ_g——筋板的厚度(见图 2),mm;

$[\sigma]_c$——支座的许用应力,取筋板和顶(底)环许用应力的小值,MPa;

$[\sigma]_b$——地脚螺栓室温下的许用拉应力,MPa。

4 结构型式

刚性环支座的型式见图 1、图 2。支座结构形式宜满足以下规定:

a) 顶环和底环的宽度相等,根据需要,也可取底环的宽度大于顶环宽度。本部分取顶环和底环宽度相等。

b) 当容器公称直径 DN≤800 mm 时,支座可设置 2 个～3 个支耳;当 DN>800 mm 时,支耳数量不少于 4 个,且宜为偶数。

c) 底板与底环之间连接的结构见图 3、图 4。底板与底环间的焊接采用开坡口的对接接头焊接(见图 5)。根据需要,底板上设置 1 个～2 个螺栓孔。

d) 当符合下列条件之一时,应设置垫板。垫板的材料与容器筒体相同:

1) 圆筒有效厚度小于或等于 8 mm;

2) 当圆筒与刚性环支座的材料不具有相同或相近的化学成分和力学性能时;

3) 容器圆筒需热处理时。

e) 垫板厚度 δ_b 应符合下列要求:

1) 当 $\delta_b \leqslant 20$ mm 时,$\delta_b=\delta_s$;

2) 当 $\delta_b>20$ mm 时,$\delta_b \geqslant 0.6\delta_s$,且 $\delta_b \geqslant 20$ mm。

f) 筋板应与顶环、底环、筒体或垫板和底板连续焊接。本部分中,取筋板垂直于底板的短边长等于 50 mm,见图 2。每个支耳设 2 块筋板,见图 6。当两相邻支耳沿筒体圆周方向间距(以弧长计算)大于 2 000 mm 时,可在两支耳间至少设置 1 块中间筋板(见图 2)。

5 型号及选用

5.1 支座型号系列

按容器公称直径分 A 型(轻型)、B 型(重型)两个系列,其允许载荷范围及结构尺寸分别见表 1～表 4。

5.2 支座选用

5.2.1 当满足下列要求时,可根据容器的公称直径 DN、承受的设计竖向载荷 W 和外力矩 M_0,从表 1、表 2 中选择相应编号的支座:

a） 设计竖向载荷 W 小于表 1 或表 2 中许用竖向载荷$[W]$；

b） 外力矩 M_0 小于表 1 或表 2 中许用力矩$[M_0]$。

5.2.2 各支座的结构尺寸及重量见表 3、表 4，其中支座质量未包括垫板质量。

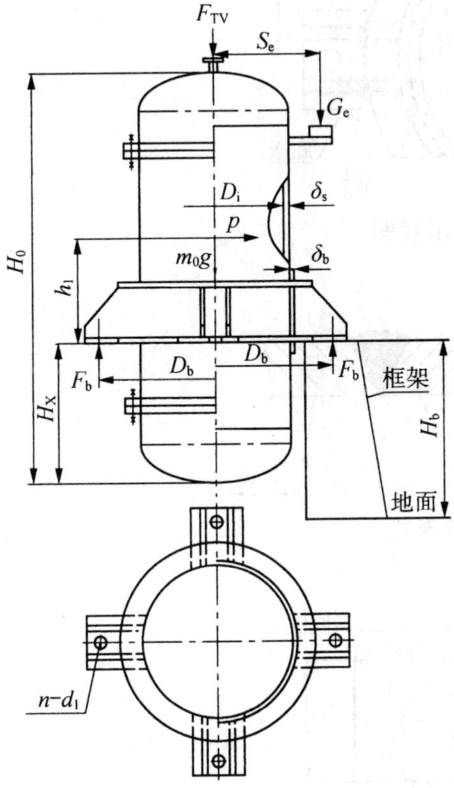

图 1 带刚性环支座的容器

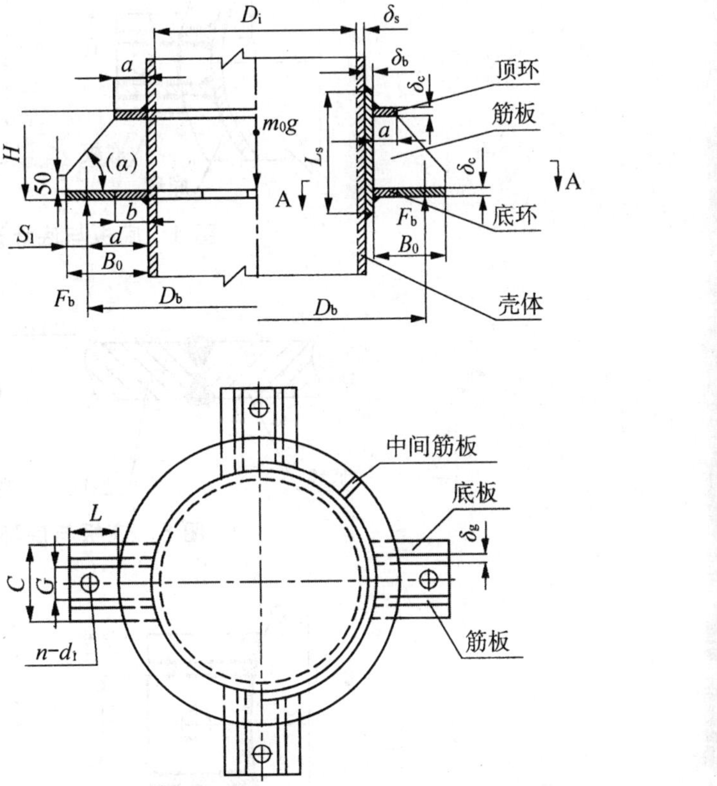

图 2 带刚性环支座的结构

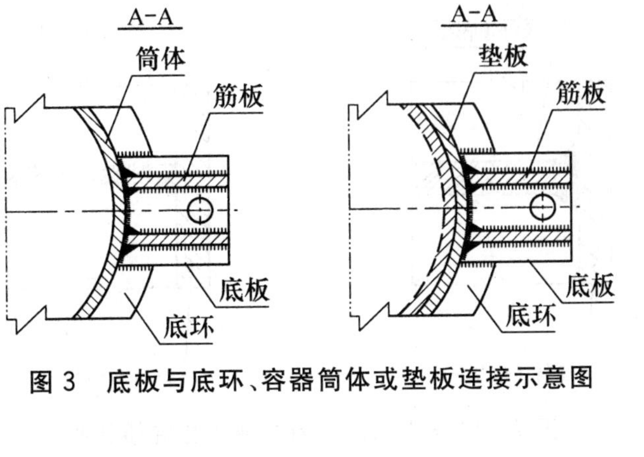

图 3 底板与底环、容器筒体或垫板连接示意图

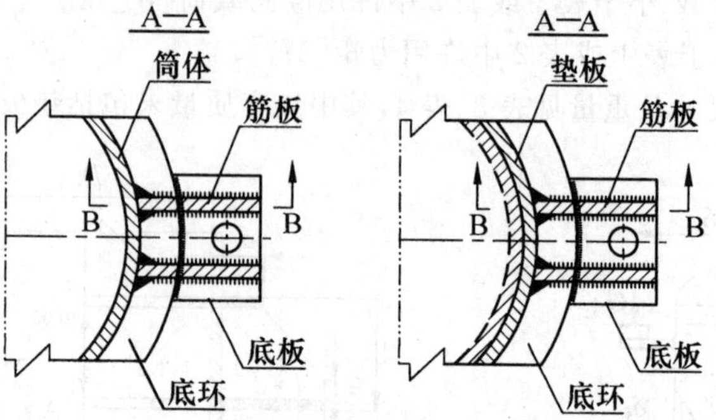

图 4　底板与底环连接示意图

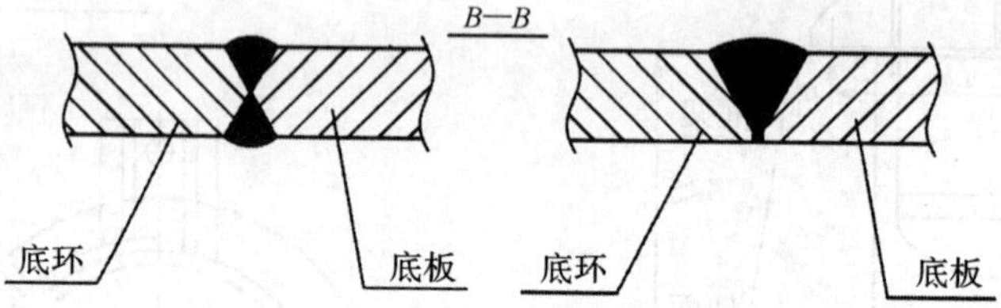

图 5　底板与底环焊接形式

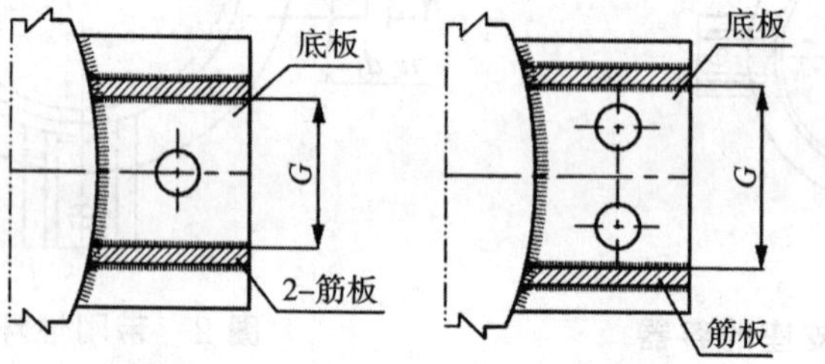

图 6　底板地螺栓孔布置示意图

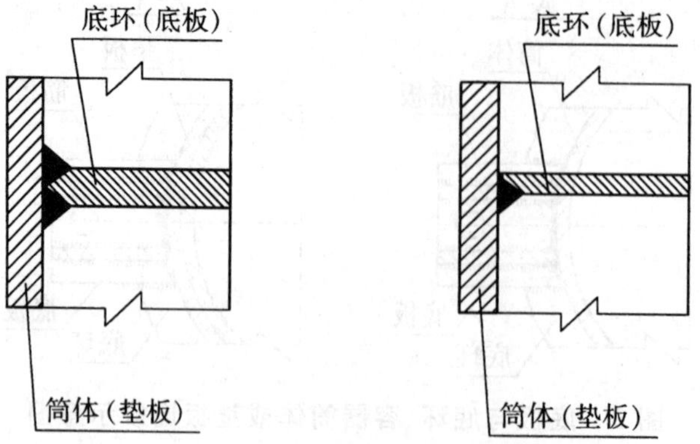

图 7　底环或底板和筒体或垫板焊接结构

表1 A型支座许用载荷

编号	公称直径 DN mm	支座材料许用应力$[\sigma]_e$=147 MPa 螺栓材料许用应力$[\sigma]_b$=147 MPa		支座材料许用应力$[\sigma]_e$=170 MPa 螺栓材料许用应力$[\sigma]_b$=147 MPa	
		许用竖向载荷$[W]$ kN	许用力矩$[M_0]$ kN·m	许用竖向载荷$[W]$ kN	许用力矩$[M_0]$ kN·m
1	600	38	6.15	46	7.42
2	800	73	16.06	88	19.27
3	1 000	127	39.86	150	46.56
4	1 200	137	58.80	167	70.89
5	1 400	186	64.92	216	74.38
6	1 600	245	98.61	284	114.39
7	1 800	310	121.08	353	137.94
8	2 000	402	138.62	461	158.91
9	2 200	470	151.47	539	173.56
10	2 400	558	176.66	647	204.55
11	2 600	656	203.87	755	234.30
12	2 800	754	234.30	872	270.82
13	3 000	882	278.93	1 009	319.22
14	3 200	980	309.93	1 127	356.41
15	3 400	1 107	350.22	1 274	402.90
16	3 600	1 274	402.90	1 470	464.89
17	3 800	1 430	460.72	1 617	520.67
18	4 000	1 666	536.45	1 910	615.34
19	4 200	1 764	568	2 058	662.68
20	4 400	1 862	599.56	2 205	710.01
21	4 600	2 038	656.36	2 352	757.34
22	4 800	2 254	725.79	2 597	836.23
23	5 000	2 548	879.06	2 989	1 031.20
24	5 200	2 646	973.73	3 087	1 136.02
25	5 400	2 822	1 038.64	3 234	1 190.11
26	5 600	3 038	1 117.98	3 528	1 298.30
27	5 800	3 234	1 227.30	3 822	1 450.45
28	6 000	3 430	1 341.13	3 920	1 532.72
29	6 200	3 724	1 456.08	4 263	1 666.83
30	6 400	4 018	1 571.04	4 606	1 800.95
31	6 600	4 214	1 865.75	4 900	2 169.48
32	6 800	4 508	1 995.92	5 243	2 321.34
33	7 000	4 802	2 126.09	5 635	2 494.90
34	7 200	5 096	2 414.48	5 978	2 832.38
35	7 400	5 390	2 553.78	6 174	2 925.24
36	7 600	5 684	2 745.37	6 566	3 171.38
37	7 800	5 978	2 887.37	6 860	3 313.38
38	8 000	6 272	3 029.38	7 448	3 597.38

表2 **B**型支座许用载荷

编号	公称直径 DN mm	支座材料许用应力$[\sigma]_e$=147 MPa 螺栓材料许用应力$[\sigma]_b$=147 MPa		支座材料许用应力$[\sigma]_e$=170 MPa 螺栓材料许用应力$[\sigma]_b$=147 MPa	
		许用竖向载荷$[W]$ kN	许用力矩$[M_0]$ kN·m	许用竖向载荷$[W]$ kN	许用力矩$[M_0]$ kN·m
1	600	68	14.66	79.8	16.97
2	800	147	36.38	170	42.45
3	1 000	215	60.86	259	70.12
4	1 200	284	70.34	328	82.47
5	1 400	352	79.38	420	94.82
6	1 600	430	116.42	519	140.24
7	1 800	529	136.93	612	158.48
8	2 000	646	167.36	749	193.98
9	2 200	764	197.79	882	228.22
10	2 400	910	235.82	1 058	273.86
11	2 600	1 058	273.86	1 225	316.97
12	2 800	1 205	298.34	1 425	352.91
13	3 000	1400	346.85	1 597	395.36
14	3 200	1 519	375.95	1 764	436.59
15	3 400	1 715	424.46	1 989	492.38
16	3 600	1 910	475.40	2 234	553.01
17	3 800	2 107	521.48	2 469	611.23
18	4 000	2 352	582.12	2 695	667.01
19	4 200	2 528	625.78	2 989	739.78
20	4 400	2 842	703.40	3 332	824.67
21	4 600	3 087	764.03	3 626	897.44
22	4 800	3 380	836.80	3 988	987.18
23	5 000	3 577	925.55	4 165	1 091.75
24	5 200	3 773	1 018.71	4 459	1 203.93
25	5 400	4 116	1 111.32	4 802	1 296.54
26	5 600	4410	1 190.70	5 243	1 415.61
27	5 800	4 900	1 323.00	5 635	1 521.45
28	6 000	5 390	1 455.30	6 223	1 680.21
29	6 200	5 880	1 587.60	6 664	1 799.28
30	6 400	6 370	1 719.90	7 056	1 905.12
31	6 600	6 664	1 949.22	7 546	2 207.21
32	6 800	7 154	2 173.03	7 840	2 381.40
33	7 000	7 742	2 351.63	8 722	2 649.31
34	7 200	8 428	2 560.01	9 604	2 917.21
35	7 400	9 016	2 738.61	10 290	3 125.59
36	7 600	9 408	2 857.68	10 780	3 274.43
37	7 800	9 996	3 036.28	11 466	3 482.80
38	8 000	10 780	3 274.43	12 250	3 720.94

表3 A型支座(轻型)参数表

编号	DN mm	H_0 mm	a,b mm	C mm	G mm	H mm	δ_c mm	δ_g mm	S_1 mm	L mm	M mm	d_1 mm	n_1 个	d mm	α (°)	n 个	L_s mm	螺栓材料	支座质量 kg
1	600	3 800	90	250	70	330	16	16	40	130	24	28	1	180	62.3	2	480	Q235A	95
2	800	5 600	90	280	90	350	16	16	50	140	24	28	1	180	62.4	3	520	Q235A	138
3	1 000	8 000	100	280	90	370	18	18	50	140	24	28	1	190	63.8	4	560	Q235A	217
4	1 200	9 600	110	290	90	400	20	20	50	140	24	28	1	200	65.7	4	600	Q235A	289
5	1 400	11 200	120	290	90	420	22	22	50	140	24	28	1	210	66.8	4	640	Q235A	370
6	1 600	12 800	140	320	120	440	24	24	60	140	30	34	1	220	67.7	4	670	Q235A	500
7	1 800	14 400	150	330	120	480	26	26	60	140	30	34	1	230	69.7	4	720	Q235A	630
8	2 000	18 000	170	340	130	510	28	28	60	140	30	34	1	250	70.9	4	770	Q235A	821
9	2 200	19 800	180	340	130	530	30	30	60	140	30	34	1	260	71.6	4	800	Q235A	987
10	2 400	21 600	200	360	140	560	32	32	60	140	30	34	1	280	72.6	4	840	Q235A	1 240
11	2 600	23 400	215	360	140	580	34	34	60	130	30	34	1	285	74.3	4	870	Q235A	1 475
12	2 800	25 200	230	360	140	600	36	36	60	120	30	34	1	290	75.9	4	900	Q235A	1 741
13	3 000	27 000	255	360	140	620	38	38	60	120	30	34	1	315	76.3	4	920	Q235A	2 137
14	3 200	28 800	265	390	160	640	40	40	70	130	36	40	1	325	75.7	4	950	Q235A	2 479
15	3 400	30 600	280	390	160	670	42	42	70	130	36	40	1	340	76.4	4	990	Q235A	2 888
16	3 600	32 400	300	410	160	720	44	44	70	130	36	40	1	360	77.4	4	1 050	Q235A	3 423
17	3 800	34 200	320	410	160	740	46	46	70	130	36	40	1	380	77.7	4	1 080	Q235A	3 976
18	4 000	40 000	335	420	170	820	48	48	80	140	42	46	1	395	78.3	4	1 160	Q235A	4 636
19	4 200	42 000	275	390	160	570	34	34	70	130	36	40	1	335	74.0	8	940	Q235A	3 093
20	4 400	44 000	280	390	160	580	34	34	70	130	36	40	1	340	74.3	8	960	Q235A	3 255
21	4 600	46 000	285	390	160	590	36	36	70	130	36	40	1	345	74.5	8	970	Q235A	3 616
22	4 800	48 000	290	390	160	600	38	38	70	130	36	40	1	350	74.7	8	990	Q235A	3 999
23	5 000	50 000	300	400	170	620	40	40	80	140	42	46	1	360	74.1	8	1 020	Q235A	4 539
24	5 200	52 000	310	400	170	630	42	42	80	140	42	46	1	370	74.2	8	1 030	Q235A	5 055
25	5 400	54 000	320	400	170	640	44	44	80	140	42	46	1	380	74.4	8	1 050	Q235A	5 609
26	5 600	56 000	330	410	170	660	46	46	80	140	42	46	1	390	74.9	8	1 080	Q235A	6 233
27	5 800	58 000	340	410	170	680	48	46	80	140	42	46	1	400	75.3	8	1 100	Q235A	6 896
28	6 000	60 000	350	410	170	700	48	46	80	140	42	46	1	410	75.8	8	1 130	Q235A	7 313
29	6 200	62 000	360	410	170	720	50	46	80	140	42	46	1	420	76.2	8	1 160	Q235A	8 069
30	6 400	64 000	370	420	170	740	52	46	80	140	42	46	1	430	76.6	8	1 180	Q235A	8 861
31	6 600	66 000	380	440	170	760	54	46	80	140	42	46	1	440	76.9	8	1 210	Q235A	9 707
32	6 800	68 000	390	440	170	780	56	46	80	140	42	46	1	450	77.2	8	1 230	Q235A	10 595
33	7 000	70 000	400	520	230	800	58	46	80	140	42	46	2	460	77.5	8	1 260	Q235A	11 582
34	7 200	72 000	410	530	230	820	60	46	80	140	42	46	2	470	77.8	8	1 280	Q235A	12 582
35	7 400	74 000	420	530	230	840	62	46	80	140	42	46	2	480	78.1	8	1 310	Q235A	13 632
36	7 600	76 000	430	540	230	860	64	46	80	140	42	46	2	490	78.4	8	1 330	Q235A	14 745
37	7 800	78 000	440	550	230	880	66	46	80	140	42	46	2	500	78.7	8	1 360	Q235A	15 916
38	8 000	80 000	450	550	230	900	68	46	80	140	42	46	2	510	78.9	8	1 380	Q235A	17 140

表 4 B 型支座(重型)参数表

编号	DN mm	H_0 mm	a, b mm	C mm	G mm	H mm	δ_c mm	δ_g mm	S_1 mm	L mm	M mm	d_1 mm	n_1 个	d mm	α (°)	n 个	L_s mm	螺栓材料	支座质量 kg
1	600	9 000	130	280	90	340	18	18	50	140	24	28	1	220	61.1	2	490	Q235A	150
2	800	12 000	135	280	90	370	18	18	50	140	24	28	1	225	63.8	3	540	Q235A	215
3	1 000	15 000	140	280	90	400	18	18	50	140	24	28	1	230	66.0	4	590	Q235A	288
4	1 200	18 000	150	290	90	435	20	20	50	140	24	28	1	240	67.9	4	640	Q235A	380
5	1 400	21 000	160	310	110	470	24	24	60	140	30	34	1	240	69.4	4	690	Q235A	533
6	1 600	24 000	170	320	110	530	26	26	60	140	30	34	1	250	71.9	4	760	Q235A	681
7	1 800	27 000	180	320	110	570	28	28	60	140	30	34	1	260	73.2	4	810	Q235A	839
8	2 000	30 000	200	390	170	600	30	30	60	140	30	34	2	280	74.1	4	850	Q235A	1 079
9	2 200	33 000	220	390	170	630	32	32	60	140	30	34	2	300	74.8	4	890	Q235A	1 339
10	2 400	36 000	240	390	170	670	34	34	60	140	30	34	2	320	75.8	4	940	Q235A	1 649
11	2 600	39 000	260	400	170	700	36	36	60	140	30	34	2	340	76.4	4	980	Q235A	1 996
12	2 800	42 000	280	430	200	730	38	38	70	150	36	40	2	360	76.1	4	1 020	Q235A	2 417
13	3 000	45 000	300	430	200	770	40	40	70	150	36	40	2	380	76.8	4	1 070	Q235A	2 873
14	3 200	44 800	310	440	200	800	42	42	70	150	36	40	2	390	77.3	4	1 110	Q235A	3 273
15	3 400	47 600	330	440	200	840	44	44	70	150	36	40	2	410	77.9	4	1 160	Q235A	3 830
16	3 600	50 400	350	470	230	870	46	46	80	160	42	46	2	430	78.4	4	1 200	Q235A	4 435
17	3 800	53 200	370	470	230	900	48	48	80	160	42	46	2	450	78.0	4	1 240	Q235A	5 137
18	4 000	52 000	390	480	230	950	50	50	80	160	42	46	2	470	78.7	4	1 290	Q235A	5 906
19	4 200	54 600	370	470	230	620	36	36	80	160	42	46	2	450	72.2	8	990	Q235A	4 565
20	4 400	57 200	380	470	230	630	36	36	80	160	42	46	2	460	72.5	8	1 010	Q235A	4 838
21	4 600	59 800	390	470	230	640	38	38	80	160	42	46	2	470	72.7	8	1 020	Q235A	5 394
22	4 800	60 000	400	470	230	650	40	40	80	160	42	46	2	480	72.9	8	1 040	Q235A	5 989
23	5 000	61 000	410	470	230	660	42	42	80	160	42	46	2	490	73.1	8	1 060	Q235A	6 625
24	5 200	62 400	415	480	230	680	42	42	80	160	42	46	2	495	73.7	8	1 080	Q235A	6 938
25	5 400	64 800	425	480	230	700	46	46	80	160	42	46	2	505	74.0	8	1 110	Q235A	8 007
26	5 600	67 200	430	500	230	730	48	48	80	160	42	46	2	510	74.7	8	1 140	Q235A	8 755
27	5 800	69 600	440	500	230	760	50	50	80	160	42	46	2	520	75.3	8	1 180	Q235A	9 637
28	6 000	72 000	450	520	250	790	52	50	90	170	48	52	2	530	75.0	8	1 220	Q235A	10 649
29	6 200	74 400	460	520	250	820	54	50	90	170	48	52	2	540	75.6	8	1 250	Q235A	11 673
30	6 400	76 800	470	530	250	840	56	50	90	170	48	52	2	550	75.9	8	1 280	Q235A	12 694
31	6 600	79 200	480	540	250	870	58	50	90	170	48	52	2	560	76.4	8	1 310	Q235A	13 819
32	6 800	81 600	490	560	250	900	60	50	90	170	48	52	2	570	76.9	8	1 350	Q235A	15 013
33	7 000	84 000	500	590	260	930	64	50	95	190	56	60	2	595	75.8	8	1 380	Q235A	16 960
34	7 200	86 400	510	590	260	970	68	50	95	190	56	60	2	605	76.4	8	1 420	Q235A	18 896
35	7 400	88 800	520	600	260	1 010	70	50	95	190	56	60	2	615	77.0	8	1 470	Q235A	20 407
36	7 600	91 200	530	630	280	1 040	72	50	100	200	64	68	2	630	76.7	8	1 500	Q235A	22 060
37	7 800	93 600	540	650	280	1 070	74	50	100	200	64	68	2	640	77.1	8	1 540	Q235A	23 669
38	8 000	96 000	550	650	280	1 150	76	50	100	200	64	68	2	650	78.1	8	1 620	Q235A	25 695

6 设计

6.1 设计温度

支座设计温度 t_s 应根据容器的设计温度、容器的保温情况和环境温度综合考虑确定。

6.2 腐蚀裕量

支座的腐蚀裕量按下列原则选取：

a) 地脚螺栓的腐蚀裕量取 3 mm；

b) 碳钢或低合金钢的腐蚀裕量取 2 mm。

6.3 材料

6.3.1 支座材料应是已列入相应材料标准且焊接性能优良的钢材。其选用应符合下列原则：

a) 与容器筒体直接焊接的支座元件，如垫板或筋板、环板(不带垫板时)，应与筒体材料具有相同或相近的化学成分和力学性能；

b) 地脚螺栓宜选用符合 GB/T 700 规定的 Q235 或符合 GB/T 1591 规定的 Q345；

c) 根据支座的设计温度，支座的常用材料可参照表 5 选取。

表 5 支座材料选用表

支座材料	适用的支座设计温度 t_s/℃	地脚螺栓材料	适用的支座设计温度 t_s/℃
Q235B Q345A、Q345B	$20<t_s\leqslant200$	Q235A、Q235B Q345A、Q345B	$20<t_s\leqslant200$
Q235C、Q345C	$0<t_s\leqslant200$	Q235C、Q345C	$-20<t_s\leqslant200$
Q345R	$-20<t_s\leqslant200$	—	—

6.3.2 材料代号

支座(不包括垫板和地脚螺栓)常用材料共分 6 种，其代号见表 6。

表 6 材料代号

材料代号	Ⅰ	Ⅱ	Ⅲ	Ⅳ	Ⅴ	Ⅵ
刚性环支座材料	Q235B	Q235C	Q345A	Q345B	Q345C	Q345R

6.4 许用应力

6.4.1 通常情况下，支座材料的许用应力按式(1)确定：

$$[\sigma]_e=\frac{R_{eL}^t}{n_s} \qquad (1)$$

其中，取安全系数为 $n_s\geqslant1.5$。

6.4.2 常用材料的许用应力参照表 7 取值。

表 7　支座常用材料的许用应力

支座材料	板厚/mm	刚性环支座设计温度 t_s/℃				
		≥−20	≥0～20	100	150	200
Q235B、Q235C	≤16	—	156	132	126	116
	＞16～40	—	150	126	120	110
Q345A、Q345B、Q345C	≤16	230	230	210	196	183
	＞16～36	216	216	196	183	170
	＞36～60	210	210	190	173	160
	＞60～100	203	203	183	166	150

6.4.3　地脚螺栓许用拉应力：

a)　室温下，Q235 的许用应力$[\sigma]_b^{20}$=147 MPa，Q345 的许用应力$[\sigma]_b^{20}$=170 MPa；

b)　若地脚螺栓的设计温度高于室温，或采用其他材料时，按 6.4.1 确定许用应力，若采用碳素钢，则取 $n_s \geqslant 1.6$；如采用其他低合金钢，则取 $n_s \geqslant 2.0$。

6.5　元件尺寸

a)　地脚螺栓的公称直径不宜小于 M24；

b)　筋板厚度与环板、底板厚度之比宜满足 $0.5 \leqslant \frac{\delta_g}{\delta_c} \leqslant 2$。

6.6　支座载荷计算

支座承受的载荷计算方法可参见附录 A，对容器计算高度 h_c 与直径 D_i 之比不大于 10 的容器，其地震作用的计算可方法参见附录 B。

7　标记

7.1　标记方法

NB/T 47065.5—2018，刚性环支座　× ×-×-×-×

（由左至右依次为）支座型式系列、设备公称直径、支耳数量、材料代号、垫板厚度

注 1：支座及垫板的材料应在容器设计图纸的材料栏内标注，表示方法为：支座材料/垫板材料，无垫板时只注支座材料。

注 2：若支座高度 H、刚性环宽度 $a(b)$、刚性环厚度 δ_c、筋板厚度 δ_g、支耳数量 n、垫板高度等参数与标准系列的参数不同，则应在容器设计图纸中注明，如 $H=450$，$a=200$，$\delta_c=18$，$n=8$，$L_s=1\ 500$。

7.2　标记示例

示例 1：设备公称直径为 2 000 mm，A 型，支座材料为 Q235B，垫板材料为 Q345R，支耳数量为 4，垫板厚度为 16 mm：

标记为：NB/T 47065.5—2018，刚性环支座 A2000-4-Ⅰ-16

材料：Q235B/Q345R

示例2:设备公称直径为5 200 mm,B型,支耳数量为8个,支座材料为Q345C,垫板材料为S30408,垫板厚度为24 mm:

标记为:NB/T 47065.5—2018,刚性环支座 B5200-8-Ⅴ-24

材料:Q345C/S30408

8 制造技术要求

8.1 支座本体及支座与容器之间的焊接可采用电弧焊或气体保护焊(使用药芯焊丝除外),焊材应根据支座和筒体的材料,参照有关标准选用。焊接接头型式和尺寸应符合GB/T 985.1的规定。

8.2 顶环、底环的拼接,顶环、底环及底板与筒体(垫板)之间的连接,应开坡口、全焊透;底板和底环之间的连接,应采用开坡口的全焊透结构,并连续焊,见图5、图7。筋板与容器筒体或垫板之间的连接以及筋板与支座其他元件之间的连接,应为连续焊,且焊脚高度不小于0.7倍筋板厚度。

8.3 凡被垫板覆盖的壳体焊缝均应打磨至与壳体母材齐平,经检验合格后方可进行支座(垫板)与壳体的组焊。垫板与筒体的焊接应在最低处留10 mm不焊。有焊后热处理要求的容器,支座(或垫板)与容器壳体的焊接应在容器焊后热处理前进行。

8.4 筋板应切角避开焊缝。

8.5 焊缝表面不得有未焊满、咬边、裂纹、气孔、弧坑和夹渣等缺陷,焊渣和飞溅物应清除干净。

8.6 所有焊缝应圆滑过渡。

8.7 垫板应与壳体紧密贴合,各部件应平整,不得翘曲。

8.8 设计文件上应对上述焊缝提出无损检测要求。

8.9 支座任意两螺栓孔间距允许偏差:当地脚螺栓孔中心圆直径不大于1.2 m时,取±1.5 mm;当地脚螺栓孔中心圆直径大于1.2 m且不大于4 m时,取±2 mm,当地脚螺栓孔中心圆直径大于4 m时,取±3 mm。

8.10 支座螺栓孔的加工极限偏差与其他部分的制造公差分别按GB/T 1804的m级与c级精度。

8.11 刚性环支座所有组焊零件周边的粗糙度为 $Ra\,50\ \mu m$。

8.12 若容器在操作工况下热膨胀量较大时,刚性环支座底板上的地脚螺栓孔应为长轴沿径向的长圆孔,长轴的长度应根据热膨胀量计算确定。

附　录　A
(资料性附录)
刚性环支座承受的载荷计算

A.1　本附录给出了刚性环支座承受的载荷的计算方法。

A.2　符号说明：

F_e——容器所受水平地震作用,N；

F_{TV}——容器承受的管道竖向载荷(当该载荷的方向向上时不计入),N；

F_v——容器所受竖向地震作用,N；

F_w——容器所受水平风力,见式(A.1),N；

f_i——风压高度变化系数,根据设备质心距离地面的高度(h_1+H_b),按 NB/T 47041《塔式容器》标准确定；

g——重力加速度,$g=9.81\ m/s^2$；

H_b——支座底板底面距离地面高度,mm；

h_1——容器的重心至支座底板底部的距离(见图 1),mm；

M_T——容器承受的由管道载荷引起的附加弯矩,N/mm；

q_0——距离地面 10 m 高处基本风压值,N/m^2。

未注明的其他符号见 3.2。

A.3　刚性环支座承受的载荷计算

A.3.1　容器所受的外力

A.3.1.1　水平风力

容器承受的设计水平风力,按式(A.1)计算：

$$F_w=1.2f_i q_0 D_o H_0\times10^{-6} \quad \cdots\cdots\cdots\cdots (A.1)$$

A.3.1.2　水平地震作用

对容器支座以上或以下部分的高度与直径之比均不大于 10 的设备,在操作工况下,容器承受的水平地震作用 F_e 可参照附录 B 计算。

A.3.1.3　竖向地震作用

对安装在设计基本地震加速度为 0.20 g～0.40 g(或抗震设防烈度为 8 度或 9 度)的地区且高度 H_0 大于 20 m 的容器,操作工况下,应考虑竖向地震作用 F_v。竖向地震作用 F_v 可参见附录 B 计算。

A.3.1.4　设计水平力

容器操作工况下,设计水平力 p 取 F_w 和 $F_e+0.25F_w$ 之间的较大值。

A.3.1.5　管道载荷

当容器所受的管道载荷较大时,应按载荷的方向、大小和位置,计算容器承受的附加弯矩 M_T 和竖向压缩载荷 F_{TV}。

A.3.1.6　设计竖向力

容器操作工况下,设计竖向载荷 W 按式(A.2)计算：

$$W=m_0 g+G_e+F_v+F_{TV} \quad \cdots\cdots\cdots\cdots (A.2)$$

A.3.2 支耳反力

容器操作工况下,支耳反力按式(A.3)计算:

$$F_b = \frac{W}{kn} + \frac{4M_0}{nD_b} \quad \cdots\cdots (A.3)$$

式中:

k——不均匀系数,当 $n \leqslant 3$ 时,取 $k=1$;当 $n>3$ 时,取 $k=0.83$;

M_0——由水平地震作用、风载荷、附加外力引起外力矩,M_0 按式(A.4)计算:

$$M_0 = ph_1 + G_e S_e + M_T \quad \cdots\cdots (A.4)$$

附 录 B
（资料性附录）
容器地震作用的计算

B.1 范围

本附录适用于计算高度 h_c 与直径 D_i 之比不大于 10 的容器。

B.2 符号说明

E——容器材料的弹性模量，Pa；
f_n——容器基本自振频率，Hz；
J——容器截面惯性矩，mm^4；
m——容器单位长度质量，kg/m；
R_e——地震作用调整系数，取 $R_e=0.45$；
T_g——场地特征周期，s；
T_1——容器自振周期，s；
Z_e——抗震设防烈度；
α_1——对应容器自振周期 T_1 的水平地震影响系数；
α_{max}——地震影响系数最大值，按表 B.1 确定。

B.3 水平地震作用 F_e

B.3.1 自振周期 T_1

容器的自振周期按式(B.1)和式(B.2)计算：

$$T_1=\frac{1}{f_n} \qquad \text{(B.1)}$$

$$f_n=0.56K_1K_2K_3\sqrt{\frac{EJ}{mH_0^4}} \qquad \text{(B.2)}$$

式中：

K_1——振型系数，对第一振型，取 $K_1=1$；
K_2——形状系数；

$$K_2=0.308\ 75+0.123\ 51\frac{h_c}{D_i}-0.006\ 54\left(\frac{h_c}{D_i}\right)^2$$

K_3——支座位置系数。

$$K_3=\frac{1.064\ 82-0.282\ 18\dfrac{H_x}{H_0}+0.255\ 61\left(\dfrac{H_x}{H_0}\right)^2}{\left(\dfrac{h_c}{H_0}\right)^2}$$

B.3.2 场地特征周期 T_g

根据设计地震分组和场地土类别按 GB/T 50761 确定。

B.3.3 水平地震作用 F_e

水平地震作用值按式(B.3)计算：

$$F_e = R_e \alpha_1 m_0 g \quad \text{(B.3)}$$

式中：

α_1——根据 T_1、T_g 和 α_{max}，按 GB/T 50761 确定。

B.4 竖向地震作用 F_v

对安装在设计基本地震加速度为 $0.20g$～$0.40g$(或抗震设防烈度为 8 度或 9 度)的地区且高度大于 20 m 的容器，F_v 按式(B.4)计算：

$$F_v = 0.49 R_e \alpha_{max} m_0 g \quad \text{(B.4)}$$

α_{max}按照设计基本地震加速度或设防烈度按表 B.1 选取。

表 B.1 地震影响系数最大值 α_{max}

设计基本地震加速度	$0.10g$	$0.15g$	$0.20g$	$0.30g$	$0.40g$
抗震设防烈度 Z_e	7		8		9
对应设防地震的 α_{max}	0.23	0.34	0.45	0.68	0.90

附件 未收录的压力容器相关标准

未收录的压力容器相关标准

序号	标准编号	标准名称
1	JB 4732—1995	钢制压力容器分析设计标准
2	JB/T 4734—2002	铝制焊接容器
3	JB/T 4745—2002	钛制焊接容器
4	JB/T 4755—2006	铜制压力容器
5	JB/T 4756—2006	镍及镍合金制压力容器